# 注册安全工程师手册

ZHUCE ANQUAN GONGCHENGSHI SHOUCE

（第三版）

罗　云 ▪ 主　编

周福宝　樊运晓　裴晶晶 ▪ 副主编

化学工业出版社

·北京·

**图书在版编目（CIP）数据**

注册安全工程师手册/罗云主编. —3版. —北京：化学工业出版社，2020.5（2023.6重印）
ISBN 978-7-122-35962-9

Ⅰ.①注… Ⅱ.①罗… Ⅲ.①安全工程-手册 Ⅳ.①X93-62

中国版本图书馆CIP数据核字（2020）第022860号

责任编辑：杜进祥 高 震　　　文字编辑：林 丹 段曰超
责任校对：王素芹　　　装帧设计：韩 飞

出版发行：化学工业出版社（北京市东城区青年湖南街13号 邮政编码100011）
印　装：北京捷迅佳彩印刷有限公司
880mm×1230mm 1/16 印张64¾ 字数3300千字 2023年6月北京第3版第2次印刷

购书咨询：010-64518888　　　售后服务：010-64518899
网　址：http://www.cip.com.cn
凡购买本书，如有缺损质量问题，本社销售中心负责调换。

**定　价：288.00元**

## 《注册安全工程师手册》（第三版）编委会名单



## 《注册安全工程师手册》（第三版）编者名单

（按姓氏笔画为序）

**编写人员：**

丁传波　马孝春　王　东　王志安　王学广　王国春
王胜江　王洪永　王冠韬　王靖瑶　王新浩　方东平
方付开　龙　爽　田　硕　冯　杰　吕士伟　吕世民
吕建国　朱亚威　向　欣　刘　艳　刘　超　刘　斌
刘卫红　刘非非　刘洪灿　许　柯　许　铭　许绛垣
孙　煜　苏贺涛　李　赵　李　峰　李　颖　李永霞
李爱成　杨　军　杨文涛　杨冠洲　肖贵平　吴　盈
吴　祥　吴　婷　吴学成　邹小飞　邹海云　张　勇
张　路　张　影　张云飞　张少标　张英菊　张德全
陈　扬　陈　刚　陈　芳　陈　莹　陈　涛　陈元高
陈国华　苗在庆　罗　云　罗　波　罗斯达　季晨阳
季淮君　岳仁田　周福宝　赵一归　赵正宏　赵希江
郝　豫　柳　君　段　欣　姜　华　姜文戎　宫运华
姚世东　骆晓伟　袁庆华　徐沛歆　郭成功　郭振中
席海峰　党梅梅　陶建文　黄吉欣　黄西菲　黄玥诚
黄盛仁　章　鑫　常明亮　盖文姝　崔庆玲　程五一
鲁华璋　曾　珠　谢　乐　蓝　麒　解增武　裴晶晶
廖　蕊　廖亚立　樊运晓　黎忠文

# 序

国际化、新时代是当今的潮流。我国注册安全工程师制度在潮流中不断奋进，随时代不断进步。

国际安全工程师执业资格管理制度起步于20世纪中叶，美国最早于1911年就成立了注册安全工程师协会，1969年在伊利诺伊州成立了美国注册安全师委员会（BCSP）；1979年英国创建了职业安全健康执业资格国家考试中心（NEBOSH）；1972年日本制定的《劳动安全卫生法》明确了推行安全工程师执业资格制度；新加坡第一部工作场所安全和健康法律——《工厂法令》于1958年颁布，要求工厂聘用合适类型的安全工程师；加拿大注册安全工程师管理局于1976年2月成立，作为非营利机构，其职能是保证和促进加拿大职业安全与健康、环境安全和公共安全。

我国自2004年首次进行注册安全工程师执业资格考试以来，注册安全工程师队伍日益壮大，而在此基础上成立的注册安全工程师事务所也于近年悄然兴起。截至2018年底，全国取得注册安全工程师执业资格人员近30万人，注册执业的超过20万人，注册安全工程师事务所有数百家。

2014年颁布的新版《安全生产法》第二十四条明确规定：危险物品的生产、储存单位以及矿山、金属冶炼单位应当有注册安全工程师从事安全生产管理工作。鼓励其他生产经营单位聘用注册安全工程师从事安全生产管理工作。

2016年12月，中共中央、国务院发布了《关于推进安全生产领域改革发展的意见》，指出完善注册安全工程师制度；同月，《国务院安全生产委员会关于加快推进安全生产社会化服务体系建设的指导意见》出台，指出充分发挥注册安全工程师及事务所作用，加快健全注册安全工程师管理制度，完善注册安全工程师继续教育机制，做好使用注册安全工程师工作，加强注册安全工程师事务所建设。

2017年，国家安监总局国际交流合作中心（NCICS-SAWS）与美国注册安全师委员会（BCSP）正式签署了国际协议（MOU），旨在共同推动中美职业安全与健康事业。双方将支持并相互认可EHS资格证书，其中包括美国注册安全师证书（CSP）和中国注册安全工程师证书（CSE）。CSP考试分为ASP（美国注册助理安全师）和CSP（美国注册安全师）两部分，持有中国注册安全工程师证书（CSE）并满足CSP报名条件，等同于通过了ASP，可直接参加CSP认证。这是我国注册安全工程师制度国际化的体现，是注册安全工程师制度价值提升的标志。

2017年9月，人力资源和社会保障部颁发了《国家职业资格目录》，将注册安全工程师列入准入类专业技术人员职业资格。这大大提高了注册安全工程师的社会地位，有利于促进注册安全工程师队伍的职业化建设；同月，国家安监总局办公厅印发了《关于做好注册安全工程师恢复注册有关工作的通知》。同年11月，国家安监总局、人力资源和社会保障部联合发布《注册安全工程师分类管理办法》（安监总人事〔2017〕118号），办法于2018年1月正式施行。

2019年1月，应急管理部、人力资源和社会保障部联合发布《注册安全工程师职业资格制度规定》（简称《制度规定》）和《注册安全工程师职业资格考试实施办法》（简称《考试实施办法》）（应急〔2019〕8号），《制度规定》和《考试实施办法》于2019年3月1日正式施行。

进入新时代，我国安全与应急管理体制进行了改革调整，注册安全工程师执业资格制度将展现新思路、新景象：大安全、大应急体系不断完善，注册安全工程师的知识结构和能力结构面临新的挑战和扩展。新时代呼唤知识现代、能力精专、素质优秀的注册安全人员和队伍。

在上述国际化和新时代发展的大背景下，化学工业出版社提出了编写《注册安全工程师手册》（第三版）的要求及需求。同时，本手册第二版荣获2014年度中国石油和化学工业优秀图书奖一等奖，也给我们团队注入了新的信心和动力。

本手册第三版主要作了如下扩展和创新：第一，顺应时代的要求，增加了“应急管理篇”，涉及应急管理的法规、标准、理论和方法等内容；第二，安全科学理论得到了丰富和增强；第三，安全生产法规、政策、条例和标准进行了更新、增编和精选；第四，对发达国家的注册安全工程师制度进行了全面介绍；第五，增加了安全生产双重预防机制、本质安全型企业创建、RBS基于风险的监管、金属非金属矿山安全、特种设备安全技术、轨道交通安全、城市安全发展等内容；

第六，对安全理论、安全管理、行业安全、公共安全等篇章的内容进行了进一步的优化和调整。本手册第三版将以全新的面貌展现给读者。

我们希望《注册安全工程师手册》（第三版）能够给读者带来新时代的新理论、新知识、新法规、新技术、新方法，总而言之，与读者共同新分享、新感悟、新进步，进而共同为国家与民族的善治安全和智慧安全，技术与工程的功能安全和系统安全，管理与文化的精准安全和持续安全，以及行业和企业、城市与社区的本质安全和智能安全而不懈努力。

最后，我们祈望读者对本书的疏漏与不妥之处予以斧正和指出，期望未来的新版能够得到同仁、专家和战友们的智慧及经验。

罗云

2020年元月于北京

# 序（第一版）

我们正处于事故风险日益高涨的时代，重大生产安全事故不断发生，职业病发生率不断增长，安全生产正逐步成为公共安全领域的重大问题。

在这样的时代，要发展我国的职业安全健康事业，需要大量专业人员——企业的注册安全工程师、政府安全监督员。对于从事安全生产、职业安全健康的专业人员，必须掌握综合、系统、准确的安全生产专业知识、理论和方法。从政府的安全生产决策和监督监察，到科研、学术和教育部门的科学研究、学历教育，更为重要的是企业的安全工程技术和安全生产检查管理，都离不开全面、系统的安全科学理论和知识。《注册安全工程师手册》的编辑出版，对于满足高速发展的生产安全工作的需要，对于推进安全生产科学技术的进步和普及都有着十分重要的现实意义。

安全科学技术是人类生产、生活和生存的基本需要，随着社会经济的发展和人类文化的进步，这种需要日益广泛和提高。把我国安全生产、职业安全健康的管理、科研、教育和技术提高到更科学、理性、高效和准确的层次及水平，已成为时代的要求。因此，各级政府进行安全监察和综合管理、各产业部门从事行业安全管理和服务、高等院校进行安全工程专业的人才培养、学术研究部门进行安全科学技术研究、厂矿企业生产技术部门和安全专业机构进行生产的工程设计和生产安全事故预防、社会公共服务和经营部门进行安全事故防范，都需要依靠科学规范的安全理论、方法和知识。

随着经济的发展和工业行业的不断变革，随着国家安全生产法律、法规和标准的不断完善，安全生产工作涉及诸多学科和专业知识，工业安全科学成为一个交叉的科学领域，安全生产的知识体系发生着扩充和变化。在实际的工作中，安全工程师、安全监察员、劳动保护管理干部、职业安全健康科研人员、企业生产工程师和专业技术人员以及工业领域和服务行业的一般技术人员和管理者，都需要系统了解和掌握全面的安全生产知识和理论方法。《注册安全工程师手册》就是根据这种需要，以及针对现代企业安全工程师和政府监管人员的知识要求编写的大型工具书。

《注册安全工程师手册》主要以企业安全工程师、政府安全监督员和与安全工程技术相关的专业人员为对象，编写结构以安全科学技术学科体系、工业行业专业体系和公共安全体系三个方面为主线，构建了6大篇、36章的知识体系。主要内容包括安全工程技术理论、安全管理、职业安全、职业健康、行业安全、公共安全等。安全科学技术学科体系包括安全原理、事故预测、安全人机工程、安全系统工程、安全评价、安全管理、机械安全、起重搬运安全、压力容器安全、焊接安全、防火防爆、电气安全、噪声控制、工业防尘、工业防毒、辐射安全等内容。工业行业专业体系包括煤矿、冶金、建筑、化工、石油、电力等行业。公共安全体系包括道路交通安全、铁路运输安全、水上交通安全、民用航空安全、公共场所安全、自然灾害防治等。

《注册安全工程师手册》可为企业安全工程师、政府安全监管人员、高等院校安全工程专业大学生提供专业设计指导和学习参考。同时，也是各行业生产经营单位负责人、生产管理人员和技术人员工作的案头工具和向导。

本书凝聚了作者们的心血和劳动；参考文献中列出的著作，其作者和编者对本书的编写发挥了积极的作用；化学工业出版社的编辑同志对本书的出版也做出了重要的贡献；编审委员会的专家和领导对本书的结构和内容给予了专业的指导。在此，我代表相关人员表示衷心的谢意。同时，由于时间和水平的限制，书中恐有错漏，敬请读者指正。

罗云

2004年3月于北京

# 序（第二版）

注册安全工程师是安全生产专业人员中的骨干，是安全工程人才队伍的精英。为了保证注册安全工程师人才队伍的素质，近十年来，国家出台了一系列的政策措施。2002年国家人事部和国家安全生产监督管理局联合发布了《注册安全工程师执业资格制度暂行规定》，2004年国家安全生产监督管理局发布了《注册安全工程师注册管理办法》，2011年《注册安全工程师条例》（送审稿）已经定稿，目前已提交到国务院法制办。在保证注册安全工程师的素质工程中，除了注册安全工程师执业资格考试制度，最为重要和具有实际意义的就是考试大纲的编制。从2003年开始，国家人事部人事考试中心每年组织实施注册安全工程师的执业资格考试，并每两年修改完善考试大纲，使注册安全工程师的知识结构和体系逐步得到优化和完善。

注册安全工程师执业资格考试制度是我国现代工业化社会安全生产发展的需要。这一制度的推行，对促进我国安全工程专业的进步，对提升我国安全工程师队伍的专业素质和水平，发挥着积极而重要的作用。通过这一制度的推行，我们可以预见：安全工程专业人才素质的提高，必然促进安全生产专业人员的工作质量的提升，从而促使我国企业安全生产保障水平和事故预防能力的提高，最终实现降低我国各行业的生产安全事故发生率和职业病发病率。这将是多么美好的景象，这一情形就是在安全生产系统“以人为本”理念的体现，是科学发展、安全发展的要求。我们是从事安全工程专业人员学历教育的工作者，将我们工作和事业融入国家安全发展、科学发展的宏伟目标之中，这是我们编写本手册的动力，也是我们编写这一著作的信心和勇气的源泉。

本书第一版出版以来，受到各行业、各类型、各层次安全生产专业人员的喜爱。有的地区还将本手册作为指定的注册安全工程师再培训的教材，一些高等院校作为安全工程高等人才学历教育的参考书。鉴于近年安全生产政策法规的变化，安全工程知识体系的进步与发展，以及安全生产新形势、新要求对注册安全工程师知识结构和能力结构要求的提高，显然，第一版已经不能适应变化和发展的要求，因此，我们组织编写了本手册第二版。

本手册第二版主要作了如下完善和修改：一是增加了绪论部分，全面介绍了注册安全工程师的发展历程、工作性质、职责以及相关管理制度；二是对涉及的国家安全生产法规和行业安全标准作了最新的更新和适当精选、压缩及优化；三是根据注册安全工程师工作能力的新要求，加强了对“安全评价”理论、方法等内容的介绍；四是根据安全生产工作的开展，增加了“安全生产标准化建设”“烟花爆竹安全”“企业安全管理诊断”“企业安全文化建设”等方面的内容；五是对事故管理、突发事件应急、安全管理模式与体系、风险分析理论，以及行业安全、公共安全等方面的内容进行了优化和调整。

我们期望《注册安全工程师手册》（第二版）能够给已经是注册安全工程师的同仁，带来新安全生产法规政策和安全工程科学理论知识；能够为将要努力成为注册安全工程师或者助理注册安全工程师的朋友提供学习的参考。当然，本手册如果能够成为：行业企业安全工程师的管理手册、研究院所安全研究者的设计指南、各级政府安全监督员的监察参谋、高等院校安全专业大学生的学习参考，这将是我们的最大荣幸。

本书的不足及疏漏还望读者及时发现和指正，我们期望能在第三版共享战友和同仁们的经验和智慧。

罗云

2012年10月于北京

# 目　录

## 第二篇 安全管理

## 第三篇 应急管理

## 第四篇 职业安全

## 第五篇 职业健康

## 第六篇 行业安全

## 第七篇 公共安全

# 绪　论

## 0　注册安全工程师制度

## 0.1　国际安全工程师执业资格管理制度

20世纪六七十年代，大多数发达国家包括美国、英国、日本等对涉及公共安全和人民生命财产安全的工程领域，都实行了严格规范的注册安全工程师制度。各发达国家依据本国国情建立了安全专业人员职业化制度，以法律为基础，规定了安全专业人员准入条件和程序，并由政府部门或专门机构负责安全专业人员的执业资格考试和注册管理，逐步实现了对安全专业队伍的职业化管理。

当前，世界上一些国家和经济体在《华盛顿协议》的框架下已经建立了以注册安全工程师制度为基础的资格互认，在相互承认彼此的工程教育体系和标准的同时，相互承认彼此的执业资格。国家注册安全工程师互认的国际协议主要包括受教育程度、工作经验、资格考试、继续教育和培训等方面。

### 0.1.1　美国的安全工程师执业资格制度

美国是注册安全工程师执业资格制度发展较早并且比较成熟的国家之一。1911年美国成立了安全工程师协会，实行注册安全工程师制度，是执业资格制度发展最早也是最完善的国家之一。美国注册安全工程师委员会（BCSP）向符合条件的人员颁发注册安全工程师（CSP即Certified Safety Professional）证书。

1969年在伊利诺伊州成立了美国注册安全工程师委员会（BCSP），该委员会由13个成员组成，分别代表不同安全职能部门和公共部门。其中1名为公共委员，不参与安全执业，代表公众利益。6名委员分别来自美国安全设计师协会、美国工业卫生协会、系统安全协会、消防工程师协会、国家安全理事会、工业工程师协会。其余6名委员由委员会协商任命。

美国的注册安全工程师的主要职能是为企业制定或建立安全生产相关的程序、方法、标准、规范和系统，最大限度地减少或控制危及人身、财产和环境的风险和危险。申请人员需要学习安全科学、原理、实务和其他课程。获得证书需要通过6h的考试，考试内容为安全基础知识，与我国注册安全工程师考试类似，通过考试后获得注册助理安全工程师（ASP）证书。取得该证书并工作3年后可以申请参加综合考试，通过综合考试后获得注册安全工程师（CSP）证书。

美国自20世纪70年代初实施职业安全与健康执业资格制度以来，美国注册安全工程师认证人数超过4万人。

### 0.1.2　英国的职业安全健康工程师执业资格制度

英国自20世纪80年代初开始推行职业安全健康工程师执业资格制度，已有10万多人通过了不同等级和专业的职业安全健康考试，为保障英国职业安全健康的发展做出了巨大的贡献。负责组织考试的机构是"职业安全健康国家考试中心"（The National Examination Board in Occupational Safety and Health，NEBOSH），创建于1979年。NEBOSH机构由职业安全健康机构、教育机构、政府安全健康官员、雇员培训组织和政府教育组织部门共同组成理事会。

职业安全健康国家考试委员会的职能是制定考试大纲、组织考试、颁发等级证书。其执业资格考试分为两个等级：安全专业技术一级和安全专业技术二级。获得安全专业技术一级执业资质者，具备成为英国职业安全健康协会会员的基本资格，可从事职业安全健康组织的技术性安全工作，懂得采取相应的控制与应对措施处理常规风险。获得安全专业技术二级执业资质者，则可成为职业安全健康机构的成员，具备解决和应对高风险领域通常的安全健康问题，能够应用安全规范和技术来分析、解决专业问题。取得资格证书的方法是先接受培训、学习，然后通过书面测试和工作场所的实际检验等。

获得英国注册安全专业技术执业资格的人员，主要是企业的管理人员、监督人员、职工代表和其他非安全健康专业人员等，他们对生产过程中的职业安全健康负有责任。主要工作内容是危险的识别和控制及职业安全健康管理。

### 0.1.3　德国的安全工程师执业资格制度

德国安全工程技术人员分为安全工程师、安全技术员、安全员三个层次，通称为安全工程师，都可以申请加入德国安全工程师协会。

安全工程师的基本条件是：大学本科毕业，从事安全工程技术工作，有两年以上实践经验并参加由行业劳动保险协会或安全工程师协会和联邦劳动保护总署组织的专业理论强化培训，通过考试合格获得安全工程师证书，成为可以受雇于企业的高级技术人员。培训时间在1995年以前规定为6周，1996年以后根据欧盟的规定，改为12周。安全工程师依法实施劳动安全管理与监察，并在企业、政府、学会中按照不同的工作特点，从不同角度发挥作用。企业中的安全工程技术人员依照国家法律，实施企业内部的劳动安全保护和职业卫生的监察。安全工程师一般担任企业家的安全顾问，负责企业劳动安全方面的政策咨询，制定企业劳动安全决策计划和建议。企业一旦发生事故，安全工程师要采取应急处理措施并及时向企业主报告。

安全技术员负责对企业内部执法情况的检查、监督，并进行执法宣传和组织安检活动；安全员是企业安全技术的具体操作人员和执行者，与我国企业中的安全员所承担的工作相似。

### 0.1.4　新加坡的安全工程师执业资格制度

新加坡第一部工作场所安全和健康法律——《工厂法令》于1958年颁布，1973年修订并改名为《工厂法》。该法要求工厂聘用合适类型的安全工程师。申请注册为安全工程师，须年满21周岁，有理工类或主管部门认可的专业背景，2年以上工作经验，完成规定的培训课程。每位安全工程师每个月应按照规定形式向工厂主、总经理或者其他主要负责人提交一份安全评估报告。

报告内容包括工厂决策对《工厂法》的符合性，工厂已经采取的安全健康措施，工厂发生的工伤、职业病事故和危险事件，隐患辨识与个体防护情况，事故调查报告，安全培训与意识活动，存在的问题及改进建议等。工厂主、总经理或者其他主要负责人收到报告后3周之内，应根据实际具体情况，签署报告，报告要妥善保管至少5年，以备政府监察。

### 0.1.5 加拿大的安全工程师执业资格制度

加拿大在各专业技术领域广泛推行了执业资格制度。很多专业技术或管理人员，仅仅有在校学习的学历而没有取得职业资格，不许从事专业工作。并且执业资格不是终身的，如果专业水平下降或服务质量不高，将会被取消执业资格。

加拿大注册安全工程师管理局成立于1976年2月10日，是非营利机构。其职能是保证和促进加拿大职业安全与健康、环境安全和公共安全。有经验的安全工作人员可申请成为注册安全工程师，在加拿大开展安全与健康服务。要取得注册安全工程师执业资格，必须经过加拿大注册安全工程师管理局评估认可的课程学习，取得学历证明，并通过四门执业资格课程考试。

注册安全工程师得到加拿大各行业和政府的认可。许多企业非常愿意接受加拿大注册安全工程师管理局为企业选派的注册安全工程师。注册安全工程师具有广泛的安全技能，能有效地控制对有害物质的接触，降低人员、财产和环境的危险。加拿大注册安全工程师个人可以直接接受企业的聘用。

## 0.2 我国的安全工程师职业资格制度

### 0.2.1 注册安全工程师的发展历程

1998年，国家经贸委人事司和国家安全生产监督管理局（简称国家安监局）在国家劳动部对安全工程专业技术人员量化审计的基础上，提出为适应市场经济发展需要，在我国实施注册安全工程师执业资格制度的建议。

2001年，国家安监局积极配合人事部开展了一系列论证工作和调查研究，学习并借鉴了国外经验，多次召开专家座谈会。

2002年9月，国家安监局在由人事部专业技术人员管理司领导和安全工程方面的专家参加的注册安全工程师执业资格制度专家论证会基础上，颁发了《注册安全工程师执业资格制度暂行规定》，并同时出台了《注册安全工程师执业资格认定办法》。这两个文件标志着我国注册安全工程师执行资格制度正式启动。

2003年8月，人事部和国家安监局又出台了《注册安全工程师执业资格考试实施办法》，确定了具体的考试办法和考试项目。

2004年5月，国家安监局公布了《注册安全工程师注册管理办法》，主要规定了注册安全工程师的注册管理和执业行为要求。

2006年4月，国家安全生产监督管理总局（简称国家安监总局）召开了全国注册安全工程师工作座谈会，会议对《注册安全工程师执业资格制度“十一五”发展规划》（讨论稿）、《注册安全工程师执业管理暂行规定》（讨论稿）和《注册安全工程师事务所资质管理办法》（讨论稿）等文件进行了讨论和修改，并且对当前我国注册安全工程师发展中存在的问题进行了分析和研讨。

2006年12月，国家安监总局颁布了《注册安全工程师管理规定》，自2007年3月1日起施行，主要规定了注册安全工程师注册管理和执业行为的要求，同时，废止2004年公布的《注册安全工程师注册管理办法》。

2007年，人事部、国家安监总局颁布《关于实施（注册安全工程师执行资格制度暂行规定）补充规定的通知》，增设助理级资格，名称为“注册助理安全工程师”。

2008年2月，国家安监总局召开了实施注册安全工程师分级考试座谈会。会议讨论并修改了《注册安全工程师执业资格考试大纲》，研究实施分级考试有关问题，研究讨论了《注册助理安全工程师资格考试大纲》。

2011年4月，国家安监总局对《注册安全工程师执业资格考试大纲》（2008年版）进行了修订，形成了考试大纲2011年版。

2014年12月，经第十二届全国人民代表大会常务委员会修订后实施的《安全生产法》进一步确立了注册安全工程师制度，并从两个方面加以推进：一是危险物品的生产、储存单位以及矿山、金属冶炼单位应当有注册安全工程师从事安全生产管理工作，鼓励其他生产经营单位聘用注册安全工程师从事安全生产管理工作。二是建立注册安全工程师按专业分类管理制度。

2015年5月，中央人民政府网站公布了《国务院关于取消非行政许可审批事项的决定》，注册安全工程师的考试和注册暂时停止。

2016年12月，中共中央发布了《中共中央 国务院关于推进安全生产领域改革发展的意见》，指出完善注册安全工程师制度；同月，《国务院安全生产委员会关于加快推进安全生产社会化服务体系建设的指导意见》出台，指出充分发挥注册安全工程师及事务所的作用，加快健全注册安全工程师管理制度，完善注册安全工程师继续教育机制，做好使用注册安全工程师工作，加强注册安全工程师事务所建设。

2017年9月，人力资源和社会保障部颁发了《国家职业资格目录》，将注册安全工程师列入准入类专业技术人员职业资格。这大大提高了注册安全工程师的社会地位，有利于促进注册安全工程师队伍的职业化建设；同月，国家安监总局办公厅印发了《关于做好注册安全工程师恢复注册有关工作的通知》，注册安全工程师注册和继续教育工作自2017年10月31日起恢复。

2017年11月，国家安监总局、人力资源和社会保障部联合发布《注册安全工程师分类管理办法》（安监局人事〔2017〕118号），办法于2018年1月1日开始正式施行。该办法对注册安全工程师的分级分类、考试、注册、配备使用、职称对接、职责分工等作出了新规定，是关于注册安全工程师职业资格制度的顶层设计文件，与以前相关制度相比，主要有三个方面的创新，一是划分了专业类别，二是实行了分级，三是提出了配备使用标准。

2019年1月，应急管理部、人力资源和社会保障部联合发布《注册安全工程师职业资格制度规定》和《注册安全工程师职业资格考试实施办法》（应急〔2019〕8号），于2019年3月1日开始正式施行，人事部、国家安监总局发布的《注册安全工程师执业资格制度暂行规定》（人发〔2002〕87号）和《注册安全工程师执业资格考试实施办法》（国人部发〔2003〕13号），人事部、国家安监总局发布的《关于实施（注册安全工程师执业资格制度暂行规定）补充规定的通知》（国人部发〔2007〕121号）同时废止。

2019年4月，应急管理部办公厅印发了《初级注册安全工程师职业资格考试大纲》和《中级注册安全工程师职业资格考试大纲》；为做好注册安全工程师职业资格考试报名工作，同年6月，应急管理部办公厅又印发了《注册安全工程师职业资格考试安全工程及相关专业参考目录》。

自2004年我国首次进行注册安全工程师执业资格考试以来，注册安全工程师这支队伍日益壮大，而在此基础上成立的注册安全工程师事务所也于近年悄然兴起。截至2018年底，全国取得注册安全工程师执业资格人员近30万人，注册执行的超过20万人，注册安全工程师事务所有数百家。

### 0.2.2 注册安全工程师管理制度

为了加强注册安全工程师的管理，保障注册安全工程师依法执业，根据《安全生产法》等有关法律、行政法规，制定了《注册安全工程师管理规定》（第11号令）。该规定包括八章：总则、注册、执业、权利和义务、继续教育、监督管理、罚则和附则共计三十五条。

### 0.2.3 注册安全工程师的级别与专业

根据《注册安全工程师分类管理办法》，注册安全工程师级别设置为高级、中级和初级（助理）3个级别，中英文名称分别为：

① 初级注册安全工程师——Assistant Certified Safety Engineer；

② 中级注册安全工程师——Intermediate Certified Safety Engineer；

③ 高级注册安全工程师——Senior Certified Safety Engineer。

《注册安全工程师分类管理办法》将注册安全工程师划分为煤矿安全、金属非金属矿山安全、化工安全、金属冶炼安全、建筑施工安全、道路运输安全、其他安全（不包括消防安全）7个专业类别。

### 0.2.4 注册安全工程师的配备

《注册安全工程师分类管理办法》规定危险物品的生产、储存单位以及矿山、金属冶炼单位应当有相应专业类别的中级及以上注册安全工程师从事安全生产管理工作，并要求危险物品的生产、储存单位以及矿山单位安全生产管理人员中的中级及以上注册安全工程师比例应自该办法施行之日起2年内，金属冶炼单位安全生产管理人员中的中级及以上注册安全工程师比例应自该办法施行之日起5年内达到15%左右并逐步提高。

### 0.2.5 注册安全工程师的注册

《注册安全工程师分类管理办法》规定注册安全工程师按照专业类别进行注册。

### 0.2.6 注册安全工程师的执业范围

根据2019年发布的《注册安全工程师职业资格制度规定》政策，注册安全工程师的执业范围包括以下方面：

① 安全生产管理；

② 安全生产技术；

③ 生产安全事故调查与分析；

④ 安全评估评价、咨询、论证、检测、检验、教育、培训及其他安全生产专业服务。

各专业类别注册安全工程师执业行业界定如表0.1所示。

**表0.1 执业行业界定表**

| 序号 | 专业类别 | 执业行业 |
|---|---|---|
| 1 | 煤矿安全 | 煤炭行业 |
| 2 | 金属非金属矿山安全 | 金属非金属矿山行业 |
| 3 | 化工安全 | 化工、医药等行业(包括危险化学品生产、储存,石油天然气储存) |
| 4 | 金属冶炼安全 | 冶金、有色冶炼行业 |
| 5 | 建筑施工安全 | 建设工程各行业 |
| 6 | 道路运输安全 | 道路旅客运输、道路危险货物运输、道路普通货物运输、机动车维修和机动车驾驶培训行业 |
| 7 | 其他安全<br>(不包括消防安全) | 除上述行业以外的烟花爆竹、民用爆炸物品、石油天然气开采、燃气、电力等其他行业 |

### 0.2.7 注册安全工程师的权利与义务

根据2019年发布的《注册安全工程师职业资格制度规定》，注册安全工程师的权利和义务包括以下内容。

（1）注册安全工程师享有的权利：

① 按规定使用注册安全工程师称谓和本人注册证书；

② 从事规定范围内的执业活动；

③ 对执业中发现的不符合相关法律、法规和技术规范要求的情形提出意见和建议，并向相关行业主管部门报告；

④ 参加继续教育；

⑤ 获得相应的劳动报酬；

⑥ 对侵犯本人权利的行为进行申诉；

⑦ 法律、法规规定的其他权利。

（2）注册安全工程师应履行的义务：

① 遵守国家有关安全生产的法律、法规和标准；

② 遵守职业道德，客观、公正执业，不弄虚作假，并承担在相应报告上签署意见的法律责任；

③ 维护国家、集体、公众的利益和受聘单位的合法权益；

④ 严格保守在执业中知悉的单位、个人技术和商业秘密。

# 第一篇　安全工程技术理论

## 本篇主编

罗　云

## 副主编

许　铭

## 本篇编写成员

罗　云　许　铭　赵一归　鲁华璋　宫运华
陈　涛　曾　珠　张　影　陈国华　黄玥诚
王新浩　王冠韬　龙　爽　田　硕　黄西菲
郭振中　黄盛仁　向　欣　许绛垣　崔庆玲

# 1 安全科学学科基础及理论

## 1.1 古代的安全防灾

### 1.1.1 我国古代的风险防范

来自生产和生活中的风险伴随着人类的进化和发展。在远古时代，原始人为了提高劳动效率和抵御野兽的侵袭，制造了石器和木器，作为生产和安全的工具。早在六七千年前半坡氏族就知道在自己居住的村落周围开挖沟壕来抵御野兽的袭击。

(1) 矿山风险防范

在生产作业领域，人类有意识的风险防范活动可追溯到中世纪的时代。当时人类生产从畜牧业时代向使用机械工具的矿业时代转移，由于机械的出现，人类的生产活动开始出现人为事故。随着手工业生产的出现和发展，生产中的风险问题也随之而来。风险防护技术随着生产的进步而发展。

在公元七八世纪，我们的祖先就认识了毒气，并提出测知方法。公元610年，隋代巢元方著的《诸病源候论》中记载："……凡古井冢和深坑井中多有毒气，不可辄入……必入者，先下鸡毛试之，若毛旋转不下即有毒，便不可入。"公元752年，唐代王涛著的《外台秘要引小品方》中提出，在有毒物的处所，可用小动物测试，"若有毒，其物即死"。千百年来，我国劳动人民通过生产实践，积累了许多关于防止灾害的知识与经验。

我国古代的青铜冶铸及其风险防范技术都已达到了相当高的水平。从湖北铜绿山出土的古矿冶遗址来看，当时在开采铜矿的作业中就采用了自然通风、排水、提升、照明以及框架式支护等一系列安全技术措施。在我国古代采矿业中，采煤时在井下用大竹竿凿去中节插入煤中进行通风，排除瓦斯气体，预防中毒，并用支板防止冒顶事故等。1637年，宋应星编著的《天工开物》一书中，详尽地记载了处理矿内瓦斯和顶板的"安全技术"，"初见煤端时，毒气灼人，有将巨竹凿去中节，尖锐其末。插入炭中，其毒烟从竹中透上"，见图1.1，采煤时，"其上支板，以防压崩耳。凡煤炭去空，而后以土填实其井"。

图1.1 古代南方挖煤通风防毒方式

公元989年北宋木结构建筑匠师喻皓在建造开宝寺灵感塔时，每建一层都在塔的周围安设帷幕遮挡，既避免施工伤人，又易于操作。

(2) 火灾风险防范

防火技术是人类最早的风险防范技术之一。早在公元前700年，周朝人所著的《周易》中就有"水火相忌""水在火上既济"的记载。据孟元老《东京梦华集》记述，北宋首都汴京的消防组织就相当严密：消防的管理机构不仅有地方政府，而且由军队担负执勤任务；"每坊巷三百步许，有军巡铺一所，铺兵五人"负责值班巡逻，既防火又防盗。在"高处砖砌望火楼，楼上有人卓望，下有官屋数间，屯驻军兵百余人。乃有救火家事，谓如大小桶、洒子、麻搭、斧锯、梯子、火叉、火索、铁锚儿之类"；一旦发生火警，由马军奔报各有关部门。

(3) 水灾风险防范

大禹治水是我国劳动人民对付水患的伟大创举。大约在4000年之前，我国的黄河流域洪水为患，尧命鲧负责领导与组织治水工作。鲧采取"水来土挡"的策略治水。鲧治水失败后由其独子禹主持治水大任。禹接受任务后，首先就带着尺、绳等测量工具到全国的主要山脉、河流作了一番周密的考察。他发现龙门山口过于狭窄，难以通过汛期洪水；他还发现黄河淤积，流水不畅。于是他确立了一条与他父亲的"堵"相反的方针，叫做"导"，就是疏通河道，拓宽峡口，让洪水能更快地通过。禹采用了"治水须顺水性，水性就下，导之入海。高处就凿通，低处就疏导"的治水思想。根据轻重缓急，定了一个治的顺序，先从首都附近地区开始，再扩展到其他各地。

公元前256年秦昭王在位期间，蜀郡郡守李冰率领蜀地各族人民创建了都江堰这项千古不朽的水利工程。都江堰工程成为世界最佳水资源利用的典范，充分体现了古人在水灾风险防范方面的智慧。

(4) 地震风险防范

为了减少和避免地震造成的伤亡和破坏，采取防震和抗震措施是很重要的。我国先民在这一方面积累了不少的经验。

在房屋抗震方面，我国先民曾经得到很多的切身经验。台湾是我国地震最频繁的一省，古代台湾的我国先民在兴建城市时，就已注意到"台地（指台湾地区）罕有终年不震"这个特点，从而采取了一定的抗震措施。例如，在台湾淡水，有的城墙便是用竹子和木头等材料建成。用竹木建城，不但可以就地取材，经济方便，更重要的是竹木性质柔韧、质轻、耐震性能高，是很好的抗震建筑材料。其他震区的我国先民也有这种经验，如云南经常发生地震的地方，常采用荆条、木筋草等材料编墙，也是根据这个道理加以选择的。

古代我国先民不但有很多震前的防震、抗震知识，而且在强震发生来不及跑出屋外的危急时刻，怎样采取应变措施，避免伤亡，也有很宝贵的经验。明世宗嘉靖三十五年（公元1556年）1月23日，陕西华县发生了8级大震，这一次大震的生还者秦可大根据亲身经验和耳闻目睹的事实写了一部重要著作《地震记》，提出了地震应变措施。他说：

“……因计居民之家，当勉置合厢楼板，内竖壮木床榻，卒然闻变，不可疾出，伏而待定，纵有覆巢，可冀完卵；力不办者，预择空隙之处，当趋避可也。”

大震之后，房屋有的倒塌，有的遭到破坏，而且余震不停，生命财产继续受到威胁。在这种情形之下，怎样防震、抗震呢？这也是很重要的问题。古书上也记载了不少我国先民的办法，大致是多以木板、席、茅草等物搭棚造屋或趋避空旷地方，以减免伤亡和损失。这方面的记载，最早见于宋代，宋代之后也有很多记载，如“居者惧覆压，编茅为屋”“于场圃中，戴星架木，铺草为寝所”“于居旁隙地，架木为棚，结草为芦”等。这些办法在防震、抗灾中，曾经确实发挥了有效作用。在史书上也有明确的记载，如清宣宗道光十年（公元1830年）四月二十二日，河北磁县发生了7.5级大震，震后余震不止，到五月初七又发生了一次强余震，“所剩房屋全行倒塌，幸居民先期露处或搭席棚栖身，是以并未伤毙人口（故宫档案）”。由于这些防震、抗震的措施简易安全，行之有效，所以一直沿用至今。

### 1.1.2　古代人类的风险防范观

观念是指人们认识事物的基本理念。观念是思想的基础、行为的准则。古老的中华民族有着悠久的历史，流行于民族文明长河中的安全观念具有两面性，即负面消极和正面积极。显然，归纳和总结古代安全观念，对现代人有着重要的指导和借鉴作用。

（1）古代的消极安全观念

・天命无常：古语有云“死生有命，富贵在天”；“万般皆由命，半点不由人”；“万事不由人计较，一生都是命安排”；“万事分已定，浮生空自忙”；“命中若有终须有，命里无时莫强求”；“有福不用忙，无福跑断肠”。

・乐知天命：《周易・系辞》中有记载：“乐天知命，故不忧。”中国人乐知天命的表现之一是安于现状，老子有云：“知其不可奈何而安之若命，德之至也。”中国人乐天知命的第二种表现是生活中常常巧妙地用“命中注定”四个字劝慰自己的心灵。中国人乐知天命的表现之三是做任何事情的时候，心怀“只知耕耘，不问收获”的勤勉、踏实的态度。

・时来运转：表现之一是命运轮流定律，古语有云“天无百日雨，人无一世穷”；“三十年风水轮流转”；“三十年河东，三十年河西”。表现之二是祸福依伏定律，古语有云“塞翁失马，焉知非福”；“富极是招灾本，财多是惹祸因”；“财多惹祸，树大招风”。表现之三是善恶有报定律，俗语说“善有善报，恶有恶报，不是不报，时辰未到”。

・谋事在人，成事在天：“尽人事，听天命”，《菜根谭》中有记载：“君子不言命，养性即所以立命；亦不言天，尽人自可以回天。”谋事在人，成事在天，一方面是指尽量去做自己力所能及的事，然后听凭天命的发落；另一方面也包含着中国人天命观中道德选择的思想。

这些观念反映的是早期的安全宿命观，古代人们对待安全的认识具有宿命论的特点，总是被动地承受事故与灾难。“听天由命”的安全观念的产生与时代特点有关。远古时期，生产力水平低下，科技水平尚处在初始阶段，人们面对天灾人祸无能为力，表现出人们的一种无奈、无知和软弱，因而只能听天由命。一方面，宿命论所强调的服从命运的安排具有消极的一面；另一方面，它强调人要适应自然，要按照自然规律改造自然。从历史过程来看，相对于大自然，人的力量毕竟是有限的，所以无论到何时，人都要顺应自然，这样才能实现安全。

（2）古代的积极安全观念

在我国悠久历史的长河中，很多成语、谚语反映了古人诸家的优秀积极的安全观念：

“千里之堤，溃于蚁穴”：语出先秦・韩非《韩非子・喻老》：“千丈之堤，溃于蚁穴，以蝼蚁之穴溃；百尺之室，以突隙之烟焚。”一个小小的蚂蚁洞，可以使千里长堤溃决。比喻小事不慎将酿成大祸。在安全生产中同样如此，有时候忘戴一次安全帽，少拧一个小螺钉，都可能酿成大的事故。所以，凡事要从大处着眼，小处入手，不能放过任何一个细节。当发现事故隐患后，必须迅速进行整改，避免问题积累，浅水沟里翻船。

“螳螂捕蝉，黄雀在后”：语出《庄子・山木》：“睹一蝉，方得美荫而忘其身，螳螂执翳而搏之，见得而忘其形；异鹊从而利之，见利而忘其真。”螳螂正想要捕捉蝉，却不知道黄雀在它后面正要吃它。指人目光短浅，没有远见，只顾追求眼前的利益，而不顾身后隐藏的祸患。在现代的安全生产中人们在追求眼前利益时，往往容易忽视后面隐藏着的危险；在生产经营过程中，往往容易追求生产速度，而忽视生产的运行状态；在生产投入和安全投入上，往往容易考虑生产上加大投入去追逐效益最大化，而忽视安全投入。

“差之毫厘，谬以千里”：语出《礼记・经解》：“《易》曰：‘君子慎始，差若毫厘，谬以千里。’”形容开始时虽然相差很微小，结果会造成很大的错误。在生产中，若做好应有的安全防护、安全教育，在生产中发生事故的可能性就会降低。

“前车之覆，后车之鉴”：语出《荀子・成相》：“前车已覆，后未知更何觉时。”《大戴礼记・保傅》：“鄙语曰：……前车覆，后车诫。”汉刘向《说苑・善说》：“《周书》曰：‘前车覆，后车戒。’盖言其危。”后以“前车之鉴”、“前车可鉴”或“前辙可鉴”比喻以往的失败，后来可以当作教训。这是事故预防的有效的对策。

千百年来，我国智慧的人民总结出了许多优秀的安全观念：

・观念之一：居安要思危。出于《左传・襄公十一年》：“居安思危，思则有备，有备无患”，“安不忘危，预防为主”。正像孔子所说，“凡事预则立，不预则废”，即安全工作预防为主的方针。

・观念之二：长治能久安。出自《汉书・贾谊传》：“建久安之势，成长治之业。”只有发达长治之业，才能实现久安之势。这不仅对于国家安定是这样，对于生活与生产的安全也需要这一重要的安全策略。

・观念之三：防微且杜渐。源于《元史・张桢传》：“有不尽者，亦宜防微杜渐而禁于未然。”从微小之事抓起，重视事故之“苗头”，使事故或灾祸刚一冒头就及时被制止，把事故消灭在萌芽状态。

・观念之四：未雨也绸缪。出自《诗・豳风・鸱》：“迨天之未阴雨，彻彼桑土，绸缪牖户。”尽管天未下雨，也需修补好房屋门窗，以防雨患。这也体现了安全的本质论重于预防的基本策略。

・观念之五：亡羊须补牢。出自《战国策・楚策四》：“亡羊而补牢，未为迟也。”尽管已受损失，也需想办法进行补救，以免再受更大的损失。古人云“遭一蹶者得一便，经一事者长一智”，故曰“吃一堑，长一智”，“前车已覆，后来知更何觉时”，谓之“前车之鉴”。这些良言古训，虽是“马后炮”，但不失为事故后必需之良策。

・观念之六：曲突且徒薪。源自《汉书・霍光传》：“臣闻客有过主人者，见其灶直突，傍有积薪。客谓主人，更为曲突，远徒其薪，不者且有火患，主人嘿然不应。俄而家果失火……”只有事先采取有效措施，才能防止灾祸。这是“预防为主”之体现，是防范事故的必遵之道。

### 1.1.3　人类安全法规的起源

（1）人类最早的工业安全健康法规

1765年，从瓦特发明蒸汽机开始，引起了工业革命，人类从家庭手工业走入了社会化工业。从此，工业事故不断升级，生产安全问题日益突出。当时，常常发生的锅炉爆炸事故，成了社会的很大难题。1815年，伦敦发生了惨重的锅炉爆炸事故，为此，英国议会进行了事故原因调查，之后制定了有关的法规，并创建了锅炉专业检验公司。但是，这还不是人类最早的安全法规。

由于工业革命最先是从纺织工业的改革运动发起的，当时世界上最发达的资本主义国家英国，其政府对经济生产实行不干涉主义，因此18世纪对工业的立法几乎没有。直到19世纪初，随着工业的发展，问题的日益严重，并出于所谓“温情主义”的传统，于1802年，英国制定了最早的工厂法，称为《学徒健康与道德法》。当时作为工业先进的国家英国，劳动者工作日竟延长到每昼夜14h、16h甚至18h。18世纪末期至19世纪初期，无产阶级反对资产阶级的斗争由自发的运动发展到了有组织和自觉的运动，工人群众强烈要求颁布缩短工作时间的法律。1802年英国政府终于通过了一项规范纺织工厂童工工作时间的法律。这一法律规定，禁止纺织工厂使用9岁以下学徒，并且规定18岁以下的学徒其劳动时间每日不得超过12h和禁止学徒在晚9时至次日凌晨5时之间从事夜间工作。该法被认为是资本主义工业革命后，资本主义国家为了巩固资本主义生产关系而颁布的一部有关调整劳动关系的法律，是资产阶级工厂立法的开端，是一部最早的关于工作时间的立法，从此揭开了劳动立法史新的一页。

《学徒健康与道德法》同时规定了室温、照明、通风换气等标准。这一法规虽然不是以安全专门命名的，但实质上是一个以工厂安全为主的法规。后来，工厂所用的动力由水力逐渐为蒸汽机所代替，工厂法为了适应实际生产的要求，而不断修改完善，1844年，英国制定了对机械上的飞轮和传动轴进行防护的安全法。

（2）人类最早的交通安全法规

交通的出现是与车的使用密切相关的。据考证，人类最早的车出现于我国的夏代，而我们现在能够看到的最早的车的形象是商代的：在商周时期的墓葬里，其车子的遗残物，表现为双轮、方形或长方形车厢，独辕。通过复原看到的古代车形，与当时的甲骨文、青铜器铭文中车字的形象相似。古埃及和亚述（古代东方的奴隶制国家，公元前605年灭亡）是外国最早有车的国家。在西方，16世纪前车辆并不发达，仅有少量的载物用车，直到17世纪以后，西方才普遍使用车辆。

人类交通工具的第一次革命，是汽车的发明。谁第一个发明汽车？法国人和德国人一直争执不下。从引擎的研制来看，似乎法国人较先。法国人雷诺于1860年发明了汽车引擎，而德国人奥多则于1886年才发明汽油混合燃料引擎。但德国第一部汽车于1886年正式注册，它是由卡尔本茨制造并取得专利权的。汽车的出现表明：人类几千年来依靠畜力拉车的时代行将结束。

在早期人类用人力或畜力作为交通动力时，交通安全问题并不突出。但是，到了汽车时代，情况就大为不同了。汽车的出现，使人类的交通与运输进入了高效与文明时代。但是，伴随的汽车交通事故成为人类社会人为事故最为严重的方面。因此，在汽车应用一开始，交通安全法规就成为必不可少的“保护神”。

据考证，世界上最早的交通法规是美国交通学专家威廉·菲尔普斯·伊诺制定的。1967年的一天，9岁的伊诺在马车里目睹了纽约市一个十字路口交通堵塞达30min之久，留下了很深的印象。以后他常跟家里人到欧美去旅行，每到一处，就观察当地的交通秩序，考察交通事故问题，并写下了大量的笔记。1880年，他在报刊上发表了两篇颇有见地的论文，从而引起人们的重视，之后纽约市的警察局决定请他出面制定交通法规。他在整理了自己的考察笔记基础上，起草了世界上第一部交通法规《驾车的规则》，其条文1903年在美国正式颁布，由此把美国的汽车交通带入高效安全的时代。从此，世界各国积极仿效。交通法规随着交通事业的发展而发展，其法规体系日益完善和趋于合理。

## 1.2　安全科学的起源与发展

安全生产、安全劳动是人类生存永恒的命题，已伴随着创世纪以来人类文明社会的生存与生产走过了数千年。在进入21世纪，面对社会、经济、文化高速发展和变革的年代，面对全面建设小康社会的历史使命，我们需要思考中国安全生产，人类公共安全发展战略，而这种战略首先是建立在历史基石之上的。为此，我们需要对安全科学的起源与发展作一回顾。

20世纪，是人类安全科学发展和进步最为快速的百年。从安全立法到安全管理，从安全技术到安全工程，从安全科学到安全文化，针对生产事故、人为事故、技术灾害等工业社会日益严重的问题，百年中，劳动安全与劳动保护活动为人类的安全生产、安全生存，以及人类文明书写了闪光的、不可磨灭的一页。

在20世纪，我们看到了人类冲破“亡羊补牢”的陈旧观念和改变了仅凭经验应付的低效手段，给予世界全新的劳动安全理念、思想、观点、方法，也给予人类安全生产与安全生活的知识、策略、行为准则与规范，以及生产与生活事故的防范技术与手段，通过把人类“事故忧患”的颓废情绪变为安全科学的缜密；把社会的“生存危机”的自扰认知变为实现平安康乐的动力，最终创造人类安全生产和安全生存的安康世界。这一切，靠的是科学的安全理论与策略、高超的安全工程和技术、有效的安全立法及管理。

进入21世纪，随着全球人口不断膨胀，地区发展更加不平衡，人类贫富差距矛盾加剧；自然环境不断恶化，自然灾害频发，不可再生资源越来越少，市场竞争日趋激烈；科技不断创新和发展，人造工程不断复杂化和巨型化，信息爆炸和网络传播技术飞速发展，人们生活方式在不断改变；传统文化逐渐弱化，社会文化更加多元化和新潮化；系统越来越趋于复杂化。因此，安全的内涵、范畴、外延等发生了诸多变化，安全的新问题、新动态、新领域等不断出现。

面对上述的现实与背景，正视未来的挑战和忧患，为21世纪社会经济的可持续发展和人类生活质量的提高，需要更加努力地去创造一个安全、健康的世界，需要创建安全的生产方式和康乐幸福的生活方式。为此，人类唯一的出路就是重视发展安全科学技术，有效地预防各种事故和灾难的发生。

### 1.2.1　安全认识观的发展和进步

（1）从“宿命论”到“本质论”

我国很长时期普遍存在着“安全相对、事故绝对”“安全事故不可防范，不以人的意志转移”的认识，即存在生产安全事故的“宿命论”观念。随着安全生产科学技术的发展和对事故规律的认识，人们逐步建立了“事故可预防、人祸本可防”的观念。实践证明，如果做到“消除事故隐患，实现本质安全化，科学管理，依法监管，提高全民安全素质”，安全事故是可预防的。这种观念和认识上的进步，表明在认识观上我们从“宿命论”逐步地转变到了“本质论”，为落实“安全第一，预防为主，综合治理”方针具备了认识观的基础。

(2) 从“就事论事”到“系统防范”

我国在20世纪80年代中期从发达国家引入了“安全系统工程”理论，通过三十几年的实践，在安全生产界“系统防范”的概念已深入人心。这在安全生产的方法论层面表明，我国安全生产界已从“无能为力，听天由命”“就事论事，亡羊补牢”的传统方式逐步地转变到现代的“系统防范，综合对策”的方法论。在我国的安全生产实践中，政府的“综合监管”、全社会的“综合对策和系统工程”、企业的“管理体系”无不表现出“系统防范”的高明对策。

(3) 从“安全常识”到“安全科学”

“安全是常识，更是科学”，这种认识是工业化发展的要求。从20世纪80年代以来，我国在政府层面建立了“科技兴安”的战略思想；在学术界、教育界开展了安全科学理论研究，在实践层面上实现了按“安全科学”办学办事的规则。学术领域的“安全科学技术”一级学科建设（代码620），硕士、博士学位授予和人才培养学科目录中的一级学科“安全科学与工程”（代码0837），普通高等学校本科专业的“安全工程”（代码082901），社会大众层面的“安全科普”和“安全文化”，都是安全科学发展进步的具体体现。

(4) 从“劳动保护工作”到“现代职业健康安全管理体系”

中华人民共和国成立以来的很长一段时期，我国是以“劳动保护”为目的的工作模式。随着改革开放进程，在国际潮流的影响下，我们引进了“职业健康安全管理体系”，这使我国的安全生产、劳动保护、劳动安全、职业卫生、工业安全等得到了综合协调发展，建立了安全生产科学管理体系的社会保障机制，并逐步得到推广和普及。

(5) 从“事后处理”到“安全生产长效机制”

长期以来，我们完善了事故调查、责任追究、工伤鉴定、事故报告、工伤处理等“事后管理”的工作政策和制度。随着安全生产工作的开展和进步，预防为主、科学管理、综合对策的长效机制正在发展和建立过程之中。这种工作重点和目标的转移，将为提高我国的安全生产保障水平发挥重要的作用。

### 1.2.2　安全科学技术的产生和发展

安全科学技术是研究人类生存条件下人、机、环境系统之间的相互作用，保障人类生产与生活安全的科学和技术，或者说是研究技术风险导致的事故和灾害的发生和发展规律以及为防止事故或灾害发生所需的科学理论和技术方法，它是一门新兴的交叉科学，具有系统的科学知识体系。

追溯安全科学技术发展历史，人类经历了四个阶段的发展，如表1.1所示。

20世纪70年代以来，科学技术飞速发展，随着生产的高度机械化、电气化和自动化，尤其是高技术、新技术应用中潜在危险常常突然引发事故，使人类生命和财产遭到巨大损失。因此，保障安全，预防灾害事故从被动、孤立、就事论事的低层次研究，逐步发展到系统的、综合的较高层次的理论研究，最终导致了安全科学的问世。1974年美国出版了《安全科学文摘》；1979年英国W.J.哈克顿和G.P.罗滨斯发表了《技术人员的安全科学》；1983年日本井上威恭发表了《最新安全工学》；1984年联邦德国A.库尔曼发表了《安全科学导论》；1990年“第一届世界安全科学大会”在联邦德国科隆召开，参加会议者多达1500人。由此可见，安全科学已从多学科分散研究发展为系统的整体研究，从一般工程应用研究提高到技术科学层次和基础科学层次的理论研究。

安全科学技术是一门新兴的、边缘科学，涉及社会科学和自然科学的多门学科，涉及人类生产和生活的各个方面。从学科角度上看，安全科学技术研究的主要内容包括：①安全科学技术的基础理论，如灾变理论、灾害物理学、灾害化学、安全数学等；②安全科学技术的应用理论，如安全系统工程、安全人机工程、安全心理学、安全经济学、安全法学等；③专业技术，包括安全工程、防火防爆工程、电气安全工程、交通安全工程、职业卫生工程（除尘、防毒、个体防护等）、安全管理工程等。安全科学技术横跨自然科学和社会科学领域，近十几年来发展很快，直接影响着经济和社会发展。随着安全科学学科的全面确立，人们更深刻地认识安全的本质及其变化规律，用安全科学理论指导人们的实践活动，保护职工安全与健康，提高功效，发展生产，创造物质和精神文明，推动社会发展。

### 1.2.3　我国安全科学技术的发展及进步

我国安全科学技术的发展大致可分为四个阶段：

(1) 劳动保护阶段

中华人民共和国成立初期至20世纪70年代末期，国家把劳动保护作为一项基本政策实施，安全工程、卫生工程作为保障劳动者的重要技术措施而得到发展。

这一时期我国最重要的标志是“劳动保护”事业的发展和“安全第一”方针的提出。

人类“劳动保护”最早是由恩格斯1850年在《十小时工作制问题》的论著中首次提出的。进入20世纪，1918年俄共《党章草案草稿》中把“劳动保护”列为党纲第10条；在我国，首次提出“劳动保护”是1925年5月1日召开的全国劳动代表大会上的决议案中。“劳动保护”作为安全科学技术的基本目标和重要内容，将伴随人类劳动永恒。

表1.1　安全科学技术发展的历史阶段

| 阶段 | 时代 | 技术特征 | 认识论 | 方法论 | 安全科学技术的特点 |
| --- | --- | --- | --- | --- | --- |
| 自发认识阶段 | 工业革命前 | 农牧业及手工业 | 宿命论 | 无能为力 | 人类被动承受自然与人为的灾害和事故，对安全现象的认识仅限于一些零碎而互不联系的感性知识 |
| 局部认识阶段 | 第一次工业革命 | 蒸汽机时代 | 局部安全 | 亡羊补牢，事后型 | 建立在事故与灾难经验上的局部安全意识 |
| 系统认识阶段 | 第二次及第三次工业革命 | 电气化时代、信息化时代 | 系统安全 | 综合对策及系统工程 | 建立了事故系统的综合认识，认识到人、机、环境、管理综合要素 |
| 本质预防阶段 | 第三次工业革命 | 信息化时代 | 安全系统 | 本质安全化，预防型 | 从人与机器和环境的本质安全入手，建立安全的生产系统 |

“安全第一”口号的提出来源于美国。1901年在美国的钢铁工业受经济萧条的影响时，钢铁工业提出“安全第一”的经营方针，致力于安全生产的目标，不但减少了事故，同时产量和质量都有所提高。百年之间，“安全第一”已从口号变为安全生产基本方针的重要内容，成为人类生产活动的基本准则。1952年，第二次全国劳动保护工作会议首先提出劳动保护工作必须贯彻“安全生产”的方针；1987年，全国劳动安全监察工作会议正式提出安全生产工作必须做到“安全第一，预防为主”。

我国这一阶段安全技术的发展表现为：一是作为劳动保护的一部分而开展的劳动安全技术研究，包括机电安全、工业防毒、工业防尘和个体防护技术等等。二是随着生产技术发展起来的产业安全技术。如矿业安全技术，包括顶板支护、爆破安全、防水工程、防火系统、防瓦斯突出、防瓦斯煤尘爆炸、提升运输安全、矿山救护及矿山安全设备与装置等都是随着采矿技术装备水平的提高而提高的。冶金、建筑、化工、石油、军工、航空、航天、核工业、铁路、交通等产业安全技术都是紧密与生产技术结合，并随着产业技术水平的提高而提高的。

(2) 劳动安全卫生阶段

20世纪70年代末至90年代初，随着改革开放和现代化建设的发展，安全科学技术也得到迅猛发展。在此期间建成了安全科学技术研究院、所、中心40余个，尤其是1983年9月中国劳动保护科学技术学会正式成立后，加强了安全科学技术学科体系和专业教育体系建设工作，全国共有20余所高校设立安全工程专业。

这一阶段最为重要的发展标准是综合性的安全科学技术研究已有初步基础。一方面为劳动保护服务的职业安全卫生工程技术继续发展，另一方面开展了安全科学技术理论研究。在系统安全工程、安全人机工程、安全软科学研究方面进行了开拓性的研究工作。如事故致因理论、伤亡事故模型的研究，事件树、事故树等系统安全分析方法在厂矿企业安全生产中推广应用。在防止人为失误的同时，把安全技术的重点放在通过技术进步、技术改造，提高设备的可靠性、增设安全装置、建立防护系统上。

事故致因理论把人为事故作为一种工业社会的现象，研究其致因的规律，这是美国工业安全专家海因里希在20世纪30年代的贡献。他提出的事故致因理论，至今还指导着当代事故预防的实践，20世纪80年代我国在安全科学界掌握了这一理论的体系，对事故预防发挥了重要作用。

第二次世界大战后期，随着军事工业的发展和电气化生产方式的出现，安全系统工程的理论和方法在安全工程领域得到了发展，我国在20世纪80年代中期随着改革开放得以引入。其中，以事故树（FTA）分析技术为代表的安全系统工程理论和方法最为突出。安全系统理论和方法对工业安全理论作出了巨大贡献，特别是安全的定量分析理论与技术，安全系统分析独树一帜，丰富了安全科学理论体系。

以保障劳动者安全健康和提高效率为目的而开展了安全人机工程的研究。在研究改进机械设备、设施、环境条件的同时，研究预防事故的工程技术措施和防止人为失误的管理和教育措施。

产业安全技术得到发展。传统产业如冶金、煤炭、化工、机电等都建立了自己的安全技术研究院（所），开展产业安全技术研究，高科技产业如核能、航空航天、智能机器人等都随着产业技术的发展而发展。国家把安全科学技术发展的重点放在产业安全上。核安全、矿业安全、航空航天安全、冶金安全等产业安全的重点科技攻关项目列入了国家计划。特别是我国实行对外开放政策以来，在引进成套设备和技术的同时，引进了国外先进的安全技术并加以消化。如冶金行业对宝钢安全技术的消化，核能产业对大亚湾核电站安全技术的引进与消化等取得显著成绩。

这一阶段我国的劳动保护工作和劳动安全卫生科技开始走上科学化的轨道。具体主要进展为：

1983年在天津成立了中国劳动保护科学技术学会。

1984年在我国高等教育专业目录中第一次设立了“安全工程”本科专业。

1987年劳动部首次颁发“劳动保护科学技术进步奖”。

1988年劳动部组织全国10多个研究所和大专院校近200名专家、学者完成了《中国2000劳动保护科技发展预测和对策》的研究。这项工作使人们对当时我国安全科技的状况有了比较清晰的认识，看到了我国安全科技水平与先进国家的差距，对进一步制定安全科学技术发展规划、计划提供了依据。

1989年国家颁布的《中长期科技发展纲要》中列入了安全生产专题。在中国图书馆分类法第三版，安全科学与环境科学并列为X一级类目，名称初定为“劳动保护科学（安全科学）”，第四版更名为“安全科学”，同时按学科分类调整了内容。

(3) 职业健康安全阶段

20世纪90年代至2005年前后，我国安全科学技术进入了新的发展时期。突出的标志，一是国际职业健康安全管理体系（OHSMS）的引入，二是我国安全生产管理体制的转变。

这一阶段正处于跨世纪时期，我国的安全科学得以深化和扩展。安全科学技术和安全科学管理加速发展。特别是现代安全管理体系的引入，逐步实现了变传统的纵向单因素安全管理为现代的横向综合安全管理；变事故管理为现代的事件分析与隐患管理（变事后型为预防型）；变被动的安全管理对象为现代的安全管理动力；变静态安全管理为现代的动态安全管理；变过去只顾生产效益的安全辅助管理为现代的效益、环境、安全与卫生的综合效果的管理；变被动、辅助、滞后的安全管理程式为现代主动、本质、超前的安全管理程式；变外追型安全指标管理为内激型的安全目标管理（变次要因素为核心事业）。

我国的安全管理体制从20世纪八九十年代的“企业负责，行业管理，国家监察，群众监督”的管理体制转变为安全生产管理新格局“政府统一领导，部门依法监管，企业全面负责，社会监督支持”。几个层面互相关联，互相作用，共同构成市场经济条件下安全生产工作的监督体系，对安全生产的监督管理更加规范。

这一阶段还有如下主要进展：

1990年颁布了安全科学技术发展“九五”计划和2010年远景目标纲要。

1991年中国劳动保护科学技术学会创办了《中国安全科学学报》。

1992年在国家标准局技术监督总局颁布的中华人民共和国国家标准《学科分类与代码》中，“安全科学技术”被列为一级学科（代码620）。其中，包括“安全科学技术基础、安全学、安全工程、职业卫生工程、安全管理工程”5个二级学科和27个三级学科。

1993年发布的《中国图书分类法》中以X9列出劳动保护科学（安全科学）专门目录。

1997年11月19日，人事部和劳动部联合颁布了《安全工程专业中、高级技术资格评审条件（试行）》。

2002年，国家经贸委发布了《安全科技进步奖评奖暂行办法》，并进行了首届“安全生产科学技术进步奖”的评奖工作。

2002年，人事部、国家安监局发布了《注册安全工程师执业资格制度暂行规定》和《注册安全工程师执业资格认定办法》。

2002年，中华人民共和国第九届全国人民代表大会常务委员会颁布了《中华人民共和国安全生产法》。

2003年，在科技部的中长期发展规划中，将“公共安全科技问题研究”列为我国20个科技重点发展领域之一。

2004年，国家安监局根据《教育部关于委托国家安监局管理安全工程学科教学指导委员会的函》，组建了全国高等学校安全工程学科教学指导委员会。

2004年，国务院发布了《关于进一步加强安全生产工作的决定》，颁布了《安全生产许可证条例》，出台了一系列安全生产经济政策。

(4) 公共安全体系阶段

2005年以来，我国的安全科学出现了所谓“大安全”的公共安全概念。从“十一五”开始，《国家中长期科学和技术发展规划纲要》已将“公共安全”列为重点发展领域。尽管公共安全概念的内涵和体系至今还未清晰和统一，但以建立公共安全科学体系的呼声日益强烈。

这一阶段重要发展有两个标志，一是安全科学学科体系的建设，二是安全文化建设的提出。

对于安全科学学科体系的建设，1990年在德国召开了第一届世界安全科学大会，同时成立了世界安全联合会。从此，人类将安全科学作为一门独立学科进行研究和发展。我国在20世纪90年代初也将安全科学技术列为一级学科。重要发展的标志还有以下几个：

2007年，15所高校的安全工程专业被列为国家级特色专业。

2008年，安全工程专业成为我国工程教育认证的10个试点认证专业之一。

2010年，我国开办安全工程本科专业的高校达到127所，拥有安全技术及工程（矿业工程一级学科名下）二级学科博士点高校20所、硕士点高校约50所，拥有安全工程领域工程硕士点高校50所。

2011年，国务院学位委员会新修订学科目录，将“安全科学与工程”（代码0837）增设为研究生教育一级学科。

2012年，经国家民政部批准，在北京成立了“公共安全科学技术学会”。

在安全文化方面，1986年，国际原子能机构在面对切尔诺贝利灾难性核泄漏事故的背景下，对人为工业事故追根求源，得到的认识归根到底是“人的因素”，而“人因”的本质是文化造就的。因此，1989年在核工业界首先提出了“核安全文化建设”的概念、方法和策略。从此，在工业安全领域，安全文化建设的理论、方法、实践作为人类安全生产与安全活动的一种战略和对策，不断地研究、探讨和深化。2016年《中共中央、国务院关于推进安全生产领域改革发展的意见》提出安全生产“五大创新”的要求，其中“安全文化创新”就是重要内容之一。此外，我国近年来发布的关于安全文化的安全行业标准及地方标准有《企业安全文化建设导则》《企业安全文化建设评价准则》《安全文化建设示范企业评价规范》《煤矿安全文化建设导则》等。

除安全科学学科体系和安全文化方面的进展以外，这一阶段还有如下主要进展：

2006年，教育部、国家发改委、财政部和国家安监总局联合下发了《关于加强煤矿专业人才培养工作的意见》。

2006年，党的十六届六中全会把坚持和推动“安全发展”纳入构建社会主义和谐社会应遵循的原则和总体布局。

2014年，第十二届全国人民代表大会常务委员会第十次会议通过了全国人民代表大会常务委员会关于修改《安全生产法》的决定等。

2016年12月，新中国成立以来第一个以党中央、国务院名义出台的安全生产工作的纲领性文件《中共中央国务院关于推进安全生产领域改革发展的意见》印发。

2018年3月，根据第十三届全国人民代表大会第一次会议批准的国务院机构改革方案，设立中华人民共和国应急管理部，并于2018年4月16日正式挂牌，开启了我国“大安全、大应急”新时代。

这一阶段，我国引入、创新和发展的安全观念及理论方法有：安全发展观、安全公理、安全定理、安全定律、本质安全化、智慧安全、安全战略思维、基于风险的管理（risk-based supervision，RBS）、基于风险的检验（risk-based inspection，RBI）、安全保护层、全过程监管等。

### 1.2.4　安全科学体系的构成

我国有以下4种关于安全科学学科体系的表述。

(1) 基于人才教育的安全科学学科体系

安全工程专业人才培养的安全科学学科体系，以高等教育人才培养学科目录为依据和标志。2011年，我国《学位授予和人才培养学科目录》将安全科学与工程（代码0837）列为一级学科。

构建高等人才教育的学科体系是以人才所需要的科学知识结构为依据的。安全科学是一门交叉性、横断性的学科，它既不单纯涉及自然科学，又与社会科学密切相关，它是一门跨越多个学科的应用性学科。安全科学是在对多种不同性质学科的理论兼容并蓄的基础上经过不断创新逐步发展起来的，是不同学科理论及方法系统集成的综合性学科。

安全科学以不同门类的学科为基础，经过几十年的发展，已经形成了自身的科学体系，有自成一体的概念、原理、方法和学科系统。安全科学涉及的学科及关系如图1.2所示。

根据人才教育科学知识结构的规律，安全科学人才教育知识体系结构如图1.3所示，表明安全科学知识体系是自然科学与社会科学交叉；安全科学知识体系涉及基础理论体系-应用理论技术-行业管理技术和行业生产技术。

人才教育的学科知识体系需要符合科学学的规律，为此，从科学学的学科原理出发，安全科学的学科体系结构如表1.2所示，同样从中反映出安全科学是一门综合性的交叉科学：从纵向，依据安全工程实践的专业技术分类，安全科学技术可分为安全物质学、安全社会学、安全系统学、安全人体学4个学科或专业分支方向；从横向，依据科学学的学科分层原理，安全科学技术分为哲学、基础科学、工程理论、工程技术4个层次。

我国20世纪80年代开始推进工业安全的高层次学历人才培训，为安全科学技术的发展、安全工程提供专业人才保证。至20世纪末期构建了安全工程类专业的博士、硕士和学士学位学科体系。对于安全工程本科学历教育，培训未来的安全工程师，其课程知识体系包括以下3个层次：

① 基础学科：高等数学、高等物理、材料力学、电子电工学、机械制造、机械制图、计算机科学、外语、法学、管理学、系统工程、经济学等。

② 专业基础学科：安全原理、安全科学导论、可靠性理论、安全系统工程、安全人机工程、爆炸物理学、失效分析、安全法学等。

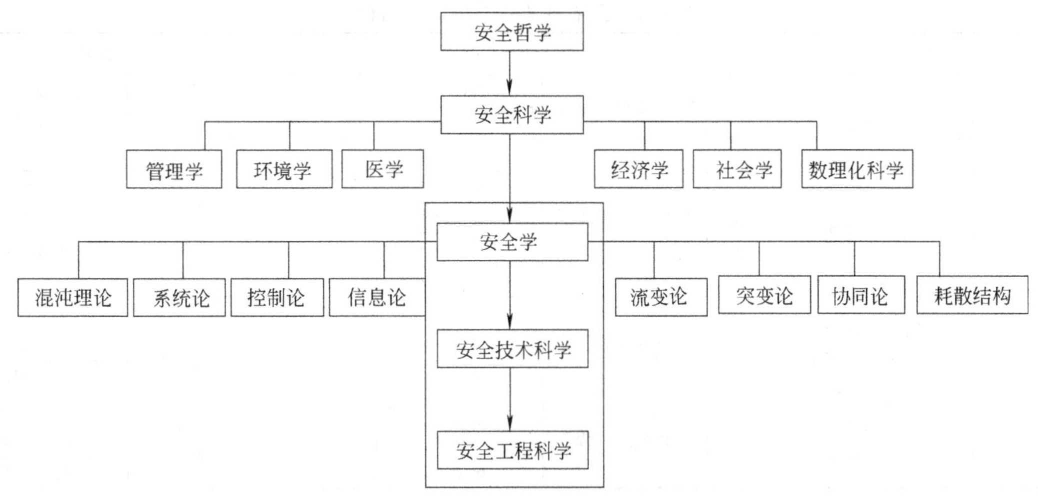


图 1.2　安全科学涉及的学科及关系

图 1.3　安全科学人才教育知识体系结构

③ 专业学科：安全技术、工业卫生技术、机械安全、焊接安全、起重安全、电气安全、压力容器安全、安全检测技术、防火防爆、通风防尘、通风与空调、工业防尘技术、工业噪声防治技术、工业防毒技术、安全卫生装置设计、环境保护、工业卫生与环境保护、安全仪表测试、劳动卫生与职业病学、瓦斯防治技术、火灾防治技术、矿井灭火、安全管理学、安全法规标准、安全评价与风险管理、安全行为科学（心理学）、安全经济学、安全文化学、安全监督监察、事故管理与统计分析、计算机在安全中的应用等。

安全科学是一门不断发展的学科，其培养的专业人才可适用于安全生产、公共安全、校园安全、防灾减灾等。在社会政府层面，能适应社会管理、行政管理、行业管理等方面；在行业层面，可满足矿业、建筑业、石油化工、电力、交通运输、有色、冶金、机械制造、航空航天、林业、农业等。因此，在以人才教育知识体系为基础构建的安全学科体系的指导下，教育培训的安全工程专业人才，能够适应工业安全与公共安全的各行业和各领域。

（2）基于科学研究的安全科学学科体系

基于科学研究及学科建设的需要，国家 1992 年发布了国家标准《学科分类与代码》（GB/T 1375—1992），其中“安全科学技术”（代码 620）被列为 58 个一级学科之一，下设安全科学技术基础、安全学、安全工程、职业卫生工程、安全管理工程 5 个二级学科和 27 个三级学科。2009 年更新了新版本的国标《学科分类与代码》（GB/T 13745—2009，后于 2012 年和 2016 年两次发布修改单），“安全科学技术”在所有 66 个一级学科中排名第 33 位。“安全科学技术”涉及自然科学和社会科学领域，有 11 个二级学科和 50 多个三级学科，如表 1.3 所示。

国家标准《学科分类与代码》中与安全科学技术相关的学科还有：1601745 土壤质量与食物安全，1602920 化学性食品安全的基础性理论，1602930 食品安全控制方法与控制机理，16029 农畜产品加工中的食品安全问题，1602910 微生物源食品安全的基础性研究，1602920 化学性食品安全的基础性理论，1603845 水产品安全与质量控制，2302330 网

**表 1.2 安全科学的学科体系结构**

<table>
<tr><th colspan="2">哲学</th><th colspan="2">基础科学</th><th colspan="3">工程理论</th><th colspan="3">工程技术</th></tr>
<tr><td rowspan="13">哲学</td><td rowspan="13">安全观</td><td rowspan="13">安全学</td><td rowspan="2">安全物质学<br>(物质科学类)</td><td rowspan="13">安全工程学</td><td rowspan="2">安全设备工程学</td><td>安全设备机械工程学</td><td rowspan="13">安全工程</td><td rowspan="2">安全设备工程</td><td>安全设备机械工程</td></tr>
<tr><td>安全设备卫生工程学</td><td>安全设备卫生工程</td></tr>
<tr><td rowspan="5">安全社会学<br>(社会科学类)</td><td rowspan="5">安全社会工程学</td><td>安全管理工程学</td><td rowspan="5">安全社会工程</td><td>安全管理工程</td></tr>
<tr><td>安全经济工程学</td><td>安全经济工程</td></tr>
<tr><td>安全教育工程学</td><td>安全教育工程</td></tr>
<tr><td>安全法学</td><td>安全法规</td></tr>
<tr><td>……</td><td>……</td></tr>
<tr><td rowspan="3">安全系统学<br>(系统科学类)</td><td rowspan="3">安全系统工程学</td><td>安全运筹技术学</td><td rowspan="3">安全系统工程</td><td>安全运筹技术</td></tr>
<tr><td>安全信息技术论</td><td>安全信息技术</td></tr>
<tr><td>安全控制技术论</td><td>安全控制技术</td></tr>
<tr><td rowspan="3">安全人体学<br>(人体科学类)</td><td rowspan="3">安全人体工程学</td><td>安全生理学</td><td rowspan="3">安全人体工程</td><td>安全生理工程</td></tr>
<tr><td>安全心理学</td><td>安全心理工程</td></tr>
<tr><td>安全人机工程学</td><td>安全人机工程</td></tr>
</table>

**表 1.3 《学科分类与代码》(GB/T 13745—2009) 中关于"安全科学技术"的部分内容**

| 代码 | 学科名称 | 备注 |
|---|---|---|
| 62010 | 安全科学技术基础学科 | |
| 6201005 | 安全哲学 | |
| 6201007 | 安全史 | |
| 6201009 | 安全科学学 | |
| 6201030 | 灾害学 | 包括灾害物理、灾害化学、灾害毒理等 |
| 6201035 | 安全学 | 代码原为 62020 |
| 6201099 | 安全科学技术基础学科其他学科 | |
| 62021 | 安全社会科学 | |
| 6202110 | 安全社会学 | |
| | 安全法学 | 见 8203080,包括安全法规体系研究 |
| 6202120 | 安全经济学 | 代码原为 6202050 |
| 6202130 | 安全管理学 | 代码原为 6202060 |
| 6202140 | 安全教育学 | 代码原为 6202070 |
| 6202150 | 安全伦理学 | |
| 6202160 | 安全文化学 | |
| 6202199 | 安全社会科学其他学科 | |
| 62023 | 安全物质学 | |
| 62025 | 安全人体学 | |
| 6202510 | 安全生理学 | |
| 6202520 | 安全心理学 | 代码原为 6202020 |
| 6202530 | 安全人机学 | 代码原为 6202040 |
| 6202599 | 安全人体学其他学科 | |
| 62027 | 安全系统学 | 代码原为 6202010 |
| 6202710 | 安全运筹学 | |
| 6202720 | 安全信息论 | |
| 6202730 | 安全控制论 | |
| 6202740 | 安全模拟与安全仿真学 | 代码原为 620230 |
| 6202799 | 安全系统学其他学科 | |
| 62030 | 安全工程技术科学 | 原名为"安全工程" |
| 6203005 | 安全工程理论 | |
| 6203010 | 火灾科学与消防工程 | 原名为"消防工程" |
| 6203020 | 爆炸安全工程 | |
| 6203030 | 安全设备工程 | 含安全特种设备工程 |
| 6203035 | 安全机械工程 | |
| 6203040 | 安全电气工程 | |
| 6203060 | 安全人机工程 | |
| 6203070 | 安全系统工程 | 含安全运筹工程、安全控制工程、安全信息工程 |
| 6203099 | 安全工程技术科学其他学科 | |
| 62040 | 安全卫生工程技术 | |
| 6204010 | 防尘工程技术 | |
| 6204020 | 防毒工程技术 | |
| | 通风与空调工程 | 见 5605520 |
| 6204030 | 噪声与振动控制 | |
| | 辐射防护技术 | 见 49075 |
| 6204040 | 个体防护工程 | |
| 6204099 | 安全卫生工程技术其他学科 | 原名为"职业卫生工程其他学科" |
| 62060 | 安全社会工程 | |
| 6206010 | 安全管理工程 | 代码原为 62050 |
| 6206020 | 安全经济工程 | |
| 6206030 | 安全教育工程 | |
| 6206099 | 安全社会工程其他学科 | |
| 62070 | 部门安全工程理论 | 各部门安全工程入有关学科 |
| 62080 | 公共安全 | |
| 6208010 | 公共安全信息工程 | |
| 6208015 | 公共安全风险评估与规划 | 原名称及代码为"6205020 风险评价与失效分析" |
| 6208020 | 公共安全检测检验 | |
| 6208025 | 公共安全监测监控 | |
| 6208030 | 公共安全预测预警 | |
| 6208035 | 应急决策指挥 | |
| 6208040 | 应急救援 | |
| 6208099 | 公共安全其他学科 | |
| 62099 | 安全科学技术其他学科 | |

络安全，23026 信息安全，2302620 安全体系结构与协议，2302650 信息系统安全，2902660 油气安全工程与技术，2903260 采矿安全科学与工程，3201740 环境安全，3301445 公共安全与危机管理，8203080 安全法学等。

（3）基于系统科学原理的安全科学学科体系

基于系统科学霍尔模型，安全科学的学科体系包括 4M 要素、3E 对策、3P 策略 3 个维度。4M 要素（详见 3.2.3）揭示了事故致因的 4 个因素：人因（men）、物因（machine）、管理（management）、环境（medium）；3E 对策给出了预防事故的对策体系：工程技术（engineering）、文化教育（education）、制度管理（enforcement）；3P 策略按照事件的时间序列指明了安全工作应采取的策略体系：事前预防（prevention）、事中应急（pacification）、事后改进（preception）。基于 4M 要素的 3P 策略构成安全科学技术的目标（价值）体系，基于 3P 策略的 3E 对策构成安全科学技术的方法体系，基于 4M 要素的 3E 对策构成安全科学技术的知识（学科）体系，如图 1.4 所示。

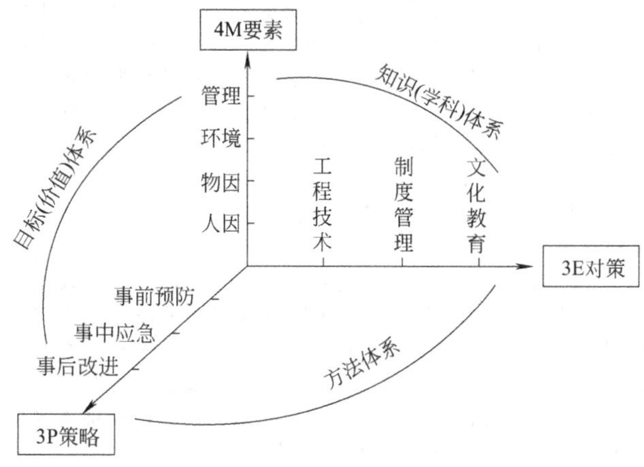


图 1.4 基于系统科学原理的安全科学学科体系

① 安全科学的目标（价值）体系。人、物、环境、管理既是导致事故的因素，其中人、物、环境也是需要保护的目标，管理也需要不断完善机制、提高效率，实现卓越绩效。因此，不论是事前、事中，还是事后阶段，人、物、环境的安全以及有效的管理始终是安全科学技术追求的目标和价值体现，即安全科学的目标体系如下：

a. 基于人因 3P：生命安全、健康保障、工伤保险、康复保障等目标（价值）；

b. 基于物因 3P：财产安全、损失控制、灾害恢复、财损保险等目标（价值）；

c. 基于环境 3P：环境安全、污染控制、环境补救等目标（价值）；

d. 基于管理 3P：促进经济、商誉维护、危机控制、社会稳定、社会和谐等目标（价值）。

② 安全科学的方法体系。针对事前、事中、事后 3 个阶段，采取 3E 对策，构成安全科学技术的各种技术方法。

a. 针对事前 3E，安全科学技术的方法体系有：

Ⅰ. 事前的安全工程技术方法：本质安全技术、功能安全技术、危险源监控、安全检测检验、安全监测监控技术；安全报警与预警、安全信息系统、工程三同时、个人防护装备用品等；

Ⅱ. 事前的安全管理方法：安全管理体制与机制、安全法治、安全规划、安全设计、风险辨识、安全评价、安全监察监督、安全责任、安全检查、安全许可认证、安全审核验收、OHSMS、安全标准化、隐患排查、安全绩效测评、事故心理分析、安全行为管理、五同时、应急预案编制、应急能力建设等；

Ⅲ. 事前的安全文化方法：安全教育、安全培训、人员资格认证、安全宣传、危险预知活动、班组安全建设、安全文化活动等。

b. 针对事中 3E，安全科学技术的方法体系有：

Ⅰ. 事中的安全工程技术：事故勘查技术、应急装备设施、应急器材护具、应急信息平台、应急指挥系统等；

Ⅱ. 事中的安全管理方式方法：工伤保险、安全责任险、事故现场处置、应急预案实施、事故调查取证等；

Ⅲ. 事中的安全文化手段：危机处置、事故现场会、事故信息通报、媒体通报、事故家属心理疏导等。

c. 针对事后的 3E，安全科学技术的方法体系有：

Ⅰ. 事后的安全工程技术：事故模拟仿真技术、职业病诊治技术、人员康复工程、隐患整改工程、事故警示基地等；

Ⅱ. 事后的安全管理方式方法：事故调查、事故处理、事故追责、事故分析、工伤认定、事故赔偿、事故数据库等；

Ⅲ. 事后的安全文化手段：事故案例反思、风险经历共享、事故警示教育、事故亲情教育等。

③ 安全科学的知识（学科）体系。4M 要素涉及人、物、环境、管理 4 个方面，与 3E 结合形成了安全科学技术的各个分支学科。

a. 人因 3E 涉及的科学有：安全人机学、安全心理学、安全行为学、安全法学、职业安全管理学、职业健康管理学、职业卫生工程学、安全教育学、安全文化学等。

b. 物因 3E 涉及的学科有：可靠性理论、安全设备学、防火防爆工程学、压力容器安全学、机械安全学、电气安全学、危险化学品安全学等。

c. 环境 3E 涉及的学科有：安全环境学、安全检测技术、通风工程学、防尘工程学、防毒工程学等。

d. 管理 3E 涉及的学科有：安全信息技术、安全管理体系、安全系统工程、安全经济学、事故管理、应急管理、危机管理等。

（4）基于科学成果的安全科学学科体系

出版领域的学科体系是展现科学成果和知识成就的系统，安全学科成果的学科体系以出版领域的国家图书分类法和《中国分类主题词表》（简称《主题表》）来了解和掌握。

①《中国图书馆分类法》的安全科学。我国的出版物图书的分类是依据《中国图书馆分类法》（简称《中图法》）。《中图法》采用汉语拼音字母与阿拉伯数字相结合的混合制号码，由类目表、标记符号、说明和注释、类目索引 4 个部分组成，其中最重要的是类目表。由五大部类、22 个基本大类组成。安全科学与环境科学共同划分于“X-环境科学、安全科学”一级目录。

1989 年出版的《中图法》（第三版）中，第一次将劳动保护科学（安全科学）与环境科学并列“X”一级类目。1999 年出版的《中图法》（第四版）中，一个重要的进展是将 X 类目中的“劳动保护科学（安全科学）”改为“安全科学”。下设 4 个二级类目：

X91 安全科学基础理论；

X92 安全管理（劳动保护管理）；

X93 安全工程；

X96 劳动卫生保护。

2010 年出版的《中图法》（第五版）中，安全科学列为一级类目 X9，下设 5 个二级类目：安全科学参考工具书；安全科学基础理论；安全管理（劳动保护管理）；安全工程；劳动卫生工程。具体的细目为：

X9 安全科学

X9-6 安全科学参考工具书
X9-65 安全标准（劳动卫生、安全标准）
X91 安全科学基础理论
X910 安全人体学
X911 安全心理学
X912 安全生理学
X912.9 安全人机学
X913 安全系统学
X913.1 安全运筹学
X913.2 安全信息论
X913.3 安全控制论
X913.4 安全系统工程
X915.1 安全计量学
X915.2 安全社会学
X915.3 安全法学
X915.4 安全经济学
X915.5 灾害学
X92 安全管理（劳动保护管理）
X921 安全管理（劳动保护）方针、政策及其阐述
X922 安全组织与管理机构
X923 安全科研管理
X924 安全监察
X924.2 安全监测技术与设备
X924.3 安全监控系统
X924.4 安全控制技术
X925 安全教育学
X928 事故调查与分析（工伤事故分析与预防）
X928.01 事故统计与报告
X928.02 事故处理
X928.03 事故预防与预测
X928.04 事故救护
X928.06 事故案例汇编
X928.1 粉尘危害事故
X928.2 电击、电伤事故
X928.3 锅炉、压力容器事故
X928.4 机械伤害事故
X928.5 化学物质致因事故
X928.6 物理因素事故
X928.7 火灾与爆炸事故
X928.9 其他
X93 安全工程
X93-6 安全工程参考工具书
X93-65 安全规程
X931 工业安全（总论）
X932 爆炸安全与防火、防爆
X933 锅炉、压力容器安全
X933.2 锅炉安全
X933.4 压力容器安全
X933.7 锅炉烟尘危害
X934 电气安全
X935 地质勘探安全
X936 矿山安全
X937 石油、化学工业安全
X938 冶金工业安全
X941 机械、金属工艺安全
X942 焊接工艺安全
X943 起重及搬运安全
X944 武器工业安全
X945 动力工业安全
X946 核工业安全
X947 建筑施工安全
X948 轻工业、手工业安全
X949 航空、航天安全
X951 交通运输安全
X954 农、林、渔业安全
X956 生活安全
X959 其他
X96 劳动卫生工程
X961 作业环境卫生
X962 工业通风
X963 工业照明
X964 工业防尘
X965 工业防毒
X966 噪声与振动控制
X967 异常气压防护
X968 高低温防护

②《中国分类主题词表》的安全科学。《中国分类主题词表》是在《中国图书馆图书分类法》（含《中国图书资料分类法》）和《汉语主题词表》的基础上编制的两者兼容的一体化情报检索语言，主要目的是使分类标引和主题标引结合起来，从而为文献标引工作的开展创造良好的条件。这部分类主题词表的编成，对我国图书馆和情报机构文献管理与图书情报服务的现代化具有重大意义，而且也是全国图书馆界和情报界又一项重大成果。

2005年，《中国分类主题词表》（第二版）电子版正式出版，其收录了22大类的主题词及其英文翻译，新版《主题词表》印刷版无英文翻译。2007年年初，我国有关安全科学学者将安全科学有关的主题词分为“安全××”和“××安全”两部分内容并进行归纳、整理、摘编，并将主题词的中、英文收集整理后，刊于《中国安全科学学报》2007年第17卷第六期（第172～第176页）和第七期（第174～第176页）上。

## 1.3 安全科学基本理论的发展

### 1.3.1 安全科学认识论

认识论是哲学的一个组成部分，是研究人类认识的本质及其发展过程的哲学理论，又称知识论。其研究的主要内容包括认识的本质、结构，认识与客观实在的关系，认识的前提和基础，认识发生、发展的过程及其规律，认识的真理标准等等。安全科学的认识论是探讨人类对安全、风险、事故等现象的本质、结构的认识，揭示和阐述人类的安全观，是安全哲学的主体内容，是安全科学建设和发展的基础和引导。

#### 1.3.1.1 事故认识论

我国很长时期普遍存在着“安全相对、事故绝对”“安全事故不可防范，不以人的意志转移”的认识，即存在有生产安全事故的“宿命论”“必然论”的观念。随着安全生产科学技术的发展和对事故规律的认识，人们已逐步建立了“事故可预防、人祸本可防”的观念。实践证明，如果做到“消除事故隐患，实现本质安全化，科学管理，依法监管，提高全民安全素质”，安全事故是可预防的。

(1) 事故的本质

广义上的事故，指可能会带来损失或损伤的一切意外事件，在生活的各个方面都可能发生事故。狭义上的事故，指在工程建设、工业生产、交通运输等社会经济活动中发生的可能带来物质损失和人身伤害的意外事件。我们这里所说的事故，是指狭义上的事故。职业不同，发生事故的情况和事

故种类也不尽相同。按事故责任范围可分为：责任事故，即由于设计、管理、施工或者操作的过失所导致的事故；非责任事故，即由于自然灾害或者其他原因所导致的非人力所能全部预防的事故。按事故对象可划分为：设备事故和伤亡事故等。事故的本质是技术风险、技术系统的不良产物。技术系统是“人造系统”，是可控的。我们可以从设计、制造、运行、检验、维修、保养、改造等环节，甚至对技术系统加以管理、监测、调适等，对技术进行有效控制，从而实现对技术风险的管理和控制，实现对事故的预防。

(2) 事故的可预防性

事故的可预防性指从理论上和客观上讲，任何事故的发生是可预防的，其后果是可控的。事故的可预防性和事故的因果性、随机性和潜伏性一样都是事故的基本性质。认识这一特性，对坚定信念、防止事故发生有促进作用。人类应该通过各种合理的对策和努力，从根本上消除事故发生的隐患，降低风险，把事故的发生及其损失降低到最小限度。

事故可预防性的理论基础是“安全性”理论。由安全科学的理论我们有：

$$\text{安全性 } S=1-R=1-R(p,l) \tag{1.1}$$

式中，$R$ 表示系统的风险；$p$ 表示事故的可能性（发生的概率）；$l$ 表示可能发生事故的严重性。

$$\text{事故的可能性 } p=F(4\mathrm{M})=F(\text{人,机,环境,管理}) \tag{1.2}$$

式中，4M 为事故致因要素详见 3.2.3。

$$\text{可能发生事故的严重性 } l=F[\text{时态,危险性(能量、规模),环境,应急}] \tag{1.3}$$

式中，时态表示系统运行的时态因素；危险性表示系统中危险的大小，由系统中含有能量、规模等因素决定；环境表示事故发生时所处的环境状态或位置；应急表示发生事故后所具有的应急条件及能力。

事故的发生与否和后果的严重程度是由系统中的固有风险和现实风险决定的，所以控制了系统中的风险就能够预防事故的发生。而风险是指特定危害事件（不期望事故）发生的概率与后果严重程度的结合。一个特定系统的风险是由事故的可能性（$p$）和可能发生事故的严重性（$l$）决定的，因此可以通过采取必要的措施控制事故的可能性来预防事故的发生；同时利用必要的手段控制可能发生事故后果的严重性，即可以利用安全科学的基本理论和技术，在事故发生之前就采取措施控制事故的发生可能性和事故的后果严重性，从而实现事故的可预防性。

人的不安全行为、物的不安全状态、环境的不良和管理的欠缺是构成事故系统的因素，决定事故发生的可能性和系统的现实安全风险，控制这四个因素能够预防事故的发生。在一个特定系统或环境中存在的这四个因素是可控的，我们可以在安全科学的基本理论和技术的指导下，利用一定的手段和方法来消除人的不安全行为、机的不安全状态、环境的不良和管理的欠缺，从而实现预防事故的目的，因此我们说事故的发生是可预防的，事故具有可预防性。

通过上述分析，我们知道可以利用安全科学的基本理论和技术，采取适当的措施，避免事故的发生，控制事故的后果是可行的。也就是说，事故是可以预防的，事故后果是可以控制的，事故具有可预防性。事故的可预防性决定了安全科学技术存在和发展的必要性。

#### 1.3.1.2 风险认识论

我国在 20 世纪 80 年代中期从发达国家引入了“安全系统工程”的理论，通过近 20 年的实践，在安全生产界“系统防范”的概念已深入人心。这在安全生产的方法论层面表明，我国安全生产和公共领域已从“无能为力，听天由命”“就事论事，亡羊补牢”的传统方式逐步地转变到现代的“系统防范，综合对策”的方法论。在我国的安全生产实践中，政府的“综合监管”、全社会的“综合对策和系统工程”、企业的“管理体系”无不表现出“系统防范”的高明对策。

(1) 风险与危险的联系

在通常情况下，“风险”的概念往往与“危险”或“冒险”的概念相联系。危险是与安全相对立的一种事故潜在状态，人们有时用“风险”来描述与从事某项活动相联系的危险的可能性，即风险与危险的可能性有关，它表示某事件产生事故的概率。事件由潜在危险状态转化为伤害事故往往需要一定的激发条件，风险与激发事件的频率、强度以及持续时间的概率有关。严格地讲，风险与危险是两个不同的概念。危险只是意味着一种现实的或潜在的、固有的不希望、不安全的状态，危险可以转化为事故。而风险用于描述可能的不安全程度或水平，它不仅意味着事故现象的出现，更意味着不希望事件转化为事故的渠道和可能性。因此，有时虽然有危险存在，但并不一定要承担风险。例如，人类要应用核能，就有受辐射的危险，这种危险是客观存在的；使用危险化学品，就有火灾、爆炸、中毒的危险。但在生活实践中，人类采取各种措施使其应用中受辐射或化学事故的风险最小化，甚至人绝对地与之相隔离，尽管仍有受辐射和中毒的危险，但由于无发生渠道或可能，所以我们并没有受辐射或火灾事故的风险。这里也说明了人们更应该关心的是“风险”，而不仅仅是“危险”，因为直接与人发生联系的是“风险”，而“危险”是事物客观的属性，是风险的一种前提表征或存在状态。我们可以做到客观危险性很大，但实际承受的风险较小，所谓追求“高危低风险”的状态。

(2) 风险的特征

风险是多种多样的，但只要我们通过对一定数量样本的认真分析研究，可以发现风险具有以下特征：

① 风险存在的客观性。自然界的地震、台风、洪水，社会领域的战争、冲突、瘟疫、意外事故等，都不以人的意志为转移，它们是独立于人的意识之外的客观存在。这是因为无论是自然界的物质运动，还是社会发展的规律，都是由事物的内部因素所决定，由超过人们主观意识所存在的客观规律所决定。人们只能在一定的时间和空间内改变风险存在和发生的条件，降低风险发生的频率和损失幅度，而不能彻底消除风险。

② 风险存在的普遍性。在我们的社会经济生活中会遇到自然灾害、事故、决策失误等意外不幸事件，也就是说，我们面临着各种各样的风险。随着科学技术的进步、生产力的提高、社会的发展、人类的进化，一方面，人类预测、认识、控制和抵抗风险的能力不断增强，另一方面又产生新的风险，且风险造成的损失越来越大。在当今社会，个人面临生、老、病、死、意外伤害等风险；企业则面临着自然风险、市场风险、技术风险、政治风险等；甚至国家和政府机关也面临各种风险。总之，风险渗入社会、企业、个人生活的方方面面，无时、无处不在。

③ 风险的损害性。风险是与人们的经济利益密切相关的。风险的损害性是指风险发生后给人们的经济造成的损失以及对人的生命的伤害。

④ 某一风险发生的不确定性。虽然风险是客观存在的，但就某一具体风险而言，其发生是偶然的，是一种随机现象。风险必须是偶然的和意外的，即对某一个单位而言，风险事故是否发生不确定，何时发生不确定，造成何种程度的损失也不确定。必然发生的现象，既不是偶然的也不是意外的，如折旧、自然损耗等不是风险。

⑤ 总体风险发生的可测性。个别风险事故的发生是偶

然的，而对大量风险事故的观察会发现，其往往呈现出明显的规律性，运用统计方法去处理大量相互独立的偶发风险事故，其结果可以比较准确地反映风险的规律性。根据以往大量的资料，利用概率论和数理统计方法可测算出风险事故发生的概率及其损失程度，并且可以构造成损失分布的模型。

⑥ 风险的变化发展性。风险是发展和变化的。

(3) 风险意识的科学内涵

在当今社会，构建社会主义和谐社会已成为全社会的共识。对于如何构建社会主义和谐社会，人们也从不同的视角做了探讨和论述。值得一提的是，任何和谐都是认识、规避和排除风险的和谐，如果整个社会的风险意识和风险观念不强，和谐社会的构建是不可想象的。在这个意义上，我们要构建社会主义和谐社会，必须在全社会树立强烈的风险意识。

所谓风险意识，是指人们对社会可能发生的突发性风险事件的一种思想准备、思想意识以及与之相应的应对态度和知识储备。一个社会是否具有很强的风险意识，是衡量其整体文明水平的重要标准，也是影响这一社会风险应对能力的重要因素之一。事实上，在欧美不少发达国家，风险意识被人们普遍重视，因而在政府的管理中，不仅有整套相应的应急措施和法规，而且还经常举行各种规模的应对危机的演练和风险意识教育活动，以此增强整个社会的抗拒风险能力。

科学的风险意识的树立，对于和谐社会的构建有着极为重要的意义，是整个社会良性运行和健康发展不可或缺的重要因素。树立科学的风险意识观念，学会正确处理风险危机，应当成为当代人的必修课和生存的基本技能。

#### 1.3.1.3 安全认识论

安全是人生存的第一要素，始终伴随着人类的生存、生活和生产过程。从这个意义上说，安全始终就应该放在第一位。安全是人类生存的最基本需要之一，没有安全就没有人类的生活和生产。“安全第一，预防为主，综合治理”是我国安全生产指导方针，要求一切经济部门和企事业单位，都应确立“人是最宝贵的财富，人命关天，人的安全第一”的思想。

(1) 本质安全的认识

“本质安全”的认识主要是意识到要想实现根本的安全，需要从根源上减少或消除危险，而不是通过附加的安全防护措施来控制危险。通过采用没有危险或危险性小的材料和工艺条件，将风险减小到忽略不计的安全水平，生产过程对人、财产或环境没有危害威胁，不需要附加或应用程序安全措施。本质安全方法通过设备、工艺、系统、工厂的设计或改进来消除或减少危险。安全功能已融入生产过程、工厂或系统的基本功能或属性。

安全是人们的基本需要，人们追求本质安全，但本质安全是人们的一种期望，是相对安全的一种极限。人类在认识和改造客观世界的过程中，事故总是在人们追求上述的过程中不断发生，并难以完全避免事故。事故是人们最不愿发生的事，即追求零事故。但追求零事故，即绝对安全，在现实中是不可能的。只能让事故隐患趋近于零，也就是尽可能预防事故，或把事故的后果减至最小。

随着20世纪50年代世界宇航技术的发展，“本质安全”一词被提出并被广泛接受，这是人类科学技术的进步，是与对安全文化的认识密切相连的，是人类在生产、生活实践的发展过程中，对事故由被动接受到积极事先预防，以实现从源头杜绝事故和人类自身安全保护需要，是在安全认识上取得的一大进步。

化工、石油化工等过程工业领域的主要危险源是易燃、易爆、有毒有害的危险物质，相应地涉及生产、加工、处理它们的工艺过程和生产装置。1985年克莱兹把工艺过程的本质安全设计归纳为消除、最小化、替代、缓和及简化5项技术原则：① 消除（elimination）；② 最小化（minimization）；③替代（substitution）；④缓和（moderation）；⑤简化（simplification）。

在机械安全领域，在欧盟标准基础上的国际标准ISO 12100《机械类安全设计的一般原则》中贯穿了“人员误操作时机械不动作”等本质安全要求。在机械设计中要充分考虑人的特性，遵从人机学的设计原则。除了考虑人的生理、心理特征，减少操作者生理、精神方面的紧张等因素之外，还要“合理地预见可能的错误使用机械”的情况，必须考虑由于机械故障、运转不正常等情况发生时操作者的反射行为，操作中图快、怕麻烦而走捷径等造成的危险。为防止机械的意外启动、失速、危险出现时不能停止运行、工件掉落或飞出等伤害人员，机械的控制系统也要进行本质安全设计。根据该国际标准，机械本体的本质安全设计思路为：①采取措施消除或消减危险源；②尽可能减少人体进入危险区域的可能性。

核电站在运用系统安全工程实现系统安全的过程中，逐渐形成了“纵深防御（defense-in-depth）”的理念。为了确保核电站的安全，在本质安全设计的基础上采用了多重安全防护策略，建立了4道屏障和5道防线。其中，为了防止放射性物质外泄设置的4道屏障——被动防护措施包括：①燃料芯块；②燃料包壳；③压力边界；④安全壳。

美国化工过程安全中心（CCPS）提出了防护层（layer of protection，LP）的理念。针对本质安全设计之后的残余危险设置若干层防护层，使过程危险性降低到可接受的水平。防护层中往往既有被动防护措施也有主动防护措施。

我国2000年之后，石化行业全面实施GB/T 24001、GB/T 28001和HSEMS“三合一”一体化贯标以来，在致力于提高经济效益的同时，在如何提升员工的HSE素质上，在加强隐患治理、实行标准化管理、确保本质安全等方面做出了不懈努力，取得了一定的收获。HSE实行标准化管理的实践告诉我们：推行HSE标准化管理，是从机制上实现本质安全的保证。

(2) 安全的相对性

安全的相对性指人类创造和实现的安全状态和条件具有动态、变化的特性，是指安全的程度和水平是相对法规与标准要求、社会与行业需要而存在的。安全没有绝对，只有相对；安全没有最好，只有更好；安全没有终点，只有起点。安全的相对性是安全社会属性的具体表现，是安全的基本而重要的特性。

① 绝对安全是一种理想化的安全。理想的安全或者绝对的安全，即100%的安全性，是一种纯粹完美，永远对人类的身心无损、无害，绝对保障人能安全、舒适、高效地从事一切活动的境界。绝对安全是安全性的最大值，即“无危则安，无损则全”。理论上讲，当风险等于“零”，安全等于“1”，即达到绝对安全或“本质安全”。事实上，绝对安全、风险等于“零”是安全的理想值，要实现绝对安全是不可能的，但却是社会和人们努力追求的目标。无论从理论上还是实践上，人类都无法制造出绝对安全的状况，这既有技术方面的限制，也有经济成本方面的限制。由于人类对自然的认识能力是有限的，对万物危害的机理或者系统风险的控制也是在不断地研究和探索中；人类自身对外界危害的抵御能力也是有限的，调节人与物之间的关系的系统控制和协调能力也是有限的，难以使人与物之间实现绝对和谐并存的状态，这就必然会引发事故和灾害，造成人和物的伤害和损失。客观上，人类发展安全科学技术不能实现绝对的安全境界，只能达到风险趋于“零”的状态，但这并不意味着事故不可避免。恰恰相反，人类通过安全科学技术的发展和进步，实现

了“高危-低风险”“无危-无风险”“低风险-无事故”的安全状态。

② 相对安全是客观的现实。既然没有绝对的安全，那么在安全科学技术理论指导下，设计和构建的安全系统就必须考虑到最终的目标：多大的安全度才是安全的？这是一个很难回答，但必须回答的问题，这就是通过相对安全的概念来实现可接受的安全度水平。安全科学的最终目的就是应用现代科学技术将所产生的任何损害后果控制在绝对的最低限度，或者至少使其保持在可容许的限度内。安全性具有明确的对象，有严格的时间、空间界限，但在一定的时间、空间条件下，人们只能达到相对的安全。人-机-环均充分实现的那种理想化的“绝对安全”，只是一种可以无限逼近的“极限”。作为对客观存在的主观认识，人们对安全状态的理解，是主观和客观的统一。伤害、损失是一种概率事件，安全度是人们生理上和心理上对这种概率事件的接受程度。人们只能追求“最适安全”，就是在一定的时间、空间内，在有限的经济、科技能力状况下，在一定的生理条件和心理素质条件下，通过创造和控制事故、灾害发生的条件，来减小事故、灾害发生的概率和规模，使事故、灾害的损失控制在尽可能低的限度内，求得尽可能高的安全度，以满足人们的接受水平。对不同民族、不同群体而言，人们能够承受的风险度是不同的。社会把能够满足大多数人安全需求的最低危险度定为安全指标，该指标随着经济、社会的发展变化而不断提高。

③ 做到相对安全的策略和智慧。相对安全是安全实践中的常态。做到相对安全有如下策略：

a. 相对于规范和标准。一个管理者和决策者，在安全生产管理实践中，最基本的原则和策略就是实现“技术达标”“行为规范”，使企业的生产状态及过程是规范和达标的。“技术达标”是指设备、装置等生产资料达到安全标准要求；“行为规范”是指管理者的安全决策和管理过程是符合国家安全规范要求的。安全规范和标准是人们可接受的安全的最低程度。在安全活动中，人人应该做到行为符合规范，事事做到技术达标。因此，安全的相对性首先是体现在“相对规范和标准”方面。

b. 相对于时间和空间。安全相对于时间是变化和发展的，相对于作业或活动的场所、岗位，甚至行业、地区或国家，都具有差异和变化。在不同的时间和空间里，安全的要求和可接受的风险水平是变化的、不同的。这主要是在不同时间和空间，人们的安全认知水平不同、经济基础不同，因而人们可接受的风险程度也是不相同的。所以，在不同的时间和空间里，安全标准不同，安全水平也不相同，在从事安全活动时，一定要动态地看待安全，才能有效地预防事故发生。

c. 相对于经济及技术。在不同时期，经济的发展程度是不同的，那么安全水平也会有所差异。随着人类经济水平的不断提高和人们生活水平的提高，对安全的认识也应该不断深化，对安全的要求提出更高的标准。因此，我们要做到安全认识与时俱进，安全技术水平不断提高，安全管理不断加强，应逐步降低事故的发生率，追求“零事故”的目标。人类的技术是发展的，因此安全标准和安全规范也是变化发展的，随着技术的不断变化，安全技术要与生产技术同行，甚至领先和超前于生产技术的发展和进步。

④ 安全相对性与绝对性的辩证关系。安全科学是一门交叉科学，既有自然属性，也有社会属性。因此，从安全的社会属性角度，安全的相对性是普遍存在的，而针对安全的自然属性，从微观和具体的技术对象角度，安全也存在着绝对性特征。如从物理或化学的角度，基于安全微观的技术标准而言，安全技术标准是绝对的。因此，我们认识安全相对性的同时，也必须认识到从自然属性安全技术标准的绝对性。

### 1.3.2 安全科学的方法论

方法论，就是人们认识世界、改造世界的方式方法，是人们用什么样的方式、方法来观察事物和解决问题，是从哲学的高度总结人类创造和运用各种方法的经验，探求关于方法的规律性知识。概括地说，认识论主要解决世界“是什么”的问题，方法论主要解决“怎么办”的问题。人类防范事故的科学已经历了漫长的岁月，从事后型的经验论到预防型的本质论；从单因素的就事论事到安全系统工程；从事故致因理论到安全科学原理，工业安全科学的理论体系在不断完善。追溯安全科学理论体系的发展轨迹，探讨其发展的规律和趋势，对于系统、完整和前瞻性地认识安全科学理论，以指导现代安全科学实践和事故预防工程具有现实的意义。

#### 1.3.2.1 事故经验论

经验论就是人们基于事故经验改进安全的一种方法论。显然，经验论是必要的，但是事后改进型的方式，是传统的安全方法论。17 世纪前，人类安全的认识论是宿命论的，方法论是被动承受型的，这是人类古代安全文化的特征。17 世纪末期至 20 世纪初，由于事故与灾害类型的复杂多样和事故严重性的扩大，人类进入了局部安全认识阶段。哲学上反映出：建立在事故与灾难的经历上来认识人类安全，有了与事故抗争的意识，人类的安全认识论提高到经验论水平，方法论有了“事后弥补”的特征。

（1）事后经验型安全管理模式

经验论是事故学理论的方法论和认识论，主要是以实践得到的知识和技能为出发点，以事故为研究的对象和认识的目标，是一种事后经验型的安全哲学，是建立在事故与灾难的经历上来认识安全，是一种逆式思路（从事故后果到原因事件）。主要特征在于被动与滞后、凭感觉和靠直觉，是“亡羊补牢”的模式，突出表现为一种头痛医头、脚痛医脚、就事论事的对策方式。这种安全管理模式是一种事后经验型的、被动式的安全管理模式。

（2）事故经验论的优缺点

从被动地接受事故的“宿命论”到可以依靠经验来处理一些事故的“经验论”，是一种进步，经验论具有一些“宿命论”无法比拟的优点。首先，经验论可以帮助我们处理一些常见的事故，使我们不再是听天由命；其次，经验论有助于我们不犯同样的错误，减少事故的发生；即使在安全科学已经得到充分发展的今天，经验论也有其自身的价值，比如我们可以从近代世界大多数发达国家的发展进程中来寻求经验。一些国家的经历表明，随着人均 GDP 的提高（到一定水平），事故总体水平在降低。但是，影响安全的因素是多样和复杂的，除了经济因素外（这是重要的因素之一），还与国家制度、社会文化（公民素质、安全意识）、科学技术（生产方式和生产力水平）等有关。而我国的国家制度、公民安全意识、现代生产力水平，总体上说已“今非昔比”，我们今天的社会总体安全环境（影响因素）——生产和生活环境（条件）、法制与管理环境、人民群众的意识和要求，都有利于安全标准的提高和改善。当然，安全科学的发展已经告诉人们只凭经验是不行的，经验论也有其缺点和不足，经验论具有预防性差、缺乏系统性等问题，并且经验的获得往往需要惨痛的代价。

（3）事故经验论的理论基础

事故经验论的基本出发点是事故，是基于以事故为研究对象的认识，逐渐形成和发展了事故学的理论体系。

① 事故分类方法：按管理要求的分类法，如加害物分类法、事故程度分类法、损失工日分类法、伤害程度与部位

分类法等；按预防需要的分类法，如致因物分类法、原因体系分类法、时间规律分类法、空间特征分类法等。

② 事故模型分析方法：因果连锁模型（多米诺骨牌模型）、综合模型、轨迹交叉模型、人为失误模型、生物节律模型、事故突变模型等。

③ 事故致因分析方法：事故频发倾向论、能量意外释放论、能量转移理论、两类危险源理论。

④ 事故预测方法：线性回归理论、趋势外推理论、规范反馈理论、灾变预测法、灰色预测法等。

⑤ 事故预防方法论：三E对策理论、三P策略论、安全生产五要素（安全文化、安全法制、安全责任、安全科技、安全投入）等。

⑥ 事故管理：事故调查、事故认定、事故追责、事故报告、事故结案等。

（4）事故经验论的方法特征

事故经验论的主要特征在于被动与滞后，是“亡羊补牢”的模式，多用“事后诸葛亮”的手段，突出表现为一种头痛医头、脚痛医脚、就事论事的对策方式。在上述思想认识的基础上，事故学理论的主要导出方法是事故分析（调查、处理、报告等）、事故规律的研究、事后型管理模式、四不放过的原则（即事故原因未查清、事故责任人和广大群众未受到教育、事故整改措施未落实、事故责任人未受到处理四不放过）；建立在事故统计学上的致因理论研究；事后整改对策；事故赔偿机制与事故保险制度等。事故经验论对于研究事故规律，认识事故的本质，从而对指导预防事故有重要的意义，在长期的事故预防与保障人类安全生产和生活过程中发挥了重要的作用，是人类的安全活动实践的重要理论依据。但是，仅停留在事故学的研究上，一方面由于现代工业固有的安全性在不断提高，事故频率逐步降低，建立在统计学上的事故理论随着样本的局限使理论本身的发展受到限制，同时由于现代工业对系统安全性要求的不断提高，直接从事故本身出发的研究思路和对策，其理论效果不能满足新的要求。

### 1.3.2.2　安全系统论

安全系统论是基于系统思想防范事故的一种方法论。系统思想即体现出综合策略、系统工程、全面防范的方法和方式。显然，安全系统论是先进和有效的安全方法论。

20世纪初至50年代，随着工业社会的发展和科学技术的不断进步，人类的安全认识论和方法论进入了系统论阶段。

（1）系统的特性

系统理论是指把对象视为系统进行研究的一般理论。其基本概念是系统、要素。系统是指由若干相互联系、相互作用的要素所构成的有特定功能与目的的有机整体。系统按其组成性质，分为自然系统、社会系统、思维系统、人工系统、复合系统等，按系统与环境的关系分为孤立系统、封闭系统和开放系统。系统具有六方面的特性：①整体性。是指充分发挥系统与系统、子系统与子系统之间的制约作用，以达到系统的整体效应。②稳定性。即系统由于内部子系统或要素的运动，总是使整个系统趋向某一个稳定状态。其表现是在外界相对微小的干扰下，系统的输出和输入之间的关系，系统的状态和系统的内部秩序（即结构）保持不变，或经过调节控制而保持不变的性质。③有机联系性。即系统内部各要素之间以及系统与环境之间存在着相互联系、相互作用。④目的性。即系统在一定的环境下，必然具有的达到最终状态的特性，它贯穿于系统发展的全过程。⑤动态性。即系统内部各要素间的关系及系统与环境的关系是时间的函数，即随着时间的推移而转变。⑥结构决定功能的特性。系统的结构指系统内部各要素的排列组合方式。系统的整体功能是由各要素的组合方式决定的。要素是构成系统的基础，但一个系统的属性并不只由要素决定，它还依赖于系统的结构。

（2）安全系统论的理论基础

安全系统论以危险、隐患、风险作为研究对象，其理论的基础是对事故因果性的认识，以及对危险和隐患事件链过程的确认。由于研究对象和目标体系的转变，安全系统论的理论即风险分析与风险控制理论发展了如下理论体系：①系统分析理论。事故系统要素理论；安全控制论；安全信息论；FTA故障树分析理论、ETA事件树分析理论、FMEA故障及类型影响分析理论和方法等。②安全评价理论。安全系统综合评价、安全模糊综合评价、安全灰色系统评价理论等。③风险分析理论。风险辨识理论、风险评价理论、风险控制理论。④系统可靠性理论。人机可靠性理论、系统可靠性理论等。⑤隐患控制理论。重大危险源理论、重大隐患控制理论、无隐患管理理论等。⑥失效学理论。危险源控制理论；故障模式分析；RBI分析理论和方法等。

（3）安全系统要素及结构

从安全系统的动态特性出发，人类的安全系统是由人、社会、环境、技术、经济等因素构成的大协调系统。无论从社会的局部还是整体来看，人类的安全生产与生存需要多因素的协调与组织才能实现。安全系统的基本功能和任务是满足人类安全的生产与生存，以及保障社会经济生产发展的需要，因此安全活动要以保障社会生产、促进社会经济发展、降低事故和灾害对人类自身生命和健康的影响为目的。为此，安全活动首先应与社会发展基础、科学技术背景和经济条件相适应和相协调。安全活动的进行需要经济和科学技术等资源的支持，安全活动既是一种消费活动（以生命与健康安全为目的），也是一种投资活动（以保障经济生产和社会发展为目的）。从安全系统的静态特性看，安全系统论原理要研究两个系统对象，一是事故系统，包含事故致因4M要素（详见3.2.3），二是安全系统，安全系统的要素及结构如图1.5所示。

研究和认识安全系统要素是非常重要的，其要素是：人——人的安全素质（心理与生理；安全能力；文化素质）；物——设备与环境的安全可靠性（设计安全性；制造安全性；使用安全性）、生产过程能的安全状态和作用（能的有效控制）；信息——原始的安全一次信息，如作业现场、事故现场等，通过加工的安全二次信息，如法规、标准、制度、事故分析报告等；信息——充分可靠的安全信息流（管理效能的充分发挥）是安全的基础保障。认识事故系统要素，对指导我们从打破事故系统来保障人类的安全具有实际的意义，这种认识带有事后型的色彩，是被动、滞后的，而从安全系统的角度出发，则具有超前和预防的意义，因此，从创建安全系统的角度来认识安全原理更具有理性、预防的意义，更符合科学性原则。

（4）安全系统论的方法特征

安全系统论建立了事件链的概念，有了事故系统的超前意识流和动态认识论。确认了人、机、环境、管理事故综合要素，主张工程技术硬手段与教育、管理软手段综合措施，提出超前防范和预先评价的概念和思路。由于有了对事故的超前认识，安全系统的理论体系导致了比早期事故学理论下更为有效的方法和对策。从事故的因果性出发，着眼于事故的前期事件的控制，对实现超前和预期型的安全对策，提高事故预防的效果有着显著的意义和作用。具体的方法如预期型管理模式；危险分析、危险评价、危险控制的基本方法过程；推行安全预评价的系统安全工程；“四负责”的综合责任体制；管理中的“五同时”原则；企业安全生产的动态“四查工程”等科学检查制度等。安全系统理论即危险分析

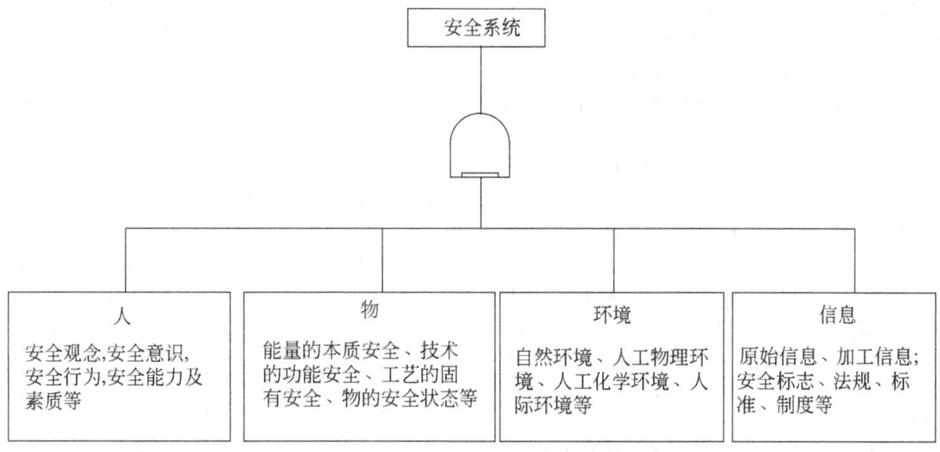


图 1.5　安全系统要素及结构

与风险控制理论指导下的方法，其特征体现了超前预防、系统综合、主动对策等。但是，这一层次的理论在安全科学理论体系上，还缺乏系统性、完整性和综合性。

#### 1.3.2.3　本质安全论

20 世纪 50 年代到 20 世纪末，由于高技术的不断涌现，如现代军事、宇航技术、核技术的利用以及信息化社会的出现，人类的安全认识论进入了本质论阶段，超前预防型成为现代安全哲学的主要特征，这样的安全认识论和方法论大大推进了现代工业社会的安全科学技术和人类征服安全事故的手段和方法。

(1) 本质安全的概念及内涵

本质是指“存在于事物之中的永久的、不可分割的要素、质量或属性”或者说是“事物本身所固有的、决定事物性质面貌和发展的根本属性”。本质安全，又称内在安全或本质安全化方法，最初的概念是指从根源上消除或减少危险，而不是依靠附加的安全防护和管理控制措施来控制危险源和风险的技术方法。它可以与传统的无源安全措施（无需能量或资源的安全技术措施，如保护性措施）、有源安全措施（具有独立能量系统的安全措施、噪声的有源控制）和安全管理措施等综合应用，通过消除/避免、阻止、控制和减缓危险等原理，为生产过程提供安全保障，本质安全与常规安全方法的联系与区别可用图 1.6 表示。

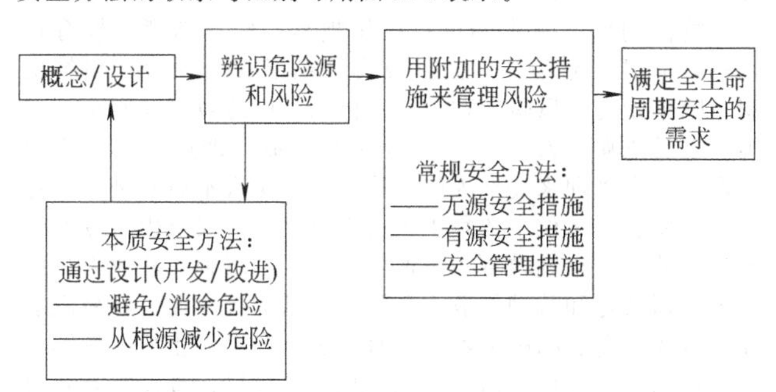


图 1.6　本质安全与常规安全方法的关系

常规安全（也称外在安全）是通过附加安全防护装置来控制危险，从而减小风险；附加的安全装置需要花费额外的费用，并且还必须对其进行维修保养，由于固有的危险并没有消除，仍然存在发生事故的可能性，并且其后果可能会因为防护装置自身的故障而更加严重。本质安全方法主要应用在产品、工艺和设备的设计阶段，相对于传统的设计方法，本质安全设计方法在设计初始阶段需要的费用较大，但在整个生命周期的总费用相对较少。本质安全设计的实施可以减少操作和维护费用，提高工艺、设备的可靠性。常规安全措施的主要目的是控制危险，而不是消除危险，只要存在危险，就存在该危险引起事故的可能性；而本质安全主要是依靠物质或工艺本身特性来消除或减小危险，可以从根本上消除或减小事故发生的可能性。本质安全理论可广泛应用于各类生产活动的全生命周期，尤其是在设计和运行阶段。从纵深防御的安全保障作用上看，本质安全比常规安全方法效果更好。

人类古代就有本质安全的认识和措施，如人们建造村庄时，选择高处，用本质安全位置的方式避免洪水风险；四个轮子的马车就是一种本质安全设计，它比两个轮子的战车运输货物要更加安全。随着视野和理解的升华，本质安全上升为本质安全论，其含义得到了深化和扩展。本质论是人们从本质安全角度改进安全的一种方法论。从安全科学技术角度来讲，本质安全（inherent safety）有以下 3 种理解，其中有一种狭义理解、两种广义理解。

定义 1（狭义-设备）：本质安全是指设备、设施或技术工艺含有内在的能够从根本上防止发生事故的功能。本质安全是从根源上消除或减小生产过程中的危险。本质安全方法与传统安全方法不同，即不依靠附加的安全系统实现安全保障。

定义 2（广义-系统）：本质安全是指安全系统中人、机、环境等要素从根本上防范事故的能力及功能。本质安全的特征表现为根本性、实质性、主体性、主动性、超前性。

定义 3（广义-企业）：本质安全，就是通过追求企业生产流程中人、物、系统、制度等诸要素的安全可靠和谐统一，使各种风险因素始终处于受控制状态，进而逐步趋近本质型、恒久型安全目标。“物本”——技术设备设施工具的本质安全性能；“人本”——人的意识观念态度等人的根本性安全素质。即：失误-安全功能（fool-proof），指操作者即使操作失误，也不会发生事故或伤害；故障-安全功能（fail-safe），指设备、设施或技术工艺发生故障或损坏时，还能暂时维持正常工作或自动转变为安全状态。

(2) 本质安全论的理论基础

本质安全论以安全系统作为研究对象，建立了人-物-能量-信息的安全系统要素体系，提出系统安全的思路，确立了系统本质安全的目标。通过安全系统论、安全控制论、安全信息论、安全协同学、安全行为科学、安全环境学、安全文化建设等科学理论研究，提出在本质安全化认识论基础上全面、系统、综合地发展安全科学理论。目前已有的体系有：

① 安全的哲学原理：从历史学和思维学的角度研究实现人类安全生产和安全生存的认识论和方法论。有了这样的归纳：远古人类的安全认识论是宿命论的，方法论是被动承受型的；近代人类的安全认识提高到了经验的水平；现代随

着工业社会的发展和技术的进步，人类的安全认识论进入了系统论阶段，从而在方法论上能够推行安全生产与安全生活的综合型对策，甚至能够超前预防。有了正确的安全哲学思想的指导，人类现代生产与生活的安全才能获得高水平的保障。

② 安全系统论原理：揭示安全系统要素及其关系规律，能够科学指导安全系统工程实践，提高工业社会生产安全技术、安全管理的系统性、综合性水平及能力，具体内容详见 1.3.2.2。

③ 安全控制论原理：安全控制是最终实现人类安全生产和安全生存的根本措施。安全控制论提出了一系列有效的控制原则。安全控制论要求从本质上来认识事故（而不是从形式或后果），即事故的本质是对能量不正常转移。由此推出了高效实现安全系统的方法和对策。

④ 安全信息论原理：安全信息是安全活动所依赖的资源。安全信息原理研究安全信息定义、类型，研究安全信息的获取、处理、存储、传输等技术。

⑤ 安全经济性原理：从安全经济学的角度，研究安全性与经济性的协调、统一。根据安全-效益原则，通过“有限成本-最大安全”“达到安全标准-安全成本最小”，以及实现安全最大化与成本最小化的安全经济目标。

⑥ 安全管理学原理：安全管理最基本的原理首先是管理组织学的原理，即安全组织机构合理设置，安全机构职能的科学分工，安全管理体制协调高效，管理能力自组织发展，安全决策和事故预防决策的有效和高效。其次是专业人员保障系统的原理，即遵循专业人员的资格保证机制：通过发展学历教育和设置安全工程师职称系列的单列，对安全专业人员进出具体严格的任职要求；建立兼职人员网络系统：企业内部从上到下（班组）设置全面、系统、有效的安全管理组织网络等。最后是投资保障机制，研究安全投资结构的关系，正确认识预防性投入与事后整改投入的关系，要研究和掌握安全措施投资政策和立法，讲求谁需要、谁受益、谁投资的原则；建立国家、企业、个人协调的投资保障系统等等。

⑦ 安全工程技术原理：随着技术和环境的不同，发展相适应的硬技术原理，如机电安全原理、防火原理、防爆原理、防毒原理等。

(3) 本质安全的技术方法

本质安全的技术方法就是从根源上减少或消除危险，而不是通过附加的安全防护措施来控制危险。通过采用没有危险或危险性小的材料和工艺条件，将风险减小到忽略不计的安全水平，生产过程对人、环境或财产没有危害威胁，不需要附加或程序安全措施。本质安全的技术方法可以通过设备、工艺、系统、工厂的设计或改进来减少或消除危险。使安全技术功能融入生产过程、工厂或系统的基本功能或属性。表 1.4 列举了通用的本质安全技术方法及关键词。

**表 1.4　本质安全技术方法及关键词**

| 关键词 | 技术方式方法 |
| --- | --- |
| 最小化 | 减少危险物质的数量 |
| 替代 | 使用安全的物质或工艺 |
| 缓和 | 在安全的条件下操作，例如常温、常压和液态 |
| 限制影响 | 改进设计和操作使损失最小化，例如装置隔离等 |
| 简化 | 简化工艺、设备、任务或操作 |
| 容错 | 使工艺、设备具有容错功能 |
| 避免多米诺效应 | 设备、设施有充足的间隔布局，或使用开放式结构设计 |
| 避免组装错误 | 使用特定的阀门或管线系统避免人为失误 |
| 明确设备状况 | 避免复杂设备和信息过载 |
| 容易控制 | 减少手动装置和附加的控制装置 |

(4) 本质安全的管理方法

根据广义的概念，本质安全管理方法的主要内容包括如下四个方面：

一是人的本质安全，它是创建本质安全型企业的核心，即企业的决策者、管理者和生产作业人员，都具有正确的安全观念、较强的安全意识、充分的安全知识、合格的安全技能，人人安全素质达标，都能遵章守纪，按章办事，干标准活，干规矩活，杜绝“三违”，实现个体到群体的本质安全。

二是物（装备、设施、原材料等）的本质安全，任何时候、任何地点，都始终处在能够安全运行的状态，即设备以良好的状态运转，不带故障；保护设施等齐全，动作灵敏可靠；原材料优质，符合规定和使用要求。

三是工作环境的本质安全，生产系统工艺性能先进、可靠、安全；高危生产系统具有闭锁、联动、监控、自动监测等安全装置，如企业有提升、运输、通风、压风、排水、供电等主要系统及分支的单元系统，这些系统本身应该没有隐患或缺陷，且有良好的配合，在日常生产过程中，不会因为人的不安全行为或物的不安全状态而发生事故。

四是管理体系的本质安全，建立健全完善的规章制度和规范、科学的管理制度，并规范地运行，实现管理零缺陷，安全检查经常化、时时化、处处化、人人化，使安全管理无处不在，无人不管，使安全管理人人参与，变传统的被管理的对象为管理的动力。

本质安全管理方法的基本目标是创建本质安全型企业，其基本方法是：

① 通过综合对策实现本质安全。综合对策就是推行系统工程，懂得“人机环管”安全系统原理，做到事前、事中、事后全面防范；技防、管防、人防的系统综合对策。有效预防各类生产安全事故，保障安全生产，一是需要“技防”——安全技术保障，即通过工程技术措施来实现本质安全化。二是要求“管防”——安全管理防范，即通过监督管理措施来实现本质安全化。主要包括基础管理和现代管理两方面。基础管理包括完善组织机构、专业人员配备；投入保障；责任制度；规章制度；操作规程；检查制度；教育培训；防护用品配备等方面。现代管理指安全评价、预警机制、隐患管理、风险管理、管理体系、应急救援和安全文化等。三是依靠“人防”——安全文化基础，即通过安全文化建设，教育培训来提高人的素质，从而实现本质安全。教育培训主要包括单位主要负责人的教育培训，安全生产专业管理人员的安全培训教育，生产管理人员的培训，从业人员的安全培训教育和特种作业人员的教育培训等方面。各级政府和各行业、企业的决策者，要有安全生产永无止境、持续改进的认知，不能用突击、运动、热点、应付、过关的方式对待，既要重视安全技术硬实力，更要发展安全管理、安全文化软实力。

② 通过“三基”建设实现本质安全。要实现本质安全，必须重视事故源头，这就需要强化安全生产的根本，夯实“三基”，强化“三基”建设。强化“三基”就是要将安全工作的重点发力于“基层、基础、基本”的因素，即抓好班组、岗位、员工三个安全的根本因素。班组是安全管理的基层细胞，岗位是安全生产保障的基本元素，员工是防范事故的基本要素。当前的安全工作要确立“依靠员工、面向岗位、重在班组、现场落实”的安全建设思路。“三基”建设涉及班级、员工、岗位、现场四元素，班组是安全之基、员

工是安全之本、岗位是安全之源、现场是安全之实。元素是基础，“三基”是载体，而实质是文化；“三基”是目，文化是纲，通过“三基”联系四个元素，构建本质安全系统，而安全文化是本质安全系统的动力和能源。

③ 通过班组建设实现本质安全。班组是安全的最基本单元组织，是执行安全规程和各项规章制度的主体，是贯彻和实施各项安全要求和措施的实体，更是杜绝违章操作和杜绝安全事故的主体。因此，生产班组是安全生产的前沿阵地，班组长和班组成员是阵地上的组织员和战斗员。企业的各项工作都要通过班组去落实，上有千条线，班组一针穿。国家安全法规和政策的落实，安全生产方针的落实，安全规章制度和安全操作程序的执行，都要依靠和通过班组来实现。特别是作为现代企业，职业安全健康管理体系的运行，以及安全科学管理方法的应用和企业安全文化建设的落实，都必须依靠班组。反之，班组成员素质低，作业岗位安全措施不到位，班组安全规章制度得不到执行，将是事故发生的土壤和温床。

本质论是人类安全认识论发展的必然，它表明了安全科学的进步，是一种超前预防型的方法。只有建立在超前预防的基础上，才能做到防患于未然，真正实现零事故目标。

## 1.4　安全哲学理论

从“山洞人”到“现代人”，从原始的刀耕火种到现代工业文明，人类已经历了漫长的岁月。21世纪，人类生产与生活的方式及内容面临着一系列嬗变，这种结果将把人类现代生存环境和条件的改善及变化提高到前所未有的水平。

显然，现代工业文明给人类带来了利益、效率、舒适、便利，但同时也给人类的生存带来负面的影响，其中最突出的问题之一，就是生产和生活过程中来自人为的事故与灾难的极度频繁和遭受损害的高度敏感。近百年来，为了安全生产和安全生存，人类做出了不懈的努力，但是现代社会的重大事故仍发生不断。从20世纪80年代苏联切尔诺贝利核泄漏事故到90年代末日本的核污染事件；从韩国的豪华三丰百货大楼坍塌到我国克拉玛依友谊宫火灾；从21世纪新近在美国发生的埃航空难到我国2000年发生的洛阳东都商厦火灾和“大舜号”特大海难事故；从2014年的马来西亚航空17号航班坠毁事件到2017年北京大兴西红门镇火灾事故，世界范围内每年近400万人死于各种事故，造成的经济损失高达2.5%的GDP。生产和生活中发生的事故和职业危害，如同“无形的战争”在侵害着我们的社会、经济和家庭。正像一个政治家所说：“事故是除自然死亡以外人类生存的第一杀手！”为此，我们需要防范的方法、对策、措施。“安全哲学”——人类安全活动的认识论和方法论，是人类安全科学技术的基础理论，是安全文化之魂，是安全管理理论之核心。

### 1.4.1　从思维科学看安全哲学的发展

思维科学（thought sciences），是研究思维活动规律和形式的科学。思维一直是哲学、心理学、神经生理学及其他一些学科的重要研究内容。辩证唯物主义认为，思维是高度组织起来的物质即人脑的机能。人脑是思维的器官。思维是社会的人所特有的反映形式，它的产生和发展都同社会实践和语言紧密地联系在一起。思维是人所特有的认识能力，是人的意识掌握客观事物的高级形式。思维在社会实践的基础上，对感性材料进行分析和综合，通过概念、判断、推理的形式，形成合乎逻辑的理论体系，反映客观事物的本质属性和运动规律。思维过程是一个从具体到抽象，再从抽象到具体的过程，其目的是在思维中再现客观事物的本质，达到对客观事物的具体认识。思维规律由外部世界的规律所决定，是外部世界规律在人的思维过程中的反映。

我国战国末思想家、教育家荀况在总结军事和政治方法论时，曾总结出：先其未然谓之防，发而止之谓其救，行而责之谓之戒，但是防为上，救次之，戒为下。这归纳用于安全生产的事故预防上，也是精辟方法论。因此，我们在实施安全生产保障对策时，也需要“狡兔三窟”，即要有“事前之策”——预防之策，也需要“事中之策”——救援之策和“事后之策”——整改和惩戒之策。但是预防是上策，所谓“事前预防是上策，事中应急次之，事后之策是下策”。

对于社会，安全是人类生活质量的反映；对于企业，安全也是一种生产力。我们人类已进入21世纪，我们国家正前进在高速的经济发展与文化进步的历史快车之道。面对这样的现实和背景，面对这样的命题和时代要求，促使我们清醒地认识到，必须用现代的安全哲学来武装思想、指导职业安全行为，从而推进人类安全文化的进步，实现高质量的现代安全生产与安全生活。

### 1.4.2　从历史学的角度归纳安全哲学

人类的发展历史一直伴随着人为或自然事故和灾难的挑战，从远古祖先们祈天保佑、被动承受到学会“亡羊补牢”凭经验应付，一步步到近代人类举起“预防”之旗，直至现代社会全新的安全理念、观点、知识、策略、行为、对策等，人们以安全系统工程、本质安全化的事故预防科学和技术，把“事故忧患”的颓废认识变为安全科学的缜密；把现实社会“事故高峰”和“生存危机”的自扰情绪变为抗争和实现平安康乐的动力，最终创造人类安全生产和安全生存的安康世界。在这人类历史进程中，包含着人类安全哲学——安全认识论和安全方法论的发展与进步。

工业革命前，人类的安全哲学具有宿命论和被动型的特征；工业革命的爆发至20世纪初，由于技术的发展使人们的安全认识论提高到经验论水平，在事故的策略上有了“事后弥补”的特征，在方法论上有了很大的进步，即从无意识发展到有意识，从被动变为主动；20世纪初至50年代，随着工业社会的发展和技术的不断进步，人类的安全认识论进入了系统论阶段，方法论上能够推行安全生产与安全生活的综合型对策，进入了近代的安全哲学阶段；20世纪50年代到20世纪末，由于高技术的不断涌现，如现代军事、宇航技术、核技术的利用以及信息化社会的出现，人类的安全认识论进入了本质论阶段，超前预防型成为现代安全哲学的主要特征，这样的安全认识论和方法论大大推进了现代工业社会的安全科学技术和人类征服事故的手段和方法。

从历史学的角度，表1.5给出了上述安全哲学发展的简要脉络。

**表1.5　人类安全哲学发展进程**

| 阶段 | 时　代 | 技术特征 | 认识论 | 方法论 |
|---|---|---|---|---|
| Ⅰ | 工业革命前 | 农牧业及手工业 | 听天由命 | 无能为力 |
| Ⅱ | 17世纪至20世纪初 | 蒸汽机时代 | 局部安全 | 亡羊补牢，事后型 |
| Ⅲ | 20世纪初至70年代 | 电气化时代 | 系统安全 | 综合对策及系统工程 |
| Ⅳ | 20世纪70年代以来 | 信息时代 | 安全系统 | 本质安全化，超前预防 |

（1）宿命论与被动型的安全哲学

这样的认识论与方法论表现为：对于事故与灾害听天由命，无能为力。认为命运是老天的安排，神灵是人类的主宰。事故对生命的残酷与践踏，人类无所作为，自然与人为的灾难与事故只能是被动地承受，人类的生活质量无从谈起，生命与健康的价值被泯灭，是一种落后和愚昧的社会。

(2) 经验论与事后型的安全哲学

随着生产方式的变更，人类从农牧业进入了早期的工业化社会——蒸汽机时代。由于事故与灾害类型的复杂多样和事故严重性的扩大，人类进入了局部安全认识阶段，哲学上反映出：建立在事故与灾难的经历上来认识人类安全，有了与事故抗争的意识，学会了“亡羊补牢”的手段，是一种头痛医头、脚痛医脚的对策方式。如事故原因未查清、当事人和广大群众未受到教育、措施不落实、事故责任人未受到处理四不放过的原则；事故统计学的致因理论研究；事后整改对策的完善；管理中的事故赔偿与事故保险制度等。

(3) 系统论与综合型的安全哲学

建立了事故系统的综合认识，认识到了人、机、环境、管理事故综合要素，主张工程技术硬手段与教育、管理软手段综合措施。其具体思想和方法有：全面安全管理的思想；安全与生产技术统一的原则；讲求安全人机设计；推行系统安全工程；企业、国家、工会、个人综合负责的体制；生产与安全的管理中要讲同时计划、布置、检查、总结、评比的“五同时”原则；企业各级生产领导在安全生产方面向上级、向职工、向自己的“三负责”制；安全生产过程中要查思想认识、查规章制度、查管理落实、查设备和环境隐患，进行定期与非定期检查相结合，普查与专查相结合，自查、互查、抽查相结合，生产企业岗位每天查、班组车间每周查、厂级每季查、公司年年查，定项目、定标准、定指标，科学定性与定量相结合等安全检查系统工程。

(4) 本质论与预防型的安全哲学

进入了信息化社会，随着高新技术的不断应用，人类在安全认识论上有了自组织思想和本质安全化的认识，方法论上讲求安全的超前、主动。具体表现为：从人与机器和环境的本质安全入手，人的本质安全指不但要解决人知识、技能、意识素质，还要从人的观念、伦理、情感、态度、认知、品德等人文素质入手，从而提出安全文化建设的思路；物和环境的本质安全化就是要采用先进的安全科学技术，推广自组织、自适应、自动控制与闭锁的安全技术；研究人、物、能量、信息的安全系统论、安全控制论和安全信息论等现代工业安全原理；技术项目中要遵循安全措施与技术设施同时设计、施工、投产的“三同时”原则；企业在考虑经济发展、进行机制转换和技术改造时，安全生产方面要同时规划、同时发展、同时实施，即所谓“三同步”的原则；进行不伤害他人、不伤害自己、不被别人伤害的“三不伤害活动”，整理、整顿、清扫、清洁、态度“5S”活动，生产现场的工具、设备、材料、工件等物流与现场工人流动的定置管理，对生产现场的“危险点、危害点、事故多发点”的“三点控制工程”等超前预防型安全活动；推行安全目标管理、无隐患管理、安全经济分析、危险预知活动、事故判定技术等安全系统工程方法。

### 1.4.3 现代社会的安全哲学

文化学的核心是观念文化和行为文化，观念文化体现认识论，行为文化体现方法论。“观”，观念，认识的表现，思想的基础，行为的准则。观念是方法和策略的基础，是活动艺术和技巧的灵魂。进行现代的安全生产和公共安全活动，需要正确安全观指导，只有对人类的安全理念和观念有着正确的理解和认识，并有高明安全行动艺术和技巧，人类的安全活动才算走入了文明的时代。现代社会需要的安全观念文化有以下几种。

(1) 安全发展的人本观

党中央、国务院历来高度重视安全发展问题。2005 年 8 月，胡锦涛同志首次提出安全发展的理念，同年，安全发展被写入党的十六届五中全会文件；2006 年 3 月，安全发展被写入了国民经济发展“十一五”规划纲要；2007 年 10 月，党的十七大报告明确提出要坚持安全发展；党的十八大以来，党中央、国务院在推进安全发展方面提出了一系列要求，特别是习近平总书记关于安全生产工作的一系列重要论述，对安全发展战略提出了新战略要求。十八届五中全会明确了要“牢固树立安全发展观念，坚持人民利益至上”的安全发展观念。2014 年新的《安全生产法》提出的“坚持安全发展”，为我们实施安全发展战略、坚守生命安全“红线”、促进经济社会安全发展提供了最有力的政治、法律和制度保障。

安全发展的核心要义就是要“以人为本”，这表明了党和国家高度重视安全生产的基本国策。安全发展体现了“三个代表”重要思想、科学发展观、习近平新时代中国特色社会主义思想的本质特征，体现了执政党“立党为公、执政为民”的施政理念，反映了最广大人民群众对美好幸福生活的追求。安全发展的目标就是实现“人人有安全、人人会安全”的“安全保障型”社会。保障安全生产是“以人为本”的体现，建设安全保障型社会是全面建设小康社会的必然要求，是构建社会主义和谐社会最基本的标志。

(2)“安全第一”的哲学观

“安全第一”是一个相对、辩证的概念，它是在人类活动的方式上（或生产技术的层次上）相对于其他方式或手段而言，并在与之发生矛盾时，必须遵循的原则。“安全第一”的原则通过如下方式体现：在思想认识上，安全高于其他工作；在组织机构上，安全权威大于其他组织或部门；在资金安排上，安全的需要重于其他工作所需的资金；在知识更新上，安全知识（规章）学习先于其他知识培训和学习；在检查考评上，安全的检查评比严于其他考核工作；当安全与生产、安全与经济、安全与效益发生矛盾时，安全优先。安全既是企业的目标，又是各项工作（技术、效益、生产等）的基础。建立起辩证的安全第一哲学观，就能处理好安全与生产、安全与效益的关系，才能做好企业的安全工作。

(3) 重视生命的情感观

安全维系人的生命安全与健康，“生命只有一次”“健康是人生之本”，反之，事故对人类安全的毁灭，则意味着生存、康乐、幸福、美好的毁灭。由此，充分认识人的生命与健康的价值，强化“善待生命，珍惜健康”的“人之常情”之理，是我们社会每一个人应建立的情感观。不同的人应有不同层次的情感体现，员工或一般公民的安全情感主要是通过“爱人、爱己”“有德、无违”。而对于管理者和组织领导，则应表现出：用“热情”的宣传教育激励教育职工；用“衷情”的服务支持安全技术人员；用“深情”的关怀保护和温暖职工；用“柔情”的举措规范职工安全行为；用“绝情”的管理严爱职工；用“无情”的事故启发人人。以人为本，尊重与爱护职工是企业法人代表或雇主应有的情感观。

(4) 安全效益的经济观

实现安全生产，保护职工的生命安全与健康，不仅是企业的工作责任和任务，而且是保障生产顺利进行、企业效益实现的基本备件。“安全就是效益”、安全不仅能“减损”而且能“增值”，这是企业法人代表应建立的“安全经济观”。安全的投入不仅能给企业带来间接的回报，而且能产生直接的效益。

(5) 预防为主的科学观

要高效、高质量地实现企业的安全生产，必须走预防为主之路，必须采用超前管理、预期型管理的方法，这是生产实践证实的科学真理。现代工业生产系统是人造系统，这种客观实际给预防事故提供了基本的前提。所以说，任何事故从理论和客观上讲，都是可预防的。因此，人类应该通过各种合理的对策和努力，从根本上消除事故发生的隐患，把工业事故的发生降低到最小限度。采用现代的安全管理技术，变纵向单因素管理为横向综合管理；变事后处理为预先分析；变事故管理为隐患管理；变管理的对象为管理的动力；变静态被动管理为动态主动管理，实现本质安全化。这些是我们应建立的安全生产科学观。根据安全系统科学的原理，预防为主是实现系统（工业生产）本质安全化的必由之路。

（6）人、机、环境、管理的系统观

安全系统又见在1.3.2.2已有论述，此处不再赘述。

### 1.4.4 人类高明的安全哲学思想

（1）古人的安全哲学思想

我们的先哲——孔子早就说过：建立在“经历”方式上的学习和进步是痛苦的方式；而只有通过“沉思”的方式来学习，才是最高明的；当然，人们还可以通过“模仿”来学习和进步，这是最容易的。从这种思维方式出发，进行推理和思考，我们感悟到：人类在对待事故与灾害的问题上，千万不要试求通过事故的经历才得予明智，因为这太痛苦，“人的生命只有一次，健康何等重要”。我们应该掌握正确的安全认识论与方法论，从理性与原理出发，通过“沉思”来防范和控制职业事故及灾害，至少我们要选择“模仿”之路，学会向先进的国家和行业学习，这才是正确的思想方法。

其他优秀的古人安全哲学思想可参见1.1.2。

（2）国家领导人的安全哲学思想

1957年第一代国家领导周恩来总理为中国民航题词“保证安全第一，改善服务工作，争取飞行正常”；1960年周总理视察我国第一艘远洋货轮“跃进”号在航运中触礁沉没时，再次强调安全第一；1979年，当时的航空工业部正式把“安全第一、预防为主”作为安全工作的指导思想；1983年5月18日，国务院发文进一步明确“安全第一、预防为主”的指导思想；1987年3月26日，国家劳动部在全国劳动安全监察工作会议上，正式决定将“安全第一、预防为主”作为我国的安全生产工作方针；2002年第一版《安全生产法》以法律的形式将这一方针予以确定，称为“八字方针”。安全生产基本方针中的“安全第一”是认识论，“预防为主”是方法论，这是安全哲学的最基本论断。《安全生产法》（2014版）在“八字方针”的基础上，引入系统方略，确立了“安全第一、预防为主、综合治理”的安全生产“十二字方针”，详见8.5.2。

1986年10月13日，江泽民同志任上海市市长时曾在有关专业会议上指出：隐患险于明火，防范胜于救灾，责任重于泰山。江泽民同志的这一论述中包含着深刻的安全认识论和安全方法论的哲学道理。其中，“隐患险于明火”就是预防事故、保障安全生产的认识论哲学。显然，“隐患险于明火”就是要我们认识到隐患相对于明火是更危险的要素，而在各种隐患中，思想上的隐患又最最可怕。因此，实现安全生产最关键、最重要的对策，是要从隐患入手，积极、自觉、主动地实施消除隐患的战略。“防范胜于救灾”，其要说明的是，在预防事故、保障安全生产的方法论上，事前的预防及防范方法胜于和优于事后被动的救灾方法。因此，在安全生产管理的实践中，预防为主是保证安全生产最明智、最根本、最重要的安全哲学方法论。

2006年3月27日，胡锦涛同志在中共中央政治局进行第三十次集体学习时，强调指出：“高度重视和切实抓好安全生产工作，是坚持立党为公、执政为民的必然要求，是贯彻落实科学发展观的必然要求，是实现好、维护好、发展好最广大人民的根本利益的必然要求，也是构建社会主义和谐社会的必然要求。各级党委和政府要牢固树立以人为本的观念，关注安全，关爱生命，进一步认识做好安全生产工作的极端重要性，坚持不懈地把安全生产工作抓细抓实抓好”。胡锦涛同志关于安全生产工作的“四个是”要求，强调了安全生产工作对于立党、为民的重要性，明确了安全生产与科学发展和构建和谐社会的关系和地位，是哲理，是认识论问题。对各级党委和政府提出“关注、关爱”的要求，指出要“抓细、抓实、抓好”安全生产，这就是对方法论的明示。

党的十八大以来，习近平总书记对安全生产工作空前重视。习总书记曾在不同场合对安全生产工作发表重要讲话，多次作出重要批示，深刻论述安全生产红线、安全发展战略、安全生产责任制等重大理论和实践问题，对安全生产提出了明确要求，为推进安全生产法治化指明了方向。2013年6月6日，习近平总书记就做好安全生产工作作出重要批示。他指出：接连发生的重特大安全生产事故，造成重大人员伤亡和财产损失，必须引起高度重视。人命关天，发展决不能以牺牲人的生命为代价。这必须作为一条不可逾越的红线。习近平同志的“红线”意识强调了安全是人类生存发展最基本的需求和价值目标：没有安全，一切都无从谈起。要坚决做到生产必须安全，不安全不生产，坚决不要“带血的GDP”。习近平总书记还提出了“总体国家安全观”的概念，站在政治的高度、民生的热度、发展的要度、科学的角度，对国家安全、公共安全、安全生产等安全应急工作的认识论和方法论作出了全面、深刻、系统的论述，提出了六大安全应急认识论和十大安全应急方法论，这是指导安全与应急管理工作的重要战略思想，对安全与应急管理工作实践具有现实的、科学的引领和指导意义。

安全应急认识论：民生为本论、人民中心论、人人共享论、安全发展论、红线意识论、底线思维论；

安全应急方法论：改革创新、系统治理、责任体系、依法治安、源头防控、科技强安、严厉追责、社会共治、风险防范、根除隐患。

## 1.5 安全系统科学理论

系统科学是研究系统一般规律、系统的结构和系统优化的科学，它对于管理也具有一般方法论的意义。因此，系统科学最基本的理论，即系统论、控制论和信息论，对现代企业的安全管理了具有基本的理论指导意义。从系统科学原理出发，用系统论来指导认识安全管理的要素、关系和方向（详见1.3.2.2）；用控制论来论证安全管理的对象、本质、目标和方法；用信息论来指导安全管理的过程、方式和策略。通过安全系统理论和原理的认识和研究，将能提高现代企业安全管理的层次和水平。本节主要介绍安全信息论、安全控制论、安全协调学等安全管理原理。

### 1.5.1 安全信息论原理

#### 1.5.1.1 安全信息的概念

安全信息是安全活动所依赖的资源，安全信息是反映人类安全事物和安全活动之间的差异及其变化的一种形式。安全科学的发展，离不开信息科学技术的应用。安全管理就是借助于大量的安全信息进行管理，其现代化水平决定于信息科学技术在安全管理中的应用程度。只有充分地发挥和利用信息科学技术，才能使安全管理工作在社会生产现代化的进程中发挥积极的指导作用。在日常生产活动中，各种安全标志、安全信号就是信息，各种伤亡事故的统计分析也是信息。掌握了准确的信息，就能进行正确的决策，更好地为提高企业的安全生产管理水平服务。安全信息原理要研究安全信息的定义、类型，安全信息的获取、处理、存储、传输等技术。安全信息流技术涉及生产和生活中的人-人信息流、人-机信息流、人-境（环境）信息流、机-境（环境）信息流等。安全信息动力技术涉及系统管理网络、检验工程技术，监督、检查、规范化和标准化的科学管理等。

#### 1.5.1.2　安全信息的功能

（1）安全信息是企业编制安全管理方案的依据

企业在编制安全管理方案，确定目标值和保证措施时，需要有大量可靠的信息作为依据。例如，既要有安全生产方针、政策、法规和上级安全指示、要求等指令性信息，又要有安全内部历年来安全工作经验教训、各项安全目标实现的数据，以及通过事故预测获知的生产安危等信息，作为安全决策的依据，这样才能编制出符合实际的安全目标和保证措施。

（2）安全信息具有间接预防事故的功能

安全生产过程是一个极其复杂的系统，不仅同静态的人、机、环境有联系，而且同动态中人、机、环境结合的生产实践活动有联系，同时又与安全管理效果有关。如何对其进行有效的安全组织、协调和控制，主要是通过安全指令性信息统一生产现场员工的安全操作和安全生产行为，促使生产实践规律运动，以此预防事故的发生，这样安全信息就具有了间接预防事故的功能。

（3）安全信息具有间接控制事故的功能

在生产实践活动中，员工的各种异常行为，工具、设备等物质的各种异常状态等大量生产不良信息，均是导致事故的因素。企业管理人员通过安全信息的管理方式，获知了不利安全生产的异常信息之后，通过采取安全教育、安全工程技术、安全管理手段等，改变了人的异常行为、物的异常状态，使之达到安全生产的客观要求，这样安全信息就具有了间接控制事故的功能。

#### 1.5.1.3　安全信息的分类

依据不同的方式和原则，安全信息可有不同的分类方式。

从信息的形态来划分，安全信息划分为：一次信息，即原始的安全信息，如事故现场，生产现场的人、机器、环境的客观安全性等；二次信息，即经过加工处理过的安全信息，如法规、规程、标准、文献、经验、报告、规划、总结等。

从应用的角度，安全信息可划分为如下三种类型。

（1）生产安全状态信息

① 生产安全信息。如从事生产活动人员的安全意识、安全技术水平，以及遵章守纪等安全行为；投产使用工具、设备（包括安技装备）的完好程度，以及在使用中的安全状态；生产能源、材料及生产环境等，符合安全生产客观要求的各种良好状态；各生产单位、生产人员及主要生产设备连续安全生产的时间；安全生产的先进单位、先进个人数量，以及安全生产的经验等。

② 生产异常信息。如从事生产实践活动的人员，违章指挥、违章作业等违背生产规律的各种异常行为；投产使用的非标准、超载运行的设备，以及有其他缺陷的各种工具、设备的异常状态；生产能源、生产用料和生产环境中的物质，不符合安全生产要求的各种异常状态；没有制定安全技术措施的生产工程、生产项目等无章可循的生产活动；违章人员、生产隐患及安全工作问题的数量等。

③ 生产事故信息。如发生事故的单位和事故人员的姓名、性别、年龄、工种、工级等情况；事故发生的时间、地点、人物、原因、经过，以及事故造成的危害；参加事故抢救的人员、经过，以及采取的应急措施；事故调查、讨论分析经过和事故原因、责任、处理情况，以及防范措施；事故类别、性质、等级，以及各类事故的数量等。

（2）安全活动信息

安全活动信息来源于安全管理实践，具有反映安全工作情况的作用。具体包括：

① 安全组织领导信息。主要有安全生产方针、政策、法规和上级安全指示、要求的贯彻落实情况；安全生产责任制的建立、健全及贯彻执行情况；安全会议制度的建立及实际活动情况；安全组织保证体系的建立，安全机构人员的配备，及其作用发挥的情况；安全工作计划的编制、执行，以及安全竞赛、评比、总结表彰情况等。

② 安全教育信息。主要有各级领导干部、各类人员的思想动向及存在的问题；安全宣传形式的确立及应用情况；安全教育的方法、内容，受教育的人数、时间；安全教育的成果，考试的人员数量、成绩；安全档案等。

③ 安全检查信息。主要有安全检查的组织领导，检查的时间、方法、内容；查出的安全工作问题和生产隐患的数量、内容；隐患整改的数量、内容和违章等问题的处理；没有整改和限期整改的隐患及待处理的其他问题等。

④ 安全指标信息。具有各类事故的预计控制率、实际发生率及查处率；职工安全教育率、合格率、违章率及查处率；隐患检出率、整改率；安措项目完成率；安全技术装备率；尘毒危害治理率；设备定试率、定检率、完好率等。

（3）安全指令性信息

来源于安全生产与安全管理，具有指导安全工作和安全生产的作用。其主要内容如下：

安全生产方针、政策、法规和上级主管部门及领导的安全指示、要求；安全工作计划的各项指标；安措计划；企业现行的各种安全法规；隐患整改通知书、违章处理通知书等。

#### 1.5.1.4　安全信息应用的方式、方法

依据安全信息所具有的反映安全事物和活动差异及其变化的功能，从中获知人们对物的本质安全程度、人的安全素质、管理对安全工作的重视程度、安全教育与安全检查的效果、安全法规的执行和安全技术装备使用的情况，以及生产实践中存在的隐患、发生事故的情况等状况，用于指导安全管理，消除隐患，改进安全生产状况，从而达到预防、控制事故的目的。

（1）安全信息应用的方式

安全信息应用的方式是指依据安全管理的需求，运用安全管理规律和安全管理技术而确立的对安全信息进行应用管理的形式。大致有：

① 安全管理记录：安全会议记录、安全调度记录、安全教育记录、安全检查记录、违章登记、隐患登记、事故登记、事故调查记录、事故讨论分析记录等；

② 安全管理报表：事故速报表、事故月报表、安全管理工作月报表等；

③ 安全管理登记表：伤亡事故登记表、非伤亡事故登记书、重大隐患整改表、违安人员控制表等；

④ 安全管理台账：事故统计台账、职工安全管理统计台账、隐患统计台账、安全天数管理台账等；

⑤ 安全管理图表：安全组织体系、事故动态图和安全工作周期表等；

⑥ 安全管理卡片：职工安全卡片、安检人员卡片、尘毒危害人员卡片、工伤职工卡片、新工人卡片等；

⑦ 安全管理档案：职工安全档案、事故档案、安全法规档案、计划总结档案、隐患管理档案、违规人员管理档案、安全文件档案、安全宣传教育档案、尘毒危害治理档案、安措工程档案、安技设备档案等；

⑧ 安全管理通知书：隐患整改通知书、违章处理通知

书等；

⑨ 安全宣传信息：安全简报、安全板报、安全广播、安全标志、安全天数显示板、安全宣传教育室等。

（2）安全信息应用的方法

安全信息既来源于安全工作和生产实践活动，又反作用于安全工作和生产实践活动，促进安全管理目的的实现。因此，对安全信息的管理，要抓住安全信息在安全工作和生产实践中流动这个中心环节，使之成为沟通安全管理的信息流。安全信息的应用方法，是以收集、加工、储存和反馈，这四个有序联系的环节，促使安全信息在企业安全管理中流通。

（3）安全信息的收集方法

① 利用各种渠道收集安全生产方针、政策、法规和上级的安全指示、要求等；

② 利用各种渠道收集国内外安全管理情报，如安全管理、安全技术方面著作、论文，安全生产的经验、教训等方面的资料；

③ 通过安全工作汇报、安全工作计划、总结，安检人员、职工群众反映情况等形式，收集安全信息；

④ 通过开展各种不同形式的安全检查和利用安全检查记录，收集安全检查信息；

⑤ 利用安全技术装备，收集设备在运行中的安全运行、异常运行及事故信息；

⑥ 利用安全会议记录、安全调度记录和安全教育记录，收集日常安全工作和安全生产信息；

⑦ 利用事故登记、事故调查记录和事故讨论分析记录，收集事故信息；

⑧ 利用违章登记、违安人员控制表，收集与掌握人的异常信息；

⑨ 利用安全管理月报表、事故月报表，定期综合收集安全工作和安全生产信息。

（4）安全信息的加工

安全信息的加工，是提供规律信息，指导安全科学管理的重要环节。对信息进行加工处理，就是把大量的原始信息进行筛选、分类、排列、比较和计算，聚同分异、去伪存真，使之系统化、条理化，以便储存和使用。

① 利用事故统计台账，对事故的类别、等级、数量、频率、危害等进行综合分析，进而掌握事故的动向；

② 利用隐患统计台账，对隐患的数量、等级、整改率、转化率进行综合统计分析，进而掌握隐患的发现、整改及导致事故的情况；

③ 利用职工安全统计台账，对职工的结构、安全培训、违安人员、发生事故等情况进行综合统计分析，进而掌握职工的安全动态；

④ 利用安全天数管理台账，对事故改变了安全局面，影响安全天数的事故单位、事故时间、类别、等级，以及过去连续安全天数等，进行定期累计，从中掌握企业的安全动态。

（5）安全信息的储存

安全信息的储存方法，除可利用各种安全管理记录、各种报表进行临时简易储存外，还可以利用如下信息管理形式进行定项、定期储存。

① 利用安全管理台账，既可以对安全信息进行处理，又可以对安全信息进行积累储存待用；

② 利用安全管理卡片，可以对安全管理人员、工伤职工、特种作业人员新工人、尘毒危害人员的自然情况和动态变化，进行简易储存待用；

③ 利用安全管理档案，可以对安全信息进行综合、分类储存；

④ 也可以运用电子计算机，对安全信息进行加工处理和储存。

（6）安全信息的反馈

安全信息的反馈，具有指导安全管理、改进安全工作和改变生产异常的作用。反馈的方式主要有两种：一是直接向信息源反馈；二是加工处理后集中反馈。

① 通过领导讲话、指示、要求和安全工作计划、安全技术措施计划、安全法规的贯彻执行，对安全信息进行集中反馈；

② 利用各种安全宣传教育形式，对安全信息进行间接反馈；

③ 利用各种管理图表，反映安全管理规律、安全工作进度和事故动态；

④ 发现人的异常行为、物的异常状态等生产异常信息，当即提出处理意见，直接向信息源进行反馈；

⑤ 利用违章处理通知书和隐患整改通知书，对违章人员和隐患提出处理意见，这也是对安全信息的一种反馈。

#### 1.5.1.5 安全信息的质量与价值

信息质量是指信息所具有的使用价值。信息的使用价值，是由收集信息的及时性、掌握信息的准确性和使用信息的适用性所构成的。信息的价值取决于：

（1）信息的及时性

信息的及时性指收集和使用信息的时间，所具有的使用价值。如果不能及时地收集、使用需要的信息，信息就失去了应有的价值和作用。这是因为，生产实践活动处在不断发展变化之中，生产中的安全与事故不仅同生产活动方式联系在一起，而且同人们对其管理也联系在一起。例如人们在进行安全管理时，如果能够做到及时发现并及时纠正劳动者在生产中的异常行为，消除设备的异常状态，这样就能有效地控制住事故的发生。反之则不能及时发现劳动者的异常行为和设备的异常状态，如果不能及时地纠正劳动者的异常行为和消除设备的异常状态，迟早要导致事故的发生。由此可见，安全信息的使用价值与及时收集和及时使用联系在一起，因此安全信息的及时性属于信息管理的质量范畴。

（2）信息的准确性

信息的准确性，是指真实的、完整的安全信息所具有的全部使用价值。收集到的安全信息如果不真实或不完整，会影响信息的使用效果，有的可能失去应有的使用价值，有的可能失去部分使用价值，甚至导致做出不符合实际的使用决策，贻误了安全管理工作。例如，有一名高处作业人员没有按规定系安全带，原因是没有安全带，领导就决定让他上高处作业。在收集此件信息中，如果只收集到高处作业人员没有系安全带的违章作业行为，没有掌握到领导违章指挥的全部事实，这样在使用高处作业人员没有系安全带这个信息时，就会导致由于对信息掌握的不全面而影响信息使用的全部价值。其结果只解决了高处作业人员的违章作业问题，而没有解决领导者的违章指挥问题。

（3）信息的适用性

信息的适用性，是指适用的安全信息所具有的使用价值。在应用安全信息加强安全管理中，收集掌握的安全信息，有的是储存的，是直接可以使用的，有的是需加工后使用的，有的是储存待用的，也有的是无用的。其中，由于人们的需求和使用的时间、使用的方式、使用的对象不同，这样安全信息的适用性就决定了信息的使用价值。只有适用的安全信息才有使用价值。因此，在使用安全信息中，除要注意收集、选择直接能使用的信息外，还要学会加工处理信息，使它具有使用价值，这样才能更好地发挥信息的作用。

（4）安全信息流

保证安全信息流的合理、高效状态是信息发挥其价值的前提。安全生产过程的信息流形态有人-人信息流（作业过程员工间的有效、可靠配合）；人-机信息流（机器、设备、工具的有效控制和操作）；人-境（环境）信息流（人对环境的感知），机-境（环境）信息流（高效的自动控制等）。

#### 1.5.1.6 安全信息处理及应用技术

20世纪80年代以来，随着现代安全科学管理理论及安全工程技术和微机软、硬件技术的发展，在工业安全生产领域应用计算机作为安全生产辅助管理和事故信息处理的手段，得到了国内外许多企业和部门的重视。这一技术正在不断得到推广应用。国外很多专业领域，如航空工业系统、化工工业系统，以及像美国国家职业安全卫生管理部门、国际劳工组织等机构，都建立了自己的安全工程技术数据库和开发了符合自己综合管理需要的系统。在国内，很多工业行业也都开发有适合自己行业使用的各种管理系统。如原劳动部开发了劳动法规数据库和安全信息处理系统；航空、冶金、煤炭、化工、石油天然气等行业，都开发了事故管理系统、安全仿真培训系统等。

近几年，随着信息技术的发展，多媒体、大数据、云平台、物联网、感知网、实景模拟、人工智能等现代信息技术在安全监测与监控、安全管理决策、风险预警预控、安全教育培训、应急演练等方面得到了应用，对提升安全生产保障水平和预防事故发挥了重要作用。

### 1.5.2 安全控制论原理

#### 1.5.2.1 一般控制论原理

管理学的控制原理认为，一项管理活动由4个方面的要素构成：①控制者，即管理者和领导者。前者执行的主要是程序性控制、例行（常规）控制，后者执行的是职权性控制、例外（非常规）控制。②控制对象，包括管理要素中的人、财、物、时间、信息等资源及其结构系统。③控制手段和工具，主要包括管理的组织机构和管理法规、计算机、信息等。组织机构和管理法规保证控制活动的顺利进行，计算机可以提高控制效率，信息是管理活动沟通情况的桥梁。④控制成果，管理学上的控制分为前馈控制和后馈控制、目标控制、行为控制、资源使用控制、结果控制等。

在安全管理领域，安全控制论要研究组织合理的安全生产的管理人员和领导者；明确事故防范的控制对象，对人员、安全投资、安全设备和设施、安全计划、安全信息和事故数据等要素有合理的组织和运行；建立合理的管理机制，设置有效的安全专业机构，制定实用的安全生产规章制度，开发基于计算机管理的安全信息管理系统；进行安全评价、审核、检查的成果总结机制等。

运用控制原理对安全生产进行科学管理，其过程包括三个基本步骤：①建立安全生产的判断准则（指安全评价的内容）和标准（确定的对优良程度的要求）；②衡量安全生产实际管理活动与预定目标的偏差（通过获取、处理、解释事故、风险、隐患等安全管理信息，确定如何采取纠正上述偏差状态的措施）；③采取相应安全管理、安全教育以及安全工程技术等纠正偏差，过分或不及的差错见《现代汉语词典》5版偏差或隐患的措施。

#### 1.5.2.2 安全管理控制原理

从控制论理论中，可以得到如下安全管理的一般控制原则：①闭环控制原则，要求安全管理要讲求目的性和效果性，要有评价；②分层控制原则，安全的管理和技术的实现的设计要讲阶梯性和协调性；③分级控制原则，管理和控制要有主次，要讲求单项解决的原则；④动态控制性原则，无论技术上或管理上要有自组织、自适应的功能；⑤反馈原则，对于计划或系统的输入要有自检、评价、修正的功能；⑥等同原则，无论是从人的角度还是物的角度必须是控制因素的功能大于和高于被控制因素的功能。

（1）安全管理策略的一般控制原理

对于技术系统的管理，需要遵循如下一般控制原理：系统整体性原理、计划性原理、效果性原理、单项解决的原理、等同原理、全面管理的原理、责任制原理、精神与物质奖励相结合的原理、批评教育和惩罚原理、优化干部素质原理。

（2）预防事故的能量控制原理

预防事故的能量控制原理的立论依据是对事故本质的定义，即事故的本质是能量的不正常转移。这样，研究事故的规律则从事故的能量作用类型出发，研究机械能（动能、势能）、电能、化学能、热能、声能、辐射能的转移规律；研究能量转移作用的规律，即从能级的控制技术，研究能转移的时间和空间规律；预防事故的本质是能量控制，可通过对系统能量的消除、限值、疏导、屏蔽、隔离、转移、距离控制、时间控制、局部弱化、局部强化、系统闭锁等技术措施来控制能量的不正常转移。

（3）事故预防与控制的工程技术原理

在具体的事故预防工程技术对策中，一般要遵循如下技术性原理：

① 消除潜在危险的原理。即在本质上消除事故隐患，是理想、积极、进步的事故预防措施。其基本的做法是以新的系统、新的技术和工艺代替旧的不安全系统和工艺，从根本上消除发生事故基础。例如，用不可燃材料代替可燃材料；以导爆管技术代替导致火绳起爆方法；改进机器设备，消除人体操作对象和作业环境的危险因素，排除噪声、尘毒对人体的影响等，从本质上实现职业安全卫生。

② 降低潜在危险因素数值的原理。即在系统危险不能根除的情况下，尽量地降低系统的危险程度，使系统一旦发生事故，所造成的后果严重程度最小。如手持电动工具采用双层绝缘措施；利用变压器降低回路电压；在高压容器中安装安全阀、泄压阀抑制危险发生等。

③ 冗余性原理。就是通过多重保险、后援系统等措施，提高系统的安全系数，增加安全余量。如在工业生产中降低额定功率；增加钢丝绳强度；飞机系统的双引擎；系统中增加备用装置或设备等措施。

④ 闭锁原理。在系统中通过一些元器件的机器联锁或电气互锁，作为保证安全的条件。如冲压机械的安全互锁器，金属剪切机室安装出入门互锁装置，电路中的自动保安器等。

⑤ 能量屏障原理。在人、物与危险之间设置屏障，防止意外能量作用到人体和物体上，以保证人和设备的安全。如建筑高处作业的安全网，反应堆的安全壳等，都起到了屏障作用。

⑥ 距离防护原理。当危险和有害因素的伤害作用随距离的增加而减弱时，应尽量使人与危险源距离远一些。噪声源、辐射源等危险因素可采用这一原则减小其危害。化工厂建在远离居民区、爆破作业时的危险距离控制，均是这方面的例子。

⑦ 时间防护原理。使人暴露于危险、有害因素的时间缩短到安全程度之内。如开采放射性矿物或进行有放射性物质的工作时，缩短工作时间；粉尘、毒气、噪声的安全指标，随工作接触时间的增加而减小。

⑧ 薄弱环节原理。即在系统中设置薄弱环节，以最小的、局部的损失换取系统的总体安全。如电路中的熔丝、煤气发生炉的防爆膜、压力容器的泄压阀等。它们在危险情况出现之前就发生破坏，从而释放或阻断能量，以保证整个系统的安全性。

⑨ 坚固性原理。这是与薄弱环节原则相反的一种对策。

即通过增加系统强度来保证其安全性。如加大安全系数，提高结构强度等措施。

⑩ 个体防护原理。根据不同作业性质和条件配备相应的防护用品及用具。采取被动的措施，以减轻事故和灾害造成的伤害或损失。

⑪ 代替作业人员的原理。在不可能消除和控制危险、有害因素的条件下，以机器、机械手、自动控制器或机器人代替人或人体的某些操作，摆脱危险和有害因素对人体的危害。

⑫ 警告和禁止信息原理。采用光、声、色或其他标志等作为传递组织和技术信息的目标，以保证安全。如宣传画、安全标志、板报警告等。

### 1.5.3 安全协调学原理

从协调理论出发，安全管理在组织机构、人员保障和经费保障3方面要遵循如下最基本的协调学原理。

#### 1.5.3.1 组织协调学原理

组织协调学原理要求安全组织机构要进行合理的设置；安全机构职能要有科学的分工，事故、隐患要分类管理，要有分级管理的思想；安全管理的体制要协调高效，管理能力自组织发展，安全决策和事故预防决策要有效和高效，事故应急管理指挥系统的功能和效率等方面要有总体的要求和协调。任何要完成一定功能目标的活动，都必须有相应的组织作为保障。建立合理的安全管理组织机构是有效地进行安全生产指挥、检查、监督的组织保证。企业安全管理组织机构是否健全，管理组织中各级人员的职责与权限界定是否明确，直接关系到企业安全工作的全面开展和职业安全卫生管理体系的有效运行。

(1) 安全工作的组织协调

事故预防是有计划、有组织的行为。为了实现安全生产，必须制订安全工作计划，确定安全工作目标，并组织企业员工为实现确定的安全工作目标努力。因此，企业必须建立安全生产管理体系，而安全管理体系的一个基本要素就是安全工作组织。组织是为实现某一共同目标，若干人分工合作，建立起来的具有不同层次的责任和职权制度而形成的一个系统。组织也是管理过程中的一项基本职能。组织是在特定环境中，为了有效地实现共同目标和任务，合理确定组织成员、任务和各项活动之间的关系，并对组织资源进行合理配置的过程。由于企业安全工作涉及面广，因此合理的安全管理组织应形成网络结构，其纵向要形成一个从上而下指挥自如的全企业统一的安全生产指挥系统；横向要使企业的安全工作按专业部门分系统归口管理，层层展开，实现企业安全管理纵向到底，横向到边，全员参加，全过程管理。一个健全、合理、能充分发挥组织机能的安全工作组织，需要妥善解决以下问题：①合理的组织结构。为了形成“横向到边、纵向到底”的安全工作体系，需要合理地设置横向安全管理部门，合理地划分纵向安全管理层次。②明确责任和权利。安全工作组织内各部门、各层次乃至各工作岗位都要明确安全工作责任，并由上级授予相应的权利。这样有利于组织内部各部门、各层次为实现安全生产目标而协同工作。③人员选择与配备。根据安全工作组织内不同部门、不同层次的不同岗位的责任情况，选择和配备人员。特别是专业安全技术人员和专业安全管理人员，应该具备相应的专业知识和能力。④制定和落实规章制度。制定和落实各种规章制度可以保证安全工作组织有效地运转。⑤信息沟通。组织内部要建立有效的信息沟通模式，使信息沟通渠道畅通，保证安全信息及时、正确地传达。⑥与外界协调。企业存在于大的社会环境中，企业安全工作要受到外界环境的影响，要接受政府的指导和监督等。企业安全工作组织与外界的协调非常重要。2014年版的《安全生产法》对安全组织机构的建立和安全管理人员的配备做了专门的规范。根据生产经营单位的生产经营性质和规模不同，法律的具体规范要求也不同：①对矿山、金属冶炼、建筑施工、道路运输单位和危险物品的生产、经营、储存单位的要求。以上单位都属于高危险行业，容易发生安全事故。因此，不管其生产规模如何，都应当设置安全生产管理机构或者配备专职安全生产管理人员，以确保生产经营过程中的安全。②对其他生产经营单位的要求。《安全生产法》主要以生产规模大小作为划分设置安全组织机构和安全管理人员的依据。凡是从业人员超过100人的，应当设置安全生产管理机构或者配备专职安全生产管理人员；从业人员在100人以下的，应当配备专职或者兼职的安全生产管理人员。

(2) 企业安全工作组织的形式

不同行业、不同规模的企业，安全工作组织形式也不完全相同。应根据安全工作组织要求，结合本企业的规模和性质，建立本企业的安全工作组织。图1.7所示为企业安全管理工作组织的一般组成网络，它主要由三大系统构成管理网络：安全工作指挥系统、安全检查系统和群众监督系统。

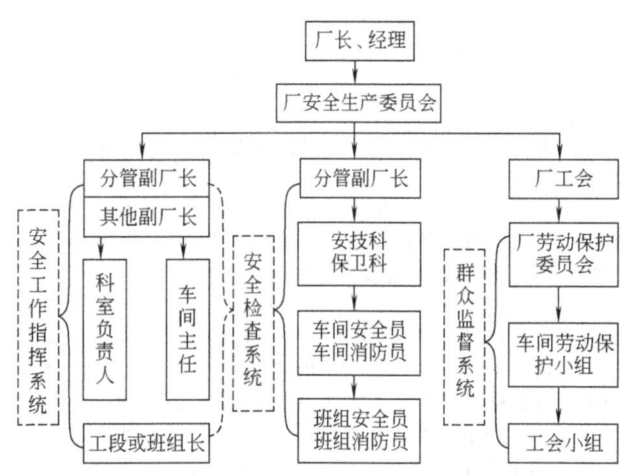


图1.7 企业安全管理工作组织网络

① 安全工作指挥系统。该系统由厂长或经理委托一名副厂长或副经理（通常为分管生产的）负责，对职能科室负责人、车间主任、工段长或班组长实行纵向领导，确保企业职业安全卫生计划、目标的有效落实与实施。

② 安全检查系统。安全检查系统是具体负责实施职业安全卫生管理体系中“检查与纠正措施”环节各项任务的重要组织，该系统的主体是由分管副厂长、安技科、保卫科、车间安全员、车间消防员、班组安全员、班组消防员组成。另外，安全工作的指挥系统也兼有安全检查的职责。实际工作中，对一些职能部门是双重职责。

③ 群众监督系统。群众监督系统主要是由工会组成的安全防线。有的企业形成党、政、工、团安全防线，即由企业工会女工部门负责筑起“妇女抓帮”安全防线；组织部门负责筑起“党组织抓党”安全防线；团委负责筑起“共青团抓岗”安全防线；工会生产保护部门负责筑起“工会抓网”安全防线；厂长办公室负责筑起“行政抓长”安全防线。

#### 1.5.3.2 专业人员保障系统的协调原理

要建立安全专业人员的资格保证机制：通过发展学历教育等方式，对安全专业人员任职和离职要有具体严格的任职要求；企业内部的安全管理要建立兼职人员网络系统：企业内部从上到下（班组）设置全面、系统、有效的安全管理组织和人员网络等。

要保证安全管理组织机构的效能，必须合理配置有关的安全管理人员，合理界定组织中各部门、各层次的职责。对安全管理组织中各部门、各层次的职责与权限必须界定明确，否则管理组织就不可能发挥作用。应结合安全生产责任制的建立，对各部门、各层次、各岗位应承担的安全职责以及应具有的权限、考核要求与标准作出明确的规定，这样才能使企业职业安全卫生管理体系有效地实施与运行。

例如对人事与教育部门，要求负责安全教育与培训考核工作，这是总的要求，对其职责与权限还必须细化为：①制订干部、技术安全人员、班组长、特殊工种和青工安全培训计划，负责安全教育培训和考核工作；②制订各类技工培训学习计划时，应列入安全技术教育内容；③负责督促检查新工人（包括新分配的大、中专学生）入厂的三级安全教育制度的执行，坚持未经三级安全教育不分配工作的原则，对新招入的特殊工种作业人员进行安全技术资格审查；④将安全生产纳入干部、职工晋级和实习人员转正考核，制定特殊工种作业人员相对稳定的管理办法，对不适应特殊工种作业的人员及时调换工作等。

这样人事与教育部门才能具体运作。除界定这些职责与权限外，还应制定相应的考核办法，以便企业最高管理层对这些部门进行考核。

安全生产委员会实行定期会议议事制度，通过年初或年终的定期会议部署全年度的安全工作，总结经验教训。同时，结合企业的生产经营情况，每季度至少要召开一次安全工作会议，听取各部门安全工作汇报，研究存在的安全问题，部署相关的安全工作，组织企业相关部门和人员开展检查和宣传教育活动。如果遇到安全生产重大问题或发生重大伤亡事故，安全管理委员会成员可以提请召开临时会议，及时研究解决问题，并提出应急应变的对策。

#### 1.5.3.3　安全经济投资保障协调合理机制

这一原理要求研究安全投资结构的关系，如在企业的各种安全投资项目中，要掌握如下安全投资结构的比例协调关系：安措经费：个人防护品费用从目前的1：2投资比例结构逐步过渡到合理的工业发达国家的2：1的结构；安全技术费用：工业卫生费用从现行的1.5：1的比例结构逐步过渡到1：1的结构。正确认识预防性投入与事后整改投入的等价关系，即要懂得预防性投资1元相当于事故整改投资5元的效果，这一安全经济的基本定量规律是指导安全经济活动的重要基础。安全效益金字塔的关系是：设计时考虑1分的安全性，相当于加工和制造时的10分安全性效果，而能达到运行或投产时的1000分安全性效果，这一规律指导我们考虑安全问题要超前。要研究和掌握安全措施投资政策和立法，讲求谁需要、谁受益、谁投资的原则；要进行科学的安全技术经济评价，进行有效的风险辨识及控制，事故损失测算，建立保险与事故预防的机制，推行安全经济奖励与惩罚以及安全经济（风险）抵押等方法等。

## 参考文献


[1] 金磊，徐德蜀，罗云．21世纪安全减灾战略．开封：河南大学出版社，1999.

[2] 陈宝智，王金波．安全管理．天津：天津大学出版社，1999.

[3] 罗云．安全经济学导论．北京：经济科学出版社，1993.

[4] 徐德蜀，等．中国安全文化建设——研究与探索．成都：四川科学技术出版社，1994.

[5] 张兴容，李世嘉．安全科学原理．北京：中国劳动社会保障出版社，2004.

[6] 罗云．防范来自技术的风险．济南：山东画报出版社，2001.

[7] ［德］库尔曼著．安全科学导论．赵云胜，罗云等，译．武汉：中国地质大学出版社，1991.

[8] 罗云．试论安全科学原理．上海劳动保护科技，1998（2）.

[9] 罗云．安全科学原理的体系及发展趋势探讨．兵工安全技术，1998（4）.

[10] 罗云．21世纪安全管理科学展望．安全与健康，2000，10（1）：27-31.

[11] 罗云．现代企业安全管理模式的探讨//中国安全生产论坛文集，2002.

[12] 罗云．人类安全哲学及其进步．科技潮，1997（5）.

[13] 金龙哲，宋存义．安全科学管理．北京：化学工业出版社，2004.

[14] 罗云．安全科学导论．北京：中国标准出版社，2013.

[15] 许铭，程五一，罗云，等．安全科学与工程学科核心竞争力对比．安全，2014，35（12）：61-63.

[16] 罗云．安全学．北京：科学出版社，2015.

[17] 罗云．现代安全管理．第3版．北京：化学工业出版社，2016.

[18] 罗云．安全经济学．第3版．北京：化学工业出版社，2017.

[19] 吴超，王秉．近年安全科学研究动态及理论进展．安全与环境学报，2018（2）.

[20] 罗云．企业安全文化建设．第3版．北京：煤炭工业出版社，2018.

# 2 安全科学的定性与定量理论

## 2.1 安全的基本特性

### 2.1.1 安全序列重要术语

① 安全。安全指消除能导致人员伤害、疾病或死亡，或引起设备、财产或经济破坏和损失，或危害环境的条件。“无危则安，无损则全”是安全的定性内涵。安全的定量表达则用“安全性”或“安全度”来反映，其数值表达用 $S \geqslant 0$ 或 $\leqslant 1$。

② 公共安全。公共安全是保障国家、社会和人民安全的基本条件。公共安全是由政府及社会提供的预防各种重大事件、事故和灾害的发生，保护人民生命财产安全，减少社会危害和经济损失的基础保障，是政府加强社会管理和公共服务的重要内容。公共安全涉及的各种重大事件、事故和灾害分为地球演化过程中对人和社会造成的各种灾害、人类生活和经济运行过程中发生的各种事故、社会运转过程中产生的违法犯罪、经济全球化过程中的外来有害物质和生物入侵、国内外极端势力（分子）制造的各种恐怖事件等方面。公共安全体现在食品安全、生产安全、防灾减灾、核安全、火灾安全、爆炸安全、社会安全、突发事件和反恐防恐及国境检验检疫等社会实践方面。

③ 工业安全。是指工业化社会或工业生产过程的安全。工业安全的目标是致力于维护工业生产过程作业人员的安全与健康，消除、避免或控制事故的发生。现代工业安全的研究内容包括：机械安全、电气安全、压力容器安全、电力安全、交通运输安全、消防安全等。具体涉及机械加工、机械设备运动部分的防护、物料搬运、用电安全、防火、防爆、防毒、防辐射、噪声的测试与隔音、污水污物和废气的处理、个人防护、急救处理、高处作业、密闭环境作业、危害检测、工程安全、作业安全、工业企业安全管理、安全评价、安全监督、安全法制等。这些研究内容可应用于机械、电子、石油、化工、冶金、有色、地质、矿山、建筑、航空、航天、交通、运输、电力、农机等领域。

④ 生产安全。生产安全是保障和维护生产经营过程的基本前提和条件。生产安全的基本目的是保障生产作业人员生命安全和健康，避免和减少生产资料损害和经济损失，促进社会经济健康持续和快速发展。生产安全涉及工业、农业和服务业生产经营安全，各类交通运营安全，公共消防安全，特种设备、设施安全等与生产经营相关的安全。

⑤ 安全文化。安全文化是人类安全活动所创造的安全生产、安全生活的精神、观念、行为、制度与物态的总和。从实践层面上理解，安全文化包括企业安全文化、公共安全文化、家庭安全文化等；从文化形态上理解，安全文化包括安全观念文化、安全行为文化、安全制度文化和安全物态文化。

⑥ 安全科学。安全科学是研究人类生产与生存过程中，人-机-环境系统之间、人与自然之间、自然属性与社会属性之间、随机性与确定性之间的相互关系和作用的安全本质规律，以保障人类生产与生活过程中的生命安全与健康、财产安全与保障，以及生产的效率与效益为目的。从另一角度，安全科学是研究技术风险导致的事故和灾害的发生及发展规律，以及为防止事故或灾害发生所需的科学理论和技术方法。安全科学是一门新兴的交叉科学，具有系统的科学知识体系。

⑦ 安全工程。安全工程是对各种安全工程技术和方法的高度概括与提炼，是防御各种灾害和事故过程中所采用的、以保证人的身心健康和生命安全以及减少物质财富损失为目的的安全技术理论及专业技术手段的综合学问。在安全学科技术体系结构中，安全工程是包括消防工程、爆炸安全工程、安全设备工程、安全电气工程、安全检测与监控技术、部门安全工程及其他学科在内的安全科学的技术科学学科体系。安全工程的研究范围遍及生产领域（安全生产及劳动保护方面）、生活领域（交通安全、消防安全与家庭安全等）和生存领域（工业污染控制与治理、灾变的控制和预防）。它的研究对象是上述领域普遍存在的不安全因素，通过研究与分析，找出其内在联系和规律，探寻防止灾害和事故的有效措施，以达到控制事故、保证安全之目的。

⑧ 本质安全。狭义的本质安全是指设备、设施或技术工艺含有内在的能够从根本上防止发生事故的功能，是从根源上消除或减小生产过程中的危险，即不依靠附加的安全系统实现安全保障。广义的本质安全以系统和企业为对象，系统的本质安全是指人、机、环境等要素从根本上防范事故的能力及功能；企业的本质安全是指通过建立科学、系统、主动、超前、全面的安全保障和事故预防体系，对企业生产经营全过程、技术工艺全环节、生产作业全要素，实施全员、全面、全时的本质安全管控，使各种事故风险因素始终处于预控、预防的状态，实现企业安全生产的可控、稳定、恒久的安全目标。

⑨ 善治安全。是指实施科学、合理、能动、自律、最优化的安全治理策略，推行全员参与（企业）、人人共担（行业）、上下联动（政府）、协同防治（社会）的安全防控机制，实现社会、组织或企业的本质安全、高效安全和可持续安全（目标和愿景）。善治安全是一种理性、智慧、科学、先进的安全治理模式。

⑩ 智慧安全。是指人们基于理性的安全认识论，应用科学的安全方法论；个人（领导和成员）安全理念先进、安全态度正确、安全意识强烈；组织（单位和企业）安全观念明智、安全制度顺达、安全环境和谐；国家、社会、企业，以及民族、公民、员工具有先进的安全理论、依循科学的安全规律、应用智能的安全工具，实施本质安全战略、综合治理对策、系统防范工程，实现生产、生活、生存的智慧安全。

### 2.1.2 安全特性分析

根据安全事物的客观实在，我们认为安全经济理论和方法首先应遵循下述安全固有属性所概括出的基本特性。

(1) 安全命题的确定性与随机性

安全研究最基本的命题就是事故灾害。事故灾害首先具有确定性的特征，其表现在：

① 事故灾害具有因果性：安全事故的因果性是指事故的发生有着确定性的原因，如事故本质的能量转移理论、事故的物理化学确定性原理、火灾发生的三要素、爆炸事故是能量释放的表现等都具有确定性事件。事故由相互联系的多种因素共同作用的结果，引起事故的原因是多方面的，但事

故的因果关系是确定的。因此，在事故预防过程中，如果弄清事故发生的因果关系，找到事故发生的主要原因，有效地根除或控制事故原因，就能有效地预防和控制事故。

② 事故灾害具有可预防性：现代工业生产系统是人造系统，这种客观实际给预防事故提供了基本的前提。所以说，任何事故从理论和客观上讲，都是可预防的。认识这一特性，对坚定信念、防止事故发生有促进作用。因此，人类应该通过各种合理的对策和努力，从根本上消除事故发生的隐患，把工业事故的发生降低到最小限度。

事故灾害的随机性特性表现在：

① 事故灾害具有偶然性：事故的随机性表现在事故发生的时间、地点、事故后果的严重性是偶然的。这说明对于所有事故的预防都具有一定的难度。但是，事故这种随机性在一定范畴内也遵循统计规律。从事故的统计资料中可以找到事故发生的规律。因而，事故统计分析对制定正确的预防措施有重大的意义。

② 事故灾害具有潜伏性：表面上，事故是一种突发事件。但是事故发生之前有一段潜伏期。在事故发生前，人、机、环境系统所处的状态是不稳定的，也就是说系统存在着事故隐患，具有危险性。如果这时有一触发因素出现，就会导致事故的发生。在工业生产活动中，企业较长时间内未发生事故，如麻痹大意，就是忽视了事故的潜伏性，这是工业生产中的思想隐患，是应予克服的。

(2) 安全的自然属性与社会属性

安全的自然属性与社会属性交叉的特性可从两方面来认识。

一是从事故系统和安全系统的角度认识，都涉及人、机、环境三要素，而人的要素就具有自然属性与社会属性的特点。无论是从事故系统角度的事故致因，人的不安全行为受其生理——自然属性和心理——社会属性的影响；机和环境要素表面上看，主要是自然属性，但机本质安全化一方面受技术科学发展的限制——自然属性，同时也与决策者认识有关——社会属性；环境因素更多是自然属性的特点，其实环境的作用和影响取决于管理的效能，这就体现出社会属性的特征。因此，安全问题具有自然属性与社会属性两重性。

二是从安全科学体系角度理解，安全科学是涉及自然科学、社会科学和人体科学的跨门类综合性学科。它以数学、力学、物理学、化学和生理学等自然学科为基础理论，同时也涉及安全管理学、安全行为科学、安全文化学、安全法学、安全教育学等社会科学体系，以及安全系统工程、安全信息工程学、可靠性工程学、安全人机工程学等交叉科学。

因此，解决人类面临的安全命题，有效地预防事故和灾害，需要应用综合的科学技术理论体系、全面高明的对策方略、系统高效的方法技术。

(3) 避免事故或危害有限性的特性

这一特性包含两层含义：①各种生产和生活活动过程中事故或危害事件虽可以避免，但难以完全或绝对避免；②各种事故或危害事件的不良作用、后果及影响可能避免，但难以完全或绝对避免。

由于在人类社会发展的任何阶段，生产或生活的技术水平总是有限的。科学的发展一方面使技术的发展有序地逐级进行，使技术起着有益于人类的正向演化作用；另一方面由于科学认识的局限，新技术不可避免会伴随新的、尚未认识的危害，使技术在一出现的时刻就存在新的不安全因素，从而产生技术功能的逆向退化。这种利弊交错、益害矛盾的现象贯穿于整个工业社会发展的全过程。另外，人们对安全的要求在提高，而社会改进安全的技术水平和所能增加的经济力量（人、财、物）总是有限制的。因此，创造绝对充分的条件和可能性，使生产绝对不发生事故或危害事件仅是理想的状态，客观实践只能是创造相对安全的状态。这既决定于技术与自然演替规律无法改变的原因，又来源于人类对制止其事故的技术与经济能力所不及的原因。因此，决定了避免事故或危害是有限的这一客观存在。安全经济学为安全活动提供适应这一规律的技术理论和方法。

实践中人们总是尽其所能地去防止和避免事故的发生，不会有意识去制造和扩大它。但是无论人们如何努力，事故总是难以完全排除，这就是事故率可以无限趋于零，而无法绝对为零的客观表现。

无法完全或绝对地避免事故，并不意味着不能避免。人类所作的安全努力，意义就在于在有限的安全投入和条件下，努力使事故损失和危害控制在可接受或称之为“合理”的水平上。

(4) 安全的相对性特性

多大的安全度才认为是安全的？这是一个很难回答的问题，因为安全具有相对性。某一安全性在某种条件下认为是安全的，但在另一条件下就不一定会被认为是安全的了，甚至可能被认为是很危险的。因此，这一问题只能用一阈值来回答。安全阈由安全程度的最大值和最小值之差来表述。绝对的安全，即100%的安全性，是安全性的最大值。当然，这是很难实现的，甚至是不可能达到的，但却是社会和人们应努力追求的目标。此外，在实践中，人们或社会客观上自觉或不自觉地认可或接受了某一安全性（水平），当实际状况达到这一水平时，人们认为是安全的，低于这一水平时，则认为是危险的。这一水平下的安全性就是相对安全的最小值（或称安全阈下限）。实际生活中也用这一值的补值（即危险值）来表述，称为“风险值”。风险是生产、生活和生存活动中客观存在着不安全的程度。安全经济学就是要根据社会的技术和经济客观能力，以及相应的社会对危险的承受能力，为不同的生产、生活环境或产业过程提供和确认这一“最低”安全值，作为制定安全标准的依据。

从另一侧面理解安全这一概念，可以认为安全的相对性是指免除风险（或危险）和损失的相对状态或程度。

(5) 安全的极端性特性

这一特性有如下三个含义：①安全科学的研究对象（事故、危害与安全保障）是一种“零-无穷大”事件，或称“稀少事件”。即事故或危害事件具有如下特点：一是事故发生的可能性很小（趋向零），而后果确十分严重（趋向无穷大）；二是危害事件的作用强度很小，但危害涉及的范围或人数却广而多。②描述安全特征的两个参量——安全性与危害性具有互补关系。即安全性＝1－危害性，当安全性趋于极大值时，危险性趋于最小值。反之亦然。③人类从事的安全活动，总是希望以最小的投入获得最大的安全。

## 2.2　安全科学基本原理

安全科学的最基本原理就是安全公理、安全定理。

安全公理是客观、真实的事实，不需要证明或争辩，能够被人们普遍接受，具有客观真理的意义。安全公理的认知对推导安全定理发挥着基础性、引证性的作用。安全公理是人们在长期的安全科学技术发展和公共安全与生活工作的实践中逐步认识和建立起来的。

安全定理是基于安全公理推理证明的规律和准则。安全定理为安全科学的发展和安全活动提供理论的支持和方向引导，对安全工作或安全科学监管的实践具有指导性，是安全活动或工作必须遵循的规律及基本原则。

### 2.2.1　安全公理

(1) 公理1——安全的重要性

安全公理1概念为“生命安全至高无上”。安全科学的第一公理表明了安全的重要性。

"生命安全至高无上"是指生命安全在一切事物和活动中，必须置于最高、至上的地位，即要树立"安全为天，生命为本"的安全理念。这是世间每一个人、社会每一个企业必须接受和认可的客观真理。对于个人，没有生命就没有一切；对于企业，没有个人的生命，就没有最基本的生产力。生命安全是个人和家庭生存的根本，也是企业和社会发展的基石。

"生命安全至高无上"表明，无论对于个人、企业还是整个社会，人的生命安全必须高于一切，这是我们每一个人、每一个企业和整个社会所接受和认可的客观真理。对"生命安全至高无上"这一公理的理解可以从个人、企业和社会三个角度来认识。

首先对于个人，生命安全为根。从个人的角度来说，生命是唯一的、无法重复的，人的一切活动和价值都是以生命的存在和延续为根基。个体生命的一生，无论追求物质上的事物还是精神上的价值，所有的一切都必须以生命安全的存在为前提。如果没有生命，一切的存在就没有意义。所以，生命安全对于个人是一切存在的根本，生命安全高于一切，生命安全至高无上。

第二对于企业，生命安全为天。从企业的角度来说，在生产经营的一切要素中，人是决定性的要素，是第一生产力。企业的一切活动都需要人，必须把人的因素放在企业生产管理的首位，体现"以人为本"的基本思想。"以人为本"有两层含义：一是一切的管理活动都是以人为基础展开的，人既是管理的主体，又是管理的客体，每个人在管理系统中都具有各自的位置和作用，离开人就无所谓管理；二是一切的管理活动都需要人进行计划、分配、组织、运行和控制。因此，人的生命安全对于企业具有至高无上的价值，体现在"人的生命是第一位的""生命无价"这种最基本的价值观念和价值保障上，企业的一切活动必须要以人的生命为本。人的生命对于企业最为宝贵，企业发展绝不能以牺牲人的生命为代价，不能损害劳动者的安全和健康权益。在生产效益和安全的选择中，企业一定要首选安全，因为只有安全才是生产效益的保证。因此，要把生命安全至高无上的理念深入于企业决策层与管理层的内心深处和根本意识中，落实到企业生产经营的全过程中，树立"生命安全为天"的基本信念。

第三对于社会，生命安全为本。从整个社会的角度来说，人是建立各种社会关系的基础，也是构成家庭、企业等社会单元的基本要素。人是社会的主体，是社会的根本，社会的存在和发展以个人的存在和发展为基础，个人的存在和发展以个人的生命安全为基础。人的生命安全，是社会存在和发展的根本，如果没有人，就不会形成社会，如果无法保障人的生命安全，社会就谈不上发展进步和幸福安康。因此，生命安全为本，是文明社会的基本标志，是科学发展观的重要内涵，是社会主义和谐社会的具体体现，更是实现中华民族伟大复兴的中国梦的基石保障。

"生命安全至高无上"这一公理告诉我们，无论是自然人还是社会人，无论是企业家还是管理者，都应该树立安全至上的道德观、珍视生命的情感观和正确的生命价值观。

(2) 公理2——安全的本质性

安全公理2概念为"事故是安全风险的产物"。安全科学的第二公理表明了安全的本质性或根本性。

"事故是安全风险的产物"揭示了安全的本质性，揭示了"事故-安全-风险"的关系。从中解读出如下内涵：一是阐明事故是安全的目的、表象或结果，二是风险才是安全的本质和内涵，三是要预防事故发生，要从安全本质——风险入手，实现风险可接受。

预防事故，首先需要认识事故是如何产生的。"事故是安全风险的产物"揭示了安全的本质，表明事故是由安全风险失控造成的现象。风险描述了事物所处的一种不安全状态，这种不安全的状态可能导致某种或一系列的事故发生，这是人们不期望看到的。导致事故发生的因素被称为风险因素，主要指生产过程或活动中，对人、机器设备、工作环境、管理等因素的控制存在不当或失效，致使其偏离了正常的状态。人的不安全行为、物的不安全状态、环境的不安全条件、管理上的缺陷这四种因素被称为事故的"4M"要素。"4M"要素对事故的影响主要来自两个方面，一是出现的频率，二是造成的后果。这些因素出现得越频繁，事故发生的可能性就越高，可能导致的后果越严重，事故造成的损失也就越大。因此，风险既描述了事故的概率，又描述了事故的后果，我们可以将风险概念为：安全系统不期望事件的出现概率与可能后果严重度的结合。

理论上讲，所有事故都来源于系统存在的风险。按照风险的存在状态，可分为固有危险和现实风险。系统中蕴含的巨大能量，是系统本身固有的危险，而系统的运行环境、工作条件、操控水平、危害对象等是系统存在的现实风险因素。因此不难看出，风险是动态变化的，不是一成不变的。当风险的存在和变化超过了系统所能承受的限度时，事故便产生了。因此，事故是系列安全风险因素失控的产物。

安全的目标在于预防事故、控制事故，"事故是安全风险的产物"这一公理表明，第一，预防事故、控制事故的根本在于预防和控制风险，这一安全公理首先让我们认知到安全的本质；第二，明确了安全工作的目标；第三，回答了如何实现对事故的有效预防。

(3) 公理3——安全的相对性

安全公理3概念为"安全是相对的"。安全科学的第三公理表明了安全的相对性。

"安全是相对的"是指人类创造和实现的安全状态和条件是相对于时代背景、技术水平、社会需求、行业需要、法规要求而存在的，是动态变化的，现实中做不到"绝对安全"。安全只有相对，没有绝对；安全只有更好，没有最好；安全只有起点，没有终点。

安全的相对性表明安全是依托于人类社会存在的，脱离了人类社会的大背景，就谈不上"安全"，因此安全的状态和水平受各种社会条件的约束。由于人类研究安全的科学是发展的、控制安全的技术是动态的、保障安全的经济是有限的，在特定的时间和空间条件下，人类能够达到的安全能力是有限的，因此，安全是相对的。绝对安全是一种理想化的安全，而相对安全是客观现实的安全。

绝对安全是一种理想化的安全。理想的安全、绝对的安全、100%的安全性，是一种纯粹完美、永远对人类的身心无损无害，保障人能绝对安全、舒适、高效地从事一切活动的境界。绝对安全是安全性的最大值，是安全的终极目标，即"无危则安，无损则全"。理论上讲，当风险等于"零"，安全等于"1"时，就达到了绝对安全或"本质安全"的程度。绝对安全、风险等于"零"是安全的理想值。事实上，实现绝对安全是十分困难的，甚至是不可能的。无论从理论上还是实践上，人类都无法创造出绝对安全的状况，这既有技术水平方面的限制，也有经济成本方面的限制。人类对自然的认识能力是有限的，对万事万物危害的机理规律仍在不断的研究和探索中，因此人类自身对外界危害的抵御能力、对人机系统的控制能力也是有限的，很难使人与物之间实现绝对和谐并存的状态，这势必会产生矛盾和冲突，引发事故和灾难，造成人的伤害和物的损失。尽管人类的安全科学和技术不能实现绝对的安全境界，不能将风险彻底变为"零"，但这并不意味着事故无法避免。绝对安全应该是社会和人类努力追求的最终目标，在实现这一目标的过程中，人类通过安全科学技术的发展和进步，在有限的科技和经济条件下，实现了“高危-低风险”“低风险-无事故”的安全状态，甚至做到了“变高危行业为安全行业”。

相对安全是客观的、现实的安全，也是变化的、发展的安全。安全是风险能够被人们所接受的一种状态，在不同的时间、空间、技术条件下，人们能够接受的风险程度不同，因此能达到的“安全”程度也是不同的、相对的：

① 相对于时间和空间，安全是相对的。在不同的时间，安全的内容是不同的。随着时间的推移，任务、人员、机器、环境、管理都在发生变化，旧的不安全因素可能消失，新的不安全因素可能出现，人类对于安全的认知和要求也在不断进步、升级。在不同的空间，由于国家、地区、行业、企业的不同，安全问题的展现程度和解决安全问题的技术条件是不同的。例如，从煤矿矿难的事故率来看，矿难在一些发达国家已经得到了有效控制，在美国、加拿大和澳大利亚，煤矿百万吨煤死亡率事故率已经降至0.02，而在一些发展中国家，煤矿矿难发生率仍居高不下，尚未从根本上解决安全问题。因此，从时间和空间的角度看，安全是相对的。

② 相对于法规和标准，安全是相对的。不同法律法规、安全标准所指的“安全”，都不是绝对的安全，而是相对的安全。安全是人们在一定的社会环境下可以接受的风险的程度，因此安全标准也是相对于人类的认识水平和社会经济的承受能力而言的。不同的时期、不同的生产领域，可接受的损失程度不同，衡量系统是否安全的标准也就不同。法律法规、安全标准追求的安全是“最适安全”，即在一定的时间和空间内，在有限的经济能力和科技水平中，在符合人体生理条件和心理素质的情况下，通过控制事故灾难发生的条件来减少其发生的概率和规模，将事故灾难的损失控制在尽可能低的限度内，从而满足人们目前对安全的需求。从长远来看，随着人类认识的提升、科技的进步、社会的发展，人类对安全的要求逐步提高，法律法规和安全标准也会随之逐步提高，以实现更高水平的安全。因此，从法规和标准的角度看，安全也是相对的。

安全是相对的，表明安全不是一瞬间的结果，而是对事物某一时期、某一阶段的过程和状态的描述。相对安全是安全实践中的常态和普遍存在，也是人们目前和较长一段时期内应首先实现的目标，因此应具有实现相对安全的策略和智慧。

(4) 公理4——安全的客观性

安全公理4概念为“危险是客观的”。安全科学的第四公理反映了安全的客观性。

“危险是客观的”是指社会生活、公共生活和工业生产过程中，来自技术与自然系统的危险因素是客观存在的，不以人的意志为转移的。危险和安全是一对相伴存在的矛盾，危险是客观的、有规律的，安全也是客观的、有规律的。正确认识危险是人类发展安全科学技术的前提和基础，辨识、认知、分析、控制危险是安全科学技术的最基本任务和目标。同时，危险的客观性也表明认识危险是一个循序渐进的过程，决定了安全科学技术需要的必然性、持久性和长远性。

危险是事故的前兆，是导致事故的潜在条件，任何事物从诞生之初就存在被破坏、损害的危险。危险的客观性可以从自然界和技术系统两个方面来理解，首先，自然界中广泛存在破坏正常生产和生活的危险，地震、洪水、台风、滑坡、泥石流等自然灾害存在巨大的能量，能够对生产系统造成严重的、甚至不可逆的破坏。其次，技术系统所使用的能量、物理和化学作用等的客观性决定了产生危险的客观性。在生产和生活过程中，技术系统无处不在，其蕴含的巨大能量一旦失控，或者物理、化学作用产生不正常反应，就会导致事故的发生。任何技术系统都存在或多或少的危险，无论人类的认识多么深刻、技术多么先进、设施多么完善，技术系统中“人-机-环-管”功能始终存在残缺，危险始终不会消失。因此，危险是客观的，危险无时不在、无处不在，危险存在于一切系统的任何时间和空间中。

人们能够通过在一定时间和空间内改变危险存在的条件或状态，降低危险转变为事故的可能性和后果的严重度。但从总体上、宏观上说，只要使用技术，就存在危险，技术是一把“双刃剑”，技术的使用利弊共存。例如，核能的开发和利用为能源危机的解决带来了新的希望，但是在缓解能源危机的同时，也可能对人类和环境带来巨大的灾难。核工业所使用的放射性物质可以轻易杀伤动植物的细胞，破坏人体的DNA分子并诱发癌症，甚至给后代留下先天性的缺陷。在化工行业中，很多化工产品的生产都需要高温、高压的环境，一旦发生堵塞或泄漏，引起化学反应的失控，就可能产生爆炸。在现实生活和工业生产中，危险是客观存在的，为了降低和控制危险，必须不断以本质安全为目标，致力于系统的改进。

“危险是客观的”这一公理告诉我们，首先应充分认识危险，只有在充分认识危险的基础上，才能分析危险、进而控制危险。

(5) 公理5——安全的必要性

安全公理5概念为“人人需要安全”。安全科学的第五公理反映了安全的必要性、普遍性和普适性。

“人人需要安全”是指世界上每一个自然人、社会人，无论地位高低、财富多少，都需要和期望自身的生命安全健康，都需要安全生存、安全生活、安全生产、安全发展。安全是生命存在和社会发展的前提和条件，是人类社会普遍性和基础性的目标，人类从事任何活动都需要安全作为保障。无论是自然人还是社会人，生命安全“人人需要”；无论是企业家、安全管理者还是员工，安全生产“人人需要”。安全保护生命，安全保障生产，没有安全就没有一切。因此，人人需要安全，安全科学的第五公理表明了安全的普遍性或普适性。

安全是人类生存和发展的需要。亚伯拉罕·马斯洛提出了需要层次理论，认为人类的需要是以层次的形式出现的，即由人类初始、低层次的需要开始，向上逐级发展到高层次的需要。他将人的需要分为生理的需要、安全的需要、归属的需要、尊重的需要以及自我实现的需要，安全需要就排在最基础的生理需要之后，是人类满足生理需要之后首先追求的目标，由此可见安全的重要性。个人、企业和社会的生存和发展都需要安全的保驾护航。

首先，个人需要安全。从个人角度讲，没有安全就没有个人的生存和发展，没有安全就没有我们的幸福生活。对于个人，安全是1，而家庭、事业、财富、权力、地位都只是1后面的0，失去了安全这个1，就失去了生命和健康，后面再多的0都没有意义。生命对于每个人来说只有一次，安全就意味着幸福、康乐、效益、效率和财富。安全是人与生俱来的追求，是人民群众安居乐业的前提。人类在生存、繁衍和发展中，必须创建和保证一切活动的安全条件和卫生条件，没有安全，人类的任何活动都无法进行。人类是安全的需求者，安全也是珍爱生命的一种方式。这体现在首先，安全条件下的生产活动和安全和谐的时空环境能够保障人的生命不受伤害和危害；其次，安全标准和安全保障制度能够促进人的身体健康和心情愉悦的生产生活；最后，安全具有人类亲情主义和团结的功能。每一个正常的社会人都期望生命安全健康，在安全的条件下，人们才能身心愉悦地幸福生活，其乐融融。

第二，企业需要安全。对于企业，没有安全，生产就不能持续；没有安全，就没有企业的发展，更谈不上企业的效益。安全不能决定一切，但是安全可以否定一切。从企业的经济效益看，安全是生产平稳和持续的前提，安全促进生产，生产必须安全。企业只有重视安全，才能保障员工的生命健康和企业的物资财产不受损害，才能保障生产持续平稳运行，减轻事故损失，促进企业长远和可持续发展。忽视安全、事故频发的企业既不可能做到持续生产，也不可能取得良好的经济效益。从企业的社会效益看，安全生产事关广大人民群众的切身利益，事关国家改革开放、经济发展和社会稳定的大局。对于现代企业来说，安全是一种责任，安全生产更是企业生存和发展之本，是企业的头等大事。生产事故不仅会造成严重的人员伤亡，还会造成巨大的经济损失和环境破坏。企业必须重视安全，才能保障人民群众的生命健康不受伤害，保障物质财产和周边环境不受破坏，保障社会的稳定运转。

第三，社会需要安全。从整个社会角度讲，安全是人类生存、生活和发展最根本的基础，也是整个社会存在和发展的前提和条件。人类社会的发展离不开安全，社会发展的基础是物质财富的积累，物质财富的积累依靠生产活动，而一切生产活动都伴随着安全问题。从社会成员的角度来看，社会安全与个人安全、企业安全是相互促进、相辅相成的。个人的生存和发展、企业的生产和运行离不开社会，社会的安全为个人和企业的生存发展提供了稳定的、健康的环境。与此同时，个人和企业是构成社会的基本单元，个人安全和企业安全是社会安全的重要组成部分。只有保障社会上每个人的生命健康，保障每个企业的安全生产，这个社会才是安全的、稳定的。因此，安全是社会文明和进步的标志，是社会稳定和经济发展的基石，是最基本的生产力，社会需要安全。

由“人人需要安全”这一公理可知，无论从事什么行业、实施什么活动，安全必不可少、不可或缺。因此，在一切的生活和生产活动中，必须重视安全，必须做到“人人参与、人人有责”；必须坚持“一岗双责任”“谁主管、谁负责”“谁主张、谁负责”。

### 2.2.2 安全定理

(1) 定理1——一切事故可预防

安全定理1概念为：“坚持安全第一的原则”。安全定理1是安全活动的基本准则。

“坚持安全第一的原则”是指人类在一切生产和生活活动过程中，必须时时处处人人事事“优先安全”“强化安全”“保障安全”。对于企业，安全生产是企业生产经营的前提和保障，没有安全就无法生产，安全事故的发生不仅伤害员工的生命，还会造成生产效益和效率的下降。因此必须把安全放在企业工作的首要和突出位置。当安全与生产、安全与效益、安全与效率发生矛盾和冲突时，必须坚持“安全第一”“安全为大”。

由公理1可知，人的生命安全至高无上，因此要求我们在一切生产和生活活动过程中，必须将安全放在第一位，即坚持“安全第一”的原则。“安全第一”这一口号，起源于1901年美国的钢铁工业。尽管当时受到经济萧条的影响，美国钢铁公司仍然提出“安全第一”的经营方针，致力于安全生产的目标，不但减少了事故，而且产量和质量都有所提高。经过百年的发展，“安全第一”已从口号变为安全生产基本方针，成为人类生产活动甚至一切活动的基本和最高准则。

“安全第一”是人类社会一切活动的最高准则。“安全第一”不仅是企业生产活动的基本要求，而且是企业生产活动的首要目标。需要注意的是，“安全第一”是在社会可接受程度下的“安全第一”，不是不顾一切地盲目追求“绝对安全”，而是在技术、经济、环境等条件允许的情况下尽力做到的“安全第一”。因此，“安全第一”是一个相对的、辩证的概念，它是指在人类活动的方式上，相对于其他方式或手段而言，并在与其发生矛盾时，必须首先遵循安全的重要原则。

“坚持安全第一的原则”这一定理要求人们首先要树立“安全第一”的哲学观，第二要处理好安全与生产、安全与效益、安全与发展这三大关系，第三要做到全面的“安全第一”。

(2) 定理2——一切事故可预防

安全定理2概念为：“秉持一切事故可预防信念”。安全定理2是安全活动的基本认知。

“秉持一切事故可预防信念”是指从理论上和实践上讲，任何事故的发生都是可预防的，事故后果都是可控的。“事故是可以预防的”是基于对事故因果性的认知得出的，由于事故是安全风险的产物，通过对风险的认知和理解，我们坚信“事故是可以预防的”。

安全定理2是基于两点认知得出的：首先，事故是风险的产物；其次，风险是可以预防的。由公理2“事故是安全风险的产物”可知，风险是导致事故发生的原因。因此，如果风险是可以预防的，如果我们能够实现对风险的预防和控制，那么就能够实现对事故的预防。

风险是否可以预防？答案是肯定的。通过对风险的认识，我们了解到风险是伴随技术系统产生的，可能存在于技术系统的各个环节之中，导致事故发生的主要因素是“4M”要素——人的不安全行为、物的不安全状态、环境的不安全条件、管理上的缺陷。首先，风险产生于人类创造的技术系统中，由于技术系统是受人控制的，因此技术系统中产生的风险也是可以控制的。其次，技术系统的设计、制造、运行、检验、维修、保养、改造等各个环节都存在引发事故的风险，因此只有对技术系统的适用条件、运行状态和生产过程进行有效的控制，切断事故发生的条件，改变可能导致事故的环境，对技术系统所有环节中存在的风险都加以控制和预防，才能够实现对事故的全面预防。最后，“4M”要素是导致事故发生的主要因素，只有对各个环节中存在的“4M”要素进行彻底的排查和检测，降低其发生的可能性，减轻可能造成的后果，才能有效地防范事故的发生。

由该定理可知，我们可以通过预防和控制风险来预防事故的发生。预防和控制风险包括两个方向：一是从事故后果出发，由果溯因，寻找可能引发危害事件的危险源，降低危险源转变为事故的可能性，或减小可能造成的损失；二是从事故系统的“4M”要素出发，由因溯果，通过减少和排除人的不安全行为、物的不安全状态、环境的不安全条件、管理上的缺陷，切断这些不安全因素酝酿和形成事故的链条，以防事故的发生。

(3) 安全定理3——安全永续发展

安全定理3概念为：“遵循安全永续发展的规律”。安全定理3是安全活动的发展理念。

“遵循安全发展规律”包括两个方面：一是指人类对安全的需求是变化和发展的过程，人类的安全认知、安全标准、安全科学技术是不断提高、不断完善的；二是指人类的社会发展和经济发展要以安全发展为基础。只有安全发展，才能有社会经济的长远发展和持续发展。

由公理3“安全是相对的”可知，安全没有最好，只有更好。在人类社会的发展过程中，安全认知、标准和科学技术水平是不断发展和进步的。

首先，安全认知是发展的。认知是人们认识活动的过程，安全认知是人们对事故灾害和安全活动的认识过程。人类对事故灾害规律的认知是逐步深入和发展的。在一定的生产力水平下，由于人们认识的局限和科技水平的制约，人们只能认识一定程度的危险，同时也只能对已经认识并认为应该控制且可以控制的危险进行控制和管理。随着生产力和科技水平的提高以及人们对安全与健康要求的提高，人们会发现新的危险，同时生产过程也可能出现新的危险状态。这时人们必须探索并采取新的技术手段、管理措施来获得新的安全状态。人类总是在所认识的范围内，按照生产力水平不断改善自身的安全状况。人类对安全的认知和改善自身安全状况的过程实际上是不断螺旋上升的发展过程。

第二，安全法规标准是发展的。安全的相对性决定了安全标准和法规的相对性，由于人类的认识能力不断提高、各类事物和周围环境在不断地变化，科技不断进步、经济不断发展、人们生活水平的提高，加上社会安全文明氛围的形成和世界范围内先进的安全卫生立法经验的吸收，安全标准是在不断变化发展的。当安全水平达到一定的高度，旧的安全法规标准可能某些部分已经过时，或者新技术的发展产生了新的安全问题和挑战，就需要修改现有的安全法规和标准，使其符合当前生产力和安全发展的要求，以适应新问题、新情况。

第三，安全科学技术是发展的。科学技术是第一生产力，为了创造更多的社会财富，更好地促进经济的发展，科学技术在不断发展进步。安全科学技术是实现安全生产的技术手段，生产的稳定持续运行必须依靠建立在先进的科学理论发现和技术发明基础之上的安全科学技术；先进的安全装置、防护设施，预测报警技术都是保护生产力、解放生产力、发展生产力的重要物质手段和技术支持。随着生产力的不断发展，人们对安全的重视程度不断加深，逐渐将劳动者从繁重的体力、脑力劳动中解放出来，从风险大、危害大的作业岗位上解放出来已经成为安全生产的重要工作。为了满足人们日益增长的安全需求，社会对安全科技的投入不断加大，安全科技也在不断进步。随着技术的不断发展，安全技术要与生产技术同行，甚至领先和超前于生产技术的发展和进步。只有这样，才能应对不断更新的科学技术可能带来的安全问题，才能有效地预防事故的发生。

该定理告诉我们，安全是发展的过程，我们要以发展的眼光去看待安全，看待安全的各个环节。为此要做到以下两点：一是要树立“以人为本”的发展理念，二是要实现安全目标的不断提升。

(4) 定理 4——持续安全措施

安全定理 4 概念为：“把握持续安全措施方法”。安全定理 4 是安全活动的持续观念。

“把握持续安全方法”指安全是一个长期发展的实践过程，在任何时期从事安全活动，都要注重安全理念和方法的科学性、持续性、有效性、系统性。为此，必须树立持续安全的观念，强调持续安全的理论，把握持续安全的方法，坚持并不断改进安全措施，做到安全警钟长鸣。

由“危险是客观的”这一公理可知，在任何时期、任何条件下，危险都是客观存在的，因此安全也是永恒的话题。要实现安全的永恒性，就必须把握持续安全的方法论。

首先，危险的客观性决定安全的永恒性。危险是客观的、永恒存在的，安全也是永恒存在的。曾经的安全并不能代表未来的可靠，不能用过去的状态来肯定当前的状态。安全是不断发展的，在不同的时期和不同的环境、经济水平条件下，安全的内容是不同的，因此，安全应该是持续的过程，只有持续安全才能在发展中不断解决安全问题，使安全水平达到人们在不同时期不同条件下可接受的程度。安全形势好，企业一定进步，行业一定发展。企业发展了，行业壮大了，就有条件、有能力在基础建设、设施改善、技术改进、人员培训、激励机制等事关安全的软硬件方面继续加大投入，从而提高安全程度，使实现持续安全得到更强有力的保障。

第二，危险的复杂性决定安全的艰难性。一个技术系统或生产系统，涉及的危险因素常常是复杂、多样的，因此，相应的安全保障系统必须基于“等同原则”，达到优于、高于、先行的状态。对安全系统的这种要求和标准，常常使得安全系统功能的实现是艰难和复杂的。安全系统由许多子系统组成，而子系统又由许多细节、过程构成，安全工作必须重视任何一个细节、任何一个过程，认认真真从每一个细节、每一个过程做起，确保细节安全、过程安全，最后才能确保系统安全。而危险因素是客观存在的，如果某一个环节发生疏漏，其危险因素就可能不断扩散、放大。如果关键环节的危险没有及时得到消除和控制，酿成事故是必然的。因此，要想保持安全系统的长期平稳运行，就必须以科学的、有效的思想和方法论应对，要不断地进行安全系统的优化、改善和调整。危险的客观性，决定了安全的持续性，只有把握持续安全的方法，才能有效地控制系统危险，保证系统安全。

由该定理可知，安全是持续的、长期的过程，在从事安全活动时，就应该树立持续安全的理念，坚持并不断改进安全措施，长鸣安全警钟，以适应环境变化和人们需求变化。

(5) 定理 5——安全人人有责

安全定理 5 概念为：“遵循安全人人有责的准则”。安全定理 5 是安全活动的必然要求。

“遵循安全人人有责的准则”是指安全需要人人参与、人人当责，应坚持“安全义务，人人有责”的原则，建立全员安全责任网络体系，实现安全人人负责、安全人人共享。

公理 5“人人需要安全”表现在安全对我们每个人的重要性。既然人人需要安全，那么就应该人人参与安全，为安全尽责。这里的“责”不仅指“责任心”，而且包括“岗位安全职责”，还包括“安全思想认识和安全管理是否到位”等。无论是个人、企业还是社会，都应该对安全尽责，形成“人人讲安全，事事讲安全，时时讲安全，处处讲安全”的安全氛围。

首先，安全，个人有责。从个人角度讲，只有当每一个人将安全意识融入血液中，自觉主动地负起自己的安全责任，在工作中按章办事，严守规程，使自己成为一道安全屏障，才能够避免事故的发生。

第二，安全，企业有责。从企业角度讲，安全不是离开生产而独立存在的，而是贯穿于生产整个过程之中的。企业作为安全生产的责任主体，只有从上到下建立起严格的安全生产责任制，责任分明、各司其职、各负其责，将法律法规赋予生产经营单位的安全生产责任由大家共同承担，安全工作才能形成一个整体，从而避免或减少事故的发生。

第三，安全，社会有责。从社会角度讲，应帮助企业建立起“以人为中心”的核心价值观和理念，倡导以“尊重人、理解人、关心人、爱护人”为主体思想的企业安全文化。因为人的安全意识、安全态度、安全行为、安全素质决定了企业安全水平和发展方向。只有提高人的安全素质，让每一个人做到由“要我安全”到“我要安全”，直到“我会安全”的转变，推动安全生产与经济社会的同步协调发展，使人民群众的生命财产得到有效的保护，企业才能在“以人为本”的安全理念中走上全面协调的可持续发展之路。

安全人人有责告诉我们，安全问题是事关民族兴衰的重大问题，是事关国计民生的重大问题，它既涉及个人，也涉及群体。

## 2.3 安全指标体系理论

安全科学的定量按照层次划分，可以分为宏观定量、中观定量和微观定量三个类型。安全科学微观定量是对安全系统中的微观层次组成及其安全性能的数量特征、数量关系与数量变化的定量分析方法；安全科学中观定量是指对各类安全系统中中观层次的安全状态或性能的安全定量，主要以概率、指标、指数等形式进行定量分析，得出相关的数学模型、数字特征以及数量的关系和变化趋势；安全科学宏观定量是指对各类安全系统或组织的综合安全水平或程度的定量、半定量分析，从宏观层面上把握系统的整体、综合的安全状况。这里的安全指标体系理论归属于安全科学中观定量范畴。

### 2.3.1 安全定量的基础

(1) 安全定量的基本函数

安全生产的科学就是安全科学，它是研究来自人为技术或人造系统风险的防范的科学。作为一门新兴的交叉科学(自然科学与社会科学的交叉)，其学科的定量是重要而有意义的命题。对于"安全"的定性评价，一般讲是用"符合与不符合"或"达标与不达标"准则来总判定的。符合国家、行业的规范和标准或达到国家、行业的规范和标准，就是安全的，否则就称"不安全"。用哲学的概念，则将安全定义为"人为系统或人造技术环境中，事故或死亡率低于自然环境下的程度。"

从定量科学的角度，安全的定量其最基本的方式就对系统安全性的确定。安全性用安全度表达，而安全度＝1－风险度（危险度），因此，安全度与风险度具有互补关系，而风险度等于事故概率和事故严重度的乘积，用数学函数式表达：

$$风险度\ R=F(事故概率\ P,事故严重度\ L) \tag{2.1}$$

所以风险度是安全性定量方式最经典和最基本的数学表达方法。

从上述安全科学定量的基本理论，可以引申出安全定量的重要元素，一是事故概率，即事故发生的频率或可能性，二是事故严重度，即事故的指标。

研究安全科学的定量问题，对于丰富安全科学理论、提升安全科学的学术及科学性都具有现实的意义，其作用和必要性表现在：①推进安全科学定量理论的发展和进步，是精确安全系统的要求，对于安全设计具有重要意义；②根据现代职业安全健康管理体系要求的持续改进的科学管理思想，如何有助于描述安全生产状况和事故状况的时间序列的规律，需要发展具有时间特征的定量理论和方法，使之能够满足国家、行业或企业的安全生产动态的科学、合理评价；③安全定量科学承负着对国家之间、地区之间或行业之间的横向的比较分析和研究，因此，需要科学地建立反映安全系统或安全生产的综合评价指标体系，无论是政府分配安全资源，还是制定管理政策，都需要安全的科学定量理论和方法；④我国推行的安全评价、管理体系审核、安全认证制度、目标或指标管理等，都要求对安全生产或事故状况做出科学、综合、定量的方法。

(2) 安全指标的概念及定义

① 指标（target)。指标是事物状态或属性的客观定量描述的参数，通常作为工作计划中规定达到的目标。不同的事物或领域，具有不同的指标定义。如安全生产领域，事故指标指描述事故发生状态或水平的参数或单位，例如事故发生起数、死亡人数、万人死亡率、百万吨煤死亡率等。指标是具有特定物理意义单位的参数。

② 安全指标体系（safety production target system)。安全指标是描述安全状况的客观量的综合定量参数体系。安全指标又可从两个层面来划分：

一是用于设计的、反映系统安全性的指标，根据系统性能确定。如机电系统的可靠性指标、安全仪表和仪器的性能指标、安全装置或系统的安全性指标等。

二是用于管理的指标体系，称为安全生产指标体系。一般分为事故状况指标（事故指标）以及事故预防指标体系。事故状况指标为记录安全事故情况的各种绝对量和相对量，如死亡人数、事故起数、10万人死亡率、百万工时伤害频率等等；事故预防指标指反映预防事故措施方面的水平指标，如安全生产达标率、安全投资比例、安全生产专业人员配备率等。

### 2.3.2 安全生产指标体系

安全生产指标体系依据正向考核和负向考核，可以划分为事故预防指标和事故发生指标，或称安全生产发展指标体系和事故指标体系，如图2.1示。

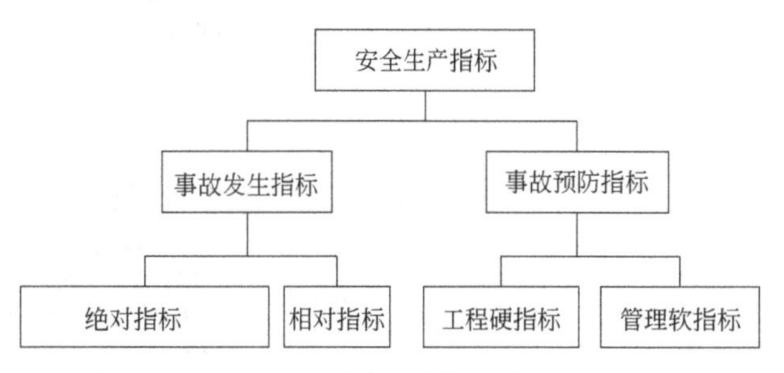


图2.1 安全生产指标体系

过去我们较少考虑安全的预防或发展性指标，为了对安全能力和事故的预防水平进行定量、科学的管理，需要建立反映系统或社会安全保障能力或安全发展的预防性指标体系。依据安全保障的"三E"对策理论，可将安全预防性指标分为三个方面：安全工程技术指标、安全法制监管指标、安全文化建设指标，如图2.2所示。

### 2.3.3 事故指标体系及数学模型

(1) 事故指标体系

基于统计学的原理，事故指标体系包括绝对指标体系和相对指标体系，如图2.3所示。

① 事故绝对指标（事故基本元素）。事故绝对指标反映了事故的直接后果特性，包括事故发生起数、死亡人数、伤残人数、损失工日（指被伤者失能的工作时间)、经济损失(量，指发生事故所引起的一切经济损失，包括直接经济损失和间接经济损失)。

② 事故相对指标。事故相对指标是事故绝对指标相对某一参考背景的特性定量。在理论上，根据事故绝对与相对的不同组合方式，事故相对指标具有如下相对模式：

a. 人/人模式：伤亡人数相对人员（职工）数，如10万人死亡（重伤、轻伤）率等。

b. 人/产值模式：伤亡人数相对生产产值（GDP)，如亿元GDP（产值）死亡（重伤、轻伤）率等。

c. 人/产量模式：伤亡人数相对生产产量，如矿业百万吨（煤、矿石)、道路交通万车、航运万艘（船）死亡（重伤、轻伤）率等。

d. 损失日/人模式：事故损失工日相对人员、劳动投入量（工日)，如百万工日（时）伤害频率、人均损失工日等。

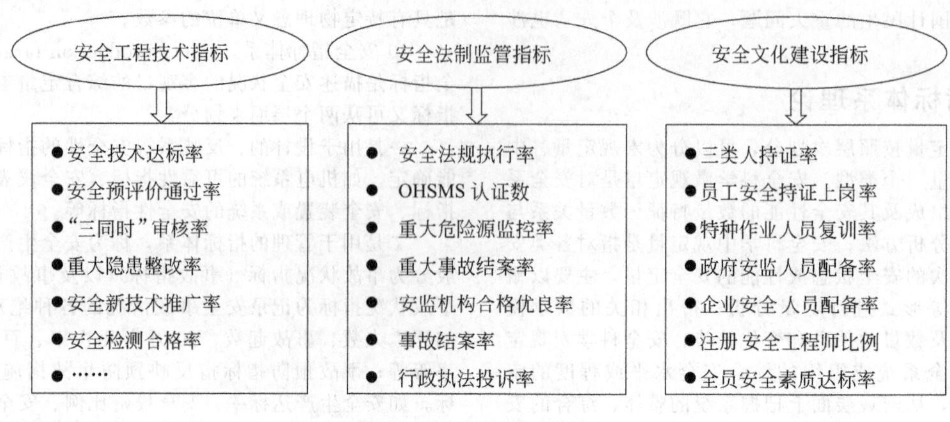


图 2.2　事故预防指标体系

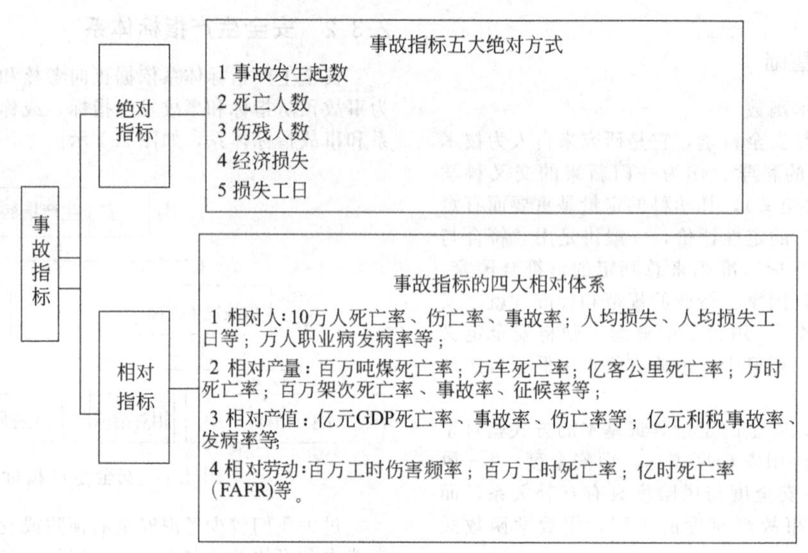


图 2.3　事故指标体系

e. 经济损失/人模式：事故经济损失相对人员（职工）数，如万人损失率、人损失等。

f. 经济损失/产值模式：事故经济损失相对生产产值（GDP），如亿元 GDP（产值）损失率等。

g. 经济损失/产量模式：事故经济损失相对生产产量，如矿业百万吨（煤、矿石）、道路交通万车（万时）损失率等。

（2）事故指标数学模型

常用的事故指标数学模型有：

① 事故频率指标。生产过程中发生事故的频率或次数是参加生产的人数、经历的时间和作业条件的函数，即：

$$A=f(a,N,T) \tag{2.2}$$

式中，$A$ 表示发生事故的次数；$N$ 表示工作人数；$T$ 表示经历的时间间隔；$a$ 表示生产作业条件。当人数和时间一定时，则事故发生次数仅取决生产作业条件。一般由式（2.3）计算：

$$a=A/(NT) \tag{2.3}$$

通常用式（2.3）作为表征生产作业安全状况的指标，称为事故频率。《企业职工事故分类》（GB 6441）定义了千人死亡率、千人重伤率、伤害频率 3 种计算事故频率的指标。

其中，伤害频率用百万工时伤害率：指某期间内平均每百万工时的事故伤害人时数。

$$百万工时伤害率=\frac{伤害人数}{实际总工时}\times 10^6 \tag{2.4}$$

为了反映事故与经济发展的关系，事故频率指标还有：

a. 亿元 GDP 死亡率：表示某时期（年、季、月）内，平均创造 1 亿元 GDP 因工伤事故造成的死亡人数。

b. 亿元 GDP 伤害频率：表示某时期（年、季、月）内，平均创造 1 亿元 GDP 因工伤事故造成的伤害（轻伤、重伤）人数。

c. 千人经济损失率：一定时期内平均每千名职工的伤亡事故的经济损失。

d. 百万元产值经济损失率：一定时期内平均创造百万元产值伴随的伤亡事故经济损失。

② 事故严重率指标。伤亡事故严重率是描述工伤事故中人身遭受伤亡严重程度的指标。在伤亡事故统计中用因受伤害而丧失劳动能力的情况来衡量伤害的严重程度。丧失劳动能力的情况按因伤不能工作而损失劳动日数计算。《企业职工伤亡事故分类标准》（GB 6441）规定，按伤害严重率、伤害平均严重率及按产品产量计算死亡率等指标计算事故严重率。具体指标如下：

a. 伤害严重率：某期间内平均每百万工时因事故伤害造成的损失工作日数。

$$伤害严重率=\frac{总损失工作日}{实际总工时}\times 10^6 \tag{2.5}$$

b. 伤害平均严重度：某期间内发生事故平均每人次造成的损失工作日数。

$$伤害平均严重度=\frac{总损失工作日}{伤害人数} \tag{2.6}$$

c. 百万吨死亡率：平均每百万吨产量死亡的人数。

$$百万吨死亡率=\frac{死亡人数}{实际产量}\times 10^6 \qquad (2.7)$$

d. 损失平均严重度：某期间内发生事故平均每人次造成的经济损失量。

$$损失平均严重度=\frac{事故总经济损失}{伤害人数} \qquad (2.8)$$

由于生产行业的不同，事故严重度的评价，常用产品产量事故率、死亡率等。即采用在一定数量的实物生产中发生的死亡事故人数计算出平均死亡率，一般计算数学公式是：年事故死亡人数/年生产的实物量。如煤炭行业的百万吨煤死亡率，冶金行业的百万吨钢死亡率，道路交通领域的万(辆)车死亡率，民航交通的百万次起落事故率、万时事故率(征候率)等，铁路交通领域的百万车次事故率、万时事故率等。

③ 国外重要的事故统计指标。千人负伤率是许多国家常用的事故频率统计指标，如俄罗斯、加拿大、英国、法国、印度等许多国家都采用这一指标。千人负伤率是指一定时期内平均每一千职工中发生伤亡事故的人次，即：千人负伤率＝本时期内工伤事故人次/本时期内在册职工人数×1000。

除了用"人/人模式"作为事故的最基本统计指标外，一些国家还常用如下指标：

a. 百万工时伤害频率（失时工伤率，lost time injury frequency rate)：表示某时期（年、季、月）内，平均每百万工时内，因工伤事故造成的伤害导致的损失工时数。

$$百万工时伤害率=工伤伤损失工日(时)数/实际总工日(时)\times 10^6 \qquad (2.9)$$

$$实际总工时=统计时期内平均职工人数\times 该时期内实际工作天数\times 8 \qquad (2.10)$$

b. FAFR（亿时死亡率，fatality accident frequency rate)：指每年 $10^8$ 工时（1亿工时）发生的事故死亡人数。FAFR 值等于1相当于每人每年工作300天，每天工作8h，大约每年40000人中有1人死亡。

c. 亿客公里死亡率：反映各类交通工具（道路、铁路、航运、民航）单位人员交通效率的事故死亡代价，亿客公里死亡率＝死亡人数/客公里数$\times 10^8$。

### 2.3.4 安全指标考核

原国家安监总局根据2004年国务院关于进一步加强安全生产工作的决定，推行了安全生产控制考核指标制度。具体提出了七大类考核指标，首先是绝对指标，即：事故的总量减少多少起，事故的死亡人数减少多少人，这都有具体的绝对指标；第二类是相对的指标，比如工矿商贸10万从业人员事故率、煤炭百万吨死亡率、道路安全死亡率等。运作的机制是每年年初首先把绝对指标以国务院安委会文件正式向各省下达；相对指标一般是在第二季度向各省下达。各地安全生产控制考核指标的计算都有一个公式，参照上一两年安全生产的状况，体现了科学公正的原则。下达的指标是控制指标，是不许超过的指标，通过这种手段减少事故总量、减少死亡人数。突破了考核指标有必要的制裁措施，地方省级在考核地市、县安全生产控制考核指标完成情况的时候，从本地的实际出发，采取制定了一些必要的奖惩措施。安全生产控制考核指标制度是安全目标管理的一种方式，能够体现权利与义务对等，职责与责任对应，工作可量化、检查有标准、考核有尺度。

2017年1月，国务院办公厅印发了《安全生产"十三五"规划》，规划明确提到安全生产规划目标及其事故控制指标体系。规划指出到2020年，安全生产理论体系更加完善，安全生产责任体系更加严密，安全监管体制机制基本成熟，安全生产法律、法规、标准体系更加健全，全社会安全文明程度明显提升，事故总量显著减少，重特大事故得到有效遏制，职业病危害防治取得积极进展，安全生产总体水平与全面建成小康社会目标相适应。

约束性安全规划指标的体系构成（注重安全生产考核与确保实现的工作目标）如表2.1。

**表2.1 安全生产"十三五"规划的约束性安全规划指标**

| 序号 | 指标类型 | 指标名称 | 规划降幅/% |
|---|---|---|---|
| 1 | 绝对指标 | 生产安全事故起数 | 10 |
| 2 | | 生产安全事故死亡人数 | 10 |
| 3 | | 重特大事故起数 | 20 |
| 4 | | 重特大事故死亡人数 | 22 |
| 5 | 相对指标 | 亿元国内生产总值生产安全事故死亡率 | 30 |
| 6 | | 工矿商贸就业人员10万人生产安全事故死亡率 | 19 |
| 7 | | 煤矿百万吨死亡率 | 15 |
| 8 | | 营运车辆万车死亡率 | 6 |
| 9 | | 万台特种设备死亡人数 | 20 |

## 2.4 安全指数理论

安全指数理论归属于安全科学中观定量范畴。

### 2.4.1 安全指数概念及意义

安全生产指数（safety production index）是指在一般指数理论指导下，根据揭示安全生产（事故）特性综合性规律的需要，设计出的反映企业、行业或地方安全生产（事故）状况的一种综合性定量指标。它具有无量纲性、相对性、动态性和综合性的特点，可以对企业、行业或地方政府（一段时期）的安全生产状况进行科学的分析、合理的评价，从而指导安全生产的科学决策。

安全生产指数（体系）包括四个概念：一是"同比指数"，反映指标的纵向比较特性；二是"横比指数"，反映指标的横向比较特性；三是"综合指数"，反映 $N$ 个指标的综合特性；四是"事故当量指数"，反映事故或事件伤亡、损失、职业病的综合危害特性。

"指数"是一种无量纲的相对比较指标，由于具有直观易懂、科学准确、内涵丰富等特点，能够揭示和反映事物的本质和规律。将"指数分析法"应用于经济社会管理活动，已成为当今信息化时代的一个趋势。原国家安监局的科研课题"小康社会安全生产指数研究"，提出并完善了一套安全生产指数的理论和方法。

"安全生产指数"是应用量纲归一化理论，依据于信息量理论和统计学的方法及原则，对安全生产的指标体系的创造性发展。安全生产指数能够反映地区综合性或行业的事故特征，可以对安全生产活动的状况和水平利用"安全生产指数"进行表达，能够综合评价企业、行业、国家或地区的安全生产状况和事故水平，这是安全生产科学管理的重要基础。同时，由于安全生产指数是一综合的无量纲指数，用这一理论可动态地反映安全生产持续改善水平，对地区、行业进行综合的横向比较分析，有利于管理部门进行科学评价（排行榜）、有利于管理部门制定合理政策和科学激励。

### 2.4.2　安全生产指数的设计思路及原则

（1）设计思路

对比以往我国的安全生产指标，"安全生产指数"不仅要能在横向上对各行业、企业、地区进行综合比较，还需要能够在纵向上反映地区或企业（行业）的安全生产状况持续改善水平。这就要求指数是一种无量纲的相对数，并且具有动态性，也即指数必须是在时间上连续关联，且基于选用的"基元指标"更具有相对数的特点。

基元指标的选取应遵循设计原则中的相关原则、有效原则及简约原则。基元指标可以是某一具代表性的综合性指标或特性指标（如亿元产值事故率、损失率；千人死亡率、伤亡率、重伤率；大民航、道路、铁路、航运的亿客公里死亡率；百万工时伤害频率；亿时死亡率等）。

基于这种设计要求，作为对以往安全生产指标的改进指标，这种指数应更具直观性，它是一个具有科学性、动态性、灵活性的指标。同时为了满足使得企业（行业）间、地区间的可比，它需要具有无量纲性、相对性的特点。安全生产指数的设计应从纵向和横向来分别描述。纵向安全生产指数用来反映安全生产的改善变化水平；横向比较指数反映企业、地区、国家的安全生产（事故）状况相对水平。

（2）设计原则

我国安全生产指数结合原有各项安全生产指标，对其进行分析综合并建立新的体系，在指数及体系的设计和指标的选取上应遵循几项基本原则：

① 目的性原则。安全生产指数旨在改进我国历年的安全指标纷繁杂乱的现状，科学动态地反映我国安全生产持续发展状况，指数及体系要紧紧围绕这一目标来设计。

② 科学性原则。指数的设计及体系的拟定、指标的取舍、公式的推导等都要有科学的依据。只有坚持科学性的原则，获取的信息才具有可靠性和客观性，才具有可信性。

③ 相关原则。形成指数的各项数据和各指标之间应具有相关性和价值取向一致性，这是指数分析的基本前提。具体指标的选取要根据实际情况而定。在选定的指标基础上得到一个无量纲、具有相对性和动态性的安全生产指数。

④ 有效原则。即所选择的指标能有效反映研究对象的基本状况。

⑤ 简约原则。为保证指数的评价和预测具有较高的准确率，应将具有重复含义的指标排除在指数的基本框架之外。

⑥ 综合性原则。指数及体系的设计不仅要有反映安全生产工作在某一阶段取得的进展，更重要的是要有动态性，能反映出其持续发展的状况规律，静态与动态综合，才能更为客观和全面。

⑦ 可操作性原则。指数的设计要求概念明确、定义清楚，能方便地采集数据与收集情况，要考虑现行科技水平，并且有利于改进。而且，指数的内容不应太繁太细，过于庞杂和冗长，否则将会违背设计初衷和意义。

⑧ 时效性原则。安全生产指数及体系不仅要反映一定时期安全工作开展的实际情况，而且还要能跟踪其变化情况，以便找出规律，及时发现问题，改进工作，防患于未然。此外，指数设计应随着社会价值观念的变化不断调整，否则，可能会因不合时宜而导致决策失误或非优。

⑨ 政令性原则。指数及体系的设计要体现我国安全生产的方针政策，以便通过评比，鞭策企业贯彻执行"安全第一，预防为主，综合治理"的方针，以及部门安全生产的规章制度。

⑩ 直观性原则。指数的设计要能直观地显示安全生产发展的状况，有效地协助政府部门，以保证重点和集中力量控制住那些在工作进展中落后的企业、地区。

⑪ 可比性原则。指数体系中同一层次的指标，应该满足可比性的原则，即具有相同的计量范围、计算口径和计量方法。这样使得指标既能反映实际情况，又便于比较优劣，查明安全薄弱环节（行业、企业、地区）。

### 2.4.3　安全生产指数的数学模型

"安全生产指数"以事故指标（预防指标、发生指标或事故当量）作为分析对象或指数基元，根据分析评价的需要进行指数测算，从而对安全生产的规律进行科学的评估和分析。"安全生产指数"有4种。

#### 2.4.3.1　*Y* 指数（同比指数）

*Y* 指数是纵向比较指数，能反映本企业、本地区自身安全生产（事故）状况的（持续）改善水平。其数学模型是：

$$K_Y=(R_1/R_0)\times 100 \tag{2.11}$$

式中，$K_Y$ 表示行业安全生产特性指标或综合指标；$R_1$ 表示当年指标；$R_0$ 表示参考（比较）指标［前一年指标、基年指标或者近 $n$ 年平均（滑动）指标］。

#### 2.4.3.2　*X* 指数（对比指数）

*X* 指数是横向比较指数，通过计算特定时期（年度）企业与企业、地区与地区、国家与国家、行业与行业等之间的指标横向比较，反映事故指标的相对状态及水平。其数学模型是：

$$K_X=R_1/R_0(W_0/W_i)\times 100=[R_0W_0]/[\sum W_iR_i/n]\times 100 \tag{2.12}$$

式中，$R_1$ 表示被比较企业、地区或国家的安全生产（事故）指标；$R_0$ 表示比较企业、地区或国家的安全生产（事故）指标；$W_0$ 表示被比较对象相应指标的权衡因子（或平均水平），如比较指标是企业员工10万人死亡率，权衡因子要考虑从事高危行业的员工比例；$W_i$ 表示比较对象的权重系数，一种公式＝全国高危行业人员比例/本地区高危险行业人数比例；$i=1,2,\cdots,N$。

#### 2.4.3.3　综合指数

综合指数是对 $N$ 个指标进行量纲归一处理，得到 $N$ 个考核或评定指标的综合测评水平，其数学模型是：

$$K_X=F(X_i) \tag{2.13}$$

$$或=[\sum(X_i/X_{i综合})]\times 100/n \tag{2.14}$$

$$或=[\sum D_i(X_i/X_{i综合})]\times 100/n \tag{2.15}$$

式中，$D_i$ 表示指标修正系数，可根据经济水平（人均GDP）、行业结构（从业人员结构比例或产业经济比例）、劳动生产率或完成生产经营计划率等确定；$X_i$ 表示考核或评价依据的第 $i$ 项事故指标；$X_{i综合}$ 表示考核或评价依据的第 $i$ 项区域或行业平均（背景）事故指标；$n$ 表示参与测量事故指标数。

其中，$D_i$ 修正系数的确定：

由于地区间生产发展水平、行业结构和安全文化基础的差异性，导致地区间的安全生产客观基础和条件的不同。因此，在评价地区安全生产状况或对地区提出的安全生产要求和事故指标时，应考虑这种差异性。由此，在测算事故当量综合指标时，应对其指标进行必要的修正，即设计 $D_i$ 指标修正系数。$D_i$ 的设计应该根据指标的客观影响因素来进行，如：

① 各类事故总指标根据地区人均GDP水平设计；

② 工矿事故指标根据地区的行业结构进行设计，即用地区高危险行业的从业人员规模比例或高危行业的GDP比例结构进行设计；

③ 道路交通事故指标根据等级公路的比例水平设计。

由于全面收集基础数据的困难和客观的动态性，要精确、全面地确定 $D_i$ 是困难的。根据目前能够收集到的数据，根据不同地区（省市）的人均 GDP 水平和行业 GDP 的结构，按公式（2.16），可测定 $D_{人均GDP}$ 和 $D_{行业GDP比例}$ 两种修正系数，分别用于修正各类事故 10 万人死亡率和各类事故亿元 GDP 死亡率及工矿企业 10 万人死亡率。

$$D=D_{地区}/D_{全国} \tag{2.16}$$

#### 2.4.3.4 事故当量指数

（1）事故当量及事故当量指数

事故当量：是指事故后果——死亡、伤残、职业病和经济损失 4 种危害特征的综合测度，用于综合衡量单起事故或一个企业、一个地区特定时期内发生事故的综合危害程度。

事故当量指标：一是绝对当量指标，如一起事故或一个企业一段时期的死人、伤人、经济损失的综合危害当量；二是相对指标，即相对人员、产量、GDP 等社会经济和生产规模背景因素度量事故当量的指标，如 10 万人事故当量 $f_P$，亿元 GDP 事故当量 $f_G$ 等。

事故绝对当量指标数学公式为：

$$F(f,b,r,l)=\sum(R_iN_i)=R_{死}N_{死}+R_{伤}N_{伤}+R_{损}N_{损}+R_{病}N_{病} \tag{2.17}$$

$$=f_{日}/r_{标}+b_{日}/r_{标}+r_{日}/r_{标}+L/l_{标} \tag{2.18}$$

或

$$=f\times20+b_{日}/r_{标}+r_{日}/r_{标}+L/l_{标} \tag{2.19}$$

式中，$f_{日}$ 表示死亡人员损失工日；$f$ 表示死亡人员总人数；$r_{标}$ 表示事故人年损害标准当量，人日；$b_{日}$ 表示受伤人员损失工日；$r_{日}$ 表示职业病人员损失工日；$L$ 表示事故经济损失，万元；$l_{标}$ 表示事故经济损失标准当量，万元。

事故相对当量指标：相对于人员数、GDP 总量等的构建事故综合危险当量指标。

（2）事故标准当量的确定

事故标准当量 $R$：事故导致的人年损害，包括人年时间损失和价值损失 [人年时间损失按 5 天/周工作制计算，为 250 人日（或 300 天/人年）；人年价值损失包括工资、净劳动生产率和医疗费用 3 项目之和]。

由上述定义可得到标准当量：

死亡人员当量 $R_{死}$：1 人相当于 20 个事故当量（即 20 人年或 5000 工日损失）。

伤残人员当量 $R_{伤}$：按伤残等级的总损失工日数（根据国际常用规范，不同伤残等级的损失工日数按表 2.2 标准计算），以 250 工日为 1 标准当量。

**表 2.2 不同伤残等级损失工日数计算值**

| 级别 | 一级 | 二级 | 三级 | 四级 | 五级 | 六级 | 七级 | 八级 | 九级 | 十级 |
|---|---|---|---|---|---|---|---|---|---|---|
| 损失工日数 | 4500 | 3600 | 3000 | 2500 | 2000 | 1500 | 1000 | 500 | 300 | 100 |

职业病标准当量 $R_{病}$：与伤残人员的当量换算相仿，根据职业病等级的标准损失工日数换算，因治疗康复不能确定职业病等级的按其实际损失工日数计算。

经济损失标准当量 $R_{损}$：按人年价值损失计算，包括工资、净劳动生产率和工伤或职业病医疗费用支出三项目核算。

事故当量指数还可扩展为事故当量同比指数、事故综合当量指数，用于企业、地区事故发生状况的纵向或横向分析评价。

（3）事故当量指数应用

事故当量指数的应用可体现在如下方面：

① 评估单起事故的综合危害严重程度：如 2009 年北京央视大楼火灾事故，死亡 1 人、伤 8 人、直接经济损失 1.64 亿；2010 年上海高层公寓火灾事故，死亡 58 人、伤 71 人、直接经济损失 1.58 亿，可以测算其事故的综合危害程度。

② 依据综合危害进行事故程度分级。如有一起事故死亡 29 人、直接经济损失 0.99 亿；另一起事故死亡 30 人、直接经济损失 0.05 亿。按照国家事故单项指标分级，前者是重大事故，后者是特别重大事故。如果测评两起事故的综合危害当量，前者大于后者，显然用单一指标的分级方法具有不合理性。

③ 对企业一年或一段时期发生的各类事故进行综合问题评价。即将企业一年中发生的各类事故，其导致的死亡、伤残（重伤、轻伤）、职业病、经济损失的综合结果进行当量测评，从而可以对企业的事故综合危害严重程度进行评价分析。

④ 与企业的分析评价同样道理，应用事故当量指数可以对地区的事故综合状况作出科学、合理评价，从而对区域安全生产状况进行评价排序，以进行科学的目标管理。

⑤ 如果对于一个地区（省、地、市、县等）的事故死亡、伤残、职业病和经济损失统计准确，就可以对“全当量”事故评价。

## 2.5 风险水平定量理论

风险水平定量理论归属于安全科学中观定量范畴。

### 2.5.1 风险的数学表达

根据风险的概念，可将风险表达为事件发生概率及其后果的函数，即：

$$风险\ R=f(P,L) \tag{2.20}$$

式中，$P$ 表示事件发生概率；$L$ 表示事件发生后果。对于事故风险来说，$L$ 表示事故的损失（生命损失及财产损失）后果。

风险分为个体风险和整体风险。个体风险是一组观察人群中每一个体（个人）所承担的风险。总体风险是所观察人群全体承担的风险。

在 $\Delta t$ 时间内，涉及 $N$ 个个体组成的一群人，其中每一个体所承担的风险可由式（2.21）计算：

$$R_{个体}=E(L)/(N\Delta t)[损失单位/(个体数\times时间单位)] \tag{2.21}$$

式中，$E(L)=\int L\mathrm{d}F(L)$；$L$ 表示危害程度或损失量；$F(L)$ 表示 $L$ 的分布函数（累积概率函数）。其中对于损失量 $L$ 以死亡人次、受伤人次或经济价值等来表示。由于有：

$$\int L\mathrm{d}F(L)=\sum L_k nPL_i \tag{2.22}$$

式中，$n$ 表示损失事件总数；$PL_i$ 表示一组被观察的人中一段时间内发生第 $i$ 次事故的概率；$L_k$ 表示每次事件所产生同一种损失类型的损失量。

因此，式（2.21）可写为：

$$R_{个体}=L_k\frac{\sum iPL_i}{N\Delta t}=L_kH_s \tag{2.23}$$

式中，$H_s$ 表示单位时间内损失或伤亡事件的平均频率。

所以，个体风险的定义是：

$$个体风险=损失量\times损失或伤亡事件的平均频率 \tag{2.24}$$

如果在给定时间内，每个人只会发生一次损失事件，或者这样的事件发生频率很低，使得几种损失连续发生的可能性可忽略不计，则单位时间内每个人遭受损失或伤亡的平均频率等于事故发生概率 $P_k$。这样个体风险公式为：

$$R_{个体}=L_kP_k \tag{2.25}$$

式中，$L_k$ 表示每次事件所产生同一种损失类型的损失量；$P_k$ 表示事件发生概率。

式（2.25）的意思是：个体风险＝损失量×事件概率。

还应说明的是$R_{个体}$是指所观察人群的平均个体风险；而时间$\Delta t$是指所研究的风险在人生活中的某一特定时间，比如是工作时实际暴露于危险区域的时间。

对于总体风险有：

$$R_{总体}=E(L)/\Delta t[损失单位/时间单位] \tag{2.26}$$

或

$$R_{总体}=NR_{个体} \tag{2.27}$$

即：总体风险＝个体风险×观察范围内的总人数

## 2.5.2　风险定量计算

认识风险的数学理论内涵，可针对个体风险的分析应用来认识。表2.3和表2.4给出了发生1次事故（即$n=1$）条件下的1人次事故经济损失统计值，应用个体风险的数学模型，其均值是：

$$\sum L_i nP_i=\sum L_iP_i=0.05\times0.91+0.3\times0.052+2.0\times0.022+8.0\times0.011+20.0\times0.0037=0.2671\ (万元)$$

**表2.3　$n=1$时的1人次事故经济损失均值统计分析表**

| 伤害类型 | 轻伤 | 局部失能伤害 | 严重失能伤害 | 全部失能 | 死亡 |
|---|---|---|---|---|---|
| 经济损失$L_i$/万元 | 0.05 | 0.3 | 2.0 | 8.0 | 20.0 |
| 概率$P_i$ | 0.91 | 0.052 | 0.022 | 0.011 | 0.0037 |
| 发生人次 | 245 | 14 | 6 | 3 | 1 |
| $L_iP_i$ | 0.0455 | 0.0156 | 0.044 | 0.088 | 0.074 |

**表2.4　$n=1$时的1人次事故伤害损失工日均值统计分析表**

| 伤害类型 | 轻伤 | 局部失能伤害 | 严重失能伤害 | 全部失能 | 死亡 |
|---|---|---|---|---|---|
| 损失工日$L_i$/日 | 2 | 250 | 500 | 2000 | 7500 |
| 概率$P_i$ | 0.91 | 0.052 | 0.022 | 0.011 | 0.0037 |
| 发生人次 | 245 | 14 | 6 | 3 | 1 |
| $L_iP_i$ | 1.82 | 13 | 11 | 22 | 27.75 |

发生事故1人次的伤害损失工日均值是：

$$\sum L_i nP_i=\sum L_iP_i=2\times0.91+250\times0.052+500\times0.022+2000\times0.011+7500\times0.0037=75.57\ (日)$$

## 2.5.3　个体风险定量计算

风险的定量分析表示方法中以发生事故造成人员死亡人数为风险衡量标准的生命风险又可分为个人风险和社会风险。

个人风险IR（individual risk），定义为：一个未采取保护措施的人，永久地处于某一个地点，在一个危害活动导致的偶然事故中死亡的概率，以年死亡概率度量，如下式所示：

$$\mathrm{IR}=P_fP_{d|f} \tag{2.28}$$

式中，IR表示个人风险；$P_f$表示事故发生频率；$P_{d|f}$表示假定事故发生情况下个人发生死亡的条件概率。

个人风险具有很强的主观性，主要取决于个人偏好。同时，个人风险具有自愿性，即根据人们从事活动的特性，可以将风险分为自愿的或非自愿的。为了进一步表述个人风险，还有其他四种定义方式：寿命期望损失（the loss of life expectancy）、年死亡概率（the delta yearly probability of death）、单位时间内工作伤亡率（the activity specific hourly mortality rate）、单位工作伤亡率（the death per unit activity）。个人风险确定的方法主要有：风险矩阵、年死亡风险AFR（annual fatality risk）、平均个人风险AIR（average individual risk）和聚合指数AI（aggregated indicator）等。

（1）风险矩阵

由于量化风险往往受到资料收集不完善或技术上无法精确估算的限制，其量化的数据存在着极大的不确定性，而且实施它需花费较多的时间与精力。因此，以相对的风险来表示是一种可行的方法，风险矩阵即是其中一个较为实用的方法。风险矩阵以决定风险的两大变量——事故可能性与后果为两个维度，采用相对的方法，分别大致地分成数个不同的等级，经过相互的匹配，确定最终风险的高低。表2.5即是一个典型的风险矩阵。表中横排为事故后果严重程度，纵列为事故可能性。

**表2.5　典型的风险矩阵**

| $R$ | | 后果分级 | | | | |
|---|---|---|---|---|---|---|
| | | Ⅰ | Ⅱ | Ⅲ | Ⅳ | Ⅴ |
| 可能性分级 | A | 中 | 中 | 高 | 高 | |
| | B | 中 | 中 | 高 | 高 | |
| | C | 低 | 中 | 中 | 高 | |
| | D | 低 | 低 | 中 | 中 | |
| | E | 低 | 低 | 低 | 低 | |

（2）年死亡风险AFR（annual fatality risk）

指一个人在一年时间内的死亡概率，它是一种常用的衡量个人风险的指标。国际健康、安全与环境委员会（HSE）建议，普通工业的员工最大可接受的风险为$\mathrm{AFR}=10^{-3}$；大型化工工厂的员工和周边一定范围内的群众最大可接受的风险为$\mathrm{AFR}=10^{-4}$；从事特别危险活动的人员以及该活动可能影响到的群众的最大可接受的风险为$\mathrm{AFR}=10^{-6}$。

（3）平均个人风险AIR（average individual risk）

其定义为：

$$\mathrm{AIR}=\frac{\mathrm{PLL}}{\mathrm{POB_{av}}\times\frac{8760}{H}} \tag{2.29}$$

式中，PLL表示潜在生命丧失；$H$表示一个人在一年内从事工作的时间；$\mathrm{POB_{av}}$表示某设备上全部工作人员的年平均数目。

（4）聚合指数AI（aggregated indicator）

指单位国民生产总值的平均死亡率，其定义为：

$$\mathrm{AI}=\frac{N}{\mathrm{GNP}} \tag{2.30}$$

式中，$N$表示死亡人数；GNP表示国民生产总值。

## 2.5.4　社会风险定量计算

英国化学工程师协会（IChemE，Institution of Chemical Engineers）将社会风险SR（social risk）定义为：某特定群体遭受特定水平灾害的人数和频率的关系。社会风险用于描述整个地区的整体风险情况，而非具体的某个点，其风险的大小与该范围内的人口密度成正比关系，这点是与个人风险不同的。目前，社会风险接受准则的确定方法有：风险矩阵法、$F$-$N$曲线、潜在生命丧失PLL（potential loss of life）、致命事故率FAR（fatal accident rate）、设备安全成本ICAF（implied cost of averting a facility）、社会效益优化法等。

（1）$F$-$N$曲线

所谓$F$-$N$曲线，早在1967年，Framer首先采用概率论的方法，建立了一条各种风险事故所容许发生概率的限制曲线。起初主要用于核电站的社会风险可接受水平的研究，后来被广泛运用于各行业社会风险、可接受准则等风险分析方法当中，其数学表达式为：

$$P_f(x)=1-F_N(x)=P(N>x)=\int_x^{\infty} f_N(x)\mathrm{d}x \tag{2.31}$$

式中，$P_f(x)$ 表示年死亡人数大于 $N$ 的概率；$F_N(x)$ 表示年死亡人数 $N$ 的概率分布函数；$f_N(x)$ 表示年死亡人数 $N$ 的概率密度函数。

$F$-$N$ 曲线在表达上具有直观、简便、可操作性与可分析性强的特点。然而在实际中，事故发生的概率是难以得到的，分析时往往以单位时间内事故发生的频率来代替，其横坐标一般定义为事故造成的死亡人数 $N$，纵坐标为造成 $N$ 或 $N$ 人以上死亡的事故发生频率 $F$。

$$F=\sum f(N) \tag{2.32}$$

式中，$F(N)$ 表示年死亡人数为 $N$ 的事故发生频率；$F$ 表示年内死亡事故的累积频率。

目前，常用以下公式确定 $F$-$N$ 曲线社会风险可接受准则：

$$1-F_N(x)<\frac{c}{x^n} \tag{2.33}$$

式中，$c$ 表示风险极限曲线位置确定常数；$n$ 表示风险极限曲线的斜率。

式中，$n$ 值说明了社会对于风险的关注程度。绝大多数情况下，决策者和公众对损失后果大的风险事故的关注度要明显大于对损失后果小的事故的关注度。如：他们会更加关心死亡人数为 10 人的一次大事故，而相对会忽略每次死亡 1 人的 10 次小事故，这种倾向被称为风险厌恶，即在 $F$-$N$ 曲线中 $n=2$；而 $n=1$ 则称为风险中立。

（2）潜在生命丧失 PLL（potential loss of life）

指某种范围内的全部人员在特定周期内可能遭受某种风险的频率，其定义为：

$$\mathrm{PLL}=P_{\mathrm{f}}\mathrm{POB}_{\mathrm{av}} \tag{2.34}$$

式中，$P_{\mathrm{f}}$ 为事故年发生概率；$\mathrm{POB}_{\mathrm{av}}$ 为某设备上全部工作人员的年平均数目。

（3）致命事故率 FAR（fatal accident rate）

表示单位时间某范围内全部人员中可能死亡人员的数目。通常是用一项活动在 $10^8$h（大约等于 1000 个人在 40 年职业生涯中的全部工作时间）内发生的事故来计算 FAR 值，其计算公式为：

$$\mathrm{FAR}=\frac{\mathrm{PLL}\times 10^8}{\mathrm{POB}_{\mathrm{av}}\times 8760} \tag{2.35}$$

在比较不同的职业风险时，FAR 值是一种非常有用的指标，但是 FAR 值也常常容易令人误解，这是因为在许多情况下，人们只花了一小部分时间从事某项活动。比如，当一个人步行穿过街道时具有很高的 FAR 值，但是，当他花很少的时间穿过街道时，穿过街道这项活动的风险只占总体风险很小的一部分，此时如何衡量 FAR 值有待进一步研究。

（4）设备安全成本 ICAF（implied cost of averting a facility）

可用避免一个人死亡所需成本来表示。ICAF 越低，表明风险减小措施越符合低成本高效益的原则，即所花费的单位货币可以挽救更多人的生命。通过计算比较减小风险的各种措施的 ICAF 值，决策人员能够在既定费用基础上选择一个最能减小人员伤亡的风险控制方法，其定义为：

$$\mathrm{ICAF}=\frac{ge(1-w)}{4w} \tag{2.36}$$

式中，$g$ 表示国内生产总值；$e$ 表示人的寿命，发展中国家 $e=56$ 年，中等发达国家 $e=67$ 年，发达国家 $e=73$ 年；$w$ 表示人工作所花费的生命时间。

### 2.5.5　危险点（源）风险强度定量计算

危险点是指在作业中有可能发生危险的地点、部位、场所、工器具或动作等。危险点包括 3 个方面：一是有可能造成危害的作业环境，直接或间接地危害作业人员的身体健康，诱发职业病；二是有可能造成危害的机器设备等物质，如转动机械无安全罩，与人体接触造成伤害；三是作业人员在作业员违反有关安全技术或工艺规定，随心所欲地作业，如有的作业人员在高处作业不系安全带，即使系了安全带也不按规定挂牢等。

危险源指可能导致死亡、伤害、职业病、财产损失、工作环境破坏或这些情况组合的根源或状态。危险源由三个要素构成：潜在危险性、存在条件和触发因素。工业生产作业过程的危险源一般分为五类。危险源是指一个系统中具有潜在能量和物质释放危险的、可造成人员伤害、在一定的触发因素作用下可转化为事故的部位、区域、场所、空间、岗位、设备及其位置。它的实质是具有潜在危险的源点或部位，是爆发事故的源头，是能量、危险物质集中的核心，是能量传出或爆发的地方。危险源存在于确定的系统中。不同的系统范围，危险源的区域也不同。例如，从全国范围来说，对于危险行业（如石油、化工等），具体的一个企业（如炼油厂）就是一个危险源。而从一个企业系统来说，可能是某个车间、仓库就是危险源，一个车间系统可能是某台设备是危险源。因此，风险定量分析应用于危险点（源）的绝对风险和相对风险计算，可以为辨识、监控和治理提供科学的理论分析方法。

（1）绝对风险强度

绝对风险强度是基于事故概率和事故后果严重度计算的，反映某类设备危险点（源）宏观综合固有风险水平的指标。其理论基础是基于风险模型 $R=F\ (P,\ L)$，然后引入概率指标和事故危害当量指标对基本理论进行拓展。

若某一事故情景频繁发生或事故数据较多，则最好使用历史数据来估算该事件的概率。概率最常见的度量是频率。事故发生的可能性（$P$）则可以用事故频率指标表示，如万台设备事故率、万台设备死亡率、万车事故率、千人伤亡率、百万工时伤害频率、亿元 GDP 事故率等。不同的行业采用不同的事故指标，例如，特种设备、核设施、石油化工装置、交通工具等可以用万台设备事故率和万台设备死亡率等，工业企业则可以用百万工时伤害频率和亿元 GDP 事故率等。事故后果严重度采用事故危害当量指数，则危险点（源）绝对风险强度模型为：

$$R_{\mathrm{a}}=W_j\sum_{i=1}^{n}L_i \tag{2.37}$$

式中，$R_{\mathrm{a}}$ 表示某类设备危险点（源）绝对风险强度；$W_j$ 表示危险点（源）$j$ 的事故发生频率指标；$i$ 表示事故发生后引起的某种后果，如人员死亡、人员受伤、职业病、经济损失、环境破坏、社会影响等；$n$ 表示事故后果类型总数；$L_i$ 表示事故引起后果 $i$ 的危害当量，单位为当量。

当缺乏历史数据时，可使用积木法，将事故情景所有单元的估算概率加以组合，以联合概率预测该情景的总体概率，结合事故危害当量模型，危险点（源）绝对风险强度模型为：

$$R_{\mathrm{a}}=P_{\mathrm{a}}\prod_{i=1}^{n}P_{\mathrm{c}i}\sum_{i=1}^{n}L_i \tag{2.38}$$

式中，$R_{\mathrm{a}}$ 表示危险点（源）绝对风险强度；$i$ 表示事故发生后引起的某种后果，如人员死亡、人员受伤、职业病、经济损失、环境破坏、社会影响等；$n$ 表示事故后果总数；$P_{\mathrm{a}}$ 表示事故发生的概率；$P_{\mathrm{c}i}$ 表示事故发生后引起后果 $i$ 的概率；$L_i$ 表示事故引起后果 $i$ 的危害当量，单位为当量。

(2) 相对风险强度

相对风险强度，又称风险强度系数，是绝对风险强度进行归一化后的无量纲系数。相对风险强度的计算主要以量纲归一理论和数值归一理论为基础。特种设备作为重大危险点(源)，其相对风险强度主要是以某类设备绝对风险强度为基准进行归一化处理，能直观地反映各类设备的相对风险水平和风险强度关系。

在相对风险强度计算中，利用绝对风险强度，以某指定设备绝对风险强度为基准，对其进行归一化处理，建立相对风险强度模型，计算各类设备相对风险强度。相对风险强度如下式。

$$R_r=\frac{R_a}{R_0} \tag{2.39}$$

式中，$R_r$ 表示设备相对风险强度；$R_a$ 表示设备绝对风险强度，起・当量/台；$R_0$ 表示某指定设备绝对风险强度，起・当量/台。

(3) 特种设备绝对和相对风险强度

由于特种设备种类多、数量大、环境复杂，采用积木法直接计算事故发生概率比较困难；并且特种设备历史事故数据足够多，适宜采用各类设备历史事故数据来估算事故发生的概率。采用模型进行特种设备绝对风险强度计算。根据行业事故指标，特种设备事故发生的频率指标 $W_j$ 可以用万台设备事故率表示；事故发生的后果危害当量 $L$ 用综合当量指标来表示，包括死亡当量、伤残当量和经济损失当量。由此延伸建立特种设备绝对风险强度数学模型，如式(2.40)。

$$R_a=W_j\sum_{i=1}^{n}L_i=\frac{\sum\limits_{\lambda=1}^{N}\sum\limits_{i=1}^{n}m_{\lambda i}}{\sum\limits_{\lambda=1}^{N}c_\lambda}(l_1+l_2+l_3) \tag{2.40}$$

式中，$R_a$ 表示特种设备绝对风险强度，起・当量/台；$\lambda$ 表示某时间段，这里以一年为一段，年；$N$ 表示总时间段，年；$i$ 表示事故发生后引起的某种后果，如人员死亡、人员受伤、职业病、经济损失、环境破坏、社会影响等；$n$ 表示事故后果类型总数；$m_{\lambda i}$ 表示事故起数；$c_\lambda$ 表示特种设备总台数，台；$l_1$ 表示事故死亡当量，＝每起事故死亡人数×20当量/人，单位为当量；$l_2$ 表示事故伤残人员损失当量，＝每起事故重伤人员数×13当量/人，单位为当量；$l_3$ 表示事故经济损失当量，＝事故经济损失×10000当量/(人均净劳动生产率＋人均工资＋人均医疗费用)，单位为当量。

计算特种设备绝对风险强度，有研究者采用统计学的方法，统计了2001—2010年我国各类特种设备数量、事故发生情况、伤亡情况和事故损失等情况，然后对数据进行处理和分析。

利用模型，结合8类特种设备事故数据，可计算得到其绝对风险强度，如表2.6所示。

**表2.6 8类特种设备绝对风险强度表**

| 设备类型 | 锅炉 | 压力容器 | 压力管道 | 电梯 | 起重机械 | 客运索道 | 大型游乐设施 | 厂内专用车辆 |
|---|---|---|---|---|---|---|---|---|
| 绝对风险强度 | 25.77 | 9.51 | 13.65 | 11.32 | 30.53 | 198.09 | 65.97 | 15.47 |

由表2.6可知，8类特种设备绝对风险强度由小到大依次为：压力容器、电梯、压力管道、厂内专用车辆、锅炉、起重机械、大型游乐设施、客运索道，其中，压力容器绝对风险强度最小为9.51，客运索道最大为198.09。计算结果可宏观分析和评价各类特种设备的综合风险水平，反映各类特种设备客观风险大小，并且可用于相对风险强度分析。

通过对我国8类特种设备绝对风险强度的计算，以压力容器绝对风险强度为基准，利用模型(表2.6)对各类特种设备绝对风险强度进行归一化计算，得到8类设备绝对风险强度系数(相对风险强度)，如表2.7所示。

**表2.7 8类特种设备绝对风险强度系数**

| 设备类型 | 绝对风险强度 | 风险强度系数 |
|---|---|---|
| 压力容器 | 9.51 | 1.0 |
| 电梯 | 11.32 | 1.2 |
| 压力管道 | 13.65 | 1.4 |
| 厂内专用车辆 | 15.47 | 1.6 |
| 锅炉 | 25.77 | 2.7 |
| 起重机械 | 30.53 | 3.2 |
| 大型游乐设施 | 65.97 | 6.9 |
| 客运索道 | 198.09 | 20.8 |

从表2.7中可以看出，风险强度系数从小到大依次为：压力容器、电梯、压力管道、厂内专用车辆、锅炉、起重机械、大型游乐设施、客运索道，强度系数最大的客运索道是最小的压力容器的20.8倍，即一条客运索道的风险强度相当于20.8台压力容器。有研究者用矩阵图做进一步分析，如图2.4所示，从下三角矩阵中可以看出，一台电梯的风险强度相当于1.2台压力容器，1km压力管道相当于1.4台压力容器，一条客运索道的风险强度相当于20.8台压力容器、17.3台电梯、14.9km压力管道；同样，在上三角矩阵中，一台压力容器的风险强度相当于0.8台电梯、0.7km压力管道、0.05条客运索道。

| 项目 | 压力容器 | 电梯 | 压力管道 | 场内专用车辆 | 锅炉 | 起重机械 | 大型游乐设施 | 客运索道 |
|---|---|---|---|---|---|---|---|---|
| 压力容器 | 1 | 0.8 | 0.7 | 0.6 | 0.4 | 0.3 | 0.1 | 0.05 |
| 电梯 | 1.2 | 1 | 0.8 | 0.7 | 0.4 | 0.4 | 0.2 | 0.06 |
| 压力管道 | 1.4 | 1.2 | 1 | 0.9 | 0.5 | 0.4 | 0.2 | 0.07 |
| 厂内专用车辆 | 1.6 | 1.4 | 1.1 | 1 | 0.6 | 0.5 | 0.2 | 0.08 |
| 锅炉 | 2.7 | 2.3 | 1.9 | 1.7 | 1 | 0.8 | 0.4 | 0.1 |
| 起重机械 | 3.2 | 2.7 | 2.2 | 2.0 | 1.2 | 1 | 0.5 | 0.2 |
| 大型游乐设施 | 6.9 | 5.8 | 4.8 | 4.3 | 2.6 | 2.2 | 1 | 0.3 |
| 客运索道 | 20.8 | 17.5 | 14.5 | 12.8 | 7.7 | 6.5 | 3.0 | 1 |

图2.4 特种设备风险强度系数矩阵图

## 参考文献


[1] 罗云. 科学构建小康社会安全指标体系. 安全生产报，2003-3-1(7).

[2] 罗云. 安全生产与经济发展关系研究. 中国国际安全生产论坛论文集，2002.

[3] 金磊，徐德蜀，罗云. 21世纪安全减灾战略. 开封：河南大学出版社，1999.

[4] 何学秋. 安全工程学. 徐州：中国矿业大学出版社，2000.

[5] 罗云，张国顺，孙树涵. 工业安全卫生基本数据手册. 北京：中国商业出版社，1997.

[6] 冯肇瑞，崔国璋. 安全系统工程. 北京：冶金工业出版社，1993.

[7] 徐德蜀. 安全科学与工程导论. 北京：化学工业出版社，2004.

[8] 吴宗之，高进东. 重大危险源辨识与控制. 北京：冶金工业

出版社，2002.
[9] 国家煤矿安全监察局人事司．煤矿安全监察．徐州：中国矿业大学出版社，1999.
[10] [德] 库尔曼著．安全科学导论．赵云胜，罗云等译．武汉：中国地质大学出版社，1991.
[11] 石油工业安全专业标准化技术委员会秘书处．石油天然气工业健康、安全与环境管理体系宣贯教材．北京：石油工业出版社，1997.
[12] 朱长友，杨乃莲．全球与工作相关的死亡人数“200万”是如何算出来的．现代职业安全，2003 (10).
[13] 刘强．全球道路交通事故形势、特点和主要对策．现代职业安全，2003 (10).
[14] HSE (OU). The Costs of Accidents at Work. HSE Books, 1997.
[15] 罗云．安全科学导论．北京：中国标准出版社，2013.
[16] 罗云．风险分析与安全评价．第3版．北京：化学工业出版社，2016.
[17] 罗云，裴晶晶．安全经济学．第3版．北京：化学工业出版社，2017.
[18] 罗云，赵一归，许铭．安全生产理论100则．北京：煤炭工业出版社，2018.

# 3 事故分析、预测与预防理论

## 3.1 生产安全事故分类研究

### 3.1.1 事故定义及特性

事故是造成死亡、职业病、伤害、财产损失或其他损失的意外事件。严格的定义是：个人或集体在为实现某一意图或目的而采取行动的时间过程中，突然发生了与人的意志相反的情况，迫使人们的行动暂时或永久地停止的事件。从这一定义可以看出，事故表现出三个特点：①事故发生在人们行动的时间过程中；②事故是一种不以人们意志为转移的随机事件；③事故的后果是影响人们的行动，使人们的行动暂时或永久终止。以人和物来考察事故现象时，其结果有以下四种情况：①人受到伤害，物也遭到损失；②人受到伤害，而物没有损失；③人没有伤害，物遭到损失；④人没有伤害，物没有损失，只有时间和间接的经济损失。

以上四种情况中前两种情况的事故常称为伤亡事故，后两种情况称为一般事故，或称为无伤害事故。例如锅炉发生爆炸，使在场或附近的人受伤，这就是人受到伤害、物也遭到损失的伤亡事故；高处坠落而致使坠落者受伤害，这就是人受伤害，而物没有损失的伤亡事故；电气火灾，引起厂房、设备等受损，而人员安全撤离，这就是人没有受到伤害、物遭到损失的无伤害事故；在生产作业中，突然停电而使生产作业暂时停止，这就是人和物都没有伤害和损失（指直接损失）的一般事故。但无论是伤亡事故还是一般事故，总是有损失存在的。事故发生总是影响人们行为的继续，这就从时间上给人们造成了损失，从而致使间接的经济损失发生。另外，从事故对人体危害的结果来看，虽然有时是未遂伤害，但到底会不会受到伤害，是一个难于预测的问题。所以，必须将这种无伤害的一般事故，也作为发生事故的一部分加以收集、研究，以便掌握事故发生的倾向及其概率，并采取相应的措施，这在安全管理上是极为重要的。

在事故管理活动中，涉及如下事故概念：

① 生产安全事故。生产经营单位在生产经营过程中，造成人员伤亡、财产损失，导致生产经营活动暂时终止或永远终止的意外事件。生产安全事故按人和物的伤害与损失情况可分为以下三种：

a. 伤亡事故：伤亡事故是指人们在生产活动中，接触了与周围条件有关的外来能量，致使人体机能部分或全部丧失的不幸事件。

b. 设备事故：设备事故是指人们在生产活动中，物质、财产受到破坏、遭到损失的事件。如建筑物倒塌，机器设备损坏，原材料、产品、燃料、能源的损失等。

c. 未遂事故：这类事故发生后，人和物都没有受到伤害和直接损失，但影响生产正常进行，未遂事故也叫险肇事故，这种事故往往容易被人们忽视。

② 永久性全部丧失劳动能力。事故受伤害者不再可能从事可以获取报酬的职业，或在一次事故中导致下列三种情况中任何一种残缺（或虽未残缺，但功能完全丧失）：两眼；一只眼和一手（臂、脚、腿）；不在同一侧的下列中的任何两个：手、臂、脚、腿。

③ 永久性部分丧失劳动能力。事故受害者肢体或肢体的某一部分残缺或失去功能，或者全身或部分功能遭到永久性损伤（不管肢体或身体功能在受伤害前情况怎样）。

④ 暂时性全部丧失劳动能力。事故受害者因事故伤害而导致脱离工作岗位 1 天以上不能工作。

⑤ 轻伤。损失工作日低于 105 日的暂时性全部丧失劳动能力伤害。

⑥ 重伤。永久性全部丧失劳动能力及损失工作日等于或超过 105 日的暂时性全部丧失劳动能力伤害。

⑦ 直接经济损失。指生产安全事故造成的人员伤亡救治费、赔偿费、善后处理费和毁坏的建筑物、设备的价值总和。

⑧ 损失工作日。事故受害者失去工作能力的时间（日）。

⑨ 致因物。引起事故或事故发生的物体或物质。

⑩ 不安全状态。可能导致事故发生的物体或物质条件。

⑪ 不安全行动。违反安全规则或安全原则，使事故有可能或有机会发生的行动。

### 3.1.2 事故类型及等级

（1）事故类型

因统计、研究、管理等不同目的，可将事故分为不同类别。比如按事故对象可划分为“设备事故”和“伤亡事故”或“工伤事故”，按事故责任范围可划分为“责任事故”和“非责任事故”等。

《企业职工伤亡事故分类标准》是一部劳动安全管理的基础标准，该标准在综合考虑导致事故的起因物、引发事故的诱因性原因、致害物和伤害方式等因素的情况下，将企业职工伤害事故的类型共分为 20 种，具体为：物体打击、车辆伤害、机械伤害、起重伤害、触电、淹溺、灼烫、火灾、高处坠落、坍塌、冒顶片帮、透水、放炮、火药爆炸、瓦斯爆炸、锅炉爆炸、容器爆炸、其他爆炸、中毒和窒息、其他伤害。

（2）按照事故伤亡人数或者直接经济损失分类

国务院《生产安全事故报告和调查处理条例》将事故分为：特别重大事故、重大事故、较大事故、一般事故四个级别。其对应的伤亡人数或者直接经济损失情况见表 3.1。

**表 3.1 按伤亡人数或者直接经济损失事故等级分类**

| 事故等级 | 伤亡人数或者直接经济损失 |
|---|---|
| 特别重大事故 | 30 人以上死亡，或者 100 人以上重伤，或者 1 亿元以上直接经济损失 |
| 重大事故 | 10 人以上 30 人以下死亡，或者 50 人以上 100 人以下重伤，或者 5000 万元以上 1 亿元以下直接经济损失 |
| 较大事故 | 3 人以上 10 人以下死亡，或者 10 人以上 50 人以下重伤，或者 1000 万元以上 5000 万元以下直接经济损失 |
| 一般事故 | 3 人以下死亡，或者 10 人以下重伤，或者 1000 万元以下直接经济损失 |

### 3.1.3 事故原因分类

根据事故致因原理，将事故原因分为三类。即人为原因、物及技术原因、管理原因。

(1) 人为原因

指人的不安全行动导致事故发生，不安全行动分类见表3.2。

(2) 物及技术原因

指由于物及技术因素导致事故发生。不安全状态分类见表3.3。

(3) 管理原因

是指由于违反安全生产规章，管理工作不到位而导致事故发生，事故管理原因分类见表3.4。

### 3.1.4 事故损失工作日计算

暂时性丧失劳动能力的损失工作日数按实际缺工天数计算，死亡及永久性全部丧失劳动能力的损失工作日按6000日计算，永久性部分丧失劳动能力的损失工作日按职工工伤致残程度鉴定分级标准计算，见表3.5。

### 3.1.5 事故伤害性质分类

指人体受伤的类型。以当时身体受伤的情况为主，结合愈后可能产生的后遗障碍分析确定。多处受伤，按最严重的伤害分类。当无法鉴定时，确定为“多伤害”，见表3.6。

### 3.1.6 事故伤害部位分类

按身体伤害的部位分类，见表3.7。

### 3.1.7 事故致因物分类

按照设备、物质和环境因素分类，见表3.8。

表3.2 不安全行动分类

| 分类号 | | 分类项目 | 说　明 |
|---|---|---|---|
| 01 | | 不按规定的方法操作 | |
| | 011 | 用没有规定的方法使用机械、装置等 | 除去03的内容 |
| | 012 | 使用有毛病的机械、工具、用具等 | 是标有缺陷的或缺陷明显的 |
| | 013 | 选择机械、装置、工具、用具等有误 | 用错 |
| | 014 | 离开运转着的机械、装置等 | |
| | 015 | 机械运转超速 | |
| | 016 | 送料或加料过快 | |
| | 017 | 机动车超速 | |
| | 018 | 机动车违章驾驶 | 除去017的内容 |
| | 019 | 其他 | |
| 02 | | 不采取安全措施 | |
| | 021 | 不防止意外危险 | 如开关、阀门上锁，机械部分的固定等 |
| | 022 | 不防止机械装置突然开动 | |
| | 023 | 没看信号就开车 | 如不看车后就倒车 |
| | 024 | 没有信号就移动或放开物体 | |
| | 029 | 其他 | |
| 03 | | 对运转的设备、装置等清擦、加油、修理、调节 | 包括清除垃圾、去掉加工木材 |
| | 031 | 对运转中的机械装置 | |
| | 032 | 对带电设备 | |
| | 033 | 对加压容器 | |
| | 034 | 对加热物 | |
| | 035 | 对装有危险物 | |
| | 039 | 其他 | |
| 04 | | 使安全防护装置失效 | 包括安全阀门、熔丝 |
| | 041 | 拆掉、移走安全装置 | |
| | 042 | 使安全装置不起作用 | 关闭、堵塞安全装置等 |
| | 043 | 安全装置调整错误 | |
| | 044 | 去掉其他防护物 | 去掉盖、罩、栅栏等或使其失效 |
| 05 | | 制造危险状态 | 指对第三者有危险的状态，“09”中的内容除外 |
| | 051 | 货物过载 | 包括高度和装载方法的关系 |
| | 052 | 组装中混有危险物 | |
| | 053 | 把规定的东西换成不安全物 | |
| | 054 | 临时使用不安全物 | |
| | 059 | 其他 | |
| 06 | | 使用防护用具、防护服装方面的缺陷 | |
| | 061 | 不使用防护用具 | 指可以得到的 |
| | 062 | 不穿安全服装 | 包括个人服装不安全 |
| | 063 | 防护用具、服装的选择、使用方法错误 | |

续表

| 分类号 | | 分类项目 | 说　明 |
|---|---|---|---|
| 07 | | 不安全放置 | |
| | 071 | 使机械装置在不安全状态下放置 | 如吊着的货物、挂着吊桶之类的状态 |
| | 072 | 车辆、运输设备的不安全放置 | 如为了装卸货物将车辆、提升机或传送装置安放、排列停留在不安全位置 |
| | 073 | 物料、工具、垃圾等的不安全放置 | 易产生绊倒、颠簸、滑倒等危害 |
| | 079 | 其他 | |
| 08 | | 接近危险场所 | |
| | 081 | 接近或接触运转中的机械、装置 | 指不必要的接近、接触 |
| | 082 | 接触吊货、接近或到货物下面 | 指不必要的接近、接触 |
| | 083 | 进入危险有害场所 | |
| | 084 | 上或接触易倒塌物体 | |
| | 085 | 攀、坐不安全场所 | |
| | 089 | 其他 | |
| 09 | | 某些不安全行为 | |
| | 091 | 用手代替工具 | |
| | 092 | 没有确认安全就进入下一个动作 | 指必须要确认安全的动作，包括未排除可燃气体就点燃 |
| | 093 | 从中间、底下抽取货物 | |
| | 094 | 扔代替用手递 | |
| | 095 | 飞降、飞乘 | |
| | 096 | 不必要的奔跑 | |
| | 097 | 捉弄人、恶作剧 | |
| | 099 | 其他 | |
| 10 | | 误动作 | |
| | 101 | 货物拿多 | 包括过量、过重 |
| | 102 | 拿物体的方法有误 | 包括扛的方法等，也包括抓取物体时的方法不对 |
| | 103 | 推、拉物体的方法不对 | |
| | 104 | 上、下的方法不对 | |
| | 109 | 其他 | |
| 11 | | 其他不安全行动 | 不能归于上述各类者 |

**表 3.3　不安全状态分类**

| 大类 | 代号 | 分　类　名 | 说　明 |
|---|---|---|---|
| 1 | | 物体本身的缺陷 | |
| | 11 | 设计不良 | 例如功能上有缺陷，强度不够，没用的零件突出，该有的联结装置没有等<br>用户自己容易做到的防护装置（如动力传导设备的护罩）没有，不属此类，属第二大类 |
| | 12 | 构成的材料不合适 | |
| | 13 | 废旧、疲劳、过期 | |
| | 14 | 出故障未修理 | |
| | 15 | 维修不良 | |
| | 19 | 其他 | |
| 2 | | 防护措施、安全装置的缺陷 | |
| | 21 | 没有安全防护装置 | 是对机械的危险而言，不是对电器、辐射危险而言。包括取下来放着没用的情况<br>设计不良情况除外 |
| | 22 | 安全防护装置不完善 | 也是对机械的危险而言，设计不良除外 |
| | 23 | 没有接地或绝缘、接地或绝缘不充分 | |
| | 24 | 没有屏蔽、屏蔽不充分 | 对热、放射线而言 |
| | 25 | 间隔、表示（如标签）的缺陷 | 对危险物等而言 |
| | 29 | 其他 | |
| 3 | | 工作场所的缺陷 | 卫生环境不属此类，属第6大类 |
| | 31 | 没有确保通路 | |
| | 32 | 工作场所间距不足 | 对于人的工作活动或对物的移动而言 |
| | 33 | 机械、装置、用具、日常用品配置的缺陷 | |
| | 34 | 物体放置的位置不当 | 放在不应放的地方 |
| | 35 | 物体堆积方式不当 | |
| | 36 | 对意外的摆动防范不够 | |
| | 39 | 其他 | |

续表

| 大类 | 代号 | 分类名 | 说明 |
|---|---|---|---|
| 4 | | 个人防护用品、用具的缺陷 | 包括防护服、安全鞋、护目镜、面罩、手套、安全帽、呼吸器官护具、听力护具等缺陷 |
| | 41 | 缺乏必要的个人防护用品、用具 | 不是必要的不算 |
| | 42 | 防护用品、用具不良 | |
| | 43 | 没有指定使用或禁止使用某用品、用具 | 如没有指定使用安全鞋，没有禁止使用手套等 |
| | 49 | 其他 | |
| 5 | | 作业方法的缺陷 | 指被指定或认可的作业方法偏离了安全原则 |
| | 51 | 作业程序有错误 | 包括技术本身有错误 |
| | 52 | 使用不合适的机械、装置 | |
| | 53 | 使用不合适的工具、用具 | |
| | 54 | 人员安排不合理 | 包括技术不够、身体条件不合适（作该项工作不合适） |
| | 59 | 其他 | |
| 6 | | 作业环境缺陷 | 当无更明确的上述各类可选时，可选下列中与事故有关者 |
| | 61 | 照明不当 | 照度不够或刺眼等 |
| | 62 | 通分换气差 | |
| | 63 | 道路、交通的缺陷 | 设施条件不好，交通管理缺乏等。仅限于工作环境的交通 |
| | 64 | 过量的噪声 | |
| | 65 | 自然危险 | 风、雨、雷、电、野兽、地形等。仅限于作业环境 |
| | 69 | 其他 | |
| 7 | | 其他不安全状态 | 不能归于上述各类者 |

**表 3.4 事故管理原因分类**

| 序号 | 分类项目 | 序号 | 分类项目 |
|---|---|---|---|
| 01 | 作业组织不合理 | 07 | 违章操作 |
| 02 | 责任不明确或责任制未建立 | 08 | 违章指挥 |
| 03 | 规章制度不健全或规章制度不落实 | 09 | 缺乏监督检查 |
| 04 | 操作规程不健全或操作程序不明确 | 10 | 事故隐患整改不到位 |
| 05 | 未进行安全认证培训或违规发证 | 11 | 违规审核验收、认证、许可 |
| 06 | 未进行必要的安全教育或教育不够 | 12 | 其他 |

**表 3.5 事故损失工作日数换算**

| 级别 | 一级 | 二级 | 三级 | 四级 | 五级 | 六级 | 七级 | 八级 | 九级 | 十级 |
|---|---|---|---|---|---|---|---|---|---|---|
| 损失工作日 | 4500 | 3600 | 3000 | 2500 | 2000 | 1500 | 1000 | 500 | 300 | 100 |

**表 3.6 事故伤害性质分类**

| 序号 | 分类名 | 说明 |
|---|---|---|
| 1 | 骨折 | 包括单纯骨折，伴有身体软组织伤害的骨折（复合骨折），伴有关节伤害的骨折（脱位等），伴有内部或神经损伤的骨折 |
| 2 | 脱位 | 包括骨移位，不包括骨折脱位 |
| 3 | 扭伤 | 只要没有外部创伤，肌肉、腱、韧带及关节扭伤、过度紧张造成的脱肠均包括在内 |
| 4 | 脑震荡和其他内部损伤 | 包括没有骨折的脑震荡及其他脑的伤害，胸、腹、腰部的内部损伤（挫伤、出血、撕裂等）。不包括有骨折的伤害 |
| 5 | 切除或摘除 | 包括眼球的摘除或脱出 |
| 6 | 切伤、裂伤、刺伤 | 包括除切断或摘除以外的所有切伤、裂伤、刺伤等外部有创口的伤害。不包括有骨折的伤害和灼伤 |
| 7 | 表皮伤害 | 包括表皮剥离、擦伤、水泡、无毒昆虫咬伤及眼睛进异物引起的表皮伤害 |
| 8 | 撞伤或破裂伤 | 包括有血肿、挫伤、表皮伤害的碰伤、破裂伤，不包括在序号 1,4 及 6 中的碰伤、破裂伤 |
| 9 | 灼伤 | 包括加热的物体或火造成的灼伤、摩擦造成的灼伤、放射线（红外线）或化学药品造成的身体外部灼伤<br>不包括咽下的腐蚀性物品引起的灼伤、太阳暴晒致伤、雷击或电流造成的灼伤、非灼伤的放射线损伤 |
| 10 | 急性中毒 | 包括注射、摄取、吸入有毒物质或腐蚀性物质引起的急性症状，有毒昆虫或有毒动物引起的中毒，一氧化碳中毒及其他有毒气体引起的中毒<br>不包括逐渐受到有害物质的作用引起的慢性中毒 |
| 11 | 气候、不良环境导致的伤病 | 包括低温造成的冻伤、热射或日射引起的热射病（如中暑）、高气压或低气压造成的减压病或高山病、雷击致伤、音响造成的耳障碍害、过度疲劳或异常震动造成的伤病 |
| 12 | 窒息 | 包括淹死、落水、压迫或压迫止血造成的窒息，缺氧造成的窒息，气管内的异物造成的窒息 |

续表

| 序号 | 分类名 | 说　明 |
|---|---|---|
| 13 | 触电致伤 | 包括触电造成的死亡、灼伤、电击<br>不包括电设备高温部分造成的灼伤，不包括雷击伤害 |
| 14 | 放射线伤害 | 包括X射线、放射性物质、紫外线及其他放射线的作用造成的损伤<br>不包括放射线造成的灼伤和日射病 |
| 15 | 复合伤害 | 仅适用于同时发生两种以上不同性质的复合伤害而伤害的轻重程度相同的情况。程度不同时按重者分类 |
| 16 | 其他伤害 | 不能分入上述各类的伤害，以及因是早期并发症，最初患的伤害判断不清者(例如外伤不明的神经障碍)，归入此类<br>已明确有并发症、后遗症的，不按最初的伤害归类，应归于此类 |

**表3.7　事故伤害部位分类**

| 类 | 代号 | 分类名 | 说明 |
|---|---|---|---|
| 1 | | 头部 | |
| | 11 | 头盖部 | 包括头盖骨、脑及头皮 |
| | 12 | 眼 | 包括眼窝及视神经 |
| | 13 | 耳 | |
| | 14 | 口 | 包括唇、齿、舌 |
| | 15 | 鼻 | |
| | 16 | 脸 | |
| | 17 | 头部复合部位 | 其他不分类的部分 |
| 2 | 21 | 颈部(包括咽喉及颈骨) | |
| 3 | 31 | 躯干 | |
| | 32 | 背部 | 包括脊柱、邻接的肌肉及骨髓 |
| | 33 | 胸部 | 包括肋骨、胸骨及胸部内脏 |
| | 34 | 腹部 | 包括内脏 |
| | 35 | 腰部 | |
| | 36 | 躯干复合部位 | |
| 4 | | 上肢 | |
| | 41 | 肩 | 包括锁骨及肩胛骨 |
| | 42 | 上臂 | |
| | 43 | 肘 | |
| | 44 | 前臂 | |
| | 45 | 手腕 | |
| | 46 | 手 | 除手指 |
| | 47 | 手指 | |
| | 48 | 上肢复合部位 | |
| 5 | | 下肢 | |
| | 51 | 臀部 | |
| | 52 | 大腿 | |
| | 53 | 膝 | |
| | 54 | 小腿 | |
| | 55 | 脚腕 | |
| | 56 | 脚 | 除脚趾 |
| | 57 | 脚趾 | |
| | 58 | 下肢复合部位 | |
| 6 | | 复合部位 | |
| | 61 | 头部和躯干、头部和肢体 | 仅应用于不同部位受多种伤害且没有一种明显较其他严重时。如有某种伤害比其他伤害更严重，则按此种伤害的部位分类 |
| | 62 | 躯干和肢体 | |
| | 63 | 上肢和下肢 | |
| | 65 | 其他复合部位 | |
| 7 | | 人体系统 | |
| | 71 | 血液循环系统 | 指某人体系统功能受到影响，为一般的伤病而无特定伤害(如中毒)时。如身体系统功能受影响是由特定部位的伤害造成，不在此列。例如脊柱的断裂引起脊髓受伤，伤害部位应为脊柱 |
| | 72 | 呼吸系统 | |
| | 73 | 消化系统 | |
| | 74 | 神经系统 | |
| | 75 | 其他人体系统 | |

**表 3.8 事故致因物分类**

| 大类 | 小类 | 分 类 名 |
|---|---|---|
| 1 机械 | 11 汽轮机，不包括电动机 | 111 蒸汽机 |
| | | 112 内燃机 |
| | | 113 其他 |
| | 12 传动机 | 121 传动轴 |
| | | 122 传动带、传输电缆、传动滑轮、传动小齿轮、传动链、传动装置 |
| | | 123 其他 |
| | 13 金属加工机械 | 131 动力压机 |
| | | 132 动力车床 |
| | | 133 铣床 |
| | | 134 研磨轮 |
| | | 135 剪切机 |
| | | 136 锻压机械 |
| | | 137 轧钢机 |
| | | 138 其他 |
| | 14 木工和类似机械 | 141 圆锯 |
| | | 142 其他锯 |
| | | 143 造型机械 |
| | | 144 平刨 |
| | | 145 其他 |
| | 15 农业机械 | 151 收割机(包括联合收割机) |
| | | 152 打谷机 |
| | | 153 其他 |
| | 16 矿山机械 | 161 井下截煤机 |
| | | 162 其他 |
| | 17 未在别处分类的其他机械 | 171 大型挖土机、挖掘机和刮土机，不包括其他运输方式 |
| | | 172 精纺机、编织机和其他的纺织机 |
| | | 173 粮食及饮料加工机 |
| | | 174 造纸机 |
| | | 175 印刷机 |
| | | 176 其他机器 |
| 2 运输工具和起重设备 | 21 起重机和装置 | 211 起重机 |
| | | 212 电梯 |
| | | 213 绞车 |
| | | 214 滑轮组 |
| | | 215 其他 |
| | 22 铁路运输工具 | 221 城市间的铁路运输 |
| | | 222 煤矿、隧道、采石场、行业部门、码头等铁路运输 |
| | | 223 其他 |
| | 23 不包括铁路运输的其他车轮的运输工具 | 231 拖拉机 |
| | | 232 平台四轮车 |
| | | 233 卡车 |
| | | 234 未在别处分类的机动车 |
| | | 235 牲畜拉力车 |
| | | 236 手推车 |
| | | 237 其他 |
| | 24 航空运输工具 | |
| | 25 水上运输工具 | 251 装有发动机的水上运输工具 |
| | | 252 无发动机的水上运输工具 |
| | 26 其他运输工具 | 261 缆车 |
| | | 262 除缆车之外的运送机 |
| | | 263 其他 |
| 3 其他设备 | 31 压力容器 | 311 锅炉 |
| | | 312 承压容器 |
| | | 313 承压管道及其配件 |
| | | 314 压力气瓶 |
| | | 315 充气浮筒和潜水设备 |
| | | 316 其他 |

续表

| 大类 | 小类 | 分类名 |
| --- | --- | --- |
| 3其他设备 | 32炼炉、加热炉和砖瓦窑 | 321高炉 |
| | | 322精练炉 |
| | | 323其他炉 |
| | | 324砖瓦窑 |
| | | 325加热炉 |
| | 33电动设备 | |
| | 34电动设施，包括电动机，但不包括手持电动工具 | 341旋转机 |
| | | 342导线 |
| | | 343变压器 |
| | | 344控制器 |
| | | 345其他 |
| | 35手持电动工具 | |
| | 36工具、器具和仪表，不包括手持电动工具 | 361电力驱动的手持工具，不包括手持电动工具 |
| | | 362无电力驱动的手持工具 |
| | | 363其他 |
| | 37梯子、移动式梯子 | |
| | 38支架 | |
| | 39未在别处分类的其他设备 | |
| 4材料、物质和辐射 | 41爆炸 | |
| | 42粉尘、气体、液体和化学品，不包括易爆的化学品 | 421粉尘 |
| | | 422气体、烟雾和蒸气 |
| | | 423未在别处分类的液体 |
| | | 424未在别处分类的化学品 |
| | | 425其他 |
| | 43飞溅碎片 | |
| | 44辐射 | 441电离辐射 |
| | | 449其他 |
| | 49未在别处分类的其他材料和物质 | |
| 5作业环境 | 51室外 | 511天气 |
| | | 512交通与工作面 |
| | | 513水 |
| | | 519其他 |
| | 52室内 | 521地板 |
| | | 522有限空间 |
| | | 523楼梯 |
| | | 524其他交通和工作面 |
| | | 525地板裂缝和墙壁裂缝 |
| | | 526环境因素（照明、通风、温度、噪声等） |
| | | 529其他 |
| | 53井下 | 531矿山通道和巷道等顶板和采掘面 |
| | | 532矿山通路和巷道等路面 |
| | | 533矿山、巷道等工作面 |
| | | 534矿井 |
| | | 535火灾 |
| | | 536透水 |
| | | 539其他 |
| 6未在别处分类的其他因素 | 61动物 | 611活的动物 |
| | | 612动物产品 |
| | 69未在别处分类的其他因素 | |
| 7缺乏有效数据没有进行分类的因素 | | |

## 3.2　事故致因理论

几个世纪以来，人类主要是在发生事故后凭主观推断事故的原因，即根据事故发生后残留的关于事故的信息来分析、推断事故发生的原因及其过程。由于事故发生的随机性质，以及人们知识、经验的局限性，使得对事故发生机理的认识变得十分困难。

随着社会的发展，科学技术的进步，特别是工业革命以后工业事故频繁发生，人们在与各种工业事故斗争的实践中不断总结经验，探索事故发生的规律，相继提出了阐明事故为什么会发生，事故是怎样发生的，以及如何防止事故发生的理论。由于这些理论着重解释事故发生的原因，以及针对事故致因因素如何采取措施防止事故，所以被称作事故致因理论。事故致因理论是指导事故预防工作的基本理论。

事故致因理论是生产力发展到一定水平的产物。在生产力发展的不同阶段，生产过程中出现的安全问题有所不同，特别是随着生产方式的变化，人在生产过程中所处的地位的变化，引起人们安全观念的变化，产生了反映安全观念变化的不同的事故致因理论。

### 3.2.1　早期的事故致因理论

早期的事故致因理论一般认为事故的发生仅与一个原因或几个原因因素有关。20世纪初期，资本主义工业的飞速发展，使得蒸汽动力和电力驱动的机械取代了手工作坊中的手工工具。这些机械的使用大大提高了劳动生产率，但也增加了事故发生率。因为当时设计的机械很少或者根本不考虑操作的安全和方便，几乎没有什么安全防护装置。工人没有受过培训，操作不熟练，加上长时间的疲劳作业，伤亡事故自然频繁发生。

1919年英国的格林伍德（M. Greenwood）和伍慈（H. H. Woods）对许多工厂里的伤亡事故数据中的事故发生起数按不同的统计分布进行了统计检验。结果发现，工人中的某些人较其他人更容易发生事故。从这种现象出发，后来法默（Farmer）等人提出了事故频发倾向的概念。所谓事故频发是指个别人容易发生事故的、稳定的、个人的内在倾向。根据这种理论，工厂中少数工人具有事故频发倾向，是事故频发倾向者，他们的存在是工业事故发生的主要原因。如果企业里减少了事故频发倾向者，就可以减少工业事故。因此，防止企业中事故频发倾向者是预防事故的基本措施：一方面通过严格的生理、心理检验等，从众多的求职者中选择身体、智力、性格特征及动作特征等方面优秀的人才就业；另一方面一旦发现事故频发倾向者则将其解雇。显然，由优秀的人员组成的工厂是比较安全的。

海恩的事故法则：美国安全工程师海恩（Heinrich）统计了55万起机械事故，其中死亡、重伤事故1666起，轻伤48334起，其余则为无伤害事故。从而得出一个重要结论，即在机械事故中，死亡、重伤，轻伤和无伤害事故的比例为1∶29∶300，国际上把这一法则叫事故法则。这个法则说明，在机械生产过程中，每发生330起意外事件，有300起未产生人员伤害，29起造成人员轻伤，1起导致重伤或死亡。对于不同的生产过程，不同类型的事故，上述比例关系不一定完全相同，但这个统计规律说明了在进行同一项活动中，无数次意外事件，必然导致重大伤亡事故的发生。而要防止重大事故的发生，必须减少和消除无伤害事故，要重视事故的苗子和未遂事故，否则终会酿成大祸。

海恩的工业安全理论是早期的代表性理论。海恩认为人的不安全行为、物的不安全状态是事故的直接原因，企业事故预防工作的中心就是消除人的不安全行为和物的不安全状态。

海恩的研究说明大多数的工业伤害事故都是由于工人的不安全行为引起的。即使一些工业伤害事故是由于物的不安全状态引起的，则物的不安全状态的产生也是由于工人的缺点、错误造成的。因而，海恩理论也和事故频发倾向论一样，把工业事故的责任归因于工人。从这认识出发，海恩进一步追究事故发生的根本原因，认为人的缺点来源于遗传因素和人员成长的社会环境。

### 3.2.2　第二次世界大战后的事故致因理论

第二次世界大战时期，出现了高速飞机、雷达和各种自动化机械等。为防止和减少飞机飞行事故而兴起的事故判定技术及人机工程等，对后来的工业事故预防产生了深刻的影响。

事故判定技术最初被用于确定军用飞机飞行事故原因的研究。研究人员用这种技术调查了飞行员在飞行操作中的心理学和人机工程方面的问题，然后针对这些问题采取改进措施防止发生操作失误。战后这项技术被广泛应用于国外的工业事故预防工作中，作为一种调查研究不安全行为和不安全状态的方法，使得不安全行为和不安全状态在引起事故之前就被识别和被改正。

第二次世界大战期间使用的军用飞机速度快、战斗力强，但是它们的操纵装置和仪表非常复杂。飞机操纵装置和仪表的设计往往超出人的能力范围，或者容易引起驾驶员误操作而导致严重事故。为防止飞行事故，飞行员要求改变那些看不清楚的仪表的位置，改变与人的能力不适合的操纵装置和操纵方法。这些要求推动了人机工程学的研究。

人机工程学是研究如何使机械设备、工作环境适应人的生理、心理特征，使人员操作简便、准确、失误少、工作效率高的学问。人机工程学的兴起标志着工业生产中人与机械关系的重大变化：以前是按机械的特性训练工人，让工人满足机械的要求，现在是在设计机械时要考虑人的特性，使机械适合人的操作。从事故致因的角度，机械设备、工作环境不符合人机工程学要求可能是引起人失误、导致事故的原因。

第二次世界大战后，科学技术飞跃进步，新技术、新工艺、新能源、新材料和新产品不断出现。它们在给工业生产和人们的生活面貌带来巨大变化的同时，也给人类带来了更多的危险。科技的发展把作为现代物质文明的各种工业产品送到人们的面前，这些产品中有些会威胁人员安全，美国1972年涉及产品安全的投诉案件超过50万起。工业部门要保证消费者利用其产品时的安全，在公众的强烈要求下，美国于1972年通过了消费品安全法，日本等国也相继通过了相似的法律，这些法律的共同特征是，制造厂家必须对其产品引起的事故完全负责。

能量转移理论的出现是人们对伤亡事故发生的物理实质认识方面的一大飞跃。1961年和1966年，吉布森（Gibson）和哈登（Hadden）提出了一种新概念：事故是一种不正常的或不希望的能量释放，各种形式的能量构成伤害的直接原因。于是，应该通过控制能量，或控制作为能量达及人体媒介的能量载体来预防伤害事故。根据能量转移理论，可以利用各种屏蔽来防止意外的能量释放。

与早期的事故频发倾向理论、海恩因果连锁论等强调人的性格特征和遗传特征等不同，第二次世界大战后人们逐渐地认识了管理因素作为背后原因在事故致因中的重要作用。人的不安全行为或物的不安全状态是工业事故的直接原因，必须加以追究。但是，它们只不过是其背后的深层原因的征兆、管理上缺陷的反映，只有找出深层的、背后的原因，改进企业管理，才能有效地防止事故。

### 3.2.3　事故致因“4M”要素理论

基于事故致因的分析，事故系统涉及4个基本要素，通常称“4M”要素，即：

① 人的不安全行为（men）：人的不安全行为是事故最直接的因素，各类事故中有超过80%与人因有关，有的行业事故甚至比例更高。人的不安全行为来自生理或心理的影响，包括故意、无意的不安全行为。如故意的“三违”，无意的不安全行为包括由于生理的疲劳、判断导致的差错等行为。

② 设备的不安状态（machinery）：指设备、设施的不

安全状态，也是事故最直接的因素，包括设计环节的缺陷，以及使用过程导致的功能失效等。物的因素有30%～40%与事故有关。

③ 环境的不良影响（medium）：指生产环境条件的不良或不安全状态，也是事故的直接因素，一般有10%～20%的事故与环境因素有关，对于处于与自然环境因素或野外生产作业条件密切的行业，比例会更高，如交通、建筑、矿山等行业。环境因素包括自然的环境因素，如气象因素、地理因素，以及人工环境因素，如照明、噪声、室温等物理因素和气体化学因素等。

④ 管理的欠缺（management）：是指管理制度的欠缺或管理制度的不执行。管理的缺陷包括政府监管层面的法规、制度不完善，以及监管不到位；企业生产经营过程的责任制度不落实，以及规章制度执行不力和过程管理的缺乏或偏差。管理因素是导致事故发生的间接因素，但也是最重要的因素。因为管理对人、机、环因素都会产生作用和影响，因此，事故100%与管理致因有关。

事故致因“4M”要素的逻辑关系见图3.1。图中表明：人因、物因、环境因素与事故是“逻辑或”的关系，即：只要存在人因或者物因，或者环境因素，就足以引发事故；管理因素与事故具有“逻辑与”的关系，即：管理是条件因素，管理与人因、物因、环境因素叠加最终引发事故，或者反过来表述：人因、物因、环境因素可能通过管理来规避或控制。

根据事故致因“4M”要素理论，我们可以从人因、物因、环境、管理因素方面为预防事故指明路径和对策措施。

### 3.2.4 事故因果论

事故因果论是指一切事故的发生都是由若干事件及因素在因果逻辑作用下造成的，其代表性的理论包括海因里希因果连锁理论、博德事故因果连锁理论、亚当斯因果连锁理论与北川彻三事故因果连锁理论等。

（1）亚当斯因果连锁理论

亚当斯因果连锁理论中事故和损失因素与博德理论相似，把人的不安全行为和物的不安全状态称为现场失误，其目的在于提醒人们注意不安全行为和不安全状态的性质。

亚当斯（Edward Adams）提出了一种与博德事故因果连锁理论类似的因果连锁模型，该模型以表格的形式给出，如表3.9。

（2）北川彻三事故因果连锁理论

北川彻三事故因果连锁理论认为工业伤害事故发生的原因是很复杂的，企业是社会的一部分，一个国家、一个地区的政治、经济、文化、科技发展水平等诸多社会因素，对企业内部伤害事故的发生和预防有着重要的影响。该因果连锁理论被用作指导事故预防工作的基本理论。

北川彻三事故因果连锁理论认为事故基本原因包括下述三个方面：

① 管理原因：企业领导者不够重视安全，作业标准不明确，维修保养制度方面有缺陷，人员安排不当，职工积极性不高等管理上的缺陷。

② 学校教育原因：小学、中学、大学等教育机构的安全教育不充分。

③ 社会或历史原因：社会安全观念落后，工业发展的一定历史阶段，安全法规或安全管理、监督机构不完备等。

北川彻三从四个方面探讨事故发生的间接原因：

① 技术原因：机械、装置、建筑物等的设计、建造、维护等技术方面的缺陷。

② 教育原因：由于缺乏安全知识及操作经验，不知道、轻视操作过程中的危险和安全操作方法，或操作不熟练、习惯操作等。

③ 身体原因：身体状态不佳，如头痛、昏迷、癫痫等疾病，或近视、耳聋等生理缺陷，或疲劳、睡眠不足等。

④ 精神原因：消极、抵触、不满等不良态度，焦躁、紧张等精神不安定，狭隘、顽固等不良性格，白痴等智力缺陷。

北川彻三正是基于对事故基本原因和间接原因的考虑，对海因里希的理论进行了一定的修正，提出了另一种事故因果连锁理论，见表3.10。

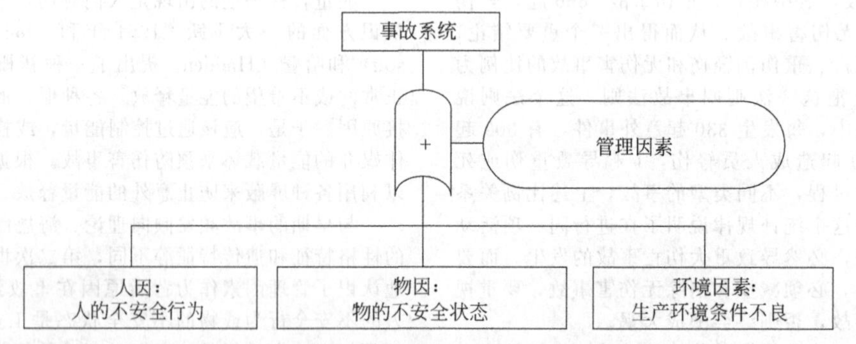


图3.1 事故致因“4M”要素的逻辑关系图

表3.9 亚当斯因果连锁理论模型

| 管理体制 | 管理失误 | | 现场失误 | 事故 | 伤害或损坏 |
|---|---|---|---|---|---|
| 目标组织机能 | 领导者在下述方面决策错误或没做决策：<br>·政策<br>·目标<br>·权威<br>·责任<br>·职责<br>·注意范围<br>·权限授予 | 安全技术人员在下述方面管理失误或疏忽：<br>·行为<br>·责任<br>·权威<br>·规则<br>·指导主动性<br>·积极性<br>·业务活动 | 不安全行为<br>不安全状态 | 伤亡事故<br>损坏事故<br>无伤害事故 | 对人<br>对物 |

表 3.10 北川彻三事故因果连锁理论

| 基本原因 | 间接原因 | 直接原因 | 事故 | 伤害 |
|---|---|---|---|---|
| 学校教育原因 | 技术原因 | 不安全行为 | 事故 | 伤害 |
| | 教育原因 | | | |
| 社会原因 | 身体原因 | 不安全状态 | | |
| 历史原因 | 精神原因 | | | |

### 3.2.5 事故综合致因理论

事故综合致因理论认为事故是由社会因素、管理因素和生产中危险因素被偶然事件触发所造成的结果。事故的发生绝不是偶然的，而是有其深刻原因的，包括直接原因、间接原因和基础原因。事故的致因规律可用下列公式表达：

生产过程中的危险因素＋触发因素＝事故　(3.1)

意外（偶然）时间之所以触发，是由于生产中环境存在着危险因素即不安全状态，后者和人的不安全行为共同构成事故的直接原因。管理上的失误、缺陷、管理责任等是造成直接原因的间接原因。形成间接原因的因素，包括社会经济、文化、教育、社会历史、法律等基础原因，统称为社会因素。事故综合致因体系如图 3.2 所示。

### 3.2.6 事故多米诺骨牌模型

事故多米诺骨牌模型用来表示伤害事故的发生不是一个孤立的事件，尽管伤害可能在某瞬间突然发生，却是一系列事件按一定顺序互为因果相继发生的结果。工业伤害事故的发生、发展过程被描述为具有一定因果关系事件连锁发生的过程，即：①人员伤亡的发生是事故的结果；②事故的发生是由于人的不安全行为及物的不安全状态；③人的不安全行为或物的不安全状态是由于人的缺点造成的；④人的缺点是由于不良环境诱发的，或者是由先天的遗传因素造成的。

事故多米诺骨牌模型由海因里希首先提出，用以阐明导致伤亡事故的各种原因及与事故间的关系。如一块骨牌倒下，则将发生连锁反应，使后面的骨牌依次倒下。运行模式如图 3.3 所示。

海因里希模型这 5 块骨牌依次是：

① 遗传及社会环境（M）：遗传及社会环境是造成人的缺点的原因。遗传因素可能使人具有鲁莽、固执、粗心等不良性格；社会环境可能妨碍教育，助长不良性格的发展。这是事故因果链上最基本的因素。

② 人的缺点（P）：人的缺点是由遗传和社会环境因素所造成，是使人产生不安全行为或使物产生不安全状态的主要原因。这些缺点既包括各类不良性格，也包括缺乏安全生产知识和技能等后天的不足。

③ 人的不安全行为和物的不安全状态（H）：所谓人的不安全行为或物的不安全状态是指那些曾经引起过事故，或可能引起事故的人的行为，或机械、物质的状态，它们是造成事故的直接原因。例如，在起重机的吊荷下停留、不发信号就启动机器、工作时间打闹或拆除安全防护装置等都属于人的不安全行为；没有防护的传动齿轮、裸露的带电体或照明不良等属于物的不安全状态。

④ 事故（D）：即由物体、物质或放射线等对人体发生作用受到伤害的、出乎意料的、失去控制的事件。例如，坠落、物体打击等使人员受到伤害的事件是典型的事故。

⑤ 伤亡（A）：直接由事故造成的人身伤害。

在多米诺骨牌系列中，一颗骨牌被碰倒了，则将发生连锁反应，其余的几颗骨牌相继被碰倒。如果移去连锁中的一颗骨牌，则连锁被破坏，事故过程被终止。

### 3.2.7 事故生命周期理论

一般事故的发展可归纳为四个阶段：孕育阶段、成长阶段、发生阶段和应急阶段：

(1) 孕育阶段

孕育阶段是事故发生的最初阶段，是由事故的基础原因所致的，如前述的社会历史原因、技术教育原因等。事故孕育阶段的特点为：①事故危险性还看不见，处于潜伏和静止状态中；②最终事故是否发生还处于或然和概率的领域；③没有诱发因素，危险不会发展和显现。

在某一时期由于一些规章制度、安全技术措施等管理手段遭到了破坏，使物的危险因素得不到控制和人的素质差，加上机械设备由于设计、制造过程中的各种不可靠性和不安全性。使其先天地潜伏着危险性，这些都蕴藏着事故发生的可能，都是导致事故发生的条件。根据以上特点，要根除事故隐患，防止事故发生，事故孕育阶段是很好的时机。因此，从防止事故发生的基础原因入手，将事故隐患消灭在萌芽状态之中，是安全工作的重要方面。

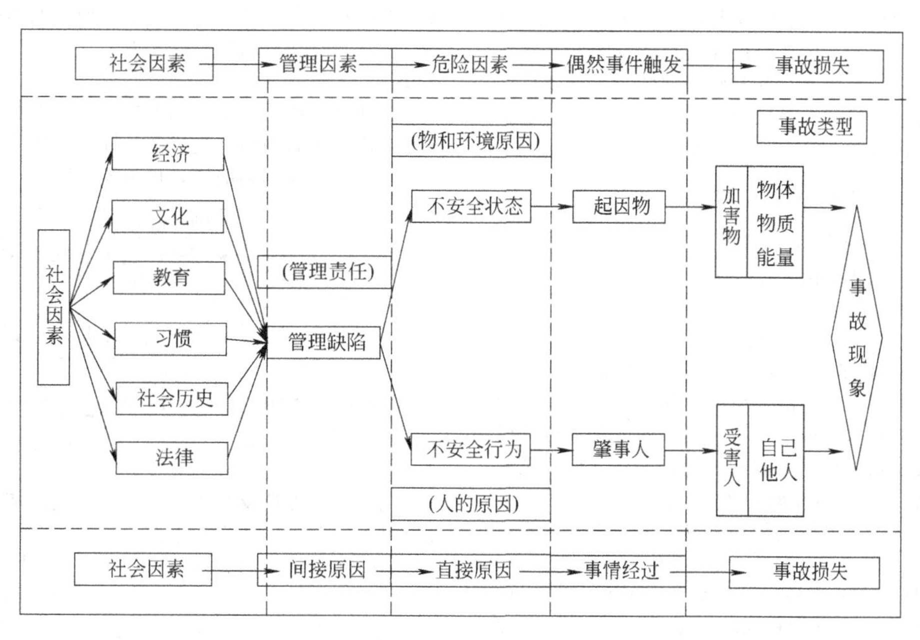


图 3.2 事故综合致因理论作用机理

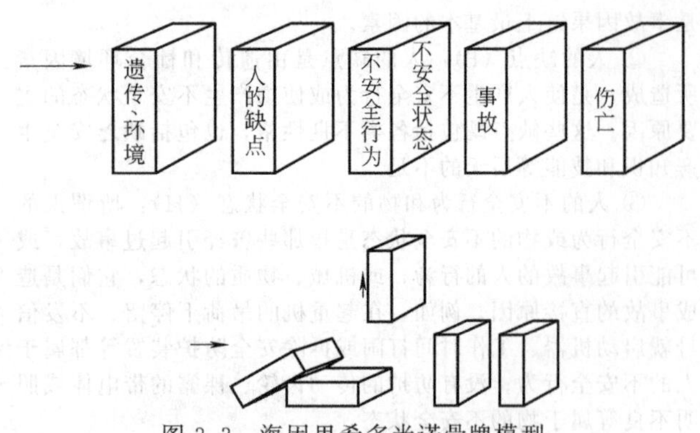


图 3.3　海因里希多米诺骨牌模型

(2) 成长阶段

事故的成长阶段是事故发生的前提条件，对导致伤害的形成有媒介作用。这一阶段的特点为：①事故危险性已显现出来，可以感觉到；②一旦被激发因素作用，即会发生事故，形成伤害；③为使事故不发生，必须采取紧急措施；④避免事故发生的难度要比前一阶段大。

由于人的不安全行为或物的不安全状态，再加上管理上的失误或缺陷，会促使事故隐患的增长，系统的危险性增大，从而进入事故的成长阶段。最好情况是不让事故发展到成长阶段，尽管在这一阶段还有消除事故发生的机会和可能。

(3) 发生阶段

当事故发展到成长阶段，再加上激发因素作用，事故必然发生。事故发生阶段的特点为：①机会因素决定事故后果的程度；②事故的发生是不可挽回的；③只有吸取教训，总结经验，提出改进措施，才能防止同类事故的发生。

发生阶段必然会给人或物带来伤害或损失，机会因素决定伤害和损失的程度，事故的发生是人们所不希望的，避免事故的发展进入发生阶段是我们极力争取的。

(4) 应急阶段

事故应急阶段主要包括紧急处置和善后恢复两个阶段。这一阶段的特点为：①应急预案是前提；②现场指挥很关键；③紧急处置越快，损失越小；④善后恢复越快，综合影响越小。紧急处置是在事故发生后立即采取的应急与救援行动，包括事故的报警与通报、人员的紧急疏散、急救与医疗、消防和工程抢险措施、信息收集与应急决策和外部求援等；善后恢复是在事故发生后首先应使事故影响区域恢复到相对安全的基本状态，然后逐步恢复到正常状态。应急目标是尽可能地抢救受害人员，保护受威胁的人群，尽可能控制并消除事故，尽快恢复到正常状态，减少损失。

### 3.2.8　事故奶酪（薄板漏洞）理论

重大事故都是多个环节或关口失效、缺陷或漏洞的结果。其代表性理论是瑞士奶酪模型、薄板漏洞理论等：

(1) 瑞士奶酪模型

瑞士奶酪模型也叫"Reason 模型"，意思是放在一起的若干片奶酪，光线很难穿透，但每一片奶酪上都有若干个洞，代表每一个作业环节所可能产生的失误或技术上存在的短板。当失误发生或技术短板暴露时，光线即可穿过该片奶酪。如果这道光线与第二片奶酪洞孔的位置正好吻合，光线就穿过第二片奶酪。当许多片奶酪的洞刚好形成串联关系时，光线就会完全穿过，也就是代表着发生了安全事故或质量事故。

"瑞士奶酪模型"由英国曼彻斯特大学精神医学教授詹姆斯·瑞森等人于 1990 年在"Humman Error"提出，该理论也称为"人因失误屏障模型"。该模型认为，在一个组织中事故的发生有四个层面的因素（4 片奶酪），即组织影响、不安全的监督、不安全行为的前兆、不安全的操作行为，运行模式如图 3.4 所示。

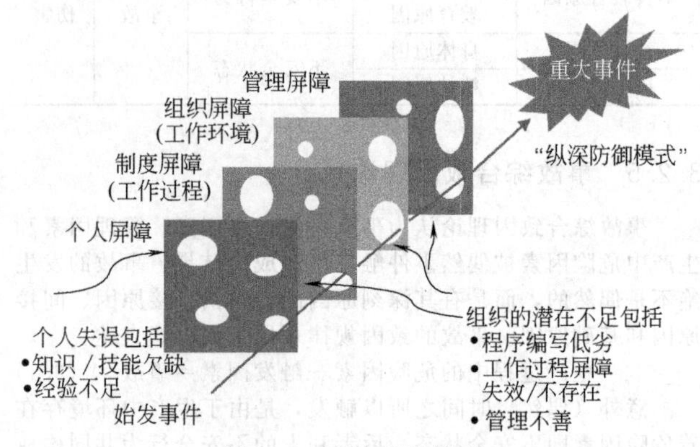


图 3.4　事故奶酪模型

一个完全没有错误的世界，就像没有孔洞的奶酪一样。在真实的世界里，把奶酪切成若干薄片，每层薄片都有许多孔洞，这些孔洞就像发生错误的管道。如果所犯的错误只是穿透一层，往往不容易引发大事故。如果这个错误造成的孔洞穿透多层防御机制，就会造成大灾难。这个模型适用于所有会因为失误造成致命后果的领域。

(2) 薄板漏洞理论

所有的短板只要有可能同时出现，那它们就一定会同时出现。

从事故奶酪（薄板漏洞）理论得到启示：不要盲目相信上一个环节提供的输出是"必然的合格"，而是要不折不扣地对其进行把关。避免失效，消除缺陷，补好漏洞，就能有效地防范事故。企业管理应当利用事故奶酪（薄板漏洞）理论全面查清内部控制各个工作环节中存在的漏洞。

### 3.2.9　事故轨迹交叉理论

设备故障（或缺陷）与人失误，两事件链的轨迹交叉就会构成事故。伤害事故是许多相互联系的事件顺序发展的结果。这些事件概括起来不外乎人和物（包括环境）两大发展系列。当人的不安全行为和物的不安全状态在各自发展过程中（轨迹），在一定时间、空间发生了接触（交叉），能量转移于人体时，伤害事故就会发生。而人的不安全行为和物的不安全状态之所以产生和发展，又是受多种因素作用的结果。

轨迹交叉理论的示意图见图 3.5。图中，起因物与致害物可能是不同的物体，也可能是同一个物体；同样，肇事者和受害者可能是不同的人，也可能是同一个人。

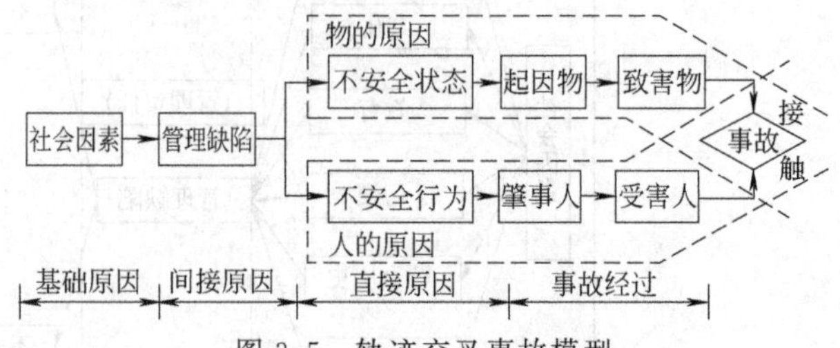


图 3.5　轨迹交叉事故模型

轨迹交叉理论反映了绝大多数事故的情况。在实际生产过程中，只有少量的事故单纯由人的不安全行为或物的不安全状态引起，绝大多数的事故是与二者同时相关的。例如：日本劳动省通过对 50 万起工伤事故调查发现，有约 96% 的事故与人的不安全行为有关，有约 91% 的事故与物的不安全状态有关。

在人和物两大系列的运动中，二者往往是相互关联、互为因果、相互转化的。有时人的不安全行为促进了物的不安全状态的发展，或导致新的不安全状态的出现；而物的不安全状态可以诱发人的不安全行为。因此，事故的发生可能并不是简单地按照人、物两条轨迹独立地运行，而是呈现较为复杂的因果关系。人的不安全行为和物的不安全状态是造成事故的表面的直接原因，如果对它们进行更进一步的考虑，则可以挖掘出二者背后深层次的原因。这些深层次原因的示例见表 3.11。

**表 3.11 事故发生的原因**

| 基础原因(社会原因) | 间接原因(管理缺陷) | 直接原因 |
|---|---|---|
| 遗传、经济、文化、教育培训、民族习惯、社会历史、法律 | 生理和心理状态、知识技能情况、工作态度、规章制度、人际关系、领导水平 | 人的不安全状态 |
| 设计制造缺陷、标准缺陷 | 维护保养不当、保管不良、故障、使用错误 | 物的不安全状态 |

轨迹交叉理论作为一种事故致因理论，强调人的因素和物的因素在事故致因中占有同样重要的地位。按照该理论，若设法排除机械设备或处理危险物质过程中的隐患或者消除人为失误和不安全行为，使两事件链连锁中断，则避免人与物两种因素运动轨迹交叉，危险就不能出现，就可避免事故发生。同时，该理论对于调查事故发生的原因，也是一种较好的工具。

### 3.2.10 事故能量转移理论

事故能量转移理论是美国的安全专家哈登（Haddon）于 1996 年提出的一种事故控制理论。其理论的立论依据是对事故的本质概念的理解，即哈登认为事故的本质概念为：事故是能量的不正常转移。能量转移理论从事故发生的物理本质出发，揭示了事故的连锁过程：由于管理失误引发的人的不安全行为和物的不安全状态及其相互作用，使不正常的或不希望的危险物质和能量释放，并转移于人体、设施，造成人员伤亡和（或）财产损失，事故可以通过减少能量和加强屏蔽来预防，图 3.6 为能量转移理论描述的事故连锁示意图。人类在生产、生活中的技术系统不可缺少的各种能量，如因某种原因失去控制，就会发生能量违背人的意愿而意外释放或逸出，使进行中的活动终止而发生事故，导致人员伤害或财产损失。

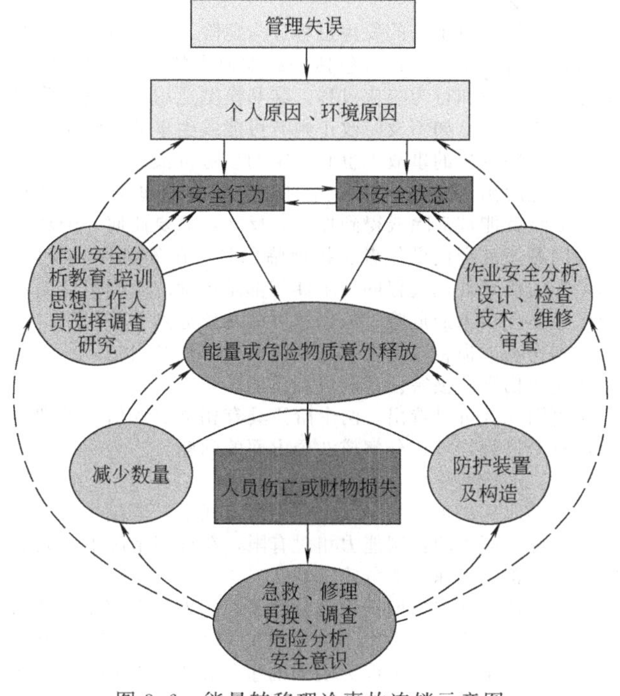


图 3.6 能量转移理论事故连锁示意图

研究事故的控制理论则从事故的能量作用类型出发，即研究机械能（动能、势能）、电能、化学能、热能、声能、辐射能的转移规律；研究能量转移作用的规律，即从能级的控制技术，研究能转移的时间和空间规律；预防事故的本质是能量控制，可通过对系统能量的消除、限值、疏导、屏蔽、隔离、转移、距离控制、时间控制、局部弱化、局部强化、系统闭锁等技术措施来控制能量的不正常转移。

能量在人类的生产、生活中是不可缺少的，人类利用各种形式的能量做功以实现预定的目的。生产、生活中利用能量的例子随处可见，如机械设备在能量的驱动下运转，把原料加工成产品；热能把水煮沸等。人类在利用能量的时候必须采取措施控制能量，使能量按照人们的意图转换和做功。从能量在系统中流动的角度，应该控制能量按照人们规定的能量流通渠道流动。如果由于某种原因失去了对能量的控制，就会发生能量违背人的意愿的意外释放或逸出，使进行中的活动终止而发生事故。如果事故时意外释放的能量作用于人体，并且能量的作用超过人体的承受能力，则将造成人员伤害；如果意外释放的能量作用于设备、建筑物、物体等，并且能量的作用超过它们的抵抗能力，则将造成设备、建筑物、物体的损坏。生产、生活活动中经常遇到各种形式的能量，如机械能、热能、电能、化学能、电离及非电离辐射、声能、生物能等，它们的意外释放都可能造成伤害或损坏。

麦克法兰特（McFartand）在解释事故造成的人身伤害或财物损坏的机理时说："所有的伤害事故（或损坏事故）都是因为：①接触了超过机体组织（或结构）抵抗力的某种形式的过量的能量；②有机体与周围环境的正常能量交换受到了干扰（如窒息、淹溺等）。"因而，各种形式的能量构成伤害的直接原因。

人体自身也是个能量系统。人的新陈代谢过程是个吸收、转换、消耗能量，与外界进行能量交换的过程。人进行生产、生活活动时消耗能量，当人体与外界的能量交换受到干扰时，即人体不能进行正常的新陈代谢时，人员将受到伤害，甚至死亡。事故发生时，在意外释放的能量作用下，人体（或结构）能否受到伤害（或损坏），以及伤害（或损坏）的严重程度如何，取决于作用于人体（或结构）的能量的大小、能量的集中程度、人体（或结构）接触能量的部位、能量作用的时间和频率等。显然，作用于人体的能量越大、越集中，造成的伤害越严重；人的头部或心脏受到过量的能量作用时会有生命危险；能量作用的时间越长，造成的伤害越严重。

美国运输部安全局局长哈登引申了吉布林提出的观点——"人受伤害的原因只能是某种能量的转移"，能量逆流于人体造成伤害的分类方法有两类：①是由于施加了超过局部或全身性损伤阈限的能量引起的；②是由于影响了局部或全身性能量交换引起的，详见表 3.12。

哈登认为，在一定条件下某种形式的能量能否产生伤害，造成人员伤亡事故，应取决于：

①人接触能量的大小；②接触时间和频率；③力的集中程度［预防能量转移的安全措施可用屏障树（防护系统）的理论加以阐明］。

防护能量逆流于人体的典型系统可大致分为 12 个类型：

① 限制能量的系统：如限制能量的速度和大小，规定极限量和使用低压测量仪表等。

表 3.12　能量类型及其伤害形式

| 能量类型 | 产生的原发性损伤 | 举例与注释 |
|---|---|---|
| 机械能 | 移位、撕裂、破裂和压榨，主要损及组织 | 由于运动的物体如子弹、皮下针、刀具和下落物体冲撞造成的损伤，以及由于运动的身体冲撞相对静止的设备造成的损伤，如在跌倒时、飞行时和汽车事故中。具体的伤害结果取决于合力施加的部位和方式。大部分的伤害属于本类型 |
| 热能 | 凝固、烧焦和焚烧，伤及身体任何层次 | 第一度、第二度和第三度烧伤。具体的伤害结果取决于热能作用的部位和方式 |
| 电能 | 干扰神经-肌肉功能，以及凝固、烧焦和焚化，伤及身体任何层次 | 触电死亡、烧伤、干扰神经功能，如在电休克疗法中。具体伤害结果取决于电能作用的部位和方式 |
| 电离辐射 | 细胞和亚细胞成分与功能的破坏 | 反应堆事故、治疗性与诊断性照射、滥用同位素、放射性坠尘的作用。具体伤害结果取决于辐射能作用的部位和方式 |
| 化学能 | 伤害一般要根据每一种或每一组的具体物质而定 | 包括由于动物性和植物性毒素引起的损伤，化学烧伤如氢氧化钾、溴、氟和硫酸，以及大多数元素和化合物在足够剂量时产生的不太严重而类型很多的损伤 |

② 用较安全的能源代替危险性大的能源：如用水力采煤代替爆破；应用 $CO_2$ 灭火剂代替 $CCl_4$ 等。

③ 防止能量蓄积：如控制爆炸性气体 $CH_4$ 的浓度；应用低高度的位能；应用尖状工具（防止钝器积聚热能）等；控制能量增加的限度。

④ 控制能量释放：如在储放能源和实验时，采用保护性容器（如耐压氧气罐、盛装放射性同位素的专用容器）以及生活区远离污染源等。

⑤ 延缓能量释放：如采用安全阀、逸出阀，以及应用某些器件吸收振动等。

⑥ 开辟释放能量的渠道：如接地电线，抽放煤体中的瓦斯等等。

⑦ 在能源上设置屏障：如防冲击波的消波室，除尘过滤或氡子体的滤清器、消声器，以及原子辐射防护屏等。

⑧ 在人、物与能源之间设屏障：如防火罩、防火门、密闭门、防水闸墙等。

⑨ 在人与物之间设屏蔽：如安全帽、安全鞋和手套、口罩等个体防护用具等。

⑩ 提高防护标准：如采用双重绝缘工具、低电压回路、连续监测和远距离遥控等；增强对伤害的抵抗能力（人的选拔，耐高温、高寒、高强度材料）。

⑪ 改善效果及防止损失扩大：如改变工艺流程，变不安全流程为安全流程，搞好急救。

⑫ 修复或恢复：治疗、矫正以减轻伤害程度或恢复原有功能。

从系统安全观点研究能量转移的另一概念是：一定量的能量集中于一点要比它大面铺开所造成的伤害程度更大。我们可以通过延长能量释放时间，或使能量在大面积内消散的方法以降低其危害的程度，对于需要保护的人和财产应用距离防护远离于释放能量的地点，以此来控制由于能量转移而造成的伤亡事故。

## 3.2.11　人因失误模型

人因失误（human error）是指人的行为的结果偏离了规定的目标，超出了可接受的界限，并产生不良的影响。这类事故模型都有一个基本的观点，即：人失误会导致事故，而人失误的发生是由于人对外界刺激（信息）的反应失误造成的。人因失误模型具有代表性的模型主要有：威格里斯沃思模型、瑟利模型、劳伦斯模型等。

（1）威格里斯沃思模型

威格里斯沃思在 1973 年提出，“人失误构成了所有类型事故的基础”。他将人失误概念为：“（人）错误地或不适当地响应一个外界刺激”。

在生产操作过程中，各种各样的信息不断地作用于操作者的感官，给操作者以“刺激”。操作者若能对刺激作出正确的响应，事故就不会发生；反之，如果错误或不恰当地响应了一个刺激（人失误），就有可能出现危险。危险是否会带来伤害事故，则取决于一些随机因素。

威格里斯沃思模型可以用图 3.7 中的流程关系来表示。该模型绘出了人失误导致事故的一般模型。

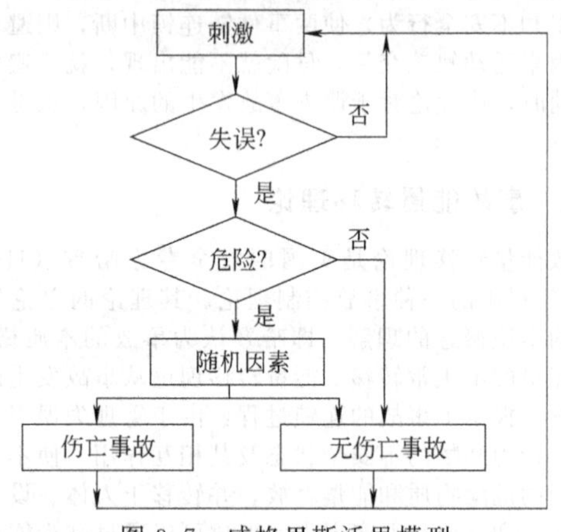


图 3.7　威格里斯沃思模型

（2）瑟利模型

瑟利模型将事故的发生过程分为危险出现和危险释放两个阶段，这两个阶段各自包括一组类似人的信息处理过程，即知觉、认识和行为响应过程。瑟利模型适用于描述危险局面出现得较慢，如不及时改正则有可能发生事故的情况。对于描述发展迅速的事故，也有一定的参考价值。

在危险出现阶段，如果人的信息处理的每个环节都正确，危险就能被消除或得到控制；反之，只要任何一个环节出现问题，就会使操作者直接面临危险。在危险释放阶段，如果人的信息处理过程的各个环节都是正确的，则虽然面临着已经显现出来的危险，但仍然可以避免危险释放出来，不会受到伤害或损害；反之，只要任何一个环节出错，危险就会转化成伤害或损害。瑟利模型见图 3.8。

由图 3.8 可以看出，两个阶段具有相类似的信息处理过程，每个过程均可被分解成 6 个方面的问题。

（3）劳伦斯模型

在类似矿山生产的多人作业生产方式下，危险主要来自自然环境，而人的控制能力相对有限，在许多情况下，人们唯一的对策是迅速撤离危险区域。

劳伦斯在威格里斯沃思和瑟利等人的人失误模型的基础上，通过对南非金矿中发生的事故的研究，于 1974 年提出了针对金矿企业以人失误为主因的事故模型，见图 3.9，该模型对一般矿山企业和其他企业中比较复杂的事故情况也普遍适用。

在生产过程中，当危险出现时，往往会产生某种形式的信息，向人们发出警告，如突然出现或不断扩大的裂缝、异常的声响、刺激性的烟气等。这种警告信息叫做初期警告。初期警告还包括各种安全监测设施发出的报警信号。如果没有初期警告就发生了事故，则往往是由于缺乏有效的监测手段，或者是管理人员事先没有提醒人们存在着危险因素，行为人在不知道危险存在的情况下发生的事故，属于管理失误造成的。

在发出了初期警告的情况下，行为人在接受、识别警告，或对警告作出反应等方面的失误都可能导致事故。

当行为人发生对危险估计不足的失误时，如果他还是采取了相应的行动，则仍然有可能避免事故；反之，如果他麻痹大意，既对危险估计不足，又不采取行动，则会导致事故的发生。这里，行为人如果是管理人员或指挥人员，则低估危险的后果将更加严重。

### 3.2.12 不安全行为事故致因机理

不安全行为事故致因机理揭示和阐明不安全行为与事故的关系、过程和规律，能够对避免和控制不安全行为以及预防人为因素的事故提供理论的指导。人的不安全行为是指可能导致事故或引发事故灾害事件的行为。不安全行为是造成事故的直接原因，也是导致事故发生的主因。

日本北川彻三的事故因果连锁理论（见 3.2.4）和工业发达国家和我国安全生产实践的研究均已证明：人的不安全行为是最主要的事故原因。在安全管理方面很优秀的美国杜邦公司近年完成的一项为期十年的统计也表明，人的不安全行为导致了 96% 的事故发生，而物的不安全状态仅仅导致 4% 的事故发生。和我国有很密切合作关系的美国国家安全理事会（National Safety Council，NSC）也曾经统计过事故发生的直接原因及其归类，得到的结论是，90% 的事故是由于人的不安全行为所引起。上述研究都以相近的统计结果证

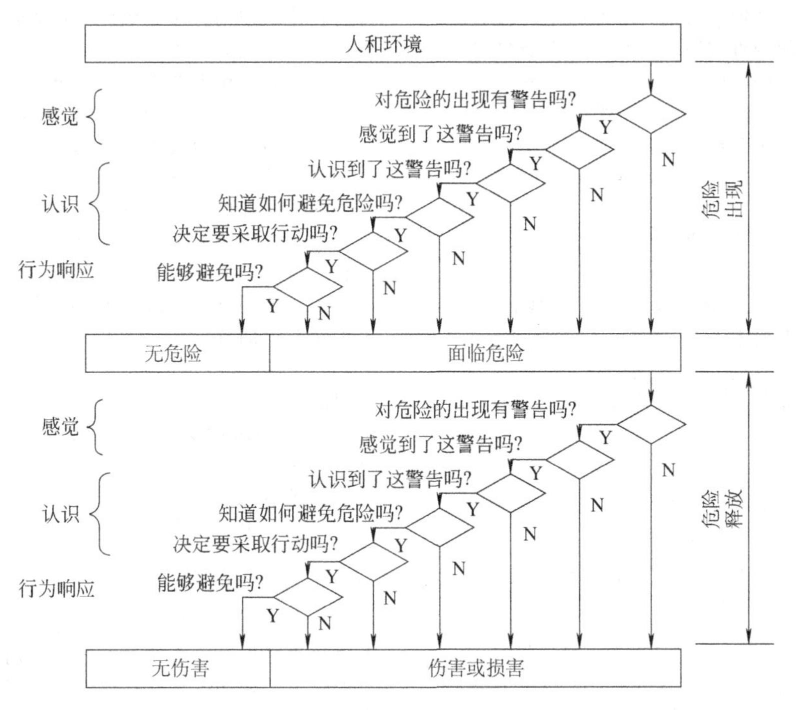


图 3.8 瑟利模型

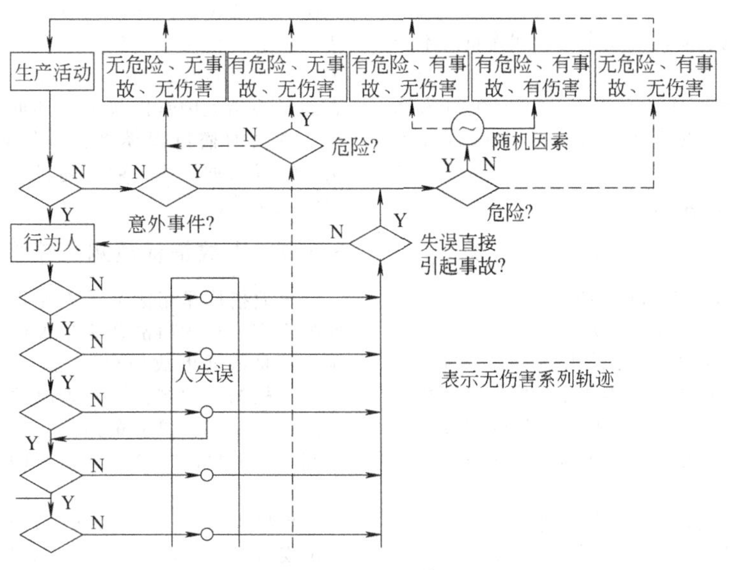


图 3.9 劳伦斯模型

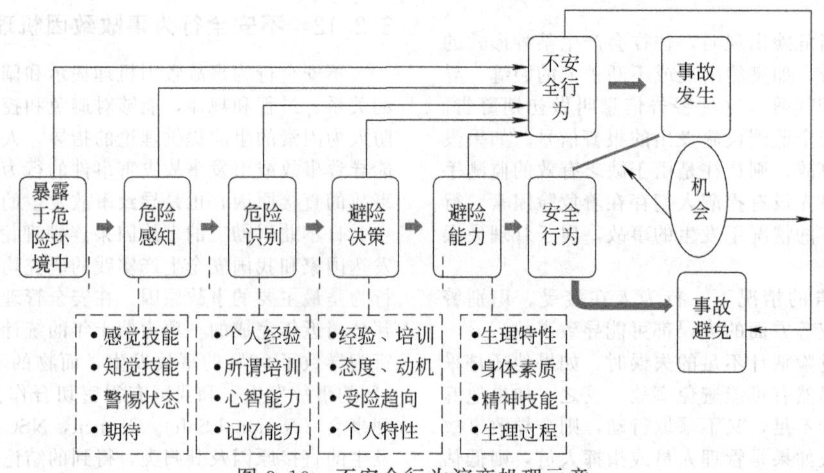


图 3.10　不安全行为演变机理示意

明，保守地说，80%以上导致事故的直接原因是人的不安全行为，20%以下导致事故的直接原因是物的不安全状态。

导致人的不安全行为的原因或影响因素是多方面的，如表 3.13 所示。根据美国麻省理工史隆管理学院彼得·圣吉的心智模式理论，得出：企业员工的不安全行为是在不良心智模式的支配下产生的，长期的不良心智模式作用，发展成为潜意识的不安全行为模式，就产生了习惯性违章等现象。依照圣吉的心智模式修炼方法，克服员工习惯性违章等必须首先从人的观念上入手，形成对企业各种安全事项正确认识的集合体，即安全观念体系，来指导员工进行各种安全活动，任何外部的作用都替代不了。

**表 3.13　引发事故的原因体系**

| 一级因素 | 二级因素 | 三级因素 |
|---|---|---|
| 不安全行为影响因素 | 个体因素 | 1)气质<br>2)人格特质<br>3)不安全心理 |
| | 企业因素 | 1)企业对待安全的态度<br>2)企业安全生产的氛围<br>3)企业对员工安全行为的引导 |
| | 社会因素 | 1)人际关系因素<br>2)家庭关系因素<br>3)社会价值观因素 |

人的不安全行为可分为有意的不安全行为和无意的不安全行为两种类型。

通过不安全行为事故致因机理，可基于不安全行为原因、事故心理及不安全行为的表现类型等方面进行行为管控。

### 3.2.13　不安全行为控制原理

不安全行为控制原理是基于对人的不安全行为演变机理或规律，提出避免、减弱或管控人的不安全行为（动作），从而避免人为因素事故的基本理论或原理。

人的不安全行为表现包括两方面：①作为事故直接原因质疑的事故引发者引发事故瞬间的具体动作，称为一次性行为；②作为事故间接原因，即产生事故的直接原因的习惯性行为，可以是安全知识、安全意识和安全习惯三项中的一项或几项。

控制人的不安全行为首先是自我控制，即事故引发人的自觉控制；其次是外界（其他人）对事故引发人行为的控制，如企业或组织通过安全监管、安全检查等方式对员工的行为管控。控制方法大概分为：监管、提示、知识控制、意识训练、习惯养成等。

要正确、精准对人的不安全行为进行有效的控制，需要了解和掌握人不安全行为引发事故的基本机理。如图 3.10 所示，人的不安全行为演变机理主要经历四个重要阶段或基本环节：危险感知→危险识别→避险决策→避险能力。每个环节的失误都可能导致不安全行为。

因此，避免人为失误需要针对导致失误或差错的四个环节有针对地进行。

① 危险感知要解决的问题是：感觉技能、知觉技能、警惕状态、期待。

② 危险识别要解决的问题是：个人经验、所谓培训、心智能力、记忆能力。

③ 避险决策要解决的问题是：经验、培训，态度、动机，受险趋向，个人特性。

④ 避险能力要解决的问题是：生理特性、身体素质、精神技能、生理过程。

## 3.3　事故预测理论

工业事故的发生表面上具有随机性和偶然性，但其本质上更具有因果性和必然性。对于个别事故具有不确定性，但对大样本则表现出统计规律性。概率论、数理统计与随机过程等数学理论，是研究具有统计规律现象的有力工具。

目前，比较成熟的预测方法有：①以头脑风暴、德尔菲法等为代表的直观预测法。②以移动平均法、指数平滑法、趋势外推法、自回归 $A_R(n)$ 等为典型的时间序列预测法。③以直线、曲线、二元线性及多元线性回归等为代表的反映相关因素因果关系的回归预测方法。④利用齐次或非齐次泊松过程模型、马尔柯夫链模型进行预测的方法。⑤以数据生成、弱化随机、残差辨识等为特点的灰色预测模型等。

### 3.3.1　事故指标预测及其原理

事故指标是指诸如千人死亡率、事故直接经济损失等反映生产过程中事故伤害情况的一系列特征量。事故指标预测，是依据事故历史数据，按照一定的预测理论模型，研究事故的变化规律，对事故发展趋势和可能的结果预先作出科学推断和测算的过程。简言之，事故预测就是由过去和现在的事故信息推测未来的事故信息，由已知推测未知的过程。

事故指标是衡量系统安全的重要参数，国家有关部门在制定安全目标时，往往要考虑各项事故指标的现状和未来的变化趋势。因此，进行事故指标预测可以为国家的宏观安全决策和事故控制提供重要的理论依据，使其决策合理、控制正确。同时，事故指标的高低取决于系统中人员、机械（物质）、环境（媒介）、管理四个元素的交互作用，是人-机-环-管系统内异常状况的结果。进行事故指标预测，有助于进一步的事故隐患分析和系统安全评价工作。许多成功的事故指标预测案例也充分说明，它对安全管理与决策具有重要的指导作用。

### 3.3.2　事故隐患辨识预测法

基本方法：企业生产过程中的事故隐患辨识预测方法主要有经验分析法、事故树分析法、事件树分析法、因果分析法、人的可靠性分析法、人-机-环系统分析法等。在优选方法时，可在初步分析的基础上，采用人-机-环与事故树分析相结合的方法进行分析预测。

这种方法的预测对象是以人为主体的，人-机-环分析预测能直接分析人的不安全行为、物的不安全状态、环境的不安全条件等直接隐患，同时还能揭示深层次的本质原因，即管理方面的间接隐患。借助事故树分析技术对存在危险的隐患进行定性、定量分析，预测隐患导致事故发生的定性、定量结论，并得出直接隐患之间的逻辑层次关系。

预测事故类型：主要用于企业生产过程中的机械伤害、压力容器爆炸、火灾等事故隐患的定性分析预测。

重大危险源辨识方法：20 世纪 70 年代以来，随着工业生产中火灾、爆炸、毒物泄漏等重大恶性事故不断发生，预防工业灾害引起了国际社会的广泛重视。重大工业事故大体可分两类，一类是可燃性物质泄漏，与空气混合形成可燃性烟云，遇到火源引起火灾或爆炸，或两者一起发生；另一类是大量有毒物质的突然泄漏，在大面积内造成死亡、中毒和环境污染。这些涉及各种化学品的事故，尽管其起因和影响不尽相同，但都有一些共同特征。它们是不受控制的偶然事件，会造成工厂内外大批人员伤亡，或是造成大量的财产损失或环境损害，或者两者兼而有之。其根源是储存设施或使用过程中存在有易燃、易爆或有毒物质。这清楚地说明，造成重大工业事故的可能性既与化学品的固有性质有关，又与设施中使用危险物质的数量有关。防止重大工业事故的第一步是辨识或确认高危险性工业设施（危险源）。

国际经济合作与发展组织列出了表 3.14 所示的 20 种重点控制的危害物质。

**表 3.14　OECD 用于重大危险源辨识的重点控制危害物质**

| 物质名称 | 限量 | 物质名称 | 限量 |
|---|---|---|---|
| 1. 易燃、易爆或易氧化物质 | | | |
| 易燃气体(包括液化气) | 200t | 极易燃液体 | 50000t |
| 环氧乙烷 | 50t | 氯酸钠 | 250t |
| 硝酸铵 | 2500t | | |
| 2. 毒物 | | | |
| 氨气 | 500t | 氯气 | 25t |
| 氰化物 | 20t | 氟化氢 | 50t |
| 甲基异氰酸盐 | 150kg | 二氧化硫 | 250t |
| 丙烯腈 | 200t | 光气 | 750kg |
| 甲基溴化物 | 200 | 四乙铅 | 50t |
| 乙拌磷 | 100kg | 硝苯硫磷酯 | 100kg |
| 杀鼠灵 | 100kg | 涕天威 | 100kg |

《塞韦索法令》提出的重大危险源辨识标准，1994 年，英国已确定了 1650 个重大危险源，其中 200 个为一级重大危险源；1985 年德国确定了 850 个重大危险源，其中 60%为化工设施，20%为炼油设施，15%为大型易燃气体、易燃液体储存设施，5%为其他设施。1992 年美国劳工部职业安全卫生管理局（OSHA）颁布了“高危险性化学物质生产过程安全管理”标准，该标准提出了 137 种易燃、易爆、强反应性及有毒化学物质及其临界量，OSHA 估计符合该标准规定的危险源超过 10 万个，要求企业在 1997 年 5 月 26 日前必须完成对上述规定的危险源的分析和评价工作。

### 3.3.3　直观预测法

直观预测法以专家为索取信息对象，是依靠专家的知识和经验进行预测的一种定性预测方法。它多用于社会发展预测、宏观经济预测、科技发展预测等方面，其准确性取决于专家知识的广度、深度和经验。专家主要指在某个领域中或某个预测问题上有专门知识和特长的人员。直观预测典型的代表方法有头脑风暴法、德尔菲法等。在工业生产事故预测中，中长期安全发展规划、系统安全评价指标等可依靠专家知识，参考头脑风暴、德尔菲等直观预测方法确定。

### 3.3.4　时间序列预测法

时间序列是指一组按时间顺序排列的有序数据序列。时间序列预测，是从分析时间序列的变化特征等信息中，选择适当的模型和参数，建立预测模型，并根据惯性原则，假定预测对象以往的变化趋势会延续到未来，从而作出预测。该预测方法的一个明显特征是所用的数据都是有序的。移动平均法、指数平滑法、趋势外推法、周期预测法、自回归 $A_R(n)$、自回归 $A_R(n, m)$ 等为典型的时间序列预测方法。这类方法预测精度偏低，通常要求研究系统相当稳定，历史数据量要大，数据的分布趋势较为明显。

据不完全统计，现有的各类预测方法多达 300 种之多，而通常用于系统安全数据预测的方法主要有回归分析法、德尔菲法、趋势外推法、马尔可夫预测、齐次泊松过程模型、指数平滑法、残差辨识法、模型法和灰色预测法等。这些预测方法可分成 3 类：前 5 种是统计型的；指数平滑与残差辨识属递推型；灰色预测与模型法则属于连续型。

回归分析法是一种传统的分析预测方法，长期以来作为一种经典方法而广泛应用，且种类较多。在系统安全数据的预测上，目前运用较多的为单元线性回归和单元指数回归。由于事故的次数、频率等数据的离散性较大，因而线性回归的拟合度是比较差的，有时运用指数回归可提高其相关系数，具体操作上，可先在二维坐标上，将数据描述出来，观察其分布，再选用相应的模型方法。回归分析的缺点有：

①计算工作量大；②对“古老”数据与“新鲜”数据同等对待；③只注重过去数据的拟合，不注意外推性。

指数平滑则在一定程度上克服了上述缺点。指数平滑的思路是：首先对原始数据作处理，处理后的数据称“平滑值”。

在实际计算时，数据处理是按几级分为好几次进行的，并且常常记 $S_t^{(1)}$、$S_t^{(2)}$、$S_t^{(3)}$ 分别为 $t$ 时刻的第一次、第二次、第三次的平滑值。对通过处理的数据（平滑值）再作适当计算即可构成下述预测模型：

线性预测模型为

$$\hat{y}_{t+T}=a_t+b_tT \tag{3.2}$$

非线性预测模型为

$$\hat{y}_{t+T}=a_t+b_tT+c_tT^2 \tag{3.3}$$

式中，$\hat{y}_{t+T}$ 为 $t+T$ 时刻预测值；$T$ 为以 $t$ 为起点往未来伸展到 $T$ 时刻之意，即 $t$ 以后模型的外推时间。

计算时所使用的数据表如表 3.15 所示。表中，$y_1$，$y_2$，$y_3$ 为观测数据，即原始数据，其他 $S_i^{(j)}$ 为加工后的数据即 $i$ 时刻第 $j$ 次的平滑值。各次平滑值为：

**表 3.15　计算时所使用的数据**

| $t$ | $y_t$ | $S_t^{(1)}$ | $S_t^{(2)}$ | $S_t^{(3)}$ |
|---|---|---|---|---|
| 0 | 0 | $S_0^{(1)}$ | $S_0^{(2)}$ | $S_0^{(3)}$ |
| 1 | $y_1$ | $S_1^{(1)}$ | $S_1^{(2)}$ | $S_1^{(3)}$ |
| 2 | $y_2$ | $S_2^{(1)}$ | $S_2^{(2)}$ | $S_2^{(3)}$ |
| 3 | $y_3$ | $S_3^{(1)}$ | $S_3^{(2)}$ | $S_3^{(3)}$ |

$$S_t^{(1)}=ay_t+(1-a)S_{t-1}^{(1)} \tag{3.4}$$

$$S_t^{(2)}=aS_t^{(1)}+(1-a)S_{t-1}^{(2)} \tag{3.5}$$

$$S_t^{(3)}=aS_t^{(2)}+(1-a)S_{t-1}^{(3)} \tag{3.6}$$

关于上述计算有两点必须注意：

① 权系数 $a$ 的大小，关系到计算结果是否合理，一般 $a$ 由经验给定，大多采用 0.01～0.3。

② 后一级的平滑值 $S_t^{(i)}$ 是通过前一级平滑值 $S_{t-1}^{(i)}$ 算出的。然而，$t=0$ 时，无前一级平滑值。因此各级初始平滑值 $S_0^{(1)}$，$S_0^{(2)}$，$S_0^{(3)}$ 一般凭经验给出，不过大多采用与其他实际数据比较接近的 0 值。

指数预测方法虽注意了新、老数据所含安全信息的差异，但在实际应用中有以下几点值得探讨：

① 究竟什么是新数据、老数据，由谁来代表？

② 权系数 $a$ 关系到计算结果是否合理，$a$ 值一般由经验给定，而在事故预测方面，$a$ 值应取在什么界限内还有待探索。

③ 对同一事故数据序列，采用线性模型和采用非线性模型所得预测结果是不同的，这应根据系统安全特征数据趋势，恰当地选取。

下面介绍一下布朗三次指数平滑法。

（1）一次指数平滑法

时间序列平滑法是利用时间序列资料进行短期预测的一种方法。其基本思想在于：除一些不规则变动外，过去的时序数据存在着某种基本形态，假设这种形态在短期内不会改变，可以作为下一期预测的基础。平滑的主要目的在于消除时序的极端值，以某些较平滑的中间值作为预测的根据。

客观事物的发展是在时间上展开的，任一事物随时间的流逝，都可以得到一系列依赖于时间 $t$ 的数据。

$$Y_1,Y_2,\cdots,Y_t \tag{3.7}$$

式中，$t$ 为时间，单位可以是年、季、月、日或小时。依赖于时间变化的变量 $Y_t$ 称为时间序列，简称时序列，记做：

$$\{Y_t,t=t_0,t_1,\cdots\}\text{或 }Y_t,t=1,2,\cdots$$

若事物的发展过程具有某种确定的形式，随时间的变化规律可以用时间 $t$ 的某种确定函数关系加以描述，这类时序称为确定型时序，以时间 $t$ 为自变量建立的函数模型为确定型时序模型。事物发展过程若是一个随机过程，无法用时间 $t$ 的确定函数关系加以描述，称为随机型时序，建立的与随机过程相适应的模型为随机型时序模型。

指数平滑预测法，是在加权平均法的基础上发展起来的，也是移动平均法的改进。一次移动平均法假定近期 $N$ 个数据同等重要。从加权的观点来看，即认为预测值 $\hat{y}_{t+T}$ 是前 $N$ 个数据以等权系数 $1/N$ 的加权平均值。这里 $N\times 1/N=1$，即 $N$ 个数据的权重系数之和为 1。

然而，越近期的数据反映的信息越新，在预测研究中也应更受到重视。基于这种思想，指数平滑法认为，数据的重要程度按时间上的远近成非线性递减。若以第 I 周期的权 $b_i$ 来描述这种关系，即指数平滑值可以看成是时间序列数据的非等权 $b_i$ 的加权平均值。指数平滑又称指数修匀。可以消除时间序列的偶然性变动，进而寻找预测对象的变化特征和趋势。一次指数平滑法用于实际数据序列以随机变动为主的场合。一次指数平滑值的计算公式为

$$S_t^{(1)}=ay_t+a(1-a)y_{t-1}+a(1-a)^2y_{t-2}+\cdots \tag{3.8}$$

式中，$S_t^{(1)}$ 为第 $t$ 周期的一次指数平滑值；$y_t$ 为第 $t$ 周期的实际值；$a$ 为平滑系数（$0<a<1$）。

观察式（3.8），实际值 $y_t$、$y_{t-1}$、$y_{t-2}$ 的权系数分别为 $a$、$a(1-a)$、$a(1-a)^2$。依此类推，离现时刻越远的数据，其权系数越小。指数平滑法就是用平滑系数 $a$ 来实现不同时间的数据的非等权处理的。因为权系数是指数几何等级数，指数平滑法也由此而得名。

式（3.8）略加变换，得

$$S_t^{(1)}=ay_t+(1-a)S_{t-1}^{(1)} \tag{3.9}$$

式中，$S_{t-1}^{(1)}$ 为第 $t-1$ 周期的指数平滑值。

一次指数平滑法是以最近周期的一次指数平滑值作为下一周期的预测值的。即：

$$\hat{y}_{t+1}=S_t^{(1)}=ay_t+(1-a)S_{t-1}^{(1)} \tag{3.10}$$

式中，$\hat{y}_{t+1}$ 为第 $t+1$ 周期的预测值。

一次指数平滑法的基本特点有：①指数平滑法对实际序列有平滑作用，平滑系数 $a$ 越小，平滑作用越强，但对实际数据的变动反应越迟缓；②在实际序列的线性变动部分，指数平滑值序列出现一定的滞后偏差，滞后偏差的程度随着平滑系数 $a$ 的增大而减少。

指数平滑法的主要优点有：①对不同时间的数据的非等权处理较符合实际情况；②实用中仅需要选择一个模型参数 $a$ 即可预测，简便易行；③具有适应性，也就是说预测模型能自动识别数据模式的变化而加以调整。

指数平滑法的缺点是：对数据的转折点缺乏鉴别能力，这可通过调查预测法或专家预测法加以弥补；另一缺点是长期预测的效果比较差，故多用于短期预测。

如实际数据序列具有较明显的线性增长倾向，则不宜用一次指数平滑法，因为之后偏差将使预测值偏低。此时，通常可采用二次指数平滑法建立线性预测模型，然后再用模型预测。

（2）二次指数平滑

二次指数平滑，是对一次指数平滑值序列再作一次指数平滑。二次指数平滑值的计算公式为

$$S_t^{(2)}=aS_t^{(1)}+(1-a)S_{t-1}^{(2)} \tag{3.11}$$

二次指数平滑值并不直接用于预测，而是仿照二次移动平均法，根据滞后偏差的演变规律建立线性预测模型。线性预测模型为

$$\hat{y}_{t+T}=a_t+b_tT$$

模型中参数 $a_t$，$b_t$ 可按下述关系得到：

$$a_t=2S_t^{(1)}-S_t^{(2)} \tag{3.12}$$

$$b_t=\frac{a}{1-a}(S_t^{(1)}-S_t^{(2)}) \tag{3.13}$$

如果实际数据序列具有非线性增长倾向，则一次、二次指数平滑法都不适用了。此时应采用三次指数平滑法建立非线性预测模型，再用模型进行预测。

（3）布朗三次指数平滑

三次指数平滑也称三重指数平滑，它与二次指数平滑一样，不是以平滑值直接作为预测值，而是为建立模型所用。

布朗三次指数平滑是对二次平滑值在进行一次平滑，并用以估计二次多项式参数的一种方法，所建立的模型为

$$\hat{y}_{t+T}=a_t+b_tT+c_tT^2 \tag{3.14}$$

这是一个非线性平滑模型，它类似于一个二次多项式，能表现时序的一种曲线变化趋势，故常用于非线性变化时序的短期预测。布朗三次指数平滑也被称作布朗单一参数二次多项式指数平滑。参数分别由下式得出

$$a_t=3S_t^{(1)}-3S_t^{(2)}+S_t^{(3)} \tag{3.15}$$

$$b_t=\frac{a}{2(1-a)^2}[(6-5a)S_t^{(1)}-2(5-4a)S_t^{(2)}+(4-3a)S_t^{(3)}] \tag{3.16}$$

$$c_t=\frac{a^2}{2(1-a)^2}[S_t^{(1)}-2S_t^{(2)}+S_t^{(3)}] \tag{3.17}$$

各次指数平滑值分别为

$$S_t^{(1)}=ay_t+(1-a)S_{t-1}^{(1)}$$
$$S_t^{(2)}=aS_t^{(1)}+(1-a)S_{t-1}^{(2)}$$
$$S_t^{(3)}=aS_t^{(2)}+(1-a)S_{t-1}^{(3)}$$

三次指数平滑比一次、二次指数平滑复杂得多，但三者目的一样，即修正预测值，使其跟踪时序的变化，三次指数平滑跟踪时序的非线性变化趋势。

(4) 平滑常数的选择

指数平滑常数 $a$ 值代表对时序变化的反应速度，又决定预测中修匀随机误差的能力。若选 $a=0$，$S_t=S_{t-1}$，这是充分相信初始值，预测过程中不需要引进任何新信息。若选 $a=1$，平滑值 $S_t$ 就是实际观察值 $y_t$，这是完全不相信过去信息。这两种选择都是极端情况。实际上，初始值要做到确定得完全正确是不可能的，而根本不考虑预测对象过去的状态，也难做出正确的预测，因此 $a$ 值应在 0～1 之间选择。

从理论上说，$a$ 取 0～1 之间任意数值均可以。其选择原则是使预测值与实际观测值之间的均方误差（MSE）和平均绝对百分误差（MAPE）最小。但在实际预测时，还必须考虑时序数据本身的特征，当选 $a$ 值接近于 1 为最优值时，常常预示着时序数据有明显的趋势变动或季节性变动。在这种情况下，采用一次指数平滑法或非季节性的平滑方法，都难以得到有效的预测结果。

平滑常数 $a$ 的选择主要还是依靠经验。通常，有以下几条准则可供参考。

如果时间序列虽然有不规则变动，但长期变化接近某一稳定常数，可取较小的 $a$ 值，一般为 0.05～0.2，以使各观察值在现时的指数平滑中有大小接近的权数。

如果时间序列具有迅速和明显的趋势变动，$a$ 宜取稍大的值，一般为 0.3～0.5，以使近期数据对现时的指数平滑值有较大的作用，从而将近期的变动趋势充分地反映在预测值中。

如果时间序列的变化很小，$a$ 宜取稍小的值，一般为 0.1～0.4，以使较早的观测值也能充分反映在现时的指数平滑值中。

根据实际预测经验，适用指数平滑法进行预测的时序，通常可在 0.05，0.1，0.2，0.3 之间选择到一个较为理想的值。

### 3.3.5 回归预测法

除了预测对象随时间自变量变化外，许多预测对象的变化因素之间是相互关联的，它们之间往往存在着互相依存的关系，将这些相关因素联系起来，进行因果关系分析，才可能进行预测。回归预测方法就是因果法中常用的一种分析方法，它以事物发展的因果关系为依据，抓住事物发展的主要矛盾因素和它们之间的关系，建立数学模型，进行预测。回归预测方法有直线回归、曲线回归、二元线性回归及多元线性回归等。同时间序列预测模型类似，使用回归预测模型时，预测对象与影响因素之间必须存在因果关系，且数据量不宜太少，通常应多于 20 个，过去和现在数据的规律性应适用于未来。石油钻井事故指标预测不适宜于用该方法。

### 3.3.6 齐次、非齐次泊松过程预测模型

把未来时间段 $(0, t)$ 内发生事故的次数 $N(t)$ 看作非齐次泊松过程，据历史事故统计资料确定出均值 $E[N(t)]=m(t)$，$m(t)$ 是时间的普通函数，这样，在未来时间段 $(0, t)$ 内发生 $k$ 次事故的概率以及在未来时间段 $(t, t+s)$ 内发生事故次数在 $[k_1, k_2]$ 之间的概率便可以用非齐次泊松过程模型计算出来。$k$、$k_1$、$k_2$ 分别取不同的值，便可以得到不同的概率，概率高的 $k$、$[k_1, k_2]$ 便是未来时间段 $(0, t)$、$(t, t+s)$ 内发生事故次数 $N(t)$ 的结果。当均值函数 $E[N(t)]=\lambda t$ 是 $t$ 的线性函数（$\lambda$ 是常数）时，就成为齐次泊松过程。该模型的关键是求 $m(t)$ 或 $\lambda$，对于一些非平稳的随机过程，求 $m(t)$ 或 $\lambda$ 并非易事，有时还要对其进行回归，与其这样，还不如直接利用样本数据在其他预测模型上下功夫。

### 3.3.7 微观事故状态预测

预测对象：该预测模型主要用于生产工艺的工作状态的安全预测。

预测方法：通常有模糊马尔柯夫链预测法，其特点是系统某一时刻状态仅与上一时刻状态有关，而与以前时刻状态无关。

预测模型：其 $t+1$ 时刻的状态预测模型可表示为：

$$P_{\text{sik}}=\max\{P_{\text{si1}},P_{\text{si2}},\cdots,P_{\text{sit}}\} \tag{3.18}$$

### 3.3.8 灰色预测模型

灰色系统（grey system）理论是我国著名学者邓聚龙教授 20 世纪 80 年代初创立的一种兼备软硬科学特性的新理论。该理论将信息完全明确的系统定义为白色系统，将信息完全不明确的系统定义为黑色系统，将信息部分明确、部分不明确的系统定义为灰色系统。由于客观世界中，诸如工程技术、社会、经济、农业、环境、军事等许多领域，大量存在着信息不完全的情况。要么系统因素或参数不完全明确，因素关系不完全清楚；要么系统结构不完全知道，系统的作用原理不完全明了等，从而使得客观实际问题需要用灰色系统理论来解决。十余年来，灰色系统理论已逐渐形成为一门横断面大、渗透力强的新兴学科。

灰色预测则是应用灰色模型 GM（1，1）对灰色系统进行分析、建模、求解、预测的过程。由于灰色建模理论应用数据生成手段，弱化了系统的随机性，使紊乱的原始序列呈现某种规律，规律不明显的变得较为明显，建模后还能进行残差辨识，即使较少的历史数据，任意随机分布，也能得到较高的预测精度。因此，灰色预测在社会经济、管理决策、农业规划、气象生态等各个部门和行业都得到了广泛的应用。

一般考虑到事故变化趋势属于非平稳的随机过程，选用具有原始数据需求量小、对分布规律性要求不严、预测精度较高等优点的模糊灰色预测模型 GM（1，1），同时考虑到减小预测误差，将其与时间序列自相关预测模型 $A_R(n)$ 相结合。

预测模型：GM（1，1）和 $A_R(n)$ 的组合模型为：

$$x^{(0)}(t+1)=[-ax^{(0)}(1)+b]\mathrm{e}^{-at}+\sum\varphi_i\varepsilon_i \tag{3.19}$$

灰色预测理论具有要求样本数据量少，并实用、精确的特点，对于安全事故由于漏报、瞒报等人为干扰，以及其他各种原因导致的事故样本量少的情况具有优势。下面简要介绍其基本预测原理：

第一步：依据分析对象（如事故总量或行业事故）历年事故样本数据建立原始数列：

$$x^{(0)}=[x^{(0)}(1),x^{(0)}(2),\cdots,x^{(0)}(n)] \tag{3.20}$$

第二步：对上述数列按下式作数据处理，累加生成为：

$$x^{(1)}(k)=\sum_{m=1}^{k}x^{(0)}(m) \quad k=1,2,\cdots,n$$

$$x^{(1)}=[x^{(1)}(1),x^{(1)}(2),\cdots,x^{(1)}(n)] \tag{3.21}$$

第三步：建立白化形式的方程，即 GM（1，1）模型对应的一阶微分方程

$$\frac{dx^{(1)}}{dt}+ax^{(1)}=u \tag{3.22}$$

式中，$a$、$u$ 为待求参数。

第四步：按最小二乘法，求得微分方程系数向量。

其中：

$$\bar{a}=\begin{bmatrix}a\\u\end{bmatrix}=(B^{T}B)^{-1}B^{T}Y_N \tag{3.23}$$

$$Y_N=[x^{(0)}(2),x^{(0)}(3),\cdots,x^{(0)}(n)] \tag{3.24}$$

$$B=\begin{bmatrix}-\frac{1}{2}[x^{(1)}(1)+x^{(1)}(2)] & 1\\ -\frac{1}{2}[x^{(1)}(2)+x^{(1)}(3)] & 1\\ \vdots & \vdots\\ -\frac{1}{2}[x^{(1)}(n-1)+x^{(1)}(n)] & 1\end{bmatrix} \tag{3.25}$$

在求得 $B$ 之后，再求 $B^T$ 及 $(B^TB)^{-1}$。

第五步：求白化形式微分方程的解，亦即时间响应函数为：

$$\hat{x}^{(1)}(t+1)=\left[x^{(0)}(1)-\frac{u}{a}\right]e^{-at}+\frac{u}{a} \tag{3.26}$$

离散响应函数为：

$$\hat{x}^{(1)}(k+1)=\left[x^{(0)}(1)-\frac{u}{a}\right]e^{-ak}+\frac{u}{a}\quad k=0,1,\cdots,n-1 \tag{3.27}$$

此函数即为原始数列的生成模型。

第六步：对生成模型做一次累减，即可还原为石油钻井事故原始数列的预测结果：

$$\varepsilon(k)=x^{(0)}(k)-\hat{x}^{(0)}(k) \tag{3.28}$$

$$\hat{x}^{(0)}(k)=\hat{x}^{(1)}(k)-\hat{x}^{(1)}(k-1) \tag{3.29}$$

第七步：将模型计算值与原始数列实际值进行比较，计算残差。

第八步：GM（1，1）模型的精度检验，通常采用"后验差检验法"检验预测模型。具体内容包括：

求原始数列平均值：

$$S_1^2=\frac{1}{n}\sum_{k=1}^{n}[x^{(0)}(k)-\bar{x}^{(0)}]^2 \tag{3.30}$$

求原始数列的方差：

$$S_2^2=\frac{1}{n}\sum_{k=1}^{n}[\varepsilon(k)-\bar{\varepsilon}]^2 \tag{3.31}$$

求残差的平均值

$$\bar{\varepsilon}=\frac{1}{n}\sum_{k=1}^{n}\varepsilon(k) \tag{3.32}$$

求残差的方差计算后验差比值 $c$ 及小误差频率 $p$：

$$c=\frac{S_2}{S_1} \tag{3.33}$$

$$p=p\{|\varepsilon(k)-\bar{\varepsilon}|<0.6745S_1\} \tag{3.34}$$

灰色预测模型精度按表 3.16 中的 $c$ 和 $p$ 共同判定。

**表 3.16　灰色预测模型精度检验等级表**

| 精度等级 | 评语 | $p$ | $c$ |
|---|---|---|---|
| 1 级 | 好 | $p\geqslant 0.95$ | $0.35\geqslant c$ |
| 2 级 | 合格 | $0.95>p\geqslant 0.80$ | $0.50\geqslant c>0.35$ |
| 3 级 | 勉强 | $0.80>p\geqslant 0.70$ | $0.65\geqslant c>0.50$ |
| 4 级 | 不合格 | $0.70>p$ | $c>0.65$ |

第九步：若 $p$ 和 $c$ 都不满足精度要求，则需建立残差的 GM（1，1）模型来对原始模型进行修正。其建模过程如下：

残差也可以写为：

$$\varepsilon^{(0)}(k)=x^{(1)}(k)-\hat{x}^{(1)}(k) \tag{3.35}$$

相应的残差数列为：

$$\varepsilon^{(0)}=[\varepsilon^{(0)}(1'),\varepsilon^{(0)}(2'),\cdots,\varepsilon^{(0)}(n')] \tag{3.36}$$

用残差数列按 GM（1，1）原理建模，得到响应式

$$\hat{\varepsilon}^{(1)}(k+1)=\left(\varepsilon^{(0)}(1')-\frac{u'}{a'}\right)e^{-a'k}+\frac{u'}{a'} \tag{3.37}$$

对上式求导数，有：

$$\hat{\varepsilon}^{(0)}(k+1)=(-a')\left[\varepsilon^{(0)}(1')-\frac{u'}{a'}\right]e^{-a'k} \tag{3.38}$$

$$\bar{x}^{(0)}=\frac{1}{n}\sum_{k=1}^{n}x^{(0)}(k) \tag{3.39}$$

用该残差模型对原预测模型修正后的预测模型为

$$\hat{x}^{(1)}(k+1)=\left[x^{(0)}(1)-\frac{u}{a}\right]e^{-ak}+\frac{u}{a}+\delta(k-i)(-a')\left(\varepsilon^{(0)}(1')-\frac{u'}{a'}\right)e^{-a'k} \tag{3.40}$$

式中，$i=n-n'$

$$\delta(k-i)=\begin{cases}1,k\geqslant i\\0,k<i\end{cases}$$

若再不满足要求，原则上继续同样的残差建模，直至满足精度为止。

### 3.3.9　趋势外推预测

（1）预测对象

趋势外推预测技术是建立在统计学基础上，应用大数理论与正态分布规律的方法，以前期已知的统计数据为基础，对未来的事故数据进行相对精确定量预测的一种实用方法。这种方法对于具有一定生产规模和事故样本的系统具有较高的预测准确性。

（2）预测模型

趋势外推预测数学模型为

$$X=A\lambda X_0 \tag{3.41}$$

式中，$X$ 为未来事故预测指标；$A$ 为生产规模变化系数，$A$=未来计划生产规模/已知生产规模；$\lambda$ 为安全生产水平变化系数，$\lambda$=未来安全生产水平/原有安全生产水平；$X_0$ 为已知事故指标（如当年事故指标）。

（3）预测指标

趋势外推预测法可以预测的指标是广泛的。如绝对指标——生产过程中的火灾事故次数、交通事故次数、事故伤亡人次、事故损失工日、火灾频率、事故经济损失等；相对指标——千人伤亡率、亿元产值伤亡率、亿元产值损失率、百万吨公里事故率、人均事故工日损失、人均事故经济损失等。

**例**：已知某企业 2019 年工业产量 5000 万单位，千人伤亡率是 0.25‰；如果来年产量计划增加 20%，但要求安全生产水平提高 10%。试预测 2020 年本企业的千人伤亡率是多少？

**解**：已知 $A=6000/5000=1.2$；$\lambda=1/1.1=0.9$；$X_0=0.25‰$；则

来年千人伤亡率=1.2×0.9×0.25=0.27‰。

### 3.3.10　专家系统预测法

一般来说由于事故的发生是一个非平稳的随机过程，并且由于一些重大事故的样本数据量缺乏和信息量不足，这样一般统计预测模型的误差就会较大。基于计算机专家系统之上的预测法，应用专家知识与预测定量模型相结合，能做到定性、定量分析，误差量将会降低。这样就会有必要采用高

精度的预测方法，如专家系统预测方法。根据预测结果，结合相关决策方法，调用知识库安全专家知识，运用推理技术，选择事故隐患库、安全措施库相关内容，作出合理的事故预防决策。决策方法及模型如下：

（1）事故预防多目标决策

因为事故预防决策要考虑科技水平、经济条件、安全水准等边界限制条件，要考虑降低事故、提高效益、企业能力等多方面因素，拟选用多目标决策法（加权评分法、层次分析法、目标规划法等）为宜。其问题的实质是有 $k$ 个目标 $f_1(x)$，$f_2(x)$，…，$f_k(x)$，求解 $x$，使各目标值从整体上达到最优，$\max[f_1(x), f_2(x), \cdots, f_k(x)]$。该方法主要用于事故预防的多方案决策。

（2）安全投资决策

为降低事故，需增加投资，安全投资决策主要运用风险决策、综合评分决策、模糊灰色决策等方法，以使决策方案最优，即达到 $\max[E(B)_i]$。

（3）隐患及薄弱环节控制决策

决策目标是应用预测或实际统计的数据，在合理的安全评价理论和方法的基础上，对人、机、环境、管理等如石油勘探开发生产的事故隐患和薄弱性环节，进行对策性决策。以指导科学和准确地采取事故预防措施。

决策方法：最大薄弱环节准则；主次因素分析技术；信息量决策技术等。

决策内容：能给出隐患控制和事故薄弱性环节的优选级措施方案。如采用的技术、装置、事故预防效果、安全措施或方案的难度级、措施投资参考等内容。

### 3.3.11 事故死亡发生概率测度法

直接定量地描述人员遭受伤害的严重程度往往是非常困难的，甚至是不可能的。在伤亡事故统计中通过损失工作日来间接地定量伤害严重程度，有时与实际伤害程度有很大偏差，不能正确反映真实情况。而最严重的伤害——“死亡”，概念界限十分明确，统计数据也最可靠。于是，往往把死亡这种严重事故的发生概率作为评价系统的指标。

确定作为评价危险目标值的死亡事故率时有两种考虑：①与其他灾害的死亡率相对比。一般是与自然灾害和疾病的死亡率比较，评价危险状况。②死亡率降到允许范围内的投资大小。即预测到死亡一人的危险性后，为了把危险性降低到允许范围，即拯救一个人的生命，必须花费的投资和劳动力的多少。

现以美国交通事故为例，说明确定公众所接受的风险指标的方法以及死亡概率与之对比后的危险性评价。

假设美国每年发生的小汽车相撞事故有1500万次，其中每300次造成1人死亡，则每年死亡人数为：

$$死亡人数/事故次数\times事故总次数/单位时间=1/300\times15000000/1年=50000人/年$$

如美国有2亿人口，则每人每年所承担的死亡风险率为：

$$50000/200000000=2.5\times10^{-4}/(人\cdot年)$$

这个数值意味着一个10万人的集体每年有25人因车祸死亡的风险，或4000人的集体每年承担着1人死亡的风险，或每人每年有0.00025因车祸死亡的可能性。

另一种表示风险率的单位，就是把每$10^8$作业小时的死亡人数作为单位，称为FAFR（fatal accident frequency rate）或称为1亿工时死亡事故频率（致使事故的发生频率）。这个单位用起来方便，便于比较。若1000人一生按工作40年，每月25天，每天8h计的话，则有：

$$1000\times40\times25\times8\times12=0.96\times10^8\approx10^8$$

所以FAFR可以理解为1000人干一辈子只死1人的比例。

把上述汽车风险率换算为FAFR值（若每天用车时间为4h，每年365天，总共接触小汽车的时间为1460h），则为：

$$2.5\times10^{-4}\times1/1460=17.1\times10^{-8}$$

即FAFR值为17.1。

这个风险率可以作为使用小汽车的一个社会公认的安全指标，也可以作为死亡事故发生概率评价的依据。也就是说人们愿意接受这样的风险而享受小巧玲珑汽车的利益。如果还想进一步降低风险，必然要花更多的资金改善交通设备和汽车性能。因此，没有人愿意再花更多的钱改变这个数值，也没有人害怕这样的风险而放弃使用小汽车。将合理的风险率定为评价标准是很重要的。

表3.17、表3.18分别列出了美国、英国各类工业所承担的风险率情况。表3.19～表3.21分别列出了非工业活动、疾病死亡、自愿和非自愿活动所承担的风险死亡率。

**表3.17 美国各类工作地点死亡安全指标**

| 工业类型 | FAFR值 | 风险率/[死亡/(人·年)] |
|---|---|---|
| 工业 | 7.1 | $1.4\times10^{-4}$ |
| 商业 | 3.2 | $0.6\times10^{-4}$ |
| 制造业 | 4.5 | $0.9\times10^{-4}$ |
| 服务业 | 4.3 | $0.86\times10^{-4}$ |
| 机关 | 5.7 | $1.14\times10^{-4}$ |
| 运输及公用事业 | 16 | $3.6\times10^{-4}$ |
| 农业 | 27 | $5.4\times10^{-4}$ |
| 建筑业 | 28 | $5.6\times10^{-4}$ |
| 采矿、采石业 | 31 | $6.2\times10^{-4}$ |

**表3.18 英国工厂的FAFR值**

| 工业类型 | FAFR值 |
|---|---|
| 制衣和制鞋业 | 0.15 |
| 汽车工业 | 1.3 |
| 化工 | 3.5 |
| 全英工业 | 4 |
| 钢铁 | 8 |
| 农业 | 10 |
| 捕鱼 | 35 |
| 煤矿 | 40 |
| 铁路 | 45 |
| 建筑 | 67 |
| 飞机乘务员 | 250 |
| 职业拳击手 | 7000 |
| 赛车 | 50000 |

**表3.19 非工业活动的FAFR值**

| 类型 | FAFR值 |
|---|---|
| 家中 | 3 |
| 乘下列交通工具旅行 | |
| 公共汽车 | 3 |
| 火车 | 5 |
| 小汽车 | 57 |
| 自行车 | 96 |
| 飞机 | 240 |
| 轻骑 | 260 |
| 低座摩托车 | 310 |
| 摩托车 | 660 |
| 橡皮艇 | 1000 |
| 登山运动 | 4000 |

表 3.20　疾病死亡的风险率

| 疾病 | FAFR 值 | 风险率(每年 8760h)/[死亡/(人·年)] |
|---|---|---|
| 死亡合计(男、女) | 133 | $9.8\times10^{-3}$ |
| 心脏病(男、女) | 61 | $5.3\times10^{-3}$ |
| 恶性肿瘤合计(男) | 23 | $2.0\times10^{-3}$ |
| 呼吸系统疾病(男) | 22 | $1.9\times10^{-3}$ |
| 肺癌(男) | 10 | $0.8\times10^{-3}$ |
| 胃癌(男) | 4 | $0.35\times10^{-3}$ |

表 3.21　自愿和非自愿活动承担的风险率

| 类型 | 风险率/[死亡/(人·年)] |
|---|---|
| 自愿承担风险 | |
| 足球 | $4\times10^{-5}$ |
| 爬山 | $4\times10^{-5}$ |
| 驾车 | $17\times10^{-5}$ |
| 吸烟(20 支/日) | $500\times10^{-5}$ |
| 非自愿承担风险 | |
| 陨石 | $6\times10^{-11}$ |
| 石油及化学品运输(英国) | $0.2\times10^{-7}$ |
| 飞机失事(英国) | $0.2\times10^{-7}$ |
| 压力容器爆炸(英国) | $0.5\times10^{-7}$ |
| 闪电雷击(英国) | $1\times10^{-7}$ |
| 堤坝决口(荷兰) | $1\times10^{-7}$ |
| 核电站泄漏(1km 内)(英国) | $1\times10^{-7}$ |
| 火灾(英国) | $150\times10^{-7}$ |
| 白血病 | $800\times10^{-7}$ |

从上述各表的数据可以看出各种工业所承担的风险率情况。如何对待不同的风险率，应该是采取措施的重要依据。对于不同风险率的对待，在第 6 章 6.2 节中有所介绍。

## 3.4　事故预防理论

### 3.4.1　事故预防“三 E”对策理论

事故预防的“三 E”对策理论是基于形式逻辑，将事故预防或安全保障的对策措施综合、宏观地提炼归纳的一套事故预防方法论。事故预防的“3E”对策理论是安全生产的横向保障体系，也称为安全生产的 3 大保障支柱。

通过人类长期的安全活动实践，在国际范围内，安全界确立了三大事故预防或安全保障战略对策理论。所谓“三 E”，一是安全工程技术对策（engineering），是指通过工程技术措施和方法来预防事故，属于技术本质安全化的手段，是“技防”的措施；二是安全管理对策（enforcement），是指通过法制、规章和制度，应用监督管理的措施和方法来保障系统的安全，属于“管理”的措施；三是安全教育对策(education)，是指通过教育培训、文化建设强化人的安全素质，实现“人防”的作用。“技防”是硬技术，“管防”和“人防”是软技术。

（1）安全工程技术对策——科技强安

安全工程技术对策是指通过工程项目和技术措施，实现生产系统的本质安全化，或改善劳动条件提高生产的固有安全性。如，对于火灾的防范，可以采用防火工程、消防技术等技术对策；对于尘毒危害，可以采用通风工程、防毒技术、个体防护等技术对策；对于电气事故，可以采取能量限制、绝缘、释放等技术方法；对于爆炸事故，可以采取改良爆炸器材、改进炸药等技术对策等。

（2）安全管理对策——管理固安

安全生产管理是指国家应用立法、监督、监察等手段，企业通过规范化、标准化、科学化、系统化的监督管理制度和生产过程的规章制度及操作程序，对生产作业活动过程中涉及的危险危害因素进行辨识、评价和控制，对生产安全事故进行预测、预警、监测、预防、应急、调查、处理，从而使生产过程中的事故风险最小化，实现生产系统或活动中人的生命安全、设备财产安全、环境安全等目标。

安全生产管理对策具体由安全管理的模式、组织管理的原则、安全管理的体系、安全信息流技术等方面来实现。安全生产管理的手段包括：立法、监察、监督等法制手段；治理、审查、许可、追责、查处等行政手段；专业检查、技术评审、安全评估、体系认证、风险管控、隐患查治等科学手段；保险、赔偿、罚款、奖励等经济手段。

（3）安全教育对策——文化兴安

安全教育对策就是对企业各级领导、管理人员以及操作员工进行安全观念、意识、思想认识、安全生产专业知识理论和安全技术知识的宣教、培训，提高全员安全素质，防范人为事故。安全文化意识培训的内容包括国家有关安全生产、劳动保护的方针政策、安全生产法规法纪、安全生产管理知识、事故预防和应急的策略技术等。通过教育提高各级领导和广大职工的安全意识、政策水平和法制观念，树立并牢固“安全第一”的思想，自觉贯彻执行各项安全生产法规政策，增强保护人、保护生产力的安全责任意识。

现代的安全教育对策扩展到观念文化、行为文化、制度文化、环境文化建设，通过理念体系、行为习惯、自我承诺、意识强化、心理认同等文化引领手段，提高人的本质安全化水平，从而提升防范人为因素事故的能力和水平。

其中，安全生产“3E”中的各个要素不是单一、独立地作用，它们之间具非线性的关系，具有相互的作用和影响，对此，可用安全生产“3E”对策的“三角”原理关系来表示，如图 3.11 所示。

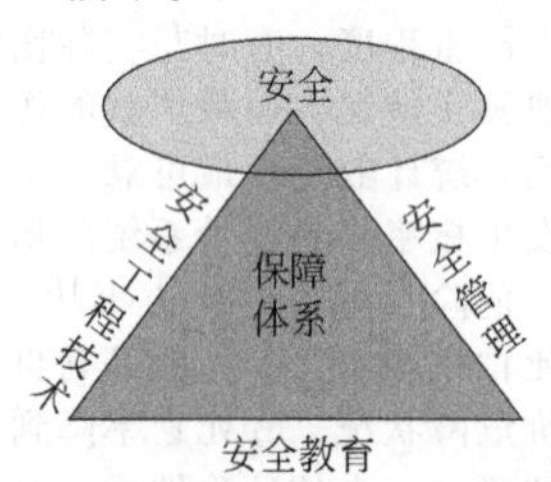


图 3.11　安全生产“3E”对策的“三角”原理关系图

在三个对策要素中，安全教育对策具有基础性的作用，安全教育对安全工程技术对策和安全管理对策具有放大或减少的作用，对安全工程技术功能的发挥和安全管理制度的作用具有根本的影响。因此，可以说安全教育是安全工程技术和安全管理的“因变量”。

### 3.4.2　事故预防“三 P”策略理论

事故预防的“三 P”对策理论是基于时间逻辑或层次逻辑，将事故预防或安全保障的对策措施规律全面地提炼归纳的一套事故预防方法论。“三 P”是事故的全过程防范体系，也是纵向的安全保障体系，一般简称为“事前”、“事中”和“事后”，“事前”是上策，“事中”是中策，“事后”是下策。

在安全生产保障体系中，首要的是实施超前预防的策略，所谓“预防为主”“事前对策”。但是，由于安全的相对性特性，以及事故的随机性特点，绝对不发生事故在客观现实中是不可能的。因此，安全保障的措施体系中，必须要有针对事故发生应急对策，所谓“事中对策”，以实现控制、减少事故造成的生命财产损失和生产的影响。同时，事故发生后的处置、保障、处理等“事后对策”也是必要和重要的措施。因此，从事故预防的全过程、全生命周期的角度，安全生产基于时间或层次的逻辑，需要实施“三 P”事故防范及应对的策略。即：先其未然——事前预防策略，发而止之——事中应急策略，行而责之——事后惩戒策略。

（1）事前预防（prevention）

在安全保障体系中预防有两层含义：一是事故的预防工作，即通过安全管理和安全技术等手段，尽可能地防止事故的发生，实现本质安全；二是在假定事故必然发生的前提下，通过预先采取的预防措施，来达到降低或减缓事故的影响或后果严重程度，如加大建筑物的安全距离、工厂选址的安全规划、减少危险物品的存量、设置防护墙，以及开展公众教育等。从长远观点看，低成本、高效率的预防措施，是减少事故损失的关键。

（2）事中应急（pacification）

事中应急策略包括三方面的内容，即应急准备、应急响应和应急恢复，是应急管理过程中一个极其关键的过程。应急准备是针对可能发生的事故，为迅速有效地开展应急行动而预先所做的各种准备。

应急响应是在事故发生后立即采取的应急与救援行动。应急响应可划分为两个阶段，即初级响应和扩大应急。初级响应是在事故初期，企业应用自己的救援力量，使事故得到有效控制。但如果事故的规模和性质超出本单位的应急能力，则应请求增援和扩大应急救援活动的强度，以便最终控制事故。

恢复工作应该在事故发生后立即进行，它首先使事故影响区域恢复到相对安全的基本状态，然后逐步恢复到正常状态。其中，恢复分为短期恢复和长期恢复。

（3）事后惩戒（precept）

基于事故教训的安全策略，即所谓“亡羊补牢”“事后改进”的战略。通过分析事故致因，制定改进措施，实施整改，坚持“四不放过”的原则，做到同类事故不再发生。

### 3.4.3　事故超前防控原理

事故超前防控原理也称为事故预防控制链原理，是揭示事故要素演变规律，建立事故预防控制体系的基本原理。

事故深化的形式逻辑遵循源头→过程→后果三个阶段，源头是事故的上游，涉及危险因素、危险源；过程是事故的中游，涉及隐患、危机、事件等因素；后果是事故下游，涉及应急、损害等因素。掌握事故控制链规律，对于预防事故，应对事故，最终实现安全保障最大化、事故损失最小化具有理论和实践的意义。

事故演化机理如图 3.12 所示。通过事故的演化机理，明确了事故预防控制的规律，给出了安全生产保障的对策方向。企业要做好事故的超前防控，可从五个环节入手，即：一是辨识和管控住危险因素或危险源，二是消除和查治掉事故隐患，三是监控和管理好危机（机会因素），四是应对好初始事件，在上述四个预防对策的基础上，做好事故发生后的应急措施，达到“预防与应急”的双重保障，最终实现事故的全面防范和应对，保障安全生产。

### 3.4.4　事故隐患查治系统工程模式

事故隐患查治系统工程模式是一套科学实施企业事故隐患排查与治理的系统机制和方法体系。事故隐患查治系统工程模式的内涵是：通过一个科学理念、两种基本定性、三个评价函数、四种分级方法、五套查治工具的系统方法体系，实施企业生产过程中的事故隐患有效排查与治理。简称“12345”的事故隐患排查治理系统工程模式。图 3.13 是事故隐患查治系统工程模式图。

（1）一个理念——事故隐患排治的科学理念

“一个科学的理念”，是指事故隐患排查治理工程模式要运用科学的理论指导，即：事故隐患排查治理要遵循科学性、合理性、合规性、实用性和有效性五个原则进行：

① 科学性原则：应用 RBS-基于风险的监管理论及方法；

② 合理性原则：事故隐患排治要动员各方面的力量，企业、政府、中介全面参与，企业要全员参与；

③ 合规性原则：要依据国家安全生产相关法规和行业相关规范进行，如按国家的事故隐患排查治理规范，按一般隐患和重大隐患推行排查治理工作；

④ 实用性原则：隐患排治的方法，如认定-分类-分级-排查-报告-治理等，要讲求实用原则，符合行业和企业的特点；

⑤ 有效性原则：最终事故隐患的排查治理要有实效，要对事故预防和保障安全生产发挥超前预防、有效防范、科学保障的作用。

（2）两种类型——事故隐患排治的基本定性方法

事故隐患排查治理工程模式的“两种基本定性”是指，确认排查出的隐患是属于“一般隐患”还是“重大隐患”，这是国家对事故隐患排查的基本要求，是合规性原则的体现。在确认为重大事故隐患后，进行针对重大事故隐患的风险分级。

因此，对于事故隐患要进行两个步骤的定性和分级，具体的实施步骤是：

第一步：依据重大隐患认定标准，排查认定事故隐患，并确认为一般隐患和重大隐患两种类型；

第二步：对排查认定的人、机、环、管理四类隐患进行基于风险的分级，分为高、较高、中等、低四级。

（3）三个函数——事故隐患分级的基本函数

三个评价函数是指在对事故隐患定性为“一般隐患”或“重大隐患”的基础上，对重大事故隐患进行基于三个风险函数的分级评价。三个基本函数是指基于风险评价函数 $\mathrm{MAX}(R)=F(P,L,S)=PLS$ 的如下三个基本子函数：

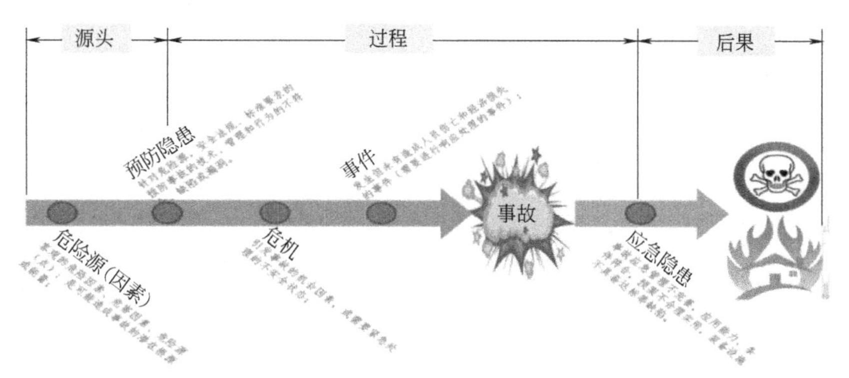


图 3.12　事故（风险）因素控制链模型

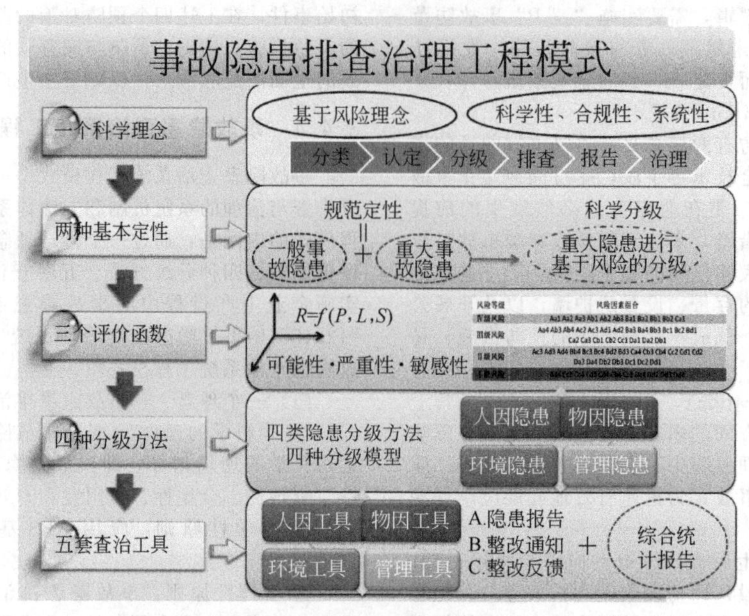


图 3.13　“12345”的事故隐患排查治理系统工程模式

概率函数：

$$P=F(4M)=F(人因,物因,环境,管理) \quad (3.42)$$

后果函数：

$$L=F(人员影响,财产影响,环境影响,社会影响) \quad (3.43)$$

情境函数：

$$S=F(时间,空间,系统) \quad (3.44)$$

（4）四种方法——事故隐患基于风险的分级基本方法

四种分级方法是指依据事故致因理论进行的四种隐患分类，设计开发应用相应的四种事故隐患分级方法。即，人因隐患风险分级方法、物因隐患风险分级方法、环境因素隐患风险分级方法、管理因素隐患风险分级方法。

（5）五套工具——事故隐患排治的基本工具

五套查治工具是指针对四类事故隐患，开发应用相应的四种排查治理工具进行事故隐患排查治理工作。包括四套专项隐患排治工具和一套综合报告统计分析工具。即：

四套专项隐患排治工具是指：人因隐患排治工具、物因隐患排治工具、环境因素隐患排治工具和管理因素隐患排治工具。每套排治工具包括 3 张表：事故隐患报告表、事故隐患整改通知单、事故隐患整改反馈单。

一套综合报告工具是指：事故隐患月度报告统计分析表、事故隐患季度报告统计分析表、事故隐患年度报告统计分析表。隐患排治工具（每套 3 张表）及一套事故隐患报告表（事故隐患整改年度规划表、事故隐患年度报告表等），共五套表单工具。

事故隐患查治系统工程模式中最关键的技术是基于风险的隐患分级和隐患查治的机制。

## 参考文献


[1]　隋鹏程，陈宝智，隋旭. 安全原理. 北京：化学工业出版社，2005.

[2]　毛海峰. 现代安全管理理论与实务. 北京：首都经济贸易大学出版社，2000.

[3]　金磊，徐德蜀，罗云. 中国现代安全管理. 北京：气象出版社，1995.

[4]　徐德蜀，邱成. 企业安全文化简论. 北京：化学工业出版社，2005.

[5]　罗云. 防范来自技术的风险. 济南：山东画报出版社，2001.

[6]　吴宗之，等. 危险评价方法及其应用. 北京：冶金工业出版社，2002.

[7]　金龙哲，宋存义. 安全科学原理. 北京：化学工业出版社，2004.

[8]　罗云. 现代安全管理——理论、模式、方法、技巧. 中国劳动保护科技学会，1997.

[9]　樊运晓，罗云. 系统安全工程. 北京：化学工业出版社，2009.

[10]　罗云，许铭. 现代安全管理. 北京：化学工业出版社，2016.

[11]　罗云. 风险分析与安全评价. 第 3 版. 北京：化学工业出版社，2016.

[12]　徐志胜，姜学鹏，等. 安全系统工程. 第 3 版. 北京：机械工业出版社，2016.

[13]　罗云，赵一归，许铭. 安全生产理论 100 则. 北京：煤炭工业出版社，2018.

# 4 安全人机工程学

## 4.1 人机工程学概论

### 4.1.1 人机工程学的形成与发展

人机工程学是近70年发展起来的一门以心理学、生理学、解剖学、人体测量学等学科为基础的边缘学科。这门学科以人的因素为基本点研究人和机之间的工作关系，故美国称之为human factors，即人的因素；西欧通用的名称是ergonomics；日本称这门学科为人间工学；在我国，和国际上一样，由于参与人机工程学工作的人员学科背景不同，对人机工程学学科也冠以不同的名称，如在理论学界多称之为人类工效学，在工程技术界和产业部门主要称之为人机工程学。

人机工程学作为一门新兴的边缘科学，起源于欧洲、形成于美国。英国是欧洲研究人机工程学最早的国家，于1950年成立了英国人机工程研究学会，并出版发行了著名会刊《Ergonomics》，现已成为国际人机工程学会的会刊；美国是人机工程学研究最发达的国家，于1957年成立了美国人机工程学协会，是目前出版人机工程学书刊最多的国家；1961年，在斯德哥尔摩成立了国际工效学协会；1974年，国际标准化组织（ISO）成立了人类工效学标准化技术委员会（TC159），标志着人机工程学的应用进入了一个新阶段。

在我国，人机工程学学科具有起步晚、发展快的特点。20世纪80年代，随着我国现代工业和高科技事业的发展，技术设计与人的身心特点匹配程度同人-技术系统的安全、效率和社会效益之间的重要关系日益受到重视。1980年5月，我国成立了全国人类工效学标准化技术委员会，主要规划和制定我国民用方面的人机工程学标准；1984年，国防科工委成立了军用人-机-环境系统工程标准化技术委员会，规划和制定军用人机工程学标准；1987年7月，全国人类工效学学会宣告成立，并出版了会刊《人类工效学》，使我国人机工程学进入一个新的发展时期；1991年1月，我国成为国际工效学协会正式成员。

综合各国学者对人机工程学的定义，可以归纳为：人机工程学是研究如何使人-机-环境系统的设计符合人的生理和心理特点，以实现人、机、环境之间的最佳匹配，使处于不同条件下的人能高效、安全、健康和舒适地进行工作和生活的一门科学。人机工程学的研究对象是人-机-环境三大要素互相联系组成的系统（综合体），而人与机器的关系是其中的中心环节。人机工程学的主要任务就是对这一综合体建立一个合理、优化的匹配方案，以便有效地发挥人的作用，为操作者提供安全、舒适的环境，从而达到提高工作效率的目的。

### 4.1.2 安全人机工程学研究内容及方法

人机工程学与安全工程在实践上和理论上都是紧密相连的，安全本是人机工程研究的内容和目标之一，所以在应用中逐渐发展了安全人机工程学，它是安全科学的一门分支学科。安全人机工程学从安全目标出发，运用人机工程学的基本理论、观点和方法，对安全事故、设备、环境进行分析以及对人的心理和行为进行分析和研究，研究解决生产人机系统中的安全问题，从人机关系中找到预防事故的方法。安全人机工程学立足于对人在劳动过程中的保护——安全人机工程学把人作为系统的主体和服务对象，要求把人的安全问题放在首要的地位加以考虑；强调优选的系统必须安全可靠，无害于人的健康；认为在相当多的设施设计中，满足人对舒适的要求是比较重要的，因为舒适与安全、健康一样，既是人的福利要求，也是人的基本权利。

安全人机工程学的主要任务是通过建立合理而可行的人机系统，为劳动者创造安全、舒适的劳动环境和工作条件。安全人机工程学研究内容可分为以下几个方面：①人的特性的研究；②机的特性的研究；③环境特性的研究；④人-机关系的研究；⑤人-机-环境系统总体性能的研究等。具体有：①研究人的生理特征和心理特征，为工作设计和安全工程技术设计提供人机学参数；②研究人机功能合理分工，使人与机器能够发挥各自优势，安全地完成往往不能独立完成的工作任务；③研究人机界面的设计布置与人的感官特性、控制器的设计布置与人的反应器官特性、操作系统及技术资料与人的认知特性等相匹配；④研究最佳或合理的作业方法、作业负荷、作业空间和作业环境，减轻劳动者的体力负荷和心理负荷，消除对人体骨骼、肌肉系统和其他各种系统的伤害可能性；⑤安全心理与事故预防研究，制定预防人为失误促成事故的措施等。

安全人机工程学是一门综合性的边缘学科，既有人体科学与工程技术的交叉，又有社会科学与自然科学的交叉。研究安全人机工程学的基本方法是：以系统科学、安全科学、工程生理学、工程心理学、优化理论、管理科学及工程控制理论为基础理论，瞄准人-机-环境系统，强调系统性，注重工程应用性。坚持“以人为本”的基本指导思想，在确保人身安全的前提下，研究人、机、环境三大要素相互之间如何才能达到最佳匹配，探讨使人-机-环境系统总体性能达到最优的工程方法和措施。因此，理论分析和试验研究是安全人机工程学研究的两大基本手段，缺一不可。

## 4.2 人机系统

人机系统是指由人与机器所构成的系统。也就是指“人”与他所对应的“物”共处于同一时间及空间时所构成的系统。

系统中的人的因素，包括人的心理和生理机能。例如，一个操纵手把，操纵力超过人臂力的极限，人就无法操作。弯腰和蹲跪的劳动姿势会引起腰肌劳损和腿部疼痛。这是人的生理机能的反映。单调重复的作业，易使人厌倦；高度集中注意力的工作容易引起生理上和心理上的疲劳而产生差错。人的愿望和兴趣常会反映到工作中来而产生不同的效果。

系统中的“机”一般泛指作业中的客体，如工具、机床、工作场所、服装、座椅、桌子、平台、文具、仪器仪表、车辆、标识、信号、家具、劳动用品等。例如，设计良好的最简单的手柄，握起来省力舒适，用力操作时不易疲劳，少出差错。为此，需要研究手和手指的尺寸，各种动作时手的形状及力的作用原理。因此，手和手柄之间就存在人机关系。一条生产线的布置，除了考虑生产工艺要求外，生产线上部件的形状、颜色、明度、车间内的照度及布置等都明显地影响产品的质量和产量。一条肮脏灰暗的生产线，黝黑阴凉的车间，杂乱堆放的工具、半成品和原料等，使人精神不振，很难生产出高质量的产品。这就是机对人的心理影响。

### 4.2.1　人机关系

广义的人机关系是指人在劳动中与劳动工具和劳动对象发生的相互作用和相互关系，反映人机系统中机器、作业环境、生产任务各个子系统设计对人的要求和人对机器、环境、生产任务各个子系统设计的要求，最终产生一个人机关系优化匹配的综合体。

影响人机关系的因素是多方面的，但主要取决于科学技术的进步，劳动条件、形式和内容的变化，如在手动作业为主的简单人机系统中，生产动力来自人的体力，其人机关系要使劳动工具得心应手，操作者有较好的体力和较高的手工技能；在机械化劳动的人机系统中，生产能源既有人的体力、又有外部动力，其人机关系要求人机互动，密切合作，共同完成劳动任务。在自动化程度较高的庞大、复杂的人机系统中，人不再直接使用劳动工具，也不再直接观察和控制劳动对象。人所作的仅是操纵控制按钮，从显示器上间接了解自己的行动效果。工作单调乏味，但系统一旦出现故障，人必须从有限的、间接的、抽象的线索和信息中，迅速判断与决策，进行应急处理，从而产生很大的心理压力。由此，从手工劳动到自动化生产所产生的人机关系的巨大变化可以概括为：①体力消耗减轻，心理负担加重；②远离机器，管理方式间接；③信息时空密集化，职业紧张度大大增加；④系统越来越复杂，对人的技术水平和心理素质要求越来越高；⑤小的失误就可能产生严重的后果。

研究人机关系的目的，是要解决生产系统中的人机相容性问题。在以人为主体、机械为劳动工具的人机关系中，主要体现在“机宜人”“人适机”的关系上。

“机宜人”首先要树立人在人机系统中的主体地位，当人类不断创造出各种各样机械来代替人的劳动时，现代化的机械化趋向高速化、精密化和复杂化，对人的要求很高。而人的身材尺寸、姿势动作、作业范围、施力大小及信息处理能力等生理、心理特性却变化不大。因此，机械设备的设计必须考虑和尽量满足人的生理、心理特征，并尽量使设计的作业条件和作业环境对人无害而且安全舒适，使人能最大限度地发挥其功能。决不能只顾提高机械设备的生产效率，把人当作机械的奴隶和依附品。但是，机械的功能、结构和作业环境的设计受到众多因素的制约，如经济条件、技术水平和国家的有关政策等。因此，不能不顾实际条件许可，要求机械设备完全满足人的所有特性要求。此时，需要通过对作业者的职业适应性选拔和作业知识与技能的培训，使作业者能够达到机器设备对人提出的素质要求，具备胜任岗位工作的能力。

总之，“机宜人”与“人适机”的关系是相辅相成、互相影响、互相制约、互相促进的协调关系。“机宜人”是主要的立足点，但是有条件限制，只能满足人的某些主要特性要求。而人由于存在生理极限和心理意识极限，“人适机”也是受条件制约的，只有随着科学技术的高度发展，才能使人机关系日趋完善。

### 4.2.2　人机功能分配

人机功能分配是指根据人和机器各自的长处和局限性，把人机系统中任务分解，合理分配给人和机器去承担，使人和机器能够取长补短，相互匹配和协调，使系统安全、经济、高效地完成任何及其往往不能单独完成的工作任务。

人机功能分配，应全面考虑下列因素：①任何机器的性能、特点、负荷能力、潜在能力以及各种限度；②人使用机器所需的选拔条件和培训时间；③人的个体差异和群体差异；④任何机器对突然事件应急反应能力的差异和对比；⑤用机器代替人的效果，以及可行性、可靠性、经济性等方面的对比分析。

人机功能分配的一般规律是：凡是快速、精密、笨重、有危险、单调重复、长期连续不停、复杂、高速运算、流体、环境恶劣的工作，适于由机器承担；凡是对机器系统工作程序的指令安排与程序设计、系统运行的监督控制、机器设备的维修与保养、情况多变的非简单重复工作和意外事件的应急处理等，则分配给人去承担较为合适。

### 4.2.3　人机系统分析

人机系统分析指运用“安全”“高效”“经济”的综合效能准则，对人、机、环境三大要素构成的一个相互作用、相互依存的系统进行最优化组合的总体分析。

安全性分析应放在系统分析的首位。人是人机系统中的工作主体，是最活跃的因素，能根据不同任务的要求完成各种作业。高效性分析是为了实现系统最大的使用价值。建立一个人机系统不是单纯为了安全，更重要的是保证整个系统高效率地进行工作。经济性分析就是要求在满足系统技术要求的前提下，尽可能花最少的钱，创造最佳的经济效益。建立任何一个系统，都不能单纯地追求采用最先进的技术和最先进的设备，必须正确处理整体与局部的关系，使预测能达到的建立系统的效能与费用之比保证能大于1，并且越大越好。

人机系统评价指对人机系统的系统价值或有效的综合评价。评价人机工程的指标很多（如表4.1所示）。这些指标之间，有些是正相关的，有些是负相关的，因而，不可能设计出满足所有评价指标的系统，应视人机系统要完成某项任务的预定目的，对评价指标的主次地位做出权衡，确定评价基准。但在评价系统价值或有效度时，不可能缺少以下几个方面。

**表4.1　典型的人机系统评价指标项目**

| 指标 | 指标 | 指标 | 指标 | 指标 |
|---|---|---|---|---|
| 重要性 | 可控制性 | 可移动性 | 冗余度 | 简单性 |
| 适合性 | 辨别性 | 操作性 | 可靠性 | 稳定性 |
| 有效性 | 灵活性 | 可携带性 | 可检修性 | 适配性 |
| 能力 | 互换性 | 实用性 | 可逆性 | 支持性 |
| 兼容性 | 清晰度 | 可达性 | 安全性 | 可训练性 |
| 复杂性 | 可维修性 | 可读性 | 相似性 | 可运行性 |

① 系统有效度（SE）或系统性能有效度（SPE）：即系统在规定条件下运行时，在确定时间内可完成预定要求功能的概率。

② 人员系统有效度（PSE）：指系统中的人的相对能力水平可完成系统分配给人完成的预定功能的概率。

③ 系统安全有效度（SSE）：指整个系统能在最适宜条件下，最大限度地排除系统构成要素或构成要素之间的缺陷而造成的灾害隐患的概率。

④ 费用有效度（CE）：指实现为决策者评价系统建设和运转的经济效益而预定的尺度的概率。

## 4.3　人体测量与数值应用

在设计和改善人-机-环境系统过程中，为了使各种与人体尺寸有关的设计对象能符合人的生理特点，让人在使用时处于舒适的状态和适宜的环境之中，就必须在设计中充分考虑人体各部外观形态特征及人体的各种尺寸，其中包括人体高度、人体各部分长度、厚度及活动位移范围等。对于这些参数的测量，叫做人体测量。

## 4.3.1　人体测量的基本知识

### 4.3.1.1　人体测量的基本术语

《用于技术设计的人体测量基础项目》（GB/T 5703—2010）规定了人机工程学使用的人体测量术语、测量条件和人体测量基本项目。

（1）基本术语

① 立姿：身体挺直，头部以法兰克福平面定位，眼睛平视前方，肩部放松，上肢自然下垂，手伸直，手掌朝向体侧，手指轻贴大腿侧面，左、右足后跟并拢，前端分开大致呈 45°夹角，体重均匀分布于两足。

为确保直立姿势正确，被测者应使足后跟、臀部和后背部与同一铅垂面相接触。

② 坐姿：躯干挺直，头部以法兰克福平面定位，眼睛平视前方，膝弯屈大致成直角，足平放在地面上。

③ 冠状面：过身体的一点，垂直于正中矢状面的几何平面。冠状面将人体分成前、后两个部分。

④ 水平面：与矢状面和冠状面同时垂直的所有平面都称为水平面。水平面将人体分成上、下两个部分。

（2）测量条件

① 被测者的衣着：测量时，被测者应裸体或尽可能少着装，且免冠赤脚。

② 支撑面：站立面（地面）、平台或坐面应是平坦、水平且不可变形的。

③ 身体对称：对于可以在身体任何一侧进行的测量项目，建议在两侧都进行测量，如果做不到这一点，应注明此测量项目是在哪一侧测量的。

（3）测量工具

被推荐的标准测量工具是人体测高仪（包括圆杆直脚规和圆杆弯脚规）、直角规、弯角规、体重计和软尺。

① 人体测高仪：用来测量身体各测点与标准参照面（如地面或坐面）之间直线距离的专用工具。

② 直角规和弯角规：用来测量人体各部位的宽度、厚度以及参照点之间的距离。

③ 软尺：用来测量身体围长或弧长。

（4）其他条件

胸部及其他受呼吸影响的项目宜在被测者正常呼吸状态下进行测量。

### 4.3.1.2　人体尺寸测量的分类与方法

（1）人体测量的分类

① 静态人体尺寸测量：静态人体尺寸测量是指被测者静止地站着或坐着进行的一种测量方式。静态测量的人体尺寸用以设计工作区间的大小。

② 动态人体尺寸测量：动态人体尺寸测量是指被测者处于动作状态下所进行的测量，重点是测量人在执行某种动作时的形态特征。动态人体测量通常是对手、上肢、下肢和脚所及的范围以及各关节能达到的距离和能转动的角度进行测量。

（2）人体测量方法

人体测量通常采用的仪器主要有：人体测高仪、人体测量用直角规、人体测量用弯角规、人体测量用三角平行规、坐高椅、量足仪、角度计、软卷尺、描骨器以及医用台秤等。

测量应在呼气与吸气的中间进行。其次序为从头向下到脚；从身体的前面，经过侧面，再到后面。测量时只许轻触测点，不可紧压皮肤，以免影响测值的准确性。

（3）人体测量数据的统计处理

由于群体中个体与个体之间存在着差异，一般来说，某一个体的测量尺寸不能作为设计的依据。为使产品适合于一个群体使用，设计中需要的是一个群体的测量尺寸。通常是通过测量群体中较少量个体的尺寸，经数据处理后而获得较为精确的所需群体尺寸。

在人体测量中所得到的测量值，都是离散的随机变量，因而可根据概率论与数理统计理论对测量数据进行统计分析，如通过均值、方差、标准差、抽样误差等的计算，来获得所需群体尺寸的统计规律和特征参数。

人体测量的数据常以百分位数 $P_K$ 作为一种位置指标、一个界值。一个百分位数将群体或样本的全部测量值分为两部分，有 $K$%的测量值等于和小于它，有（100－$K$）%的测量值大于它。在设计中最常用的是 $P_5$、$P_{50}$、$P_{95}$ 三种百分位数。

## 4.3.2　常用人体测量数据

人体尺寸因国家、地区、民族、性别、年龄和生活状况的不同而不同。一般来说，欧美人身材较高，东方人稍低。我国地域辽阔，不同地区的人体尺寸差异较大。在全国性抽样测定时，将全国分为 6 个区域，即东北及华北区、西北区、东南区、华中区、华南区以及西南区。

GB 10000—1988《中国成年人人体尺寸》。适用于工业产品、建筑设计、军事工业以及工业的技术改造、设备更新和劳动安全保护。本标准共列出 47 项人体尺寸基础数据，并按性别分别列表。现将其中的人体的主要测量项目及尺寸摘录于表 4.2。

表 4.2　我国成年人人体主要尺寸（mm）及体重（kg）

| 图序 | 标号 | 测量项目 | 男性(18～60) | | | 女性(18～55) | | |
|---|---|---|---|---|---|---|---|---|
| | | | 5% | 50% | 95% | 5% | 50% | 95% |
| 2-5a | 1 | 身高 | 1583 | 1678 | 1775 | 1484 | 1570 | 1659 |
| | 2 | 眼高 | 1474 | 1568 | 1664 | 1371 | 1454 | 1541 |
| | 3 | 上臂长 | 289 | 313 | 338 | 262 | 284 | 308 |
| | 4 | 前臂长 | 216 | 237 | 258 | 193 | 213 | 234 |
| | 5 | 大腿长 | 428 | 465 | 505 | 402 | 438 | 476 |
| | 6 | 小腿长 | 338 | 369 | 403 | 313 | 344 | 376 |
| | 7 | 足宽 | 88 | 96 | 103 | 81 | 88 | 95 |
| | 8 | 头最大宽 | 145 | 154 | 164 | 141 | 149 | 158 |
| | 9 | 头全高 | 206 | 223 | 241 | 200 | 216 | 232 |
| | 10 | 最大肩宽 | 398 | 431 | 469 | 363 | 397 | 438 |

续表

| 图序 | 标号 | 测量项目 | 男性(18～60) | | | 女性(18～55) | | |
|---|---|---|---|---|---|---|---|---|
| | | | 5% | 50% | 95% | 5% | 50% | 95% |
| 2-5b | 11 | 头最大长 | 173 | 184 | 195 | 165 | 176 | 187 |
| | 12 | 头围 | 526 | 560 | 586 | 520 | 546 | 573 |
| | 13 | 胸厚 | 186 | 212 | 245 | 170 | 199 | 239 |
| | 14 | 肩高 | 1281 | 1367 | 1455 | 1195 | 1271 | 1350 |
| | 15 | 胸围 | 791 | 867 | 970 | 745 | 825 | 949 |
| | 16 | 轴高 | 954 | 1024 | 1096 | 899 | 960 | 1023 |
| | 17 | 臀围 | 805 | 875 | 970 | 824 | 900 | 1000 |
| | 18 | 会阴高 | 728 | 790 | 856 | 673 | 732 | 792 |
| | 19 | 手功能高 | 680 | 741 | 801 | 650 | 704 | 757 |
| | 20 | 胫骨点高 | 409 | 444 | 481 | 377 | 410 | 444 |
| | 21 | 足长 | 230 | 247 | 264 | 213 | 229 | 244 |
| 2-5c | 22 | 坐高 | 858 | 908 | 958 | 809 | 855 | 901 |
| | 23 | 坐姿肩高 | 557 | 598 | 641 | 518 | 556 | 594 |
| | 24 | 坐姿肘高 | 228 | 263 | 298 | 215 | 251 | 284 |
| | 25 | 小腿加足高 | 383 | 413 | 448 | 342 | 382 | 405 |
| | 26 | 坐姿大腿厚 | 112 | 130 | 151 | 113 | 130 | 151 |
| | 27 | 手长 | 170 | 183 | 196 | 159 | 171 | 183 |
| | 28 | 手宽 | 76 | 82 | 89 | 70 | 76 | 82 |
| | 29 | 坐姿眼高 | 749 | 798 | 847 | 695 | 739 | 783 |
| | 30 | 坐深 | 421 | 457 | 494 | 401 | 433 | 469 |
| | 31 | 臀膝距 | 515 | 554 | 595 | 495 | 529 | 570 |
| | 32 | 坐姿膝高 | 456 | 493 | 532 | 424 | 458 | 493 |
| | 33 | 坐姿下肢长 | 921 | 992 | 1063 | 851 | 912 | 975 |
| 2-5d | 34 | 坐姿两肘肩宽 | 371 | 422 | 489 | 348 | 404 | 478 |
| | 35 | 坐姿臀宽 | 805 | 875 | 970 | 825 | 900 | 1000 |
| 其他 | 36 | 体重 | 48 | 59 | 75 | 42 | 52 | 66 |

选用 GB 10000—1988 中所列人体尺寸数据时，应注意以下几点：

① 表列数值均为裸体测量的结果，在用于设计时，应根据各地区不同的着衣量而增加余量；

② 立姿时要求自然挺胸直立，坐姿时要求端坐。如果用于其他立、坐姿的设计（例如放松的坐姿），要进行适当的修正。

③ 由于我国地域辽阔，不同地区间人体尺寸差异较大。

### 4.3.3 人体主要参数计算

根据人体某个特征尺寸，能计算出其他各部位尺寸。这对于设计和应用是十分方便的。经过统计发现，各部位尺寸都与身高成一定比例关系。虽然不同的国家和地区身高与各部位尺寸之比有差距，但差别较小。人体生理参数计算关系如下：

(1) 人体各部分尺寸与身高的相关计算

根据 GB 10000—1988《中国成年人人体尺寸》给定的人体尺寸数据的均值，推算出我国成年人人体各部分尺寸与身高 $H$ 的比例关系如图 4.1 所示。

(2) 体重与身高的相关计算

一般人的体重和身高 $H$ (cm) 之间存在下列关系。

$$正常体重: W_z = H - 110\ (kg) \quad (4.1)$$

$$理想体重: W_1 = H - 100\ (kg) \quad (4.2)$$

(3) 人体体积和表面积的计算

$$人体体积: V = 1.015W - 4.937\ (L) \quad (4.3)$$

$$人体表面积: A = 0.0061H + 0.0128W - 0.1529 \quad (4.4)$$

或

$$A = 100H (男性) \quad (4.5)$$

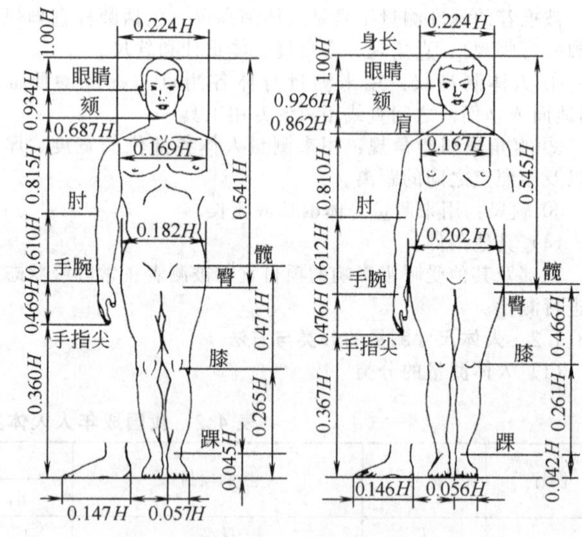


图 4.1 我国成年人人体尺寸的比例关系

$$A = 77H \quad (女性) \quad (4.6)$$

(4) 人体生物力学参数的计算

在已知人体身高 $H$ (cm)、体重 $W$ (kg)、体积 $V$ (L) 时，可计算出人体生物力学各参数的近似值，见表 4.3。

(5) 男女人体尺寸的换算

同一民族的男性与女性在身高、体重等参数之间，也存在着相关关系，故可用来相互换算。表 4.4 所列为日本人机工程学者大岛正光由测量调查而得出的以男性数据为基数求女性参数的换算系数。

**表 4.3 人体生物力学参数的计算公式**

| 序号 | 名　称 | 序号 | 名　称 |
|---|---|---|---|
| 1 | 人体各部分长度<br>(以人体身高 $H$ 为基础)/cm | 4 | 人体各部分体积<br>(以人体体积 $V$ 为基础)/L |
| | 手掌长　$L_1=0.109H$<br>前臂长　$L_2=0.157H$<br>上臂长　$L_3=0.172H$<br>大腿长　$L_4=0.232H$<br>小腿长　$L_5=0.247H$<br>躯干长　$L_6=0.300H$ | | 手掌体积　$V_1=0.00566V$<br>前臂体积　$V_2=0.01702V$<br>上臂体积　$V_3=0.03495V$<br>大腿体积　$V_4=0.0924V$<br>小腿体积　$V_5=0.4083V$<br>躯干体积　$V_6=0.6132V$ |
| 2 | 人体各部分中心位置<br>(指靠近身体中心关节的距离)/cm | 5 | 人体各部分的重量<br>(以体重 $W$ 为基础)/kg |
| | 手掌重心位置　$O_1=0.506L_1$<br>前臂重心位置　$O_2=0.430L_2$<br>上臂重心位置　$O_3=0.436L_3$<br>大腿重心位置　$O_4=0.433L_4$<br>小腿重心位置　$O_5=0.433L_5$<br>躯干重心位置　$O_6=0.660L_6$ | | 手掌重量　$W_1=0.006W$<br>前臂重量　$W_2=0.018W$<br>上臂重量　$W_3=0.0357W$<br>大腿重量　$W_4=0.0946W$<br>小腿重量　$W_5=0.042W$<br>躯干重量　$W_6=0.5804W$ |
| 3 | 人体各部分的旋转半径<br>(指靠近身体中心关节的距离)/cm | 6 | 人体各部分转动惯量<br>(指绕关节转动的惯量)/kg・m² |
| | 手掌旋转半径　$R_1=0.587L_1$<br>前臂旋转半径　$R_2=0.526L_2$<br>上臂旋转半径　$R_3=0.542L_3$<br>大腿旋转半径　$R_4=0.540L_4$<br>小腿旋转半径　$R_5=0.528L_5$<br>躯干旋转半径　$R_6=0.830L_6$ | | 手掌转动惯量　$I_1=W_1R_1^2$<br>前臂转动惯量　$I_2=W_2R_2^2$<br>上臂转动惯量　$I_3=W_3R_3^2$<br>大腿转动惯量　$I_4=W_4R_4^2$<br>小腿转动惯量　$I_5=W_5R_5^2$<br>躯干转动惯量　$I_6=W_6R_6^2$ |

**表 4.4 由男性测量值求女性人体尺寸的换算系数**

| 部位 | 系数/% | 部位 | 系数/% | 部位 | 系数/% |
|---|---|---|---|---|---|
| 身长 | 95 | 形态面高 | 92 | 前臂围 | 92 |
| 上肢长 | 93 | 头围 | 98 | 大腿围 | 102 |
| 下肢长 | 94 | 颈围 | 90 | 腿肚围 | 98 |
| 两臂展开宽 | 93 | 胸围 | 90 | 手宽 | 94 |
| 足长 | 94 | 腰围 | 89 | 足宽 | 93 |
| 躯干长 | 96 | 臀围 | 102 | | |
| 头长 | 92 | 上臂围 | 96 | | |

(6) 人体循环极限值计算

最大耗氧量 $V_{max}=(56.592-0.398Ac)\times10^3$　(4.7)

最大心跳速率 $F_{max}=209.2-0.74Ac$　(次/min)　(4.8)

心脏最大排血量 $Q_{max}=6.55+4.35V_{max}$　(L/min)　(4.9)

## 4.3.4 人体测量数据的应用

### 4.3.4.1 人体尺寸数据的应用原则

人体尺寸大小各不相同，设计一般不可能满足所有使用者。为了设计能适合于较多的使用者，在应用人体测量数据时应考虑以下原则：

① 由人体身高决定的物体，如门、船舱口、通道、床、担架等，其尺寸应以第 95 百分位数为依据。

② 由人体某些部分的尺寸决定的物体，如取决于腿长的坐平面高度，其尺寸应以第 5 百分位数为依据。

③ 可调尺寸，应可调节到第 5 百分位数和第 95 百分位数之间的所有人使用方便。

④ 以第 5 百分位数和第 95 百分位数为界限制的物体，当身体尺寸在界限以外的人使用会危害其健康或增加事故危险时，其尺寸界限应扩大到第 1 百分位数和第 99 百分位数。

⑤ 门铃、插座、电灯开关的安装高度以及柜台高度，应以第 50 百分位数为依据。

### 4.3.4.2 人体尺寸数据在设计中的应用

(1) 立姿人体尺寸数据的应用

立姿身高常用来确定建筑物高度，设备高度，车厢、机舱、船舱高度，立姿使用的用具高度，危险区防护栏高度，床的长度，服装的长度等。立姿身高也是计算人体各部分相关尺寸与设备高度的基础。

立姿眼高常用来确定立姿操作时机械仪表的高度、数控机床控制显示屏幕的高度和需要被视看对象等的高度。

立姿肩高、肘高、桡骨点高、中指指尖高、手功能高、中指指尖举高、双臂功能上举高、肩宽、最大肩宽、上肢长、全臂长、上臂长、两臂展开宽、两臂功能展开宽和两臂肘展开宽等尺寸数据，主要用来确定作业空间的最大范围、正常范围、最佳范围，以及各种操纵控制器、各种显示器、各种操纵控制台、精密操作平台、机床工作面高度，操作手柄、手轮的高度，车床的中心高度，物料放置位置，床宽，

表 4.5 不同用途的设备、用具高度与人体身高的比例

| 代号 | 设备、用具名称 | 设备、用具高度/身高 | 代号 | 设备、用具名称 | 设备、用具高度/身高 |
| --- | --- | --- | --- | --- | --- |
| 1 | 举手达到的高度 | 4/3 | 14 | 洗脸盆高度 | 4/9 |
| 2 | 可随意取放东西的搁板高度(上限值) | 7/6 | 15 | 办公桌高度 | 7/17 |
| 3 | 倾斜地面的顶棚高度(最小值,地面倾斜度为5°～15°) | 8/7 | 16 | 垂直踏板爬梯的空间尺寸(最小值,倾斜80°～90°) | 2/5 |
| 4 | 楼梯的顶棚高度(最小值,地面倾斜度为25°～35°) | 1/1 | 17 | 手提物的高度(最大值) | 3/8 |
| 5 | 遮挡住直立姿势视线的隔板 | 33/34 | 17 | 使用方便的搁板的高度(下限值) | 3/8 |
| 6 | 立姿眼高 | 11/12 | 18 | 桌下空间(高度的最小值) | 1/8 |
| 7 | 抽屉高度(上限值) | 10/11 | 19 | 工作椅的高度 | 3/13 |
| 8 | 使用方便的搁板高度(上限值) | 6/7 | 20 | 轻度工作的工作椅的高度 | 3/14 |
| 9 | 斜坡大的楼梯的天棚高度(最小值,倾斜度为50°左右) | 3/4 | 21 | 小憩用椅子高度 | 1/6 |
| 10 | 能发挥最大拉力的高度 | 3/5 | 22 | 桌椅高差 | 3/17 |
| 11 | 人体重心高度 | 5/9 | 23 | 休息用的椅子高度 | 1/6 |
| 12 | 立姿时工作面高度 | 6/11 | 24 | 椅子扶手高度 | 2/13 |
| 12 | 坐高(坐姿) | 6/11 | 25 | 工作用椅子的椅面至靠背点的距离 | 3/20 |
| 13 | 灶台高度 | 10/19 | | | |

桌高，方桌边长和圆桌直径等。

(2) 坐姿人体尺寸数据的应用

坐高、坐姿上肢最大前伸长、坐姿肩宽、坐姿肘高、坐姿下肢长等尺寸数据，主要用来确定坐姿作业所需的作业空间，作业最大范围、正常范围、最佳范围，设备、控制器分布位置，精密作业平台，各种操纵控制台和放物料的位置等。

坐姿眼高常用来确定坐姿操作时各种机械仪表的高度和需要被视看对象的位置等。

坐姿膝高、坐姿大腿厚等尺寸数据，常用来确定设备、控制台、工作台、桌子等的容膝空间。

小腿加足高、坐深、坐姿臀宽等尺寸数据，主要用来设计各种工作椅、沙发、床铺等的有关尺寸。

(3) 头、手、足尺寸数据的应用

人体头围、手长、手宽、手握围，足长、足宽、足围的尺寸数据，常用来设计头盔、各种手柄、杠杆、踏脚板、楼梯梯级深度、帽子、手套、靴子、鞋袜等。

(4) 用身高推算设备、用具高度

以人体身高为基准，根据设计对象高度与人体身高一般成一定比例关系，可以推算工作面高度、设备高度和用具高度（表 4.5）。

## 4.4 人的生理与心理特性

人机系统中人是主要的因素。人的作用是多方面的心理、生理因素混合作用的总和。所以，为使人机系统能正常、高效、安全地运转，必须对人的生理、心理因素加以研究和测定。

### 4.4.1 人的生理特性

#### 4.4.1.1 人的感觉特性

(1) 视觉特性

人的视觉特性是指眼睛对其周围事物的明暗（光）觉、形状觉、颜色觉、运动觉、深度（立体）觉等。外界光线通过眼球前部的晶状体等折光系统，照射在眼球后部的视网膜上，如图 4.2 所示，再由视觉细胞将光信号转变成神经信号，经视神经传达到大脑的视觉中枢（视区），完成视觉功能。

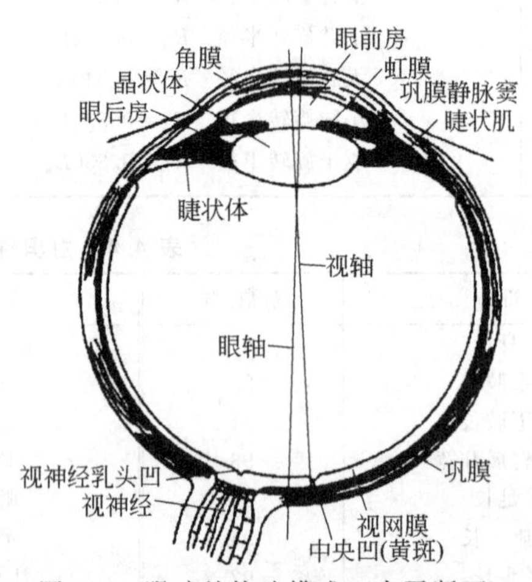


图 4.2 眼球的构造模式（水平断面）

眼睛的主要特性归纳如下：

① 视力：眼睛分辨细小物体的能力。

② 视野：当头部和眼睛不动时，眼睛观察正前方所能看到的空间范围（用角度来度量）。

③ 视觉适应：人由暗处进入明处，最初眼睛不能分辨物体，大约 1min 以后，眼睛才能完全适应，看清物体，称为明适应。人由明处进入暗处，大约 30min 以后才能看清暗处的物体，称为暗适应。

④ 视错觉：当观察外界物体形状时，所得到的印象与实际形状的差异叫视错觉。

(2) 听觉特征

声波作用于人的听觉器官，经内耳的耳蜗将压力波转换为神经冲动，沿听觉神经传达到大脑系统，并分为两个部分：一部分传入听觉皮质，感知听觉信息的内容；一部分传入网状结构，激活整个大脑皮质，以提高大脑的觉醒程度，起到报警作用。

在正常生产中听觉与视觉相比次要得多，生产者的信息 70%～80%来自视觉，只有 10%～20%来自听觉，但在异常状态下的警觉信息则主要来自听觉。

听觉有以下特性：①可听声音频率范围为16～20000Hz；②人主观感觉的声音响度与声强成对数关系，即声强增加10倍，主观感觉响度只增加1倍；③人能分辨声音的方向和距离。人两耳的听力是一致的，因而能根据声音到达两耳的强度和时间差判断声源的方向，根据声压的经验判断声源的距离。

(3) 触觉特性

触觉是指人体肌肤对外界机械性刺激的感觉。触觉有以下特征：

① 触觉适应：当人体受到一个恒定的机械刺激时，人对刺激强度的感觉会因持续时间的增长而逐渐变小，这种现象称为适应。

② 触觉形状编码：形状编码就是将控制器的手柄做成各种不同的形状，不需要借助视觉，只要用触觉就可以准确地进行识别的方法。编码的可变参数主要有两个：一个是形状，另一个是大小。

③ 盲目定位：靠操作者对作业位置的熟练记忆和触觉感知给动作定位的方法称为盲目定位。

#### 4.4.1.2 人体的能量代谢

(1) 劳动与能量代谢

① 基础代谢量：人在生物学所规定的基础条件下，维持生命所必须消耗的能量，称为基础代谢量。

② 安静代谢量：它是在工作或运动没有开始之前，仅仅为了保持身体各部位的平衡及某种姿势所消耗的能量。

③ 劳动代谢量：人体进行工作或运动所消耗的能量叫劳动代谢量。体力劳动是使能力代谢亢进的最主要原因。

劳动代谢量＝劳动时能量总消耗量－安静时能量消耗量

④ 能量代谢率：以劳动代谢量和基础代谢量之比表示劳动强度的大小。这个指标不仅可以消除个人的差别，而且简单明了。

能量代谢率(RMR)＝劳动代谢量/基础代谢量
＝(劳动时能量总消耗量－安静时能量消耗量)/基础代谢量 (4.10)

(2) 能量消耗的测定

完成某一活动所消耗的氧量可用来测定活动中消耗的能量或产生的热。活动中消耗的能量，可以用耗氧率或更常用的代谢率来表示。其中代谢率可以相当精确地从耗氧量计算出来。

#### 4.4.1.3 劳动中的氧耗

(1) 氧在劳动中的作用

一般来说，正常人安静时耗气约为0.2～0.3 L/min，人体的最大耗氧量为3～6 L/min，人的耗氧范围为0.2～6 L/min。

人在劳动中所需要的氧量取决于劳动的方式和劳动强度的大小。人在从事体力劳动时所耗的氧量可增至安静休息时的几倍，人在参加剧烈的体育运动时，所耗的氧量可增至安静休息时的30倍，甚至更多。除体力劳动外，脑力劳动也需要充足的氧气。

(2) 氧需与氧债

① 氧需：单位时间内人体所需要的氧量叫氧需。

劳动时人体的氧耗增加。这时，人体通过神经和体液的调节机制，促使摄氧量增加。但在较繁重的作业中，氧的供应往往不能满足需要，这不足的部分要等到作业停止后的恢复期来补偿。所以，某项作业的净需氧量为：

作业时的总需氧量(净值)＝[作业期的摄氧量(mL)＋恢复期的摄氧量(mL)]－{[作业时间(min)＋恢复时间(min)]×250} (4.11)

② 氧债：人从事体力劳动，当劳动强度增大时，有氧作业的稳定状态就难以维持，这时人体需氧量超过摄氧量，能量供应取决于物质的无氧分解，造成体内的氧亏负，人体所欠的氧要在劳动停止后的恢复期来偿还。而在氧不足的情况下从事作业，就会引起肌肉中的乳酸的积累，使有效作业的维持时间缩短。因此，把这种作业停止后偿还的氧称为氧债。

(3) 劳动中氧的测定

作业中人体消耗的能量与需要氧量有直接关系。因此，能量代谢率(RMR)指标可以通过作业中的耗氧量来计算。

RMR＝(劳动时的耗氧量－安静时的耗氧量)/基础代谢的耗氧量 (4.12)

劳动时的耗氧量，可以在作业中直接测定。基础代谢的耗氧量，可以通过由体重、身高计算的体表面积值查表求出。表4.6为男子基础代谢的耗氧量与体表面积的关系。女子基础代谢的耗氧量为男子的95%。安静时的耗氧量，一般是以基础代谢的耗氧量的1.2倍计算。

**表4.6 基础代谢氧消耗量**

单位：mL/min

| 1/100<br>体表面积/$m^2$ | 0 | 1 | 2 | 3 | 4 | 5 | 6 | 7 | 8 | 9 |
|---|---|---|---|---|---|---|---|---|---|---|
| 1.4 | 175 | 176 | 178 | 179 | 180 | 181 | 183 | 184 | 185 | 186 |
| 1.5 | 188 | 189 | 190 | 191 | 193 | 194 | 195 | 196 | 198 | 199 |
| 1.6 | 200 | 201 | 203 | 204 | 205 | 206 | 208 | 209 | 210 | 211 |
| 1.7 | 213 | 214 | 215 | 216 | 218 | 219 | 220 | 221 | 223 | 224 |
| 1.8 | 225 | 226 | 228 | 229 | 230 | 231 | 233 | 234 | 235 | 236 |
| 1.9 | 238 | 239 | 240 | 241 | 243 | 244 | 245 | 246 | 248 | 249 |
| 2.0 | 250 | 251 | 253 | 254 | 255 | 256 | 258 | 259 | 260 | 261 |

#### 4.4.1.4 劳动中的心率与劳动的分级

(1) 心率

心率通常是通过脉搏频率测定的，即测定颈部的动脉、腕部的桡动脉每分钟传过的压力脉冲数。

在安静时，正常人的心率约为75次/min。虽然安静时男子和女子心率基本相同，但在工作中心率却不一致。在青年人中，当以最大耗氧量的50%工作时，男子心率一般比女子低，男子约130次，而女子约140次。而以最大耗氧量工作时，心率却无差异。然而，两性的最大心率都随年龄的增加而下降。最大心率的近似值可按下式来计算。

最大心率(次/min)＝220－年龄(岁) (4.13)

人的心率除与性别和年龄有关外，还与其他一些因素(如姿势、环境等)有密切关系。

(2) 心率可作为最大耗氧量的预测指标

由于心血输出量在很大程度上决定人体在劳动中肌肉吸收的氧量，因此，心率与耗氧量之间存在着一定的关系。

(3) 心率与作业强度

人体在作业时要释放大量的热，其能量占人体总能量的大部分。散发大量的热会引起心搏速度加快，即心率增加。目前在国际劳动生理学和运动生理学领域，越来越多地趋向于以心率这个生理学指标来综合评价劳动强度与作业条件。在体力劳动中，心率变化与几个因素有密切关系，如图4.3所示。

### 4.4.2 人的生物力学

人体生物力学是研究劳动工效学和体育运动的基础理论之一。运用生物力学理论研究作业可以把效率成倍提高，做

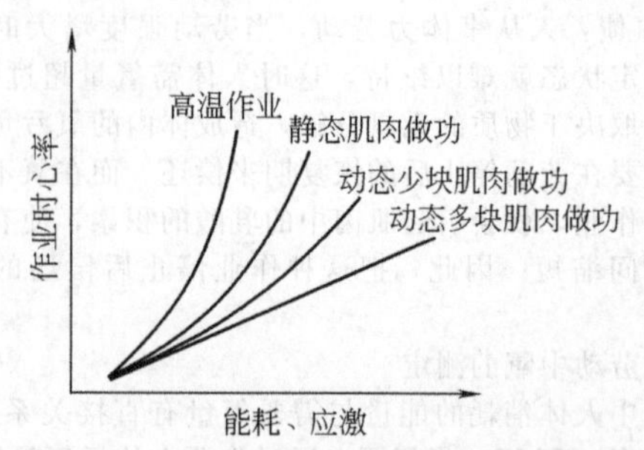


图 4.3　心率与能耗和作业条件的关系

到高效、省力和安全。许多事故都是在用力过猛或精疲力竭情况下发生的。

4.4.2.1　**人体力学参数**

(1) 人体动作分类

按人体的动作牵动部位的范围，可将动作分为：

① 手指动作（如写字等）；

② 手指及上肢动作（如小件装配、打字等）；

③ 上身动作（如钳工作业等）；

④ 下肢动作（如搬运重物、打大锤等）。

按动作的形态还可以将动作分为动态和静态两种：前者一般是肢体作频繁动作或伴随有躯干的移动和活动，如铁铲作业、搬运作业等；后者一般是躯干或人体等部位保持一个姿势的动作，如持物、长时间扳动控制杆等。

(2) 肢体运动参数

人的肢体运动参数主要可归纳为摆动角度、动作的灵敏度及动作的精确性三个方面。

① 摆动角度：肢体生理结构限制的最大摆动角度称为最大摆角。习惯上最舒适的摆角为舒适摆角。

② 动作的灵敏度：肢体灵敏度包括动作的速度及动作的频率两个方面。

表 4.7 给出人体各部位每动作一次（从屈到伸）所需的最少平均时间。

**表 4.7　人体各部位动作一次的最少平均时间**

| 动作部位 | 动作特点 | | 动作一次最少的平均时间/s |
|---|---|---|---|
| 手 | 抓取动作 | 直线的 | 0.07 |
| | | 曲线的 | 0.22 |
| | 旋转动作 | 克服阻力 | 0.72 |
| | | 不克服阻力 | 0.22 |
| 脚 | 直线的 | | 0.36 |
| | 克服阻力的 | | 0.72 |
| 腿 | 直线的 | | 0.36 |
| | 脚向侧面 | | 0.72～1.45 |
| 躯干 | 弯曲 | | 0.72～1.62 |
| | 倾斜 | | 1.26 |

动作的频率，是指在一定的时间内动作所重复的次数，其大小与操纵方式、机构形状、种类、尺寸及人体部位有关。

③ 动作的精确性：动作的精确性与动作的灵敏度有一定的关系，一般情况下动作灵敏的操作动作精度也较高。手的动作，向着身体比离开身体的动作灵活而精确，右手动作较左手精确，特别是在距中线 30°～60°的范围内动作精确性最好。

(3) 肢体出力参数

人体能够出力的大小，决定于人体的姿势、着力部位以及作用力的方向。

① 立姿出力参数：立姿时手的出力主要取决于体重，图 4.4 给出了以体重为基数的各个位置相对出力值。

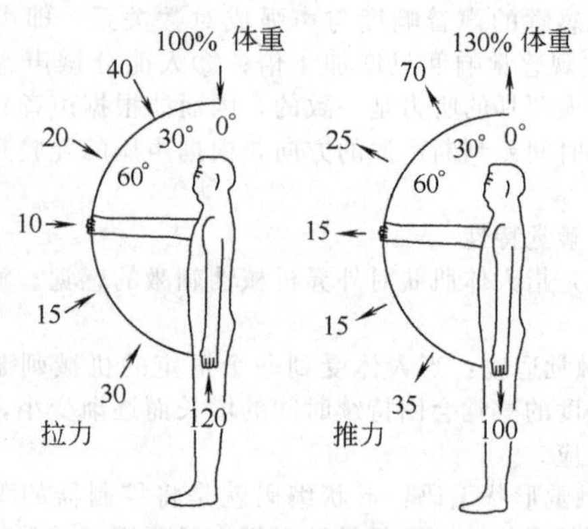


图 4.4　以体重为基数的立姿时手的相对出力值

② 坐姿出力参数：坐姿手向前方的推力最大。出力由大到小的排列顺序为向前推力、向后拉力、向上拉力、向下拉力、侧向施力。

坐姿右手的出力列于表 4.8 中。

**表 4.8　坐姿右手的出力　单位：N**

| 最佳把手位置 | 60～80 | | | | 70～80 | 70～75 | |
|---|---|---|---|---|---|---|---|
| 出力方向 | 推拉左右 | | | | 上　下 | 推　拉 | |
| 最大 | 600 | 500 | 250 | 200 | 250 | 150 | 200 |
| 最佳 | 90～130 | 50～130 | 25～40 | 20～30 | 70～120 | 50～70 | 50～70 |

坐姿脚的出力大小与座面高度及脚的蹬力方向有关，如图 4.5 所示，由于椅背的支撑脚在水平方向可产生最大的蹬力（约 2000N），脚的最佳出力方向约在 20°～30°的位置，出力时的最佳 $\alpha$ 角与出力大小有关，如表 4.9 所示。

**表 4.9　出力时的最佳 $\alpha$ 角**

| 出力/N | ＜100 | 100～200 | 250～500 | 最大出力 |
|---|---|---|---|---|
| $\alpha$/(°) | 90°～100° | 110°～120° | 120° | 140°～160° |

脚踏装置应设在脚伸直可达距离的 90%处，对经常使用的脚踏板阻力不宜大于图 4.5 中最大出力的 10%。

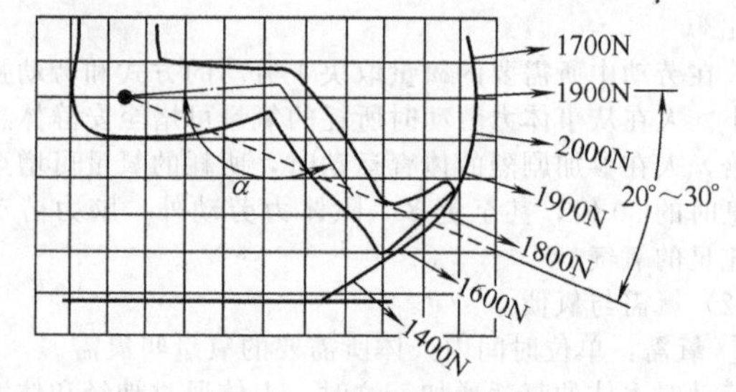


图 4.5　坐姿脚的蹬力

③ 年龄与性别对出力值的影响：人的出力高峰年龄在 25～30 岁之间，在这之前或之后体力都有下降，女性的肌肉力大约较男性低 1/3 左右。

左右手的出力也有差别，一般右手比左手强 10%，而习惯用左手的人其左手可比右手强 6%～7%。

4.4.2.2　**合理用力**

(1) 正确的用力姿势

脊柱是人体承担外力的主要结构，也是较为薄弱的结构，脊柱承载外力的形式主要是受压，其中以第五腰椎受力最大。脊柱是按杠杆原理工作的，提起重物时的力臂 $L$，平衡力是靠脊椎棘突上的肌肉拉力，其力臂为 $K$，$L/K$ 的值越大，棘突上的肌力也越大，显然上身与垂线的夹角越小（即力臂 $L$ 越短）越省力（图 4.6）。

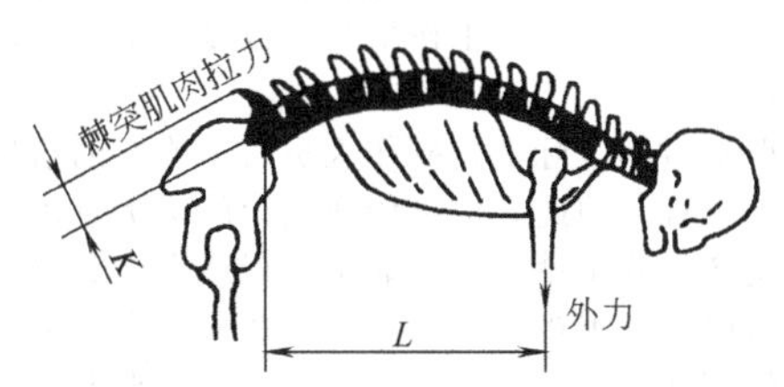


图 4.6　脊柱工作的杠杆原理

另外椎间盘能承受的压力很有限，而且主要适宜承受均匀的压力，如果产生过大的偏载压力，就有发生椎间盘脱出的危险。人在负重时应尽量挺直腰背，且躯干倾角越小越有力（见图 4.7）。

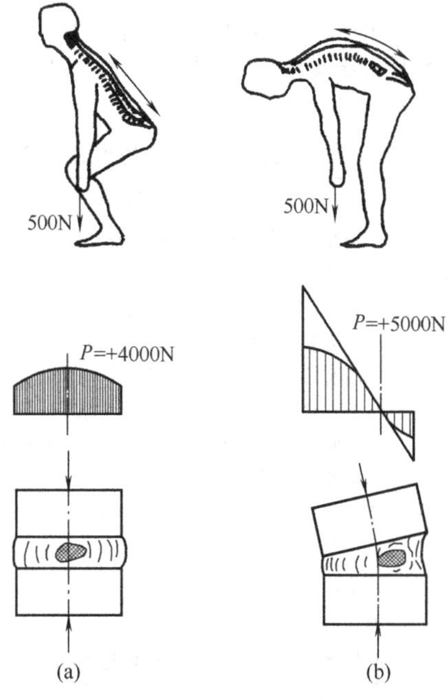


图 4.7　负重时椎间盘压力分布

（2）尽量减少静态受力

肌肉的持续能力取决于肌肉血液循环的情况，血液循环得越好，肌肉越能持续用力，肢体静态用力时，由于肌肉持续处于紧张状态，压迫血管阻止了新鲜血液流入，使肌肉得不到能量补充，代谢物又无法排出，肌肉很快就产生酸痛疲劳，并不得不停止工作。而动态作业肌肉可以有节奏地张弛，新鲜血液能不断地流入肌肉，因此长时间地持续工作而不会产生疲劳。

（3）保持身体稳定

人体的最大出力主要取决于身体的稳定性，而不是肌肉的收缩力，因此出力时保持身体稳定是持续出力的重要条件。

保持身体稳定的条件是使人体受力的合力（包括体重）在两脚之间。其方法有三个，一是恰当地分配体重；二是尽量使身体对称受力；三是要有较平坦的足够大的立足之地和身体回旋的余地。

（4）设计合理的工具类人机界面

工具类人机界面的造型直接影响手和脚的出力和疲劳。

### 4.4.3　人的心理特征

#### 4.4.3.1　人的心理活动

心理过程包括认识过程、情感过程和意志过程。

人的个性心理特征包括能力、兴趣、气质和性格。能力是指智能、知识和技能。

#### 4.4.3.2　人的行为

人的行为受制约于人的心理活动，主要有以下方面。

① 需要。人的需要有多样性，主要有自然需要与社会需要。前者是为了生存而对外在条件的要求，如空气、水和食物等。后者是为了维持社会生活，进行社会生产而形成的。人的需要有层次性，马斯洛提出了需要层次理论，他认为一般需要有五个层次，即生理、安全、情感、尊重和事业成就。人的需要满足是由低层次向高层次不断发展的。

② 动机。人的动机是推动人们行动的原因，是一个人发动和维持活动的心理倾向。动机的特性主要表现在：

a. 动机是人的主观状态，人的动机伴随着心理紧张性，决定人的主观状态，推断行为；

b. 动机的内隐性：人的动机具复杂性，并具有内隐性层、过渡层、表露层等结构，在较复杂的人的行为中，许多动机往往是隐藏的；

c. 动机的实践性：由于动机推动人的行为付诸实践，其真正的动机可根据行为追溯到。

③ 情绪和情感。情绪和情感是人对客观事物的一种特殊反应形式，是十分复杂的心理现象。情绪是由人的需要满足程度而产生的喜、怒、哀、乐；情感主要决定于人的社会需要能否得到满足，是人所特有的心理现象。

#### 4.4.3.3　人的性格与意志

（1）性格

性格是指人的态度和行为方面较稳定的心理特征。性格具有一定的稳定性，但经过教育和修养，随着立场、观点的变化，性格也有变化的可能，优良性格是安全生产的保证。经国外专家的调查测验发现，一般易出事故和事故多发者，其性格一般有下列的一些特点：

① 感情冲动，容易兴奋、焦躁、愤怒；

② 工作易安于现状，不求上进；

③ 沉着、心不在焉及工作忙乱，效率不高；

④ 情绪随天气等外界条件而变化无常；

⑤ 理解力低下，判断和思考能力差；

⑥ 易极度喜悦和悲哀，不能理性控制行动；

⑦ 处理问题轻率、冒失；

⑧ 反应迟钝、不爱活动等。

（2）意志

人的自觉力求克服困难达到一定目的的心理过程称为意志。它是动机、决定等在执行过程中形成的，具有下列特征：

① 独立性：有明确、坚定的目标，能理解自己行为的意义，认真地对待工作；

② 决断性：善于立刻采取坚决的行动，它与敢于承担责任和献身精神相联系；

③ 坚持性：有持之以恒坚持克服困难的精神，目的越明确，坚持性也越强烈。

人的意志活动，主要是有目的、有意识的心理活动，也是与克服困难相联系的心理过程。具有良好意志素质的人，能正确适当地调节自己的行动、情绪和心理状态，遇到意外，能镇定自如，果断处置，这对安全生产极为有利。

#### 4.4.3.4　作业过程中人的心理状态

（1）心理状态

心理状态是心理活动在一定时间内的完整特征（如激情、紧张、松弛、疲劳等），心理状态兼有心理过程和个性心理特征的特点，既有暂时性、又有一定的稳定性。它是心理过程和个性心理特征联系的过渡阶段，二者的相互关系是通过心理状态实现的。

心理状态左右人的一切行动。当作业者出现疲劳或情绪低落时，对意外刺激反应不灵敏，甚至出现手忙脚乱、动作不准等现象。而当人处于积极准备状态下时，则反应快、动作准、效率高且事故少。因此，了解和掌握人在作业过程中的心理状态，对安全生产具有重大意义。

(2) 注意

“注意”是指心理活动对某一对象的指向和集中。如人在作业中要全神贯注、集中注意，才能安全操作。

注意有两个突出特性，其一是注意的选择性，既有选择地感知有意义的、符合需要的、与当前活动一致的对象，而对其他对象有不予考虑的倾向；其二是注意的集中性，当人注意某一对象时，大脑相应功能区就产生一个优势兴奋中心，其他区域则处于相对控制状态，所以对其他事物就会视而不见或听而不见。

根据产生和保持注意有无目的和意志努力程度的不同，注意可分为无意注意和有意注意。若人在注意某一事物时，事先既无预定目的，又不需意志努力，这种注意称为无意注意。这种注意主要是由周围环境中突然出现的外界刺激而引起的。在作业过程中，必须善于控制无意注意，不要分散注意力。有意注意是有预定目的的尚需意志努力的注意。在作业过程中，人必须经过意志努力，克服障碍，把自己的注意集中并保持在作业上。

人在同时进行多种活动时，要把注意指向不同的对象称为注意的分配。人在作业时，既要观察又要操作，同时要注意周围情况的变化，这就要求适当地分配注意，否则会陷入顾此失彼的状态，很容易引发事故。注意的分配是有条件的，即人在多种活动中，有一种或数种是极熟悉的定型化的活动，而且能集中一部分注意力，与其他活动形成反应系统，则同时进行这些活动就比较容易了（亦即能善于注意的分配）。

人依据新的刺激，主动地把注意从一个对象转移到另一个对象称为注意的转移。作业中遇有意外就要求注意的转移，转移要及时，这既要求人神经过程要有灵敏性，同时还与训练有关。

预防不注意产生差错的方法如下：

① 建立冗余系统，为确保操作安全，在重要岗位上，多设1～2个人平行监视仪表的工作；

② 为防止下意识状态下的失误，在进行重要操作之前采用“指示唱呼”，对操作内容确认后再动作；

③ 改进仪器、仪表的设计，使其对人产生非单调刺激或悦耳、多样的信号，避免误解。

(3) 作业中不安全的心理状态

① 盲目自信，思想麻痹：当出现异常时，原来的定势被破坏，往往感到出乎意外，表现为惊慌失措，束手无策，极易酿成事故；

② 侥幸心理：为省事，怕麻烦，心存侥幸，凑合地干；

③ 紧张：注意的分配和转移不良，决策匆忙，忙中出错；

④ 骄傲自大：过高地估计自己，作业中出现异常，满不在乎，工作不专心，危险不被觉察；

⑤ 对作业厌倦感：作业中注意力不集中，反应迟钝，活动能力下降；

⑥ 情绪不良：情绪激动反常，好走极端，影响注意力，控制能力减弱，降低工作效率，是事故的隐患。

## 4.5 人机界面

### 4.5.1 显示装置

显示装置是安全人机系统中，将机器的信息传递给人的一种关键部件，人们根据显示信息来了解和掌握机器和设备的性能参数、运行状态、工作指令，以及其他信息，从而控制和操纵机器。

生产劳动过程实际上是操作人员对工作中的信息进行接受和处理的过程。因此，信息传递质量的优劣直接影响到工作效率和生产的安全性。一旦显示错误或者引起误认、产生误解，就可能造成灾难性后果。所以在安全生产中，显示装置除了要确切地反映“机”的情况外，还应根据人的感觉器官的生理特征来确定其结构，使人与显示装置间达到充分协调。也就是说，显示装置的形状、大小、颜色、分度、标记、空间布置、强度、亮度、响度、频率、照明、背景、环境、距离等多种因素，都必须适合人的信息接受和处理能力，使人对显示信息接收速度快、误读率少，并减轻精神紧张和身体疲劳。

实际生产和工作中常用的显示装置有视觉显示器、听觉显示器、触觉显示器及其他，其中以视觉显示器所占比例最大。三种显示方式的信息特征如下（表4.10）：

表4.10 三种显示方式传递的信息特征

| 显示方式 | 传递的信息特征 |
| --- | --- |
| 视觉显示 | 1. 比较复杂、抽象的信息或含有科学技术术语的信息、文字、图表、公式等<br>2. 传递的信息很长或需要延迟者<br>3. 需用方位、距离等空间状态说明的信息<br>4. 以后有被引用的可能的信息<br>5. 所处环境不适合听觉传递的信息<br>6. 适合听觉传递，但听觉负荷已很重的场所<br>7. 不需要急迫传递的信息<br>8. 传递的信息常需同时显示、监控 |
| 听觉显示 | 1. 较短或无须延迟的信息<br>2. 简单而要求快速传递的信息<br>3. 视觉通道负荷过重的场所<br>4. 所处环境不适合视觉通道传递的信息 |
| 触觉显示 | 1. 视、听觉通道负荷过重的场所<br>2. 使用视、听觉通道传递信息有困难的场所<br>3. 简单并要求快速传递的信息 |

#### 4.5.1.1 仪表显示

(1) 仪表显示的功能

① 定量显示：这种仪表的用途是准确显示数值，按照仪表显示变化的速度不同，可以把定量显示分为两种：显示变化的间隔时间较长，每次认读都有足够的时间，显示基本处于静止的状态，这种显示称为静态显示；相反，显示是处于变动状态，或者显示停留时间很短或者显示不停地连续变化，这种显示称为动态显示。

② 定性显示：这种显示是表明机器的某种大致的状态、变化倾向或描述事物的性质等。定性显示往往是建立在对事物状态进行分类，或将数值划分成数段，每一个数段作为一个级位这样的基础之上的。显示方式是对每一类或每一级位作区分性显示。

③ 警告性显示：当量变积累到某一临界点时，就会发生质的突变，这时常要设置警告性显示。警告性显示一般分为两级，第一级是危险警告，预告已接近临界状态；第二级

是非常警报，报告已进入质变过程。

(2) 仪表显示的类型

按认读方式，有两种类型的仪表：

第一类为数字式显示仪表，它是直接用数码来显示有关的参数或工作状态的装置，有机械（转轮或翻板）式、数码管式、液晶式和屏幕式等，如各种数码显示屏，机械、电子式数字计数器，数码管等。其特点是显示简单、准确，可显示各种参数和状态的具体数值，对于需要计数或读取数值的作业来说，这类显示装置有认读速度快、精度高，且不易产生视觉疲劳等优点。

第二类为刻度指针式仪表，它是用模拟量来显示机器有关参数和状态的视觉显示装置，其特点是显示的信息形象化、直观，使人对模拟值在全量程范围内所处的位置一目了然，并能给出偏差量，对于监控作业效果好。表 4.11 是两种仪表的特征比较。

刻度指针式仪表按其功能又可分为五种：

① 读数用仪表：其刻度指示各种状态和参数的具体数值，供操作者读出数值之用。

② 检查用仪表：大部分有数字指示（有的没有数字），但使用时则一般不读其数值，而是为了检查仪表指针的指示是否偏离正常位置。

③ 警戒用仪表：其目的主要是为了检查指示的状态是否处在正常范围内，这种仪表指示的范围一般分为三个区域，即正常区、警戒区和危险区，当仪表指示进入警戒区或危险区时，需及时进行处理。

④ 追踪用仪表：追踪操纵是动态控制系统中最常见的操纵方式之一，目的是通过人的手控，使机器系统按照人所要求的动态过程去工作，或者按照客观环境的某种动态过程去工作。比如追踪和瞄准“运动的目标”就是一种追踪工作。

⑤ 调节用仪表：只是用来指示操纵器调节的值，而不指示机器系统的动态。

(3) 刻度盘指针显示设计要点

刻度盘指针仪表的显示形式、用途及一般的设计要点如表 4.12 所示。

**表 4.11 两种仪表的特征比较**

| 类型 / 特征 | 刻度指针式仪表 | | 数字式显示仪表 |
|---|---|---|---|
| | 指针运动式 | 指针固定式 | |
| 示意图 | | | 1034 |
| 数量信息 | 中<br>指针运动时读数困难 | 中<br>刻度移动时读数困难 | 好<br>读出精确数值，省时，出错极少 |
| 质量信息 | 好<br>容易确定指针位置，不用读出数字和刻度，可很快发现指针的变动 | 差<br>不读出数字和刻度，难以得知变化的方向和大小 | 差<br>必须读出数值；难以得出变化 |
| 调整 | 好<br>指针运动与调节活动有简单而直接的联系；指针变化便于监控 | 中<br>调节运动方向不明显；指示的变化不便于监控；快速调节时不可读 | 好<br>数字调节监测得精确，很少像活动指针那样与调节运动有直接关系，快速调节时不可读 |
| 跟踪控制 | 好<br>能很快确定指针位置，并运行监控，与调解活动的关系最简单 | 中<br>指针无变化有利于监控，与调节活动的关系不明显 | 差<br>无清楚的指针位置变化来支持监控 |
| 一般情况 | 占地面积较大；照明面在控制台上，刻度的长短有限，尤其是在使用多指针仪表时 | 占地面积小，只有很小一段可以看见并照明；使用刻度带时，刻度可长一些 | 占地最小，照明面积最小，刻度的长短只受字符转数的限制（如计数器） |

**表 4.12 刻度盘指针显示的用途及其设计要点**

| 仪表形式 | 特点及用途 | 设计要点 |
|---|---|---|
| | 一表两用<br>两指针可以显示量的差值<br>易误读 | 两指针要有明显的区别，如使其形状、大小及颜色不同 |
| UP<br>LEFT RIGHT<br>FLAPS<br>DOWN | 两指针可明显地显示两相同量的变化对比<br>显示相同的量相反地控制 | 两指针运动精度要相同<br>两指针表示的量要相同 |

续表

| 仪表形式 | 特点及用途 | 设计要点 |
|---|---|---|
| | 作为两个变量函数关系的图解<br>位置显示<br>状态显示 | 两条指线相互垂直<br>给出标准位置或标准状态点"+" |
| | 模拟飞机、列车等的运行状态<br>模拟生产流程的变化 | 指针设计成被显示机具的形象<br>显示的倾斜角要与实际情况相同 |
| | 具有较大的容量<br>表示差值时可用双指针 | 单指针可在窗口设一固定的Δ<br>双指针中有一指针为移动式 |

① 刻度盘设计：仪表刻度盘形状的选择，主要根据显示方式和人的视觉特性。实验研究证明，开窗式、圆形式、半圆形式、水平直线式、垂直直线式等五种形式的刻度盘，其读数认读效果是不同的。开窗式认读范围小、视线集中、动眼扫描路线短，误读率最低。因此优于其他四种形式。圆形式和半圆形式误读率虽高于开窗式，但它给出了两位空间的位置刺激，动眼扫描路线也比直线短，且符合人们长期以来所形成的观察仪表的习惯，因此，圆形式和半圆形式优于直线式。由于人眼睛的运动规律为水平运动比垂直运动速度快且准确，故水平直线式又优于垂直直线式。

刻度盘的大小对仪表的认读速度和精度有很大影响。直径 35～70mm 的圆形刻度盘认读的准确性较高、认读速度较快。

② 刻度设计：刻度盘上两最小刻度标记间的距离和刻度标记统称为刻度。刻度的设计有以下几个问题：

a. 量表的划分：量表的划分指的是仪表刻度所指示的具体数值的划分，仪表的最小刻度所表示的量表值应当是所需读出的最小数量单位，一般应尽量避免内插读数（人能在脑中区分的最小间距）。

b. 刻度间距：刻度间距指的是两个最小刻度标记（或刻度线）之间的间隔距离，它与人眼的分辨能力和视距有关。一般情况下，由最小可辨视角得出的刻度间距不是最佳距离。仪表的最佳刻度间距是在视角为 10′附近、视距为 750mm 的条件下，大体上相当于间距 1～2.5mm。如果观察时间很短，最好采用 2.3～3.8mm 间距，不宜过小。

刻度内圈直径 $D$、刻度数 $N$ 与观察距离 $H$ 的关系如表 4.13 所示。

c. 刻度线（或刻度标记）：每一刻度线代表一定的读数单位，为了方便认读和记忆，刻度线一般有三级，即长刻度线、中刻度线和短刻度线。如图 4.8 所示。

刻度线的宽度一般以短刻度线为基准，其宽度以占刻度间距的 1/5～1/20 为宜。刻度线的宽窄还与观察距离有关，观察距离越大，则刻度线也应越宽。

一般仪表的设计观察距离为 700mm 左右，表 4.14 给出了该视距时推荐的刻度线设计尺寸。

**表 4.13　不同视距 $H$ 下刻度数 $N$ 与刻度内圈直径 $D$ 的关系**　　单位：mm

| $N$ \ $D$ \ $H$ | 视距 $H$ | | | | |
|---|---|---|---|---|---|
| | 500 | 900 | 1800 | 3600 | 6100 |
| 50 | | 34 | 66 | 130 | 230 |
| 100 | 36 | 66 | 130 | 250 | 430 |
| 150 | 50 | 100 | 200 | 380 | 660 |
| 200 | 74 | 130 | 250 | 530 | 960 |
| 250 | 89 | 160 | 330 | 660 | 1090 |
| 300 | 100 | 196 | 380 | 890 | 1300 |
| 350 | 130 | 230 | 460 | 1010 | 1524 |

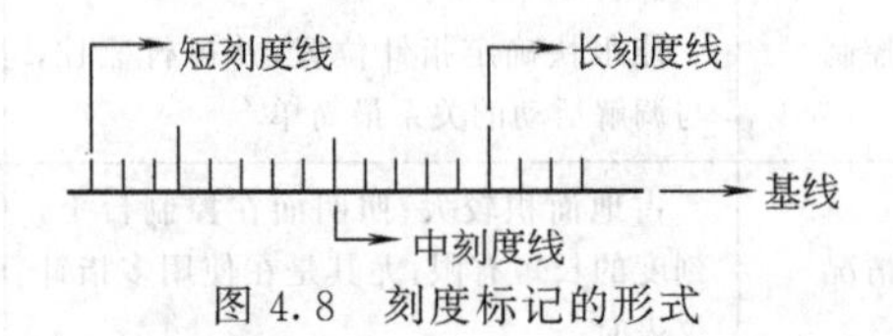

图 4.8　刻度标记的形式

**表 4.14　视距为 700mm 时刻度线设计尺寸**

单位：mm

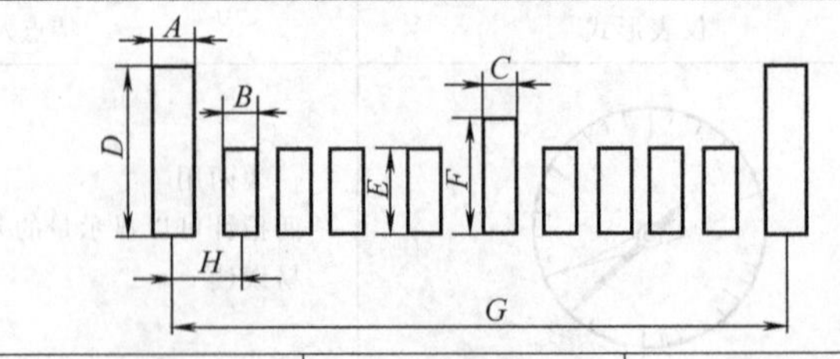


| 名称 | 白底黑线 | 黑底白线 |
|---|---|---|
| $A$(宽度) | 0.9 | 3.2 |
| $B$(宽度) | 0.6 | 3.2 |
| $C$(宽度) | 0.75 | 3.2 |
| $D$(高度) | 5.6 | 5.6 |
| $E$(高度) | 2.5 | 2.5 |
| $F$(高度) | 4.1 | 4.1 |

注：$H$ 为视距；$G$ 为刻度线全长。

d. 刻度的标数：仪表的刻度必须标上相应的数字，才能使人更好地认读。一般说来，最小的刻度不标数，最大的刻度必须标数。对于指针运动式仪表，标示的数码应当呈竖直状；对仪表面运动的仪表数码则应沿径向布置，且在允许条件下数码应放在刻度线的外侧。开窗式仪表窗口的大小至少应当足以显示被指示的数码及其前后两侧的两个数码。

③ 指针设计：设计仪表的指针一般应注意如下几个问题：

首先，指针的形状要简洁、明快、有明显的指示性形状，指针由针尖、针体和针尾构成。

其次，指针端部宽度应与刻度线的宽度相同（刻度线级别不同时，与短刻度线宽度一致），而且指针上这种宽度应保持一定的长度，不宜将针端做成局部大楔形。

再次，指针表面应与仪表刻度盘尽量处于相互靠近的平面内，以免观察视线不垂直表盘时产生视差；设计双指针表盘时上面的指针可设计得稍长些，使尖部弯向平面，或者使表盘面处于两个平面上，以减少视差。

最后，指针长度应保证与刻度线间保留有很小的间隙（1.6mm 左右），避免遮挡刻度标记。指针的颜色应与刻度盘的颜色有明显的区别和对比，但与刻度线和数码的颜色应尽量协调一致。

（4）数字式仪表设计

① 设计形式。数字式仪表包括机械式数字显示和电子数字显示两种形式。前者主要是依靠机械装置来实现数字的显示和变化，显示时两组数值变化的间隔不能少于 0.5s；后者常用液晶显示和发光二极管显示，应用较为广泛。

② 数字和字符设计。字体形状应尽量简明易认，避免多余的装饰。一般均采用正楷字，不用手写体，正体字比斜体字易认。汉字一般以黑体字及宋体字最易认读。

大写字母比小写字母易认读，特别是字形较小的情况下更是这样。一般应采用笔画粗细一致的字体。

字形设计的关键是首先找出每个字形的特点，设计字形的目的就在于突出特点，减少相似之处。

一般字体的高度约为观察距离的 1/200，字体的高与宽之比可取 3：2 或 5：3，字体的笔画宽度与字高之比可为 1：8 或 1：10。

在字体的设计过程中要充分考虑背景和照明的因素。一般情况下不采用光反射性强的材料做字体的背景，且两者之间的对比要强一些。

#### 4.5.1.2 信号器设计

（1）信号器设计的原则

① 信号装置应布置在操作者或监视人员较容易发现和感觉到的位置；

② 信号装置的作用能力应保证操作者能够迅速和断然地反应到信号的最佳可能性；

③ 信号装置发出的信号应该简单、明显、清晰、单一，以保证操作者迅速反应和正确地采取措施；

④ 要确保信号输出的可靠性，对极为重要和保证安全的信号装置要避免设置在噪声强、光色混乱以及单一操作人员的环境里。

（2）光信号器

光信号器包括信号盘、仪表盘上光色显示器、信号灯。它是一种形式简单的视觉显示器，其主要作用是通过不同的颜色显示各种不同的工作状态。人们根据信号器显示的状态，进行设备的操纵和采取措施。

（3）音响显示器

音响显示器在示警、警告方面起着比其他显示器更为有效的作用。常见的有以下几种：

① 蜂鸣器：是音响显示器中声级最低、频率也较低的一种装置。它较柔和地提醒人注意，一般不会使人感到紧张和恐惧，适合于较宁静的环境。

② 铃：比蜂鸣器有较高的声压级和频率，常用于有较高强度噪声的环境里。

③ 角笛：可发出声压级在 90～100dB，低频率的吼声和高声强、高频率的尖叫声，用于高噪声环境。

④ 汽笛：具有高声频和高声强，适用于紧急状态的声音报警。

⑤ 报警器：声音强度大、频率由低到高或由高到低，发出的声音明显而富有上升和下降的调子，可以抵抗其他噪声的干扰，可以加强人们的注意和接受。

#### 4.5.1.3 显示器的布局

（1）指针式仪表群的布局

指针式仪表多用于检查显示，而且往往是多个相同形式的仪表同时进行观察，这样多个相同形式的仪表就构成了一个仪表群。

当机器处于正常情况时，很多仪表指针都处于稳定的显示状态，一旦某部分出现异常，相关的那只仪表才会出现变位显示。在这个过程中，仪表相当于一种记忆元件，平时的显示是“无信号”的，每出现某种异常时，就会在相应的表上做出一次显示和记录。将显示器按某种几何规律排列成仪表阵，对发现异常最为有利。每一支仪表在仪表群的排列中，其零点位置方向都一致时，认读异常变位时效果最佳。

（2）显示器板面布局

① 显示器板面的尺度：显示器板面的水平方向和垂直方向的尺度应适合人的视界范围。为了在水平方向上能使视线迅速有效地扫视，显示器板面的宽度应在人的视角 30°～40°范围内，当头部转动时，水平视界的范围不超过 90°。在垂直方向上，最佳的视角范围为视平线以下 0°～30°范围。允许布置的界限是从视平线起，向上 30°，向下 45°。

② 显示器板面的最佳认读范围及布局：根据实验，在距离显示器板面 80cm 的情况下，当眼球不动，水平视野 20°范围内为最佳认读范围，其正确认读时间为 1s 左右。当水平视野超过 24°以后，正确认读事件开始急剧增加。

各种显示仪表在板面上的布局首先要根据视觉运动的规律使仪表的排列顺序与它们的认读顺序相一致。将互相关联的仪表尽量靠近排列。同一工序所用仪表要布置在同一仪表盘面上。当仪表数量较多时，为了便于区别和认读，可划分成若干个功能组，并用不同的括线和线框加以区分。

通常在显示盘面上安装的仪表，根据用途可分为生产管理仪表、过程控制仪表及操纵监视仪表。按照其重要性与操纵要求，可按下列方法布局：

1 区为最佳认读区或布置最重要的显示仪表，如重要设备、关键仪器运行情况的仪表；

2 区可布置需要经常观察和记录的各式仪表；

3 区可布置对生产过程有指导意义的生产管理仪表，如总电压、电流表等，它们的位置应在人的身高以上比较醒目的地方；

4 区是显示盘面的操纵部分，可布置启动、停车的按钮，显示转换键等装置；

5 区可布置不常用的操纵和控制显示转换的一些装置和电话等；

6 区一般布置不重要或不常用的显示装置。

③ 显示器板面的总体形式：为了保证工作效率和减少疲劳，在设计显示器总体形式时，应考虑让操纵者少运动头部和眼睛，更不必移动座位，就可较方便地认读全部仪表。为了达到这个要求，一般可根据仪表板面的数量和控制室的容量，选择直线形、弧形、弯折形布局。

在认读显示板面上的仪表时，在正常的光照条件下，视距的最佳距离为50～70cm，常用显示器的观察视角为15°～30°。

④ 信号灯的位置：信号灯也应布置在良好的视野范围内，使观察者有利于发现信号并尽量不要使观察者扭动头部或躯干才能发现。

当操纵控制台上有多种视觉显示器时，应避免与信号灯相互干扰和重复。多个信号灯同时使用时，应按功能的重要程度加以区分或划出间隔。

### 4.5.2 控制装置

控制装置是人与机的交互过程中的重要装置。当操纵者通过显示装置得到机器设备或环境的显示信息之后，就要通过控制装置将人的控制信息传输给机器。由此可见，显示装置与控制装置是协调人机关系的一座“桥梁”。人们通过这个“桥梁”来合理地使用机器。控制装置的可靠性及有效性，直接关系到人机系统的安全性。生产中的许多失误和事故往往和控制装置的不合理有关。

#### 4.5.2.1 控制器的类型及选择

（1）控制器的类型

操纵控制器的类型很多，一般常用下列方式分类。

① 按操纵方式分类：a. 手动控制器，如各种手柄、按钮、旋钮、选择器、杠杆、手轮等；b. 脚动控制器，如脚踏板、脚踏钮、膝控制器等。

② 按控制器的功能划分：a. 开关控制器，用于简单的开或关，启动或停止的操纵控制，如按钮、手柄等；b. 转换控制器，适用于系统当中不同状态之间的转换操纵控制，如手柄等；c. 调整控制器，用于调整系统中工作参数定量增加或减少的操纵控制，如旋钮等；d. 制动控制器，用于紧急状态下启动或停止的操纵控制，要求灵敏度高、可靠性强，如制动闸等。

③ 其他控制器：其他控制器主要有光控制器和声控制器，它们通常是利用一些传感元件将非电量信号转换成电信号，以便进行启闭开关或开关电路、实现控制的目的。

（2）控制器的选择

① 按功能选择：机器设备的不同运行状态决定了控制器的功能。表4.15列出了各种控制器适用不同功能的情况，表4.16为各种控制器的使用情况比较。

**表4.15 各种控制装置的使用功能**

| 控制装置名称 | 使用功能 | | | | |
|---|---|---|---|---|---|
| | 启动 | 不连续调节 | 定量调节 | 连续控制 | 输入数据 |
| 按钮 | ○ | | | | |
| 钮子开关 | ○ | ○ | | | |
| 旋钮选择开关 | | ○ | | | |
| 旋钮 | | ○ | ○ | ○ | |
| 踏钮 | ○ | | | | |
| 踏板 | | | | ○ | ○ |
| 曲柄 | | | | ○ | ○ |
| 手轮 | | | | ○ | ○ |
| 操纵杆 | | | | ○ | ○ |
| 键盘 | | | | | ○ |

注：“○”表示具有该种使用功能。

② 按工作需要选择：控制器的工作要求主要包括工作精度、工作性质、操纵力大小等内容。表4.17是在不同工作情况下，选择控制器的建议。表4.18为用于追踪控制器的选择情况。

③ 控制器的选择原则：正确地选择控制器的类型对于安全生产、提高功效极为重要，一般原则如下。

a. 快速而精确度高的操作一般采用手控或指控装置；

b. 手控制器应安排在肘和肩高度之间且容易接触到的位置，并且易于看见；

c. 紧急制动的控制器要尽量与其他控制器有明显区分，避免混淆；

d. 控制器的类型及方式应尽可能适合人的操作特性，避免操作失误。

**表4.16 各种控制器的使用情况比较**

| 使用情况 | 按钮 | 旋钮 | 踏钮 | 旋转选择开关 | 钮子开关 | 手摇把 | 操纵杆 | 手轮 | 踏板 |
|---|---|---|---|---|---|---|---|---|---|
| 需要的空间 | 小 | 小～中 | 较小 | 中 | 小 | 中～大 | 中～大 | 大 | 大 |
| 编码 | 好 | 好 | 差 | 好 | 较好 | 较好 | 好 | 较好 | 差 |
| 视觉辨别位置 | 可 | 好 | 差 | 好 | 好 | 可 | 好 | 较好 | 差 |
| 触觉辨别位置 | 差 | 可 | 可 | 好 | 好 | 可 | 较好 | 较好 | 较好 |
| 一排类似控制装置的检查 | 差 | 好 | 差 | 好 | 好 | 差 | 好 | 差 | 差 |
| 一排控制装置的操作 | 好 | 差 | 差 | 差 | 好 | 差 | 好 | 差 | 差 |
| 合并控制 | 好 | 好 | 差 | 较好 | 好 | 差 | 好 | 好 | 差 |

**表4.17 在不同工作情况下，选择控制器的建议**

| 工作情况 | | 建议使用的控制器 |
|---|---|---|
| 操纵力较小的情况 | 2个分开的装置 | 按钮、踏钮、拨动开关、摇动开关 |
| | 4个分开的装置 | 按钮、拨动开关、旋钮、选择开关 |
| | 4～24个分开的装置 | 同心成层旋钮、键盘、拨动开关、旋转选择开关 |
| | 25个以上分开的装置 | 键盘 |
| | 小区域的连续装置 | 旋钮 |
| | 较大区域的连续装置 | 曲柄 |
| 操纵力较大的情况 | 2个分开的装置 | 扳手、杠杆、大按钮、踏钮 |
| | 3～24个分开的装置 | 扳手、杠杆 |
| | 小区域连续性装置 | 手轮、踏板、杠杆 |
| | 较大区域连续性装置 | 大曲柄 |

表 4.18 用于追踪的控制器选择

| 追踪信号的运动形式 | 适宜的控制器类型 | 方案比较 |
| --- | --- | --- |
| 圆形 | 圆形转动 | 最好 |
| 直线 | 圆形转动 | 好 |
| 直线 | 直线移动 | 中等 |
| 圆形 | 直线移动 | 一般 |

#### 4.5.2.2 操作控制系统的安全因素

(1) 控制器到位反馈

人在操纵控制器时，有两类反馈信息：一类是来自人体自身的反馈信息；一类是来自机器的反馈信息。

机器反馈主要有：光显示、音响显示及操纵阻力三种形式。下面分析机器三种反馈信息的设计问题。

a. 光显示：除各种仪表显示外，还有一种按钮（或手柄）显示，即将按钮做成透明体，内设小灯，当按钮到位时即发光。这种装置不但可以显示操作到位，也可以显示按钮的位置和状态，提示操作者注意。

b. 音响变化：一种是机器运行噪声的变化，如发动机加速时噪声变大；另一种是在控制器上设置到位音响（如"咔嗒"声）。这种音响常可由控制器定位机构中自动发出，也可以装设专门的联动音响装置。

c. 操纵阻力：这是控制反馈的重要参数，过小的阻力会使操纵者感觉不到反馈信息而对操作情况心中无数，过大的阻力又会使控制器动作不灵敏，难以驾驭，而且会使操纵者提前产生疲劳。

表 4.19 列出了不同控制器的最小阻力。

表 4.19 不同控制器所要求的最小阻力

| 控制器类型 | 所需最小阻力/N |
| --- | --- |
| 手动按钮 | 2.8 |
| 扳动开关 | 2.8 |
| 旋转选择开关 | 3.3 |
| 旋钮 | 0～1.7 |
| 摇柄 | 9～22 |
| 手轮 | 22 |
| 手柄 | 9 |
| 脚动按钮 | 5.6(如果脚停留在控制器上)<br>17.8(如果脚不停留在控制器上) |
| 脚踏板 | 44.5(如果脚停留在控制器上)<br>17.8(如果脚不停留在控制器上) |

控制器操纵到位时应使阻力发生一种变化，作为反馈信息作用于操纵者这种变化有两种情况：一种是操纵到位时操纵阻力突然变小；另一种是操纵到位时操纵阻力突然增大。如果是多挡位控制器，每个挡位都应该有这种阻力变化信息传递给操纵者。

(2) 控制器编码

对控制器进行编码有两个目的：一是为了说明控制器的位置或状态，以便确认操纵的准确性；二是使控制器各具特点，便于记忆、寻找和感受信息，保证操纵的正确性。

编码的心理学依据主要是特征（视觉的、触觉的）记忆。

控制器的编码方法有两类：

第一类：表示控制器位置和状态的编码，常用的方法是将手柄或旋钮不同的操纵位置给出定位装置，然后在相应的位置上设置指示标记或刻度，例如机床挂轮手柄装置和分度盘装置，都是用活动销定位，用标志牌或刻度盘编码。汽车挡位手柄则是用连锁销定位，用手柄装置及标牌编码。

第二类：控制器本身编码，这种编码方法有以下 5 种：

① 形状编码：将手柄或按钮设计成各种不同的形状，开始时操纵者借助视力并辅助以手面压力的感受不同进行识别，稍经训练就可以单凭手感盲目"识别"。

② 局部结构编码：就是在手柄或按钮上手的接触面处理成不同的局部变化，而各手柄的基本形状可以是相同的。局部结构编码的方法很多，例如局部做成各种滚花、开槽、打光、揿键不同的指窝形状等等。设计结构编码时应注意用作触觉识别的结构要有足够大的尺寸和面积。

③ 符号编码：就是在手柄或按钮的表面上印刻文字、数字或图形符号，借助视觉去识别它们，而各控制器的形状和颜色可以是相同的。这种编码的优点是可以用示意性符号对每个控制器的作用给以象征性的指示，而不需要事先去记忆每个控制器的功能，减少了大脑译码的过程，因此效率和准确度都很高。其缺点是当光线不充分或为了减少视觉的负担而要求触觉识别时不宜使用。

④ 颜色编码：除在手柄及按钮上采用着色的方法外，还可以采用色光显示编码，例如在旋钮内部装设不同色彩的灯光对旋钮编码。

⑤ 大小编码：以相同形状而不同大小来区分控制器的功能和用途，这种形式的编码应用范围较小，常与其他形式的编码一起使用。

在实际设计中常常是几种编码方式综合使用，这样能更好发挥各种编码方法的特长。

除对控制器进行编码外，其他防止意外误操作的措施还有：

① 防护：将按钮或旋钮设置在凹入的底座之中或加装护栏，或在控制器上加盖、加锁等。

② 双重开关：只有按 A、B 的顺序连续启动控制器时才会发生作用。

③ 连锁控制器：使有关的控制器连锁，前一控制器复位之后，后一控制器才能动作。

#### 4.5.2.3 控制器的设计

(1) 手控制器设计

① 旋钮：旋钮是用手指扭转操纵的小型控制器。根据其功能可适用于下列场合：操纵时要求不大的力量，缓慢平稳地旋转 360°，精确定位，切换和完成几个稳定状态的作用。连续平稳旋转的旋钮一般设计成圆柱形或锥台形；轮缘的外形为槽形和齿形，以防止转动时打滑。切换或分级旋钮一般设计成长形或长与圆的综合形，外部形状要明显的指示出切换和分级的位置。切换分级的旋钮角最小为 30°，最大不超过 60°。单旋钮的尺寸、操纵力及其用途如表 4.20 所示。多层旋钮一般不多于三层。

② 按钮：按钮用于需要接通或切断的设备，使机器或者动力机械运行或停止。按钮有两种结构：一种是揿则下降，松则弹起，这是单作用按钮；还有一种揿下之后可以锁住，再揿时才能弹回，这是具有保持位的双作用按钮。

通常按钮的手触及的端面为圆形或方形，并应符合按压时手指的形状，使手指与它们接触时有舒适感。

按钮有 3 个主要参数：直径、作用力及移动距离。

用指尖揿的按钮直径，对大拇指可取 20mm，其他手指可取为 15mm。用整个手端压揿的蘑菇按钮，直径可设计得大一些，但一般不大于 30mm。最小按钮直径可取 6.5mm，戴手套时最小按钮直径为 13mm。

对于单指按钮的阻力，大拇指按钮可取为 3～20N，其他手指按钮可取为 2～10N。但一般不应超过 40N，蘑菇按钮压力最大可取到 100N。

按钮的移动距离太小会不安全。工业按钮移动距离可取 5～10mm，蘑菇按钮移动量应不小于 6mm。

表 4.20　旋钮的尺寸、操纵力及其用途

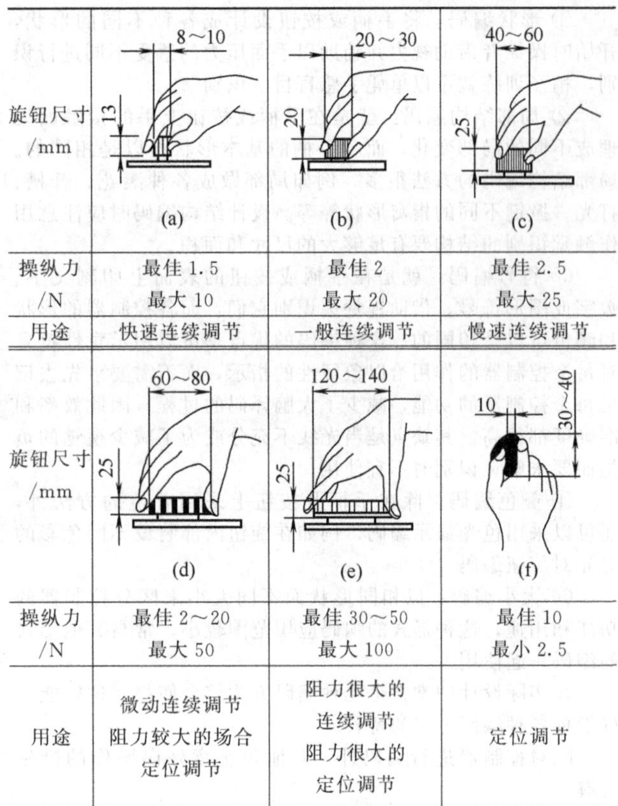

| | | | |
|---|---|---|---|
| 旋钮尺寸/mm | 8～10；13<br>(a) | 20～30；20<br>(b) | 40～60；25<br>(c) |
| 操纵力/N | 最佳 1.5<br>最大 10 | 最佳 2<br>最大 20 | 最佳 2.5<br>最大 25 |
| 用途 | 快速连续调节 | 一般连续调节 | 慢速连续调节 |
| 旋钮尺寸/mm | 60～80；25<br>(d) | 120～140；25<br>(e) | 10；30～40<br>(f) |
| 操纵力/N | 最佳 2～20<br>最大 50 | 最佳 30～50<br>最大 100 | 最佳 10<br>最小 2.5 |
| 用途 | 微动连续调节<br>阻力较大的场合<br>定位调节 | 阻力很大的<br>连续调节<br>阻力很大的<br>定位调节 | 定位调节 |

③ 切换开关设计：切换开关即扳动开关，用于快速切换、接通、断开和快速就位的场合，一般只有开和关两个切换位置，特殊情况下也有三个切换位置。

切换力一般为 3～5N。用手指切换，最大力为 12N；用全手切换时，最大力不超过 20N。

为了迅速可靠地识别切换开关的位置，常以不同颜色或一定标记加以区分，如 ON、OFF 等。

④ 手柄设计：手柄是操纵控制系统中较常用的部件，它主要是依靠手的屈肌和伸肌的共同协作来完成操作，因此，被握持的手柄应适应手掌的生理特点。要防止手柄的形状丝毫不差地贴合于手的握持空间，尤其不能紧贴掌心；手柄的着力方向和振动方向不能集中于掌心和指骨间肌。如果掌心长期受压受振，可能会引起痉挛和疲劳，甚至造成手的损伤，因此，在握持手柄时最好使掌心处略有空隙，减少受力。

手柄的设计还需考虑使用过程中的力学原理，布置在最合理的位置和方向上，让人使用起来感到方便得力。

⑤ 曲柄：曲柄是机器设备上较常用的手操纵控制器，一般用于以迅速转动的方式来改变机器或机构的状态，且在变化时需要较大操纵力的场合。

曲柄臂杆的长度最小极限为 30mm，通常，在大负荷时臂长为 150～400mm，小负荷时臂长为 60～120mm。

曲柄半径、操纵力及用途见表 4.21。

表 4.21　曲柄半径、操纵力及用途

| 曲柄半径/mm | 90 | 90～120 | 150 |
|---|---|---|---|
| 操纵力/N | 10～35 | 20～40 | 50～80 |
| 用途 | 精确定位 | 一般 | 出力较大 |

⑥ 手轮：手轮适宜做连续转动的控制器，手轮上装一个手把又构成曲柄手轮。

常用的有摇把手轮和转盘手轮。

对于摇把手轮，机器设备上其相对于操作者的位置，会影响到操作精度、速度和用力。手轮的布置高度最好是距离地面 100～105mm，布置方向应位于操作者正前方平面成 60°～90°夹角内，或平行（图 4.9）。

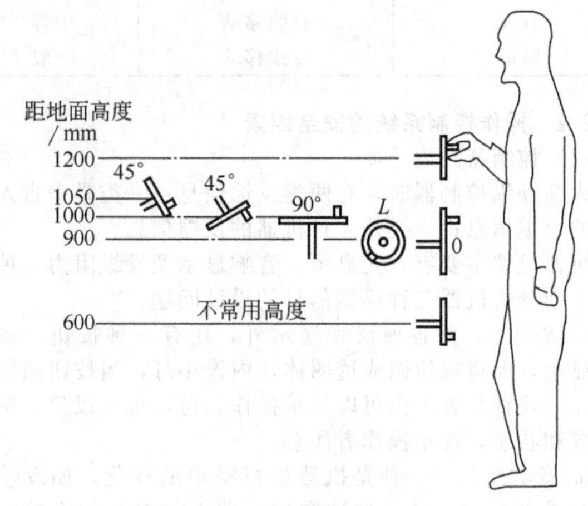


图 4.9　曲柄及手轮位置

对于转盘手轮，一般为双手操作，常用的十字转轮直径为 400～500mm。

手轮用其回转半径的大小来控制操纵力，其参数如表 4.22 所示。

表 4.22　手轮半径、操纵力及用途

| 手轮半径/mm | 允许操纵力/N | 最大操纵力/N | 用途 |
|---|---|---|---|
| 125 | 10～20 | 80 | 单手快速转动 |
| 160 | 20 | 100 | 单手精确调节 |
| 250 | 30 | 200 | 单手使用 |
| 315 | 40 | 300 | 双手使用 |
| 400 | 50 | 400 | 双手出力较大 |

⑦ 操纵杆设计：操纵杆的自由端装有把手或手柄，另一端与机器或设备连接。它可以利用较大的杠杆比，操纵阻力较大的控制器。它常用于一个或几个平面内推、拉的摆动运动。由于操纵杆的行程和扳动角度限制，不宜做大幅度的连续控制，也不宜于精确的调节之用。

操纵杆相对于操纵者的位置和角度是设计操纵杆的主要依据。坐姿工作时，操纵杆的手柄应设在与人肘部差不多高的位置上；站姿作业时，操纵杆手柄的位置应与人肩同高或略低，这样可以用力方便，减少疲劳。

操纵杆的行程及扳动角度应适合于人的手臂特点，同时，尽量做到只用手臂而不移动身体就可实现操作。操纵杆的操纵力最小为 30N，最大为 130N，经常操纵情况下最大不应超过 60N。

(2) 脚、膝控制器设计

脚操纵控制器常用于：系统或机器的快速接通和断开、启动和停车；操纵力较大，或机构的就位精度要求不高的场合；为了减轻手操纵的过量负荷，需要脚操纵配合的情况。

① 踏板开关设计：踏板开关若用于立位操纵，使操纵者在不影响稳定性的情况下既便于使用，又要注意避免发生误踏的危险。图 4.10 给出了踏板开关的形状和尺寸，踏板的转角不宜超过 10°。

如果要求双脚均能踏动，或操作者连续不断改变位置时也能踏动，最好采用踏动杠杆，踏动杠杆距地面不应超过 15cm，伸长度不要大于 15cm。

对于脚用按钮，因为脚对动作和压力的敏感程度均较低，因此应有足够大的行程，一般不小于 15mm，以 30mm

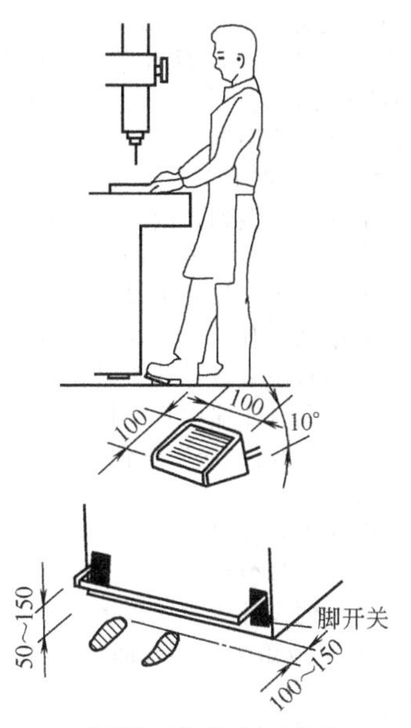


图 4.10　踏板开关操作（单位：mm）

为宜，阻力可在 20～90N 之间，选用按钮直径不应小于 20mm。

② 膝控开关设计：膝控开关多用于坐位操作，为适用不同人体尺寸的需要，需将膝板做得大一些，具体尺寸如图 4.11 所示。

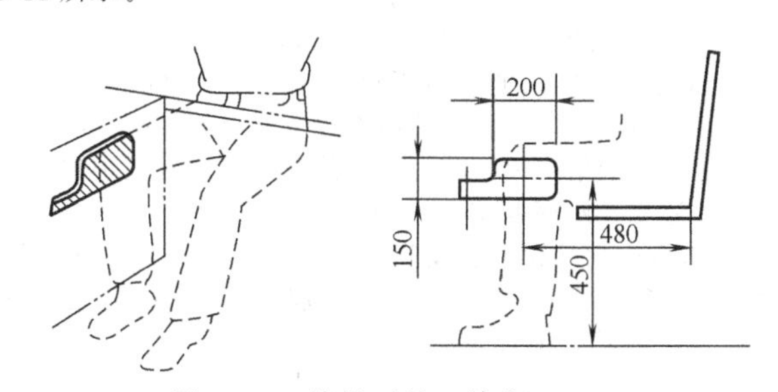


图 4.11　膝控开关（单位：mm）

（3）控制器的布局

① 控制器的布置原则：控制器的位置主要包括控制器相对于人的操纵范围、操纵习惯的相应位置及控制器之间的相互排列位置和间隔等。除将控制器布置在人的视觉和触及的理想范围内，还要按以下原则进行布置。

a. 按重要程度进行布置。把操作中最重要的控制器布置在人的视区和操作区的最佳范围内。

b. 按使用频率布置。使用频率高的显示器和控制器应安排在最佳视区及操作起来最便利的范围内，以方便对控制器的操纵。

c. 按功能布置。紧急停车和重要的制动控制器应与其他控制器分开布置，并布置在最明显而又便于操作的地方。

d. 按使用顺序布置。在正常的操作过程中，应按着使用顺序来安排控制器。顺序安排应符合人的习惯：水平安排为从左到右；垂直安排为自上而下。

② 控制器的协调性布置：控制器的协调性是指，控制器与机器或设备运行状态的协调性及控制器与显示器的协调性。

a. 控制器的运动形式与机器或设备的运行状态相协调一致；

b. 控制器的操纵方式应与显示器的方式协调一致；

c. 控制器的运动方向应与显示器指针的运动方向协调一致；

d. 控制器的排列形式应与显示器的排列形式相对应；

e. 为了提高生产效率，减少误读和误操作率，提高认读精度，许多机器设备中采用复合操作显示器；

f. 操纵控制台的空间尺度要适合人的生理特点，应该使操作者方便、舒适地进行操作；

g. 操纵控制台的形式要尽可能适合多种操作的特点，以保证工作质量。

③ 控制器和显示器的配置：控制器和显示器的配置主要是考虑其兼容性。即控制器与显示器的关系与人们对它们的预测关系相一致，符合人们的习惯定型。

a. 运动兼容性。一般来说，人对显示器和控制器运动有一定的习惯定型。汽车的方向盘向右旋转，汽车向右转弯，向左旋转，汽车左转弯，控制器的运动与系统或显示器的运动有一定的兼容性。因此，在控制器和显示器的运动关系上的设计要考虑其兼容性，如图 4.12 所示。

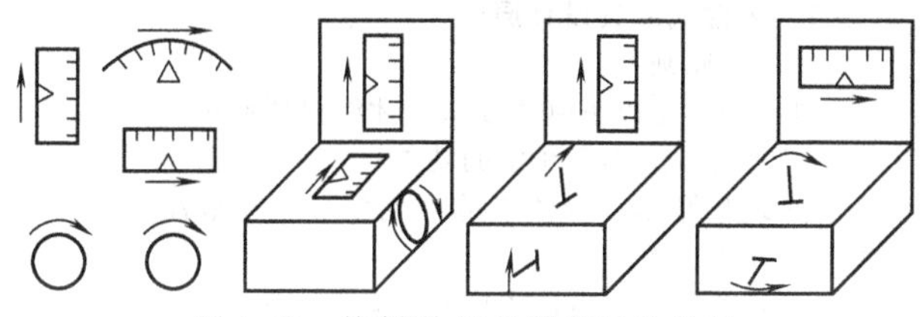

图 4.12　控制器-显示器的运动关系

b. 空间兼容性。控制器与显示器配合使用时，控制器应该与其相联系的显示器紧密布置在一起，最好布置在显示器的下方或右方（右手操作）。当布置空间受到限制的时候，控制器和显示器的布置彼此之间，在空间位置上应有逻辑关系。例如，左上角的显示器应用左下角的控制器去操作；中间的控制器用中间的显示器表达其控制量等等。图 4.13 给出了控制器与显示器间的空间安排。

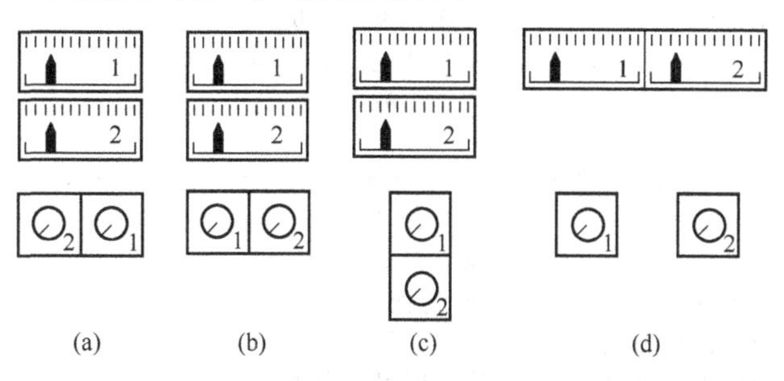


图 4.13　控制器-显示器的空间关系

在图 4.13（a）中，由于空间限制，两个显示器的控制钮左右排列。左边的控制器与下面的显示器相联系，右边的控制器与上面的显示器相关联。这种安排就违背了人们的空间习惯定型。因此，在使用控制器时就容易造成相互混淆。如果空间限制，不可能有其他的安排方法，图 4.13（b）的安排比较可取，但是也应尽量避免这种布置。图 4.13（c）的安排就符合人们的空间习惯。图 4.13（d）的安排，控制器和显示器的空间关系就更为清晰。这种安排就很少发生混淆的现象。

c. 概念兼容性。对控制器和显示器功能及用途编码应与人们所形成的习惯相一致，使操纵者看到某种代码立即能联想到其功能和用途。

④ 控制和显示比设计：在操作中，通过控制装置对设备进行定量调解或连续控制，控制量则通过显示装置（也可以使设备本身，例如，方向盘的转动与车身转弯程度）来反映。控制-显示比是控制器和显示器移动量之比，即 $C/D$。这个移动量可以是直线距离（直线形刻度盘的显示量，操纵杆的移动量），也可以是旋转的角度和圈数（圆形刻度盘的显示量，旋钮的旋转量等）。灵敏度低的控制器是指控制器

的控制移动量很大，但显示器的移动量却很小。相反，灵敏度高的控制器则为移动量小，但显示量大。$C/D$ 值正是反映了控制-显示系统的灵敏度高低。$C/D$ 值大，说明控制-显示系统灵敏度低；$C/D$ 值小，说明控制-显示系统灵敏度高。

在控制-显示系统中，人们对于控制器的调节有两种形式：粗调和精调。在选择 $C/D$ 值时，就要考虑到这两种调节形式。在粗调的时候，希望 $C/D$ 值低一些；而在精调的时候，则希望 $C/D$ 值高一些。最佳的则是两种调节时间曲线相交处，这样可以使总的调节时间降低到最低。

旋钮的最佳范围为 0.2～0.8，对于操纵杆或手柄，则为 2.5～4.0 之间较为理想。

### 4.5.3 工具类人机界面

#### 4.5.3.1 手握式工具设计原则

(1) 一般原则

工具必须满足以下基本要求，才能保证使用效率：

① 必须有效地实现预定的功能；

② 必须与操作者身体成适当比例，使操作者发挥最大效率；

③ 必须按照作业者的力度和作业能力来设计；

④ 工具要求的作业姿势不能引起过度疲劳。

(2) 解剖学因素

① 避免静肌负荷：当使用工具时，臂部必须上举或长时间抓握，会使肩、臂及手部肌肉承受静负荷，导致疲劳，降低作业效率。

② 保持手腕处于顺直状：手腕顺直操作时，腕关节处于正中的放松状态，但当手腕处于掌曲、背曲、尺偏等别扭的状态时，就会产生腕部酸痛、握力减小，如长时间这样操作，会引起腕道综合征、腱鞘炎等症状。

一般认为，将工具的把手与工作部分弯曲 10°左右，效果最好。弯曲式工具可以降低疲劳，较易操作，对于腕部有损伤者特别有利。

③ 避免掌部组织受压：操作手握式工具时，有时常要用手施相当的力。如果工具设计不当，会在掌部和手指处造成很大的压力，妨碍血液在尺动脉的循环，引起局部缺血，导致麻木、刺痛感等。好的把手设计应该具有较大的接触面，使压力能分布于较大的手掌面积上，减少压力；或者使压力作用于不太敏感的区域，如拇指与食指之间的虎口位。

④ 避免手指重复动作：如果反复用食指操作扳机式控制器时，就会导致扳机指（狭窄性腱鞘炎），扳机指症状在使用气动工具或触发器式电动工具时常出现。设计时应尽量避免食指做这类动作，而代替以拇指或指压板控制。

(3) 把手设计

① 直径：把手直径大小取决于工具的用途与手的尺寸。对于旋具，直径大可以增大扭矩，但直径太大会减少握力，降低灵活性与作业速度，并使指端骨弯曲增加，长时间操作，则导致指端疲劳。比较合适的直径是：着力抓握 30～40mm，精密抓握 8～16mm。

② 长：把手长度主要取决于手掌宽度。掌宽一般在 71～97mm 之间（5%女性至 95%男性数据），因此合适的把手长度为 100～125mm。

③ 形状：指把手的截面形状。对于着力抓握，把手与手掌的接触面积越大，则压应力越小，因此圆形截面把手较好。

④ 弯角：把手弯曲的最佳角度为 10°左右。

⑤ 双把手工具：双把手工具的主要设计因素是抓握空间。握力和对手指屈腱的压力随抓握物体的尺寸和形状而不同。当抓握空间宽度为 45～80mm 时，抓力最大。其中若两把手平行时为 45～50mm，而当把手向内弯时，为 75～80mm。对不同的群体而言，握力大小差异很大。为适应不同的使用者，最大握力应限制在 100N 左右。

⑥ 用手习惯差异：双手交替使用工具可以减轻局部肌肉疲劳。但是这常常不能做到，因为人们使用工具时，用手都有习惯性。在东方人群中，约 90%的人惯用右手，其余 10%的人惯用左手。由于大部分工具设计时，只考虑到使用右手操作，这样对小部分使用左手者很不利。据试验研究，若用左手者操作按用右手者设计的工具，工作效率会有明显降低，握力也下降较大（非惯用手的握力平均只有惯用手的 80%）。因此，工具设计时，应考虑惯用手的不同。

#### 4.5.3.2 座椅设计

操作者以坐姿或坐立姿操作时，坐位空间尺寸直接影响着舒适性，从而影响工作效率。

坐姿空间及坐位的设计应遵循以下原则：

① 人的躯干重量应由坐骨、臀部及脊椎支撑；

② 上身应保持稳定；

③ 坐位的高度应不使大腿肌肉受压；

④ 可以交换或调解坐姿、座面高度应与桌面相配合，尽量减少身体的不舒适感。

座椅尺寸主要有：座高、座深、座宽、靠背、座面形状和斜度等。

① 座高是指地面至就坐后座面上坐骨支撑处的高度。座高应符合臀部受力要求。一般座高不宜超过小腿高（约为身高的 1/4），按我国的人体尺度，可取 380～450mm。

② 座深是指座面的前后距离。座深应使臀部得到全部的支撑，同时，要求座面的前沿不过分伸出，以防挤压小腿肌肉；且座面前沿应离开小腿一定的距离，以保证小腿的活动自由。通常，座深取 450mm 左右。

③ 座宽应满足臀部就坐所需的尺度，使人能自如地调整坐姿，一般取 400～500mm。肩并肩坐的排座，座宽应保证人能自由活动，因此，应比人的肘间宽稍大些，530mm 的座宽能满足 95%人的需要。进餐用的座宽还可以适当放宽，以 600～680mm 为宜。

④ 靠背应适当地支持腰凹，使腰关节能自由活动。靠背压于腰部的面积越宽越好，因此靠背的水平形状应适合于腰围。靠背的斜度因工作不同而要求不同，如汽车座椅靠背斜度为 110°，学生用椅则为 95°～100°，休息用椅则为 110°～125°。

## 4.6 作业空间

作业者进行作业的场所及其空间叫做作业空间。一定的作业姿势，上、下肢及躯干的作业活动都要求一定的空间。作业者上、下肢及身体的动作和用力，经常发生位置上的改变、用力状态和方向的改变，形成一定的作业动作。作业动作在周围形成的空间范围叫作业域，也称物理空间。各种作业要求相应的作业域。除物理空间外，作业空间还包括作业所需的附加活动空间，如取放工具、备件、原料、成品等。此外，还要求满足作业者所需的心理空间，所以还要按心理要求加上富裕空间，这样才构成合理的作业空间。作业空间是人机系统设计评价的重要内容，由于作业空间不合理造成事故的事例，多不胜数。

### 4.6.1 作业域

作业域的确定，首先根据几项基础数据，即人体测量尺寸、作业时的四肢及躯干动态尺寸，其他还要考虑作业状态的变化。疲劳条件下作业域可能变小，作业路线紊乱，身体所涉及的范围反而可能变大。正确地放置工具、原料及成品，既能缩小和节省作业空间，又可提高工作效率；反之，扩大了作业域还可能成为不安全因素。

（1）上肢作业域

站立时上肢作业域是人体上肢所能达到的最大范围。图4.14表示两臂作业活动的左右范围和向前的范围，阴影区表示最佳活动范围。

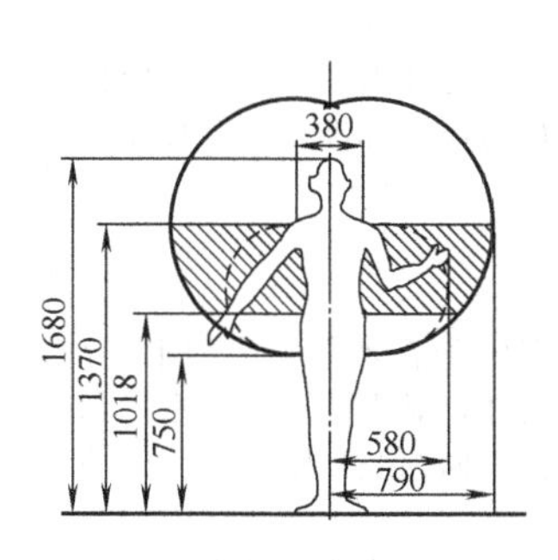


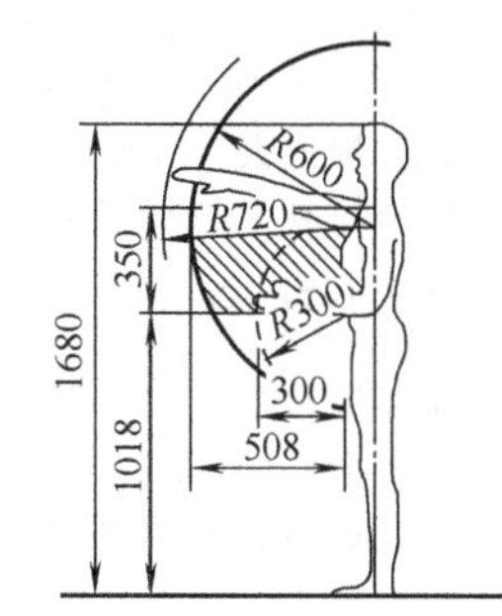


图 4.14 坐位人体上肢活动范围（单位：mm）

坐位人体下肢活动的最大范围如图4.15所示。

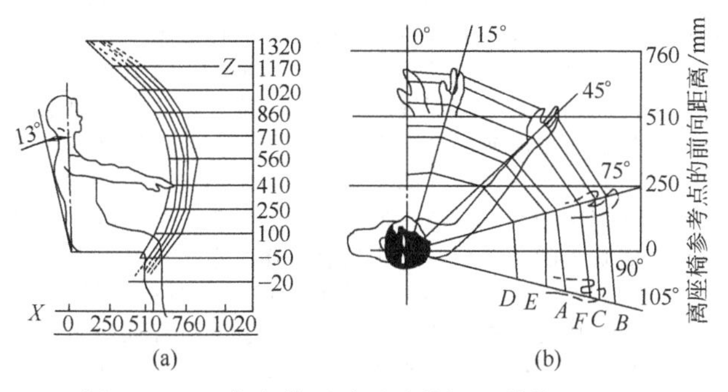


图 4.15 坐位人体下肢活动范围（单位：mm）

图4.15（a）为主视图，零点位于通过臀部的垂线上，表示两臂向前的作业活动范围；图4.15（b）为俯视图，零点位于正中矢状面上，表示两臂左右作业的活动范围。其中*A*、*F*为最适宜活动范围，*B*为手在上身不动时的可达到的最大范围。

（2）下肢作业域

立位时，下肢支持全身的重量，不允许做过大范围的移动和操作，不然身体将失去平衡。其有效范围如图4.16所示。

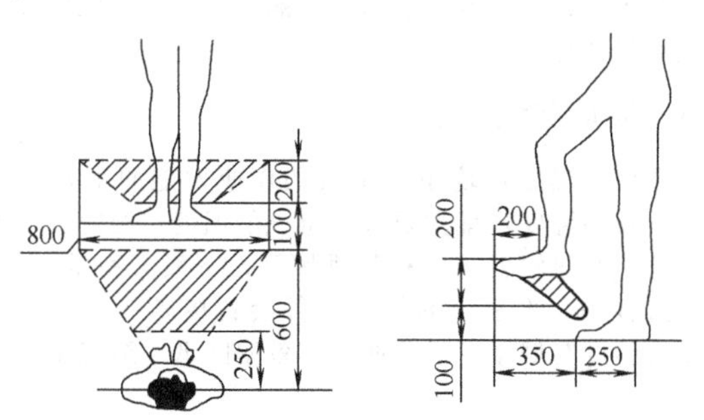


图 4.16 立位人体下肢活动范围（单位：mm）

为保证作业人员的操作活动不受限制，每个人的工作活动面积最少不得小于1.5m²，宽度应不小于1m。上述要求确实受条件限制不能满足时，应在附近提供一个不小于1.5m²的活动场所，以便舒展身体，消除疲劳。工作间地面面积不得小于8m²。最小空间应为：重体力劳动18～27m²/人，中等体力劳动15～23m²/人，轻体力劳动12～18m²/人。

### 4.6.2 作业空间分析

作业空间按其安全程度可以分为安全空间、潜在危险空间和危险空间。在设计上，作业空间都应该是安全空间，但如果设计错误或使用不当，安全空间也能变成危险空间。潜在危险空间是指作业空间内存在着潜在危险。危险区是指不许人进入的极危险区域。

#### 4.6.2.1 作业空间的设计要求

① 首先应根据生产任务和人的作业要求，总体考虑生产现场的适当布局，避免在某个局部空间区域，把机器、设备、工具、人员等安排得过于密集，造成空间负荷过大。

② 作业空间设计要着眼于人，落实于设备。即从人的认知特点和活动特性出发，对有关的作业对象进行合理布置，减轻操作者的心理负荷和体力负荷。

③ 在考虑人体因素进行作业空间设计时，人体尺寸、关节运动幅度、肢体可及范围、视觉所及范围、人体用力范围的适应区域要保证至少有90%的操作者达到兼容性要求。

④ 作业空间周围如有危险源（如高压电）及危险区（转动的大型设备等），应加护网、栏等设施加以隔绝，以防接触危险源或跌入危险区。

⑤ 作业空间附近如有弹射出物体、溅射液体可能性时，应设拦板、拦网加以防护。

#### 4.6.2.2 潜在危险作业空间的设计

（1）矿井下的安全作业空间

井下作业处于岩石和矿石包围的封闭空间，具有下列特点并提出相应要求：

① 改善井下照明条件，井下必须采用人工照明；

② 通风空调；

③ 防止顶板冒落伤人；

④ 井下留富裕空间。

（2）高处（高空）作业空间

把作业场所高出地面2m以上的称为高处作业。高空作业泛指10m以上的高度。为保证高处作业安全，应注意以下几点。

① 作业场所应有可靠的承重作业平台。

② 高处作业必须有安全带防护。

③ 高处作业的职业选择。有身体缺陷的人，如晕眩症、癫痫病、肥胖症、耳聋、听觉和平衡觉不健全及心动过速者不能从事高处作业，特别是高空作业。

④ 高处作业的空间条件为：

a. 在作业设计上应尽量使作业人员避免不必要地走动和高攀下降，对较固定的操纵工作要设计成坐位操纵；

b. 设计中尽量采用操纵室结构，使人处于室内，这样可显著改善安全的物理条件和心理条件；

c. 不采用蹲位或前屈的操作姿势，以免出现晕眩；

d. 提供足够作业空间，以便换体位和姿势，避免过劳；

e. 高处的作业平面应平整，下部地面不堆积杂物及原料。

（3）起重机下作业空间

在工厂中起重机发生的事故居于首位。

① 起重机下方是移动的作业场所，非作业人员不得进入，事故多为吊装作业者。

② 另一类属于动态突发事故。吊装失当造成钢绳断裂，吊物下落伤人，或吊物倾倒、滑落、钢绳弹出打人或勒人。所以，在作业时应根据可能发生的问题，设计出起重装置作业的安全作业空间及意外预防空间，以防不测。

#### 4.6.2.3 设备危区的防护

人体触及正在运转的设备（包括带电设备、高温设备及高温材料、半成品等），必然造成伤害。安全防护的最好方法是把作业者的作业空间用挡板、围栏、隔网和危区分隔开，对不能遮拦的危险源，则留出安全距离。本书引用德国DIN 3100试行标准的数据，可供参考。

① 向上可及安全距离。人自然站立上肢向上手指尖向上可及安全距离为2500mm，国际职业安全与健康中心规定为2.44m，我国习惯上取2.4m，矿井下取2.2m。

② 向下和超越的安全距离。当超越设备防护的边缘时，应留下一定的安全距离。

③ 维修和清扫设备时的安全措施。对轧钢机、皮带运输等运转时有危险的设备以及带电设备等进行维修和清扫时，必须停止运转和断电，绝对不能因为曾在运转状态下进行过维修和操作并未发生事故而允许冒险作业。

### 4.6.3　安全作业研究与标准化作业

安全作业研究（亦称作业分析），就是对某种工艺过程或某种作业方法进行细致的分析研究，消除不必要的作业动作，改进不安全的作业方法。作业研究应由工程师、管理人员和有经验的工人结合起来，边分析、边研究、边进行作业设计，然后由工人进行实地操作试验，再作修改和试验，直至证明确实是有效而安全的，最后报领导批准公布，推广施行。

（1）作业研究

作业研究包括作业方法设计（方法研究）和作业所需时间设计（作业测定），是由泰勒的时间研究和吉尔布莱的运作研究结合起来进行的。

① 方法研究是以制造产品为目的，把人、设备和材料有效地加以运用，使工作结果成为最优的研究。为此，应对旧的和新的作业方法加以分析和检验，去除不必要的作业动作和作业时间，只保留必要的功能，按此原则进行作业的组合。方法研究内容分为工艺分析、联合作业分析、动作分析和影像分析。

② 工程分析或工艺图表分析是按工艺和作业的顺序，把它的内容用符号表示出来，以便从中得出改变工艺、改变作业的资料。这当中又有新产品工艺分析和作业工程分析。

③ 联合作业分析适用于两人或一人多机同时作业的情况。按工艺顺序、时间序列的相互关系列在一张纸上加以研讨，可以得出一个机台几个人最合适，或者是一个人可以操纵几台机器，用人机分析表加以说明。

④ 动作分析是从人体动作的分析上寻求改进作业的方法。分析内容有身体动作、眼动、两手动作以及微动作。在安全改进上，首先是作业分析，然后深入一步进行动作分析，如有必要再进行微动作分析。

⑤ 微动作分析即把手的操作动作分解成最小要素，称为萨布里克动素，然后用影像分析的方法对动作的细节逐项研究，去除作业中的无效的要素。

（2）作业的安全人机学分析

作业安全人机学分析可分为预防性的和回顾性的两种。回顾性分析是根据以往的安全事故案例，进行综合性分析。

回顾性分析采取的步骤如下：

① 收集尽可能多而详尽的安全事故资料；

② 将资料按事故性质分类；

③ 按事故发生的工种、时间、受伤部位、人员特点分类；

④ 统计出不同工种、时间、人员的事故频率；

⑤ 分析事故发生的人或机方面的原因，找出问题的症结；

⑥ 根据人或机的问题进行人、机专题分析；

⑦ 提出解决方法。

预防性分析用于新设计的作业系统，防止投入运行后发生设备和人身事故。其建立在过去经验的基础上。分析的方法很多，其中最方便又通用的分析方法是事故树分析法（FTA）。

（3）标准化作业

标准化作业是指为了完成一定的作业目标而由企业制定的作业标准。它应是高效、省力、安全的作业方法，是针对作业人员的不正确、不统一、不科学的作业行为而提出的。目的是通过规范人在作业中的行为使之标准化、合理化、安全化，从而控制人的不安全行为。

## 4.7　作业环境

作业环境是指在作业者从事作业活动的区域范围内存在的除作业者本人的心理、意识之外，对人的心理、意识和作业行为发生影响的全部因素或条件，包括内部因素和外部因素。

外部因素按其性质和作用，可以分为物理性因素、化学性因素、生物性因素和社会性因素。其中，有的是作业活动所必需的，只有当其过量或是不足时才会给作业活动或人体健康带来危害。如生产岗位的温度、湿度和气流速度（风）构成的微气候条件，适宜时，能改善人的体温调节、水盐代谢、心血管功能等。热环境时，就会增加工作负荷能量，降低人受时间阈限。寒冷环境时，体温下降，就会影响触觉能量，降低操作反应速度等。人不能工作、生活在绝对安静环境中，一定的噪声能使人的大脑维持一定的兴奋水平，音乐在许多情况下能调节心情，促进人们的工作效绩。但过强的噪声会影响人的注意力，干扰信息传递，损伤人的听力。选择合理的照明系统（包括照明水平、照明分布和照明性质）有助于人完成视觉作业任务。反之，就会降低视觉功能，增强视觉疲劳。同样，震动能使人获得一定的反馈信息，但会减弱人的视觉辨认能力和动作控制能力，并对人体产生不良影响。另一些因素，如有毒气体和各种病菌等，对人体和作业活动有害无益，需要尽可能加以排除和控制。作业者对这些因素的耐受阈限和抵抗能力，与本人的内部因素和锻炼程度有关。

从安全人机工程的角度，必须把作业环境因素和人的作业活动与特点作为一个整体加以研究，研究作业环境的注意内容应当包括：①环境知觉，即人对环境知觉的特征及其影响因素；②环境诸因素对人体的影响；③人对环境的适应，包括感受阈限和耐受阈限；④环境设计，即在上述三个方面研究的基础上，设计有益于提高人的作业效绩和保障人体安全健康的最佳环境。

### 4.7.1　温度环境

作业区的温度环境是决定人的作业效能的重要影响因素。人所处的温度环境主要包括空气的温度、湿度、气流速度（风速）和热辐射等四种物理因素，一般又称微小气候。在作业过程中，不适当的气候条件会直接影响人的工作情绪、疲劳程度与健康，从而使工作效率降低，造成工作失误和事故。

#### 4.7.1.1　高温环境

高温作业对健康的影响，主要有两个方面：其一，表现为皮肤温度升高，皮温过高会引起组织烧伤，特别是皮肤温度超过45℃时，可迅速引起组织损伤；其二，是体温升高，特别是从事重体力劳动者体温升高的情况更为严重。如果中心体温升到42℃，即可出现热疲劳，意识丧失，开始时大量出汗，以后出现无汗，并伴有皮肤干热发红，直至死亡。

高温环境职业卫生标准：我国对室内高温环境作业定义为，当室外实际出现本地区夏季室外通风设计计算温度时，其工作地点温度高于室外 2℃或更多的作业。露天高温作业指室外工作地点在 32℃或更高的作业。

根据各地夏季通风室外设计计算温度确定的室内外温差限度如表 4.23 所示：

**表 4.23 车间内工作地点的夏季空气温度规定**

| 当地夏季通风室外计算温度/℃ | 工作地点与室外温差/℃ |
| --- | --- |
| 22 及 22 以下 | ＜10 |
| 23～28 | ＜9～4 |
| 29～32 | ＜3 |
| 33 及 33 以上 | ＜2 |

当温度达到 30℃时，应考虑限制一次连续接触热的时间，表 4.24 为我国规定的高温作业劳动时间标准。

**表 4.24 高温作业劳动时间标准限值**

| 温度/℃ | 轻劳动 | | 中等劳动 | | 重劳动 | |
| --- | --- | --- | --- | --- | --- | --- |
| | 允许一次连续接触热时间 | 必要休息时间 | 允许一次连续接触热时间 | 必要休息时间 | 允许一次连续接触热时间 | 必要休息时间 |
| 30～32 | 80 | 15 | 70 | 30 | 60 | 30 |
| 30～34 | 70 | 30 | 60 | 30 | 50 | 30 |
| 30～36 | 60 | 30 | 50 | 30 | 40 | 30 |
| 30～38 | 50 | 30 | 40 | 30 | 30 | 30 |
| 30～40 | 40 | 30 | 30 | 30 | 20 | 30 |
| 30～42 | 30 | 30 | 20 | 30 | 15 | 45 |
| 30～44 | 20 | 30 | 15 | 30 | 10 | 45 |

注：1. 劳动强度按脉搏率划分：脉搏小于 92 次/min 为轻劳动；93～110 次/min 为中等劳动；超过 110 次/min 为重劳动。

2. 本标准适用于相对湿度 40%～75%，当相对湿度大于 75%时，湿度每增加 1%，其允许一次连续接触时间就应降低一个挡。

#### 4.7.1.2 低温环境

（1）低温环境对健康的影响

低温环境下体温低于 35℃即处于过冷状态，肌肉剧烈抖颤产生更多的热量，并通过心血管调解，反射性引起外周血管收缩、血压上升、心率增快和内脏血流量增加，使得代谢产生热量增加和皮肤散热量减少。当中心体温继续下降到 30～33℃时，肌肉由抖颤变为僵直，失去产热的作用，将会发生死亡。

长期在低温高湿条件下劳动，易引起肌痛、肌炎、神经炎、腰痛和风湿性疾病等。

（2）低温环境对作业可靠性的影响

在环境温度达到使肌体发生过冷之前，对作业效率已然有很大影响，具体内容归纳如表 4.25 所示。

### 4.7.2 振动环境

（1）局部振动对肌体的作用

局部振动以手接触振动工具的方式为主，由于工作状态不同，振动可以传给一侧或双侧手臂，有的可以传到肩部。长期持续使用振动工具，可以引起手臂的血管、神经、肌肉、骨关节等各种类型病损。40～300Hz 的振动主要导致以末梢血管痉挛为主的一系列症状（雷诺式综合征），表现如下：

① 以上肢末梢神经的感觉和运动功能障碍为主，表现为感觉迟钝，痛觉及振动觉减退，神经传导速度减慢，反应潜伏期长。

② 血管痉挛和变形，手部皮温降低，白指。振动加速度越大，病症状的检出率越高，如表 4.26 所示。

③ 骨骼肌肉系统表现肌无力、肌疼痛及肌萎缩。40Hz 以下大振幅冲击性振动引起骨关节的病损，可见骨皮质增生、空泡和骨岛的形成，也可呈现脱钙、骨质疏松、骨关节变形及无菌性坏死等变化。

④ 其他如肠胃功能、妇女月经生理及生殖功能等也可受影响，出现一些异常改变。

（2）全身振动对肌体的作用

全身振动是由振动源（车辆、船舶、振动机械）通过身体的部分（下肢、腰、臀部）将振动传布全身引起的振动。多为低频率（2～20Hz）、大振幅的振动。

立姿对垂直振动敏感，振动频率小于 10Hz 时胸腹部不适，垂直振动 4～8Hz 时为第一共振峰，主要由胸腔引起；10～12Hz 为第二共振峰，主要为腹腔共振；20～25Hz 为第三共振峰，人体共振特性列于表 4.27。

（3）振动卫生标准

国际标准化组织提出《人对手传振动暴露的测量和评价指南》（ISO/DIS 5349），根据每天接触振动时间，规定出最大轴向各中心频率下振动加速度、速度有效值的最大限值，见图 4.17。

适于 1～80Hz 的全身振动标准，ISO 2631《人体承受全身振动的评价指南》如图 4.18 所示。该图可以作为三种情况的振动标准。

**表 4.25 低温对工作可靠性的影响**

| 温度条件/℃ | 触觉辨别能力 | 周边视野监视 | 管道装卸 | 打字、打结 | 握力 | 追踪操纵 | 视反应时 |
| --- | --- | --- | --- | --- | --- | --- | --- |
| 30(皮温) | 轻度影响 | | | | | | |
| 25(气温) | 明显影响 | 开始影响 | | | | | |
| 22(在水中) | | | 开始影响 | | | | |
| 15～15.6(皮温) | 明显变劣 | | | 开始影响 | | 开始影响 | |
| 10(气温) | | | | | 开始影响 | | |
| 4.4(气温) | | | | | | | |
| －1.1(气温) | | | | | | | 有影响 |

**表 4.26 振动加速度和振动病症状的关系**

| 工种 | 加速度/$(m/g^2)$ | | 手麻/% | 白指/% | 指端皮温/℃ | | 冷水试验阳性/% | 压指阳性/% |
| --- | --- | --- | --- | --- | --- | --- | --- | --- |
| | 总强度 | 主频率 | | | 白指 | 非白指 | | |
| 铆工 | 1750 | 500 | 64.9 | 30.2 | 21.4 | 23.9 | 50.9 | |
| 凿岩工 | 1600 | 310 | 62.4 | 10.1 | 22.4～23.8 | 24.0～24.6 | 25.9～31.7 | 5.3 |
| 清理工 | 1000 | 140 | 55.4 | 1.3 | 25 | 25.8 | 36.5 | 2.7 |
| 油锯工 | 180 | 110 | 58.8 | 1.5 | 21.9 | 22.8 | 32.1 | 7.6 |

表 4.27 人体共振特性

| 部位 | 频率/Hz | |
|---|---|---|
| 胸腹腔 | 4～8 | 10～12 |
| 脊柱 | 30 | |
| 眼 | 15～50 | |
| 头 | 2～30 | 500～1000 |
| 手 | 30～40 | |
| 神经系 | 250 | |
| 耳鼻喉 | 1000～1500 | |
| 上、下颌 | 6～8 | |

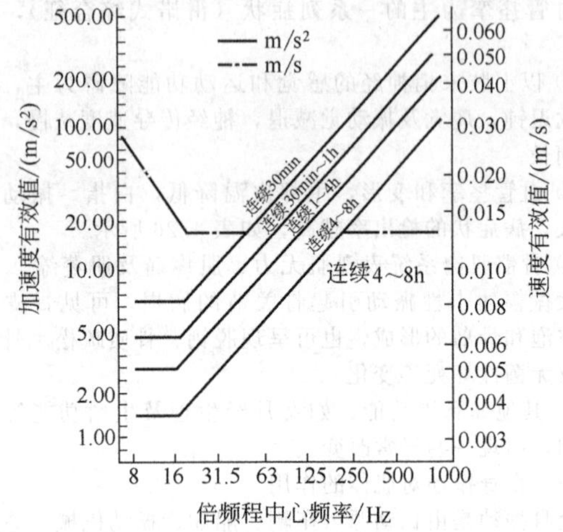


图 4.17 局部振动评价曲线

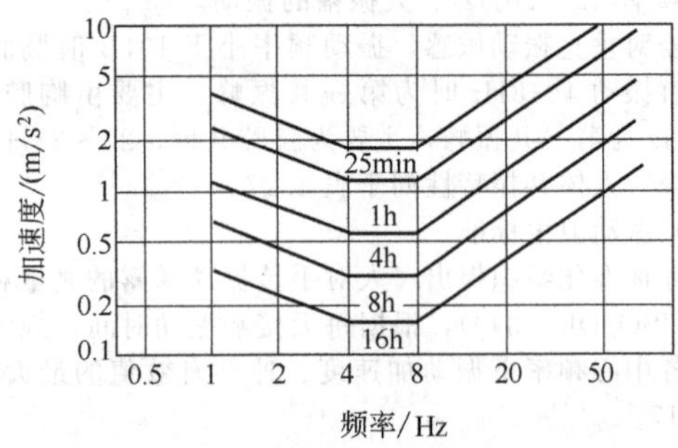


图 4.18 全身垂直振动评价曲线

① 原图为保证作业效能（疲劳——降低熟练程度界限）的垂直振动安全标准，主要用于拖拉机、建筑机械、重型车辆等动力机械。

② 将图 4.18 中的加速度除以 3.15（即减小 10dB）为舒适性安全标准，主要用于对乘员座席的评价。

③ 将图 4.18 中的加速度乘以 2（即提高 8dB）为人的受振安全极限标准，这个值为受振痛阈的 1/2。

## 4.7.3 噪声环境

### 4.7.3.1 噪声对人的影响

（1）听力损害

人在强烈的长时间持续的噪声作用下，听觉器官会发生功能性改变，进而发展为器质性病变，即产生听力损伤和噪声聋两种损害。在脱离噪声 16h 后测定的听力损失，基本上可视为永久性听力损失。如果经过休息和适当治疗也可部分恢复听力。

噪声对听力发生影响主要取决于声强与暴露时间两个条件。强度越大，听力损伤出现得越早，接触噪声的时间越长，听力损伤越重。听力损伤的临界暴露时间，在同样强度的噪声作用下各频率听阈的改变也各不相同。4000～6000Hz 出现听力损伤的时间最早，即该频段听力损伤的临界暴露时间最短。一般情况下接触强噪声头十年听力损伤进展快，以后逐渐缓慢。

在强度相同的条件下，以高频 2000Hz 以上为主的噪声比以低频为主的噪声对听力危害大，脉冲噪声比稳态噪声危害大。振动、寒冷及某些有毒物质共同存在时，会加强噪声的不良作用。

（2）噪声对生理功能的影响

噪声通过听觉器官传入大脑皮质和植物神经中枢，引起中枢神经系统的一系列反应。长期接触强噪声后，主要有头痛、头晕、耳鸣、心悸及睡眠障碍等神经衰弱综合征。调查发现，接触高噪声的工作人员表现易疲劳、易激怒（躁性神经衰弱）；植物神经调节功能发生变化，表现出心率加快或减缓，血压不稳（趋向增高），胃肠功能紊乱，食欲减退，消瘦，胃液分泌减少，胃肠蠕动减慢。

（3）噪声对心理功能的影响

噪声对一些有着高要求的技能工作和需要处理大量复杂信息的脑力活动具有强烈的心理干扰作用，具体为：间断的强噪声（90dB 以上）可使脑力活动错误率明显增多，以至无法进行；强噪声使精细加工和装配工作精力无法集中，失误率增加；噪声引起的生理反应将影响作业者的多种心理能力。

### 4.7.3.2 噪声职业接触限值

2007 年，卫生部颁布了《工作场所有害因素职业接触限值 第 2 部分：物理因素》(GBZ 2.2—2007)，其中第 11 章规定了噪声职业接触限值，包括术语和定义及卫生要求两部分。

（1）术语和定义

① 生产性噪声。在生产过程中产生的一切声音。

② 稳态噪声。在观察时间内，采用声级计“慢挡”动态特性测量时，声级波动＜3dB(A) 的噪声。

③ 非稳态噪声。在观察时间内，采用声级计“慢挡”动态特性测量时，声级波动≥3dB(A) 的噪声。

④ 脉冲噪声。噪声突然爆发又很快消失，持续时间≤0.5s，间隔时间＞1s，声压有效值变化≥40dB(A) 的噪声。

⑤ A 计权声压级（A 声级）。用 A 计权网络测得的声压级。

⑥ 等效连续 A 计权声压级（等效声级）。在规定的时间内，某一连续稳态噪声的 A 计权声压，具有与时变的噪声相同的均方 A 计权声压，则这一连续稳态声的声级就是此时变噪声的等效声级，单位用 dB(A) 表示。

⑦ 按额定 8h 工作日规格化的等效连续 A 计权声压级（8h 等效声级）。将一天实际工作时间内接触的噪声强度等效为工作 8h 的等效声级。

⑧ 按额定每周工作 40h 规格化的等效连续 A 计权声压级（每周 40h 等效声级），非每周 5d 工作制的特殊工作场所接触的噪声声级等效为每周工作 40h 的等效声级。

（2）卫生要求

① 噪声职业接触限值。每周工作 5d，每天工作 8h，稳态噪声限值为 85dB(A)，非稳态噪声等效声级的限值为 85dB(A)；每周工作日不是 5d，需计算 40h 等效声级，限值为 85dB(A)，见表 4.28。

② 脉冲噪声工作场所，噪声声压级峰值和脉冲次数不应超过表 4.29 的规定。

## 4.7.4 光环境

光环境是保证视觉的客观条件，生产中对光环境设计的目的主要有三个：提高生产效率；确保安全生产；形成舒适的视觉环境。

**表 4.28 工作场所噪声职业接触限值**

| 接触时间 | 接触限值/dB(A) | 备注 |
|---|---|---|
| 5d/w，=8h/d | 85 | 非稳态噪声计算 8h 等效声级 |
| 5d/w，≠8h/d | 85 | 计算 8h 等效声级 |
| ≠5d/w | 85 | 计算 40h 等效声级 |

**表 4.29 工作场所脉冲噪声职业接触限值**

| 工作日接触脉冲次数($n$)/次 | 声压级峰值/dB(A) |
|---|---|
| $n \leqslant 100$ | 140 |
| $100 < n \leqslant 1000$ | 130 |
| $1000 < n \leqslant 10000$ | 120 |

光环境质量取决于照明种类、照明数量及照明质量三个方面。照明种类是指生产主要的各种照明是否齐备；照明数量就是指照度水平；照明质量包括亮度比、显度性、眩光及光造型 4 个方面。

(1) 照度水平

照度是指受光表面接收到的光线强度，即单位面积上接收到光源的能量值。提高照度可以改善视觉条件，但受到经济条件的限制，而且过高的照度也会引起视觉疲劳。评价光环境的照度标准时，对于站立工作按距地面 0.90m、坐姿工作按距地面 0.75m 的工作平面为准。表 4.30 为我国《建筑照明设计标准》(GB 50034—2013) 推荐的工业建筑照明功率密度的最大值。

**表 4.30 工业建筑照明功率密度限值**

| 房间或场所 | | 照明功率密度/(W/m²) | | 对应照度值/lx | 对应室形指数 |
|---|---|---|---|---|---|
| | | 现行值 | 目标值 | | |
| 1. 机、电工业 | | | | | |
| 机械加工 | 粗加工 | 7.5 | 6.5 | 200 | 1.50 |
| | 一般加工公差≥0.1mm | 11.0 | 10.0 | 300 | |
| | 精密加工公差<0.1mm | 17.0 | 15.0 | 500 | |
| 机电、仪表装配 | 大件 | 7.5 | 6.5 | 200 | 1.50 |
| | 一般件 | 11.0 | 10.0 | 300 | |
| | 精密 | 17.0 | 15.0 | 500 | |
| | 特精密 | 24.0 | 22.0 | 750 | 1.50 |
| 电线、电缆制造 | | 11.0 | 10.0 | 300 | 1.50 |
| 线圈绕制 | 大线圈 | 11.0 | 10.0 | 300 | |
| | 中等线圈 | 17.0 | 15.0 | 500 | |
| | 精细线圈 | 24.0 | 22.0 | 750 | 1.50 |
| 线圈浇注 | | 11.0 | 10.0 | 300 | 1.50 |
| 焊接 | 一般 | 7.5 | 6.5 | 200 | |
| | 精密 | 11.0 | 10.0 | 300 | |
| 钣金 | | 11.0 | 10.0 | 300 | |
| 冲压、剪切 | | 11.0 | 10.0 | 300 | |
| 热处理 | | 7.5 | 6.5 | 200 | |
| 铸造 | 熔化、浇铸 | 9 | 8 | 200 | 1.50 |
| | 造型 | 13 | 12 | 300 | 1.50 |
| 精密铸造的制模、脱壳 | | 18.0 | 16.0 | 500 | 1.50 |
| 锻工 | | 8.0 | 7.0 | 200 | 1.50 |
| 电镀 | | 13 | 12 | 300 | 1.50 |
| 喷漆 | 一般 | 15 | 14 | 300 | 1.50 |
| | 精细 | 25 | 23 | 500 | 1.50 |
| 酸洗、腐蚀、清洗 | | 15 | 14 | 300 | 1.50 |
| 抛光 | 一般装饰性 | 12.0 | 11.0 | 300 | 1.50 |
| | 精细 | 19.0 | 17.0 | 500 | 1.50 |
| 复合材料加工、铺叠、装饰 | | 18.0 | 16.0 | 500 | 1.50 |
| 机电修理 | 一般 | 7.5 | 6.5 | 200 | 1.50 |
| | 精密 | 11.0 | 10.0 | 300 | 1.50 |
| 2. 电子工业 | | | | | |
| 整机类 | 整机厂 | 11.0 | 9.5 | 300 | 1.50 |
| | 装配厂房 | 11.0 | 9.5 | 300 | 1.50 |
| 元器件类 | 微电子产品及集成电路 | 19.0 | 17.0 | 500 | 1.00 |
| | 显示器件 | 19.0 | 17.0 | 500 | 1.00 |
| | 印制线路板 | 19.0 | 17.0 | 500 | 1.00 |
| | 光伏组件 | 11.0 | 9.5 | 300 | 1.00 |
| | 电真空器件、机电组件等 | 19.0 | 17.0 | 500 | 1.00 |
| 电子材料类 | 半导体材料 | 11.0 | 9.5 | 300 | 1.00 |
| | 光纤、光缆 | 11.0 | 9.5 | 300 | 1.50 |
| 酸、碱、药液及粉配制 | | 14 | 12 | 300 | 1.50 |

续表

| 房间或场所 | | 照明功率密度/(W/m²) | | 对应照度值/lx | 对应室形指数 |
|---|---|---|---|---|---|
| | | 现行值 | 目标值 | | |
| 3.通用房间或场所 | | | | | |
| 实验室 | 一般 | 9.5 | 8.0 | 300 | 1.50 |
| | 精细 | 16.0 | 14.0 | 500 | |
| 检验 | 一般 | 9.5 | 8.0 | 300 | |
| | 精细,有颜色要求 | 24.0 | 21.0 | 750 | |
| 计量室、测量室 | | 16.0 | 14.0 | 500 | |
| 变、配电站 | 配电装置室 | 7.0 | 6.0 | 200 | 1.00 |
| | 变压器室 | 4.0 | 3.0 | 100 | 0.80 |
| 电源设备室、发电机室 | | 7.0 | 6.0 | 200 | 1.00 |
| 控制室 | 一般控制室 | 9.5 | 8.0 | 300 | 1.50 |
| | 主控制室 | 16.0 | 14.0 | 500 | |
| 电话站、网络中心、计算机站 | | 16.0 | 14.0 | 500 | |
| 数据中心 | | 16.0 | 14.0 | 500 | 1.50 |
| 动力站 | 风机房、空调机房 | 4.0 | 3.5 | 100 | 0.80 |
| | 泵房 | 4.0 | 3.5 | 100 | |
| | 冷冻站 | 6.0 | 5.0 | 150 | |
| | 压缩空气站 | 6.0 | 5.0 | 150 | |
| | 锅炉房、煤气站的操作层 | 5.0 | 4.5 | 100 | |
| 仓库 | 大件库 | 2.5 | 2.0 | 50 | — |
| | 一般件库 | 5.4 | 3.5 | 100 | — |
| | 半成品库 | 6.0 | 5.0 | 150 | — |
| | 精细件库 | 7.0 | 6.0 | 200 | — |
| 车库 | | 4.0 | 3.0 | 50 | — |
| 车辆加油站 | | 5.0 | 4.5 | 100 | — |

(2) 反射比

在入射辐射的光谱组成、偏振状态和几何分布给定状态下，反射的辐射通量或光通量与入射的辐射或光通量之比。符号为$\rho$。长时间工作的房间，其表面反射比宜按表4.31选取。

**表4.31　工作房间表面反射比**

| 表面名称 | 反射比 |
|---|---|
| 顶棚 | 0.6～0.9 |
| 墙面 | 0.3～0.8 |
| 地面 | 0.1～0.5 |
| 作业面 | 0.2～0.6 |

(3) 显色性

灯光的光谱和日光的光谱有一定的差别，近于日光谱的灯为白色，照在物体表面上能较真实地显示原来的颜色。偏于暖调灯光与偏于冷调的灯光其显色均较差。表4.32给出不同灯具的显色指数及其应用情况，供选择光源时参考。

(4) 眩光

在视野中，如果某处有很高亮度对比的光刺入眼睛，就会严重影响视力，这种现象称为眩光。眩光产生的原因是亮点与周围的黑暗形成较大的对比，如汽车相对行驶时，车灯就会给司机造成眩光，使之一时失去视力。车间中也有类似的情况，如照明不均匀只设几只很大的灯泡就会造成眩光。

**表4.32　各种光源的性质和适用场所**

| 光源名称 | 发光效率/(lm/W) | $R_a$ | 平均寿命/h | 适用场所 | 适用场所举例 |
|---|---|---|---|---|---|
| 白炽灯泡 | 10～20 | 95 | 1000 | 照度要求一般的场所，开关频繁和需要调光的场所，局部照明和事故照明等 | 办公室、礼堂、动力站、配电所、仓库等 |
| 卤钨灯管 | 22 | 90 | 2000 | 照明要求较高的场所，需要调光和要求频闪效应小的场所 | 精加工和装配车间、礼堂、图书馆等 |
| 日光色荧光灯 | 70 | 78 | 7500 | 照明要求较高的场所，需要识别颜色的场所 | 阅览室、设计室、控制室、化验室、仪表装配室等 |
| 高压汞灯泡 | 52 | 23(偏蓝) | 12000 | 照明要求高、光色要求不高的场所 | 车间一般照明，道路、广场照明 |
| 高压钠灯泡 | 110 | 21(偏黄) | 9000 | 照明要求高、对光色无要求、多烟尘场所 | 铸造车间、露天场地和道路 |
| 长弧氙灯管 | 25 | 93 | | 照明要求较高、对光色要求高的大面积照明 | 露天作业场、广场照明 |
| 金属卤化物灯泡 | 50～80 | 85～90 | | 照明要求较高、光色要求较高的场所 | 大装配车间、冷焊车间、熔化车间等 |

（5）光造型

好的照明设计除保证必要的亮度之外，应使室内的人及物具有生动的立体感，即得到满意光影造型效果。光影的造型效果主要决定于对光线投射方向的控制，如果光线的方向性太强，会在物体上产生硬的阴影，反差太大，视觉很不舒服，容易引起视觉疲劳；如果光线散射得过分均匀，物体会因完全无阴影而失去立体感，在平淡、呆板的视觉环境中工作会引起单调情绪，从而降低了工作的可靠性。

（6）照明种类

工业企业建筑照明，通常采用三种形式，即自然照明、人工照明和二者同时并用的混合照明。

选择何种照明方式与工作性质和工作地布置有关，它不但影响照明的数量和质量，而且关系到设计投资及使用费用的经济性、合理性。

① 一般照明：为照亮整个场所而设置的均匀照明。

② 分区一般照明：对某一特定区域，如进行工作的地点，设计成不同的照度来照亮该区域的一般照明。

③ 局部照明：特定视觉工作用的、为照亮某个局部而设置的照明。

④ 重点照明：为提高指定区域或目标的照度，使其比周围区域亮的照明。

⑤ 混合照明：由一般照明与局部照明组成的照明。

⑥ 正常照明：在正常情况下使用的室内外照明。

⑦ 应急照明：因正常照明的电源失效而启用的照明。应急照明包括疏散照明、安全照明、备用照明。

⑧ 疏散照明：作为应急照明的一部分，用于确保疏散通道被有效地辨认和使用的照明。

⑨ 安全照明：作为应急照明的一部分，用于确保处于潜在危险之中的人员安全的照明。

⑩ 备用照明：作为应急照明的一部分，用于确保正常活动继续进行的照明。

⑪ 值班照明：非工作时间，为值班所设置的照明。

⑫ 警卫照明：用于警戒而安装的照明。

⑬ 障碍照明：在可能危及航行安全的建筑物或构筑物上安装的标志灯。

## 4.8 色彩调节

### 4.8.1 色彩的基本概念

色彩视觉是光的物理属性和人的视觉属性的综合反映。色彩是由某一波长的光谱入射到人眼，引起视网膜内色觉细胞兴奋产生的视觉现象。对发光物体的色彩感觉，取决于发光体所辐射的光谱波长；对不发光物体的色彩感觉，取决于该物体所反射的光谱波长。

（1）色彩的基本特征

色彩可分为彩色系列和无彩色系列。无色彩系列是指黑色、白色及其二者按不同比例混合而产生的灰色。彩色系列是指无色彩系列以外的各种色彩。色彩具有色调、饱和度（又称彩度）和明度三个基本特性。

① 色调。色调是指物体辐射或反射的主导波长的色彩视觉，是色彩相互区别的特性之一。主导波长与色调的关系如表 4.33 所示。标准色调以太阳光的光谱为基准。

**表 4.33 波长与色调**

| 波长/mm | 色调 | 波长/mm | 色调 |
|---|---|---|---|
| 620～780 | 红 | 500～530 | 绿 |
| 590～620 | 橙 | 470～500 | 青 |
| 560～590 | 黄 | 430～470 | 蓝 |
| 530～560 | 黄 绿 | 380～430 | 紫 |

② 饱和度（彩度）。饱和度是指主导波长范围的狭窄程度，即色调的表现程度。波长范围越狭窄，色调越纯正、越鲜艳。

③ 明度。明度是指物体发出或反射光线的强度，是色调的亮度特性。

对于这三个特征，其中任一特性发生变化，色彩将相应发生变化。如果某一色调光谱中，白光越少，照度越低，而饱和度越高。掺入白光的色彩称为未饱和色，掺入黑光的色彩称为过饱和色。因此，每一色调都有不同的饱和度和明度变化。若两种色彩的三个特性相同，在视觉上会产生同样的色彩感觉。无色彩系列只能根据明度差别来辨认，而彩色系列则可从色调、饱和度和明度来辨认。

（2）色彩的混合

不同波长的光谱会引起不同的色彩感觉，两种不同波长的光谱混合可以引起第三种色彩感觉，这说明不同的色彩可以通过混合而得到（图 4.19）。实验证明，任何色彩都可以由不同比例的三种相互独立的色调混合得到。这三种相互独立的色调称为三基色或三原色。

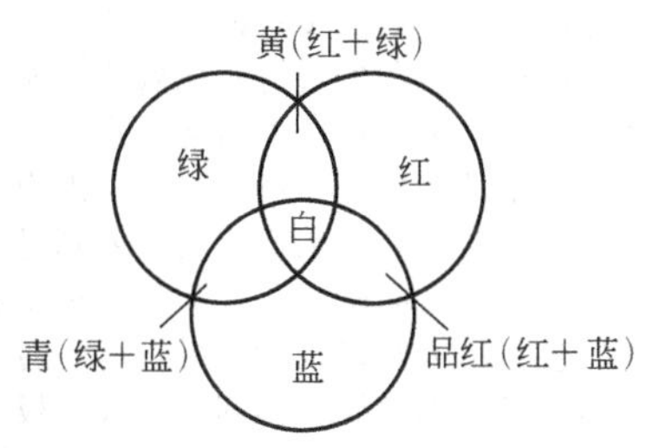


图 4.19 光色的相加混合

（3）色彩的表示法

如图 4.20 所示的孟塞尔（A. H. Munsell）表色体系立体模型，称孟塞尔彩色系统。该模型可以把各种色彩的色调、饱和度和明度全部标示出来。孟塞尔立体模型中的每一部位代表一个特定的色彩，并给予一定的标号。各标号的色彩都用一种着色物体（如纸片）制成颜色卡片，并按标号顺序排列，汇编成色彩图册。孟塞尔表色系统是目前使用的最重要的表色系统之一。

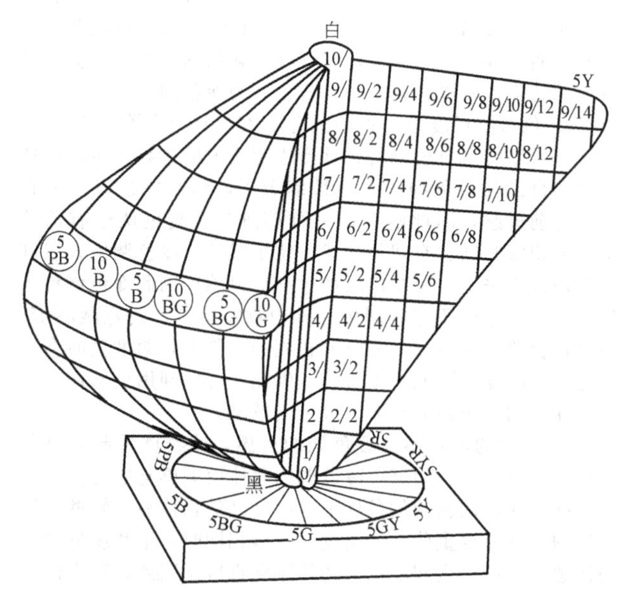


图 4.20 孟塞尔（A. H. Munsell）表色体系立体模型

### 4.8.2 色彩对人的影响

（1）色彩对生理的影响

色彩对人的生理机能和生理过程有着直接的影响。实验研究证明，色彩通过人的视觉器官和神经系统能调节体液，对血液循环系统、消化系统、内分泌系统等都有着不同程度的影响。例如，红色调会使各种器官的机能兴奋和不稳定，血压增高，脉搏加快；而蓝色调会抑制各种器官的兴奋使机能稳定，迫使血压、心率降低。因此，合理地设计色彩环境，可以改善人的生理机能和生理过程，从而提高工作效率。

由于人眼对明度和饱和度分辨力较差，因此，选择色彩对比时，一般以色调对比为主。选择色调时，最忌讳蓝色和紫色，其次是红色、橙色，因为它们容易引起视觉疲劳，而黄绿色、绿色、蓝绿色等色调不易引起视觉疲劳，而且认读速度快、准确性高。因此，主要视力范围内的基本色调采用黄绿色或蓝绿色，其中 7.5GY8/2 最不容易引起视觉疲劳，故称为保眼色。

当色彩的波谱辐射功率相同时，视觉器官对不同颜色的主观感觉亮度亦不同。对以黄色调为主的黄绿色、黄色、橙色，感到黄绿色最亮、最醒目，其次是黄色、橙色。因此，常以黄色、橙色作为警戒色。实验证明，若对黄色或橙色配以黑色或蓝色的底色，会产生近旁对比效应，能提高黄色或橙色的主观感觉亮度，易于辨认并引起注意。

整个工作环境中的明度应保持均匀性，因为人眼离开工作面而转向其他方向时，如果它们的明度差别过大，则在视线转移过程中，进行多次明暗适应，而加速视觉疲劳。

饱和度高的色彩给人眼以强刺激感，所以通常采用饱和度小于 3 的色彩。考虑到视线转移问题，天花板、墙壁以及其他非操作部分的饱和度也应低于 3。但是，车间危险部位，危险标志的色彩应具有较高的饱和度，以增强刺激感。例如，机械的警械部位应采用 3.5YR8/13。

(2) 色彩对心理的影响

人类在长期生活实践中，形成了大量有关色彩的感受和联想，因此不同的色彩对心理产生不同的影响，并因人的年龄、性别、经历、民族、习惯和所处的环境等不同而异。

① 色彩的冷暖感。色彩本身没有冷暖的性质，但由于人从自然现象中得到的启迪和联想，便对色彩产生了“冷”与“暖”的感觉。如当看到红、橙、黄色时，就会联想到烧红的钢铁、火焰，有热的感觉，因此称红、橙、黄色调为暖色调；而看到青、绿、蓝色时，就会联想到碧水、绿树，有清凉的感觉，所以称青、绿、蓝色调为冷色调。

② 色彩的尺度感。不同的色调在不同背景色的对比作用下，可以使人对色调的感觉产生距离上的差异。暖色调使人感到自己与对象物的距离被缩短了，即对象物被拉向自己，有前进感，因此暖色调又称前进色。暖色调还有前凸感、体积膨胀感、空间紧缩感、狭小感等。冷色调使人感到对象被推出去了，有距离增加感和后退感，因此冷色调称为后退色，冷色调还有后凹感、体积收缩感、空间宽敞感等。明度也会改变远近感，在色调相同的条件下，明度高时会产生近感，明度低时能产生远感。因此，可以利用色彩调节改变作业空间狭小感或空旷感等主观感觉。

③ 色彩的轻重感。暖色调的近感，使物体看起来好像密度小，重量轻；相反，冷色调的物体使人感觉要比实际重量重些。在色调相同的条件下，明度高的物体显得轻些，明度低的物体显得重些。若明度、色调相同时，饱和度低高的物体感觉轻些；饱和度低的物体感觉重些。因此，高大的重型设备的下部多用冷色调为基础的低饱和度暗色，以增加设备的稳定感；而一些操纵手柄或涂以明快色或包以明色的塑料，给操作人员以省力和轻快感。

④ 色彩的情绪感。红、橙、黄等暖色调一般具有积极和振奋等心理作用，但也能引起不安感或神经紧张感；青、绿、蓝等冷色调一般具有镇静的心理作用，但面积过大又会给人以荒凉、冷漠的感觉。

色彩还给人们以轻松和压抑感，而这种主观感觉主要是由明度和饱和度起作用。如明亮而鲜艳的暖色调，给人以轻快活泼的感觉；深暗浑浊的冷色调给人以沉闷、压抑的感觉。

### 4.8.3　作业环境的色彩调节与应用

选择适当的色彩，利用色彩的效果，构成良好的色彩环境，称为色彩调节。工作场所具有良好的色彩环境可以得到如下效果：增加明亮程度，提高照明效果；标志明确，识别迅速，便于管理；注意力集中，减少差错和事故，提高工作质量；舒适愉快，减少疲劳；环境整洁，层次分明，明朗美观。

#### 4.8.3.1　工作房间的色彩调节

工作房间的配色取决于工作特点，一般要考虑色彩的含义以及色彩对人们生理和心理的影响，适应工作环境的需要。设计工作房间时，一般希望环境明亮、和谐、美观、舒适，突出或掩盖工作房间的特征，改变人们对工作房间的不良印象或感觉。

工作房间配色若有可能不要色调单一，色调单一会加速视觉疲劳或单调感。

工作房间配色的明度不应太高和相差悬殊，否则会因为视觉适应性而促使视觉疲劳。

工作房间配色的饱和度也不应太高，不然较强的刺激不仅会分散注意力，而且也容易使视觉加速疲劳。

进行色彩调节要根据工作房间的性质和用途选择色彩。当工作房间温度比较高及工作房间比较狭小时，应选配冷色调；若工作房间的温度比较低且工作房间比较大时，应选配暖色调等。工作房间配色可参考表 4.34。

表 4.34　室内基本色调

| 场所 | 天棚 | 墙壁 | 墙围 | 地板 |
|---|---|---|---|---|
| 冷房间 | 4.2Y9/1 | 4.2Y8.5/4 | 4.2Y6.5/2 | 5.5 YR5.5/1 |
| 一般房间 | 4.2Y9/1 | 7.5GY8/1.5 | 7.5GY6.5/1.5 | 5.5 YR5.5/1 |
| 暖房间 | 5.0G9/1 | 5.0G8/0.5 | 5.0G6/0.5 | 5.5 YR5.5/1 |
| 接待间 | 7.5YR9/1 | 10.0YR8/3 | 7.5YR6/2 | 5.5 YR5.9/3 |
| 交换台 | 6.5R9/2 | 6.0R8/2 | 5.0G6/1 | 5.5 YR5.5/1 |
| 食堂 | 7.5GY9/1.5 | 6.0YR3/4 | 50YR6/4 | 5.5 YR5.5/1 |
| 厕所 | N9.5 | 2.5PB8/5 | 8.5B7/3 | N8.5 |

对工作房间的配色，除了富有代表意义的色彩外，应着重考虑色彩对光线的反射率，以提高照明装置的效果。所以应采用反射系数高、明快、和谐的色彩。各种材料的反射率如表 4.35 所示。

#### 4.8.3.2　机器设备和工作面的色彩调节

机器设备主要包括主机、辅机和动力设备，以及显示和控制操纵装置，其配色应主要考虑：色彩与设备的功能相适应；设备配色与环境色彩相协调；危险与示警部位的配色要醒目；操纵装置的配色要重点突出，避免误操作；显示装置要与背景有一定对比，以引人注意，同时也有利于视觉认读。

工作面涂色，明度不宜过大，反射率不宜过高。选用适当的色彩对比，可以适当提高对细小零件的分辨力。但色彩对比不可过大，否则会直接造成视觉疲劳提早出现。如果可能，在长时间加工同一色彩的零件时，应该在作业者的视野内安排另一种色彩，以便使眼睛得到休息。

#### 4.8.3.3　安全标志和技术标志的色彩采用

用色彩标志传递安全和技术信息，早已为世界各国所采用。

表 4.35 各种材料的反射率

| 材料名称 | | 反射率/% |
|---|---|---|
| 磨光金属面及镜面 | 银 | 92 |
| | 铝 | 60～75 |
| | 铜 | 75 |
| | 铬 | 65 |
| | 钢铁 | 55～60 |
| | 玻璃镜 | 82～88 |
| 油漆面 | 大白粉 | 75 |
| | 白漆 | 60～80 |
| | 淡灰漆 | 35～55 |
| | 深灰漆 | 10～30 |
| | 黑漆 | 5 |
| 地表面 | 道路 | 10～20 |
| | 砂地 | 20～30 |
| | 雪地 | 95 |
| 建筑材料及室内装备 | 白灰 | 60～80 |
| | 淡奶油色 | 50～60 |
| | 深色墙壁 | 10～30 |
| | 白色木材 | 40～60 |
| | 黄漆木材 | 30～50 |
| | 红砖 | 15 |
| | 水泥 | 25 |
| | 白瓷砖 | 60 |
| | 草席 | 40 |
| | 石膏 | 87 |
| | 家具 | 25～40 |
| | 书画 | 50～70 |

国家标准《安全色》（GB 2893—2008）规定了传递安全信息的颜色、安全色的测试方法和使用方法。安全色是指传递安全信息含义的颜色，包括红、蓝、黄、绿四种颜色。

（1）安全色表征

① 红色：传递禁止、停止、危险或提示消防设备、设施的信息。

② 蓝色：传递必须遵守规定的指令性信息。

③ 黄色：传递注意、警告的信息。

④ 绿色：传递安全的指示性信息。

（2）安全色的使用导则

① 红色：各种禁止标志（参照 GB 2894）；交通禁令标志（参照 GB 5768）；消防设备标志（参照 GB 13495.1）；机械的停止按钮、刹车及停车装置的操纵手柄；机械设备转动部件的裸露部位；仪表刻度盘上极限位置的刻度；各种危险信号旗等。

② 黄色：各种警告标志（参照 GB 2894）；道路交通标志和标线中警告标志（参照 GB 5768）；警告信号旗等。

③ 蓝色：各种指令标志（参照 GB 2894）；道路交通标志和标线中指示标志（参照 GB 5768）等。

④ 绿色：各种提示标志（参照 GB 2894）；机器启动按钮；安全信号旗；急救站、疏散通道、避险处、应急避难场所等。

安全标志应按 GB 2894—2008 规定采用；安全色卡片应按 GB 2893—2008 规定采用。

对比色是指使安全色更加醒目的反衬色。四种安全色的相应对比色只有黑、白两种颜色，一般红色、蓝色和绿色用白色作为对比色，而黄色的对比色用黑色。

色光还经常用于运行技术信息的载体，如红色表示紧张、禁止、停止、事故或操作错误等；黄色常用于表示警告信号；绿色表示工作正常、允许进行等；蓝色表示整机工作正常；白色表示电源接通、预热或准备运行等。

## 参考文献

[1] 朱序璋，等. 人机工程学. 第 2 版. 西安：西安电子科技大学出版社，2006

[2] 袁修干，庄达民. 人机工程. 北京：北京航空航天大学出版社，2002.

[3] 谢庆森，王秉权主编. 安全人机工程学. 天津：天津大学出版社，1999.

[4] 欧阳文照，廖可兵. 安全人机工程学. 北京：煤炭工业出版社，2004.

[5] 丁玉兰主编. 人机工程学. 第 4 版. 北京：北京理工大学出版社，2011.

[6] 王保国，王新泉，刘淑艳，霍然. 安全人机工程学. 第 2 版. 北京：机械工业出版社，2016.

[7] 用于技术设计的人体测量基础项目. GB/T 5703—2010.

[8] 中国成年人人体尺寸. GB 10000—1988.

[9] 建筑照明设计标准. GB 50034—2013.

[10] 安全色. GB 2893—2008.

[11] 工作场所有害因素职业接触限值 第 2 部分：物理因素. GBZ 2.2—2007.

# 5 系统安全工程

## 5.1 系统安全工程概论

系统安全工程（system safety engineering，SSE）是运用理学和工学原理、准则及技术，采用专门的专业知识和技术进行危险辨识和危险控制，以减少相关事故风险的一门工程学学科。

### 5.1.1 基本概念

① 系统。系统的定义有很多，钱学森的定义为"由相互作用和相互依赖的若干组成部分结合而成的具有特定功能的有机整体"。美国军标 MIL-STD-882 中定义为："系统是不同复杂程度的人员、规程、材料、工具、设备、设施及软件的组合；这些组分在拟定支持的操作环境中整合在一起完成某项给定的任务以实现某项特别的目的或使命。"在 2012 年美国国防部正式颁发的新的军用标准 MIL-STD-882E 中，系统的定义被进一步修改为"硬件、软件、人员、材料、设备、数据和维护组成的组织，需要在指定的环境中完成规定目标的指定功能"。

在安全生产领域，系统是指特定的工作环境中，为完成某项操作或特定功能而整合在一起的人员、规程、设备等。不同行业、不同岗位、不同的工作，甚至同一工作中的不同人员所面临的系统都各不相同，在生产安全系统中，其共性的要素主要包括人、机、环。

在生产安全系统中，"人"不仅指生产操作人员，还包括安全管理人员、安全技术人员、同样还包括厂长、经理等企业的决策层；"机"是指生产过程中使用的机器、设备，还包括生产设施等，而"环"主要是针对工作环境，如厂房的湿度、噪声、粉尘等因素。

生产安全系统三要素间不是孤立的，它们彼此交互，相互依存，通过管理、程序、成本等加以协调。随着科技的进步和发展，要素间的交互日益复杂，许多事故的发生往往在于现代科技不能很好地辨识它们之间的相互作用。在系统安全工程中，谈到系统，必须考虑系统的生命周期。

② 系统工程。美国系统工程技术委员会的定义：在系统的设计和制造中运用科学知识的一门特殊工程学；日本工业标准（JIS）的定义：系统工程是为了更好地达到系统目标，而对系统的构成要素、组织结构、信息流动和控制机构等进行分析和设计的技术。

③ 系统安全（system safety）。系统安全是针对产品、系统、项目或活动的生命周期，应用特殊的技术手段和管理手段，进行系统的、前瞻性的危险辨识与危险控制。MIL-STD-882E 对系统安全的定义：针对系统生命周期各个阶段，应用工程和管理的原理、准则以及技术，结合操作效果及适应性、时间及资金投入等条件约束达到可接受的事故风险水平。

系统安全的概念强调从一个产品、一项工程最初的概念设计阶段开始，直至后续的设计阶段、生产阶段、测试使用，直至其报废、放弃等各阶段，始终进行安全分析与危险控制的活动。

过去人们对安全的认识没有系统的概念，对于安全的认知往往是基于单个事件或某个部件，对于事故的预防也是基于"亡羊补牢"事后型的预防。系统安全强调在产品或系统真正生产之前已经将可接受的安全要求通过严谨的计划和周密的组织融入到设计之中。在事故或损失还没有产生之前通过系统的危险辨识和评价而加以控制。只有这些危险被消除或控制在可接受的水平内才可能进一步进行研发、测试、使用或维修，因而所有的改正措施也都是在事故或损失发生前就进行的。当然这些措施不仅包括工程的手段，也还包括管理手段。

系统安全的目的就是通过危险辨识，减小危险的技术方法，以保护人员、系统、设备和环境免于危险的影响。其基本目标在于消除可能导致人员伤亡或职业病、系统损坏或环境破坏的危险。如果这些危险最终不能被消除，则采取控制措施尽可能减小其风险。当然另一基本目标则是尽可能在产品或系统的生命周期早期阶段完成危险辨识和控制，以保证最小的投入和最大的效益。

④ 系统安全工程。MIL-STD-882E 定义系统安全工程（system safety engineering）为：运用理学和工学原理、准则及技术，采用专门的专业知识和技术进行危险辨识进而消除危险或当危险不能被消除时减少相关事故风险的一门工程学学科。系统安全工程的关键任务主要包括：辨识危险、评估事故风险、识别或减轻事故风险的措施、减少事故风险到可接受的水平、事故风险减少的确认以及相应的跟踪等。

⑤ 系统安全管理。系统安全管理是运用管理的手段结合系统思想来控制危险，其贯穿生命周期的各个阶段。MIL-STD-882E 系统安全管理被定义为：系统安全管理的所有计划和行动都是为了进行识别危险；评估并减少相关风险；把系统及其子系统与设备设施在设计、研发、测试、记录收集、使用、维修、报废过程中所遇到的风险进行跟踪、控制、接受、建档。

⑥ 可靠性与安全性的关系。可靠性是指系统、机器、设备、零件等性能在时间上的安定程度。一般意义上的产品故障少，指的就是可靠性高。有时也用来说明人的可靠性。当人不产生差错时，可以认为这个人的可靠性高。一般可靠性高的系统、机器、设备，其安全性也高。但是可靠并不等于安全，有的产品本身可靠性高，表现为结构坚固、经久耐用，但是在设计上没有考虑安全问题，存在对操作人员造成伤害的危险，其安全性是低的。SSE 的任务，不仅要提高系统的可靠性，同时还要提高系统的安全性。

### 5.1.2 内容

（1）系统安全分析

为了充分认识系统中存在的危险性，要对系统进行细致的分析。根据需要可以进行不同深度的分析，可以是初步的或详细的、定性的或定量的。

① 定性分析：系统检查法（安全检查表）等；

② 定量分析：危险性预先分析法（PHA）；故障模式及影响分析法（FMEA）；事件树分析法（ETA）；事故树分析法（FTA）等。

要完成一个准确的分析，就要综合使用各种分析方法，取长补短。

（2）系统安全评价

系统安全分析的目的就是进行安全评价。通过分析了解系统中潜在的危险和薄弱环节、发生事故的概率和可能的严重程度等，它们都是进行评价的依据。

两个重要的安全评价方法：

① 对系统的可靠性、安全性进行评价；

② 对生产所需原料、利用物质系数法进行评价。

决策者可以根据评价的结果选择技术路线，保险公司可以根据企业不同的安全性规定、不同的保险金额，领导和检察机关可以根据评价结果督促企业改进安全状况。

（3）安全措施

采取安全措施，根据评价的结果对系统进行调整，对薄弱环节加以修正。

### 5.1.3 起源和发展

#### 5.1.3.1 提出起步阶段

1947 年 9 月，美国航空业一篇题为《为了安全的工程》的科技论文最先提出了系统安全的概念，从此对事故控制进入了“超前预防型”阶段，人们开始探索事故的机理以及追求本质安全。系统安全工程得以真正地发展是在 20 世纪 50 年代末 60 年代初。1957 年苏联发射了第一颗地球人造卫星之后，美国为了赶上空间优势，匆忙地进行导弹技术开发，实施所谓研究、设计、施工齐头并进的方法，由于对系统的可靠性和安全性研究不足，在一年半的时间内连续发生了四次重大事故，每一次都造成了数百万美元的损失，最后不得不从头做起。弹道系统的发展需要一种新的方法来测验与武器系统有关的危险，正式、严谨的系统安全方案应运而生，美国空军以系统安全工程的方法研究导弹系统的可靠性和安全性，于 1962 年第一次提出了 BSD-Exhibit-62-41《弹道火箭系统安全工程学》。

#### 5.1.3.2 发展应用阶段

1963 年，《弹道火箭系统安全工程学》被修改形成空军规范 MIL-S-38130，即《军事规范——针对系统、有关子系统和设备安全工程的通用要求》，这对以后发展多弹头火箭的成功创造了条件；1966 年 6 月美国国防部将其做了微小改动，采用了空军的安全标准，制定了 MIL-S-38130A。1969 年，这个规范被进一步修改，形成美国军标 MIL-STD-882《系统及相关子系统和设备的系统安全方案》，在这项标准中首次奠定了系统安全工程的概念以及设计、分析等基本原则。该标准起初是针对美国国防部的要求，后来适用于所有系统和产品。该标准于 1977 年、1984 年、1993 年及 2000 年及 2012 年分别进行了五次修订，标准号分别为 MIL-STD-882A、MIL-STD-882B、MIL-STD-882C、MIL-STD-882D 和 MIL-STD-882E，前三者标准名称均为《系统安全规划要求》，后两版名称为《系统安全实践标准》。

如同空军逐渐形成了系统安全的要求一样，美国国家航空和宇宙航行局（NASA）也认识到有必要将系统安全作为其管理方案的一部分，空军的成功在于提供了部件或系统的危险以及危险的控制方法等有价值的数据，NASA 的成功则在于推进通过危险辨识、评价和控制的做法来实现系统安全的目的。1965 年，美国波音公司和华盛顿大学在西雅图召开了系统安全工程的专门学术讨论会议，以波音公司为中心对航空工业展开了安全性、可靠性分析和设计的研究，用在导弹和超音速飞机的安全性评价方面取得了很好的成果，并陆续推广到航空、航天、核工业、石油、化工等领域。

从安全系统工程的发展可以看出，最初是从研究产品的可靠性和安全性开始的，后来发展到对生产系统的各个环节的安全分析。这就使安全系统工程的方法在安全技术工作领域中得到实际的应用。

（1）安全技术工作和系统安全分工合作时期

SSE 发展的初期阶段，安全工作者和产品系统安全工作者的分工是明确的。前者负责工人的安全，后者负责产品安全，两者分工协作，密切配合，共同完成生产任务。

（2）安全技术工作引进系统安全分析方法阶段

SSE 发展不久，安全技术工作就把它的工作方法（系统安全分析）吸收进来。由于系统安全分析是对系统各个环节，根据其本身的特点和环境条件进行安全性的定性和定量分析，做出科学的评价，并据此采取针对性的安全措施，所以这种方法对安全工作十分有用。

（3）安全管理引用了安全系统工程方法阶段

由于 SSE 不仅可以评价系统各个环节的可靠性和安全性问题，而且对系统开发的各个阶段也可以进行评价，因此企业的安全管理等阶段（检查、操作、维修、培训）也都可以使用这种方法提高系统性和准确性。

（4）以安全系统工程方法改革传统安全工作阶段

在安全工作中广泛使用安全系统工程方法是传统安全工作进行改革的趋势，需要不断地在实践中总结经验。

#### 5.1.3.3 我国的发展

在我国，系统安全工程的研究、开发是从 20 世纪 70 年代末开始的。天津东方化工厂应用系统安全工程成功地解决了高度危险企业的安全生产问题，为我国各个领域学习、应用系统安全工程起了带头作用。其后是各类企业借鉴引用外国的系统安全分析方法，对现有系统进行分析。1981 年，原国家劳动总局科技人员了解到国外关于“系统安全”思想的介绍时，出于自身专业敏感性，立即对其产生了极其浓厚的兴趣，于是着手翻译一册较权威的著作《系统安全工程导论》，同时与设在美国的系统安全学会国际部建立了联系，陆续得到了该协会提供的部分资料和信息。从此以后国内诸多科研单位与大专院校对“系统安全”十分关注，并在各个行业领域进行了大胆的尝试，这些研究也引起了许多大中型生产经营单位和行业管理部门的高度重视。

1982 年，我国首次组织了安全系统工程研讨会，研究了我国发展安全系统工程的方向，并组织分工进行危险性预先分析、故障类型和影响分析、事件树分析和事故树分析等方法的研究，同时开展了安全检查表的推广应用工作。对于安全评价，1987 年原机械电子部率先提出了第一个安全评价标准——《机械工厂安全评价标准》，1991 年国家“八五”科技攻关项目就“易燃、易爆、有毒重大危险源辨识、评价技术”方面进行研究，使安全评价逐步进入正轨。其后，我国出台了多项安全评价导则。随后，1997 年 11 月 19 日，由原国家人事部、劳动部发布《安全工程专业中、高级技术资格评审条件（试行）》，此项资格考试一直延续至今。2003 年 3 月 31 日，由原国家安全生产监督管理总局发布了《安全评价通则》，其是我国首个安全生产行业评价标准，现行《安全评价标准》（AQ 8001—2007），是于 2007 年 1 月 4 日修订后实施的。2008 年 2 月 29 日，由劳动和社会保障部制定的《国家职业标准》中规定了安全评价师国家职业标准，并确定了三级考核制度。2014 年 11 月，经国务院由安全监督管理总局发布《安全评价人员资格登记管理规则》，取消安全评价资格考试。各种评价导则、各项规定与资格考试的出台都共同促进了系统安全理论和实践的进一步发展。

## 5.2 系统安全分析方法

近年来由于系统工程学科的发展，出现了许多分析方法。这些方法都有各自的特点，很难说哪种方法比较好，只能是相互补充而不是相互比较。单独用一种方法也许不能查明所有危险性的存在。这是安全系统工程的一个特点，并且促进了这门学科的迅速发展。目前，见诸有关文献的分析方法多达 70～80 种，本章就对其中一些分析方法作一简明介绍。

## 5.2.1 关系比较密切的分析方法

(1) 子系统安全性分析（综合性）

① 方法：对一个系统所包括的子系统、组件和元件进行分析，可以选用多种分析方法，但分析内容不能超过子系统。

② 应用：只能用于子系统，例如具有单独功能的元件或元件组合，除了这条限制之外，用途甚为广泛。

③ 难点：根据所用分析方法的难度而定。

(2) 单点故障分析（基础性）

① 方法：对系统中每个元件进行分析研究，查明能够造成系统故障的单个元件或元件与元件的交接面。

② 应用：在硬件系统、软件系统和人的操作中都能使用。

③ 难点：如果系统很复杂，找单点故障就有困难。

(3) 意外事故分析（针对性）

① 方法：找出系统中最容易偶然发生的事故，研究紧急措施和防护设备，以便能控制事故并避免人员和财物的损失。该方法要根据事故的偶发特性、需要和可能，有针对性地选用一个或一组分析方法，所采用的辅助分析技术很重要。

② 应用：广泛用于系统、子系统、元件、交接面等处，使用时必须研究意外事故的发生特性和时机。该方法对于哪些地方应配置备件，哪些地方应着重注意以减少故障，十分有用。

另外，制定防止事故计划和评价设备的安全性时也可用本方法。

③ 难点：根据所用的分析技术而定。

(4) 交接面分析

① 方法：在一个系统中，找出各个单元、元件之间的交接面、交叉部位的各种配合不适当或不相容的情况，分析它们在各种操作下会产生哪些危险性，并会造成哪些事故。该方法的主要缺点是难于找全所有的交接面，特别是难于找出交接面之间的元件不相容性。

② 应用：用途十分广泛，从最简单的元件到组件和子系统都能使用。如交接面可以指机械内部、机械之间或人机之间，分析范围不受什么限制。

③ 难点：根据系统的复杂性和所用的辅助技术而定。

(5) 致命度分析

① 方法：系统元件发生故障后会造成多大程度的严重伤害，按其严重程度可定出等级。

② 难点：如果故障类型已经辨识清楚就很容易使用，所以预先辨识系统元件的故障类型是关键。辨别故障要使用辅助分析技术，本方法常和故障类型及影响分析合用。

(6) 预先危险分析（特殊性——时间）

① 方法：一般用在系统设计的开始阶段，最好是在形成设计观点的时候。该方法首先要把明显的或潜在的危险性查找清楚，再研究控制这些危险性的可行性以及控制措施，常用安全检查表帮助分析。该方法对于决策技术路线非常有用。

② 应用：用于各类系统、工艺过程、操作程序和系统中的元件。

③ 难点：根据分析的深度而定，必须在各项活动之前选用。

## 5.2.2 共同点比较多的分析方法

(1) 程序分析

① 方法：检查每一步操作程序，包括完成任务的项目、所用的设备和人所处的环境等因素，找出由于操作造成的故障概率，例如系统对操作人员造成伤害的概率及操作人员对系统造成损害的概率。

② 应用：只限用于有人员操作的系统，其操作程序必须有充分的资料或者已经正规化，并能保证用逐项的检查表不致漏检项目。此外，最好还用交叉检查的方法防止检查结果漏项。

③ 难点：如果操作程序很少发生失误，用该方法十分容易，但若程序中可能发生多重失误，或者发生多处单点故障，或者在分离操作时还要考虑其综合的情况，采用本方法困难较大。

(2) 作业安全分析

① 方法：对各种工作，包括工作过程、系统、操作等逐个单元地进行分析，辨识每个单元带来的危险性。经常由工人、工长和安全工程师组成小组来完成此项任务。

② 应用：只限用于有人操作的情况，操作应该已经正规化并不会有突出的变化，若预料到有改变应事先考虑。

③ 难点：如果是个人操作且很少变化的工作，用起来很容易；如果变化很多而且必须加以考虑时，用起来比较困难；如果有变化但不加考虑，则分析方法的完善程度将会受到影响。

(3) 流程分析

① 方法：研究流体或能量的流动情况，即查出由一个元件、子系统或系统流向另一个元件、子系统或系统的造成受伤或财物损失的流动。

② 应用：用在传送和控制流体及能量的系统中，有时还需要辅助的技术方法。

③ 难点：将流动列表比较容易，找出防护措施也不困难。一般可以按照法令、规范和标准的要求与系统特性相比较。如果要求能控制不希望的流动，则要困难得多。无论是手动或自动的控制，都不能用本方法直接分析，必须使用辅助技术。

(4) 能量分析

① 方法：找出系统中使用的全部资源，考察会造成伤害的不希望的能量流动，研究防护措施。

② 应用：适用于使用、储存任何形式能量的系统，或者系统本身具备一定能量。配合其他方法，也可用于控制能量的使用、储存或传送。

③ 难点：列出能量项目比较容易，一般按照有关法令、规范、规程和标准的要求，对系统的特性进行简单比较就可以找出适当的防护措施。这项工作在系统开始设计时就应进行，并应整理出资料。

## 5.2.3 逻辑推理的分析方法

(1) 事件树分析

① 方法：选出希望或不希望的事件作为初始事件，按照逻辑推理推论其发展结果。发展趋势无论成功或失败都作为新的起始事件，不断交互推论下去，直到找出事件所有发展的可能结果。

② 应用：广泛应用于各种系统，能够分析出各种实践发展的可能结果。

③ 难点：受过训练用起来并不太难，但很费时间。使用事件树分析后，研究了所有希望的和不希望的事件，将来再应用事故树分析或故障类型和影响分析等方法，更能取得实际效果。

(2) 管理失误和风险树分析

① 方法：画一个预先设计好并系统化了的逻辑树，概括系统中全部风险，而这类风险存在于设备、工艺、操作和管理之中。

② 应用：设计好的树上可以列出安全问题的各个方面，所以是一个比较有用的工具。在各种系统和工艺过程中，用树与实际情况对照检查，可以发现薄弱环节或由环境造成的事故原因，这种方法得到了广泛的应用。

③ 难点：该方法耗费时间且枯燥乏味，但经过训练，使用并不困难，利用图形说明更易于了解。

(3) 故障模式及影响分析

① 方法：对系统中的元件逐个进行研究，查明每个元件的故障类型，然后再进一步查明每个故障类型对子系统以至整个系统的影响。

② 应用：广泛用于系统、子系统、组件、程序、交接面等分析中。分析时要用一定的表格排列各种故障类型，必须准备足够的资料。

③ 难点：经过训练掌握此项技术并不困难，但很费力耗时。这种方法只需对故障模式进行推论，其影响不需要像事故树分析那样，无论是否会造成伤害都要分析到底。

(4) 网络逻辑分析

① 方法：将系统操作和元件绘成逻辑网络图，并用布尔代数式表示系统功能，对网络加以分析，找出哪个系统元件易于导致事故。该方法分析非常彻底，但要消耗大量时间和资料，因而只有在风险高和隐患大的情况下使用。

② 应用：广泛用于所有人工或非人工控制系统，当所有元件和操作都能以二值（0，1）表示时就能使用。

③ 难点：由于要涉及系统中所有可能发生的偶然事件，所以比故障模式及影响分析和事故树分析用起来要难。

(5) 事故树分析

① 方法：找出不希望事件（顶上事件）所有的基本原因事件，把它们通过逻辑推理方式用逻辑门连接起来，便能清楚地表示出哪些原因事件及其组合发展成为顶上事件的动态过程。

② 应用：广泛用于系统安全分析，但要求两个先决条件：a. 顶上事件要设定得正确，同时能分析到真正的原因事件；b. 各个顶上事件应独立进行分析。

③ 难点：虽耗费时间，但经过训练使用并不太困难。该方法和事件树、故障模式及影响分析不同，它只需要分析导致事故的故障条件和原因条件，不需要对全部故障作分析。

(6) 潜在回路分析

① 方法：找出电流回路或指令控制回路中不存在的元件故障，但其回路或指令程序会造成不希望事件运行，也许是正确地运行，但时间不适当，或者根本就不能正确运行。本方法可以找出所有的潜在回路，审查系统设计时非常有用。

② 应用：应用于各种控制和能量传输回路，包括电子、电气、气动或液压系统。使用该技术还要看软件逻辑算法的分析应用情况。

③ 难点：虽费时间，但经过训练后使用并不困难，并可以用计算机协助工作。

### 5.2.4 选用分析方法的原则

① 首先进行初步的综合性分析（如预先危险分析、安全检查表等）得出大致的概念，然后根据危险性的大小进行详细分析。

② 根据分析对象的不同，选用相应的分析方法。如果分析对象是连续的工艺操作，要选用单元间有联系的分析方法（如流程分析、交接面分析等）；如果分析对象是关键的危险性设备，则可选用从零部件开始的故障分析（如故障模式及影响分析等）。

③ 若需要对系统进行反复调整，使之达到较高的安全性，可使用替换分析和逻辑分析等。

④ 各种分析方法可以相互补充，使用一种方法也许不能完全分析出系统的危险性，但再用其他方法可以弥补其不足部分。进行分析时并不需要使用所有的方法，应该根据实际情况，结合特定的环境和资金条件，分析得出正确的评价。

## 5.3 预先危险分析

预先危险分析法（preliminary hazard analysis ，PHA）又被称为“预先危险性分析”或“危险性预先分析”。它是在设计、施工、生产等活动之前，预先对系统可能存在的危险的类别、事故出现的条件以及导致的后果进行概略的分析，从而避免采用不安全的技术路线，使用危险性物质、工艺和设备，防止由于考虑不周而造成的损失。

预先危险性分析可以在各项活动之初识别危险并加以控制，因而对于系统的安全性起着非常重要的作用，在一定程度上保证系统的本质安全。所以无论项目的规模、大小和成本高低，都建议展开 PHA，以便在项目生命周期的早期阶段尽量辨识出系统所有的危险，确定系统安全的关键功能和顶上事件，进而明确在设计阶段安全工作中应关注的重点。

PHA 是在系统安全领域内应用得最早的系统方法之一，由于其对危险的分析只停留在一个粗略的层面，因此早期在 MIL-S-38130 中被称为概略危险分析（gross hazard analysis）。另外，这种方法一般是基于预先危险列表（preliminary hazard list ，PHL）而展开的。

### 5.3.1 预先危险列表

预先危险列表是在系统的概念设计早期阶段进行的，用来辨识和列出系统中可能存在的或已知存在的各种各样潜在危险的一种分析方法。并且通过此方法的分析，可进一步了解及明确系统安全的关键点以及相应危险可能造成的事故。

所有的系统在生命周期初始阶段都可以采用这种方法，但是随着系统设计的深入展开，经 PHL 所辨识出的所有危险都应通过更详细的系统安全分析方法进行分析，而通常情况下各种分析方法也是基于该危险列表展开的。预先危险列表有时单独作为一种危险分析方法而使用，但是更多的学者和工程师把它作为预先危险分析的一部分。

预先危险列表通常采用头脑风暴法（brian storming）得出或按照系统的功能结构逐一识别系统的危险所在。在进行预先危险列表分析时，相应的分析人员或分析小组成员应该包括该系统所涉及的各个专业领域的专家、工程师和分析人员。当有经验的安全专家将该技术应用于他所擅长的领域时，能够十分准确快速地辨识出系统中潜在的一般危险和高层次的系统危险。而对于分析小组而言，应掌握已有的设计知识和相关危险知识（对系统设计有着基本的了解，能够列出系统的主要组成部分；以及必须了解各种危险、危险源、危险要素以及相似系统中存在的危险），并收集和获取该系统或相关系统曾经有过的经验教训，通过分析、比较、讨论等方式最终提供该系统存在的危险，可能导致的事故以及进一步设计中的关键因素等。

### 5.3.2 PHA 分析流程

预先危险分析常常是在预先危险列表的基础上分析系统中存在的危险、危险产生的原因、可能导致的后果，然后确定其风险等级，从而在技术手册上的信息不够充分的情况下确定在设计中应该采取相应的措施消除或控制这些危险。

预先危险分析的过程如下所述：

① 熟悉系统：明确系统的范围和边界，了解系统设计、使用以及系统的组成，确定系统将要保护的对象。对系统任

表 5.1 家用热水器的危险性预先分析

系统名称：燃气热水器

| 危险因素 | 触发事件 | 现象 | 原因事件 | 事故情况 | 结果 | 危险等级 | 修正措施 |
|---|---|---|---|---|---|---|---|
| 水压高 | 煤气连续燃烧 | 有气泡产生 | 安全阀不动作 | 爆炸 | 伤亡损失 | 3 | 装爆破板，定期检查安全阀 |
| 水温高 | 煤气连续燃烧 | 有气泡产生 | 安全阀不动作 | 水过热 | 烫伤 | 2 | 装爆破板，定期检查安全阀 |
| 煤气 | 火嘴熄灭，煤气阀开，煤气泄漏 | 煤气充满 | 火花 | 煤气爆炸 | 伤亡损失 | 3 | 火源和煤气阀装连锁，定期检查通风，气体检测器 |
| 燃烧不完全 | 排气口关闭 | CO充满 | 人在室内 | CO中毒 | 伤亡 | 2 | CO检测器，警报器，通风 |
| 火嘴着火 | 火嘴附近有可燃物 | 火嘴附近着火 | 火嘴引燃 | 火灾 | 伤亡损失 | 2 | 火嘴附近应为耐火构筑物，定期检查 |
| 毒气 | 火嘴熄灭，煤气阀开，煤气泄漏 | 煤气充满 | 人在室内 | 煤气中毒 | 伤亡 | 3 | 火源和煤气阀装连锁，定期检查通风，气体检测器 |
| 排气口高温 | 排气口关闭 | 排气口附近着火 | 火嘴连续燃烧 | 火灾 | 伤亡损失 | 2 | 排气口装连锁，温度过高时，煤气阀关闭，排气口附近应为耐火构筑物 |

务、任务阶段、任务环境都应该十分熟悉。对系统越熟悉，界定得越清晰，危险分析才越彻底、越全面。

② 制定 PHA 分析计划：制定 PHA 分析表，安排分析日程和流程。根据事故风险矩阵确定本系统可接受的风险水平。在此阶段，了解系统的重要功能结构以及判断该分析处于生命周期的哪个阶段，找出进行该分析的具体前提（基于建造，还是基于设计，抑或是基于确定控制措施）。

③ 确定 PHA 分析小组的成员：小组成员应该是由分析所涉及的各专业的专家或工程师以及相应的操作人员组成。

④ 收集资料与信息：尽管在进行 PHA 分析时，可获取的直接资料较少，但所必需的资料信息不可缺少。譬如类似系统或相关系统的情况，以及其他可用的危险相关知识与信息等。所适用的法律、法规及部门规章制度也是不可或缺的。对于 PHA 来说，资料收集得越充分，危险辨识也才可能越准确。

⑤ 实施 PHA：辨识系统中存在的危险，分析每一个危险将要危及的对象。这一步通常是分析小组采用头脑风暴的过程。一般可用的辨识危险的方法有如下几种：

a. 凭借工程师以往的经验和个人判断；

b. 咨询相关的人员，以便对相似的设备或系统进行检查和调查；

c. 查阅相关的法规、准则或标准，以及相关的检查表；查阅有关的历史文档等，如事故文件、未遂事件报告、伤害记录、制造商的可靠性分析报告等；

d. 将影响系统安全的其他重要因素纳入考虑范围之内，如员工的性格和心理生理素质、工时制度、外部气象条件、系统所处的地理环境以及所触及的各种能量等。

⑥ 评价风险：评估每一个危险对每一个目标影响的严重程度以及发生概率；并且还要在系统设计阶段实施减少危险措施的前后，确认每个被识别的危险的事故风险。

⑦ 给出相应的控制措施建议：根据风险评估结果决定风险可否接受，如果风险不可接受，是否提出风险的控制措施？控制措施的选择依据“事故风险控制”所列出的优先顺序进行。同时还要与系统设计工程部门合作，将建议转化为系统安全要求。

⑧ 风险减小的确认：对危险控制措施进行实时的监控，确保安全性建议和系统安全要求在减小危险方面达到了预期的效果。

⑨ 危险跟踪：提出风险控制措施后要对系统重新进行评估以确定采用控制措施过程中是否又出现了新的危险，如真的出现新的危险且其风险程度不可接受，则还需重新确定控制措施，重新评估。

⑩ 建立 PHA 分析文档，将最后的分析结果形成文件：PHA 报告包括以上分析的所有过程、工作表、结论和建议等。

### 5.3.3 危险性预先分析实例

以家用燃气热水为例说明危险性预先分析在实际中的具体应用。

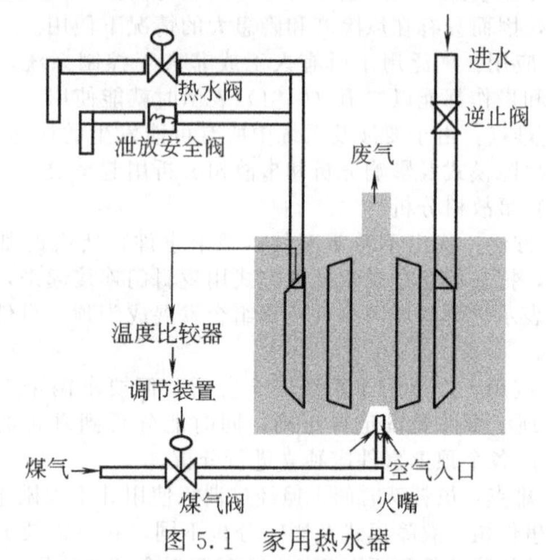


图 5.1 家用热水器

图 5.1 是家用热水器的示意图。家用热水器用煤气加热，装有温度和煤气开关连锁。当水温超过规定温度时，连锁动作将煤气阀门关小；如果发生故障，则由泄压安全阀放出热水，防止事故。表 5.1 是对家用热水器的危险性预先分析。

## 5.4 安全检查表

安全检查表（safety check list，SCL）是进行安全检查，发现潜在危险，督促各项安全法规、制度、标准实施的一个较为有效的工具。20 世纪 30 年代，国外就采用了安全检查表，至今仍然是系统安全工程中最基础也是最广泛使用的一种定性分析方法。

### 5.4.1 安全检查表的定义

为了系统地发现工厂、车间、工序、机器、设备、装置以及各种操作管理和组织措施中的不安全因素，事先对检查对象加以剖析，查出不安全因素所在，然后根据理论知识、实践经验、标准、规范和事故情报等进行周密细致的思考，确定检查的项目，以提问的方式，将检查项目按系统顺序编制成表，以便进行检查。这种表就叫安全检查表。

现代系统安全工程中的许多分析方法，如预先危险分析、事故模式及影响分析、事故树分析、事件树分析等都是在安全检查表的基础上发展起来的。安全检查表之所以能够在安全管理工作中发挥重大的作用，是因为安全检查表采用系统工程的观点，进行全面的科学分析，明确检查项目和各方责任，使检查工作做到尽量避免遗漏和不流于形式。安全检查表实际上是一份实施安全检查和诊断的项目明细表及安全检查结果的备忘录。

### 5.4.2 安全检查表的作用

安全检查表在安全管理工作中发挥着巨大的作用，具体有以下几个方面：

① 安全检查表可以用于对系统进行安全检查和评价；

② 安全检查表可以对职工进行安全教育和提示；

③ 安全检查表可以用于事故分析和调查；

④ 安全检查表可以为系统设计人员提供清晰明确的安全要求；

⑤ 安全检查表可以为系统运行提供安全操作指南；

⑥ 安全检查表可以为工程设计和验收提供安全审查的可靠依据。

### 5.4.3 安全检查表的优点

安全检查表之所以能得到广泛的使用，是因为安全检查表具有以下优点：

① 安全检查表通过组织有关专家、学者及专业技术人员，经过详细的调查和讨论，能够事先编制，具有全面性，可以做到系统化、完整化，不漏掉任何能够导致危险的关键因素，及时发现和查明各种危险和隐患。

② 安全检查人员能根据检查表预定的目标、要求和检查要点进行检查，克服了盲目性，做到突出重点，避免疏忽、遗漏、走过场，提高检查质量。

③ 安全检查表可以根据已有的规章制度和标准规程等，针对不同的对象和要求编制相应的安全检查表，可以实现安全检查的标准化、规范化。

④ 安全检查表具有广泛性和灵活性。对于各种行业、岗位操作、设备、设计、工种及各类系统，安全检查表都能广泛地适用。安全检查表不仅可以作为安全检查时的依据，同时可以为设计新系统、新工艺、新装备提供安全设计的相关资料。安全检查表使用广泛，灵活多变，可以用于日常的检查，也可以用于定期的检查、事故分析和事故预测等。安全检查表还可以随时进行修改、补充，使之适用于各种场合。

⑤ 依据安全检查表进行检查，是监督各项安全规章制度的实施和纠正违章指挥、违章作业的有效方式。安全检查表能够克服因人而异的检查结果，提高检查水平，同时也是进行安全教育的一种有效手段，提高人员的安全意识和安全水平。

⑥ 安全检查表具有直观性，它是一种定性的检查方法，采用表格的形式及问答的方式，并对提问项目进行了系统的归类，简明易懂。不同层次的人员，都可以掌握和使用安全检查表。

⑦ 安全检查表可以作为安全检查人员或现场作业人员履行职责的凭据，有利于分清责任，落实安全生产责任制。

⑧ 使用安全检查表有利于安全管理工作的连续改进，实现对安全工作的连续记录。安全检查表可以随着科学技术的发展和标准、规范的变化而随时加以修改和完善。同时，企业也可根据自己的记录，发现问题，提出改进措施。安全检查表的连续记录，可以使新老安全员顺利交接，保证企业安全管理工作的一致性。

### 5.4.4 安全检查表的类型

安全检查表的应用范围十分广泛，如对工程项目的设计、机械制造、生产作业环境、日常操作、人的行为、各种设备设施的运行与使用、组织管理等各个方面。安全检查的目的和对象不同，检查的重点亦不同，因而需要编制不同类型的安全检查表。根据用途的不同，安全检查表可以分为以下几种：

(1) 设计审查用安全检查表

事故的分析研究表明，由于设计不良而形成的不安全因素所造成的事故约占事故总数的 25%。如果在设计时能够设法将不安全因素除掉，则可取得事半功倍的效果。否则，设计付诸实施后，再进行安全方面的修改，不仅浪费资金，而且往往收不到令人满意的效果。

因此，为了保证设计的安全性，应为设计者提供相应的安全检查表。设计审查安全检查表是从安全的角度，对某项工程设计和验收进行安全分析评价的一种表格，主要应用于厂址选择（风向、水流、交通、排放物出路等）、厂区规划、工艺装置、工艺流程、安全设施与装置、建筑物和构筑物、操作的安全性、材料运输与储存、运输道路、消防急救措施等方面。设计审查用安全检查表可以供设计人员进行设计时参考，也可以作为有关人员进行设计审查和验收时的依据。设计审查用安全检查表应该系统全面，其中应附上有关规程、规范、标准，这样既可扩大设计人员的知识面，又可使他们乐于采用这些标准中的数据和要求，同时明确各方责任，避免与安全人员发生争议。

(2) 公司级安全检查表

公司级安全检查表是全公司进行安全检查、安全分析与评价、危险源辨识时采用的一种检查表。安全技术部门、防火部门进行日常巡回检查时，也可使用这种安全检查表。公司级安全检查表的内容主要集中在火灾、交通、保安、人身伤亡等事故方面，具体包括厂区内各个产品的工艺和装置的安全性、要害部位、主要安全装置与设施、危险物品的运输储存与使用、有毒有害物质的治理、作业环境、消防通道与设施、操作管理及规章制度的落实、应急措施等。

(3) 车间用安全检查表

车间用安全检查表是供车间进行定期安全检查、安全分析与评价时用的一种检查表，其内容主要集中在防止人身、设备、机械加工等事故方面，具体包括工艺流程的安全性、车间的设备布置、制品与物件存放、安全通道、进出口、通风与照明、噪声与振动、安全标志、尘毒及有害气体浓度、消防设施与措施、应急措施、操作管理、岗位责任制实施等。

(4) 工序及岗位用安全检查表

工序及岗位用安全检查表经常用于某一工序或岗位的日常安全检查，工人自查、互查或安全教育，主要集中在防止人身误操作引起的事故方面，其主要内容包括工序或岗位的设备、环境、操作人员等方面的不安全因素。工序及岗位用安全检查表的内容应根据工序或岗位的设备、工艺过程、危险部位、防灾控制点即整个系统的安全性来制定，要做到内容具体，简明易行。

(5) 专业性安全检查表

专业性安全检查表由专业机构或职能部门编制和使用。主要用于对重点设备与设施、要害部位、特殊工种、专业操作人员进行定期或季节性的安全检查，如对电气设备、压力容器、起重机具、车辆、炸药库、爆破作业人员、电工、司机等的专业检查。专业性安全检查表的内容要符合有关专业安全技术要求。

(6) 事故分析预测用安全检查表

事故分析预测用安全检查表是借鉴同类事故的经验教训，根据对事故的分析、研究，结合有关规程和标准等编制。在分析事故时用这类检查表进行对照检查，找出事故原因。在预防事故时按照检查项目逐条加以控制，防止事故的发生。例如，触电死亡事故分析检查表和高空坠落死亡事故预测检查表等。

## 5.4.5　安全检查表的编制

（1）安全检查表的内容

安全检查表的内容既要系统全面，又要简单明了，切实可行。一般来说，安全检查表的基本内容涉及人、机、环境、管理四个方面，并且必须包括以下六个方面的基本内容：

① 总体要求：建厂条件、工厂设置、平面布置、建筑标准、交通、道路等；

② 生产工艺：原材料、燃料、生产过程、工艺流程、物料输送及储存等；

③ 机械设备：机械设备的安全状态、可靠性、防护装置、保安设备、检控仪表等；

④ 操作管理：管理体制、规章制度、安全教育及培训、人的行为等；

⑤ 人机工程：工作环境、工业卫生、人机配合等；

⑥ 防灾措施：急救、消防、安全出口、事故处理计划等。

（2）安全检查表的编制

为了使检查表在内容上能结合实际、突出重点、简明易行、符合安全要求，进行编制时应考虑如下四点：

① 组成由安全专业人员、生产技术人员、有经验的岗位操作工人参加的三结合编制团队，集中讨论、集思广益、共同编写。

② 以国家、部门、行业、企业所颁发的有关安全法令、规章、制度、规程以及标准、手册等作为依据。例如，编制生产装置的检查表，要以该产品的设计规范为依据，对检查中设计的控制指标应规定出安全的临界值等等。

③ 依据科学技术的发展和实践经验的总结，列举所有存在于系统中的不安全因素。

④ 收集同类或类似系统的事故教训和安全科学技术情报，了解多方面的信息，掌握安全动态。

安全检查表可以根据生产系统、车间、工段编写，也可以按专题编写。安全检查表可以通过事故树分析，查出基本原因事件，作为安全检查表的基本检查项目。安全检查表要在实践检验中不断修改，使之日臻完善。表 5.2 是一个安全检查表的式样。

**表 5.2　安全检查表**

________安全检查表

检查人：________　时间：________

| 序号 | 检查内容 | 标准和要求 | 检查结果 | 检查人建议 | 处理结果 |
|---|---|---|---|---|---|
| | | | | | |

## 5.4.6　安全检查表实例

表 5.3 为电焊岗位安全检查表，表 5.4 为手持灭火器安全检查表，表 5.5 为矿山安全检查表。

**表 5.3　电焊岗位安全检查表**

电焊岗位安全检查表

检查人：________　时间：________

| 序号 | 检查内容 | 检查结果 | 备注 |
|---|---|---|---|
| 1 | 焊接场地是否有禁止存放的易燃、易爆物品？ | | |
| 2 | 是否正确配备必要的消防器材？ | | |
| 3 | 场地通风、照明效果是否良好？ | | |
| 4 | 操作人员是否按规定正确穿戴和配备防护用品？ | | |
| 5 | 电焊机是否一机一闸？ | | |
| 6 | 电焊机二次线圈及外壳是否接地或接零？ | | |
| 7 | 电焊机的电源线、引出线及各接线点是否良好？ | | |
| 8 | 一次、二次线圈及外壳，焊夹把手和座凳绝缘是否良好？ | | |
| 9 | 线的长度及接线方式是否符合规定？ | | |
| 10 | 交流电焊机是否安装自动开关装置？ | | |
| 11 | 照明设备是否采用安全电压？ | | |
| 12 | 是否有无证上岗人员？ | | |
| 13 | 工作完毕后，是否拉掉总闸并清理现场？ | | |

**表 5.4　手持灭火器安全检查表**

德国手持灭火器安全检查表

检查人：________　时间：________

| 序号 | 检 查 内 容 | 检查结果 |
|---|---|---|
| 1 | 灭火器的数量足够吗？ | |
| 2 | 灭火器的放置地点能使任何人都易马上看到和拿到吗？ | |
| 3 | 通往灭火器的通道畅通无阻吗？ | |
| 4 | 每个灭火器都有有效的检查标志吗？ | |
| 5 | 灭火器类型对所要扑灭的火灾适用吗？ | |
| 6 | 大家都熟悉灭火器的操作吗？ | |
| 7 | 是否已用其他灭火器取代了四氯化碳灭火器？ | |
| 8 | 在规定了的所在的地点都配备了灭火器吗？ | |
| 9 | 灭火药剂容易冻的灭火器采取了防冻措施吗？ | |
| 10 | 能保证用过的或损坏的灭火器及时更换吗？ | |
| 11 | 每个人都知道自己工作区域内的灭火器在什么地点吗？ | |
| 12 | 汽车库内有必备的灭火器吗？ | |

表 5.5 矿山安全检查表

矿山安全检查表

检查人：________ 时间：________

| 序号 | 检 查 内 容 | 检查结果 | 备注 |
|---|---|---|---|
| 1 | 各车间是否有专人值班？ | | |
| 2 | 安全机构、安全人员是否按规定配置？ | | |
| 3 | 各工种是否有安全操作规程？ | | |
| 4 | 特殊工种是否实行了操作票制度？ | | |
| 5 | 新工人上岗前是否进行了三级安全教育？ | | |
| 6 | 前次查出的隐患是否整改了？ | | |
| 7 | 提升运输设施是否完好、无隐患？ | | |
| 8 | 电机车架空线是否符合规定要求？ | | |
| 9 | 电气线路是否完好，闸刀无缺盖、裸露现象？ | | |
| 10 | 电气设备保护接零、接地是否完好？ | | |
| 11 | 供配电是否符合安全要求？ | | |
| 12 | 电气线路、设备是否定期检查维修？ | | |
| 13 | 空压机、乙炔发生器是否按要求设置？ | | |
| 14 | 乙炔发生器的操作是否符合安全要求？ | | |
| 15 | 工作场地(巷道)工作面、坑、池、沟等是否加盖或护栏？ | | |
| 16 | 照明、电话、信号是否完好？ | | |
| 17 | 通风系统是否完好？ | | |
| 18 | 局部通风设施是否起作用？ | | |
| 19 | 井下作业点空气粉尘浓度是否达标？ | | |
| 20 | 有毒、有害物质，水，气是否进行处理？ | | |
| 21 | 噪声、振动是否采取控制措施？ | | |
| 22 | 炸药库炸药存放是否符合规程要求？ | | |
| 23 | 天井、溜井和漏斗器处是否有标志、照明、格筛、护栏或盖板？ | | |
| 24 | 井巷、井筒支护是否完好？无地压应力集中？ | | |
| 25 | 井巷危岩、悬岩是否及时观察和处理？ | | |
| 26 | 井下泵房是否能及时排泄地下涌水？ | | |
| 27 | 有无地面防水设施？ | | |
| 28 | 安全出口在应急时是否有效？ | | |
| 29 | 是否有有效措施防止自然火灾和内因火灾？ | | |
| 30 | 是否配置安全防火设施？ | | |
| 31 | 爆破作业后是否按规定时间进入现场？ | | |
| 32 | 是否有应急、救护、消防等措施计划？ | | |

## 5.5 故障模式及影响分析

故障模式及影响分析（failure mode and effect analysis）及致命度分析（criticality analysis）是系统安全工程中重要的分析方法。它是由可靠性工程发展起来的，主要分析系统、产品的可靠性和安全性。它采用系统分割的概念，根据实际需要分析的水平，把系统分割成子系统或进一步分割成元件。然后逐个分析元件可能发生的故障和故障呈现的状态(故障模式)，进一步分析故障类型对子系统以致整个系统产生的影响，最后采取措施加以解决。

在系统进行初步的分析后，对于其中特别严重，甚至会造成死亡或重大财物损失的故障类型，则可以单独拿出来进行详细分析，这种方法叫致命度分析。它是故障模式及影响分析的扩展，分析量化。

1957 年美国开始在飞机发动机上使用 FMEA 方法，航天航空局和陆军进行工程项目招标时，都要求承包方提供 FMECA 分析。航天航空局还把 FMEA 当作保证宇航飞船可靠性的基本方法。尽管该方法是由可靠性发展起来的，但目前它已在核电站、动力工业、仪器仪表工业中得到广泛应用，日本企业如丰田汽车发动机厂也使用该法多年，并和质量管理结合起来，积累了相当完备的 FMEA 资料。OSHA 认可 FMEA 作为合法的安全系统分析方法。在许多重要领域该方法也被规定为设计人员必须掌握的技术，其有关资料被规定为不可缺少的文件。在我国军用标准 GJB 450—88 的可靠性设计及评价一节明确指出，FMEA 是找出设计上潜在缺陷的手段，是设计审查中必须重视的资料之一。

### 5.5.1 基本概念

（1）故障

指元件、子系统、系统在规定的运行时间、条件内达不到设计规定的功能。并不是所有故障都会造成严重恶果，而是其中一些故障会影响系统完不成任务或造成事故损失。

（2）故障模式

故障模式是从不同表现形态来描述故障的，是故障现象的一种表征，即故障状态，相当医学上的疾病症状。元件发生故障时，其呈现的模式可能不止一种。例如：一个阀门发生故障，至少可能有：内部泄漏、外部泄漏、打不开、关不紧等四种类型，它们都会对子系统甚至系统产生不同程度的影响。

故障模式一般可以从五个方面来考虑：运行过程中的故障、过早地启动、规定时间不能启动、规定时间不能停止、运行能力降级、超量或受阻。

（3）故障原因

故障原因是指导致原件、组件等形成故障模式的过程或机理，造成元件发生故障的原因在于如下几个方面。

① 设计上的缺点：由于设计所采取的原则、技术路线等不当，带来先天性的缺陷，或者由于图纸不完善或有错误等。

② 制造上的缺点：加工方法不当或组装方面的失误。

③ 质量管理方面的缺点：检查不够或失误以及工程管理不当等。

④ 使用上的缺点：误操作或未按设计规定条件操作。

⑤ 维修方面的缺点：维修操作失误或检修程序不当等。

(4) 约定分析层次

系统根据一定的方式从高到低可进一步划分为子系统、单元、组件、元器件等层次，系统的复杂程度不同，需要进行分析的精确程度不同，则将要进行分析的层次也就不同。

(5) 故障模式分级

由于故障类型所引起的子系统或系统障碍有很大的不同，因而在处理措施方面也应分别轻重缓急，区别对待。为此，必须对故障模式进行等级划分，以便在采取措施上进行决策。

① 简单划分法：简单划分法将故障模式对子系统或系统影响的严重程度分为四级，列于表5.6中。

**表5.6　故障模式分级**

| 故障等级 | 影响程度 | 可能造成的危害或损失 |
|---|---|---|
| 一级 | 致命性 | 可能造成死亡或系统损失 |
| 二级 | 严重性 | 可能造成严重伤害、严重职业病或主系统损坏 |
| 三级 | 临界性 | 可造成轻伤、轻职业病或次要系统损坏 |
| 四级 | 可忽略性 | 不会造成伤害和职业病，系统也不会受损 |

② 评点法：在难以取得可靠性数据的情况下，采用评点法。此法较简单划分法精确。它从几个方面来考虑故障对系统的影响程度，用一定的点数表示程度的大小，通过计算求出故障等级。利用式(5.1)求评点数：

$$C_s = \sqrt[i]{C_1 C_2 \cdots C_i} \tag{5.1}$$

式中　$C_s$——总点数，$0<C_s<10$；

$C_i$——因素系数，$0<C_i<10$。

评点因素和点数 $C_i$ 如表5.7。

**表5.7　评点因素和点数**

| 评点因素 | 点数 $C_i$ |
|---|---|
| 故障影响大小<br>对系统造成影响的范围<br>故障发生率的频率<br>防止故障的难易<br>是否新设计的工艺 | $0<C_s<10$<br>$1<C_i<10$ |

$C_i$ 的确定可通过头脑风暴集中智慧法：由三到五位有经验的专家座谈讨论，提出该 $C_i$ 什么数值；德尔菲函询调查法：将提出的问题和必要的背景资料，用通信的方式向有经验的专家提出，然后把他们答复的意见进行综合，再反馈给他们，如此多次反复，直到认为合适的意见为止。

另一种求点数的方法列于表5.8，可根据评点因素求出点数，然后叠加，求出总点数 $C_s$。

以上两种方法求出的总点数 $C_s$，均可按表5.9评选故障等级。

③ 风险矩阵法：故障发生的可能和故障发生后引起的后果，综合考虑后得到比较准确的衡量标准。我们称这个标准为风险率(也称危险度)，它代表故障概率和严重度的综合评价。

严重度是指故障模式对系统功能的影响程度，分为四个等级，严重等级及内容见表5.10。

**表5.8　评点参考**

| 评点因素 | 内容 | 点数 |
|---|---|---|
| 故障影响大小 | 造成生命损失 | 5.0 |
| | 造成相当程度损失 | 3.0 |
| | 元件功能损失 | 1.0 |
| | 无功能损失 | 0.5 |
| 对系统影响程度 | 对系统造成两处以上的重大影响 | 2.0 |
| | 对系统造成一处以上的重大影响 | 1.0 |
| | 对系统无过大影响 | 0.5 |
| 发生频率 | 容易发生 | 1.5 |
| | 能够发生 | 1.0 |
| | 不大发生 | 0.7 |
| 防止故障难易程度 | 不能防止 | 1.3 |
| | 能够防止 | 1.0 |
| | 易于防止 | 0.7 |
| 是否新设计的工艺 | 内容相当新的设计 | 1.2 |
| | 内容和过去相类似的设计 | 1.0 |
| | 内容和过去同样的设计 | 0.8 |

**表5.9　评点数与故障等级**

| 故障等级 | 评点数 $C_s$ | 内容 | 应采取的措施 |
|---|---|---|---|
| Ⅰ　致命 | 7～10 | 完不成任务，人员伤亡 | 变更设计 |
| Ⅱ　重大 | 4～7 | 大部分任务完不成 | 重新讨论设计或变更设计 |
| Ⅲ　轻微 | 2～4 | 一部分任务完不成 | 不必变更设计 |
| Ⅳ　小 | <2 | 无影响 | 无 |

**表5.10　风险矩阵法严重等级及内容**

| 严重等级 | 内容 |
|---|---|
| Ⅳ灾难性的 | 系统功能严重下降；<br>子系统功能全部丧失；<br>出现的故障需彻底修理才能消除 |
| Ⅲ关键的 | 系统的功能有所下降；<br>子系统功能严重下降；<br>出现的故障不能立即通过检修予以修复 |
| Ⅱ主要的 | 对系统的任务有影响但可以忽视；<br>导致子系统功能下降；<br>出现的故障能立即修复 |
| Ⅰ低的 | 对系统任务无影响；<br>对子系统造成的影响可忽略不计；<br>通过调整故障易于消除 |

故障概率指在一特定时间故障模式所出现的次数。时间可规定为一定的期限，如1个月等、大修间隔期、完成一项任务的周期或其他被认为适当的时间。可以使用定性的或定量的方法确定单个故障模式的概率。

a. 定性

一级：故障概率很低，元件操作期间出现的机会可以忽略；

二级：故障概率低，元件操作期间不易出现；

三级：故障模式概率中等，元件操作期间出现的机会为50%；

四级：故障模式概率高，元件操作期间易于出现。

b. 定量

一级：在元件工作期间，任何单个故障模式出现的概率少于全部故障概率1%；

二级：在元件工作期间，任何单个故障模式出现的概率多于全部故障概率1%而少于10%；

三级：在元件工作期间，任何单个故障模式出现的概率多于全部故障概率10%而少于20%；

四级：在元件工作期间，任何单个故障模式出现的概率大于全部故障概率20%。

有了严重度和故障概率的数据就可运用风险矩阵的评价法，用这两个特性就可表示出故障模式的实际影响。有的故障模式虽有高的发生概率，但造成的危害严重度甚低，因而风险率也低。另一种情况，即使危害的严重程度很大，但发生概率很低，所以风险率也不会很高。为了综合这两个特性，以发生概率为纵坐标、严重度为横坐标，画出风险矩阵。沿矩阵原点到右上角画一对角线并将所有故障模式按其严重度和发生概率填入矩阵图中，可以看出系统风险的密集情况。处于右上角方块中的故障模式风险率最高，依次左移逐渐降低。

(6) 可靠性框图

对于复杂的系统，为了说明系统间功能的传输情况，可用可靠性框图表示系统状况。如图5.2。

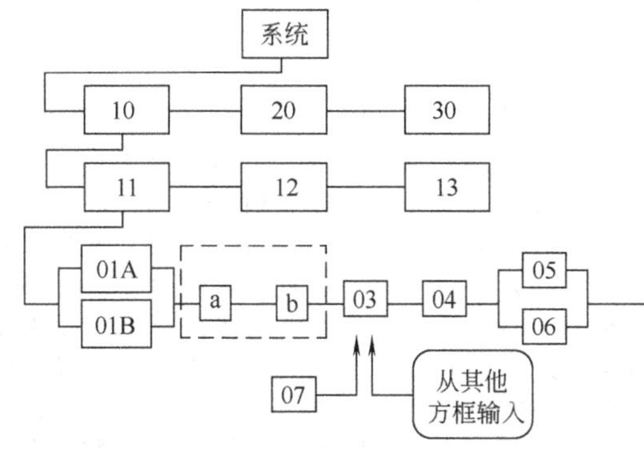


图5.2 可靠性框图

从可靠性框图可看出：

① 系统包括子系统10、20、30；

② 子系统包括组件11、12、13；

③ 组件11包括元件01A、01B、03、04、05和06；

④ 元件01A和01B相同，是冗余设计；

⑤ 元件02由a和b组成，只用一个编码；

⑥ 从功能上看，元件03同时受到07和来自其他系统的影响；

⑦ 元件05、06是备品回路，05发生故障，06即投入运行；

⑧ 正常运行时，元件07不工作。

从框图中可以明确地看出系统、子系统和元件之间的层次分析，系统以及子系统间的功能输入及输出，串联和并联方式。各层次要进行编码，和将来制表的项目编码相对应。可靠性框图和流程图或设备布置图不同，它只是表示系统与子系统间功能流动情况，而且可以根据实际需要，对风险度大的子系统进行深入分析，问题不大的则可放置一边。

(7) 制表

使用FMEA方法的特点之一就是制表。由于表格便于编码、分类、查阅、保存，所以很多部门根据自己情况拟出不同表格，但基本内容相似。见表5.11。

**表5.11 故障模式影响分析表格**

| 系统______ | | 故障模式影响分析 | | | | 日期______ |
|---|---|---|---|---|---|---|
| 子系统______ | | | | | | 制表______ |
| | | | | | | 主管______ |
| 框图号 | 子系统项目 | 故障模式 | 推断原因 | 对子系统影响 | 对系统影响 | 故障等级 |

## 5.5.2 故障模式及影响分析方法

FMEA是采用系统分割的概念，根据实际需要分析的水平，把系统分割成子系统或进一步分割成元件。然后逐个分析元件可能发生的故障和故障模式，进一步分析故障类型对子系统以及整个系统产生的影响，最后采取措施加以解决。FMEA分析方法是依据分析层次自上而下进行，分析的结果是以FMEA工作表形式体现，分析结果的精确程度与系统的划分程度有关。

### 5.5.2.1 系统划分

FMEA分析所考虑的系统基本构成模块是系统硬件或功能，分别对应系统的结构特性和功能特性。功能特性定义了系统的运行方式以及系统必须执行的功能任务。结构特性定义了功能是如何通过硬件设备设施得以实现，而实际上系统运行正是由这些硬件来实现的。由此可见，系统的划分方式与系统的划分程度对FMEA分析结果都十分重要。一般情况下，在系统安全工程中系统划分的方法包括功能划分法、结构划分法以及将二者结合使用的混合划分法。

(1) 系统功能划分法

针对系统的功能，展开故障模式及影响分析。被分析的功能可以位于任何约定层次：系统、子系统、单元、组件等[见图5.3 (a)]。该划分方式强调系统各部分在运行其功能时出现什么样的故障，分析层次多基于系统层次，也适用于在软件功能方面作出评估。

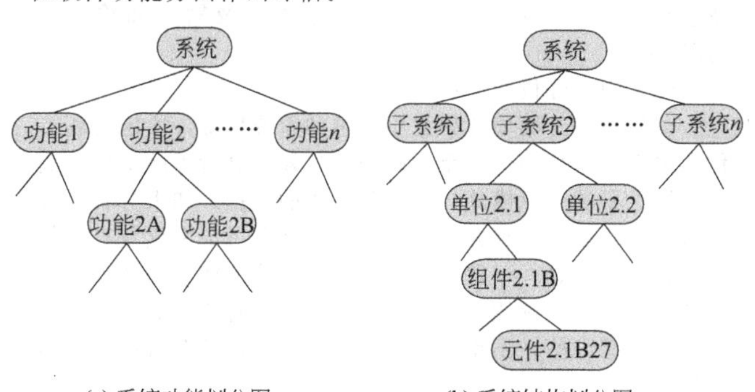


图5.3 系统功能/结构划分图

(2) 系统结构划分法

针对系统的硬件，根据系统的结构依次将系统进行系统、子系统、单元、组件等的划分[见图5.3 (b)]，然后再进行故障模式及影响分析。该划分方式强调系统各部分运行其功能时是怎样出现故障的，多基于元器件的层次，因而更适用于硬件方面的评估。

(3) 混合划分法

混合划分法是功能划分法和结构划分法的结合。通常这种方法始于对系统功能的划分，然后将分析的焦点转移至其硬件，要特别关注基于安全准则会直接导致关键功能失效的硬件。

### 5.5.2.2 分析步骤

FMEA是用于评价潜在故障模式的分析方法。可靠性理论表明系统中的每一个元器件本身都存在故障模式，故障模式及影响分析针对每一个元器件的故障来分析该故障模式对子系统或整个系统的影响。通过辨识元器件的故障来识别危险，从而控制风险。该分析方法最初的目的在于通过元件的故障确定系统的可靠性，而目前这项分析技术从已确定系统的可靠性扩展到确定系统的安全。

故障模式及影响分析的思路是：从设计功能上按照系统-子系统-元件顺序分解研究故障模式，再按逆过程，即元件-子系统-系统顺序研究故障的影响，选择对策，改进设计，其分解步骤见图 5.4。

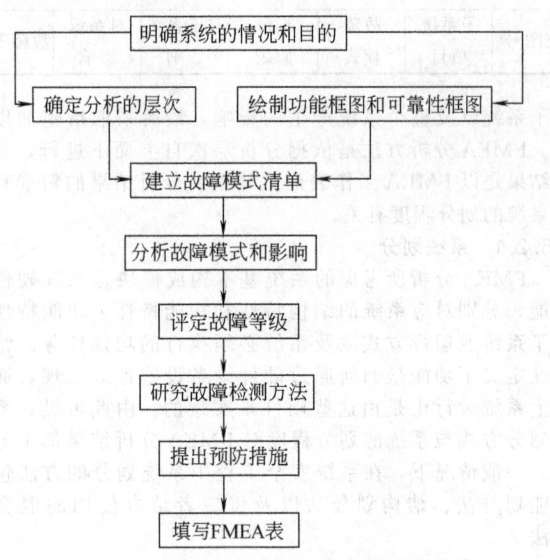


图 5.4　故障模式及影响分析程序框图

(1) 明确系统的情况和目的

分析时首先要熟悉有关资料，从设计说明书等资料中了解系统的组成、任务等情况，查出系统含有多少子系统，各个子系统又含有多少单元或元件，了解它们之间如何接合，熟悉它们之间的相互关系、相互干扰以及输入和输出等情况。

(2) 确定分析的层次

分析时一开始便要根据所了解的系统情况，决定分析到什么水平，这是一个很重要的问题。如果分析程度太浅，就要漏掉重要的故障模式，得不到有用的数据；如果分析程度过深，一切都分析到元件或零部件，则会造成手续复杂，搞起措施来也很难。一般来讲，经过对系统的初步了解后，就会知道哪些子系统比较关键，哪些次要。对关键的子系统可以分析得深一些，不重要的分析得浅一些，甚至可以不进行分析。

对于一些功能像继电器、开关、阀门、储罐、泵等都可当作元件对待，不必进一步分析。

(3) 绘制功能性框图和可靠性框图

一个系统由若干个功能不同的子系统组成，如动力、设备、结构、燃料供应、控制仪表、信息网络系统等，其中还有各种接合面。为了便于分析，对复杂系统可以绘制各功能子系统相结合的系统图，以表示各功能子系统间的关系。对简单系统可以用流程图代替系统图。从系统图可以继续画出可靠性框图，它表示各元件是并联或串联的以及输入、输出情况。由几个元件共同完成一项功能时用串联连接，元件有备品时则用并联连接。可靠性框图内容应和相应的系统图一致。

(4) 建立故障模式清单、分析故障模式及影响

按照可靠性框图，根据过去的经验和有关的故障资料，列举出所有的故障类型，填入 FMEA 表格。然后从其中选出对子系统以至系统有影响的故障模式，深入分析其影响后果、故障等级及应采取措施。

如果经验不足，考虑得不周到，将会给分析带来麻烦。因此，这是一件技术性较强的工作，最好由专业安全人员、生产技术人员和工人三结合进行。

(5) 研究故障检测方法

设定故障发生后，说明故障所表现的异常状态及如何检测，例如通过声音的变化、仪表指示量的变化进行检测。对保护装置和警报装置，要研究能被检测出的程度如何并作出评价，确定故障等级。

## 5.5.3　致命度分析

对于特别危险的故障模式，例如故障等级等于Ⅰ级的故障模式，有可能导致人命伤亡或系统损坏，因此对这类元件要特别注意，可采用称为致命度的分析方法（CA），进一步分析。

美国汽车工程师学会（SAE）把故障致命度分成表 5.12 中的四个等级。

表 5.12　致命度等级与内容

| 等级 | 内容 |
|---|---|
| Ⅰ | 有可能丧失生命的危险 |
| Ⅱ | 有可能使系统损坏的危险 |
| Ⅲ | 涉及运行推迟和损失的危险 |
| Ⅳ | 造成计划外维修的可能 |

致命度分析一般都和故障模式影响分析合用。使用式 (5.2) 计算出致命度指数 $C_r$，它表示元件运行 $10^6$h（次）发生故障的次数。

$$C_r = \sum_{i=1}^{n}(10^6 \alpha \beta k_A k_B \lambda_G t) \tag{5.2}$$

式中，$C_r$ 为致命度指数，表示相应系统元件每 100 万次或 100 万件产品中运行造成系统故障的次数；$n$ 为元件的致命性故障模式总数，$n=1,2,\cdots,j$；$j$ 为致命性故障模式的第 $j$ 个序号；$\lambda_G$ 为元件单位时间或周期的故障率；$k_A$ 为元件 $\lambda_G$ 的测定与实际运行条件强度修正系数；$k_B$ 为元件 $\lambda_G$ 的测定与实际运行条件环境修正系数；$t$ 为完成一项任务，元件运行的小时数或周期数；$\alpha$ 为致命性故障模式与故障模式比，即中致命性故障模式所占比例；$\beta$ 为致命性故障模式发生并产生实际影响的条件概率，其值如表 5.13；$10^6$ 为单位调整系数，将 $C_r$ 值由每工作一次的损失率换算为每工作次的损失换算系数，经此换算后 $C_r > 1$。

表 5.13　$\beta$ 值

| 故障影响 | 发生概率 $\beta$ |
|---|---|
| 实际丧失规定功能 | $\beta=1.00$ |
| 很可能丧失规定功能 | $0.1<\beta<1.00$ |
| 可能丧失规定功能 | $0<\beta<0.1$ |
| 没有影响 | $\beta=0$ |

致命度分析见表 5.14。

表 5.14　致命度分析

系统——致命度分析　　　　日期——

　　　　　　　　　　　　　制表——

子系统　　　　　　　　　　主管——

| 项目编号 | 致命故障 | | | 致命度计算 | | | | | | | | | |
|---|---|---|---|---|---|---|---|---|---|---|---|---|---|
| | 故障类型 | 运行阶段 | 故障影响 | 项目数 | $k_A$ | $k_B$ | $\lambda_G$ | 故障率数据来源 | 运转时间或周期 | 可靠性指数 | $\alpha$ | $\beta$ | $C_r$ |
| | | | | | | | | | | | | | |

## 5.5.4　故障模式及影响分析实例

(1) DAP 反应系统

用 FMEA 对磷酸氢二铵（DAP）反应系统进行分析，

图 5.5 是 DAP 反应系统的工艺流程图。对磷酸溶液管道上控制阀门 B 的 FMEA 分析见表 5.15。

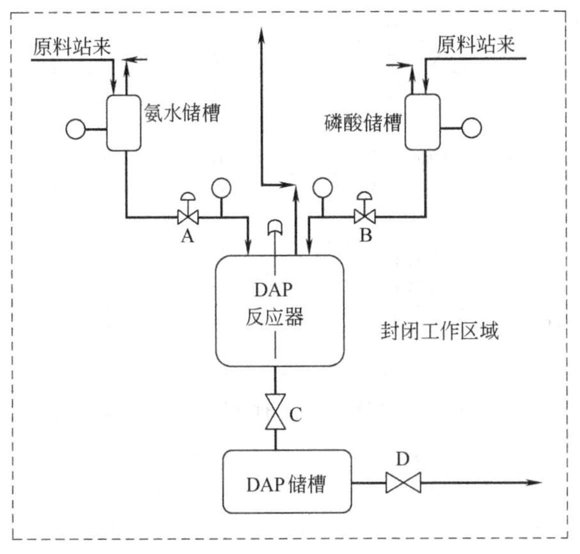


图 5.5 DAP 反应系统的工艺流程图

(2) 分析手电筒故障

确定了手电筒的功能和决定了分解等级程度之后，就可画系统逻辑框图，见图 5.6。

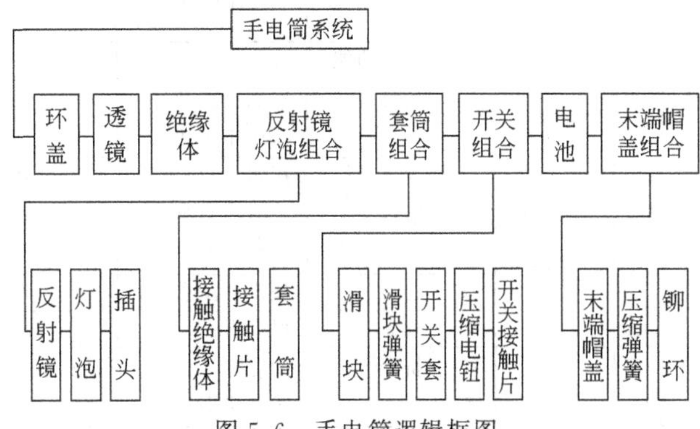


图 5.6 手电筒逻辑框图

表 5.16 所示参考同类产品的故障类型而选定的本产品的故障类型。完成填写故障类型表格之后，分析这些故障的类型，查找出现故障的原因（一个故障可能有多种原因），查明每个故障可能给系统运行带来的影响，并且确定故障检测方法和故障危险等级分类。表 5.16～表 5.18 分别是故障类型一览表、手电筒 FMEA 一览表和影响手电筒致命的品目表。

**表 5.15 DAP 工艺过程的 FMEA 分析**

日期：4/23/1998　　页码：第 5 页　共 24 页

装置：DAP 装置　　系统：反应系统

参考资料：图 5.5　　人员：李××

| 项目 | 标识 | 说明 | 失效模式 | 后果 | 安全保护 | 建议措施 |
|---|---|---|---|---|---|---|
| 4.1 | 磷酸溶液管道上的阀门 B | 电动机驱动，常开，磷酸介质 | 全开 | 过量磷酸溶液送入反应器；如果氨的进料量也很大，反应器中将产生高温和高压，导致反应器或 DAP 储槽液位升高；产品不符合规格（酸浓度过高） | 磷酸溶液管道上装有流量保护器；反应器装有安全阀；操作人员观察 DAP 储槽 | 安装当磷酸溶液流量高时的报警/停车系统；在反应器上安装当温度和压力高时报警/停车系统；在 DAP 储槽上安装液位高时报警/停车系统 |
| 4.2 | 磷酸溶液管道上的阀门 B | 电动机驱动，常开，磷酸介质 | 关闭 | 无磷酸溶液送入反应器；被带入 DAP 储槽并释放到工作区域 | 磷酸溶液管道上装有流量保护器、氨检测器和报警器 | 安装当磷酸溶液流量小时的报警/停车系统；使用封闭的 DAP 储槽或者保证工作区域通风良好 |
| 4.3 | 磷酸溶液管道上的阀门 B | 电动机驱动，常开，磷酸介质 | 泄漏（向外） | 少量磷酸溢流到工作区域 | 定期维护；设计的阀门耐酸 | 确保定期维护和检查该阀门 |
| 4.4 | 磷酸溶液管道上的阀门 B | 电动机驱动，常开，磷酸介质 | 破裂 | 大量磷酸溢流到工作区域 | 定期维护；设计的阀门耐酸 | 确保定期维护和检查该阀门 |

**表 5.16 故障类型一览表**

| 零件或组合件名称 | 故障类型 |
|---|---|
| 环盖 | 1. 脱落；2. 变形而断；3. 影响透镜功能； |
| 透镜 | 4. 脱落；5. 破裂；6. 模糊； |
| 绝缘体 | 7. 折断；8. 脱落； |
| 反射镜灯泡组合 | 9. 灯丝烧毁；10. 灯泡松弛；11. 灯丝与焊口导通不良；12. 灯泡反射镜螺钉生锈；13. 反射镜与接触片导通不良；14. 反射镜装不进套筒； |
| 套筒组合 | 15. 与环盖连接不良；16. 与末端盖螺纹连接不良；17. 与开关连接松弛；18. 套筒与开关之间导通不良；19. 接触片变形；20. 接触片绝缘体的绝缘不良；21. 开关滑动不灵；22. 开关与套筒脱落；23. 接触片、电池间空隙过小； |
| 电池 | 24. 电池放电；25. 电池装配不良；26. 电池与灯泡间的导通不良；27. 电池间导通不良；28. 电池与控制弹簧间导通不良；29. 电池与套筒绝缘不良；30. 电池与开关接触片绝缘不良；31. 电池阳极生锈； |
| 末端帽盖组合 | 32. 压缩弹簧功能失灵；33. 末端帽盖与套筒接触不良；34. 末端帽盖脱落；35. 末端帽盖断而变形；36. 螺纹部生锈；37. 末端帽盖与弹簧接触不良 |

**表 5.17　手电筒 FMEA 一览表**

| 序号 | 零件或组合件 | 故障类型 | 故障原因 | 故障的影响 | | 检测方法 | 危险等级 | 备注 |
|---|---|---|---|---|---|---|---|---|
| | | | | 零件或组合件 | 系统 | | | |
| 1 | 环盖 | 影响透镜功能 | 变形 | 功能不全 | 可能功能失灵 | 目测 | Ⅱ | |
| | | 脱落 | ①螺纹磨耗<br>②操作不注意 | 功能不全 | 功能失灵 | 目测 | Ⅰ | |
| | | 断面变形 | 压坏 | 功能不全 | 降低功能 | 目测 | Ⅱ | |
| 2 | 透镜 | 脱落 | ①破损脱落<br>②操作不注意 | 功能不全 | 功能不全 | 目测 | Ⅱ | |
| | | 开裂 | 操作不注意 | 降低功能 | 功能下降 | 目测 | Ⅲ | |
| | | 模糊 | 保管不良 | 降低功能 | 功能下降 | 目测 | Ⅳ | |
| 3 | 绝缘体 | 折断 | ①装配不良<br>②材质不良 | 有不闭灯的可能性 | 可能缩短使用时间 | 拆开目视 | Ⅲ | |
| | | 脱落 | ①装配失误<br>②由于断损 | 不闭灯 | 使用时间缩短 | 拆开目视 | Ⅱ | |
| 4 | 反射镜灯泡组合 | 灯丝烧损 | ①寿命问题<br>②冲击 | 不能开灯 | 功能失灵 | 拆开目视 | Ⅰ | |
| | | 灯泡松弛 | ①嵌合不良<br>②冲击 | 造成回路切断的可能性 | 功能失灵的可能性 | 拆开目视 | Ⅳ | |
| | | 灯泡焊口的缺陷 | ①磨损<br>②加工不良 | 造成回路切断的可能性 | 功能失灵的可能性 | 拆开目视检查 | Ⅱ | |
| | | 灯丝螺纹生锈 | ①保管不良<br>②材质不良 | 造成回路切断的可能性 | 功能失灵的可能性 | 拆开目视检查 | Ⅱ | |

**表 5.18　影响手电筒致命的品目表**

| 序号 | 品目 | 故障类型 | 影响 | 危险等级 | 防止措施 |
|---|---|---|---|---|---|
| 1 | 环盖 | 脱落 | 功能失灵 | Ⅰ | |
| 2 | 反射镜灯泡组合 | 灯丝烧损 | 功能失灵 | Ⅰ | |
| | | 灯泡焊锡与电池导通不良 | 功能失灵 | Ⅰ | |
| | | 反射镜与接触片之间导通不良 | 功能失灵 | Ⅰ | |
| | | 反射镜与套筒嵌合不良 | 功能失灵 | Ⅰ | |
| 3 | 套筒组合 | 套筒与开关之间导通不良 | 功能失灵 | Ⅰ | |
| 4 | 开关组合 | 开关滑块不能滑动 | 功能失灵 | Ⅰ | |
| | | 开关与套筒组合脱落 | 功能失灵 | Ⅰ | |
| 5 | 电池 | 电池放电 | 功能失灵 | Ⅰ | |
| | | 电池安装不良 | 功能失灵 | Ⅰ | |
| | | 电池与灯泡间导通不良 | 功能失灵 | Ⅰ | |
| | | 电池与电池间导通不良 | 功能失灵 | Ⅰ | |
| | | 电池与压簧间导通不良 | 功能失灵 | Ⅰ | |
| | | 电池与套筒间绝缘不良 | 功能失灵 | Ⅰ | |
| | | 电池与开关接触片绝缘不良 | 功能失灵 | Ⅰ | |
| 6 | 末端帽盖组合 | 末端帽盖与套筒间导通不良 | 功能失灵 | Ⅰ | |
| | | 末端帽盖脱落 | 功能失灵 | Ⅰ | |
| | | 末端帽盖与弹簧导通不良 | 功能失灵 | Ⅰ | |

## 5.6　事故树分析概述

事故树分析（fault tree analysis，FTA）是根据系统可能发生的事故或已经发生的事故所提供的信息，确定不希望事件的发生原因和发生概率，从而采取有效的防范措施，防止同类事故再次发生。事故树分析用于评价大型复杂动态系统，分析、了解并预测潜在危险性。通过严谨而系统化的事件树分析法，进行系统分析的相关人员可以建立导致不期望事件发生的故障事件组合模型，而所说的不期望事件可能是值得关注的系统危险或者正在调查的事故。

该分析方法属于演绎方法，它从一个顶层不期望事件出发，去分析底层所有可能的根本原因，是一个从一般的问题推出具体原因的过程。无论是在系统的设计阶段，还是在意外事件发生或发生后，都可采用这种方法进行定性评价或定量评价。可以在定性分析的基础上展开定量分析，从而计算顶上事件发生的概率，分析导致顶上事件的根本原因。分析时采用定性分析还是定量分析，取决于分析所要达到的要求、分析条件和分析成本，在选择时必须慎重考虑。

事故树分析法起源于美国。1961 年美国贝尔电话研究所的沃森（H. A. Watson）在研究民兵式导弹发射控制系统的安全性评价时，首先提出了这个方法；接着该所的默恩斯（A. B. Mearns）等人改进了这个方法，对解决火箭偶发事故的预测问题做出了贡献。其后，美国波音飞机公司哈斯尔（Hassl）等人认识到了该方法的重要作用，对这个方法又做了重大改进，并采用电子计算机进行辅助分析和计算，后来还运用此法对整个民兵导弹武器系统作了定量的安全分析评价。1974年美国原子能委员会应用FTA对商用核电站的危险性进行评价，发表了"拉马森报告"，引起世界各国的关注，从而迅速推动了FTA的发展与应用。我国从1978年开始，在航空、化工、核工业、冶金、机械等工业企业部门，对这一方法进行研究并应用。实践表明，事故树分析法是系统安全工程重要的分析方法之一。它利用事故树模型定性和定量地分析系统的事故，简便明了，形象直观，逻辑严谨，还可以利用计算机进行运算，因而事故树分析法具有推广应用的价值。

## 5.6.1 基本概念

### 5.6.1.1 树形图

树形图是图论中的概念。图就是由若干个点和线组成的图形。图中的点称为节点，线称为边或弧。用树形图描述一个系统时，节点表示某一具体事物，边或弧表示事物之间的特定关系。在图中，任何两点之间至少有一条边相连，则这个图就是连通图。否则，就是不连通的。若图中始点与终点重合，则称为圈［如图5.7（a）所示］，树形图就是无圈的连通图［如图5.7（b）所示］。

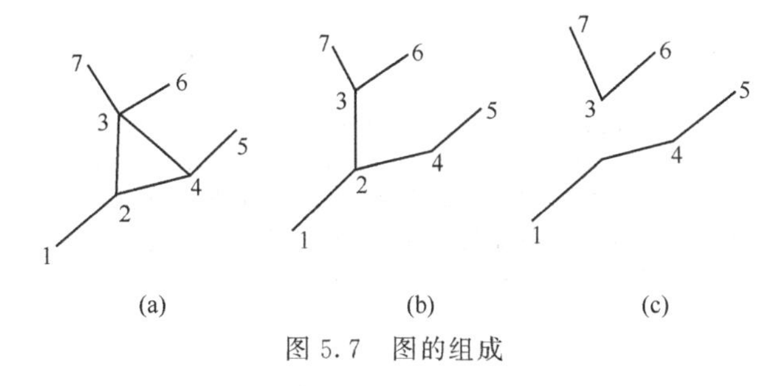


图5.7 图的组成

例如，在七个城市，要在它们之间架设电话线，任何两个城市彼此可以通电话（允许经过其他城市），且电线的根数最少。

把电话线网用图表示，必是一个连通图，若图中有圈［如图5.7（a）所示］，从圈中去掉任一条边（如边3、4），余下的仍然是连通图［如图5.7（b）］，这样可以省去一根电话线，因此，满足要求的电话网的图必定是不含圈的连通图，即为树形图。如果在任意两个内节点之间去掉一个边，如边2，3，则成为不连通图，如图5.7（c）所示，该图不是树形图。

事故树，形似倒立着的树。树的"根"部顶点节点表示系统的某一个事故，树的"梢"底部节点表示事故发生的基本原因，树的"枝叉"中间节点表示由基本原因促成的事故结果，又是系统事故的中间原因；事故因果因关系的不同性质用不同的逻辑门表示。这样画成的一个"树"，用来描述某种事故发生的因果关系，称为事故树，也是分析事故因果关系的布尔模型。

### 5.6.1.2 事故树的符号及其意义

事故树是用一些具有专门含义的符号画成的，这些符号大体上分为三类。

（1）事件及事件符号

在事故树分析中，各种非正常状态或不正常情况皆称事故事件，各种完好状态或正常情况皆称成功事件。两者均简称为事件。事故树中的每一个节点都表示一个事件。

① 基本事件：基本事件是事故树分析中仅导致其他事件发生的原因事件。基本事件位于事故树的底端，总是某个逻辑门的输入事件而不是输出事件。基本事件在事故树形图中，有基本原因事件、省略事件、正常事件，如图5.8（a）、（b）所示。

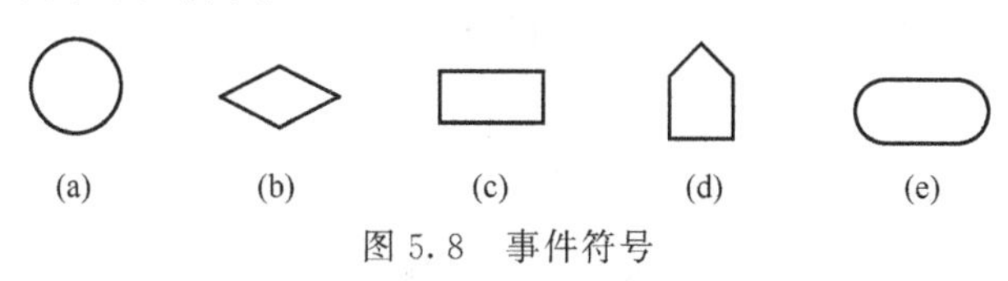


图5.8 事件符号

② 结果事件：在事故树分析中，结果事件是由其他事件或事件组合所导致的事件，它总是位于逻辑门的输出端。用矩形符号表示结果事件，如图5.8（c）所示。结果事件包括顶上事件和中间事件两类。

a. 顶上事件是事故树分析中所关心的结果事件，位于事故树的顶端，总是讨论事故树中逻辑门的输出事件而不是输入事件。

b. 中间事件是导致顶上事件发生的原因事件，而且这种原因事件可以继续分析，即它们可以用其他的原因事件来描述。在事故树中，它既是某个逻辑门的输出事件，又是其他逻辑门的输入事件。它是位于底事件和顶上事件之间的结果事件。

③ 特殊事件：特殊事件是指在事故树分析中需要表明其特殊性或引起注意的事件，有开关事件和条件事件两种。

a. 开关事件又称正常事件，是在正常工作条件下必然发生或者必然不发生的事件，在事故树中用房形符号表示，如图5.8（d）所示。

b. 条件事件是限定逻辑门开启的事件，用图5.8（e）椭圆形符号表示。

（2）逻辑门及其符号

逻辑门是连接各事件并表示其逻辑关系的符号。这里用开关代数的逻辑门表示，如与门、或门、条件与门、条件或门、限制门、排斥或门、顺序与门、$n$中取$m$表决门、矩阵门、非门等等。正确地选择逻辑门编制事故树是保证事故树分析正确的关键。

① 与门：与门符号如图5.9所示。与门可以连接数个输入事件$E_1$、$E_2$、…、$E_n$和一个输出事件E，表示仅当所有的输入事件都发生时，输出事件E才发生的逻辑关系。反之，当$E_1$、E、…、$E_n$事件中有一个或一个以上事件不发生时，E就不会发生。

如图5.10所示的一个电路图，若电源有电，电灯泡完好，导线接点保持电路接通，而电灯不亮，这个故障只有当两个开关$K_1$和$K_2$同时出现故障时才发生。

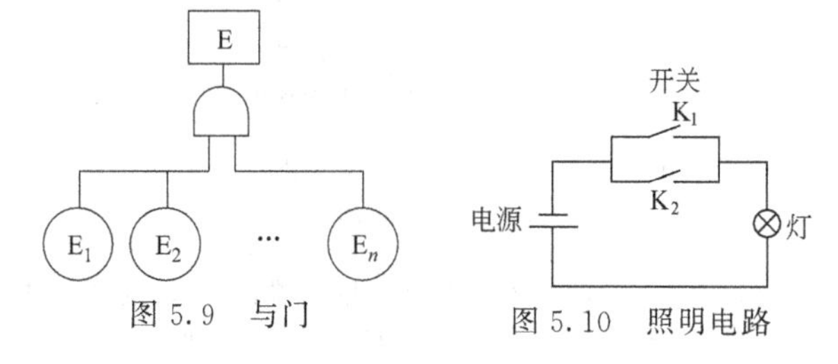


图5.9 与门　　图5.10 照明电路

若以$K_1$和$K_2$分别表示开关1和开关2的故障状态为基本原因事件，用圆形符号表示，灯泡不亮为事故分析的结果事件，用矩形符号表示。那么，基本原因事件与其造成的结果事件的关系是逻辑"与"的关系，将其画成事故树，如图5.11所示。

② 或门：或门符号如图5.12所示。或门可以连接数个输入事件和一个输出事件，说明只要有一个输入事件发生，输出事件就发生；反之，若输入事件全不发生，则输出事件肯定不发生。

如图5.13所示的一个电路，若电源有电，电灯泡完好，导线、接点保持电路接通，而电灯不亮，这个故障只要两个

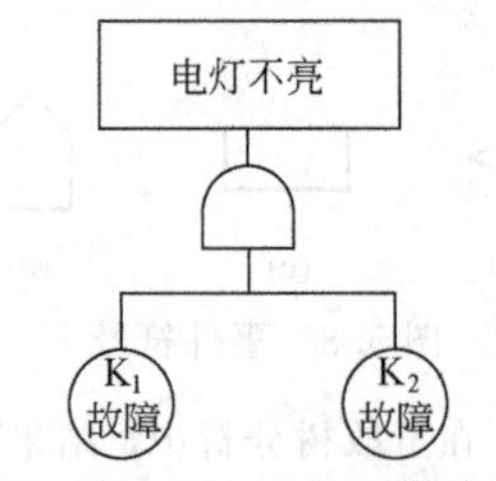


图 5.11　图 5.10 的事故树

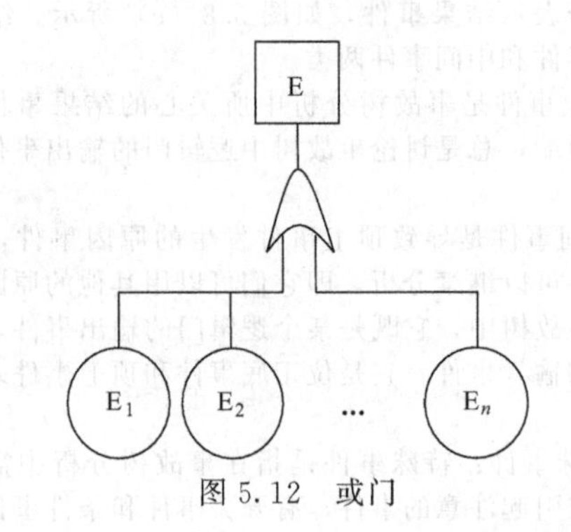


图 5.12　或门

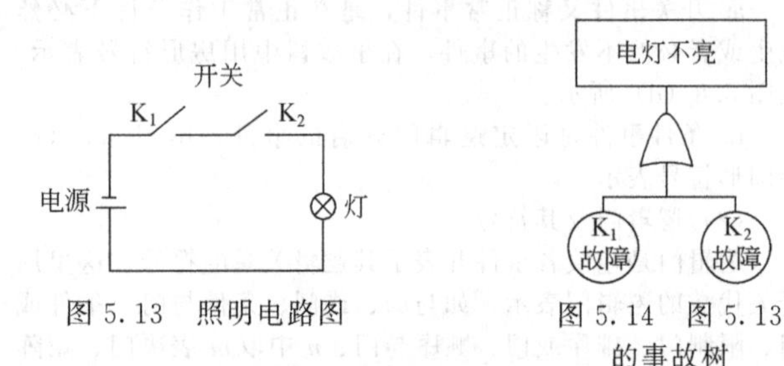


图 5.13　照明电路图　　图 5.14　图 5.13 的事故树

开关 $K_1$ 和 $K_2$ 有一个出现故障时便会发生。

这里仍以 $K_1$ 和 $K_2$ 分别表示开关 1 和开关 2 的故障状态，灯泡不亮是结果事件，则开关 1 和 2 的故障状态与灯泡不亮是逻辑“或”的关系。将其画成事故树，如图 5.14 所示。

③ 非门：非门表示门的输出事件是门的输入事件的对立事件，符号如图 5.15（a）所示。

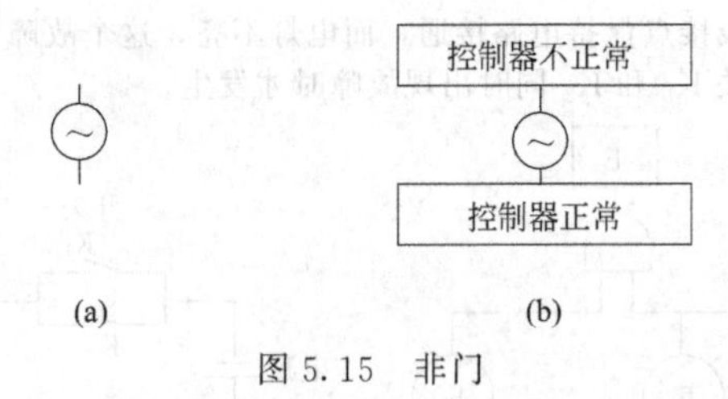


图 5.15　非门

例如，若非门的输入事件是“控制器正常”，则非门的输出事件是“控制器不正常”，如图 5.15（b）所示。

④ 特殊门：特殊门包括顺序与门、表决门、异或门、禁门、条件与门和条件或门。

a. 顺序与门：顺序与门表示其输出事件发生需要两个条件：输入事件都发生；所有的输入事件中，位于左侧的事件先于右侧的事件发生。其符号如图 5.16 所示。例如，有机溶剂与空气的“混合气体爆炸”事件 E 发生必须具备两个条件：一是“混合气体浓度达到爆炸极限”事件 $E_1$ 与“现场有足够的瞬间引爆能量”事件 $E_2$ 都发生；二是 $E_1$ 先于 $E_2$ 发生。因为瞬间引爆能量不能积存，转瞬即逝，等能量消逝后，再有浓度超过爆炸极限的混合气体，也不会发生爆炸，各事件之间用顺序与门连接，如图 5.17 所示。

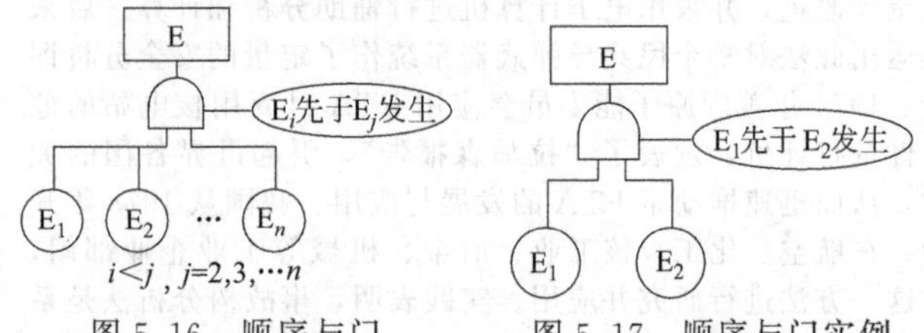


图 5.16　顺序与门　　图 5.17　顺序与门实例

b. 表决门：表决门表示仅当 $n$ 个输入事件中有 $m$（$m \leqslant n$）个或 $m$ 个以上事件同时发生时，输出事件才发生，其符号如图 5.18 所示。与门是 $m=n$ 时的特殊表决门。例如，某系统由 A、B、C 三路供电，其中有两路保持正常电压，供电系统就能正常运行。若三路中任意两路不能保持正常电压，电路系统将出现故障，不能正常运行。用 2/3 表决门连接输入事件与输出事件，如图 5.19 所示。

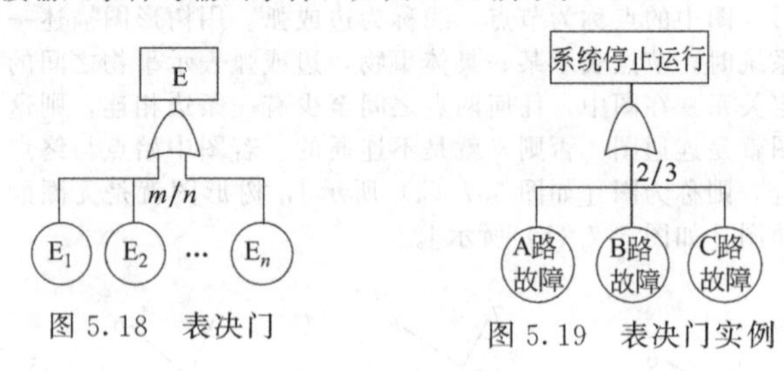


图 5.18　表决门　　图 5.19　表决门实例

c. 异或门：异或门又称排斥或门，表示仅当单个输入事件发生时，输出事件才发生。其符号如图 5.20 所示。例如，双推进器运输艇不对称推进的原因只能是左推进器故障发生，或者是右推进器故障发生，两个推进器只能有一个发生故障，才会产生不对称推进。如图 5.21 所示。

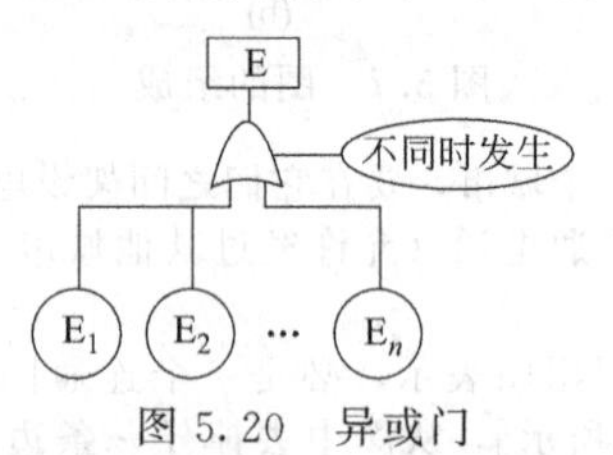


图 5.20　异或门

d. 禁门：禁门又称限制门，表示当输入事件 $E_i$ 发生，且满足条件 $\alpha$ 时，输出事件才发生，否则，输出事件不发生。这种门的特点是只有一个输入事件，其符号如图 5.22 所示。例如，某架子工人“高处作业坠落死亡”的直接原因是不慎坠落，但坠落后能否造成死亡这个后果，则取决于坠落高度与落地处的地面状况等条件。这里只有一个输入事件，用限制门连接，其关系如图 5.23 所示。

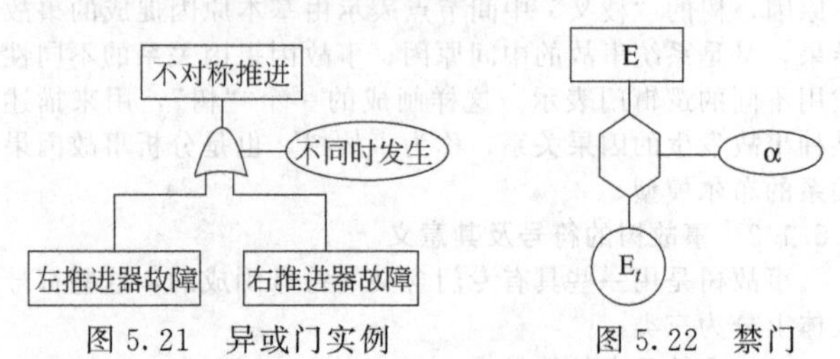


图 5.21　异或门实例　　图 5.22　禁门

e. 条件与门：条件与门表示输入事件不仅同时发生，且还必须满足条件 $\alpha$，才会有输出事件发生，否则就不发生。$\alpha$ 是指输出事件发生的条件。其符号如图 5.24 所示。例如，某系统发生低压触电死亡事故，其直接原因事件是：“人体接触带电体”，“保护失效”和“抢救不力”。但这些直接原因事件同时发生也并不一定导致死亡事故发生，而死亡最终取决于通过心脏的电流 $I$ 与通过电流的时间 $t$ 的乘积

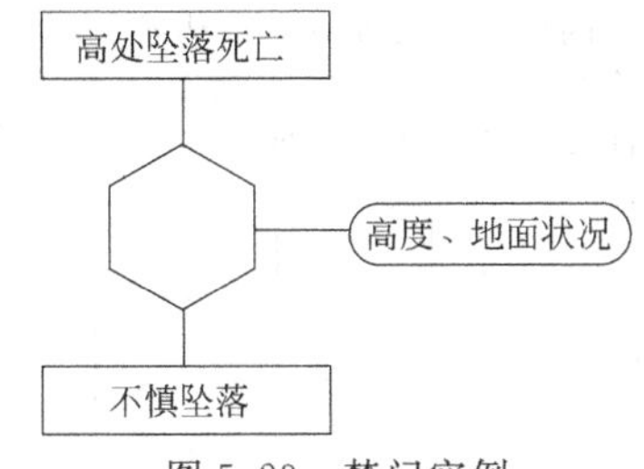

图 5.23　禁门实例

$It>50\text{mA}\cdot\text{s}$ 这个条件，画出事故树如图 5.25 所示。

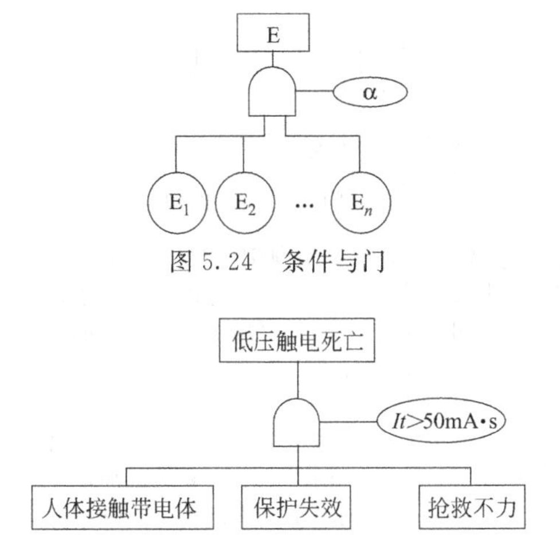

图 5.24　条件与门

图 5.25　条件与门实例

f. 条件或门：条件或门表示输入事件中至少有一个发生，在满足条件 α 的情况下，输出事件发生。符号如图 5.26 所示。例如，造成"氧气瓶超压爆炸"的直接原因是："在阳光下暴晒"和"接近火源"。二者之中只要有一个直接原因事件发生，都会使氧气瓶超压，但并不一定爆炸。只有"瓶内压力超过钢瓶允许压力"时，才发生爆炸，画出事故树如图 5.27 所示。

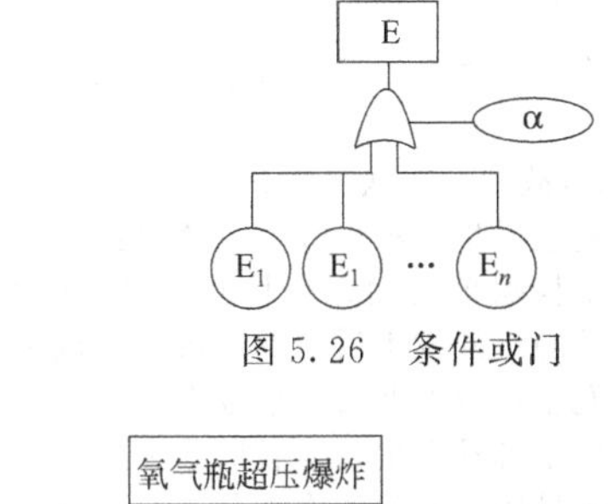

图 5.26　条件或门

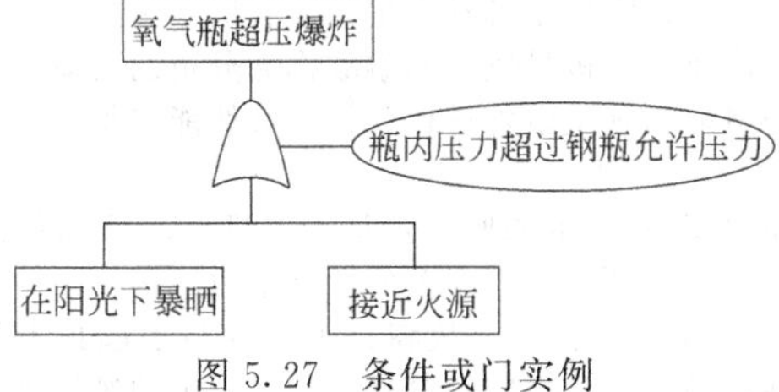

图 5.27　条件或门实例

### 5.6.1.3　转移符号

在编制事故树时，常会遇到这样两种情况：其一，树的一个分支再画下去时，将会重复另外一个分支的一部分；其二，在一页纸上画不下整个树形图而需要换页时，就需要有一种起指示作用的符号说明两部分的关系，即由何处转出，由何处转入，事故树的转移符号就起这种作用。

(1) 相同转移符号

图 5.28 所示是一对相同转移符号，用以指明相同子树的位置。图 5.28 (a) 是转入符号，表示转入上面以字母数字为代号所指的子树；图 5.28 (b) 是转出符号，表示以字母数字为代号表示的子树由此转出。

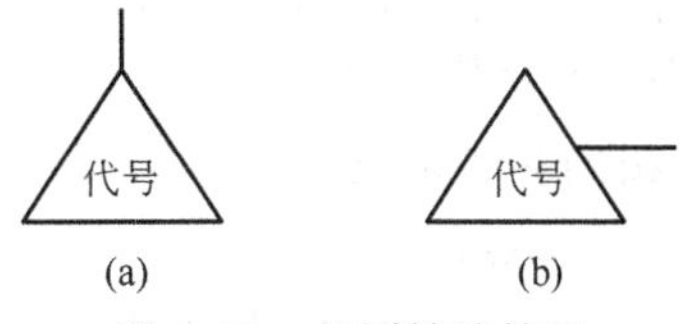

图 5.28　相同转移符号

例如，分析造船工人高空作业时坠落死亡事故。用事故树分析方法，画出事故树如图 5.29 所示。转出符号表示下面转到以 1 为代号所指的子树；转入符号表示由数字 1 的转出符号转到这里来。

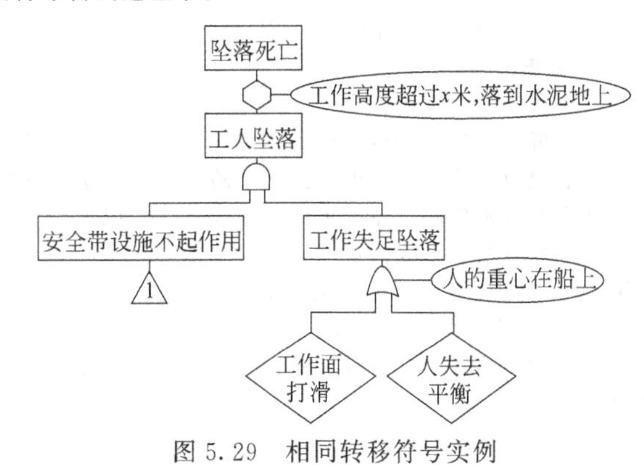

图 5.29　相同转移符号实例

(2) 相似转移符号

图 5.30 所示是一对相似转移符号，用以指明相似子树的位置。图 5.30 (a) 是相似转入符号，表示转入上面以字母数字为代号所指结构相似而事件标号不同的子树，不同的事件标号在三角形旁边注明。图 5.30 (b) 是相似转出符号，表示相似转入符号所指子树与此子树相似，但事件标号不同。例如，分析飞机不能正常飞行事故。用事故树分析方法画出事故树，如图 5.31 所示。图中有三个发动机，其结构完全相似。分析它们的故障，只需对三个发动机中任意一个画出故障分析子树，进行分析和研究就行了。这里采用了相似转移符号。发动机故障子树 B 和 C 里面采用相似转向

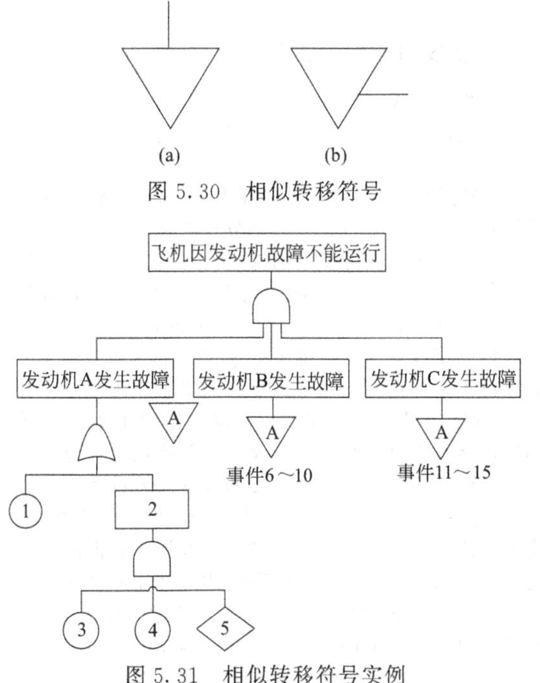

图 5.30　相似转移符号

图 5.31　相似转移符号实例

符号，表示下面转到以符号A为代码所示的子树；发动机故障子树A里面采用了相似转入符号，表示由代码A所指子树与该子树相似，但事件标号不同。发动机A、B和C的故障子树的事件标号分别为1～5，6～10和11～15。

### 5.6.2　事故树的分析步骤

(1) 事故树图的编制

事故树图的编制是事故树分析的基础，它如同各种系统安全分析方法一样，需要对研究的系统有着较好的掌握。事故树的编制通常包括以下步骤：

① 熟悉系统；

② 收集、调查系统的各类事故；

③ 确定必须用事故树分析法分析的事故——顶上事件；

④ 调查事故发生的原因；

⑤ 绘编事故树。

(2) 事故树定性分析

定性分析是事故树分析的核心内容，其目的是分析某类事故的发生规律及特点，找出控制该事故的可行方案，并从事故树结构上分析各基本原因事件的重要程度，以便按轻重缓急分别采取对策。事故树定性分析主要内容有：

① 计算的最小割集或最小径集；

② 计算各基本事件的结构重要度；

③ 分析各事故类型的危险性，确定预防事故的安全保障措施。

(3) 事故树定量分析

定量分析是事故树分析的最终目的，其内容包括：

① 确定引起事故发生的各基本原因事件的发生概率；

② 计算事故树顶上事件发生的概率；

③ 计算基本原因事件的概率重要度和临界重要度。

根据定量分析的结果以及事故发生以后可能造成的危害，对系统进行风险分析，以确定安全投资方向。

(4) 总结事故树分析的资料

为保证系统的安全性，必须综合利用各种安全分析的资料。这些资料必须十分准确，并能及时被送到有关部门进行整理、储存和利用。储存时，应详细注明资料的来源、收集时间、适用的对象、范围及其可靠性。这个资料应包括事故树定性分析和定量分析的全部内容，可以作为安全性评价与安全设计的依据。

### 5.6.3　事故树的编制方法

(1) 事故树编制规则

事故树的编制过程，是一个严密的逻辑推理过程，应遵循以下规则：

① 确定顶上事件应优先考虑风险大的事故事件：能否正确选择顶上事件，直接关系到分析的结果，是事故树分析的关键。在系统危险分析的结果中，不希望发生的事件不止一个，每一个不希望发生的事件都可以作为顶上事件。但是，应当把易于发生且后果严重的事件优先作为分析的对象，即顶上事件。当然，也可把发生频率不高但后果严重以及后果虽不太严重但发生非常频繁的事故作为顶上事件。

② 确定边界条件的规则：在确定了顶上事件之后，为了不致使事故树过于烦琐、庞大，应明确规定被分析系统与其他系统的界面，以及一些必要的合理的假设条件。

③ 循序渐进的规则：事故树分析是一种演绎的方法，在确定了顶上事件后，要逐级展开。首先，分析顶上事件发生的直接原因，在这一级的逻辑门的全部输入事件已无遗漏地列出之后，再继续对这些输入事件的发生原因进行分析，直至列出引起顶上事件发生的全部基本原因事件为止。

④ 不允许门与门直接相连的规则：在编制事故树时，任何一个逻辑门的输出都必须有一个结果事件，不允许不经过结果事件而将门与门直接相连，如图5.32所示。只有这样做，才能保证逻辑关系的准确性。

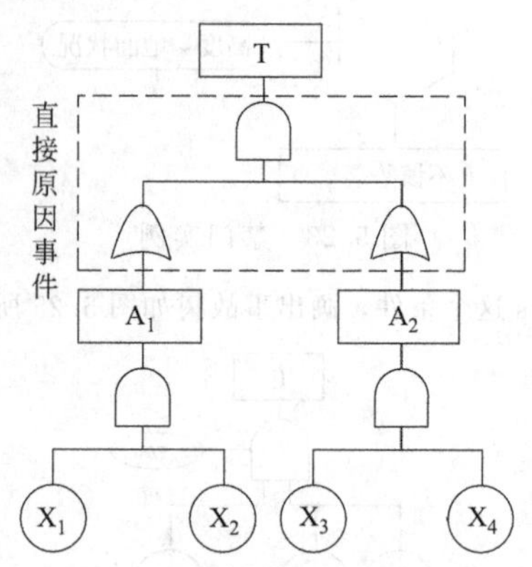


图5.32　门与门相连的事故树

⑤ 给事故事件下定义的规则：只有明确地给出事故事件的定义及其发生条件，才能正确地确定事故事件发生的原因。给事故事件下定义，就是要用简单、明了的语句描述事故事件的内涵，即它是什么。

(2) 事故树编制步骤

事故树分析是根据系统可能发生的事故或已经发生的事故所提供的信息，去寻找同事故发生有关的原因，从而采取有效的防范措施，防止同类事故再次发生。这种分析方法一般按下述步骤进行。

① 熟悉系统：对已经确定的系统要进行深入的调查研究，了解其构成、性能、操作、维修等情况，必要时根据系统的工艺、操作内容画出工艺流程图及布置图。这项工作是编制事故树的基础和依据。只有熟悉系统，才能作出切合实际的分析，否则，分析必然是闭门造车，不能反映系统的真实情况。

② 收集、调查系统的各类事故：这里指的是收集、调查分析系统过去、现在以及将来可能发生的事故，同时还要收集、调查本单位与外单位、国内与国外同类系统曾发生的所有事故。这项工作是全面掌握系统事故的基础和依据，有利于确定事故类型。

③ 确定必须用事故树分析法分析的事故——顶上事件：就某系统而言，可能会发生多种事故，究竟以哪种事故作为事故树顶上事件，要根据事故调查和其他事故分析的结果，和事故发生的可能性与事故发生后对系统造成的危害程度两个参量，选择易于发生且后果严重的事故作为事故树分析的对象。当然，也常把不容易发生，但后果非常严重，以及后果虽不大严重，但极易发生的事故作为分析的对象。把这些事故作为事故树顶上事件进行分析，必然能取得事半功倍的效果。

④ 调查事故发生的原因：从人、机、环境和信息各方面调查与事故树顶上事件有关的所有事故原因。

⑤ 绘编事故树：把事故树顶上事件与引起顶上事件的原因事件，采取一些规定的符号，按照一定的逻辑关系，连接起来并绘制成不成圈的连通图，其过程可通过图5.33来表达。

(3) 编制事故树的方法举例

根据上述编制事故树规则及步骤，下面列举编制“油库燃爆”事故树这一典型例子说明编制事故树的方法。油库燃烧并爆炸是经常发生的事故，作为一种特殊事故，这里将其作为事故树顶上事件并编制事故树。

把油库燃爆事故作为顶上事件，并把它画在事故树的最上一行，如图5.34所示。燃爆事故只有在“油气达到可燃浓度”与存在“火源”并且达到爆炸极限时才发生，因此，只有油气达到可燃浓度与存在火源两个因素同时出现，顶上事件才出现。所以，用“与门”把两者和顶上事件连接起来，将其写在事故树的第2行，“达到爆炸极限”可以作为“与门”的条件记入椭圆内，也可以作为原因事件写在第2行上。油气达到可燃浓度是由于“油气泄漏”和“库内通风不良”造成的，把它们写在第3行，并且用“与门”连接起来。火源是由于“明火”或“电火花”或“撞击火花”或“静电火花”或“雷击火花”造成的，把它们写在第3行，并用“或门”连接起来。油气泄漏是由于“油罐密封不良”或“油罐敞开”造成的，把它们写在第4行，并用“或门”连接起来。库内通风不良是由于“库内无排风设施”或“排风设备损坏”或“未定时排风”造成的，把它们写在第4行，并用“或门”连接越来。明火是由于“库内吸烟”或“危险区内动火”造成的，把它们写在第4行，并用“或门”连接起来。电火花是由于“电气设备不防爆”或“防爆电器损坏”造成的，把它们写在第4行，并用“或门”连接。撞击火花是由于“油筒撞击”或“用铁制工具作业”或“穿有铁钉的鞋作业”造成的，把它们写在第4行，并用“或门”连接。“静电火花”是由于“油罐静电放电”和“人体静电放电”造成的，把它们写在第4行，并用“或门”连接。雷击火花只有在“雷击”和“避雷器失效”两个因素一定同时出现时才产生，把它们写在第4行，并用“与门”连接起来。油罐静电放电是由于“静电积累”和“油罐接地不良”两个原因同时出现造成的，把它们写在第5行，并用“与门”连接起来。人体静电是由于“化纤品与人体摩擦”和“作业中与导体接近”同时出现造成的，把它们写在第5行，并用“与门”连接起来。避雷器失效是由于“未装避雷设施”或“避雷器出了故障”造成的，把它们写在第5行，并用“或门”连接起来。静电积累是由于“油液流速高”或“管壁粗糙”或“油液冲击金属容器”或“飞溅油液与空气摩擦”引起的，把它们写在第6行，并用“或门”连接起来。接地不良是由于“未装防静电接地装置”或“接地电阻不符要求”或“接地线损坏”引起的，把它们写在第6行，用“或门”连接起来。避雷器故障是由于“设计缺陷”或“防雷接地电阻超标”或“避雷设施损坏”造成的，把它们写在第6行，用“或门”连接起来。

为了不使树太复杂，树中引用了未探明事件：“作业中与导体接近”“避雷器设计缺陷”和“油罐密封不良”。

### 5.6.4 事故树的定性分析

事故树定性分析是根据事故树确定顶上事件发生的事故模式、原因及其对顶上事件的影响程度，为最经济最有效地采取预防对策和控制措施，防止同类事故再发生提供科学依据。

#### 5.6.4.1 布尔代数

(1) 布尔代数的定义

设有一个非空集合 $B$，两个常集0及1（0、1属于 $B$），三种 $B$ 上的运算（布尔加“+”、布尔积“·”及布尔补“$'$”），如对任意元素 $a$、$b$、$c$ 都有以下六个基本定律：

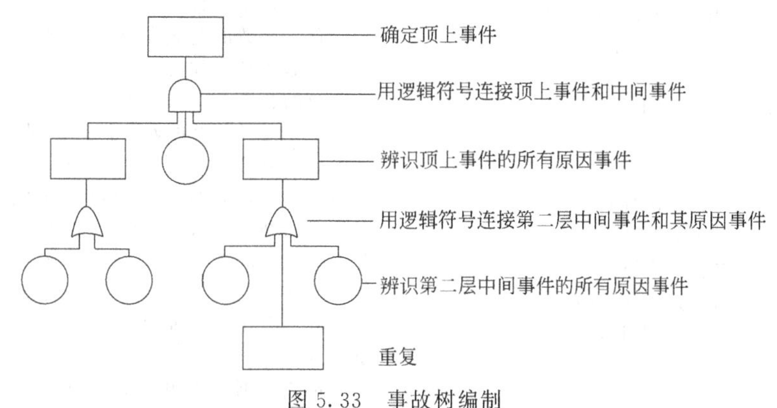


图5.33 事故树编制

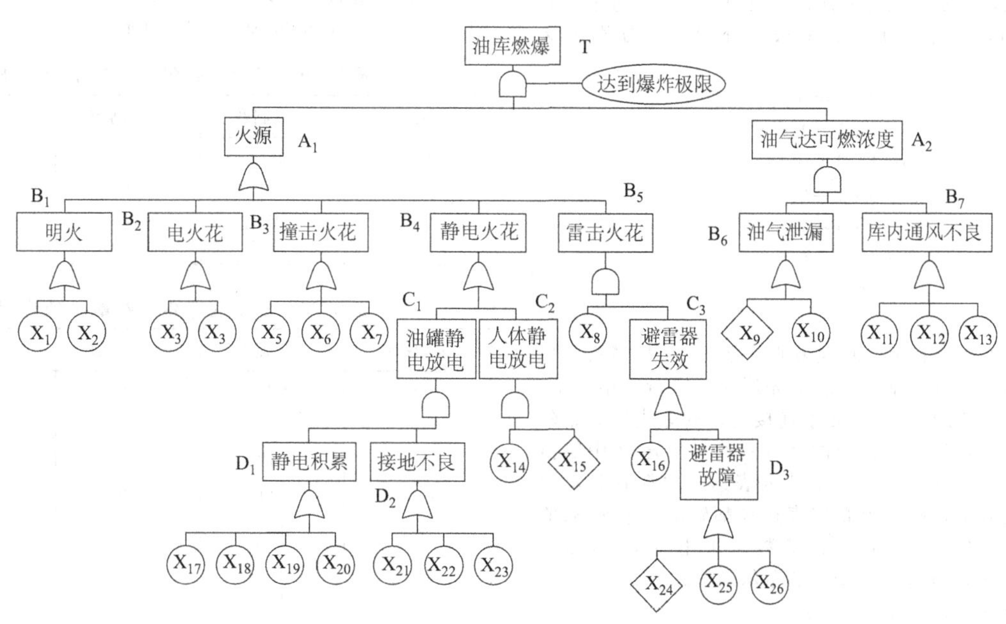


图5.34 油库爆炸事故树

① 交换律

$$a+b=b+a$$
$$a \cdot b=b \cdot a$$

② 结合律

$$a+(b+c)=(a+b)+c$$
$$a \cdot (b \cdot c)=(a \cdot b) \cdot c$$

③ 分配律

$$a+(b \cdot c)=(a+b) \cdot (a+c)$$
$$a \cdot (b+c)=(a \cdot b)+(a \cdot c)$$

④ 0-1 律

$$a+1=1 \quad a+0=a$$
$$a \cdot 0=0 \quad a \cdot 1=1$$

⑤ 吸收律

$$a+(a \cdot b)=a$$
$$a \cdot (a+b)=a$$

⑥ 互补律

$$a+a'=1$$
$$a \cdot a'=0$$

则称这样的代数系统（$B$，$+$，$\cdot$，$'$，0，1）为（一般）布尔代数。并且称三种运算（$+$，$\cdot$，$'$）为布尔运算，$B$ 为布尔集，$B$ 的集合元素为布尔元（变元），$a'$称 $a$ 的布尔补，$a+b$ 称为变元 $a$ 与 $b$ 的布尔和，$a \cdot b$ 称为变元 $a$ 与 $b$ 的布尔积。0、1 分别表示空集和全集。

（2）布尔代数的性质

布尔代数具有以下基本性质：

① 零元素 0、单位元素 1 和 $a$ 的补 $a'$都是唯一的。

② 对于集合 $B$ 中的每个元素 $a$，都有

$$(a')'=a \text{（对合律）}$$

③ 零元素和单位元素是互补的，即

$$0'=1$$
$$1'=0$$

④ 对于集合 $B$ 中的每一个元素 $a$ 都有

$$a+a=a \text{（加法幂等律）}$$
$$a \cdot a=a \text{（乘法幂等律）}$$

⑤ 对于集合 $B$ 中的任意两个元素 $a$、$b$ 都有

$$(a+b)'=a' \cdot b' \text{（德·摩根律）}$$
$$(a \cdot b)'=a'+b' \text{（德·摩根律）}$$

（3）布尔代数运算

二值代数是布尔代数的一种特殊模型，代数中每个变元只取值 0 和 1，其布尔加法、乘法及补的运算分别定义如下：

$$0+0=0$$
$$1+1=1$$
$$0+1=1+0=1$$
$$0 \cdot 0=0$$
$$1 \cdot 1=1$$
$$0 \cdot 1=1 \cdot 0=0$$
$$0'=1$$
$$1'=0$$

布尔代数的运算在不引起混淆的情况下，可以省去乘号和括号，并规定按补、乘、加法的先后次序进行。用（$+$、$\cdot$ 及$'$）三种运算把集合 $B$ 的元素连接起来的算式称为布尔表达式。如果把布尔表达式中的字母看作是集合 $B$ 中取值的变元，那么以变元的每一组值代入表达式中都有确定 $B$ 的唯一值与之对应，则每个布尔表达式都确定一个 $B$ 取值的函数，称这个函数为布尔函数，并用 $f(x_1, x_2, x_3, \cdots, x_n)$ 表示具有 $n$ 个变元的布尔函数。

（4）析取标准式与合取标准式

一个布尔函数可用不同的表达式来表达。根据布尔代数的性质，任何布尔函数 $f$ 都可以化为析取和合取两种标准形式。

① 析取标准形式：

$$f=A_1+A_2+\cdots+A_n=\sum_{k=1}^{n} A_k \tag{5.3}$$

式中，$A_k(k=1,2,\cdots,n)$为变元的积。

将布尔函数化成析取标准式的步骤：

a. 利用德·摩根律把括号外的求补符号直接加到变元上；

b. 利用对合律去掉双重求补符号；

c. 利用第一分配律去掉内含加号的括号。

② 合取标准形式：

$$f=A_1A_2\cdots A_n=\prod_{k=1}^{n} A_k \tag{5.4}$$

式中，$A_k$（$k=1,2,\cdots,n$）为变元的和。

将布尔函数化成合取标准式的步骤与化取析取标准式的步骤类似或对偶，步骤如下：

a. 利用德·摩根律把括号外的求补符号直接加到变元上；

b. 利用对合律去掉双重求补符号；

c. 利用第二分配率去掉内含乘号的括号。

析取和合取标准形式在事故树定性和定量分析中非常有用。

（5）布尔函数范式

布尔函数的范式是布尔函数标准式的一种数学表达形式，该形式是一种代码，有两种：布尔函数的析取范式和布尔函数的合取范式。含有 $n$ 个变元的布尔函数，若每个变元只取变元及其补的两种形式，则布尔函数标准式如果取尽所有项，应含有 $2^n$ 个分项。我们把析取标准式的每一个分项称为最小项，每一个最小项用代有下标数字的 m 表示；把合取标准式的每一个分项称为最大项，每一个最大顶用代有下标数字的 M 表示。这里用数字 0 和 1 分别代替分项中变元的补和变元，于是每一个分项都相应于一个二进制的数，将该数化成十进制的数，并用十进制的这个数作为该分项 m 或 M 的下标。例如，二变元的布尔函数，最小项和最大项都有 4 项，其相应的代码分别如表 5.19 和表 5.21 所示。三变元的布尔函数，最大项和最小项都有 8 项，其相应的代码分别如表 5.20 和表 5.22 所示。

**表 5.19　二变元布尔函数最小项代码**

| 最小项 | 二进制数 | 十进制数 | 代码 |
|---|---|---|---|
| $x'y'$ | 00 | 0 | $m_0$ |
| $x'y$ | 01 | 1 | $m_1$ |
| $xy'$ | 10 | 2 | $m_2$ |
| $xy$ | 11 | 3 | $m_3$ |

**表 5.20　三变元布尔函数最小项代码**

| 最小项 | 二进制数 | 十进制数 | 代码 |
|---|---|---|---|
| $x'y'z'$ | 000 | 0 | $m_0$ |
| $x'y'z$ | 001 | 1 | $m_1$ |
| $x'yz'$ | 010 | 2 | $m_2$ |
| $x'yz$ | 011 | 3 | $m_3$ |
| $xy'z'$ | 100 | 4 | $m_4$ |
| $xy'z$ | 101 | 5 | $m_5$ |
| $xyz'$ | 110 | 6 | $m_6$ |
| $xyz$ | 111 | 7 | $m_7$ |

**表 5.21　二变元布尔函数最大项代码**

| 最大项 | 二进制数 | 十进制数 | 代码 |
|---|---|---|---|
| $x'+y'$ | 00 | 0 | $M_0$ |
| $x'+y$ | 01 | 1 | $M_1$ |
| $x+y'$ | 10 | 2 | $M_2$ |
| $x+y$ | 11 | 3 | $M_3$ |

**表 5.22　三变元布尔函数最大项代码**

| 最大项 | 二进制数 | 十进制数 | 代码 |
|---|---|---|---|
| $x'+y'+z'$ | 000 | 0 | $M_0$ |
| $x'+y'+z$ | 001 | 1 | $M_1$ |
| $x'+y+z'$ | 010 | 2 | $M_2$ |
| $x'+y+z$ | 011 | 3 | $M_3$ |
| $x+y'+z'$ | 100 | 4 | $M_4$ |
| $x+y'+z$ | 101 | 5 | $M_5$ |
| $x+y+z'$ | 110 | 6 | $M_6$ |
| $x+y+z$ | 111 | 7 | $M_7$ |

定义：形如 $x_1^{e_1}x_2^{e_2}\cdots x_n^{e_n}$ 的乘积为变元 $x_1$、$x_2$、…、$x_n$ 的最小项，其中 $e_k$ 表示 0 或 1，且 $x_k^0$ 表示 $x_k'$，$x_k^1$ 表示 $x_k$ $(k=1,2,\cdots,n)$。例如：$xyz$、$xyz'$、$x'y'z'$都是变元 $x$、$y$、$z$ 的最小项。由于最小项中每个变元都取带撇和不带撇的两种形式之一，$n$ 个变元共有 $2n$ 种取法，因此最小项的数目为 $2n$。最小项（用带有下标的 $m$ 表示）可按如下方法编号：分别用 0 和 1 代替最小项中带撇和不带撇的变元，于是每个最小项都相当于一个二进制的数，将它化为十进制，使用这个数作为该最小项的下标。

任何 $n$ 元布尔函数 $f(x_1,x_2,\cdots,x_n)$ 都可以表示为最小项之和的形式，即

$$f(x_1,x_2,\cdots,x_n)=\sum_{i=0}^{2^n-1}\alpha_i m_i \quad \alpha_i=0\text{ 或 }1 \tag{5.5}$$

定义形如 $x_1^{e_1}+x_2^{e_2}+\cdots+x_n^{e_n}$ 的和为变元 $x_1$、$x_2$、…、$x_n$ 的最大项，其中 $e_k$ 表示 0 或 1，且 $x_k^0$ 表示 $x_k'$，$x_k^1$ 表示 $x_k(k=1,2,\cdots,n)$。例如，$x+y+z$、$x+y+z'$、$x'+y'+z'$都是变元 $x$、$y$、$z$ 的最大项。由于最大项中每个变元都取带撇和不带撇的两种形式之一，$n$ 个变元共有 $2^n$ 种取法，因此最大项的数目为 $2^n$。最大项（用带有下标的 M 表示）可按如下方法编号：分别用 0 和 1 代替最大项中带撇和不带撇的变元，于是每个最大项都相当于一个二进制的数，将它化为十进制，使用这个数作为该最大项的下标。将布尔函数化为析取范式的步骤：

a. 先化为析取标准形式；

b. 如果某加项少变元 $x_k$，则将它乘以（$x_k+x_k'$），并根据第一分配律将它展开为两项之和；

c. 根据等幂律、互补律去掉多余或重复的项，任何 $n$ 元布尔函数 $f(x_1,x_2,\cdots,x_n)$ 都可以表为最大项之积的形式，即

$$f(x_1,x_2,\cdots,x_n)=\prod_{i=0}^{2^n-1}(\beta_i+M_i) \quad \beta_i=0\text{ 或 }1 \tag{5.6}$$

将布尔函数化为合取范式的步骤：

a. 先化为合取标准形式；

b. 如果某因子缺少变元 $x_k$，则加上（$x_kx_k'$），并根据第二分配律将它展开为两项之积；

c. 根据等幂律、互补律去掉多余或重复的项。

#### 5.6.4.2　结构函数

（1）结构函数的定义

若事故树有 $n$ 个互不相同的基本事件，每个基本事件只有发生和不发生两种状态，且分别用数值 1 和 0 表示。因此，基本事件 $i$ 的状态可记为：

$$x_i=\begin{cases}1 & \text{基本事件发生}\\ 0 & \text{基本事件不发生}\end{cases} \tag{5.7}$$
$$i=(1,2,\cdots,n)$$

同样，事故树的顶上事件的状态，也只有发生与不发生两种可能，用变量 $\Phi$ 表示，则有

$$\Phi(x)=\begin{cases}1 & \text{顶上事件发生}\\ 0 & \text{顶上事件不发生}\end{cases} \tag{5.8}$$

因为顶上事件的状态 $\Phi$ 完全取决于基本事件 $i$ 的状态变量 $x_i(i=1,2,\cdots,n)$，所以 $\Phi$ 是 $x$ 的函数，即：$\Phi=\Phi(x)$。

（2）结构函数的性质

结构函数 $\Phi(x)$ 具有如下性质：

① 当事故树中基本事件都发生时，顶上事件必然发生；当所有基本事件都不发生时，顶上事件必然不发生。

② 当除基本事件 $i$ 以外的其他基本事件固定为某一状态，基本事件 $i$ 由不发生转变为发生时，顶上事件可能维持不发生状态，也可能由不发生转变为发生状态。

③ 由任意事故树描述的系统状态，可以用全部基本事件作成“或”结合的事故树表示系统的最劣状态（顶上事件最易发生）；可以用全部基本事件“与”结合的事故树表示系统的最佳状态（顶上事件最难发生）。

#### 5.6.4.3　最小割集

（1）割集和最小割集

割集，亦称作截集或截止集，它是导致顶上事件发生的基本事件的集合。也就是说，在事故树中，一组基本事件发生能够造成顶上事件发生，这组基本事件就称为割集。

事故树顶上事件发生与否是由构成事故树的各种基本事件的状态决定的。显然，所有基本事件都发生时，顶上事件肯定发生。然而，在大多数情况下，并不要求所有基本事件都发生时顶上事件才发生，而只要某些基本事件发生就可导致顶上事件发生。在事故树中，引起顶上事件发生的基本事件的集合，称为割集。同一个事故树中的割集一般不止一个，在这些割集中，凡不含其他割集的割集，叫做最小割集。换言之，如果割集中任意去掉一个基本事件后就不是割集，那么这样的割集就是最小割集。

割集是系统可靠性工程中的术语，在模拟系统可靠性的有向图中，能够造成系统失效的弧的集合称为割集。图 5.35 中节点 $A$ 为源（或发点），$D$ 为汇（或收点）。在有向图中，源与汇中任意作一条割线，使源发出的流不能到汇，即系统不能正常运行，而与这条割线相交的弧的集合就称为割集。例如：集合｛$BC$，$AG$，$EF$｝和｛$CD$，$FD$｝均为此有向图的割集。

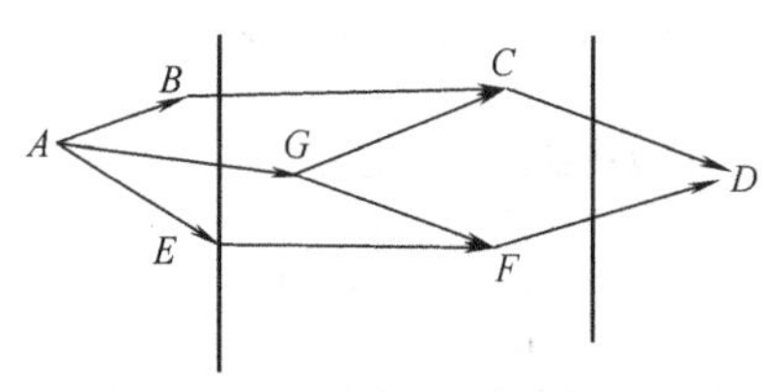


图 5.35　割集示意图

事故树分析中引入割集的概念，其物理意义与系统可靠性工程中的概念相同，均是造成事故的事件的集合。但在可靠性有向图中，弧是正常事件，而事故树中事件是故障（或缺陷）事件。故割集的求取方法两者不同。

最小割集就是导致顶上事件发生的最起码的基本事件的集合。研究最小割集，实际上是研究系统发生事故的规律和

表现形式。

(2) 求最小割集的方法

简单的事故树，可以直接观察出它的最小割集。但是，对于一般的事故树，就不易做到，对于含有数十个逻辑门，甚至上百个逻辑门的事故树，就更难了。这时，就要借助于某些算法，并应用计算机进行计算。最小割集的求取方法大致有五种，如行列法、结构法、质数代入法、矩阵法和布尔代数化简法。这里仅介绍常用的布尔代数法和行列法。

① 布尔代数法。任何一个事故树都可以用布尔函数描述。化简布尔函数，其最简析取标准式中每个最小项所属变元构成的集合，便是最小割集。若最简析取标准式中含有 $m$ 个最小项，则该事故树有 $m$ 个最小割集。用布尔代数法计算最小割集，通常分三个步骤进行：

a. 建立事故树的布尔表达式。一般从事故树第一层事件开始，用第二层事件去代替第一层事件，然后再用第三层事件去代替第二层事件，直至顶上事件被所有基本事件代替为止。

b. 将布尔表达式化为析取标准式。

c. 化析取标准式为最简析取标准式。在析取标准式中，若最小项不包含重复的变元，且任意一个最小项不被其他最小项所包含，则称该析取标准式为最简析取标准式。

对于不很复杂的事故树，用手工计算也很简便。在上述替换的基础上，继续运用布尔代数的运算法则，将其展开、归并化简，就可得到最小割集。以图 5.36 事故树为例说明之。

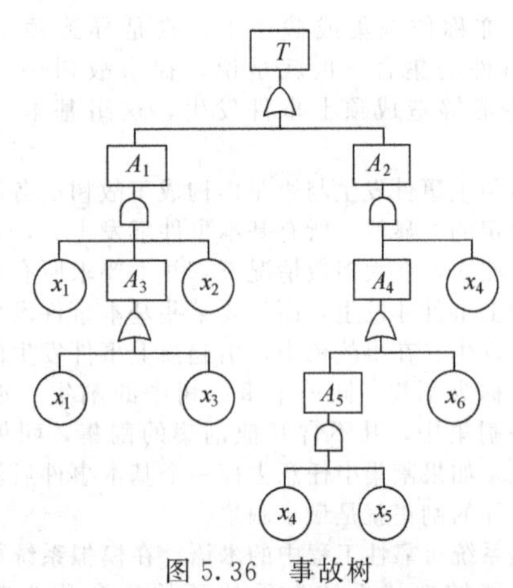


图 5.36　事故树

$$
\begin{aligned}
T &= A_1 + A_2 \\
&= x_1 A_3 x_2 + x_4 A_4 \\
&= x_1 (x_1 + x_3) x_2 + x_4 (A_5 + x_6) \\
&= x_1 (x_1 + x_3) x_2 + x_4 (x_4 x_5 + x_6) \\
&= x_1 x_1 x_2 + x_1 x_3 x_2 + x_4 x_4 x_5 + x_4 x_6 \\
&= x_1 x_2 + x_1 x_3 x_2 + x_4 x_5 + x_4 x_6 \\
&= x_1 x_2 + x_4 x_5 + x_4 x_6
\end{aligned}
$$

由此可得事故树的最小割集为：

$$G_1 = \{x_1, x_2\}$$
$$G_2 = \{x_4, x_5\}$$
$$G_3 = \{x_4, x_6\}$$

② 行列法。这种方法是 1972 年 Fussel 提出的，所以又称 Fussel 法。其理论依据是：与门使割集容量（即割集内包含的基本事件的个数）增加，而不增加割集的数量；或门使割集的数量增加，而不增加割集的容量。求取割集具体步骤为：

a. 首先从顶上事件开始，用下一层事件代替上一层事件，把与门连接事件横向写在一行内。

b. 把或门连接事件纵向写在若干行内（或门下有几个事件就写几行）。

c. 逐层向下，直至各基本事件，列出若干行，再用布尔代数化简，结果就得到若干个最小割集。

以图 5.36 事故树为例说明。

$$T \xrightarrow{\text{或门}} \begin{cases} A_1 \\ A_2 \end{cases}$$

$A_1$、$A_2$ 与下一层事件 $A_3$，$A_4$，$x_1$，$x_2$，$x_4$ 间均用与门连接，故仍保持两行，用对应事件代替 $A_1$、$A_2$。

$$
\begin{cases}
A_1 \xrightarrow{\text{与门}} x_1 A_3 x_2 \xrightarrow{\text{或门}} \begin{cases} x_1 x_1 x_2 \\ x_1 x_3 x_2 \end{cases} \\
A_2 \xrightarrow{\text{与门}} x_4 A_4 \xrightarrow{\text{或门}} \begin{cases} x_4 A_5 \xrightarrow{\text{与门}} x_4 x_4 x_5 \\ x_4 x_6 \end{cases}
\end{cases}
$$

同理，这样得到四组割集，但不是最小割集，根据布尔代数的运算定律不难求出最小割集。

$$
\begin{matrix} x_1 x_1 x_2 \\ x_1 x_3 x_2 \\ x_4 x_4 x_5 \\ x_4 x_6 \end{matrix}
\longrightarrow
\begin{cases} x_1 x_2 \\ x_1 x_2 x_3 \\ x_4 x_5 \\ x_4 x_6 \end{cases}
\longrightarrow
\begin{cases} x_1 x_2 \\ x_4 x_5 \\ x_4 x_6 \end{cases}
$$

$$G_1 = \{x_1,\ x_2\}$$
$$G_2 = \{x_4,\ x_5\}$$
$$G_3 = \{x_4,\ x_6\}$$

#### 5.6.4.4　确定最小径集

在事故树定性分析和定量分析中，除最小割集外，经常应用的还有最小径集这一概念。其作用与最小割集一样重要，在某些具体条件下，应用最小径集分析更为方便。

(1) 径集与最小径集

径集，也叫通集或路集。即如果事故树中某些基本事件不发生，则顶上事件就不发生，这些基本事件的集合称为径集。径集，也是系统可靠性工程的概念，它是研究保证系统正常运行需要哪些基本环节正常发挥作用的问题，即在系统可靠性有向图中，要想使汇得到流，能有几条通路的问题。

在事故树中，当所有基本事件都不发生时，顶上事件肯定不会发生。然而，顶上事件不发生常常并不要求所有基本事件都不发生，而只要求某些基本事件不发生时顶上事件就不会发生。这些不发生的基本事件的集合，称为径集。在同一事故树中，不包含其他径集的径集称为最小径集。换言之，如果径集中任意去掉一个基本事件后就不是径集，那么该径集是最小径集。最小径集就是顶上事件不发生所必需的最低限度的径集。

(2) 对偶事故树法

有时为了更方便、更清楚地说明问题，经常用对偶事故树对系统进行分析。所谓对偶事故树，就是根据德·摩根律画出原事故树的对偶树，又称“成功树”。当然，事故树与成功树互为对偶树。

因为在与门连接输入事件和输出事件的情况下，只要有一个输入事件不发生输出事件就不会发生，所以在成功树中用或门取代原来的与门连接。对于或门连接输入事件和输出事件的情况，则必须所有输入事件均不发生，输出事件才不发生，所以，在成功树中以与门取代原来的或门连接。见图 5.37 和图 5.38。

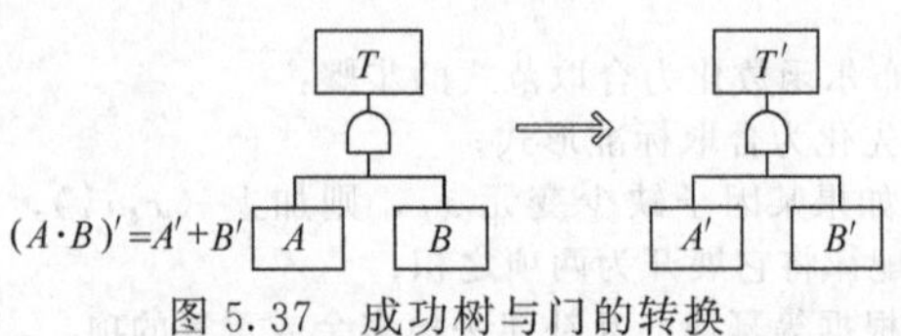


图 5.37　成功树与门的转换

将事故树变为成功树的方法是，将原来事故树上的或门全部改换成与门，将全部与门改换成或门，并将全部事件符

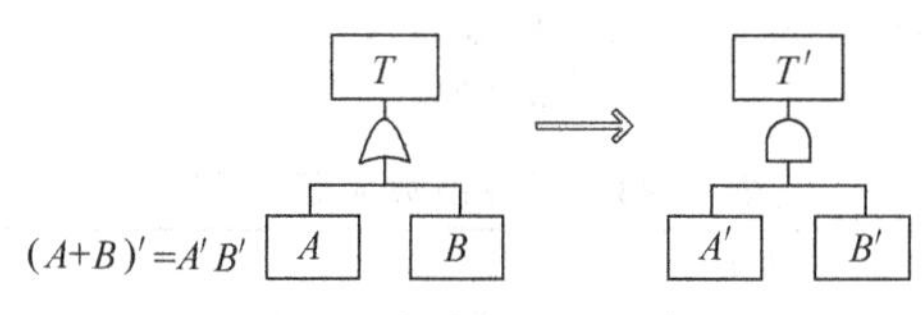

图 5.38　成功树或门的转换

号加上“′”，变成它的补的形式。这样改变以后，就是成功树。

(3) 求最小径集的方法

根据对偶原理，成功树顶上事件发生，就是其对偶树（事故树）顶上事件不发生。因此，求事故树最小径集的方法是：

首先将事故树变换成其成功树，然用求成功树的最小割集。求出的最小割集就是所示事故树的最小径集。将图 5.36 事故树转换为成功树见图 5.39。

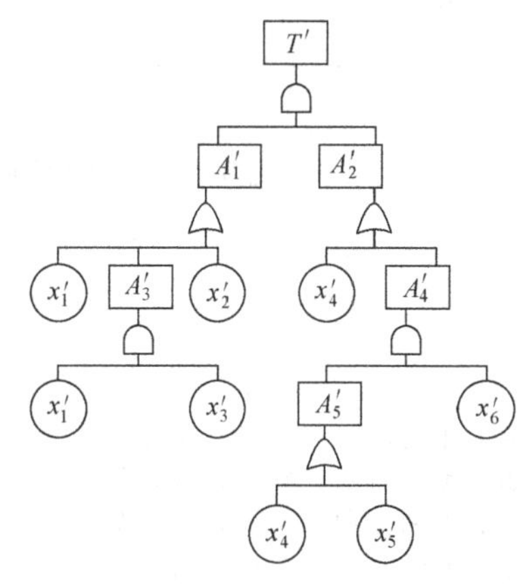

图 5.39　与图 5.36 对应的成功树

求成功树最小割集：

$$T'=A_1'A_2'$$
$$=(x_1'+A_3'+x_2')(x_4'+A_4')$$
$$=(x_1'+x_1'x_3'+x_2')(x_4'+A_5'x_6')$$
$$=(x_1'+x_1'x_3'+x_2')[x_4'+(x_4'+x_5')x_6']$$
$$=(x_1'+x_1'x_3'+x_2')(x_4'+x_4'x_6'+x_5'x_6')$$
$$=(x_1'+x_2')(x_4'+x_5'x_6')$$
$$=x_1'x_4'+x_2'x_4'+x_1'x_5'x_6'+x_2'x_5'x_6'$$

$$T=(x_1+x_4)(x_2+x_4)(x_1+x_5+x_6)(x_2+x_5+x_6)$$

最小径集为：

$$P_1=\{x_1,x_4\}$$
$$P_2=\{x_2,x_4\}$$
$$P_3=\{x_1,x_5,x_6\}$$
$$P_4=\{x_2,x_5,x_6\}$$

用最小割集表示的事故树等效图，其有两层的连接门，上层用或门连接，下层用与门连接；而用最小径集表示事故树的等效图见图 5.40，也共有两层次连接门。所不同的是，前者上层为或门，下层为与门，后者恰恰相反，上层为与门，下层为或门。

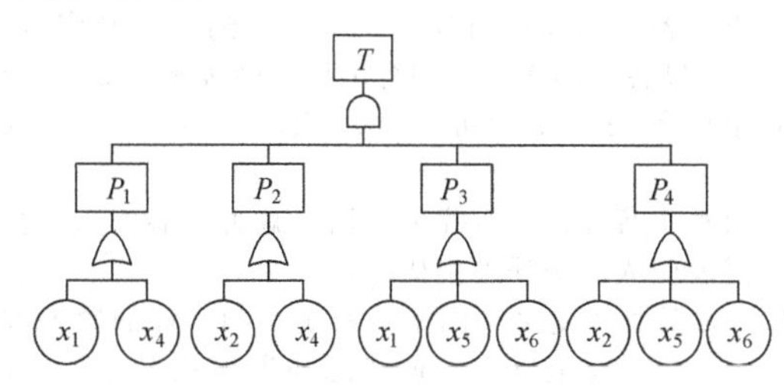

图 5.40　事故树最小径集等效图

求事故树最小径集除上述方法外，也可以用布尔代数法直接求出。

将事故树的布尔函数式化简成最简合取标准式，则事故树便有 $m$ 个最大项，该事故树便有 $m$ 个最小径集。这个算法的进行步骤与计算最小割集的方法相类似。对图 5.36 事故树的布尔函数求合取标准式，得：

$$T=A_1+A_2$$
$$=x_1A_3x_2+x_4A_4$$
$$=x_1(x_1+x_3)x_2+x_4(A_5+x_6)$$
$$=x_1(x_1+x_3)x_2+x_4(x_4x_5+x_6)$$
$$=x_1x_1x_2+x_1x_3x_2+x_4x_4x_5+x_4x_6$$
$$=x_1x_2+x_1x_3x_2+x_4x_5+x_4x_6$$
$$=x_1x_2+x_4x_5+x_4x_6$$
$$=(x_1x_2+x_4x_5+x_4)(x_1x_2+x_4x_5+x_6)$$
$$=(x_1x_2+x_4+x_5)(x_1x_2+x_4+x_4)$$
$$(x_1x_2+x_6+x_5)(x_1x_2+x_6+x_4)$$
$$=(x_1+x_4+x_5)(x_2+x_4+x_5)$$
$$(x_1+x_4)(x_2+x_4)(x_1+x_6+x_5)(x_2+x_6+x_5)$$
$$(x_1+x_6+x_4)(x_2+x_6+x_4)$$

求最简合取标准式：

$$T=(x_1+x_4+x_5)(x_2+x_4+x_5)(x_1+x_4)$$
$$(x_2+x_4)(x_1+x_6+x_5)(x_2+x_6+x_5)$$
$$(x_1+x_6+x_4)(x_2+x_6+x_4)$$
$$=(x_1+x_4)(x_2+x_4)(x_1+x_6+x_5)$$
$$(x_2+x_6+x_5)$$

最简合取标准式有 4 个最大项，则图 5.36 事故树有 4 个最小径集，即：

$$P_1=\{x_1,x_4\}$$
$$P_2=\{x_2,x_4\}$$
$$P_3=\{x_1,x_5,x_6\}$$
$$P_4=\{x_2,x_5,x_6\}$$

#### 5.6.4.5　最小割集和最小径集在事故树中所起的作用

总的来说，最小割集和最小径集在事故树分析中起着极其重要的作用，其中，尤以最小割集最为突出。透彻掌握和灵活运用最小割集和最小径集能使事故树分析达到事半功倍的效果，并为有效地控制和降低事故率提供重要的依据。最小割集和最小径集的主要作用是：

(1) 最小割集表示系统的危险性

求出最小割集可以掌握事故发生的各种可能，了解系统危险性的大小，为事故调查和事故预防提供方便。最小割集的定义明确表示，每个最小割集都是顶上事件发生的一种可能，即表示哪些故障和差错同时发生时顶上事件就发生。事故树中有几个最小割集，顶上事件发生就有几种可能。最小割集越多，系统越危险。另外，掌握了最小割集，实际上就掌握了顶上事件发生的各种可能。这对我们掌握事故的发生规律，调查某一事故的发生原因都是有益的。也就是说，一旦事故发生，就可以排除那些非本次事故的割集，而最终找到本次事故割集，这就是造成本次事故的原因事件的组合。

例如，前面求过事故树的最小割集，它们是：$\{x_1, x_2\}$，$\{x_4, x_5\}$，$\{x_4, x_6\}$。绘出了事故树等效图就直观明了地指出了：造成顶上事件（事故）发生的可能性共有三种，或 $x_1$，$x_2$ 同时发生；或 $x_4$，$x_5$ 同时发生；或 $x_4$，$x_6$ 同时发生。如果有类似系统相比较，则可根据最小割集的多少，区分出系统的优劣。亦可根据这三个最小割集，分别采取预防措施，加强控制。

(2) 最小径集表示系统的安全性

求出最小径集可以了解，要使事故不发生，有几种可能的方案．并掌握系统的安全性如何，为控制事故提供依据．

最小径集的定义表明，一个最小径集中的基本事件都不发生就可使顶上事件不发生。事故树中最小径集越多，系统越安全。求出最小径集，就可了解到，控制住哪几个基本事件（某一个最小径集）使其不发生，就可以控制顶上事件，使其不发生；要想使顶上事件不发生，共有几种可能的方案（有几个最小径集就有几种可能的方案）。例如，前面事故树共有四个最小径集，$\{x_1, x_4\}$，$\{x_2, x_4\}$，$\{x_1, x_5, x_6\}$，$\{x_2, x_5, x_6\}$。从事故树最小径集等效图（用最小径集表示）的结构也可看出，只要与门下的任一个最小径集 $P_i$ 不发生，顶上事件就绝不会发生，假如通过采取某些措施，彻底消除 $x_1$，$x_4$ 发生的可能性，这种事故就不会发生．至于其他基本事件，均可置之不理。当然，也可选择其他最小径集采取措施，其效果一样。

## 5.6.5　事故树的定量分析

事故树定量分析的任务是：在求出各基本事件发生概率的情况下，计算或估算系统顶上事件发生的概率以及系统的有关可靠性特性，并以此为依据，综合考虑事故（顶上事件）的损失严重程度，与预定的目标进行比较。如果得到的结果超过了允许目标，则必须采取相应的改进措施，使其降至允许值以下。在进行定量分析时，应满足几个条件：

① 各基本事件的故障参数或故障率已知，而且数据可靠，否则计算结果误差大，关于基本事件的故障率可参见后面的有关内容。

② 在事故树中应完全包括主要故障模式。

③ 对全部事件用布尔代数做出正确的描述，另外，一般还要做三点假设：

a. 基本事件之间是相互独立的；

b. 基本事件和顶上事件都只有两种状态——发生或不发生（正常或故障）；

c. 一般情况下，故障分布都假设为指数分布。

进行定量分析的方法很多，本书只介绍几种常用的方法，而且以举例形式说明这些方法的计算过程，不在数学上做过多的证明。

### 5.6.5.1　基本事件的发生概率

事故树定量分析，首先是在求出各基本事件发生概率的情况下，计算顶上事件的发生概率，这样我们就可以根据所取得的结果与预定的目标值进行比效。如果超出了目标值，就应采取必要的系统改进措施，使其降至目标值以下。如果事故的发生概率及其造成的损失为社会所认可，则不必投入更多的人力、物力进一步治理。

关于基本事件的发生概率，首先是机械设备的元件故障概率，对一般可修复系统，元件或单元的故障概率为

$$q=\frac{\lambda}{\lambda+\mu} \tag{5.9}$$

式中，$\lambda$ 为元件或单元的故障率，即单位时间（或周期、故障）发生的概率，它是元件平均故障间隔期（或称平均无故障时间，MTBF）的倒数。

$$\lambda=\frac{1}{\text{MTBF}} \tag{5.10}$$

一般 MTBF 由生产厂家给出，或通过实验室实验得出。它是元件到故障发生时运行时间 $t_i$ 的算术平均值，即

$$\text{MTBF}=\frac{\sum_{i=1}^{n} t_i}{n} \tag{5.11}$$

式中，$n$ 为所测元件的个数。元件在实验室条件下测出的故障率为 $\lambda_0$，即故障率数据库存储的数据。在实际应用时，还必须考虑比实验室恶劣的现场因素，适当选择严重系数 $k$（参见表 5.23）。故实际故障率为：

$$\lambda=k\lambda_0 \tag{5.12}$$

**表 5.23　严重系数 $k$ 值举例**

| 使用场所 | $k$ |
|---|---|
| 实验室 | 1 |
| 普通室内 | 1.1～10 |
| 船舶 | 10～18 |
| 铁路车辆，牵引式公共汽车 | 18～30 |
| 火箭实验台 | 60 |
| 飞机 | 80～150 |
| 火箭 | 400～1000 |

$\mu$ 为可维修度，它是反映元件或单元维修难易程度的量度，是所需平均修复时间（MTTR）$\tau$ 的倒数，$\mu=1/\tau$，因为 MTBF≫MTTR，故 $\lambda \ll \mu$，所以，

$$q=\frac{\lambda}{\lambda+\mu}\approx\frac{\lambda}{\mu}=\lambda\tau$$

即 $q\approx\lambda\tau$

对于一般不可修复系统，元件或单元的故障概率为

$$q=1-e^{-\lambda t} \tag{5.13}$$

式中，$t$ 为元件运行时间。

如果把 $e^{-\lambda t}$ 按无穷级数展开，略去后面的高阶无穷小，则可近似为

$$q=\lambda t \tag{5.14}$$

现在许多工业发达国家都建立了故障率数据库，而且若干国家，如北美和西欧，联合建库，用计算机存储和检索，对数据的输入和使用非常方便，为集中进行故障率试验提供了良好的条件，为安全性和可靠性分析提供了极大的方便。从目前我国开展系统安全工程和可靠性工程的趋势来看，也必将走建立数据库、储存事故资料的道路。但是，我们必须认识到，系统安全工程的开发，事故树分析的开发，并不是以数据库为前提条件的。而我们现在面临的局面，正是当时 FTA 开发者们面临的，即在没有数据库的情况下来评价故障率，这样就存在如何取得故障率数据的问题。

在目前情况下，我们可以通过系统或设备长期的运行经验，或若干系统平行的运行过程，粗略估计平均故障间隔期，其倒数就是所观测对象（元件、部件）的故障率。例如，某元件现场使用条件下的平均故障间隔期为 4000h，则其故障率为 $2.5\times10^{-4}$h。若系统运行是周期性的，亦可将周期化成小时。故障率数据列举于表 5.24。

人的失误因素很复杂，很多专家学者对此做过研究，1961 年，Swain 和 Rock 提出了“人的失误率预测法”（THERP），这种方法的分析步骤如下：

① 调查被分析者的操作程序。

② 把整个程序分成各个操作步骤。

③ 把操作步骤再分成单个动作。

④ 根据经验或实验得出每个动作的可靠度（见表 5.25）。

⑤ 求出各个动作的可靠度之积，得到每个操作步骤的可靠度。如果各个动作中有相容事件，则按条件概率计算。

⑥ 求出各操作步骤可靠度之积，得到整个程序的可靠度。

⑦ 求整个程序的不可靠度（用 1 减去可靠度），便得到 FTA 所需要的人的失误发生概率。

人的失误概率受多种因素的影响，如作业的紧迫程度、单调性、人的不安全感、心理状态和生理状况以及周围环境因素等，因此，仍然需要有修正系数 $k$ 修正人的失误概

**表 5.24　故障率数据举例**

| 项　　目 | 故障率/(1/h) | |
|---|---|---|
| | 观测值 | 建议值 |
| 机械杠杆、链条、托架等 | $10^{-6}\sim10^{-9}$ | $10^{-6}$ |
| 电阻、电容、线圈等 | $10^{-6}\sim10^{-9}$ | $10^{-6}$ |
| 固体晶体管、半导体 | $10^{-6}\sim10^{-9}$ | $10^{-6}$ |
| 电气连接 | | |
| 焊接 | $10^{-7}\sim10^{-9}$ | $10^{-8}$ |
| 螺接 | $10^{-4}\sim10^{-6}$ | $10^{-5}$ |
| 电子管 | $10^{-4}\sim10^{-6}$ | $10^{-5}$ |
| 热电偶 | — | $10^{-6}$ |
| 三角皮带 | $10^{-4}\sim10^{-5}$ | $10^{-4}$ |
| 摩擦制动器 | $10^{-4}\sim10^{-5}$ | $10^{-4}$ |
| 管路 | | |
| 焊接连接破裂 | — | $10^{-9}$ |
| 法兰连接爆裂 | — | $10^{-7}$ |
| 螺口连接破裂 | — | $10^{-5}$ |
| 胀接破裂 | — | $10^{-5}$ |
| 冷标准容器破裂 | — | $10^{-9}$ |
| 电(气)动调节阀等 | $10^{-4}\sim10^{-7}$ | $10^{-5}$ |
| 继电器、开关等 | $10^{-4}\sim10^{-7}$ | $10^{-5}$ |
| 断路ID(自动防止故障) | $10^{-5}\sim10^{-6}$ | $10^{-5}$ |
| 配电变压器 | $10^{-5}\sim10^{-8}$ | $10^{-5}$ |
| 安全阀(自动防止故障) | — | $10^{-6}$ |
| 安全阀(每次过压) | — | $10^{-4}$ |
| 仪表传感器 | $10^{-4}\sim10^{-7}$ | $10^{-5}$ |
| 仪表指示器、记录器、控制器等 | | |
| 气动 | $10^{-3}\sim10^{-5}$ | $10^{-4}$ |
| 电动 | $10^{-4}\sim10^{-6}$ | $10^{-5}$ |
| 人对重复刺激响应的失误 | $10^{-2}\sim10^{-3}$ | $10^{-2}$ |
| 离心泵、压缩机、循环机 | $10^{-3}\sim10^{-6}$ | $10^{-4}$ |
| 蒸汽透平 | $10^{-3}\sim10^{-6}$ | $10^{-4}$ |
| 电动机、发电机 | $10^{-3}\sim10^{-6}$ | $10^{-4}$ |
| 往复泵、比例泵 | $10^{-3}\sim10^{-5}$ | $10^{-5}$ |
| 内燃机(汽油机) | $10^{-3}\sim10^{-4}$ | $10^{-4}$ |
| 内燃机(柴油机) | $10^{-3}\sim10^{-5}$ | $10^{-4}$ |

**表 5.25　人的行为可靠度举例**

| 行为类型 | 可靠度 |
|---|---|
| 阅读技术说明书 | 0.9918 |
| 读取时间(扫描记录仪) | 0.9921 |
| 读电流计和流量计 | 0.9945 |
| 分析缓变电压和电平 | 0.9955 |
| 确定多位置电气开关的位置 | 0.9959 |
| 在因素位置上标注符号 | 0.9958 |
| 安装安全锁线 | 0.9961 |
| 分析真空管失真 | 0.9961 |
| 安装鱼形夹 | 0.9961 |
| 安装垫圈 | 0.9962 |
| 分析锈蚀和腐蚀 | 0.9963 |
| 安装O形环状物 | 0.9965 |
| 阅读记录 | 0.9966 |
| 分析凹陷、裂纹 | 0.9967 |
| 读压力计 | 0.9969 |
| 分析老化的防护罩 | 0.9969 |
| 固定螺母、螺钉和销子 | 0.9990 |
| 使用垫圈胶合剂 | 0.9971 |
| 连接电缆(安装螺钉) | 0.9972 |

率。就某一动作而言，其可靠度 $R$ 为：

$$R=R_1R_2R_3 \tag{5.15}$$

式中，$R_1$ 为与输入有关的可靠度，如声、光信号传入人的眼和耳等；$R_2$ 为与判断有关的可靠度，如信号传入大脑并进行判断；$R_3$ 为与输出有关的可靠度，如根据判断作出反应。$R_1$，$R_2$、$R_3$ 的参考值见表 5.26。

由于受作业条件、作业者自身因素及作业环境的影响，基本可靠度还会降低。因此，还需要用修正系数 $k$（表 5.27）加以修正，从而得到作业者单个动作的失误概率为：

$$q=k(1-R) \tag{5.16}$$

式中，$k$ 为修正系数，$k=abcde$；$a$ 为作业时间系数；$b$ 为操作频率系数；$c$ 为危险状况系数；$d$ 为心理、生理条件系数；$e$ 为环境条件系数。

**表 5.26　$R_1$、$R_2$、$R_3$ 参考值**

| 类别 | | $R_1$ | $R_2$ | $R_3$ |
|---|---|---|---|---|
| 简单 | 变量不超过几个<br>人机工程学上考虑全面 | 0.9995～0.9999 | 0.9990 | 0.9995～0.9999 |
| 一般 | 变量不超过十个 | 0.9990～0.9995 | 0.9950 | 0.9990～0.9995 |
| 复杂 | 变量超过十个<br>人机工程学上考虑不全面 | 0.9900～0.9990 | 0.9900 | 0.9900～0.9990 |

**表 5.27　$a$、$b$、$c$、$d$、$e$ 取值范围**

| 符号 | 项目 | 内　　容 | 取值范围 |
|---|---|---|---|
| $a$ | 作业时间 | 有充足的多余时间 | 1.0 |
| | | 没有充足的多余时间 | 1.0～3.0 |
| | | 完全没有多余时间 | 3.0～10.0 |
| $b$ | 操作频率 | 频率适当 | 1.0 |
| | | 连续操作 | 1.0～3.0 |
| | | 很少操作 | 3.0～10.0 |
| $c$ | 危险状况 | 即使误操作也安全 | 1.0 |
| | | 误操作时危险性大 | 1.0～3.0 |
| | | 误操作时有产生重大灾害的危险 | 3.0～10.0 |

续表

| 符号 | 项目 | 内容 | 取值范围 |
|---|---|---|---|
| $d$ | 生理、心理条件 | 教育训练、健康状况、疲劳、愿望等综合条件较好 | 1.0 |
| | | 综合条件不好 | 1.0～3.0 |
| | | 综合条件很差 | 3.0～10.0 |
| $e$ | 环境条件 | 综合条件较好 | 1.0 |
| | | 综合条件不好 | 1.0～3.0 |
| | | 综合条件很差 | 3.0～10.0 |

### 5.6.5.2 顶上事件发生概率的计算

在求得各基本事件的发生概率，弄清了各基本事件之间的关系后，就可以着手计算顶上事件的发生概率。如果各基本事件相互独立，则顶上事件的发生概率有以下几种算法。

(1) 状态枚举算法

设某一事故树，有 $n$ 个基本事件，这 $n$ 个基本事件的两种状态的组合数为 $2^n$ 个。根据事故树模型的结构分析可知，所谓顶上事件的发生概率，是指结构函数学 $\varphi(x)=1$ 的概率。因此，顶上事件的发生概率 $g$ 可用下式定义：

$$g(q)=\sum_{p=1}^{2^n}\phi_p(x)\prod_{i=1}^{n}q_i^{x_i}(1-q_i)^{1-x_i} \tag{5.17}$$

式中，$g(q)$ 为顶上事件的发生概率；$p$ 为基本事件状态组合符号；$\phi_p(x)$ 为组合为 $p$ 时的结构函数值，$\phi_p(x)=\begin{cases}1 & \text{顶上事件发生}\\0 & \text{顶上事件不发生}\end{cases}$ $(x=x_1,x_2,\cdots,x_n)$；$q_i$ 为第 $i$ 个基本事件的发生概率；$\prod\limits_{i=1}^{n}$ 为连乘符号，这里为求 $n$ 个基本事件状态组合的概率积；$x_i$ 为基本事件 $i$ 的状态，$x_i=\begin{cases}1 & \text{第 } i \text{ 个基本事件发生}\\0 & \text{第 } i \text{ 个基本事件不发生}\end{cases}$。

对式 (5.17) 进行剖析可看出，在 $n$ 个基本事件两种状态的所有组合中，有的不能使顶上事件发生，即 $\varphi_p(x)=0$，说明该组合对顶上事件的发生概率不产生影响。而有些组合能使顶上事件发生，即 $\varphi_p(x)=1$，说明这种组合对顶上事件的发生概率产生了影响。因此，在用式 (5.17) 计算时，只需考虑使 $\varphi_p(x)=1$ 的所有状态组合。

用式 (5.17) 计算时，应先列出基本事件的状态值表，再根据事故树的结构求得结构函数 $\varphi_p(x)$ 值，并填入状态值表中，最后求出使 $\varphi_p(x)=1$ 的各基本事件对应状态的概率积之代数和，即为顶上事件的发生概率。

图 5.41 中的事故树，含有 3 个基本事件 $x_1$，$x_2$，$x_3$，已知各基本事件相互独立，发生概率都为 0.1，则由式 (5.17) 计算顶上事件的发生概率。基本事件与顶上事件状态值列于表 5.28。

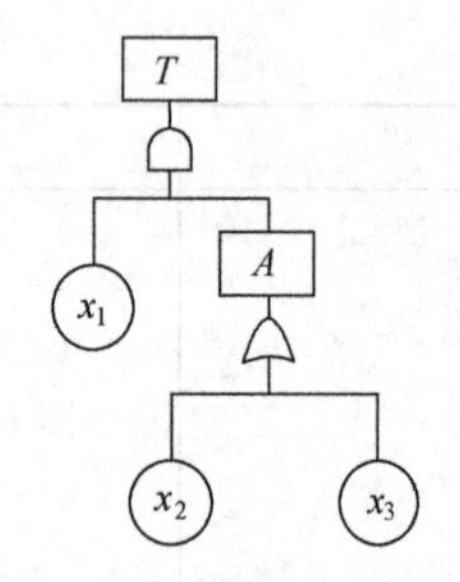


图 5.41 事故树示意图

由表 5.28 可见，使 $\varphi(x)=1$ 的基本事件的状态组合有三个，将表 5.28 中数据代入式 (5.17) 可得：

**表 5.28 基本事件与顶上事件状态值表**

| $x_1$ | $x_2$ | $x_3$ | $\varphi(x)$ | $g_p(q)$ | $g_p$ |
|---|---|---|---|---|---|
| 0 | 0 | 0 | 0 | 0 | 0 |
| 0 | 0 | 1 | 0 | 0 | 0 |
| 0 | 1 | 0 | 0 | 0 | 0 |
| 0 | 1 | 1 | 0 | 0 | 0 |
| 1 | 0 | 0 | 0 | 0 | 0 |
| 1 | 0 | 1 | 1 | $q_1(1-q_2)q_3$ | 0.0009 |
| 1 | 1 | 0 | 1 | $q_1q_2(1-q_3)$ | 0.0009 |
| 1 | 1 | 1 | 1 | $q_1q_2q_3$ | 0.0001 |
| $g(q)$ | | | | | 0.0019 |

$$\begin{aligned}g(q)&=\sum_{p=1}^{2^n}\phi_p(x)\prod_{i=1}^{n}q_i^{x_i}(1-q_i)^{1-x_i}\\&=1\times q_1^1(1-q_1)^{1-1}q_2^0(1-q_2)^{1-0}q_3^1(1-q_3)^{1-1}\\&\quad+1\times q_1^1(1-q_1)^{1-1}q_2^1(1-q_2)^{1-1}q_3^0(1-q_3)^{1-0}\\&\quad+1\times q_1^1(1-q_1)^{1-1}q_2^1(1-q_2)^{1-1}q_3^1(1-q_3)^{1-1}\\&=q_1(1-q_2)q_3+q_1q_2(1-q_3)+q_1q_2q_3\\&=0.1\times0.9\times0.1+0.1\times0.1\times0.9+0.1\times\\&\quad 0.1\times0.1=0.0019\end{aligned}$$

另外，还可将第一种状态组合所对应的 $g_p(q)$ 和 $g_p$ 列入表 5.28 中，可由表直接求得顶上事件的发生概率。

(2) 最小割集法

如前所述，事故树可用其最小割集等效树来表示。这时，顶上事件等于最小割集的并集。

与门的结构函数为：

$$\Phi(x)=\bigcap_{i=1}^{n}x_i=\prod_{i=1}^{n}x_i \tag{5.18}$$

或门的结构函数为：

$$\Phi(x)=\bigcup_{i=1}^{n}x_i=1-\prod_{i=1}^{n}(1-x_i) \tag{5.19}$$

设某事故树有 $k$ 个最小割集 $G_1$，$G_2$，…，$G_k$，则顶上事件的表达式为：

$$\Phi(x)=G_1\cup G_2\cup\cdots\cup G_k \tag{5.20}$$

即

$$\Phi(x)=\bigcup_{r=1}^{k}G_r=\bigcup_{r=1}^{k}\bigcap_{x_i\in G_r}x_i \tag{5.21}$$

顶上事件的发生概率按有限个相互独立事件并的概率公式为

$$g=\bigcup_{r=1}^{k}\prod_{x_i\in G_r}q_i=\coprod_{r=1}^{k}\prod_{x_i\in G_r}q_i \tag{5.22}$$

式中，$i$ 为基本事件的序数；$r$ 为最小割集的序数；$k$ 为最小割集的个数；$x_i$ 为第 $i$ 个基本事件属于第 $r$ 个最小割集。

例如某事故树最小割集为：$\{x_1, x_2\}$，$\{x_3, x_4\}$，$\{x_5, x_6\}$，其发生概率为 $q_1$，$q_2$，$q_3$，$q_4$，$q_5$，$q_6$，则顶上事件发生概率为：

$$g=\bigcup_{r=1}^{k}\prod_{x_i\in G_r}q_i=\coprod_{r=1}^{k}\prod_{x_i\in G_r}q_i=$$

$$1-(1-q_1q_2)(1-q_3q_4)(1-q_5q_6)$$

若事故树中各割集中有重复基本 $i$ 事件时将上式展开，用布尔代数消除每个概率积中的重复事件，则：

$$g=\sum_{r=1}^{k}\prod_{x_i\in G_r}q_i-\sum_{1\leqslant r\leqslant s\leqslant k}\prod_{x_i\in G_r\cup G_s}q_i+\sum_{1\leqslant r\leqslant s\leqslant t\leqslant k}\prod_{x_i\in G_r\cup G_s\cup G_t}q_i+\cdots+(-1)^{k-1}\prod_{\substack{r=1\\x_i\in G_r}}^{k}q_i \tag{5.23}$$

式中，$r$，$s$，$t$ 为最小割集的序数；$k$ 为最小割集的个数；$\sum_{r=1}^{k}\prod_{x_i\in G_r}q_i$ 为每个最小割集中的基本事件的概率之积的代数和；$\sum_{1\leqslant r\leqslant s\leqslant k}\prod_{x_i\in G_r\cup G_s}q_i$ 为属于任意两个最小割集并事件中的基本事件之概率积的代数和；$\sum_{1\leqslant r\leqslant s\leqslant t\leqslant k}\prod_{x_i\in G_r\cup G_s\cup G_t}q_i$ 为属于任意三个最小割集并事件中的基本事件之概率积的代数和；$\prod_{\substack{r=1\\x_i\in G_r}}^{k}q_i$ 为 $k$ 个最小割集中基本事件的概率积；$x_i\in G_r$ 为 $i$ 事件属于 $r$ 最小割集；$x_i\in G_r\cup G_s$ 为 $i$ 事件属于 $r$ 最小割集或 $s$ 最小割集。

设某事故树最小割集为：$\{x_1, x_2\}$，$\{x_1, x_3\}$，$\{x_2, x_4, x_6\}$，其发生概率为 $q_1=0.01$，$q_2=0.02$，$q_3=0.03$，$q_4=0.04$，$q_6=0.05$，则顶上事件发生概率为

$$\begin{aligned}g&=\sum_{r=1}^{k}\prod_{x_i\in G_r}q_i-\sum_{1\leqslant r\leqslant s\leqslant k}\prod_{x_i\in G_r\cup G_s}q_i+\sum_{1\leqslant r\leqslant s\leqslant t\leqslant k}\prod_{x_i\in G_r\cup G_s\cup G_t}q_i+\cdots+(-1)^{k-1}\prod_{\substack{r=1\\x_i\in G_r}}^{k}q_i\\&=(q_1q_2+q_1q_3+q_2q_4q_6)-(q_1q_2q_3+q_1q_2q_4q_6+q_1q_2q_3q_4q_6)+q_1q_2q_3q_4q_6\\&=q_1q_2+q_1q_3+q_2q_4q_6-q_1q_2q_3-q_1q_2q_4q_6\\&=0.0005336\end{aligned}$$

根据最小径集与最小割集的对偶性，利用最小径集也可以求出顶上事件的发生概率。当最小径集中彼此没有重复的基本事件时，顶上事件的发生概率为：

$$g=\prod_{r=1}^{l}\bigcup_{x_i\in P_r}q_i=\prod_{r=1}^{l}[1-\bigcap_{x_i\in P_r}(1-q_i)] \tag{5.24}$$

设某事故树最小径集为 $\{x_1, x_2, x_3\}$，$\{x_4, x_5\}$，$\{x_6, x_7\}$，其发生概率为 $q_1$，$q_2$，$q_3$，$q_4$，$q_5$，$q_6$，$q_7$，则顶上事件发生概率为：

$$\begin{aligned}g&=\prod_{r=1}^{l}\bigcup_{x_i\in P_r}q_i=\prod_{r=1}^{l}[1-\bigcap_{x_i\in P_r}(1-q_i)]\\&=[1-(1-q_1)(1-q_2)(1-q_3)]\\&\quad[1-(1-q_4)(1-q_5)][1-(1-q_6)(1-q_7)]\end{aligned}$$

当各最小径集彼此有重复事件时，则顶上事件发生概率为

$$g=1-\sum_{r=1}^{l}\prod_{x_i\in P_r}(1-q_i)+\sum_{1\leqslant r\leqslant s\leqslant l}\prod_{x_i\in P_r\cup P_s}(1-q_i)-\sum_{1\leqslant r\leqslant s\leqslant t\leqslant l}\prod_{x_i\in P_r\cup P_s\cup P_t}(1-q_i)+\cdots+(-1)^{l}\prod_{\substack{r=1\\x_i\in P_r}}^{l}(1-q_i) \tag{5.25}$$

式中，$l$ 为最小径集数；$r$，$s$，$t$ 为最小径集序数，$r<s<t<l$；$\sum_{r=1}\prod_{x_i\in P_r}(1-q_i)$ 为每个最小径集中基本事件不发生的概率之积的代数和；$\sum_{1\leqslant r\leqslant s\leqslant l}\prod_{x_i\in P_r\cup P_s}(1-q_i)$ 为属于任意两个最小径集的并事件中的基本事件不发生概率之积的代数和；$\sum_{1\leqslant r\leqslant s\leqslant t\leqslant l}\prod_{x_i\in P_r\cup P_s\cup P_t}(1-q_i)$ 为属于任意三个最小径集的并事件中的基本事件不发生概率之积的代数和；$\prod_{\substack{r=1\\x_i\in P_r}}^{l}(1-q_i)$ 为全部基本事件不发生的概率之积；$x_i\in P_r$ 为 $i$ 事件属于最小径集 $P_r$；$x_i\in P_r\cup P_s$ 为 $i$ 事件或属于最小径集 $P_r$ 或属于最小径集 $P_s$；$x_i\in P_r\cup P_s\cup P_t$ 为 $i$ 事件或属于最小径集 $P_r$ 或属于最小径集 $P_s$ 或属于最小径集 $P_t$；$(1-q_i)$ 为 $i$ 事件不发生的概率。

设某事故树最小径集为：$\{x_1, x_4\}$，$\{x_2, x_3\}$，$\{x_2, x_5\}$，其发生概率为 $q_1=0.01$，$q_2=0.02$，$q_3=0.03$，$q_4=0.04$，$q_5=0.05$，顶上事件发生概率为：

$$\begin{aligned}g&=1-\sum_{r=1}^{l}\prod_{x_i\in P_r}(1-q_i)+\sum_{1\leqslant r\leqslant s\leqslant l}\prod_{x_i\in P_r\cup P_s}(1-q_i)-\sum_{1\leqslant r\leqslant s\leqslant t\leqslant l}\prod_{x_i\in P_r\cup P_s\cup P_t}(1-q_i)+\cdots+(-1)^{l}\prod_{\substack{r=1\\x_i\in P_r}}^{l}(1-q_i)\\&=1-[(1-q_2)(1-q_3)+(1-q_1)(1-q_4)+(1-q_1)(1-q_5)]+[(1-q_1)(1-q_2)(1-q_3)(1-q_4)+\\&\quad(1-q_1)(1-q_2)(1-q_3)(1-q_5)+(1-q_1)(1-q_4)(1-q_5)]-(1-q_1)(1-q_2)(1-q_3)\\&\quad(1-q_4)(1-q_5)\\&=0.0059226\end{aligned}$$

在上述三种顶事件发生概率的精确算法中，后两种比较简单。但从后两种方法的计算项数看，最小割集法中的和差项数为 $2n-1$。最小径集法中的和差项数为 $2n$。最小割集和最小径集数 $k$、$l$ 的增大，都会使计算量显著增加。因此，选择计算方法时，原则上是最小割集少的，最好选用最小割集法；最小径集少的，最好选用最小径集法。一般事故树的最小割集数量都比较多，而最小径集数量较少，所以最小径集法的实际使用价值更大些。但在基本事件发生概率非常小的情况下，由于计算机有效位有限，采用最小径集法可能会因减少位数而失去有效数字，结果会出现较大的误差，对此，应引起足够重视。

(3) 顶上事件发生概率的近似计算

在系统的基本事件很多，并且由此而产生的最小割集和最小径集的数量也非常庞大的情况下，计算这类复杂系统的顶上事件发生概率时，因为计算时间和计算机存储容量的限制．采用精确计算方法往往很困难。加之，在没有数据库的条件下，设备的故障率、人的失误概率均难于得到准确的数值，计算时多凭经验取值。这样，即便采取了精确算法，也会因凭经验取值的不准确而降低精确算法的意义。因此，实际计算中多采用近似算法。近似算法有好多种，现介绍以下几种。

① 首项近似法。根据利用最小割集计算顶上事件发生概率的公式：

$$g=\sum_{r=1}^{k}\prod_{x_i\in G_r}q_i-\sum_{1\leqslant r\leqslant s\leqslant k}\prod_{x_i\in G_r\cup G_s}q_i+\sum_{1\leqslant r\leqslant s\leqslant t\leqslant k}\prod_{x_i\in G_r\cup G_s\cup G_t}q_i+\cdots+(-1)^{k-1}\prod_{\substack{r=1\\x_i\in G_r}}^{k}q_i$$

设：$\sum_{r=1}^{k}\prod_{x_i \in G_r} q_i = F_1$

$$\sum_{1\leqslant r\leqslant s\leqslant k}\prod_{x_i \in G_r \cup G_s} q_i = F_2$$

$$\sum_{1\leqslant r\leqslant s\leqslant t\leqslant k}\prod_{x_i \in G_r \cup G_s \cup G_t} q_i = F_3$$

则：$\prod_{\substack{r=1 \\ x_i \in G_r}}^{k} q_i = F_k$

则原式可写为：

$$g=F_1-F_2+F_3-\cdots+(-1)^{k-1}F_k \tag{5.26}$$

这样，可逐次求 $F_1$，$F_2$ 的值，当认为满足计算精度时，就可停止计算。一般情况下，$F_1\geqslant F_2$，$F_2\geqslant F_3$，…在近似过程中往往求出 $F_1$ 就能满足要求，其余均忽略不计，即：

$$g \approx F_1 = \sum_{r=1}^{k}\prod_{x_i \in G_r} q_i \tag{5.27}$$

也就是说，顶上事件的发生概率近似等于所有最小割集发生概率的代数和。这种近似算法称为首项近似。

② 平均近似法。有时为了使近似值更接近精确值，对顶上事件发生概率，取首项与第二项之半的差作为近似值，即：

$$g<F_1$$
$$g>F_1-F_2$$
$$g<F_1-F_2+F_3$$

由此可求出任意精度的近似区间：

$$F_1>g>F_1-F_2$$
$$F_1-F_2-F_3>g>F_1-F_2$$

进而计算：

$$g\approx F_1-\frac{1}{2}F_2 \tag{5.28}$$

这样经过上下限的计算，便能得出精确的概率值。这种方法称为平均近似法。

③ 独立近似法。这种近似方法的实质是：尽管事故树各最小割集（或最小径集）中彼此有共同事件，但均认为是无共同事件的，即认为各最小割集（或最小径集）都是彼此独立的。均用下列两公式计算顶上事件发生概率。

$$g \approx \prod_{r=1}^{k}\prod_{x_i \in G_k} q_i \tag{5.29}$$

$$g \approx \prod_{r=1}^{i}\prod_{x_i \in P_r} q_i \tag{5.30}$$

#### 5.6.5.3　化相交集合为不交集合理论在事故树分析中的应用

事故树分析中，往往各独立的基本事件彼此是相交集合，而且各最小割集彼此也是相交集合。求解相交集合的概率运算过程不仅非常烦琐，而且还存在消去相同因子的问题。如将化交集为不交集的方法引入事故树分析，化相交集合为不交集合（互不相容集合），就可减少顶上事件发生概率的计算量。同时，可以排除用最小割集或最小径集计算时出现的 $q_iq_i\neq q_i^2$ 的问题，给手工求解和计算机编程序计算顶上事件的发生概率提供方便。

化相交集接合为不交集合的依据，是布尔代数的如下运算定律：

$$A+B=A+A'B$$
$$A'+B'=A'+AB'$$
$$AA'=0$$
$$(A')'=A$$
$$(AB)'=A'+B'$$
$$(A+B)'=A'B'$$

对于独立事件相容事件，$A+B$ 和 $A'+B'$ 均为相交集合，而 $A+A'B$ 和 $A'+AB'$ 则变为不交集合。

同理可得：

$$A+B+C=A+A'B+A'B'C$$
$$A+B+\cdots+M+N=A+A'B+A'B'C+\cdots+A'B'\cdots M'N$$

**例**　某事故树三个最小径集 $\{x_1, x_2, x_4\}$，$\{x_1, x_3, x_4\}$ 和 $\{x_2, x_3, x_4\}$ 中有重复事件，利用化相交集合为不交集合理论对其化简。

**解**
$$\begin{aligned}T &= x_1x_2x_4+x_1x_3x_4+x_2x_3x_4\\
&= x_1x_2x_4+(x_1x_2x_4)'x_1x_3x_4+(x_1x_2x_4)'(x_1x_3x_4)'x_2x_3x_4\\
&= x_1x_2x_4+(x_1'+x_2'+x_4')x_1x_3x_4+(x_1'+x_2'+x_4')(x_1'+x_3'+x_4')x_2x_3x_4\\
&= x_1x_2x_4+(x_1'+x_1x_2'+x_1x_2x_4')x_1x_3x_4+(x_1'+x_1x_2'+x_1x_2x_4')(x_1'+x_1x_3'+x_1x_3x_4')x_2x_3x_4\\
&= x_1x_2x_4+x_1x_2'x_3x_4+(x_1'+x_1x_2'x_3'+x_1x_2'x_3x_4'+x_1x_2x_3'x_4'+x_1x_2x_3x_4')x_2x_3x_4\\
&= x_1x_2x_4+x_1x_2'x_3x_4+x_1'x_2x_3x_4\end{aligned}$$

#### 5.6.5.4　基本事件的概率重要度和临界重要度

（1）基本事件的概率重要度

事故树的基本事件的重要度，仅仅以结构重要度评价是不够的，因为结构重要度只是分析各基本事件的重要程度，换言之，它是在忽略各基本事件发生概率不同影响的情况下，分析各基本事件重要程度的。因此，用结构重要度评价基本事件的重要度，往往与实际重要程度有一定的差距。

所以在分析各基本事件的重要度时，必须考虑各基本事件发生概率的变化对顶上事件发生概率的影响，即要对事故树进行定量的概率重要度分析。

只要对自变量 $q_i$ 求一次偏导，就可以得到该基本事件的概率重要度系数，即顶上事件发生概率对基本事件 $i$ 发生概率的变化率。

$$I_g(i)=\frac{\partial g}{\partial q_i} \tag{5.31}$$

式中，$I_g(i)$ 为第 $i$ 个基本事件的概率重要度系数。

**例**　事故树的最小割集为 $\{x_1, x_3\}$，$\{x_3, x_4\}$，$\{x_1, x_5\}$，$\{x_2, x_4, x_5\}$，各基本事件发生概率分别为 $q_1=q_2=0.02$，$q_3=q_4=0.03$，$q_5=0.025$，求各基本事件概率重要度系数。

**解**　① 顶上事件的概率函数

$$\begin{aligned}g &= qG_1+qG_2+qG_3+qG_4-(qG_1qG_2+qG_1qG_3+qG_1qG_4+qG_2qG_3+qG_2qG_4+qG_3qG_4)+\\
&\quad (qG_1qG_2qG_3+qG_1qG_2qG_4+qG_2qG_3qG_4+qG_1qG_3qG_4)-qG_1qG_2qG_3qG_4\\
&= q_1q_3+q_3q_4+q_1q_5+q_2q_4q_5-(q_1q_3q_4+q_1q_3q_5+q_1q_2q_3q_4q_5+q_1q_3q_4q_5+q_2q_3q_4q_5+q_1q_2q_4q_5)+\\
&\quad (q_1q_3q_4q_5+q_1q_2q_3q_4q_5+q_1q_2q_3q_4q_5+q_1q_2q_3q_4q_5)-q_1q_2q_3q_4q_5\\
&= q_1q_3+q_3q_4+q_1q_5+q_2q_4q_5-q_1q_3q_4-q_1q_3q_5-q_2q_3q_4q_5-q_1q_2q_4q_5+q_1q_2q_3q_4q_5\end{aligned}$$

② 求各基本事件的概率重要度

$$I_g(3)=\frac{\partial g}{\partial q_3}=q_1+q_4-q_1q_4-q_1q_5-q_2q_4q_5+q_1q_2q_4q_5=0.0489$$

$$I_g(4)=\frac{\partial g}{\partial q_4}=q_3+q_2q_5-q_1q_3-q_1q_2q_5-q_2q_3q_5+q_1q_2q_3q_5=0.0298$$

$$I_g(5)=\frac{\partial g}{\partial q_5}=q_1+q_2q_4-q_1q_3-q_1q_2q_4-q_2q_3q_4+q_1q_2q_3q_4=0.0199$$

③ 各基本事件概率重要度排序结果。若所有基本事件发生概率都等于 0.5 时，概率重要度系数等于结构重要度系数，利用这一点，可以用量化手段求得结构重要度系数。

$$I_g(3)=\frac{\partial g}{\partial q_1}=q_1+q_4-q_1q_4-q_1q_5-q_2q_4q_5+q_1q_2q_4q_5=\frac{7}{16}$$

$$I_g(4)=\frac{\partial g}{\partial q_4}=q_3+q_2q_5-q_1q_3-q_1q_2q_5-q_2q_3q_5+q_1q_2q_3q_5=\frac{5}{16}$$

$$I_g(5)=\frac{\partial g}{\partial q_3}=q_1+q_2q_4-q_1q_3-q_1q_2q_4-q_2q_3q_4+q_1q_2q_3q_4=\frac{5}{16}$$

（2）基本事件的临界重要度

基个事件的概率重要度系数，只反映了基本事件发生概率改变 $\Delta q$ 与顶上事件发生变化 $\Delta g$ 之间的关系，并未反映基本事件本身的发生概率对顶上事件发生概率的影响。当各基本事件发生概率不等时，如果将各基本事件发生概率都改变 $\Delta q$，则对发生概率大的事件进行这样的改变就比发生概率小的事件来得容易。因此，用基本事件发生概率的变化率（$\Delta q_i/q_i$）与顶上事件发生概率的变化率（$\Delta q_i/g$）比值，来确定事件 $I$ 的重要程度，更有实际意义。这个比值称为临界重要度系数。即：表示第 $i$ 个基本事件的临界重要度系数。

① 上述事故树的临界重要度系数

$$G=q_1q_3+q_3q_4+q_1q_5+q_2q_4q_5-q_1q_3q_4-q_1q_3q_5-q_2q_3q_4q_5-q_1q_2q_4q_5+q_1q_2q_3q_4q_5$$

$I_g(1)=0.0533, I_g(2)=0.0007, I_g(3)=0.0489$

$I_g(4)=0.0298, I_g(5)=0.0199$

$$I_G(2)=\frac{q_2}{g}I_g(2)=\frac{0.02}{0.00198}\times0.0007\approx0.007$$

$$I_G(4)=\frac{q_4}{g}I_g(4)=\frac{0.03}{0.00198}\times0.0298\approx0.452$$

$$I_G(5)=\frac{q_5}{g}I_g(5)=\frac{0.025}{0.00198}\times0.0199\approx0.251$$

② 临界重要度系数排序结果

$$I_G(3)>I_G(1)>I_G(4)>I_G(5)>I_G(2)$$

三种重要度系数中，结构重要度系数是从事故树结构上反映基本事件的重要程度；概率重要度系数是反映基本事件发生概率的增减对顶上事件发生概率影响的敏感程度；临界重要度系数是从敏感度和自身发生概率大小的双重角度，反映基本事件的重要程度。实际应用时，一方面可依据这三种重要度系数的大小，安排采取措施的优先次序；另一方面，也可以按三种重要系数的顺序，分别编制安全检查表，用检查的手段控制事故因素，防止同类事故发生。三种检查表中，临界重要度分析所产生的检查表更能指导实际。

## 5.7 事件树分析

事件树分析（event tree analysis，ETA）是根据系统工程里的决策论对某一问题的初始事件后续过程依次采用两元决策以确定事故状况的一种分析方法，它是系统安全工程的重要分析方法之一。其目的是为了判断初始事件是否会演变成严重事故，或者能否利用系统设计采用的安全系统和安全规程有效控制该事件。ETA 能获得单一初始事件可能导致的各种不同后果，并能够计算各种后果的概率。

事件树的理论基础是系统工程里的决策论。所谓决策，就是为解决当前或未来可能发生的问题，选择最佳方案的一种过程。以往，人们的决策往往凭经验和主观判断，而决策论则是在做某项工作或从事某项工程之前，通过分析、评价各种可能的结果，权衡利弊，根据科学的判断和预测做出最佳决策的一种系统的方法论。决策论中的一种决策方法是用决策树进行决策的，而事件树分析则是从决策树引申而来的一种辨识和评估潜在事故情境各中间事件的分析方法。

事件树分析方法的产生与发展源于美国商用核电站风险评价（WASH-1400）研究。1974 年，WASH-1400 小组在运用事故树分析方法对核电进行概要性风险评估时，他们意识到事故树分析法非常繁杂、庞大，不便于使用，于是在保留 FTA 部分特点的基础上利用 ETA 将分析结果压缩成一个更适于管理的图形，创造了更倾向于采用决策性框图分析的事件树分析法，这种方法现已成为许多国家的标准化的分析方法。

### 5.7.1 基本概念介绍

（1）事故情境

事故情境（accident scenario）是指最终导致事故的一系列事件。该序列事件通常起始于初始事件，后续的一个或多个中间事件，最终导致不希望发生的事件或状态。回答“什么可能出错?”有助于对事故情境进行分析。事故情境示意图如图 5.42 所示。

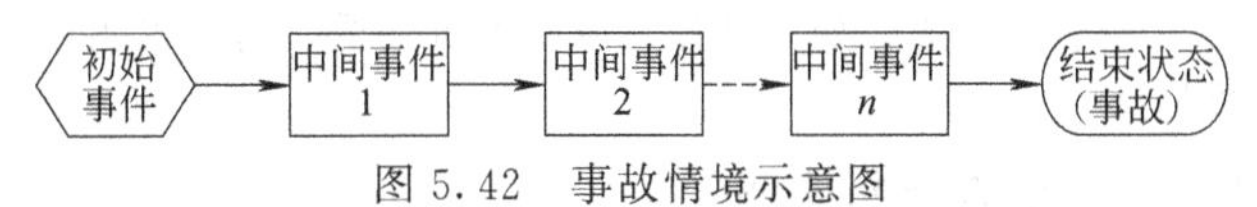


图 5.42 事故情境示意图

（2）初始事件

初始事件（initiating event）是指导致故障或不希望事件的系列事件的起始事件。初始事件是否会导致事故，取决于系统设计时针对危险的控制措施是否正常起到作用。

（3）中间事件

中间事件（intermediate event）又叫环节事件或枢轴事件，是初始事件与最终结果之间的中间事件。中间事件是系统设计时阻止初始事件演变为事故的安全控制措施。如果它正常发挥作用，则会阻止事故情境的发生；如果它控制失效，则事故情境将继续向下发展。

（4）事件树

事件树（event tree）指用来进行事故情景建模的，用图形方式所表达的多结果事故情境。图 5.43 是进行事件树建树的基本过程图。

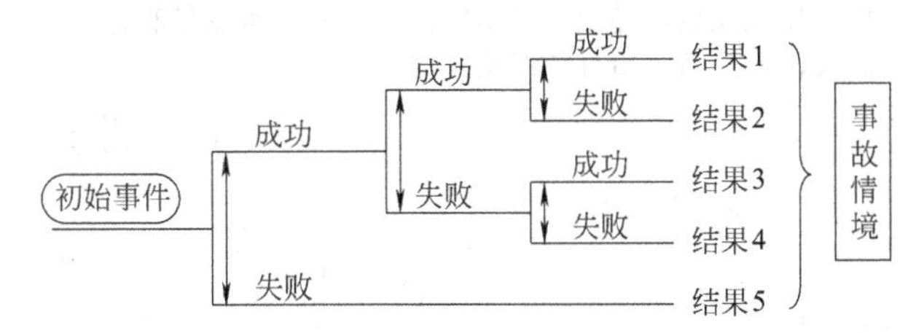


图 5.43 事件树建树基本过程

### 5.7.2 ETA 分析流程

ETA 基于二态逻辑，也就是每个事件都有发生或不发生两种结果，每个部件都有正常或故障两种状态，这种假设有利于分析某个故障或不期望事件导致的后果。每个事件树以一个初始事件为起点，例如温度、压力上升，危险物质泄漏等，这些事件都可能导致一起事故。沿着一系列可能的路径就能得到事件的最终结果。每条路径都有各自的发生概率，由此可以计算各种可能的概率。

事件树的分析步骤如下：

① 确定系统、熟悉系统：明确系统、子系统的边界范围以及各部件的相互关系。

② 辨识事故情境：通过进行系统评估和危险分析以辨识系统在设计中存在的危险和事故情境，如火灾导致的损失、过马路出现的交通事故。

③ 辨识初始事件：初始事件是事件树中在一定条件下造成事故后果的最初原因事件。如着火、过马路、系统故障、设备失效、人员误操作或工艺过程异常。通常以分析人员最感兴趣的异常事件作为初始事件。

④ 辨识中间事件：辨识在系统设计中为避免初始事件发生而设置的安全防护措施，如烟感、火灾报警器等。

⑤ 建造事件树图：把初始事件写在最左边，各种环节事件按顺序写在右面；从初始事件画一条水平线到第一个环节事件，在水平线末端画一垂直线段，线段上端表示成功，下端表示失败；再从垂直线段两端分别向右画水平线到下个环节事件，同样用垂直线段表示成功与失败两种状态；依此类推直到最后一个环节事件为止。如果某一环节事件不需要往下分析，则水平线延伸下去，不发生分支。

⑥ 获取各事件失败概率：获取或计算初始事件和中间事件在事件树框图的发生概率，该数据可通过事故树分析方法获得。

⑦ 评估风险：计算事件树每一分支的概率以及总概率。

⑧ 控制措施：如果某分支风险不可接受，则需提出改进措施。

### 5.7.3　ETA分析实例

下面再以某反应器为例，系统是放热的，为此在反应器的夹套内通入冷冻盐水以移走反应热。如果冷冻盐水流量减少，会使反应器温度升高，反应速度加快，以至反应失控。在反应器上安装有温度测量控制系统，并与冷冻盐水入口阀门连接，根据温度控制冷冻盐水流量。同时安装超温报警仪，当温度超过规定值时自动报警，以便操作者及时采取措施。反应程序见图5.44。

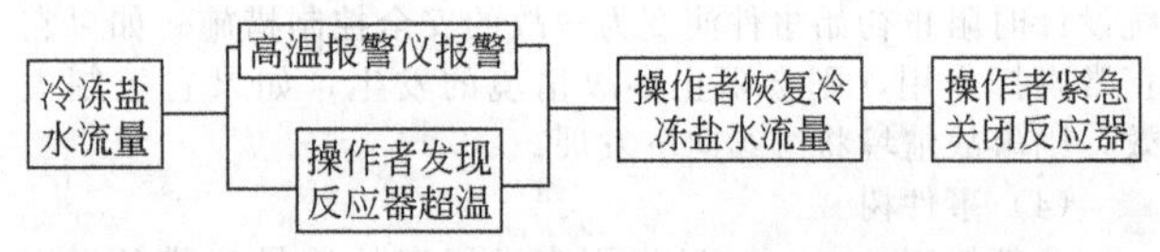


图5.44　某反应器反应程序示意图

以冷冻盐水流量减少作为初始事件；高温报警仪报警、操作者发现反应器超温、操作者恢复冷冻盐水流量和操作者紧急关闭反应器。事件树图见图5.45。

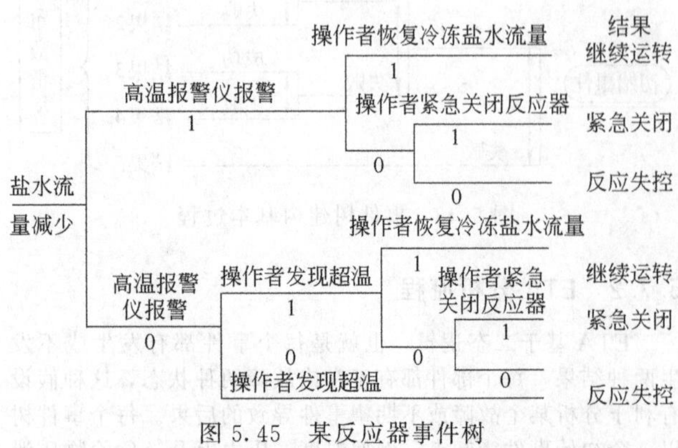


图5.45　某反应器事件树

对于某些含有两种以上状态的环节事件的系统来说，正如脚手架护身栏的高度有正常、高、低三种状态一样，化学反应系统的反应温度，也有正常、高、低三种状态。对于这种情况，应尽量归纳为两种状态，以符合事件树分析的规律。但是，为了详细分析事故的规律和分析的方便，可以将两态事件变为多态事件。因为多态事件状态之间仍是互相排斥的，所以，可以把事件树的两分支变为多分支，而不改变事件树分析的结果。

总之，事件树分析和事故树分析各有其特点，读者可根据需要选用某种分析方法，也可同时使用两种方法或多种方法。一般来说，事件树分析对任何系统均可适用，尤其适用于多环节事件和多重保护系统的事态分析。

## 5.8　因果分析

事故树分析和事件树分析是截然不同的两种分析方法。前者在逻辑上称为演绎分析法，是一种静态的微观分析方法；后者逻辑上称为归纳分析法，是一种动态的宏观分析法。两者各具优点，但同时也有不足之处。为了对斯堪的纳维亚地区一些国家的核电站进行可靠性分析和风险分析，丹麦RISO国家实验室在20世纪70年代将这两种方法的长处充分融合，弥补各自之短，进而推出了将二者结合的方法，即因果分析方法（cause-consequence analysis，CCA）。

### 5.8.1　基本概念介绍

（1）原因

因果分析原因部分是指系统所要面临的希望发生和不希望发生的事件或条件，不希望发生的事件通常为事故树顶上事件，而且可以求出其发生概率。

（2）结果

结果所体现的是进行中间事件的控制措施的成功和失败的状态，可以获得每个中间事件的成功或失败的概率数据。

（3）基本符号

因果分析方法是事故树分析与事件树分析的结合，因而其涉及的基本概念如初始事件、中间事件、事故情境和事件树的相同，逻辑符号（与门、或门等）的使用与事故树的相同。因果分析法是通过因果图来确定的，因果图基本符号见表5.29。

表5.29　因果图基本符号说明

| 符号 | 名称 | 作　用 |
|---|---|---|
| 初始事件 | 初始事件框图 | 触发系列中间事件，最终导致事故的独立事件 |
| 功能<br>是　否 | 中间事件（双向框） | 表示元件或子系统某项功能的事件，通常指安全防护手段。若其功能成功，用“是”表示；若功能失败，用“否”表示。 |
| 结果 | 结果 | 从初始事件经历中间事件后的结果 |
| FT-n➡ | 事故树指针 | 指向引发初始事件或中间事件的事故时分析，用于辨识事件失效原因，还可以进行概率分析 |

### 5.8.2　因果分析法分析流程

进行因果分析时，其基础是辨识和形成事故情境，这一点与事件树分析相似，是从某一初始事件起做出事件树图，这一过程中如何挖掘中间事件很重要，一定要将初始事件可能导致的各种中间事件写清楚，判断这些作为阻止事故发生的安全控制措施或手段是否防范有效。因果分析还将事件树的初因事件和失败的中间事件作为顶上事件，采用事故树分析方法做出事故树图，以辨识事件产生的原因。

因果分析步骤如下所述：

① 确定及熟悉系统：明确系统、子系统的边界范围以及各部件的相互关系。

辨识事故情境。通过进行系统评估和危险分析以辨识系统设计中存在的危险和事故情境，如火灾导致的损失、过马路出现的交通事故。

② 辨识初始事件：初始事件是事件树中在一定条件下造成事故后果的最初原因事件。如着火、过马路、系统故障、设备失效、人员误操作或工艺过程异常。

③ 辨识中间事件：辨识在系统设计中为避免初始事件发生而设置的安全防护措施，如烟感、火灾报警器等。

④ 建造因果图：从初始事件分析中间事件，直至完成每个事件的结果；对初始事件和中间事件的失败环节进行事故树分析。

⑤ 获取各事件失败概率：获取或计算初始事件和中间事件在事件树框图的发生概率，该数据可通过事故树分析方法获得。

⑥ 评估风险：计算事件树每一分支的概率以求总概率。

⑦ 控制措施：如果某分支风险不可接受，则需提出改进措施，并对危险进行跟踪。

⑧ 建立文档，保存数据。

### 5.8.3 因果分析实例

(1) 因果图编制

概括来讲，因果分析法第一步要从某一初因事件起作出事件树图；第二步要将事件树的初因事件和失败的环节事件作为事故树的顶上事件，分别作出事故树；第三步要根据需要和取得的数据进行定性或定量的分析，进而得到对整个系统的安全性评价。第一、二步所完成的图形即得到因果图，例如图 5.46 就是以某工厂电机过热为初因事件的因果图。

(2) 分析与评价

结合以上例子进行因果分析的第三步：定性、定量分析及评价。过程如下：

电机过热经分析可能引起 5 种后果（$G_1 \sim G_5$），这 5 种后果在图 5.46 右侧矩形方框内中作了说明。关于各种后果的损失，经分析如表 5.30 所示。

**表 5.30 电机过热各种后果的损失**

单位：美元

| 后果 | 直接损失① | 停工损失② | 总损失 $S_i$ |
|---|---|---|---|
| $G_1$ | $10^3$ | $2\times10^3$ | $3\times10^3$ |
| $G_2$ | $1.5\times10^4$ | $24\times10^3$ | $3.9\times10^4$ |
| $G_3$ | $10^6$ | $744\times10^3$ | $1.744\times10^6$ |
| $G_4$ | $10^7$ | $10^7$ | $2\times10^7$ |
| $G_5$ | $4\times10^7$ | $10^7$ | $5\times10^7$ |

① 直接损失是指直接烧坏及损坏造成的财产损失。而对于 $G_5$，则包括人员伤亡的抚恤费。

② 停工损失是指每停工 1h 估计损失 1000 美元，$G_1$ 停工 2h，$G_2$ 停工 1 天，$G_3$ 停工 1 个月，按 31 天算，$G_4$、$G_5$ 均无限期停工，其损失约为 $10^7$ 美元。

为计算初因事件和各失败的环节事件的发生概率，给出有关参数（见表 5.31）。

根据表 5.31 的数据，可以计算各后果事件的发生概率。

后果事件 $G_1$ 的发生概率为

$$\begin{aligned}P(G_1)&=P(\mathrm{A})P(\mathrm{B}_1)\\&=P(\mathrm{A})[1-P(\mathrm{B}_2)]\\&=0.088\times(1-0.02)\\&=0.086/6\text{个月}\end{aligned}$$

即 6 个月内电机过热但未起火的可能性为 0.086。

后果事件 $G_2$ 的发生概率为

$$P(G_2)=P(\mathrm{A})P(\mathrm{B}_2)P(\mathrm{C}_1)=P(\mathrm{A})P(\mathrm{B}_2)[1-P(\mathrm{C}_2)]$$

$C_2$ 事件的发生概率

$$P(\mathrm{C}_2)=P(\mathrm{X}_5+\mathrm{X}_6)=P(\mathrm{X}_5)+P(\mathrm{X}_6)-P(\mathrm{X}_5)P(\mathrm{X}_6)$$

已知，$P(\mathrm{X}_5)=0.1$，$P(\mathrm{X}_6)$ 是手动灭火器故障概率。表 5.31 给出了手动灭火器的试验周期为 730h，故可以设故障发生在试验周期的中点，即 $t_6=730/2=365\text{h}$ 处，处于试验间隔中的手动灭火器相当于不可修部件，其发生概率为

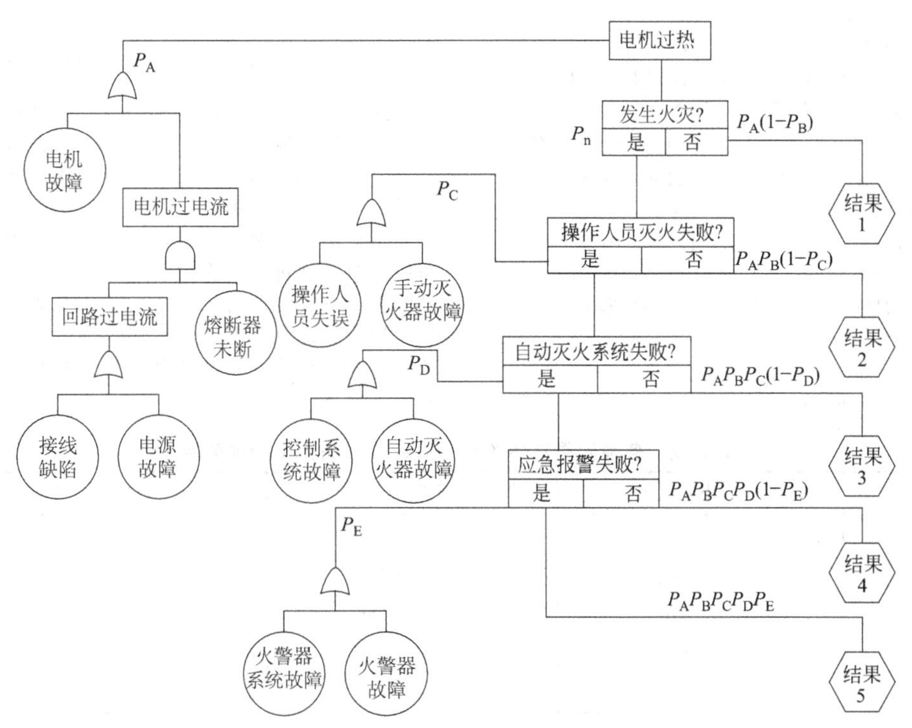


图 5.46 电机过热的因果图

**表 5.31　各事件的有关参数**

| 事　件 | 有　关　参　数 |
|---|---|
| A | A 发生概率 $P(A)=0.088/6$ 个月(电机大修周期＝6 个月) |
| $B_2$ | 起火概率 $P(B_2)=0.02$(过热条件下) |
| $C_2$ | 操作人员失误概率 $P(X_5)=0.1$<br>手动灭火器故障 $X_6,\lambda_6=10^{-4}/h,T_6=730h$($T_6$ 为手动灭火器的试验周期) |
| $D_2$ | 自动灭火控制系统故障 $X_7,\lambda_7=10^{-5}/h,T_7=4380h$<br>自动灭火器故障 $X_8,\lambda_8=10^{-5}/h,T_8=4380h$ |
| $E_2$ | 火警器控制系统故障 $X_9,\lambda_9=5\times10^{-5}/h,T_9=2190h$<br>火警器故障 $X_{10},\lambda_{10}=10^{-5}/h,T_{10}=2190h$ |

$P(G_6)=\lambda_6 t_6=10^{-4}\times365=365\times10^{-4}$

$P(C_2)=P(X_5)+P(X_6)-P(X_5)P(X_6)$
$=0.1+365\times10^{-4}-0.1\times365\times10^{-4}$
$=0.13285$

$P(G_2)=P(A)P(B_2)[1-P(C_2)]$
$=0.088\times0.02\times(1-0.13285)$
$=0.001526184/6$个月

后果事件 $G_3$ 的发生概率为

$P(G_3)=P(A)P(B_2)P(C_2)P(D_1)$
$=P(A)P(B_2)P(C_2)[1-P(D_2)]$

$D_2$ 事件发生概率 $P(D_2)$ 可以仿照上述 $P(C_2)$ 的处理方法。

自动灭火控制系统工作时间

$t_7=T_7/2=4380/2=2190$ (h)

自动灭火控制系统故障概率

$P(X_7)=\lambda_7 t_7=10^{-5}\times2190=0.0219$

$P(X_7)=P(X_8)=0.0219$

$P(D_2)=P(X_7)+P(X_8)-P(X_7)P(X_8)$
$=0.0219+0.0219-0.0219\times0.0219$
$=0.04332039$

$P(G_3)=P(A)P(B_2)P(C_2)[1-P(D_2)]$
$=0.088\times0.02\times0.13285\times(1-0.04332039)$
$=0.000223686/6$个月

后果事件 $G_4$ 的发生概率为

$P(G_4)=P(A)P(B_2)P(C_2)P(D_2)P(E_1)$
$=P(A)P(B_2)P(C_2)P(D_2)[1-P(E_2)]$

同样 $P(E_2)=P(X_9)+P(X_{10})-P(X_9)P(X_{10})$

$P(X_9)=\lambda_9 t_9=\lambda_9 T_9/2=5\times10^{-5}\times2190/2=0.05475$

$P(X_{10})=\lambda_{10} t_{10}=\lambda_{10} T_{10}/2=10^{-5}\times2190/2=0.01095$

$P(E_2)=P(X_9)+P(X_{10})-P(X_9)P(X_{10})$
$=0.05475+0.01095-0.05475\times0.01095$
$=0.065100488$

$P(G_4)=P(A)P(B_2)P(C_2)P(D_2)[1-P(E_2)]$
$=0.088\times0.02\times0.13285\times0.04332039\times$
$(1-0.065100488)$
$=0.000009469/6$个月

$P(G_5)=P(A)P(B_2)P(C_2)P(D_2)P(E_2)$
$=0.088\times0.02\times0.13285\times$
$0.04332039\times0.065100488$
$=0.000000659/6$个月

各种后果事件的发生概率和损失大小均已知道，便可求 $i$ 后果事件的风险率（或称损失率）：

$$R_i=P_iS_i$$

于是，可得到各种后果事件的发生概率、损失大小（严重）和风险率，见表 5.32。

按表 5.32 中数据可画出电机过热各种后果的风险评价曲线，见图 5.47。

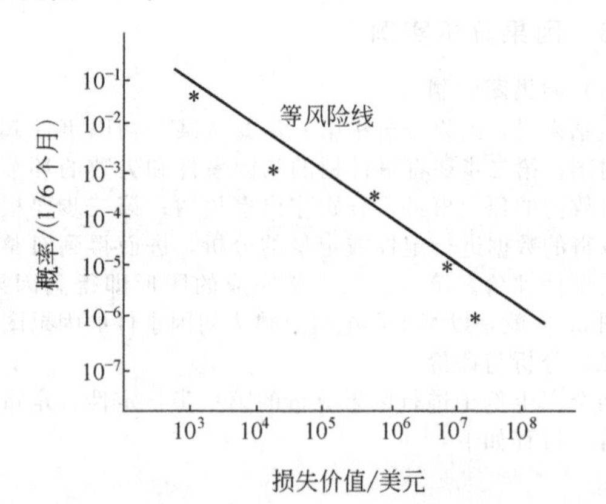


图 5.47　电机过热的风险评价曲线

这是英国教授法默（Farmer）最早提出的，因此这个图又称为法默风险评价图。图中斜线表示风险率为 300 美元/6 个月的等风险线。如果设计要求所有后果事件均不得超过这个风险率，那么，这个系统除 $G_3$ 以外都达到了安全要求，不需再调整。而对于 $G_3$，则应对有关安全设施或系统本身重新进行安全性可靠性分析，提出相应措施，使其降至 300 美元/6 个月以下。如果从整体考虑，各后果事件的风险率总和不超过 1000 美元/6 个月为允许的风险率的话，亦可认为此系统及其安全设施是可以接受的，或称其为安全的。

**表 5.32　各种后果事件的发生概率、损失大小和风险率**

| 后果事件 $G_i$ | 损失大小 $S_i$/美元 | 发生概率 $P_i$(1/6 个月) | 风险率 $R_i$/(美元/6 个月) |
|---|---|---|---|
| $G_1$ | $3\times10^3$ | 0.086 | 258 |
| $G_2$ | $3.9\times10^4$ | 0.001526184 | 59.52 |
| $G_3$ | $1.744\times10^6$ | 0.000223686 | 390.11 |
| $G_4$ | $2\times10^7$ | 0.000009469 | 189.38 |
| $G_5$ | $5\times10^7$ | 0.000000659 | 32.95 |
| 累计 | | | 29.96 美元/6 个月＝1859.92 美元/年 |

## 5.9 危险与可操作性研究

危险与可操作性研究（hazard and operability study）又称为危险与可操作分析（hazard and operability analysis，HAZOP），是从生产系统中的工艺状态参数出发，运用启发性引导词来研究状态参数的变动，从而进行危险辨识，在此基础上分析危险可能导致的后果以及相应的控制措施。在理论上来说HAZOP是一个相对简单的过程，但具有高度组织化、结构化、条理化等特点，其包含的每一步都应该被仔细研究，以达到保持分析过程严谨性的目的。

HZAOP分析是由英国帝国化学工业公司（ICI）于20世纪70年代早期提出的。随着当时工厂生产规模的不断扩大，生产工艺也越来越复杂。出于经济成本方面的考量，单系列的工艺生产装置更加普遍，而一旦发生故障就会对整个系统造成很大的影响，甚至是引发事故。如果在设计过程中，从开始就注意消除系统的危险性，无疑能提高工厂生产的安全性和可靠性。但是仅靠设计人员的经验和相应的法规标准很难达到完全消除危险的目的，特别是对于操作条件严格、工艺过程复杂的工厂，则需要寻求新的方法，使得该方法能在设计开始时对建议的工艺流程进行预审定，在设计终了时对工艺详细图纸进行详细的校核。

为了解决上述问题，人们已经找到了许多方法，但由于历史原因这类方法往往偏重于设备方面。一般来说，化工生产是分批操作的，事故也多发生在设备上，因而分析人员从设备的角度来考虑安全问题是很自然的，如考虑设备的结构强度是否足够，选用的材料是否适当，设备上安装的减压阀、排放管、仪表等安全装置是否适用等。前面所介绍的FMEA法就是这种方法之一。当然这类方法都是有效的，但是生产是一个系统在活动，该系统是将各种设备按不同需要连在一起为一个生产目标而进行活动，是一个运动着的整体。这时仅仅考虑设备就不够了，还必须考虑操作。很多潜在的危险性在静止时往往是被掩盖着的，一旦运转起来便出现了。因此，对于本身就处理庞大能量的石油化工行业，在控制条件、产品质量要求十分严格的情况下，更需要开发新的系统安全分析方法来判明操作中的潜在危险性。

为了在设计开始和定型阶段发现潜在危险性和操作难点，英国帝国化学工业公司（ICI）于1974年开发了可操作性研究（operability study，OS）方法。随后该方法得到了扩展和改进，发展成为危险与操作性研究。现已广泛应用于石油化工行业，该方法也被应用于食品行业与水利行业（更多地关注污染而非爆炸和化学物质泄漏）。

### 5.9.1 基本概念及原理

危险与可操作性研究的含意就是“对危险性的严格检查”，其理论依据就是“工艺流程的状态参数（温度、压力、流量等）一旦与设计规定的条件发生偏离，就会发生问题或出现危险性”。

用这种方法对工艺过程进行全面考察，对其中的每一部分提出问题，了解该处在运转时会出现哪些参数和设计规定要求不一致，即所谓发生了偏差。进一步追问它的出现是由于什么原因？会产生什么结果？

FMEA法是由故障类型出发，研究它们对系统的影响。FTA法则相反，它用灾害事故或不希望事件作为顶上事件，以追本求源方式，查找出基本原因事件。两种方法都有中间过程。中间过程可以理解为FMEA中的故障类型对子系统的影响或者是FTA的中间事件。它承上启下，既表示了元件故障包括人的失误综合作用的状态，又表示了接近顶上事件更为直接的原因。以中间过程为出发点，更容易探索事故的基本原因和发展结果。危险与可操作性研究就是从中间过程分析事故原因和结果的方法。

怎样着手从中间过程分析呢？当然不能漫无边际地提问题。而是要有一个提纲，这个提纲要能简明地概括中间状态的全部内容。由此提出了表示状态的“关键字”概念。表5.33中所列的几个关键字，基本上能概括所有出现偏差的情况。

为了对表5.33的使用加以说明，这里举一个简单装置为例，如图5.48所示。

在这个系统中，原料A和原料B分别用泵送入反应器，经过化学反应生成产品。假定原料B的成分大于原料A的成分就会发生爆炸性反应。现在取原料A的泵吸入口到反应器的入口一段管线（用虚线括起来的一段）进行可操作性研究，该部分的设计要求是要按规定的流量输送原料A。用关键字提问后得出表5.34。

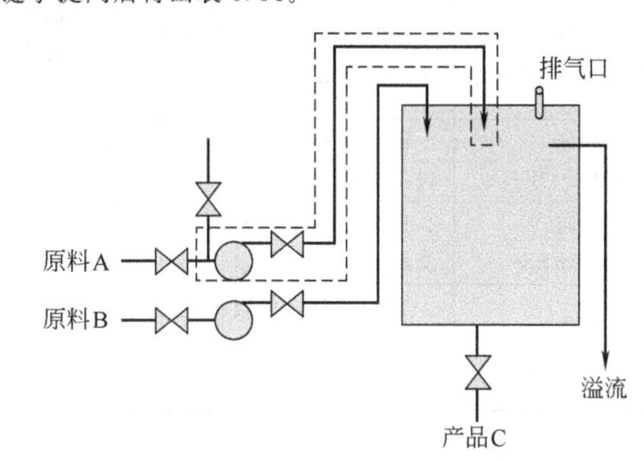


图5.48 反应器输送系统

**表5.33 关键字及其意义和说明**

| 关键字 | 意义 | 说明 |
|---|---|---|
| 否NO或NOT | 完全实现不了设计规定的要求 | 该部分未发生设计所要求的事件，例如：设计中管内应有流体流动，但实际上管内没有流体流动 |
| 多MORE | 比设计规定的标准增加了 | 在量的方面有所增加，如比设计规定过高的温度/压力、流量等 |
| 少LESS | 比设计规定的标准减少了 | 在量的方面有所减少，如比设计规定过低的温度、压力、流量等 |
| 以及AS WELL AS | 质的变化 | 虽然可达到设计和运转的要求，但在质的方面有所变化，如出现其他的组分或不希望的相(phase) |
| 部分PART OF | 数量和质量均有下降的变化 | 仅能达到设计和运转的部分要求，例如组分标准下降 |
| 反向REVERSE | 出现与设计和运转要求相反的情况 | 如发生逆流、逆反应等 |
| 其他OTHER THAN | 出现了不同的事件 | 发生了不同的事件，完全不能达到设计和运转标准的要求 |

### 5.9.2 分析步骤

HAZOP针对系统中的某个节点的某项操作，对照其工艺指标采用引导词辨识有关的偏差，从而辨识系统的危险，继而分析偏差的原因及可能导致的后果，最后提出控制措施加以解决。

进行HAZOP研究，大体有五个具体分析步骤。

**表 5.34　反应器输送系统 HAZOP 研究**

| 关键字 | 偏　　差 | 可能的原因 | 对系统造成的影响 |
|---|---|---|---|
| 否　NO | 未按设计要求输送原料 A | 1. 原料 A 的储槽是空的<br>2. 泵发生故障<br>3. 管线破裂<br>4. 阀门关闭 | 反应器内 B 的浓度大会发生爆炸性反应 |
| 多 MORE | 输送了过量的原料 A | 1. 泵流量过大<br>2. 阀门开度过大<br>3. A 储槽的压力过高 | 1. 反应器内 A 量过剩可能对工艺造成影响<br>2. 反应器发生溢流可能引起灾害 |
| 少 LESS | 输送 A 原料量过少 | 1. 阀门部分关闭<br>2. 管线部分堵塞<br>3. 泵的性能下降 | 反应器内 B 的浓度大会发生爆炸性反应 |
| 以及<br>AS WELL AS | 输送原料的同时，发生了质的变化 | 1. 从泵吸入口阀门流进别的物质<br>2. 泵吸入口阀门流出<br>3. 管线和泵内发生相的变化 | 可能生成危险性混合物，发生火灾，静电或腐蚀等 |
| 部分<br>PART OF | 输送原料的量只达到设备要求的一部分 | 1. 原料中 A 的成分不足<br>2. 输送到其他反应器去 | 对 A 成分不足和对其他反应器的影响都要进行评价 |
| 反向<br>REVERSE | 原料 A 的输送方向变反 | 反应器满了，压力上升，向管线和泵逆流 | 原料 A 向外泄漏。应了解其危险性 |
| 其他<br>OTHER THAN | 发生了和输送原料 A 的设计要求完全不同的事件 | 1. 输送了与原料 A 不同的原料<br>2. 原料输向别的地方去了<br>3. 管内原料 A 凝固了 | 1. 了解有无反应<br>2. 了解别的地方要发生的结果 |

(1) 确定分析对象

确定分析对象，一般使用工艺过程的单元流程图、管线路、仪表配线图等，逐段进行分析。首先分析管线，这是由于操作中产生的偏差，很容易为管线上的仪表所反映出来。管线的问题分析清楚了，设备存在的问题也会随之明确。这一点应特别予以注意。

(2) 设定分析程序

确定了分析对象之后，就可以逐个使用关键字查找造成状态量偏差的原因（元件故障和操作失误等）以及对系统的影响（灾害事故、运行障碍或者无影响等），每一个环节都要详细推敲，直到把系统中所有的静态和动态危险性都被查出为止。对每一条危险性都要研究其能产生的影响并提出相应的改进措施。分析程序可以概括为下述 25 条：

① 选一个反应器。

② 说明反应器和反应器相连接的管线用途。

③ 选一条管线。

④ 说明管线的用途。.

⑤ 使用第一个关键字。

⑥ 找出一个状态量的偏差。

⑦ 研究造成这种偏差的可能原因。

⑧ 研究其可能造成的结果。

⑨ 确定其危险性。

⑩ 作出记录。

⑪ 对第一个关键字导出的所有偏差都用⑥～⑩的办法作一下。

⑫ 用所有的关键字由⑤～⑪作一下。

⑬ 对已经研究过的管线作出记号。

⑭ 对每一条管线都用③～⑬作一下。

⑮ 选一个附属设备（例如加热系统）。

⑯ 说明附属设备的用途。

⑰ 对附属设备从⑤～⑫作一下。

⑱ 对已研究过的附属设备作出记号。

⑲ 对所有的附属设备用⑤～⑱作一下。

⑳ 说明反应器的用途。

㉑ 重复⑤～⑫。

㉒ 对已经研究过的反应器作出记号。

㉓ 对流程图上所有的反应器都重复①～㉒的步骤。

㉔ 对已研究过的流程图作出记号。

㉕ 对所有流程图重复①～㉔的步骤。

(3) 查找状态量偏差原因的途径

查找状态参数偏离设计要求的原因，可参考下述内容：

① 流量的变化（多或少）。流量的变化如下：

a. 高流量。泵控制不稳，受端反应器呈负压，抽吸，水垢脱落，热交换器漏。

b. 低流量。泵故障，接收管结垢，出现异物或沉积，抽吸力减弱，窜穴现象，热交换器漏，排水管漏，阀堵塞。

c. 无流量；泵故障，受端反应器超压，气锁，堵塞，出现异物，结垢，沉积，抽吸无力。

d. 反向流动。泵故障，泵装反，受端反应器超压，切断不良，气锁，冲击，反虹吸。

以上的原因还可进一步分析为自动控制失灵，人员操作错误或接口、管线、阀门、气水分离阀、爆破板、泄放阀等发生故障。

② 物理量的偏差。物理量的偏差包括下列内容：

a. 高低压或高低温度。沸腾，空穴，结冰，化学分解，闪蒸，凝结，沉淀，结垢，起沫，气体泄漏，起爆，爆炸，爆聚，黏度或密度变化，外部火灾，气象条件，水击。

b. 静电增大。火源，人工冲击。

③ 化学量的偏差。化学量的偏差包括下列内容：

a. 高低浓度。混合物、水或溶剂中比例变化。

b. 出现污染物。由于高压系统，热交换器的泄漏，系统中进入空气、水、蒸汽、燃料、润滑油、腐蚀性物质、其他工艺中用的物料等，气体夹带，喷射，雾等。

④ 开停车时情况。开停车时，一般要进行下列项目：

a. 试车。用无害物料进行压力或真空试验。

b. 开车。反应物、中间体的浓度。

c. 检修。吹扫，通风，消毒，干燥，加温，零备件。

⑤ 危险性管线。要注意对该管线是否已考虑登记。

⑥ 反应器内部变化。反应器内部变化包括：

a. 高/低反应。发泡，副反应，失控反应，充气，放热，吸热，浓缩，催化剂反应。

b. 高/低混合。搅拌器故障，涡流，起层，腐蚀。

c. 高/低液位。泛流，压力骤增，腐蚀，结垢。

⑦ 三废。考虑三废影响时，要注意相容性。即要了解排出的三废互相之间的相容性如何，是否会发生有害反应。因此，要注意下水道，排水管，阴沟，集合槽，排水连接处，洗涤水连接处，气水分离器，出气管，搅动的连接处，烟囱，火炬。

⑧ 紧急处理。必要时要作紧急处理。考虑全部或局部发生故障或综合性故障，考虑装置和仪表盘的照明，报警装置的能源，以及局部或一般故障时的控制动作。

非计划停车。停车手续和通信系统如何与其他装置或工段进行联系。

(4) 组织工作

进行可操作性研究时，要组成分析小组，由设计、操作和安全等方面的人员参加，以 3～5 人为宜，自始至终参加分析。参加人员要有实践经验，并具备有关安全法令、工艺等方面的知识，遇到具体问题时能够作出决策。

(5) 编制可操作性研究表格

在小组成员对分析对象还不太明了之前，先别着急用关键字，只有经过讨论大家都清楚了危险所在以及改进的方法后，再使用关键字列表。

表格完成后，小组成员要反复审阅，进行讨论以评价改进措施。一般采取修改或部分修改设计，或者是改变或部分改变操作条件。对于危险性特别大的可能结果，可进行 FT 分析。

可操作性研究的表格是非常重要的技术档案，应加以妥善保存。

### 5.9.3 应用实例

在前面我们运用了 FMEA 对 DAP 反应系统的 B 阀门进行了分析。这里仍以 DAP 反应生成过程为例，反应过程示意图见图 5.49。以连接 DAP 反应器的磷酸溶液进料管线为分析节点进行分析。

分析节点：连接 DAP 反应器的磷酸溶液进料管线。

设计工艺指标：磷酸以某规定流量进入 DAP 反应器。

引导词：空白。

工艺参数：流量。

偏差：空白＋流量＝无流量。

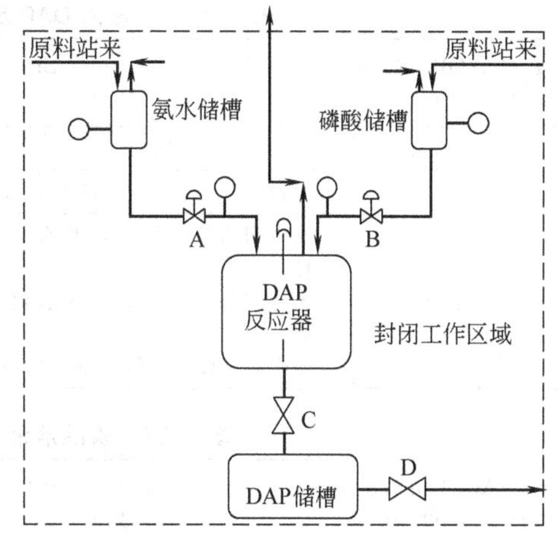


图 5.49　DAP 反应生成过程示意图

可能导致无流量的原因有：

① 磷酸储槽无原料；

② 流量指标器、控制器因故障显示高；

③ 操作人员将流量控制器设置过低；

④ 磷酸流量控制阀因故障关闭；

⑤ 管道堵塞；

⑥ 管道泄漏或破裂。

根据进料管线“无流量”的原因，分析其可能产生的后果（通常这些后果是“无流量”直接导致的最坏的后果，不考虑其在设计或管理中已经采取的安全保护措施）如下：

① 反应器中氨过量；

② 未反应的氨进入 DAP 储槽；

③ 未反应的氨从 DAP 储槽中逸出到封闭的工作区域；

④ 损失 DAP 产品。

系统在管理中已采取的安全保护为“定期维护阀门 B”。经过上述的分析，得知多种原因可能导致多种结果，所以，仅仅采取这一保护措施还不够，还需要进一步提出保护措施（依据上面讲到的系统安全工程控制措施优先顺序排列），建议保护措施如下：

① 考虑使用 DAP 封闭储槽，并连接洗涤系统；

② 考虑安装当进入反应器的磷酸流量低时报警或停车系统；

③ 保证定时检查和维护阀门 B。

表 5.35～表 5.39 为该反应其他节点部分偏差 HAZOP 分析表

**表 5.35　液氨储槽高液位偏差 HAZOP 分析表**

分析人员：HAZOP 分析小组　　图纸号：97-0BP-57100

会议日期：1999.10.10　　版本号：3

| 序号 | 偏差 | 原因 | 后果 | 安全保护 | 建议措施 |
|---|---|---|---|---|---|
| 1.0 容器——液氨储槽；在环境温度和压力下进料 | | | | | |
| 1.1 | 高液位 | 氨站来液氨量太大，液氨储槽无足够容积<br>氨储槽液位指示器因故障显示液位低 | 氨可能释放到大气中 | 储槽上装有液位显示器<br>氨储槽上装有安全阀 | 检查氨站来液氨量以保证液氨储槽有足够容积<br>考虑将安全阀排出的氨气送入洗涤器<br>考虑在氨储槽上安装独立的高液位报警器 |

**表 5.36　氨送入 DAP 反应器的管线高流量偏差 HAZOP 分析表**

分析人员：HAZOP 分析小组　　图纸号：97-0BP-57100
会议日期：1999.10.10　　版本号：3

| 序号 | 偏差 | 原因 | 后果 | 安全保护 | 建议措施 |
| --- | --- | --- | --- | --- | --- |
| 2.0管线——氨送入DAP反应器的管线；进入反应器的氨流量为 $x$ kmol/h，压力 $z$ Pa | | | | | |
| 2.1 | 高流量 | 氨进料管线上的控制阀A故障打开<br>流量指标器因故障显示流量低<br>操作人员设置的氨流量太高 | 未反应的氨带到DAP储槽并释放到工作区域 | 定时维护阀门A、氨检测器和报警器 | 考虑增加液氨进入反应器流量高时的报警、停车系统<br>确定定时维护和检查阀门A<br>在工作区域确保通风良好，或者使用封闭的DAP储槽 |

**表 5.37　磷酸溶液储槽磷酸浓度低偏差 HAZOP 分析表**

分析人员：HAZOP 分析小组　　图纸号：97-0BP-57100
会议日期：1999.10.10　　版本号：3

| 序号 | 偏差 | 原因 | 后果 | 安全保护 | 建议措施 |
| --- | --- | --- | --- | --- | --- |
| 3.0容器——磷酸溶液储槽；酸在环境温度和压力下进料 | | | | | |
| 3.7 | 磷酸浓度低 | 供应商供给的浓度低<br>送入进料储槽的磷酸有误 | 未反应的氨进入DAP储槽并释放到封闭工作区域 | 磷酸卸料和输送规程<br>氨检测器和报警器 | 保证实施物料的处理和接受规程<br>在操作之前分析储槽中磷酸浓度<br>保证封闭工作区域通风良好或使用封闭的DAP储槽 |

**表 5.38　磷酸送入 DAP 反应器的管线低、无流量偏差 HAZOP 分析表**

分析人员：HAZOP 分析小组　　图纸号：97-0BP-57100
会议日期：1999.10.10　　版本号：3

| 序号 | 偏差 | 原因 | 后果 | 安全保护 | 建议措施 |
| --- | --- | --- | --- | --- | --- |
| 4.0管线——磷酸送入DAP反应器的管线；进入反应器的氨流量为 $x$ kmol/h，压力 $y$ Pa | | | | | |
| 4.2 | 低、无流量 | 磷酸储槽中无原料流量<br>指标器因故障显示流量高<br>操作人员设置的磷酸流量太低<br>磷酸进料管线上的控制阀门B因故障关闭<br>管道堵塞、泄漏或破坏 | 未反应的氨带到DAP储槽并释放到工作区域 | 定时维护阀门B、氨检测器和报警器 | 考虑增加磷酸进入反应器流量低时的报警、停车系统<br>保证定时维护和检查阀门B<br>在工作区域确保通风良好，或者使用封闭的DAP储槽 |

**表 5.39　DAP 反应器无搅拌偏差 HAZOP 分析表**

分析人员：HAZOP 分析小组　　图纸号：97-0BP-57100
会议日期：1999.10.10　　版本号：3

| 序号 | 偏差 | 原因 | 后果 | 安全保护 | 建议措施 |
| --- | --- | --- | --- | --- | --- |
| 5.0容器——DAP反应器；反应温度 $x$℃，压力 $y$ Pa | | | | | |
| 5.10 | 无搅拌 | 搅拌器电动机故障<br>搅拌器机械连接故障<br>操作人员未启动搅拌器 | 未反应的氨进入DAP储槽并释放到封闭工作区域 | 氨检测器和报警器 | 考虑增加反应器无搅拌时的报警、停车系统<br>保证封闭工作区域通风良好或使用封闭的DAP储槽 |

## 参考文献


[1] 汪元辉，滕桂兰，等. 安全系统工程. 天津：天津大学出版社，2004.

[2] 沈斐敏. 安全系统工程理论与应用. 北京：煤炭工业出版社，2001.

[3] 卢岚编著. 安全工程. 天津：天津大学出版社，2003.

[4] 左东红，贡凯青. 安全系统工程. 北京：化学工业出版社，2004.

[5] 廖学品编著. 化工过程危险性分析. 北京：化学工业出版社，2001.

[6] Bahr N J. System safety engineering and risk assessment：a practical approach. Crc Press，1997.

[7] Stephenson. System safety 2000：A practical guide for planning，managing，and conducting system safety programs，1991.

[8] 樊运晓，罗云. 系统安全工程. 北京：化学工业出版社，2009.

[9] 张景林，崔国璋主编. 安全系统工程. 第2版. 北京：煤炭工业出版社，2014.

[10] 罗云. 风险分析与安全评价. 第3版. 北京：化学工业出版社，2016.

[11] 徐志胜，姜学鹏，等. 安全系统工程. 第3版. 北京：机械工业出版社，2016.

# 6 危险危害辨识与安全评价方法

20 世纪 70 年代以来，由于重大工业事故的不断发生，预防和控制重大工业事故已成为各国经济和技术发展重点研究对象之一，并引起了国际社会的广泛关注。1993 年第 80 届国际劳工大会通过了《预防重大工业事故》公约和建议书。该公约要求各成员国制定并实施重大危险源辨识、评价和控制的国家政策，预防重大工业事故发生。20 世纪 90 年代初，我国开始重视对重大危险源的辨识、评价和宏观控制决策方面研究，将之列入国家科技攻关计划。本章将介绍危险源辨识、安全评价和安全决策有关方面的方法和技术。

## 6.1 危险危害辨识

### 6.1.1 基础概念及术语

(1) 危害

危害是指可能带来人员伤害、职业病、财产损失或作业环境破坏的根源或状态，从这个意义上讲，它可以理解为危险源或事故隐患。从本质上讲，就是存在能量、有害物质和能量、有害物质失去控制而导致的意外释放或有害物质的泄漏、散发这两方面因素。

(2) 危险

危险和事故在逻辑上有一定关联，都会导致人员伤亡或疾病，或导致系统、设备、社会财富损失、损坏或环境破坏，但是危险并不等于事故，它是导致事故的潜在条件，危险是事故的前兆，只有在一些触发事件刺激下，危险才可能演变成事故。危险在一定的条件下可以转变成为事故，危险与事故在逻辑上具有因果关系因素。

危险含有危险因素（hazardous element，HE）、触发机理（initialing mechanism，IM）和威胁目标（target and threat，T/T）的属性。危险因素属性是促进危险产生的根源，如导致爆炸的危险的能量；触发机理属性是指触发事件导致危险发生，从而将危险转变为事故；威胁目标属性是指人或设备面对伤害、损坏的脆弱性，它反映了事故的严重度。表 6.1 给出几个危险属性的例子。

**表 6.1 危险属性实例**

| 危险因素 | 触发机理 | 威胁目标 |
| --- | --- | --- |
| 弹药 | 没有标识 | 爆炸，死伤 |
| 高压储罐 | 储罐破裂 | 爆炸，死伤 |
| 燃料 | 油料泄漏且遇火源 | 火灾、系统损坏或死伤 |
| 高电压 | 因暴露而触摸 | 触电，死伤 |

安全和危险在所要研究的系统中是一对矛盾，它们相伴存在。安全是相对的，危险是绝对的。危险的绝对性表现在事物一诞生危险就存在。中间过程中危险势可能变大或变小，但不会消失，危险存在于一切系统的任何时间和空间中。不论人们的认识多么深刻，技术多么先进，设施多么完善，危险始终不会消失，人、机和环境综合功能的残缺始终存在。

(3) 重大危险源辨识（GB 18218—2018）

① 危险化学品（dangerous chemicals）。具有易燃、易爆、有毒等特性，会对人员、设施、环境造成伤害或损害的化学品。

② 单元（unit）。一个（套）生产装置、设施或场所，或同属一个生产经营单位的且边缘距离小于 500m 的几个（套）生产装置、设施或场所。

③ 临界量（threshold quantity）。对于某种或某类危险化学品规定的数量，若单元中的危险化学品数量等于或超过该数量，则该单元定为重大危险源。

④ 危险化学品重大危险源（major hazard installations for dangerous chemicals）。长期地或临时地生产、加工、搬运、使用或储存危险化学品，且危险化学品的数量等于或超过临界量的单元。

(4) 事故

事故是指造成主观上不希望看到的结果的意外事件，其发生所造成的损失可分为死亡、职业病、伤害、财产损失或其他损失共五大类。

根据 2007 年国务院颁布的《生产安全事故报告和调查处理条例》，根据生产安全事故（以下简称事故）造成的人员伤亡或者直接经济损失，事故一般分为以下等级：① 特别重大事故，是指造成 30 人以上死亡，或者 100 人以上重伤（包括急性工业中毒，下同），或者 1 亿元以上直接经济损失的事故；② 重大事故，是指造成 10 人以上 30 人以下死亡，或者 50 人以上 100 人以下重伤，或者 5000 万元以上 1 亿元以下直接经济损失的事故；③较大事故，是指造成 3 人以上 10 人以下死亡，或者 10 人以上 50 人以下重伤，或者 1000 万元以上 5000 万元以下直接经济损失的事故；④一般事故，是指造成 3 人以下死亡，或者 10 人以下重伤，或者 1000 万元以下直接经济损失的事故。

(5) 危害辨识

危害辨识即“识别危害的存在并确定其性质的过程。”生产过程中，危害不仅存在，而且形式多样，很多危险源不是很容易就被人们发现，人们要采取一些特定的方法对其进行识别，并判定其可能导致事故的种类和导致事故发生的直接因素，这一识别过程就是危害辨识。危害辨识是控制事故发生的第一步，只有识别出危险源的存在，找出导致事故的根源，才能有效地控制事故的发生。辨识时应识别出危险危害因素的分布、伤害（危害）方式及途径和重大危险危害因素。

### 6.1.2 危险危害分类

危险危害分类的方法有多种，由于涉及行业、职业危害原因等多个方面，危险危害通常按照 3 个方面进行分类。

(1) 参照《企业职工伤亡事故分类》（GB 6441）进行分类

《企业职工伤亡事故分类》是一部劳动安全管理的基础标准，适用于企业职工伤亡事故统计工作。标准对事故的类别、伤害程度、事故的严重程度进行了分类，并确定了伤亡事故统计的计算方法。标准综合考虑了事故的起因物、引起事故的诱导性原因、致害物和伤害方式等因素的情况下，将企业职工伤亡事故类型分为 20 类，分别是物体打击、车辆伤害、机械伤害、起重伤害、触电、淹溺、灼烫、火灾、高处坠落、坍塌、冒顶片帮、透水、爆破、火药爆炸、瓦斯爆炸、锅炉爆炸、容器爆炸、其他爆炸、中毒和窒息及其他伤害。危险危害类型的划分可借鉴该事故类别的划分法。

(2) 参照《职业病危害因素分类目录》(国卫疾控发［2015］92号) 进行分类

原卫生部在2002年颁发的《职业病危害因素分类目录》将职业危害因素分为十类：粉尘类、放射性物质类（电离辐射)、化学物质类、物理因素、生物因素等。2015年，国家卫生计生委等联合组织对职业病危害因素分类目录进行了修订，2002版同时作废。新版《职业病危害因素分类目录》将职业危害因素分为了六大类，分别是粉尘、化学因素、物理因素、放射性因素、生物因素及其他因素。

(3) 参照《生产过程危险和有害因素分类与代码》(GB/T 13861—2009) 进行分类

《生产过程危险和有害因素分类与代码》标准规定了生产过程中各种主要危险和有害因素的分类和代码。该标准适用于各行业在规划、设计和组织生产时，对危险和有害因素的预测和预防、伤亡事故的统计分析和应用计算机管理，也适用于职业安全卫生信息的处理和交换。1992年的标准根据按导致伤亡事故和职业危害的直接原因将生产过程危险和有害因素分为物理性危险和有害因素、化学性危险和有害因素、生物性危险和有害因素、生理心理性危险和有害因素、行为性危险和有害因素、其他危险和有害因素6大类。2009年，该标准进一步被修订，将危险和有害因素共分为四大类，具体如下：

① 人的因素：包括心理生理性危险和有害因素及行为性危险和有害因素；

② 物的因素：包括物理性危险和有害因素、化学性危险和有害因素及生物性危险和有害因素；

③ 环境因素：包括室内场所环境不良、室外作业场地环境不良、地下（含水下）作业环境不良及其他作业不良；

④ 管理因素：包括职业安全卫生组织机构不健全、职业安全卫生责任制未落实、职业安全卫生管理规章制度不完善、职业安全卫生投入不足及职业健康管理不完善等。

### 6.1.3　危险危害辨识的主要内容

危险危害辨识的主要内容包括厂址，厂区平面图，建（构）筑物，生产工艺过程，生产设备、装置及其他。

(1) 厂址

从厂址的工程地质、地形地貌、水文、自然灾害、周围环境、气象条件、资源交通、抢险救灾支持条件等方面进行辨识。

(2) 平面图

①总图：辨识过程中要考虑功能分区（生产、管理、辅助生产、生活区）布置以及高温、有害物质、噪声、辐射、易燃、易爆、危险品设施布置；工艺流程布置；建筑物、构筑物布置；风向、安全距离、卫生防护距离等方面。②运输线路及码头：特别注意厂区道路、厂区铁路、危险品装卸区、厂区码头等方面的危险危害辨识。

(3) 建（构）筑物

建（构）筑物主要从结构、防火、防爆、朝向、采光、运输（操作、安全、运输、检修）通道、开门、生产卫生设施等方面进行辨识。

(4) 生产工艺过程

生产工艺过程中主要辨识物料的毒性、腐蚀性、燃爆性以及温度、压力、速度、作业及控制条件、事故及失控状态等。

(5) 生产设备、装置

生产设备、装置方面危险辨识内容与生产系统类别相关性很大。

① 化工设备、装置：要围绕高温、低温、腐蚀、高压、振动、关键部位的备用设备、控制、操作、检修和故障、失误时的紧急异常情况等方面进行辨识。

② 机械设备：应注意运动零部件和工件、操作条件、检修作业、误运转和误操作等方面的危险危害类型。

③ 电气设备：应辨识断电、触电、火灾、爆炸、误运转和误操作、静电、雷电等方面的危险危害类型。

(6) 其他

①粉尘、毒物、噪声、振动、辐射、高温、低温等有害作业部位。②工时制度、女职工劳动保护、体力劳动强度。③管理设施、事故应急抢救设施和辅助生产、生活卫生设施。

### 6.1.4　危险危害辨识方法

危险危害辨识的方法通常包括两大类，一类是对照经验法，另一类是系统安全分析法。危险辨识过程中两种方法时常结合使用。

(1) 对照经验法

① 直接经验法-对照经验法：对照有关标准、法规、检查表或依靠分析人员的观察分析能力，借助于经验和判断能力直观地辨识危险的方法。经验法是辨识中常用的方法，其优点是简便、易行，其缺点是受辨识人员知识、经验和占有资料的限制，可能出现遗漏。为弥补个人判断的局限性，常采取专家会议的方式来相互启发、交换意见、集思广益，使危险、危害因素的辨识更加细致、具体。

对照事先编制的检查表辨识危险、危害因素，可弥补知识、经验不足的缺陷，具有方便、实用、不易遗漏的优点，但须有事先编制的、适用的检查表。检查表是在大量实践经验基础上编制的。美国职业安全卫生局（OHSA）制定、发行了各种用于辨识危险、危害因素的检查表，我国一些行业的安全检查表、事故隐患检查表也可作为借鉴。

② 直接经验法-类比方法：利用相同或相似系统或作业条件的经验和职业安全健康的统计资料来类推、分析评价以辨识危险。随着现代科技的发展和安全科学的进步，生产安全事故数据越来越少，因而大量的未遂事件数据也可加以分析以识别危险所在。

(2) 系统安全分析法

系统安全分析法是应用系统安全的分析方法对系统进行危害辨识。系统安全分析方法是针对系统中某个特性或生命周期中某阶段具体特点而形成针对性较强的辨识方法。因而不同的系统、不同的行业、不同的工程甚至同一工程的不同阶段所应用的分析方法各不相同。需要说明的是尽管这些方法被称为系统安全分析方法，分析过程中除了危险辨识过程，可能也包括风险评价和危险控制的过程，三个阶段之间并不是截然断开的。常用的系统安全分析方法有预先危险分析（PHA)、事件树（ETA)、事故树（FTA）等，在本书第5章已对系统安全分析方法有了详细的介绍，在此不再赘述。

### 6.1.5　危险危害辨识过程

危险危害辨识过程具体涉及以下几个方面。

① 确定危险、危害因素的分布：将危险、危害因素进行综合归纳，得出系统中存在哪些种类危险、危害因素及其分布状况的综合资料。

② 确定危险、危害因素的内容：为了有序、方便地进行分析，防止遗漏，宜按厂址、平面布局、建（构）筑物、物质、生产工艺及设备、辅助生产设施（包括公用工程)、作业环境危险几部分，分别分析其存在的危险、危害因素，列表登记。

③ 确定伤害（危害）方式：伤害（危害）方式指对人

体造成伤害、对人身健康造成损坏的方式。例如，机械伤害的挤压、咬合、碰撞、剪切等，中毒的靶器官、生理功能异常、生理结构损伤形式（如黏膜糜烂、植物神经紊乱、窒息等），粉尘在肺泡内阻留、肺组织纤维化、肺组织癌变等。

④ 确定伤害（危害）途径和范围：大部分危险、危害因素是通过与人体直接接触造成伤害，爆炸是通过冲击波、火焰、飞溅物体在一定空间范围内造成伤害，毒物是通过直接接触（呼吸道、食道、皮肤黏膜等）或一定区域内通过呼吸带的空气作用于人体，噪声是通过一定距离的空气损伤听觉的。

⑤ 确定主要危险、危害因素：对导致事故发生条件的直接原因、诱导原因进行重点分析，从而为确定评价目标、评价重点、划分评价单元、选择评价方法和采取控制措施计划提供基础。

⑥ 确定重大危险、危害因素：分析时要防止遗漏，特别是对可导致重大事故的危险、危害因素要给予特别的关注，不得忽略。不仅要分析正常生产运转、操作时的危险、危害因素，更重要的是要分析设备、装置破坏及操作失误可能产生严重后果的危险、危害因素。

## 6.2 安全评价概述

早在19世纪50年代初期，欧美一些资本主义国家就先后开展了风险评价和风险管理这一工作。日本引进风险管理已有30多年的历史，开展安全评价的工作也有20多年了。但是，日本人有时避讳“风险”这个词，所以有的日本安全工程学学者建议在安全工作中把风险评价改称为安全评价。风险评价问题的提出，最早来自保险行业，后来才逐渐推广到安全管理工作中。因此，对于安全评价的内容和含义大致有两种理解：从事保险业务的人员和研究保险工作的学者认为，风险管理的中心是保险，而把预防灾害事故作为补充内容，风险管理是为了减小风险而减少支付保险金；安全工作者则是把安全评价当作一种行之有效的先进的安全管理方法，因为安全评价既分析评定系统中存在的静态危险，也评估分析系统中可能存在的动态事故隐患，开展安全评价能够预防和减少事故，所以安全评价是系统安全工程的重要组成部分。

### 6.2.1 安全评价与风险评价

风险评价与安全评价是一个事物的两个方面，具有互补性。在安全管理活动中，安全评价与风险评价具有同质性。安全评价突出宏观、综合、定性的评价过程和方法，风险评价突出微观、具体、定量的评价。甚至在一定意义上，两者是一回事。

安全评价与风险评价都有其共同的目的，就是辨识、分析和预测工程、系统或管理对象存在的危险、危害、危险源、隐患、可能事故等因素及风险程度，提出合理可行的安全对策措施，指导风险控制和事故预防，以达到风险最小化、事故或风险可接受水平，以及最小损失和最优的安全对策及效益。

### 6.2.2 安全评价的定义和标准

(1) 安全评价的定义

《安全评价通则》(AQ 8001—2007) 对“安全评价”的定义为：安全评价是以实现工程、系统安全为目的，应用安全系统工程原理和方法，对工程、系统中存在的危险、有害因素进行辨识与分析，判断工程、系统发生事故和职业危害的可能性及其严重程度，从而为制定防范措施和管理决策提供科学依据

安全评价就是对系统存在的安全因素进行定性和定量分析，通过与评价标准的比较得出系统的危险程度，提出改进措施。安全评价同其他工程系统评价、产品评价、工艺评价等一样，都是从明确的目标值开始，对工程、产品、工艺的功能特性和效果等属性进行科学测定，最后根据测定的结果用一定的方法综合、分析、判断，并作为决策的参考。

上述安全评价的定义中，包含有三层意思：

① 对系统存在的不安全因素进行定性和定量分析，这是安全评价的基础，这里面包括有安全测定、安全检查和安全分析；

② 通过与评价标准的比较得出系统发生危险的可能性或程度的评价；

③ 提出改进措施，以寻求最低的事故率，达到安全评价的最终目的。

根据工程、系统生命周期和评价的目的，安全评价分为安全预评价、安全验收评价、安全现状综合评价、专项安全评价，涉及安全生产行业标准有《安全评价通则》(AQ 8001—2007)、《安全预评价导则》(AQ 8002—2007)、《安全验收评价导则》(AQ 8003—2007) 等。

(2) 安全标准

经定量化的风险率或危害度是否达到要求的（期盼的）安全程度，需要有一个界限、目标或标准进行比较，这个标准就称为安全标准。安全标准的确定主要取决于一个国家、行业或部门的政治、经济、技术和安全科学发展的水平。

充足的财富，发达的技术，当然会为提供舒适的生活工作环境创造条件，但是随着生产技术的发展，新工艺、新技术、新材料、新能源的出现，又会产生新的危险；同时，对已经认识到的危险，由于技术、资金等因素的制约，也不可能完全杜绝。所以，所谓安全标准，实际上就是确定一个危害度，这个危害度必须是社会各方面允许的，可以接受的。

同时，安全标准本身也是个科学问题。随着安全科学的发展，人们认识到，世界上没有绝对安全。那种认为事故为零就是最终安全标准的看法是不客观的，安全标准是在社会发展进程中不断修订和完善的。

确定安全标准的方法有统计法和风险与收益比较法。对系统进行安全评价时，也可根据综合评价得到的危险指数进行统计分析，确定使用一定范围的安全标准。

美国原子能委员会报告中所引用的收益和风险率的关系说明，人们要获得较大的收益，必须要承担较大的风险，风险较小的活动其收益也较少。可以从中权衡选择适当的值作为安全标准。一般认为，在生产活动中若以死亡/(人·年）的风险率表示，则$10^{-3}$数量级的作业危险性很大，是不能接受的，要立即采取安全措施；$10^{-4}$数量级作业，一般人是不愿意做的，所以要支出费用进行改善才行；$10^{-5}$数量级与游泳溺死的风险率相当，对此人们是积极关注的；而$10^{-6}$数量级与天灾死亡的风险相同，人们感到有危险但不一定发生在自己身上，人们要工作，要生活，冒这个风险与其收益相比还是值得的。但是对有的行业就不是这样，例如拳击运动，选手的死亡率高达二百分之一，但是由于拳击手成百上千万的美金收入，虽然风险大仍然有人干。

对于有统计数据的行业，国外就是以行业一定时间内的实际平均死亡率作为确定安全标准的依据。例如英国化学工业的FAFR值（指劳动1亿小时的死亡率）为3.5；英国帝国化学公司（ICI）提案取其1/10，即0.35作为安全标准。而美国各公司的风险目标值（安全标准）大都取各行业安全标准的1/10。对应于系统安全综合评价，由于其评价内容不仅涉及技术设备，还涉及管理、环境等因素，前者可用风险率量化，后者则难于严格定量，所以在综合评价方法中，常采用加权系数的办法，并通过一定的数理关系将它们整合在一起，最终算出总的危险性评分（见道法和综合评价法）。

当采用这种评价方法对一个行业内的若干企业进行试评，然后对不同单位的危险性评分进行分析总结，就可以得出在一定时期内适用于该行业的以危险性分值表示的安全标准。

### 6.2.3 安全评价的原理

安全评价遵循如下基本原理：

(1) 相关原理

生产技术系统结构的特征和事故的因果关系是相关原理的基础。相关是两种或多种客观现象之间的依存关系。相关分析是对因变量和自变量的依存关系密切程度的分析。通过相关分析，人们透过错综复杂的现象，测定其相关程度，揭示其内在联系。系统危险性通常不能通过试验进行分析，但可以利用事故发展过程中的相关性进行评价。系统与子系统、系统与要素、要素与要素之间都存在着相互制约、相互联系的相关关系。只有通过相关分析，才能找出它们之间的相关关系，正确地建立相关数学模型，进而对系统危险性作出客观、正确的评价。

系统的合理结构可用以下两式来表示：

$$E=\max F(X,R,C) \tag{6.1}$$

$$S_{\text{opt}}=\max\{S|E\} \tag{6.2}$$

式中，$X$ 为系统组成要素集；$R$ 为系统组成要素的相关关系集；$C$ 为系统组成要素的相关关系的分布形式；$F$ 为 $X$，$R$，$C$ 的结合效果函数；$S$ 为系统结构的各个阶层。

对于系统危险性评价来说，就是寻求 $X$、$R$、$C$ 的最合理结合形式，即具有最优结合效果 $E$ 的系统结构形式及在条件下保证安全的最佳系统。

相关原理对于深入研究评价对象与相关事物的关系、对评价对象所处环境进行全面分析具有指导意义，它是因果评价方法的基础。

(2) 类推和概率推断原则

如果已经知道两个不同事件之间的相互制约关系或共同的有联系的规律，则可利用先导事件的发展规律来评价迟发事件的发展趋势，这就是所谓的类推评价。可以看出，这实际是一种预测技术。根据小概率事件推断准则，若某系统评价结果是其发生事故的概率为小概率事件，则推断该系统是安全的；反之，若其概率很大，则认为系统是不安全的。

(3) 惯性原理

对于同一个事物，可以根据事物的发展都带有一定的延续性即所谓惯性，来推断系统未来发展趋势。所以，惯性原理也可以称为趋势外推原理。应该注意的是，应用此原理进行评价是有条件的，它是以系统的稳定性为前提，也就是说，只有在系统稳定时，事物之间的内在联系及其基本特征才有可能延续下去。但是，绝对稳定的系统是不存在的，这就要根据系统某些因素的偏离程度对评价结果进行修正。

### 6.2.4 安全评价的程序

安全评价程序可以用图 6.1 来表示。从图中可以看出，安全评价包括危险性确认和危险性评价两部分。为了评价比较，对于危险性的大小要尽量给出定量的概念，即使是定性的安全评价，如能大致区别一下危险性的严重度（损害程度）也是好的。当然，要能够明确发生概率的大小及损失的严重度，也就是明确了风险率或危险度，则进行定量安全评价就更为明确了。危险性确认的另一个方面就是要对危险进行反复校核，看看还有什么新的危险及在系统运行过程中危险性会有什么变化。为了衡量危险性，需要一个标准，这就是大家所公认的安全指标。把反复校验过的危险性定量结果和安全指标（评价标准）进行比较，界线值以内即认为是安全的，界线值以外必须采取措施，然后根据反馈信息进行再评价。

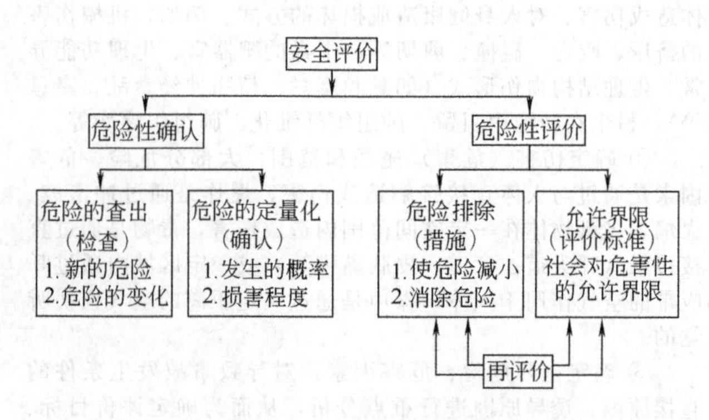


图 6.1　安全评价程序

如果把这样的一个安全评价内容加以适当扩充，考虑社会环境的影响和安全管理的最终目的，系统安全评价的程序补充用图 6.2 来表示较为合适。

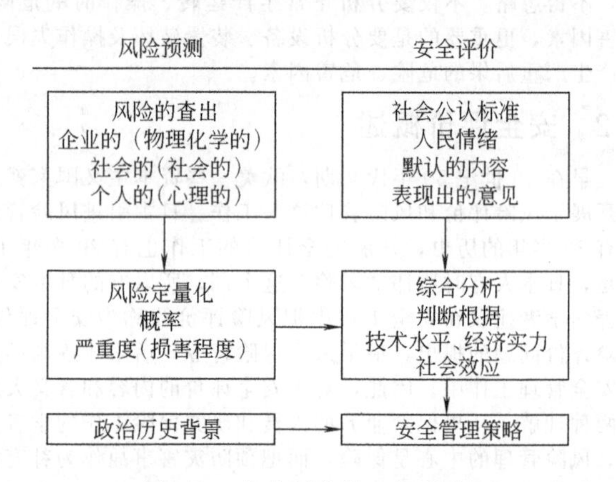


图 6.2　安全评价的一般程序

### 6.2.5 安全评价方法分类

对于安全评价方法，现在在国内外已经提出并应用的不下几十种，几乎每种方法都有较强的针对性，也就是说由于评价对象的多样性，因而也就提出许多种评价方法。综合分析这些方法，可以分成两种：一种是按评价指标的量化程度分为定性方法、定量方法，以及定性与定量相结合的方法；另一种是按评价对象进行整合：如物质产品、设备安全评价法（如指数法等），安全管理评价法，系统安全综合评价法。这里按后一种分类方法进行介绍。

## 6.3 概率评价法

概率评价法是一种定量评价法，此法是先求出系统发生事故的概率，如用故障模式及影响、致命度分析、事故树定量分析、事件树定量分析等方法，在求出事故发生概率的基础上，进一步计算风险率，以风险率大小确定系统的安全程度。系统危险性的大小取决于两个方面，一是事故发生的概率；二是造成后果的严重度。风险率是综合了两个方面的因素，它的数值等于事故的概率（频率）与严重度的乘积。其计算公式如下，

$$R=SP \tag{6.3}$$

式中，$R$ 为风险率，事故损失/单位时间；$S$ 为严重度，事故损失/事故次数；$P$ 为事故发生概率（频率），事故次数/单位时间。

由此可见，风险率是表示单位时间内事故造成损失的大小。单位时间可以是年、月、日、小时等；事故损失可以用人的死亡、经济损失或是工作日的损失等表示。

计算出风险率就可以与安全指标比较，从而得知风险是否降到人们可以接受的程度，要求风险率必须首先求出系统发生事故的概率，因此下面就概率的有关概念和计算做一简述。

生产装置或工艺过程发生事故是由组成它的若干元件相互复杂作用的结果，总的故障概率取决于这些元件的故障概率和它们之间相互作用的性质，故要计算装置或工艺过程的事故概率，必须首先了解各个元件的故障概率。

### 6.3.1 元件的故障概率及其求法

构成设备或装置的元件，工作一定时间就会发生故障或失效。所谓故障就是指元件、子系统或系统在运行时达不到规定的功能。对可修复系统的失效就是故障。

元件在两次相邻故障间隔期内正常工作的平均时间，叫平均故障间隔期，用 $\tau$ 表示。某元件在第一次工作时间 $t_1$ 后出现故障，第二次工作时间 $t_2$ 后出现故障，第 $n$ 次工作 $t_n$ 时间后出现故障，则平均故障间隔期为：

$$\tau = \frac{\sum_{i=1}^{n} t_i}{n} \tag{6.4}$$

式中，$\tau$ 一般是通过实验测定几个元件的平均故障间隔时间的平均值得到的。

元件在单位时间（或周期）内发生故障的平均值称为平均故障率，用 $\lambda$ 表示，单位为故障次数/时间。平均故障率是平均故障间隔期的倒数，即：

$$\lambda = 1/\tau \tag{6.5}$$

故障率是通过实验测定出来的，实际应用时受到环境因素的不良影响，如温度、湿度、振动、腐蚀等，故应给予修正，即考虑一定的修正系数（严重系数 $k$）。部分环境下严重系数 $k$ 的取值见表 6.2。

**表 6.2 严重系数值举例**

| 使用场所 | $k$ | 使用场所 | $k$ |
|---|---|---|---|
| 实验室 | 1 | 火箭试验台 | 60 |
| 普通室 | 1.1～10 | 飞 机 | 80～150 |
| 船 舶 | 10～18 | 火 箭 | 400～1000 |
| 铁路车辆牵动式公共汽车 | 13～30 | | |

元件在规定时间内和规定条件下完成规定功能的概率称为可靠度，用 $R(t)$ 表示。元件在时间间隔（0，$t$）内的可靠度符合下列关系：

$$R(t) = \mathrm{e}^{-\lambda t} \tag{6.6}$$

式中，$t$ 为元件运行时间。

元件在规定时间内和规定条件下没有完成规定功能（失效）的概率就是故障概率（或不可靠度），用 $P(t)$ 表示。故障概率是可靠度的补事件，用下式得到：

$$P(t) = 1 - R(t) = 1 - \mathrm{e}^{-\lambda t} \tag{6.7}$$

式（6.6）和式（6.7）只适用于故障率 $\lambda$ 稳定的情况。许多元件的故障率随时间而变化，显示出如图 6.3 所示的浴盆曲线。

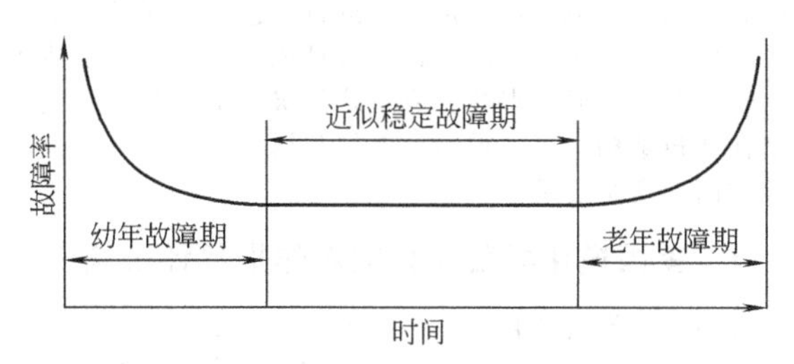


图 6.3 故障率曲线图

由图 6.3 可见，元件故障率随时间变化有三个时期，即幼年故障期（早期故障期）、近似稳定故障期（偶然故障期）和老年故障期（损耗故障期）。元件在幼年期和老年期故障率都很高。这是因为元件在新的时候可能内部有缺陷或在调试过程被损坏，因而开始故障率较高，但很快就下降了。当使用时间长了，由于老化、磨损，功能下降，故障率又会迅速提高。如果设备或元件在老年期之前，更换或修理即将失效部分，则可延长使用寿命。在幼年和老年两个周期之间（偶然故障期）的故障率低且稳定，式（6.6）和式（6.7）都适用。表 6.3 列出部分元件的故障率。

**表 6.3 部分元件的故障率**

| 元件 | 故障率/(次/年) | 元件 | 故障率/(次/年) |
|---|---|---|---|
| 控制阀 | 0.60 | 压力测量 | 1.41 |
| 控 制 器 | 0.29 | 泄压阀 | 0.022 |
| 流量测量(液体) | 1.14 | 压力开关 | 0.14 |
| 流量测量(固体) | 3.75 | 电磁阀 | 0.42 |
| 流量开关 | 1.12 | 步进电动机 | 0.044 |
| 气液色谱 | 30.6 | 长纸条记录仪 | 0.22 |
| 手动阀 | 0.13 | 热电偶温度测量 | 0.52 |
| 指示灯 | 0.044 | 温度计温度测量 | 0.027 |
| 液位测量(液体) | 1.70 | 阀动定位器 | 0.44 |
| 液位测量(固体) | 6.86 | | |
| 氧分析仪 | 5.65 | | |
| pH 计 | 5.88 | | |

### 6.3.2 元件的连接及系统故障（事故）概率计算

生产装置或工艺过程是由许多元件连接在一起构成的，这些元件发生故障常会导致整个系统故障或事故的发生。因此，可根据各个元件故障概率，依照它们之间的连接关系计算出整个系统的故障概率。

元件的相互连接有串联和并联两种情况。

（1）串联连接

串联连接的元件用逻辑或门表示，意思是任何一个元件故障都会引起系统发生故障或事故。串联元件组成的系统，其可靠度计算公式如下：

$$R = \prod_{i=1}^{n} R_i \tag{6.8}$$

式中，$R_i$ 为每个元件的可靠度；$n$ 为元件的数量；$\Pi$ 为连乘。

系统的故障概率 $P$ 由下式计算

$$P = 1 - R = 1 - \prod_{i=1}^{n}(1 - P_i) \tag{6.9}$$

式中，$P_i$ 为每个元件的故障概率。

只有 A 和 B 两个元件组成的系统，上式展开为：

$$P(\text{A 或 B}) = P(\text{A}) + P(\text{B}) - P(\text{A})P(\text{B}) \tag{6.10}$$

如果元件的故障概率很小，则 $P(\text{A})\ P(\text{B})$ 项可以忽略，此时式（6.10）可简化为：

$$P(\text{A 或 B}) = P(\text{A}) + P(\text{B}) \tag{6.11}$$

式（6.9）则可简化为：

$$P = \sum_{i=1}^{n} P_i \tag{6.12}$$

当元件的故障率不是很小时，不能用简化公式计算总的故障概率。

（2）并联连接

并联连接的元件用逻辑与门表示，意思是并联的几个元件同时发生故障，系统就会故障。并联元件组成的系统故障

概率 $P$ 的计算公式是：

$$P=\prod_{i=1}^{n}P_i \tag{6.13}$$

系统的可靠度计算公式如下：

$$R=1-\prod_{i=1}^{n}(1-R_i) \tag{6.14}$$

系统的可靠度计算出来后，可由式（6.5）求出总的故障率 λ。

### 6.3.3　系统故障概率的计算举例

某反应器内进行的是放热反应，当温度超过一定值后，会引起反应失控而爆炸。为及时移走反应热，在反应器外面安装了夹套冷却水系统。由反应器上的热电偶温度测量仪与冷却水进口阀连接，根据温度控制冷却水流量。为防止冷却水供给失效，在冷却水进水管上安装了压力开关并与原料进口阀连接，当水压小到一定值时，原料进口阀会自动关闭，停止反应。反应器的超温防护系统如图 6.4 所示。试计算这一装置发生超温爆炸的故障率、故障概率、可靠度和平均故障间隔期。假设操作周期为 1 年。

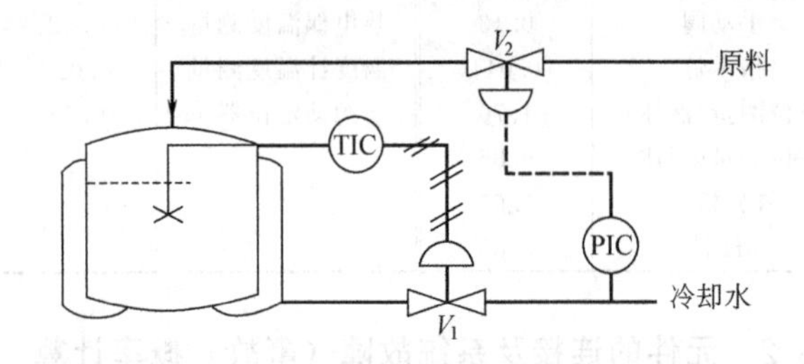


图 6.4　反应器的超温防护系统

解：由图 6.4 得知，反应器的超温防护系统由温度控制和原料关闭两部分组成。温度控制部分的温度测量仪与冷却水进口阀串联，原料关闭部分的压力开关和原料进口阀也是串联的，而温度控制和原料关闭两部分则为并联关系。

由表 6.3 查得热电偶温度测量、控制阀、压力开关的故障率分别是 0.52 次/年、0.60 次/年、0.14 次/年。首先，计算各个元件的可靠度和故障概率。

热电偶温度测量仪：

$R_1=e^{-0.52\times1}=0.59$；$P_1=1-R_1=1-0.59=0.41$

控制阀：

$R_2=e^{-0.60\times1}=0.55$；$P_2=1-R_2=1-0.55=0.45$

压力开关：

$R_3=e^{-0.14\times1}=0.87$；$P_3=1-R_3=1-0.87=0.13$

温度控制部分：

$R_A=R_1R_2=0.59\times0.55=0.32$；$P_A=1-R_A=1-0.32=0.68$

$\lambda_A=-\ln R_A/t=-\ln 0.32/1=1.14$

$\tau_A=1/\lambda_A=1/1.14=0.88$（年）

原料关闭部分：

$R_B=R_2R_3=0.55\times0.87=0.48$；$P_B=1-R_B=1-0.48=0.52$

$\lambda_B=-\ln R_B/t=-\ln 0.48/1=0.73$

$\tau_B=1/\lambda_B=1/0.73=1.37$（年）

超温防护系统：

$P=P_AP_B=0.68\times0.52=0.35$；$R=1-P=1-0.35=0.65$

$\lambda=-\ln R/t=-\ln 0.65/1=0.43$

$\tau_A=1/\lambda=1/0.43=2.3$（年）

由计算说明，预计温度控制部分每 0.88 年发生一次故障，原料关闭部分每 1.37 年发生一次故障。两部分并联组成的超温防护系统，预计每 2.3 年发生一次故障，防止超温的可靠性明显提高。

在事故树分析中，若知道了每个基本事件发生的概率，可求出顶上事件发生概率，根据概率或风险率评价系统的安全性。

下面以图 6.5 所示的事故树为例，说明顶上事件发生概率的计算。

假设事故树中基本事件的故障概率分别是：

$P(X_1)=0.01$；　$P(X_2)=0.02$；　$P(X_3)=0.03$；

$P(X_4)=0.04$；　$P(X_5)=0.05$；

$P(X_6)=0.06$；　$P(X_7)=0.07$

首先求出中间事件 D 的故障概率，逐层向上推算，最后可计算出顶上事件发生的概率。

$P(D)\approx P(X_2)+P(X_3)=0.02+0.03=0.05$

$P(B)\approx P(D)+P(X_4)=0.05+0.04=0.09$

$P(C)\approx P(X_5)+P(X_6)+P(X_7)=0.05+0.06+0.07=0.18$

$P(A)\approx P(B)+P(C)=0.09+0.18=0.27$

$P(T)\approx P(X_1)P(A)=0.01\times0.27=0.0027$

以上是近似计算的结果，各基本事件的故障概率都很小，且事故树中没有重复事件出现。

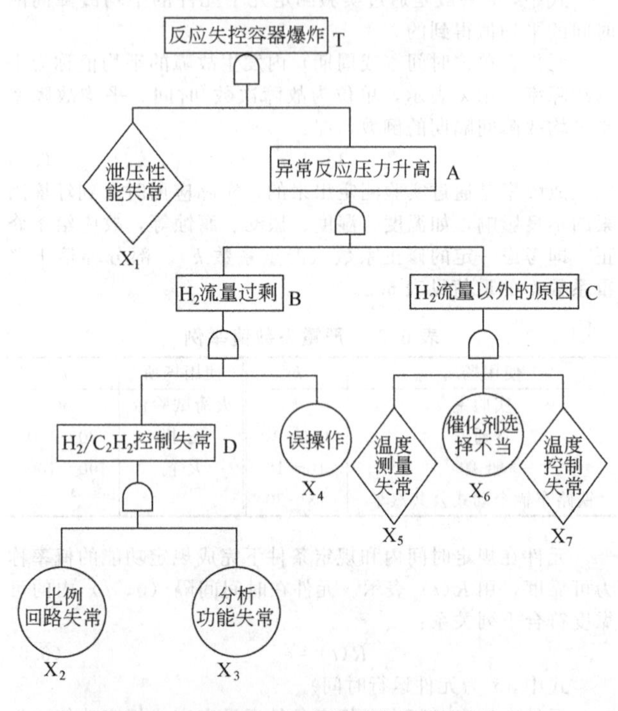


图 6.5　反应失控容器爆炸事故树图

## 6.4　指数评价法

指数法是用火灾爆炸指数作为衡量一个化工企业安全评价的标准为基础。

这种方法是根据工厂所用原材料的一般化学性质，结合它们具有的特殊危险性，再加上进行工艺处理时的一般和特殊危险性，以及量方面的因素，换算成火灾爆炸指数或评点数，然后按指数或评点数分成危险等级，最后根据不同等级确定在建筑结构、消防设备、电气防爆、检测仪表、控制方法等方面的安全要求。

### 6.4.1　美国道化学公司火灾爆炸指数评价法

美国道化学公司自 1964 年开发《火灾、爆炸危险指数评价法》（第一版）以来，历经 29 年，不断修改完善，在

1993年推出了第七版。火灾爆炸危险性指数评价法是以工艺过程中物料的火灾、爆炸潜在危险性为基础，结合工艺条件、物料量等因素求取火灾、爆炸指数，进而可求出经济损失的大小，以经济损失评价生产装置的安全性。评价中定量的依据是以往事故的统计资料、物质的潜在能量和现行安全措施的状况。

在评价之前首先要准备如下资料：

① 装置或工厂的设计方案；
② 火灾、爆炸指数危险度分级表；
③ 火灾、爆炸指数计算表（表6.4）；
④ 安全措施补偿系数表（表6.5）；
⑤ 工艺单元风险分析汇总表；
⑥ 工厂风险分析汇总表；
⑦ 有关装置的更换费用数据。

**表6.4 火灾、爆炸指数F&EI计算表**

| 地区/国家： | 部门： | 场所： | 日期： |
|---|---|---|---|
| 位置： | 生产单元： | 工艺单元： | |
| 评价人： | 审定人(负责人)： | | 建筑物： |
| 检查人(管理部)： | 检查人(技术中心)： | | 检查人(安全和损失预防)： |
| 工艺设备中的物料： | | | |
| 操作状态： | | | |
| 设计-开车-正常操作-停车 | | 确定MF的物质 | |
| 物质系数(附录3)(当单元温度超过60℃时注明) | | | |
| 1. 一般工艺危险 | | 危险系数范围 | 采用危险系数① |
| 基本系数 | | 1.00 | 1.00 |
| A. 放热化学反应 | | 0.3～1.25 | |
| B. 吸热反应 | | 0.20～0.40 | |
| C. 物料处理与输送 | | 0.25～1.05 | |
| D. 密封式或室内工艺单元 | | 0.25～0.90 | |
| E. 通道 | | 0.20～0.35 | |
| F. 排放或泄漏控制 | | 0.25～0.50 | |
| 一般工艺危险系数($F_1$)---------- | | | |
| 2. 特殊工艺危险 | | | |
| 基本系数---------- | | 1.00 | 1.00 |
| A. 毒性物质 | | 0.20～0.80 | |
| B. 负压(<66.5kPa) | | 0.50 | |
| C. 易燃范围内及接近易燃范围的操作 | | | |
| 惰性化--- | | | |
| 未惰性化--- | | | |
| ①罐装易燃液体 | | 0.50 | |
| ②过程失常或吹扫故障 | | 0.30 | |
| ③一直在燃烧范围内 | | 0.80 | |
| D. 粉尘爆炸(由图查得) | | 0.25～2.00 | |
| E. 压力(由图查得) | | | |
| 操作压力(绝对压力)/kPa | | | |
| F. 低温 | | 0.20～0.30 | |
| G. 易燃及不稳定物质的能量 | | | |
| 物质质量/kg | | | |
| 物质燃烧热 $H_e$/(J/kg) | | | |
| ① 工艺中的液体及气体(见图6.7) | | | |
| ② 储存中的液体及气体(见图6.8) | | | |
| ③ 储存中的可燃固体及工艺中的粉尘(见图6.9) | | | |
| H. 腐蚀与磨蚀 | | 0.10～0.75 | |
| I. 泄漏-接头和填料 | | 0.10～1.50 | |
| J. 使用明火设备(由图查得) | | | |
| K. 热油热交换系统 | | 0.15～1.15 | |
| L. 转动设备 | | 0.50 | |
| 特殊工艺危险系数($F_2$)---------- | | | |
| 工艺单元危险系数($F_1F_2=F_3$)---------- | | | |
| 火灾、爆炸指数($F_3$·MF=F&EI)---------- | | | |

① 无危险时系数为0.00。

**表6.5 安全措施补偿系数表**

| 1. 工艺控制安全补偿系统($C_1$) | | | | | |
|---|---|---|---|---|---|
| 项目 | 补偿系数范围 | 采用系数① | 项目 | 补偿系数范围 | 采用系数① |
| (1)应急电源 | 0.98 | | (6)惰性气体保护 | 0.94～0.96 | |
| (2)冷却装置 | 0.97～0.99 | | (7)操作规程/程序 | 0.91～0.99 | |
| (3)抑爆装置 | 0.84～0.98 | | (8)化学活泼性物质检查 | 0.91～0.98 | |
| (4)紧急切断装置 | 0.96～0.99 | | 其他工艺危险检查 | 0.91～0.98 | |
| (5)计算机控制 | 0.93～0.99 | | | | |

续表

| $C_1$ 值② | | | | | |
|---|---|---|---|---|---|
| 2. 物质隔离安全补偿系数($C_2$) | | | | | |
| 项目 | 补偿系数范围 | 采用系数① | 项目 | 补偿系数范围 | 采用系数① |
| (1)遥控阀 | 0.96～0.98 | | (3)排放系统 | 0.91～0.97 | |
| (2)卸料/排空装置 | 0.96～0.98 | | (4)连锁系统 | 0.98 | |
| $C_2$ 值② | | | | | |
| 3. 工艺控制安全补偿系统($C_3$) | | | | | |
| 项目 | 补偿系数范围 | 采用系数① | 项目 | 补偿系数范围 | 采用系数① |
| (1)泄漏检测装置 | 0.94～0.98 | | (6)水幕 | 0.97～0.98 | |
| (2)结构钢 | 0.95～0.98 | | (7)泡沫灭火装置 | 0.92～0.97 | |
| (3)消防水供应系统 | 0.94～0.97 | | (8)手体式灭火器材/喷水枪 | 0.93～0.98 | |
| (4)特殊灭火系统 | 0.91 | | (9)电缆防护 | 0.94～0.98 | |
| (5)洒水灭火系统 | 0.74～0.97 | | | | |
| $C_3$ 值② | | | | | |
| 安全措施补偿系数 $C=C_1C_2C_3$ | | | | | |

① 无安全补偿系数时，填入1.00。
② 所采用安全补偿系数的乘积。

评价的基本程序如图6.6所示。

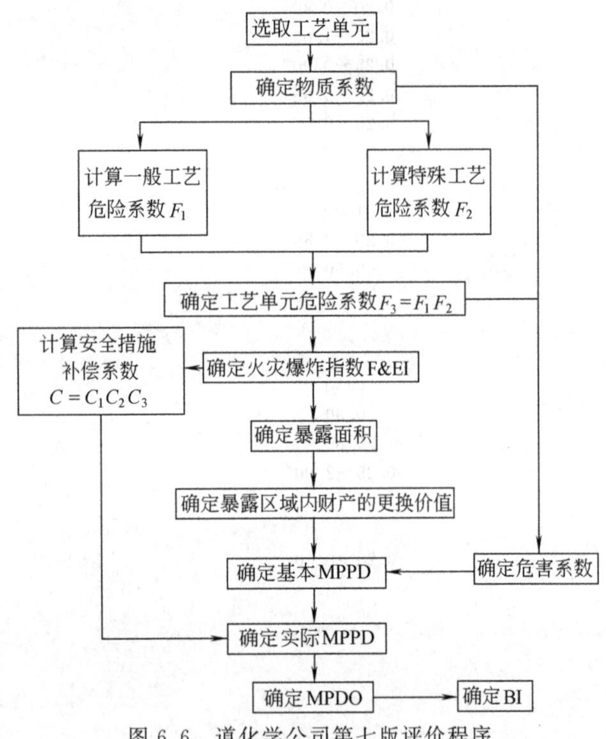


图6.6　道化学公司第七版评价程序

在资料准备齐全和充分熟悉评价系统的基础上再按图6.6所示的程序进行。

(1) 选择工艺（评价）单元

一套生产装置包括许多工艺单元，但计算火灾、爆炸指数时，只评价那些从损失预防角度来看影响比较大的工艺单元，这些单元可称评价单元。工艺单元的划分要根据设备间的逻辑关系，如在氯乙烯单体或二氯乙烷工厂的加热炉或急冷区中可以划分为二氯乙烷预热器、二氯乙烷蒸发器、加热炉、冷却塔、二氯乙烷吸热器和脱焦槽。仓库的整个储存区不设防火墙，可作为一个单元。

选择评价单元时，可以从以下几个方面考虑：

① 潜在化学能（物质系数）；
② 工艺单元中危险物质的数量；
③ 资金密度（每平方米美元数）；
④ 操作压力和操作温度；
⑤ 导致火灾、爆炸事故的历史资料；
⑥ 对装置操作起关键作用的单元，如热氧化器。

一般情况下，这些方面的数值越大，该工艺单元越需要评价。

(2) 确定物质系数（MF）

在火灾、爆炸指数的计算和其他危险性评价时，物质系数（MF）是最基础的数值，它是表述物质由燃烧或其他化学反应引起的火灾、爆炸中释放能量大小的内在特性。物质系数根据由美国消防协会规定的物质可燃性 $N_f$ 和化学活性（或不稳定性）$N_r$，从表6.6中求取。

**表6.6　物质系数确定表**

| 液体、气体的易燃性或可燃性 | NFPA325M或49 | 反应性或不稳定性 | | | | |
|---|---|---|---|---|---|---|
| | | $N_r=0$ | $N_r=1$ | $N_r=2$ | $N_r=3$ | $N_r=4$ |
| 不燃物 | $N_f=0$ | 1 | 14 | 24 | 29 | 40 |
| F.P.＞93.3℃ | $N_f=1$ | 4 | 14 | 24 | 29 | 40 |
| 37.8℃≤F.P.≤93.3℃ | $N_f=2$ | 10 | 14 | 24 | 29 | 40 |
| 22.8℃≤F.P.≤37.8℃ 或F.P.＜22.8℃并且B.P.≥37.8℃ | $N_f=3$ | 16 | 16 | 24 | 29 | 40 |
| F.P.＜22.8℃并且B.P.≥37.8℃ | $N_f=4$ | 21 | 21 | 24 | 29 | 40 |
| 可燃性粉尘或烟雾 | | | | | | |
| St-1 ($K\leqslant200\text{Pa}\cdot\text{ms}^{-1}$) | | 16 | 16 | 24 | 29 | 40 |
| St-2 ($K=201\sim300\text{Pa}\cdot\text{ms}^{-1}$) | | 21 | 21 | 24 | 29 | 40 |
| St-3 ($K>300\text{Pa}\cdot\text{ms}^{-1}$) | | 24 | 24 | 24 | 29 | 40 |
| 可燃性固体 | | | | | | |
| 厚度＞40mm 紧密的 | $N_f=1$ | 4 | 14 | 24 | 29 | 40 |
| 厚度＜40mm 疏松的 | $N_f=2$ | 10 | 14 | 24 | 29 | 40 |
| 泡沫材料、纤维、粉状物等 | $N_f=3$ | 16 | 16 | 24 | 29 | 40 |

注：表中F.P.为闭杯闪点；B.P.为标准温度和压力下的沸点。

表中 $N_r$ 值可按下述原则确定：

① $N_r=0$，燃烧条件下仍能保持稳定的物质；

② $N_r=1$，加温加压条件下稳定性较差的物质；

③ $N_r=2$，加温加压易于发生剧烈化学反应变化的物质；

④ $N_r=3$，本身能发生爆炸分解或爆炸反应，但需强引发源或引发前必须在密闭条件下加热的物质；

⑤ $N_r=4$，在常温常压条件下自身易于引发爆炸分解或爆炸反应的物质。

(3) 计算一般工艺危险系数（$F_1$）

一般工艺危险性是确定事故损害大小的主要因素，共包括六项内容，即热反应、物料处理和输送、封闭单元或室内单元、通道、排放和泄漏。

一个评价单元不一定每项都包括，要根据具体情况选取恰当的系数，将这些危险系数相加，得到单元一般工艺危险系数。

(4) 计算特殊工艺危险系数（$F_2$）

特殊工艺危险性是影响事故发生概率的主要因素，共包括十二项内容，即毒性物质、负压物质、在爆炸极限范围内或其附近的操作、粉尘爆炸、释放压力、低温、易燃和不稳定物质的数量、腐蚀、泄漏、明火设备、热油交换系统、转动设备。

每一个评价单元不一定每项都要取值，有关各项按规定求取危险系数。如“易燃和不稳定物质的数量”分三种情况确定危险系数：

① 工艺中的液体和气体，求出评价单元中可燃或不稳定物质总量后乘以燃烧热 $H_c$（J/kg），得到总热量，然后从图 6.7 中查得危险系数。

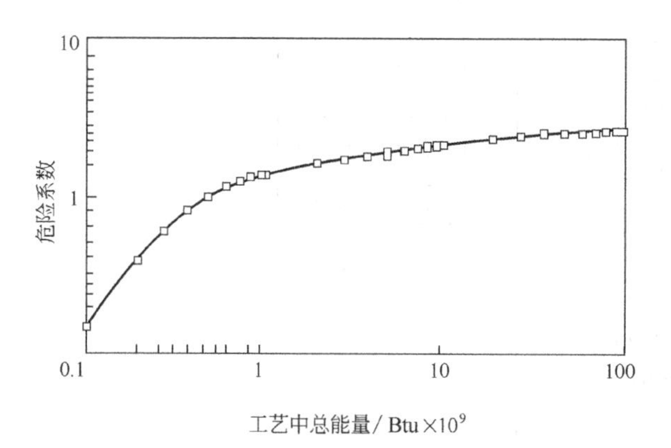


图 6.7 工艺中的液体和气体

（1Btu=1.055×10³J，下同）

② 储存中的液体和气体，求得总燃烧热，由图 6.8 查得危险系数。

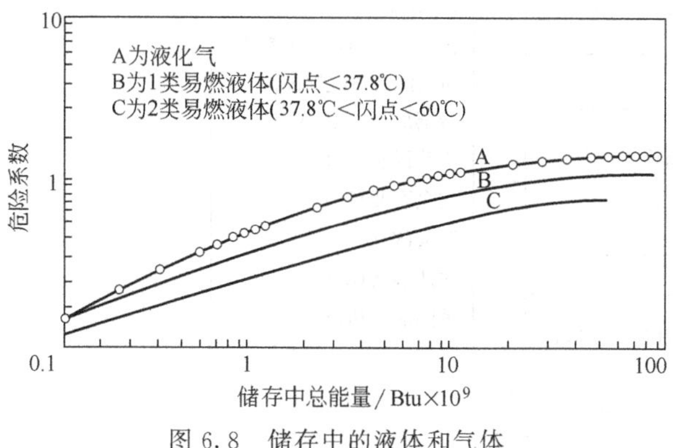


图 6.8 储存中的液体和气体

③ 储存中的可燃固体和工艺过程中的粉尘，则用储存固体总量（kg）或工艺单元中粉尘总量（kg），由图 6.9 查得危险系数。

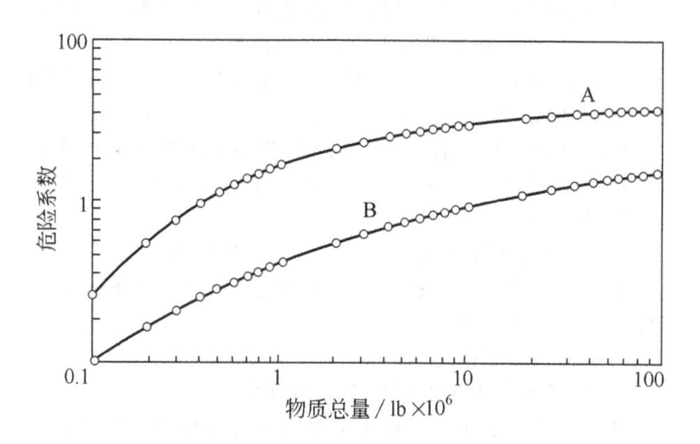


图 6.9 储存中的可燃固体/工艺过程中的粉尘

A 曲线：物质密度<10lb/ft³；B 曲线：物质密度>10lb/ft³

（1lb=0.45359237kg，1ft=0.3048m，下同）

将各项取值填入表 6.6 中，相加后即为单元特殊工艺危险系数。

(5) 确定单元危险系数（$F_3$）

单元危险系数（$F_3$）等于一般工艺危险系数（$F_1$）和特殊工艺危险系数（$F_2$）的乘积。

(6) 计算火灾、爆炸指数（F&EI）

火灾、爆炸指数用来估算生产过程中事故可能造成的破坏情况，它等于物质系数（MF）和单元危险系数（$F_3$）的乘积。道化学公司第七版还将火灾、爆炸指数划分成 5 个危险等级（见表 6.7），以便了解单元火灾、爆炸的严重度。

**表 6.7 F&EI 及危险等级**

| F&EI 值 | 危险等级 | F&EI 值 | 危险等级 |
|---|---|---|---|
| 1～60 | 最轻 | 128～158 | 很大 |
| 61～96 | 较轻 | >159 | 非常大 |
| 97～127 | 中等 | | |

(7) 确定暴露面积

用火灾、爆炸指数乘以 0.84，即可求出暴露半径 $R$。根据暴露半径计算出暴露区域面积（$S=\pi R^2$）。

(8) 确定暴露区域内财产的更换价值

$$更换价值=原来成本\times0.82\times价格增长系数 \quad (6.15)$$

式中，系数 0.82 是考虑事故时有些成本不会被破坏或无需更换，如场地平整、道路、地下管线和地基、工程费等。如果更换价值有更精确的计算，这个系数可以改变。

(9) 危害系数的确定

危害系数由单元危险系数（$F_3$）和物质系数（MF）按图 6.10 来确定。如果 $F_3$ 数值超过 8.0，以 8.0 来确定危害系数。

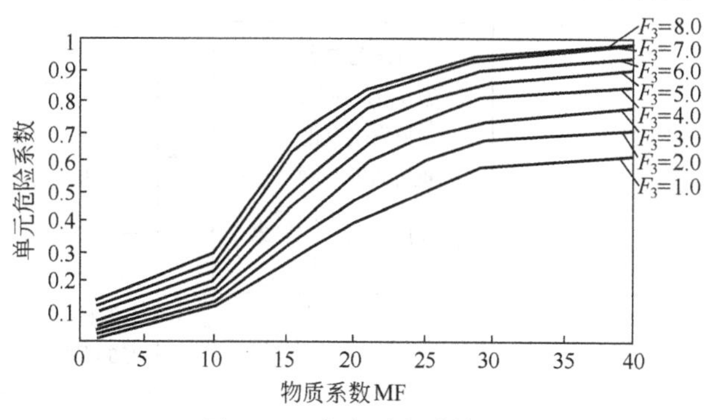


图 6.10 危害系数计算图

(10) 计算最大可能财产损失(基本 MPPD)

确定了暴露区域面积(实际为体积)和危害系数后,就可以计算事故造成的最大可能财产损失。

$$\text{基本 MPPD}=\text{暴露区域的更换价值}\times\text{危害系数} \quad (6.16)$$

(11) 安全措施补偿系数($C$)的计算

道化学公司第七版考虑的安全措施分成三类:工艺控制($C_1$)、物质隔离($C_2$)、防火措施($C_3$)。每一类的具体内容及相应补偿系数见表 6.5,其总的补偿系数是该类中所有选取系数的乘积,即单元安全措施补偿系数 $C$ 等于 $C_1$、$C_2$、$C_3$ 的乘积。

(12) 确定实际最大可能财产损失(实际 MPPD)

基本最大可能财产损失与安全措施补偿系数的乘积就是实际最大可能财产损失。它表示采取适当的(但不完全理想)防护措施后事故造成的财产损失。

(13) 最大可能工作日损失(MPDO)

估算最大可能工作日的损失是为了评价停产损失(BI)。MPDO 可由图 6.11 根据实际 MPDO 查出。

(14) 停产损失(BI)估算

$$BI=\frac{MPDO}{30}\times VPM\times 0.7 \quad (6.17)$$

式中,VPM 为月产值;0.7 为固定成本和利润。

最后根据造成损失的大小确定其安全程度。

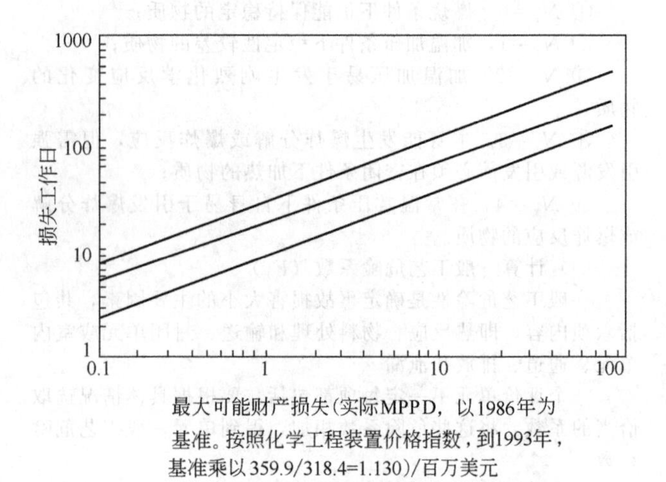


图 6.11 最大可能停工天数(MPDO)计算图

### 6.4.2 英国帝国化学公司蒙特法

英国帝国化学公司(ICI)蒙特(Mond)工厂,在美国道化学公司安全评价法的基础上,提出了一个更加全面、更加系统的安全评价法,称为 ICI Mond 法,或英国帝国化学公司蒙特法。该方法与道化学公司的方法原理相同,都是基于物质系数法。在肯定道化学公司的火灾、爆炸危险指数评价法的同时,又在其定量评价基础上对道化学公司第三版作了重要的改进和扩充。扩充内容主要有以下几点:①增加了毒性的概念和计算;②发展了某些补偿系数;③增加了几个特殊工程类型的危险性;④能对较广范围内的工程及储存设备进行研究。

改进和扩充后的蒙德法(Mond)评价的基本程序如图 6.12 所示。

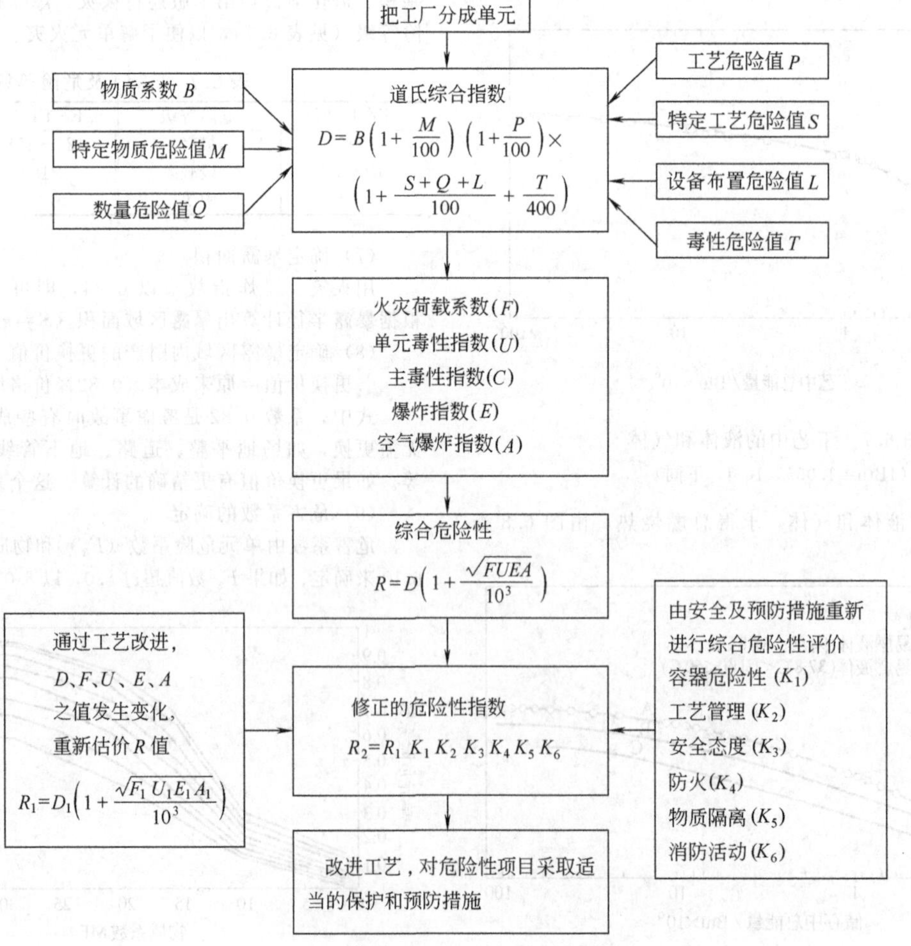


图 6.12 蒙德法(Mond)安全评价图

其评价步骤可以归纳为如下五个方面：

（1）确定需要评价的单元

根据工厂的实际情况，选择危险性比较大的工艺生产线、车间或工段确定为需要评价的单元或子系统。

（2）计算道氏综合指数 $D$

$$D=B(1+M/100)(1+P/100)[1+(S+Q+L)/100+T/400] \quad (6.18)$$

式中，$B$ 为物质系数，也写作 MF，一般是由物质的燃烧热值计算得来的；$M$ 为特殊物质危险值，即 SMH；$P$ 为一般工艺危险值，即 GPH；$S$ 为特殊工艺危险值，即 SPH；$Q$ 为数量危险值；$L$ 为设备布置危险值；$T$ 为毒性危险值。

各项包含的因素及取值见表 6.8。

**表 6.8　火灾、爆炸、毒性指标**

| 场所 | | | (4)高温 | | |
|---|---|---|---|---|---|
| 装置 | | | ①引火性 | 0～40 | |
| 单元 | | | ②构造物质 | 0～25 | |
| 物质 | | | 工程温度/K | | |
| 反应 | | | (5)腐蚀与浸蚀 | 0～150 | |
| 1. 物质系数 | | | (6)接头与垫圈泄漏 | 0～60 | |
| 燃烧热 $H_c$/(kJ/kg) | | | (7)振动负荷、循环等 | 0～50 | |
| 物质系数 $B$($B=\Delta 1.8H_c/1000$) | | | (8)难控制的工程或反应 | 20～300 | |
| 2. 特殊物质危险性 | 建议系数 | 采用系数 | (9)在燃烧范围或其附近条件下操作 | 0～150 | |
| (1)氧化性物质 | 0～20 | | 平均爆炸危险以下 | 40～100 | |
| (2)与水反应生成可燃气体 | 0～30 | | (10)粉尘或烟雾的危险性 | 30～70 | |
| (3)混合及扩散特性 | −60～60 | | (11)强氧化剂 | 0～300 | |
| (4)自然发热性 | 30～250 | | (12)工程着火敏感度 | 0～70 | |
| (5)自然聚合性 | 25～75 | | (13)静电危险性 | 0～200 | |
| (6)着火敏感度 | −75～150 | | 特殊工艺危险性合计 $S$ | | |
| (7)爆炸的分解性 | 125 | | 5. 量的危险性 | 建议系数 | 采用系数 |
| (8)气体的爆炸性 | 150 | | 物质合计/$m^3$ | | |
| (9)凝集层爆炸性 | 200～1500 | | 密度 | | |
| (10)其他性质 | 0～150 | | 量系数 $Q$ | 1～1000 | |
| 特殊物质危险性合计 $M$ | | | 6. 配置危险性 | 建议系数 | 采用系数 |
| 3. 一般工艺危险性 | 建议系数 | 采用系数 | 单元详细配置 | | |
| (1)使用与仅物理变化 | 10～50 | | 高度 $H$/m | | |
| (2)单一连续反应 | 0～50 | | 通常作业区域/$m^2$ | | |
| (3)单一间断反应 | 10～60 | | (1)构造设计 | 0～200 | |
| (4)同一装置内的重复反应 | 0～75 | | (2)多米诺效应 | 0～250 | |
| (5)物质移动 | 0～75 | | (3)地下 | 0～150 | |
| (6)可能输送的容器 | 10～100 | | (4)地面排水沟 | 0～100 | |
| 一般工艺危险性合计 $P$ | | | (5)其他 | 0～250 | |
| 4. 特殊工艺危险性 | 建议系数 | 采用系数 | 配置危险性合计 $L$ | | |
| (1)低压(<103kPa,绝对压力) | 0～100 | | 7. 毒性危险性 | 建议系数 | 采用系数 |
| (2)高压 | 0～150 | | (1)TLV 值 | 0～300 | |
| (3)低温(碳钢−10～10℃) | 15 | | (2)物质类型 | 25～200 | |
| (碳钢−10℃以下) | 30～100 | | (3)短期爆炸危险性 | −100～150 | |
| 其他物质 | 0～100 | | (4)皮肤吸收 | 0～300 | |
| | | | (5)物理性因素 | 0～50 | |
| | | | 毒性危险性合计 $T$ | | |

ICI Mond 法的特殊工艺危险值除包括道氏法中的几项指标外，又增加腐蚀、接头和垫圈造成的泄漏、振动、基础、使用强氧化剂、泄漏易燃物的着火点、静电危害等因素。

数量危险值是生产过程中与物质状态无关的、单元中关键材料的量，以质量表示，这个数值与物质系数中单位质量物质产生的燃烧热或反应热是一致的。

设备布置危险值是指当设备发生事故时，对其临近设备所造成的影响。这种影响有火灾、爆炸、设备倒塌、倾覆以及设备喷出的有害物等。其影响大小与设备形状、高度与基础比以及支承情况有关。毒性危险值是 ICI Mond 法的一个指数。毒性的大小用毒物的阈限值（TLV）表示。在计算时，主要用单元毒性指数即单元中物质的毒性（TLV）和主毒性指数即单元毒性指数乘以数量危险值。虽然由毒性造成的事故比较少，但在有爆炸危险的设备内阻制毒物的量是必要的。

设备布置危险值包括结构设计、通风情况、多米诺效应、地下结构、下水道收集溅出的污染物，以及厂房与主控制室、办公室的距离等。毒性危险值是由于维修、工艺过程失控、火灾、各种泄漏而引起毒物外漏，根据关键阈限值、暴露时间、暴露方式、物理因素确定。

计算综合危险性指数 $R$：

$$R=D+\left(1+\frac{\sqrt{FUEA}}{10^3}\right) \quad (6.19)$$

式中，$R$ 为综合危险性指数；$F$ 为火灾荷载系数；$U$ 为单元毒性指数；$E$ 为爆炸指数；$A$ 为空气爆炸指数（易爆物从设备内泄漏到本车间内与空气混合引起爆炸）。

计算综合危险性指数后按表 6.9 判断危险程度。

表 6.9　$D$ 值与危险程度判断表

| 道氏综合指数($D$)范围 | 危险程度 | 道氏综合指数($D$)范围 | 危险程度 |
|---|---|---|---|
| 0～20 | 缓和 | 90～115 | 极端 |
| 20～40 | 轻微 | 115～150 | 非常严重 |
| 40～60 | 中等 | 150～200 | 可能是灾难性的 |
| 60～75 | 中等偏大 | 200 以上 | 高度灾难性的 |
| 75～90 | 大 | | |

根据火灾荷载判断火灾危险性类别，见表 6.10。

表 6.10　火灾荷载与火灾危险性类别判断表

| 正常工作区的火灾荷载/(kcal/$m^2$) | 危险性分类 | 预期火灾持续时间/h | 备注 |
|---|---|---|---|
| 0～1022 | 轻微 | 1/4～1/2 | |
| 1022～2044 | 低 | | 住宅 |
| 2044～4088 | 中等 | 1～2 | 工厂 |
| 4088～8176 | 高 | 2～4 | 工厂 |
| 8176～20440 | 很高 | 4～10 | 占建筑物量大 |
| 20440～40880 | 强烈 | 10～20 | |
| 40880～102200 | 极端 | 20～50 | |
| 102200～204400 | 极端严重 | 50～100 | |

注：1kcal＝4.18kJ，下同。

爆炸指数与危险性分类见表 6.11。

表 6.11　爆炸指数与危险性分类

| 设备内爆炸指数 | 空气爆炸指数 | 危险性分类 |
|---|---|---|
| 0～1 | 0～10 | 轻微 |
| 1～2.5 | 10～30 | 低 |
| 2.5～4 | 30～100 | 中等 |
| 4～6 | 100～500 | 高 |
| 6 以上 | 500 以上 | 很高 |

毒性指数分为单元毒性指数 $U$ 和主毒性指数 $C$。$U$ 表示对毒性的影响和有关设备控制监督需要考虑的问题。$C$ 由单元毒性指数 $U$ 乘以数量危险值 $Q$ 得到。$Q$ 是毒物的量，$U$ 是单元中毒物得出的指数。毒性指数与危险性分类见表 6.12。

表 6.12　毒性指数与危险性分类

| 主毒性指数 $C$ | 单元毒性指数 $U$ | 危险性分类 |
|---|---|---|
| 0～20 | 0～1 | 轻微 |
| 20～50 | 1～3 | 低 |
| 50～200 | 3～6 | 中等 |
| 200～500 | 6～10 | 高 |
| 500 以上 | 10 以上 | 很高 |

综合危险性指数 $R$ 和危险性分类见表 6.13。在 $R$ 值的计算中，如其中任一影响因素为零，计算时以 1 计。

表 6.13　综合危险性指数与危险性分类

| 综合危险性指数 $R$ | 综合危险性分类 | 综合危险性指数 $R$ | 综合危险性分类 |
|---|---|---|---|
| 1～20 | 缓和 | 1100～2500 | 高(第一类) |
| 20～100 | 低 | 2500～12500 | 很高 |
| 100～500 | 中等 | 12500～65000 | 极端危险 |
| 500～1100 | 高(第二类) | 65000 以上 | 极端严重 |

(3) 采取安全措施后对综合危险性重新进行评价

在设计中采取的安全措施分为降低事故率和降低严重度两种。后者是指一旦发生事故，可以减轻造成的后果和损失，因此对应于各项安全措施分别给出了抵消系数，使综合危险性指数下降。

采取的措施主要有改进容器设计（$K_1$）、加强工艺过程的控制（$K_2$）、安全态度教育（$K_3$）、防火措施（$K_4$）、隔离危险的装置（$K_5$）、消防（$K_6$）等。每项都包括数项安全措施，根据其降低危险所起的作用给予小于 1 的补偿系数。各类安全措施补偿系数等于该类各项取值之积。安全措施补偿系数见表 6.14。

表 6.14　安全措施补偿系数

| 项目 | 用的系数 |
|---|---|
| 1. 容器危险性 | |
| (1)压力容器 | |
| (2)非压力容器 | |
| (3)输送配管 | |
| ①设计应变 | |
| ②接头和垫圈 | |
| (4)附加的容器及防护堤 | |
| (5)泄漏检查与响应 | |
| (6)排放物质的废弃 | |
| 容器系数积的合计 $K_1$＝ | |
| 2. 工艺管理 | |
| (1)警报系统 | |
| (2)紧急用电力供应 | |
| (3)工程冷却系统 | |
| (4)惰性气体系统 | |
| (5)危险性研究活动 | |
| (6)安全停止系统 | |
| (7)计算机管理 | |
| (8)爆炸及不正常反应的预防 | |
| (9)操作指南 | |
| (10)装置监督 | |
| 工业管理积的合计 $K_2$＝ | |
| 3. 安全态度 | |
| (1)管理者参加 | |
| (2)安全训练 | |
| (3)维修及安全程序 | |
| 安全态度积的合计 $K_3$＝ | |
| 4. 防火 | |
| (1)检测结构的防火 | |
| (2)防火墙、障碍等 | |
| (3)装置火灾的预防 | |
| 防火系数积的合计 $K_4$＝ | |
| 5. 物质隔离 | |
| (1)阀门系统 | |
| (2)通风 | |
| 物质隔离系数积的合计 $K_5$＝ | |
| 6. 消防活动 | |
| (1)火灾报警 | |
| (2)手动灭火器 | |
| (3)防火用水 | |
| (4)洒水器及水枪系统 | |
| (5)泡沫及惰性化设备 | |
| (6)消防队 | |
| (7)灭火活动的地域合作 | |
| (8)排烟换气装置 | |
| 消防活动系数积的合计 $K_6$＝ | |

计算抵消后的危险性等级 $R_2$ 的公式为：

$$R_2=R_1K_1K_2K_3K_4K_5K_6 \tag{6.20}$$

$$R_1=D_1\left(\frac{1+\sqrt{F_1U_1E_1A_1}}{10^3}\right) \tag{6.21}$$

式中，$R_2$ 为抵消后的综合危险性指数；$R_1$ 为通过工艺改进 $D_1$、$F_1$、$U_1$、$E_1$、$A_1$ 之值发生变化后重新计算的综合危险性指数。$K_1$ 为容器抵消系数（改进压力容器和管道设计标准等）；$K_2$ 为工艺控制抵消系数；$K_3$ 为安全态度抵消系数（安全法规、安全操作规范的教育等）；$K_4$ 为防火措施抵消系数；$K_5$ 为隔离危险性抵消系数；$K_6$ 为消防协作活动抵消系数。

其中，容器抵消系数包括设备设计、解决泄漏、检测系统、废料处理等因素造成的影响；工艺过程控制措施包括采用报警系统、备用施工电源、紧急冷却系统、情报系统、水蒸气灭火系统、抑爆装置、计算机控制等；安全态度包括企业领导人的态度、维修和安全规程、事故报告制度等；防火措施包括建筑防火、设备防火等；隔离措施包括隔离阀、安全水池、单向阀等；消防活动包括与友邻单位协作，以及消防器材、灭火系统、排烟装置等。

以上每项在 ICI Mond 工厂的火灾爆炸毒性指数技术手册中都列出具体的抵消系数。

通过反复评价，确定经补偿后的危险性降到可接受的水平，则可以建设或运转装置，否则必须更改设计或增加安全措施，然后重新进行评价，直至达到安全为止。

## 6.5 单元危险性快速排序法

国际劳工组织在《重大事故控制实用手册》中推荐荷兰劳动总管理局的单元危险性快速排序法。该法是道化学公司的火灾爆炸指数法的简化方法，使用起来简捷方便。该法主要用于评价生产装置火灾、爆炸潜在危险性大小，找出危险设备、危险部位。其程序如下：

（1）单元划分

首先将生产装置划分成单元，该法建议按工艺过程可划分成如下单元：供料部分；反应部分；蒸馏部分；收集部分；破碎部分；泄料部分；骤冷部分；加热/制冷部分；压缩部分；洗涤部分；过滤部分；造粒塔；火炬系统；回收部分；存储装置的每个罐、储罐、大容器；存储用袋、瓶、桶盛装的危险物质的场所。

（2）确定物质系数和毒性系数

根据美国防火协会的物质系数表直接查出被评价单元内危险物质的物质系数，并由该表查出健康危害系数，按表6.15转换为毒性系数。

表 6.15 健康危害系数与毒性系数

| 健康危害系数 | 毒性系数($T_n$) | 健康危害系数 | 毒性系数($T_n$) |
|---|---|---|---|
| 0 | 0 | 3 | 250 |
| 1 | 50 | 4 | 325 |
| 2 | 125 | | |

（3）计算一般工艺危险性系数（GPH）

由以下工艺过程对应的分数值之和，求出一般工艺危险性系数：

① 放热反应：表 6.16 列出了各种放热反应及其相应的系数值。

② 吸热反应：燃烧（加热）、电解、裂解等吸热反应取 0.20；利用燃烧为煅烧、裂解提供热源时取 0.40。

③ 存储与运输：a. 危险物质的装卸取 0.50；b. 在仓库、庭院用桶、运输罐储存危险物质；c. 储存温度在常压沸点之下取 0.30；d. 储存温度在常压沸点以上取 0.60。

④ 封闭单元：a. 在闪点之上、常压沸点下的可燃液体取 0.30；b. 在常压沸点之上的可燃液体或液化石油气取 0.50。

⑤ 其他方面：用桶、袋、箱盛装危险物质，使用离心机，容器用于一种以上反应等取 0.50。

（4）计算特殊工艺危险性系数（SPH）

由下列各种工艺条件对应的分数值之和求出工艺危险性系数：

① 工艺温度：a. 在物质闪点之上取 0.25；b. 在物质常压沸点以上取 0.60；c. 物质自燃温度低，且可被热供气管引燃取 0.75。

② 负压：a. 向系统内泄漏空气，无危险不考虑；b. 向系统内泄漏空气，有危险取 0.50；c. 氢收集系统取 0.50；d. 绝对压力 0.67kPa 以下的真空蒸馏，向系统内泄漏空气或污染物，有危险取 0.75。

③ 在爆炸范围内或爆炸极限附近操作：a. 露天储罐储存可燃物质，在蒸气空间中混合气体浓度在爆炸范围内或爆炸极限附近取 0.50；b. 接近爆炸极限的工艺或需用设备和或氮、空气清洗、冲淡，以维持在爆炸范围以外的操作，取 0.75；c. 在爆炸范围内操作的工艺取 1.00。

④ 操作压力：操作压力高于大气压力时需考虑压力系数。

可燃或易燃液体由图 6.13，查出相应的系数或按下式计算相应系数：

$$y=0.435\ln p \tag{6.22}$$

式中，$p$ 为减压阀确定的绝对压力。高黏滞性物质 $0.79y$；压缩气体 $1.2y$；液化可燃气体 $1.3y$。

表 6.16 各种放热反应及其相应的系数值

| 系数 | 0.2 | 0.3 | 0.5 | 0.75 | 1.0 | 1.25 |
|---|---|---|---|---|---|---|
| 放热反应 | 固体、液体、可燃性混合气体燃烧 | 加氢<br>水解<br>烷基化<br>异构化<br>磺化<br>中和 | 酯化<br>氧化<br>聚合<br>缩合<br>异物(不稳定、强反应性物质) | 酯化(较不稳定、较强反应性物质) | 卤化<br>氧化(强氧化剂) | 硝化<br>酯化(不稳定、强反应性物质) |

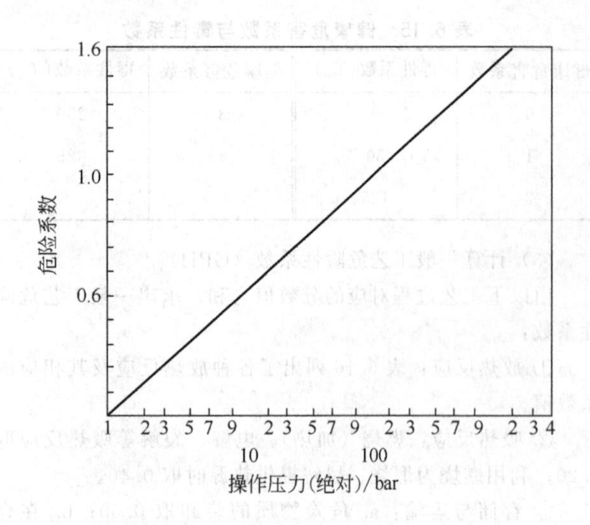


图 6.13　操作压力的影响系数（1bar=$10^5$Pa，下同）

挤压或模压不考虑。

⑤ 低温：a. －30～0℃之间的工艺取 0.30；b. 低于－30℃的工艺取 0.50。

⑥ 危险物质的数量：a. 加工处理中，由图 6.14 查出相应的系数。在计算时应考虑事故发生时容器或一组相互连接的容器中的物质可能全部泄出；b. 储存中，由图 6.15 查出加压液化气体（A）和可燃液体（B）的相应系数。

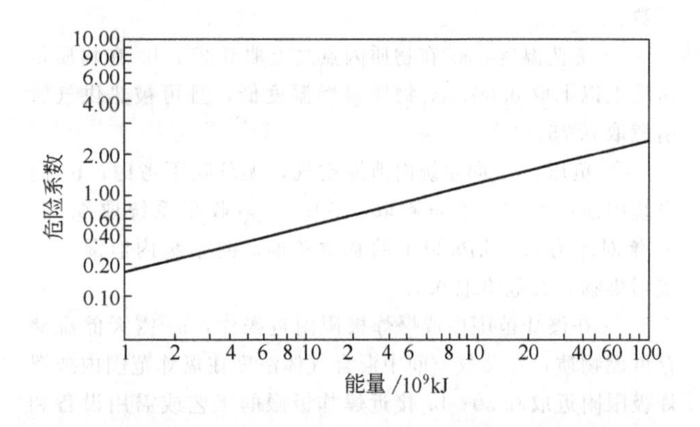


图 6.14　可燃物质在加工处理中的影响系数

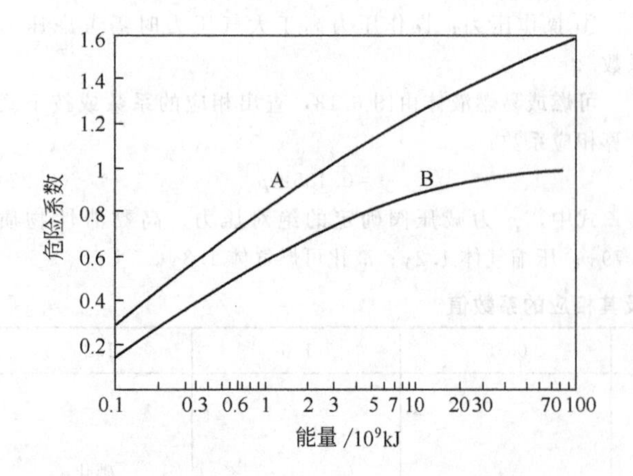


图 6.15　可燃物质在储存中出现的能量的影响系数

⑦ 腐蚀：腐蚀有装置内部腐蚀和外部腐蚀两类，如加工处理液体中少量杂质的腐蚀，油层和涂层破损而发生的外部腐蚀，衬的缝隙、接合或针洞处的腐蚀等。a. 局部剥蚀，腐蚀率为 0.5mm/a 取 0.10；b. 腐蚀率大于 0.5mm/a、小于 1mm/a 取 0.20；c. 腐蚀率大于 1mm/a 取 0.50。

⑧ 接头或密封处泄漏：a. 泵和密封盖自然泄漏取 0.10；b. 泵和法兰定量泄漏取 0.20；c. 液体透过密封泄漏取 0.40；d. 观察玻璃、组合软管和伸缩接头泄漏取 1.50。

（5）计算火灾、爆炸指数

① 火灾、爆炸指数 $F$：

$$F=\mathrm{MF}(1+\mathrm{GPH})(1+\mathrm{SPH}) \tag{6.23}$$

式中，MF 为物质系数；GPH 为一般工艺危险性系数；SPH 为特殊工艺危险性系数。

② 毒性指标 $T$：

$$T=\frac{T_n+T_s}{100}(1+\mathrm{GPH}+\mathrm{SPH}) \tag{6.24}$$

式中，$T_n$ 为物质毒性系数；$T_s$ 为考虑有毒物质（最高容许浓度）的系数，见表 6.17。

**表 6.17　有毒物质 MAC 的系数**

| 最高容许浓度 MAC 值/(mg/m$^3$) | $T_s$ |
|---|---|
| ＜5 | 125 |
| 5 | 75 |
| ＞50 | 50 |

（6）评价危险等级

该方法把单元危险性划分为 3 级，评价时取火灾、爆炸指数和毒性指标相应的危险等级中最高的作为单元危险等级。单元危险等级划分见表 6.18。

**表 6.18　单元危险等级**

| 等级 | 火灾爆炸指数 | 毒性指数 |
|---|---|---|
| Ⅰ | $F<65$ | $T<6$ |
| Ⅱ | $65\leqslant F<95$ | $6\leqslant T<10$ |
| Ⅲ | $F\geqslant 95$ | $T\geqslant 10$ |

## 6.6　易燃、易爆、有毒重大危险源评价法

该方法是在大量重大火灾、爆炸、毒物泄漏中毒事故资料的统计分析基础上，从物质危险性、工艺危险性入手分析了重大事故发生的原因、条件，评价事故的影响范围、伤亡人数和经济损失后得出的。该方法提出了工艺设备、人员素质以及安全管理三大方面的 107 个指标，组成评价指标集。

该方法采用的数学评价模型为：

$$A=\left\{\sum_{i=1}^{n}\sum_{j=1}^{m}(B_{111})_i W_{ij}(B_{112})_j\right\}B_{12}\prod_{k=1}^{3}(1-B_{2k}) \tag{6.25}$$

式中，$(B_{111})_i$ 为第 $i$ 种物质危险性的评价值；$(B_{112})_j$ 为第 $j$ 种工艺危险性的评价值；$W_{ij}$ 为第 $j$ 种工艺与第 $i$ 种物质危险性的相关系数；$B_{12}$ 为事故严重度评价值；$B_{21}$ 为工艺、设备、容器、建筑结构抵消因子；$B_{22}$ 为人员素质抵消因子；$B_{23}$ 为安全管理抵消因子。

该方法的工艺流程如图 6.16 所示。该方法用于对重大危险源的风险评价，能够准确地评价出系统内危险物质、工艺过程的危险程度、危险性等级，较精确地计算出事故后果的严重程度。

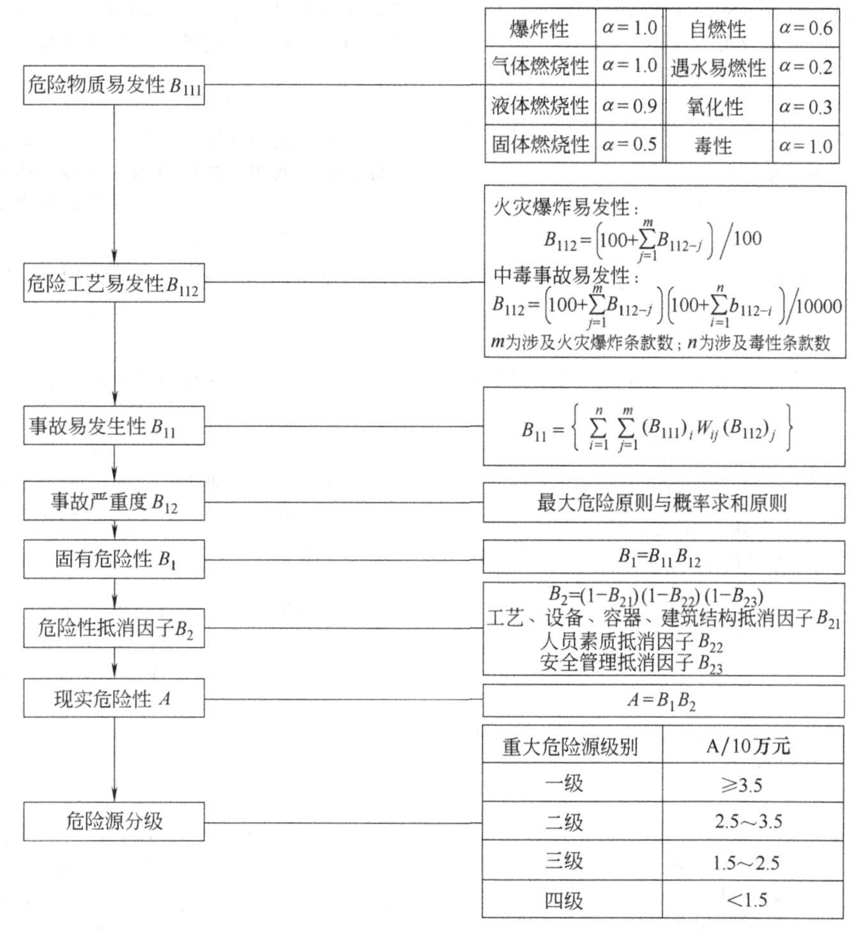


图 6.16　易燃、易爆、有毒重大危险源评价程序

## 6.7　伤害（或破坏）范围评价法

随着科学技术的进步，一方面，易燃易爆有毒危险品的加工、储存和运输规模越来越大；另一方面，加工和储运化学危险品的技术系统一旦发生事故，给社会造成的人员伤害和财产损失也越来越严重。对于这些发生频率虽低，但后果严重的爆炸和毒气泄漏事故，各国政府和民众都非常重视。因此，对爆炸、中毒等重大事故危害后果的分析评价，将为政府和企业采取安全措施和制定事故应急救援预案提供依据。

### 6.7.1　泄漏

由于设备损坏或操作失误引起泄漏，大量易燃、易爆、有毒有害物质的释放，将会导致火灾、爆炸、中毒等重大事故发生。因此，事故后果分析由泄漏分析开始。

#### 6.7.1.1　泄漏情况分析

（1）泄漏的主要设备

根据各种设备泄漏情况分析，可将工厂（特别是化工厂）中易发生泄漏的设备归纳为以下10类：管道、挠性连接器、过滤器、阀门、压力容器或反应器、泵、压缩机、储罐、加压或冷冻气体容器及火炬燃烧装置或放散管等。

（2）泄漏后果

泄漏一旦出现，其后果不单与物质的数量、易燃性、毒性有关，而且与泄漏物质的相态、压力、温度等状态有关。这些状态可有多种不同的结合，在后果分析中，常见的可能结合有4种：常压液体、加压液化气体、低温液化气体、加压气体。

泄漏物质的物性不同，其泄漏后果也不同：

① 可燃气体泄漏：可燃气体泄漏后与空气混合达到燃烧极限时，遇到引火源就会发生燃烧或爆炸；

② 有毒气体泄漏：有毒气体泄漏后形成云团在空气中扩散，有毒气体的浓密云团将笼罩很大的空间，影响范围大；

③ 液体泄漏：一般情况下，泄漏的液体在空气中蒸发而生成气体，泄漏后果与液体的性质和储存条件（温度、压力）有关。

#### 6.7.1.2　泄漏量计算

（1）液体泄漏模型

液体泄漏速度可用流体力学的伯努利方程计算，其泄漏速度为：

$$Q_0=C_dA\rho\sqrt{\frac{2(p-p_0)}{\rho}+2gh} \tag{6.26}$$

式中，$Q_0$为液体泄漏速度，kg/s；$C_d$为液体泄漏系数，如表6.19所示；$A$为裂口面积，$m^2$；$\rho$为泄漏液体密度，$kg/m^3$；$p$为容器内介质压力，Pa；$p_0$为环境压力，Pa；$g$为重力加速度，$9.8m/s^2$；$h$为裂口之上液位高度，m。

**表6.19　液体泄漏系数 $C_d$**

| 雷诺数（$Re$） | 裂口形状 | | |
|---|---|---|---|
| | 圆形（多边形） | 三角形 | 长方形 |
| >100 | 0.65 | 0.60 | 0.55 |
| ≤100 | 0.50 | 0.45 | 0.40 |

（2）气体泄漏模型

气体从裂口泄漏的速度与其流动状态有关。因此，计算泄漏量时首先要判断泄漏时气体流动属于音速还是亚音速流动，前者称为临界流，后者称为次临界流。

当下式成立时，气体流动属音速流动：

$$\frac{p_0}{p} \leqslant \left(\frac{2}{k+1}\right)^{\frac{k}{k-1}} \tag{6.27}$$

当下式成立时，气体流动属亚音速流动：

$$\frac{p_0}{p} > \left(\frac{2}{k+1}\right)^{\frac{k}{k-1}} \tag{6.28}$$

式中，$p$ 为容器内介质压力，Pa；$p_0$ 为环境压力，Pa；$k$ 为气体的绝热指数，即定压比热容 $C_p$ 与定容比热容 $C_V$ 之比。

气体呈音速流动，其泄漏量为式（6.29），气体呈亚音速流动时，其泄漏量为式（6.30）。

$$Q_0 = C_d A \rho \sqrt{\frac{Mk}{RT}\left(\frac{2}{k+1}\right)^{\frac{k+1}{k-1}}} \tag{6.29}$$

$$Q_0 = Y C_d A \rho \sqrt{\frac{Mk}{RT}\left(\frac{2}{k+1}\right)^{\frac{k+1}{k-1}}} \tag{6.30}$$

$$Y = \sqrt{\left(\frac{2}{k-1}\right)\left(\frac{k+1}{2}\right)^{\frac{k+1}{k-1}}\left(\frac{p}{p_0}\right)^{\frac{2}{k}}\left[1-\left(\frac{p_0}{p}\right)^{\frac{k-1}{k}}\right]} \tag{6.31}$$

式中，$C_d$ 为气体泄漏系数，当裂口形状为圆形时取 1.00，三角形时取 0.95，长方形时取 0.90；$Y$ 为气体膨胀因子；$M$ 为分子量；$\rho$ 为气体密度，$kg/m^3$；$R$ 为气体常数，J/(mol·K)；$T$ 为气体温度，K。

(3) 两项流动泄漏模型

在过热液体发生泄漏时，有时会出现气、液两相流动，兼有气体泄漏和液体泄漏的双重特点。

均匀两相流动的泄漏速度可按下式计算：

$$Q_0 = C_d A \sqrt{2\rho(p-p_c)} \tag{6.32}$$

式中，$Q_0$ 为两相流动混合物泄漏速度，kg/s；$C_d$ 为两相流动混合物泄漏系数，可取 0.8；$A$ 为裂口面积，$m^2$；$p$ 为两相混合物的压力，Pa；$p_c$ 为临界压力，Pa，可取 $p_c=0.55$ Pa；$\rho$ 为两相混合物的平均密度，$kg/m^3$，它由下式计算：

$$\rho = \frac{1}{\dfrac{F_v}{\rho_1}+\dfrac{1-F_v}{\rho_2}} \tag{6.33}$$

式中，$\rho_1$ 为液体蒸发的蒸气密度，$kg/m^3$；$\rho_2$ 为液体密度，$kg/m^3$；$F_v$ 为蒸发的液体占液体总量的比例，它由下式计算：

$$F_v = \frac{C_p(T-T_c)}{H} \tag{6.34}$$

式中，$C_p$ 为两相混合物的定压比热容，J/(kg·K)；$T$ 为两相混合物的温度，K；$T_c$ 为临界温度，K；$H$ 为液体的汽化热，J/kg。

当 $F_v>1$ 时，表明液体将全部蒸发成气体，这时应按气体泄漏公式计算；如果 $F_v$ 很小，则可近似按液体泄漏公式计算。

### 6.7.2　扩散

泄漏物质的特性多种多样，而且还受原有条件的强烈影响，但大多数物质从容器中泄漏出来后，都可以发展成弥散的气团向周围空间扩散。对可燃气体若遇到引火源会着火。这里只讨论气团原形释放的开始形式，即液体泄漏后扩散和喷射扩散。

#### 6.7.2.1　液体扩散模型

液体泄漏后立即扩散到地面，一直流到低洼处或人工边界，如防火堤、岸墙等，形成液池。液体泄漏出来不断蒸发，当液体蒸发速度等于泄漏速度时，液池中的液体量将维持不变。

(1) 液池面积

如果泄漏的液体已达到人工边界，则液池面积即为人工边界围成的面积。如果泄漏的液体未达到人工边界，则将假设液体的泄漏点为中心呈扁圆柱形在光滑平面上扩散，这时液池半径 $r$ 用下式计算：

瞬时泄漏（瞬时泄漏时间不超过 30s）时

$$r = \left(\frac{8gm}{\pi p}\right)^{\frac{\sqrt{t}}{4}} \tag{6.35}$$

连续泄漏（泄漏持续 10min 以上）时：

$$r = \left(\frac{32gmt^3}{\pi p}\right)^{\frac{1}{4}} \tag{6.36}$$

式中，$r$ 为液池半径，m；$m$ 为泄漏的液体质量，kg；$g$ 为重力加速度，$9.8m/s^2$；$p$ 为设备中液体压力，Pa；$t$ 为泄漏时间，s。

(2) 蒸发量

液池内液体蒸发按其机理可分为闪蒸、热量蒸发和质量蒸发 3 种：

① 闪蒸：过热液体排漏后，由于液体的自身热量而直接蒸发称为闪蒸。发生闪蒸时液体蒸发速度 $Q_1$ 可由下式计算：

$$Q_1 = F_v \frac{m}{t} \tag{6.37}$$

式中，$F_v$ 为直接蒸发的液体与液体总量的比例；$m$ 为泄漏的液体总量，kg；$t$ 为闪蒸时间，s。

② 热量蒸发：当 $F_v<1$ 或 $Q_1<m$ 时，则液体闪蒸不完全，有一部分液体在地面形成液池并吸收地面热量而汽化，称为热量蒸发。热量蒸发速度 $Q_1$ 按下式计算：

$$Q_1 = \frac{KA_1(T_0-T_b)}{H\sqrt{\pi\alpha t}} + \frac{KNuA_1}{HL}(T_0-T_b) \tag{6.38}$$

式中，$A_1$ 为液池面积，$m^2$；$T_0$ 为环境温度，K；$T_b$ 为液体沸点，K；$L$ 为液池长度，m；$\alpha$ 为热扩散系数，$m^2/s$，如表 6.20 所示；$K$ 为热导率，J/(m·K)，如表 6.20 所示；$t$ 为蒸发时间，s；$Nu$ 为努舍尔特（Nusselt）数。

**表 6.20　某些地面的热传递性质**

| 地面情况 | K/[J/(m·K)] | α/(m²/s) |
|---|---|---|
| 水泥 | 1.1 | $1.29\times10^{-7}$ |
| 土地(含水 8%) | 0.9 | $4.3\times10^{-7}$ |
| 干阔土地 | 0.3 | $2.3\times10^{-7}$ |
| 湿地 | 0.6 | $3.3\times10^{-7}$ |
| 砂砾地 | 2.5 | $11.0\times10^{-7}$ |

③ 质量蒸发：当地面传热停止时，热量蒸发终止，转而由液池表面之上气流运动使液体蒸发，称为质量蒸发。其蒸发速度 $Q_1$ 为：

$$Q_1 = \alpha Sh \frac{A}{L}\rho_1 \tag{6.39}$$

式中，$\alpha$ 为分子扩散系数，$m^2/s$；$Sh$ 为舍伍德（Sherwood）数；$A$ 为液池面积，$m^2$；$L$ 为液池长度，m；$\rho_1$ 为液体的密度，$kg/m^3$。

#### 6.7.2.2　喷射扩散模型

气体泄漏时从裂口喷出形成气体喷射。大多数情况下气体直接喷出后，其压力高于周围环境大气压力，温度低于环境温度。在进行气体喷射计算时，应以等价喷射孔口直径计算。等价喷射的孔口直径按下式计算：

$$D=D_0\sqrt{\frac{\rho_0}{\rho}} \tag{6.40}$$

式中，$D$ 为等价喷射孔径，m；$D_0$ 为裂口孔径，m；$\rho_0$ 为泄漏气体的密度，kg/m$^3$；$\rho$ 为周围环境条件下气体的密度，kg/m$^3$。

如果气体泄漏能瞬时达到周围环境的温度、压力状况，即 $\rho_0=\rho$，则 $D=D_0$。

(1) 喷射的浓度分布

在喷射轴线上距孔口 $x$ 处得气体浓度 $C(x)$ 为

$$C(x)=\frac{\dfrac{b_1+b_2}{b_1}}{0.32\dfrac{x}{D}\times\dfrac{\rho}{\sqrt{\rho_0}}+1-\rho} \tag{6.41}$$

$$b_1=50.5+48.2\rho-9.95\rho^2$$

$$b_2=23.0+41.0\rho$$

符号意义同前。

如果把式 (6.41) 改写成 $x$ 是 $C(x)$ 的函数形式，则给定某浓度值 $C(x)$，就可算出具有该浓度的点至孔口的距离 $x$。

在过喷射轴线上点 $x$ 且垂直于喷射轴线的平面内任一点处的气体浓度为：

$$\frac{C(x,y)}{C(x)}=e^{-b_2(y/x)^2} \tag{6.42}$$

式中，$C(x,y)$为距裂口距离 $x$ 且垂直于喷射轴线的平面内 $y$ 点的气体浓度，kg/m$^3$；$C(x)$ 为喷射轴线上距裂口 $x$ 处的气体浓度，kg/m$^3$；$b_2$ 为分布函数，意义同前；$y$ 为目标点到喷射轴线的距离，m。

(2) 喷射轴线上的速度分布

喷射速度随着轴线距离的增大而减小，直到轴线上的某一点喷射速度等于风速为止，该点称为临界点。临界点以后的气体运动不再符合喷射规律。沿喷射轴线上的速度分布由下式得出：

$$\frac{V(x)}{V_0}=\frac{\rho_0}{\rho}\times\frac{b_1}{4}\left(0.32\frac{x}{d}\times\frac{\rho}{\rho_0}+1-\rho\right)\left(\frac{D}{x}\right)^2 \tag{6.43}$$

式中，$\rho_0$ 为泄漏气体的密度，kg/m$^3$；$\rho$ 为周围环境条件下气体的密度，kg/m$^3$；$D$ 为等价喷射孔径，m；$b_1$ 为分布函数，意义同前；$x$ 为喷射轴线上距裂口某点的距离，m；$V(x)$ 为喷射轴线上距裂口 $x$ 处一点的速度，m/s；$V_0$ 为喷射初速，等于气体泄漏时流出裂口时的速度，m/s。

$$V_0=\frac{Q_0}{C_d\rho\pi\left(\dfrac{D_0}{2}\right)^2} \tag{6.44}$$

式中，$Q_0$ 为气体泄漏速度，kg/s；$C_d$ 为气体泄漏系数；$D_0$ 为裂口直径，m。

当临界点处的浓度小于允许浓度（如可燃气体的燃烧下限或者有害气体最高允许浓度）时，只需按喷射来分析；若该点浓度大于允许浓度时，则需要进一步分析泄漏气体在大气中扩散的情况。

## 6.7.3 爆炸

### 6.7.3.1 概述

爆炸是物质的一种非常急剧的物理、化学变化，也是大量能量在短时间内迅速释放或急剧转化成机械功的现象。它通常是借助于气体的膨胀来实现。

按爆炸性质可分为物理爆炸和化学爆炸。物理爆炸就是物质状态参数（温度、压力、体积）迅速发生变化，在瞬间放出大量能量并对外做功的现象。其特点是在爆炸现象发生过程中，造成爆炸发生的介质的化学性质不发生变化，发生变化的仅是介质的状态参数。化学爆炸就是物质由一种化学结构迅速转变为另一种化学结构，在瞬间放出大量能量并对外做功的现象。化学爆炸的特点是：爆炸发生过程中介质的化学性质发生了变化，形成爆炸的能源来自物质迅速发生化学变化时所释放的能量。

### 6.7.3.2 物理爆炸的能量

物理爆炸如压力容器破裂时，气体膨胀所释放的能量（即爆破能量）不仅与气体压力和容器的容积有关，而且与介质在容器内的物性相态相关。

(1) 压缩气体与蒸气容器的爆炸能量

当压力容器中介质为压缩气体，即以气态形式存在而发生爆炸时，气体膨胀所释放的能量（即爆炸能量）与压力容器的容积有关。其爆炸能量即为气体介质膨胀所做的功，可按理想气体绝热膨胀做功公式计算，即：

$$E_g=\frac{pV}{\kappa-1}\left[1-\left(\frac{0.1013}{p}\right)^{\frac{\kappa-1}{\kappa}}\right]\times10^3 \tag{6.45}$$

式中，$E_g$ 为气体的爆炸能量，kJ；$p$ 为容器内气体的绝对压力，MPa；$V$ 为容器的体积，m$^3$；$\kappa$ 为气体的等熵指数，当 $\kappa$ 为 1.135 时，常用压力下饱和蒸气的爆炸能量系数如表 6.21 所示。

**表 6.21 常用压力下饱和蒸气的爆炸能量系数（$\kappa$=1.135）**

| 额定压力 $p$ /MPa | 0.4 | 0.5 | 0.6 | 0.8 | 0.9 | 1.1 | 1.4 | 1.7 | 2.6 | 3.1 |
|---|---|---|---|---|---|---|---|---|---|---|
| 爆炸能量系数 $C_s$ /(MJ/m$^3$) | 0.437 | 0.628 | 0.831 | 1.27 | 1.50 | 1.98 | 2.75 | 3.56 | 6.24 | 7.77 |

(2) 液化气体和高温饱和水容器的爆炸能量

在液氯、液氨储罐及锅炉等压力容器内，介质一般以气、液两种物态存在，介质工作压力大于大气压力，介质温度高于其在大气压力下的沸点（也称“过热”）。当容器破裂发生爆炸时，除了气体急剧膨胀对外做功外，还有过热液体激烈的蒸发过程。在大多数情况下，这类容器内的饱和液体占有容器介质质量的绝大部分，它的爆炸能量比饱和气体大得多，一般计算时不考虑气体膨胀所做的功。由于这类爆炸在瞬间完成，可按绝热过程计算其爆炸能量。

① 液化气体容器的爆炸能量：液化气体容器破裂爆炸释放出的能量可按下式计算：

$$E=[(H_1-H_2)-(S_1-S_2)T_b]W \tag{6.46}$$

式中，$E_L$ 为过热状态下液体的爆炸能量，kJ；$H_1$ 为爆炸前液化气体的焓，kJ/kg；$H_2$ 为在大气压力下饱和液体的焓，kJ/kg；$S_1$ 为爆炸前饱和液体的熵，kJ/(kg · K)；$S_2$ 为在大气压力下饱和液体的熵，kJ/(kg · K)；$T_b$ 为介质在大气压力下的沸点，K；$W$ 为饱和液体的质量，kg。

② 饱和水容器的爆炸能量：常用压力下饱和水的爆炸能量可按下列简化公式计算：

$$E_w=C_wV \tag{6.47}$$

式中，$E_w$ 为饱和水容器的爆炸能量，kJ；$V$ 为容器内饱和水所占的体积，m$^3$；$C_w$ 为饱和水爆炸能量系数，kJ/m$^3$。

饱和水爆炸能量系数由压力决定，常用压力下饱和水的爆炸能量系数如表 6.22 所示。

**表 6.22 常用压力下饱和水的爆炸能量系数**

| 额定压力 $p$/MPa | 0.4 | 0.5 | 0.6 | 0.8 | 0.9 | 1.1 | 1.4 | 1.7 | 2.6 | 3.1 |
|---|---|---|---|---|---|---|---|---|---|---|
| 爆炸能量系数 $C_w$ /(MJ/m$^3$) | 23.8 | 27.2 | 32.5 | 41.4 | 45.6 | 53.6 | 63.5 | 72.4 | 95.6 | 106 |

#### 6.7.3.3　化学爆炸的能量

（1）凝聚相爆炸

凝聚相含能材料爆炸能产生多种破坏效应，如热辐射、一次破片作用、有毒性气体产物的致命效应，但破坏力最强、破坏区域最大的是冲击波的破坏效应，因此，凝聚相爆炸模型主要考虑冲击波的伤害作用。

凝聚相含能材料的爆炸冲击波最大正向超压 $\Delta p_s$，可按下式计算：

$$\Delta p_s = 0.137Z^{-3} + 0.119Z^{-2} + 0.269Z^{-1} - 0.019 \tag{6.48}$$

$$\overline{\Delta p_s} = \Delta p_s / p_0$$

$$Z = R \Big/ \left(\frac{1000E}{P_a}\right)^{1/3}$$

$$E = 1.8WQ_c$$

式中，$\overline{\Delta p_s}$ 为冲击波超压与环境压力的比值；$Z$ 为无量纲距离；$\Delta p_s$ 为冲击波超压，Pa；$p_a$ 为环境压力，一般取101325Pa；$R$ 为目标到爆源的水平距离，m；$E$ 为爆源总能量，kJ；$W$ 为含能材料的质量，kg；$Q_c$ 为爆炸料的爆热，kJ/kg。

（2）蒸气云爆炸

易燃易爆气体如氢气、天然气等，泄漏后随着风向扩散，与周围空气混合成易燃易爆混合物，在扩散过程中如遇到点火源，延迟点火，又要存在某些特殊原因和条件，火焰加速传播，产生爆炸冲击波超压，发生蒸气云爆炸（vapor cloud explosion，VCE）。VCE 是一类经常发生且后果十分严重的爆炸性事故。

易燃易爆的液化气体如液化石油气、液化丙烷、液化丁烷等，其沸点远小于环境温度，泄漏后将会由于自身的热量、地面传热、太阳辐射、气流运动等迅速蒸发，在液池上面形成蒸气云，与周围空气混合成易燃易爆混合物，并且随着风向扩散，在扩散过程中如遇到点火源，也会发生蒸气云爆炸。蒸气云爆炸产生的冲击波超压是其主要危害。

蒸气云爆炸冲击波最大正向超压 $\Delta p_s$，可按下式计算：

$$\Delta p_s = e^A p_a \tag{6.49}$$

$$A = -0.9126 - 1.5058\ln Z + 0.1675(\ln Z)^2 - 0.032(\ln Z)^3$$

$$Z = R \Big/ \left(\frac{1000E}{p_0}\right)^{1/3}$$

$$E = 1.8aWQ_c$$

$$\overline{\Delta p_s} = \Delta p_s / p_0$$

式中，$\overline{\Delta p_s}$ 为冲击波超压与环境压力的比值；$Z$ 为无量纲距离；$\Delta p_s$ 为冲击波超压，Pa；$p_a$ 为环境压力，一般取101325Pa；$E$ 为爆源总能量，kJ；$W$ 为蒸气云中对爆炸冲击波有实际影响的质量，kg；$Q_c$ 为燃料的燃烧热，kJ/kg。

### 6.7.4　中毒

有毒物质泄漏后生成有毒蒸气云，它在空气中飘移、扩散，直接影响现场人员并可能波及居民区。大量剧毒物质泄漏可能带来严重的人员伤亡、财产损失和环境污染。

毒物对人员的伤害程度取决于毒物的性质、浓度和人员与毒物接触的时间等因素。有毒物质泄漏初期，其毒气形成气团密集在泄漏源周围，随后由于环境温度、地形、风力和湍流等影响使气团飘移、扩散，扩散范围变大，浓度减小。在后果分析中，往往不考虑毒物泄漏的初期情况，即工厂范围内的现场情况，而主要计算毒气气团在空气中飘移、扩散的范围、浓度和接触毒物的人数等。

毒物泄漏后果的概率函数法是通过人们在一定时间接触一定浓度毒物所造成影响的概率来描述毒物泄漏后果的一种表示法。概率与中毒死亡百分率有直接关系，二者可以互相换算，如表 6.23 所示。概率值在 0～10 之间。

概率值 $Y$ 与接触毒物浓度及接触时间的关系如下：

$$Y = A + B\ln(C^n t) \tag{6.50}$$

式中，$A$、$B$、$n$ 为取决于毒物性质的常数，一些常见毒性物质的有关参数如表 6.24 所示；$C$ 为接触毒物的浓度，$10^{-6}$；$t$ 为接触毒物的时间，min。

**表 6.23　概率与死亡百分率的换算**

| 死亡百分率/% | 0 | 1 | 2 | 3 | 4 | 5 | 6 | 7 | 8 | 9 |
|---|---|---|---|---|---|---|---|---|---|---|
| 0 | | 2.67 | 2.95 | 3.12 | 3.25 | 3.36 | 3.45 | 3.52 | 3.59 | 3.66 |
| 10 | 3.72 | 3.77 | 3.82 | 3.87 | 3.92 | 3.96 | 4.01 | 4.05 | 4.08 | 4.12 |
| 20 | 4.16 | 4.19 | 4.23 | 4.26 | 4.29 | 4.33 | 4.26 | 4.39 | 4.42 | 4.45 |
| 30 | 4.48 | 4.50 | 4.53 | 4.56 | 4.59 | 4.61 | 4.64 | 4.67 | 4.69 | 4.72 |
| 40 | 4.75 | 4.77 | 4.80 | 4.82 | 4.85 | 4.87 | 4.90 | 4.92 | 4.92 | 4.97 |
| 50 | 5.00 | 5.03 | 5.05 | 5.08 | 5.10 | 5.13 | 5.15 | 5.18 | 5.20 | 5.23 |
| 60 | 5.25 | 5.28 | 5.31 | 5.33 | 5.36 | 5.39 | 5.41 | 5.44 | 5.47 | 5.50 |
| 70 | 5.52 | 5.55 | 5.58 | 5.61 | 5.64 | 5.67 | 5.71 | 5.74 | 5.77 | 5.81 |
| 80 | 5.84 | 5.88 | 5.92 | 5.95 | 5.99 | 6.04 | 6.08 | 6.13 | 6.18 | 6.23 |
| 90 | 6.28 | 6.34 | 6.41 | 6.48 | 6.55 | 6.64 | 6.75 | 6.88 | 7.05 | 7.33 |
| 99 | 0.0 | 0.1 | 0.2 | 0.3 | 0.4 | 0.5 | 0.6 | 0.7 | 0.8 | 0.9 |
| | 7.33 | 7.37 | 7.41 | 7.46 | 7.51 | 7.58 | 7.58 | 7.65 | 7.88 | 8.09 |

**表 6.24　一些毒性物质的参数**

| 物质名称 | $A$ | $B$ | $n$ | 参考资料 |
|---|---|---|---|---|
| 氯 | −5.3 | 0.5 | 2.75 | DCMR1984 |
| 氨 | −9.82 | 0.71 | 2.0 | DCMR1984 |
| 丙烯醛 | −9.93 | 2.05 | 1.0 | USCG1977 |
| 四氯化碳 | 0.54 | 1.01 | 0.5 | USCG1977 |
| 氯化氢 | −21.76 | 2.65 | 1.0 | USCG1977 |
| 甲烷溴 | −19.92 | 5.16 | 1.0 | USCG1977 |
| 光气(碳酰氯) | −19.27 | 3.69 | 1.0 | USCG1977 |
| 氢氟酸(单体) | −26.4 | 3.35 | 1.0 | USCG1977 |

使用概率函数表达式时，必须计算评价点的毒性负荷（$C^n t$），因为在一个已知点，其毒性、浓度随着气团的稀释而不断变化，瞬时泄漏就是这种情况。确定毒物泄漏范围内该点的毒物浓度，得到各时间区段的毒性负荷，然后再求出总毒性负荷：

$$\text{总毒性负荷} = \sum \text{时间区段内毒性负荷} \tag{6.51}$$

通常，接触毒物的时间不会超过 30min。因为在这段时间里人员可以逃离现场或采取保护措施。

当毒物连续泄漏时，某点的毒物浓度在整个云团扩散期间没有变化。当设定某死亡百分率时，由表 6.23 查出相应的概率 $Y$ 值，根据式（6.52）

$$C^n t = e^{\frac{Y-A}{B}} \tag{6.52}$$

即可计算出 $C$ 值，于是按扩散公式可以算出中毒范围。

如果毒物泄漏是瞬时的，则有毒气团的某点通过时该点处毒物浓度是变化的。这种情况下，考虑浓度的变化情况，计算气团的某点通过该点的毒性负荷，算出该带内的概率值 $Y$，然后查表 6.23 就可得出相应的死亡百分率。

## 6.8　生产设备安全评价方法

以高压气体设施的安全评价为例。本评价方法适用于高压气体制造车间或工厂设施的安全评价。因为高压气体设施一般是隔离操作或自动化程度较高，涉及人机界面的问题有些特殊性，所以特别列出做一介绍。该评价方法从高压气体设施的设计、运行和安全管理各方面考虑防止高压气体设施发生事故。

### 6.8.1 设备安全评价要点

高压气体设施本身技术复杂，运行条件特殊。为此，在这类设施中，操作人员应首先排除人机界面的危险性。虽然自动化程度提高，但最后还需要操作人员进行判断。所以对设施还必须考虑安全措施。评价内容有：

① 安全标志；

② 仪表和操作显示判读方法；

③ 阀门及管线（包括安全阀等）；

④ 警报系统。

具体评价要点见表6.25。

**表6.25 高压气体设施的安全评价（人机工程评价要点）**

1. 安全标志
对安全标志的张贴有如下要求：
(1)有关场所应张贴安全标志
(2)标志的尺寸大小，在可见距离内应能看清
(3)标志应安在设备容易看到的位置
(4)标志应简单明了，即使外面来的人也容易看懂
(5)同一系列的标志应按同一原则制定，形状、尺寸和涂色应有一定的规定
2. 仪表和操作
对仪表及其操作提出以下要求：
(1)仪表盘的操作要求
①仪表盘上的仪表布置应按统一规定
②视线和仪表盘面应垂直
③照明不能在仪表盘的玻璃上形成反射，应该把光源安装在使仪表容易看清的位置
④重要仪表或需要频繁观察的仪表应安装在容易看到的地方
(2)仪表的操作要求
①仪表盘数值精度，应使操作者能很快读出
②仪表的量程应合乎要求
③从仪表读出的单位能直接应用，原则上不要再进行换算
④压力、流量和温度仪表应有上、下限和正常值的标记
⑤仪表刻度的增加方向，原则上是由左到右、由下到上
(3)操作机器的要求
①重要的或频繁操作的机器应具备良好的操作位置和简单的操作方式
②操作机器应易于辨别操纵哪些系统，可用分组方式或用涂色加以区别
③紧急按钮、开车的停车按钮等应有明显区别，避免产生误操作
④在操作机器上应装置防止手部偶然触及按钮的装置
(4)仪表指示计的操作要求
①操纵器和有关仪表应相互对应，按操作程序布置
②操纵器的动作方向原则上应和仪表指针的动作方向一致
③如操纵器会对仪表发生影响，则应把仪表装在不受干扰的地方
④如操纵器和仪表装得很近，要注意使操作人员的手部不易碰到开关按钮
⑤为防止主要机器误操作，应设置联锁回路
⑥控制仪表应对调节计的开关方向和开度等输出情况有明确的表示方法
3. 阀门及管线
(1)对阀门的要求
①需要紧急操作的阀门应设在容易操作的位置
②紧急或重要阀门的手轮要用不同的色彩涂色，表示操作方向和开关状态，如紧急时开、紧急时关或正常操作等
③阀门的开关方向要明确，主要阀门的号码牌开关牌(运行时开或运行时关)要有明确的标志
④检修工作中用的切断阀，要按规定装设盲板或加锁
⑤调节阀扳动阀门手轮时，应使操作人员便于操作，一般要保持正面或向下的操作方式
(2)对管线的要求
①重要管线要涂色加以区别，见GB 7231《工业管路法基本识别色和识别符号》
②管线上要标明管内流体名称和流动方向
4. 警报系统
(1)警报器要设置在操作人员值班地点，如仪表室
(2)警报的声音应保持适当的音量和音色，以便于分辨清楚
(3)警报应能辨清设备机械发生何种异常情况
(4)一种机器有多种警报方式时，应有一定的区分标准，以便于弄清
(5)警报灯应设试验按钮，定期试按以确定它是否能正常动作

### 6.8.2 操作运转

操作人员的误操作和误判断是造成高压气体设施重大事故的原因。为了防止发生误操作情况，除应从仪表和机器的布置等硬件方面考虑外，还应同时从培养操作人员的判断能力和水平等软件方面考虑。其评价内容可归纳为如下几个方面：

① 操作方法；

② 操作规程；

③ 教育训练。

### 6.8.3 环境

人的能力是否能充分发挥与周围环境有很大关系，为不使操作人员的辨别、判断活动能力受到影响，必须对光、照明、色彩、噪声、通风、湿度、温度等状况加以考虑。此外还要注意通道、地面、操作间的行走畅通和文明整洁。此外

对上述环境内容应区别以下几种场合，分别确定评价内容的侧重点：

① 对仪表室内的环境要求；

② 对操作现场的环境要求；

③ 对设备布置与环境的要求。

### 6.8.4　维护检修

设备维护检修是保证设备安全运转的重要措施，进行维护检修的目的是为了掌握设备和机器的磨损、老化等劣化倾向，及时进行维修，就可达到预防和减少事故的目的。同时，从事故的发生阶段看，发生在维修阶段的各类事故也占有相当大的比例，所以，在评价内容中也应强调突出维修过程中的安全工作，可以从以下两个方面着手：

① 维护部门的职责：维修工具、设备维修档案，维修时与运转部门的协调与联系，维修部门与运转部门的分工、各自的职责等。

② 安全检查的有关内容：设备运转日志，设备维修状况检查表，巡回检查路线、次数，重点危险部位日常自检记录，设备异常情况的处理和技术措施，紧急时所用的安全设备的保养、整理和定期检查制度等。

## 6.9　安全管理评价

安全管理评价就是评价企业的安全管理体系且管理工作的有效性和可靠性，评价企业预防事故发生的组织措施的完善性，评价企业管理者和操作者素质的高低及对不安全行为的可控程度。

安全管理在影响企业安全的因素中占有重要的位置。曾用于工厂安评方法中各个影响因素所占的比重一般是这样划分的：

| | |
|---|---|
| 安全管理 | 24% |
| 机物因素 | 60% |
| 环境因素 | 16% |

如上这种权重分配方案，体现了本质安全在系统安全中占主导地位的指导思想。对于不同企业，不同时期，其权重分配是不同的。当企业的本质安全技术措施不能满足安全要求时，也可以提高安全管理的权重，也就是在实际的安全工作中，加强安全管理以弥补本质安全性的不足。在安全评价中提高安全管理的权重，以体现在本质安全性不好的情况下，加强安全管理工作的重要性。

### 6.9.1　安全管理评价内容

(1) 现代安全管理方法的应用

现代安全管理方法的应用包括：①安全检查表；②事故树分析；③事件树分析；④预先危险性分析；⑤故障模式及影响分析；⑥ABC分析法（如危险性大、中、小，整改的时间长、中、短等）；⑦生物节律；⑧行为科学与心理学；⑨人机工程；⑩信息管理；⑪PDCA（调整分析→制定目标→实施整改→总结提高）；⑫目标管理；⑬三级危险点网络管理；⑭计算机管理；⑮电化教学；⑯安全评价。

(2) 八种安全教育模式

检查内容包括：①新职工进厂三级教育；②特种作业人员教育；③变换工种教育；④复工教育；⑤中层以上干部教育；⑥复训教育；⑦班组长教育；⑧全员教育。

(3) 规划计划与安全工作目标

在下列规划或计划内有安全工作目标：①长远工作规划；②年度工作计划；③安全技术措施计划；④厂长任职目标。

(4) 职能部门安全指标分解

下列部门应有安全分解指标：①生产；②技术；③财务；④计划；⑤基建；⑥动力；⑦行政；⑧保卫；⑨设备；⑩运输；⑪分厂与车间；⑫供应；⑬劳资；⑭教育。

(5) 各级人员安全生产责任制

下列各级人员应有安全生产责任制：①厂长或经理；②副厂长或副经理；③总工程师；④总经济师；⑤总会计师；⑥工会主席；⑦职能科室负责人；⑧车间主任；⑨厂属集体企业负责人。

(6) 安全生产规章制度

安全生产规章制度有：①安全生产检查制；②安全生产教育制；③安全生产奖惩制；④伤亡事故管理制；⑤危险作业审批制；⑥特种作业设备管理制（含厂内车辆、电气、起重、压力容器、锅炉、乙炔气、有毒有害等设备）；⑦动力管线管理制；⑧化工物品及毒品管理制；⑨“三同时”评审制；⑩职业病及职业中毒管理制；⑪承包合同安全评审制；⑪临时线审批制。

(7) 各工种操作规程

各工种操作规程及执行情况，包括下列五项：①操作规程文本；②现场违章操作率；③防护用品穿戴不合格率；④特种作业人员持证率；⑤安全知识抽试合格率。

(8) 安全档案

安全档案应包括：①工伤事故档案；②安全教育档案；③违章记录档案；④安全奖惩档案；⑤隐患及整改记录；⑥安措项目档案；⑦特种设备及危险设备记录；⑧特种作业及危险作业人员健康档案；⑨工业卫生档案；⑩防尘防毒设备档案。

(9) 安全管理图表

安全管理图表应包括：①历年工伤事故频率图；②危险点分布图；③厂区通道管线布置图；④配电系统与接地网布置图；⑤安全管理信息反馈图；⑥安全结构网络体系图；⑦多发性伤害与重大伤亡事故；⑧有害作业点分布图；⑨工伤事故控制图。

(10)“三同时”审批项目

“三同时”审批项目应包括：①新建、改建、扩建项目；②技术改造项目；③设备更新项目；④新技术；⑤新材料；⑥新工艺；⑦新设备。

(11) 事故处理“四不放过”

技安部门的事故报告应包括下述“四不放过”内容：①事故原因分析不清；②未采取防范措施；③事故责任者和群众未受教育；④整改措施未落实。

(12) 安全工作“五同时”

企业下列计划或会议应包括的安全工作内容：①年度工作计划；②季度月（份）计划；③生产调度会议；④车间（分厂）生产会议；⑤安全会议；⑥安全员例会；⑦年度工作总结；⑧年终安全评比。

(13) 安全措施费用

检查内容包括：①企业近三年固定资产原值；②更新改造费总数；③安措费用总数；④实际提取数；⑤上一年安排技术措施项目名称。

(14) 安全机构与人员配备

检查内容包括：①安全机构名称；②安技人员总数。

### 6.9.2　评价方法

安全管理评价方法如下：

① 首先结合评价对象（企业）的具体情况，确定上述各评价内容中各条款所占的权重；

② 对照有关标准、规范、安全法规、文件等进行检查表式的对照检查，然后打分。在此基础上对各个评审专家的打分结果进行汇总，然后给出最后评价结果。

## 6.10 安全综合评价法

关于系统安全水平的综合评价，现在已提出多种方法。综合这些方法，其考虑的内容和思路可以归纳为图 6.17 的原理框图。

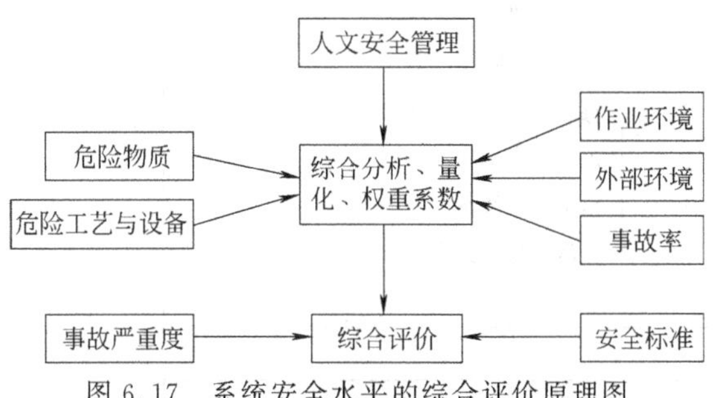


图 6.17 系统安全水平的综合评价原理图

评价工作的第一步是划定系统或确认系统，也就是对评价对象范围的界定。评价对象小到可以是一个工房，也可以是一个生产车间或其中的一条生产线，大到可以是一个工厂、企业。应该注意的是，评价对象自然范围的界定与系统的确认是不同的，系统的目标，系统的组成及其相互关系，系统目标的求解都要依据系统科学原理来认定和进行。

### 6.10.1 评价模式

以具有燃烧与爆炸危险性的典型危险源为评价对象，讨论其评价模式。

① 燃烧爆炸危险源其潜在的危险主要是意外能量释放，用能量危险系数 $W_B$ 来表示。$W_B$ 的大小主要决定于具有燃爆性质的物质的本质特性（敏感度、威力等）、数量和在生产条件下所处的工艺状态（温度、压力等），即 $W_B$ 为物性系数 $\alpha$、物量系数 $\beta$、工艺条件系数 $\gamma$ 的乘积：

$$W_B=\alpha\beta\gamma \tag{6.53}$$

② 作业环境内的危险度 $H_内$：

$$H_内=KB \tag{6.54}$$

式中，$B$ 为由能量危险系数 $W_B$、生产工艺的自动化程度——作业环境内人员密度或出现频次 $D$ 和历史上此类作业出现事故的概率（频数）$P$ 所决定，即 $B=W_BBP$；$K$ 为可控危险未受控系数，也可称为不安全隐患系数。

③ $K$ 的大小在这里主要取决于安全管理，它的内涵主要是指作业环境内设备、设施的安全状况、完好率、作业环境条件（气、尘、光、辐射等）和人文安全管理等综合因素，也就是作业环境内的危险度可通过人、机（物）、环境的安全管理得到控制。

④ 对人、机（物）、环境安全状态的控制分别用 $S_x/S_人$、$S_y/S_机$、$S_z/S_环$来表示，那么 $(1-S_x/S_人)$、$(1-S_y/S_机)$、$(1-S_z/S_环)$ 就分别表示人、机（物）、环境的安全未达标率，也就是三个子系统的失控率。事故的发生就是这些失控因素在时空域交叉作用的结果。当然，由于人、机、环境失控对事故的形成的重要程度是不同的，所以还要用不同的权重系数 $X$、$Y$、$Z$ 加以区别。通过分析事故资料结合实际考虑，有文献提出权重系数 $X=6.1$，$Y=2.2$，$Z=1.7$。于是：

$$K=6.1(1-S_x/S_人)(1-S_y/S_机)+2.2(1-S_x/S_人)(1-S_z/S_环)+1.7(1-S_y/S_机)(1-S_z/S_环) \tag{6.55}$$

⑤ 燃烧爆炸危险源系统危险性的评价，应把一定范围的“外部”环境作为系统成分来考虑，原因是作业区域内一旦发生燃烧事故，作业区域外的那些安全距离不足的建筑物[用 $(1-R_1/R_0)$ 表示安全距离未达标率] 及人员、财物都可能受到影响或伤害，其严重度用 $C$ 表示。

⑥ 综上所述，确定系统危险性（度）$H$ 评估方程为：

$$H=H_内+H_外=KB+\sum\left(1-\frac{R_{1i}}{R_{0i}}\right)C_i \tag{6.56}$$

### 6.10.2 评价标准

通过前面的计算，可以得到燃烧爆炸危险源危险度的量化值，这是一个相对比较值，其绝对值当然讲不出什么意义。国内许多企业，通过应用此方法，对各种安全状况的企业进行了安全评价。总结这些评估数据，结合实际，有人提出与这些数值相对应的危险等级划分表，见表 6.26。根据安全评价结果，对照此表可作为确定评价对象危险等级的参考。

**表 6.26 危险源的危险等级表**

| 危险等级 | 现实危险度 $H$ | 危机类别 | 可能后果 | 技术措施分级 |
|---|---|---|---|---|
| Ⅰ | <500 | 轻度危险 | 较少伤亡和损失 | 车间或分厂级 |
| Ⅱ | 500～800 | 比较危险 | 一定伤亡和损失 | 工厂或总厂级 |
| Ⅲ | 800～1200 | 中等危险 | 较大伤亡和损失 | 主管部门级 |
| Ⅳ | 1200～1500 | 严重危险 | 重大伤亡和损失 | 集团公司级 |
| Ⅴ | >1500 | 非常危险 | 灾难性伤亡和损失 | 国家级 |

### 6.10.3 *LEC* 评价法

*LEC* 法又称作业条件危险性评价法，这是一种评价具有潜在危险性环境中作业时的危险性半定量评价方法。它是用与系统风险率有关的三种因素指标值之积来评价系统人员伤亡风险大小的，这三种因素是：①发生事故的可能性大小（$L$）；②人体暴露在这种危险环境中的频繁程度（$E$）；③一旦发生事故会造成的损失后果（$C$）。为了简化评价过程，采取半定量计值法，给三种因素的不同等级分别确定不同的分值，再以三个分值的乘积 $D$ 来评价危险性的大小。作业条件危险性评价公式为：

$$D=LEC \tag{6.57}$$

$D$ 值大，说明该系统危险性大，需要增加安全措施，或改变发生事故的可能性，或减少人体暴露于危险环境中的频繁程度，或减轻事故损失，直至调整到允许范围。

$L$ 是发生事故的可能性大小。事故或危险事件发生的可能性大小，当用概率来表示时，绝对不可能的事件发生的概率为 0；而必然发生的事件的概率为 1。然而，在作系统安全考虑时，绝不发生事故是不可能的，所以人为地将“发生事故可能性极小”的分数定为 0.1，而必然要发生的事件的分数定为 10，介于这两种情况之间的情况指定了若干个中间值，$L$ 值分级标准如图 6.18 所示。

$E$ 是暴露于危险环境的频繁程度。人员出现在危险环境中的时间越多，则危险性越大。规定连接现在危险环境的情况定为 10，而非常罕见地出现在危险环境中定为 0.5。同样，将介于两者之间的各种情况规定若干个中间值，$E$ 值分级标准如图 6.18 所示。

$C$ 是发生事故产生的后果。事故造成的人身伤害变化范围很大，对伤亡事故来说，可从极小的轻伤直到多人死亡的严重结果。由于范围广阔，所以规定分数值为 1～100，把需要救护的轻微伤害规定分数为 1，把造成多人死亡的可能性分数规定为 100，其他情况的数值均在 1 与 100 之间，$C$ 值分级标准如图 6.18 所示。

$D$ 是危险性分值。根据公式就可以计算作业的危险程度，但关键是如何确定各个分值和总分的评价。根据经验，总分在 20 以下是被认为低危险的，这样的危险比日常生活中骑自行车去上班还要安全些；如果危险分值到达 70～160

| 分数值 | 事故发生的可能性(L) | 分数值 | 人员暴露于危险环境的频繁程度(E) |
|---|---|---|---|
| 10 | 完全可以预料到 | 10 | 连续暴露 |
| 6 | 相当可能 | 6 | 每天工作时间暴露 |
| 3 | 可能，但不经常 | 3 | 每周一次，或偶然暴露 |
| 1 | 可能性小，完全意外 | 2 | 每月一次暴露 |
| 0.5 | 很不可能，可以设想 | 1 | 每年几次暴露 |
| 0.2 | 极不可能 | 0.5 | 非常罕见的暴露 |
| 0.1 | 实际不可能 | | |

D=LEC

| 分数值 | 事故严重度/万元 | 发生事故可能造成的后果(C) |
|---|---|---|
| 100 | >500 | 大灾难，许多人死亡，或造成重大财产损失 |
| 40 | 100 | 灾难，数人死亡，或造成很大财产损失 |
| 15 | 30 | 非常严重，1人死亡，或造成一定的财产损失 |
| 7 | 20 | 严重，重伤，或较小的财产损失 |
| 3 | 10 | 重大，致残，或很小的财产损失 |
| 1 | 1 | 引人注目，不利于基本的安全卫生要求 |

LEC法危险性分级依据

| 危险源级别 | D值 | 危险程度 |
|---|---|---|
| 一级 | >320 | 极其危险，不能继续作业 |
| 二级 | 160～320 | 高度危险，需要立即整改 |
| 三级 | 70～160 | 显著危险，需要整改 |
| 四级 | 20～70 | 一般危险，需要注意 |
| 五级 | <20 | 稍有危险，可以接受 |

图 6.18　L、E、C 值分级标准和危险等级划分

之间，那就有显著的危险性，需要及时整改；如果危险分值在160～320之间，那么这是一种必须立即采取措施进行整改的高度危险环境；分值在320以上的高分值表示环境非常危险，应立即停止生产直到环境得到改善为止。危险等级的划分是凭经验判断，难免带有局限性，不能认为是普遍适用的，应用时需要根据实际情况予以修正。危险等级划分如图6.18所示。

### 6.10.4　*MES* 评价法

该方法将风险程度（$R$）表示为：$R=LS$，其中 $L$ 表示事故发生的可能性；$S$ 表示事故后果。人身伤害事故发生的可能性主要取决于人体暴露于危险环境的概率 $E$ 和控制措施的状态 $M$。对于单纯的财产损失事故，不必考虑暴露问题，只考虑控制措施的状态 $M$。方法程序见图6.19。

*MES* 的适用范围很广，不受专业的限制，可以看作是它对LEC评价方法的改进。

### 6.10.5　*MLS* 评价法

该法由中国地质大学马孝春博士设计，是对 *MES* 和 *LEC* 评价方法的进一步改进。经过与 *LEC*、*MES* 法对比，该方法的评价结果更贴近于真实情况。该方法的评价方程式为：

$$R=\sum_{i=1}^{n}M_iL_i(S_{i1}+S_{i2}+S_{i3}+S_{i4}) \quad (6.58)$$

式中，$R$ 为危险源的评价结果，即风险，无量纲；$n$ 为危险因素的个数；$M_i$ 为对第 $i$ 个危险因素的控制与监测措施；$L_i$ 为作业区域的第 $i$ 种危险因素发生事故的频率；$S_{i1}$ 代表由第 $i$ 种危险因素发生事故所造成的可能的一次性人员伤亡损失；$S_{i2}$ 代表由于第 $i$ 种危险因素的存在，所带来的职业病损失（$S_{i2}$ 即使在不发生事故时也存在，按一年内用于该职业病的治疗费来计算）；$S_{i3}$ 代表由第 $i$ 种危险因素诱发的事故造成的财产损失；$S_{i4}$ 代表由第 $i$ 种危险因素诱发的环境累积污染及一次性事故的环境破坏所造成的损失。

*MLS* 评价方法充分考虑了待评价区域内各种危险因素及由其所造成的事故严重度；在考虑了危险源固有危险性外，还有反映对事故是否有监测与控制措施的指标；对事故严重度的计算考虑了由于事故所造成的人员伤亡、财产损失、职业病、环境破坏的总影响。客观再现了风险产生真实后果：一次性直接事故后果及长期累积的事故后果。*MLS* 法比 *LEC* 和 *MES* 法更加贴近实际，更加易于操作，在实际评价中取得了较好效果，值得在实践中推广。

| 分数值 | 控制措施的状态 (M) | 分数值 | 人员暴露于危险环境的频繁程度(E) |
|---|---|---|---|
| 5 | 无控制措施 | 10 | 连续暴露 |
| 3 | 有减轻后果的应急措施，包括警报系统 | 6 | 每天工作时间暴露 |
| 1 | 有预防措施，如机器防护装置等 | 3 | 每周一次，或偶然暴露 |
| | | 2 | 每月一次暴露 |
| | | 1 | 每年几次暴露 |
| | | 0.5 | 非常罕见的暴露 |

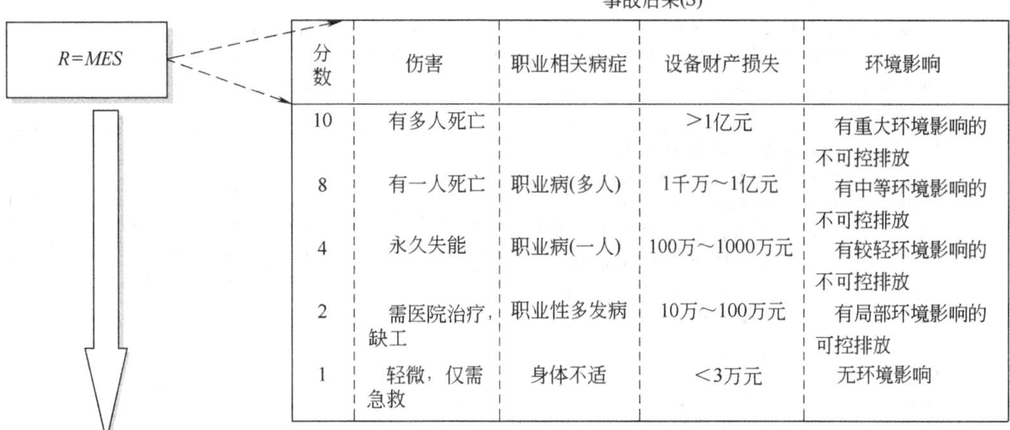


事故后果(S)

| 分数 | 伤害 | 职业相关病症 | 设备财产损失 | 环境影响 |
|---|---|---|---|---|
| 10 | 有多人死亡 | | >1亿元 | 有重大环境影响的不可控排放 |
| 8 | 有一人死亡 | 职业病(多人) | 1千万～1亿元 | 有中等环境影响的不可控排放 |
| 4 | 永久失能 | 职业病(一人) | 100万～1000万元 | 有较轻环境影响的不可控排放 |
| 2 | 需医院治疗，缺工 | 职业性多发病 | 10万～100万元 | 有局部环境影响的可控排放 |
| 1 | 轻微，仅需急救 | 身体不适 | <3万元 | 无环境影响 |

分级依据：$R=MES$

| 分级 | 有人身伤害的事故(R) | 单纯财产损失事故(R) |
|---|---|---|
| 一级 | >180 | 30～50 |
| 二级 | 90～150 | 20～24 |
| 三级 | 50～80 | 8～12 |
| 四级 | 20～48 | 4～6 |
| 五级 | <18 | <3 |

图 6.19　*MES* 评价法

## 6.11　作业场所的评价方法

### 6.11.1　职业性接触毒物危害程度分级及有毒作业分级评价方法

#### 6.11.1.1　职业性接触毒物危害程度分级

（1）术语

职业性接触毒物危害程度分级评价方法是应用《职业性接触毒物危害程度分级》（GBZ 230—2010）标准对职业性接触毒物危害程度进行评价的方法。常用的术语如下。

① 职业性接触毒物：劳动者在职业活动中接触的以原料、成品、半成品、中间体、反应副产物和杂质等形式存在，并可经呼吸道、经皮肤或经口进入人体而对劳动者健康产生危害的物质。

② 危害：职业性接触毒物可能导致的劳动者的健康损害和不良健康影响。

③ 毒物危害指数：综合反映职业性接触毒物对劳动者健康危害程度的量值。

（2）方法简介

职业接触毒物危害程度分为轻度危害（Ⅳ级）、中度危害（Ⅲ级）、高度危害（Ⅱ级）和极度危害（Ⅰ级）4 个等级。职业性接触毒物分项指标危害程度分级和评分如表 6.27 所示，毒物危害指数计算公式如下。

危害程度的分级范围：轻度危害（Ⅳ级）：THI<35，中度危害（Ⅲ级）：THI≥35～<50，高度危害（Ⅱ级）：THI≥50～65，极度危害（Ⅰ级）：THI≥65。

表 6.27　职业性接触毒物危害程度分级和评分依据

| 分项指标 | | 极度危害 | 高度危害 | 中度危害 | 轻度危害 | 轻微危害 | 权重系数 |
|---|---|---|---|---|---|---|---|
| 积分值 | | 4 | 3 | 2 | 1 | 0 | |
| 急性吸入 $LC_{50}$ | 气体 /($cm^3/m^3$) | <100 | ≥100～<500 | ≥500～<2500 | ≥2500～<20000 | ≥20000 | 5 |
| | 蒸气 /($mg/m^3$) | <500 | ≥500～<2000 | ≥2000～<10000 | ≥10000～<20000 | ≥20000 | |
| | 粉尘和烟雾 /($mg/m^3$) | <50 | ≥50～<500 | ≥500～<1000 | ≥1000～<5000 | ≥5000 | |

续表

| 分项指标 | 极度危害 | 高度危害 | 中度危害 | 轻度危害 | 轻微危害 | 权重系数 |
|---|---|---|---|---|---|---|
| 急性经口 $LD_{50}$/(mg/kg) | ＜5 | ≥5～＜50 | ≥50～＜300 | ≥300～＜2000 | ≥2000 | |
| 急性经皮 $LD_{50}$/(mg/kg) | ＜50 | ≥50～＜200 | ≥200～＜1000 | ≥1000～＜2000 | ≥2000 | 1 |
| 刺激与腐蚀性 | pH≤2或pH≥11.5；腐蚀作用或不可逆损伤作用 | 强刺激作用 | 中等刺激作用 | 轻刺激作用 | 无刺激作用 | 2 |
| 致敏性 | 有证据表明该物质能引起人类特定的呼吸系统致敏或重要脏器的变态反应性损伤 | 有证据表明该物质能导致人类皮肤过敏 | 动物试验证据充分，但无人类相关证据 | 现有动物试验证据不能对该物质的致敏性做出结论 | 无致敏性 | 2 |
| 生殖毒性 | 明确的人类生殖毒性：已确定对人类的生殖能力、生育或发育有危害效应的毒物，人母体接触后引起子代先天性缺陷 | 推定的人类生殖毒性：动物试验生殖毒性明确，但人类生殖毒性作用尚未确定因果关系，推定对人的生殖能力或发育产生有害影响 | 可疑的人类生殖毒性：动物试验生殖毒性明确，但无人类生殖毒性资料 | 人类生殖毒性未定论：现有证据或资料不足以对毒性的生殖毒性做出结论 | 无人类生殖毒性：动物试验阴性，人群调查结果未发现生殖毒性 | 3 |
| 致癌性 | Ⅰ组，人类致癌物 | ⅡA组，近似人类致癌物 | ⅡB组，可能人类致癌物 | Ⅲ组，未归入人类致癌物 | Ⅳ组，非人类致癌物 | 4 |
| 实际危害后果与预后 | 职业中毒病死率≥10% | 职业中毒病死＜10%；或致残（不可逆损害） | 器质性损害（可逆性重要脏器损害），脱离接触后可治愈 | 仅有接触反应 | 无危害后果 | 5 |
| 扩散性（常温或工业使用时状态） | 气态 | 液态，挥发性高（沸点＜50℃）；固态，扩散性极高（使用时形成烟或灰尘） | 液态，挥发性中（沸点≥50～150℃）；固态，扩散性高（细微而轻的粉尘，使用时可见尘雾形成，并在空气中停留数分钟以上） | 液态，挥发性低（沸点≥150℃）；固态、晶粒、粒状固体、扩散性中，使用时能见到粉尘但很快落下，使用后粉尘留在表面 | 固态，扩散性低[不会破碎的固体小球（块），使用时几乎不产生粉尘] | 3 |
| 蓄积性（或生物半减期） | 蓄积系数（动物实验，下同）＜1<br>生物半减期≥4000h | 蓄积系数≥1～＜3；生物半减期≥400h～＜4000h | 蓄积系数≥3～＜5；生物半减期≥40h～＜400h | 蓄积系数＞5；生物半减期≥4h～＜40h | 生物半减期＜4h | 1 |

#### 6.11.1.2　有毒作业危害程度分级评价方法

（1）术语

有毒作业危害程度分级评价方法是应用《有毒作业分级》（GB 12331）标准对有毒作业危害程度进行评价的方法。常用的术语如下。

① 工作地点：是指职工为观察、操作和管理生产过程而经常或定时停留的地点。

② 有毒作业：是指职工在存在生产性毒物的工作地点从事生产和劳动的作业。

③ 生产性毒物：是指在生产中使用和产生的并在作业时以较少的量经呼吸道、皮肤、口进入人体，与人体发生化学作用，而对健康产生危害的物质。

④ 有毒作业劳动时间：是指在一个工作日内，职工在工作地点实际接触生产性毒物的作业时间。

⑤ 毒物浓度超标倍数：工作地点空气中毒物的浓度超过该种生产性毒物最高容许浓度的倍数。

（2）方法简介

有毒作业危害程度分级是由毒物危害程度级别权系数（$D$）、有毒作业劳动时间权系数（$L$）和毒物浓度超标倍数（$B$）求出的分级指数（$C$）来评定的。

① 毒物危害程度级别权系数 $D$（如表6.28所示）：

**表6.28　毒物危害程度级别权系数 $D$**

| 毒物危害程度级别 | $D$ |
|---|---|
| Ⅰ（极度危害） | 8 |
| Ⅱ（高度危害） | 4 |
| Ⅲ（中度危害） | 2 |
| Ⅳ（轻度危害） | 1 |

② 有毒作业劳动时间权系数 $L$，以有毒作业劳动时间为计算依据（如表6.29所示）：

**表6.29　有毒作业劳动时间**

| 有毒作业时间/h | $L$ |
|---|---|
| ≤2 | 1 |
| 2～5 | 2 |
| ＞5 | 3 |

③ 毒物浓度超标倍数 $B$：

$$B=\frac{M_c}{M_a}-1 \tag{6.59}$$

式中，$M_c$ 为测定的毒物浓度均值，mg/m³；$M_a$ 为国家规定的毒物车间空气中的最高容许浓度，mg/m³。

④ 分级指数 $C$ 计算：依据计算的 $C$ 值，有毒作业的危

害程度级别如表 6.30 所示。当有毒作业工作地点空气中存在多种毒物时，应分别进行作业分级，以最严重的级别定级。

$$C=DLB \tag{6.60}$$

**表 6.30 分级指数 C**

| 指数范围 | 级别 |
|---|---|
| $C\leqslant 0$ | 0 级(安全作业) |
| $0<C\leqslant 6$ | 一级(轻度危害作业) |
| $6<C\leqslant 24$ | 二级(中度危害作业) |
| $24<C\leqslant 96$ | 三级(高度危害作业) |
| $C>96$ | 四级(极度危害作业) |

⑤ 查表法：根据有毒作业的毒物浓度超标倍数、毒物危害程度级别、有毒作业劳动时间三项指标综合评价，并实行简化，制定出《有毒作业分级》级别表（如表 6.31 所示）。

**表 6.31 有毒作业分级表**

| 毒物危害程度级别 | 毒物浓度超标倍数 | | | | | | | | |
|---|---|---|---|---|---|---|---|---|---|
| | 0 | >0~1 | >1~2 | >2~4 | >4~8 | >8~16 | >16~32 | >32~64 | >64 |
| Ⅳ | 0 | | | | | | | | |
| Ⅲ | | 一 | | 二 | | 三 | | 四 | |
| Ⅱ | | | | | | | | | |
| Ⅰ | | | | | | | | | |

注：跨两级区方格的级别：从左到右，有毒作业劳动时间≤2h，依次分别为一、二、三级；>2h，依次分别为二、三、四级。

## 6.11.2 噪声作业危害程度评价方法

对工业企业生产车间、作业场所噪声作业的危害程度应用《噪声作业分级》（LD 80—1995）标准规定的方法进行评价。对非生产作业场所的噪声危害则需根据《工业企业噪声控制设计规范》（GB/T 50087—2013）规定的标准值进行评价。

### 6.11.2.1 术语

其中基本定义包括：

① 噪声：人们不需要的、不愿意听到的声音。

② 工业噪声：在作业环境中，由于劳动和生产性因素产生的噪声。

③ 噪声作业：职工在产生工业噪声的工作地点从事生产和劳动的作业。

④ 接噪时间：在一个工作日内（8h），职工在工作地点实际接触工业噪声的作业时间。

⑤ 工作日等效连续 A 声级：在声场中一定点位置（工种或岗位）上，按一个工作日（8h）内能量平均的方法，将连续或间歇接噪的几个不同的 A 声级，折合成一个 A 声级表示这段时间内噪声大小。

⑥ 分级常数：由噪声危害规律、分级原则和卫生标准决定的级差系数。

⑦ 噪声危害指数：以实测工作日等效连续 A 声级与接噪时间相对应的卫生标准声级之差和分级常数的整数比值表示的噪声作业劳动条件危害程度大小的级别序数。

### 6.11.2.2 评价方法

（1）生产作业场所噪声作业危害程度评价

采用指数分级法，根据噪声作业实测的工作日等效连续 A 声级和接噪时间对应的卫生标准，计算噪声危害指数，进行综合评价。

$$I=(L_{w}-L_{s})/6 \tag{6.61}$$

式中，$I$ 为噪声危害指数；$L_{w}$ 为噪声作业实测工作日等效连续 A 声级，dB；$L_{s}$ 为接噪时间对应的卫生标准，dB；6 为分级常数。

根据噪声危害指数，噪声作业危害程度级别如表 6.32 所示。噪声作业危害程度共分为 0 级安全作业、Ⅰ级轻度危害、Ⅱ级中度危害、Ⅲ级高度危害、Ⅳ级极度危害五个等级。

**表 6.32 噪声作业危害程度级别表**

| 噪声危害程度 | 指数范围 | 级别 |
|---|---|---|
| 安全作业 | $I\leqslant 0$ | 0 |
| 轻度危害作业 | $0<I\leqslant 1$ | Ⅰ |
| 中度危害作业 | $1<I\leqslant 2$ | Ⅱ |
| 高度危害作业 | $2<I\leqslant 3$ | Ⅲ |
| 极度危害作业 | $I>3$ | Ⅳ |

（2）生产、非生产作业场所噪声危害评价方法

生产作业场所噪声作业危害除应用上述方法进行评价外，生产、非生产作业场所的噪声危害还需要应用《工业企业噪声控制设计规范》规定的噪声限制值（如表 6.33 所示）有关规定进行评价。

**表 6.33 工业企业厂区内各类地点噪声标准**

| 序号 | 地点类别 | | 噪声限制/dB |
|---|---|---|---|
| 1 | 生产车间及作业场所(每天连续接触噪声 8h) | | 90 |
| 2 | 高噪声车间设置的值班室、观察室、休息室(室内背景噪声级) | 无电话通信要求时 | 75 |
| | | 有电话通信要求时 | 70 |
| 3 | 精密装配线、精密加工车间的工作地点、计算机房(正常工作状态) | | 70 |
| 4 | 车间所属办公室、实验室、设计室(室内背景噪声级) | | 70 |
| 5 | 主控制室、集中控制室、通信室、电话总机室、消防值班室(室内背景噪声级) | | 60 |
| 6 | 厂部所属办公室、会议室、设计室、中心实验室(包括试验、化验、计量室)(室内背景噪声级) | | 60 |
| 7 | 医务室、教室、哺乳室、托儿所、工人值班宿舍(室内背景噪声级) | | 55 |

## 6.11.3 低温作业危害程度分级评价方法

### 6.11.3.1 概述

低温作业危害程度分级评价方法是应用《低温作业分级》（GB/T 14440）标准对低温作业危害程度进行评价的方法。其中的术语包括：

① 低温作业：在生产劳动过程中，其工作地点平均气温等于或低于 5℃的作业。

② 低温作业时间率：一个劳动在低温环境中净劳动时间占工作日总时间的百分率。

### 6.11.3.2 评价方法简介

按低温作业地点的温度和低温作业时间表，确定该低温作业危害程度的级别，如表 6.34 所示。低温作业危害程度分为Ⅰ级、Ⅱ级、Ⅲ级和Ⅳ级四个级别，级别高者冷强度

大。低温作业地点空气相对湿度平均等于或大于80%的作业应在表6.34的基础上提高一级。

表6.34　低温作业分级表

| 低温作业时间率/% | 温度范围/℃ | | | | | |
|---|---|---|---|---|---|---|
| | ≤0～5 | −5～0 | −10～−5 | −15～−10 | −20～−15 | <−20 |
| ≤25 | Ⅰ | Ⅰ | Ⅰ | Ⅱ | Ⅱ | Ⅲ |
| >25～50 | Ⅰ | Ⅰ | Ⅱ | Ⅱ | Ⅲ | Ⅲ |
| >50～75 | Ⅰ | Ⅱ | Ⅱ | Ⅲ | Ⅲ | Ⅳ |
| ≥75 | Ⅱ | Ⅱ | Ⅲ | Ⅲ | Ⅳ | Ⅳ |

## 6.12　安全评价方法实例

以国营某厂的活性炭生产线安全评估为例。

### 6.12.1　危险源的定量评估

为了科学合理地反映某厂活性炭催化剂生产线的安全生产状况，评估采用了国际上化工行业普遍采用的有效评估方法——Mond法。

（1）生产线主要危险源及安全隐患分析

活性炭催化剂生产所需原材料为优质原煤和煤焦油，通过图6.20所示工艺流程加工成最终产品。

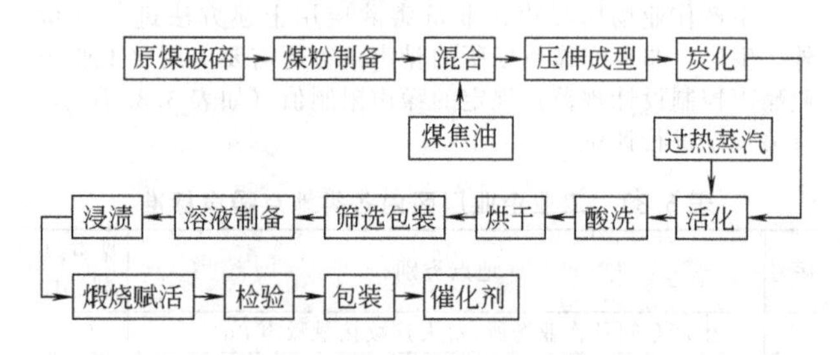


图6.20　活性炭工艺流程

根据实际情况，从各基本工序的主要原料、中间产物、工区的连贯性等方面考虑，活性炭催化剂生产线被分为四个评估单元：

① 破碎、球磨工段；

② 混合、压伸、炭化工段；

③ 活化工段；

④ 催化剂生产、制药工段。

整个评估以此为基础分为四部分，分别采用Mond法进行细评。

各单元具有的易燃易爆物质有很大差别。在单元①中，原料主要进行一些简单的物理处理。由于设备破损严重，导致煤粉大量泄漏，主要危险集中在煤粉的爆炸问题上。评估结果表明：本单元修正后的危险性指数等级为“很高”，表明情况是较为严重的。

单元②的主要过程是煤粉与焦油按一定比例混合后进行压伸，然后送入800℃左右的炭化炉进行高温炭化。炭化尾气中含有多种危险性物质，其中量最大且易燃易爆特性相对最厉害的是CO，所以按CO为基本物质的评估结果，其危险性指数等级已进入“极端危险”级别。

单元③的主要过程是半成品的炭化料进入活化炉，与通入的高温蒸汽进行反应，释放出大量有毒的易燃易爆气体。从量上考虑，仍以CO为主，所以单元③仍以CO为基本物质进行评估，其综合危险性指数分类结果已达到“极端危险”；供参考用的DOW综合指数分类结果也表明，其危险等级已进入“可能是灾难性的”一类，显然其危险性已到相当严重的地步。

单元④工艺虽然复杂，但综合评估结果其危险性等级为“很高”，较前两个单元要低些，所以此处不再赘述。

在实际评估过程中，影响评估结果的因素是多方面的。但是除基本物质以外，概括地讲，设备与工房的严重破损直接导致了多种因素指标值的提高，比如仪器仪表残缺不全、粉尘与有毒气体的大量泄漏、支架平台的严重腐蚀等等。虽然各单元历年来的伤亡事故中燃烧事故不多，但与大量的机械伤害相比，粉尘与气体的爆炸燃烧才是最大的事故隐患。从评估结果来看，一旦有此类事故发生，其后果之严重是不堪设想的。

（2）活化工段危险性定量评估

① 物质系数的确定：本单元主要是对炭化料进行活化处理。从燃爆危险性考虑，在本工段可能造成燃烧爆炸反应的物质主要有CO、$CH_4$、$CO_2$、$H_2$、苯、氮氧化物、挥发酚（含致癌物3,4-苯并芘）及$SO_2$。其中CO是本单元的中间生成物，易燃易爆特性极强，且在上述各种生成物中数量最多。虽然某些中间生成物的爆炸危险性（如$H_2$），高于CO，但它们的数量都远比CO少，故采用CO的物质系数，即MF=6作为本单元计算燃爆指数的初始计算参数。

② 一般工艺危险值（GPH）的确定

a. 基本系数取1.0。

b. 放热反应（系数0.30～1.25）：活化工段炭化料是在900℃高温下进行活化处理，主要表现为放热过程，故选取放热化学反应系数为1.00。

c. 吸热过程（系数0.20～0.40）：活化过程是放热反应，无吸热过程，故此项不予考虑。

d. 物质的搬运或移动（系数0.25～1.05）：活化过程中，炭化料需要从炉顶装入容量为30t的炉中，搬运和移动量大，温度高，环境恶劣，故选取系数为0.80。

e. 隔离或圈围（系数0.25～0.90）：活化炉为高温设备，炉与炉之间无隔离防护，一旦发生事故就会波及整个工房，故选了上限系数值0.90。

f. 疏散通道（系数0.35）：工房内，各个炉体布置较紧密，无充分疏散通道，所有上下阶梯腐蚀严重，故选取系数0.35。

g. 液体排放及飞溅控制（0.25～0.50）：该单元无液体产物或排放物，故此项系数为0。

由以上7项，可以累计得到一般工艺危险值：

$$GPH=1.0+1.0+0.80+0.90+0.35=4.05$$

③ 特殊工艺危险值（SPH）的确定

a. 基本系数取1.0。

b. 有毒物质（系数0.20～0.80）：该单元排放有多种有毒气体，故选取系数上限值为0.80。

c. 负压：该单元炉内是正压操作，故此项系数为0。

d. 是否在可燃范围或靠近可燃范围操作：

——罐式存储可燃液体：本单元无可燃液体，本项系数为0。

——工艺不稳定或不易洗涤：本单元工艺是稳定的，本项系数为0。

——总是处在可燃范围内（系数0.80）：本单元物理化学反应温度就处在可燃范围内，故选取系数为0.80。

e. 粉尘爆炸（系数0.25～2.00）：本单元的炭化料基本不存在粉尘，故本项系数为0。

f. 压力：活化炉正常工作时受正压（98Pa），基本属于常压操作，故此项系数为0。

g. 低温（系数0.20～0.30）：本单元此项系数为0。

h. 可燃或不稳定物质的数量：储存的可燃固体或生产过程中存在的粉尘总量为90t，查表得此项系数为0.18。

i. 腐蚀性和侵蚀性（系数0.10～0.75）：活化炉大量排

放腐蚀性气体有$SO_2$、氮氧化物和$CO_2$，故选取上限系数为0.75。

j. 泄漏（0.10～1.50）：由于设备腐蚀、泄漏严重，故选取上限系数为1.50。

k. 使用明火加热器：本单元无明火，故此项不予考虑。

l. 热油交换系统（系数0.15～1.15）：本单元无热油交换系统，此项不予考虑。

m. 旋转设备（系数0.50）：本单元使用鼓热风机等旋转设备，且功率较大，故此项系数取为0.50。

由以上几项累计得到特殊工艺危险值：

$$SPH=1.0+0.80+0.80+0.18+0.75+1.50+0.50=5.53$$

④ 单元危险系数

$$F_3=GPH\times SPH=4.05\times 5.53=22.40$$

⑤ 火灾爆炸指数

$$F\&EI=F_3\times MF$$

⑥ DOW综合指数

$$D=MF\times GPH\times M\times (SPH+L)$$
$$=6\times 4.05\times 1.00\times (5.53+0.7)=151$$

式中，$L$为本评估单元的布置危险值，它参考表6.35中“环境安全条件”内“工艺设备布置”的得分率30%得到，$L$取1－30%＝0.7；$M$为本评估单元的特定物质危险值，因为本单元没有自燃发热的物质，所以取基本系数1.00。

计算结果，在$D$值危险等级分类表中属“可能是灾难性的”。

**表6.35　人、机、环安全状态评估得分表**

| 评估项目 | 标准值 | 评估值 | 得分率/% |
|---|---|---|---|
| (一)人员安全素质管理水平 | 220 | 175.5 | 79.8 |
| $S_x$ 领导安全意识和素质 | 60 | 51.5 | 85.8 |
| $S_x$ 安全部门的职能作用 | 40 | 32 | 80 |
| $S_x$ 职工文化素质和安全技术教育 | 60 | 50 | 83 |
| $S_x$ 规章制度执行情况 | 60 | 42 | 70 |
| (二)机(物)安全状态 | 600 | 136 | 22.6 |
| $S_y$ 主要生产设备完好率及安全可靠性 | 260 | 37 | 14 |
| $S_y$ 仪器仪表完好率及安全可靠性 | 110 | 40 | 36 |
| $S_y$ 安全装置及有效性 | 60 | 16 | 27 |
| $S_y$ 电器防爆及防静电与避雷 | 100 | 0 | 0 |
| $S_y$ 能源动力安全保障 | 70 | 43 | 61 |
| (三)环境安全条件 | 180 | 43 | 23.9 |
| $S_z$ 工房及设施 | 60 | 18 | 30 |
| $S_z$ 工艺设备布置 | 40 | 12 | 30 |
| $S_z$ 作业环境文明卫生条件 | 30 | 1 | 3 |
| $S_z$ 消防设施 | 35 | 6 | 17 |
| $S_z$ 防毒及急救器材 | 15 | 6 | 40 |
| 合计 | 1000 | 354.5 | 35.5 |

⑦ 火灾荷载系数$C$。它是取整个评估工段上所有燃爆物质的总热值除以总占地面积的单位总潜热，主要以90t炭化料的总热量除2000m²占地得到360000kcal/m²。

⑧ 单元毒性指数$U$。本单元毒性相对较高，所以从取值表中对应取$U=9$。

⑨ 设备内爆炸指数$E$。活化炉内有负压产生时，空气进入炉体易引起爆炸，所以还是有一定危险性，对应取$E=3$（中等）。

⑩ 气体爆炸指数$A$。取法与$E$相似，由于煤气大量泄漏，空气爆炸危险性较高，取$A=266$。

⑪ 综合危险性指数$R$

$$R=D[1+(GUAE)^{1/2}/1000]$$
$$=151\times[1+(360000\times 9\times 266\times 3)^{1/2}/1000]$$
$$=7829$$

在$R$值危险等级分类表中属危险性“很高”。

### 6.12.2　人、机、环修正系数$K_1$、$K_2$、$K_3$的计算

这三个修正系数主要参考表6.35“人、机、环安全状态评估得分表”中的得分率得到，以每一得分率去除标准值0.684得：

$$K_1=0.684/0.798=0.857$$
$$K_2=0.684/0.226=3.026$$
$$K_3=0.684/0.239=2.862$$

修正后的综合危险性指数$R'$为：

$$R'=RK_1K_2K_3=7829\times 0.857\times 3.026\times 2.862=58107$$

在$R$值危险等级分类中属“极端危险”。

到此为止，就得到了活化工段评估值。DOW综合指数评估结果为“可能是灾难性的”，Mond法综合危险性指数评估结果为危险性“很高”，而修正后的综合危险性指数评估结果为“极端危险”。

### 6.12.3　关于评估等级的判定标准

关于评估标准的问题，在兵器工业总公司制定的BZA-1评估方法中采用五等级判定法：Ⅰ轻度危险，Ⅱ比较危险，Ⅲ中等危险，Ⅳ严重危险，Ⅴ非常危险。但国外各种评估方法给出的标准不尽相同，如F&EI以折算的损失工作日来衡量危险级别，而DOW危险性指数等级判定表分为9个等级，Mond法则分为8个等级。

考虑到各种标准的统一需要一个过程，本次评估结果仍采用原方法中的评估标准。但是为了有一个定性的认识，把这些评估结果对照到前述五等级判定法时，对应关系见表6.36。

**表6.36　Mond法和BZA法危险性分级标准对照表**

| Mond法综合危险性指数$R$ | $R$危险性分类 | 和BZA-1对照分类 |
|---|---|---|
| 0～20 | 缓和 | Ⅰ |
| 20～100<br>100～500 | 低<br>中等 | Ⅱ |
| 500～1100 | 高(第一类) | Ⅲ |
| 1100～2500<br>2500～12500 | 高(第二类)<br>很高 | Ⅳ |
| 12500～65000<br>65000以上 | 极端危险<br>极端严重 | Ⅴ |

各单元的评估结果对照为：

| | | |
|---|---|---|
| 单元1： | (非常严重) | 总公司级 |
| 单元2： | (非常严重) | 总公司级 |
| 单元3： | (可能是灾难性) | 国家级 |
| 单元4： | (极端危险) | 总公司级 |

### 6.12.4　结论

某厂活性炭生产车间的破碎、炭化、活化、催化剂等主要工段，经过全面安全评估，其危险等级已达到“非常严重”（$D$）以上或“危险性高”（$R$）以上，其中最严重的是活化工段，已经达到“可能是灾难性”（$D$）或“极端危险”（$R$）等级或国家级。作为一个生产车间，其主要生产工段都达到危险性很高的严重状态，说明该厂活性炭生产线已属于国家级的重大危险源。

从生产现场情况看，破漏的厂房、陈旧的设备、恶劣的

生产环境，由此构成的爆燃、毒害、污染等重大事故隐患，确实与我国唯一的防化器材生产大厂的地位极不相称，与我国现代工业发展水平极不相容。

因此，某厂活性炭生产线安全技术改造任务已经迫在眉睫，否则，如果勉强维持生产，一旦发生事故，给国家财产、人民生命以及社会造成的损失和影响是巨大的，是无可挽回的。

## 6.13 安全决策

决策指人们在求生存与发展过程中，以对事物发展规律及主客观条件的认识为依据，寻求并实现某种最佳（满意）准则和行动方案而进行的活动。决策通常有广义、一般和狭义的三种解释。决策的广义解释包括抉择准备、方案优选和方案实施等全过程。一般含义的决策解释是人们按照某个（些）准则在若干备选方案中的选择，它只包括准备和选择两个阶段的活动。狭义的决策就是作决定，就指抉择。

决策是人们行动的先导。决策学是为决策提供科学的理论和方法，以支持和方便人们做决策的科学；是自然科学与社会科学并涉及人类思维的新兴交叉学科。

一个合理的准则（标准）体系，足够可靠的信息数据，可供选择的决策方法，落实的决策组织和实施办法，是科学决策的基本要素。

广义的决策，都是在价值判断的基础上作出抉择和选择，它的基本准则就是效用，离开了效用准则，决策是非理性的、盲目的。

决策与评价既有区别，又有共同点。评价是指评价主体估测评价对象（客体）达到既定需求的过程。它是根据既定的准则体系来测评客体的各种属性量值及其满足主体需求的效用（价值），以综合评价原定需求满足程度的活动。评价通常亦有狭义和广义两种含义，狭义的评价是作为决策过程的一个步骤；广义的评价与一般意义的决策相类似，常称为系统评价或综合评价。所以，决策和综合评价有共同的理论基础和组成要素，其方法和步骤也大同小异，只不过决策往往是事前进行的选择，而系统评价大多在事后进行；决策总是在多个备选方案中作抉择，而系统评价可以只对一个方案进行评判。

在决策中经常用到准则，准则与标准同义，是衡量、判断事物价值的标准，是事物对主体的有效性的标度，是比较评价的基准。能数量化的准则常称为指标。在实际决策问题中，准则经常以属性或目标的形式出现。

属性是物质客体的规定性。凡能表示客体性质、功能、行为等，并因而使其与其他客体相似或相异的一切均是其属性。在决策中，属性指备选方案固有的特征、品质或性能。由决策者选择的全部属性的值可以表征一个方案的水平。

决策的目标是指主体对客体的需求在观念上的反映，是决策者关于被研究问题（客体）所希望达到的状态、所追求的方向的陈述，属于主观范畴。决策的目标是一个无界的、规定方向的最大可能程度的需求。

指标亦常称为目标，常指能数量化的准则，它反映实际存在的事物的数量概念和具体数值，既包括准则的名称，也包括准则的数值。前者体现事物质的规定性，后者体现事物量的规定性，指标值是二者的统一。

决策的分类方法很多。根据决策系统的约束性与随机性原理，可分为确定型决策和非确定型决策。

（1）确定型决策

在一种已知的完全确定的自然状态下，选择满足目标要求的最优方案。

确定型决策问题一般应具备四个条件：① 存在着决策者希望达到的一个明确目标（收益大或损失小）；② 只存在一个确定的自然状态；③ 存在着决策者可选择的两个或两个以上的抉择方案；④ 不同的决策方案在确定的状态下的益损值可以计算。

（2）非确定型决策

当决策问题有两种以上自然状态，哪种可能发生是不确定的，在此情况下的决策称为非确定型决策。

非确定型决策又可分为两类：当决策问题自然状态的概率能确定，即是在概率基础上做决策，但要冒一定的风险，这种决策称为风险型决策；如果自然状态的概率不能确定，即没有任何有关每一自然状态可能发生的信息，在此情况下的决策就称为完全不确定型决策。

风险型决策问题通常要具备如下五个条件：①存在决策者希望达到的一个明确目标；②存在着决策者无法控制的两种或两种以上的自然状态；③存在着可供决策者选择的两个或两个以上的决策方案；④不同的抉择方案在不同的自然状态下的益损值可以计算出来；⑤每种自然状态出现的概率可以估算出来。

### 6.13.1 安全决策过程与决策要素

#### 6.13.1.1 决策过程

决策是人们为实现某个（些）准则而制定、分析、评价、选择行动方案，并组织实施的全部活动，也是提出、分析和解决问题的全部过程，主要包括 5 个阶段，如图 6.21 所示。

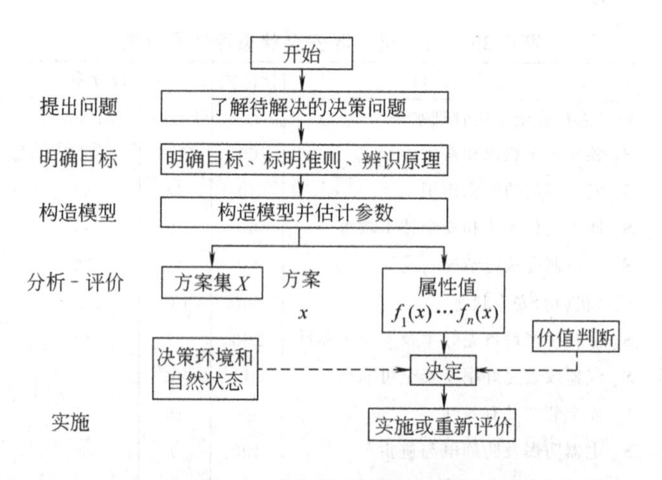


图 6.21 典型的决策过程

在这种典型的决策过程中，系统分析、综合、评价是系统工程的基本方法，亦是决策（评价）的主要阶段。

分析一般是指把一件事物、一种现象或一个概念分成较简单的组成部分，找出这些部分的本质属性和相互关系。系统分析是为了给决策者提供判断、评价和抉择满意方案所需的信息资料，系统分析人员使用科学的分析方法对系统的准则、功能、环境、费用、效益等进行充分的调查研究，并收集、分析和处理有关的资料和数据。对方案的效用进行计算、处理或仿真试验，把结果与既定准则体系进行比较和评价，作为抉择的主要依据。

综合一般是指把分析过的对象的各个部分、各种关系联合成一个整体。系统综合就是根据分析结果确定系统的组成部分及它们的构成方式和运作方式，进行系统设计，形成满足约束条件的可供优选的备选方案集。

评价是对分析、综合结果的鉴定。评价的主要目的是判别设计的系统（备造方案）是否达到了预定的各项准则要求，能否投入使用。这是决策过程中的评价，是属于狭义评价。

最后，根据分析、综合评价的结果，再引入决策者的倾向性信息和酌情选定的决策规划，排列各备选方案的顺序，由决策者选择满意方案付诸实施。如果实施的结果不满意或不够满意，可根据反馈的信息，返回到上面4个阶段的任何一个阶段，重复地更深入地进行决策分析研究，以期获得尽可能满意的结果。

**6.13.1.2　决策要素**

决策的要素有：决策单元、准则体系、决策结构和环境、决策规则等。

(1) 决策单元和决策者

决策者是指对所研究问题有权利、有能力作出最终判断与选择的个人或集体。其主要责任在于提出问题，规定总任务和总要求，确定价值判断和决策规划，提供倾向性意见，抉择最终方案并组织实施。所谓决策单元常常包括决策者及共同完成决策分析研究的决策分析者，以及用以进行信息处理的设备。它们的工作是接受任务、输入信息、生成信息和加工成智能信息，从而产生决策。

(2) 准则（指标）体系

对一个有待决策的问题，必须首先定义它的准则。在现实决策问题中，准则常具有层次结构，包含有目标和属性两类，形成多层次的准则体系，如图6.22所示：

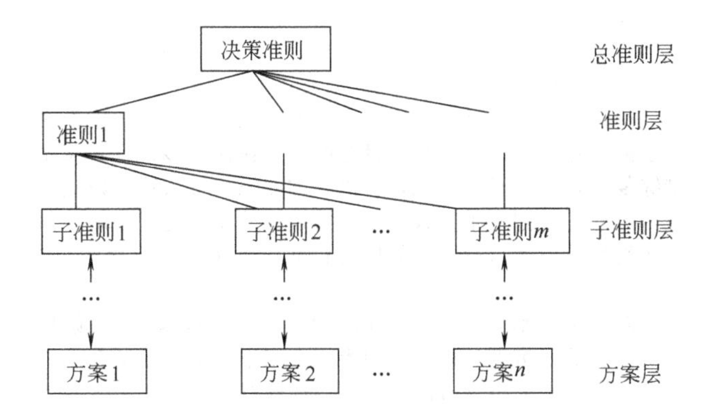


图6.22　准则体系的层次结构

准则体系最上层的总准则只有一个，一般比较宏观、笼统、抽象，不便于量化、测算、比较、判断。为此要将总准则分解为各级子准则，直到相当具体、直观，并可以直接或间接地用备选方案本身的属性（性能、参数）来表征的层次为止。在层次结构中，下层的准则比上层的准则更加明确具体并便于比较、判断和测算，它们可作为达到上层准则的某种手段。下层的准则集合一定要保证上层准则的实现，子准则之间可能一致，亦可能相互矛盾，但要与总准则相协调，并尽量减少冗余。

设定准则体系是为了评价、选择备选方案，所以准则体系最低层是直接或间接表征方案性能、参数的属性层。应当尽量选择属性值能够直接表征与之联系达到程度的属性；否则，只好选用间接表征与之联系的达到程度的代用属性。代用属性与相应目标之间的关系表现为间接关系，其中隐含有决策人的价值判断。

当将一个或一组属性与一个准则联系时，应该具备综合性和可度量性。如果属性的值可充分地表明满足与之联系准则的程度，则称该属性（集）是综合的；如果对于备选方案可以用某一种标度赋予这属性一定值，则称该属性是可度量的。常用来度量属性的标度有比例标度、区间标度和序标度。

(3) 决策结构和环境

决策的结构和环境属于决策的客观态势（情况）。为阐明决策态势，必须尽量清楚地识别决策问题（系统）的组成、结构和边界，以及所处的环境条件。它需要标明决策问题的输入类型和数量，决策变量（备选方案）集和属性集以及测量它们的标度类型，决策变量（方案）和属性间以及属性与准则间的关系。

决策变量亦称可控（受控）变量，它是决策（评价）的客观对象。在自然系统中，决策变量集常以表征系统主要特征的一组性能、参数形式出现，由它们可以组合出无限多个备选方案，方案是连续型，其范围由一组约束条件所限制。而在实际（社会）系统中，例如安全系统，因变量之间，变量与属性之间的结构过于复杂，有许多是半结构化甚至非结构化形式，尚难以给予形式化的表述，所以决策变量常以有限个离散的备选方案的形式出现。

决策的环境条件可区分为确定性和非确定性两大类。由于决策是面向未来发生事件所作的抉择，所以决策的环境条件都带有不确定性，只是在很多情况下，正常环境出现的概率很大，非正常条件发生的可能性很小（即近似认为是小概率事件），而认为环境条件是确定的。在非确定性中，又分因果关系不确定的随机型和排中律不确定的模糊型。

(4) 决策规则

决策就是要从众多的备选方案中选择一个用以付诸实施的方案，作为最终的抉择。在作出最终抉择的过程中，要按照多准则问题方案的全部属性值的大小进行排序，从而依序择优。这种促使方案完全序列化的规则，便称为决策规则。决策规则一般粗分为两大类：最优规则和满意规则。最优规则是使方案完全序列化的规则，只有在单准则决策问题中，方案集才是完全有序的，因此，总能够从中选中最优方案。

然而在多准则决策问题中，方案集是不完全有序的，准则之间往往存在矛盾性、不可公度性（各准则的量纲不同），所以，各个准则均最优的方案一般是不存在的。因而，只能在满意规则下寻求决策者满意的方案。在系统优化中，用“满意解”替“最优解”，就会使复杂问题大大简化。决策者的满意性一般通过所谓“倾向性结构（信息）”来表述，它是多准则决策不可缺少的重要组成部分。

(5) 安全决策

安全决策与通常的决策过程一样，应按照一定的程序和步骤进行。安全决策时，应根据安全问题的特点，确定各个步骤的具体内容。

(6) 确定目标

决策过程首先需要明确目标，也就是要明确需要解决的问题。对安全而言，从大安全观出发，安全决策所涉及的主要问题就是保证人们的生产安全、生活安全和生存安全。但是这样的目标所涉及的范围和内容太大了，以至于无法操作，应进一步界定、分解和量化。

例如，生产安全是一个总目标，它可以分解为预防事故发生、消除职业病和改善劳动条件。而且，对已分解的目标，还应根据行业不同、现实条件不同（例如，经济保证、技术水平）、边界约束条件不同区分目标的实现层次和内涵。

(7) 确定决策方案

在目标确定之后，决定人员应依据科学的决策理论，对要求达到的目标进行调查研究，进行详细的技术设计、预测分析，拟出几个可供选择的方案。

首先应根据总目标和指标的要求将那些达不到目标基本要求的方案舍弃掉，然后再用加权法或其他数学方法对各个方案进行排序。排在第一位的方案也称为备选决策提案。备选决策提案不一定是最后决策方案，还需要经过技术评价和潜在问题分析，做进一步的慎重研究。

(8) 潜在问题或后果分析

对备选决策方案，决策者要向自己提出“假如采用这个方案，将要产生什么样的结果；假如采用这个方案，可能导致哪些不良后果和错误”等问题，从这些可能产生的后果中进行比较，以决定方案的取舍。

对安全问题，考虑其决策方案后果，应特别注意如下一些潜在问题：

① 人身安全方面：应特别注意有无生命危险，有无造成工伤的危险，有无职业病和后遗症的危险。

② 人的精神和思想方面：是否造成人的道德、思想观念的变化，是否造成人的兴趣爱好和娱乐方式的变化，是否造成人的情绪和感情方面的变化，是否加重人的疲劳，带来精神紧张，影响个人导致不安全感或束缚感的产生等。

③ 人的行为方面：能否造成人的生活规律、生活方式变化等。

(9) 实施与反馈

决策方案在实施过程中应注意制定实施规划，落实实施机构、人员职责，并及时检查与反馈实施情况，使决策方案在实施过程中趋于完善并达到预期效果。

## 6.13.2 定性属性的量化

### 6.13.2.1 量化等级与范围

心理学家米勒（G. A. Miller）经过实验表明，在某个属性上对若干个不同物体进行辨别时，普通人能够正确区别属性等级在5级至9级之间。所以 推荐定性属性量化等级取5级至9级，可能时尽量用9个等级。量化等级见表6.37。

表6.37 量化等级表

| 等级数 | 量化值 | | | | | | | | |
|---|---|---|---|---|---|---|---|---|---|
| | 1 | 2 | 3 | 4 | 5 | 6 | 7 | 8 | 9 |
| 9 | 最差 | 很差 | 差 | 较差 | 相当 | 较好 | 好 | 很好 | 最好 |
| 7 | 最差 | 很差 | 差 | | 相当 | | 好 | 很好 | 最好 |
| 5 | 最差 | | 差 | | 相当 | | 好 | | 最好 |

### 6.13.2.2 量化方法

通过决策者（专家）定性分析，分等级量化的结果，由于客观事物的复杂性、多样性和主观认识的局限性，所以往往具有不确定性、模糊性和随机性，可以采用集值统计原理广集专家意见，改善定性属性量化的有效性。

集值统计是经典统计和模糊统计的一种拓广。经典统计在每次试验中得到相空间的一个确定点，而集值统计每次试验得到相空间中的一个子集，这个子集就是评价者对某定性属性值 $[f_j(x_i)Z]$ 估计的等级区间，记第 $k$ 个评价者估价的区间为 $[Z_1^k,Z_2^k]$。若共有 $L$ 个评价者，可得 $L$ 个区间值，从而形成一个集值统计序列，$[Z_1^1,Z_2^1]$，$[Z_1^2,Z_2^2]$ …这 $[Z_1^L,Z_2^L]$ 个子集叠加在一起则形成覆盖在评价值轴上的一种分布：

$$P(z)=\frac{1}{L}\sum_{k=1}^{L}\oint[Z_1^k,Z_2^k](Z) \tag{6.62}$$

式中：$\oint[Z_1^k,Z_2^k](Z)=\begin{cases}1 & \text{当 } Z_1^k\leqslant Z\leqslant Z_2^k\\ 0 & \text{其他}\end{cases}$。

可以证明：当各方案的属性值 $f_j(x_i)$ 可以准确定值时，对所有 $k$，$Z_1^k=Z_2^k=C$（常数），则：

$$P(z)=\begin{cases}1 & \text{当 } Z=C \text{ 时}\\ 0 & \text{其他}\end{cases}$$

则属性值的估计值 $\overline{Z}=C$。

### 6.13.2.3 属性函数 f(x) 规范化

(1) 多属性决策

在多属性决策问题（MADMP）的各属性函数 $f_j(x)$ $(j=1,2,\cdots,m)$之间，普遍存在下述3个方面的问题。

① 无公度性：即各 $f_j(x)$ 的量纲不同，不便于相互比较和综合运算。

② 变化范围不同：不便于比较和综合运算。

③ 对抗性：凡得益性属性，通常希望愈大愈优；凡损耗性属性，一般希望愈小愈优。因为各个属性值经过规范化处理后，其变化范围均在［0，1］之间，故规范化处理亦称为归一化。

(2) 规范化处理算法

常用的规范化处理算法较多，在选用时需注意量化标度（序、区间和比例标度），允许进行变换的形式，以免规范化后影响决策的质量。

① 线性变换法：

$$f_j(x)=\begin{cases}1 & f_j(x)>f_j^*\\ \dfrac{f_j(x)-f_j^*}{f_j^*-f_j^0} & f_j^*>f_j(x)>f_j^0\\ 0 & f_j^0>f_j(x)\end{cases} \tag{6.63}$$

式中，$f_j^*$ 为 $f_j(x)$ 的最优值；$f_j^0$ 为 $f_j(x)$ 的最劣值。

② S形变换法：当单属性的最优（劣）值，难于达到时，用变化缓和些的S形曲线变换之。

$$f_j'(x)=\left[1+\left(\frac{1-\delta}{\delta}\right)^{1-2\overline{f_j}(x)}\right]^{-1} \tag{6.64}$$

式中，$\overline{f_j}(x)=\dfrac{f_j(x)-f_j^0}{f_j^*-f_j^0}$。

### 6.13.2.4 权重及其量化方法

权重是表征子准则或因素对总准则或总目标影响或作用大小的量化值。因为影响总目标的因素往往很多，且其关系错综复杂，一般难于量化，所以一方面把权重系数考虑成向量，另一方面把权重系数按照其要表征的属性进行分解，如重要性权、信息量权、重复性权和可靠性权。

(1) 重要性权

对于子准则（因素）的相对地位、作用，以及政策导向，激励等决策者的期望性因素，常用定性定量相结合的方法，根据专家或决策者的相对重要性信息进行量化。

相邻比较法：

① 将同层次所有子准则（因素）$f_j(x)(j=1,2,\cdots,m)$ 按照上层准则（或总准则）的相对重要性排序。

② 求相邻准则的相对重要性比值，即：

$$b_{j+i,j}=\frac{\omega_j+1}{\omega_j} \tag{6.65}$$

且 $0\leqslant b_{j+1,j}\leqslant 1$，$(j=1,2,\cdots,m)$，并假定上一个准则的相对重要性始终为1。

③ 最后按 $\dfrac{\overline{\omega}_i}{\sum_{j=1}^{m}\overline{\omega}_i}=\omega_j$ 求归一化权重系数，其中 $\omega_j=b_{j+1,j}b_j$，$\overline{\omega}_{j=1}=b_1=1$。

(2) 信息量权重 $\omega_2$

由于各准则值所包含的信息量不同，它们对被评价方案（决策方案）的作用也就不同。考虑信息量不同产生的影响的量化值称为信息量权重。另外，当某些准则值在各被评价方案之间差异较大时，其分辨能力较强，包含的信息量就多，它们在综合评价、最终决策中的作用就大，其信息权重系数也较大。

变异系数法：

① 求各准则的方差 $D_j$：

$$D_j=\frac{1}{n-1}\sum_{i=1}^{n}\{f_j(x_i)-E[f_j(x_i)]\}^2 \quad (j=1,2,\cdots,m) \tag{6.66}$$

其中准则值期望：

$$E(f_j(x_i)) = \frac{1}{n}\sum_{i=1}^{n} f_j(x_i) \quad (j = 1,2,\cdots,m) \tag{6.67}$$

式中，$f_j(x_i)$ 为备选方案 $x_i$ 的第 $j$ 个准则。

② 求各准则值的变异系数 $V_j$：

$$V_j = \frac{\sqrt{D_j}}{E(f_j(x_i))} \tag{6.68}$$

③ 归一化变异系数即得信息权系数：

$$\omega_j{}^2 = \frac{V_j}{\sum_{j=1}^{n} V_j} \quad (j = 1,2,\cdots m) \tag{6.69}$$

(3) 独立性权重系数

虽然在理想准则体系中，要求准则具有无冗余性，在多属性决策方案中，希望属性之间具有独立性，但由于安全系统的高度复杂性，准则体系中各准则之间难免有部分重复信息存在，使它们在综合评价或决策过程中过多地发挥了作用，为此，提出用独立性权重来抵消“过多”的影响。如相关系数法。

根据概率论对 $r_{i,j}$ 的定义，确定相关系数 $r_{i,j}$，按列求和，最后通过归一化可得独立性权重系数。

(4) 组合（综合）权重

根据 MADMP 的实际需要和可能，可以从上述三个方面的权重中选用，当用两种以上的权重时，就存在一个如何组合的问题，常用的有乘法和加法两种算法求取组合（综合）权重 $\omega$。前者的特点是对各权重作用一视同仁，只要某种作用小，则组合权重系数就小，而后者的特点是各权重之间有线性补偿作用。

## 6.13.3 安全决策方法

前已述及，安全决策学是一门交叉学科，它既含有从运筹学、概率论、控制论、模糊数学等引入的数学方法，也会有从安全心理学、行为科学、计算机科学、信息科学引入的各种社会、技术科学。

### 6.13.3.1 确定性多属性决策方法

一种多属性决策（MADM）方法就是一个对属性及方案信息进行处理选择的过程。该过程所用的基础数据主要是决策矩阵、属性或方案的偏好信息（倾向性）。决策矩阵一般由决策分析人员给出，它提供了分析决策问题的基本信息，是各种 MADM 方法的基础。需要指出的是，决策矩阵的元素从形式上看不一定非是定量化的，它们也可以是定性的，甚至是模糊的。对应于确定性多属性决策则决策矩阵多是定量化的，或其倾向性信息一般是由决策者给出。根据决策者对决策问题提供倾向性信息的环节及充分程度的不同，可将求解 MADM 的问题的方法归纳为：无倾向性信息的方法、有关于属性的倾向性信息的方法和有关于方案的倾向性信息的方法三类。

### 6.13.3.2 评分法

评分法就是根据预先规定的评分标准对各方案所能达到的指标进行定量计算比较，从而达到对各个方案排序的目的。

① 评分标准：一般按 5 分制评分：优、良、中、差、最差。当然也可按 7 个等级评分方案多少及其之间的差别大小和决策者的要求而定。

② 评分方法：评分方法多数是采用专家打分的办法，即以专家根据评价目标对各个抉择方案评分，然后取其平均值或除去最大、最小值后的平均值作为分值。

③ 评价指标体系：评价指标一般应包括三个方面的内容，即技术指标、经济指标和社会指标。对于安全问题决策，若有几个不同的技术抉择方案，则其评价指标体系技术指标大致有如下内容：技术先进性、可靠性、安全性、维修性、可操作性等；经济指标有成本、质量可靠性、原材料、周期、风险率等；社会指标有劳动条件、环境、精神习惯、道德伦理等。当然要注意指标因素不宜过多，否则不但难于突出主要因素，而且会造成评价结果不符合实际。

④ 加权系数：由于各评价指标其重要性程度不一样，必须给每个评价指标一个加权系数。为了便于计算，一般取各个评价指标的加权系数之和为 1。加权系数值可由经验确定或用判断表法计算。

⑤ 计算总分：计算总分也有多种方法，见表 6.38，可根据其适用范围选用，总分或有效值高者当为首选方案。

**表 6.38 总分计算方法**

| 序号 | 方法名称 | 公式 | 适用范围 |
|---|---|---|---|
| 1 | 分值相加法 | $Q_1 = \sum_{i=1}^{n} k_i$ | 计算简单直观 |
| 2 | 分值相乘法 | $Q_2 = \prod_{i=1}^{n} k_i$ | 各方案总分相差大，便于比较 |
| 3 | 均值法 | $Q_3 = \frac{1}{n}\sum_{i=1}^{n} k_i$ | 计算简单直观 |
| 4 | 相对值法 | $Q_4 = \left(\sum_{i=1}^{n} \frac{k_i}{n}\right) Q_0$ | 能看出与理想方案的差距 |
| 5 | 有效值法 | $N = \sum_{i=1}^{n} k_i g_i$ | 总分中考虑了各评价指标的重要程度 |

注：$Q$ 为方案总分值；$N$ 为有效值；$n$ 为方案指标数；$k_i$ 为各评价指标的评分值；$g_i$ 为各评价指标的加权系数；$Q_0$ 为理想方案总分值。

### 6.13.3.3 决策树法

决策树法是风险决策的基本方法之一。决策树分析方法又称概率分析决策方法。决策树法与事故树分析一样是一种演绎性方法，即是一种有序的概率图解法。

决策树的结构如图 6.23 所示，图中符号方块表示决策点，从它引出的分支叫方案分支，分支数即为提出的方案数；圈表示方案结点（也称自然状态点），从它引出的分支称为概率分支，每条分支上面应注明自然状态（客观条件）及其概率值，分支数即为可能出现的自然状态数；三角表示结果节点（也称末梢）。它旁边的数值是每一方案在相应状态下的收益值。

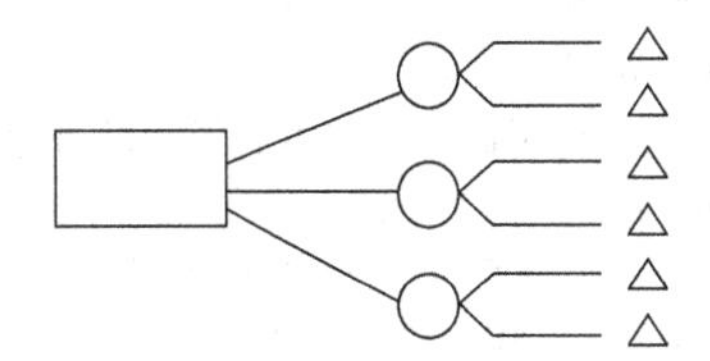

图 6.23 决策树示意图

决策步骤是：

① 根据决策问题绘制决策树；

② 计算概率分支的概率值和相应的结果节点的收益值；

③ 计算各概率点的收益期望值；

④ 确定最优方案。

### 6.13.3.4 技术经济评价法

技术经济评价法是对抉择方案进行技术经济综合评价时，不但考虑评价指标的加权系数，而且所取的技术价和经济价都是相对于理想状态的相对值，这样更便于决策判断与方案筛选。

(1) 技术评价

技术评价步骤如下：

① 确定评价的技术项目和评价指标集。

② 明确各技术指标的重要程度。在指标集的众多技术指标中，要明确哪些是必须满足的，即所谓固定要求，低于或高于该指标就不合格；要明确哪些是可以给出一个允许范围的，也即有一个最低要求；还要明确哪些是希望达到的。

③ 分别对各个技术指标评分。

④ 进行技术指标总评价。在各个技术指标评分的基础上，进行总的评分，即求出各技术指标的评分值与加权系数乘积之和与最高分（理想方案）的比值：

$$W_t=\frac{\sum_{i=1}^{n}V_i g_i/n}{V_{\max}\sum_{i=1}^{n}g_i}=\frac{\sum_{i=1}^{n}V_i}{nV_{\max}} \tag{6.70}$$

式中，$W_t$ 为技术价；$V_i$ 为各技术评价指标的评分值；$g_i$ 为各技术评价指标的加权系数，取 $\sum_{i=1}^{n}g_i=1$；$V_{\max}$ 为各技术评价指标的最高分（对理想方案，5分制的5分）；$n$ 为技术评价指标数。

技术价 $W_t$ 越高，方案的技术性能越好。理想方案的技术价为1，$W_t<0.6$ 表示方案不可取。

(2) 经济评价

经济评价步骤如下：①按成本分析的方法，求出各方案的制造费用 $C_i$。②确定该方案的理想制造费用。通常理想的制造费用是允许制造费用的0.7倍。允许制造费用按式(6.71)计算：

$$C=\frac{C_{M,\min}}{\rho} \tag{6.71}$$

$$\rho=\frac{C_s}{C_i}=\frac{标准价格}{制造费用} \tag{6.72}$$

式中，$C_{M,\min}$ 为合适的市场价格；$C_s$ 为标准价格，是研制费、制造费、行政管理费、销售费、盈利和税金的总和。

③ 确定经济价。确定经济价的公式：

$$W_w=\frac{0.7C}{C_i} \tag{6.73}$$

经济价 $W_w$ 值越大，经济效益越好。理想方案的经济价为1，表示实际生产成本等于理想成本。$W_w$ 的许可值为0.7，此时，生产实际成本等于允许成本。

(3) 技术经济综合评价

可以用计算法和图法进行技术、经济综合评价。

① 相对价 $W$ 法

均值法：$$W=0.5(W_t+W_w) \tag{6.74}$$

双曲线法：$$W=\sqrt{W_t+W_w} \tag{6.75}$$

相对价 $W$ 值越大，方案的技术经济综合性能越好，一般应取 $W>0.65$。当两项中有一项数值较小时，用双曲线法能使 $W$ 值明显变小，更便于对方案的抉择。

② 优度图法：优度图如图6.24所示。图中横坐标为技术价 $W_t$，纵坐标为经济价 $W_w$。每个方案的 $W_{ti}$，$W_{wi}$ 值构成点 $S_i$，而 $S_i$ 的位置就反映了此方案的优度。当 $W_t$，$W_w$ 值均等于1时的交点是理想优度 $S_I$，表示技术经济综合指标的理想值。0-$S_I$ 连线称为"开发线"，线上各点 $W_t=W_w$。$S_i$ 点离 $S_I$ 点越近，表示技术经济综合指标越高；离开发线越近，说明技术经济综合性能越好。

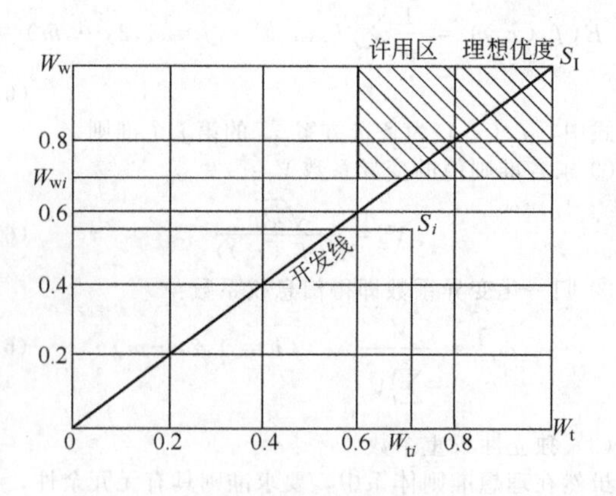

图6.24 优度图

### 6.13.3.5 稀少事件的风险估计

当决策者要在多种抉择方案中做决策时，可能会遇到某种稀少事件是否值得考虑，或者在用智力激励法进行风险辨别时，稀少事件如何估计的问题。

稀少事件是指那些发生的概率非常小的事件，对它们很难用直接观测的方法进行研究，因为它们不但"百年不遇"，而且"不重复"。在稀少事件中有2类不同的风险估计：一类是称外围"零-无穷大"的风险，指的是那些发生的可能性很小（几乎为零）而后果却十分严重（几乎是无穷大）的事故，例如核电站泄漏事故；另一类是发生概率很小，后果不像前一类那么严重，但涉及的面或人数却很多，并且易被一些偶然因素、另外的风险、与它们的作用相同或相反的其他因素所掩盖的事故，如水质污染不是特别严重的情况下，很难确定其与癌症发病率之间的关系。前一类情况主要涉及明显事故的估计与价格，后一类情况则主要是对潜在危险进行测量和估计。

对稀少事件很难给出一个严格定义，就第一类事故情况来说，一般采用如下的定义：即100年才可能发生一次事故称为稀少事件。其数学表达式如下：

$$nP<0.01/年 \tag{6.76}$$

式中，$n$ 为试验次数；$P$ 为事故发生的概率。

① 稀少事件一般服从二项分布，它们相互独立，发生的概率为 $P$，在 $n$ 次试验中，有 $m$ 次成功（发生）的概率 $P(m)$ 为：

$$P(m)=C_n^m P^m(1-P)^{n-m}\quad (m=0,1,\cdots,n) \tag{6.77}$$

其均值（期望值）：

$$E(x)=nP \tag{6.78}$$

方差：

$$D(x)=nP(1-P) \tag{6.79}$$

风险度：

$$R=\frac{\sqrt{D(x)}}{E(x)}=\frac{\sqrt{nP(1-P)}}{nP} \tag{6.80}$$

对于稀少事故，$P\ll 1$，故有：

$$D(x)=nP \tag{6.81}$$

$$R=\frac{1}{\sqrt{nP}} \tag{6.82}$$

② 绝对风险与对比风险：概率估计只有当概率不太大和不太小时才比较准确，因此以期望值（均值）为基础的统计数据计算对稀少事件的分析不是很确切，为此有人提出对比风险的概念。对比风险与绝对风险可定义如下：

绝对风险是对某一可能发生事件的概率及其后果的估计，也就是人们通常所讨论的风险概念。

对比风险可分为两种情况，一种是对于发生概率相似的事件，比较其发生的后果；另一种是对于两种后果及大小相似的事件，比较其发生的概率。绝对风险与对比风险的适用区域示意图如图6.25所示。

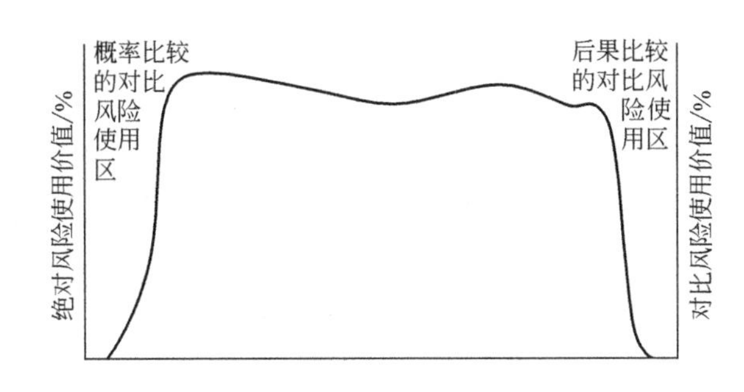


图 6.25　绝对风险与对比风险的适用区域示意

## 参考文献

［1］ 汪元辉，滕桂兰，等．安全系统工程．天津：天津大学出版社，2004．
［2］ 卢岚编著．安全工程．天津：天津大学出版社，2003．
［3］ 廖学品编著．化工过程危险性分析．北京：化学工业出版社，2000．
［4］ 金伟娅，张康达．可靠性工程．北京；化学工业出版社，2005．
［5］ 吴宗之，高进东编著．重大危险源的辨识和控制．北京：冶金工业出版社，2001．
［6］ 刘铁民，张兴凯，刘功智．安全评价方法应用指南（精）．北京：化学工业出版社，2005．
［7］ 国家安全生产监督管理局．安全评价．北京：煤炭工业出版社，2003．
［8］ 樊运晓，罗云．系统安全工程．北京：化学工业出版社，2009．
［9］ 张景林，崔国璋主编．安全系统工程．第 2 版．北京：煤炭工业出版社，2014．
［10］ 罗云．风险分析与安全评价．第 3 版．北京：化学工业出版社，2016．
［11］ 徐志胜，姜学鹏，等．安全系统工程．第 3 版．北京：机械工业出版社，2016．
［12］ 企业职工伤亡事故分类 GB 6441—1986．
［13］ 职业性接触毒物危害程度分级 GBZ 230—2010．
［14］ 有毒作业分级 GB 12331—1990．
［15］ 噪声作业分级 LD 80—1995．
［16］ 低温作业分级 GB/T 14440—1993．
［17］ 生产过程危险和有害因素分类与代码 GB/T 13861—2009．
［18］ 危险化学品重大危险源辨识;GB 18218—2018．
［19］ 职业病危害因素分类目录(国卫疾控发〔2015〕92 号)．

# 第二篇　安全管理

## 本篇主编

樊运晓

## 副主编

张少标

## 本篇编写成员

| | | | | |
|---|---|---|---|---|
| 罗　云 | 樊运晓 | 张少标 | 刘洪灿 | 李　峰 |
| 袁庆华 | 刘非非 | 张　影 | 陈　芳 | 王洪永 |
| 方付开 | 黎忠文 | 马孝春 | 陈　涛 | 陶建文 |
| 王学广 | 吴　婷 | 吴　盈 | 廖　蕊 | 吴　祥 |

# 7 安全管理科学理论

## 7.1 安全管理科学的发展和进步

### 7.1.1 安全科学与安全管理学

《学科分类与代码》(GB/T 13745—2009) 共设5个门类、62个一级学科、748个二级学科、近6000个三级学科。其中,"安全管理学"和"安全管理工程"(代码原为62050) 分别是一级学科"安全科学技术"下重要和实用的三级学科。

通过人类长期的安全生产活动实践,以及安全科学与事故理论的研究和发展,人们已清楚地认识到,要有效地预防生产与生活中的事故、保障人类的安全生产和安全生活,人类有三大安全对策:一是安全工程技术对策,这是技术系统本质安全化的重要手段;二是安全教育对策,这是人因安全素质的重要保障措施;三是安全管理对策,这一对策既涉及物的因素,即对生产过程设备、设施、工具和生产环境的标准化、规范化管理,也涉及人的因素,即作业人员的行为科学管理等。因此,安全管理科学是安全科学技术体系中重要的分支学科,是人类预防事故的"三大对策"的重要方面。

### 7.1.2 安全管理技术的发展

管理也是一种技术。安全管理的方法得当,是保证安全管理效能的重要因素。

从管理对象的角度:安全管理由近代的事故管理,发展到现代的风险管理、隐患管理。早期,人们把安全管理等同于事故管理,其仅仅围绕事故本身作文章,安全管理的效果是有限的,只有强化了风险管理和隐患的控制,减少或消除风险,事故的预防才高效。20世纪60年代发展起来的安全系统工程强调了系统的危险控制,揭示了隐患管理的机理。21世纪,在我国隐患管理得到普及,风险管理得到推广。

从管理过程的角度:早期是事故后管理,进展到20世纪60年代强化超前和预防型管理(以安全系统工程为标志)。随着安全管理科学的发展,人们逐步认识到,安全管理是人类预防事故三大对策之一,科学的管理要协调安全系统中的人-机-环诸因素,管理不仅是技术的一种补充,更是对生产人员、生产技术和生产过程的控制与协调。

从管理理论的角度:从建立在事故致因理论基础上的管理,发展到现代的科学管理。20世纪30年代美国著名的安全工程师海恩,提出了1∶29∶300安全管理法则,事故致因理论的研究为近代工业安全做出了非凡贡献。到了20世纪后期,现代的安全管理理论有了全面的发展,如安全系统工程、安全人机工程、安全行为科学、安全法学、安全经济学、风险分析与安全评价等。21世纪,安全管理科学园地更是百花争妍。

从管理技法的角度:从传统的行政手段、经济手段,以及常规的监督检查,发展到现代的法治手段、科学手段和文化手段;从基本的标准化、规范化管理,发展到以人为本、科学管理的技巧与方法。21世纪,安全管理系统工程、安全评价、风险管理、预期型管理、目标管理、无隐患管理、行为抽样技术、重大危险源评估与监控等现代安全管理方法,将会大显身手,安全文化的手段将成为重要的安全管理方法。

安全管理的发展重要的不表现在理论体系的完善和进步,图7.1给出了安全管理科学理论体系的主要内容。

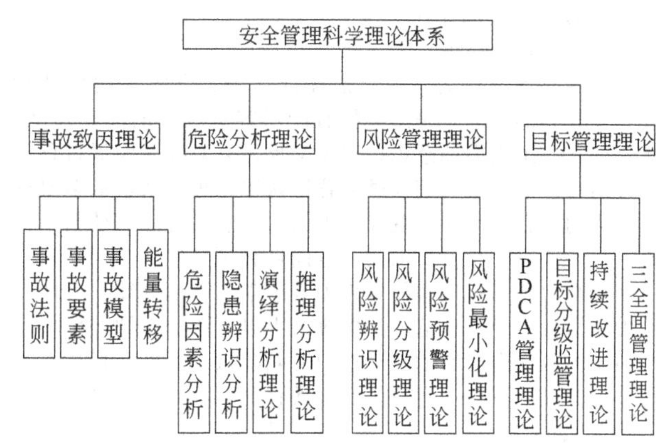


图7.1 安全管理科学的理论体系

### 7.1.3 现代安全管理的发展及其特点

安全管理是安全科学技术的重要组成部分,管理也有技术,是软技术。安全管理的技术通过安全管理模式或安全管理机制来呈现。安全管理机制也就是安全管理的程式和方式。安全管理的模式科学、机制合理,是保证安全管理效能和事故防范有效的重要基础和前提。

随着安全科学的发展,安全管理的模式和机制也在不断进步与发展。20世纪80年代以来,世界范围内的工业安全管理模式的进步表现在如下方面:变结果管理为过程管理;变经验管理为科学管理(变事后型为预防型);变制度管理为系统管理;变静态管理为动态管理;变纵向单因素管理为横向综合管理;变管理的对象为管理的动力;变成本管理为价值管理;变效率管理为效益管理。

现代安全管理技术的进步和发展反映出如下特点:

• 安全管理理论:从事故致因理论→风险管理理论、安全系统原理;

• 安全管理方式:从静态的经验型管理→动态全过程预防型管理;

• 安全管理对象:从事故单一对象管理→全面风险要素(隐患、危险源、危害因素)管理;

• 安全管理目标:从老三零的结果性指标(零死亡、零伤害、零污染等)→新三零预防性指标(零风险、零隐患、零三违等);

• 安全管理系统:从事故问责体系→OHSMS、HSE管理体系、企业安全生产标准化科学体系;

• 安全管理技巧手段:从单一行政手段→法制的、经济的、科学的、文化的等综合对策手段;从技术致胜到文化兴安。

## 7.2 安全教育学理论

### 7.2.1 一般教育原理与安全教育学基础

(1) 教育的本质

教育对人的发展具有必要性和主导性,这是由于人的生活是靠劳动改造自然和进行生产来维持生命并使之发展下去的，而要安全地生产决定了必须结合一定的社会关系，并在其中创造和运用安全生产手段和安全生产技术以及与此相适应的各种制度、习惯、文化等复杂体系来进行。人的生活现状以及文化体系不是固定地维持下去，特别是在生活受到灾害威胁的时代，人们要不断地加以变革，并创造出更安全的生活和文化。这种创造和变革的活动是人类发展的前提。而教育对这种活动起主导的作用，因为教育是有目的、有计划的社会活动过程，它对人的影响最为深刻。安全教育作为教育的重要部分，显然对人类的发展起着重要的作用。

(2) 教育的机理

管理心理学认为：意识是高度完善、有组织的特殊物质——人脑的机能，是人类特有的对客观现实的能动反映。社会存在决定人们的意识；意识又反过来对物质发展过程以巨大影响。意识是人们经过从感性认识到理性认识的多次反复形成的。它从反映客观现实中引出概念、思想、计划来指导行动，使行动具有目的性、方向性和预见性。

安全教育的机理遵循着管理心理学的一般规律：生产过程中的潜变、异常、危险、事故给人以刺激，由神经传输于大脑，大脑根据已有的安全意识对刺激做出判断，形成有目的、有方向的行动。所以，安全教育的基本出发点是：

① 尽可能地给受教育者输入多种“刺激”，如讲课、参观、展览、讨论、示范、演练、实例等，使其“见多”“博闻”，增强感性认识，以求达到“广识”与“强记”。

② 促使受教育者形成安全意识。经过一次、两次、多次、反复的“刺激”，促使受教育者形成正确的安全意识。安全意识是人们关于安全法规的认识与理论、观点、思想和心理的状况，从而形成生产活动过程中对时空的安全感。

③ 促使受教育者做出有利安全生产的判断与行动。判断是大脑对新输入的信息与原有意识进行比较、分析、取向的过程。行动是实践判断指令的行为。安全生产教育就是要强化原有安全意识，培养辨别是非、安危、福祸的能力，坚定安全生产行为。这就涉及受教育者的态度、情绪和意志等心理问题。

④ 创造条件促进受教育者熟练掌握操作技能。技能是指凭借知识和经验，操作者运用确定的劳动手段作用于劳动对象，安全熟练地完成规定的生产工艺要求的能力。培养安全操作技能是安全生产教育的重点，是安全意识、安全态度的具体体现。

(3) 学习与教育的规律

人的学习过程需要渐进性、重复性，这是人的生理与心理的特性决定的。如人对学习的知识会产生遗忘。遗忘就是记过的材料不能再认或回忆，或者表现为错误地再认或回忆。艾宾浩斯对遗忘现象首先进行了研究，并用一曲线规律来描述，称作艾宾浩斯遗忘曲线，见图 7.2。实际对不同的人和不同的学习材料进行识记，会有不同的遗忘曲线。

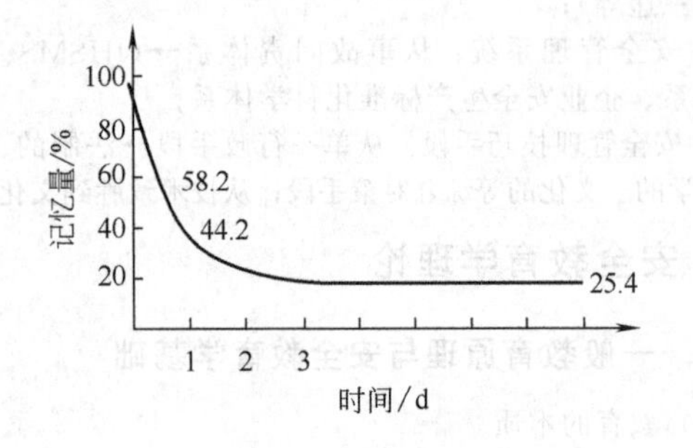


图 7.2 艾宾浩斯遗忘曲线

明白了这个道理，对我们如何开展安全教育具有实际的意义。例如，对新员工的入厂教育，即使进行了认真的安全三级教育，并且考试合格，但假若以后不去管他，那么不要多久，按照遗忘规律，他将会忘掉大部分的安全知识。这样就会在生产过程中对安全规定进行再认，或形成错误的再认与处理，最终必然产生失误行为，从而导致事故发生。

为了防止遗忘量越过管理的界限，就要定期或及时地进行安全教育，使记忆间断活化，从而保持人的安全素质和意识警觉性。如图 7.3 所示。

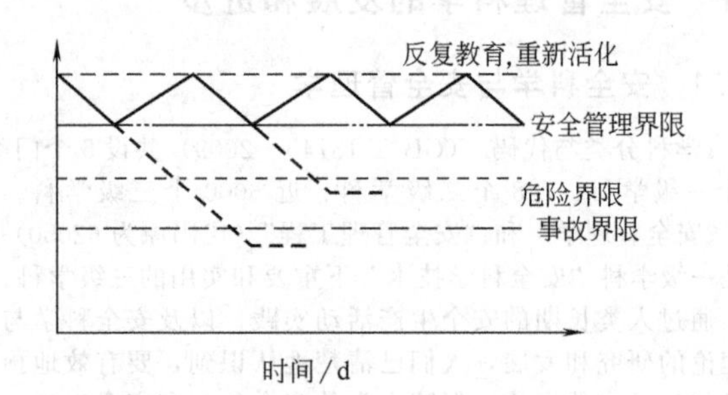


图 7.3 反复教育对于使记忆的活化示意

### 7.2.2 安全教育的目的

人的生存依赖于社会的生产和安全，显然，安全条件是重要的方面。而安全条件的实现是由人的安全活动去实现的，安全教育又是安全活动的重要形式，这是由于安全教育是实现安全目标，即防范事故发生的主要对策之一。由此看来，安全教育是人类生存活动中的基本而重要的活动。

安全教育的目的、性质是社会体制所规定的。计划经济为主的体制，企业的安全教育的目的较强地表现为“要你安全”，被教育者偏重于被动地接受；在市场经济体制下，需要做到变“要你安全”为“你要安全”，变被动地接受安全教育为主动要求安全教育。安全教育的功能、效果，以用安全教育的手段都受社会经济基础的制约。并且，安全教育为生产力所决定，安全教育的内容、方法形式都受生产力发展水平的限制。由于生产力的落后，生产操作复杂，人的操作技能要求很高，相应的安全教育主体是人的技能；现代生产的发展，使生产过程对于人的操作要求越来越简单，安全对人的素质要求主体发生了变化，即强调了的人的态度、文化和内在的精神素质，因此，安全教育的主体也应发生改变。因此，安全文化的建设确实与现代社会的安全活动要求是合拍的。

对于不同的对象，教育的目的是不同的。各级领导是安全认知和决策技术的教育；企业员工是安全态度、安全技能和安全知识的教育；安全管理人员是安全科学技术的教育；员工家属是让其了解员工的工作性质、工作规律及相关的安全知识等。只有准确地掌握了教育的目的，才能有的放矢，提高教育的效果。

### 7.2.3 安全教育学的基本原则

(1) 教育对象与教育内容相匹配原则

企业安全教育的对象包括企业的各级领导、企业的员工、安全管理人员以及员工的家属等。教育对象与教育内容相匹配原则在 7.2.2 已有论述，在此不再赘述。

(2) 理论与实践相结合的原则

安全活动具有明确的实用性和实践性。进行安全教育的最终结果是对事故的防范，只有通过生活和工作中的实际行动，才能达到此目的。因此，安全教育过程中必须做到理论联系实际。为此，现场说法、案例分析、安全体验等是安全教育的基本形式。

(3) 调动教与学双方积极性的原则

有人说：安全事业是"积德"事业。从受教育者的角度接受安全教育，利己、利家、利人，是与自身的安全、健康、幸福息息相关的事情，所以，接受安全教育应是发自内心的要求。对此，我们应该避免对安全效果的间接性、潜在性、偶然性的错误认识，全面地、长远地、准确地理解安全活动的意义和价值。

(4) 巩固性与反复性原则

安全知识，一方面随生活和工作方式的发展而改变；另一方面安全知识的应用在人们的生活和工作过程中是偶然的，这就使得已掌握的安全知识随着时间的推移，会退化。"警钟长鸣"是安全领域的基本策略。其中就道出了安全教育的巩固性与反复性原则的理论基础。

### 7.2.4 安全教育模式及技术

(1) 安全教育方法

合理的教育方法是提高教学效果的重要方面。安全教育的方法和一般教学的方法一样，多种多样，各种方法有各自的特点和作用，在应用中应结合实际的知识内容和学习对象，灵活多样。具体的方法有：讲授法，这是教学常用的方法，具有科学性、思想性、严密的计划性、系统性和逻辑性；语言优美；谈话法，指通过对话的方式传授知识的方法，一般分为启发式谈话和问答式谈话；读书指导法，是通过指定教科书或阅读资料的学习来获取知识的方法，这是一种自学方式，需要学习者具有一定的自学能力；访问法，是对当事人的访问，现身说法，获得知识和见闻；练习与复习法，涉及操作技能方面的知识往往需要通过练习来加以掌握，复习是防止遗忘的主要手段；研讨法，通过研讨的方式，相互启发、取长补短，达到深入消化、理解和增长新识；宣传娱乐法，通过宣传媒体，寓教于乐，使安全的知识和信息通过潜移默化的方式深入员工之中。

(2) 安全教育的合理设计

首先是安全教育对象的设计，安全教育的对象对于企业有决策者、管理者、安全专业人员、企业员工和家属等；对于社会有政府官员、居民、学生、大众等。

针对不同的教育对象，应有不同的安全教育内容设计。一般来说，安全教育的内容涉及安全常识、安全法规、安全标准、安全政策、安全技术、安全科学理论、安全技能等。

不同的对象应有不同的安全教育目标。即总的目标是提高人的安全素质，这要通过强化安全意识、发展安全能力、增长安全知识、提高安全技能等来实现。

安全教育方式的设计也是重要的环节。常规的安全教育方式有持证上岗教育；特种作业教育；全员安全教育；日常安全教育；家属、学生、公民的基本教育等。

(3) 安全教育的技术

安全教育的手段及技术有：人-人传授教育，人-机演习培训，人-境访问教学，电化教学，计算机多媒体培训等。

就安全课讲授的形式而言，还可以用如下十种方式进行：报告式安全课；电教式安全课；答疑式安全课；研讨式安全课；演讲式安全课；座谈式安全课；参观式安全课；竞赛式安全课；试验式安全课及综合式安全课。

随着计算机多媒体技术的发展，目前在国际范围内还发展了一种新的教育培训方式：《职业安全健康计算机多媒体培训系统》。这是我国职业安全健康领域的第一套大型多媒体软件系统，具有文字、图像、视频、声音等多种媒体。本系统具有学习、测试、评分、管理、打印等多种功能，可适用不同的测试对象和测试难度。系统可提供的学科内容有防火防爆、电气安全、机械安全、锅炉压力容器安全、安全管理、职业卫生、特种作业。特种作业包括电工、起重作业工、场内机动车辆工、电梯操作工、建筑登高架设工、焊工、锅炉工七个工种。学习过程中可根据需要按不同难度等级选择学习内容，难度等级包括：一般难度（适用于一般员工）；中等难度（适用于管理人员和专业人员）；较难（适用安全专业人员）；一般及中等难度、中等及较难、任意难度六个组合层次。培训方式有学习和测试两种，其中测试分为出试卷测试和机上测试。

### 7.2.5 企业安全教育的对象、目标与内容

企业安全教育内容、方式应以对象的不同而不同，这是由于不同的对象掌握的知识和内容有所区别。对一个企业来讲，安全教育的对象主要包括企业的决策层（法人代表、各级党政领导）、生产的管理者、员工、安全专业管理人员，以及员工的家属五种对象。

#### 7.2.5.1 企业决策层（法人及决策者）的安全教育

企业决策层是企业的最高领导层（包括企业法人和决策者）。其中第一负责人就是企业的法人代表。企业法人代表及决策者是企业生产和经营的主要决策人，对安全生产的理解程度和认识程度决定着企业安全生产的状态和水平。所以决策者们必须具备较高的安全文化素质，这就需要对决策层不断进行必要的安全教育。

(1) 企业决策层安全教育的知识体系

对决策层的安全教育重点在方针政策、安全法规、标准的教育。具体地可以从以下几个方面进行教育。

① 安全法规、标准及方针政策。企业决策层应有意地培养自己的安全法规和技术素质，认真学习国家和行业主管部门颁发的安全法规文件和有关安全技术法规，以及事故发生规律。安全生产的技术法规包括安全生产的管理标准，劳动生产设备、工具安全卫生标准，生产工艺安全卫生标准，防护用品标准等；重大责任事故的治安处罚与行政处罚；违反安全生产法律应承担的相应的民事责任；违反安全生产法律应承担的相应的刑事责任；在什么情况下构成重大责任事故罪等。

② 安全管理能力。决策层只有具备较高的安全管理素质才能真正负起"安全生产第一责任人"的责任，在安全生产问题上正确运用决定权、否决权、协调权、奖惩权；在机构、人员、资金、执法上为安全生产提供保障条件。

③ 正确的安全思想。重视人的生命价值；强烈的安全事业心和高度的安全责任感。

④ 应有的安全道德。作为企业领导必须具备正直、善良、公正、无私的道德情操和关心员工、体恤下属的职业道德，对于贯彻安全法规制度，要以身作则，身体力行。

⑤ 求实的工作作风。在市场经济体制下，要对企业决策层进行求实的工作作风教育，防止口头上重视安全，实际上忽视安全，即所谓"说起来重要，做起来次要，忙起来不要"。

(2) 企业决策层安全教育的目标

在社会主义市场经济体制下，对企业的决策层进行安全教育，使他们在思想和意识上树立如下的安全生产观。

① 安全第一的哲学观。在思想认识上高于其他工作；在组织机构上赋予其一定的责、权、利；在资金安排上，其规划程度和重视程度，重于其他工作所需的资金；在知识的更新上，安全知识（规章）学习先于其他知识培训和学习；在管理举措上，情感投入多于其他管理举措；在检查考核上，安全的检查评比严于其他考核工作；当安全与生产、安全与经济、安全与效益发生矛盾时，安全优先。只有建立了辩证的安全第一哲学观，才能处理好安全与生产、安全与效益的关系，才能做好企业的安全工作。

② 尊重人的情感观。企业法人代表、领导者在具体的

管理与决策过程中，应树立“以人为本，尊重与爱护员工”的情感观。

③ 安全就是效益的经济观。实现安全生产，保护员工的生命安全与健康，不仅是企业的工作责任和任务，而且是保障生产顺利进行，企业经济效益实现的基本条件。“安全就是效益”、安全不仅能“减损”而且能“增值”，这是企业法人代表和领导者应建立的“安全经济观”。安全的投入不仅能给企业带来间接的回报，而且能产生直接的效益。

④ 预防为主的科学观。要高效、高质量地实现企业的安全生产，必须走预防为主的道路，必须采用超前管理、预期型管理的方法。采用现代的安全管理技术，变纵向单因素管理为横向综合管理；变事后处理为预先分析；变事故管理为隐患管理；变管理的对象为管理的动力；变静态被动管理为动态主动管理，实现本质安全化。

只要有了正确的安全生产观念和意识，就可能有合理、准确的安全生产组织和管理行动，最终必定能实现安全生产的目标。

(3) 企业决策层的安全教育方法

对企业决策层的安全教育可以采取安全培训，持证上岗。根据原国家人事部门和原国家经济贸易委员会的规定中可了解到，企业领导安全教育的形式主要是岗位资格的安全培训认证制度教育。通过学习、认识安全生产的知识，体验和经历事故的教训，采用研讨法和发现法来达到教育的目的。

#### 7.2.5.2　企业管理层的安全教育

企业管理层主要是指企业中的中层和基层管理部门的领导及其干部。他们既要服从企业决策层的管理，又要管理基层的生产和经营人员，起到承上启下的作用，是企业生产经营决策的忠实贯彻者和执行者。他们对企业安全生产管理的态度、投入程度、企业地位等起决定性的作用。企业的安全生产状况，与企业领导的安全认识有密切的关系。企业领导的安全认识教育就是要端正领导的安全意识，提高他们的安全决策素质，从企业管理的最高层确立安全生产的应有地位。

(1) 企业管理层的安全教育知识体系

企业管理层包括中层管理干部和基层管理者。对他们的要求不一样。

① 企业中层管理干部的安全教育知识体系。企业中层管理干部除必须具备的生产知识外，在安全方面还必须具备一定的知识、技能，具体为以下几个方面。

a. 多学科的安全技术知识。作为一个生产企业单位，直接与机、电、仪器打交道。作为一位中层领导还涉及企业管理、劳动者的管理。所以他们应该具有企业安全管理、劳动保护、机械安全、电气安全、防火防爆、工业卫生、环境保护等知识。根据各企业、各行业不同，还应该有所侧重，如：矿山，除了以上的知识体系，还应重点掌握瓦斯爆炸方面的安全知识；厂矿企业必须掌握防火防爆方面的安全技术知识。

b. 推动安全工作前进的方法。如何不断提高安全工作的管理水平，是中层领导干部工作的一个重点。中层干部必须不断学习推动安全工作前进的方法，如：利益驱动法、需求拉动法、科技推动法、精神鼓动法、检查促动法、奖罚激励法等。

c. 国家的安全生产法规、规章制度体系。

d. 安全系统理论；现代安全管理；安全决策技术；安全生产规律；安全生产基本理论和安全规程。

② 班组长的安全教育知识体系。企业的基层管理者，特别是班组长，也应具有较高的安全文化素质。因为班组是企业的细胞，是企业生产经营的最小单位，是生产经营任务的直接完成者。“上面千条线，班组一根针”，企业的各项制度、生产指令和经营管理活动都要通过班组来落实，因而班组安全工作的好坏，直接影响着企业的安全生产和经济效益。这就需要提高班组里的带头人班组长的安全文化素质。

a. 较多的安全技术技能。不同行业、不同工种、不同岗位要求不一样。总体来讲，必须掌握与自己工作有关的安全技术知识；了解有关事故案例。

b. 熟练的安全操作技能。掌握与自己工作有关的操作技能，不仅自己操作可靠，还要帮助班内同志避免失误。

(2) 企业管理层的安全教育目标

通过对企业管理层进行系列的安全教育，要求他们达到一定的目标。

① 企业中层管理干部的安全教育目标。中层管理干部通过教育，除具备多学科的安全技术知识、推动安全工作前进的方法和一系列的安全法规、制度外，还具备以下安全文化素质：

a. 有关心员工安全健康的仁爱之心——“安全第一，预防为主，综合治理”的观念牢固，珍惜员工生命，爱护员工健康，善良公正，体恤下属。

b. 有高度的安全责任感——对人民生命和国家财产具有高度负责的精神，正确贯彻安全生产法规制度，决不违章指挥。

c. 有适应安全工作需要的能力——如组织协调能力、调查研究能力、逻辑判断能力、综合分析能力、写作表达能力、说服教育能力等。

② 班组长的安全教育目标。班组长通过教育除具备较多的安全技术技能、熟练的安全操作技能，还要具备以下安全文化素质：

a. 强烈的班组安全需求——珍惜生命，爱护健康，把安全作为班组活动的价值取向，不仅自己不违章操作，而且能够抵制违章指挥。

b. 深刻的安全生产意识——深悟“安全第一、预防为主”的含义，并把它作为规范自己和全班同志行为的准则。

c. 自觉的遵章守纪习惯——不仅知道与自己工作有关的安全生产法规制度和劳动纪律，而且能够自觉遵守，模范执行，长年坚持。

d. 勤奋地履行工作职责——班前开会作危险预警讲话，班中生产进行巡回安全检查，班后交班有安全注意事项。

e. 机敏的处置异常的能力——如果遇到异常情况，能够机敏果断地采取扑救措施，把事故消灭在萌芽状态或尽力减少事故损失。

f. 高尚的舍己救人品德——如果一旦发生事故，能够在危难时刻自救救人或舍己救人，发扬互帮互爱精神。

(3) 企业管理层的安全教育方法

对企业管理层中管理干部的安全教育方法可以采取岗位资格认证安全教育、定期的安全再教育、研讨法和发现法。使用统一教材，统一时间，分散自学与集中教授相结合，集中辅导考试；除了抓好干部的任职资格安全教育外，还必须进行一年一度的安全教育，并进行考试、建档；对基层管理人员主要采用讲授法、谈话法、参观法等形式进行安全教育，企业每年必须对班组长进行一次系统的安全培训，由企业企管部门组织实施，教育部门配合，安全部门负责授课、考试、建档。

#### 7.2.5.3　企业专职安全管理人员的安全教育

企业的安全专职管理人员是企业安全生产管理和技术实现的具体实施者，是企业安全生产的“正规军”，因此，也是企业实现安全生产的主要决定性因素。具有一定的专业学历，掌握安全的专业知识科学技术，又有生产的经验和懂得生产的技术，是一个安全专职人员的基本素质。要建设好安全专职人员的安全文化，需要企业领导的重视和支持，也需要专职人员本身的努力。

(1) 企业专职安全管理人员的安全知识体系

① 基础知识：高等数学、高等物理、材料力学、电子电工学、机械制造、制图、计算机科学、外语、法学、管理学、系统工程、经济学等。

② 安全专业基础知识：安全原理、安全科学导论、可靠性理论、安全系统工程、安全人机工程、爆炸物理学、失效分析、安全法学等。

③ 专业安全知识：各行业不同，具体的专业要求也不一样。总体来讲，大概包括通风，矿山安全，噪声控制，机、电、仪安全，防火防爆安全，汽车驾驶安全，环境保护等。

④ 计算机方面的知识：随着社会的发展，计算机在生产、管理方面的应用越来越普及，在安全管理方面也逐步得到利用，所以安全管理人员不仅要掌握一般的计算机使用常识，而且应该具备一定的应用软件开发基础。

(2) 企业专职安全管理人员的安全教育目标

随着社会的不断发展、进步，企业对安全专职管理人员的要求越来越高。企业强烈地呼唤"复合型"的安全员。通过对企业专职安全管理人员的安全教育，除了具有安全知识的一系列知识体系外，还应该有广博的知识和敬业精神。

(3) 企业专职安全管理人员的安全教育方法

对企业专职安全管理人员的安全教育，一是可以通过学校进行安全管理人员的学历教育；另一方面对在职安全管理人员可以通过讲授法、研讨法、读书指导法等进行安全教育，使其不断获取新的安全知识。安全管理人员的学历教育在专篇（7.2.6）进行论述，在此仅谈谈日常对在职安全管理人员的安全教育方法。

提高安全专业管理人员的素质是21世纪安全管理的需求。为此，就需要对安全管理人员有计划地进行培训：①充实安全队伍，将年富力强的人员安排到安全队伍中，他们还有一个绝对优势就是接受新事物、新知识比较快；②抓培训学习、充实基本功，既然安全队伍来源比较复杂，就必然存在着水平参差不齐的客观现实，同时适应安全知识不断更新、不断发展的特点；③勇于实践、善于总结，使新科技为安全工作服务，21世纪是科学技术迅猛发展的时代，如何使新科技成果不断为我所用，的确是未来也是当前的一个"焦点"问题。

(4) 多开展交流活动

经常性的经验交流活动，是搞好工作的有效方法之一。安全人员的健康成长也不例外。通过走出去，请进来，使安全队伍开阔视野、丰富见识，进而取长补短。

#### 7.2.5.4 企业普通员工的安全教育

在现代化大生产中，随着科学技术的进步，机械化、自动化、程控、遥控操作越来越多。一旦有人操作失误，就可能造成厂毁人亡。人员操作的可靠性和安全性与这个人的安全意识、文化意识、文化素质、技术水平、个性特征和心理状态等都有关系。可见，提高员工的安全文化素质是预防事故的最根本措施。企业普通员工的安全教育是企业安全教育的重要部分。

(1) 企业普通员工安全教育的知识体系

企业的安全教育是安全生产三大对策之一，它对保障安全生产具有必要的意义。企业员工安全教育的目的是显而易见的，主要是训练员工的生产安全技能，以保证在工作过程中提高工效、安全操作；掌握安全生产的知识和规律。安全生产的需要决定了员工安全教育的知识体系。对于员工的安全教育内容除了包括方针政策教育、安全法规教育、生产技术知识教育外，还需要如下知识。

① 一般安全生产技术知识教育。主要包括以下内容：a. 企业内的危险设备和区域及其安全防护的基本知识和注意事项；b. 有关电气设备的基本安全知识；c. 起重机械和厂内运输有关的安全知识；d. 生产中使用的有毒有害原材料或可能散发有毒有害物质的安全防护基本知识；e. 企业中一般消防制度和规则；f. 个人防护用品的正确使用以及伤亡事故报告办法等；g. 发生事故时的紧急救护和自救技术措施、方法。

② 专业安全生产技术知识教育。专业安全生产技术知识教育是指某一作业的员工必须具备的专业安全生产技术知识的教育。这是比较专门和深入的，它包括安全生产技术知识、工业卫生技术知识以及根据这些技术知识和经验制定的各种安全生产操作规程等的教育。

a. 按生产性质分包括：矿山、煤矿安全技术；冶金安全技术；建筑安全技术；厂矿、化工安全技术；机械安全技术。

b. 按机器设备性质和工种分类包括：车、钳、铣、刨、铸造、锻造、冲压及热处理等金加工安全技术；木工安全技术；装配工安全技术；锅炉压力容器安全技术；电、气、焊安全技术；起重运输安全技术；防火、防爆安全技术；高处作业安全技术等等。

c. 工业卫生技术知识包括：工业防毒、防尘技术；振动噪声控制技术；射频辐射、激光防护技术；高温作业技术。

进行安全生产技术知识教育，不仅对缺乏安全生产技术知识的人需要，就是对具有一定安全生产技术知识和经验的人也是完全必要的。一方面知识是无止境的，需要不断地学习和提高，防止片面性和局限性。事实上有许多伤亡事故就是只凭"经验"或麻痹大意违章作业造成的。所以，对具有实际知识和一定经验的人、具备一定安全生产技术知识的人，也需要学习，提高他们的安全生产知识，把局部知识、经验上升到理论，使他们的知识更全面。另一方面，随着社会生产事业的不断发展，新的机器设备、新的原材料、新的技术也不断出现，也需要有与之相适应的安全生产技术，否则就不能满足生产发展的要求。因此，对安全生产技术的学习和钻研，就显得更为重要了。对具体的工种进行书本知识、理论的教育，是每一位员工安全素质的基本需要。不同的行业、不同的工种教育的内容也不一样。安全生产技术知识教育，采取分层次、分岗位（专业）集体教育的方法比较合适。

③ 安全生产技能教育。安全生产技能是指人们安全完成作业的技巧和能力。它包括作业技能、熟练掌握作业安全装置设施的技能，以及在应急情况下进行妥善处理的技能。通过具体的操作演练，掌握安全操作的技术，是员工实际安全工作水平和能力的教育，具有实践意义。安全生产技能训练是指对作业人员所进行的安全作业实践能力的训练。对作业现场的安全只靠操作人员现有的安全知识是不行的，还必须有进行安全作业的实践能力。知识教育，只解决了"应知"的问题，而技能教育，着重解决"应会"，以达到我们通常说的"应知应会"的要求。这种"能力"教育，对企业更具有实际意义，也就是安全教育的侧重点。技能与知识不同，知识主要用脑去理解，而技能要通过人体全部感官，并向手及其他器官发出指令，经过复杂的生物控制过程才能达到目的。为了使安全作业的程序形成条件反射地固定下来，必须通过重复相同的操作，才能亲自掌握要领，这就要求安全技能的教育实施主要放在"现场教学"。"拜师学艺"，在师傅的选用上，应该由本岗位最出色的操作人员在实际操作中给予个别指导并督促、监护徒弟反复进行实际操作训练以达到熟练的要求。

④ 安全生产意识教育。主要通过制造一个“安全第一”氛围，潜移默化地去影响员工，使之成为自觉的行动，解决“我要安全”，树立“安全第一”的思想。常用的方式可以是：举办展览、发放挂图、悬挂安全标志警告牌等。

⑤ 事故案例教育。通过实际事故案例分析和介绍，了解事故发生的条件、过程和现实后果，认识事故发生规律、总结经验、吸取教训、防止同类事故的反复发生。

(2) 企业普通员工安全教育的目标

21世纪，是科学的世纪。对企业员工的要求也是很高的。企业的员工将是“知识型”。从安全文化素质方面，企业员工通过安全教育应该具有较高的安全文化素质。

① 在安全需求方面。有较高的个人安全需求，珍惜生命，爱护健康，能主动离开非常危险和尘毒严重的场所。

② 在安全意识方面。有较强的安全生产意识，拥护“安全第一、以防为主”方针，如从事易燃易爆、有毒有害作业，能谨慎操作，不麻痹大意。

③ 在安全知识方面。有较多的安全技术知识和安全操作规程。

④ 在安全技能方面。有较熟练的安全操作技能，通过刻苦训练，提高可靠率，避免失误。

⑤ 在遵章守纪方面。能自觉遵守有关的安全生产法规制度和劳动纪律，并长年坚持。

⑥ 在应急能力方面。若遇到异常情况，不临阵脱逃，而能果断地采取应急措施，把事故消灭在萌芽状态或杜绝事故扩大。

(3) 企业普通员工安全教育的方法

对企业一般员工的安全教育通常可以采用讲授法、谈话法、访问法、练习法、复习法等。随着我国安全管理的不断深化，员工安全教育体系已初步形成。

① 员工的三级教育是我国企业长期一直采用的企业安全教育形式。其主要方法和内容如下：

a. 厂级教育。对新入厂工人、大中专毕业生在分配到车间或工作岗位之前，由厂安全部门进行初步的安全教育。教育的内容包括国情教育、厂情教育、国家安全保密、劳动法和劳动合同的教育；国家有关劳动保护的文件；本企业安全生产状况，企业内不安全点的介绍，一般的安全技术知识等。入厂教育的方法根据一次入厂人数的多少、文化程度的不同而采取不同的方法，一般可采取讲课、参观厂区等方法。

b. 车间教育。新工人、大中专毕业生从厂部分配到车间后，再由车间进行安全教育。教育内容包括：本车间的生产概括、工艺流程、机械设备的分布及性能、材料的特性；本车间安全生产情况，以及安全生产的好、坏典型事例；本车间的劳动规则和应该重视的安全问题，车间内危险地区、有毒有害作业的情况和安全事项；有针对性地提出新入厂人员当前应特别注意的一些问题。车间级教育的方法主要采取参观讲解、现场观摩等形式。

c. 班组教育。教育内容包括：本工段、本班组、本岗位的安全生产状况、工作性质、职责范围和安全规章制度；各种机具设备及安全防护设施的性能、作用，个人防护用品的使用和管理等。岗位工种的安全操作规程，工作点的尘、毒源、危险机件、危险区的控制方法；讲解事故教训，发生事故的紧急救灾措施和安全撤退路线等。三级教育考试合格后，企业应填写《三级安全教育卡》。

② 转岗、变换工种和“四新”安全教育。随着市场经济体制的不断完善和发展，企业内部的改革，优化组合、产品调整、工艺更新，必然会有岗位、工种的改变。转岗、变换工种和“四新”(新工艺、新材料、新设备、新产品)安全教育都是非常重要的。教育的内容和方法与车间、班组教育几乎一样。转岗、变换工种和“四新”安全教育考试合格后，应填写《“四新”和变换工种人员教育登记表》。

③ 复工教育。这是指员工离岗三个月以上的(包括三个月)和工伤后上岗前的安全教育。教育内容及方法和车间、班组教育相同。复工教育后要填写《复工安全教育登记表》。

④ 特殊工种教育。特殊工种指对操作者本人和周围设施的安全有重大危害因素的工种。特殊工种大致包括：电工作业、锅炉司炉、压力容器操作、起重机械作业、金属焊接(气割)作业、机动车辆驾驶、机动船舶驾驶、轮机操作、建筑登高架设作业、爆破作业、煤矿井下瓦斯检验等等。对从事特种作业的人员，必须进行脱产或半脱产的专门培训。培训内容主要包括本工种的专业技术知识、安全教育和安全操作技能训练三个部分。培训后，经严格的考核合格，由劳动部门颁发特种作业安全操作许可证，方准独立上岗操作。取得上岗操作证的特种作业人员，要牢固树立安全第一的思想意识，及时补充更新本工种的安全技术知识，熟练掌握安全操作技能。劳动部门将定期对已取得上岗操作证的特种作业人员进行复审，凡复审合格的将发给复审合格操作证书，复审不合格的，禁止继续从事特殊工种作业。特殊作业考试合格取得操作证书后，企业应建立《特种人员安全教育卡》。

⑤ 复训教育。复训教育的对象是特种作业人员。由于特种作业人员不同于其他一般工种，它在生产活动中担负着特殊的任务，危险性较大，容易发生重大事故。一旦发生事故，对整个企业的生产就会产生较大的影响，因此必须进行专门的复训训练。按国家规定，每隔两年要进行一次复训，由设备、教育部门编制计划，聘请教员上课。企业应建立《特种作业人员复训教育卡》。

⑥ 全员安全教育。全员教育实际上就是每年对全公司员工进行安全生产的再教育。许多工伤事故表明，生产工人安全教育隔了一段较长时间后对安全生产会逐渐淡薄，因此，必须通过全员复训教育提高员工的安全意识。企业全员安全教育由安技部门组织，车间、科室配合，可采用安全报告会、演讲会方式；班组安全日常活动员工讨论、学习方式；由安技部门统一时间、学习材料，车间、科室组织学习考试的方式。考试后要填写《全员安全教育卡》。

⑦ 企业日常性教育及其他教育

a. 企业经常性安全教育。如定期的班组安全学习、工作检查、工作交接制等教育；不定期的事故分析会、事故现场说教、典型经验宣传教育等；企业应用广播、闭路电视、板报等工具进行的安全宣传教育。

b. 季节教育。结合不同季节中安全生产的特点，开展有针对性、灵活多样的超前思想教育。

c. 节日教育。节日教育就是在各种节假日的前后组织的有针对性的安全教育。国内的各种统计表明，节假日前后是各种责任事故的高发时期，甚至可达平时的几倍，其主要原因是节假日前后员工的情绪波动大。

d. 检修前的安全教育。许多行业的生产装置都要定期检修(大、小检修)。检修安全工作非常关键。因为检修时，任务紧、人员多、人员杂、交叉作业多、检修项目多。所以要把住检修前的安全教育关，教育的内容包括动火、监火管理制度，设备进入制，各种防护用品的穿戴，检修十大禁令，进入检修现场的五个必须遵守等等。除此，检修人员、管理人员都要做到有安排、有计划、分工合理项目清单。

一般安全技术知识教育的效果有一定的限度。对工人的具体的安全技术训练，主要靠基层管理人员根据不同工种的特点，进行专业安全技术知识教育。在进行安全教育时必须要有针对性。如教育工人了解工伤事故的类型、场所、原因，结合工人本岗位工作，使他了解不安全因素，在出现事故征兆时，应采取何种安全措施，以避免事故的发生，这样才能取得良好的效果。

实践证明，运用典型事例进行安全教育是一种有效的形式；“讨论会”型的安全教育，如能够选好讨论主题（如讨论某部门工伤事故的原因）、注意鼓励员工的参与（鼓励员工自愿参加、与会人员毫无保留地提出各自的看法并热烈讨论）和沟通（鼓励员工在会上提出咨询并由管理人员进行答复），也能收到很好的效果。

#### 7.2.5.5 员工家属的安全教育

安全生产的员工家属安全教育是指对员工的家庭，除员工外还包括其父母、丈夫或妻子、子女以及与员工本人有关的其他亲属关系的成员进行安全生产的宣传教育，使其做到配合企业通过说服、教育、劝导阻止等手段提高员工本人的安全意识，避免发生各类伤亡事故。家属协管安全是利用伦理亲情的真谛，去促使亲人自觉遵章守纪。企业员工的劳动或工作的状况与家庭生活也有着密切的联系，家庭是安全生产的第二道防线，企业安全文化的建设一定要渗透到员工的家属层面。员工家属的安全文化建设主要是使家庭为员工的安全生产创造一个良好的生活环境和心理环境。家庭宣传教育是安全生产宣传教育的一个重要组成部分，家庭宣传搞得好，员工就可以在上班时自觉遵章守纪，做到安全生产；反之，则会大大增加事故发生的概率。家庭宣传的特点是寓教于情，动之以情，以情说理，以情感人，通过亲情感化员工，达到教育员工做到安全生产的目的。

对员工家属教育的内容主要包括员工的工作性质、工作规律及相关的安全生产常识等。

### 7.2.6 安全工程学历教育

安全工程类专业高等教育是安全科学技术发展的重要组成部分，它为实现安全提供人才保证，是发展安全科学技术必须具备的基础和条件。在我国的学历教育中，安全工程类专业包括安全工程、矿山通风安全和一些行业安全工程专业。

#### 7.2.6.1 我国安全工程类专业的发展状况

《普通高等学校本科专业目录（2012年）》中，我国的安全类专业本科层次已有：安全科学与工程类的“安全工程”（082901），公安技术类的“安全防范工程”（083104TK）等。在硕士和博士层次上，根据教育部颁布的《学位授予和人才培养学科目录（2011年）》，“安全科学与工程”（0837）增设为研究生教育一级学科。目前我国有近170多所高等院校开设安全工程本科专业；60多所院校招收安全科学与工程硕士研究生；20多所院校招收安全科学与工程博士研究生。

20世纪80年代以来，部分高等院校先后获得安全工程类专业的博士、硕士授予权。目前，安全类专业高等教育的学士、硕士、博士三级学位已经配套齐全。安全工程类专业的大学本科、专科、专业证书、中专、职业培训等教育也有了很大的发展。我国的安全专业人员的学历教育包括有四个层次：专科教育、本科教育、硕士教育和博士教育。

专科安全学历教育主要是培养具有安全工程专业知识和检测操作技能的专门人才。其专业知识结构及能力的特点在于动手能力，其知识结构主要是一定基本理论知识如数学、物理、力学等；较好的专业基础知识，如电学、制图等；以及较强的专业知识，如安全技术、工业卫生技术、安全检测等。

本科安全学历教育主要是培养具有安全工程技术设计和事故预防分析能力的专门技术人才。其专业知识结构及能力的特点在于设计和分析能力，这样，其知识结构主要是系统的基础理论知识，如外语、数学、物理、化学、力学、计算机语言等；系统的专业基础知识，如机械设计、电子学、材料学、可靠性技术等；以及较强的专业知识，如安全工程、卫生工程、安全系统工程、安全人机工程、安全管理学等。

硕士安全工程专门人才教育主要是培养具有安全工程与技术专业研究与开展能力的高级专门人才。其专业知识结构及能力的特点在于研究与开展能力，这样，其知识结构主要是较高的基本理论知识，如数理方程、物理化学、弹塑性力学等；较深的专业基础知识，一般结合课题方向确定；以及较深的专业知识，如安全经济学、安全专家系统、安全信息系统、安全系统仿真技术等。

博士学历的培养目标主要是培养更为高级和具有学科带头能力的专门人才。其知识结构较为灵活，一般根据确定的攻关方向来定。

#### 7.2.6.2 师资与学科建设

安全工程类高等教育的发展，形成了安全科学教育队伍，并逐步壮大。

1984年教育部正式将安全工程列入《高等学校工学本科专业目录》，安全工程已从专门的安全技术向安全科学技术综合性的方向深入。在专业设置上，一部分院校主要从本行业的需要出发，以满足本部门的需要为原则；而另一部分院校已开始从适应学科的特性及规律上来设计和建立专业的模式，设立一般性的具有广泛适应性的安全工程专业。这种用一般安全科学理论和基础理论的规律来发展高等教育，能满足发展安全科学技术所需人才的基本要求。由于所具有的合理性、适应性、针对性和学科的教育特色，这种一般性的安全工程专业的学历教育模式将逐步发展成为安全工程类高等教育模式的主流。各院校设置的专业有：安全工程、矿井通风安全、安全生产管理、人机工程与安全工程、安全管理工程、石油安全工程、食品安全、煤矿安全工程等。

#### 7.2.6.3 发达国家的工业安全学历教育

安全工程学科的发展与经济和技术的发展密切相关。发达国家在科学技术与经济基础方面走在了我们的前面，20世纪50年代，欧、美、日等国家和地区普遍建立了安全工程技术方面的组织与研究机构，同时，在大学工科教育中开设安全工程专业。美国的安全科学教育较为发达，有100多所大学设有职业安全健康专业或课程，可授予职业安全健康博士学位的近10多所，授予安全卫生硕士学位的30多所。俄罗斯安全科学技术方面的高等教育，设有安全技术学科、课程，并授予技术学科学位。国外的发展状况对我们具有一定的启示。

（1）美国宽而广的通才教育模式

在安全工程学历教育方面，美国较为发达，设有职业安全健康课程的大学有100多所。美国在职业安全健康高等教育方面，强调系统安全、事故调查、工业卫生、人机工程的通用性和实用性知识结构。如美国南加州大学安全与系统科学学院开设的专业课程。

① 安全工程学士（通用性本科，36必修学分，16选修学分）

a. 必修课：安全与卫生导论，事故预防的人因工程，安全技术基础，安全教育学，工业卫生原理，安全管理，事故调查，高等安全技术，系统安全。

b. 选修课：安全法规，人因分析，工业心理，火灾预防，安全通讯，航空安全，运输安全，公共与学校安全，工业安全等。

② 安全理科硕士（两个专业方向，25必修学分，12选修学分）

a. 共同必修课：现代社会的安全动力，事故调查，事故人因分析，安全统计方法，安全研究试验设计。

b. 安全管理方向选修课：安全管理学，系统安全管理原理，安全法学。

c. 安全技术方向选修课：环境安全，机动车安全基础，机械安全与失效分析，飞行安全基础，系统安全工程。

③ 职业安全健康硕士（36必修学分，含18学分的实习，12选修学分）

a. 必修课：现代社会的安全动力，人体伤害控制，工业卫生原理，安全管理，工业卫生试验，高等工业卫生。

b. 选修课：环境概论，环境分析测试，系统管理中的社会-环境问题，事故人因分析，安全统计方法，环境安全，统计学与数值分析，研究基础，试验设计与安全研究，安全法学。

（2）日本专门化教育模式

日本的安全科学教育起步较晚，但发展很快，横滨国立大学于1960开设安全工程专业，1967年设立了日本最早的安全工学系。日本全国大学中开设安全工学讲座和科目约50个，和安全科学有关的学科与研究机构近80个。横滨国立大学的安全工学专业设四个专门化方向：反应安全工学，燃烧安全工学，材料安全工学，环境安全工学。对于四年安全工学本科开设如下专业课：防火工学，防爆工学，过程安全工学，职业健康工学，安全管理，人间工学，环境污染防治，机械安全设计工学，机械安全工学，非破坏性检测学等。

（3）发达国家的办学特点及方向

在工业发达国家由于经济与技术发展基础以及用人模式的不同，其安全工程专业的学历教育也表现出不同的特点。但如下几点是共同的，可为我国的发展所参考：

① 严密而灵活的学分制：专业课程的设置是开放的系统，给学生提供充足的选择机会，以适应人才市场的变化。这种模式特别适合安全工程学科的交叉性特点。

② 通才式的教育。强调专业的“大口径，宽基础”，使毕业生具有广泛的适应性。

③ 实用性。重视基本知识和技能的训练，在本科层次不强调研究和设计能力。

### 7.2.7　英国的国家职业安全健康等级考试制度

英国是推行国家职业安全健康考试制度较早及较为系统和先进的国家，从20世纪80年代初期以来，这一制度在英国的推行，使十多万人通过了不同等级和专业的职业安全健康考试，为英国的职业安全健康有关专业人员的素质保障做出了重大贡献。

下面是我们根据有关资料进行综合整理，对其情况进行简要介绍：

（1）考试组织机构

这一机构在英国称为“职业安全健康国家考试中心”(The National Examination Board in Occupational Safety and Health，NEBOSH)，它创建于1979年，是英国最高层次的职业安全健康考试组织。它的主要任务是设置培训课程大纲和授予职业安全健康专业培训资格机构，主要职能是制定专业课程培训大纲、实施规范的统一标准的考试、发放统一的等级证书。

英国NEBOSH资格证书在职业安全健康专业领域，由于其高质量的资格保证而被广泛认可。NEBOSH由英国的职业安全健康机构、教育机构、英国政府的安全健康官员、英国雇员国家培训组织和英国政府教育与组织部门提名的人员组成的理事会来管理。NEBOSH自己并不培训学生，它为各种教育机构提供NEBOSH资格培训程序，让它们培训想获得NEBOSH资格的学员。NEBOSH的课程提纲为那些渴望在职业安全健康方面得到资格认证的人提供了机会和条件，即通过一个适当的结构化的程序学习，能够学到所需的各种职业安全健康专业知识，并获得认证。

NEBOSH通过丰富的出版物能够很好地引导教员和学生取得资格和证书。出版物包括课程提纲、作业例子、工程项目摘要和考试试题实例等。NEBOSH也出版主考者的分析报告，报告中主要讲述答题要点和技巧。

（2）设立考试制度的目的

随着社会的日益进步，国家职业能力标准对英国人力资源的开发提出了体系保障的框架。要求从业人员具有国家职业工作标准标定的能力。这种进展有助于满足教育、训练，以及培训世界范围所需人才的国家目标，有助于保护英国在更加激烈的全球性经济竞争中的经济繁荣。

职业资格的评定是基于人们在工作场所的能力表现。当工作中的能力经过评价证明能够满足适当的职业标准时，职业资格即可被授予。职业资格并不设置对应试者的入门界线，也不证明应试者的训练程度和类型，这些将由应试者自己的背景能力而定。为了验证能力，应试者应该证明他有充足的基础知识，并且能够把这些知识应用到工作场所。

因此，国家职业安全健康考试中心（NEBOSH）制定了职业安全健康等级考试，它覆盖了所有能够提高职业安全健康工作能力标准的知识领域。该考试分两个等级，一级和二级，覆盖了所有能够提高职业安全健康工作能力标准的知识领域。

（3）考试性质

NEBOSH的两个级别的证书本身并不是国家或苏格兰的职业资格，但NEBOSH证书证明持有人具备该领域的专业知识和能力。并且NEBOSH的两级资格证书被设计成一个有吸引力的结构路线，通过对它的学习，应试者能够为开始一个职业资格认证（VQ）作好准备。

如果NEBOSH证书的持有者希望继续注册，且满足地区和行业协会、牛津大学的地方考试代表团（UODLE）和苏格兰职业教育委员会（SCOTVEC）的要求，则可获得相应的职业资格认证。

英国职业安全健康协会（IOSH）是这个领域的主要专业团体，该组织已认可具有两级NEBOSH证书的持有者能够满足该协会专业上的要求，承认其具备该协会会员资格所要求的专业水准。对于NEBOSH二级证书的持有者（一般需要至少3年的适当训练），再加上相关的实践经验，则可拥有英国职业安全健康协会的成员资格，并可确认为注册安全专业人员（RSP）。而对于一级证书的持有者则是具备了加入IOSH的基本资格。

（4）考试等级

NEBOSH在通用职业安全健康方面授予两个等级资格：专业证书和基本资格证书。这也包括两个阶段的学习。第一个阶段是“专业一级”的培训程序，要求从事职业安全健康工作人员掌握书面资料所提供的处理常规风险的控制措施，这个阶段是培训学员成为一个职业安全健康组织的技术型安全工作人员。第一个阶段也是第二个阶段的学习基础，第二个阶段是“专业二级”的培训程序。“专业二级”证书是一个达到学术方面要求的完整的专业认证，“专业二级”证书的持有者可成为职业安全健康机构的成员。“专业二级”证书证明它的持有人已经具有在高风险领域处理通常的安全健康问题，以及能够应用规范和技术来分析、解决专业问题的知识和能力。

满足考试要求和NEBOSH其他相应条件的报考者将被授予NEBOSH的“专业一级”或“专业二级”证书。

NEBOSH还有一种国家通用资格考试，它是对一些人员在职业安全健康方面的基本资格证明。这些人员主要包括企业的一般管理人员、监督人员、雇员代表和其他非安全健康专业人员等（如我国的生产经营单位的负责人和管理人员等的资格培训），他们虽然不是专门职业安全健康工作人员，但是他们对生产过程中的职业安全健康负有职责。它包括两个领域，危险的识别和控制，以及职业安全健康管理。取得资格证书的方法是用书面测试和工作场所的实际检查来评估。在英国，全国有大约300个组织被允许进行NEBOSH国家通用资格证书培训程序，每年培训大约10000名学生。

NEBOSH也提供两个专家资格认证：NEBOSH环境管理专家证书和NEBOSH建筑安全健康国家证书。

（5）考试要求

NEBOSH要求"专业一级"证书应试者有170h的培训学时和92h的自学时间；"专业二级"证书的应试者有194h的培训学时和100h的自学时间。

另外，NEBOSH的国家通用资格证书，要求有两个星期专职学习或相等时间的业余学习。

NEBOSH的"专业一级"证书比NEBOSH国家通用资格证书有更高的水平。NEBOSH认为通过对通用资格证书的学习，那些爱好安全健康专业的学习人可能会希望获得一级证书，甚至"专业二级"证书。

要获得NEBOSH"专业一级"证书和"专业二级"证书，应试者必须：① 在授权认证机构注册并通过认证机构在认证中心注册，必须要在认证中心注册；② 时机成熟时，在认证中心报名参加相应考试；③ 在指定期限内完成布置的作业，积累足够的学分；④完成认证机构和认证中心提出的其他要求。

一般情况下，应试者必须在三年内完成他们所对应等级的课程学习，圆满地完成被指派的作业，以及相关的考试。

应试者的成绩由课堂表现和作业得分，以及认证中心对涉及的所有内容的客观测试和表现来决定。

（6）考试课程内容

①"专业一级"证书的课程内容（见表7.1）。

②"专业二级"证书的课程内容（见表7.2）。

表7.1 "专业一级"证书的课程内容

| 模块 | 课程 | 学时 |
|---|---|---|
| 模块1 | 风险管理 | 包括5门课程，共33学时，自学24学时 |
| | 风险管理原理 | 课时6学时，自学3学时 |
| | 人因分析 | 课时10学时，自学8学时 |
| | 工作安全系统 | 课时5学时，自学5学时 |
| | 事故及职业病管理(致因分析、调查和防范)报告及记录 | 课时6学时，自学4学时 |
| | 健康和安全业绩测定 | 课时6学时，自学4学时 |
| 模块2 | 法规和组织 | 包括5门课程，共32学时，自学17学时 |
| | 民事和刑事责任追究体系及概念 | 课时10学时，自学6学时 |
| | 职业健康与安全的法律框架和监管方法 | 课时9学时，自学5学时 |
| | 职业安全健康政策及组织 | 课时5学时，自学2学时 |
| | 第三方活动和获益的控制与监督 | 课时3学时，自学2学时 |
| | 内部协商与信息保障 | 课时5学时，自学2学时 |
| 模块3 | 工作场所安全 | 包括6门课程，共38学时，自学20学时 |
| | 现场安全 | 课时8学时，自学4学时 |
| | 建筑与拆除作业安全 | 课时8学时，自学4学时 |
| | 维修作业安全 | 课时5学时，自学3学时 |
| | 有限空间作业安全 | 课时3学时，自学2学时 |
| | 消防安全 | 课时10学时，自学5学时 |
| | 易燃材料安全储存 | 课时4学时，自学2学时 |
| 模块4 | 工作设备安全 | 包括4门课程，共26学时，自学12学时 |
| | 设备选择、使用及维修 | 课时6学时，自学3学时 |
| | 常规机械安全 | 课时5学时，自学3学时 |
| | 人和材料的运输安全 | 课时7学时，自学3学时 |
| | 电气设备安全 | 课时8学时，自学3学时 |
| 模块5 | 工业卫生 | 包括4门课程，共33学时，自学13学时 |
| | 职业健康风险 | 课时14学时，自学6学时 |
| | 作业环境监测与评价 | 课时7学时，自学3学时 |
| | 职业暴露健康风险控制 | 课时7学时，自学2学时 |
| | 个人防护设备 | 课时5学时，自学2学时 |

表7.2 "专业二级"证书的课程内容

| 模块 | 课程 | 学时 |
|---|---|---|
| 模块1 | 风险管理 | 包括4门课，共41学时，自学24学时 |
| | 风险评价 | 课时12学时，自学6学时 |
| | 人因可靠性 | 课时14学时，自学10学时 |
| | 风险控制系统 | 课时10学时，自学5学时 |
| | 监察与审核 | 课时5学时，自学3学时 |
| 模块2 | 法规和组织 | 包括4门课程，共23学时，自学13学时 |
| | 安全健康文化及演变 | 课时4学时，自学2学时 |
| | 职业安全健康法规的发展 | 课时3学时，自学3学时 |
| | 民事责任 | 课时12学时，自学6学时 |
| | 职业安全健康相关法律 | 课时4学时，自学2学时 |

续表

| | | |
|---|---|---|
| 模块3 | 工作场所安全 | 包括6门课,36学时,自学20学时 |
| | 防火防爆 | 课时8学时,自学4学时 |
| | 电气安全 | 课时6学时,自学4学时 |
| | 化学过程安全 | 课时6学时,自学4学时 |
| | 建筑与拆除中的安全作业 | 课时7学时,自学4学时 |
| | 易燃、有毒、腐蚀物质的储存与运输 | 课时5学时,自学2学时 |
| | 环境污染与废物管理 | 课时4学时,自学2学时 |
| 模块4 | 工作设备安全 | 包括5门课程,共34学时,自学15学时 |
| | 系统可靠性 | 课时5学时,自学2学时 |
| | 设备与机械安全 | 课时12学时,自学5学时 |
| | 程序化电子系统 | 课时4学时,自学2学时 |
| | 材料和部件的完整性 | 课时10学时,自学5学时 |
| | 压力容器安全 | 课时3学时,自学1学时 |
| 模块5 | 工业卫生 | 包括7门课程,共60学时,自学28学时 |
| | 化学性健康危害 | 课时15学时,自学6学时 |
| | 噪声与振动 | 课时12学时,自学6学时 |
| | 辐射与热环境 | 课时10学时,自学6学时 |
| | 生物卫生 | 课时6学时,自学4学时 |
| | 毒物及流行病学 | 课时10学时,自学2学时 |
| | 作业危害 | 课时3学时,自学2学时 |
| | 作业压力 | 课时4学时,自学2学时 |

## 7.3 安全经济学原理

安全经济学是一门经济学与安全科学相交叉的综合性科学。从学科性质和任务的角度，安全经济学是研究安全的经济（利益、投资、效益）形式和条件，通过对人类安全活动的合理组织、控制和调整，达到人、技术、环境的最佳安全效益的科学。

安全经济学主要的基本原理包括：安全经济的投入产出原理、事故损失分析原理、安全投资原理、安全效益分析原理。

### 7.3.1 安全经济学概述

#### 7.3.1.1 研究安全经济规律的必要性

随着社会经济体制的转变，以及安全经济学研究的深入，对预防事故的目标和意义，有了新的认识和理念上的进步。从过去主要强调社会意义和政治目的的认识，转变到不仅要考虑社会效益，更需要重视事故预防的经济意义和社会价值的实现；不仅要把安全生产作为人类发展和社会稳定的基本要求，更需要重视安全生产促进社会经济发展的作用，提高安全生产作为社会经济发展的基本手段和重要目标的认识。

对安全经济意义认识的观念进步表现在如下方面：

《安全生产法》第一章、第一条开宗明义地定义了安全生产的目标和宗旨，即：保障人民群众生命和财产安全，促进经济社会持续健康发展。其中“促进经济社会持续健康发展”的目标赋予了安全生产、事故预防所具有的社会经济意义和生产力功能。

2016年，中共中央总书记、国家主席、中央军委主席习近平对全国安全生产工作作出重要指示，指出“安全生产事关人民福祉，事关经济社会发展大局。”2015年，全国多个地区发生重特大安全生产事故，特别是天津港“8·12”瑞海公司危险品仓库特别重大火灾爆炸事故，造成重大人员伤亡和财产损失。中共中央政治局常委、国务院总理李克强作出重要批示，指出：“安全生产事关人民群众生命财产安全，事关经济发展和社会稳定大局。”以上党和国家领导人对“财产安全保障”和“经济可持续发展”的论述就包含了安全经济效益的观点。

对事故规律的认识，我们能直接地感受到事故造成的经济损失和代价，能清楚地计算出事故对社会和企业带来的经济影响，反之有效地预防了事故，对企业的生产发挥了有力的保障，对企业的生产效率和效益发挥着显而易见的作用。同时，在加入WTO新经济条件下，安全生产还意味着市场准入资格、无形资产、贷款、资信、市场竞争力、商业机会等商誉作用。

今天我们的安全生产活动中，如安全生产科学决策与管理、合理配置安全人力资源（人员配备、机构设置等）、科学确定安全生产投资政策、有效进行事故损失评估与风险管理等，都涉及了安全经济的命题。为此，原国家安全生产监督管理局确立并资助了“安全生产与经济发展关系的研究”科研项目。研究课题的目的及意义表现在：从理论上阐明安全生产与社会经济发展的关系及规律；科学地认识安全生产对保证国家GDP目标实现的贡献及价值；系统了解安全生产的投入产出规律及其对于企业经济效益实现的作用；合理地评价事故的经济损失及其对社会经济的影响等方面。经过课题系统的理论研究和科学调查分析，不但在理论上解决安全生产与经济关系的认识问题，同时在实践上能够对安全生产的科学决策提出有关的合理性、实用性、前瞻性的建议。经过近两年的研究，我们在理论分析研究与实际抽样调查和实证研究的基础上，获得了一些成果。下面将介绍部分研究成果。

#### 7.3.1.2 安全经济学的基本性质、对象及任务

（1）安全经济学的性质

在世界范围内，安全科学仍处于初创阶段。作为安全科学的一个分支学科——安全经济学，其学科的性质、任务和目的等均还有待于去确立。其中最根本的问题首先是明确安全经济学的基本性质。为此我们可以根据科学哲学、系统学、知识工程等基础理论，借鉴一般经济学及相关应用经济学的基础理论和方法来认识这一问题。

人类的安全水平很大程度上取决于经济水平。因此，经济问题是安全问题的重要根源之一。这种客观实在决定了“安全”具有相对性的特征，安全标准具有时效性的特征。这种状况使得安全活动离不开经济活动，安全经济活动贯穿

于安全科学技术活动的理论范畴和应用范畴。所以，安全经济学既为安全科学丰富基本理论，也为安全科学增添应用方法。这是从学科的地位来认识安全经济学。

从学科的属性来看：人类的安全活动——为了解决安全问题，既要涉及自然现象，又要涉及社会现象；既需要工程技术的手段，又需要法制和管理的手段。所以安全科学具有自然科学与社会科学交叉的特点。安全经济学是研究和解决安全经济问题的，因而它首先是一门经济学（社会科学），但又不是一般意义上的经济学。安全经济学以安全工程技术活动为特定的应用领域，这决定了安全经济学又是与自然科学结合的产物。它是研究安全活动与经济活动关系规律的科学；它以经济科学理论为基础，以安全领域为阵地，为安全经济活动提供理论指导和实践依据。因此，安全经济学可以说是一门经济学与安全科学相交叉的综合性科学。

从学科性质和任务的角度，安全经济学可定义为：安全经济学是研究安全的经济（利益、投资、效益）形式和条件，通过对人类安全活动的合理组织、控制和调整，达到人、技术、环境的最佳安全效益的科学。这一定义具有如下几点内涵：①安全经济学的研究对象是安全的经济形式和条件，即通过理论研究和分析，揭示和阐明安全利益、安全投资、安全效益的表达形式和实现条件；②安全经济学的目的是实现人、技术、环境三者的最佳安全效益；③安全经济学的目标是通过控制和调整人类的安全活动来实现的。

发展安全经济学的目的是与发展安全科学的目的相一致的。研究安全经济的分析理论和方法是安全经济学最基本的任务。

（2）安全经济学的研究对象

科学是人类对现实世界认识成果的系统总结。任何科学都有自己特定的研究对象，都是研究某种特殊运动形式或特殊矛盾的。正是有其研究对象的特殊性，才把不同的科学区分开来，安全经济学也有其自身的研究对象和自己的特殊矛盾运动。

安全经济学的研究对象，概括地说，就是根据安全实现与经济效果对立统一的关系，从理论与方法上研究如何使安全活动（安全法规与政策的制定、安全教育与管理的进行、安全工程与技术的实施等），以最佳的方式与人的劳动、生活、生存合理地结合起来，最终达到安全劳动、安全生活、安全生存的可行和经济合理，从而使人类社会取得较好的综合效益。具体地说，安全经济学应研究如下几方面的问题：

① 安全经济学的宏观基本理论。研究社会经济制度、经济结构、经济发展等宏观经济因素对安全的影响，以及与人类安全活动的关系；确立安全目标在社会生产、社会经济发展中的地位和作用；从理论上探讨安全投资增长率与社会经济发展速度的比例关系；把握和控制安全经济规模的发展方向和速度。

② 事故和灾害对社会经济的影响规律。研究不同时期（时间）、不同地区（行业、部门等空间）、不同科学技术水平和生产力水平条件下，事故、灾害的损失规律和对社会经济的影响规律；探求分析、评价事故和灾害损失的理论及方法，特别是根据损失的间接性、隐形性、连锁性等特征，探索科学、精确的测算理论和方法，为掌握事故和灾害对社会经济的影响规律提供依据。

③ 安全活动的效果规律。研究如何科学、准确、全面地反映安全的实现对社会和人类的贡献，即研究安全的利益规律。测定出安全的实现对个体（个人）、企业、国家，以及全社会所带来的利益，对制定和规划安全投入政策具有重要的意义，同时对科学地评价安全效益也是不可少的技术环节。

④ 安全活动的效益规律。安全的效益与生产的效益具有联系，又有区别。安全的效益不仅包括经济的效益，更为重要的是还包含有非价值因素（健康、安定、幸福、优美等）的社会效益。这种情况使得对安全效益的评定非常困难。为此，我们应细致地研究安全效益的潜在性、间接性、长效性、多效性、延时性、滞后性、综合性、复杂性等特征规律，把安全的总体、综合效益充分地揭示出来，为准确地评价和控制安全经济活动提供科学的依据。

⑤ 安全经济的科学管理。研究安全经济项目的可行性论证方法、安全经济的投资政策、安全经济的审计制度、事故和灾害损失的统计办法等安全经济的管理技术和方法，使国家有限的安全经费能得以合理使用，实现最大限度地发挥人类为安全所投入的人财物的潜力。

（3）安全经济学的内容和任务

安全经济学的研究内容是相当广泛的。既有基础理论，也有应用理论，还有技术手段和方法。根据系统学和科学学的方法，我们把安全经济学的研究内容整理归类为如表7.3所示的安全经济学四层次结构体系。

**表7.3 安全经济学内容四层次结构**

| 学科层次 | 学科理论与方法特征 | 主要学科内容 |
|---|---|---|
| 工程技术 | 安全经济技术的方法与手段 | 安全经济政策与决策；安全经济标准；安全经济统计；安全经济分配；损失计算技术；安全投资优化技术；安全成本核算；安全经济管理 |
| 技术科学 | 安全经济学的应用基础理论 | 安全经济原理；安全经济预测理论；安全经济分析理论；安全经济评价理论；安全价值工程；非价值量的价值化技术 |
| 基础科学 | 安全经济学的基础科学 | 宏观经济学；微观经济学；数量经济学；系统科学；数学科学 |
| 哲学 | 安全经济观、认识论和方法论 | 安全经济观；安全经济认识论；安全经济方法论 |

① 安全经济学的哲学问题是确立安全经济观；确立安全经济学的立论基点；指明安全经济学的发展方向；提供安全经济理论的思想基础。

② 安全经济学的基础科学是安全经济学理论和方法的根基及源泉。只有充分采用一般科学技术和一般经济学现有的理论、方法，安全经济学的发展才有基本的支柱和依靠。在这同时，安全经济学也应发展符合自身学科需要的理论科学。

③ 安全经济学的技术科学是安全经济学的应用基础理论，它研究和探讨安全经济的基本原理和规律，提出安全经济控制和管理的理论。只有充分地认识和掌握了安全经济客观规律，确立了安全经济学的基本理论，安全经济活动的指导与控制才会准确和有效。

④ 安全经济学的工程技术指安全经济活动或工作的方法和手段。安全经济学不仅仅是应用理论，更为有意义的是安全经济学的理论能指导安全工程技术的实践活动，使人类的安全活动符合客观实际的和必须遵循的经济规律。

安全经济学的任务应该是：应用辩证唯物主义基本原理，以及系统科学和一般经济学的科学方法、理论，对人类劳动、生活、生存活动中的安全经济规律进行考察研究；结合当代世界经济发展和我国现代化建设的具体实践，阐明社会主义经济规律在安全活动领域的表现形式；探讨实现经济的安全生产（劳动）、安全生活、安全生存的途径、方法和措施；为国家、政府提供科学制定安全方针和政策的理论依据，从而极大限度地保障人的身心安全、健康和发展，促进社会与经济的繁荣与昌盛。

(4) 安全经济学的研究方法

研究安全经济学的基本方法是辩证唯物论的方法。只有一切从实际出发，重视调查研究，掌握历史和现状客观的安全经济资料，才能由表及里、去伪存真，探求出带有普遍性规律的东西，才能使安全经济的论证符合客观规律，从而作出合理的决策。同时也应吸收现有相关学科的成果，采用多学科综合的系统研究方法，在较短的时期内，准确地认识安全客观经济现象，把握其本质规律，较快地推动安全经济学的发展。

安全经济学具体还应重视如下研究方法：

① 分析对比的方法。由于安全系统是一涉及面很广，联系因素复杂的多变量、多目标系统，因此，要求研究手段和方法科学、合理，符合客观的需要。进行分析和对比是掌握系统特性及规律的基本方法之一。为此，要注重微观与宏观相结合、特殊与一般相结合的原则。只有从总体出发，纵观系统全局，通过全面、细致的综合分析对比，才能把握系统的可行性和经济合理性，从而得到科学的结论。安全经济活动所特有的规律，如"负效益"规律、非直接价值性特征等，只有通过分析对比才能获得准确的认识。

② 调查研究方法。认识安全经济规律，应根据现有的经验和材料来进行，从实践中获得真知，而不应该从概念出发，束缚和僵化思想。因此，调查研究应是认识安全规律的重要方法。事故损失的规律只有在大量的调查研究基础上，才能得以揭示和反映。

③ 定量分析与定性分析相结合的方法。认识事物的程度很大意义上取决于定量的程度。定量方法和技术的成熟程度，往往是衡量一门学科发展状况的标志。因此，安全经济问题的科学定量解决，是安全经济学发展的必然要求。但是，我们也应意识到，由于受客观因素和基础理论的限制，安全经济领域有的命题是不能绝对定量化的。如人的生命与健康的价值、社会意义、政治意义、环境价值等。因此，在实际解决和论证安全经济问题时，必须采取定量与定性相结合的方法，使获得的结论尽量得合理和正确。

安全经济学的研究对象和任务决定了这门学科的特点，即：从研究方法上讲，具有系统性、预见性、优选性；从学科本质上讲，具有部门性、边缘性及应用性。

## 7.3.2 安全经济学投入产出原理

从安全的作用对象上看，安全的目的第一是避免或减少人员的伤亡及职业病；第二是使设备、工具、材料等免遭毁损以及保障和提高劳动生产率，维护社会经济的发展；第三是消除或减小环境危害和工业污染，使人的生存条件免遭破坏，促进人类整体利益的增大。

从经济的着眼点看，安全具有避免与减少事故无益的经济消耗和损失，以及维护生产力与保障社会经济财富增值这双重功能和作用。本节从安全的经济功能出发，探讨几种安全经济参数规律的数学描述。

(1) 安全的产出效益分析

我们认为，安全具有两大效益功能：

第一，安全能直接减轻或免除事故或危害事件，减少对人、社会、企业和自然造成的损害，实现保护人类财富、减少无益消耗和损失的功能。简称"减损功能"。

第二，安全能保障劳动条件和维护经济增值过程，实现其间接为社会增值的功能。

第一种功能称为"拾遗补缺"，可用损失函数 $L(S)$ 来表达：

$$L(S)=L\ \exp(l/S)+L_0,\ l>0,L>0,L_0<0 \quad (7.1)$$

其曲线见图 7.4。

第二种功能称为"本质增益"，用增值函数 $I(S)$ 来表达：

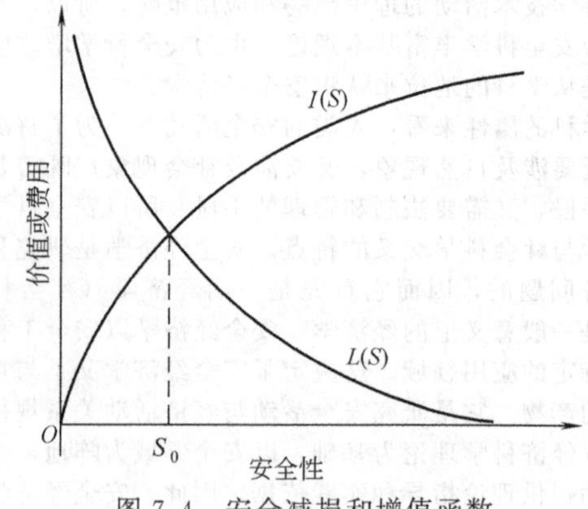

图 7.4 安全减损和增值函数

$$I(S)=I\exp(-i/S),I>0,i>0 \quad (7.2)$$

式 (7.1) 与式 (7.2) 中，$L$、$l$、$I$、$i$、$L_0$ 均为统计常数。

如图 7.4，安全增值函数 $I(S)$ 是一条向右上方倾斜的曲线，它随着安全性的增加而不断增加，当安全性达到100%时，曲线趋于平缓，其最大值取决于技术系统本身的功能。

事故损失函数 $L(S)$ 是一条向右下方倾斜的曲线，它随着安全性的增加而不断减少，当系统无任何安全性时，系统的损失为最大值（趋于无穷大），即当系统无任何安全性时 $(S=0)$，从理论上讲损失趋于无穷大，具体值取决于机会因素；当安全性达到 100%时，曲线几乎与零坐标相交，其损失达到最小值，可视为零。当 $S$ 趋于 100%时，损失趋于零。

损失函数和增值函数两曲线在安全性为 $S_0$ 时相交，此时安全增值与事故损失值相等，安全增值产出与因为事故带来的损失相抵消。当安全性小于 $S_0$ 时，事故损失大于安全增值产出；当安全性大于 $S_0$ 时，安全增值产出大于事故损失，此时系统获得正的效益，安全性越高，系统的安全效益越好。

无论是"本质增益"即安全创造正效益，还是"拾遗补缺"即安全减少"负效益"，都表明安全创造了价值。后一种可称为"负负得正"，或"减负为正"。

以上两种基本功能，构成了安全的综合（全部）经济功能。我们用安全功能函数 $F(S)$ 来表达（在此功能的概念等同于安全产出或安全收益）。

即将损失函数 $L(S)$ 乘以"−"号后，可将其移至第一象限表示，并与增值函数 $I(S)$ 叠加后，得安全功能函数曲线 $F(S)$，见图 7.5。

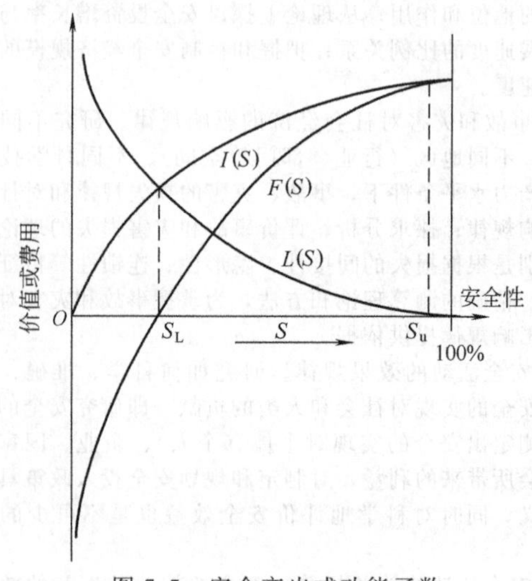

图 7.5 安全产出或功能函数

安全功能函数 $F(S)$ 的数学表达是：

$$F(S)=I(S)+[-L(S)]=I(S)-L(S) \qquad (7.3)$$

对 $F(S)$ 函数的分析，可得如下结论：

① 当安全性趋于零，即技术系统毫无安全保障，系统不但毫无利益可言，还将出现趋于无穷大的负利益（损失）。

② 当安全性到达 $S_L$ 点，由于正负功能抵消，系统功能为零，因而 $S_L$ 是安全性的基本下限。当 $S$ 大于 $S_L$ 后，系统出现正功能，并随 $S$ 增大，功能递增。

③ 当安全性 $S$ 达到某一接近 100% 的值后，如 $S_u$ 点，功能增加速率逐渐降低，并最终局限于技术系统本身的功能水平。由此说明，安全不能改变系统本身创值水平，但保障和维护了系统创值功能，从而体现了安全自身价值。

（2）安全成本分析

安全的功能函数反映了安全系统输出状况。显然，提高或改变安全性，需要投入（输入），即付出代价或成本，并安全性要求越大，需要成本越高。从理论上讲，要达到 100% 的安全（绝对安全），所需投入趋于无穷大。由此可推出安全的成本函数 $C(S)$：

$$C(S)=C\exp[c/(1-S)]+C_0,\ C>0,\ c>0,\ C_0<0 \qquad (7.4)$$

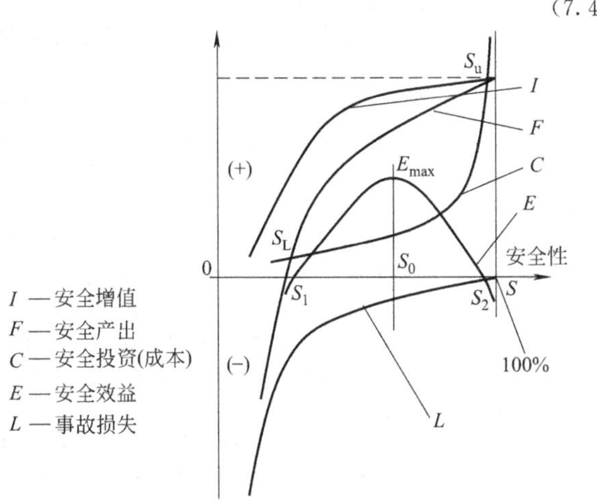


图 7.6 安全成本及效益曲线

如图 7.6 所示，从中可看出如下两点。

① 实现系统的初步安全（较小的安全度），所需的成本是较小的。随 $S$ 的提高，成本随之增大，并递增率越来越大；当 $S\to100\%$，成本 $\to\infty$。

② 当 $S$ 达到接近 100% 的某一点 $S_u$ 时，会使安全的功能与所耗成本相抵消，使系统毫无效益。这是社会所不期望的。

（3）安全效益分析

$F(S)$ 函数与 $C(S)$ 函数之差就得到了安全效益，用安全效益函数 $E(S)$ 来表达：

$$E(S)=F(S)-C(S) \qquad (7.5)$$

$E(S)$ 曲线可见图 7.6。可看出：

在 $S_0$ 点 $E(S)$ 取得最大值。$S_L$ 和 $S_u$ 是安全经济盈亏点，它们决定了 $S$ 的理论上、下限。从图 7.6 可看出：在 $S_0$ 点附近，能取得最佳安全效益。由于 $S$ 从 $S_0-\Delta S$ 增至 $S_0$ 时，成本增值 $C_1$ 大大小于功能增值 $F_1$，因而当 $S<S_0$ 时，提高 $S$ 是值得的；当 $S$ 从 $S_0$ 增至 $S_0+\Delta S$，成本 $C_2$ 却逐渐高于产出的增值 $F_2$，因而 $S>S_0$ 后，增加 $S$ 就显得不合算了。

以上对几个安全经济特征参数规律进行了分析，意义不在于定量的精确与否，而在于表述了安全经济活动的某些规律，有助于正确认识安全经济问题，指导安全经济决策。

### 7.3.3 事故损失分析原理

评价事故和灾害对社会经济造成的损失影响，是分析安全效益、指导安全定量决策的重要基础性工作。

#### 7.3.3.1 事故经济损失计算的基本理论

事故经济的估算基本思想是：首先计算出事故的直接经济损失以及间接经济损失，然后根据各类事故的非经济损失估价技术（系数比例法），估算出事故非经济损失，两者之和即是事故的总损失。即有计算公式：

$$\text{事故经济损失}=\sum L_{1i}+\sum L_{2i} \qquad (7.6)$$

$$\text{事故非经济损失}=\text{比例系数}\times\text{事故经济损失} \qquad (7.7)$$

$$\text{事故总损失}=\text{事故经济损失}+\text{事故非经济损失} \qquad (7.8)$$

式中，$L_{1i}$ 为 $i$ 类事故的直接经济损失；$L_{2i}$ 为 $i$ 类事故的间接经济损失。

不同的事故类型，如化工行业的火灾爆炸事故，或是煤矿的伤亡事故，它们的直接损失和间接损失是有一定的比例规律的，常用“事故损失间直倍比系数”来反映这种规律。如果有了这一规律系数结论，我们在评价相应类型的事故损失时就容易多了。如发生了一起石油化工的爆炸事故，其造成的总损失，我们可以将直接损失部分再乘以相应的“事故损失间直倍比系数”即可。国际上有许多专家学者长期致力于这一系统规律的研究。下面是一些国家学者对“事故损失间直倍比系数”的研究结果：法国 Legras1962 年从产品售价、成本关系例的研究结论是 4；法国 Bouyeur1949 年根据本国的事故统计研究结论也是 4；法国 Jacques1960 的研究中得出的结论是 2.5；Bird 和 Loftus1976 年的研究结论是 50；法国 Letoublon1979 年针对人身伤害事故的研究结果是 1.6；Sheiff 20 世纪 80 年代的研究结论是 10；挪威 Elka1980 年针对起重机械事故的研究结论是 5.7；Leopold 和 leonard1987 年的研究结论认为间接损失微不足道（将很多间接损失重新定义为直接损失）；法国 Bernard1988 年的研究结论是 3；美国 Hinze 和 Appelgate1991 年对建筑行业百余家公司进行法律诉讼引起的损失的研究，其结论是 2.06；英国 HSE（OU）1993 年发布的研究报告认为是 8～36（因行业而异）。从中可看出，针对不同行业的事故类型，甚或由于研究口径的不同，其研究结论差异较大，但共同的结论都表明间接损失大大高于直接损失。

#### 7.3.3.2 事故损失估算的技术

（1）事故总损失的“直间系比值法”

其基本原理是首先计算出事故的直接损失 $L_{\text{直接}}$，再根据间接损失系数 $K$ 计算事故间接损失 $L_{\text{间接}}$，则可得：

事故总损失 $L=L_{\text{直接}}+L_{\text{间接}}$；其中 $L_{\text{间接}}=KL_{\text{直接}}$

则有：

$$\text{事故总损失 } L=L_{\text{直接}}+L_{\text{间接}}=(1+K)L_{\text{直接}} \qquad (7.9)$$

一般 $K$ 值认为等于 4，实际不同类型的事故会有不同的 $K$ 值（$K$ 值会在 1 至大于 100 的范围）。将不同行业不同类型的事故间接损失系统 $K$ 值统计出来，建立直间损失系统比体系，这是一项重要而基础性的研究工作。

如果通过大量的统计分析和研究，建立起各类事故的“损失直间比数据库”，则对于事故的损失计算将是重要的贡献。

（2）人员伤亡事故的价值估算方法

在计算事故损失时，人员伤亡的损失是最为难评价的要素。一般有两种估算方法，“伤害分级比例系数法”和“伤害分类比例系数法”。

① 伤害分级比例系数法。首先把人员伤亡分级，并研究分析其严重度关系，从而确定各级伤害程度的比重关系系数。根据国外和我国的按休工日对事故伤害分级的方法，我们采用“休工日规模权重法”，作为伤害级别的经济损失系数的确定依据。即把伤害类型分为 14 级；以死亡作为最严重级，并作为基准级，取系数为 1；再根据休工日的规模比例，确定各级的经济损失比例系数，其中考虑到伤害的休工日与经济损失程度并非线性关系，因此比例系数的确定按非

线性关系处理，这样可得表 7.4 的系数表。

**表 7.4　各类伤亡情况直接经济损失系数表**

| 级别 | 1 | 2 | 3 | 4 | 5 | 6 | 7 | 8 | 9 | 10 | 11 | 12 | 13 | 14 |
|---|---|---|---|---|---|---|---|---|---|---|---|---|---|---|
| 休工日 | 死亡 | 7500 | 5500 | 4000 | 3000 | 2200 | 1500 | 1000 | 600 | 400 | 200 | 100 | 50 | ＜50 |
| 系数 | 1 | 1 | 0.9 | 0.75 | 0.55 | 0.40 | 0.25 | 0.15 | 0.10 | 0.08 | 0.05 | 0.03 | 0.02 | 0.01 |

有了表 7.4 的比例系数，估算一起事故由于人员伤亡造成的损失则可用下式进行：

$$伤亡损失 = V_M \sum_{i=1}^{14} K_i N_i \ (万元) \tag{7.10}$$

式中，$K_i$ 为第 $i$ 级伤亡类型的系数值；$N_i$ 为第 $i$ 级伤亡类型的人数；$V_M$ 为死亡伤害的基本经济消费，即人生命的经济价值，可按下面介绍的方法测算，或按我国道路交通事故或工业事故死亡赔偿标准，即 20 年属地工资收入。如果是对一年或一段时期的事故伤亡损失进行估算，则可把 $N_i$ 的数值用全年或整个时期的伤害人数代替即可。

② 伤害分类比例系数法。如果不知道各类伤害人员的休工日，难以确定其伤害级别，而只知其伤害类型时，可采取“伤害类型比例系数法”进行估算。其基本思想与“伤害级别比例系数法”是一致的，但需经过两步来完成：

第一步，根据表 7.5 比例系数，用下式计算伤亡的直接损失：

$$伤亡直接损失 = V_L \sum_{i=1}^{5} K_i N_i \ (万元) \tag{7.11}$$

式中，$K_i$ 为第 $i$ 类伤亡类型的系数值；$N_i$ 为第 $i$ 类伤亡类型的人数；$V_L$ 为伤而未住院的伤害的基本经济消费，在我国目前的经济水平情况下，据统计，可取值 150 元。

**表 7.5　各类伤害情况损失比例系数表**

| 伤害类型 | 1 | 2 | 3 | 4 | 5 |
|---|---|---|---|---|---|
| | 死亡 | 重伤已残 | 重伤未残 | 轻伤住院 | 轻伤未住院 |
| 系数 | 40～45 | 20～25 | 10～15 | 3～5 | 1 |

第二步，根据直接损失与间接损失的比例系数求出间接损失，即根据表 7.6 的比例关系，按下式求伤亡间接损失：

$$伤亡间接损失 = V_L \sum_{i=1}^{5} n_i K_i N_i \ (万元) \tag{7.12}$$

式中，$n_i$ 为第 $i$ 类伤亡类型的直间比系数；其余上同。

**表 7.6　各类伤害直接损失与间接损失比例系数表**

| 伤害类型 | 1 | 2 | 3 | 4 | 5 |
|---|---|---|---|---|---|
| | 死亡 | 重伤已残 | 重伤未残 | 轻伤住院 | 轻伤未住院 |
| 系数 | 1∶10 | 1∶8 | 1∶6 | 1∶4 | 1∶2 |

#### 7.3.3.3　非经济损失的价值估算

事故及灾害导致的损失后果因素，根据其对社会经济的影响特征，可分为两类：一是可用货币直接测算的事物，如实物、财产等有形价值因素；另一类是不能直接用货币来衡量的事物，如生命、健康、环境等。为了对事故造成社会经济影响做出全面、精确的评价，安全经济学不仅需要对有价值的因素进行准确的测算，还需要对非价值因素的社会经济影响作用作出客观的测算和评价。为了对两类事物的综合影响和作用能进行统一的测算，以便于对事故和灾害进行全面综合的考察，以及考虑到安全经济系统本身与相关系统（如生产系统等）的联系，以货币价值作为统一的测定标量是最基本的方法。因此，提出了事故非价值因素损失的价值化技术问题。

安全最基本的意义就是生命与健康得到保障，我们所探讨的安全科学技术的目的是保证安全生产、减少人员伤亡和职业病的发生，以及使财产损失和环境危害降低到最小限度。在追求这些目标，以及评价人类这一工作的成效时，如何衡量安全的效益成果，即安全的价值问题是一个重要的问题。

对于生命价值的评定，国外的理论有如下几种：

① 美国经济学家泰勒对死亡风险较大的一些职业进行了研究，其结果是：由于有生命危险，人们自然要求雇主支付更多的生命保险，在一定的死亡风险水平下，似乎人们能接受的生命价值水平，将其换算为解救一个人的生命，大约价值为 34 万美元。

② 英国学者利用本国统计数字研究了三种不同行业为防止工伤事故而花费的金钱。从效果成本分析中得出了人生命内含估值。即为防止一个人员死亡所花费的代价用以推断人的生命价值。

③ 美国学者布伦魁斯特考察了汽车座位保险带的使用情况。他用人们舍得花一定时间系紧座位安全带的时间价值，推算出人对安全代价的接受水平，结果是人的生命价值为 26 万美元。

④ 美国经济学家克尼斯在他 1984 年出版的论著《洁净空气和水的费用效益分析》一书中，主张在对环境风险进行分析时，考察每个生命价值可在 25 万～100 万美元之间取值。

⑤ 国外一种理论是“延长生命年”法，即一个人的生命价值就是他每延长生命 1 年所能生产的经济价值之和。例如一个 6 岁孩子的生命价值，就要看他的家庭经济水平、他的功课状况，预期他将接受多少教育及可能从事哪一职业。假设他 21 岁时将成为会计师，年薪 2 万美元，由此可用贴现率计算他在 6 岁时的生命经济价值。

⑥ 根据诺贝尔经济学奖获得者莫迪利亚尼的生命周期假说，人们在工作赚钱的岁月里（18～65 岁）积蓄，以便在他们退休以后进行消费。从而，一个人在不同的年龄段其生命价值的计算方法是不同的。未成年时是以他将来的预期收入计算；退休后是以退休后的消费水平计算；在业期间则要预测他若干年中的工资收入变动状况。这三种计算方法不仅在计量标准上不统一，而且所反映的生命价值含义也是不确定的，有时指的是人的生产贡献，有时又指的是人的消费水平。

国内的理论有如下几种：

① 我国的一些经济学家在进行公路投资可行性论证时，当考虑到减少伤亡所带来的效益，即计算投资效益比时，对人员伤亡的估价 20 世纪 80 年代为死亡一人价值 1 万元，受伤一人 0.14 万元。显然随着经济的发展，这一数值已大大提高。

② 一种人力资本法的算法：

$$V_h = D_H P_{v+m} / (ND) \tag{7.13}$$

式中，$V_h$ 为人命价值，万元；$D_H$ 为人的一生平均工作日，可按 12000 日，即 40 年计算；$P_{v+m}$ 为企业上年净产值 $(V+M)$，万元；$N$ 为企业上年平均员工人数；$D$ 为企业上年法定工作日数，一般取 250～300 日。式（7.13）表明人的生命价值指的是人的一生中所创造的经济价值，它不仅包括事故致人死后少创造的价值，而且还包括了死者生前已创造的价值。在价值构成上，人的生命价值包括再生产劳动力所必需的生活资料价值和劳动者为社会所创造的价值 $(V+M)$，具体项目有工资、福利费、税收金、利润等。如果假设我国员工全年劳动生产率是 2 万元，即每个工作日人均净产值为 67 元，即 $P_{v+m}/(ND)=67$ 元，可算出我国员工平均人的生命是80万元。

③ 人身保险的赔偿也需要对人的价值进行客观、合理的定价。它客观上是用保险金额来反映一个人的生命价值。它是根据投保人自报金额，并参照投保人的经济情况、工作地位、生活标准、缴付保险费的能力等因素来加以确定的，如认为合理而且健康情况合格，就接受承保。保险金额的标准只能是需要与可能相结合的标准，如我国民航人身保险：丧失生命保险赔偿20万元，其他身体部分伤残按一定比例给予赔偿。

④ 我国20世纪80年代曾提出，企业在进行安全评价时，当考虑事故的严重度，对经济损失和人员伤亡等同评分定级时，作了这样的视同处理：财产损失10万元视同死亡一人，指标分值15分；损失3.3万元视同重伤一人，分值5分；损失0.1万元视同轻伤一人，分值0.2分。这种做法客观上对人的生命及健康的价值用货币作了一种定界。

⑤ 我国福建省人大1996年通过的《福建省劳动保护条例》规定，工伤死亡员工的赔偿金额为25年的基本工资。照此推算，我国2001年的员工平均工资约为1.1万元，则工伤的生命赔偿价值约为30万元，如按北京市2001年的员工平均工资2.5万元计，则生命赔偿价值可达60余万元。

⑥ 2010年国务院国发（2010）23号文《国务院关于进一步加强企业安全生产工作的通知》明确：因工伤亡的员工其一次性工伤补助标准为按全国上一年度城镇居民人均可支配收入的20倍计算，发放给伤亡员工近亲属。

#### 7.3.3.4　事故赔偿的理论

事故发生的必然结果是造成受害者的财产或生命与健康的损失。从社会整体的角度，采取事故赔偿做法是对事故责任者的一种惩罚措施，能起到预防事故的作用；对于受害者，事故赔偿措施是一种补偿，能够缓解事故造成的社会和经济矛盾。因此，事故赔偿是安全经济活动的重要内容。

事故赔偿的方式主要有：工伤事故伤残赔偿、职业病赔偿、事故财产损失赔偿等。目前世界范围内普遍通过保险手段来实施事故赔偿。工伤保险是世界上产生最早的一项社会保险，也是世界各国立法较为普遍、发展最为完善的一项制度。这一制度遵循的主要原则是：①无责任补偿原则，即无论职业伤害责任属于雇主或者其他人或受害人自己，其受害者应得到必要的补偿。②风险分担、互助互济原则，首先要通过法律，强制征收保险费，建立工伤保险基金，采取互助互济的办法，分担风险；其次是在待遇分配上，国家责成社会保险机构对费用实行再分配。③个人不缴费原则，工伤保险费由企业或雇主缴纳，员工个人不缴纳任何费用。区别因工和非因工原则，在制定工伤保险制度赔偿时，应确定因工和非因工负伤的界限。④补偿与预防、康复相结合原则，工伤事故补偿是理所当然的，但工伤保险最重要的工作还包括预防和康复工作。⑤集中管理原则，工伤保险是社会保险的一部分，无论从基金的管理、事故的调查，还是医疗鉴定，由专门、统一的非盈利的机构管理是普遍的原则。除上述原则外，还有一次性补偿与长期补偿相结合原则、确定不同等级原则、直接经济损失与间接经济损失相区别的原则等。

#### 7.3.3.5　事故损失抽样调查研究

根据国家主持的调查研究数据，1991～2000年间我国各类事故造成的经济损失占我国GDP的比例在0.4%～1.8%之间。即20世纪90年代年平均我国每年事故直接损失占GDP比例的均值结果是0.97%，如果加上职业病费用占GDP比例统计为0.031%，则社会和企业由于事故经济损失和职业病造成的经济负担占GDP的比例为1.001%。由此可推断出我国20世纪90年代的年均事故损失约为583亿元，而2001年的事故损失高达950亿元。如果考虑间接损失，按照ILO（国际劳工组织）有关资料给出的各国对“事故损失间直倍比系数”的研究结果，以及本次调查统计的结果，“事故损失间直倍比系数”在1～10之间，取其下四分位数2～3为推断水平，可以得出结论：我国20世纪90年代年均事故总损失水平在1800亿～2500亿之间。用2000亿元事故损失的水平分析，可以得到如下类比认识：每年事故损失相当于毁掉两个三峡工程（工程静态投资为900.9亿元）；相当于每年毁掉10个广州新白云机场（2003年建成，实际投资额200亿元左右）；每年事故损失足够全国居民消费20天（我国居民消费水平是107.9亿元/天）；事故损失相当于2000年度深圳市国内生产总值化为乌有（1665亿元）；事故损失相当于北京（298.9亿元）、上海（327.9亿元）三年的国有企业员工收入化为乌有；事故损失相当于1000万个员工一年的辛勤劳动化为乌有（人均劳动生产率约为2万元）；事故损失相当于近亿农民一年颗粒无收（我国2000年农业总产值14106.22亿元）。

### 7.3.4　安全投资的理论分析

#### 7.3.4.1　合理安全投资的分析

在一定的安全投资强度比例下，怎样发挥安全投资的作用，要通过合理的投资结构来实现。通常我们要研究如下安全投资结构：安全措施费用与个人防护用品费用的结构；安全技术投入与工业卫生投入的结构；预防性投入与事后整改投入的结构；硬件投入与软件投入的结构等。

在未来一定时期内，以及面向21世纪，工业企业应该从走内部挖潜和适当扩大投资规模相结合的路子，逐步转向强化安全卫生投资的良好循环。即：在近期内安全生产投资水平在保持现有规模的基础上，适当加大投资力度，进而逐步使安全生产投资达到国民收入的1.5%左右，同时改进安全生产资金的管理方式，调整目前企业安全生产投资的结构。为了保障有效安全措施费用，需要统一认识，推行安全经济科学管理，落实投资政策，并采取具体的措施，如：推行二类以上危险行业生产投资项目论证报告中的“安全技术经济保证措施”专篇制度；坚持执行生产投资项目的“三同时”政策；推行企业安全设施、设备的专门折旧机制，折旧经费专款专用；劳动保护用品划归安全技术部门作为事故预防措施费用统一管理使用；坚持更新改造费的安全技术措施费用提取办法和原则；利用工伤保险机制与事故预防相结合；在安全管理中，应该加强安全经济管理，应该制定相应的政府法规和落实相应的管理政策；推行安全会计制度；完善安全经济统计；进行安全卫生项目的经济可行性评价程序等；建立科学投资理念：掌握好预防性投入与事后性投入的等价关系是1∶5；明确安全效益金字塔规律：系统设计1分安全性=10倍制造安全性=1000倍应用安全性；合理的安全投入结构：企业安全措施经费投入与个人防护用品投入之比为：1.58∶1；企业安全措施经费投入与职业病费用之比为：12.4∶1。有投入才会有产出，这是最基本的经济规律。显然，安全生产水平的提高需要高水平的安全生产投入来支持。在发达国家，安全投入总量水平达到3%的GDP。从上述调查统计数据表明目前我国的安全生产投入水平还处于较低的水平。要遏制重大事故的发生，提高我国的安全生产水平，需要加大安全生产的投入。

利用社会主义市场经济的“价值规律”“利益原则”“资源合理配置”的经济学思想，建立适应新体制下的安全生产措施费用保障新机制是很重要的。为此，遵循的原则应该是：“提高国家总体安全生产措施费用效率的原则”，“谁受益谁整改，谁危害谁负担，谁需要谁投资的原则”。这就要求国家制定的安全生产资金政策要与我国经济发展水平及行业生产特点相结合，与国民生活水平和企业生产效益水平相适应；要求企业在进行安全卫生管理中，需要进行合理的投资评价和安全卫生专项资金的科学管理和监控；要求国家或行业部门制定的安全生产的投资政策要符合“利益原则”，按价值规律进行安全投资活动；国家、地方、企业和个人具有承担安全卫生经济负担的责任和义务；在确定安全生产投资规模时要讲经济规律，使安全投资与企业生产和企业经济效益相联系；企业安全活动要按经济规律办事，在国家制定的适应市场经济的安全投资政策下进行安全生产经济活动。

#### 7.3.4.2　安全经济的激励理论

(1) 安全经济激励的概念

无论是国外的资料表明，还是根据我国调查数据的分析，都说明事故的经济损失和社会对安全的投入是非常巨大的。社会或企业的安全状况之所以能够获得改善，重要的原因之一就是安全投入获得安全生产条件的完善。据世界银行估计70%的DALY（伤害事故导致的损失）可以通过合理措施和外界的干预来降低。从这个角度可以认为安全投资可以创造利润。如果成本足够小，而回报足够大，则这些投资是可以收回的，事实上即使不能收回，安全成本（投资）对于正常的生产还是必需的。

对实际状况的调查研究，我们看到发生事故后大部分的事故损失并非由企业承担，而是雇员及其家庭，以及社会共同承担。但是这种损失的转移，使事故的成本不进入企业的利润损失核算，这样就会造成企业决策者对安全投资的决策，在仅仅依据利润最大化原则指导下进行，而如果政府不加干预，则企业的安全投入积极性是有限的，并常常处于亏欠的状况。如图7.7横轴自左向右安全水平递增；在原点，最危险，右边界点为理想安全状态。纵轴衡量损失，包括事故损失和预防成本。

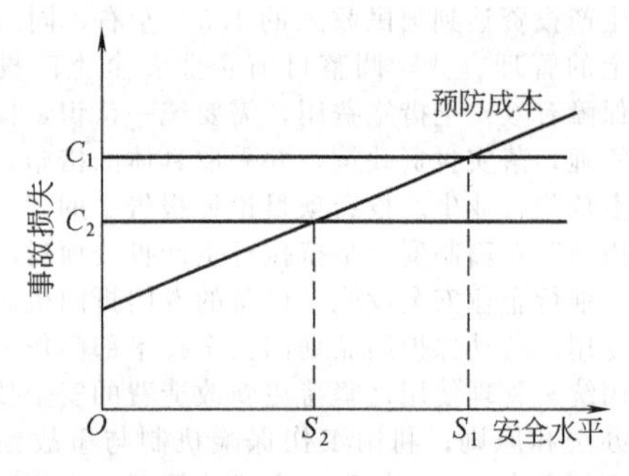


图7.7　事故损失、预防成本和安全水平

假设“一般”事故有一确定总损失，记为$C_1$。我们可以假定：无论安全水平如何，其值恒定。这条水平曲线告诉我们，第一个受害者的损失为$C_1$，第二个同样，直到无人受到伤害的安全点为止。这样，线的纵向刻度表示增加的安全损失值（其值恒定）。我们可以假定它包括了所有相关损失，无论谁吸收。

事故损失有外部化现象是客观存在的。$C_2$是较低损失值，仅代表企业支付的总损失、财产损失、工时损失和士气、工作节奏的负面影响等。尽管$C_2$值不小，但仍然小于总损失。其差值$C_1-C_2$即为外部损失。在一定范围内，其值恒定。

第三条曲线代表企业特定事故风险的消除成本。这里我们假定消除成本随安全水平的提高而增加。当安全水平低下时，消除成本低，因为容易找到简单廉价的改进措施。但是，进一步地改进成本，代价更大。确实，随着安全水平的提高，继续达到更高的目标越发困难。

只要消除成本低于事故损失，逻辑上即为可行。但是，决策时，哪些损失应计算？如果是全部损失$C_1$，则安全点在$S_1$；而从企业自身利益出发，则安全点在$S_2$。从安全工程角度来看，事故产生的主要原因是设备陈旧、上岗培训不充分、存在有毒物质等；需要自觉协助或强制执行等手段，改善条件。从外部损失角度看，应当采取措施，将损失$C_1$而非$C_2$施加到决策者——即企业支付原则。

至此，我们可以引入安全的经济激励概念：它是一种提高安全水平的策略，由内部化损失的一系列政策组成，其结果是企业承担大部分损失。其逻辑思路如下：①企业要求最小化产品成本；②政府政策可以引导企业更加重视安全生产，如使得企业负不起事故损失的责任；③企业直接采取必要的措施降低事故风险。经济激励与规章体系和自律策略相反，集中在步骤③，而非步骤②。

要促进损失的内部化，有多种方法：包括提高危险工作的风险工资，方便对雇主的赔偿诉讼，将雇主的赔偿额与其安全记录联系起来，将来自消费者和其他社会成员的压力转嫁到事故水平高的企业。为什么仅使用经济激励？因为这种方式相对于直接关注事故本身而言，更为间接，为什么我们还使用经济激励方式？这个问题就像工业革命问题一样陈旧；自20世纪初，改革家就开始讨论直接管制和间接纳税补贴等方式的优缺点。本章我们将先回顾历史。之前，我们先列举一下经济激励的潜在优势。

① 经济激励非常有益于获得管理层的注意。经济激励简单易用，是用经济的语言回答经济问题。管理层容易看到刺激手段对于企业的直接影响，从而做相应的反馈。

② 经济激励易于从下至上贯彻执行。无论企业既往的安全水平如何优秀，经济激励都有相应的刺激方式。而现行管制下，强调安全的最低可接受水平。一旦达到这个水平，企业就无心改善安全状况了。

③ 经济激励具有广泛的适用性。它强调结果，而不论产生原因，对于新的事故风险，经济激励同样适用。新的事故风险要求新的管制措施，这个过程是缓慢和艰难的。经济激励的优势在技术进步的步伐不断加快的今天，其优势将显现。

④ 经济激励有灵活性。企业有自主性，主动寻找方案解决问题。经济激励强调结果，不重过程，鼓励独创性和独立解决问题的精神。随着管理分散化，要求有快速反应速度，而强调控制，简单性和通用性，方便管理和遵从的管制方法就不再有效了。

(2) 安全生产经济激励的方法

根据国际上一些国家的长期做法，安全生产经济激励的方法已经历了三个发展的阶段，即分别称为第一代、第二代和第三代经济激励。

① 第一代经济激励：风险工资和诉讼责任赔偿。经济激励的方式和效果在很大程度上取决于主管生产和人力资源的机构。大约两个世纪以前，英国最早采取风险工资的经济激励方式来改善工作环境。雇主为工人提供高工资，以回报预计的事故风险。风险工资能产生两个效果：首先，因为提高安全水平可以减少支付给劳动力的工资，雇主有经济动力不断改善工作环境。其次，风险工资可以补偿工人最大的风险，整个工作的报酬能更为公平地分配。

尽管，风险工资条例的产生可能由于业主的仁慈或责任心，但是最为主要的原因来自劳动力市场的竞争压力。在难于获得足够劳动力供应的情况下，由于普遍缺乏劳动力或所需的特殊技能，风险工资的需求是强大的。在这种情况下，没有工人会接受危险的工作，除非获得额外的薪资以补偿。亚当斯密的《国富论》一文中认为风险工资是市场经济的正常状态。在19世纪，英国和美国规定风险工资标准，雇员无须经过其他手续即可获得。然而，风险工资在实际生活中尽管存在，但是不常发生，它支付的补偿往往少于事故风险。在发达国家的统计研究显示两者存在这样的关系：高风险，低工资。

至于为什么风险工资在大多行业相对不重要，有两方面的原因：首先，长期失业现象的存在；其次，社会上认为有些风险可以不补偿。尽管如此，在某些危险工作中，风险工资仍然起着重要的作用，例如，井下和地上采矿就存在较大的工资差别。

随着19世纪风险工资的问题不断提出，相关案件逐渐增加，法庭倾向于保护伤害者——工人。结果，经济激励使得安全水平得到提高。在一定意义上，诉讼作为一种经济激励形式，效果与风险工资相似，其区别在于风险工资有事前性，诉讼是事故发生之后进行的。然而，诉讼代价昂贵，耗时、耗力，更耗钱。而且，结果有不确定性。业主在潜在诉讼风险时，可以投保，从而减少了安全生产的经济激励。保险费并不用于改善工作环境，因为其代价昂贵，且实现困难。投保使得本来稀缺的资源更难用于安全投入，从而保费更为昂贵（保险经济学家称为逆向选择）。

② 第二代经济激励：伤害补偿。不满于第一代经济激励形式，公共保险方案孕育而生。最早的伤害补偿方案起源于1884年的德国。当时的 Bismark 观察到大部分冲突可以追溯到对工作环境的不满，伤害补偿能缓和劳资关系。到第一次世界大战为止，世界各国普遍认为伤害补偿是社会福利政策不可或缺的一部分。

员工伤害补偿内在的原理在于将诉讼责任赔偿替换为对受伤害者及其家庭的伤害补偿。雇员失去了向雇主寻求责任赔偿的权利，但是可以从公共管制的保险体系中得到补偿。雇主根据总付薪资的多少，支付保险费用。保险的覆盖范围、赔偿幅度及有争议的案件由公共机构决定。所有的员工伤害补偿体系是单纯的保险和政府管制功能的结合体。

当代，员工伤害补偿形式多样。大多工业化国家采用全国统一的补偿方式，但在加拿大、澳大利亚、美国将其进一步分为省/州一级。在推行这种方式补偿的国家，保险费用由企业支付，金额与事故风险挂钩，但是行业风险与企业特定风险的相对任务有所改变。有些伤害补偿体系自动将行业保险费调整50%，来反映不同事故水平公司的情况。在有些判例中，企业的事故记录不重要。例如，西班牙企业伤害补偿的调整范围不超过10% 。而在芬兰则允许企业选择行业一般水平的保险费，或自报保险费，但不将两者结合起来考虑。

在伤害补偿体系中有两种刺激的方向：员工，避免事故；企业，降低风险。对其的争论集中在以下两个方面。

a. 员工刺激。在工业化国家中，补偿金额不断增加。这可以从三方面解释：员工更乐于提起诉讼，可补偿的事故种类增多，补偿额度加大（这些因素可并存）。补偿额度加大有两方面的原因：首先是补偿的方向有所改变；例如，在工业化国家，现在索取的补偿往往是反复性的、慢性的伤害，相对于以往的伤口包扎等，其代价更高。第二，医疗费用本身不断增加，在这个意义上，员工补偿的上升与整个经济的一部分——医疗费是正相关的。

b. 在企业方面，员工伤害补偿的效果比较复杂。调查表明保险费水平与安全水平关系不明确。无研究表明员工伤害补偿可以引导企业建立和改善安全环境。

其原因在于如下四个方面：一是仅可测度的事故经济损失可以补偿，其占总损失的比重非常小；二是职业病的识别与归属难于进行。在美国，与致命伤亡相比，致命的职业病其预计可能得到的补偿概率为其1%，而致命的职业病发生概率是其10倍（Leigh，et al，1996）；三是员工的收入损失只部分补偿；四是企业对于员工的伤害补偿刺激的反应可能不是降低风险，而是采取措施减少赔偿。包括少报事故，提前遣返受害员工和迫害提出起诉的员工等（Hopkins，1995）。

值得一提的是存在受害员工不上诉的情况，它直接影响到员工伤害补偿体系的效果，及其对企业的刺激作用。与管制体系不同，员工补偿体系要求员工采取主动措施，提出上诉。否则，补偿问题无从谈起。其结果将是事故补偿数远远低于可补偿事故数。据 Leigh，et al 估计，在美国约一半的事故损失未得到补偿。

③ 第三代经济激励：事故税和责任共同体。近年来，工业化国家不断推进改革，但是改革的方向仍然在加强经济激励和直接采取措施保护员工两者中选择。

一个最新的提法是征收事故税。英国 Edwin Chadwick 在一个半世纪前就有这个提法。经济学家认为这是最直接和有效的刺激方法，因为它无须保险体系，如员工伤害补偿的参与。其税收可用于补偿受害员工，或支持职业安全领域的研究。

然而，这种事故税的提法并非理想。因为，大多数中小型企业无力支付数额巨大的事故税，强行征收无异于将其排挤出局。所以，另一个提法是将中小型企业分为若干类型或小组（如荷兰的做法），成立“责任共同体”，共同体或小组内成员相互监督，使公共损失最小化。另外，事故税有其局限性，对于职业病由于难于识别和归属，事故税难于实行。除这些缺点之外，由于其固有的事后性，事故税亦不能取得经济激励的效果。

我们需要再考虑的是税率问题。对于事故记录不良的企业应用重税，但是如果企业采取补救措施，并经专家通过，可以不用或减轻税罚。如果企业可以对事故产生的原因加以说明，原因可信，亦可减轻税罚。否则，企业在第一税罚年度，收取附加的100%的额外费用，在随后的每年收取25%，直到环境得到改善或达到200% 的税罚限额。

此方案的提出是基于这样的考虑，即只有在奖罚分明的情况下，才能引导企业改善安全环境。现实告诉我们，税罚应用以后，事故总起数和事故损失的确有减少。

经济激励应当针对的是法律允许的事故风险。非法行为应当通过检查和检举的方式管制；经济激励的管理单位与执行安全标准的管制单位是紧密的协作关系；员工伤害补偿金额的确定首先依据的是企业的行业分类和员工的职业分类；费用应当随安全水平的提高而减少，以刺激企业通过技术改进、教育培训，建立良性安全生产循环的努力；通过补偿体系的财政收入协助中小型企业改善安全环境；对于有条件投资提高安全水平的企业提供贷款优惠；允许安全达标企业对此进行宣传。

然而，经济激励永远不能达到员工对于安全生产的需要。它仅仅可以抵消损失未内部化的负面影响，因为完整地计算事故损失是不可能的。企业对于经济激励的反应也有不确定性。最后，对于安全环境的关注不能限于经济计算；我们应当时刻注意将非经济因素考虑在内。

无论如何，我们认为经济激励将有广泛的应用前景，并与自问管制和自我管制一道对于改善工作环境发挥重要作用。

（3）安全经济激励的应用

① 企业外部的解决对策。国家及各地区政府加强法制。这一点尤其体现在对外资企业和乡镇企业的管理上。因此，应尽快制定适合这两类企业特点的员工安全管理法律、法规，明确各方管理权限，建立监管体系，将这些企业的员工安全管理工作纳入法制化轨道。另外，可以参考国际惯例来完善我国企业员工安全法律、法规体系。国际劳工组织自1919年成立以来，已经颁发了大量有关劳动保护方面的公约、建议书，形成了一套符合现代化大生产要求和许多国家实际的劳动保护法规体系，具有通用性和可操作性。借鉴国际公约，不断完善我国企业员工安全法律体系，不失为一种

捷径。

总之，在改革开放向更深层次发展的过程中，企业员工安全管理必会遇到各种新的问题，制定完善、健全的法律体系，依靠法治是宏观调控的有力手段。

② 经济处罚对策。对企业因忽视员工安全管理而引发伤亡事故的，除了加大法律监管力度，还要适当使用经济处罚；而对于员工安全工作做得好的企业，也可予以经济上的奖励，从而发挥经济杠杆在遏制伤亡事故中的作用。

a. 将企业生产效率与员工安全管理结合，加大奖惩力度。企业生产的主要目标就是提高经济效益，但往往当效益突飞猛进的时候，伤亡事故的隐患也在增加。为此，将企业效益与员工安全管理结合，针对不同规模的劳动生产率（产量），制定不同的伤亡指标，确立相应的奖惩基数。具体地讲，企业效率越高，伤亡人数指标越低，相应地奖励金额越高。

b. 提高因工死亡员工支付的抚恤金额，并加大惩罚力度。目前，我国对企业员工安全事故中死亡人员支付的抚恤金偏低，不足以起到遏制伤亡事故发生的作用。我国支付标准有：按国家统一标准执行，因工死亡或因工伤致终身丧失劳动能力者，其损失工作日按 6000 天计算。以 6000 天的平均工资总额，作为对死亡和永久性丧失劳动能力者的抚恤金；按一些地方政府的规定进行，如福建省人大于 2016 年 12 月 2 日通过的《福建省安全生产条例》中规定：“生产安全事故造成生产经营单位的从业人员死亡的，死亡者的近亲属依法领取上一年度全国城镇居民人均可支配收入的二十倍的一次性工亡补助金以及丧葬补助金、供养亲属抚恤金等工伤保险待遇，生产安全事故发生单位还应当向其一次性支付生产安全事故死亡赔偿金，死亡赔偿金数额为本省上一年度城镇居民人均可支配收入的十二倍。”

c. 工会的监督职能。工会是员工利益的代表者和维护者，在企业员工安全管理工作中有着独特的地位。根据实际情况和 2001 年修改后的《工会法》的有关规定，全国总工会对《工会劳动保护监督检查员工作条例》《工会劳动保护监督检查委员会工作条例》《工会小组劳动保护检查员工作条例》作了修改。这三个条例，是为适应社会主义市场经济发展的需要，进一步强化工会对企业员工安全的监督检查，并加大监督检查力度的重要举措。当前，随着市场经济的发展，国家、企业、员工三方面利益格局发生变化，特别是在“三资”、私营企业中，企业侵犯员工安全权益的现象有时还很严重。因此，在建立健全工会组织的同时，建立企业员工安全监督检查委员会，可以更好地发挥工会组织的维护职能。

d. 员工工伤保险制度。我国自 20 世纪 50 年代初就建立了员工工伤保险制度。当时颁布的《劳动保险条例》对于保障工伤员工权益、维护社会稳定起到了积极的作用。随着社会经济的发展，特别是社会主义市场经济体制的建立，《劳动保险条例》中一些规定已无法适应新形势的需要，突出表现在工伤保险实施范围过窄，企业间缺乏互济，待遇标准过低等方面。为此，劳动部于 1996 年 8 月 12 日正式发布《企业员工工伤保险试行办法》，2003 年 5 月国务院发布了《工伤保险条例》，于 2004 年 1 月 1 日正式实施。2010 年国务院发布修改决定，并于 2011 年实施新修订的《工伤保险条例》。

### 7.3.5　安全效益分析原理

#### 7.3.5.1　安全微观经济效益的评价

安全微观经济效益是指对于具体的一种安全活动、一个个体、一个项目、一个企业等小范围和小规模的安全活动效益。

(1) 各类安全投资活动的经济效益

安全投资活动主要表现为五种类型：安全技术投资、工业卫生投资、辅助设施投资、宣传教育投资、防护用品投资。从安全“减损效益”和“增值效益”又可分为：①降低事故发生率和损失严重度，从而减少事故本身的直接损失和赔偿损失；②降低伤亡人数或频率，从而减少工日停产损失；③通过创造良好的工作条件，提高劳动生产率，从而增加产值与利税；④通过安全、舒适的劳动和生存环境，满足人们对安全的特殊需求，实现良好的社会环境和气氛，从而创造社会效益。

不同的安全投资类型会有不同的效益内容，表 7.7 列出各类安全投资的效果内容。

表 7.7　各类安全投资的效果内容

| 投资类型 | 安全技术 | 工业卫生 | 辅助设施 | 宣传教育 | 防护用品 |
|---|---|---|---|---|---|
| 效果内容 | ①②③④ | ①②③④ | ① | ①④ | ①③④ |

计算各类安全投资的经济效益，其总体思路可参照安全宏观效益的计算方法进行，只是具体把各种效果分别进行考核，再计入各类安全投资活动中。可以看出，①和②种安全效果是“减损产出”，③和④种效果是“增值产出”。

(2) 项目的安全效益计算

一项工程措施的安全效益可由下式计算：

$$E_{项目}=\frac{\int^{h}\{[L_1(t)-L_0(t)]+I(t)\}e^{it}\,dt}{\int^{h}[C_0+C(t)]e^{it}\,dt} \tag{7.14}$$

式中，$E_{项目}$为安全工程项目的安全效益；$h$ 为安全系统的寿命期，年；$L_1(t)$ 为安全措施实施后的事故损失函数；$L_0(t)$ 为安全措施实施前的事故损失函数；$I(t)$ 为安全措施实施后的生产增值函数；$e^{it}$ 为连续贴现函数；$t$ 为系统服务时间；$i$ 为贴现率（期内利息率）；$C(t)$ 为安全工程项目的运行成本函数；$C_0$ 为安全工程设施的建造投资（成本）。

根据工业事故概率的波松分布特性，并认为在一般安全工程措施项目的寿命期内（10 年左右的短时期内），事故损失 $L(t)$、安全运行成本 $C(t)$ 以及安全的增值效果 $I(t)$ 与时间均成线性关系，即有：

$$L(t)=\lambda tV_L \tag{7.15}$$

$$I(t)=ktV_I \tag{7.16}$$

$$C(t)=rtC_0 \tag{7.17}$$

式中，$\lambda$ 为系统服务期内的事故发生率，次/年；$V_L$ 为系统服务期内的一次事故的平均损失价值，万元；$k$ 为系统服务期内的安全生产增值贡献率，%；$V_I$ 为系统服务期内单位时间平均生产产值，万元/年；$r$ 为系统服务期内的安全设施运行费用相对于设施建造成本的年投资率，%。

这样，可把安全工程措施的效益公式 (7.14) 变为：

$$E_{项目}=\frac{\int^{h}\{[\lambda_0 tV_L-\lambda_1 tV_L]+ktV_I\}e^{-it}\,dt}{\int^{h}[C_0+rtC_0]e^{-it}\,dt} \tag{7.18}$$

对上积分可得：

$$E_{项目}=\frac{\{[\lambda_0 hV_L-\lambda_1 hV_L]+khV_I\}\{[1-(1+hi)e^{-hi}]/i^2\}}{C_0[(1-e^{-hi})/i]+rhC_0\{[1-(1+hi)e^{-hi}]/i^2\}} \tag{7.19}$$

分析可知，$\lambda h$ 为安全系统服务期内的事故发生总量；$hV_I$ 为系统服务期内的生产产值总量；$rh$ 为系统服务期内安全设施运行费用相对于建造成本的总比例。

#### 7.3.5.2　安全宏观经济效益的评价

安全宏观经济效益的评价是要分析清楚安全生产对经济发展的贡献率，研究分析安全生产的投入产出理论。

（1）安全生产投入产出理论

安全生产投入指的是指国家、行业、部门或企业用于安全生产方面的投入，包括安全措施经费、劳动保护用品费用、职业病预防及诊治费用、安全教育费用、安全奖金等；安全产出指的是通过安全的投入一国（行业、部门、企业）获得的安全产出（包括安全增殖产出和减损产出）。与产品企业相似，一项安全投入必然获得对称的一项安全产出。所不同的是，安全产出反映的形式与其他有形产品不同，安全产品的出现可能以一国（部门、企业）一定时期内事故的减少、安全环境的有效改善、企业工作效率的提高、企业商誉的提高等各种方式体现。从理论上说，安全生产投入与产出的关系理应可通过投入产出法、建立投入产出模型而获取。

为了系统研究安全生产投入与产出之间相互依存的关系，在上述假设条件下，应用投入产出基本理论和统计学方法，我们可以建立全国安全生产投入产出模型。我们只需在投入产出表的边栏增加工伤事故损失项目，在主栏同时增加安全投入的项目，这样就可以编制成一张棋盘式的全国价值型安全生产投入产出表。该表将安全与生产的关系、全国安全投入与全国总产出 GDP 的关系、行业安全投入与行业产出的关系、全国安全投入与全国安全产出的关系、分类别安全投入与其产出的关系、全国（行业）事故损失情况及分类别事故损失情况等集中反映在一张表格中，看起来一目了然，其具体结构略。

有投入才会有产出，这是最基本的经济规律。显然，安全生产水平的提高需要高水平的安全生产投入来支持。在发达国家，安全投入总量水平达到 3％的 GDP。我国在 20 世纪 90 年代初仅是 GNP 的 0.89％。所以，要遏制重大事故的发生，提高我国的安全生产水平，需要加大安全生产的投入。

（2）安全生产经济贡献率的分析评价理论及模型

① 利用增长速度方程计算安全生产经济贡献率（叠加法）。引用国内外研究产品经济的理论，我们把安全投入作用分成三部分：安全技术与管理作用、资金作用、安全活劳动作用，如图 7.8 所示。分别计算这三大块的经济贡献率，然后将其相加即可得到安全生产的经济贡献率。

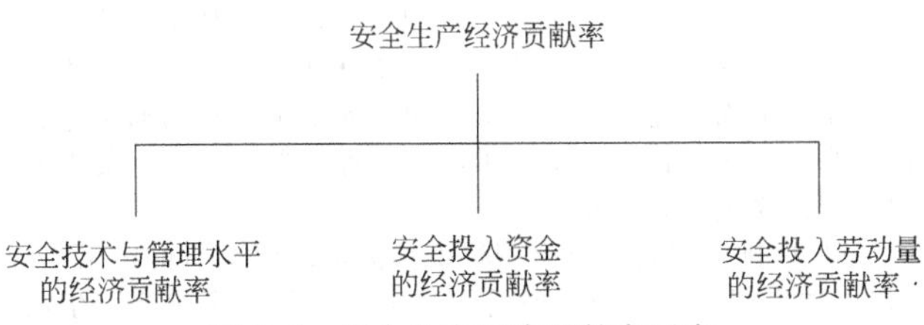


图 7.8　安全生产经济贡献率要素

$$安全生产经济贡献率=减损的贡献率+安全增值的贡献率 \tag{7.20}$$

式中，减损的贡献率可通过企业跟以往年份相比事故的减少值来计算。

$$安全增值的贡献率=安全管理水平、劳动力素质等要素的贡献率+安全环境(条件)的贡献率+安全信誉的贡献率 \tag{7.21}$$

在计算中，对于安全管理水平、劳动力素质等要素的贡献率和安全环境的贡献率，主要采用这两方面的因素使企业的工效增加相对应的价值来计算；对于安全信誉的贡献率，采用企业商誉的价值乘以安全信誉的权重来计算。如果存在企业对环境污染的问题，再计算企业所造成的环境污染的变化情况所对应的价值。比如企业通过对污染物进行处理后再排入外部环境，我们可计算其污染物减少所对应的价值作为企业安全增值的一部分。安全技术与管理作用指我国安全生产所处的实际水平，包括安全管理水平、安全技术、全员的安全素质（意识）、设备工艺中的安全技术水平等；资金量指投入在安全生产上的资本投入要素，计算时可采用固定资产原值（或固定资产净值）＋流动资金年平均余额计算；劳动投入量指安全劳动投入，计算时可采用安全投入的总工时或总员工人数计算。

② 直接用生产函数计算安全生产经济贡献率。如上所述，把安全的功能作用分成三部分：安全技术与管理、投资、活劳动。我们假设：安全技术进步是中性的；技术进步独立于要素投入量的变化；要素的替代弹性为 1；则安全产出与安全投入的关系符合 $C$-$D$ 生产函数：

$$Y=AK\alpha L\beta \tag{7.22}$$

式中，$Y$ 为全国安全产出；$A$ 为安全技术水平；$K$ 为安全投入资金量；$L$ 为安全投入劳动力人数；$\alpha$ 为安全投入资金的产出弹性；$\beta$ 为安全投入劳动量的产出弹性。只要能求出上述公式右边各函数值，代入则可求出全国的安全产出。利用下列公式便可求得安全生产经济贡献率的值：

$$安全生产经济贡献率=\frac{Y_{安全}}{Y_{产值}}\times 100\% \tag{7.23}$$

（3）安全生产经济贡献率的研究结果

根据我国社会经济有关背景数据，依据抽样调查安全生产基本数据，可以获得如下研究结论：

20 世纪 90 年代的安全生产贡献率大约是 3％。

安全生产投入产出比为：安全投入∶安全产出＝1∶3.35。

实际上不同行业由于危险性及安全生产作用的不同，其经济贡献率也不一样。一般而言，行业风险性越大，其安全生产经济贡献率也越大；反之，其安全生产经济贡献率也越小。根据专家咨询法的研究，我们可有不同行业的安全生产经济贡献率权重系数值，如表 7.8。

**表 7.8　我国各行业安全生产经济贡献率权重系数表**

| 危险水平 | 代表性行业 | 贡献率权重系数 |
| --- | --- | --- |
| 高危险性行业 | 矿山、建筑、石油、化工等 | 3 |
| 一般危险性行业 | 冶金、勘探、有色、铁路等 | 1 |
| 低危险性行业 | 商业、服务业、纺织业、机械行业等 | 0.6 |

安全生产经济贡献率研究结果见表 7.9。

**表 7.9　安全生产经济贡献率研究结果**

| 年代 | 贡献率分析结果/％ | | 投入产出比 | | 产出效益/(亿元/年) | |
| --- | --- | --- | --- | --- | --- | --- |
| | 方法 1 | 方法 2 | 方法 1 | 方法 2 | 方法 1 | 方法 2 |
| 20 世纪 80 年代 | 2.32 | 2.53 | 1∶3.35 | 1∶3.65 | 243.92 | 265.7 |
| 20 世纪 90 年代 | 2.40 | | 1∶5.83 | | 1392.32 | |

行业分类安全生产经济贡献率为：高危险性行业约 7％；一般危险性行业约 2.5％；低危险性行业约 1.5％。

## 7.4　安全文化建设理论

### 7.4.1　安全文化的起源与发展

安全文化是人类生存和社会生产过程中的主观与客观存在，因此，安全文化伴随人类的产生而产生、伴随人类社会的进步而发展。但是，人类有意识地发展安全文化，仅仅是近二十余年的事。这是由现代科学技术发展和现代生产、生活方式的需要所决定的。最初提出安全文化的概念和要求，起源于 20 世纪 80 年代的国际核工业领域。1986 年国际原子能机构召开的“切尔诺贝利核电站事故后评审会”认识到“核安全文化”对核工业事故的影响。当年，美国NASA机构把安全文化应用到航空航天的安全管理中。1988年在其“核电的基本原则”中将安全文化的概念作为一种重要的管理原则予以落实，并渗透到核电厂以及相关的核电保障领域。其后，国际原子能机构在1991年编写的“77.INSAG-4”评审报告中，首次定义了“安全文化”的概念，并建立了一套核安全文化建设的思想和策略。我国核工业总公司不失时机地跟踪国际核工业安全的发展，把国际原子能机构的研究成果和安全理念介绍到我国。1992年《核安全文化》一书的中文版出版。1993年我国原劳动部部长李伯勇同志指出“要把安全工作提高到安全文化的高度来认识”。在这一认识基础上，我国的安全科学界把这一高技术领域的思想引入了传统产业，把核安全文化深化到一般安全生产与安全生活领域，从而形成一般意义上的安全文化。安全文化从核安全文化、航空航天安全文化等企业安全文化，拓宽到全民安全文化。

依其历史学，人类客观的安全文化伴随人类的生存与发展，从这一角度，人类的安全文化可分为四大发展阶段：

① 第一阶段：17世纪前，人类安全观念是宿命论的，行为特征是被动承受型的，这是人类古代安全文化的特征。

② 第二阶段：17世纪末期至20世纪初，人类的安全观念提高到经验论水平，行为方式有了“事后弥补”的特征。这种由被动式的行为方式变为主动式的行为方式，由无意识变为有意识的安全观念，不能说不是一种进步。

③ 第三阶段：20世纪50年代，随着工业社会的发展和技术的不断进步，人类的安全认识论进入了系统论阶段，从而在方法论上能够推行安全生产与安全生活的综合型对策，进入了近代的安全文化阶段。

④ 第四阶段：20世纪50年代以来，人类高技术的不断应用，如宇航技术、核技术的利用、信息技术，人类的安全认识论进入了本质论阶段，超前预防型成为现代安全文化的主要特征，这种高技术领域的安全思想和方法论推进了传统产业和技术领域的安全手段和对策的进步。由此，可把人类安全文化的发展归纳于表7.10。

**表7.10　人类安全文化的发展脉络**

| 时代的安全文化 | 观念特征 | 行为特征 |
|---|---|---|
| 古代安全文化 | 宿命论 | 被动承受型 |
| 近代安全文化 | 经验论 | 事后型，亡羊补牢 |
| 现代安全文化 | 系统论 | 综合型，人机环对策 |
| 发展的安全文化 | 本质论 | 超前、预防型 |

通过对安全文化发展规律的研究，我们已初步认识到：安全文化的发展方向需要面向现代化、面向新技术、面向社会和企业的未来，面向决策者和社会大众；发展安全文化的基本要求是要体现社会性、科学性、大众性和实践性；安全文化的科学含义包括领导的安全观念和全民的安全意识及素质；建设安全文化的目的是为人类安康生活和安全生产提供精神动力、智力支持、人文氛围和物态环境。

### 7.4.2　安全文化的概念及定义

由于对文化的不同理解，就会产生对安全文化的不同定义。目前对安全文化的定义有多种，这在安全文化理论的发展过程中是正常的现象。归纳一些专家的论述，一般有“广义说”和“狭义说”两类。

“狭义说”的定义强调文化或安全内涵的某一层面，例如人的素质、企业文化范畴等。狭义的定义有如下几种。

① 1991年国际安全核安全咨询组在INSAG-4报告中给出的安全文化定义是：“安全文化是存在于单位和个人中的种种素质和态度的总和，它建立一种超出一切之上的观念，即核电厂的安全问题由于它的重要性要保证得到应有的重视。”

西南交通大学曹琦教授在分析了企业各层次人员的本质安全素质结构的基础上，提出了安全文化的定义：“安全文化是安全价值观和安全行为准则的总和。安全价值观是指安全文化的里层结构，安全行为准则是指安全文化的表层结构。”并指出“我国安全文化产生的背景具有现代工业社会生活的特点、现代工业生产的特点和企业现代管理的特点。”

上述两种定义都具有强调人文素质的特点。其次还有定义认为：安全文化是社会文化和企业文化的一部分，特别是以企业安全生产为研究领域，以事故预防为主要目标。或者认为：安全文化就是运用安全宣传、安全教育、安全文艺、安全文学等文化手段开展的安全活动。这两种定义主要强调了安全文化应用领域和安全文化的手段方面。

“广义说”把“安全”和“文化”两个概念都作广义解，安全不仅包括生产安全，还扩展到生活、娱乐等领域，文化的概念不仅包涵了观念文化、行为文化、管理文化等人文方面，还包括物态文化、环境文化等硬件方面。广义的定义有如下几种。

① 英国保健安全委员会核设施安全咨询委员会（HSCASNI）组织认为，国际核安全咨询组织的安全文化定义是一个理想化的概念，在定义中没有强调能力和精通等必要成分，提出了修正的定义：“一个单位的安全文化是个人和集体的价值观、态度、能力和行为方式的综合产物，它决定于保健安全管理上的承诺、工作作风和精通程度。具有良好安全文化的单位有如下特征：相互信任基础上的信息交流，共享安全是重要的想法，对预防措施效能的信任。”

② 美国学者道格拉斯·韦格曼等人在2002年5月向美国联邦管理局提交的一份对安全文化研究的总结报告中对安全文化的定义是：“安全文化是由一个组织的各层次、各群体中的每一个人所长期保持的，对员工安全和公众安全的价值及优先性的认识。它涉及每个人对安全承担的责任，保持、加强和交流对安全关注的行动，主动从失误的教训中努力学习，调整和修正个人和组织的行为，并且从坚持这些有价值的行为模式中获得奖励等方面的程度。”韦格曼论述中提供了我们对安全文化表征的认识，即安全文化的通用性表征至少有五个方面：组织的承诺、管理的参与程度、员工授权、奖惩系统和报告系统。

③ 中国劳保科技学会副秘书长徐德蜀研究员的定义是：“在人类生存、繁衍和发展的历程中，在其从事生产、生活乃至实践的一切领域内，为保障人类身心安全（含健康）并使其能安全、舒适、高效地从事一切活动，预防、避免、控制和消除意外事故和灾害（自然的、人为的或天灾人祸的）；为建立起安全、可靠、和谐、协调的环境和匹配运行的安全体系；为使人类变得更加安全、康乐、长寿，使世界变得友爱、和平、繁荣而创造的安全物质财富和安全精神财富的总和。”

④ 我们认为：安全文化是人类安全活动所创造的安全生产、安全生活的精神、观念、行为与物态的总和。这种定义建立在“大安全观”和“大文化观”的概念基础上，在安全观方面包括企业安全文化、全民安全文化、家庭安全文化等，在文化观方面既包含精神、观念等意识形态的内容，也包括行为、环境、物态等实践和物质的内容。

上述定义有如下共同点：①文化是观念、行为、物态的总和，既包涵主观内涵，也包括客观存在；②安全文化强调人的安全素质，要提高人的安全素质，需要综合的系统工程；③安全文化是以具体的形式、制度和实体表现出来的，并具有层次性；④安全文化具有社会文化的属性和特点，是社会文化的组成部分，属于文化的范畴；⑤安全文化的最重要领域是企业的安全文化，发展和建设安全文化，说到底是要建设好企业安全文化。

上述定义的不同点在于：①内涵不同，广泛的定义既包括了安全物质层，又包括了安全精神层，狭义的定义主要强调精神层面；②外延不同，广义的定义既涵盖企业，还涵盖公共社会、家庭、大众等领域。

## 7.4.3 安全文化的学科体系

安全文化学科的体系由安全文化学理论、安全文化的基础科学与安全文化的应用科学三个层次构成，见表7.11。

**表7.11 安全文化科学的体系内容**

| 安全文化学理论 | 安全文化的基础理论学科 | 安全文化的应用理论学科 | 安全文化的应用技术学科 |
| --- | --- | --- | --- |
| 安全文化学基础<br>安全文化的研究理论<br>安全文化的建设理论<br>…… | 安全观念文化范畴：<br>安全哲学<br>安全科学原理<br>安全史学<br>……<br>安全行为文化范畴：<br>安全行为科学<br>安全系统学<br>…… | 安全行为文化范畴：<br>安全文学<br>安全艺术<br>……<br>安全管理文化范畴：<br>安全管理学<br>安全法学<br>安全经济学<br>……<br>安全物态文化范畴：<br>安全人机学<br>安全系统工程<br>…… | 安全行为文化范畴：<br>安全教育<br>安全宣传<br>……<br>安全管理文化范畴：<br>安全管理工程<br>安全监督<br>……<br>安全物态文化范畴：<br>安全工程技术<br>卫生工程技术<br>…… |

安全文化学基础研究的内容包括安全文化定义、概念、内涵、范畴等发展安全文化的基础性问题。

安全文化研究理论的内容包括：文化学理论、安全文化与其他文化的关系、安全文化与其他学科的关系，以及安全文化一般性理论等。

安全文化的建设理论包括：安全文化的建设模式、安全文化的载体、建设企业安全文化的理论等。

安全文化科学与安全科学是相互包容、交叉的关系。即安全文化是一个大的范畴，它是人们观念、行为、物质的总和，科学是文化的一个组成部分，因此，安全科学是安全文化的重要组成部分。安全文化科学是用科学的理论和方法来认识安全文化的规律和现象，安全文化科学是建设安全文化、发展安全文化的一种方法和手段，通过安全文化科学的研究，可以有效地指导建设安全文化，推动安全文化进步。从这一角度，安全文化科学是安全科学的一个部分。因此，安全文化与安全文化科学，安全文化与安全科学是既有区别、又有联系的关系和概念。

## 7.4.4 安全文化的范畴、功能及作用

### 7.4.4.1 安全文化的范畴

安全文化是一个抽象和综合的概念，包含的对象、领域、范围是广泛的。也就是说，安全文化的建设是全社会的，具有"大安全"的意思。但是企业安全生产主要关心的是企业安全文化的建设。企业安全文化是安全文化最为重要的组成部分。企业安全文化与社会的公共安全文化既有相互联系，更有相互作用，因此，我们要从更大范畴来认识安全文化。

安全文化的范畴可从如下三个角度划分：

(1) 安全文化的形态体系

从文化的形态来说，安全文化的范畴包涵安全观念文化、安全行为文化和安全管理文化和安全物态文化。安全观念文化是安全文化的精神层，安全行为文化和安全管理文化是安全文化的制度层，安全物态文化是安全文化的物质层。

① 安全观念文化：主要是指决策者和大众共同接受的安全意识、安全理念、安全价值标准。安全观念文化是安全文化的核心和灵魂，是形成和提高安全行为文化、制度文化和物态文化的基础和原因。当代，我们需要建立的安全观念文化是：预防为主的观念；安全也是生产力的观点；安全第一的观点；安全就是效益的观点；安全性是生活质量的观点；风险最小化的观点；最适安全性的观点；安全超前的观点；安全管理科学化的观点等，同时还有自我保护的意识；保险防范的意识；防患未然的意识等。

② 安全行为文化：指在安全观念文化指导下，人们在生活和生产过程中的安全行为准则、思维方式、行为模式的表现。行为文化既是观念文化的反映，同时又作用和改变观念文化。现代工业化社会，需要发展的安全行为文化是：进行科学的安全思维；强化高质量的安全学习；执行严格的安全规范；进行科学的安全领导和指挥；掌握必需的应急自救技能；进行合理的安全操作等等。

③ 安全管理（制度）文化：安全管理文化是企业行为文化中的重要部分，因此放在专门的地位来探讨。管理文化指对社会组织（或企业）和组织人员的行为产生规范性、约束性影响和作用，它集中体现观念文化和物质文化对领导和员工的要求。安全管理文化的建设包括从建立法制观念、强化法制意识、端正法制态度，到科学地制定法规、标准和规章，严格的执法程序和自觉的执法行为等。同时，安全管理文化建设还包括行政手段的改善和合理化；经济手段的建立与强化等等。

④ 安全物态文化：安全物态文化是安全文化的表层部分，它是形成观念文化和行为文化的条件。从安全物态文化中往往能体现出组织或企业领导的安全认识和态度，反映出企业安全管理的理念和哲学，折射出安全行为文化的成效。所以说物质是文化的体现，又是文化发展的基础。企业生产过程中的安全物态文化体现在：一是人类技术和生活方式与生产工艺的本质安全性，二是生产和生活中所使用的技术和工具等人造物及与自然相适应有关的安全装置、仪器、工具等物态本身的安全条件和安全可靠性。

(2) 安全文化的对象体系

文化是针对具体的人来说的，是对某一特定的对象来衡量的。除了对社会一般的大众、公民、学生、官员等都具有安全文化素质的问题外，对于企业安全文化的建设，一般说有五种安全文化的对象：法人代表或企业决策者，企业生产各级领导（职能处室领导、车间主任、班组长等），企业安全专职人员，企业员工，员工家属。显然，对于不同的对象，所要求的安全文化内涵、层次、水平是不同的。不同的对象要求不同的安全文化内涵，其具体的知识体系需要通过安全教育和培训来建立。

(3) 安全文化的领域体系

从安全文化建设的空间来讲，就有安全文化的领域体系问题，即行业、地区、企业由于生产方式、作业特点、人员素质、区域环境等因素，造成的安全文化内涵和特点的差异性及典型性。因此，从企业安全文化建设的需要出发，安全文化涉及的领域体系分为企业外部社会领域的安全文化，如家庭、社区、生活娱乐场所等方面的安全文化；企业内部领

域的安全文化，即厂区、车间、岗位等领域的安全文化。例如，交通安全文化的建设就有针对行业内部（民航、铁路内部等）的安全文化建设问题，也有公共领域（候机楼、道路等）的安全文化建设问题。

从整体上认识清楚安全文化的范畴，对建设安全文化能起到重要的指导作用。

#### 7.4.4.2　安全文化的功能及作用

在我们生活和生产过程中，保障安全的因素有很多，但归根结底是人的安全素质，人的安全意识、态度、知识、技能等。安全文化的建设对提高人的安全素质可发挥重要的作用。我们常说文化是一种力，那么这个“力”有多大？这个“力”表现在哪些方面？从国际上和我国安全生产方面搞得好的企业来看，文化力，第一是影响力，第二是激励力，第三是约束力，第四是导向力。这四种“力”，也可以叫四种功能。

① 影响力是通过观念文化的建设，影响决策者、管理者和员工对安全的正确态度和意识，强化社会每一个人的安全意识。

② 激励力是通过观念文化和行为文化的建设，激励每一个人安全行为的自觉性，具体对于企业决策者，就是要对安全生产投入的重视、管理态度的积极；对员工则是安全生产操作、自觉遵章守纪。

③ 约束力是通过强化政府行政的安全责任意识，约束其审批权；通过管理文化的建设，提高企业决策者的安全管理能力和水平，规范其管理行为；通过制度文化的建设，约束员工的安全生产施工行为，消除违章。

④ 导向力是对全社会每一个人的安全意识、观念、态度、行为的引导。对于不同层次、不同生产或生活领域、不同社会角色和责任的人，安全文化的导向作用既有相同之处，也有不同方面。如对于安全意识和态度，无论什么人都应是一致的；而对于安全的观念和具体的行为方式，则会随具体的层次、角色、环境和责任不同而有别。

安全文化的这四种功能对安全生产的保障作用将越来越明显、越来越强烈地表现出来。这一点在人类安全科学技术的进步历中得到充分证明，即早期的工业安全主要靠安全技术的手段（物化的条件）；在安全技术达标的前提下，进一步地提高系统安全性，需要安全管理的力量；要加强管理的力度，人类应用了安全法规的手段；在上述前提下，人类安全对策的发展，需要文化的力量才能奏效。

### 7.4.5　安全文化建设

#### 7.4.5.1　建设安全文化的意义

社会和企业主动建设、推进、优化和创新安全文化，使人类在实现安全生存和保障企业安全生产的行动中，又增添了新的策略和方法。安全文化建设除了关注人的知识、技能、意识、思想、观念、态度、道德、伦理、情感等内在素质外，还重视人的行为、安全装置、技术工艺、生产设施和设备、工具材料、环境等外在因素和物态条件。

在人类社会的安全策略、思路、规划、对策、办法的具体行为过程中，用安全文化建设的理论来指导，其意义在于：

① 从安全原理的角度，在“人因”（人的因素）问题的认识上，具有更深刻的认识和理解，这对于预防事故所采取的“人因工程”，在其内涵的深刻性上有新的突破。如过去我们认为人的安全素质仅仅是意识、知识和技能，而安全文化理论揭示出人的安全素质还包括伦理、情感、认知、态度、价值观和道德水平，以及行为准则等。即安全文化对人因安全素质内涵的认识具有深刻性的意义。

② 要建设安全文化，特别是要解决人的基本人文素质的问题，必然要对全社会和全民的参与提出要求。因为人的深层的、基本的安全素质需要从小培养，全民的安全素质需要全社会的努力，这就使得对于实施安全对策，实现人类生产、生活、生存的安全目标，必须是全社会、全民族的发动和参与，因此，在人类安全活动参与面的广泛性方面，有了新的扩展。即表现出：从生产领域向生活领域扩展；从产业、工厂、企业向社会、学校、消防、交通、民航等领域扩展；从工人、在职人员向社会公众、居民、学生等对象扩展。

③ 安全文化建设具有的内涵，既包含安全科学、安全教育、安全管理、安全法制等精神层和软科学的领域，同时也包含安全技术、安全工程、安全环境建设等物化条件和物态领域。因此，在人类的安全手段和对策方面，用安全文化建设的策略，更具有系统性、整体性和全面性。因为不仅安全教育、安全宣传是安全文化本身，安全科学、安全管理、安全工程技术也是安全文化的内涵。

在应用安全文化理论指导企业的安全生产策略方面，还有如下意义。

① 企业安全文化建设是预防事故的一种“软对策”、“软实力”，它对于预防事故具有长远的战略性意义；

② 企业安全文化建设是预防事故的“人因工程”，以提高企业全员的安全素质为最主要任务，因而具有保障安全生产的治本性意义；

③ 企业安全文化建设通过创造一种良好的安全人文氛围和协调的人-机-环境关系，对人的观念、意识、态度、行为等形成从无形到有形的影响，从而对人的不安全行为产生控制作用，以达到减少人为事故的效果，因而具有优化安全氛围的深远的长效性意义。

由于安全文化建设是一项战略性、治本性、长效性的工程，这需要我们从长计议、持之以恒，急功近利、半途而废是不可取的。建设良好的安全文化，是一个企业预防事故安全生产的重要基础保障。

#### 7.4.5.2　安全文化建设的核心内容及目标

过去人们常常把安全文化等同于安全宣教活动，这是需要纠正的一种片面观点。安全教育和安全宣传是推进安全文化进步的手段或载体（还包括安全管理和安全科技），是构建安全文化重要的形式方法，是建设安全文化的重要方面。但是，安全宣传和安全教育并不能体现安全文化的核心内容。安全文化是一个社会在长期生产和生存活动中，凝结起来的一种文化氛围，是人们的安全观念、安全意识、安全态度，是人们对生命安全与健康价值的理解，领导及个人或员工所认同的安全原则和接受的安全生产或安全生活的行为方式。明确安全文化的这些主要内涵，需要大家取得共识。在建设安全文化过程中，主要是向着这些方面进行深化和拓展。

对于一个企业，安全文化的建设要“将企业安全理念和安全价值观表现在决策者和管理者的态度及行动中，落实在企业的管理制度中，将安全文化的建设深入到企业的安全管理实践中，将安全法规、制度落实在决策者、管理者和员工的行为方式中，将安全标准落实在生产的工艺、技术和过程中，由此构成一个良好的安全生产气氛。通过安全文化的建设，影响企业各级管理人员和员工的安全生产自觉性，以文化的力量保障企业安全生产和生产经济发展。”这样才能抓住安全文化建设的实质和根本内涵。

安全文化建设目标的高境界是将社会和企业建设成“学习型组织”。一个具有活力的企业或组织必然是一个“学习团体”。学习是个人和组织生命的源泉，这是对现代社会组织或企业的共同要求。要提升一个企业的安全生产保障水平，即要求企业建立安全生产的“自律机制”“自我约束机制”。要达到这一要求，成为“学习型组织”是重要的前提。由此，我们得到启示：一个现代社会组织或企业，其安全文化建设的重要方向之一，就是要使企业成为安全工程技术不断进步和安全管理水平不断提高的“学习型组织”。

这是由于企业针对安全生产问题，首先是面对国家的各种安全生产法规、标准和制度的不断发展的要求，其次是企业自身工艺技术、生产方式和管理制度的变革，员工素质的变化，最后是面对职业健康安全等国际规则，这些都需要企业不断地进步“学习”才能适应。所以一个要不断提高安全生产保障水平的组织或企业，需要克服“学习智障”，组织领导、各级管理者和员工每一个人都要不断学习，而且要变企业团队学习为个人自觉学习，使企业成为学习型组织。

学习不仅要掌握安全知识、安全技能，懂得安全法规、标准和要求，更重要的是强化安全意识、端正安全态度、开发安全生产智慧。意识、态度、智慧以知识、技能为基础，有知识和技能并不等于有意识和智力。有了知识和技能，还需强化意识和提高智慧。

安全意识包括：责任意识；预防意识；风险意识；安全第一的意识；安全也是生产力的意识；安全就是生活质量的意识；安全就是最大的福利认识等方面。

安全智慧的表现在：自觉学习安全知识；对新技术和环境的适应能力；超前预防思维的能力；系统综合对策的思想；“隐患险于明火”的认识论；“防范胜于救灾”的方法论等。

#### 7.4.5.3　安全观念文化的建设

“观”，观念，认识的表现，思想的基础，行为的准则。它是方法和策略的基础，是活动艺术和技巧的灵魂。进行现代的安全活动，需要正确的安全观指导，只有对人类的安全态度和观念有着正确的理解和认识，并有高明的安全行动艺术和技巧，人类的安全活动才算走入了文明的时代。现代社会需要以下安全观念文化：①安全发展的人本观；②“安全第一”的哲学观；③重视生命的情感观；④安全效益的经济观；⑤预防为主的科学观；⑥人机环管的系统观。

#### 7.4.5.4　安全文化建设模式

模式是研究和表现事物规律的一种方式。它具有系统化、规范化、功能化的特点，它能简洁、明确地反映事物的过程、逻辑、功能、要素及其关系，是一种科学的方法论。安全文化建设的模式，就是期望将安全文化建设的规律用一种概念模式简明地表现出来，有效而清晰地指导安全文化建设实践。

（1）行业企业角度

根据安全文化的理论，依据于安全文化的形态体系，企业安全文化建设的层次结构模式，即可从企业安全生产观念文化、管理文化、行为文化和物态文化四个方面设计。图7.9给出了安全文化建设的层次结构模式，归纳了安全文化建设的形态与层次结构的内涵和联系。其中，对于纵向结构体系：按安全文化形态体系划分，分为观念文化、管理文化、行为文化和物态文化；对于横向结构体系：第一层次是安全文化的形态，第二层次是安全文化建设的目标体系，第三层次是安全文化建设的模式和方法体系。

针对不同的行业，应用系统工程的方法，还可以设计出安全文化建设的系统工程模式。即从“建设领域-建设对象-建设目标-建设方法”四个层次的系统出发，一个企业安全文化建设需要涉及的系统包括企业内部系统和企业外部系统的文化，只有全面进行系统建设，企业的安全生产才有文化的基础和保障。例如，交通、民航、石油化工、商业与娱乐行业，其安全文化建设就不能只仅仅考虑在企业或行业内部进行，必须考虑外部或社会系统建设问题。为此，企业安全文化建设的系统工程可按图7.10的设计。

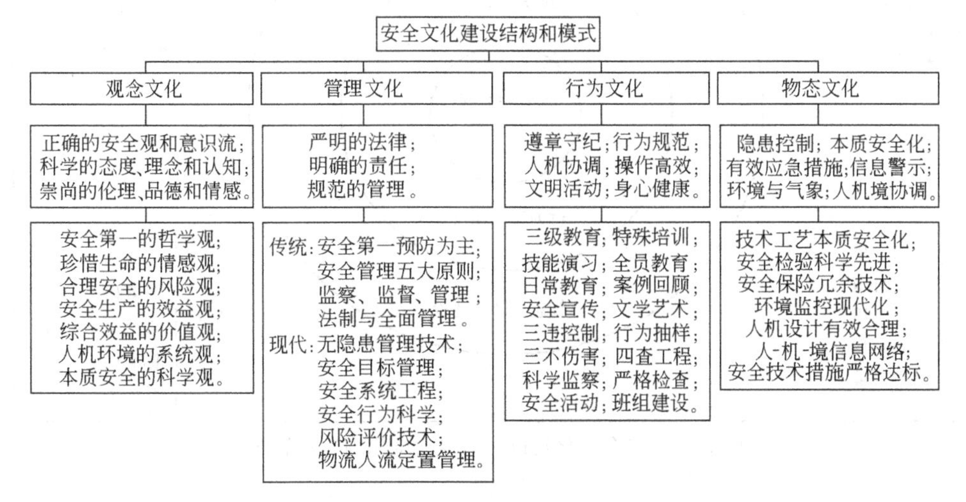


图7.9　企业安全文化建设模式

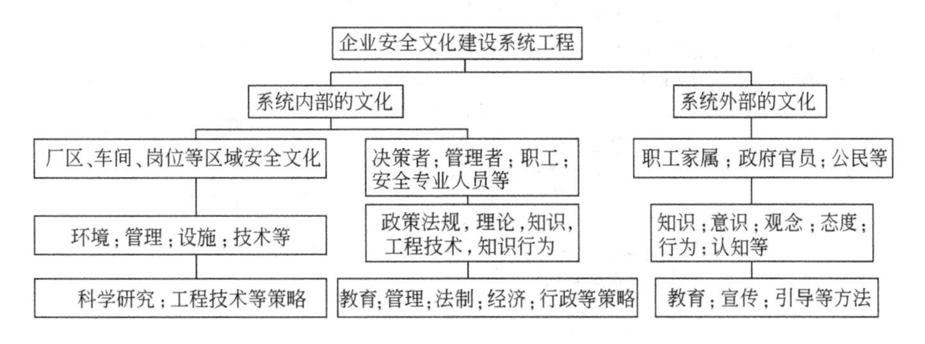


图7.10　企业安全文化建设系统工程

（2）政府角度

如果针对政府在推动安全文化的建设与发展角度，则应该考虑全社会的文化建设，如应推动“安全文化建设工程”，把建设安全文化，提升全民安全素质，作为开拓我国安全生产新纪元“重大战略发展”来认识。为此，政府应有如下安全文化建设的系统工程思考：①组建“中国安全文化促进会”，以有效组织全社会的安全文化建设；②建立“安全文化研究和奖励基金”，为推进安全文化进步提供支持；③在研究试点的基础上，推广“企业安全文化建设模式榜样工程”和“社会（社区）安全文化建设模式榜样工程”，加快我国安全文化的发展速度；④在学校（小学、中学）开设“安全知识”辅导课，提高学生安全素质；⑤有效组织发展安全文化产业，即向社会和企业提供高质量的安全宣教产品；⑥组织和办好“安全生产周（月）”等活动；⑦改善安全教育方法、统一安全生产培训教育模式；⑧规范安全认证制度；⑨发展安全生产中介组织等。

#### 7.4.5.5 安全文化建设原理

（1）安全文化建设的“人本安全原理”

安全文化建设的“人本安全原理”可用图7.11示意。即安全文化建设的目标是塑造“本质安全型”人，本质安全型人的标准是：时时想安全——安全意识，处处要安全——安全态度，自觉学安全——安全认知，全面会安全——安全能力，现实做安全——安全行动，事事成安全——安全目的。塑造和培养本质安全型人，需要从安全观念文化和安全行为文化入手，需要创造良好的安全物态环境。

（2）安全文化建设的“球体斜坡力学原理”

安全文化建设的“球体斜坡力学原理”可用图7.12示意。这一原理的含义是：消防安全状态就像一个停在斜坡上的“球”，物的固有安全、现场的消防设施和人的消防装备，以及各单位和社会的消防制度和管理，是“球”的基本“支撑力”，对消防安全的保证发挥基本的作用。仅有这一支撑力是不能够使消防安全这个“球”稳定和保持在应有的标准和水平上，这是因为在社会的系统中存在着一种“下滑力”。这种不良的“下滑力”是由于如下原因造成的，一是火灾的特殊性和复杂性，如火灾的偶然性、突发性，违章不一定有火灾等客观因素；二是人的趋利主义，即安全需要投入增加成本，反之可以将安全成本变为利润；三是人的惰性和习惯，人在初期的“师傅”指导下形成的习惯性违章，长期的“投机取巧”行为范式形成等于这种不良的惰性和习惯是因为安全规范需要付出气力和时间，而违章可带来暂时的舒适和短期的“利益”等导致。要克服这种“下滑力”，需要“文化力”来“反作用”。这种“文化力”就是正确认识论形成的驱动力、价值观和科学观的引领力、强意识和正态度的执行力、道德行为规范的亲和力等。

#### 7.4.5.6 企业安全文化的建设与实践

人类安全文化的发展，要通过建设实践才能得予实现。目前从普遍意义上讲，企业安全文化的建设可通过如下方式来进行：

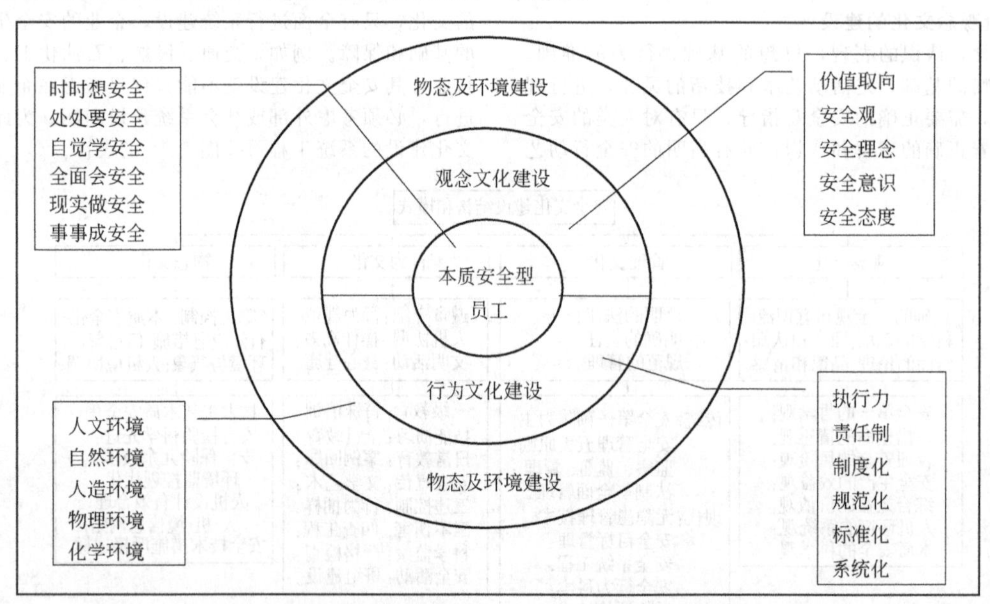


图7.11 安全文化建设“人本安全原理”示意图

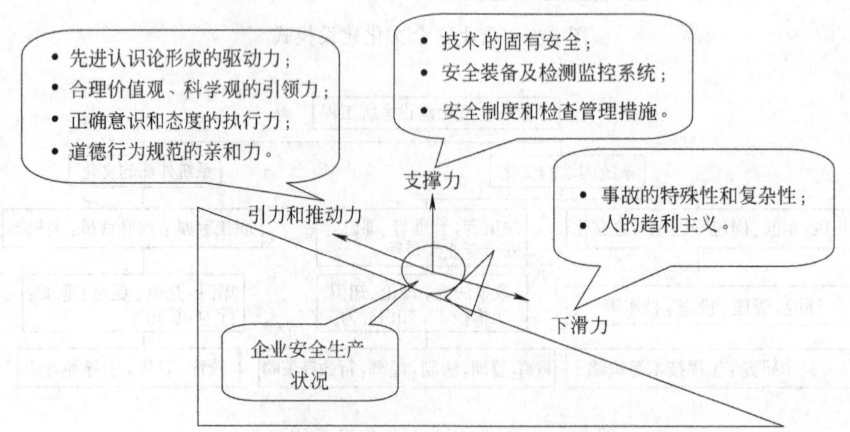


图7.12 安全文化建设“球体斜坡力学原理”示意图

① 班组及员工的安全文化建设。运用传统有效的安全文化建设手段：三级教育（333模式）；特殊教育；日常教育；全员教育；持证上岗；班前安全活动；标准化岗位和班组建设；技能演练；三不伤害活动；定置管理。推行现代的安全文化建设手段："三群"（群策、群力、群管）对策；班组建小家活动；"绿色工位"建设；事故判定技术；危险预知活动；风险抵押制；家属安全教育；"仿真"（应急）演习等。

② 管理层及决策者的安全文化建设。运用传统有效的安全文化建设手段：全面安全管理；责任制；三同时；五同时；三同步；监督制；定期检查制；有效的行政管理手段；常规的经济手段。推行现代的安全文化建设手段：三同步原则；三负责制；意识及管理素质教育；目标管理法；无隐患管理法；系统科学管理；人机境设计；系统安全评价；应急预案对策；事故保险对策；三因（人、物、境）安全检查等。

③ 生产现场的安全文化建设。运用传统的安全文化建设手段：安全标语（旗）；安全标志（禁止标志、警告标志、指令标志）；事故警示牌等。推行现代的安全文化建设手段：技术及工艺的本质安全化；现场"三标"建设；车间安全生产正计时；三防管理（尘、毒、烟）；四查工程（岗位、班组、车间、厂区）；三点控制（事故多发点、危险点、危害点）等。

④ 企业人文环境的安全文化建设。运用传统的安全文化建设手段：安全宣传墙报；安全生产周（日、月）；安全竞赛活动；安全演讲比赛；事故报告会等。推行现代的安全文化建设手段：安全文艺（晚会、电影、电视）活动；安全文化月（周、日）；事故祭日；安全贺年（个人）活动；安全宣传的"三个一工程"（一场晚会、一幅新标语、一块墙报）；青年员工的"六个一工程（查一个事故隐患、提一条安全建议、创一条安全警语、讲一件事故教训、当一周安全监督员、献一笔安措经费）等。

上述的安全文化建设实践模式还可采取定期或非定期的活动方式来组织，如通过定期的安全宣传月、安全文化（文艺）月；安全教育月、安全管理（法制）月；安全竞赛月；安全科技月；安全演习月；安全检查月；安全报告月；安全评价（总结）月等方式来完成。

#### 7.4.5.7　企业安全文化的载体

安全文化不是无源之水、无本之木，它必须通过一定的物质实体和手段，在生活和生产活动实践中表现出来。这种物质实体和手段可称为安全文化的载体。安全文化的载体是安全文化的表层现象，它不等于安全文化。安全文化的载体是安全文化的重要支柱。安全文化的建设需要通过安全文化载体来体现和推进。优秀的安全文化必有很好的安全文化载体支持，它们会给企业的安全生产工作和事故防范带来很好的效果。因此，重视和利用好安全文化载体是建设安全文化的重要手段。

关于安全文化载体的种类，可谓五花八门。像安全文化活动室、宣传橱窗、阅读室、各种协会、研究会、安全刊物、安全标志等等，都是安全文化的载体；还有另一种安全文化载体，即通过定期的方式开展安全文化活动，例如，安全文艺活动、文艺晚会、应急训练、安全在我心中演讲比赛、安全表彰会、安全生产周（月）活动、安全电视、事故防范活动、安全技能演习活动、安全宣传活动、安全教育活动、安全管理活动、安全科技建设活动、安全检查活动、安全审评活动等。

## 7.5　安全行为科学

安全行为科学建立在社会学、心理学、生理学、人类学、文化学、经济学、语言学、法律学等学科基础上，是分析、认识、研究影响人的安全行为因素及模式，掌握人的安全行为和不安全行为的规律，实现激励安全行为、防止行为失误和抑制不安全行为的应用性学科。

安全行为科学的研究对象是以安全为内涵的个体行为、群体行为和领导行为。安全行为科学的基本任务是通过对安全活动中各种与安全相关的人的行为规律的揭示，有针对性和实用性地建立科学的安全行为激励理论和不安全行为的控制理论及方法，并应用于指导安全管理和安全教育等安全对策，从而实现高水平的安全生产和安全生活。

安全行为科学与安全管理学科具有必然的联系。首先安全管理是一门科学，所谓科学是人类社会历史生活过程中所积累起来的关于自然、社会和思维的各种知识的体系，是人类知识长期发展的总结。科学研究的任务在于揭示社会现象和自然现象的客观规律，找出事物的内在联系和法则，解释事物现象，推动事物发展。安全管理就是研究人和人关系以及研究人和自然关系的科学。具体地说，就是研究劳动生产过程中的不安全不卫生因素与劳动生产之间的矛盾及其对立统一的规律；研究劳动生产过程中劳动者与生产工具、机器设备和工作环境等方面的矛盾及其对立统一的规律，以便应用这些规律保护劳动者在生产过程中的安全与健康，保障机器设备在生产过程中正常运行，促进生产发展，提高劳动生产率。

根据安全管理的职能来看，其管理的内容同其他安全学科一样，分为两个范畴：对人的管理和对组织经济技术的管理。在这两大范畴中，人的因素显得重要得多，因此，安全管理要注重人的因素，强调对人正确管理，这就必须要求人们对企业劳动生产过程中的人的心理活动规律以及他们在贯彻劳动保护和安全生产过程中的行为规范与行为模式等问题进行必要的分析和深入的研究。安全行为科学就是承担这一任务的。安全行为科学实际上是安全管理科学的一个组成部分。它是通过揭示人们在劳动生产和组织管理中的安全行为及其规律，去研究如何进行有效的安全管理和安全作为的一门科学。

行为科学是从社会学和心理学的角度研究人的行为的一门科学。它研究人的行为规律，主要研究工作环境中个人和群体的行为。目的在于控制并预测行为；强调做好人的工作，通过改善社会环境以及人与人之间的关系来提高工作效率。行为科学的研究对象是人的行为规律，研究的目的是揭示和运用这种规律为预测行为、控制行为服务。这里，预测行为指根据行为规律预测人们在某种环境中可能产生的言行；控制行为指根据行为规律纠正人们的不良行为，引导人们的行为向社会规范的方向发展。行为科学是一个由多种学科组成的学科。人的行为是个人生理因素、心理因素和社会环境因素相互作用的结果，因此，行为研究广泛地涉及许多学科的知识。例如生理学、医学、精神病学、政治学等等。在广泛的学科中居核心地位的是心理学、社会心理学、社会学和人类学。行为科学是一门应用极其广泛的学科。行为科学知识应用十分广泛，例如，可以应用于企业管理，为调动人的积极性和提高工作效率服务；可以用于教育与医疗工作，研究纠正不良行为，治疗精神病有效方法；可以应用于政治领域，作为寻求缓和矛盾、解决冲突的理论依据等等。

安全行为科学不但应用行为科学研究的成果为其服务，同时安全行为科学为行为科学丰富了内容和扩大内涵。因此，安全行为科学与行为科学是相互交叉和兼容的关系，是行为科学在安全中应用而发展起来的应用性学科。

### 7.5.1　安全行为科学基本理论

#### 7.5.1.1　安全行为科学的研究对象

安全行为科学的研究对象是社会、企业或组织中的人和人之间的相互关系以及与此相联系的安全行为现象，主要研究的对象是个体安全行为、群体安全行为和领导安全行为等方面的理论和控制方法。

（1）个体安全行为

个体心理指的是人的心理。人既是自然的实体，又是社会的实体。从自然实体来说，只要是在形体组织和解剖特点上具有人的形态，并且能思维、会说话、会劳动的动物，都叫做人。从社会实体来说，人是社会关系的总和，这是它的最本质的特征，凡是这些自然的、社会的本质特点全部集于某一个人的身上时，这个人就称为实体。

个体是人的心理活动的承担者。个体心理包括个体心理活动过程和个性心理特征。个体的心理活动过程是指认识过程、情感过程和意志过程；个性心理特征表现为个体的兴趣、爱好、需要、动机、信念、理想、气质、能力、性格等方面的倾向性和差异性。

任何企业或组织都是由众多的个体的人组合而成的。所有这些人都是有思想、有感情、有血有肉的有机体。但是，由于各人先天遗传素质的差别和后天所处社会环境及经历、文化教养的差别，导致了人与人之间的个体差异。这种个体差异也决定了个体安全行为的差异。

在一个企业或组织中由于人们分工不同，有的领导者、管理人员、技术人员、服务人员，以及各种不同工程的工人等不同层次和不同职责的划分，他们从事的劳动对象、劳动环境、劳动条件等方面也不一样，加之个体心理的差异，所以他们在安全管理过程中安全的心理活动必然是复杂多种的。因此，在分析人的个体差异和分析各种职务差异的基础上了解和掌握人的个体安全心理活动，分析和研究个体安全心理规律，对于了解安全行为、控制和调整管理安全行为是很重要的，这对于安全管理是最基础的工作之一。

（2）群体安全行为

群体是一个介于组织与个人之间的人群结合体。这是指在组织机构中，由若干个人组成的为实现组织目标利益而相互信赖、相互影响、相互作用，并规定其成员行为规范所构成的人群结合体。对于一企业来说，群体构成了企业的基本单位。现代企业都是由大小不同、多少不一的群体所组成。群体行为的主要特征其一是各成员相互依赖，在心理上彼此意识到对方；其二是各成员间在行为上相互作用，彼此影响；其三是各成员有“我们同属于一群”的感受，实际上也就是彼此间有共同的的目标或需要的联合体。从群体形成的内容上分析可以得知，任何一个群体的存在都包含了三个相关联的内在要素。这就是相互作用、活动与情绪。所谓相互作用是指人们在活动中相互之间发生的语言和语言的沟通与接触。活动是指人们所从事的工作的总和。它包括行走、谈话、坐、吃、睡、劳动等，这些活动被人们直接感受到。情绪指的是人们内心世界的感情与思想过程。在群体内，情绪主要指人们的态度、情感、意见和信念等。

群体作用是将个体的力量组合成新的力量，以满足群体成员的心理需求。其中最重要的是使成员获得安全感。在一个群体中，人们具有共同的目标与利益。在劳动过程中群体的需求很可能具有某一方面的共同性，或劳动对外相同，或工作内容相似，或劳动方式一样，或劳动在一个环境之中及具有同样的劳动条件等。群体的安全心理虽然具有不同的个性倾向，但也会有一定共同性。分析、研究和掌握群体安全心理活动状况是搞好安全管理的重要条件。

（3）领导安全行为

在企业或组织各种影响人的积极性的因素中，领导行为是一个关键性的因素。因为不同的领导心理与行为，会造成企业的不同社会心理气氛，从而影响企业员工的积极性。有效的领导是企业或组织取得成功的一个重要条件。

管理心理学家认为领导是一种行为与影响力，不是指个人的职位，而且是指引导和影响他人或集体在一定条件下向组织目标迈进的行动过程。领导与领导者是两个不同的概念，它们之间既有联系又有区别，领导是领导者的行为。促使集体和个人共同努力，实现企业目标的全过程，即为领导；而致力于实现这个过程的人，则为领导者。虽然领导者在形式上有集体、个人之分，但作为领导集体的成员，在他履行自己的职责时，还是以个人的行为表现来进行的。从安全管理的要求来说，企业或组织的领导者对安全管理的认识、态度和行为，是搞好安全管理的关键因素。分析、研究领导安全行为是安全管理的重要内容。

#### 7.5.1.2 安全行为科学的研究任务

安全行为科学的基本任务是通过对安全活动中各种与安全相关的人的行为规律的揭示，有针对性和实用性地建立科学的安全行为激励理论，并应用于提高安全管理工作的效率，从而合理地发展人类的安全活动，实现高水平的安全生产和安全生活。

对于研究来说，任何科学的形成和向前发展，以及要不断取得成果，都必须遵循一定的基本原则，同时还要掌握科学的研究方法。安全行为学是一门新兴学科，至今还很少有系统的研究。如果要在安全行为研究方面得到发展和不断取得成效，就要遵循一定的原则，讲究研究的方法。

#### 7.5.1.3 研究安全行为的方法

研究安全行为的方法有如下几种。

① 观察法。通过人的感官在自然的、不加控制的环境中观察他人的行为，并把结果按时间顺序作系统记录的研究方法。

② 谈话法。通过面对面的谈话，直接了解他人行为及心理状态的方法。应用前事先要有计划，确定谈话的主题，谈话过程中要注意引导，把握谈话的内容和方向。这种方法简单易行，能迅速取得第一手资料，因此被行为科学家广泛应用。

③ 问卷法。是根据事先设计好的表格、问卷、量表等，由被试者自行选择答案的一种方法。一般有三种问卷形式：是与否式，选择式和等级排列式。这种方法要求问题明确，能使被试者理解、把握。调查表收回后，要运用统计学的方法对其数据作处理。

④ 测验法。采用标准化的量表和精密的测量仪器来测量被试有关心理品质和行为的研究方法，如常用的智力测试、人格测验、特种能力测验等。这是一种较复杂的方法，须由受过专门训练的人员主持测验。

⑤ 仿真法。以控制论、系统论、相似原理和信息技术为基础，以计算机和专用设备为工具，利用系统模型对实际的或设想的系统进行动态试验。

⑥ 其他方法。包括实验法、个案法等。

#### 7.5.1.4 安全行为科学的理论基础

行为科学的理论和方法是安全行为科学发展的理论基础。根据美国“管理百科全书”，行为科学的定义是：“行为科学是包括一切研究自然和社会环境中人类行为的科学，它包括心理学、社会学、社会人类学，以及其他与研究行为有关的学科组成的学科群”。我国的马诺同志在“国外经济管理名著丛书”前言中指出：“所谓行为科学，就是对工人在生产中的行为以及这些行为产生的原因进行分析研究，以便调节企业中的人际关系，提高生产”。由此可见，行为科学的定义有广义和狭义之分。它是一门发展中的科学，是社会化大生产发展的必然产物。

行为科学是一门综合学科，是一个由一切与研究行为有关的学科组成的科学群，因而它与许多科学有联系，其主要知识来源于心理学、社会学、社会心理学、人类学等。行为科学的研究对象是有思想、有感情的人。这就决定了它的研究方法有其自身特点。它不能像物理、化学、生物学等自然科学那样，可以借助望远镜、显微镜、天平、化学试剂等，它的实验也不可能在完全和严格控制的环境中进行。行为科学所采取的主要是进行社会调查的方法，通过调查、实验、观察、了解和掌握各种情况变化，从人的外在行为方式及行为结果中，加以综合分析，概括出原理原则，再放到实践中去验证，在社会实践中经受检验，并在社会实践中得到发展。

行为科学的基本理论和方法是我们研究和发展安全行为科学的基础和借鉴。

#### 7.5.1.5 安全行为科学的研究内容

安全行为科学的主要内容包括有：①人的安全行为规律的分析和认识。认识人的个体自然生理行为模式和社会心理行为模式；分析影响人的安全行为心理因素，如情绪、气质、性格、态度、能力等；分析影响人的安全行为的社会心理因素，如社会知觉、价值观、角色作用等；分析群众安全行为的因素，如社会舆论、风俗时尚、非正式团体行为等。②安全需要对安全行为的作用。需要是一切行为的来源，安全需要是人类安全活动的基础动力，因此，从安全需要入手，在认识人类安全需要的基本前提下，应用需要的动力性来控制和调整人的安全行为。③劳动过程中安全意识的规律。安全意识是良好安全行为的前提条件，是作用人的行为要素之一。这部分内容研究劳动过程的感觉、知觉、记忆、思维、情感、情绪等对人的安全意识的作用和影响规律，从而达到强化安全意识之目的。④个体差异与安全行为。主要分析和认识个性差异和职务（职业、职位）差异对安全行为的影响，通过协调、适应、调控等方式，控制、消除个性差异和职务差异对安全行为的不良影响，促进其良好作用。⑤导致事故的心理因素分析。人的行为与心理状态有着密切的关系。探讨事故形成和发生的过程中，导致人失误的心理过程和影响作用规律，对于控制和防止失误有着重要的意义。这部分主要探讨人的心理因素与事故的关系、致因的机理、作用的方式和测定的技术等。⑥挫折、态度、群体与安全行为。研究挫折特殊心理条件下人的安全行为规律；态度心理特征对安全行为的影响；群体行为与领导行为在安全管理中的作用和应用。⑦注意在安全中的作用。探讨人的注意力的规律，即注意的分类、功能、表现形式、属性，以及在生产操作、安全教育、安全监督中的应用。⑧安全行为的激励。应用行为科学的激励理论，即权变理论、双因素理论、强化理论、期望理论、公平理论等，来激励工人个体、企业群体和生产领导的安全行为。

### 7.5.2 人的行为模式

研究人的行为模式是揭示行为规律的重要工具。由于人具有自然属性和社会属性，人的行为模式通常也从这两个角度来研究。一是从人的自然属性角度，即从生理学意义上来研究人的行为模式；二是从人的社会属性角度，即从心理学和社会学意义上来研究人的行为模式。

（1）人的生理学行为模式——自然属性模式

人自然属性的行为模式是从自然人的角度，人的安全行为是对刺激的安全性反应，这种反应是经过一定的动作实现目标的过程。比如，行车过程中，突然出现有小孩横穿马路，司机必须动作紧急刹车，并保证安全停车，以至不发生撞人事故。这里，小孩横穿马路是刺激源，刹车是刺激性反应，安全停车是行为的安全目标，这中间又需要判断、分析处理等一连串的安全行为。由此可归纳出人的生理模式，如图 7.13 所示。图中各环节相互影响，相互作用，构成了人的千差万别的安全行为表现。这种安全行为有两个共同点：相同的刺激会引起不同的安全行为；相同的安全行为来自不同的刺激。正是由于安全行为规律的这种复杂性，才产生了多种多样的安全行为表现，同时也给人们提出了研究领导和工人各个方面的安全行为科学的课题。从这一行为模式的规律出发，外部刺激（不安全状态）——肌体感受（五感）和安全行为反应（动作）——安全目标达到两个环节要求我们研究安全人机学；大脑判断（分析）这一环节是安全教育学解决的问题。

安全行为是人对刺激的安全性反应，又是经过一定的动作实现目标的过程。比如，石头砸到脚上，马上就要离开砸脚的位置，并用手按摸，有可能还发出痛叫声。脚是被刺激的信道，离开砸脚位置和用手按摸是安全行为的刺激性反应，而这中间又需要一连串实现自己的安全行为。由此可归纳出人的一般安全行为模式见图 7.14 所示。

刺激（不安全状况）、人的有肌体、安全行为反应、安全目的的达到，这几个环节相互影响、相互联系、相互作用，构成了人的千差万别的安全行为表现和过程。这种过程是人的生理属性决定的。人的安全行为从因果关系上看有两个共同点：①相同的刺激会引起不同的安全行为。同样是听到危险信号，有的积极寻找原因，排除险情，临危不惧；有的会胆小如鼠，逃离现场。②相同的安全行为来自不同的刺激。领导重视安全工作，有的是有安全意识，受安全科学的指导；有的可能是迫于监察部门监督；有的可能是受教训于重大事故。正是由于安全行为规律的这种复杂性，才产生了多种多样的安全行为表现，同时也给人们提出了研究领导和员工各个方面的安全行为科学的课题。

（2）人的心理学行为模式——社会属性模式

从人的社会属性出发，人的行为模式过程如图 7.15 所示。

因此，需要是一切行为的来源。很好理解，一个珍惜生命与健康的人，一个需要安全来保护企业经济效益实现的领导，他一定会做好安全工作。因为，人有安全的需要就会有了安全的动机，从而就会在生产或行为的各个环节进行有效的安全行动。因此，需要是推动人们进行安全活动的内部原动力。

从人的社会属性角度，人的行为遵循如图 7.16 所示的行为模式规律：

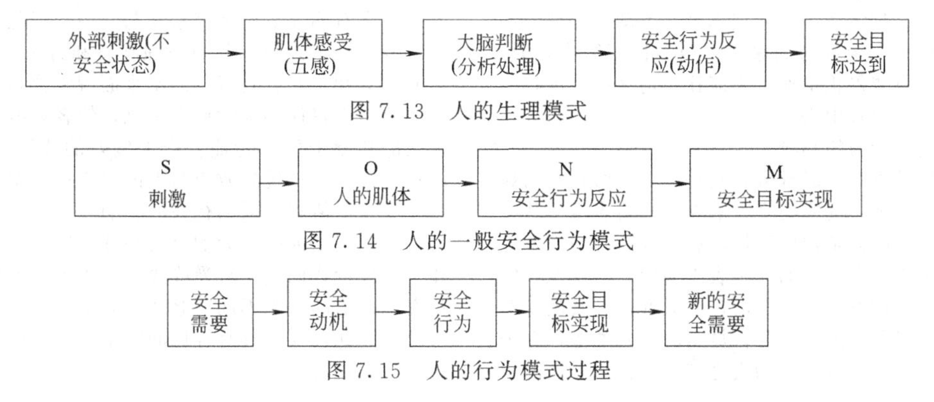


图 7.13 人的生理模式

图 7.14 人的一般安全行为模式

图 7.15 人的行为模式过程

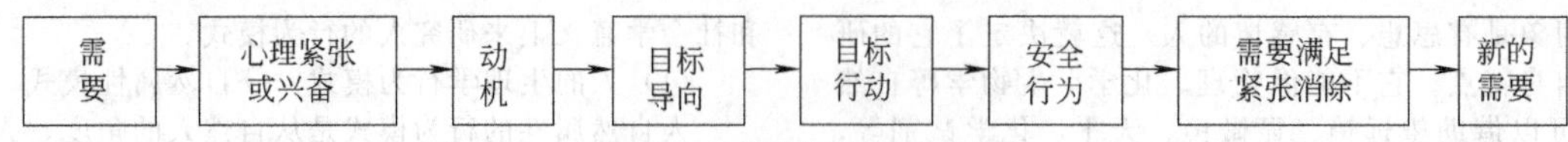


图 7.16　人的行为模式规律

动机是指为满足某种需要而进行活动的念头和想法，是需要引发的冲动。它是推动人们进行活动的内部原动力。在分析和判断事故责任时，需要研究人的动机与行为的关系，透过现象看本质，实事求是地处理问题。动机与行为存在着复杂的联系，主要表现在：①同一动机可引起种种不同的行为。如同样为了搞好生产，有的人会从加强安全、提高生产效率等方面入手；而有的人会拼设备、拼原料，作短期行为。②同一行为可出自不同的动机。如积极抓安全工作，有可能出自不同动机：迫于国家和政府督促；本企业发生重大事故的教训；真正建立了"预防为主"的思想，意识到了安全的重要性等。③合理的动机也可能引起不合理甚至错误的行为。经过以上对需要和动机的分析，我们可以认识到，人的安全行为是从需要开始的，需要是行为的基本动力，但必须通过动机来付诸实践，形成安全行动，最终完成安全目标。

安全行为科学认为，研究人的需要与动机对人的安全行为规律有着重要意义。人的安全活动，包括制定方针、政策、法规及标准，发展安全科学技术，进行安全教育，实施安全管理，进行安全工程设计、施工，等等，都是为了满足发展社会经济和保护劳动者安全的需要。因此，研究人的安全行为的产生、发展及其变化规律，需要研究人的需要和动机。其基本的目的就是寻求激励人、调动人的安全活动的积极性和创造性，以使人类的安全工程按一定的规律和组织目标去进行，使得更有成效和贡献。

## 7.5.3　影响人行为的因素分析

人的安全行为是复杂和动态的，具有多样性、计划性、目的性、可塑性，并接受安全意识水平的调节，受思维、情感、意志等心理活动的支配；同时也受道德观、人生观和世界观的影响；态度、意识、知识、认知决定人的安全行为水平，因而人的安全行为表现出差异性。不同的企业员工和领导，由于上述人文素质的不同，会表现出不同的安全行为水平：同一个企业或生产环境，同样是员工或领导，由于责任、认识等因素的影响，因而会表现出对安全的不同态度、认识，从而表现出不同的安全行为。要达到对不安全行为的抑制，面对安全行为进行激励，需要研究影响人行为的因素，安全行为学科为我们解决这一问题。

### 7.5.3.1　影响人的安全行为的个性心理因素

（1）情绪对人的安全行为的影响

情绪为每个人所固有，是受客观事物影响的一种外在表现，这种表现是体验又是反应，是冲动又是行为。从安全行为的角度：情绪处于兴奋状态时，人的思维与动作较快；处于抑制状态时，思维与动作显得迟缓；处于强化阶段时，往往有反常的举动，这种情绪可能发现思维与行动不协调、动作之间不连贯，这是安全行为的忌讳。当不良情绪出现时，可临时改换工作岗位或停止工作，不能让因情绪可能导致的不安全行为带到生产过程中去。

（2）气质对安全行为的影响

气质是人个性的重要组成部分，它是一个人所具有的典型的、稳定的心理特征。气质使个人的安全行为表现为独特的个人色彩。例如，同样是积极工作，有的人表现为遵章守纪，动作及行为可靠安全，有的人则表现为蛮干、急躁，安全行为较差。一个人的气质是先天的，后天的环境及教育对其改变是微小和缓慢的。因此，分析员工的气质类型，合理安排和支配，对保证工作时的行为安全有积极作用。人的气质分为四种。①多血质：活泼、好动、敏捷、乐观，情绪变化快而不持久，善于交际，待人热情，易于适应变化的环境，工作和学习精力充沛，安全意识较强，但有时不稳定；②胆汁质：易于激动，精力充沛，反应速度快，但不灵活，暴躁而有力，情感难以抑制，安全意识较前者差；③黏液质：安静沉着，情绪反应慢而持久，不易发脾气，不易流露感情，动作迟缓而不灵活，在工作中能坚持不懈、有条不紊，但有惰性，环境变化的适应性差；④抑郁质：敏感多疑，易动感情，情感体验丰富，行动迟缓、忸怩、腼腆，在困难面前优柔寡断，工作中能表现出胜任工作的坚持精神。但胆小怕事，动作反应慢。在客观上，多数人属于各种类型之间的混合型。人的气质对人的安全行为有很大的影响，使每个人都有不同的特点和安全工作的适宜性。因此，在工种安排、班组建设、使用安全干部和技术人员，以及组织和管理工人队伍时，要根据实际需要和个人特点来进行合理调配。

（3）性格对人安全行为的影响

性格是每个人所具有的、最主要的、最显著的心理特征，是对某一事物稳定的和习惯化的方式。如有的人心怀坦白，有的人诡计多端；有的人克己奉公，有的人自私自利等。性格表现在人的活动目的上，也表现在达到目的的行为方式上。性格较稳定，不能用一时的、偶然的冲动作为衡量人的性格特征的根据。但人的性格不是天生的，是在长期发展过程中所形成的稳定的方式。人的性格表现出多种多样，有理智型、意志型、情绪型。理智型用理智来衡量一切，并支配行动；情绪型的情绪体验深刻、安全行为受情绪影响大；意志型有明确目标、行动主动、安全责任心强。

性格特征在安全行为自觉性方面表现在从事安全行动的目的性或盲目性、自动性或依赖性、纪律性或散漫性；在安全行为自制方面表现在自制能力的强弱，约束或放任，主动或被动等；在安全行为果断性方面表现在长期的工作过程中，安全行为是坚持不懈还是半途而废，严谨还是松散，意志顽强还是懦弱。

### 7.5.3.2　影响人的行为的社会心理因素

（1）社会知觉对人的行为的影响

知觉是眼前客观刺激物的整体属性在人脑中的反应。客观刺激物既包括物也包括人。人在对别人感知时，不只停留在被感知的面部表情、身体姿态和外部行为上，而且要根据这些外部特征来了解他的内部动机、目的、意图、观点、意见等等。人的社会知觉可分为三类：一是对个人的知觉。主要是对他人外部行为表现的知觉，并通过对他人外部行为的知觉，认识他人的动机、感情、意图等内在心理活动。二是人际知觉。人际知觉是对人与人关系的知觉。人际知觉的主要特点是有明显的感情因素参与其中。三是自我知觉。自我知觉是指一个人对自我的心理状态和行为表现的概括认识。人的社会知觉与客观事物的本来面貌常常是不一致的，这就会使人产生错误的知觉或者偏见，使客观事物的本来面目在自己的知觉中发生歪曲。产生偏差的原因有：第一印象作用；晕轮效应；优先效应与近因效应；定型作用。

（2）价值观对人的行为的影响

价值观是人的行为的重要心理基础，它决定着个人对人和事的接近或回避、喜爱或厌恶、积极或消极。领导和员工对安全价值的认识不同，会从其对安全的态度及行为上表现出来。因此，要人具有合理的安全行为，首先需要有正确的安全价值观念。

（3）角色对人的行为的影响

在社会生活的大舞台上，每个人都在扮演着不同的角色。有人是领导者，有人是被领导者，有人当工人，有人当农民，有人是丈夫，有人是妻子，等等。每一种角色都有一套行为规范，人们只有按照自己所扮演的角色的行为规范行事，社会生活才能有条不紊地进行，否则就会发生混乱。角色实现的过程，就是个人适应环境的过程。在角色实现过程中，常常会发生角色行为的偏差，使个人行为与外部环境发生矛盾。在安全管理中，需要利用人的这种角色作用来为其服务。

#### 7.5.3.3　影响人的行为的主要社会因素

影响人的行为的社会因素如下。

（1）社会舆论对行为的影响

社会舆论又称公众意见，它是社会上大多数人对共同关心的事情，用富于情感色彩的语言所表达的态度、意见的集合。要社会或企业的人人都重视安全，需要有良好的安全舆论环境。一个企业、部门、行为或国家，要把安全工作搞好，需要利用舆论手段。

（2）风俗与时尚对个人行为的影响

风俗是指一定地区内社会多数成员比较一致的行为趋向。风俗与时尚对安全行为的影响既有有利的方面，也会有不利的方面，通过安全文化的建设可以实现扬其长、避其短。

#### 7.5.3.4　环境、物的状况对人的安全行为的影响

人的安全行为除了内因的作用和影响外，还有其外因的影响。环境、物的状况对劳动生产过程的人也有很大的影响。环境变化会刺激人的心理，影响人的情绪，甚至打乱人的正常行动。物的运行失常及布置不当，会影响人的识别与操作，造成混乱和差错，打乱人的正常活动，即会出现如图7.17所示的模式。反之，环境好，能调节人的心理，激发人的有利情绪，有助于人的行为。物设置恰当、运行正常，有助于人的控制和操作。环境差（如噪声大、尾气浓度高、气温高、湿度大、光亮不足等）会造成人的不舒适、疲劳、注意力分散，人的正常能力受到影响，从而造成行为失误和差错。由于物的缺陷，影响人机信息交流，操作谐调性差，从而引起人的不愉快刺激、烦躁知觉，产生急躁等不良情绪，引起误动作，导致不安全行为。要保障人的安全行为，必须创造很好的环境，保证物的状况良好和合理，使人、物、环境更加谐调，从而增强人的安全行为。

### 7.5.4　事故心理指数分析

从传统的经验管理过渡到科学安全管理，需要对人的不安全行为进行科学的预防和控制，为此需要研究导致事故的心理因素。

（1）事故原因与人的心理因素

引起事故的原因多种多样，有设备的因素也有人的因素。人的因素除了生理因素外，重要的还有心理因素。从安全心理学理论出发，人为事故原因分为三类：

① 第一类：有意违反安全规程或无意违反规程；破坏或错误地调整安全设备；放纵喧闹、玩笑，分散他人注意力；安全操作能力低，工作缺乏技巧；与人争吵，心境下降；匆忙地行动，行动草率过速或行动缓慢；无人道感，不顾他人；超负荷工作，力不胜任。

② 第二类：没有经验，不能查知事故危险；缓慢的生理反应和生理缺陷；各器官缺乏协调；疲倦，身体不适；找工作“窍门”，发现不安全的简便方法；注意力不集中，心不在焉；职业选择不合理；夸耀心，贪大求全。

③ 第三类：激情、冲动、喜冒险；训练、教育不够，无上进心；智能低，无耐心，缺乏自卫心理，无安全感；家庭原因，心境不好；恐惧、顽固、报复或身心缺陷；工作单调，或单调的业余生活；轻率，嫉妒；未受重用，身受挫折，心绪不佳；自卑感，或冒险逞能，渴望超群；受到批评，心有余悸。第三类即表现了基本的心理原因。

而事故发生前人在行动起点上的心理大致有五方面的因素：①素质癖性；②无知，智能低；③无意，缺乏注意力；④被外界吸引，心不在焉，工作掉以轻心；⑤抑郁消沉。

（2）导致事故的心理分析

性格与事故：性格是一个人较稳定的对现实的态度和与之相应的习惯化的行为方式。性格分为情绪型、意志型和理智性。具有理智型性格的人，由于行为稳重且自控能力强，因而行为失误少；情绪型相比之下就易于发生事故，由于情绪型属外倾性格，行为反应迅速，精力充沛，适应性强，但好逞强，爱发脾气，受到外界影响时，情绪波动大，做事欠缺仔细；意志型的人属内倾性格，善于思考，动作稳当，但反应迟缓，感情不易外露，对外界影响情绪波动小，由于个性较强，具有主观倾向，因此也具有事故心理侧面。性格是在生理基础上，在社会实践活动中逐步形成的，是环境和教育的结果。

情绪与事故：情绪是人心理的微观波动状态，人的行为过程往往受情绪的支配。喜、怒、哀、乐、悲、恐、惧对行为产生影响。当情绪处于极端状态时，往往是行为失常的基础；行为的失常又常常是事故前提。

气质、兴趣、态度等个性心理因素，也与事故行为具有特定的联系。

心理学的“事故倾向理论”：这种理论认为有些人不管工作情境如何，也不管他们干什么工作，易于引发事故。这种理论的意义在于，通过对事故造成者进行测量，找出他们的共同个性特征，然后对其个性进行调整或进行安排性适应，如把容易出事故的人分配去做不易发生事故的工作，而把那些在个性方面不容易出事故的人分配去做易发生事故的工作。

（3）事故防控及心理结构

为了更好地防止事故，需要对事故心理进行有效的控制，而且控制的前提是预测，事故心理的预防方法有：①直观型预测，主要靠人们的经验、知识综合分析能力进行预测。如征兆预测法等。②因素分析型预测，是从事物发展中找出制约该事物发展的重要因素，以作为该事物发展进行预测的预测因子，测知各种重要相关因素。③指数评估型预测，对构成行为人的引起事故的心理结构若干重要因素，分别按一定标准评分，然后加以综合，做出的总估量，得出某一个引起事故的可能性的量的指标。

事故心理的控制：造成事故心理的控制就是要通过消除造成事故的心理状态，以达到控制事故行为、保证安全生产的目的。事故的心理因素是对由于影响和导致一个人行为而发生事故的心理状态和成分的总称。导致事故的心理虽然不如人的全部心理那样广泛，但仍然有相当复杂的内容，而且其中各种因素之间又是相互联系和依存，相互矛盾与制约。在研究人的导致事故心理过程中，发现影响和导致一个人发

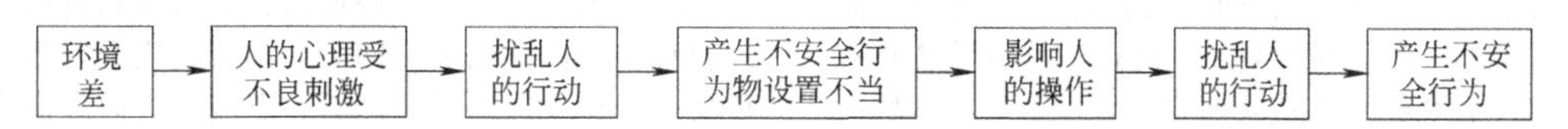


图7.17　人的行为模式规律

生事故行为的种种心理因素，不仅内容多，而且最主要的是各种因素之间存在着复杂而有机的联系。它们常常是有层次的，互相依存，互相制约，辩证地起作用。为了便于研究，人们把影响和导致一个人发生事故行为的种种心理因素假设为事故的心理结构。事故心理结构是由众多的导致事故发生的心理要素组成。在实际工作中，只有当一个人形成一定的引起事故的心理结构，而且具有可能引起事故的性格，并且碰到一定的引起事故的机遇时，才会发生也必然发生引起事故的行为。由此，可得出最基本的逻辑模型，如图 7.18 所示。

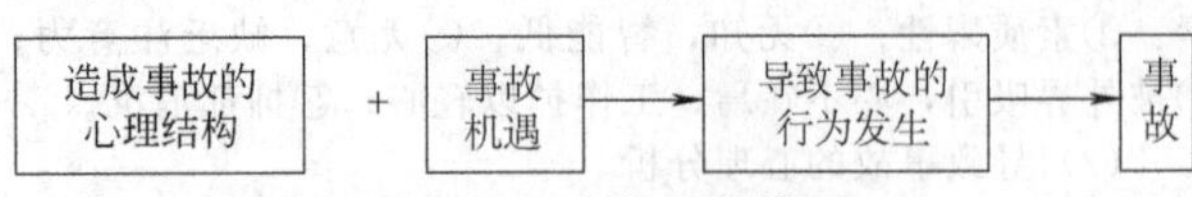


图 7.18 事故逻辑模型

根据这一事故模型我们不难看出如下几点。

① 在研究引起事故发生的原因时，首先要考虑造成事故者的心理动态，分析事故心理结构及其对行为的影响和支配作用，从而弄清事故心理结构和其事故行为的因果关系。从这个意义上说，可以通过研究造成事故者心理结构的内容要素和形成原因，探寻其心理结构形成过程的客观规律，便能寻究和找出发生事故行为的人的心理原因。

② 在研究事故的预测问题时，首先应着重于研究造成事故的心理预测，实际上就是通过对造成事故心理的调查研究，通过统计、分析进行预测。当某一个体的心理状况与造成事故的结构的某些心理要素接近相似时，该个体发生事故行为的可能性便增大。因此，造成事故心理的预测在很大程度上是根据造成事故心理结构的内容要素进行人的心理状况的预测。

③ 进行造成事故者的心理结构及其性格估量的分析讨论，有着理论和实践意义。在生产过程中发生工伤事故的因素很多，而造成事故者的心理状态常常是导致事故的主要甚至是直接的因素。造成事故的心理结构复杂多样，我们在事故心理结构设计时，不可能把所有的事故心理因素列出，为便于研究，现归纳为十大心理要素：$A$——侥幸心理；$B$——麻痹心理；$C$——偷懒心理；$D$——逞能心理；$E$——莽撞心理；$F$——心急心理；$G$——烦躁心理；$H$——粗心心理；$I$——自满心理；$J$——好奇心理。可能造成事故心理因素的估量可用 $Z$——事故心理指数测定：

$$Z=(A+B+C+D+E+F+G+H+I+J)/(L+M) \tag{7.24}$$

式中，$L$ 为事业感和工作责任心；$M$ 为遵守安全规程，有安全技术和知识。

## 7.5.5 安全管理的行为激励

行为科学认为，激励就是激发人的动机，引发人的行为。企业领导和员工能在工作和生产操作中重视安全生产，有赖于对其进行有效的安全行为激励。激励是目的，创造条件是激励的手段。行为学家把激励分为“外予的激励”和“内滋的激励”，外予的激励是通过外部推动力来引发人的行为，最常见的是用金钱作诱因，此外还有提高福利待遇、职务升迁、表扬、信任等手段。内滋的激励是通过人的内部力量来激发人的行为，如学习新知识，获得自由，自我尊重，发挥智力潜能，解决疑难问题，实现自己的抱负等，这些激励不是由外部给予的，而是自己给自己的激励。“外予的激励”和“内滋的激励”虽然都能激励人的行为，但后者具有更持久的推动力。前者虽然能激发人的行为，但在很多情况下并不是建立在自觉自愿基础之上的；后者对人的行为的激发则完全建立在自觉自愿的基础上，它能使人对自己的行为进行自我指导、自我监督和自我控制。

### 7.5.5.1 激励理论

（1）X-Y 理论

这一理论建立在对人的基本看法基础上，提出激励人行为的方法。如果对人从“恶”的方面认识，其对行为的控制，就严厉、强制；如果从“善”的方面认识人，其行为的控制方法则采取温和、诱导的方式。“X 理论”对人的看法是：天性好逸恶劳，尽可能逃避工作；以自我为中心，对组织需要漠不关心；缺乏进取心、怕负责任；趋向保守，反对革新。为此，主张采取“强硬的”管理办法，包括强迫、威胁或严密的监督，或者采取“松弛的”管理办法，包括顺应员工，一团和气。事实证明这种理论有明显的不足。“Y 理论”对人的看法正好相反，认为：人并非天生厌恶工作；能自我指挥和自我控制，外部惩罚和威胁不能促使人的努力；具有想象力和创造力；能接受责任和主动承担责任。因此，主张采取激励的办法是：分权和授权；扩大工作自主范围；采取参与制；鼓励自我评价。以上两种极端的理论和方法，都有一定的片面性，因此应该综合两种理论特长，具体对象，具体对待。这种综合“X 理论”和“Y 理论”的方法也称为“权变理论”。目前现实中很多管理的实践中，都采用“权变理论”的方法。在管理中，采取强硬与温和相结合；分权与调控相结合；自主与控制相结合的管理方式。

（2）双因素理论

“双因素理论”也称“保健因素-激励因素理论”。这种理论认为在管理中有些措施因素能消除员工的不满，但不能调动其积极的工作行为，这些因素类似卫生保健对人体的作用，有预防效果而不会导致身体健康，所以称为保健因素，如改善环境条件、标准化规范化管理、监督、检查、安全奖等；而能起激励作用，调动领导和员工自觉的安全积极性和创造性的因素是激励安全需要、变“要我安全为我要安全”、得到家人和社会支持与承认、安全文化的手段等。双因素理论是针对满足人的需要的目标或诱因提出来的。在实用中有一定的道理，但在某种条件下也并非如此，即在一定条件下，保健因素也有激励作用。

（3）强化理论

强化指通过对一种行为的肯定或否定（奖励或惩罚）使行为得到重复或制止的过程。强化理论的基本观点是：①人的行为受到正强化会趋向于重复发生，受到负强化会趋向于减少发生。例如，当一个人做了好事受到表扬，会促使他再做好事；当一个做了错事受到批评，就会使他减少做类似的错事。②欲激励人按一定要求和方式去工作，奖励（给予报酬）比惩罚更有效。③反馈是强化的一种重要形式。反馈就是使工作者知道结果。④为了使某种行为得到加强，奖赏（报酬）应在行为发生以后尽快提供，考虑强化的时效性，延缓提供奖赏会降低强化作用的效果。⑤对所希望发生的行为应该明确规定和表述。只有行为的目标明确而具体，才能对行为效果进行衡量和及时予以奖励。强化理论在安全管理中得到广泛的应用。如安全奖励、事故罚款、安全单票否决、企业升级安全指标等。

（4）期望理论

这一理论用如公式（7.25）表述：

$$激励力=目标效价\times期望概率 \tag{7.25}$$

激励力是指调动积极性发挥内部潜力；目标效价指个人对某一行为成果价值的主观评价；期望概率指行为导致成果的可能性大小。这一理论说明，应从提高目标效价和增强实现目标的可能性两个方面去激励人的安全行为。人对目标价值的评价受个人知识、经验、态度、信仰、价值观等因素影响，而期望概率受条件、环境等因素制约。提高人们对安全目标价值认识、创造有利的条件和环境，增强实现安全生产的可能性，是安全管理和工作人员应努力的。

（5）公平理论

公平理论认为人的工作动机不仅受到所得到的绝对收益的影响，而且受相对收益的影响，即一个人仅看到自己的实际收益，还把其与别人的收益做比较，当二者相等或合理，则认为是正常和公平的，因而心情舒畅地积极工作，否则会产生不公平感，于是影响行为积极性。这一理论告诉我们，应重视“比较存在”的意义及作用，不仅要实行按劳付酬的原则，还要考虑同类活动及周围环境的状况，尽量做到公平合理，否则会挫伤人的积极性。

#### 7.5.5.2 安全行为的激励

安全行为的激励是进行安全管理的基本方法之一，在我国长期的安全生产和劳动保护管理工作中，这种方法得到安全管理人员自觉或不自觉的应用，特别是随着安全管理学和安全行为科学的发展，这一方法及其作用得到了进一步的发展。根据安全行为激励的原理，可把激励的方法分为两种：

① 外部激励。所谓外部激励就是通过外部力量来激发人的安全行为的积极性和主动性，如设安全奖、改善职业健康条件、提高待遇、安全与职务晋升和奖金挂钩、表扬、记功、开展“安全竞赛”等手段和活动，都是通过外部作用激励人的安全行为。严格、科学的安全监察、监督、检查也是一种外部激励的手段。

② 内部激励。内部激励的方式很多，如更新安全知识、培训安全技能、强化观念和情感、理想培养、建立安全远大目标等。内部激励是通过增强安全意识、素质、能力、信心和抱负等来起作用。内部激励是以提高员工的安全生产和劳动保护自觉性为目标的激励方式。

外部激励与内部激励，都能激发人的安全行为。但内部激励更具有推动力和持久力。前者虽然可以激发人的安全行为，但在许多情况下不是建立在内心自愿的基础上，一旦物质刺激取消后，又会回复到原来的安全行为水平上。而内部激励发挥作用后，可使人的安全行为建立在自觉、自愿的基础上，能对自己的安全行为进行自我指导、自我控制、自我实现，完全依靠自身的力量不控制行为。从安全管理的方法上讲，两种方法都是必要的。作为一个安全管理人员，应积极创造条件，形成人的内部激励的环境，在一定和特殊场合及特定的人员，也应有外部的鼓励和奖励，充分调动每个领导和员工的安全行动的自觉性和主动性。

### 7.5.6 安全行为科学应用理论

安全行为科学首先可应用于深入、准确地分析事故原因和责任，以使我们科学、有效地控制人为事故。同时，安全行为科学可应用于安全管理、安全教育、安全宣传、安全文化建设等，也可以为提高安全专业人员和员工的素质服务。

#### 7.5.6.1 用安全行为科学分析事故原因和责任

（1）事故原因的分析

行为科学的理论指出：人的行为受个性心理、社会心理、社会、生理和环境等因素的影响。因而，生产中引起人的不安全行为、造成安全事故的原因是复杂多样的。有了这样的认识，对于人为事故原因的分析就不能停留在“人因”这一层次上，应该进行更为深入的分析。例如在分析人的不安全行为表现时，应分清是生理或是心理的原因；是客观还是主观的原因。对于心理、主观的原因，主要从人的内因入手，通过教育、监督、检查、管理等手段来控制或调整；对于生理或客观的原因，除了需要管理和教育的手段外，更主要的是从物态和环境的方面进行研究，以适应人的生理客观要求，减少人的失误。

行为科学中的人的行为模式、影响人的行为的因素分析、挫折行为研究、注意与安全行为、事故心理结构、人的意识过程等理论和规律都有助于研究和分析事故的原因。

（2）分析事故责任

根据心理学所揭示的规律，人的行为是由动机支配，而动机则是由于需要引起。需要、动机、行为、目标四者之间的关系是很密切的。例如安全管理中开办的特种作业人员的培训工作，学员来自各个企业，都表现出积极的学习热情。这种热情是来源于其学习的动机，因为在工作中，一个特种作业人员缺少应有的安全技术知识和技能，就不可能胜任工作，甚至会引发事故。就是这种实际工作的需要产生了学习的动机，进而导致了学习的热情。动机和行为有复杂的关系，安全管理中对事故责任者的分析判断，要从分析行为与动机的复杂关系入手，可从两方面考虑：① 在分析事故责任者的行为时，要全面分析个人因素与环境因素相互作用的情况，任何行为都是个人因素与环境因素相互作用的结果，是一种“综合效应”。② 分析个人因素时，要同时分析外在表现与内在动机。动机和行为不是简单的线性关系，而存在着复杂的联系。在分析问题、解决问题时，要透过现象看本质，从人的动机入手，实事求是地进行分析处理，这样才能既符合实际，又切中其弊，使事故责任处理准确合理。

#### 7.5.6.2 在安全管理中运用行为科学

（1）用行为科学指导合理安排工作

安全行为科学中对于性格、气质、兴趣等个性心理行为规律研究的结果可被应用于一些工种或岗位的工作适应性和胜任力指导。同时，可以通过对情绪、能力、爱好等特点和状态的分析，在生产安排上做出合理的调节，以减少行为失误或事故发生的可能性。

（2）科学应用管理手段

安全管理中要善于应用激励理论进行科学管理，如科学运用激励理论激发安全行为，抑制“三违”行为；利用角色作用理论来调动各级领导和安全兼职人员的积极性；应用领导理论进行有效的安全管理等。

（3）进行合理的班组建设

在考虑班组人员的搭配上，为使团体行为协调、安全和高效，要研究人员结构效应。如需要考虑班组成员的价值观趋同、气质互补和性格互补的搭配等问题。

#### 7.5.6.3 运用安全行为科学进行安全宣传与教育

安全教育和安全宣传的效果往往与其方式有关。从行为科学的角度，利用心理学、社会学、教育学和管理学的方法和技巧，会取得较好的效果。如：利用认知技巧中的第一印象作用和优先效应强化新工人的三级教育；应用意识过程的感觉、知觉、记忆、思维规律，设计安全教育的内容和程序；研究安全意识规律，通过宣教的方法来强化人的安全意识等。

#### 7.5.6.4 用安全行为科学指导安全文化建设

安全文化建设的实践之一就是要提高全员的安全文化素质。显然，不同的对象（决策者、管理者、工人、安技人员等）对其安全文化的内容和要求是不一样的，不同的对象需要采取不同的安全文化建设（管理、宣传、教育等）方式。行为科学的理论还使我们认识到：人的行为受心理、生理等内部因素的支配和作用，也受人文环境和物态环境等外部因素影响和作用，因而人的行为表现出其动态性和可塑性，这样，对于行为的控制和管理需要动态、变化的方式相适应，还要求艺术、形象、美感的技巧才能达到理想的效果。因此，安全文化活动需要定期与非定期相结合；安全教育在必要的重复基础上，需要艺术的动态；安全宣传有技巧与关键；安全管理要从简单的监督检查变为艺术的激励和启发等。

**7.5.6.5 塑造安全监管人员良好的心理品质**

安全管理和监察人员工作对象和方式的多样性、复杂性与重要性，要求他们具有较高的思想品质和能力素质。一般来说，一个安全监管人员的个性品质、思维能力都是在进行有关工作的实践中形成的。在工作实践中他们考虑多种多样的事物，遇到并解决着多种多样的问题，逐渐地便形成所从事职业的心理品质。

安全监管人员应当具有工作所必需的道德修养。这是由工作任务决定的。他们要对生产过程中事故责任者进行处理、教育或对企业安全状况提出客观公正的评价意见。只有受过良好教育、具有崇高道德品质的人，才能对人进行良好的影响。

安全监管人员必须要有良好的分析问题能力。如应有处理事故，对其原因的分析和责任的处理能力。分析和综合能力常常是密切相连的。所以，安全监管人员还需要有思维的敏捷与灵活性，善于综合处理问题。在分析事故时，需要设想肇事的行为，这要求安全监管人员具有空间想象的能力。为了恰当和合理地处理事故，要求安全监管人员具有果断、主见、耐心、沉着、自制力、纪律性和认真精神等个性品质，以及较好的人际关系处理艺术。

只有在实践中锻炼、学习，才能提高自己的心理素质和品质。在安全管理的监察活动中，创造性的活动是经常和必然碰到的。进行创造性活动的基本条件是对本职工作的兴趣和热爱。良好的修养、合作精神，个人利益服从集体利益和国家利益，完成任务的纪律性，自我牺牲精神等，都是安全监管人员应具有的品质。

安全监管人员需要懂得心理学的一般知识。安全认识活动的复杂结构要求掌握心理学知识；思维的高度和深度；分析问题、解决问题的独立性和批判性；善于根据个别事实和细节复现过去事件的模型；思维心理过程的状态应当保证揭示信息的系统性与完备性；保证找到为充分建立过去事件模型所必需的新信息的途径等，这些都要求具有行为科学的知识。

安全管理与监察工作者在完成自己职责时，还需要适应各种不利的条件，善于抑制各种消极性情。只有建立在对智力、意志和情绪的品质进行训练基础上的适应性，才能很好完成复杂和多种的安全分析、事故处理等活动。

## 7.6 RBS/M的理论与方法

### 7.6.1 RBS/M的理论基础

(1) RBS/M的涵义

RBS/M（risk based supervision/management）——基于风险的监管是一种科学、系统、实用、有效的安全管理技术和方法体系。相对于传统的基于事故、事件，基于能量、规模，基于危险、危害，基于规范、标准的安全管理，RBS/M方法以风险管理理论作为基本理论，结合风险定量、定性分级，要求以风险分级水平，实施科学的分级、分类监管。因此，监管对策和措施与监管对象的风险分级相匹配（匹配管理原理）是RBS/M的本质特征。应用RBS/M的优势在于：具有全面性——进行全面的风险辨识；体现预防性——强调系统的潜在的风险因素；落实动态性——重视实时的动态现实风险；实现定量性——进行风险定量或半定量评价分析；应用分级性——基于风险评价分级的分类监管。RBS/M的应用对提高安全监管效能和安全保障水平可发挥高效的作用。

(2) RBS/M的价值及意义

RBS/M力求使安全监管做到最科学、最合理、最有效，最终实现事故风险的最小化，这是由于：第一，基于风险的管理对象是风险因子、依据是风险水平、目的是降低风险，其管理的出发点和管理的目标是一致和统一的，监管的准则体现了安全的本质和规律；第二，基于风险的管理能够保证管理决策的科学化、合理化，从而减少监管措施的盲目性和冗余性；第三，基于风险的管理以风险的辨识和评价为基础，可以实现对事故发生概率和可能损失程度的综合防控。建立在这种系统、科学的风险管理理论方法上的监管方法能全面、综合、系统地实现政府的科学安全监察和企业的有效安全管理。

(3) RBS/M的基本理论

RBS的理论基础首先是安全度函数（原理），反映安全的定量规律的数学模型，即安全的定量描述可用“安全性”或“安全度”来描述。安全度函数表述如下：

$$S=F(R)=1-R(P,L,S) \tag{7.26}$$

式中，$R$ 为系统或监管对象的风险；$P$ 为事故发生的可能性（发生概率）；$L$ 为可能发生事故的严重性；$S$ 为可能发生事故危害的敏感性。

RBS/M的第二基本原理就是事故的本质规律，“事故是安全风险的产物”是客观的事实，是人们在长期的事故规律分析中得出的科学结论，也称安全基本公理。安全的目标就是预防事故、控制事故，这一公理告诉我们，只有从全面认知安全风险出发，系统、科学地将风险因素控制好，才能实现防范事故、保障安全的目标。

在安全度函数式（7.26）的基础上，RBS/M理论涉及如下4个基本函数：

风险函数：

$$\mathrm{MAX}(R_i)=F(P,L,S)=PLS \tag{7.27}$$

概率函数：

$$P=F(4\mathrm{M})=F(\text{人因},\text{物因},\text{环境},\text{管理}) \tag{7.28}$$

后果函数：

$$L=F(\text{人员影响},\text{财产影响},\text{环境影响},\text{社会影响}) \tag{7.29}$$

情境函数：

$$S=F(\text{时间敏感},\text{空间敏感},\text{系统敏感}) \tag{7.30}$$

(4) RBS/M分级原理

分级性是RBS/M应用的基本特征。风险的三维分级原理如图7.19所示。

设可能性 $P$ 分为A、B、C、D四级，严重性 $L$ 分为a、b、c、d四级，敏感性 $S$ 分为1、2、3、4四级，则三维组合的风险分级如表7.12所示。

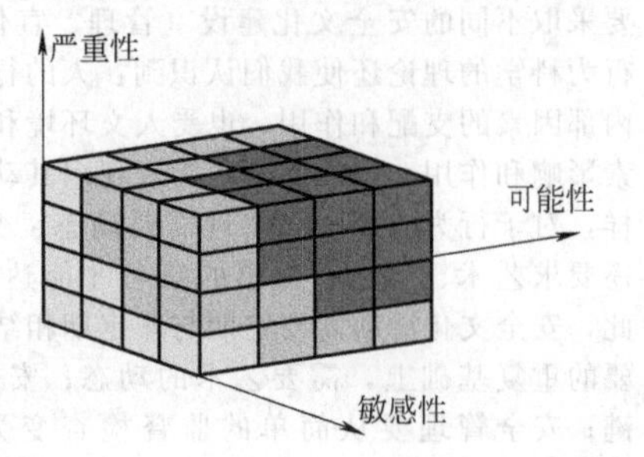


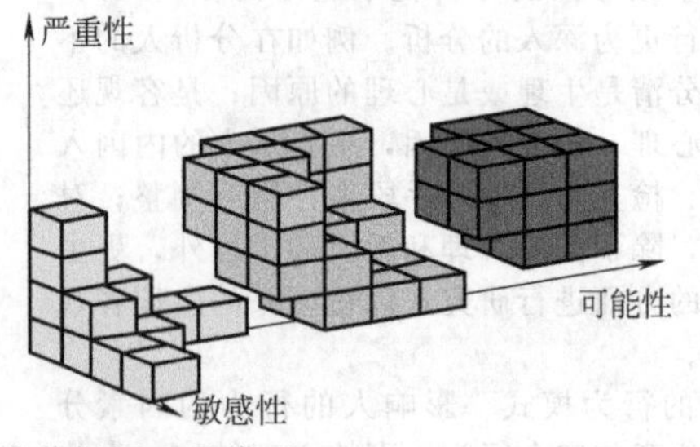


图7.19 风险三维分级原理及模型

**表 7.12　RBS/M 可能性 $P$、严重性 $L$、敏感性 $S$ 三维组合风险分级表**

| 风险等级 | 要素风险组合 |
| --- | --- |
| 低风险 | Aa1 Aa2 Aa3 Aa4 Ab1 Ab2 Ac1 Ad1Ba1 Ba2 Bb1 Ca1 Da1 |
| 中等风险 | Ab3 Ab4 Ac2 Ac3 Ac4 Ad2 Ad3 Ad4Ba3 Ba4 Bb2 Bb3 Bb4 Bc1 Bc2 Bd1 Bd2 Ca2 Ca3 Ca4 Cb1 Cb2 Cc1 Cd1Da2 Da3 Da4 Db1 Db2 Dc1 Dd1 |
| 高风险 | Bc3 Bc4 Bd3 Bd4Cb3 Cb4 Cc2 Cc3 Cc4 Cd2 Cd3 Cd4 Db3 Db4 Dc2 Dc3 Dc4 Dd2 Dd3 Dd4 |

### 7.6.2　RBS/M 理论的应用原理及模式

（1）RBS/M 的运行模式

RBS/M 的运行模式给出了 RBS/M 的应用原理，如图 7.20 所示。以 5W1H 的方式展现了 RBS/M 的运行规律。即：

Why：安全监管的理论基础，追求科学性，本质是什么？规律是什么？依据是什么？

Who：安全监管的主体，追求合理性，让谁监管？谁来监管？监管的主体是谁？

What：安全监管的内容，追求系统性，监管的客体是什么？

Where：安全监管的对象，追求针对性，监管的对象体系和类型是什么？

When：安全监管的时机，追求针对性，监管的对象是什么？监管的对象体系和类型。

How to：如何实施监管，追求科学性，监管的策略和方法是什么？

（2）RBS/M 应用的 ALARP 原理

RBS/M 应用的基本原理之一是 ALARP 风险可接受准则。ALARP 是 as low as reasonably practicable 的缩写，即“风险最低合理可行原则”。在公共安全管理实践中，理论上可以采取无限的措施来降低事故风险，绝对保障公共安全，但无限的措施意味着无限的成本和资源。但是，客观现实是安全监管资源有限、安全科技和管理能力有限。因此，科学、有效的安全监管需要应用于 ALARP 原则，如图 7.21 所示。

ALARP 原则将风险划分为三个等级：

① 不可接受风险：如果风险值超过允许上限，除特殊情况外，该风险无论如何不能被接受。对于处于设计阶段的装置，该设计方案不能通过；对于现有装置，必须立即停产。

② 可接受风险：如果风险值低于允许下限，该风险可以接受。无需采取安全改进措施。

③ ALARP 区风险：风险值在允许上限和允许下限之间。应采取切实可行的措施，使风险水平“尽可能低”。

（3）RBS/M 的匹配原理

RBS 的应用核心原理就是基于 ALARP 原则的“匹配监管原理”，其原理如表 7.13 所示。基于风险分级的“匹配监管原理”要求实现科学、合理的监管状态，即应以相应级别的风险对象实行相应级别的监管措施，如高级别风险的监管对象实施高级别的监管措施，如此分级类推。而两种偏差状态是不可取的，如高级别风险实施了低级别的监管策略，这是可怕、不允许的；如果低级别的风险对象实施了高级别的监管措施，这是不合理的，在一定范围内是可接受的。因此，最科学合理的方案是与相应风险水平相匹配的应对策略或措施。表 7.13 表明了风险监管原理和科学化、合理化的系统策略。

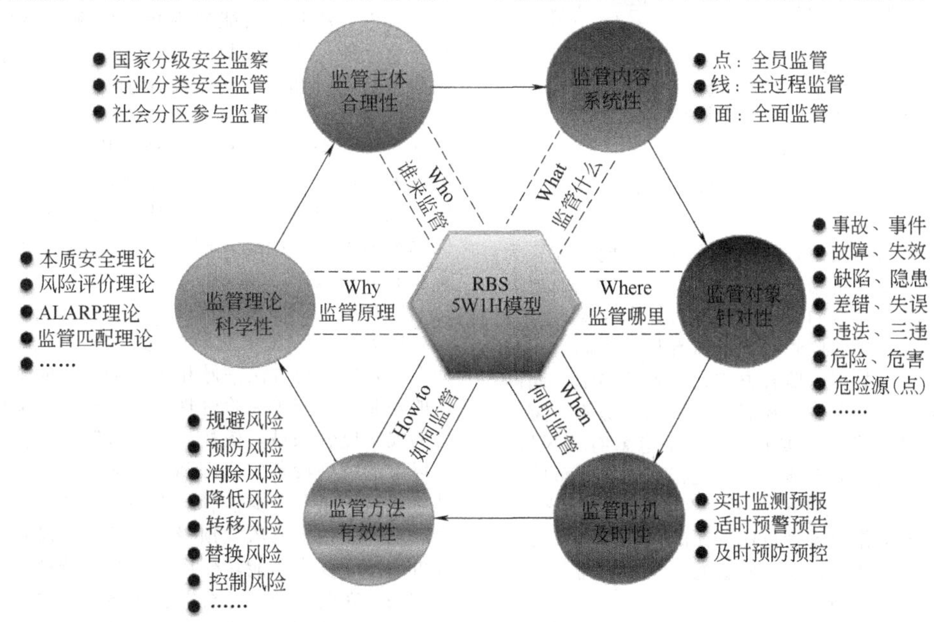


图 7.20　RBS/M 监管原理及方法体系

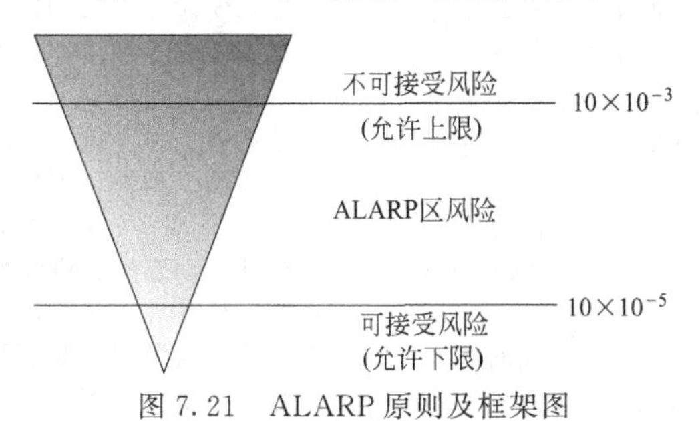


图 7.21　ALARP 原则及框架图

表 7.13　基于风险分级的监管原理与风险水平相应的"匹配监管原理"

| 监管等级 / 风险等级 | 风险状态：监管对策和措施 | 监管级别及状态 | | | |
|---|---|---|---|---|---|
| | | 高 | 中 | 较低 | 低 |
| Ⅰ(高) | 不可接受风险：高级别监管措施——一级预警；强力监管；强制中止、全面检查；否决制等 | 合理 可接受 | 不合理 不可接受 | 不合理 不可接受 | 不合理 不可接受 |
| Ⅱ(中) | 不期望风险：中等监管措施——二级预警；较强监管；高频率检查等 | 不合理 可接受 | 合理 可接受 | 不合理 不可接受 | 不合理 不可接受 |
| Ⅲ(较低) | 有限接受风险：一般监管措施——三级预警；中等监管；局部限制；有限检查；警告策略等 | 不合理 可接受 | 不合理 可接受 | 合理 可接受 | 不合理 不可接受 |
| Ⅳ(低) | 可接受风险：委托监管措施——四级预警；弱化监管；关注策略；随机检查等 | 不合理 可接受 | 不合理 可接受 | 不合理 可接受 | 合理 可接受 |

### 7.6.3　RBS/M 理论的应用方法及实证

(1) RBS/M 的应用程式

RBS/M 方法可以应用于针对行业企业、工程项目、大型公共活动等宏观综合系统的风险分类分级监管，也可以针对具体的设备、设施、危险源（点）、工艺、作业、岗位等企业具体的微观生产活动、程序等进行安全分类分级管理。可以为企业分类管理、行政分类许可、危险源分级监控、技术分级检验、行业分级监察、现场分类检查、隐患分级排查等提供技术方法支持。RBS/M 的应用流程是：确定监管对象-进行风险因素辨识-进行风险水平评估分级-制订分级监管对策-实施基于风险水平的监管措施-实现风险可接受状态及目标，如图 7.22 所示。

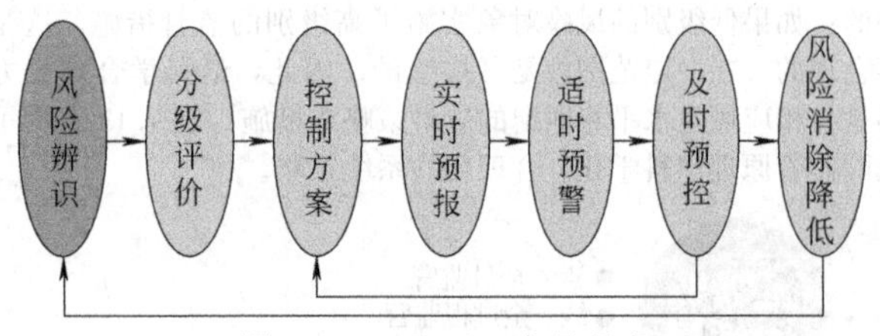


图 7.22　RBS/M 应用程式

(2) RBS/M 方法的应用特点

应用 RBS/M 监管的理论和方法，将为公共安全监管带来如下转变：

第一，从监管对象的视角，需要实现变静态危险监管为动态风险监管。目前普遍采用的基于物理、化学特性的危险危害因素辨识和基于能量级的重大危险源辨识和管控，以及当前推行的隐患排查治理的监管方式，前者是针对固有危险性的监管，实质是一种静态的监管方式；后者是局部、间断的监管方式，缺乏持续的全过程控制。重大危险源不一定有重大隐患，重大隐患不确定有重大风险，小隐患有高风险。而重大风险才是系统安全的本质核心。现行的以固有危险作为监管分级依据的做法，往往放走了"真老虎""大老虎""活老虎"，以重大风险作为监管目标，才能实现真正意义的科学分类分级监管。因此，在安全监管的对象上，需要从静态局部的监管为动态系统的监管。

第二，从监管过程的视角，实现变事故结果、事后、被动的监管为全过程的、主动的、系统的监管。安全系统涉及的风险因素事件链，从上游至下游涉及危险源、危险危害、隐患、缺陷、故障、事件、事故等，传统的经验型监管主要以事故、事件、缺陷、故障等偏下游的监管，显然，这种监管方式没有突出源头、治本、超前、预防的特征，不符合"预防为主"的方针。同时，还具有成本高、代价大的特点。应用 RBS 的监管理论和方法，将实现风险因素的全过程，并突出超前、预防性。

第三，从监管方法的视角，需要变形式主义式的约束监管方式为本质安全的激励监管方式。目前普遍以安全法规、标准作为监管依据的做法是必要的，但是，是不够的。因为，做到符合、达标是安全的底线，是基本的，不是充分的。因此，安全的监管目的不能仅仅是审核行为符合、形式达标，而要以是否实现本质安全为标准，追求安全的更好，安全的卓越。为此，就需要以风险最小化、安全最大化为安全监管的目标。这样的方式、方法才是最科学、合理的。

第四，从监管模式的视角，需要变缺陷管理模式为风险管理模式。以问题为导向的管理，如隐患管理和缺陷管理，具有预防、超前的作用，但是，仅仅是初级的科学管理，常常是从上到下的管理模式，缺乏基层、现场的参与。而风险管理模式需要监管与被监管的互动，并且具有定量性和分级性，可实现多层级的匹配监管。

第五，从监管生态的视角，需要变安全监管的对象为安全监管的动力。现代安全管理的基本理念是参与式管理和自律式管理。通过基于风险的管理方式将监管者与被监管的管理目标（安全风险可接受）一致性，能够调动被监管的积极性，变被监管的阻力因素为参与监管的动力因素。

第六，从监管效能的视角，实现变随机安全效果为持续安全效能。迫于事故的经验型监管和依据法规、标准的规范型监管，都不能确定安全监管对事故预防的效果，即监管措施与公共安全的关系是随机的，不具确定性。这也是常常出现合法、达标、审核、检查等通过的企业还会发生重大事故的原因。应用基于风险的监管符合安全本质规律，能够在安全监管资源有限的条件下，达到监管安全最优化和最大化，因此，RBS/M 是持续安全、安全发展的必需的有效工具。

(3) RBS/M 的应用实证

RBS/M——基于风险的监管与国际的 RBI（基于风险的检验）原理与方法一脉相承。RBI 在石油工程领域长输管线的检验、检查等风险管理方面获得了巨大成功。在特种设备的安全监管领域，依托"十二五"国家科技支撑课题"基于风险的特种设备安全监管关键技术研究"，研发、探索了基于风险的企业分类监管、设备分类监管、事故隐患分级排查治理、典型事故风险预警、高危作业风险预警、行政分级许可制度、政府职能转变风险分析等特种设备风险管理技术和方法。在公共安全综合监管领域，一些地区采取了公共安全分级监管的方案，如北京市顺义区《公共安全分类分级管理工作实施方案》，对公共安全监管手段做了新的尝试；泰安市安监局正在研究开发针对高危行业重大事故、人员密集场所活动、工程建设项目、危险源（点）、事故隐患排查、气象灾害、特种设备、高危作业、职业危害等方面的基于风险的监测、预警、预控监管模式及信息系统。

RBS/M——基于风险的监管方法具有全面性、系统性、针对性、动态性、科学性和合理性的特点，能够解决政府和企业安全管理现实中监管资源不足、监管对象盲目、监管过程失控、监管效能低下等现实问题，从而对提高公共安全监管水平和事故防控能力发挥作用。目前 RBS/M 的理论和方法还在发展和完善中，在理论上需要深入的研究探索和培训，在实践上需要广泛的应用实验和验证。我们坚信作为基于安全本质和规律的RBS/M方法必然对提升我国的公共安全监管水平发挥积极重要的作用。

## 参考文献


[1] 罗云．安全感源于对安全的正确认识．上海消防，2003（04）：22-23.

[2] 刘铁民，等．职业安全健康管理体系入门丛书．北京：中国社会出版社，2000.

[3] 国家安全生产监督管理局政策法规司．安全文化新论．北京：煤炭工业出版社，2002.

[4] 国家安全生产监督管理局政策法规司．安全文化论文集．北京：中国工人出版社，2002.

[5] 库尔曼著［德］．安全科学导论．赵云胜，罗云等，译．北京：中国地质大学出版社，1991.

[6] 石油工业安全专业标准化技术委员会秘书处．石油天然气工业健康、安全与环境管理体系宣贯教材．北京：石油工业出版社，1997.

[7] Health and Safety Executive. The costs to Britain of workplace accidents and work related ill health in 1995/1996. HSE Books，1999.

[8] 吴宗之．职业安全卫生管理体系试行标准应用指南．北京：气象出版社，2000.

[9] 解增武，罗云．国内外职业安全健康立法及监督体制对比分析．安全生产报，1996.

[10] 赵一归，罗云，解增武．职业安全卫生管理体系法规多媒体信息系统的设计．劳动安全健康，2000（4）：27-28.

[11] 国家安全科学技术研究中心．中国安全生产监管体制研究报告．2003.

[12] 邸妍编译．英国安全卫生委员会2001至2004年战略计划．现代职业安全，2001（11）.

[13] 中国劳动保护科技学会．安全工程师专业培训教材（安全生产法律基础与应用）．北京：海洋出版社，2001.

[14] 罗云．二十一世纪安全管理科学展望．中国安全科学，2002（3）.

[15] Takala J. Safe work for the world and Related Challenges//中国安全生产论坛文集，2002.

[16] 周炯亮，李鸿光，Alison Margary．涉外工业职业安全健康指南．广州：广东科技出版社，1997.

[17] 徐德蜀，等．中国企业安全文化活动指南．北京：气象出版社，1996.

[18] 徐德蜀，等．中国安全文化建设研究与探索．成都：四川科学技术出版社，1994.

[19] 罗云，等．安全文化百问百答．北京：北京理工大学出版社，1995.

[20] 王伯金．企业安全教育三部曲．安全导报，1996-4-24.

[21] 王月风．安全宣传教育手册．北京：中国劳动出版社，1993.

[22] 李鸿光．安全管理：香港的经验．赵欲李，译．北京：中国劳动出版社，1995.

[23] 罗云．安全科学导论．北京：中国标准出版社，2013.

[24] 姚建，张驥，徐景德．安全科学与工程学科类专业发展浅析．华北科技学院学报，2015，12（4）：88-91.

[25] 徐志胜，姜学鹏，等．安全系统工程．第3版．北京：机械工业出版社，2016.

[26] 罗云．现代安全管理．第3版．北京：化学工业出版社，2016.

[27] 罗云，黄西菲，许铭．安全生产科学管理的发展与趋势探讨．中国安全生产科学技术，2016，12（10）：5-11.

[28] 罗云．员工安全行为管理．第3版．北京：化学工业出版社，2017.

[29] 罗云．安全经济学．第3版．北京：化学工业出版社，2017.

[30] 吴大明．国外安全工程学科（专业）高等教育发展现状．中国安全生产，2017（5）.

[31] 樊运晓，高远，裴晶晶．由欧洲高校安全学科发展看安全工程专业属性．中国安全科学学报，2017.

[32] 罗云．企业安全文化建设．第3版．北京：煤炭工业出版社，2018.

[33] 裴文田．企业安全文化建设理论与实践．北京：红旗出版社，2014.

# 8 安全生产法律法规和标准

## 8.1 安全生产法律法规的性质与作用

### 8.1.1 安全生产法律法规的概念

安全生产法律法规是指在生产过程中产生的同劳动者或生产人员的安全与健康，以及生产资料和社会财富安全保障有关的各种社会关系的法律规范的总和。安全生产法律法规是国家法律体系中的重要组成部分。我们通常说的安全生产法律法规是对有关安全生产的法律、规程、条例、规范的总称。例如全国人大和国务院及有关部委、地方政府颁发的有关安全生产、职业安全健康、劳动保护等方面的法律、规程、决定、条例、规定、规则及标准等，都属于安全生产法律法规范畴。

安全生产法规有广义和狭义两种解释，广义的安全生产法律法规是指我国保护劳动者、生产者和保障生产资料及财产的全部法律规范。因为，这些法律规范都是为了保护国家、社会利益和劳动者、生产者的利益而制定的。例如关于安全生产技术、安全工程、工业卫生工程、生产合同、工伤保险、职业技术培训、工会组织和民主管理等方面的法律法规。狭义的安全生产法律法规是指国家为了改善劳动条件，保护劳动者在生产过程中的安全和健康，以及保障生产安全所采取的各种措施的法律规范。如职业安全健康规程；对女工和未成年工劳动保护的特别规定；关于工作时间、休息时间和休假制度的规定；关于劳动保护的组织和管理制度的规定等。安全生产法律法规的表现形式是国家制定的关于安全生产的各种规范性文件，它可以表现为享有国家立法权的机关制定的法律，也可以表现为国务院及其所属的部、委员会发布的行政法规、决定、命令、指示、规章以及地方性法规等，还可以表现为各种安全卫生技术规程、规范和标准。

安全生产法律法规是党和国家的安全观、安全生产方针政策的集中表现，是上升为国家和政府意志的一种行为准则。它以法律的形式规定人们在生产过程中的行为规则，规定什么是合法的，可以去做，什么是非法的，禁止去做；在什么情况下必须怎样做，不应该怎样做等等，用国家强制力来维护企业安全生产的正常秩序。因此，有了各种安全生产法律法规，就可以使安全生产工作做到有法可依、有章可循。谁违反了这些法律法规，无论是单位或个人，都要负法律上的责任。

### 8.1.2 安全生产法律法规的特征

安全生产法律法规是国家法律法规体系的一部分，因此它具有法的一般特征。

我国安全生产法律法规制度的建立与完善，与党的安全生产政策有密切的关系。这种关系就是政策是法规的依据，法规是政策的定型化、条文化。在过去很长一段时期，我国的法制很不完备，没有安全生产法律法规的场合，只能依照党的安全生产政策做好安全生产工作。这时，党的安全生产政策实际上已经起了法律法规的作用，已赋予了它一种新的属性，这种属性是国家所赋予的而不是政策本身就具有的。

我国安全生产法律法规的特点有：保护的对象是劳动者、生产经营人员、生产资料和国家财产；安全生产法律法规具有强制性的特征；安全生产法律法规涉及自然科学和社会科学领域，因此既有政策性特点，又有科学技术性特点，

### 8.1.3 安全生产法律法规的本质

我国的社会主义法制是实现人民民主专政，保障和促进社会主义物质文明和精神文明建设的重要工具。社会主义法制包括制定法律和制度以及对法律和制度的执行与遵守两个方面。二者密切联系，互为条件。社会主义法制健全与否的标志，不仅取决于是否有完备的法律和制度，从根本上说，决定于这些法律和制度在现实生活中是否真正得到遵守和执行。我国社会主义法制的基本要求是："有法可依，有法必依，执法必严，违法必究"。

安全生产工作的最基本任务之一是进行法制建设。以法律、法规文件来规范企业经营者与政府之间、劳动者与经营者之间、劳动者与劳动者之间、生产过程与自然界之间的关系。把国家保护劳动者的生命安全与健康，生产经营人员的生产利益与效益，以及保障社会资源和财产的需要、方针、政策具体化、条文化。通过制定法律、法规，建立起一套完整的、符合我国国情的、具有普遍约束力的安全生产法律规范。做到企业的生产经营行为和过程有法可依、有章可循。目前，我国的安全生产法律法规已初步形成一个以宪法为依据的，由有关法律、行政法规、地方性法规和有关行政规章、技术标准所组成的综合体系。由于制定和发布这些法规的国家机关不同，其形式和效力也不同。这是一个多层次的、依次补充和相互协调的立法体系。

在现行的安全生产法律法规体系中，除法律法规外，为数最多的是国务院有关部门和省、自治区、直辖市人民政府在其职权范围内制定和发布的行政规章，这些行政规章，是依据法律法规的规定，就安全生产管理和生产专业技术问题做出的实施性或补充性的规定，具有行政管理法规的性质。此外，县级以上人民政府及政府部门，还制定和发布了大量的从属性规范性文件，如实施办法、细则、通知等。这些行政规章和从属性、规范性的文件，是对安全生产法律法规的重要补充，是贯彻实施法律法规，建立安全生产工作秩序的必要依据。

### 8.1.4 安全生产法律法规的作用

安全生产法律法规的作用主要表现在以下几个方面：

① 为保护劳动者的安全健康提供法律保障。我国的安全生产法律法规是以搞好安全生产、工业卫生、保障员工在生产中的安全、健康为目的的。它不仅从管理上规定了人们的安全行为规范，也从生产技术上、设备上规定了实现安全生产和保障员工安全健康所需的物质条件。多年安全生产工作实践表明，切实维护劳动者安全健康的合法权益，单靠思想政治教育和行政管理不行，不仅要制定出各种保证安全生产的措施，而且要强制人人都必须遵守规章，要用国家强制力来迫使人们按照科学办事，尊重自然规律、经济规律和生产规律。

② 加强安全生产的法制化管理。安全生产法律法规是加强安全生产法制化管理的章程，很多重要的安全生产法律法规都明确规定了各个方面加强安全生产、安全生产管理的

职责，推动了各级领导特别是企业领导对劳动保护工作的重视，把这项工作摆上领导和管理的议事日程。

③ 指导和推动安全生产工作的开展，促进企业安全生产。安全生产法律法规反映了保护生产正常进行、保护劳动者安全健康所必须遵循的客观规律，对企业搞好安全生产工作提出了明确要求。同时，由于它是一种法律规范，具有法律约束力，要求人人都要遵守，这样，它对整个安全生产工作的开展具有用国家强制力推行的作用。

④ 推进生产力的提高，保证企业效益的实现和国家经济建设事业的顺利发展。安全生产是全社会和生产企业十分关切，关系到他们全民、全员切身利益的大事，通过安全生产立法，使劳动者的安全健康有了保障，员工能够在符合安全健康要求的条件下从事劳动生产，这样必然会激发他们的劳动积极性和创造性，从而促使劳动生产率的大大提高。同时，安全生产技术法规和标准的遵守和执行，必然提高生产过程的安全性，使生产的效率等到保障和提高，从而提高企业的生产效率和效益。

安全生产法律法规对生产的安全卫生条件提出与现代化建设相适应的强制性要求，这就迫使企业领导在生产经营决策上，以及在技术、装备上采取相应措施，以改善劳动条件、加强安全生产为出发点，加速技术改造的步伐，推动社会生产力的提高。

在我国现代化建设过程中，安全生产法律法规以法律形式，协调人与人之间、人与自然之间的关系，维护生产的正常秩序，为劳动者提供安全、健康的劳动条件和工作环境，为生产经营者提供可行、安全可靠的生产技术和条件，从而产生间接生产力作用，促进国家现代化建设的顺利进行。

### 8.1.5　我国的安全生产法治对策及任务

(1) 安全生产法治对策

实现企业的安全生产目标，需要通过工程技术的对策、教育的对策和管理的对策。管理的对策中包涵行政、法治、经济、文化等手段。显然，法治对策是保障安全生产的重要手段之一。国家的安全生产法治对策是通过如下几方面的工作来实现的：

① 落实安全生产责任制度。安全生产责任制度是安全生产的最基本制度，通过安全责任制的落实，建立“党政同责”“一岗双责”“人人有责”的责任体系，使安全生产保障措施得到有效的执行。

② 实行强制的国家安全生产监督。国家安全生产监督就是指国家授权行政部门设立的监督机构，以国家名义并运用国家权力，对企业单位、事业单位和有关机关履行安全生产职责、执行劳动保护政策和安全生产法律法规的情况，依法进行的监督、纠正和惩戒工作，是一种专门监督，是以国家名义依法进行的具有高度权威性、公正性的监督执法活动。

③ 推行行业的综合专业化安全管理。这是指行业的安全生产管理要围绕着行业安全生产的特点和需要，在技术标准、行业管理条例、工作程序、生产规范，以及生产责任制度方面进行全面的建设，实现专业化安全管理的目标。

④ 依靠工会发挥群众监督作用。群众监督是指在工会的统一领导下，监督企业、行政和国家有关劳动保护、安全技术、工业卫生等法律、法规、条例的贯彻执行情况；参与有关部门制定安全生产和安全生产法律法规、政策；监督企业安全技术和劳动保护经费的落实和正确使用情况；对安全生产提出建议等方面。

(2) 安全生产法治任务

我国安全生产法律法规建设的主要任务如下：

① 制定以《安全生产法》为核心的配套的安全生产法律法规体系。我国安全生产法规体系中，《安全生产法》是一部综合性、基础性的法律。为了保证《安全生产法》的全面实施，需要一系列的配套法规来支持。

② 完善安全卫生技术标准体系。安全卫生标准是安全生产的技术基础，是安全生产水平提高的重要保证。一方面应提高标准的技术指标，使标准更具先进性，同时还要填补安全卫生标准的空白，构建起一个全面完善的安全卫生标准体系。

③ 对法律法规进行适时修订。法律法规要随时间和条件的变化不断更新修订，没有一成不变的法律法规。随着安全生产管理体制的变革，以及经济的发展和技术的进步，法律、法规、规范、标准应不断地修订、改进和完善。

④ 注重与国际接轨。全球经济一体化和加入 WTO 要求我国的安全生产法制体系与国际接轨，同时，我国也是国际劳工组织的会员国，必须遵守国际劳工公约和建议书所规定的条款，借鉴和学习国外先进、成功且适合我国的法律法规体系。

## 8.2　我国安全生产的法律法规体系

### 8.2.1　我国安全生产法律法规基本体系

安全生产是一个系统工程，需要建立在各种支持基础之上，而安全生产的法律法规体系尤为重要。按照“安全第一，预防为主，综合治理”的安全生产方针，国家制定了一系列的安全生产、劳动保护的法律法规。据统计，中华人民共和国成立以来，颁布并在用的有关安全生产、劳动保护的主要法律法规内容包括综合类、安全卫生类、三同时类、伤亡事故类、女工和未成年工保护类、职业培训考核类、特种设备类、防护用品类和检测检验类。其中以法的形式出现，对安全生产、劳动保护具有十分重要作用的是《安全生产法》《矿山安全法》《职业病防治法》等，与此同时，国家还制定和颁布了数百余项安全卫生方面的国家标准。根据我国立法体系的特点，以及安全生产法规调整的范围不同，安全生产法律法规体系由若干层次构成（如图 8.1 所示）。

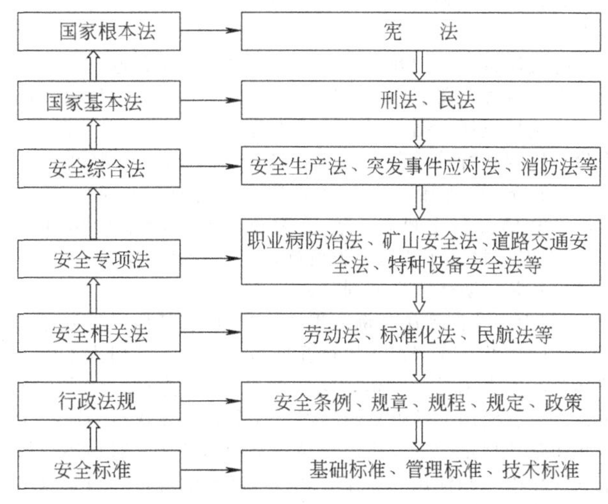


图 8.1　安全生产法律法规体系及层次

### 8.2.2　安全技术法律法规

安全技术法律法规是指国家为搞好安全生产，防止和消除生产中的灾害事故，保障员工人身安全而制定的法律规范。国家规定的安全技术法律法规，是对一些比较突出或有普遍意义的安全技术问题规定其基本要求，一些比较特殊的安全技术问题，国家有关部门也制定并颁布了专门的安全技术法律法规。

(1) 设计、建设工程安全方面

《安全生产法》第二十八条规定：生产经营单位新建、改建、扩建工程项目（以下统称建设项目）的安全设施，必须与主体工程同时设计、同时施工、同时投入生产和使用。安全设施投资应当纳入建设项目概算。1996年10月，原劳动部颁发的《建设项目（工程）劳动安全卫生监察规定》（部分有效）中明确要求，“在组织建设项目可行性研究时，应有劳动安全卫生的论证内容，并将论证内容作为可行性研究报告的专门章（节）编入可行性研究报告；”“在编制（或审批）建设项目计划任务书时，应编制（或审批）劳动安全卫生设施所需投资，并纳入投资控制数额内；”《矿山安全法》专门设立一章，对矿山的设计、施工中的安全规程和技术规范提出了具体要求，并规定矿山建设工程的设计文件，必须符合矿山安全规程和行业技术规范，并按照国家规定经管理矿山企业的主管部门批准；不符合矿山安全规程和行业技术规范的，不得批准。

(2) 机器设备安全装置方面

《安全生产法》第三十三条规定：安全设备的设计、制造、安装、使用、检测、维修、改造和报废，应当符合国家标准或者行业标准。生产经营单位必须对安全设备进行经常性维护、保养，并定期检测，保证正常运转。维护、保养、检测应当作好记录，并由有关人员签字。《劳动法》第五十三条规定：劳动安全卫生设施必须符合国家规定的标准。对于机器设备的安全装置，国家职业安全健康设施标准中有明确要求，如传动带、明齿轮、砂轮、电锯、联轴节、转轴、皮带轮等危险部位和压力机旋转部位有安全防护装置；机器转动部分设自动加油装置。

(3) 特种设备安全措施方面

《安全生产法》第三十四条规定：生产经营单位使用的危险物品的容器、运输工具，以及涉及人身安全、危险性较大的海洋石油开采特种设备和矿山井下特种设备，必须按照国家有关规定，由专业生产单位生产，并经具有专业资质的检测、检验机构检测、检验合格，取得安全使用证或者安全标志，方可投入使用。检测、检验机构对检测、检验结果负责。

电气设备、锅炉和压力容器等都属于使用普遍且安全问题突出的特种设备。《特种设备安全法》规定了特种设备的生产（包括设计、制造、安装、改造、修理）、经营、使用、检验、检测和特种设备安全的监督管理的要求。《特种设备安全监察条例》将锅炉、压力容器（含气瓶，下同）、压力管道、电梯、起重机械、客运索道、大型游乐设施和场（厂）内专用机动车辆八大类设施规定为特种设备。

(4) 防火防爆安全规则方面

《矿山安全法实施条例》规定：“煤矿和其他有瓦斯爆炸可能性的矿井，应当严格执行瓦斯检查制度，任何人不得携带烟草和点火用具。”《消防法》中规定：“生产、储存、运输、销售、使用、销毁易燃易爆危险品，必须执行消防技术标准和管理规定。”《危险化学品安全管理条例》对易燃易爆化学物品生产和使用、储存、经营以及运输等过程应采取的安全措施提出了具体要求。

(5) 工作环境安全条件方面

《安全生产法》第三十九条规定：生产、经营、储存、使用危险物品的车间、商店、仓库不得与员工宿舍在同一座建筑物内，并应当与员工宿舍保持安全距离。生产经营场所和员工宿舍应当设有符合紧急疏散要求、标志明显、保持畅通的出口。禁止锁闭、封堵生产经营场所或者员工宿舍的出口。《矿山安全法》也对矿井的安全出口、出口之间的直线水平距离以及矿山与外界相通的运输和通信设施等作了规定。

(6) 个体安全防护方面

《安全生产法》第四十二条规定：生产经营单位必须为从业人员提供符合国家标准或者行业标准的劳动防护用品，并监督、教育从业人员按照使用规则佩戴、使用。《职业病防治法》第二十二条规定：“用人单位必须采用有效的职业病防护设施，并为劳动者提供个人使用的职业病防护用品。”《劳动法》《煤炭法》《矿山安全法》等国家法律法规也都对企事业单位对劳动者提供必要的防护用品提出了明确要求。

### 8.2.3　职业健康法律法规

职业健康法律法规是指国家为了改善劳动条件，保护员工在生产过程中预防和消除职业病和职业中毒而制定的各种法律法规规范。这里既包括职业健康保障措施的规定，也包括有关预防医疗保健措施的规定。我国现行职业健康方面的法律法规主要有：全国人民代表大会颁布的《环境保护法》《乡镇企业法》《煤炭法》等，国务院颁布的《职业病防治法》《放射性同位素与射线装置安全和防护条例》等，有关部门颁布的《工业企业设计卫生标准》《工业企业噪声卫生标准》《微波辐射暂行卫生标准》《防暑降温措施管理办法》《乡镇企业职业健康管理办法》《职业病范围和职业病患者处理办法的规定》（部分废止）等。2002年5月1我国正式实施《职业病防治法》，使我国的职业病防治的法律法规管理提高到了一个新的高度和层次。2018年12月，《职业病防治法》根据第十三届全国人民代表大会常务委员会第七次会议《全国人民代表大会常务委员会关于修改〈中华人民共和国劳动法〉等七部法律的决定》第四次修正。

与安全技术法律法规一样，国家职业健康法律法规也对具有共性的工业卫生问题提出具体要求。

(1) 工矿企业设计、建设的职业健康方面

2010年，卫生部会同全国有关单位对2002年颁发的《工业企业设计卫生标准》进行了修订，新的《工业企业设计卫生标准》对工业企业设计过程中尘毒危害治理，对生产过程中尚不能完全消除的职业性有害因素的综合控制措施，对承担工业企业卫生设计的设计人员的素质等提出了明确要求。《职业病防治法》第十八条规定：建设项目的职业病防护设施所需费用应当纳入建设项目工程预算，并与主体工程同时设计、同时施工、同时投入生产和使用。建设项目的职业病防护设施设计应当符合国家职业卫生标准和卫生要求；其中，医疗机构放射性职业病危害严重的建设项目的防护设施设计，应当经卫生行政部门审查同意后，方可施工。建设项目在竣工验收前，建设单位应当进行职业病危害控制效果评价。医疗机构可能产生放射性职业病危害的建设项目竣工验收时，其放射性职业病防护设施经卫生行政部门验收合格后，方可投入使用；其他建设项目的职业病防护设施应当由建设单位负责依法组织验收，验收合格后，方可投入生产和使用。

(2) 防止粉尘危害方面

1984年《国务院关于加强防尘防毒工作的决定》规定：“各经济主管部门和企业、事业主管部门，对现有企业、事业单位进行技术改造时，必须同时解决尘毒危害和安全生产问题”。1987年《尘肺病[❶]防治条例》中规定：“凡有粉尘作业的企业、事业单位应采取综合防尘措施和无尘或低尘的新技术、新工艺、新设备，使作业场所的粉尘浓度不超过国家卫生标准”。该条例还规定了警告、期限治理、罚款和停产整顿的各项条款。

❶ 肺尘埃沉着病，下同。

（3）防止有毒物质危害方面

《工业企业设计卫生标准》（GBZ 1）规定了我国各类工业企业设计的工业卫生基本标准，它从工业企业的设计、施工到生产过程等多个环节，提出了职业健康学的基本要求。2013年12月23日，国家卫生计生委等4部门联合印发《职业病分类和目录》，将60种职业性化学中毒列为法定职业病。《职业病防治法》第二十五条规定：对可能发生急性职业损伤的有毒、有害工作场所，用人单位应当设置报警装置，配置现场急救用品、冲洗设备、应急撤离通道和必要的泄险区。

（4）防止物理危害因素和伤害方面

《工业企业噪声控制设计规范》（GB/T 50087）规定，"工业企业的生产车间的噪声限值为85dB（A）。车间内休息室、值班室等室内背景噪声限值为75dB（A）。"《微波辐射暂行卫生标准》对微波设备的出厂性能鉴定要求进行了严格的规定。《矿山安全法实施条例》规定："开采放射性矿物的矿井，应当采取有效措施减少氡气析出量"。《放射性同位素与射线装置放射防护条例》中规定："在从事生产、使用、销售放射性同位素和含放射源的射线装置前，必须向省、自治区、直辖市的卫生行政部门申请许可，并向同级公安部门登记。"《职业病防治法》第二十五条规定：对放射工作场所和放射性同位素的运输、储存，用人单位必须配置防护设备和报警装置，保证接触放射线的工作人员佩戴个人剂量计。对职业病防护设备、应急救援设施和个人使用的职业病防护用品，用人单位应当进行经常性的维护、检修，定期检测其性能和效果，确保其处于正常状态，不得擅自拆除或者停止使用。第二十九条规定：向用人单位提供可能产生职业病危害的化学品、放射性同位素和含有放射性物质的材料的，应当提供中文说明书。说明书应当载明产品特性、主要成分、存在的有害因素、可能产生的危害后果、安全使用注意事项、职业病防护以及应急救治措施等内容。产品包装应当有醒目的警示标识和中文警示说明。储存上述材料的场所应当在规定的部位设置危险物品标识或者放射性警示标识。

（5）职业健康个体防护方面

《国营企业员工个人防护用品发放标准》对发放防护用品的原则和范围、不同行业同类工种发放防护服的标准、行业性的主要工种发放防护服的标准、发放防寒服的标准以及其他防护用品的发放标准等做了具体规定。1996年4月原劳动部发布了《劳动防护用品管理规定》，对劳动防护用品的研制、生产、经营、发放、使用和质量检验等做出了规定。2000年国家经贸委发布了《劳动保护用品配备标准（试行）》，对工业企业各种工种工人的劳动保护用品配备标准做出了明确、具体的规定。《职业病防治法》第二十二条规定：用人单位必须采用有效的职业病防护设施，并为劳动者提供个人使用的职业病防护用品。用人单位为劳动者个人提供的职业病防护用品必须符合防治职业病的要求；不符合要求的，不得使用。第二十五条规定：对可能发生急性职业损伤的有毒、有害工作场所，用人单位应当设置报警装置，配置现场急救用品、冲洗设备、应急撤离通道和必要的泄险区。对放射工作场所和放射性同位素的运输、储存，用人单位必须配置防护设备和报警装置，保证接触放射线的工作人员佩戴个人剂量计。对职业病防护设备、应急救援设施和个人使用的职业病防护用品，用人单位应当进行经常性的维护、检修，定期检测其性能和效果，确保其处于正常状态，不得擅自拆除或者停止使用。

（6）工业卫生辅助设施方面

《工业企业设计卫生标准》也专门设立一章，对辅助用室作出一般规定，对车间卫生用室、生活用室、妇女卫生室的基本卫生要求进行了规定。《职业病防治法》第十五条要求工作场所应当符合下列职业卫生要求：有与职业病危害防护相适应的设施；有配套的更衣间、洗浴间、孕妇休息间等卫生设施等。

### 8.2.4 安全生产法规基本制度

安全管理法律法规，是指国家为了搞好安全生产、加强安全生产和劳动保护工作，保护员工的安全健康所制定的管理规范。从广义来讲，国家的立法、监督、监督检查和教育等方面都属于管理范畴。安全生产管理是企业经营管理的重要内容之一，因此，管生产的必须管安全。《宪法》规定，加强劳动保护，改善劳动条件，是国家和企业管理劳动保护工作的基本原则。劳动保护管理制度是各类工矿企业为了保护劳动者在生产过程中的安全、健康，根据生产实践的客观规律总结和制定的各种规章。概括地讲，这些规章制度一方面是属于生产行政管理制度，另一方面是属于生产技术管理制度。这两类规章制度经常是密切联系、互相补充的。

我国安全生产的法律法规基本制度主要是：

（1）安全生产责任制

2018年中共中央国务院发布《地方党政领导干部安全生产责任制规定》；2016年中共中央国务院《关于推进安全生产领域改革发展的意见》提出："严格落实企业主体责任。建立企业全过程安全生产和职业健康管理制度，做到安全责任、管理、投入、培训和应急救援'五到位'"；国务院《关于进一步加强企业安全生产工作的通知》（国发〔2010〕23号）总体要求："强化企业安全生产主体责任落实"；《安全生产法》第三条："安全生产工作应当以人为本，坚持安全发展，坚持安全第一、预防为主、综合治理的方针，强化和落实生产经营单位的主体责任，建立生产经营单位负责、职工参与、政府监管、行业自律和社会监督的机制"；第四条："生产经营单位必须建立、健全安全生产责任制"；国务院安委办《关于全面加强企业全员安全生产责任制工作的通知》（安委办〔2017〕29号）"全面落实企业安全生产主体责任"，建立安全生产工作"层层负责、人人有责、各负其责"的工作体系。

（2）安全教育制度

2014年版《安全生产法》对企业负责人的法律职责中专门增加"组织制定并实施本单位安全生产教育和培训计划"的要求，第二十五条 生产经营单位应当对从业人员进行安全生产教育和培训，保证从业人员具备必要的安全生产知识，熟悉有关的安全生产规章制度和安全操作规程，掌握本岗位的安全操作技能，了解事故应急处置措施，知悉自身在安全生产方面的权利和义务。未经安全生产教育和培训合格的从业人员，不得上岗作业。《特种设备安全法》第十三条要求：特种设备生产、经营、使用单位应当按照国家有关规定配备特种设备安全管理人员、检测人员和作业人员，并对其进行必要的安全教育和技能培训。

（3）安全生产检查制度

《安全生产法》第四十六条要求：生产经营项目、场所发包或者出租给其他单位的，生产经营单位应当与承包单位、承租单位签订专门的安全生产管理协议，或者在承包合同、租赁合同中约定各自的安全生产管理职责；生产经营单位对承包单位、承租单位的安全生产工作统一协调、管理，定期进行安全检查，发现安全问题的，应当及时督促整改。安全检查制度是安全生产许可认证评价、安全生产标准化建设、职业安全健康管理体系运行、安全生产双重预防机制等安全工作的基本制度。

（4）伤亡事故报告处理制度

2007年国务院《生产安全事故报告和调查处理条例》规定了生产安全事故的报告、调查和处理等具体要求。其中第四条规定：伤亡事故的报告、统计、调查和处理工作必须坚持实事求是、尊重科学的原则；对企业发生事故提出"现场立即报告、1h上报"的要求。

(5) 安全生产投入制度

新版《安全生产法》第二十条要求：有关生产经营单位应当按照规定提取和使用安全生产费用，专门用于改善安全生产条件。安全生产费用在成本中据实列支；财政部和安全监管总局2012年发布了《企业安全生产费用提取及使用办法》，对各行业安全生产费用提取标准和使用规范作出具体规定。

(6) 安全生产监督制度

安全生产监督是国家授权特定行政机关设立的专门监督机构，以国家名义并利用国家行政权力，对各行业安全生产工作实行统一监督。在我国，国家授权行政主管部门（应急管理部）行使国家安全生产监督权。国家安全生产监督制度，由国家安全生产监督法规制度、监督组织机构和监督工作实践构成体系。这一体系还与企业、事业单位及其主管部门的内部监督，工会组织的群众监督相结合。

(7) 工伤保险制度

1993年，党的十四届三中全会通过《中共中央关于建立社会主义市场经济体制若干问题的决定》，提出了"普遍建立企业工伤保险制度"的要求。1996年10月原劳动部颁发了《企业员工工伤保险试行办法》（劳部发［1996］266号），2003年国务院发布了《工伤保险条例》，标志着我国探索建立符合社会保险通行原则的工伤保险工作进入了新阶段，2010年国务院发布修改决定，并于2011年实施新修订的《工伤保险条例》。规定了中华人民共和国境内的企业、事业单位、社会团体、民办非企业单位、基金会、律师事务所、会计师事务所等组织和有雇工的个体工商户（以下称用人单位）应当依照本条例规定参加工伤保险，为本单位全部员工或者雇工（以下称员工）缴纳工伤保险费。中华人民共和国境内的企业、事业单位、社会团体、民办非企业单位、基金会、律师事务所、会计师事务所等组织的员工和个体工商户的雇工，均有依照本条例的规定享受工伤保险待遇的权利。

(8) 注册安全工程师职业资格制度

我国于2004年开始推行注册安全工程师执业资格制度，2017年将注册安全工程师列入准入类专业技术人员职业资格。新版《安全生产法》第二十四条规定：危险物品的生产、储存单位以及矿山、金属冶炼单位应当有注册安全工程师从事安全生产管理工作。鼓励其他生产经营单位聘用注册安全工程师从事安全生产管理工作。

2019年1月，应急管理部、人力资源和社会保障部联合发布《注册安全工程师职业资格制度规定》和《注册安全工程师职业资格考试实施办法》，与原有制度相比，《制度规定》和《考试实施办法》主要有以下变化：一是将注册安全工程师设置为高级、中级、初级三个级别，划分为煤矿安全等7个专业类别。二是按照统分结合的管理方式，明确了有关部门职责。三是调整了中级注册安全工程师职业资格考试报名条件、考试科目和考试成绩滚动周期，扩大了中级注册安全工程师职业资格考试部分科目免试人员范围。四是明确了申请注册的人员年龄限制，延长了中级注册安全工程师的注册有效期，增加了注册信息公开共享、使用电子注册证书等条款。五是按照专业类别制定了执业行业界定表，细化了注册安全工程师执业行业范围。六是增加了推进注册安全工程师职业资格国际化的要求。

## 8.3 我国安全生产标准体系

### 8.3.1 安全生产标准的分类与体系

(1) 按标准的法律效力分类

① 强制性标准。为改善劳动条件，加强劳动保护，防止各类事故发生，减轻职业危害，保护员工的安全健康，建立统一协调、功能齐全、衔接配套的劳动保护法律体系和标准体系，强化职业安全健康监督，必须强制执行。在国际上环境保护、食品卫生和职业安全健康问题，越来越引起各国有关方面的重视，制定了大量的安全卫生标准，或在国家标准、国际标准中列入了安全卫生要求，这已成了标准化的主要目的之一。而且这些标准在世界各国都有明确规定，用法律强制执行。在这些标准中，经济上考虑往往是第二位的。

② 推荐性标准。从国家和企业的生产水平、经济条件、技术能力和人员素质等方面考虑，在全国、全行业强制性统一，执行有困难时，此类标准作为推荐性标准执行。如OHSMS标准是一种推荐性标准。

(2) 按标准对象特性分类

① 基础标准。就是对职业安全健康具有最基本、最广泛指导意义的标准。概括起来说，就是具有最一般的共性，因而是通用性很广的那些标准。如名词、术语等。

② 产品标准。就是对职业安全健康产品的型式、尺寸、主要性能参数、质量指标、使用、维修等所制定的标准。

③ 方法标准。把一切属于方法、程序规程性质的标准都归入这一类。如试验方法、检验方法、分析方法、测定方法、设计规程、工艺规程、操作方法等。

(3) 安全生产标准的体系

我国安全生产标准是安全生产法律法规的延伸与具体化，其体系由基础标准、管理标准、安全生产技术标准、其他综合类标准组成，见表8.1所示。

**表8.1 安全生产标准体系**

| 标准类别 | | 标准例子 |
|---|---|---|
| 基础标准 | 基础标准 | 标准编写的基本规定、职业安全健康标准编写的基本规定、标准综合体系规划编制方法、标准体系表编制原则和要求、企业标准体系表编制指南、职业安全健康名词术语、生产过程危险和有害因素分类代码 |
| | 安全标志与报警信号 | 安全色、安全色卡、安全色使用导则、安全标志、安全标志使用导则、工业管路的基本识别色和识别符号、报警信号通则、紧急撤离信号、工业有害气体检测报警通则等 |
| 管理标准 | | 特种作业人员考核标准、危险化学品重大危险源辨识标准、事故分类统计分析标准、职业病统计分析标准、安全系统工程标准、人机工程标准等 |
| 安全生产技术标准 | 安全技术及工程标准 | 机械安全标准、电气安全标准、防爆安全标准、储运安全标准、爆破安全标准、燃气安全标准、建筑安全标准、焊接与切割安全标准、涂装作业安全标准、个人防护用品安全标准、压力容器与管道安全标准等 |
| | 职业卫生标准 | 作业场所有害因素分类分级标准、作业环境评价及分类标准、防尘标准、防毒标准、噪声与振动控制标准、其他物理因素分级及控制标准、电磁辐射防护标准等 |

安全标准虽然处于安全生产法律法规体系的底层，但其调整的对象和规范的措施最具体。安全标准的制定和修订由国务院有关部门按照保障安全生产的要求，依法及时进行。强制性安全标准由于它的重要性，生产经营单位必须执行，这在安全生产法中以法律条文加以强制规范。《安全生产法》第十条规定："国务院有关部门应当按照保障安全生产的要求，依法及时制定有关的国家标准或者行业标准，并根据科技进步和经济发展适时修订。生产经营单位必须执行依法制定的保障安全生产的国家标准或者行业标准。"

### 8.3.2　安全生产标准的作用

概括起来讲，建立适应社会主义市场经济体制的安全生产和职业安全健康法律法规体系和标准体系，已成为保证安全生产的重要内容之一。我国以国家标准为主体的职业安全健康标准体系框架已经形成。标准作为提高科技水平和管理水平的重要技术文件，已经进入安全生产的各个角落，从事故预防、控制、监测，直至职业病诊断、统计，都需要有关的标准加以指导，标准已经成为安全领域中重要的基础工作之一。随着法制建设的日益完善，职业安全健康法规标准对减少员工伤亡事故和职业危害，保护劳动者的安全与健康，发展生产将发挥出更加有效的作用。

系统安全性指标的目标值是事故评价定量化的标准。如果没有评价系统危险性的标准，定量化评价也就失去意义，这将使评价者无法判定系统安全性是否符合要求，以及改善到什么程度才算是系统物的损失和人的伤亡为最小。因此一些国家都制定实现的目标值。我国政府制定具有法律作用的产业安全卫生法，针对设备、装置的设计、安装、改造等颁布一系列国家法律法规和安全卫生标准。根据这些法律法规、标准、规范进行评价，确认系统安全性。

经量化后的危险是否达到安全程度，这就需要有一个界限和标准进行比较，这个标准称为安全指标（或安全标准）。所谓安全指标，就是社会公众可以接受的危险度。它可以是一个风险率、指数或等级，而不是以事故为零作为安全指标，因为事故的发生率不可能为零。这是由于人们的认识能力有限，有时不能完全识别危险性。即使认识了现有的危险，随着生产技术的发展，新工艺、新技术、新设备、新材料、新能源的出现，又会产生新的危险。对已认识到的危险，由于技术资金等因素的制约，也不可能完全杜绝。我们只能使危险尽可能减少，以至逐渐接近于零。当危险降到一定程度，人们就认为是安全的了，霍巴特大学的罗林教授曾给安全下了这样的定义：所谓的安全指判明的危险性不超过允许限度。这就是说世界上没有绝对的安全。安全就是一种可以允许的危险。确定安全指标实际上就是确定危险度或风险率，这个危险度或风险率必须是社会公众允许的、可以接受的。

### 8.3.3　安全生产国家标准颁布状况

我国的安全生产技术标准化工作，是在改革开放的20世纪80年代初期起步的，到2018年国家标准委公布的标准大致分为如下几类：

（1）设计、管理类标准

这类标准主要是指一些为提高安全生产设计、监督或（和）综合管理需要的标准。经常使用的比较重要的有如下标准：

① 作业环境危害方面。《工业企业设计卫生标准》（GBZ1）规定了工作场所中防尘、防毒、防暑、防寒等的基本卫生要求。职业危害程度分级标准有：《冷水作业分级》《高处作业分级》《有毒作业分级》《职业性接触毒物危害程度分级》等以及车间空气中有毒、有害气体或毒物含量方面的标准。

② 事故管理方面。为便于事故的管理和统计分析，在总结我国自己工作经验的基础上，吸收国外的先进标准，制定了我国的《生产安全事故报告和调查处理条例》《企业职工伤亡事故分类》《企业职工伤亡事故经济损失统计标准》《劳动能力鉴定职工工伤与职业病致残等级》《事故伤害损失工作日标准》等。

③ 安全教育方面。为加强特种作业人员的安全技术培训、考核和管理，原国家安全生产监督管理总局公布了《特种作业人员安全技术培训考核管理规定》《爆破作业人员资格条件和管理要求》等。《特种作业人员安全技术培训考核管理规定》规定"特种作业人员应当接受与其所从事的特种作业相应的安全技术理论培训和实际操作培训；特种作业人员的考核包括考试和审核两部分。考试由考核发证机关或其委托的单位负责，审核由考核发证机关负责；特种作业操作证有效期为6年，在全国范围内有效；特种作业操作证每3年复审1次。

（2）安全生产设备、工具类标准

这类标准主要是为了保证生产设备、工具的设计、制造、使用符合安全卫生要求的标准，大致可分为如下几个方面：

1985年，国家公布了《生产设备安全卫生设计总则》（GB 5083），并在1999年进行了修订。标准主要规定了各类生产设备安全卫生设计的基本原则、一般要求和特殊要求。生产设备安全卫生的基本设计原则是：①生产设备及其零部件，必须有足够的强度、刚度、稳定性和可靠性。在按规定条件制造、运输、储存、安装和使用时，不得对人员造成危险。②生产设备正常生产和使用过程中，不应向工作场所和大气排放超过国家标准规定的有害物质。③设计生产设备，应体现人类工效学原则，最大限度地减轻生产设备对操作者造成的体力、脑力消耗以及心理紧张状况。④设计生产设备，应通过下列途径保证其安全卫生：a. 选择最佳设计方案并进行安全卫生评价；b. 对可能产生的危险因素和有害因素采取有效防护措施；c. 在运输、储存、安装、使用和维修等技术文件中写明安全卫生要求。⑤设计生产设备，当安全卫生技术措施与经济效益发生矛盾时，应优先考虑安全卫生技术上的要求，并应按下列等级顺序选择安全卫生技术措施：a. 直接安全卫生技术措施——生产设备本身应具有本质安全卫生性能，即保证设备即使在异常情况下，也不会出现任何危险和产生有害作用；b. 间接安全卫生技术措施——若直接安全卫生技术措施不能实现或不能完全实现时，则必须在生产设备总体设计阶段，设计出其效果与主体先进性相当的安全卫生防护装置，安全卫生防护装置的设计、制造任务不应留给用户去承担；c. 提示性安全卫生技术措施——若直接和间接安全卫生技术措施不能实现或不能完全实现时，则应以说明书或在设备上设置标志等适当方式说明安全使用生产设备的条件。⑥生产设备规定的整个使用期限内，均应满足安全卫生要求。对于可能影响安全操作、控制的零部件、装置等应规定符合产品标准要求的可靠性指标。

对生产设备上的一些通用安全防护装置也制定了国家标准，如《固定式钢梯及平台安全要求》，该标准分别介绍了钢直梯、钢斜梯、工业防护栏杆及钢平台的安全要求。

对一些容易发生事故的机器设备，还制定了专业的安全卫生标准，加强了对起重吊运作业的安全科学管理，如《起重机械安全规程　第1部分：总则》《起重吊运指挥信号》《塔式起重机安全规程》《起重机　安全标志和危险图形符号　总则》等。

压力机械是发生重伤事故最多的一种机械，工人在操作时经常发生手指压伤或冲断事故，这种机械使用的面也比较广，为减少这类事故，连续发布了《冲压车间安全生产通则》《压力机用安全防护装置技术要求》《压力机用感应式安全装置技术条件》《压力机用光电保护装置技术条件》《压力机用手持电磁吸盘技术条件》《磨削机械安全规程》《冷冲压安全规程》等国家标准。

(3) 生产工艺安全卫生标准

这类标准主要是对一些经常发生工伤事故和容易产生职业病的生产工艺，规定了最基本的安全卫生要求。

① 预防工伤事故的生产工艺安全标准。在由于工艺缺陷而造成的工伤事故中，以厂内运输事故最多，1984 年国家发布了《工业企业厂内运输安全规程》，2009 年国家实施了新的《工业企业厂内铁路、道路运输安全规程》，《工业企业厂内运输安全规程》同时废止。新规程规定了工业企业厂内铁路、道路运输所必须遵守的安全要求及工业企业铁路道口的分级、道口的设置、道口安全设施的配备和看守、道口信号和标志等要求。此外，为了预防爆炸火灾事故，还发布了《粉尘防爆安全规程》《爆破安全规程》《氢气使用安全技术规程》《氯气安全规程》《橡胶工业静电安全规程》等国家标准。

② 预防职业病的生产工艺职业健康工程标准。这类标准有《生产过程安全卫生要求总则》等，主要是对生产中各种危害严重的工艺，从厂房布局、工艺设备、通风净化、组织管理等方面提出了防尘和防毒要求。为了预防有机溶剂的危害，还发布了系列涂装作业安全技术规程，规程对涂料的选用、涂装工艺、涂装设备、通风净化以及安全管理等提出了要求。

(4) 防护用品类标准

这类标准是为了控制防护用品质量，使其达到职业安全健康要求。防护用品标准可分为通用标准、门类标准、产品标准三个层次。通用标准主要包括名词术语、通用测试方法以及产品包装标志、验收、检验规则等。门类标准是指防护用品的通用技术要求。根据《劳动防护用品分类与代码》，按防护部位分类，可分为 9 个门类：①头部防护用品门类；②呼吸器官防护用品门类；③眼面部防护用品门类；④听觉器官防护用品门类；⑤手部防护用品门类；⑥足部防护用品门类；⑦躯干防护用品门类；⑧护肤防护用品门类；⑨防坠落用品门类。目前发布的防护用品标准，在头部防护用品门类，有《头部防护 安全帽》《安全帽测试方法》等标准。在呼吸器官防护用品门类，有《呼吸防护用品-自吸过滤式防颗粒物呼吸器》《呼吸防护 自吸过滤式防毒面具》《呼吸防护 自给开路式压缩空气逃生呼吸器》等标准。在眼面部防护用品门类，有《职业眼面部防护 焊接防护 第 1 部分：焊接防护具》《个人用眼护具技术要求》等标准及一些试验方法标准。在听觉器官防护用品门类，有《声学护听器 第 1 部分：声衰减测量的主观方法》等标准。在手部防护用品门类，有《手部防护 通用技术条件及测试方法》《橡胶耐油手套》《手部防护 电离辐射及放射性污染物防护手套》等标准。在足部防护用品门类，有《足部防护 电绝缘鞋》《个体防护装备职业鞋》《足部防护 防化学品鞋》等标准。在躯干防护用品门类，有《防护服装 防静电服》《防护服装 酸碱类化学品防护服》等标准。在护肤防护用品门类，有《劳动护肤剂通用技术条件》等标准。在防坠落用品门类，有《坠落防护 安全绳》《坠落防护 缓冲器》《安全网》《安全带》《坠落防护 水平生命线装置》等标准。

此外，为执行《矿山安全法实施条例》，国家制定了一系列矿山安全卫生标准；为执行《特种设备安全监察条例》，国家制定了一系列特种设备安全标准。

各产业系统还制定了行业的安全技术标准，如建筑行业、石油工业、电力行业等。

## 8.4 中共中央国务院政策文件

### 8.4.1 《中共中央国务院关于推进安全生产领域改革发展的意见》

2016 年 12 月 18 日，《中共中央国务院关于推进安全生产领域改革发展的意见》印发。这是中华人民共和国成立以来第一个以党中央、国务院名义出台的安全生产工作的纲领性文件。文件提出的一系列改革举措和任务要求，为当前和今后一个时期我国安全生产领域的改革发展指明了方向和路径。意见分总体要求、健全落实安全生产责任制、改革安全监管监察体制、大力推进依法治理、建立安全预防控制体系、加强安全基础保障能力建设 6 部分 30 条。

此次意见明确提出，坚守“发展决不能以牺牲安全为代价”这条不可逾越的红线，规定了“党政同责、一岗双责、齐抓共管、失职追责”的安全生产责任体系，要求建立企业落实安全生产主体责任的机制，建立事故暴露问题整改督办制度，建立安全生产监管执法人员依法履行法定职责制度，实行重大安全风险“一票否决”。

意见提出，将研究修改刑法有关条款，将生产经营过程中极易导致重大生产安全事故的违法行为纳入刑法调整范围；取消企业安全生产风险抵押金制度，建立健全安全生产责任保险制度；改革生产经营单位职业危害预防治理和安全生产国家标准制定发布机制，明确规定由国务院安全生产监督管理部门负责制定有关工作。

### 8.4.2 《关于推进城市安全发展的意见》

中共中央办公厅、国务院办公厅于 2018 年 1 月 7 日印发了《关于推进城市安全发展的意见》。意见是转型期城市安全发展的一个指导性文件。意见分总体要求、加强城市安全源头治理、健全城市安全防控机制、提升城市安全监管效能、强化城市安全保障能力、加强统筹推动 6 部分 20 条。

意见明确了推进城市安全发展的指导思想；强调了坚持生命至上、安全第一，坚持立足长效、依法治理，坚持系统建设、过程管控，坚持统筹推动、综合施策的基本原则；提出了城市安全发展的总体目标：到 2020 年，城市安全发展取得明显进展，建成一批与全面建成小康社会目标相适应的安全发展示范城市。在深入推进示范创建的基础上，到 2035 年，城市安全发展体系更加完善，安全文明程度显著提升，建成与基本实现社会主义现代化相适应的安全发展城市。持续推进形成系统性、现代化的城市安全保障体系，加快建成以中心城区为基础，带动周边、辐射县乡、惠及民生的安全发展型城市，为把我国建成富强民主文明和谐美丽的社会主义现代化强国提供坚实稳固的安全保障。

意见在加强城市安全源头治理、健全城市安全防控机制、提升城市安全监管效能、强化城市安全保障能力、加强统筹推动等 5 个方面提出了科学制定规划、完善安全法规和标准、加强基础设施安全管理、加快重点产业安全改造升级、强化安全风险管控、深化隐患排查治理、提升应急管理和救援能力、落实安全生产责任、完善安全监管体制、增强监管执法能力、严格规范监管执法、健全社会化服务体系、强化安全科技创新和应用、提升市民安全素质和技能、强化组织领导、强化协同联动和强化示范引领等 17 项工作要求。

意见明确国务院安全生产委员会负责制定安全发展示范城市评价与管理办法，国务院安全生产委员会办公室负责制定评价细则，组织第三方评价，并组织各有关部门开展复核、公示，拟定命名或撤销命名“国家安全发展示范城市”名单，报国务院安全生产委员会审议通过后，以国务院安全生产委员会名义授牌或摘牌。各省（自治区、直辖市）党委和政府负责本地区安全发展示范城市建设工作。

### 8.4.3 《地方党政领导干部安全生产责任制规定》

中共中央办公厅、国务院办公厅于2018年4月18日印发了《地方党政领导干部安全生产责任制规定》，规定自2018年4月8日起施行。这是我国安全生产领域第一部党内法规，是习近平总书记关于安全生产重要思想的具体化、制度化。规定对县级以上地方各级党委和政府领导班子成员的安全生产职责、考核考察、表彰奖励、责任追究进行明确具体规定。

规定明确了五类地方党政领导干部的不同职责，其中地方各级党委和政府主要负责人是本地区安全生产第一责任人，班子其他成员对分管范围内的安全生产工作负有领导责任。规定要求，县级以上地方各级政府中的安全生产工作，原则上要由担任同级党委常委的同志分管。

地方党政领导干部的安全生产责任落实情况将接受五种形式的考核考察，并作为履职评定、干部任用、奖惩的重要参考。一是纳入党委和政府督察督办内容，进行督促检查；二是持续开展安全生产巡查；三是建立干部安全生产责任考核制度；四是纳入地方党政领导班子及其成员的年度考核、目标责任考核、绩效考核以及其他考核中；五是党委组织部门在考察拟任人选时，考察其履行安全生产工作职责情况。考核结果要定期采取适当方式公布或通报。

规定明确，履职不到位、阻挠干涉监管执法或事故调查处理等五种情形将受到问责，涉嫌职务违法犯罪的，由监察机关依法调查处置。要严格落实安全生产“一票否决”制，对因发生生产安全事故被追究领导责任的地方党政领导干部，在相关时限内，取消考核评优和评选先进资格，不得晋升职务、级别或者重用任职。对工作不力导致生产安全事故人员伤亡和经济损失扩大，或者造成严重社会影响负有主要领导责任的地方党政领导干部，应当从重追究责任。地方党政领导干部对发生生产安全事故负有领导责任且失职失责性质恶劣、后果严重的，不论是否已调离转岗、提拔或者退休，都应当严格追究责任。

规定还制定了从轻追责、免责和表彰奖励的条件。对主动采取补救措施，减少生产安全事故损失或挽回社会不良影响的地方党政领导干部，可以从轻、减轻追究责任。对职责范围内发生生产安全事故，经查实已经全面履行有关职责，并全面落实了党委和政府有关工作部署的，不予追究地方有关党政领导干部的领导责任。对在加强安全生产工作、承担安全生产专项重要工作、参加抢险救护等方面作出显著成绩和重要贡献的地方党政领导干部，由上级党委和政府及时按照有关规定给予表彰奖励。对在安全生产工作考核中成绩优秀的地方党政领导干部，上级党委和政府按照有关规定给予记功或嘉奖。

### 8.4.4 《关于全面加强危险化学品安全生产工作的意见》

中共中央办公厅、国务院办公厅于2020年2月26日印发了《关于全面加强危险化学品安全生产工作的意见》。意见是党中央、国务院加快推进实现危险化学品安全生产治理体系和治理能力现代化的重要举措，着力解决危险化学品安全生产基础性、源头性、瓶颈性问题，全面提升安全发展水平，推动安全生产形势持续稳定好转，为经济社会发展营造安全稳定环境。意见分总体要求、强化安全风险管控、强化全链条安全管理、强化企业主体责任落实、强化基础支撑保障、强化安全监管能力6部分16条。

在源头防范化解危险化学品系统性安全风险方面，意见提出了四个方面举措：一是严格安全准入。明确各地区要坚持有所为、有所不为，确定化工产业发展定位，建立发展改革、工业和信息化、自然资源、生态环境、住房城乡建设和应急管理等部门参与的化工产业发展规划编制协调沟通机制。二是严格标准规范。制定化工园区建设标准、认定条件和管理办法。整合化工、石化和化学制药等安全生产标准，解决标准不一致问题，建立健全危险化学品安全生产标准体系。三是推进产业结构调整。各地区结合实际制定修订并严格落实危险化学品“禁限控”目录，结合深化供给侧结构性改革，依法淘汰不符合安全生产国家标准、行业标准条件的产能，有效防控风险。四是深入开展安全风险排查。严格落实地方党委和政府领导责任，实施最严格的治理整顿。制定实施方案，深入组织开展危险化学品安全三年提升行动。

在强化落实危险化学品企业主体责任方面，意见提出了三个方面举措：一是强化法治措施。积极研究修改刑法相关条款，严格责任追究。推进制定危险化学品安全和危险货物运输相关法律，修改安全生产法、安全生产许可证条例等，强化法治力度。严格执行执法公示制度、执法全过程记录制度和重大执法决定法制审核制度，细化安全生产行政处罚自由裁量标准，强化精准严格执法。落实职工及家属和社会公众对企业安全生产隐患举报奖励制度，依法严格查处举报案件。二是加大失信约束力度。危险化学品生产贮存企业主要负责人（法定代表人）必须认真履责，并作出安全承诺；对因未履行安全生产职责受刑事处罚或撤职处分的，依法对其实施职业禁入；企业管理和技术团队必须具备相应的履职能力，做到责任到人、工作到位，对安全隐患排查治理不力、风险防控措施不落实的，依法依规追究相关责任人责任。对存在以隐蔽、欺骗或阻碍等方式逃避、对抗安全生产监管和环境保护监管，违章指挥、违章作业产生重大安全隐患，违规更改工艺流程，破坏监测监控设施，夹带、谎报、瞒报、匿报危险物品等严重危害人民群众生命财产安全的主观故意行为的单位及主要责任人，依法依规将其纳入信用记录，加强失信惩戒，从严监管。三是强化激励措施。全面推进危险化学品企业安全生产标准化建设，对一、二级标准化企业扩产扩能、进区入园等，在同等条件下分别给予优先考虑并减少检查频次。对国家鼓励发展的危险化学品项目，在投资总额内进口的自用先进危险品检测检验设备按照现行政策规定免征进口关税。落实安全生产专用设备投资抵免企业所得税优惠。提高危险化学品生产贮存企业安全生产费用提取标准。推动危险化学品企业建立安全生产内审机制和承诺制度，完善风险分级管控和隐患排查治理预防机制，并纳入安全生产标准化等级评审条件。

除此之外，意见还在强化危险化学品安全基础保障方面提出要提高科技与信息化水平、加强专业人才培养、规范技术服务协作机制、加强危险化学品救援队伍建设四方面措施；并要求严格落实相关部门危险化学品各环节安全监管责任，实施全主体、全品种、全链条安全监管。

## 8.5 我国与安全生产相关的主要法律法规简介

### 8.5.1 《刑法》

1997年3月14日第八届全国人民代表大会第五次会议修订的《刑法》，对安全生产方面构成犯罪的违法行为的惩罚作了规定。在危害公共安全罪中，刑法第一百三十一～一百三十九条，规定了重大飞行事故罪、铁路运营安全事故罪、交通肇事罪、重大责任事故罪、重大劳动安全事故罪、危险物品肇事罪、工程重大安全事故罪、教育设施重大安全事故罪和消防责任事故罪9种罪名。刑法第一百四十六条规定销售伪劣商品罪，包括生产、销售伪劣商品罪，生产、销售不符合安全标准的产品罪。第三百九十七条规定渎职罪，包括滥用职权罪、玩忽职守罪。此外，还有重大环境污染事故罪、环境监管失职罪。刑事责任是对犯罪行为人的严厉惩罚，安全事故的责任人或责任单位构成犯罪的将被按刑法所规定的罪名追究刑事责任。

2006年6月29日第十届全国人民代表大会常务委员会第二十二次会议刑法修正案（六）对有关安全生产方面的刑事责任追究又作了如下修订。①将刑法第一百三十四条修改为："在生产、作业中违反有关安全管理的规定，因而发生重大伤亡事故或者造成其他严重后果的，处三年以下有期徒刑或者拘役；情节特别恶劣的，处三年以上七年以下有期徒刑。强令他人违章冒险作业，因而发生重大伤亡事故或者造成其他严重后果的，处五年以下有期徒刑或者拘役；情节特别恶劣的，处五年以上有期徒刑。"②将刑法第一百三十五条修改为："安全生产设施或者安全生产条件不符合国家规定，因而发生重大伤亡事故或者造成其他严重后果的，对直接负责的主管人员和其他直接责任人员，处三年以下有期徒刑或者拘役；情节特别恶劣的，处三年以上七年以下有期徒刑。"③在刑法第一百三十五条后增加一条，作为第一百三十五条之一："举办大型群众性活动违反安全管理规定，因而发生重大伤亡事故或者造成其他严重后果的，对直接负责的主管人员和其他直接责任人员，处三年以下有期徒刑或者拘役；情节特别恶劣的，处三年以上七年以下有期徒刑。"④在刑法第一百三十九条后增加一条，作为第一百三十九条之一："在安全事故发生后，负有报告职责的人员不报或者谎报事故情况，贻误事故抢救，情节严重的，处三年以下有期徒刑或者拘役；情节特别严重的，处三年以上七年以下有期徒刑。"

2015年8月29日，第十二届全国人大常委会十六次会议表决通过刑法修正案（九），自2015年11月1日起开始施行。其中对有关安全生产方面的刑事责任追究又作了如下修订。将刑法第一百三十三条之一修改为。"在道路上驾驶机动车，有下列情形之一的，处拘役，并处罚金：①追逐竞驶，情节恶劣的；②醉酒驾驶机动车的；③从事校车业务或者旅客运输，严重超过额定乘员载客，或者严重超过规定时速行驶的；④违反危险化学品安全管理规定运输危险化学品，危及公共安全的。机动车所有人、管理人对前款第三项、第四项行为负有直接责任的，依照前款的规定处罚。有前两款行为，同时构成其他犯罪的，依照处罚较重的规定定罪处罚。"

《刑法》中的安全事故罪列于表8.2。

表8.2 《刑法》中的安全事故罪

| 条款 | 罪名 | 犯罪主体 | 犯罪的主观 | 犯罪的客观 | 处罚 |
|---|---|---|---|---|---|
| 一百三十一 | 重大飞行事故罪 | 特殊主体，航空人员，包括空勤人员和地勤人员 | 过失或自信过大 | 违反规章制度行为 | <3年或拘役、3～7年 |
| 一百三十二 | 铁路运营安全事故罪 | 铁路员工，包括从事运输、管理、建设、维修工作人员 | 过失或自信过大 | 违反规章制度行为 | <3年或拘役、3～7年 |
| 一百三十三 | 交通肇事罪；危险驾驶罪 | 从事交通运输人员（含非正式从事人员） | 过失或自信过大 | 违反交通运输管理法规行为；在道路上驾驶机动车有下列情形之一：①追逐竞驶，情节恶劣的。②醉酒驾驶机动车的。③从事校车业务或者旅客运输，严重超过额定乘员载客，或者严重超过规定时速行驶的。④违反危险化学品安全管理规定运输危险化学品，危及公共安全的 | <3年、3～7年、>7年；处拘役并处罚金 |
| 一百三十四 | 重大责任事故罪；强令违章冒险作业罪 | 工厂、矿山、林场、建筑企业或者其他企业、事业单位的员工 | 过失或自信过大 | 在生产、作业中违反有关安全管理的规定；强令他人违章冒险作业 | <3年或拘役、3～7年；<5年或拘役、>5年 |
| 一百三十五 | 重大劳动安全事故罪 | 工厂、矿山、林场、建筑企业或者其他企业、事业单位 | 过失或自信过大 | 安全生产设施或者安全生产条件不符合国家规定 | <3年或拘役、3～7年 |
| 一百三十六 | 危险物品肇事罪 | 一般主体，包括单位和个人 | 过失，疏忽大意或自信过大 | 违反爆炸性、易燃性、放射性、毒害性、腐蚀性物品的管理规定行为 | <3年或拘役、3～7年 |
| 一百三十七 | 工程重大安全事故罪 | 建设单位、设计单位、施工单位、工程监理单位 | 过失，疏忽大意或自信过大 | 违反国家规定，降低工程质量标准行为 | <5年或拘役并罚金、5～10年并罚金 |
| 一百三十八 | 教育设施重大安全事故罪 | 特殊主体，对学校设施负有采取安全措施和及时报告的直接负责人 | 过失，疏忽大意或自信过大 | 明知校舍或者教育教学设施有危险，而不采取措施或者不及时报告 | <3年或拘役、3～7年 |
| 一百三十九 | 消防事故罪；不报、谎报安全事故罪 | 特殊主体，国家机关、企业、事业内与防火直接有关的主管领导，防火安全保卫人员及其他人员 | 过失，因疏忽而没预见或虽预见但轻信能避免 | 违反消防管理法规，拒绝执行整改措施行为；在安全事故发生后，负有报告职责的人员不报或者谎报事故情况，贻误事故抢救 | <3年或拘役、3～7年；<3年或拘役、3～7年 |
| 一百四十六 | 生产、销售伪劣商品罪 | 一般主体，包括单位和个人 | 间接故意，明知危害但放任危害结果的发生 | 生产、销售伪劣商品行为 | <5年、>5年、罚50%～2倍销售金额 |

续表

| 条款 | 罪名 | 犯罪主体 | 犯罪的主观 | 犯罪的客观 | 处罚 |
|---|---|---|---|---|---|
| 三百九十七 | 滥用职权罪；玩忽职守罪 | 国家机关工作人员 | 过失或带故意 | 滥用职权或者玩忽职守行为；徇私舞弊 | ＜3年或拘役、3～7年；＜5年或拘役、5～10年 |

### 8.5.2 《安全生产法》

《安全生产法》也是我国安全生产法律法规体系的核心。该法于2002年6月29日由第九届全国人民代表大会常务委员会第二十八次会议审议通过，并于同年11月1日施行。在运行了12年后，第十二届全国人民代表大会常务委员会第十次会议于2014年8月31日通过并发布了《安全生产法》的修正案，新版《安全生产法》于2014年12月1日施行。

《安全生产法》的立法是为了加强安全生产工作，防止和减少生产安全事故，保障人民群众生命和财产安全，促进经济社会持续健康发展。新版《矿山安全法》分总则、生产经营单位的安全生产保障、从业人员的安全生产权利义务、安全生产的监督管理、生产安全事故的应急救援与调查处理、法律责任、附则共7章，共114条，其特点表现在以下方面：

(1) 理念更新

① 从底线思维到红线意识。新版《安全生产法》在总则第一条明确了安全生产的一个目标：防止减少安全生产事故；两大目的：保障人民群众的生命安全和财产安全；两大宗旨：促进经济和社会持续健康发展。从中我们可感悟到，安全生产法的目标宗旨既有财产安全和经济社会发展的底线思维，更有生命安全、持续健康全面发展的目标要求，彰显了国家、社会和企业的发展决不能以牺牲人的生命为代价的红线意识。

② 从经济为本到以人为本。新版《安全生产法》在总则第三条明确了“以人为本”的原则，强调了“生命至上、安全为天”的理念。“以人为本”首先要求“一切为了人”，安全生产的目的首先是人的生命安全，在处理安全与经济、安全与生产、安全与速度、安全与成本、安全与效益的关系时，以及面对重大险情和灾害事故应急时，必须以安全优先、生命为大、安全第一；“以人为本”的第二个内涵是“一切依靠人”，因为，人的因素是安全的决定性因素，事故的最大致因是人的不安全行为。

(2) 策略转变

① 从优先发展到安全发展。新版《安全生产法》在第三条提出了“安全发展”的战略总则。强调了“科学发展、健康发展、持续发展”的策略要求。“安全发展”需要做到：发展不能以人的生命为代价，发展必须以安全为前提。相反，如果国家、行业和企业“优先发展”“无限发展”，违背安全发展的规律和要求，在没有安全保障前提下的高速发展，只会增加血的成本和生命的代价，甚或最终遏制发展、葬送发展。

② 从就事论事到系统方略。新版《安全生产法》第三条确立了“安全第一、预防为主、综合治理”的安全生产“十二字方针”，明确了安全生产工作的基本原则、主体策略和系统途径：“安全第一”是基本原则，“预防为主”是主体策略，“综合治理”是系统方略。特别是“综合治理”的系统方略，具有全面、深刻、丰富的内涵。第一，需要国家和各级政府应用行政、科技、法制、管理、文化的综合手段保障安全生产；第二，要求社会、行业、企业应以从人因、物因、环境、管理等系统因素提升安全生产保障能力；第三，从政府到企业、从组织到个人都要具备事前预防、事中应急、事后补救的综合全面能力，强化安全生产基础和建立保障体系；第四，充分发挥党、政、工、团，以及动员社会、员工、舆论等各个方面的参与和作用，提供安全生产支撑力量。由于安全生产面对的是综合、复杂的巨系统，是一项长期、艰巨、复杂的任务和工作，因此，唯采取系统的方略、综合的对策，才能在安全生产保障与事故预防的战役中制胜和奏效。

(3) 模式创新

① 从二元主体到五方机制。新版《安全生产法》第三条确立了“生产经营单位负责、员工参与、政府监管、行业自律、社会监督”的安全工作机制。首先明确了生产经营单位的主体责任，同时重要的是系统阐明了企业、员工、政府、行业、社会多方参与和协调共担的安全生产保障模式和机制。这比一段时期仅仅强调企业负责、政府监管的二元主体模式要全面、充分、合理、科学和有效。

② 从部门管制到协同监管。新版《安全生产法》通过总则诸多条款明确了“管业务必须管安全、管行业必须管安全、管生产经营必须管安全”的“三必须”原则。以法律的形式要求构建“各级政府领导协调、安全部门综合监管、行业部门专业监管”的政府全面参与的立体式（纵向从国务院到乡镇五个层级，横向政府、安监、部门三种力量）的监管模式。这一模式同时体现了“党政同责、一岗双责、谁主管谁负责”的具体要求，是一种系统、全面的协同监管模式，这比单一的安全主管部门的监管模式更为全面、系统、深刻、专业和有力。

(4) 方法突破

① 从形式安全到本质安全。新版《安全生产法》充分强调了安全生产“超前预防、本质安全”的方式和方法。如首次明确强化事故隐患排查治理制度、推行安全生产标准化制度等措施。第三十八条明确的“事故隐患排查治理制度”，具有“事前预防、超前治本、源头控制”的特点，通过隐患的排治，实现生产企业的系统安全、生产设备的功能安全、生产过程的本质安全。第四条明确了“推进安全生产标准化建设”的制度要求。安全生产标准化建设依据国际普遍推行的PDCA管理模式，借鉴全球20世纪90年代以来成功运行的OHSMS职业安全健康管理体系，通过我国多年高危行业的实践和验证，结合我国国情，创新性建立了一套适用各行业的标准化运行机制和流程，对强化安全生产基础，提高企业的本质安全、超前预防的能力和水平将发挥积极重要的作用。

② 从基于经验到应用规律。新版《安全生产法》第二章对生产经营单位的安全生产保障提出了32条款的法律要求，其内容系统、全面，包括落实责任制度、推行“三同时”、加强安全防护措施、推行安全评价制度、安全设备全过程监管、强化危化品和重大危险源监控、交叉作业和高危作业管理等内容。其中，安全投入保障、配备注册安全工程师专管人员、明确安全专管机构及人员职责、强化全员安全培训等是新增加的内容。这些内容充分体现了人防、技防、管防（三E）的科学防范体系，体现了时代对基于规律、应用科学的安全方法论，即实现如下方法方式的转变：变经验管理为科学管理、变事故管理为风险管理、变静态管理为动态管理、变管理对象为管理动力、变事中查治为源头治理、变事后追责到违法惩戒、变事故指标为安全绩效、变被动责

任到安全承诺等。

③ 从技术至胜到文化强基。新版《安全生产法》将原第十七条对于生产经营单位负责人的法律责任从6项增加到7项，增加的内容是："组织制定并实施本单位安全生产教育和培训计划"。第二十五条新增了全员安全培训的规定。上述法律规范体现了新安全生产法对安全文化和人的素质的重视和强调。这一法律要求符合"事故主因论"——事故的主要原因是人的因素（通过对大量事故资料的统计分析，80%以上的事故原因直接与人为因素有关）和"人为因素决定论"。人的安全素质是安全生产基础的基础，安全教育培训是文化强基的重要手段。

④ 从责任失衡到责任体系。安全生产责任体系有诸多角度和方面，主体责任体系，如政府、企业、机构、员工等多个方面；层级责任体系，如政府层级、企业层级等；追责分类体系，包括事前违法责任和事后损害责任，单位负责和个体责任等，对于事后损害的法律责任追究方面，又有刑事法律责任追究、行政法律责任追究和民事法律责任追究等；责任性质分类体系，如违法与违纪责任，直接与间接责任，主要与次要责任，工伤与非工伤，刑事与民事责任等。新版《安全生产法》在安全生产的责任主体、责任层级等，特别是相应的责任追究方面构建了完整的体系。

### 8.5.3 《职业病防治法》

《职业病防治法》于2001年10月27日闭会的第九届全国人大常委会第24次会议上获得表决通过，国家主席江泽民签署第60号主席令予以公布，2002年5月1日实施。2018年12月29日，《职业病防治法》根据第十三届全国人民代表大会常务委员会第七次会议《全国人民代表大会常务委员会关于修改〈中华人民共和国劳动法〉等七部法律的决定》第四次修正。

这部法律的立法目的是为了预防、控制和消除职业病危害，防治职业病，保护劳动者健康及其相关权益，促进经济社会发展。新的《职业病防治法》分总则、前期预防、劳动过程中的防护与管理、职业病诊断与职业病病人保障、监督检查、法律责任、附则共7章，共88条。

### 8.5.4 《矿山安全法》

《矿山安全法》于1992年11月7日第七届全国人大常委会第二十八次会议通过，1993年5月1日实施。该法根据2009年8月27日中华人民共和国主席令第18号《全国人民代表大会常务委员会关于修改部分法律的决定》修改，自公布之日起施行。

《矿山安全法》是保障矿山生产安全，防止矿山事故，保护矿山员工人身安全，促进采矿业的发展的重要专业安全生产法律。《矿山安全法》也是我国在矿业生产领域最高层次的安全生产专业法律。2009年版《矿山安全法》分总则、建设安全、开采安全、安全管理、监督管理、事故处理、法律责任、附则共8章，共397条。

### 8.5.5 《道路交通安全法》

《道路交通安全法》于2003年10月28日第十届全国人民代表大会常务委员会第五次会议通过，由中华人民共和国主席令第八号公布，自2004年5月1日起施行。2011年4月22日，《道路交通安全法》根据第十一届全国人民代表大会常务委员会第二十次会议通过的《全国人民代表大会常务委员会关于修〈中华人民共和国道路交通安全法〉的决定》第二次修改，自2011年5月1日起施行。

这部法律的立法目的是为了维护道路交通秩序，预防和减少交通事故，保护人身安全，保护公民、法人和其他组织的财产安全及其他合法权益，提高通行效率。2011年版《道路交通安全法》分总则、车辆和驾驶人、道路通行条件、道路通行规定、交通事故处理、执法监督、法律责任、附则共8章，共124条。

### 8.5.6 《建筑法》

《建筑法》于1997年11月1日第八届全国人大常委会第28次会议通过，自1998年3月1日起施行。2011年4月22日，《建筑法》根据第十一届全国人大常委会第二十次会议通过的《关于修改〈中华人民共和国建筑法〉的决定》修改，自2011年7月1日起施行。

这部法律的立法目的是为了加强对建筑活动的监督管理，维护建筑市场秩序，保证建筑工程的质量和安全，促进建筑业健康发展。2011年版《建筑法》分总则、建筑许可、建筑工程发包与承包、建筑工程监理、建筑安全生产管理、建筑工程质量管理、法律责任、附则共8章，共85条。

### 8.5.7 《特种设备安全监察条例》

《特种设备安全监察条例》于2003年3月通过了国务院审议，于2003年6月1日起施行，并根据2009年1月24日《国务院关于修改〈特种设备安全监察条例〉的决定》修订。

《特种设备安全监察条例》的立法是为了加强特种设备的安全监察，防止和减少事故，保障人民群众生命和财产安全，促进经济发展。条例分为总则、特种设备的生产、特种设备的使用、检验检测、监督检查、事故预防和调查处理、法律责任和附则共8章，共103条。

### 8.5.8 《工伤保险条例》

《工作保险条例》于2003年4月16日经国务院第5次常务会议讨论通过，自2004年1月1日起施行。条例并根据2010年12月8日国务院第136次常务会议通过的《国务院关于修改〈工伤保险条例〉的决定》进行修改，修改后的《工作保险条例》于2010年12月20日颁布，自2011年1月1日实施。

实施《工作保险条例》的目的是为了保障因工作遭受事故伤害或者患职业病的员工获得医疗救治和经济补偿，促进工伤预防和职业康复，分散用人单位的工伤风险。该条例分为总则、工伤保险基金、工伤认定、劳动能力鉴定、工伤保险待遇、监督管理、法律责任和附则，共8章，共67条。

### 8.5.9 《危险化学品安全管理条例》

《危险化学品安全管理条例》于2002年1月9日国务院第52次常务会议通过，由国务院令第344号发布，条例于2002年3月15日施行。该条例于2013年12月4日根据国务院第32次常务会议通过的《国务院关于修改部分行政法规的决定》修改，自2013年12月7日期起施行。

《危险化学品安全管理条例》的基本宗旨是为了加强危险化学品的安全管理，预防和减少危险化学品事故，保障人民群众生命财产安全，保护环境。2013年版《危险化学品安全管理条例》分总则、生产 储存安全、使用安全、经营安全、运输安全、危险化学品登记与事故应急救援、法律责任、附则共7章，共102条。

## 8.6 国际主要相关职业安全健康法规简介

加入WTO后，中国企业的经济生产和经济活动日益受到国际规范和标准一体化的影响。在职业安全健康领域，相关的国际公约和规范是每一个工程师应该了解和掌握的。

### 8.6.1　国际公约综述

创建于1919年的国际劳工组织其主要目的是制定并采用国际标准来应对包括不公正、艰难、困苦的劳工条件问题。国际劳工公约和建议书是国际劳工标准的基本表现形式，涉及职业安全健康、结社自由和劳资谈判等24个主题。职业安全健康标准除了主要集中在“职业安全健康”主题外，还分布在劳动监察、海员和码头工人等主题中。另外ILO在制定和出台标准时，一直坚持立足于三方原则，即政府、雇主和工人之间的对话与合作，共同创立和执行标准。自1919～2017年，ILO颁布了189项公约和204项建议书，其中，职业安全健康公约22项，建议书27项，这些标准覆盖了安全风险和职业危害较大的设备及物质的措施要求和实施建议，对于预防重大安全事故和职业病事故起到一定的指导作用，已经形成了完善的职业安全健康标准体系。

职业安全健康方面的国际公约按照其内容，可划分为以下三类：

（1）第一类公约（一般规定类）

用来指导成员国为了达到安全健康的工作环境，保证工人的福利与尊严制定方针和措施，包括对危险机械设备安全使用程序的正确监督。这类的标准主要包括：

① 职业安全和卫生公约，1981（No.155），No.164建议书是该公约的补充。该公约要求批准本公约的成员国制定、实施并定期评审国家职业安全健康和工作环境方针，实现在合理可行的范围内，把工作环境中存在的危险因素减少到最低限度，预防源于工作、与工作相关或在工作过程中可能发生的事故和对健康的危害。该方针必须考虑工作环境中各种要素的协调管理，要素之间的关系，培训、交流与合作，以及工人及其代表遵照方针，按照规定的措施要求，采取恰当的行动获取保护。

② 职业卫生设施公约，1985（No.161），No.171建议书是该公约的补充。该公约主要内容是关于使用具有必要的预防功能的设施和负责向雇主、工人和员工代表就履行工作中的安全与健康和使工作适合于人员的能力方面提供咨询服务。该公约要求批准该公约的成员国，制定、实施并定期评审国家职业卫生设施的方针，该方针要着眼于为所有经济活动部门的工人不断地改进和完善这样的设施。

③ 预防重大工业事故公约，1993（No.174），No.181建议书是该公约的补充。该公约主要目的是预防包括危险物质在内的重大工业事故和限制该类事故后果。批准该公约的成员国有责任制定、实施并定期评审国家控制重大事故风险，保护工人、公众和环境的方针。实施该方针的国家标准的细则必须符合本公约条款的要求。

④ 促进职业安全与卫生框架公约，2006（No.187），No.197建议书是该公约的补充。该公约规定建立包括法规、组织机构和工作机制在内的国家职业安全健康体系，制定、实施、监测、评估并定期审查国家职业安全与卫生计划，促进建立国家预防性安全与卫生文化，使政府、雇主和工人积极参与安全卫生事务，促进安全卫生工作的持续改进。

（2）第二类公约（特殊危险保护类）

该类公约针对特殊试剂（白铅、辐射、苯、石棉和化学品）、职业癌症、机械搬运、工作环境中的特殊危险而提供保护。主要包括：

①（航运包装）标识重量公约，1929（No.27）。该公约要求准备航运的任何大于等于1t的包装或物体必须标明其毛重。

② 辐射防护公约，1960（No.115），No.114建议书是对该公约的补充。该公约要求批准该公约的成员国采取一切适宜的措施有效地防止离子辐射对工人构成的安全和健康威胁。此类措施必须包括将工人的暴露限定在最低水平，收集必要的数据，确定最大容许辐射暴露剂量，告知工人所面临的辐射危险，提供适宜的医疗监测。

③ 机械防护公约，1963（No.119），No.118建议书是对该公约的补充。该公约建立了保护工人免受工作场所机械运行所带来的伤害风险的标准。该标准涉及了机械销售、租用、运输等环节及在这些环节中的风险。

④ 最大负重量公约，1967（No.127），No.128建议书是对该公约的补充。该公约责成批准该公约的成员国对单人一次人工搬运的重量作出上限规定。任何工人都不能被强求或容许从事人工搬运这样的重物，即由于其重量的原因，可能危及该搬运工人的安全与健康。

⑤ 苯公约，1971（No.136），No.144建议书是对该公约的补充。该公约要求批准该公约的成员国采取措施，取代、禁止或控制苯在工作场所中的使用。

⑥ 职业癌公约，1974（No.139），No.147建议书是对该公约的补充。该公约责成批准该公约的成员国定期地确定致癌物并对其暴露浓度加以限制。对这些致癌物，批准该公约的成员国必须规定为保护暴露于这些物质中的工人应采取的措施，保存适宜的记录，为工人提供医疗检查并进行必要的评估，掌握工人的暴露程度和健康状态。

⑦ 工作环境（空气污染、噪声和振动）公约，1977（No.148），No.156建议书是对该公约的补充。该公约要求批准该公约的成员国规定应采取的措施，预防、控制和保护工作环境中空气污染、噪声和振动所带来的职业危害。措施的开发必须考虑本公约的要求。

⑧ 石棉公约，1986（No.162），No.172建议书是该公约的补充。该公约应用于在工作过程中接触石棉的所有活动。批准该公约的成员国有责任为预防、控制和保护工人免受由于接触石棉所导致的健康危害而规定必须采取的措施。

⑨ 化学品公约，1990（No.170），No.177建议书是对该公约的补充。该公约要求批准该公约的成员国，按照本国的条件和惯例并在协商最具代表性的雇主组织和工人组织的基础上，制定、实施和定期评审一个工作中安全使用化学品的方针。该方针应明确诸如标签和标识，供应商和雇主的责任，化学品的转移，暴露、操作控制，废弃，信息和培训，工人的职责，工人及其代表的权利以及出口国的责任。

（3）第三类公约（特定行业活动保护类）

本类公约是针对某些经济活动部门，如建筑工业、商业和办公室及码头等提供保护。主要包括：

①（商业和办事处所）卫生公约，1964（No.120），No.120建议书是对该公约的补充。该公约要求批准该公约的成员国采用并保持法律法规的强制性，按照本公约的要求，确保在商业和办公室工作的人员的安全与健康。

②（码头工作）职业安全和卫生公约，1979（No.152），No.160建议书是对该公约的补充。该公约覆盖了所有的船舶装卸工作及相关工作。

③ 建筑安全和卫生公约，1988（No.167）。该公约要求批准该公约的成员国采用并保持法律法规的强制手段，按照本公约的要求，确保在建筑行业工作的工人的安全与健康。No.175建议书是对该公约的补充。

④ 矿山安全与卫生公约，1995（No.176），No.183建议书是对该公约的补充。该公约要求批准该公约的成员国按照本公约的要求，制定、履行并定期评审一个矿山安全与卫生公约。

⑤ 农业中的安全与卫生公约，2003（No.184），No.192建议书是对该公约的补充。该公约规定针对农业机器、设备、用具和手工工具，材料的搬运和运输，农业设施等制定措施。采取预防措施保护工作场所的人员以及附近居民免遭农业活动带来的危害。针对化学品，接触牲畜和防止

生物危害给出建议措施。明确雇主和工人的权利和义务。

此外，国际劳工理事会还通过了多个实施规程（code of practice），覆盖了不同的活动领域的职业安全健康问题，对相关领域的职业安全健康工作给予了更详细的指导。这些领域包括林业、公共工作和造船业以及特殊的风险如离子辐射、空气污染物和石棉。

### 8.6.2　ILO《职业安全健康管理体系导则》

2001年4月ILO召开专家会议审核、修订并一致通过了OHSMS技术导则（职业安全健康管理体系导则）。ILO成员国三方代表各有7名专家共21名专家参加了会议，欧盟（EU）、世界卫生组织和美国劳工部职业安全健康局（OSHA）等16个国家和组织也派观察员列席了会议。专家会议决定将OHSMS技术导则更名为OSHMS导则。2001年6月，在ILO第281次理事会会议上，ILO理事会（ILO执行机关）审议、批准印发OSHMS导则。2001年5月，中国政府、工会和企业家协会代表在吉隆坡参加了ILO举办的促进亚太地区推广应用OSHMS导则的地区会议。会后，中国政府向国际劳工局提交了双边在该领域的技术合作建设书。ILO组织制定的OSHMS导则由引言、目标、国家OSH管理体系框架、组织的OSH管理体系、术语表、参考文献和附录等7部分组成。核心内容如表8.3所示。

OSHMS导则在广泛咨询和征求意见的基础上，经ILO特有的成员国三方组织代表审查通过。显然，它作为一种科学的管理模式和体系，必将对改善我国企业的职业安全健康状况、减少人员伤亡和经济损失发挥有效的作用。

### 8.6.3　ISO 45001—2018

2013年8月，ISO批准建立了一个新的项目委员会，该委员会由70个国家职业健康安全管理方面的专家组成，着手基于OHSAS 18001、ILO-OSH 2001及其他文件相关内容开发职业健康安全管理体系国际化标准。2013年10月，委员会指定BSI为秘书处，在伦敦举行了第1次会议。该次会议对有关职业健康与安全要求的ISO 45001第一工作草案的出版达成一致的意见，并于2016年正式出版。2017年11月底，ISO 45001最终草案进入投票阶段，并于2018年3月12日正式发布。ISO 45001将就提高全球工人的安全问题为政府机构、行业或相关方提供有效的指导。ISO 45001的基本框架包括以下7个部分：组织所处的环境、领导作用与员工参与、策划、支持、运行、绩效评价、改进。其运行模式遵循“P-D-C-A动态循环、持续改进”的管理模式。核心内容如表8.4所示。

表8.3　ILO-OSH 2001要素

| 一级要素 | 二级要素 | | 三级要素 |
|---|---|---|---|
| 1. 目标 | | | |
| 2. 国家OSH管理体系框架 | 2.1　国家政策 | | |
| | 2.2　国家导则 | | |
| | 2.3　特制导则 | | |
| 3. 组织OSH管理体系 | 方针 | 3.1　OSH方针 | |
| | | 3.2　员工参与 | |
| | 组织 | 3.3　责任与义务 | |
| | | 3.4　能力和培训 | |
| | | 3.5　OSH管理体系文件化 | |
| | | 3.6　交流 | |
| | 计划和执行 | 3.7　初始评审 | |
| | | 3.8　体系策划、实施与运行 | |
| | | 3.9　OSH目标 | |
| | | 3.10　危害预防 | 3.10.1　预防与控制措施 |
| | | | 3.10.2　动态管理 |
| | | | 3.10.3　应急预案与响应 |
| | | | 3.10.4　采购 |
| | | | 3.10.5　承包 |
| | 评价 | 3.11　绩效监测与测量 | |
| | | 3.12　与工作有关的伤害、不健康、疾病和事件及其对安全健康绩效影响的调查 | |
| | | 3.13　审核 | |
| | | 3.14　管理评审 | |
| | 整改 | 3.15　预防和纠正措施 | |
| | | 3.16　持续改进 | |

表8.4　ISO 45001—2018要素

| 一级要素 | 二级要素 | 三级要素 |
|---|---|---|
| 4. 组织所处的环境 | 4.1　理解组织及其所处的环境 | |
| | 4.2　理解员工及其他相关方的需求和期望 | |
| | 4.3　确定职业健康安全管理体系的范围 | |
| | 4.4　职业健康安全管理体系 | |
| 5. 领导作用与员工参与 | 5.1　领导作用与承诺 | |
| | 5.2　职业健康安全方针 | |
| | 5.3　组织的岗位、职责和权限 | |
| | 5.4　工作人员参与和协商 | |

续表

| 一级要素 | 二级要素 | 三级要素 |
| --- | --- | --- |
| 6. 策划 | 6.1 应对风险和机遇的措施 | 6.1.1 总则 |
| | | 6.1.2 风险源辨识、风险和机遇评估 |
| | | 6.1.3 法律法规要求和其他要求的确定 |
| | | 6.1.4 措施的策划 |
| | 6.2 职业健康安全目标及其实现的策划 | 6.2.1 职业健康安全目标 |
| | | 6.2.2 实现职业健康安全目标的策划 |
| 7. 支持 | 7.1 资源 | |
| | 7.2 能力 | |
| | 7.3 意识 | |
| | 7.4 信息交流 | 7.4.1 总则 |
| | | 7.4.2 内部信息交流 |
| | | 7.4.3 外部信息交流 |
| | 7.5 文件化信息 | 7.5.1 总则 |
| | | 7.5.2 创建和更新 |
| | | 7.5.3 文件化信息的控制 |
| 8. 运行 | 8.1 运行策划和控制 | 8.1.1 总则 |
| | | 8.1.2 消除危险源和减少职业健康安全风险 |
| | | 8.1.3 变更管理 |
| | | 8.1.4 采购 |
| | 8.2 应急准备和响应 | |
| 9. 绩效测评 | 9.1 监视、测量、分析和评价 | 9.1.1 总则 |
| | | 9.1.2 合规性评价 |
| | 9.2 内部审核 | 9.2.1 总则 |
| | | 9.2.2 内部审核方案 |
| | 9.3 管理评审 | |
| 10. 改进 | 10.1 总则 | |
| | 10.2 事件、不符合和纠正措施 | |
| | 10.3 持续改进 | |

## 参考文献


[1] 闪淳昌. 中国安全生产形势及对策. 中国国际安全生产论坛论文集. 国家安全生产监督管理局，国家劳工组织，2002.

[2] 王显政. 贯彻落实党的十六大精神 开创安全生产工作新局面. 劳动保护，2007（2）：12-16.

[3] 闪淳昌. 关于机构改革，我想谈三个观点. 现代职业安全，2001，(9).

[4] 黄毅. 要在机制创新上下功夫. 现代职业安全，2001（8）.

[5] 施卫祖. 事故责任追究与安全监督管理. 北京：煤炭工业出版社，2002.

[6] 闪淳昌，等. 安全生产法读本. 北京：煤炭工业出版社，2002

[7] 闪淳昌，吴晓煜，刘铁民，等. 中国安全生产年鉴（1999～2000，2000～2001).

[8] 罗云. 我国安全生产十大问题及对策. 全国安全生产管理、法规研讨会论文集，1994.

[9] 罗云. 数字化安全生产法. 现代职业安全，2000（3）.

[10] 国务院法制办公室工交商事法制司. 中华人民共和国安全生产法读本. 北京：中国市场出版社，2014.

[11] 罗云. 安全学. 北京：科学出版社，2015.

[12] 国际劳工组织北京局. 国际劳工组织公约和建议书 第一、二、三卷.

[13] 栗继祖，赵耀江. 安全法学. 第3版. 北京：机械工业出版社，2016.

[14] 新华社. 中共中央 国务院关于推进安全生产领域改革发展的意见（2016-12-18）. http://www.gov.cn/zhengce/2016-12/18/content_5149663.htm.

[15] 苏宏杰，宋美苏，杜翠凤. ILO职业安全卫生标准体系现状综述. 中国安全生产科学技术，2017，13（01）：169-173.

[16] 新华社. 中共中央办公厅 国务院办公厅印发《地方党政领导干部安全生产责任制规定》（2018-04-18）. http://www.gov.cn/zhengce/2018-04/18/content_5283814.htm.

[17] 新华社. 中共中央办公厅 国务院办公厅印发《关于推进城市安全发展的意见》(2018-01-07). http://www.gov.cn/xinwen/2018-01/07/content_5254181.htm.

[18] 刘强，杨晓岩. ILO清理职业安全健康公约与建议书. 劳动保护，2018（4）.

[19] 法律出版社法规中心. 2018中华人民共和国安全生产法律法规全书. 北京：法律出版社. 2018.

[20] ISO 45001：2018 Occupational health and safety management systems—Requirements with guidance for use.

[21] 应急管理部. 加快提升危险化学品安全生产治理体系和治理能力现代化水平——应急管理部有关负责人就《关于全面加强危险化学品安全生产工作的意见》答记者问（2020-02-27）. http://www.gov.cn/zhengce/2020-02/27/content_5484024.htm.

# 9 安全管理模式与体系

模式是事物或过程系统化、规范化的体系，它能简洁、明确地反映事物或过程的规律、因素及其关系，是系统科学的重要方法。安全管理模式是反映系统化、规范化安全管理的一种体系和方式。从不同的角度归纳和总结安全管理的模式，并理解、掌握和运用于实践，对于改进企业的安全管理，提高企业安全生产的保障能力具有良好的作用。安全管理模式一般应包含安全目标、原则、方法、过程和措施等要素。国内外发展和推行的很多安全管理模式是在长期企业安全管理经验基础上，运用现代安全管理理论与事故预防工作实践经验相结合的产物。目前在职业安全健康领域推行的一些现代安全管理模式具有如下特征：抓住企业事故预防工作的关键性矛盾和问题；强调决策者与管理者在职业安全健康工作中的关键作用；提倡系统化、标准化、规范的管理思想；强调全面、全员、全过程的安全管理；应用闭环、动态、反馈等系统论方法；推行目标管理、全面安全管理的对策；不但强调控制人行为的软环境，同时努力改善生产作业条件等硬环境。因为科学的安全管理模式具有的动态、系统和功能化的特征，所以对于改进企业安全管理具有现实的意义和效果，因而得到普遍的推崇。

## 9.1 宏观、综合的安全生产管理模式

### 9.1.1 管理机制

机制（mechanism），是泛指一个工作系统的组织或组织部分之间相互作用的过程和方式。管理机制是指管理系统的结构及其运行机理。管理机制以管理结构为基础和载体，它本质上是管理系统的内在联系、功能及运行原理。

### 9.1.2 我国安全生产工作机制

2014年新修改的《安全生产法》第三条明确了我国安全生产的工作机制，这就是：“生产经营单位负责、员工参与、政府监管、行业自律和社会监督”五位一体的安全生产工作机制，这五个方面互相配合、互相促进，协同作用，称为“五位一体”的工作机制，如图9.1所示。

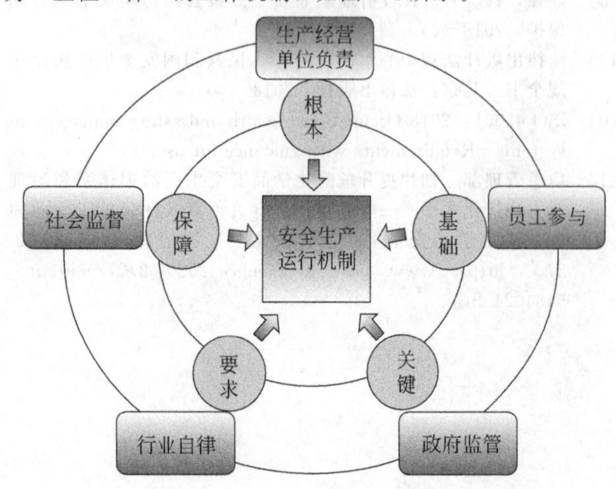


图9.1 我国安全生产“五位一体”工作机制结构示意图

（1）“生产经营单位负责”是根本

做好安全生产工作，落实生产经营单位主体责任是根本。建立安全生产工作机制，也要首先强调生产经营单位主体责任的要求，这是安全生产工作机制的根本和核心。落实主体责任重要的是全面落实生产过程安全保障的“事故防范机制”。《安全生产法》第四条明确：生产经营单位必须遵守本法和其他有关安全生产的法律、法规，加强安全生产管理，建立、健全安全生产责任制度，完善安全生产条件，确保安全生产。第五条规定：生产经营单位的主要负责人对本单位的安全生产工作全面负责。

（2）“员工参与”是基础

员工是生产经营活动的直接操作者，安全生产的目的首先是保护员工的人身安全，同时保障生产经营过程顺利进行。员工参与首先通过落实员工对安全生产工作的参与权、知情权、监督权和建议权，发挥员工的主人翁作用。另一方面，员工参与需要员工通过身体力行，积极配合生产经营单位的安全生产工作和过程，承担遵章守纪、按章操作等义务，实现企业的安全生产目标和任务。员工既有权利，也有义务，生产经营单位的全员参与和自律是安全生产根基。“职工参与”在新版《安全生产法》中体现了职工的“话语权”，并且章名改为从业人员的安全生产权利义务。在之前版本《安全生产法》规定，职工在安全生产中依法享有参与权、监察权、知情权、抵制违章指挥、违章作业权等八项权利的基础上，扩大了被派遣从业人员的权利与义务，并且赋予了职工在行使安全生产权利时充分的法律依据，提高职工参与安全生产的热情和能动性。

（3）“政府监管”是关键

在强化和落实生产经营单位主体责任、保障员工参与的同时，还必须充分发挥政府在安全生产方面的监察、监督和管理的作用，以国家强制力为后盾，保证安全生产法律、法规以及相关安全标准得到切实遵守和落实，及时查处、纠正安全生产违法行为，消除事故除患，实现有效防范事故、保障生产安全、促进经济和社会安全健康发展。政府的监管是保障安全生产不可或缺的重要方面。《安全生产法》规定了由各级人民政府负责安全生产监督管理的部门对生产经营单位的安全生产工作实施综合监督管理，各级政府实施安全生产监督管理与协调指导的“监督运行机制”。《安全生产法》第九条明确了政府的安全生产监督管理职能，即“国务院负责安全生产监督管理的部门依照本法，对全国安全生产工作实施综合监督管理；县级以上地方各级人民政府负责安全生产监督管理的部门依照本法，对本行政区域内安全生产工作实施综合监督管理。国务院有关部门依照本法和其他有关法律、行政法规的规定，在各自的职责范围内对有关的安全生产工作实施监督管理；县级以上地方各级人民政府有关部门依照本法和其他有关法律、法规的规定，在各自的职责范围内对有关的安全生产工作实施监督管理。”

（4）“行业自律”是要求

市场经济条件下，必须充分发挥行业协会等社会组织的作用，加快形成政社分开、权责明确、依法自治的现代社会组织体制，强化行业自律，使其真正成为提供服务、反映诉求、规范行为的重要社会自治力量。行业自律具有专业性、

针对性、系统性、合理性的特点，是保障安全生产非常重要的方面。建立国家认证、社会咨询、第三方审核、技术服务、安全评价等功能的行业自律和“中介支持与服务机制”。《安全生产法》第十二条明确规定：依法设立的为安全生产提供技术服务的中介机构，依照法律、行政法规和执业准则，接受生产经营单位的委托为其安全生产工作提供技术服务。第六十二条规定：承担安全评价、认证、检测、检验的机构应当具备国家规定的资质条件，并对其做出的安全评价、认证、检测、检验的结果负责。中介机构通过咨询与服务为生产经营单位提供安全生产的技术支持，提高生产企业的安全生产保障水平和能力。

（5）“社会监督”是保障

安全生产工作需要社会广泛的监督参与，必须充分发挥包括工会、社区、基层群众自治组织、新闻媒体以及社会公众的监督作用，实行群防群治，将安全生产工作置于全社会的监督之下，形成全社会广泛支持的合力和保障体系。指工会、媒体、社区和公民广泛参与的“社会监督机制”。《安全生产法》第七条明确规定：工会依法组织员工参加本单位安全生产工作的民主管理和民主监督，维护员工在安全生产方面的合法权益。第六十四条明确规定：任何单位或者个人对事故隐患或者安全生产违法行为，均有权向负有安全生产监督管理职责的部门报告或者举报。第六十七条明确规定：新闻、出版、广播、电影、电视等单位有进行安全生产宣传教育的义务，有对违反安全生产法律、法规的行为进行舆论监督的权利。第六十五条明确规定：居民委员会、村民委员会发现其所在区域内的生产经营单位存在事故隐患或者安全生产违法行为时，应当向当地人民政府或者有关部门报告。这就规范了我国的安全生产，发动了四方的社会监督力量，即工会、新闻、公民和社区四方监督参与。

## 9.2 企业安全管理模式

模式是反映事物要素及其关系的科学方法，是揭示事物规律的重要方法论。安全管理模式可揭示安全管理要素及其关系，通过安全管理模式可以掌握安全管理规律和关键技术，能够指导科学、合理、有效地运行、实施安全管理活动，提高安全管理效能。

安全管理模式是表述安全管理基本规律的理论，它由安全管理的要素及其逻辑关系构成。安全管理模式包括经验型、缺陷型、系统型、本质型四大模式。

注册安全工程师掌握4个层次安全管理模式的关键技术，对提升企业或公司安全管理的能力和水平具有现实的意义。

### 9.2.1 经验型安全管理模式

在人类工业发展初期，发展了事故学理论，建立在事故致因分析理论基础上，是经验型的管理方式，这一阶段常常被称为安全管理理论的低级阶段，对策特征是感性和生理本能。安全经验管理模式也称为事故型管理模式：是一种被动的管理模式，以事故为管理对象，在事故或灾难发生后进行亡羊补牢，以避免同类事故再发生的一种管理方式。这种模式遵循的技术步骤，如图9.2所示。

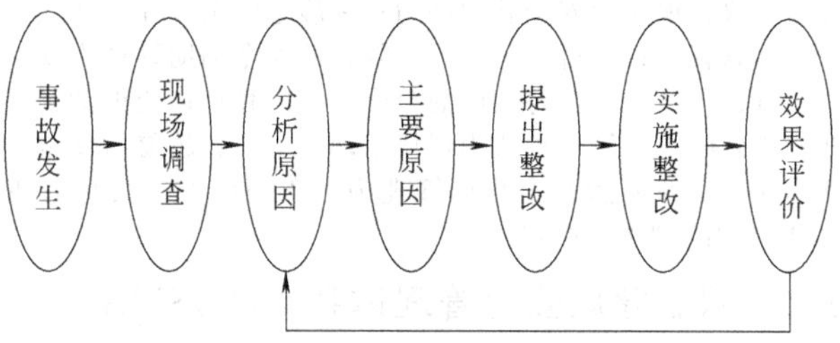


图9.2 经验型安全管理模式

### 9.2.2 缺陷型安全管理模式

在工业化中期时代，发展了技术危险学理论，缺陷型安全管理模式建立在技术系统危险性分析理论的基础上，以缺陷、隐患、不符合为管理对象，具有超前预防型的管理特征，这一阶段提出了规范化、标准化管理，常常被称为科学管理的初级阶段。这种模式遵循的技术步骤见图9.3所示。

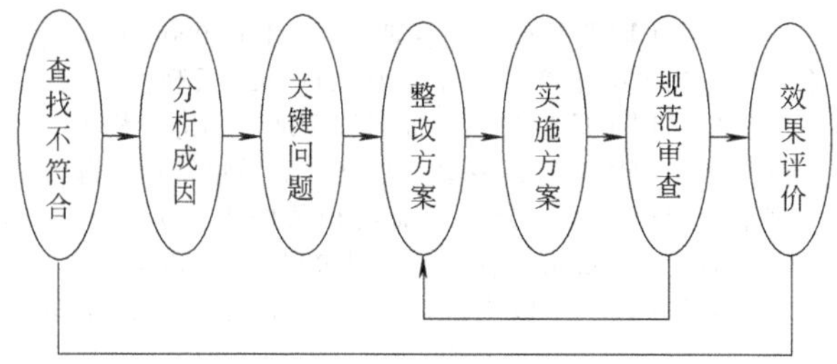


图9.3 缺陷型安全管理模式

### 9.2.3 系统型安全管理模式

在后工业化时代，发展了风险学理论，系统型安全管理模式建立在风险控制理论的基础上，以系统风险因素为管理对象，具有系统化管理的特征，这一阶段提出的风险辨识、风险评价、风险管控，具有定量性、分级分类管控的特点，应用了预测、预警、预控的方法技术，是安全生产科学管理的中级阶段。这种模式遵循的技术步骤见图9.4所示。

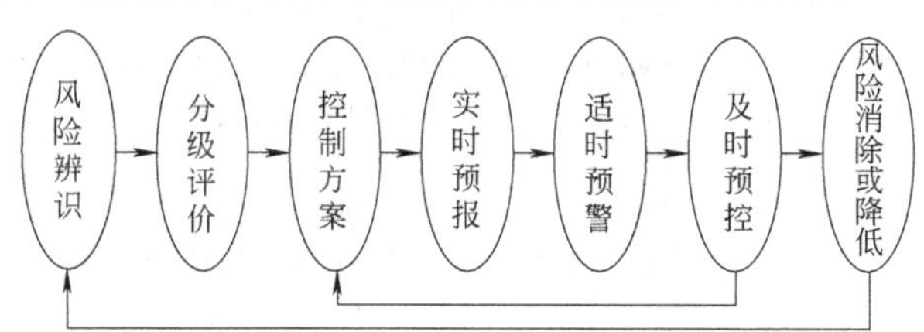


图9.4 系统型安全管理模式

### 9.2.4 本质型安全管理模式

本质型安全模式也称为预防型管理模式，是一种主动、积极地预防事故或灾难发生的管理方式。本质型安全管理模式以本质安全目标为管理对象，其关键的技术步骤是：提出安全目标→分析存在的问题→找出主要问题→制定实施方案→落实方案→评价及目标优化→新的本质安全目标，见图9.5所示。本质型安全管理模式的特点是全面性、预防性、系统性、科学性的综合策略，缺点是成本高、技术性强，还处于探索阶段。

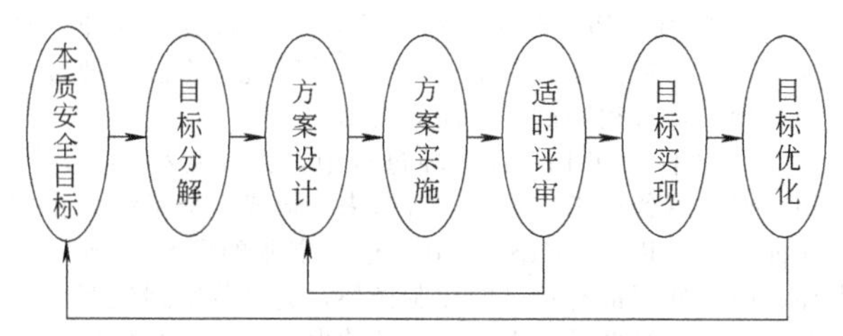


图9.5 本质型安全管理模式

随着安全软科学的发展，安全管理的作用和效果不断加强和演化。现代安全管理将逐步实现：变传统的纵向单因素安全管理为现代的横向综合安全管理；变事故管理为现代的事件分析与隐患管理（变事后型为预防型）；变被动的安全管理对象为现代的安全管理动力；变静态安全管理为现代的安全动态管理；变过去只顾生产效益的安全辅助管理为现代的效益、环境、安全与健康的综合效果的管理；变被动、辅助、滞后的安全管理程式为现代主动、本质、超前的安全管理程式；变外迫型安全指标管理为内激型的安全目标管理（变次要因素为核心事业）。

## 9.3　职业健康安全管理体系（OHSMS）

### 9.3.1　OHSMS的管理理论基础

ISO 45001职业健康安全管理体系、ISO 9000质量管理体系、ISO 14000环境管理体系及OHSMS系列国际标准，都采用了最早用于质量管理的戴明管理理论和运行模型。

戴明是美国质量管理专家，他把全面质量管理工作作为一个完整的管理过程，分解为前后相关的P、D、C、A四个阶段，即：P（planning）——策划阶段；D（do）——实施阶段；C（check）——检查阶段；A（acting）——评审改进阶段。

（1）PDCA循环的内容

P阶段——计划。要适应用户的要求和取得经济最佳效果及良好的社会效益为目标，通过调查、设计、试制、制定技术经济指标、质量目标、管理项目以及达到这些目标的具体措施和方法。

分析现状，找出存在的质量问题，尽可能用数据来加以说明；分析产生影响质量的主要因素；针对影响质量的主要因素，制定改进计划，提出活动措施，一般要明确：为什么制定谋划（why）、预期达到什么目标（what），在哪里实施措施和计划（where），由谁或哪个部门来执行（who），何时开始何时完成（when），如何执行（how），即5W1H；按照既定计划严格落实措施。运用系统图、箭条图、矩阵图、过程决策程序图等工具。

D阶段——实施。将所制定的计划和措施付诸实施。

C阶段——检查。对照计划，检查实施的情况和效果，及时发现实施过程中的经验和问题。根据计划要求，检查实际实施的结果，看是否达到了预期效果。可采用直方图、控制图、过程决策程序图以及调查表、抽样检验等工具。

A阶段——处理。根据检验结果，把成功的经验纳入标准，以巩固成绩；把失败的教训或不足之处，找出差距，转入下一循环，以利改进。

根据检查结果进行总结，把成功的经验和失败的教训都纳入标准、制度或规定以巩固已取得的成绩。

提出这一循环尚未解决的问题，将其纳入下一次PDCA循环中去。

上述四个阶段中会有八个方面的具体工作活动，其示意图如图9.6。

（2）PDCA循环的特点

① 科学性。PDCA循环符合管理过程的运转规律，是在准确可靠的数据资料基础上，采用数理统计方法，通过分析和处理工作过程中的问题而运转的。

② 系统性。在PDCA循环过程中，大环套小环，环环紧扣，把前后各项工作紧密结合起来，形成一个系统。在质量保证体系，以及OHSMS中，整个企业的管理构成一个大环，而各部门都有自己的控制循环，直至落实到生产班组及个人。上一级循环是下一级循环的根据，下一级循环量是上一级循环的组成和保证。于是在管理体系中就出现大环套小环、小环保大环、一环扣一环，都朝着管理的目标方向转动，形成相互促进、共同提高的良性循环，见图9.7。

③ 彻底性。PDCA循环每转动一次，必须解决一定的问题，提高一步；遗留问题和新出现问题在下一次循环中加以解决，再转动一次，再提高一步。循环不止，不断提高。如图9.8。

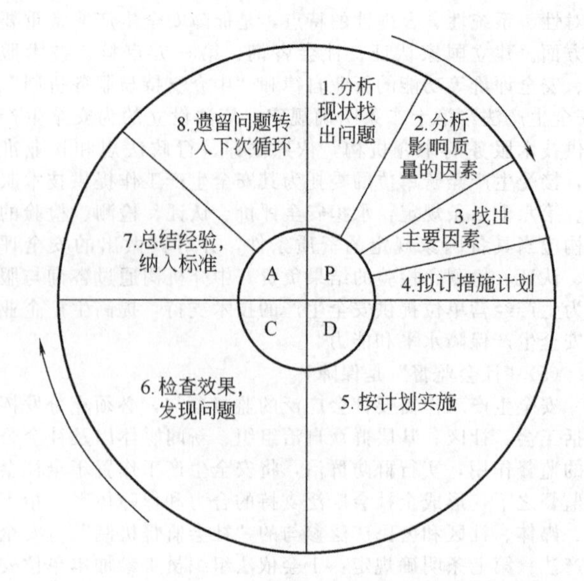


图9.6　PCDA循环的四个阶段八项活动示意图

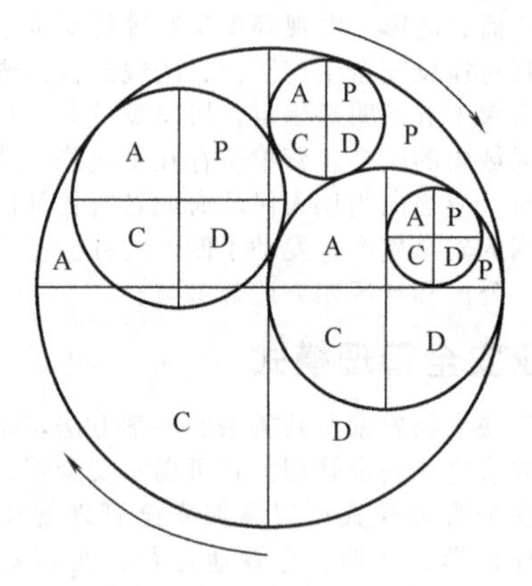


图9.7　戴明管理模式不断循环的过程

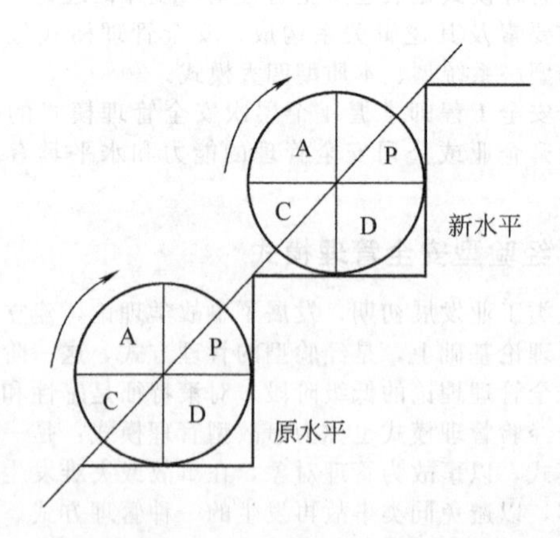


图9.8　戴明管理模式持续改进和不断提高的过程

### 9.3.2　OHSMS的管理要素

在相关的OHSMS标准中，包括一些国家的《职业健康安全管理体系》标准以及我国的《石油天然气工业健康、安全与环境管理体系》《石油地震队健康、安全与环境管理规范》《石油钻井健康、安全与环境管理体系指南》等，尽管其内容表述存在着一定差异，但其核心内容都是体现着系统安全的基本思想，管理体系的各个要素都围绕着管理方针与目标、管理过程与模式、危险源的辨识、风险评价、风险控制、管理评审等展开。目前我国国家经贸委颁布的《职业安全健康管理体系审核规范》（2001年）和国家标准局发布的《职业健康安全管理体系 要求》（GB/T 28001—2011）都充分利用了科学管理的精髓，吸收了国内外相关标准的长处。

《职业健康安全管理体系要求》（GB/T 28001—2011）主要包括四个部分：第一部分——范围，对标准的意义、适用范围和目的作了概要性陈述。第二部分——规范性引用文件。第三部分——术语和定义。对涉及的主要术语进行了定义。第四部分——职业健康安全管理体系要求。具体涉及18个基本要素（6个一级要素、15个二级要素），这一部分是GB/T 28001—2011的核心内容。表9.1列出了要素的条目。

**表9.1　GB/T 28001—2011要素**

| 一级要素 | 二级要素 |
|---|---|
| 4.1　总要求 | — |
| 4.2　职业健康安全方针 | — |
| 4.3计划 | 4.3.1危害辨识、危险评价和控制措施的确定；4.3.2法律法规和其他要求；4.3.3目标和方案 |
| 4.4实施与运行 | 4.4.1资源、作用、职责、责任和权限；4.4.2能力、培训和意识；4.4.3沟通、参与和协商；4.4.4文件；4.4.5文件控制；4.4.6运行控制；4.4.7应急准备与响应 |
| 4.5检查与纠正措施 | 4.5.1绩效测量和监视；4.5.2合规性评价；4.5.3事件调查、不符合、纠正措施和预防措施；4.5.4记录控制；4.5.5内部审核 |
| 4.6管理评审 | — |

### 9.3.3　企业建立OHSMS

职业健康安全管理体系与环境、质量管理体系有着共同的管理原则，所以在体系建立上也有许多相似之处。一个企业如果要建立和实施OHSMS，可参照质量管理体系和环境管理体系的实施方式来进行。具体的职业健康安全管理体系建立的步骤如下。

① 领导决策。组织建立职业健康安全管理体系需要领导者的决策，特别是最高管理者的决策。只有在最高管理者认识到建立职业健康安全管理体系必要性的基础上，组织才有可能在其决策下开展这方面的工作。另外，职业健康安全管理体系的建立，需要资源的投人，这就需要最高管理者对改善组织的职业健康安全行为做出承诺，从而使得职业健康安全管理体系的实施与运行得到充足的资源。

② 成立工作组。当组织的最高管理者决定建立职业健康安全管理体系后，首先要从组织上给予落实和保证，通常需要成立一个工作组。工作组的主要任务是负责建立职业健康安全管理体系。工作组的成员来自组织内部各个部门，工作组的成员将成为组织今后职业健康安全管理体系运行的骨干力量，工作组组长最好是将来的管理者代表，或者是管理者代表之一。根据组织的规模、管理水平及人员素质，工作组的规模可大可小，可专职或兼职，可以是一个独立的机构，也可挂靠在某个部门。

③ 人员培训。工作组在开展工作之前，应接受职业健康安全管理体系及相关知识的培训。同时，组织体系运行需要的内审员，也要进行相应的培训。

④ 初始状态评审。初始状态评审是建立职业安全健康管理体系的基础。组织应为此建立一个评审组，评审组可由组织的员工组成。也可外请咨询人员，或是两者兼而有之。评审组应对组织过去和现在的职业安全健康信息、状态进行收集、调查与分析，识别和获取现有的适用于组织的职业安全健康法律、法规和其他要求，进行危险源辨识和风险评价。这些结果将作为建立和评审组织的职业安全健康方针，制定职业安全健康目标和职业安全健康管理方案，确定体系的优先项，编制体系文件和建立体系的基础。

⑤ 体系策划与设计。体系策划阶段主要是依据初始状态评审的结论，制定职业健康安全方针，制定组织的职业健康安全目标、指标和相应的职业健康安全管理方案，确定组织机构和职责，筹划各种运行程序等。

⑥ 职业健康安全管理体系文件编制。职业健康安全管理体系具有文件化管理的特征。编制体系文件是组织实施职业健康安全管理体系标准，建立与保持职业健康安全管理体系并保证其有效运行的重要基础工作，也是组织达到预定的职业健康安全目标，评价与改进体系，实现持续改进和风险控制必不可少的依据和见证。体系文件还需要在体系运行过程中定期、不定期地评审和修改，以保证它的完善和持续有效。

⑦ 体系试运行。体系试运行与正式运行无本质区别，都是按所建立的职业健康安全管理体系手册、程序文件及作业规程等文件的要求，整体协调地运行。试运行的目的是要在实践中检验体系的充分性、适用性和有效性。组织应加强运作力度，并努力发挥体系本身具有各项功能，及时发现问题，找出问题的根源，纠正不符合并对体系给予修订，以尽快渡过磨合期。

⑧ 内部审核。职业健康安全管理体系的内部审核是体系运行必不可少的环节。体系经过一段时间的试运行，组织应当具备了检验职业健康安全管理体系是否符合职业健康安全管理体系标准要求的条件，应开展内部审核。职业健康安全管理者代表应亲自组织内审。内审员应经过专门知识的培训。如果需要，组织可聘请外部专家参与或主持审核。内审员在文件预审时，应重点关注和判断体系文件的完整性、符合性及一致性；在现场审核时，应重点关注体系功能的适用性和有效性，检查是否按体系文件要求去运作。

⑨ 管理评审。管理评审是职业健康安全管理体系整体运行的重要组成部分。管理者代表应收集各方面的信息供最高管理者评审。最高管理者应对试行阶段的体系整体状态做出全面的评判，对体系的适用性、充分性和有效性做出评价。依据管理评审的结论，可以对是否需要调理、修改体系做出决定，也可以做出是否实施第三方认证的决定。

### 9.3.4　OHSMS的审核与认证

（1）OHSM的审核

OHS审核的分类方法有两种，一种是按侧重的主题事项划分，可分为符合性审核、应负的责任审核和OHSMS审核等。另一种是按审核方和受审核方的关系划分，可分为第一方审核、第二方审核和第三方审核，这一点与质量体系审核和环境体系审核是相同的。

OHSMS审核的目的通常有以下几种：确定受审核方建立的体系是否符合OHSMS审核准则（即文件化的体系是否正确）；判定受审核方建立的OHSMS是否得到了正确的实施与保持；确定体系的充分性、适用性和有效性；发现受审核方OHSMS中可予改进的领域；实施第三方认证。

OHSMS审核的准则可以归纳为以下三条：①根据OHSMS标准规定的审核要求准则之一；②根据OHS管理手册、程序文件及其他相关OHSMS文件要求进行；③适用于组织的OHS法律、法规和其他要求。

OHSMS审核的时机和频次有如下几种情况：第二方审核的初审一般是在签订合同前；第三方审核的初审一般是在受审核方已准备进行认证，并提出正式申请后进行，而监督审核为认证后在体系建立并正常运行6个月以后进行，其后监督审核的频次一般每年一次。内部OHSMS审核在以下几种特殊情况下往往需要追加审核：①发生了重大事故或职业危害事件；②组织的领导层、隶属关系、内部机构；OHS方针、目标、指标、重大OHS问题、生产工艺及现场等有较大改变；③即将进行第二、三方审核；④获证后，证书即将到期又希望继续保持认证资格。

OHSMS审核的一般顺序是：①确定任务；②审核准备；③现场审核；④编写审核报告；⑤纠正措施的跟踪；⑥审核汇总分析。审核前需要作如下准备工作：制订计划；组成审核组；编制检查表；通知受审核部门并约定具体的审核时间。审核实施的基本程序是：①召开首次会议；②现场审核；③确定不符合项和编写不符合报告；④审核结果的汇总分析；⑤召开末次会议；⑥编写审核报告；⑦审核工作方法。

(2) OHSMS的认证

OHSMS认证的意义在于促进企业建立现代企业制度，保障国家经济可持续发展；规范组织或企业OHSMS，提高全社会的OHS保障水平；预防和控制事故的发生，保持社会稳定；保障劳动者生命安全与健康，提高人民生存质量。对于组织或企业，获得OHSMS的认证，具有如下意义：表明组织或企业建立了适应现代社会要求的OHSMS和机制；证明组织或企业在安全生产保障和事故预防的能力方面达到了较好的水平；作为国际社会的通行惯例，在OHS管理方面，企业获得了进行国际市场的"通行证"；随着持续的改进和提高，OHS管理进入了一种良性的轨道；在遵守国家法律、行业规程、技术标准、劳动者需求的符合性方面，达到应有的层次；保障企业安全生产、促进企业经济效益创造了良好的管理条件；在合作信誉、市场机会、信贷信誉、商业可信度等方面，都有实际的意义和价值。

认证审核的基本过程如下：

① 认证决定。认证决定由技术委员会执行，认证决定会议由技术委员会主任或副主任主持，认证决定评议的内容有：a. 审核报告的结论及其完整性与规范性；b. 审核计划的实施及完成情况；c. 体系文件是否体现了OHSMS标准17项核心要素，并能有效地实现OHS方针和目标，实现持续改进和预防污染；d. 不符合项报告是否判据确切，可追溯性，能体现运行的主要问题。

② 颁发认证证书。通过认证决定后，认证机构可办理认证注册和制作证书，证书应注明认证机构，证明受审核组织或企业建立的OHSMS在一定的认证范围内符合OHSMS标准要求。证书颁发后，认证机构应在特定的刊物上将认证注册的组织公布。

③ 监督检查和保持认证。监督检查；复评。

## 9.4 HSE管理体系

### 9.4.1 HSE管理体系的概念

HSE管理体系是健康、安全与环境管理模式的简称。它的推行是国际石油行业重视健康、安全与环境问题的体现。国际标准化组织（ISO）的TC67技术委员会于1996年，由ISO/TC 67的SC6分委会发布了ISO/CD 14690《石油和天然气工业健康、安全与环境管理体系》（标准草案），这一标准已得到世界上主要石油公司的认可，成为石油和天然气工业各公司进入国际石油勘探开发市场的通行证。

为了有效地推动我国石油天然气工业的健康、安全与环境管理体系工作，使健康、安全、环境的管理模式符合国际通行的惯例，提高石油工业生产与健康、安全、环境管理水平，提高国内石油企业在国际上的竞争能力，中国石油天然气总公司于1997年6月27日发布了SY/T 6276—1997《石油天然气工业健康、安全与环境管理体系》标准。2014年10月15日，国家能源局发布了《石油天然气工业 健康、安全与环境管理体系》(SY/T 6276—2014)，该标准代替了包括SY/T 6276及SY/T 6280等在内的多部石油行业标准，于2015年3月1日正式实施。

SY/T 6276—2014是一项关于组织内部健康、安全与环境管理体系的建立、实施与审核的通用标准。健康、安全与环境管理体系（简称HSE管理体系）主要用于各种组织通过经常和规范化的管理活动实现健康、安全与环境管理的目标，目的在于指导组织建立和维护一个符合意义的健康、安全与环境管理体系，再通过不断的评价、评审和体系审核活动，推动这个体系的有效运行，达到健康、安全与环境管理水平不断提高的目的。

HSE管理体系的思想不仅在石油工业得到推行，这种健康、安全、环境管理一体化的思想在其他行业也具有借鉴的意义。因此，HSE管理体系的实施在石油、化工、冶金、矿山行业也具有推广价值。

### 9.4.2 HSE管理体系的内容

健康、安全与环境管理体系标准，既是石油公司建立和维护健康、安全与环境管理体系的指南，又是进行健康、安全与环境管理体系审核的标准。根据SY/T 6276—2014，HSE的内容由7个关键要素构成，相应的有30个二级要素，一般称为30个管理要素，7个一级要素和相应的二级要素见表9.2。

**表9.2 SY/T 6276—2014的要素**

| 一级要素 | 二级要素 |
| --- | --- |
| 5.1 领导和承诺 | — |
| 5.2 健康、安全与环境方针 | — |
| 5.3 策划 | 5.3.1 危害因素辨识、风险评价和控制措施的确定；5.3.2 法律法规和其他要求；5.3.3 目标和指标；5.3.4 方案 |
| 5.4 组织结构、职责、资源和文件 | 5.4.1 组织结构和职责；5.4.2 管理者代表；5.4.3 资源；5.4.4 能力、培训和意识；5.4.5 沟通、参与和协商；5.4.6 文件；5.4.7 文件控制 |
| 5.5 实施和运行 | 5.5.1 设施完整性；5.5.2 承包方(或)供应方；5.5.3 顾客和产品；5.5.4 社区和公共关系；5.5.5 作业许可；5.5.6 职业健康；5.5.7 清洁生产；5.5.8 运行控制；5.5.9 变更管理；5.5.10 应急准备和响应 |
| 5.6 检查 | 5.6.1 绩效测量和监视；5.6.2 合规性评价；5.6.3 不符合、纠正措施和预防措施；5.6.4 事故、事件管理；5.6.5 记录控制；5.6.6 内部审核。 |
| 5.7 管理评审 | — |

这7个一级要素在标准中是分别叙述的，但实际上它们之间紧密相关，并会在不同时候同时涉及，因此在许多步骤中应同时强调。健康、安全与环境管理体系任何一个要素的改变必须考虑其他所有要素，以保证整体健康、安全与环境管理体系的建立过程和建立之后有计划地评审和持续改进的循环上升过程，从而使组织内部健康、安全与环境管理体系

得以不断完善和提高，有效地控制健康、安全与环境方面的事故。

### 9.4.3 企业实施HSE管理体系的意义

(1) HSE管理体系标准的出台对我国相关行业提出的挑战

① 我国高危行业的广大群众，特别是一些领导干部对经营管理中的健康、安全与环境意识还比较淡薄，在相当程度上还存在重经济效益、轻安全环保的意识，对建立健康、安全与环境管理体系的意义和作用理解还不够，还需要做大量的宣传和贯彻工作。

② 我国高危行业的经营管理和健康、安全、环境管理基础还比较薄弱，管理水平不高，不少高危行业还仅仅满足于事故的事后处理和污染物的末端治理，存在着重治理、轻预防的思想。要在这样的基础上建立健康、安全与环境管理体系，需要做大量的扎扎实实的工作。

③ 我国大部分高危行业有自己的管理体系，但与发达国家现行体系的要求不论是在形式上还是内容上都有一定距离，应进行适当的调整，改变人们的思想观念和行为方式，但这会遇到一定的阻力。

④ 我国目前一些高危行业还存在资金缺乏的现象，而实施健康、安全与环境管理体系标准需要人力、物力和财力，对许多企业来说有困难。

由于上述原因，实施该标准对我国的高危行业是一种挑战。

(2) 实施HSE管理体系标准对企业的益处

① 建立HSE管理体系是贯彻国家可持续发展战略的要求。为了保护人类生存和发展的需要，我国政府在《国民经济发展“九五”计划和2010年远景规划纲要》中提出了国家的可持续发展战略，将保护环境、保障人民健康作为基本国策和重要政策。专家认为，对社会经济发展实现环境和生态过程控制，是实现可持续发展的重要措施，为此颁布了《环境保护法》等一系列法律、法规，发布了GB/T 4000系列环境管理体系标准等。石油天然气工业的勘探开发活动风险性较大，环境影响较广，为了贯彻实施国家的可持续发展战略，促进石油工业的发展，做到有章可循，就必须建立和实施符合我国法律、法规和有关安全、职业健康、环保标准要求的HSE管理体系，有效地规范组织的活动、产品和服务，从原材料加工、设计、施工、运输、使用到最终废弃物的处理进行全过程的健康、安全与环境控制，满足安全生产、人员健康和环境保护的需要，实现国民经济的可持续发展。

② 促进企业进入国际市场。自从国际上一些大的石油公司采用了HSE标准以来，国际石油、天然气的勘探、开发以及各种工程建设的市场也对石油企业提出了HSE管理方面的要求，它要求进入市场的各国企业采用这一标准，将未制定和执行该标准的企业限制在国际市场之外。我国的石油天然气工业制定和执行了HSE管理体系标准，就能促进石油企业的健康、安全与环境管理与国际接轨，树立我国石油企业的良好形象，并使作业队伍能顺利进入国际市场，创造可观的经济效益。1994年我国地球物理勘探局在参与塔东南三区块[美国埃索(ESSO)公司承包的]、一区块(意大利阿吉普公司承包的)地球物理服务合同竞标过程中，多次修改标书，增加了HSE管理内容方才中标。随着加入WTO的国际经济形势，HSE管理体系也成为参与国际竞争的重要条件和标志。

③ 可减少企业的成本，节约能源和资源。与以往的安全、工业卫生、环境保护标准及技术规范不同，HSE管理体系摒弃了传统的事后管理与处理的做法，采取积极的预防措施，将健康、安全与环境管理体系纳入企业总的管理体系之中。污染物、安全事故、生产性疾病(职业病)的产生几乎都是由于管理体系、技术运作、工艺的设计或生产控制不良造成的，只有通过实施HSE管理体系标准，对公司的生产运行实行全面的整体控制，在公司内部建立一整套管理体系，才能大大减少事故发生率，减少环境污染，节省资源，降低能耗，减少事故处理、环境治理、废物治理和防止职业病的发生的开支，从而降低成本，提高企业经济效益。

④ 可减少各类事故的发生。历年来，相关高危行业的各类安全事故、污染事故时有发生。大多数事故是由于管理不严、操作人员疏忽引起的，这些事实都使我们认识到增强安全意识和环境意识是至关重要的。通过健康、安全与环境管理体系标准的贯彻执行，将提高我国相关行业的健康、安全与环境管理水平，帮助企业增强安全事故和污染事故预防意识，明确事故责任，一方面尽最大努力避免事故的发生，另一方面在事故发生时，通过有组织、有系统地控制和处理，使影响和损失降低到最低限度。

我国石油工业的一些企业随着HSE管理实践的不断深入，健康、安全、环境绩效逐年提高，事故起数、死亡人数和重伤人数三项事故控制指标逐年大幅度下降，在生产经营中获得效益、安全双丰收。

⑤ 可提高企业健康、安全与环境管理水平。推行健康、安全与环境管理体系标准，可以帮助企业规范管理体系，加强健康、安全与环境方面的教育培训，提高重视程度，引进新的监测、规划、评价等管理技术，加强审核和评审，使企业在满足环境法规要求、健全管理机制、改进管理质量、提高运营效益等方面建立全新的经营战略和一体化管理体系，达到国际先进水平。

⑥ 可改善企业形象，改善企业与当地政府和居民的关系。随着人们生活水平的不断提高，健康、安全与环境意识也得到增强，对清洁生产、优美环境、人身及财产安全的要求日益增高，一个对自身员工、社会及环境受保护的企业会形成良好的社会形象。如果企业接连发生事故，既造成环境污染，又会给社会造成技术落后、生产水平低劣的印象，更会恶化当地居民、社区之间的关系，给企业的各种活动造成许多困难。

⑦ 可吸引投资者。当今社会谋求合作和共同发展已成为潮流，但在寻求合作伙伴及投资对象时，越来越多的公司看重对方的健康、安全与环境管理状况。为了赢得这些投资，就必须有完善的健康、安全与环境管理体系和良好的运作。

⑧ 可帮助企业满足有关法规的要求。颁布了许多环境保护、安全和工业卫生的法规和标准，均属于强制贯彻执行的标准，违反它们必须承担相应的法律责任，受到严厉的处罚。实施健康、安全与环境管理体系标准，可以通过不断的制度化的手段来改善自己的行为，从而避免因违反标准或法规而导致的处罚、关闭或投诉曝光。

⑨ 可使企业将经济效益、社会效益和环境效益有效地结合。企业实施健康、安全与环境管理体系标准，一方面通过提高健康、安全与环境的管理质量，可以改善企业形象；另一方面，通过减少和预防事故的发生，可以大大减少用于处理事故的开支，提高经济效益，促进贸易，从而既满足员工、社会对健康、安全与环境的要求，又能取得商业利益和增强市场竞争优势，这样使企业的经济效益、社会效益和环境效益得以有机地结合在一起。

### 9.4.4 HSE管理体系的建立、实施

#### 9.4.4.1 HSE管理体系的指导原则

① 着眼持续改进。HSE管理体系的一个基本思想是实

现持续改进。这是一个对管理体系不断强化的过程，周而复始地进行“规划、实施、监测、评审”活动，体系功能不断强化，HSE表现不断改进。它要求公司在实施管理体系时始终保持持续改进的意识，对体系进行不断的修正和完善。

② 重视事故的预防。以预防为主，体现了一种积极的思想。无论在安全生产、员工身心健康，还是环境保护方面，都是很重要的，该标准把它确定为管理工作的一个重要原则，作为公司的方针予以声明。

③ 强调最高管理者的承诺和责任。随着世界范围内HSE意识的普遍提高，将HSE管理作为公司最优先事项之一已成为现代公司管理思想中的一种共识。

④ 立足于全员参与。HSE管理体系成功实施的一个重要基础是公司的全体员工都以高度的责任感和自觉性做出应有的贡献。

⑤ 系统化、程序化的管理和必要的文件支持。HSE管理体系根据各种管理活动的内在联系和运行规律，归纳出一系列体系要素，将离散无序的活动置于一个统一有序的整体中来考虑，使HSE管理体系更便于操作和评价。

⑥ 和其他管理体系兼容并协同操作。为了提高公司的整体工作效率，HSE管理体系在设计时考虑到与质量管理体系、环境管理体系的兼容性，实施了HSE管理体系的企业若想同时实施GB/T 19000和GB/T 24001中规定的质量、环境管理体系，只要对体系要素做必要的修改，就能适应要求，以便各体系协同运作，资源共享。

#### 9.4.4.2 建立HSE管理体系的准备工作

(1) 领导和承诺

在HSE管理体系建立和实施的过程中，公司高层管理者的决策和支持是必不可少的。HSE管理体系中规定高层管理者的主要任务如下。

① 制定方针和战略目标。公司的方针和战略目标必须由高层管理者制定，因为在方针中要承诺遵守法律、法规，承诺持续改进和事故预防，而这些一定会牵涉到公司的总体管理和工艺、产品的改进，涉及许多投资和人员调配，只有高层管理者才能做出这些决定。

② 主持评审。高层管理者要定期对HSE管理体系进行评审，评价它是否适合于公司目前的状况，是否满足HSE管理体系标准的要求，员工是否切实地按照体系的要求去做，然后对体系进行改进。

③ 建立组织机构，任命管理代表。

④ 提供必要的资源，即在人、财、物、意识上的支持。由于高层管理者有以上诸多方面的任务，所以他的作用非常关键。只有得到高层管理者的领导和承诺，才能在建立和实施HSE管理体系过程中得到必要的资源支持，使得公司HSE绩效真正提升。

(2) 方针和战略目标

公司要建立HSE管理体系，首先需要为其今后改进HSE管理提出目标，声明保证持续改进、加强管理的态度和行动。

方针和战略目标是公司HSE管理的责任和水平的总体目标，它是实施与改进公司管理体系的推动力。方针为公司建立具体目标、制定计划奠定了基础，它是评价公司管理行动的依据。总体上，方针和战略目标应考虑以下内容：保证遵守法规的要求；建立削减风险及其影响的控制系统；承诺HSE绩效的不断改进；承诺事故预防；制定评价程序和判别准则；为实现可持续发展作贡献；承诺实施并不断改进公司的管理体系；保证HSE管理中的资源需求等。

方针的具体内容如下。

① 长远规划方面。公司的投资或发展应考虑HSE的要求；公司项目的确定和实施应尽量降低风险和影响；影响相关方以确保公司方针的实现。

② 特定目标方面。支持采用最佳可行技术和有利于HSE管理的运行管理实践；强调本质安全设计，实施清洁生产；优先考虑废弃物在公司内部的循环使用；开展新工艺和产品设计，减少对HSE的危害。

③ 符合性方面。与监督管理机构密切合作；确保运行层次始终符合法规要求；实现地方或同行业中最佳管理标准的要求；遵守行业协会等组织建立的原则。

④ 培训和交流方面。在建立HSE方针和战略目标方面，国外许多公司已有成功的经验。例如，日本索尼公司制定的环境方针如下。

a. 该方针适用于索尼在世界各地的成员。b. 理念。索尼把保护地球环境作为人类共同的重要课题之一，在企业活动的一切方面充分考虑保护环境。c. 方针。从技术经济等方面设定目标、指标，以实现环境质量的持续改善，为此，为推进地球环境的保护活动，对全世界的索尼成员进行整顿；在遵守与环境有关的法律、法规的同时，进一步完备自主基准、规定、手册等，努力改进管理；在企业的一切领域开展省资源、省能源和垃圾废弃物的减量化运动；对那些破坏臭氧层的物质、使地球气温升高的物质、有害物质等增加环境负荷的物质，尽可能采用替代技术以及替代物质；开发降低环境负荷的商品和制造技术；实施环境审核，努力提高自主管理水平；积极参与有关环境的社会活动，为社会做贡献；为提高员工的环境意识，开展教育、宣传活动；向社会公开有关环境的技术、材料和商品的开发，以及管理的实施状况。

(3) 组织机构的建立和资源配备

① 组织机构和职责。首先，任命管理代表。根据公司的具体情况，管理代表可以是一人或多人，可以是专职或兼职，但一定要责权分明。HSE管理体系对管理代表有以下基本要求：a. 有能力和时间进行HSE管理；b. 管理代表应在自身的职权范围内负责任；c. 管理代表应被赋予所需的权力。其次，要确定管理机构和职责。我们可以利用现有的安全科和环保科作为管理机构，加强其力量，明确其责任和权利。最后，明确全体员工在HSE管理中的责任，可在订立全体员工的岗位责任制时，加入HSE管理的内容，特别是工作在生产对HSE危害的关键岗位的员工，更应明确其职责。

② 资源。公司应根据具体情况提供足够人力、财力和物力，保证HSE管理体系有效运行，还应听取来自管理代表、各级管理者和专家的意见，通过评审、检查确定资源的落实情况。

(4) 宣传和培训

公司对员工进行宣传和培训的内容主要有以下两方面：培养和重视HSE的意识；培训本岗位工作的能力，包括知识、经验和技能。岗位工作能力的培训可包括正规培训和现场实际操作两种，HSE意识的提高可采取正面教育和行为示范相结合的方法。

(5) 承包方及信息交流

公司对于自身的行为能够控制，但对承包公司的HSE行为不能实施控制，只能通过本公司的方针政策进行影响。在签订承包合同时，要对HSE管理的内容加以规定，使承包方在完成承包任务时按照HSE管理体系的要求和条款运作，并与本公司的HSE管理体系相一致。这样既可避免公司将工作任务交承包方完成而造成HSE危害，又可避免工作过程中发生分歧，为提高全社会HSE管理水平做出贡献。

#### 9.4.4.3 安全评价和风险管理

(1) 确定危害和影响

公司确定危害要考虑到其活动、产品和服务的所有方面、各个时期和不同状态，主要包括以下内容：①投资、规划、建设、扩大再生产和技术改造等阶段。②常规和非常规的工作环境及操作条件。③事故及潜在的紧急情况，包括来自：产品（材料）的包装缺陷；结构失效；气候、地球物理及其他外部自然灾害；恶意破坏和违反安全规程；人为因素，包括违反HSE管理体系要求。④设施的报废、废弃、拆除，材料与废物的丢弃处理。⑤以往活动遗留下来的潜在危害和影响。

公司应鼓励各级员工参与危害和影响的确定。

（2）确定判别准则

判别准则是判断危害和影响的依据。公司的HSE表现应符合判别准则的要求；若不符合，就要强化风险削减措施，或依据实际情况修订判别准则。判别准则主要来自四个方面：①国家、地方或有关部门制定的法律、法规；②承包、反承包及租赁等合同的规定；③公司的方针和战略目标；④国际或国内的工业标准。

判别准则分为两类：①定性的判别准则，如最大单项风险可接受程度、最大生态破坏程度等；②定量的判别准则，如水中油的最大浓度、最大噪声级等。

判别准则的制定和修订都要得到公司市场管理者的许可。

（3）评价危害和影响

公司应建立一套程序，按照该程序评价公司活动对人、环境和财产的危害及影响程度。这里强调建立评价程序，这一程序的建立可参考现行的环境影响评价程序，但评价范围不只限于环境，而是包括健康、安全的评价。HSE管理体系对评价有几个要求：①包括活动、产品和服务的影响；②强调人与物两方面因素导致的影响和风险；③考虑来自与风险区直接有关的人员的意见；④由具有资格的、有能力的人员来实施；⑤按照正确的（或推荐的）方法进行；⑥定期进行。

对于短期和长期的环境影响评价，应考虑：①控制和未控制排放到土壤、水体和大气环境中的物质和能量；②固体与其他废物的产生与处置；③土地、水、燃料、能源和其他自然资源的利用；④噪声、气味、粉尘、振动；⑤对环境特殊部分的影响，包括生态系统；⑥对考古文物、历史名胜、人工景点、自然风景区、公园及自然保护区的影响。

（4）制定具体目标

作为评价的后续工作，公司应建立适当、具体的HSE目标和表现准则。

对这些目标与表现准则的要求：①要根据公司的方针、战略目标制定；②要符合风险管理要求、生产及商业的需要；③应该是现实的和可实现的。

（5）风险消减措施

风险消减措施主要分为三种：①减少事故发生的可能性；②限制事故的范围和时间；③降低事故长期和短期的影响。

如各场景下火灾风险的消减要求：①丛林、木柴、布匹、纸张等火灾可以采用闷熄法。用沙、水等切断氧气来源，水可降温。②不可用水试图扑灭石油制品（黄油、机油、汽油等）的火灾，否则火会越燃越大。最好用泡沫灭火器、干粉化学剂、二氧化碳或水喷雾器等灭火用具。③电器设备装置火灾可能会引起触电。电器设备发生火灾时，应及时切断电源，水是良导体，所以不能用水，只能用二氧化碳或干粉化学混合物。④地震施工中使用的爆炸物为氧化物，燃烧时产生氧气，封盖灭火只能使温度升高并引起爆炸，这类火灾必须从底向上注水，而不能压封。⑤如果衣服着火，用毛毯或其他天然纤维类裹起来，然后在地板上慢慢翻滚。如果附近有水的话，浸上水翻滚。⑥灭火器应放在取用方便的位置，至少在防火区的出入口放一个适当类型的灭火器。灭火器的安放位置和类型应由队长和指定的安全员确定。⑦每辆车（公司的或是租来的）都应安装充满并经过检查的灭火器。出车前，司机负责检查灭火器。⑧及时更换被损坏的或失效的灭火器。

#### 9.4.4.4 策划

"策划"是制定公司HSE管理方案的过程，公司为自己设定了适宜的工作目标和步骤，才能进而予以实施。在制定每一项工作的工作计划时，都要同时确定HSE管理方案，如某一公司计划修建储油罐，在安排工程计划和工程预算时，就要同时进行HSE管理方案的制定。这一方案主要包括：①目标的明确表述，如在施工时不发生人身伤亡和财产破坏事故；除罐区占地外，不破坏周围生态；防治大气污染和水体污染等；②明确各级组织机构为实现目标和表现准则的责任，如项目经理负责HSE的全面管理工作，各施工队长负责各工区的管理工作，安全员负责生产的安全措施检查；③实现目标所采取的措施，如为了保护生态，应避免重型机械随意碾压，施工结束后要对周围进行植被恢复等；④资源需求，即每项HSE管理措施所需的人、财、物；⑤实施计划的进度表；⑥促进和鼓励全体员工做好HSE管理的方案；⑦为全体员工提供关于HSE表现情况的信息反馈机制；⑧建立评选HSE表现先进个人和集体的制度（如安全奖励计划）；⑨评价和完善的机制，如工程结束后，要进行HSE管理总结，发现管理中的经验和教训，进行分析评价，以利于今后不断完善。

（1）设施的完整性

"公司应确保对HSE的关键设施的设计、建造、采购、操作、维护和检查达到既定目标并符合规定的准则"。这一要求类似于我国安全生产与环境保护的"三同时"制度，只是将范围扩大到健康（H）、安全（S）、环境（E）三个方面，要求HSE的关键设施与主体设施同时设计，同时施工，同时投产，运行状况达到规定要求。HSE管理体系将"设施的完整性"写在"策划"部分，即强调从工程的规划阶段开始，就要强调HSE管理工作，将保证HSE的关键设施纳入规划。

英荷皇家壳牌集团公司非常重视设施的完整性，它在物探作业中保证HSE的设施包括：

①营地布置：大本营、临时营地；②公用设施：电气安装、车间装备和布置、数据处理中心、避雷设备；③防火：灭火器；④安全装备：救生设备、救生衣；⑤搬运和存储设备：物资堆放、产品的污染与隔离、燃料储存、炸药、食物、油漆、稀释剂和其他易燃体；⑥职业保健：保健医生、病历、通信、装备、运输、供水、卫生条件、杀虫剂应用及害虫控制法、免疫；⑦电信：通信系统装备及操作、无线电装备和射频发射的危害预防。

（2）程序和工作指南

① 在程序文件的编制时要进行良好的策划。一个公司的程序文件应该有多少，每份程序详略程度、篇幅和内容如何都是没有定论的。

② 要充分利用现有的程序。每个公司在建立HSE管理体系之前，都有一套管理和工作程序，应该充分利用现有的有效操作性，也就是使规定能够达到或能够做到。应该特别指出的是要避免提出过高的要求文件，在某些要素上，如培训、文件控制、审核等，也可考虑直接使用质量管理体系的原有文件。

③ 要考虑工作程序及文件的可操作性。工作程序及文件制定出来是用于指导和控制操作的，因此要保证文件具有可操作性，以免产生不良结果。

（3）变更管理

在生产经营过程中，公司内部会发生很多变更，包括人员、生产设施、过程和程序等变化，可能是永久的或暂时的。公司应有计划地对变更实行控制，避免造成对HSE的危害。例如某一钻井队，可能更换队长、安全员，可能由打采油井变为打采气井，也可能更换钻机和污水处理设备，这一切变化都会影响HSE管理工作，过去的HSE管理措施可能不适应于新条件，如不及时明确职责和更新措施，就可能发生HSE方面的事故。变更管理主要包括以下内容：①明确变更的内容；②对变更可能导致的HSE风险作记录和进行评审；③针对变更确定HSE管理措施和削减风险的措施；④制定信息交流与培训要求；⑤制定验证和监测要求；⑥如果违反，所采用的标准和采取的行动。

（4）应急反应计划

设施的设计和安装之前，就需要考虑该设施发生突发事件的可能性，对这些突发事件进行分析，规定防范措施和应急反应要求，记录并形成文件，这就是应急反应计划。应急反应计划应传达到：①指挥和控制人员；②应急服务部门；③可能受到影响的员工和承包方；④其他可能受到影响的相关方。

为评价应急反应计划的结果，公司就制定有关定期进行训练、演习和其他合适的方法来检查完善应急反应计划的程序，在必要时根据所获得的经验对计划进行修订。应急反应计划的制定非常重要，例如某一有毒物品的仓库，没有制定发生洪水时的应急反应措施，当洪水来临时，管理人员不知如何采取措施，也不知向哪个部门汇报，产生的后果是不堪设想的。

**9.4.4.5　实施**

在HSE管理的实施过程中，公司的方针、目的和表现准则，各组织机构的职责，程序和工作指南，应急反应计划都已颁布，公司的各级管理人员和全体员工要严格遵照执行。公司不同层次的人员具有不同的职责和任务：高层管理者遵循HSE方针制定战略目标和高层次活动计划，监督和管理者采用计划和工作程序的形式指导各项活动，现场工作层按照已颁布的工作指南、操作手册完成具体工作任务。只有各层次各司其职、各负其责，才能确保HSE目标持续实现。公司进行任何活动、执行任何任务时，必须按照HSE管理体系标准的要求进行HSE管理，即对活动或任务的潜在危害进行评价，制定具体目标和风险消减措施，配备必要的人力、物力和财力，制定工作程序并遵照其执行，对紧急情况采取必要措施等。

**9.4.4.6　监测及纠正措施**

（1）监测

监测HSE管理体系中的重要活动，它是监督、检查、测量、监测、分析等一系列工作的统称。它的作用主要包括以下四个方面：①检验HSE管理措施和实施的有效性；②通过度量特定的参量确定一个公司的实际表现；③把HSE表现的结果提供给主管部门；④为公司提供改进管理水平的机会。

一个公司的监测活动应保证实现以下目标：①通过确定测量基准或定期的监测数据来为公司的管理提供帮助，以实现公司在管理方面的正确决策；②对HSE影响进行科学的评价，对现行的操作进行改进；③确定现行操作的潜在危害和影响，以采取相应的预防措施；④在追究事故责任的过程中，为公司内部和外部的有关人员提供信息和证据。

公司为了实现有效的监测，应制定出这方面的一个或若干个程序。

（2）纠正措施

纠正措施是指在已经发生不符合的情况下，为防止不符合的再次发生而采取的措施。

纠正和预防措施通常是在对管理体系进行了监测、审核和评审之后，发现有不符合、潜在不符合和缺陷时采取的。公司应制定纠正和预防措施及程序，程序内容包括几个方面：①监测、审核和评审结论或发现的收集和传递；②针对结论或发现确定产生问题的原因；③针对原因所拟采取的措施；④措施的责任部门或人员；⑤措施有效性的评价；⑥措施有效性的记录；⑦如发生事故，立即开始调查处理并向有关部门报告。

**9.4.4.7　记录和文件**

在HSE管理体系中，几乎所有重要的工作都要以文件为指导，审核也要以文件为基础，这说明文件是非常重要的。但我们应该认识到，编制HSE管理体系文件不是目的，建立HSE管理体系的目的是为了提高健康、安全环境管理水平，保护人员健康、周围环境和公司财产，减少事故。如果只重视编制文件而不去实施，就会陷入文牍主义，取得华而不实的结果。

（1）记录

HSE管理体系标准要求公司建立一个记录系统，为管理体系有效运行提供证据。在HSE管理体系中建立完善的记录系统，至少有以下的作用：①为公司实行有效的管理提供信息；②为管理体系的改进提供依据；③为验证纠正和预防措施的有效性提供依据；④对外提供管理体系运行的证据。

HSE管理体系标准要求企业建立并保留这些方面的记录：①法律、法规和其他要求；②承诺；③HSE因素和有关的影响；④培训；⑤检查、校准和维护活动；⑥生产过程信息；⑦监测数据；⑧不符合；⑨纠正和预防措施有效性；⑩产品标识、成分和性能数据等。为了有效地实施HSE管理体系，还必须加强信息管理，重点是对上述各类记录进行必要的控制，应对记录的标识、收集、编目、归档、储存、维护、查询、保存期限和处置等各个环节加以控制。

（2）文件

HSE管理体系文件应包括如下内容：HSE方针、目标及规划；关键岗位和责任的说明；HSE管理体系要素及其相互关系的表述；相关文件对照表及其同整个管理体系其他因素的相互联系；HSE评价和风险管理结果；有关法规的要求；关键信息；必要时关键活动和任务的程序及工作指南；应急计划和职责，对事故和潜在紧急情况的反应措施；事故的调查和处理过程。

文件还应包括以下内容：公司概况；组织结构及业务部门；独立的职能和操作（如装置设计、勘探、土地征用、钻井等）；承包方和合作者。

文件应字迹清楚，注明日期（包括修订日期），易于识别，应有编号（包括版本编号），并保管有序且有一定的保存期限。应建立进行文件修改的制度，并使公司员工、承包方、政府机构和公众易于获得文件的最新版本。

**9.4.4.8　审核、评审和持续改进**

（1）审核

HSE审核主要依据以下准则：①HSE管理体系标准；②适合于受审方的法律、法规、其他要求；③受审方发布实施的管理体系文件。

审核重点为以下几方面：目标、表现准则、管理方案执行情况；组织机构及职责的实施程序文件、工作指南的执行情况；重点危害控制；法律及其他要求符合情况；干部、员工的HSE意识。

审核可分为以下四个阶段：

①启动审核阶段。确定范围，组成审核小组，预审文件。审核小组成员不应是受审核工作的参加者，还应具备以下条件：具备健康、安全、环境科学与技术知识；具备设施

运行技术知识；了解法律、法规和相关要求；熟悉 HSE 管理体系标准；掌握审核程序与技术；有一定的审核工作经验。

② 审核准备阶段：制定审核计划，编制审核工作程序文件，编制现场调查表。

③ 实施现场审核：首次会议、到现场收集审核证据、分析审核发现并与受审方共同评议、末次会议。

④ 审核报告及总结阶段。

(2) 评审

执行 HSE 管理体系标准的企业都由最高管理者来组织评审。评审的范围很广泛，即覆盖了公司的全部活动、产品和服务的各个方面，通常包括：对目标、指标和表现的评审，体系审核的结果评审等。评审的主要目的是确保体系的适应性、充分性和有效性，即：

① 适应性评价。HSE 管理体系建立以后，有许多条件会发生变化，公司应根据下列因素判断体系的适应性和更改的必要：法律要求的改变；相关方愿望和要求的改变；产品和活动的变化；科技的发展；事故中得到的教训；市场潮流；通报和信息交流。

② 充分性评价。公司的管理体系是否覆盖了 HSE 管理体系的所有要素。

③ 体系有效性的评价，即全体员工是否按照 HSE 管理体系要求去运作，体系运行效果如何。

(3) 持续改进

公司应本着持续改进的原则，根据审核和评审的结论对 HSE 管理体系进行改进，使之不断完善。

## 9.5 安全标准化

### 9.5.1 安全标准化的涵义

2010 年 4 月 15 日，国家安全生产监督管理总局以 2010 年第 9 号公告发布了安全生产行业标准《企业安全生产标准化基本规范》(AQ/T 9006—2010)，这意味着我国广大企业的安全生产标准化工作将得到规范；新版《企业安全生产标准化基本规范》(GB/T 33000—2016) 于 2017 年 4 月 1 日起正式实施。GB/T 33000—2016 将企业安全标准化定义为企业通过落实企业安全生产主体责任，通过全员全过程参与，建立并保持安全生产管理体系，全面管控生产经营活动各环节的安全生产与职业卫生工作，实现安全健康管理系统化、岗位操作行为规范化、设备设施本质安全化、作业环境器具定置化，并持续改进。

安全生产标准化是以隐患排查为基础，标准化体系文件及活动为载体，其两大核心为风险管理和持续改进。安全生产标准化是建立在危险源辨识、风险评价与控制基础之上，涉及企业的所有人员、作业和活动。主要包括设备设施维护标准化、作业现场标准化、行为动作标准化和安全生产管理标准化。

企业安全生产监管机构是安全工作的职能部门，其工作质量和绩效关系到企业全体的安危兴衰。生产班组是企业生产经营的基层细胞，保持班组安全、有序、文明、健康地活动，整个车间才能生机勃勃，因而班组必须要有安全工作标准。从事生产经营活动的作业场所，每一个环节、每一个岗位，其作业现场和操作程序，均可采用预先设定的安全生产质量标准来加以控制。通过开展安全监管部门、生产班组、作业现场三个方面的安全达标活动，逐步实现企业全过程、全员的安全生产标准化。以上各项工作的安全标准必须符合国家有关法律、法规、规章、规程，达到国家或行业技术标准和管理标准。通过安全达标活动，保障生产经营单位的生命安全、职业健康及其合法权益，保护企业财产不因事故遭受损失。通过安全生产标准化活动，创建安全文明单位，推动社区安全文明建设，促进全社会经济建设健康、协调、可持续发展。

### 9.5.2 安全标准化的作用

安全标准化的作用有以下几点：

① 全面贯彻我国安全法律法规、落实企业主体责任。通过建立健全企业主要负责人、管理人员、从业人员的安全生产责任制，将安全生产责任从企业法人落实到每个从业人员、操作岗位，强调全员参与的重要意义，进行全员、全过程、全方位的梳理工作，全面细致地查找各种事故隐患和问题及与考评标准规定不符合的地方，制定切实可靠的整改计划，落实各项整改措施，从而将安全生产的主体责任落实到位，促使企业安全生产状况持续好转。

② 体现安全管理先进思想、提升企业安全管理水平。安全生产标准化是在传统的质量标准化基础上，根据我国有关法律法规的要求、企业生产工艺特点和中国人文社会特性，借鉴国外现代先进安全管理思想，强化风险管理，注重过程控制，做到持续改进。比传统的质量标准化具有更先进的理念和方法，比引进的职业安全健康管理体系有更具体的实际内容，形成了一套系统的、规范的、科学的安全管理体系，是现代安全管理思想和科学方法的中国化，有利于形成和促进企业安全文化建设，促进安全管理水平的不断提升。

③ 改善设备设施状况、提高企业本质安全水平。开展安全生产标准化活动重在基础、重在基层、重在落实、重在治本。各行业的考核标准在危害分析、风险评估的基础上，对现场设备设施提出了具体的条件，促使企业淘汰落后生产技术、设备，特别是危及安全的落后技术、工艺和装备，从根本上解决了企业安全生产的根本素质问题，提高企业的安全技术水平和生产力的整体发展水平，提高安全保障能力。

④ 预防控制风险、降低事故发生。通过创建安全生产标准化工作，对危险有害因素进行系统的识别、评估，制定相应的防范措施，使隐患排查工作制度化、规范化和常态化，切实改变运动式的工作方法，对危险源做到可防可控。安全生产标准化工作提高了企业的安全管理水平，提升了设备设施的本质安全程度。尤其是通过作业标准化，大大减少了习惯性违章指挥和违章作业现象，控制了事故多发的关键因素，全面降低事故风险，将事故消灭在萌芽状态，减少一般事故，进而扭转重特大事故频繁发生的被动局面。

⑤ 建立约束机制、树立企业良好形象。安全生产标准化强调过程控制和系统管理，将贯彻国家有关法律法规、标准规程的行为过程及结果定量化或定性化，使安全生产工作处于可控状态，通过绩效考核、内部评审等方式、方法和手段的结合，形成了有效的安全生产激励约束机制。通过安全生产标准化，企业管理上升到一个新的水平，提高了企业竞争力，促进了企业发展，加上相关的配套政策措施及宣传手段，以及全社会关于安全发展的共识和社会各界对安全生产标准化的认同，将为达标企业树立良好的社会形象。

### 9.5.3 安全标准化的实施

安全标准化的实施分为以下五个阶段。

(1) 初始状态评审

依据法律法规及其所适用安全标准化规范的要求，对企业安全管理现状进行初始评估。主要包括以下几方面内容：①企业的业务流程、组织机构等基本信息；②相关的安全生产法律法规及其他要求的获取与识别以及符合情况；③现行的安全生产管理制度；④安全生产管理现有资源的效率及有效性。

初始状态评审由企业进行现场调查，在完成初始评审后，出具一份详细的评审报告，包括改进建议，为下一步的工作提供依据。

(2) 策划及风险分析

① 意识培训。由指导人员或企业自己对高层领导、安全生产管理部门及主要人员进行安全生产标准化意识培训。

② 风险分析培训。由指导人员或企业自己进行危害辨识、风险评价培训。培训对象是安全生产标准化工作小组、各部门、基层单位领导及主要人员，使其有效地掌握采用的评价方法、标准，实施评价工作，掌握获取安全生产法律法规的方法、要求等。

③ 工作内容。a. 建立安全生产标准化实施队伍、确定各层次人员的安全生产标准化职责。b. 编制风险分析作业指导书，确定评价准则，选择合适的评价方法，识别危害，评估风险，确定预防和控制措施。c. 编制法律法规获取、识别制度，进行安全生产相关法律法规的识别，把相关条款落实到具体部门和岗位。d. 核实各部门、各单位的危害识别及风险评价结果，确保风险评价的系统性和一致性。e. 制定安全生产方针。f. 确定安全目标。

(3) 安全生产标准化管理制度修订、完善、编制

根据企业现行的安全生产管理制度，结合通用规范和专业规范要求，修订、完善、编制安全生产管理制度。

(4) 安全生产标准化运行

为保证相关人员对所推行的安全生产标准化活动的全面了解，并确保能有效地在各相关部门、单位贯彻执行，在开始实施之前，对有关人员进行培训，并由这些受训人员对各部门进行推广培训，以提高企业从业人员的安全生产标准化意识。培训内容包括企业安全生产标准化主要内容、存在的主要风险、安全生产方针及目标、个人责任和义务、紧急应变要求等。

(5) 自评

安全生产标准化运行后，需对安全标准化的实施情况进行检查和评价，以确保安全生产标准化活动的符合性、有效性，形成自评报告，为申请考核评级做准备，并发现问题，找出差距，提出改进措施。

(6) 改进与提高阶段

根据自评的结果，改进安全标准化管理，不断提高安全标准化实施水平和安全绩效。

### 9.5.4 安全标准化规范解析

(1)《企业安全生产标准化基本规范》解析

《企业安全生产标准化基本规范》(GB/T 33000—2016) 标准分为五部分：范围、规范性引用文件、术语和定义 (3.1～3.13)、一般要求 (4.1～4.3)、核心要求 (5.1～5.8)。

① 范围。《企业安全生产标准化基本规范》适用于工矿商贸企业开展安全生产标准化建设工作，有关行业制修订安全生产标准化标准、评定标准，以及对标准化工作的咨询、服务、评审、科研、管理和规划等。其他企业和生产经营单位等可参照执行。

② 规范性引用文件。见表 9.3。

③ 术语和定义。本规范规定了企业安全标准化、安全生产绩效、企业主要负责人、相关方、承包商、供应商、变更管理、安全风险、安全风险评估、安全风险管理、工作场所、作业环境和持续改进共 13 个术语的定义。

④ 一般要求。企业开展安全生产标准化工作，应遵循“安全第一、预防为主、综合治理”的方针，落实企业主体责任。以安全风险管理、隐患排查治理、职业病危害防治为基础，以安全生产责任制为核心，建立安全生产标准化管理体系，实现全员参与，全面提升安全生产管理水平，持续改进安全生产工作，不断提升安全生产绩效，预防和减少事故的发生，保障人身安全健康，保证生产经营活动的有序进行。

表 9.3 规范性引用文件

| 序号 | 规范性引用文件 |
|---|---|
| 1 | 安全标志(GB 2894) |
| 2 | 安全标志及其使用导则(GB 2894) |
| 3 | (所有部分)道路交通标志和标线(GB 5768) |
| 4 | 企业员工伤亡事故分类(GB 6441) |
| 5 | 工业管道的基本识别色、识别符号和安全标识(GB 7231) |
| 6 | 个体防护装备选用规范(GB/T 11651) |
| 7 | 消防安全标志 第一部分:标志(GB 13495.1) |
| 8 | 事故伤害损失工作日标准(GB/T 15499) |
| 9 | 危险化学品重大危险源辨识(GB 18218) |
| 10 | 生产经营单位生产安全事故应急预案编制导则(GB/T 29639) |
| 11 | 化学品生产单位特殊作业安全规范(GB 30871) |
| 12 | 建筑设计防火规范(GB 50016) |
| 13 | 建筑灭火器配置设计规范(GB 50140) |
| 14 | 工业企业总平面设计规范(GB 50187) |
| 15 | 危险化学品重大危险源安全监控通用技术规范(AQ 3035) |
| 16 | 企业安全文化建设导则(AQ/T 9004) |
| 17 | 生产安全事故应急演练指南(AQ/T 9007) |
| 18 | 生产安全事故应急演练评估规范(AQ/T 9009) |
| 19 | 工业企业设计卫生规范(GBZ1) |
| 20 | 工作场所有害因素职业接触限值 第一部分:化学有害因素(GBZ 2.1) |
| 21 | 工作场所有害因素职业接触限值 第二部分:物理因素(GBZ 2.2) |
| 22 | 工作场所职业病危害警示标识(GBZ 158) |
| 23 | 职业健康监护技术规范(GBZ 188) |
| 24 | 高毒物品作业岗位职业病危害告知规范(GBZ/T 203) |

企业应采用“策划、实施、检查、改进”的“PDCA”动态循环模式，依据本标准的规定，结合企业自身特点，自主建立并保持安全生产标准化管理体系；通过自我检查、自我纠正和自我完善，构建安全生产长效机制，持续提升安全生产绩效。

企业安全生产标准化管理体系的运行采用企业自评和评审单位评审的方式进行评估。

⑤ 核心要求。本规范由 8 个一级要素、28 二级要素组成，见表 9.4。

(2)《危险化学品从业单位安全标准化通用规范》解析

《危险化学品从业单位安全标准化通用规范》(AQ 3013—2008) 标准共五部分：范围、规范性引用文件、术语和定义 (3.1～3.18)、要求 (4.1～4.3)、核心要求 (5.1～5.10)。

① 范围。《危险化学品从业单位安全标准化通用规范》规定了危险化学品从业单位开展安全标准化的总体原则、过程和要求，适用于中华人民共和国境内危险化学品生产、使用、储存企业及有危险化学品储存设施的经营企业。

② 规范性引用文件，见表 9.5。

③ 术语和定义。本规范规定了危险化学品从业单位、安全标准化、关键装置、重点部位、资源、相关方、供应商、承包商、事件、事故、危险有害因素、危险有害因素识别、风险、风险评价、安全绩效、变更、隐患、重大事故隐患等术语的定义。

④ 要求。本标准采用计划、实施、检查、改进的动态循环、持续改进的管理模式。企业应结合自身特点，以危险、有害因素辨识和风险评价为基础，实施体现全员、全过程、全方位、全天候的安全监督管理原则，采取企业自主管

理、安全标准化考核机构考评、政府安全生产监督管理部门监督的管理模式。安全标准化的建立过程，包括初始评审、策划、培训、实施、自评、改进与提高等6个阶段。

⑤ 核心要求。本规范由10个一级要素、53个二级要素组成，见表9.6。

**表9.4 核心要求**

| 一级要素 | 二级要素 | 三级要素 |
| --- | --- | --- |
| 5.1 目标职责 | 5.1.1 目标 | |
| | 5.1.2 机构和职责 | 5.1.2.1 机构设置 |
| | | 5.1.2.2 主要负责人及领导层职责 |
| | 5.1.3 全员参与 | |
| | 5.1.4 安全生产投入 | |
| | 5.1.5 安全文化建设 | |
| | 5.1.6 安全生产信息化建设 | |
| 5.2 制度化管理 | 5.2.1 法规标准识别 | |
| | 5.2.2 规章制度 | |
| | 5.2.3 操作规程 | |
| | 5.2.4 文档管理 | 5.2.4.1 记录管理 |
| | | 5.2.4.2 评估 |
| | | 5.2.4.3 修订 |
| 5.3 教育培训 | 5.3.1 教育培训管理 | |
| | 5.3.2 人员教育培训 | 5.3.2.1 主要负责人和安全管理人员 |
| | | 5.3.2.2 从业人员 |
| | | 5.3.2.3 外来人员 |
| 5.4 现场管理 | 5.4.1 设备设施管理 | 5.4.1.1 设备设施建设 |
| | | 5.4.1.2 设备设施验收 |
| | | 5.4.1.3 设备设施运行 |
| | | 5.4.1.4 设备设施检维修 |
| | | 5.4.1.5 检测检验 |
| | | 5.4.1.6 设备设施拆除、报废 |
| | 5.4.2 作业安全 | 5.4.2.1 作业环境和作业条件 |
| | | 5.4.2.2 作业行为 |
| | | 5.4.2.3 岗位达标 |
| | | 5.4.2.4 相关方 |
| | 5.4.3 职业健康 | 5.4.3.1 基本要求 |
| | | 5.4.3.2 职业危害告知 |
| | | 5.4.3.3 职业病危害申报 |
| | | 5.4.3.4 职业病危害检测与评价 |
| | 5.4.4 警示标志 | |
| 5.5 安全风险管控及隐患排查治理 | 5.5.1 安全风险管理 | 5.5.1.1 安全风险辨识 |
| | | 5.5.1.2 安全风险评估 |
| | | 5.5.1.3 安全风险控制 |
| | | 5.5.1.4 变更管理 |
| | 5.5.2 重大危险源辨识与管理 | |
| | 5.5.3 隐患排查治理 | 5.5.3.1 隐患排查 |
| | | 5.5.3.2 隐患治理 |
| | | 5.5.3.3 验收与评估 |
| | | 5.5.3.4 信息记录、通报和报送 |
| | 5.5.4 预测预警 | |
| 5.6 应急管理 | 5.6.1 应急准备 | 5.6.1.1 应急救援组织 |
| | | 5.6.1.2 应急预案 |
| | | 5.6.1.3 应急设施、装备、物资 |
| | | 5.6.1.4 应急演练 |
| | | 5.6.1.5 应急救援信息系统建设 |
| | 5.6.2 应急处置 | |
| | 5.6.3 应急评估 | |
| 5.7 事故查处 | 5.7.1 报告 | |
| | 5.7.2 调查和处理 | |
| | 5.7.3 管理 | |
| 5.8 持续改进 | 5.8.1 绩效评定 | |
| | 5.8.2 持续改进 | |

**表 9.5　规范性引用文件**

| 序号 | 规范性引用文件 | 序号 | 规范性引用文件 |
|---|---|---|---|
| 1 | 安全标志(GB 2894) | 11 | 建筑灭火器配置设计规范(GB 50140) |
| 2 | 劳动防护用品选用规则(GB 11651) | 12 | 石油化工企业设计防火规范(GB 50160) |
| 3 | 常用危险化学品的分类及标志(GB 13690) | 13 | 储罐区防火堤设计规范(GB 50351) |
| 4 | 化学品安全标签编写规定(GB 15258) | 14 | 工业企业设计卫生标准(GBZ 1) |
| 5 | 安全标志使用导则(GB 16179) | 15 | 工作场所有害因素职业接触限值(GBZ 2) |
| 6 | 化学品安全技术说明书编写规定(GB 16483) | 16 | 工作场所职业病危害警示标识(GBZ 158) |
| 7 | 重大危险源辨识(GB 18218) | 17 | 生产经营单位安全生产事故应急预案编制导则(AQ/T 9002) |
| 8 | 建筑设计防火规范(GB 50016) | 18 | 石油化工企业可燃气体和有毒气体检测报警设计规范(SH 3063—1999) |
| 9 | 建筑物防雷设计规范(GB 50057) | | |
| 10 | 爆炸和火灾危险环境电力装置设计规范(GB 50058) | 19 | 石油化工静电接地设计规范(SH 3097—2000) |

**表 9.6　危险化学品从业单位安全标准化核心要求**

| 一级要素 | 二级要素 | 一级要素 | 二级要素 |
|---|---|---|---|
| 5.1　负责人与职责 | 5.1.1　负责人 | 5.5　生产设施及工艺安全 | 5.5.6　检维修 |
| | 5.1.2　方针目标 | | 5.5.7　拆除和报废 |
| | 5.1.3　机构设置 | 5.6　作业安全 | 5.6.1　作业许可 |
| | 5.1.4　职责 | | 5.6.2　警示标志 |
| | 5.1.5　安全生产投入及工伤保险 | | 5.6.3　作业环节 |
| 5.2　风险管理 | 5.2.1　范围与评价方法 | | 5.6.4　承包商与供应商 |
| | 5.2.2　风险评价 | | 5.6.5　变更 |
| | 5.2.3　风险控制 | 5.7　产品安全与危害告知 | 5.7.1　危险化学品档案 |
| | 5.2.4　隐患治理 | | 5.7.2　化学品分类 |
| | 5.2.5　重大危险源 | | 5.7.3　化学品安全技术说明书和安全标签 |
| | 5.2.6　风险信息更新 | | 5.7.4　化学事故应急咨询服务电话 |
| 5.3　法律法规与管理制度 | 5.3.1　法律法规 | | 5.7.5　危险化学品登记 |
| | 5.3.2　符合性评价 | | 5.7.6　危害告知 |
| | 5.3.3　安全生产规章制度 | 5.8　职业危害 | 5.8.1　职业危害申报 |
| | 5.3.4　操作规程 | | 5.8.2　作业场所职业危害管理 |
| | 5.3.5　修订 | | 5.8.3　劳动防护用品 |
| 5.4　培训教育 | 5.4.1　培训教育管理 | 5.9　事故与应急 | 5.9.1　事故报告 |
| | 5.4.2　管理人员培训教育 | | 5.9.2　抢险与救护 |
| | 5.4.3　从业人员培训教育 | | 5.9.3　事故调查和处理 |
| | 5.4.4　新从业人员培训教育 | | 5.9.4　应急指挥系统 |
| | 5.4.5　其他人员培训教育 | | 5.9.5　应急救援器材 |
| | 5.4.6　日常安全教育 | | 5.9.6　应急救援预案与演练 |
| 5.5　生产设施及工艺安全 | 5.5.1　生产设施建设 | 5.10　检查与自评 | 5.10.1　安全检查 |
| | 5.5.2　安全设施 | | 5.10.2　安全检查形式与内容 |
| | 5.5.3　特种设备 | | 5.10.3　整改 |
| | 5.5.4　工艺安全 | | 5.10.4　自评 |
| | 5.5.5　关键装置及重点部位 | | |

(3)《金属非金属矿山安全标准化规范导则》解析

《金属非金属矿山安全标准化规范导则》(AQ/T 2050.1—2016)标准分五部分：范围、规范性引用文件、术语和定义(3.1～3.18)、一般要求(4.1～4.4)、核心内容及要求(5.1～5.14)。

① 范围。《金属非金属矿山安全标准化规范 导则》适用于金属非金属矿山企业或其地下开采、露天开采、尾矿库、小型露天采石场、选矿厂等独立生产系统，以及采掘施工单位和地质勘探单位安全标准化建设与监督管理。本标准不适用于从事液态或气态矿藏、煤系或与煤共(伴)生矿藏、砖瓦黏土和河道砂石开采企业。

② 规范性引用文件，见表 9.7。

③ 术语和定义。本规范规定了金属非金属矿山、金属非金属露天矿山、金属非金属地下矿山、小型露天采石场、尾矿库、员工代表、任务观察、关键任务、事件、危险源、危险源辨识、风险评价、相关方、资源、安全绩效、不符合、供应商和承包商等术语的定义。

**表 9.7　规范性引用文件**

| 序号 | 规范性引用文件 |
|---|---|
| 1 | 安全标志及其使用导则(GB 2894) |
| 2 | 矿山安全标志(GB 14161) |
| 3 | 金属非金属矿山安全规程(GB 16423) |
| 4 | 工作场所职业病危害警示标识(GBZ 158) |
| 5 | 职业健康监护技术规范(GBZ 188) |
| 6 | 生产经营单位生产安全事故应急预案编制导则(GB/T 29639) |
| 7 | 尾矿库安全技术规程(AQ 2006) |

④ 一般要求。一般要求规定了安全标准化建设原则、安全标准化建设内容、安全标准化建设步骤、安全标准化等级评定。

⑤ 核心内容及要求。本规范由 14 个一级要素、48 个二级要素组成，见表 9.8。

**表 9.8 金属非金属矿山安全标准化核心内容及要求**

| 一级要素 | 内容 |
|---|---|
| 5.1 安全生产方针和目标 | 5.1.1 企业应根据“安全第一、预防为主、综合治理”的方针，遵循以人为本、风险控制、持续改进的原则，制定本企业的安全生产方针和目标，并为实现安全生产方针和目标提供必要的资源 |
| | 5.1.2 安全生产方针的内容，应包含遵守法律法规、预防生产安全事故、持续改进安全生产绩效的承诺，体现企业安全生产特点和安全管理现状，并随企业情况变化及时更新 |
| | 5.1.3 安全生产目标的确定，应基于安全生产方针、现状评估的结果和其他内外部要求，适合企业安全生产的特点和不同职能、层次的具体情况 |
| | 5.1.4 目标应具体，可测量，并确保能够实现 |
| 5.2 安全生产法律法规与其他要求 | 5.2.1 企业应建立相应机制，识别适用的安全生产法律法规与其他要求 |
| | 5.2.2 企业应建立获取渠道，确保使用最新的安全生产法律法规与其他要求 |
| | 5.2.3 企业应将安全生产法律法规与其他要求融入责任制、规章制度、培训内容、日常安全活动等之中 |
| 5.3 安全生产组织保障 | 5.3.1 企业应设置安全管理机构或配备专职安全管理人员，明确规定相关人员的安全生产职责和权限 |
| | 5.3.2 企业应建立健全并严格执行安全生产管理制度 |
| | 5.3.3 企业应认真组织开展安全标准化班组创建活动，并为安全标准化班组创建、员工参与企业安全生产工作提供必要的资源 |
| | 5.3.4 企业应建立健全安全生产信息通报与沟通机制，及时通报或沟通相关安全生产事项 |
| | 5.3.5 企业应定期评审安全标准化系统，确保其运行控制有效，资源保障充分 |
| | 5.3.6 企业应做好供应商与承包商的选择与安全监督管理，确保供应商与承包商的现场服务安全 |
| | 5.3.7 企业应及时认可员工的安全表现，不断强化员工的安全意识和行为 |
| 5.4 危险源辨识与风险评价 | 5.4.1 危险源辨识与风险评价是安全生产管理工作的基础，是安全标准化系统的核心和关键 |
| | 5.4.2 危险源辨识与风险评价应覆盖生产工艺、设备、设施、环境以及人的行为、管理等各方面 |
| | 5.4.3 危险源辨识与风险评价应能够获取充足的信息，为安全标准化策划与运行控制提供依据 |
| | 5.4.4 危险源辨识与风险评价的结果应根据变化及时评审与更新 |
| 5.5 安全教育培训 | 5.5.1 提供必要的教育培训，保证有关人员具备良好的安全意识和完成任务所需的知识及能力 |
| | 5.5.2 培训应充分考虑企业实际需求 |
| 5.6 生产工艺系统安全管理 | 5.6.1 建立管理制度，控制生产工艺设计、布置和使用等过程，以提高生产过程的本质安全水平 |
| | 5.6.2 应按规定执行安全设施“三同时”制度，保存有关文件和记录 |
| | 5.6.3 通过改进和更新生产工艺系统，降低生产系统风险 |
| 5.7 设备设施安全管理 | 5.7.1 建立设备安全管理制度，有效控制设备的设计、采购、制造、安装、使用、维护、拆除等活动 |
| | 5.7.2 应根据法律法规与其他要求进行设备设施的检测检验，建立设备设施管理档案，保存检测检验结果 |
| | 5.7.3 检测检验手段、方法应有效 |
| 5.8 作业现场安全管理 | 5.8.1 加强企业作业现场的安全管理，对物料、设备、设施、器材、通道、作业环境等进行有效控制 |
| | 5.8.2 保证作业场所布置合理，现场标志、标识清楚并符合 GB 2894、GB 14161、GB 16423、GBZ 158、AQ 2006 等的规定 |
| 5.9 职业卫生管理 | 5.9.1 建立职业病危害控制管理制度，充分识别并有效控制作业过程及作业环境的职业病危害，并遵照 GB 16423、GBZ 188 等的规定，做好员工健康监护 |
| | 5.9.2 采取工程技术、管理控制、个体防护、教育培训等措施，消除或降低粉尘、放射性、高低温、噪声等职业病危害的影响 |
| 5.10 安全投入、安全科技与工伤保险 | 5.10.1 企业应提供并合理使用安全生产所需的资源，以保障必要的安全生产条件 |
| | 5.10.2 积极采用新工艺、新技术、新设备、新材料，有效控制风险 |
| | 5.10.3 根据法律法规与其他要求，建立并完善员工工伤保险和(或)安全生产责任保险管理制度，确保员工参加工伤保险和(或)安全生产责任保险，并为员工缴纳相关保险费 |
| 5.11 安全检查与隐患查治 | 5.11.1 建立健全安全检查与隐患排查管理制度，并分级分类开展安全检查与隐患排查工作 |
| | 5.11.2 针对查出的问题，进行原因分析，制定有效纠正和预防措施并确保实施。排查出的重大隐患应按规定及时上报地方政府安全生产监督管理部门 |
| | 5.11.3 安全检查与隐患排查的方式、方法应切实有效，并根据实际情况确定适合的检查周期 |
| 5.12 应急管理 | 5.12.1 企业应识别可能发生的事故和紧急情况，确保应急救援的针对性、有效性和科学性 |
| | 5.12.2 提供必要的应急救援物资、人力和装备等，保证所需的应急能力 |
| | 5.12.3 建立应急体系，并按照 GB/T 29639 的规定编制应急预案，保证在事故或紧急情况出现时能够及时做出反应 |
| | 5.12.4 应定期进行应急演练，检验并确保应急体系的有效性 |
| | 5.12.5 应急体系应重点关注坍塌、滑坡、泥石流、透水、地压灾害、尾矿库溃坝、火灾、中毒和窒息等金属非金属矿山生产的重大风险 |
| 5.13 事故、事件报告、调查与分析 | 5.13.1 建立和完善制度，明确有关职责和权限，报告、调查与分析各种事故、事件和其他不良安全绩效表现的原因、趋势与共同特征，为改进提供依据 |
| | 5.13.2 调查、分析过程应考虑专业技术需要和纠正与预防措施 |

续表

| 一级要素 | 内　容 |
| --- | --- |
| 5.14　绩效测量与评价 | 5.14.1　建立并完善制度，对企业的安全生产绩效进行测量，为安全标准化系统的完善提供足够信息 |
| | 5.14.2　采用的测量方法应适应企业生产特点，选择的测量项目应能充分反映企业的安全生产现状与发展趋势 |
| | 5.14.3　应定期对安全标准化系统进行评价，不断提高安全标准化的水平，持续改进安全绩效 |
| | 5.14.4　内外部条件发生重大变化或突发重大事件时，应根据变化管理要求，及时评价安全标准化系统的运行控制状况，评价结果作为采取进一步控制措施的重要依据 |
| | 5.14.5　企业内部评价每年至少进行一次 |

## 9.6　本质安全型企业创建

### 9.6.1　本质安全型企业概念和认识的由来

现代本质安全概念和认识经历了几个发展阶段，归纳起来，包括本质安全、本质安全化、本质安全型企业三个演变阶段。第一阶段是原始的“设备本质安全”，第二阶段是基于系统思想的“系统本质安全”，第三阶段是面向组织或企业全面安全管控的“企业本质安全”。

第一阶段：“本质安全”源于20世纪50年代世界宇航技术的发展，特指电子系统的自我保护功能。这一阶段的本质安全仅仅限于事物自身特性和规律对系统中的危险进行消除或减小的一种技术方法。随着本质安全得到工业领域广泛的接受，其概念得到了扩展，即本质安全是指设备、设施或技术工艺包含内在的能够从根本上防止事故发生的功能。通俗地讲，就是机器、设备、设施和工艺自身带来的固有安全和功能安全，追求即使由于操作者的操作失误或不安全行为的发生，也仍能保证操作者、设备或系统的安全而不发生事故的功能。

第二阶段：随着安全系统理论的发展，将“本质安全”内涵扩展到“本质安全化”的概念，如在20世纪90年代国际推行的安全管理体系，将本质安全延伸到“人-机-环”整个系统要素，可谓系统的本质安全化，即对一个“人-机-环”系统，在某一历史阶段的技术经济条件下，使其具有较完善的安全设计及相当可靠的质量，运行中具有可靠的管理技术。其内容包括：人员本质安全化，机具本质安全化，作业环境本质安全化，“人-机-环”系统管理本质安全化等。

第三阶段：是站在更为宏观、全面、综合的角度，提出了本质安全型企业的概念。这一概念的拓展与延伸，使本质安全的内涵得到了丰富。本质安全型企业的概念更符合现代事故致因理论和安全科学预防原理的要求，以本质安全型企业创建为思想的策略方法，使企业安全生产更为“本质安全”。因为本质安全型企业的理论要求全员参与、系统保障、综合对策，符合全面安全风险管控的思想和理念。

### 9.6.2　本质安全型企业创建

(1) 本质安全型企业建设系统模型

本质安全型企业建设系统模型是以安全对策理论为指导，安全系统工程为手段，通过实施“大系统、全要素”的安全保障体系建设，打造具有超前性、预防型、治本式、可持续的本质安全型企业。

以“文化兴安、管理固安、科技强安”的“三E”系统对策理论为基础，构建一个基本思想（本质安全战略思想）、三大本安对策（人本对策、物本对策、管本对策）、十项体系举措（安全文化、安全责任、安全教培、风险管控、隐患查治、安全制度、安全三基、安全信息、安全绩效、安全科技）的建设系统模型。

本质安全型企业建设系统模型的内容：一是推行“人本战略-文化兴安”，实施安全文化培塑工程、安全责任强化工程、安全教培优化工程；二是运行“管本战略-管理固安”，实施安全风险管控（深化）工程、事故隐患查治建设工程、安全制度落地工程；三是推进“物本战略-科技强安”，实施安全“三基”创建工程、安全信息化开发工程。最后建立以安全生产绩效测评为“闭环管理”机制的安全生产持续发展模式，见图9.9。

(2) 本质安全型企业系统工程模型的应用

本质安全型企业系统工程模型的应用落地，最关键是规划实施本质安全的体系建设，即：“安全文化、安全责任、安全教培、风险管控、隐患查治、安全制度、安全三基、安全信息、安全绩效”等九项体系的提升和优化工程，称为：九强化、九提升，推进与实施见图9.10。其核心内容是“2359系统工程”，主要任务及内容是：①两类工程目标。宏观定性战略目标（包括总体目标与年度目标）和微观定量战术指标（预防性管理指标与约束性控制指标）。②时间进程三个阶段。第一阶段，启动试点；第二阶段，总结提炼；第三阶段，推广发展。③目标覆盖五个层次。集团层、分

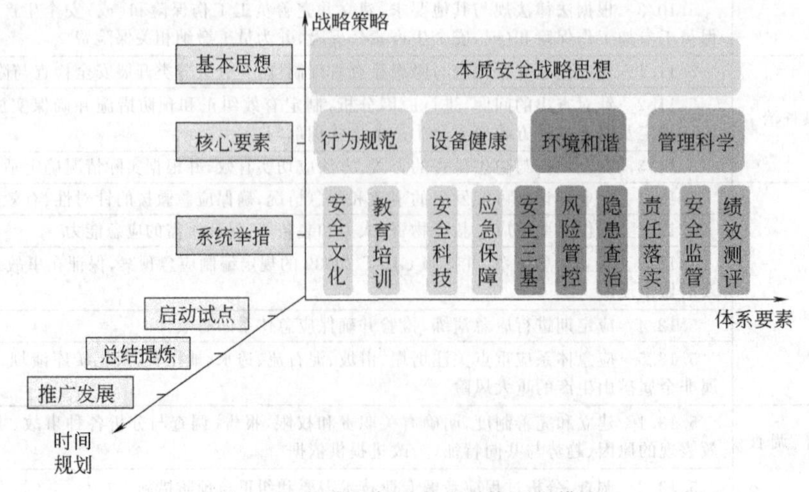


图9.9　本质安全型企业系统工程模型

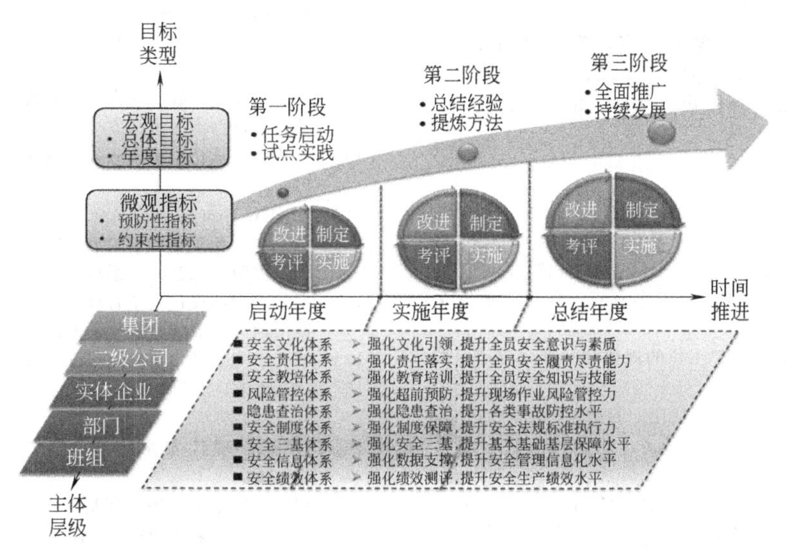


图 9.10 本质安全型企业系统工程模型的推进与实施

公司层、企业层、部门层、班组层（可以根据企业的组织体制调整设计）。④九项工程体系。实施“人本安全战略”，推进安全文化体系培塑工程，落实安全责任体系强化工程，施行安全教培体系优化工程；实施“管本安全战略”，创新安全风险管控体系深化工程，完善事故隐患查治体系建设工程，促进安全制度体系完备工程；实施“技本安全战略”，夯实安全“三基”体系基础工程，建立安全信息化体系网络工程。最后以建立“安全发展、持续提升”的闭环管理模式为目标，推行安全生产绩效测评体系的科学评价工程，完善安全生产长效机制，夯实稳定发展基础。

## 9.6.3 本质安全型企业范例

### 9.6.3.1 基本思路

着力提高某能源集团全员安全责任意识，规范安全行为，普及安全生产主体责任，推进安全责任体系构架，围绕某能源集团决策层、管理层、执行层三大层级，以责任落实为目标，结合“五落实五到位”要求进行安全生产责任体系建设，为完成中国国家某能源集团电力安全管理体系提升规划（2016～2018）各项任务提供思想保证、精神动力和智力支持。

### 9.6.3.2 建设目标

扎实推进“五落实五到位”安全生产责任体系建设，针对企业各层级和部门，建立健全全面的安全生产责任体系，织密安全生产责任网络，确保安全监管无死角、安全管理无盲区、隐患排查无遗漏，实现安全生产由“以治为主”向“以防为主”的转变，由“被动应付”向“主动监管”的转变，全面提升安全生产风险防控能力。

落实“党政同责”要求，明确董事长、党组书记、总经理对企业安全生产工作共同承担领导责任；落实安全生产“一岗双责”，明确所有领导班子成员对分管范围内安全生产工作承担相应职责；落实安全生产组织领导机构，成立安全生产委员会，由董事长或总经理担任主任；落实安全管理力量，依法设置安全生产管理机构，配齐配强注册安全工程师等专业安全管理人员；落实安全生产报告制度，定期向董事会、业绩考核部门报告安全生产情况，并向社会公示；做到安全责任到位、安全投入到位、安全培训到位、安全管理到位和应急救援五到位。

### 9.6.3.3 建设体系及模式

（1）建设体系

为了有效地落实某能源集团安全生产主体责任，需要构建全面的安全生产责任体系。某能源集团安全生产责任体系的构建借鉴了系统工程学的建模理论和方法，由三个维度构成，即建设主体、建设对象、建设原则与建设过程，如图9.11所示，主要体系内包括四部分。

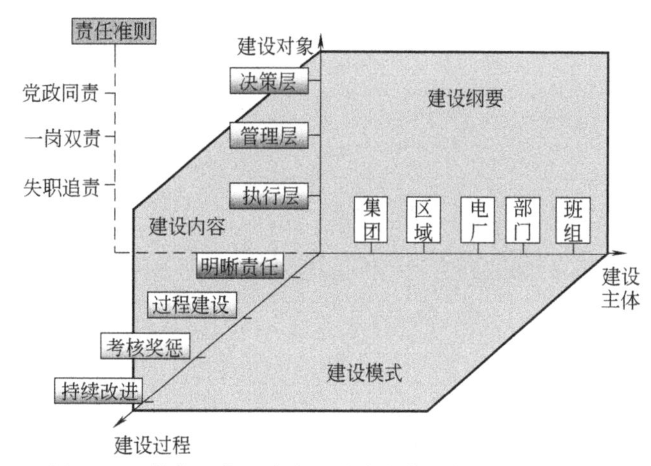


图 9.11 某能源集团安全生产责任体系优化工程结构图

① 五层级的责任主体：集团、区域产业公司、电厂、部门、班组。

② 三个建设对象：决策人员、管理人员、执行人员。

③ 三个责任准则：党政同责、一岗双责、失职追责。

④ 四大建设过程：明晰责任、过程建设、考核奖惩、持续改进。

（2）建设模式

某能源集团安全生产责任体系的建设，需要遵循“策划、实施、检查、改进”动态运行模式，即“PDCA”循环，实现不断完善、持续改进的建设过程。

（3）建设流程

某能源集团安全生产责任体系的建设流程依照以下四步骤逐步推进。

① 明晰责任阶段：应明确四类责任主体，划分各主体责任。明晰企业各层级具体责任以及各类人员具体责任。

② 过程建设阶段：通过理论框架，结合某能源集团实际情况，针对各责任主体，建立相关子体系，明确子体系建设内容、主要任务。

③ 考核奖惩阶段：对建设内容及任务的考核，应设立相应实施方案，对建设内容进行完善，同时设立重点工程，

有针对性地进行体系的制定实施。

④ 持续改进阶段：应建立保障制度，确保集团安全生产责任体系的实施，对于完成情况良好的部门、车间、班组予以奖励，为达到要求的，进行相应惩处，推动持续改进。

## 参考文献


[1] 刘铁民，等. 安全生产管理知识. 北京：煤炭工业出版社，2005.

[2] 张海峰，等. 职业安全健康管理. 北京：学苑出版社，2003.

[3] 闪淳昌. 关于机构改革，我想谈三个观点. 现代职业安全，2001 (9).

[4] 闪淳昌. 总结和认识安全生产工作的规律和特点. 劳动保护，2002 (4).

[5] 赵铁锤. 推动安全技术装备的现代化. 劳动保护，2002 (4).

[6] 杨富. 我国安全生产的形势和任务. 中国安全科学学报，2000 (2).

[7] 黄毅. 要在机制创新上下功夫. 现代职业安全，2001 (8).

[8] 孙安弟. 应对小企业发展的政府安全生产监督工作探讨//中国国际安全生产论坛论文集. 国家安全生产监督管理局，国家劳工组织. 2002.

[9] 闪淳昌，等. 安全生产法读本. 北京：煤炭工业出版社，2002.

[10] 刘铁民，等. 职业安全健康管理体系入门丛书. 北京：中国社会出版社，2000.

[11] 刘铁民，耿凤，等. 我国工伤事故宏观趋势及其诱因. 劳动保护，2001，(2).

[12] 黄盛初，胡予红. 加强信息分析研究为安全生产提供战略性信息支持//中国国际安全生产论坛论文集，2002.

[13] 徐德蜀. 从伤亡事故频发看安全工作改革. 法制参考，2002 (16).

[14] OSHA. Job Hazard Analysis. 1998 (Revised).

[15] 吴宗之. 职业安全卫生管理体系试行标准应用指南. 北京：气象出版社，2000. 系认证（北京），1999.

[16] 罗云. 大陆现代安全管理方法综述//第六届海峡两岸及香港澳门地区职业安全健康学术研讨会论文集，1998.

[17] 罗云. 安全学. 北京. 科学出版社，2015.

[18] 田水承，景国勋. 安全管理学. 北京：化学工业出版社，2016.

[19] 罗云. 现代安全管理. 第3版. 北京：化学工业出版社，2016.

[20] 罗云，展宝卫，等. 企业本质安全理论-模式-方法-范例. 北京：化学工业出版社，2018.

[21] 金属非金属矿山安全标准化规范：导则：AQ 2007.1—2006.

[22] 石油天然气工业 健康、安全与环境管理体系：SY/T 6276—2014.

[23] 企业安全生产标准化基本规范：GB/T 33000—2016.

# 10 安全管理方法及技术

## 10.1 安全管理方法体系

安全管理方法是为了实现既定的安全管理目标而采取的各种管理措施、活动、技术、方式、程序、手段的总称。安全管理方法可应用于政府安监部门的安全监管活动，以及企业生产经营过程的安全管理，对安全保障和事故防范发挥重要的作用。

安全管理方法从管理的对象划分，可分为对单位组织的管理法、对个人行为的管理法、对项目的管理法、对时间阶段的管理法等；从管理功能角度划分，可分为监察类管理法、监督类管理法、检查类管理法等；从系统学的角度划分，安全管理方法可划分为宏观与微观、局部与全面、定性与定量、综合与具体等各种管理法。

在安全生产管理实践中，一般从管理作用原理的角度，将安全管理方法体系划分为政治的、行政的、法制的、经济的、科学的、文化的管理方法等六大方法体系，如图 10.1 所示。

### 10.1.1 政治的安全管理方法手段

政治是指上层建筑领域中各种权力主体维护自身利益的特定行为以及由此结成的特定关系。政治对社会生活各个方面都有重大影响和作用。安全生产事关人民群众生命财产安全，事关改革开放、经济发展和社会稳定大局，事关党和政府形象和声誉。安全生产是一条政府红线，只有将安全生产提高到政治的高度，才能从根本上保障各项安全管理活动顺利有效开展。政治的安全管理方法有：

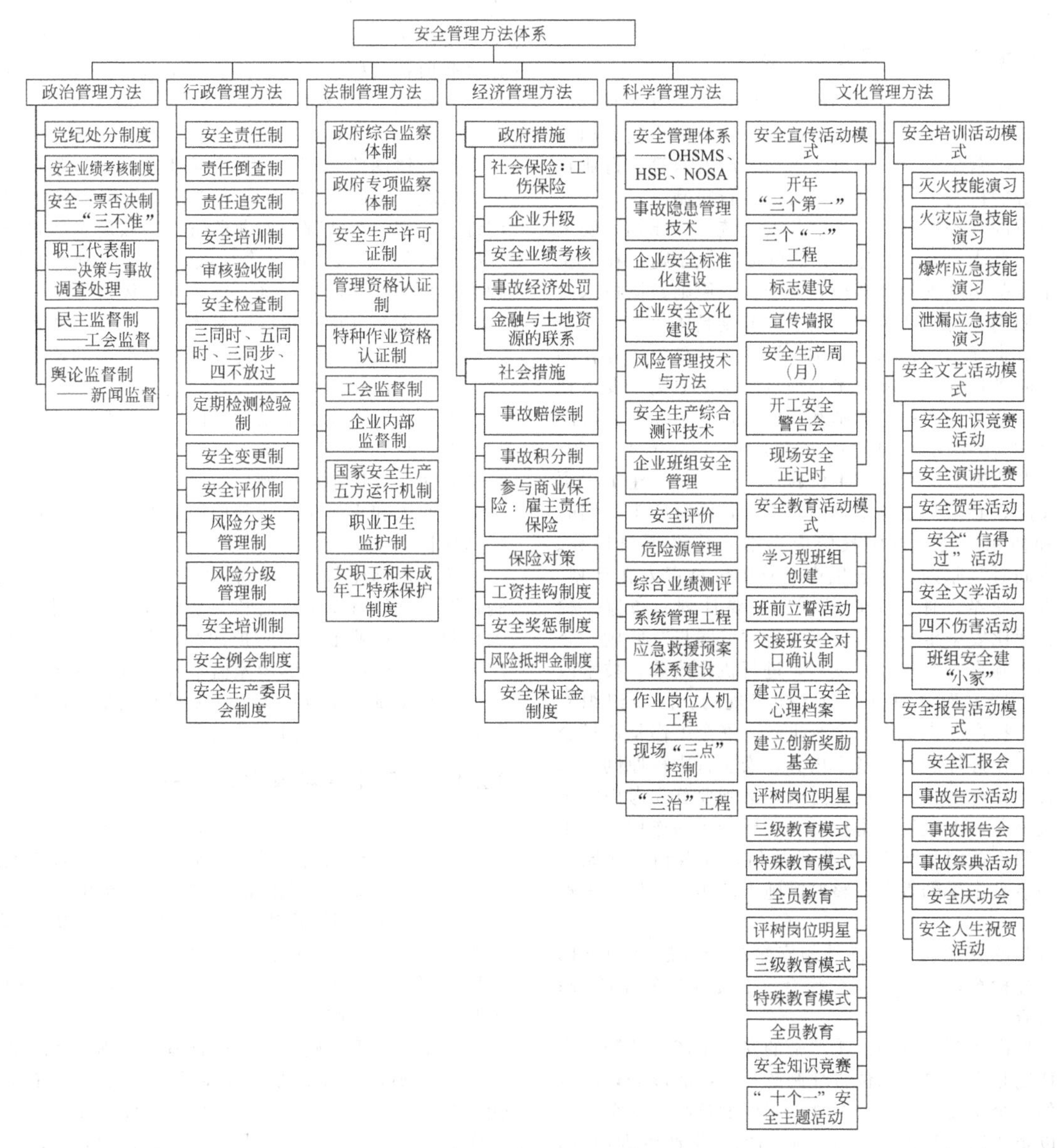


图 10.1 安全管理方法体系

党纪处分制度。指执政党对安全生产领域违纪行为的处分制度。2007年中纪委明确规定，安全生产领域违纪行为适用《中国共产党纪律处分条例》。该条例适用的对象包括：①党和国家工作人员或者其他从事公务的人员；②党组织负责人；③国家行政机关或者法律、法规授权的部门、单位的工作人员；④国有企业（公司）和集体所有制企业（公司）的工作人员；⑤其他企业（公司）的工作人员；⑥国家机关工作人员的配偶、子女及其配偶；⑦承担安全评价、培训、认证、资质验证、设计、检测、检验等工作的机构。

安全业绩考核制度。指对各级组织、人员安全生产业绩实行评价及考核，促进各尽其责、各尽其能的制度。2011年国务院发文，明确要求把安全生产考核控制指标纳入经济社会发展考核评价指标体系，把安全生产工作纳入社会主义精神文明和党风廉政建设、社会管理综合治理体系之中；加大各级领导干部政绩业绩考核中安全生产的权重和考核力度，对违法违规、失职渎职的，依法严格追究责任。

安全一票否决制。是在经常进行考核的基础上，对未完成安全管理目标的组织、机构、负责人、责任人等执行一票否决，取消单位评选先进、个人评先受奖及晋职晋级资格的制度。

政治的安全管理方法还有职工代表制、民主监督制、舆论监督制等。

### 10.1.2 安全管理的行政方法手段

行政措施是保障安全生产的有效手段，主要方法有：

建立合理国家安全生产运行机制。我国目前正建立和逐步完善“生产经营单位负责、员工参与、政府监管、行业自律和社会监督的机制”的安全生产五方运行机制。

坚持有效的管理原则。①生产与安全统一的原则。安全与生产的统一要求是：“谁主管、谁负责”的原则；在安全生产管理中要落实“管生产必须管安全”的原则，搞技术必须搞安全的原则。管生产必须管安全的原则具体表现为安全生产“人人有责任”，管生产的同时必须管好安全，分管的人员必须同时管理安全。搞技术必须搞安全的原则主要体现为任何从事工艺和技术的工程师和技术人员，必须在自己的业务和技术工作中考虑和解决好相应的安全技术问题。②“三同时”原则。生产经营单位新建、改建、扩建工程项目的安全设施，必须与主体工程同时设计，同时施工，同时投入生产和使用。安全设施投资应当纳入建设项目概算。③推行“五同时”原则。要求生产经营单位负责人在计划、布置、检查、总结、评比生产的同时，要计划、布置、检查、总结、评比安全生产工作。④实行“三同步”原则。企业在规划和实施自身生产经营发展，进行机构改革、技术改造时，安全生产方面要相应地与之同步规划、同步组织实施、同步运作投产。⑤实施安全否决制。安全工作是衡量企业经营管理工作好坏的一项基本内容，安全否决权原则要求在对企业各项指标考核、评选先进时，必须要首先考虑安全指标的完成情况。安全生产指标具有一票否决的作用。⑥事故查处的“四不放过原则”。发生事故后，要做到事故原因没查清，当事人未受到教育，整改措施未落实及责任人未追究四不放过。

实施有效的安全检查。科学的安全检查方法有如下四种：①经常性检查；②定期安全检查；③专业性安全检查；④群众性检查。

规范化标准化制度管理。①严密的安全生产责任制。安全生产责任制是生产单位岗位责任制的一个组成部分，是企业最基本的安全制度，也是安全规章制度的核心。安全生产责任制是以企业法人代表为责任核心的安全生产管理制度，由安全生产的责任体系、检查考核标准、奖惩制度三个方面有机统一。②建立安全生产委员会制度。建立公司或企业安全生产委员会，主任由法人代表担任，副主任由分管安全生产的副总担任，安全、质量、生产、经营、党政工团、人事财务等相关部门负责人参加，该制度是实施企业全面安全管理的一种制度。③动态的安全审核制。新建项目实施“三同时”审核，现有项目或工程推行动态、定期安全评审制度，以保证安全生产的规范、标准得以落实和符合。④及时的事故报告制。⑤安全生产奖惩制度。企业建立安全生产奖惩制度，是为了不断提高员工进行安全生产的自觉性，发挥劳动者的积极性和创造性，防止和纠正违反劳动纪律和违法失职的行为，以维护正常的生产秩序和工作秩序。⑥危险工作申请、审批制度。易燃易爆场所的焊接、用火，进入有毒的容器、设备工作，非建筑行业的高处作业，以及其他容易发生危险的作业，都必须在工作前制定可靠的安全措施，包括应急后备措施，向安技部门或专业机构提出申请经审查批准方可作业，必要时设专人监护。

### 10.1.3 安全管理的法制方法手段

依法监管是保障安全生产的利器，主要方法有：

建立系统全面的法规体系。安全法制管理是利用法制的手段，对企业安全生产的建设、实施、组织，以及目标、过程、结果等进行安全的监督与监察管理。

实施国家强制的安全生产许可制度。通过立法、监察，建立政府执法机构，实施国家安全监督、监察机制。国家通过行为监察、技术监察等方式，落实国家安全生产法律法规。

推行协同监管模式。《安全生产法》（简称《安全生产法》）以法律的形式要求构建“各级政府领导协调、安全部门综合监管、行业部门专业监管”的政府全面参与的立体式（纵向从国务院到乡镇五个层级，横向政府、安监、部门三种力量）的监管模式。这一模式同时体现了“党政同责、一岗双责、谁主管谁负责”的具体要求，是一种系统、全面的协同监管模式，这比单一的安全主管部门的监管模式更为全面、系统、深刻、专业和有力。

专业人员资格认证制度。国家对特种作业人员、高危险行业的厂长、经理（负责人）和安全生产的专管人员实行许可证和执业资格制度，例如注册安全工程师制度。

女职工和未成年工特殊保护制度。依法对特定人群实施特殊保护。

企业内部监督制。在企业内部实施第二方监督管理体制，即通过设置安全总监和安全检查部门，对特种设备、重大危险源、职业卫生、防护用品、化学危险品、辅助设施、厂内运输等政府实施的国家监察项目进行内部监控和管理。

三负责制。企业各级生产领导在安全生产方面“向上级负责，向员工负责，向自己负责”。

### 10.1.4 安全科学管理方法手段

科学的安全管理方法是长效持续的手段，主要方法有：

技术性管理原则。对生产系统的危险、危害实施如下技术对策：①消除潜在危险的原则；②降低潜在危险因素数值的原则；③冗余性原则；④闭锁原则；⑤能量屏障原则；⑥距离防护原则；⑦时间防护原则；⑧薄弱环节原则；⑨坚固性原则；⑩个体防护原则；⑪代替作业人员的原则；⑫警告和禁止信息原则。

系统性管理原则。①系统整体性原则。系统的整体性由六大属性确定：目标性、边界性、集合性、有机性、层次性、调节性和适应性。安全管理的整体性要体现出有明确的工作目标，综合地考虑问题的原因；要动态地认识安全；落实措施要有主次，要抓住一切，能适应变化的要求。②计划性原则。安全对策要有计划和规划，要有近期的、长远的目标。工作方案、人财物的使用要按规划进行，并有最终的评价。形成闭环的管理模式。③效果性原则。安全对策效果的好坏，要通过最终成果的指标来衡量。由于安全问题的特殊性，安全工作的成果既要考虑经济资产，又要考虑社会效益。正确认识和理解安全的效果性，是落实安全减灾措施的重要前提。④单项解决的原则。在制定具体事故预防措施时，问题与措施要一一对应，有主次、有轻重缓急，使事故隐患的消除落在实处。对于老大难的问题，应逐步地考虑整治，一年一步，不能急于求成。⑤等同原则。根据控制论原理，为了有机地控制，控制系统的复杂性与可靠性不应低于被控制系统。在安全上，安全系统或装置的可靠性必须高于被监控的机器和设备系统。要实现安全管理上监察、审查及否决权制度，安全理论、技术方法、安全人员的素质不应低于被管理的对象。⑥全面管理的原则。工业企业的安全管理，要进行全面管理，即党、政、工、团、职能部门一起抓。只有调动起全员的安全积极性和提高全员的安全意识，事故的防范才可能有更高的保证。⑦责任制原则。各级部门和企业应实行安全责任制，部门和企业的第一把手应负主要责任，所有的其他业务部门也同样负有责任，对违反职业安全法规和不负责的人员应追究刑事责任。只有将责任落到实处，安全管理效果才能得以保证。⑧精神与物质奖励的原则。应用激励理论，对于期望的安全行为给予正强化，即采用精神与物质奖励相结合的办法，激发安全减灾积极性，促进工业安全减灾。⑨批评教育和惩罚原则。同样是利用行为科学中的强化理论，对不安全的行为进行负强化，即进行批评教育和经济与职务上的处罚。应用此方法时，需要注意时效和客观的问题。⑩优化干部素质原则。随着安全科学技术的发展，传统的技术手段和管理方法已不能适应新的要求。这就需要更新安全队伍的人员专业素质，要求懂得技术知识的同时，还需要掌握系统学、心理学、教育学、人机工程、经济学等方面的知识。同时，选择安全干部要重视德才兼备。

系统模式管理法。如鞍山钢铁公司的“0123管理法”、扬子石化的“0457”管理法、济南钢铁公司的“12345”管理法、抚顺西露天矿的“三化五结合”管理模式等。

“四全”安全管理。即全员、全面、全过程、全天候每时每刻都要注意安全。总之，“四全”的基本精神就是人人、处处、事事、时时都要把安全放在首位。在进行全面的安全管理过程中，同时要注意重点环节和对象。对于大型企业或企业集团，由于管理层次相对比较多且生产范围涵括广，产业分工繁杂，经营立体多元化，实施有效的四全管理更显重要性。

现场人流、物流定置管理。即对生产现场的“危险点、危害点、事故多发点”要进行强化的控制管理，进行挂牌制，标明其危险或危害的性质、类型、定量、注意事项等内容，以警示人员。

现场“三点控制”强化管理。对生产现场的“危险点、危害点、事故多发点”的强化控制管理。采取现场和车间挂牌标示方法强化管理。

现场岗位人为差错预防。①双岗制。在民航空管、航天指挥等人为控制的重要岗位，为了避免人为差错，保证施令的准确，设置一岗双人制度。②岗前报告制。对管理、指挥的对象采取提前报告、超前警示、报告重复（回复）的措施。③交接班重叠制度。岗位交接班之间执行“接岗提前准备、离岗接续辅助”的办法，以减少交接班差错率。

生产班组安全活动。生产班组的每周安全活动要做到时间、人员、内容“三落实”。以安全生产必须落实到班组和岗位的原则，企业生产班组对岗位管理、生产装置、工具、设备、工作环境、班组活动等方面，进行灵活、严格、有效的安全生产建设。

安全巡检“挂牌制”。“巡检挂牌制”是指在生产装置现场和重点部位，要实行巡检时的“挂牌制”。操作工定期到现场按一定巡检路线进行安全检查时，一定要在现场进行挂牌警示，这对于防止他人可能造成的误操作引发事故，具有重要作用。

防电气误操作“五步操作法”。防电气误操作“五步操作法”是指：周密检查、认真填票、实行双监、模拟操作、口令操作。不仅层层把关，堵塞漏洞，消除了思想上的误差，而且是开动机器，优势互补，消除行为上的误动。

检修“ABC”管理法。检修“ABC”管理法是指：在企业定期大、小检修时，由于检修期间人员多、杂，检修项目多，交叉作业多等情况给检修安全带来较大的难度。为确保安全检修，利用检修“ABC”管理法，把公司控制的大修项目列为A类（重点管理项目），厂控项目列为B类（一般管理项目），车间控制项目列为C类（次要管理项目），实行三级管理控制。A类要制定出每个项目的安全对策表，由项目负责人、安全负责人、公司安全执法队“三把关”；B类要制定出每个项目的安全检查表，由厂安全执法队把关；C类要制定出每个项目的安全承包确认书，由车间执法队把关。

无隐患管理法。无隐患管理法的立论是建立在现代事故金字塔认识基础之上的，即任何事故都是在隐患基础上发展起来的，要控制和消除事故，必须从隐患入手。推行无隐患管理方法，要解决隐患辨识、隐患分类、隐患分级、隐患检验与检测、隐患档案与报表、隐患统计分析、隐患控制等技术问题。

行为抽样技术。安全行为抽样技术的目的是对人的行为失误进行研究和控制，主要是应用概率统计、正态分布、大数法则、随机原则的理论和方法，进行行为的抽样研究，从而达到控制人的失误或差错，最终避免人为事故发生的目的。

安全评价技术。对人员安全素质、企业安全管理、生产作业现场、生产设备设施、技术方案等进行安全评价，以达到生产过程、环境、条件符合行业、国家安全标准。

安全人机工程。安全人机工程是研究人、机械、环境三者的相互关系，探讨如何使机械、环境符合人的形态学、生理学、心理学方面的特性，使人、机械、环境相互协调，以求达到人的能力与作业活动要求相适应，创造舒适、高效、安全的劳动条件的科学。安全人机工程侧重于人和机的安全，减少差错，缓解疲劳等课题的研究。

危险预知活动。通过生产班组定期班前、班后会议，进行危险作业分析、揭露、警告、自检、互检，对员工危险作业、设备设施危险和隐患、现场环境不良状态等进行有效的控制。

事故判定技术。组织车间一线安全兼职人员通过座谈会填表过程，对可能发生事故的状况进行分析判定。其方式是预先针对生产危险状况及设备设施故障设计的事故、故障或隐患登记卡，对可能发生事故的状况进行超前判定，以指导有效的预防活动。

科学系统的应急预案。对危险源进行科学预防的前提下，制定有效的事故应急救援预案，以达到一旦事故、事件发生，使其伤亡、损失最小化。

“三群”管理法。在企业内部推行“群策、群力、群管”的全员安全管理战略。

“十个一”安全主题活动。在安全活动期间组织员工：背一则安全规章；读一种安全生产知识书籍；受一次安全培训教育；忆一起事故教训；查一个事故隐患；提一条安全生产合理化建议；做一件预防事故实事；当一周安全监督员；献一元安全生产经费；写一篇安全生产感想（汇报）等。

"一法三卡"管理技术。全国总工会2003年在企业推行的一种管理模式。一法：重大事故隐患和职业危险监控法。三卡：《有毒有害化学物质信息》《危险源点警示卡》《安全检查提示卡》。

### 10.1.5　安全管理的经济方法手段

安全管理经济手段是实用管理措施，主要方法有：

合理的安全经济投入。充分、合理地确定安全投资强度，重视安全投资结构的关系，如安措经费：个人防护品费用从1：2过渡到2：1，安技费用：工业卫生费用从1.5：1过渡到1：1。要注意到预防性投入与事后性投入的等价关系为1：5的关系，因此要重视预防性投入。

参与保险。随着社会的进步，保险对策作为一种风险转移手段，对事故损失风险起到风险分散和化解的作用，如《安全生产法》中鼓励生产经营单位投保安全生产责任保险，社会保险中的工伤保险，以及商业保险中的财产保险、工程保险、伤亡保险等。

安全措施项目优选和可行性论证制度。学会合理地应用安全经济机制，如进行安全项目经济技术的可行性论证；推行企业安全设施、设备的专门折旧机制等。

经济惩罚制度。违章、事故罚款制度，并采取连带制、复利制的技巧，即惩罚连带相关人员，罚度随次数增加等。

风险抵押制度。推行安全生产抵押金制度，即在年初或项目之初交纳一定的安全抵押（保证）金，年底或项目完成后进行评估。该制度可对全员或入厂员工实行。

安全经济激励（奖励）制度。采取与工资挂钩、设立承包奖等安全奖励制度，以激励和促进安全生产工作。

积分考评制。将各类事故、征候、违章行为等管理的事件，进行分级、分类，并确定一定的分值，年底进行测评、考核。

### 10.1.6　安全管理的文化方法手段

安全文化管控是现代的安全管理方法，主要方法有：

开年"三个第一"活动。活动内容：第一个文件是"安全文号"，第一个大会是"安全大会"，第一项工作是"安全1号文件的宣传月活动"。活动方式：会议、组织员工学习、广播电视宣传、考试。活动目标：突出安全，抓好安全，为全年的安全工作开好头。接受人员：企业全员。组织人员：党政负责人。组织部门、宣传部门、公关部门和安全部门。

文化氛围"三个一"工程。活动内容：车间一套挂图；厂区一幅图标；每周一场录像。活动方式：宣传挂图、标志实物建设；在企业闭路电视上组织收看安全录像。活动目标：增长知识，强化意识。参加人员：全体员工。组织人员：安全和宣传部门专业人员。

标志建设可视化。活动内容：禁止标志、警告标志、指令标志建设。活动方式：实物建设。活动目的：警示作用，强化意识。接受人员：员工。组织人员：安全与宣传部门专业人员。

宣传墙报多媒体。活动内容：安全知识、事故教训等；活动方式：实物建设；活动目的：增加知识；接受人员：企业全员；组织人员：安全和宣传部门专业人员。

新员工三级教育模式。教育内容：厂级、车间、岗位（班组）安全常识、法规、操作规程及操作技能等。教育方式：课堂学习；实际演练；参观与访问；测试与考核。教育目的：懂得安全知识；掌握基本技能；建立安全意识。教育对象：新工人、换岗工人。组织部门及人员：企业安全专业部门及车间和班组负责人。关键点：内容和效果。

特殊教育模式。教育内容：特殊工种、岗位、部门、必需安全知识和规程。教育方式：学习、演练、考核、细化意识、掌握知识和技能。教育对象：特殊工种。组织部门：车间、安技部门组织，参与国家特种作业人员培训。关键点：持证上岗，定期复训。

全员教育模式。教育内容：安全知识、事故案例、政策规程。教育方式：组织学习研讨，广播电视教育。教育目的：增强观念、扩展知识、提高素质。教育对象：全员。组织部门：安技各级机构。关键点：适时、生动、有效。

亲情引入。通过亲人、亲情的引入，对参与员工的意识、行为进行教育，引入亲人加入员工管教。方式：座谈、家访。目的：创造协调的家庭生活氛围，利用亲情管控好员工安全生产。

班组读报活动。活动内容：选择与自己安全生产相关的读报内容，如事故案例分析、安全知识、政策法规等。方式：班组安全活动会。目的：提高认识，学习知识，强化意识。对象：班组成员。组织部门：班组长或班组安全员。关键点：持之以恒，内容丰富。

决策者教育。教育内容：政策、法规、管理知识。方式：学习、报告座谈。目的：强化意识，提高决策、管理素质。对象：各级领导及生产管理人员。组织部门：企业主管负责人，安全专业部门。关键点：针对性与实用性。

其他手段。开展安全知识竞赛、安全在我心中演讲比赛、安全专场晚会、安全生产周（月）、百日安全竞赛、四不伤害活动、班组安全建设"小家"、开工安全警告会、现场安全正计时、安全汇报会、安全庆功会、安全人身祝贺活动等。

## 10.2　人因安全管理

人的因素无论从安全的角度或是事故的角度，都是非常重要的因素。

（1）人的可靠性分析与评价

人的可靠性分析（HRA）是评价人的可靠性的各种方法的总称。人的可靠性是指使系统可靠或正常运转所必需的人的正确活动的概率。人为失误的严重性是根据可能导致的后果来划分的，如损害系统的功能、降低安全性、增加费用等。

人的可靠性分析的定性分析主要包括人为失误隐患的辨识。辨识的基本工具是作业分析，这是一个反复分析的过程。通过观察、调查、谈话、失误记录等方式分析确定某一人-机系统中人的行为特性。在系统元素相互作用过程中，人为失误隐患包括不能执行系统要求的动作，不正确的操作行为（包括时间选择错误），或者进行损害系统功能的操作。对系统进行不正确的输入可能与一个或多个操作形成因素（PSFS）有关，定性分析是人机学专家在设计或改进人机系统时为减少人为失误的影响使用的基本方法。如上所述，定性分析也是人的可靠性分析方法中定量分析的基础。

人的可靠性分析的定量分析包括评价与时间有关或无关的影响系统功能的人为失误概率（HEPS），评价不同类型失误对系统功能的影响。这类评价是通过使用人的行为统计数据，人的行为模型，以及人的可靠性分析有关的其他分析方法来完成的。对于复杂系统，人的可靠性分析工作最好由一个专家组来完成。专家组中包括具有人的可靠性分析经验的人机学专家、系统分析专家、有关工程技术人员，尤其是对分析对象非常熟悉的有关人员，让他们参与人的可靠性分析是非常必要的。

（2）行为抽样技术

定量研究人的安全行为的状况和水平，通常采用行为抽样技术。这是一种高效、省时、经济，具有一定的定量精确及合理性的行为研究方法。这种方法能定量地研究出工人操作过程中的失误状况和水平，即确切地测定出员工的失误率。行为抽样技术是通过对员工作业过程的抽样调查，了解操作者生产过程中的失误或差错状况，其目的是有效控制人的失误率。进行行为抽样要依据随机性、正态分布的概率统计学理论，以保证调查结果的客观真实性。

① 安全行为抽样理论。行为抽样技术是一种通过局部作业点或对有限量（时间或空间）的员工行为的抽样调查，从而判定全局或全体的安全行为水平，客观上讲是具有误差的调查方法，但其误差要符合研究的要求，为此，需要遵循一定的理论规律，即概率理论、正态分布和随机原理。概率理论是研究随机现象的，随机现象的特点是对于单次或个别试验是不确定的，但在大量重复试验中，却呈现出明显的规律性。人的一般行为都具有这样的特点，生产过程中的失误或不安全行为也具有这样的特点。为了使调查的数据可靠、准确，在设计抽样的样本时，以正态分布为理论基础，其置信度和精确度都以正态分布的参数为基础。行为抽样要求随机地确定观测或调查的时间，随机地确定测定对象，而不能专门地安排和有意识地设计研究或调查对象、时间或地点，随机确定的样本数据才具有客观的合理性。

② 安全行为抽样技术。安全行为抽样技术主要步骤：将要调查或研究车间、工种或部门操作的不安全行为定义出来，并列出清单；根据已有的抽样结果或通过小量的试验观测，初步确定调查样本的不安全行为比例 $P$ 值；确定抽样调查的总观测样本本数 $N$（有一数学公式），其样本数取决于不安全行为比例水平及调查分析的精度；根据调查对象的工作规律，确定抽样时间，即确定每小时的调查观测次数和观测的具体时间（8h 上班内）；根据随机原则，确定观测的对象，即观测哪些员工或生产班组，一般可以根据调查的目的、要求，以及行业生产的特点，采用正规的随机抽样法，或按工种、业务或员工特性使用分层随机抽样法；通过进行所需次数的随机观测，将观测到的生产操作行为结果（安全和不安全行为）进行分类记录；测算出不安全行为的百分比（失误率）；每月第一周重复一次以上步骤的抽样调查；根据每次抽样调查获得的不安全行为比例数值，进行控制图管理；通过控制图管理技术，分析生产一线工人的安全行为规律，并提出改进安全生产状况、预防失误导致事故的对策、措施和办法。

(3) 特种作业人员安全管理

特种作业是指在劳动过程中容易发生伤亡事故，对操作者本人，尤其对他人和周围设施的安全有重大危害的作业。从事特种作业的人员称为特种作业人员。特种作业包括：电工作业，焊接与热切割作业，高处作业，制冷与空调作业，煤矿安全作业，危险化学品安全作业，烟花爆竹安全作业等原安全监管总局（现应急管理部）认定的其他作业。

对于某些设备来讲，由于设备本身存在一定的危险性，如果发生事故，将机毁人亡，不仅对操作者本人，而且对他人和周围设施会造成严重损伤或破坏。因此对危险性较大的设备即特种设备应实行特殊管理。对特种设备必须制定安全操作规程、定期检查制度、维修保养管理制度、专人负责管理制度以及建立设备技术档案。特种设备不得长期超负荷带病运行，设备的安全防护装置必须保持完好，并能正确使用。除对特种设备进行严格检测检验，实行安全认证外，同时对操作人员进行严格的技能和安全技术培训。对特种作业人员必须进行定期的特种设备安全运行教育，增强其安全责任心，提高安全意识，做到精心使用、精心操作、精心维护。

(4) 不安全行为的管控

应用“禁令”的方式是现场人的不安全行为的管理方式，如“安全十大禁令”：

第一条　安全教育和岗位技术考核不合格者，严禁独立顶岗操作。

第二条　不按规定着装或班前饮酒者，严禁进入生产岗位和施工现场。

第三条　不戴好安全帽者，严禁进入生产装置和检修、施工现场。

第四条　未办理安全作业票及不系安全带者，严禁高处作业。

第五条　未办理安全作业票，严禁进入塔、容器、罐、油舱、反应器、下水井、电缆沟等有毒、有害、缺氧场所作业。

第六条　未办理维修工作票，严禁拆卸停用与系统连通的管道、机泵等设备。

第七条　未办理电气作业“三票”，严禁电气施工作业。

第八条　未办理施工破土工作票，严禁破土施工。

第九条　机动设备或受压容器的安全附件、防护装置不齐全好用，严禁启动使用。

第十条　机动设备的转动部件，在运转中严禁擦洗或拆卸。

安全禁令的方式也被应用到一些特殊作业，如：易燃易爆场所动火作业的“十不动火”；吊装作业的“十不吊”；高处作业的“十不准”等。

## 10.3 物因及设备设施的安全管理

### 10.3.1 安全设施“三同时”管理

“三同时”指生产性基本建设和技术改造项目中的职业安全健康设施，应与主体工程同时设计、同时施工、同时验收和投产使用。“三同时”从制度上保证安全卫生设施建设能同步到位。

为确保建设项目（工程）符合国家规定的安全生产标准，保障劳动者在生产过程中的安全与健康，企业在搞新建、改建、扩建基本建设项目（工程）、技术改造项目（工程）和引进技术项目（工程）时，项目中的安全卫生设施必须与主体工程实施“三同时”。搞好“三同时”工作，从根本上采取防范措施，把事故和职业危害消灭在萌发之前，是最经济、最可行的生产建设之路。只有这样，才能保证员工的安全与健康，维护国家和人民的长远利益，保障社会生产力的顺利发展。

### 10.3.2 特种设备安全管理

对锅炉、压力容器（含气瓶）、压力管道、电梯、起重机械、客运索道、大型游乐设施、场（厂）内专用机动车辆等特种设备，国家实行专门监管的办法。由于特种设备是属于危险性较大的设备、易发生事故造成操作者本人或他人的伤害，以及机械设备、厂房等重大的财产损失，为保证其正常运行必须进行定期和巡回检测检验，以确保安全生产和生命安全。

特种设备安全监察可参阅本篇 11.4 节。

### 10.3.3 生产辅助设施安全管理

《工业企业设计卫生标准》等对企业的生产辅助设施的安全卫生做出了明确的要求。辅助设施包括：浴室、存衣室、盥洗室、洗衣房、生活用室、休息室、食堂、厕所、妇幼卫生用室、卫生医疗机构设施等。

## 10.4 危险源管理

### 10.4.1 一般危险源安全管理

一般危险源简称危险源（hazard）或危险因素，是指生产过程不安全因素或根源，既包括不安全的状态，也包括不安全的行为。重大危险源（根据《安全生产法》）指长期或者临时地生产、搬运、使用或者储存危险物品，且危险物品的数量等于或者超过临界量的单元（包括场所和设施）。后者的特点是具有能量或有害物质属性的，可能导致重大事故灾害的不安全的根源，而不包括不安全的状态与行为。

显然，危险源是事故发生的前提，是事故发生过程中能量与物质释放的主体。因此，有效地控制危险源，特别是重大危险源，对于确保员工在生产过程中的安全和健康，保证企业生产顺利进行具有十分重要的意义。

(1) 危险源的分类

危险源是指一个系统中具有潜在能量和物质释放危险的、在一定的触发因素作用下可转化为事故的部位、区域、场所、空间、岗位、设备及其位置。危险源存在于确定的系统中，不同的系统范围，危险源的区域也不同。因此，分析危险源应按系统的不同层次来进行。

根据上述对危险源的定义，危险源应由三个要素构成：潜在危险性、存在条件和触发因素。危险源的潜在危险性是指一旦触发事故，可能带来的危害程度或损失大小，或者说危险源可能释放的能量强度或危险物质量的大小。危险源的存在条件是指危险源所处的物理、化学状态和约束条件状态。触发因素虽然不属于危险源的固有属性，但它是危险源转化为事故的外因，而且每一类型的危险源都有相应的敏感触发因素。一定的危险源总是与相应的触发因素相关联。在触发因素的作用下，危险源转化为危险状态，继而转化为事故。

危险源是可能导致事故发生的潜在的不安全因素。实际上，生产过程中的危险源，即不安全因素种类繁多、非常复杂，它们在导致事故发生、造成人员伤害和财产损失方面所起的作用很不相同。相应地，控制它们的原则、方法也很不相同。根据危险源在事故发生、发展中的作用，把危险源划分为两大类，即第一类危险源和第二类危险源。

表 10.1 列出了可能导致各类伤亡事故的第一类危险源。

**表 10.1　伤害事故类型与第一类危险源**

| 事故类型 | 能量源或危险物的产生、储存 | 能量载体或危险物 |
|---|---|---|
| 物体打击 | 产生物体落下、抛出、破裂、飞散的设备、场所、操作 | 落下、抛出、破裂、飞散的物体 |
| 车辆伤害 | 车辆，使车辆移动的牵引设备、坡道 | 运动的车辆 |
| 机械伤害 | 机械的驱动装置 | 机械的运动部分、人体 |
| 起重伤害 | 起重、提升机械 | 被吊起的重物 |
| 触电 | 电源装置 | 带电体、高跨步电压区域 |
| 灼烫 | 热源设备、加热设备、炉、灶、发热体 | 高温物体、高温物质 |
| 火灾 | 可燃物 | 火焰、烟气 |
| 高处坠落 | 高差大的场所，人员借以升降的设备、装置 | 人体 |
| 坍塌 | 土石方工程的边坡、料堆、料仓、建筑物、构筑物 | 边坡土(岩)体、物料、建筑物、构筑物、载荷 |
| 冒顶片帮 | 矿山采掘空间的围岩体 | 顶板、两帮围岩 |
| 放炮、火药爆炸 | 炸药 | |
| 瓦斯爆炸 | 可燃性气体、可燃性粉尘 | |
| 锅炉爆炸 | 锅炉 | 蒸汽 |
| 压力容器爆炸 | 压力容器 | 内容物 |
| 淹溺 | 江、河、湖、海、池塘、洪水、储水容器 | 水 |
| 中毒窒息 | 产生、储存、聚积有毒有害物质的装置、容器、场所 | 有毒有害物质 |

在生产、生活中，为了利用能量，让能量按照人们的意图在生产过程中流动、转换和做功，就必须采取屏蔽措施约束、限制能量，即必须控制危险源。约束、限制能量的屏蔽应该能够可靠地控制能量，防止能量意外地释放。然而，实际生产过程中绝对可靠的屏蔽措施并不存在。在许多因素的复杂作用下，约束、限制能量的屏蔽措施可能失效，甚至可能被破坏而发生事故。导致约束、限制能量屏蔽措施失效或破坏的各种不安全因素称作第二类危险源，它包括人、物、环境三个方面的问题。

在安全工作中涉及人的因素问题时，采用的术语有“不安全行为（unsafe act）”和“人失误（human error）”。不安全行为一般指明显违反安全操作规程的行为，这种行为往往直接导致事故发生。人失误是指人的行为的结果偏离了预定的标准。不安全行为、人失误可能直接破坏对第一类危险源的控制，造成能量或危险物质的意外释放；也可能造成物的因素问题，进而导致事故发生。

物的因素问题可以概括为物的不安全状态（unsafe condition）和物的故障（或失效）（failure or fault)。物的不安全状态是指机械设备、物质等明显的不符合安全要求的状态。在我国的安全管理实践中，往往把物的不安全状态称作“隐患”。物的故障（或失效）是指机械设备、零部件等由于性能低下而不能实现预定功能的现象。物的不安全状态和物的故障（或失效）可能直接使约束、限制能量或危险物质的措施失效而发生事故。有时一种物的故障可能导致另一种物的故障，最终造成能量或危险物质的意外释放。物的因素问题有时会诱发人的因素问题，人的因素问题有时会造成物的因素问题，实际情况比较复杂。

环境因素主要指系统运行的环境，包括温度、湿度、照明、粉尘、通风换气、噪声和振动等物理环境，以及企业和社会的软环境。不良的物理环境会引起物的因素问题或人的因素问题。企业的管理制度、人际关系或社会环境影响人的心理，可能造成人的不安全行为或人失误。

第二类危险源往往是一些围绕第一类危险源随机发生的现象，它们出现的情况决定事故发生的可能性。第二类危险源出现得越频繁，发生事故的可能性越大。

(2) 危险源控制途径

危险源的控制可从三方面进行，即技术控制、人行为控制和管理控制。

① 技术控制。即采用技术措施对固有危险源进行控制，主要技术有消除、控制、防护、隔离、监控、保留和转移等。技术控制的具体内容请参看第三篇和第四篇的有关内容。

② 人行为控制。即控制人为失误，减少人不正确行为对危险源的触发作用。人为失误的主要表现形式有：操作失误，指挥错误，不正确的判断或缺乏判断，粗心大意，厌烦，懒散，疲劳，紧张，疾病或生理缺陷，错误使用防护用品和防护装置等。人行为的控制首先是加强教育培训，做到人的安全化；其次应做到操作安全化。

③ 管理控制。可采取以下管理措施，对危险源实行控制。

a. 建立健全危险源管理的规章制度。危险源确定后，在对危险源进行系统危险性分析的基础上建立健全各项规章制度，包括岗位安全生产责任制、危险源重点控制实施细则、安全操作规程、操作人员培训考核制度、日常管理制度、交接班制度、检查制度、信息反馈制度、危险作业审批制度、异常情况应急措施、考核奖惩制度等。

b. 明确责任、定期检查。应根据各危险源的等级，分别确定各级的负责人，并明确他们应负的具体责任。特别是要明确各级危险源的定期检查责任。除了作业人员必须每天自查外，还要规定各级领导定期参加检查。对于重点危险源，应做到公司总经理（厂长、所长等）半年一查，分厂厂长月查，车间主任（室主任）周查，工段、班组长日查。对于低级别的危险源也应制定出详细的检查安排计划。对危险源的检查要对照检查表逐条逐项，按规定的方法和标准进行检查，并做记录。如发现隐患则应按信息反馈制度及时反馈，促使其及时得到消除。凡未按要求履行检查职责而导致事故者，要依法追究其责任。规定各级领导人参加定期检查，有助于增强他们的安全责任感，体现管生产必须管安全的原则，也有助于重大事故隐患的及时发现和得到解决。专职安技人员要对各级人员实行检查的情况定期检查、监督并严格进行考评，以实现管理的封闭。

c. 加强危险源的日常管理。要严格要求作业人员贯彻执行有关危险源日常管理的规章制度。所有活动均应按要求认真做好记录。领导和安技部门定期进行严格检查考核，发现问题，及时给予指导教育，根据检查考核情况进行奖惩。

d. 抓好信息反馈、及时整改隐患。要建立健全危险源信息反馈系统，制定信息反馈制度并严格贯彻实施。对检查发现的事故隐患，应根据其性质和严重程度，按照规定分级实行信息反馈和整改，做好记录，发现重大隐患应立即向安技部门和行政第一领导报告。信息反馈和整改的责任应落实到人。对信息反馈和隐患整改的情况，各级领导和安技部门要进行定期考核和奖惩。安技部门要定期收集、处理信息，及时提供给各级领导研究决策，不断改进危险源的控制管理工作。

e. 搞好危险源控制管理的基础建设工作。危险源控制管理的基础工作除建立健全各项规章制度外，还应建立健全危险源的安全档案和设置安全标志牌。应按安全档案管理的有关内容要求建立危险源的档案，并指定人专门保管，定期整理。应在危险源的显著位置悬挂安全标志牌，标明危险等级，注明负责人员，按照国家标准的安全标志标明主要危险，并扼要注明防范措施。

f. 搞好危险源控制管理的考核评价和奖惩。应对危险源控制管理的各方面工作制定考核标准，并力求量化，划分等级。定期严格考核评价，给予奖惩并与班组升级和评先进结合起来。逐年提高要求，促使危险源控制管理的水平不断提高。

（3）危险源的分级管理

自20世纪80年代以来，我国许多企业推行危险源点分级管理，收到了良好的效果，增强了各级领导的安全责任感，提高了作业人员的安全意识、安全知识水平和预防事故的能力，加强了企业安全管理的基础工作，提高了危险源点的整体控制水平。

所谓危险源点，是指包含第一类危险源的生产设备、设施、生产岗位、作业单元等。在安全管理方面，危险源点分级管理注重对这些危险源点的管理。

危险源点分级管理是系统安全工程中危险辨识、控制与评价在生产现场安全管理中的具体应用，体现了现代安全管理的特征。与传统的安全管理相比较，危险源点分级管理有以下特点：①体现“预防为主”；②全面系统的管理；③突出重点的管理。

### 10.4.2 重大危险源安全管理

（1）重大危险源辨识确定

目前，我国的重大危险源管理制度主要针对危险化学品的重大危险源。其范畴根据《危险化学品重大危险源辨识》（GB 18218—2018）确定。

《安全生产法》第三十七条明确了对重大危险源的管理基本要求：生产经营单位对重大危险源应当登记建档，进行定期检测、评估、监控，并制定应急预案，告知从业人员和相关人员在紧急情况下应当采取的应急措施。生产经营单位应当按照国家有关规定将本单位重大危险源及有关安全措施、应急措施报有关地方人民政府安全生产监督管理部门和有关部门备案。

重大危险源除了单体设备或装置外，还包括设施或场所的单元。单元是指一个（套）生产装置、设施或场所，或同属一个生产经营单位且边缘距离小于500m的几个（套）生产装置、设施或场所。

单元内存在的危险化学品为单一品种，则该危险化学品的数量即为单元内危险化学品的总量，若等于或超过相应的临界量，则定为重大危险源。单元内存在的危险化学品为多品种时，则按式（10.1）计算，若满足式（10.1），则定为重大危险源：

$$q_1/Q_1+q_2/Q_2+\cdots+q_n/Q_n\geqslant 1 \quad (10.1)$$

式中：$q_1,q_2,\cdots,q_n$ 为每种危险化学品实际存在量，t；$Q_1,Q_2,\cdots,Q_n$为与各危险化学品相对应的临界量，t。

（2）重大危险源安全管理基本要求

企业应建立重大危险源管理制度，全面辨识重大危险源，对确认的重大危险源制定安全管理技术措施和应急预案。涉及危险化学品的企业应按照GB 18218的规定，进行重大危险源辨识和管理。

企业应对重大危险源进行登记建档，设置重大危险源监控系统，进行日常监控，并按照有关规定向所在地安全监管部门备案。重大危险源安全监控系统应符合AQ 3035的技术规定。

含有重大危险源的企业应将监控中心（室）视频监控资料、数据监控系统状态数据和监控数据与有关监管部门监管系统联网。

### 10.4.3 重大危险源安全评价

任何生产经营单位应当对重大危险源进行安全评估并确定重大危险源等级。重大危险源根据其危险程度，分为一级、二级、三级和四级，一级为最高级别。重大危险源分级方法可按照《危险化学品重大危险源辨识》（GB 18218—2018）进行。

重大危险源的安全评估报告应当客观公正、数据准确、内容完整、结论明确、措施可行，并包括下列内容：

① 评估的主要依据；
② 重大危险源的基本情况；
③ 事故发生的可能性及危害程度；
④ 个人风险和社会风险值（仅适用定量风险评价方法）；
⑤ 可能受事故影响的周边场所、人员情况；
⑥ 重大危险源辨识、分级的符合性分析；
⑦ 安全管理措施、安全技术和监控措施；
⑧ 事故应急措施；
⑨ 评估结论与建议。

## 10.5 专项安全管理

### 10.5.1 消防安全管理

（1）防火、防爆十大禁令

要做好企业的消防工作，需遵守十大禁令：①严禁在厂内吸烟及携带火种和易燃、易爆、有毒、易腐蚀物品入厂；②严禁未按规定办理用火手续，在厂内进行施工用火或生活用火；③严禁穿易产生静电的服装进入油气区工作；④严禁穿带铁钉的鞋进入油气区及易燃、易爆装置；⑤严禁用汽油、易挥发溶剂擦洗设备、衣物、工具及地面等；⑥严禁未经批准的各种机动车辆进入生产装置、罐区及易燃、易爆区；⑦严禁就地排放易燃、易爆物料及化学危险品；⑧严禁在油气区用黑色金属或易产生火花的工具敲打、撞击和作业；⑨严禁堵塞消防通道及随意挪用或损坏消防设施；⑩严禁损坏厂内各类防爆设施。

(2)“五不动火”管理原则

在企业的生产过程中，由于生产维修、改造等作业需要动火，如果现场存在易燃、易爆的气体或物质，必须坚持现场“五不动火”的管理原则，即置换不彻底不动火；分析不合格不动火；管道不加盲板不动火；没有安全部门确认不动火；没有防火器材及监火人不动火。

(3) 动火“五信五不信”原则

在石油化工等存在易燃、易爆物品的场所，企业在进行动火审批时，其审批火票要坚持“五信五不信”原则：相信盲板不相信阀门，相信自己检查不相信别人介绍，相信分析化验数据不相信感觉和嗅觉，相信逐级签字不相信口头同意，相信科学不相信经验主义。

(4) 防电气误操作“五步操作法”

防电气误操作“五步操作法”是指：周密检查、认真填票、实行双监、模拟操作、口令操作。不仅层层把关，堵塞漏洞，消除了思想上的误差，而且是开动机器，优势互补，消除行为上的误动。

(5) 防止储罐跑油（料）十条规定

对于石油化工储罐的生产设施，需执行如下十条规定：

第一条　按时检测，定点检查，认真记录。

第二条　油品脱水，不得离人，避免跑油。

第三条　油品收付，核定流程，防止冒串。

第四条　切换油罐，先开后关，防止憋压。

第五条　油罐用后，认真检查，才能投用。

第六条　现场交接，严格认真，避免差错。

第七条　呼吸阀门，定期检查，防止抽瘪。

第八条　重油加温，不得超标，防止突沸。

第九条　管线用完，及时处理，防止冻凝。

第十条　新罐投用，验收签证，方可进油（料）。

### 10.5.2　交通安全管理

(1) 车辆安全十大禁令

第一条　严禁超速行驶、酒后驾车。

第二条　严禁无证开车或学习、实习司机单独驾驶。

第三条　严禁空挡放坡或采用直流供油。

第四条　严禁人货混载、超限装载或驾驶室超员。

第五条　严禁违反规定装运危险物品。

第六条　严禁迫使、纵容驾驶员违章开车。

第七条　严禁车辆带病行驶或私自开车。

第八条　严禁非机动车辆或行人在机动车临近时，突然横穿马路。

第九条　严禁吊车、叉车、电瓶车等工程车辆违章载人行驶或作业。

第十条　严禁撑伞、撒把、带人及超速骑自行车。

(2) 厂内运输安全管理

企业厂区范围内行驶、作业的机动车辆，车辆的装备、安全防护装置及附件应齐全有效。车辆的整车技术状况、污染物排放、噪声应符合有关标准和规定。企业应建立、健全厂内机动车辆安全管理规章制度。车辆应逐台建立安全技术管理档案。

根据《特种设备安全监察条例》第二条的规定，厂内机动车辆属于特种设备。使用单位应当向直辖市或者设区的市的特种设备安全监督管理部门登记，建立车辆档案，经特种设备检验检测机构对车辆进行安全技术检验合格，核发牌照，并进行年度检验。车辆驾驶人员应当按照国家有关规定经特种设备安全监督管理部门考核合格，取得国家统一格式的特种作业人员证书，方可从事相应的作业或者管理工作。企业厂内机动车辆管理制度，应符合《特种设备使用管理规则》《场（厂）内专用机动车辆安全技术监察规程》等的规定，厂内机动车辆安全管理人员应符合《特种设备安全管理负责人考核大纲》的规定，机动车辆驾驶员应符合《特种设备作业人员监督管理办法》的规定。

### 10.5.3　特种作业与高危作业安全管理

特种作业和高危作业是指容易发生安全事故，对操作者本人、他人及周围设施的安全有重大危害的施工作业。

特种作业是针对作业人员来说，要求经过安全培训，具备作业资格证要求的高危作业，主要包括：①电工作业，如电气安装、维修、维护等。②金属焊接切割作业，如电焊、气割、气焊。③起重机械作业，如门式、塔式、桥式、缆索起重机，其他移动起重机作业与安装、拆除、维修。施工升降机、电梯作业、安装、拆除与维修；起重指挥司索等。④厂内机动车驾驶，如场内运输汽车、轨道机车、铲车、叉车、推土机、装载机、挖掘机、压路机、电瓶车、翻斗车等作业。⑤登高架设及高空悬挂作业，如各种排架、平台、栈桥的架设拆除；外墙、坝面清理、装修；悬挂设备安装维修。⑥制冷作业，如制冷设备操作、安装、拆除与维修。⑦锅炉作业，如司炉、维修、水质化验。⑧压力容器操作，如空压设备，氧气、乙炔站设备操作、维修等。⑨爆破作业，如爆破器材运输、储存、加工、使用、销毁等。⑩金属探伤检测作业，如射线、超声波探伤。⑪水上作业，如轮机驾驶、水手。⑫其他政府有关部门明确的特种作业。

针对作业过程来说，要求作业许可证制度来管理的危险性作业，也称作高危作业，主要包括：动火作业、进入受限空间作业、临时用电作业、高处作业、断路作业、破土作业、吊装作业、盲板抽堵作业等。

特种作业和高危作业都具有事故发生率高，后果严重的特点，因此，对其安全管理与一般作业提出更严格的要求。企业在安全管理中要特别重视和强调，以避免可能导致重大人员伤害和事故损失。下面是一些高危作业的管理制度：

(1) 电气操作工作票制度

电气操作工作票（表 10.2）是准许在电气设备或线路上工作的书面命令，也是执行保证电气安全操作安全技术措施的书面依据。

表 10.2　电气操作工作票

年　月　日　编号：

| 发令人： | 下令时间：　年　月　日　时　分 | | | |
|---|---|---|---|---|
| 受令人： | 操作开始时间：　年　月　日　时　分 | | | |
| 终了时间：　年　月　日　时　分 | | | | |
| 操作任务： | | | | |
| | | | | |
| | | | | |
| 操作人： | | 监护人： | | |
| 备注： | | | | |

工作票应预先编号，一式两份，一份必须保存在工作地点，由工作负责人收执，另一份由值班员（工作许可人）收执，按班移交。

(2) 高处作业票制度

为减少高处作业过程中坠落、物体打击等事故的发生，确保员工生命安全，在进行高处作业时，必须严格执行高处作业票制度。高处作业是指在坠落高度基准面2m以上（含2m），有坠落可能的位置进行的作业。高处作业分为四级：高度在2～5m，称为一级高处作业；高度在5～15m，称为二级高处作业；高度在15～30m，称为三级高处作业；高度在30m以上，称为特级高处作业。进行三级、特级高处作业时，必须办理《高处作业票》（表10.3）。高处作业票由作业负责人负责填写，现场主管安全领导或工程技术负责人负责审批，安全管理人员进行监督检查。未办理高处作业票，严禁进行三级、特级高处作业。凡患高血压、心脏病、贫血病、癫痫病以及其他不适于高处作业的人员，不得从事高处作业。高处作业人员必须系好安全带、戴好安全帽，衣着要灵便，禁止穿硬底和带钉易滑的鞋。

（3）动火作业工作票

工业动火是指使用气焊、电焊、铝焊、塑料焊喷灯等焊割工具，在油气、易燃、易爆危险区域内的作业和生产、维修油气容器、管线、设备及盛装过易燃易爆物品的容器设备，能直接和间接产生明火的施工作业。

工业动火分类等级划分根据动火部位爆炸危险区域的危险程度及影响范围，石油企业工业动火可分为四级。

一级动火包括：①原油储量在10000m$^3$以上（含10000m$^3$）的油库、联合站，围墙以内爆炸危险区域范围内的在用油气管线及容器带压不置换动火。②在运行的不小于5000m$^3$原油罐的罐体动火。③天然气气柜不小于400m$^3$的石油液化气储罐动火。④不小于1000m$^3$成品油罐和炼化油料罐、轻烃储罐动火。⑤口径大于426mm的长输管线，在不停产紧急情况下的动火，输油（气）长输管线干线停输动火。⑥天然气井井口无控部分的动火。⑦处理重大井喷事故现场急需的动火。⑧炼油厂正在运行的生产装置区；油罐区、溶剂罐区、气罐区、有毒介质区、液化气站；有可燃、易燃液体，液化气及有毒介质的泵房、机房、装卸区；输送易燃、可燃液体和气体管线的动火。

二级动火包括：①原油储量在1000～10000m$^3$的油库、联合站，围墙以内爆炸危险区域范围内的在用油气管线及容器带压不置换动火；②小于5000m$^3$的油罐（包括原油罐、炼化油料罐、污油罐、含油污水罐、含天然气水罐）的动火；③1000～10000m$^3$原油库的原油计量标定间、计量间、阀组间、仪表间及原油、污油泵房的动火；④铁路槽车原油装栈桥、汽车罐车原油罐装油台及卸油台的动火；⑤天然气净化装置、集输站及场内的加热炉、溶剂塔、分离器罐、换热设备的动火；⑥天然气压缩机厂房、流量计间、阀组间、仪表间、天然气管道的管件和仪表处动火；⑦炼化生产装置区的分离器、容器、塔器、换热设备及轻油罐、泵房、流量计间、阀组间、仪表间，液化石油气充装间、气瓶库、残液回收库的动火；⑧输油（气）站、石油液化气站站内外设备及管线上的动火；⑨油罐区防火堤以内的动火。

石油设施动火申请报告书（格式）见表10.4。

（4）有限空间作业票

在石化工业行业有限空间作业常常是进入设备作业。进入设备作业易发生缺氧、中毒窒息和火灾爆炸事故。凡在生产区域内进入或探入炉、塔、釜、罐、槽车以及管道、烟道、隧道、下水道、沟、坑、井、池、涵洞等封闭、半封闭设施及场所的作业统称进入设备作业。凡进入设备作业，必须办理《进入设备作业票》。《进入设备作业票》由车间安全技术人员统一管理，车间领导或安监部门负责审批。未办理作业票，严禁作业。

进入设备作业票办理程序是：①进设备作业负责人向设备所属单位的车间提出申请。②车间技术人员根据作业现场实际确定安全措施；安排对设备内的氧气、可燃气体、有毒有害气体的浓度进行分析；安排作业监护人，并与作业监护人一道对安全措施逐条检查、落实后向作业人员交底。在以上各种气体分析合格后，将分析报告单附在《进入设备作业票》存根上，同时签字。③车间领导在对上述各点全面复查无误后，批准作业。④进入设备作业票第一联由作业监护人持有，第二联由作业负责人持有，第三联由车间安全技术人员留存备查。⑤进入危险性较大的设备内作业时，应将安全措施报厂领导审批，厂安全监督部门派人到现场监督检查。进入设备作业票见表10.5。

**表10.3　高处作业票**

<table>
<tr><td rowspan="5">工程名称：<br>施工单位：<br>施工地点：<br>施工时间：　年　月　日至　年　月　日<br>高处作业级别：<br>作业负责人姓名：　　　　职务：</td><td>基层审批人：<br>年　月　日</td></tr>
<tr><td>有效期：　天</td></tr>
<tr><td>特殊高处作业审批：</td></tr>
<tr><td>主管领导：</td></tr>
<tr><td>安全部门：</td></tr>
</table>

| 高处作业票签发条件 | 确认人 |
|---|---|
| 1. 作业人员身体条件符合要求 | |
| 2. 作业人员符合工作要求 | |
| 3. 作业人员佩带安全带 | |
| 4. 作业人员携带工具袋 | |
| 5. 作业人员佩带过滤呼吸器、空气式呼吸器 | |
| 6. 现场搭设的脚手架、防护围栏符合安全规程 | |
| 7. 垂直分层作业中间有隔离设施 | |
| 8. 梯子或绳梯符合安全规程规定 | |
| 9. 在石棉瓦等不承重物上作业应搭设并站在固定承重板上 | |
| 10. 高处作业有充足照明，安装临时灯、防爆灯 | |
| 11. 特级高处作业配有通信工具 | |

注：1. 票最长有效期为7天，一个施工点一票。
2. 作业负责人将本票向所有涉及作业人员解释，所有人员必须在本票上面签名。
3. 此票一式三份，作业负责人随身携带一份，签发人、安全人员各一份，保留一年。

**表 10.4　石油设施动火申请报告书（格式）**

<table>
<tr><td colspan="3">设施名称</td><td colspan="3">动火单位</td></tr>
<tr><td colspan="3">动火部位</td><td colspan="3">动火类别</td></tr>
<tr><td colspan="3">动火地点</td><td colspan="3">动火时间</td></tr>
<tr><td colspan="3">预计完工时间</td><td colspan="3">动火负责人</td></tr>
<tr><td rowspan="3">动火部位示意图</td><td colspan="2" rowspan="3"></td><td colspan="3">岗位分工</td></tr>
<tr><td colspan="3">安全监护人</td></tr>
<tr><td colspan="3">安全措施</td></tr>
<tr><td>动火单位意见<br>单位(盖章)<br>负责人(签字)<br>年　月　日</td><td>设施经理审批意见<br>单位(盖章)<br>负责人(签字)<br>年　月　日</td><td>局属公司<br>单位(盖章)<br>负责人(签字)<br>年　月　日</td><td>局消防部门<br>单位(盖章)<br>负责人(签字)<br>年　月　日</td><td>局安全部门<br>单位(盖章)<br>负责人(签字)<br>年　月　日</td><td>局主管浅海<br>领导审批意见<br>负责人(签字)<br>年　月　日</td></tr>
</table>

**表 10.5　进入设备作业票**

<table>
<tr><td>设备名称</td><td></td><td>作业单位</td><td></td></tr>
<tr><td>作业人姓名</td><td></td><td>作业地点</td><td></td></tr>
<tr><td>作业时间</td><td>自　年　月　日　时　分<br>至　年　月　日　时　分</td><td>作业内容</td><td></td></tr>
<tr><td colspan="4">安全措施：<br>1. 所有与设备有联系的阀门、管线加盲板断开，进行工艺吹扫蒸煮。确认人：<br>2. 盛装过可燃有害液体、气体的设备，分析其可燃气体，当其爆炸下限>4%时浓度应<0.5%，爆炸下限<4%时浓度应<0.2%；含氧19.5%～23.5%为合格，有毒有害物质不超过国家规定的“车间空气中有毒有害物质的最高允许浓度”指标。确认人：<br>3. 设备打开通气孔自然通风两小时以上，必要时采用强制通风或佩戴呼吸器；设备内动焊缺氧时，严禁用通氧气方法补氧。确认人：<br>4. 使用不产生火花的工具。确认人：<br>5. 带搅拌机的设备要切断电源，在开关上挂“有人检修，禁止合闸”标志牌；上锁或设专人监护。确认人：<br>6. 所用照明应使用安全电压，电线绝缘良好。特别是潮湿场所和金属设备内作业，行灯电压应在12V以下。使用手持电动工具应有漏电保护。确认人：<br>7. 进入设备内作业，外面需有专人监护，并规定互相联络方法和信号。确认人：<br>8. 设备出入口内外无障碍物，保证畅通无阻。确认人：<br>9. 盛装能产生自聚物的设备要按规定蒸煮和做聚合物试验。确认人：<br>10. 严禁使用吊车、卷扬机运送作业人员。确认人：<br>11. 作业人员必须穿戴符合安全规定的劳动保护服装和防护器具。确认人：<br>12. 设备外配备一定数量的应急救护用具。确认人：<br>13. 设备外配备一定数量的灭火器材。确认人：<br>14. 作业前后登记清点人员、工具、材料等，防止遗留在设备内。确认人：<br>15. 对进设备作业人员及监护人进行安全应急处理、救护方法等方面教育，并明确每个人的职责。确认人：<br>16. 涉及其他作业按有关规定办票。确认人：<br>17. 其他补充措施：　　　确认人：</td></tr>
<tr><td>气体分析数据</td><td colspan="3"></td></tr>
<tr><td>确认人意见</td><td colspan="3"></td></tr>
<tr><td>监护人意见</td><td colspan="3"></td></tr>
<tr><td>安全技术人员意见</td><td colspan="3"></td></tr>
<tr><td>车间领导审批意见</td><td colspan="3"></td></tr>
</table>

注：1. 此作业票按进设备作业规定手续办理。
2. 与本次作业有关的具体措施后画“√”。
3. 作业票一式三联，第一联由作业监护人持有，第二联由作业负责人持有，第三联由车间安全技术人员留存备查。

(5) 破土作业票

为确保破土作业施工安全，根据国家标准《土方与爆破工程施工及验收规范》《化学品生产单位动土作业安全规范》《生产区域动土作业安全规范》等标准法规，进行破土作业时，必须执行破土作业票制度。破土作业是指各企业内部的地面开挖、掘进、钻孔、打桩、爆破等各种作业。破土作业票由施工单位填写，施工主管部门根据情况，组织电力、电信、生产、机动、公安、消防、安全等部门及破土施工区域所属单位和地下设施的主管单位联合进行现场地下情况交底，根据施工区域地质、水文、地下供排水管线、埋地燃气（含液化气）管道、埋地电缆、埋地电信、测量用的永久性标桩、地质和地震部门设置的长期观测孔、不明物、砂巷等情况向施工单位提出具体要求。施工单位根据工作任务、交底情况及施工要求，制订施工方案，落实安全施工措施，经有关部门确认后会签，报施工主管部门和施工区域所属单位审批。施工主管部门现场责任人和施工区域所属单位责任人要签署意见。破土作业票（表 10.6）的有效期在运行的生产装置、系统界区内最长不超过 3 天，界区外不超过一周。破土施工单位应明确作业现场安全负责人，对施工过程的安全作业全面负责。

表 10.6 破土作业票

| 工程名称 | | | 施工单位 | |
|---|---|---|---|---|
| 施工地点 | | | 作业形式 | |
| 作业时间 | 年 月 日 时起至 年 月 日 时止 | | | |
| 施工作业内容 | | | | |
| 序号 | 作业条件确认 | | | 确认人 |
| 1 | 电力电缆已确认，保护措施已落实 | | | |
| 2 | 电信电缆已确认，保护措施已落实 | | | |
| 3 | 地下供排水管线、工艺管线已确认，保护措施已落实 | | | |
| 4 | 已按施工方案图画线施工 | | | |
| 5 | 作业现场围栏、警戒线、警告牌、夜间警示灯已按要求设置 | | | |
| 6 | 已进行放坡处理和固壁支撑 | | | |
| 7 | 道路施工作业已报交通、消防、调度、安全部门 | | | |
| 8 | 人员进出口和撤离保护措施已落实：a. 梯子；b. 修坡道 | | | |
| 9 | 备有可燃气体检测仪、有毒介质检测仪 | | | |
| 10 | 作业现场夜间有充足照明：a. 普通灯；b. 防爆灯 | | | |
| 11 | 作业人员必须佩带防护器具 | | | |
| 12 | 补充安全措施： | | | |
| 现场施工单位负责人签名 | | 现场安全负责人签名 | | |
| 施工主管部门现场责任人意见： | | | 签名： | |
| 施工区域所属单位责任人意见： | | | 签名： | |
| 施工主管单位审批意见： | | | 签名： | |
| 施工区域所属单位领导审批意见： | | | 签名： | |
| 相关单位领导审批意见： | | | 签名： | |
| 厂主管领导审批意见： | | | 签名： | |

## 10.6 环境因素安全管理

(1) 有害作业分级管理

对有害作业实行分级管理是我国于20世纪80年代初提出的。它的理论最早来源于1879年意大利经济学家巴雷特的ABC分析法，后国外演变成ABC分类管理法。这种管理方法突出了重点，抓住了关键，考虑了全面，照顾了一般，使管理工作主次分明。

我国的劳动条件分级标准将作业岗位危害分为5个等级：零级危害岗位（安全作业）；一级危害岗位（轻度危害）；二级危害岗位（中度危害）；三级危害岗位（重度危害）；四级危害岗位（极重度危害）。根据不同的危害级别，安全生产监督管理部门实行不同的管理办法。对职业危害进行分级管理，对当前企业进行经济体制改革是非常适用的，也是行之有效的。分级标准是为职业安全和职业卫生部门提供对劳动条件进行定性定量综合评价的一种宏观的管理标准。对职业危害进行分级是劳动保护工作深化改革的需要，为劳动保护、劳动保险、劳动就业、劳动工资制定政策提供科学依据。

(2) 建设项目（工程）职业安全健康管理

为确保建设项目（工程）符合国家规定的职业安全健康标准，保障劳动者在生产过程中的安全与健康，企业在进行新建、改建、扩建基本建设项目（工程）、技术改造项目（工程）和引进技术项目（工程）时，项目（工程）中的安全卫生设施必须与主体项目（工程）实施“三同时”。只有这样，才能保证员工的安全与健康，维护国家和人民的长远利益，保障社会生产力的顺利发展。

企业在建设项目立项和管理工作中必须严格贯彻执行国家的职业安全健康“三同时”规定，来指导设计、施工、竣工验收三个环节。工程项目立项后，首先组织编写建设项目的可行性报告，应有安全卫生的论证内容和专篇。在初步设计审查和竣工验收时，应有安全生产监督管理部门参加，建设单位要提供有关建设项目的文件、资料、设计施工方案图纸等。

建设单位对建设项目实施安全卫生“三同时”负全面责任。在编制建设项目投资计划时，应将安全卫生设施所需投资一并纳入计划内，同时编报。引进技术、设备的建设项目，原有的安全卫生设施不能削减，没有安全卫生设施或设施不能满足国家安全卫生标准规定的，要同时编报配套的投资计划，并保证建设项目投产后其安全卫生设施符合国家标准规定。

(3) 作业环境防止中毒窒息规定

生产矿山、化工、建材等作业环境中，或是在密闭式空间作业，由于存在有毒、有害的气体，常常发生中毒窒息事故，为了防止这类事故的发生，在作业环境安全管理中要满足如下十条基本的安全规定。

第一条　对从事有毒作业、有窒息危险作业的人员，必须进行防毒急救安全知识教育。

第二条　工作环境（设备、容器、井下、地沟等）氧含量必须达到20%以上，毒物物质浓度符合国家规定时，方能进行工作。

第三条　在有毒场所作业时，必须佩戴防护用具，必须有人监护。

第四条　进入缺氧或有毒气体设备内作业时，应将与其相通的管道加盲板隔绝。

第五条　在有毒或有窒息危险的岗位，要制订防护措施和设置相应的防护用器具。

第六条　对有毒有害场所的有害物浓度，要定期检测，使之符合国家标准。

第七条　对各类有毒物品和防毒器具必须有专人管理，并定期检查。

第八条　涉及和监测有毒物质的设备、仪器要定期检查，保持完好。

第九条　发生人员中毒、窒息时，处理及救护要及时、正确。

第十条　健全有毒物质管理制度，并严格执行。长期达不到规定卫生标准的作业场所，应停止作业。

(4) 作业环境防止静电危害规定

静电是生产过程中不可避免的，为了防止静电可能造成的危害，作出如下规定。

第一条　严格按规定的流速输送易燃易爆介质，不准用压缩空气调和、搅拌。

第二条　易燃、易爆流体在输送停止后，应按规定静置一定时间，方可进行检尺、测温、采样等作业。

第三条　对易燃、易爆流体储罐进行测温、采样，不准使用两种或两种以上材质的器具。

第四条　不准从罐上部收油，油槽车应采用鹤管液下装车，严禁在装置或罐区灌装油品。

第五条　严禁穿易产生静电的服装进入易燃、易爆区，尤其不得在该区穿、脱衣服或用化纤织物擦拭设备。

第六条　容易产生化纤和粉体静电的环境，其湿度必须控制在规定的界限以内。

第七条　易燃易爆区、易产生化纤和粉体静电的装置，必须做好设备防静电接地；混凝土地面、橡胶地板等导电性要符合规定。

第八条　化纤和粉体的输送和包装，必须采取消除静电或泄出静电措施，易产生静电的装置设备必须设静电消除器。

第九条　防静电措施和设备，要指定专人定期进行检查并建卡登记存档。

第十条　新产品、设备、工艺和原材料的投用，必须对静电情况做出评价，并采取相应的消除静电措施。

(5) 厂区环境卫生管理

为创造舒适的工作环境，养成良好的文明施工作风，保证员工身体健康，生产区域和生活区域应明确划分，把厂区和生活区分成若干片，分片包干，建立责任区，从道路交通、消防器材、材料堆放到垃圾、厕所、厨房、宿舍、火炉、吸烟等都有专人负责，做到责任落实到人（名单上墙），使文明施工、环境卫生工作保持经常化、制度化。

## 10.7　事故管理

事故管理的基本任务是对事故的调查、分析、研究、报告、处理、统计和档案管理等一系列工作的总称。

事故管理是企业安全管理的一项重要工作，这项工作具有严谨的技术性和严格的政策性。通过搞好事故管理，对于掌握事故信息，认识潜在的危险隐患，提高企业安全管理水平，采取有效的防范措施，防止事故重复发生，具有非常重要的作用。

### 10.7.1　事故分类

为了评价企业安全状况，研究发生事故的原因和有关规律，在对伤亡事故进行统计分析的过程中，需要对事故做科学的分类。

(1) 按伤害程度分类（对伤害个体）

① 重大人身险肇事故。指险些造成重伤、死亡或多人伤亡的事故。下列情况包括在内：a. 非生产区域、非生产性质的险肇事故；b. 虽然发生了生产或设备事故，但不致引起人身伤亡的事故；c. 一般违章行为。

② 轻伤。员工受伤后歇工满一个工作日以上，但未达到重伤程度的伤害。

③ 重伤。凡有下列情况之一者均列为重伤：a. 经医生诊断为残废或可能为残废者。b. 伤势严重，需要进行较大手术才能挽救的。c. 人体部位严重烧伤、烫伤，或虽非要害部位，但烧伤部位占全身面积 1/3 以上。d. 严重骨折、严重脑震荡；e. 眼部受伤较重，有失明可能。f. 手部伤害，如：大拇指轧断一节的；其他四指中任何一节轧断两节或任何两指各轧断一节的；局部肌肉受伤甚剧，引起功能障碍，有不能自由伸屈的残废可能。g. 脚部伤害，如：脚趾轧断三节以上；局部肌肉受伤甚剧；引起机能障碍，有不能行走自如残废可能的。h. 内脏伤害，指内出血或伤及腹膜等。i. 不在上述范围的伤害，经医生诊断后，认为受伤较重，可参照上述各点，由企业提出初步意见，报当地安全生产监督管理机构审查确定。

④ 死亡。第六届国际劳工统计会议规定，造成死亡或永久性全部丧失劳动能力的每起事故相当于损失 7500 工作日。

(2) 按一次事故的伤亡严重度分类

为便于管理，《企业员工伤亡事故分类》(GB 6441—1986) 做出如下分类：①轻伤事故，指只有轻伤的事故；②重伤事故，负伤人员中只有重伤而无死亡的事故；③死亡事故，指一次死亡 1～2 人的事故；④重大伤亡事故，指一次死亡 3～9 人的事故；⑤特大伤亡事故，指一次死亡 10 人以上（含 10 人）的事故。

(3) 按致伤原因分类

国家标准 GB 6441—1986 按员工受伤的原因，将事故分为 20 类：①物体打击（指落物、滚石、锤击、破裂、崩块、碰伤，但不包括爆炸引起的物体打击）；②车辆伤害（包括铰、压、撞、颠覆等）；③机器伤害（包括铰、碾、戳）；④起重伤害；⑤触电（包括雷击）；⑥淹溺；⑦灼烫；⑧火灾；⑨高处坠落（包括由高处落地和由平地坠入地坑）；⑩坍塌；⑪冒顶片帮；⑫透水；⑬放炮；⑭火药爆炸（指生产、运输、储藏过程中的意外爆炸）；⑮瓦斯爆炸（包括煤粉爆炸）；⑯锅炉爆炸；⑰容器爆炸；⑱其他爆炸（包括化学物质爆炸、炉膛钢水爆炸等）；⑲中毒和窒息；⑳其他伤害（扭伤、跌伤、冻伤、野兽咬伤等）。

(4) 按管理因素分类

为了从管理方面加强安全工作，我国有的行业还按管理因素对事故，做出如下分类：①设备、工具、附件有缺陷；②防护、保险、信号等装备缺乏或有缺陷；③个人防护用品缺乏或有缺陷；④光线不足或地点及通风情况不良；⑤没有操作规程、制度或不健全；⑥劳动组织不合理；⑦对现场工作缺乏指导或指导有错误；⑧设计有缺陷；⑨不懂操作技术；⑩违反操作规程或劳动纪律；⑪其他。其中又分为物质原因（第①～④条）、管理原因（第⑤～⑨条）、人为原因（第⑩条），当一起事故涉及多个原因时，必须从中找出一条最主要的原因。

(5) 其他分类方法

事故分类的方法和粗细决定于对伤亡事故进行统计的目的和范围。上级管理部门需要综合掌握全局伤亡事故的情况，事故类别的划分可以概括些，一个部门或一个企业为了便于追查事故的根源和探索整改方案，常希望划分得详细一些。样本数一定的情况下，分类越细，数据越分散。为了保证在较细分类的情况下数据不致过于分散，就需要扩大统计范围，例如将歇工不足一个工作日的伤害事故或非伤害事故也统计在内。

### 10.7.2　事故调查处理

#### 10.7.2.1　事故调查

(1) 事故调查组织及基本原则

事故调查组织是指按事故严重程度组成相应的调查组，对事故进行调查和分析。

① 特别重大事故由国务院或者国务院授权有关部门组织事故调查组进行调查。

② 重大事故、较大事故、一般事故分别由事故发生地

省级人民政府、设区的市级人民政府、县级人民政府负责调查。省级人民政府、设区的市级人民政府、县级人民政府可以直接组织事故调查组进行调查，也可以授权或者委托有关部门组织事故调查组进行调查。

③ 未造成人员伤亡的一般事故，县级人民政府也可以委托事故发生单位组织事故调查组进行调查。

事故调查应遵循以下基本原则：

① 调查事故应实事求是，以客观事实为根据。

② 坚持做到“四不放过”的原则，即事故原因没有查清楚不放过；事故责任者没有受到处理不放过；群众没有受到教育不放过；防范措施没有落实不放过。

③ 事故是可以调查清楚的，这是调查事故最基本的原则。

④ 事故调查组成员应当具有事故调查所需要的知识和专长，并与所调查的事故没有直接利害关系。

⑤ 事故调查组成员在事故调查工作中应当诚信公正、恪尽职守，遵守事故调查组的纪律，保守事故调查的秘密。

（2）事故调查的程序及项目

① 现场处理。事故发生后，应首先救护受害者，采取措施制止事故蔓延、扩大；凡与事故有关的物体、痕迹、状态不得破坏，保护好事故现场；为抢救受害者，需移动现场某些物体时，必须做好标志。

② 物证收集。物证是指破坏部件、碎片、残留物、致害物及其位置等；在现场收集到的所有物体均应贴上标签，注明地点、时间、管理者；所有物体应保持原样，不准冲洗擦拭；对健康有害的物品应采取不损坏原始证据的安全防护措施。

③ 事故事实材料收集。与事故有关的事实材料的收集，主要从与事故鉴别、记录有关的材料，包括事故发生的单位、地点、时间，以及受害人和肇事者的姓名、性别、年龄、文化程度、职业、技术等级、工龄、本工种工龄、支付工资形式；受害者和肇事者的技术情况、接受安全教育情况；出事当天，受害者和肇事者什么时间开始工作、工作内容、工作量、作业程序、操作时的动作或位置，受害者和肇事者过去的事故记录；事故发生的有关事实材料，包括事故发生前设备、设施等的性能和质量状况；对使用的材料，必要时进行物理性能或化学性能的实验分析；有关设计和工艺方面的技术文件、工作指令和规章制度方面的资料及执行情况；关于环境方面的情况；个人防护措施状况；出事前受害者和肇事者的健康与精神状况；其他有可能与事故有关的细节或因素；证人材料的收集，要尽快找被调查者收集材料，对证人的口述材料，应认真考证其真实程度；现场摄影，包括显示残骸和受害者原始存息地的所有照片，可能被清除或被践踏的痕迹，事故现场全貌，利用摄影、录像，以提供较完善的信息内容；事故图，报告中的事故图包括了解事故情况所必需的信息，如事故现场示意图、流程图、受害者位置图等。

（3）事故调查的内容与方法

事故调查的基本内容包括：①发生事故的单位、地点、时间。②受害人和肇事人的姓名、年龄、性别、文化程度、职业、技术等级、工龄、本工种工龄、支付工资的形式。③受害人和肇事人的技术情况、接受安全教育的情况。④出事当时，受害人和肇事人的工作内容、工作量、作业程序、操作时的动作或站位及姿势等。⑤事故发生前后设备、工具等的性能和质量情况。⑥使用的材料，必要时可进行物理或化学性能的实验与分析。⑦有关设计和工艺方面的技术文件、工作指令和规章制度方面的资料及执行情况。⑧工作环境的状况：照明、温湿度、通风、道路、工作面状况及有毒有害物质的取样分析记录。⑨个人防护措施状况：质量、规格、式样等。⑩出事前受害人和肇事人的健康情况。⑪其他可能与事故致因有关的细节和因素。

事故调查的内容也可以按事故系统要素原理，即包括与事故有关的人，与事故有关的物，以及管理状况与事故经过等方面进行。其具体内容如图 10.2 所示。

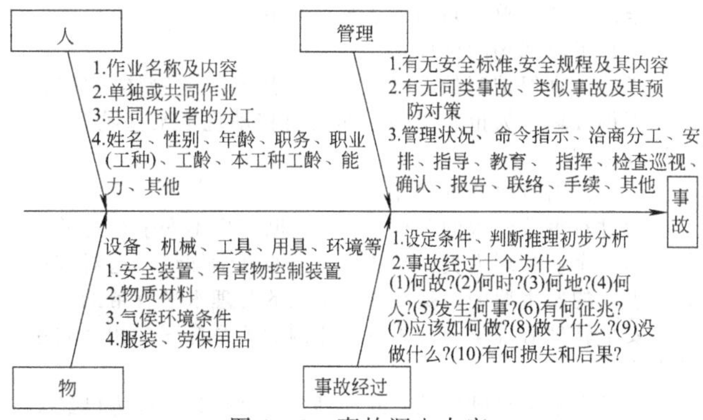


图 10.2　事故调查内容

事故调查方法应从现场勘察、调查询问入手，收集人证、物证材料，进行必要的技术鉴定和模拟试验，寻求事故原因及责任者，并提出防范措施。事故调查方法如图 10.3 所示。

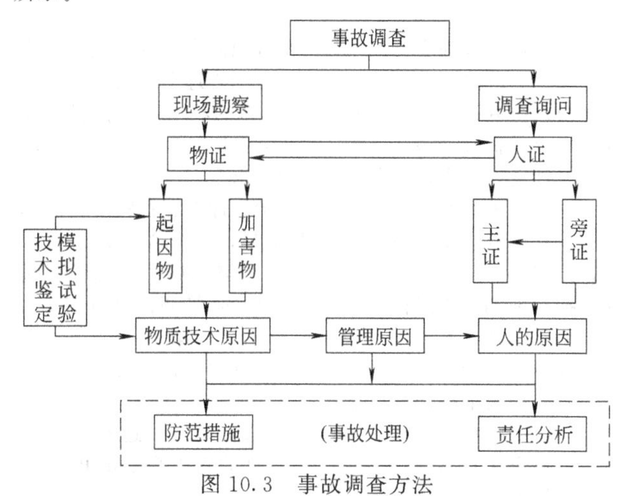


图 10.3　事故调查方法

进行技术鉴定与模拟试验的方法有：①对设备、器材的破损、变形、腐蚀等情况，必要时可做技术鉴定。②对设备的零部件结构、设计及规格尺寸的复核、计算。③必要时可做模拟试验，如火的起因分析，但应在保证安全的前提下进行。

（4）事故调查中应弄清的几个问题

①在什么情况下，为什么发生事故；②在操作什么机器或进行什么作业时发生事故；③事故的性质和原因是什么；④机器设备工具是否符合安全要求；⑤防护用具是否完好；⑥劳动组织是否合理；⑦操作是否正确、正常；⑧有无规章制度，并且是否认真贯彻执行；⑨负伤者的工种、职别及其作业的熟练程度如何；⑩工种间的相互协作如何；⑪劳动条件是否安全；⑫道路是否畅通；⑬工作地点是否满足作业需要；⑭通风、照明是否良好；⑮有无必要的安全装置和信号装置。

#### 10.7.2.2　事故处理

（1）事故调查处理

事故调查的一般程序：发生伤亡事故后，首先要保护好事故现场，同时要抓紧向上级和有关部门报告；在保护好事故现场的同时要积极抢救受伤者；发生事故的单位和有关上级主管单位要及时派出事故调查组赴事故现场调查，调查组成员原则上应包括单位行政领导，工会负责人，人事部门、医务部门和安全部门的同志；在现场收集有关事故各方面的情况与人证、物证，召开有关人员座谈会、分析会；在掌握全部情况的基础上，明确原因，分清责任，提出事故处理意见，最后填写《企业员工伤亡事故调查报告书》；将一起事故的全部资料汇总、归档、结案、上报。

(2) 事故现场的处理

必须认真保护事故现场，凡与事故有关的物体、痕迹、状态不得破坏，为抢救受伤者而需要移动现场某些物件时，应做好标记。

(3) 人因事故调查处理

通过对事故原因的分析，可以判断产生不安全行为的个性根据。企业管理人员应具备事故的心理学知识，这对调查处理事故的发生原因，提高预防事故的管理水平有帮助。

安全管理心理学与分析事故原因的关系有三个相互联系的内容：

一是安全工程师所关心的几种不安全行为，称为已经知道的不安全行为：①有意违反安全规程；②无意违反安全规程；③破坏或错误地调整安全设备；④放纵的喧闹、玩笑，分散了他人的注意力；⑤安全操作能力低，工作缺乏技巧；⑥与人争吵，心境下降；⑦匆忙的行动，行动草率过速或行动缓慢；⑧无人道感，不顾他人；⑨超负荷工作，力不胜任。

二是可能成为直接的人为的事故原因：①没有经验，不能查知事故危险；②缓慢的心理反应和心理上的缺陷；③各器官缺乏协调；④疲倦，身体不适；⑤找工作“窍门”，发现不安全的简便方法；⑥注意力不集中，心不在焉；⑦职业、工种选择不当；⑧夸耀心，贪大求全。

三是心理上的主要原因：①激情、冲动、喜冒险；②训练、教育不够，无上进心；③智能低，无耐心，缺乏自卫心，无安全感；④涉及家庭原因，心境不好；⑤恐惧、顽固、报复或身心缺陷；⑥工作单调，或单调的业余生活；⑦轻率、嫉妒；⑧未受重用，受挫折，心绪不佳；⑨自卑感，或冒险逞能，渴望超群；⑩受到批评，心有余悸。

(4) 物因事故调查处理

引起人身伤亡的事故除了人因事故以外，还有物因事故。工业企业日常工作环境下，常见的物因事故有电气事故、机械事故和火灾与爆炸事故。

① 电气事故。电是工业企业生产的最基本能源。由于缺少用电安全措施和安全知识，缺少安全管理和维修不当，或设备绝缘老化等原因，就会造成人身触电、设备烧毁、电气火灾爆炸等电气事故。缺乏保护接地、保护接零、漏电保护装置，或者未采用合理的安全电压、绝缘、屏护、间距，都是造成电气事故的基本原因。

② 机械事故。在使用机械的过程中，由于机械设计、制造上的缺陷，机械的完好状态不佳，或由于对机械性能了解不足、操作不当，或安全防护措施不当、作业场所条件恶劣等原因，就潜在着机械伤害的危险。不了解机械的危险部位、机械运行状态下的危险部件，就无法有效地采取防护措施。

③ 火灾与爆炸事故。在具有易燃、易爆的工业场所和具有压力容器的生产环境中都可能发生火灾与爆炸事故。可燃物、氧化剂、点火源同时存在，就会发生燃烧。若没有限制火势蔓延的措施，扑灭与扑救措施，疏散措施等，就会发生火灾，造成事故。

### 10.7.3 事故原因及责任分析

事故原因及责任分析步骤如下。

① 整理和阅读调查材料。

② 材料分析是对受害者的受伤部位、受伤性质、起因物、致害物、伤害方式、不安全状态、不安全行为等进行分析、讨论和确认。

③ 事故直接原因分析是对人的不安全行为和物的不安全状态的分析。

④ 事故间接原因分析主要是对事故发生起间接作用的管理因素的分析。

⑤ 事故责任分析及处理是为了在查明事故的原因后，分清事故的责任，使企业领导和员工从中吸取教训，改进工作。事故责任分析中，应通过调查事故的直接原因和间接原因分析，确定事故的直接责任者和领导责任者及其主要责任者，并根据事故后果对事故责任者提出处理意见。

因下述原因造成事故，应首先追究领导者的责任。

① 没有按规定对工人进行安全教育和技术培训，或未经工种考试合格就上岗操作的。

② 缺乏安全技术操作规程或不健全的。

③ 设备严重失修或超负荷运转。

④ 安全措施、安全信号、安全标志、安全用具、个人防护用品缺乏或有缺陷的。

⑤ 对事故熟视无睹，不认真采取措施或挪用安全技术措施经费，致使重复发生同类事故的。

⑥ 对现场工作缺乏检查或指导错误的。

凡因下述原因造成事故，应追究肇事人和有关人员的责任。

① 违章指挥或违章作业、冒险作业的。

② 违反安全生产责任制，违反劳动纪律、玩忽职守的。

③ 擅自开动机器设备，擅自更改、拆除、毁坏、挪用安全装置和设备的。

事故责任者或其他人员，凡有下列情形之一者，应从重处罚。

① 毁灭、伪造证据，破坏、伪造事故现场，干扰调查工作或者嫁祸于人的。

② 利用职权隐瞒事故，虚报情况，或者故意拖延报告的。

③多次不管理，违反规章制度，或者强令工人冒险作业的。

④ 对批评、制止违章行为，如实反映事故情况的人员进行打击报复的。

### 10.7.4 事故报告编制

《生产安全事故报告和调查处理条例》对事故的报告程序做了以下具体规定。

① 事故发生后，事故现场有关人员应当立即向本单位负责人报告；单位负责人接到报告后，应当于1h内向事故发生地县级以上人民政府安全生产监督管理部门和负有安全生产监督管理职责的有关部门报告。情况紧急时，事故现场有关人员可以直接向事故发生地县级以上人民政府安全生产监督管理部门和负有安全生产监督管理职责的有关部门报告。

② 安全生产监督管理部门和负有安全生产监督管理职责的有关部门接到事故报告后，应当依照下列规定上报事故情况，并通知公安机关、劳动保障行政部门、工会和人民检察院：a. 特别重大事故、重大事故逐级上报至国务院安全生产监督管理部门和负有安全生产监督管理职责的有关部门；b. 较大事故逐级上报至省、自治区、直辖市人民政府安全生产监督管理部门和负有安全生产监督管理职责的有关部门；c. 一般事故上报至设区的市级人民政府安全生产监督管理部门和负有安全生产监督管理职责的有关部门。安全生产监督管理部门和负有安全生产监督管理职责的有关部门依照前款规定上报事故情况，应当同时报告本级人民政府。国务院安全生产监督管理部门和负有安全生产监督管理职责

的有关部门以及省级人民政府接到发生特别重大事故、重大事故的报告后，应当立即报告国务院。必要时，安全生产监督管理部门和负有安全生产监督管理职责的有关部门可以越级上报事故情况。

③ 安全生产监督管理部门和负有安全生产监督管理职责的有关部门逐级上报事故情况，每级上报的时间不得超过 2h。

《生产安全事故报告和调查处理条例》规定有关机关应当按照人民政府的批复，依照法律、行政法规规定的权限和程序，对事故发生单位和有关人员进行行政处罚，对负有事故责任的国家工作人员进行处分。事故发生单位应当按照负责事故调查的人民政府的批复，对本单位负有事故责任的人员进行处理。负有事故责任的人员涉嫌犯罪的，依法追究刑事责任。

事故调查组应当自事故发生之日起 60 日内提交事故调查报告。特殊情况下，经负责事故调查的人民政府批准，提交事故调查报告的期限可以适当延长，但延长的期限最长不超过 60 日。事故调查报告的编制应当是严谨科学的，主要包括封面、标题页、摘要、目录、注释或叙述部分、可能事故原因的讨论以及结论和建议等部分。通常事故调查报告中应当包括的主要信息有：①事故发生单位概况；②事故发生经过和事故救援情况；③事故造成的人员伤亡和直接经济损失；④事故发生的原因和事故性质；⑤事故责任的认定以及对事故责任者的处理建议；⑥事故防范和整改措施。事故调查报告应当附有关证据材料。

### 10.7.5 事故统计分析

事故统计分析对制定正确的预防措施有重大的意义。

做好统计记录，有助于企业本身和行业整体安全管理水平的提高。

① 从事故统计报告和数据分析中，可以掌握事故的发生原因和规律，针对安全生产工作的薄弱环节，有的放矢地采取避免事故的对策。

② 通过事故的调查研究和统计分析，可以反映一个企业、一个系统或一个地区的安全生产成绩，找出与同类企业、系统或地区的差距。统计数字是检验其安全工作好坏的一个重要标志。

③ 通过事故的调查研究和统计分析，为制订有关安全卫生法规、标准提供科学依据。

④ 通过事故的调查研究和统计分析，可以使广大员工受到深刻的安全教育，吸取教训，提高遵纪守法的安全自觉性，使企业管理人员提高对安全生产重要性的认识，明确自己的责任，提高安全管理水平。

⑤ 通过事故的调查研究和统计分析，领导机构可以及时、准确、全面地掌握本系统安全生产状况，发现问题并做出正确决策。这项工作也有利于监察、监督和管理部门开展工作。

⑥ 通过对事故的分析研究，促进科学技术的进步和社会的发展。

事故统计分析就是运用数理统计方法，对大量的事故资料进行加工、整理和分析，从中揭示出事故发生的某些必然规律，为防止事故指明方向。

事故统计分析是建立在完善的事故调查、登记、建档基础上的，也就是说，是依赖于事故资料的完善和齐备。然而这些完备的事故资料，只不过是一件件独立的偶然事件的客观反映，并无规律可言。但是，通过对大量的、偶然发生的事故进行综合分析，就可以从中找出必然的规律和总的趋势，从而达到能对事故进行预测和预防的目的。

把统计调查所得数字资料，经过汇总整理，按一定要求填在一定的表格中，这种表叫统计表。利用表中的绝对指标、相对指标和平均指标，可以研究各种事故现象的规律、发展速度和比例关系等。统计表的形式很多，有简单表、分组表和复合表等。统计分析的结果，可以作为基础数据资料保存，作为定量安全评价和科学计算的基础。科学的计算方法需要建立相应的数据库系统，如果数据这方面的积累不充分，所应用的评价方法将受到一定的限制。

## 10.8 企业安全生产诊断技术方法

### 10.8.1 安全管理诊断技术及方法

(1) 安全管理诊断意义、目的及作用

安全管理诊断是以提高企业的安全管理水平为目的，由安全管理专家深入到企业现场，和企业管理人员密切配合，运用各种科学方法，找出安全管理上存在的问题，进行定量或确有论据的定性分析，查明产生问题的原因，提出切实可行的改善方案，进而指导实施改善方案的活动。安全诊断的准确与否，直接影响着安全管理的质量和效果。企业安全管理诊断技术是能够完成企业安全管理“弊病”诊断的一套系统工具，通常可以运用定性诊断法和定量诊断法，采用这套工具能够定量或定性地认识企业安全管理的现状和存在的问题。

(2) 安全管理诊断分析研究的依据

企业安全管理的诊断分析依据：一是国家安全生产法律法规，其中最主要的是《安全生产法》；二是行业相关安全生产政策和标准，如《职业安全健康管理体系》标准系列，以及行业及相关管理部门规范标准等；三是企业自身的发展规划、安全生产的战略目标、管理制度等。

安全管理诊断研究要遵循如下原则：

① 既追求理论高度更讲求实效深度的原则；

② 既考虑当前现实又注重中长期发展的原则；

③ 既涉及宏观策略更体现微观方法和技术的原则。

安全管理诊断分析要求调查分析有理、有据，诊断评价合情、合理，提出的整改措施和建议具备科学性、系统性和较强的实用性、可操作性，以满足企业安全生产发展和安全生产管理体系优化的需要。

(3) 安全管理诊断分析研究的目标

企业安全生产和安全管理体系诊断分析的研究目标是：

一是深入贯彻“安全第一，预防为主，综合治理”的方针，提高企业安全生产管理水平和安全管理体系运行质量，有效落实企业安全生产主体责任；

二是发现和消除企业安全生产管理和 HSE 管理体系中的缺陷，提升企业安全生产管理的效能、效果和质量；

三是降低和控制企业安全生产事故风险，预防重大事故和重大环境污染事件发生；

四是保护企业人员的健康和生命安全及财产安全，为实现企业的“零事故、零伤害、零三违”的安全目标，追求事故损失最小化和安全综合效益最优化的目标，提供管理策略和技术方法的指导。

安全生产管理体系诊断分析研究要达到以下具体目标：

① 对企业安全生产现状进行调查研究，对近年的安全事故进行统计分析，找出影响安全生产的关键性问题，分析出安全事故的发生规律，为改进企业安全生产状况指明努力方向，为提升事故预防能力提供理论和方法依据；

② 对企业多年来的安全管理体系的组织模式、管理机制、管理功能、管理方法、管理成效等进行分析和总结，为 HSE 体系优化和体系运行质量的提高提供基础性的建设意见；

③ 对分公司安全生产和 HSE 管理体系进行全面的诊断及分析，提炼和总结管理精华，发现和找出缺陷及问题，认

清安全管理的发展目标和方向，为制定企业中长期安全生产发展和建设方案提供基础。

(4) 安全管理诊断分析技术程序

安全管理诊断分析技术程序见图 10.4，主要包括以下过程：

① 前期基础工作：收集资料，明确需求，研究方案论证。

② 调查研究：设计和实施问卷抽样调查，进行现场调研、全面访谈、专家座谈。

③ 诊断分析：安全管理体系现状分析、事故资料分析。

④ 评价分析：进行分析评估，做出分析诊断报告。

⑤ 提炼咨询：分析总结，专家咨询，提出对策措施及建议。

⑥ 完善报告：做出诊断结论，编制研究报告等。

(5) 安全管理诊断方法

在企业安全管理诊断过程中，需要通过相关资料的搜集来了解企业的安全管理状况。因此，科学的资料搜集方法能够帮助诊断师快速、准确地掌握企业安全管理资料，起到事半功倍的效果。这种资料搜集的方法称为诊断方法。对资料的搜集宜采用多种手段，根据不同的信息特征，采取适当的搜集方法，以取得最为准确的信息。本部分重点介绍企业安全管理诊断技术中需要的文件查阅法、问卷调查法、统计确定法。

① 文件查阅法。安全管理中有很多方面可以通过文件查阅来体现。标准、完善的文件内容也是安全管理的重要组成部分。文件查阅中应注意以下几点内容：编制查阅文件清单；编制文件查阅要点；查阅过程中与企业管理人员交流；查阅记录。

② 问卷调查法。安全管理的主要对象是人，对人的调查是得知安全管理状况的重要手段。有效地实施问卷调查法应从两方面考虑：调查问卷的设计和抽样技术。

问卷是一种集合的固定格式，受试者通常会在非常相近的选项内写下这些问题的答案。当调研者完全知道什么是必要的，并且知道如何测量感兴趣的变量时，问卷调查法是一个有效的资料搜集机制。

③ 统计确定法。对于统计确认性指标采用统计的定量分析，这些诊断项目的诊断方法要采用统计法。统计的目的就是通过合理地搜集与安全管理相关的资料、数据，并应用科学的统计方法，对得到的信息进行分析计算，得出对企业安全管理的诊断。统计工作的基本步骤包括设计、搜集资料、整理资料和统计分析。

## 10.8.2　安全文化诊断技术及方法

(1) 安全文化诊断的意义及价值

安全文化建设是现代企业安全生产和科学安全管理的必然要求。安全生产的保障需要安全技术、安全管理、安全文化三大支柱。任何企业的安全生产必须建立在安全科技、安全管理和安全文化三个方面的综合实力基础之上。企业的安全生产经历了安全技术中心、安全管理中心两个阶段，现在正在进入安全文化建设为中心的更高层次。安全文化是企业安全的软实力，对于凝聚全体员工共同建设本质安全型企业，提高企业安全生产保障水平和强化企业事故预防能力具有重要意义。

企业安全文化诊断和测评是推动安全文化建设的关键环节。没有评价就没有管理。只有建立在安全文化测评的基础上，才能持续改进企业安全文化及安全管理。传统的安全管理评价方式是采用事故指标的方式，但是这种方式带有滞后性和片面性。安全文化测评则具有预防性、过程化、系统全面性。通过对企业安全文化的诊断和测评，知晓企业安全文化的劣势及优势，把握企业安全文化的内在驱动因素，发掘和固化优秀安全文化基因，不断挖掘企业文化潜能，不断发现安全文化的问题和缺陷，从根源上不断提高企业的安全文

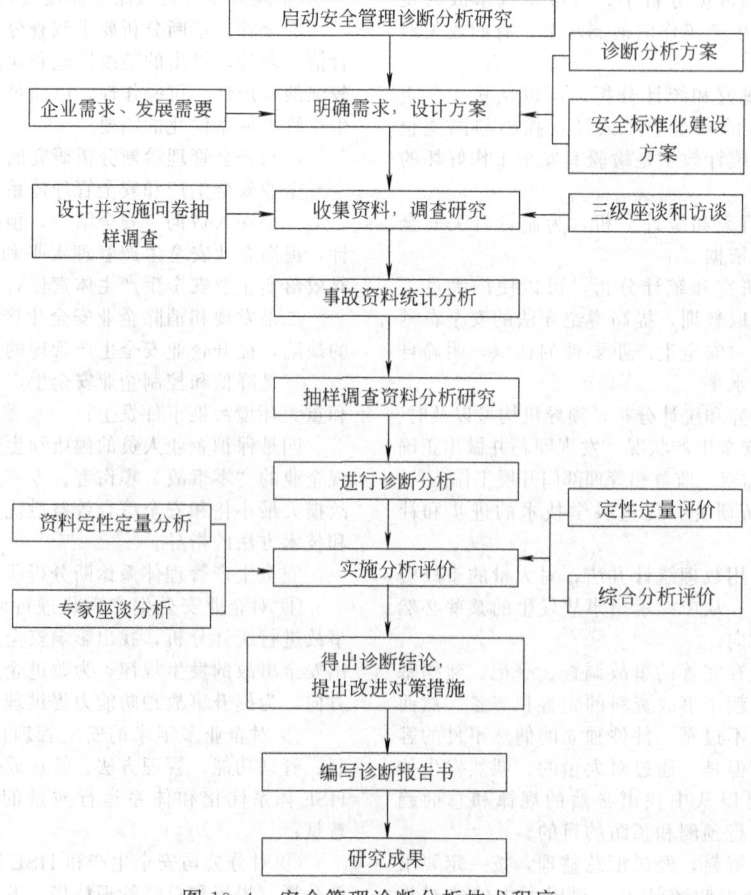


图 10.4　安全管理诊断分析技术程序

化和安全管理水平。

对企业安全文化的发展状况进行定期的诊断和测评，其意义及价值表现在如下方面：

① 系统诊断和客观反映企业安全文化现实状态。报告分析企业安全文化的优势和劣势，揭示企业安全管理不善的内在原因，为创新企业安全文化、发展企业先进安全文化提供科学的依据。

② 科学评估企业安全文化建设成果，争创示范企业。基于国家《企业安全文化建设导则》（AQ/T 9004—2008）、《企业安全文化建设评价准则》（AQ/T 9005—2008）和《安全文化建设示范企业评价标准》等规范文件，更重要的是基于安全学与文化学的结合，应用安全文化的科学原理和方法体系，客观诊断企业安全文化的优劣，科学评估企业安全文化建设的成果，以改进、推进、创新企业安全文化，实现示范引领的作用。

③ 以企业安全文化测评为手段，持续提升和优化企业安全文化管理。通过客观的抽样调查手段和评估模式，应用系统自动和智能分析的“安全文化测评软件系统”，为企业安全文化“无病早防、有病早治”提供科学的依据和方向，为优化企业安全文化，营造良好安全文化氛围，提升企业安全生产保障水平和事故预防能力服务。

（2）安全文化诊断的特点

对企业安全文化进行科学、合理、有效的测评，其测评系统具有的特点如下：

实用性：企业安全文化诊断技术和测评软件系统，具有一整套评价指标和工具方法，评价指标与安全绩效紧密相连，技术和测评工具能直接促进各级管理者改进安全管理，有助于提升安全文化与安全绩效。

系统性：企业安全文化测评系统的评价指标能全面反映企业安全生产的综合能力，成为促进现代企业安全管理和提升企业安全生产保障水平及能力的重要手段和工具。

预防性：企业安全文化测评系统，能够帮助企业发现企业安全文化和管理方面的缺陷，从而在文化基础上起到促进事故预防的作用。

科学性：企业安全文化测评系统，从评价到改善形成了一整套科学的流程，对促进企业安全生产和安全管理起到强大的推动作用。

（3）安全文化诊断的目标

① 总体目标。安全文化建设是企业安全生产状况改善和发展的需要，是企业安全生产管理进步的体现。对企业安全文化现状进行科学、系统、全面的诊断分析，是安全科学目标管理、定量化管理的具体体现。要持续改进和提升企业安全文化水平，就需要对企业安全文化现实状态进行测评分析，以了解和把握企业安全文化变化和发展的状况，为创新、发展、优化企业安全文化明确目标和方向。对企业安全文化进行定期测评工作，有利于激励企业安全文化建设和发展，对企业安全生产工作起到智力支撑和精神动力作用。

② 具体目标

科学诊断：通过设计科学的企业文化调查方案和工具，对企业现实安全文化进行诊断，编写分析报告，为优化、推进和创新企业安全文化提供对策建议和智力支撑。

持续推进：结合企业自身建设历程和经验，针对企业安全文化发展过程中存在的问题，持续推进企业安全文化建设，具有方向性、目的性和层次性地优化企业安全文化，构建企业安全文化建设的长效机制。

（4）安全文化诊断分析原则

对企业安全文化诊断分析要遵循如下原则：

① 理论与实践结合。讲求实效性原则，实现安全管理和安全文化理论与企业安全文化实践的有机结合。

② 继承与创新兼顾。讲求发展性原则，既要考虑企业安全文化的积淀和成果，又要兼顾现代安全文化发展的规律和特点。

③ 文化与管理融合。讲求科学性原则，处理好安全文化与安全管理的关系，达到文化引领管理，管理优化文化的效果。

（5）安全文化诊断的指标体系

企业安全文化诊断测评的指标体系可分为三种类型：

① 统计确认型。由安全专管人员对测评对象的实际数据进行统计确认得出所需结果的指标类型。统计确认型指标通过对客观的现实进行数理统计即可得到结果，因此，指标是客观的。

② 专家评定型。通过组织专家测评小组，进行问卷调查打分，综合统计获得所需结果的指标类型。专家评定型指标需要设计专家评定表作为测评工具之一，并且需要相应的组织程序和一定专家数量的主观测评结果（表）进行统计后获得相应指标结果。

③ 抽样问卷型。通过对抽样员工提出问题测试，运用数学分析模型求得测评所需结果的指标类型。抽样问卷型指标需要设计员工测评表作为测评工具之一，并要求通过培训和相应的组织程序，以及一定量具有各层次员工代表面的员工数量样本抽样，对主观测评结果（表）进行统计后获得相应指标结果。

一般企业安全文化测评指标体系如图 10.5 所示。

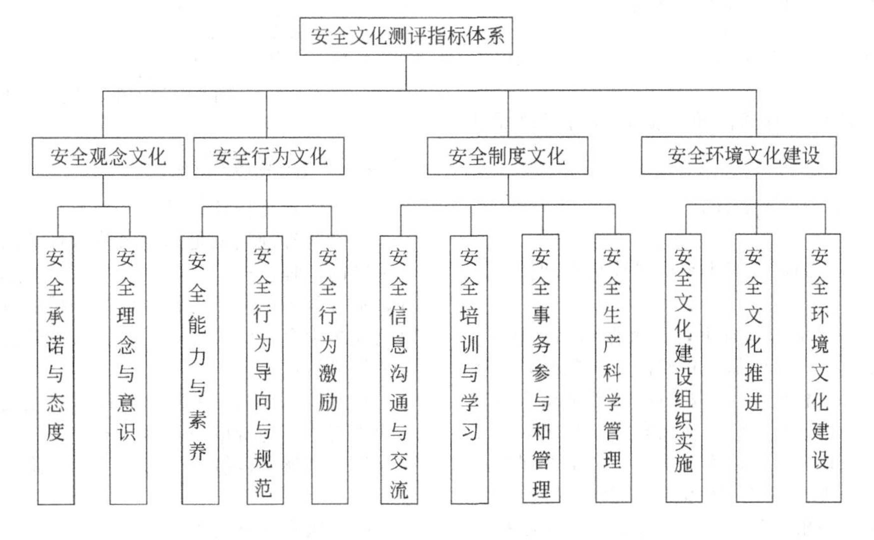


图 10.5　企业安全文化测评指标体系

## 10.9 企业风险管理技术

### 10.9.1 风险管理的基本范畴

风险管理的内容包括：风险分析、风险评价和风险控制，如图10.6所示。

#### 10.9.1.1 风险分析

风险分析就是研究风险发生的可能性及其所产生的后果和损失。

(1) 危险辨识

主要分析和研究哪里（什么技术、什么作业、什么位置）有危险？后果（形式、种类）如何？有哪些参数特征？

(2) 风险估计

风险率多大？风险的概率大小分布如何？后果程度大小如何？

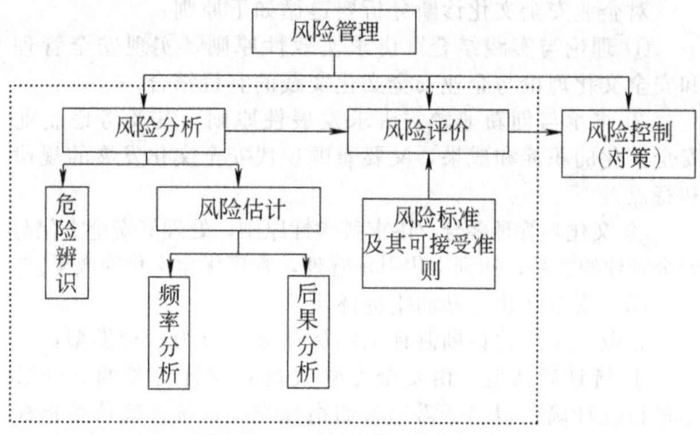


图10.6 风险管理的内容

#### 10.9.1.2 风险评价

风险评价是分析和研究：风险的边际值应是多少？风险-效益-成本分析结果怎样？如何处理和对待风险？风险评价逻辑模型至少有五个因素：基本事件（低级的原始事件）、初始事件（对系统正常功能的偏离，例如铁路运输风险评价时，列车出轨就是初始事件之一）、后果（初始事件发生的瞬时结果）、损失（描述死亡、伤害及环境破坏等的财产损失）、费用（损失的价值）。结合故障树分析，低级的原始事件可看作故障树中的基本事件，而初始事件则相当于故障树的一组顶上事件。对风险评价来说，必须考虑系统可能发生的一组顶上事件和总损失。

设每暴露单位费用为 $\mathrm{Ct}_n$，其概率为 $P(\mathrm{Ct}_n)$，$n$ 为损失类型，则每暴露单位的平均损失可用下式计算：

$$E(\mathrm{Ct}_p)=\sum_n P(\mathrm{Ct}_n)\mathrm{Ct}_n \quad (10.2)$$

总的风险可通过估算所有暴露单位损失的期望值而获得，即

$$风险=\sum_n E(\mathrm{Ct}_p) \quad (10.3)$$

从理论上讲，由上式即可计算出系统风险精确期望值。

#### 10.9.1.3 风险控制

在风险分析和风险评价的基础上，就可做出风险决策，即风险控制。对客观存在的风险做出正确的分析判断，以控制、减弱乃至消除其影响和作用。工业风险管理是指企业通过识别风险、衡量风险、分析风险，从而有效控制风险，用最经济的方法来综合处理风险，以实现最佳安全生产保障的科学管理方法。风险是现代生产与生活实践中难以避免的，从安全管理与事故预防的角度分析，关键是如何将风险控制在人们可接受的水平之内。

### 10.9.2 风险管理的技术步骤

风险管理是研究风险发生规律和风险控制技术的管理学科，通过风险识别、风险估计和风险评价，并在此基础上优化组合各种风险管理技术，对风险实施有效的控制和妥善处理风险所致的后果，期望达到以最少成本获得最大安全保障的目的。风险管理的技术步骤包括风险分析（风险识别、风险估计和风险评价）和风险的控制管理（风险规划、风险控制、风险监督）。以上步骤构成了一个风险管理周期，如图10.7所示。

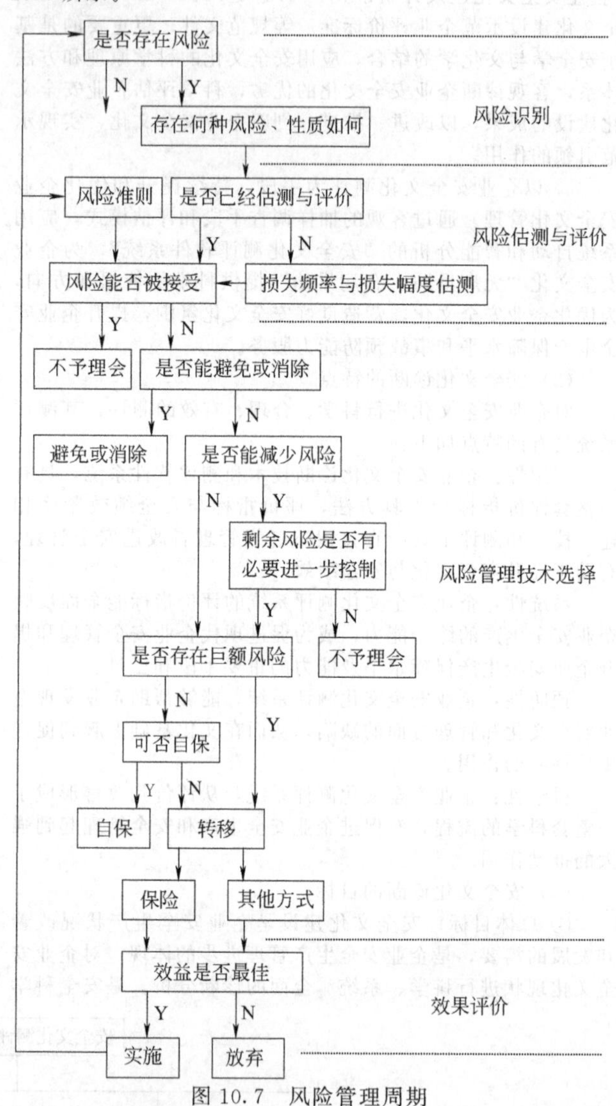


图10.7 风险管理周期

### 10.9.3 风险管理规划

(1) 内容与任务

风险管理规划就是制定风险管理策略以及具体实施措施和手段的过程。这一阶段要考虑两个问题：第一，风险管理策略本身是否正确、可行，风险分析的效果如何，风险管理要消耗多少资源？第二，实施管理策略的措施和手段是否符合项目总目标？

把风险事故的后果尽量限制在可接受的水平上，是风险管理规划和实施阶段的基本任务。整体风险只要未超出整体评价的基础就可以接受。对于个别风险，可接受的水平因风险而异。

(2) 风险规避的策略

规避风险可以从改变风险后果的性质、风险发生的概率

或风险后果大小三个方面，采取多种策略，如减轻、预防、转移、回避、自留和应急（或后备）措施等。

（3）风险管理计划

风险管理规划最后一步就是把前面完成的工作归纳成一份风险管理规划文件（如表10.7所示），其中应当包括项目风险形势估计、风险管理计划和风险规避计划。

**表10.7 风险管理计划**

| | |
|---|---|
| 1. 引言<br>（1）本文件的范围和目的<br>（2）概述<br>a. 目标<br>b. 需要优先考虑规避的风险<br>（3）组织<br>a. 领导人员<br>b. 责任<br>c. 任务<br>（4）风险规避策略的内容说明<br>a. 进度安排<br>b. 主要里程碑和审查行动<br>c. 预算<br>2. 风险分析<br>（1）风险识别<br>a. 风险情况调查、风险来源等<br>b. 风险分类 | （2）风险估计<br>a. 风险发生概率估计<br>b. 风险后果的估计<br>c. 估计准则<br>d. 估计误差的可能来源<br>（3）风险评价<br>a. 风险评价使用的方法<br>b. 评价方法的假设前提和局限性<br>c. 风险评价使用的评价基准<br>d. 风险评价结果<br>3. 风险管理<br>（1）根据风险评价结果提出的建议<br>（2）可用于规避风险的备选方案<br>（3）规避风险的建议方案<br>（4）风险监督的程序<br>4. 附录<br>（1）风险形势估计<br>（2）削减风险的计划 |

## 10.9.4 风险识别与评估模式

风险管理最为重要的前提是对风险进行识别与评估。

（1）风险识别模式

识别风险即要判断在生产作业中可能会出什么错。由于隐患是成为风险的前提条件，所以要识别风险，首先要查找出在生产作业中的各种隐患。在实际生产过程中，我们通过组织有关人员进行项目调查或开展安全大检查查找隐患。在此基础上，根据生产方法、设备和原材料等因素尽可能地找出所有隐患，查找出来的隐患如果会暴露在企业的生产活动中，那么这些隐患就成为风险。识别出来的所有风险都应进行登记，作为对风险进行管理的主要依据。

（2）风险分析模式

风险分析的内容实际上就是回答下列问题：①企业生产、经营活动到底有哪些风险？②这些风险造成损失的概率有多大？③若发生损失，需要付出多大的代价？④如果出现最不利情况，需要付出多大的代价？⑤如何才能减少或消除这些可能的损失？⑥如果改用其他方案，是否会带来新的风险？

将上述问题进一步细化，可得到如图10.8所示的完全风险分析流程图。

（3）风险评估模式

评估风险，就是判定风险发生的可能性和可能的后果。风险发生的可能性和可能的后果决定了风险程度，风险程度分为高风险、中风险和低风险。对于低风险我们通过作业（生产）程序进行管理，中风险需要坚决管理，而高风险是我们在生产作业中无法容忍的，必须在生产作业前采取措施降低它的风险程度。对风险进行评估可采取定量分析和定性分析两种方法。定量分析需要各类专业人员合作参加，一般过程复杂，适用于对重大风险进行准确评估。定性分析主要通过人的主观判断、人的习惯等进行评估，方法相对简单，适用于对各种风险进行定性评估。

## 10.9.5 风险控制技术

### 10.9.5.1 风险控制概述

风险控制是风险管理的最终目的，就是要在现有技术和管理水平上，以最少的消耗，达到最优的安全水平。其具体控制目标包括降低事故发生的频率、事故的严重程度和事故造成的经济损失程度。

风险控制技术有宏观控制技术和微观控制技术两大类。宏观控制技术以整个研究系统为控制对象，运用系统工程原理，对风险进行有效控制。采用的技术手段主要有：法制手段（政策、法令、规章）、经济手段（奖、罚、惩、补）和教育手段（长期的、短期的、学校的、社会的）。微观控制技术以具体的危险源为控制对象，以系统工程原理为指导对风险进行控制，所采用的手段主要是工程技术措施和管理措施。宏观控制技术与微观控制技术互相依存，互相补充，互相制约，缺一不可。

### 10.9.5.2 风险控制的基本原则

为了控制系统存在的风险，必须遵循以下基本原则：

① 闭环控制原则。系统应包括输入、输出、通过信息反馈进行决策并控制输入这样一个完整的闭环控制过程。搞

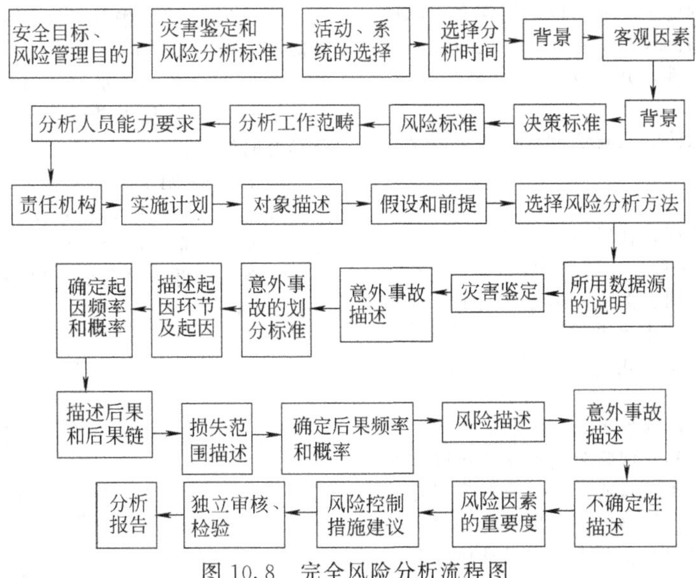


图10.8 完全风险分析流程图

表 10.8　控制爆炸危险的多层次方案

| 顺序 | 1 | 2 | 3 | 4 | 5 | 6 |
|---|---|---|---|---|---|---|
| 目的 | 预防性 | 补充性 | 防止事故扩大 | 维护性能 | 经常性 | 紧急性 |
| 分类 | 根本性 | 耐负荷 | 缓冲、吸收 | 强度与性能 | 防误操作 | 紧急撤退人身防护 |
| 内容提要 | 不使产生爆炸事故 | 保持防爆强度、性能，抑制爆炸 | 使用安全防护装置 | 对性能做预测、监视及测定 | 维持正常运转 | 撤离人员 |
| 具体内容 | ①物质性质<br>a. 燃烧；b. 有毒<br>②反应危险<br>③起火、爆炸条件<br>④固有危险及人为危险<br>⑤危险状态改变<br>⑥消除危险源<br>⑦抑制失控<br>⑧数据监测<br>⑨其他 | ①材料性能<br>②缓冲材料<br>③结构构造<br>④整体强度<br>⑤其他 | ①距离<br>②隔离<br>③安全阀<br>④安全装置的性能检查<br>⑤材质退化否<br>⑥防腐蚀管理 | ①性能降低否<br>②强度退化否<br>③耐压<br>④安全装置<br>⑤材质退化否<br>⑥防腐蚀管理 | ①运行参数<br>②工人技术教育<br>③其他条件 | ①危险报警<br>②紧急停车<br>③撤离人员<br>④个体防护用具 |

好闭环控制，最重要的是必须要有信息反馈和控制措施。

② 动态控制原则。充分认识系统的运动变化规律，适时正确地进行控制。

③ 分级控制原则。根据系统的组织结构和危险的分类规律，采取分级控制的原则，使得目标分解，责任分明，最终实现系统总控制。

④ 多层次控制原则。多层次控制可以增加系统的可靠程度。通常包括六个层次：根本的预防性控制、补充性控制、防止事故扩大的预防性控制、维护性能的控制、经常性控制以及紧急性控制。各层次控制的具体内容，随事故危险性质不同而不同。在实际应用中，是否采用六个层次以及究竟采用哪几个层次，则视具体危险的程度和严重性而定。表 10.8 是控制爆炸危险的多层次方案。

**10.9.5.3　风险控制的策略性方法**

风险控制就是对风险实施风险管理计划中预定的规避措施。风险控制的依据包括风险管理计划、实际发生了的风险事件和随时进行的风险识别结果。风险控制的手段除了风险管理计划中预定的规避措施外，还应有根据实际情况确定的权变措施。

（1）减轻风险

该措施就是降低风险发生的可能性或减少后果的不利影响。对于已知风险，在很大程度上企业可以动用现有资源加以控制；对于可预测或不可预测风险，企业必须进行深入细致的调查研究，减少其不确定性，并采取迂回策略。

（2）预防风险

预防风险可采取工程技术法、教育法和程序法，以及增加可供选用的行动方案。

（3）转移风险

转移风险是借用合同或协议，在风险事故一旦发生时将损失的一部分转移到第三方的身上。转移风险的主要方式有：出售、发包、开脱责任合同、保险与担保。其中保险是企业和个人转移安全风险损失的重要手段和最常用的一种方法，是补偿事故经济损失的主要方式。

（4）回避

回避是指当风险潜在发生可能性太大，不利后果也太严重，又无其他规避策略可用，甚至保险公司亦认为风险太大而拒绝承保时，主动放弃或终止项目或活动，或改变目标的行动方案，从而规避风险的一种策略。避免风险是一种最彻底的控制风险的方法，但与此同时企业也失去了从风险源中获利的可能性。

（5）自留

自留即企业把风险事件的不利后果自愿承担下来。如在风险管理规划阶段对一些风险制订风险发生时的应急计划，或在风险事件造成的损失数额不大，不影响大局而将损失列为企业的一种费用。自留风险是最省事的风险规避方法，在许多情况下也最省钱。当采取其他风险规避方法的费用超过风险事件造成的损失数额时，可采取自留风险的方法。

（6）后备措施

有些风险要求事先制定后备措施，一旦项目或活动的实际进展情况与计划不通，就动用后备措施，主要有费用、进度和技术后备措施。

**10.9.5.4　风险控制方法**

风险控制方法主要分为以下 7 种：

① 排除。排除风险就是消除作业中的隐患。

② 替换。当隐患无法消除时，可采取替换的方法降低风险程度。替换是指用无风险代替低风险，用低风险代替高风险的风险控制方法。

③ 降低。指采取工程设计等措施降低风险程度。

④ 隔离。将人的生产作业活动与隐患隔开的风险控制方法。

⑤ 程序控制。指针对风险制定工作程序，使生产活动严格在工作（作业）程序控制下。

⑥ 保护。指对人员进行保护。

⑦ 纪律。指加强劳动纪律，对违反生产规程的人员进行必要的处罚。

图 10.9 说明了以上 7 种方法的控制效果，控制风险最好的方法是排除风险，相对较差的方法是加强劳动纪律和进行纪律处罚。企业应尽可能地采取较高级的风险控制方法，将风险降至最低。最后要对风险控制过程进行必要的报告，见表 10.9。

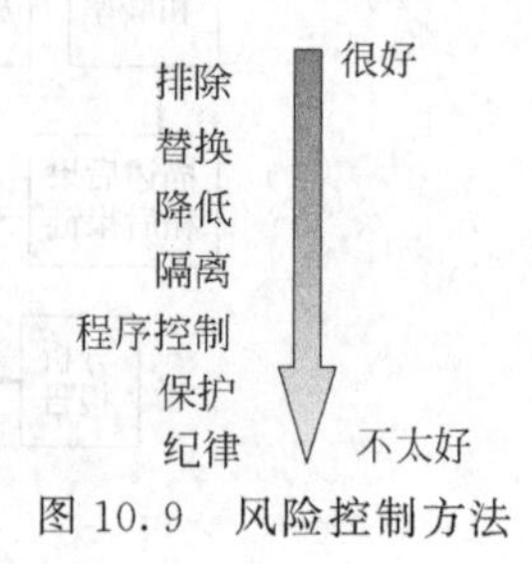


图 10.9　风险控制方法

**表 10.9 风险控制报告**

<table>
<tr><td colspan="2">风险控制报告</td></tr>
<tr><td colspan="2">风险索引号：No.</td></tr>
<tr><td>日期：</td><td>报告人：</td></tr>
<tr><td colspan="2">类型： 人员 环境 治安</td></tr>
<tr><td>输入风险水平：可能性 后果</td><td>风险程度 高 中 低</td></tr>
<tr><td colspan="2">控制： 消除 替换 降低 隔离<br>程序控制保护 纪律<br>具体描述：</td></tr>
<tr><td>输出风险水平： 可能性 后果</td><td>风险程度： 高 中 低</td></tr>
</table>

#### 10.9.5.5 系统固有风险控制技术

固有风险控制是指生产系统中客观存在的固有危险源（因素）的控制。它包括物质因素及部分环境因素的不安全状况及条件。

固有危险源可分为五类：化学危险源、电气危险源、机械危险源、辐射危险源和其他危险源。对上述固有危险源的控制，总的来说，就是要尽可能地做到工艺安全化，即尽可能地变有害为无害、有毒为无毒、事故为安全。要减小事故的发生频率，减轻事故的严重程度及减小经济损失率。要从技术、经济、人力等方面全面考虑，做到控制措施优化。从微观上讲，固有危险源的控制主要有六种办法：消除危险、控制危险、防护危险、隔离防护、保留危险和转移危险。对于任何事故隐患，我们都可以针对实际情况，选取其中一种或多种方法进行控制，以达到预防事故及安全生产的目的。

#### 10.9.5.6 人为失误控制

人为失误是导致事故的重要原因之一。控制人为失误率，对预防事故发生有重要作用。

(1) 人为失误的表现形式

操作失误；指挥错误；不正确的判断或缺乏判断；粗心大意；厌烦、懒散；嬉笑、打闹；酗酒、吸毒；疲劳、紧张；疾病或生理缺陷及其错误使用防护用品和防护装置等。

(2) 引起事故的主要原因

主要有先天生理方面的原因，管理方面的原因，以及教育培训方面的原因等。

(3) 减少或避免人为失误的措施

① 人的安全化。合理选用工人；加强上岗前的教育；特殊工作环境要做专门培训；加强技能训练以及提高文化素质；加强法制教育和职业道德教育。

② 安全化。改善设备安全性；改进工艺安全性；完善标准及规程；定期进行环境测定及评价；定期进行安全检查；培训班组长和安全骨干。

③ 操作安全化。研究作业性质和操作的运作规律；制定合理的操作内容、形式及频次；运用正确的信息流控制操作；设计合理操作力度及方法，以减少疲劳；利用形状、颜色、光线、声响、温度、压力等因素的特点，提高操作的准确性及可靠性。

#### 10.9.5.7 现场作业风险控制方法

现场作业风险控制（job safety analysis，JSA）法是事先或定期对某项工作任务进行潜在的危害识别和风险评价，并根据评价结果制定和实施相应的控制措施，达到最大限度消除或控制风险目的的方法。其目的是规范作业风险识别、分析和控制，确保作业人员健康和安全。

JSA 法主要用于生产和施工作业场所现场作业活动的安全分析，包括新的作业、非常规性（临时）的作业、承包商作业、改变现有的作业和评估现有的作业，以有效实施现场作业风险管控，如表 10.10 所示。

**表 10.10 现场作业安全风险控制表**

<table>
<tr><td colspan="6">工作安全分析表</td><td>日期</td></tr>
<tr><td colspan="3">活动名称</td><td colspan="4">工作安全分析回顾团队</td></tr>
<tr><td>步骤序号</td><td>活动描述</td><td>潜在的危害</td><td>现存的控制措施</td><td>进一步的建议措施</td><td>责任人</td><td>完成日期和姓名</td></tr>
<tr><td>1</td><td></td><td></td><td></td><td></td><td></td><td></td></tr>
<tr><td>2</td><td></td><td></td><td></td><td></td><td></td><td></td></tr>
<tr><td>3</td><td></td><td></td><td></td><td></td><td></td><td></td></tr>
<tr><td>4</td><td></td><td></td><td></td><td></td><td></td><td></td></tr>
<tr><td>5</td><td></td><td></td><td></td><td></td><td></td><td></td></tr>
</table>

批准： 签名： 日期：

JSA 分析时应采用集体讨论的方式进行。由多个有作业经验的人员在一起对所从事的工作进行讨论，基本步骤包括：①成立工作小组，分解工作任务到具体步骤；②识别每一步骤的危害和现有的控制措施；③制定相应的补充控制措施。

## 10.10 风险预控与隐患查治

近年来发生的重特大事故暴露出当前安全生产领域“认不清、想不到”的问题突出。针对这种情况，习近平总书记多次指出，对易发生重特大事故的行业领域，要将安全风险逐一建档入账，采取风险分级管控、隐患排查治理双重预防性工作机制，把新情况和想不到的问题都想到。

2016 年 4 月 28 日，国务院安委会办公室（安委办）发出通知，印发《标本兼治遏制重特大事故工作指南》，对标本兼治遏制重特大事故做出重要部署，要求要认真贯彻落实党中央、国务院决策部署，坚决遏制重特大事故频发势头。该通知中提出要着力构建安全风险分级管控和隐患排查治理双重预防性工作机制，具体体现在：健全安全风险评估分级和事故隐患排查分级标准体系；全面排查评定安全风险和事故隐患等级；建立实行安全风险分级管控机制；实施事故隐患排查治理闭环管理。该通知中明确要求：把安全风险管控挺在隐患前面，把隐患排查治理挺在事故前面。

为贯彻实施该通知，推动各地和各类企业加快双重预防性工作机制建设，2016 年 10 月 11 日国务院安委办印发了《实施遏制重特大事故工作指南构建双重预防机制的意见》。该意见提出，着力构建企业双重预防机制就需要：全面开展安全风险辨识；科学评定安全风险等级；有效管控安全风险；实施安全风险公告警示；建立完善隐患排查治理体系。

2016 年 12 月 9 日，国务院《关于推进安全生产领域改革发展的意见》中也强调：“坚持源头防范。严格安全生产市场准入，经济社会发展要以安全为前提，把安全生产贯穿城乡规划布局、设计、建设、管理和企业生产经营活动全过程。构建风险分级管控和隐患排查治理双重预防工作机制，严防风险演变、隐患升级导致生产安全事故发生。”

构建双重预防机制就是针对安全生产领域“认不清、想不到”的突出问题，强调安全生产的关口前移，从隐患排查治理前移到安全风险管控。要强化风险意识，分析事故发生的全链条，抓住关键环节采取预防措施，防范安全风险管控不到位变成事故隐患，隐患未及时被发现和治理演变成事故。

### 10.10.1 风险因素识别

全面风险因素识别除了常规的按事故 4M 要素（人、物、环、管）作为辨识体系外，更为全面系统的辨识体系是按“点-线-面-体”的模式进行。这种模式将行业、企业或工程的风险辨识对象作为一个整体系统，整个系统又由各专业板块子系统组成，“点”“线”“面”“体”分别对应各专业板块进行系统分析识别，如图 10.10 所示。

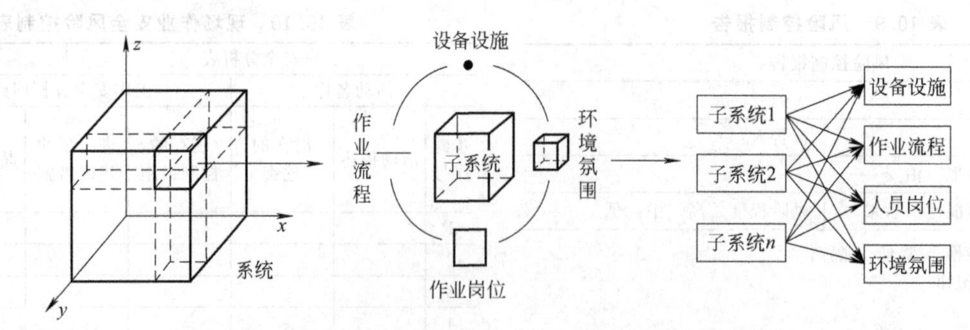


图 10.10 “点-线-面-体”风险辨识体系

其中，“点”的管理对象为设备设施，辨识过程中即以设备设施完好、正常运转为核心，风险类型有隐患、故障、不符合和缺陷；“线”的管理对象为作业过程、工艺或工况，即以作业流程正常运行为核心，风险类型有异常和事故两种；“面”的管理对象为作业岗位或人员生产状况，主要以人员的职业健康安全为核心，风险类型包括危险因素、危害因素和不安全行为；“体”的管理对象为自然环境和工作环境，即以工作的安全氛围良好为核心，风险类型包括气象灾害和安全管理不到位。

在风险（危险危害因素）辨识、风险评价、风险控制方案设计的基础上，建立起全面、系统的风险管控基础数据库，如表 10.11 所示。

表 10.11 作业流程的风险管控基础数据库结构

辨识人：　　辨识日期：　　审核人：　　审核日期：

| 单元划分 | | | 风险辨识 | | | | | 风险评价 | 风险控制 | | |
|---|---|---|---|---|---|---|---|---|---|---|---|
| 作业名称 | 作业环节 | 作业内容 | 风险描述 | 风险编码 | 产生原因 | 可能导致的后果及影响 | 风险周期 | 风险等级 | 风险防范措施 | 风险应急措施 | 责任归属 |
| | | | | | | | | | | | |

## 10.10.2 风险评价分级

风险评价的原理、方法、程序等在第 6 章及 10.9 节已有论述，此处不再赘述。

## 10.10.3 风险预警预控

### 10.10.3.1 风险管理的预警方法技术

（1）生产作业现场安全风险预警

企业生产作业现场安全风险预警主要是利用装置车间现场 PCS 各种系统的生产实时监控数据进行自动风险预警。在安全风险预警体系实施运行过程中，生产作业现场车间的自动控制系统（DCS、PLC、FCS 或 SCADA 系统等）的实时监控生产数据直接（或者通过企业生产执行层 MES 后）传输给安全风险预警管理信息平台的动态数据库，通过安全风险预警管理信息平台后台的风险评价模型及算法，自动以各种预警等级的形式呈现出来，直接输出各种预警信息，完成企业生产作业现场生产实时监控数据的自动风险预警。

（2）企业相关部门安全风险预警

企业各级部门单位包括企业领导部门和各职能部门，在企业安全风险预警体系中，企业领导部门作为统筹决策综合管理员的角色，主要具有状态查看和安全指令发布的职能；而具有较直接明确预警职能的是作为协同管理员角色的企业各职能部门，其本身具有安全风险预报、预警及预控的职能，以及相应的协同“三预”管理职能。从风险预警的方法来看，企业各职能部门风险预警的方法主要包括历史数据统计分析-状态趋势专项预警和预警要素专项预警。

（3）安全专业部门安全风险预警

企业安全专业部门包括企业安全机构以及企业生产二级单位的安全机构，作为企业安全风险预警体系风险预警的主要部门，承担着对所有的管理型风险预警信息进行发布的职责。从风险预警的方法来看，企业安全专业部门除了同样具有上述各级部门单位的历史数据统计分析-状态趋势专项预警和预警要素专项预警的职能外，还包括环境异常状态预警，隐患项目状态预警，关键工序作业预警，风险因素状态预警，风险类型-频率预警，风险级别-频率预警，责任、关注分析预警，风险部位分析预警，预警级别分析预警，管理对象分析预警，以及风险属性分析预警等风险预警方法。在企业实施运行安全风险预警的过程中，按照风险预警角色的不同，企业安全专业部门人员管理型风险预警主要包括主预警员和预警监管员两种方式。

（4）风险预警信息平台系统自动预警

企业安全风险预警管理信息系统平台自动预警主要将各种状态信息、安全指令等按照信息或指令所包含的预警责任部门及关注部门的信息，发布给相应的企业各级部门，主要针对各种短周期、实时的风险因素及状态信息或安全指令等，进行系统自动提示的技术自动型安全风险预警。

（5）风险预警的模式及流程

① 技术自动型预警主要包括：企业生产作业现场车间技术自动型预警和安全风险预警系统平台技术自动风险预警。

② 管理自动型预警主要包括企业各级部门单位管理自动型预警，企业安全环保处、分厂安全环保处管理自动型预警，管理人工型预警。

### 10.10.3.2 风险管理的预控方法技术

（1）企业生产作业现场安全风险预控

企业生产作业现场是企业安全风险预警体系风险预控措施的执行现场，是接收风险预控信息的主要机构。从风险预控的方法来看，企业生产作业现场主要具有系统自动调节预控、安全及冗余预控和作业过程预控等风险预控方法。在企业实施运行安全风险预警的过程中，按照风险预控角色的不同，企业生产作业现场风险预控主要包括以下方式：

① 技术系统：系统自动调节预控。

② 装置系统：安全及冗余预控。

③ 主预控员：车间主操、主岗，副操、副岗或安全技术员。

④ 副预控员：车间工艺、设备副主任，班长，工艺技术员或设备技术员，在安全风险预控过程中承担预控辅助和协同主预控员进行现场作业过程风险预控的职能。

（2）企业安全专业部门安全风险预控

企业安全专业部门包括企业安全机构以及企业生产二级单位的安全机构，作为企业安全风险预警体系风险预控的主要监督部门，承担着预控监督员的角色，具有监督管理企业所有安全风险预控执行状况的职能。从风险预控的方法来看，企业安全专业部门的风险预控方式主要包括定期、随机检查预控和作业预申报预控。

(3) 企业相关部门安全风险预控

企业各级部门单位包括企业领导部门以及企业各职能部门（生产运行处、机动设备处、科技信息处等），作为企业安全风险预警体系风险预控的主要部门，承担着对所有的安全风险发布相应的预控指令和协同监督管理安全风险预控的职责。在企业实施运行安全风险预警的过程中，企业各级部门单位的风险预控角色：企业领导部门作为统筹决策综合管理员，具有风险预控状况查看以及预控指令发布的职能；而具有较直接明确预控职能的是作为协同管理员的企业各职能部门，其本身具有安全风险预报、预警及预控的职能，以及相应的协同“三预”管理职能。从风险预控的方法来看，企业各职能部门风险预控的方法主要包括风险动态分级预控和隐患项目预控。

(4) 风险预控的模式及流程

① 技术自动型预控包括企业生产作业现场的系统自动调节预控和安全及冗余预控。

② 管理自动型预控主要包括：

a. 企业安全专业部门：作业预审报预控。

b. 企业各级部门单位：风险动态分级预控和隐患项目预控。

③ 管理人工型预控主要包括：

a. 车间作业现场：车间作业过程预控。

b. 企业安全专业部门：定期、随机检查预控。

### 10.10.4 无隐患管理法

(1) 概念定义

无隐患管理法的理论依据是事故金字塔理论，即隐患是事故发生的基础，如果有效地消除或减少了生产过程中的隐患，事故发生概率就能大大降低。

隐患的定义有多种：

定义一：可导致事故发生的人的不安全行为、物的不安全状态及管理上的缺陷［《职业安全卫生术语》（GB/T 15236—2008）］。

定义二：企业的设备、设施、厂房、环境等方面存在的能够造成人身伤害的各种潜在的危险因素（《现代劳动关系词典》）。

定义三：劳动场所、设备及设施的不安全状态，人的不安全行为和管理上的缺陷（1995 年劳动部出台的《重大事故隐患管理规定》）。

定义四：生产经营单位违反安全生产法律、法规、规章、标准、规程和安全生产管理制度的规定，或者因其他因素在生产经营活动中存在可能导致事故发生的物的危险状态、人的不安全行为和管理上的缺陷（2007 年国家安监总局颁布的《安全生产事故隐患排查治理暂行规定》）。

(2) 事故隐患分类

事故隐患可从多个维度划分：

按事故致因划分，可分为四类：人的不安全行为、物的不安全状态、环境不良、管理缺陷。

按安全保障的功能划分，可分为两类：预防类隐患和应急类隐患。

按严重程度划分，可分为：一般事故隐患，指后果较轻、治理难度较小的隐患；重大事故隐患，指可能导致重大后果或治理难度较大的事故隐患。

按管理范围划分，可分为：通用基础类隐患，指各行业认定的隐患；行业专项隐患，指行业特定的隐患。

事故隐患具有如下特性：

隐蔽性：事故隐患是潜藏的祸患，它具有隐蔽、藏匿、潜伏的特性。

危险性：隐患是事故的先兆或致因，而事故则是隐患存在和发展的必然结果。

突发性：任何事物都存在量变到质变，渐变到突变的过程。隐患也不例外，它集小变而为大变，集小患而为大患。

多样性：事故隐患具有多种表现的形式和类型。

重复性：同样的事故隐患发现整改后，还会再生和重现。

季节性：有相当部分的隐患带着明显的季节性特点，它随着季节的变化而变化 。

因果性：隐患是事故的致因，事故致因多层次，隐患与隐患互为因果。

时效性：事故隐患具有及时排查治理的特性。安全检查排查隐患讲究时效性。

(3) 事故隐患成因

事故隐患的成因一般有：“三同时”执行不严导致的设备、设施固有隐患；国家监察不力，导致企业治理整改不到位；行业管理职责不明，导致检查整改不及时；群众监督未发挥作用；企业制度不健全；企业资金不落实等。

(4) 事故隐患的认定

事故隐患的认定一般要依据国家相关标准，目前我国的认定标准有：

① 工贸行业事故隐患排查上报通用标准。对冶金、有色、建材、机械、轻工、纺织、烟草、商贸等工贸行业推行事故隐患认定，指导和规范工贸企业安全生产事故隐患排查、上报和统计分析工作，构建隐患排查治理常态化机制。

② 工贸行业重大生产安全事故隐患判定标准（2017 年版）。为准确判定、及时整改工贸行业重大生产安全事故隐患，有效防范遏制重特大生产安全事故，作为执法检查的重要依据，强化执法检查，建立健全重大生产安全事故隐患治理督办制度，督促生产经营单位及时消除重大生产安全事故隐患。

③ 金属非金属矿山重大生产安全事故隐患判定标准（试行）（2017 年版）。该标准用以准确判定、及时整改金属非金属矿山重大生产安全事故隐患，有效防范遏制重特大生产安全事故发生。

④ 重大火灾隐患判定方法（GB 35181—2017）。重大火灾隐患是违反消防法律法规、不符合消防技术标准，可能导致火灾发生或火灾危害增大，并由此可能造成重大、特别重大火灾事故或严重社会影响的各类潜在不安全因素。及时发现和消除重大火灾隐患，对于预防和减少火灾发生、保障社会经济发展和人民群众生命财产安全、维护社会稳定具有重要意义。

对于各行业特有的事故隐患，需要进行隐患辨识，建立行业或企业特有的认定规范或基础清单（数据库）。

事故隐患的辨识模式可按“人-机-环境-管理”体系进行。即人因隐患——人的不安全行为、物因隐患——物的不安全状态、环境因素隐患——作业环境不良状态、管理因素隐患——管理的缺陷。事故隐患的分类可按风险程度分为高风险隐患、中等风险隐患、低风险隐患等；按管理功能分为预防隐患和应急隐患等。

(5) 事故隐患管控方法

事故隐患的管控要推行如下方法：

① 双向可治模式。一是“自上而下”模式，传统的隐患排查方式是随机、间断式的隐患排查治理方式，这种方式常常是外部（上级）或第三方实施采用；二是“自下而上”式，即内部自查式，企业内部针对现场作业过程的实时隐

患，施行动态、及时性的事故隐患报告排查模式，具体要求动员基层和现场参与，进行实时报告。

② 分级管控模式。对事故隐患风险进行分级评价，根据风险程度推行分级管控，如图 10.11 所示。

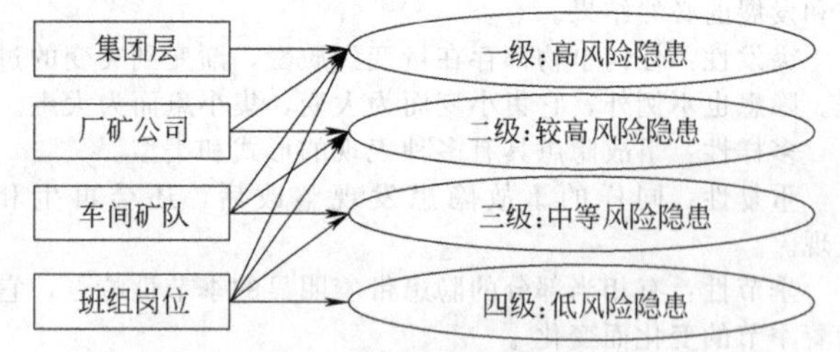


图 10.11　基于风险的事故隐患分级管控

③ 建立完整隐患管控制度。建立隐患台账，制订整改计划，推行闭环管控方法，落实奖惩措施等。

④ 建立常态化机制。一隐患一报告制度；反馈机制、闭环管理；专项查治机制——重大隐患专项、专人督办；进行事故分类、建档（台账）、班组报表、统计分析、适时动态监控；建立隐患查治信息平台，开发 APP 报告系统等。

⑤ 落实“三定、四不推”原则。三定：定措施、定负责人、定完成期限。四不推：个人不推给班组，班组不推给车间，车间不推给部门，部门不推给公司。

⑥ 事故隐患查治关键技术方法。隐患认定与检验要求做到：结合企业生产特点识别隐患状态及类型；采用仪表检测；运用自动监测技术；进行行为抽样。隐患控制与治理技术要做到：应用软科学手段，即加强教育，强化全员隐患严重性认识；明确责任，理顺隐患治理机制；坚持标准，搞好隐患治理科学管理；广开渠道，保障隐患治理资金；严格管理，坚持“三同时”原则；落实措施，发挥工会及员工的监督作用。应用的技术手段：消除危险能量技术；降低危险能量技术；距离弱化技术；时间弱化技术；蔽障防护技术；系统强化技术；危险能量释放技术；本质安全（闭锁）技术；无人化技术；警示信息技术。同时，还需要有隐患应急技术，即具有应急预案、防范系统、救援系统等。

### 10.10.5　建立双重预防机制

（1）构建双重预防机制的目标

构建双重预防机制就是要在全社会形成有效管控风险、排查治理隐患、防范和遏制重特大事故的思想共识，推动建立企业安全风险自辨自控、隐患自查自治、政府领导有力、部门监管有效、企业责任落实、社会参与有序的工作格局，促使企业形成常态化运行的工作机制。政府及相关部门进一步明确工作职责，切实提升安全生产整体预控能力，夯实遏制重特大事故的坚实基础。

（2）双重预防机制的基本工作思路

双重预防机制就是构筑防范生产安全事故的两道防火墙。第一道是管风险，以安全风险辨识和管控为基础，从源头上系统辨识风险、分级管控风险，努力把各类风险控制在可接受范围内，杜绝或减少事故隐患；第二道是治隐患，以隐患排查和治理为手段，认真排查风险管控过程中出现的缺失、漏洞和风险控制失效环节，坚决把隐患消灭在事故发生之前。可以说，安全风险管控到位就不会形成事故隐患，隐患一经发现及时治理就不可能酿成事故，要通过双重预防的工作机制，切实把每一类风险都控制在可接受范围内，把每一个隐患都治理在形成之初，把每一起事故都消灭在萌芽状态。

（3）构建双重预防机制把握原则

① 要坚持风险优先原则。以风险管控为主线，把全面辨识评估风险和严格管控风险作为安全生产的第一道防线，切实解决“认不清、想不到”的突出问题。

② 要坚持系统性原则。从人、机、环、管四个方面，从风险管控和隐患治理两道防线，从企业生产经营全流程、生命周期全过程开展工作，努力把风险管控挺在隐患之前，把隐患排查治理挺在事故之前。

③ 要坚持全员参与原则。将双重预防机制建设各项工作责任分解落实到企业的各层级领导、各业务部门和每个具体工作岗位，确保责任明确。

④ 要坚持持续改进原则。持续进行风险分级管控与更新完善，持续开展隐患排查治理，实现双重预防机制不断深入、深化，促使机制建设水平不断提升。

（4）双重预防机制的常态化运行机制

① 安全风险分级管控体系和隐患排查治理体系不是两个平行的体系，更不是互相割裂的“两张皮”，二者必须实现有机融合。

② 要定期开展风险辨识，加强变更管理，定期更新安全风险清单、事故隐患清单和安全风险图，使其符合本单位实际，满足工作需要。

③ 要对双重预防机制运行情况进行定期评估，及时发现问题和偏差，修订完善制度规定，保障双重预防机制的持续改进。

④ 要从源头上管控高风险项目的准入，持续完善重大风险管控措施和重大隐患治理方案，保障应急联动机制的有效运行，确保双重预防机制常态化运行。

（5）隐患排查治理和风险分级管控的关系

隐患排查治理和风险分级管控相辅相成、相互促进。安全风险分级管控是隐患排查治理的前提和基础，通过强化安全风险分级管控，从源头上消除、降低或控制相关风险，进而降低事故发生的可能性和后果的严重性。隐患排查治理是安全风险分级管控的强化与深入，通过隐患排查治理工作，查找风险管控措施的失效、缺陷或不足，采取措施予以整改。同时，分析、验证各类危险有害因素辨识评估的完整性和准确性，进而完善风险分级管控措施，减少或杜绝事故发生的可能性。安全风险分级管控和隐患排查治理共同构建起预防事故发生的双重机制，构成两道保护屏障，有效遏制重特大事故的发生。

## 参考文献

[1]　李成林．“全面安全管理”在煤矿安全管理中的应用．煤矿安全，2008（2）．
[2]　安全科学技术研究中心．国际劳工标准对我国经济社会发展影响研究报告，2003．
[3]　刘铁民．安全生产科学管理体系是现代企业的基础．中国国际安全生产论坛论文集，2002．
[4]　英国安全卫生委员会 2001 至 2004 年战略计划．邸妍编，译．现代职业安全，2001（11）．
[5]　何学秋．安全工程学．徐州：中国矿业大学出版社，2000．
[6]　罗云．企业安全生产模式研究．建筑安全，2000（1）．
[7]　金磊，徐德蜀，罗云．21 世纪安全减灾战略．开封：河南大学出版社，1999．
[8]　周炯亮，李鸿光，Alison Margary．涉外工业职业安全健康指南．广州：广东科技出版社，1997．
[9]　崔国璋．安全管理．北京：海洋出版社，1997．
[10]　金磊，徐德蜀，罗 云．中国现代安全管理．北京：气象出版社，1995．
[11]　徐德蜀等．中国企业安全文化活动指南．北京：气象出版社，1996．
[12]　罗云．大陆现代安全管理方法综述．第六届海峡两岸及香港澳门地区职业安全健康学术研讨会论文集，1998．
[13]　Fennelly L. J. Handbook of Loss Prevention and Crime Pre-

vention. Butterworths Press，1982.
[14] Pierce F D. Rethinking Safety Rules and Enforcement. Professional Safety，1996.
[15] 罗云等. 特种设备风险管理. 北京：中国质检出版社，2013.
[16] 罗云，裴晶晶. 风险分析与安全评价. 第3版. 北京：化学工业出版社，2016.
[17] 罗云. 现代安全管理. 第3版. 化学工业出版社，2016.
[18] 李峰. 安全生产双重预防机制建设工作探讨. 中国安全生产，2018.
[19] 崔政斌等. 世界500强企业安全管理理念. 北京：化学工业出版社，2017.
[20] 郝贵等. 煤矿安全风险预控管理体系. 北京：煤炭工业出版社，2012.
[21] 付贵等. 安全管理学. 北京：化学工业出版社，2013.

# 11 安全生产监督管理

在全球经济一体化，国际化竞争日趋激烈，以及我国加入WTO后的形势下，强化安全生产的监督管理是减少安全事故，保障安全生产，促进经济繁荣，实现国民经济的持续、快速、健康可持续发展和社会稳定的基础。强有力的监察与监督措施是安全生产法制得以落实的基本手段。否则，安全法律法规将仅仅是一纸空文。

在人类的工业发展早期，工业安全立法由于没有负责监督检查的机构和人员，或没有对违反法律法规行为的惩罚办法，因而难以真正执行。进入20世纪，特别是20世纪后半叶，世界各国的职业健康安全法制都极为重视国家监察和社会监督的职能。我国改革开放以来，对安全生产的国家监察和群众监督工作非常重视，安全生产的监察、监督理论和实践得到了发展。

## 11.1 我国的安全生产监管机制与体制

### 11.1.1 基本概念

安全生产监管体制指的是国家针对安全生产监督与管理工作确立的制度体系，涉及政府监督管理部门、行业管理部门、中介服务机构、社会监督体系等。监管体制能够规范管理的职能、权限、范围等相应的关系和制度。目前我国安全生产监督管理的体制是综合监管与行业监管相结合、国家监察与地方监管相结合、政府监督与其他监督相结合的监管格局。

安全生产监管机制是指安全生产监管系统的结构及其有效运转的机理和制度。监管机制本质上是监管系统的内在联系、功能及运行原理，是决定监管功效的核心问题。

### 11.1.2 我国安全生产监管体制的发展

职业安全健康管理是一个全人类共同面临的问题，对此世界各国都具有一些共同的规律和属性。在安全管理体制方面，由于各个国家政治制度、经济体制和发展历史的不同，其安全管理体制也存在一些差异。但随着国际经济一体化和全球化的趋势和发展，各个国家的安全管理产生了相互的影响和渗透的趋向。在安全管理体制方面，世界很多国家推行的是“三方原则”的管理体制或模式，即国家、雇主、雇员三方利益协调的原则。这一原则必然建立起国家为社会和整体的利益，通过立法、执法、监督的手段来实现；行业代表雇主或企业的利益，通过协调、综合管理来实现；工会代表员工的利益，通过监督手段来实现相互督促、牵制和协调、配合的机制。

在我国，安全生产监督管理是督促企业落实各项安全法规，治理事故隐患，降低伤亡事故的有效手段。我国的安全生产监督管理制度从无到有，不断发展完善。在新中国成立的前夕，中国人民政治协商会议通过的《共同纲领》中就提出了人民政府“实行工矿检查制度，以改进工矿的安全和卫生设备”。1950年5月，政务院批准的《中央人民政府劳动部试行组织条例》和《省、市劳动局暂行组织通则》规定：“各级劳动部门自建立伊始，即担负起监督、指导各产业部门和工矿企业劳动保护工作的任务。”1956年5月，中共中央批示：“劳动部门必须早日制定必要的法规制度，同时迅速将国家监督机构建立起来，对各产业部门及其所属企业劳动保护工作实行监督检查。”1956年5月25日，国务院在发布“三大规程”的决议中指出：“各级劳动部门必须加强经常性的监督检查工作。”

1979年4月，经国务院批准，国家劳动总局会同有关部门，从伤亡事故和职业病最严重的采掘工业入手，研究加强安全立法和国家监督问题。1979年5月，国家劳动总局召开全国劳动保护座谈会，重新肯定加强安全生产立法和建立安全生产监督制度的重要性和迫切性。

1982年2月，国务院发布《矿山安全条例》、《矿山安全监察条例》和《锅炉压力容器安全监督暂行条例》，宣布在各级劳动部门设立矿山和锅炉压力容器安全监督机构；同时，相应设立了安全生产监督机构，以执行安全生产国家监督制度。1983年5月，国务院批转劳动人事部、国家经委、全国总工会《关于加强安全生产和劳动安全监督工作的报告》，指出：“劳动部门要尽快建立、健全劳动安全监督制度，加强安全监督机构，充实安全监督干部，监督检查生产部门和企业对各项安全法规的执行情况，认真履行职责，充分发挥应有的监督作用。”从而，全面确立了安全生产国家监督制度。从1982年至1995年，由四川、湖北、天津等带头，相继有28个省、自治区、直辖市和一些城市通过了地方立法，规定了劳动行政部门（劳动局、厅）是主管安全生产监察工作的机关，行使国家监察的职能，在本地区实行安全生产监察制度。同时，下级职业安全健康监察机构在业务上接受上级安全生产监察机构的指导。1993年8月，劳动部发布了《劳动监察规定》，对劳动监察的内容做出了规定。1995年6月，劳动部颁布了《劳动安全卫生监察员管理办法》。这些对于完善安全生产国家监察体制和建立一支政治觉悟高、业务能力强的安全生产监察队伍，有很大的推动作用。

为了与经济体制的发展相适应，安全生产监管体制也在不断调整。20世纪90年代以前，我国的安全生产管理解决了安全与生产“两张皮”的问题。但随着我国经济体制改革的深化和社会主义市场经济体制的逐步建立，国有企业走向市场，企业形式多样化，并成为自主经营、自负盈亏、自我发展、自我约束的主体，一些经济管理部门的行政管理职能逐步削弱。在这种条件下，为了使安全生产管理体制更加符合实际工作的需要，国务院1993年50号文《关于加强安全生产工作的通知》中正式提出：实行“企业负责、行业管理、国家监督、群众监督，劳动者遵章守纪”的安全生产工作体制。强调了各个经济管理部门“管理生产必须管理安全”的思想，调动了各方面的积极性。“企业负责、行业管理、国家监督、群众监督”的“四结合”的安全生产管理体制，进一步明确了企业是安全生产工作的主体，为建立“政府、企业、工会”三方协调管理机制打下了基础。在全国范围内建立起了以政府、部门、企业主要领导为第一责任人的安全生产责任制，安全生产工作责任到人，重大问题由专门领导负责解决的局面基本形成。

进入21世纪，安全生产工作得到高度重视，首先是2002年6月，第9届全国人民代表大会常务委员会第28次会议通过并发布了《安全生产法》，这是我国安全生产历史上的一个重大里程碑，是第一部综合性的安全生产综合基本法律，以法规形式明确了我国安全生产“综合监管与专项监管相结合”的监管体制；2003 年 10 月，国务院决定成立新的安全生产委员会，负责定期分析全国安全生产形势；2005 年，为了满足我国安全生产工作需求，强化国家安全生产监管，控制事故的发生，国家安全生产监督管理局升格为国家安全生产监督管理总局，同时成立国家煤矿安全监察局；2018 年，国务院政府新一轮的管理体制改革，成立应急管理部，将安全生产监管职能并入，保留国务院安全生产委员会，标志着我国安全生产监管工作进入了新的发展时期。

### 11.1.3　安全生产监管体制的构建

(1) 发达国家安全监管体制

发达国家的监管模式

英国模式：特点是专业化＋精准化。效果是居世界领先水平。

美日模式：特点是垂直监管＋强制执行，美国采取联邦垂直模式，劳工部直接对总统负责；日本采取中央垂直模式，设立厚生劳动省、经济产业省分别负责职工健康安全监管和矿山安全监管。效果是避免交叉重叠和多头管理，政策执行力强，总体居于世界先进水平。

德国模式：特点是政府＋社会的二元化监管模式，政府部门的劳动保护机关、法定事故保险等社会机构并重。效果是形成了“共同合作、目标一致、经验分享、相互补充”格局，居于世界领先水平。

(2) 我国安全生产监管体制

依据我国现行的安全法规可知，我国安全生产工作推行的是国家综合监察与行业专项监察结合的监管体制。我国安全生产监管模式的特点是：综合监管＋行业监管＋专业监管，能够发挥制度优势，压实责任，集中力量，抗险救灾能力强。

国务院《推进安全生产领域改革发展指导意见》第五条明确了安全生产监管的几个基本原则：一是明确了确定部门职责的原则，即“管行业必须管安全、管业务必须管安全、管生产经营必须管安全”，任何部门不能推诿卸责。二是明确了责任追究的原则，即“谁主管谁负责”，不能把责任追究扩大化。三是明确了综合监管与行业监管的关系，形象地说，“综合监管”就是“综合”＋“监管”，“综合”就是综合性工作，包括安全生产法规标准和政策制定修订、执法监督、事故调查处理、应急救援管理、统计分析、宣传教育培训等；“监管”就是直接监管，也就是对职责范围内行业领域安全生产和职业健康进行监管。

(3) 科学监管体制

基于系统工程的霍尔模型，以及安全生产监管的规律及特点，我国科学监管体制如图 11.1、图 11.2 所示。图 11.1

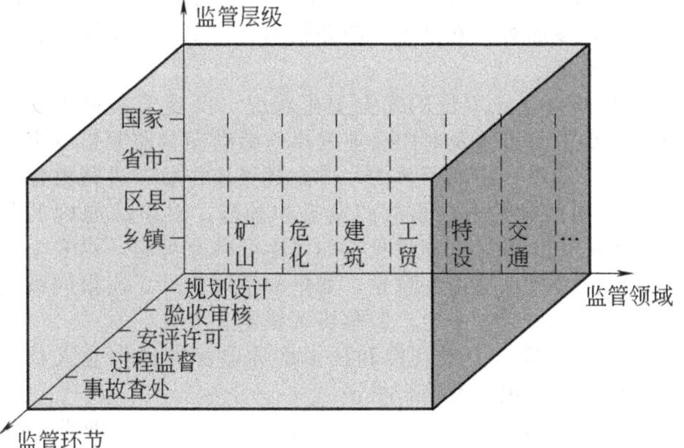

图 11.1　安全生产监管领域、监管层级、监管环节关系图

展示了不同监管领域对于政府监管层级和监管环节两个纵深监管系统的监管模式；图 11.2 展示了多方监管体制下，应用不同监管机制和监管方式的组合模式。依据多维度模型可以设计系统、全面、实用的监管体制，从而提高安全监管的科学、有效性。

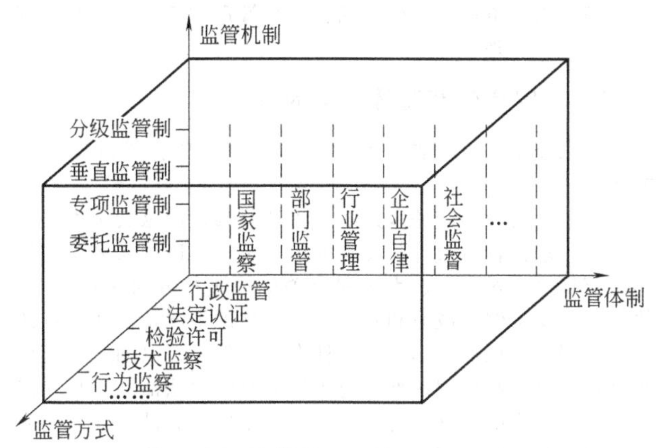

图 11.2　安全生产监管体制、监管机制、监管方式关系图

### 11.1.4　安全生产监督管理体制与机构

(1) 国务院安全生产委员会

我国国家安全生产委员会（安委会）最早于 20 世纪 80 年代组建。现国务院安全生产委员会简称安委会，根据国家相关文件（国办发 [2018] 62 号），安委会办公室设在应急部，承担安委会的日常工作。安委会的职责主要是：①在国务院领导下，负责研究部署、指导协调全国安全生产工作；②研究提出全国安全生产工作的重大方针政策；③分析全国安全生产形势，研究解决安全生产工作中的重大问题；④必要时，协调总参谋部和武警总部调集部队参加特大生产安全事故应急救援工作；⑤完成国务院交办的其他安全生产工作。

安委会办公室主要职责是：①研究提出安全生产重大方针政策和重要措施的建议；②监督检查、指导协调国务院有关部门和各省、自治区、直辖市人民政府的安全生产工作；③组织国务院安全生产大检查和专项督查；④参与研究有关部门在产业政策、资金投入、科技发展等工作中涉及安全生产的相关工作；⑤负责组织国务院特别重大事故调查处理和办理结案工作；⑥组织协调特别重大事故应急救援工作；⑦指导协调全国安全生产行政执法工作；⑧承办安委会召开的会议和重要活动，督促、检查安委会会议决定事项的贯彻落实情况；⑨承办安委会交办的其他事项。

(2) 应急管理部

2018 年 3 月，根据第十三届全国人民代表大会第一次会议批准的《国务院机构改革方案》，将国家安全生产监督管理总局的职责，国务院办公厅的应急管理职责，公安部的消防管理职责，民政部的救灾职责，国土资源部的地质灾害防治、水利部的水旱灾害防治、农业部的草原防火、国家林业局的森林防火相关职责，中国地震局的赈灾应急救援职责，以及国家防汛抗旱总指挥部、国家减灾委员会、国务院抗震救灾指挥部、国家森林防火指挥部的职责整合，组建应急管理部，作为国务院组成部门。中国地震局、国家煤矿安全监察局由应急管理部管理。公安消防部队、武警森林部队转制后，与安全生产等应急救援队伍一并作为综合性常备应急骨干力量，由应急管理部管理。不再保留国家安全生产监督管理总局。

根据《关于国务院机构改革方案的说明》，调整后的应急管理部主要职责：组织编制国家应急总体预案和规划，指导各地区各部门应对突发事件工作，推动应急预案体系建设和预案演练。建立灾情报告系统并统一发布灾情，统筹应急力量建设和物资储备并在救灾时统一调度，组织灾害救助体系建设，指导安全生产类、自然灾害类应急救援，承担国家应对特别重大灾害指挥部工作。指导火灾、水旱灾害、地质灾害等防治。负责安全生产综合监督管理和工矿商贸行业安全生产监督管理等。

### 11.1.5　安全生产监督管理的方式

国家监察与群众监督是我国安全生产监督管理的基本方式。

首先是实行强制的国家安全生产监察。国家安全生产监察是指国家授权行政部门设立的监察机构，以国家名义并运用国家权力，对企业、事业和有关机关履行劳动保护职责、执行职业安全健康政策和安全生产法规的情况，依法进行的监督、纠正和惩戒工作，是一种专门监督，是以国家名义依法进行的具有高度权威性、公正性的监督执法活动。长期以来，安全生产的监察的行政主管部门是原劳动部，随着国家机构职能改革和转变，对矿山行业的国家安全监察职能已由2000年组建的国家煤矿安全监察局（现由应急管理部管理）承担。其他行业的安全监察，由2018年3月组建的应急管理部承担。

群众监督是我国安全法制管理的重要方面。群众监督是指在工会的统一领导下，监督企业、行政和国家有关劳动保护、安全技术、职业健康等法律、法规、条例的贯彻执行情况；参与有关部门关于安全生产和安全生产法规、政策的制定；监督企业安全技术和劳动保护经费落实和正确使用情况；对安全生产提出建议等方面。

### 11.1.6　推行安全生产监督管理制度的作用

安全生产国家监督管理制度是保证各项安全生产法律法规正确实施的重要制度，也是安全生产法制的重要组成部分。《安全生产法》规定了各级人民政府有关行政主管部门有权对生产经营单位和用人单位及劳动者在遵守安全生产法律、法规的各方面情况进行监督检查，依据安全生产法律、法规和国家安全生产标准来判断生产经营单位及从业人员的行为是否出现偏差，及时地控制、制止违法活动和不当行为，保障企业法人和从业人员的活动沿着正确的轨道运行，以达到消除隐患，减少事故，保证安全生产法律、法规全面正确贯彻的目的。实行安全生产监督管理制度，对于健全社会主义法制，保障生产经营单位和从业人员的合法权益，维护社会稳定，促进社会主义现代化建设等都发挥着重要的作用。

推行安全生产监督管理制度的意义和作用表现在如下三个方面：

① 有利于适应新经济体制需要和发展。改革与生产力不相适应的原有经济体制，建立具有中国特色的社会主义市场经济是我国形势发展的迫切需要。随着改革的深入进行，在安全生产方面也出现了许多新情况、新问题。在实行简政放权、政企分开的新形势下，企业正从政府部门的附属物，转向自主经营、自负盈亏的商品生产者和经营者。伴随而来的国家与企业、企业经营者与员工之间的利益差别，在安全生产方面就明显表现出来。一些用人单位往往容易注重利润的追求，注重局部、眼前利益而忽视社会利益和长远利益，忽视安全生产。另外，横向经济技术合作的不断扩大，跨地区、跨部门、跨行业和不同所有制用人单位的经济联合体的不断涌现，以及“三资”用人单位和个体经营企业的增多，使企业的隶属关系发生了变化，自主的权力扩张，使员工的权益难以得到充分的保障。这就要求建立一个专门的监察执法机构，以国家名义，站在公正的立场，并运用国家权力，监督安全生产法规的具体实施。对于违章行为区别不同情况，分别追究责任。这样才能保证改革的顺利进行，维护国家和人民的利益不受侵害。

② 有利于推动技术进步和加快经济建设的发展。随着推进企业技术进步方针、政策的实施，技术引进、技术改造和技术开发迅速发展扩大。企业向大型化、高速化、自动化生产系统转化，各种新产品、新材料、新工艺层出不穷，生产中不安全因素和职业危害因素也随之增多。为了确保安全生产，防止产生新的危害和盲目引进国外技术项目，避免造成恶性重大事故，国家不仅要实行安全生产监察，还要加强监察手段，对于危险性很大的生产设备和工艺过程，要进行严格的技术监督，同时还要参与有关引进项目的技术审查。否则，一旦发生事故，其后果和经济损失是不可估量的。另外，随着人民物质文化生活水平的提高和人口政策的实施，员工对职业的选择和完善的安全生产设施的要求也日益提高，如果没有可靠的安全保证，企业要招收合格的工人必将愈来愈困难，势必阻碍生产的发展。只有建立安全生产国家监察制度，才能适应科学技术进步的迫切需要，不断促进经济建设的发展。

③ 有利于进一步健全安全生产法制，维护社会的稳定。为了保障生产经营单位的安全生产，维护国家、社会、生产经营单位和从业人员的合法权益，国家制定了一批安全生产法律、法规和标准，包括劳动保护法规等。为使安全生产法律、法规和标准在现实中得到实施，必须要有健全的安全生产监督检查制度。通过监督检查，可以促使生产经营单位和从业人员共同认真遵守安全生产法律、法规和标准，及时纠正和处理违反安全生产法律、法规和标准的行为，真正做到“有法必依、执法必严、违法必究”。《安全生产法》规定了各级安全生产监督管理部门是执法主体，依照该法对安全生产进行综合监督管理；同时规定了有关部门依照有关法律、行政法规规定的职责范围，对有关专项安全生产工作实施监督管理。这就把安全生产综合监督管理与专项监督管理的关系界定清楚了，有利于综合监管部门与专项监管部门依法各司其职，相互协同，齐抓共管，做好安全生产监督管理工作。

## 11.2　安全生产监督理论与技术

### 11.2.1　安全生产监督（察）机关的主要职责

安全生产监督（察）机关的主要职责是：

① 监督检查企业及其主管部门对安全生产的法规、制度、方针政策的贯彻执行情况。

② 监督检查企业改善劳动条件计划的实施及安全经费的使用情况。

③ 参加新建企业和重大技术改造项目的设计审查和竣工验收；参加有关安全生产的新技术、新工艺、新设备、新材料的鉴定。

④ 检查企业单位的安全卫生状况，发现危及员工安全健康的重大隐患，及时向企业发出《劳动安全监察指令书》，限期消除隐患；逾期不改的，可令其停止作业，进行整顿。

⑤ 参加员工伤亡事故的调查和处理。对事故原因的分析和事故责任者的处理意见，如发生分歧意见时，由安全生产监察机关提出结论性意见。如仍有不同意见，应报同级人民政府或上一级安全生产监察机关裁定。

⑥ 开展安全卫生宣传和技术培训监督特种作业人员的考核和按国家规定发给合格证。

⑦ 对违反安全生产法规，造成严重后果的企业单位及责任者有权给予处罚；对于安全生产成绩显著的单位和个人

给予奖励。

### 11.2.2 安全生产监督（察）机构的权力

有关国家安全生产和职业安全健康监察机构权力的规定较多，重要的有下面几点：

① 县级以上各级人民政府劳动行政部门依法对用人单位遵守劳动法律、法规的情况进行监督检查，对违反劳动法律、法规的行为有权制止，并责令改正（劳动法第85条）。

② 县级以上各级人民政府劳动行政部门监督检查人员执行公务，有权进入用人单位了解执行劳动法律、法规的情况，查阅必要的资料，并对劳动场所进行检查（劳动法第86条）。

③ 用人单位制定的劳动规章制度违反法律、法规规定的，由劳动行政部门给予警告，责令改正；对劳动者造成损害的，应当承担赔偿责任（劳动法第89条）。

④ 用人单位违反劳动法规定，延长劳动者工作时间的，由劳动行政部门给予警告，责令改正，并可以处以罚款（劳动法第90条）。

⑤ 用人单位的劳动安全设施和职业健康条件不符合国家规定或者未向劳动者提供必要的劳动防护用品和劳动保护设施的，由劳动行政部门或者有关部门责令改正，可以处以罚款；情节严重的，提请县级以上人民政府决定责令停产整顿。对事故隐患不采取措施，致使发生重大事故，造成劳动者生命和财产损失的，对责任人员依照刑法有关规定追究刑事责任（劳动法第92条）。

⑥ 用人单位无理阻挠劳动行政部门、有关部门及其工作人员行使监督检查权，打击报复举报人员的，由劳动行政部门或者有关部门处以罚款；构成犯罪的，对责任人员依法追究刑事责任（劳动法第101条）。

上述这些职权，保证了安全生产和职业安全健康监察工作的正常开展。

### 11.2.3 安全生产监督管理的基本原则

安全生产监督管理的基本原则如下。

① 坚持“有法必依，执法必严，违法必究”的原则。有法必依，包括执行和遵守两个方面。首先表现在职业安全健康监察机构和人员在工作中要严格遵守法律，依法办事。对司法机关来说，在审理案件时，必须依照以事实为依据、以法律为准绳的原则。对用人单位和劳动者来说，就是必须严格遵守职业安全健康法律、法规和制度。执法必严，就是指执法机关和执法人员都必须严格地依照法律规定办事，维护法律的尊严和权威。对司法机关来说，审理案件时，在定罪量刑、刑罚轻重等方面，都必须严格依照法律的规定办事。执法必严的另一层意思是不受其他行政机关、团体或个人对判定活动的非法干涉。违法必究，就是对一切违法犯罪行为都必须认真究查，依法惩处。任何人都不得凌驾于法律之上或超越于法律之外，谁也不能享受法律规定以外的特权。坚持违法必究、法律面前人人平等，是一项重要的社会主义法制原则。只有严格地执行这一原则，才能有效地保证社会主义法制的统一性和严肃性。

② 坚持以事实为依据，以法律为准绳的原则。违法事实是进行处理或处罚的客观依据。在对检查或举报的案例进行监察和执法时，必须深入调查，收集可靠证据，查清事实。实事求是地查明、核对违法事实，使认定的违法事实有充分的证据，经得起历史的检验。法律法规的规定是处罚的唯一准绳。职业安全健康监察部门在处罚时，必须依据法律法规的具体条款，准确、适当处罚。职业安全健康监察部门在执法过程中，必须尊重客观事实，同时严格依照法律规定进行正确执法。

③ 坚持行为监察与技术监察相结合的原则。国家职业安全健康监察工作，不仅实施行为监督（监督检查用人单位及其领导人员的管理行为，包括各项规章制度和管理活动是否符合安全生产法规的要求），而且实施技术监督（凭借技术手段，深入监督检查生产工艺过程、设备、原材料和劳动环境的安全卫生状况及其防护技术条件）。只有把行为监督和技术监督结合起来，突出行为监督的作用，才能在科学技术不断进步的条件下，通过法制手段，有效地实现职业安全健康国家监督的目的。

④ 坚持监察与服务相结合的原则。职业安全健康监察机构既要严肃认真地进行监督检查，及时提出强化预防措施的要求，揭露和纠正职业安全健康的缺陷和偏差，又要满腔热情地帮助用人单位进行宣传教育和技术培训，提供有关信息和科技情报，指导和帮助用人单位做好职业安全健康工作，以实现安全与生产的统一。

⑤ 坚持教育与惩罚相结合的原则。惩罚与教育相结合的原则的含义是：处罚不仅是惩治违法的武器，同时也起着教育作用。它的教育作用主要是一方面通过学习、理解和掌握法律；另一方面通过对违法责任的处罚，达到教育别人不犯同类违法行为及当事人重犯类似违法行为的目的。

### 11.2.4 安全生产监督程序

监督机构一般是有计划地对各企业进行监督检查。对企业根据不同情况进行排队，有重点地进行检查。美国制定了“优先检查顺序原则”，将有特别危险的企业排在应检查的前列。检查之前一般先事先通知被查单位。法规规定谁要是透露了去检查的消息，要受到惩罚。监察员进入被查单位应出示证件（贴有照片），雇主或其代表必须进行验证。然后，召开有雇主或其代表、工会代表或工人等参加的会议，由监察员说明检查的原因和意图，并将应遵循的法规条文送交资方，提出检查的路线，由资方、劳方代表陪同进行检查。

安全生产监察程序是指监察活动的步骤和顺序，包括以下几个方面：

① 监察准备。指对监察对象和任务进行的初步调查了解，是监察过程的开始。监察准备包括：确定检查对象，查阅有关法规和标准；了解检查对象的工艺流程、生产和安全卫生情况；制订检查计划；安排检查内容、方法、步骤；编写安全检查表或检查提纲，挑选和训练检查人员等。

② 听取汇报。深入被监察企业听取企业领导对执行国家职业安全健康法规标准的情况和存在的问题及改进措施的汇报。

③ 现场调查。实地了解作业状况，包括生产工艺、技术装备、防护措施、原材料等方面存在的问题。同时，采访员工并听取其意见和建议，尤其在安全管理和改善劳动条件方面的问题和建议。

④ 提出意见或建议。向用人单位负责人或有关人员通报检查情况，指出存在问题，提出整改意见或建议，指定完成期限。

⑤ 发出《职业安全健康监察指令书》或《职业安全健康处罚决定书》。根据监察情况，把监察指令书（或通知书）下达给企业执行，限期整改。违法情节严重的，发出处罚决定书。

### 11.2.5 建立安全监管员队伍

为保证国家有关安全生产法律、法规及标准的贯彻执行，各级人民政府都设立了综合管理安全生产的机构，并行使国家监察职权；各有关部门、各级工会组织和多数企业也有管理安全生产的职能部门。合理的监督管理队伍为有效防止伤亡事故和减少职业危害提供了基本保障。

### 11.2.6　安全监察员的职权

安全监察员的主要职权：

① 在所负责的范围内，凭证件可随时进入企业单位进行安全检查，并有权参加有关会议，调阅有关资料，向有关人员了解情况，但必须为企业保守机密。

② 在现场检查时，发现有危及员工安全健康的情况，有权要求立即改正或限期解决；情况紧急时，有权停止作业，然后通知企业领导人迅速处理。

③ 向企业主管部门和劳动安全监察机关反映劳动安全情况。在我国劳动安全监察由各级劳动行政部门（经贸委）代表政府进行国家监察。

### 11.2.7　发挥技术检测检验的作用

安全监察特别是行业和专门性的安全监察，如矿山安全监察、特种设备的安全监察等，都需要依据技术检验的结果作为证据。为此，长期以来，我国各地区和行业建立了安全生产检测检验机构，开展了特种设备的安全检验和职业危害检测以及劳动防护用品的质量监督检验。至20世纪90年代中后期，全国已有安全生产检测机构近400个，取得资格证书的锅炉压力容器检验单位900余家，特种劳动防护用品质检机构近20个，各种检测机构人员约1.5万人，已初步形成国家级、省级、地（市）级3个层次不同职责的检测检验体系，为安全生产监督管理工作、为企业安全生产做了大量的工作。

## 11.3　安全生产综合监管

国家监察是指国家法规授权劳动部门设立的监察机关，对企业、事业和有关机构履行安全生产职责和执行安全生产法规、政策情况依法进行监察、纠正和惩戒的工作。

### 11.3.1　国家安全生产监察的职权范围

国家安全生产监察的职权是：

① 对遵守、执行安全生产法规各项规定的情况实行经常性监督检查；

② 对新、改、扩建工程项目、特种设备、严重有害作业场所、特种作业人员进行专门的预防性审查认可或认证；

③ 对重大隐患、严重职业危害，以及不具备安全生产条件的企业令其改进、停止危险（危害）部分的作业；

④ 对事故企事业单位及直接责任者进行处罚，并追究其行政或刑事责任；

⑤ 参加和监督员工伤亡事故的调查和处理。

### 11.3.2　国家安全生产监察的方式

安全生产监察分为行为监察与技术监察两种方式。

① 行为监察。行为监察的内容包括组织管理、规章制度建设、员工教育培训、各级安全生产责任制的实施等。行为监察的目的和作用在于提高安全意识，在工作中切实落实安全措施，其中对违章指挥、违章操作、违反劳动纪律的不安全行为，要严肃纠正和处理。据调查，因违章的不安全行为所造成的事故约占事故总数的70%以上。

② 技术监察。技术监察是指对物质条件的监察，包括：对新建、扩建、改建和技术改造工程项目的“三同时”监察；对用人单位现有防护措施与设施的完好率、使用率的监察；对个人防护用品的质量、配备与作用的监察；对危险性较大的设备、危害性较严重的作业场所和特殊工种作业的监察等。技术监察的特点是专业性强、技术要求高，往往需要专门的检测检验机构提供数据。技术监察多是从“本质安全”上着手，是监察的重要内容。

从专业监察的角度划分，国家安全监察的种类有一般监察、专门监察和事故监察。

### 11.3.3　安全生产专门监察

专门监察是针对特定行业或特殊对象进行的安全监察。

（1）生产性建设项目的安全监察

“三同时”监察就是一种专门性的安全生产监察，是总结我同几十年全国工业企业建设的安全生产经验教训而确立的。要做好这项工作就应从以下3个方面着手：首先，应加强制定建设项目“三同时”管理规定和职业安全健康设计规定，明确与基本建设项目实施“三同时”的职业安全健康措施，包括以改善劳动条件、防止伤亡事故和职业病为目的一切技术措施。其次，健全监察程序，把好设计、施工、验收三道关。在初步设计阶段，执行建设项目职业安全健康设施送审单和审核通知单制度，认真审查扩充设计资料和文件，未经审查同意的不准交付施工；在施工设计和现场施工阶段，进行跟踪监察，防止削减职业安全健康设施；在竣工验收阶段，抓好预验收，发现问题限期改进，不符合职业安全健康法规的不准投产。有些地方还积极参加项目可行性论证活动，在建设前期进行调查和监督。再次，加强执法力度。《劳动法》中规定，新建、改建、扩建工程的劳动安全卫生设施必须与主体工程同时设计、同时施工、同时投入生产和使用。用人单位的劳动安全设施和职业健康条件不符合国家规定或者未向劳动者提供必要的劳动防护用品和劳动保护设施的，由劳动行政部门或者有关部门责令改正，可以处以罚款；情节严重的，提请县级以上人民政府决定责令停产整顿。

（2）特种设备安全监察

特种设备是指对人身和财产安全有较大危险性的锅炉、压力容器（含气瓶）、压力管道、电梯、起重机械、客运索道、大型游乐设施、场（厂）内专用机动车辆，以及法律、行政法规规定的其他特种设备。

《特种设备安全法》中对特种设备的生产（包括设计、制造、安装、改造、修理）、经营、使用、检验、检测和特种设备安全的监督管理提出了明确要求。《起重机械安全监察规定》中对起重机械的制造、安装、改造、维修、使用、检验检测及其监督检查提出了明确要求。与《起重机械安全监察规定》配套的《起重机械超载保护装置》（GB 12602）规定了起重机械超载保护装置的术语和定义、技术要求、试验方法、检验规则、标志、包装、运输及储存。该标准适用于桥式起重机、门式起重机、流动式起重机、塔式起重机和臂架起重机（不包括浮式起重机、甲板起重机）所使用的超载保护装置。这些法律法规对促进特种设备的监察起到积极的作用，使这项监察走向正轨。

（3）特种作业人员的安全监察

为了规范特种作业人员的安全技术培训考核工作，提高特种作业人员的安全技术水平，防止和减少伤亡事故，原国家安全生产监督管理总局制定了《特种作业人员安全技术培训考核管理规定》（第30号令），根据该规定，特种作业的范围包括：电工作业；焊接与热切割作业；高处作业；制冷和空调作业；煤矿安全作业；金属非金属矿山安全作业；石油天然气安全作业；冶金（有色）生产安全作业；危险化学品安全作业；烟花爆竹安全作业；安全生产监督管理总局认定的其他作业。此外，还规定特种作业人员必须经专门的安全技术培训并考核合格，取得《中华人民共和国特种作业操作证》（以下简称特种作业操作证）后，方可上岗作业。特种作业人员的安全技术培训、考核、发证、复审工作实行统一监管、分级实施、教考分离的原则。特种作业操作资格考试包括安全技术理论考试和实际操作考试两部分。特种作业操作证有效期为6年，在全国范围内有效。特种作业操作证由安全生产监督管理总局统一式样、标准及编号。特种作业操作证每3年复审1次。

(4) 女员工和未成年工特殊保护的监察

党中央和国务院历来对女员工和未成年工的保护特别重视。1988年7月国务院发布了《女员工劳动保护规定》,《女员工劳动保护特别规定》于2012年4月18日国务院第200次常务会议通过实施，《女员工劳动保护规定》同时废止。《女员工劳动保护特别规定》主要从3个方面对《女员工劳动保护规定》做了完善：一是调整了女员工禁忌从事的劳动范围，二是规范了产假假期和产假待遇，三是调整了监督管理体制。《女员工劳动保护特别规定》对女员工禁忌从事的劳动范围做了调整：一是为突出孕期和哺乳期的保护，扩大了孕期和哺乳期禁忌从事的劳动范围；二是考虑到《劳动法》仅规定经期、孕期、哺乳期禁忌从事的劳动范围，删去了已婚待孕期禁忌从事的劳动范围；三是为平衡女员工劳动保护与妇女就业的关系，缩小了经期禁忌从事的劳动范围。例如，对于产假，《女员工劳动保护特别规定》规定女员工生育享受98天产假，其中产前可以休假15天；难产的，应增加产假15天；生育多胞胎的，每多生育1个婴儿，可增加产假15天。

1994年12月劳动部发布的《未成年工特殊保护规定》中，规定了用人单位不得安排未成年工从事的劳动范围，对未成年工的使用和特殊保护实行登记制度。用人单位应根据未成年工的健康检查结果安排其从事适合的劳动，对不能胜任原劳动岗位的，应根据医务部门的证明，予以减轻劳动量或安排其他劳动。

1994年7月第八届全国人民代表大会常务委员会第八次会议通过的《劳动法》规定：

第五十九条　禁止安排女员工从事矿山井下、国家规定的第四级体力劳动强度的劳动和其他禁忌从事的劳动。

第六十四条　不得安排未成年工从事矿山井下、有毒有害、国家规定的第四级体力劳动强度的劳动和其他禁忌从事的劳动。

第六十五条　用人单位应当对未成年工定期进行健康检查。

第九十四条　用人单位非法招用未满十六周岁的未成年人的，由劳动行政部门责令改正，处以罚款；情节严重的，由工商行政管理部门吊销营业执照。

第九十五条　用人单位违反本法对女员工和未成年工的保护规定，侵害其合法权益的，由劳动行政部门责令改正，处以罚款；对女员工或者未成年工造成损害的，应当承担赔偿责任。

(5) 严重有害作业场所的安全监察

20世纪80年代，劳动人事部决定，以矽尘、石棉尘、炭黑尘三种生产性粉尘和汞、苯、氯乙烯、铅、三硝基甲苯等15种极度、高度危害的接触性毒物，作为监督治理的重点。

各级劳动保护监察机构加强了对这些行业尘毒作业场所的监督，主要方法是：进行尘毒危害的调查、测定和危害程度的分级，明确治理方向和重点；督促和帮助产业主管部门与企业制定防尘防毒规划，落实治理措施，规定完成期限；制定治理尘毒危害的考核标准，据此进行检查验收，给合格者发证。为加强对粉尘危害的监察工作，1991年劳动部颁发了《粉尘危害分级监察规定》，指出了粉尘危害分级监察工作实行企业、事业单位自检和专业检测机构检测相结合的原则。各企业、事业单位必须根据国家标准《粉尘作业场所危害程度分级》(GB/T 5817)(已废止)，每年进行一次生产性粉尘作业分级检测建档，并将分级结果报送劳动部门。企业、事业单位应将Ⅲ、Ⅳ级粉尘危害列为粉尘治理重点。各级劳动行政部门应将Ⅲ、Ⅳ级粉尘危害列为职业卫生监察工作重点。

1994年劳动部发布的《有毒作业危害分级监察规定》明确规定：各企业、事业单位必须根据《有毒作业分级》(GB 12331—1990)，每年进行一次生产性有毒作业分级检测建档，并将分级结果报送当地劳动行政部门，当地劳动行政部门汇总后逐级上报；企业、事业单位和劳动行政部门应将重度和极度毒物危害列为有毒作业治理和监察重点。这里需要指出的是，对企业、事业的尘毒危害程度进行分级和劳动条件评定，是确定职业卫生监察的依据，如果不进行尘毒分级工作，尘毒监察就失去了方向。

(6) 危险化学品的安全监管

我国对危险化学品的生产、储存、使用、经营、运输实施分部门监管的体制。政府相关部门对危化品的安全监督管理按部门(以下统称负有危险化学品安全监督管理职责的部门)依照下列规定履行职责：

① 安全生产监督管理部门负责危险化学品安全监督管理综合工作，组织确定、公布、调整危险化学品目录，对新建、改建、扩建生产、储存危险化学品(包括使用长输管道输送危险化学品，下同)的建设项目进行安全条件审查，核发危险化学品安全生产许可证、危险化学品安全使用许可证和危险化学品经营许可证，并负责危险化学品登记工作。

② 公安机关负责危险化学品的公共安全管理，核发剧毒化学品购买许可证、剧毒化学品道路运输通行证，并负责危险化学品运输车辆的道路交通安全管理。

③ 质量监督检验检疫部门负责核发危险化学品及其包装物、容器(不包括储存危险化学品的固定式大型储罐，下同)生产企业的工业产品生产许可证，并依法对其产品质量实施监督，负责对进出口危险化学品及其包装实施检验。

④ 环境保护主管部门负责废弃危险化学品处置的监督管理，组织危险化学品的环境危害性鉴定和环境风险程度评估，确定实施重点环境管理的危险化学品，负责危险化学品环境管理登记和新化学物质环境管理登记，依照职责分工调查相关危险化学品环境污染事故和生态破坏事件，负责危险化学品事故现场的应急环境监测。

⑤ 交通运输主管部门负责危险化学品道路运输、水路运输的许可以及运输工具的安全管理，对危险化学品水路运输安全实施监督，负责危险化学品道路运输企业、水路运输企业驾驶人员、船员、装卸管理人员、押运人员、申报人员、集装箱装箱现场检查员的资格认定。铁路主管部门负责危险化学品铁路运输的安全管理，负责危险化学品铁路运输承运人、托运人的资质审批及其运输工具的安全管理。民用航空主管部门负责危险化学品航空运输以及航空运输企业及其运输工具的安全管理。

⑥ 卫生主管部门负责危险化学品毒性鉴定的管理，负责组织、协调危险化学品事故受伤人员的医疗卫生救援工作。

⑦ 工商行政管理部门依据有关部门的许可证件，核发危险化学品生产、储存、经营、运输企业营业执照，查处危险化学品经营企业违法采购危险化学品的行为。

⑧ 邮政管理部门负责依法查处寄递危险化学品的行为。

### 11.3.4　事故监察

事故监察是对伤亡事故、职业性中毒的报告、登记、统计、调查及处理的监察。

2007年3月28日国务院第172次常务会议通过的《生产安全事故报告和调查处理条例》规定，事故发生后，事故现场有关人员应当立即向本单位负责人报告；单位负责人接到报告后，应当于1h内向事故发生地县级以上人民政府安全生产监督管理部门和负有安全生产监督管理职责的有关部门报告。安全生产监督管理部门和负有安全生产监督管理职责的有关部门接到事故报告后，应当依照下列规定上报事故情况，并通知公安机关、劳动保障行政部门、工会和人民检察院：

① 特别重大事故、重大事故逐级上报至国务院安全生产监督管理部门和负有安全生产监督管理职责的有关部门；

② 较大事故逐级上报至省、自治区、直辖市人民政府安全生产监督管理部门和负有安全生产监督管理职责的有关部门；

③ 一般事故上报至设区的市级人民政府安全生产监督管理部门和负有安全生产监督管理职责的有关部门。

安全生产监督管理部门和负有安全生产监督管理职责的有关部门逐级上报事故情况，每级上报的时间不得超过2h。事故发生单位负责人接到事故报告后，应当立即启动事故相应应急预案，或者采取有效措施，组织抢救，防止事故扩大，减少人员伤亡和财产损失。

根据该条例和有关严肃查处事故的指示，各省、市在地方性法规中对事故的监督管理提出了具体要求，对事故调查处理的程序和有关部门的权限与职责做出了具体规定。同时，对事故责任人和隐瞒不报、虚报或有意拖延报告造成一定后果的人员提出了处罚规定。

## 11.4　特种设备安全监察

### 11.4.1　国家监督管理的特种设备范畴

2018年3月，根据第十三届全国人民代表大会第一次会议批准的《国务院机构改革方案》，目前我国对特种设备的监督管理职能部门是国家市场监督管理总局。

2014年1月施行的《特种设备安全法》指出，“特种设备，是指对人身和财产安全有较大危险性的锅炉、压力容器（含气瓶）、压力管道、电梯、起重机械、客运索道、大型游乐设施、场（厂）内专用机动车辆，以及法律、行政法规规定适用本法的其他特种设备”。该法明确规定：“负责特种设备安全监督管理的部门依照本法规定，对特种设备生产、经营、使用单位和检验、检测机构实施监督检查”“负责特种设备安全监督管理的部门应当对学校、幼儿园以及车站码头、商场公园等公众聚集场所的特种设备实施重点安全监督检查”。

### 11.4.2　特种设备的监督管理内容

锅炉和压力容器等特种设备是具有爆炸危险性的设备，一旦发生爆炸，不仅破坏设备本身，还会破坏附近的设备和建筑物，危及人身和财产安全，给国家经济造成重大损失。为防止发生事故，对特种设备必须从产品设计、制造、安装、使用、检验、修理和改造七个方面进行监督检查。例如，对锅炉压力容器安全监督管理的内容有：

① 设计审查。只有保证设计的合理性才能决定产品的安全可靠性。为了保证设计质量，设计单位要具有与其设计的设备类别、品种相适应的技术力量和设计手段，具有健全的设计管理制度和技术责任制度。

② 制造审查。在设计合理的前提下，审查制造产品的单位应具有与其产品相适应的技术力量和设计手段，并且具有健全的设计管理制度和技术制度。

③ 制造审核和设计合理的前提下，从材料验收、加工成品到设备出厂的各个环节都要严格检验。对产品制造要有严格的质量保证体系，实行许可证制度，制造厂要具有与所制造的设备相适应的技术力量，完整的设计图纸，严格的原材料验收制度和工艺、质量检验机构，新产品要实行检验制度，产品出厂前必须经过劳动行政部门（经贸委）的监察机构进行监督检验合格。

④ 安装审查。安装单位要经过审批，以保证质量。安装单位除有必要的技术力量、施工工艺程序和安装机具外，还必须有完整的质量验收制度。

⑤ 使用登记发证。为了保证设备的安全运行，使用单位在使用前必须进行登记并取得使用证。

⑥ 定期检验。内容包括内部检验、外部检验和水压试验，通过实验检验能及时发现问题，消除隐患。

⑦ 修理和改造的审查。对锅炉压力容器的重大修理和改造方案，要报安全监察机构审查批准，损坏严重难以保证运行的设备要做报废处理。

### 11.4.3　特种设备安全监察条例

《特种设备安全监察条例》于2003年3月通过了国务院审议，于2003年6月1日起施行，并根据2009年1月24日《国务院关于修改〈特种设备安全监察条例〉的决定》修订。该条例对于各级质量技术监督部门依法加强特种设备安全监察工作，防止和减少事故，保障人民群众生命财产安全，促进经济发展，具有重要的意义。修订后的条例共8章103条，篇幅较大，内容完善，具有很强的专业性、广泛性和可操作性。

① 宗旨。制定条例的宗旨，是为了建立和完善适应我国社会主义市场经济体制新形势和WTO需要的特种设备安全监察法律制度，进一步强化特种设备的安全监察，防止和减少事故，保障人民群众生命和财产安全，促进经济发展和全面建设小康社会。

② 制度。条例建立了两项特种设备安全监察制度：特种设备市场准入制度；特种设备安全监督检查制度。特种设备市场准入制度主要包括：特种设备的生产必须经特种设备安全监督管理部门许可；特种设备使用单位必须经特种设备安全监督管理部门登记核准；特种设备作业人员必须经特种设备安全监督管理部门考核合格取得作业证书。特种设备安全监督检查制度主要包括：强制检验制度；执法检查制度；事故处理制度；安全监察责任制度。

强制检验制度规定：特种设备制造、安装、改造、重大维修过程必须经核准的检验检测机构实施监督检验；使用中的特种设备必须经核准的检验检测机构进行定期检验；新研制的特种设备必须经检验检测机构进行形式试验。

执法检查制度规定：特种设备安全监察人员和行政执法人员有权开展现场检查，责令消除事故隐患，对违法行为予以查处。

事故处理制度规定：特种设备发生事故，事故单位应当向特种设备安全监督管理部门等有关部门报告，事故处理按照国家有关规定进行。

安全监察责任制度规定：行使特种设备安全监督管理职权的部门、检验检测机构及其工作人员，应当依法履行职责，严格依法行政，对违反规定滥用职权、徇私舞弊的，依法追究特种设备安全监督管理部门、检验检测机构及其工作人员的法律责任。

③ 三个统一。条例实现三个统一，即条例实现了监管主体统一，条例实现了特种设备概念的统一，条例实现了内外制度的统一。

④ 责任和义务。条例明确了特种设备生产者、使用者的安全责任和义务。条例规定特种设备的制造单位、设计单位、安装单位、维修单位、改造单位以及使用单位和个人，应当建立特种设备安全管理制度和岗位安全责任制度，必须具备规定的生产、使用条件，符合技术规范的安全质量要

求，其作业人员和管理人员必须经考核取得特种设备作业证书。违反上述规定，依法承担法律责任。条例明确了各级人民政府管理特种设备安全监察工作的责任和义务。条例规定，县级以上地方人民政府应当督促、支持特种设备安全监督管理部门依法履行安全监察职责，对特种设备安全监察中存在的重大问题及时予以协调、解决。条例明确了特种设备安全监督管理部门及检验检测机构的责任和义务。条例规定，特种设备安全监督管理部门要依法实施行政许可、强制检验、执法检查和事故处理职责，定期公布特种设备安全状况，不得以任何形式进行地方保护、地区封锁和异地重复检验。特种设备检验检测机构应当为特种设备生产、使用单位提供可靠、便捷的检验检测服务，客观、公正、及时地出具检验检测结果、鉴定结论，接受特种设备安全监督管理部门的监督检查。特种设备检验检测机构和检验检测人员不得从事特种设备的生产、销售，不得以其名义推荐或者监制、监销特种设备。违反上述规定依法承担法律责任。条例明确了社会监督的权力。条例规定，任何单位和个人对违反条例规定的行为，有权向特种设备安全监督管理部门和行政监察等有关部门举报。

⑤ 五项原则。条例体现了安全至上原则、企业负责原则、权责一致原则、统一监管原则、综合治理原则。

### 11.4.4 特种设备行政许可

(1) 行政许可基本程序

行政审批包括制造申请单位提出申请，省级安全监察机构签署意见，总局安全监察机构受理，申请单位约请鉴定评审机构进行实地鉴定评审并提出报告，总局安全监察机构进行审查并报总局履行批准手续，向申请单位颁发许可证书。

根据2003年国家质量监督检验检疫总局发布的《特种设备行政许可实施办法（试行）》，许可、核准工作程序可概括为：申请、受理、审查和颁发许可或核准证书。

① 申请。申请单位必须按照有关规定，具备一定的条件，填写许可申请书，经负责许可工作的下一级安全监察机构签署意见后，将申请材料报送负责许可的安全监察机构，提出申请。下一级安全监察机构签署意见，应当在5个工作日内完成，主要是确认申请单位合法性和申请材料的真实性，不宜组织初审。

境外申请单位的受理、审查由国家质检总局安全监察机构直接负责，不需要下一级安全监察机构签署意见。

② 受理。负责许可工作的机构接到申请书和相关资料后，应当在接受申请书后的15个工作日内完成对提交的申请书和相关资料的初步审查。对符合规定的，在申请书上签署正式受理意见；对不符合规定的，应当书面向申请单位说明不受理的理由。

③ 审查。申请单位被受理后，应当约请评审机构安排实地条件的评审。根据规定必须进行形式试验的，申请单位应当约请有资格的检验机构进行形式试验，并取得形式试验报告。评审机构接到申请单位的评审约请后，应当按照申请单位的要求，及时安排评审工作，并在完成评审工作结束后的30日内，向安全监察机构提交评审报告。负责具体许可、核准工作的安全监察机构可以派人对鉴定评审工作进行监督。负责对鉴定评审结果进行审核的安全监察机构，必要时可以进行实地核查。审核或者核查中，认为申请单位不符合条件的，安全监察机构应当书面告知申请单位和鉴定评审机构，并说明理由；按照规定可以改进的，允许限期改进。

④ 颁发许可或核准证书。安全监察机构对鉴定评审报告进行审核，应当在30个工作日内完成各项审批手续。对符合规定要求的，由许可、核准部门颁发相应证书；对不符合规定要求的，应当发出不许可、不核准通知书。

(2) 行政许可的基本原则

行政许可工作应当根据中央改革行政审批工作的思路，遵循《特种设备安全监察条例》。

① 基本要求。以坚持为安全服务、为企业服务、为经济发展服务的宗旨，本着审（查）、批（准）分离，审（批）、监（督）分离的原则，做到程序公开、条件合理、审批公正、收费合法、责任明确、监督有力，形成行为规范、运转协调、公正透明、廉洁高效的行政管理体制。

② 基本措施。建立完善的行政许可审批工作体系，行政许可审批工作体系包括审批程序、审批组织和许可条件，并在工作上实行审（查）、批（准）分离。

## 11.5 矿山安全监察

### 11.5.1 矿山安全监察的作用

矿山安全监察是为保障矿山员工在生产中的安全和健康，保护国家资源和人民生命财产不受损失，所采取的矿山安全管理法规、安全监察制度和矿山开采、爆破、提升运输、电气安全、通风防尘、防水、防火等各种技术措施的总称。中华人民共和国现行的《矿山安全法》和《煤矿安全监察条例》集中地反映了国家对矿山安全管理工作的基本要求，是安全生产方针在采矿工业中的具体化。矿山安全监察以采矿安全技术为中心，监督的内容包括采矿方法、井巷部署、技术装备、作业环境、员工安全教育、新建矿山投产验收以及矿山事故和职业病的调查处理等。监察形式有三种：国家监察（县由群采主管部门进行）、矿山内部监察和群众监督。

2000年我国推行了新的煤矿安全监察体制。新的煤矿安全监察机构的职责，较之以往的安全管理部门的职责，有四个明显的区别：一是实行安全管理与安全监察分开，适应强化行政执法的要求；二是侧重煤矿安全法规、规章、标准的拟定和管理，不包揽企业具体的安全管理工作；三是主要通过监察的途径和手段，来保障煤矿的安全；四是坚持垂直管理、独立监察，以利于公开执法。

### 11.5.2 煤矿安全监察体制

根据国务院《煤矿安全监察管理体制改革实施方案》，成立了国家煤矿安全监察局（现由应急管理部管理）。

煤矿安全监察体制具有三大特点：一是充分体现了中国共产党第十五次全国代表大会关于加强执法监管部门的精神。二是坚持把安全管理和安全监察分开，实行垂直管理。新的煤矿安全监察管理体制的改革是在实行政企分开的基础上进行的。目前，国有重点煤矿已全部下放地方管理，国家煤炭局已与企业完全脱钩，国家具有对煤矿进行独立安全监察的条件。将安全管理和安全监察分开，建立垂直管理的煤矿安全监察体制，有利于各级煤矿安全监察机构独立行使执法监督权。三是体现政府机构改革精简、统一、效能的原则。组建煤矿安全监察机构，作为煤炭工业管理体制改革的组成部分，是与政府机构改革同步实施的。

### 11.5.3 煤矿安全监察机构的性质和职能

国家煤矿安全监察局是行使行政执法的机构，履行国家煤矿安全监察职责。国家煤矿安全监察局强化行政执法监管，从上至下实行垂直管理、分级负责的体制。

国家煤矿安全监察局是委管局，承担现由国家经贸委负责的煤矿安全监察职能。国家煤矿安全监察局具有11项职责，省级煤矿安全监察局具有6项职责，地区煤矿安全监察办事处也有相应职责。这些职责，概括讲就是研究拟定工业安全标准，提出保障煤矿安全的规划和目标；负责组织调查处理煤矿重、特大事故，发布全国煤矿安全生产信息；组织对煤矿使用的设备、材料、仪器仪表的安全监察工作；组织煤矿建设工程安全设施的设计审查和竣工验收；承担煤矿安全生产准入监督管理责任，依法组织实施煤矿安全生产准入制度；组织、指导煤炭企业资格认证工作；监督检查煤矿职业危害的防治工作；组织、指导和协调煤矿救护队及应急救援工作等。

### 11.5.4　矿山安全监察的一般内容

（1）矿山开采的一般监察

根据《矿山安全法》和相关法规对矿山开采的一般规定是：准备进行采矿的单位，应该首先对地质、水文和矿体情况进行了解，选择矿山工业场地和居民区的设置，应避免山崩，泥石流、洪水淹没和尘毒等灾害。然后，向主管部门申请，如采矿服务站。采矿服务站根据申请者的资金、设备和技术等条件进行审批，由县级人民政府发给《采矿许可证》，在《采矿许可证》上注明允许开采的规模、范围和时间。领到《采矿许可证》的单位，必须到县级公安局办理《爆破作业许可证》后，方准采矿。对中、小型矿山，尽量做到所需资料齐全，在开采前应有矿山开拓、采矿、排水等设计资料；边探边采的小矿体，应有简易的开采方案和必要的安全措施，生产矿井至少应有两个行人安全出口；采用轨道运输时，人行道的有效宽度不得小于8m，并应设台阶和扶手，人行道的垂直高度不小于1.8m；人力运输的巷道宽度不小于0.7m，机车运输的巷道宽度不小于0.8m。采矿方法必须根据矿体的赋存条件、围岩稳定情况、设备能力等慎重选择。采矿方法可分为全面采矿法、横撑支柱采矿法、分段采矿法、浅孔留矿法、充填回采法等，但无论采用哪一种方法，都应遵守有关的《金属非金属矿山安全规程》所规定的条款。

（2）爆破作业监察

爆破作业是矿山作业危险性最大的作业，对其进行严格安全监察是重要的内容。为此，必须使用符合国家标准或部颁标准的爆破器材，不准使用擅自制造的炸药。凡从事爆破工作的人员，都必须经过培训，考试合格，并持有《爆破员作业证》，才准进行爆破作业。进行爆破器材加工和爆破作业的人员禁止穿化纤衣服。

（3）提升与运输的安全监察

竖井升降人员必须用罐笼。禁止同时提升人员、物料或爆破器材；凿井期间可以采用吊桶，但升降距离不得超过40m，上方要装保护伞；提升系统应设置限速保护装置、主传动电机的短路与断路保护装置、过卷保护装置、过电流及无电压保护装置；运输设备应安全可靠，经常检查并及时处理隐患。

（4）井下电气设备监察

井下电气设备必然是防爆型，禁止接零，所有的电气设备的金属外壳及电缆配件、金属构筑物等都要接地，每个主接地板的接地电阻不得大于2Ω。用架空线往井厂变配电室送电时，在井口线路终端及井下变配电室一次母线侧，都要装设避雷装置。

此外，矿井必须建立完善的通风系统，自然通风不能满足要求时，应采用机械通风。矿区及附近的积水或雨水有侵入地下的可能时，应根据具体情况，采取有效措施防止地表水渗漏到井下。矿山每年应编制防火计划，防火计划应根据采掘计划、通风系统和安全出口的变动及时修改。

## 11.6　个人防护用品安全监督

劳动防护用品是保护劳动者在生产过程中的人身安全与健康所必备的一种防御性装备，劳动防护用品对于减少职业危害起着相当重要的作用。

我国早在1963年就颁发了《国营企业员工个人防护用品发放标准》，对劳动防护用品的发放标准及期限都做了具体规定。标准中明确了发放劳动防护服装的范围：井下作业；有强烈辐射热的或有烧灼危险的作业；有刺割、绞碾危险或因钩挂磨损衣服而可能引起外伤的作业；接触有毒、有放射性物质的或对皮肤有感染的作业；经常接触腐蚀性物质的或特别肮脏的作业。2015年12月29日，国家安全监管总局办公厅发布了《用人单位劳动防护用品管理规范》，并于2018年1月15日将修改后的《用人单位劳动防护用品管理规范》重新发布。该规范规定：“用人单位应按照识别、评价、选择的程序（见附件1），结合劳动者作业方式和工作条件，并考虑其个人特点及劳动强度，选择防护功能和效果适用的劳动防护用品。”劳动防护用品种类很多，要充分发挥其作用必须保证防护用品质量。为改善我国劳动防护用品种类结构，保证劳动防护用品质量，从1981年起国家开始制定特种劳动防护用品标准。到目前为止已制定上百种项劳动防护用品国家标准，如《呼吸防护 自吸过滤式防毒面具》（GB 2890—2009）、《头部防护 安全帽》（GB 2811—2019）、《安全带》（GB 6095—2009）、《安全网》（GB 5725—2009）等；已制定30多项劳动防护用品行业标准，如《滤尘送风式防尘安全帽 通用技术条件》（MT/T 160—1987）、《防护服装 森林防火服》（GB/T 33536—2017）、《橡胶耐油手套》（AQ 6101—2007）等。

特种劳动防护用品不同于一般的防护用品，在一定条件下，当采取安全措施后，还不能完全保证员工安全健康时，特种劳动防护用品起着重要的作用，是劳动保护措施中不可缺少的一项辅助性措施。按照有关规定，在有危害健康的气体或粉尘场所，员工应佩戴防毒面具和防尘口罩；在有生产性噪声、强光、辐射热和火花飞溅的作业场所，员工应佩戴护耳器、防护眼镜、面具和安全帽等；在高空的作业，员工应佩戴安全带；从事电气操作，员工应根据需要配备绝缘鞋和绝缘手套。

为加强特种劳动防护用品的管理，2005年6月29日国务院第97次常务会议通过了《工业产品生产许可证管理条例》，规定我国对安全网、安全帽、建筑扣件等特种劳动防护用品实行生产许可证制度。同时，也规定了企业取得生产许可证应当具备的条件：有营业执照；有与所生产产品相适应的专业技术人员；有与所生产产品相适应的生产条件和检验检疫手段；有与所生产产品相适应的技术文件和工艺文件；有健全有效的质量管理制度和责任制度；产品符合有关国家标准、行业标准以及保障人体健康和人身、财产安全的要求；符合国家产业政策的规定，不存在国家明令淘汰和禁止投资建设的落后工艺、高耗能、污染环境、浪费资源的情况；法律、行政法规有其他规定的，还应当符合其规定。此外，还规定国务院工业产品生产许可证主管部门依照本条例负责全国工业产品生产许可证统一管理工作，县级以上地方工业产品生产许可证主管部门负责本行政区域内的工业产品生产许可证管理工作。国家对实行工业产品生产许可证制度的工业产品，统一目录，统一审查要求，统一证书标志，统一监督管理。任何企业未取得生产许可证不得生产列入目录的产品。任何单位和个人不得销售或者在经营活动中使用未取得生产许可证的列入目录的产品。

## 11.7　工会与社会安全监督

### 11.7.1　群众监督作用

《中共中央国务院关于推进安全生产领域改革发展的意见》指出：“发挥工会、共青团、妇联等群团组织作用，依法维护员工群众的知情权、参与权与监督权。”

在“企业负责”的前提下，企业能得到的最经常、最全面、最有益的监督和协助，就是企业基层工会组织的“群众监督”。全心全意依靠工人阶级，真心实意依靠“群众监督”，是企业实现安全生产的有力保障。

工会的“群众监督”有完整的体系，县以上总工会设立工会劳动保护监督检查员，企业基层工会设立基层工会劳动保护监督检查委员会或检查员，车间班组设立工会小组劳动保护检查员。基层工会的“群众监督”组织系统，代表劳动者的合法权益，监督协助本单位贯彻执行国家劳动保护法律法规，落实安全生产责任制，督促解决职业安全健康方面存在的问题，改善劳动条件和工作环境，并参加伤亡事故的调查处理，进行分析研究；制止违章指挥、违章作业等。有具体的监督协助内容，有发动群众实行劳动保护监督协助的手段和方法，对企业进行全面、全方位、全视角的监督和协助，表达和反映员工群众的意愿和要求。企业各级行政领导，应该真心实意依靠工会的“群众监督”，支持基层工会劳动保护监督检查委员会、工会小组劳动保护检查员的工作；对阻挠监督检查工作的单位和个人，应给予批评或严肃处理。

### 11.7.2　工会劳动保护工作的基本任务

企业工会劳动保护工作的基本任务是：

① 向员工宣传党的安全生产方针政策及国家的安全生产法规，对员工进行安全教育和劳动纪律的教育；

② 督促和协助企业行政改善各种设备的安全性能和安全装置，教育员工正确使用与爱护各种设备的安全装置；

③ 通过员工代表大会，开展群众监督检查活动，对员工代表提出的有关劳动保护方面的提案，要督促行政制订计划落实解决；

④ 定期检查行政劳动保护措施的执行情况，监督行政正确提出和合理使用劳动保护措施经费，对新建、改建、扩建的工程项目是否做到“三同时”要进行监督和审查；

⑤ 把劳动保护工作纳入劳动竞赛中去，开展有效的安全文化建设活动；

⑥ 督促和协助行政进行尘毒治理，做好职业健康工作，防止职业病的发生，对职业病患者要督促行政积极治疗和合理安置；

⑦ 参与伤亡事故的调查、分析和处理；

⑧ 督促和协助行政做好女员工特殊保护工作；

⑨ 督促和协助行政按规定供应劳动防护用品；

⑩ 协助企业行政认真执行劳逸结合的政策，按劳动法办事；

⑪ 落实员工在劳动过程中保护自身安全健康的权利，有权制止违章指挥和违章作业。

### 11.7.3　群众安全监督的10条渠道

工会群众安全监督的作用可通过如下10条渠道来实现。

① 网络监督。通过工会群众的队伍，如工会劳动保护监督检查员、员工代表、员工家属安全联络员等，形成网络监督。

② 双向监督。工会干部和群监员实行的主动管理与受企业行政被动管理的相互监督。

③ 民主监督。通过员工代表大会对企业行政进行监督。

④ 参政监督。参与地方政府安全法规制定，对新建、改建、扩建和续建工程项目的审查等进行监督。

⑤ 依法监督。依据《劳动法》、《工会法》和《矿山安全法》等法规，进行有效监督。

⑥ 科学监督。运用安全科学理论进行有效的管理和监督。

⑦ 舆论监督。应用新闻、宣传等舆论工具，进行曝光监督。

⑧ 专题监督。对较典型问题进行专题调查研究，进行分析、建议，督促有关部门解决问题。

⑨ 信息监督。依靠建立情报信息系统，提供可靠数据和资料，进行动态分析，提出控制事故对策。

⑩ 联合监督。与劳动、卫生等有关行政部门密切配合，通力协作，联合进行定期和不定期的安全卫生检查，并把检查结果与企业的得奖挂起钩来，促进企业加强劳动保护工作。

## 参考文献

[1]　王显政．贯彻落实党的十六大精神开创安全生产工作新局面．劳动保护，2003（2）．
[2]　闪淳昌．“关于机构改革，我想谈三个观点”．现代职业安全，2001（9）．
[3]　闪淳昌．总结和认识安全生产工作的规律和特点．劳动保护，2002（4）．
[4]　杨富．我国安全生产的形势和任务．中国安全科学学报，2000（2）．
[5]　黄毅．要在机制创新上下功夫．现代职业安全，2001（8）．
[6]　刘铁民．对我国安全生产监督管理工作的思考．中国国际安全生产论坛论文集．国家安全生产监督管理总局，国家劳动组织，2002．
[7]　闪淳昌等．安全生产法读本．北京：煤炭工业出版社，2002．
[8]　国家安全生产监督管理局政策法规司．安全文化新论．北京：煤炭工业出版社，2002．
[9]　罗云．面向二十一世纪我国安全投资政策的思考．21世纪研讨会论文集，1996．
[10]　罗云．企业安全生产活动模式研究．建筑安全，2000．
[11]　中国劳动保护科学技术学会编．安全工程师专业培训教材（合订本）．北京：海洋出版社，2001．
[12]　吴穹，许开立．安全管理学．北京：煤炭工业出版社，2002．
[13]　国务院法制办负责人就《女员工劳动保护特别规定》答记者问．司法业务文选，2012（19）：6-7．
[14]　罗云．特种设备风险管理——RBS的理论、方法与应用．北京：中国质检出版社，2013．
[15]　国务院法制办公室工交商事法制司．中华人民共和国安全生产法读本．北京：中国市场出版社，2014．
[16]　罗云．现代安全管理．第3版．北京：化学工业出版社，2016．
[17]　陈宝智，张培红．安全原理．第3版．北京：冶金工业出版社，2016．
[18]　2017年全国煤矿安全生产形势持续稳定好转．中华人民共和国国家发展和改革委员会，2018．
[19]　《中共中央国务院关于推进安全生产领域改革发展的意见》学习解读．北京：煤炭工业出版社，2017．
[20]　法律出版社法规中心．2018中华人民共和国安全生产法律法规全书（含全部规章）．北京：法律出版社．2018．

# 第三篇　应急管理


## 本篇主编

赵一归

## 本篇副主编

盖文妹

## 本篇编写成员

盖文妹　赵一归　李　颖　王学广　邹小飞
吕士伟　季晨阳　陈　涛　陈　刚　张云飞
党梅梅　李永霞

# 12 应急管理理论

## 12.1 概念及定义

### 12.1.1 应急管理

“应急管理”英文为“emergency management”，国内外对应急管理的应用领域定义略有差异。早期，国外学者认为应急管理的主体是“灾难”（disasters），而现阶段，大部分国内研究学者认为应急管理的主体是“突发事件”。

传统的突发事件应急管理注重突发事件发生后的即时响应、指挥和控制，具有较大的被动性和局限性。从20世纪70年代开始，涵盖全过程管理的现代应急管理理论逐步形成，并在许多国家的实践中取得较好的应用效果。现代的突发事件应急管理工作涵盖了突发事件发生前、中、后的各个阶段，包括为应对突发事件而采取的预先防范措施，事发时采取的应对行动，以及事发后采取的各种善后措施及减少损害的行为，通常分为预防、准备、响应和恢复四个阶段，充分体现“预防为主、常备不懈”的应急理念。

因此，国内对于“应急管理”的定义有以下几种：

定义一：应急管理是指关于应对造成大量人员伤亡、重大财产损失和损害社会稳定的极端事件的科学、技术、计划及管理的应用。

定义二：应急管理是关于处理和避免风险的科学，包括灾害发生前的准备，灾害响应，以及自然或人为灾害发生后的支持和社会重建。

定义三：应急管理是指可以预防或减少突发事件及其后果的各种人为干预手段。

### 12.1.2 突发事件

《国家突发公共事件总体应急预案》（2006年发布并实施）中对“突发公共事件”的概念做出界定，即突然发生，造成或可能造成重大人员伤亡、财产损失、生态环境破坏和严重社会危害，危及公共安全的紧急事件。

《突发事件应对法》（2007年施行）对突发事件的定义是：突然发生，造成或者可能造成严重社会危害，需要采取应急处置措施予以应对的自然灾害、事故灾害灾难、公共卫生事件和社会安全事件。

突发事件具有以下几个特性：一是瞬间性，突发事件的发展周期非常短暂，突发事件的发生往往与人们的意识存在严重脱节，政府、公众、媒体等各个行为主体对突发事件的相关信息处于短缺状态，难以研判局势并及时做出正确反应。二是偶然性，突发事件发生的地点和时间具有一定的随机性，其发生状况（具体时间、实际规模、具体形态、影响深度）往往难以完全预测。三是危机性，突发事件往往是危机发生的前兆，或是危机爆发的原因。从逻辑上讲，危机事件往往是由突发事件引发的，但突发事件未必会发展成为危机事件，它暴露了管理体制机制的薄弱环节以及管理主体的能力局限性。四是危害性，突发事件扩散速度极快，容易引起连锁反应，从而导致严重的人力、物力、财力甚至是生命损失。

### 12.1.3 应急预案

应急预案的雏形是第二次世界大战期间的民防计划，最初是以保护公众安全为目标，随后拓展到应对自然灾害和技术灾难等领域。近年来，随着应急管理的不断发展，应急预案逐渐成为应急准备的基础平台。传统的应急预案概念是在突发事件发生后如何应对处置的方案，而现代应急预案更加强调突发事件发生之前怎样做好准备的方案，应急处置则是应急准备的发展与延续。

制定事故灾害应急预案是贯彻落实“安全第一，预防为主，综合治理”方针，提高应对风险和防范事故灾害的能力，保障职工安全健康和公众生命安全，最大限度地减少财产损失、环境损害和社会影响的重要措施。

事故灾害应急预案在应急系统中起着关键作用，它明确了在突发事故灾害发生之前、发生过程中以及刚刚结束之后，谁负责做什么、何时做，以及相应的应对策略和资源准备等。它是针对可能发生的重大事故灾害及其影响和后果的严重程度，为应急准备和应急响应的各个方面所预先做出的详细安排，是开展及时、有序、有效事故灾害应急救援工作的行动指南。

### 12.1.4 “一案三制”

党的十六大以来，党中央、国务院在深刻总结抗击非典经验教训，科学分析我国公共安全形势的基础上，做出了全面加强应急管理工作的重大决策，以制定“应急预案”、建立健全“应急体制、机制、法制”为核心内容的应急管理体系建设（即“一案三制”）取得了重大成效。

现阶段，我国基本形成了“横向到边、纵向到底”的应急预案体系，并开展了培训和演练；基本建立了“统一领导、综合协调、分类管理、分级负责、属地为主、全社会参与”的应急管理体制；逐步形成了“统一指挥、功能齐全、反应灵敏、协调有序、运转高效”的应急管理机制；逐步加强了应急管理法制建设，颁布实施了《突发事件应对法》《食品安全法》，修订了《消防法》《防震减灾法》等法律法规。

### 12.1.5 应急机制

《国家突发公共事件总体应急预案》中提出，要形成“统一指挥、功能齐全、反应灵敏、协调有序、运转高效”的应急管理机制。应急管理机制有以下含义：

① 从实质内涵来看，应急管理机制是一组建立在相关法律、法规和部门规章之上的应急管理工作流程，能展现出突发事件管理系统中组织之间及其内部相互作用关系；

② 从外在形式来看，应急管理机制体现为政府管理突发事件的职责与能力；

③ 从运作流程来看，应急管理机制的整体框架一般都以应急管理全过程为主线，贯穿事前、事发、事中、时后各个阶段，主要包括预防与应急准备、监测预警、应急处置与救援、恢复与重建等多个环节。

应急管理机制是一种内在的功能，是组织体系在遇到突发事件后有效运转的机理性制度，应急管理机制贯穿于应急管理的全过程，使应急管理中的各个利益相关体有机地结合起来并且协调地发挥作用。应急管理机制是为积极发挥体制作用服务的，同时又与体制有着相辅相成的关系，推动应急管理机制建设，既可以促进应急管理体制的健全和有效运转，也可以弥补体制存在的不足。因此，应急管理机制建设是我国应急管理体系建设的关键，应急管理机制是实现科学决策的重要手段，是促进应急管理体制建设并弥补其中不足的关键要素，是提高政府应急管理能力的根本途径。

### 12.1.6　应急体制

根据“体制”在《辞海》中的定义，即国家机关、企事业单位在机构设置、领导隶属关系和管理权限划分等方面的体系、制度、方法、形式等的总称。“应急管理体制”可以被定义为：国家机关、军队、企事业单位、社会团体、公众等各利益相关方在应对突发事件过程中在机构设置、领导隶属关系和管理权限划分等方面的体系、制度、方法、形式等的总称。

《国家突发公共事件总体应急预案》中提出，要在党中央、国务院的统一领导下，建立健全“分类管理、分级负责、条块结合、属地管理为主”的应急管理体制。

应急管理体制是指为保障公共安全，有效预防和应对突发事件，避免、减少和减缓突发事件造成的危害，消除其对社会产生的负面影响而建立起来的以政府为核心，其他社会组织和公众共同参与的组织体系。与一般的体制有所不同，应急管理体制是一个开放的体系结构，由许多具有独立开展应急管理活动的单元体构成：

① 从整体上看，应急管理体制可针对不同类型、不同级别和不同地域范围内的突发事件，快速灵活地构建起相应的应急管理体制；

② 从功能上看，其目的在于根据应急管理目标，设计和建立一套组织机构和职位系统，确定职权关系，把内部联系起来，以保证组织机构的有效运转。

### 12.1.7　应急管理法制

应急管理法制是指针对突发事件及其引起的紧急情况，制定或认可的处理国家权力之间、国家权力与公民权利之间、公民权利之间各种社会关系的法律规范和原则的总称。它是国家法律体系的基本组成部分。应急管理法制是“一案三制”的保障要素。由于非常态与常态是两种截然不同的状态，在正常社会状态下运行的法律法规无法完全覆盖紧急状态下的所有特殊情况，需要有应急法律法规来填补空白。

目前，我国已建立起以《突发事件应对法》为基本法，大量单行法、行政法规、行政规章、应急预案等并存的应急管理法制体系，为依法实施应急管理提供了制度保障。

### 12.1.8　应急演练

应急演练是指各级政府部门、企事业单位、社会团体，组织相关应急人员与群众，针对待定的突发事件假想情景，按照应急预案所规定的职责和程序，在特定的时间和地域，执行应急响应任务的训练活动。

应急演练是应急管理的重要环节，在应急管理工作中有着十分重要的作用。开展应急演练有以下几点重要意义：一，评估应急准备状态；二，发现并及时修改应急预案、执行程序等相关工作的缺陷和不足；三，评估突发事件应急能力，识别资源需求，澄清相关机构、组织和人员的职责，改善不同机构、组织和人员之间的协调问题；四，检验应急响应人员对应急预案、执行程序的了解程度和实际操作技能，评估应急培训效果，分析培训需求。同时，应急演练作为一种培训手段，通过调整演练难度，能够进一步提高应急响应人员的业务素质和能力，并且促进公众、媒体对应急预案的理解，以争取他们对应急工作的支持。

## 12.2　应急管理的发展

安全是人类最重要的社会需求，自从人类社会出现以来，各种自然的和人为的灾难就始终伴随着人类历史，人们不得不动用个人的和社会的力量同它们作斗争。因此，国家从形成时起就具备组织人民、抵御灾难的职责，应急管理自然成为历史上各国、各时期政府的一个重要任务。由于生产力相对落后和政府性质的原因，历史上的应急管理，主要以应对各种灾难，以及部分准备、预防工作为主，如修建排洪工程、储备灾害与战争所需物资等。而从全球范围内来看，全方位的应急管理从近几十年才不断发展完善，包括成立专门的政府机构，完善立法，形成整套的工作程序和制度，以及建立有指导性的理论体系等。

以政府设立专门的应急管理机构，或明确原有相关机构的应急管理责任为应急管理发展的开端，可将应急管理的发展划分为三个阶段，见表 12.1。

**表 12.1　全球应急管理发展阶段及特点**

| 阶段划分／主要特点 | 前应急管理时期（20 世纪 50 年代前） | 应急管理规范期（20 世纪 50～90 年代） | 应急管理拓展期（21 世纪以来） |
|---|---|---|---|
| 应急管理理念 | 单项灾害管理 | 综合应急管理 | 国家应急管理体系 |
| 管理主体 | 临时性机构<br>政府临时参与 | 专门的应急管理综合协调机构 | 政府主导，全民参与 |
| 管理内容及特点 | 专事专管、一事一议<br>专案处理 | 强调准备体系的平战结合<br>提出全流程应急管理模式 | 涵盖各类突发事件的管理体系<br>强调国土安全 |
| 管理手段 | 单行法律<br>临时的行政行为 | 制定基本法<br>完备的管理流程与制度 | 完善整个法律体系<br>建立综合性国家事故灾害反应计划 |
| 理论基础 | — | 命令-控制 | 可持续性发展模式<br>适应性团队 |

### 12.2.1　国际应急管理发展历程

#### 12.2.1.1　前应急管理时期（20 世纪 50 年代前）

前应急管理时期，即在正式设立或明确应急管理机构之前，政府在处置灾害时采取一系列相对孤立、临时性行为的时期。在这一时期，对于人为的侵权性责任事故灾害，司法部门的介入是理所当然的。然而，人们面对的更多的是自然的、非侵权性的天灾人祸，政府究竟是否有责任介入这些灾害的管理，在法律责任上还是空白或者只是零星地通过了一些法律做了相应规定。具体的做法是：政府或立法机关对某一具体灾难通过行政手段或立法行为进行管理，但没有形成对灾难的持久性、普遍性管理责任和义务。简言之，就是一事一议、专事专管。尽管这些行政与立法行为并没有形成一种制度，但政府反复应对灾害的行为逐步让人们形成了政府具有应急管理责任的观念，这为后来的应急管理奠定了广泛的社会认识基础，也为政府日后干预自然灾害和其他灾难奠定了立法和行政基础。下面是一些国家的示例：

(1) 美国

最早的应急管理行为出现在 1803 年。当时，新罕布什尔城发生火灾，损失惨重，烧掉了半个城镇。这较先前一个家庭失火，依靠亲戚朋友、街坊邻居的救助的情况而言，此次火灾带来了较大数量的灾民，使得人们之间很难开展互救行动，同时，巨大的损失也超过当地城镇的承受能力。于是，问题被推向了美国政府。如果联邦政府无动于衷，就会动摇人们对政府的信任；如果政府采取救助行动，就要开创行政先例，需要立法许可。于是，美国国会通过法案，由联邦政府对遭受火灾的新罕布什尔城提供财政援助，这是美国建国以后首次通过的灾难立法。其意义在于：第一，明确了政府有责任帮助遭受大规模灾难的个人与社区；第二，明确了联邦政府可以对地方灾难实施援助；第三，明确了联邦政府援助只是个案，而不是制度，且是通过法案授权的形式实施的，而不是通常的行政行为实现的。此后一直到1950年的《灾难救济法》(Disaster Relief Act)，在一个多世纪里，美国国会就因飓风、地震、洪水和其他自然灾害地区的援助问题，先后通过了128个法案，这些法案都是循1803年法案的先例，具有相同的特点。

(2) 新西兰

新西兰虽然地域狭小，也同样遭受着各种自然灾害的侵袭，尤其是飓风、地震和洪水。在独立之前，自治领政府就采取过应急管理行动。1931年，霍克湾发生强烈地震并引发火灾，纳皮尔（Napier）和哈斯丁斯（Hastings）两个城市遭到毁灭性破坏，260人死亡，绝大多数居民失去了家园。当时，应对灾难主要是家庭与社区，至多是地方政府的责任。但是，对于此次重大灾难，他们显然能力不够，虽然人们组织了公民委员会，负责协调救援和安抚行动，但他们缺乏权威和支持，援救行为举步维艰。于是，自治领政府在没有法律授权的情况下，毅然介入，很快提供了各种形式的帮助。针对霍克湾地震的救援情况，加上当时全球性经济危机在奥克兰引起的社会动乱，自治领议会于1932年通过了《公共安全保持法》(Public Safety Conservation Act)，授权政府在任何时候、在所辖国土的任何地方，当“公共安全或公共秩序正在或者可能受到危害”时，宣布实施紧急状态，在恢复秩序之前，事件现场的高级警官应该发布任何必要的指令，以“维护生命，保护财产，维持秩序”。从内容上来看，虽然该法案对事件现场的管理责任明确授予了警察，但它更注重社会治安性灾难，没有对自治领域地方的抗灾组织做任何规定。由于该法案对自然灾害的救助行动没有授权，因此，它还不能成为新西兰应急管理的制度性立法。再遇到类似霍克湾地震类似的事件，还是只能由地方机构采取自觉行动来进行应对。

(3) 日本

日本是个自然灾害频发的国家，由于可耕地面积小，人口众多，明治维新之前，经常发生灾荒，即使在丰收年景，每年也要饿死数万人。日本历史上的农民起义，一般都采取“米骚动”的形式，德川幕府的将军经常发布敕令号召人民备荒。明治维新以后，抗灾荒仍然是政府关切的目标，1880年，政府颁布了《备荒储备法》，这是日本最早的防灾法律。该法的目的是储备粮食和物资，以备遇到灾害和饥荒时所需。到发动第二次世界大战时，日本先后颁布了《河流法》(1896年)、《防砂法》(1897年)、《森林法》(1897年)、《灾害准备金特别会计法》(1899年)、《水灾预防组合法》(1908年)、《治水费资金特别会计法》(1911年)等法律，开始对不同类型的灾害实施一定程度的管理，但没有形成专门的应急管理体系。

#### 12.2.1.2 **应急管理规范期**（20世纪50～90年代）

面对20世纪30年代的经济萧条，西方国家政府不同程度地加强了对经济和社会事务的干预，以弥补市场的不足，纠正市场的失灵，促进经济复苏。而正是在这个大背景下，作为政府重要职能的应急管理工作，也开始步入了规范期，即各个国家的政府开始在制度上介入灾害管理，并通过设立专门的应急管理机构、确立应急管理原则、完善应急管理法律与工作制度来规范应急管理工作的过程。由于这一阶段初期冷战时期的特点，对苏联发动核战争的威胁被夸大，西方国家纷纷加强或重建民防组织，因此，许多国家的应急管理体系都是从民防体系中萌芽而来。随着古巴导弹危机的解决，核战争的威胁逐渐消退，以军事意义为主的民防机构向通用的民防机构转变，应急管理逐渐从政府职能中剥离、独立出来，作为单独的体系予以建设与发展。

在应急管理规范期，一个典型的特征是综合应急管理(CEM)体系的建设，其基础是“命令与控制”理论，即通过整合式应急管理系统（IEMS）的发展实现运转。“命令与控制”手段的前提是：首先，假设应急管理者的集权式控制是应对灾害最好的方式；其次，假设公众处于恐慌状态，或是出于自身最大的利益而开展行动。以此为前提，基于合理性的经典管理理论发展出来的模式则是用以“管理”灾害的最佳手段。然而，研究发现，“命令与控制”范式与现实的应急管理有着不匹配的现象，因为在应对灾害时，公众可能并不慌乱，反而会形成临时团队应对突发事件。随着时代的发展，综合应急管理这一旧范式对于全面解释应急管理开始显得不足；但在当时，这一理论对于整个应急管理体系系统化、规范化的发展则发挥了重要作用。以下介绍一些国家的示例：

(1) 美国

美国是最先建立起世界上最完善、最有成效的应急管理制度的国家。1950年，美国国会通过了《灾难救济法》(Disaster Relief Act)，首次授权总统可以宣布灾难状态，授权联邦政府对受灾的州和地方政府提供直接援助，这是美国应急管理的制度性立法，具有里程碑式的意义。这一时期，核战争并没有到来，重大的自然灾害却年年光顾，美国于1949年开始建立的民防体制没有发挥实质性作用。1953年5月2日，艾森豪威尔总统因为佐治亚州四个县遭受龙卷风袭击第一次宣布了灾难状态，开创了总统宣布灾难状态和紧急事态状态的时代。进入20世纪60年代，美国自然灾害频频发生。1960年、1961年、1962年、1965年和1969年发生了5次飓风灾害，1960年蒙大拿州和1964年阿拉斯加州（强度达里氏9.2级）发生了强烈地震，都造成了巨大损失。肯尼迪上台之后，在1961年把紧急事态准备的功能从国防动员办公室分离，设立了专门应对自然灾害的紧急事态准备办公室（即美国应急管理的雏形组织），民防的职责仍留给隶属于国防部的民防办公室。自此，美国的应急管理机构开始从民防体系中萌芽。

虽然有了一些相关法律和具有救助职能的机构，但美国没有建立明确的应急管理体制和机制。在几次重大灾难的救助过程中，各个机构之间的权限不明，相互争权扯皮，造成了救灾工作的诸多不便。据统计，总共有100多个联邦部门在灾难、危险和紧急事态的某些方面承担责任，各行其是，实施相互矛盾的平行政策，让州政府和地方政府深受其害，叫苦连天。为了改变这种局面，若干州的民防主任联合起来，通过全国州长联合会（National Governor's Association)，要求联邦政府整合应急管理的机构。时任佐治亚州州长的卡特对这一混乱局面深有感触，他当选美国总统后，决心从组织上统一联邦的应急管理职责。1979年，卡特发布12127号行政命令，合并诸多分散的紧急事态管理机构，组成统一的联邦紧急事务管理局（Federal Emergency Management Agency，FEMA)，局长直接对总统负责。至此，美国的应急管理机构正式建立。FEMA的成立，标志着美国应急管理体系开始走上更加主动、系统化的轨道。然而FEMA也有一定的局限：其一，组织结构决定了它需要向20个不同的议会委员会进行汇报，面临多头管理的问题。其二，里根总统的上台（冷战结束前）、民防系统的复苏（以Giuffrida主任1981年被任命为标志），都意味着相对于自然灾害而言，FEMA会更加倾向于民防或国防事务。在此期间，综合应急管理模式还是取得了一定的发展，典型事件就是在1988年通过的《斯塔福德减灾和紧急援助法》(Robert T. Stafford Disaster Relief and Emergency Assistance Act)。该法赋予了FEMA在更多领域的权限，包括灾害应对、准备和减灾等，并对灾害准备、恢复、减灾等问题有了新的诠释，它还提供了一个强有力的财政手段，专门划拨预算来鼓励减灾。

尽管《斯塔福德减灾和紧急援助法》赋予FEMA更多的权限，但在FEMA处理后继的一些巨灾时，比如1989年雨果（Hugo）飓风和1992年安德鲁斯（Andrews）飓风还是存在诸多困难。其中一个主要原因是法案自身的缺陷，由于它没有将一些问题的细节描述清楚（比如灾害的分类、援助的层级与标准等），导致FEMA在应对巨灾时反应缓慢，甚至有时对小灾害不做反应。尤其在1992年安德鲁斯飓风的应对过程中，作为领导者的FEMA竟然置身事外。议会的不满与调查直接导致1993年《纳帕（NAPA）报告》的产生，这几乎是给FEMA判了一个死刑。局面在1992年克林顿当选总统后发生了扭转。1992年，维特（Jame Lee Witt）被指定为FEMA的主任，他将FEMA重新定位成一个高效和快速反应的部门并实施改革，这包括：第一，将FEMA重组。通过重组，以往妨碍了FEMA应对灾害的不利因素（譬如多头管理）被消除。第二，将FEMA的工作重点朝减灾方向转移。这包括成立减灾司（mitigation directorate)，并在1997年实施《冲击性项目》(project impact)，将注意力转移到"抗灾社区"（disaster resistant communities）这一新概念上，并推广关于持续性发展的（sustainability）新理念。这些措施的效果非常显著，在应对1993年中西部洪灾（mid-west flooding disaster）时，FEMA采取了更加迅速、有效的措施，同时也带来了显著的政治成果。在1997年，FEMA主任的级别被晋升为总统内阁成员。

20世纪结束的时候，维特已经把美国的应急管理制度发展成世界上最完善、最有成效的制度，既为美国国民所满意，也被西方国家广为模仿。但是，另一类新出现的公共安全事件——恐怖主义开始向美国袭来，使美国应急管理体制的发展产生了重大的变数。

(2) 新西兰

在全世界率先进入完善的应急管理时代的国家是新西兰。1953年，新西兰通过了《地方政府紧急事态授权法案》(Local Authorities Emergency Powers Act)，规定了遭受核打击时地方政府的权力和责任，各州民防组织体系重新在更大的规模、更完善的组织、更多的投入和更多人员的参与的情况下建立。该法案存在一些问题：第一，没有要求地方政府建立民防组织，导致只能在需要时仓促设立临时机构应对，缺乏效率；第二，该法案与公共安全保持法的精神相悖，后者已经将权力授权给警察部门。为了弥补瑕疵，新西兰中央政府制定了自己的行动方案——《重大紧急事态中政府的行动》(Government Action in a Major Emergency, GAME)，规定了中央政府的各部门在紧急事态中的责任，同时规定了中央政府处理重大紧急事态的工作流程。中央政府的行动方案一定程度上解决了新西兰的民防组织"虚"的问题，然而，常设机构的缺位仍然存在。此后数年内，地方政府紧急事态授权法案与政府行动方案（GAME）一直是新西兰民防的基础。

随着全球性核战争的威胁骤然增加，1959年4月，新西兰成立了民防部（Ministry of Civil Defense），设在内政部，由内政部长出任民防部主任。这一体系并不十分顺畅：民防部设在内政部，却要对国防部部长负责，因为其军事需要远大于其他灾难的需要。尽管如此，民防部的成立对新西兰的应急管理来说，具有划时代的意义。不仅民防机构的缺位问题彻底解决，而且为以军事意义为主的民防机构向通用的民防机构转变奠定了组织基础。民防部在全国公开招聘了3个地区专员，分别负责全国的3个地区。他们既监管自己辖区的民防事务，同时还在民防部内发挥核心班子的作用，中央一级的民防制度基本成型。但是，民防的费用问题，军事打击和自然灾害在民防中的优先权问题，中央政府和地方政府的民防责任划分问题，还没有明确的答案。

最终1962年出台的民防法解决了上述问题。这是一个全面的、大规模的法案，共分5个部分59个条款，分别对行政管理、民防区域、全国紧急状态或重大灾难的宣布、地方政府的职责和权力，以及其他事项做出了详细的规定。民防法把紧急事态分为军事打击和自然灾害两类，并没有明确优先权。1966年通过新的《重大灾难中的政府行动》，更确立了应对各种灾害的政府工作重心。至于费用问题，确定了以地方为主、中央财政补贴的原则。新西兰的公共安全的管理体制，至此已经基本完备。可以说，其在全世界率先进入了完善的应急管理时代，并且一直沿用"民防"的称谓。

**12.2.1.3 应急管理拓展期**（21世纪以来）

2001年美国"9·11"事件发生后，全球安全形势发生了重大变化，国际应急管理和减灾工作也随之呈现出新的发展趋势，这主要体现在：第一，由单项减灾向综合减灾转变，由单一事件处置向多种事件综合管理转变，从单纯的自然灾害处置向各类突发事件管理延伸，事故灾害、公共卫生、社会安全等突发事件的应急处置工作正日趋完善。第二，由减轻灾害向减轻灾害风险、加强风险管理转变，从重在处置向"预防为主"转变。第三，由单纯减灾向减灾与可持续发展相结合转变，更加强调科学发展，强调运用先进的科技手段与方法。第四，从单纯应对一个方面、一个区域的突发事件向更多领域、更大区域扩展，由一个国家减灾向全球或区域联合减灾转变，更加强调合作、协调、联动和高效。随着国际减灾与应急管理战略的不断调整与发展，世界各国尤其是发达国家和地区更加高度重视应急管理工作，更加强调政府、企业、社会组织和公民都要履行自己的职责，在许多方面都进行了积极的探索，并取得了明显的成效，也形成了各自的特点。

(1) 突发事件应对主体的变化

从全球范围来看，各国政府突发事件应对主体的变化主要体现在：

① 把国家响应扩大到覆盖了上至联邦层级下至地方各级政府在内的所有政府机构，将州、地方政府之间的应急管理合作全部纳入国家应急体系，并按照一些新的法律条款与总统令将联邦机构的协调角色集为一体，填补了以往应急相关计划中的管理缝隙。

② 将突发事件应对主体的覆盖范围从联邦政府各部门、各级地方政府扩大到了非政府组织、民营企业、普通公众等社会各个层级，并明确他们的作用与责任。此阶段，基于系统理论、环境约束和组织文化理论基础之上的"适应性团体理论"（adaptive corporation theory）开始被认为是用以解释应急管理的新理论（比如：除去依赖于一个静态的应急预案，取而代之的应该是对现有预案的整合，而且新组合或许是应对灾害的最佳手段）。抗灾社区、持续性、脆弱性等概念的持续引入，使得应急管理呈现出主体多元化和学科交叉性的特征，使其在持续性发展方面拥有了更深的内涵。

美国在"9·11"事件后不久，2002年11月25日，布什在白宫签署成立国土安全部（Department of Homeland Security, DHS）的法案——《国土安全法》，正式启动了美国50年来最大规模的政府改组计划，在FEMA的基础上成立了国土安全部，形成涵盖各类突发事件的应急管理体系。

国土安全部于2003年3月1日正式成为美国联邦政府的第15个部，是美国政府统一领导应急管理工作的核心部门，它由联邦紧急事务管理局、海岸警卫队、移民与规划局、海关总署等22个联邦政府机构合并而成，2008财年预算额高达464亿美元，工作人员达20.8万人之多。国土安全部在全美国设有10个地区代表处，主要负责与地方应急机构的联络，在紧急状态下，负责评估突发事件造成的损失，制订救援计划，协同地方组织实施应急救助。联邦和地方应急管理的性质也发生改变，应急管理者也迅速地从无名的官僚行政人员转变为美国抵制恐怖主义国家防御体系中的关键角色。

(2) 应急管理工作制度的变化

从全球范围来看，各国政府应急管理工作制度的变化主要体现在：

① 在法律授权的前提下开展应急管理机制的建设工作。比如美国1988年的《斯塔福德减灾和紧急援助法》是美国以FEMA为核心的应急管理体系建设工作的前提与核心，从整个机制体系发展的过程来看，其建设内容的制定与实施都是围绕着该项法案授权的内容而展开的。而近年来陆续颁布的《国土安全法》《"9·11"法案》《卡特里娜后应急管理改革法案》等相关法律都为应急管理机制建设提供了相应的工作依据。

② 应急机制建设的主要内容由以应急响应为重点向以应急准备为重点转变。明确应急准备的定义以及应急准备的组成内容，把应急准备提升为涵盖了"预防、保护、响应、恢复"并融会贯通的基础性、全过程的行动。

③ 引入并强调风险理念，将风险管理作为贯穿于应急管理全过程，尤其是充实应急准备阶段工作内容的重要机制予以研究。对这一机制的应用主要凸现在基础设施与关键资源保护领域，比如近几年陆续出台的美国《国家基础设施保护计划（NIPP）》、欧盟《开展基础设施风险识别与风险评估的相关法令》以及德国《关键基础设施保护——企业和政府部门风险和危机管理指南》等，都将风险管理作为核心概念引入并予以发展建设。

④ 在全国范围内按照分层分类的原则，有重点、有步骤地开展应急管理机制建设，注重机制的顶层设计。在国家层面，更加注重的是机制建设的顶层设计，同时还要选择一些需要国家统一协调才能展开工作的领域进行机制设计，比如巨灾的管理、关键基础设施的保护等。而在其他不同层级的政府及其相关部门，则根据各自的工作需求与核心业务开展相应的机制建设工作。这一特点突出地表现在美国的应急管理机制建设过程中，其联邦政府经历了机制建设由"薄"到"厚"再到"薄"（FRP-NRP-NRF）的过程，在制订与修改NRP的过程中，他们试图将所有的机制内容综合起来，但最终发现会导致应急效率的降低。因此，在重新制订NRF这一替代文件的过程中，选择了在联邦层级应该重点建设的机制、重点关注的领域进行相关内容的设计。

⑤ 更加强调规范应急管理工作流程，完善相关工作制度，推动应急决策的制度化、规范化与程序化，最终实现"主动反应"和"制度化反应"。当前，突发事件越来越表现出连锁性、叠加性、衍生性的特点，这就对快速反应、协调联动、信息沟通等方面提出了更高的要求。一些国家普遍发现，实现及时反应和适度反应的前提是正确的应急决策，这也是提高政府应急管理能力的关键所在。提高领导者个人素质和能力、建立专家咨询制度等措施固然有助于决策能力的提高，但解决问题的关键在于健全应急管理机制、完备应急管理流程，只有在这种条件下，相关部门可以自行判断是否符合工作流程启动条件而主动采取行动，从而提高应急反应能力，做到快速反应、及时处置。

⑥ 应急管理机制的主要内容一般包括应急机制标准体系与多方主体应急协调计划两个关键部分。第一，应急机制标准体系是用来规定全国范围内的利益相关方应急管理的统一标准和规范，其目的在于为各级政府、私营部门和公共组织提供一套全国统一的方法，使各级政府与相关部门都能协调一致和快速高效地应对各种类型的事件。第二，多方主体应急协调计划是在应急机制标准体系所提供的框架的基础上，为应对国家层面的重大事件提供一套完整的国家应急行动计划，以期能在重大事故灾害的事前、事发、事中和事后，全方位调集和整合联邦政府资源、知识和能力，实现各种力量的整合与行动的协调统一。

(3) 应急管理法律依据的变化

在建设并完善应急管理法制体系的基础上，随着重大突发事件的频发、突发和复杂化，各国也加快了紧急状态立法的过程，比如：澳大利亚首府地区1999年的《紧急事件管理法》，俄罗斯2001年的《联邦紧急状态法》，英国政府2004年的《国内紧急状态法案》等（美国已于1976年制定《紧急状态法》，加拿大在1988年制定《紧急状态法》）。

### 12.2.2 我国应急管理发展历程

我国的应急管理发展可以大致分为以下四个阶段：

(1) 新中国成立至2003年：分部门、单灾种的应急管理模式

虽然我国自古以来在各种天灾人祸面前积累了许多抗灾救灾经验，但是没有建立起系统化、制度化的应急管理体制。新中国成立后，我国应急管理的组织机构按照不同的灾种单独设置，如民政部门、国家地震局、卫生部等机构各自承担职责，履行抗灾救灾义务，这一时期的应急管理体制呈现分部门、单灾种的应急管理模式，各个部门之间缺乏沟通协调与配合。

(2) 2003年至2007年：初步形成应急管理体系

2003年"非典"爆发之后，应急管理的理论与实践在我国兴起，新中国成立以来实行的分部门、单灾种应急管理模式在应对"非典"时受到严峻挑战，暴露出我国应急管理体制存在的诸多问题。我国政府按照科学发展观的要求，从国情出发，提出了"一案三制"的构想，应急管理体系建设工作由此全面起步。2007年《突发事件应对法》的颁布，标志着我国应急管理法律体系基本建成。

(3) 2008年至2012年：深化建设应急管理体系

应急管理预案上，2008年初南方多省的特大雪灾使铁路、公路等交通停滞，促使交通运输部主持修订了《公路交通突发事件应急预案》；针对一系列的食品安全问题，2011年国务院修订了《国家食品安全事故灾害应急预案》。应急管理体制上，继续推动统一领导、综合协调、分类管理、分级负责、属地管理为主的应急管理体制建设，逐步将传统的分部门、单灾种的应急管理模式转变为多部门、综合性的应急管理模式。

(4) 2013年至今：提升综合应急管理能力

十八届三中全会提出全面深化改革，推动国家治理体系和治理能力现代化，我国应急管理的目标着眼于培育多元主体意识，建立健全社会参与机制，变"应急管理"为"应急治理"，加强综合应急能力建设，实现应急治理能力和治理体系的现代化。以树立战略意识和全局观念为中心工作，加强对突发事件的预防与应急准备，秉持源头治理理念和动态治理模式，防患于未然。

总体上看，我国应急管理的发展，是在现实外部环境变化与当时应急管理面临困境的相互作用下不断改变应急管理模式、体系和理念的过程，其发展变迁的动力源于现实中应对各种自然灾害、人为灾难的需要。其中，应急管理机制与预案建设是一个自上而下推动的过程。应急管理模式经历了

一个从单灾种、部门性管理模式向多灾种、综合性管理模式的转变过程。而应急管理体系的演变主要是由体制驱动而成的，处于权力核心和决策主体位置的党中央、国务院进行顶层设计，通过高度集权、自上而下的统一领导模式向下传递政策决定和意见并要求执行。在2003年“非典”爆发后，党中央、国务院采取了“立法滞后、预案先行”的制度安排，推动了《国家突发事件总体应急预案》的出台。2005年12月，国务院办公厅设立了我国首个应急管理的综合性协调机构——国务院应急管理办公室，解决了以往应急管理机构条块分割、各自为政、协调不畅的问题。2007年首部应急管理的综合性法律——《突发事件应对法》颁布，明确规定：“国家建立统一领导、综合协调、分类管理、分级负责、属地管理为主的应急管理体制。”党的十八大提出要加强公共安全体系建设，十八届四中全会提出了加强公共安全立法、推进公共安全法治化的要求。强化国家核心应急能力、提高基层政府应急能力、加强社会多元主体协同共治能力是我国十三五时期深入推进国家建设的重点领域和关键环节。

2018年4月，我国成立应急管理部，将分散在国家安全生产监督管理总局、国务院办公厅、公安部、民政部、国土资源部、水利部、农业部、国家林业局、中国地震局、国家防汛抗旱指挥部、国家减灾委员会、国务院抗震救灾指挥部、国家森林防火指挥部等部门的应急管理相关职能进行整合，以防范化解重特大安全风险，健全公共安全体系，整合优化应急力量和资源，打造统一指挥、专常兼备、反应灵敏、上下联动、平战结合的中国特色应急管理体制。

2020年，新冠肺炎疫情席卷全球。面对来势汹汹的新冠疫情，中国应急管理体系在实践中充分展现出自己的特色和优势。以习近平同志为核心的党中央及时制定疫情防控战略策略，提出了“坚定信心、同舟共济、科学防治、精准施策”的总要求，明确坚决遏制疫情蔓延势头、坚决打赢疫情防控阻击战的总目标，自上而下，凝心聚力，统一思想，立足地区特点和疫情形势，快速形成全国疫情防控的战略布局，最终取得了阶段性胜利，彰显出了重大突发疫情治理的中国力量、中国速度和中国经验，为全球突发公共卫生事件治理献上了宝贵经验。

纵观我国应急管理工作发展历程，从单项应对发展到综合协调，再发展到综合应急管理模式，我国应急管理工作理念发生了重大变革，即从被动应对到主动应对，从专项应对到综合应对，从应急救援到风险管理。当前，我国应急管理工作更加注重风险管理，坚持预防为主，更加注重综合减灾，统筹应急资源。现代社会风险无处不在，应急管理工作成为我国公共安全领域国家治理体系和治理能力的重要构成部分，明确了应急管理由应急处置向防灾减灾和应急准备为核心的重大转变。这个变革将有利于进一步推动安全风险的源头治理，从根本上保障人民群众的生命财产安全。

## 12.3　安全与应急管理原理

### 12.3.1　事故灾害演化逻辑模型

事故灾害预防控制链原理也称为事故灾害超前防控原理，是揭示事故灾害要素演变规律，建立事故灾害预防控制体系的基本原理。

事故灾害演化逻辑遵循“源头→过程→后果”三个阶段，如图12.1所示，源头是事故灾害的上游，涉及危险因素、危险源；过程是事故灾害的中游，涉及隐患、危机、事件等因素；后果是事故灾害下游，涉及应急、损害等因素。掌握事故灾害控制链规律，对于预防事故灾害发生、减轻事故灾害、救援事故灾害灾难，最终实现安全及应急保障综合效益最大化，实现事故灾害损失最小化具有理论和实践的意义。

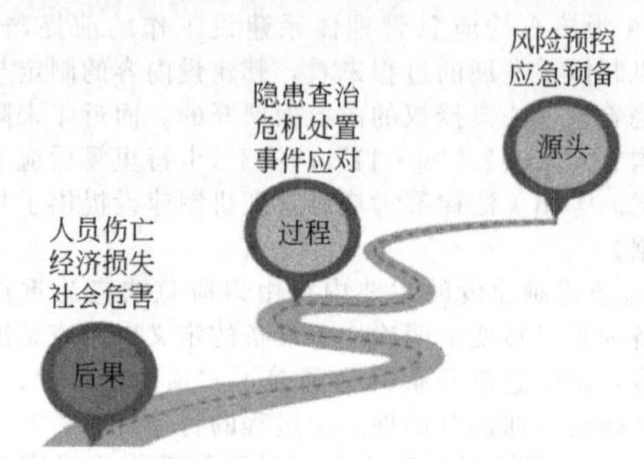


图12.1　事故灾害演化逻辑模型

基于事故灾害演化逻辑模型，揭示出安全与应急应构建“防-减-救”综合安全应急保障体系，即防范事故、减轻灾害、应急救援的综合安全应急体系。

### 12.3.2　事故灾害控制链模型

事故灾害控制链模型如图12.2所示。该模型给出了安全应急保障的管理与技术对策体系，即要做好事故灾害的安全应急管理，可从四个环节入手：一是辨识和管控住危险因素或危险源；二是消除和查治事故灾害隐患；三是监控和管理好危机（机会因素）；四是及时应对初始事件；五是在上述四个预防对策的基础上，做好事故灾害发生后的应急措施，达到“安全与应急”的双重保障，最终实现事故灾害的全面防范和应对，保障安全生产和公共安全。

相对应的就是“预防、预备、管治、响应、处置”五项对策，及时有效地进行事故灾害应对，达到“安全管理与应急管理”双重保障，如图12.3所示，最终实现事故灾害的全面防范和应对，保障公共安全和安全生产。

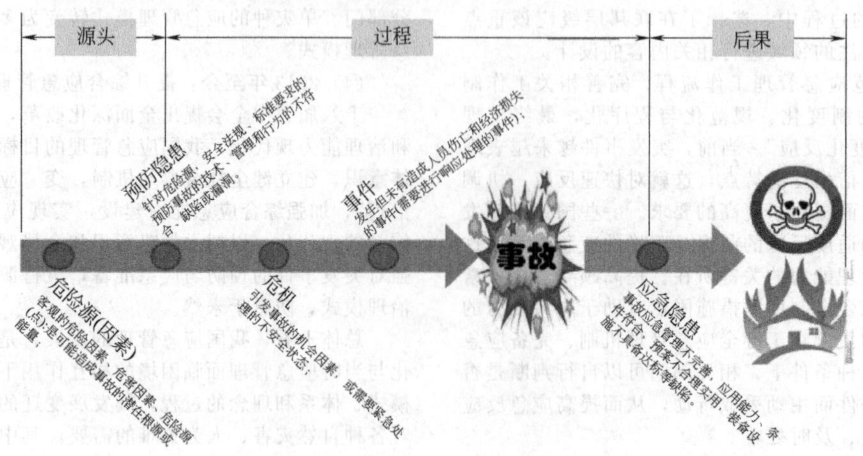


图12.2　事故灾害（风险）控制链模型

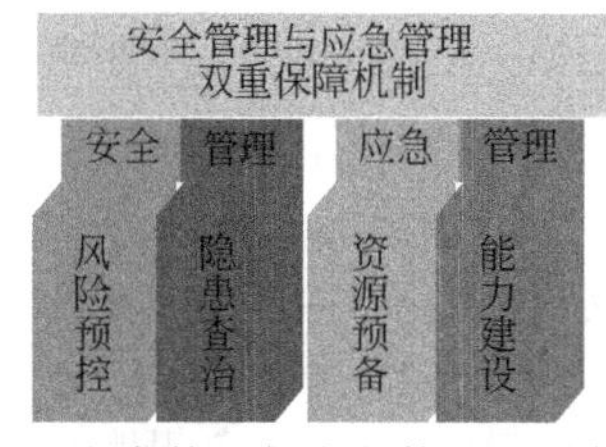


图 12.3 安全管理与应急管理双重保障机制

具体的措施是：

① 安全风险预控。政府层面——行政许可、评价认证、执法监督、过程监管等；企业层面——主体责任，全面、系统、科学地进行安全风险管控，做好危险源、危险有害因素辨识，评价分级管控，实现源头的本质安全、功能安全、过程管理、超前防范。

② 事故灾害隐患查治。政府层面——立法规范、标准认定、监办整治等；企业层面——隐患认定、报告查治、整改落实。主要基于以下两类隐患开展事故灾害隐患查治工作：一是预防类隐患，包括人员素质、管理制度、教育培训、技术装备、安全监测监控等隐患；二是应急类隐患，包括应急预案、应急装备、应急物资、培训演练等隐患。

③ 应急资源预备。主要指预备好应急所需的资源和条件，包括物质储备、器材装备、信息平台、数据资源、专家储备等。

④ 应急能力建设。主要是实现应急能力的持续提升，包括预案建设、教育培训、应急演练、应急绩效管理等。

## 12.4 应急管理战略

### 12.4.1 事故灾害应急“战略-系统”模式

应急战略思维是指立足于战略高度，从战略管理的需要出发，观察事故灾害应急命题，分析事故灾害应急规律和解决事故灾害应急问题的思想、心理活动形式。应急系统思想，可以界定为基于系统理念、系统科学和系统工程的理论与方法，思考事故灾害应急管理、解决事故灾害应急问题的高级心理活动形式。事故灾害应急“战略-系统”方法是以战略-战略管理、系统-系统科学、系统工程概念框架和理论模型为基础，基于对事故灾害应急战略思维的使命感、全局性、竞争性和规划性四个维度，以及系统思想的整体性、关联性、结构化和动态化四个维度的思维方式和分析方法。事故灾害应急“战略-系统”模式包含五项基本原则，即战略导向、整体推进、上下联动、横向协作和竞争发展的原则。

从战略的角度讲，公共安全重大事故灾害应急体系是我国公共安全体系的重要组成。其是通过在公共安全的各领域中良性有序的公共安全事故灾害应急体系，可以最大限度地预控事故灾害风险和遏制伤亡损失的科学战略。公共安全应急体系构建既是国家对公共安全的宏观管理方法，也是社会系统各方主体及其人、物、环等要素一切行为活动和运行状态的科学战略与战术，既需要综合公共安全广泛性，也需要注重应急能力的关键性。因此，对于具有战略属性的公共安全事故灾害应急体系规划及其落实方法更是应急管理的核心，也是公共安全重大事故灾害应急的重要内涵。

以战略思维、系统思想、科学原理、法律规范、历史经验为基础，应用战略理论和模型原理，可以设计出事故灾害应急的“战略-系统”综合模型，其基本结构包括：一项方针、四大使命、六个维度、十大关键元素。通过构建“战略-系统”模型，建立战略思维、应用系统思想、完善公共安全事故灾害应急体系、强化体系运行功效，从而提升应急体系的管理质量，全面提高社会或企业的事故灾害应急能力。

公共安全事故灾害应急“战略-系统”模型如图 12.4 所示，其内容包括：

方针：一项方针——常备不懈、及时有效、科学应对。

使命：四大使命——生命第一、健康至上、环保优先、财产保护。

维度：六大维度——领导与执行、规划与策略、运行与系统、资源与技术、结构与流程、文化与学习。

基于上述事故灾害应急“战略-系统”模型，可设计出事故灾害应急建设体系，如表 12.2 所示。根据六大维度，可提出六大应急能力建设目标和二十大应急体系建设。

① 应急决策能力：应急组织体系、应急管制体系、应急信息体系等。

② 应急规制能力：应急法规体系、应急标准体系、应急评估体系等。

③ 应急响应能力：应急报告体系、应急预案体系、应急演练体系等。

④ 应急保障能力：应急队伍体系、应急物质体系、应急装备体系、应急保险体系等。

⑤ 应急处置能力：应急指挥体系、应急救援体系、应急医疗体系、应急救助体系等。

⑥ 应急发展能力：应急科研体系、应急教培体系、应急交流体系。

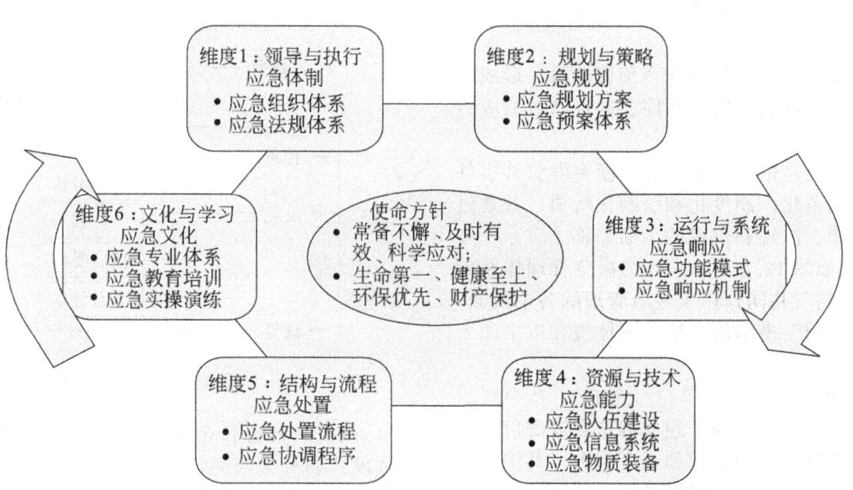


图 12.4 公共安全事故灾害应急“战略-系统”模型

**表 12.2 公共安全事故灾害应急"战略-系统"战略维度、应急能力及应急体系要素**

| 序号 | 战略维度 | 应急能力 | 应急体系要素 |
|---|---|---|---|
| 1 | 领导与执行 | 应急决策能力 | 应急组织体系、应急管制体系、应急信息体系等 |
| 2 | 规划与策略 | 应急规制能力 | 应急法规体系、应急标准体系、应急评估体系 |
| 3 | 运行与系统 | 应急响应能力 | 应急报告体系、应急预案体系、应急演练体系等 |
| 4 | 资源与技术 | 应急保障能力 | 应急队伍体系、应急物质体系、应急装备体系、应急保险体系等 |
| 5 | 结构与流程 | 应急处置能力 | 应急指挥体系、应急救援体系、应急医疗体系、应急救助体系等 |
| 6 | 文化与学习 | 应急发展能力 | 应急科研体系、应急教培体系、应急交流体系 |

### 12.4.2 应急管理"一案三制"模型

应急管理"一案三制"模型中，"一案"指国家突发公共事件应急预案体系，"三制"分别为应急管理体制、应急运行机制、应急管理法制，它们共同组成了国家应急管理体系。

"一案三制"是基于四个维度的一个综合体系：体制是基础，机制是关键，法制是保障，预案是前提。它们具有各自不同的内涵特征和功能定位，是应急管理体系不可分割的核心要素。在现阶段我国应急管理体系建设遵循体制优先的基本思路，在理顺应急管理体制的基础上完善相关工作流程和制度规范。

应急预案，有时简称"预案"，是针对可能发生的突发事件为保证迅速、有序、有效地开展应急与救援行动、降低人员伤亡和经济损失而预先制订的有关计划或方案。应急预案的制订、修订、培训演练以及与现代信息科技的有效融合是现代应急管理的基础与优化方向。

应急管理体制，主要是在党中央、国务院的统一领导下坚持分级管理、分级响应、条块结合、属地管理为主的原则，建立健全集中统一、坚强有力的指挥机构；发挥我们的政治优势和组织优势，形成强大的社会动员体系；建立健全以事发地党委和政府为主，有关部门和相关地区协调配合的领导责任制。国务院应急办及各省、部门、地方应急办相继成立。基本结构：决策机构、执行机构、行动机构、顾问团队和专家小组等。角色定位：政府部门、非政府组织、营利组织、社会公众和国际力量等。

应急运行机制，主要是建立健全社会预警体系，形成统一指挥、功能齐全、反应灵敏、协调有序、运转高效的应急机制。

应急管理法制，主要是依法行政，努力使突发公共事件的应急处置逐步走向规范化、制度化和法制化轨道，并通过对实践的总结促进法律、法规和规章的不断完善。

"一案三制"模型如图 12.5 所示。作为应急管理体系的四个子系统，"一案三制"共同作用于应急管理的各个层面。

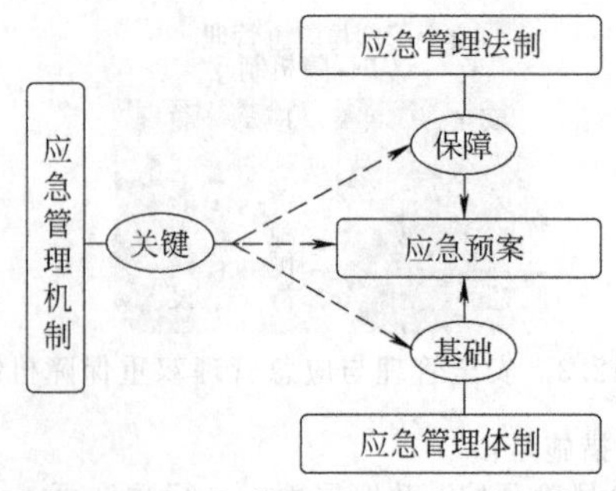


图 12.5 应急管理"一案三制"模型

应急管理"一案三制"模型的应用主要体现在以下四个方面：

① 创建应急预案体系。政府、单位（企业）、社会组织等在应急管理工作中的首要任务便是建立健全合适的应急预案体系，应急预案可以分为三种类型和五个层次。其中，三种类型包括综合预案、专项预案和现场预案；五个层次（或级别）包括Ⅰ级（企业级）应急预案、Ⅱ级（县、市或社区级）应急预案、Ⅲ级（地区或市级）应急预案、Ⅳ级（省级）应急预案、Ⅴ级（国家级）应急预案。对事故灾害后果可能超越省、直辖市、自治区边界以及列为国家级重大事故灾害隐患、重大危险源的设施或场所，应制定国家级应急预案。

② 健全应急管理体制。应完善应急管理部门与相关人员的配备，明确职责与职能，全过程负责应急管理工作的有序进行。

③ 优化应急管理机制。建立科学高效的应急管理机制，强化预防与应急准备、监测预警、应急决策与处置、信息发布与舆论引导、社会动员、善后恢复与重建、调查评估、应急保障等全方位应急工作的职能协调与匹配。

④ 完善应急法规标准。在《突发事件应对法》的基础上，不断推进与应急体系配套的相关法规、标准、规章、制度等的编制与修订，提高法规标准的完备性与落地性，实现应急管理中的人、事、物、职、责、权等运行有法可依。

### 12.4.3 应急管理 4R 模型

危机管理 4R 模型理论是指危机管理由减少（reduction）、预备（readiness）、反应（response）、恢复（recovery）四个阶段组成。

危机管理 4R 模型是一种基于过程关键环节的循环管理模式，四个阶段之间具有紧密的逻辑关系。首先，减少是危机管理与防范应对的基本策略；其次，在最大限度减少后的残余危机则需要对其应急工作开展相应准备（预备）；再次，当危机发生时进行科学、及时、有效的反应与处置，将损失程度尽可能控制到最小；最后，当危机事件结束后需开展相应的恢复措施，从而修复或消除危机带来的损害。

4R 模型理论由美国危机管理专家罗伯特·希斯（Robrt Heath）在《危机管理》一书中率先提出，其运行模型如图 12.6 所示。

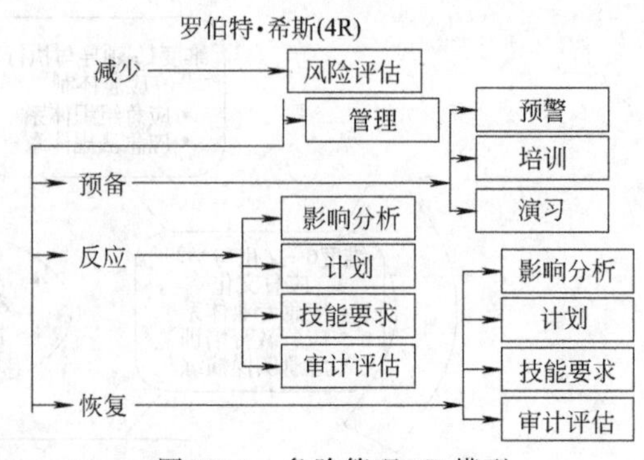


图 12.6 危险管理 4R 模型

政府、社会和企业管理者需要主动将危机工作任务按 4R 模式划分为四类：

① 深化风险防控。尽力减少危机情境的攻击力和影响力，如进行预先的风险辨识、风险评估、风险预防控。

② 固化应急能力。做好处理危机情况的准备，如危机预警、危机培训、预案演习等。

③ 优化救援行动。尽力应对已发生的危机，如在事件响应中进行启动预案、影响分析、严重度控制等。

④ 强化事后处置。力求从危机中恢复，如后果影响分析、恢复计划、恢复建设等。

### 12.4.4　应急管理生命周期理论

根据危机的发展周期，突发事件应急管理生命周期可以分为以下几个过程阶段：危机预警及准备阶段、识别危机阶段、隔离危机阶段、管理危机阶段和善后处理阶段。应急管理生命周期理论是从突发事件的事前、事中、事后的时间范畴进行针对性的阶段划分方式。

应急管理生命周期理论模型如图 12.7 所示。

① 预警及准备阶段。其目的在于有效预防和避免危机的发生。

② 识别危机阶段。监测系统或信息监测处理系统是否能够辨识出危机潜伏期的各种症状是识别危机阶段的关键。

③ 隔离危机阶段。要求应急管理组织有效控制突发事态的蔓延，防止事态进一步升级。

④ 管理危机阶段。要求采取适当的决策模式并进行有效的媒体沟通，稳定事态，防止紧急状态再次升级。

⑤ 善后处理阶段。要求在危机管理阶段结束后，从危机处理过程中总结分析经验教训，提出改进意见。

根据事故灾害应急生命周期理论，组织或单位应该做好如下三个阶段的工作：

① 事前充分预备。在突发事件发生之前，需要进行应急的充分合理准备工作和事件监测预警。

② 事中科学应对。当突发事件发生后，首先要进行科学的事件及其风险识别与评估，然后根据事件的各种表现形式及特征对事件产生的各种影响进行分析整理，对事件未来的发展趋势进行预测，并根据分析的结果对突发事件进行分类分级，启动应急管理系统进行程序化处理，政府及相关部门根据已获取的突发事件信息进行有效反应，通过对事件的分析和对核心问题的重点应对，采取包括调动应急物资以紧急救援设备、相关人力资源等一系列应急资源实现救援的连续性、实时性、动态性和高效性。

③ 事后合理处置。突发事件结束后，需对事件遗留问题进行妥善及时的处理，并对事件进行系统的调查与研究，为同类事件的预防控制与应急救援提供合理的优化对策。

### 12.4.5　事故灾害应急能力建设模型

事故灾害应急能力是指预防和应对突发事件的能力。事故灾害应急能力不仅包括政府、企业、社会组织各自的应急管理、应急响应、应急处置能力，还包括家庭、个人预防和应对突发事件的能力。

根据国情和借鉴国内外经验，事故灾害应急能力主要包括：应急认知能力，主要包括应急意识、应急知识、危险及其发生可能性、危险中人财物的易损性程度等的辨识能力等；信息处理能力，包括事故灾害信息报告，以及应急响应需要的制度、标准、技术、资源、专家、设施、社区、人员等相关信息；监测预警能力，是对可能发生或正在发生的突发事件进行处理时所具备的应对能力，包括编制应急预案、建立监测预警制度、进行隐患排查和监测、配置相应的设施和工具；应急处置能力，这是应对突发事件的核心能力，包括应急快速反应，应急决策，应急指挥、控制、协调，应急队伍的实战技能等；应急保障能力，主要包括应急设施建设、应急装备工具储备、应急物资储备、资金支持、避难场所设置等；公众反应能力，主要包括居民个人的对灾害的防御能力和自救、互救技能，居民家庭应急准备情况等；社会疏导能力，指突发事件将要发生或发生过程中组织相关区域群众有序转移到避难场所或其他安全地带的能力；应急动员能力，主要包括组织社区内机关、企事业单位、社会组织、居民捐款捐物和提供技术支持，开展应急宣传教育和演练，为受到伤害的居民提供必要的基本生活条件、心理干预等能力。事故灾害应急能力的建设模型如图 12.8 所示。

事故灾害应急能力建设应遵循应急能力模型中的四层要素内容开展：

① 事前防范能力。在预防过程中，应充分利用建立完善的对象风险管控工作及模式，消除、减缓、控制事故灾害发生的可能性与后果水平，实现事前的减灾目的。

② 事前准备能力。在预备过程中，针对事故灾害的风险水平，搭建预测预警预报系统与平台对目标进行动态化的监测与预警，编制各类事故灾害的应急救援预案，并组织人员开展有效的培训与演练。

③ 事中响应能力。在响应过程中，应强化事故灾害信息的分析与沟通，提高预案启动的准确合理性以及行动过程中人、物、管理协调机制等各方面的配合，使事故灾害与损失得到最大限度的控制。

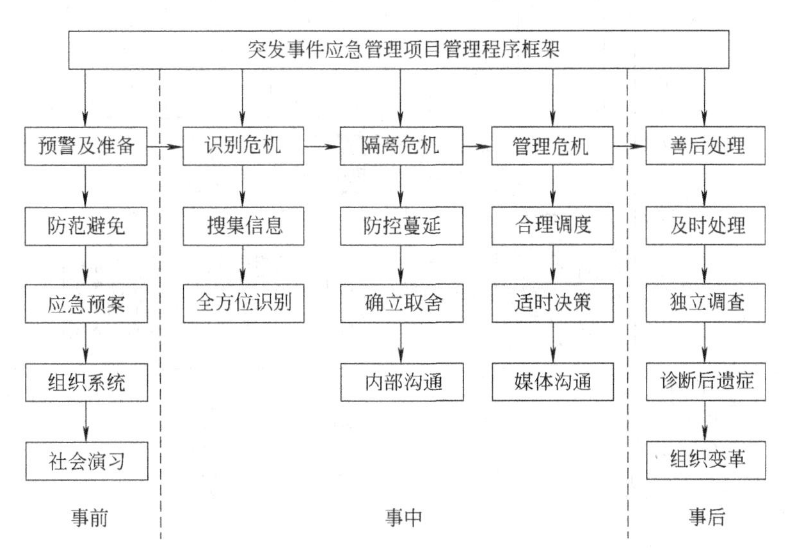


图 12.7　应急管理生命周期理论模型

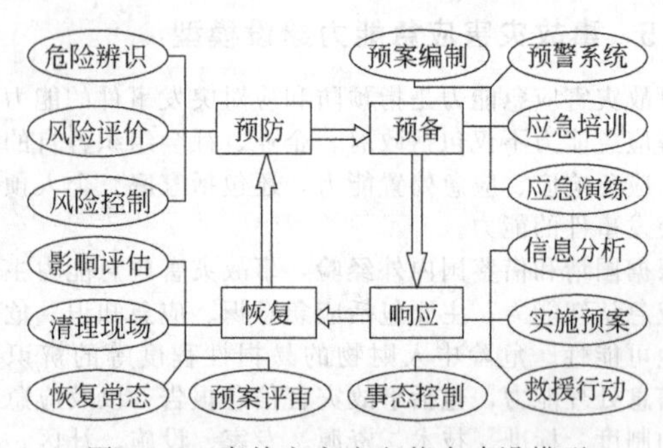


图 12.8 事故灾害应急能力建设模型

④ 事后处置能力。在恢复阶段，需要完善对事故灾害遗留问题处置与解决的能力，并能够对事故灾害及救援过程中暴露出的优势与不足进行科学认知与总结，为未来的事故灾害预防与应急救援提供科学的经验指导。

根据事故灾害应急能力建设的模式，指导企业或政府构建如表 12.3 列出的 20 项应急能力建设体系表。

### 12.4.6 事故灾害应急系统工程模型

事故灾害应急系统工程模型是基于系统科学的理论与思想建立的事故灾害应急管理系统结构模型，包含应急主体、应急机制、应急要素、应急能力、应急管制等系统要素。

应用系统科学的霍尔结构模型理论，事故灾害应急系统工程模型如图 12.9 所示。事故灾害应急系统工程模型中的各系统要素具体含义如下：

① 四个应急主体：政府、单位（企业）、社会、公众。

② 四方应急机制：政府指挥协调、单位主体应对、社会能动参与、公众有效响应。

③ 六大应急要素：应急策划、应急管制、应急响应、应急能力、应急处置、应急文化。

④ 四种应急能力：事故预防能力、应急预备能力、应急响应能力、应急恢复能力。

⑤ 四环应急管制：策划、实施、检查、改进。

事故灾害应急系统工程模型是在应急四方机制的原则下，将应急系统按照主体、管制、能力等要素分割成具有不同功能目标的子系统，如适于事故预防工作目标的应急法规系统、物资系统、队伍系统、报告系统、预警系统等；适于应急预备工作目标的应急物资系统、保险系统、科技系统等；适于应急响应工作目标的舆情监测系统、应急信息系统、应急评估系统、应急组织系统等；适于应急恢复工作目标的应急预案系统、指挥系统、培训系统、演练系统等。

表 12.3 企业生产安全事故灾害应急能力的建设体系表

| 阶段 | 建设目标 | 建设子系统 | 阶段 | 建设目标 | 建设子系统 |
|---|---|---|---|---|---|
| 预防 | 1. 确立主动式应急理念<br>2. 全面辨识事故灾害风险<br>3. 合理评价风险水平<br>4. 建立应急基础保障 | 1. 应急法规系统<br>2. 应急组织系统<br>3. 应急管理系统<br>4. 应急队伍系统<br>5. 应急科技系统<br>6. 应急预警系统 | 响应 | 1. 及时启动应急预案<br>2. 有效实施应急预案<br>3. 降低生命、财产和环境损失<br>4. 有利于事故灾害灾后恢复 | 13. 应急报告系统<br>14. 应急指挥系统<br>15. 应急救援系统<br>16. 应急通报系统 |
| 预备 | 1. 制定系统全面的应急预案<br>2. 充分准备事故灾害应急所需资源<br>3. 实施事故灾害应急能力建设<br>4. 提高事故灾害应急响应效能 | 7. 应急预案系统<br>8. 应急物质系统<br>9. 应急培训系统<br>10. 应急演练系统<br>11. 舆情监测系统<br>12. 应急信息系统 | 恢复 | 1. 企业和社会事故灾害影响最小化<br>2. 有效吸取事故灾害教训<br>3. 具备事后重建能力<br>4. 反馈应急管理能力信息<br>5. 促进应急保障体系完善 | 17. 应急救助系统<br>18. 应急医疗系统<br>19. 应急评估系统<br>20. 应急保险系统 |

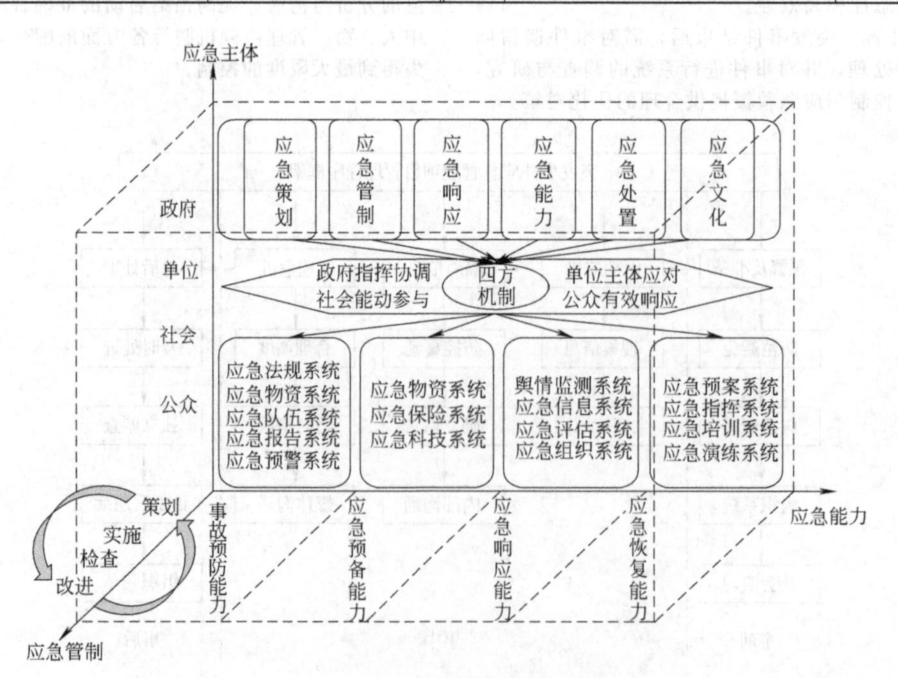


图 12.9 事故灾害应急系统工程模型

## 12.5 应急管理机制

### 12.5.1 事故灾害应急管制机制运行模式

事故灾害应急管制机制运行模式是指“政府指挥协调、单位主体应对、社会能动参与、公众有效响应”的四方运行机制。

事故灾害应急管制机制运行模式是基于“战略-系统”原则，充分协调特设安全应急体系各方主体而构建的运行机制模式。其中，各方机制分别包含平时与战时两种不同的时间维度属性，即平时的应急管理基础性、常态性、周期性的主体功能与目标；战时的针对性、及时性、有效性的主体功能与目标。

事故灾害应急救援管制机制运行模式如图 12.10 所示，要体现“统一指挥、分级响应、属地管理和广泛动员”的四项原则，直接指导应急救援行动过程中的人员、物质、环境（现场），使各类要素的功能充分发挥和应急响应系统高效有序运行。

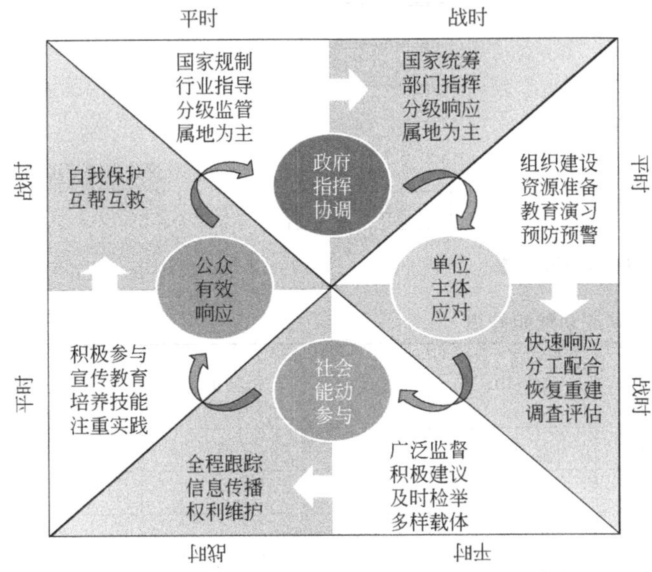

图 12.10 事故灾害应急救援管制机制运行模式

在宏观与微观应急救援体系建设中，事故灾害应急管制机制运行模式可以系统地明确政府、单位（企业）、社会、公众等相关主体在应急管理中的功能、目的与作用，使应急管理工作与国家体制机制相契合、与应急管理原则相匹配、与应急管理目标相对应、与应急管理各项工作职能相协调。

### 12.5.2 基于事故灾害风险分级的应急管制策略

基于事故灾害风险分级的应急管制策略是指不同类型突发事故灾害事件的不同风险水平所采取的针对性应急管制策略。

科学、合理的分类分级式应急管制策略，是实现事故灾害应急有效性的重要方法论。根据自然灾害、事故灾难、社会治安及公共卫生四大类突发事件，设计分级应急管制策略及其技术。

事故灾害应急的分级原理要以基于风险的原理进行，即应用 RBS 理论和技术，确定各大类应急管制对象的应急响应主体与应对责任主体，将各类应急预案按照从高到低不同风险等级，由对应管制部门制定分类分级策略，进行管制和组织。基于风险评价的分类（分级）应急监管策略如表 12.4 所示。

**表 12.4 基于风险评价的分类（分级）应急监管策略**

| 应急对象 | 自然灾害 | | | 事故灾难 | | | 社会治安 | | | 公共卫生 | | |
|---|---|---|---|---|---|---|---|---|---|---|---|---|
| 事故类型 | 地震、滑坡、泥石流、台风、海啸等 | | | 矿难、空难、火灾、交通事故等 | | | 刑事案件、恐怖袭击、突发事件等 | | | 重大疾病疫情、食品药品中毒等 | | |
| 风险等级 | 高→低 | | | 高→低 | | | 高→低 | | | 高→低 | | |
| 事故分级 | Ⅰ级 | Ⅱ级 | Ⅲ级 | Ⅰ级 | Ⅱ级 | Ⅲ级 | Ⅰ级 | Ⅱ级 | Ⅲ级 | Ⅰ级 | Ⅱ级 | Ⅲ级 |
| 监管策略 | A级策略 | B级策略 | C级策略 | A级策略 | B级策略 | C级策略 | A级策略 | B级策略 | C级策略 | A级策略 | B级策略 | C级策略 |
| 策略内涵 | 加强响应 | 较强响应 | 一般响应 | 加强响应 | 较强响应 | 一般响应 | 加强响应 | 较强响应 | 一般响应 | 加强响应 | 较强响应 | 一般响应 |

政府与企业可以根据其面临的潜在突发事件，按其类型进行事前与事中两大过程的事前风险评估与事中风险评估，掌握各类事故灾害事件在不同阶段的风险等级，从而制定与实施相应风险级别的应急监管、预防、准备、响应、救援、恢复等不同强度的管制对策。

通过对突发事件采取基于风险分类（分级）的管控与应急，既能够提升应急管制策略体系的系统性与针对性，也可以实现应急管理中人力、物力和财力等各类应急资源的科学配置，提高应急管理效能水平。

### 12.5.3 事故灾害应急响应模式

事故灾害应急响应模型是面向事故灾害应急主体（政府和企业），揭示应急流程、应急组织功能的规制与机制，指导应急响应的实施及功能任务的分配及协调模式，为落实和有效实施应急响应提供方案及对策方法。

事故灾害应急响应模型将接警、响应、救援、恢复和应急结束等过程规律系统化，对应急指挥、控制、警报、通信、人群疏散与安置、医疗、现场管制等任务协调化，有助于合理、科学地设置应急响应功能和实施运行应急响应程序，对保障应急效能，提高应急效果具有重要的应用价值。

事故灾害应急响应模式包括“事故灾害应急响应流程”和“事故灾害应急响应功能设计”两大体系。前者揭示应急响应流程，是纵向的层次逻辑；后者揭示应急响应的功能设置，是横向的任务逻辑。

事故灾害应急响应流程如图 12.11 所示。事故灾害应急救援响应程序主要包括警情判断响应级别、应急启动、救援行动、应急恢复和应急结束（关闭）五大步骤，其中涉及诸多技术环节和要素。

实施应急响应需要多部门、多专业的参与，如何组织好各部门有效地配合实施应急响应，完成响应流程的目标，是最终决定应急成败的关键因素之一。因此，应急响应模式要解决应急响应任务的设置和安排。一般应急响应预案中包含的应急功能的数量和类型，主要取决于所针对的潜在重大事故灾害危险的类型，以及应急的组织方式和运行机制等具体情况。表 12.5 中列出了应急功能及其相关应急机构（或部门）的功能关系，其中 R 代表应急功能的牵头机构（或部门），S 代表相应的协作机构（或部门）。

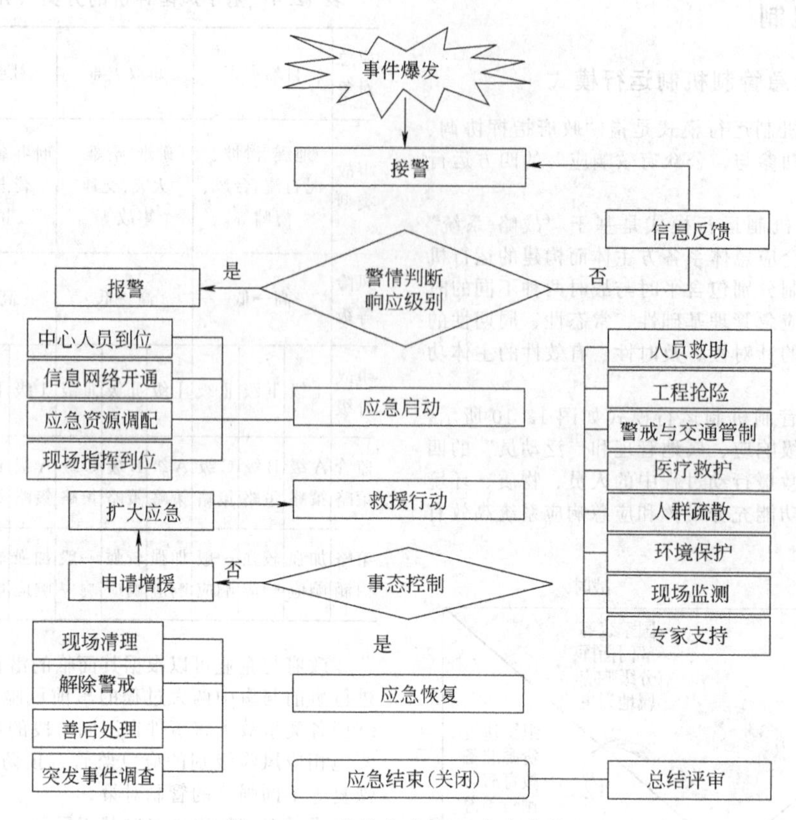


图 12.11　事故灾害应急响应流程

**表 12.5　突发事件应急响应功能矩阵表**

| 应急功能＼应急机构 | 消防部门 | 公安部门 | 医疗部门 | 应急中心 | 新闻办 | 广播电视 | … |
|---|---|---|---|---|---|---|---|
| 警报 | S | S | | R | | S | |
| 疏散 | S | R | S | S | | S | |
| 消防与抢险 | R | S | | S | | | |
| … | | | | | | | |

(1) 单位事故灾害应急响应流程设计

根据事故灾害应急响应流程模型，企业或单位组织可根据自身的需要，设计事故灾害应急响应流程，如图 12.12 所示。

(2) 政府和企业事故灾害应急响应任务功能矩阵表

各级政府根据应急响应功能矩阵表原理，结合政府组织体制，设计符合自身需要的应急响应任务功能矩阵表，如表 12.6 所示。针对不同类型的突发事件与事故灾害，政府与应急直接相关的管理部门应充分发挥其统筹、领导、指挥、协调功能，如应急中心（管理办公室）、安监（安全生产监督管理部门）、公安、卫生、环保、民政等，在突发事件应急救援过程中所必要的不同环节中具有指挥功能与作用，而与应急间接相关的部门应充分协助相关指挥领导部门开展相应救援环节工作，以保证应急目标合理、高效实现。

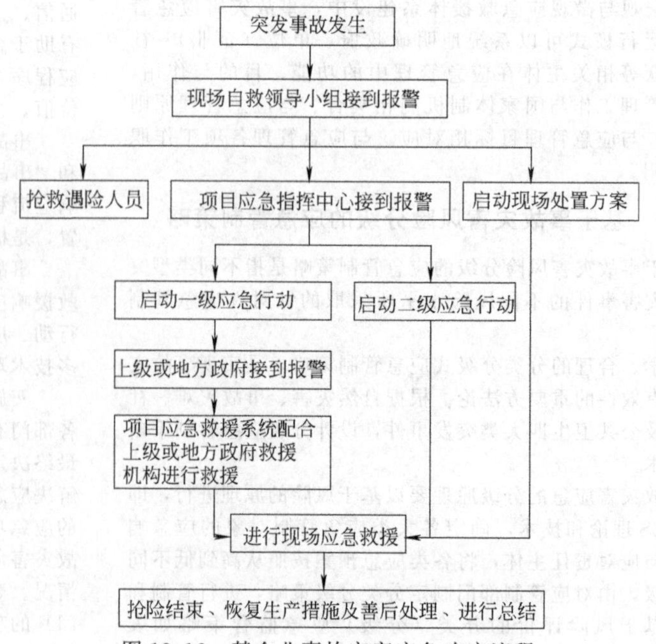


图 12.12　某企业事故灾害应急响应流程

**表 12.6 政府重大安全事故灾害应急响应任务功能矩阵表**

| 功能<br>机构 | 接警与通知 | 指挥与控制 | 警报和紧急公告 | 通信 | 事态监测与评估 | 警戒与管制 | 人群疏散 | 人群安置 | 医疗与卫生 | 公共关系 | 应急人员安全 | 消防和抢险 | 泄漏物控制 | 现场恢复 |
|---|---|---|---|---|---|---|---|---|---|---|---|---|---|---|
| 应急中心 | R | S | R | R | S | | | | | S | | | | |
| 安监 | | R | | | S | | | | | R | R | | S | S |
| 公安 | S | S | S | S | S | R | R | S | S | S | S | R | R | S |
| 卫生 | S | | S | | S | | | S | R | | S | | | |
| 环保 | S | | S | | R | | | | S | | S | | S | R |
| 民政 | | | | | | | | R | S | | | | S | |
| 广电 | | | S | S | | | S | S | S | S | | | | S |
| 交通 | S | | | | | | S | S | | | | S | S | |
| 铁路 | S | | | | | | S | S | | | | | S | |
| 教育 | | | | | | | S | S | | S | | | | |
| 建设 | S | | | | S | | | S | | | | S | S | S |
| 财政 | | | | | S | | S | S | S | | S | S | S | S |
| 科技 | | | | | S | | | | S | | S | S | | S |
| 气象 | | | S | | S | | | | | | | | | |
| 电监 | S | | S | | S | | | S | | | | S | | S |
| 军队 | | | S | S | S | S | S | S | | | S | S | | |
| 红十字会 | | | | | | | S | S | S | | S | | | |

注：R代表指挥功能；S代表协作功能。

## 12.6 应急文化建设

### 12.6.1 应急文化的概念

应急文化是人类应对事故灾害所创造的事前预防、预备，事中响应、救援，事后恢复、重建的精神价值与物质价值的总和。应急文化具体体现于人们的应急意识、应急精神、应急态度、应急观念、应急行为或活动与应急物质的各种形态中。应急文化是应对事故灾害的软实力，通过应急文化的建设能够为国家与社会、组织与企业、社区与家庭、个人与群体提供应对事故灾害的思想引导、精神动力、智力支持、策略支撑与方法保障。

应急文化应该是系统、全面、科学的应急思维和行为范式，其存在于社会、企业、组织、家庭和人们的事故灾害应对的实践活动中，既体现在社会人的意识形态上，又存在于国家、政府和组织的应急管理制度结构中。应急文化是组织、企业和社会防范与应对事故灾害的根本性因素，通过观念文化、制度文化、行为文化和物态文化等子文化来体现。对于大众和个人，应急文化是一种通俗易懂的防灾避险、灾难应对、自救互助、救援博爱的安全文化。

应急文化属于总体国家安全观范畴，是安全文化体系中的重要子文化，高于或横跨于企业安全文化、社区安全文化、校园安全文化、公共安全文化等领域。

企业在实现安全生产的活动中，需要重视企业应急文化建设。企业应急文化建设的工作内容主要包括：整合核心理论，构建企业应急观念文化；强化安全行为，改良全员应急行为文化；适应时代及体制变革要求，优化应急管理制度文化；塑造企业形象，丰富应急物质文化。

应急文化建设除了关注人的事故灾害知识、应急技能、应急意识、应急思想、应急观念、应急态度、应急道德、应急伦理、应急情感等内在素质外，还重视人的应急氛围、应急行为、应急装备、应急环境、应急条件等外在因素。

### 12.6.2 建设应急文化的作用意义

应急文化是以保障人——第一承灾体的安全、健康，财产——第二承灾体的完好、可靠，环境——第三承灾体的和谐、良好等为目标，以人的伤亡、财产损失、环境影响最小化和社会安定、经济持续、人民幸福最大化为愿景，以政府、社会、企业、家庭、个人的应急核心价值观为根本，以应急法律标准、应急规范制度、应急预案流程和应急装备物资为载体，以应急管理、应急演练、应急教育培训等为手段，对组织或企业的安全应急能力提升发挥积极的、重要的促进性作用。

建设应急文化的意义在于：

① 应急文化是应对事故的一种“软”对策，对于减少人员伤亡、减轻事故损害具有长远的战略性意义；

② 应急文化建设是事故灾害应对的“人因系统工程”和“组织系统工程”，以提高社会和企业全员的综合安全应急素质为最主要任务，因而具有预防事故、减轻伤害、减少损害和社会影响的基础性意义；

③ 应急文化建设通过创造一种良好的社会和企业应急人文氛围与环境氛围，以及协调管控事故灾害应对的复杂综合因素，对人的观念、意识、态度、行为等形成从无形到有形的影响，从而对人的不足的应急认知和意识、不良的应急观念和态度、不善的应急决策和管理、不端的应急行为和活动产生控制作用，以达到事故灾害应对的最优化、最合理化。

### 12.6.3 应急文化系统结构和范畴

应急文化体系是一个多维度、多层级、多要素的系统。

应急文化体系的构建可以应用系统工程的霍尔模型结构作为范式，从而可构建出图 12.13 所示的应急文化建设体系结构图。

其中：

逻辑维：揭示应急文化的主体系统，包括政府应急文化、企业应急文化、社区应急文化、校园应急文化、家庭应急文化、乡村应急文化等。

知识维：揭示应急文化的形态体系，包括应急观念应急、应急行为文化、应急制度文化、应急物质文化。

时间维：揭示应急文化的功能体系，包括事前的预防预备文化、事中的减灾抗灾文化、事后的救援恢复文化等。

除了上述三个维度外，应急文化的建设体系还可从不同角度来展开，如：

对象体系：消防队伍应急文化、政府监管人员应急文化、大众或市民应急文化、学生应急文化、专业人员应急文化、员工应急文化、企业家应急文化等。

灾种体系：事故应急文化、消防应急文化、灾害应急文化、地震应急文化、公共卫生应急文化等。

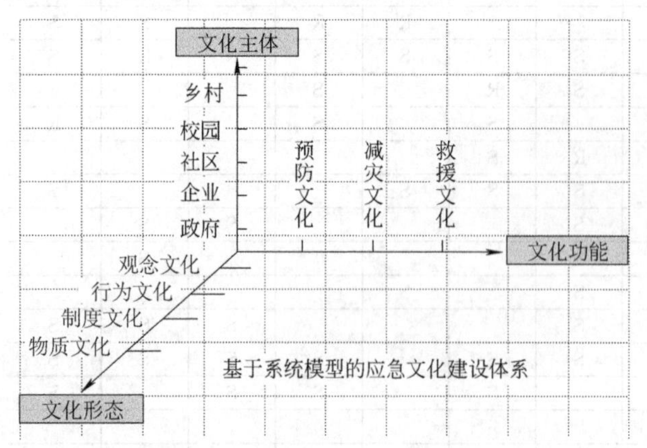


图 12.13　应急文化建设体系结构图

在各种范畴体系中，最具文化特征、最为重要的维度是应急文化的形态体系，深入了解这一体系是应急文化落地、实施的重要基础。

#### 12.6.3.1　面向个体的应急文化形态

(1) 应急观念文化

应急观念文化是指在应急管理过程中意识形态和精神层面的认知体系，包括个人公众的应急理念、意识、态度、思维方式等，以及组织或企业的核心理念、理念体系等。观念文化是应急文化体系中的灵魂和精髓，深刻反映人和组织对于事故灾害应对的价值理性。在应急文化中，观念文化处于基础性、支配性的地位，它从意识形态深层影响人们的应急行为，体现社会组织和个人的应急价值取向和行为理性。

(2) 应急行为文化

应急行为文化是在应急观念文化作用下的表现或外化，应急观念或价值理性决定行为理性。

应急行为文化是人们在长期的社会生产、生活应急管理实践活动过程中积淀下来的事故灾害认知、生命心理认知、安全思维和态度，形成习惯的、自然的应急行为方式和事故灾害应对范式等行为表现或方式的总和。

应急行为文化既作用和决定企业或组织的制度文化及物质文化，也受组织的制度文化和物质环境文化影响。

#### 12.6.3.2　面向组织的应急文化形态

(1) 应急制度文化

应急制度文化也称为应急管理文化

应急制度文化属于组织文化范畴，是企业或组织安全实践活动中构建的应急体制、机制以及相关的法律制度、标准规范、准则流程的总和。应急制度文化建设要从建立应急法制观念、强化应急法制意识、端正应急法制态度，到科学地制订应急法规、标准和规章，严格地应急执法程序和自觉地应急执法行为等方面作为。同时，应急制度文化建设还包括应急行政手段的改善和合理化，经济手段的建立与强化，科学手段的应用和施行等。

(2) 应急物质文化

物质是文化的体现，又是文化发展的基础。企业或社会应急物质文化体现在：一是应急物质储备和预备的充分性和合理性；二是技术系统和生产系统的应急技术、应急功能和能力；三是对生产过程和生活过程中对事故灾害的监测预报能力；四是事故灾害发生时的逃生救援能力等。应急物质文化是应急观念文化、行为文化和制度文化的物态表现。

### 12.6.4　应急文化的功能

应急文化的建设对组织或企业能够发挥如下功能。

(1) 凝聚功能

当组织或企业应急价值观和理念被该成员认同，它就会成为一种黏合剂，从各方面把其成员团结起来，形成巨大的向心力和凝聚力，这就是应急文化力的凝聚功能。应急文化体现的是以人为本、关爱生命的大众文化，是保护人的生命与安全与健康的文化。通过应急文化的思想、意识、情感和行为规范的潜移默化，显示出应急文化对大众安全与健康需求的特殊融合和统一，能够凝聚人们的应急意识和思想。

(2) 激励功能

文化力的激励功能，指的是文化力能使企业成员从内心产生一种情绪高昂、奋发进取的效应。通过发挥人的主动性、创造性、积极性、智慧能力，使人产生激励作用。社会和企业有了正确的应急文化机制和强大的应急文化氛围，人的安全应急价值和人权得到最大限度的尊重和保护。通过应急文化建设，人的应急行为和活动将会从被动、消极的状态，变成一种自觉、积极的行动。

(3) 规范功能

规范功能是指文化力对企业每个成员的思想和行为具有约束和规范作用。文化的约束功能，与传统的管理理论单纯强调制度的硬约束不同，它虽也有成文的硬制度约束，但更强调的是不成文的软约束。建设应急文化的重要意义是通过提高人们的应急文化素质，规范人们的应急行为。应急文化的宣传和教育，将会使人们加深对应急预案的正确理解和认识，从而对人们应对事故灾害的行为起到规范作用，形成自觉的、持久的行为约束性。

(4) 动力功能

安全文化建设的目的之一，是树立正确的安全文明生产的思想、观念及行为准则，使员工灵魂深处具有强烈的安全感、使命感，并产生巨大的工作推动力。心理学表明：越能认识行为的意义，行为的社会意义越明显，越能产生行为的推动力。倡导安全文化正是帮助员工认识安全文化的意义，从“要我安全”转变为“我要安全”，进而发展到“我会安全”的能动过程。

(5) 传播功能

通过应急文化的培训、教育、演练等手段，采用各种传统和现代的应急文化教育方式，对企业员工进行各种传统和现代的应急文化教育，包括各种应急常识、应急技能、应急态度、应急意识、应急法规等的教育，从而广泛地宣传和传播应急文化知识和应急科学技术。

### 12.6.5　应急观念文化建设

应急观念文化是应急文化的根基和精髓，是应急文化核心。

应急观念文化建设首先要求建立应急观念体系，然后实施应急观念的落地工程。

(1) 个人层面应急观念体系

① 应急意识：应在事中，急在事前！

② 应急认知：宁可千日无灾，不可一日不防！

③ 应急价值观：生命健康最大化，经济损害最小化；为了仅有一次的生命，为了不可逆返的健康；减负得正，负负得正；少损失的，就是赚了的！

④ 应急预防观：居安思危，思则有备，有备无患；思其危则安，忘其危则危；明者见于未萌，智者危于无形；防微杜渐而禁于未然；亡羊而补牢，未为迟也；智者用别人的伤痛当作经验，愚者用自己的鲜血换取教训！

⑤ 应急救援观：万物之中，以人为贵；一分希望，百

分努力。

⑥ 应急生命观：没有生命，就没有一切；生命是创造幸福和价值的资本；生命是成长成才和成功的基石；生命是智慧力量和情感的载体！

⑦ 应急处置准则：两害相权取其轻，保住生命就保住了一切！

(2) 组织层面应急观念体系

① 应急管理理念：以人为本、科学谋划、安全为天；建久安之势，成长治之业；隐患险于明火，防范胜于救灾！

② 应急管理方针：常备不懈、防救结合、平战结合、及时高效、精准施策！

③ 应急管理使命：人民中心、生命至上、以人为本、责任勇担！

④ 应急人本观：应急为了人民、应急服务人民、应急依靠人民！

⑤ 应急科学观：分类应对、分区防控、分级响应、分步实施、分层监管、科学精准！

⑥ 应急责任观：人命关天，责任如山；官以安为责，有责则成！

⑦ 应急共享观：共谋、共建、共担，共享！

⑧ 应急管理愿景：无急可应、无危可治、无险可保、无损可控、无伤可救、无害可避！

⑧ 应急预案观念：求全、求实、求用、求精、求效！

⑨ 应急器材观念：宁可一世不用，不可一时没有！

⑩ 应急演练观念：平时千滴汗，战时不流血；自动、互动、能动、机动！

⑪ 应急机制观念：统筹规划、集中指挥、协同行动；下报上应、内外结合、协调一致！

⑫ 应急物质观念：充分、充足、充实！

## 参考文献


[1] 王永明，刘铁民．应急管理学理论的发展现状与展望．中国应急管理，2010 (6)：24-30.

[2] 中国安全生产协会注册安全工程师工作委员会，中国安全生产科学研究院．安全生产管理知识．北京：中国大百科全书出版社，2011.

[3] 孔繁琦．明概念晓区别知联系——风险管理应急管理和危机管理的概念辨析．现代职业安全，2013 (9)：77-79.

[4] 范维澄，闪淳昌，等．公共安全与应急管理．北京：科学出版社，2017.

[5] 中国应急管理的全面开创与发展 (2003—2007) 编写组．中国应急管理的全面开创与发展 (2003—2007)．北京：国家行政学院出版社，2017.

[6] 朱力．突发事件的概念、要素与类型．社会学研究，2007 (11)：81-88.

[7] 闪淳昌，等．中国突发事件应急体系顶层设计．北京：科学出版社，2017.

[8] 闪淳昌，薛澜．应急管理概论——理论与实践．北京：高等教育出版社，2015.

[9] 许甜甜．中美应急管理发展历程的比较及其对我国的启示．科技经济导刊，2018，26 (04)：112-113.

[10] 罗云，赵一归，许铭．安全生产理论 100 则．北京：煤炭工业出版社，2018.

[11] 李昊青，刘国熠．关于我国应急文化建设的理性思考．世界应急博览，2016.

# 13 应急管理法律法规

## 13.1 应急管理法律

### 13.1.1 《突发事件应对法》

《突发事件应对法》于2007年11月1日起施行。这部法律的立法是为了预防和减少突发事件的发生，控制、减轻和消除突发事件引起的严重社会危害，规范突发事件应对活动，保护人民生命财产安全，维护国家安全、公共安全、环境安全和社会秩序。《突发事件应对法》分总则、预防与应急准备、监测与预警、应急处置与救援、事后恢复与重建、法律责任、附则7章，共70条，其基本思路体现在以下方面：

① 重在预防，关口前移，防患于未然，从制度上预防突发事件的发生，及时消除风险隐患。突发事件的演变一般都有一个过程，这个过程从本质上看是可控的，只要措施得力、应对有方，预防和减少突发事件发生，减轻和消除突发事件引起的严重社会危害是完全可能的。因此，《突发事件应对法》把预防和减少突发事件发生，作为立法的重要目的和出发点，对突发事件的预防、应急准备、监测、预警等制度做了详细规定。

② 既授予政府充分的应急权力，又对其权力行使进行规范。突发事件往往严重威胁、危害社会的整体利益，为了及时有效处置突发事件，控制、减轻和消除突发事件引起的严重社会危害，需要赋予政府必要的处置权力，坚持效率优先，充分发挥政府的主导作用，以有效整合各种资源，协调指挥各种社会力量。因此，《突发事件应对法》规定了政府应对突发事件可以采取的各种必要措施。同时，为了防止权力滥用，把应对突发事件的代价降到最低限度，在对突发事件进行分类、分级、分期的基础上，明确了权力行使的规则和程序。

③ 对公民权利的限制和保护相统一。突发事件往往具有社会危害性，政府固然负有统一领导、组织处置突发事件应对的主要职责，同时社会公众也负有义不容辞的责任。在应对突发事件中，为了维护公共利益和社会秩序，不仅需要公民、法人和其他组织积极参与有关突发事件应对工作，还需要其履行特定义务。因此，《突发事件应对法》对有关单位和个人在突发事件预防和应急准备、监测和预警、应急处置和救援等方面服从指挥、提供协助、给予配合，必要时采取先行处置措施的法定义务做出了规定。同时，为了保护公民的权利，确立了比例原则，并规定了征用补偿等制度。

④ 建立统一领导、综合协调、分级负责的突发事件应对机制。实行统一的领导体制，整合各种力量，是提高突发事件处置工作效率的根本举措。借鉴世界各国的成功经验，结合我国的具体国情，《突发事件应对法》规定，国家建立统一领导、综合协调、分类管理、分级负责、属地管理为主的应急管理体制。

### 13.1.2 《消防法》

《消防法》是保障社会消防安全，加强消防管理工作的重要依据，是维护消防安全管理秩序的有力武器。国家一直重视消防工作和消防法制建设。该法于1998年4月29日由第九届全国人民代表大会常务委员会第二次会议通过。2008年10月28日，十一届全国人大常委会第五次会议对1998年制定的《消防法》进行了修订，修订后的《消防法》自2009年5月1日起施行。这次修订，总结了1998年消防法实施过程中的经验，明确企业、事业单位消防安全职责及单位主要负责人的职责；加强和完善消防安全法律责任，调整了消防行政处罚的种类，具体规定了消防行政处罚的罚款数额，明确了消防行政处罚的主体。

这部法律的立法是为了预防火灾和减少火灾危害，加强应急救援工作，保护人身、财产安全，维护公共安全。新版《消防法》分总则、火灾预防、消防组织、灭火救援、监督检查、法律责任、附则7章，共74条，其主要特点如下：

① 规定了政府统一领导、部门依法监管、单位全面负责、公民积极参与的消防工作新原则。

② 按照政府职能转变和市场经济条件下消防工作的新特点，对消防安全管理制度进行了改革，包括改革建设工程消防监督管理制度，明确了消防设计审核、消防验收和备案、抽查制度；规定了消防产品的强制性产品认证和技术鉴定制度，建立了部门执法合作机制；加强了公安机关消防监督检查制度，明确了公安派出所日常消防监督检查和消防宣传教育的职责等。

③ 规定鼓励和引导相关企业投保火灾公众责任保险，鼓励保险公司开展火灾公众责任保险。

④ 进一步加强消防队伍的应急救援职能，加强公安消防队和专职消防队的应急救援能力建设及必要的保障措施。

⑤ 加强和完善消防安全法律责任，增加了应予行政处罚的违反消防法的行为；取消了一些消防行政处罚责令限期改正的前置条件；调整了消防行政处罚的种类；具体规定了消防行政处罚的罚款数额；明确了消防行政处罚的主体等。

### 13.1.3 《防震减灾法》

《防震减灾法》于1997年12月29日第八届全国人民代表大会常务委员会第二十九次会议通过，自1998年3月1日起施行。2008年12月27日，由第十一届全国人民代表大会常务委员会进行修订，自2009年5月1日起施行。

这部法律的立法是为了防御和减轻地震灾害，保护人民生命和财产安全，促进经济社会的可持续发展。最新版《防震减灾法》分总则、防震减灾规划、地震监测预报、地震灾害预防、地震应急救援、地震灾后过渡性安置和恢复重建、监督管理、法律责任、附则9章，共93条。其主要内容包括地震监测台网统一规划与分级、分类管理、地震监测台网的建设、地震监测台网的运行、海域地震监测与火山活动监测、地震监测设施和地震观测环境保护、地震监测信息共享、地震烈度速报系统建设、外国组织或者个人来华从事地震监测的管理等。

### 13.1.4 《防洪法》

《防洪法》于1997年11月1日第八届全国人民代表大会常务委员会第二十八次会议通过，于2007年10月28日通过第十届全国人民代表大会常务委员会第三十次会议修订，2016年再次修改。

这部法律的立法是为了防治洪水，防御、减轻洪涝灾害，维护人民的生命和财产安全，保障社会主义现代化建设顺利进行。2007年版《防洪法》分总则、防洪规划、治理与防护、防洪区和防洪工程设施的管理、防汛抗洪、保障措施、法律责任、附则8章，共65条。

## 13.2 应急管理法规

### 13.2.1 《生产安全事故应急条例》

2019年2月17日，国务院总理李克强签署中华人民共和国第708号国务院令，发布《生产安全事故应急条例》。条例的颁布是为了规范生产安全事故应急工作，保障人民群众生命和财产安全，分总则、应急准备、应急救援、法律责任、附则5章，共35条，自2019年4月1日起施行。

在应急工作体制方面。条例规定，国务院统一领导全国的生产安全事故应急工作，县级以上地方人民政府统一领导本行政区域内的生产安全事故应急工作。县级以上人民政府行业监管部门分工负责、综合监管部门指导协调，基层政府及派出机关协助上级人民政府有关部门依法履职。

在应急准备工作方面。条例规定，县级以上人民政府及其负有安全生产监督管理职责的部门和乡、镇人民政府以及街道办事处等地方人民政府派出机关应当制定相应的生产安全事故应急救援预案，并依法向社会公布。生产经营单位应当制定相应的生产安全事故应急救援预案，并向本单位从业人员公布。条例还对建立应急救援队伍、应急值班制度，从业人员应急教育和培训，储备应急救援装备和物资等内容进行明确规定。

在规范现场应急救援工作方面。条例规定，发生生产安全事故后，生产经营单位应当立即启动生产安全事故应急救援预案，采取相应的应急救援措施，并按照规定报告事故情况。有关地方人民政府及其部门接到生产安全事故报告后，按照预案的规定采取抢救遇险人员，救治受伤人员，研判事故发展趋势，防止事故危害扩大和次生、衍生灾害发生等应急救援措施，按照国家有关规定上报事故情况。有关人民政府认为有必要的，可以设立应急救援现场指挥部，指定现场指挥部总指挥，参加应急救援的单位和个人应当服从现场指挥部的统一指挥。

条例还对地方各级人民政府和生产经营单位在应急准备、应急救援方面的法律责任作出规定。

### 13.2.2 《突发事件应急预案管理办法》

2013年10月25日，国务院办公厅以国办发［2013］101号印发《突发事件应急预案管理办法》，办法自2013年10月25日施行。该办法的制定是为规范突发事件应急预案（以下简称应急预案）管理，增强应急预案的针对性、实用性和可操作性。《突发事件应急预案管理办法》分总则，分类和内容，预案编制，审批、备案和公布，应急演练，评估和修订，培训和宣传教育，组织保障，附则9章，共34条。

### 13.2.3 《生产安全事故灾害应急预案管理办法》

《生产安全事故灾害应急预案管理办法》（简称“办法”）由国家安全生产监督管理总局于2009年4月1日发布，自2009年5月1日起施行。根据国家安全生产监督管理总局令第88号，修订后的《生产安全事故灾害应急预案管理办法》已于2016年4月15日国家安全生产监督管理总局第十三次局长办公会议审议通过，自2016年7月1日起施行。

该“办法”的制定是为规范生产安全事故灾害应急预案管理工作，迅速有效处置生产安全事故灾害。《生产安全事故灾害应急预案管理办法》分为7章，包括总则，应急预案的编制，应急预案的评审、公布和备案，应急预案的实施，监督管理，法律责任和附则，共48条，其主要特点如下：

① 分级负责，分类指导。“办法”规定，应急预案的管理实行属地为主、分级负责、分类指导、综合协调、动态管理的原则。国家安全生产监督管理总局负责全国应急预案的综合协调管理工作；县级以上地方各级安全生产监督管理部门负责本行政区域内应急预案的综合协调管理工作；县级以上地方各级其他负有安全生产监督管理职责的部门按照各自的职责负责有关行业、领域应急预案的管理工作；生产经营单位主要负责人负责组织编制和实施本单位的应急预案，并对应急预案的真实性和实用性负责。生产经营单位应急预案分为综合应急预案、专项应急预案和现场处置方案，分别从总体、专项类型及具体事故灾害类型制定应急措施。

② 科学编制，精准实施。“办法”规定，应急预案的编制应当遵循以人为本、依法依规、符合实际、注重实效的原则，以应急处置为核心，明确应急职责、规范应急程序、细化保障措施。编制应急预案前，编制单位应当进行事故灾害风险评估和应急资源调查，编制应急预案要体现自救互救和先期处置等特点，应急预案应当包括向上级应急管理机构报告的内容、应急组织机构和人员的联系方式、应急物资储备清单等附件信息。生产经营单位编制的各类应急预案应当相互衔接，并与相关人民政府及其部门、应急救援队伍和涉及的其他单位的应急预案相衔接。应急预案要进行相应的评审论证、公布和备案。应急预案的实施要紧密结合安全生产宣传教育和培训工作计划，各级安全生产监督管理部门、各类生产经营单位应当定期组织应急预案演练，应急演练或生产安全事故灾害应急处置及救援结束后，还应当对应急预案实施情况进行总结评估，撰写评估报告，分析存在的问题，并对应急预案提出修订意见。

③ 依法监管，违法处罚。“办法”规定，各级安全生产监督管理部门和煤矿安全监察机构应当将生产经营单位应急预案工作纳入年度监督检查计划，明确检查的重点内容和标准，并严格按照计划开展执法检查。地方各级安全生产监督管理部门应当每年对应急预案的监督管理工作情况进行总结，对于在应急预案管理工作中做出显著成绩的单位和人员，安全生产监督管理部门、生产经营单位可以给予表彰和奖励。“办法”还规定了生产经营单位应负有的法律责任。未编制应急预案或未定期组织应急预案演练的，将被责令限期改正，并可处5万元以下罚款；逾期未改正的，将被责令停产停业整顿，并处5万元以上10万元以下罚款；对直接负责的主管人员和其他直接责任人员处1万元以上2万元以下罚款。此外，在应急预案编制前未按照规定开展风险评估和应急资源调查等7种情形，将由县级以上安全生产监督管理部门责令限期改正，并可以处1万元以上3万元以下罚款。

### 13.2.4 《突发事件应急演练指南》

2009年9月25日，国务院应急管理办公室发布了《突发事件应急演练指南》（应急办函［2009］62号）。该指南的制定是为加强对应急演练工作的指导，促进应急演练规范、安全、节约、有序地开展。《突发事件应急演练指南》分6章，包括总则、应急演练组织机构、应急演练准备、应急演练实施、应急演练评估与总结、附则。

### 13.2.5 《生产安全事故报告和调查处理条例》

《生产安全事故报告和调查处理条例》经2007年3月28日国务院第172次常务会议通过，自2007年6月1日起施行。随着该条例的施行，国务院1989年3月29日公布的《特别重大事故灾害调查程序暂行规定》和1991年2月22

日公布的《企业职工伤亡事故灾害报告和处理规定》同时废止。

该条例的制定是为了规范生产安全事故灾害的报告和调查处理，落实生产安全事故灾害责任追究制度，防止和减少生产安全事故灾害。《安全生产事故灾害报告和调查处理条例》分为总则、事故灾害报告、事故灾害调查、事故灾害处理、法律责任和附则6章，共46条。

该条例总体上重点把握了三个方面。一是贯彻落实“四不放过”原则，即事故灾害原因未查明不放过，责任人未处理不放过，整改措施未落实不放过，有关人员未受到教育不放过。二是坚持“政府统一领导、分级负责”的原则。安全生产事故灾害报告和调查处理必须坚持政府统一领导、分级负责的原则。三是重在完善程序，明确责任。完善有关程序，为事故灾害报告和调查处理工作提供明确的“操作规程”，规范安全生产事故灾害的报告和调查处理。同时，明确政府及其有关部门、事故灾害发生单位及其主要负责人以及其他单位和个人在事故灾害报告和调查处理中所负的责任。

该条例将事故灾害划分为特别重大事故灾害、重大事故灾害、较大事故灾害和一般事故灾害4个等级。特别重大事故灾害是指造成30人以上死亡，或者100人以上重伤（包括急性工业中毒，下同），或者1亿元以上直接经济损失的事故灾害；重大事故灾害是指造成10人以上30人以下死亡，或者50人以上100人以下重伤，或者5000万元以上1亿元以下直接经济损失的事故灾害；较大事故灾害是指造成3人以上10人以下死亡，或者10人以上50人以下重伤，或者1000万元以上5000万元以下直接经济损失的事故灾害；一般事故灾害是指造成3人以下死亡，10人以下重伤，或者1000万元以下直接经济损失的事故灾害。

### 13.2.6 《电力安全事故灾害应急处置和调查处理条例》

电力生产和电网运行过程中发生的影响电力系统安全稳定运行或者影响电力正常供应，甚至造成电网大面积停电的电力安全事故灾害，在事故灾害等级划分、事故灾害应急处置、事故灾害调查处理等方面，都与《生产安全事故报告和调查处理条例》规定的生产安全事故灾害有较大不同。针对此背景，国务院于2011年6月15日第159次常务会议通过并经过2011年7月7日中华人民共和国国务院令第599号发布《电力安全事故灾害应急处置和调查处理条例》，该条例自2011年9月1日起施行。

该条例的制定是为了加强电力安全事故灾害的应急处置工作，规范电力安全事故灾害的调查处理，控制、减轻和消除电力安全事故灾害损害。该条例分为6章，包括总则、事故灾害报告、事故灾害应急处置、事故灾害调查处理、法律责任、附则，共37条。

根据事故灾害影响电力系统安全稳定运行或者影响电力正常供应的程度，该条例将电力安全事故灾害划分为特别重大事故灾害、重大事故灾害、较大事故灾害、一般事故灾害四个等级。这样规定，既在事故灾害等级上与《生产安全事故报告和调查处理条例》相衔接，同时在事故灾害等级划分的标准上又体现了电力安全事故灾害的特点。对于电力安全事故灾害等级划分的标准，该条例主要规定了五个方面的判定项，包括造成电网减供负荷的比例、造成城市供电用户停电的比例、发电厂或者变电站因安全故障造成全厂（站）对外停电的影响和持续时间、发电机组因安全故障停运的时间和后果、供热机组对外停止供热的时间。

该条例总结电力安全事故灾害应急处置的实践经验，对电力安全事故灾害应急处置的主要措施做了规定，明确了电力企业、电力调度机构、重要电力用户以及政府及其有关部门的责任和义务。此外，该条例还对恢复电网运行和电力供应的次序以及事故灾害信息的发布做了规定。

该条例规定，特别重大事故灾害由国务院或者国务院授权的部门组织事故灾害调查组进行调查处理，重大事故灾害由国务院电力监管机构组织事故灾害调查组进行调查处理，较大事故灾害由事故灾害发生地电力监管机构或者国务院电力监管机构组织事故灾害调查组进行调查处理，一般事故灾害由事故灾害发生地电力监管机构组织事故灾害调查组进行调查处理。

## 参考文献


[1] 法制办就《中华人民共和国突发事件应对法》答问. 中国政府网，2007.

[2] 黄太云. 中华人民共和国消防法解读. 北京：中国法制出版社，2008.

[3] 曹康泰，陈建民. 中华人民共和国防震减灾法解读. 北京：中国法制出版社，2009.

[4] 国务院法制办、电监会负责人就《电力安全事故灾害应急处置和调查处理条例》答记者问. 中国政府网，2011.

[5] 安全监管总局. 生产安全事故灾害应急预案管理办法. 中国政府网，2016.

[6] 中国安全生产科学研究院. 中国应急管理法律法规汇编. 北京：中国劳动社会保障出版社，2017.

[7] 李克强主持召开国务院常务会议通过《生产安全事故灾害应急条例（草案）》. 中国政府网，2018.

# 14 应急管理模式体系

## 14.1 应急管理体系

### 14.1.1 国家“一案三制”的应急管理体系建设

“一案三制”来自我国应急管理实践，特别是来自2003年抗击非典斗争实践，来自抗击非典过程的规律性认识。抗击非典的过程告诉我们，自然灾害、事故灾害灾难、公共卫生事件、社会安全事件等各类突发事件相互会发生转化，不能“头痛医头、脚痛医脚”，要有系统观、全局观，要做好应急管理的顶层设计和总体规划。

“预案是应急管理体系建设的龙头，是‘一案三制’的起点。”在2003年非典疫情结束后至2007年《中华人民共和国突发事件应对法》（以下简称《突发事件应对法》）颁布施行前几年，应急预案在一定程度上扮演了“法”的角色，以调整一定范围内应急管理活动中的社会关系。

体制是应急管理运行的组织载体，应急管理体制的建立健全能为突发事件应对工作提供强有力的组织保证。近年来，国家建立了统一领导、综合协调、分类管理、分级负责、属地管理为主的应急管理体制，明确了各级政府的领导责任和相关部门的工作职责，应急管理机制全面加强。

机制是指突发事件过程中各种制度化、程序化的应对方法与措施。2006年7月发布的《国务院关于全面加强应急管理工作的意见》强调，要构建统一指挥、反应灵敏、协调有序、运转高效的应急管理机制。近年来，我国把建立健全应对突发事件各个环节的运行机制，增强应急处置工作的协调性、时效性，作为应急管理体系建设的重要内容。在监测预警方面，国家突发事件预警信息发布系统初步建立，各类突发事件的监测预警网络更加完善，重要设施的监测监控系统不断加强，海外安全风险评估、境外安保信息交流和境外安全巡查机制初步建立。在决策指挥方面，全面加强应急队伍、物资、装备、设施建设，提高抢险救援的专业性、科学性和有效性。

法制是突发事件应急管理过程中处理各种复杂社会关系的法律原则和规范的总和。紧急制定《突发公共卫生事件应急条例》（以下简称《条例》），是党中央、国务院在抗击非典的关键时刻采取的迅速遏制疫情蔓延的重要措施之一。

### 14.1.2 “一案三制”的相互关系

“一案三制”是基于四个维度的综合体系，它们具有不同的内涵属性和功能特征。其中，体制是基础，机制是关键，法制是保障，预案是前提，它们共同构成了应急管理体系不可分割的核心要素。作为应急管理体系的四个子系统，“一案三制”共同作用于应急管理的各个层面。

（1）“一案三制”是应急管理体系的四个核心要素

完备的应急管理体系应包含主体、方法、制度、前提四个要素。好的应急管理体系，首先要有实现既定目标的主体，这个主体可以是组织也可以是个人。组织目标以及各项制度最终都需要靠组织及其成员来制定、管理和实施。若组织没有专门部门或专人负责，各部门互相推诿，则组织目标只是摆样子，无法落实到位。其次，要有有效的方法和流程来开展工作，以实现各种政策、目标等。而有效的方法来源于实践，并经过归纳、总结、提高，使机制起到指导、规范日常工作的作用。然后，要有法律规范和制度保障，确保执行到位。应急管理是不确定性条件下的行为，因此在日常做好规范和程序非常重要。没有制度保障的工作方法，即使再有效也可能因为个人的偏好而被废弃。最后要科学制定预案并结合预案进行培训演练，提高实际操作水平。应急管理体系必须在模拟场景中经过多次实践检验，才能不断提高其作用和功效。由此可见，“一案三制”四个要素有机互动，共同促进应急管理良性运作、持续发展。总之，最理想的状态是政府在这四方面不仅面面俱到，而且和谐一致。

（2）“一案三制”是四位一体

“一案三制”共同构成应急管理体系不可分割的重要组成部分，四个核心要素相互作用、互为补充，共同构成一个复杂的人机系统。总的来看，体制是基础，机制是关键，法制是保障，预案是前提，见表14.1。体制属于宏观层次的战略决策，相当于人机系统中的“硬件”，具有先决性和基础性。体制以权力为核心，以组织结构为主要内容，解决的是应急管理的组织结构、权限划分和隶属关系问题。机制属于中观层次的战术决策，以运作为核心，以工作流程为主要内容，解决的是应急管理运作的动力和活力问题。机制相当于人机系统中的“软件”。通过软件的作用，机制能让体制按照既定的工作流程正常运转起来，从而发挥积极功效。法制属于规范层次，具有程序性，它以程序为核心，以法律和制度为主要内容，解决的是应急管理行为的依据和规范性问题。法制类似人机系统中的各种强制性规范、程序，以及对人和机器的使用、管理、运行的各项规定和指南（如对机器的安全、卫生、操作，对机器操作程序、人员综合素质、教育培训、奖惩等方面的指导性及约束性规定），好的制度应确保战略执行到位。预案属于微观层次的实际执行，它以操作为主体，以实践操作为主要内容，解决的是应急管理实际操作的问题，主要是要通过模拟演练来提高应急管理实战水平。预案具有使能性，相当于人机系统中通过模拟实验得出的紧急应对方案，如对各种外部入侵响应的行动方案，主要是通过日常的模拟演练来不断加强系统应对真实场景的性能。

**表14.1 “一案三制”的属性特征、功能定位及其相互关系**

| 一案三制 | 核心 | 主要内容 | 所要解决的问题 | 特征 | 定位 | 形态 |
|---|---|---|---|---|---|---|
| 体制 | 权力 | 组织结构 | 权限划分和隶属关系 | 结构性 | 基础 | 显在 |
| 机制 | 运作 | 工作流程 | 运作的动力和活力 | 功能性 | 关键 | 潜在 |
| 法制 | 程序 | 法律和制度 | 行为的依据和规范性 | 规范性 | 保障 | 显在 |
| 预案 | 操作 | 实践操作 | 应急管理实际操作 | 使能性 | 前提 | 显在 |

“一案三制”是一个密不可分的有机整体，共同构成了应急管理体系的基本框架。在当前我国应急管理理论研究和实际工作中，部分机构和个人不加区分地混用上述概念。理清“一案三制”间的复杂关系对理论研究和实践操作具有重要意义。虽然“一案三制”是一个密不可分的系统整体，共同作用于应急管理体系建设的各个层面，但在特定时空条件下，它们仍然具有一定优先和层次关系。同时，“一案三制”也并非一成不变的，它们处在动态演进的变化过程中，具有

动态发展的特征。因此，随着时代的发展和环境的变化，应急管理体制、机制、法制和预案都具有进化的趋势和调适的过程，并表现出错综复杂的关系。

## 14.2 应急法制

### 14.2.1 应急管理法制的性质与作用

在应急管理过程中，为防止突发事件的巨大冲击力导致整个国家生活与社会秩序的失控，实现克服危机和保障人权的双重目标，需要运用行政紧急权力并实施应急法律规范，做出有别于平时的安排，来调整紧急情况下国家权力之间、国家权力与公民权利之间、公民权利之间的各种社会关系，以有效控制和消除危机，恢复正常的社会生活秩序和法律秩序，维护和平衡社会公共利益与公民合法权益。应急法制是指在突发事件的发生和演化过程中，对这些权利义务关系加以重新安排的法律制度。其核心和主要规范是宪法中的紧急条款和《突发事件应对法》。因此，应急法制是关于突发事件引起的公共紧急情况下如何处理国家权力之间、国家权力与公民权利之间、公民权利之间的社会关系的法律规范和原则的总和。而按照法学概念的通常逻辑，应急法制也可以被定义为：一国或地区针对如何应对突发事件及其引起的紧急情况而制定或认可的各种法律规范和原则的总称。应急法制是一种特殊的法律现象，关系到一个国家或者地区民众的根本和长远的利益，关系到公民的基本权利，是一个国家或地区在非常规状态下实行法治的基础。

应急法制的属性主要包括以下四点：

① 应急法制是应对突发事件的途径之一。应急法制在属性上可以归于突发事件的法律解决。对于突发事件，除了法律手段外还有很多应对途经，例如行政举措、紧急调控、政治手段，有时还包括思想宣传、心理干预等。它们与应急法制的区别，建立在应对措施的性质这一判断标准上。总体而言，它们都属于应急系统的分支。突发事件对社会秩序的影响是多层次的，应急处置不能凭借单一的社会反应机制解决。因此，在强调应急法制重要性的同时，也要正视其内在局限。应急法制以静态规范所确定的“权利-义务-责任”机制作为调控手段，而突发事件的基本特征是“非预期性”、“巨大危险性”和“不确定性”，因此，突发事件的应对与应急法制之间的矛盾，取决于法律制度固有的某些缺陷，如具有僵化性、保守性、强制性及调整范围狭窄等，不可避免地存在“漏洞”。包括应急法制在内的各种应对机制直接适用的领域和发挥作用的手段不同，从整体上看，它们是相互补充、相互配合、相互促进的，而不是相互排斥、相互抵触、相互隔绝的。也只有这样，应急系统才能有效地发挥整合作用，更有效地应对突发事件。

② 应急法制是常态法制与非常态法制的结合。一个国家的法律制度，包括常态法制和非常态法制，前者用于安排平时的法律秩序，后者用于安排突发事件发生后的法律秩序。应急法制作用于事前、事发、事中和事后的应急管理全过程。其中，对突发事件的预防、准备、监测、预警等事前管理环节的制度安排，属于常态法制；对突发事件处置、救援、恢复、重建、善后等事中与事后管理环节的制度安排，则属于非常态法制。应急法制的主要属性仍是非常态法制，其根本目标在于实现应急管理状态下的法制。因此，它主要用于解决两个方面的问题：a. 确定常态法制与非常态法制间转变与恢复的基本规则，从而确保应急状态只能是一种法律上的临时状态，从根本上杜绝紧急权力永久化的可能；b. 确定应急状态下公民权利与国家权力的新边界，从而保障法制基本价值在非常态下不被损害。

③ 应急法制主要是一种公法制度。应急法制是一个综合性、边缘性的法律分支，其调整对象包括宪法关系、行政法律关系、民事法律关系和刑事法律关系等。但从整体上看，应急法制主要调整的是应急管理过程中国家机构之间、国家机构与公民之间的公法关系。应急法制的调整对象主要是行政法律关系和一定条件下的宪法关系，在性质上是一种公法制度。

④ 应急法制是一系列法律规范和法律原则的总和。应急法制是调整应急管理过程中各种社会关系的规则，这些规则的表现形式既包括具体的法律规范，也包括一系列法律的基本原则。应急法律规范体系和基本法律原则全面、系统地为突发事件应对措施提供科学、权威、规范、统一的法律指导和保障，改变现有应急法律条文简单、内容抽象、可操作性差的状况，便于依法行政、公众守法和社会监督，有利于实现建立法治政府、责任政府和阳光政府的法制创新目标。

应急管理法制的设计和实施，应当在以下三个方面发挥作用：

① 实现常态管理与非常态管理之间的平衡。为应对突发事件而实施的非常态管理是一把“双刃剑”，它既是人们克服危机的必要工具，又携带着侵犯人权、诱发暴政的极大风险。因此，应急管理法制首先必须保证应急状态的准确进入和及时结束，从而实现常态管理与非常态管理之间的顺利切换。进一步地，由于不同类型、不同级别突发事件的危害程度各不相同，某一突发事件在不同发展阶段的危害程序与之匹配，并能够随着势态的演变做出调整。

② 实现紧急权力保障与紧急权力规制之间的平衡。为了迅速克服突发事件所造成的巨大社会危害，应急管理法制必须保证国家——主要是行政机关获得足够强大的紧急权力。与此同时，为了避免紧急权力过度膨胀，应急管理法制又必须限定紧急权力行使的范围、条件、程度和程序。

③ 实现公民权利克减与公民权利保护之间的平衡。在突发事件发生后，为了限制其发展或减缓其损害，法律有必要限制或中止一部分公民权利的享有和行使。但对公民权利的克减是手段而非目的，国家实施应急管理的目的是通过克服危机而从根本上保障人权。

### 14.2.2 应急管理法制特征

由于人们在非常规状态下对权利、信息、生活质量、法律秩序、政府服务和政府行为依据等具有特殊的感受和需求，法律运作机制也会与常规状态有所差异，因而应急法制具有以下五点主要特征：

① 权力优先性。即与其他国家权力与公民权利相比，行政紧急权力具有某种优先性和更大的权威性。

② 紧急处置性。即便没有针对某种特殊情况的具体法律规定，行政机关基于公共利益需要也可予以紧急处置。

③ 程序特殊性。在非常规状态下，行政紧急权力行使过程中遵循特殊的行为程序，即更加严格的程序要求。

④ 社会配合性。有关组织和个人较常规状态下有更多配合及提供必要帮助的义务。

⑤ 救济有限性。即政府对依法行使行政紧急权力所造成的普遍损害可提供有限救济。

### 14.2.3 应急管理法制框架结构

以法律规范的效力等级为标准，可以将应急法制的具体内容分为以下几个层次：想法中的紧急条款、综合的突发事件应对法或紧急状态法、单行的部门应急法、有关部门关于应急法的实施细则及针对应急法制某一独立环节的专门立法等。这些规范性的法律文件共同构成了一个系统完整的突发事件应对法律体系，在不同的领域、从不同的层次对应急管理工作进行规范性调整。

从规范学角度反映出的应急法制的法律属性来看，应急法制是一个宏大的社会系统工程，其必备的基本要素包括：①完善的应急法律规范和应急预案；②依法设定的应急机构及其应急权力与职责；③紧急情况下国家权力之间、国家权力与公民权利之间、公民权力之间关系的法律调整机制；④紧急情况下行政授权、委托的特殊要求；⑤紧急情况下的行政程序和司法程序；⑥对紧急情况下违法、犯罪行为的法律约束和救济机制；⑦与应急管理的各种纠纷解决、赔偿、补偿等权利救济机制；⑧各管理领域的特殊规定，如人、财务、资源的动员及征用和管制，对市场活动、社团活动、通信自由、新闻舆论及其他社会生活的限制与管制，紧急情况下的信息公开方式和责任，公民依法参与应急管理过程等。

从应急法制的社会属性出发，同时借助制度学的分析工具，其基本内容可细化为：

① 突发事件应对法律体系。即由承担着公共应急职责的立法机关制定各层次的法律规范和法律原则，对突发事件进行法律应对。

② 突发事件应对体制。这是一个由所有国家机关，以及某些社会公共组织，基于各自权力的性质和应急职责的分工所形成的应急管理网络。它由三个层面的法律关系构成，即中央与地方、上级与下级之间的领导和分权；同级国家机关之间的分工与配合；各国家机关作为应急职责的主要承担者与其他社会组织之间的管理指导和配合协助。

③ 突发事件应对机制。这主要涉及的是行政机构对突发事件的具体应对制度。行政是应对突发事件的主要力量，它的具体处置措施可以归结为四个方面，即预防与应急准备、预测与预警、应急决策与处置、事后恢复与重建。

从制度运作的角度将应急法制看作是一个动态的突发事件应对过程，其主要包括的制度环节有：①应急法制的立法。②应急法制的执法，包括具有特殊要求的执法机构、公务人员、方法手段、紧急程序、技术设备、配套条件等逐步完善。③应急法制的守法，即各种组织、个人（包括行政执法者本身）如何自觉遵守应急法律规范。④应急法制的司法，包括对于紧急状态下违法犯罪行为的严格追究、对于行政纠纷的紧急审理和裁判、对于受损权益予以国家赔偿和补偿的实体和程序的法律救济制度。⑤应急法制的宣传教育，包括在普法教育中针对全体公民，在普通学校、党团校和各种干部学校中针对青年学生、各级干部进行应急法制的基本知识教育。⑥应急法制的环境条件，包括应急法制发展所需的政策环境、社会环境（如社会心理状况）和组织机构内部环境条件的评估和改善。

我国《安全生产应急管理“十三五”规划》明确提出“完善应急管理法律制度”，主要任务包括以下几个方面：

① 健全法规及规章制度。梳理现行法规制度体系，明确安全生产应急管理立法任务。《生产安全事故灾害应急条例》公布施行后，抓紧制定完善配套规章、规范性文件和相关制度规定。推动地方各级政府根据立法权限和程序，结合区域特点，制定、修订地方性安全生产应急管理法规制度。

② 构建标准体系及制定关键标准。推动建立全国安全生产标准化技术委员会应急管理分技术委员会，构建安全生产应急管理标准体系。完善标准制修订机制，制定关键技术标准。鼓励产业集聚区和有条件的地区、企业先行制定地方标准及企业标准，适时转化为行业标准或国家标准。

③ 加强应急管理工作。进一步加强安全生产应急管理工作，落实应急管理责任，制定完善执法检查清单和计划，完善执法程序，明确执法依据，细化执法内容，规范执法过程，推动应急管理执法检查制度化。加强基层执法能力建设，创新执法检查实践，建立健全安全生产应急管理执法检查协同联动工作机制。

④ 研究出台重大政策。推动制定应急救援社会化有偿服务政策，应急物资装备征用补偿政策，应急救援人员人身安全保险和伤亡抚恤褒扬、救援队伍激励及运行保障等政策，推进出台应急救援车辆在抢险救援过程中免收过桥过路费等“绿色通道”政策。

### 14.2.4 我国涉及应急管理法律法规内容简介

中国是统一的、多民族的社会主义国家。为维护国家法制统一，体现全国人民的共同意志和整体利益，中国实行统一而又分层次的立法体制。

(1) 应急管理基本法《中华人民共和国突发事件应对法》

2007年11月1日，《中华人民共和国突发事件应对法》（简称《突发事件应对法》）正式施行。

《突发事件应对法》是适用于应对各类普通突发事件全过程的应急管理基本法，为中国应对各种突发事件提供了相对完整、统一的制度框架。《突发事件应对法》之所以被称为应急管理基本法，是因为：a. 其调整对象覆盖了全部或多数突发事件；b. 其调整范围贯穿应对这些突发事件的全部或多数阶段；c. 在法律适用上居于一般法的地位，在适用顺序上次于各种单行性的应急法律。

《突发事件应对法》体现了依靠党的领导、依靠法制、依靠群众、依靠科技、不断创新做好应急管理工作的基本经验，促使各地、各部门提高依法行政、按规律办事的自觉性。具体看来，其特点主要表现为：a. 以科学发展观为统领，坚持常态管理与非常态管理的统一。b. 深入探索突发事件的内在规律，掌握应对的主动权。c. 以制度建设为根本，建立健全依法应对突发事件的长效机制。d. 强化基层、夯实基础，充分依靠人民群众。《突发事件应对法》的一个显著特点就是鼓励社会组织、企事业单位及个人广泛和深入参与，规定了各类主体在突发事件的预防与应急准备、监测与预警、应急处置与救援、事后恢复与重建等各个不同阶段的权利与义务。e. 以改革创新的精神，深入推进应急管理工作。

(2) 应急管理法律规范体系

国家建立应急管理法制的最终目的是追求非常态下的法治，而实现这一目标的基础，是存在一套相对完整的应急管理法律规范，以保证应急管理“有法可依”“依法应急”。结合中国现状，《突发事件应对法》的出台与实施，标志着中国规范应对各类突发事件共同行为的基本法律制度已确立，为有效实施应急管理提供了更加完备的法律依据和法治保障。

① 应急管理单行法。单行性的应急管理法律广泛存在、数量众多，主要包括三类：一是适用于某一种类突发事件的法律，如中国的《防震减灾法》《消防法》等，“一事一法”的基础是不同种类突发事件的性质和应对方式存在重大差异；二是适用于应急管理某一阶段的法律，“一阶段一法”的前提往往是国家希望通过整合资源建立起某一应急管理阶段的综合性系统；三是适用于某一种类突发事件、某一应对阶段的法律，“一事一阶段一法”所针对的通常是对该国具有特殊影响的突发事件，用于推行针对该事件的某项特殊政策。

在中国，单行性的应急法律绝大多数属于“一事一法”，部分为实施法律而制定的法规、规章属于“一事一阶段一法”，不存在“一阶段一法”的应急类法律。这反映了中国应急工作以行业管理、分散治理为主的传统。除了《突发事件应对法》外，中国还有一些部门的、分散的有关应急管理专门法律、行政法规、规章和文件，主要建立了以下突发事件应对制度：一是防震减灾法、防洪法、消防法、安全生产法、传染病防治法、突发公共卫生事件应急条例等有关法律、行政法规，对一些突发事件的应急制度做了规定。主要包括：a. 破坏性地震、防洪、环境灾害、地质灾害、海洋灾害、草原火灾、森林火灾、旱灾、突发性天气灾害等自然灾害方面的应对制度；b. 核电厂和辐射事故灾害、矿山安全事故灾害、工程建设重大质量安全事故灾害、电信网络安全、民航运输安全等技术事故灾害方面的应对制度；c. 突发公共卫生事件、重大动物疫情、重大植物疫情和动植物疫病方面的应对制度；d. 金融风险等经济方面的应对制度。二是有关部门规章和文件对城市供水、城市燃气、水库大坝安全、铁路运输安全等技术事故灾害方面的应对制度以及外汇电子数据备份与电子系统故障等方面的应急制度做了规定。

② 应急管理相关法。应急法制体系是一个庞大、复杂的规范体系，除了专门的应急管理法律之外，其他法律中也广泛存在着某些与应急管理相关的制度。这些制度可能是某部法律的个别章节，也可能仅是个别条款。比如，中国的《刑法》《治安管理处罚法》《劳动法》《道路交通安全法》《公益事业捐赠法》等大量法律都存在应急管理的相关规定。

③ 有关国际条约和协定。国际条约和协定中有关应急管理的制度主要包括两类：a. 有关共同应对某类突发事件的条约和协定，如针对恐怖袭击、劫持航空器、海难、海啸等事件的国际法规范。如中国参加的国际社会“反劫机三公约”，即《东京公约》《海牙公约》《蒙特利尔公约》。b. 国际人权公约中对紧急状态下人权克减的规定，如《公民权利和政治权利公约》《欧洲人权公约》《美洲人权公约》中的相关规定。

④ 应急管理预案。有关应急管理预案是否属于应急管理法律体系的一部分，或者说如何确定应急预案的效力，人们在认识上还存在分歧。但整体来看，中国的国家级、省级应急预案发布后，在应急管理实践中发挥着重要的规范和指引功能，已经成为应急管理法律体系的一部分，一定级别的应急预案在事实上具有相当于行政法规或规章的效力。截至2010年7月，国家总体预案、专项预案和部门预案的总数已达115件，应对各类重特大突发事件基本实现有案可依；所有省、市级政府和98.8%的县级政府编制了总体应急预案；全国各级各类应急预案总数达240多万件，基本覆盖了各地常见的各类突发事件，其中高危行业企业安全生产应急预案覆盖率达到了100%，为有效应对突发事件发挥了重要的基础性作用。

## 14.3 应急机制

### 14.3.1 预防与应急准备机制

预防与应急准备是为防止和减少突发事件的发生，提高突发事件处置能力和效率所开展的经常性、基础性工作，是突发事件应急管理的基础，渗透在应急管理其他机制中。其主要目的是通过做好经常性、基础性的管理工作，实现预防为主、预防与应急结合，平战结合，标本兼治，及时发现和化解各级各类风险和突发事件，在更基础的层面积极主动地推进应急管理工作，从而防患于未然。

(1) 社会管理机制

社会管理是人类社会必不可少的一项管理活动，是指以维系社会秩序为核心，通过政府主导、多方参与，规范社会行为、协调社会关系、促进社会认同、秉持社会公正、解决社会问题、化解社会矛盾、维护社会治安、应对社会风险，为人类社会生存和发展创造既有秩序又有活力的基础运行条件和社会环境，从而促进社会和谐的活动。

建立健全社会管理机制，有效化解社会矛盾，大力加强社会管理能力建设，是从根本上避免和减少突发事件的治本之举。《突发事件应对法》第五条明确规定：“突发事件应对工作实行预防为主、预防与应急相结合的原则。”当前，中国既处于发展的重要战略机遇期，又处于社会矛盾凸显期，社会管理任务更为艰巨繁重。中国经济实力和综合国力的不断增强，为不断满足人民日益增长的物质文化需要、解决社会管理领域存在的问题奠定了重要物质基础。同时，中国社会的主要矛盾已经转化为“人民日益增长的美好生活需要和不平衡不充分的发展之间的矛盾”，因此随着实际情况的变化，中国社会管理理念思路、体制机制、法律政策、方法手段等方面仍存在很多不适应的地方，解决社会管理领域存在的问题既十分紧迫又需要长期努力。加强和创新社会管理对于加强应急管理意义重大，在应对突发事件中将起到基础作用。

社会管理的目标是建立政府调控机制和社会协调机制互联、政府行政功能和社会自治功能互补、政府管理力量和社会调节力量互动的社会管理网络，形成党委领导、政府负责、社会协同、公众参与的社会管理格局，协调利益关系，化解社会矛盾，提高社会发展的质量，保障社会良性运行。

立足基本国情，我国应急管理应遵循的原则是：

① 以人为本、服务优先。加强和创新社会管理，要求始终把实现好、维护好、发展好最广大人民的根本利益作为出发点和落脚点，寓管理于服务之中，实现依法管理、科学管理、人性化管理，使人民群众在社会生活中切实感受到权益得到保护、秩序安全有序、心情更加舒畅。

② 多方参与、共同治理。加强和创新社会管理，要求充分发挥政府在社会管理中的主导作用，同时充分发挥多元主体在社会管理中的协同、自治、自律、互律作用，使各种社会力量形成推动社会和谐发展、保障社会安定有序的合力。

③ 关口前移、源头治理。社会管理要实现从习惯“灭火”，转到突出源头治理。当前，一些社会问题和社会矛盾，都源于相关体制机制不健全、已有制度政策不落实，需要从社会规范、利益保障、社会风险防范等方面入手，进行源头治理。比如，要健全社会规范体系、完善利益保障机制、改革收入分配制度、建立重大决策社会风险评估机制等，防患于未然。

④ 统筹兼顾、协商协调。加强和创新社会管理，要求正确反映和协调各个方面、各个层次、各个阶段的利益诉求和社会矛盾，既要“左顾右盼”，又要“瞻前顾后”，使社会管理能够体现维护公平正义的“刚性”、协调各方利益的“柔性”、应对新情况新问题的“弹性”，促进社会动态平衡，保障国家长治久安。

⑤ 依法管理、综合施策。在加快建设社会主义法治国家的新形势下，加强和创新社会管理，必须坚持“依法管理、综合施策”的原则，加强社会管理领域立法、执法工作，使各项社会管理工作有法可依、有法必依。要从重行政手段、轻法律道德等手段向多种手段综合运用转变。努力改变社会管理手段单一的问题，在运用行政手段进行社会管理的同时，更多地运用法律规范、经济调节、道德约束、心理疏导、舆论引导等手段，充分发挥党的政治优势，规范社会行为，调节利益关系，减少社会问题，化解社会矛盾。

⑥ 科学管理、提高效能。加强和创新社会管理，要求牢牢把握最大限度激发社会活力、最大限度增加和谐因素、最大限度减少不和谐因素的总要求，深刻认识加强和创新社会管理的重要性和紧迫性，把加强和创新社会管理摆在更加突出的位置，加强调查研究，加强政策制定，加强工作部署，加强任务落实。

社会管理涉及协调社会关系、规范社会行为、解决社会问题、化解社会矛盾、促进社会公正、应对社会风险、保持社会稳定等方面的基本任务。总的来看，加强和创新社会管理，要重点做好以下八个方面的工作内容：一是进一步加强和完善 社会管理格局；二是进一步加强和完善党和政府主导的维护群众权益机制；三是进一步加强和完善流动人口和特殊人群管理和服务；四是进一步加强和完善基层社会管理和服务体系；五是进一步加强和完善公共安全体系；六是进一步加强和完善非公有制经济组织、社会组织管理；七是进一步加强和完善信息网络管理；八是进一步加强和完善思想道德建设。

(2) 风险防范机制

风险管理的目标是提高对突发事件风险的预见能力和突发事件发生后的救治能力，保护公民的生命和财产安全，维护社会稳定，及时有效地防控公共风险。风险管理遵循系统性、专业性等原则，实现突发事件应对中的关口前移。

党的十六届六中全会明确把“完善应急管理体制机制，有效应对各种风险”作为“完善社会管理、保持社会安定有序”的重要内容，将应急管理和风险应对工作纳入构建社会主义和谐社会的战略目标统筹考虑。《突发事件应对法》第五条规定：“国家建立重大突发事件风险评估体系，对可能发生的突发事件进行综合性评估，减少重大突发事件的发生，最大限度地减轻重大突发事件的影响。”风险管理是一项系统性、专业性、科学性和综合性很强的工作，是应急管理实现预防为主、关口前移的重要基础，对切实增强应急管理工作的预见性、针对性、科学性和主动性，实现应急管理工作的“关口再前移”具有重要意义。

(3) 应急准备机制

应急准备是指为了有效开展突发事件应对活动，保障应急管理体系正常运行所需要的应急预案、城乡规划、应急队伍、经费、物资、设施、信息、科技等各类保障性资源的总和，是针对可能发生的突发事件，为迅速、有序地开展应急行动而预先进行的组织准备和应急保障工作。应急准备主要是围绕应急响应工作所进行的人员、物资、财力等方面的应急保障资源准备。

突发事件预防与应急准备包括两方面：预防是指在突发事件发生前，通过政府主导和动员全社会参与，采取各种有效措施，来消除引发突发事件的隐患，避免或减少突发事件发生；应急准备是指在突发事件来临前，做好各项充分准备，来防止突发事件升级或扩大，最大限度地减少突发事件的发生及其造成的损失和影响。

(1) 应急准备的特征

应急准备集中体现在应对突发事件的人力、物力、财力、交通运输、医疗卫生及通信保障等方面的工作，保证应急救援工作的需要和灾区群众的基本生活，以及恢复重建工作的顺利进行。应急准备具有以下几个基本特征：

一是应急资源准备行动的快捷动态性。由于突发事件在时空上的不确定性，应急保障资源从资源储备地到事发地，要求在时间、空间和保障物资的数量、质量、品种上都要做到准确无误，使有限的人力、物力、财力发挥最大的保障效能。同时，还要考虑社会的发展和环境的变化，实行应急保障资源的动态管理。

二是应急准备方式的灵活多样性。突发事件往往由多个矛盾引发，内部原因和外部环境十分复杂。突发事件大小规模不一，种类各异；潜在的危害、衍生的灾害难以把握；加之地理、地域及周边环境的复杂性，应急准备的方式应当是多样的。

三是应急准备的资源共享协同性。突发事件的特点决定了应急资源的稀缺性，同时应急资源又是突发事件赖以成功处置的最基本的要素。因此，突发事件发生后，应急组织体系内部成员在规定的范围和程序下可以使用应急保障资源，以实现保障资源的充分有效利用，避免重复配置，减少浪费。应急准备必须具有较强的协同性，要求指挥统一，运转协调，责任明确，程序简化。

四是应急准备的布局合理性。针对不同的地理位置、不同的自然环境、不同的经济区域、不同的城市类型、不同类型的突发事件高发区，应急资源应有不同的分布。应急资源的合理分布，不仅可以降低成本，而且可以保证应急救援的时效性，从而最大限度地减少人员伤亡和财产损失。应急资源布局合理的原则应该是“兼顾全面、保障重点”，即在兼顾全面的基础上，保证突发事件处置的重点部门、重点任务和关键环节的资源需要，特别是稀有资源的最佳利用。

(2) 应急准备的目标

立足于“防患于未然”的原则，强化服从任务需要意识、快速反应意识、灵活保障意识，主动跟进，做好应急任务的服务保障工作。应急准备的内容包括指挥系统技术、通信、现场救援和工程抢险装备、应急队伍、交通运输、医疗卫生、治安、物资、资金及应急避难场所等。在突发事件来临前，做好各项充分准备，包括思想准备、预案准备、组织机构准备、应急保障准备等，有利于防止突发事件升级或扩大，提高应急处置与救援的效率，最大限度地减少突发事件的发生及其造成的损失和影响。

(3) 应急准备的原则

我国《安全生产应急管理“十三五”规划》明确提出，“强化应急准备。全面加强应对生产安全事故灾害的思想准备、组织准备、预案准备、机制准备和工作准备，推动安全生产应急管理关口前移。”

(4) 应急准备的主要内容

① 应急预案与应急演练。我国《安全生产应急管理“十三五”规划》明确提出，要“提高应急预案管理和应急演练水平”，具体包括：

a. 推动应急预案全面优化。修订《生产安全事故灾害应急预案编制导则》，制定风险评估和应急资源调查指南，危险和有害因素辨识标准，建立健全应急预案编制标准体系，规范应急预案编制程序。修订国家安全生产专项应急预案，修订国家安全监管总局10项部门预案。优化调整应急预案体系顶层设计，全面推广应急预案优化的经验做法，推进政府部门及重点行业领域企业在事故灾害风险评估和应急资源调查的基础上开展预案修订优化工作，完善应急预案体系，推广应用重点岗位应急处置卡。

b. 强化预案管理及预案衔接。规范应急预案备案管理，强化事故灾害应急处置总结评估过程中对应急预案工作实施情况的倒查。优化应急响应分级标准，明确应急响应启动条件，规范政府及其部门、企业重点岗位、重点环节的预警及信息报告标准，加强政企预案衔接与联动，强化不同层级应急预案衔接及企业与属地政府应急预案的衔接。坚持应急预案实战化应用，强化应急预案的定期评估，推动应急预案有效实施。

c. 推动应急演练常态化及实战化。组织实施以基层为重点的实战化应急演练活动，推动各地区、各单位定期开展多种形式的应急演练，重点督促高危行业企业按要求开展应急预案演练，重点采用实操演练等方式加强现场处置方案演练，做到岗位、人员、过程全覆盖。

d. 提升应急演练质量和实效。强化演练过程管理，规范应急演练方案制定、情景设计、评估总结等工作，建立贴近实际、贴近实战的应急演练长效机制。以事故灾害多发、频发行业为重点，细化应急联动机制内容，开展区域性、综合性应急演练，提高应对跨区域重特大事故灾害能力。

② 应急救援力量建设。我国《安全生产应急管理“十

三五”规划》明确提出，要“加强应急救援力量建设”，具体包括：

a. 优化专业救援力量布局。开展国家及区域安全生产应急救援力量需求评估，合理规划和调整应急救援队伍建设。针对现有救援力量难以覆盖的区域，积极推进重点地区专业救援基地和队伍建设。针对国家战略重点领域、与人民群众生活密切相关的重点行业，建设相应的应急救援队伍，应急救援队伍建设重点行业领域包括危险化学品、油气管道、矿山、海上溢油、水上搜救打捞、建筑施工、矿山医疗救护、国家物资储备、交通运输、金属冶炼等。

b. 提升地方骨干队伍、基层队伍、企业队伍救援能力。巩固、整合现有救援队伍资源，规范地方骨干队伍、基层队伍建设。推动高危行业企业加强专兼职救援队伍建设，提升企业第一时间应急响应能力。加强日常训练与考核，提高实战技能，鼓励一专多能、平战结合、服务社会，发挥救援队伍在预防性检查、安全技术服务等方面的作用。通过企业投入、政府补助、市场化运作等多种方式，提高队伍运行维护经费保障能力。加大对中小型公益性救援队伍支持力度。

c. 加强安全生产应急救援专业装备配备。推动国家级安全生产应急救援队伍装备更新换代，补充配备一批技术先进、性能可靠、机动灵活、适应性强的专业救援装备。补充完善地方骨干及企业救援队伍承担事故灾害救援任务所需要的救援车辆以及侦测搜寻、抢险救援、通信指挥、个人防护等装备器材。

d. 鼓励引导建立市场化和社会化救援模式。积极推进政府购买服务，挖掘整合现有社会资源，健全各类社会力量的协调调用机制。培育市场化、专业化的应急救援组织，鼓励和支持社会组织、社会力量参与安全生产应急救援。完善安全生产应急志愿者管理，培育专业志愿者组织。

③ 应急信息平台建设。我国《安全生产应急管理“十三五”规划》明确提出，要“健全应急信息平台体系”，具体包括：

a. 完善安全生产应急平台体系建设。健全联动互通的安全生产应急平台体系，实现应急标准规范统一完整、应急业务应用实用管用、应急信息资源互通共享、应急信息化装备科学完备的目标。

b. 推进安全生产应急云服务。依托国家电子政务网、安监专网、卫星网和互联网资源，构建应急“一张网”。利用总局“安监云”平台基础设施，建设全国安全生产应急云服务框架，为国家、省、市、县各级安全生产应急平台提供应急基础服务。

c. 加强应急大数据分析及应用。建立应急资源数据管理机制，充分利用各类社会化数据，加强救援装备、物资、专家和队伍等应急基础数据的日常动态管理。建立生产安全事故灾害应急救援指挥决策模型，加强大数据关联分析及结果运用，为风险监测预警、应急指挥决策、事故灾害调查处理等提供数据支撑。应急救援信息化建设重点方向包括应急“一张网”建设、安全生产应急云服务、安全生产应急卫星通信系统、应急救援队伍调度指挥系统以及安全生产应急大数据应用。

④ 应急支撑保障能力建设。我国《安全生产应急管理“十三五”规划》明确提出，要“提升应急支撑保障能力”，具体包括：

a. 加强应急救援领域科技研发。强化应急救援技术装备重点企业及科研院所主体作用，推动在国家重点科技研发项目中设立应急救援专项，结合安全生产应急救援关键技术及装备难题目录，组织开展应急管理理论、处置技术方法研究及基础性、关键性技术攻关，研发系列化、成套化的大型储罐灭火、透地通信、井下快速排水、井下快速灭火、智能信息采集等核心技术装备。加强重点实验室、工程技术研究中心、工程试验与研发检测基地等科研平台建设。

b. 加大成果转化推广及应急产业支持力度。通过标准引领、项目支撑、成果示范、发布目录等形式，建立完善以企业为主体、以市场为导向、政产学研用相结合的成果转化及推广应用体系。积极推广先进适用应急救援技术装备，适时将更多装备纳入安全生产专用设备企业所得税优惠目录。推进安全生产应急产业发展，打造国家级安全生产应急产业示范基地，提升安全生产应急技术装备研发、应急产品生产制造和应急服务能力。安全生产应急产业示范重点方向包括巨灾现场智能感知系统、应急救援无人航空器、轻中型高机动应急救援成套化装备、应急救援机器人、应急物资储备与产业融合、应急服务业。

c. 加强专业人才保障。推进安全生产应急管理学科建设，支持国家安全监管总局共建院校及有条件的高校开设相关专业，优化师资队伍，完善教材体系，推动各方联合培养安全生产应急管理人才。完善各级各类安全生产应急专家库，建立专家技术咨询制度，为应急管理及应急救援提供智力保障。

d. 加强应急物资保障。开展安全生产应急物资储备试点工作，逐步完善安全生产应急物资储备制度，构建政府储备与市场储备相结合、实物储备与生产能力储备相配套的储备模式，健全应急物资的维护、补充、更新、调运机制，建立规范统一的应急物资动态信息管理系统。

（5）宣传教育培训机制。我国《安全生产应急管理“十三五”规划》明确提出，要“强化应急管理培训宣教”，具体包括：

a. 完善应急管理培训内容及方式。制（修）订各类人员安全生产应急培训大纲，规范和完善应急培训内容，编写针对性、实效性强的应急管理培训教材。采取集中轮训、网络远程教育、“订单式”培训、实训演练，以案例、互动、体验、情景模拟等多种方式开展应急管理培训。

b. 建立分级分类培训体系。健全完善分层次、分类别、多渠道的培训工作机制，有计划地开展业务知识和专业技能培训。强化领导干部应急决策指挥能力及管理人员业务培训，培养专家型应急管理人才。深化专兼职应急救援队伍指战员培训，提高安全生产事故灾害救援能力。推进企业管理人员应急意识和能力培训，加强一线从业人员自救互救、避险逃生技能培训，提高现场处置能力。

c. 推进应急管理宣传教育和应急文化建设。强化应急管理法治宣传教育，为应急管理改革发展营造良好氛围。大力宣传应急救援先进人物和感人事迹，加强应急处置警示教育。加强部门联动协作，引导公众积极参与应急管理宣传教育。注重传统媒体与新兴媒体融合互动，巩固拓展以互联网为中心的宣教平台，加强网站建设和移动客户端开发，打造应急管理宣传教育和应急文化建设网络阵地。实施企业安全生产应急文化建设，培植应急文化精品，开展应急知识普及。

### 14.3.2 监测与预警机制

监测与预警机制是应急管理的主体根据应对突发事件的经验、教训、过去积累和现时的有关数据、情报和资料，运用逻辑推理和科学预测的方法与技术，对突发事件出现的约束条件、未来发展趋势和演变规律等做出的科学估计与推断，对突发事件发生的可能性及其危害程度进行的估量和发布，从而及时提醒公众做好准备、改进工作、规避危险、减少损失的工作机制。

《突发事件应对法》明确要求建立健全突发事件监测制度和预警制度。为此，必须依靠科技、群众，完善监测网络，健全基础信息数据库；加强科学研判；按照突发事件的紧急程度、发展态势和可能造成的危害程度发布预警；实现"信息监测-科学预测-有效预报"的有机统一，最大限度地减少突发事件及其造成的伤亡和损失。

#### 14.3.2.1 监测机制

广义的监测是对潜在风险、危险源、危险区域等进行实时跟踪，获取相关信息，旨在及时报送、处理并发出预警的整个流程。狭义的监测是指以科学的方法，搜集重大危险源、危险区域、关键基础设施和重要防护目标等的空间分布、运行状况以及社会安全形势等有关信息，对可能引起突发事件的各种因素进行严密的监测，搜集有关风险和突发事件的资料，及时掌握风险和突发事件变化的第一手信息，为科学预警和及时采取有效措施提供重要信息基础。监测是一项从源头上治理危害的保障工作。简言之，监测通过对某些可能引发不利事件的风险源进行观察和测量，预防不利事件的发生，是一个实时的动态过程。监测机制是指以监测活动为中心构建的工作机制。

监测是开展风险评估的基础，通过对风险源的安全状况进行实时监测，尤其对那些可能使风险源的安全状态向非正常状态转化的各种参数的监测，快速采集信息，为事故灾害的预警提供依据。监测的作用包括以下两点：一是监测潜在风险，及时进行预警。对危险源进行监测，及时了解危险源的安全状态，并通过一定的计算方法发出预警信息，为事故灾害灾难的预测预警提供决策依据。二是对突发事件实时监测，为及时有效应对提供依据。事故灾害灾难发生后，通过实时监测，及时迅速获取应急处置方案的实施效果，据此为应急决策提供依据，并对应急方案进行及时调整。

监测内容主要包括以下几个方面：其一，从监测手段来看，包括定量的和定性的监测。例如污染物浓度、洪水覆盖面积等属于定量监测，是通过对突发事件和承载体的各种参数和环境参数进行观察、测量、记录并对采集的数据进行分析，评估监测对象的风险水平。而突发事件的发展态势、网络舆论预警等一般属于定性监测的范畴。其二，从技术方法来看，突发事件的监测监控主要运用应用系统论、控制论、信息论的原理和方法，结合自动检测及监测技术、传感器技术、计算机技术、通信技术等现代高新技术，对风险源的安全状况进行实时监测，快速采集各种数字化和非数字化的信息，尤其是那些可能使风险源的安全状态向非正常状态转化的各种参数及其变化趋势，从而给出风险评估结果，及时发出预警信息，将风险化解，将隐患消灭在萌芽状态。因此，建立监测机制主要包括以下几个方面：一是构建安全生产事故灾害监测网络。根据事故灾害灾难的种类和特点，建立健全基础信息数据库，完善监测网络，划分监测区域，确定监测点，明确监测项目，加大监测设施、设备建设，配备专职或者兼职的监测人员，对可能发生的事故灾害进行监测。二是完善事故灾害监控系统。对危险源、危险区域采用实时监控系统和危险品跨区域流动监控系统。运用现代安全管理理论和现代科技手段，通过重大危险源、危险区域现场实时监测与视频监控系统以及危险品跨区域流动监控系统，对重大危险源、危险区域进行实时监控或远程监视、预警和控制，维护重大危险源和危险区域、关键基础设施和重点防护目标的数据，预防重大事故灾害的发生，确保重大危险源、危险区域的安全运行。三是健全突发事件信息监测制度。加强应急值守，把加强应急值守作为常态和非常态工作的基础和保障。严格执行24h值班制度和领导带班制度；明确领导带班职责和相应的考核奖惩办法；选调政治敏锐、责任心强、熟悉业务的人员充实到值班工作岗位上去；严格岗位责任制，值班领导和值班人员要恪尽职守，认真履行职责，做到不脱岗、不漏岗，确保值班的连续性、有效性，实现对安全生产事故灾害灾难的快速应对。四是推进信息报告员队伍建设。各信息报告责任主体要指定专门的信息报告员，负责应急管理有关信息的收集、整理、汇总、汇报。充分利用互联网、报刊等媒体信息资源优势，不断加强和完善社区、乡村、学校、企业等基层单位的专职或兼职信息报告员制度，扩大信息来源。每年组织信息报告员轮训，建立信息报告员培训机制，普及应急管理知识，提高信息报告质量。

#### 14.3.2.2 研判机制

研判是指借助现代先进信息技术和经验教训，在及时、准确、全面捕捉突发事件征兆后，对已采集、整合的信息进行分析研究，多角度、多层次、全方位地评估本地区、本单位、本部门的公共安全形势，及时发现倾向性、苗头性的问题，为预警信息发布和采取预警措施提供决策依据。研判的主体主要是突发事件处置的决策者、相关部门和专家等。研判的目标是从思路、方法、程序等各个环节整体把握、统筹考虑，以制度规范为约束、以程序操作为重点、以科学评判为目的，建立立体化、多层次、全方位的信息收集和分析网络，运用科学的信息评估方法，提高信息评估的及时性和准确性，实现对突发事件的早发现、早研判，为科学决策提供依据。

研判机制建设应当遵循以下几项工作原则：扩宽信息渠道；及时核实信息，保障组织建设，加强多学科专家综合研判；增强研判工作的实效性。研判的主要内容包括判断突发事件是否发生及其发展态势，次生、衍生灾害是否发生及其发展态势，突发事件发生后可能造成的后果等。主要包括：完善信息收集制度，注重对信息的分析；加强专业研判机制建设，注重多部门、多学科的综合研判；加强预测能力机制建设，注重对次生、衍生灾害的分析；完善研判组织机制建设，注重动态与全过程研判。

#### 14.3.2.3 信息报告机制

信息报告是指当突发事件发生或可能发生时，政府及其各有关部门在接到下级政府及其有关部门、专业机构、社会组织或公众的报告后，依据有关法律法规、突发事件分级标准及有关规定，及时、准确、客观地向上级党委、政府及有关部门报送事件信息，为突发事件的预防和处置提供信息支持和保障的工作过程。信息报告包括纵向信息报告（自下向上的信息报告）和横向信息通报（向相关部门通报）两个方面。除此之外，信息报告工作还包括"应急管理常态工作信息报告"的工作，这具体是指：各级政府及其有关部门在日常应急管理工作中，收集、分析、汇总本系统、本行业、本单位、本辖区的有关工作进展情况，各种影响公共安全的重要信息，以及国内外应对重大突发事件的做法、经验、教训等，及时向上级政府及其有关部门报告的工作过程。其报告范畴主要包括：应急管理组织体系建设、应急预案制定与演练、信息报送体系建设、宣教动员活动开展情况、指挥技术支撑体系建设、突发事件风险评估、隐患排查等。信息报告的工作内容主要包括社会舆情汇总与研判；纵向信息报告工作；横向信息通报工作；信息报告激励机制；干部考核制度。

#### 14.3.2.4 预警机制

预警是指在事故灾害发生前进行预先警告，即对将来可能发生的危险进行事先的预报，提请相关当事人注意。机制根据《古今汉语词典》的解释有两层含义："一是指有机体的构造、功能特征和相互关系等；二是泛指一个工作系统的组织或部分之间的相互作用和方式。"现在机制常用来指有机体或其他自然和人造系统内各要素的构建，相互作用的方式和条件，以及系统与环境之间通过物质、能量和信息交换所产生的双向作用。

预警机制则是指能灵敏、准确地告示危险前兆，并能及时提供警示，使机构能采取有关措施的一种制度，其作用在于超前反馈、及时布置、防风险于未然，最大限度地降低由于事故灾害发生对生命造成的侵害、对财产造成的损失。完善的事故灾害预警机制是建立在预警系统基础之上，而预警系统主要由预警分析系统和预控对策系统两部分组成。其中预警分析系统主要包括监测系统、预警信息系统、预警评价指标体系系统、预测评价系统等。预警分析完成的主要功能是通过各种监测手段获得有关信息和运行数据，并对数据进行加工处理、分析，通过适当的评价方法，对未来的趋势做出初步判断，当判断结果满足预警准则要求时，就触动报警系统，报警系统根据事先设定的报警级别发出事故灾害报警。预控对策系统可针对不同报警级别实施相应的对策措施。

建立事故灾害预警及其有关机制，能有效地辨识和提取隐患信息，提前进行预测警报，使企业及时、有针对性地采取预防措施，降低事故灾害发生。事故灾害预警机制已成为安全生产管理过程中的重要技术途径。

事故灾害预警的目标是通过对安全生产活动和安全管理进行监测与评价，警示安全生产过程中所面临的危害程度。事故灾害预警需要完成的任务是对各种事故灾害征兆的监测、识别、诊断与评价，及时报警，并根据预警分析的结果对事故灾害征兆的不良趋势进行矫正、预防与控制。事故灾害预警在完成上述任务的基础上，还要体现与其他预测工作不同的特征。事故灾害预警的特点主要包括：快速性、准确性、公开性、完备性、连贯性。

预警机制作为一种制度，需要利用高科技手段，将监测到的各种异常信息在事故灾害发生前进行预告。这要求明确报警、接警、处警的部门和第一响应队伍，工作要求与程序，明确预警的方式、方法、渠道和监督措施。

在构建预警机制过程中，需要综合考虑以下因素：一是要处理好点与面之间的关系，既要做到重点突出，又要防止顾此失彼；二是要处理好社会敏感与实际危害之间的关系，虽然二者之间具有一定的相关性，但社会敏感的突发公共事件未必就是危害性重大的，反之亦然；三是处理好高风险与高危险之间的关系，有些事故灾害发生概率很高，但危险性却未必高，而有些事故灾害危险性很大，未必风险大，二者之间缺乏必然的联系；四是处理好预警机制的硬件与软件之间的关系，任何有效的预警机制都必然是由设备、设施等构成的硬件与由技术、制度、政策、管理等构成的软件组成，实际建立中需要理顺二者之间的关系；五是防止重复投资，造成资源的浪费。

从预警的目标来看，预警信息内容包括事故灾害类别、预警级别、起始时间、可能影响范围、警示事项、应采取的措施和发布机关等。从预警工作流程来看，预警信息依次包含信息收集、信息筛选、信息评价、阈值设定和报警等五个时间序列的工作。从预警机制的建设方面看，还应包括预警级别的调整、预警制度的完善以及预警措施的落实等相关工作内容。预警管理体系的基本框架如图 14.1 所示。

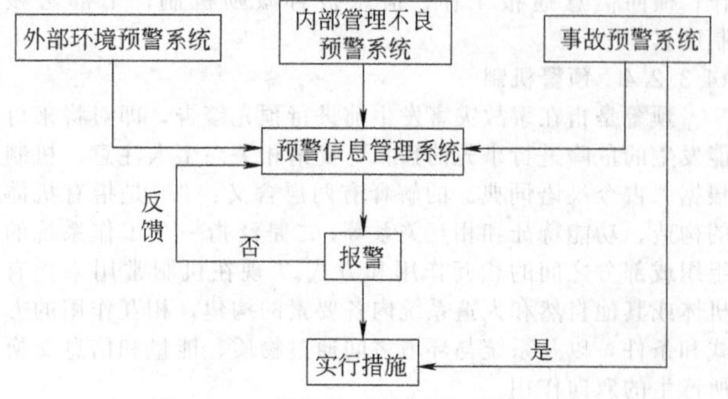


图 14.1　预警管理体系的基本框架

预警和预警机制的主要工作内容包括以下几点：

① 预警信息的处理与发布。这个阶段的任务是在各部门与各专业的专家参与下，根据特定的预警现象收集有关信息，对收集的全部信息进行多次分析研究，完成筛选工作，之后进行评价，来确定这些信息的实际重要性。在确定信息的准确性与重要性后，会同有关专家，根据经验和理论来确定预警指标的临界值。当先兆的信息的某些参数接近或达到这个阈值时，就意味着将有事故灾害发生。一旦特性参数接近或达到阈值时，系统就在合适的时间点上发出某事故灾害即将发生的警告。采用传统方法与科技方法相结合的手段，向相关工作人员和社会人员发出警报。

② 预警级别的划分。完善现有的预警级别划分标准，对各类突发事件的预警级别具体加以细化和规范化。完善预警级别的动态调整、重新发布和预警解除机制，提高预警信息的连续性。规范预警标志，多渠道设置规范而直观的预警标志。将事故灾害进行更加科学合理的分类并逐步实现数字化，提高根据综合研判结果、快速确定事故灾害预警级别的能力，实现对分级指标进行检索、添加、修改、查看、删除等功能。

③ 预警发布制度的完善。根据即将或可能发生的突发事件的类型和特征，参照相关预案规定和预警级别，启动相应的预警信息发布流程。依据“属地管理为主、权责一致、接受上级领导统一指挥”三项原则，进一步明确预警警报的发布权和授权制度。规范预警信息的发布内容，如突发事件的类别、预警的级别、起始时间、可能影响的范围、警示事项、应采取的措施和发布机关等。扩大预警发布的渠道，充分利用广播、电视、报纸、电话、手机短信、街区显示屏和互联网等多种形式发布预警信息，确保广大人民群众第一时间内掌握预警信息，使他们有机会采取有效防御措施。建立针对特殊群体的预警发布渠道，如对老、幼、病、残、孕等特殊人群以及学校等特殊场所和警报盲区应采取有针对性的公告方式。

④ 落实发布预警信息后的预警措施制度。根据风险评估和预警措施评估结果，深入分析风险隐患产生的主、客观原因，及时修订、完善相关规章制度，有针对性地制定和完善切实可行的预警措施，提高预警措施的针对性、可行性、规范性和科学性。完善预警措施实施后的反馈和评估机制，适时对预警措施进行监督检查和评估，建立预警措施更新调整机制，根据措施的实际效果不断完善预防预警措施。

### 14.3.3　应急处置与救援机制

“统一指挥、功能起源、反应灵敏、运转高效”的应急机制，有利于加强应对突发性重、特大安全事故灾害应急救援处置和综合指挥能力，提高紧急救援的快速反应能力和协调水平，确保发生安全生产事故灾害后，立即采取有效措施，组织抢救，防止事故灾害扩大和滋生次生事故灾害，最大限度减少人员伤亡和财产损失。

(1) 先期处置机制

先期处置是指在事故灾害灾难即将发生或刚刚发生后初期，有关部门对事件性质、规模等只能做出初步判断或还不能做出准确判定的情况下，对事件进行的早期应急控制或处置，并随时报告事态进展情况，最大限度地避免和控制事件恶化或升级的一系列决策与执行行动。先期处置的主要任务包括启动现场处置预案、成立现场处置指挥机构、封闭现场、疏导交通、疏散群众、救治伤员、排除险情、控制事态发展、上报信息等。

先期处置是应急管理“战时”工作的首要环节。及时、快速而有效处置可以争取时间，能以尽可能少的应急资源投入，最有效地控制事态扩大和升级并减少损失。

先期处置的目标是在突发事件发生的第一时间开展先期处置工作。按照边处理边报告的原则，及时有效地控制事态，防止事态的升级和扩大，并将了解的情况和所采取的措施立即反馈给有关部门和地区。先期处置应当遵循如下基本工作原则：一是统一现场指挥。必须建立应急处置现场指挥员制度，确定越级指挥、先期处置的原则与权限，落实并完善应急管理行政领导负责制和责任追究制。二是根据事态性质决定处置方式。先隔离事态，后控制处置，对各类性质比较确定的突发事件以控制与限制为主，对各种原因不明的突发事件要一边隔离事态和控制处置，一边及时判明事件性质和发展趋势。三是边处置、边报告。必须坚持边处置、边报告的原则，对没有明确规定、把握不准的问题，应当及时请示，情况紧急来不及请示时应当边处置、边报告或边报告、边处置。

先期处置的工作内容包括：

一是在事件发生的第一时间，及时采取临时性的应急控制措施，强化属地管理为主、充分授权、及时决策的原则，提高当地应急指挥机构的就近决策与处置权，以保证突发事件能够得到及时而有效的处置。细化突发事件发生后第一时间的先期处置措施，规范突发事件发生地应急管理部门进行临时性前期应急控制的权责，防止事态进一步扩大，尽可能减少危害。建立先期处置队伍和后期增援队伍的工作衔接机制，提高科学处置的水平。二是在了解现状的基础上明确支援内容与要素，向有关部门和领导报告事态进展情况，必要时可向上级有关部门和领导请求支援。明确先期处置队伍向有关部门和领导报告事态进展的内容、程序、方式、时限，规范越级报告制度，提高信息报送的质量。明确先期处置队伍向上级有关部门和领导请求支援以及上级有关部门和领导提供支援的条件、方式和内容，建立情况紧急时上级部门和领导进行越级指挥的制度。三是重视基层在事故灾害灾难先期处置中的作用。基层是信息报送的第一来源，也是先期处置的重要主体，而且往往是出现在先期处置第一时间的群体。由于基层离现场近、熟悉现场情况，因此是先期处置的最佳主体，事故灾害灾难发生后，只有基层才能做到见事早、行动快，及时开展先期处置，才能为整个事件的成功处置赢得宝贵时间，将事件解决在初发阶段，控制事态扩大，避免造成更大的人员伤亡和财产损失。同时，事发当地的基层组织也是协助大规模应急处置的第一帮手。基层组织和群众可以积极配合上级、外部专业救援队伍开展处置工作，在现场取证、道路引领、后勤保障、维护秩序等方面充分发挥协助处置的作用。要建立政府、企业、社团和个人之间“自救、互救、公救”相结合的合作关系，明确相互的权利、职责和义务。区域之间也要加强协作，相互援助，防止事故灾害的衍生和扩散。四是注重媒体应对，作为先期处置的主体要善于同媒体打交道，强化舆论引导：充分尊重，要与媒体保持及时沟通与联系，自觉接受监督。面对事故灾害采取实事求是的态度，要及时公布有关事件原因和救援进展等方面舆论关注的信息，因条件限制不便召开新闻发布会的，也要拟出权威的新闻通稿，供媒体采用，或充分利用新媒体，如官方微博，从而及时有效发布有关信息，主动引导舆论走向。

（2）决策指挥机制

决策指挥是指应急指挥者在对突发事件特定的原因、性质、时空特征、扩散态势、影响后果等进行快速评估的基础上，采用科学合理、及时有效的应急控制模式，对应急管理过程中的各种力量、各种活动进行时间上、空间上的安排与调整的过程。

建立健全决策指挥机制的目标，是充分发挥各级各类应急指挥机构的统一指挥和协调作用，强化各方面之间的协同配合，形成有效处置事故灾害灾难的合力。决策指挥的工作内容主要包括：启动应急响应、专业化现场指挥、资源调配与征用、专家参与、临时救助安置。

（3）协调联动机制

协调联动主要针对不同部门相互配合、互通有无、信息分享、功能互补、资源整合、共同行动，形成应对的合力，从而化解突发事件带来的危害。协调联动机制就是指在应急管理中能够有效组织多部门之间参与和配合的制度化、程序化和规范化的方法与措施，协调处理突发事件的运作模式。协调联动机制最主要的作用在于使得每一个参与者在朝着共同目标努力的过程中可以审视自己和合作者的行动，并且通过知会参与者在组织中的状态、警报等方式来激发参与者的自主行动。总之，协调联动就是一种以齐心协力、互助合作的方式而形成的多部门和多主体参与的应急管理模式，终结了传统意义上政府单位为单一应急管理主体的思维，也影响到传统意义上不同行政区域的应急管理权力，同时也重塑了政府与企业、非政府组织甚至公民之间的合作伙伴关系。

协调联动建设的目标，是做好纵向和横向的协同配合，推进不同区域、不同部门甚至国家之间在应急管理实践工作中的合作和交流，切实形成条块结合、上下联动的组织体系和跨地区、跨部门的协调合作框架，提高合成应急和协调应急能力。

协调联动应当遵循“党委领导、政府负责、军地协同、社会参与”的工作原则。一是建立应急救援联动机制，充分整合各种应急资源，综合协调、分工协作，实现预案联动、信息联动、队伍联动、物资联动，切实提高应对突发事件的能力。二是政府负责、社会参与。积极发挥政府的组织领导作用、专业部门的技术指导作用和人民群众的主体力量作用，形成上下联动的工作机制。三是军地联动、有序协调。通过军地应急联席会议、军地灾情信息共享、军地联合指挥、军地联合应急值守、军地灾害联合会商、军地联合行动、军地综合保障、军地应急演练等各方面的制度和配套措施，逐步提高部队与地方政府之间在应对突发事件方面的联合指挥、科学行动、快速反应、兵力投送、专业保障等各种非战争军事行动能力建设。

### 14.3.4 恢复重建机制

（1）定义

恢复重建是指在突发事件发生后，为保障正常的社会和经济活动，修复各类生命线工程，修复各类公共基础设施，恢复正常的生活、生产秩序而采取的相关措施，以及当突发事件应急处置工作基本结束，为恢复受影响地区与群众的生活、生产，促进受影响区域经济发展所做的规划和实施等工作。

恢复重建机制就是指在突发事件应急处置和救援基本结束后，围绕受影响区域社会秩序及人民生活、生产的恢复，围绕受影响区域重建工作，建立一套从过渡性安置、调查评估、规划、实施到相关监督管理的工作流程。这是应急管理的核心机制之一。

（2）目标与原则

恢复重建机制的目标是恢复受影响区域的生命线和其他各类基础设施的正常运行，恢复受影响群众正常的生活、生产秩序，重建受影响区域经济和社会发展需要的各类要素，促进受影响区域和受影响群众实现未发生突发事件时的正常的社会、经济和文化发展等。

恢复重建是突发事件应急处置和救援之后，消除突发事件所造成破坏和负面影响的必要工作，要遵循以人为本、及时高效、统筹协调、因地制宜、广泛参与、立足自救和公开公正等原则，同时在恢复重建过程中要突出重点，明晰轻重缓急，优先保障受影响群众的基本生活和治安秩序。

(3) 主要内容

以人为本，及时高效；统筹协调，科学规划；突出重点，分类指导；因地制宜，地方为主；广泛参与，社会协同；立足自救，多方帮扶；公开公正，依法监督。

(4) 建设要点

恢复重建是解决突发事件所造成的人员财产损失所必需的工作，也是应急管理工作的重要一环，但是恢复重建工作主要不由应急管理相关部门承担。因此恢复重建机制与其他应急管理机制有较大的区别，需要依据具体的突发事件而具体确定。一般而言，恢复重建机制需要注意如下要点：

① 重视恢复重建与应急处置和救援之间的衔接。在实际工作中，应急处置和救援与恢复重建之间难以区分显著的界限，一定程度上是相互交叠的。但是由于应急处置和救援与恢复重建是由不同的组织架构负责，所以二者之间必然有着工作上的交接和过渡。如何实现恢复重建与应急处置和救援之间的无缝隙衔接，是恢复重建机制必须解决的重大问题。

② 重视依法恢复重建。恢复重建工作不同于常规性的建设工作，不仅需要遵循一般性的法律法规，而且必须遵循针对特定突发事件后的恢复重建制定的特定法规和政策，因此恢复重建机制必须把合法性放在首要位置。

③ 重视恢复重建规划与实施之间的配合。虽然所有的规划和实施之间都存在配合的难题，但是这一问题在恢复重建工作中尤为突出。出于恢复重建工作性质的特殊，所以恢复重建规划的周期短、基础薄弱确度差。这就造成了恢复重建规划的实施难度大，甚至可能出现无法实施，或者与受影响区域实际情况完全不符的情况出现。因此恢复重建机制需要事先充分考虑恢复重建规划与实施间的配合问题，特别是当规划和实施出现冲突和矛盾时如何解决的问题。

## 14.4　应急体制

### 14.4.1　应急管理体制特征

应急管理体制作为政府的社会管理和公共服务职能，具有与其他组织管理职能相同的特征，又有不一样的特征：

① 统一领导。我国实行党中央、国务院统一领导的危机管理体制模式。例如，为应对 2008 年 1 月发生的南方雪灾，成立了国务院救灾中心，由国务院分管领导任总指挥，有关部门参加，统一指挥和协调各部门、各地区的危机管理工作。为了加强国务院危机管理的协调职能，2005 年末国务院在国务院办公厅内设立了国务院应急管理办公室，其职能是负责相关危机管理方面的值班、信息汇总和综合协调。在地方，地方各级政府是本地区危机管理工作的行政领导机关，负责本地区的危机管理工作。地方政府在国务院的领导下具体实施危机管理工作的领导，承担管理责任，并参照国务院办公厅的做法，在政府办公厅内成立政府应急管理办公室，确定并落实危机管理职能。

② 分类管理。我国应急管理体制的显著特征，是对各类突发事件实行分类管理。即对不同类型的事件由相应的政府职能部门分别管理，以充分发挥核事故灾害应急机构、防火总指挥部等指挥机构在相关领域应对突发事件中的作用。这种分灾种、分部门、分行业的分散型危机管理体制的优点是专业性强，有利于发挥专业优势，并做到各司其职，但从效率性、协调性、整合性方面看，还存在缺陷。

③ 分级管理，条块结合。分级管理，主要是根据突发事件的影响范围和级别，确定突发事件应对工作由不同层级政府负责，其中影响全国、跨省级行政区域的或者超出省级人民政府处置能力的特别重大的突发事件应对工作，由国务院统一领导，地方政府给予协助，其他局部性或一般性公共危机由地方相应层级政府负责处理，上级政府给予支持，形成了条块结合的管理结构和相应体制。

### 14.4.2　应急管理体制的结构和功能

《突发事件应对法》明确规定：国家建立统一领导、综合协调、分类管理、分级负责、属地管理为主的应急管理体制。同时，还建立了涵盖中央与地方两个层面、上下统一、层级分明、职责明确的应急管理机构。

(1) 形成了“统一领导”的应急管理工作格局

在中央，由党中央对全国应急管理工作行使统一领导权，国务院具体负责对全国重大应急管理工作进行决策和处置。若遇重大突发事件，在国务院成立由相关部门参加的应急总指挥部，军队通过参与指挥部在应急管理和突发事件处置中发挥重要作用。在地方，则由地方党委对地方应急管理工作行使统一领导权，地方政府成立由本级政府相关部门参加的应急指挥部，地方驻军通过参与指挥部在地方应急管理和突发事件处置中发挥重要作用。在应急管理工作中，党中央和国务院与全国地方各级党委和政府、上级党委和政府与下级党委和政府、上级指挥部与下级指挥部都存在领导与被领导的关系。

(2) 突出的应急管理工作的“综合协调”职能

在单一性应急管理体制中，应急指挥部就具有重要的协调功能，但这是一种非常态的、有限范围的协调，即突发事件处置过程中相关部门的协调，主要在突发事件发生时启动。2003 年防治“非典”以后，从中央到县级地方政府先后设立了应急管理机构，一般设在本级政府的办公厅（室）内，作为本级政府应急管理工作的办事机构，主要行使应急管理的日常工作和综合协调职能，这种综合协调已成为应急管理工作中一种常态的、更大范围的综合协调。

(3) 完善的“分类管理”体系

单一性应急管理模式是“分类管理”的雏形，为我国的应急管理工作积累了比较丰富的经验。目前，在总结经验的基础上，把突发事件主要分为四大类：自然灾害、事故灾害灾难、公共卫生事件和社会安全事件。每一类突发事件分别由相关部门为主进行管理，综合性应急管理机构负责统一协调，其他相关部门予以支持和协助。把“分类管理”与“综合协调”结合起来，使之成为一个有机的整体。明确了“分级负责、属地管理为主”的应急管理责任制。“统一领导、分级负责”是我国政治运行的基本模式，应急管理体制作为行政管理体制的一部分，同样要按照这一基本模式运行。在“统一领导、分级负责”的前提下，“以属地管理为主”是我国多年应急管理经验的科学总结，现行的应急管理体制充分吸收了这方面的成功经验，既强调了地方党委和政府在应急管理中应有的权力，又强化了其相应的责任，有利于充分发挥地方党委和政府在应急管理中的重要作用。

### 14.4.3　我国应急管理体制发展历程

自 1949 年中华人民共和国成立以来，党和政府就高度重视应急管理，特别是对防灾救灾的应急管理。应急管理体制建设随着各项事业的发展而发展，并逐渐完善起来。应急管理体制应对的危机范围逐渐扩大，其覆盖面从以自然灾害为主逐渐扩大到覆盖自然灾害、事故灾害灾难、公共卫生和社会安全事件四个方面。

纵观我国政府应急管理体制的历史演进，大体经历了三个阶段：

(1) 专门部门应对单一灾种的应急管理体制

中华人民共和国成立以来至改革开放初期，我国政府应急管理体制为单一性应急管理体制。该应急管理体制的特点：一是应急管理的组织体系主要以某一相关主管部门为依托对口管理，其他部门参与；二是对自然灾害等应急事件分类别、分部门预防和处置；三是应急管理机构事实上是一种单一灾种的应对和管理机构。历史经验表明，这种管理模式在应对所设机构管理范围以内的突发事件时是有效的，既能做到分工明确，又能协调各方力量共同应对突发事件。但是，各级各类突发公共事件逐渐超越单一性特征，越来越具有综合性、复合性和跨界域传播。由于缺乏综合性的应急管理机构，当出现已设机构管理范围以外的突发事件时，可能会因无专门应急机构而耽误迅速应对的最佳时机。即使某一突发事件有相应的机构负责应对，但由于这个机构无法协调其他的部门予以协助，就会造成应对不力的局面。

(2) 议事协调机构和联席会议制度共同参与的应急体制

改革开放以来至2003年防治"非典"期间，我国政府应急管理体制为议事协调机构和联席会议制度共同参与的应急体制。该阶段应急管理体制的特点：为了应对日益复杂的公共突发事件，提高各部门应对的能力，增设了有关应急管理的议事协调机构，并以这些议事协调机构为依托，建立了一系列有关应急管理的联席会议制度，以便于解决综合协调问题，为综合性应急管理体制的形成奠定了基础。

(3) 强化政府综合管理职能的应急体制

2003年防治"非典"结束后至今，我国政府应急管理体制为综合应急管理体制。该阶段综合应急管理体系的主要特点：一是党和政府把应急管理工作和应急管理体系建设提上了重要的议事日程，并为此进行了一系列的探索，取得了很多具有实质性进展的成果；二是全面推进了"一案三制"建设，将各类灾害和事故灾害统一抽象为"突发事件"，将各类灾害的预防与应对统一抽象为"应急管理"，进而确立了突发事件应急管理的组织体系、一般程序、法律规范与行动方案；三是在政府行政管理机构不做大的调整的情况下，一个依托于政府办公厅（室）的应急管理办公室发挥枢纽作用，以若干议事协调机构和联席会议制度为协调机制的综合协调型应急管理新体制初步确立。

2018年2月，国家安全生产应急救援指挥中心关于《印发2018年安全生产应急管理工作要点的通知》（应指综合〔2018〕5号）提出要"大力推进安全生产应急救援管理体制改革和创新。要积极推动安全生产应急救援管理体制改革。按照《中共中央 国务院关于推进安全生产领域改革发展的意见》提出的政事分开原则，研究提出推动应急救援管理体制改革的意见。健全完善地方安全生产应急救援管理体制。及时总结地方应急救援管理体制改革的成功经验和强化应急管理机构建设的好做法，加强交流推广，推动应急管理体制机制不断健全完善。按照理顺职能、上下协调和运转高效的要求，指导、推动省、市、县三级应急救援管理体制改革。"

2018年3月，根据第十三届全国人民代表大会第一次会议批准的国务院机构改革方案，中华人民共和国应急管理部设立，开启了持续深化综合应急管理体制的新阶段。应急管理部的主要职责为：组织编制国家应急总体预案和规划，指导各地区各部门应对突发事件工作，推动应急预案体系建设和预案演练；建立灾情报告系统并统一发布灾情，统筹应急力量建设和物资储备并在救灾时统一调度，组织灾害救助体系建设，指导安全生产类、自然灾害类应急救援，承担国家应对特别重大灾害指挥部工作；指导火灾、水旱灾害、地质灾害等防治；负责安全生产综合监督管理和工矿商贸行业安全生产监督管理等。应急管理部的成立，将全面提升应急救援的协同性、整体性、专业性，整合优化应急力量和资源，推动形成统一指挥、专常兼备、反应灵敏、上下联动、平战结合的中国特色应急管理体制，是推进治理能力和治理体系现代化的重要体现。

### 14.4.4 我国应急管理体制基本内容

应急管理体制是指为保障公共安全，有效预防和应对突发事件，避免、减少和减缓突发事件造成的危害，消除其对社会产生的负面影响而建立起来的以政府为核心，其他社会组织和公众共同参与的组织体系。与一般的体制有所不同，应急管理体制是一个开放的体系结构，由许多具有独立开展应急管理活动的单元体构成：从整体上看，应急管理体制可针对不同类型、不同级别和不同地域范围内的突发事件，快速灵活地构建起相应的应急管理体制；从功能上看，其目的在于根据应急管理目标，设计和建立一套组织机构和职位系统，确定职权关系，把内部联系起来，以保证组织机构的有效运转。

应急管理体制是建立应急响应机制和应急预案体系的依托和载体。因此，建立完备的应急管理机制是整个应急体系建设的首要环节。《国家突发公共事件总体应急预案》中提出，要在党中央、国务院的统一领导下，建立健全"分类管理、分级负责、条块结合、属地管理为主"的应急管理体制，在各级党委领导下，实行行政领导责任制，充分发挥专业应急指挥机构的作用。

(1) 统一领导、综合协调

"统一领导"既包涵了中央政府对地方政府、部委的领导，也包含了地方政府对下级政府、地方部门的领导，体现了应急指挥决策核心对所属相关地区、部门和单位的领导。这种纵向关系要求特别注意把握好上下级之间的集权与分权程度，层层落实职责，健全运行机制。

统一领导是应急管理的首要原则，也是突发事件的应急管理不同于其他政府管理过程的主要特点。政府应急管理与常态事务管理的不同之处在于突发事件应急管理往往需要在短期内做出统一的决策，因此要求管理权相对集中，实行统一集中的决策，这也是世界各国应急管理机构的主要特点之一。统一领导的内涵是指在各级党委的统一领导下，国务院是全国层面上的突发事件应急管理工作的最高行政领导机关，统一负责全国范围内的应急管理工作；地方各级人民政府是本行政区域范围内应急管理工作的行政领导机关与责任主体，统一负责本行政区域各类突发事件应急管理工作。在突发事件应对中，各级党委、政府的统一领导权主要表现为以相应责任为前提的决策指挥权、部门协调权。

综合协调与统一领导实际上是同一个问题的不同表述方式，也可以理解为统一领导的手段。参与应急管理工作的政府机构众多、职能各异，在突发事件应急管理条件下，日常工作中可能缺乏联系的一些部门，需要在短期内按照共同目标，开展有效的合作，综合协调工作变得比日常工作更为重要。"综合协调"既包含了应急管理中负有责任的地区、部门、单位之间的协调联动，也包含了军地之间的协调联动，包含了政府与非政府组织、企事业单位和公众之间的协调联动，还包含了跨地区、跨国的合作等，这种横向关系要求特别注意发挥好各方面的积极性，实现信息互通、资源共享、协调配合、高效联动。

应急管理的综合协调包括三层含义：一是各级政府对所属各有关部门，上级政府对下级各有关政府的综合协调，包括共同的上级机关对互相没有隶属关系或业务指导关系的不同层级政府和不同政府部门之间的协调。二是对政府之外的各类主体进行的综合协调，包括对武装力量、国内外企业、社会团体、非政府组织、国内外公众之间的综合协调。三是各级政府突发事件应急管理工作的办事机构，根据职责所进行的日常协调工作。综合协调的本质和取向是在分工负责的基础上，强化统一指挥、协同联动，以减少运行环节，降低行政成本，提高效率和快速反应能力。

从政府组织体系认识应急管理机构，通常有纵向、横向和内部三个维度，其中最基本的是纵向政府间关系。政府为履行公共职能，通常在纵向上划分为中央、省、地方等不同层级的政府。在中国应急管理体制中，不同政府通常应对不同规模程度的突发事件，这使得纵向划分具有特殊的重要意义。

为做好统一领导和综合协调工作，国务院办公厅设国务院应急管理办公室，履行值守应急、信息汇总和综合协调职责，发挥运转枢纽作用；国务院有关部门依据有关法律、行政法规和各自的职责，负责相关类别突发事件的应急管理工作，包括相关类别的突发事件专项和部门应急预案的起草与实施，贯彻落实国务院有关决定事项，并在各自职责范围内指导、协助下级人民政府及其相应部门做好有关突发事件的应对工作。值得注意的是，自 2018 年 3 月中央机构改革，即中华人民共和国应急管理部成立之后，国务院办公厅应急管理职责划入应急管理部，不再保留国务院应急管理办公室。实践证明，中央政府强有力的领导，对于应对各类重大突发事件具有十分重要的作用。

(2) 分类管理、分级负责

中国将突发事件分为自然灾害、事故灾害灾难、公共卫生事件和社会安全事件四大类，并将各类突发事件按照其性质、严重程度、可控性和影响范围等因素，分为四级：Ⅰ级(特别重大)、Ⅱ级（重大)、Ⅲ级（较大）和Ⅳ级（一般)。通常，分类管理主要是指同层级政府对突发事件的管理，分级负责主要是指不同层级政府在应急管理中的不同责任。

① 分类管理的内涵。对于不同种类的突发事件，各级政府都有相应的指挥机构及应急管理部门进行统一管理。具体包括：根据不同类型的突发事件特性，确定相应的管理规则，明确分类分级标准，开展预防和应急准备、监测与预警、应急处置与救援、事后恢复与重建等应对活动。一类突发事件往往由一个或者几个相关部门牵头负责，如防汛抗旱、防震减灾、反恐、公共卫生等应急指挥机构及其办公室分别由水利、地震、公安、卫生等部门牵头，相关部门参加，协同应对。

② 分级负责的内涵。中央政府主要负责涉及跨省级行政区划的，或超出事发地省级人民政府处置能力的特别重大突发事件应急响应和应对处置工作。分级负责中较高层级的政府负责较大规模或较大范围的突发事件处置工作，主要是职责所在，而且较高层级的政府具有更多的权限、更广泛的资源协调能力，能够开展跨区域、跨部门的应对工作。各级政府所管理的区域不同，掌握资源的差异，应对的能力和侧重点不同，一般而言，越是高层级政府，应对能力越强。根据突发事件的影响范围和突发事件的级别不同，确定突发事件应对工作由不同层级的政府负责。一般情况下，一般和较大的自然灾害、事故灾害灾难、公共卫生事件的应急处置工作分别由发生地县级和设区的市级人民政府统一领导；重大和特别重大的，由省级人民政府统一领导，其中影响全国、跨省级行政区域或者超出省级人民政府处置能力的特别重大的突发事件应对工作，或国务院认为应当由国务院处置的重大突发事件，由国务院统一领导。履行统一领导职责的地方人民政府不能消除或者无法有效控制突发事件引起的严重社会危害的，应当及时向上一级人民政府报告，请求支持。接到下级人民政府的报告后，上级人民政府应当根据实际情况对下级人民政府提供人力、财力支持和技术指导，必要时可以启用储备的应急救援物资、生活必需品和应急处置装备；有关突发事件升级的，应当由相应的上级人民政府统一领导应急处置工作。

(3) 属地管理为主

应急管理体制的“属地管理为主”是应急处置的重要工作原则，它主要有两层含义：一是突发事件应急处置工作原则上由地方负责，即由突发事件发生地的县级以上地方人民政府负责；二是法律、行政法规规定以国务院有关部门对特定突发事件的应对工作负责的，就应当以国务院有关部门管理为主。其核心是建立以事发地党委和政府为主，有关部门和相关地区协调配合的领导责任制。地方政府和事发部门远比更高层级的政府了解突发事件信息，更能够及时、准确地做出决策、实施救援。这是大多数国家进行应急处置的基本做法。

“属地管理为主”是应急处置的重要工作原则。其核心是建立以事发地党委和政府为主，有关部门和相关地区协调配合的领导责任制。突发事件发生地县级人民政府不能消除或者不能有效控制突发事件引起的严重社会危害的，应当及时向上级人民政府报告。上级人民政府应当及时采取措施，统一领导应急处置工作。法律、行政法规规定由国务院有关部门对突发事件的应对工作负责的，从其规定，地方人民政府应当积极配合并提供必要的支持。

### 14.4.5　应急管理工作组织及机构

2018 年 3 月 13 日在第十三届全国人民代表大会第一次会议上，《关于国务院机构改革方案的说明》提出，要组建应急管理部。我国是灾害多发频发的国家，为防范化解重特大安全风险，健全公共安全体系，整合优化应急力量和资源，推动形成统一指挥、专常兼备、反应灵敏、上下联动、平战结合的中国特色应急管理体制，提高防灾减灾救灾能力，确保人民群众生命财产安全和社会稳定。该方案提出，将国家安全生产监督管理总局的职责，国务院办公厅的应急管理职责，公安部的消防管理职责，民政部的救灾职责，国土资源部的地质灾害防治、水利部的水旱灾害防治、农业部的草原防火、国家林业局的森林防火相关职责，中国地震局的震灾应急救援职责，以及国家防汛抗旱总指挥部、国家减灾委员会、国务院抗震救灾指挥部、国家森林防火指挥部的职责整合，组建应急管理部，作为国务院组成部门。公安消防部队、武警森林部队转制后，与安全生产等应急救援队伍一并作为综合性常备应急骨干力量，由应急管理部管理，实行专门管理和政策保障，制定符合其自身特点的职务职级序列和管理办法，提高职业荣誉感，保持有生力量和战斗力。需要说明的是，按照分级负责的原则，一般性灾害由地方各级政府负责，应急管理部代表中央统一响应支援；发生特别重大灾害时，应急管理部作为指挥部，协助中央指定的负责同志组织应急处置工作，保证政令畅通、指挥有效。应急管理部要处理好防灾和救灾的关系，明确与相关部门和地方各自职责分工，建立协调配合机制。考虑到中国地震局、国家煤矿安全监察局与防灾救灾联系紧密，划归应急管理部管理。不再保留国家安全生产监督管理总局。

应急管理部贯彻落实党中央关于应急工作的方针政策和决策部署，在履行职责过程中坚持和加强党对应急工作的集中统一领导。其主要职责是：

① 负责应急管理工作，指导各地区各部门应对安全生产类、自然灾害类等突发事件和综合防灾减灾工作。负责安全生产综合监督管理和工矿商贸行业安全生产监督管理工作。

② 拟定应急管理、安全生产等方针政策，组织编制国家应急体系建设、安全生产和综合防灾减灾规划，起草相关法律法规草案，组织制定部门规章、规程和标准并监督实施。

③ 指导应急预案体系建设，建立完善事故灾害灾难和自然灾害分级应对制度，组织编制国家总体应急预案和安全生产类、自然灾害类专项预案，综合协调应急预案衔接工作，组织开展预案演练，推动应急避难设施建设。

④ 牵头建立统一的应急管理信息系统，负责信息传输

渠道的规划和布局，建立监测预警和灾情报告制度，健全自然灾害信息资源获取和共享机制，统一发布灾情。

⑤ 组织指导协调安全生产类、自然灾害类等突发事件应急救援，承担国家应对特别重大灾害指挥部工作，综合研判突发事件发展态势并提出应对建议，协助党中央、国务院指定的负责同志组织特别重大灾害应急处置工作。

⑥ 统一协调指挥各类应急专业队伍，建立应急协调联动机制，推进指挥平台对接，衔接解放军和武警部队参与应急救援工作。

⑦ 统筹应急救援力量建设，负责消防、森林和草原火灾扑救、抗洪抢险、地震和地质灾害救援、生产安全事故灾害救援等专业应急救援力量建设，管理国家综合性应急救援队伍，指导地方及社会应急救援力量建设。

⑧ 负责消防工作，指导地方消防监督、火灾预防、火灾扑救等工作。

⑨ 指导协调森林和草原火灾、水旱灾害、地震和地质灾害等防治工作，负责自然灾害综合监测预警工作，指导开展自然灾害综合风险评估工作。

⑩ 组织协调灾害救助工作，组织指导灾情核查、损失评估、救灾捐赠工作，管理、分配中央救灾款物并监督使用。

⑪ 依法行使国家安全生产综合监督管理职权，指导协调、监督检查国务院有关部门和各省（自治区、直辖市）政府安全生产工作，组织开展安全生产巡查、考核工作。

⑫ 按照分级、属地原则，依法监督检查工矿商贸生产经营单位贯彻执行安全生产法律法规情况及其安全生产条件和有关设备（特种设备除外）、材料、劳动防护用品的安全生产管理工作。负责监督管理工矿商贸行业中央企业安全生产工作。依法组织并指导监督实施安全生产准入制度。负责危险化学品安全监督管理综合工作和烟花爆竹安全生产监督管理工作。

⑬ 依法组织指导生产安全事故灾害调查处理，监督事故灾害查处和责任追究落实情况。组织开展自然灾害类突发事件的调查评估工作。

⑭ 开展应急管理方面的国际交流与合作，组织参与安全生产类、自然灾害类等突发事件的国际救援工作。

⑮ 制定应急物质储备和应急救援装备规划并组织实施，会同国家粮食和物资储备局等部门建立健全应急物资信息平台和调拨制度，在救灾时统一调度。

⑯ 负责应急管理、安全生产宣传教育和培训工作，组织指导应急管理、安全生产的科学技术研究、推广应用和信息化建设工作。

⑰ 管理中国地震局、国家煤矿安全监察局。

⑱ 完成党中央、国务院交办的其他任务。

⑲ 职能转变。应急管理部应加强、优化、统筹国家应急能力建设，构建统一领导、权责一致、权威高效的国家应急能力体系，推动形成统一指挥、专常兼备、反应灵敏、上下联动、平战结合的中国特色应急管理体制。一是坚持以防为主、防抗救结合，坚持常态减灾和非常态救灾相统一，努力实现从注重灾后救助向注重灾前预防转变，从应对单一灾种向综合减灾转变，从减少灾害损失向减轻灾害风险转变，提高国家应急管理水平和防灾减灾救灾能力，防范化解重特大安全风险。二是坚持以人为本，把确保人民群众生命安全放在首位，确保受灾群众基本生活，加强应急预案演练，增强全民防灾减灾意识，提升公众知识普及和自救互救技能，切实减少人员伤亡和财产损失。三是树立安全发展理念，坚持生命至上、安全第一，完善安全生产责任制，坚决遏制重特大安全事故灾害。

我国地方机构改革调整正处于进行时，部分地方政府应急管理局的改革编制方案还未确定。2018 年 12 月 19 日，中共北京市委办公厅 北京市人民政府办公厅关于印发《北京市应急管理局职能配置、内设机构和人员编制规定》的通知下发，该文件明确指出了北京市应急管理局的主要职责、职能分工、下设机构等具体规定安排。北京市应急管理局具体机构设置见图 14.2。

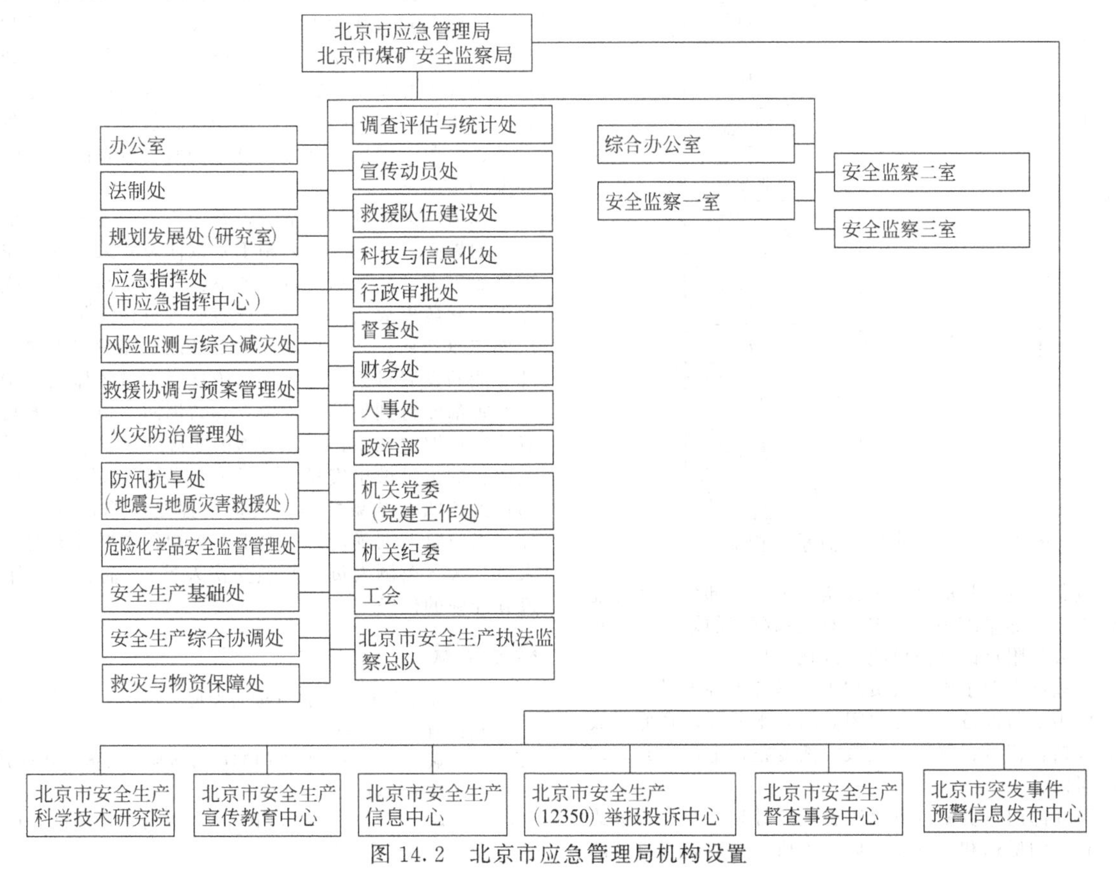

图 14.2　北京市应急管理局机构设置

对于企业来说，在任何工业活动中都有可能发生事故灾害。无应急准备状态下，事故灾害发生后往往造成惨重的生命和财产损失；有应急准备时，利用预先的计划和实际可行的应急对策，充分利用一切可能的力量，在事故灾害发生后迅速控制其发展，保护现场工人和附近居民的健康与安全，并将事故灾害对环境和财产造成的损失降至最低限度。

虽然应急系统随事故灾害的类型和影响范围而异，但企业事故灾害应急系统一般都由应急计划、应急组织、应急技术、应急设施和外援机构五部分组成，如图 14.3 所示。

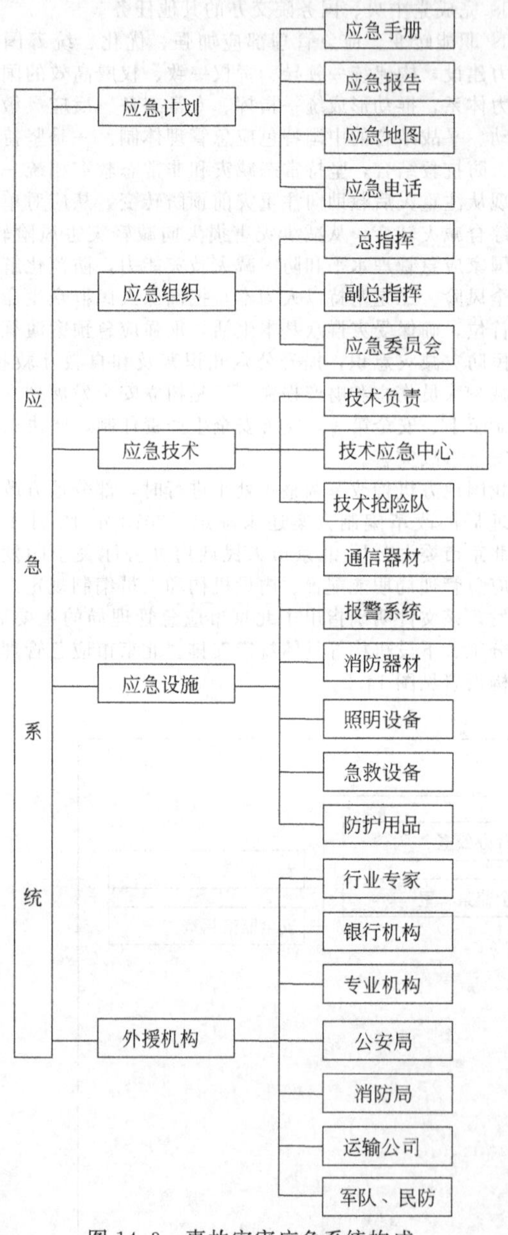


图 14.3　事故灾害应急系统构成

制订应急计划的目的是：①将紧急事件局部化，如可能并予以消除；②尽量缩小事故灾害对人和财产的影响，防止事故灾害扩大到附近的其他设施，以减少伤害。

消除事故灾害要求操作人员和工厂紧急事件人员必须迅速行动，使用消防设备、紧急关闭阀门和水幕等。降低事故灾害后果包括：营救、急救、疏散和恢复正常生产，并立即通知附近居民。

企业管理部门负责制订事故灾害应急计划，并为与事故灾害预防有关的机构和人员提供应急手册，详细说明危险源（事故灾害隐患）的状况、有关单位的职责、主要控制措施、风险分析报告等。为便于应急处理事故灾害，应急计划报告中应附一张标明工厂、办公室、重要设施、医疗、急救、避难场所、疏散路线、指挥中心的详图；列出有关协作单位及联络方法一览表，并对工厂警报系统和报警信号的类别加以说明。

在应急计划中应包含足够的灵活性，以保证在现场能采取适当的措施和决定。

企业在应急计划中应考虑怎样进行下列各方面的工作：①非相关工人可沿着具有清晰标志的撤离路线到达预先指定的集合点；②指定某人记录所有到达集合点的工人，并将此信息报告应急控制中心；③考虑由于节日、生病和当时现场人员的变化，需根据不在现场人员的情况，更新应急控制中心所掌握的名单；④安排对工人进行记录，包括其姓名、地址，并保存在应急控制中心且定期更新；⑤紧急状态的关键时期，授权披露有关信息，并指定一名高级管理人员作为该信息的唯一出处；⑥紧急状态结束后，恢复步骤中应包括对再次进入事故灾害现场的指导说明。

计划的评估和修订：在制订计划和演练过程中，应让熟悉设施的工人，包括相应的安全小组共同参与。企业应让熟悉设施的工人参加应急计划的演习和操练；与设施无关的人，如高级应急官员、政府监察员，也应作为观察员监督整个演练过程。每一次演练后，应核对该计划是否被全面执行，并发现不足和缺陷。企业应在必要的时候修改应急计划，以适应现场设施和危险物的变化。这些修改应通知所有与应急计划有关的人员。

其应急组织机构与指挥中心主要安排如下：有效的应急计划要求在事故灾害应急处理时，各级人员职责分明。因此，企业应建立由不同部门人员组成的事故灾害应急咨询委员会，任命指挥者和协调人员。指挥者应是企业最高管理机构的成员，能代表企业进行决策。指挥者负责通信联络、消防、安全、抢救、医护、运输、公共关系等，估计事故灾害发生的原因和可能发展的情况，及时做出人员疏散和工厂停产等决定。灾难控制机构的协调指令应从装备精良和保护完好的指挥中心发出。指挥中心应有足够的内、外通信联系设备；应急计划；标明危害物质和设施位置和安全装备、救护设备、水源、进出口路线、避难场所的位置图及危险源周围环境的平面图。

作为应急计划的一部分，企业应委派一名现场事件管理者（如果必要，委派一名副手）以便及时采取措施控制、处理事故灾害。总指挥的责任如下：①决定是否存在或可能存在重大紧急事故灾害，要求应急服务机构提供帮助，并实施厂外应急计划；②复查和评估事件的可能发展方向，确定事件可能的发展过程；③指挥设施现场人员的撤离；④确保任何伤害都能得到足够的重视；⑤与消防人员、地方政府和政府监察员取得联系；⑥在设施内实施交通管制；⑦对保持紧急情况的记录做出安排；⑧给新闻媒介发送有权威的信息；⑨在紧急状况结束之后，负责指挥受影响地点的恢复。此外，当应急计划确定其他由工人承担的主要任务时（如急救人员、大气监测人员、照顾受伤人员），企业应确保工人知道其准确的任务。

## 参考文献

[1] 中国应急管理的全面开创与发展（2003—2007）（下册）．北京：国家行政学院出版社．

[2] 钟开斌．中国应急管理的演进与转换：从体系建构到能力提升．理论探讨，2014（2）：17-21．

[3] 钟开斌．“一案三制”：中国应急管理体系建设的基本框架．南京社会科学，2009（11）：77-83．

[4] 安全生产应急管理“十三五”规划.
[5] 中华人民共和国突发事件应对法.
[6] 张新梅，陈国华，张晖，陈清光，颜伟文. 我国应急管理体制的问题及其发展对策的研究. 中国安全科学学报，2006 (02)：79-84，146.
[7] 国家安全生产应急救援指挥中心关于《印发 2018 年安全生产应急管理工作要点的通知》(应指综合 [2018] 5 号).
[8] 北京市应急管理局职能配置、内设机构和人员编制规定（京办字 2018 [27] 号).
[9] 罗云. 风险分析与安全评价. 第三版. 北京：化学工业出版社.
[10] 闪淳昌，薛澜. 应急管理概论——理论与实践. 北京：高等教育出版社，2015.

# 15 应急管理方法技术

## 15.1 预防与应急准备

### 15.1.1 社会管理

近些年来，突发事件的发生愈加频繁，对社会的破坏力也越来越强，给当下的应急管理工作带来了很大的挑战。如何高效快速动员社会上的有效资源成为应对突发事件的关键。应急动员机制作为应对突发事件筹集资源的主要方式，对应急救援效果有着重要影响。本书首先对应急动员机制的内涵和功能进行介绍，而后对应急动员的主体和客体、三种环境约束进行了分析，重点说明在应急管理的四个阶段应急动员机制是怎样运行的，即应急动员机制的设计流程，其中包括运行的方式和内容。同样，应急动员机制的顺利高效运行需要一定的制度保障，本书从三个方面对应急动员机制的制度化建设提出了相关建议，希望对应急动员机制的进一步发展提供一定的参考意见。对于当下突发事件的严峻形势，只有系统、全面的社会参与，才能更好地应对突发事件。

应急一般是指针对突发、具有破坏力事件所采取预防、响应和恢复的活动与计划。应急工作的主要目标是：对突发事故灾害做出预警；控制事故灾害发生与扩大；开展有效救援，减少损失和迅速组织恢复正常状态。应急救援对象是突发性和后果与影响严重的公共安全事故灾害、灾害与事件。这些事故灾害、灾害与事件主要来源于以下8个公共安全领域：工业事故灾害、自然灾害、城市生命线、重大工程、公共活动场所、公共交通、公共卫生和人为突发事件。由此，构成一个复杂巨系统。

为了应对突发事故灾害，迅速做出反应，应急系统必须做到：建立全天候的昼夜值班制度，以便及时收集信息，发出通知，报告上级；使报警、指挥通信系统始终保持完好状态；建立、健全科学的应急系统，根据可能执行的各种任务性质，进行严密而又合理的编组；使有关单位的应急指挥者能够及时启动本单位的人员与装备；准备好替补（预备）力量；使各种应急救援的装备、技术器材、有关物资随时处于待用状态，储存位置易于提取与固定；做好应对突发事故灾害的部署，能使按方案先期投入应急救援的力量达到有令即行的程度；制定好应对突发事故灾害的应急预案等。

应急救援活动中经常会出现预想不到的情况，意外因素包括：首先是天气条件变化，虽然可以通过预报有所了解，但天气变化的剧烈程度，常常是难以预料的，尤其是局部的小气候，更难以把握。制订计划与行动方案时，常根据某一季节最可能出现的风向、风速等，以考虑主导风向为主，确定应急救援的重点方向。由于事故灾害发生时天气情况往往与事先的预测有较大的差距，将给应急指挥增加难度。其次是自然灾害，如洪水、飓风、地震、泥石流、山体滑坡等。这些灾害突然发生后，给原有事故灾害应急救援工作造成未曾预见的困难，不但加重事故灾害损失的严重程度，还可使交通中断、通信受阻、救援力量分散、应急救援物质短缺等。再一个很难预测的是人为因素的变化，包括敌对分子的趁机捣乱和公众的失常行为。在严重的事故灾害和灾害条件下，公众情绪激动，心理恐慌，有时会采取一些不理智的冲动行为，而且一旦发生后，形势变化十分迅速、复杂，事态极难控制。应急指挥如果缺乏对这些意外情况的考虑和组织准备，不但影响指挥系统的正常运行，而且可能造成事故灾害失控。

应急管理系统和应急预案中的一项重要内容，就是要研究对付意外情况的措施，要留有准备应对意外事件的人力、装备及物资器材，要明确所属各单位发生意外情况时的处置方法与权限。这虽然会增加应急工作的强度，但可以确保应急总体目标的实现。实际上各类事故灾害、灾害、事件的原因与影响因素十分复杂，即使应急预案已经做了充分而缜密的准备，也难保万无一失。在应急的实际活动中，应急指挥中心要及时、准确地了解所发生的意外事件，确保重要救援任务的顺利进行。意外情况发生时，应急组织指挥者要处惊不乱，沉着果断，随机应变，调整力量，在适当的时机，投入预备队伍，尽快恢复信息渠道，确保指挥顺畅。在应急预案的策划阶段，应充分考虑各类意外情况，还要制定意外情况应急处置方案，做到有备无患。

应对各类突发事故灾害、灾害、事件的关键措施是做好事前的培训与演习，有些演习必须具有针对性且事先不予通知，才能取得实战效果。

应急活动具有复杂性，其主要是源于：事故灾害、灾害、事件影响因素与演变规律具有不确定性和不可预见的多变性；参与应急救援活动的单位来自不同部门，在沟通、协调、授权、职责及其文化等方面都存在巨大差异；应急响应过程中公众的反应能力、心理压力、公众偏向等突发行为的复杂性等。这些复杂因素，都应该在应急活动中给予关注，并要对其引发的各种复杂情况做出足够的估计，制定出随时应对各种复杂变化的相应方案。

从一定意义上说，应急指挥就是协调执行任务的各单位之间（包括出事故灾害单位本身及其领导机构和外来的救援单位）的行动，使它们既能充分发挥自己的作用，又能相互配合，提高整体效能。由此可见，除事故灾害本身的复杂性外，参与应急活动单位的数量、管辖范围和专业特点，决定了应急指挥的复杂程度。在事故灾害应急救援行动中，参与的单位很多，专业分类繁杂，如果协同动作搞不好，既不能高效地完成总的任务，又难以有效地完成各单位承担的局部任务。

### 15.1.2 应急准备

（1）高度重视国家应急准备工作，研究、整合并构建国家级综合应急管理系统

借鉴美国，其应急准备已成为应急管理全过程的工作，不再是应急管理的一个阶段。这个理念的变化十分关键，它决定美国国家应急管理工作的战略定位，影响应急准备工作的具体设计与部署。目前，我国仍然将“应急准备”作为应急管理的一个环节，而不是贯穿于应急管理整个流程之中。因此，我国政府要高度重视国家应急准备工作，将应急准备工作提升到国家安全的战略高度，强化顶层设计，从国家整体层面研判我国应急准备面临的基本态势，提出“中国国家应急准备战略框架”，明确指出我国国家应急准备的战略目标、战略重点和战略步骤。

我国从2003年以来更加重视应急管理工作，并在近10

年时间里构建了中国特色应急管理体系。目前，我国行政体制使得在开展突发事件应急管理工作时，往往是条块分割、部门分割，应急协调能力不够畅通，严重制约应急响应能力。《突发事件应对法》明确提出国家要建立“统一领导、综合协调、分类管理、分级负责、属地管理为主”的应急管理体制，其中的“统一领导”需要在技术层面上有突破、有创新，这方面可以借鉴美国的NIMS构造思路，提出我国国家级综合应急管理系统的设计方案。这个工作是一个必要的、复杂的系统工程，需要科学、有序、分步推进。

(2) 修订应急管理基本法和总体预案，加快配套法律法规等文件的出台

国家应急准备工作需要形成规范化、标准化、可操作化的程序和规章，这要求相关法律、法规、指南、标准等文件要快速、有序地出台和实施——这个方面的工作我国还比较滞后。美国目前形成了以联邦法、联邦条例、行政命令、规程和标准为主体的法律体系。

突发事件应急准备过程中，利益相关者较多，权力与责任关系复杂，须通过建立健全法律法规等来进行规范，不能仅仅依靠临时性措施和行政命令开展“应急”措施。2007年我国应急管理的基本法《突发事件应对法》正式出台，明确了我国开展应急管理工作的核心要素，包括：预防与应急准备、监测与预警、应急处置与救援、事后恢复与重建。在经过了将数年的运行实施后，需要将近年来我国重特大突发事件（如：2008年汶川大地震、南方雨雪冰冻灾害；2011年7月23日甬温线特别重大铁路交通事故灾害等）应急管理中的经验、教训提炼升华，并结合国内、国外的最新研究成果对《突发事件应对法》进行修订。

另外，《国家突发公共事件总体应急预案》于2006年公布实施，它是我国应急预案体系的总纲，是指导预防和处置各类突发事件的规范性文件。我国突发事件应急管理的新特点、新形势已经迫切要求开展《国家突发公共事件总体应急预案》的修订工作。作为“总纲”，国家总体应急预案中的基本概念、原则、总体框架等内容需要深入研究与重新定位。美国在这方面的工作过程开展给我们树立了典范。

所以，我国应急管理基本法和总体预案需要建立动态修订的机制，持续地将我国应急管理实践的经验教训等有效地融合进来。只有在我国应急管理基本法和总体预案科学确定之后，其相关配套法律法规等文件才能更好地贯彻完善总纲的框架体系。我国需要围绕应急管理基本法和总体预案的修订完善，抓紧起草各级政府应急管理的法律法规文件，强化各项法律法规间的统一协调，把应急管理工作纳入法制化、规范化轨道。

(3) 准确定位“应急预案”，推动应急规划的“规范化”、“动态化”与“全民化”

“应急预案”是应急管理工作的“龙头”和“抓手”，这是目前我国应急管理理论界和实践界的普遍共识。但是，应急预案存在的可操作性、科学性等方面的问题也是我国学者和实践者忧虑的焦点。显然，应急预案需要评估和修订，但是难度也在于此——我国的应急预案如何修订？按照什么标准？如何有序实施？

一般地，人们将“应急预案”界定为“突发事件的应对或处置方案”。这个界定容易理解，因为应急预案产生的根源就是突发事件，所以，将其定位于“应对或处置方案”似乎也“合情合理”。但是，需要指出的是，突发事件类型多、情景复杂、难以提前预判，这使得“应急预案”根本无法“精确”应对，也实现不了此概念的定位。

对于“应急预案”的定位，可以从以下角度来考虑：

① 应急预案是针对“突发事件”制定的一整套方案，这套方案应当贯穿在应急管理的“全过程”；

② 应急预案一定是“体系化”的，它在实施开展的过程中面临一系列的、不同层次的问题，这些问题的解决需要不同层次的应急预案予以科学应对；

③ 应急预案的核心是“应急准备”，只要应急预案公布实施，无论是否发生突发事件，该应急预案则处于“活动”状态，即“应急准备”工作在持续不断地进行；

④ 应急预案的目标是“应急处置”，即对“应急准备”工作进行拓展，启动应急响应机制，按照事先确定的行动、方针、政策、程序等，开展突发事件应急处置工作。

据统计，我国目前建立的“横向到边，纵向到底”的应急预案体系中包括了将近300万份应急预案，如此庞大的数量必须有一个标准化的修订程序来指导其发展，从而形成应急规划的动态化过程。而且，这个修订过程需要形成一个“规范化”、“动态化”与“全民化”的文件。所谓“规范化”即应急规划过程需要按照一个规范程序进行开展；“动态化”即应急规划需要有计划、有步骤地不断开展，从而使得应急预案更新完善；“全民化”即应急规划的实施需要各级政府、企业、相关组织和民众的有效参与。

(4) 加快应急管理学科发展，助力应急管理专业人才培养

近年来，我国突发事件频发，“应急管理”已成为社会熟知的常见词汇。在一系列突发事件应急管理过程中，应急管理的理论、方法、技术等各方面的问题逐渐凸显，特别是专业的应急管理者的匮乏成为制约我国应急管理工作上层次、上台阶的“瓶颈”。很显然，美国的NIMS、NRF、NPS等系统、框架均是由相关专业人才进行操控实施的。那么，我们期望构建的先进、科学的应急准备系统也必须由专业的应急管理人才进行推进实现。

国际应急管理者协会（International Association of Emergency Managers）将应急管理者界定为“有知识、技能和能力，对应急管理程序进行有效管理的人”。应急管理者需要具备诸多方面的知识、技能和能力，包括：关于灾害或威胁的综合知识、应急规划的知识、沟通技能、组织技能等。目前，我国的应急管理者队伍还没有一个完整的培养体系，而这方面的人才又恰恰是我国急需的。

应急管理属于公共管理的子类，但是我国的学术界并没有将“应急管理”作为独立专业而存在。这个问题需要认真探讨，并引起高度重视。在我国，突发事件应急管理问题也不是近些年才有的，更不是由于有了“非典”事件才有的，它是自古有之，只是在早期没有采用“应急管理”这个术语罢了。应急管理工作一直存在于我们的实践中，只是在当今需要按照“全致灾因子”“全阶段”“全参与”的理念来构建中国特色应急管理体系时，才将“应急管理”给予了更多的关注。我国的应急管理具有很强的实践基础，包括近现代我国应急管理工作的思想、理念、经验、教训等，这些都是构建我国应急管理专业的必备基础。

我国应急管理本科专业教育任重道远。目前，我国设立应急管理本科专业方向的高校有河南理工大学、暨南大学、防灾科技学院等高校。应急管理作为交叉学科，它必然需要融合管理方法、技术系统及相关基础理论。这三方面对应急管理者而言也是必备知识，所以需要在本科层次对人才进行系统培养，这样才能为“应急管理者”队伍的建设创造有利条件。同时，这样将为我国培养应急管理更高层次人才（硕士、博士）奠定基础。所以，我国迫切需要加快应急管理学科发展，为应急管理专业人才培养提供有效途径。

### 15.1.3　宣传教育培训

#### 15.1.3.1　应急宣传

宣传是一种专门为了服务特定议题的信息表现手法。宣

传的基本含义有3种：①宣布、传达。②向人讲解、说明，进行教育。③传播、宣扬。应急知识是预防和应对突发事件的各种知识和技能的总称。政府通过宣传普及应急知识，可以使公众增强应急意识，了解突发事件发生的过程，掌握自我保护的方法，增强突发事件应对能力，提高应急管理技能。因此，加强对应急知识的宣传和普及，有利于提升政府的应急管理效果。可以说，应急知识的宣传普及程度，在某种意义上说代表着一个国家的文明程度和经济发展水平。我国实现全面建设小康社会的奋斗目标，一个突出的特点，就是要贯彻以人为本的理念。随着我国经济的持续发展，公众对提高生活质量充满期待，对减灾防灾和社会安全有了强烈需求。

(1) 应急宣传的意义和作用

① 应急知识宣传普及能够唤起公众积极参与预防和处置突发事件的责任感和自觉性。长期相对和平、稳定的环境，公众对突发事件的感触不深，因而应急意识一般比较淡薄，对突发事件往往漠不关心，通过应急宣传，使广大公众认识到突发事件的预兆、发生后的巨大危害和严重后果，促使公众增强预防和处置突发事件的责任感，提高公众对各种信息的识别能力，从而提高对风险的防范能力，将突发事件化解于萌芽状态，一旦发生，也能及时应对。通过应急知识宣传普及，使公众认识到突发事件的严重性，能够促使全社会增强预防突发事件的责任感。通过对预防和应对突发事件知识的学习，有助于提高公众对各种信息的判断能力和对风险的防范能力，从而为应对突发事件打下良好的基础。

② 通过宣传普及应急知识，能使公众充分利用并掌握应急知识和技能。政府通过有关部门、学校、新闻媒体等宣传普及应急知识，可以使公众掌握自我防护方法，增强危机应对能力，提高危机管理技能，从而最大限度地减少突发事件造成的危害。

③ 应急知识宣传普及能够为处于突发事件中的公众提供智力支持和精神动力。第一，应急知识宣传普及能够消除人民群众在面对突发事件时不必要的慌乱心理，保持正常的生产生活秩序。第二，应急知识宣传普及能够使人民群众掌握必要的应急处置技能，面对突发事件能够避免、减少人身和财产的损害。第三，应急知识宣传普及能够凝聚人心，在灾难发生时，能够促使公众同舟共济、万众一心，共同克服突发事件带来的影响。如汶川地震中，安县桑枣中学近2400名师生，仅用1min36s的时间全部实施了安全转移，疏散过程中连挤踩事故灾害都没有发生，无一人伤亡，创造了奇迹，这些都得益于该校近4年来每期组织的师生应急疏散演练和校园维修。所以，当时的舆论评定该校校长是史上最牛的校长。

④ 应急知识宣传普及能够让公众有能力监督和配合政府及时有效地处置突发事件。公众掌握一定的应急知识，能对政府应对突发事件工作的过程进行有效的监督，能够对政府在应对突发事件过程中违背公共利益的做法提出批评意见和好的建议。同时，掌握应急知识的公众也能够更有效地为政府处置突发事件提供帮助和配合，从而使突发事件尽快得到处置。

发达国家特别重视对国民危机意识的培养和应急知识的宣传与培训。英美国家非常重视对民众的应急知识宣传教育，英国郡政府和美国联邦、各州政府在预防和处置突发事件方面的宣传教育工作内容翔实具体，针对性、可操作性很强。如美国联邦政府紧急事件管理局将核电站、火山点、地震活跃带、恐怖分子可能攻击目标等资料广泛印发给政府各部门、企业和民众。日本是一个自然灾害比较频发的国家，政府特别重视对国民的应急知识宣传教育，如为了对国民进行防灾知识培训教育，日本各地设有许多由政府出资兴建的防灾教育中心，免费向国民开放。在日本每年9月1日为“防灾日”，全国各地政府、社区、学校和企业都要举办综合性的防灾训练。此外，日本各地还设有许多防灾体验中心，免费向公众开放，这些中心设有模拟火灾、地震的情景，供公众亲身体验灾难实况，了解避难方法。

(2) 应急宣传的主要内容和重点

应急宣传内容广泛，涉及应急管理的整个过程。按应急管理工作内容分为一案三制（预案、体制、机制、法制）的宣传；按突发事件发生的阶段分为事前、事发、事中、事后的宣传；按突发事件发生的领域分为自然灾害、事故灾害灾难、公共卫生事件、社会安全事件的宣传等内容。

①《突发事件应对法》等法律法规的宣传。我国是一个自然灾害、事故灾害灾难等突发事件较多的国家。各种突发事件的频繁发生，给人民群众的生命财产造成了巨大损失。我国历来高度重视突发事件应对工作，采取了一系列措施，建立了许多应急管理制度。改革开放特别是近些年来，国家高度重视突发事件应对法制建设，取得了显著成绩。据统计，我国目前已经制定涉及突发事件应对的法律35件、行政法规37件、部门规章55件，有关文件111件，2007年《突发事件应对法》颁布实施。但是，社会广泛参与应对工作的机制还不够健全，公众的自救与互救能力不够强、危机意识有待提高。《突发事件应对法》是在认真总结我国应对突发事件经验教训、借鉴其他国家成功做法的基础上，根据宪法制定的一部规范应对各类突发事件共同行为的法律。它是政府提高依法应对突发事件的能力，贯彻落实依法治国方略、全面推进依法行政的客观要求，是构建社会主义和谐社会的重要举措。各级各部门要加大宣传的力度，既要让政府各部门工作人员掌握这部法律，也要让社会公众充分了解这部法律，提高全社会应对突发事件的能力，强化全社会的突发事件意识和责任意识。

② 预案的宣传、解读。2004年以来，应急宣传重点是宣传解读预案的主要内容和处置规程。国务院和地方各级人民政府及其部门、单位制定了有关自然灾害、事故灾害灾难、公共卫生事件和社会安全事件的应急预案，突发事件应急预案体系初步建立。应急预案是根据有关法律法规组织专家和相关人员分别组织编写经一定程序审议通过的，制定机关会根据实际需要和情势变化适时修订、调整、完善应急预案。应急预案的制定者、处置突发事件的组织者和实施者往往是分离的，特别是随着相关处置部门人员的变动和修订、调整、完善后的应急预案，如平时不对预案内容宣传、学习和解读，不了解和不熟悉应急预案的内容和处置规程，在处置突发事件时就会惊慌失措。应急预案的宣传、解读工作是预防与应急相结合、常态与非常态相结合，积极做好应对突发事件各项准备工作的一项重要内容。

③ 应急知识的宣传。a. 按照事前、事发、事中、事后的不同情况，分类宣传普及应急知识。事前、事发教育以了解突发事件的种类、特点和危害为重点，掌握预防、避险的基本技能。事中教育以自救、互救知识为重点，普及基本逃生手段和防护措施，告知公众在事发后第一时间如何迅速做出反应，如何开展自救、互救。这里重点需要培养两种能力：一种是应急生存能力，即个人在突发事件发生时保护自己并尽可能对他人施以援助的能力，包括求生的技能、求助的方法、自救的技能和互助的技能等；另一种是应急心理承受能力，即个人的心理抗打击力和抗挫折等能力，做到面对突发事件临危不乱，沉着应对。事后教育以经历过突发事件的公众为重点，抚平心理创伤，恢复正常社会秩序。b. 按照自然灾害、事故灾害灾难、公共卫生事件、社会安全事件的不同领域的不同特点开展宣传。宣传中要重点介绍本地区多发的、常见的洪涝、旱灾、地质、农业生物、气象、地

震、森林火灾、煤矿事故灾害、安全生产等重大事故灾害灾难、重大疫情（如人禽流感、甲型H1N1流感等）、社会群体性事件的有效处置方法和应对措施等。c. 要通过典型案例的分析，增强公众的公共安全意识和法制意识。通过介绍国内外应对突发事件的正反两方面的典型案例，剖析公众在遭遇突发事件时，临危不乱、灵活运用自救互救知识配合政府救援，减少人员伤亡的正确做法，增强公众应对突发事件的综合素质。各级政府及其有关部门应当组织开展应急知识的宣传普及活动和必要的应急演练；居民委员会、村民委员会、企业事业单位应当根据所在地人民政府的要求，结合自身的实际情况，开展有关突发事件应急知识的宣传普及活动和必要的应急演练；新闻媒体应当无偿开展突发事件预防与应急、自救与互救知识的公益宣传；各级各类学校应当把应急知识教育纳入教学内容。

做好应急宣传工作，要从过去单一、分散式的应急宣传模式向集成式应急宣传模式转变，通过做好5个方面的整合来实现集成式的应急宣传工作目标，即整合应急宣传主体、整合应急宣传渠道、整合应急宣传资源、整合应急宣传内容、整合应急管理领域，更全面、积极、主动、科学地做好应急宣传工作。

① 整合应急宣传主体。就是要从过去以政府为主向提倡主体多元化方向转变，即建立政府、媒体、基层单位等多元主体的应急宣传机制，让不同的主体利用各自的优势和特长积极主动地进行应急宣传。

② 整合应急宣传渠道。既充分发挥过去已有的如广播、电视、报刊等传统媒介进行应急宣传，又全方位、多媒介地进行应急宣传，如专业培训、使用新兴媒介等，互联网和新推出的智能手机，更是让渠道多样化和丰富化，可双向互动沟通。

③ 整合应急宣传资源。应急管理是一个大的系统工程，应急宣传是这个大系统的一个子系统，同样需要加强硬件建设和软件建设。硬件建设如建立宣教基地、防灾教育中心等；软件建设要进行宣传教学研究，研究怎样宣传、如何教学才能取得最佳应急宣传效果。

④ 整合应急宣传内容。就是宣教的内容要系统化和专业化并举、精确与熟练并重。

⑤ 整合应急管理领域。就是应急宣传不要单兵作战，应与其他应急管理领域，如应急预案体系建设、编制和实施应急体系建设规划、应急平台建设、公共安全科技攻关等应急管理领域紧密结合起来，协同发展，既可减少应急宣传的行政成本，又会取得事半功倍的应急宣传效果。

（3）应急宣传的责任主体

在突发事件中，公众防范意识和应急能力往往决定了突发事件的发展态势和处置效果。目前公众安全意识还相当薄弱，缺乏应急意识，安全常识贫乏。对于电视、报刊上报道的突发事件，虽然触目惊心，许多人往往一看了之，很少想到其前因后果；对身边存在的安全隐患也表现出麻木不仁、事不关己；甚至有关部门对一些商场、学校、娱乐场所、居民楼的安全隐患提出整改意见直至警告、处罚，许多人也不以为然。一旦突发事件发生，由于缺乏准备，难以从容应对，造成严重损失。

在我国，全面加强和深入推进应急管理工作，是党中央、国务院作出的重大决策。2005年以来，国务院分别下发了《国家突发公共事件总体应急预案》《国务院关于全面加强应急管理工作的意见》《国务院关于全面加强基层应急管理工作的意见》等文件，强调要进一步重视应急知识的宣传普及工作。2005年，国务院应急管理办公室专门设立宣教处负责应急知识宣传普及工作，下发了《应急管理科普宣教工作总体实施方案》进行专题部署。

《突发事件应对法》第二十九条规定，县级人民政府及其有关部门、乡级人民政府、街道办事处应当组织开展应急知识的宣传普及活动和必要的应急演练。居民委员会、村民委员会、企事业单位应当根据所在地人民政府的要求，结合各自的实际情况，开展有关突发事件应急知识的宣传普及活动和必要的应急演练。新闻媒体应当无偿开展突发事件预防与应急、自救与互救知识的公益宣传。以上法律规定县级人民政府及其有关部门、乡级人民政府、街道办事处、基层组织以及媒体作为应急宣传的主体。法律作出这些规定，是由于他们与社会公众联系最密切，最熟悉了解当地的情况，又是发生突发事件最早、最直接的应对主体，由他们组织开展应急知识的宣传普及活动，最有针对性，又易于组织实施。上级人民政府及其有关部门应督促和指导做好应急知识的宣传普及工作。

#### 15.1.3.2 应急培训

培训是一种有组织的知识传递、技能传递、标准传递、信息传递、信念传递、管理训诫行为。为了达到统一的科学技术规范、标准化作业，通过目标规划设定、知识和信息传递、技能熟练演练、作业评测、结果交流等现代信息化的流程，让受训者通过一定的教育训练技术手段，达到预期的目标。应急培训工作是提高各级领导干部处置突发事件能力的需要，是增强公众公共安全意识、社会责任意识和自救、互救能力的需要，是最大限度预防和减少突发事件发生及其造成损害的需要。

《国务院关于全面加强应急管理工作的意见》中指出，要积极开展对地方和部门各级领导干部应急处置能力的培训，并纳入各级党校和行政学院培训内容。根据国务院有关精神，各地将应急管理培训纳入干部教育总体安排，对各级应急管理干部进行较为全面、系统的培训；形成以应急管理理论为基础，以应急管理相关法律法规和应急预案为核心，以提高应急处置和安全防范能力为重点的培训体系；健全培训管理制度，优化配置培训资源，落实各项保障措施，完善培训激励和约束机制，不断提高培训质量；建立以实际需要为导向，政府主导和社会参与相结合，注重实效、充满活力的应急管理培训工作格局。

（1）领导干部培训

2008年10月，时任国家领导的胡锦涛总书记在全国抗震救灾总结表彰大会上强调："要始终把提高各级领导班子和领导干部的领导水平和执政能力作为党的建设的关键环节，推动各级领导班子和领导干部提高领导科学发展、促进社会和谐的能力，增强应对突发事件的能力和水平。"党中央国务院高度重视和关注加强对领导干部的应急管理培训，提高领导干部统筹常态管理和应急管理、指挥处置突发事件的水平。领导干部培训的内容包括法律法规、应急预案、应急决策方法、应急指挥程序与交流沟通方式等。

① 认识水平与能力。领导干部应急管理培训的重点是增强应急管理意识，提高应急管理能力。要学习党中央、国务院关于加强应急管理工作的方针政策和工作部署，以及相关法律法规和应急预案，提高思想认识和应对突发事件的综合素质。要加强对突发事件风险的识别，深入分析我国自然灾害发生的特点和运行规律，跟踪和把握各种社会矛盾的变化规律和发展方向，从而采取有针对性的疏导和管理措施，制定可行预案，争取把问题解决于萌芽状态之中，或降低突发事件的破坏程度。

② 决策技术与方法。面对突发事件，要头脑冷静，科学分析，准确判断，果断决策，整合资源，调动各种力量，共同应对。在发生突发事件的紧急情况下，高效决策是正确应对事件的关键，又是一个较复杂高难度的过程，要求领导者有良好的素质和决策能力。而很多领导者未接受过基本的

应对突发事件的培训，缺乏起码的决策知识，因而造成决策失误，造成巨大损失。有的不能从突发事件中接受教训，导致类似事件再度发生。因此必须通过培训，不断提高领导干部科学决策的能力和应变突发事件的能力，帮助决策者总结经验教训，提高实战能力。

现代决策手段和工具日益朝着程序化、自动化、科学化、规范化的方向发展，作为决策者要学会利用各种信息技术、人工智能技术，以及运筹学、系统分析等决策技术和方法，改进固有的运作方式、组织结构和办事流程。强化和尊重决策智囊机构的地位和作用，为领导提供突发事件的信息，提供各种决策方案以供选择。

③ 法制观念与意识。依法治国，依法行政，我国已相继制定突发事件应对法以及应对自然灾害、事故灾害灾难、公共卫生事件和社会安全事件的法律、法规60多部，基本建立了以宪法为依据，以《突发事件应对法》为核心，以相关单项法律法规为配套的应急管理法律体系，突发事件应对工作已进入制度化、规范化、法制化轨道，领导干部必须认真学习这些法律法规，在紧急情况下行使行政紧急权，依法应对突发事件，保护公民权利。

④ 现场控制与执行能力。要通过培训，使担任事故灾害现场应急指挥的领导干部具备下列能力：协调与指导所有的应急活动；负责执行一个综合性的应急救援预案；对现场内外应急资源的合理调用；提供管理和技术监督，协调后勤支持；协调信息发布和政府官员参与的应急工作；负责向国家、省市、当地政府主管部门递交事故灾害报告；负责提供事故灾害和应急工作总结。

各级政府要将对领导干部的培训纳入应急体系建设规划，坚持脱产培训与在职学习相结合。根据领导干部脱产培训工作总体安排，依托培训机构，将应急管理内容纳入政府系统领导干部培训、轮训课程体系，有组织有计划地举办领导干部应急管理专题培训班等。

（2）公务员培训

政府应急管理的成功程度取决于多方面的因素，其中最重要的就是政府的应急管理能力，它表现为政府的组织能力和整合程度。从组织层次分析的角度来看，政府应急能力体现为政府机构和公务员的能力。公务员是应急管理的主要力量，其应急管理能力的高低，直接代表和体现了政府应急管理能力的高低，因此加强公务员应急管理能力的培训就显得尤为重要。有效的培训可以打破公务员常规的思维方式和观念，提高公务员参与应急管理时的素质和应对能力；通过对不同类型、不同程度、不同性质的突发事件的了解和熟悉，增加其对潜在突发事件的警惕性和处理突发事件的经验；可以在最短的时间内迅速提出控制突发事件影响的解决方案并参与相应的行动。

① 公务员应急培训的原则

a. 理论联系实际，学以致用。理论联系实际是我国学习理论、培训干部的一条重要原则，也是国际上各国公务员培训的通用规则。例如，加拿大联邦政府的公务员培训，理论占30%，实战占70%。应对突发事件能力的培训，就要把应对突发事件的理论与我国和当地突发事件的产生和应对的实际情况结合起来，有针对性，有侧重点。例如，历年洪涝灾害产生多的地方，就要结合当地地质水文资料（包括洪涝灾害发生的情况、目前的气象预报、水库堤防的工程质量、江河堤坝的加固），低洼地公众的迁移，抗洪抢险的落实等，并采取相应的措施，使培训过程既成为提高思想和应对能力的过程，又成为发现、解决问题的过程，而不是漫无目的，言不及实。

b. 因人、因时、因地制宜，有的放矢。公务员自身所学专业、知识基础、工作经历各不相同，所从事的工作、所要经常面对和防范的突发事件的性质不同，必须按照他们的实际需要、实际程度进行培训。不同时期社会经济发展、国家的重大经济举措可能引发新的社会矛盾，有针对性地对公务员施以他们所需要的应对突发事件的知识技能，必要时进行分级分类培训，使学员对课程听得懂，用得上。突发事件发生还有地域特点，如交通事故灾害易发区，生产烟花爆竹容易发生爆炸事故灾害区，容易发生瓦斯爆炸、漏水矿区，这些地域和相关职能部门的公务员要有针对性地学习有关防范和应对相关类型突发事件的知识，不能南辕北辙，学用脱节，于事无补。

c. 前瞻性与持续性相结合。在突发事件发生之前就进行化解是应急管理的最高境界，也是应急培训的最终目的。“曲突徙薪无恩泽，不念预防之力大；焦头烂额为上客，徒知救急之功宏。”这话见于《汉书·霍光传》，说的是一个古人对待应急管理的故事。“曲突徙薪”的意思是使烟囱弯曲，将柴草搬走。突是烟囱，徙是迁移。这是劝人防患于未然，避免发生火灾。焦头烂额是形容因救火头部被烧成重伤，这是说的帮助失火人家救火，两者都是对突发事件的应急管理，只是前者是预防，后者是事后处理，主人对劝他防患于未然的人无感激之心，只有对帮他救火的人才奉为上客。公务员应急管理培训一般都是针对未来可能发生的突发事件，因此培训要具有前瞻性，针对可能发生的事件做好应对准备，甚至在突发事件发生之前就进行化解消除。在日常生活中消除事故灾害隐患，排除险情，化解矛盾，使危机消除于无形，也是公务员培训的最佳目的和最终成果。当然，由于突发事件的经常性和难以预见性，公务员的培训不能一成不变，一劳永逸，而是要经常进行，以更新知识，提高能力和水平，才能应对不断变化的世界，应对新的突发事件。

② 公务员培训的重点和方法

a. 培训重点。应急管理培训的重点根据培训对象而有所不同，对应急管理干部，包括各级各类应急管理机构负责人和工作人员，培训的重点是熟悉、掌握应急预案和相关工作制度，提高为领导决策服务和开展应急管理工作的能力。各级应急管理机构要采取多种形式，加强工作人员综合业务培训，有针对性地提高应急值守、信息报告、组织协调、技术通信、预案管理等方面的业务能力。对其他公务员的培训，重点是增强公共安全意识，提高排除安全隐患和快速高效应对处置突发事件的能力。

要通过培训，使受训人员的应急知识得到拓展，形成以应急管理理论为基础，以提高各级应急管理人员的应急处理和事故灾害防范能力为重点，以提高各类人员事故灾害预防、应急处置、指挥协调能力为基本内容的教育培训课程体系。培训是一个逐步提高认识、提高能力的过程，需要以实际需要为导向，逐步形成多渠道、多层次、全方位的工作格局。

b. 培训方式和方法。在培训的具体安排上可以多种多样，可以采取脱产培训与在职学习相结合，分级分类组织培训。对基层干部可以充分利用各类教育培训机构及远程教育渠道，开展应急知识和技能培训。可以发挥高等学校、科研机构培养应急管理人才和专业人才的作用。充分利用现有各类培训教育资源和广播、电视、远程教育等手段，依托各级党校和各类专业院校以及应急领域科研院所，开展联合培训。有计划地举办专题培训班，推进培训手段的现代化。

在培训方法上可以多种形式并存，不拘一格。常用的有讲授法、案例法、情景模拟法等。讲授法是一种常用的方法，在培训的开始阶段常常需要采用。但应急培训对象多为中年人，有一定的知识基础和社会生活经验，分析理解能力较强，如讲授过程比较枯燥，容易出现注意力不集中，降低培训效果。可采用启发式、多样性教学。教师除讲解传授基础知识、基本技能外，可启发学生提问，相互讨论，共同寻找答案。可采取讲课、讲座和专题报告等多种形式授课，课后组织讨论，将意见反馈，调动教学双方的积极性，相互促进，将课堂教学引向深入。案例法是使受训公务员通过分析现实案例而得到应对突发事件的知识和训练的一种方法。在培训中，指导者对受训人员先介绍一个应对突发事件的案例，要求受训者对案例进行讨论，分析其处理过程的得失、成功或失败的原因，从中学习应对突发事件的知识和技能。情景模拟法就是指根据受训者可能担任的职务，编制一套与该职务实际情况相似的项目，将受训者安排在模拟的、逼真的工作环境中，要求受训者处理可能出现的各种问题，用多种方法来测评其心理素质、潜在能力的一系列方法。

（3）专业人员培训

专业应急救援人员是应急救援的主要力量，主要包括抢险救护、医疗、消防、交通、通信等人员以及企业单位设立的专职或兼职应急救援队。目前，我国安全生产应急救援队伍总人数已达25万多人，覆盖了矿山、危险化学品、消防、水上搜救、铁路交通及民航等方面，如地震、消防等部门建立的专业救援队伍，林业系统建立的森林消防队，能源系统在各地建立的矿山抢险救援专业队，交通系统建立的港口消防队、海上救援队，化工系统建立的化学事故灾害救援队伍等。

对于不同职能的应急人员，培训的内容和要求也不一样。培训内容主要包括相关危险品特性、病毒细菌防范、污染处理、具体技术设施等技术方面的内容，以及现场救护与应急自救、应急设备操作、应急装备使用等技能方面的内容。基本要求是：通过培训，使应急人员掌握必要的知识和技能以识别危险、评价事故灾害的危险性，从而采取正确的措施。

① 初级操作水平应急人员。该水平应急人员主要参与预防危险事故灾害的发生，以及发生事故灾害后的应急处置，其作用是有效控制事故灾害扩大化，降低事故灾害可能造成的影响。对他们的培训要求包括：掌握危险因素辨识和危险程度分级方法；掌握基本的危险和风险评价技术；学会正确选择和使用个人防护设备；了解危险因素的基本术语和特性；掌握危险因素的基本控制操作；掌握基本危险因素消除程序；熟悉应急预案的基本内容等。

② 专业水平应急人员。专业人员培训应根据有关指南要求执行，对其培训要求除了掌握初级操作水平应急人员的知识和技能以外，还包括：保证事故灾害现场人员的安全，防止伤亡的发生；执行应急行动计划；识别、确认、证实危险因素；了解应急救援系统各岗位的功能和作用；了解个人防护设备的选择和使用；掌握危险的识别和风险的评价技术；了解先进的风险控制技术；执行事故灾害现场消除程序；了解基本的化学、生物、放射学的术语及其表示形式。

③ 专家水平应急人员。具有专家水平应急者通常与相关行业专业技术人员一起对紧急情况做出应急处置，并向专业人员提供技术支持，因此要求该类专家应对突发事件危险因素的知识、信息比这些专业人员更广博、更精深，因而应当接受更高水平的专业培训。其要求是：接受专业水平应急人员的所有培训要求；理解并参与应急救援系统的各岗位职责的分配；掌握风险评价技术；掌握危险因素的有效控制操作；参加一般和特别清除程序的制定与执行；参加应急行动结束程序的执行。

作为应急管理专业人员，重要的是具有专业操作水平。国家重视建立应急救援专家队伍，充分发挥专家学者的专业特长和技术优势，他们也是广义的专业人员。对专业人员的培训，要同培训公务员一样，充分发挥高等学校、科研机构的作用。因为他们的专业性更强，更要依托各类专业院校和国家应急领域科研院所进行专门或联合培训。

（4）岗位培训

对处于能首先发现事故灾害险情并及时报警的岗位上的人员，如保安、门卫、巡查、值班人员等，培训内容主要是人员素质、文化知识、心理素质、应急意识与能力。培训要求是：能识别危险因素及事故灾害发生的征兆；了解所涉及的危险事故灾害发生的潜在后果；了解应急人员自身的作用和责任；能确认必需的应急资源；如果需要疏散，则应限制未经授权人员进入事故灾害现场；熟悉现场安全区域的划分；了解基本的事故灾害控制技术。

① 报警。通过培训，使应急人员了解并掌握如何利用身边的手机、电话等工具，以最快速度报警，使用发布紧急情况通告的方法，如使用警笛、警钟、电话或广播等。为及时疏散事故灾害现场的所有人员，应急人员要掌握在事故灾害现场贴发警示标志等方法，引导人们向安全区域疏散。

② 疏散。培训应急人员在事故灾害现场安全有序地疏散被困人员或周围人员。对人员疏散的培训主要在应急演练中进行。

③ 自救与互救。通过培训，使事故灾害现场的人员了解和掌握基本的安全疏散和逃生技术，以及学习一些必要的紧急救护技术，能及时抢救事故灾害现场中有生命危险的被困人员，使其脱离险境或为进一步医疗抢救赢得时机。

基本应急培训是岗位培训的重要内容。加强岗位培训可以加强基层应急管理工作，加强基层综合应急队伍建设。组建基层应急队伍，可以在隐患排查和信息报告中发挥重要作用，在先期处置中发挥骨干作用，在协助处置和恢复重建中发挥辅助作用。要充分整合现有基层应急力量，主要包括基层警务人员、医务人员、民兵、预备役部队、物业保安、企事业应急队伍和保卫人员、志愿者队伍等几支重要力量。政府相关职能部门的基层工作人员也可发挥重要作用。以这些人群为基础，同时吸收有关专家和有相关救援经验人员参加，组成相对固定的基层综合应急队伍。定期或不定期集中加强综合培训和演练，提高应急水平。

## 15.1.4　社会动员

### 15.1.4.1　应急社会动员的内涵及功能

“动员”一词本身是由战争衍生而来的一种军事活动，意为战争动员，其本质是国家或社会资源由民用转为军用，以满足国家战争的需求。接下来对战争动员、应急动员、社会动员以及应急社会动员的含义进行辨析。战争动员主要是指一个国家为取得战争的胜利，需要临时统一调度现有资源为战争服务而采取的紧急措施。《国防动员法》中对应急动员做出定义，是指为国家面临自然灾害、事故灾害灾难、公共卫生事件和社会安全事件等紧急状态时，为保证国家安全而采取的一系列社会动员的措施活动。联合国儿童基金会将社会动员定义为一项人民群众广泛参与、依靠大家的力量来实现特定的社会发展目标的群体性运动。应急社会动员则是指一个国家为成功地预防和应对非战时状态下的突发事件或公共危机而有效地调动政府、市场、第三部门的人力、物力与财力的活动。

应急社会动员机制运行的目的是更加有效地应对突发事件，满足应急救援活动的资源需求。其基本功能是运用多种策略和方式使社会各主体发挥最大的价值，以满足应急管理工作在人力、物力、财力等多方面的物资需求，更好地为社会服务。

### 15.1.4.2　应急社会动员机制设计与流程

（1）应急社会动员机制的参与者

应急社会动员机制的参与者即该机制的利益相关者，指“谁来动员”、“动员谁”和“用什么来动员”三个方面，包括动员主体、动员客体及介质（动员途径和方式）。动员主体和动员客体是动员过程中的两个主体，动员过程主要包括两个方面：一是动员主体运用多种途径和方法影响动员客体，实现对被动员者的领导和使用；二是被动员者在动员主体实施策略的影响下改变原来的状态，积极参与到突发事件的应对过程中去，发挥自身在应对突发事件时的价值。而动员主体所使用的策略、方式方法等就是连接主体和客体的介质，它们在动员过程中同样起着举足轻重的作用，构成了动员的主要内容。在我国，应急动员主体为各级人民政府、非政府组织、媒体机构及公众，应急动员客体则是掌握各类资源的各社会主体。

(2) 应急动员机制的环境约束

① 时间约束。应对突发事件所要做的工作都有很高的时间要求，尤其在进行社会动员时，所有的资源都必须在规定的时间内到达所要求的地点才能发挥它的作用和价值。在突发事件发生后，管理人员则需要根据实际情况来确定被动员者的重要程度及先后次序，使其能够满足应对突发事件的条件，以保障动员客体能够在限定的时间内安全到达目的地。

② 空间约束。在进行社会动员时，要使动员客体准时到达目的地则会产生一定的成本，那么应急社会动员也就有了空间约束。从整体大局来看，我国应使社会救助组织和救灾物资供应点较为均匀分布，在突发事件发生时则可以避免从太远的地方调动资源，能够降低一定的成本。同时，应急管理者在动员时要根据实际情况来确定动员的幅度，在适当的范围内进行动员并尽可能发挥它们的价值。

③ 动力约束。应对突发事件是否成功、应急动员是否有效，动力因素起着非常关键的作用。一方面，动员主体的动员力度大小会影响到动员的动力；另一方面，动员客体参与动员工作的积极程度也会影响动员的动力。为了增强应急动员的动力，应急管理者可以采用事后奖惩或补偿的方式来激励动员客体，达到积极动员的效果。

(3) 应急动员机制的运行流程

应急社会动员机制的运行流程主要包括了两个方面：其一，社会动员主体确定动员目标，而后运用多种策略、途径和方法等影响动员客体，从而达到社会动员的目的；其二，动员客体在动员主体的影响下所做出的回应，最终参与动员活动的过程。这两个方面是相辅相成的，二者需要在整个系统环境中进行交互作用，社会动员的实质则是需要两者协调与配合，共同发挥其作用。突发事件的应急动员机制在不同阶段的内容与实施方式也不同。接下来将根据应急动员机制的流程，分析其在不同阶段的内容与方式。

① 应急预警阶段。在突发事件发生之前，应急管理的预报预警工作显得尤为重要。对于可以人为控制的事件（比如网络舆论、食品安全等）更要在危机潜伏期就发现事件的苗头，并采取措施加以抑制，防止其恶化的趋势。对于不能避免的突发事件（比如自然灾害、事故灾害灾难等）则需要利用一定的理论与技术，发现潜在的风险，预先采取措施。在这个阶段的应急动员工作主要是相关组织和志愿者队伍等对社会公众进行防灾减灾知识方面的宣传教育，使公众能够了解到自己日常生活当中的潜在隐患，培养危机意识，并做好相应准备，必要时积极配合政府的行动，做到有序地防范危机等。

② 应急准备阶段。在这个阶段，要注重提高应对各种突发事件的能力，比如制定应急预案并进行演练、提高应急运行中心的运行能力、完善预报预警系统、进行灾害救援的培训与能力拓展等。在这期间的应急社会动员主要表现为：为相关应急法律法规和应急预案的制定提供参考意见，开展应急管理教育和培训，进行危机演习等。该阶段主要目的就是动员各方面的社会力量，采取相应的措施，为之后突发事件的发生、灾害响应及灾后恢复与管理做好准备。

③ 应急响应阶段。应急响应阶段一般在突发事件发生时或发生后，在这个时期是进行社会动员的关键时期，应立即采取措施来应对突发事件，尽可能降低灾害带来的损失。首先，要保证信息传达畅通并且要传递真实有效的信息。信息具有很强的时效性，每位社会成员都有责任和义务将自己所掌握的有效信息及时传达出去，以避免因为信息不畅而又加深灾害时的损失。同时，新闻媒体可迅速传达信息，帮助政府部门向社会公众阐述政策、说明情况和指导公众的行为，有助于社会公众对应急管理工作的支持、配合和进一步的参与。其次，更重要的是动员社会资源。通过社会动员来使社会中有效的资源充分利用到应对突发事件中去，能够大大提高应急管理工作的效率和成果，不仅发挥了它们的社会价值，更有利于社会的团结和凝聚。另外，应急管理工作应及时关注弱势群体，给他们提供必要的保障。

④ 灾后恢复阶段。在此阶段的主要内容是突发事件发生后的恢复与重建及社会心理的恢复。首先是基础设施及资源的恢复，广大公民则是恢复工作的关键力量。相关部门一方面会为重建来筹集资金，另一方面也动员社会公众共同投入到重建工作中去，号召大家一起参与其中，会形成一种积极团结的氛围，增强凝聚力。同时，突发事件发生后社会公众的心理会受到很大创伤，可能产生一定的过激情绪和行为，因此社会心理恢复也非常有必要。相关部门应及时与受灾民众进行心理沟通，缓解他们的紧张情绪，共同度过心理危机，达到让公众满意的恢复效果。

#### 15.1.4.3　制度保障的建议

健全的动员体制是应对突发事件时迅速进行资源重新配置的保证。应急动员的体制和制度越完善，应急动员机制在运行时会更加高效、流畅，救灾效果也会越好。本书主要从以下三个方面来对应急动员机制的制度建设提出相关建议。

(1) 完善相关法律法规

完善应急社会动员的相关法律法规，从法律层面上建设应急管理中的行政职权，对突发事件发生后的决策、协同合作、动员等一系列的工作给予法律上的保障。在此基础之上亦可以进一步制定和完善其他相关的各种突发事件紧急状态的专门法律和法规，比如应急预案编制制度、应急物资调配制度、交通运输工具征用制度、应急工作人员的伤亡赔偿制度等。完善的法律法规能够为应急动员工作提供坚实的保障。

(2) 完善多方面的协同合作

首先，建立政府部门与社会组织、第三部门以及公众等多个方面的协同合作机制，只有多方位的共同合作才是真正的社会全面参与。突发事件的应急管理工作需要从中央到地方各个层级政府及相关部门都积极参与，站在统筹的高度来布置工作并明确权责。其次，完善处于中间层级的不同机构、组织、团体参与应急动员机制的制度建设，使应急动员更有秩序。再次，应加强社区委员会在应急动员行动中的核心功能，发挥社区居民在应急动员中的作用。

(3) 完善奖惩和补偿制度

在应急社会动员过程中，如何让拥有资源的社会主体积极主动地提供所需要的资源是有效开展社会动员的关键。奖励与惩罚制度具有激励与控制动员客体的双重功能，运用于动员过程中将有助于目标的实现，然而我国以往的多次重大事故灾害应急动员行动中均未正式体现出奖惩制度。另外，媒体在应急过程中起着重要的舆论引导功能，媒体的报道应以传递正能量为主，多鼓励社会公众参与到应急动员中来，从而达到凝聚力量、全民参与的效果。

### 15.1.5 应急预案编制

#### 15.1.5.1 应急预案的基本概念

应急预案又称应急计划，是针对可能的重大事故灾害（件）或灾害，为保证迅速、有序、有效地开展应急与救援行动、降低事故灾害损失而预先制定的有关计划或方案。它是在辨识和评估潜在的重大危险、事故灾害类型、发生的可能性及发生过程、事故灾害后果及影响严重程度的基础上，对应急机构职责、人员、技术、装备、设施（备）、物资、救援行动及其指挥与协调等方面预先做出的具体安排。应急预案明确了在突发事故灾害发生之前、发生过程中以及刚刚结束之后，谁负责做什么，何时做，以及相应的策略和资源准备等。

#### 15.1.5.2 应急预案的重要作用和意义

编制重大事故灾害应急预案是应急救援准备工作的核心内容，是及时、有序、有效地开展应急救援工作的重要保障。应急预案在应急救援中的重要作用和地位体现在：

① 应急预案确定了应急救援的范围和体系，使应急准备和应急管理不再是无据可依、无章可循。尤其是培训和演习，它们依赖于应急预案：培训可以让应急响应人员熟悉自己的责任，具备完成指定任务所需的相应技能；演习可以检验预案和行动程序，并评估应急人员的技能和整体协调性。

② 制定应急预案有利于做出及时的应急响应，降低事故灾害后果。应急行动对时间要求十分敏感，不允许有任何拖延。应急预案预先明确了应急各方的职责和响应程序，在应急力量和应急资源等方面做了大量准备，可以指导应急救援迅速、高效、有序地开展，将事故灾害的人员伤亡、财产损失和环境破坏降到最低限度。此外，如果预先制定了预案，对重大事故灾害发生后必须快速解决的一些应急恢复问题，也就很容易解决。

③ 为城市应对各种突发重大事故灾害提供了响应基础。通过编制城市的综合应急预案，可保证应急预案具有足够的灵活性，对那些事先无法预料到的突发事件或事故灾害，也可以起到基本的应急指导作用，成为保证城市应急救援的“底线”。在此基础上，城市可以针对特定危害，编制专项应急预案，有针对性制定应急措施，进行专项应急准备和演习。

④ 当发生超过城市应急能力的重大事故灾害时，便于与省级、国家级应急部门的协调。

⑤ 有利于提高全社会的风险防范意识。应急预案的编制，实际上是辨识城市重大风险和防御决策的过程，强调各方的共同参与，因此，预案的编制、评审以及发布和宣传，有利于社会各方了解可能面临的重大风险及其相应的应急措施，有利于促进社会各方提高风险防范意识和能力。

#### 15.1.5.3 应急预案的法规要求

我国政府近年来相继颁布了一系列法律法规，如《危险化学品安全管理条例》《关于特大安全事故灾害行政责任追究的规定》《安全生产法》《特种设备安全监察条例》等，对危险化学品、特大安全事故灾害、重大危险源等应急救援预案的制定做了明确规定和要求，要求县级以上地方各级人民政府或生产经营单位制定相应的重大事故灾害应急预案。

《危险化学品安全管理条例》第 49 条规定：“县级以上地方各级人民政府负责危险化学品安全监督管理综合工作的部门会同同级有关部门制定危险化学品事故灾害应急救援预案，报本级人民政府批准后实施。”第 50 条规定：“危险化学品单位应当制定本单位事故灾害应急救援预案，配备应急救援人员和必要的应急救援器材和设备，并定期组织演练。危险化学品事故灾害应急救援预案应当报设区的市级人民政府负责化学品安全监督管理综合工作的部门备案。”

《关于特大安全事故灾害行政责任追究的规定》第 7 条规定：“市（地、州）、县（市、区）人民政府必须制定本地区特大安全事故灾害应急处理预案。”

《安全生产法》第 17 条规定：“生产经营单位的主要负责人具有组织制定并实施本单位的生产安全事故灾害应急救援预案的职责。”第 33 条规定：“生产经营单位对重大危险源应当制定应急救援预案，并告知从业人员和相关人员在紧急情况下应当采取的应急措施。”第 68 条规定：“县级以上地方各级人民政府应当组织有关部门制定本行政区域内特大生产安全事故灾害应急救援预案，建立应急救援体系。”

《特种设备安全监察条例》第 31 条规定：“特种设备使用单位应当制定特种设备的事故灾害应急措施和救援预案。”

《使用有毒物品作业场所劳动保护条例》规定：“从事使用高毒物品作业的用人单位，应当配备应急救援人员和必要的应急救援器材、设备，制定事故灾害应急救援预案，并根据实际情况变化对应急预案适时进行修订，定期组织演练。事故灾害应急救援预案和演练记录应当报当地卫生行政部门、安全生产监督管理部门和公安部门备案。”

《职业病防治法》规定：“用人单位应当建立、健全职业病危害事故灾害应急救援预案。”

《消防法》规定：“消防安全重点单位应当制定灭火和应急疏散预案，定期组织消防演练。”

此外，相关法规还有《防震减灾法》《防洪法》《气象法》《人民防空法》《海上交通安全法》《环境保护法》《海洋环境保护法》《防空法》等。

#### 15.1.5.4 应急预案编制中存在的问题

随着我国有关制定事故灾害应急预案要求的法律法规相继出台，各地方政府和企业已开始了应急预案的编制工作，表明了地方政府和企业对事故灾害应急预案制定工作的高度重视和风险防范意识的提高。然而，从目前各地所编制的重大事故灾害应急预案的总体情况来看，水平参差不齐，与开展事故灾害应急救援工作的要求存在较大差距，难以满足指导事故灾害应急救援工作的需要。

（1）应急预案内容粗略

目前，有相当一部分城市已发布的应急预案大多是一个几页纸的政府文件，其中仅对应急救援的有关组织机构与职责、法律责任等方面做了一些规定，而应急预案中其他所应包括的核心内容都未能反映，对应急预案的要求认识不够，将应急预案与应急条例混淆。

（2）应急预案的可操作性差

普遍存在的问题是应急预案的编制未能充分明确和考虑自身可能存在的重大危险及其后果，也未能结合自身应急能力的实际，对应急的一些关键信息，如潜在重大危险分析、支持保障条件、决策、指挥与协调机制等缺乏详细而系统的描述，导致应急预案的针对性和操作性较差，而且不同城市的应急预案存在相互照搬的现象。

（3）各种重大事故灾害应急预案缺乏系统的规划和协调

城市面临的潜在重大事故灾害可能会有多种类型，但应急资源是共同的。如何针对多种事故灾害类型进行应急预案的系统规划，保证各应急预案之间的协调性，形成完整的预案文件体系，避免预案之间的矛盾和交叉，在城市编制应急预案前必须总体考虑并予以明确。有些城市针对可能的重大事故灾害编制了几个甚至是十几个孤立或单独的应急预案，在应急组织机构职责、指挥以及响应程序等方面，不仅带来了不必要的内容重复，而且极易引起矛盾和混乱，对预案的维护和职责的明确等带来一系列问题。

（4）应急预案缺乏有效的实施

尽管编制应急预案在事故灾害应急救援中起着十分关键

的作用，但有了应急预案，并不等于事故灾害的应急救援工作就有了保障。即使一个非常完善的应急预案，倘若发布之后便束之高阁，没有进行有效的落实和贯彻，也仅仅是一个“文本文件”而已。应急预案能否在事故灾害应急救援中发挥积极有效的作用，不仅仅取决于预案本身的完善程度，还取决于应急预案的实施情况，包括预案的宣传，落实预案中所需的机构、人员及各种资源，开展预案培训，进行定期演习，向公众进行应急知识宣传教育等。

#### 15.1.5.5　应急预案的编制过程

应急预案的编制过程可分为下面5个步骤：①成立预案编制小组；②危险分析和应急能力评估；③编制应急预案；④应急预案的评审与发布；⑤应急预案的实施。

(1) 成立预案编制小组

重大事故灾害的应急救援行动涉及来自不同部门、不同专业领域的应急各方，需要应急各方在相互信任、相互了解的基础上进行密切的配合和相互协调，因此，应急预案的成功编制需要城市各个有关职能部门和团体的积极参与，并达成一致意见，尤其是应寻求与危险直接相关的各方进行合作。成立预案编制小组是将城市各有关职能部门、各类专业技术有效结合起来的最佳方式，可有效地保证应急预案的准确性和完整性，而且为城市应急各方提供了一个非常重要的协作与交流机会，有利于统一应急各方的不同观点和意见。

预案编制小组的成员一般应包括：市长或其代表，应急管理部门、下属区或县的行政负责人，消防、公安、环保、卫生、市政、医院、医疗急救、卫生防疫、邮电、交通和运输管理部门，技术专家，广播，电视等新闻媒体，法律顾问，有关企业以及上级政府或应急机构代表等。预案编制小组的成员确定后，必须确定小组领导，明确编制计划，保证整个预案编制工作的组织实施。

(2) 危险分析和应急能力评估

① 危险分析。危险分析是应急预案编制的基础和关键过程。危险分析的结果不仅有助于确定需要重点考虑的危险，提供划分预案编制优先级别的依据，而且也为应急预案的编制、应急准备和应急响应提供必要的信息和资料。

危险分析包括以下三部分内容，即危险识别、脆弱性分析和风险分析。

一是危险识别。要调查所有的危险并进行详细的分析是不可能的，危险识别的目的是要将城市中可能存在的重大危险因素识别出来，作为下一步危险分析的对象。危险识别应分析本地区的地理、气象等自然条件、工业和运输、商贸、公共设施等的具体情况，总结本地区历史上曾经发生的重大事故灾害，识别出可能发生的自然灾害和重大事故灾害。危险识别还应符合国家有关法律法规和标准的要求。

危险识别应明确下列内容：

a. 危险化学品工厂（尤其是重大危险源）的位置和运输路线；

b. 伴随危险化学品的泄漏而最有可能发生的危险（例如火灾、爆炸）；

c. 城市内或经过城市进行运输的危险化学品的类型和数量；

d. 重大火灾隐患的情况，如地铁、大型商场等人口密集场所；

e. 其他可能的重大事故灾害隐患，如大坝、桥梁等；

f. 可能的自然灾害以及地理、气象等自然环境的变化和异常情况。

二是脆弱性分析。脆弱性分析要确定的是：一旦发生危险事故灾害，城市的哪些地方容易受到破坏。脆弱性分析结果应提供下列信息：

a. 受事故灾害或灾害严重影响的区域以及该区域的影响因素（例如地形、交通、风向等）；

b. 预计位于脆弱带中的人口数量和类型［例如居民、职员、敏感人群（医院、学校、疗养院、托儿所）］；

c. 可能遭受的财产破坏，包括基础设施（例如水、食物、电、医疗）和运输线路；

d. 可能的环境影响。

三是风险分析。风险分析是根据脆弱性分析的结果，评估事故灾害或灾害发生时对城市造成破坏（或伤害）的可能性，以及可能导致的实际破坏（或伤害）程度，通常可能会选择对最坏的情况进行分析。风险分析可以提供下列信息：

a. 发生事故灾害和环境异常（如洪涝）或同时发生多种紧急事故灾害的可能性；

b. 对人造成的伤害类型（急性、延时或慢性的）和相关的高危人群；

c. 对财产造成的破坏类型（暂时、可修复或永久的）；

d. 对环境造成的破坏类型（可恢复或永久的）。

要做到准确分析事故灾害发生的可能性是不太现实的，一般无须过度将精力集中到对事故灾害或灾害发生的可能性进行精确的定量分析上，可以用相对性的词汇（例如低、中、高）来描述发生事故灾害或灾害的可能性，但关键是要在充分利用现有数据和技术的基础上进行合理评估。

② 应急能力评估。依据危险分析的结果，对已有的应急资源和应急能力进行评估，包括城市应急资源的评估和企业应急资源的评估，明确应急救援的需求和不足。应急资源包括应急人员、应急设施（备）、装备和物资等；应急能力包括人员的技术、经验和接受的培训等。应急资源和能力将直接影响应急行动的快速、有效性。制定预案时应当在评价与潜在危险相适应的应急资源和能力的基础上，选择最现实、最有效的应急策略。

(3) 编制应急预案

应急预案的编制必须基于城市重大事故灾害风险的分析结果、城市应急资源的需求和现状以及有关的法律法规要求。此外，编制预案时应充分收集和参阅已有的应急预案，尽可能地减小工作量和避免应急预案的重复和交叉，并确保与其他相关应急预案的协调和一致性。

预案编制小组在设计应急预案编制格式时则应考虑：

① 合理组织。应合理地组织预案的章节，以便每个读者都能快速地找到各自所需要的信息，避免从一堆不相关的信息中去查找。

② 连续性。保证应急预案每个章节及其组成部分在内容上的相互衔接，避免内容出现明显的位置不当。

③ 一致性。保证应急预案的每个部分都采用相似的逻辑结构。

④ 兼容性。应急预案应尽量采取与上级机构一致的格式，以便各级应急预案能更好地协调和对应。

(4) 应急预案的评审与发布

① 应急预案的评审。为确保应急预案的科学性、合理性以及与实际情况的符合性，预案编制单位或管理部门应依据我国有关应急的方针、政策、法律、法规、规章、标准和其他有关应急预案编制的指南性文件与评审检查表，组织开展预案评审工作，取得政府有关部门和应急机构的认可。应急预案的评审包括内部评审和外部评审两类。

a. 内部评审。内部评审是指编制小组成员内部实施的评审。应急预案管理部门应要求预案编制单位在预案初稿编写工作完成后，组织编写成员内部对其进行评审，保证预案语言简洁通畅、内容完整。

b. 外部评审。外部评审是由本城市或外埠同级机构、上级机构、社区公众及有关政府部门实施的评审。外部评审的主要作用是确保预案被城市各阶层接受。根据评审人员的不同，又可分为同级评审、上级评审、社区评议和政府评审。

同级评审是指预案编制单位邀请由本城或外埠同级机构中具备与编制成员类似资格或专业背景的人员实施的评审。编制单位可通过同级评审收集本城或外埠应急专家有关应急预案的客观建议和意见。

上级评审是指由预案编制单位将所起草的应急预案交由预案管理部门或其上级机构实施的评审。上级评审作用是确保有关责任人或机构对预案中要求的资源予以授权并做出相应承诺。

社区评议是指由预案管理部门或其上级机构组织社会公众对应急预案实施的评议活动。社区评议的作用是促进公众对预案的理解和接受。预案编制单位可通过社区代表讨论会、发布评议公告、举行公开会议、邀请公众参与同级和上级评审等多种形式收集社会公众对预案的建议和意见。

政府评审是指预案管理部门或其上级机构将预案呈送城市政府，并由政府组织有关部门、专家和应急机构实施的评审。政府评审的作用是确认该预案符合相关法律、法规、规章、标准和上级政府的有关规定，并与其他预案相互兼容、协调一致。

② 应急预案的发布。城市重大事故灾害应急预案经政府评审通过后，应由城市最高行政官员签署发布，并报送上级政府有关部门和应急机构备案。

(5) 应急预案的实施

实施应急预案是城市应急管理工作的重要环节。应急预案经批准发布后，城市所有应急机构应开展以下工作：

① 应急预案宣传、教育和培训。各应急机构应广泛宣传应急预案，使普通公众了解应急预案中的有关内容。同时，积极组织应急预案培训工作，使各类应急人员掌握、熟悉或了解应急预案中与其承担职责和任务相关的工作程序、标准等内容。

② 应急资源的定期检查落实。各应急机构应根据应急预案的要求，定期检查落实本部门应急人员、设施、设备、物资等应急资源的准备状况，识别额外的应急资源需求，保持所有应急资源的可用状态。

③ 应急演习和训练。各应急机构应积极参加各类重大事故灾害应急演习和训练工作，及时发现应急预案、工作程序和应急资源准备中的缺陷与不足，澄清相关机构和人员的职责，改善不同机构和人员之间的协调问题，检验应急人员对应急预案、程序的了解程度和操作技能，评估应急培训效果，分析培训需求，并促进公众、媒体对应急预案的理解，争取他们对重大事故灾害应急工作的支持，使应急预案有机地融入城市公共安全保障工作之中，真正将应急预案的要求落到实处。

④ 应急预案的实践。各应急机构应在重大事故灾害应急的实际工作中，积极运用应急预案，开展应急决策，指挥和控制相关机构和人员的应急行动，从实践中检验应急预案的实用性，检验各应急机构之间协调能力和应急人员的实际操作技能，发现应急预案、工作程序、应急资源准备中的缺陷和不足，以便修订、更新相关的应急预案和工作程序。

⑤ 应急预案的电子化。应急预案的电子化将使应急预案更易于管理和查询。根据重大事故应急预案编制指南，采用基于应急任务或功能的“1+4”预案编制结构（即一个基本预案加上应急功能设置、特殊风险预案、标准操作程序和支持附件构成），可以确保应急预案的电子化应用更易实现。因此，在预案实施过程中，应考虑充分利用现代计算机及信息技术，实现应急预案的电子化，尤其是应急预案的支持附件包含了大量的信息和数据，它们是应急预案电子化的主体内容，在结合地理信息管理系统（GIS）应用的基础上，将对应急工作发挥重要的支持作用。

⑥ 事故灾害回顾。应急预案管理部门应积极收集本城市或外埠各类重大事故灾害应急的有关信息，积极开展事故灾害回顾工作，评估应急过程的不足和缺陷，吸取经验和教训，为预案的修订和更新工作提供参考依据。

### 15.1.6 应急演练

应急演练是指各级人民政府及其部门、企事业单位、社会团体等（以下统称演练组织单位）组织相关单位及人员，依据有关应急预案，模拟应对突发事件的活动 。

应急演练的目的可以概括如下：

① 检验预案。通过开展应急演练，查找应急预案中存在的问题，进而完善应急预案，提高应急预案的实用性和可操作性。

② 完善准备。通过开展应急演练，检查应对突发事件所需应急队伍、物资、装备、技术等方面的准备情况，发现不足及时予以调整补充，做好应急准备工作。

③ 锻炼队伍。通过开展应急演练，增强演练组织单位、参与单位和人员等对应急预案的熟悉程度，提高其应急处置能力。

④ 磨合机制。通过开展应急演练，进一步明确相关单位和人员的职责任务，理顺工作关系，完善应急机制。

⑤ 科普宣教。通过开展应急演练，普及应急知识，提高公众风险防范意识和自救互救等灾害应对能力。

应急演练有以下分类形式：

① 按组织形式划分，应急演练可分为桌面演练和实战演练。

② 按内容划分，应急演练可分为单项演练和综合演练。

③ 按目的与作用划分，应急演练可分为检验性演练、示范性演练和研究性演练。

不同类型的演练相互组合，可以形成单项桌面演练、综合桌面演练、单项实战演练、综合实战演练、示范性单项演练、示范性综合演练等。

## 15.2 监测与预警

### 15.2.1 监测

存在可监测信号的系统，可以采用在线或离线的方式，通过预设阈值或者综合判断进行预警信号的监测。一般可分为多信号监测和单一信号监测。在多信号监测中，不同信号可以有级别的差异，其中，关键部分信号在超过预设阈值时就需要进行预警启动，另外一部分信号则需要进行综合研判再决定是否启动预警机制。

### 15.2.2 研判

是否进行预警，需要将监测的信号与外在信号进行比较分析，才可以做最后的判断。因此，预警信息需要通过多途径、多来源、多方式进行采集，比如，人的体温数据的采集，可以依靠远程监控系统，同时也必须结合现场环境的温度以及时间空间等其他因素，才能够判别是否出现大面积人群的高烧事件。

### 15.2.3 信息报告

信息报告是公共关系部门向上级传递信息的一种文字形式。信息报告运用直接、具体的文字，反映事实的发展过程，作为企业领导决策的依据。其形成过程是：公共关系部门对所搜集的信息进行整理、分析，得出结论，再将结论形成文字，然后迅速提供给企业管理层。其内容包括产品流向、公众意见、社会动态、用户反映、企业信誉度等。

书写信息报告时应注意：

① 真实可靠。报告中的信息要真实准确，失真的信息会给企业带来严重危害。

② 信息量充分。只有对大量充分的信息进行分析比较，才能得出全面正确的结论。

③ 客观、公正、全面。只有这样才能反映出事实发展的真相，信息报告才有价值。

### 15.2.4　预警

根据预测分析结果，对可能发生和可以预警的突发公共事件进行预警。预警级别依据突发公共事件可能造成的危害程度、紧急程度和发展势态，一般划分为四级：Ⅰ级（特别严重）、Ⅱ级（严重）、Ⅲ级（较重）和Ⅳ级（一般），依次用红色、橙色、黄色和蓝色表示。

预警信息包括突发公共事件的类别、预警级别、起始时间、可能影响范围、警示事项、应采取的措施和发布机关等。

预警信息的发布、调整和解除可通过广播、电视、报刊、通信、信息网络、警报器、宣传车或组织人员逐户通知等方式进行，对老、幼、病、残、孕等特殊人群以及学校等特殊场所和警报盲区应当采取有针对性的公告方式。

### 15.2.5　国际合作

国际合作应当遵循如下工作原则：一是开放合作、资源共享。积极响应联合国减灾战略所确立的减灾战略目标，始终积极推进与各国政府、各相关国际和区域减灾机构开展务实交流与合作，在国际合作中发挥着积极的建设性作用。鼓励其他国家、政府、政党、社会团体、联合国有关组织和一些国际机构、外资企业以及国际友好人士，积极提供救援物资、捐助救灾资金、派遣救援队和医疗队等各种方式提供应急管理支持。二是内外有别、遵守纪律。在应急管理交流合作的涉外活动中，要内外有别，严格遵守保密规则，保守党和国家的秘密。

国际合作的主体主要包括：

① 国际机构。以联合国为核心的很多国际机构在应对突发事件时发挥着重要作用，因此国际机构是国际合作的重要主体之一。譬如，世界卫生组织是联合国系统内卫生问题的指导和协调机构，对全球卫生事务提供指导，制定规范和标准，监测和评估卫生趋势，负责突发公共卫生事件处置的国际合作和协调。

② 政府。政府是国际合作的重要主体，其合作的形式可能是国家与国家之间的双边合作、国家参与地区或国际合作等。如中国政府积极推动上海合作组织国家签署《上海合作组织成员国政府间救灾互助协定》，通过《上海合作组织成员国救灾合作行动方案》等方案。

③ 企业。在重大突发事件应对的过程中，一个国家可以与其他国家的救援公司合作。在国外，紧急救援已经成为一个仅次于银行、邮电、保险业的重要服务性产业，是政府救援的有益和必要的补充。如美国、法国等发达国家都设立了国际紧急救助中心，并在其他国家和地区建立了分支机构。政府可以按照商业化模式，调用国外的紧急救援公司。

④ 非政府组织。在应急管理的国际合作中，可以借助规模不断壮大的非政府组织的力量。非政府组织可以提供信息资源、救援力量资源、资金资源。非政府组织一方面具有国际组织的特征，拥有遍布全球的网络，可以与地方政府结成应急伙伴关系；另一方面又具有组织结构分散化、反应灵活、处置效率高的特点，且具有独立、中立、人道主义色彩，在一些重特大突发事件的谈判中发挥着独特的作用。可以通过正规的培训，培养实践经验丰富、敬业精神强的社会组织成员，从事灾害救助到灾后恢复重建等各种工作。

## 15.3　应急处置方法

### 15.3.1　先期处置

#### 15.3.1.1　先期处置流程与要求

《突发事件应对法》第48条规定：突发事件发生后，履行统一领导职责或者组织处置突发事件的人民政府应当针对其性质、特点和危害程度，立即组织有关部门，调动应急救援队伍和社会力量，依照本章的规定和有关法律、法规、规章的规定采取应急处置措施。第4条规定：国家建立统一领导、综合协调、分类管理、分级负责、属地管理为主的应急管理体制。第7条规定：县级人民政府对本行政区域内突发事件的应对工作负责；涉及两个以上行政区域的，由有关行政区域共同的上一级人民政府负责，或者由各有关行政区域的上一级人民政府共同负责。突发事件发生后，发生地县级人民政府应当立即采取措施控制事态发展，组织开展应急救援和处置工作，并立即向上一级人民政府报告，必要时可以越级上报。突发事件发生地县级人民政府不能消除或者不能有效控制突发事件引起的严重社会危害的，应当及时向上级人民政府报告。上级人民政府应当及时采取措施，统一领导应急处置工作。法律、行政法规规定由国务院有关部门对突发事件的应对工作负责的，从其规定；地方人民政府应当积极配合并提供必要的支持。《国家突发公共事件总体应急预案》规定：突发事件发生后，事发地的人民政府或者有关部门在报告突发公共信息的同时，要根据职责和规定的权限启动相关应急预案，及时、有效地进行处置，控制事态（商业银行的信用危机和核事故灾害由国务院指定部门负责）。在境外发生涉及中国公民和机构的突发事件，我驻外使领馆、国务院有关部门和有关地方人民政府要采取措施控制事态发展，组织开展应急救援工作。《国务院办公厅关于加强基层应急管理工作的意见》要求：突发事件发生后，基层组织和单位要立即组织应急队伍，以营救遇险人员为重点，开展先期处置工作；要采取必要措施，防止发生次生、衍生事故灾害，避免造成更大的人员伤亡、财产损失和环境污染；要及时组织受威胁群众疏散、转移，做好安置工作。基层群众要积极自救、互救，服从统一指挥。当上级政府、部门和单位负责现场指挥救援工作时，基层组织和单位要积极配合，做好现场取证、道路引领、后勤保障、秩序维护等协助处置工作。

按照我国法律法规规定，要求突发事件发生后属地政府先期快速处置。不论发生哪一个级别的突发事件，属地管理为主的应急管理体制都要求突发事件发生地县级人民政府应当及时地展开先期处置措施：立即采取措施控制事态发展，组织开展应急救援和处置工作，并立即向上一级人民政府报告，以防止突发事件事态进一步扩大、升级，尽可能地减少突发事件给公众生命、财产和健康安全带来的损失。不论发生哪一级的突发事件，事发地人民政府在迅速上报的同时，应派人迅速赶往突发事件现场，核实、观察突发事件的情况和发展态势，并就近组织应急资源进行先期处置，防止突发事件扩大升级。与此同时，现场工作人员应边处置、边汇报、不断将突发事件的最新信息传递给应急管理部门。突发事件一旦发生，时间就是生命，应急响应速度与事故灾害后果的严重度密切相关，对事件受害人早期的抢险救治对保障生命、减轻伤害具有决定性意义。同时，如果在敏感期处理不够及时，可能会使事件性质发生扩大和激变。属地政府熟悉事发地周围情况，属地应急力量可以在第一时间赶到突发事件现场，有助于把突发事件消失在萌芽状态。

突发事件发生后，事发地的基层人民政府或者基层政府有关部门在报告突发事件信息的同时，要根据职责和规定的权限启动相关应急预案，及时、有效地进行处置，控制事态。基层政府对突发事件的先期处置一般指事发地基层政府在突发事件的响应级别高于自身应急处置能力与权限时，所开展的应急处置行为。虽然我国坚持应急管理中属地管理为主的原则，但法律、行政法规规定由国务院有关部门对特定突发事件的应对工作负责的，就应当以国务院有关部门管理为主。比如，《中国人民银行法》规定，商业银行已经或者可能发生信用危机，严重影响存款人的利益时，由中国人民银行对该银行实行接管，采取必要措施，以保护存款人的利益，恢复商业银行的正常经营能力。再比如，《核电厂核事故灾害应急管理条例》规定，全国的核事故灾害应急管理工作由国务院指定的部门负责。因此，这类突发事件的先期处置与其他突发事件的先期处置不同，应由国务院有关管理部门主导先期处置。

(1) 熟练使用各种消防器材

① 干粉灭火器。主要适用于扑救各种易燃、可燃液体(气体) 火灾和电器设备火灾。

干粉灭火器使用方法：a. 除掉铅封；b. 拔掉保险销；c. 左手握着喷管，右手提着压把；d. 在距离火焰 2m 的地方，右手用力压下压把，左手拿着喷管左右摆动，喷射干粉覆盖整个燃烧区。

干粉灭火器灭火原理：干粉灭火器内充装的是干粉灭火剂。干粉灭火剂是用于灭火的干燥且易于流动的微细粉末，由具有灭火功能的无机盐和少量的添加剂经干燥、粉碎、混合而成的微细固体粉末组成。

② 泡沫灭火器。主要适用于扑救各种油类火灾及木材、纤维、橡胶等固体可燃物火灾。

泡沫灭火器使用方法：a. 右手托压把，左手托灭火器底部，轻轻取下灭火器；b. 右手捂住喷嘴，左手执筒底边缘；c. 把灭火器颠倒过来呈垂直状态，使劲上下晃动几下，然后放开喷嘴；d. 右手抓筒耳，左手抓筒底边缘，把喷嘴朝向燃烧区，站在离火源 8m 的地方喷射，并不断前进，兜围着火焰喷射，直至把火扑灭；e. 灭火后，把灭火器卧放在地上，喷嘴朝下。

③ 二氧化碳灭火器。主要适用于各种易燃、可燃液体及可燃气体火灾，还可扑救仪器仪表、图书档案、工艺器和低压电器设备等的初起火灾。

二氧化碳灭火器使用方法：使用时，用右手握着压把，鸭嘴式的先拔掉保险销，压下压把即可；手轮式的要先取掉铅封，然后按逆时针方向旋转手轮，药剂即可喷出。注意手指不宜触及喇叭筒，以防冻伤。二氧化碳灭火器射程较近，应接近着火点，在上风方向喷射。

二氧化碳灭火器灭火原理：二氧化碳具有较高的密度，约为空气的 1.5 倍。在常压下，液态的二氧化碳会立即汽化，一般 1kg 的液态二氧化碳可产生约 0.5$m^3$ 的气体。因而灭火时，二氧化碳气体可以排除空气而包围在燃烧物体的表面或分布于较密闭的空间中，降低可燃物周围或防护空间内的氧浓度，产生窒息作用而灭火。另外，二氧化碳从储存容器中喷出时，会由液体迅速汽化成气体，并从周围吸收部分热量，起到冷却的作用。

④ 简易式灭火器。简易式灭火器是近几年开发的轻便型灭火器，它的特点是灭火剂充装量在 500g 以下，压力在 0.8MPa 以下，而且是一次性使用，不能再充装的小型灭火器。按充入的灭火剂类型分，简易式灭火器包括 1211 灭火器（也称气雾式卤代烷灭火器)、简易式干粉灭火器（也称轻便式干粉灭火器)、简易式空气泡沫灭火器（也称轻便式空气泡沫灭火器)。简易式灭火器适于家庭使用，简易式 1211 灭火器和简易式干粉灭火器可以扑救液化石油气灶及钢瓶上角阀，或煤气灶等处的初起火灾，也能扑救火锅起火和废纸篓等固体可燃物燃烧的火灾。简易式空气泡沫灭火器适用于油锅、煤油炉、油灯和蜡烛等的初起火灾，也能对固体可燃物燃烧的火苗进行扑救。

(2) 熟练操作应急救援器材

① 机动链锯。机动链锯使用方法为：a. 按泵油器，将化油器注满，将启动扳机推至下方；b. 将链锯在地上放置平稳，检查链条是否转动自如和是否接触到其他物体；c. 左手紧握前手柄，右脚踏住后手柄，拉动几次启动绳，直至听到发动机发出第一次启动的声响，将启动扳机置于中间位置；d. 一旦发动机启动，松开链条制动器并等待数秒，然后压下油门，松开半油门装置。

② 液压扩张器。液压扩张器使用方法为：a. 取出扩张器，用带有快速接口的软管与油泵连接好；b. 在确保各接口牢固的情况下，启动发动机，使油泵正常工作；c. 操作者移动扩张器换向手轮，先使其空载往复工作几个满行程，以便使工作油缸内的空气全部排出并充满液压油；d. 将扩张器放在需要使用的工作环境下，进行扩张作业；e. 操作完毕后，应使扩张器空载返回运行一段距离，以卸掉工作油缸中的高压，并使扩张臂呈微开状态；f. 熄灭发动机，拆卸各接口，盖好防尘帽，除尘保养后放回。

③ 正压式空气呼吸器。正压式空气呼吸器使用方法为：a. 打开气瓶阀，检查气瓶气压（压力应大于 24MPa)，然后关闭阀门，放尽余气。b. 气瓶阀门和背托朝上，利用过肩式或交叉穿衣式背上呼吸器，适当调整肩带的上下位置和松紧度，直到感觉舒适为止。c. 插入腰带插头，然后将腰带一侧的伸缩带向后拉紧扣牢。d. 撑开面罩头网，由上向下将面罩戴在头上，调整面罩位置。用手按住面罩进气口，通过吸气检查面罩密封是否良好，否则再收紧面罩紧固带，或重新戴面罩。e. 打开气瓶开关及供气阀。f. 将供气阀接口与面罩接口吻合，然后握住面罩吸气根部，用左手把供气阀向里按，当听到"咔嚓"声即安装完毕。g. 应呼吸若干次检查供气阀性能。吸气和呼气都应舒畅，无不适感觉。

(3) 掌握应急救援设备使用维护要求

对救援设备使用维护要求如下：

① 应急救援设备每月至少进行一次检查，必须由安全管理人员负责进行，要有详细记录。

② 在检查到应急救援设备有问题不能使用时，先由所属部门负责人进行检查和维护，不能使用的要立即更换。

③ 定期进行应急救援设备维护，随时保持应急救援设备完整好用，并做好维护记录。

④ 应急救援设备放置应科学合理，并做好标识。保证应急救援人员能够轻松找到拿到。

⑤ 应按国家有关标准配备足够的应急救援设备。

⑥ 应急救援设备只能在应急的时候使用，任何人不能擅自使用。

#### 15.3.1.2 掌握常见事故灾害急救技能

(1) 火灾事故灾害急救技能

火灾来临时的应急措施为：

① 初期火灾的自防自救

a. 报警通报。正确地组织报警通报程序和严密值班制度及正确地掌握报警通报的方法。

b. 疏散抢救。明确分工，把责任落实到各层的现场工作人员；指导自救，由现场工作人员带领或通过楼内通信设备指导等方式进行；不能使用客用电梯疏散人员；不能让顾(旅) 客再回着火层；在疏散路线上设立哨位，为疏散人员指明方向，防止疏散人员误入袋形走道。

c. 组织灭火。启动消防水泵，满足着水层以上各层的消防用水量，铺设水带，做好灭火准备；关闭防火分区的防火门；派出人员携带灭火工具到着火部位的相邻厅房，查明是否有火势蔓延的可能，并及时扑灭蔓延过来的火焰；针对不同的燃烧采用不同的灭火方法。

d. 防毒排烟。启动送风排烟设备，对疏散楼梯间、前室保持正压送风排烟；开启疏散楼梯的自然通风窗。

e. 注意防爆。把处于或可能受火势威胁的易燃物品迅速清理出楼外；对受火势威胁的液化气储罐、石油产品储罐用水喷洒，加强冷却。

f. 安全警戒。消除障碍，指导一切无关车辆离开现场，劝导过路行人撤离现场，维持好大楼外围的秩序，迎接消防队，为消防队到场灭火创造有利条件。

② 发生火灾时组织火场逃生。a. 熟悉环境，出口易找；b. 发现火情，报警要早；c. 保持镇定，有序外逃；d. 简易防护，匍匐弯腰；e. 慎入电梯，改走楼道；f. 缓降逃生，不等不靠；g. 火已及身，切勿惊跑；h. 被困室内，固守为妙；i. 速离险地，不贪不闹。

③ 野外火灾应急措施

a. 正确选择逃生路线，被火包围要选择顶风路线，不可选择顺风路线，大火随风向而来，要绕道避开火险。

b. 寻找天然防火带，开阔平地可阻挡火势，河流是最好的防火带。

c. 在开阔地或荒地，火势较弱时，脱险的方式是快速奔跑，穿过火场，但火势强劲或者大火覆盖大片地域时，此法是下策，在穿越火场时要尽量用水把全身弄湿，遮住口鼻。

d. 无路可逃时，尽可能就地挖一个凹形坑，脱去化纤衣物，将铺上泥土的大衣或布料盖在身上，手曲成环状放在口鼻上以利呼吸，当火焰通过时，屏住呼吸。

(2) 危化品事故灾害应急措施

危险化学品事故灾害应急措施为：

① 危险化学品泄漏事故灾害及处置措施：进入泄漏现场进行处理时，应注意安全防护、泄漏源控制、泄漏物处理。

② 危险化学品火灾事故灾害及处置措施：先控制，后消灭。针对危险化学品火灾的火势发展蔓延快和燃烧面积大的特点，积极采取统一指挥、以快制快，堵截火势、防止蔓延，重点突破、排除险情，分割包围、速战速决的灭火战术。

(3) 日常生活常见事故灾害急救技能

① 被困电梯。电梯出现故障时要保持冷静，并且安慰困在一起的人，向大家解释不会有危险，电梯不会掉下电梯槽。电梯槽有防坠安全装置，会牢牢夹住电梯两旁的钢轨，安全装置不会失灵。故障发生时按警铃求援，切忌频繁踢门拍门、从安全窗爬出，勿强行扒门，用最安全的方法等待救援。

② 发生交通事故灾害时自我保护。交通事故灾害发生后首先应该开展自救与互救，以成员自救措施最为重要。交通事故发生时，乘客的双手应该紧紧抓住前排座椅或扶杆、把手，并低下头，用前排座椅靠背和双手臂保护好头部；机动车即将翻倒和坠下时，应马上蹲下身体，拼命抓住前排座椅的椅脚，把身体固定在两排座位之间，与车共同翻转；发生事故灾害后，清醒的乘客应马上采取自救互救措施，迅速向公安、交通、消防、医疗救护中心拨打救援电话，也可拦截过往机动车求救，遇重伤者被挤压在事故灾害车中时，不要生拉硬拽，而应在救援人员到来后，协助他们让重伤者脱离险境。

③ 机动车落入水中后急救技能。迅速判断水是否淹没机动车，然后再决定如何逃生。如果水浅，车门大部分露在水面之上，车内外水压相差不大时，可以马上推开车门逃生；如果汽车正在下沉，应尽快用工具（汽车座椅头枕插销、安全带扣、锤头）把车窗破开，迅速逃生，尽量不要等待车内灌满水再开车门。汽车在水中下沉大概只需1～2min，应当抓紧时间，尽量不要等到水灌满车厢后，再依靠无法呼吸的短暂时间寻求逃生的办法。

④ 地铁突发事件急救技能。应该镇定、从容应对。进入地铁时就应该了解安全出口在什么位置。着火时，车厢内出现浓烟，应立刻用手绢、衣服捂住口鼻，低姿势迅速离开烟火区；听从工作人员指挥，视线不清，可沿墙撤离。如果无人指挥，不要盲目逃离，以防掉到铁轨上而发生危险，应辨明方向后再撤离。有些地铁站的工作人员会组织乘客有序地撤离车站，所有闸机、车门会自动敞开，所有电梯会同时朝安全方向行驶，在紧急情况下可保证在6min内将乘客及工作人员全部疏散到安全地带。

⑤ 乘船遇险时急救技能。关键时应保持冷静，不要惊慌失措。应听从船上工作人员的指挥。除穿上救生衣外，迅速找到船上的其他可以漂浮的物品，找出到达甲板最快的路线。船翻或下沉时，应该分散逃生。要知道当船下沉时，收到求救信号的船只都会前来紧急救援的。若跳入茫茫大海，则需坚持到底，要坚信，坚持就可以获救，耐心等待救援人员的到来，万不可灰心。如果在救生筏上，可以几个绑在一起，目标会更大，有利于获救。若是弃船跳入水中，应立即游离船只，否则，船只沉没会有一种“真空效应”，把周围所有的物体全部吸入漩涡中。若漂流至荒岛、礁石上，不应被动等待，应该积极寻找可以充饥的食物，尽量不要喝海水。见到前来救援的飞机和船只时，应该挥动衣物，表明自己的位置。海上漂流时要知道海岸的位置，因为白天风会吹向陆地，夜间则从陆地吹向海洋。离岸较近时，会出现大群的海岛，此时很可能已漂至岸边了。

⑥ 中毒后急救技能

a. 有毒气体中毒后急救技能。迅速脱离有毒环境，立即将患者移至通风、空气清新的环境，防止有毒气体继续吸入。昏迷者应松开其衣领，清除呼吸道分泌物，保持呼吸道通畅，有缺氧症状者给予吸氧（如一氧化碳中毒者给予高流量吸氧），必要时口对口人工呼吸或气管插管。冬季应注意保暖。呼吸停止者，应立即施行口对口人工呼吸。应迅速将被救助者送往就近合适的医院接受治疗。

b. 食物中毒后急救技能。轻症应注意观察病情变化，症状较重者应首先排出毒物，包括催吐、导泻，然后对症治疗进行解毒；保持患者气道通畅，吸氧，必要时进行人工呼吸、气管插管或气管切开；不论中毒症状轻重均应迅速送至医院救治。

c. 药物中毒后急救技能。中毒1h内，患者又呈清醒状态可口服适量温开水并用筷子、手指或鹅毛等刺激咽喉催吐；保持患者气道通畅，吸氧，必要时进行人工呼吸、气管插管或气管切开；不论中毒症状轻重均应迅速送至医院救治。

d. 急性酒精中毒后急救技能。轻症病人可卧床休息，保温后可自行康复；共济失调者应限制活动，以免发生外伤；清醒者可迅速催吐，昏迷者应保持气道通畅，吸氧，有条件可给予纳洛酮催醒；中毒症状较重者应送往医院治疗。

### 15.3.2　快速评估

#### 15.3.2.1　应急风险评估

风险评估（risk assessment）是指在风险事件发生之前或之后（但还没有结束），对该事件给人们的生活、生命、财产等各个方面造成的影响和损失的可能性进行量化评估的工作，即风险评估就是量化测评某一事件或事物带来的影响或损失的可能程度。从应急管理的角度来讲，风险评估是对某事件或事物所具有的信息集所面临的威胁、存在的弱点、造成的影响，以及三者综合作用所带来风险的可能性的评估。作为风险管理的基础，风险评估是组织确定事件安全需求的一个重要途径，属于组织应急安全管理体系策划的过程。

在风险管理的前期准备阶段，组织已经根据安全目标确定了自己的安全战略，其中就包括对风险评估战略的考虑。所谓风险评估战略，其实就是进行风险评估的途径，也就是规定风险评估应该延续的操作过程和方式。风险评估的操作范围可以是整个事件，也可以是事件中的某一部分，或者独立的信息系统、特定系统组件和服务。影响风险评估进展的某些因素，包括评估时间、力度、展开幅度和深度，都应与事件的环境和安全要求相符合。组织应该针对不同的情况来选择恰当的风险评估途径。实际工作中经常使用的风险评估途径包括基线评估、详细评估和组合评估三种。

如果应急事件的运作不是很复杂，并且应急部门对信息处理和网络的依赖程度不是很高，或者应急部门信息系统多采用普遍且标准化的模式，基线风险评估（baseline risk assessment）就可以直接而简单地实现基本的安全水平，并且满足应急部门和事件环境的所有要求。

采用基线风险评估，应急部门可根据自己的实际情况（所在行业、业务环境与性质等），对信息系统进行安全基线检查（拿现有的安全措施与安全基线规定的措施进行比较，找出其中的差距），得出基本的安全需求，通过选择并实施标准的安全措施来消减和控制风险。所谓的安全基线，是在诸多标准规范中规定的一组安全控制措施或者惯例，这些措施和惯例适用于特定环境下的所有系统，可以满足基本的安全需求，能使系统达到一定的安全防护水平。组织可以根据以下资源来选择安全基线：国际标准和国家标准，如行业标准或推荐、来自其他部门的惯例。

基线风险评估的优点是需要的资源少、周期短，操作简单，对于环境相似且安全需求相当的诸多部门，基线风险评估显然是最为经济有效的风险评估途径。当然，基线风险评估也有其难以避免的缺点，如基线水平的高低难以设定：如果过高，可能导致资源浪费和限制过度；如果过低，可能难以达到充分的安全。此外，在管理安全相关的变化方面，基线风险评估比较困难。基线风险评估的目标是建立一套满足信息安全基本目标的最小的对策集合，它可以在全部门范围内实行，如果有特殊需要，应该在此基础上对特定系统进行更详细的评估。

详细风险评估要求对应急事件进行详细识别和评价，对可能引起风险的威胁和弱点水平进行评估，根据风险评估的结果来识别和选择安全措施。这种评估途径集中体现了风险管理的思想，即识别突发事件的风险并将风险降低到可接受的水平，以此证明管理者所采用的安全控制措施是恰当的。“风险识别”（risk identification）是发现、承认和描述风险的过程。风险识别包括对风险源、风险事件、风险原因及其潜在后果的识别。风险识别包括历史数据、理论分析、有见识的意见、专家的意见以及利益相关方的需求。“风险评价”（risk evaluation）是把风险分析的结果与风险准则相比较，以决定风险或其大小是否可接受或可容忍的过程。正确的风险评价有助于组织对风险应对的决策。

详细风险评估的优点在于：可以通过详细的风险评估而对信息安全风险有一个精确的认识，并且准确定义出组织的安全水平和安全需求；详细风险评估的结果可用来管理安全变化。当然，详细风险评估可能是非常耗费资源的过程，包括时间、精力和技术，因此，组织应该仔细设定待评估的信息系统范围，明确商务环境、操作和信息资产的边界。

基线风险评估耗费资源少、周期短，操作简单，但不够准确，适合一般环境的评估；详细风险评估准确而细致，但耗费资源较多，适合严格限定边界的较小范围内的评估。在实践当中，组织多是采用二者结合的组合评估方式。为了决定选择哪种风险评估途径，组织首先对所有的系统进行一次初步的高级风险评估，着眼于信息系统的商务价值和可能面临的风险，识别出组织内具有高风险的或者对其运作极为关键的信息事件（或系统），这些事件或系统应该划入详细风险评估的范围，而其他系统则可以通过基线风险评估直接选择安全措施。这种评估途径将基线和详细风险评估的优势结合起来，既节省了评估所耗费的资源，又能确保获得一个全面系统的评估结果，而且，组织的资源和资金能够应用到最能发挥作用的地方，具有高风险的信息系统能够被预先关注。当然，组合评估也有缺点：如果初步的高级风险评估不够准确，某些本来需要详细评估的系统也许会被忽略，最终导致结果失准。

#### 15.3.2.2 应急调查评估

应急调查评估指在一定的工作流程指导下，由特定的人或小组、委员会等，获得被调查突发事件、部门、项目等信息，并对这些信息进行规范性分析判断，据此采取相应的奖惩和工作改进等措施的过程。应急调查评估机制的基本原则是：①客观公正，可由独立的第三方组织或参与，保持相对独立性；②科学全面，全面评估事件的原因、过程和结果等各个方面；③公开透明，调查评估的过程和结果都尽可能向社会公开；④目标合理，调查评估的目的侧重改进工作，兼顾追究责任。

在重大突发事件发生后进行独立、权威、专业调查并公之于众是“亡羊补牢”、真正从事件中学习改进、避免类似事件再次发生的基本方法。美国、日本等发达国家均建立了独立、公开的突发事件调查评估机制。在突发事件发生后，组成调查组，调查人员多元化，调查结果及时公开，并形成专业的评价体系，对应急管理全过程进行调查评估。强化安全生产调查评估和事后总结学习。按照客观公正、科学权威的原则，建立一套以发现问题、改进工作为基本目的的调查评估和总结学习机制，真正把少部分人的经历变为大多数人乃至全社会的共同财富，避免“虎头蛇尾”。

建立科学合理的责任追究制度。按照“宽严相济、惩教结合”的原则，既要落实责任追究制度，对失职、渎职、玩忽职守等行为依法追究责任，改变当前问责简单化与情绪化的倾向，提高问责的科学化、理性化、制度化水平，避免用对个别官员的简单问责代替对突发事件的科学调查。经过多年努力，在道路交通、建筑施工、消防等行业领域突发事件调查中确立了牵头地位，北京、四川、陕西等地更是以地方性规章或规范性文件的形式明确了突发事件管理部门牵头的组长负责制。下一步要推动强化突发事件应急管理部门在突发事件调查中的地位和话语权，同时推动各地加强与其他部门特别是监察部门的协调，提高突发事件调查时效。探索研究以突发事件调查推动工作的新方法，完善突发事件教训吸取和隐患整改督办机制，实现突发事件调查闭环管理。

### 15.3.3 决策指挥

随着社会经济的不断发展和人们价值观标准的不断更新，生产质量与安全事故灾害也越来越受到社会大众的关注，这些在社会生产与生活中突然发生的事故灾害对人们和生产管理者来说都是极大的考验，已经持续成为大众关注的焦点，一旦处理不当就会造成巨大的人身和财产损失。2003年“非典”、2004年禽流感、2006年松花江水污染、2008年南方雪灾以及汶川地震、2020年新冠肺炎疫情使人们深刻认识到公共安全与应急管理的重要性。在获得突发事件相关信息后，根据危机态势和发展阶段进行动态的应急决策以及采取相关措施减少损失等展开研究具有现实意义和价值。

我国颁布的《突发事件应对法》对突发事件作了如下定义：突然发生的，造成或可能造成严重社会危害，需要采取应急处置措施予以应对的自然灾害、事故灾害灾难、公共卫生事件和社会安全事件。其他学者从不同角度对突发事件作了定义。突发事件的发展阶段一般包括事件发生、事件恶化、事件处置、事后恢复等多个阶段。突发事件应急决策，是突发事件处理过程中的决策阶段，即在重大突发事件发生后，在短时间内搜集、处理相关信息，明确问题与目标，分析评价各种预案并选择适用的方案，组织实施应急方案，跟踪检验并调整方案直至事件得到控制为止的一个动态过程。

目前，国内外关于应急决策的研究主要集中在突发事件演化路径与动力研究、突发事件演化中的耦合模式研究、应急资源分配与调度、应急响应决策支持与指挥调度系统等方面。对应急决策理论和方法的探讨还处于初级阶段，应急决策的普遍原理和一般理论尚未成形。

(1) 应急决策的特点

第一，决策的必要性不同。重特大突发事件发生之后，其发展过程极不确定，损害后果严重且难以预料。此时，决策者所注重的核心价值和根本利益面临着严峻的威胁，甚至整个组织有全面崩溃的可能。在这种情况下，作为公共利益代表人的政府无论如何必须做出某种决策，以决定对突发事件的处置。而在常规条件下，公共决策的做出可能并非如此迫切，政府既可以在当前做出决策，也可以等待之后某一个更加合适的时机再做出决策，甚至可以不做出任何决策。

第二，决策的目标取向不同。非常规条件下的应急决策，目标单一，就是尽快控制公共危机的蔓延，尽量减少危机造成的损失，最大限度地保护民众的生命和财产安全。为了实现这一目标，必要时政府可以舍弃公共行政中的其他目标。常规决策则与此不同，可能需要同时平衡多种存在内在冲突的公共目标，在实现核心目标的同时还希望可以兼顾某些相对次要的目标。此外，如何在决策过程中充分体现民主性，从而保证公民民主权利的实现，也是常规公共决策的内在目标。也就是说，在常规决策中，民主本身就具有构成性的价值。而在应急决策中，这样的价值是完全可以被舍弃的。

第三，决策的约束条件不同。任何公共决策都是在一定的时间、信息、人力和技术条件下做出的，应急决策所面临的约束条件比常规决策要严苛得多，主要表现在：①决策时间紧迫，决策者对于危机的处理只有极其有限的反应时间，因为事件的突然爆发，迫使决策者必须在短时间内做出决策；②决策信息有限，决策信息的有限性可能表现为信息不完全、信息不及时或信息不准确；③决策的人力资源紧缺，由于时间紧迫，而且有关决策问题的信息和可供选择的备选方案都极为有限，因此，决策者往往要承受巨大的决策压力，在一定程度上必须依靠个人的直觉判断做出决策；④技术支持稀缺，决策者所赖以支持的交通工具、通信设施、计算机辅助系统等专业设备可能在危机发生后失灵，给决策工作带来很大困难。其中，有关决策信息的缺乏构成了危机决策最大的制约因素。

第四，决策的程序不同。常规决策追求科学性与民主性，为了实现前者，决策者需要对多套决策方案进行反复研究、论证，并征求专家的意见，甚至需要进行一定范围内的试验；为了满足后者，又需要引入各种民主机制，如民意调查、有公众参与的听证会、投票机制等。而在应急决策条件下，由于时间紧迫，这些机制可能会被统统抛弃，而是依赖决策者的个人判断来做出决定。这种判断往往只来源于决策者的经验和直觉，而不是基于科学的论证和通过民主机制达成的共识。

第五，决策的效果不同。常规决策所处的决策环境和政策执行环境是确定的，因此，对于常规决策可能取得的效果，决策者可以通过一定的方法来加以预测和监控。由于某些常规决策还具有重复性，因此，在决策做出的当时就可以凭借历史经验预见到决策效果。另外，在常规情况下决策者可以通过完整的行政监督系统以及各种手段来推动决策的落实，保证决策意图的实现。总之，常规决策的效果是可测、可控的。应急决策则与此相反，它是决策者在极其有限的时间内凭借有限资源做出的，甚至只是决策者个人经验、智慧、直觉的产物。因此，应急决策的后果往往难以预先做出判断，事实最终可能证明这种决策方案是错误的，甚至可能是违法的。

(2) 应急决策分析步骤

应急决策分析一般分四个步骤：一是形成决策问题，包括提出方案和确定目标；二是判断自然状态及其概率；三是拟定多个可行方案；四是评价方案并做出选择。常用的决策分析技术有：确定型情况下的应急决策分析、风险型情况下的应急决策分析、不确定型情况下的应急决策分析。

第一，确定型情况下的应急决策分析。确定型决策问题的主要特征有四个方面：一是只有一个状态，二是有决策者希望达到的一个明确的目标，三是存在可供决策者选择的两个或两个以上的方案，四是不同方案在该状态下的收益值是清楚的。确定型决策分析技术包括用微分法求极大值和用数学规划等。

第二，风险型情况下的应急决策分析。这类决策问题与确定型决策只在第一点特征上有所区别：在风险型情况下，未来可能状态不只一种，究竟出现哪种状态，不能事先肯定，只知道各种状态出现的可能性大小（如概率、频率、比例或权等）。常用的风险型决策分析技术有期望值法和决策树法。期望值法是根据各可行方案在各自然状态下收益值的概率平均值的大小，决定各方案的取舍。决策树法有利于决策人员使决策问题形象化，可把各种可以更换的方案、可能出现的状态、可能性大小及产生的后果等，简单地绘制在一张图上，以便计算、研究与分析，同时还可以随时补充和修正。

第三，不确定型情况下的应急决策分析。如果不只有一个状态，各状态出现的可能性的大小又不确定，便称为不确定型决策。常用的不确定型决策分析技术有：

① 乐观准则。比较乐观的决策者愿意争取一切机会获得最好结果。决策步骤是从每个方案中选一个最大收益值，再从这些最大收益值中选一个最大值，该最大值对应的方案便是入选方案。

② 悲观准则。比较悲观的决策者总是小心谨慎，从最坏结果着想。决策步骤是先从各方案中选一个最小收益值，再从这些最小收益值中选出一个最大收益值，其对应方案便是最优方案。这是在各种最不利的情况下又从中找出一个最有利的方案。

③ 等可能性准则。决策者对于状态信息毫无所知，所以对它们一视同仁，即认为它们出现的可能性大小相等。于是这样就可按风险型情况下的方法进行决策。

应急决策分析是一门与经济学、数学、心理学和组织行为学有密切关联的综合性学科。它的研究对象是决策，它的研究目的是帮助人们提高决策质量，减少决策的时间和成本。因此，决策分析是一门创造性的管理技术。应急决策分析包括发现问题、确定目标、确定评价标准、方案制定、方案选优和方案实施等过程。应急决策分析通常有如下构成要素：

① 决策主体。决策是由人做出的，人是决策的主体。在决策分析过程中，只承担提出问题或分析和评价方案等任

务的决策主体称为“分析者”，能做出最后决断的决策主体称为“领导者”。

② 决策目标。决策必须至少有一个希望达到的目标。决策是围绕着目标展开的，决策的开端是确定目标，终端是实现目标。决策目标既体现了决策主体的主观意志，也反映了客观事实，没有目标就无从决策。

③ 决策方案。决策必须至少有两个可供选择的可行方案。方案有两种类型：一是明确方案，具有有限个明确的具体方案；二是不明确方案，只说明产生方案的可能约束条件，方案个数可能有限个，也可能无限个。

④ 结局。结局又称自然状态。每个方案实施后可能发生一个或几个可能的结局，如果每个方案都只有一个结局，就称为“确定型”决策；如果每个方案至少产生两个以上可能的结局，就称为“风险型”决策或“不确定型”决策。

⑤ 效用。每一方案各个结局的价值评估称为效用。根据各个方案的效用值大小来评估方案的优劣。

（3）应急指挥的特点

第一，决策层次高，指挥政治性强。在我国，应对突发公共事件的最高行政领导机构是国务院。发生重大突发事件时，通常成立临时性指挥机构，由国务院分管领导任总指挥，相关部门参加。各对口主管部门负责日常事务处理，统一指挥和协调各部门、各地区应急处置工作。

第二，领导体制多重，指挥联合性强。根据国家应急体制要求，成立由各级党委和政府为主导的应急指挥力量，各个与突发事件相关单位，即使地理上属于不同区域，或者在功能上属于不同单位，但都必须为了完成共同目标而行动。这样并不意味着每个参加应急工作单位丧失自身职责，而是在共同的目标指引下，多部门联合行动，使资源发挥最大效能。这是由国家领导体制决定的，体现社会主义制度下集中力量办大事的优越性，有利于地方党委、政府在处置公共安全事件时能够及时调动和使用各方力量，形成最大的处置合力。

第三，社会影响大，指挥风险强。社会影响大，是由处置突发公共安全事件的社会性和社会信息化程度日益提高所决定。当前，公共安全指挥活动处于信息化的社会环境中，指挥正误、行动成败，不仅仅在事发地影响重大，而且往往通过现代化媒体迅速传播。指挥正确、处置成功，将为国家挽回重大损失，得到群众认可，甚至在国际上树立威望。反之，指挥错误、处置失败，也将造成难以估量的影响和损失。

第四，担负任务特殊，指挥执法性强。突发公共安全事件情况错综复杂，有时既有一定的敌我矛盾，又有大量的人民内部矛盾；既有闹事群体和地方党委、政府的矛盾，又有不同群体之间的利益冲突。应急处置任务既有军事警戒、封控、抓捕等行动，又有政治性宣传、教育、疏导等行动。突发公共事件处置任务的特殊性，客观决定了应急指挥具有政策法律性强的特点。指挥员在组织指挥时，既要确保任务圆满完成，又要充分考虑到应急处置行动必须依据法律政策进行决策，依法使用力量、手段；要高举维护国家安全和社会稳定、维护法律尊严旗帜；在民族地区还要高举维护民族团结旗帜；要区分不同性质矛盾，对那些受蒙蔽、受挑唆、受裹胁的群众，要理解、克制、善待；对别有用心、与人民为敌的“首恶”和顽固到底的恐怖分子，要依法使用武力；对一般犯罪行为要最低限度使用武力，把使用武力的负面影响降到最低限度。

第五，所遇情况特殊，指挥时效性强。处置公共安全事件，所遇情况突发性强，在接到有关情况通报后，就必须立即部署并展开行动。同时，由于时间紧迫，难以及时了解和掌握有关情况，而稍有贻误就会失去有利时机。因此，对应急指挥的时效性要求非常高。指挥员必须具有快速反应、果断决策的能力。此外，突发公共安全事件中发生的情况短促激烈，甚至在瞬间决定成败。指挥员必须抓住稍纵即逝的战机，果断决策、快速反应、集中力量、速战速决，严厉打击犯罪（恐怖）分子的嚣张气焰，把对社会的危害降到最低限度。为提高应急指挥的时效性，指挥员有时甚至是最高指挥员要亲临一线，靠前指挥，这有利于实时掌握情况，适时抓住有利战机，夺取处置行动的主动权。同时，也有利于加强对下属各级指挥员和指挥机构的控制与协调，提高指挥效能。特别是在允许的情况下，指挥员在搞好现场指挥的同时，应身先士卒。既当指挥员又当战斗员，以自身的实际行动影响和带动参与力量积极完成任务，往往能起到很好的效果。

### 15.3.4 协调联动

随着突发事件外溢性日益增强和“跨界”事项不断增多，要推动地区之间、部门之间、条块之间、军地之间建立自觉自愿、自主自发的应急协调机制，相互间基于互利合作而不是行政命令和领导权威开展合作。要加强政府间以及政府部门间的相互援助和良好合作，构建应急管理多层次的政府间整体联动系统。

通过签订相互援助合作协定，各政府之间层次清楚、相互配合，应急管理职能分工明确、权责分明，形成一个以各级政府为基础，多层面、全方位的政府间应急管理整体联动系统。在具体的突发事件应对过程中，根据突发事件发生的地点、范围、规模和严重程度，确定各层次政府以及政府部门介入的方式和程度，从而形成整体联动的突发事件应对系统。

建立和发展区域政府间的突发事件应对合作和相互援助机制，大大提高政府应对突发事件的能力，节约突发事件的防治成本。应急协调联动机制以促进合作、增进友谊、优势互补、共同提高为目的，相互尊重，平等互利，共同推进区域应急管理合作，提升突发事件处置能力，促进区域内应急管理工作水平的整体提升，实现应急管理资源的有效利用和合理共享，建立健全相互尊重、协调共赢机制。各方重点在应急管理工作交流、理论研究、科技攻关、人才交流、平台建设等方面开展合作与交流。根据区域内共性突发事件风险，共同研究对策，提高应对突发事件水平；开展跨地区、跨部门的应急联合演练，促进各方协调配合和职责落实；做好应急预案制定的协调和相互借鉴工作，大力推进区域应急救援和预防能力建设。

（1）基本目标

由于突发公共事件呈现跨行政区划特征，亟需社会各方面的共同参与、相互合作。在组织架构上，强调建立统一的指挥体系，实现信息与资源的跨区域共享；在运作机制上，注重联合行动能力的塑造与形成，使得突发事件的监测、预警、处置和恢复等各环节实现跨域联合。

第一，建立统一指挥体系，打破条块分割。如果区域内没有统一行使应急管理权的权威机构，在条块分割的背景下，加上不同区域的地方政府之间没有领导与被领导的关系，这就容易导致整个应急系统多头领导、效率低下。因此，建立统一指挥的突发事件应急体系，对于提高整个系统的反应速度、实现各部门的有序协调、优化应急决策等具有重要的意义。

第二，整合相关资源，提高危机应对效率。资源是实施危机管理的关键。如果缺乏资源，危机管理便沦为空谈。因此，在区域应急联动的体系建设中，加强各部门、各地区的资源整合和整体协同，充分利用各种应急管理的力量和资源，避免重复建设、闲置资源。在整合相关资源上，全面整合的应急资源管理模式是一种有效的选择。该模式有两大特征：一是建立在充分资源支持基础上（based on sufficient resource）。危机管理系统是建立在各种资源支持系统之上的，包括人力资源系统、信息和知识系统、政策资源系统、物质资源系统等。二是整合的资源管理（integrated emergency management）。危机应对需要调动各种资源，而整合的资源管理网络可以实现跨区域的资源调配和管理。

第三，降低突发事件的危害，维护社会秩序常态运行。各种各样的灾害和危机，如各种自然灾害、事故灾害灾难、公共卫生和社会安全事件，它们给社会造成巨大的损失。因此，危机管理应以最大程度降低损失和影响为目的，建立健全公共安全应急机制。这就需要政府提高处置突发公共事件的能力，提升保障公共安全的水平。作为公共危机治理中的组成部分，区域政府间的合作与援助机制已经日益发挥重要作用。在合作机制中，每个主体既相对独立，同时也是一个开放的、相互依存的子系统。区域内各政府间的合作与联动，有效地提升应对危机的能力和效率。

第四，有效预防和准备，消除安全隐患。为了有效应对突发事件的发生，必须做好突发事件防范处理的准备，当突发事件爆发后，能够以最快的速度响应，把事件的危害降到最小。因此，通过提高政府对危机发生的预见能力、监测能力和危机发生时的处置能力，能及时有效地处理公共危机。

综上所述，构建区域应急联动体系是为了有效整合各类资源，构建和区域经济与社会发展水平相适应的区域应急联动体系，从而加强区域突发事件的处置能力，提升政府应急综合服务水平，控制并减少突发事件造成的危害和损失，更好地维护区域政治稳定和社会秩序。

(2) 构建原则

区域应急管理体系建设是一项复杂的系统工程。从纵向看，它可能涉及中央、省（自治区、直辖市）、市、县各级政府；从横向看，它包括事前、事中、事后等不同的阶段；从应急管理的参与主体看，它包括政府、区域主管机构、企事业单位、非政府组织以及其他社会力量。为了构建有效的区域应急管理体系，应当遵循以下原则：

① 全面性。由于各种致灾因子导致突发事件的爆发，因此，区域应急管理体系必须能够涵盖各类致灾因子的所有方面。同时，应急体系还要从事故灾害发展的角度出发，兼顾防御、控制和善后等各个环节。任何方面的遗漏和疏忽，都有可能在遇到突发事故灾害时暴露出重大问题，并可能导致灾难性的后果。

② 整合性。区域应急管理体系应该是从区域层面上建立起来的功能综合体系，它能够整合社会运行当中的各个部门、机构，协同各方面的专家，在区域范围内协调各种必要资源对事故灾害进行统一处置。

③ 层次性。区域应急管理体系应该能够根据事故灾害的性质、波及的范围和影响、可能造成危害的程度以及人员伤亡、财产损失等情况，对事故灾害的处理采用不同级别的预案，组织不同层次的机构和力量参与应急处置。

④ 可靠性。区域性事故灾害造成的破坏性后果是相当巨大的，为了更好地应对这种情况，一方面，区域应急管理体系在平时状态下加强训练人员和普及事故灾害应急知识；另一方面，完善根据以往经验和预测方法构建出来的应急系统。这就要求区域应急管理体系的各个功能模块化，使其能够根据各种变化，便捷地进行组合和切换以提供更高的可靠性。

(3) 功能作用

为了提供有效的应急保障与服务，需要在区域应急联动体系的功能上予以完善。在功能作用上，本着“集中指挥、统一调度、信息集成、资源共享、专业分工、分层负责”的原则，健全区域应急联动的基本功能。同时，根据应急管理的基本流程，对区域内突发公共事件的风险预警与监测、应急响应、恢复与重建等功能进一步健全和完善。

① 资源保障功能。资源保障功能是指通过各种渠道和制度安排，将区域内各地的资源统筹规划与管理，以便在处置突发事件时调配与使用，为危机反应提供充足的人力、物资和服务保障。资源保障要求区域应急联动时，应该快速有效地识别、采集、分配各种资源。在衡量区域应急联动的资源保障能力时，可以用以下这些指标予以体现：危机管理部门应有足够的人力资源、建立和更新资源目录、跨辖区间协调利用资源、签署资源共享协议、明晰资源管理的责任。

② 信息沟通功能。信息沟通功能的构成要素，包括危机信息的收集、分析、共享与发布等能力。区域应急联动的整个过程需要有大量的信息贯穿其中。无论指挥、协调，还是行动，实质上都是危机信息的反应和使用。通过信息沟通，一方面在危机之前教育公众，帮助他们为可能出现的危机事态做好准备。同时，在危机发生的时候，向公众传递重要的信息。另一方面，在应急管理过程中，为整个管理系统提供及时准确的各类信息。实现对信息的有效管理，提高危机信息的收集、加工、处理和传播能力，是区域应急联动协同能力的重要内容。

③ 风险预警功能。风险预警功能是指政府或专家对可能造成人员受伤、财产受损、环境受创的情形和条件的识别，以及对因直面危机而引发事件的可能性、易受损性和程度的评估。其内涵主要体现在两个方面：一是确认和评估潜在危险及其发生的可能性；二是评估人员和财产的脆弱性和风险。风险预警功能要求相关部门与人员能够及时辨别危险，识别危险发生的可能性，以及使预警信息在全区域范围内迅速传递和感知。

④ 应急协调功能。当危机发生时，应急管理部门能够制定适宜的政策，整合区域内各种资源，协调各相关机构来共同应对危机。这就要求建立和维持一个跨辖区的应急行动预案，确定危机行动的职责权限、危机管理的目标、资源等；成立突发性公共事件危机中心，作为应急处置工作的领导机构，负责本区域内危机管理的工作；明确区域应急指挥中心在危机处置中的地位，确立其与其他政府之间的职责关系，保障各联动单位的有效合作，确保跨辖区的协调处置。

⑤ 恢复重建功能。恢复重建是指灾后为重建公共设施，使社会与经济趋于正常并配合减灾而进行的各项活动。修复性恢复重建（restoring recovery）指短期的结构性修复，目的在于恢复基础设施，使灾区经济生活恢复至正常状态，包括电力通信、自来水、污水系统、运输系统恢复至可接受的水平，以满足基本的生产和生活需求；转型性恢复重建（transforming recovery）是指长期的结构性改造，重点在于恢复以往经济活动及重建社会公共设施与居民住宅。基于短期恢复能力的考察重点，在于恢复公共服务、救济群众生活、维护治安保障、赔偿和抚恤等内容。值得注意的是，长期重建的内涵要点在于基础设施的重建以及经济的恢复。

### 15.3.5 信息发布

#### 15.3.5.1 信息发布的概念

突发事件信息发布是政府应急管理工作中的一条重要战线，对政府的常态信息管理提出了很大的挑战。如果处置不得当，很可能形成管理负效应增倍的不良后果，即管理负效应所产生的危害冲击力会远远大于管理正效应所带来的积极建设力，从而对政府形象造成极大的破坏。

突发事件发生后，由于事件的突然性，人们都面临着信息缺失的问题，都强烈渴望从政府那里获得准确的第一手消息。因此，与日常的政府信息发布相比，突发事件信息发布具有其特征。

突发事件信息发布指的是突发事件发生后，政府机构或有关部门为了保障社会公众的知情权和参与权，给突发事件处置构建一个和谐的舆论环境，按照法定程序，主动向社会成员或组织公开发布突发事件信息的行为过程。

与突发事件相比，危机的严重程度更高，是极端或特别重大的突发事件。在突发事件演变为公共危机的诸多因素中，信息发布是其中的一个重要因素。突发事件与危机往往只有一线之隔，而政府信息发布的策略与成败则是决定事态走向的关键要素。因此，我国高度重视突发事件信息发布工作，相关法律法规、政策文件都对此提出了具体要求。

因此，做好突发事件信息发布，创造良好的舆论氛围，是做好应急处置工作、塑造政府形象的必经之路。

突发事件信息发布具有舆论环境复杂、时间要求紧迫、信息压力巨大等特征。

① 舆论环境复杂。突发事件发生后，社会舆论环境会发生显著变化，主要体现在以下两个方面：

一是媒体和公众强烈关注，采访密度高、传播率高。突发事件来得突然，令人措手不及，人们迫切需要通过政府信息发布工作来了解和掌握充满变化的外部环境，以决定个体在事件中的定位与行为。因此，突发事件发生后，无论是电视台的收视率还是网站的访问量，都会出现直线上升的现象。

二是突发事件发生后，极易产生谣言。《吕氏春秋·慎行》中的“察传”指出了对谣言不可不察的重要性：“夫得言不可以不察，数传而白为黑，黑为白。故狗似玃，玃似母猴，母猴似人，人之与狗则远矣。”突发事件往往伴随着大量人们凭空捏造的没有真实依据的谣言，对应急处置非常不利。这些谣言的攻击性非常强，通常一旦产生，其伤害就不可避免，很少出现谣言转化为正效应的例子。突发事件谣言的产生通常有四种途径：一是利用公众对政府的不满情绪，二是某些别有用心的人对政府的恶意攻击，三是为了获取某种利益，四是来自于一些好事者。

② 时间要求紧迫。突发事件打破了正常的生产和生活秩序，媒体和社会公众对信息的需求更加迫切和敏感，人们迫切想知道到底发生了什么、应该怎么办。在这种信息极度不平衡的条件下，要求政府迅速及时不断地发布信息，只有这样，才能维持从政府到公众之间的信息传递从原来的无序混乱转变为一种时间、空间或功能有序的新状态，并逐渐恢复平衡，形成新的、稳定的、宏观有序的信息结构。

③ 信息压力巨大。突发事件信息发布面临着信息需求量大和可提供信息量少的突出矛盾，与灾害相关的、完整的、全面的信息很难在短时间内获得。如突发事件引起的伤亡情况，灾区需要什么样的救助，能够调拨哪些救援力量与资源，等等。这些情况都不是马上就能够摸清楚的，面对媒体和公众海量的信息需求，政府可提供的信息量非常有限，媒体和公众的信息需求会对政府造成无形的压力。

突发事件政府信息发布，应遵循及时、准确、统一的原则。

① 及时。及时就是要在第一时间发布突发事件信息，并根据事态发展和处置情况适时做好后续信息发布工作。突发事件发生后，人们往往会在环境、沟通和利益等多重变量的作用下，在心理和行为上陷入集体无理性的混乱状态。因此，为了抢占舆论主导权，政府必须及时发布权威信息。来自官方的各种权威信息，可以有效地阻击各种谣言与不确定消息，维护社会稳定，消除民众对未知事件的恐慌与担忧，树立政府的权威和公信力。

② 准确。准确就是发布的信息必须客观、真实，发布信息之前，必须认真细致地核对事实，确保信息准确无误。突发事件信息发布可以讲究一些技巧，如运用新闻发布的语言技巧等来规避一些难以回答的问题，但必须遵循一条铁的法则：真实、可信，因为来自政府的信息代表着国家或政府的形象，只有真实性才能保证其权威性。

③ 统一。统一主要从两个维度来考虑。一是在发布的时序上，要依据《国家突发公共事件总体应急预案》等的规定和要求，按照程序报批，按照规定的时间要求，由规定的信息发布主体来统一发布信息；二是涉及多个部门参与处置的突发事件，要通过建立《政府信息发布协调工作规定》等制度，明晰信息发布流程，规范各部门的职责以及协调沟通等具体程序，保证突发事件政府信息发布的及时有效统一。

**15.3.5.2　信息发布的方式**

突发事件发生后，为了保证最大范围的公众的知情权，各级人民政府应当充分利用各种通信手段和传播媒介，采用广播、电视、报刊、通信、信息网络、宣传车或组织人员逐户通知等方式，快速、及时、准确地将突发事件信息传播给社会各界和公众。

（1）信息发布的渠道

突发事件信息发布的渠道应多样化，但更重要的是，要保证信息发布渠道的权威性。目前，突发事件政府信息发布主要有七种渠道：发表政府公报、声明、谈话，通过政府网站发布信息，举行新闻发布会，通过手机短信发布信息，通过信息公告栏、电子信息屏公开信息，通过有线广播、宣传车或组织人员通知，利用电话、传真和电子邮件答复记者和公众问询（图 15.1）。

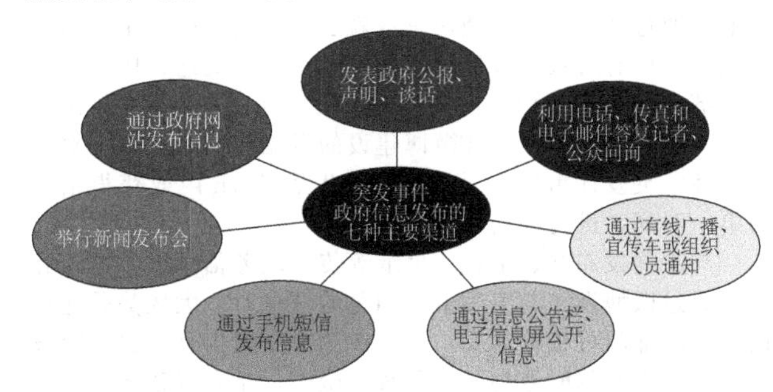


图 15.1　突发事件政府信息发布的主要渠道

① 发表政府公报、声明、谈话。政府公报是政府机关出版发行的以登载法令、方针、政策、宣言、声明、人事任免等各类政府文件为主要内容的连续出版物。公报有中央政府公报和地方各级政府、各机关公报。其中，声明是就有关事项或问题向社会表明自己立场和态度的应用文体。声明可以在报刊登载，也可以通过广播、电台、网络播发，还可以进行张贴。而发表谈话一般以新闻发言人的名义进行。

② 通过政府网站发布信息。突发事件发生后，政府网站就是最为权威的信息发布平台，对于政府信息公开具有十分重要的意义。2010 年被称为中国微博元年，微博用户爆炸式增长，微博异军突起成为舆论新阵地，“微博问政”成为继“网络问政”之后的又一个新名词，政务微博成为突发事件政府信息发布的一个崭新平台。

③ 举行新闻发布会。新闻发布会是政府等组织或个人向新闻媒体通报情况、发布信息、解释立场、观点或态度的一种活动，是使用最多的一种新闻发布形式。其优点是可以正式地、大范围地对外传播信息，并通过回答提问，比较系统地讲清楚某个问题，起到宣传自己、引导舆论的作用。突发事件的新闻发布会多在突发事件的事发地召开。例如，应对 2020 年突发的新冠肺炎疫情，国务院联防联控机制就多次召开新闻发布会，就疫情防控、企业复工、重要生活物资生产保障供应情况等多方面进行了介绍和解答。

④ 通过手机短信发布信息。随着手机用户数量的增加，手机短信在突发事件状态下大范围传递紧急信息的作用越来越突出，尤其在解决突发事件信息传递“最后一公里”难题

中发挥着不可替代的作用。通过手机短信在第一时间将突发性灾害警报或政府应急处置信息传递到个人，是突发事件处置中信息传播不可或缺的一环。

⑤ 通过信息公告栏、电子信息屏公开信息。信息公告栏、电子信息屏在政府信息公开中发挥着独特的作用，而在突发事件，尤其是重大自然灾害发生后，受灾群众通常都会被安置在相对集中的场所。此时，设置信息公告栏、电子信息屏发布相关的政府信息，就成为突发事件政府信息发布的一种最佳途径。

(2) 信息发布平台

目前，突发事件政府信息发布的平台主要有政府网站和政务微博等。

① 政府网站。政府网站在突发事件政府信息发布中发挥着积极的作用。近年来，我国各级政府充分发挥政府信息公开网站的作用，努力拓宽政府与群众联系的渠道，大力推进网络问政，在政府门户网站或政府信息公开网公开政府决策并答复网民问题，决策透明度和公众参与度显著提高。目前，我国100%的国务院组成部门和省级政府、95%以上的地市级地方政府、85%以上的区县级地方政府建立了政府网站。

② 政务微博。2010年11月2日，湖南省桃源县开通新浪微博，首次试水政务微博问政，这也是湖南省乃至全国第一家政务微博。随后，公安机关微博遍地开花，其他政府机关微博纷纷登场。截至2012年10月底，全国政府部门落户新浪并通过认证的政务微博总数就已经达到60064个，覆盖中国大陆所有省级行政区域，公安、旅游、交通、医疗、司法等部门和机构开始大规模使用。南京市2011年6月出台的《关于进一步加强政务微博建设的意见》明确规定，对于灾害性、突发性事件，要在事件发生后的1h内或获得信息的第一时间，进行微博发布。

与新闻发布会、电视、报纸等传统政务信息发布渠道相比，通过微博发布与突发事件相关的信息，一大优势是速度快，党政部门可根据需要，实时在微博更新信息，提高突发事件信息发布的时效性。开通政务微博，是我国各级政府主动适应时代发展要求，转变执政理念和执政方式，从互联网时代的网络问政向微博时代的网络行政转变的一种新探索。对于蓬勃发展的政务微博来说，政府部门的严肃性、权威性和专业性对其运营维护提出了很高的管理要求，政务微博必须构建专业团队，完善工作机制，明晰工作流程，以科学、规范、严格的管理确保其一以贯之的质量和风格。

综观目前我国政府网站和政务微博的发展现状，还普遍存在着更新缓慢、缺乏互动、拒绝评论、单向宣传，重建设、轻服务，重信息发布、轻在线服务，重社会管理、轻公共服务，轰轰烈烈搞形式、扎扎实实走过场等形式主义问题。比如，不少政府部门和官员将网络或微博问政视作传统政治的翻版，仅仅转发一些政府公告和地方新闻，部分政府网站和政务微博习惯于发布充满官腔官味的用语，对群众发表的不同意见随意删除，甚至关闭评论功能；有些政府网站和政务微博开通后就不闻不问，数天乃至数月不见更新，更别提与公众的实时互动与回应关切。这些错误的认识与行为不仅达不到搜集民意、便民服务的目的，反而进一步强化了公众对政府部门的刻板印象，甚至可能引发反感。

#### 15.3.5.3 信息发布的流程

政府的传播行为是管理行为的延伸，是管理行为落到实处的必要步骤。可见，政府传播是政府权力、国家意志力的集中体现，它对政令、法规的颁布与解释，不是单纯地提供信息，而是为了让公众了解并执行，这与媒体传播有着本质区别。而突发事件政府信息发布更是政府应急处置工作不可或缺的一个组成部分，无论是预警信息还是应急处置信息，都带有一定的执行意味。因此，突发事件政府信息发布一定要依照相关的政策法律规定，形成一套从信息上报到筛选审查以及最后发布的严密、科学的信息发布程序，信息发布的时限、步骤、顺序、流程等，都要以规章制度的形式进行严格规范。突发事件信息发布流程包括收集、整理、核实相关信息，确定发布目的、重点、时机，确定发布方式，适时发布，后续发布或补充发布四个主要环节。

负责突发事件处置的政府和部门通常是信息发布的第一责任人，应该遵循“谁发布、谁负责”的原则，及时收集、整理、核实相关信息，从源头上切实做好信息的分析研判工作，严格保证预警与处置等突发事件信息的真实、客观、准确与全面。

《突发事件应对法》将突发事件分为预防与应急准备、监测与预警、应急处置与救援、事后恢复与重建四个阶段，在这四个阶段，政府信息发布的目的、重点都有所区别。

预防与应急准备阶段，政府信息发布的目的是让公众了解相关法律、法规，明确自身在应急管理中的权利与义务，了解应急预案，知晓周围环境中的危险源、风险度、预防措施及自身在处置中的角色；发布的重点主要是进行科普宣教，宣传与突发事件相关的法律、法规、政府规章、应急预案以及防灾减灾知识等信息。

监测与预警阶段，政府信息发布的目的是让公众接受预测预警信息，敦促其采取相应措施以避免或减轻突发事件可能造成的损失。发布的重点包括可能发生的突发事件的类别、起始时间、可能影响范围、预警级别、应对常识、警示事项、事态发展、相关措施、咨询电话等突发事件预警信息。

一般来说，突发事件信息发布的时机宜早不宜迟，要尽量让公众在第一时间了解事件的真相。同时，要做好信息的科学解释，避免引起公众恐慌。此外，还要严格遵守国家相关保密规定，对发布信息进行保密审查。

为了确保信息发布的权威性与有效性，突发事件信息发布主体在选择信息发布的方式时，需要综合考虑突发事件的性质、程度、范围，传播媒体的特点，目标受众范围与接受心理等因素；信息发布方式的选择要充分体现“公众知晓”和“适当”的基本要求。

突发事件政府信息发布除了要积极发挥政府网站、政务微博的重要作用之外，还要充分发挥主流新闻媒体的主力军作用。同时，也要考虑到突发性事件变化发展的复杂性，充分利用其他信息发布渠道，如开通热线电话等回答公众提出的问题，以提高信息发布的时效性、准确性，及时消除公众疑虑，安抚人心。

《国家突发公共事件总体应急预案》规定：事件发生的第一时间要向社会发布简要信息，随后发布初步核实情况、政府应对措施和公众防范措施等，并根据事件处置情况做好后续发布工作。此外，突发事件信息的后续发布或补充发布要根据先期发布信息的舆情反馈情况来适时进行。

## 15.4 应急救援技术

### 15.4.1 应急救援工作的特点与基本要求

应急救援是指突发事件责任主体采用预定的现场抢险和抢救方式，在突发事件应急响应行动中迅速、有效保护人员的生命和财产安全，指导公众防护，组织公众撤离，减少人员伤亡。在各类突发事件中，自然灾害和事故灾害灾难破坏力惊人，人员伤亡和财产损失巨大，需要迅速有效地控制危害，其中道路交通事故灾害、火灾、爆炸等事故灾害灾难更为严重，发生地点又多为工矿企业、大中城镇等人员密集地，因而成为应急救援的主要对象。我国应急救援的组织体系、救援队伍、物资储备、应急机制建设等也都主要是针对这两类突发事件，特别是事故灾害灾难进行的。因此，一般意义上的应急救援即指自然灾害、事故灾害灾难、社会安全事件以及公共卫生事件的应急救援。

#### 15.4.1.1　事故灾害应急救援的特点

事故灾害应急救援工作涉及技术事故灾害、自然灾害、城市生命线、重大工程公共活动场所、公共交通、公共卫生和人为突发事件等多个公共安全领域，构成一个复杂巨系统，具有不确定性、突发性、复杂性，以及后果、影响易猝变、激化、放大的特点。

（1）不确定性和突发性

不确定性和突发性是各类公共安全事故灾害、灾害与事件的共同特征，大部分事故灾害都是突然爆发，爆发前基本没有明显征兆，而且一旦发生，发展蔓延迅速，甚至失控。因此，要求应急行动必须在极短的时间内，且在事故灾害的第一现场做出有效反应，在事故灾害产生重大灾难后果之前采取各种有效的防护、救助、疏散和控制事态等措施。

为保证迅速对事故灾害做出有效的初始响应，并及时控制住事态，应急救援工作应坚持属地化为主的原则，强调应急准备工作，包括建立全天候的昼夜值班制度，确保报警、指挥、通信系统始终保持完好状态，明确各部门的职责，确保各种应急救援的装备技术器材、有关物资随时处于完好可用状态，制定科学有效的突发事件应急预案，保证在事故灾害发生后能有效采取措施，把事故灾害损失降到最低。

（2）应急活动的复杂性

应急活动的复杂性主要表现在：事故灾害、灾害或事件影响因素与演变规律的不确定性和不可预见的多变性；众多来自不同部门参与应急救援活动的单位，在信息沟通、行动协调与指挥、授权与职责、通信等方面的有效组织和管理，以及应急响应过程中公众的反应、恐慌心理、公众过激等突发行为的复杂性等。这些复杂因素的影响，给现场应急救援工作带来了严峻的挑战，应对应急救援工作中各种复杂的情况做出足够的估计，制定随时应对各种复杂变化的相应方案。

应急活动的复杂性另一个重要特点是现场处置措施的复杂性。重大事故灾害的处置措施往往涉及较强的专业技术支持，包括易燃、有毒危险物质，复杂危险工艺，以及矿山井下事故灾害处置等，对每一行动方案、监测以及应急人员防护等都需要在专业人员的支持下进行决策。因此，针对生产安全事故灾害应急救援的专业化要求，必须高度重视建立和完善重大事故灾害的专业应急救援力量、专业检测力量和专业应急技术与信息支持等。

（3）后果影响易猝变、激化和放大

公共安全事故灾害、灾害与事件虽然是小概率事件，但后果一般比较严重，能造成广泛的公众影响，应急处理稍有不慎，就可能改变事故灾害、灾害与事件的性质，使平稳、有序、和平状态向动态、混乱和冲突方向发展。引起事故灾害、灾害与事件波及范围扩展，卷入人群数量增加和人员伤亡与财产损失后果加大，猝变、激化与放大造成的失控状态，不但迫使应急响应升级，甚至可导致社会性危机出现，使公众立即陷入巨大的动荡与恐慌之中。因此，重大事故灾害的处置必须坚决果断，而且越早越好，防止事态扩大。

因此，为尽可能降低重大事故灾害的后果及影响，减少重大事故灾害所导致的损失，要求应急救援行动必须做到迅速、准确和有效。所谓迅速，就是要求建立快速的应急响应机制，能迅速准确地传递事故灾害信息，迅速地调集所需的大规模应急力量和设备、物资等资源，迅速地建立起统一指挥与协调系统，开展救援活动。所谓准确，要求有相应的应急决策机制，能基于事故灾害的规模、性质、特点、现场环境等信息，正确地预测事故灾害的发展趋势，准确地对应急救援行动和战术进行决策。所谓有效，主要指应急救援行动的有效性，很大程度上它取决于应急准备的充分性与否，包括应急队伍的建设与训练、应急设备（施）、物资的配备与维护、预案的制定与落实以及有效的外部增援机制等。

#### 15.4.1.2　应急救援的基本要求和任务

（1）应急救援的基本要求

应急救援工作应在坚持预防为主的前提下，切实贯彻统一指挥、分级负责、区域为主、单位自救和社会救援相结合的原则。应急救援的基础和前提是预防，在做好平时的预防工作，避免和减少突发事件发生的同时，要落实好救援工作的各项准备措施，做到预先准备，一旦发生突发事件就能及时实施救援。重大突发事件特别是重大事故灾害灾难的发生具有突发性，且扩散性强、危害范围广，应急救援行动必须迅速准确和有效，因此应急救援必须实行统一指挥，高效运转；按照我国行政属地管理要求，应急救援也相应采取分级负责制，以区域为主，并根据突发事件的具体情况，自救和社会救援相结合，充分发挥事故灾害单位及地区的优势和作用，迅速、有效地组织和实施应急救援；同时应急救援又是一项涉及面广、专业性很强的工作，单靠某一个部门很难完成，需要各相关部门密切配合、协同作战，尽可能地避免和减少损失。另外，应急救援要充分体现“以人为本”的价值观，在救援行动中先抢救受害人员后，应尽一切努力将突发事件对外部环境的损害控制到最小，保持生态环境和社会环境的可持续发展，减轻社会压力。

（2）事故灾害应急救援的基本任务

事故灾害应急救援工作中预防工作是事故灾害应急救援工作的基础，除平时做好事故灾害的预防工作，避免或减少事故灾害的发生外，落实好救援工作的各项准备措施，做到预有准备，一旦发生事故灾害就能及时实施救援。重大事故灾害所具有的发生突然、扩散迅速、危害范围广的特点，也决定了救援行动必须达到迅速、准确和有效，因此，救援工作只能实行统一指挥下的分级负责制，以区域为主，并根据事故灾害发展情况，采取单位自救和社会救援相结合的形式，充分发挥事故灾害单位及地区的优势和作用。事故灾害应急救援又是一项涉及面广、专业性强的工作，靠某一个部门是很难完成的，必须把各方面的力量组织起来，形成统一的应急指挥部，在指挥部的统一指挥下，安全、救护、公安、消防、环保、卫生、质检等部门密切配合，协同作战，迅速、有效地组织和实施应急救援，尽可能地避免和减少损失。事故灾害应急救援的总目标是通过有效的应急救援行动，尽可能地减少事故灾害的不良后果，包括人员伤亡、财产损失和环境破坏等。事故灾害应急救援的基本任务包括下述几个方面：

① 立即组织营救受害人员，组织撤离或者采取其他措施保护危害区域内的其他人员。抢救受害人员是应急救援的首要任务，在应急救援行动中，快速、有序、有效地实施现场急救与安全转送伤员是降低伤亡率，减少事故灾害损失的关键。由于重大事故灾害发生突然、扩散迅速、涉及范围广、危害大，应及时指导和组织群众采取各种措施进行自身防护，必要时迅速撤离出危险区或可能受到危害的区域。在撤离的过程中应积极组织群众开展自救和互救工作。

② 迅速控制事态，并对事故灾害造成的危害进行检测、监测，确定事故灾害的危害区域、危害性质及危害程度。及时控制造成事故灾害的危险源是应急救援工作的重要任务，只有及时地控制住危险源，防止事故灾害的继续扩展，才能及时有效进行救援。

③ 消除危害后果，做好现场恢复。针对事故灾害对人体动植物、土壤、空气等造成的现实危害和可能的危害，迅

速采取封闭、隔离、洗消、监测等措施，防止对人的继续危害和对环境的污染。及时清理废墟和恢复基本设施，将事故灾害现场恢复至一个相对稳定的基本状态。

④ 查清事故灾害原因，评估危害程度。事故灾害发生后应及时调查事故灾害的发生原因和事故灾害性质，评估出事故灾害的危害范围和危险程度，查明人员伤亡情况，从事故灾害应急角度做好事故灾害调查，进一步完善应急系统和应急预案，为下一次预防事故灾害提供技术支持。

### 15.4.2 应急救援的组织准备

(1) 组织领导和管理

安全生产事故灾害应急管理工作遵循分类管理、分级负责、条块结合、属地为主的原则。各级人民政府是安全生产应急救援的指挥机构。应当加强对安全生产事故灾害应急管理工作的领导，支持、督促各有关部门依法履行安全生产事故灾害应急管理职责；建立统一指挥、反应灵敏、协调有序、运转高效的应急管理机制；对安全生产事故灾害应急管理工作中存在的重大问题及时予以协调、解决。

国务院统一领导、统一指挥全国安全生产事故灾害应急工作。国家应急管理部门负责全国安全生产事故灾害的综合应急管理工作，指导和协调各省级人民政府、自治区、直辖市安全生产事故灾害的应急准备、报告与预警、应急处置与善后等工作。国家安全生产应急救援指挥机构根据国务院和国务院应急管理部门的规定，具体承担全国安全生产事故灾害的综合应急管理工作；按照国家安全生产事故灾害应急预案的规定，协调、指导、指挥安全生产事故灾害应急救援工作。国务院有关部门成立的专业安全生产应急救援指挥机构按照各自的职责，履行本行业或者本领域的安全生产事故灾害的应急管理和应急救援工作。

县级以上人民政府统一领导、指挥本行政区域内的安全生产事故灾害应急工作。其安全生产监督管理部门负责本行政区域内安全生产事故灾害的综合应急管理工作。其他有关部门负责其职责范围内的安全生产事故灾害应急管理工作。这些部门应当及时向本级人民政府报告重要信息和建议，指导和协调下级人民政府及其有关部门安全生产事故灾害的预防与应急准备、报告与预警、应急处置与善后等工作。省一级和较大的市人民政府应当成立安全生产应急救援指挥机构，统一协调、指导、指挥本行政区域内的安全生产事故灾害应急救援工作。县级以上人民政府应当组织有关部门制定本行政区域内安全生产事故灾害应急预案；制定并实施安全生产应急救援体系建设规划，并将其纳入经济和社会发展规划；建立健全安全生产应急管理责任制，切实履行各自的职责，加大应急投入，保证应急管理工作的开展。

生产经营单位应当建立健全本单位的安全生产应急管理责任制，保障应急救援资金，主要负责人对本单位的安全生产应急管理工作负责。生产经营单位、其他经济组织和公民应当在有关人民政府统一领导下，参与或者配合安全生产事故灾害的应急管理、处置等工作。国家鼓励、支持有关单位和机构开展安全生产事故灾害应急管理领域的科学技术研究；开展救援技术设备的自主创新，引进先进救援装备，消化吸收先进技术，提高应急救援能力；开展国际交流与合作。各级人民政府对在安全生产事故灾害应急管理和事故灾害救援工作中做出突出贡献的单位和个人，应当给予表彰和奖励；对在救援工作中伤亡的人员，应当给予救治或者抚恤。有关人民政府为处置安全生产事故灾害，可以征用生产经营单位、其他经济组织和公民的物资、设施和装备，并予以返还或者补偿。

(2) 事故灾害预防和应急准备

国务院应急管理部门和有关部门应当按照国家突发事件总体应急预案的要求，组织制定国家安全生产事故灾害专项应急预案和部门应急预案，报国务院备案。县级以上人民政府及其有关部门应当根据法律、法规、规章和上级人民政府及其有关部门的应急预案，结合本地区的实际情况，组织制定相应的安全生产事故灾害应急预案。生产经营单位应当制定本单位的安全生产事故灾害应急预案。安全生产事故灾害应急预案的内容应当符合有关法律、法规、规章和标准的规定，并及时进行修订。

县级以上人民政府及其有关部门应当组织应急预案演练。涉及多地区、多部门、多领域的应急预案，有关人民政府应当定期组织演练。应急预案演练时，应当制订演练计划或方案，明确相关部门和人员的职责。演练结束后，应当对演练进行评估。生产经营单位应当根据本单位的实际情况，定期开展应急预案演练。

县级以上人民政府应当组织有关部门对本行政区域内的重大危险源进行排查、登记、评估、监控，建立分级、分类管理制度；对重大事故灾害隐患整改情况实施监督检查。生产经营单位应当加强安全生产管理，检查各项安全防范和应急救援措施的实施情况，及时消除事故灾害隐患；建立重大危险源的登记、建档、检测、评估和监控制度。生产经营单位的重大危险源及其监控措施，应当按照国务院安全生产监督管理部门的规定备案。

国家根据安全生产事故灾害应急救援工作的需要，在重点地区和行业建立国家级专业安全生产应急救援队伍。县级以上地方各级人民政府及其有关部门应当根据本行政区域内安全生产状况，建立或者确定区域级专业安全生产应急救援队伍。县级以上地方各级人民政府及其有关部门可以建立由成年志愿者组成的安全生产应急救援队伍。中型高危行业的生产、经营、储存单位，应当建立专职安全生产应急救援队伍；中型以下高危行业单位应当建立兼职安全生产应急救援队伍，并与邻近的专职安全生产应急救援队伍签订应急救援协议。国家对专职安全生产应急救援队伍实行资质管理。专职安全生产应急救援队伍、人员的资质、资格管理办法由国务院应急管理部门和国务院有关部门制定。

县级以上人民政府应当建立健全安全生产事故灾害应急管理、救援知识的培训制度，对应急管理工作人员、专职应急救援人员、成年志愿者进行相关知识、技能的培训，经考核合格后方可任职或者参与应急救援工作。生产经营单位应当经常对本单位负责应急管理工作的人员以及专职或者兼职应急救援人员进行培训。安全生产应急救援队伍应当结合实战需要，制订演练计划，经常组织开展应急救援的综合性演练和单项演练，提高应急救援能力。安全生产应急救援队伍应当参与安全生产事故灾害防范工作，定期对其服务的区域和生产经营单位进行预防性安全检查，熟悉路线、地形、重大危险源等有关情况。安全生产应急救援队伍应当服从有关人民政府应急救援指挥机构的统一调动。

县级以上人民政府应当在财政预算中安排专项资金，用于重大、特别重大安全生产事故灾害的应急救援工作和有关应急救援机构运行保障、应急知识培训、宣传教育、应急演练等应急管理工作，具体办法由国务院应急管理部门会同国务院财政部门制定。专业应急救援队伍按照签订的应急救援协议参加安全生产事故灾害抢险救援和提供技术服务，可以收取相应费用，具体收费办法由国务院应急管理部门会同国务院物价部门制定。国家应急救援物资储备中要安排必要的安全生产应急救援物资，用于特别重大安全生产事故灾害的应急救援工作。县级以上地方各级人民政府应当根据本行政区域内安全生产的状况和安全生产事故灾害的特点，储备必要的安全生产事故灾害应急救援物资装备。生产经营单位应当按照国家规定提取安全生产事故灾害应急救援专项费用，用于本单位应急管理和安全生产事故灾害救援工作；配备必要的应急救援物资装备，并建立相应的管理制度。

各级人民政府及其有关部门应当采取多种形式，开展应急救援法律法规、事故灾害预防、避险、避难、避灾、自救、互救等应急知识的宣传普及活动，提高公众的安全意识和应急救援能力。生产经营单位应当结合本单位的实际情况，开展有关应急知识的宣传普及和教育培训。县级以上人民政府卫生行政主管部门应当支持、配合安全生产事故灾害应急救援工作。医疗单位应当对医护人员进行应急医疗救治技能的培训，并配备必要的医疗救治设备、药品。道路交通、水上交通、铁路交通、民用航空交通等部门应当保障事故灾害应急救援交通运输的需要，保证应急救援交通顺畅。应急救援车辆执行应急救援任务时，可以使用警报器、标志灯具；在确保安全的前提下，不受行驶路线、行驶方向、行驶速度和信号灯的限制，其他车辆和行人应当让行。国务院电信主管部门按照安全生产事故灾害应急救援的通信需要，组织、协调各基层电信企业，为安全生产事故灾害应急救援提供应急通信保障。

县级以上人民政府及其有关部门应当根据本行政区域安全生产工作的特点，建立安全生产应急管理专家组。

(3) 事故灾害的报告与预警

国家建立全国统一的安全生产应急信息系统。县级以上人民政府安全生产监督管理部门应当建立综合的安全生产应急信息系统，有关部门应当建立相关专业的安全生产应急信息系统。各级应急信息系统应当实现互联互通。应急救援指挥机构、国家级（区域级）应急救援组织以及重点应急救援医疗机构之间，应当实行应急信息共享。

县级以上人民政府及其有关部门应当建立安全生产事故灾害预警和发布制度，利用媒体及时发布安全生产事故灾害预警信息。

对安全生产事故灾害可能波及毗邻单位或者邻近地区的，应当立即向毗邻单位或者邻近地区人民政府及其有关部门发出预警信息。毗邻单位或者邻近地区人民政府及其有关部门接到预警信息通告后，应当立即采取相应的预防措施。生产经营单位发生安全生产事故灾害后，单位负责人应当立即组织自救，并按照国家规定向有关地方人民政府及其有关部门、安全生产应急救援指挥机构报告。有关地方人民政府及其有关部门、安全生产应急救援指挥机构接到事故灾害报告后，应当按照国家规定逐级上报。重大、特别重大事故灾害发生后，事发地省级人民政府、国务院有关部门应当及时、准确地向国务院报告，并向有关地方人民政府及其有关部门、安全生产应急救援指挥机构通报。

事故灾害发生地人民政府及其有关部门接到安全生产事故灾害报告后，应当按照相关应急预案及时做出响应，成立现场安全生产事故灾害应急救援指挥机构，实施救援，并及时向上级人民政府及其有关部门、应急救援指挥机构报告救援工作进展情况。相关人民政府、有关部门、安全生产应急救援指挥机构、应急救援队伍应当协同配合，并按照安全生产事故灾害应急预案的规定和实际需要提供增援或者保障。

安全生产事故灾害扩大并超出控制能力时，有关人民政府应当立即向上一级人民政府请求应急响应升级。上一级人民政府应当立即做出响应决定。省级人民政府向国务院请求应急响应升级的，国务院有关部门应当立即做出相应的响应决定。

(4) 应急处置和善后处理

发生事故灾害的生产经营单位、应急救援队伍和有关单位应当在现场安全生产事故灾害应急救援指挥机构领导下开展救援工作。事故灾害发生地人民政府及其有关部门应当及时组织抢修被损坏的公共设施，保障应急救援工作的开展。医疗救护人员应当及时对受伤人员进行医疗救治。公安、交通等有关部门应当保障安全生产事故灾害现场应急救援秩序及周边地区的交通畅通。必要时，应当实施现场警戒、交通管制或者其他措施。

安全生产事故灾害可能危及周边公众人身安全时，应当在当地人民政府的统一指挥下，按照安全生产事故灾害应急预案的规定组织人员疏散、撤离和安置。事发地周边的公众和有关单位应当服从当地人民政府及其有关部门的指挥和安排，积极配合疏散行动。县级以上地方各级人民政府及其有关部门应当建立应急物资调用征用管理制度。在安全生产事故灾害应急救援过程中确需调用或者征用生产经营单位、其他经济组织和公民的物资、设施和装备的，应当逐一登记建档，并开具收据。事故灾害发生地人民政府环境保护行政主管部门和其他主管部门应当根据事故灾害类型和严重程度，及时监测事故灾害发生地周边地区的环境情况，及时提出事故灾害可能造成环境影响的处置建议，采取相应措施防止环境污染的发生或者扩大。事故灾害发生地人民政府卫生行政主管部门应当对事故灾害造成或者可能造成的公众健康损害，及时组织采取卫生应急措施。

安全生产事故灾害应急救援工作结束后，县级以上人民政府及其有关部门应当对调动的应急救援队伍给予补偿，及时返还调用或者征用的物资、设施和装备，对不能返还的或者损毁的物资、设施和装备，应当依照法律、法规和省、自治区、直辖市人民政府的有关规定予以补偿。县级以上人民政府及其有关部门应当做好事故灾害应急救援人员的医疗救治、抚恤和奖惩等工作。保险机构应当根据投保情况及时开展保险理赔工作。县级以上地方各级人民政府应当组织有关部门尽快修复损坏的供水、供电、供气、交通等社会公用设施，保障正常的生产、生活需要。

安全生产事故灾害应急救援过程中发生的应急救援队伍、物资、设施和装备调用和征用等费用，由事故灾害发生单位承担。事故灾害发生单位无力承担的，由事故灾害发生地的县级以上人民政府协调解决。

### 15.4.3 应急器材管理

#### 15.4.3.1 应急救援装备体系和作用

(1) 应急救援装备体系

应急救援对象及其发生事故灾害情形的多样性、复杂性，决定了应急救援行动过程中要用到多种装备，而且这些装备必须相互组合、搭配使用。应急救援装备的多样性、组合性，决定了应急救援装备的系统性。无论应急救援行动规模大小，都需有一个应急救援装备体系作保障。

(2) 应急救援装备的作用

高效处置事故灾害，化险为夷，尽可能避免、减少人员的伤亡和经济损失，是应急救援的核心目标。在事故灾害发生时，面对各种复杂的险情，必须使用大量种类不一的战时应急救援装备。如发生火灾，要使用灭火器、消防车；发生毒气泄漏，要使用空气呼吸器、防毒面具；发生停电事故灾害，要使用应急照明；管线穿孔，易燃易爆物质泄漏，必须立即使用专业器材进行堵漏等。如果没有专业的应急救援装备，火灾将得不到遏制，泄漏将无法控制，抢险人员的生命将得不到保障，低下的应急救援能力将使事故灾害不断升级恶化，造成难以估计的恶果。应急救援装备就是应急救援人员的作战武器。要提高应急救援能力，保障应急救援工作的高效开展，迅速化解险情，控制事故灾害，就必须为应急救援人员配备专业化的应急救援装备。如果只是有了先进的应急装备，但不能根据现场的各种情况正确使用、发挥应急救援装备的最大功能，那么，再好的应急救援装备，其功能也将大打折扣，将严重影响救援的效果。因此，必须加强员工的教育培训，做到会检查、会使用、会维护、会排除常见故障，在特殊情况下仍能高效使用应急救援装备。应急救援装备是应急救援的有力武器与根本保障，应急救援装备的配备情况，是应急救援能力的根本基础与重要标志。

在事故灾害险情突发时，如果监测装备、控制装备能够及时启动，消除险情，避免事故灾害，就可以从根本上消除对相关人员的生命威胁，避免出现人员伤亡的情况。如油气管线泄漏，若可燃气体监测仪能及时监测报警，就可在泄漏初期及早处置，避免火灾爆炸事故灾害的发生。同样事故灾害发生之后，及时启用相应的应急救援装备，也可以有效控制事故灾害，避免事故灾害的恶化或扩大，从而有效避免、减轻相关人员的伤亡。

高效的应急救援装备，会将事故灾害尽快予以控制，避免事故灾害恶化，在避免、减少人员伤亡的同时，也会有效避免财产损失。如成功处置了易燃易爆管线、容器的泄漏，避免了火灾爆炸事故灾害的发生，不仅能避免人员的伤亡，同样也会使设备、装备免受损害，避免造成重大的财产损失，避免企业赖以生存的物质基础遭到破坏。

许多事故灾害发生之后都会对水源、大气造成污染，如甲苯、苯等危险化学品运输车辆翻进河流，发生泄漏时，直接就会对水源造成污染；又如液氨、液氯、硫化氢等危险化学品的运输车辆发生泄漏，就会直接对大气造成污染。如果应急救援不及时，就会造成非常严重，甚至不可估量的后果。即便没有造成人员的伤亡，直接、间接的处理、善后费用，往往都是一个十分惊人的数字。

许多事故灾害发生之后，往往会引起局部地区的社会恐慌，甚至引发社会动荡。如危险化学品运输车辆翻进河流，发生泄漏，对水源造成污染，就会使相应地区的居民产生恐慌，严重者会引发局部地区的社会动荡。

#### 15.4.3.2 应急救援器材的选择和使用

多功能集成式救援装备保障车是用于装载和运送矿山应急救援所需的各种救援装备的专用救灾车辆。多功能集成式救援装备保障车具有机动性强、安全可靠、配置齐全、操作方便、伴随保障能力强的特点。该车能够集成矿山事故灾害应急救援中经常用到的破拆、支护、灭火、气体检测、人员搜寻、院前急救、通信联络等各种救援装备和仪器仪表。在灾害发生时，能将各种救援装备器材迅速运送至事故灾害现场，满足快速响应和快速参与救援的要求。

### 15.4.4 应急救援预案

#### 15.4.4.1 应急预案概述

应急预案，又称应急计划或应急救援预案，是针对可能发生的事故灾害，为迅速、有序地开展应急行动、降低人员伤亡和经济损失而预先制订的有关计划或方案。它是在辨识和评估潜在重大危险、事故灾害类型、发生的可能性及发生的过程、事故灾害后果及影响严重程度的基础上，对应急机构职责、人员、技术、装备、设施、物资、救援行动及其指挥与协调方面预先做具体安排。应急预案明确了在事故灾害发生前、事故灾害过程中以及事故灾害发生后，谁负责做什么，何时做，怎么做，相应的策略和资源准备等。

应急预案最早是为预防、预测和应急处理关键生产装置事故灾害、重点生产部位事故灾害、化学泄漏事故灾害等而预先制定的对策方案。

(1) 应急预案的主要内容

应急预案主要包括以下三方面的内容。

① 事故灾害预防，通过危险辨识、事故灾害后果分析，采用技术和管理手段降低事故灾害发生的可能性并使可能发生的事故灾害控制在局部，防止蔓延。

② 应急处置，一旦发生事故灾害（或故障）有应急处置程序和方法，能快速反应并处理故障，或将事故灾害消除在萌芽状态。

③ 抢险救援，采用预定现场抢险和抢救的方式，控制或减少事故灾害造成的损失。

(2) 需要编制应急预案的单位或场所

① 容易发生重大工业事故灾害的企业。煤矿和非煤矿山企业，危险化学品企业，民用爆破器材和烟花爆竹生产、经营、储存、运输企业，建筑施工企业，石油和海上石油企业，核设施场所。

② 无危险物质但可由活动中的因素引发公共危害的群众聚集场所。歌舞厅、影剧院等公共娱乐场所，酒店、宾馆等服务场所，图书馆、商场、大型超市等场所，举办集会、烟火晚会等大型活动的场所。

③ 国家和地方政府规定的其他场所和单位。

(3) 应急预案的分类

事故灾害类型多种多样，因此在编制应急预案时要进行合理策划，做到重点突出，反映出本地区的主要重大事故灾害风险，并合理组织各类预案，避免预案之间相互孤立、交叉和矛盾。

预案的分类有多种方法，如按行政区域划分为国家级、省级、市级、区（县）和企业预案；按事故灾害特征可划分为常备预案和临时预案（如偶尔组织的大型集会等）；按事故灾害或紧急情况的类型可划分为自然灾害、事故灾害灾难、突发公共卫生事件和突发社会安全事件等预案；按预案的适用对象范围划分为综合预案、专项预案和现场处置方案。

① 综合预案。综合预案是整体预案，从总体上阐述应急方针、政策、应急组织结构及相应的职责，以及应急行动的总体思路等。通过综合预案可以很清晰地了解城市的应急体系及预案的文件体系。更重要的是可以作为应急救援工作的基础和“底线”，即使对那些没有预料的紧急情况也能起到一般的应急指导作用。

② 专项预案。专项预案是针对某种具体的、特定类型的紧急情况，例如危险物质泄漏、火灾、某一自然灾害等的应急而制定的。专项预案是在综合预案的基础上充分考虑了某种特定危险的特点，对应急的形势、组织机构、应急活动等进行更具体的阐述，具有较强的针对性。

③ 现场处置方案。现场处置方案是在专项预案的基础上，根据具体情况的需要而编制的。它是针对特定的具体场所，即以现场为目标，通常是针对事故灾害风险较大的场所或重要防护区域等所制定的预案。例如，根据危险化学品事故灾害专项预案编制的某重大危险源的应急预案，根据防洪专项预案编制的某洪区的防洪预案等。现场处置方案的特点是针对某一具体现场的特殊危险及其周边环境情况，在详细分析的基础上，对应急救援中的各个方面做出具体、周密而细致的安排，因而具有更强的针对性和对现场具体救援活动的指导性。

(4) 应急预案的基本结构

不同的应急预案由于各自所处的层次和适用的范围不同，在内容的详略程度和侧重点上会有所不同，但都可以采用相似的基本结构。应急预案的基本结构见图 15.2，即一个基本预案加上应急功能设置、特殊风险预案、标准操作程序和支持附件构成综合预案，可保证各种类型预案之间的协调性和一致性。

① 基本预案。基本预案是该应急预案的总体描述。其主要阐述应急预案所要解决的紧急情况、应急的组织体系、方针、应急资源、应急的总体思路，并明确各应急组织在应急准备和应急行动中的职责，以及应急预案的演练和管理等规定。

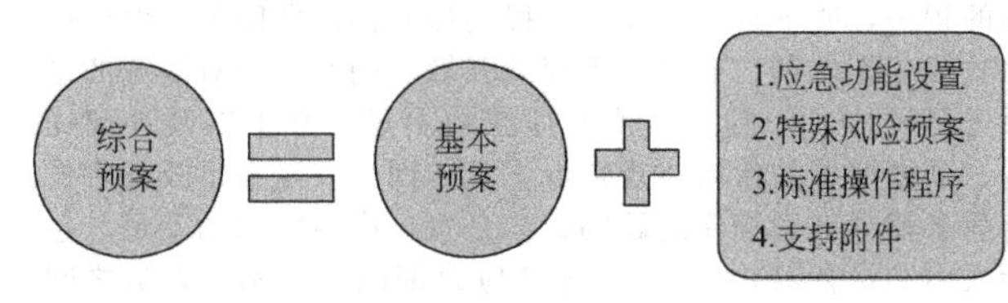


图 15.2　应急预案的基本结构

② 应急功能设置。应急功能是对在各类重大事故灾害应急救援中通常都要采取的一系列基本的应急行动和任务而编写的计划，如指挥和控制、警报、通信、人员疏散、人员安置、医疗等。它着眼于城市对突发事故灾害响应时所要实施的紧急任务。由于应急功能是围绕应急行动的，因此其主要对象是那些任务执行机构。针对每一应急功能应明确其针对的形势、目标、负责机构和支持机构、任务要求、应急准备和操作程序等。应急预案中包含的功能设置的数量和类型因地方差异会有所不同，主要取决于所针对潜在重大事故灾害危险类型，以及城市或生产经营单位的应急组织方式和运行机制等具体情况。

③ 特殊风险预案。特殊风险是根据各类事故灾害灾难、灾害的特征，需要对其应急功能做出针对性安排的风险。应急管理部门应考虑当地地理、社会环境和经济发展等因素影响，根据其可能面临的潜在风险类型，说明处置此类风险应该设置的专有应急功能或有关应急功能所需的特殊要求，明确这些应急功能的责任部门、支持部门、有限介入部门及它们的职责和任务，为该类风险的专项预案制定提出特殊要求和指导。

④ 标准操作程序。由于基本预案、应急功能设置并不说明各项应急功能的实施细节，各应急功能的主要责任部门必须组织制定相应的标准操作程序，为应急组织或个人提供履行应急预案中规定职责和任务的详细指导。标准操作程序应保证与应急预案的协调和一致性，其中重要的标准操作程序可作为应急预案附件或以适当方式引用。

⑤ 支持附件。支持附件主要包括应急救援的有关支持保障系统的描述及有关的附图表。

（5）应急预案的目的和作用

① 应急预案的目的。为控制重大事故灾害的发生，防止事故灾害蔓延，有效地组织抢险和救援，政府和生产经营单位应对已初步认定的危险场所和部位进行风险分析。对认定的危险有害因素和重大危险源，应事先对事故灾害后果进行模拟分析，预测重大事故灾害发生后的状态、人员伤亡情况及设备破坏和损失程度，以及由于物料的泄漏可能引起的火灾、爆炸、有毒有害物质扩散对单位可能造成的影响。

依据预测，提前制定重大事故灾害应急预案，组织、培训应急救援队伍，配备应急救援器材，以便在重大事故灾害发生后，能及时按照预定方案进行救援，在最短时间内使事故灾害得到有效控制。

应急预案主要目的有以下两个方面：采取预防措施使事故灾害控制在局部，消除蔓延条件，防止突发性重大或连锁事故灾害发生；能在事故灾害发生后迅速控制和处理事故灾害，尽可能减轻事故灾害对人员及财产的影响，保障人员生命和财产安全。

② 应急预案的作用。编制重大事故灾害应急预案是应急救援准备工作的核心内容，是及时、有序、有效地开展应急救援工作的重要保障。应急预案在应急救援中的重要作用和地位体现在以下几个方面。

一是应急预案确定了应急救援的范围和体系，使应急准备和应急管理不再是无据可依、无章可循。培训可以让应急响应人员熟悉自己的责任，具备完成指定任务所需的相应技能；演练可以检验预案和行动程序，并评估应急人员的技能和整体协调性。

二是编制应急预案有利于做出及时的应急响应，降低事故灾害后果。应急行动对时间要求十分敏感，不允许有任何拖延。应急预案预先明确了应急各方的职责和响应程序，在应急力量和应急资源等方面做了大量准备，可以指导应急救援迅速、有序、高效地开展，将事故灾害的人员伤亡、财产损失和环境破坏降到最低限度。此外，如果预先制定了预案，对重大事故灾害发生后必须快速解决的一些应急恢复问题，也就很容易解决。

三是成为城市应对各种突发重大事故灾害的响应基础。通过编制城市的综合应急预案，可保证应急预案具有足够的灵活性，对那些事先无法预料到的突发事件或事故灾害，也可以起到基本的应急指导作用，成为保证城市应急救援的“底线”。在此基础上，城市可以针对特定危害，编制专项应急预案，有针对性地制定应急措施，进行专项应急准备和演练。

四是当发生超过城市应急能力的重大事故灾害时，便于与省级、国家级应急部门的协调。

五是有利于提高全社会的风险防范意识。应急预案的编制过程，实际上是辨识城市重大风险和防御决策的过程，强调各方的共同参与，因此，预案的编制、评审以及发布和宣传，有利于社会各方了解可能面临的重大风险及其相应的应急措施，有利于促进社会各方提高风险防范意识和能力。

（6）应急预案的核心要素

应急预案是整个应急管理工作的具体反映，它的内容不仅限于事故灾害发生过程中的应急响应和救援措施，还应包括事故灾害发生前的各种应急准备和事故灾害发生后的紧急恢复以及预案的管理与更新等。因此，完整的应急预案按相应的过程可分为六个一级关键要素，主要包括：①方针与原则；②应急策划；③应急准备；④应急响应；⑤现场恢复；⑥预案管理与评审改进。

六个一级关键要素之间既具有一定的独立性，又紧密联系，从应急的方针与原则、策划、准备、响应、现场恢复到预案的管理与评审改进，形成了一个有机联系并持续改进的应急管理体系。根据一级关键要素中所包括的任务和功能，应急策划、应急准备和应急响应三个一级关键要素可进一步划分成若干个二级要素。所有这些要素构成了事故灾害应急预案的核心要素。这些核心要素是事故灾害应急预案编制应当涉及的基本方面，在实际编制时，为便于预案内容的组织，可根据实际情况，将要素进行合并、增加或重新排列。事故灾害应急预案核心要素如图 15.3 所示。

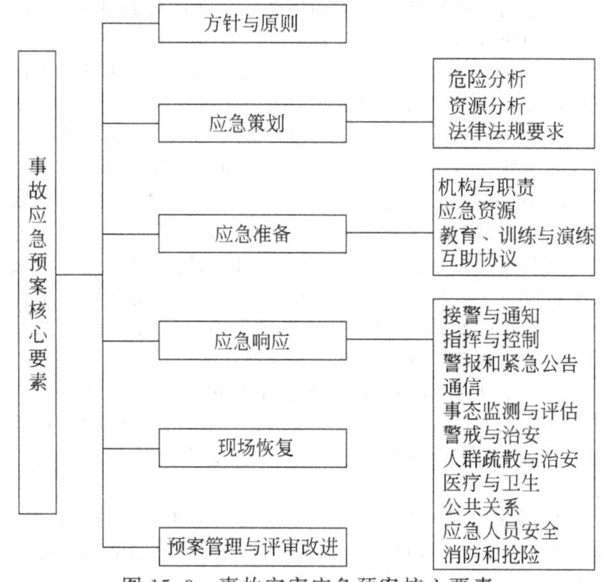


图 15.3　事故灾害应急预案核心要素

① 方针与原则。无论是何种等级、何种类型的应急救援体系，首先必须有明确的方针和原则作为开展应急救援工作的纲领。方针与原则反映了应急救援工作的优先方向、政策、范围和总体目标，应急的策划和准备、应急策略的制定和现场应急救援及恢复，都应当围绕方针与原则开展。

② 应急策划。应急预案最重要的特点是要有针对性和可操作性，因而，应急策划必须明确预案的对象和可利用的应急资源情况，即在全面系统地认识和评价所针对的潜在事故灾害类型的基础上，识别出重要的潜在事故灾害、性质、区域、分布及事故灾害后果。同时，根据危险分析的结果，分析城市应急救援力量和可用资源情况，为所需的应急资源准备提供建设性意见。在进行应急策划时，应当列出国家、地方相关的法律法规，作为制定预案和应急工作授权的依据。因此，应急策划包括危险分析、资源分析以及法律法规要求等二级要素。

a. 危险分析。危险分析的最终目的是要明确应急的对象（即存在哪些可能的重大事故灾害）、事故灾害的性质及其影响范围、后果严重程度等，为应急准备、应急响应和减灾措施提供决策和指导依据。危险分析包括危险识别、脆弱性分析和风险分析。危险分析应依据国家和地方有关的法律法规要求，结合城市的具体情况来进行。危险分析的结果应能提供：地理、人文（包括人口分布）、地质、气象等信息；城市功能布局（包括重要保护目标）及交通情况；重大危险源分布情况及主要危险物质种类、数量及消防等特性；可能的重大事故灾害种类及后果影响分析；特定的时段（例如人群高峰时间、度假季节、大型活动）；可能影响应急救援的不利因素。

b. 资源分析。针对危险分析所确定的主要危险，应明确应急救援所需的各种资源，分析已有的应急资源和能力，包括应急力量和应急设备（施）、物资中存在的不足，为应急队伍的建设、应急资源的规划与配备、与相邻地区签订互助协议和预案编制提供指导。

c. 法律法规要求。应急救援有关法律法规是开展应急救援工作的重要前提保障。应列出国家、省、地方涉及应急救援各部门的职责要求以及应急预案、应急准备和应急救援有关的法律法规文件作为预案编制和应急救援的授权依据。

③ 应急准备。应急预案能否成功地在应急救援中发挥作用，不仅仅取决于应急预案自身的完善程度，还取决于应急准备的充分与否。应急准备应基于应急策划的结果，明确所需的应急组织及其职责权限、应急队伍的建设和人员培训、应急物资的准备、预案的演练、公众的应急知识培训、签订互助协议等。

a. 机构与职责。为保证应急救援工作反应迅速、协调有序，必须建立完善的应急机构组织体系，包括应急管理的领导机构、应急响应中心以及相关机构等，对应急救援中承担任务的所有应急组织及有关单位明确规定其相应职责。

b. 应急资源。应急资源的准备是应急救援工作的重要保障。应根据潜在事故灾害的性质和后果分析合理组建专业和社会救援力量，配备应急救援所需的消防器材、各种救援机械和设备、监测仪器、堵漏和清消材料、交通工具、个体防护设备、医疗设备和药品、生活保障物资等，并定期检查、维护与更新以使其始终处于完好状态。

c. 应急人员培训。针对潜在事故灾害的危险性质，应对所有应急人员，包括社会救助力量开展有针对性的专项培训（包括自身安全防护措施），保证应急人员具备相应的应急能力。

d. 预案演练。预案演练是对应急能力的一个综合检验，应以多种形式组织由应急各方参加的预案训练和演练，使应急人员进入“实战”状态，熟悉各类应急处置和整个应急行动的程序，明确自身的职责，提高协同作战的能力，保证应急救援工作协调、有效、迅速地开展。同时，应对演练的结果进行评估，分析应急预案存在的不足，并予以改进和完善。预案演练的作用体现在以下几方面：一是在事故灾害发生前暴露预案和程序的缺陷；二是发现应急资源的不足（包括人力和设备等）；三是改善各应急部门、机构、人员之间的协调；四是增强公众对突发重大事故灾害救援的认可和信心；五是提高应急人员的熟练程度和信心；六是明确各自的岗位与职责；七是提高各级预案之间的协调；八是提高整体应急反应能力。

e. 公众教育。提高公众的应急安全意识和能力是减少重大事故灾害伤亡不可忽视的一个重要方面。作为应急准备的一项内容，应注重对公众的日常教育，尤其是位于重大危险源周边的人群，使其了解潜在危险的性质和健康危害。掌握必要的自救知识，了解预先指定的主要及备用疏散路线和集合地点，了解各种警报的含义和应急救援工作的有关要求。

f. 互助协议。当城市有关的应急力量与资源相对薄弱时，应事先寻求与邻近的城市或地区签订正式的互助协议，并做好相应的安排，以便在应急救援中及时得到外部救援力量和资源的援助。此外，也应与社会专业技术服务机构、物资供应企业等签订相应的互助协议。

④ 应急响应。应急响应包括应急救援过程中需要明确并实施的核心功能和任务，尽管这些核心功能具有一定的独立性，但不是孤立的，它们构成了应急响应的有机整体。应急响应的核心功能和任务包括：接警与通知、指挥与控制、警报和紧急公告、通信、事态监测与评估、警戒与治安、人群疏散与安置、医疗与卫生、公共关系、应急人员安全、消防和抢险、泄漏物控制。

a. 接警与通知。准确了解事故灾害的性质和规模等初始信息是启动应急救援的必要前提。接警作为应急响应的第一步，必须对接警要求作出明确规定，保证迅速、准确地向报警人员询问事故灾害现场的重要信息。接警人员接受报警后，应按预先确定的通报程序，迅速向有关应急机构、政府及上级部门发出事故灾害通知，以采取相应的行动。

b. 指挥与控制。对重大事故灾害的应急救援往往涉及多个救援机构。因此，对应急行动的统一指挥和协调是有效开展应急救援的关键。建立统一的应急指挥、协调和决策程序，便于对事故灾害进行初始评估，确认紧急状态，从而迅速有效地进行应急响应决策，建立现场工作区域，确定重点保护区域和应急行动的优先原则，指挥和协调现场各救援队伍开展救援行动，合理高效地调配和使用应急资源等。

c. 警报和紧急公告。当事故灾害可能影响到周边地区，对周边地区的公众可能造成威胁时，应及时启动警报系统，向公众发出警报，同时通过各种途径向公众发出紧急公告，告知事故灾害性质、对健康的影响、自我保护措施、注意事项等，以保证公众能够及时做出自我防护响应。决定实施疏散时，应通过紧急公告确保公众了解疏散的有关信息，如疏散时间、路线、随身携带物、交通工具及目的地等。

d. 通信。通信是应急指挥、协调和与外界联系的重要保障，在现场指挥部、应急中心、各应急救援组织、新闻媒体、医院、上级政府和外部救援机构之间必须建立完善的应急通信网络，在应急救援过程中应始终保持通信网络畅通，并设立备用通信系统。

e. 事态监测与评估。在应急救援过程中必须对事故灾害的发展态势及影响及时进行动态监测，建立对事故灾害现场及场外的监测和评估程序。事态监测在应急救援中起着非常重要的决策支持作用，其结果不仅是控制事故灾害现场，制定消防、抢险措施的重要决策依据，也是划分现场工作区域，保障现场应急人员安全，实施公众保护措施的重要依据。即使在现场恢复阶段，也应当对现场和环境进行监测。

f. 警戒与治安。为保障现场应急救援工作的顺利开展，在事故灾害现场周围建立警戒区域，实施交通管制，维护现场治安秩序是十分必要的，其目的是防止与救援无关人员进入事故灾害现场，保障救援队伍、物资运输和人群疏散等的交通畅通，并避免发生不必要的伤亡。

g. 人群疏散与安置。人群疏散是减少人员伤亡扩大的关键，也是最彻底的应急响应。应当对疏散的紧急情况和决策、预防性疏散准备、疏散区域、疏散距离、疏散路线、疏散运输工具、安全庇护场所以及回迁等做出细致的规定和准备，应考虑疏散人群的数量、所需要的时间、风向等环境变化以及老弱病残等特殊人群的疏散等问题。对已实施临时疏散的人群，要做好临时生活安置，保障必要的水、电、卫生等基本条件。

h. 医疗与卫生。对受伤人员采取及时、有效的现场急救，合理转送医院进行治疗，是减少事故灾害现场人员伤亡的关键。医疗人员必须了解城市主要的化学危险，并经过培训，掌握对危险化学品受伤害人员进行正确消毒和治疗的方法。

i. 公共关系。重大事故灾害发生后，不可避免地会引起新闻媒体和公众的关注。应将有关事故灾害的信息、影响、救援工作的进展等情况及时向媒体和公众公布，以消除公众的恐慌心理，避免公众的猜疑和不满。应保证事故灾害和救援信息的统一发布，明确事故灾害应急救援过程中对媒体和公众的发言人和信息批准、发布的程序，避免信息的不一致性。同时，还应处理好公众的有关咨询，接待和安抚受害者家属。

j. 应急人员安全。生产安全事故灾害尤其是涉及危险物质的重大事故灾害，其应急救援工作危险性极大，必须对应急人员自身的安全问题进行周密考虑，包括安全预防措施、个体防护设备、现场安全监测等，明确紧急撤离应急人员的条件和程序，保证应急人员免受事故灾害的伤害。

k. 消防和抢险。消防和抢险是应急救援工作的核心内容之一，其目的是尽快地控制事故灾害的发展，防止事故灾害蔓延和进一步扩大，从而最终控制住事故灾害，并积极营救事故灾害现场的受害人员。涉及危险物质的泄漏、火灾事故灾害，其消防和抢险工作的难度和危险性十分巨大，应对消防和抢险的器材和物资、人员的培训、方法和策略以及现场指挥等做好周密的安排和准备。

l. 泄漏物控制。危险物质的泄漏以及溶解了有毒蒸气的灭火用水，都可能对环境造成重大影响，同时也会给现场救援工作带来更大的危险，因此，必须对危险物质的泄漏物进行控制，包括对泄漏物的围堵、收容和清消，并进行妥善处置。

⑤ 现场恢复。现场恢复是在事故灾害被控制住后所进行的短期恢复，从应急过程来说意味着应急救援工作的结束，进入到另一个工作阶段，即将现场恢复到一个基本稳定的状态。大量的经验教训表明，在现场恢复的过程中往往仍存在潜在的危险，如余烬复燃、受损建筑倒塌等，因此应充分考虑现场恢复过程中的危险，制定现场恢复程序，防止事故灾害的再次发生。

⑥ 预案管理与评审改进。应急预案是应急救援工作的指导文件，同时具有法规权威性。应当对预案的制定、修改、更新、批准和发布做出明确的管理规定，并保证定期或在应急演练、应急救援后对应急预案进行评审，针对生产实际情况的变化及预案中所暴露出的缺陷，不断更新、完善和改进应急预案文件体系。

（7）应急预案的基本要求

编制应急预案是进行应急准备的重要工作内容之一。编制应急预案要遵守编制程序，应急预案的内容也应满足下列基本要求。

① 应急预案要有针对性。应急预案是针对可能发生的事故灾害，为迅速、有序地开展应急行动而预先制定的行动方案。因此，应急预案应结合危险分析的结果，针对以下内容进行编制：一是针对重大危险源；二是针对可能发生的各类事故灾害；三是针对关键的岗位和地点；四是针对薄弱环节；五是针对重要工程。

② 应急预案要有科学性。应急救援工作是一项科学性很强的工作。编制应急预案必须以科学的态度，在全面调查研究的基础上，实行领导和专家相结合的方式，开展科学分析和论证，制定出决策程序和处置方案、应急手段先进的应急反应方案，使应急预案真正具有科学性。

③ 应急预案要有可操作性。应急预案应具有实用性或可操作性。即发生重大事故灾害时，有关应急组织、人员可以按照应急预案的规定迅速、有序、有效地开展应急救援行动，降低事故灾害损失。为确保应急预案实用、可操作，重大事故灾害应急预案编制过程中应充分分析、评估本地可能存在的重大危险及其后果，并结合自身应急资源、能力的实际，对应急过程的一些关键信息，如潜在重大危险及其后果分析、支持保障条件、决策、指挥与协调机制等进行系统描述。同时，应急相关方应要确保重大事故灾害应急所需的人力、设施和设备、资金支持以及其他必要资源。

④ 应急预案要有完整性。应急预案内容应完整，包含实施应急响应行动需要的所有基本信息。应急预案的完整性主要体现在以下方面：一是功能（职能）完整；二是应急过程完整；三是适用范围完整。

⑤ 应急预案要合法合规。应急预案中的内容应符合国家法律、法规、标准和规范的要求。应急预案的编制工作必须遵守相关法律法规的规定。我国有关生产安全应急预案编制工作的法律法规主要有《安全生产法》《危险化学品安全管理条例》《职业病防治法》《建筑工程安全管理条例》等，编制安全生产应急预案必须遵守这些法律法规的规定，并参考其他灾种（如洪涝、地震、核和辐射事故灾害等）的法律、法规、标准和规范的要求。

⑥ 应急预案要有可读性。应急预案应当包含应急所需的所有基本信息，这些信息如组织不善可能会影响预案执行的有效性，因此预案中信息的组织应有利于使用和获取，并具备相当的可读性。

⑦ 应急预案要相互衔接。安全生产应急预案应相互协调一致、相互兼容。如生产经营单位的应急预案应与上级单位应急预案、当地政府应急预案、主管部门应急预案、下级单位应急预案等相互衔接，确保出现紧急情况时能够及时启动各方应急预案，有效控制事故灾害。

#### 15.4.4.2 应急预案编制

编制应急预案是应急救援工作的核心内容之一，是开展应急救援工作的重要保障。近年来，我国政府相继颁布的一系列法律法规，如《中华人民共和国安全生产法》《生产事故应急预案管理办法》《危险化学品安全管理条例》《国务院关于特大安全事故灾害行政责任追究的规定》《特种设备安全监察条例》等，对安全生产事故灾害应急预案的编制提出了相应要求，是各级政府、企事业单位编制应急预案的法律法规基础。

应急预案编制要遵循如下总则：

① 贯彻“以人为本”原则，体现风险管理理念，尽可能避免或减少损失，特别是生命损失，保障公共安全；

② 按照“分级负责”原则，实行分级管理，明确职责与责任追究制；

③ 强调“预防为主”原则，通过对可能发生的突发事件的深入分析，事先制定减少和应对突发公共事件发生的对策；

④ 突出“可操作性”原则，预案以文字和图表形式表达，形成书面文件；

⑤ 力求“协调一致”原则，预案应和本地区、本部门其他相关预案相协调；

⑥ 实行“动态管理”原则，预案应根据实际情况变化适时修订，不断补充完善。

依据如上的编制准则，应急预案的编制过程可分为三个步骤：成立应急预案编制小组，开展危险分析和应急能力评估，编制应急预案。

(1) 应急预案编制基本要求

应急预案编制基本要求为：一是分级、分类制定应急预案内容；二是做好应急预案之间的衔接；三是结合实际情况，确定应急预案内容。

(2) 应急预案编制步骤

① 成立预案编制小组。重大事故灾害的应急救援行动涉及来自不同部门、不同专业领域的应急各方，需要应急各方在相互信任、相互了解的基础上进行密切的配合和相互协调，因此，应急预案的成功编制需要各有关职能部门和团体的积极参与，并达成一致意见，尤其是应寻求与危险直接相关的各方进行合作。成立预案编制小组，是将各有关职能部门、各类专业技术有效结合起来的最佳方式，可有效地保证应急预案的准确性和完整性，而且为应急各方提供一个非常重要的协作与交流机会，有利于统一应急各方的不同观点和意见。

预案编制小组的成员一般应包括：城市、相关企业或机构主要负责人，应急管理部门负责人，消防、公安、环保、卫生、市政、医院、医疗急救、卫生防疫、邮电、交通和运输管理部门人员，技术专家，广播、电视等新闻媒体，法律顾问，有关企业以及上级政府或应急机构代表等。预案编制小组的成员确定后，必须确定小组领导，明确编制计划，保证整个预案编制工作的组织实施。

② 危险分析和应急能力评估。危险分析一般包括危险源辨识、脆弱性分析和风险评估三个过程。进行危险分析时，确定危险分析的深度是非常重要的。一般来说，企业级危险分析的深度要高于政府级，企业级危险分析可作为政府级危险分析的基础。虽然彻底分析所有危险情况可能会提供更多信息，但由于资源和时间等因素的限制，对政府来说并不可行，政府级危险分析最重要的是调查面临的主要危险，并且这类调查并不需要进行复杂的危险分析，不过，有限度的危险分析也是非常有价值的。

事故灾害统计表明，多数事故灾害是由少数几种危险物质引起的。因此，在进行危险分析时，应将危险分析重点集中在最常见和（或）高度危险的物质上，这样可以降低危险分析所花费的时间和精力。

a. 危险源辨识。危险源辨识就是将某地区或企业中可能存在的危险源（特别是重大危险源）辨识出来的过程，对于政府或企业来讲，要辨识出所有的危险源并进行详细分析是不可能的。危险源辨识应结合本地区或企业的具体情况，在总结本地区或企业历史上曾经发生重大事故灾害的基础上，辨识出存在的重大危险源及可能发生的重大事故灾害。危险源辨识过程中，应重点收集以下几方面的资料与信息：一是本地区或企业内，危险化学品的类别与数量；二是生产、储存、使用或处置危险化学品设施的位置；三是生产、储存、使用或处置危险化学品的工艺条件；四是危险化学品的危险特性。

在危险源辨识过程中，应依据国家相关法律、法规、标准和规范重点辨识重大危险源。对于辨识出的重大危险源，还应进行评价、备案、管理、分级监控以及相应规划、建立应急救援体系等相关工作。对于数量低于临界量的非重大危险源，各地区或企业应根据本地区或企业的实际情况，确定是否需要辨识。如果需要，也可以参照重大危险源预防控制体系进行系统化管理，并在应急预案中重点关注。

危险源辨识过程一般包括以下四个步骤：一是企业基础资料调查与收集；二是重大危险源辨识；三是重大危险源危险性分析；四是典型事故灾害筛选与分析。

b. 脆弱性分析。脆弱性分析是在危险源辨识的基础上，分析这些危险源一旦发生重大事故灾害后，其周边哪些地方或哪些人员容易受到破坏或伤害。这里所说的脆弱性，主要包括受事故灾害严重影响的区域（脆弱区）、脆弱区中的人口数量和类型、可能遭受的财产破坏以及可能的环境影响等。通过脆弱性分析，可以得到以下几方面信息：一是在确定的假设及相关计算条件下（例如泄漏量、气象条件等），计算分析出脆弱区范围。二是脆弱区内人群的数量和类型，例如周边居民，高密度人群（如劳动密集型企业工人等），在影剧院、体育场、商场内的观众和顾客等，以及敏感人群（如医院的病人、学校的学生、托儿所的婴幼儿等）。三是可能被破坏的公私财产，例如住宅、学校、商场、办公楼等。四是可能被破坏的公共工程，如水、电、气的供应，食品供应，通信联络等。五是可能造成的环境影响，如水源地污染、水体污染、大气污染等。

c. 风险评估。风险评估是根据脆弱性分析的结果，分析重大事故灾害发生的可能性，以及可能造成的破坏（或伤害）程度，在此基础上确定发生重大事故灾害的风险大小。在分析可能性时，要准确分析重大事故灾害发生的可能性是不太现实的，一般不必过多地将精力集中到对事故灾害发生的可能性进行精确定量分析上，而是用相对性的词汇（如低、中、高）来描述发生重大事故灾害的可能性，关键是要在充分利用现有数据和技术的基础上进行合理评估。在分析破坏（或伤害）程度时，主要从对人、财产和环境造成的破坏（或伤害）方面考虑，选择对最坏的情况进行分析。

③ 应急预案编制。《生产经营单位安全生产事故应急预案编制导则》（AQ/T 9002—2006）对应急预案编制框架提出了要求。随后，煤矿、非煤矿山、化工、机械加工等行业根据该导则分别制定了预案编制指南，如国家安全生产应急救援指挥中心组织编写了《煤矿企业应急预案编制指南》。目前，预案编制基本上都是遵循《导则》进行的。

应急预案的编制必须基于事故灾害风险的分析结果、应急资源的需求和现状以及有关的法律法规要求。此外，编制预案时应充分收集和参阅已有的应急预案，尽可能减小工作量和避免应急预案的重复和交叉，并确保与其他相关应急预案的协调和一致性。

预案编制小组在设计应急预案编制方案时应考虑：一是合理组织，应合理组织预案的章节，以便每个阅读者都能快速地找到各自所需要的信息，避免从一堆不相关的信息中去查找；二是连续性，保证应急预案每个章节及其组成部分在内容上的相互衔接，避免内容出现明显位置不当；三是一致性，保证应急预案的每个部分都采用相似的逻辑结构；四是兼容性，应急预案应尽量采取与上级机构一致的格式，以使各级应急预案能更好地协调和对应。

a. 应急预案的体系构成。应急预案应形成体系，针对各级、各类有可能发生的事故灾害和所有危险源制定专项应急预案和现场应急处置方案，并明确事前、事发、事中、事后的各个过程中相关部门和有关人员的职责。生产规模小、危险因素少的生产经营单位，综合应急预案和专项应急预案可以合并编写。其中，综合应急预案是从总体上阐述处理事故灾害的应急方针、政策，应急组织结构及相关应急职责，以及应急行动、措施和保障等基本要求和程序，是应对各类事故灾害的综合性文件；专项应急预案是针对具体的事故灾害类别（如煤矿瓦斯爆炸、危险化学品泄漏等事故灾害）、危险源和应急保障而制定的计划或方案，是综合应急预案的组成部分，应按照综合应急预案的程序和要求组织制定，并作为综合应急预案的附件。专项应急预案应制定明确的救援程序和具体的应急救援措施；现场处置方案是针对具体的装置、场所或设施、岗位所制定的应急处置措施。现场处置方案应具体、简单、针对性强。现场处置方案应根据风险评估及危险性控制措施逐一编制，做到事故灾害相关人员应知应会，熟练掌握，并通过应急演练，做到迅速反应、正确处置。

b. 综合应急预案编制工作的流程

ⅰ. 总则

编制目的：简述应急预案编制的目的、作用等。

编制依据：简述应急预案编制所依据的法律法规、规章，以及有关行业管理规定、技术规范和标准等。

适用范围：说明应急预案适用的区域范围，以及事故灾害的类型、级别。

应急预案体系：说明本单位应急预案体系的构成情况。

应急工作原则：说明本单位应急工作的原则，内容应简明扼要、明确具体。

ⅱ. 生产经营单位的危险性分析

生产经营单位概况：生产经营单位概况主要包括单位地址、从业人数、隶属关系、主要原材料、主要产品、产量等内容，以及周边重大危险源、重要设施、目标、场所和周边布局情况。必要时，可附平面图进行说明。

危险源与风险分析：危险源与风险分析主要阐述本单位存在的危险源及风险分析结果。

ⅲ. 组织机构及职责

应急组织体系：明确应急组织形式，构成单位或人员，并尽可能以结构图的形式表示出来。

指挥机构及职责：明确应急救援指挥机构总指挥、副总指挥、各成员单位及其相应职责。应急救援指挥机构根据事故灾害类型和应急工作需要，可以设置相应的应急救援工作小组，并明确各小组的工作任务及职责。

ⅳ. 预防与预警

危险源监控：明确本单位对危险源监测监控的方式、方法，以及采取的预防措施、预警行动：明确事故灾害预警的条件、方式、方法和信息的发布程序。

信息报告与处置：按照有关规定，明确事故灾害及未遂伤亡事故灾害信息报告与处置办法，包括信息报告与通知，明确 24h 应急值守电话、事故灾害信息接收和通报程序；信息上报，明确事故灾害发生后向上级主管部门和地方人民政府报告事故灾害信息的流程、内容和时限；信息传递，明确事故灾害发生后向有关部门或单位通报事故灾害信息的方法和程序。

ⅴ. 应急响应

响应分级：针对事故灾害危害程度、影响范围和单位控制事态的能力，将事故灾害分为不同的等级。按照分级负责的原则，明确应急响应级别。

响应程序：根据事故灾害的大小和发展态势，明确应急指挥、应急行动、资源调配、应急避险、扩大应急等响应程序。

应急结束：明确应急终止的条件。事故灾害现场得以控制，环境符合有关标准，导致次生、衍生事故灾害隐患消除后，经事故灾害现场应急指挥机构批准，现场应急结束。应急结束后，应明确事故灾害情况上报事项、需向事故灾害调查处理小组移交的相关事项、事故灾害应急救援工作总结报告。

ⅵ. 信息发布。明确事故灾害信息发布的部门、发布原则。应由事故灾害现场指挥部及时准确地向新闻媒体通报事故灾害信息。

ⅶ. 后期处置。后期处置主要包括污染物处理、事故灾害后果影响消除、生产秩序恢复、善后赔偿、抢险过程和应急救援能力评估及应急预案的修订等内容。

ⅷ. 保障措施

通信与信息保障：明确与应急工作相关联的单位或人员通信联系方式和方法，并提供备用方案。建立信息通信系统及维护方案，确保应急期间信息通畅。

应急队伍保障：明确各类应急响应的人力资源，包括专业应急队伍、兼职应急队伍的组织与保障方案。

应急物资装备保障：明确应急救援需要使用的应急物资和装备的类型、数量、性能、存放位置、管理责任人及其联系方式等内容。

经费保障：明确应急专项经费来源、使用范围、数量和监督管理措施，保障应急状态时生产经营单位应急经费的及时到位。

其他保障：根据本单位应急工作需求而确定的其他相关保障措施，如：交通运输保障、治安保障、技术保障、医疗保障、后勤保障等。

ⅸ. 培训与演练

培训：明确对本单位人员开展的应急培训计划、方式和要求。如果预案涉及社区和居民，要做好宣传教育和告知等工作。

演练：明确应急演练的规模、方式、频次、范围、内容、组织、评估、总结等内容。

ⅹ. 奖惩。明确事故灾害应急救援工作中奖励和处罚的条件和内容。

ⅺ. 附则

术语和定义：对应急预案涉及的一些术语进行定义。

应急预案备案：明确本应急预案的报备部门。

维护和更新：明确应急预案维护和更新的基本要求，定期进行评审，实现可持续改进。

制定与解释：明确应急预案负责制定与解释的部门。

应急预案实施：明确应急预案实施的具体时间。

应急预案的编制流程如图 15.4 所示。

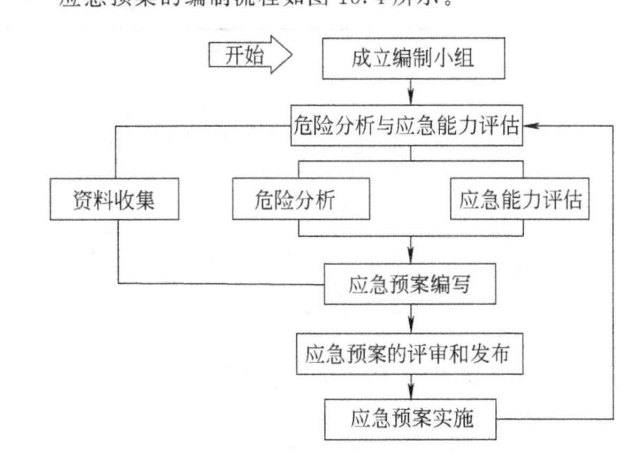


图 15.4 应急预案编制流程

c. 应急预案的评审与发布

应急预案的评审：为确保应急预案的科学性、合理性以及与实际情况的符合性，应急预案编制单位或管理部门应依据我国与应急相关的方针、政策、法律、法规、规章、标准和其他有关应急预案编制的指导性文件与评审检查表，组织开展应急预案评审工作，取得政府有关部门和应急机构的认可。

应急预案的发布：重大事故灾害应急预案经评审通过后报送应急机构备案。应急预案编制完成后，应该通过有效实施确保其有效性。应急预案实施主要包括应急预案宣传、教育和培训，应急资源定期检查落实，应急演习和训练，应急预案的实践，应急预案的电子化，事故灾害回顾等。

(3) 应急预案主要内容

完整的应急预案主要包括以下六个方面的内容。

① 应急预案概况。应急预案概况主要描述生产经营单位概况以及危险特性状况等应急事件、适用范围，提供简述并做必要说明，如明确应急方针与原则。

② 预防程序。预防程序是针对潜在事故灾害和事故灾害发生后应采取的措施。

③ 准备程序。

④ 应急程序。应急程序包括：接管与通知；指挥与控制；警报和紧急公告；通信；事态预测与评估；警戒与治安；人群疏散与安置；医疗与卫生；公共关系；应急人员安全；抢险与救援；危险物质控制。

⑤ 恢复程序。恢复程序是说明事故灾害现场应急行动结束后所需采取的清除和恢复行动。现场恢复是在事故灾害被控制住后进行的短期恢复，从应急过程来说意味着应急救援工作的结束，并进入到另一个工作阶段，即将现场恢复到一个基本稳定的状态。经验教训表明，在现场恢复的过程中往往仍存在潜在的危险，如余烬复燃、受损建筑倒塌等，应充分考虑现场恢复过程中的危险，制定恢复程序，防止事故灾害再次发生。

⑥ 预案管理与评审改进。应急预案是应急救援工作的指导文件。应当对预案的制定、修改、更新、批准和发布做出明确的管理规定，保证定期或在应急演习、应急救援后对应急预案进行评审，针对各种变化的情况以及预案中所暴露出的缺陷，不断地完善应急预案体系。

(4) 应急预案相互衔接

安全生产事故灾害应急预案是国家应急预案体系的重要组成部分，按照国务院提出的建立“横向到边，纵向到底”应急预案体系的要求，政府和生产经营单位应当分别制定相应的应急预案。在我国安全生产事故灾害应急预案体系中，生产经营单位安全生产事故灾害应急预案是贯彻落实“安全第一，预防为主，综合治理”方针，规范生产经营单位应急管理工作，提高应对风险和防范事故灾害能力，保证职工安全健康和公众生命安全，最大限度地减少财产损失、环境损害和社会影响的重要措施。生产经营单位应结合本单位的实际情况，从公司、生产经营单位到车间、岗位分别制定相应的应急预案，形成体系，互相衔接，并按照统一领导、分级负责、条块结合、属地为主的原则，同地方人民政府和相关部门应急预案相衔接。

《生产经营单位安全生产事故灾害应急预案编制导则》中提出，应针对可能发生的事故灾害，按照有关规定和要求编制应急预案。生产经营单位发生的安全生产事故灾害一旦超出厂界或超出本单位自身的应急能力，就需要社会及政府的应急援助。因此，生产经营单位安全生产事故灾害应急预案必须与所在区域和当地政府的应急预案有效衔接，确保应急救援工作的成效，如发生事故灾害后的及时上报，向政府的救援请求，外部应急救援队伍到现场后的协同作战等。生产经营单位应将应急预案到政府有关部门进行备案，使政府有关部门掌握生产经营单位的应急救援工作情况。同时，生产经营单位应与政府有关部门保持紧密联系，确保应急救援工作能顺利开展。与此同时，政府部门的应急预案是以生产经营单位的应急预案为基础，政府部门在生产经营单位进行安全生产事故灾害先期处置后，及时启动政府应急预案，对事故灾害应急救援工作进行指挥、协调、处理等。因此，政府部门应掌握所辖区域内生产经营单位的重大危险源的信息，并指导、监督生产经营单位做好应急救援工作，对生产经营单位的应急预案进行备案，确保生产经营单位的应急预案与政府应急预案有效衔接。

#### 15.4.4.3　应急预案管理

应急预案的管理主要包括以下几个方面。

(1) 应急预案评审与发布

应急预案编制完成后应进行评审，应急预案评审的目的是确保应急预案能反映当地政府或生产经营单位经济、技术发展、应急能力、危险源、危险物品使用、法律及地方法规、道路建设、人口、应急电话等方面的最新变化，确保应急预案与危险状况相适应。评审后，按规定报有关部门备案，并经生产经营单位主要负责人签署发布。

① 评审类型。应急预案评审类型见表 15.1。

**表 15.1　应急预案评审类型**

| 评审类型 | | 评审人员 | 评审目标 |
|---|---|---|---|
| 内部评审 | | (1)应急预案编写成员；<br>(2)预案涉及所有职能部门人员 | (1)确保应急预案职责清晰、程序明确；<br>(2)确保应急预案内容完整 |
| 外部评审 | 同行评审 | 具备与编制成员类似资格或专业背景的人员 | 听取同行应对预案的客观意见 |
| | 上级评审 | 对应急预案负有监督职责的人员或组织机构 | 对应急预案中要求的资源予以授权和做出相应承诺 |
| | 社区评议 | 社区公众、媒体 | (1)改善应急预案完整性；<br>(2)促进公众对应急预案的理解；<br>(3)促进应急预案被各社区接受 |
| | 政府评审 | 政府部门组织的有关专家 | (1)确认应急预案符合相关法律、法规、规章、标准和上级政府有关规定的要求；<br>(2)确认应急预案与其他预案协调一致；<br>(3)对应急预案进行认可并予以备案 |

a. 内部评审。内部评审是指编制小组内部组织的评审。应急预案编制单位应在应急预案初稿编写完成之后，组织编写成员及企业内各职能部门负责人对应急预案进行内部评审。内部评审不仅要确保预案语句通畅，更重要的是各职能部门的应急管理职责清晰，应急处置程序明确，以及应急预案完整。编制小组可以对照检查表检查各自的工作或评审整个应急预案，以获得全面的评估结果，保证各种类型应急预案之间的协调性和一致性。

内部评审工作完成之后，应急预案编制单位可以根据实际情况对预案进行修订。如果涉及外部资源，应进行外部评审；如果不涉及外部资源，则根据情况或上级部门的意见制定。

b. 外部评审。外部评审是应急编制单位组织同行专家、上级机构、社区及有关政府部门对应急预案进行评议的评审。外部评审的主要作用是确保应急预案中规定的各项权力法制化，确保应急预案被所有部门接受。根据评审人员和评审机构的不同，外部评审可分为同行评审、上级评审、社区评议和政府评审四类。

ⅰ. 同行评审。应急预案经内部评审并修订完成之后，编制单位应邀请具备与编制成员类似资格或专业背景的人员进行同行评审，以便对应急预案提出客观意见。此类人员一般包括：各类工业企业及管理部门的安全、环保专家；应急救援服务部门的专家；其他有关应急管理部门或支持部门的专家（如消防部门、公安部门、环保部门和卫生部门的专家）；本地区熟悉应急救援工作的其他专家。

ⅱ. 上级评审。上级评审是指由应急预案编制单位将所起草的应急预案交由其上一级组织机构进行的评审，一般在同行评审及相应的修订工作完成之后进行。重大事故灾害应急响应过程中，需要有足够的人力、装备（包括个体防护设备）、财政等资源的支持，所有应急功能（职能）的相关方应确保上述资源保持随时可用状态。实施上级评审的目标是确保有关责任人或组织机构对应急预案中要求的资源予以授权和做出相应承诺。

ⅲ. 社区评议。社区评议是指在应急预案审批阶段，应急预案编制单位组织公众对应急预案进行评议。公众参与应急预案评审不仅可以改善应急预案的完整性，也有利于促进公众对应急预案的理解，使其被周围各社区正式接受，从而提高对事故灾害的有效预防。

ⅳ. 政府评审。政府评审是指由城市政府部门组织有关专家对编制单位所编写的应急预案实施审查批准，并予以备案的过程。政府对于重大事故灾害应急准备或响应过程的管理不仅体现在应急预案编制上，还应参与应急预案的评审过程。政府评审的目的是确认该应急预案是否符合相关法律、法规、规章、标准和上级政府有关规定的要求，并与其他应急预案协调一致。一般来说，政府部门对应急预案评审后，应通过规范性文件等形式对该应急预案进行认可和备案。

② 评审时机。应急预案评审时机是指应急管理机构、组织应在何种情况下、何时或间隔多长时间对应急预案实施评审、修订。对此，国内外相关法规、预案一般都有较为明确的规定或说明。

③ 评审项目。为确保应急预案内容完整、信息准确，符合国家有关法律法规的要求，并具有可读性和实用性，一些发达国家和国际性组织有关应急预案编制的指南性材料中都十分强调应急预案评审或评价的作用，部分资料更是对应急预案评审的项目及各项目的评价指标进行了较为详尽的描述。应急预案评审项目见表 15.2。

**表 15.2 应急预案评审项目**

| 应急预案类别 | 评审项目 | 评审结果 | 备注 |
| --- | --- | --- | --- |
| A 综合应急预案 | A1 预案发布<br>A2 应急组织机构署名<br>A3 术语与定义<br>A4 相关法律法规<br>A5 方针与原则<br>A6 危险分析<br>A7 应急资源<br>A8 机构与职责<br>A9 教育、培训与演练<br>A10 与其他应急预案关系<br>A11 互助协议<br>A12 预案管理 | | |
| B 功能设置 | B1 接警与通知<br>B2 指挥与控制<br>B3 警报和紧急公告<br>B4 通信<br>B5 事态监测与评估<br>B6 警戒与管制<br>B7 人群疏散<br>B8 人群安置<br>B9 医疗与卫生<br>B10 公共关系<br>B11 应急人员安全<br>B12 消防和抢险<br>B13 泄漏物控制<br>B14 现场恢复 | | |
| C 专项应急预案 | C1 专项应急预案设置<br>C2 专项应急预案应急功能设置 | | |
| D 现场处置方案 | D1 现场处置方案设置<br>D2 现场处置方案格式<br>D3 现场处置方案内容 | | |

（2）应急预案实施

实施应急预案是应急管理工作的重要环节。应急预案经批准发布后，所有应急机构应做到以下方面。

① 应急预案宣传、教育和培训。各应急机构应广泛宣传应急预案，使普通公众了解应急预案中的有关内容。同时，积极组织应急预案培训工作，使各类应急人员掌握、熟悉或了解应急预案中与其承担职责和任务相关的工作程序、标准等内容。

② 应急资源的定期检查落实。各应急机构应根据应急预案的要求，定期检查落实本部门应急人员、设施、设备、物资等应急资源的准备状况，识别额外的应急资源需求，保持所有应急资源处于可用状态。

③ 应急演练和训练。各应急机构应积极参加各类重大事故灾害应急演练和训练工作，及时发现应急预案、工作程序和应急资源准备中的缺陷与不足，澄清相关机构和人员的职责，改善不同机构和人员之间的协调问题，检验应急人员对应急预案、程序的了解程度和操作技能。评估应急培训效果，分析培训需求，并促进公众、媒体对应急预案的理解，争取公众、媒体对重大事故灾害应急工作的支持，使应急预案有机地融入城市公共安全保障工作之中，真正将应急预案的要求落到实处。

④ 应急预案的实践。各应急机构应在重大事故灾害应急的实际工作中，积极运用应急预案，开展应急决策，指挥和控制相关机构和人员的应急行动，从实践中检验应急预案的实用性，检验各应急机构之间协调能力和应急人员的实际

操作技能，及时发现应急预案、工作程序、应急资源准备中的缺陷和不足，以便进行修订、更新相关的应急预案和工作程序。

⑤ 应急预案的电子化。在预案实施过程中，应充分考虑利用现代计算机及信息技术，实现应急预案的电子化。应急预案的支持附件包含了大量的信息和数据，是应急预案电子化的主体内容，在结合地理信息管理系统的应用基础上，将为应急工作发挥重要的支持作用。

⑥ 事故灾害回顾。应急预案管理部门应积极收集各类重大事故灾害应急的有关信息，积极开展事故灾害回顾工作，评估应急过程中的不足和缺陷，吸取经验和教训，为应急预案的修订和更新工作提供参考依据。

(3) 应急预案备案

应急预案的备案管理是提高应急预案编写质量，规范应急预案管理，解决应急预案相互衔接的重要措施之一。

① 各级人民政府有关部门制定的生产安全事故灾害应急预案应当上报同级人民政府备案；国务院有关部门制定的生产安全事故灾害应急预案应当抄送国家安全生产监督管理总局（现为中华人民共和国应急管理部）；地方人民政府制定的生产安全事故灾害专项应急预案应当抄送上级人民政府安全生产监督管理部门；地方人民政府安全生产监督管理部门制定的生产安全事故灾害应急预案应当报送上一级人民政府安全生产监督管理部门；地方人民政府其他有关部门制定的生产安全事故灾害应急预案应当抄送同级安全生产监督管理部门和相应的上级部门。

② 生产经营单位所属各级单位都应当针对本单位可能发生的安全生产事故灾害制定应急预案和有关作业岗位的应急措施。生产经营单位所属单位和部门制定的应急预案应当报上一级管理单位审查。中央企业总部制定的应急预案应报国务院国有资产监督管理委员会和国家安全生产监督管理总局备案。矿山、建筑施工单位和危险化学品、烟花爆竹及民用爆破器材生产、经营、储运单位的应急预案，以及生产经营单位涉及重大危险源的应急预案，应当按照分级管理的原则报安全生产监督管理部门和有关部门备案。生产经营单位涉及核、城市公用事业、道路交通、火灾、船舶水上安全以及特种设备、电网安全等事故灾害的应急预案，按照分级管理的原则抄报安全生产监督管理部门。

(4) 应急预案宣传与教育

应急预案宣传教育和培训工作是保证安全生产事故灾害应急预案贯彻实施的重要手段，也是提高事故灾害防范能力的重要途径。各类生产经营单位要按照应急管理部要求，采取不同方式开展安全生产应急管理知识和应急预案的宣传教育、培训工作，使应急预案相关职能部门及其人员提高危机意识和责任意识，明确应急工作程序，提高应急处置和协调能力，在此基础上，确保所有从业人员具备基本的应急技能，熟悉企业应急预案，掌握本岗位事故灾害防范措施和应急处置程序，提高应急水平。

各级人民政府及其有关部门应当采取多种形式，对发布的应急预案进行广泛宣传，使公众了解应急预案中的有关内容，并开展应急救援法律法规、事故灾害预防、避险、避难、避灾、自救、互救等应急知识的宣传普及活动，提高公众的安全意识和应急救援能力。同时，应积极组织应急预案的培训，使各类应急人员掌握、熟悉或了解应急预案中与其承担职责和任务相关的内容，提高应急人员的技能。

地方各级安全生产监督管理部门要结合本地实际和应急预案编制工作进度，统一规划，突出重点，督促和指导生产经营单位广泛开展安全生产事故灾害应急预案的宣传教育和普及工作。要采取有力措施和多种形式，使社会公众了解应急预案的有关内容，掌握基本的事故灾害预防、避险、避灾、自救、互救等应急知识，提高安全意识和应对事故灾害灾难的能力。生产经营单位应当结合本单位的实际情况，进行应急预案的宣贯与培训，积极开展有关应急知识的宣传普及，确保所有从业人员能具备基本的应急技能。生产经营单位应当经常对本单位负责应急管理工作的人员以及专职或兼职应急救援人员进行相应的知识培训。同时，还应加强对安全生产关键责任岗位的职工的应急培训，使其掌握安全生产事故灾害的紧急处置方法，增强自救互救和第一时间处置突发事故灾害的能力。

(5) 应急预案演练

应急预案的演练是应急准备的一个重要环节。通过演练，可以检验应急预案的可行性和应急反应的准备情况。通过演练，可以发现应急预案存在的问题，完善应急工作机制，提高应急反应能力。通过演练，可以锻炼队伍，提高应急队伍的作战力，熟练操作技能。通过演练，可以教育广大干部和群众，增强危机意识，提高安全生产工作的自觉性。为此，预案管理和相关规章中都有对应急预案演练的要求。应急预案演练分为桌面演练、功能演练和全面演练。每种演练的方式不同，演练达到的目的也不同，可根据工作需要选择适当的演练方法。

(6) 应急预案修订与更新

安全生产应急预案必须与生产经营单位规模、危险等级及应急准备等状况相一致。随着社会、经济和环境的变化，应急预案中包含的信息可能会发生变化。因此，应急组织或应急管理机构应定期或根据实际需要对应急预案进行评审、检验、更新和完善，以便及时更换变化或过时的信息，并解决演练、实施中反映出的问题。当出现以下情况时，应进行应急预案的修订：①法律、法规的变化；②需对应急组织和政策做相应的调整和完善；③机构或部门、人员调整；④通过演练和实际安全生产事故灾害应急反应取得了启发性经验；⑤需对应急反应的内容进行修订；⑥应急预案生效并执行时间超过五年；⑦其他情况。

应急预案管理部门应根据应急预案评审的结果、应急演练的结果及日常发现的问题，组织人员对应急预案修订、更新，以确保应急预案的持续适宜性。同时，修订、更新的应急预案应通过有关负责人员的认可，并及时进行发布和备案。

### 15.4.5 化学事故灾害应急救援技术

#### 15.4.5.1 危险化学品事故灾害定义、类型及分类

(1) 危险化学品事故灾害定义

危险化学品事故灾害是指由一种或几种危险化学品或其能量意外释放造成的人身伤亡、财产损失或环境污染事故灾害。其后果通常表现为人员伤亡、财产损失或环境污染。构成危险化学品事故灾害有两个必要条件：一是危险化学品；二是事故灾害。

(2) 事故灾害类型

事故灾害类型包括单一型和复合型。单一型事故灾害是指危险化学品发生事故灾害时，其表现形式仅仅是危险化学品火灾事故灾害、危险化学品爆炸事故灾害、危险化学品泄漏事故灾害等各种类型事故灾害中的一种。复合型事故灾害是指危险化学品发生事故灾害时，往往由泄漏事故灾害引起中毒、窒息、火灾或爆炸事故灾害等，或由火灾引起爆炸、灼伤、中毒或其他类型的事故灾害，很难以单一型的事故灾害方式出现。像这种由一种类型的事故灾害引发其他类型事故灾害的类型为危险化学品的复合型事故灾害。

(3) 事故灾害分类

一般以危险化学品事故灾害的危险性分析其固有危险性，危险化学品事故灾害大体上可划分为以下八类。

① 危险化学品火灾事故灾害。该事故灾害是指燃烧物质主要是危险化学品的火灾事故灾害，具体又分若干小类，包括易燃液体火灾、易燃固体火灾、自燃物品火灾、遇湿易燃物品火灾和其他危险化学品火灾。易燃气体、液体火灾往往又引起爆炸事故灾害，容易造成重大的人员伤亡。由于大多数危险化学品在燃烧时会放出有毒有害气体或烟雾，因此在危险化学品火灾事故灾害中，往往会伴随发生人员中毒和窒息事故灾害。

② 危险化学品爆炸事故灾害。该事故灾害是指危险化学品发生化学反应的爆炸事故灾害或液化气体和压缩气体的物理爆炸事故灾害，具体包括：爆炸品的爆炸（又可分为烟花爆竹爆炸、民用爆炸器材爆炸、军工爆炸品爆炸等）；易燃固体、自燃物品、遇湿易燃物品的火灾爆炸；易燃液体的火灾爆炸；易燃气体爆炸；危险化学品产生的粉尘、气体、挥发物爆炸；液化气体和压缩气体的物理爆炸；其他化学反应爆炸。

③ 危险化学品泄漏事故灾害。该事故灾害主要是指气体或液体危险化学品发生了一定规模的泄漏，虽然没有发展成为火灾、爆炸或中毒事故灾害，但造成了严重的财产损失或环境污染等后果的危险化学品事故灾害。危险化学品泄漏事故灾害一旦失控，往往会造成重大火灾、爆炸或中毒事故灾害。

④ 危险化学品中毒事故灾害。该事故灾害主要是指人体吸入、食入或接触有毒有害化学品或者化学品反应的产物而导致的中毒事故灾害，具体包括吸入中毒事故灾害、接触中毒事故灾害、误食中毒事故灾害和其他中毒事故灾害。

⑤ 危险化学品窒息事故灾害。该事故灾害主要是指危险化学品对人体氧化作用的干扰，主要是人体吸入有毒有害化学品或化学品反应的产物而导致的窒息事故灾害，包括简单窒息和化学窒息。简单窒息是周围的氧气被惰性气体替代而引起的窒息。化学窒息是化学物质直接影响机体传送氧以及和氧结合的能力而引起的窒息。

⑥ 危险化学品灼伤事故灾害。该事故灾害主要是指腐蚀性危险化学品意外地与人体接触，在短时间内即在接触表面发生化学反应，造成明显破坏的事故灾害。腐蚀品包括酸性腐蚀品、碱性腐蚀品和其他不显酸碱性的腐蚀品。

⑦ 危险化学品辐射事故灾害。该事故灾害是指具有放射性的危险化学品发射出具有一定能量的射线，对人体造成伤害的事故灾害。放射性污染物主要指各种放射性核素，其放射性与化学状态无关。其放射性强度越大，危险性就越大。人体组织在受到射线照射时能发生电离，如果人体受到过量射线的照射，就会产生不同程度的损伤。

⑧ 其他危险化学品事故灾害。该事故灾害是指不能归入上述七类危险化学品事故灾害的其他危险化学品事故灾害，如危险化学品罐体倾倒、车辆倾覆等，但没有发生火灾、爆炸、中毒、窒息、灼伤、泄漏等事故灾害。

#### 15.4.5.2 危险化学品事故灾害应急救援的基本任务

化学事故灾害应急救援是近几年国内开展的一项社会性减灾救灾工作，其基本任务如下。

① 控制危险源。及时控制造成事故灾害的危险源是应急救援工作的首要任务，只有及时控制住危险源，防止事故灾害继续扩大，才能及时、有效地进行救援。

② 抢救受害人员。抢救受害人员是应急救援的重要任务。在应急救援行动中，及时、有序、有效地实施现场急救与安全转送伤员是降低伤亡率、减少事故灾害损失的关键。

③ 指导群众防护，组织群众撤离。由于化学事故灾害发生突然，扩散迅速，涉及面广，危害大，应及时指导和组织群众采取各种措施进行自身防护，并向上风向迅速撤离出危险区或可能受到危害的区域。在撤离过程中应积极组织群众开展自救和互救工作。

④ 做好现场清消，消除危害后果。对事故灾害外逸（溢）的有毒有害物质和可能对人和环境继续造成危害的物质，应及时组织人员予以清除，消除危害后果，防止对人的继续危害和对环境的污染。对发生的火灾，要及时组织力量进行清消。

⑤ 查清事故灾害原因，估算危害程度。事故灾害发生后应及时调查事故灾害的发生原因和性质，估算出事故灾害的危害波及范围和危险程度，查明人员伤亡情况，做好事故灾害调查。

#### 15.4.5.3 危险化学品事故灾害应急救援的基本形式

化学事故灾害应急救援按事故灾害的波及范围及其危害程度，可采取以下三种形式进行救援。

（1）事故灾害单位自救

事故灾害单位自救是化学事故灾害应急救援最基本、最重要的救援形式，这是因为事故灾害单位最了解事故灾害的现场情况，即使事故灾害危害已经扩大到事故灾害单位以外的区域，事故灾害单位仍需全力组织自救，特别是尽快控制危险源。

危险化学品生产、使用、储存、运输等单位必须成立应急救援专业队伍，负责事故灾害时的应急救援。同时，生产单位对本企业的产品必须提供应急服务，一旦产品在国内外任何地方发生事故灾害，通过提供的应急电话应能及时与生产厂取得联系，获取紧急处理信息或得到其应急救援人员的帮助。

（2）对事故灾害单位的社会救援

对事故灾害单位的社会救援主要是指重大或灾害性危险化学品事故灾害，事故灾害危害虽然局限于事故灾害单位内，但危害程度较大或危害范围已经影响到周围邻近地区，依靠本单位以及消防部门的力量不能控制事故灾害或不能及时消除事故灾害后果而组织的社会救援。

（3）对事故灾害单位以外受危害区域的社会救援

该救援主要是对灾害性危险化学品事故灾害而言，指事故灾害危害超出本事故灾害单位区域，危害程度较大或事故灾害危害跨区、县，需要各救援力量协同作战而组织的社会救援。化学事故灾害应急救援按救援内容不同分四级。

0 级：8h 内提供化学事故灾害应急救援信息咨询。

Ⅰ级：24h 内提供化学事故灾害应急救援信息咨询。

Ⅱ级：24h 内提供化学事故灾害应急救援信息咨询的同时，派专家赴现场指导救援。

Ⅲ级：在Ⅱ级的基础上，出动应急救援队伍和装备参与现场救援。

目前，我国已建立 8 大应急救援抢救中心，主要分布于我国化工发达地区，随着危险化学品登记注册的开展，各地区将相继成立危险化学品地方登记办公室，担负起各地区的应急救援工作，使应急网络更加完善，响应时间更短，事故灾害危害将会得到更有效的控制。

#### 15.4.5.4 危险化学品事故灾害应急救援的组织与实施

危险化学品事故灾害应急救援一般包括报警与接警、应急救援队伍的出动、实施应急处理、现场急救、事故灾害应急处理几个方面。

（1）报警与接警

事故灾害报警的及时与准确是能否及时控制事故灾害的关键环节。当发生危险化学品事故灾害时，现场人员必须根据各自企业制定的事故灾害预案采取抑制措施，尽量减少事故灾害的蔓延，同时向有关部门报告。事故灾害主管领导人应根据事故灾害地点、事态的发展决定应急救援形式：是单位自救还是采取社会救援。对于那些重大的或灾难性的化学事故灾害，以及依靠本单位力量不能控制或不能及时消除事故灾害后果的化学事故灾害，应尽早争取社会支援，以便尽快控制事故灾害的发展。

为了做好事故灾害的报警工作，各企业应做好以下几方面的工作：建立合适的报警反应系统；各种通信工具应加强日常维护，使其处于良好状态；制定标准的报警方法和程序；联络图和联络号码要置于明显位置，以便值班人员熟练掌握；对工人进行紧急事态时的报警培训，包括报警程序与报警内容。

(2) 应急救援队伍的出动

各主管单位在接到事故灾害报警后，应迅速组织应急救援专业队伍赶赴现场，在做好自身防护的基础上，快速实施救援，控制事故灾害发展，并将伤员救出危险区域和组织群众撤离、疏散，做好危险化学品的清除工作。

等待急救队伍或外界的援助会使微小事故灾害变成大灾难，因此，每个职工都有化学事故灾害应急救援的责任，应按应急计划接受基本培训，在发生危险化学品事故灾害时采取正确的行动。

(3) 实施应急处理

实施应急处理主要包括建立警戒区域和紧急疏散两个方面。

① 建立警戒区域。事故灾害发生后，应根据危险化学品泄漏的扩散情况或火焰辐射热所涉及的范围建立警戒区，并在通往事故灾害现场的主要干道上实行交通管制。建立警戒区域时应注意：警戒区域的边界应设警示标志，并有专人警戒；除消防、应急处理人员以及必须坚守岗位的人员外，其他人员禁止进入警戒区；泄漏溢出的危险化学品为易燃品时，区域内应严禁火种。

② 紧急疏散。紧急疏散是指迅速将警戒区及污染区内与事故灾害应急处理无关的人员撤离，以减少不必要的人员伤亡。紧急疏散时应注意：如事故灾害物质有毒，需要佩戴个体防护用品或采用简易有效的防护措施，并有相应的监护措施；应向上风方向转移；明确专人引导和护送疏散人员到安全区，并在疏散或撤离的路线上设立哨位，指明方向；不要在低洼处滞留；要查清是否有人留在污染区与着火区；为使疏散工作顺利进行，每个车间应至少有两个畅通无阻的紧急出口，并有明显标志。

(4) 现场急救

对受伤人员进行现场急救。在事故灾害现场，危险化学品对人体可能造成的伤害为中毒、窒息、冻伤、化学灼伤、烧伤等，进行急救时，不论是患者还是救援人员都需要进行适当的防护。

(5) 事故灾害应急处理

事故灾害应急处理主要包括火灾事故灾害的应急处理、爆炸事故灾害的应急处理、泄漏事故灾害的应急处理和中毒事故灾害的应急处理。

① 火灾事故灾害的应急处理。处理危险化学品火灾事故灾害时，首先应该进行灭火。灭火对策如下：

a. 扑灭初期火灾。在火灾尚未扩大到不可控制之前，应使用适当的移动式灭火器来控制火灾。迅速关闭火灾部位的上、下游阀门，切断进入火灾事故灾害地点的一切物料，然后立即启用现有的各种消防装备扑灭初期火灾和控制火源。

b. 对周围设施采取保护措施。为防止火灾危及相邻设施，必须及时采取冷却保护措施，并迅速疏散受火势威胁的物资。有的火灾可能造成易燃液体外流，这时可用沙袋或其他材料筑堤拦截流淌的液体或挖沟导流，将物料导向安全地点。必要时用毛毡、海草帘堵住下水井、阴井口等处，防止火焰蔓延。

c. 火灾扑救。扑救危险化学品火灾绝不可盲目行动，应针对每一类化学品选择正确的灭火剂和灭火方法。必要时采取堵漏或隔离措施，预防次生灾害扩大。当火势被控制以后，仍然要派人监护，清理现场，消灭余火。

几种特殊化学品的火灾扑救注意事项如下：

a. 扑救液化气体类火灾，切忌盲目扑灭火势，在没有采取堵漏措施的情况下，必须保持稳定燃烧。否则，大量可燃气体泄漏出来与空气混合，遇点火源就会发生爆炸，后果将不堪设想。

b. 对于爆炸物品火灾，切忌用沙土盖压，以免增强爆炸物品爆炸时的威力；扑救爆炸物品堆垛火灾时，水流应采用吊射，避免强力水流直接冲击堆垛，以免堆垛倒塌引起再次爆炸。

c. 对于遇湿易燃物品火灾，绝对禁止用水、泡沫、酸碱等湿性灭火剂扑救。

d. 氧化剂和有机过氧化物的灭火比较复杂，应针对具体物质具体分析。

e. 扑救毒害品和腐蚀品的火灾时，应尽量使用低压水流或雾状水，避免腐蚀品、毒害品溅出；遇酸类或碱类腐蚀品，最好调制相应的中和剂稀释中和。

f. 易燃固体、自燃物品一般都可用水和泡沫扑救，只要控制住燃烧范围，逐步扑灭即可。但有少数易燃固体、自燃物品的扑救方法比较特殊。如2,4-二硝基苯甲醚、二硝基萘、萘等是易升华的易燃固体，受热放出易燃蒸气，能与空气形成爆炸性混合物，尤其在室内，易发生爆燃，在扑救过程中应不时向燃烧区域上空及周围喷射雾状水，消除周围的一切火源。

② 爆炸事故灾害的应急处理。爆炸事故灾害发生时，一般应采取以下基本对策：

a. 迅速判断和查明再次发生爆炸的可能性和危险性，紧紧抓住爆炸后和再次发生爆炸之前的有利时机，采取一切可能的措施，全力制止再次发生爆炸。

b. 切忌用沙土盖压，以免增强爆炸物品爆炸时的威力。

c. 如果有疏散的可能，人身安全上确有可靠保障，应迅速组织力量及时疏散着火区域周围的爆炸物品，使着火区周围形成一个隔离带。

d. 扑救爆炸物品堆垛时，水流应采用吊射，避免强力水流直接冲击堆垛，以免堆垛倒塌引起再次爆炸。

e. 灭火人员应尽量利用现场现成的掩蔽体或尽量采用卧姿等低姿射水，尽可能地采取自我保护措施。消防车辆不要停靠在离爆炸物品太近的水源位置。

f. 灭火人员发现有发生再次爆炸的危险时，应立即向现场指挥报告，现场指挥应迅速做出准确判断，确有发生再次爆炸的征兆或危险时，应立即下达撤退命令。灭火人员看到或听到撤退信号后，应迅速撤至安全地带，来不及撤退时，应就地卧倒。

③ 泄漏事故灾害的应急处理。进入泄漏事故灾害现场时，要做好如下安全防护措施：

a. 进入现场的救援人员必须配备必要的危险化学品应急救援防护器具。

b. 如果泄漏物是易燃易爆的，事故灾害中心区应严禁火种，切断电源，禁止车辆进入，立即在边界设置警戒线。根据事故灾害情况和事故灾害发展，确定事故灾害波及区，安排人员撤离。

c. 如果泄漏物是有毒的，应使用专用防护服、隔绝式空气面具。

d. 应急处理时，严禁单独行动，要有监护人，必要时用水枪、水炮掩护。

对泄漏源的控制措施如下：

a. 控制泄漏源可关闭阀门，停止作业或改变工艺流程，物料走副线，局部停车，打循环，减负荷运行等。

b. 堵漏。采用合适的材料和技术手段堵住泄漏处。

对泄漏物的处理措施如下：

a. 围堤堵截。筑堤堵截泄漏液体或者将其引流到安全地点。储罐区发生液体泄漏时，要及时关闭雨水阀，防止物料沿明沟外流。

b. 稀释与覆盖。向有害物蒸气云喷射雾状水，加速气体向高空扩散。对于可燃物，也可以在现场施放大量水蒸气或氮气，破坏燃烧条件。对于液体泄漏，为降低物料向大气中的蒸发速度，可用泡沫或其他覆盖物品覆盖外泄的物料，在其表面形成覆盖层，抑制其蒸发。

c. 收集。对于大型泄漏，可选择用隔膜泵将泄漏出的物料抽入容器内或槽车内；当泄漏量小时，可用沙子、吸附材料、中和材料等吸收中和。

d. 废弃。将收集的泄漏物运至废物处理场所处理。用消防水冲洗剩下的少量物料，冲洗水排入污水系统处理。

此外，应努力减轻泄漏危险化学品的毒害。参加危险化学品泄漏事故灾害处理的车辆应停于上风方向，消防车、洗消车、洒水车应在保障供水的前提下，从上风向喷射开花或喷雾水流对泄漏出的有毒有害气体进行稀释、驱散；对泄漏的液体有害物质可用沙袋或泥土筑堤拦截，或开挖沟坑导流、蓄积，还可向沟、坑内投入中和（消毒）剂，使其与有毒物直接起氧化、氯化作用，从而使有毒物改变性质，成为低毒或无毒的物质。

在处理泄漏物的同时，应做好现场检测工作。应不间断地对泄漏区域进行定点与不定点检测，以及时掌握泄漏物质的种类、浓度和扩散范围，恰当地划定警戒区（如果泄漏物质是易燃易爆物质，警戒区内应禁绝烟火，而且不能使用非防爆电器，也不准使用手机、对讲机等非防爆通信装备），并为现场指挥部的处理决策提供科学的依据。为了保证现场检测的准确性，泄漏事故灾害发生地政府应迅速调集环保、卫生部门和消防特勤部队的检测人员和设备共同搞好现场检测工作。若有必要，还可按程序请调军队的防化部队增援。

④ 中毒事故灾害的应急处理。发生毒物泄漏事故灾害时，现场人员应分头采取以下措施：按报送程序向有关部门领导报告；通知停止周围一切可能危及安全的动火、产生火花的作业，消除一切火源；通知附近的无关人员迅速离开现场，严禁闲人进入毒区等。进行现场急救的人员应遵守下列规定：

a. 参加抢救的人员必须听从指挥，抢救时必须分组有序进行，不能慌乱。

b. 救护者应做好自身防护，戴防毒面具或氧气呼吸器、穿防毒服后，从上风向快速进入事故灾害现场。进入事故灾害现场后必须简单了解事故灾害情况及引起伤害的物料，清点现场人数，严防遗漏。

c. 迅速将伤员从上风向转移到空气新鲜的安全地方。转移过程中应注意：移动伤员时应用双手托移，动作要轻，不可强拖硬拉；应用担架、木板、竹板抬送伤员；转移过程中应保持呼吸道畅通，去除领带，解开领扣和裤带，下颌抬高，头偏向一侧，清除口腔内的污物；救护人员在工作时，应注意检查个人危险化学品应急救援防护装备的使用情况，如发现异常或感到身体不适要迅速离开染毒区。

d. 假如有多个中毒或受伤的人员被送到救护点，应立即在现场按下列原则进行急救：救护点应设在上风向、交通便利的非污染区，但不要远离事故灾害现场，尽可能保证有水、电来源；救护人员应通过“看、听、摸、感觉”的方法来检查伤员有无呼吸和心跳，看有无呼吸时的胸部起伏，听有无呼吸的声音，摸颈动脉或肱动脉有无搏动，感觉伤员是否清醒；遵循“先救命、后治病、先重后轻、先急后缓”的原则，分类对伤员进行救护。

### 15.4.6　矿山应急救护技术

#### 15.4.6.1　瓦斯爆炸事故灾害应急救援

瓦斯爆炸是煤矿中极为严重的灾害，它不但会造成大量的人员伤亡，还会因破坏通风系统而引起火灾和连续爆炸，增加救灾难度，造成事故灾害扩大化。因此，在处理瓦斯爆炸时，如何采取正确措施，积极抢救人员，防止连续爆炸，并要保护救护人员的安全，就显得十分重要。

(1) 救护队的主要任务

处理瓦斯爆炸，救护队的主要任务是抢救遇险人员、恢复通风、清理堵塞物和扑灭因爆炸引起的火灾。

① 抢救遇险人员原则上先救活人，特别是重伤人员，同时千方百计地帮助轻伤人员，最后再将遇难者救出。抢救中做到有巷必查，有条件的应在查过的巷道做好标记，防止遗漏。遇特殊情况应先易后难，总之要安全、迅速地将遇险人员救出灾区。

② 密切监视灾区 $CH_4$ 及其变化，同时应认真检查有无残留火源，防止瓦斯再次聚积引起二次爆炸。发现火源应彻底处理，防止在救灾过程中发生再次爆炸而扩大伤亡。

③ 在无火源、无爆炸危险的情况下，尽可能恢复通风，排出瓦斯，使灾区转变为安全区，以保证不佩戴呼吸器的人员能参加抢救工作。清除堵塞物，找寻堵塞区内的遇险人员。

④ 侦察时应尽力查清现场情况，如爆炸后遇险人员的倒向，伤害部位与伤害程度，以及巷道、支架、设备的损坏与移动情况等，以确定爆炸源与爆炸波传播方向及影响区。

⑤ 对复杂与极度复杂的爆炸事故灾害要认真分析，将侦察详情报告指挥部，再按指挥部下达的任务行动。

(2) 抢救方法与安全注意事项

① 选择最短路线进入灾区，一般应从进风侧进入。如进风巷受阻，则由回风巷进入。灾区较大时，应分别从进风巷与回风巷同时进入，遇险人员往往集中于回风侧，进风巷往往是爆炸点，巷道垮塌也较严重。

② 爆炸后经侦察确认无火源时，应尽可能恢复通风，以利于其他人员在安全区内进行工作。

③ 反风与零点通风要慎重进行，未经周密研究不允许行动。一般应保持原有的通风状态。遇有害气体威胁回风侧人员时，为了救人，可在撤出进风流中的人员后进行局部反风。

④ 清理阻塞物不应由侦查小队进行。侦察小队应寻找其他通道进入灾区，清理工作交给后续小队。如遇独头巷道，应及时清理堵塞物。巷道堵塞严重短时间不能清除时，应恢复通风后再进行清理。

⑤ 如遇独头巷道距离较长、有害气体浓度大、支架损坏严重的情况，在确认没有火源、遇险人员已经牺牲时，严禁冒险进入工作，要在恢复通风、护好支架后，方可搬运遇难人员。

⑥ 火灾引起的爆炸事故灾害或在抢救遇险人员时有明火存在时，应同时救人与灭火，并派专人监测瓦斯浓度，防止瓦斯聚积。灭火时，严防将火焰引向瓦斯源或爆破器材附近，严防将盲硐瓦斯引向火源。如不易扑灭应先控制火势，在无引爆危险的情况下抢救遇险人员。

⑦ 进入灾区前，应切断灾区电源。如掘进工作面瓦斯引起火灾，则应考虑切断局部通风机电源后可能引起工作面瓦斯聚积，再次发生爆炸，威胁救灾人员的安全。如进入灾区后发现电气设备附近瓦斯达到危险浓度，则不允许在该处切断电源，应在采区变电所或其他安全地点切断电源。

⑧ 进入灾区时，要有专人检查瓦斯、各种有害气体、温度及通风设施破坏情况。如瓦斯浓度达2%且仍在迅速上升时，救灾人员要立即退出灾区。灾区无人或确认人员已经牺牲时，必须先恢复通风，再进行处理。

⑨ 救灾中，侦察小队穿过支架破坏地区要架好临时支护，保证退路安全。通过支架不好的地点时，队员要一个一个地顺序通过，并监视顶板动态，不许攀拉支架。

⑩ 进入灾区行动要谨慎，防止碰撞产生火花，引起爆炸。

#### 15.4.6.2 矿井火灾事故灾害应急救援

(1) 井下火灾处理应该考虑的问题

扑灭井下火灾，除《矿井灾害预防及处理计划》中有规定要求外，还应考虑以下几个问题：①抢救人员的方法；②保证既定风流方向的措施；③扑灭火灾的措施；④保证必需的材料、工具和设备及时供应的方法；⑤建立井下救护基地以及医疗站的措施；⑥检测火区和整个矿井里的气体状态的方法；⑦保证火灾危害区以外的采区正常和安全生产的措施。

(2) 扑灭矿井火灾的行动原则

① 采取通风措施限制火风压，通常采取控制风速、调节风量、减少回风巷风阻或设水幕洒水等措施。注意防止因风速过大造成煤尘飞扬而引起的爆炸。

② 处理火灾事故灾害过程中要十分注意顶板的变化，防止因燃烧造成支架损坏导致顶板冒落而伤人，或者顶板垮落后造成风流方向、风量变化，从而引起灾区一系列不利于安全抢救的连锁反应。

③ 在矿井火灾的初起阶段，应根据现场的实际情况，积极组织人力、物力控制火势，用水、沙子、黄土、干粉、灭火手雷、灭火泡沫等直接灭火。

④ 挖除火源时，应先将火源附近的巷道加强支护，以免燃烧的煤和矸石下落，截断回路。

⑤ 扑灭瓦斯燃烧火灾时，可使用岩粉、沙子、灭火泡沫、干粉、惰气，禁止采用震动性的灭火手段。灭火时，多台灭火机要沿燃烧线一起喷射。

⑥ 火灾范围较大、火势发展很快、人员难以接近火源时，应采用高倍数泡沫灭火机和惰气发生装置等大型灭火设备灭火。

⑦ 在人力、物力不足或直接灭火法无效时，为防止火势发展，应采取隔绝灭火法和综合灭火法。

(3) 矿井巷道灭火的一般措施

① 利用现场条件积极进行直接灭火。为防止火势扩大，在火源的上风侧常用悬挂风障和安设风门等方法，减少巷道中的风量，减少氧气供给以减弱火势。

② 在火源下风侧利用水量充足的水幕防止火灾蔓延。

③ 如果巷道顶板岩石完整，可拆除木支架阻断燃烧，防止火灾蔓延。

④ 在倾斜巷道上行风流中发生火灾时，主干风流不会逆转，但旁侧风流可能逆转；在倾斜巷道下行风流中发生火灾时，主干风流可能逆转。因此，在扑灭倾斜巷道中的火灾时，要根据火风压与风流逆转的规律，防止风流紊乱，导致火灾蔓延，增大伤亡，使火灾应急救援复杂化。

(4) 上、下山和其他倾斜巷道的火灾救援

倾斜进风巷道发生火灾时，必须采取措施防止火灾气体进入工作场所，特别是采煤工作面。必要时可采取缩短风流或局部反风、区域性反风等措施。

① 发生在倾斜巷道上行风流中的火灾行动原则。应保持正常风流方向，在不引起瓦斯聚积的前提下应减少供风量，不应停止通风机运转，以防发生局部或全矿井的风流逆转或烟气蔓延；应利用中间巷道、联络巷和行人巷接近火源，不能接近火源时可发射高倍数泡沫、注惰性气体进行远距离灭火。在倾斜巷道中需要从下方向上方灭火时，应采取措施防止垮落岩石和燃烧物掉落伤人。

② 发生在倾斜巷道下行风流中的火灾行动原则

a. 根据火灾发生的位置和地点不同，采取不同措施。必须采取措施防止风流逆转，增加出、入风量，减少回风风阻，决不允许停通风机。入风斜井的中、下部发生火灾时，必须慎重，救护人员不允许从井口沿新风流入井，防止因火风压作用而使风流突然逆转。

b. 防止由于火风压作用使风流突然逆转，不允许从进风斜井接近火源，为防止火灾气体侵入井下巷道和工作区，必须采取反风或停通风机措施，也可采取局部反风和缩短风流等措施。

(5) 井底车场及硐室中的火灾

① 行动原则。当火灾发生在矿井总进风的井底车场和硐室时，可反风或缩短风流，不使火灾烟气进入井下工作地点；硐室位于一翼或采区总进风时，可短路风流或局部反风。

火灾时应关闭硐室防火门，无防火门时要挂风障或打临时密闭控制入风，进行直接灭火。当火灾危及火药库、变电所、水泵房时，应采取措施保证这些关键地点。

② 扑灭井底车场火灾时采取的措施

a. 采取主风机反风或风流短路措施使火灾烟雾直接排入总回风巷，抢救井下人员。

b. 用打临时密闭和挂风障等方法，减少流向井底车场火源处的空气。

c. 利用通往火源的一切道路，集中可利用的人力、物力，特别要应用井底车场水源充足的条件，直接扑灭火灾。

d. 井底车场的火灾扑灭后，要加强对碹顶和巷道两帮（常有木垛或留有浮煤等）的检查，发现温度异常，立即采取打钻（或打开混凝土碹）、掘探火道等措施，扑灭碹顶和两帮的高温或阴燃火源。

③ 扑灭井下硐室火灾时采取的措施

a. 着火硐室位于矿井总进风巷时，应反风或缩短风流。

b. 着火硐室位于矿井一翼或采区总进风流经巷道的连接处时，在可能的情况下采取短路通风。条件具备时也可采用局部反风。

c. 爆炸材料库着火时，先将雷管运出，然后将其他爆炸材料运出，如因高温运不出时，要关闭防火门。

d. 绞车房着火时，应将矿车固定在火源下方，防止烧断钢丝绳，造成跑车伤人。

e. 蓄电池车库着火时，为防止氢气爆炸，应停止充电，加强通风并及时把蓄电池运出硐室。

(6) 扑灭掘进巷道火灾时采取的措施

近年来掘进巷道发生火灾事故灾害时，因处理不当造成扩大事故灾害的例子很多。掘进巷道的火灾受通风条件限制，进出只有一条路线，处理难度较大。特别是发生火灾后存在巷道中的局部通风机已停止运转、风筒被火烧断、瓦斯爆炸与燃烧破坏了巷道通风、瓦斯有可能达到爆炸下限、巷中充满浓烟烈火、火区温度升高、木支架燃烧失去支撑力、炽热顶板垮落等情况，不管采用哪种战术和先进设备，都会给灭火工作带来危险性。

掘进巷道的火灾处理与瓦斯爆炸事故灾害的发生，有时互为因果，着火可引起瓦斯爆炸，瓦斯爆炸可引起火灾，这使掘进巷道灭火更具复杂性。

① 掘进巷道发生瓦斯爆炸和火灾的主要原因。由于掘进巷道通风不良，风量不足与串联风使瓦斯积聚、停风和风筒破断使掘进工作面瓦斯积聚、浮尘超限等条件的存在，加上充足的氧气和机械化生产带来的多种火源，如爆破、机械

摩擦、润滑油缺少升温及油质挥发、熔丝的更改、电源接触不良、电气失爆、电缆老化及散热不佳、输送带摩擦升温着火等，以及内因火源，都会引起掘进巷道的火灾。

② 处理掘进巷道火灾的基本原则。掘进巷道发生火灾的地点不同，处理方法各异，处理火灾的基本原则如下：

a. 在维持局部通风机正常通风情况下，进行积极灭火。到达火灾现场后，一定要注意保持原来的通风状态，即风机停运的不要随便开启，运转中的风机不要盲目停止，侦察后再确定措施。

b. 有爆炸危险的已着火巷道，在不需要救人时，不要冒险进入。在处理火灾过程中，如果巷道中的瓦斯浓度达到2%以上，并有继续爆炸危险时，必须立即将全部人员撤到安全地点，然后采取措施，排除爆炸危险。

c. 瓦斯浓度没超过2%时，要在通风的情况下直接进行灭火。

③ 扑灭独头巷道火灾时必须遵守的规定

a. 平巷独头巷道迎头发生火灾，瓦斯浓度不超过2%时，要在通风的情况下采用干粉灭火器、水等直接灭火。灭火后，必须仔细清查阴燃火种，防止复燃引起爆炸。

b. 火灾发生在平巷独头巷道的中段时，灭火中必须注意火源以里的瓦斯，严禁用局部通风机风筒把已聚积的瓦斯排出。如果情况不明，应远距离封闭。

c. 火灾发生在上山独头巷道迎头，在瓦斯浓度不超过2%时，灭火中要加强通风，排出瓦斯。如瓦斯浓度超过2%仍在继续上升，要立即撤到安全地点，远距离进行封闭。

d. 上山独头巷道火灾不管发生在什么地点，如果局部通风机已经停止运转，要立即撤出附近人员，远距离进行封闭；如需救人，必须采取措施，确保救护人员的安全。

e. 火灾发生在下山独头巷道迎头时，在通风的情况下，瓦斯浓度不超过2%，可直接进行灭火，若发生在巷道中段时不得直接灭火，要远距离封闭。

(7) 采煤工作面火灾的救援

处理采煤工作面火灾的原则是必须先妥善撤出人员，再采取措施进行灭火，并在灭火中注意以下事项：

① 风流控制

a. 一般要在正常通风情况下进行灭火，当火源上风侧有瓦斯涌出时，为避免瓦斯聚积引起爆炸，应尽量保持正常通风状态。

b. 工作面发生瓦斯燃烧时要增大工作面的风量，但应注意，由于风量增大，负压降低，要防止采空区瓦斯涌出。

c. 处理瓦斯燃烧时，不要随意开闭回风侧的风门，以防压力波动引起爆炸。

d. 为控制或减弱火势，接近火源灭火而必须采用短路风流或封闭火区等方法时，应尽量把瓦斯引向旁侧风路或隔绝在火区通道之外。

② 灭火措施

a. 撤出人员后，先从进风侧用直接灭火法，如利用灭火器和防尘、注浆、充填用的水管进行灭火，无法接近火源时可用高倍数泡沫或惰性气体灭火。

b. 进风侧灭火难以奏效时，可采用局部反风灭火，进风侧应先设水幕再反风。

c. 急倾斜煤层工作面发生火灾时，不准在火源上方灭火，防止水蒸气伤人；更不准在火源下方灭火，防止火区塌落伤人。有条件时应从中巷或采空区方向接近火源。

d. 用隔绝法和综合灭火法封闭火区时，应分析封闭过程中风量减少与瓦斯量增大之间的时间差，保证安全工作。

e. 工作面火灾，特别是瓦斯燃烧后的残余火源多在浮煤中，不易发现，误认为火已熄灭，易引发二次燃烧或瓦斯爆炸。

f. 着火区范围较大不具备直接灭火的条件时，可先将火区封闭，待火势减弱，再采用综合手段进行处理。

(8) 其他地点火灾的救援

① 井口建筑物火灾救援

a. 扑灭井口房和井口建筑物火灾时，通常采取的措施有：关闭进风井口防火铁门，盖住井口，设临时密闭，主通风机反风或风流短路，或停止主通风机运转等，以防燃烧烟雾进入井下；引导井下人员出井；扑灭井口地面火灾需要佩戴氧气呼吸器时，救护队应协助消防队灭火。

b. 进风井口建筑物发生火灾时，应采取以下防止火灾气体及火焰进入井下的措施：应立即反转风流或关闭井口防火门，必要时停止通风机；按“矿井灾害预防和处理计划”规定引导人员出井；迅速扑灭火源，扑灭井口建筑物火灾时，应及时请消防队参加。

② 井筒中的火灾救援。井筒发生火灾时，应采取以下措施：

a. 进风井筒发生火灾时，应立即撤出上风侧人员，使主通风机反风；出风井筒发生火灾时，在不改变风流方向的前提下，为防止火势增大，应打开风机风道闸门，减少风量，然后用直接灭火法灭火。

b. 进风井筒发生火灾采用风流短路时，必须将受影响区域的人员全部撤出。

③ 采空区火灾。采空区火灾应采用隔绝灭火或综合灭火法，如向封闭的火区注惰性气体、泥浆或水砂充填，也可采用均压灭火法。当条件允许时，还可绕道接近火源直接灭火。

(9) 其他类型火灾的救援

① 瓦斯燃烧引起火灾时，灭火中不得使用震动性灭火方法，以防扩大事故灾害，可采用干粉、惰性气体灭火，如果有浮煤参与燃烧时，可用泡沫灭火。

② 瓦斯突出引起火灾时，要采用综合灭火或惰气灭火，如突出引起回风井口瓦斯燃烧，应采取总进风巷隔氧措施将火扑灭。

③ 扑灭电气火灾必须先切断电源。电源无法切断时，只能使用绝缘灭火器、二氧化碳、干粉灭火器或沙子灭火。切断电源后可按一般火灾处理。

(10) 高温下的矿山救护工作

① 矿山救护队在高温区进行救护工作时，救护队员进入高温灾区的最长时间不得超过表15.3的规定。

**表15.3　救护队员进入高温灾区的最长时间**

| 温度/℃ | 40 | 45 | 50 | 55 | 60 |
|---|---|---|---|---|---|
| 进入时间/min | 25 | 20 | 15 | 10 | 5 |

② 巷道内温度超过40℃时，禁止佩戴氧气呼吸器从事救护工作，但在抢救遇险人员或作业地点靠近新鲜风流时例外，否则必须采取降温措施。

③ 为保证救护人员在高温区工作的安全，应该采取降温措施，改善工作环境。降温方法有调整风流（反风、停止通风机、风流短路、减少或增加进入的风量等），利用局部通风机、风管、通风装置、水幕或水冷却巷道，临时封闭高温区，穿冰冷防热服等。

④ 小队在高温巷道作业时，如果巷道内空气温度迅速升高（每2～3min升高1～2℃），不论最后一个测温地点所测温度多高，小队应返回基地。小队退出的行动应及时报告井下基地指挥员。

⑤ 在高温区进行矿山救护工作时，矿山救护指挥员必须做到：a. 除进行侦察工作外，严禁在没有待机小队和灾区联系电话的情况下进行救护工作，救人时，在保证救人所

需力量的条件下，应设待机小队；b. 亲自向派往高温地区工作的指挥员说明任务的特点、工作制度、完成任务中可能遇到的问题以及保证工作安全的措施；c. 应与到高温区工作的小队不断保持联系。

⑥ 在高温区工作的指挥员必须做到：a. 向出发的小队布置任务，并提出安全措施；b. 在进入高温巷道时，随时进行温度测定，测定结果和时间应做好记录，有可能时写在巷道帮上，如果巷道内温度超过40℃，小队应退出高温区，并将情况报告矿山救护工作领导人，小队救人时，应计算在高温空气内可以停留的时间；c. 与井下基地不断保持联系，报告温度变化、工作完成情况及队员的身体状况；d. 发现指战员身体异常时（哪怕只有一人），应率领小队返回基地，并把情况通知待机小队；e. 返回时不得快速行走，并采取一些安全措施，如手动补给供氧，用水冷却头、面等。

⑦ 在高温条件下佩戴氧气呼吸器工作后，休息的时间应比正常温度条件下工作后的休息时间增加1倍。

⑧ 在高温条件下佩戴氧气呼吸器进行工作后，不应喝冷水，井下基地应备有含0.75%食盐的温开水和其他饮料，供救护队员饮用，在高温地区工作前后都应喝一杯盐水。休息2h后，小队才能重返高温区作业，但24h内仅能再作业1次。

**15.4.6.3 矿井水灾事故灾害应急救援**

处理矿井水灾，矿山救护队的任务是抢救被困人员、防止井巷进一步被淹、恢复井巷的通风。

（1）处理矿井水灾的行动原则

① 救护队的任务。应立即了解灾区情况，包括水源、事故灾害前人员分布、井下人员生存条件及进入该地点的通道。依据井巷布置及出水标高，计算被堵人员地点的高程、空间容积、氧气量、瓦斯含量，推算救出人员的最长时间，供指挥部制定抢救方案。

② 侦察要求。侦察中应判断遇险人员位置、涌水地点、水量、水流路线、巷道和排水设备被淹情况、巷道堵塞和破坏程度、有害气体散布及通风情况。

③ 采掘工作面透水时的注意事项。救护队一个小队应逆水进入下部水平救人，另一个小队进入上部水平救人。

④ 抢救遇险人员时的注意事项。当加大排水能力或泄水措施都不能在短期生效时，可利用打钻孔、开小巷的方法，供给遇险人员新鲜空气、饮料、食物。如所在地点低于透水后的水位时，禁止打钻孔、泄压，防止井下水串通扩大灾情。

⑤ 处理上山巷道突水时的注意事项。a. 防止应急救援时发生二次透水或积水淤泥的冲击。b. 突水点的下方应有存水及存沉积物的有效空间。c. 保证人员在抢救中的通信联系和安全退路。d. 应急救援时的作业地点应有安全设施（如躲避处等）。

⑥ 全矿井或水平有被淹危险时的注意事项。当矿井透水量超过排水能力，水位逐渐上升，有全矿井或水平被淹危险时，在下部水平人员撤出后，可以向下部水平或采空区放水。如果下部水平的人员尚未撤出，而上部水平的排水设备又受到被淹的威胁时，可用装有黏土、沙子的麻袋构成临时防水墙，堵住泵房口和通往下部水平的巷道。

（2）救护小队应注意的问题

① 透水威胁水泵安全，在人员撤往安全地点后，小队的主要任务是保护泵房不致被淹。

② 小队逆水流方向前往上部没有出口的巷道时，应与在基地监视水情的待机小队保持联系。当巷道有很快被淹的危险时，严禁冒险继续前进，应立即返回到安全地点，并向基地报告。

③ 进入灾区进行侦察、抢救人员时，要时刻注意观察巷道围岩、支架情况，防止冒顶和掉底。

④ 救护队员通过积水巷道时，应十分慎重，选择熟悉水性、了解巷道情况的队员通过，并做好标志，以便安全返回。

（3）透水后遇险人员生存条件分析

矿井发生水灾后，往往会有人员来不及撤退，被围困在井下。矿山救护队赶到事故灾害现场后，要争分夺秒，积极抢救被围困在井下的遇险人员。当外部水位高于遇险人员所在地时，遇险人员并不一定就失去了生存条件。因此，为了避免或减少遇险人员的伤亡，救护指挥员在抢救人员时要根据图纸资料和调查研究，判断遇险人员所在地的位置、高程、人员的生存条件，以便制订正确的作战方案。

① 对遇险人员所在地点进行空气质量分析。矿井发生水灾后，会出现两种情况：一是遇险人员所在地点比外部水位高，人员不会被水淹没；二是遇险人员所在地点比外部水位低。后者会出现两种可能：一种是井巷淹没，人员遇难；另一种是人员所在地形成高压空气区，阻止了水淹，人员有生存条件。但不管出现什么情况，特别是遇险人员所在地点高于外部水位时，必须对空气质量进行分析，确定排水需要的时间。

a. 氧气减少量的计算。正常空气中的氧气含量为20.96%，当氧气降到10%～12%时，人会感觉呼吸困难。因此，把10%的氧含量作为人员生存的下限值。由于灾区水封，没有新鲜空气补给，在遇险人员呼吸耗氧的作用下，氧气越来越少，如果不考虑氧气减少的其他因素，氧气就只用于人的呼吸，遇险人员平卧不动，以每人每分钟耗氧0.237L来计算灾区的氧气减少量。

b. 二氧化碳增加量的计算。正常空气中的二氧化碳含量为0.04%，当空气中的二氧化碳含量增加到10%时，人会感觉呼吸困难。因此，把10%的二氧化碳含量作为人员生存的上限值。如果不考虑其他二氧化碳增加因素，二氧化碳的增加只来源于人的呼吸，遇险人员平卧时，以每人每分钟呼出0.197L二氧化碳来计算出灾区的二氧化碳增加量。

c. 其他有害气体的影响。根据平时的资料，预测灾区的其他有害气体（如一氧化碳、硫化氢、二氧化氮和二氧化硫等）的增加量和对遇险人员的影响。

d. 计算灾区空气质量时是以0.1MPa为标准的，实际上灾区的压力一般都大于0.1MPa，随着排水工作的不断进行，水位下降，灾区增大，空气体积也在增加，所以实际值大于计算值。

② 对遇险人员进行生命能源分析。人的生存条件是不断吸入氧气，供给一定量的水和营养物质，维持人体的新陈代谢，达到酸碱平衡。根据人体的需要，营养物质主要来源于糖、脂肪和蛋白质。糖的作用是供给人体热量，每克糖可产生4.1kcal热量，人体热能的60%～70%是靠糖供给的。脂肪的作用也是供给人体热量，每克脂肪可产生9.3kcal热量，脂肪是人体能量储存的主要形式。蛋白质能促进身体发育生长，是补充体能的主要物质，也能供给人体热量，每克蛋白质可产生4.1kcal热量。水是人体的主要成分，人体78%是由水组成的。如果长期缺水，身体内的废物不能排出，人体就会中毒。矿井发生水灾，虽然食物中断，但只要有空气和水，消耗体内储存的营养物质，遇险人员就能维持一段时间的生命。一个正常的男子，体内可储存约68700kcal的热量，最长可坚持38d。

当矿井或某一区域被水淹后，矿上要立即核查上下井的人数。如发现人员被困在井下，要先制订抢救人员的措施，有以下几种情形：

a. 被堵遇险人员所处巷道不能接近时，要利用一切条件向遇险人员输送食物、饮料和新鲜空气，如打钻孔、使用压风管路等。当遇险人员所在地点低于外部水位时，禁止使用此方法，以免造成局部泄压，引起水位上升，淹没遇险人员。

b. 如果被困人员的巷道不具备打钻孔条件，可考虑派潜水人员（距离不太远时）携带氧气瓶、食物、药品等送往被困地点。

c. 抢救长时间围困在井下的遇险人员，禁止用矿灯照射他们的眼睛，以免在强光的刺激下，造成瞳孔急剧收缩，导致失明。

d. 救护指战员进入被困地点后，可打开氧气瓶，提高空气中氧气的浓度。

e. 发现遇险人员时，要注意保护体温，先将其抬到安全地点，由医生检查并给予必要的治疗，等适应环境和情绪稳定后，分阶段救出矿井治疗。

f. 在运送遇险人员时，要稳抬轻放、保持平衡，以免震动，要注意受伤人员的伤情变化。

g. 供给遇险人员高营养值的物品和高蛋白的稀软食品，采用少食多餐的方法，逐步恢复肠胃功能，然后恢复正常饮食。

h. 遇险人员在治疗期间，谢绝亲友探视，以免情绪过度兴奋，影响健康或造成死亡。

当矿井发生透水事故灾害时，矿山救护队在抢救受淹矿井和被困的遇险人员时，要设专人观测水位的下降情况和有害气体的含量。了解灾区情况、水源、事故灾害前的人员分布、矿井有生存条件的地点及进入该地点的通道，计算出被困人员地点的容积、氧气减少量、瓦斯浓度、$CO_2$ 减少量和被困人员的救出时间等。要利用一切条件，向被困地点输送氧气，当井下水位降到人员可以通过时，救护队要采取措施，防止二次透水。组织人员，携带必要的装备，对灾区进行侦察，检查巷道内的有害气体情况。如果条件许可，尽快接近遇险人员，将其搬运到安全地点。及时向指挥部汇报水的流量、有害气体含量、巷道堵塞情况及泵房被水淹的程度，在有淤泥的上下山巷道工作时，严密注意淤泥的溃决情况。另外，矿上在组织人员强力排水时，救护队要做好下井的准备工作，派出人员检查有害气体情况，注意水位变化等。总之，矿山救护队在处理突水事故灾害时，侦察搬运遇险人员、制订救灾方案等一切行动应符合《矿山救护规程》中的相关规定。

#### 15.4.6.4 冒顶事故灾害应急救援

井下发生冒顶事故灾害后，救护队应配合现场有经验的人员救助遇险人员。如通风系统遭到破坏，应迅速恢复通风。当瓦斯和其他有害气体威胁到现场人员安全时，救护队应担负起抢救人员和恢复通风的工作。

（1）遇险人员的抢救

① 救护队的任务。应向现场人员了解发生事故灾害的原因、垮落顶板特性、事故灾害前人员分布、瓦斯浓度等情况，并实地查看支护和顶板以及处理冒顶的材料、数量、品种和堆放位置。必要时应加固附近支架，以保证退路安全。

② 抢救遇险人员的注意事项。包括：a. 处理冒顶事故灾害中，始终要有专人检查瓦斯浓度和观察顶板情况。b. 用呼喊、敲击等方法判定遇险人员位置，与他们保持联系，并鼓励他们配合抢救。c. 用掘小巷、绕道方式通过冒顶区上部空间或清理塌落物的方法接近遇险人员时，应架好临时支架。无法接近时，应设法利用压风管路给遇险人员提供新鲜空气、饮料和食物。

③ 清理堵塞物的注意事项。清理堵塞物时，使用工具要小心，防止伤着遇险人员。如遇大块矸石、木棚、金属网、铁梁、铁柱等堵塞物时，可使用千斤顶、液压起重器、圆盘锯、液压剪刀等工具进行处理。

④ 对遇险伤员的急救。抢救出来的遇险伤员要用毯子保温，并迅速运送到安全地点进行救护。对困在井下较长时间的伤员，不要用强光照射他们的眼睛，不要过多给他们饮食，应及时送到井上医院救护。

（2）处理冒顶事故灾害的方法

处理冒顶事故灾害时，要根据岩层的冒落高度、冒落块度、冒顶位置、冒顶范围大小、围岩破碎程度和矿压等情况采取不同的抢救方法。

① 顶板垮落范围不大时，如果遇险人员被大块矸石压住，可采用千斤顶、液压起重器等工具把大块岩石顶起，将人迅速救出。

② 顶板沿煤壁冒落，矸石块度比较破碎及遇险人员又靠近煤壁位置时，可采用沿煤壁由冒顶区从外向里掏小洞，架设梯形棚子维护顶板，直到把人救出。

③ 如遇险人员位置靠近放顶区时，可采用沿放顶区从外向里掏小洞，架棚子或用前探棚，边支边掏，直到把人救出。

④ 工作面冒顶范围较小但仍在继续，矸石扒一点、漏一些，在此情况下抢救人员时，可采用撞楔法，控制顶板。

⑤ 分层开采的工作面冒顶时，底板是煤层，遇险人员位置在金属网或荆条假顶下面时，可沿底板煤层掏小洞，边支边掏，接近遇险人员将其救出。

⑥ 如底板是岩石，掏不动时，可沿煤壁掏小洞，寻找并救出遇险人员。

⑦ 工作面冒落范围很大时，遇险人员位置在冒落范围中间，采用掏小洞和撞楔法处理时间长不安全时，可采取沿煤层重新开切眼的方法处理。新开切眼与原工作面距离一般为 3～5m，边掘边支。也可以沿煤壁用掏洞法处理，但靠冒落区的一帮必须用木板背好，防止漏矸石。

⑧ 如果工作面两端冒落，把人堵在工作面内，采用掏小洞和撞楔法穿不过去，可采取另掘巷道的方法，绕过冒顶区或危险区将人救出。

在利用上述方法处理冒顶时，如果被埋压或被困人员仍活着，在处理的同时应想尽一切办法为其输送新鲜空气和饮料、食品。

（3）不同地点冒顶的救援

① 回采工作面大冒顶

a. 整巷法。冒顶范围不超过 15m、垮落的矸石块度不大、人工便于搬运时，可采取整巷法处理。整巷法处理的具体方法如下：

在冒落区的两端，从外向里，先用双腿套棚，维护好顶板，保证退路畅通无阻。顶梁用小板刹紧背严，防止顶板继续错动、垮落。若顶板压力大，可在冒顶区两头加打木垛。

边整理工作面边支棚子，把冒落的矸石清理到采空区，派人砌好矸石墙。每整理 1m 长工作面，支两架板梁棚。

遇到大块矸石，应用煤电钻（风钻）打眼，爆破破碎岩石，钻眼数量和炮眼的装药量应根据岩石块的大小与性质决定，但必须符合《煤矿安全规程》的要求，不准出现裸露爆破。

如顶板垮落的矸石破碎，不易一次通过时，先沿煤帮输送机道整一条小巷，采用人字形支架使风流贯通，输送机开动后，再从冒顶区两头向中间依次放矸支棚，梁上如有空顶，应采用小木垛插梁背实。

b. 开补巷绕过冒顶区。冒顶范围较大不适合整巷法处理时，采取开补巷绕过冒顶区的方法进行救援。根据冒顶区在工作面的位置不同，按以下三种情况进行处理：

冒顶发生在工作面机尾：沿工作面煤帮，从回风巷重开一条巷（补巷）绕到工作面未冒顶区，将机尾缩至工作面完整支架处继续回采（在没有人员被埋的情况下）。当工作面补巷采成一直线时，再接长输送机，恢复正常回采。冒顶区埋压的设备、支架用整小巷的办法或重新开补巷，直接扒开矸石回收。

冒顶发生在工作面中部：平行工作面留 3～5m 煤柱，重开一条开切眼，对埋压在冒顶区的设备、支架、材料等在新开切眼内每隔 10～15m，往冒顶区穿小洞，用掘小巷的方法分段回收设备。回收完设备、支架、器材后，最好在煤柱上打眼爆破，倒采 1～2 排，以采穿老工作面为宜，以免煤柱支撑顶板，给以后回采造成顶板控制上的困难。

冒顶发生在工作面机头：在煤帮退出 3～5m，从输送机边向上掘进一条斜上山通到冒顶区的上部。在斜上山内另装一部临时输送机或将老工作面的输送机头转移过来安装，逐步接长中部槽。掘通补巷后，随着工作面的推进，逐步延长工作面输送机，缩短补巷内的输送机，直到工作面采直。

② 冒顶事故灾害发生在掘进工作面。掘进工作面发生冒顶，处理冒落巷道的方法有木垛法、搭“凉棚”法、撞楔法和打绕道法等。

a. 木垛法。木垛法是处理冒落巷道的常用方法，一般又分为“井”字木垛法和“井”字木垛与小棚结合法两种。

“井”字木垛法：当冒顶高度不超过 5m、冒落的范围基本稳定时，可以将冒落物清除一部分，形成自然堆积坡度，留出工作人员上下空间，在冒落的煤岩上架设木垛，支撑顶板，抵住冒顶区的周壁，防止片帮。架木垛时，顶要刹实背好，防止掉矸。木垛架好后，可以排出煤矸。当清理的空间够一架棚子时，应立即架棚，这样反复进行，直到处理完毕。

“井”字木垛和小棚结合法：当冒顶高度超过 5m、冒落范围内比较稳定时，为了节省木料，加快处理速度，可采用“井”字木垛和小棚结合法处理。

b. 搭“凉棚”法。冒落拱不超过 1m、顶板岩石比较稳定、长度不大时，用 5～8 根长料搭在冒落两头完好的支架上，然后在“凉棚”的掩护下清理冒落物、架棚。架完棚子后，在“凉棚”上用材料把顶板背实。

c. 撞楔法。当顶板岩石破碎不停垮落，人员清理巷道时常采用撞楔法。首先把棚子立在工作面上，在棚子的顶梁和巷道顶板之间打入撞楔（材料是大板、钢轨等），使它们互相靠紧，把巷道顶板完全挡住。打撞楔要从巷道的左上角往右上角打，反过来打也行。

撞楔要斜着往上打，一次打入的深度不宜太大（20～40cm）。岩石压力越大，撞楔打入的斜度也越大，一边打撞楔，一边掏出岩石。撞楔打好后，立一架棚子，并在撞楔末端补上方木，方木中心要留出切口，以便插入下一行撞楔，之后在已经安设好的两架棚子中间安上平横撑。重复作业，循环向前掘进。

d. 打绕道法。当冒落巷道长、不易处理并造成堵风的情况下，为了给遇险人员输送新鲜空气、食物和饮料，迅速营救遇险人员，可采取打绕道的方法，绕过冒落区进行抢救工作。

**15.4.6.5　瓦斯突出事故灾害应急救援**

煤与瓦斯突出事故灾害发生后，会产生大量的有害气体并喷出大量的煤矸，有害气体由突出点向回风和进风巷道蔓延，喷出的煤矸会堵塞巷道，瞬间涌出大量瓦斯形成冲击气浪，破坏通风系统，改变风流方向，并使井下巷道空气中的含氧量急剧下降。在通风不正常的情况下，可使受影响区的工作人员因缺氧而窒息，甚至可能造成大量人员死亡。在突出点附近的人员，由于突出大量煤矸，可能会被煤流卷走埋住。当发生大型高强度的突出事故灾害时，高浓度的瓦斯常常冲出井口，若井口有火源，则可能引起大型瓦斯燃烧事故灾害，对矿井安全产生很大威胁。

（1）救护队的任务

处理突出事故灾害时，矿山救护队的主要任务是抢救人员、恢复通风及扑灭突出引起的火灾。

（2）侦察任务

侦察任务包括：①查清遇险人员数量及分布情况；②查清通风系统和通风设施破坏情况；③查清突出的位置、突出堆积物状态、巷道堵塞情况、瓦斯及氧气浓度、突出波及范围；④发现火源后立即扑灭；⑤发现遇险人员应及时抢救，为其佩戴自救器或 2h 氧气呼吸器，引导出灾区；⑥对于被突出的煤困在里面的人员，应先利用压风管路、打钻等输送新鲜空气，并组织力量清除阻塞物救人，如不易清除，可开掘绕道或打大钻孔，将人救出。

（3）处理突出事故灾害时的注意事项

注意事项包括：①检查全小队的矿灯是否合格，进入灾区后不要随便扭动矿灯开关或灯盖。②不间断地检查瓦斯浓度，及时向指挥部报告。③设立安全岗哨，禁止不佩戴氧气呼吸器的人员进入灾区。④发现突出点情况异常可能二次突出时，立即将人员撤出。

（4）处理突出事故灾害的方法

一般小突出瓦斯涌出量不大，也未引起火灾，除局部灾区由救护队处理外，在通风正常区内矿井通风安全人员可参与抢救工作。但大型、特大型突出（或涌出量大）、灾区范围广（或发生火灾）时，还应通知附近局、矿救护队迅速赶赴现场，协助抢救工作。

① 救护队接到通知后，应以最快速度赶到事故灾害地点，以最短路线进入灾区抢救遇险人员。回采工作面突出应由两个小队分别从进、回风巷道进入灾区。灾区进、出口应设岗哨，禁止未佩戴氧气呼吸器的人员进入。

② 救护队进入灾区应保持原有通风状况，不得停风或反风。回风堵塞引起瓦斯逆流时，应尽快疏通恢复正常通风。如反向风门受损，大量瓦斯仍侵入进风时，应迅速堵好，缩小灾区范围。

③ 进入灾区前，是否停电应根据井下实际情况而定。如进入灾区发现电源未切断，不得在瓦斯超限的地方切断电源，应在远离灾区的安全地点切断电源。如瓦斯涌出量大，少量瓦斯已侵入主要水泵房，或切断电源会使主要水泵房断电，断电会引起淹井危险时，应加强通风，使电气设备附近不产生瓦斯积聚，并做到通风设备不停电、停电设备不送电，直到迅速恢复正常通风后，电气设备才能正常运转。

④ 处理煤与瓦斯突出事故灾害时，矿山救护队必须携带瓦斯检定器，严密监视瓦斯的变化。为了及时抢救遇险人员，应准备一定数量的化学氧自救器、压缩氧自救器或 2 h 氧气呼吸器。发现遇险人员立即抢救，能行动的佩戴自救器引出灾区；不能行动的则救出灾区；不能自主呼吸的，应迅速救出或创造供风条件就地苏醒。如遇险人员过多，一时无法救出，则就近用风障隔成临时避灾区，用压风管通风或拆开风筒供风，在避灾区进行苏醒，再分批转运到安全地点。

⑤ 救护队进入灾区，应特别观察有无火源，发现火源应立即组织灭火。灭火时必须严格掌握通风与瓦斯变化情况，防止瓦斯接近爆炸范围引起爆炸。火灾严重时，应用综合灭火法或惰气灭火。

⑥ 灾区中发现突出煤矸堵塞巷道，使被堵塞区内人员安全受到威胁时，应采用一切办法扒开堵塞物，或用插板法架设一条小断面通道，救出被困人员。在未扒通前，应利用压风管路、其他管道或打钻孔向堵塞区内供风。

⑦ 清理时，对埋入突出物中的人员，应分析其可能避险的位置，并尽快找出。如堆积物过多，应根据具体情况恢复通风，由救护队监护，采掘人员清理，并在清理接近突出点时，制定防止再次突出的措施，遇异常情况立即撤人。

⑧ 在灾区或接近突出区工作时，瓦斯变化异常，应严加监视。矿灯必须完好，工具均应防爆，在摩擦撞击下不会产生火花。严禁敲打矿灯，用防爆工具扒矸石，用防爆锤子打钉等。在清理中还应注意雷管、炸药，防止爆炸。

⑨ 煤层有自然发火危险时，发生突出后要及时清理。清理时要防止煤尘飞扬，防止清理时出现火源，并要防止再次突出。对突出洞应充填，空洞过大不能充填或注浆的，应密闭后注浆，隔绝供氧。空间过大的孔洞，不应从洞内大量放出松散煤体，以免孔壁垮塌再次诱发突出。

⑩ 恢复突出区通风时，应以最短的路线将瓦斯引入回风巷，回风井口 50m 范围内不得有火源，并设专人监视。

⑪ 清理突出物时，必须先进行消尘工作。突出后的煤粉极细，与水之间的表面张力比水分子之间的表面张力小得多，煤尘不易湿润，普通喷雾消尘措施效果往往不佳，要采取降低消尘水表面张力的措施，可在水中加活化剂来降低水的表面张力，提高消尘效果。

#### 15.4.6.6　煤尘爆炸事故灾害应急救援

(1) 处理煤尘爆炸事故灾害的工作程序

在灾区停电撤人→向上级汇报→召请救护队→成立抢救指挥部→救护队进入灾区救人→侦察→灭火→恢复通风。

(2) 处理煤尘爆炸事故灾害的注意事项

注意事项包括：①集中力量抢救遇险人员。进入灾区时，根据遇险人员分布和数量携带足够的自救器。②切断灾区电源。切断电源时，应远距离操作，不能在灾区直接断电，以免产生火花，引起爆炸。③对灾区进行全面侦察，发现火源，立即扑灭，防止二次爆炸，如火势较大，一时难以扑灭，可立即封闭。④清除堵塞物，恢复通风。⑤控制风流，根据应急救援的需要决定通风方法及确定供给风量。

### 15.4.7　建筑事故灾害救援技术

#### 15.4.7.1　火灾事故灾害的应急救援

为了防止各种火灾事故灾害的发生，在项目部的施工现场各建筑物出入口设置明显的安全出入口标志牌，按总人员组建义务防火小组，组长由项目经理担任，组员包括工长、安全员、技术员、质检员、值勤人员，项目经理为现场总负责人，工长负责现场扑救工作，各专业各负其责。

(1) 项目部火灾处理程序

① 宿舍发生火灾处理程序。发生火情，第一发现人应高声呼喊，使附近人员能够听到或协助扑救，同时逐级通知项目值班人员、项目经理、分公司经理等，项目值班人员负责拨打火警电话“119”。电话描述如下内容：单位名称、所在区域、周围显著标志性建筑物、主要路线、候车人姓名、主要特征、等候地址、火源、着火部位、火势情况及程度。随后，项目值班人员到路口引导消防车辆。

发生火情后，水电工长负责切断宿舍电源，并保证宿舍旁消火栓和饮用水水源的供给。土建工长、安全员组织各个义务消防员用灭火器材等进行灭火。在对火场进行灭火时，必须先确保宿舍电源已切断。扑灭电气火灾，严禁用水或液体灭火器灭火，以防触电事故灾害发生。项目经理和技术负责人应在现场指挥，并监视火情。当火势不能得到有效抑制，并威胁到灭火人员的安全时，应立即下令撤离火场，并在火场周边安全地带用水设置隔离带，等待消防人员的到来。

在进行消防灭火的同时，应紧急疏散宿舍其他人员。执勤人员疏散人员，并逐个屋子检查人员撤离情况。当疏散通道被烟尘充满时，为防止有人被困，发生窒息伤害，执勤人员应指挥大家用毛巾湿润后蒙在口、鼻上。当抢救被困人员时，应为其准备浸水的毛巾，防止有毒有害气体吸入肺中，造成窒息伤害。对疏散出来的人员进行清点，确保全部人员均已撤离火场。

火灾发生的同时应由现场保卫人员将火场封锁，避免无关人员接近。并清理消防通道上的物品，确保消防通道畅通。

当消防人员到达后，现场应急组织自动解散，转为服从消防人员的指挥。

② 施工现场火灾的处理程序。发生火情后，水电工长负责切断着火部位的临时用电，并启动相应的消防泵，确保消火栓和其他水源的供给。土建工长、安全员组织各个义务消防员用灭火器材等进行灭火。如果是电路失火，必须先确保电源已切断，严禁用水或液体灭火器灭火，以防触电事故灾害发生。如果是油漆库发生火灾，义务消防员不得近距离接近失火现场，应远距离用水阻止火势蔓延。项目经理和技术负责人应在现场指挥，并监视火情。当火势蔓延并威胁到灭火人员的安全时，应立即下令撤离火场，并在火场周边安全地带用水设置隔离带，等待消防人员的到来。

如果火灾发生在建筑物某层时，在火灾发生后，操作现场的管理人员应维持秩序，并带领楼内施工人员紧急疏散，火灾发生层以下人员迅速沿安全通道撤离火场，事故灾害层以上人员如不能安全通过火场时，应迅速向屋顶疏散，并等待救援人员的到来。人员疏散时，当疏散通道被烟尘充满时，为防止有人被困，发生窒息伤害，现场管理人员应维持秩序，确保人员不发生恐慌，同时指挥大家用毛巾湿润后蒙在口、鼻上。抢救被困人员时，应为其准备浸水的毛巾，防止有毒有害气体吸入肺中，造成窒息伤害。如果是油漆库发生火灾，并有人员被困，不能贸然派人解救，以免造成更大的人员伤亡。人员疏散过程中应对疏散出来的人员进行清点，确保全部人员均已撤离火场。

火灾发生的同时由相关负责人带领现场保卫人员将火场封锁，并进行警戒，避免无关人员接近。并清理消防通道上的物品，确保消防通道畅通。

当消防人员到达后，现场应急组织自动解散，完全服从消防人员的指挥。

(2) 简单的救护方法急救

对火灾受伤人员根据烧伤的不同类型，可采取以下急救措施：

① 采取有效措施扑灭身上的火焰，使伤员迅速离开致伤现场。当衣服着火时，应采用各种方法尽快地灭火，如水浸、水淋、就地卧倒翻滚等，千万不可直立奔跑或站立呼喊，以免助长燃烧，引起或加重呼吸道烧伤。灭火后，伤员应立即将衣服脱去，如衣服和皮肤粘在一起，可在救护人员的帮助下把未粘的部分剪去，并对创面进行包扎。

② 防止休克、感染。为防止伤员休克和创面发生感染，应给伤员口服止痛片（有颅脑或重度呼吸道烧伤时，禁用吗啡）和磺胺类药，或肌肉注射抗生素，并口服烧伤饮料，或饮淡盐茶水、淡盐水等。一般以多次喝少量为宜，如发生呕吐、腹胀等，应停止口服。要禁止伤员单纯喝白开水或糖水，以免引起脑水肿等并发症。

③ 保护创面。在火场，对于烧伤创面一般可不做特殊处理，尽量不要弄破水泡，不能涂龙胆紫一类有色的外用药，以免影响烧伤面深度的判断。为防止创面继续污染，避免加重感染和加深创面，对创面应立即用三角巾、大纱布块、清洁的衣服和被单等，给予简单而结实的包扎。手足被烧伤时，应将各个指、趾分开包扎，以防粘连。

④ 合并伤处理。有骨折者应予以固定；有出血者应紧急止血；有颅脑、胸腹部损伤者，必须给予相应处理，并及时送医院救治。

⑤ 迅速送往医院救治。伤员经火场简易急救后，应尽快送往邻近医院救治。护送前及护送途中要注意防止休克。

搬运时动作要轻柔，行动要平稳，以尽量减少伤员痛苦。

(3) 休克的急救

火场休克是由于严重创伤、烧伤、触电、骨折的剧烈疼痛和大出血等引起的一种威胁伤员生命、极危险的严重综合征。虽然有些伤不能直接置人于死地，但如果救治不及时，其引起的严重休克常常可以致命。休克的症状是口唇及面色苍白、四肢发凉、脉搏微弱、呼吸加快、出冷汗、表情淡漠、口渴，严重者可出现反应迟钝，甚至神志不清或昏迷，口唇肢端发绀，四肢冰凉，脉搏摸不清，血压下降，无尿。预防休克和休克急救的主要方法是：

① 要尽快地发现和抢救受伤人员，及时妥善地包扎伤口，减少出血、污染和疼痛。尤其对骨折、大关节伤和大块软组织伤，要及时地进行良好的固定。一切外出血都要及时有效地止血。凡确定有内出血的伤员，要迅速送往医院救治。

② 对急救后的伤员，要安置在安全可靠的地方，让伤员平卧休息，并给予亲切安慰和照顾，以消除伤员思想上的顾虑。待伤员得到短时间的休息后，尽快送医院治疗。

③ 对有剧烈疼痛的伤员，要服止痛药。也可以耳针止疼，其方法是在受伤相应部位取穴，选配神门、枕、肾上腺、皮质下等穴位。

④ 对没有昏迷或无内脏损伤的伤员，要多次少量给予饮料，如姜汤、米汤、热茶水或淡盐水等。此外，冬季要注意保暖，夏季要注意防暑，有条件时，要及时更换潮湿的衣服，使伤员平卧，保持呼吸通畅，必要时还应做人工呼吸。已昏迷的伤员可针刺人中、十宣、内关、涌泉穴以急救。

(4) 现场人工呼吸法

呼吸停止是临床紧急的危险情况，人工呼吸是最初急救措施。常用的人工呼吸法有口对口呼吸法、俯卧压背法和仰卧压胸法等。口对口呼吸是呼吸骤停的现场急救措施。

① 将患者放置适当体位仰卧，头、颈、躯干无扭曲，双手放于躯干两侧。

② 开放气道用仰头抬颈法、仰头举颏法、推颌法等。判定呼吸是否停止：看胸腹呼吸起伏；听出气声；感觉患者口、鼻有无气体吹拂。松解衣带、领扣和胸部及腹部衣服。如口腔内有假牙、黏液、血块、泥土等应立即取出，以免阻塞呼吸道。如舌向后缩，应用纱布等将舌拉出。气道异物阻塞处理：可用背后拍击、腹部或胸部手拳冲击、手法取异物、机械取异物等方法。

③ 口对口人工呼吸。口对口人工呼吸方法流程为：a. 在保持呼吸道畅通和病人口部张开的位置下进行。b. 用按于前额那只手的拇指与食指，捏闭病人的鼻孔（捏紧鼻翼下端）。c. 抢救开始后，首先缓慢吹气两口，以扩张萎陷的肺脏，并检验开放气道的效果，每次呼吸为 1.5～2s。d. 抢救者深吸一口气后，张开口贴紧病人的嘴（要把病人的口部完全包住）。e. 用力向病人口内吹气（吹气要求快而深），直至病人胸部上抬。f. 一次吹气完毕后，应即与病人口部脱离，轻轻抬起头部，眼视病人胸部，吸入新鲜空气，以便做下一次人工呼吸。同时放松捏鼻的手，以便病人从鼻孔呼气，此时病人胸部向下塌陷，有气流从口鼻排出。g. 每次吹入气量约为 800～1200mL。在口对口人工呼吸过程中，注意点为：a. 口对口呼吸时可先垫上一层薄的织物。b. 每次吹气量不要过大，大于 1200mL 可造成胃大量充气。c. 吹气时暂停按压胸部。d. 单人 CPR（心肺复苏术）时，每按压胸部 15 次后，吹气两口，即 15∶2。e. 双人 CPR 时，每按压胸部 5 次，吹气一口，即 5∶1。f. 有脉搏无呼吸者，每 5s 吹气一口（10～12 次/min）。g. 亦可用口对口呼吸专用面罩，或用简易呼吸机代替口对口呼吸。在抢救吸入毒气如硫化氢、氧化物急性中毒时，需防止救护人员在施行口对口换气时，因吸入患者呼吸道排出的毒气而致中毒。

**15.4.7.2 高空坠落事故灾害的应急救援**

为防止高处坠落事故灾害发生，项目部及时搭设了建筑物周边的防护脚手架，并每隔三层设置一层安全网，随着建筑物的升高，安全网及时随之升高。每周清理一次平网内的杂物和修补损坏的平网。脚手架上满挂密目网。施工人员在临边施工时，严格要求其正确佩戴安全带。

一旦发生高空坠落事故灾害，现场第一发现人应高呼，通知现场其他人员。现场管理人员应马上组织人员抢救，同时马上打电话“120”给急救中心，并通知项目经理，逐级上报分公司。由安全员组织抢救伤员，由工长保护好现场，防止事态扩大。其他义务小组人员协助安全员做好现场救护工作，水、电工长协助送伤员外部救护工作。如伤者行动未因事故灾害受到限制，且伤较轻微，身体无明显不适，能站立并行走，在场人员应将伤员转移至安全区域，再设法消除或控制现场的险情，防止事故灾害蔓延扩大，然后找车护送伤者到医院做进一步的检查。如伤者行动受到限制，身体被挤、压、卡、夹住无法脱开，在场人员应立即将伤者从事故灾害现场转移至安全区域，防止伤者受到二次伤害，然后根据伤者的伤势，采取相应的急救措施。如伤者伤口出血不止，在场人员应立即用现场配备的急救药品为伤者止血（一般采用指压止血法、加压包扎法、止血带止血法等），并及时用车将伤者送医院治疗。若伤者伤势较重，出现全身有多处骨折，心跳、呼吸停止或可能有内脏受伤等症状时，在场人员应立即根据伤者的症状，施行人工呼吸、心肺复苏等急救措施，并在施行急救的同时派人联系车辆或拨打医院急救电话“120”，以最快的速度将伤者送往就近医院治疗。将伤亡事故灾害控制到最低限度，损失降到最小。

可采取的现场紧急医疗急救措施如下：

① 施工人员从高处坠落，现场解救不可盲目，不然会导致伤情恶化，甚至危及生命。应首先观察其神志是否清醒，并察看伤员伤势，做到心中有数。

② 伤员如昏迷但心跳和呼吸存在，应立即将伤员的头偏向一侧，防止舌根后倒，影响呼吸。

③ 将伤员口中可能脱落的牙齿和积血清除，以免误入气管，引起窒息。

④ 对于无心跳和呼吸的伤员应立即进行人工呼吸和胸外心脏按压，待伤员心跳、呼吸好转后，将伤员平卧在平板上，及时送往医院抢救。

⑤ 如发现伤员耳朵、鼻子出血，可能有脑颅损伤，千万不可用手帕、棉布或纱布去堵塞，以免造成颅内压力增加和细菌感染。

⑥ 如外伤出血，应立即用清洁布块压迫伤口止血，压迫无效时，可用布鞋带或橡皮带等在出血的肢体近躯处捆扎，上肢出血结扎在臂上 1/2 处，下肢出血结扎在大腿上 2/3 处，到不出血即可。注意每隔 25～40min 放松一次，每次放松 0.5～1min。

⑦ 伤员如腰背部或下肢先着地，下肢有可能骨折，应将两下肢固定在一起，并应超过骨折的上下关节；上肢如骨折，应将上肢挪到胸前，并固定在躯干上，如果怀疑脊柱骨折，搬运时千万注意要保持躯体平伸位，不能让躯体扭曲，然后由 3 人同时将伤员平托起来，即由一人托脊背，一人托臀部，一人托下肢，平稳运送，以防骨折部位不稳定，加重伤情。

⑧ 腹部如有开放性伤口，应用清洁布或毛巾等覆盖伤口，不可将脱出物还原，以免感染。

⑨ 抢救伤员时，无论哪种情况，都应减少途中的颠簸，也不得翻动伤员。

#### 15.4.7.3　坍塌事故灾害的应急救援

（1）脚手架、模板支撑坍塌

为确保脚手架、模板支撑的稳固，项目部由技术负责人编制专项方案，方案中通过计算，确定立杆、横杆的间距，联墙杆的数量等。由项目负责人组织专业架工、木工按方案进行搭设。搭设完毕后，经项目部技术负责人、安全员、工长等联合验收后方可使用。

脚手架在搭拆过程中操作人员不依顺序操作，或在使用过程中载荷超过设计标准等原因都可能造成脚手架的坍塌事故灾害。发生坍塌事故灾害后，发现事故灾害第一人首先高声呼喊，通知现场管理人员，现场管理人员采用电话或派人通知应急救援组其他人员。项目经理接到通知后马上赶到现场，负责现场应急救援指挥。由安全员向上级有关部门或医院打电话求援。技术负责人会同施工工长、安全员、项目经理对坍塌部位抢救过程中存在的风险进行识别和评价，并制定相应的措施保护抢救人员和被脚手架挤压人员的安全。现场工长负责组织应急救援队的救援人员依照救援措施进行救援，同时监控救援过程中可能发生的异常现象，组织所有架子工进行倒塌架子的拆除和拉牢工作，防止其他架子再次倒塌，现场材料由外包队管理者组织有关职工协助清理，如有人员被砸，应首先清理被砸人员身上的材料，集中人力先抢救受伤人员，最大限度地减小事故灾害损失。保卫人员应立即组织人员对事故灾害现场进行封锁，防止无关人员接近。

（2）基坑坍塌

发生坍塌事故灾害后，现场第一人应高声呼喊，通知现场管理人员，现场管理人员采用电话或派人通知应急救援组其他人员。项目经理接到通知后马上赶到现场，负责现场应急救援指挥。在确定有人员被坍塌土方掩埋后，由安全员打急救电话“120”，必要时向上级有关部门打电话求援。技术负责人会同施工工长、安全员、项目经理对坍塌部位抢救过程中存在的风险进行识别和评价，并制定相应的措施，既能控制事故灾害的发展，使其不会进一步扩大，又要保护抢救人员安全。根据现场情况，在处理事故灾害过程中应注意以下问题：

① 移除坍塌边坡上堆放的物资，如果南侧发生坍塌，必要时应将南侧围墙拆除。移除物资或拆除围墙时不得动用大型机械，以免加剧边坡失稳，造成二次坍塌。

② 在搜寻被掩埋人员时，应组织救援人员用手或铲等手持小型工具刨挖。在确认没有被压埋人员，且不会对被埋人员造成危险的地方可以使用大型机械，以加快搜索和进度。

③ 对毗邻的建筑物要及时观察，由专业人员使用经纬仪对建筑物和失稳边坡进行不间断点和多点观察，并分析监测数据，报告监测情况，对有危险的部位及时加固或提前推倒。

工长赶到现场后应立即组织有关人员清理土方或杂物，如有人员被埋，应首先按部位进行抢救人员，其他组员采取有效措施，防止事故灾害发展扩大，让分包队负责人随时监护边坡状况，及时清理边坡上堆放的材料，防止再次发生事故灾害。在向有关部门通知抢救电话的同时，对轻伤人员在现场采取可行的应急抢救，如现场包扎止血等措施，防止受伤人员流血过多，造成死亡事故灾害。

（3）人员救护

依照预先成立的应急小组人员分工，医疗救护人员对受伤人员进行紧急处置，门卫在大门口迎接救护的车辆，并引领救护车到急救区。重伤人员由救护组组长协助送外抢救。

① 出血性外伤的现场急救。出血性外伤包括擦伤、刺伤、切割伤、裂伤、肢体断离伤，这些伤害都会造成人体出血。出血从解剖学角度可分为动脉出血、静脉出血、毛细血管出血及脏器出血。当伤员出血量少时，一般不影响伤员的血压、脉搏变化，如出血量较大，超过1000mL时伤员将出现血压明显下降，脉搏跳动细弱无力，甚至人体出现昏迷，若不及时采取措施，可能直接威胁伤员生命。出血现场急救，应确定出血性质及部位后再进行急救处理。

a. 及时止血。对静脉或小动脉出血时，由于出血量较少，采用加压包扎止血法，即先抬高肢体，用消毒纱布敷盖表面，再用绷带加压包扎止血；如主动脉出血，由于出血量较大，可立即采用指压止血法，即手指压在动脉出血处，近心端止血，也可采用止血带止血。

b. 及时包扎，送往医院。当采取了止血措施后要马上进行包扎固定。包扎既可帮助止血，又可保护创面预防感染。经止血包扎固定后的伤员应尽快地送往医院。

② 骨折性外伤的现场急救。在生产现场发现有人骨折要沉着冷静，采用正确的方法进行救护，如处理不当，可能造成骨折部位移动，并损伤软组织，甚至损伤内脏。因此在现场急救时，应预防休克，防止再损伤，减少污染。开放性骨折应注意创面的止血和清洁，并进行包扎，所有骨折均应做临时性固定，固定物应就地取材，用夹板、木板、竹片、树枝等固定时，与肢体间应用布料、棉垫垫好，包扎松紧要适宜，骨折部位上下关节亦应同时固定。

脊椎骨折伤员救护时，要使受伤者就地静卧，千万不要让受伤者坐起或站立。搬送时，严格禁止用一个人抱肩，一个人抬腿的方法，以防脊椎受损伤，应用被单提起，放到担架上仰卧，如有呕吐或昏迷现象，应使伤员俯卧，以免呕吐物进入肺部。经现场急救处理后，根据伤势轻重程度，应迅速转送医院。搬送病人时，动作要轻，动作要一致，注意保暖并观察伤员的呼吸、脉搏、血压及伤口等情况。

#### 15.4.7.4　倾覆事故灾害的应急救援

如果有塔吊倾覆事故灾害发生，首先旁观者在现场高呼，提醒现场有关人员，并立即通知现场负责人、安全员等应急救援小组成员，由安全员负责拨打分公司应急救援电话简单汇报情况，并根据现场情况请求分公司派人协助救援。如有人员伤亡，应同时拨打“120”，通知有关部门和附近医院，到现场救护。电气工长接到报警后，马上切断相关电源，防止发生触电事故灾害。门卫值勤人员在大门迎接救护车辆及人员，并引领到现场抢救区。现场总指挥由项目经理担当，负责全面组织协调工作，生产负责人亲自带领有关工长及外包队负责人，分别对事故灾害现场进行抢救，如有重伤人员，由医疗救护人员负责送外救护。

各专业工长协助生产负责人对现场清理，抬运物品，及时抢救被砸人员或被压人员，最大限度地减少重伤程度，如有轻伤人员，可采取简易现场救护工作，如包扎、止血等措施，以免造成重大伤亡事故灾害，具体急救措施可参照“高空坠落事故灾害的应急救援”相关内容处理。在清理现场过程中切忌盲目采取措施，必须在确保抢险人员安全，受伤人员不会遭受二次伤害的前提下进行。

如果吊车倾覆牵连到脚手架，除按预先小组分工各负其责外，应组织所有架子工，立即拆除相关脚手架，外包队人员应协助清理有关材料，保证现场道路畅通，方便救护车辆出入，以最快的速度抢救伤员，将伤亡事故灾害损失降到最低。

#### 15.4.7.5　物体打击事故灾害的应急救援

首先旁观者在现场高呼，提醒现场有关人员，并立即通知现场负责人、安全员等应急救援小组成员，由安全员负责拨打分公司应急救援电话简单汇报情况，同时拨打“120”，通知有关部门和附近医院，到现场救护。生产负责人应立即组织紧急应变小组进行可行的应急抢救，如现场包扎、止血等措施，防止受伤人员流血过多，造成死亡事故灾害，具体急救措施可参照“高空坠落事故灾害的应急救援”相关内容处理。门卫接到预案启动通知后，到大门口迎接救护车。当受伤人员接受初步急救后，救护车仍未到达，应立即采取其他措施，送伤者到最近的医院就医。安全员应组织人员将事故灾害现场进行封锁，等待事故灾害调查组进行调查。有程序地处理事故灾害、事件，最大限度地减少人员和财产损失。

#### 16.4.7.6 机械伤害事故灾害的应急救援

发生机械伤害事故灾害后，首先旁观者在现场高呼，提醒现场有关人员，并立即通知现场负责人、安全员等应急救援小组成员，由安全员负责拨打分公司应急救援电话简单汇报情况，同时拨打“120”，通知有关部门和附近医院到现场救护。生产负责人应立即组织紧急应变小组进行可行的应急抢救，如现场包扎、止血等措施。防止受伤人员流血过多，造成死亡事故灾害。门卫接到预案启动通知后，在大门口迎接救护的车辆。当受伤人员接受初步急救后，救护车仍未到达，应立即采取其他措施，送伤者到最近的医院就医。安全员应组织人员将事故灾害现场进行封锁，等待事故灾害调查组进行调查。有程序地处理事故灾害、事件，最大限度地减少人员和财产损失。

急救措施有：①发生机械伤害后，在医护人员没有到来之前，应检查受伤者的伤势、心跳及呼吸情况，视不同情况采取不同的急救措施。②对被机械伤害的伤员，应迅速小心地使伤员脱离伤源，必要时，拆卸机器，移出受伤的肢体。③对发生休克的伤员，应首先进行抢救。遇有呼吸、心跳停止者，可采取人工呼吸或胸外心脏按压法，使其恢复正常。④对骨折的伤员，应利用木板、竹片和绳布等捆绑骨折处的上下关节，固定骨折部位；也可将其上肢固定在身侧，下肢与下肢缚在一起。⑤对伤口出血的伤员，应让其以头低脚高的姿势躺卧，使用消毒纱布或清洁织物覆盖伤口，用绷带较紧地包扎，以压迫止血，或者选择弹性好的橡皮管、橡皮带或三角巾、毛巾、带状布巾等。对上肢出血者，捆绑在其上臂1/2处，对下肢出血者，捆绑在其大腿上2/3处，并每隔25～40min放松一次，每次放松0.5～1min。⑥对剧痛难忍者，应让其服用止痛剂和镇痛剂。

采取上述急救措施之后，要根据病情轻重，及时把伤员送往医院治疗。在转送医院的途中，应尽量减少颠簸，并密切注意伤员的呼吸、脉搏及伤口等情况。

#### 15.4.7.7 触电事故灾害的应急救援

当发生人身触电事故灾害时，首先使触电者脱离电源，然后迅速急救，关键是“快”。

(1) 低压触电事故灾害

可采用下列方法使触电者脱离电源：

① 如果触电地点附近有电源开关或插销，可立即拉开电源开关或拔下电源插头，以切断电源。

② 可用有绝缘手柄的电工钳、干燥木柄的斧头、干燥木把的铁锹等切断电源线，也可采用干燥木板等绝缘物插入触电者身下，以隔离电源。

③ 当电线搭在触电者身上或被压在身下时，也可用干燥的衣服、手套、绳索、木板、木棒等绝缘物为工具，拉开或挑开电线，使触电者脱离电源。切不可直接去拉触电者。

(2) 高压触电事故灾害

可采用下列方法使触电者脱离电源：

① 立即通知有关部门停电。

② 带上绝缘手套，穿上绝缘鞋，用相应电压等级的绝缘工具按顺序拉开开关。

③ 用高压绝缘杆挑开触电者身上的电线。

触电者如果在高空作业时触电，断开电源时，要防止触电者摔下来造成二次伤害。

对于以下几种情形的处理措施为：

① 如果触电者伤势不重，神志清醒，但有些心慌、四肢麻木、全身无力或者触电者曾一度昏迷，但已清醒过来，应使触电者安静休息，不要走动，严密观察并送医院。

② 如果触电者伤势较重，已失去知觉，但心脏跳动和呼吸还存在，应将触电者抬至空气畅通处，解开衣服，让触电者平直仰卧，并用软衣服垫在身下，使其头部比肩稍低，以免妨碍呼吸，如天气寒冷要注意保温，并迅速送往医院。如果发现触电者呼吸困难，发生痉挛，应立即准备对心脏停止跳动或者呼吸停止后的抢救。

③ 如果触电者伤势较重，呼吸停止或心脏跳动停止或二者都已停止，应立即进行口对口人工呼吸及胸外心脏按压，并送往医院。在送往医院的途中，不应停止抢救。

④ 人触电后会出现神经麻痹、呼吸中断、心脏停止跳动，呈现昏迷不醒状态，通常都是假死，不可当作“死人”草率从事。

⑤ 对于触电者，特别是高空坠落的触电者，要特别注意搬运问题，很多触电者，除电伤外，还有摔伤，搬运不当，如折断的肋骨扎入心脏等，可造成死亡。

⑥ 对于假死的触电者，要迅速持久地进行抢救，有不少的触电者，是经过4h甚至更长的时间抢救过来的。有经过6h的口对口人工呼吸及胸外按压法抢救而活过来的实例。只有经过医生诊断确定死亡，才能停止抢救。a. 人工呼吸是在触电者停止呼吸后应用的急救方法。各种人工呼吸方法中以口对口呼吸法效果最好。b. 胸外心脏按压法是触电者心脏停止跳动后的急救方法。做胸外心脏按压时，使触电者仰卧在比较坚实的地方，姿势与口对口人工呼吸法相同，救护者跪在触电者一侧或跪在腰部两侧，两手相叠，手掌根部放在心窝上方，胸骨下1/3～1/2处。掌根用力向下（脊背的方向）挤压，压出心脏里面的血液。成人应挤压3～5cm，每秒钟挤压一次，太快了效果不好，以每分钟挤压60次为宜。挤压后掌根迅速全部放松，让触电者胸廓自动恢复，血液充满心脏。放松时，掌根不必完全离开胸部。应当指出，心脏跳动和呼吸是相互联系的。心脏停止跳动了，呼吸很快会停止。呼吸停止了，心脏跳动也维持不了多久。一旦呼吸和心脏跳动都停止了，应当同时进行口对口人工呼吸和胸外心脏按压。如果现场只有一人抢救，两种方法应交替进行。可以挤压4次后，吹气一次，而且吹气和挤压的速度都应提高一些，以不降低抢救效果。对于儿童触电者，可以用一只手挤压，用力要轻一些，以免损伤胸骨，而且每分钟宜挤压100次左右。

#### 15.4.7.8 食物中毒、传染疾病的应急救援

当发生了中毒、传染病事故灾害时，发现人应以最快速度与事故灾害应急小组联系。接到消息后，应急小组人员应立即赶到出事地点，确认其是否为食物中毒和中毒程度，并查出中毒来源或是否患传染病和其来源。项目负责人或安全员迅速拨打“120”及紧急事故灾害报警电话，门卫负责在大门口接应救护车，并立即组织人员采取抢救措施。

煤气中毒实际上就是一氧化碳（CO）中毒。煤气中毒后，切不可慌张。在送医院前可采取一些自救措施，并一定要让中毒者充分吸氧，并注意呼吸道的畅通。

CO中毒的基本原因就是缺氧，主要表现是大脑因缺氧而昏迷。急救方法为：

① 将中毒者安全地从中毒环境内抢救出来，迅速转移到清新空气中。

② 若中毒者呼吸微弱甚至停止，立即进行人工呼吸。

③ 只要心跳还存在就有救治可能，人工呼吸应坚持2h以上。

④ 如果患者曾呕吐，人工呼吸前应先清除口腔中的呕

吐物。

⑤ 如果心跳停止，立即进行心脏复苏。

如食物中毒，可将胃里的东西呕吐出来，当发现其中毒较深昏迷时，立即将其抬到大门口，等救护车的到来，或直接送往就近医院。

发现传染病人员应设置隔离区，防止疫情蔓延。要建立安全通道，对施工现场和工棚进行检查。对民工宿舍、食堂、厕所逐一定时、定点消毒。不得擅自停工和遣散民工。及时将患者送往医院就诊，派专人守候，初步确诊后按传染病种类及时上报卫生管理部门；配合卫生防疫人员做好疫源地的消毒工作；保护易感人群，进行预防接种。传染病患者直接送往医院。后勤供应组负责配合急救人员的后勤工作，善后工作组负责指挥及联络工作。

### 15.4.8　道路运输事故灾害应急处置、救援技术

发生道路运输事故灾害时，事故灾害车辆运营车辆驾驶员、在现场工作人员应：

① 立即停车。凡发生突发道路运输事故灾害，都要立即停车。

② 立即抢救。首先查看事故灾害严重程度，检查有无伤亡人员，如有受伤人员，应立即施救并拦截过往车辆，送就近医院抢救，同时应标出事故灾害现场位置。

③ 现场保护。保护现场的主要内容：肇事车的停位、伤亡人员的倒位、各种碰撞碾压的痕迹、刹车拖痕、血迹及其他散落物。

④ 保护方法。寻找现场周围石灰、粉笔、砖石、树枝、木杆、绳索等便利器材，采取措施，积极施救。因抢救伤员需要搬动现场物品的，应如实记录并标明位置。设置保护圈，阻止劝导无关人员和车辆进入或绕道通行。

⑤ 及时报案。在抢救伤员、保护现场的同时，在第一时间直接或委托他人向当地公安部门、交通主管部门及保险公司报案，同时向本公司领导报告。报告内容如下：肇事地点、时间、报告人的姓名、住址及事故灾害的死伤和损失情况。交通警察和应急救援人员到达现场后，要服从组织指挥，主动如实地反映情况，积极配合现场勘察和事故灾害分析等工作。

同时，发生道路运输事故灾害后，应急救援领导小组经核实和确认后，将情况报告公司第一责任人并立即启动应急救援预案，研究部署应急救援处置工作。

应急救援领导小组组长或指派其他成员，立即带领救援人员赶赴现场，参与现场指挥和救援工作。

开通与现场救援指挥部、交通主管部门等的通信联系，随时掌握事故灾害应急救援处置进展情况。

根据事态发展和应急救援处置工作进展情况，进一步落实抢救人员、抢救设备及设施，确保抢救工作有效进行。

政府及相关部门组成指挥部时，公司道路运输事故灾害应急救援领导小组派出的救援人员要积极配合，相互协调，服从指挥部统一领导。

应急救援人员到达现场，要积极协助配合，快速、果断进行现场施救，全力控制事故灾害态势，防止事故灾害扩大。

## 15.5　恢复与重建

### 15.5.1　恢复重建

#### 15.5.1.1　恢复重建的含义

恢复重建是消除突发事件短期、中期和长期影响的过程。从字面上看，它主要包括两类活动：一是恢复，即使社会生产生活运行恢复常态；二是重建，即对于因灾害或灾难影响而不能恢复的设施等进行重新建设。

可以认为，恢复重建不仅意味着补救，而且也意味着发展，因为恢复重建要在消除突发事件影响的过程中除旧布新。从这个意义上看，恢复重建是突发事件处置过程中实现转“危”为“机”的关键环节。国外有学者这样定义“恢复”(recovery)：“使受灾害影响的社区回到灾前状况或最好成为状况改善的社区的活动。”

一般而言，恢复重建主要包括以下四种活动：第一，最大限度地限制灾害结果的升级；第二，弥合或弥补社会、情感、经济和物理的创伤与损失；第三，抓住机遇，进行调整，满足人们对社会、经济、自然和环境的需要；第四，减少未来社会所面临的风险。即恢复重建要尽量减轻灾害的影响，使社会生产生活复原，进一步提高社会的公共安全度。

可见，恢复重建要以消除突发事件影响为基础，以谋求未来发展为导向。从总体上看，突发事件的影响主要可分为四类：社会影响、环境影响、经济影响和心理影响。

(1) 社会影响

为了消除突发事件的社会影响，恢复重建需要恢复社会生活秩序，为社会公众提供基本的民生保障，使整个社会呈现常态运转的态势，如修复卫生设施、为灾民提供临时住宅和必要的生活物品等。在此过程中，恢复重建要注意三个方面的问题：一是严防次生灾害的发生，确保灾区公众的安全，如在拆除受损的建筑物时设立警戒线；二是保障灾后需求将突然膨胀的重要物资的供应，如药品等；三是特别关注老人、儿童、残疾人等弱势群体，满足其特殊的需要。

(2) 环境影响

突发事件的环境影响可分为两类：人工环境影响和自然环境影响。从人工环境的角度看，恢复重建要完成的任务包括：修复或重建居民住房，尽快使灾民安居乐业；修复或重建商业设施或工业生产设施，确保商业和工业生产运转的持续性，保持受灾地区的经济活力和发展的连续性；恢复或重建农村基础设施，保证农业生产的顺利进行；恢复或重建关键性的公共设施，特别是从功能及象征意义两个角度来看特别重要的设施，如灾区的地标性建筑；恢复或重建“生命线”设施，使水、电、气、热、通信、交通等基础设施及服务支撑系统的问题优先得到解决。

从自然环境的角度看，突发事件的影响主要包括：第一，生物多样性和生态系统受到严重的影响。灾难或灾害可能会使一些珍稀动物失去栖息地和赖以维持生命的食物，污染事件可能会损坏地方的生态系统，令某些物种濒临灭绝。第二，废物的处理及污染的管理是一个必须面对的挑战。特别是在恢复重建的初期，突发事件及其应对活动所产生的废物和污染问题必须妥善加以解决，严防大灾引发大疫。比如，在强烈地震等突发事件中，物理破坏严重，清理废墟垃圾的工作繁重。而且，废物处理设施和场所有可能也因灾受损。这时，垃圾堆放的场所以及处理的方法必须经过环境保护部门的许可，避免给未来留下新的隐患。此外，社会在灾后持续运转的过程中不断产生的废物和垃圾也必须及时地得到科学的处理。

(3) 经济影响

突发事件对经济的直接影响非常大，间接影响难以评估。突发事件的经济影响可以从个人、企业、政府三个层面来加以审视。第一，个人在恢复重建中需要得到支持和帮助以维持生计，如确保就业安全等。同时，公众也可以通过购买行为拉动地区消费，为灾区地方经济的增长做出贡献。第二，在恢复重建中，有关部门要帮助企业尽快恢复或重建生产设施，最大限度地保护企业的财产安全，也要为企业提供有关决策与规划的信息，还可以通过刺激消费者信心增长的方式帮扶企业。此外，政府在恢复重建过程中要发挥对宏观

经济的调控作用，对灾区企业实施税收减免政策，为个体经营者提供小额贷款。同时，中央政府还可以为灾区企业积极拓展海外市场创造条件。

(4) 心理影响

突发事件往往会给一定数量的社会公众造成负面的心理影响，甚至造成严重的心理创伤。对此，有关部门在恢复重建的过程中，要为这部分社会公众提供心理咨询服务，开展心理危机干预，进行心理辅导。

**15.5.1.2　恢复重建的分类**

突发事件的恢复重建具有社会、环境、经济和心理四个维度。四个维度当然也可以看作恢复重建的四个类别。此外，恢复重建还可以被分为短期的恢复重建和长期的恢复重建。

恢复重建工作短则持续数月，长则持续数年。灾害恢复包括使重要的生活支持系统回复到最低运行标准的活动，也包括使生活达到正常或更高水平的长期活动。这包括修复灾损家园，重建社区基础设施，如电线、道路和法庭等。可见，恢复重建包括短期的恢复重建，也包括长期的恢复重建。

一般来说，短期的恢复重建在突发事件处置活动结束后立刻实施，并可得到立竿见影的效果。比如，开展搜救，管理捐款，进行损失评估，为灾民提供临时住房，废墟清运，等等。

当开始重修道路、桥梁、商店、住宅等设施时，长期的恢复重建活动开始。长期的恢复重建活动一般着眼于长远，也需要较长时间的努力，如提高建筑标准、改变土地用途、改善交通设施等。

在长期的恢复重建中，人们往往要从经济社会整体发展的高度，进行全面的规划，以促进灾区经济发展，增强防灾、减灾的能力。从这个角度讲，我们需要辩证地看待突发事件的影响。我们要积极预防、处置突发事件，尽量减轻突发事件的影响。一旦突发事件发生并造成严重的后果，我们在长期的恢复重建工作中要因势利导，努力消除负面影响，同时放眼未来，弃旧图新，在新的更高起点上促进灾区经济社会发展。这完全是有可能的，其原因如下：

第一，社会公众及政府决策者通过突发事件的教训对防灾、减灾问题更加重视。由于突发事件具有偶发性，社会公众经常容易忽视公共安全问题，政府决策者也经常不将防灾、减灾问题置于各项议程的首要位置。因而，突发事件就有一定的警示作用。

第二，突发事件摧毁了不安全的建筑和设施。通常，人们发现一些建筑或设施存在着风险和隐患，但因为拆除它们会导致一部分使用价值的灭失及产生一定的成本，在麻痹思想和侥幸心理的作用下，人们往往会犹豫不决。突发事件以极端的形式摧毁了这些不安全的建筑和设施，为未来实施统一的安全建筑标准提供了"一张白纸"。

第三，如果突发事件造成了巨大的财产损失，导致工农业生产停顿，政府将会对灾区提供技术支持、专业支持或金融支持，并鼓励灾区发展新项目。灾区可以此为契机，实现产业发展的转型升级，进而推动地方经济的进步。

第四，突发事件发生后，政府与社会公众将对灾害的起因、预防与处置进行深刻的反思，并制订出更为周详的防灾、减灾计划，增强经济社会发展的可持续性，提升社会、经济及环境对于各种风险的恢复力。

**15.5.1.3　恢复重建的过程**

我国学者认为，灾后恢复步骤一般可概括为：成立重建领导组织；灾区灾情核查；明确重灾灾区的范围与恢复方针；提出灾区恢复重建规划并进行审定；制订每一项重建工程的具体计划并进行审定；落实实施恢复重建计划的资金及材料供应；实施恢复重建规划与计划；依照法规和条例对恢复重建工程进行核查验收，并进行质量评定和财务审计。

美国学者认为，从地方的恢复重建来看，规划与行动需要10个步骤："组织起来；吸纳公众参与；协调不同的机构、部门与群体；确认问题情况；评估问题并确认机会；设定目标；探讨各种可替代战略；规划行动；就行动计划达成一致；实施、评估与修改计划。"

比较中美两国学者提出的恢复重建步骤，我们可以看出其中的基本过程大体相同，都是可分为：准备阶段—计划阶段—实施阶段—验收阶段。当然，其中也有一定的差别：中国的恢复重建是自上而下纵向展开的，由恢复重建领导小组组织、实施；美国的恢复重建是在水平方向横向展开的，吸纳社会公众广泛参与。

一般地说，恢复重建的过程要经过以下五个阶段：

① 准备阶段。建立突发事件恢复重建领导小组，主要负责对受灾地区的状况进行全面的评估，并作出损失评估报告。

② 计划阶段。恢复重建领导小组根据第一阶段损失评估情况，制订具有针对性的恢复重建计划，并向执行部门和社会公众公布。

③ 实施阶段。为恢复重建动员、准备、整合各种资源，实施恢复重建计划。

④ 验收阶段。对恢复重建工作进行验收与评估。

⑤ 反思阶段。站在应急管理整体的高度，对恢复重建工作进行反思，并将经验及教训纳入未来防灾、减灾的规划中。

在国外，恢复重建也体现出未雨绸缪的思想。也就是说，恢复重建并不是开始于灾后，而是开始于灾前。在突发事件发生前的准备阶段，应急管理部门就要根据风险评估的情况，考虑制订灾后恢复重建计划。比如，如果某座城市附近火山有喷发的风险，那么，应急管理部门就要在准备阶段制订恢复重建计划，思考灾后如何处理火山灰等。

当突发事件发生后，应急管理部门还要根据影响评估报告，再次制订出更为详细的恢复重建计划。该计划执行完毕后，应急管理部门应及时反思，总结教训，制定新的防灾、减灾方案，并修改和完善准备阶段制订的灾害恢复重建计划。

**15.5.1.4　恢复重建的原则**

综合起来讲，突发事件的恢复重建应遵循以下五个原则：

① 政府主导，公众参与。在突发事件的恢复与重建过程中，政府要起到主导作用，组织、协调有关部门，调动各种资源，尽快恢复灾区的生产、生活秩序，消除灾害所带来的影响。同时，政府在恢复重建阶段要积极开展社会动员，鼓励灾区社会公众展开灾后的自救互救，号召其他地区的社会公众向灾区捐款捐物。

② 全面恢复，突出重点。恢复重建不仅要整体规划，全面消除灾害对社会、环境、经济乃至社会公众心理的影响，也要分步实施，着重恢复对灾区复原至关重要的生命线系统。

③ 公平公正，关注弱者。在恢复重建中，我们一定要遵循公平公正的原则，对灾区社会公众进行救助。不同的地区、不同的人群面对同样的灾害，因为脆弱性高低不同，其受损程度是不同的。因此，老人、儿童、残疾人等弱势群体，经济欠发达地区、受灾严重地区在恢复重建中得到的救助应该更多。

④ 生产自救，多样补偿。在恢复重建中，灾害损失补偿是非常必要的："一是通过经济补偿来保证受灾人民的基本生活权益，避免灾民因灾陷入困境；二是能通过经济补偿

来保障社会再生产的顺利进行，避免生产因灾中断；三是通过经济补偿来恢复被灾害打乱的生活与工作秩序，避免社会失控；四是通过经济补偿进一步增强抵御各种灾害的能力。”我们要鼓励灾区民众自力更生，自觉地展开生产自救，避免一味依赖政府救助的倾向。同时，我们要启动社会化的补偿机制，通过商业保险、社会保险等多样化的补偿形式，使灾区尽快地恢复生产、生活秩序。

⑤ 防灾减灾，寻求发展。我们在恢复重建的过程中，不能仅仅是消除某一次突发事件的消极影响，还应该总结经验、汲取教训，增强社会防灾、减灾的能力。同时，我们还要善于抓住机遇，放眼未来，使灾害成为灾区经济社会发展的新起点。

美国学者提出了“总体灾害恢复”（holistic disaster recovery）这一理念，就是指人们在灾害恢复与重建活动中，要改善生活质量，维护公共安全，抓住经济发展的机遇，保护生态环境，减轻自然灾害的风险。可持续性的六个原则是：提高公众的决策参与度，保持和提高生活质量，增强地方经济活力，维护社会平等和代际公平，确保环境质量，提高灾害恢复能力。

恢复重建事关民生。提高公众的决策参与度，就是要在恢复重建的过程中吸纳所有突发事件的利益相关者参与决策，集思广益，准确地识别亟待解决的问题，更好地解决问题。公众参与的关键是灾时及时、准确地发布相关的信息，平时培养公民意识，塑造公民精神。

突发事件，特别是重大自然灾害往往会摧毁基础设施，导致断水、断电、断路、断气、通信不畅，学校、医院等公共设施关闭，灾民无家可归，环境遭到破坏，污染严重，等等。这些都对社会公众的生活质量产生了严重的消极影响。由于生活质量是社会、卫生、经济和环境因素共同作用的结果，因而恢复重建必须要综合协调、多管齐下，以保持社会公众的生活质量为最低纲领，以提高社会公众的生活质量为最高纲领。比如，在灾后恢复重建中，不仅追求城市社区功能的恢复，也要力争实现城市社区的宜居性，修建游泳池、运动场，栽植景观林，等等。

经济活力是恢复重建的“发动机”。在大灾之后，灾区往往会陷入一个经济衰退的恶性循环，缺少经济活力就很难打破这个循环。在灾后恢复重建的过程中，灾区要合理利用政府的支持和社会各界的资助，同时塑造良好的形象，积极寻求外来投资与技术援助，振兴灾区的经济。例如在亚洲金融风暴中，韩国的金融体系几近瘫痪。危难时刻，韩国民众无偿捐献个人的黄金储备，妇女、老人甚至变卖首饰以帮助国家渡过难关。这种伟大的民族凝聚力感染了世界，为韩国迅速走出危机做出了重要的贡献。

恢复重建不可避免地要涉及救助资源和发展机遇的重新分配。在此过程中，社会公众不能因民族、种族、宗教、性别等因素而受到歧视性的待遇，这体现了恢复重建的社会公正性。否则，被边缘化的弱势群体将对政府产生极大的不信任。例如在“卡特里娜飓风”中，因黑人不能得到有效的救援与救助，在美国掀起了一场关于“灾害与种族主义”关系的讨论。同时，在恢复重建的过程中，人们还要充分考虑到未来的风险，替子孙后代着想，体现代际平等。

确保环境质量，就是要在恢复重建中保护自然资源，维持生物多样性，预防、处置环境污染。比如，灾区政府依靠专业人员，在社会公众的支持下，封山育林，禁止狩猎，安置濒危物种，大力开展植树造林等。

最后，恢复重建的过程应该是灾区恢复能力不断增强的过程，如增强建筑物的抗毁损能力，把公众从灾害多发区转移出去并妥善安置，严禁在灾害易发地带选址实施重建工程，等等。这体现了恢复重建着眼未来防灾、减灾需求的思想，是一个值得深入思考的问题。

由此可见，“总体灾害恢复”实际上就是要将恢复重建纳入可持续发展的大视野进行考量，就是要实现灾区经济、社会的可持续发展。所以，我们应该在认识突发事件的恢复重建问题时借鉴这一理念，以更加前瞻、全局的视角规划灾后应急管理。

## 15.5.2 救助补偿

### 15.5.2.1 应急队伍

2019 年 9 月，国务院新闻办就新时代应急管理事业改革发展情况举行发布会，介绍我国应急救援力量体系重塑重构情况。当前，我国应急救援力量主要包括国家综合性消防救援队伍，各类专业应急救援队伍和社会应急力量。

2018 年，公安消防部队和武警森林部队集体转隶到应急管理部，成为国家综合性消防救援队伍。因此，国家综合性消防救援队伍主要由消防救援队伍和森林消防队伍组成，共编制 19 万人，是我国应急救援的主力军和国家队，承担着防范化解重大安全风险、应对处置各类灾害事故的重要职责。在各类灾害事故处置中，国家综合性消防救援队伍当先锋、打头阵、挑重担，以救民于水火、助民于危难的实际行动，彰显了我国应急救援力量体系重塑重构的初步成效。

各类专业应急救援队伍主要由地方政府和企业专职消防、地方森林（草原）防灭火、地震和地质灾害救援、生产安全事故救援等专业救援队伍构成，是国家综合性消防救援队伍的重要协同力量，担负着区域性灭火救援和安全生产事故、自然灾害等专业救援职责。另外，交通、铁路、能源、工信、卫生健康等行业部门都建立了水上、航空、电力、通信、医疗防疫等应急救援队伍，主要担负行业领域的事故灾害应急抢险救援任务。

社会团体、企事业单位以及志愿者等各种社会力量正在应急管理中发挥着越来越重要的作用。社会应急力量依据人员构成及专业特长开展水域、山岳、城市、空中等应急救援工作。另外，一些单位和社区建有志愿消防队，属群防群治力量。

与此同时，人民解放军和武警部队是我国应急处置与救援的突击力量，担负着重特大灾害事故的抢险救援任务。

此外，为适应“全灾种”救援需要，应急管理部分区域在全国布点建设了 27 支地震、山岳、水域、空勤专业队，以及两个消防救援搜救犬培训基地，在各省组建了机动支队、抗洪抢险救援队，各地同步组建了 246 支工程机械救援队、2800 余支各类专业队，在边境线组建了 6 支跨国境森林草原灭火队，在云南和黑龙江分别建设了南、北方空中救援基地，并在演习和实战中锤炼队伍、磨合机制，提升综合救援能力。

（1）专业救援队伍

应急救援队伍通常可分为专业应急救援队伍和非专业应急救援队伍。专业应急救援队伍也包含两类：一类是专业非专职应急救援队伍，如“非典”疫情暴发时，为控制疫情的发展所出动的由专业医护人员组成的医疗队伍，应对“非典”只是他们的临时职责。另一类是专业专职应急救援队伍，这些队伍不仅是由专业人员组成，而且其职责也是专门应对突发事件。非专业应急救援队伍并非为突发事件应对而设，也没有从事应急抢险救援的职责，但某些突发事件发生时，临时需要他们来承担一些应急救援的任务，例如由政府或有关部门招募建立的由成年志愿者组成的应急救援队伍等。

基层的专业应急队伍是我国应急体系的重要组成部分，是防范和处置突发事件的重要力量。多年来，我国基层的专业应急队伍不断发展，在应急工作中发挥着越来越重要的作用。2009年出台的《国务院办公厅关于加强基层应急队伍建设的意见》提出，县级综合性应急救援队伍基本建成，重点领域专业应急救援队伍得到全面加强；乡镇、街道、企业等基层组织和单位应急救援队伍普遍建立，应急志愿服务进一步规范，基本形成统一领导、协调有序、专兼并存、优势互补、保障有力的基层应急队伍体系，应急救援能力基本满足本区域和重点领域突发事件应对工作需要，为最大限度地减少突发事件及其造成的人员财产损失、维护国家安全和社会稳定提供有力保障。

北京、上海、江西等省市纷纷以公安消防队伍及其他优势专业应急救援队伍为依托，建立或确定"一专多能"的综合性应急救援队伍，在相关突发事件发生后，立即开展救援处置工作。综合性应急救援队伍除承担消防工作以外，同时承担综合性应急救援任务，包括地震等自然灾害，建筑施工事故灾害，道路交通事故灾害，空难等生产安全事故灾害，恐怖袭击、群众遇险等社会安全事件的抢险救援任务，同时协助有关专业队伍做好水旱灾害、气象灾害、地质灾害、森林草原火灾、生物灾害、矿山事故灾害、危险化学品事故灾害、水上事故灾害、环境污染、核与辐射事故灾害和突发公共卫生事件等突发事件的抢险救援工作。

我国政府高度重视安全生产应急救援队伍建设，为提高我国矿山应急救援能力，安全监管总局在全国东北、华北、华东、中南、西南、西北等六大区域建设黑龙江鹤岗、河北开滦、山西大同、安徽淮南、河南平顶山、四川芙蓉、甘肃靖远等7个国家矿山应急救援队伍。国家《安全生产"十二五"规划》明确指出，除以上7个国家矿山应急救援队伍外，还要建设14个区域矿山应急救援队伍和1个实训演练基地。建设公路交通、铁路运输、水上搜救、紧急医学救援、船舶溢油等行业（领域）国家救援基地和队伍；依托大型企业和专业救援力量，建设服务周边的区域性应急救援队伍；建设一批国家危险化学品应急救援队伍和区域危险化学品、油气田应急救援队伍，建设矿山医学救护、危险化学品等救援骨干队伍和国家矿山医学救护基地。

（2）武装力量

中国武装力量由中国人民解放军现役部队和预备役部队、中国人民武装警察部队（简称武警部队）、民兵组成，是抢险救灾的突击力量，为维护国家安全、公共安全、环境安全和社会秩序，为维护人民的生命财产安全做出了巨大的贡献。

中国人民解放军现役部队是国家的常备军，主要担负防卫作战任务，必要时可以依照法律规定协助维护社会秩序。按照《军队处置突发事件总体应急预案》的要求，军队主要参与五类突发事件的处置工作，即处置军事冲突突发事件、协助地方维护社会稳定、参与处置重大恐怖破坏事件、参加地方抢险救灾、参与处置突发事件。除了处置军事冲突突发事件具有独立性外，其他四类属于参与地方政府组织的处置突发事件的工作。在参与抢险救灾工作中，按照《军队抢险救灾条例》的规定，军队主要担负五项任务：一是解救、转移或者疏散受困人员；二是保护重要目标安全；三是抢救、运送重要物资；四是参加道路（桥梁、隧道）抢修、海上搜救、核生化救援、疫情控制、医疗救护等专业抢险；五是排除或者控制其他危重险情、灾情。必要时，军队可以协助地方人民政府开展灾后重建等工作。

预备役部队是中国武装力量的组成部分，是列入中国人民解放军建制序列的新型部队，是应付突发事件、承担急难险重任务的突击力量。预备役部队平时按照规定进行训练，必要时可以依照法律规定协助维护社会秩序，战时根据国家发布的动员令转为现役部队。

武警部队是我国应急处置与救援的突击力量，其基本使命是维护国家主权和尊严，维护社会稳定，保卫重要目标和人民生命财产安全。按照党中央和中央军委赋予的新时代使命任务，武警部队将主要担负执勤、处突、反恐怖、海上维权、抢险救援、防卫作战等任务，拓展了维护国家领土主权完整和国家安全职能。

为规范和指导武警部队应急救援力量建设，确保有效执行抢险救援任务，武警部队和中国地震局联合下发了《关于武警部队抗灾救灾力量建设与使用的若干意见》，明确要求武警部队应急救援队主要担负驻地省、自治区、直辖市发生破坏性地震及其引发的次生灾害、建（构）筑物倒塌、滑坡泥石流、化学品泄漏以及国家、军队和地方政府赋予的其他抢险救援任务。

民兵是中国共产党领导的不脱离生产的群众武装组织，是中华人民共和国武装力量的组成部分，是中国人民解放军的助手和后备力量。民兵在军事机关的指挥下，担负战备勤务、抢险救灾和维护社会秩序等任务。

（3）志愿者

近年来，我国的应急志愿者队伍正在成为参与应急的重要力量。目前，我国依托共青团组织、中国红十字会、中国青年志愿者协会、基层社区以及其他组织，建立形式多样的应急志愿者队伍，加强了青年志愿者队伍建设。通过构筑社会参与平台和制定相关鼓励政策，逐步建立国家支持、项目化管理、社会化运作的应急志愿者服务机制，发挥志愿者队伍在科普宣教、应急救助和恢复重建等方面的重要作用。一些地方的专业应急管理部门发挥各自优势，把具有相关专业知识和技能的志愿者纳入应急救援队伍，建立了青年志愿者和红十字志愿者应急救援队伍，开展科普宣教和辅助救援工作。应急志愿者组建单位还建立了志愿者信息库，并加强对志愿者的培训和管理。随着国家现代化建设不断取得新成就和人民生活水平的日益提高，应急志愿者队伍快速发展。

另外，广东省、北京、山东省等一些省市相继开展了应急志愿者队伍建设。比如广东省，在《广东省突发事件应对条例》中专门规定：县级以上人民政府要建立应急志愿者服务工作联席会议（以下称应急志愿者联席会议）制度，负责统筹、协调和指导应急志愿者队伍的招募、培训、演练、参与应急救援等活动。还出台了《广东省应急志愿者队伍组建方案》《广东省应急志愿者管理办法》等一系列相关配套文件。广东省应急志愿者队伍建设具有"志愿不等于自愿""志愿不等于无偿"的特色，应急志愿者主要参与应急知识宣传普及、突发事件隐患排查、突发事件信息报告、应急救援、灾后重建等应急管理工作。应急志愿者分为自然灾害、事故灾害灾难、公共卫生、社会安全、综合管理等五类。根据参与突发事件应急救援等经验和专业能力，每类别应急志愿者分为初级、中级和高级三个级别。其中，初级应急志愿者可以参与较大级别以下突发事件应急救援，中级可以参与重大级别以下突发事件应急救援，高级可以参与任何级别突发事件应急救援。应急志愿者联席会议办公室的办公经费、评比表彰经费，应急志愿者服装费、伙食费、交通费等，由各级财政部门根据有关规定核定后适当补助；不足部分，通过社会捐助形式解决。

#### 15.5.2.2　应急物资

应急物资是突发事件应急救援和处置中最基本的物质保障。救灾应急物资储备机制是我国应急管理中十分重要的一项机制。我国已经建立了以物资储备仓库为依托的救灾物资储备网络，国家应急物资储备体系正在逐步完善。

（1）应急物资的类型和品种

应急物资是指为应对严重自然灾害、突发公共卫生事件、社会安全事件及军事冲突等突发事件应急处置过程中所必需的保障性物资。从广义上概括，凡是在突发事件应对过程中所使用的物资都可以称为应急物资。具体可划分为以下三类：第一类是保障人民生活的物资，主要指粮食、食用油、水、手电筒等；第二类是工作物资，主要指处理突发事件过程中专业人员所使用的专业性物资，工作物资一般对某一专业队伍具有通用性；第三类是特殊物资，主要指针对少数特殊事故灾害处置所需特定的物资，这类物资储备量少，针对性强。此外，应急物资储备的品种包括自然灾害类、事故灾害灾难类、公共卫生类、社会安全类、生活类、应急抢险类及其他。

(2) 应急物资的储备与调拨

应急物资的合理储备是成功开展抗灾救援工作的重要基础和物质保障。应急物资的科学调拨是抗灾救援工作的重要环节。它们共同作用并决定着抗灾救援工作的成败。

① 应急物资的储备。应急物资的合理储备是抗灾救援工作的重要基础。自然灾害发生后，在短时间内急需大量的淡水、食物、帐篷、衣被、药品、医疗器械、照明装置、通信器材、电力设备等基本救灾物资。为保障应急物资的及时、有效到位，需要进一步完善国家、地方和基层单位的应急物资储备体系，尤其应保障一定数量的应急救援物资库。如果应急物资库数量过少或过于集中，或者急救物资的数量和结构不能有效满足抗灾救援工作的需求，将非常不利于抗灾救援工作的有力开展。因此，中央政府应合理规划国家重要应急物资储备库的建设，按照分级负责的原则，加强地方应急物资储备库建设，尤其要加快建立分散的应急救援物资储备库，进一步增加应急物资储备库的数量，提高应急物资储备的分散度。

地方政府的应急物资储备的定额由各专项预案牵头单位(以下简称牵头单位)根据突发事件的应急需要来确定。地方政府要重点建设重要应急物资储备，优化现有生活类、应急抢险类、公共卫生类储备物资，完善应急物资投放网络。地方政府还要统筹各级各类应急物资储备，整合实物储备资源。各牵头单位要负责落实应急物资储备，指定人员和地点，落实经费保障，科学合理地确定物资储备的种类、方式和数量，加强实物储备、市场储备、生产和技术储备。各牵头单位要制定重要商品储备制度，完善粮食、食用油、猪肉、食盐及重要农资品等生产生活必需品的实时储备机制，保证重要应急物资的数量和质量，逐步健全地方政府的物资储备系统。

② 应急物资的调拨。应急物资的科学调拨是抗灾救援工作的重要环节。自然灾害特别是巨灾发生后，调拨什么物资、如何调拨、调拨多少、调拨什么品种等工作便会显得尤为重要。

国家减灾委员会是我国自然灾害救助应急综合协调机构，各省、市、县也相应地建立了相关机构，在历次应急救援物资的调拨工作中均发挥了重要的作用。实践证明，在抗灾救援中对应急物资进行科学有效地调拨，并使物资调拨的时间和成本降至最低限度，对成功做好抗灾救援工作十分重要。

地方政府下属各牵头单位应该实行“一把手”负责制，自主调动应急物资。经地方政府应急委授权，地方政府应急办可统筹调配应急物资。情况紧急时，地方政府下属单位和部门可直接向相关牵头单位提出申请调用。若数量较多时，可向上级政府应急委申请，经批准同意后，向储存单位直接调用。

应急物资调拨应当选择安全、快捷的运输方式。紧急调用时，相关单位要积极响应，通力合作，密切配合，建立“快速通道”，确保运输畅通。已消耗的应急物资要在规定的时间内，按调出物资的规格、数量、质量重新购置或返还给相关牵头单位。建立应急物资储备、更新、轮换的财政补偿机制和区内区域间应急物资余缺调剂、保障联动的工作机制，形成覆盖各类突发公共事件的应急物资保障和储备体系，实现综合动态管理和资源共享。按照国家有关法律规定，紧急情况下，可征用法人或自然人的重要商品物资、交通工具以及相关设施。

③ 应急物资紧急征用和补偿。应急物资紧急征用可分为向个人征用和向社会征用两种形式，同样也有分别补偿的办法。以四川省为例：在应急处置与救援方面，县级以上政府为应对突发事件，必要时可依法征用单位和个人的财产。财产征用人员不得少于两人，并署名备查，征收组应当有公证人员参加。在14种情形下，县级以上各级政府及相关行政部门直接负责的主管人员和其他直接责任人员将被给予行政处分，包括未向社会公布应急避难场所，未公布抢险救灾、救济、社会捐助等款物的管理、分配和使用情况等。

#### 15.2.2.3 应急避难场所

突发事件往往严重威胁着人们的生命和财产安全，为使人们在突发事件发生时能躲避由突发事件带来的直接或间接伤害，并保障基本的生活秩序，建设应急避难场所就成为提高全社会防灾减灾能力和有效应对突发事件的重要措施之一。由于功能齐全的应急避难场所在疏散居民、保障民众生命安全、灾后有效救援和恢复重建以及维护社会稳定方面都发挥着不可替代的作用，因此，近些年来我国各大城市均把应急避难场所建设列为城市基础建设的重要内容。

(1) 应急避难场所的定义、类型及作用

应急避难场所是指利用城市公园、绿地、广场、学校操场等场地，经过科学的规划、建设与规范化管理，在突发事件发生时能为社区居民提供安全避难、基本生活保障及救援、指挥的安全场所。按照国家有关规定，一处正规的应急避难场所最少应具备十项基本的功能设施：救灾帐篷、简易活动房屋、医疗救护和卫生防疫设施、应急供水设施、应急供电设施、应急排污设施、应急厕所、应急垃圾储运设施、应急通道、应急广播、应急标志等。如果条件允许，还应增设应急消防设施、应急物资储备设施、应急指挥管理设施等。必要时还需设立应急停车场、应急停机坪、应急洗浴设施、应急通风设施等。

我国通常将应急避难场所划分为以下三类。

① 紧急(临时)避难场所。紧急(临时)避难场所是灾害发生后，供社区居民临时或就近避险的场所，也是避难疏散人员集合并转移到固定避难场所的过渡性场所。通常是建筑物附近的小面积空地，如小公园、小花园、小广场、专业绿地、学校操场等，服务半径应为500m，人均用地面积1.5～2.0$m^2$，步行在10min之内可以到达。紧急(临时)避难场所具有避险与避难的双重功能，应具备一定的生活与紧急救援功能，能够提供临时避难、流动医疗、应急水电、厕所等设施。

② 固定避难场所。固定避难场所是供避难疏散人员较长时间避难和进行集中救援的场所，通常是面积较大、可容纳人员较多的公园、广场、体育场馆、大型人防工程、停车场、绿化隔离带，以及抗灾能力强的公共设施、防灾据点等，服务半径为2000～3000m，人均用地面积2～3$m^2$，步行约0.5～1h可以到达。固定避难场所是城市避难疏散的主要场所，承担灾民安置与救援的重要功能，应具备一定的救援能力，拥有较为完善的生活配套设施，使灾民能够较长时间生活。

③ 中心避难场所。中心避难场所是指规模较大、功能较全、起避难中心作用的固定避难场所，通常可选择城市防灾公园、城市运动公园等，服务半径应为5000m，面积在50$hm^2$以上。中心避难场所是城市避难的中心场所，应具备非常完善的避难功能。除具有避难需求的所有功能外，场所内一般还设抗灾防灾指挥机构、信息通信设施、抢险救灾部队营地、直升飞机坪、医疗抢救中心和重伤员转运中心等，是灾难发生时各项应急救援工作的指挥管理中心。

应急避难场所的作用主要体现在以下五个方面：第一，是突发事件发生后，为居民提供安全的、防止二次伤害的安置场所；第二，进行医疗救护，突发事件发生后可能会有大量的伤员需要得到及时的抢救和治疗；第三，进行人员、物资的运输和中转，大量的人员、物资、设备、装备可以通过应急避难场所进行调度、中转、转运；第四，进行信息的收集和传递，避难场所内的应急通信系统可以保证避难场所与邻近社区、单位之间，各避难场所之间，指挥人员与疏散人员之间的信息联络；第五，可作为突发事件发生后，应急指挥人员进行会商、研判，拿出各种应对方案的决策场所。

(2) 应急避难场所的规划原则与建设重点

建设应急避难场所是当前应对频发突发性事件的重要举措，只有通过科学合理的规划才能发挥其最大功能。应急避难场所规划设计的主要原则有以下几点。

① 统筹规划、合理布局原则。应急避难场所规划应与城市总体规划相结合，根据该地区的人口数量、分布特点、自然地理条件、灾害类型、建筑物分布等情况，合理估算需避难疏散的人口数量，考虑可利用的避难场所资源、疏散时间、疏散半径、疏散通道等因素，合理确定应急避难场所建设规模和布局，配置相应应急保障基础设施，保证各类避难场所能够满足城市居民的避难需要。

② 便民就近原则。应急避难场所应安排在居住区内或居住区周围，便于居民在发生灾难时能够迅速到达，以步行5～10min到达为宜。既减少人员伤亡，又减少对外部紧急救援的依赖，缩短依赖外部救援的时间。

③ 安全性原则。应急避难场所选址要科学合理，确保安全，应远离高大建筑物，易燃易爆化学物品，核放射物，地下断层和易发生洪水、塌方的地方；避开地震活断层、岩溶塌陷区、矿山采空区；优先选择空旷、平坦、交通环境及消防治安条件好、灾时便于搭建临时帐篷进行救灾的地区。

④ 平灾结合原则。应急避难场所为多功能的综合体，平时可作为居民休闲、娱乐和健身的场所，遇有地震、火灾、洪水等突发灾害时可作为避难使用，二者兼顾。

⑤ 综合防御原则。应急避难场所建设应与城市灾害环境相适应，以地震、洪水等大规模灾害为主，兼顾火灾、建筑物毁坏、恐怖袭击等突发事件发生时居民的避难需求，综合考虑不同灾害的防灾要求，多灾结合，综合考虑场所建设和管理的要求。

⑥ 便于救援原则。应急避难场所应设置两条以上与之连接的疏散通道，其宽度、纵坡及转弯半径应符合城市道路次干道的要求，以保障避灾群众快速、无阻到达避难场所。

⑦ 家喻户晓原则。通过对应急避难场所功能、作用的宣传教育和应急疏散演练，使社区居民掌握安全避难的方法、措施与注意事项，确保其在突发事件情况下能够知道如何安全地离开住所，通过避难路线到达指定的避难场所进行避难，以及应当遵守的与避难相关的法律法规和规章制度。

根据上述规划设计原则，在建设应急避难场所时，应着重做好以下几方面具体工作。

① 合理选址。选址时应充分考虑城市已有或拟建的场址，并与城市环境相协调，重点选择公园、绿地、休闲广场、学校操场、体育场（馆）等区域，并保持疏散道路畅通。根据现有场地条件，综合考虑临时性和永久性的需要，合理设置功能。

② 配套设施及物资储备。避难疏散场所的配套设施一般包括情报通信设施、能源与照明设施、生活用水储备设施、临时厕所、垃圾堆放与运输设施、抗灾减灾物资储备库等。结合应急避难场所周边情况，合理储备应急物资。短期性物资，如食品、药品及生活用品可依托邻近的商场、超市和普通商店代储；长期性物资，如帐篷、医疗器械、灭火器材、应急救援装备等应有一定的仓库储备。

③ 设置标志。应急避难场所应有统一的图形符号、指示标示等。在公园、绿地等避难场所附近城市道路的醒目处设置各种类型的避难场所标示牌，标明避难场所名称、具体位置和前往方向，也可在标示牌上绘制出避难场所内部的区划图和场内功能分布图。

④ 疏散体系。根据应急避难场所的建设情况，制定相应的应急避难场所应急预案，内容包括疏散路线、安置区域、指挥人员责任范围划分等，保证疏散工作有条不紊。

⑤ 实施主体和经费来源。应急避难场所建设由省市政府统筹协调，按照“谁主管、谁负责”的原则组织实施。各相关职能部门按各自职责做好建设和管理工作。建设应急避难场所所需费用，由政府财政统筹安排。

#### 15.2.2.4 救灾资金

救灾资金的使用必须用于与救灾直接相关的事项。如果救灾资金来源于企业或社会的捐助，救灾资金的使用还必须充分考虑捐赠人的意愿。救灾资金的使用应以效用最大化为目标，绝不允许被挤占、截留、挪用、盗用和贪污。否则，救灾工作的顺利开展就无从谈起，灾民的生命、健康与财产安全将无从保障；企业与社会参与抗灾救灾的热情将会泯灭，未来救灾资金的筹措将会面临巨大的困难；政府的公信力降低，国家在国际舞台上的形象受到玷污。

归纳起来讲，救灾资金的使用必须遵照以下四个原则：

第一，专项管理、专款专用的原则。救灾资金不得挤占、截留、挪用、盗用和贪污，不得实施有偿使用，不得提取周转金，不得用于扶贫支出，不得擅自扩大使用范围，必须保证救灾资金用于灾害的救助。救灾捐款受赠人应指定救灾资金专用账户，进行专项管理，以确保专款专用。

第二，统筹安排、重点使用的原则。面对同样一场灾害，不同的地区、不同的人群脆弱程度有高有低。脆弱程度高的地区和人群，灾害损失严重，反之亦然。因此，为了确保救灾资金的使用公平和正义，不能平均分配，搞“阳光普照”，而应统筹安排、集中调配，突出重灾地区和重灾户，适当向老、少、边、穷地区倾斜。为了保证救灾资金的重点使用，如果捐赠人所捐赠的资金过于集中，则有关行政管理部门应在征得捐赠人许可的情况下，适当调剂捐赠款的分配。

第三，及时拨付、公开透明的原则。灾害发生后，报灾、核灾工作应迅速、快捷地开展，救灾资金的分配、审批、拨付应做到高效、及时，必要时可特事特办、急事急办，先进行应急拨款，再办理结算手续。如果救灾资金不能及时拨付，灾害影响就不能及时得到控制，甚至出现扩大升级的趋势。在现代社会，广大公众的民主意识、法律意识、公平意识、维权意识与知情意识都得到了空前的提高与增强，为此，救灾资金的使用必须规范、合理、公开、透明，将救助对象、分配方案、发放程序与救灾账目置于社会公众的监督之下。

第四，有效监管、注重效益的原则。救灾资金的使用应当得到行之有效的监管，彻底扭转“重筹集、轻监管”的现象，使救灾资金发挥最大的效益。审计、民政等有关部门应对救灾资金的使用情况进行监管，并及时公布有关结果，接受广大社会公众的监督。同时，司法部门要对挪用、贪污救灾资金等违法犯罪行为予以严惩，加大涉及救灾资金犯罪的成本，使救灾资金成为一条“高压线”。不仅如此，我们还要对救灾资金的使用进行合理的绩效评估，找出差距和问题，不断提升救灾资金的使用效益。

目前，我国的救灾资金管理存在着一系列的问题，严重制约着救灾资金的使用效率。其中的主要问题有：

首先，从纵向上看，地方政府与中央政府之间在救灾资金分担方面进行博弈。1994年，我国实施分税制，中央政府财权增加，地方政府财权减少。与此同时，中央政府与地方政府之间的事权分担比例却鲜有变化。在这种情形下，地方政府在救灾资金分担方面产生了与中央政府进行博弈的冲动。具体表现是地方政府为减轻财政负担，千方百计地夸大灾情，要求中央政府更多地拨付救灾资金，而灾情评估并非一项很容易精确完成的工作。地方政府套取中央政府的救灾资金多，其财政负担小。

因此，为了调动地方政府抗灾救灾的积极性，我们需要赋予地方政府更多的财权，使财权与事权相匹配，让地方政府消除与中央政府博弈的动力，真正实现救灾资金管理的分级管理、分级负担。此外，我们还必须借助高技术手段，建立科学、合理的灾情评估机制，使地方政府无法与中央政府在救灾资金方面"角力"。地方政府抗灾救灾的积极性增强，这将会对中国灾害管理产生巨大的积极影响，逐步形成自下而上的应急响应程序，有利于遏制突发事件的演进，进而降低应急管理的成本。

其次，从横向上看，受我国行政体制总体特点的影响，救灾资金管理体制存在着部门分割、多头管理的弱点。不仅如此，传统的灾害管理均为分部门、单灾种应对，部门之间缺少沟通与协同。在现代社会中，灾害往往具有很强的横向扩散性，往往会打破部门之间的界限，表现出明显的综合性。为此，从应急指挥的角度看，这造成了政出多门、九牧一羊，令下级无所适从，疲于应付。从救灾资金管理的角度看，灾害发生地往往会向上级部门多头申报救灾资金，造成救灾资金的重复配置和巨大浪费。因而，我们需要进一步理顺体制，建立一个统一领导的救灾资金管理部门，避免救灾资金的重复拨付。

再次，我国的救灾资金主要来源于政府的财政拨款，市场化手段利用还不充分，企业与社会捐助所占比重还比较小。正如有的学者所说："我国应对突发事件的资金主要来自政府财政拨款，少量来自社会捐助，而在应对突发事件中可以起到重要作用的保险还没有发挥其应有的作用。"

就市场化手段而言，最为重要的是建立巨灾的保险机制。对此，国家应给予一定程度的政策性扶植。由于重大突发事件会导致大量的人员伤亡和财产损失，在没有国家对保险支撑的情况下，保险企业不敢涉足灾害保险领域，这也情有可原。所以，巨灾保险机制需要政府的助力。

就企业与社会捐助而言，最为重要的是建立应急社会动员机制。我国政府的救灾方针是：依靠群众，依靠集体，自力更生，互助互济，辅之以国家必要的救济和扶植。可见，公众的自救、互救占据了突出的地位。我们应建立以公民自愿为基础、以效果持久性为特征的自下而上的社会动员机制，调动社会公众长期投入防灾减灾、抗灾救灾的热情，鼓励公益性非政府组织的发展和社会公众相互扶持、相互帮助，积极开展生产自救。

最后，我们要建立和完善救灾资金的运行机制。长期以来，我们在救灾资金管理上缺少成熟、稳定的运行机制，有些方面的主观随意性较大。建立和完善机制就是要增强救灾资金管理的严肃性、客观性、科学性和可操作性，为救灾资金的审批、分配、拨付、监督等行为确立规则。

#### 15.2.2.5　灾害补偿

（1）政府补偿

政府是应急管理的重要行为主体。在恢复重建过程中，政府下拨救灾款项以帮助灾区恢复生产生活秩序，这是灾害损失补偿的主要手段。古今中外，概莫能外。"9·11"事件发生后，美国应急管理署、小企业局（SBA）和纽约州下拨了大笔的救灾款项。到2001年12月，总拨款额度已经超过了7亿美元。其中，以公共援助基金的形式拨款3.44亿美元，帮助纽约市修复受损的基础设施，恢复关键性的服务，清除、运输废墟；以赠款和贷款的形式，提供个人援助超过1.96亿美元，用于修建临时灾害住房等。

（2）灾害保险

灾害保险起源于1666年的伦敦大火。在那场大火中，伦敦城3/4的建筑被毁。早在18世纪早期的美国，费城很重视消防，有7家灭火公司，并为建筑物的性质及位置确立了明确的规章。在富兰克林·罗斯福的领导下，费城人建立了美国第一家火灾保险公司。

灾害保险的优势包括：一是可集中全社会的力量对灾害损失进行补偿，具有转移风险的作用；二是灾害保险可以适应灾害补偿需求的波动，自我调适能力强。因此，灾害保险在灾害损失补偿中的作用非同寻常。在美国，社会公众、家庭和企业购买灾害保险的积极性很高：首先，并非所有的灾害都能得到联邦援助；其次，联邦援助所满足的只是基本灾害需求，且有一个限定条件——其他手段不能实现。此外，联邦援助可能以贷款的形式体现。

灾害保险与应急管理有着非常密切的关系。灾害保险的作用可以体现在：第一，保险公司要评估投保者的安全状况，有利于风险评估的全面与深化；第二，保险公司积极推动安全文化建设，不遗余力地为应急建设做出贡献，有利于贯彻预防为主的原则；第三，分担灾害风险。

在"9·11"事件中，美国因世界贸易组织中心被炸而支付保险赔款总额超过300亿美元，仅双子座大楼倒塌而支付的赔付金额就高达35亿美元。这次事件对于美国保险业而言是一个"分水岭"。由于恐怖主义很难预测，美国政府于2003年通过了《恐怖主义风险保险法案》，由联邦来分担商业财产保险的部分赔付。

目前，我国灾害保险的作用没有完全发挥出来。政府应与保险业合作，实行有选择的强制性责任保险，并通过财政、税收方面的优惠政策，扶植灾害保险企业。

（3）捐助

捐助主要包括国内社会捐助与国际社会捐助两种。灾害发生后，国内外社会各界出于人道主义的立场，自发地捐款、捐物，这是灾害补偿的另一种手段。2001年1月26日，印度古杰拉特发生强烈地震，影响了7904座村庄，造成2万多人死亡，16万多人受伤，损失超过21亿美元。灾害发生后，联合国粮食署、联合国儿童基金会、国际劳工组织、世界卫生组织等国际组织以及世界许多国家都对印度伸出了援助之手，慷慨捐助，对印度实现灾后的恢复重建发挥了巨大的作用。此外，一些非政府组织在灾害捐助中以其中立、人道主义色彩及草根性发挥着独特的作用，是恢复重建不可忽视的重要力量。

### 15.5.3　心理抚慰

#### 15.5.3.1　灾后心理问题

在重大自然灾难和事故灾害发生之后，受灾人群和灾区民众往往出现较大面积和不同程度的灾后心理反应，部分群众甚至出现严重的灾后心理问题，产生过激行为，甚至自杀。根据相关研究，50%的人在巨大灾难后可能出现不同程度的急性应激障碍（ASD）和创伤后应激障碍。其主要表现为反复闯入意识、梦境的创伤体验，高度的焦虑警觉状态，与社会隔离和回避行为。患者的社会功能严重受损，约1/3的患者终生不愈，有的终身丧失工作和生活能力，1/2左右的患者常伴有物质滥用或抑郁、焦虑性障碍，自杀率是普通健康群体的6倍左右。创伤后应激障碍的发病率在经历精神创伤事件的群体中约占5%～50%，平均发病率约为10%，与经历的创伤性事件种类、个体对应激事件的易感性以及事件发生后的恢复能力密切相关。

灾后心理问题的特征如下：

① 人群范围广。有关学者对1999年台湾大地震的跟踪调查发现，2年之后6412名房屋被毁者中，20.9%出现创伤后应激障碍症状，39.8%出现临床心理症状。据此保守估算（按10%的发病率），此次地震受灾的300万人中将会有30多万人发生创伤后应激障碍，即需要开展心理援助的人数最少不低于30万人。同时，创伤还可能引发人格变异。对于在灾害中失去亲人、致残的群众，特别是儿童，心理援助更加重要。对于孤儿和因灾致残的儿童，他们的心理重建需要更长的时间。对于儿童和青少年，灾难的创伤如果长期积累会导致严重的发展困难，形成人格障碍。

② 援助时间长。根据有关研究发现，灾后心理援助分三个阶段：第一个阶段是应激阶段，生存是第一要务。在这一阶段，群众心理问题并不明显。第二个阶段是灾后阶段，一般是从灾后几天到几周之内。在这一阶段，各种各样的心理问题凸显出来，如果没有伴随相应的心理援助，灾民马上就会因为发现灾难的损失和重建的困难，而感到强烈的失落。第三阶段是恢复和重建阶段，这个阶段可能需要几个月甚至几年的时间。唐山精神卫生医生张本等人对1976年唐山地震20年后的心理远期影响进行系列研究发现，接受调查的1813人中，有402人患有延迟性应激障碍，占22.1%。

③ 需求多元化。灾区群众早期最突出的心理及行为表现主要是焦虑、恐怖、躯体化反应及精神病性（主要表现为幻觉），部分人员也出现明显的强迫症状、抑郁情绪等。受灾群众早期对安全感的需求最高（100%）；其次是对基本生活保障的生理需求、信息的认知需求、归属及爱的需求；对高层次的自我实现的需求较低。据调查发现，安全感需求方面，100%的灾区群众对房屋加固、板房修建等基础设施提供的安全感需求强烈，认为安全常识学习、安全信息通报，以及通过开展心理疏导，从认知、行为等方面适应与调整都非常必要。生理需求方面，灾区现有物资援助，可满足基本生理需求，甚至出现了因物资多而引发的需求过度满足。但并没有驱散其对未来的生活保障的忧虑和担心，反而有可能放大对未来生活保障的生理需求。

④ 心理较复杂。调查发现，除灾后灾区群众具有ASD和创伤后应激障碍外，房屋损毁、物资分配等问题，让灾区群众表现出了更多不同的心理现象，甚至对心理重建与物质重建都会产生极大影响。

⑤ 绝对公平心理。地震发生后，灾区群众对救灾物资发放表现出绝对公平的追求，相互会对物资多少、好坏等进行比较。但由于人员繁杂、情况多样等因素，很难做到完全的、绝对的公平。因此，从房屋赔偿到生活用品发放，都可能引发某些群众的不满，甚至因此与干部、其他群众发生冲突。

⑥ 等靠依赖心理。如汶川地震后，国家投入了大量的财力物力重建灾区。因而，“4·20”芦山地震后，受灾群众对政府期望极高，据调查，有相当的民众期望国家能够像汶川地震灾后重建一样重建他们的家园。这非常容易导致他们出现“等、靠、要”的依赖心理，导致后期自我重建动力不足。

⑦ 习得性无助心理。地震发生后，余震不断，未来也不排除还有大震的可能。不少受灾群众面对难以控制的自然灾害，表现出习得性无助心理，认为即使房屋重建起来了，也有可能在未来再次被地震损毁。这样的习得性无助心理也将导致自我重建动力丧失。

灾区群众普遍存在的灾后心理需求主要是安全感的需求和控制感的需求：

① 安全感的需求。如“5·12”汶川地震在新中国成立后为发生在我国震级最高的一次地震，面对地动山摇之后家园尽毁、亲友被埋的景象，受灾地区群众的基本生命安全和生活稳定状态普遍受到威胁。

② 控制感的需求。灾难之后人们丧失了亲人、家园，不知何时能得到援救，不知何时才能恢复正常的生活；人们经过几十年奋斗换来的财富一下子不见了，每个灾区群众都要重新建设家园；余震频频发生，似乎永不停歇。这些都使人们产生一种不可预知、不可控制的感觉。

为了帮助灾区群众进行心理恢复，灾后需要大量的心理疏导志愿者和志愿服务。对灾后心理疏导志愿者的调查研究发现，志愿者参与热情高，但能够从事具体的志愿服务和做好志愿服务却并非易事。

#### 15.5.3.2 心理危机干预的技术措施

在心理危机干预过程中，需要采取一系列具体的技术与措施，从实践经验来看，这些技术与措施主要包括如下五个方面：

第一，心理支持和陪护技术。根据学者的研究，无条件的支持是解决心理问题的重要手段。在突发性灾难事件发生后，大量受害者的社会支持系统崩溃，形成负性应激源。心理支持和陪护技术正是解决这一问题的有效手段。通过心理支持和陪护，体现来自社会的关爱，建立临时的社会支持系统，并尽力帮助受害者解决急需解决的问题，从而对受害者起到平复心理创伤的作用。

第二，放松技术。放松技术主要用于减轻受害者体验到的恐惧和焦虑，通常有四种放松训练方法：①渐进性肌肉松弛法，即让被干预者遵循由四肢到躯干、由上到下的系统顺序，紧张并松弛躯体的每组主要肌肉群。紧张并松弛肌肉可以使它们保持比先前更松弛的状态，达到放松的目的。②腹式呼吸法，即让被干预者以一种慢节律方式进行深呼吸，每一次吸气，被干预者都用膈肌把氧气深深吸入肺内。因为焦虑最常出现浅而快的呼吸，腹式呼吸以一种更放松的方式取代了这种浅而快的呼吸方式，因而减轻了焦虑。③注意集中训练法，即让被干预者把注意力集中在一个视觉刺激、听觉刺激或运动知觉刺激上，或者让被干预者想象愉快的情景或影像等。注意集中训练法常常结合其他放松技术一起使用。④行为放松训练法，即让被干预者坐在一张靠椅中，让身体的所有部位都得到椅子的支撑，干预者指导被干预者使身体的每个部位都做出正确的姿势，同时，让被干预者注重肌肉紧张、正确呼吸、注意力集中，让身体通过正确的姿势得到放松。

第三，心理宣泄技术。干预者主动倾听受害者心中积郁的苦闷或思想矛盾，鼓励其将自己的内心情感表达出来，以此减轻或消除其心理压力，避免引起更严重的后果。经历突发性灾难后，个体需要专业的危机干预者提供一个通道宣泄他们的不良情绪，从而获得极大的精神解脱。在进行宣泄时，干预者要对经历突发性事件的个体采取关怀、耐心的态度，让他们畅所欲言而无所顾忌，使他们因不良情绪得到宣泄而感到由衷的舒畅，进而强化他们战胜灾难的信心和勇气。

第四，严重事件晤谈技术。严重事件晤谈技术是一种通过系统的交谈来减轻压力的方法。严格来说，它并不是一种正式的心理治疗，而是一种心理服务，服务的对象大部分是正常人。严重事件是任何使人体验异常强烈情绪反应的情境，可潜在影响人的正常功能。严重事件造成应激是因为事故灾害处理者的应对能力因该事件而受损，个体出现适应性不良，如紧张、焦虑、恐惧甚至冷漠、敌对等。需要注意的是，严重事件晤谈不适宜处在极度悲伤期的受害者，晤谈时机不好，可能会干扰其认知过程，引发精神错乱。

第五，转介技术。对那些意识不够清晰的当事人，在不能进行心理辅导和心理治疗的情况下，需要施以物理、化学治疗，首先改善神经系统的功能状况，然后再施以心理治疗和调节。对初步判断为精神病反应的当事人，需要及时进行转介。

从总体趋势来看，由于危机干预服务的领域在不断拓宽，实施危机干预服务的技术和措施也日趋多样化，因而在心理危机干预的形式上更加强调多学科合作，因为多学科合作可以集中各学科的优势力量，促成多种观点和观念的碰撞，也方便用多元文化的观点来考虑组织和执行干预项目。

#### 15.5.3.3 心理危机干预的步骤

在具体的心理危机干预与重建过程中，需要遵循相应的流程和步骤。面对突发性事件所引发的公共性心理危机，救援工作人员不仅要做好死伤者家属的安排工作，同时更要做好家属情绪和心理的安抚工作。要恰当处理好信息公开与家属隐私要求的关系，协调好大局安排和个体需求的关系。

一是应明确心理危机干预的指导思想，摆脱危机救援仅仅是物质救援的思想，在救援工作中应体现出提供精神救援与心理危机干预的必要性和重要性，体现出“以人为本”的救援理念。

二是在行动上具体要做到明确核心问题，准确找到引发患者应激性障碍的源头，从患者的身份出发设计大致的干预思路与方法。具体而言：

第一，安全是保障患者的最高要求。帮助患者脱离危险境遇或不稳定环境，使其处于安全可防备的情境之下。在灾难发生的第一现场，保障患者心理良好状态固然重要，但患者及其救助者的个人安全更是前提要求和首要任务。

第二，理解患者情绪，做好情感支持，给患者以尽可能全面的、充分的理解和支持。不管患者遭遇的经历是天灾人祸还是自己的过失所致，也不管患者当前的感受可以理解还是不合常情，一律不予评价，而是提供机会，通过沟通与交流，让患者表达和宣泄自己的情感，给患者以同情、支持和鼓励。使患者明确感觉到“有人在关心我”，切不可有反客为主、高人一等的做法。同时，帮助患者改变不合理认知和主观偏执思想，以使其尽快恢复理想的心理状态。鼓励当事人进行情绪的表达和情感的宣泄，通过情绪表达，当事人内心深处的负面感受会得以疏解，其心中的不安、焦虑等情绪也会得以释放，有利于心理恢复平衡。

第三，积极动员患者的身边力量，完善社会支持系统。要准确确定患者身边的亲人、朋友或有影响力的外界力量，充分调动外界资源对患者的支持和帮助。同时，也可利用患者所处的社区、居委会等集体组织，使患者积极融入集体的行列，参与集体活动和交流，对心理危机的发展起到缓冲的作用。在大规模的灾难面前，如遭遇地震、海难、水灾等杀伤力特别大的灾难时，一般以社区为基础进行心理危机干预，具体内容包括成立各种自助组织，及时识别高危人群，普及相关预防知识，在社区中宣传心理卫生常识，提高扶弱济贫救危活动的公众意识等。

第四，预防危机所产生的不良后果。心理危机都会对患者产生程度不一的不良后果，心理干预人员要基于患者个体的差异性准确判断心理危机可能产生的后果，以便及时有效地选用心理危机干预的技术与措施。

第五，为患者制订细致清晰的计划表。在帮助患者恢复健康心理状态的同时，要为患者制订干预计划的工作表，并和患者一起改进完善工作计划表的项目，以使患者明确自身的大致情况，能够清晰了解到自身的恢复程度和过程，从而自己不断寻求到克服危机的信心和勇气。计划的制订应该让患者充分地参与，使他们感到自己的权利、自尊没有被剥夺。

第六，及时反馈患者的治疗进度。干预工作者应该与资深或专业人士探讨干预工作的进展与不足，使干预工作更加完善到位。

三是相关机构应及时提供准确信息。面对重大突发性事件，人们迫切希望得到充分而透明的信息，以了解事情发展趋势，消除心理压力和稳定恐慌情绪。所以，灾难过后政府职能部门应该建立健全快速信息反应机制，准确及时地发布详细的权威信息，利用快捷的信息通道，将正确的信息传递出去，使之成为各种信息洪流中的主流，打消公众不必要的顾虑和疑惑，稳定公众的情绪，保持社会的安定局面。

### 15.5.4 调查评估

调查评估是突发事件应急管理工作的一个重要环节，《国家突发公共事件总体应急预案》和《突发事件应对法》中对调查评估都有明确的规定。突发事件具有突发性、非常规性和后果严重性的特点，所以突发事件应急管理工作中及时总结经验教训、追究责任以及改善日常准备具有远超常规管理工作的重要性，而调查评估正是完成这些任务的必要手段。此外，调查评估通过对现有制度的考查和判断，能够推动应急管理制度不断改进，因此对应急管理制度的完善和发展有重要的促进作用。然而，不论在实践中还是理论研究上，目前对于突发事件应急管理调查评估的认知还存在若干模糊之处，因此，对突发事件应急管理调查评估进行深入的理论分析是非常必要的。

突发公共事件应急管理是关系国家经济社会发展全局和人民群众生命财产安全的大事，调查评估是应急管理的重要环节。对于不同种类的调查评估，其目的与对象不同，实践中所采用的工作机制也有较大差异。而目前对调查评估的认识和界定尚不清晰，导致实践中调查评估改进应急管理工作、提升应急管理能力的作用难以得到充分发挥。基于法律的要求、理论上概念的明晰以及应急管理工作实践的需要，突发事件应急管理调查评估可以分为三类：对突发公共事件本身的调查评估、对突发公共事件应急处置的调查评估和对应急管理能力的调查评估。

对于突发事件应急管理调查评估的要素和分类分析是亟待解决的明晰应急管理调查评估总体性质的核心问题。

（1）调查评估的基本要素

一套完整的调查评估机制，必须回答“为什么评估、评估什么、谁去评估、如何组织评估、怎样评估、评估结果如何”等一系列问题。一般来说，一套完整的突发事件应急管理调查评估机制，应包括以下基本要素：

① 调查评估的目的（为什么评估）。无论何种评估，一般而言都是一种辅助性的活动，目的是服务于所评估的对象。

② 调查评估的对象（评估什么）。调查评估是一个客观见诸主观的过程，也是知识发现和信息扩散的过程，因此可具有多种视角，也有多种关注对象。清晰明确的评估对象能够使评估目的充分地体现在评估框架和评估体系中，使评估的结果便于实际应用。

③ 调查评估的主体（谁去评估）。调查评估机制的建立围绕如何组织调查评估而展开，其基本问题是由谁负责组织调查评估，哪些人或部门应该参加调查评估。调查评估的主体又可分为组织者和实施者。按评估主体来源的不同，可分为内部评估与外部评估。

④ 调查评估流程（如何组织评估）。调查评估流程是调查评估顺利开展的制度保证。调查评估周期是多少天、调查评估的程序是怎样的、调查评估报告应该给谁、如何处理等，都需要规范。调查评估流程的合理性，影响到评估结果的客观公正，也影响到评估成果的有效实施。调查评估的流程设计是服务于调查评估目的的，同时受调查评估原则的限制。

⑤ 调查评估的指标体系（怎样评估）。调查评估的指标

体系是指从哪些方面对评估对象进行评价。指标体系是否合理、全面，关系到调查评估质量的好坏。同时，指标体系还包括调查评估方法的确定，即用什么方法对评估指标进行统计、分析和说明。

⑥ 调查评估的结果（评估结果如何）。调查评估的结果，一般包括直接成果（评估报告）和间接成果（以评估结果为依据所采取的改进行动或责任追究等）。评估的目的不仅仅是得到对事实状况的描述，而是在对评估结果进行鉴别和分析的基础上，及时有效地贯彻改进方案。这就需要有一个强有力的组织或部门，负责改进方案的有效实施。

(2) 突发事件调查评估的分类

总结以上突发事件应急管理法律、法规和预案规定，以及这些规定内在主旨和对实际工作指导意义的分析，可以将突发公共事件调查评估分为三类：对突发公共事件本身的调查评估、对突发公共事件应急处置的调查评估以及对应急管理能力的调查评估。其中损失评估、原因调查、事件报告等都可以归为对突发事件本身的调查评估；总结突发事件应急处置工作的经验教训属于对事件应急处置的调查评估；风险评估、恢复重建等属于对应急管理能力的调查评估；奖励和处罚、法律责任的规定中涉及对事件及处置的调查，既包括对事件本身和对事件应急处置的调查评估，也包括对日常应急管理能力的调查评估。

理论上，依据调查评估的对象（内容）与目的，同样可以将突发事件应急管理调查评估分为上述三种不同的类别。第一类调查评估的对象是事件本身，内容包括事件发生的经过、原因、人员伤亡情况、直接经济损失等，这类调查评估以事件定性、责任认定、损失补偿为目的。第二类调查评估的对象是事件应急处置，即事前、事发、事中、事后全过程的应对和处置工作，调查评估的目的在于改进应急处置的各个环节，包括预案设计、组织体制、程序流程、预测预警、善后措施、保障准备以及其他相关工作。第三类调查评估的对象是应急管理能力，主要是各级政府和政府各相关部门应对突发事件的能力及其常态应急管理工作的开展情况，能力评估的目的是监督、检查、考核和推动政府及相关部门的应急管理工作的开展，促进应急能力的提高。

在应急管理工作实践中，两种调查评估各有其意义和价值。现实中，相当一部分的突发公共事件的发生往往与某种错误、过失甚至违法乱纪行为相联系，对事件本身的调查评估，不仅是进行事故灾害性质认定、责任追究必备的基础和依据，也是完善政府管理工作、杜绝或预防类似事件再次发生的有效手段。对事件应急处置的调查评估，对于应急管理部门总结经验、吸取教训、修订预案、完善应急体制和机制有着重要的价值，评估结果也可作为责任追究、工作评比等多方面工作的辅助参考。有关应急管理能力，特别是地方政府应急管理能力方面的调查评估，同样是需要非常重视的一种评估。通过对应急管理能力的调查评估，可以指出政府及其应急管理部门工作之中的薄弱之处，为应急管理工作指明需要加强的方向，监督、检查和推动日常应急管理工作的开展，同时为应急管理工作部署和相关决策提供参考，为应急管理工作总结和奖惩提供依据。

### 15.5.5 责任追究

为有效防范重（特）大突发公共事件的发生和应急处置工作中出现不及时、不到位、给人民生命财产安全造成不必要损失，生产经营单位制定相关制度以规范开展责任追究工作。

第一条 本制度适用于生产经营单位应急管理工作主要领导、各部门、岗位负责人。

第二条 根据《突发事件应对法》第六十三条、第六十四条的规定，凡有下列情形之一的，依法给予党纪、政纪处分。

（一）未按规定采取预防措施，导致发生突发事件，或者未采取必要的防范措施，导致发生次生、衍生事件的；

（二）迟报、谎报、瞒报、漏报有关突发事件的信息，或者通报、报送、公布虚假信息，造成后果的；

（三）未按规定及时发布突发事件警报、采取预警期的措施，导致损害发生的；

（四）未按规定及时采取措施处置突发事件或者处置不当，造成后果的；

（五）不服从上级人民政府对突发事件应急处置工作的统一领导、指挥和协调的；

（六）未及时组织开展生产自救、恢复重建等善后工作的；

（七）截留、挪用、私分或者变相私分应急救援资金、物资的；

（八）不及时归还征用的单位和个人的财产，或者对被征用财产的单位和个人不按规定给予补偿的；

（九）未按规定采取预防措施，导致发生严重突发事件的；

（十）未及时消除已发现的可能引发突发事件的隐患，导致发生严重突发事件的；

（十一）未做好应急设备、设施日常维护、检测工作，导致发生严重突发事件或者突发事件危害扩大的；

（十二）突发事件发生后，不及时组织开展应急救援工作，造成严重后果的。

## 参考文献

[1] 刘铁民主编. 应急体系建设和应急预案编制. 北京：企业管理出版社，2004.

[2] 翟慧杰，龚维斌. 借鉴国外经验建立整建制应急管理培训新模式. 行政管理改革，2018，(2)：56-59.

[3] 吴晓涛. 美国突发事件应急准备理念的新特点及启示. 灾害学，2014，29 (02)：123-127.

[4] 薛莹莹. 突发事件中的应急社会动员机制研究. 现代商贸工业，2018，39 (30)：133-134.

[5] 张欢，陈学靖. 应急管理调查评估的要素分析与分类. 中国应急管理，2008 (12)：25-30.

[6] 乔仁毅，龚维斌主编. 政府应急管理. 北京：国家行政学院出版社，2014.

[7] 魏礼群. 中国应急救援读本. 北京：国家行政学院出版社，2016.

[8] 刘娇，王雷主编. 应急决策、指挥与处置. 北京：中国人民公安大学出版社，2016.

[9] 汪伟全. 区域应急联动. 北京：中央编译出版社，2014.

[10] 王宏伟. 突发事件应急管理：预防、处置与恢复重建. 北京：中央广播电视大学出版社，2009.

[11] 孔令栋，马奔主编. 突发公共事件应急管理. 济南：山东大学出版社，2011.

[12] 张超，马尚权主编，应急救援理论与技术. 北京：中国矿业大学出版社，2016.

[13] 王起全主编. 事故灾害应急与救援导论. 上海：上海交通大学出版社，2015.

[14] 徐锋，朱丽华主编. 化工安全. 天津：天津大学出版社，2015.

[15] 赵青云主编. 矿山应急救援实用技术. 北京：煤炭工业出版社，2015.

[16] 陈连进主编. 建筑施工安全技术与管理. 北京：气象出版社，2008.

[17] 刘建明. 宣传舆论学大辞典. 北京：经济日报出版社，1993.

[18] 国务院应急管理办公室应急办函［2009］62号突发事件应急演练指南.

# 16 先进的应急管理经验借鉴

## 16.1 美国的应急管理

### 16.1.1 突发事件应急管理

过去 100 多年，美国政府和民众经历了很多突发性事件，如 1906 年旧金山大地震、2001 年“9·11”事件、2005 年“卡特里娜”飓风等，都给美国造成很大的经济损失。每次灾难过后，都会引起美国应急管理体制、机制和法制等领域的变革。在不断的变革和发展过程中，美国的突发事件应急管理取得不少值得借鉴的经验，形成了自己鲜明的特点。

（1）完善的应急管理体制

美国政府应急管理体制由三个层次组成：联邦政府层——国土安全部及派出机构（10 个应急管理分局）；州政府层——州应急管理机构；地方政府层——地方政府应急管理中心（见图 16.1）。

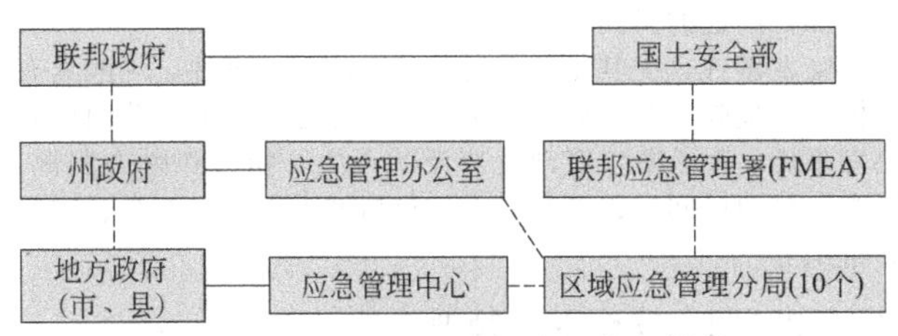


图 16.1 美国突发事件应急管理体制

美国最高的应急管理机构是国土安全部。该部是在“9·11”事件后由联邦政府 22 个机构合并组建，工作人员达 17 万人，每年政府预算达 400 亿美元。国土安全部下设联邦应急管理署（FMEA）。该署是国土安全部中最大的部门之一，署长由总统任命，可直接向总统报告，每年有 25 亿美元紧急事件响应基金列入联邦政府预算。联邦应急管理署的主要职责是：通过紧急事件预防、应急准备、应急响应和灾后恢复重建等全过程的应急管理，领导国家应对各种灾难，保护各种设施，减少人员伤亡和财产损失。联邦应急管理署在全美还设有 10 个应急管理分局，主要负责与地方应急机构的联络、制订救援计划、协同地方组织实施救助、负责评估灾害损失。州应急管理机构是本区域紧急事件的指挥中心。美国是一个联邦制国家，由联邦政府、50 个州政府和 8.7 万个地方政府组成，州政府和地方政府具有高度自治权。各个州设有独立的应急管理机构，负责辖区内突发事件的处置。州应急管理机构主要职责是：负责处理州级危机事件、制订州一级的应急管理和减灾规划、监督和指导地方应急机构开展工作、组织动员国民卫队开展应急行动及重大灾害向联邦政府提出援助申请等。以加州为例，负责应急管理事务的机构为州应急服务办公室，主任及副主任由州长任命。地方应急管理机构主要负责处理辖区范围内危机事件，负责制订地方一级的应急管理和减灾规划，监督和指导地方应急机构开展工作，重大灾害及时向州政府、联邦政府提出援助申请。

（2）高效的应急指挥机制

在美国应急管理体系（NIMS）中，标准化的应急指挥体系（ICS）是一个重要组成部分。在 ICS 中规定了应急的角色、组织结构、职责、程序、术语和实际操作的表格等，使应急指挥过程明确、有序、高效。

联邦政府应急管理是按照 ICS 开展灾害及突发事件应急管理工作的。一旦发生紧急事件，按分级负责的原则，先由当地政府负责应对处置；地方能力不足时，请求州政府援助；当超出州本地应急能力时，可由州长提请总统宣告灾害或紧急状态。在总统正式宣告后，国土安全部启动《联邦响应计划》，各有关部门即可直接按职责分工采取协调行动，有效应对。国土安全部、各州及大型城市的应急管理机构中都设有应急运行调度中心。应急运行调度中心的日常工作是：监控潜在的各类灾害和恐怖袭击等信息、保持与各个方面的联系畅通、汇总及分析各类信息、下达紧急事务处置指令并及时反馈应对过程中的各类情况。各个应急运行调度中心都辟有固定场所，为应急工作所涉及的各个部门和单位常设固定的代表席位，配备相应的办公、通信设施。一旦发生突发事件或进入紧急状态，各有关方面代表迅速集中到应急运行调度中心，进入各自的代表席位，进入工作状态。运行调度中心根据应急工作的需要，实行集中统一指挥协调，联合办公，确保应急工作反应敏捷、运转高效。

（3）完备的应急管理法制

美国的应急管理法制深受美国法治社会制度的影响，从形成时就有坚实的法治基础。1950 年，美国国会通过的《灾难救济法》是美国公共安全管理的制度性立法，授权总统可以宣布灾难状态。进入 20 世纪 60 年代，美国自然灾害频繁发生，1968 年制定了《全国洪水保险法》，创立了全国洪水保险计划，将保险引入救灾领域。其后，上述两部法律多次修订。1988 年，美国国会通过了《司徒亚特·麦金莱-罗伯特·T. 斯塔福法》，规定了紧急事态宣布程序，明确了公共部门救助责任，强调了减灾和准备职责的重要性，概述了各级政府间的救援程序。“9·11”事件发生后，美国国会通过了《国土安全法》。在美国其他法律中，也分散有很多关于公共安全管理的规定。

（4）系统的应急预案编制与实施

美国总结了应对卡特里娜飓风等一系列重大事故灾害灾难的经验和教训，认识到应急管理的核心和重点应该在于应急准备和预防，将应急准备从传统应急管理四个阶段（预防、准备、响应、恢复）之一提升为涵盖这四项的基础性工作，而应急预案是应急准备的基础和主线。

① 战略层面。分战略指导陈述和战略预案两种。战略指导陈述在国家事件场景基础上概述了战略上的重点、主要的国家战略目标和基本假设。战略预案进一步阐述了任务的含义，确定了职权，描述了角色和职责，确立了任务的基本目标、能力、优先级及绩效标准，这两种应急预案类似于我国的综合应急预案。

② 操作层面。分概念预案和操作预案两种。概念预案描述了通过整合、同步现有的联邦（部门间）能力以达到完成任务基本目标的操作理念，类似于我国的专项应急预案。操作预案确定详细的资源、人员和资产配置，以完成战略预案的目标，并将战略重点转化为实际操作，并带有支持附件，类似于我国的部门应急预案。

③ 战术层面。战术预案是指在实操层面上，针对特定的情形和实际情况下，个人的任务、行动和目标的识别与确定。战术级预案强调在意外事故灾害现场调用应急单元，类似于我国的现场处置方案。战略预案明确了针对的对象和期待实现的功能，指明了行动的方向。概念预案明确了部门间如何共同配合实现此种功能，说明了实现的路径。操作预案明确各部门内部如何运作并提供相应的支持，说明了具体的方式方法。战术预案是具体每一个功能目标实现的计划方案，说明了具体的任务措施，三个层次的预案适用于美国各级政府层面。

美国联邦政府采用的综合应急预案编制系统（IPS），一方面指导联邦的机构和部门支持州与地方的行动，另一方面解决了州政府如何与其他组织合作以及如何获得资源相关的问题，为应急预案衔接提供了技术支撑。州、领地、部落等地方各级政府应急职责定位主要有以下三项：负责协助能力不足的司法管辖区，对特定的紧急情况首先响应，根据需要协同联邦开展工作。清晰的职责分工让各级政府应急预案在功能目标层面实现衔接。联邦应急管理署地区办公室作为联邦派驻机构，一方面，了解、掌握州和地方的需求并将其作为联邦应急预案建设的重点任务；另一方面，为地方政府提供联邦相关任务和资源，从而保障州与地方应急处置行动，成为州与地方预案编制结构的“最可能”风险视角和联邦预案编制结构的“最危险”风险视角的交叉点，从体制上保障了联邦与地方应急预案编制过程中的有机衔接。

2011 年，美国联邦应急管理署发布了首个应急管理发展“五年规划”，重点实现社区应急管理体系全覆盖，帮助社会组织应急管理负责人有效开展应急管理工作。2014 年，第二个应急管理发展“五年规划”出台，重点推动社会组织应急管理全面制度化，强调要与非政府组织、私营部门协助合作开展应急管理工作。2018 年，第三个应急管理“五年规划”正式公布，强调推动个人和家庭理解灾前准备和应急行动方面的个人作用，进行防灾减灾风险文化建设，做好重特大灾害应急准备工作，并进一步简化联邦应急管理局管理流程。

《美国应急管理战略规划（2018—2022 年）》提出“3 个战略目标＋12 个细化战略目标”：一是进行防灾减灾风险文化建设（加大减灾投入，降低应灾成本，扩大灾害保险覆盖率，缩小保险缺口，加大防灾支持力度，提升公共防灾备灾能力，加强教训总结，不断提高应急水平）；二是做好重特大灾害应急准备（打造以规模力量与能力水平为支柱的“BEST”应急救援队伍，完善 FMEA 一体化小组机制，强化部门或区域联动协作，FMEA 与整个社区紧密配合、整合资源提供应急救灾物资，提升通信的灾时连续性和灾后可逆性）；三是简化风险防控、应急管理与灾后恢复的流程（简化善后安置保障，创新应急管理的行政程序，提高应急人员履职效率，加强经费管理，增加透明度，改进数据分析）。

（5）充分的应急物资储备

为满足处置紧急突发事件在第一时间对物资的需要，美国在许多地方都建立应急物资储备仓库，主要储备发电机、防水油布、帐篷、瓶装水、床等物资，以应对突发事件发生时的第一需要。发生灾害时，应急办迅速对灾害情况及物资需求做出评估，及时提供物资救助。美国应急物资储备的调用有两种方式：一是由专人负责储存在固定地点的应急物资，随时准备在接到指令后 12h 内分发到指定地点；二是利用商业运作模式，由生产或经营厂家管理和维持，需要时以电子订单通知固定或不固定厂家，一般要求厂家在 24h 或 36h 内送达指定地点。应急物资资金由政府拨付，为保证储备物资有效，定期核销，及时更新。

（6）专业的应急队伍

美国应急队伍包括应急管理队（IMT）和应急救援队（如消防队、城市搜救队和医疗队等），并根据突发事件的复杂性也分为五级，具备不同的应急能力。美国应急管理的核心理念是“专业应急”，即应急管理中各个角色必须具备相应的专业能力，而政府的领导层主要进行政策、策略以及涉及全局的重大决策。应急管理队要求具有全面、综合的应急能力，可以妥善处置各类突发事件。政府对应急管理队的各个职位、各个级别都设定相应的培训要求和考核、资格认定机制。美国应急管理规定，第三级及以上的突发事件应急需要相应的应急管理队进行指挥。因此，政府专门建立应急管理队，并按照 ICS 组织结构设置其中的职位，发生突发事件时部署到各级应急指挥岗位。

（7）深入的应急普及教育

美国人观念中公共安全与每一个人日常生活都密切相关。因此，培养公民的安全意识、提高自我救援和自我保护的技术与技能，成为美国应急管理部门重要职责。美国出版大量普及性读物，既有国家层面的，也有各州、市编印的，甚至还有大量社区编制的资料，既有针对成人和儿童的，也有针对特殊人群的，刊物多教一些基本方法，内容浅显易懂。其中，《你准备好了吗?》受到一致好评，已经成为美国家庭必备的应对灾难实务指导。像纽约等国际性大城市，还制作了大量不同语种的宣传资料，供国际人士学习之用。此外，美国小学至大学都有专门的应急或危机处理培训，还有互联网教学，通过测试者可获得资格证书。

（8）广泛的民间组织参与

突发事件，尤其是危及公共安全的突发事件，一般具有规模大、危险性强、后果严重、影响深远等特征。美国应对突发事件，除了靠政府动员广泛的人力、物力和财力资源，还有大量的民间组织参与其中，包括红十字会、教会、志愿者组织等。

### 16.1.2　职业安全卫生管理

20 世纪 70 年代之前，美国的作业场所工伤事故灾害不断，职业病发病率日益增高，许多职业有害因素，如粉尘、噪声等化学和物理因素严重地影响和威胁着劳动者的健康。这一现状促使美国联邦政府采取决策性措施，1970 年颁布了《职业安全和卫生法》（The Occupational Safety and Health Act of 1970），依据该法成立了三个联邦机构职业安全卫生管理局（Occupations Safety & Health Administration，OSHA）、美国职业安全与卫生研究所（National Institute for Occupational Safety and Health，NIOSH）和职业安全与卫生审查委员会（Occupational Safety and Healthreview Commission，OSHRC），逐步在全美形成比较完善的职业安全与卫生管理机制。

（1）美国的职业安全与卫生法规

1970 年美国正式颁布《职业安全和卫生法》，这部法案是美国职业安全与卫生管理的基础。该法的目的是通过授权执行在该法基础上发展起来的各项标准，帮助和鼓励各州做出努力，以保证劳动条件的安全卫生，保证所有劳动者的安全和健康，为职业安全卫生领域提供科学研究、情报资料和教育训练。该法涉及国会、劳动部、职业安全与卫生审查委员会、咨询委员会、卫生教育和福利部长、雇主、雇员等各方面在职业安全与卫生事业上的责任与权力分配关系。美国《职业安全和卫生法》中明确指出，为了保障所有劳动者拥有一个良好的安全和卫生的生产条件，通过授权劳工部职业安全卫生管理局（OSHA）有权制定强制性安全卫生标准；支持并鼓励各州职业安全卫生管理局（OSHA）努力为生产者创造安全和健康的生产条件与环境。在该法的职责条款中指出，每个雇主“必须为每个雇员提供不会造成或可能造成死亡、严重生理伤害的工作以及工作场所，遵守有关职业安全与卫生标准”。每个雇员“必须遵守职业安全卫生标准，以及根据本法令所制定的法则、条例和命令中适用于他本人的活动和行为的规定”。美国劳工部职业安全卫生管理局2000年工作总结中指出，自1971年以来工作场所的死亡事故灾害减少了50%，职业伤害和职业病的发病率也降低了近40%。1970年美国全年约有14 000人在工作中丧生，每天约为38人。2010年根据劳工部统计局数据，这一数字降到了约4500人，每天约12人。同时美国的劳动力已经比之前加倍增长到了1.3亿人，分布在720万个工作场所。职业伤害和疾病发生率也已经从1972年的每百人11人降到了2010年的每百人3.5人。这表明美国《职业安全和卫生法》的颁布之后，美国采取的一系列措施对全美职业安全与卫生产生了深远的影响，美国对职业安全卫生风险的控制取得了显著的效果。

（2）职业安全与卫生组织体系

美国职业安全卫生管理局（OSHA）隶属于劳工部（Department of Labor），为行政管理机构。OSHA的主要使命是通过制定和实施职业安全卫生标准，提供安全培训、扩展培训和其他教育以及援助，保证所有劳动者拥有安全健康的工作条件。OSHA通过上述一系列措施控制、消除危害，避免死亡、伤害和疾病的发生，确保工作场所的安全卫生。美国职业安全与卫生研究所（NIOSH）隶属于卫生与人类服务部（Department of Health and Human Service，HHS）的疾病控制与预防中心（CDC），是科学研究机构。NIOSH以保障工人安全和健康为目标，主要从事科学研究，预防工伤以及与工作有关的疾病的发生，提出职业安全卫生标准建议，通过干预、建议等措施改善工作场所的安全卫生状况。NIOSH涉及的学科方向很广，包括流行病学、医学、工业卫生、安全、心理、工程、化学和统计学等。职业安全与卫生审查委员会（OSHRC）是根据《职业安全和卫生法》建立的独立于美国政府部门的机构，对OSHA的工作进行监察和监督。该机构由3个人组成，其成员由总统任命，并经参议院确认，其活动经费由政府拨款，是一个确保OSHA行动与法律保持一致的司法机关，负责裁决OSHA和雇主的纠纷。

（3）职业安全与卫生标准的制定

根据《职业安全和卫生法》，NIOSH主要从事职业安全与卫生科学研究，为制定职业安全卫生标准进行研究并提出新标准的建议，开发有关有毒、有害化学和物理因素的信息，确定工人安全所允许的暴露水平，开展职业安全卫生风险评价，开展有关工人安全与卫生方面的研究，以及工人的教育与培训工作。NIOSH的职业安全与卫生建议主要发表在《Alerts》、《Criteria Documents》和《Current Intelligence Bulletins》上，同时NIOSH将建议转交职业安全卫生管理局（OSHA），后者根据建议制定职业安全卫生标准。民间组织在美国的标准化体系中同样发挥着重要作用，美国政府工业卫生学家委员会（American Conference of Governmental and Industrial Hygienists，ACGIH）、国家防火协会（National Fire Protection Association，NFPA）和美国国家标准研究所（American National Standard Institute，ANSI）等都会制定与职业安全卫生相关的标准。以ACGIH为例，ACGIH是非盈利性的民间组织，每年都会制定和发布一份阈限值（threshold limit values，TLVs）和生物接触技术（biological exposure indices，BEIs）名单，包括继续沿用、已修正及将要修正的阈限值，用于对工作场所中各种化学和物理因素的安全接触水平的决策，供OSHA采用。

《职业安全和卫生法》赋予了职业安全卫生管理局（OSHA）制修订职业安全卫生标准和检查职业安全卫生标准实施情况的权利。OSHA制定职业安全卫生标准的过程给公众参与提供了很多的机会。OSHA可以根据自己的计划制定标准，也可以根据NIOSH或者政府的建议、民间标准制定组织的申请、雇主或工人的请愿以及任何其他利害关系方的申请，决定发起制定或修订标准。OSHA先在《Federal Register》发布制修订标准的通知（Notice of Proposed Rulemaking），成立顾问委员会（包括工会代表、厂方、职业安全与卫生专业人员，以及政府和大学专家），并由技术专家复审、修改，向OSHA提出建议，建议标准发表在《Federal Register》，供公众评议，利益相关方可以通过www.regulations.gov提交评论意见，同时OSHA会举办公众听证会，利益相关方可以提供证据和信息帮助形成最终的标准。在考虑了所有的信息和证据后，OSHA会制定和颁布一个最终的强制性标准，提交OSHA总部审核，通过的标准再次发表到《Federal Register》付诸实施。

（4）职业安全与卫生的记录报告制度

根据《职业安全和卫生法》的要求，OSHA发布了《职业伤害和疾病记录及报告》（美国联邦法规29CFR的第1904部分），要求雇主进行作业场所伤害和疾病的记录。追踪和调查工作场所的职业伤害和疾病，有助于OSHA、雇主和劳动者对工作场所的安全性进行评估，了解职业风险，采取劳动者的保护措施，减少和消除职业危害。2015年1月1日，OSHA开始执行最新的记录报告管理制度，所有雇主必须向OSHA报告的内容：①发生任何与工作相关的事故灾害而致使雇员死亡，8h内报告给OSHA；②所有与工作相关的工人住院治疗，发生截肢或眼睛损伤，24h内报告给OSHA。雇主可以通过电话或者前往OSHA当地办事处报告。除此之外，OSHA要求高风险特定行业的雇主，必须填写和维护与工作相关的伤害和疾病记录。一般记录准则包括：①死亡；②工作日损伤；③工作受限制或调换工作；④失去知觉；⑤有医师或其他有执照的卫生保健员诊断出的伤害或疾病等。记录的时限：在受到伤害或疾病发生的信息后一周内。需记录的表格有职业伤害和疾病记录表（OSHA300）、职业伤害和疾病事故灾害的报告表（OSHA301）、职业伤害和疾病的汇总表（OSHA300A）。记录的保管：记录表的年度自查、总结邮寄给主管部门，所有记录需存档保留5年，当企业所有权发生变化时，新雇主必须保留旧记录。对于低风险行业，如零售、服务、金融和房地产行业，OSHA要求雇主必须记录OSHA300，并且在工作场所公布OSHA300A。记录和报告制度可以让雇主和劳动者获得最精确和最及时的信息，帮助他们识别可能存在的职业安全卫生危害，关注预防措施。同时OHSA利用这些信息开展具体工作，如标准的研制、检查目标的确定以及检查资源的合理分配。

（5）职业安全与卫生的监督

职业安全卫生管理局（OSHA）致力于切实有效地保障工作场所的安全和健康。OSHA检察员确保OSHA标准的实施，努力帮助劳动者减少职业危害，防止工作场所工伤、疾病和死亡的发生。通常OSHA对工作场所的检查是突击进行的，禁止事先通知。根据美国劳工部统计，OSHA目前有2200个检察员，联邦OSHA按照行政区划分，在全国设置了10个地区办公室（regional offices），负责各地区职业安全与健康监察工作。在地区办公室以下，还设有90个地方办公室（local area offices）直接负责具体执行任务。地区办公室及地方办公室均为联邦OSHA的派出机构。根据2013年财政报告，OSHA在全国范围内执行了大约40000次联邦检查和50000次地方检查。OSHA无法做到每年检查全美国的700多万个工作场所，该机构将它的监督资源集中在最危险的工作场所，他们对工作场所优先监督顺序进行了排序：①Imminent danger situations，危害可能造成死亡或严重身体伤害；②Fatalities and catastrophes，发生1人死亡或者3人以上住院的事故灾害，雇主必须在事故灾害发生8h之内上报给OSHA；③Complaints，工人对危害因素或违规行为的指控；④Referrals，参考其他联邦、州和当地机构、个人或媒体等组织的信息；⑤Follow-ups，基于先前的监督发现的违规行为进行检查；⑥Planned or programmed investigations，计划和程序内的监督主要对象是高风险的行业和个体工作场所，它们往往有很高的伤害和疾病发生率。OSHA会谨慎地把所有投诉进行优先顺序排序，对于优先等级靠后的危害，OSHA在获得投诉人同意的前提下通知雇主，让其描述职业安全卫生问题，并将有关职业安全卫生的危害因素详细内容以及改正措施在5个工作日内传真给OSHA。如果雇主的回复是恰当的，投诉者对其满意，OSHA不再进行现场调查。

(6) 对违法行为的处罚

检查过程中，若违法行为发生，OSHA必须在违法行为发生六个月内签署执行文件并进行经济处罚，执行文件中描述违法行为所触犯的OSHA的规定和标准，列出处罚金和解决危害因素的期限。根据违法行为性质可以分为四种等级：非严重性（other than serious）、严重性（serious）、蓄意性（willful）和重复性（repeated）。处罚金按照等级从7000美元到70000美元不同。处罚金可以根据雇主的诚信、检查历史和商业规模大小进行调整。同时美国设置有独立于政府的职业安全与卫生审查委员会（OSHRC）机构，该机构负责对职业安全和卫生管理局进行监督。针对这些处罚，雇主可对职业安全与卫生审查委员会提起诉讼，OSHRC会对职业安全与卫生管理局的决定进行重审。通过检查执法活动，对不符合法律法规、标准规范的事项，进行处罚并督促企业进行整改，从而降低工作场所危险。雇主面对突击检查和罚金的压力，不论是否受到检查，都会主动减少工作场所的安全风险。

## 16.2 日本的应急管理

日本地处欧亚板块、菲律宾板块、太平洋板块交接处，处于太平洋环火山带，台风、地震、海啸、暴雨等各种灾害极为常见，是世界上易遭自然灾害破坏的国家之一。在长期与灾难的对抗中，日本形成了一套较为完善的综合性防灾减灾对策机制。在预防和应对灾害方面，日本坚持“立法先行”，建立了完善的应急管理法律体系。作为全球较早制定灾害管理基本法的国家，日本的防灾减灾法律体系相当庞大。其《灾害对策基本法》对防灾理念、目的、防灾组织体系、防灾规划、灾害预防、灾害应急对策、灾后修复、财政金融措施、灾害紧急事态等事项做了明确规定，是日本的防灾抗灾的根本大法，有“抗灾宪法”之称。此外，还有各类应急管理法律法规200多部，使日本在应对自然灾害类突发事件时有法可依。近年来，日本逐步建立了以首相为最高指挥官、内阁官房负责整体协调和联络、通过中央防灾委员会等制定对策、突发事件牵头部门相对集中管理的中央、都道府县、市町村三级应急管理体制。在中央一级，由中央防灾委员会负责制订防灾基本计划和防灾业务计划。在地方一级，由于日本实行地方自治体制，地方根据国家防灾基本计划的要求，并结合本地区的特征，制订本地区的防灾减灾计划。一般情况下，上一级政府主要向下一级政府提供工作指导、技术、资金等支持，不直接参与管理。当发生自然灾害等突发事件时，成立由政府一把手为总指挥的“灾害对策本部”，组织指挥本辖区的力量进行应急处置。除地震外，上一级政府通常根据下一级政府的申请予以救援。当重大灾害发生时，首相首先征询中央防灾委员会意见，然后决定是否在内阁府成立紧急救灾对策总部进行统筹调度，并在灾区设立紧急救灾现场指挥部，以便就近指挥。内阁府作为应急管理中枢，承担汇总分析日常预防预警信息、制定防灾减灾政策以及中央防灾委员会日常工作的任务。各类突发公共事件的预防和处置，由各牵头部门各司其职、各负其责，实行相对集中管理。例如，内阁府牵头无明确主管部门负责事件的应急救援工作，经济产业省牵头负责生产事故灾害的应急救援工作，总务省消防厅牵头火灾、化学品等工业事故灾害的应急救援工作。此外，全国47个都道府县、2000多个市町村相互签订了72h相互援助协议。通过相互协作模式，日本联合防灾救灾和应急管理体制已经覆盖到基层组织。日本十分重视应急科普宣教工作，通过各种形式向公众宣传防灾避灾知识，增强公众的危机意识，提高自护能力，减少灾害带来的生命财产损失。政府部门及社会团体根据本地区有可能出现的灾害类型，编写形式多样、通俗易懂、多国语言的应急宣传手册，免费向公众发放，普及防灾避灾常识。同时，社区积极组织居民制作本地区防灾地图，使居民了解本地区可能发生的灾害类型，灾害的危害性，避难场所的位置，正确的撤离路线，真正做到灾害来临时沉着有效应对。日本将防灾教育内容列入了国民中小学生教育课程。

综合看来，日本建立健全了多灾国家的全民危机应对模式。日本应急管理体制的最高指挥者是日本首相，而内阁官房负责协调、联络。危机出现后，对策的制订则是通过内阁会议、阁僚会议等决策机构负责的，最后由各省厅及部门依据具体的情况给予协助。日本的应急管理系统显得结构合理、分工明确、运作科学。日本的公共危机管理组织系统分为三级，分别是中央政府、都道府县以及市町村。这三级政府在公共突发事件爆发时，都要成立自己对应级别的灾害对策本部。进入21世纪以后，为了提高政府在应对危机方面的决策和协调能力，2001年，日本政府把建设省、运输厅、国土厅与北海道开发合并为国土交通省，中央防灾会议由国土厅并入内阁府。内阁总理担任防灾担当大臣，主要职责是：制订防灾计划、协调危机有关的政策、制定解决危机的政策、收集传递危机信息、执行解决危机的措施。日本公共危机对策法律法规体系健全，国家层面的灾害对策基本法、母法有《灾害对策基本法》等5部法律；在防灾救灾组织法方面，有《消防组织法》等6部法律；在预防灾害方面，有16部法律；在应对灾害方面，有《灾害救助法》等24部法律。当然还有根据地方自身特点而制定的各类条例和规则。日本是自然灾害频发的国家，国土面积狭小意味着基本没有危机应对的缓冲区。所以，日本公共危机管理的教育工作是从中小学就开始的。为了从小培养防灾知识和防灾意识，日本的各级教育委员会还会编写浅显易懂的公共危机教育教材，在中小学普及防灾知识课程。日本政府还向居民教授防灾抗灾知识，经常通过各种媒体为国民传播各类抗灾知识。为了避免危机带来的各种巨大损失，日本政府每年都要投入大量的资金来进行灾害预防工作。京都大学防灾研究所、东京大学的地震研究所和防灾科学技术研究都是世界第一流的防灾抗灾研究机构。日本一些高校还专门开设了危机管理专业，为政府输出了大量的公共危机管理、防灾救灾人才。

## 16.3 澳大利亚的应急管理

澳大利亚联邦应急管理署（Emergency Manage ment Australia）是国家的最高灾害管理部门。1993年1月由隶属于联邦国防部的自然灾害组织（NDO）改名而来，其主要职责包括制定全国性的灾害应急预案；与各州政府协调沟通，协助州政府在其辖区的防灾减灾工作；还代表本国政府开展海外救灾工作。此外，澳大利亚设有专门的应急管理委员会（Emergency Management Committee），联邦政府、州政府和地方政府都设立了相应的应急管理委员会。为了节约开支，一些地方级的应急管理委员会由两个或多个政府联合组建，实施跨地区的防灾减灾工作。国家层面的应急管理提供指导，开展部门间协调并制定技术标准；州（地区）以下层面是在国家应急部门指导下，编制规划、计划等具体应急方案并负责实施。

（1）澳大利亚应急管理体制

澳大利亚2003年由议会通过《灾难管理法》（Disaster Management Act），从法律上界定了“灾害”是指由于某事件的影响而导致的严重破坏，要求州和其他机构高度反应、协调合作，帮助社区从破坏中恢复。灾害被分为4类：一是自然灾害，包括飓风、地震、水灾、暴风雨等；二是人为因素，包括爆炸、火灾或化学物品泄漏和恐怖袭击；三是生物因素，包括昆虫传染、瘟疫或流行病；四是基础设施故障、空难、车祸等。澳大利亚于1993年成立了应急管理中心（Emergency Management Australian，EMA）。应急管理中心负责所有类型的灾害，包括自然的、人为的、技术的或是战争（民防）的事故灾害或灾害发生时，担任抗灾救灾的任务。在灾害的预防、准备、响应和恢复方面，应急管理中心是通过一系列的州和地区的训练、响应、计划、装备、志愿人员等援助计划来实现的。它的使命是减少灾害和突发公共事件对澳大利亚及其区域内的影响。应急管理中心是国防部的直属机构，直接对联邦政府的国防部长负责，并在联邦政府层面负责对灾难应急的协调。应急管理中心的事故灾害和灾害应急计划要求联邦政府、州和地方政府的各级部门都有责任保护其公民的生命和财产的安全。为做到这点，通过以下3方面有效地实施对事故灾害和灾害的预防、准备、响应和恢复：社团和有关机构执行的有法律效力的应急计划；提供警察、消防、救护、医疗和医院等应急服务；为公众提供服务的政府和法定机构。由于地方政府部门和志愿组织与其所服务的公众紧密联系，因此它们起到了重要的作用。联邦政府的任务是向州和地区在建立处理紧急事件和灾害的能力上提供指导和帮助，并向在紧急事件中州或地区要求帮助时提供物质援助。

① 应急管理中心职责：使国家应急管理的政策和安排正规化，并得到改进；提供国家应急管理援助；提供应急管理的教育、培训并负责应急研究；提供并改进事故灾害和灾害预知信息；建立、协调并协助应急管理计划；和联邦政府有关部门合作提供应急援助物资；改进并提高国家民防能力；作为澳大利亚国际发展协作局（AIDAB）的代表，协助进行灾后物质和技术援助；在澳大利亚的有关地区协助下进行灾害的准备工作。

② 应急管理中心作用：建立、协助和支持有效的国家应急管理计划；就应急管理事务向联邦政府机构、州和地区、工业界和国际团体提供建议；作为澳大利亚国际发展协作局的代表，协助对澳大利亚的有关地区在应急管理方面的帮助；发生灾害和紧急事件时，协助联邦政府做好物质和技术上的援助；建立、实施、总结国家应急管理政策和计划；管理州援助项目；开展应急管理教育和训练；提供应急管理信息；建立和维护个人、工业界、团体组织和联邦、州、地区以及国际组织间的应急联系渠道；促进公众对紧急事件的响应。

为达到和完成上述的任务，应急管理中心由两个主要部门组成：负责政策、计划、协调、总管和财政的总部，以及负责应急管理训练、教育和研究的澳大利亚应急管理学院（AEMI）。应急管理中心执行和协调任务的指令是通过应急管理中心总部领导的国家应急管理协调中心下达的。国家应急管理协调中心的一小部分固定人员负责帮助灾害服务联络员。这些联络员经有关的联邦政府部门、机构和州政府提名，是联络和促进应急响应的联结点。应急管理中心维护和使用两个联邦灾害计划（一个用于澳大利亚，另一个用于国外援助）和一个国家响应计划，这些计划可满足大多数情况的重大紧急事件和灾害。由应急管理中心协调的紧急事件和灾害援助，通常不向州和地方提供经费援助，如果需要的话，在财政部做经费安排前，联邦政府需做出有关的经费预算。在事故灾害或灾害发生时，为响应从澳大利亚和国外来的查询，应急管理中心建立了一套国家意外事故灾害人员死亡登记和应急咨询的计算机系统，用以处理事故灾害或灾害发生地区来的信息，以及联邦政府应急管理人员所需的信息。

（2）澳大利亚应急管理机制

澳大利亚形成了一套应对灾害的理念和模式。

① 全灾害理念。无论哪种灾害，应急管理的任务和目标是类似的，都是实现防灾减灾，将灾害的损失降到最低。虽然特定的灾害在措施和处理方法上稍有不同，但是在灾害的框架之下，对于各种灾害普适性的应急管理安排是通用的。

② PPRR模式。澳大利亚的应急管理包括4个基本要素，即预防（prevention）、准备（preparation）、反应（response）、恢复（recovery）。预防指澳大利亚各级灾害应急管理部门将辖区内的政治、社会、经济、自然等条件进行评估，找出可能导致危机的关键因素并尽可能提早加以解决。准备是澳大利亚从联邦到地方政府都颁布并实施了应急管理预案，各种应急预案的制定非常详细，可操作性强。各级政府到每一个社区，对于不同种类的灾情都有不同种类的预案，并且将职责落实到每一个人。反应是灾害发生时，发生地的政府负责具体的应急指挥救灾工作，联邦政府的相关部门没有接到委派不得越过州政府直接采取援助行动。如果州政府在救灾过程中需要援助时，向联邦政府提出申请，经联邦司法部批准后，由国家紧急事务管理中心（NEMCC）执行具体援助行动。恢复主要由灾害发生地的政府组织实施。

③ 志愿者队伍建设。澳大利亚重视志愿者在灾害管理中的作用。几乎所有志愿者都接受过国家正规的技术培训，掌握各种救援技能，有国家认可的资质。日常状态下他们是普通公众，但一旦灾害发生时，他们就成为训练有素的救援人员。

（3）澳大利亚应急管理法制

澳大利亚应急管理法制的体系层级比较健全，颁布实施了《民防法》，由于危机管理过程中的一系列政府机关行为难免侵害公民权利，宪法明确规定，各州政府有责任保护其辖区内公民的生命和财产安全，联邦政府有责任帮助和支持各州的灾害应急管理工作，提升其灾害应对能力，遵守法律的规定。联邦政府制定国家级的灾害应急管理政策，并成了联邦政府应急管理机构澳大利亚应急管理署（EMA），EMA制订了一系列应急技术参考手册，给各州以理论和方法的指导，并用政策、财政等手段给各州提供支持，各州根据具体情况将联邦政府的政策落实到制定本州的相关制度上。并建立了适合本地区的应急管理组织体系，明确了各部门在法令下采取行动的职责和责任豁免权。此外，颁布了澳大利亚风险管理标准使灾害应急管理规范化，按质量管理标准来界定和组织实施灾害管理的过程。

## 16.4　加拿大的应急管理

加拿大是自然灾害多发国家，其应急管理侧重于对自然灾害的处理，从20世纪六七十年代起至今，已经形成了一套相对完善和行之有效的应急管理体系。

（1）充分的预防准备工作

加拿大的应急管理主要由预防减灾、准备、应对与恢复四个环节组成，尤其重视减灾和预防。

① 应急预案的可操性。预案制定的针对性：各地各部门从实际出发，将各自可能发生的灾害、存在的风险和薄弱的基础设施问题都要写进各自的应急预案中，并对灾害、风险的类型、原因、后果以及薄弱基础设施的危险、威胁和脆弱性等进行系统的分析，制定一道道“工序”的处置措施。预案内容的精细化：预案内容丰富详细，其中包括预测预警、职责分配、处置方案、灾后恢复，特别是还有心理咨询和治疗、赔偿保险的方法，已发相关灾难事件的总结，预案的适用范围和条件，甚至包括关键的环节预案和层次预案。预案建设的动态性：预案建设是一个不断经过演练、评估进而不断进行补充、完善的动态过程。安大略（Ontario）省内，各郡市的应急预案每年都要更新，并经省政府或省议会通过，形成了预案建设的动态维护和管理机制，确保了预案的实用性和时效性。

② 宣传教育的广泛性。加拿大政府从多种渠道全方位地对全体国民进行应急方面的宣传和教育，注重强化民众的应急救灾意识。安大略省的金斯顿（Kingston）市消防与救援中心不仅每月印发一期宣传手册发给民众，而且还通过电台、电视台进行每月的应急专题报道。宾顿（Brampton）市、多尔（Durham）区运用多种语言印制各种宣传册。他们甚至不放过任何一个宣传的机会和角落，例如在小商店门口的广告栏里都有相关内容的宣传。政府还通过家庭、学校以及社会公共组织对幼儿和青少年开展形式多样的逃生演练和救护教育。有的制作专门的电脑游戏，让孩子们在娱乐中接受教育。有的建立专门的教育和体验场所，如在宾顿市火灾和应急服务中心就有模拟儿童家居的火灾教育场所，孩子们通过体验“真实”的火灾隐患现场，不仅学到了关于火灾的知识，而且也掌握了对火灾隐患进行识别和处置的技能。

③ 设备保障的先进性。各级政府投入巨资，购置先进的救灾设备和救援防护装备。加拿大重要基础设施保护及应急管理局（OCIPEP）曾于2003年订购了卫星影像“伊克诺斯”（IKONOS）用于美加边界沿线的常规灾难风险评估及紧急事件防备。类似的科技含量较高的设备还有很多。911紧急救援电话虽是多语言服务，但也难以满足民众对各种语言的需要，求救者因语言问题而无法准确报告危情的情况时有发生。政府便决定使用GPS卫星定位或三角定位等无线定位技术，使救援者在半径为10～300m的区域范围内，就能获悉求救者更准确位置。他们还在每一辆救护车上配有GPS卫星定位系统。

（2）合理的应急管理体制

① 分级分工的明确性。加拿大的应急管理体制分为联邦、省和市郡（社区）三级。在联邦一级，专门设置了公共安全部（Public Safety Canada）负责联邦应急管理。其下属的政府应对中心（Government Operations Centre）处于国家应急管理体系的核心位置，负责监督和协调联邦政府的应急处理，该中心在全国设11个区域办事处和2个卫星办事处就近处理任何与国家利益相关的事件和紧急情况，向应对中心提供区域应急业务支持。各省区市也都有专门的危机应对机构，负责各自区域内的危机应对和为本省政府应对危机提供支持，如安大略省就设有应急管理（局）（Emergency Management Ontario）和省紧急事件应对中心（Provicial Emergency Operations Centre）。上述机构主要是协调机构而不是权力机构。根据加拿大法律，国际事件和战争事件由联邦政府负责处理，各省配合支持；公共安全事件和公共秩序事件一般由各省、市负责处理，必要时联邦政府予以协助。法律还明确规定，每个人、每个家庭也都有责任和义务制订各自的应急计划，承担起事件发生后72h内的自救和互救工作。目前，加拿大已经形成了比较成熟的以家庭和企业单位自救为核心，市、省和联邦政府为后援的应急管理的责任分担体制。

② 事件处置的领地性。加拿大应急事件处置的最主要原则是尽可能地由地方政府处理，逐级响应。上级政府即使知晓有紧急事件发生，但若没有接到下级请求时，只是观望和准备。只有当地方政府无力解决而请求救援时，上级政府才会调用相应的资源进行援助和协调，但并不接替当地政府的指挥和决策。应急事件基本上是由事发地政府处置的，上级政府只起辅导性作用。地方政府和联邦政府间不是从属关系，而是一种合作关系。

③ 救援队伍的专业性。加拿大组建了专门的应急救援人员队伍。救援人员专业划分很细，涉及消防救援、建筑物倒塌救援、水（冰）上救援、狭窄空间救援、高空救援及生化救援等。各类专业救援人员不仅要进行实际救援训练，而且还必须学习相关的理论课程，如安大略省警察必须学习发达国家通用的事故灾害管理系统（IMS）课程。

（3）有效的应急管理机制

① 机制运行的标准化。为保证应急管理在各部门运行的完整性，整个系统都是标准化运行的。这些标准由法律、政府或标准协会（Canadian Standards Association）提供。在预防减灾、准备、处置和恢复的各个过程，在指挥、运转、计划、后勤、财务的各个层面都有标准化的运行程序；文本材料也有通用的表格、术语代码、文件格式和运行手册等。BC省对应急指挥中心建设、应急物资调度、信息收集与处理、通信联络、指挥人员必备食品、救援人员服装等都有统一的规定。标准化的机制运行大大提高了应急管理的效率。

② 联动机制的效率化。接报平台的统一性：遍及全国各地的911电话是政府设立的紧急事件接警中心，警察、火警、匪警、医疗急救服务等报警都由911提供。911接到报警后，距报警位置最近的警车、消防车、救护车从各自的值班位置同时出动去现场，由最先到达现场的人员负责指挥处理，确保了报、接、救的准确和快捷。联动救援的高效性：在紧急事件处置中，相关职能部门人员如市长、主要行政长官、消防队长、警察总长和应急医疗服务组组长等各方代表迅速集中到紧急事件处置中心，进入各自的代表席位，自动生成一个委员会，宣布进入紧急状态，并进行应急决策。他们与公共服务总经理、社区服务协调员、媒体联络员一起成立一个小组，共同合作指挥应对灾难。这些人员在应急救援中指导各自机构积极参与应急；为应急团队提供支持；给市长提供建议；选择某些区域、街道为重点住宅区；将居民转移到避难所；风险存在时有权终止水电服务；有权支配郡市的专项资金，用于百姓的衣食住行；制订行动规划方案和决策；为大众提供灾难发展动态；安排相邻郡、市、省的救援；请求非政府组织支持；事故灾害之后提供分析报告等。多部门的联动提高了救援的效率。

（4）健全的应急管理法制

拥有较完备的法律体系，依法应急是加拿大应急管理的一个非常重要的特点。从联邦到省再到市，都有各自的应急管理的法律法规，从预案的制定、演练到修改，从培训到救援，从机构设置、分工合作到机制建设，从政府职责、队伍建设、资源配备、信息发布到应急服务等各个环节各个层面工作都做了明确的法律规定，内容涉及面广，具体详细，易于操作。完备的法律保证了应急管理工作的有效开展。

## 参考文献

[1] 陶世祥．突发事件应急管理的国际经验与借鉴．改革，2011（4）：130-135．

[2] 美国联邦应急管理署．美国应急管理战略规划（2018—2022），2018．

[3] 栾先国. 美国职业安全与卫生管理机制综述. 中国卫生监督杂志，2015，22（04）：341-344.
[4] 钟金花. 他山之石：美国、日本应急管理体系面面观. 湖南安全与防灾，2018（05）：20-21.
[5] 单松. 国外公共突发事件应急管理分析及启示. 中共太原市委党校学报，2018（04）：45-47.
[6] 庞宇. 美日澳应急管理体系现状及特点. 科技管理研究，2012，32（21）：38-41.
[7] 付希燕. 应急管理在澳大利亚. 现代职业安全，2013（6）：28-29.
[8] 李素艳. 加拿大应急管理体系的特点及其启示. 理论探讨，2011（4）：149-151.

# 第四篇　职 业 安 全

## 主　　编

姜　华

## 副　主　编

裴晶晶

## 本篇编写成员

裴晶晶　姜　华　廖亚立　常明亮　吕建国
曾　珠　张　影　郝　豫　王靖瑶　吴　盈
黄钥诚　王新浩　刘　斌

# 17 机械安全

## 17.1 机械设备基本安全技术

### 17.1.1 设备功能安全与本质安全

功能安全和本质安全是机械设备最基本的安全技术。

(1) 设备功能安全

功能安全是依赖于系统或设备对输入的正确操作，它是全部安全的一部分。当每一个特定的安全功能获得实现，并且每一个安全功能必需的性能等级被满足的时候，功能安全目标就达到了。从另一个角度理解，当安全系统满足以下条件时就认为是功能安全的，即当任一随机故障、系统故障或共因失效都不会导致安全系统的故障，从而引起人员的伤害或死亡、环境的破坏、设备财产的损失，也就是装置或控制系统的安全功能无论在正常情况或者有故障存在的情况下都应该保证正确实施。例如，盛有可燃性液体的容器内液位开关的动作，当液位到达潜在的危险值时，液位开关就会关闭阀门阻止更多的液体进入容器，从而阻止了液体从容器溢出。这一过程的正确执行，可看作是功能安全。靠被动系统的方式获得的安全不是功能安全。如防火门对高温的隔离本质上是被动方式，虽然也可以对同样的危险起到保护作用，但不是功能安全。当然这种防护有时也可以通过功能安全来实现。

(2) 设备本质安全

本质安全的设备具有高度的可靠性和安全性，可以杜绝或减少伤亡事故，减少设备故障，从而提高设备利用率，实现安全生产。本质安全化正是建立在以物为中心的事故预防技术的理念上，它强调先进技术手段和物质条件在保障安全生产中的重要作用。设备本质安全管理是针对设备如何实现或尽可能接近本质安全，而实施的一系列调节、控制行为或过程的总称，用以保持和持续提升设备的本质安全水平。

设备本质安全管理是一种基于“本质安全”理念的安全管理模式，重视设备或“物源”的“固有安全功能”的保持和提升，着眼于提升系统自身事故预防性能，强调对事故的“根源控制”和“主动防范”。设备本质安全的特征如图17.1所示。

### 17.1.2 机械设备设计基本安全要求

为了提高机械设备的安全性能，保证操作者的安全，设计时在不影响其技术性能的条件下，设计有效的安全装置及附件，其具体要求如下：

① 机械设备上外露的皮带轮、飞轮、齿轮、轴等需有防护罩，其他运动部件或危险部位的周围，应设置防护栅栏。

② 机械设备在高速转动中容易飞出或甩出的部件，应设计防止松脱装置或急停联锁装置。机械运动部分不应有凹凸不平或带棱角的表面。

③ 机械设备应设置可靠的制动装置，保证接近危险时有效地制动。

④ 机械设备中发生高温、极低温、强辐射线等的部位应有屏护措施。

⑤ 有电器的机械设备都应有良好的接地线，以防止触电，同时注意静电的危害。

⑥ 塔式或高重心的机械设备应降低重心位置及采取稳定措施，防止由于震动、风压等而倾倒。

⑦ 机械设备的气、液压传动机构应设有控制超压、防止泄漏等装置。

⑧ 机械设备的操作位置高出地面2m以上时，应配置操作台、栏杆、扶手、围板等。

⑨ 易使眼睛发生错觉和引起疲劳的机械运动部位，应在相应的背景上涂对比鲜明的横条标志，使操作者易于识别。

⑩ 机械设备的操纵机构如手柄、手轮、拉杆等，应设在操纵方便省力的部位。

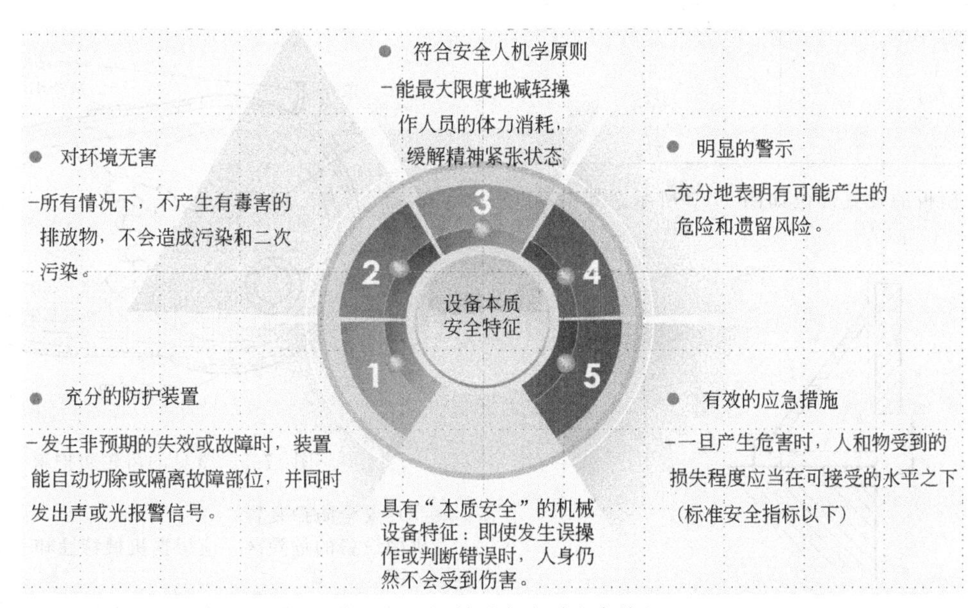


图17.1 机械设备本质安全特征

### 17.1.3　机械设备的安全防护措施

(1) 机械传动、转动机构的危险部位

转动中的齿轮和传动链条的危险部位是啮合处。皮带传动、压辊转动的危险部位是皮带入口处和压辊咬合处。这些危险部位都应采取有效的防护措施。

机械设备中转动构件在转动时，极易挂住或缠绕操作者的长头发，以及松动的衣襟、带子等。操作者应整齐地穿好工作服，戴好工作帽，禁止戴手套或用棉纱揩擦转动构件。在这些危险部位，应设置防护罩或栏杆。

剪切机、铣床、钻床、锯床、砂轮机等旋转或直线运动的刀具，以及螺旋输送器的螺旋叶片，都是危险部位，也应设置封闭式防护装置。

(2) 防护装置的安全距离

在机械设备危险部位，如仅允许手指尖通过开口时，其开口高度不得超过6mm，而且防护罩应完全封闭。如允许手指可以进入防护罩开口，其高度不得超过10mm。压辊最小安全距离如图17.2所示，防护挡板最大开口高度为$y$，防止指尖或手进入危险边界的距离为$x$，指尖到危险边界的距离为$c$。由图可知，安全距离$x$的大小由开口高度$y$决定。为了限制手或手指从防护罩或栏杆的孔口进入机械危险区域，规定了防护罩或栏杆的最大允许开口高度，见表17.1。

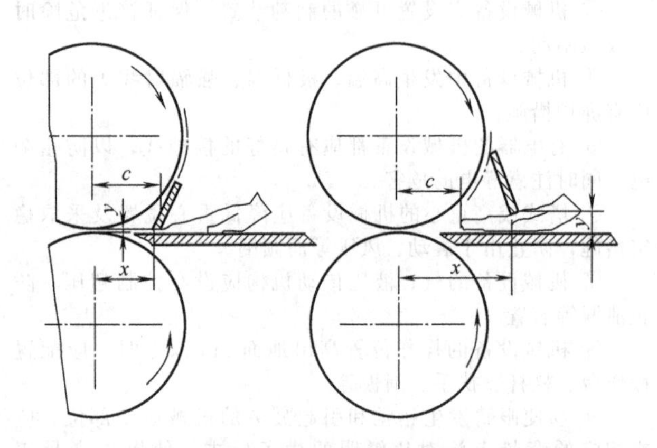


图17.2　压辊最小安全距离

**表17.1　开口部位与危险部位距离不同时的最大允许开口高度**

| 开口部位与危险部位距离 $x$/mm | 最大允许开口高度/mm |
| --- | --- |
| 6～20 | 6 |
| 20～50 | 8 |
| 50～100 | 12 |
| 100～150 | 16 |
| 150～200 | 25 |

剪切机防护挡板的设置部位如图17.3所示。其中，$s$为剪切机行程。

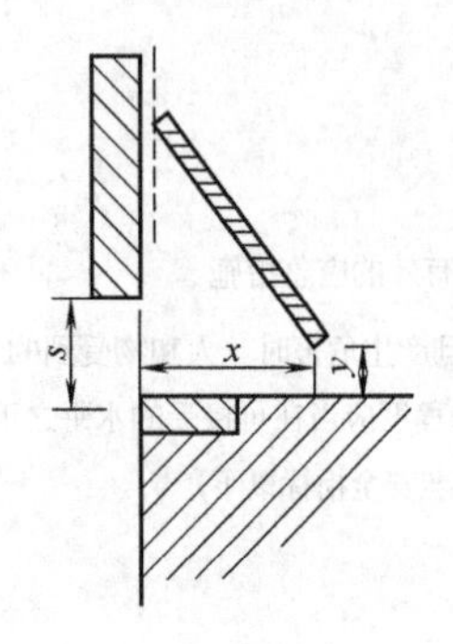


图17.3　剪切机防护挡板的设置部位

机械设备危险部位应设置防护栅栏，两者之间的水平距离和栅栏的高度取决于危险部位离地面的高度。防护栅栏结构尺寸见表17.2。

**表17.2　防护栅栏结构尺寸**

| 名称 | 栅栏与机械运动部分距离/mm | 孔口/mm | 栅栏高度/mm |
| --- | --- | --- | --- |
| 编网 | 小于5.1 | 0.95 | 243 |
| | 5.1～10.2 | 1.27 | 243 |
| | 大于10.2～38.1 | 5.1 | 243 |
| 拉伸网 | 小于10.2 | 1.27 | 243 |
| | 10.2～38.1 | 5.1 | 243 |
| 穿孔钢板 | 小于10.2 | 1.27 | 243 |
| | 10.2～38.1 | 5.1 | 243 |
| 钢板 | 小于10.2 | | 243 |
| | 10.2～38.1 | | 243 |
| 木板或扁网格子 | 小于10.2 | 1.0 | 243 |
| | 10.2～38.1 | 5.1 | 243 |
| 木板条或扁钢 | 小于10.2 | 1.27 | 243 |
| | 10.2～38.1 | 2.54 | 243 |
| 胶合板或塑料板 | 小于10.2 | | 243 |
| | 10.2～38.1 | | 243 |
| 管子栏杆 | 38.1～50.8 | | 106.7 |

防护栅栏的材料和连接方法见图17.4。

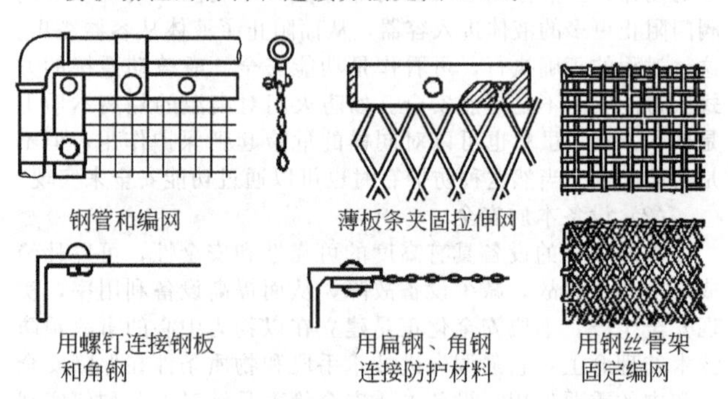


图17.4　防护栅栏的材料和连接方法

图17.5所示为常见的齿轮防护罩，罩壳上设置注油管和调节用的活动小门，还应有通风换气孔隙和清扫用的孔或门。

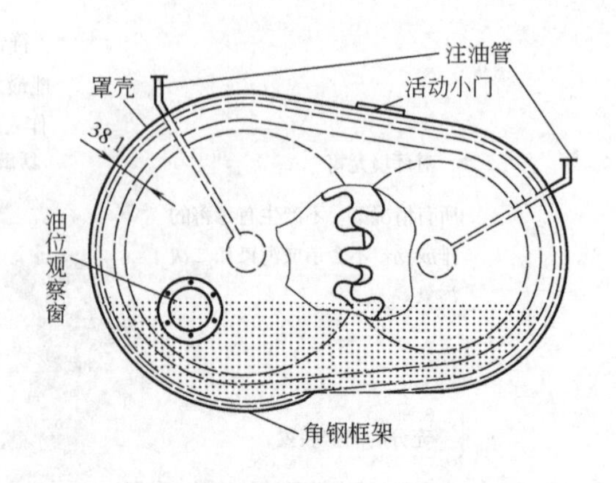


图17.5　常见的齿轮防护罩

(3) 安全防护装置

机械设备的危险区，应根据机械特性和事故发生率划定防护范围。

采用横杆、拉绳、开关等简易的安全防护装置，应安装在操作点附近人手容易接触到的部位，只要发生紧急事故，人手或身体触碰到这些装置，就能立即停车。

安全防护装置的性能应符合下述要求：

① 性能可靠，安装牢固，并有足够的强度和刚度。

② 适合机械设备操作条件，不妨碍生产和操作。

③ 经久耐用，不影响设备调整、修理、润滑和检查等。

④ 耐腐蚀，不易磨损，能抗冲击和振动。

⑤ 防护装置本身不应给操作者造成危害。

⑥ 机械异常时，防护装置具有防止危险的功能。

⑦ 自动化防护装置的电气、电子、机械组成部分，要求动作准确，性能稳定，并有检验线路性能是否可靠的方法。

(4) 机械设备安装维修时的安全要求

机械设备安装、维修时生产管理者应向参加这项工作的人员指明有效的安全措施，并选派受过专门训练的、有经验的操作人员和监护人（如有必要）。

在维修工作开始前，应使机械设备完全处于零点状态：

① 完全切断机械设备的动力源（电、气、水）和压力系统介质的来源。

② 把机械设备各部分的位能放到操作时的最低阈位。

③ 把储存气体的柜、槽等容器内的压力降到大气压力，并把动力源切断。

④ 排出机械管路、气缸内的油、气及其他介质，使之不能推动机械工作。

⑤ 机械运动部分的功能，都应处于操作控制器的最低阈位。

⑥ 对机械中松动和仍能自由移动或偶然移动的构件加以固定。

⑦ 应防止由于机械移动而使原来的支撑件或支撑材料产生移动。

⑧ 防止附近的外部能量引起机械维修部位突然运动。

(5) 机械设备控制装置的安全要求

① 机械设备控制装置的设置，应使操作者易于看到整套机械设备的运行情况，否则应设有报警信号或联系信号。

② 控制装置在能源（电、气、水等）供应发生异常时，应具有自动切换或自动控制的作用，以避免事故发生。

③ 复杂和危险的控制系统，应配置自动监控装置，以便及时了解各危险部位的操作和安全情况。

④ 离合器与制动器结合的控制机构，应具有强制执行的功能。

⑤ 控制装置电气（电子）线路中需要确保安全可靠的执行机构，应设计成双回路线路。

⑥ 多人共同操作的机械设备或系统应在人手易摸到的部位设置紧急停车开关，供发生危险时使用。

⑦ 机械设备中的气动或滚动装置，必须密封良好，不得有泄漏，且要动作准确。不允许介质超过最大工作允许压力运行，一旦超压，应有自动泄压安全排放装置。当系统压力突然下降时，应有自动制动或自锁动作。气动液动装置自身应有防护性能，不因外界环境影响而产生不安全因素。

⑧ 气体燃烧加热炉的控制装置能准确调节燃料与空气的混合比，使燃烧完全。

### 17.1.4 机械设备的安全操作和环境要求

(1) 机械操作安全要求

① 机械设备运转时，禁止用手触摸齿轮、链条、刀轴(杆)等。清扫齿轮和链条要停车进行。

② 移动皮带时，必须使用专用工具，禁止直接用手在皮带上涂油脂或蜡，一般应停车进行，或在皮带出口端进行。

③ 运转的机械在切断动力源后，尚有动惯性，禁止用手或工具制动。

④ 需要打开或卸下安全防护罩时，应有显示危险标志，防止被意外开动。

⑤ 禁止伸手越过转动的机械或工件进行操作和调整。

⑥ 发现机械设备或开关按钮有故障时，应报告车间主管人或专职人员，并及时修理。

⑦ 钻床、车床、铣床、木工机床等操作工，要禁止戴手套，工作服需穿着整齐，如留有长发需戴好帽子，以防绞辗。

⑧ 作业停止时，必须使机械各部分能量降到零位，并切断电源、气源等。

(2) 工作场所的环境要求

① 工作场所的地面要平坦清洁，不应有坑、沟、孔、洞等，不得有水渍或油污，以防把人绊倒。

② 机床设备的周围，应留有必要的空间、通道，工具、工件等摆放整齐。

③ 工作地点照明，除采用全面混合照明外，还应根据不同操作条件增设照度足够的局部照明装置。照明的布置应避免使工作现场反射眩光。

④ 位于 2m 以上的工作点，应按登高作业安全要求，提供必要的防护设施和个人防护用品。

⑤ 凡工作场所出现危险、不安全因素的部位，都要设置安全标志和明显的指示牌。

⑥ 为了减轻操作工的疲劳，应尽量避免不正常体位姿势的操作。减少站立，提供高度可调的座位或工作台架，使人体、手、脚摆放自由舒展。

## 17.2 铸造设备安全

### 17.2.1 铸造方法分类

将液态金属浇注到具有与铸件形状相同的铸型空腔中，待其冷却凝固后，获得毛坯或零件的方法称为铸造。铸造按工艺特点可分为两类：砂型铸造和特种铸造。特种铸造根据工艺过程又可分为熔模铸造、金属型铸造、压力铸造、低压铸造、离心铸造和壳型铸造六种。

### 17.2.2 砂铸造型安全技术

#### 17.2.2.1 工艺过程与职业性危害

(1) 工艺过程

砂铸造型的工艺过程包括下列工序：制作模型和芯盒；配制型砂和芯砂；制造砂型和砂芯；起模下芯和合箱；金属的熔化和浇注；铸件的清理和检验等。

(2) 职业性危害

① 硅沉着病。接触 $SiO_2$ 所得的病叫硅沉着病（旧称硅肺)。铸造工人，特别是铸造行业中的翻砂工人、喷砂工人、清砂工人，因为经常与砂接触，而砂的主要成分是 $SiO_2$，所以患硅沉着病的概率也大。早期的硅沉着病病人大多无感觉，多在硅沉着病普查才发现。但随着病情的发展，会出现气短、胸痛、咳嗽等症状。

② 砸伤。砸伤多是翻箱、合箱、吊箱或砂箱堆放过高而倒塌所引起的。

③ 中毒。用合成树脂作胶黏剂配制树脂砂制砂芯是现代铸造生产中很有发展前途的一种工艺技术。然而，各类树脂砂在配制、制芯及受热熔化、硬化以及浇注过程中，有甲醛、氰化物、氨、一氧化碳、二氧化碳以及其他烃类化合物等有害气体产生。

④ 火灾。铸造车间属高温明火车间，而车间内可燃物质很多，故极易引起火灾。主要有以下两种：a. 原材料引

起的火灾，如制芯用的呋喃树脂，其闪点约为78℃，遇明火立即燃烧。制芯过程中普遍采用的汽油、煤油、乙醇等也极易挥发，遇明火也极易燃烧而导致火灾。b. 工艺过程引起的火灾，如酚醛树脂壳芯砂干法混制时产生的粉尘能引起燃爆。

17.2.2.2 **防护措施**

（1）硅沉着病的防护措施

① 采用水法防尘。水法作业是一项比较经济而有效的防尘方法。我国工厂、矿山的许多工艺流程中都采用了水法防尘，如铸造行业中造型时所采用的潮模、潮芯、流态砂等。

此外在造型车间还可采用蒸汽喷雾除尘。其原理是：蒸汽能迅速透入尘粒表面，使扩散状态的微细尘粒逐渐聚集，增大体积，增加重量，从而沉降下来。其方法是利用管道把蒸汽送到需要除尘的地方。在蒸汽管口装有喷嘴，喷嘴可用锥形、扁形、分叉式和圆管式等多种。其优点是：射程较远，扩散面大，蒸汽分布均匀且设备简单。

② 加强卫生保健

a. 个体防护。个体防护以戴防尘口罩为主。常用的防尘口罩有：静电口罩、压气口罩、尼龙口罩三种。

b. 定期体检。对接触硅尘工人进行定期健康检查，是早期发现硅尘着病、摸索硅尘着病发病规律的一项重要调查研究工作。一旦发现有各型活动性肺结核、严重的上呼吸道及支气管疾病以及心血管疾病等都应列为禁忌征来处理。

c. 定期测尘。测尘一般情况下1～2个月测一次。尘点要定下来，并对各尘点要进行一些必要的动态观察。

测定方法：采样可用直交流两种测尘机、流量计（转子、液体）、吸尘头和滤膜。我国规定为重量法。采样时应注意几个问题：注意人为扬尘对粉尘测定的影响；以呼吸带水平为准；测尘头要平行。

d. 对症治疗。硅沉着病治疗药物较多，有西药也有中药。不少药物对硅沉着病的抑制、减轻和改善肺功能都具有一定的疗效。

（2）砸伤的防护措施

① 严禁使用有裂纹或有其他缺陷的砂箱、托板。砂箱、托板的大小要符合烘炉要求，力求轻便。对于较大的砂箱、托板，必须有把手、突缘或“耳子”，以便牢靠地捆绑绳索，保证起重运输安全。

② 大中型砂箱在造型过程中为翻箱方便，一般常用两个“Y”形支架，在装支架时，必须地位适当，深埋可靠。

③ 从安全角度出发，为防止振动式造型机因振动而松动机器地基，应在机器底脚的基础部分安装防振的装置。为防止风动造型机意外地开动，必须采用弹簧锁紧装置。在调整或检修造型机时，总进气阀门必须预先关死。

④ 吊砂箱及翻箱时，再一次检查砂箱是否有裂纹、弯曲松动，箱带是否坚固。

⑤ 叠放砂箱和砂型时，一定要整齐、牢固，不得歪斜。600mm以下的砂箱叠放高度不得超过2m，砂箱间距一般不小于0.5m。

⑥ 吊砂箱及其他物件时，吊具、吊索不准有裂纹，链条、钢丝绳必须挂平衡。吊大砂箱要用天平梁，将四个箱都挂牢，禁止只挂两个。吊物上不得站人，不得随吊物行走。大小不一的砂箱不准一块吊。在吊起的砂箱下面工作或修型时，必须采取措施，用坚固的支架在其下部支垫牢靠，保证绝对安全，才能进行施工。

⑦ 使用风动工具，先检查风管、接头是否完好牢固，以免脱落伤人。使用时，操作者的两腿要摆开，以防砸脚。

⑧ 烘烤砂型和砂芯装炉时，需层层放入，先里后外，其底要牢，切勿堵塞火道、烟道等通气孔。此外，不能堆放过高。

（3）中毒的防护措施

为了保障工人的身体健康，使用树脂砂时应保持操作现场通风良好，生产线上要有足够的通风排气设施，并定期对现场进行检测，以保证有害气体含量低于规定的最高容许浓度。此外，为了预防有害物质的毒害，在操作时要戴橡皮手套，或抹一层皮肤油膏，操作后要洗手。

（4）火灾的防护措施

要注意安全防火，以呋喃树脂为例，其闪点约为78℃，易着火，不能放在太阳下暴晒或靠近热源，以室温、阴凉处存放为宜，也不要长时间与空气接触。呋喃树脂在高温下会慢慢聚合成分子量较大的树脂，影响树脂的性能。盛满树脂的容器若长时间于100℃以上受热，就有起火和爆炸的危险。

酚醛树脂壳芯干法混制时，粉尘飞扬，极易发生燃爆；配砂制芯过程中普遍采用的汽油、乙醇、煤油等，也极易发生燃爆。因此，要根据生产场地，实际情况，制定严格的防火措施。

### 17.2.3 特种铸造安全技术

17.2.3.1 **工艺过程与职业性危害**

（1）工艺过程

金属型铸造的工艺过程：用铸铁、钢材或其他合金制造铸型，以取代砂型及部分砂芯，称为金属型铸造。其主要工艺过程为：铸型预热→型腔喷涂料→合型锁紧→浇注→铸件出型。

熔模铸造是在蜡模表面涂上数层耐火材料，待其硬化干燥后，将其中的蜡模熔去而制成型壳，再经过焙烧，然后进行浇注。其工艺过程为：标准铸件→制作压型→压铸蜡模→制作型壳→脱蜡处理→填砂焙烧→热壳浇注。

压力铸造是在高压、高速的作用下，把液态或半液态金属压入金属铸型，同时在压力下凝固而获得铸件的一种方法。其工艺过程为：合模→浇注→压铸→持压→冷却→开模→顶出铸件。低压铸造是液体金属在压力作用下，由下而上地充填铸型型腔，以形成铸件的一种方法。由于所用的压力低，所以叫低压铸造。其工艺过程为：在保温炉内密封盖下的坩埚中，通入干燥的空气。金属液在气体压力下，沿升液管上升，通过浇口平稳地进入下型和上型所组成的型腔。保持坩埚内液面上的气体压力，一直到铸件完全凝固为止。然后解除液面上的气体压力，使升液管中未凝固的金属液流回流到坩埚中。再由汽缸顶杆、顶杆板开型并推出铸件。离心铸造是将液体金属浇入旋转的铸型中，使液体金属在离心力的作用下充填铸型，并凝固成形的一种铸造方法。

（2）职业性危害

① 砸伤。金属型一般由左右模块、底座、托盘、上下钢芯和活动块等部件组成。装配、检修、拆卸时，如吊耳焊接质量不好，或操作不小心，易造成模块砸伤事故。

② 烧伤。金属型模块未锁紧，分型面有缝隙以及压力铸造分型面不紧密时，都会引起金属液喷射流淌，将操作工人烧伤。低压铸造时，未泄压即开型取铸件，金属液会从升液管中喷出，也会将操作工人烧伤。离心铸造时，金属液浇注过多而甩出，也易将操作工人及附近人员烧伤。精密铸造时，型壳与炉口配合不良，或型壳开口处有缺口，在翻转炉体时，会引起高温金属外喷而导致烧伤事故。此外，型壳高温强度不够，浇注后运壳时发生“漏壳”，也可引起烧伤事故。

③ 火灾。熔模铸造时，蜡的熔点很低，如石蜡、硬脂酸熔点为50～65℃，川蜡、蜂蜡、地蜡熔点为60～80℃，松香熔点为90℃，容易失火燃烧。

④ 粉尘。熔模铸造时，配制涂料、制造型壳以及铸件清理时，都有大量粉尘飞扬。如大量吸入肺部，则得肺尘埃沉着病。而且这些粉尘大多含 $SiO_2$，故精铸车间所得肺尘埃沉着病均为硅沉着病。而且，精铸车间相比普通的砂型铸造车间，不仅粉尘的浓度大，而且含 $SiO_2$ 量也高，所以工人患硅沉着病的发病率要高得多。

⑤ 中毒。在熔模铸造中，有一道极为重要的工序，即制造型壳。首先是浸挂涂料，然后是敷挂砂层，最后是硬化干燥。硬化干燥过程中，要把挂有涂料、粘有砂层的模组浸入专用的硬化剂中。硬化剂是含 20%～25% $NH_4Cl$ 的水溶液。它能与水玻璃作用，分解出硅胶，从而把石英砂黏结得十分牢固。在发生化学反应时，会分解出大量的氨气。这样的制壳工序要进行多次，一般为 6～7 次，多者达 12～13 次。硬化槽中会释放出大量的 $NH_3$，通风条件不好的车间，致使氨气弥漫，呛鼻催泪，使人无法在车间中停留，可能引起人员中毒。

**17.2.3.2 防护措施**

(1) 金属型铸造安全技术

① 为保证装配、维修、拆卸、吊运牢靠安全，应设计专门的吊耳、吊轴或安装环状螺杆的螺孔。而吊耳、吊轴等不仅要保证室温强度，而且要保证高温强度，另外要保证焊接质量。大型金属型起吊部分的受力焊缝，要经 X 射线检测，合格后方可投入生产。

② 金属型一般要就近布置在保温炉附近，使浇注距离最短。模型周围工作场地需用带网纹的铸铁地板砌成，以防金属液流淌、爆溅伤人。

③ 金属型在浇注前、浇注过程中都需要加热和保温。当采用电热元件制成的加热器时，应保证工作安全，不发生短路、触电，且应使模型可靠地接地。当采用煤气管状加热器预热保温时，要防止煤气泄漏中毒或失火燃烧。

④ 金属型与金属型之间的距离，应不小于 1.5m。

⑤ 一般浇注铸钢、铸铁、铸铜等高熔点合金的金属型模块部件时，由于热应力、组织应力引起的热疲劳，易产生开裂和变形。预热时加温不均匀或剧烈局部加温的金属模底座，也极易发生变形或开裂。这些变形、开裂的金属模部件，是浇注中产生各类事故的隐患。因此，必须定期检查、修复或更换。金属模的通气沟槽、通气塞要保持畅通，防止浇注时排气不畅而产生呛喷。

⑥ 预热后的金属型型腔，常喷各种保温涂料及调温防护涂料。这些涂料含有石墨粉、氧化锌、石英粉、滑石粉等粉尘。喷涂应在有抽风的情况下进行，并戴好防尘罩。

⑦ 金属型在反复连续浇注时，某些部分温度将升高。此时可采用表面喷水、刷水或用压缩空气吹的办法，以降低温度。喷水、刷水不宜过猛，以防流淌到地面。如型具设有循环冷却水套，则应严格防止渗漏。在内腔空框处通入压缩空气冷却时，要防止高压气体渗透穿入合金液。一般多在浇注完毕后适当时间内，即铸型表面一层合金液开始凝固时，再通入压缩空气或水冷却铸型，就可达到安全激冷的目的。

⑧ 模块要锁紧，分型面应无缝隙。高大金属型浇注时，不要站在垂直分型面处，防止因模块热胀、锁扣断裂、合金液在静压力作用下喷射流淌而造成烧伤。

⑨ 镁合金金属型浇注时，要撒硫黄粉保护。浇注工应做好个人防护，防止吸入过多的 $SO_2$ 而中毒。有较多的金属型同时投产时，应加强车间的通风排气能力，以便除尘和散热，并将 $SO_2$ 降到最高容许浓度以下。

(2) 熔模铸造安全技术

① 化蜡常用的电阻加热炉，电器开关应安装联锁保险装置。化蜡锅应安装报警器和指示灯。下班时应切断电源。切忌疏忽大意而造成蜡料过热燃烧，从而导致严重火灾。

② 当采用低熔点蜡料时，蜡料软化温度较低，只有30℃。如室内温度过高，蜡模将软化、变形。为保证蜡模尺寸不变，室温常控制在 25℃以下。长期在温度较低、湿度较大的蜡模间工作，应注意自身保暖，预防风湿。

③ 配制涂料、撒砂制壳、铸件清理，均有大量粉尘飞扬。故上述工段，必须有良好的通风排尘设施。

④ 型壳用氯化铵硬化时，会挥发出大量的氨气。用聚合氯化铝硬化时，则可能分解出氯气及氯化物气体。用其他硬化剂硬化时，也会挥发出有毒性的气体。除加强排风外，可佩戴“干-湿-干”型三层口罩。由于口罩中层潮湿，含水较多，可将吸入的氨气溶解，从而阻止它进入呼吸系统。

⑤ 化蜡、脱蜡、焙烧等工序普遍采用热水、蒸汽和电热设备。为防止烫伤和降低劳动强度，应尽量采用机械化操作。

(3) 压力铸造安全技术

① 压力铸造机（压铸机）应安装在单独的厂房内，每台压铸机都要用金属防护挡板隔离。

② 压铸生产前，必须仔细检查压铸机和铸型的高压液压传动装置、开合铸型装置、锁紧装置及冷却系统等是否漏油、漏气、漏水，各部件运动及工作状况是否正常完好。

③ 压铸模分模面必须结合紧密，没有超标间隙，防止熔融金属从间隙中喷出。生产时最好在分型面处设置安全防护挡板。操作人员不得站在分型面处，以防金属液喷射出来造成烧伤。

④ 压铸模及与金属液接触的料勺等工具，必须经过烘烤预热，避免发生“爆溅”。

⑤ 机器打开时，切忌将身体伸入模具分型面的空隙内。如果要清理模具和因操作上排除故障而需要进入空隙内时，必须事先拉下电闸，切断电源。

⑥ 更换冲头时，应按操作规程进行。注意操作机构的按钮、手柄等的相应位置。

⑦ 发现机器漏液时，应找出漏液原因，并及时修理和排除。

⑧ 操作人员离开机器时，必须拉下电闸，切断电源。

(4) 低压铸造安全技术

① 升液管必须涂上涂料，并按工艺要求预热后，才可浸入坩埚，以防与合金液接触时发生爆溅。

② 升液管的保温器应密封良好，防止渗漏合金液造成短路。

③ 铸型要装配严密，上下模块、砂芯及上压板等要紧固牢靠，不得有缝隙，以防金属液渗漏，将操作人员烫伤。

④ 压缩空气必须干燥，无水、无油。

⑤ 充型浇注时，分型面处不得站人，最好设置防护挡板。

⑥ 开型取件前，必须先泄压，在设备上应设置“泄压、开型”的联锁保险装置。

(5) 离心铸造安全技术

① 离心机所有活动旋转部分，均应有防护装置，旋转的铸型更需用外罩罩住。所有螺钉均应拧紧。浇注前应做空车旋转检查。

② 铸型必须牢固地固定在离心机的旋转轴及转盘上，以免巨大的离心力导致铸型脱落，从而发生重大事故。

③ 安装铸型时，应检查是否平衡。如果发现不平衡，则应认真调整，直到平衡才能开始浇注。

④ 注入铸型中的合金液体必须定量。注入过多，将造成金属液甩出伤人。

⑤ 用水冷却铸型时，严防冷却水与金属液接触，以免爆炸和飞溅。

(6) 金属熔化安全技术

① 冲天炉熔炼安全技术

a. 修筑炉体安全技术。修炉时必须等到冲天炉冷却至50℃以下后，才能开始进行。工人在炉内工作时，必须戴安全帽，并采用防护罩、防护网或防护平台等安全措施。

用锤、凿等工具铲凿渣时，应防止碎块溅击眼睛、面部和身体其他部分，清理炉壁时必须戴防护眼镜。

炉内有人工作时，炉子下方不许有人站立，炉内照明要用12V以下低压照明灯。

b. 点火开风安全技术。烘炉时炉底要用刨花或稻草保护，防止加料时砸坏。

点火后装底焦必须小心轻放，开风前必须关闭装料口和打开冲天炉的所有风口与出铁口，操作工人的脸部不得正对风口，防止被火焰烧伤。

风口关闭后，炉膛、前炉内可能含有数量较多的一氧化碳气体，要防止中毒事故，应及时用明火将各个缝隙处可能逸出的气体引燃。

c. 装料熔化安全技术

在机械送料的路线附近，加防护栅栏，禁止行人穿行或靠近加料机。为更安全起见，在装料运行时应当有明显的警告牌或红色警灯。

加料口应比加料台高出0.5m，测量底焦高度及检查炉料下降情况时，严禁向炉内探身，以免中毒或不慎落入炉内。

送风时，如出铁口开放，应在其前3～5m处放一挡板，以防高温碎焦、高温铁滴冒出伤人。在停风时必须打开炉子所有风口，以便排出废气，直到重新鼓风后5～6s再关闭，以免一氧化碳进入风箱引起爆炸事故。

在清理风口挂渣、排除风口堵塞及炉料搭桥等熔化故障时要戴好眼镜及头部护罩，操作时要标准，动作快，防止烧伤事故发生。

在发现炉壳烧红、炉底跑漏铁水等故障时，要慎重稳妥地采取措施排除故障。

d. 出铁、出渣安全技术。出铁前要清理并烘干出铁斜槽，准备好堵口塞头；各类浇包应按规定用耐火砖砌筑修搪，并烘烤干燥。

打通出渣口时，一定要停止送风。出渣口正前方不得有人来往，防止烫伤。排放的炽热炉渣应该用渣车运走，或通过流渣槽运走。禁止将炉渣直接排放在地面上任其流淌。

堵塞出铁口用塞头，不能过潮。

e. 打炉清理安全技术。打炉前，炉内铁水、炉渣要出净，炉底地面应干燥。要借助辅助工具（钎、索键、防护板等）缓慢移动支架，打开炉底，应防止炉中高温余料突然坍塌造成砸伤烧伤、事故。

② 坩埚炉熔炼安全技术

a. 总体安全要求。石墨坩埚很脆，使用时不要敲打，轻拿轻放。

用焦炭作燃料时，要防止CO中毒；用煤气作燃料时，要防止煤气中毒和回火爆炸；用电加热时，要防止电阻丝接触坩埚。因此，现场必须通风良好，工作前应用电笔检查炉壳是否漏电，严禁带电操作。

炉料需经120～200℃预热才能加入坩埚内。熔炼浇注工具应仔细清理，在预热炉或炉沿上预热后才能舀取合金液体，以免引起爆炸。

b. 铝合金熔炼安全要求。铝合金熔炼过程中会逸散出各种对人身有剧毒的气体，故需采取严格的通风排风措施。

精炼和变质处理时，需遵守下列规程：六氯乙烷要纯净，并压制成坚实的块状，密封干燥储存。精炼时要分批压入，严格控制精炼温度在730～740℃，防止反应剧烈。当合金沸腾、烟雾弥漫时，可加入适量的氟硅酸钠抑止剂，并严格检查控温仪表。

氯精炼温度为690～720℃，压力为200mmHg（1mmHg=133.322Pa），以均匀冒气泡、液面不飞溅、不激烈沸腾为准。由于氯是剧毒气体，除加强精炼时的通风排气之外，在使用时要特别防止氯气瓶的爆炸及漏气事故，对氯气要进行严格的干燥处理。当氯气瓶破裂或漏气时，可将它放入盛有1.0%～2.5%的硫代硫酸钠溶液的小槽中溶解吸收。

干燥器应密封、无锈，在100～150℃下彻底烘烤1h以上，然后装入事先在300～400℃下烘烤1h以上的氯化钙并定期更换。

用固体钠盐进行变质处理时要保证干燥，用压勺缓慢压入防止爆炸飞溅伤人。

c. 铜合金熔炼安全要求。由于铜合金熔点高，熔炼工艺较为复杂，去气脱氧精炼等处理温度较高，反应剧烈，甚至要求高温"沸腾"。因此更特别注意"沸腾"的飞溅所造成的灼伤，并要特别注意有害气体和金属蒸气的毒害。

为此，要特别注意铜熔炼坩埚炉的抽风排气设施的工作效率，加强个人防护。

d. 镁合金熔炼安全要求。镁合金熔炼过程中，为了防止燃烧，必须隔绝镁液与大火或水分接触。目前一般采用在覆盖熔剂层下进行熔炼。但如果坩埚渗漏，或操作不慎将合金液流入高温炉内，则将发生剧烈氧化反应，迅速产生高温高压而导致爆炸。为此，应采取以下预防措施：

坩埚需采用低碳钢铸造或低碳钢板焊接而成，并经X射线检验和煤油渗漏试验。

坩埚长期受高温氧化，壁部会因剥落而变薄。局部壁厚减少到一半时，坩埚应予报废。要经常清除坩埚外壳的氧化铁皮，并用专门卡钳、夹具检查各部位壁厚。

熔炼过程中要定期吊起观察，当发现有局部变红、变软、变薄或已经有合金液渗漏时，应及时停产更换。

坩埚不能装载过满，否则在精炼搅拌以及变质处理反应剧烈时，合金液会溢出。

熔炉要用中性或碱性耐火材料（如镁砖）砌筑，不得采用酸性耐火材料（如硅酸盐），因为$SiO_2$与镁液相遇时能发生强烈化学反应，增加了燃烧爆炸概率。

炉膛应保持干燥，无地下水及管道水流入。炉膛应定期清除，因坩埚氧化掉落的氧化皮，也会与镁液发生放热反应。

熔炉底部应开设安全引导构槽或导管。当大量合金液流入炉膛时，可迅速引导至安装在熔炉底部侧面的备有灭火熔剂的安全坩埚中去。

镁中需加入锰、铍、锆等合金元素时，由于锰、铍、锆等元素熔点较高，化学活性较大，单个元素很难加入进去。因此，需以特殊的熔制工艺，在较高的熔炼温度下，先制成中间合金，然后再以"生产配料"的形式加入镁中。铝镁锰、铝铍及镁铁等中间合金的熔制难度很高，不安全的因素很多，其中尤以镁锆中间合金的熔制最为困难。如在熔融的镁液中加入粉状锆盐，则极为危险。应向熔融的锆盐中加预热过的镁锭，或两者分别熔化，然后将镁液加入锆盐中。这种熔制工艺较为安全可靠。

熔制这类中间合金时，熔炉必须有抽风、安全防护装置，并配置准确灵敏的测温仪表。操作间要有宽大的出口，以便一旦发生事故能迅速跑出。工人要穿戴石棉围裙、手套、鞋和护罩。一旦中间合金混合后反应温度超过986℃时，立即停止搅拌作业，工人迅速撤离现场。

为防止镁合金在浇注过程中产生燃烧，必须采取有力防护措施。即在型砂及芯砂中加入各种防护剂：氟添加剂，硫黄粉，硼酸（$H_3BO_3$），尿素、硫酸铝［$Al_2(SO_4)_3$］与硼酸混合防护剂，碳酸镁（$MgCO_3$）、硼酸及乙二醇

($HOCH_2CH_2OH$) 混合防护剂，烷基亚硫酸钠 ($C_6H_3SO_3Na$) 25%～30%水溶液。上述防护剂，都能使高温镁与空气隔离，从而防止了燃烧、爆炸。

此外，原砂要纯净，要求无煤屑、草根、油污及其他有机易燃杂质。型砂的水分要严格控制，造型、起模、修型时不得涮水。所有修补，组合砂芯用的胶、膏及铸型涂料，均加入硼酸等作防护剂，并烘烤干燥。金属铸型喷涂以硼酸、石墨粉等组成的防护涂料。金属型应无油污和锈蚀，并要经过预热。

镁合金燃烧的灭火措施：熔融的镁合金在空气中能急剧氧化而产生燃烧，并放出大量的热。镁合金碎屑或镁粉，其微粒愈细，危险性就愈大。一旦着火，就迅速向四周蔓延，从而酿成火灾或爆炸事故。所以镁合金在铸造过程中，要采取严格的防火措施。

当镁合金在熔化与精炼时，其上面应覆盖多种氯化盐、氟化盐的混合物作熔剂，这些物质在高温下分解出氯化氢、氯气等气体，以隔绝空气。同时，熔剂以液膜方式或结壳方式均匀覆盖在合金液面上，从而使液态镁与空气脱离。

当成堆切屑或粉状微粒剧烈燃烧时，以及坩埚渗漏爆炸飞溅时，可撒干燥的粉状熔剂（氯化盐与氮化盐的混合物）灭火。

当铸件、料头燃烧时，可用干砂、硫黄粉及石墨粉等物质扑灭。当浇注场地撒泼的金属液或铸型中的金属液燃烧时，可直接用型砂或硫黄粉扑灭。必须指出：干砂、型砂对数量较多、面积较大、已经猛烈燃烧的固态或液态镁合金没有灭火作用。因为此时砂中的二氧化硅与镁发生反应，放出大量的热，反而加剧了镁的燃烧。因此禁止用干砂、型砂去扑灭剧烈的镁合金火灾。氩、六氟化硫、二氧化碳、二氧化硫等气体，对镁合金具有相对的惰性。当资源供应条件允许时，可用于扑灭一定条件下的固态镁及液态镁所引起的火灾。此外，应在醒目的位置配备专用的数量足够的灭火器材。例如，镁合金熔化场地每台熔炉旁应放置 20～50kg 灭火熔剂（相当于合金熔化量的 1/10）。在锯割、打磨及机械加工场地与库房，每 $100m^2$ 工作地面，要配备两箱（每箱 50kg）灭火剂，并储备 $0.5m^3$ 干砂等。发生重大燃烧火灾及操作事故应立即报警，通知有关领导、安技、保卫、消防及医疗救护单位。要正确选用灭火剂和使用灭火器材，根据具体情况确定最好的灭火方法。在扑灭火灾时应注意防止发生中毒、窒息、倒塌及坠落等伴生事故。

③ 电弧炉熔炼安全技术

a. 修炉安全技术。修炉实质上是将混有胶黏剂（沥青、卤水等）的耐火材料填装到需要修补的部位，使其与高温炉体烧结在一起的作业过程。炉膛温度越高，越有利于烧结，温度低于 800℃ 就失去了烧结的条件。所以出完钢后的修炉，要抓住炉体尚温的有利条件，进行快速修炉。修炉系手工操作，并伴有高温辐射，条件十分恶劣，因此需多人连续轮甩，操作十分紧张。为保证安全生产，应注意以下几个方面：

修炉时不要正对炉门，以免高温热流与修炉材料沥青引起的火焰烧伤人体。

多人接力作业连续投甩修炉时，要很好地组织，保证投甩操作又稳、又快、又准，防止互相碰撞或将修炉材料投甩到钢液中而造成严重的钢液飞溅事故。

炉壳烧红时，或修炉、清炉需要冷却时，只能采用压缩空气，严禁用水冷却，否则会造成重大爆炸事故。

在修理和检查电炉、安装和调节电极等作业需要上到炉顶时，必须铺设牢靠的垫板，不得直接站在炉顶上，防止炉顶倒塌而造成特大事故。在炉顶、电极臂、炉架等地方进行检修和更换电极时，应切断电源，严禁带电操作。

b. 熔化安全技术。正确装料的方法是：炉底应先放一层石灰或小块金属炉料，防止大块续料砸坏炉底；所有炉料及氧化还原造接剂、脱氧剂均要保证干燥、无油；中空密封部位无废旧零件，从而防止爆炸发生；没有铜、锡、铅、锌等有色金属废件，从而防止中毒；二次补加炉料时防止钢水、炉渣飞溅。

所有电器设备、开关、线路均应很好绝缘，要有可靠的安全防护。根据熔炼过程各个时期（熔化、氧化、还原等）对电功率的不同要求，应由专职配电人员按规定的电力线路调节电压和电流。非供电、维修专业人员禁止进入电气设备间。严禁非供电、维修专业人员操纵电气设备。

采用吹氧助熔时，要防止氧气回火烧伤和钢水飞溅。手不要握在氧气管接缝处，并检查是否漏气。吹氧压力不要太大，不要过于贴近炉料。不要用吹氧管捅炉料，防止堵塞发生回火。发生回火时，要及时关闭阀门。吹氧助熔不当，炉料会搭棚悬空，当下塌时又会造成剧烈沸腾，钢液熔渣飞溅。停止吹氧时，要先关阀门，再拿出吹氧管，防止炉外燃烧。

氧化期造渣加入石灰石、铁矿石时，如发生剧烈沸腾，应停止加料，减缓碳氧反应。或切断电源，抬高电极，把炉子向后倾，防止钢液、熔渣从炉门口溢出。也可以加硅铁以压制沸腾。

流渣、换渣作业时，要保证渣坑、渣罐干燥；拌渣、取样工具必须经过预热。操作时，工具应托放在炉门铁框上。铁框与炉壳是接地保护的，因此即使碰上电极也不会触电。

熔化过程中，要留心观察和检查炉体，防止发生炉壳变红、漏钢、水冷系统堵塞或漏水等事故。一般漏钢事故都发生在还原期，且出现在出钢口、炉门两侧炉渣线上。要根据具体情况采取果断措施：快速修补继续熔炼或更改钢号迅速出钢。水冷系统堵塞时，水压将升高，温差将增大。若进水口堵死，设备将烧坏；若出水口堵死，管道中的水将汽化，压力升高，可能发生爆炸。

打开出钢口、摇炉出钢、炉前脱氧、将钢水注入带陶瓷塞杆的底注式钢包等一系列作业时，应小心谨慎。各工种操作要密切配合，紧张而有秩序地进行。指挥不当、分工不明、组织混乱、准备不全的出钢作业，必然会导致各种事故发生。

c. 感应炉熔炼安全技术。采用各类感应电炉熔炼金属，应特别注意电气设备的使用安全。电气设备及控制装置一律集中安装在专门隔离的房间内，非专职操作人员不得进入室内。

套炉时应尽量采用干法（少加水）捣实，一层一层筑捣，松紧适当。筑完一层再筑另一层时，要将前一层表面划松，使层间结合紧密。过紧容易产生裂纹，过松坩埚烧结不良。熔化数炉后，要仔细检查炉体有无裂纹出现。若有缺陷，要及时修补。套炉用耐火材料需注意不要混入导电性颗粒，如石墨、氧化铁等。

如坩埚开裂漏钢，则钢水会将感应圈铜管烫化。钢管中的冷却水马上会与钢水接触而发生重大爆炸事故。熔渣结壳会使金属液内气体压力升高，也会导致金属液爆炸飞溅等重大事故。因此在熔炼过程中，必须坚守工作岗位，注意搅动熔池，及时撤去渣壳。要特别注意检查感应圈水冷系统工作是否正常。

(7) 浇注清理安全技术

① 浇包设计安全技术。浇包的结构形式很多，按照搬运方法可分为手抬式和吊车式。手抬式的容量较小，一般不超过 120kg，吊车式则较大。

从安全角度看，熔融高温金属及其强烈的辐射热，对浇包各部分都起损坏作用。因此在设计和计算浇包的强度时，不仅要求其常温强度，更重要的是应保证它在高温情况下的热强度。

浇包的加固圈、吊包轴、吊架等在设计计算时必须保证其热强度。

具有机械转动的浇包，其转动轴的位置应高于盛满金属液后重心约100mm，使其在旋转机构损坏时浇包仍能保持平衡，不致意外倾倒。

容量在0.5t以上的浇包，必须装有转动机构，并有自锁机构（可用蜗轮、蜗杆、棘轮）。

浇包的转动机构应装防护壳，以防铁水或铁渣飞溅堵塞转动机构。浇包的后壁也需有防护挡板，以防辐射热伤害工人。

② 浇包检验安全技术。任何手抬式或吊车式的浇包，在移交使用前或其结构部分修理后，均需做质量检验。浇包在使用过程中也需做定期或不定期的检验工作。吊包式浇包至少每六个月检查一次，手抬式浇包每两个月检验一次。浇包的检验主要是外观检查与静力试验。浇包的外观检查应着重检查加固圈、吊包轴、拉杆、吊环以及转动机构。对于特别重要的或可疑的部位，除用肉眼细心观察外，还需用放大镜检查。检查前需清除浇包金属部分的污垢、锈斑、油泥等。如发现零件上有裂纹、弯曲、螺栓连接不良、铆钉连接松动等均需拆换或修整。浇包的静力试验是将浇包吊至最小高度，试验负荷为浇包最大工作负荷的125%，试验持续时间为15min。手抬式浇包的静力试验，其载荷应为最大工作负荷的150%，试验时间也为15min。浇包的内衬检验：在使用浇包前，应对浇包的内衬情况及干燥情况做一次全面检查，若内衬不良或浇包潮湿，则遇到高温金属液体会引起内衬破坏而使包壳烧穿，水瞬时汽化时体积猛增7000余倍，从而导致猛烈爆炸。

③ 浇注操作安全技术。浇包不得盛装过满，一般不得超过内壁高度的7/8。使用手抬式浇包时每一工人所分担的总重量不得大于30kg。人工抬运浇包时通往砂型的主要通道应保证有2m宽度，同时往返路线不能重复，以免互相碰撞。吊运时，司机和行车指挥员应遵守行车移动信号，移动时必须平稳。浇注用的工具，如火钳、铁棒、火钩等都要经过预热。加入包内的少量金属材料也应事先预热，以免水分引起金属熔液飞溅伤人。在浇注以前应检查砂箱上的压铁是否压牢，螺栓卡是否把住，以免浇注时上砂箱被金属液的浮力抬起而发生跑火事故。砂箱的高度（包括浇口圈在内）如果超过700mm，就应该挖地坑使砂箱的底部埋入地下，以免浇注时发生危险。浇注地坑砂型时要注意底部的通气孔，并及时把喷出的瓦斯气体引火烧掉，以免发生爆炸和中毒。地面造型，型砂透气性不好时，在浇注时最易引起型砂爆炸的事故。这种作业一般在铸造大件时采用，但只有在地下水位很深的车间里，方可允许进行坑式地面造型。从安全要求方面考虑，规定地面造型的砂型底部距地下水顶部的最少距离应大于1.5m，这是防止高温铁水遇潮爆炸的重要措施。浇注镁合金时，现场严禁存放易燃易爆物品，并需备有相当数量的灭火剂，且应有方便的火灾报警电话。浇剩的金属溶液，要倒入锭模或砂坑内。锭模要经预热，砂坑不能太湿以免发生爆炸事故。

(8) 手工落砂安全技术

在机械化程度不高和生产量不大的车间，手工落砂占主导地位。一般采用锤、棒、钓竿等简单工具，靠人力敲打砂箱和砂型，直到取出铸件为止。手工落砂，必须等到铸件冷至60℃以下才能工作。在操作前必须严格检查工具设备的可靠性，穿戴好高温要求的人身防护用品，以防烫伤。为防止粉尘与余热的侵害，现场必须有良好的抽风设备。

(9) 机械落砂安全技术

机械落砂一般采用机械撞击和振动的方法，常用的设备是振动落砂机。机械落砂噪声很大，对工人的听觉和神经系统有严重影响。需在落砂机旁用隔音物质做成独立的隔音室，以减轻或消除噪声的干扰。此外，应加强个人防护，如工作时戴耳塞等。但应注意，用耳塞不当，会使人听觉失灵，容易造成另一种事故。机械落砂现场粉尘很大，若吸入过多容易得硅沉着病，必须有良好的抽风装置。

(10) 手工清理安全技术

手工清理一般用扁铲、钢丝刷、风铲、手提式砂轮机等工具进行。这方面的安全要求是：工作前应检查、清理工具，锤把要牢固，扁铲与锤头不得有毛刺，风带接头应绑牢。使用手锤时，对面不得站人。大型铸件翻转清理时应使用吊车。使用手提式砂轮机磨削浇冒口及飞边。有毛刺时极容易发生外伤事故。操作时精力要集中，双手用力均匀、协调。砂轮在使用中容易发生碎裂飞出，应按专门规定检验砂轮是否完好无裂纹。不允许用砂轮侧面磨削铸件。磨削时要将铸件固定牢固。控制砂轮的转速，使圆周速度不超过20～50m/s。操作带锯时，锯片不允许弯曲，应有防护罩防止锯片断裂伤人，并且侧面不准站人。修整打磨镁合金铸件时，要特别注意打磨间合金粉尘的燃烧和爆炸。打磨间必须有良好的通风装置。正确使用风动铣刀，控制转速，使圆周速度不超过20～50m/s。铸件砂箱不得摆在过道上，砂箱堆叠不得过高，大的不超过1.5m，小的不超过1m，压铁堆放高度不得超过0.5m。

(11) 机械清理安全技术

按照使用设备的工作原理，机械清理方法可分为以下几种。

① 利用摩擦清理。依靠铸件与铸件，铸件与其他附加物之间的摩擦来清理铸件表面。例如滚筒即属此类方法。

② 利用喷射清理。用压缩空气将磨料（石英砂或铁丸）高速喷射到铸件表面，借磨料的冲击作用进行清理。例如喷砂器、吸丸器等。

③ 利用抛射清理。利用抛丸器将铁丸抛向铸件表面，借铁丸的冲击作用进行清理。

机械清理改善了劳动条件，减轻了劳动强度。但仍需注意以下安全事项：滚筒清理时，其转速一般不超过50r/min，铸件质量不超过50kg；较薄的铸件不能在滚筒中清理，以免铸件被撞裂或变形；滚筒上应有封闭式的防护罩，在罩壳的内表面装上一层厚毛毡，可以使这种防护罩具有良好的消音作用；滚筒上应装有良好的抽风装置，使粉尘不致弥漫工地；滚筒在旋转时，一般不要靠近，以防盖子偶然打开、铸件突然甩出而造成重大的人身事故。另外，还可以采用“水爆清砂”和“水力清砂”法。

## 17.3 锻造设备安全

锻造是金属坯料在高温下经受压力成形的方法，是生产金属毛坯的工艺方法之一。与同类材料的铸件相似，锻件具有较高的力学性能。因此受力复杂的重要零件，都由锻造制坯经机械加工成形。锻造按其工艺方法又可分为自由锻造和模型锻造两大类。

### 17.3.1 自由锻造安全技术

自由锻造（自由锻）的设备按作用力的性质可分为锻锤和压力机两大类。锻锤产生冲击力使金属变形，而压力机产生静压力使金属变形。

锻锤能力的大小是用落下部分的重量来表示。锻锤又分空气锤和蒸汽锤两种。

水压机用来锻造大型锻件，所锻钢锭的重量为1～300t，其动力来源于高压水。

（1）自由锻造的职业性危害

① 击伤、烫伤。自由锻操作过程中，最易产生的危害是锤击时工件被打飞，或高温氧化铁屑飞溅，击伤并烫伤操作者。

② 振动致病。自由锻操作过程中，掌钳的工人承受着由钳子传到手臂的局部振动，以及由于锻锤打下使地基振动而引起的全身振动。参加自由锻的其他工人也都在不同程度上承受全身振动。

振动（特别是局部振动）对人体的危害有以下几个方面：振动导致末梢神经、末梢循环、末梢运动机能障碍；振动导致中枢神经系统机能障碍；振动导致骨关节及肌肉系统发生病变；振动导致心血管系统疾病。

振动除对人体有直接危害外，对厂房也有危害。当厂房因振动发生损坏时，对人体会造成间接危害。

③ 高温中暑。由于锻造车间温度较高，自由锻劳动强度也较大，工人有时会出现高温中暑现象。

④ 热辐射性眼病。自由锻常将加热到1000℃左右的钢料进行锻打使其成形。工人在操作过程中，始终要注视灼热的工件，而高温的工件会放射出大量的辐射能，伤害人的眼睛。

⑤ 有害气体。有些锻造车间应用的加热设备是燃料炉，因燃煤或燃油而产生的CO、$SO_2$ 等有害气体使车间空气受到污染，对长期在车间工作的工人，也有一定的危害作用。

⑥ 噪声危害。对各种锻造车间的工作人员，噪声是普遍性的职业性危害。

（2）自由锻造的安全技术与安全管理

① 安全技术

a. 操作安全。镦粗时，坯料最长以不超过锻锤行程的75%为适合，坯料过长不易把住，也易打出砧外。镦粗要求坯料加热到正确的始锻温度，使整个坯料温度均匀，以确保在镦粗时塑性好，变形均匀，不产生偏斜。当产生偏斜后，校正时必须在终锻温度以上进行，以免在校正、打棱角时，因料硬而打飞。

镦粗时应将坯料放于锤砧的中心，并绕其中心不断转动，以防止因砧面不平而镦斜。镦粗时，脱落的氧化皮应及时清除掉，以防打飞将人烫伤。

拔长的坯料要求加热均匀，达到合理的始锻温度，以保证锻打时变形均匀，不出现歪扭现象，以免事后进行校正，因为拔长校正最易产生将锻件打飞的危险。

拔长时送料动作要迅速，送进后要放平放稳，然后承受锤击。如料放得不平，会使锻件上下跳动，容易打飞或振伤手臂。

拔长的锻件一般都应是杆形。用来夹持锻件的钳子大小及钳口形状必须与工件外形一致。

夹料前应检查钳口是否有裂痕，钳轴是否牢靠。如坯料较大、较长，则应在钳柄加钳箍固定、打紧，使钳口夹紧锻件，以免在锻击过程中，因把持不住而发生事故。

开始拔长时，应适当轻击，以便去除在加热过程中形成的氧化皮，防止氧化皮飞出伤人。另外，也是为了试探操作者的钳子是否放平、夹牢，然后再重击。

拔长时要求开锤、掌钳密切配合，互相关照。掌钳人钳柄不应正对腹部，手指不应分叉在钳挡中间，以防穿伤和夹伤。

b. 场地设计安全。在锻造车间，为了减轻振动的危害，在具备条件的情况下，应尽可能用压力机代替锻锤进行锻造。因压力机是用静压力使金属变形，很少产生振动。

锻造车间的厂房，在建筑时应采取一定的防振措施以保证厂房及人身的安全。这些措施包括：砧块下和机架下的垫木，其四周应与混凝土之间留有10～15mm的空隙；锻造车间一定要设置柱间支撑，支撑应用型钢制作；锻造车间设计屋盖系统时，应按原屋面载荷增加10%计算；锻造车间的外墙应特殊加固；锻造车间的门窗洞孔，必须采用钢筋混凝土过梁。

② 安全管理。工作前应穿戴好规定的防护用品，并应检查使用的锻锤、工夹具、模具等的安全情况，确认无问题后，才能正式投入生产。集体操作时，应相互配合一致，其中掌钳者应是操作者中的领导者，其他人应听从其指挥。严禁持续锻打终锻温度以下的锻件。机床运转过程中，严禁清理、修理机床，更不得将手或头伸入锤头的行程范围内。合理调整振动作业的时间和劳动制度。

### 17.3.2 模型锻造安全技术

模型锻造简称模锻，是将加热后的金属放在固定于模锻设备上的锻模内锻造成形的方法。模锻按使用的设备不同分为模锻锤上模锻、压力机上模锻等，其中以模锻锤上模锻应用最为广泛。

（1）模型锻造的职业性危害

① 击伤。模锻和自由锻类似，在操作过程中最易产生的危害是模具破碎飞出，或是一些辅助工具被打飞，击伤操作者及附近人员。

② 噪声。在锻造车间中，噪声对操作者及其他工作人员乃至附近的居民都是一大危害。

在锻造车间中，1t汽锤工作时产生的噪声即达到115dB。虽然锤击是断续的，具有脉冲性，但在一个正常生产的锻造车间，工人连续在噪声中暴露的时间常超过0.5h。这种噪声已超过容许的指标，应采取防护措施。

噪声对人的危害，有以下三个方面：

a. 噪声对听觉器官的危害。长期暴露在噪声环境（90dB以上）中的人，在无防护的情况下，由于连续不断地受到噪声的刺激，耳感受器易发生器质性病变，导致听力减退。若长期受噪声刺激，耳感受器发生器质性病变，听力损失逐渐加重而不能复原，进而发展成不可逆的永久性听力损失——噪声性耳聋。

b. 噪声对全身健康的危害。长期在噪声环境中工作，不仅听力下降，而且人的整个机体也会受到影响，并引起“噪声病”。

c. 噪声对工作情绪的影响。噪声对工作的影响是广泛而复杂的，不仅与噪声的性质有关，而且还与每个人的心理、生理状态等因素有关。在噪声的刺激下，人的心情容易烦躁，注意力易分散，反应迟钝，容易疲劳，因此不仅降低工作效率，而且影响工作质量，容易出差错甚至引起事故。

（2）模型锻造的安全技术与安全管理

① 安全技术

a. 模锻的安全技术。模锻时出现的事故，多为模具破裂飞出伤人。为此，模锻的安全技术主要在于模具的设计、制造与安装。在设计模具时，首先应该保证有足够的强度。其次，模具的所有边棱均应是圆弧或倒角。模具的选材，应采用中碳合金钢。最终热处理应采用淬火后的高温回火，以得到综合力学性能良好的回火索氏体组织。不可误用高碳钢制造模具，更不能在淬火后用低温或中温回火代替高温回火。模具热处理后应进行探伤，有裂纹的模具一定不能使用。每次锻造前也应检查模具，如发现有裂纹应立即换下，不得勉强使用。模具在安装时一定要装牢，同时上、下模要注意对准。

b. 噪声的防护措施。机械噪声的控制，就是在符合机械设备技术、经济性能要求的条件下，用最合理的措施，在接收器处得到允许程度的噪声。接收器可能是一个人、一群人或对噪声敏感的机械设备的一个部件。一般把现有噪声级和允许噪声级之差，作为达到允许条件所必须提供的减噪量。减噪量是噪声控制的主要依据。

控制噪声，应从三方面入手：降低声源噪声、控制传播途径、加强个体防护。

耳罩的外壳一般由硬质材料制成，内衬泡沫塑料。耳罩的优点是隔音性能好，隔音量可达 30dB；不足之处是戴久了耳部有闷热感。隔音棉是将棉球塞入耳道，如用一般棉花，隔音量为 10dB 左右；如用石蜡或油浸透棉花，隔音量为 20dB 左右。耳塞是塞入外耳道的护耳器，通常由软橡胶或软塑料制成。如耳塞大小与外耳道比较适合时，隔音效果良好。耳塞的优点是隔音量大，价格低廉，便于携带；缺点是初用时有不舒适的感觉。新型的耳塞与耳罩，有的还附有通信装置，工人使用时可以相互讲话。

② 安全管理

a. 吊锻模时，将吊钩插入吊模孔内，人站开后，再指挥吊模。在吊运锻模时，应随时注意锻模脱钩落下伤人。

b. 装卸模具定位销时，上模先要支撑好。安装时注意抡锤方向不得站人，以防定位销、手锤锤头脱落伤人。

c. 操作中锤头未停止前，严禁将手或头部伸入锻模或锤头行程内取锻件。

d. 检查设备或锻件时，应先停车，将气门关闭，用专用的垫块支撑锤头，并锁住启动手柄。

e. 同设备的操作者，必须相互配合一致，听从统一指挥。

f. 在 90dB 以上的噪声环境中工作的人员，应安排短时间的工间休息和工间操。工间休息和工间操可以防止听觉疲劳，预防职业性耳聋，降低大脑皮层兴奋，恢复正常生理状态。但休息和做操时，一定要离开噪声环境。

## 17.4 冲压机械安全

冲压工艺在机械、电子、轻工等工业中广泛应用。冲压设备开机率高，产品变化快，操作单调频繁。工人在一个工作班内上下料坯和开关动作有的高达几万次，很容易引起精神疲劳和动作不协调，因此常常造成人身事故。

实现冲压机安全生产的技术途径：采用自动化、机械化送取料坯，使人手不入模具；在模具设计上尽可能地采用安全型模具；在冲压机上安装可靠的安全防护装置。

### 17.4.1 冲压机主要参数与防护装置的关系

(1) 冲压机的分类和特点

按压力区分，300t 以上为大型冲压机，100～300t 为中型冲压机，100t 以下为小型冲压机（或称冲床）。大、中型冲压机的结构多为闭式，滑块行程每分钟为 8～20 次；滑块一般可以在任意点停止，比较容易实现安全防护措施。小型冲压机多为开式，滑块行程每分钟为 45～120 次，最高可达 200 次，并且又多是刚性离合器，不容易做到任意点停止，采取安全防护措施难度较大。

(2) 典型冲压机结构和工作状态

典型冲压机在工作过程中，当曲柄旋转由 0°～180°时是冲压工作行程，需要采取安全防护措施。当曲柄由 180°～360°时是送取料坯过程，不需要对操作者的手进行防护，反而要求防护装置不要干扰送取料坯的操作，如图 17.6 所示。

(3) 行程速度与制动的关系

滑块速度随曲轴转动角度的变换，按正弦波周期性变化。滑块在上死点（$\alpha=0°$）或下死点（$\alpha=180°$）时，滑块运动速度为零，加速度最大。当滑块位于 $\alpha=90°$ 或 $\alpha=270°$ 的位置时，滑块的运动速度最大，加速度最小。因此对滑块采取制动所需的能量，在上、下死点时最小，在 90°或 270°

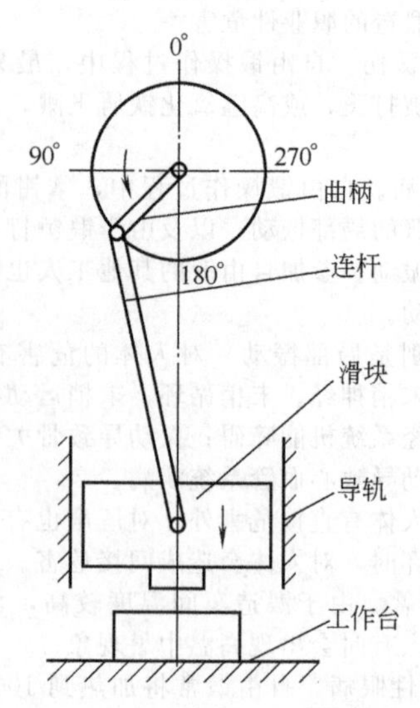


图 17.6 冲压机的工作状态

时最大。对冲压机采取制动措施时，必须考虑滑块下滑速度在不同的位置上有较大变化的特点。

### 17.4.2 安全防护装置和操作器具

各种安全防护装置的安全可靠程度，取决于装置的动力来源和它所控制的冲压机部位，以及安全防护装置本身的可靠性。例如双手按钮开关、自动保护式及与电器联锁的机械式安全防护装置，都是控制冲压机的电器控制部分，而空气分配阀或电磁铁、离合器或制动器、连杆和滑块等出现故障时，都不能起到安全防护作用。若安全防护装置的动力来源是滑块，滑块下滑就能把人手拉出或拨出危险区，它的安全程度就高。但是，这类安全防护装置操作工往往感到使用不便，同时又容易影响生产效率。

(1) 手用器具

① 吸力用具。可分为电磁吸具、永磁吸具和真空吸具三种。电磁吸具应采用 40V 以下的安全电压，电磁吸力 $F$ 一般为被吸料坯重量的 3～5 倍；永磁吸具用永久磁铁制成，除吸头部分是永久磁铁外，其余部分都是非导磁材料，调节环与外罩间用螺钉调节，使吸力符合被吸料坯的要求；真空吸具对钢、铜、铝等料坯均能应用，被吸料坯不会发生重叠现象是磁力吸具所不及之处，但要求被吸料坯的表面平整光滑。

② 夹钳器具。表 17.3 所示是常用夹钳器具说明。实际生产中使用的夹钳器具是多种多样的，各厂可根据自己的设备、工艺、料坯等特点设计制作。

(2) 安全限位器

安全限位器固定在模口前边，料坯从安全限位器底下送进，用限位器挡住不让手入模具。图 17.7 所示的安全限位杆是为安全防护设计的，而不同于模具上的料坯定位销。它的使用范围窄，但有一定的安全效果。

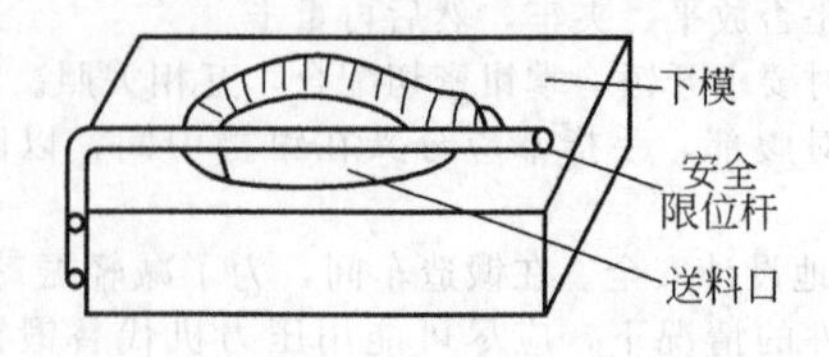


图 17.7 安全限位杆

如在安全限位杆上加装一块有机玻璃护板，可以防止人手疏忽时伸入模具，如图 17.8 所示。

表 17.3 常用夹钳器具说明

| 名称 | 简图 | 料坯形状 | 说明 |
| --- | --- | --- | --- |
| 镊子 | | 片状、方形、圆形 | 镊子大小要适合料坯大小和危险区距离 |
| 管状用夹钳 | | 管子、圆柱体 | 夹具放松力不宜过大 |
| 罩状用夹具 | | | 两边是夹力，中间是托力 |
| 片状用叉钳 | | | 随坯料形状特点制作 |
| 夹边钳 | | 盘子状 | 可夹圆、扁、方形小件 |
| 内撑钳 | | 桶状 | 放松力不宜过大 |

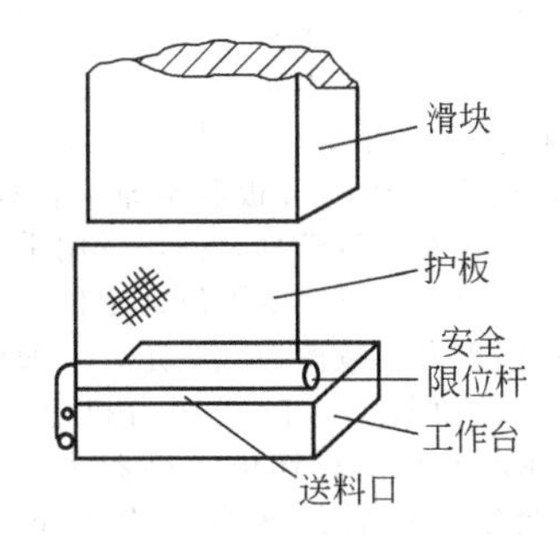


图 17.8 在安全限位杆上加装有机玻璃护板

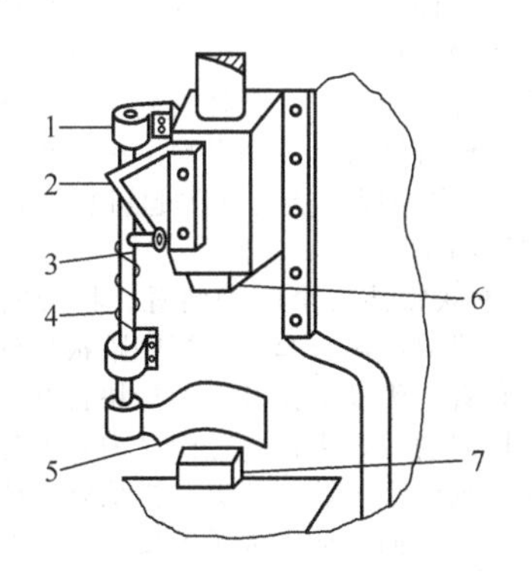


图 17.9 外拨式安全防护装置

1—轴架；2—三角滑板；3—滚动体；4—复位弹簧；5—拨手板；6—下模；7—上模

(3) 拨手式安全防护装置

拨手式安全防护装置的拨动方式主要以冲压机滑块为动力，由连杆、滑轮、拨手板等组成。当滑块下滑，操作者的手仍在危险区时，手立即被推出危险区，保证了安全生产。

① 外拨式安全防护装置（图 17.9）。该装置是从模具内侧往外把手拨出。拨手板的宽度应以能够把手推出和滑块行程距离所允许为依据，但不小于 50mm。拨手板的宽度大于模具宽度，一般取 200mm。拨手板的速度，以不大于手的活动速度 1.6m/s 为宜。当滑块下滑时，由固定在滑块上的三角滑板推动连在转动杆上的滚动体，使转动杆带动拨手板向外推动，把在危险区的手推出。当滑块回复至上死点时，复位弹簧把转动杆和拨手板拉回原位。

② 侧拨式安全防护装置。当滑块下滑时，由固定在滑块上的滚动套驱动摆动杆，使拨手板在危险区前面向另一侧清扫，把仍在危险区内的手拨出。同时拨手板遮护住危险区，避免人手再次入模。当滑块回升至上死点时，拨手板在弹簧的作用下复位。拨手板的摆幅要大于模具的宽度。拨手板上遮护板的高度要相当于滑块行程长度，行程超过 300mm 时，遮护板高应选为 300mm。

(4) 牵手式安全防护装置

牵手式安全防护装置是以冲压机滑块为牵引力，通过杠杆、导向轮、绳索等，把仍在危险区内的手牵拉出来。

向身后牵手的安全防护装置，其牵引绳的长短可依据料坯和模具的大小，以及操作方法的不同而调节。选用伸缩性小且抗拉力在490N以上的绳子。这类装置的缺点是操作者的手臂只能活动在300～400mm左右的空间。

(5) 防护栏罩

① 可调式防护栏罩。罩口能按料坯的外形尺寸调节。栅栏的间距不应大于手指宽度。这种装置只能用于薄板和筒状料坯，我国很少采用。

② 固定式防护栏罩。固定式防护栏罩适用于带状材料。使用时材料从旁侧送入模具。正面设有窥视窗，便于操作工观察。有的在正面板上开孔，孔口大小与孔口部位至危险区边界的距离有关。

③ 联锁式防护栏罩。联锁式防护栏罩的防护栏罩轨道固定在床身上。当把料坯送入模后，用手向下拉防护板，使之落到冲床台面上，触点压动微动开关，接通启动器，滑块遂下滑工作。当滑块返回时，上提钩自动钩住提拉扣，使防护板返回原处。如果手没有脱离危险区，阻碍防护板下落，微动开关就不能工作，滑块停止在上死点。这种形式比左右开门的防护罩好，微动开关不易误动作，防护栏罩随滑块自动上升，不影响操作和生产效率，是一种较好的防护装置。

④ 脚踏板防护罩。脚踏板防护罩中，脚踏板应从上面和左右两侧加以防护，以免受外界器物撞击，使滑块意外启动，造成事故。

(6) 双手安全开关

双手安全开关或多工位安全开关是迫使操作者双手同时按开关，或者全体操作者同时按开关才能接通控制电源，使滑块下滑工作。由于开关电路是串联的，只要其中一只手没有按开关，就无法启动。双手按钮开关是单次行程的启动按钮，而按钮之间的距离一般为800mm以上。

(7) 触感联锁安全防护装置

① 电气触感联锁式安全防护装置。电气触感联锁式安全防护装置由触杆、连杆、轴、磁力吸合器等组成，安装在冲压机危险区的前面。当手在危险区内时，触杆不能落到工作台面上，无法触碰接点开关，电磁铁不动作，滑块仍停在上死点。当手离开危险区时，触杆落到工作台面上，接点开关接通电磁铁，使键柄打开，则滑块下滑工作。触杆上下摆动角$\alpha$约为30°。平衡锤应能迅速抬起触杆。接点开关调整好后，应用螺钉固定。

② 机械触感联锁式安全防护装置。将脚踏拉杆中间断开，接一个压簧式单次离合套管。当脚踏板启动时，通过下拉杆转动离合套管，带动上拉杆，使挡块打开，滑块下滑工作。如果脚踏板启动后，手仍在危险区内，触杆落不到工作台面，离合套管则到不了设计位置，挡块就不能打开，滑块仍停留在上死点，从而保证了人手的安全。

这种安全装置的缺点是当滑块已在下行途中，就无法制动住滑块。在触杆上安装有机玻璃防护板，可阻止人手在滑块下滑途中进入危险区。

③ 防护板触感联锁式安全防护装置。该装置由有机玻璃防护板、推动器、微动开关、中间继电器和牵引电磁铁等组成。防护装置主体安装在机床两旁，微动开关设在滑道上，牵引电磁铁安装在冲压机另一侧，用来牵引离合器的挡块，控制冲床工作。推动器中的软轴与脚踏板连接，两旁的两根软轴连接在滑道套筒内的滑动杆上。当操作者踩下脚踏板时，通过软轴使推动器软轴和有机玻璃防护板降落。如果危险区无障碍物，则防护板降落到压下微动开关，通过中间继电器接通电磁铁，使离合器结合，于是滑块下滑。若人手在危险区内，防护板虽然稍有降落，但碰不到微动开关，滑块仍停止在上死点。

防护板两边滑通套筒的高度要一致。防护板降落到最低位置时，必须挡住危险区。防护板要准确地落到指定位置，同时触碰两个微动开关。

(8) 光线式、红外光式安全防护装置

光线式安全防护装置采用6.5V低压电源作为发光、受光和低压控制系统的电源。控制系统采用或门电路，使四只光敏二极管中任何一只的光线被手遮住，都能切断冲压机离合器的控制电路。另外，还有红、绿指示灯，能随人手的动作自动显示危险和安全的信号，保护操作者的安全。由于各种冲压机的滑块行程距离不同，制动后上、下模间的距离必须不小于20mm。红外光式安全防护装置光的激发源大多为砷化镓发光二极管，辐射波长为0.8～1.1mm的非可见光。它比白炽光优越，不影响操作者视线，可调制成一定频率的脉冲光，抗干扰能力强。光线式、红外光式安全防护装置的光电控制系统只起到一个灵敏开关的作用。而离合器和制动器的动作灵敏可靠，则是保证冲压机安全运行的关键。

(9) 感应式安全防护装置

感应式安全防护装置是由传感器、监感器、放大器、功率输出和中间继电器等组成。当人手在危险区域时，传感电路受感应作用，使控制系统的控制滑块不滑动，从而保证了操作者的安全。手离开危险区，冲压机便继续工作。

传感器是环形或筒形的金属制品，安装在危险区与操作者之间的适当位置，并与监感器相连。

感应式安全防护装置的结构，除了传感器、监感器以外，基本上与光线式安全防护装置相同。但由于感应信息的传播易受环境湿度、人体位置等的影响，所以不如光线式安全防护装置的灵敏度高。感应区有效界线与危险区边界的距离$S=1.6(T_1+T_2)$，$T_1$为从监测到人手到滑块停止所经过的时间，$T_2$为从人手被监测到继续深入危险区界的时间。必须使$T_2>T_1$，才能保证安全。建议在调试时，用透明挡板放在危险区前，人手以正常速度从远处靠近危险区，一直调试到滑块停止时（模具闭合间距>25mm），得到由此点到危险区边界的距离$S$，再增加适当的安全系数。

(10) 安全型模具

根据冲压工件的工艺要求，应尽量设计出安全型模具，对预防人身事故有着重要作用。

① 滑板送料模具。冲压小件片状、条状料坯时，可将下模设计成带有送进料坯的滑板和滑槽，使操作者手不入模。利用滑板送料的安全型模具，操作者用手把料坯放在滑板上，靠料坯自重滑入下模，由限位杆定位。滑板与水平面的夹角$\alpha$根据料坯重力和摩擦系数决定，一般取30°～40°。

② 滑道进出料模具。在卧式压力机上，采用斜面滑道靠料坯自重进入模具。料坯由送料器滚入拉伸凹模前，经拉伸后料坯变细，然后依次自动滚入下一道凹模前，进行拉伸，最后成形出模。设计时要注意凸模与凹模之间的距离。滑槽倾斜角对于滚动料坯取30°，对于非滚动料坯取30°～40°。

③ 推拉式活动模具。操作时把下模拉出危险区，往下模装料坯，然后把下模复位进行冲压加工。工件由上模卸料板推到床身后边。这样，操作者的手不入模具。

④ 安全空隙模具。该模具带有卸料板，卸料板与凸凹模合口边缘之间保持15～25mm的距离，以免压伤操作者的手指。

⑤ 缩小危险区模具。把上下模之间的合口部位（危险区域）设计成斜面，以缩小危险区的面积，使操作者手指不易被压伤。

(11) 安全顶柱

对冲压机进行检修和安装模具时，在滑块与工作台之间用安全顶柱支撑住，保障安全操作。活动式安全顶柱安装在床身左侧，有足够的支撑强度，并根据需要能够进行高低位置调节。使用时把安全顶柱拉到滑块与工作台之间，在升降弹簧的调节下，依滑块与工作台的空间自动顶住滑块。不需要时抬起滑块，安全顶柱在复位弹簧的作用下自动返回到床身左侧。

### 17.4.3 新型离合器和制动器

小型开式冲压机中，大多采用刚性离合器与制动器。大、中型闭式冲压机中多用摩擦离合器与制动器，其动力为气动、液动或电磁吸力。摩擦离合器和制动器，若与光线式或感应式控制系统相结合，可使滑块在任意点停止，是一种较有效的安全防护装置。

(1) 环形二次制动离合器

图 17.10 所示为可以二次制动的环形刚性离合器与制动器，在轴上加装一个制动环和转键。冲压机正常工作时，仍拨动原转键，使滑块工作或停止在上死点。若滑块启动后，危险区域内有人手时，则接通控制电路，切断电磁铁电源，于是电磁铁挡块在弹簧作用下复位，离合器脱开，制动器将滑块滞在下死点前的 20mm 处，防止压伤操作者的手。在改装设计离合器时，要求滑块的制动角尽量小，要求滑块停止在距下死点 20mm 处。

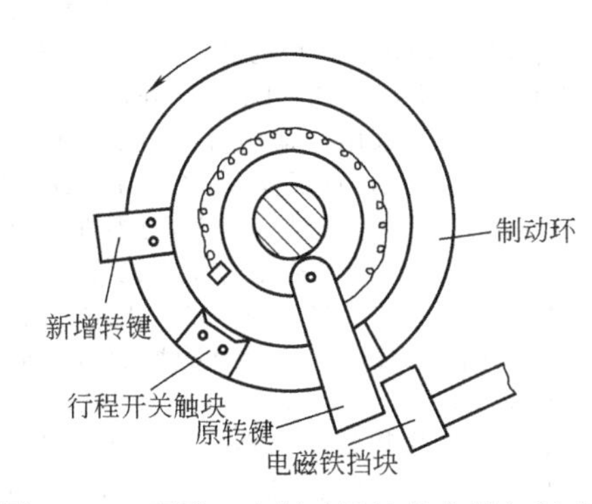


图 17.10 环形二次制动刚性离合器与制动器

(2) 二次制动挡块

在原制动挡块下角，即从曲轴中心推迟 130°角处（能够使滑块在下死点前 20mm 处停止）加装一个由光线式安全防护装置控制的转键式或抽键式二次制动挡块，当滑块已经启动下滑时，仍有手在危险区域内，则安全防护装置发出指令，使二次制动挡块挡住键，滑块就停止在距下死点 20mm 的地方。

(3) 棘齿式二次制动离合器

它是将图 17.10 所示的离合器环上加若干个棘齿，能使滑块在下滑途中按指定点停止。

(4) 寸动刚性离合器

① 滑环式寸动刚性离合器。当刹车带制动住滑环时，切向键凸起部分在惯性力推动下沿滑环缺口迅速滑入中套的槽内，使曲轴与飞轮脱开，冲压机滑块就停止下滑。松开刹车带，切向键在压簧推动下迅速抬起复位，于是曲轴又与飞轮结合，滑块继续工作。曲轴与飞轮能随时脱开，又能随时结合，实现了寸动功能。它与光线式控制开关结合，构成了光线式安全防护装置。

② 拨杆式无级刚性离合器。其结构见图 17.11。当刹车环被制动时，曲轴和拨杆环继续顺时针方向转，于是通过杠杆推动转键朝曲轴转动相反的方向旋转，在制动块与刹车环的 $B$ 面相接触时，飞轮与曲轴完全脱开，并制动住滑块。松开刹车环，由于拉簧的复位作用，制动块与刹车环的 $A$ 面相接触，离合器又结合，滑块继续工作。同样可实现滑块在任意点停止。

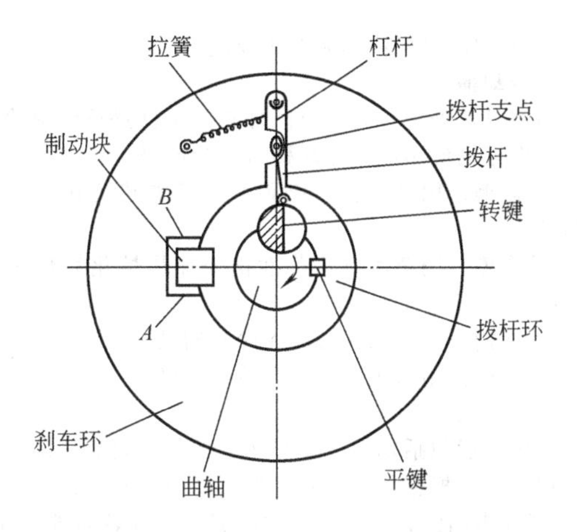


图 17.11 拨杆式无级刚性离合器

### 17.4.4 自动化和机械手送取料坯

(1) 自动送料器

在冲压机上采用自动化取送料坯，或者使用机械手送取料坯，既保证了安全生产，又大大提高了劳动生产率。特别是在冲压大批量工件时，应该首先考虑采用。

使用自动化专用设备应注意如下安全问题：

① 自动化专用设备暴露在外面的齿轮、摆动件等必须设置防护罩。

② 在调试和维修机器时，必须采用安全顶柱之类的安全防护措施。

③ 依据专用设备和产品的技术特点，解决生产过程中特殊的安全防护措施。

(2) 机械手

机械手具有多种功能，动作的自由度可以调整。机械手的动作分三种基本形式。

① 极坐标式。其特点是能以较简单的机构完成较大范围的工作，尤其是手臂上下转动幅度大。

② 圆柱坐标式。与极坐标式不同点是手臂不能做上下转动，而是平移回转。

③ 关节式。手臂由若干活动关节组成，能做任意方向的自由活动。机械手就是利用工作臂上增加关节来实现多方向的自由操作，适用于狭窄空间。

使用机械手时应注意如下安全问题：选用动作和功能合乎冲压件工艺要求的机械手，多功能的机械手会增加控制系统的复杂性，而且动作灵敏度差，不利于安全作业；在冲压机危险区内调整机械手时，必须采取安全防护措施；在机械手作业活动范围设置防护栏杆，禁止无关人员通过或停留。

## 17.5 热处理设备安全

### 17.5.1 热处理设备的分类

从安全技术的角度出发，热处理的主要设备可分类如下：

(1) 加热炉

加热炉是热处理过程中加热工件用的设备。根据加热介质不同，加热炉可分为三类：

① 盐浴炉。以熔融态物质作为加热介质，如盐浴炉是以熔融的盐类作为加热介质，铅浴炉是以熔融的金属铅作为加热介质。

② 电阻炉。以空气或特种气体作为加热介质，如箱式电阻炉是以空气作为加热介质，井式渗碳炉是以含碳气体作为加热介质。

③ 油浴炉。以机油作为加热介质。

(2) 冷却槽

冷却槽是热处理过程中对已加热的工件进行淬火冷却用的设备。根据槽液不同，冷却槽可分为四类：

① 硝盐槽。用硝酸盐、亚硝酸盐经加热熔化后作为淬火冷却槽液。

② 碱浴槽。用苛性钾、苛性钠经加热熔化后作为淬火冷却槽液。

③ 机油槽。用机油作为淬火冷却槽液。

④ 盐水槽。用盐水作为淬火冷却槽液。

(3) 淬火机

淬火机一般包括加热、冷却两个部分。它既是加热设备又是冷却设备。根据热源不同，淬火机分为两类：

① 高频表面淬火机。以高频电流对工件表面进行加热。

② 火焰炭面淬火机。以“$O_2$-$C_2H_2$”火焰（氧炔焰）对工件表面进行加热。

### 17.5.2 液浴炉安全技术

(1) 普通盐浴炉

① 工艺过程。普通盐浴炉是以普通熔盐作为加热介质的液浴炉。根据使用温度，它可分为三类：高温盐浴炉，浴盐为100% $BaCl_2$，使用温度为1100～1300℃；中温盐浴炉，浴盐为100% NaCl，使用温度为700～1000℃；低温盐浴炉，浴盐为160% $KNO_3$，使用温度为350～600℃。

当电流通过浴盐时，由于浴盐电阻的热效应（$Q=0.24I^2RT$）而将浴盐熔化并升温到工作温度。控制电流的通断，就可以使熔炉保持在恒定的温度范围，从而可以将工件放入盐浴中加热。

为了保证操作安全，极间电压均在36V以下，为了获得足够功率，其电流可达数千安培。这种低电压、大电流的交流电，是通过降压变压器从工业电网中获得的。

② 职业危害。在工作过程中，盐浴炉的职业性危害主要有四种：盐液爆炸飞溅、高温中暑、水盐代谢紊乱、热辐射性眼病。

③ 防护措施

a. 对盐液爆炸飞溅的防护措施。工件、挂具、新盐必须按工艺规程进行预热，要保证预热温度和预热时间，并保证将淬火液、切削液、普通水、结晶水彻底除净；在库房严禁易分解的 $NaNO_2$、$Na_2CO_3$ 等混入中温盐（NaCl）或高温盐（$BaCl_2$）中，在现场严禁在硝盐槽中使用未经清洗的挂具、炉钩等进行盐浴；在盐炉启动过程中，当炉膛底部的盐熔化到一定程度时，要用专用工具将表面层壳盖砸裂，以成形减压通道；炉面上设置炉罩，万一发生盐液爆炸飞溅，亦可将它控制在一定范围，从而大幅度地减少人员的伤亡及设备的损坏。

b. 对高温中暑的防护措施之一为改造设备。新建盐炉或在旧盐炉大修时，可在炉壳内壁贴砌绝热性良好的硅酸铝纤维之类的隔热板，从而减少炉壁的散热量。

对高温中暑的防护措施之二为设置通风罩。当室内空气温度高、相对密度小，室外空气温度低、相对密度大时，会形成一个内外热压差。在这个热压差的作用下，温度低、相对密度大的室外空气将由房基下部开口处流入车间；温度高、相对密度小的室内空气将由房顶上部天窗处排出车间。这样就形成了自然通风换气，从而使车间内气温下降。为了加强自然效果，可在盐浴炉炉面设置通风罩。通风罩的烟窗应伸出车间房顶。

当自然通风不能满足降温要求时，可采用机械通风。即在炉侧安装抽风口，抽风口再接至总风管，然后由抽风机强力排出。

当工人工作位置气温达不到国家要求或辐射强度大于1cal/cm² 时，应设置局部送风。局部送风有单体式和系统式两种。前者是指吊扇、座扇和风机风扇；后者是指通风机、通风管、送风口等系列装置。

c. 对水盐代谢紊乱的防护措施。为了使高温作业工人能补充机体随汗液排出的大量水分和盐分，维持水盐代谢平衡，必须及时供应含盐清凉饮料。清凉饮料的NaCl含量一般在0.1%～0.3%之间。清凉饮料应符合《冷饮食品卫生标准的分析方法》（GB/T 5009.50—2003）（每毫升中细菌总数≤100）。

d. 对热辐射性眼病的防护措施。对热辐射性眼病，主要是加强个体防护。有关防紫外线、红外线滤光玻璃的研究，国外在20世纪30年代就已开始。经过近半个世纪的努力，已生产出一系列标准化的产品。我国从1981～1985年，由北京市劳动保护科学研究所和上海电子管六厂共同合作，研制成功了我国第一套防紫外线、红外线的滤光玻璃片，为我国防热辐射性眼病做出了贡献。热处理工人在工作过程中应佩戴遮光号为1～4的滤光玻璃眼镜。

(2) 氰盐炉

① 分类。氰盐炉可分为加热氰盐炉和氰化氢盐炉两类。

a. 加热氰盐炉。加热氰盐炉的功能是对工件进行加热、保温。其浴盐除普通盐（NaCl、$BaCl_2$）外，还有一定量的氰盐（NaCN、KCN）。采用氰盐的目的，是防止工件在加热过程中氧化、脱碳，从而保证淬火后零件的表层硬度。

b. 氰化氰盐炉。氰化氰盐炉是对钢制零件进行氰化处理的专用设备。氰化处理的目的是为了提高零件表层的C、N含量，提高零件表层的硬度、抗磨性、抗蚀性和疲劳强度，从而延长零件使用寿命。氰化氰盐炉的浴盐成分通常是：NaCl，60%；NaCN，25%；$Na_2CO_3$，15%。

② 职业危害。氰化物是剧毒物品，严重地损害神经系统，可以从口腔、呼吸道甚至皮肤直接进入人体体内。

氰化物的毒理作用在于$CN^-$抑制了细胞色素氧化酶的作用，使细胞不能及时得到足够的氧，生物氧化作用不能正常进行，造成“细胞内窒息”，引起组织缺氧而中毒，其毒性作用如表17.4所示。

**表 17.4 氰化物对人体的毒害作用**

| 名称 | 质量或浓度 | 毒性作用 |
| --- | --- | --- |
| NaCN | 0.5mg | 中毒 |
| | 20mg | 死亡 |
| HCN | 15mg/m³ | 头痛头晕 |
| | 35mg/m³ | 恶心呕吐 |
| | 55mg/m³ | 神志昏迷 |
| | 100mg/m³ | 1h死亡 |
| | 200mg/m³ | 10min死亡 |
| | 300mg/m³ | 3min死亡 |

氰化物中毒症状：开始时喉头窘迫，头晕目眩，神志不清，视觉模糊，眼睛发红，瞳孔散大；稍后便发生抽搐，失去知觉，呼吸困难，心律不齐，血压下降，体温降低；随即就全身瘫痪，反应消失，呼吸停止而死亡。如在短期内大量吸入或误食氰化物，可在数秒钟内无预兆地突然昏迷，造成所谓“闪电型”中毒，数分钟内即会死亡。

③ 防护措施

a. 氰化物的储藏。氰化物吸水性很强，能够与空气中的 $CO_2$ 及 $H_2O$ 作用而生成剧毒的HCN气体。氰化物必须严密包封，最好用密封的内表面镀锌的金属桶来盛装；氰化物极易与酸作用而生成易挥发的氢氰酸，所以氰化物严禁与酸类一起存放。

氰化物储藏室内必须装有通风设备，其启动装置应在室外。工人进入储藏室前，先开动通风机，5min后方可进入。储藏室的地面应铺以瓷砖，墙壁应刷油漆。

b. 氰盐炉的设计。根据国家卫生标准规定：车间空气中氰化氢的浓度不得超过0.3mg/m³。因此，氰盐炉必须有完善的通风设备。在氰盐炉的上部应有炉罩，炉罩上部应有排风装置，排风管的末端应高出本车间及邻近建筑物屋顶数米。氰盐炉的侧面应有抽风口，当炉膛宽度小于400mm时，可装设单侧抽风；大于500mm时，应装设双侧抽风。排风速度最好在6～8m/s；排风量最好在35～45m³/(m² 炉膛面积·min)。在氰盐炉周围的工作地区还可设置单体式或系统式局部送风，从而保证工作地区的换气量。表17.5表明了热处理车间氰盐炉抽风时和不抽风时空气中氰化氢含量的对比。由表可知，氰盐炉必须有完备的通风装置，否则无法正常工作。

**表 17.5 抽风时和不抽风时空气中 HCN 含量的对比**

| 氰盐成分 | 氰化氢含量/(mg/m³) | |
|---|---|---|
| | 抽风时 | 不抽风时 |
| 100%KCN | 0.014 | 0.16 |
| 65%KCN+35%$NaHCO_3$ | 0.055 | 0.59 |

此外，在氰盐炉的通风系统中，还应装设报警装置，当通风量降低5%时，应及时发出报警信号。

c. 氰盐炉的操作。氰盐炉的操作，除遵守普通盐浴炉的通用操作规程外，还应注意下列事项：

准备工作：凡有溃疡性皮肤病及外伤伤口未完全愈合，且患处暴露在外者，不得从事氰盐炉工作。操作人员必须严格按有关规定佩戴劳保用品，如帽子、口罩、眼镜、手套、工作服和橡胶靴等。氰盐炉在使用前，先打开抽风机进行抽风，10min后方可开门进行工作。

生产工作：严禁带有硝酸盐（如$KNO_3$）、亚硝酸盐（如$KNO_2$）、氯酸盐（如$KClO_3$）的工件、挂具、夹具进入氰盐炉内，以防因氧化还原反应而发生盐液爆炸飞溅。严禁在氰盐炉地段吸烟、喝水、吃食，以防氰盐中毒。若通风量降低5%、报警装置发出信号或通风装置发生故障时，应立即停止工作，关闭氰盐炉，全体人员迅速撤离现场。当炉温升到850℃左右时，因盐液挥发速度加快而冒出白烟。白烟中含有大量氰盐蒸气，危害极大。因此可在盐液表面覆盖一薄层石墨粉，以减少盐液挥发。

结束工作：停炉后，在盐浴表面未凝固前，不得停止抽风。停炉后，下班前，必须进行全面、彻底的消毒处理。

④ 氰化物的消毒

a. 沾染物的消毒。沾染物包括接触氰盐的工具、绑扎工件的铁丝、当天捞出的炉渣、定期清洗的衣服以及氰盐沾染的地面等。消毒的方法是用$FeSO_4$进行“中和—清洗”处理，中和溶液成分为5%～10%$FeSO_4$，中和溶液温度为30～50℃，中和作用时间大于10min，中和作用反应如下：

$$6NaCN+FeSO_4 = Na_4Fe(CN)_6+Na_2SO_4$$

$$6KCN+FeSO_4 = K_4Fe(CN)_6+K_2SO_4$$

由于$Na_4Fe(CN)_6$、$K_4Fe(CN)_6$不含游离的$CN^-$，所以没有毒性。

对沾染物件进行中和处理时，可将它们置入5%～10% $FeSO_4$溶液中浸泡，再转入3%～5% $Na_2CO_3$溶液冲洗（80～100℃），然后在自来水中冲洗。冲洗完毕并检验合格后，固态物质应深埋，液态物质放入下水道内。

对沾染地面，则是先用酚酞乙醇溶液进行检查，凡呈红色处，表示有氰盐沾染。此处可喷洒上述溶液，采用上述方法进行“中和—清洗”处理。

b. 废氰盐的消毒。把去除结晶水的$FeSO_4$直接加到熔融的废盐中去，生成$CO_2$、$N_2$、$SO_2$、铁渣和$Na_2CO_3$，从而完全分解$CN^-$。

c. 含氰废水处理。含氰废水包括沾染氰盐的淬火液、中和液、清洗液等。它们的处理方法也是用$FeSO_4$处理，其工艺流程如下：搅拌均匀→取样化验→加中和剂→强力搅拌→取样化验→合格排放。

d. 含氰废气处理。从氰盐炉罩内抽出空气，由于它含有一定量的氰盐，不能直接排放在大气中，应将它导入过滤器的“铁屑过滤层”。过滤层厚10mm左右，由磨床加工过程中所产生细铁屑所组成，并有循环泵使5%NaOH溶液在过滤层中循环流动。当含氰废气通过过滤层时，氰化物微粒便阻留在潮湿的铁屑表面。此时，氰盐便与铁屑表面的氧化亚铁在碱性溶液中起化学作用而生成无毒溶液。

（3）铅浴炉

① 工艺过程。盐浴炉是用熔盐作为淬火加热介质，多为内热式；铅浴炉是用熔铅作为淬火加热介质，采用外热式。外热式热源在坩埚外部，热量通过坩埚壁传入介质而使其熔化并升温到工作温度。坩埚多用耐热钢或耐热铸铁铸造而成。其壁厚多为20～30mm，也可用5～10mm的低碳钢板或不锈钢板焊接而成。

② 职业危害。Pb的相对密度为11.34，熔点为327℃，沸点为1525℃。Pb加热到400～500℃时，即有铅蒸气逸出。随着温度的升高，铅蒸气可在空气中依次氧化为$Pb_2O$、PbO、$Pb_2O_3$、$Pb_3O_4$而产生“铅烟”。

统计表明，在工业上，铅危害最大的是产生“铅烟”的熔铅工序。热处理铅浴炉的工作温度高达800℃，因此，产生的“铅烟”更多，危害更大。

资料报道，当车间空气中“铅烟”浓度达6.5mg/m³时，可引起急性中毒。因此，《工业企业设计卫生标准》规定：车间空气中“铅烟”的最高容许浓度为0.03mg/m³；“铅尘”为0.05mg/m³；四乙基铅为0.005mg/m³；硫化铅为0.5mg/m³。

铅中毒多为慢性，发病初期较难诊断出，其典型病例如下：

a. 神经系统。铅能使运动神经受到损害，能使肌肉收缩失去控制，从而导致“铅麻痹”，医学上称为“垂腕”。

b. 血液系统。铅影响血色素的合成，因而铅中毒时产生贫血。铅还能使皮肤血管收缩，使患者面色苍白，医学上称“铅容”。

c. 消化系统。人们齿间积存的蛋白质食物残渣腐败时产生$H_2S$，$H_2S$遇Pb时即产生PbS沉淀，从而在齿龈边缘产生蓝黑线条，医学上称为“铅线”。

“垂腕”“铅容”“铅线”都是铅中毒的明显表现。

③ 防护措施。主要有通风收尘、控制铅温、湿式作业、消除铅源及个人防护。

### 17.5.3 箱式电阻炉安全技术

（1）工艺过程

箱式电阻炉（箱式炉）在机器制造的热处理车间得到广泛的应用。它既适用于中型零件，也适用于小型零件；既适用于退火、正火、淬火、回火加热等过程，也适用于固体渗碳、渗硼等过程。对单件和小批量生产的车间，采用箱式炉就更为经济合理。

电热元件的接线柱均穿过后墙，集中在后墙的接线盒上。

热处理时，先切断电源，打开炉门，再用专用工具将零件直接装在炉膛下部的炉底板上。然后关闭炉门，送电升温。当指示仪表（如电子电位差计）达到工艺规定温度、时间时，便可切断电源，打开炉门，将工件取出在水中、油中或空气中冷却，以完成热处理工序。

（2）职业危害

箱式炉的职业性危害，除盐浴炉中提到的“高温中暑”“水盐代谢紊乱”“热辐射性眼病”外，还有触电事故。

盐浴炉炉膛的工作电压一般都在36V以下，不存在触电问题，而箱式炉炉膛的工作电压却高得多。当车间电源线电压为380V时，三相箱式电阻炉应为星形连接（图17.12）；当车间电源线电压为220V时，三相箱式电阻炉应为角形连接（图17.13）。不论星接、角接，共相电压都是220V。且加热元件不能绝缘遮盖，完全暴露在外，故稍不慎便可发生触电事故。

常见的触电方式大致可分为两类：

① 双线触电（线-线触电）。如果人体的不同部位同时分别接触到电源的两根相线，或一根相线和一根中性线，这时触电电流就从一根导线经过人体流到另一根导线。此时的电阻只有人体电阻，而电压则为线电压或相电压。在这种情况下，电器设备的对地绝缘、触电者穿上的绝缘靴及所站的绝缘板都不起保护作用。所以，“线-线”触电是最严重的触电。

② 单线触电（线-地触电）。单线触电是指人站在地面而另一部分接触到带电的一根相线。

a. 中性点接地系统的单相触电。工厂的380V/220V低压系统多为中性点接地系统，又称接零系统。在该系统中发生单线触电时，电流从相线经人体、大地、接地极流到中心点。在这个回路中，人体处于相电压下。在这种情况下，电器设备的对地绝缘不起保护作用；触电者所穿的绝缘靴及所站的绝缘板却起保护作用。

b. 中性点不接地系统的单相触电。在这种情况下，电器设备的对地绝缘、触电者所穿的绝缘靴及所站的绝缘板都起保护作用。

（3）防护措施

① 保护接地。在三相三线中性点不接地系统中，为了保护操作者的安全，常采用“保护接地”，即用适当的导线把电器设备的金属外壳和大地连接起来。采用“保护接地”后，虽然某相电源因某种原因而“碰壳”，但当工作人员触及带电的外壳时，因人体电阻远大于接地电阻，故通过人体的电流就非常微小，这样就保证了人身的安全。

众所周知，流过每一条电路的电流值与其电阻的大小成反比，即

$$\frac{I_h}{I_d}=\frac{R_d}{R_h}$$

式中，$I_d$为流经接地体的电流，A；$R_d$为接地体的电阻，Ω；$I_h$为流经人体的电流，A；$R_h$为人体电阻，Ω。

显然，$R_d$愈小，通过人体的电流也愈小，保护作用愈大。该系统中，单相接地电流不超过数安，如果允许对地电压为36V，接地电流按9A考虑，则保护接地电阻为：

$$R_d=\frac{U_d}{I_d}=\frac{36}{9}=4\ (\Omega)$$

式中，$U_d$为金属外壳对地电压，V；$I_d$为流经接地体的电流，A。

② 保护接零。一般热处理车间的箱式电阻炉，多是380V/220V中性点接地的星形连接三相四线制。在这种系统中，如果不采取任何安全措施，则设备某相发生“碰壳”时，触及设备的人体将承受近220V的相压，显然是非常危险的。

在这种系统中，如果采用前述的“保护接地”，其效果也不好。当电器设备发生“碰壳”故障时，其接地电流$I_d$、设备外壳电压$E_d$、中性点电压$E_o$分别为：

$$I_d=220/(R_o+R_d)$$

$$E_d=220R_d/(R_o+R_d)$$

$$E_o=220R_o/(R_o+R_d)$$

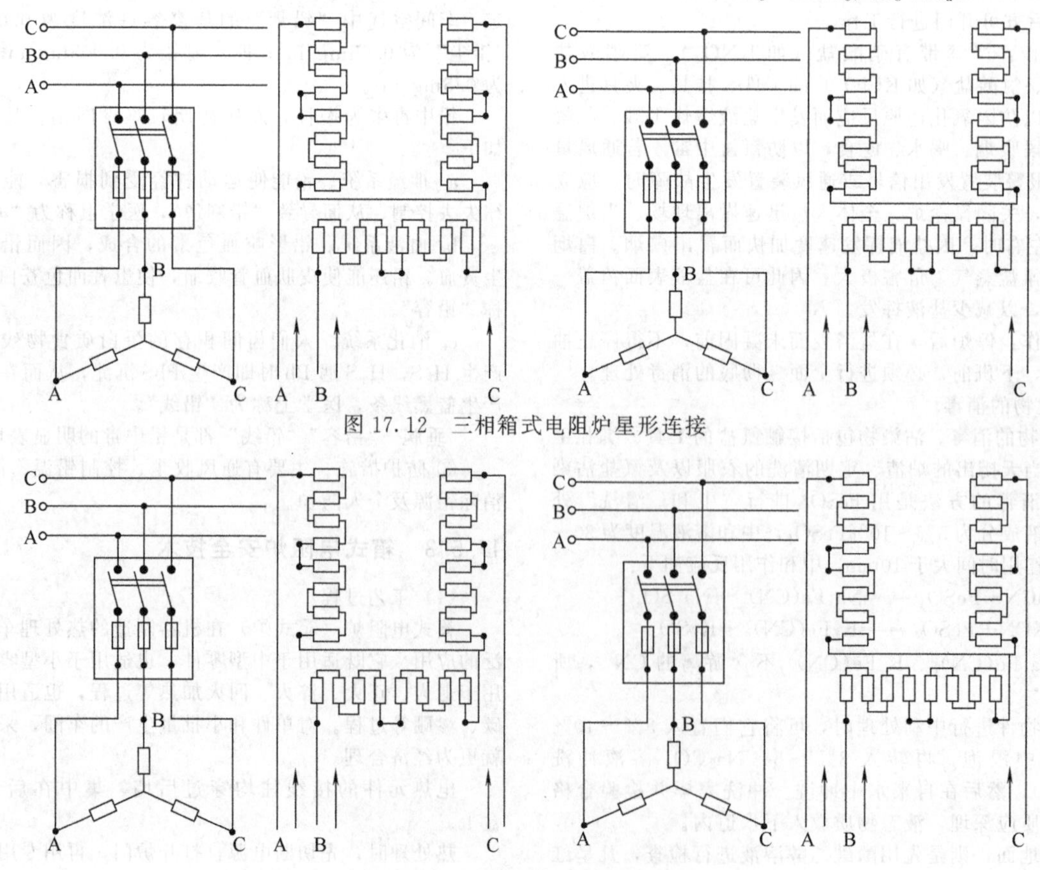


图17.12 三相箱式电阻炉星形连接

图17.13 三相箱式电阻炉角形连接

根据有关规定：中性点接地电阻 $R_0$ 应不大于 4Ω。假定设备保护接地电阻 $R_d$ 也达到 4Ω（再降低就不经济），则接地电流 $I_d$ 为 27.5A，设备外壳电压 $E_d$ 为 110V，中性点电压 $E_0$ 为 110V。这样高的电压对操作者来说也是非常危险的。因此，三相四线中性点接地系统必须采取"保护接零"，即用一根专用导线把电器设备的金属外壳接到零线上。

③ 安装闭锁装置。为了避免热处理工的炉钩及其他工具碰上电热元件，箱式电阻炉炉门上部的转轴上都应设有闭锁装置。当装卸零件而打开炉门时，闭锁装置能自动将电路切断（图 17.14）。图 17.14 中：1 为电源；2 为炉膛；3 为断路器；4 为闭锁接触点。

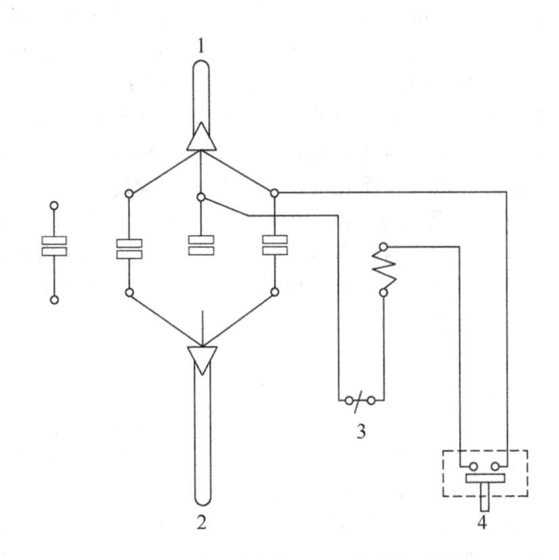


图 17.14　热处理车间电阻炉的闭锁装置

④ 遵守操作规程。箱式电阻炉的电热元件都裸露在炉膛内侧，稍不注意便会造成人身、设备事故。因此，操作者应严守操作规程。

a. 工件装炉之前，应先检查炉底板是否铺好。板与板间不得有过大空隙，以免工件、氧化皮落到炉底板下面的电阻丝上，从而导致电热元件局部短路。

b. 工件装炉、出炉，一定要先切断电源，以免发生触电事故。

c. 装炉量不宜过多；立式摆放要做到平稳垂直；集中堆放要做到平稳不滑。这样，在关炉门时工件才不致因受到振动而发生位移，从而导致接触电热元件而发生设备、人身事故。

d. 在开炉过程中，要按规定检查测温仪表，避免仪表失控。

e. 电热元件断损后，应用相同材料焊接。用低碳钢焊条焊接，亦属允许范围，但修复后的炉丝电阻应与原来相同，不得超过规定的允许误差。

### 17.5.4　高频机安全技术

为了使钢件表层形成硬而耐磨的马氏体，心部仍保持原来的韧性组织（如调质组织），从而达到工件外硬内韧的要求，常在高频表面淬火机（高频机）上对钢件进行表面淬火。

出于工件内存在着电势，所以将产生闭合电流。这种闭合电流，称为涡流，涡流的方向与感应圈中电流的方向相反；涡流的强度与感应电势大小成正比，与涡流回路的电阻成反比。由于金属的电阻很小，故涡流可达到很高的数值。当涡流通过导体时，电能转化为热能而将工件加热到淬火温度。

在工件截面上涡流的密度是不均匀的，最大电流密度出现在导体的最表面，这种现象被称为"集肤效应"。显然，"集肤效应"只能使工件表层加热而心部几乎未被加热。交流频率越高，"集肤效应"越显著，加热层也越薄。因此，要求淬硬深度较大的工件可选用较低的频率；要求淬硬深度较小的工件，可选用较高的频率。

从频率的角度看：在工频、中频、高频电流中，以高频对人体的危害最大，故本书只介绍有关高频方面的情况。高频加热所用的设备为高频表面淬火机。

（1）高频表面淬火机的职业危害

① 电器设备引起的事故。输入发生器的工频（50Hz）低压（380V）交流电，经升压变压器使电压升高到 1000V；高压交流再加到整流器上，经整流后成为 13500V 的高压直流电，再通过振荡器得到高频高压交流；最后经降压变压器将电压降到 1000V 以下再与感应器接通。如此高的电压，如果在操作高频电流发生器装置时，违反电气安全操作规程，如在没有切断闭锁装置电流就对电子管式高频装置进行带电检修时，就可能发生触电。

② 有害气体对人的影响。当工件，特别是高碳钢工件在高频感应圈内加热到高温时，空气中的氧与工件表面的碳相作用而产生 CO。如果车间高频设备较多，同时运转的也多，则 CO 可能达到相当高的浓度而对操作者带来有害影响。

③ 高频电流对人体的危害。当高频电流通过电路时，其周围空间便伴有高频电磁场。机体在高频电磁场的作用下产生生物效应，目前公认的是"致热作用"。其解释是：机体皮肤导电能力差，类似于电阻；体液和软组织导电能力强，类似于电容。因此，人体是一个电阻和电容的复杂组合体。

人体内的非极性分子在高频电磁场作用下，发生高速的"取向作用"，即分子内的正负电荷发生顺应电场方向的运动。由于高频电磁场的方向变化极快，分子中电荷的运动也极快，分子间的碰撞、摩擦加剧，从而大量产生热，使人体温度升高。

人体机体内还有电解液，其中的阴、阳离子因受电场的作用也向相反的方向运动。当频率很高时，离子只能在其平衡位置做定向高频振动。这种振动，也使部分电能转化为热能，而使体液温度升高。

此外，人体体液和软组织导电能力较好，在电场作用下，还会产生感应电流（涡流），因而人体体内还有涡流所形成的热效应。

综上所述，高频的"致热作用"由三种热源所引起：极化、极性分子的取向热；阴、阳离子的电解热；电磁感应的涡流热。

（2）防护措施

① 关于触电问题。为了避免检修过程中发生触电事故，在电子管式高频电流发生器上都设有闭锁装置，即开关门。当高频电流发生器的门打开时，闭锁装置就切断了电源，从而保证了操作和维修人员的安全。

高频电流发生器最危险的是振荡管阳极线路上的高压交流电和直流电。因此，该设备所有可能导电的部分都需要遮盖起来。

高频电流发生器连接到加热线路变压器初级线圈的导线必须装在金属管里，管子必须很好地接地。

以汇流排形式铺设在地沟内绝缘体中的导线，必须安装牢固，不得有水浸入，地沟不得与汇流排接触。

冷却振荡管阳极的冷却水，可用橡皮管供给，且要与地绝缘。冷却水套和所行管道均需妥善接地。

高频电流发生器的外壳必须接地。

② 关于 CO 中毒。如果高频表面淬火机较多，并且布

置在热处理车间或机械加工车间的流水线上，则产生的CO也多，冷却水形成水蒸气也多，危害面也更大。它不仅涉及热处理工人，同时也涉及机械加工工人和车间其他工作人员。在这种情况下，就必须在流水线上的相应位置安装系列的机械通风设备。

③ 关于高频电磁场

a. 场源的屏蔽。屏蔽就是利用一切可能的方法，将电磁能量限制在所规定的空间里，从而阻止其向外传播。屏蔽方法有单元屏蔽和整体屏蔽两种。整体屏蔽是将机器全部屏蔽起来。单元屏蔽主要是对高频振荡回路、高频输出变压器、高频输出馈线及工件电路等各自进行单独的屏蔽。

b. 屏体的接地。屏体接地的目的，就是将屏体内由于高频电磁感应所形成的感应电流迅速引入大地，使屏体本身不致成为多频电磁波的二次辐射源，以保证高效率的频蔽作用。

必须指出的是，射频接地与普通电气设备的保安接地是不同的，二者不能互相代替。目前，有些现场以电气设备的保安接地代替高频装置的射频接地，显然起不到应有的保护作用。

射频接地由接地线与接地极组成，要求如下：

接地线：由于高频电流的“集肤效应”，故接地线的表面积要大。为了降低接地的高频电抗，故接地线宜短，在设备附近设置接地极。

接地板：接地极以金属板为佳，因为质量相同时，金属板的有效面积比铜棒大，泄流快。金属板面积以1～2$m^2$为宜。其厚度以能保持若干年抗蚀为依据，埋置深度以2～3m为宜，宜立埋，不宜平埋。因为立埋泄流快，平埋泄流慢。

c. 远距离操作。对中短波电磁场，其场强随距离的加大而以指数规律迅速衰减。因此，对一时难以屏蔽的场源，可采用自动或半自动的远距离操作。如场源离操作岗位较远，就不一定强调都要屏蔽。但需要在其周围有明显的标志，可用栅栏隔绝，禁止人们靠近场源。

d. 合理的布局。高频淬火车间面积应足够大，使高频机之间有适当的距离。在安装高频机时，要使场源尽可能远离操作岗位和休息场所，馈线也不宜设置过长。特别是当一机多用时，更应充分考虑到场源与操作岗位的合理安排。

### 17.5.5 淬火槽安全技术

#### 17.5.5.1 淬火硝盐槽

前已述及，淬火是将钢加热到淬火温度，保温一定时间，然后在盐水中、机油中、熔盐中或熔碱中迅速冷却。

硝盐槽即为钢件的分级淬火槽或等温淬火槽。当工件加热工序完成后，随即迅速、平稳、垂直地淬入硝盐槽中，上下移动7～8s后方可静置槽液中继续冷却。

硝盐槽也可作钢件回火加热或铝件淬火加热之用。硝盐相对温度控制要求极严，故需配备热电偶、电子电位差计等控温装置。为了保持温度恒定，除应有加热元件外，还应有冷却装置。即在盐槽内设有冷却水管或向盐浴内喷吹压缩空气，以阻止淬火时由于工件热量所产生的温升。

(1) 职业危害

① 火灾。众所周知，火灾是燃烧引起的。但燃烧必须具备三个条件：可燃物；助燃剂；着火源。

热处理车间，可燃物极多：易燃气体，如甲烷、乙炔；易燃液体，如汽油、煤油；可燃固体，如木炭。热处理车间着火源也极多，如渗碳炉的废气火焰、表面淬火的氧炔焰、高温的熔融浴盐、高温的加热元件、高温的出炉工件、高频的淬火线圈等，几乎比比皆是。而硝盐槽的存在，又给车间发生火灾提供了最危险的隐患。因为硝酸盐属一级氧化剂，亚硝酸盐属二级氧化剂，在反应中释放大量的氧气。

当空气中氧气的含量低于某一数值时，燃烧的速度便大大下降，直至降到燃烧自动熄灭的程度。这时的氧气的含量称为该物质燃烧的最低需氧量。化学活泼性越强的物质，其最低需氧量也越小，发生火灾时也最不易扑灭。由此可知，热处理车间硝盐槽的存在，不仅增加了发生火灾的可能性，而且增加了发生火灾的危险性。

② 爆炸

a. 混入它物引起的化学性爆炸。硝盐槽的槽液多为$KNO_3$、$NaNO_3$和$NaNO_2$。硝盐是强烈的氧化剂。当熔融的硝盐中混入一定量的还原剂时，如工业上常用的硫黄粉，热处理现场常见的渗碳剂等，立刻会引起爆炸。热处理车间的还原剂是很多的，如淬火、回火用的大量的机油，固体渗碳用的大量的木炭，气体渗碳用的大量的$C_6H_6$、$C_6H_5CH_3$、$CH_3OH$、$C_2H_5OH$、$C_2H_5OC_2H_5$、$CH_3COCH_3$等。

硝盐在工作过程中会放出大量的氧，从而使其周围空气中的含氧量增加。因此，热处理车间硝盐槽的存在，不仅增加了爆炸的可能性，而且增加了爆炸的危险度。

b. 混入它物引起的物理性爆炸。如果工件未经预热，或预热时间、预热温度不够，在盲孔、深孔、沟槽内便存有一定量的切削液。当工件入炉后，切削液（主要是水）迅速汽化，体积突然增加，压力瞬间增大，从而导致槽液爆炸飞溅。

与此相似的情况是工件入炉不当。如盲孔件，正常的操作是孔口向上入炉，以利空气排出。但如果孔口向下入炉，孔内空气无法及时排出。这时空气受热迅速膨胀，压力突然增大，同样可引起槽液爆炸飞溅。

c. 高温分解引起的化学性爆炸。硝盐在高温下会产生化学分解。如定温仪表失灵，槽液超过工艺规定温度而达到分解温度时，熔融的硝盐会立刻迅速分解，体积突然膨胀，压力瞬间增大，从而导致极为强烈的爆炸。

(2) 防护措施

① 硝盐槽的主体设计。为保证相对安全，减少事故隐患，大型硝盐槽应包括外、中、内三个槽体。外槽起保护作用；中槽用以防止槽液泄漏；内槽盛硝盐，它是进行热处理的工作部分。漏盐是最大的事故隐患之一，因此必须保证内槽的焊接质量，焊后要进行严格的X射线检测，并进行去应力退火，彻底消除焊接应力，以防焊缝在工作过程中开裂。硝盐槽采用管状加热器加热。管状加热器在室温和加热时的绝缘电阻应分别在5mΩ和4mΩ以上。

② 硝盐槽的辅助设备

a. 油水分离器。为使温度均匀，硝盐槽液必须用压缩空气进行搅拌。压缩空气是通过在内槽底部管道上的小孔吹向槽液。为防止水分、机油及其他杂质吹入槽内发生爆炸事故，压缩空气必须经过三个油水分离器。

b. 漏盐报警器。漏盐报警器的电极置于内槽与中槽之间的底部，且与内槽、中槽绝缘。两极分开放置一定距离，万一熔融硝盐漏入中槽，就会将电路接通，电铃就会发出报警信号。这样的电极可在槽底设置多对，都并联于报警装置。也可以将报警器的两个接头直接用导线接到内槽和中槽上。在此种情况下，内槽、中槽应该绝缘，槽底距离宜近。

c. 定温仪表。为保证槽液温度在一定范围内变化，必须设置定温仪表。一般多采用热电偶及配套的电子电位差计。温度高于规定范围时，控制系统自动将电路切断，从而使槽液降温，温度低于规定范围时，控制系统自动将电路接通从而使槽液升温。

d. 超温报警仪。对于淬火冷却硝盐槽，定温仪表只能保证下限温度，无法控制上限温度。此时为防止槽液的高温分解爆炸，必须设置超温报警仪。当淬火工件传给槽液热量而导致槽液温度超过上限值时，超温报警仪应立即发出信号。即使是铝合金淬火加热硝盐槽，也应设置超温报警仪。一旦定温仪表失控，槽液超过上限温度仍继续送电时，超温报警仪亦能及时发出信号。

③ 严格执行有关硝盐槽的安全规程。严格执行相关安全规程，可以从很大程度上减少事故的发生。相关安全规程可参见航空工业部颁发的［1981］1108 号文件《硝盐槽安全规程》。

#### 17.5.5.2 淬、回火油槽

① 淬火油槽。许多高碳钢、合金钢，为了减少热应力和组织应力可能造成的变形、开裂，一般都在油中淬火。

② 回火油槽。回火就是把淬火后的工件加热到低于某一温度，并在此温度下保持一定的时间，然后以工艺规定的速度冷却到室温。

回火分为低温回火、中温回火、高温回火三类。高温回火、中温回火因回火温度较低而多采用低温井式电阻炉。低温回火采用回火油槽。

（1）职业危害

① 油烟中毒。当温度为 750～1280℃的工件突然淬入油槽中时，常常会冒出大量的油烟。当回火油槽加热到 120℃以上时，也会冒出大量的油烟。这些油烟气味十分难闻，使人头痛恶心。油烟中含有一定量的有毒气体，如高温工件与油面接触时由于不完全燃烧所产生的 CO。故长期与油烟接触，会引起慢性中毒。

② 油气燃烧。当高温炽热工件突然淬入油槽中时，经常引起油的燃烧。特别是大型工件淬火时，槽中油量很多，数以吨计，一旦着火，十分危险。

回火油槽如果加热温度过高，或控温仪表失灵，也常常会引起机油燃烧，从而导致更为严重的火灾。

③ 油气爆炸。油蒸气和空气混合到一定程度时是有爆炸性的，有关数据如表 17.6 所示。

表 17.6 油蒸气在空气中的燃爆数据

| 名称 | 爆炸危险度 | 最大爆炸压力/(N/cm$^2$) | 爆炸极限/% | | 闪点/℃ | 自燃点/℃ |
|---|---|---|---|---|---|---|
| | | | 下限 | 上限 | | |
| 标准汽油 | 5.4 | 850 | 1.1 | 7 | <−20 | 260 |
| 照明煤油 | 12.3 | 800 | 0.6 | 8 | ≥40 | 220 |
| 柴油 | 9.8 | 750 | 0.9 | 5 | | |

（2）防护措施

① 关于油烟的排除。油烟的排除，可在淬火油槽或回火油槽上安设机械抽风口。对于槽长在 700mm 以下的可安设单侧或双侧抽风口。对于大型油槽，除工作面外，其他三面都应安设抽风口，甚至可采用一面送风、一面抽风的机械通风设施。

② 关于油料的选择。在满足工艺要求的情况下，淬火用油或回火用油应该选用闪点较高的油料。这样，燃烧爆炸的可能性就小了。一般宜采用闪点在 180℃以上的油料。

在热处理车间，各种淬火常用矿物油的闪点和最高允许使用温度如表 17.7 所示。

表 17.7 热处理车间常用矿物油闪点和最高允许使用温度

| 名称 | 型号 | 闪点/℃ | 最高允许使用温度/℃ |
|---|---|---|---|
| 过热汽缸油 | HG-52 | 300 | 260 |
| 饱和汽缸油 | HG-24 | 240 | 200 |
| 10＃机油 | HJ-10＃ | 165 | 60 |
| 20＃机油 | HJ-20＃ | 170 | 60 |
| 30＃机油 | HJ-30＃ | 180 | 60 |
| 50＃机油 | HJ-50＃ | 200 | 60 |

③ 淬火油槽注意事项

a. 降温措施。在油槽中连续不断淬火能使油温不断升高。这样既不利于防火安全，也不利于工艺要求。一般规定，淬火油温不得超过 80℃。为了满足此项工艺要求，工厂常采用下列方法降温：在淬火油槽内壁装上蛇形冷却水管，管中通以循环冷却水，从而不断地吸收油的热量，使油温保持在 80℃以下；在淬火槽外壁装一冷却水套，冷却水在水套中循环流动，亦可达到降温目的；使用油冷却器，将热油用油泵从淬火槽中引到专门的冷却器中，冷却后再用油泵抽回淬火槽。这样循环也可使油温保持在 80℃以下。

b. 安设位置。淬火油槽安设在热处理车间的位置必须符合“操作安全，使用方便”的要求。淬火油槽离地面的高度应在 700～800mm 之间。太低、太高，都不符合上述要求。

淬火油槽尽量不要安设在靠近车间通道的位置。如非靠近不可时，应在有关部位用 1.5～1.7m 高的金属网隔离、防护。

淬火油槽与加热炉应相隔一定的距离。小型加热炉宜近，大型加热炉宜远。间断使用炉宜近，连续作业炉宜远。一般都在 1～2m 之间。

c. 操作安全。严禁带有硝盐及其他氧化剂的工件、挂具、夹具进入油槽。油槽附近严禁使用明火。油槽应装设密封性槽盖，一旦油料着火，可以关闭槽盖而将火自行扑灭。油槽附近应备有化学灭火器。淬管状工件时，不能将管口对准自己，更不能将管口对准他人。多人同时操作时，要做到互相照顾，以防热油烫伤。某些工件根据工艺要求应采用煤油作为淬火介质时，一定要确保煤油的温度不超过 38℃，同时应选用闪点在 45℃以上的煤油。从表 17.6 中可知，在热处理的常用油料中，煤油蒸气与空气混合物的爆炸危险度最大。因此，对煤油淬火槽更应严守操作规程，防止事故发生。

d. 回火油槽注意事项。回火油槽在防火、防爆问题上除应遵守上述淬火油槽“操作安全”中的规定外，还应遵守下列原则：

外热式回火油槽多采用 380V/220V 电源，电热元件严禁与油槽外壁相碰。否则除会发生触电事故外，还会因为电热元件局部短路、槽壁烧红甚至烧穿而导致油料燃烧。故油槽壁除按规定“按地”或“接零”外，还应安装相应报警仪器。

内热式回火油槽多采用不锈钢套管电加热器。套管中电阻丝部分，必须在油面以下 50～100mm，否则电阻丝端一旦露出油面，套管就会烧红，就会引起油料燃烧。

回火达到工艺规定温度、满足工艺规定时间后，不管工件是否出炉，都必须将电闸断开。即使未达到工艺规定温度或未满足工艺规定时间，操作人员因特殊情况均需离开现场时，也应将电闸断开。否则，会有因控温仪表失灵，或因长期蒸发而导致油料燃爆的危险。

## 17.6 木工机械安全

### 17.6.1 常见的木材加工事故

木材在锯刨时，人身事故发生率很高。事故的种类及其发生原因大致有以下几种：

① 木工机床刀轴、锯片等的速度快，以圆锯机为例，线速度高达 60m/s，机械转动惯性大，中途制动困难，机床噪声高，振动强烈，易使工人情绪紧张和疲劳。

② 由于刀轴折断、刀具飞出、锯条断裂、机床定位装置失灵及机床突然意外开动等，造成伤害事故。

③ 机床没有安装防护装置或防护装置失灵，因此用手

工送料时手接触刀具，造成断指事故。

④ 木料飞出，击伤操作工头部和胸部。

⑤ 大多数木工机床缺乏控制装置，常常超负荷运转，引起设备损坏或工件飞出，击伤人体。

⑥ 违反安全操作规程，如戴手套操作等。

上述很多事故发生在圆锯机、平刨机上。如果采用机械送料和安装可靠的防护装置，不仅可大大减少事故次数，而且能提高工效。

### 17.6.2 圆锯机安全防护装置

(1) 防止木料回弹反击装置

木料产生反击的原因是当木料送入圆盘锯锯切时，锯开的木料仍有回弹力而夹住锯片，高速转动的锯片将木料抬起，抛出工作台的木料易击伤操作工的头部和胸部，严重的造成死亡。为防止木料反击，操作时应用力压住送进的木料。操作工应站在锯片的旁侧，以防击伤。

从机械设备上根除木料反击的危险，是在圆锯机上设置防止回弹反击装置，即安装分离刀和制动爪。分离刀的尺寸根据锯片直径选取。使用中随着锯片直径变小，分离刀的安装位置也应调整。分离刀是由高速钢制成的弧形刀片，安装在圆锯片同一直线的后方。分离刀厚度要比锯片厚10%，比锯片露出工作台面高度要高25mm，一般至少高出工作台面225mm。分离刀的弧线应大于锯片的最大周边，刚度大，分离刀的内弧距锯片外缘不小于12mm，安装要牢固。

为了防止木料反击，还应在防护罩两侧或进料口前安装制动爪。制动爪顺木料送进方向抬升，木料可顺利通过，一旦发生反击木料退回时，制动爪卡住木料。用制动爪承受强烈冲击力，制动爪和支承轴的材料需有足够的抗冲击强度。制动爪长度应在100mm以上，长度不足100mm时会增加接触负荷。制动爪的爪角保持在30°～60°。与工件的接触角保持在65°～80°之间。爪片厚度在8mm以上。圆锯片直径在350mm以上时，防止反击采用一组制动爪，防止跳动采用两组制动爪。圆锯片直径小于350mm时，防止跳动应配置两组以上制动爪，其中一组用于防止反击。

(2) 防护罩

圆锯机防护罩因受到加工木料的撞击和压挤，罩壳、支撑架、弹簧等都应有足够的强度和刚度，罩壳采用3mm厚钢板焊成。

防护罩遮住露出工作台面的锯片，保持与工作台面距离8mm，使人手无法进入罩内。锯切时罩壳被木料抬起，留出相应的高度使木料通过。锯切完毕后罩壳自动落到工作台面上，起封闭和防护锯片的作用。有些防护罩在罩壳两侧开有缝隙，与车间排尘净化系统连接，用以吸尘排屑。

图17.15所示为有机玻璃防护罩，可清楚地看到工作情况，适用于锯切精度要求高的板材，如层压板、成品件等。

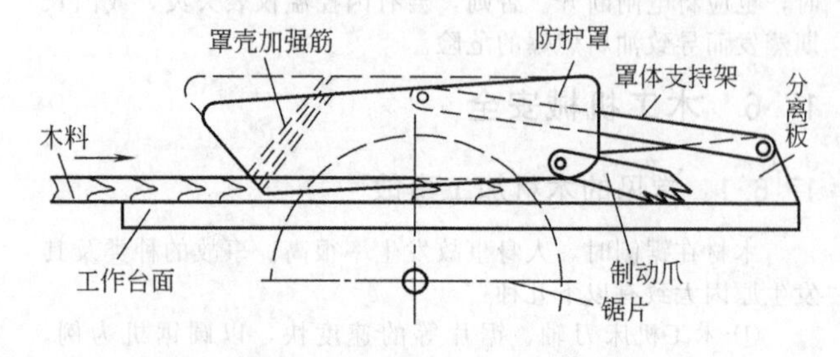


图17.15 有机玻璃防护罩的使用情形

圆锯机简易防护罩适用于锯截厚度相对固定的板料，如三夹板、人造刨花板等。该防护罩制成弧形，装在顶架旁侧，可上下升降，分离刀支撑在顶架上。

① 截锯机工作台支架上安装有防护罩。未工作时，防护罩由于平衡配重的作用自动抬起，使锯截的木料通过工作台。锯截木料时，用手将防护罩前端压下，使之紧贴木板表面。锯片安装在工作台下部，放好木料后用脚踏或气动装置使锯片提升到工作台上面而进行锯截。锯截完毕松开手，防护罩在平衡配重作用下重新抬起，为下次锯截做好准备。

② 升降式防护罩。在圆锯机工作台上装有门式架子，可转动180°，架上吊装活动的防护罩和防护网板。防护罩两侧均装有制动爪，用以防止木料跳动。防护网板下端也装有制动爪，用以防止木料反击。工作时防护网板抬起相应的高度，沿门架两侧的管柱轨道带动活动防护罩上升，此时罩体上和网板上的制动爪正贴在木料表面上，有效地防止木料反击弹出。它适用于锯片直径100～600mm的圆锯机，防护罩能上下移动，适应不同厚度的木料。

③ 用于手提式圆锯机的防护罩由固定罩和活动罩两部分组成。固定罩遮住非工作部分的锯片。活动罩可灵活启闭，随锯切木料的外形和尺寸而露出锯片，以便锯切。锯切深度可通过平板来调节。

手提圆锯机是一种常用的电动工具，因为使用者和操作地点经常变动，所以在很多情况下要求有通用性能良好的工具出现。手提圆锯机在使用前应仔细检查，以免发生漏电。其电源最好采用36V全电压，并可靠接地。

### 17.6.3 带锯机安全防护装置

带锯机锯切木料时，锯带受到拉伸、摩擦、夹紧等外力作用，锯刃变钝，锯带疲劳，会突然断裂，从传动轮上飞出伤人。一般在大型带锯机上装有锯带断裂自动夹紧装置，以防锯带飞出。

带锯机常见的事故，都发生在操作者的手或手指上，因为锯切时工作部位被排出的锯屑遮住，工人看不见工件切割线路，送料接近锯条时被割伤。带锯机一般设置网式活动防护罩（或兼有联锁作用），以防人手进入锯条工作区。

### 17.6.4 平刨机安全防护装置

平刨机的刀轴转速高达4000～6000r/min，转动惯性大，制动困难，机床振动大，噪声强烈，手指切伤和断指事故很多。

平刨机工作台面的开口宽度愈小愈安全。圆柱形刀轴上安装的刀片，应采取封闭或半封闭结构，使手指无法落到刀轴的刀槽内。

工作台开口不应超过63.5mm，刀片与工作台唇口的间隙保持在3.2～4.8mm范围内。刀轴上安装刀片后，刀片高出刀轴的高度不应大于3.2mm。刀轴导屑槽的深度不应超过11mm，水平宽度不应大于16mm。刀轴导屑槽的深度浅，则刨削中伤害手指的程度较轻。

平刨防护装置的种类很多，其主要性能是平刨机不工作时遮住刀轴开口部分，木料送进时防护片（罩、板、条）让出加工木料宽度，以便刨削。常见的平刨机安全防护装置有以下几种。

① 回动弹簧活动防护板。弹簧转动机构安装在工作台下面。异形防护板覆盖在裸露的刀轴上，木料送进时推动防护板向外侧回转，让出加工木料的宽度，以便刀轴进行刨削，刀轴的非工作部分仍被活动防护板盖住。这样可以使操作者的手无法接触刀轴。刨削完毕，活动防护板在弹簧的作用下复位，遮住刀轴的全部裸露部分。非工作一侧的刀轴，亦应用封闭式防护板遮盖，以免发生意外伤害。

② 自动防护片。其原理是：当木料在工作台上送进时触动防护片，由于防护片安装在平衡支架上，能随加工木料的厚度自动抬升相应的高度，使木料从防护片下和刀轴刃口

上通过，进行刨削，操作工的手只能从防护片上方通过，不可能与刀轴触碰。当木料全部通过刃口后，防护片由于平衡支架拉簧的作用复位。

③ 自调隔离式防护罩。防护罩的调节机构由滑板、滑轮、平衡块、电磁铁等组成。防护罩能随加工木料的厚度变化而升降。木料送进时碰到防护罩前端横轴上的微动开关，使电磁铁动作，通过杠杆固定块、平衡块和滑板使防护罩上升，高度可升到150mm。木料即从罩体下方通过。当木料脱离横轴，微动开关断电，电磁铁失磁，罩体靠自重落下，压在加工木料上，代替人手压料。刨削完毕，防护罩靠压辊自重落在工作台上。

当平刨机刨削宽厚的大工件或换刀轴时，防护罩会妨碍操作，这时可将其转动90°，使罩体脱离工作台。这种防护罩可安装在一般平刨机的侧方，而平刨机不需要做改动。自调隔离式防护罩的工作原理，可运用在圆锯机的防护罩上。

④ 光电控制防护片。防护片由一组半圆形的钢片组成，每片间隔6mm。全部防护片沿轴向从工作台下露出，遮盖住刀轴。木料送进时，光电管接受的光线被加工木料挡住，防护片在木料顶动下让出加工部位，其余防护片仍遮盖住刀轴的非工作部分。刨削完毕木料离开刀轴时，光线重新照射到光电管上，控制线路中的电磁铁动作，拉动拨杆，防护片重新推出，又遮住刀轴。光电控制防护片的优点是使平刨机不受工件大小的影响。由于平刨机转速快，振动频率高，光电控制装置需要采取防护措施，否则会影响防护片的正常使用。

采用遮住刀轴的各种防护罩时，关键是要提高防护罩的自动闭合速度，即要求防护罩遮住刀刃的时间早于人手落到刀轴上的时间，才能防止发生伤手事故。根据测定，防护罩在平刨机上完成遮盖刀轴的动作所需的时间大于50ms，一般为50～110ms。如用弹簧来完成遮盖刀轴的动作，所需时间还要长一些。测试时选用加工木料的厚度为15～40mm，以木棍模拟人手从木料滑到刀轴上的时间仅为30～60ms，说明人手落到刀轴的时间约为防护罩遮盖刀轴时间的1/2。人手正常动作速度为1600mm/s，即1.6mm/ms。操作时人手从木料滑到刀轴的时间极短，因此现有防护装置完成遮盖动作的时间还不能完全满足安全防护的要求。特别是在刨削薄的细小工件时，用手工送料危险性最大。所以刨削细薄工件时，还应采用推料器等，以避免人手直接与刀轴接触。

采用电磁振动刨是平刨工艺的彻底改革，由原来的刨刀高速回转运动改变为往复直线运动，没有伤手的危险。现已试制成样机，其最大刨宽为125mm，最大刨厚每次为1mm，加工件最小长度可小到30mm，厚度可小到3mm，刨速为1.04m/min，电磁振动频率为3000Hz，特别适用于要求刀缝极小的短小工件。刨屑连续成条状，没有粉尘飞扬，噪声低于80dB。

平刨机如采用弹簧式、充气式、机械式送料辅助装置压紧和送进木料，可保证操作安全。其缺点是加工木材的尺寸经常变化时，难以适用。如果采用手工送料，安全的操作方法是把双手放在加工木料的上方，而不要放在木料的前方或后方。对于厚度小于76mm、长度小于450mm的木料，可采用简易推料器等工具帮助送料，以免双手被刀轴割伤。操作工应站在木料的旁侧，以免被木料反击时打伤。

### 17.6.5 木工铣床安全防护装置

常用的木工铣床防护装置是把旋转的铣刀遮护，仅留出供工件送进的间隙。铣床上部装有弹簧压料器，压紧工件而不使其跳动。弹簧压料器能根据加工木料不同厚度自动调节高度。

通常木工铣床防护装置由三片活动板和一片制动爪组成。非工作时遮住裸露的铣刀，铣削时加工木料抬起活动板，通过木料，铣削完毕后活动板因自重又落到工作台面上。操作过程中如遇到木料跳动或推出木料时，制动爪可压住木料不使其飞出。

### 17.6.6 木工砂光机安全防护装置

木工砂光机采用研磨砂带来砂光木材表面，与平刨机相比，其安全性好，噪声强度低。其缺点是操作点排出粉尘多，为此采用图17.16所示的防护排尘罩。

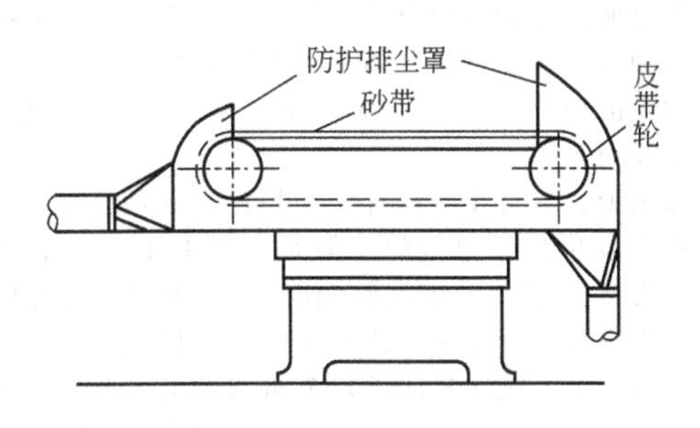


图17.16 木工砂光机防护排尘罩

### 17.6.7 木材加工安全操作和环境要求

① 木工机床应用螺栓固定在平坦而不滑的地面上。工作场所应留出供操作工作业活动的空间、堆放加工木料的空间和输送通道等。

② 木工机床的机身和电动机等均需可靠接地。

③ 木工机床主轴转速高，惯性大，其线速度比金属切削速度高出100倍。因此，木工机床必须有灵敏可靠的制动器，能在5～10s内完全停住转动。

④ 每台木工机床应有独立的电源开关，此外在操作方便的部位还装有紧急停车开关和一个重新启动开关，停车以后重新启动时要使用此启动开关。

⑤ 工作中临时停止、工作完毕及机床检查维修都应停车，并切断电源开关。临时突然遇到停电，也应切断机床的电源，以免恢复送电时机床转动发生意外事故。

⑥ 启动木工机床时操作者应仔细检查刀轴固定及刀刃锐利程度，防护罩、制动装置等是否处于完好正常状态。

⑦ 木材切削余量大，切削时产生大量木屑粉尘。各类木工机床应安装独立的或与本车间排尘系统相连接的吸尘罩，把生产中的木屑集中到车间的排尘系统中，及时统一处理，以消除堆积木屑引起火灾的因素。这样，可以降低现场木尘飞扬的浓度，改善车间环境条件，同时减轻对设备转动件、轴承及皮带的磨损。

⑧ 车间现场机器设备上设置的防护罩部位，应尽量同易于产生火花热源的如电动机、开关等彻底隔开，以免罩内积尘受热而产生火灾。

⑨ 为了操作方便、安全和减少体力消耗，木工机床应设辅助工作台，其高度应与机床台面高度相同。最好工作台面装有辊轮，使木料移动方便省力。

⑩ 加工长木料时，禁止将长木料的一端拖在地面上进行锯刨，而应将其架起接近水平，然后进行锯、刨等作业。

⑪ 木工机床一般都有较强烈的噪声，容易引起作业人员的精神紧张和身体疲劳，因而应采取各种有效降噪措施，使机械噪声强度控制在90dB以下。

⑫ 木土车间的室温应保持在13℃以上，大带锯机的工作地点应保持在10℃以上。

⑬ 木工机床不允许切割、磨削石棉板、玻璃纤维板等能产生石棉尘和有害气体，严重污染操作地点空气的材料。否则应加装有效的专门排尘净化装置，经检查合格后才允许

加工。

⑭ 木工操作人员作业时，一般不应戴手套，露出的长发应裹入工作帽内，以免被意外绞伤。对于可能被木料压伤的作业点，操作者应穿防砸工作鞋。

## 17.7　金属切削机床安全

### 17.7.1　金属冷加工车间防止工伤事故的方法

利用刀具和工件做相对运动，从毛坯上切去多余的金属，以获得所需要的几何形状、尺寸、精度和表面粗糙度的零件，这种加工方法称为冷加工，也称为金属切削加工。金属切削加工的形式很多，一般可分为车、刨、钻、铣、磨、齿轮加工及钳工等。

一般来说，各种车床都有安全装置，只要遵守安全操作规程是不会发生伤害事故的。但是，如果在工作中违章作业，粗心大意，也往往会造成工伤事故。例如：需要加工的工件或者刀具没有装牢固，造成工件或刀具飞出；工作时头离工件太近，又不戴防护眼镜，金属切屑飞入眼内；手和身体靠近正在旋转的机件和戴手套操作，导致卷入皮带轮、皮带或齿轮等，都能造成工伤事故。因此，要妥善布置工作场所，并设置必要的防护、保险装置。

机床平面布置应保证：①不使零件或切屑甩出伤人；②操作者不受日光照射产生目眩；③搬运成品、半成品及清理金属切屑方便；④车间内通道使人员及车辆行驶畅通无阻。

防护装置有：

① 防护罩。隔离外露的旋转部件，如皮带轮、链轮、齿轮、链条、旋转轴、法兰盘和轴头等。

② 防护挡板。防止磨屑、切屑和冷却液飞溅。

③ 防护栏杆。在运转时容易伤害人的机床部位，以及不在地面上操作的机床，均应设置高度不低于 1m 的防护栏杆。

保险装置有：

① 超负荷保险装置：超载时的自动脱开或停车。

② 行程保险装置：运动部件到预定位置能自动停车或返回。

③ 顺序动作联锁装置：在一个动作未完成前，下一个动作不能进行。

④ 意外事故联锁装置：在突然断电时，补偿机构（如蓄能器、止回阀等）能立即启用或进行机床停车。

⑤ 制动装置：避免在机床旋转时装卸工件，发生突然事故时，能及时停止机床运转。

（1）车工应遵守的安全规定

① 在合适的位置上安装透明的防护挡板，以防护车工的眼部和面部不被切屑所伤害。车工应戴好防护眼镜。

② 车床切削下来的带状、螺旋状切屑，应用钩子及时除去，切忌用手拉。为防止切屑伤人，可以用改变刀具角度或在刀具上增加切屑槽、断屑块的方法来控制切屑的形状，使带状的切屑断成小段卷状或块状。也可在刀具附近安装排屑器，控制切屑流向，使切屑按预定方向排出而不飞溅。

③ 为确保车工的安全，还应注意：使用尾架时，顶针要顶紧，工件在旋转中不得用手触摸，操作机床时严禁戴手套，加工长的工件要用中心架，长出的部分应做标志。

④ 在车偏心工件时，应装牢平衡铁，先试转一下，并确保平衡。车工在更换车刀、装卸工件或夹具、修理机床、清除金属切屑、检验加工件时，必须停车。

⑤ 车工在磨光工件表面时，要把车刀移到安全位置，需注意不要让手和衣服接触到工件表面，磨内径时不可用手指，而应用木棍代替，同时车速不宜太快。

（2）铣工应遵守的安全规定

① 铣工在开始切削时，铣刀必须缓慢地向工件进给，切不可有冲击现象，以免影响机床精度或损坏刀具刃口。

② 加工工件要垫平、卡紧，以免工作过程中发生松脱，造成事故。

③ 工作时不应戴手套。随时用毛刷清除床面上的切屑，消除铣刀上的切屑时，要停车进行。

④ 铣刀用钝后，应停车磨刃或换刀，停车前先退刀，当刀具未全部离开工件时，切勿停车。

⑤ 调整速度和变向以及校正工件、工具时，均需停车后进行。

（3）刨床工应遵守的安全规定

① 刨刀要夹紧，工作前刀锋与工件之间应有一定的间隙，首次吃刀不要太深，以防碰坏刀刃或伤人。

② 操作时不准站在牛头刨床的正前方，更不得在牛头前面低头查看工件。

③ 调整好机床行程，拧紧控制行程的螺栓，并注意不可让扳手留在床身上。

④ 最好在刨床台面的周围，装设一个直立的可以翻起的圆筒形防护挡板。将切屑打扫集中在特设的切屑器内，以免切屑刺伤脚部。

（4）龙门刨床工应遵守的安全规定

① 工件要牢固夹紧，注意避免碰撞刀架和横梁。

② 机床运行时，操作者不应停在拖板或拖板的加工件上，也不得站在拖板运行的方向观察加工情况。人的身体的任何部位，都绝不可置于正在运行的拖板与龙门之间。

③ 刨床运行中，不准用尺或样板量工件，也不得找正或敲打。

④ 调整速度和变向以及校正工件、工具时，均需停车后进行。

（5）钻床工应遵守的安全规定

① 不准戴手套操作。严禁用手清除铁屑。

② 头部不可离钻床太近，工作时必须戴帽子。

③ 钻孔前要先定紧工作台，摇臂钻床还应定紧摇臂，然后才可开钻。

④ 根据具体情况，凡需定紧后才能保证工件加工质量和安全操作的，一定要将工件固定，并尽可能固定于工作台的中心部位。

⑤ 在开始钻孔和工件快要钻通时，切不可用力过猛。

（6）磨床工应遵守的安全规定

① 开车前必须检查工件的装置是否正确，紧固是否可靠，磁性吸盘是否失灵。若工件没紧固好，不准开车。

② 开车时应用手调方式使砂轮和工件之间留有适当的间隙，开始进刀量要小，以防砂轮崩裂。

③ 砂轮两端法兰盘外圆大小要一致，并加衬石棉板等耐潮垫子。砂轮内孔和轴配合的松紧要适当，使其受力均匀，防止破损。

④ 测量工件或调整机床及清洁工作都应停车后再进行。

⑤ 为了防止砂轮破损时碎片伤人，磨床需装有防护罩，禁止用没有防护罩的砂轮进行磨削。

（7）使用砂轮机应遵守的安全规定

① 使用砂轮机前，要认真进行检查砂轮表面有无裂纹或破损。

② 夹持砂轮的法兰盘直径不得小于砂轮直径的 1/3。砂轮的安装间隙以及法兰盘与砂轮的夹紧力，应符合规定。对有平衡块的法兰盘，应在装好砂轮后进行平衡，合格后才可使用。

③ 新砂轮投入使用前，应先进行试运转，待一切正常后方可正式使用。

④ 砂轮要保持干燥，防止因受潮而强度降低。

⑤ 砂轮轴上的紧固螺栓的旋向，应与主轴的旋转方向相反，以保持紧固。

⑥ 砂轮要有防护罩，防护罩要有足够强度，以挡住碎块飞出。

⑦ 使用砂轮机时，人员应站在砂轮的侧边。

(8) 剪板机操作工应遵守的安全规定

① 一部剪板机禁止两人同时剪切两种工作材料。大型的剪板机启动前应先盘车，开动后应空车运转一会儿，然后才可进行剪切。

② 切勿将手和工具伸入剪板机内，以免发生人身或设备事故。

③ 无法压紧的狭窄钢条，不准在剪板机上剪切。

④ 停机后离合器应放在空挡位置。

(9) 锯床操作工应遵守的安全规定

① 开车前应检查冷却、活节与滑块等机构部位是否正常。

② 操作工不宜过分接近正在运行的锯弓，以防锯条突然折断，锯片飞出伤人。

③ 加工材料要夹紧，较长的材料要有托架支撑。

④ 锯切重而长的材料，应由起重装置吊装于夹钳及支撑架上，操作者之间要协调配合，防止碰砸造成工伤。

(10) 钳工应遵守的安全规定

① 钳工所用的工器具，如砂轮机、钻床、手电钻、行灯等，使用前必须进行检查，以确保安全。

② 钳工工作台上应设置铁丝防护网，錾凿时应注意对面工作者的安全，严禁使用高速钢做錾子。

③ 使用大锤时，必须注意前后、上下、左右，在大锤运动范围内严禁站人，不许用大锤打小锤，也不许用小锤打大锤。

④ 用手锯锯割工件时，锯条应适当拉紧，以免锯条折断伤人。

⑤ 检修具有易燃易爆危险的设备时，一定要事先办好检修许可证和动火证。

⑥ 在交叉和多层作业时，应戴安全帽，并注意统一指挥。安装、拆卸大型机械设备时，要和起重工密切配合。

⑦ 设备检修完毕，所有的安全防护装置、声光信号、安全阀、爆破片等均应使其恢复到正常状态。

(11) 铆工应遵守的安全规定

① 工作前必须检查工具是否处于安全良好状态。

② 禁止戴手套或两人相对打锤。不得用手指示意锤击处，应用手锤或棒尖指点。

③ 禁止风带口对着人。高空作业时应将风带绑于架子上。

④ 风锤和风铲的头部需顶牢在固定物上，以免飞出伤人。

⑤ 使用起重机械吊着对物体进行安装时，要有专人指挥，必须轻举慢落，物件着地后，需将螺栓旋紧，然后才能松钩。

⑥ 登高作业要遵守高空作业安全规程，在脚手架上工作，禁止试验风动机械，以防振断绳扣，发生意外。

(12) 管工应遵守的安全规定

① 安装管道时，必须随时做好支架，卡牢管子，以防掉下伤人。

② 起吊重量较大的管件，应事先检查好起吊工具，并密切配合起重工，做好起吊安装工作。

③ 在有易燃、易爆气体的设备上工作时，必须使用涂油或铜质的工具。

④ 装砂煨管时，管内不得有杂物，砂子粒度要均匀、砂子要干燥，不可含有易燃、易爆物质。

⑤ 在地沟、阴沟内作业时，要按《进塔入罐安全规定》办理工作许可证，做好安全措施，并要详细检查沟壁是否有塌方危险，否则应加好支撑，方可工作。

⑥ 管子进行焙烧煨弯时，要有专人负责，操作者不得站在管子堵头的地方，管子出炉煨弯时，要防止烫伤或砸伤。

⑦ 打铅口时，必须将承插口擦干，以防水分渗入，引起灌铅时爆炸。

### 17.7.2 保险装置和互锁机构

为了保证安全生产，防止因误操作或其他原因可能发生的事故，确保操作者的人身安全和机床构件不发生破坏，机床必须设置保险装置和互锁机构。

(1) 保险装置

① 过载保险装置。过载是指机床零、部件在工作时因切削力过大或因部件在工作时发生碰撞等事故，导致传递的扭矩或力超过其额定值，有可能引起机床构件损坏的状况。通常超过额定载荷的25%即被认为过载。

保险装置通常靠连接件的切断、分离或打滑来限制或中断扭矩及运动的传递，防止重要机件的损坏。由于过载额定值较低（为额定值的125%），过载可能发生的概率较高，所以过载保险装置的脱开不应当是破坏性的，如被剪断。这样，当过载消失后易于迅速恢复正常工作。图17.17所示的脱落蜗杆机构就是用于车床进给传动系统的一种过载保险装置。图17.18为这种机构的原理图。车床进给运动由轴1传入，经联轴器2传至轴3。轴3上空套着蜗杆，其右端是一个半离合器4，用螺旋齿面与右半离合器啮合。两个半离合器用弹簧7压紧成为一体。正常工作时，轴3的运动通过半离合器6传给蜗杆，再由蜗杆带动蜗轮旋转将运动传出，实现进给。机床发生过载，进给运动受阻时，蜗轮停转，但电动机未停，经轴1传来的运动并未中断，仍使轴3带动右半离合器转动，于是两半离合器齿面间的轴向推力越来越大，最后会压缩弹簧7推开右半离合器，使支承右半离合器的铰链支架8翻倒，蜗杆蜗轮也因此脱开啮合，进给传动联系即被切断。当过载消失需重新进给时，只需转动操作手柄11，重新支承起支架8，即可方便而迅速地恢复正常工作。脱落蜗杆的过载承受力应调整合适。过大，则过载时仍不能脱开，起不到过载保险作用；过小，则工作时动辄脱落，不能

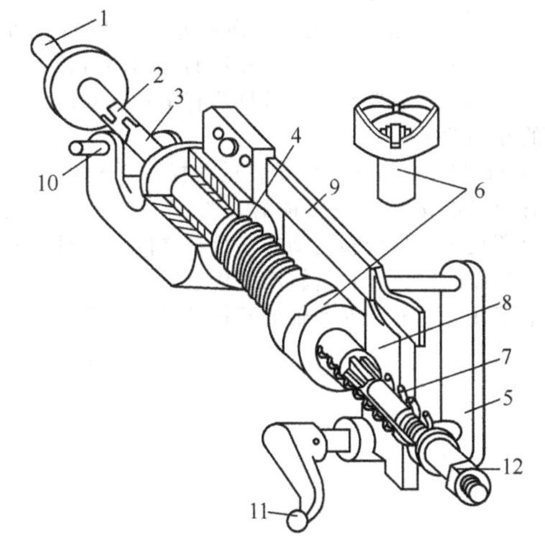


图17.17 脱落蜗杆机构示意图

1,3—轴；2—联轴器；4—蜗杆；5—压杆；6—半离合器；7—弹簧；8—支架；9—杠杆；10—支撑杆；11—手柄；12—调节螺母

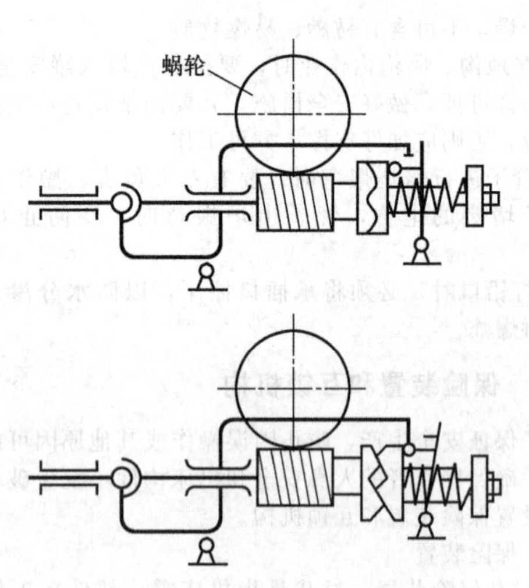


图 17.18 脱落蜗杆机构原理图

传递正常的工作扭矩。其过载承受力由调整螺母 12 调定。

② 事故保险装置。事故保险装置是专门为防止偶然发生的事故而设置的。其工作原理同过载保险装置一样，是限制机床传递的扭矩的大小的。所以所有过载保险装置都可兼起事故保险作用。所不同的是事故保险装置脱开时的载荷应大于过载保险装置，为额定载荷的 125%～150%。事故不会经常发生，为了简化结构，这种保险装置的脱开可以是破坏性的，可以人为地在传动链中设置一个最薄弱环节，这个环节结构简单且易于更换。如直径很细的销钉是传动链中最薄弱的环节，利用其传递扭矩，出事故时即被剪切。销钉结构简单，易于更换。剪断销的直径关系到保险装置的负载承受力，应合理设计。

(2) 互锁装置

在机床上凡是可能发生互相干涉的运动的机构，都必须互锁，以免工人误操作或发生误动作而出人身及机床事故。机床的互锁一般用于下列几种情况：防止几个运动同时传入某一部件，如卧式车床中的丝杠和光杠不能同时传动刀架；防止同时接通几个相互矛盾的动作，如卧式车床的纵向与横向进给机构不能同时接通，机床的启动与制动不能同时发生等；防止两轴间有两对或两对以上的齿轮同时啮合；在运动有先后顺序要求时，防止前一动作尚未完成而下一动作已经接通，如齿轮变速箱不停车不能变速，铣床主轴不转工作台不能机动进给等。互锁装置的类型很多，可以用机械、电气液压及机、电、液组合形式。下面仅介绍一些机械互锁装置。机械互锁装置的结构与要求互锁的运动的特征和操纵运动的手柄间的相互位置有关，常见的有平行轴间的互锁和交错轴间的互锁两种。

① 平行轴间的互锁。在安装运动操作手柄的轴上均固定着带有缺口的圆盘，叫互锁盘。图 17.19 (a) 的装置用于两根距离较近的做旋转运动的平行轴之间的互锁。在图示的位置，左面的轴可以自由转动，接通所需的运动，而右面的轴则被锁住。只有当左面轴的互锁盘的缺口随轴转到中间位置时，右面的轴才能转动，接通相应的运动。右面的轴转动后又锁住左面的轴，使之不能转动去接通其他的运动。图 17.19 的 (b)、(c) 是用于两根相距较远的平行轴旋转运动的互锁。图 17.19 (d) 是用于两根距离较近的做直线运动的平行轴之间的互锁。在初始位置，两轴上的环形槽相对，可以移动任意一根轴。当其中一轴已移动，接通运动后，另一轴则被锁住。若两移动轴距离较远时，可采用图 17.19 (e) 所示的结构形式。图 17.19 (f) 是用于做旋转运动一轴与做直线运动一轴的互锁。在旋转轴上装有互锁挡板，在移动轴上开有相应缺口。当旋转轴上的挡板 1 对准移动轴上的缺口时，旋转轴可转动，移动轴则被锁住而不可移动；当挡板 1 转过缺口后，移动轴可移动，而旋转轴被锁住不可转动。

② 交错轴间的互锁。图 17.19 (g) 所示装置用于两交错轴旋转运动之间的互锁。在初始位置，两轴互锁盘缺口相对，可以转动其中任意一个接通运动。当有一运动已接通时，互锁盘缺口转位，镇住另一轴使之不能接通另一运动。图 17.19 (h) 用于交错轴之间一旋转运动与一直线运动之间的互锁。

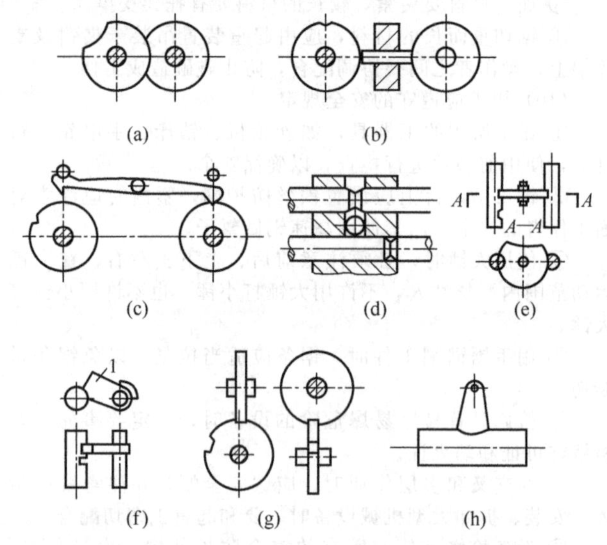


图 17.19 几种轴间互锁装置的原理简图

## 参考文献

[1] 孙桂林，臧吉昌．安全工程师手册．北京：中国铁道出版社，1989．
[2] 罗云等．中国安全生产基本数据手册．北京：煤炭工业出版社，2009．
[3] 阮崇武等．安全知识实用大全．上海：文汇出版社，1990．
[4] 冯肇瑞等．职业卫生词典．成都：四川人民出版社，1990．
[5] 安全科学技术百科全书编委会．安全科学技术百科全书．北京，中国劳动社会保障出版社，2003．
[6] 罗云等．特种设备风险管理．北京：中国质检出版社，2013．

# 18 焊接安全

## 18.1 气焊与气割安全

### 18.1.1 电石安全

电石是碳化钙的俗称，化学式 $CaC_2$，工业用电石是将生石灰和焦炭在电炉中熔炼而成的，它是暗灰色或暗褐色块状固体，具有一定的腐蚀性。电石中含有一定量的硫化物和磷化物，吸水后即可放出硫化氢（$H_2S$）及磷化氢（$PH_3$）等有毒气体。工业用电石纯度约为70%，杂质 CaO 约占24%，碳、硅、铁、磷化钙和硫化钙等约占6%。

（1）电石的燃烧爆炸性

电石本身不具备燃烧和爆炸性，但是电石对水的亲和力极强。当电石与水接触、吸收空气中的水蒸气或夺取盐类物质中的结晶水后，能迅速产生可燃易爆气体乙炔，遇明火发生燃烧和爆炸。同时，在反应过程中放出大量的热量。该热量若不能及时排除或散热条件不良等，则会引起乙炔的燃烧和爆炸。因此，电石是一级危险品。

由于电石中含有硅铁杂质，一旦相互碰撞或与其他铁制容器碰撞、摩擦时，容易产生火花，这往往成为乙炔发生火灾、爆炸事故的着火源。还有，电石中的磷化钙和硫化钙杂质与水作用，则生成磷化氢和硫化氢气体，这将成为混在乙炔气体中的杂质，该气体的自燃点较低，如气态磷化氢在温度为100℃时就会自燃。这就很容易引起乙炔发生器内爆炸性混合物在没有任何外界明火作用下的爆炸事故。另外，电石中的 CaO 杂质与水反应也能放热。乙炔发生器的电石分解区温度达到200℃时，就会发生下列反应：

$$\underset{\text{电石}}{CaC_2}+\underset{\text{熟石灰}}{Ca(OH)_2}=\!=\!=\underset{\text{乙炔}}{C_2H_2}+\underset{\text{生石灰}}{2CaO}$$

在这种情况下，电石夺去熟石灰中的水分，生成的生石灰形成一层坚硬的外壳包住电石，此时电石温度仍然继续升高，其表面温度可达800～1000℃，造成电石局部过热，若温度超过580℃或压力超过0.15MPa（表压）时，乙炔将会发生分解爆炸。电石过热时，其表面温度可达800～1000℃，电石过热是乙炔发生器着火爆炸事故的主要原因之一。为确保良好的冷却条件，根据发生器的不同结构原理，安全规则规定分解1kg电石的用水量应为5～15kg。电石分解速率与水的温度、纯度和电石自身颗粒度等因素有关，水温越高、纯度越高、颗粒度越小、其分解速率越快。电石粒度是影响电石分解速率的主要因素，粒度在2～80mm的电石完全分解时间为5.5～13min，见表18.1。

**表 18.1 电石粒度与分解时间的关系**

| 颗粒度/mm | 2～8 | 8～15 | 15～25 | 25～50 | 50～80 |
|---|---|---|---|---|---|
| 分解时间/min | 5.5 | 6.5 | 8 | 10 | 13 |

电石粒度过大，其分解速率缓慢，乙炔发生器内气体压力不稳，影响气焊、气割工作的正常进行。反之，电石粒度过小，其分解速率加快，电石完全分解的时间极短，则容易引起局部过热。当电石粒度小于2mm或接近粉末时，遇水立即分解，瞬间释放的热量就很多，容易造成电石过热或结块，此热量可使电石温度升高而冒黄烟。过快的分解速率会使发生器内气体压力急剧增大。此时，如果安全阀失效就会导致乙炔自燃，若乙炔发生器内存有空气，必然引起乙炔发生器爆炸。因此，从安全角度分析，禁止使用粒度在2mm以下的电石，宜选用粒度在50～80mm的电石。

（2）电石储存、运输和使用安全

① 电石的储存

a. 电石库房应设在不潮湿、不浸水的地方，严禁铺设暖气、给水、排水和凝结水等管道，严禁用地下室作为电石库房，库房必须是单层的一、二级耐火建筑，屋顶采用非燃烧材料的轻型结构，库房内要设有良好的自然通风系统。

b. 装设在库房的照明灯具、开关等电气设备，应采取防爆型和封闭型，或将灯具和开关安装在室外，用反射方法把灯光从玻璃窗射入室内，库房距明火不小于30m，且设“严禁烟火”的标志牌，库房与其他建筑物应有一定的安全距离。

c. 电石必须装入专用筒内，筒盖严密封闭，电石筒应放在距地面200mm的木架上，距墙150mm以上。

d. 严禁在库房内使用铁器敲击电石桶及电石，防止产生火花引起爆炸。

e. 当发现电石桶因潮气进入而膨胀时，应立即将电石桶搬到室外，慢慢打开筒盖，放出乙炔气体，同时注意防止乙炔气体冲击伤人。

② 电石的运输

a. 禁止采用滚滑法装卸、搬运电石桶，以免电石中的硅铁与桶壁碰撞产生火花。

b. 雨天应停止运输或在采用可靠的防雨措施后，方准运输。

c. 严禁与油脂、氧气等易燃易爆物品同车混装运输。

③ 电石的安全使用

a. 向发生器内装入电石时，其操作应平稳，不得将电石投掷到电石篮内，不得在有易燃易爆物或明火作业场所开启电石桶，开启时不准使用铁器敲打，也不准使用含铜量超过70%的金属工具。使用过的空桶在没有经过安全处理前，不应接触明火，更不能直接焊割。

b. 电石粒度应符合设备规格要求。凡不合格的电石，应设专人在指定的地点及时销毁。处理电石粉末时，严禁烟火，且操作者应站在上风口。

c. 应按规定及时更换乙炔发生器内的水。

d. 向乙炔发生器内装入电石时，其操作应平稳，不得将电石投掷到电石篮内。

e. 乙炔发生器自动加料的输送带或其他加料机构，应采取铺设橡胶片等措施，以防硅铁产生火花。

f. 为防止电石粉末伤害或刺激皮肤、眼睛、呼吸道，接触电石时应戴手套、口罩和防护眼镜等防护用品。

g. 应当按乙炔发生器使用说明书规定的粒度加料。移动式乙炔发生器的电石反应区如果有排热装置时，安全规则允许添加不超过5%的粒度为2～25mm的电石，大型电石入水式乙炔发生器，粒度为2～8mm的电石不应超过30%。不得使用粒度大于80mm的电石，因为容易发生搭桥卡料。一般结构的乙炔发生器，严禁使用粒度小于2mm的电石粉（俗称芝麻电石），这种电石遇水后立即快速分解，冒黄烟、发热并结块，能促使乙炔自燃。当乙炔发生器的发气室含有空气时，将引起爆炸和着火。

h. 使用完的电石不能随意存放，应倒入电石渣坑用水进行处理。在乙炔发生器周围的地面上，或乙炔站、电石库房和破碎间等场所的电石粉末，应及时清扫，避免吸收潮气分解，使车间等室内形成乙炔与空气的爆炸性混合气。

### 18.1.2 常用气体安全使用要求

(1) 氧气

在常温常压下，氧气是一种无色、无味、无毒的气体，其化学式为 $O_2$，在标准状态下，密度为 1.429kg/$m^3$（空气为 1.29kg/$m^3$）。当气温降到 −182.96℃时，气态氧变成极易挥发的液态氧；当温度降到 −218℃时，液态氧则变成淡蓝色的固态氧。

氧气本身不能自燃，但它是一种化学性质极为活泼的助燃气体，属于强氧化剂。它几乎能与所有的可燃气体和液体燃料的蒸气混合，发生强烈的氧化现象，构成爆炸性混合物。这类混合物具有很宽的爆炸极限范围，遇有明火或高温条件即发生爆炸。氧化反应的能力是随着氧气压力增大和温度升高而显著增强的，一般把激烈的氧化称为燃烧。氧气既是助燃气体，又可促使某些易燃物质自燃。在运输、使用压缩状态的氧气过程中，由于氧气压缩后突然放出的热量，或高速氧气流与非金属物等摩擦产生静电、放电而产生火花，均可引起燃烧。因此，必须经常检查与高压氧气接触的工具，如氧气瓶阀、氧气表、管道及焊割炬等严禁与油脂类和易燃物质接触，更不允许用压缩纯氧通风换气，也不得用其代替压缩空气吹扫工作服上的尘屑和吹除乙炔胶管的堵塞物等，工作场地附近不准存有易燃物质。

气焊与气割使用的氧气纯度一般分为两级：一级纯度不低于 99.2%；二级纯度不低于 98.5%～99.2%。氧气纯度越高，与可燃气体混合燃烧的火焰温度则越高，它直接影响着气焊、气割工艺质量和效率。氧气不纯的主要原因是氧气中混入了氮气，此气体不仅不能助燃，而且在加热时要消耗大量的热量，使火焰温度降低，在焊接时会使焊缝氮化影响焊缝质量。若气割时氧气纯度低于 97.5%，其燃烧效率将会显著降低，气割的速度下降，被切割的断面粗糙度受到影响，割口底部的氧化熔渣很难清除，使切割质量低劣，效率下降。所以气焊与气割所使用的氧气纯度不应低于二级，但对质量要求较高的，应采用一级纯度的氧气。

(2) 乙炔

乙炔，俗称电石气。它是一种非饱和的烃类化合物，化学式为 $C_2H_2$，其化学性质活泼，在常温常压下是一种无色、高热值的易燃易爆气体。在标准状态时，密度为 1.17kg/$m^3$，比空气密度小。

乙炔的燃烧性：乙炔是气焊、气割使用的所有可燃气体中自燃点最低的气体，在空气中其自燃点为 335℃，点火温度为 428℃，点火能量为 0.019mJ。

乙炔安全燃烧的反应式为：$2C_2H_2 + 5O_2 = 4CO_2 + 2H_2O$，在空气中的火焰传播速度为 2.87m/s，在氧气中为 13.5m/s。

当乙炔在空气中的含量为 2.2%～81%，在氧气中的含量为 2.8%～93%，且遇有高温、静电火花或明火时，即使在正常大气压力下也会发生爆炸。甚至在没有任何火源存在的环境中，因混合气体升温达到自燃点温度，仍会引起爆炸。因此，在气焊、气割实际操作中，特别是在更换电石或排除电石篮中的电石泥污时，要注意明火与火星等火种，避免乙炔发生器发生爆炸事故。

温度达到 200～300℃时，乙炔开始发生聚合反应并放出热量，500℃时即发生爆炸性分解，爆炸压力增大 10～13 倍。乙炔长期与纯钢、银等金属或与其盐类接触，则在钢、银表面生成一层红色的乙炔铜（$Cu_2C_2$）和白色的乙炔银（$AgC_2$）爆炸性化合物。潮湿的乙炔铜、乙炔银化学性质较稳定，但是它们处于干燥状态，当被加热到 110～120℃或受到摩擦和振动作用时，则会立即爆炸。所以，凡供乙炔使用的器具（容器、管子、仪表、阀门及工具等），绝对禁止使用银、铜及含铜量高于 70% 的铁合金制品。乙炔与氯、次氯酸盐等含氯强氧化剂化合，在日光照射下或加热等外界条件下，就能发生燃烧和爆炸。因此在扑救乙炔引起的火灾时，严禁使用四氯化碳灭火器，以防发生爆炸事故。乙炔含杂质磷化氢（$PH_3$）超过 0.08%（体积分数），就容易发生着火爆炸。

乙炔爆炸与存放乙炔的容器直径有关。存放乙炔的容器在直径很小的情况下形成了毛细管现象，在毛细管中由于管壁的冷却作用及阻力的增大，使爆炸不易发生，储存乙炔的容器直径越小，发生爆炸的可能性越小，这是容器壁的流动阻力和冷却作用的缘故。所以可以利用乙炔溶解于液体的特性，将乙炔大量溶解于丙酮中，并储存在由多孔物质组成填料的溶解乙炔瓶中，提高乙炔在运输和使用中的安全。

(3) 氢气

氢气是无色无味的气体，氢气的扩散速度极快，导热性很好，它的点火能量低，为 0.02mJ。氢气在空气中的自燃点为 560℃，在氧气中的自燃点为 450℃，是一种极危险的易燃易爆气体。氢气与空气混合后形成爆鸣气，其爆炸极限为 4%～80%，氢气与氧气混合的爆炸极限为 65%～93.9%。当氢气与氯气混合，其比例达 1∶1 时，受光照射即可发生自行爆炸，若在此混合比例下而温度达到 240℃时，就能引起氢气自燃，即使在阴暗处仍会发生爆炸。氢气极易泄漏，其泄漏速度是空气的 2 倍。氢气一旦从焊接设备（气瓶和导管等）缝隙渗漏被引燃，将会使周围的人员遭受严重烧伤，使用时必须采取妥善的防爆措施。

(4) 液化石油气

液化石油气是油田开采或炼油工业中的副产品，它在常温常压下呈气态，其主要成分是丙烷（$C_3H_8$，占 50%～80%），其余是丁烷（$C_4H_{10}$）、丙烯（$C_3H_6$）及丁烯（$C_4H_8$）等烃类化合物组成的混合物。液化石油气在约 0.8～1.5MPa 压力下即变成液体，便于瓶装储存运输。液化石油气具有一定的毒性，当空气中的含量超过 0.5%时，人体吸入少量的液化石油气后，一般不会引起中毒，而在空气中其浓度较高时，长时间吸入就会引起中毒。若浓度超过 10%时，且停留 2min，人就会出现头晕等中毒危险。

液化石油气的主要性质如下。

① 在标准状态下液化石油气的密度为 1.6～2.5kg/$m^3$，气态时比同体积的空气、氧气密度大，液态时比同体积的水和汽油密度小。液化石油气的密度约为空气的 1.5 倍，易于向低处流动而滞留积聚；液态时能浮在水面上，随水流动并在死角积聚。液化石油气是一种带有特殊臭味的无色气体，含有硫化物。

② 液化石油气中的主要成分均能与空气或氧气混合构成爆炸性的混合气体，但爆炸极限范围比乙炔窄，因此使用液化石油气比乙炔安全。

③ 液化石油气与空气混合后，只要遇到微小的火源，就能引燃。因为液化石油气易挥发、闪点低，在低温时它的易燃性很大。如丙烷挥发点为 −42℃，闪点为 −20℃，若它从气瓶或管道内滴漏出来，在常温下会迅速挥发成 250～300 倍体积的气体向四周快速扩散，在液化石油气积聚部位附近的空间形成爆炸性混合气体，当温度达到闪点时就能点燃。因此，在点燃液化石油气时，要先点引火物后再开气，切忌颠倒顺序。

④ 液化石油气达到完全燃烧所需的氧气量比乙炔所需

氧气量大。采用液化石油气代替乙炔后，消耗氧气量较多，所以用在切割时，应对原有割炬的结构进行相应的改变。

⑤ 液化石油气在氧气中的燃烧速度较慢。如丙烷的燃烧速度是乙炔的1/4左右，因而切割时要求割炬有较大混合气的喷出截面，降低流出速度，才能保证良好的燃烧。

⑥ 液化石油气燃烧时获得的火焰温度低。它与氧气混合燃烧的火焰温度为2200～2800℃，此温度应用于气割时，金属的预热时间比乙炔稍长，但其切割质量容易保证，可减少切割口边高温过热燃烧现象，提高切口的粗糙度和精度。同时，也可使几层钢板叠在一起切割，各层之间互不粘连。

⑦ 液化石油气对普通橡胶管和衬垫具有一定的浸润膨胀和腐蚀作用，易造成胶管和衬垫穿孔或破裂，发生漏气。乙炔站、焊接车间和气焊与气割的临时工作间等不得存放堆积超过发生器两天用量的电石，并且要求采取防潮措施。

### 18.1.3 乙炔发生器安全要求

(1) 发生着火爆炸原因

① 设备原因引起爆炸事故。缺少必要的安全装置或安全装置失灵，发生器罐体或胶管连接处漏气；设备结构不合理，冷却用水不足，发生器的活动部件互相摩擦碰撞产生火花等。

② 操作原因引起爆炸事故。回火而引起，或是在罐体和胶管中形成了乙炔与空气（或氧气）混合气，未按时换水，水质不良或加水不足，装电石时遇明火，解冻方法不当等。

③ 原料原因引起爆炸事故。电石含磷过多，电石颗粒太细，电石含有硅铁。

④ 发生器的温度或压力过高。

⑤ 安全管理不善，非气焊工种的工人操作乙炔发生器等。

(2) 乙炔发生器设计制造的安全要求

① 保证具有良好的冷却条件，电石分解区的水温不得超过60～80℃，发气室的气温不得超过70～90℃，从发生器输出的乙炔温度不得高于40℃，当周围空间的气温超过40℃时，允许乙炔出口的温度高于环境温度10℃。

② 发生器的结构应保证在重新装电石之前，器内的所有空气能够完全排出。

③ 应设置必要的安全装置，而且安全装置设置部位应符合方便操纵和容易观察等要求。

④ 发生器的操纵和加料机构等活动部件，不得在工作时因碰撞、摩擦而发生火花。

(3) 安全装置

乙炔发生器的安全装置包括：阻火装置（水封式或干式回火防止器）、泄压装置（安全阀和爆破片）、指示装置（压力表、温度计和水位计等）。固定式乙炔发生器必须具备上述各项安全装置，移动式乙炔发生器应具有回火防止器、压力表、爆破片、安全阀和水位计（或水位龙头）。

(4) 安全操作

在给乙炔发生器灌水和加料之前，应首先检查各类安全装置是否齐全和有效，管路和阀门有无漏气，操纵机构是否灵活等。灌水必须按规定装足水量，水质应清洁。加入电石的粒度应符合发生器使用说明书的规定，电石的数量不得超过电石槽容积的一半。

乙炔发生器的布置应注意下列安全规定。

① 发生器与焊接操作点（或其他明火）、高压线或吊车滑线等的水平距离应在10m以上，与氧气瓶的水平距离不得小于5m。

② 移动式发生器不得放置在铸工、锻工、热处理等热加工车间和正在运行的锅炉房。

③ 不得靠近通风机和空压机的吸风口，且应放置在吸风口的下风侧。

④ 固定式发生器应布置在空气流通的单独房间或棚子内。

⑤ 发生器启动后，应先排净罐内的空气与乙炔混合气，才可点火或送气。

⑥ 发生器运行期间，应随时观察指示装置，控制乙炔的压力和温度、水量和水温等，使之不超过安全规则的规定：中压乙炔压力不得超过$1.5\times10^5$Pa，低压乙炔压力不得超过$0.07\times10^5$Pa，发气室温度不得超过70～90℃，电石分解区的水温不得超过60～80℃。

⑦ 岗位式回火防止器只能供一把焊炬或割炬使用。

⑧ 在换料或工作结束打开发生器盖子时，如发现着火现象，禁止盖上盖子后立即放水。正确的操作方法是：立即盖上盖子以隔绝空气，并使电石与水脱出接触，冷却后才能再开盖和放水。

### 18.1.4 常用气瓶安全

(1) 氧气瓶

① 压缩纯氧的危险性。气焊与气割用氧气是压缩纯氧，其最高工作压力为15MPa。

气焊与气割用压缩纯氧是强烈的氧化剂，矿物油、油脂或细微分散的可燃物质（炭粉、有机纤维等）与压缩纯氧接触时，会因加速氧化过程和积热升温而发生自燃。几乎所有的可燃气体和可燃蒸气都能与氧气形成爆炸性混合物，而且具有较宽的爆炸极限范围。多孔性有机物（炭、纤维等）浸透了液态氧（所谓液态炸药），在一定的冲击力下会发生剧烈爆炸。

② 氧气瓶着火爆炸事故的原因。氧气瓶的爆炸事故大多属于物理性爆炸。气瓶爆炸时所放出的压缩气体的势能，可以根据热力学的绝热膨胀工作方程式计算出来：

$$L=\frac{p_1V_1}{K-1}\left[1-\left(\frac{p_1}{p_2}\right)\frac{K-1}{K}\right] \tag{18.1}$$

式中，$L$为气体从$p_1$膨胀到$p_2$时放出的能量，J；$p_1$为气瓶中气体的压力，$10^5$Pa；$p_2$为周围介质的压力，$10^5$Pa；$V_1$为气瓶的容积，$m^3$；$K$为绝热指数，$K=\frac{C_p}{C_V}=1.4$。

当气瓶爆炸时，这种能量要在几分之一秒的时间内释放出来，因此可能造成很大的破坏。

氧气瓶事故的主要原因有以下几点。

a. 气瓶的材质、结构制造质量不符合要求，例如材料脆性、瓶壁厚薄不均、有夹层等。

b. 在搬运装卸时，气瓶从高处坠落、倾倒或滚动，发生剧烈碰撞冲击。

c. 由于保管不善，瓶体严重腐蚀或使用时受日光暴晒、明火、热辐射等作用而导致瓶温过高，压力剧增，直至超过瓶体材料强度极限，发生爆炸。据试验，氧气瓶在盛夏的阳光直接暴晒下，瓶壁受热温度可达200℃左右。

d. 开气速度太快，气体含有水珠、铁锈等微粒，高速流经瓶阀时产生静电火花。

e. 气瓶瓶阀由于没有瓶帽保护，受振动或使用方法不当等，造成密封不严、泄漏，甚至瓶阀损坏，高压气流冲出。

f. 未定期做技术检验。

g. 氧气瓶混入其他可燃气体。

h. 瓶阀、阀门杆或减压器等黏附油脂。

③ 氧气瓶防爆措施。为了保证安全，氧气瓶在出厂前必须按照《气瓶安全技术监察规程》（TSG R0006—2014）的规定，严格进行技术检验。检验后，应在气瓶肩部的球面

部分做明显的标志，标明瓶号、工作压力和检验压力、下次试压日期、检验员的钢印、工厂技术检验部门的钢印、瓶的容量和重量、制造工厂和制造年月等。充灌氧气瓶时，必须首先进行外部检查，同时还要化验鉴别瓶内气体成分，不得随意充灌。气瓶充气时，气体流速不能过快，否则将造成气瓶过热、压力剧增，造成危险。

在运输、储存和使用过程中应避免气瓶受剧烈振动和冲击，尤其是严冬季，在低温情况下，金属材料易发生脆裂爆炸事故。

搬运气瓶时，必须使用专门的抬架或小推车，不得直接用肩扛运或手搬运。轻装轻卸，严禁从高处滑下或在地面上滚动。禁止用起重设备（电磁吸盘）直接吊运钢瓶，或对充气实瓶进行喷漆等。气瓶在运输和储存过程中必须有瓶帽和瓶护圈，防止摔断瓶阀，造成事故。

要预防氧气瓶直接受热。夏季用车辆运输或在室外使用气瓶时，应加以遮盖，避免阳光暴晒。气瓶库房和气瓶使用时，都应远离高温、明火、熔融金属飞溅物和可燃易爆物质等，一般规定相距10m以上。

氧气瓶使用时，首先要做外部检查。检查的重点是瓶阀、接管螺纹、减压器等是否有缺陷。如发现有漏气、滑扣、表针动作不灵或爬高等，应及时报请维修，切忌随便处理。禁止带压拧紧阀杆，调整垫料。检查漏气时应用肥皂水，不得使用明火。

气瓶与电焊在同一工作场地使用时，瓶底应垫以绝缘物，以防气瓶带电。与气瓶接触的管道和设备要有接地装置，防止产生静电而造成燃烧或爆炸。

冬季使用气瓶时，瓶阀或减压器可能出现结霜现象，这是高压气体从钢瓶排出时，吸收瓶体周围热量的缘故。可用热水或蒸汽解冻，严禁使用火焰烘烤或用铁器敲击瓶阀，也不能猛拧减压器的调节螺钉，以防气体大量冲出，造成事故。

氧气瓶阀不得沾有油脂。焊工不得用沾有油脂的工具、手套或油污工作服去接触氧气瓶阀、减压器等。氧气瓶着火时，应迅速关闭阀门、停止供氧，火苗自行熄灭。如邻近建筑物或可燃物失火，应尽快将氧气瓶转移到安全地点，防止受火场高热影响而发生爆炸。

（2）乙炔气瓶安全

① 溶解乙炔。乙炔能溶解于许多液体，尤其是有机溶剂，其中工业应用最方便的是用丙酮（$CH_3COCH_3$）。丙酮是具有醚的气味的无色透明液体，是可燃的，它的蒸气与空气混合后可形成爆炸性混合气。溶解于丙酮内的乙炔比气态乙炔的爆炸危险小得多。如果将溶液吸收在具有微孔填充材料内，则溶解的乙炔就更加安全。在乙炔瓶内装有浸满丙酮的多孔性填料能使乙炔稳定而又安全地储存在乙炔瓶内。当使用时，溶解在丙酮内的乙炔就分解出来，通过乙炔瓶阀流出，而丙酮仍留在瓶内，以便溶解再次压入的乙炔。

乙炔瓶着火爆炸事故的原因除气瓶本身的材质质量问题以及使用不当或保管不善所引起的爆炸事故外（同氧气瓶事故原因前5条），乙炔气瓶着火爆炸还有以下原因：乙炔瓶内填充的多孔物质下沉，产生净空间，使部分乙炔气处于高压状态；乙炔瓶被卧放，或大量使用乙炔时丙酮随同流出；乙炔瓶阀漏气等。

② 乙炔瓶安全措施。气瓶应按照《气瓶安全技术监察规程》（TSG R0006—2014）的规定进行出厂检验，乙炔瓶的制造需要经过振动、冲击、升温、局部加热、周围加热、抢击和回火等七项安全性试验合格后才可以投入生产。使用乙炔瓶时必须配用合格的乙炔专用减压器和回火防止器。

瓶体表面温度不得超过30～40℃，瓶温过高会降低丙酮对乙炔的溶解度，导致瓶内乙炔压力急剧增大。在普通大气压、温度15℃时，1L丙酮可溶解23L乙炔，30℃时可溶解16L，40℃时为13L。所以，在使用过程中要经常用手触摸瓶壁，如局部温度升高超过40℃时应立即停止使用，并采取水浇降温，妥善处理后，送充气单位检查。

乙炔瓶不论使用或存放，都应保持直立，不准卧放，以防丙酮流出引起燃烧爆炸（丙酮蒸气与空气混合气的爆炸极限为2.9%～13%）。

乙炔瓶应避免出现撞击或震动，防止填料下沉而出现空洞。

乙炔瓶的充灌要分两次进行，第一次充气后的净置时间不少8h，然后再进行第二次充气。不论分几次充气，充气净置后的极限压力都不得超出相关规定（表18.2）。乙炔瓶充气过程中，瓶温不得超过40℃。瓶内气体严禁用尽，必须保留0.05MPa的余压，见表18.3。

表18.2　乙炔瓶内允许极限压力与环境温度的关系

| 温度/℃ | －10 | －5 | 0 | ＋5 | ＋10 | ＋15 | ＋20 | ＋25 | ＋30 | ＋35 | ＋40 |
|---|---|---|---|---|---|---|---|---|---|---|---|
| 压力/MPa | 7 | 8 | 9 | 10.5 | 12 | 14 | 16 | 18 | 20 | 22.5 | 25 |

表18.3　乙炔瓶内剩余压力与环境温度的关系

| 环境温度/℃ | <0 | <0～15 | 15～25 | 25～40 |
|---|---|---|---|---|
| 剩余压力/MPa | 0.5 | 1 | 2 | 3 |

（3）液化石油气瓶

① 液化石油气。液化石油气目前主要用于气割，也用于焊接有色金属，也可以用乙炔和液化石油气混合，作为焊接气源。液化石油气的主要成分是丙烷（$C_3H_8$）、丙烯（$C_3H_6$）、丁烷（$C_4H_{10}$）和丁烯（$C_4H_8$）等，在常温下，这些烃类化合物以气体状态存在，但只要加上不大的压力就变为液态，便于装入瓶中储存和运输。组成液化石油气的气体都能和空气形成爆炸性混合气，但它们的爆炸极限范围都比较窄，例如丙烷、丁烷和丁烯的爆炸极限分别为2.17%～9.5%、1.15%～8.4%和1.7%～9.6%。石油气与乙炔相比要安全得多，但石油气与氧气混合气有较宽的爆炸极限范围，为3.2%～64%，液化石油气与氧气混合气的燃爆性能见表18.4。

表18.4　液化石油气与氧气混合气的燃爆性能

| 序号 | 液化石油气在混合气中占的体积分数/% | 燃爆情况 |
|---|---|---|
| 1 | 3.2 | 爆声微弱 |
| 2 | 6.0 | 有爆声 |
| 3 | 6.7 | 有爆声 |
| 4 | 12.9 | 有爆声 |
| 5 | 19.1 | 爆声较响 |
| 6 | 33.1 | 爆声响 |
| 7 | 36.2 | 爆声响 |
| 8 | 43 | 爆声响 |
| 9 | 51.5 | 爆声，强烈发光 |
| 10 | 64 | 爆声，强烈发光 |

液化石油气易挥发，闪点低，储存于气瓶中的液化石油气易泄漏逸出，它比空气密度大（约1.5倍），一般向低处流动而滞留积聚。液化石油气容易挥发，如果从气瓶中滴漏出来，会扩散成350倍体积的气体。液化石油气比汽油密度小，能漂浮在水沟的液面上，随水流动并在死角处聚集。液化石油气对普通橡胶导管和衬垫有膨胀和腐蚀作用，能造成普通橡胶导管和衬垫穿孔或破裂。

② 液化石油气瓶的安全使用

a. 气瓶不得充满液体，应留有10%～20%的汽化空间，防止液体随环境温度升高而膨胀，导致气瓶破裂。

b. 胶管和密封垫材料应选用耐油橡胶。

c. 防止暴晒，储存室要通风良好，室内严禁明火。

d. 瓶阀和管接头处不得漏气，注意检查调压阀连接处螺纹的磨损情况，防止由于磨损严重或密封垫圈损坏、脱落而造成的漏气。

e. 严禁火烤或沸水加热，冬季使用必要时可用低于40℃的温水加温。远离暖气和其他热源。

f. 不得自行倒出残渣，以免遇火成灾。

g. 瓶底不准垫绝缘物，防止静电积蓄。

h. 液化石油气出口连接的减压器，应经常检查其性能是否正常。

(4) 气瓶的储存和运输

① 储存安全要求。各种气瓶都应各设仓库单独存放，不准和其他物品合用一库。

仓库的选址应符合以下要求：

a. 远离明火与热源，且不可设在高压线下；

b. 库区周围15m内，不应存放易燃易爆物品，不准存放油脂及腐蚀性、放射性物质；

c. 有良好的通道，便于车辆出入装卸。

仓库内外应有良好的通风与照明，室内温度控制在40℃以下，照明要选用防爆灯具。库区应设醒目的“严禁烟火”的标志牌，消防设施要齐全有效。库房建筑应选用一、二级耐火建筑，库房屋顶应选用轻质非燃烧材料。仓库应设专人管理，并有严格的规章制度。未经使用的实瓶和用后返回仓库的空瓶应分开存放，排列整齐以防混乱。

液化石油气比空气密度大，易向低处流动，因此，存放液化石油气瓶的仓库内，下水道口要设安全水封，电缆沟口、暖气沟口要填装砂土，砌砖抹灰，防止石油气窜入而发生危险。

② 运输安全要求

a. 气瓶在运输中要避免剧烈的震动和碰撞，特别是冬季瓶体金属韧性下降时，更应格外注意。

b. 气瓶应装有瓶帽，防止碰坏瓶阀。搬运气瓶时，应使用专用小车，不准肩扛、背负、拖拉或脚踏。

c. 批量运输时，要用瓶架将气瓶稳妥固定，轻装轻卸，禁止从高处下滑或从车上往下扔。

d. 夏季远途运输，气瓶要加覆盖物防止暴晒。

e. 禁止用起重设备直接吊运气瓶，充实的气瓶禁止喷漆作业。

f. 运输气瓶时专车专运，不准与其他物品同车运输，也不准一车同运两种气瓶。

### 18.1.5 焊炬和割炬使用安全

(1) 焊炬

我国目前主要使用的是射吸式焊炬，其安全要求如下。

① 使用前必须检查焊炬射吸功能是否正常，检查的方法是：首先将氧胶管安装好，使焊炬接通氧气，然后同时打开氧阀门和乙炔阀门（不装乙炔胶管），用手指轻轻堵在乙炔进气口上，感觉是否有一股吸力，有吸力为正常。如果没有吸力甚至氧气倒流，说明不具备射吸功能，必须检查修理后才能使用。然后检查各连接部位和调节阀门是否严密不漏气。

② 焊炬接装胶管时，氧气管越牢固越好，必须保证在高压作用下不被打开。而乙炔胶管安装的松紧程度应掌握装上不漏气，必要时一拔即开为宜。

③ 点火时应先开启乙炔调节手轮，点燃后再开启乙炔调节手轮并调整火焰。

④ 操作中如遇回火现象，应立即关闭乙炔调节手轮，立即关闭氧气调节手轮。在一般情况下，切断了助燃气体的供应，回火熄灭即可恢复工作，整个处理过程只需1～2s的时间。若遇回火严重时，除应立即关闭氧气调节手轮外，随即拔开乙炔胶管（注意堵住胶管出气口），这样氧和乙炔都停止了供应，回火自然熄灭。如果发现射吸管部分温度很高，可开氧阀门冷却或把焊炬前半部分浸入冷水中，待焊炬冷却后即可恢复工作。

⑤ 焊炬各部位严禁沾染油脂。

⑥ 随时检查各结合部位，要求无松动、漏气现象。

⑦ 停止使用后应拆下胶管，并将焊炬存放在工具箱内。不得将焊炬、胶管和气源做永久性连接，亦不得将气源连接的焊炬存放在工具箱内，或放置在容器里、坑道地沟里和架空的工作台底下等空气不流通的地方。

(2) 割炬安全使用要求

目前在国内仍广泛使用射吸式割炬，其与焊炬基本相似，除应遵守焊炬的使用规则外，还有以下几点安全要求需注意。

① 割嘴内芯与高压氧通道应紧密连接，不得有丝毫的间隙，以防高压氧窜入外环孔将预热火焰吹灭。

② 切割作业中，飞溅的熔渣和氧化物很多，割嘴的喷孔很容易被堵塞，应及时清除以免造成回火。

③ 不准在水泥地面上进行切割作业，防止水泥遇高温爆破伤人。

④ 切割过程中，如遇回火，首先关闭高压氧调节手轮。其余操作与前面介绍的排除回火方法相同。

### 18.1.6 胶管和管道安全

(1) 胶管的安全使用

气焊、气割用胶管必须能够承受足够的压力，并要求质地柔软、质量轻而便于工作。

目前国产胶管是选用优质橡胶掺入棉麻纤维织物制成的，根据输送的气体不同，分为氧气胶管和乙炔胶管两种。氧气胶管的工作压力最高为1.5MPa，试验压力为3MPa，内径为8mm，颜色为黑色。乙炔胶管承受压力较低，为0.3MPa，内径为10mm，颜色为红色。

胶管发生着火爆炸事故的原因：

① 胶管里形成乙炔与氧气（或空气）的混合气；

② 回火的焰流烧进胶管里；

③ 由于磨损、挤压、腐蚀或维护保管不善，造成胶管强度降低，材质老化或漏气；

④ 氧气胶管沾有油脂，或因高速气流产生静电火花；

⑤ 胶管制造质量不符合安全要求。

胶管安全使用要求：

⑥ 气焊、气割用胶管是专用胶管，胶管和胶管不能混用，不准充入其他气体或液体，两根胶管不可互换使用。

⑦ 使用和保管胶管时，应防止胶管与酸、碱、油类以及有机溶剂等接触。

⑧ 胶管两端要牢固固定，特别是氧气管使用压力很高，应该用喉箍或铁丝卡紧，以防在作业中被高压气体打开伤人。

⑨ 不应使胶管靠近炽热的焊件及其他热源，不得使胶管折叠，应避免受外界挤压和磋砸等机械性损伤。

⑩ 回火倒燃进入氧气胶管时，则该胶管不可继续使用，必须更换。

⑪ 气割时，与减压器高压端连接的气瓶（或氧气管道）阀门应立即打开，以保证提供足够流量和稳定压力的氧气，防止因压力突然降低，造成回火倒燃进入氧气胶管。

⑫ 胶管出现断裂，要视胶管的新旧程度来处理，属于老化要更新，属于外力损伤要重新接好，乙炔胶管接头不准采用铜质接头。

(2) 管道的安全使用

① 管道发生爆炸着火事故的原因：

a. 外部明火导入管道内部。

b. 由于漏气，在管道外形成爆炸性气体滞留空间。

c. 随同气体高速流动的水珠、铁锈等微粒与管壁摩擦，产生静电火花，或由于摩擦热和碰撞热（尤其是在氧气管道拐弯处）而引起。

d. 管道及阀门沾有油质。

② 管道安全使用要求

a. 管材的选择和管径的确定。乙炔管道应选用无缝钢管。钢管的内径和壁厚与气体的压力有关。压力在0.15MPa以下属中压范围，钢管内径应选择20～80mm，壁厚2～4.5mm；压力在0.15～2.5MPa属高压范围，钢管内径应选择10～20mm，壁厚2～4mm。

为防止外部明火导入管道内部，可采用水封法，也可采用粉末冶金、陶瓷材料及多层细孔铜网（或铝网）组成的阻火器。金属网阻火器的网孔直径是影响阻火性能的重要参数，乙炔、液化石油气和氢气的最大网孔直径为0.1～0.2mm。

氧气管道应选用无缝钢管、不锈钢管或铜管。不论架空或埋设，工作压力在3MPa以下均可采用无缝钢管，工作压力超过3MPa时，要求采用不锈钢管或铜管。另外，管路应尽量减少拐弯，拐弯处应有较大的弯曲半径。弯头内壁要求光滑，以减小与气体的摩擦。

b. 限制气体流速。乙炔管道中，工作压力在0.15MPa以下时，气体最高限速8m/s；工作压力超过0.15MPa时，气体最高限速4m/s。

氧气管道中，工作压力在1.6MPa以下时，气体流速限制在10m/s；工作压力达到1.6～3MPa时，气体流速不得超过8m/s；工作压力超过3MPa时，气体流速最高为4m/s。

③ 采用接地装置防止静电放电。乙炔和氧气管道在室内外架空或埋地敷设时，都必须可靠接地。室外管道埋地敷设时，每隔200～300m设一接地极；架空敷设时，每隔100～200m设一接地极。室内管道不论架空或地沟敷设（不宜埋地敷设），每隔30～50m设一接地极。但不论管线的长短如何，在管道的起端和终端，以及管道进入建筑物的入口处，都必须设接地极。接地板的电阻应不大于20Ω。

④ 管道安全注意事项。乙炔管道的连接应采用焊接，但与设备、阀门和附件的连接处，可采用法兰或螺纹连接。氧气管道应尽量减少拐弯，拐弯时应尽量采用弯曲半径较大和内部光滑的弯头，不应采用折弯头或焊接弯头。

乙炔管道地沟敷设时，沟里应填满不含杂质的砂子；埋地敷设时，应在管道下部先铺一层厚度约100mm的砂子。然后再在管子两侧和上部填以厚度不小于200mm的砂子。

埋地乙炔管道不应敷设在烟道、通风地沟和直接靠近高于50℃的热表面，也不应敷设在建筑物、构筑物和露天堆场的下面。架空乙炔管道靠近热源敷设时宜采取隔热措施，管壁温度严禁超过70℃。

氧气管道不得与燃油管道共架敷设，如必须共架敷设时，氧气管道宜布置在燃油管道上方，且净距不应小于500mm。乙炔管道可与供气焊和气割用的氧气管道共同敷设在非燃烧体盖板的不通行地沟里，并必须填满砂子，严禁与其他地沟相通。

乙炔管道严禁穿过生活间、实验室和办公室。厂区和车间的乙炔管道，不应穿过不使用乙炔的建筑物和房间。

乙炔和氧气管道在安装使用前，都应进行脱脂处理。常用的脱脂剂有二氯乙烷、乙醇、四氯化碳和三氯乙烯等。

气密性及泄漏量试验。气密性试验压力为工作压力的1.05倍，工作压力小于或等于0.07MPa的乙炔管道，其试验压力为工作压力加0.01MPa。试验介质为空气或惰性气体，用涂肥皂水等方法进行检查。达到试验压力后，停压1h，如压力不降，则气密性试验合格。泄漏量试验压力为工作压力的1.5倍，但不得小于0.1MPa。试验介质为不含油质的空气或氮气（纯度应为98%以上）。试压12h后，泄漏量不超过原气体容积的0.5%为合格，泄漏量可按下式计算：

$$V=100\left[1-\frac{p_2(273+t_1)}{p_1(273+t_2)}\right] \tag{18.2}$$

式中，$V$为泄漏量，%；$p_1$，$p_2$为试验开始和终结时管道内介质的绝对压力，Pa；$t_1$，$t_2$为试验开始和终结时管道内介质的温度，℃。

## 18.2 电焊安全

### 18.2.1 电焊安全特点

（1）发生触电的危险

焊机的空载电压为50～90V，高于安全电压值。焊钳、焊工脚下的工件或工作台等都直接连接在焊机的输出端上，因此换焊条时，若焊钳绝缘损坏、脚下潮湿，导致身体某部位接触到工件、电缆线等，都可能发生触电，造成伤亡事故。如果焊机机壳漏电、初级与次级线圈被击穿或高压线破损，而保护接地又失效，则发生触电的危险性就更大了。

① 直接电击事故的原因。在更换焊条和操作过程中，手和身体某部位接触到焊钳或焊枪的带电部位、焊条或电极等，而脚或身体其他部位对地面或金属结构又无绝缘；在金属容器、管道、锅炉里或金属结构上，身上大量出汗或在阴雨潮湿地面焊接时；在接线或调节电焊设备时，手和身体某部位接触到接线柱、极板等带电体；在登高焊接时触及或靠近高压电网时。

② 间接电击事故的原因。电焊设备的罩壳漏电，人体碰触罩壳而触电。

下列情况可能造成罩壳漏电：

a. 由于线圈潮湿致使绝缘损坏。

b. 长期超负荷运行或短路发热致绝缘降低烧损而漏电。

c. 电焊设备的安装和使用方法不符合安全要求，遭受振动、碰击，造成线圈或引线的绝缘机械损伤。

d. 维护检修不善或工作现场管理混乱，内部结构尘土堆积，铁屑和铜丝等进入罩壳内。

e. 电焊设备或线路的故障而引起，如火线与零线错接；焊接变压器反接，误接入高压电路，以及焊接变压器一次绕组对二次绕组之间的绝缘损坏，使220V/380V电压出现在焊钳（或焊枪）、工件和工作台等二次回路上。

f. 利用厂房的金属结构、管道、吊钩或其他金属构件代替焊接电缆而发生的触电事故。

g. 焊枪触及绝缘破损的电缆、闸盒破损的开关等。

（2）烟尘和有毒气体的危害

在电弧的高温作用下，焊条和被焊金属熔化的同时，会产生金属蒸气。这些金属蒸气在空气中冷凝以及形成的氧化物即构成了金属烟尘。金属烟尘中的三氧化二铁、氧化锰、二氧化硅等都是有害物质，如果没有良好的通风条件，在船舱、管道或密闭容器中施焊，时间略长就可能患金属热、锰中毒、肺尘埃沉着病等职业病。此外，由于电弧的高温和紫外线的作用，在电弧周围还出现一些有毒气体，例如臭氧、氮氧化物等，均会引起呼吸系统的疾病。

（3）电弧光的直接危害

电弧光的强度比太阳光的强度要高得多，其中红外线、紫外线照射到焊工及周围人员的皮肤、眼睛或衣物上，就会损坏织物，引起皮炎、光电性眼炎等疾病。

（4）存在着引起火灾及爆炸的危险

电焊时，由于用电线路、焊机出现故障而发生击穿，绝缘破坏引起过热，就可能造成火灾。另外，焊接过程中产生的液态金属和高温的熔渣飞溅会引燃附近的易燃易爆物品。在补焊燃料容器、管道时，因防爆措施不当，就可能发生火灾和爆炸事故，造成人身伤亡及财产的损失。

### 18.2.2 电焊安全措施

（1）电焊常规安全措施

绝缘不仅是保证电焊设备和线路正常工作的必要条件，也是防止触电事故的重要措施。橡胶、胶木、瓷、塑料、布等都是电焊设备和工具常用的绝缘材料。

屏护是采用遮栏、护罩、护盖、箱匣等把带电体同外界隔绝开来的措施。电焊设备、工具和配电线路的带电部分，如果不便包以绝缘，或绝缘不足以保证安全时，可采取屏护措施。电焊开关的可动部分一般不能包以绝缘，而需要采取屏护保护。焊机的有些屏护装置是以金属材料制成的，为防止意外带电造成触电事故，屏护装置外壳应接地或接零。

屏护间隔是人体、车辆、设备与带电体之间，带电体与地面、带电体之间应当保持的安全距离。其在电焊设备和焊接电缆布设等方面都有具体规定。

（2）焊机的安全要求

焊机的安全要求可以从焊机设计制造和使用两个方面来介绍。

① 对焊机设计制造的安全要求。焊机必须选用合格的产品，严格执行国家标准 GB/T 8118—2010 的要求。

焊机要有防止过载的热保护装置，在调节电流的铭牌上有明显的过载指示。

焊机各导电部分之间要有良好的绝缘，绝缘应能承受下述试验电压而无闪络或击穿现象发生。

a. 焊接电源的初次试验采用表 18.5 所列试验电压；

b. 同一台焊接电源的重复试验采用表 18.5 所列试验电压的 80%。

焊机电源线包匝间介电强度试验，应能承受 130% 的额定输入电压，历时 5min 的试验，仍能正常工作。

焊机电源输入输出的接线柱要有完好的隔离防护，防止人体意外接触。与外界电缆连接必须牢固，能承受一定外力而不松动。

焊机应有良好的保护接地（接零）装置，其螺钉不得小于 M8，并要有明显的标志。

② 使用焊机的安全要求。每一台焊机都要单独使用具有足够容量的电源开关，不允许与其他用电设备共用一个开关，应选用封闭的铁壳开关或自动空气开关。

焊机放置环境：在室内无腐蚀性介质和蒸汽，并要干燥、通风，室温要低于 40℃、高于 −10℃，放置要稳固，不允许在振动情况下使用。在室外不允许露天放置，要有遮阳防雨装置。

使用前，应检查保护接地（接零）装置是否完好，具体包括如下几项：

a. 接地时，接地线路的电阻 $R_d<4\Omega$ 才能满足安全要求。为保证 $R_d<4\Omega$，其接地螺钉不应小于 M8，而且要采用弹簧垫圈等防松脱措施，保证接触牢固。

b. 接地线应是整根导线，中间不准有接头，导线截面应为相线截面的 1/3～1/2，且不应小于 $2.5mm^2$，保证在发生漏电短路时，短路电流首先熔断熔丝或跳闸，否则因接地（接零）线过细过热，会首先被熔断，使整机呈现危险状态。

c. 临时接线的移动焊机在工作前应先接好地线或零线，操作顺序为先接零线端后接机壳端，使用完毕再移动时，先拆机壳端后拆零线端。

d. 在焊接有保护地线或接零线的机电设备时，应首先把被焊设备的保护地线或接零线暂时拆除，防止因焊接电缆接触不良而使焊接电流流过保护接地线。由于接地线比焊接电缆细，就有可能由于过热而引起火灾。

e. 焊机使用过程中不允许超载，若超载运行会因过热而烧毁，造成火灾。若绝缘烧坏，还可能引起漏电而发生触电事故。

f. 焊机发热多少与电流大小和通电时间有关。所以过载指两个方面：一是指焊接电流超过了额定电流值；二是指使用的时间超过了额定暂载率。暂载率是指规定时间与通电工作时间之比，以百分数表示：

暂载率＝通电工作时间/规定时间×100%

在特别危险的环境中（如水下、高空作业）焊接时，要求配有空载断电装置。因为焊机空载电压 50～90V，超过了安全电压范围，人体在通过很小电流时就可能发生轻微的痉挛而导致二次事故发生。所以，要求空载时一定要断电，这样进行换焊条等操作才能确保安全。在没有自动空载断电开关的情况下，必须一人操作，另一人协助并监护，即做到人工空载断电。

（3）焊钳的安全要求

焊钳是焊工直接握在手中夹持焊条的必不可少的工具，所以确保焊钳使用安全是很重要的。根据国家规定要做到以下几点：

a. 焊钳应轻便，易于操作，一般质量不超过 600g。

b. 根据不同的焊钳规格，能在与手柄轴线呈 90°、120°、180°的情况下，可靠地夹持所适用的不同直径的电焊条，160～500A 规格的焊钳夹持力的实验，承受拉力应不小于 60～100N。

c. 钳口与焊条要经常保持良好的接触，焊钳与焊接电缆线连接要牢固可靠，这是保持焊钳不致异常发热的关键。在额定负载情况下（额定焊接电流、额定暂载率），手柄表面的温度不允许超过 50℃。

d. 焊钳外表要有良好的绝缘，绝缘电阻要大于 1MΩ。介电强度试验要能够承受交流 50Hz、1000V 电压，停留 1min 不被击穿为合格。

e. 禁止使用没有绝缘的自制简易焊钳。

f. 禁止将过热的焊钳放入水中，冷却后再使用。

g. 工作结束后，应把焊钳放到规定的地方妥善保管。

（4）焊接电源安全要求

① 焊接电源设计制造安全要求。焊接电源的电气技术参数，应在满足焊接工艺要求的同时，有利于焊工的操作安全。

焊接电源必须有独立的、容量足够的控制装置（如自动断电装置或熔断器）。控制装置应能可靠地切断最大额定电流。

焊机的所有外露部分必须有完好的隔离防护装置。焊机的接线柱、极板和接线端应有防护罩。

焊机的各接触点和连接件应避免运行中发生松脱或断裂，保证连接牢靠。

焊机的线圈和线路带电部分、对外壳和对地之间、弧焊变压器初级与次极线之间、相与相及线与线之间，都必须符合绝缘标准的要求，其电阻均不得小于 1MΩ。

焊机的操纵和控制装置应安置在明显和方便操作的位置。

② 焊机接地与接零安全要求。所有旋转式直流焊机、交流焊机、硅整流式直流焊机和其他电焊设备的机壳都必须接地。如电网为三相三线制或单相制供电系统，应装设保护接地线；如电网为三相四线制中性点接地系统，应装设保护接零线。

表 18.5 介电强度试验电压

<table>
<tr><th rowspan="3">最大额定电压①/V</th><th colspan="4">交流介电强度试验电压/V</th></tr>
<tr><th colspan="2">所有回路对外露导电部件，输入回路对除焊接回路以外的所有回路</th><th rowspan="2">除输入回路以外的所有回路对焊接回路</th><th rowspan="2">输入回路对焊接回路</th></tr>
<tr><th>Ⅰ类保护</th><th>Ⅱ类保护</th></tr>
<tr><td>≤50</td><td>250</td><td>500</td><td>500</td><td>—</td></tr>
<tr><td>200</td><td>1000</td><td>2000</td><td>1000</td><td>2000</td></tr>
<tr><td>450</td><td>1875</td><td>3750</td><td>1875</td><td>3750</td></tr>
<tr><td>700</td><td>2500</td><td>5000</td><td>2500</td><td>5000</td></tr>
<tr><td>1000</td><td>2750</td><td>5500</td><td>—</td><td>5000</td></tr>
</table>

① 除 200～450V 之外，允许用插入法确定试验电压。

注：1. 最大额定电压对接地和未接地的系统都有效。

2. 在本部分中，控制回路的介电强度试验针对除输入回路和焊接回路以外的进出机壳的任何回路。

焊接的接地电阻不得超过 4Ω。焊机可用打入地里深度不小于 1m、接地电阻不超过 4Ω 的铜棒或无缝钢管作为人工接地体。

可以广泛利用自然接地体，如工厂独立系统的自来水管道，或与大地有可靠连接（埋地较深）的金属构架等。但必须注意，氧气与乙炔管道，以及其他可燃易爆物品的容器管道严禁作为自然接地体。自然接地体的电阻超过 4Ω 时，应采用人工接地体。

焊机接地或接零的导线应符合下列要求：

a. 应有足够的截面积，接地线截面积一般应为相线截面积的 1/3～1/2，接零线的截面积应保证其容量大于离焊机最近处的熔断器额定电流的 2.5 倍，或者大于相应的自动开关跳闸电流的 1.2 倍，为保证接地线和接零线的强度，采用铜线、铝线和钢丝的最小截面分别不得小于 12mm²、6 mm² 和 4mm²。

b. 接地线或接零线必须用整根的，中间不得有接头。

c. 接地线或接零线与焊机及接地体的连接必须牢靠，应有防松措施。

d. 多台电焊设备的接地线和接零线，不得串联接入接地体或零线干线。

焊接变压器二次绕组与焊件相连接的一端必须接地或接零。但必须注意，二次绕组和焊件不得同时接地或接零，以防造成触电或电气火灾事故。为此规定，凡是对装设有接地或接零装置的焊件（如机床、水泵等）进行电焊时应将焊件的接地线或接零线暂时解除，待焊完后再恢复；当焊接与大地紧密相连接的焊件（如自来水管道、房屋立柱等）时，如果焊件的接地电阻小于 4Ω，应将焊机二次绕组一端的接地线或接零线暂时解除，焊完后再恢复。

③ 焊机安装空载自动断电保护装置。焊机一般都应装设空载自动断电保护装置，以便在安全电压条件下更换焊条和降低空载消耗。

凡是在船舱、锅炉、金属容器或管道内，以及金属结构上和登高焊割作业等，必须装设焊机空载自动断电保护装置。

焊机空载自动断电保护装置应满足以下要求：

a. 保证焊机的空载电压在安全电压范围内；

b. 对引弧操作无明显影响；

c. 空载损耗降至 10%以下。

(5) 焊接电缆安全要求

① 焊接电缆应具有良好的导电能力，以及良好的绝缘外表。线心为多股细铜线（直径在 0.2～0.4mm），并且轻便、柔软、便于操作，应按国家标准（GB 5013.3—2008）选用。其截面积应根据使用的焊接电流与电缆的长度的不同来确定，以防在使用中因为过热而烧毁绝缘层。表 18.6 为焊接电缆选用的标称截面。

表 18.6 焊接电缆截面与最大焊接电流和电缆长度的关系 单位：mm²

| 最大焊接电流/A \ 电缆长度/m | 20 | 30 | 50 |
|---|---|---|---|
| 200 | 25～35 | 35～50 | 50～70 |
| 300 | 35～50 | 50～70 | 70～95 |
| 400 | 50 | 70～95 | 95～120 |
| 600 | 70 | 95～120 | 120 |

② 焊接电缆外表必须完整，其绝缘电阻不得小于 1MΩ，外皮破损时应及时修补完好。

③ 长度选用要适中，过长会加大导线压降，过短使用不方便，一般不超过 20～30m 为宜。

④ 一般要使用整根电缆，中间不应有接头，因工作需要一定要加长电缆时，应使用专用的焊接电缆接头牢固连接，连接处外表应保持良好的绝缘，接头不宜超过两个。

⑤ 严禁使用厂房构件、金属结构、轨道、管道或其他金属物搭接起来代替焊接电缆使用，这样会因接触不好产生火花，引起火灾，或造成触电事故。

⑥ 焊接电缆需要横过马路或通道时，必须采取护套等措施，严禁搭在气瓶、乙炔发生器或其他易燃物品的容器或材料上。

⑦ 禁止焊接电缆与油脂等易燃物料接触。

⑧ 与电网连接的高压电缆应越短越好，一般不得超过 2～3m。如需加长时，不允许拖地而过，必须沿墙离地面 2.5m 以上高度用瓷柱布设，在焊机近旁要另设一个开关。

⑨ 焊接电缆的绝缘能力和其他工作性能应每半年检验一次。

(6) 电焊安全操作

焊接工作前，应先检查设备和工具的安全可靠性，不得未经安全检查就开始操作。检查重点是设备的接地或接零装置，线路的连接处及绝缘性能等。

在潮湿的工作地点，夏天身上出汗或阴雨天等情况下，在金属容器或地沟里、金属结构上和其他狭小工作场所焊接时，触电的危险性最大，必须采取专门的防护措施。应在操作点地面上铺设橡胶绝缘垫，戴皮手套，穿绝缘鞋等，焊工的手和身体的其他部位不应随便接触二次回路的导体（如焊钳口、焊条、工作台等），应实行两人工作制或设一名监护人员，使用照明灯的电压不应超过 36V 或 12V。

在任何情况下都必须注意，不得使操作者自身、机器的传动部件串入焊接电路。

焊接与切割操作中，应注意防止由于热传导作用引起的火灾和爆炸事故。工作结束应做仔细检查，确认安全后方可离开现场。

气体保护电弧焊和等离子弧焊都使用压缩气瓶，必须采取预防气瓶爆炸着火事故的措施。

电焊设备的安装、接线、修理和检查，需由电工进行，焊工不得擅自拆修设备。临时施工点应由电工接通电源，焊工不得自行处理。

## 18.3 特殊环境焊接安全技术

### 18.3.1 水下焊接与切割安全

水下焊接与切割的热源目前主要采用电弧的热量（如水下电弧焊接、电弧熔割、电弧氧气切割等），以及可燃气体与氧气的燃烧热量（如水下氧氢焰气割）。使用可燃易爆气体和电流本来就具有危险性，而水下条件特殊，危险性更大，需要特别强调安全问题。

（1）水下焊割作业工伤事故及其原因

在水下焊接与切割要比陆地上复杂得多，除了焊接技术本身外，还涉及潜水作业等多种因素。这里把直接影响质量及易发生工伤事故的问题介绍如下。

① 能见度低。由于水对光线的吸收、反射及折射等作用，光线的传播距离显著缩短，水下焊接时的能见度非常低，加上电弧周围产生的气泡，严重影响潜水焊工技术的正常发挥。

② 急冷效应明显。海水的热导率比较高，受这种特性的影响，特别在湿法焊接时，水对焊缝的急冷效应最为明显，并容易出现高硬度的淬硬组织。

③ 焊缝含氢量高。水下焊缝含氢量一般都较高，电弧气氛中含氢量可达62%～82%。由于焊条涂料层种类不同，水下焊接的焊缝含氢量通常高于陆上焊缝的数倍。

④ 水下焊接与切割易发生的工伤事故

a. 爆炸。如被焊割构件存在化学危险品或弹药，焊割未经安全处理的燃料容器与管道，或气割过程中形成爆炸性混合气等就能引起爆炸事故。

b. 灼烫。炽热金属熔滴或回火可能造成烧伤、烫伤，以及由于烧坏供气管、潜水服等潜水装具能造成潜水病或窒息。

c. 电击。由于绝缘损坏漏电或直接触及电极等带电体可引起触电，或因触电痉挛引起溺水二次事故。

d. 物体打击。水下结构物件的倒塌坠落发生挤伤、压伤、碰伤和砸伤等机械性伤亡事故。

（2）焊接工作前安全准备要求

应先查明作业区周围环境的情况，调查了解作业区的水深、水文、气象和被焊割的物件的结构特点等。在焊割作业点的水面上，半径相当于水深的区域内，禁止同时进行其他作业。

焊割炬和电极应事先在水面上做绝缘、水密性和工艺性能的检查与试验。氧气胶管应以1.5倍工作压力的蒸汽或水冲洗。供气胶管和电缆应按每0.5m间距捆扎牢固，电缆必须检验其绝缘性能。

在被焊割的构件上若找不到安全的操作位置，应事先建造操作平台，禁止使潜水焊割工在悬浮状态下操作。

潜水焊割工应备有话筒，不得在与水面支持人员没有任何通信联系的情况下进行焊割作业。

开始操作前，应仔细检查整理供气胶管、电缆、设备、工具和信号绳等，在任何情况下，都不可使这些装具和操作者自身处于熔渣喷溅或流动的线路上。一切准备工作就绪后，再向水面支持人员报告，取得同意方可开始操作。

作业点的水流速度超过0.1～0.3m/s，水面风力超过6级时，禁止水下焊割作业。

① 预防触电安全措施。人体在水下触电时，主要的危害作用是流过人体的电流造成的，同时也与触电电压、距带电体的距离及地线位置等因素有关。

安全电流：水下直接通过人体的安全电流值为工频交流9mA，直流36mA。

安全电压：水下人体直接接触的安全电压值为工频交流12V，直流36V。

地线位置：水下电源（如焊接电源）需接地线时，其接地位置对流经人体及潜水装具的金属部件的漏电电流都会产生影响。例如在水下焊接时，潜水焊割工若背向接地点，即将自己置于工作点与接地线之间时，不仅容易发生触电，而且容易使潜水装具的金属部件受到电解腐蚀。

水下电弧焊接与切割必须采用直流电源，禁止使用交流电源。电焊设备、工具和电源需具有良好的绝缘、防水及抗盐雾、大气腐蚀和海水腐蚀的性能。潜水焊割工在水下直接接触的电焊机具，必须包敷可靠的绝缘护套，并应水密。应用1000V兆欧计进行检测，测得绝缘电阻不得小于1MΩ。所有触点及接头都应进行抗腐蚀性处理。

水下湿法焊接与切割的电路中，应安装专用的自动开关箱。水下干法或局部干法焊接电路的控制系统中，应安装事故报警系统和断电系统。

更换电极时，必须先发出拉闸信号，确认电路已经切断，方可去掉残余的电极（或焊条）。

焊割操作时，电流一旦接通，潜水焊割工切勿背向工件的接地点，把自身置于工作点与接地点之间。避免潜水盔和金属用具受到电解作用而损坏。

② 预防爆炸安全措施。水下焊割前，必须清除构件上的可燃易爆物品。这类物品即便在水下存在若干年，遇明火或熔融金属，还可能发生爆炸。

气割过程中未完全燃烧的剩余气体，以及沉积水下的某些物质或油类，由于长期受海洋生物的分解作用，亦会滞存有机化合物，它们可能具有燃爆性质，在上升水面过程中如遇障碍，则会聚集形成爆炸性混合物气穴。因此，气割部位的选择应先从离水面最近点开始，然后逐渐加大深度。

舱室、燃料容器与管道的水下焊割施工，必须预先采取安全措施（包括取样、置换和化验等），禁止在无安全保障的情况下进行这类作业。密封器的焊割必须先开防爆孔。

禁止利用油管、船体等作为焊机回路的导电体。

③ 预防灼烫的安全措施。潜水焊割工应避免由于自身的不稳，或一时的疏忽等原因，而误触及炽热的电极端头、焊割炬的火焰、电弧等而造成伤害。

气割时，为防止回火引起胶管着火，应在割炬与胶管之间安装防爆阀。防爆阀包括逆止阀和火焰消除器。

水下焊接切割时，飞溅的高温熔渣、熔滴以及处于高温状态下的焊缝等，除可能烧伤潜水焊割工外，还可以烧毁潜水装具及气管等。因此，潜水焊割工操作时，禁止触摸高温的焊缝、焊条，并不应使潜水装具及气管等处于高温物质喷落的区域。

割炬宜在水下点火。如特殊需要许可在水面点火时，应将点燃的割炬垂直携入水下，并随时注意喷嘴方向，不得指向操作者。

潜水焊割工应尽可能避免仰焊和仰封操作，不得将胶管夹在腋下或两腿间。

④ 预防机械伤害措施。应先了解被焊割构件有无塌落危险，并在采取必要的措施，确认安全后方可开始焊割操作。

水下构件之间的装配点焊，必须查实焊接点牢固可靠，无塌落危险后，方可通知水面支持人员松开安全吊索。

临时焊接的吊耳和拉筋板等，应采用被焊割构件焊接性能相同（或相似）的材料，并采取相应的焊接工艺，确保焊接质量，以防断裂。

当构件将被割断时，尤其是仰割和反手切割的操作，潜水焊割工应当给自身留出足够的避让位置，并且切实做到事先通知并让相邻及在下方操作的人员避让后，才能最后割断构件。

### 18.3.2 高处焊割作业安全

凡在坠落高度基准面2m以上（含2m）有可能坠落的高度进行的作业，均称为高处作业。由于在高处操作，往往活动范围狭窄，发现事故征兆很难紧急回避，发生事故的可能性比较大，而且事故严重程度高，因此必须加以特殊注意。高处焊接与切割作业易发生的事故有触电、坠落、火灾和物体打击等。

（1）个人防护措施

凡进入高空作业区和登高进行焊割操作，必须戴好安全帽。使用耐热性能好的安全带，穿胶底鞋。不得使用尼龙安全带等耐热性差的材料。安全带应紧固牢靠，安全绳长度必须小于2m。

应使用符合安全要求的梯子。梯脚需包扎橡皮防滑垫，梯子与地面夹角不得大于60°。使用人字梯时应用限跨铁钩挂住单梯，使其夹角为40°。

不准二人在同一梯子（或人字梯的同一侧）同时作业，不得在梯子的最顶部工作。

脚手板应事先经过检查，不得使用受腐蚀或机械损伤的木板和铁木混合板。板面需钉防滑条，并装设扶手。

脚手板单程行人道宽度不得小于0.6m，双程行人道宽度不得小于1.2m。

安全网需张挺，不得留缺口，而且应层层翻高。应经常检查安全网的质量，发现有损坏时必须立即更换。

安全网的架设应外高里低，铺设平整，不留缝隙，随时清理网上杂物，安全网应随作业点升高而提升。发现安全网破损时应按要求更换。

（2）防火措施

登高焊割作业点周围及下方地面上，火星飞落所及范围内的可燃易爆物品应彻底清除。在作业点下方地面上10m范围内，应设栏杆挡隔。应派专人看火，并设置接火盘接火。焊工不得将胶管缠绕在身上操作。每次工作结束后，必须检查是否留下火种，确认安全后才能离开现场。

必须预先在作业现场准备足够的消防器材。

（3）用电安全要求

在高空接近高压线、裸导线或低压线，当距离小于2 m时，必须停电并经检查确无触电危险后，方准焊割作业。电源切断后，应在电闸上挂以“有人工作，严禁合闸”的警告牌。

应设专人监护，密切注意焊工的动态，随时准备拉闸。

高处焊接时，不准使用带有高频振荡器的焊机，以防焊工麻电后失足坠落。

不得将焊钳、电缆搭在肩上或缠在腰间，要在上面准备好后用绳索吊运焊钳和电缆，且电缆应系在脚手架及其他设施上，严禁踩在脚下。

（4）预防物体打击安全措施

① 焊条、工具和零件等，必须装在专用的工具袋内。

② 工作中及工作结束，应随时将作业点周围的一切物件清理干净，以防落下伤人。

③ 各种工具和材料可用绳子吊运，但大型零件和材料应用起重工具或起重机吊运。

④ 不得在空中投掷材料或物件，焊条头及边角料等不得随意往下扔。

（5）其他安全措施

出现6级以上大风、雨天、大雪、雾天等气象条件时禁止登高焊割作业。

登高焊割人员应经过健康检查合格，患有高血压、心脏病和癫痫病等，以及医生证明不能登高作业者，一律不准登高焊割操作。

### 18.3.3 燃料容器检修焊补

工厂企业中各种燃料容器（如桶、罐、槽、柜、塔）以及管道等，在工作中因为内部介质的压力、温度、腐蚀等作用，或者由于原制造焊接接头存在内应力及其他焊接缺陷而引起破裂、渗漏等故障，常常会遇到需要焊补的问题。尤其在化工系统中，不仅补焊数量大，而且任务急、时间紧，并经常处于易燃易爆和有中毒危险的情况下工作，稍有疏忽就会发生严重事故。

（1）发生火灾爆炸事故的原因

① 在置换或清洗过程中，产生静电火花或因其他明火引起爆炸性混合物的爆炸着火。

② 焊接动火前取样化验和检测数据不准确，或取样部位不适当都会使得置换不彻底，在容器内存在爆炸性混合物，遇到明火仍可引起爆炸事故。

③ 在焊补操作过程中，动火条件发生了变化，虽然动火前进行了仔细清洗，检测也合格，但是随着动火焊补的进行，夹藏在保温材料中的可燃物随着温度的升高而不断逸出，遇到明火仍可引起爆炸事故。

④ 焊补检修容器未与生产系统隔绝，致使可燃气体或蒸气相互串通，进入动火区段，或是一面动火一面生产，在放料排气时遇到火花。

⑤ 在尚具有着火和爆炸危险的车间、仓库等室内进行检修焊补。

⑥ 焊补未经置换处理的容器或无孔洞的密封容器，当用水置换时，一旦水位放得较高，使得没开口的顶部被水封闭成一个密闭空间，则极易发生爆炸。

（2）动火补焊的安全技术措施

一般采用置换动火的方法，就是通过清洗，用惰性介质置换，将残存的可燃物排出，使其在室内的含量低于爆炸极限的下限，从而保证补焊操作的安全，具体要求如下。

① 隔离。在易燃易爆的设备上需要焊补的工件，凡是可拆卸的、可移动的都必须拆下来移到固定的动火区来进行焊补。固定的动火区要符合下列条件要求：

a. 应采用盲板将与之连接的进出管路截断，使之与生产的部分完全隔离。盲板应密封性好，并且要有足够的强度，以承受燃料供应系统管路的压力，其厚度可用下式计算：

$$S=0.434D_c\sqrt{\frac{p}{[\sigma]^t}} \tag{18.3}$$

式中，$S$为盲板厚度，mm；$D_c$为盲管直径，mm；$p$为管路压力，Pa；$[\sigma]^t$为管路工作温度下材料的许用应力，Pa。

b. 固定的动火区距离可燃物容器和管道等10m以外，与可燃物生产现场、车间要隔开，不准有门、窗及与地沟、管道连通。生产车间有可燃物正常放空，或发生事故时，可燃气体不能扩散到固定的动火区来。

c. 准备好足够数量且确实有效的灭火器材。

d. 周围应划定界限，并有“动火区”字样的安全标志。

② 严格进行清洗、置换。常用置换介质有氮气、二氧化碳、水蒸气和水。置换后是否符合要求，不能用置换次数来衡量，必须以化验分析的结果为依据。可燃物的浓度小于0.5%才认为合格。没有经过化验分析的容器不准焊补。清洗时，可以用热的碱水或水蒸气煮沸，时间不少于2h。

进入容器内施工时，不但要检测可燃物含量，还要检测氧气含量，氧气含量应大于19%，否则任何人不准进入容器内施工作业。

③ 取样分析和监视。置换清洗后，必须从容器内外不同地点抽取混合气样品进行化验分析，合格后方可焊补。在动火过程中，还要用仪表监视，以免动火条件变化。当发现可燃物浓度上升到危险指标时，应立即停止补焊，再次清洗到合格为止。

④ 安全组织工作。在检修动火前，应制订计划、施工作业程序和安全措施，动火前还要与生产人员、救护人员联系，必要时，通知厂内消防队。

工作地点周围10m以内应停止其他用火工作。

焊补前，把容器的所有人孔、手孔、清扫孔盖打开。

现场需要照明时，应用防爆手提灯，电源使用12V以下的安全电压。

(3) 带压不置换动火的安全要求

除置换动火检修焊补的方法以外，在不能停产的情况下，只能用带压不置换的方法。这种方法准备工作手续少，时间短，只要严格按照操作要求去做，同样可以保证不出事故。这种方法只能从容器的外部施焊，它的安全操作要求如下：

① 严格控制含氧量。在动火之前，应进行容器内气体成分的分析化验。当可燃气中所含的氧气量不超过安全值(即混合气中可燃气含量不低于爆炸极限的上限)时，是不会爆炸的。由于外界条件的变化会影响安全值变化(如仪表的误差等)，因此我们应把含氧量向低的方向限制，以便加大安全系数。只要氧的含量不超过1%就可以认为是安全的。

在动火前及动火中都要有专人负责监测这一浓度值，一旦发现其值升高，应立即查找原因，及时排除。含氧量超过1%时应停止焊接。

② 正压操作。动火前及整个动火过程中，容器内部压力必须始终稳定保持在正压状态，这是安全操作的关键。一旦出现负压，空气进入容器则会发生爆炸。压力的大小，一般控制在1.5～5kPa，以喷火不猛烈为原则。

③ 严格控制动火点周围的可燃气的浓度。控制动火点周围可燃气的浓度是防止周围发生爆炸的要求。因要正压操作，可燃气必然要逸出向周围扩散，要想降低浓度，必须把它点燃烧掉，一定要使其浓度小于0.5%。

④ 熟练操作。先点燃逸出的可燃气，人站在上风头施焊，以免烧伤。电流不能太大，否则会因烧穿而扩大缺陷孔。焊工要经过专门培训，应具备较高的技术水平。

⑤ 现场统一指挥，组织严密。指挥人员要有丰富的经验，严密观察各种不利情况，协调组织。因为现场因素多，变化快，稍不注意就会造成不可挽回的损失。

(4) 焊补化工设备预防中毒措施

化工生产使用的设备容器，如塔、罐、炉、釜、槽、箱、柜、管、料仓等，经过一段时间的运行，由于介质的冲刷、腐蚀、磨损等原因，经常需要进行定期检查维修或在紧急情况下进行抢修。化工生产特点决定了在化工生产设备容器内部，以及检修现场周围环境都存在着一些有毒化学品等危险因素。因此，除了做好防火防爆措施外，还需要搞好预防中毒措施。否则，当进行焊接作业时，因防护措施不力，就会发生中毒事故。

① 中毒事故原因

a. 化工生产设备容器多以管道连通为一个系统，当焊接作业人员进入没有经过置换通风或隔绝的容器及管道内作业时，就会造成中毒。

b. 清洗、置换的容器管道内是缺氧环境，二氧化碳浓度较高，当焊工进入作业时会引起二氧化碳中毒。

c. 对经过脱脂、涂漆或存有聚四氟乙烯、聚丙烯衬垫的设备管道进行焊割时，这些漆膜、衬垫及残存物在高温作用下蒸发或裂解，形成有毒气体和有毒蒸气，人吸入后会中毒。

d. 因检修现场狭小，检修不利因素较多，加之某些焊接工艺过程产生较多的窒息性气体，或因弧光作用发生光化学反应产生羰基镍、磷化氢、光气等，由于通风不良，而发生中毒。

e. 对盛装或输送有毒介质的容器管道采用带压不置换动火时，从需焊补的裂缝中喷出有毒气体或蒸气，如果防护不当，容易造成中毒事故。

② 预防中毒措施。为了保证化工设备焊接作业安全顺利进行，预防中毒事故，作业前必须采取以下措施：

a. 审核批准。焊接作业前根据工作的具体内容确定工作方案和安全措施，同时办理审批手续(如动火审批、入罐作业审批等)。为保证安全措施得到落实，审批负责人要到现场检查安全措施落实情况。

b. 安全隔绝。进入设备容器内进行焊接作业时，必须将作业场所与某些可能产生事故危险的因素严格隔离开。切断设备容器与物料、有毒气体等部分的联系，以防止作业人员在容器内工作时，因阀门关闭不严或误操作而使有毒介质窜入设备容器内，造成中毒事故。

c. 置换通风。化工设备容器内部往往残存部分物料。对于一些有毒，特别是剧毒物质，即使残留量很少，也可以致人死亡，如氰化氢。所以，进入设备容器内进行焊接作业时，必须先经过置换通风，并经取样分析合格后，再开始施焊。置换一般是用置换介质将有毒物料驱净。

d. 安全分析。设备容器经清洗置换，并在作业前30min内取样(有毒物质浓度应符合国家卫生标准，空气中氧含量保证为18%～22%)分析，合格后可以进行焊接作业。但是需要注意的是，随着工作的进行，又会有新的不安全因素出现。如设备容器内部由于长时间的使用，某些有毒物质往往会沉积或吸附在内壁上面，通过浸润、毛细管现象等作用而积蓄在里面。虽然置换通风，也只能去除外表面的物质，随着时间的推移，压力、温度的变化，沉积在壁隙内的有毒物质就会散发出来，特别是在动火的情况下，更加速了这种挥发。同时底部空间也容易形成缺氧环境。因此，安全分析工作并不仅是在进入容器前30min进行一次，还要视具体情况确定一次至数次。一般至少每隔2h分析一次，如发现超标，应立即停止作业，人员迅速撤出。

安全分析的结果只有在一定的时间范围内，才是符合客观现实的真实数据。超出这个时间规定，安全分析的结果便不能为正常安全作业提供可靠的依据。

e. 个人防护。进入化工设备容器内实施焊接作业，尽管采取了一些安全措施，但仍会有一些不安全因素无法排除干净或难以预料。特别是有些焊接任务时间紧，抢修急，因此，作业人员佩戴规定的防护用具是保护自身免遭危害的最后一道防线。

f. 专人监护。焊接人员进入设备容器内作业，由于存在中毒、窒息等危险因素，加之联系不便，人员进出困难，一旦造成事故不易被人发现。因此，需要设专人在容器外进行监护，并坚守岗位，切实履行监护职责。同时，要配备必要的救护设施(装备)，以便及时采取应急救护措施。

g. 应急救援。设备容器内，以及补焊输送有毒物料管道等焊接作业情况复杂，各种意外事故随时可能发生。所以要搞好应急救援措施，及时迅速准确地把受伤者从设备内或现场救出，并进行急救，以及对事故现场进行处理。否则，应急救援措施不力，贻误抢救时间就会加大事故损失。

应急救援措施一般分为现场抢救方案的制定和具体实施方案及所必需的各种人员、物资和器材等。

③ 急性中毒事故现场处理原则。发生急性中毒事故，抢救必须及时、果断，正确实施救护方案。事故发现者（监护人）应立即发出报警信号，并通知有关指挥负责人，及时与医疗卫生机构（救护站）取得联系，同时做好以下几项工作：

a. 参加现场抢救的人员必须听从指挥，抢救时如需进入有毒气体环境（设备容器内）或污染区域，应首先做好自身防护，正确穿戴适宜、有效的防护器具，而后实施救护。

b. 搬运中毒患者时，应使患者侧卧或仰卧，保持头部低位。抬离现场后必须放在空气新鲜、温度适宜的通风处。患者意识丧失时，应除去口中的异物，呼吸停止时，应采取人工呼吸等措施。

c. 尽快查明毒物性质和中毒原因，便于医护人员正确制定救护方案，防止事故范围进一步扩大。

## 18.4　焊接有害因素与防护

### 18.4.1　焊接有害因素及对人体的危害

焊接过程中，由于采用的焊接工艺方法不同，被焊工件的材质不同，所用焊条和熔剂的种类不同，以及工件表面的涂物不同等也就决定了所产生的有毒有害物质不同。目前广泛应用于生产上的各种焊接方法，在施焊过程中都会产生某些有害因素，不同焊接工艺方法的有害因素亦有所不同，大体可分为弧光辐射、烟尘、有毒气体、高温、高频电场、射线和噪声等七类。

（1）电焊金属烟尘

① 电焊金属烟尘的产生。焊接作业在熔焊过程中会产生大量的金属粉尘，称为电焊金属烟尘。电焊金属烟尘包括烟和粉尘。焊条和母材金属熔融时所产生的蒸气在空气中冷凝以及氧化形成不同粒度的电焊金属烟尘。电焊金属烟尘以气溶胶形态漂浮于作业环境空气中。

电焊金属烟尘首先来源于焊接过程中金属的蒸发，其次是在电弧高温作用下分解的氧与弧区内的液体金属发生氧化反应而生成的金属氧化物。它们除了可能留在焊缝里造成夹渣等缺陷外，还会向作业现场扩散。由于焊条及焊接材料等不同，所产生的电焊金属烟尘成分也有所差异，但其主要成分多以氧化铁、氧化锰、氟化物、二氧化硅等组成混合性粉尘。

电焊金属烟尘的成分及浓度主要取决于焊接方法、焊接材料及焊接规范。如焊铝时可产生铝粉尘，焊铜时可产生铜和氧化铜粉尘。同时，焊接电流强度越大，粉尘浓度越高（气体保护电弧焊时，产尘量与电流无关）。手工电弧焊的烟尘还来源于焊条药皮（如大理石、锰铁、硅铁等）的蒸发及氧化成气溶胶状态溢出的各种有害物质。

② 电焊金属烟尘的危害。焊接产生的金属烟尘成分复杂，因其成分不同，对人体的危害也有所不同。黑色金属涂料焊条产生粉尘的主要元素是铁、硅、锰等，其中毒性最大的是锰。铁、硅的毒性虽然不大，但因其尘粒在5$\mu$m以下，在空气中停留的时间较长，容易经呼吸道吸入肺内。因此，在密闭容器、船舱和管道内焊接时，焊接烟尘浓度较大的情况下，又没有相应通风除尘措施，长时间接触会对焊工的身体健康产生影响，引起焊工肺尘埃沉着病、锰中毒和金属烟热等职业病。

a. 焊工肺尘埃沉着病。焊药、焊心和焊接材料在电弧高温作用下，熔化蒸发逸散至空气中，经氧化、凝聚而形成焊接气溶胶，长期吸入这种气溶胶，就可能发生肺尘埃沉着病。

焊接作业区域周围空气中，除存在大量的电焊金属烟尘外，尚有多种有刺激性和促使肺组织产生纤维化的有毒物质。如硅、硅酸盐、锰、铬、氟化物及金属氧化物和臭氧，以及氮氧化合物等混合烟尘和有毒气体，能促进肺尘埃沉着病的形成。焊工肺尘埃沉着病就是这些有害物质吸入量超过一定浓度，引起肺组织弥漫性、纤维性病变所致的疾病。

焊工肺尘埃沉着病的发病一般比较缓慢，多在接触焊接烟尘后10年，有的长达10～20年以上。焊工肺尘埃沉着病既不是铁末沉着症，也不同于硅沉着病，而是长期吸入氧化铁、二氧化碳、硅酸盐，以及臭氧、氮氧化物等混合性烟尘和有毒气体所致。其主要发生在呼吸系统，有气短、咳痰、胸闷和胸痛等症状。部分焊工肺尘埃沉着病患者可呈无力、食欲减退、体重减轻以及神经衰弱综合征，同时对肺功能也有影响。

b. 锰中毒。锰中毒主要是由锰的化合物引起的。锰蒸气在空气中能很快氧化成灰色的一氧化锰及棕红色的四氧化三锰烟雾，长期吸入超过允许浓度的锰及其化合物的微粒和蒸气，则可能引起职业性锰中毒。

焊接作业中，呼吸道是机体吸收锰的主要途径，锰及其化合物主要作用于末梢神经系统和中枢神经系统，能引起严重的器质性病变。焊工锰中毒发生在高锰焊条以及高锰钢的焊接中。锰中毒起病缓慢，发病工龄一般为2年以上，慢性中毒是焊接作业职业性锰中毒的主要类型。锰中毒早期表现为疲劳、头痛、头晕、瞌睡、记忆力差以及植物神经功能紊乱，如舌、眼睑和手指细微震颤，转身、下蹲困难等。

锰的粉尘分散度大，烟尘直径微小，能迅速扩散，因此，在露天或通风良好场所不易形成高浓度状态。但焊工长期吸入，尤其在容器及管道内施焊时，如防护措施不好，则有可能发生锰中毒。作业场所空气中锰浓度国家卫生标准为0.2 mg/m$^3$。

c. 金属烟热。焊接金属烟尘中的氧化铁、氧化锰微粒和氟化物等物质容易通过上呼吸道进入末梢细支气管和肺泡，再进入体内，引起焊工金属烟热反应。手工电弧焊时，碱性焊条比酸性焊条容易产生金属烟热反应。其主要症状是工作后寒战，继之发烧、倦怠、口内金属味、恶心、喉痒、呼吸困难、胸痛、食欲不振等。在密闭罐内、船舱内使用碱性焊条焊接的焊工，当通风措施和个人防护不力时，容易造成金属烟热病。

（2）焊接的有害气体

① 有害气体的种类。在焊接电弧的强烈紫外线作用下，在弧区周围可形成多种有毒气体，其中主要有臭氧、氮氧化物、一氧化碳和氟化氢等。

a. 臭氧。空气中的氧，在短波紫外线的激发下，被大量地破坏而生成臭氧。臭氧是一种淡蓝色的有毒气体，具有刺激性气味。明弧焊可产生臭氧，氩弧焊和等离子弧焊更为突出。

臭氧浓度与焊接材料、焊接规范、保护气体等有关。一般情况下，手工弧焊时的臭氧浓度较低。GBZ 2.1—2019规定，工作场所中臭氧的最高允许浓度为0.3mg/m$^3$。

b. 氮氧化物。焊接过程中的氮氧化物是由于电弧高温作用，引起空气中氮氧分子离解，重新结合而形成的。尤其是手工钨极氩弧焊、等离子弧焊焊接铝硅合金、铸铝、铜合金时，氮氧化物浓度极高。

氮氧化物也属于具有刺激性的有毒气体，但它比臭氧的毒性小。氮氧化物的种类很多，除二氧化氮外均不稳定，遇光、湿或热即变成二氧化氮及一氧化氮，一氧化氮在常温下又迅速氧化成二氧化氮。所以，在明弧焊中常见的氮氧化物为二氧化氮，其次为一氧化氮和四氧化二氮。常以测定的二氧化氮的浓度来表示氮氧化物的存在情况。

在焊接操作中，氮氧化物单一存在的可能性很小，通常是臭氧和氮氧化物同时存在，联合作用，因此它们的毒性更大。影响产生氮氧化物的浓度因素与臭氧相似。

GBZ 2.1—2019 规定，工作场所中氮氧化物（换算为二氧化氮）的时间加权平均容许浓度为 $5mg/m^3$。

c. 一氧化碳。各种明弧焊都产生一氧化碳有害气体，但其中以二氧化碳保护焊产生的一氧化碳浓度最高，它是二氧化碳保护焊产生的主要有害气体之一。一氧化碳是二氧化碳气体在电弧高温作用下分解形成的。同时，二氧化碳和分解后的氧还会与金属中的铁、硅、锰元素发生氧化反应，产生一氧化碳及氧化物。

一氧化碳为无色、无臭、无刺激性的窒息性气体。在罐、舱等通风不良的密闭容器内手工电弧焊接，其烟气中的一氧化碳含量较高，但通风良好的焊接现场含量甚低。

GBZ 2.1—2019 规定，非高原地区工作场所中一氧化碳的时间加权平均容许浓度为 $20mg/m^3$。

d. 氟化氢。氟化氢主要产生于手工电弧焊。焊条药皮中，通常含有萤石和石英石，在电弧高温作用下形成氟化氢气体。

氟及其化合物均有刺激作用，其中以氟化氢作用更为明显。氟化氢为无色气体，极易溶于水形成氢氟酸。二者的腐蚀性均强，毒性剧烈。

GBZ 2.1—2019 规定，工作场所中氟化氢（换算成氟）的最高容许浓度为 $2mg/m^3$。

还需指出，烟尘与有毒气体存在着一定的内在联系。烟尘越多，电弧辐射越弱，有毒气体浓度越低。反之，烟尘越少，电弧辐射越强，有毒气体浓度越高。

② 有害气体的危害

a. 臭氧的危害。臭氧主要对人体的呼吸道及肺有强烈刺激作用。臭氧浓度超过一定限度，特别是在密闭容器内焊接而通风不良时，可引起支气管炎、咳嗽、胸闷、食欲不振、全身疼痛等症状。臭氧对人体作用是可逆的，脱离接触后可得到恢复。

b. 氮氧化物危害。氮氧化物对人体的危害主要是对肺有刺激作用。氮氧化物中毒多以呼吸系统急性损害为主的全身性疾病。慢性氮氧化物中毒时的主要症状是神经衰弱，如失眠、头痛、食欲不振、体重下降。此外，还可以引起慢性支气管炎及皮肤过敏和牙齿酸蚀症等。重度中毒时，咳嗽加剧，可发生肺水肿、呼吸困难、虚脱等症状。

c. 一氧化碳中毒。一氧化碳是一种窒息性气体，它对人体的毒性作用是由于经呼吸道吸入一氧化碳后，使氧在体内的输送或组织吸收氧的功能发生障碍，造成组织内缺氧，出现一系列缺氧的症状和体征。一氧化碳进入体内，与血红蛋白结合成碳氧血红蛋白，减弱了血液携氧的能力，使人体组织因缺氧而坏死。一氧化碳能使人窒息致死，但在电焊时一般不会发生。焊接时，一氧化碳主要表现为对人的慢性影响，长期吸入低浓度的一氧化碳，可出现头痛、头晕、面色苍白、四肢无力、体重下降、全身不适等神经衰弱综合征。

d. 氟化氢中毒。吸入较高浓度的氟及氟化氢气体或蒸气，可立即产生眼鼻和呼吸道黏膜的刺激症状，引起鼻腔和黏膜充血、干燥及鼻腔溃疡，严重时可发生支气管炎及肺炎。长期接触氟化氢可发生骨质病变，表现为骨质增厚（即骨硬化），以脊柱、骨盆等躯干骨最为显著。

(3) 电焊烟尘和有毒气体卫生标准

电焊烟尘和有毒气体卫生标准见表 18.7。

(4) 弧光辐射

电弧放电时，一方面产生高热，同时还会产生弧光辐射。焊接弧光辐射主要包括可见光线、红外线和紫外线。弧光辐射作用到人体上，被体内组织吸收，引起组织的热作用、光化学作用或电离作用，造成人体组织急性或慢性的损伤。

**表 18.7 电焊烟尘和有毒气体卫生标准**

| 项目 | | 国际标准①/($mg/m^3$) | 国际标准②/($mg/m^3$) |
|---|---|---|---|
| 电焊烟尘 | 锰 | 0.15($MnO_2$)③ | 5 |
| | 铬 | 0.05($Cr_2O_3$) | 0.5 |
| | 铅 | 0.05 | 0.15 |
| | 氟化物 | 2(HF) | 2.5 |
| | 氧化锌④ | 3 | 5 |
| | 氧化镉④ | 0.01 | 0.1 |
| | 氧化铝 | 4 | 15 |
| | 氧化铁 | — | 10 |
| | 镍 | — | 10 |
| | 丙烯醛④ | 0.3 | 0.25 |
| | 甲醛④ | 0.5 | 6 |
| | 其他粉尘⑤ | 8 | 10 |
| 有毒气体 | 二氧化碳 | 5 | 5ppm⑥ |
| | 臭氧 | 0.3 | 0.1ppm |
| | 一氧化碳⑦ | 20 | 50ppm |

① 国内标准取自 GBZ 1—2010《工业企业设计卫生标准》。

② 国际标准取自国际焊接学会（IIW）标准。

③ 表中括号内化合物表示换算成该化合物计算。

④ 焊接涂层钢板产生的烟雾成分。

⑤ 其他粉尘系指游离二氧化硅含量10%以下，不含有毒物质的矿物性和动植物粉尘。

⑥ ppm 与 $mg/m^3$ 的换算：

$$ppm=\frac{分子量}{24 \cdot 45}mg/m^3\ (25℃)。$$

⑦ 一氧化碳的最高允许浓度在作业时间短暂时可予放宽为 $30mg/m^3$。

① 紫外线。紫外线的过度照射引起眼睛急性角膜炎，称为电光性眼炎。其主要症状为：羞明、流泪、异物感、刺痛、眼睑红肿等。皮肤受强烈紫外线作用时，可引起皮炎、慢性红斑和小水泡。焊接电弧的紫外线辐射对纤维的破坏能力很强，其中以棉织品为最甚。由于光化学的作用，可致棉布工作服氧化变质而破碎，尤其是氩弧焊等操作时更为明显。

② 红外线。红外线对人体的危害主要是引起组织的热作用。焊接过程中，眼部受到强烈的红外线辐射，立即会感到强烈的灼伤和灼痛，发生闪光幻觉，长期接触还可能造成红外线白内障，视力减退，严重时能导致失明。此外，还可能造成视网膜灼伤。

③ 可见光线。焊接电弧的可见光线的光度，比肉眼正常承受的光度要大一万倍以上。受到照射时，眼睛有疼痛感，一时看不清东西，通常叫电焊晃眼，在短时间内失去劳动能力，但不久即可恢复。

④ 高频电磁场。在非熔化极氩弧焊和等离子弧焊割时，常用高频振荡器来激发引弧，有的交流氩弧焊机还用高频振荡器来稳定电弧。人体在高频电磁场作用下，能吸收一定的辐射能量，产生生物学效应，主要是热作用。

高频电磁场强度受许多因素影响，距离高频振荡器和振荡回路越近，场强越高，反之则越低。此外，与高频部分的屏蔽程度等有关。

人体在高频电磁场作用下会产生生物学效应，焊工长期接触高频电磁场能引起植物神经功能紊乱和神经衰弱，表现为全身不适、头昏头痛、疲乏、食欲不振、失眠及血压偏低等症状。如果仅是引弧时使用高频振荡器，因时间较短，影响较小，但长期接触是有害的。所以，必须对高频电磁场采取有效的防护措施。高频电会使焊工产生一定的麻电现象，这在高处作业时是很危险的，所以高处作业不准使用高频振荡器。

⑤ 放射性性质。非熔化极氩弧焊和等离子弧焊使用的钍钨棒电极，含有天然放射性物质钍，能放射出α、β、γ三种射线。

人体超期受到超容许剂量的外照射，或者放射性物质经常少量进入并积蓄在体内，则可能引起病变，造成中枢神经系统、造血器官和消化系统的疾病，严重者发生放射病。

放射性物质以两种形式作用于人体：一是体外照射；二是通过呼吸系统和消化系统进入人体内发生体内照射。当人体受到的辐射剂量不超过允许值时，射线不会对人体产生危害。

根据对氩弧焊和等离子弧焊的放射性测定，一般都低于最高允许剂量。但是有两种情况必须注意：一是在容器内施焊时，产生放射性气溶胶；二是在磨削钍钨棒及存有钍钨棒的地点，放射性气溶胶和放射性粉尘的浓度可能超过国家卫生标准。

⑥ 噪声。等离子喷涂、喷焊和切割等工艺，都要求等离子流有一定的冲击力。等离子流的喷射速度可达10000m/min，噪声强度较高。

在等离子喷涂等操作中，不同的气流量和工作气体均对噪声强度产生不同的影响。噪声强度大多在90dB以上，尤其是以喷涂作业为高，可达123dB。其频谱很宽，频率范围在31.5～32000Hz，且较强噪声的频率均在1000Hz以上。使用不同的工作气体，所产生的噪声差别很大。对双原子气体来说，其噪声特点是高频噪声的强度较高，高低频噪声间的强度相差很大；对单原子气体来说，则低频噪声的强度较高，高低频噪声间的强度较接近。

长期在噪声的环境中工作，有可能对听觉器官和中枢神经系统造成损坏。

人体对噪声最敏感的是听觉器官。无防护情况下，强烈的噪声可以引起听觉障碍、噪声性外伤、耳聋等症状。长期接触噪声，还会引起中枢神经系统和血液等系统失调，出现厌倦、烦躁、血压升高、心跳过速等症状。

此外，噪声还可影响内分泌系统，有些敏感的女工可发生月经失调、流产和其他内分泌腺功能紊乱现象。在噪声作用下，工人对蓝色、绿色光的视野扩大，而对金红色光的视野缩小，视力清晰度减弱。

### 18.4.2 卫生有害因素的防护

焊接作业虽然存在一些有害因素。但是，只要采取正确防护措施，无论是已知的危害，还是新出现的有害因素，都能有效地加以预防，从而保护焊接作业人员的安全健康。

（1）通风技术措施

① 全面通风。全面通风包括自然通风和机械通风两类。对于焊接车间或焊接量大、作业集中和作业不能固定的工作场所，应在设计焊接车间厂房时，考虑全面通风措施，以保证车间和作业场所环境中的有害物质浓度符合国家卫生标准。

全面通风是作业场所的基本卫生要求。焊接作业全面通风一般采取全面机械通风方式，即借助于机械通风来实现。通风方法以上送下排气流组织形式效果为好（但冬季需注意车间采暖问题）。

② 局部通风。局部通风是消除焊接烟尘、有毒气体危害和改善焊接劳动条件的重要措施。除设计焊接车间厂房时要考虑到全面通风措施外，一般还要采取局部通风的措施。局部通风因其结构简单、方便灵活、设计费用较少和效果明显等优点，而较普遍采用。

局部通风系统主要由吸尘罩（排烟罩）、风道、除尘或净化装置以及风机组成。局部通风应控制焊接电弧附近的风速，风速过大会破坏焊接气体的保护效果。一般设计吸尘罩控制点的控制风速为0.5～1.0m/s。

局部通风形式有：固定式排烟罩（吸尘罩）、移动式排烟罩、手持式排烟罩等。此外，还有几种排烟罩、排烟焊枪、等离子弧焊密闭罩及净化系统等。

应该指出，使用固定式或移动式排烟罩时，应同时安装净化过滤设备或与整体通风净化系统结合起来，否则只是将有害物质搬家，仍会污染车间、厂房的环境空气。

③ 工艺技术。焊接作业劳动卫生状况的好坏与焊接工艺方法有关。改革工艺，使焊接作业实现机械化、自动化，不仅能减少焊接工作人员接触尘毒的机会，改善劳动卫生条件，使之能符合职业卫生要求，而且，还可以减轻劳动强度和提高劳动效率。这是消除焊接职业危害的重要措施之一。如采用埋弧自动电弧焊代替手工电弧焊，可以消除强烈的弧光、金属烟尘和有毒气体的危害；采用单面焊双面成形代替双面焊，可以减少或避免在容器内施焊的机会，从而减轻焊接职业危害。

另外，焊接采用低锰、低氢、低尘焊条；氩弧焊和等离子弧焊接切割时不用钍钨棒，改用放射性较低的铈钨或钇钨电极；氩弧焊的引弧及稳弧措施尽量采用脉冲装置，而不用高频振荡装置；在保证工作质量前提下，合理选择工艺参数可降低等离子弧焊接和切割工艺产生的噪声等，这些措施都可以减少职业危害。

④ 管理措施。加强焊接作业安全卫生管理，也是预防职业危害的重要措施。如对焊接防尘防毒通风技术设施不得随意拆除或停用；钍钨棒应有专用的储存设备，配备专用带吸尘装置的砂轮来磨钍钨棒，砂轮机地面上的磨屑要经常做湿式清扫，并集中深埋处理；安排等离子弧焊与切割作业的房间不宜太小；对于高频防护，作业时要有良好的接地装置，以减小高频电流；室外露天作业注意作业场所的空气流动方向，合理组织焊接作业点布局；加强焊接作业人员对各种防护设施及个人防护用品正确使用和穿戴的培训教育和管理等措施，都可以减少焊接职业危害。

（2）个人防护措施

个人防护措施主要是指对头、面、眼睛、耳、呼吸道、手、脚、身躯等方面的人身防护，主要有防尘、防毒、防噪声、防高温辐射（包括防烧灼、防红外线和紫外线辐射）、防放射性、防机械外伤和脏污等。焊接作业除穿戴一般防护用品（如工作服、手套、眼镜、口罩等）外，针对特殊作业场合，还可以佩戴通风焊帽（用于密闭容器和不易解决通风的特殊作业场所的焊接作业），防止烟尘危害。

对于剧毒场所紧急情况下的抢修焊接作业等，可佩戴隔绝式氧气呼吸器，防止急性职业中毒事故的发生。

为保护焊工眼睛不受弧光伤害，焊接时必须使用镶有特制防护镜片的面罩，并按照焊接电流的强度不同来选用不同型号的滤光片。同时，也要考虑焊工视力情况和焊接作业环境的亮度。使用焊接滤光片应根据表18.8进行选择。

高反射式防护镜片，是在吸收式滤光片上镀铬-铜-铬三层金属薄膜制成的，能将弧光反射回去，避免了滤光片将吸收的辐射光线转变为热能的缺点，使用这种镜片眼睛感觉较凉爽舒适，观察电弧和防止弧光伤害的效果较好。

面罩用暗色的钢纸板制成。MS型电焊面罩，引弧焊前手控按钮，利用平面连杆弹簧机构，使镜片上下移动，可在镜框上形成0～13mm的观察框，并且有下列优点：

① 避免盲目引弧；

② 焊工在操作中观察焊缝、敲渣和重新引弧等，可不必移开面罩，能更有效地防止光辐射伤害；

表 18.8 焊接滤光片使用选择

| 遮光号 | 电弧焊接与切割作业 |
|---|---|
| 1.2 | 防侧光与杂散光 |
| 1.4 | |
| 1.7 | |
| 2 | |
| 3 | 辅助工 |
| 4 | |
| 5 | 30A 以下的电弧作业 |
| 6 | |
| 7 | 30～75A 的电弧作业 |
| 8 | |
| 9 | 75～200A 的电弧作业 |
| 10 | |
| 11 | |
| 12 | 200～400A 的电弧作业 |
| 13 | |
| 14 | 400A 以上的电弧作业 |

③ 具有绝缘性能，便于焊接精细焊件和焊补设备等。

为防止焊工皮肤不受电弧的伤害，焊工宜穿浅色或白色帆布工作服。同时，工作服袖口应扎紧，扣好领口，皮肤不外露。

对于焊接辅助工和焊接地点附近的其他工作人员受弧光伤害问题：工作时要注意相互配合，焊接辅助工要戴颜色深浅适中的滤光镜。在多人作业或交叉作业场所从事电焊作业，要采取屏护措施，设防护遮板，以防止电弧光刺伤焊工及其他作业人员的眼睛。

(3) 高频电磁场防护

焊件应良好接地，接地点距焊件越近，越能降低高频电流，这是焊把对地的脉冲高频电位得到降低的缘故。

在不影响使用的情况下，降低振荡频率。脉冲高频电的频率越高，通过空间和绝缘体的能力越强，对人的影响越大。降低频率能够改善作业点的劳动卫生条件。

因脉冲高频电是通过空间与手把的电容耦合到人体上的，加装接地屏蔽能使高频电场局限在屏蔽线内，从而大大减少对人体的影响。其方法是用铜质编织软线套在电缆胶管外面（焊把上装有开关线时，必须放在屏蔽线外面），一端安装在焊把上，另一端接地。此外，焊把至焊机的电缆外面也套上细铜质编织软线。

(4) 噪声防护措施

焊工应佩戴隔音耳罩或隔音耳塞等个人防护器材，耳罩的隔音效能优于耳塞，但体积较大，戴用稍有不便。耳塞种类很多，常用的为耳研 5 型橡胶耳塞，具有携带方便、经济耐用、隔音效果好等优点。

在房屋结构、设备等部位采用吸音和隔音材料，均较有效。采用密闭罩施焊时，可在屏蔽上衬以石棉等消声材料，也有一定效果。

(5) 射线防护

磨尖钍钨棒应备有专用砂轮，砂轮机应安装除尘设备。砂轮机地面上的磨屑要经常做湿式扫除，并集中深埋处理。地面、墙壁宜铺设瓷砖，以利于清扫污物。

焊接地点应设单室。钍钨棒储存地点应固定在地下室，并存放在封闭式箱内。大量存放时应藏于铁箱里，并安装通风装置。

手工焊接操作时，必须戴送风防护头盔，或采取其他有效的通风措施。磨尖钍钨棒时应戴除尘口罩。

根据生产条件尽可能采取稳弧排烟罩，并在操作中不应随便打开罩体。

焊接结束或接触钍钨棒后，应用流动水和肥皂洗手，并经常清洗工作服及手套等。

## 18.5 焊接安全管理

### 18.5.1 焊接设施安全管理

(1) 气瓶库

① 压缩与液化气瓶库。气瓶库应为一层建筑，其耐火等级不低于二级（一般是指承重墙、柱、屋面板均为非燃烧物质的建筑物）。

储存气体的爆炸下限小于 10%时，气瓶库房应设置泄压装置（易掀开的轻质屋顶盖及易于泄压的门、窗和墙等），其泄压面积与库房容积之比一般应达到 0.14$m^2/m^3$，如配置有困难时可适当缩小，但不应小于 0.1$m^2/m^3$。泄压装置应靠近爆炸部位，不得面对人员集中的地方和主要交通道路。作为泄压用的窗不应采用双层玻璃。

气瓶的门窗均应向外开启。库房应有直通室外，或通过带防火门的走道通向室外的出入口。出入口应位于事故发生时能迅速疏散的地方。

气瓶库和相邻的生产厂房，公用和居住建筑，以及铁路、公路的间距应符合表 18.9 的规定。

表 18.9 装有压缩或液化气体的气瓶库与建筑物等的间距表

| 仓库容量（换算为 40L 的气瓶数） | 距离对象 | 间距/m 不少于 |
|---|---|---|
| ≤500 瓶 | 装有其他气体的气瓶库及生产厂房 | 20 |
| 501～1499 瓶 | 装有其他气体的气瓶库及生产厂房 | 25 |
| >1500 瓶 | 装有其他气体的气瓶库及生产厂房 | 30 |
| 无论仓库容量多大 | 住宅 | 50 |
| 无论仓库容量多大 | 公共建筑物 | 100 |
| 无论仓库容量多大 | 铁路干线 | 50 |
| 无论仓库容量多大 | 场内铁路 | 10 |
| 无论仓库容量多大 | 公用公路 | 15 |
| 无论仓库容量多大 | 场内公路 | 5 |

库内温度不得超过 35℃，可燃易燃气瓶库严禁明火采暖。地板应采用不产生火花的材料（如沥青混凝土），库房高度自地板至垛口不得少于 7.5m。

气瓶库的最大容量不应超过 3000 瓶，需用防火墙分隔成若干小间，每间限储存可燃气体 500 瓶，氧气及不燃气体 1000 瓶。两个小间的中间可开门洞，每间应有单独的出口。互相接触后有可能引起燃烧爆炸的气瓶（如氢气、液化石油气瓶）及油质一类物品，不得与氧气瓶一起存放。如需在同一建筑物内存放时，应以无门、窗、洞的防火墙隔开。存放可燃和易燃气体气瓶的库房，按照电力装置的火灾和爆炸危险场所划分，属 0～2 级（即在正常情况下不能形成，而在不正常情况下能形成爆炸性混合物的场所）。因此，安装于库内的照明灯具、开关等电气装置，应采用防爆安全型。

② 乙炔瓶库。乙炔瓶库与建筑物和屋外变电站的防火间距不应小于表 18.10 的规定。

表 18.10 乙炔瓶库与其他建筑物的防火间距

| 乙炔实瓶储量/个 | 与不同耐火等级的建筑物的间距/m | | | 与民用建筑，屋外变、配电站的间距/m |
|---|---|---|---|---|
| | 一、二级耐火 | 三级耐火 | 四级耐火 | |
| ≤1500 | 12 | 15 | 20 | 25 |
| >1500 | 15 | 20 | 25 | 30 |

乙炔瓶库的气瓶总储量（实瓶或实瓶储量）不应超过 3000 个，并且应以防火墙分隔，每个隔间的气瓶储量不应

超过1000个。乙炔瓶库严禁明火采暖，集中采暖时其供热管道和散热器表面温度不得超过130℃，库房的采暖温度应不高于10℃。

当气瓶与散热器之间的距离小于1m时，应采取隔热措施，设置遮热板以防止气瓶局部受热。遮热板与气瓶之间、遮热板与散热器之间的距离均不得小于100mm。

乙炔瓶库可与氧气瓶库布置在同一座建筑物内，但应以无门、窗、洞的防火墙隔开。

③ 电石库。根据储存物品的火灾危险和爆炸性分类，电石库属甲类物品库房（指存放受到大气中水蒸气的作用，能产生爆炸下限小于10%的可燃气体的固定物质），它在厂区的布置应符合下列安全要求：

a. 电石库房的地势要高且干燥，不得布置在易被水淹的低洼地方；

b. 严禁以地下室或半地下室作为电石库房；

c. 电石库不应布置在人员密集区域和主要交通要道处；

d. 企业设有乙炔站时，电石库宜布置在乙炔站的区域内；

e. 电石库的总面积不应超过750m$^2$，并应以防火墙隔成数间，每间的面积不应超过250m$^2$；

f. 电石库应是单层不带闷顶的一、二级耐火建筑，库房泄压装置及泄压面积的要求与气瓶库相同；

g. 电石库可与氧气瓶库、可燃和易燃物品仓库布置在同一座建筑物内，但应以无门、窗、洞的防火墙隔开。

电石库与其他建筑的防火间距不应小于表18.11的规定。

**表18.11 电石库与其他建筑的防火间距**

| 项目 | | 防火间距/m | |
|---|---|---|---|
| | | ≤1.0t储量 | >1.0t储量 |
| 明火、散发火花的地点 | | 30 | 30 |
| 居住、公共建筑 | | 25 | 30 |
| 不同耐火等级的其他建筑物 | 二级 | 12 | 15 |
| | 三级 | 15 | 20 |
| | 四级 | 20 | 25 |
| 室外变电站、配电站 | | 30 | 30 |
| 其他甲类物品库房 | | 20 | 20 |

注：电石库距人员密集的居住区和重要的公共建筑不宜小于50m；两座电石库（或电石库与厂房）相邻两面的外墙为非燃烧体且无门、窗、洞和外露的燃烧体屋檐，其防火间距可按本表缩小25%；电石库与相邻企业的建筑物的防火间距应按本表规定适当增大。

在乙炔站区内的电石库，当与制气站房相邻较高一面的外墙为防火墙时，其防火间距可适当缩小，但不应小于6m。

电石库与铁路、道路的防火间距不应小于下列规定：厂外铁路线（中心线）40m；厂内铁路线（中心线）30m；厂外道路（路边）20m；厂内主要道路（路边）10m；厂内次要道路（路边）5m。

电石库与电力牵引机车的厂外铁路线的防火间距可减为20m。与电石库的装卸专用铁路线和道路的防火间距，可不受上述规定的限制。

库房地坪应高出潮水淹没最高水位40cm以上。库房内电石桶应放置在比地坪高20cm的垫板上。

电石库应设置电石桶的装卸平台。平台的高度应根据电石桶的运输工具确定，一般应高出室外地坪0.4～1.1m，平台宽度不宜小于2m。库房的室内地坪，应比装卸平台的台面高出0.05m。如果不设装卸平台，室内地坪应比室外地坪高出0.25m。

根据电力装置的爆炸和火灾危险场所划分，电石库属0～2级（即在正常情况下不能形成，而在不正常情况下能形成爆炸性混合物的场所）。因此，安装于库内的照明灯具、开关等电气装置应采用防爆安全型。

电石库房严禁敷设给水、排水、蒸汽和凝结水等管道。库内严禁装设采暖设备。电石库房应备有干黄沙、二氧化碳灭火器或干粉灭火器等灭火器材，禁止使用水、泡沫灭火器及四氯化碳灭火器等消防器材。

（2）乙炔站

根据乙炔生产和储存物品的火灾危险与爆炸性分类，乙炔站属甲类（使用或产生爆炸下限小于10%的可燃气体）。它在厂区的布置应符合下列安全要求：

① 严禁布置在易被水淹没的地方；

② 不应布置在人员密集区和主要交通要道处；

③ 宜靠近主要用户处；

④ 应有良好的自然通风；

⑤ 乙炔站应布置在工厂区域内有明火地点（指室内外有外露火焰和赤热表面的固定地点），或散发火花地点（指有飞火的烟囱和室外的砂轮、电焊、气焊和电气开关等固定地点）的全年主导风向的上风侧。

乙炔站与建、构筑物的防火间距不应小于表18.12的规定。

乙炔站与架空电力线的防火间距应符合下列规定：

① 架空电力线的辅线与外墙上无门窗的乙炔站和渣坑的外边缘的水平距离，不应小于电杆高度的1.5倍；

② 架空电力线的轴线与外墙上有门窗的乙炔站的水平距离不应小于电杆高度的1.5倍，并加1m；

③ 在特殊情况下，对架空电力线采取有效防护措施后，可适当减小距离。

气态乙炔站的安装容量不超过10m$^3$/h时，其制气站房可与耐火等级不低于二级的其他生产厂房毗连建造，但应符合下列要求：

① 毗连的墙应为无门、窗、洞的防火墙，在靠近制气站房的生产厂房外墙上的门、窗、洞，与制气站房有门、窗、洞的外墙，渣坑的边缘和室外乙炔设备的外壁的距离不应小于4m；

**表18.12 乙炔站与建、构筑物的防火间距**

| 名称（防火间距/m） | | 乙炔站耐火等级 | |
|---|---|---|---|
| | | 一、二级 | 三级（原有） |
| 其他建、构筑物耐火等级 | 一、二级 | 12 | 14 |
| | 三级 | 14 | 16 |
| | 四级 | 16 | 18 |
| 明火或散发火花地点 | | 30 | 30 |
| 居住、公用建筑物 | | 25 | 25 |
| 室外变电站、配电站 | | 30 | 30 |

注：防火间距应按相邻厂房外墙的最近距离计算，如外墙有凸出的燃烧体，则应从凸出部分外缘算起；两座厂房相邻较高一面的外墙为防火墙，其防火间距不限；两座厂房相邻两面的外墙均为非燃烧体且无门、窗、洞和外露的燃烧体屋檐，其防火间距可按本表减小25%；距人员密集的居住区或重要的公共建筑物不应小于50m。

② 制气站房与生产厂房毗连的防火墙上，严禁穿过任何管线。

同一企业有氧气站时，乙炔站及电石渣堆与空分设备吸风口的间距不应小于表18.13的规定。

**表18.13 乙炔站及电石渣堆与空分设备吸风口的间距**

| 乙炔发生器形式 | 乙炔站的安装容量/($m^3$/h) | 不同制氧工艺种类最小水平间距/m | |
|---|---|---|---|
| | | 空分塔具有乙炔净化措施，且制氧流程内具有硅胶、铝胶吸附干燥装置 | 制氧流程内具有分子筛吸附净化装置 |
| 水入电石式 | ≤10 | 100 | 50 |
| | 10～30 | 200 | |
| | ≥30 | 300 | |
| 电石入水式 | ≤30 | 100 | 50 |
| | 30～90 | 200 | |
| | ≥90 | 300 | |

乙炔站与道路的间距应不小于下列规定：厂外铁路线（中心线）30m；厂内铁路线（中心线）20m；厂外道路（路边）15m；厂内主要道路（路边）10m。

乙炔站在以下部位应禁设回火防止器：由数台乙炔发生器共同供气时，在汇气管与每台发生器之间必须装设回火防止器，防止一台发生器事故影响其他发生器；站内乙炔管道在通往厂区管道前应设置回火防止器，防止厂区管道网发生事故影响乙炔站。

发生器间应符合下列安全规定：

① 发生器间地坪至屋架下弦的高度应根据发生器的高度、发生器维护检修的方式、发生器加料装置的结构形式等因素确定，但不应小于4m。

② 发生器间严禁储存电石。

③ 发生器间的每台发生器及其附属设备的乙炔放散管，应单独通至室外，并应高出乙炔站屋脊1m以上。乙炔设备的排污管也应接至室外。每台发生器不同部位的事故排放管（装在泄压膜上）应分别通至室外，排放管口距室外地坪高度不应小于3.6m。

④ 发生器间的给水总管上应装设压力表。在每台发生器的给水管上应装设止回阀。

⑤ 发生器的排渣宜采用排渣管或有盖板的排渣沟。

⑥ 发生器间严禁明火采暖，集中采暖时厂房的采暖温度应不大于15℃。

⑦ 中间电石库与发生器之间可以门、洞相通。中间电石库的电石储存量应符合下列规定：总生产能力不超过20$m^3$/h的乙炔站，电石储存量一般不超过三昼夜的电石消耗量；总生产能力超过20$m^3$/h的乙炔站，电石储存量不应超过一昼夜的电石消耗量；电石库位于乙炔站区域内时，中间电石库应减少电石储存量或不设置中间电石库。

⑧ 乙炔汇流排间可与氧气汇流排间布置在耐火等级不低于二级的同一座建筑物内，但应以无门、窗、洞的防火墙隔开。室内应通风良好，换气次数不少于3次/h。

⑨ 乙炔储气缸，应符合下列安全规定：

乙炔储气缸应布置在室外，如总容积不超过5$m^3$的固定容积式储气缸或总容积不超过20$m^3$的水槽式储气缸，可布置在乙炔站房内单独的房间里。在寒冷地区，储气缸的水槽和排水管，应采取防冻措施。气缸间严禁明火采暖，集中采暖时的室内温度应不高于5℃。

露天设置的水槽式储气缸必须接地。容量小于500$m^3$的水槽式乙炔储气缸与建、构筑物的防火间距不应小于表18.14的规定。

**表18.14 水槽式乙炔储气缸与建、构筑物的防火间距**

| 项目 | | 防火间距/m |
|---|---|---|
| 明火或散发火花的地点，居住、公共建筑，易燃、可燃液体储罐及易燃材料堆场，甲类物品库房 | | 25 |
| 建筑物耐火等级 | 一、二级 | 12 |
| | 三级 | 15 |
| | 四级 | 20 |
| 室外变电站、配电站 | | 25 |

乙炔储气缸之间的防火间距应符合下列规定：水槽式乙炔储气缸之间的防火间距不应小于相邻较大储气缸的半径，干式乙炔储气缸之间的防火间距不应小于相邻较大储气缸直径的2/3，水槽式乙炔储气缸与干式乙炔储气缸之间的防火间距应按其中较大者确定。

乙炔储气缸间应装设事故排放管（装在泄压膜上），不同设备的排放管应分别通至室外，排放管口距室外地坪的高度不应小于3.6m。乙炔站设备布置应紧凑合理，应便于安装、维修和操作。发生器间的主电石渣坑应是敞开的，不用板覆盖。电石渣应综合利用，严禁排入江、河、湖、海、农田、工厂区和城市排水管沟。澄清水应尽量循环使用。澄清水经综合治理达到现行的工业“三废”排放试行标准的要求时，才能排出厂外。

(3) 厂区的乙炔管道和氧气管道

乙炔和氧气管道应有导除静电的接地装置。

乙炔和氧气管道不得通过生活间、办公室，也不应穿过使用乙炔和氧气的建筑物和房间。

乙炔和氧气管道的连接应采用焊接，但与设备、阀门和附件的连接处，可采用法兰或螺纹连接。厂区及车间架空氧气、乙炔管道与其他管线之间的净距应符合表18.15的要求。在分层布置时，乙炔管道应布置在最上层，其固定支架不应固定在其他管道上，氧气管道应布置在外侧。

**表18.15 车间架空氧气、乙炔管道与其他管线之间的净距**

| 其他管线名称 | 平行敷设净距/m | | 交叉敷设净距/m | |
|---|---|---|---|---|
| | 氧气管 | 乙炔管 | 氧气管 | 乙炔管 |
| 给排水管 | 0.25 | 0.25 | 0.1 | 0.25 |
| 热力管 | 0.25 | 0.25 | 0.1 | 0.25 |
| 煤气管 | 0.25 | 0.25 | 0.1 | 0.25 |
| 非燃烧气体管 | 0.25 | 0.25 | 0.1 | 0.25 |
| 通风管 | 0.25 | 0.25 | 0.1 | 0.25 |
| 滑触线 | 1.5 | 3.0 | 1.0 | 1.0 |
| 裸母线 | 1.0 | 2.0 | 1.0 | 1.0 |
| 绝缘电线及电缆 | 0.5 | 1.0 | 0.3 | 0.5 |
| 电线管 | 0.5 | 1.0 | 0.3 | 0.5 |
| 插接式母线、悬挂式干线 | 1.5 | 3.0 | 0.5 | 1.0 |
| 开关、插座、配电箱等 | 1.5 | 3.0 | 1.5 | 3.0 |
| 焊接钢管配线 | 0.1 | 0.25 | 0.1 | 0.25 |

厂区架空乙炔、氧气管道与建、构筑物的水平净距应符合表18.16的要求。乙炔、氧气管道不应与导电线路敷设在同一支架上。

架空氧气、乙炔管道与铁路、道路电线之间的交叉垂直净距应符合表18.17的要求。

**表 18.16 厂区架空乙炔、氧气管道与建、构筑物的水平净距**

| 建、构筑物名称 | 最小水平净距/m | |
|---|---|---|
| | 乙炔管 | 氧气管 |
| 一、二级耐火等级丁戊类车间 | 允许沿外墙 | 允许沿外墙 |
| 一、二级耐火等级车间（有爆炸危险的车间除外） | 2 | 允许沿外墙 |
| 三、四级耐火等级车间 | 3 | 3 |
| 有爆炸危险的车间 | 4 | 4 |
| 铁路中心线 | 3.8 | 3.8 |
| 道路路面边缘、边沟边缘或路堤坡脚 | 1.0 | 1.0 |
| 架空电线外侧边缘 | | |
| 1kV 以下 | 1.5 | 1.5 |
| 1～20kV | 3 | 3 |
| 35kV | 4 | 4 |

**表 18.17 架空氧气、乙炔管道与铁路、道路电线之间的交叉垂直净距**

| 铁路、道路电线名称 | | 交叉垂直净距/m |
|---|---|---|
| 非电气化铁路轨顶 | | 6.0 |
| 电气化铁路轨顶 | | 6.2 |
| 道路路面 | | 4.5 |
| 人行道路面 | | 2.2 |
| 架空电线 | 1kV 以下：电线在上面 | |
| | 管道上有人通过 | 2.5 |
| | 管道上无人通过 | 1.0 |
| | 1～20kV：电线在上面 | 3.0 |
| | 35kV：电线在上面 | 4.0 |

### 18.5.2 焊接安全组织管理

（1）焊接工作场所安全管理

焊接操作现场应保持必要的通道，一旦发生事故时，便于撤离现场，便于消防和医务人员的进出，车辆通道宽度不得小于 3m，人行通道宽度不得小于 1.5m。

焊接设备、工具和材料等应排列整齐，不得乱堆乱放。操作现场的所有气焊设备、焊接电缆等，不得互相缠绕。可燃气瓶和氧气瓶应分别存放，用毕的气瓶应及时移出工作场地，不得随便横躺卧放。室外焊接作业时，地面工作与登高作业、起重设备的吊运和车辆运输等，应相互密切配合，秩序井然而不得杂乱无章、互相干扰。

室内焊接作业应避免可燃易爆气体（或蒸气）的滞留积聚，除必要的通风措施外，还应装设气体分析仪器和报警器。气焊与气割工作现场，不应存留超过当天工作量的电石，装盛电石的容器应密闭防潮。

焊工作业面积不应小于 $4m^2$，地面应基本干燥。工作地点应有良好的天然采光或局部照明，并保证工作面照度达 50～100lx($1lx=1lm/m^2$) 的要求。多点焊割作业或有其他工种混合作业时，各工位间应设防护屏。

在地沟、坑道、检查井、管段和密封地段等处，以及焊工进入油漆未干的室内、油舱等焊接时，应先判明其中有无爆炸和中毒的危险。必须用仪器（如测爆仪、有毒气体分析仪等）进行检测分析，禁止用火柴、燃着的纸张及其他不安全的方法进行检查。对作业地点附近的敞开孔洞、地沟、缸槽和管道，应用石棉板或其他耐热材料盖严，防止火花进入。

焊割作业点周围 10m 的范围内，如有不能撤离的可燃易爆物品如木材堆、化工原料等，应采取可靠的安全措施，如用水喷湿、覆盖石棉布或湿麻袋等，以隔绝火星，然后才能开始焊割作业。布设在焊接现场附近的，有可燃性隔热保温材料的设备和工程结构，亦应预先采取隔绝火星的安全措施，防止在其中隐藏火种，酿成火灾。

（2）焊接灭火措施

电焊设备着火时，应首先拉闸断电，然后再扑救。在未断电之前，不能用水或泡沫灭火器救火，否则容易触电伤人。应当用干粉灭火器、二氧化碳灭火器、四氯化碳灭火器或 1211 灭火器扑救。干粉灭火器不宜用于旋转式直流焊机的灭火。电石桶、电石库房等着火时，不能用水或泡沫灭火器救火，也不能用四氯化碳灭火器扑救。应当用干砂、干粉灭火器和二氧化碳灭火器扑救。乙炔发生器着火时，应先关闭出气阀门，停止供气，并使电石与水脱离接触。可用二氧化碳灭火器或干粉灭火器扑救，禁止用四氯化碳灭火器、泡沫灭火器或水进行扑救。采用四氯化碳灭火器扑救乙炔的着火，不仅有发生乙炔与氯气混合气爆炸的危险，而且还会产生剧毒气体。液化石油气瓶在使用或储运过程中，如果瓶阀漏气而又无法制止时，应立即把瓶体移至室外安全地带，让其逸出，直到瓶内气体排尽为止。同时，在气态石油气扩散所及的范围内，禁止出现任何火源。

如果瓶阀漏气着火，应立即关闭瓶阀。若无法靠近时，应立即用大量冷水喷注，使气瓶降温，抑制瓶内升压和蒸发，然后关闭瓶阀，切断气源灭火。氧气瓶着火时，应迅速关闭氧气阀门，停止供氧，使火自行熄灭。如邻近建筑物或可燃物着火，应尽快将氧气瓶搬出，转移到安全地点，防止受火场高热影响而爆炸。

（3）预防焊接急性中毒的措施

焊接经过脱脂处理或涂层的材料时，应预先清除焊缝周围的涂料和熔剂，并在操作地点装设局部排烟装置。焊接操作室的高度小于 3.5～4m，每个焊工的工作间容积小于 $200m^3$，焊接工作间（舱、室和柜等）内部有影响空气流动的结构，而使操作点的烟尘及有毒气体超过规定的允许浓度时，均应采取全面通风换气措施。全面通风换气量应保持每个焊工有 $57\ m^3/min$ 的通风量。采用置换作业焊补容器时，在焊工进入容器内之前，应用空气进行置换，并取样化验器内的含氧量和有毒物质，检测是否符合安全要求。焊工进入容器或地沟里施焊时，应设专人看护，还应在焊工身上系一条牢靠的安全绳，另一端系铜铃并固定在容器或地沟外。焊工在操作中一旦发生急性中毒症状或其他紧急情况，既可以响铃为信号，又可利用绳子作为救出焊工的工具。

（4）预防焊接灼烫的措施

焊接预热的焊件时，为避免灼伤和热辐射的伤害，焊件的烧热部分应用石棉布遮盖，只露出焊接部位。

焊工必须穿戴完好的工作服和其他防护用具。为了避免飞溅金属熔滴的伤害，焊工应注意不可将上衣塞在裤子里，裤脚口（或鞋盖）应罩住工作鞋，工作服的口袋应盖好。焊工应戴隔热性能好，并具有一定绝缘性能的干燥手套，避免灼伤手臂。为防护清渣时灼伤眼睛，焊工应戴透明度较好的防护眼镜。

操纵焊机开关时，应当在焊接线路完全断开，没有焊接电流的情况下方可操纵开关，防止发生飞弧灼伤。旋转式直流弧焊机应当用磁力启动器启动，禁止直接用闸刀开关启动。

（5）预防焊接机械伤害的措施

焊件必须放置平稳，尤其是躺卧在构件底下的仰焊作业更需注意。焊接前应选用或制作合适的夹具，使焊件固定牢靠。不得在天车吊转的焊件上施焊，焊接转胎的机械传动部分应设置防护罩。

凡是在已停止转动的机器和设备里面进行焊接时，必须切断设备和机器的主机、辅机和运转机构的电源和气源，锁住启动开关，以防由于误动作而发生辗压、挤伤等严重事故。

在天车轨道上焊接时，应预先与司机取得联系，并设防护装置。在点火机车上焊接时，应注意听取呼唤信号，以免在试闸动车时，发生轧挤、摔伤事故。

## 参考文献

[1] 劳动部职业安全卫生与锅炉压力容器监察局组织编写. 焊工. 北京：中国劳动出版社，1997.
[2] 孙桂林，臧吉昌. 安全工程手册. 北京：中国铁道出版社，1989.
[3] 李德仁. 安全培训教程. 北京：中国地质大学出版社，1990.
[4] 唐景富. 焊接安全技术. 北京：机械工业出版社，2010.
[5] 王长忠. 焊接安全知识. 北京：中国劳动社会保障出版社，2008.

# 19 防火与防爆工程

## 19.1 燃烧理论

### 19.1.1 燃烧素学说

燃烧素学说认为，某种物体之所以能燃烧是因为其中含有一种燃烧素，燃烧时燃烧素就从物体内逸出。火是由无数细小活跃的微粒构成的物质实体，由这种火微粒构成的火的元素就是燃烧素，物质若不含燃烧素就不能燃烧。

该学说错误之处是始终没说明燃烧素是由什么成分组成的物质。

### 19.1.2 氧学说

18世纪下半叶，层出不穷的化学新发现不断地冲击着燃烧素学说。拉瓦锡（1743—1794年）以敏锐的洞察力，在总结他人成功经验与失败教训的基础上，仔细地重复许多实验，用无可辩驳的事实，推翻了长达百年的燃烧素学说，引起化学史上著名的化学革命，奠定了近代化学的基础。

1774年，拉瓦锡做了煅烧锡和铅的实验：把精确称量过的锡和铅放在曲颈瓶中，密封后准确称量金属与瓶的总质量，然后加热，使锡、铅变为灰烬，发现加热前后的总质量没有发生变化。其后，他发现金属经煅烧后质量却增加了，可能是金属结合了瓶中部分空气的缘故。打开瓶子时有空气冲了进去，打开的瓶子和金属煅灰的总量增加了，而且所增加的质量与金属煅烧后增加的质量恰好相等，这证明金属肯定是结合了瓶中的部分空气。在这样鲜明的事实面前，拉瓦锡对燃烧素学说产生了极大的怀疑。他进而想，如果设法从金属煅灰中直接分离出空气来，就更能说明问题。于是他用铁银灰（铁锈）进行实验，但没有成功。

正在拉瓦锡遇到困难的时候，普里斯特里访问巴黎，他将聚光镜能使汞烟灰分解的实验告诉了拉瓦锡，这对拉瓦锡来说是至关重要的信息和直接的启发。他马上重复做了普里斯特里的实验，从汞银灰中分解出比普通空气更为助燃、助呼吸的气体。最初他把这种气体称为“上等纯空气”，到1777年才正式把它命名为“氧”。此后，拉瓦锡又对氧化汞的合成与分解做了更精确的定量实验，证明金属变为煅灰并不是分解反应，而是与氧化合的反应，即金属＋氧⟶煅灰（氧化物），根本不存在燃烧素学说的信奉者们长期坚持的金属＋燃烧素⟶煅灰。无可辩驳的事实不仅彻底推翻了燃烧素学说，而且证明了物质虽然在一系列化学反应中改变了状态，但参与反应的物质的总量在反应前后是相同的。也就是说，拉瓦锡用精确的实验证明了化学反应中的“质量守恒”。

拉瓦锡对于他的燃烧学说十分严肃慎重，从1772～1777年的5年中，他又做了大量的燃烧实验，例如使磷、硫黄、木炭、钻石燃烧；将锡、铅、铁煅烧；将氧化铅、红色氧化汞和硝酸钾加强热，使之分解，并对燃烧以后所产生和剩余的气体也一一加以研究，然后对这些实验结果进行综合归纳和分析，于1777年正式向巴黎科学院提交了一份划时代的论文——《燃烧概论》，建立了燃烧的氧学说。

其要点如下：燃烧时放出光和热；物体只有在氧存在时才能燃烧；空气是由两种成分组成，物质在空气中燃烧时，吸收了其中的氧，所增加的质量恰为其吸收的氧气的质量；一般的可燃物（非金属）燃烧后通常变为酸，氧是酸的本原，一切酸中都含有氧元素；金属煅烧后即变为煅灰，它们是金属氧化物。

此后不久，水的合成和分解实验取得成功，氧学说便被举世公认了，从此化学家能够按照物质的本来面目进行科学研究，近代化学得到了蓬勃发展。

### 19.1.3 燃烧分子碰撞理论

燃烧分子碰撞理论定义燃烧为强烈的氧化反应，并有热和光同时发生。

燃烧分子碰撞理论认为：燃烧的氧化反应是可燃物和助燃物两种气体分子的互相碰撞而引起的。众所周知，气体的分子都处于急速运动的状态，并且不断地彼此互相碰撞，当两个分子发生碰撞时，则有可能发生化学反应。

燃烧分子碰撞理论的不足之处在于以下两点：

① 不能解释氧化反应。如氢与氯的混合物在常温避光下储存于容器中，虽然每秒碰撞达10亿次，但不发生任何反应，在日光照下，温度与压力均不变，却发生极快的化学反应，发生燃烧至爆炸。

② 动能。互相碰撞的分子间会产生排斥力，只有在动能极高时，才能在分子组成部分产生显著的振动，引起键能减弱，使分子各部分的重排才有可能，即可能发生化学反应。动能接近于键的破坏能，为2.1～41.8kJ/mol。这意味着反应必须在极高温度下才发生，O═O的破坏能为49kJ/mol，C—H的破坏能为33.5～41.8kJ/mol。实际上，烃类化合物的燃烧在温度达到300℃就可以进行，如丁烷自燃点为283℃（在氧中）。

### 19.1.4 活化能理论

在通常条件下，分子没有足够的能量来发生氧化反应，只有当一定数量的分子获得足够的能量后，才能在分子碰撞时引起分子的组成部分产生显著的振动，使分子中的原子或原子群之间的结合减弱，分子各部分的重排才有可能。

这些具有足够能量的、在互相碰撞时会发生化学反应的分子，称为活性分子。活性分子所具有的能量要比普通分子平均能量高，使普通分子变为活性分子所必需的能量叫活化能。

反应中的分子活化能如图19.1所示，该系统由状态A，接受能量至活性状态B，所吸收的能量为$E_1$（可称为活化能），在状态B处发生反应，并放出能量$E_2$至状态C，$E_1-E_2=-Q(E_1>E_2)$，则称这个系统为放热反应。

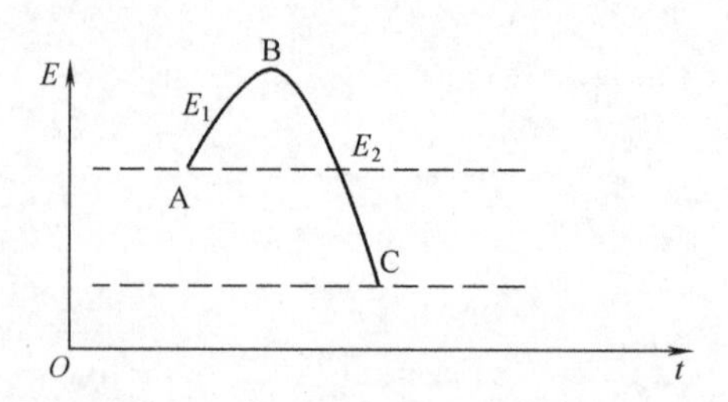


图19.1 反应中的分子活化能

### 19.1.5　过氧化物理论

过氧化物理论认为，分子在各种能量（热能、辐射能、电能、化学反应能）的作用下可以被活化。被活化的分子双键断开，形成不稳定基团。不稳定基团与其他物质作用反应而生成新物质，反应过程如图19.2所示。

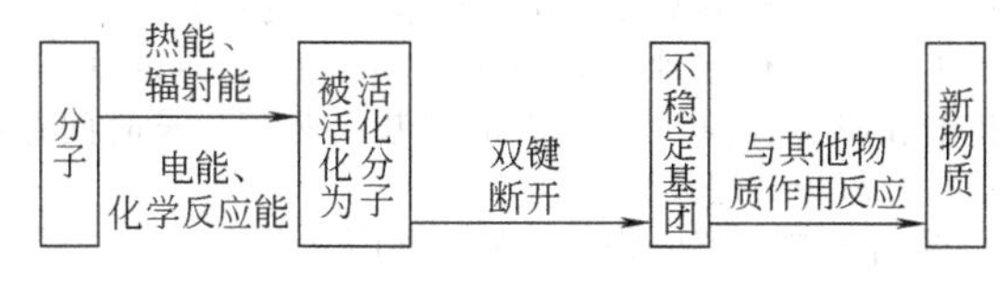


图19.2　反应过程

例如，对于燃烧反应，其反应过程如图19.3所示。

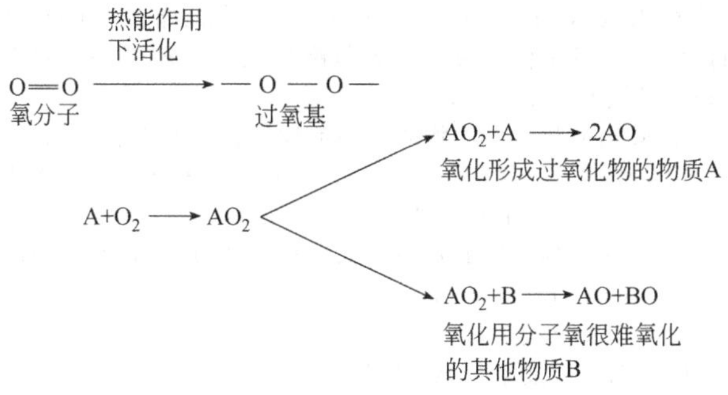


图19.3　燃烧反应过程

对于氢与氧的燃烧反应，有下列反应：

首先，氧与氢反应生成过氧化氢：$O_2+H_2 \longrightarrow H_2O_2$

其次，过氧化氢再与氢反应生成水：$H_2+H_2O_2 \longrightarrow 2H_2O$

可以看出，过氧化物是反应的中间产物，该理论假定氧分子只进行单键的破坏（1mol氧的单键破坏只要29.3～33kJ的能量）。

### 19.1.6　链式反应理论

燃烧过程：可燃物质或助燃物质先吸收能量而离解为自由基，与其他分子相互作用形成一系列链锁反应，将燃烧热释放出来。例如：氢气与氯气在光的作用下的反应过程：

$Cl_2+h_v$（光量子）$\longrightarrow Cl\cdot+Cl\cdot$　　链的引发

$\left.\begin{array}{l} H_2+Cl\cdot \longrightarrow HCl+H\cdot \\ Cl_2+H\cdot \longrightarrow HCl+Cl\cdot \end{array}\right\}$ 链的传递

$\left.\begin{array}{l} H_2+Cl\cdot \longrightarrow HCl+H\cdot \\ Cl_2+H\cdot \longrightarrow HCl+Cl\cdot \end{array}\right\}$ 链的传递

依此类推：

$\left.\begin{array}{l} Cl\cdot+Cl\cdot \longrightarrow Cl_2 \\ H\cdot+H\cdot \longrightarrow H_2 \end{array}\right\}$ 链的终止

链锁反应机理有以下三段：

① 链引发，自由基生成，链反应开始。

② 链传递，自由基作用于其他参加反应的化合物，生成新的自由基。

③ 链终止，自由基消耗，相互碰撞生成分子，与杂质或惰性分子互相碰撞而将能量分散，撞击器壁而被吸附等。

上述氯与氢反应为不分支链锁反应，即每步反应只生成一个新的自由基。氢和氧的反应则属于分支链锁反应：

① $H_2+O_2 \longrightarrow 2OH\cdot$

② $OH\cdot+H_2 \longrightarrow H_2O+H\cdot$

③ $H\cdot+O_2 \longrightarrow OH\cdot+O\cdot$

④ $O\cdot+H_2 \longrightarrow OH\cdot+H\cdot$

由于反应③与④各生成两个活化中心，因此，这类反应称为分支链锁反应。

## 19.2　燃烧的类型

### 19.2.1　闪燃与闪点

（1）闪点的定义

可燃液体的液面上，当液体温度不高时，有少量的可燃蒸气与空气混合物，遇到火源而发生一闪即灭（延续时间小于5s）的燃烧现象，称为闪燃。发生闪燃的最低温度称为该液体的闪点。在闪点温度下可燃液体只能闪燃而不能继续燃烧，这是因为在闪点温度下燃烧液体蒸发很慢，蒸发量很少，闪燃后已将蒸气烧尽，所以闪点是可以引起着火的最低危险温度。

闪点温度是衡量可燃液体危险性的一个重要参数，它可以区别各种燃烧液体火灾危险性的大小。液体的闪点越低，它的火灾危险性越大。比如，煤油的闪点是40℃，它在室温（15～25℃）下与明火接近是不能立即燃烧的。因为这个温度比闪点低，蒸发出的煤油蒸气量少，其浓度达不到爆炸下限，所以不能闪燃，更不能燃烧。只有把煤油加热到40℃时才能闪燃，继续加热到燃点时才会燃烧。由此可见，燃烧液体处于闪点以上才有着火危险。

（2）闪点的判定

燃烧液体的闪点在本质上是由它们的组成和结构决定。有机同系物中，分子量越高的液体，其闪点也越高。苯和醇同系物的闪点和分子量的关系见表19.1。

**表19.1　苯和醇同系物的闪点和分子量**

| 液体名称 | | 分子式 | 分子量 | 沸点/℃ | 闪点/℃ |
|---|---|---|---|---|---|
| 苯类 | 苯 | $C_6H_6$ | 78 | 80.1 | −11 |
| | 甲苯 | $C_6H_5CH_3$ | 92 | 110.6 | 6 |
| | 二甲苯 | $C_6H_4(CH_3)_2$ | 106 | 138.3 | 25 |
| 醇类 | 甲醇 | $CH_3OH$ | 32 | 64.7 | 11 |
| | 乙醇 | $C_2H_5OH$ | 46 | 78.4 | 12 |
| | 丙醇 | $C_3H_7OH$ | 60 | 97.8 | 15 |

汽油是由烷烃的同系物组成的，汽油馏分的温度越高，则烷烃的碳链越长，其闪点也就越高。汽油的闪点和馏分的关系见表19.2。

**表19.2　汽油的闪点和馏分的关系**

| 馏分/℃ | 闪点/℃ | 馏分/℃ | 闪点/℃ |
|---|---|---|---|
| 50～60 | −58 | 110～120 | −11 |
| 60～70 | −45 | 120～130 | −4 |
| 70～80 | −36 | 130～140 | 3.5 |
| 80～110 | −24 | 140～150 | 10 |

同系物中异构体比正构体的闪点低。能溶于水的易燃液体的闪点，随含水量的增加而提高。醇水溶液的闪点变化规律见表19.3。

**表19.3　醇水溶液的闪点变化规律**

| 溶液中醇的含量/% | 闪点/℃ | |
|---|---|---|
| | 甲醇 | 乙醇 |
| 100 | 7 | 11 |
| 75 | 18 | 22 |
| 55 | 22 | 23 |
| 40 | 30 | 25 |
| 10 | 60 | 50 |
| 5 | 无 | 60 |
| 3 | 无 | 无 |

油漆类燃烧液体的闪点取决于油漆中所用溶液的闪点。两种燃烧液体混合物的闪点一般低于这两种液体闪点的平

均值。

### 19.2.2 自燃点

(1) 物质自燃的定义和条件

从狭义上说，自燃是指可燃物在常温常压大气环境中，与空气中的氧气发生化学反应而自行发热，从而引起可燃物自行燃烧的现象，例如黄磷、黏附油脂的废布在正常大气环境中发生的自燃。从广义上说，自燃还应包括在常温常压大气环境中，某些物质互相混合或接触发生放热反应，因放出的热量使参加反应的可燃物或反应中生成的可燃物发热升温，从而引起自行燃烧的现象。例如，氧化剂高锰酸钾与可燃物甘油（丙三醇）接触发生的自燃；再如，遇水燃烧物质金属钠与水接触产生氢气，因反应放热引起氢气及钠的自燃等。由此，可以给出自燃的广义上的定义，即自燃是指可燃物与其他物质（包括空气、水、强氧化性物质等）在正常环境中，不需要外界施加着火能量，只依靠物质互相作用（包括化学、物理及生物等作用）释放出的热量而使可燃物发生自行燃烧的现象。

物质的自燃可以分成三大类，即可燃物在空气中的自燃、活性物质遇水的自燃、强氧化性物质与可燃物或还原性物质的混合接触自燃等三大类。

根据燃烧理论中的热着火机理，可以认为各类物质发生自燃的前提条件是可燃体系的产热速率必须大于散热速率。产热速率的影响因素大致包括：物质互相作用时的发热量、物质的初始温度（自燃温度一般指正常环境下的气温）、催化物质的催化作用、物质粉末的比表面积、物质表面的新旧程度（指表面活性大小）等。散热速率的影响因素大致包括可燃体系的导热作用、对流换热作用、辐射换热作用以及粉末物质的堆积体积大小和比表面积等。在实际分析某种物质的自燃危险性时，要根据具体物质以及具体条件来进行，在已知可燃体系中各物质的热物性和化学动力学方面的数据条件下，可以根据理论方法估算确定，而在绝大部分情况下要根据实际情况进行模拟实验来确定。

在某些系统中，物质自燃后会发生蔓延，对其他可燃物质来说起到了点火源的作用，因而会造成火灾爆炸事故。物质的自燃危险性往往不被人们重视，但由此而造成的危害却是很大的，应引起人们的注意。

(2) 在空气中能发生自燃的物质举例

在空气中能够自行发热引起自燃的可燃物较多，其中绝大部分属于化学危险物品中自燃物品类别。根据物质自行发热的初始原因的不同，这种自燃可分成氧化放热自燃、分解放热自燃、聚合放热自燃、吸附放热自燃和发酵放热自燃等类型，各种自燃类型的物质举例如下：

① 氧化放热自燃的物质

a. 黄磷（亦称白磷）。

b. 磷化氢。气态磷化氢（$PH_3$）、液态磷化氢（$P_2H_4$）。

c. 烷基铝。三乙基铝[$(C_2H_5)_3Al$]、二乙基氯化铝[$(C_2H_5)_2AlCl$]等。

d. 硫化铁。二硫化铁（$FeS_2$）、硫化亚铁（FeS）、三硫化二铁（$Fe_2S_3$）。

e. 煤。烟煤、褐煤、泥煤等。

f. 浸油脂物品。桐油漆布及其制品，浸渍或黏附油脂的棉、麻、毛、丝绸、纸张的制品及废物，浸渍油脂的锯木屑、硅藻土、金属屑、泡沫塑料，含油脂的涂料渣、骨粉、鱼粉、油炸食品渣，含棉籽油的原棉，含蚕蛹油的蚕茧和蚕丝等。

g. 橡胶粉末。分子结构中含有不饱和双键的天然橡胶或合成橡胶粉末等。

h. 其他。碱金属（如钾、钠）、铍、镁、锌、镉、锑、铋、硼等元素的低级烷基化合物（如甲基硼、二乙基镁等），放射性物质铀、钚、钍等（这些物质遇水或在潮湿空气中更易放热自燃）。

② 分解放热自燃的物质

a. 硝化棉（硝酸纤维素酯或硝化纤维素）。含氮量大于12.5%的火棉，含氮量小于12.5%的胶棉。

b. 赛璐珞塑料制品及硝化纤维素电影胶片等。

c. 其他。硝化甘油，含硝化棉90%以上的单基火药，含硝化棉和硝化甘油90%以上的双基火药等（长时间存放不安定易分解导致爆炸）。

③ 聚合放热自燃的物质。如甲基丙烯酸酯类[$CH_2=C(CH_3)COOR$]、乙酸乙烯酯（$CH_2=CHOCOCH_3$）、丙烯腈（$CH_2=CH-CN$）、异戊二烯[$CH_2=C(CH_3)CH=CH_2$]、液态氰化氢（HCN）、苯乙烯（$C_6H_5-CH=CH_2$）、乙烯基乙炔（$CH_2=CHC\equiv CH$）、丙烯酸酯类（$CH_2=CHCOOR$）等单体以及生产聚氨酯软质泡沫塑料的原料聚醚和二异氰酸甲苯酯等。

④ 吸附放热自燃的物质。如活性炭、还原镍、还原铁、镁、铝、锆、锌、锰、锡及其合金粉末等。另外，煤、橡胶粉末等在空气中也有这种吸附放热作用。

⑤ 发酵放热自燃的物质。如稻草、杂草、树叶、原棉、锯木屑、甘蔗渣、玉米芯等植物（大量堆积及受潮条件下易发酵放热、氧化放热，导致自燃）。

(3) 遇水能发生自燃的物质举例

有些活性物质遇水或潮湿空气中的水分便发生水解反应，产生可燃气体并释放出热量，因而引起活性物质本身或生成的可燃气体发生自燃。这类物质在热水或水蒸气接触条件下更易发生自燃，一般称为遇水燃烧物品或遇湿易燃物品，按其组成的不同举例如下。

① 碱金属及碱土金属。如钾、钠、锂、钙、锶、钡、钾钠合金、钾汞齐、钠汞齐等。

② 金属氢化物。如氢化锂（LiH）、氢化钠（NaH）、四氢化锂铝（$LiAlH_4$）、氢化钙（$CaH_2$）、氢化铝（$AlH_3$）、氢化铝钠（$NaAlH_4$）等。

③ 硼氢化合物。如二硼氢（或称乙硼烷，$B_2H_6$）、十硼氢（$B_{10}H_{14}$）、硼氢化钾（$KBH_4$）、硼氢化钠（$NaBH_4$）等。

④ 金属磷化物。如磷化钙（$Ca_3P_2$）、磷化铝（AlP）、磷化锌（包括 $ZnP_2$、$Zn_3P_2$）、磷化钠（包括 $Na_2P$、$NaP_3$、$Na_3P_2$）等。

⑤ 金属碳化物。如碳化钙（电石，$CaC_2$）、碳化钠（$Na_2C_2$）、碳化钾（$K_2C_2$）、碳化铝（$Al_4C_3$）、碳化锰（$Mn_3C$）等。另外，工业石灰氮[$Ca(CN)_2$，亦称氰氨化钙或碳氮化钙]中含有微量碳化钙和磷化钙杂质，遇水产生氨、乙炔、磷化氢（包括微量液态磷化氢）等，易发生自燃。

⑥ 金属粉末。如锌粉、镁铝粉、镁粉、铝粉、钡粉、锆粉等。

⑦ 其他活性物质。如硅化镁（$Mg_2Si$）、氰化钠（NaCN）、乙基钠（$C_2H_5Na$）、硫化钠（$Na_2S$）、低亚硫酸钠（$Na_2S_2O_4$）、乙基黄原酸钠（$C_2H_5OCSSNa$）等。还有一些物质，如烷基铝类、三乙基硼、二苯基镁、丁硅烷、二甲基砷、氨基钠、硫化磷（包括 $P_4S_7$、$P_2S_5$、$P_4S_3$）、铂黑，以及放射性物质铀、钚、钍等。

应当指出，还有一类物质与水混合接触或吸收空气中的水蒸气也会发生放热反应，但这类物质本身或反应产生的物质都是不能燃烧的，如生石灰、漂白精等。这类物质可称为遇水发热物质，容易引燃周围的可燃物或造成液体的飞溅（物理性爆炸）。这类物质的遇水反应放热作用可认为是一种点火源。

（4）发生混合接触自燃的物质组合举例

可燃物与强氧化性物质混合接触时，由于可燃物此时是还原性物质，所以会发生氧化还原反应，并放出热量，在一定的蓄热条件下，或接受一定的点火源能量（如加热、摩擦、振动、光线照射等）作用，便会有自燃或被引燃着火的危险。强氧化物质与可燃物构成混合接触自燃的物质组合是很多的，请查阅有关参考文献。

掌握了物质的自燃点，就可以采取相应的措施。如将可燃物与烟囱、取暖设备、电热器等热源隔离或留出间距，防止这些物质受热或被烘烤、熬炼引起自燃；注意控制温度，使加热温度不超过其自燃点；在火灾扑救中，用水冷却火区周围的可燃建筑，搬离可燃物品，防止受辐射热和热气流作用而自燃，使火灾蔓延扩大等。

对于可燃物因受热作用发生化学反应自动加热直到发生燃烧的自燃现象，我们可以用热爆炸（热自燃）理论来解释。

### 19.2.3　热爆炸理论

（1）热起爆基本方程

热爆炸理论认为，爆炸物质反应时放出的热量等于发生的爆炸物量和爆炸物质反应热效应的乘积。

$$q_r = wQ \tag{19.1}$$

式中，$q_r$ 为单位时间爆炸物质反应时放出的热量；$w$ 为化学反应速率；$Q$ 为爆炸物质的反应热效应。

爆炸过程爆炸物质要向周围环境散发热量，单位时间散发的热量为：

$$q_w = \lambda \nabla^2 T \tag{19.2}$$

式中，$\lambda$ 为热导率，W/(m·K)；$\nabla^2$ 为拉普拉斯算子；$T$ 为温度。

发生爆炸的必要条件是爆炸物质的温度不断上升，导致反应速率不可控制地增加。如果反应放热和向环境失热不平衡，放热速率大于失热速率，剩余的热量用来加热爆炸物质，根据能量守恒原理，爆炸物质吸收的热量为：

$$\rho C_p \frac{\partial T}{\partial t} = \lambda \nabla^2 T + vQ \tag{19.3}$$

可见，燃烧及爆炸的问题是一个能量平衡问题，爆炸物质能否升温取决于得热及失热的代数和。只有当

$$\rho C_p \frac{\partial T}{\partial t} > 0 \tag{19.4}$$

时有

$$\frac{\partial T}{\partial t} > 0 \tag{19.5}$$

由此得到当反应放热速率大于失热速率时，爆炸物质温度不断上升，反应速率不断加快，直到导致爆炸的结论。

（2）热图

系统内温度不随空间位置的变化而变化的系统是温度均匀分布的系统，它是我们要研究的最简单的系统。设系统温度为 $T$，环境温度为 $T_a$，环境温度也是均匀的，在环境和反应物接触的表面上的各点温度都为 $T_a$。在反应物系统的表面有一个温度突变（$T-T_a$）。以下我们将研究这种均温系统。

反应的放热速率为：

$$q_r = wQ \tag{19.6}$$

设均温系统的放热反应为基元反应：

$$aA + bB \longrightarrow gG + dD$$

$$v = k[A]^a[B]^b \tag{19.7}$$

设反应物浓度 $[A]=c_A$，$[B]=c_B$，$v=kc_A^a c_B^b$。

式中反应速率常数为：

$$k = Ze^{-\frac{e}{RT}}$$

$$v = Zc_A^a c_B^b e^{-\frac{e}{RT}} \tag{19.8}$$

$$q_r = Zc_A^a c_B^b Q e^{-\frac{e}{RT}} \tag{19.9}$$

令 $Zc_A^a c_B^b = Z_a$，得到 $q_r = Z_a e^{-\frac{e}{RT}}$，在均温系统中热损失速率服从牛顿冷却公式：

$$q_n = xs(T - T_a) \tag{19.10}$$

式中，$x$ 为传热系数；$s$ 为与环境相接的反应物的表面积；$T$ 为系统温度；$T_a$ 为环境温度。

在均温热爆炸系统中，我们主要考虑 $x$ 是常数，即 $x$ 不随温度变化的情况，从式（19.10）中可以看出，失热速率（$q_n$）和（$T-T_a$）成正比，和系统温度（$T$）成直线关系，如图19.4所示。

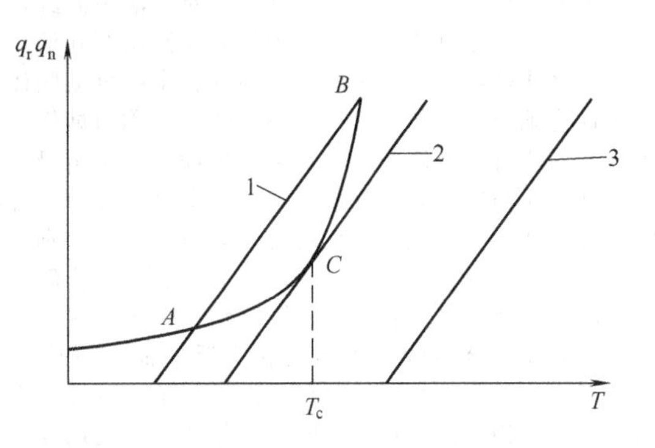


图19.4　放热速率和失热速率与系统温度之间关系

1—放热速率<散热速率，不发生爆炸；2—临界（炸药温度近似为环境温度）；3—放热速率>散热速率，发生爆炸

图19.4中，点 $A$ 对应一个稳定的平衡点，点 $B$ 对应不稳定的平衡点，点 $C$ 为临界点对应临界系统，所对应的环境温度 $T_c$ 为在给定压力下能够发生热自燃或热爆炸的最低环境温度，也称为自燃点。

### 19.2.4　着火点

可燃物质与火源接触燃烧，并且在火源移去后，能保持继续燃烧的现象，称为着火。可燃物质发生着火的最低温度称为着火点或燃点。闪点与着火点的区别如下。

① 燃烧。着火点时不仅是蒸气燃烧，而且还有液体，这是由于液体已经达到燃烧温度，可提供达到稳定燃烧的蒸气。

② 在闪点时移去火源后，闪燃后熄灭，而在着火点时液体能继续燃烧。

### 19.2.5　燃烧条件三要素

要使燃烧得以发生，必须同时具备下列三个条件：要有可燃物，例如木材、汽油、苯、甲烷、镁等；要有助燃物，通常存在最多的是空气中的氧；要有引燃能源，例如明火、摩擦、撞击、高温表面、自燃发热、电火花、静电火花、化学能、聚集的日光或射线等。

可燃物、助燃物和引燃能源构成燃烧的三要素，只有当它们同时存在并且互相发生作用时燃烧才有可能发生，缺少其中的任一要素燃烧便不能发生。要使燃烧得以发生不仅必须要有可燃物和助燃物，而且需要具备一定的数量和浓度。例如：甲烷的浓度小于1.4%或空气中氧气含量小于12%，甲烷便不能燃烧。由燃烧的链锁反应机理还可知道，链锁反应的起始步骤是链引发，这一过程是需要能量的，要导致燃烧发生必须具备一定强度和数量的引燃能源。若用热能引燃

甲烷-空气混合气体，当温度低于595℃时燃烧便不会发生。由此可见，具备一定浓度和数量的可燃物和助燃物以及具备一定强度和数量的引燃能源，并且发生相互作用是引起燃烧的必要条件。

### 19.2.6 燃烧产物

燃烧产物是指由燃烧或热解作用产生的全部物质。燃烧产物包括：燃烧生成的气体、能量、可见烟等。燃烧生成的气体一般是指：一氧化碳、氰化氢、二氧化碳、丙烯醛、氯化氢、二氧化硫等。

火灾统计表明，火灾中死亡人数大约80%是吸入火灾中燃烧产生的有毒烟气而致死的。火灾产生的烟气中含有大量的有毒成分，如一氧化碳、氰化氢、二氧化硫、二氧化氮等。二氧化碳是主要的燃烧产物之一，而一氧化碳是火灾中致死的主要燃烧产物之一，其毒性在于对血液中血红蛋白的高亲和性，其对血红蛋白的亲和力比氧气高出250倍。

由燃烧或热解作用产生的悬浮在气相中的可见固体和液体微粒称为烟或烟粒子，含有烟粒子的气体称为烟气。烟气的成分和性质首先取决于发生热解和燃烧的物质本身的化学组成，其次还与燃烧条件有关。由于发生火灾时参与燃烧的物质比较复杂，尤其是发生火灾的环境条件千差万别，所以火灾烟气的组成相当复杂。大部分可燃物都属于有机化合物，其由碳、氢、氧、硫、磷、氮等元素构成。在一般温度条件下，氮在燃烧过程中不参与化学反应而呈游离状态析出，而氧作为氧化剂在燃烧过程中消耗掉了。各种元素与氧化剂反应生成相应的氧化物，即二氧化碳、一氧化碳、水蒸气、二氧化硫、五氧化二磷等。此外，还有少量氢气和烃类化合物。现代家居材料大量采用高分子合成材料。这些高分子合成材料的燃烧和热解产物比单一的木质材料要复杂得多。近年来，从火灾现场和燃烧实验所获得的烟气试样中分析发现，火灾烟气中有一种叫自由基的中间气态物质。这种自由基是在有机物热分解和不完全燃烧情况下产生的，有些物质甚至在水的沸点温度下就开始分解出自由基。自由基的浓度可达CO的三倍之多，有时，在火灾扑灭之后，自由基的浓度能在十几分钟内保持不变。

火灾烟气的毒害性具体表现在四个方面。

第一，烟气中含氧量往往低于人们正常生理所需要的数值。对于处在着火房间内的人员来说，氧气的短时致死浓度为6%，即使含氧量为6%～14%，虽然不会短时致死，但也会因为失去活动能力和智力下降而不能逃离火场最终被烧死。在实际的着火房间中氧气的最低浓度可达3%。

第二，烟气中含有各种有毒气体，而且这些气体的含量已超过了人们正常生理所允许的最低浓度，造成人员中毒死亡。高分子合成材料燃烧时会产生大量毒气，使火灾所生成的毒性气体的危害更加严重。

第三，火灾烟气中悬浮微粒的直径一般为0.01～10$\mu$m，有的也可达几十微米。粒径小于5$\mu$m的飘尘，由于气体扩散作用，能进入人体肺部黏附在肺泡壁上，随血液送至全身，引起呼吸道疾病和增大心脏病死亡率。

第四，火灾烟气具有较高的温度。在着火房间内，烟气温度可高达数百摄氏度，在地下建筑中，火灾烟气温度可达一千摄氏度以上。

综上所述，火灾生成烟气的毒害性可归纳为八个字，即缺氧、毒害、尘害和高温。

## 19.3 爆炸及破坏作用

### 19.3.1 爆炸现象及其分类

爆炸是一种极为迅速的物理或化学的能量释放过程。在一些过程中，体系内的物质以极大的速度把其内部所含有的能量释放出来，转变成机械功、光和热等能量形态。爆炸介质在压力作用下，对周围物体（容器或建筑物等）形成急剧突跃压力的冲击，或者造成机械性破坏效应，以及周围介质受振动而产生声响效应。所以一旦失控，发生爆炸事故，就会产生巨大的破坏作用。爆炸发生破坏作用的根本原因是构成爆炸的体系内存有高压气体或在爆炸瞬间生成的高温高压气体、蒸气的骤然膨胀。爆炸体系和它周围的介质之间发生急剧的压力突变是爆炸的最重要特征，这种压力突变也是产生爆炸破坏作用的直接原因。

此外，物质发生爆炸时，产生的大量气体和能量在有限体积内突然释放或急剧转化，并在极短时间内，在有限体积内积聚，造成高温高压，这是爆炸的内部特征。

爆炸可以由各种不同的物理成因或化学成因所引起。我们按照引起爆炸过程发生的原因，把爆炸现象分为物理爆炸、化学爆炸、核子爆炸等三类。

(1) 物理爆炸

物理爆炸是由物理变化（温度、体积和压力等物理因素）引起的。在物理爆炸的前后，爆炸物质的质及化学成分均不改变。例如锅炉爆炸是典型的物理爆炸，其原因是过热的水迅速蒸发出大量蒸汽，使蒸汽压力不断提高，当压力超过锅炉的极限强度时，就会发生爆炸（水变成500℃的水蒸气时，体积将增大3500倍）。

(2) 化学爆炸

化学爆炸是物质在短时间内完成化学变化，形成其他物质，同时产生大量气体和能量的现象。化学爆炸的特征：反应过程放热，反应过程高速度，反应过程必须形成气体产物。

① 反应过程放热。这是化学反应能否成为爆炸的最重要的基础条件，也是爆炸过程的能量来源。如硝酸铵的分解反应：

$$NH_4NO_3 \xrightarrow{\text{低温加热}} NH_3 + HNO_3 - 170.7\text{kJ} \tag{19.11}$$

$$NH_4NO_3 \xrightarrow{\text{用雷管引爆}} N_2 + 2H_2O + 0.5O_2 + 126.4\text{kJ} \tag{19.12}$$

式(19.11)是硝酸铵用作化肥在农田里发生的缓慢分解反应，反应过程吸热，不能发生爆炸。当硝酸铵用雷管引爆，就按式(19.12)发生放热的分解反应，可用作矿山炸药。

② 反应过程高速度。混合爆炸物质是许多炸药的氧化剂和还原剂同时共存的体系，所以它们能够发生快速的逐层传递的化学反应，使爆炸过程能以极快的速度进行，这是爆炸反应同一般化学反应的一个最突出的不同点。因此，爆炸物质具有巨大的功率和强烈的破坏作用。

③ 反应过程必须形成气体产物。气体在通常大气条件下密度比固体和液体要小得多，它具有可压缩性。爆炸物质在爆炸瞬间形成大量气体产物，由于爆炸反应速率极快，它们来不及扩散膨胀，都被压缩在爆炸物质原来所占用的体积内，爆炸过程在形成气体产物的同时释放出大量的热量，这些热量也来不及逸出，都加热了形成的气体产物，这样就导致在爆炸物质原来所占有的体积下存储了处于高温高压状态的气体。这种气体作为工质，在瞬间膨胀就可以做功，由于功率巨大，就能对周围物质、设备、房屋造成巨大的破坏作用。

(3) 核子爆炸

核子爆炸是某些物质的原子核发生裂变反应（如$^{235}$U的裂变）或聚变反应（如氘的聚变，氘为氢的同位素，其原子量为普通氢的二倍，少量存在于天然水中，用于核反应，并在化学和生物学的研究工作中作示踪原子，亦称“重氢”，元素符号D）时，释放出巨大能量而发生爆炸，如原子弹、氢弹的爆炸。

核子爆炸所放出的能量比炸药爆炸放出的化学能要大得多，集中很多。核子爆炸时可形成数百万到数千万摄氏度的高温，在爆炸中心区造成数百万个大气压的高压，同时还释放出大量的热辐射和强烈的光。此外，还会产生各种对人类生存有害的放射性粒子，造成爆炸地区长时间的放射性污染。核子爆炸比物理和化学爆炸具有大得多的破坏力，核爆炸的能量约相当于数万吨到数千万吨TNT炸药爆炸的能量。

### 19.3.2 分解爆炸

具有分解爆炸特性的物质如乙炔（$C_2H_2$）、叠氮铅［$Pb(N_2)_2$］等，在温度、压力或摩擦撞击等外界因素作用下，会发生爆炸性分解。因此在生产中必须采取相应的防护措施，防止发生这类事故。

（1）气体的分解爆炸

能够发生爆炸性分解的气体，在温度、压力等作用下的分解反应，会释放相当数量的热量，从而给燃爆提供了所需的能量。以乙炔为例，当乙炔受热或受压时容易发生聚合、加成、取代和爆炸性分解等化学反应。温度达到200～300℃时，乙炔分子就开始发生聚合反应，形成其他更复杂的化合物。

在高压下容易引起分解爆炸的气体，当压力降至某数值时，就不再发生分解爆炸，此压力称为分解爆炸的临界压力。乙炔分解爆炸的临界压力为0.14MPa，一氧化氮为0.15MPa。

气体发生分解爆炸需要一定的条件才能发生。

首先，气体必须是分解性气体，即气体本身能发生分解，而且分解放热比较多。一般来说，分解热在80kJ/mol以上的气体可能发生分解爆炸。这是由气体的化学组成所决定的，是发生分解爆炸的内因。

其次，需要一定的压力。每一种分解爆炸性气体都有一个临界压力，低于这个压力，一般不会发生分解爆炸；高于临界压力，压力越高，分解爆炸的危险性越大。

再次，要有点火源（初始能量）。各种分解爆炸性气体的最小发火能不同。同一种气体的最小发火能随压力的升高而降低。最小发火能越低，气体发生分解爆炸的危险性越大。

以上后两个条件是分解爆炸的外因。常见的分解爆炸性气体有：乙炔、乙烯、丙烯、臭氧、环氧乙烷、四氟乙烯、一氧化氮、二氧化氮等。

（2）简单分解的爆炸性物质

这类物质在爆炸时分解为元素，并在分解过程中产生热量，如乙炔银、乙炔铜等。乙炔银受摩擦或撞击时的分解爆炸反应式是：

$$Ag_2C_2 \longrightarrow 2Ag + 2C + Q \qquad (19.13)$$

简单分解的爆炸性物质很不稳定，受摩擦或撞击，甚至轻微振动都可能发生爆炸，其危险性很大。安全规程规定，与乙炔接触的设备零件，不得用含铜量超过70%的铜合金制作。

（3）复杂分解的爆炸性物质

这类物质包括各种含氧炸药和烟花爆竹等，其危险性较简单分解的爆炸物稍低，如苦味酸、TNT、硝化棉等。例如，硝化甘油的分解爆炸反应式为：

$$4C_3H_5(ONO_2)_3 \longrightarrow 12CO_2 + 10H_2O + O_2 + 6N_2 + Q \qquad (19.14)$$

### 19.3.3 爆炸反应历程

爆炸反应分为两种，一为热爆炸，一为链爆炸。

按照链式反应理论，爆炸性混合物与火源接触，就会有活性分子生成或成为链锁反应的活性中心。爆炸性混合物着火后，热以及活性中心向外传播，促使邻近的一层混合物起化学反应，然后这一层又成为热和活性中心的源而引起另一层混合物的反应，如此循环地持续进行，直到全部爆炸性混合物反应完为止。

爆炸大多数随着燃烧而发生，所以长期以来燃烧理论的观点认为：当燃烧在某一定空间内进行时，如果散热不良会使反应温度不断升高，温度的升高又会促使反应速率加快，如此循环进行而导致爆炸的发生。也即爆炸是反应的热效应而引起的，因而称为热爆炸。热爆炸是由于反应大量放热而引起的。因为反应速率常数与温度呈指数函数关系，即$k_A = k_0 \exp\left(\frac{E_a}{RT}\right)$，如果反应释放出的热量不能及时传出，则造成系统温度急剧升高，进而反应速率变得更快，放热更多，如此发展下去，最后导致爆炸。

链爆炸是由支链反应引起的，随着支链的发展，链传递物（活性质点）剧增，反应速率愈来愈大，最后导致爆炸。

链爆炸反应的温度、压力、组成通常都有一定的爆炸区间，称为爆炸界限。

以$2H_2 + O_2 \longrightarrow H_2O$反应为例，它是一个支链反应，机理如下：

① 链的引发

$H_2 + O_2 +$ 器壁 $\longrightarrow HO_2 + H\cdot$

② 链的传递

$H\cdot + O_2 \longrightarrow HO + O\cdot$

$O\cdot + H_2 \longrightarrow HO + H\cdot$

$H_2 + HO\cdot \longrightarrow H\cdot + H_2O$

③ 链的终止

$H\cdot + H\cdot + M\cdot \longrightarrow H_2 + M\cdot$

$H\cdot + HO\cdot + M\cdot \longrightarrow HO_2 + M\cdot$ （气相中销毁）

$H\cdot + HO\cdot + M\cdot \longrightarrow H_2O-M$

$H\cdot + HO\cdot +$ 器壁 $\longrightarrow$ 稳定分子（器壁上销毁）

当该反应以$H_2 : O_2 = 2:1$的分子比在一个内径为74cm内壁涂有KCl的玻璃反应管中进行时，实验结果得到如图19.5所示的爆炸反应的温度与压力界限。温度低于673K时，系统在任何压力下都不爆炸，在有火花引发的情况下，$H_2$和$O_2$将平稳地反应。温度高于673K时就有爆炸的可能，这要看产生支链和断链作用的相对大小。下面以700K时的反应情况来分析。实验中可观测到有三个爆炸界限，见图19.5。

压力低于第一限时反应极慢；压力在第一限和第二限之间时，发生爆炸；压力高于第二限后反应又平稳进行，但速率随压力增大而增大；压力达到和超过第三限后则又发生爆炸。从实验得知，爆炸第一限的压力数值与容器的性质及大小有关。第一限的存在，可解释为在低压下，链传递体很容易扩散至器壁而被销毁。当压力逐步增大时，链传递体向器壁扩散受到阻碍，而气相中气体碰撞的机会增加，器壁断链作用很小，而气相断链作用又不够大，所以压力达到第一限（低限）以后，就进入了爆炸区。

第二限主要由压力来决定，可解释为随着压力的增大，分子相碰的机会增多，因而，链传递体在气相中的销毁作用逐渐加强，压力越过第二限（高限）后，即进入平稳反应区。但压力越过第三限后又出现爆炸。

第三限的出现一般认为是热爆炸，但很可能不是单纯的热爆炸，压力增大后发生，出现下述反应：

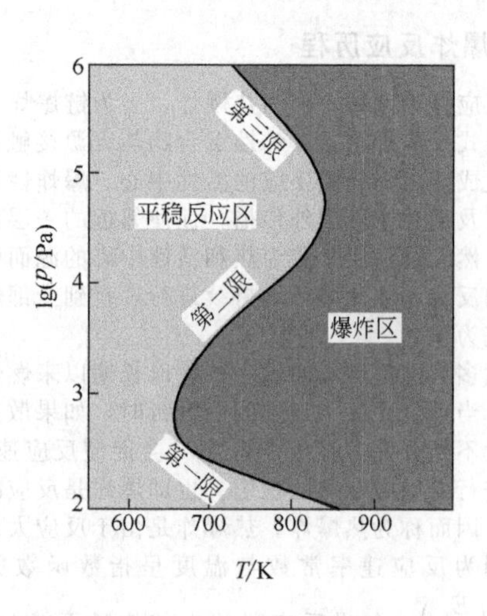


图 19.5　$H_2$ 与 $O_2$ 按 2∶1 的分子比混合的爆炸极限

$$H\cdot + O_2 \longrightarrow HO_2\cdot$$
$$HO_2\cdot + H_2 \longrightarrow H\cdot + H_2O_2$$
$$HO_2\cdot + H_2O \longrightarrow OH\cdot + H_2O_2$$

反应产生自由基 H·和·OH，是放热反应，混合物温度升高也会引起爆炸。除了受温度和压力影响之外，爆炸还与气体的成分有关。

### 19.3.4　爆炸事故的主要原因

① 违章操作或不负责任擅离职守，使压力容器内部的压力超过所能承受的压力而得不到控制，造成爆炸事故。

② 因压力容器设备发生故障，安全减压系统失效，压力容器内部压力剧增，得不到及时排除而发生爆炸。

③ 违反法规和安全管理制度，在不具备生产、运输和储存易燃易爆危险品的条件下，生产、运输和储存危险品，造成引发爆炸的因素共同作用而发生爆炸。

④ 在实验中，对研制的物质的化学性质、物理性质没有完全掌握的情况下，采用了一些不适当的做法，而引发爆炸事故。

⑤ 在维修、维护设备时，对易燃易爆气体的性质不了解，盲目使用而引发爆炸。

⑥ 因管道煤气、液化石油气、氢气、乙炔等泄漏或汽油蒸气等在空气中达到一定浓度，遇火源就会发生爆炸事故。

### 19.3.5　爆炸事故的预防

① 严格遵守规章制度，熟悉操作方法，清楚了解有关物质的物理化学性质，有关设备的安全系数，如在什么条件（温度、压力等因素）下会发生爆炸危险。

② 控制可燃物形成爆炸性混合物。如用惰性介质二氧化碳、氮气和水等排除容器设备和管道内的可燃物，使其浓度低于爆炸下限，以防爆炸发生。

③ 使用可燃气体、液体时应防止静电。储存汽油等应使用铁桶、铁罐，以利于防止静电。

④ 防止易燃易爆气体及液体的泄漏。要严防容器和管道的跑、冒、滴、漏，特别要防止从阀门、盖子和接头处泄漏。

⑤ 保持室内空气流通，防止可燃气体在空气中达到发生爆炸的浓度。不允许用火的地方严禁用火，如煤气检漏。

⑥ 经常检查压力容器安全装置的可靠性，如高压锅的控制阀、安全阀等。

⑦ 有些易燃易爆气体不但有爆炸的危险性，还有中毒的危险性，如氯气就是有毒气体。因此，在防燃防爆的同时，还要防止中毒。

## 19.4　燃烧与爆轰

### 19.4.1　爆轰的定义

爆轰过程和燃烧过程一样，有一个化学反应区。爆轰过程的化学反应也是一层层传递进行的，反应区移动的速度也就是爆轰过程的进行速度。反应速率加快，即可由燃烧转变成爆轰，产生爆轰波。爆轰波是沿爆炸物传播的一种强冲击波。在爆轰波传过后，爆炸物因受它的强烈冲击作用而立即发生高速化学反应，形成高温高压的爆轰产物，并释放出大量热能。所释放出来的这些能量又供给爆轰波能量，使下层爆炸物进行高速反应。因此，爆轰波就能够不衰减地自动传播下去。

按照爆炸的瞬时燃烧速度的不同，爆炸可分为以下三种。

① 轻爆。物质爆炸时的燃烧速度为每秒数米，爆炸时无多大破坏力，声响也不大。例如无烟火药在空气中的快速燃烧，可燃气体混合物在接近爆炸浓度上限或下限时的爆炸即属于此类。

② 爆炸。物质爆炸时的燃烧速度为每秒十几米到数百米，爆炸时能在爆炸点引起压力激增，有较大的破坏力，有震耳的声响。可燃性气体混合物在大多数情况下的爆炸，以及被压榨火药与火源引起的爆炸等即属于此类。

③ 爆轰。物质爆炸时的燃烧速度为 1000～7000m/s。爆炸时的特点是突然引起极高压力并产生超音速的“冲击波”。由于在极短时间燃烧产物急速膨胀，像活塞一样挤压其周围的气体，反应所产生的能量有一部分传给压缩的气体层，于是形成的冲击波由它本身的能量所支持，迅速传播并能远离爆轰的发源地而独立存在，同时可引起该处的其他爆炸性气体混合物或炸药发生爆炸，从而产生一种“殉爆”现象。为防止殉爆的发生，应保持使空气冲击波失去引起殉爆能力的距离，其安全距离按下式计算：

$$S=K\sqrt{G} \tag{19.15}$$

式中，$S$ 为不引起殉爆的安全距离，m；$K$ 为系数，平均值取 1～5（有围墙取 1，无围墙取 5）；$G$ 为爆炸物的质量，kg。

### 19.4.2　燃烧与爆轰的异同

燃烧与爆轰的共同点为：燃烧波和爆轰波都属于化学反应波。燃烧和爆炸一经发生，它们不是在全体物质内进行，而是在某一局部区域以化学反应波的形式，按一定的方向，一定的速度，一层层地自动传播进行。化学反应波的反应区比较窄，化学反应就在这个很窄的反应区内进行并完成，而且这个过程一经发生就可以自动地继续下去，直到爆炸物质全部反应完毕。

燃烧与爆轰的区别为：其一，燃烧过程的传播容易受外界条件（如温度、压力、风向等）的影响，特别是受环境条件的影响。其二，燃烧过程中燃烧反应区内产物质点运动方向与爆轰波传播方向相同，爆轰波区的压力可高达数十万个大气压，所以破坏能力大。

燃烧与爆轰的联系为：在一定条件下，爆炸物质可以由燃烧转化为爆轰。工业和民用设施中发生的爆炸事故，大多数是从燃烧开始而后发展成爆轰的。

## 19.5 爆炸极限

### 19.5.1 爆炸极限的定义

爆炸极限是指可燃气体、蒸气或粉尘与空气混合后，遇火产生爆炸的最高或最低浓度，通常以体积分数表示。可燃气体、蒸气或粉尘与空气组成的混合物，能使火焰传播的最低浓度称为该气体或蒸气的爆炸下限，也称燃烧下限。可燃气体、蒸气或粉尘与空气组成的混合物，能使火焰传播的最高浓度称为该气体或蒸气的爆炸上限，也称燃烧上限。

可燃气体、蒸气或粉尘与空气混合，必须在一定的比例下才能发生爆炸。混合比例不同，其危险程度也不同。例如，由CO与空气构成的混合物在火源作用下的爆炸情况见表19.4。

表19.4 CO与空气混合物在火源作用下的爆炸情况

| CO在混合气中所占的体积分数/% | 爆炸情况 |
|---|---|
| <12.5 | 不燃不爆 |
| 12.5 | 轻度燃爆 |
| 12.5～30 | 燃爆逐渐加强 |
| 30 | 燃爆最强烈 |
| >30～80 | 燃爆逐渐减弱 |
| 80 | 轻度燃爆 |
| >80 | 不燃不爆 |

表19.4所列的混合比例及其对应的爆炸情况，说明可燃性混合物有一个发生燃烧和爆炸的浓度范围，即有一个最低浓度和最高浓度，可燃性混合物只有在这两个浓度之间，才会发生燃烧或爆炸。

可燃性物质与空气必须在一定的浓度范围内均匀混合形成预混气，遇火源才会发生爆炸或燃烧，这个浓度范围称为爆炸极限。

爆炸性混合物发生爆炸有热反应和链式反应两种不同的机理。至于在什么情况下发生热反应，什么情况下发生链式反应，需根据具体情况而定，甚至同一爆炸性混合物在不同条件下有时也会有所不同。

### 19.5.2 爆炸极限的计算

根据完全燃烧反应所需的氧原子数计算有机物的爆炸下限和上限的体积分数，计算爆炸下限的公式为：

$$L_x=\frac{100}{4.76(N-1)+1}\times 100\% \tag{19.16}$$

计算爆炸上限的公式为：

$$L_S=\frac{4\times 100}{4.76N+4}\times 100\% \tag{19.17}$$

式中，$L_S$为可燃性混合物爆炸上限，%；$L_x$为可燃性混合物爆炸下限，%；$N$为每摩尔可燃气体完全燃烧所需的氧原子数。

《建筑设计防火规范》中将爆炸下限小于10%的气体划分为甲类气体，少数爆炸下限大于等于10%的气体划分为乙类气体。

### 19.5.3 影响爆炸极限的因素

爆炸极限受各种因素变化的影响，主要有：初始温度、初始压力、惰性介质及杂质、混合物中氧含量、点火源等。具体为：

① 初始温度高，则爆炸极限范围大；

② 初始压力高，则爆炸极限范围大；

③ 混合物中加入惰性气体，爆炸极限范围缩小，特别对爆炸上限的影响更大；

④ 混合物含氧量增加，爆炸下限降低，爆炸上限上升。

### 19.5.4 粉尘爆炸的特点

粉尘爆炸的条件为：①粉尘本身必须是可燃性的；②粉尘必须具有相当大的比表面积；③粉尘必须悬浮在空气中，与空气混合形成爆炸极限范围内的混合物；④有足够的点火能量。

影响粉尘爆炸的因素有：①颗粒的尺寸；②粉尘浓度；③空气的含水量；④含氧量；⑤可燃气体含量。颗粒越小其比表面积越大，氧吸附也越多，在空气中悬浮时间越长，爆炸危险性越大。空气中含水量越高，粉尘越小，引爆能量越高。随着含氧量的增加，爆炸浓度范围扩大。有粉尘的环境中存在可燃性气体时，会大大增加粉尘爆炸的危险性。

粉尘爆炸的特点为：①多次爆炸是粉尘爆炸的最大特点；②粉尘爆炸所需的最小点火能量较高，一般在几十毫焦耳以上；③与可燃性气体爆炸相比，粉尘爆炸压力上升较缓慢，较高压力持续时间长，释放的能量大，破坏力强；④爆炸感应期长；⑤生成有毒气体。

### 19.5.5 根据燃烧反应方程式与气体的内能计算爆炸温度

可燃气体或蒸气的爆炸温度可利用能量守恒的规律估算，即根据爆炸后各生成物内能之和与爆炸前各物质内能及物质燃烧热的总和相等的规律进行计算。其计算公式为：

$$\sum u_2=\sum Q+\sum u_1 \tag{19.18}$$

式中，$\sum u_2$为爆炸后各生成物内能总和；$\sum u_1$为爆炸前各物质的内能总和；$\sum Q$为物质燃烧热的总和。

### 19.5.6 爆炸压力的计算

可燃性混合物爆炸产生的压力与初始压力、初始温度、浓度、组分、容器的形状及大小等因素有关。爆炸时产生的最大压力可按压力与温度及物质的量成正比的规律确定：

$$\frac{p}{p_0}=\frac{T}{T_0}\times\frac{n}{m} \tag{19.19}$$

式中，$p$、$T$、$n$为爆炸后的最大压力、最高温度、气体的物质的量；$p_0$、$T_0$、$m$为爆炸前的初始压力、初始温度和气体的物质的量。

由上式得：

$$p=\frac{T}{T_0}\times\frac{n}{m}\times p_0 \tag{19.20}$$

## 19.6 危险物品分类

危险物品是指具有爆炸、易燃、毒害、腐蚀、放射性等性质的物品，而且在运输、储存、生产、经营、使用和处置中，容易造成人身伤亡、财产损毁或环境污染而需要特别防护的物质和物品。

根据国家标准《危险货物分类和品名编号》（GB 6944—2012），按危险物品具有的危险性或最主要的危险性分为9个类别，第1类、第2类、第4类、第5类和第6类再分成项别。类别和项别分列如下。

第1类：爆炸品

第1.1项：有整体爆炸危险的物质和物品；

第1.2项：有迸射危险，但无整体爆炸危险的物质和物品；

第1.3项：有燃烧危险并有局部爆炸危险或局部迸射危险，或这两种危险都有但无整体爆炸危险的物质和物品；

第1.4项：不呈现重大危险的物质和物品；

第1.5项：有整体爆炸危险的非常不敏感物质；

第1.6项：无整体爆炸危险的极端不敏感物品。

第2类：气体

第2.1项：易燃气体；

第2.2项：非易燃无毒气体；

第2.3项：毒性气体。

第3类：易燃液体

第4类：易燃固体、易于自燃的物质、遇水放出易燃气体的物质

第4.1项：易燃固体、自反应物质和固态退敏爆炸物；

第4.2项：易于自燃的物质；

第4.3项：遇水放出易燃气体的物质。

第5类：氧化性物质和有机过氧化物

第5.1项：氧化性物质；

第5.2项：有机过氧化物。

第6类：毒性物质和感染性物质

第6.1项：毒性物质；

第6.2项：感染性物质。

第7类：放射性物质

第8类：腐蚀性物质

第9类：杂项危险物质和物品，包括危害环境物质

注意：类别和项别的号码顺序并不是危险程度的顺序。

（1）爆炸品

爆炸品包括以下几项。

① 爆炸性物质（物质本身不是爆炸品，但能形成气体、蒸气或粉尘爆炸环境者，不列入第1类），不包括那些太危险以致不能运输或其主要危险性符合其他类别的物质；

爆炸性物质（或混合物）是指固态或液态物质（或物质的混合物），自身能够通过化学反应产生气体，而产生气体的温度，压力和速度能对周围环境造成破坏。其中也包括发火物质，即使它们不放出气体。

② 爆炸性物品，但不包括下述装置：其中所含爆炸性物质由于其数量或特性，在意外、偶然点燃或引爆后，不会由于迸射、发火、冒烟、发热或巨响而在装置之部产生任何效应。

爆炸性物品是指含有一种或几种爆炸性物质的物品。

③ 未产生爆炸或烟火实际效果而制造的，①和②中未提及的物质或物品。

（2）气体

本类气体指满足下列条件之一的物质：

① 在50℃时，蒸气压力大于300kPa的物质；

② 20℃时在101.3kPa标准压力下完全是气态的物质。

本类包括压缩气体、液化气体、溶解气体和冷冻液化气体、一种或多种与一种或多种其他类别物质的蒸气混合物、充有气体的物品和气雾剂。

① 压缩气体是指在−50℃下加压包装供运输时完全是气态的气体，包括临界温度小于或等于−50℃的所有气体。

② 液态气体是指在温度大于−50℃下加压包装供运输时部分是液态的气体，可分为：

a. 高压液化气体。临界温度在−50～+65℃之间的气体。

b. 低压液化气体。临界温度大于+65℃的气体。

③ 溶解气体是指加压包装供运输时溶解于液相溶剂中的气体。

④ 冷冻液化气体是指包装供运输时由于其温度低而部分呈液态的气体。

（3）易燃液体

本类包括易燃液体和液态退敏爆炸品。

① 易燃液体是指易燃的液体或液体混合物，或是在溶液或悬浮液中有固体的液体，其闭杯试验闪点不高于60℃，或开杯试验闪点不高于65.6℃。易燃液体还包括满足下列条件之一的液体：

a. 在温度等于或高于其闪点的条件下提交运输的液体；

b. 以液态在高温条件下运输或提交运输，并在温度等于或低于最高运输温度下放出易燃蒸气的物质。

② 液态退敏爆炸品是指为抑制爆炸性物质的爆炸性能，将爆炸性物质溶解或悬浮在水中或其他液态物质后，而形成的均匀液态混合物。

符合易燃液体的定义，但闪点高于35℃而且不持续燃烧的液体，不视为易燃液体。符合下列条件之一的液体视为不能持续燃烧：

① 按照GB/T 21622规定进行持续燃烧试验，结果表明不能持续燃烧的液体；

② 按照GB/T 3536确定的燃点大于100℃的液体；

③ 按质量分数含水量大于90%且混溶于水的溶液。

（4）易燃固体、易于自燃的物质、遇水放出易燃气体的物质

本类包括易燃固体、易于自燃的物质、遇水放出易燃气体的物质，分为3项。

① 易燃固体、自反应物质和固态退敏爆炸物

a. 易燃固体。易于燃烧的固体和摩擦可能起火的固体。

b. 自反应物质。即使没有空气（氧气）存在，也容易发生激烈放热分解的热不稳定物质。

c. 固态退敏爆炸物。为抑制爆炸性物质的爆炸性能，用水或乙醇湿润爆炸性物质，或用其他物质稀释爆炸性物质后，而形成的均匀固态混合物。

② 易于自燃的物质。本项包括发火物质和自热物质。

a. 发火物质。即使只有少量与空气接触，不到5min时间便燃烧的物质，包括混合物和溶液（固体或液体）。

b. 自热物质。发火物质以外的与空气接触便能自己发热的物质。

③ 遇水放出易燃气体的物质。本项物质是指遇水放出易燃气体，且该气体与空气混合能够形成爆炸性混合物的物质。

（5）氧化性物质和有机过氧化物

本类包括氧化性物质和有机过氧化物。

① 氧化性物质指本身未必燃烧，但通常因放出氧可能引起或促使其他物质燃烧的物质。

② 有机过氧化物指含有2价过氧基（—O—O—）结构的有机物质。

当有机过氧化物配制品满足下列条件之一时，视为非有机过氧化物：

① 其有机过氧化物的有效氧质量分数（按下式计算）不超过1.0%，而且过氧化氢质量分数不超过10%。

$$X=16\sum\left(\frac{n_iC_i}{m_i}\right)\times 100\% \tag{19.21}$$

式中，$X$ 为有效氧质量分数，%；$n_i$ 为有机过氧化物 $i$ 每个分子的过氧基数目；$C_i$ 为有机过氧化物 $i$ 的质量分数；$m_i$ 为有机过氧化物 $i$ 的分子量。

② 其有机过氧化物的有效氧质量分数不超过0.5%，而且过氧化氢质量分数超过1.0%但不超过7.0%。

有机过氧化物按其危险性程度分为七种类型，从A型到G型：

① A型有机过氧化物。装在供运输的容器中时能起爆或迅速燃爆的有机过氧化物配制品。

② B型有机过氧化物。装在供运输的容器中时既不起爆也不迅速燃爆，但在该容器中可能发生热爆炸的具有爆炸性质的有机过氧化物配制品。该有机过氧化物装在容器中的

数量最高可达 25kg，但为了排除在包件中起爆或迅速燃爆而需要把最高数量限制在较低数量者除外。

③ C 型有机过氧化物。装在供运输的容器（最多 50kg）内不可能起爆或迅速燃爆或发生热爆炸的具有爆炸性质的有机过氧化物配制品。

④ D 型有机过氧化物。满足下列条件之一，可以接受装在净重不超过 50kg 的包件中运输的有机过氧化物配制品：

a. 如果在实验室试验中，部分起爆，不迅速燃爆，在封闭条件下加热时不显示任何激烈反应。

b. 如果在实验室试验中，根本不起爆，缓慢燃爆，在封闭条件下加热时不显示任何激烈效应。

c. 如果在实验室试验中，根本不起爆或燃爆，在封闭条件下加热时显示中等激烈效应。

⑤ E 型有机过氧化物。在实验室试验中，既不起爆也不燃爆，在封闭条件下加热时只显示微弱效应或无效应，可以接受装在不超过 400kg 或 450L 包件中运输的有机过氧化物配制品。

⑥ F 型有机过氧化物。在实验室试验中既不在空化状态下起爆也不燃爆，在封闭条件下加热时只显示微弱效应或无效应，并且爆炸力弱或无爆炸力的，可考虑用中型散货箱或罐体运输的有机过氧化物配制品。

⑦ G 型有机过氧化物

a. 在实验室试验中，既不在空化状态下起爆也不燃爆，在封闭条件下加热时不显示任何效应，并且没有任何爆炸力的有机过氧化物配制品，应免予被划入 5.2 项，但配制品应是热稳定的（50kg 包件的自加速分解温度为 60℃或更高），液态配制品应使用 A 型稀释剂退敏。

b. 如果配制品不是热稳定的，或者用 A 型稀释剂以外的稀释剂退敏，配制品应定为 F 型有机过氧化物。

（6）毒性物质和感染性物质

本类包括毒性物质和感染性物质。

① 毒性物质是指经吞食、吸入或与皮肤接触后可能造成死亡或严重受伤、损害人类健康的物质。

本项包括满足下列条件之一的毒性物质（固体或液体）：

a. 急性口服毒性：$LD_{50}\leqslant 300mg/kg$。

注意：青年大白鼠口服后，最可能引起受试动物在 14d 内死亡一半的物质剂量，试验结果以 mg/kg 体重表示。

b. 急性皮肤接触毒性：$LD_{50}\leqslant 1000mg/kg$。

注意：使白兔的裸露皮肤持续接触 24h，最可能引起受试动物在 14d 内死亡一半的物质剂量，试验结果以 mg/kg 体重表示。

c. 急性吸入粉尘和烟雾毒性：$LC_{50}\leqslant 4mg/L$。

d. 急性吸入蒸气毒性：$LC_{50}\leqslant 5000mL/m^3$，且在 20℃和标准大气压下的饱和蒸气浓度大于等于 $1/5LC_{50}$。

注意：使雌雄青年大白鼠持续吸入 1h，最可能引起受试动物在 14h 内死亡一半的蒸气、烟雾或粉尘的浓度。固态物质如果其总质量的 10%以上是在可吸入范围的粉尘（即粉尘粒子的空气动力学直径≤10μm）应进行试验。液态物质如果在运输密封装置泄漏时可能产生烟雾，应进行试验。不管是固态物质还是液态物质，准备用吸入毒性试验的样品的 90%以上（按质量计算）应在上述规定的可吸入范围。对粉尘和烟雾，试验结果以 mg/L 表示；对蒸气，试验结果以 $mL/m^3$ 表示。

② 感染性物质是指已知或有理由认为含有病原体的物质，分为 A 类和 B 类：

a. A 类。以某种形式运输的感染性物质，在与之发生接触（发生接触是在感染性物质泄漏到保护性包装之外，造成与人或动物的实际接触）时，可造成健康的人或动物永久性失残、生命危险或致命疾病。

b. B 类。A 类以外的感染性物质。

（7）放射性物品

本类物质是指任何含有放射性核素并且其活度浓度和放射性总活度都超过 GB 11806 规定限值的物质。

（8）腐蚀性物质

腐蚀性物质是指通过化学作用使生物组织接触时造成严重损伤，或在渗漏时会严重损害甚至毁坏其他货物或运载工具的物质。本类包括满足下列条件之一的物质：

① 使完好皮肤组织在暴露超过 60min 但不超过 4h 之后开始的最多 14d 观察期内全厚度毁损的物质；

② 被判定不引起完好皮肤组织全厚度毁损，但在 55℃试验温度下，对钢或铝的表面腐蚀率超过 6.25mm/a 的物质。

（9）杂项危险物质和物品，包括危害环境物质

本类是指存在危险但不能满足其他类别定义的物质和物品，包括：

① 以微细粉尘吸入可危害健康的物质，如 UN2212、UN2590；

② 会放出易燃气体的物质，如 UN211、UN3314；

③ 锂电池组，如 UN3090、UN3091、UN3480、UN3481；

④ 救生设备，如 UN2990、UN3072、UN3268；

⑤ 一旦发生火灾可形成二噁英的物质和物品，如 UN2315、UN3432、UN3151、UN3152；

⑥ 在高温下运输或提交运输的物质，是指在液态温度达到或超过 100℃，或固态温度达到或超过 240℃条件下运输的物质，如 UN3257、UN3258；

⑦ 危害环境物质，包括污染水生环境的液体或固体物质，以及这类物质的混合物（如制剂和废物），如 UN3077、UN3082；

⑧ 不符合毒性物质或感染性物质定义的经基因修改的微生物和生物体，如 UN3245；

⑨ 其他物质，如 UN1841、UN1845、UN1931、UN1941、UN1990、UN2071、UN2216、UN2807、UN2969、UN3166、UN3171、UN3316、UN3334、UN3335、UN3359、UN3363。

## 19.7 火灾与爆炸过程和预防基本原则

火灾是世界上多种灾害中发生最频繁、影响面最广的灾害。火灾可造成巨大的财产损失，甚至会造成重大人员伤亡。所以研究和探讨火灾的形成及预防十分必要。

### 19.7.1 火灾产生的原因

① 用火管理不当造成火灾。

② 对易燃物品管理不善，库房堆放材料没有根据物质的性质分类储存。

③ 电气设备绝缘不良，安装不符合规程要求，发生短路、超负荷、接触电阻过大等都可能引起火灾。

④ 工艺布置不合理，易燃易爆场所未采取相应的防火防爆措施，设备缺乏维护检修，都可能引起火灾。

⑤ 违反安全操作规程，使设备超温、超压，或在易燃易爆场所违章动火、吸烟等都可能引起火灾。

⑥ 通风不良，生产场所的可燃气体或粉尘在空气中达到爆炸浓度，遇火源引起火灾。

⑦ 避雷设备装置不当、缺乏检修或没有避雷装置，发生雷击引起火灾。

⑧ 易燃易爆生产场所的设备、管线没有采取消除静电措施，发生放电引起火灾。

⑨ 棉纱、油布、沾油铁屑等放置不当，在一定条件下发生自燃起火。

### 19.7.2　火灾事故的特点

火灾与爆炸事故往往连在一起，互相影响。它与一般发生的生产事故、交通事故相比较，具有以下三个特点：一是突发性，火灾与爆炸事故往往是在人们意想不到的时候发生，随机性强；二是复杂性，发生火灾和爆炸事故的原因往往比较复杂，加之会造成房屋倒塌、设备烧毁，给事故的调查带来许多困难；三是严重性，火灾与爆炸事故都会造成巨大的经济损失和人员伤亡，打乱企业的正常生产秩序，后果严重。当燃烧失去控制而发生火灾时，要经历以下四个阶段：酝酿期、发展期、全盛期和衰灭期。

### 19.7.3　火灾的预防

预防火灾是一门涉及多种工程技术科学的综合性技术。它的范围广阔，技术复杂，要解决各种各样的防火问题，既需要从事防火工作的专业人员的不断研究和探索，也需要各级领导和广大人民群众的高度重视。要经常开展防火安全宣传、防火安全教育、火灾演练，开展细致入微的防火检查，建立健全各项防火安全规章制度。要做到有效地减少火灾所造成的损失，在制定防火措施时，必须以以下四点目标为依据：一是防止人身伤亡，二是保证财产的安全，三是确保生产的顺利进行，四是预防火灾苗头。

《消防法》规定：消防工作应贯彻“预防为主，防消结合”的方针。“预防为主”就是要把预防火灾的工作放在首要地位，要开展防火安全教育，提高人民群众对火灾的警惕性；健全防火组织，严格防火制度，进行防火检查，消除火灾隐患。只有抓好“防”，才能把可能引起火灾的因素消灭在起火之前。“防消结合”就是在积极做好防火工作的同时，在组织上、思想上、物质上和技术上做好灭火战斗的准备。一旦发生火灾，就能迅速地赶赴现场，及时有效地将火扑灭。“防”和“消”是相辅相成的两个方面，是缺一不可的，因此，这两个方面的工作都要积极做好。

### 19.7.4　爆炸发展过程与预防特点

爆炸是人们日常生活中不难见到的现象。例如车胎爆裂、锅炉胀裂、燃放鞭炮等都是爆炸。我们知道，物质发生急剧变化并放出大量的能量对周围介质做机械功，同时可能伴随声、光、热效应的现象，称为爆炸。

(1) 爆炸发展过程

爆炸发展过程首先是可燃物与空气或氧气的相互扩散，均匀混合而形成爆炸性混合物；其次是爆炸性混合物遇着火源，爆炸开始，即爆炸的第一过程；再次是由于连锁反应过程的发展，爆炸范围的扩大和爆炸威力的升级，即爆炸的第二过程；最后是完成化学反应，爆炸威力造成灾害性破坏，即爆炸的第三过程。

(2) 预防爆炸的基本原则

爆炸的基本原则是根据对爆炸过程特点的分析，采取相应措施，防止第一过程的出现，控制第二过程的发展，削弱第三过程的危害。即要做到：防止爆炸性混合物的形成；严格控制着火源；燃爆开始就及时泄压；切断爆炸途径；减弱爆炸压力和冲击波对人员设备和建筑的损坏；监测报警。

## 19.8　工业建筑防火与防爆

### 19.8.1　工业火灾和爆炸的类型及特点

生产加工和储存运输过程中发生的火灾和爆炸灾害是多种多样的，为了便于探讨防火和灭火的有效对策，需要对火灾和爆炸灾害进行分类。这里所述火灾是指那些火焰传播速度（或燃烧速度）较慢的燃烧型火灾，爆炸则包括火焰传播速度很快的化学性爆炸和某些物理性爆炸。在火场上，火灾有时会引起爆炸，爆炸有时会引起火灾。火灾和爆炸可大致分成由点火源直接点燃而引起的和不需要点火源直接点燃而引起的两种情况。

火源型、蓄热型火灾和爆炸的特点是发生了燃烧、分解等反应的化学变化过程，而潜热型蒸气爆炸特点是发生了液相向气相急剧相变而急剧升高压力的物理变化过程，也即发生了物理性爆炸。发生潜热型蒸气爆炸的物质若为不燃气体，爆炸后则可能造成设备损坏或人员伤亡，一般不会进一步造成火灾；若为可燃气体，爆炸后则可能被点火源点燃，从而发生化学性爆炸或造成大范围的火灾。下面简要列出六类火灾和爆炸现象。

(1) 泄漏类火灾和爆炸

指处理、储存或输送可燃物质的容器、机械或其他设备，因某种原因发生破裂而使可燃气体、蒸气、粉尘泄漏到大气中（或外界空气吸入负压设备内），达到爆炸浓度极限时遇点火源所发生的火灾和化学性爆炸。在泄漏口处及地面上泄漏的液体或粉尘往往只发生火灾，而不发生爆炸。

(2) 燃烧类火灾和爆炸

指可燃物质在某种火源作用下，发生燃烧、分解等化学反应，而导致的火灾和化学性爆炸。在敞开式或半敞开式空间中，一般的可燃物质燃烧后产生的气体和压力能够向大气中释放，所以不会发生爆炸，而只发生火灾。在密闭容器中，可燃物质被点火源点燃后发生燃烧或分解等反应，产生的大量气体在反应热的作用下体积急剧膨胀，从而使容器内的压力迅速升高，当超过容器的耐压极限强度时，则会使容器破裂发生爆炸。在较为密闭的建筑物内，如充满可燃气体、蒸气或悬浮着可燃粉尘，若达到爆炸浓度极限范围，遇点火源也会发生这种燃烧类化学性爆炸。某些易分解气体和火、炸药等爆炸性物质，在开放空间中或密闭容器内，被点火源点燃后都会发生这种燃烧类化学性爆炸。另外，输送高压氧气的铁制管路和阀门在一定条件下与氧化合，会发生剧烈燃烧，导致此类火灾和爆炸。

(3) 自燃类火灾和爆炸

指某些物质由于发生放热反应、积蓄反应热量引起自行燃烧而导致的火灾和化学性爆炸。通常，在敞开式或半敞开式的容器或空间发生的自燃，大多会导致火灾；在密闭容器或空间发生的自燃，因反应压力急剧上升则容易使容器破裂，造成爆炸。能发生这种自燃类火灾和爆炸的物质及其自燃特点大致包括：①黄磷、烷基铝、磷化氢、硫化铁、煤、含油脂物品（桐油漆布等）、橡胶粉末等，在空气中发生氧化放热自燃；②硝化棉、硝化纤维胶片等，在空气中发生分解放热自燃；③还原镍、还原铁、活性炭等，在空气中发生吸附放热自燃；④稻草、原棉、锯木屑等，在潮湿条件下发生发酵放热自燃；⑤金属钠、氢化钠、电石（碳化钙）、锌粉、镁铝粉、放射性物质铀等，遇水或在潮湿空气中发生水解放热自燃；⑥可燃物与强氧化剂（如甘油与高锰酸钾）发生混合接触氧化放热自燃等。

(4) 反应失控类爆炸

指某些物质在化学反应容器内进行放热反应，当反应热量没有按工艺要求及时移出反应体系外时，使容器内温度和压力急剧上升，容器超压后破裂，导致物料从破裂处喷出或容器发生爆炸。这类爆炸可认为是物理性爆炸，但是当物料的温度超过其自燃点时，则会在容器破裂或爆炸后，发生燃烧反应，瞬间变成化学性爆炸。发生这类爆炸的化学反应大致有聚合反应、氧化反应、酯化反应、硝化反应、氯化反应、分解反应等。

(5) 传热类蒸气爆炸

指低温液体与高温物体接触时，高温物体的热量使低温液体瞬间由液相转变为气相而发生的爆炸。这类爆炸主要有水接触高温物体（如铁水、炽热铁块、高温炉等）发生的水蒸气爆炸。常温的水全部变成水蒸气会使体积膨胀1700倍以上，这种急剧的膨胀会对人员或设备等造成伤亡或破坏。另外，当液态甲烷倒入液态丁烷、液态丙烷倒入液氮、液态丙烷倒入约70℃的水中时，也会发生这种传热类蒸气爆炸。传热类蒸气爆炸属于物理性爆炸，一般不会造成火灾。但液态甲烷、丙烷等可燃气体发生的蒸气爆炸，与空气形成爆炸性混合气体，则有发生化学性爆炸及发生火灾的危险；水蒸气爆炸可能损坏机械设备、电气设备等，间接引起火灾。

（6）破坏平衡类蒸气爆炸

指较高压力的密闭容器中盛有高于常压蒸气压的液体，当容器气相部分的容器壳体因材质劣化、碰撞等原因出现裂缝时，容器内液体急剧从裂缝中喷出，容器内的压力急剧下降，从而破坏了气-液平衡状态，变成不稳定的过热状态，液体立即沸腾，体积急剧膨胀，压力剧增，使容器裂缝扩大或破裂成碎片，容器内液体大量喷出，液体由液相瞬间变成气相，呈现的蒸气爆炸现象。这种破坏平衡类蒸气爆炸属于物理性爆炸。但是，若容器内的液体是可燃性液体时，喷出的液体变成蒸气后，与空气形成爆炸性混合气体，遇点火源便会发生化学性爆炸或大面积火灾。常温的液化石油气火车槽车、汽车槽车因脱轨、撞车等原因会发生这类蒸气爆炸。在火场上受到烘烤加热的易燃、可燃液体储罐以及有较高压力的液体储罐或反应器等，若容器上因某种原因有裂缝存在，也会发生这种破坏平衡类蒸气爆炸。

### 19.8.2　火灾爆炸事故的原因分析

储存、运输及生产加工过程中所发生的各种火灾和爆炸事故，都有其必然的原因。每一个由人-机器设备-物质材料-环境构成的储运或生产加工系统，由正常工作状态发展到火灾爆炸，都存在着基础原因、间接原因和直接原因向事故状态，乃至向灾害状态的发展过程。

## 19.9　电气线路的防火

电气线路往往由于短路、过载运行、接触电阻过大等原因，产生电火花、电弧或引起电线、电缆过热，都极易造成火灾。

### 19.9.1　电气线路的火灾危险性

（1）短路

如果裸体导线相碰，或者是导线的绝缘层损坏，里面的导体露出来彼此相碰，这时候的电流就不再按照规定的线路，而是在相碰的地方“走近路”，这就是“短路”，也叫“捷路”“碰线”。

短路一般有相间短路和对地短路两种。相线之间相碰叫相间短路。相线与地线相碰，相线与接地导体相碰，或相线与大地直接相碰叫对地短路。

① 使用绝缘导线、电缆时，没有按具体环境选用，使导线的绝缘受高温、潮湿或腐蚀等作用的影响而失去绝缘能力。

② 线路年久失修，绝缘层陈旧老化或受损，使线芯裸露。

③ 电源过电压，使导线绝缘被击穿。

④ 用金属线捆扎绝缘导线或把绝缘导线挂在钉子上，日久磨损和生锈腐蚀，使绝缘受到破坏。

⑤ 裸导线安装太低，搬运金属物件时不慎碰在电线上，金属构件搭落或小动物跨接在电线上。

⑥ 安装修理人员接错线路，或带电作业时造成人为碰线短路。

⑦ 不按规程要求私接乱拉，管理不善，维护不当造成短路。

（2）超负荷

电气线路中允许连续通过而不会使电线过热的电流量，称为电线的安全载流量或安全电流。如电线中流过的电流量超过了安全电流，就叫电线超负荷，也叫过负荷。

① 设计或选择导线截面不当，实际负载超过了导线的安全载流量。

② 在线路中接入了过多或功率过大的电气设备，超过了电气线路的负载能力。

（3）接触电阻过大

在电气线路与母线或电源线的连接处，电源线与电气设备连接的地方，由于连接不牢或者其他原因，使接头接触不良，造成局部电阻过大，称为接触电阻过大。

① 安装质量差，造成导线与导线、导线与电气设备衔接点连接不牢。

② 连接点由于热作用或长期振动使接头松动。

③ 在导线连接处有杂质，如锈蚀、产生氧化层（如铜导线出现“铜绿”）或渗入尘土。

④ 铜丝和铝线连接的方法不当。

### 19.9.2　电气线路的防火措施

（1）短路

① 必须严格执行电气装置安装规程和技术管理规程，坚决禁止非电工人员安装、修理。

② 要根据导线使用的具体环境选用不同类型的导线，正确选择配电方式。

③ 安装线路时，电线之间、电线与建筑构件或树木之间要保持一定距离。在距地面2.5m高以内的一段电线，应用钢管或硬质塑料保护，以防绝缘层遭受损坏。

④ 在线路上应按规定安装断路器或熔断器，以便在线路发生短路时能及时、可靠地切断电源。

（2）超负荷

① 根据负载情况，选择合适的电线。

② 严禁滥用铜丝、铁丝代替熔断器的熔丝。

③ 不准乱拉电线和接入过多或功率过大的电气设备。

④ 检查去掉线路上过多的用电设备；根据线路负荷的发展及时更换成容量较大的导线；根据生产程序和需要，采取排列先后控制使用的方法，把用电时间调开，以使线路不超负荷。

（3）接触电阻过大

① 导线与导线、导线与电气设备的连接必须牢固可靠。

② 铜、铝线相接宜采用铜铝过渡接头。也可采用在铜铝接头处垫锡箔，或在铜线接头处锡焊处理。

③ 通过较大电流的接头，不允许用本线作接头，应采用油质或氧焊接头，在连接时加弹力片后拧紧。

④ 要定期检查和检测接头，防止接触电阻增大，对重要的连接接头要加强监视。

### 19.9.3　架空线路、屋内布线的火灾危险性

（1）架空线路

① 电杆倒折、电线断落或搭在易燃物上，易造成线路的短路，出现电火花、电弧。

② 电杆间距过大，线间距过小或布线过松，没有拉紧，在大风和外力作用下，容易碰在一起造成短路。布线时把导线拉得过紧，也易发生导线断裂事故，引起火灾或触电事故。

③ 架空线路上遭到雷击会使线路绝缘损坏，并产生工频短路电弧，从而使线路跳闸，影响电力系统的正常供电。

(2) 屋内布线

① 由于机械损伤，如摩擦、撞击使绝缘层损坏，导致短路等引起火灾。

② 线路年久失修，绝缘陈旧老化或受损失，使线芯裸露，导致短路引发火灾。

③ 使用金属线捆扎绝缘导线，或把绝缘导线挂在钉子上，由于日久磨损和生锈腐蚀使绝缘受到破坏，导致短路，引发火灾。

④ 雷击过电压，线路空载时的电压升高等，也会使导线绝缘薄弱的地方被击穿而发生短路，导致火灾。

### 19.9.4 架空线路、屋内布线的防火措施

(1) 架空线路

① 为了防倒杆断线，对电杆要加强维修，不要在电杆附近挖土和在电杆上拴牲畜。

② 架空电线穿过通航、河流、公路时，应加装警示标志，以引起通行车、船注意安全。

③ 架空线路不应跨越屋顶为可燃烧材料做成的建、构筑物。

④ 架空线与甲类物品库房、可燃易燃液体储罐、助燃气体储罐、易燃材料堆场等的防火间距，不应小于电杆高度的1.5倍；与散发可燃气体的甲类生产厂房的防火间距，不应小于30m。

⑤ 平时对电气线路附近的树木要及时修剪，以保持足够的安全距离，防止树枝拍打电线而引起事故。

(2) 屋内布线

① 设计安装屋内线路时，要根据使用电气设备的环境特点，正确选择导线类型。

② 明敷绝缘导线要防止绝缘受损引起危险，在使用过程中要经常检查、维修。

③ 布线时，导线与导线之间、导线的固定点之间，要保持合适的距离。

④ 为防止机械损伤，绝缘导线穿过墙壁或可燃建筑构件时，应穿过砌在墙内的绝缘管，每根管宜只穿一根导线，绝缘管（瓷管）两端的出线口伸出墙面的距离宜不小于10mm，这样可以防止导线与墙壁接触，以免墙壁潮湿而产生漏电等现象。

⑤ 沿烟囱、烟道等发热构件表面敷设导线时，应采用以石棉、玻璃丝、瓷珠、瓷管等作为绝缘的耐热线。

⑥ 有条件的单位在设置屋内电气线路时，宜尽量采用难燃电线和金属套管或阻燃塑料套管。

### 19.9.5 电缆的火灾危险性

① 电缆的保护铅皮、铝皮受到损伤，或在运行中电缆的绝缘受到机械破坏，能引起电缆芯与电缆芯之间或电缆芯与铅皮、铝皮之间的绝缘被击穿，而产生电弧，可使电缆的绝缘材料和电缆外层的黄麻护层等燃烧。

② 电缆长时间超负荷，可能造成电缆的绝缘过分干枯，使绝缘性能降低，甚至失去绝缘，发生绝缘击穿，而沿着电缆的走向，在较长一段的线路上，或在一段线路的几个地方同时发生电缆的绝缘层燃烧。

③ 在三相电力系统中，采用单相电缆或以三芯电缆当作单芯电缆使用时，会产生涡流，而使铅皮、铝皮发热，严重时可能发生铅皮、铝皮熔化，电缆外层的铠装钢带也会发热，铅皮、铝皮和钢带发热严重时，会引起电缆的绝缘层发生燃烧。

### 19.9.6 电缆的防火措施

① 采用电缆布线时，电缆应尽量明敷，明敷电缆宜采用有黄麻外护层的裸电缆。电缆明敷在有可能受到机械损伤的地方时，应采用铠装电缆。

② 敷设在电缆沟、电缆隧道内，以及明敷在有火灾、爆炸危险场所内的电缆，应采用不带黄麻外护层的电缆，如果是有黄麻外护层的电缆，应剥去黄麻外护层，以减少火灾危险性。

③ 在有可能进水的电缆沟中，电缆应放在支架上。

④ 电缆直接埋地敷设时，宜采用有黄麻或聚氯乙烯外护层的电缆，埋地深度应小于0.7m。

⑤ 有条件的单位应尽量采用难燃电缆或耐火电缆。

## 19.10 静电的危害及预防措施

任何物体内部都是带有电荷的，一般状态下，其正、负电荷数量是相等的，对外不显出带电现象，但当两种不同物体接触或摩擦时，一种物体带负电荷的电子就会越过界面，进入另一种物体内，静电就产生了。而且因它们所带电荷发生积聚时产生了很高静电压，当带有不同电荷的两个物体分离或接触时出现电火花，这就是静电放电的现象。产生静电的原因主要有摩擦起电效应、感应起电、吸附带电等。

在工农业生产中，静电具有很大的作用，如静电植绒、静电喷漆、静电除虫等，同时由于静电的存在，也往往会产生一些危害，如静电放电造成的火灾事故等。随着石化工业的飞速发展，易产生静电的材料的用途越来越广泛，其火灾危险性也随之加大。

### 19.10.1 火灾危险性

① 当物体产生的静电荷越积越多，形成很高的电位时，与其他不带电的物体接触时，就会形成很高的电位差，并发生放电现象。当电压达到300V以上，所产生的静电火花，即可引燃周围的可燃气体、粉尘。此外，静电对工业生产也有一定危害，还会对人体造成伤害。

② 固体物质在搬运或生产工序中会受到大面积摩擦和挤压，如传动装置中皮带与皮带轮之间的摩擦；固定物质在压力下接触聚合或分离；固体物质在挤出、过滤时与管道、过滤器发生摩擦；固体物质再粉碎。研磨和搅拌过程及其他类似工艺过程中均可产生静电。而且随着转速加快，所受压力的增大，以及摩擦、挤压时的接触面过大，空气干燥且设备无良好接地等原因，致使静电荷聚集放电，出现火灾危险性。

③ 一般可燃液体都有较大的电阻，在灌装、输送、运输或生产过程中，由于相互碰撞、喷溅与管壁摩擦或受到冲击时，都能产生静电。特别是当液体内没有导电颗粒、输送管道内表面粗糙、液体流速过快等，都会产生很强摩擦，所产生的静电荷在没有良好导除静电装置时，便积聚电压而发生放电现象，极易引发火灾。

④ 粉尘在研磨、搅拌、筛分等工序中高速运动，使粉尘与粉尘之间、粉尘与管道壁、容器壁或其他器具、物体间产生碰撞和摩擦而产生大量静电，轻则妨碍生产，重则引起爆炸。

⑤ 压缩气体和液化气体，因其中含有液体或固体杂质，从管道口或破损处高速喷出时，都会在强烈摩擦下产生大量的静电，导致燃烧或爆炸事故。

### 19.10.2 预防措施

① 为管道、储罐、过滤器、机械设备、加油站等能产生静电的设备设置良好的接地装置，以保证所产生的静电能

迅速导入地下。装设接地装置时应注意，接地装置与冒出液体蒸气的地点要保持一定距离，接地电阻不应大于10Ω，敷设在地下的部分不宜涂刷防腐油漆。土壤有强烈腐蚀性的地区，应采用铜或镀锌的接地体。

② 为防止设备与设备之间、设备与管道之间、管道与容器之间产生电位差，在其连接处，特别是在静电放电可引起燃烧的部位，用金属导体连接在一起，以消除电位差，达到安全的目的。对非导体管道，应在其连接处的内部或外部的表面缠绕金属导线，以消除部件之间的电位差。

③ 在不导电或低导电性能的物质中，掺入导电性能较好的填料和防静电剂，或在物质表层涂抹防静电剂等方法增加其导电性，降低其电阻，从而消除生产过程中产生静电的火灾危险性。

④ 减少摩擦的部位和强度也是减少和抑制静电产生的有效方法。如在传动装置中，采用三角皮带或直接用轴传动，以减少或避免因平面皮带摩擦面积和强度过大产生过多静电。限制和降低易燃液体、可燃气体在管道中的流速，也可减少和预防静电的产生。

⑤ 检查盛装高压水蒸气和可燃气体容器的密封性，以防其喷射、泄漏引起爆炸，倾倒或灌注易燃液体时，应用导管沿容器壁伸至底部输出或注入，并需在静置一段时间后才可进行采样、测量、过滤、搅拌等处理。同时，要注意轻取轻放，不得使用未接地的金属器具操作。严禁用易燃液体作清洗剂。

⑥ 在有易燃易爆危险的生产场所，应严防设备、容器和管道漏油、漏气。采取勤打扫卫生清除粉尘，加强通风等措施，以降低可燃蒸气、气体、粉尘的浓度。不得携带易燃易爆危险品进入易产生静电的场所。

⑦ 可采用旋转式风扇喷雾器向空气中喷射水雾等方法，增大空气相对湿度，增强空气导电性能，防止和减少静电的产生与积聚。在有易燃易爆蒸气存在的场所，喷射水雾应由房外向内喷射。

⑧ 在易燃易爆危险性较高的场所工作的人员，应先以触摸接地金属器件等方法导除人体所带静电，方可进入。同时，还要避免穿化纤衣物和导电性能低的胶底鞋，以预防人体产生的静电在易燃易爆场所引发火灾及当人体接近另一高压带电体时造成电击伤害。

⑨ 可在产生静电较多的场所安装放电针（静电荷消除器），使放电范围的空气游离，使空气成为导体，中和静电荷而无法积聚。但在使用这种装置时应注意采取一定的安全措施，因它的电压较高，容易伤人。

⑩ 预防和消除静电危害的方法还有金属屏蔽法（将带电体用间接的金属导体加以屏蔽可防止静电荷向人体放电造成击伤）、惰性气体保护法（向输送或储存易燃易爆液体、气体及粉尘的管道、储罐中充入二氧化碳或氮气等惰性气体以防止静电火花引起爆燃等）。

## 19.11 引起火灾的火源

能引起火灾的火源有很多，一般来说，可分为直接火源和间接火源两大类。

### 19.11.1 直接火源

① 明火。如生产、生活用的炉火、灯火、焊接火、火柴、打火机的火焰、燃烧的烟头、烟囱火星、撞击或摩擦产生的火星、烧红的电热丝及铁块，以及各种家用电热器、燃气的取暖器等。

② 电火花。如电器开关，电动机、变压器等电气设备产生的电火花，还有静电火花，这些电火花能引起易燃气体和质地疏松、纤细的可燃物起火。

③ 雷电火。瞬时间的高压放电能引起任何可燃物质的燃烧。

### 19.11.2 间接火源

加热自燃起火：这是由于外部热源的作用，把可燃物质加热到起火的温度而起火。加热自燃起火的情况常见的有：

① 可燃物质接触被加热的物体表面，如可燃的粉尘、纤维聚集在蒸汽管道上，棉布、纸张靠近灯泡，木板、木器靠近火炉烟道等，时间长了，被烤热起火。

② 在熬炼和热处理过程中，由于温度未控制好，使可燃物质起火，如某学校用烘箱处理木质试件，温度过高，时间过长，引起了火灾。

③ 各种电气设备，由于超负荷、短路、接触不良等形成电流骤增，短路发热而起火。生活中接触的电气设备的情况是很多的，超负荷、短路、接触不良等现象经常遇到，只要及时和完善处置，就可避免引起火灾。

④ 由于摩擦的作用，如轴承的轴箱缺乏润滑油，发热起火。

⑤ 辐射作用。如把衣服挂在高温火炉的附近起火，用纸做的灯罩起火等。

⑥ 聚焦作用。如玻璃瓶，平面玻璃的气泡，老花眼镜，以及斜放的镀锌铁皮、铝板等，由于日光的聚焦和反射作用，使被照射的可燃物质起火。

⑦ 化学反应放热的作用。如生石灰遇水即大量放热，使靠近的可燃物质起火。

⑧ 对某些物质施加压力施加压缩，产生很大的热量，也会导致可燃物质起火。如空气压缩到一定程度，产生高温可引起柴油燃烧。

本身自燃起火：这是指在既无明火，又无外来热源的情况下，物质本身自行发热，燃烧起火。能自燃的物质也有两类：

① 本身自燃起火的物质。如泥炭、褐煤、新烧的木炭、稻草、油菜籽、豆饼、麦芽、苞米胚芽、原棉，还有沾有植物油、动物油的纱头、手套、衣服、木屑、金属屑和抛光灰等。

② 与其他物质接触时自燃起火的物质。如钾、钠、钙等金属物质与水接触，可燃物质与氧化剂、过氧化物接触，木屑、刨花、稻草、棉花、松节油、石油产品、乙醇、醚、丙酮、甘油等有机物与硝酸等强酸接触时自燃起火。

以上这些可能引起火灾的火源，在日常学习、生活、科学实验中都可能接触到，只要在认识和掌握了其存在和发生、发展的规律，认真对待，采取切实有效的措施，对其严加控制和管理，就一定能有效地预防火灾的发生。

## 19.12 主要危险场所的防火与防爆

### 19.12.1 油库

凡是用来接收、储存和发放原油、汽油、煤油、柴油、喷气燃料、溶剂油、润滑油和重油等整装、散装油品的独立或企业附属的仓库、设施都称为石油库，简称油库。工业企业的油库是防火防爆的重点部位。一方面是油库的易燃易爆介质存在着火灾爆炸危险性；另一方面在库房周围往往有较多的火源。油库收发和储存的油品均系易燃和可燃液体，一旦泄漏，遇明火、高热或电火花，极易起火爆炸。做好油库防火安全工作，防止火灾事故的发生，对于保障国防和促进国民经济的发展，具有重要意义。

（1）油库的火灾爆炸危险性

① 石油及其产品主要由烃类化合物组成，受热、遇火以及与氧化剂接触都有发生燃烧的危险。油品的闪点和自燃

点越低，发生燃烧的危险性越大。

② 石油产品的蒸气与空气的混合比达到一定浓度范围时，遇火花即能爆炸。

③ 石油产品在装卸、灌装、泵送等作业过程中产生的静电容易积聚产生强电场，当静电放电时会导致石油产品燃烧爆炸。

④ 黏度低的油品流动扩散性强，如有渗漏会很快向四周流散，油品的扩散、流淌性是导致火灾的危险因素。

⑤ 石油产品受热后蒸气压升高，体积膨胀，若容器灌装过满或储存于密闭容器中，会导致容器膨胀，甚至爆裂引起火灾。有些储油的铁桶出现顶、底鼓凸现象，就是受热膨胀所致。

⑥ 重质或含有水分的油品燃烧时，燃烧的油品有的大量外溢，有的从罐内猛烈喷出形成高达70～80m的巨大火柱，火柱顺风向喷射距离可达120m左右，这种“突沸”现象，容易直接延烧邻近油罐，严重扩大受灾面积。

⑦ 各种明火源、静电放电、摩擦撞击以及雷电等会引起油库火灾或者爆炸。

(2) 油库分类

① 根据油品火灾危险性的主要标志——闪点，将油品按储存的要求分为甲、乙、丙三类，见表19.5。

**表19.5　油品按储存的要求分类**

| 规范名称 | 类别 | | 油品闪点/℃ | 举例 |
|---|---|---|---|---|
| 建筑设计防火规范 | 甲 | | ＜28 | 汽油、丙酮、苯等 |
| | 乙 | | 28～60 | 煤油、松节油、溶剂油等 |
| | 丙 | | ≥60 | 沥青、蜡、润滑油、闪点＞60℃的柴油等 |
| 石油库设计规范 | 甲 | | ＜28 | 原油、汽油等 |
| | 乙 | | 28～60 | 喷气燃料、灯用煤油等 |
| | 丙 | A | 60～120 | 轻柴油、重柴油、20号重油等 |
| | | B | ＞120 | 润滑油、100号重油等 |

② 按油库容量的大小分为四级，见表19.6。

**表19.6　油库容量分级**

| 等级 | 总容量/$m^3$ |
|---|---|
| 一级 | ≥50000 |
| 二级 | 10000～50000 |
| 三级 | 2500～10000 |
| 四级 | 500～2500 |

(3) 正确选择库址，合理布置库区

① 为了减少油库与周围居住区、工矿企业和交通线之间由于火灾事故时可能发生的互相影响，降低火灾损害程度，油库区与周围建筑群之间应有适当的安全距离。建在地震基本烈度7度以上地区的油库，必须依据国家抗震设计规范采取抗震措施；在地震基本烈度达9度以上的地区不得建造一、二级油库。

② 为了保证油库安全和便于技术管理，油库的各项设施应按作业性质的不同，结合防火的要求，分区布置。

③ 油库内各设施的位置应合理布局，以保证油品有一个安全环境，使油品的储运顺利进行。铁路装卸区是油库重点要害部位，其铁路收发栈桥应为不燃烧体结构，并应尽可能地设在油库的边缘地区，避免与库的道路交叉，同时布置在辅助区的上风方向，与其他建、构筑物保持一定距离。汽车收发作业区属油库中火灾爆炸事故多发场所，故不宜设在纵深部位，而应设在油库出入口附近，以便与公路干线接近，有利于减少装油车辆的停留时间以及因此而带来的各种不安全因素。漏油入水会造成下游的大面积燃烧，并影响下游码头和船只，故也应尽量设在各类码头和依江（河）建筑物的下游。

④ 储油罐区的油罐布置要合理，并需设置罐区防火堤，配备充足的灭火设施。应根据油气扩散、火焰辐射、油品性质、油罐类型、扑救条件、消防力量等因素来成组布置储油罐，一般在同一组内布置火灾危险相同或相近的油罐。但地上油罐勿与半地下、地下油罐布置在同一油罐组内。每组固定顶油罐的总容量不应大于100000$m^3$，浮顶油罐或内浮顶油罐的容量不应大于2000$m^3$。每组油罐不得超过12座。山洞罐区的罐顶应设类似呼吸阀的透气管，以便将油气引出洞外，引出洞口的透气管应布置在下风方向。

⑤ 防火堤可以防止油罐爆炸时油品四处流淌所引起的火灾蔓延。防火堤应以不燃材料建造，堤高1.0～1.6m，土质防火堤顶宽不小于0.5m。立式油罐的外壁与防火堤内侧基脚线的间距不小于罐壁高的一半，卧式的不应小于3m。堤内空间容积应小于最大油罐的全部容积，对于浮顶油罐则不应小于最大油罐容积的一半。

⑥ 油库内道路尽可能布置成环形，双车道6m或单车道3.5m，尽量采用水泥路面，不得使用沥青铺料，距路边主防火堤基脚应不小于3m，两侧不宜栽植树木。

(4) 油库防火与防爆措施

① 仓库应为耐火材料建造的单层建筑。桶装库房均应为地面建筑，不得用地下或半地下式，以免油气积聚。仓库用耐火材料建造，耐火等级应根据储存油品的闪点不同而分别定为一、二、三级，最低不能低于三级耐火标准。库内地面应是不渗漏油品和撞击不会发出火花的地面，并带有1%的坡度。

② 为加强通风，库房应开足够的窗户和门，门的宽度不小于2.0m，且离最近户外通道行间距不大于30m（轻油仓库）或50m（润滑油仓库），门槛（坡）高大于0.15m。

③ 库房照明应采用相应等级的整体防爆装置或室外布线及装在墙上壁龛里的反射灯照明，但汽油等易燃液体桶装仓库，应采用防爆型灯具装置照明。

④ 储油库房与其他建筑间应保持适当的安全距离。

⑤ 储存在库房中的桶装油品应直立。采用机械作业时闪点在28℃以下的，堆放不能超过二层，闪点在28～45℃之间的堆放不能超过三层，闪点在45℃以上的堆放不能超过四层。采用人工作业时，容易发生碰撞坠落而产生火花或包装损坏，对闪点在28℃以下的，堆放不能超过一层。

⑥ 库内主要通道宽不小于0.8m，堆垛间距不小于1m。垛与墙间距不小于0.25～0.5m，以便于检查和疏散。

⑦ 桶装库房耐火等级和允许最大建筑面积应符合有关规定。

⑧ 露天堆放闪点低于45℃的桶装油品，应加盖不燃结构遮棚，并采取喷淋降温等措施。堆放场应远离铁路和公路干线，保持四面地形平缓，场地应平整并高出地面0.2m，四周以高0.5m的土堤、围墙保护。润滑油桶应卧放、双行并列、桶底相对、桶口朝上，堆高不超过三层。堆垛长不超过25m，宽不超过15m，堆间距不小于3m，堆与围堤间距大于5m，排与排间距大于1m。

⑨ 桶装油品容量一般应使桶内保持5%～7%的气体空间。在不同季节，不同的油品，由于气温等的影响，其充装容量规定亦有所不同，所以在储存时也应采取相应措施。

⑩ 油桶应经常检查，发现渗漏时应立即换桶，防止油品漏在库房地上或进入排水沟里。

### 19.12.2　电石库

乙炔也叫电石气，用途很广，主要用于金属切割、焊接及金属表面喷镀、热处理等，还可用于制造有机化合物。根据储存物品的火灾和爆炸性分类，电石库属甲类物品库房

（指存放受到水或空气中水蒸气的作用，能产生爆炸下限<10%的可燃气体的物质）。

(1) 电石库的布置原则

① 库房的地势要高于且干燥，不得布置在易被水淹的低洼地方。

② 严禁把地下室或半地下室作为电石库房。

③ 库房不宜布置在人员密集区域和主要交通要道处。

④ 企业设有乙炔站时，电石库宜布置在乙炔站的区域内。

⑤ 电石库与其他建、构筑物的防火间距，应符合电石库与建、构筑物的防火间距（见表 18.11）。在乙炔站内的电石库，当与制气厂房相邻的较高一面的外墙为防火墙时，其防火间距可适当缩小，但不应小于 6m。

⑥ 电石库与铁路、道路的防火间距不应小于下列规定：厂外铁路线（中心线）40m；厂内铁路线（中心线）30m；厂外道路（路边）20m；厂内主要道路（路边）10m；厂内次要道路（路边）5m。

(2) 库房设置安全要求

① 电石库应是单层的一、二层耐火建筑。电石库的门窗应向外开启，库房应有直通室外或通过带防火门的走道通向室外的出口。出入口应位于事故发生时能迅速疏散的地方。

② 电石库房严禁铺设给水、排水、蒸汽和凝结等管道。

③ 电石库应设置电石桶的装卸台。

④ 装设于库房的照明灯具、开关等电气装置，应采用防爆安全型，或者将灯具和开关装在室外，用反射方法把灯光从玻璃窗射入室内。

(3) 消防措施

电石库应备有干砂、二氧化碳灭火器或干粉灭火器等灭火器材。

电石库房的总面积不应超过 $750m^2$，并应用防火墙隔成数间，每间的面积不应超过 $250m^2$。

## 19.12.3 乙炔站

(1) 火灾危险性

乙炔是一种无色的可燃气体，爆炸极限范围是各类危险品中最宽的一种（在空气中为 2.5%～82%，在纯氧中为 2.3%～93%），且点火能量也是最小的。在生产中还要用到清净剂、干燥剂、丙酮等可燃易燃物质，一旦遇到火星、热源，即可发生火灾，造成巨大损失。

乙炔也叫电石气，用途很广，主要用于金属切割、焊接及金属表面喷镀、热处理等，还可用于制造有机化合物。

(2) 防火措施

① 原料制备时，储存、粉碎电石的建筑应为一、二级耐火建筑，并要按照《建筑设计防火规范》的有关规定来进行设计，还应采取防爆、泄压措施。电石需经仔细检查，清除其中的杂质，特别是混入其中的硅铁。电石中的含硫量、含磷量和发气量应经检测符合要求方可投入生产。粉碎室应安装吸尘设备，除去电石粉尘。运输、储存电石时，严防电石被雨水淋湿、受潮，要轻拿轻放。操作者应使用不产生火花的工具，开启装电石及丙酮的桶勿使用铁制工具。丙酮不可放在日光下暴晒或靠近热源，搬运时轻拿轻放，库内保持良好通风，丙酮储罐不能设在乙炔压缩间和充灌气瓶间。

② 投料时，加料量应严格控制，切忌加料过多过快，在储料斗中加装电石前，加料斗顶盖可能撞击打出火花的部位均应用铝皮、橡胶皮覆盖。当储料斗中的气体确信被氮或惰性气体置换干净后方可打开发生器顶盖。若储料斗活门被大块电石卡住，应用木锤轻轻敲打使其松脱。

③ 对乙炔发生器及其附属设备应选用有关部门鉴定的合格产品，并在开车前仔细检查其中的压力计、液位计、阀门、阻火器等是否灵敏好用，检查电气设备及自动联锁装置是否完好，检查置换用惰性气体的含氧量是否小于 3%，全部达到指标后方可开车。

要用惰性气体置换的设备和管道，排放气中含氧量必须小于 3%。需要冷却的部位，应保证足够的冷却水量。为防止有爆炸性的乙炔铜、乙炔汞的生成，凡能接触乙炔的零部件及仪器仪表、检修工具应尽可能不用钢制。万不得已时，应将含铜量控制在 70%以内。禁止使用水银温度计。乙炔发生系统应设置正水封、逆水封和安全水封。正水封应装在乙炔发生器通往乙炔储罐或生产车间的管道上；逆水封应装在从乙炔气柜返回乙炔发生器的管道上；安全水封应装在放空管上，防止压力过高而致使发生器爆炸。当乙炔发生器停用或乙炔输送管道内温度低于 16℃时，应用热水冲洗以消除水合晶体堵塞以及消除静电。严格控制排渣速度，防止形成负压。渣坑应设在室外通风良好的地方，四周 10m 内禁止火源。排渣堵塞时可用水冲洗疏通，切忌用金属工具通凿。定期对乙炔发生器检修时，先用氮气进行置换，再用水冲洗，勿将照明灯具拉入乙炔发生器内。

④ 乙炔在净化时，选用的清净剂应既不会与乙炔发生燃烧爆炸反应，也不会生成新的杂质。选用次氯酸钠为清净剂时，应将次氯酸钠中有效氯含量控制在 0.1%以下。在生产过程中，乙炔的流速应加以限制，并设止回阀或将配制槽位提高。

⑤ 经压缩机压缩后，乙炔才可输送和装瓶。压缩时，压缩机应安装在一、二级耐火等级的建筑里，且单独建造。乙炔压缩机出口温度不超过 35℃，最高压力不超过 2.5MPa。开车前，应对整个系统用氮气吹扫，使全系统内的含氧量低于 3%。灌装前，对待灌装气瓶的瓶阀、漆色、余压、重量、有效期等进行全面检查，合格后方可进行灌装。认真检查气瓶内丙酮是否流失，活性炭是否下沉，确定无问题的方可进行灌装。乙炔气瓶的包装容积流速应小于 $0.8m^2/(h \cdot 瓶)$。灌装后的乙炔气瓶应用肥皂水逐只检查瓶阀和易熔合金的气密性。乙炔气瓶灌装后应静置 8h 以上，并按一定标准检验乙炔质量，合格后方可出厂。

⑥ 乙炔在储存、运输过程中，气瓶应保持直立，严禁卧倒或倒置。搬运过程中避免剧烈冲击和碰撞。气瓶勿受热，防止爆炸。气瓶自身起火时，应关闭阀门，切断气源。气瓶供气速度不可太快，应控制在 $1.5m^3/h$，使用压力勿超过 0.15MPa。

⑦ 其他防火要求。乙炔生产厂房应为一、二级耐火建筑，建筑物采用钢筋混凝土框架结构。厂房最好为单层结构，若必须设计成多层时，乙炔发生器也应放在顶层。厂房地面采用不发火地面，门窗向外开启。生产厂房、乙炔发生器操作台均应设置安全出口。有电石粉尘产生的房间、墙壁、地面均应光滑平整，便于清扫。有乙炔爆炸危险的房间之间的隔墙，其耐火等级应不低于 1.5h，门的耐火极限应不低于 0.6h。无爆炸危险的房间不应与有爆炸危险的房间直接相通，应用耐火极限不少于 3.5h 的防火墙隔开。电石库、电石粉碎间、中间电石库应设在干燥地点，这些部位的通风帽、门窗孔洞应设防雨水侵入设施。乙炔灌装间应有气瓶降温喷淋设施和消防喷洒设备，有爆炸危险地点的电气设备需防爆。需动火检修乙炔生产设备时，应报请领导审批，在有专人监护下进行，并做好定时动火取样分析。

⑧ 制定一套严格的安全管理制度，操作人员应经严格培训、考试合格后方可上岗。

## 19.12.4 气瓶储运仓库的防火

气瓶储运仓库是指储存装有压缩气体、液化气体、溶解气体或吸附气体气瓶的场所。气瓶中储存的气体，大多数具有易燃、易爆、有毒、助燃等性质，极易引起火灾、爆炸和中毒事故，因此，必须切实加强气瓶储运管理，确保安全。

（1）火灾危险性

① 充装过量会造成气瓶超压甚至破裂，尤其是盛装液化气的钢瓶受热特别容易引起气瓶破裂。

② 在低温环境中充装气体时，虽然当时实际压力并没有超过设计压力，但在储存和运输过程中随环境温度的升高，瓶内实际压力会随之加大，如果气瓶材质不良或过于陈旧，就会因超压而爆炸。

③ 气瓶阀门渗漏，仓库通风不良，气体在仓库内积聚，若气瓶进出仓库时碰撞产生火花，可导致燃烧或爆炸。

（2）防火措施

① 气瓶的正确使用

a. 明确气瓶设计最高受压能力，并按有关规定充装气瓶。

b. 要正确对气瓶进行标志和漆色，以防止误用、误充。

c. 使用高压气瓶时，人应站在出气口的侧面，先应微微开启瓶阀以检验气瓶嘴是否通畅，然后必须经减压阀减压后，才可正式放气。

d. 所有气瓶不能靠近明火，距离 10m 以上较为安全。不能满足 10m 的，不得少于 5m 且需用隔热措施。

e. 拧紧瓶阀时，只能用手拧紧，不能用扳手等工具硬拧，以免损坏瓶阀，造成泄漏。当拧开瓶阀使用时，若听到瓶阀漏气声，应立即停止使用，且用粉笔在瓶身上写明漏气、退库。

f. 当气瓶熔塞熔化，泄漏气体时，应立即用冷水淋瓶身，并用小木塞敲入熔塞孔。若仍漏气，则应将气瓶推入水池，一面注水，一面将水排入下水道。

g. 使用乙烯、乙炔等易发生聚合的气体气瓶时，要特别防止受热。在使用过程中，一旦发现瓶身发热，应立即采用冷却措施。

h. 使用氧气钢瓶时，操作者要注意手上、身上不得沾有油脂类物质，瓶附近也不能存放油类。开阀门时不要开得过快，防止氧气进入高压室时产生压缩热，引燃阀内的胶垫圈。

i. 所有高压系统的管道需连接牢固、无泄漏。

j. 使用气瓶时不能将气体全部用尽，应留一定压力的余气。

② 气瓶的安全储存

a. 气瓶进库时，需旋紧瓶帽，不能碰撞、敲打、滚滑、抛掷，不得用电磁起重机搬运，以防电气系统出现故障或电源中断时气瓶跌落。

b. 库内应保持良好通风条件，以免气瓶渗漏时气体在库内滞留积聚，发生危险。地面宜采用不燃材料，并应平整、干燥。

c. 库内不能有明火、热源，夏季需采取相应的降温措施。如早晚室外温度比室内温度低，应开库门通风，中午室外温度高于室内，则应关闭库门，并用冷水喷淋仓顶等。

d. 库内气瓶需直立存放，并留有通道。

e. 气瓶与化学危险物品、有毒气瓶之间，所装气体接触后能发生反应的气体气瓶之间，要分室存放。

f. 易发生聚合反应的气体气瓶应严格储存期限，不宜久存。

g. 有油渍的氧气气瓶，应用四氯化碳擦拭干净后方可入库。

h. 退库空瓶需留有余压，旋紧瓶阀、瓶帽后方可入库。

## 19.12.5 焊接过程中的防火

（1）焊接生产的特点

焊接是通过在被焊材料之间建立原子间扩散和结合以实现永久性连接的工艺过程。在焊接过程中，焊工要经常接触易燃、易爆气体，有时要在高空、水下、狭小空间进行工作。焊接时产生有毒气体、有害粉尘、弧光辐射、噪声、高频电磁场等。

（2）焊接过程中主要发生的伤害事故

焊接现场有可能发生爆炸、火灾、烫伤、中毒、触电和高空坠落等工伤事故。焊工作业过程中有可能受到各种伤害，引起血液、眼、皮肤、肺等部位出现职业病。

焊工“十不焊割”的规定如下：①焊工未经安全技术培训考试合格，领取操作证者，不能焊割。②在重点要害部门和重要场所，未采取措施，未经单位有关领导、车间、安全、保卫部门批准和办理动火证手续者，不能焊割。③在容器内工作没有 12V 低压照明和通风不良及无人在外监护，不能焊割。④未经领导同意，车间、部门擅自拿来的物件，在不了解其使用和构造情况下，不能焊割。⑤盛装过易燃、易爆气体的容器管道，未经用碱水等彻底清洗和处理消除火灾爆炸危险的，不能焊割。⑥用可燃材料充作保温层、隔热、隔音设备的部位，未采取切实可靠的安全措施，不能焊割。⑦有压力的管道和密闭容器，不能焊割。⑧焊接场所附近有易燃物品，未做清除或未采取安全措施，不能焊割。⑨在禁火区内未采取严格隔离等安全措施，不能焊割。⑩在一定距离内，有与焊割明火操作相抵触的工种，不能焊割。

（3）焊接过程中焊工的伤害

在焊接生产中产生的有毒气体、有害气体、弧光辐射、高频电磁场等，都有可能使焊工发生肺尘埃沉着病、慢性中毒、血液疾病、电光眼病和皮肤病等职业病，严重地危害着焊工及有关人员的安全和健康。

（4）各种危害的防护办法

① 电子束焊接产生的 X 射线。使用护目镜。

② 氩弧焊的弧光辐射。穿戴护目镜、口罩、面罩、防护手套、脚盖、帆布工作服。

③ 粉尘中毒。戴口罩，装设通风或吸尘设备，采用低尘少害的焊条，采用自动焊代替手工焊。

④ 高频电磁场。减少其作用时间，引燃电弧后立即切断高频电源，焊炬和焊接电缆用金属编织线屏蔽，焊件接地。

## 参考文献


[1] 高永庭．防火防爆工学．北京：国防工业出版社，1985.

[2] 杨在塘．电气防火工程．北京：中国建筑工业出版社，1997.

[3] 杨泗霖．防火与防爆．北京：首都经济贸易大学出版社，2000.

[4] 杨有启，钮英建．电气安全工程．北京：首都经济贸易大学出版社，2000.

[5] 惠中玉．工业企业防火工程．北京：中国人民公安大学出版社，1994.

[6] 袁化临．起重机与机械安全．北京：首都经济贸易大学出版社，2000.

[7] 公安政治部．建筑防火设计原理．北京：中国人民公安大学出版社，1997.

[8] 景绒．建筑消防给水工程．北京：中国人民公安大学出版社，1996.

[9] 李引擎，边久荣，熊洪，李淑惠，王惟中．建筑安全防火设计手册．郑州：河南科学技术出版社，1998.

[10] 胡德福．化学突发事故风险评估的研究与应用．北京：科学出版社，1995.

# 20 电气安全

## 20.1 电气事故的类型

电流对人体的伤害是电气事故中最为常见的一种，它基本上可以分为电击和电伤两大类。

### 20.1.1 电击

人体接触带电部分，造成电流通过人体，使人体内部的器官受到损伤的现象，称为电击触电。在触电时，由于肌肉发生收缩，受害者常不能立即脱离带电部分，使电流连续通过人体，造成呼吸困难、心脏麻痹，以至于死亡，所以危险性很大。

直接与电气装置的带电部分接触、过高的接触电压和跨步电压都会使人触电。根据与电气装置的带电部分接触方式不同分为单相触电和两相触电。

（1）单相触电

单相触电是指当人体站在地面上，触及电源的一根相线或漏电设备的外壳而触电。

单相触电时，人体只接触带电的一根相线，由于通过人体的电流路径不同，所以其危险性也不一样。图 20.1 为电源变压器的中性点通过接地装置和大地做良好连接的供电系统，在这种系统中发生单相触电时，相当于电源的相电压加在人体电阻与接地电阻的串联电路。由于接地电阻较人体电阻小很多，所以加在人体上的电压值接近于电源的相电压，在低压为 380V/220V 的供电系统中，人体将承受 220V 电压，这是很危险的。

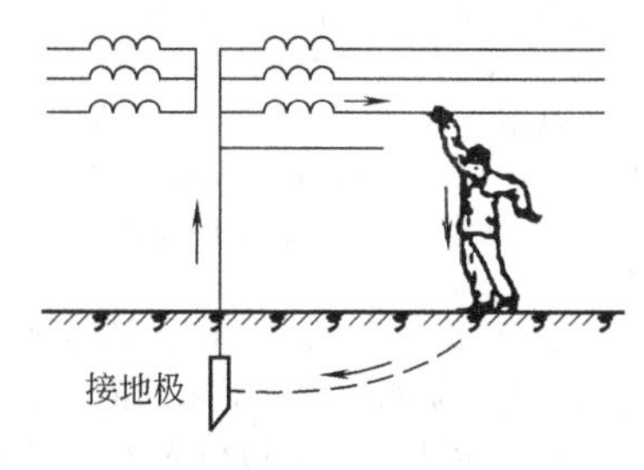


图 20.1 中性点接地的单相触电

图 20.2 所示为电源变压器的中性点不接地的供电系统的单相触电，这种单相触电时，电流通过人体、大地和输电线间的分布电容构成回路。显然这时如果人体和大地绝缘良好，流经人体的电流就会很小，触电对人体的伤害就会大大减轻。实际上，中性点不接地的供电系统仅局限在游泳池和矿井等处应用，所以单相触电发生在中性点接地的供电系统中最多。

图 20.2 中性点不接地的单相触电

（2）两相触电

当人体的两处，如两手或手和脚，同时触及电源的两根相线发生触电的现象，称为两相触电。在两相触电时，虽然人体与地有良好的绝缘，但因人同时和两根相线接触，人体处于电源线电压下，在电压为 380V/220V 的供电系统中，人体受 380V 电压的作用，并且电流大部分通过心脏，因此是最危险的，如图 20.3 所示。

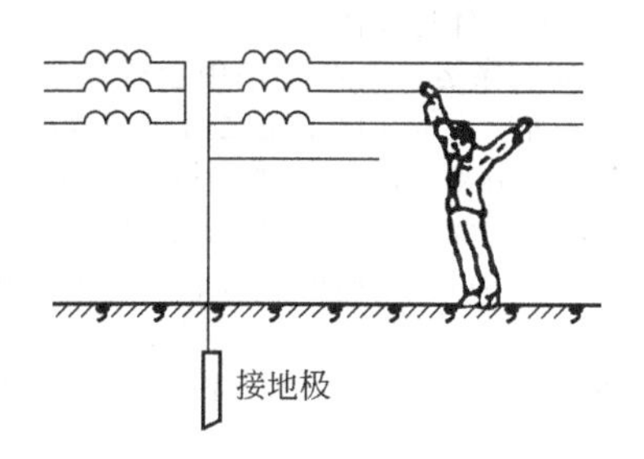


图 20.3 两相触电

（3）接触电压和跨步电压

过高的接触电压和跨步电压也会使人触电。当电力系统和设备的接地装置中有电流时，此电流经埋设在土壤中的接地体向周围土壤中流散，使接地体附近的地表任意两点之间都可能出现电压。如果以大地为零电位，即接地体以外 15～20m 处可以认为是零电位，则接地体附近地面各点的电位分布如图 20.4 所示。

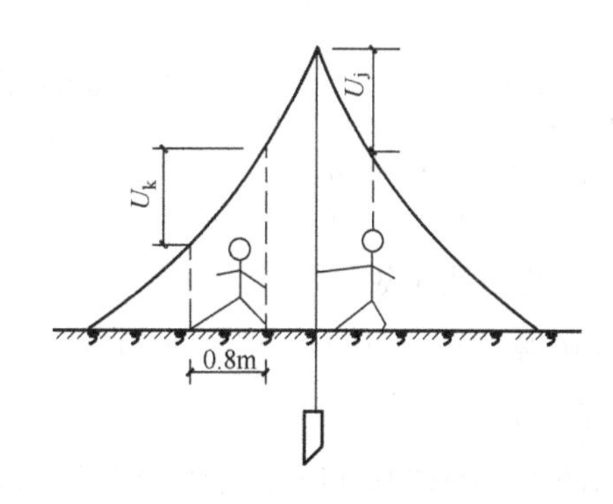


图 20.4 接地体附近的电位分布

人站在发生接地短路的设备旁边，人体触及接地装置的引出线或触及与引出线连接的电气设备外壳时，则作用于人手与脚之间的就是图中的电压 $U_j$，称为接触电压。

人在接地装置附近行走时，由于两足所在地面的电位不相同，人体所承受的电压即图中的 $U_k$，称为跨步电压。跨步电压与跨步大小有关。人的跨距一般按 0.8m 考虑。

当供电系统中出现对地短路时，或有雷电电流流经输电线入地时，都会在接地体上流过很大的电流，使接触电压 $U_j$ 和跨步电压 $U_k$ 都大大超过安全电压，造成触电伤亡。为此接地体要做好，使接地电阻尽量小，一般要求为 4Ω。

接触电压 $U_j$ 和跨步电压 $U_k$ 还可能出现在被雷电击中的大树附近或带电的相线断落处附近，人们应远离断线处 8m 以外。

### 20.1.2　电伤

由于电弧以及熔化、蒸发的金属微粒对人体外表的伤害，称为电伤。例如在拉闸时，不正常情况下，可能发生电弧烧伤或刺伤操作人员的眼睛。再如熔丝熔断时，飞溅起的金属微粒可能使人皮肤烫伤或渗入皮肤表层等。电伤的危险程度虽不如电击，但有时后果也是很严重的。电伤包括电烧伤、电烙印、皮肤金属化、机械损伤和电光眼。

### 20.1.3　静电危害事故

静电产生的原因及其危害如下。

① 当物体产生的静电荷越积越多，形成很高电位时，与其他不带电的物体接触，就会形成很高的电位差，并发生放电现象。当电压达到300V以上，所产生的静电火花，即可引燃周围的可燃气体、粉尘。此外，静电对工业生产也有一定危害，还会对人体造成伤害。

② 固体物质在搬运或生产工序中会受到大面积摩擦和挤压，如传动装置中皮带与皮带轮之间的摩擦；固定物质在压力下接触聚合或分离；固体物质在挤出、过滤时与管道、过滤器发生摩擦；固体物质在粉碎、研磨和搅拌过程及其他类似工艺过程中，均可产生静电。而且随着转速加快，所受压力的增大，以及摩擦挤压时的接触面过大、空气干燥且设备无良好接地等原因，致使静电荷聚集放电，出现火灾危险性。

③ 一般可燃液体都有较大的电阻，在灌装、输送、运输或生产过程中，由于相互碰撞、喷溅与管壁摩擦或受到冲击时，都能产生静电。特别是当液体内没有导电颗粒、输送管道内表面粗糙、液体流速过快等，都会产生很强摩擦，所产生的静电荷在没有良好导除静电装置时，便积聚电压而发生放电现象，极易引发火灾。

④ 粉尘在研磨、搅拌、筛分等工序中高速运动，使粉尘与粉尘之间，粉尘与管道壁、容器壁、其他器具、物体间产生碰撞和摩擦而产生大量的静电，轻则妨碍生产，重则引起爆炸。

⑤ 压缩气体和液化气体，因其中含有液体或固体杂质，从管道口或破损处高速喷出时，都会在强烈摩擦下产生大量的静电，导致燃烧或爆炸事故。

⑥ 引发二次事故或导致产品质量下降。

### 20.1.4　雷电灾害事故

雷电的破坏作用基本上可以分为三类，即直击雷、雷电感应和雷电波侵入。

（1）直击雷

雷云直接对建筑物或地面上的其他物体放电的现象称为直击雷。雷云放电时，引起很大的雷电流，可达几百千安，从而产生极大的破坏作用。雷电流通过被雷击物体时，产生大量的热量，使物体燃烧。被击物体内的水分由于突然受热，急骤膨胀，还可能使被击物体劈裂。所以当雷云向地面放电时，常常发生房屋倒塌、损坏或者引起火灾，发生人畜伤亡。

（2）雷电感应

雷电感应是雷电的第二次作用，即雷电流产生的电磁效应和静电效应作用。雷云在建筑物和架空线路上空形成很强的电场，在建筑物和架空线路上便会感应出与雷云电荷相反的电荷（称为束缚电荷）。在雷云向其他地方放电后，雷云与大地之间的电场突然消失，但聚集在建筑物的顶部或架空线路上的电荷不能很快全部泄入大地，残留下来的大量电荷，相互排斥而产生强大的能量使建筑物振裂。同时，残留电荷形成的高电位，往往造成屋内电线、金属管道和大型金属设备放电，击穿电气绝缘层或引起火灾、爆炸。

（3）雷电波侵入

当架空线路或架空金属管道遭受雷击，或者与遭受雷击的物体相碰，以及由于雷云在附近放电，在导线上感应出很高的电动势，沿线路或管路将高电位引进建筑物内部，称为雷电波侵入，又称高电位引入。出现雷电波侵入时，可能发生火灾及触电事故。

### 20.1.5　射频电磁场危害

射频指无线电波的频率或相应的电磁振荡频率，泛指100kHz以上的频率。射频电磁场危害主要有以下几个方面。

① 在射频电磁场作用下，人体因吸收辐射能量会受到不同程度的伤害。过量的辐射可引起中枢神经系统机能障碍，出现神经衰弱等临床症状；可造成植物神经紊乱，出现心率或血压异常，如心动过缓、血压下降或心动过速、高血压等；可引起眼睛损伤，造成晶状体浑浊，严重时导致白内障。

② 在高强度的射频电磁场作用下，可产生感应放电，会造成电引爆器件发生意外引爆。此外，当受电磁场作用感应出的感应电压较高时，会给人以明显的电击。

### 20.1.6　人体触电伤害因素

人体触电所受伤害程度取决于下述几个主要因素：

① 流过身体的电流，以毫安计量。它取决于外加电压以及电流进入和流出身体两点间的人体阻抗。流过身体的电流越大，人体的生理反应越强烈，生命危险性就越大。20～25mA以上的工频电流都容易产生严重的后果。在电流小于数百毫安时，电流主要引起心室颤动而窒息；数百毫安以上的电流，除了引起昏迷、心脏即刻停止跳动、呼吸停止外，还会留下致命的电伤。

② 电流流经身体的途径。心脏、肺脏、中枢神经和脊髓等都是容易被电流伤害的人体器官与组织，因此，电流流经身体的途径，以胸部至手、手至脚最为危险，臀部或背部至手、手至手也很危险，脚至脚的危险性较小。此外，电流经过大脑也是相当危险的，会使人立即昏迷。

③ 电流通过人体的持续时间，以毫秒计量。人体通电时间越长，人体电阻会因出汗等而下降，导致电流增大，后果严重。另外，人的一个心脏搏动周期（约为750ms）中，有一个100ms的易损伤期，这段时间与电伤期相重合而造成很大的危险。

④ 人体允许的电流。人体对0.5mA以下的工频电流一般是没有感觉的。实验资料表明，对不同的人引起感觉的最小电流是不一样的，成年男性平均约为1.1mA，成年女性约为0.7mA，这一数值称为感知电流。这时人体由于神经受刺激而感觉轻微刺痛。同样，不同的人触电后能自主摆脱的最大电流也不一样，成年男性平均为16mA，成年女性为10.5mA，这个数值称为摆脱电流。一般情况下，8～10mA以下的工频电流，50mA以下的直流电流可以作为人体允许的安全电流，但这些电流长时间通过人体也是有危险的。在装有防止触电的保护装置的场合，人体允许的工频电流约30mA，考虑到可能造成严重二次事故的场合，人体允许的工频电流应按不引起强烈痉挛的5mA考虑。

⑤ 人体电阻。当人体接触带电体时，人体就被当作电路元件接入回路。人体阻抗通常包括外部阻抗（与触电当时所穿衣服、鞋袜以及身体的潮湿情况有关，从几千欧至几十兆欧不等）和内部阻抗（与触电者的皮肤阻抗和体内阻抗有关）。人体阻抗不是纯电阻，主要由人体电阻决定。人体电阻也不是一个固定的数值。一般认为干燥的皮肤在低电压下具有相当高的电阻，约10万欧。当电压在500～1000V时，人体电阻便下降为1000Ω。皮肤具有这样高的电阻是因为它

没有毛细血管。手指某部位的皮肤还有角质层，角质层的电阻值更高，而不经常摩擦部位的皮肤的电阻值是最小的。皮肤电阻还同人体与导体的接触面积及压力有关。

当表皮受损暴露出真皮时，人体内因布满了输送盐溶液的血管而有很低的电阻。一般认为，接触到真皮里，一只手臂或一条腿的电阻大约为500Ω。因此，由一只手臂到另一只手臂或由一条腿到另一条腿的通路相当于一只1000Ω的电阻。假定一个人用双手紧握一带电体，双脚站在水坑里而形成导电回路，这时人体电阻基本上就是体内电阻，约为500Ω。

电击电流大小由接触电压和人体阻抗所决定。人体阻抗主要与电流路径、皮肤潮湿程度、接触电压、电流持续时间、接触面积、接触压力、温度以及频率等有关。人体阻抗的组成如图20.5所示。如将两个电极接触人体的两个部分，并将电极下的皮肤去掉，则该两电极间的阻抗为人体内阻抗$Z_i$。皮肤表面电极与皮肤下导电组织之间的阻抗即为皮肤阻抗$Z_{P1}$和$Z_{P2}$。$Z_i$、$Z_{P1}$、$Z_{P2}$的矢量和为人体总阻抗$Z_T$。现将这些阻抗的特征说明如下：

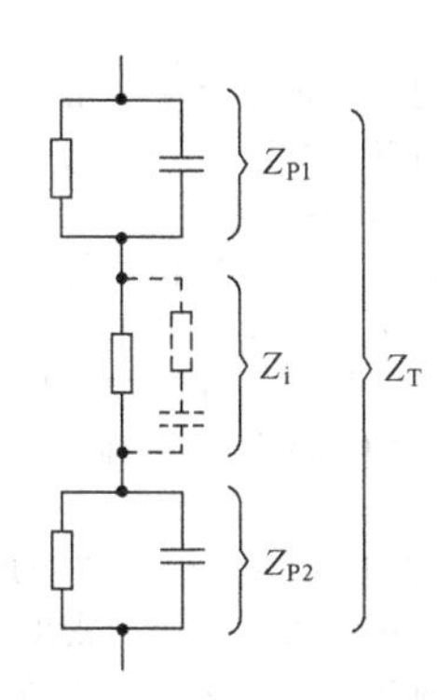


图20.5　人体阻抗的组成

a. 人体内阻抗$Z_i$。根据IEC测定的结果，$Z_i$主要是电阻，只有少量电容，如图20.5所示虚线，其数值主要取决于电流路径，一般与接触面积关系不大，但当接触面积小到几平方毫米数量级时，内阻抗才增大。

b. 皮肤阻抗$Z_{P1}$、$Z_{P2}$。$Z_{P1}$、$Z_{P2}$是由半绝缘层和小的导电元件（如毛孔构成的电阻电容网络）组成，见图20.5。接触电压在50V及以下时，皮肤阻抗值随表面接触面积、温度、呼吸等显著变化；50～100V时，皮肤阻抗降低很多。频率增大时，皮肤阻抗随之降低；皮肤破损时，皮肤阻抗可忽略不计。

c. 人体总阻抗$Z_T$。$Z_T$由电阻分量及电容分量组成。当接触电压在500V及以下时，$Z_T$值主要取决于皮肤阻抗值。接触电压越高，$Z_T$与皮肤阻抗关系越小。当皮肤破损后，$Z_T$值接近于人体内阻。

d. 人体初始电阻$R_i$。在接触电压出现的瞬间，人体的电容还未充电，皮肤阻抗可忽略不计，这时的电阻值称为人体初始电阻。该值限制短时脉冲电流峰值。当电流路径从手到手或手到脚而且接触面积较大时，5%分布序（即5%的人所呈现的最小初始电阻值）$Z_{5\%}$可认为等于500Ω。

## 20.2　直接接触电击防护

电击所产生的电击电流通过人体或动物躯体将产生病理性生理效应，例如肌肉收缩、呼吸困难、血压升高、形成心脏兴奋波、心房纤维性颤动及无心室纤维性颤动的短暂心脏停跳、心室纤维性颤动，直至死亡，所以必须采取防护措施。

人或家畜触及电气设备的带电部分，称为直接接触。人或家畜与故障下带电的金属外壳接触，称为间接接触。直接接触及间接接触所造成的电击称为直接电击和间接电击。为了防止电击，必须先了解电击机理，然后对直接电击、间接电击以及兼有该两者电击采取适当的防护措施，以保证人、畜及设备的安全。

### 20.2.1　绝缘

电介质又叫绝缘介质，即我们平常所讲的电工绝缘材料。随着电力系统额定电压的不断提高，对材料绝缘性能的要求也愈来愈高。事实上，由于设备绝缘不可靠而引起事故所带来的损失，远远超过电气设备本身的价值。另外，在电子工业、电真空领域、生态环保行业、理疗医务部门及高能粒子的研究、静电等高新技术领域都与电介质息息相关。

（1）电介质的种类

从材料来源可分为天然产生的和人工合成的；从物质形态可分为气体、液体和固体。一台电气设备的绝缘中可能存在单一或多种电介质。电介质分类如图20.6所示。

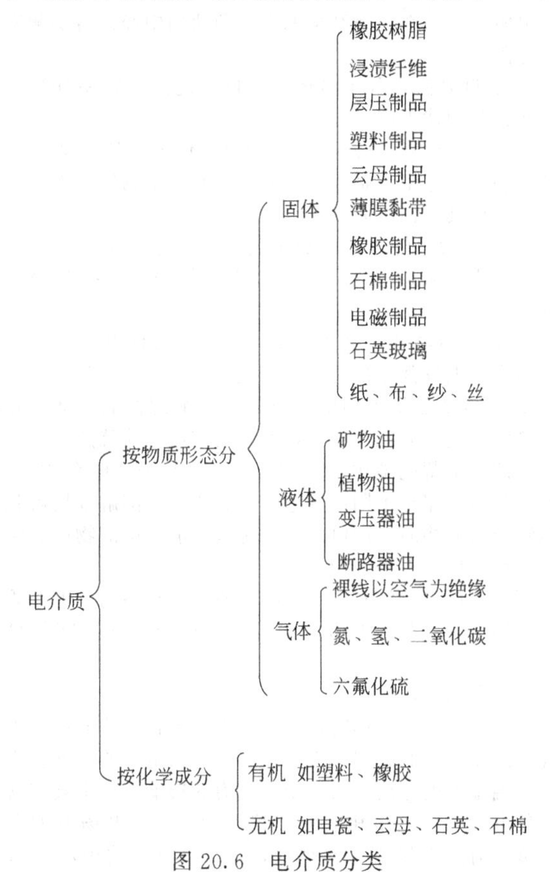


图20.6　电介质分类

电介质在电气技术中的主要功能是：

a. 使导体与其他同电位的导体（或人、大地）隔离；

b. 提供电容器储能的条件；

c. 改善高压电场中的电位梯度。

（2）电气设备用绝缘材料的标志方法

绝热耐热分级及其最高温度见表20.1。

**表20.1　绝热耐热分级及其最高温度**

| 标志代号 | 耐热等级 | 最高工作温度/℃ | 标志代号 | 耐热等级 | 最高工作温度/℃ |
|---|---|---|---|---|---|
| 1 | A | 105 | 4 | F | 155 |
| 2 | E | 120 | 5 | H | 180 |
| 3 | B | 130 | 6 | C | >180 |

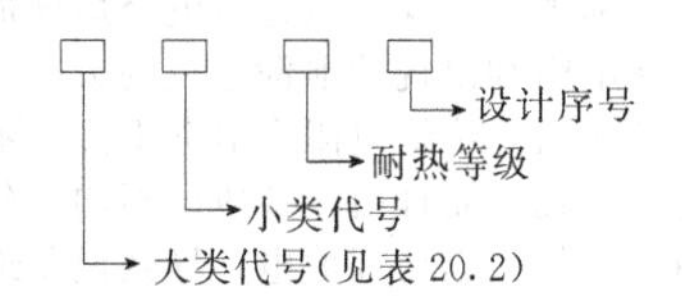

**表 20.2　大类代号**

| 大类代号 | 1 | 2 | 3 | 4 | 5 | 6 |
|---|---|---|---|---|---|---|
| 名称 | 橡胶树脂 | 浸渍纤维 | 层压制品 | 塑料制品 | 云母制品 | 薄膜黏带 |

**例**　说明以下材料大类最高工作温度：2750、4221。

**解**　对于 2750，大类代号是 2，属于浸渍纤维类，耐热等级属于 H 级，最高工作温度是 180℃；对于 4221，大类代号是 4，属于塑料制品类，耐热等级属于 E 级，最高工作温度是 120℃。

(3) 绝缘材料的电性能

① 绝缘电阻率和绝缘电阻是绝缘结构和绝缘材料的主要电性参数。为了检验绝缘性能的优劣，在绝缘材料的生产和应用中，经常需要测定其绝缘电阻率，包括体积电阻率和表面电阻率，而在绝缘结构的性能和使用中经常需要测定其绝缘电阻。

② 温度升高，分子热运动加剧，使离子容易迁移，电阻率按指数规律下降。

③ 湿度升高，一方面水分的侵入使电介质增加了导电离子，使绝缘电阻下降；另一方面，对亲水物质，表面的水分还会降低其表面电阻率。

④ 杂质含量增加，增加了内部的导电离子，也使电介质表面污染并吸附水分，从而降低了体积电阻率和表面电阻率。

⑤ 在较高电场强度作用下，固体和液体电介质的离子迁移能力随电场强度的增强而增大，使电阻率下降。

⑥ 介电常数是表明电介质表面特征的性能参数。介电常数愈大，电介质能力愈强，产生的束缚电荷就愈多。

有的人把蓄电池中溶液"电解质"写为"电介质"，实际上这是两个完全不同的概念。电解质指在溶解或熔解状态下能够导电的物质，而电介质则是指不能导电的物质。两者截然相反，切切不可通用。

不过，世界上绝对不导电的物质是不存在的。电介质在电场作用下，会发生极化、电导、介质损耗和击穿等物理现象。

(4) 介电常数

在没有外电场作用时，电介质内部各种电荷的质点因排列混乱或相互牵制束缚，表面不会呈现出电荷的极性。当电介质两端施加电压后，由于受电场力的影响，原来被束缚的正、负电荷就会发生相应的位移，正电荷沿电场力方向移动，负电荷逆电场力方向移动，正、负电荷的中心不再重合，形成电偶极子。整个电介质表面就显示出电的极性，称为电介质的极化。介电常数是表明电介质极化性的参数。介电常数越大，电介质极化能力越强，产生的束缚电荷就越多。现用电容器来说明介电常数的物理意义。设电容量板间为真空时，其电容量为 $C_0$，而当极板间充满某种电介质时，其电容量为 $C$，则 $C$ 与 $C_0$ 的比值即为该电介质的相对介电常数，即

$$\varepsilon_r=\frac{C}{C_0} \tag{20.1}$$

(5) 介质损耗

不同的电介质，在外电场作用下表面呈现的电荷量大小不同；同一电介质，随着外电场的频率、环境温度、自身受潮等情况不同，导电能力也不相同。我们平常对电气设备进行绝缘电阻和泄漏电流试验，就是对电介质施加一定的直流电压，测量绝缘电阻和出现的泄漏电流的大小。当电介质表面吸收水分和杂质后，绝缘电阻会显著下降，不但泄漏电流变大，增加电导损耗，而且由于杂质的不均匀分布，使电压分布也不均匀，容易引起局部放电，导致设备绝缘系统的损坏。如果作用于电介质两端的电场是交流电源，则电介质中不仅有由绝缘电阻引起的电导损耗，而且更主要呈现因电源的极性周期性地变化而引起的电介质周期地极化所产生的损耗，这就叫介质损耗。通过试验，从介质损耗的大小可以判断电气设备的绝缘品质。若介质损耗增大，内部发热严重，则会导致绝缘老化，降低电气设备的使用寿命。因此，电力部门要求电气设备绝缘材料的介质损耗越小越好。

如同承受机械负荷时各种材料会产生疲劳、折断等现象一样，电介质长期承受电压作用，其绝缘性能也会日趋劣化，逐步地出现绝缘老化现象。当外施电压增大到某一临界值时，通过电介质的电流剧增，电介质的绝缘性能完全丧失，转变为导体，这种现象叫电介质的"击穿"。发生击穿时的电压称为击穿电压，击穿时的电场强度称为击穿场强。

为此，电力部门对运行设备规定要定期做预防性试验，测量其绝缘电阻、泄漏电流和介质损耗的大小，与规程标准相对照，与历史数据相比较，从而分析绝缘材料性能的变化趋势，决定设备能否继续投入运行。

(6) 绝缘击穿

绝缘击穿主要包括气体电介质的击穿、液体电介质的击穿、固体电介质的击穿三种。

① 气体电介质的击穿是由于碰撞电离导致的电击穿。碰撞电离过程是一个连锁反应过程，每一个电子碰撞产生一系列新电子，形成电子崩。电子崩向阳极发展，形成一条具有高电导的通道，导致气体击穿。在工程上采用高真空和高气压的方法来提高气体的击穿场强。空气的击穿场强为 25～30kV/cm。

② 液体电介质的击穿特性与其纯净度有关，是由电子碰撞电离最后导致击穿。由于液体的密度大，电子自由行程短，积聚能量大，因此击穿场强比气体高。工程上液体绝缘材料不可避免地含有气体、液体、固体杂质。第一，如液体中含有乳化状水滴和纤维时，由于水和纤维的极性强，在强电场的作用下使纤维极化而定向排列，并运动到电场强度最高处连成小桥，小桥贯穿两电极间引起电导剧增，局部温度骤升，最后导致电击。例如变压器油中含有极少量水分就会大大降低油的击穿场强。第二，含有气体杂质的液体电介质的击穿可用气泡击穿机理解释。气体的临界场强比油低得多，致使气泡游离，局部发热加剧，体积膨胀，气泡扩大，形成连通两电极的导电小桥，最终导致整个电介质击穿。

因此在液体绝缘材料使用之前，必须进行纯化、脱水、脱气处理，使用中避免这些杂质的侵入。液体电介质击穿后，绝缘性能在一定程度上可以得到恢复。

③ 固体电介质的击穿有电击穿、热击穿、电化学击穿、放电击穿等。

电击穿特点是电压作用时间短，击穿电压高，与电场强度密切相关。

热击穿特点是电压作用时间长，击穿电压较低。热击穿电压随环境温度上升而下降，与电场均匀程度关系不大。

电化学击穿电压作用时间长，击穿电压往往很低。与绝缘材料本身的耐游离性能、制造工艺、工作条件等因素有关。

放电击穿是固体电介质在强电场作用下，内部气泡首先发生碰撞游离而放电，继而加热其他杂质，使之汽化形成气泡，由气泡放电进一步发展，导致击穿。放电击穿的击穿电压与绝缘材料的质量有关。

固体电介质一旦击穿将失去其绝缘性能。

(7) 绝缘老化根据老化机理主要有热老化机理和电老化机理

① 热老化主要发生在低压设备中，包括低分子挥发性成分的逸出，包括材料的解聚和氧化裂解、热裂解、水解，

还包括材料分子链继续聚合等过程。

② 电老化主要是由局部放电引起的，主要发生在高压设备中。

（8）绝缘损坏

它是指由于不正确地选用绝缘材料，不正确地进行电气设备及线路的安装，不合理地使用电气设备等，导致绝缘材料受到污染和侵蚀或受到外界热源、机械因素的作用，在较短或很短的时间内失去其电气性能或力学性能的现象。

### 20.2.2　屏护和间距

屏护和间距是防止直接电击的安全措施，同时也是防止短路、故障接地等电气事故的安全措施。

（1）屏护相关概念和应用

它是一种对电击危险因素进行隔离的手段，即采用遮栏、护罩、护盖、箱匣等把危险的带电体同外界隔离开来，防止人体接触或接近带电体引起触电事故。屏护可分为屏蔽和障碍。两者的区别为：后者只能防止人体无意识触及或接近带电体，而不能防止有意识移开、绕过或翻过障碍触及或接近带电体。屏蔽是完全的防护，障碍是不完全的防护。屏护装置主要用于电气设备不便于绝缘或绝缘不足以保证安全的场合。如开关电气的可动部分，对于高压设备，不管绝缘与否均要加屏护装置。室内外的变压器和变配装置，均要有完善的屏护。

（2）屏护装置的条件

① 屏护装置所用的材料应有足够的机械强度和良好的耐火性能；

② 屏护装置应有足够的尺寸，与带电体间应保持必要的距离；

③ 遮栏、栅栏等屏护装置上应有“止步、高压危险”等标志；

④ 必要时应配合采用声光报警信号和联锁装置。

（3）间距

间距是指带电体与地面之间、带电体与其他设备和设施之间、带电体与带电体之间必要的安全距离。在安全的间距选择时，既要考虑安全的要求，同时也要符合人机工效学的要求。

不同电压等级、不同设备类型、不同安装方式、不同的周围环境所要求的间距不同。

① 线路间距。在未经相关管理部门许可的情况下，架空线路不得跨越建筑物。如必须跨越应遵守架空线路导线与建筑物、树木的最小距离规定，分别见表20.3和表20.4。

**表20.3　导线与建筑物的最小距离**

| 线路电压/kV | 垂直距离/m | 水平距离/m |
|---|---|---|
| ≤1 | 2.5 | 1.0 |
| 10 | 3.0 | 1.5 |
| 35 | 4.0 | 3.0 |

**表20.4　导线与树木的最小距离**

| 线路电压/kV | 垂直距离/m | 水平距离/m |
|---|---|---|
| ≤1 | 1.0 | 1.0 |
| 10 | 1.5 | 2.0 |
| 35 | 3.0 | — |

其他相关定义及标准如下：

a. 接户线。从配电线路到用户进线处第一个支持点之间的一段导线。10kV接户线对地距离不应小于4.5m；低压接户线对地距离不应小于2.75m。

b. 进户线。从接户线引入室内的一段导线。进户线的进户管口与接户线端头之间的垂直距离不应大于0.5m；进户线对地距离不应小于2.7m。

c. 直埋电缆埋设深度不应小于0.7m，并应位于冻土层之下。

② 用电设备间距。明装的车间低压配电箱底口距地面的高度可取1.2m，暗装的可取1.4m。明装电能表板底口距地面的高度可取1.8m。常用电器的安装高度为1.3～1.5m，墙用平开关离地面高度可取1.4m，户内灯具高度应大于2.5m。

③ 检修间距。低压操作时，人体及其所携带工具与带电体之间的距离不得小于0.1m。

高压作业时，各种作业所要求的最小距离见表20.5。

**表20.5　高压作业的最小距离**

| 类　别 | 最小距离/m | |
|---|---|---|
| | 10kV | 35kV |
| 无遮栏作业，人体及其所携带工具与带电体之间 | 0.7 | 1.0 |
| 无遮栏作业，人体及其所携带工具与带电体之间，用绝缘杆操作 | 0.4 | 0.6 |
| 线路作业，人体及其所携带工具与带电体之间 | 1.0 | 2.5 |
| 带电水冲洗，小型喷嘴与带电体之间 | 0.4 | 0.6 |
| 喷灯或气焊火焰与带电体之间 | 1.5 | 3.0 |

## 20.3　间接接触电击防护

间接接触电击是故障状态下的电击。保护接地、保护接零、加强绝缘、电气隔离等是防止间接接触电击的技术措施。保护接地和保护接零是防止间接接触电击的基本技术措施。

### 20.3.1　接地的基本概念

将电力系统或电气装置的某一部分经接地线连接到接地极称为“接地”。“电气装置”是一定空间中若干相互连接的电气设备的组合。“电气设备”是发电、变电、输电、配电或用电的任何设备，例如电机、变压器、电器、测量仪表、保护装置、布线材料等。电力系统中接地的一点一般是中性点，也可能是相线上某一点。电气装置的接地部分则为外露导电部分。“外露导电部分”为电气装置中能被触及的导电部分，它在正常时不带电，但在故障情况下可能带电，一般指金属外壳。有时为了安全保护的需要，将装置外导电部分与接地线相连进行接地。“装置外导电部分”也可称为外部导电部分，不属于电气装置，一般是水、暖、煤气、空调的金属管道以及建筑物的金属结构。外部导电部分可能引入电位，一般是地电位。接地线是连接到接地极的导线。接地装置是接地极与接地线的总称。

超过额定电流的任何电流称为过电流。在正常情况下的不同电位点间，由于阻抗可忽略不计的故障产生的过电流称为短路电流，例如相线和中性线间产生金属性短路所产生的电流称为单相短路电流。由绝缘损坏而产生的电流称为故障电流，流入大地的故障电流称为接地故障电流。当电气设备的外壳接地，且其绝缘损坏，相线与金属外壳接触时称为“碰壳”，所产生的电流称为“碰壳电流”。

（1）接触电压

在图20.7中，当电气装置M绝缘损坏碰壳短路时，流经接地极的短路电流为$I_d$。如接地极的接地电阻力$R_d$，则在接地极处产生的对地电压$U_d=I_dR_d$，通常称$U_d$为故障电压，相应的电位分布曲线为图20.7中的曲线$C$。一般情况下，接地线的阻抗可不计，则M上所呈现的电位即为$U_d$。当人在流散区内时，由曲线$C$可知人所处的地电位为$U_\varphi$。此时如人接触M，由接触所产生的故障电压$U_f=U_d-$

$U_φ$。人站立在地上，而一只脚的鞋、袜和地面电阻为 $R_p$，当人接触 M 时，两只脚为并联，其综合电阻为 $R_p/2$。在 $U_t$ 的作用下，$R_p/2$ 与人体电阻 $R_B$ 串联，则流经人体的电流 $I_B=U_f/(R_B+R_p/2)$，人体所承受的电压 $U_t=I_BR_B=U_fR_B/(R_B+R_p/2)$。这种当电气装置绝缘损坏时，触及电气装置的手和触及地面的双脚之间所出现的接触电压 $U_t$ 与 M 和接地极间的距离有关。由图 20.7 可见，当 M 越靠近接地极，$U_φ$ 越大，则 $U_f$ 越小，相应 $U_t$ 也越小。当人在流散区范围以外，则 $U_φ=0$，此时 $U_f=U_d$，$U_t=U_dR_B/(R_B+R_p/2)$，$U_t$ 为最大值。由于在流散区内人所站立的位置与 $U_φ$ 有关，通常以站立在离电气装置水平方向 0.8m 和手接触电气装置垂直方向 1.8m 的条件计算接触电压。如电气装置在流散区以外，计算接触电压 $U_t$ 时就不必考虑上述水平和垂直距离。

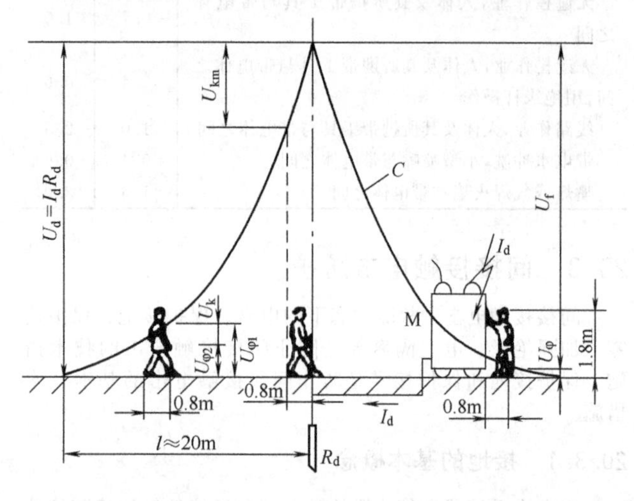


图 20.7 对地电压、接触电压和跨步电压的示意图

(2) 跨步电压

人行走在流散区内，由图 20.7 的曲线 $C$ 可见，一只脚的电位为 $U_{φ1}$，另一只脚的电位为 $U_{φ2}$，则由于跨步所产生的故障电压 $U_k=U_{φ1}-U_{φ2}$。在 $U_k$ 的作用下，人体电流 $I_B$ 从人体的一只脚的电阻 $R_p$，流过人体电阻 $R_B$，再流经另一只脚的电阻 $R_p$，则人体电流 $I_B=U_k/(R_B+2R_p)$。此时人体所承受的电压 $U_t=I_BR_B=U_kR_B/(R_B+2R_p)$。这种当电气装置绝缘损坏时，在流散区内跨步的条件下，人体所承受的电压 $U_k$ 为跨步电压。一般人的步距约为 0.8m，因此跨步电压 $U_k$ 以地面上 0.8m 水平距离间的电位差为条件来计算。由图 20.7 可见，当人越靠近接地极，$U_{φ1}$ 越大。当一只脚在接地极上时 $U_{φ1}=U_d$，此时跨步所产生的故障电压 $U_k$ 为最大值，即图 20.7 中的 $U_{km}$，相应跨步电压值也是最大值。反之，人越远离接地极，则跨步电压越小。当人在流散区以外时，$U_{φ1}$ 和 $U_{φ2}$ 都等于零，则 $U_k=0$，不再呈现跨步电压。

(3) 流散电阻、接地电阻和冲击接地电阻

接地极的对地电压与经接地极流入地中的接地电流之比，称为流散电阻。

电气设备接地部分的对地电压与接地电流之比，称为接地装置的接地电阻，即等于接地线的电阻与流散电阻之和。一般因为接地线的电阻甚小，可以略去不计，因此，可认为接地电阻等于流散电阻。

为了降低接地电阻，往往用多根的单一接地极以金属体并联连接而组成复合接地极或接地极组。由于各处单一接地极埋置的距离往往等于单一接地极长度而远小于 40m，此时，电流流入各单一接地极时，将受到相互的限制，而妨碍电流的流散。换句话说，即等于增加各单一接地极的电阻。这种影响电流流散的现象，称为屏蔽作用，如图 20.8 所示。

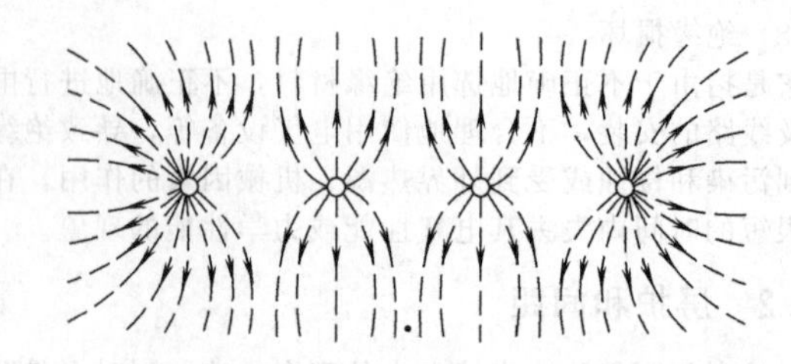

图 20.8 多根接地极的电流散布图

由于屏蔽作用，接地极组的流散电阻，并不等于各单一接地极流散电阻的并联值。此时，接地极组的流散电阻为：

$$R_d=R_{d1}/(n\eta) \tag{20.2}$$

式中，$R_{d1}$ 为单一接地极的流散电阻；$n$ 为单一接地极的根数；$\eta$ 为接地极的利用系数，它与接地极的形状、单一接地极的根数和位置有关。

以上所谈的接地电阻，系指在低频、电流密度不大的情况下测得的，或用稳态公式计算得出的电阻值。这与雷击时引入雷电流用的接地装置的工作状态是大不相同的。由于雷电流是个非常强大的冲击波，其幅度往往大到几万甚至几十万安的数值。这样，使流过接地装置的电流密度增大，并受到由于电流冲击特性而产生电感的影响，此时接地电阻称为冲击接地电阻，也可简称冲击电阻。由于流过接地装置电流密度的增大，以致土壤中的气隙、接地极与土壤间的气层等处发生火花放电现象，这就使土壤的电阻率变小和土壤与接地极间的接触面积增大。结果，相当于加大了接地极的尺寸，降低了冲击电阻值。

长度较长的带形接地装置，由于电感的作用，当超过一定长度时，冲击电阻不再减少，这个极限长度称为有效长度。土壤电阻率越小，雷电流波头越短，则有效长度越短。

由于各种因素的影响，引入雷电流时接地装置的冲击电阻是时间的函数。接地装置中雷电流增长至幅值 $I_M$ 的时间，滞后于接地装置的电位达到其最大值 $U_M$ 的时间。但在工程中已知冲击电流的幅值 $I_M$ 和冲击电阻 $R_{ds}$ 的条件下，计算冲击电流通过接地极流散时的冲击电压幅值为 $U_M=I_MR_{ds}$。由于实际上电位与电流的最大值发生于不同时间，所以这样计算的幅值常常比实际出现的幅值大一些，是偏于安全的，因此在实际中还是适用的。

(4) 低压配电系统中的接地类型

① 工作接地。为保证电力设备达到正常工作要求的接地，称为工作接地。中性点直接接地的电力系统中，变压器中性点接地，或发电机中性点接地。

② 保护接地。为保障人身安全、防止间接触电，将设备的外露可导电部分进行接地，称为保护接地。保护接地的形式有两种：一种是设备的外露可导电部分经各自的接地保护线分别直接接地；另一种是设备的外露可导电部分经公共的保护线接地。

③ 重复接地。在中性线直接接地系统中，为确保保护安全可靠，除在变压器或发电机中性点处进行工作接地外，还在保护线其他地方进行必要的接地，称为重复接地。

④ 保护接中性线。在 380V/220V 低压系统中，由于中性点是直接接地的，通常又将电气设备的外壳与中性线相连，称为低压保护接中性线。

## 20.3.2 低压配电系统的接地方式

低压配电系统按保护接地的形式不同可分为：IT 系统、

TT 系统和 TN 系统。其中，IT 系统和 TT 系统的设备外露可导电部分经各自的保护线直接接地（过去称为保护接地）；TN 系统的设备外露可导电部分经公共的保护线与电源中性点直接电气连接（过去称为接零保护）。

国际电工委员会（IEC）对系统接地的文字符号的意义规定如下：

第一个字母表示电力系统的对地关系：T——一点直接接地；I——所有带电部分与地绝缘，或一点经阻抗接地。第二个字母表示装置的外露可导电部分的对地关系：T——外露可导电部分对地直接电气连接，与电力系统的任何接地点无关；N——外露可导电部分与电力系统的接地点直接电气连接（在交流系统中，接地点通常就是中性点）。后面还有字母时，这些字母表示中性线与保护线的组合：S——中性线和保护线是分开的；C——中性线和保护线是合一的。

（1）IT 系统

IT 系统保护接地是指将电气装置正常情况下不带电的金属部分与接地装置连接起来，以防止该部分在故障情况下突然带电而造成对人体的伤害。IT 系统的电源中性点是对地绝缘的或经高阻抗接地，而用电设备的金属外壳直接接地，即过去称三相三线制供电系统的保护接地。

其工作原理是：若设备外壳没有接地，在发生单相碰壳故障时，设备外壳带上了相电压，若此时人触摸外壳，就会有相当危险的电流流经人身与电网和大地之间的分布电容所构成的回路。而设备的金属外壳有了保护接地后，由于人体电阻远比接地装置的接地电阻大，在发生单相碰壳时，大部分的接地电流被接地装置分流，流经人体的电流很小，从而对人身安全起了保护作用。

IT 系统适用于环境条件不良，易发生单相接地故障的场所，以及易燃、易爆的场所。

① 接地电阻的技术要求。接地电阻的要求见表 20.6。

**表 20.6 接地电阻的要求**

| 接地种类 | 接地电阻/Ω |
|---|---|
| 工作接地 | |
| 变压器容量≥100kV·A | ≤4 |
| 变压器容量<100kV·A | ≤10 |
| 保护接地 | ≤4 |
| 重复接地 | ≤10 |
| 油罐防静电接地 | ≤100 |
| 建筑物进户线绝缘子铁脚(防雷) | ≤30 |
| 大接地短路电流系统电气设备接地 | |
| 短路电流 $I_d$≤4000A | ≤$2000/I_d$ |
| 短路电流 $I_d$>4000A | ≤0.5 |
| 小接地短路电流系统电气设备接地 | |
| 高低压设备共用接地装置 | ≤$120/I_d$ |
| 高压设备单独装设接地装置 | ≤$250/I_d$ |

② 过电压的防护。配电网中出现过电压的原因很多。由于外部原因造成的有雷击过电压、电磁感应过电压和静电感应过电压；由内部原因造成的有操作过电压、谐振过电压以及来自变压器高压侧的过渡电压或感应电压。

对于不接地配电网，由于配电网与大地之间没有直接的电气连接，在意外情况下可能产生很高的对地电压。为了减轻过电压的危险，在不接地低压配电网中，应把低压配电网的中性点或者一相经击穿保险器接地。击穿保险器的击穿电压大多不超过额定电压的 2 倍。

③ 保护接地的作用及其局限性。在电源中性点不接地的系统中，如果电气设备金属外壳不接地，当设备带电部分某处绝缘损坏碰壳时，外壳就带电，其电位与设备带电部分的电位相同。由于线路与大地之间存在电容，或者线路某处绝缘不好，当人体触及带电的设备外壳时，接地电流将全部流经人体，显然这是十分危险的。

采取保护接地后，接地电流将同时沿着接地体与人体两条途径流过。因为人体电阻比保护接地电阻大得多，所以流过人体的电流就很小，绝大部分电流从接地体流过（分流作用），从而可以避免或减轻触电的伤害。

从电压角度来说，采取保护接地后，故障情况下带电金属外壳的对地电压等于接地电流与接地电阻的乘积，其数值比相电压要小得多。接地电阻越小，外壳对地电压越低。当人体触及带电外壳时，人体承受的电压（即接触电压）最大为外壳对地电压（人体离接地体 20m 以外），一般均小于外壳对地电压。

从以上分析得知，保护接地是通过限制带电外壳对地电压（控制接地电阻的大小）或减小通过人体的电流来达到保障人身安全的目的。

在电源中性点直接接地的系统中，保护接地有一定的局限性。这是因为在该系统中，当设备发生碰壳故障时，便形成单相接地短路，短路电流流经相线和保护接地、电源中性点接地装置。如果接地短路电流不能使熔丝可靠熔断或自动开关可靠跳闸时，漏电设备金属外壳上就会长期带电，也是很危险的。

④ 保护接地应用范围。保护接地适用于电源中性点不接地或经阻抗接地的系统。对于电源中性点直接接地的农村低压电网和由城市公用配电变压器供电的低压用户，由于不便于统一与严格管理，为避免保护接地与保护接零混用而引起事故，所以也应采用保护接地方式。在采用保护接地的系统中，凡是正常情况下不带电，当由于绝缘损坏或其他原因可能带电的金属部分，除另有规定外均应接地。如变压器、电机、电器、照明器具的外壳与底座，配电装置的金属框架，电力设备传动装置，电力配线钢管，交、直流电力电缆的金属外皮等。

在干燥场所，交流额定电压 127V 以下，直流额定电压 110V 以下的电气设备外壳，以及在木质、沥青等不良导电地面的场所，交流额定电压 380V 以下，直流额定电压 440V 以下的电气设备外壳，除另有规定外，可不接地。

（2）TT 系统

配电网中性点直接接地，而用电设备外壳也采取接地措施的系统中，第一个“T”表示中性点直接接地，第二个“T”表示设备外壳直接接地。TT 系统中当系统接地点和电气装置外露导电部分已进行等电位连接时，电气装置外露导电部分不另设接地装置（见图 20.9）。否则，电气装置外露导电部分应设保护接地的接地装置，其接地电阻应符合下式要求：

$$R \leqslant 50/I_a \tag{20.3}$$

式中，$R$ 为考虑到季节变化时接地装置的最大接地电阻，Ω；$I_a$ 为保证保护电器切断故障回路的动作电流，A。

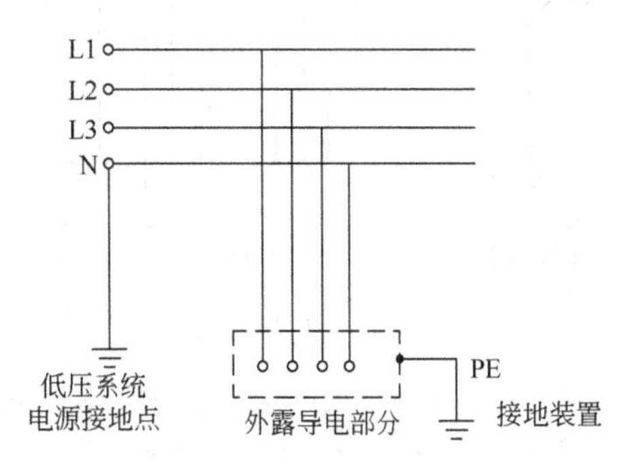


图 20.9 TT 系统图

TT系统主要应用于必须装设限制故障持续时间的过电流保护及安装漏电保护器。

TT系统缺陷：当用电设备漏电时，保护接地只能降低漏电设备上的电压，而不能将电压限制在安全范围以内；漏电电流较短路电流小得多，不足以使自动空气开关跳闸或熔断器熔体熔断。

(3) TN系统

① TN系统介绍。TN系统是三相四线配电网低压中性点直接接地，电气设备金属外壳采取接零措施的系统。"T"表示中性点直接接地；"N"表示电气设备金属外壳与配电网中性点之间金属性的连接，也即与配电网保护零线（保护导体）的紧密连接。

TN系统是系统有一点直接接地，装置的外露导电部分用保护线与该点连接。按照中性线与保护线的组合情况，TN系统有以下3种形式：TN-S系统，整个系统的中性线与保护线是分开的（图20.10）；TN-C-S系统，系统中有一部分中性线与保护线是合一的（图20.11）；TN-C系统，整个系统的中性线与保护线是合一的（图20.12）。

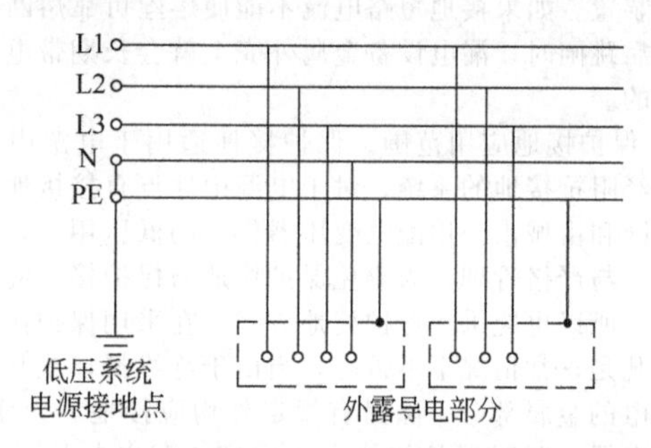


图20.10　TN-S系统

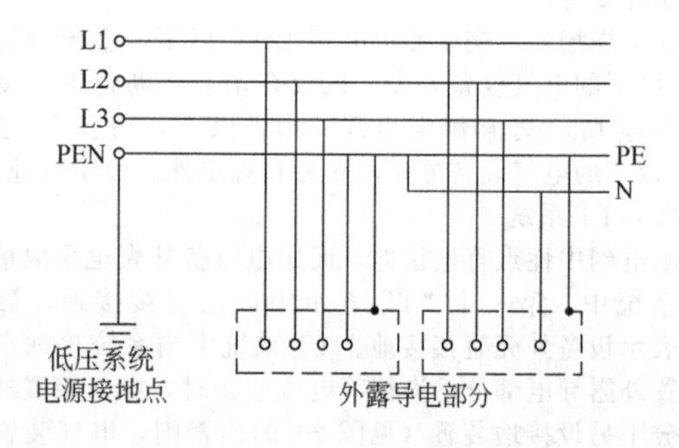


图20.11　TN-C-S系统

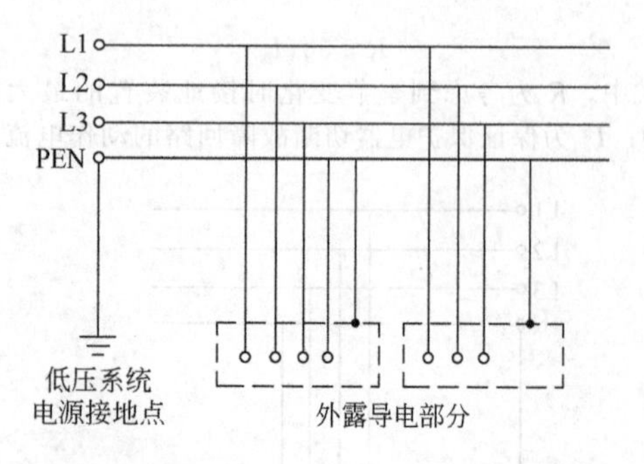


图20.12　TN-C系统

注意：第一个字母——低压系统的对地关系；第二个字母——电气装置的外露导电部分的对地关系；T——外露导电部分对地直接电气连接，与低压系统的任何接地点无关；N——外露导电部分与低压系统的接地点直接电气连接（在交流系统中，接地点通常就是中性点），如果后面还有字母时，字母表示中性线与保护线的组合；S——中性线和保护线是分开的；C——中性线和保护线是合一的（PEN）线。

② TN系统安全原理。当某一相线直接与设备的外壳连接时，即形成单相短路，短路电流促使线路上的短路保护装置迅速动作，在规定的时间内将故障设备断开电源，从而消除电击的危险。

在JGJ 46—2005《施工现场临时用电安全技术规范》中明确规定：施工现场的低压配电系统必须采用TN-S系统，即采用具有专用保护零线的保护接零系统。TN-S系统的优点为：专用保护零线在正常工作时不通过工作电流，因此，正常情况下的负荷不平衡电流不会在保护零线上产生对地电压；一旦零线断线，只影响用电设备不能正常工作，而不会导致断线点后的设备外壳上出现危险电压。TN-S系统的缺陷是当在线路远端漏电时，接地短路保护灵敏度不够，开关不能跳闸，因此，必须使用电流动作型漏电保护器。

TN-S系统适用于爆炸危险性较大或安全要求较高的场所（如建筑工地），以及有独立附设变电站的车间等。

(4) TN-C系统

TN-C系统是我国广泛采用的系统，为了防止触电事故，必须将电气设备外壳与PEN线做良好的电气连接。该系统常常接有大量三相和单相负载，当单相负载过多，使三相负载运行中出现不平衡时，PEN线中会有不平衡电流通过，并在PEN线上造成电压降。该电压实际是电气设备外壳上的电压，有时可达10～40V。这个电压在正常运行情况下存在，不但会使人感到麻电，而且还可能对附近的金属构件放电，形成火花，特别是在易燃易爆环境下是很危险的。因此，该系统用于无爆炸危险，火灾危险不大，用电设备较少，线路简单且安全条件较好的场所。

TN-C-S系统多用在民用建筑中，其优缺点或利害关系与上述两系统相同。

(5) 关于重复接地

TN系统中，中性线上除工作接地外，其他点的再次接地称为重复接地。

重复接地作用：

① 减轻PE线或PEN线意外断线时，断线点后方碰壳故障时，PE线或PEN线上的对地电压，从而降低电击的危险性。

② 减轻PEN线意外断线时，断线点后方因负荷不平衡时负荷中性点的"漂移"。

③ 由于工作接地电阻与重复接地电阻并联，起到了等效降低工作接地电阻的作用。

④ 由于重复接地对雷电流起分流作用，可降低冲击过电压，有助于改善架空线路的防雷性能。

⑤ 缩短故障持续时间。

对重复接地有以下几点要求：

① 必须设置重复接地的处所，使重复接地不应少于三处，即引入建筑物的第一总配电装置处（柜、箱）、配电线路的中端和配电线路的终端（最远处）。

② 架空线路的干线和长度超过200m的分支线的终端及沿线每1km处，以金属外皮作为保护线的低压电缆。

③ 同杆架设的高、低压架空线路的共同敷设段的两端。

④ 重复接地电阻值小于10Ω；所有重复接地的并联等值电阻小于10Ω。

⑤ 做防雷接地的电气设备必须同时做重复接地。

⑥ 重复接地线应与保护接地线相连接。

## 20.4 绝缘

### 20.4.1 双重绝缘和加强绝缘

（1）几个定义

① 基本绝缘（basic insulation）也叫工作绝缘和功能绝缘，指带电部分上对防触电起基本保护作用的绝缘，位于带电体与不可触及金属件之间。

② 附加绝缘（supplementary insulation）是为了在基本绝缘损坏的情况下防止触电，而在基本绝缘之外使用的独立绝缘，位于不可触及金属件与可触及金属件之间。

③ 双重绝缘（double insulation）是同时具有基本绝缘和附加绝缘的绝缘。

④ 加强绝缘（reinforced insulation）是相当于双重绝缘保护程度的单独绝缘结构。

注意："绝缘结构"这一术语并不意味着绝缘必须是同类件。它可以由几个不能像基本绝缘或附加绝缘那样单独试验的绝缘层组成。

（2）设备分类

① 0类设备。仅靠基本绝缘作为防触电保护的设备，当设备有能触及的可导电部分时，该部分不与设施固定布线中的保护（接地）线相连接，一旦基本绝缘失效，则安全性完全取决于使用环境。

② Ⅰ类设备。设备的防触电保护不仅靠基本绝缘，还包括一种附加的安全措施，即将能触及的可导电部分与设施固定布线中的保护（接地）线相连接。

对于使用软电线或软电缆的设备，软电线或软电缆应具有一根保护（接地）芯线。有关标准规定，任何部件至少都是基本绝缘并装有接地端子，但电源软线不带接地导线，插头没有接地插脚，不能插入有接地插孔的电源插座的设备，只要其保护线没有和固定布线中的保护（接地）线相连接，就看作0类设备，但在所有其他方面，设备的接地措施应完全遵守Ⅰ类设备的要求。

③ Ⅱ类设备。这种设备的防触电保护不仅靠基本绝缘，还具备像双重绝缘或加强绝缘这样的附加安全措施。这种设备不采用保护接地的措施，也不依赖于安装条件。Ⅱ类设备可以具有保持保护接地回路连续性的器件，但其必须在设备内部，并按Ⅱ类设备的要求与能触及的可导电表面绝缘起来。有金属外壳的Ⅱ类设备必要时可以采取将等电位连接线与外壳连接。Ⅱ类设备可因工作（与保护目的不同）的原因，采取与大地连接的手段，但必须在技术上无损于安全水平。

a. 在特殊情况下，如某些Ⅱ类设备的电子信号端子，在主管技术部门认为需要安全阻抗，而且在技术上无损于安全水平时，Ⅱ类设备可以使用安全阻抗。

b. 某些情况下，需要把"全部绝缘外壳"的和"有金属外壳"的Ⅱ类设备加以区别。

④ Ⅲ类设备。设备的防触电保护依靠安全特低电压（SELV）供电，且设备内可能出现的电压不会高于安全特低电压。

Ⅲ类设备不得具有保护接地手段。必要时，可因工作（与保护目的不同）的原因，采取与大地连接的手段，但必须在技术上无损于安全水平。

有金属外壳的Ⅲ类设备必要时可以采取将等电位连接线与外壳连接的手段。

### 20.4.2 安全电压

安全电压是为防止触电事故而采用的由特定电源供电的电压系列。这个电压系列的上限值，在任何情况下，两导体间或任一导体与地之间均不得超过交流（50～500Hz）有效值50V。

除采用独立电源外，安全电压的供电电源的输入电路与输出电路必须实行电路上的隔离。工作在安全电压下的电路，必须与其他电气系统和任何无关的可导电部分实行电气上的隔离。安全电压额定值的等级为42V、36V、24V、12V和6V。

当电气设备采用了超过24V的安全电压时，必须采取防直接接触带电体的保护措施。可将特低电压（extra low voltage，ELV）防护类型分为以下三类：

① 安全特低电压（safety extra low voltage，SELV），只作为不接地系统的安全特低电压的防护。

② 保护特低电压（protective extra low voltage，PELV），只作为保护接地系统的安全特低电压的防护。

③ 功能特低电压（functional extra low voltage，FELV），由于功能上的原因（非电击防护目的），采用了特低电压，但不能满足或没有必要满足SELV和PELV的所有条件。

## 20.5 电气设备安全

### 20.5.1 用电环境

在空气中，各种环境因素对电气设备的绝缘性能有很大影响：潮湿、导电性粉尘、腐蚀性蒸气和气体对电气设备绝缘起破坏作用，大幅降低绝缘电阻，这时如果环境温度较高，人体电阻降低，将更加增大触电危险；导电性地板以及电气设备附近有金属接地物体存在，容易构成电流回路，从而增大触电的危险。所以我们要正确选用电气设备的防护类型。

按照电击的危险程度，用电环境类型分为三类：

① 无较大危险环境。如正常情况下，有绝缘地板（如木地板）、没有接地导体或接地导体很少的干燥、无尘环境，如普通住房、办公室、某些实验室、仪表装配车间。

② 有较大危险的环境。空气相对湿度经常超过75%的潮湿环境；环境温度经常或昼夜间周期性地超过35℃的炎热环境；含导电性粉尘，并沉积在导线上或进入机器、仪器内的环境；有金属、泥土、钢筋混凝土、砖等导电性地板或地面的环境；工作人员一方面接触接地的金属构架、金属结构、工具装备，另一方面又接触电气设备的金属壳体的环境。

③ 特别危险的环境。室内天花板、墙壁、地板等各种物体都潮湿和空气相对湿度接近100%的特别潮湿的环境；室内经常或长时间存在对电气设备的绝缘或导电部分产生破坏作用的腐蚀性蒸气、气体、液体等化学活性介质或有机介质的环境；具有两种及两种以上有较大危险环境特征的环境（有导电性地板的潮湿环境、有导电性粉尘的炎热环境等）。

### 20.5.2 用电设备的外壳防护等级

用电设备的外壳防护等级的分类（GB/T 4208—2017）标准中的分类系统所包括的防护形式有：防止人体接触壳内部的危险部件；防止固体异物进入外壳内部；防止水进入壳内对设备造成有害影响。外壳提供的防护等级用IP代码表示，IP代码由带代码字母IP、第一位特征数字、第二位特征数字、附加字母和补充字母组成。第一位特征数字表示外壳通过防护人体的一部分或人手持物体接近危险部件对人提供防护，同时外壳通过防止固体异物进入设备对设备提供防护；第二位特征数字表示外壳防止由于进水而对设备造成有害影响的防护等级。特征数字的含义分别见表20.7～表20.9。

表 20.7　第一位特征数字所表示的对接近危险部位的防护等级

| 防护等级 | 简短说明 | 含义 |
| --- | --- | --- |
| 0 | 无防护 | 没有专门防护 |
| 1 | 防止手背接近危险部件 | 直径 50mm 球形试具应与危险部件有足够的间隙 |
| 2 | 防止手指接近危险部件 | 直径 12mm，长 80mm 的铰接试具应与危险部件有足够的间隙 |
| 3 | 防止工具接近危险部件 | 直径 2.5mm 的试具不得进入壳内 |
| 4 | 防止金属线接近危险部件 | 直径 1.0mm 的试具不得进入壳内 |
| 5 | 防止金属线接近危险部件 | 直径 1.0mm 的试具不得进入壳内 |
| 6 | 防止金属线接近危险部件 | 直径 1.0mm 的试具不得进入壳内 |

表 20.8　第一位特征数字所表示的防止固体异物进入设备的防护等级

| 防护等级 | 简短说明 | 含　义 |
| --- | --- | --- |
| 0 | 无防护 | 没有专门防护 |
| 1 | 防止直径不小于50mm的固体异物 | 直径不小于50mm球形物体试具不得完全进入壳内 |
| 2 | 防止直径不小于12.5mm的固体异物 | 直径不小于12.5mm球形物体试具不得完全进入壳内 |
| 3 | 防止直径不小于2.5mm的固体异物 | 直径不小于2.5mm球形物体试具不得完全进入壳内 |
| 4 | 防止直径不小于1.0mm的固体异物 | 直径不小于1mm球形物体试具不得完全进入壳内 |
| 5 | 防尘 | 不能完全防止尘埃进入，但进入的灰尘量不得影响设备的正常运行，不得影响安全 |
| 6 | 尘密 | 无灰尘进入 |

表 20.9　第二位特征数字所表示的防止进水的防护等级

| 防护等级 | 简短说明 | 含　义 |
| --- | --- | --- |
| 0 | 无防护 | 没有专门防护 |
| 1 | 防止垂直方向滴水 | 垂直方向滴水应无有害影响 |
| 2 | 防止当外壳在15°范围内倾斜时垂直方向滴水 | 当外壳的各垂直面在15°范围内倾斜时，垂直滴水应无有害影响 |
| 3 | 防淋水 | 各垂直面在60°范围内的淋水无有害影响 |
| 4 | 防溅水 | 向外壳各方向溅水无有害影响 |
| 5 | 防喷水 | 向外壳各方向喷水无有害影响 |
| 6 | 防强烈喷水 | 向外壳各方向强烈喷水无有害影响 |
| 7 | 防短时间浸水影响 | 浸入规定压力的水中经规定时间后外壳进水量不致达到有害程度 |
| 8 | 防持续潜水影响 | 按生产厂和用户双方同意的条件(应比特征数字为7时严酷)持续潜水后外壳进水量不致达到有害程度 |

不要求规定特征数字时，由字母 X 代替（如果两个字母都省略则用“XX”表示）。

附加字母和补充字母可省略，不需代替。附加字母表示对人接近危险部件的防护等级，用于以下两种情况：接近危险部件的实际防护高于第一特征数字的防护等级；第一位特征数字用“X”代替，仅需表示对接近危险部位的防护等级，附加字母的含义见表 20.10。

表 20.10　附加字母的含义

| 防护等级 | 简短说明 | 含　义 |
| --- | --- | --- |
| A | 防止手背接近 | 直径 50mm 球形试具与危险部件必须保持足够的间隙 |
| B | 防止手指接近 | 直径 12mm，长 80mm 的铰接试具与危险部件必须保持足够的间隙 |
| C | 防止工具接近 | 直径 2.5mm，长 100mm 的试具与危险部件必须保持足够的间隙 |
| D | 防止金属线接近 | 直径 1.0mm，长 100mm 的试具与危险部件必须保持足够的间隙 |

在有关产品标准中，可由补充字母以表示补充的内容，补充字母放在第二位特征数字或附加字母之后。补充的内容应与 GB/T 4208—2017 的要求一致，产品标准应明确说明进行该级试验的补充要求。补充字母的含义见表 20.11。

表 20.11　补充字母的含义

| 字母 | 含义 |
| --- | --- |
| H | 高压设备 |
| M | 防水试验在设备的可动部分(如旋转电机的转子)运动时进行 |
| S | 防水试验在设备的可动部分(如旋转电机的转子)静止时进行 |
| W | 提供附加防护或处理以适用于规定的气候条件 |

### 20.5.3　电动机

（1）电动机的分类

电动机可以分为直流电动机和交流电动机两类。交流电动机主要包括异步电动机和同步电动机两大类，而异步电动机又分为绕线式电动机和笼型电动机。

电动机的电磁机构由定子和转子部分组成。直流电动机的定子上装有极性固定的磁极，直流电源经整流子（换向器）接入转子（电枢），转子电流与定子磁场相互作用产生机械力矩，使转子旋转。直流电动机结构复杂，可靠性较低，但有良好的调速性能和启动性能。直流电动机主要用于电机车、轧钢机、大中型提升机等调速或启动设备。

交流电动机的定子（电枢）上装有不同形式的交流绕组，接通交流电源后即产生旋转磁场。同步电动机转子上装有磁性固定的磁极。定子接通交流电源后，转子开始旋转；至转速达到同步转速（旋转磁场转速）的 95% 时，转子经滑环接通直流电源，电动机进入同步运转。

异步电动机转子上都不接电源，由定子产生的旋转磁场在转子绕组中产生感应电动势和感应电流，感应电流再与旋转磁场作用产生电磁转矩，拖运转子旋转。

笼型电动机的转子绕组是笼状短路绕组，结构简单，工作可靠，维护方便，但启动特性和高速性能差。

① 异步电动机。异步电动机是应用最广泛的一种电动机，厂矿企业、交通工具、娱乐、科研、农业生产、日常生活都离不开异步电动机。异步电动机主要分为笼型异步电动机、绕线式异步电动机和各种控制用异步电动机三大类。

② 定子。定子的主要作用是产生一个旋转磁场。定子主要由机座、铁芯以及安放在铁芯槽内的三个彼此独立的三相绕组构成。其中，机座是用铸铁或铸钢制成；铁芯由互相绝缘的硅钢片叠成。铁芯内壁有槽，槽内安放三相绕组。三相绕组是用绝缘铜线或铝线先绕制成三相线圈，然后嵌放在槽中，再按一定规则连接而成。三相绕组的三个首端 A、B、C 和三个末端 X、Y、Z 分别引到机座接线盒内的六个接线柱上，三相绕组可接成星形或三角形（见图 20.13）。电动机机座两侧有端盖，中心装有轴承，用以支撑转子旋转。

③ 转子。转子主要由转子铁芯和转子绕组构成。转子铁芯是由硅钢片叠成的圆柱体。转子铁芯的外表有槽，槽内

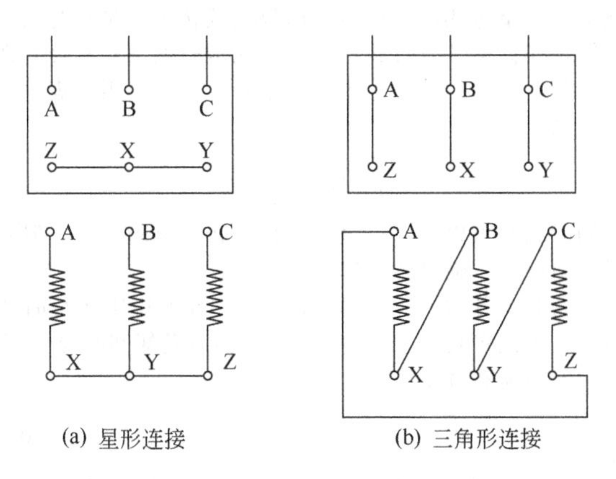


图 20.13 三相绕组的连接

安放转子绕组。根据转子绕组构造不同，可分为笼型和绕线式转子两种。绕线式转子绕组与定子绕组一样，也是一个对称三相绕组接成星形，连接到转轴上三个集电环上，通过电刷使转子绕组与外电路接通。集电环和电刷可在转子回路中接入附加电阻或其他控制装置，用来改善电动机的启动性能和高速性能。

④ 旋转磁场。异步电动机的磁场是由对称三相电流（见图 20.14）产生的。

$$i_A = I_m \sin\omega t \qquad (20.4)$$

$$i_B = I_m \sin(\omega t - 120°) \qquad (20.5)$$

$$i_C = I_m \sin(\omega t + 120°) \qquad (20.6)$$

可见，当定子绕组中通入三相电流后，它们共同产生的合成磁场是随着电流的交变而在空间不断地旋转着，这就是旋转磁场。如图 20.15 所示，每相绕组只有一个线圈，绕组的始端在空间相差 120°，则产生的旋转磁场具有一对磁极，即 $P=1$。电流变化一周，磁场在空间旋转一周。图 20.15 所示定子绕组只有一个线圈，绕组各始端在空间相差 120°，这时定子的磁场具有一对磁极（$P=1$），若电流的频率为 $f_1$，则旋转磁场的转速为 $f_1$ r/s。旋转磁场的转速称为同步转速，用 $n_0$ 表示。若电流频率为 50Hz，则当 $P=1$ 时，旋转磁场的转速为：$n_0=50\text{r/s}=3000\text{r/min}$。把定子每相绕组改为由两个线圈串联，如图 20.16（a）、（b）所示，绕组各始端在空间相差 60°。这样的三相绕组中通入三相电流后，可得两对极（四极）的旋转磁场，如图 20.16（c）、（d）所示。当三相电流由 $\omega t=0°$ 到 $\omega t=120°$ 时，磁场在空间只旋转 60°。可见，电流变化一个周期，磁场仅在空间转过 180°，为一对极旋转磁场的一半，同步转速为：

$$n_0 = 60\frac{f_1}{2} = 1500\ (\text{r/min}) \qquad (20.7)$$

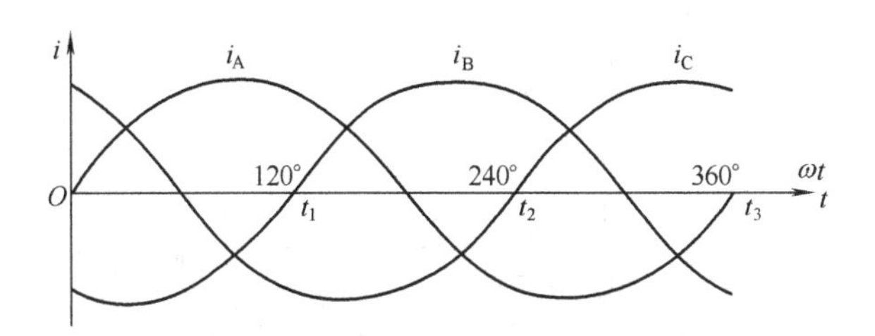


图 20.14 对称三相电流波形

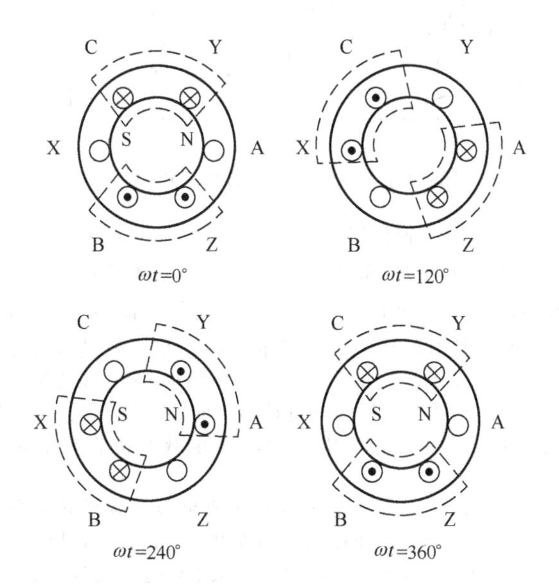


图 20.15 三相电流变化过程中产生的旋转磁场（$P=1$）

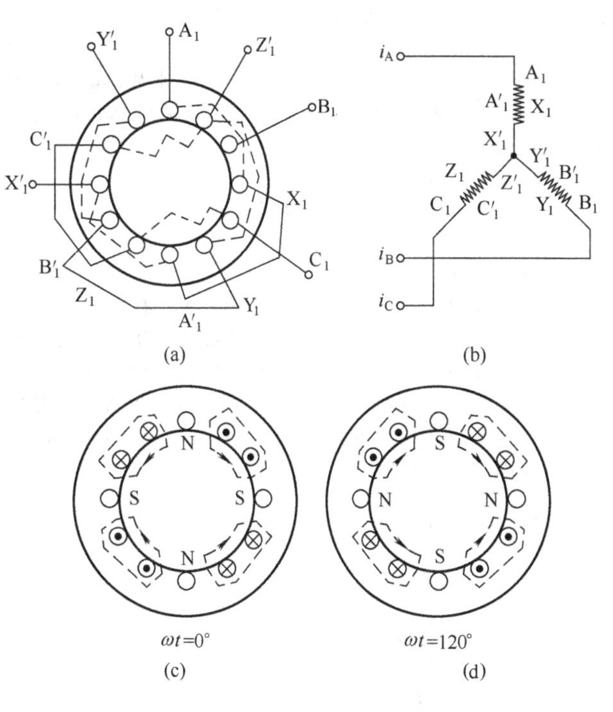


图 20.16 两对磁极旋转磁场

由此推知，当旋转磁场具有 $P$ 对极时，磁场的转速为：

$$n_0 = \frac{60f_1}{P} \qquad (20.8)$$

磁极数与磁场转速的关系见表 20.12。

**表 20.12 磁极数与磁场转速的关系**

| $P$ | 1 | 2 | 3 | 4 | 5 | 6 | 7 | 8 |
|---|---|---|---|---|---|---|---|---|
| $n_0$/(r/min) | 3000 | 1500 | 1000 | 750 | 600 | 500 | 428 | 375 |

（2）异步电动机转子转动原理

当磁极向顺时针方向旋转时，磁极的磁力线切割转子铜条，铜条中就感应出电动势。电动势的方向由右手定则确定。在电动势的作用下，闭合的铜条中就有电流。该电流与旋转磁极的磁场相互作用，而使转子铜条受到电磁力 $F$ 作用。电磁力的方向可应用左手定则来确定。由电磁力产生电磁转矩，转子就转动起来。转子转动方向与磁极旋转方向相同。

异步电动机转子的转速 $n$ 总是小于旋转磁场的转速 $n_0$。如果两者相等，则转子与旋转磁场就不存在相对运动，转子导体中便不会产生不响应电动势和电流，因而不会产生电磁转矩驱使转子转动。转子转速 $n$ 与旋转磁场转速 $n_0$ 相差的程度，称为转差率，用 $s$ 表示。

$$s=\frac{n_0-n}{n_0}\times 100\% \quad (20.9)$$

在电动机启动瞬间 $n=0$，$s=1$。随着 $n$ 的上升，$s$ 不断下降，在额定情况下，$s_n=0.03\sim0.6$，这时 $n=(0.94\sim0.97)n_0$，与旋转磁场转速十分接近。异步电动机转动工作范围是 $0<s<1$。

(3) 工作特征

① 转矩公式。异步电动机的转矩 $T$ 是由旋转磁场的每极磁通 $\Phi$ 与转子电流 $I_2$ 相互作用而产生的。但因转子电路是电感性的，转子电流 $I_2$ 要比转子电动势 $E_2$ 滞后 $\phi_2$ 角，又因

$$T=\frac{定子传给转子的全部功率}{电动机的机械角速度(\mathrm{rad/s})}=\frac{P_\phi}{\frac{2\pi n_0}{60}} \quad (20.10)$$

和讨论有功功率一样，引入 $\cos\phi_2$，于是得：

$$T=C_m\Phi I_2\cos\phi_2 \quad (20.11)$$

式中，$C_m$ 取决于电动机的结构，是一常数；$\Phi$ 为气隙中的每极磁通，取决于定子电压和电动机的结构；$I_2$ 为转子电流；$\phi_2$ 为转子的功率因数。

经过变化得到：

$$T=C_m\frac{sR_2U_1^2}{R_2^2+(sX_{20})^2} \quad (20.12)$$

可见，转矩 $T$ 与定子每相电压 $U_1$、转差率 $s$、常数 $C_m$、转子电阻 $R_2$ 及 $n=0$ 时转子的感抗 $X_{20}$ 有关。

② 机械特性曲线。电动机的机械特性是指电动机的转速 $n$ 与转矩 $T$ 之间的关系，即 $n=f(T)$。由电动机转矩公式，设电压 $U_1$ 及其频率 $f_1$ 均为额定值，$R_2$ 和 $X_{20}$ 都是常数，则该式就成为电动机转矩 $T$ 与转差率 $s$ 之间的关系，其曲线如图 20.17 所示。

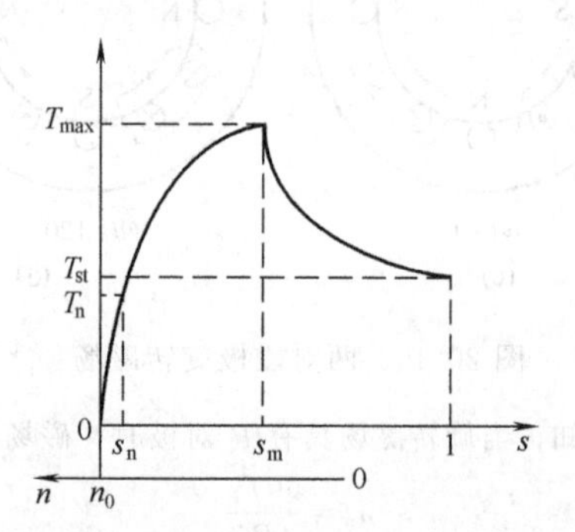


图 20.17　三相异步电动机 $T=f(s)$ 曲线

需要注意三个转矩：

a. 启动转矩（$n=0$，$s=1$）。电动机的启动转矩用 $T_{st}$ 表示。将 $s=1$ 代入公式（20.12）得到：

$$T_{st}=C_m\frac{R_2+U_1^2}{R_2^2+X_{20}^2} \quad (20.13)$$

另外，$T_{st}$ 的简便求法是在电动机的铭牌上查出启动转矩与额定转矩的比值，再由额定转矩求得。电动机的启动转矩应大于负载转矩，电动机才能启动；反之，电动机不能启动。

b. 最大转矩。电动机转矩的最大值，称为最大转矩（或临界转矩）。对应于最大转矩的转差率为 $s_m$，称为临界转差率。它由 $\frac{\mathrm{d}T}{\mathrm{d}s}=0$ 求得，即

$$s_m=\frac{R_2}{X_{20}}，T_{max}=C_m\frac{U_1^2}{2X_{20}}。 \quad (20.14)$$

当负载转矩大于最大转矩时，电动机要停车或"闷车"。此时，电动机的电流立即上升到额定电流的 6～7 倍，将引起电动机严重过热甚至烧毁。如果负载转矩只是短时间接近最大转矩而使电动机过载，由于时间很短电动机不会立即过热，这是允许的。最大转矩与额定转矩的比值用 $\lambda$ 表示，称为过载系数。

$$\lambda=\frac{T_{max}}{T_n}(\lambda=1.8\sim2.2) \quad (20.15)$$

同时我们可以发现，最大转矩与转子电阻无关，但随着转子电阻增大，临界转差率增大。

c. 额定转矩 $T_n$。电动机在额定负载下稳定运行时的输出转矩称为额定转矩 $T_n$，电动机的额定转矩可以通过铭牌上的额定转速和额定功率求得：

$$T_n=9550\frac{P_2}{n_n} \quad (20.16)$$

式中，$P_2$ 为电动机轴上输出的机械功率，kW。$n_n$ 为转速，r/min；$T_n$ 为转矩，N·m。

③ 启动、调速与制动

a. 启动。启动瞬间，转子绕组以同步转速切割旋转磁场，产生的电动势很大，使瞬间电流高达电动机额定电流的5～7倍。电流太大可增加线路上的电压降，导致设备启动失败，其他线路上的设备停车，甚至使设备和线路损坏。

直接启动即全压启动，适合于容量不超过电源容量30%的情况；对于频繁启动的电动机，其容量应不超过电源容量的 20%；对于电动机和照明负载共用一台变压器的，允许直接启动的电动机容量，应按启动时所引起的电压降不超过 5%为原则。

星形-三角形（Y-Δ）换接启动只适用于定子绕组在正常工作时是三角形连接的电动机，如图 20.18 所示。启动时将三相绕组按星形连接，待转速上升到接近额定转速时，再将三相绕组按三角形连接。

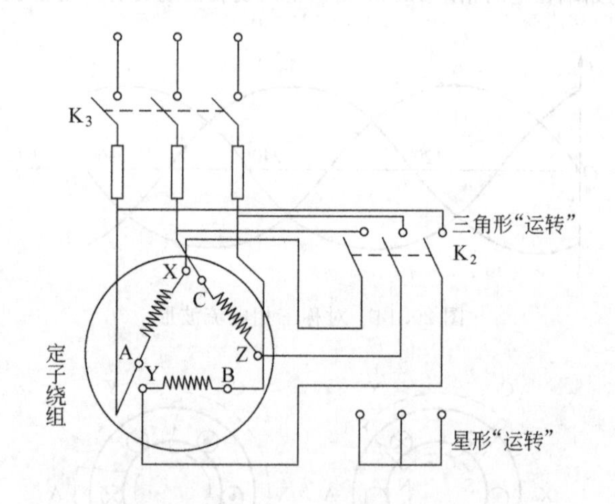


图 20.18　星形-三角形换接启动图

星形-三角形换接启动的特点是：启动时定子绕组接成星形，其相电压只有额定电压的 $1/\sqrt{3}$，相电流也仅为直接启动时的 $1/\sqrt{3}$，又由于星形连接时的线电流等于相电流，而三角形连接时的线电流是相电流的$\sqrt{3}$倍。故星形连接时线电流是三角形连接的 1/3，即采用星形-三角形换接启动时，启动电流为三角形连接直接启动时的 1/3。但由于转矩与电压平方成正比，所以启动转矩也减小为直接启动的1/3。

对于容量较大或正常运行时接成星形的笼型异步电动机，采用自耦变压器降压启动（见图 20.19）。启动时采用三相自耦变压器降压启动，待电动机的转速接近额定值时，变压器与电源脱开，电动机直接与电源相接，从而使其在额

定电压下运行。专用的自耦变压器有抽头，以得到不同的启动电压（如为电源电压的40%、60%、80%）。

采用三相自耦变压器降压启动，减小了启动电流，也减小了启动转矩。此时电网供给的启动电流将是直接启动时的$\frac{1}{k^2}$（$k$为自耦变压器的变比）。启动转矩也为直接启动时的$\frac{1}{k^2}$。

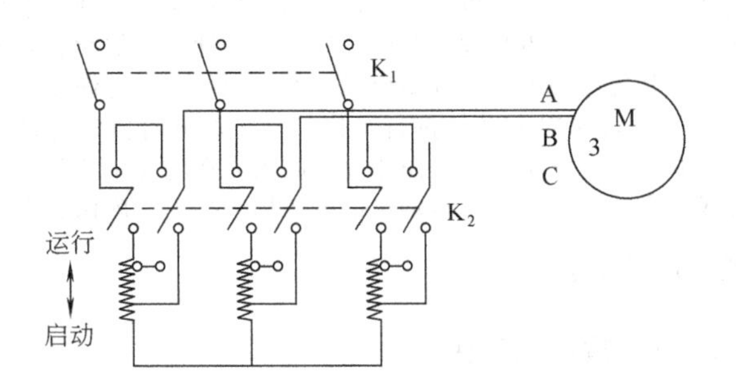


图 20.19 自耦变压器降压启动线路图

绕线式异步电动机的启动见图20.20，是采用在转子电路上串联电阻的方法。启动时先将启动变阻器的电阻调至最大值，然后闭合电源开关进行启动。随着电动机的转速升高，逐步减小启动电阻值，当转速接近额定值时，将启动电阻全部切除，使转子短接。

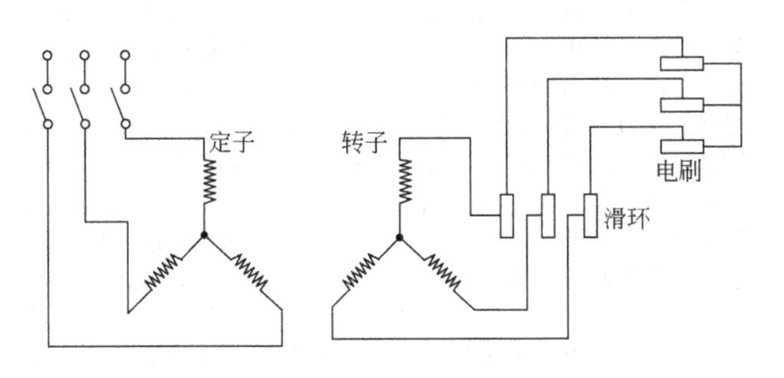


图 20.20 绕线式异步电动机的启动接线

在转子电路中串联启动电阻，一方面可以减小启动电流；另一方面转子电阻$R_2$增大，启动转矩$T_{st}$增大。因此，在启动频繁及要求较大启动转矩的场合，采用绕线式异步电动机为宜。

b. 调速。电动机根据机械设备的需要，在同一负载转矩下，可以人为调节转速。

由转速公式我们可以得到：

$$n=(1-s)60\frac{f_1}{P} \tag{20.17}$$

式（20.17）表明，改变转速的三种方法为：改变电源频率、改变磁极对数、改变转差率。前二者适用于笼型异步电动机调速，后者适用于绕线式异步电动机调速。

变频调速：当连续改变电源频率$f_1$时，异步电动机的转速可以平滑调节，但必须自备变频电源。

变磁极对数调速：当定子绕组的组成和接法不同时，可以改变旋转磁场的磁极对数。若定子每相绕组由两个线圈组成，串联则得到两对磁极的旋转磁场，并联得到一对磁极的旋转磁场。由于磁极对数只能成对改变，所以这种调速方法是有级的。

变转差率调速（见图20.21）：在绕线式电动机转子电路中接入一个调速电阻，改变电阻的大小使$T$-$s$曲线平移，可以得到平滑调速。这种方法设备简单，电能损耗大，在起重中较为多见。

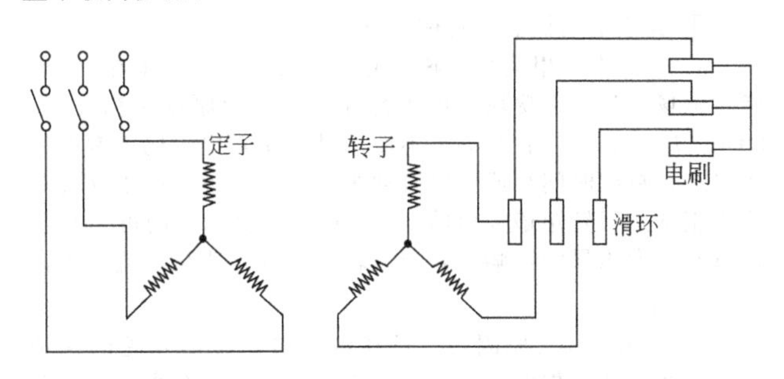


图 20.21 变转差率调速接线图

c. 制动。由于机械惯性，电动机停车要较长时间。机械制动是借制动电磁铁和闸瓦制动器实现电动机制动。

电气制动主要有：能耗制动、反接制动、发电反馈制动。

能耗制动：在切断电动机的三相交流电源的同时，立即向定子绕组通往直流电流，使定子绕组产生一个固定磁场，电动机脱离电网后，在运转部分惯性作用下转子继续按原方向旋转，转子导体切割此固定磁场，在转子导体中产生感应电动势和电流，并与固定磁场作用产生电磁转矩。电磁转矩与原转动方向相反，因而起制动作用。异步电动机能耗制动如图20.22所示。

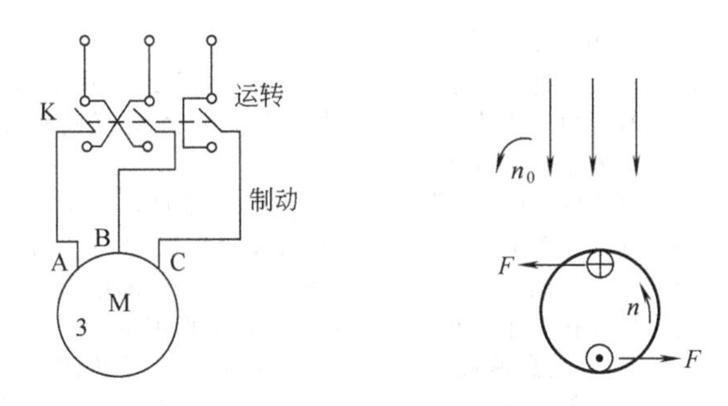


图 20.22 异步电动机能耗制动

反接制动：使旋转磁场反转产生制动转矩。制动时，将开关扳向相反位置，改变电源相序，使旋转磁场反向旋转。这时转子由于惯性仍按原方向旋转，而电磁转矩与转子转动方向相反，对转子起制动作用。注意，在转速接近零时，需立即切断电源，否则电动机反转。由于制动时，转差率$(n_0+n)$很大，制动过程中转子电流很大，因而定子电流也很大。这种方法制动效果好，但能量损耗大，制动的准确度较差。异步电动机反接制动见图20.23。

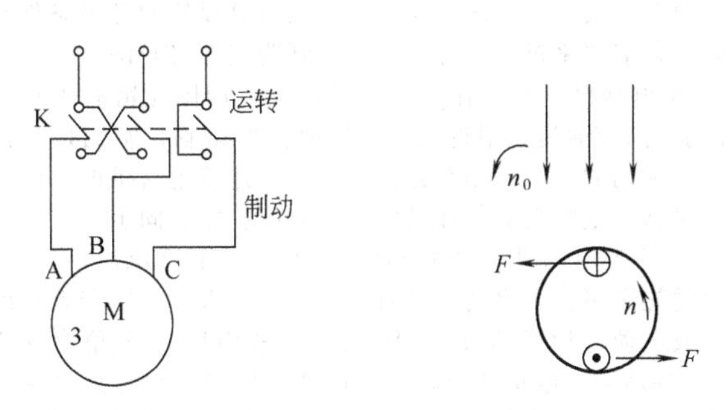


图 20.23 异步电动机反接制动

发电反馈制动：异步电动机转子转速$n$大于旋转磁场的转速$n_0$时，这时的转矩起制动作用。当起重机快速下放重物时，重物拖动转子，使其转速$n>n_0$，从而感应出转子电势和电流，产生与转子转向相反的制动转矩，使重物等速下降。

④ 异步电动机的不对称运行

a. 三相缺一相运行。缺一相后，变为380V单相运行，旋转磁场变为脉振磁场；机械特性关于坐标原点对称，$n=0$时，$T=0$，即停止状态下不能启动；堵转电流比正常电流大得多，持续时间长或频繁启动则可烧毁电动机；正反转矩均为正常运行转矩最大值的1/4，对于小负载，仍可运转但运行时会发出异常声响；对于恒转矩负载，线路电流为正常时的$\sqrt{3}$倍。

b. 两相一零。原因是一条相线与接向金属外壳的保护零线接错；外壳带电；供电电压不对称，为一个线电压和两个相电压；正转转矩为额定转矩的4/9，反转转矩为额定转矩的1/9；堵转转矩为额定转矩的1/3，负载转矩不大时仍能启动，转速变化不大，异常声音小。

(4) 火灾危险性

① 电动机功率选择过小，产生“小马拉大车”的现象，可导致电动机烧毁。不根据场所环境条件错误选择电动机形式，也会造成火灾危险。此外，使用时启动方法不正确，具有瞬间发生火灾的危险性。

② 电动机的负载是有一定限度的，若负载超过电动机的额定功率，或者长期电压过低以及电动机单相运行（或称缺相运行）都会造成电动机过热、振动、冒火花、声音异常、同步性差等现象，有时甚至烧毁电动机，引燃周围可燃物。

③ 电动机长期过载运行或短时间内重复启动，加之散热不良，均会加速绝缘层的老化，降低绝缘强度。其他如制造、修理时不慎，人为破坏绝缘层，过电压或雷击等都会使绝缘损坏，发生短路起火。

④ 各线圈接点和电动机接地接点接触不良，会引起局部升温，损坏绝缘，产生火花、电弧甚至短路等引燃可燃物，造成火灾。同时，接地不良的电动机在发生漏电时，人体或其他导体接触带电机壳，极易发生触电伤害事故。

⑤ 电动机是高速旋转的设备，若润滑不良或结构不精确，如转轴偏斜，在高速旋转中，剧烈的机械摩擦可使轴承磨损并产生巨大热量，进一步加剧旋转阻力，轻则使电动机工作失常，重则使电动机转轴被卡，烧毁电动机，引起火灾。

⑥ 电动机的铁芯硅钢片质量不合要求，铁损消耗过大，电动机可能发生过载事故。

⑦ 开启式电动机由于吸入纤维、粉尘，堵塞通风道，散热不良，引起火灾。

(5) 防火措施

① 在购置电动机时，要参照其额定功率、工作方式、绝缘温升以及防爆等级等参数，并结合其设置的环境条件和实际工作需要来进行合理选型，做到既安全又经济。

② 电动机应安装在牢固的机座上，周围应留有不小于1m的空间或通道，附近也不可堆放任何杂物，室内保持清洁。所配用的导线必须符合安全规定，连接电动机的一段应用金属软管或塑料套管加以保护，并应扎牢、固定。

③ 笼型电动机的启动方法有全压启动和降压启动两种，一般优先选用全压启动。但当电动机功率大于变压器容量的20%或电动机功率超过14kW时，可采用星形-三角形（Y-Δ）换接启动、电抗降压启动和自耦变压器启动等几种降压启动方法。绕线式转子电动机在其启动时，其转子绕组的回路中常接入变阻器，通过改变回路电阻值来调整启动电流。常用的变阻器有启动变阻器和频敏变阻器。

④ 电动机在运行中，由于自身或外部的原因均可能出现故障，因此应根据电动机性能和实际工作需要设置可靠有效的保护装置。为防止发生短路，可采用各种类型的熔断器作为短路保护；为防止发生过载，可采用热继电器作为过载保护；为防止电动机因漏电而引发事故，可采用良好的接地保护，且接地必须牢固可靠。其他还有失压保护、温度保护等安全保护设施。

⑤ 电动机在运行中正常与否，可以从电流大小、温度高低及温升大小、声音差异等特征观察，因此在分析和判断电动机运行状况时，工作人员应进行必要的监控和维护，包括对电动机的电流、电压、温升情况，特别是容易发热和起火部位进行监控。当发现冒青烟、闻到焦煳味、听到声音异常等现象，以及发生皮带打滑、轴向窜动冲击、扫膛、转速突然下降等故障时，应立即停机，查明原因，及时修复。

⑥ 要经常对电动机进行维修保养，停电时应将电动机的分开关和总开关断开，防止复电时无人在场发生危险；下班或无人工作时，应将电动机的电源插头拔下，确保安全。

## 20.6 雷电

### 20.6.1 雷电的产生

空中的尘埃、冰晶等物质在云层中翻滚运动的时候，经过一些复杂过程，使这些物质分别带上了正电荷与负电荷。经过运动，带上相同电荷的质量较重的物质会到达云层的下部（一般为负电荷），带上相同电荷的质量较轻的物质会到达云层的上部（一般为正电荷）。这样，同性电荷的汇集就形成了一些带电中心，当异性带电中心之间的空气被其强大的电场击穿时，就形成“云间放电”（即闪电）。

带负电荷的云层向下靠近地面时，地面的凸出物、金属等会被感应出正电荷，雷云与其下方的地面就成为一个已充电的电容，随着电场的逐步增强，雷云中少数带电的云粒（或水成物）也向地面靠拢，这些少数带电微粒的靠拢，叫先驱注流，又叫电流先导或下行先导。先驱注流的延续将形成电离的微弱导通，这一阶段称为先驱放电，是不连续的，是一个一个脉冲地相继向前发展。当先驱放电到达大地，或与大地放电迎面会合，就开始主放电，这就是雷击。

由此可以得出，通常所谓雷击是指一部分带电云层与另一部分带异种电荷的云层，或者是对大地之间迅猛放电。雷电形成于大气运动过程中，其成因为大气运动中的剧烈摩擦生电以及云块切割磁力线。闪电的形状最常见的是枝状，此外还有球状、片状、带状。闪电的形式有云天闪电、云间闪电、云地闪电。云间闪电时云间的摩擦就形成了雷声。

### 20.6.2 雷电的种类

(1) 直击雷

落地雷是直击雷，它是带电积云与地面（特别是突起物）之间，由于带电的性质不同，在地面凸出物顶部感应出异性电荷，形成很强的电场（25～30kV/cm）把大气击穿（由带电积云向大地发展的跳跃式先导放电，到达地面时，发生从地面凸出物顶部向积云发展的极明亮的主放电，主放电向上发展至云端后结束）。放电过程击坏放电通路上的建筑物与输电线，击死击伤人畜等。雷电直接击在建筑物上，产生电效应、热效应和机械力。

(2) 感应雷（二次雷）

感应雷是间接雷，是感应电荷放电时造成的。感应电荷是由于雷雨云的静电感应或放电时的电磁感应作用（相应分为静电感应雷和电磁感应雷），使建筑物上的金属物体（如管道、钢筋、电线等）感应出与雷雨云相反的一种电荷。静电感应雷：当金属物体或其他导体处于雷雨云和大地间所形成的电场中时，就会感应出与雷雨云相反的电荷，在雷雨云与其他客体放电后（对地放电或云间放电），其与大地间的电场突然消失，而金属物体或导体上的感应电荷来不及流散，因而能引起很高的对地电压，引起火花放电，并以大电流、高电压的冲击波的形式，沿线路或导电凸出物极快地传播。电磁感应雷：在雷雨云放电时，在雷电流的周围空间里，还会产生强大的变化电磁场，也足以使导体间隙发生火花放电。电磁感应还可以使闭合回路的金属物体产生很大感应冲击电流，在导体接触不良的地方，造成局部发热，这时对于易燃易爆的物品也是十分危险的。雷电放电时，在附近导体上产生的静电感应和电磁感应，它可能使金属部件之间产生火花。目前，我国家用电器（如电视机、电话等）日渐普及，高层建筑增多，金属建材（如防盗门、铝合金门窗等）使用日益普遍，预防感应雷是十分重要的。

感应雷破坏也称为二次破坏。它分为静电感应雷和电磁感应雷两种。

① 静电感应雷。带有大量负电荷的雷云所产生的电场将会在金属导线上感应出被电场束缚的正电荷。当雷云对地放电或云间放电时，云层中的负电荷在一瞬间消失了（严格说是大大减弱），那么在线路上感应出的这些被束缚的正电荷也就在一瞬间失去了束缚，在电势能的作用下，这些正电荷将沿着线路产生大电流冲击。

易燃易爆场所、计算机及其场地的防静电问题，应特别重视。

② 电磁感应雷。雷击发生在供电线路附近，或击在避雷针上会产生强大的交变电磁场，此交变电磁场的能量将感应于线路并最终作用到设备上。由于避雷针的存在，建筑物上落雷机会反倒增加，内部设备遭感应雷危害的机会和程度一般来说是增加了，对用电设备造成极大危害。因此，避雷针引下线通体要有良好的导电性，接地体一定要处于低阻抗状态。

③ 雷电波引入的破坏。当雷电接近架空管线时，高压冲击波会沿架空管线侵入室内，造成高电流引入，这样可能引起设备损坏或人身伤亡事故。如果附近有可燃物，容易酿成火灾。常见的雷电干扰的入侵途径及原因，有如下四种：

a. 当建筑物本身受雷电直击时，和建筑物连接的金属导体（包括建筑物钢筋）与地极之间产生瞬时电位差，构成摧毁电子设备的冲击过电压。并且经下引线流过的大量电流，也产生磁场冲击波。

b. 远端的导线因雷电而产生感应电压，会由远端经导线传导过来。

c. 当云层间放电时，强大的电磁冲击会在邻近的地上金属导线上感应出冲击电压，并且磁场冲击会蔓延到地上的建筑物。

d. 另外，内部操作过电压，如变压器的空载、电动机的启动、开关的开启等，能引起强大的脉冲冲击电流通过线缆引入，破坏电子设备。

由感应雷引起的事故约占雷害事故的80%～90%。针对感应雷的破坏途径，我们可采取接地、分流、屏蔽、均压等电位等方法进行有效的防护，以保证人身和设备的安全。

（3）球形雷

球形雷是一团处在特殊状态下的带电气体，在雨季，可从门、窗、烟囱等通道侵入室内。

### 20.6.3 雷击点的选择

年平均雷电日只给人们提供概括的情况。事实上，在同一地区内，雷电活动也有所不同，有些局部地区，雷击要比邻近地区多。如广州的沙河、北京的十三陵，称这些区域为“雷击区”。

雷击的选择性一般有如下规律。

① 雷击位置经常是在土壤电阻率小的土壤上，而电阻率较大的多岩石土壤被击中的机会小。这是因为雷电在先驱放电过程中，地中的电导电流是沿着电阻率小的路径流通，使该区域被感应而积累了大量与雷云相反的异种电荷。

② 雷击经常发生在有金属矿床的地区、河岸、地下水出口处、山坡与稻田接壤的地上和具有不同电阻率土壤的交界地段。

③ 地面上有较高的尖顶建筑物，由于这些尖顶具有较大的电场强度，雷电先驱自然被吸引来。

④ 在旷野即使建筑物不高，但比较孤立、突出，也容易受雷击，如在野外的供休息的凉亭、草棚等。

⑤ 从烟囱中冒出的热气柱和烟气常含有大量导电微粒和游离分子气团，比空气易于导电，等于加高了烟囱的高度，是烟囱易于遭雷击的原因。

⑥ 金属结构的建筑物、内部有大型金属体的厂房，或者内部经常潮湿的房屋，如牲畜棚，由于具有良好的导电性，容易遭雷击。

### 20.6.4 雷电的主要特点

① 冲击电流大，其电流高达几万至几十万安培。

② 时间短，一般雷击分为三个阶段，即先导放电、主放电和余光放电。整个过程一般不会超过60μs。

③ 雷电流变化梯度大，有的可达10kA/μs。

④ 冲击电压高，强大的电流产生的交变磁场，其感应电压可高达上亿伏。

⑤ 冲击波、高温导致空气急剧膨胀以超声速向四周扩散。

### 20.6.5 雷电的破坏

雷电的破坏主要是由于云层间或云和大地间以及云和空气间的电位差达到一定程度（25～30kV/cm）时，所发生的猛烈放电现象。通常雷击有三种形式，直击雷、感应雷、球形雷。直击雷是带电的云层与大地上某一点之间发生的迅猛放电现象。感应雷是当直击雷发生以后，云层带电迅速消失，地面某些范围由于散流电阻大，出现局部高电压，或在直击雷放电过程中，强大的脉冲电流对周围的导线或金属物产生电磁感应发生高电压，而发生闪击现象的二次雷。球形雷是球状闪电的现象。

（1）直击雷的破坏

当雷电直接击在建（构）筑物上，强大的雷电流使建筑物水分受热汽化膨胀，从而产生很大的机械力，导致建筑物燃烧或爆炸。另外，当雷电击中接闪器，电流沿引下线向大地流放时，瞬时对地电位升高，有可能向邻近的物体闪击，称为雷电“反击”，从而造成火灾或人身伤亡。

引入高电位，是指直击雷或感应雷直接从输电线、电话线、无线电天线的引入线引入建筑物内，发生闪击而造成电击事故。直击雷电压低则几百万伏，高则几千万伏；感应雷也有几十万伏至几百万伏。雷击电流往往是几十千安，甚至几百千安。

（2）感应雷的破坏

感应雷破坏也称为二次破坏。由于雷电流变化梯度很大，会产生强大的交变磁场，使得周围的金属构件产生感应电流，这种电流可能向周围物体放电，如附近有可燃物就会引发火灾和爆炸，而感应到正在联机的导线上就会对设备产生强烈的破坏性。

### 20.6.6 建筑物遭受雷击的有关因素

建筑物遭受雷击次数的多少，不仅与当地的雷电活动频繁程度有关，而且还与建筑物所在环境和建筑物本身的结构、特征有关。

首先是建筑物的高度和孤立程度。旷野中孤立的建筑物和建筑群中高耸的建筑物，容易遭受雷击。其次是建筑物的结构及所用材料。凡金属屋顶、金属构架、钢筋混凝土结构的建筑物，容易遭雷击。再次是建筑物的地下情况，如地下有金属管道、金属矿藏，建筑物的地下水位较高，这些建筑物也易遭雷击。

建筑物易遭雷击的部位是屋面上突出的部分和边沿。如平屋面的檐角、女儿墙和四周屋檐；有坡度屋面的屋角、屋脊、檐角和屋檐。此外，高层建筑的侧面墙上也容易遭到雷电的侧击。

建筑物的雷击部位如下：

① 不同屋顶坡度（0°、15°、30°、45°）建筑物的雷击部位如图 20.24 所示。

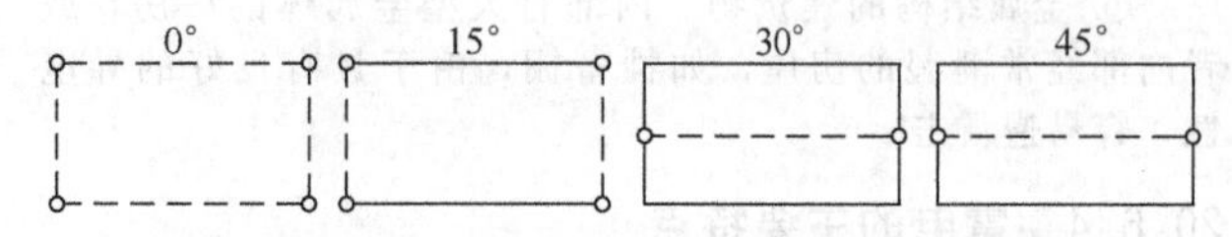


图 20.24　不同屋顶坡度建筑物的雷击部位

○雷击率最高的部位；－－－可能遭受雷击的部位

② 屋角与檐角的雷击率最高。

③ 屋顶的坡度愈大，屋脊的雷击率也愈大；当坡度大于 40°时，屋檐一般不会再受雷击。

④ 当屋面坡度小于 27°，长度小于 30m 时，雷击点多发生在山墙，而屋脊和屋檐一般不再遭受雷击。

⑤ 雷击屋面的概率甚小。

### 20.6.7　建筑物的防雷分类

（1）民用建筑物按防雷要求划分

根据建筑物的重要程度、使用性质、雷击可能性的大小，以及所造成后果的严重程度，民用建筑物的防雷分类按《民用建筑电气设计规范》（JGJ 16—2008）规定，可以划分为如下 3 类。

① 一类防雷建筑物。此类建筑物是指具有特别用途的建筑物，如国家级会堂、办公建筑、大型博展建筑、火车站、国际航空港、通信枢纽、国宾馆、大型旅游建筑等。另外，国家重点文物保护的建（构）筑物以及超高层建筑物也属于此类。

② 二类防雷建筑物。此类建筑物指重要的或人员密集的大型建筑物，如部级和省级办公楼、省级大型会堂（场）、博展、体育、交通、通信、广播、商业、影剧院等建筑。另外，省级重点文物保护的建（构）筑物，19 层及以上的住宅建筑物和高度超过 50m 的其他民用及工业建筑物也属于此类。

③ 三类防雷建筑物。不属于一类与二类，但根据当地情况确定需要防雷的建筑物称为三类防雷建筑物。

按照我国对高层民用建筑物划分的标准，显而易见，有的高层建筑物属一类防雷建筑物，有的则属二类或三类防雷建筑物。因此，对高层建筑物的防雷，应区别对待，按照相应的防雷类别，采用相应的防雷保护措施。

（2）工业建筑物按防雷要求划分

① 第一类工业建筑物是指凡建筑物中制造、使用或储存大量的爆炸性物质，因电火花而引起爆炸，会造成巨大破坏和人员伤亡者；0 区或 10 区爆炸危险场所，区域划分可参考气体蒸气、粉尘爆炸危险环境划分规则。

② 第二类工业建筑物是指凡建筑物中制造、使用或储存爆炸性物质，但电火花不易引起爆炸或不致造成巨大破坏和人身伤亡者；2 区或 11 区爆炸危险场所。

③ 第三类工业建筑物是根据雷击后对工业生产的影响，并结合当地气象、地形、地质及周围环境等因素，建筑物计算雷击次数 $N>0.01$ 的 2 区爆炸危险场所；根据建筑物计算雷击次数 $N>0.05$，并结合当地雷击情况，确定需要防雷的建筑物；多雷地区较重要的建筑物；高度在 15m 及 15m 以上的烟囱、水塔等孤立高耸建筑物；每年平均雷暴日天数不超过 15 天的地区，高度可限为 20m。

### 20.6.8　防雷措施

设备遭雷击受损通常有四种情况：一是直接遭受雷击而损坏；二是雷电脉冲沿着与设备相连的信号线、电源线或其他金属管线侵入使设备受损；三是设备接地体在雷击时产生瞬间高电位形成地电位“反击”而损坏；四是设备安装的方法或安装位置不当，受雷电在空间分布的电场、磁场影响而损坏。加装避雷器可把电气设备两端实际承受的电压限制在安全电压内，起到保护设备的作用。

当高空出现雷云时，大地上由于静电感应作用，必然带上与雷云相反的电荷，然而避雷设备都处于地面上建筑物的最高处，与雷云的距离最近，而且与大地有良好的电气连接，所以它与大地有相同的电位，以致避雷设备顶尖部分空间电场强度相对较大，比较容易吸引雷电先驱，使主放电集中到它的上面，因而在它附近比它低的物体受雷击的次数就减少。

建筑物是否需要进行防雷保护，应采取哪些防雷措施，要根据建筑物的防雷等级来确定。对于一、二类民用建筑物，应有防直击雷和防雷电波侵入的措施；对于第三类民用建筑物，应有防止雷电波沿低压架空线路侵入的措施，至于是否需要防止直接雷击，要根据建筑物所处的环境以及建筑物的高度、规模来判断。

常规防雷电可分为防直击雷电、防雷电感应和综合性防雷电。防直击雷电的避雷装置一般由三部分组成，即接闪器、引下线和接地体。接闪器又分为避雷针、避雷线、避雷带、避雷网。防感应雷电的避雷装置主要是避雷器。对同一保护对象同时采用多种避雷装置，称为综合性防雷电。避雷装置要定期进行检测，防止因导线的导电性差或接地不良起不到保护作用。

（1）避雷针防雷电

以避雷针作为接闪器来防雷电。避雷针通过导线接入地下，与地面形成等电位差，利用自身的高度，使电场强度增加到极限值的雷电云电场发生畸变，开始电离并下行先导放电；避雷针在强电场作用下产生尖端放电，形成向上先导放电；两者会合形成雷电通路，随之流入大地，达到避雷效果，从而使离接闪器一定距离内一定高度的建筑物免遭直接雷击。

实际上，避雷装置是引雷针，可将周围的雷电引来并提前放电，将雷电电流通过自身的接地体传向地面，避免保护对象直接遭雷击。

避雷针的针尖一般用镀锌圆钢或镀锌钢管制成。上部制成针尖形状，钢管厚度不小于 3mm，长度为 1～2m。高度在 20m 以内的独立避雷针通常用木杆或水泥杆支撑，更高的避雷针则采用钢铁构架。

砖木结构房屋可将避雷针敷于山墙顶部或屋脊上，用抱箍或对锁螺栓固定于梁上，固定部位的长度约为针高的 1/3。避雷针插在砖墙内的部分约为针高的 1/3，插在水泥墙的部分约为针高的 1/5～1/4。

安装的避雷针和导线通体要有良好的导电性，接地网一定要保证尽量小的阻抗值。

避雷针的保护面积可以通过滚球法确定。

（2）避雷线防雷电

避雷线防雷电是通过防护对象的制高点向另外制高点或地面接引金属线的防雷电。根据防护对象的不同，避雷线分为单根避雷线、双根避雷线或多根避雷线，可根据防护对象的形状和体积具体确定采用不同截面积的避雷线。避雷线一般采用截面积不小于 35mm$^2$ 的镀锌钢绞线。它的防护作用等同于在弧垂上每一点都是一根等高的避雷针。

(3) 避雷带防雷电

避雷带防雷电是指在屋顶四周的女儿墙或屋脊、屋檐上安装金属带作接闪器的防雷电。避雷带的防护原理与避雷线一样，由于它的接闪面积大，接闪设备附近空间电场强度相对比较强，更容易吸引雷电先导，使附近尤其比它低的物体受雷击的概率大大减小。

根据长期经验证明，雷击建筑物有一定的规律，最可能受雷击的地方是屋脊、屋檐、山墙、烟囱、通风管道以及平屋顶的边缘等。在建筑物最可能遭受雷击的地方装设避雷带，可对建筑物进行重点保护。为了使对不易遭受雷击的部位也有一定的保护作用，避雷带一般高出屋面 0.2m，而两根平行的避雷带之间的距离要控制在 10m 以内。避雷带一般用 8mm 镀锌圆钢或截面不小于 50mm$^2$ 的扁钢做成，每隔 1m 用支架固定在墙上或现浇的混凝土支座上。

避雷带的材料一般选用直径不小于 8mm 的圆钢，或截面积不小于 48mm$^2$、厚度不小于 4mm 的扁钢。

(4) 避雷网防雷电

避雷网分明网和暗网。明网防雷电是将金属线制成的网架放在建（构）筑物顶部空间，用截面积足够大的金属物与大地连接的防雷电。暗网防雷电是利用建（构）筑物钢筋混凝土结构中的钢筋网进行雷电防护。只要每层楼的楼板内的钢筋与梁、柱、墙内的钢筋有可靠的电气连接，并与层台和地桩有良好的电气连接，形成可靠的暗网，则这种方法要比其他防护设施更为有效。无论是明网还是暗网，网格越密，防雷的可靠性越好。

避雷网相当于纵横交错的避雷带叠加在一起，它的原理与避雷带相同，其材料采用截面积不小于 50mm$^2$ 的圆钢或扁钢，交叉点需要进行焊接。避雷网宜采用暗装，其距面层的厚度一般不大于 20cm。有时也可利用建筑物的钢筋混凝土屋面板作为避雷网，要求钢筋混凝土板内的钢筋直径不小于 3mm，并需连接良好。当屋面装有金属旗杆或金属柱时，均应与避雷带或避雷网连接起来。避雷网是接近全保护的一种防雷笼网，是笼罩着整个建筑物的金属笼，它是利用建筑结构配筋所形成的笼作接闪器，对于雷电它能起到均压和屏蔽作用。接闪时，笼网上出现高电位，笼内空间的电场强度为零，笼上各处电位相等，形成一个等电位体，使笼内人身和设备都被保护。对于预制大板和现浇大板结构的建筑，网格较小，是理想的笼网，而框架结构建筑，则属于大格笼网，虽不如预制大板和现浇大板笼网严密，但一般民用建筑的柱间距离都在 7.5m 以内，所以也是安全的。利用建筑物结构配筋形成的笼网来保护建筑，既经济又不损坏建筑物的美观。

另外，建筑物的金属屋顶也是接闪器，它好像是网格更密的避雷网一样。屋面上的金属栏杆，也相当于避雷带，都可以加以利用。

(5) 避雷器防雷电

避雷器，又称为电涌保护器。避雷器并联在保护设备或设施上，正常时处于不导通状态。出现雷击过电压时，击穿放电，切断过电压。过电压终止后，避雷器迅速恢复不通状态。避雷器防雷电是把因雷电感应而侵入电力线、信号传输线的高电压限制在一定范围内，保证用电设备不被击穿。常用的避雷器种类繁多，可分为三大类，有放电间歇型、阀型和传输线分流型。

阀型避雷器主要由瓷套（绝缘，起支撑和密封作用）、火花间隙（由多个间隙串联而成，每个间隙由两个黄铜电极和一个云母垫圈组成）和非线性电阻（防止截波和残压）组成。常用的阀型避雷器，其基本元件是由多个火花间隙串联后再与一个非线性电阻串联起来，装在密封的瓷管中。一般非线性电阻用金刚砂和结合剂烧结而成，如图 20.25 所示。

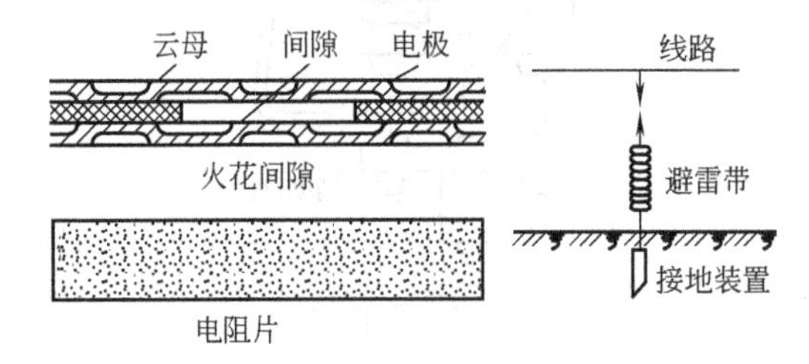


图 20.25 阀型避雷器

正常情况下，阀片电阻很大，而在过电压时，阀片电阻自动变得很小，则在过电压作用下，火花间隙被击穿，过电流被引入大地，过电压消失后，阀片又呈现很大电阻，火花间隙恢复绝缘。

(6) 综合性防雷电

综合性防雷电设计时除针对被保护对象的具体情况外，还要了解其周围的天气环境条件和防护区域的雷电活动规律，确定直击雷和感应雷的防护等级和主要技术参数，采取综合性防雷电措施。程控交换机、计算机设备安放在窗户附近，或将其场所安置在建筑物的顶层都不利于防雷。将计算机机房放在高层建筑物顶层，或者设备所在高度高于楼顶避雷带，这些做法都非常容易遭受雷电袭击。

(7) 防雷电感应的措施

为防止雷电感应产生火花，建筑物内部的设备、管道、构架、钢窗等金属物，均应通过接地装置与大地做可靠的连接，以便将雷云放电后在建筑物上残留的电荷迅速引入大地，避免雷害。对平行敷设的金属管道、构架和电缆外皮等，当距离较近时，应按规范要求，每隔一段距离用金属线跨接起来。

(8) 防雷电波侵入的措施

为防雷电波侵入建筑物，可利用避雷器或保护间隙将雷电流在室外引入大地。避雷器装设在被保护物的引入端，其上端接入线路，下端接地。正常时，避雷器的间隙保持绝缘状态，不影响系统正常运行；雷击时，有高压冲击波沿线路袭来，避雷器击穿而接地，从而强行截断高压冲击波。雷电流通过以后，避雷器间隙又恢复绝缘状态，保证系统正常运行。避雷器与连接如图 20.26 所示。

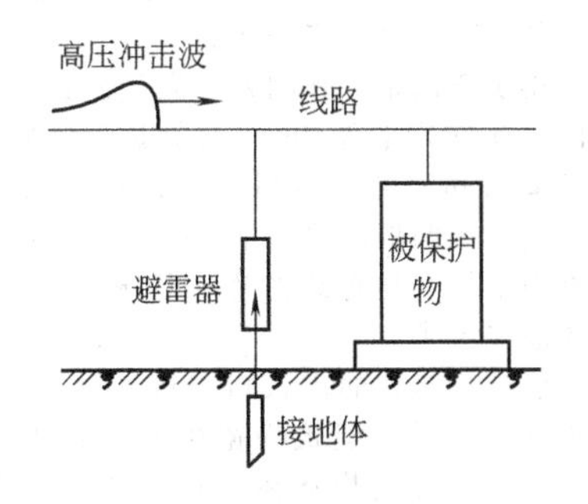


图 20.26 避雷器与连接

图 20.27 所示的保护间隙是一种简单的防雷保护设备，由于制成角形，所以也称羊角间隙，它主要由镀锌圆钢制成的主间隙和辅助间隙组成。保护间隙结构简单，成本低，维护方便，但保护性能差，灭弧能力小，容易引起线路开关跳闸或熔断器熔断，造成停电。所以对于装有保护间隙的线路，一般要求装设有自动重合闸装置或自重合熔断器与其配

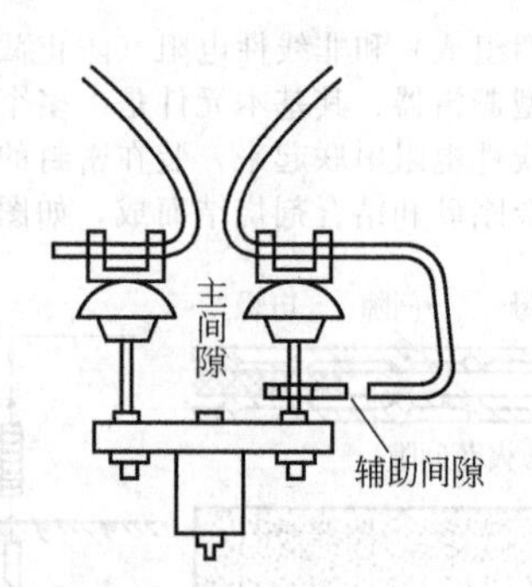

图 20.27　保护间隙

合，以提高供电可靠性。

为防止雷电波沿低压架空线侵入，在入户处或接户杆上应将绝缘子的铁脚接到接地装置上。

(9) 防反击

此外，还要防止雷电流流经引下线产生的高电位对附件金属物体的雷电反击。当防雷装置接受雷击时，雷电流沿着接闪器、引下线和接地体流入大地，并且在它们上面产生很高的电位。如果防雷装置与建筑物内外电气设备、电线或其他金属管线的绝缘距离不够，它们之间就会产生放电现象，这种情况称为"反击"。反击的发生，可引起电气设备绝缘被破坏，金属管道被烧穿，甚至引起火灾、爆炸及人身事故。

防止反击的措施有两种。一种是将建筑物的金属物体（含钢筋）与防雷装置的接闪器、引下线分隔开，并且保持一定的距离。另一种是当防雷装置不易与建筑物内的钢筋、金属管道分隔开时，则将建筑物内的金属管道系统，在其主干管道外与靠近的防雷装置相连接，有条件时，宜将建筑物每层的钢筋与所有的防雷引下线连接。

## 20.6.9　引下线

引下线又称引流器，接闪器通过引下线与接地装置相连。引下线的作用是将接闪器"接"来的雷电流引入大地，它应能保证雷电流通过而不被熔化。引下线一般采用圆钢或扁钢制成，其截面不得小于 $48mm^2$，在易遭受腐蚀的部位，其截面应适当加大。为避免腐蚀加快，最好不要采用胶线作引下线。

建筑物的金属构件，如消防梯、烟囱的铁爬梯等都可作为引下线，但所有金属部件之间都应连成电气通路。

引下线沿建筑物的外墙明敷设，固定于埋设在墙里的支持卡子上。支持卡子的间距为 1.5m。为保持建筑物的美观，引下线也可暗敷设，但截面应加大。

引下线不得少于两根，其间距不大于 30m。而当技术上处理有困难的，允许放宽到 40m，最好是沿建筑物周边均匀引下。但对于周长和高度均不超过 40m 的建筑物，可只设一根引下线。当采用两根以上引下线时，为了便于测量接地电阻以及检查引下线与接地线的连接状况，在距地面 1.8m 以下处，设置断接卡子。

引下线应躲开建筑物的出入口和行人较易接触的地点，以避开接触电压的危险。建筑物宽在 12m 以下时，引下线可装在建筑物一侧，建筑物宽在 12m 以上时，应装于建筑物的两侧。在易受机械损伤的地方，地面上 1.7m 至地面下 0.3m 的一段，可用竹管、木槽等加以保护。

在高层建筑中，利用建筑物钢筋混凝土屋面板、梁、柱、基础内的钢筋作为防雷引下线，是我国常用的方法。

## 20.6.10　接地装置

防雷接地电阻一般指冲击接地电阻，一般小于工频接地电阻。因为极大的雷电流流入土壤时，形成强电场，击穿土壤产生火花，相当于增大了接地体的泄放面积，即减小了接地电阻；在强电场作用下，土壤电阻率降低，使接地电阻减小；雷电流高频特征，使引下线和接地体本身的电阻增大；如接地体较长，后部泄放电流受影响，接地电阻增大。工频接地电阻与冲击接地电阻的比值为冲击换算系数。

接地装置是埋在地下的接地导体（即水平连接线）和垂直打入地内的接地体的总称。其作用是把雷电流疏散到大地中去。接地装置如图 20.28 所示。

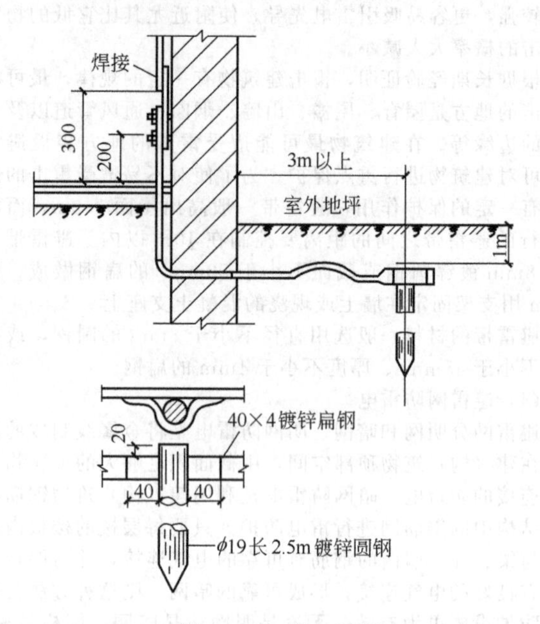

图 20.28　接地装置

接地体的接地电阻要小（一般不超过 10Ω），这样才能迅速地疏散雷电流。一般情况下，接地体均应使用镀锌钢材，延长其使用年限，但当接地体埋设在可能有化学腐蚀性的土壤中时，应适当加大接地体和连接点的截面，并加厚镀锌层。各焊接点必须刷沥青油，以加强防腐蚀。

在安装接地体时，首先从地面挖下 0.8m 左右，然后把接地体垂直打入地下，顶端与接地线焊接在一起。为满足接地电阻的要求，垂直埋设的接地体不只 1 根，用水平埋设的扁钢将它们连接起来，所采用扁钢的截面积不小于 $100mm^2$，扁钢厚度不小于 4mm。为了减小相邻接地体间的屏蔽效应，垂直接地体间的距离一般为 5m，当受地方限制时，可适当减小。

接地体不应该在回填垃圾、灰渣等地带埋设，还应远离由于高温影响使土壤电阻率升高 的地方。接地体埋设后，应将回填土分层夯实。

当有雷电流通过接地装置向大地流散时，在接地装置附近的地面上，将形成较高的跨步电压，危及行人安全，因此接地体应埋设在行人较少的地方，要求接地装置与建筑物或构筑物出入口及人行道距离不应小于 3m。当受地方限制而小于 3m 时，应采取降低跨步电压的措施，如在接地装置上面敷设 50～80mm 厚的沥青层，其宽度超过接地装置 2m。

除了上述人工接地体外，还可利用建筑物内外地下管道或钢筋混凝土基础内的钢筋作自然接地体，但需具有一定的长度，并满足接地电阻的要求。

# 20.7　静电

物质都是由分子组成，分子是由原子组成，原子中有带负电荷的电子和带正电荷的质子。当两个不同的物体相互接触时就会使得一个物体失去一些电荷，如电子转移到另一个物体使其带正电，而另一个物体得到电子而带负电。若在分离的过程中电荷难以中和，电荷就会积累使物体带上静电。因此，很多运动的物体在与其他物体接触与分离的过程（如摩擦）中就会带上静电。固体、液体和气体多会带上静电，如在干燥的季节人体就很容易带上很高的静电而遭受静电电击。

### 20.7.1　静电的起电方式与种类

（1）静电的起电方式

① 接触-分离起电。两物体接触间距小于 $25\times10^{-8}$cm 时，不同物体得失电子能力不同，发生电子的转移。在界面两侧出现大小相等、极性相反的两层电荷（双电层，其间的电位差为接触电位差）。在同一静电序列中，前后两物体紧密接触时，前者失去电子带正电，后者得到电子带负电。两种物质紧密接触再分离时，即可能产生静电。

② 破断起电。材料破断后均可能在宏观范围内导致正、负电荷的分离，产生静电，如固体粉碎、液体分离。

③ 感应起电。带电体 A 与不带电导体 B 接近时，B 在端部出现电荷；当 B 离开接地体 C 时成为带电体。

④ 电荷迁移。一个带电体与一个非带电体接触时，电荷将重新分配，发生电荷迁移而使非带电体带电。如带电雾滴或粉尘撞击在导体上，气体离子流射在不带电物体上。

（2）静电的种类

① 固体静电。当 $Q$（电容器所带电量）、$\varepsilon$（极间电介质的介电常数）、$S$（极板面积）不变时，$U$ 与 $d$（极间距离）成正比。两相近的物体由紧密接触到相分离，间距增大了几百万倍，所二者间电压（$U$）也相应增大很多。

$$C=\frac{\varepsilon S}{d}\qquad U=\frac{Qd}{\varepsilon S}\tag{20.18}$$

其间距离由 $25\times10^{-8}$cm 变为 1cm，距离增大 400 万倍。所以固体物质大面积的接触-分离或大面积的摩擦，以及固体物质的粉碎过程中，可以产生强烈的静电。橡胶、塑料、纤维物体的静电达数万伏。

② 人体静电。在从毛衣脱下合成纤维衣料的衣服时，或经头部脱下毛衣时，衣服之间及人与衣服之间，将可能发生放电。另外，人拿着容器倒液体，带走一种极性电荷，因而人体带上电。人体是导体也可感应带电。

③ 粉体静电。粉体物料在研磨、搅拌、筛分或高速运动时，与管道壁或其他器具的碰撞与摩擦以及破断都会产生静电。由于粉体的分散性（比表面积增加）和悬浮性（颗粒与大地是绝缘的）也可增加产生静电的可能性。注意表面积增加，产生静电更容易。

④ 液体静电。运动时液体由于电渗透、电解、电泳等物理过程，液体与固体在接触上也会出现双电层。在紧贴分界面存在固定电荷层，与其相邻的是滑移电荷层。如果液体在管道内紊流运动，滑移电荷层沿管道断面均匀分布，在液体流动时，一种极性的电荷随液体流动，形成流动电流，在管道的终端将积累静电电荷。

⑤ 蒸气和气体静电。蒸气和气体静电与液体静电产生原理近似。纯净气体不产生静电，但气体内含有灰尘、液滴等颗粒时会产生静电。

### 20.7.2　物体静电的主要参数

（1）电荷量

表示静电电荷量的多少用电量 $Q$ 表示，其单位是库仑(C)，由于库仑的单位太大，通常用微库或纳库，$1\text{C}=10^6\mu\text{C}$。在测量粉体带电及其荷质比，或测量防静电服的性能时都要测量其带电电荷量。

（2）静电电压

由于在很多场合测量静电电位较容易，另一个常用的静电参数是静电电压，其单位为伏（V），但由于静电电压通常很高，因此常用一个较大的单位——千伏（kV）。测量物体的静电电压时常用的方法是用非接触式静电电压表，在测量时不与被测物体接触，因而对被测物体的静电影响很小，常用的有 EST101 型防爆静电电压表。

### 20.7.3　测量静电的主要仪器设备

测量静电电荷量的仪器有电荷量表，测量静电电位可用静电电压表。测量材料特性的有许多测量静电的仪表，如高阻计、电荷量表等。物体带电的多少常用的参数是静电电荷量和静电电压，不过测量塑料、橡胶、防静电地板（面）、地毯等材料的防静电性能时候，通常用电阻、电阻率、体积电阻率、表面电阻率、电荷（或电压）半衰期、静电电容、介电常数等，其中最常用、最可靠的是电阻及电阻率。

### 20.7.4　静电的消失

（1）静电的中和

静电的中和有电晕放电、刷形放电、火花放电和雷型放电四种。

① 电晕放电。发生在带电尖端附近或其他曲率半径很小处附近的局部区域。这些区域电场强度大，其他分子发生电离，产生电晕层，形成电晕放电。

② 刷形放电。属火花放电的一种，放电通道多分支。如绝缘体束缚电荷能力强，表面容易出现刷形放电。

③ 火花放电。放电通道火花集中的火花放电，即电极上有明显的放电集中点的放电。

④ 雷型放电。当悬浮在空气中的带电粒子形成大范围、高电荷密度的空间电荷云时可能发生闪电状的雷型放电。

（2）静电的泄漏

绝缘体上静电的泄漏方式包括：表面泄漏（遇到表面电阻）和体内泄漏（遇到体积电阻）。放电时间常数越大，静电越不容易泄漏，类似电容放电，危险性大，用半值时间 $t_{1/2}$（取绝缘体上静电电量泄漏一半时所用的时间）来衡量。

$$Q=Q_0e^{-\frac{t}{\tau}}\tag{20.19}$$

式中，$Q_0$ 为泄漏前的电量；$t$ 为泄漏时间；$\tau$ 为泄漏时间常数；$Q$ 为泄漏后的电量。

$$t_{1/2}=0.693RC=0.693\varepsilon\rho\tag{20.20}$$

另外，湿度对绝缘体表面电阻影响较大，湿度越大，表面电阻越小。

### 20.7.5　静电的影响因素

（1）材质和杂质的影响

对于固体电阻率在 $1\times10^9\Omega\cdot\text{m}$ 以上的物体，静电容易积累；在 $1\times10^7\Omega\cdot\text{m}$ 以下的物体，静电泄漏强，不易积累。

对于液体电阻率在 $1\times10^{10}\Omega\cdot\text{m}$ 左右的物体最容易积累静电；在 $1\times10^8\Omega\cdot\text{m}$ 以下的物体泄漏强，不易积累静电；在 $1\times10^{13}\Omega\cdot\text{m}$ 以上的物体分子极性很弱，不产生静电。对于粉尘，管道材料与粉体材料相同时不易产生静电。当管道等用金属，而粉体材料为绝缘材料时，静电多少取决于粉体的性质，均为绝缘材料时，材料性质对静电的影响大。只有容易失电子，而电阻率高的材料才容易产生和积累静电。如能降低原有材料的电阻率，则有利于静电泄漏。

（2）工艺设备和工艺参数

接触面积越大，双电层电荷越多，产生静电越多。管道内壁粗糙度、接触面积越大，冲击和分离的机会就越多，流动电流就越大。粉体粉径越小，比表面积越大，产生静电越多。

(3) 环境条件和时间

湿度、导电性地面、周围导体的布置都对静电的产生有一定的影响。

### 20.7.6　静电的危害

① 当物体产生的静电荷越积越多，形成很高的电位时，与其他不带电的物体接触时，就会形成很高的电位差，并发生放电现象。当电压达到300V以上所产生的静电火花，即可引燃周围的可燃气体、粉尘。此外，静电对工业生产也有一定危害，还会对人体造成伤害。

② 固体物质在搬运或生产工序中会受到大面积摩擦和挤压，如传动装置中皮带与皮带轮之间的摩擦；固体物质在压力下接触聚合或分离；固体物质在挤出、过滤时与管道、过滤器发生摩擦；固体物质在粉碎、研磨和搅拌过程及其他类似工艺过程中，均可产生静电。而且随着转速加快，所受压力的增大，以及摩擦、挤压时的接触面过大、空气干燥且设备无良好接地等原因，致使静电荷聚集放电，出现火灾危险性。

③ 一般可燃液体都有较大的电阻，在灌装、输送、运输或生产过程中，由于相互碰撞、喷溅与管壁摩擦或受到冲击时，都能产生静电。特别是当液体内没有导电颗粒、输送管道内表面粗糙、液体流速过快等，都会产生很强摩擦，所产生的静电荷在没良好导除静电装置时，便积聚电压而发生放电现象，极易引发火灾。

④ 粉尘在研磨、搅拌、筛分等工序中高速运动，使粉尘与粉尘间，粉尘与管道壁、容器壁或其他器具、物体间产生碰撞和摩擦而产生大量静电，轻则妨碍生产，重则引起爆炸。

⑤ 压缩气体和液化气体，因其中含有液体或固体杂质，从管道口或破损处高速喷出时，都会在强烈摩擦下产生大量的静电，导致燃烧或爆炸事故。

⑥ 静电电击产生二次事故。

⑦ 静电妨碍生产，降低产品质量。

### 20.7.7　防静电措施

(1) 环境危险程度的控制

① 取代易燃介质。用不可燃介质代替易燃液体和有机溶剂，如用四氯化碳代替汽油作洗涤剂。

② 降低爆炸性混合物浓度。采用通风、抽气措施，使爆炸性混合物中氧含量不超过8%即不会引起燃烧。

③ 减少氧化剂含量。充氮、二氧化碳或其他不活泼气体。

(2) 过程控制

① 生产设备宜配备与生产物料相同的材料。选用导电性好的材料，工作人员不应穿着丝绸、人造纤维或其他高绝缘衣料。

② 限制摩擦速度和流速。如烃类燃油在管道内流动时：

$$v^2D \leqslant 0.64 \quad (20.21)$$

电阻率不超过$1\times10^5\Omega\cdot m$，允许流速不超过10m/s；电阻率在$1\times10^5\sim1\times10^9\Omega\cdot m$之间，允许流速不超过5m/s；电阻率超过$1\times10^9\Omega\cdot m$，取决于液体性质、管道直径、内壁光滑程度，一般允许流速为1.2m/s。

③ 增强静电消散过程。

(3) 接地和屏蔽

为管道、储罐、过滤器、机械设备、加油站等能产生静电的设备设置良好的接地装置，以保证所产生的静电能迅速导入地下。装设接地装置时应注意，接地装置与冒出液体蒸气的地点要保持一定距离，接地电阻不应大于10Ω，敷设在地下的部分不宜涂刷防腐油漆。土壤有强烈腐蚀性的地区，应采用铜或镀锌的接地体。

(4) 掺入导电填料

在不导电或低导电性能的物质中，掺入导电性能较好的填料和防静电剂，或在物质表层涂抹防静电剂等方法增加其导电性，降低其电阻，从而消除生产过程中产生静电火灾的危险性。

(5) 减少摩擦

减少摩擦的部位和强度也是减少和抑制静电产生的有效方法。如在传动装置中，采用三角皮带或直接用轴传动，以减少或避免因平面皮带摩擦面积和强度过大产生过多静电。限制和降低易燃液体、可燃气体在管道中的流速，也可减少和预防静电的产生。

(6) 密封性检查

检查盛装高压水蒸气和可燃气体容器的密封性，以防其喷射、泄漏引起爆炸。倾倒或灌注易燃液体时，应用导管沿容器壁伸至底部输出或注入，并需在静置一段时间后才可进行采样、测量、过滤、搅拌等处理。同时，要注意轻取轻放，不得使用未接地的金属器具操作。严禁用易燃液体作清洗剂。

(7) 日常打扫

在有易燃易爆危险的生产场所，应严防设备、容器和管道漏油、漏气。采用勤打扫卫生、清除粉尘、加强通风等措施，以降低可燃蒸气、气体、粉尘的浓度。不得携带易燃易爆危险品进入易产生静电的场所。

(8) 增大空气相对湿度

可采用旋转式风扇喷雾器向空气中喷射水雾等方法，增大空气相对湿度，增强空气导电性能，防止和减少静电的产生与积聚。在有易燃易爆蒸气存在的场所，喷射水雾应由房外向内喷射。

(9) 人体静电消除

在易燃易爆危险性较高的场所工作的人员，应先以触摸接地金属器件等方法导除人体所带静电后，方可进入。同时，还要避免穿化纤衣物和导电性能低的胶底鞋，以预防人体产生的静电在易燃易爆场所引发火灾，以及当人体接近另一高压带电体时造成电击伤害。

(10) 安装放电针

可在产生静电较多的场所安装放电针（静电荷消除器），使放电范围的空气游离，成为导体，中和静电荷而使其无法积聚。但在使用这种装置时应注意采取一定的安全措施，因其电压较高，要防止伤人。

(11) 金属屏蔽法

预防和消除静电危害的方法还有金属屏蔽法（将带电体用间接的金属导体加以屏蔽，可防止静电荷向人体放电造成击伤）、惰性气体保护法（向输送或储存易燃易爆液体、气体及粉尘的管道、储罐中充入二氧化碳或氮气等惰性气体，以防止静电火花引起爆燃等）。

(12) 油品防静电

纯净的油品一般是不易带静电的，但油品中混入少量杂质，往往会产生很强的静电。静电形成灾害必须具备4个条件：①必须有静电电荷产生；②必须有足以发生火花的静电电荷积聚；③必须使积聚电荷发生火花间隙放电；④在火花间隙中必须有可燃气，并与空气混合达到爆炸的浓度。在石油及油品储运过程中，如储运油品的油库、油罐、输油管道、油轮及油槽等场所，特别是轻质油品，如煤油、汽油，因其电阻率较高，更易积聚电荷，产生火花，发生静电灾害事故。

(13) 地下油库防静电

地下油库，因原油含有的盐分和水分容易产生静电，而且盐、水对管道及法兰盘具有腐蚀作用，导致油气泄漏又不易发现，故静电灾害的危害性更大。如黄岛油库站的原油罐因雷击爆炸起火，4 万吨原油毁于一旦。

(14) 防治石油静电

石油的静电灾害只要采取有效措施是完全可以避免的。防治石油静电灾害的基本原则是：①尽量避免静电的大量产生，如选用静电绝缘体的材料制作石油储运工具，对储运工具和石油制品进行防静电处理；②防止静电积累，提供静电消散的通道；③对已产生的静电加以中和，如使用静电荷消除器等；④尽量避免产生放电火花，如采用防静电操作法；⑤限制油库、油轮舱中的可燃气体的浓度，用瓦斯浓度测定仪监视可燃气的浓度，当浓度接近爆炸极限前就通风排气，避免浓度的进一步增大。

为了贯彻静电灾害防止措施，就要从防静电设计、防静电操作和防静电安全管理等几个方面进行综合治理。

① 防静电设计

在防静电设计上，要选用静电的良导体材料接地，以使静电很快消散；对材料进行防静电处理（加入抗静电添加剂，使用表面活性剂等）；对可能积聚静电的油罐实行静电接地，使静电消散。

② 防静电操作

在防静电操作上，要抑制静电的产生和积聚，如流入油罐的液体必须在液面之下，液体流出的管子应在油罐底部，检尺和取样在液体停止流动后才能进行；控制油品的流速，以防止罐内油品的晃动产生静电；选择适宜的静置时间，因为流体流动带电所形成的油罐内油面电位升高，往往是造成油罐燃爆的一个重要因素，故要根据油罐的容积大小选择静置时间。

③ 防静电安全管理

在防静电安全管理上，首先对操作人员加强防止静电的安全教育，实行人体静电安全接地；加强防静电的环境管理，包括油罐周围的湿度、温度、可燃气的浓度，应定点、定时检测。一般来说，夏季油罐内可燃气体爆炸的可能性高于冬季；未盛满的油罐，其空间被挥发气体和空气充满，易达到可燃气体的浓度；使用静电荷消除器，如用无电晕放电式静电荷消除器，可消除电荷之间的放电。

## 参考文献


[1] 杨在塘. 电气防火工程. 北京：中国建筑工业出版社，1997.

[2] 梁慧敏. 电气安全工程. 北京：北京理工大学出版社，2010.

[3] 公安政治部. 工业企业防火工程. 北京：警官教育出版社，1998.

[4] 惠中玉. 建筑防火设计原理. 北京：中国人民公安大学出版社，1997.

[5] 傅运来，曹永年. 电气安全图解指南. 北京：冶金工业社，1988.

[6] 陈芝涛，郭健. 低压电设备事故及人身触电伤亡事故的分析与对策. 北京：中国水利电力出版社，1997.

[7] GB 50057—2010 建筑物防雷设计规范 .

# 21 特种设备安全技术

## 21.1 起重机械安全技术

### 21.1.1 起重机工作类型及工作级别

#### 21.1.1.1 起重机工作类型

起重机工作类型是表示起重机工作忙闲程度和载荷变化程度的参数。

工作忙闲程度（JC）包括起重机年工作时间和起重机机构负载持续率，其计算公式是：

$$JC(\%)=\frac{一个工作循环机构运转时间}{一个工作循环的总时间}\times 100\% \tag{21.1}$$

载荷变化程度为起重机在全年实际起重量的平均值与起重机额定起重量之比。还包括每小时工作循环数。根据起重机的工作忙闲程度和载荷变化程度把起重机工作类型分为轻级、中级、重级和特重级。表 21.1 为起重机工作类型。

表 21.1 起重机工作类型

| 工作类型 | 工作忙闲程度 | | 载荷变化程度 | |
|---|---|---|---|---|
| | 起重机年工作时间/h | 起重机构运转时间率（JC%）/% | 机构载荷变化范围 | 每小时工作循环数（$n$） |
| 轻级 | 1000 | 15 | 经常起吊 1/3 额定载荷 | 5 |
| 中级 | 2000 | 25 | 经常起吊 1/3～1/2 额定载荷 | 10 |
| 重级 | 4000 | 40 | 经常起吊额定载荷 | 20 |
| 特重级 | 7000 | 60 | 起吊额定载荷机会较多 | 40 |

为了安全，在起重机使用中，必须考虑起重机的工作类型，并合理使用。

#### 21.1.1.2 起重机工作级别

起重机通过起升和移动所吊运物品完成搬运作业，为适应起重机不同的使用情况和工作要求，在设计和选用起重机及其零部件时，应对起重机及其组成部分进行工作级别的划分，包括起重机整机的分级、机构的分级、结构件和机械零件的分级。

（1）起重机整机的分级

① 起重机的使用等级。起重机的设计预期寿命，是指设计预设的该起重机从交付使用起到最终报废时能完成的总工作循环数。起重机的一个工作循环是指从起吊一个荷重起，到能开始起吊下一个荷重时止，包括起重机运行及正常的停歇在内的一个完整的过程。起重机的使用等级是将起重机可能完成的总工作循环数划分成的 10 个级别，用 $U_0$，$U_1$，$U_2$，…，$U_9$ 表示，见表 21.2。

② 起重机的荷重状态级别。起重机的工作荷重，是指起重机各次实际的起吊作业中吊运的物品质量（有效荷重）和吊具及属具（滑轮组、吊钩、抓斗、起重横梁等）质量的总和；起重机的安全工作荷重，是指起重机起吊额定起重量时能安全吊运的物品最大质量（最大有效荷重）和吊具及属具质量的总和。工作荷重与安全工作荷重的单位为 t 或 kg。起重机的荷重状态级别表明了该起重机工作荷重的情况，即在该起重机的设计预期寿命期限内，它的各个有代表性的工作荷重值的大小和各相对应的起吊次数，以及起重机的安全工作荷重值的大小及总的起吊次数的比值情况。在表 21.3 中，列出了起重机荷重谱系数 $K_P$ 的四个范围值，它们各代表了起重机的相对应的荷重状态级别。

表 21.2 起重机的使用等级

| 使用等级 | 总工作循环数 $C_T$ | 起重机使用频繁程度 |
|---|---|---|
| $U_0$ | $C_T\leqslant 1.6\times10^4$ | 不经常使用 |
| $U_1$ | $1.6\times10^4<C_T\leqslant 3.2\times10^4$ | |
| $U_2$ | $3.2\times10^4<C_T\leqslant 6.3\times10^4$ | |
| $U_3$ | $6.3\times10^4<C_T\leqslant 1.25\times10^5$ | |
| $U_4$ | $1.25\times10^5<C_T\leqslant 2.5\times10^5$ | 经常较轻闲地使用 |
| $U_5$ | $2.5\times10^5<C_T\leqslant 5\times10^5$ | 经常中等繁忙使用 |
| $U_6$ | $5\times10^5<C_T\leqslant 1\times10^6$ | 较繁忙地使用 |
| $U_7$ | $1\times10^6<C_T\leqslant 2\times10^6$ | 繁忙地使用 |
| $U_8$ | $2\times10^6<C_T\leqslant 4\times10^6$ | 很繁忙地使用 |
| $U_9$ | $4\times10^6<C_T$ | |

表 21.3 起重机的荷重状态级别及荷重谱系数

| 荷重状态级别 | 荷重谱系数 $K_P$ | 说明 |
|---|---|---|
| $Q_1$ | $K_P\leqslant 0.125$ | 极少吊运安全工作荷重，经常吊运较轻荷重 |
| $Q_2$ | $0.125<K_P\leqslant 0.25$ | 较少吊运安全工作荷重，经常吊运中等荷重 |
| $Q_3$ | $0.25<K_P\leqslant 0.5$ | 有时吊运安全工作荷重，较多吊运较重荷重 |
| $Q_4$ | $0.5<K_P\leqslant 1.0$ | 经常吊运安全工作荷重 |

如果已知起重机各个工作荷重值的大小及相应的起吊次数的资料，则可用式（21.2）算出该起重机的荷重谱系数。

$$K_P=\sum\left[\frac{C_i}{C_T}\left(\frac{m_{Q_i}}{m_{Q_{max}}}\right)^m\right] \tag{21.2}$$

式中，$K_P$ 为起重机的荷重谱系数；$C_i$ 为与起重机各个有代表性的工作荷重相对应的工作循环数，$i=1,2,3$；$C_T$ 为起重机总工作循环数，$C_T=\sum_{i=1}^{n}C_i=C_1+C_2+C_3+\cdots+C_n$；$m_{Q_i}$ 为能表征起重机在预期寿命内工作任务的各个有代表性的工作荷重，$m_{Q_i}=m_{Q_1}$，$m_{Q_2}$，$m_{Q_3}$，…，$m_{Q_n}$；$m_{Q_{max}}$ 为起重机的安全工作荷重；$m$ 为指数，为了便于级别的划分，约定取 $m=3$。

展开后，式（21.2）变为：

$$K_P=\frac{C_1}{C_T}\left(\frac{m_{Q_1}}{m_{Q_{max}}}\right)^3+\frac{C_2}{C_T}\left(\frac{m_{Q_2}}{m_{Q_{max}}}\right)^3+\frac{C_3}{C_T}\left(\frac{m_{Q_3}}{m_{Q_{max}}}\right)^3+\cdots+\frac{C_n}{C_T}\left(\frac{m_{Q_n}}{m_{Q_{max}}}\right)^3 \tag{21.3}$$

按此式算得起重机荷重谱系数的值后，即可按表 21.3

表 21.4 起重机整机的工作级别划分

| 荷重状态级别 | 荷重谱系数 $K_P$ | 起重机的使用等级 | | | | | | | | | |
|---|---|---|---|---|---|---|---|---|---|---|---|
| | | $U_0$ | $U_1$ | $U_2$ | $U_3$ | $U_4$ | $U_5$ | $U_6$ | $U_7$ | $U_8$ | $U_9$ |
| $Q_1$ | $K_P \leqslant 0.125$ | $A_1$ | $A_1$ | $A_1$ | $A_2$ | $A_3$ | $A_4$ | $A_5$ | $A_6$ | $A_7$ | $A_8$ |
| $Q_2$ | $0.125 < K_P \leqslant 0.250$ | $A_1$ | $A_1$ | $A_2$ | $A_3$ | $A_4$ | $A_5$ | $A_6$ | $A_7$ | $A_8$ | $A_8$ |
| $Q_3$ | $0.250 < K_P \leqslant 0.500$ | $A_1$ | $A_2$ | $A_3$ | $A_4$ | $A_5$ | $A_6$ | $A_7$ | $A_8$ | $A_8$ | $A_8$ |
| $Q_4$ | $0.500 < K_P \leqslant 1.000$ | $A_2$ | $A_3$ | $A_4$ | $A_5$ | $A_6$ | $A_7$ | $A_8$ | $A_8$ | $A_8$ | $A_8$ |

确定该起重机相应的荷重状态级别。如果不能获得起重机设计预期寿命期内起吊的各个有代表性的工作荷重值的大小及相应的起吊次数的资料，就无法通过上述计算得到它的荷重谱系数及确定它的荷重状态级别，则可以由制造商和用户根据经验通过协商来选出适合于该起重机的荷重状态级别及确定相应的荷重谱系数。

③ 起重机整机的工作级别。根据起重机的 10 个使用等级和 4 个荷重状态级别，起重机整机的工作级别划分为 $A_1 \sim A_8$ 共 8 个级别，见表 21.4。

(2) 机构的分级

① 机构的使用等级。机构的设计预计寿命，是指设计预设的该机构从开始使用起到预期更换或最终报废而停止使用为止的总运转时间，它只是该机构实际运转小时数累计之和，而不包括工作中该机构的停歇时间。机构的使用等级是将该机构的总运转时间分成的 10 个等级，以 $T_0$，$T_1$，$T_2$，…，$T_9$ 表示，见表 21.5。

表 21.5 机构的使用等级

| 机构的使用等级 | 总使用时间/h | 机构运转频繁情况 |
|---|---|---|
| $T_0$ | $t_T \leqslant 200$ | 不经常使用 |
| $T_1$ | $200 < t_T \leqslant 400$ | |
| $T_2$ | $400 < t_T \leqslant 800$ | |
| $T_3$ | $800 < t_T \leqslant 1600$ | |
| $T_4$ | $1600 < t_T \leqslant 3200$ | 经常较轻闲地使用 |
| $T_5$ | $3200 < t_T \leqslant 6300$ | 经常中等繁忙地使用 |
| $T_6$ | $6300 < t_T \leqslant 12500$ | 较繁忙地使用 |
| $T_7$ | $12500 < t_T \leqslant 25000$ | 繁忙地使用 |
| $T_8$ | $25000 < t_T \leqslant 50000$ | |
| $T_9$ | $50000 < t_T$ | |

② 机构的载荷状态级别。机构的载荷状态级别表明了机构所受载荷的轻重情况。在表 21.6 中，列出了机构的载荷谱系数 $K_m$ 的四个范围值，它们各代表了机构一个相对应的载荷状态级别。

机构载荷谱系数 $K_m$ 可用式 (21.4) 计算得到：

$$K_m = \sum \left[ \frac{t_i}{t_T} \left( \frac{P_i}{P_{max}} \right)^m \right] \tag{21.4}$$

式中，$K_m$ 为机构载荷谱系数；$t_i$ 为与机构承受各个不同大小等级的载荷的相应时间的分别累计值，$i=1,2,3,\cdots,n$；$t_T$ 为机构承受所有不同大小等级的载荷时间的总和，$t_T=\sum_{i=1}^{n} t_i = t_1+t_2+t_3+\cdots+t_n$；$P_i$ 为能表征机构在服务期内工作特征的各个不同大小等级的载荷，$i=1,2,3,\cdots,n$；$P_{max}$ 为机构承受的最大载荷；$m$ 为指数，为了便于级别的划分，约定取 $m=3$。

表 21.6 机构的载荷状态级别及载荷谱系数

| 载荷状态级别 | 机构载荷谱系数 $K_m$ | 说明 |
|---|---|---|
| $L_1$ | $K_m \leqslant 0.125$ | 机构很少承受最大载荷，一般承受轻小载荷 |
| $L_2$ | $0.125 < K_m \leqslant 0.250$ | 机构较少承受最大载荷，一般承受中等载荷 |
| $L_3$ | $0.250 < K_m \leqslant 0.500$ | 机构有时承受最大载荷，一般承受较大载荷 |
| $L_4$ | $0.500 < K_m \leqslant 1.000$ | 机构经常承受最大载荷 |

展开后，式 (21.4) 变为：

$$K_m = \frac{t_1}{t_T}\left(\frac{P_1}{P_{max}}\right)^3 + \frac{t_2}{t_T}\left(\frac{P_2}{P_{max}}\right)^3 + \frac{t_3}{t_T}\left(\frac{P_3}{P_{max}}\right)^3 + \cdots + \frac{t_n}{t_T}\left(\frac{P_n}{P_{max}}\right)^3 \tag{21.5}$$

按此式算得机构载荷谱系数的值后，即可按表 21.6 确定该机构相应的载荷状态级别。

③ 机构的工作级别。机构的工作级别的划分只是将各单个机构分别作为一个整体进行的关于其载荷轻重及运转繁忙情况总的评价，它并不表示该机构中所有的零部件都有与此相同的受载及运转情况。根据机构的 10 个使用等级和 4 个载荷状态级别，机构单独作为一个整体进行分级的工作级别划分为 $M_1 \sim M_8$ 共 8 级，见表 21.7。

(3) 结构件和机械零件的分级

① 结构件和机械零件的使用等级。结构件和机械零件的一个应力循环是指应力从通过 $\sigma_m$ 时起至该应力同方向再次通过 $\sigma_m$ 时为止的一个连续过程。结构件和机械零件的总使用时间，是指设计预设的从开始使用起到该结构件报废或该机械零件更换为止的期间内发生的总应力循环数。结构件的总应力循环数同起重机的总工作循环数之间存在着固定的比例关系，某些结构件在一个起重循环内可能经受几个应力

表 21.7 机构的工作级别

| 载荷状态级别 | 载荷谱系数 $K_m$ | 机构的使用等级 | | | | | | | | | |
|---|---|---|---|---|---|---|---|---|---|---|---|
| | | $T_0$ | $T_1$ | $T_2$ | $T_3$ | $T_4$ | $T_5$ | $T_6$ | $T_7$ | $T_8$ | $T_9$ |
| $L_1$ | $K_m \leqslant 0.125$ | $M_1$ | $M_1$ | $M_1$ | $M_2$ | $M_3$ | $M_4$ | $M_5$ | $M_6$ | $M_7$ | $M_8$ |
| $L_2$ | $0.125 < K_m \leqslant 0.250$ | $M_1$ | $M_1$ | $M_2$ | $M_3$ | $M_4$ | $M_5$ | $M_6$ | $M_7$ | $M_8$ | $M_8$ |
| $L_3$ | $0.250 < K_m \leqslant 0.500$ | $M_1$ | $M_2$ | $M_3$ | $M_4$ | $M_5$ | $M_6$ | $M_7$ | $M_8$ | $M_8$ | $M_8$ |
| $L_4$ | $0.500 < K_m \leqslant 1.000$ | $M_2$ | $M_3$ | $M_4$ | $M_5$ | $M_6$ | $M_7$ | $M_8$ | $M_8$ | $M_8$ | $M_8$ |

循环，这取决于起重机的类别和该结构件在该起重机结构中的位置，因此，这一比值对各结构件可以互不相同。但一旦这一比值已知，结构件的总使用时间，即它的总应力循环数便可以从起重机的使用等级的总工作循环数中导出。机械零件的总应力循环数，则应从该机械零件所归属机构的或设计预定的该机械零件的总使用时间中导出，推导时要考虑到影响其应力循环的该机械零件的转速和其他相关的情况。结构件的使用等级，是将其总应力循环数分成的 11 个等级，分别以代号 $B_0$，$B_1$，…，$B_{10}$ 表示，见表 21.8；而机械零件的使用等级，是将其总应力循环数分成的 9 个等级，分别以代号 $B_0$，$B_1$，…，$B_8$ 表示，见表 21.8。

**表 21.8　结构件和机械零件的使用等级**

| 代号 | 结构件的总应力循环数 $n$ | 机械零件的总应力循环数 $n_T$ |
|---|---|---|
| $B_0$ | $n \leqslant 1.6\times10^4$ | $n_T \leqslant 1.6\times10^4$ |
| $B_1$ | $1.6\times10^4 < n \leqslant 3.2\times10^4$ | $1.6\times10^4 < n_T \leqslant 3.2\times10^4$ |
| $B_2$ | $3.2\times10^4 < n \leqslant 6.3\times10^4$ | $3.2\times10^4 < n_T \leqslant 6.3\times10^4$ |
| $B_3$ | $6.3\times10^4 < n \leqslant 1.25\times10^5$ | $6.3\times10^4 < n_T \leqslant 1.25\times10^5$ |
| $B_4$ | $1.25\times10^5 < n \leqslant 2.5\times10^5$ | $1.25\times10^5 < n_T \leqslant 2.5\times10^5$ |
| $B_5$ | $2.5\times10^5 < n \leqslant 5\times10^5$ | $2.5\times10^5 < n_T \leqslant 5\times10^5$ |
| $B_6$ | $5\times10^5 < n \leqslant 1\times10^6$ | $5\times10^5 < n_T \leqslant 1\times10^6$ |
| $B_7$ | $1\times10^6 < n \leqslant 2\times10^6$ | $1\times10^6 < n_T \leqslant 2\times10^6$ |
| $B_8$ | $2\times10^6 < n \leqslant 4\times10^6$ | $2\times10^6 < n_T$ |
| $B_9$ | $4\times10^6 < n \leqslant 8\times10^6$ | |
| $B_{10}$ | $8\times10^6 < n$ | |

② 结构件和机械零件的应力状态级别。结构件和机械零件的应力状态级别，表明了该结构件和机械零件在总使用期内发生应力的大小及相应的应力循环变化情况，在表 21.9 中列出了应力状态的 4 个级别及相应的应力谱系数范围值。每一个结构件或机械零件的应力谱系数 $K_{SP}$ 可以用式 (21.6) 计算得到：

$$K_{SP}=\sum\left[\frac{n_i}{n_T}\left(\frac{\sigma_i}{\sigma_{max}}\right)^m\right] \tag{21.6}$$

式中，$K_{SP}$ 为结构件和机械零件的应力谱系数；$n_i$ 为与结构件和机械零件发生的不同应力相应的应力循环系数，$i=1,2,3,\cdots,n$；$n_T$ 为结构件和机械零件总的应力循环数，$n_T=\sum\limits_{i=1}^{n}n_i=n_1+n_2+n_3+\cdots+n_n$；$\sigma_i$ 为该结构件和机械零件在工作时间内发生的不同应力，$\sigma_i=\sigma_1,\sigma_2,\sigma_3,\cdots,\sigma_n$；$\sigma_{max}$ 为应力 $\sigma_1,\sigma_2,\sigma_3,\cdots,\sigma_n$ 中的最大应力；$m$ 为指数，与有关材料的性能，结构件和机械零件的种类、形状和尺寸、表面粗糙度及腐蚀程度等有关，由实验得出。

假设对机械零件，各个循环 $n_i$ 期间内认为发生的应力基本上相等，为 $\sigma_i$。

对结构件，$\sigma_1>\sigma_2>\sigma_3>\cdots>\sigma_n$。

展开后，式 (21.6) 变为：

$$K_{SP}=\frac{n_1}{n_T}\left(\frac{\sigma_1}{\sigma_{max}}\right)^m+\frac{n_2}{n_T}\left(\frac{\sigma_2}{\sigma_{max}}\right)^m+\frac{n_3}{n_T}\left(\frac{\sigma_3}{\sigma_{max}}\right)^m+\cdots+\frac{n_n}{n_T}\left(\frac{\sigma_n}{\sigma_{max}}\right)^m \tag{21.7}$$

对于机械零件，当式 (21.6)、式 (21.7) 及其 $n_T$ 中某单向应力 $\sigma_i$ 首次出现 $n_i\geqslant2\times10^6$ 项时，就取 $n_i=2\times10^6$，以 $n_i$ 替代 $n_n$，并将此 $n_i$ 值作为末项 $n_n$ 的值，后续项不再计入。

按上式算得应力谱系数的值后，可按表 21.9 确定该结构件和机械零件的相应的应力状态级别。

某些机械零件，如受弹簧加载的零部件，它所受的载荷同工作载荷基本无关。在大多数情况下，它们的 $K_{SP}=1$，应力状态级别属于 $P_4$ 级。对于机械零件，可取平均应力 $\sigma_m=0$，即计算应力谱系数时所用的应力就是零件计算界面上出现的总应力。对结构件，确定应力谱系数所用的应力是峰值应力 $\sigma_{sup}$ 与平均应力 $\sigma_m$ 之差 ($\sigma_{sup}-\sigma_m$)。

**表 21.9　结构件和机械零件的应力状态级别及应力谱系数**

| 应力状态级别 | 应力谱系数 $K_{SP}$ |
|---|---|
| $P_1$ | $K_{SP}\leqslant0.125$ |
| $P_2$ | $0.125<K_{SP}\leqslant0.250$ |
| $P_3$ | $0.250<K_{SP}\leqslant0.500$ |
| $P_4$ | $0.500<K_{SP}\leqslant1.000$ |

③ 结构件和机械零件的工作级别。根据结构件和机械零件的使用等级及应力状态级别，将结构件和机械零件工作级别划分为 $E_1\sim E_8$ 共 8 个级别，见表 21.10。

## 21.1.2　易损零部件的安全检验

### 21.1.2.1　钢丝绳

(1) 钢丝绳的分类

钢丝绳按捻向可分为左捻绳和右捻绳，按绳股与绳的捻向可分为交捻绳和顺捻绳。由丝捻成股的方向和由股捻成绳的方向若相反，则称为交捻绳；由丝捻成股和由股捻成绳的方向相同，则称为顺捻绳。交捻绳的特点是钢丝绳不会松散，吊起物品不会转动，但是当钢丝都一样粗细时，钢丝间为点接触，因此钢丝绳寿命短些。顺捻绳的特点是当单根绳起吊物品时，物品会向钢丝绳松散方向转动，但钢丝绳寿命会长些。

根据钢丝接触状态可分为点接触、线接触和面接触。由于绳股内各层钢丝直径相同，但各层螺距不等，所以钢丝互相交叉，形成点接触，在工作中接触应力很高，钢丝易磨损折断。其优点是制造工艺简单。绳股内钢丝粗细不同，将细钢丝置于粗钢丝的沟槽内，粗细钢丝间呈线接触状态。由于

**表 21.10　结构件和机械零件的工作级别**

| 应力状态级别 | 使用等级<br>结构件<br>机械零件 | | | | | | | | | | |
|---|---|---|---|---|---|---|---|---|---|---|---|
| | $B_0$ | $B_1$ | $B_2$ | $B_3$ | $B_4$ | $B_5$ | $B_6$ | $B_7$ | $B_8$ | $B_9$ | $B_{10}$ |
| $P_1$ | $E_1$ | $E_1$ | $E_1$ | $E_1$ | $E_2$ | $E_3$ | $E_4$ | $E_5$ | $E_6$ | $E_7$ | $E_8$ |
| $P_2$ | $E_1$ | $E_1$ | $E_1$ | $E_2$ | $E_3$ | $E_4$ | $E_5$ | $E_6$ | $E_7$ | $E_8$ | $E_8$ |
| $P_3$ | $E_1$ | $E_1$ | $E_2$ | $E_3$ | $E_4$ | $E_5$ | $E_6$ | $E_7$ | $E_8$ | $E_8$ | $E_8$ |
| $P_4$ | $E_1$ | $E_2$ | $E_3$ | $E_4$ | $E_5$ | $E_6$ | $E_7$ | $E_8$ | $E_8$ | $E_8$ | $E_8$ |

注：结构件的工作级别使用全表数据，机械零件的工作级别使用表中粗框线内的数据。

线接触绳接触应力较小，钢丝绳寿命长，同时挠性增加。由于线接触钢丝绳较为密实，所以相同直径的钢丝绳，线接触绳破断拉力大些。绳股内钢丝直径相同，同向捻钢丝绳也属于线接触绳。线接触钢丝绳有瓦林吞（W）型和西尔（X）型以及填充（T）型等。X 型钢丝绳也称外粗式，股内外层钢丝粗，内层钢丝细。这种钢丝绳的优点是耐磨。W 型钢丝绳也称粗细式，股内外层钢丝粗细不等，细丝置于粗丝之间。这种钢丝具有较好的挠性。T 型钢丝绳的内外层钢丝之间填充较细的钢丝。这种钢丝绳内部磨损小，抗挤压，耐疲劳，但挠性稍差。面接触绳采用异形断面钢丝，钢丝间呈面接触。其优点是破断拉力大、耐磨。

（2）钢丝绳的选择

选择钢丝绳时应根据机构工作类型和使用要求，选取适合的安全系数，然后用下式计算钢丝绳应有的破断拉力：

$$S_{破} \geqslant nS_{max} \tag{21.8}$$

式中，$S_{破}$ 为钢丝绳破断拉力；$n$ 为钢丝绳最小安全系数，见表 21.11；$S_{max}$ 为钢丝绳最大工作静拉力。

若钢丝绳规格表中给出整条绳的破断拉力时，可以从表 21.11 中直接选择。当只提供钢丝破断拉力总和 $\sum S_{丝}$ 时，按下式计算整条绳的破断拉力。

$$S_{丝} = \alpha \sum S_{丝} \tag{21.9}$$

式中，$\alpha$ 为折减系数，对绳 6×37，$\alpha=0.82$，对绳 6×19，$\alpha=0.85$；$\sum S_{丝}$ 为钢丝绳规格表中提供的钢丝破断拉力总和。

**表 21.11　最小安全系数 $n$**

| 钢丝绳用途 | | | $n$ |
|---|---|---|---|
| 起升和变幅用 | 手动 | | 4.0 |
| | 机动 | 轻级 | 5.0 |
| | | 中级 | 5.5 |
| | | 重级、特重级 | 6.0 |
| 抓斗用 | 双绳抓斗(双电动机分别驱动) | | 6.0 |
| | 双绳抓斗(单电动机集中驱动) | | 5.0 |
| | 抓斗滑轮 | | |
| 拉紧用 | 经常用 | | 3.5 |
| | 临时用 | | 3.0 |
| 小车 | 曳引道(轨道水平) | | 4.0 |

因此，选择一条破断拉力稍大一些的钢丝绳即可，即只要满足下列条件即可。

$$\alpha g \sum S_{丝} \geqslant nS_{max} \tag{21.10}$$

$$\sum S_{丝} \geqslant \frac{ngS_{max}}{\alpha}$$

再根据钢丝破断拉力总和，选择一条钢丝绳。

（3）钢丝绳直径按最大工作静压力计算

$$d = c\sqrt{S_{max}} \tag{21.11}$$

式中，$d$ 为钢丝绳最小直径，mm；$c$ 为选择系数；$S_{max}$ 为钢丝绳最大工作静压力，N。

选择系数由下式计算：

$$c = \sqrt{\frac{n}{\frac{\pi}{4}kg\omega\sigma_t}} \tag{21.12}$$

式中，$n$ 为安全系数；$\omega$ 为钢丝绳充满系数，$\omega = \frac{钢丝断面积的总和}{绳横断面积} = 0.46$；$k$ 为钢丝绳捻制折减系数，$k = 0.82 \sim 0.85$；$\sigma_t$ 为钢丝公称抗拉强度，N/mm$^2$。

选择系数 $c$ 值也可根据安全系数、机构工作级别从表 21.12 中选用。

**表 21.12　选择系数 $c$ 和安全系数 $n$**

| 机构工作级别 | $c$ 值<br>钢丝公称抗拉强度 $\sigma_t$/(N/mm$^2$) | | | 安全系数 ($n$) |
|---|---|---|---|---|
| | 1550 | 1700 | 1850 | |
| $M_1 \sim M_3$ | 0.093 | 0.089 | 0.085 | 4 |
| $M_4$ | 0.099 | 0.095 | 0.091 | 4.5 |
| $M_5$ | 0.104 | 0.100 | 0.096 | 5 |
| $M_6$ | 0.114 | 0.109 | 0.106 | 6 |
| $M_7$ | 0.123 | 0.118 | 0.113 | 7 |
| $M_8$ | 0.140 | 0.134 | 0.128 | 9 |

（4）钢丝绳的报废

① 钢丝绳的断丝数在一个捻节距内达到表 21.13 规定的数时，则应报废。钢丝绳的捻节距就是任一条钢丝绳股环轴线绕一周的轴向距离（见图 21.1）。

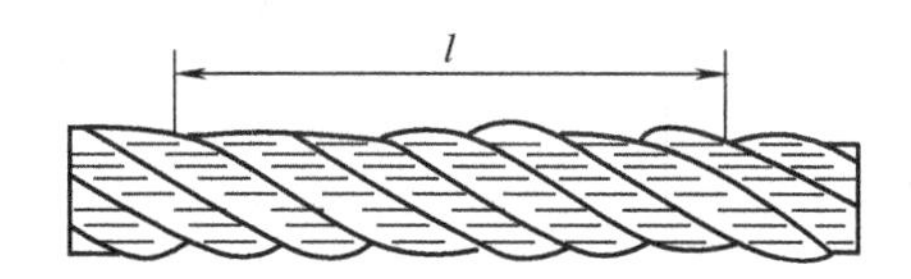


图 21.1　钢丝绳捻节距（$l$）的测量

表 21.13 为钢丝绳的报废标准，也可以理解为一条钢丝绳的报废标准是在一个捻节距内断丝数达钢丝绳总丝数的 10%。如绳 6×19=114（丝），当断丝数达 12 丝时即应报废更新；绳 6×37=222（丝），当断丝数达 22 丝时即应报废更新。对于复合型的钢丝绳中的钢丝，断丝数计算时，细丝一根算一丝，粗丝一根算 1.7 丝。

**表 21.13　钢丝绳报废时的断丝数**

| 一个节距中的断丝数 / 钢丝绳 / 安全系数 | 钢丝绳结构(GB/T 20118—2017) | | | |
|---|---|---|---|---|
| | 绳 6W(19)　绳 6×37 | | 绳 6×19 | |
| | 交捻绳 | 顺捻绳 | 交捻绳 | 顺捻绳 |
| <6 | 12 | 6 | 22 | 11 |
| 6～7 | 14 | 7 | 26 | 13 |
| >7 | 16 | 8 | 30 | 15 |

② 钢丝径向磨损或腐蚀量超过原直径的 40% 时应报废。当不到 40% 时，可按表 21.14 折减系数报废。

**表 21.14　折减系数**

| 钢丝表面磨损或锈蚀量/% | 10 | 15 | 20 | 25 | 30～40 | >40 |
|---|---|---|---|---|---|---|
| 折减系数/% | 85 | 75 | 70 | 60 | 50 | 0 |

③ 吊运赤热金属或危险品的钢丝绳，报废断丝数取通用起重机用钢丝绳报废断丝数的一半，其中包括钢丝表面磨损或腐蚀折减。

④ 钢丝绳直径减少达公称直径 7% 的，应报废。

（5）钢丝绳的安全检验

钢丝绳的安全检验的主要依据是国际标准 ISO 4309：2017，也可以参考美国标准 ANSIB30.4 等规定。

钢丝绳的安全检验可分为日常检验、定期检验和特殊检验。日常检验就是日检。定期检验是根据装置形式、使用率、环境以及上次检验的结果，可确定月检还是年检。钢丝绳有很突出的变化或遇台风和地震，以及停用 1 个月以上的起重机，则进行特殊检验。表 21.15 为钢丝绳的检验部位。表 21.16 为钢丝绳的检验项目。

**表 21.15 钢丝绳的检验部位**

| 项目 | | 日常检验 | 定期检验和特殊检验 |
|---|---|---|---|
| 动绳 | 起重机起升、变幅、牵引用钢丝绳 | 微速运转观察全部钢丝绳，特别注意下列部位：①末端固定部位；②通过滑轮的部分 | 微速运转，除做全面检验外，特别注意下列部位：①在卷筒上的固接部位；②卷在卷筒上的绳；③通过滑轮的钢丝绳；④平衡轮处钢丝绳；⑤其他固定连接部位 |
| | 缆索起重机承载绳 | 除通常能观察到的部分外，特别注意末端固定部位 | 全长仔细检验 |
| | 缆风绳 | 除通常能观察到的部分外，特别注意末端固定部位 | 全长仔细检验 |
| | 捆绑绳 | 除全长观察外，特别注意下列部位：①编接部分；②与吊具连接部分 | 同日常检验 |

**表 21.16 钢丝绳的检验项目**

| 项目 | 日常检验 | 定期和特殊检验 |
|---|---|---|
| 断丝 | √ | √ |
| 磨损 | √ | √ |
| 腐蚀 | √ | √ |
| 变形 | √ | √ |
| 电弧及火烤 | — | √ |
| 涂油状态 | √ | √ |
| 末端固定状态 | √ | √ |
| 卷筒与滑轮处 | — | √ |

注："√"代表应检验的项目。

(6) 钢丝绳连接的安全要求

钢丝绳常用的连接方式是编结绳套（编结法）。绳套套入心形环上，然后末端用钢丝扎紧，而捆扎长度不应小于 $15d_{绳}$（绳径），同时不应小于 300mm。当两条钢丝绳对接时，用编结法编结长度也不应小于 $15d_{绳}$，并且不得小于 300mm，强度不得小于钢丝绳破断拉力的 75%。

用锥形套浇铸法连接时，连接强度应达到钢丝绳的破断拉力。用铝合金套压缩法连接时，连接强度应达到钢丝绳破断拉力的 100%。任何情况下，钢丝绳在卷筒上，都必须留有不少于 2～3 围的安全圈。为避免打结和松散，在从钢丝绳卷绳木滚上取绳时，应使木滚支在架子上把绳拉直展开，然后按需要截取。

钢丝绳的维护应做到以下几点：①钢丝绳应防止损伤、腐蚀或其他物理条件造成的性能降低；②钢丝绳开卷时，应防止打结或扭曲；③钢丝绳切断时，应有防止绳股散开的措施；④钢丝绳要保持良好的润滑状态，所有润滑剂应符合绳的要求；⑤钢丝绳应每天检查，包括对端部的固定连接及平衡处，并做出安全判断。

#### 21.1.2.2 吊钩

(1) 吊钩的分类

吊钩是起重机上最广泛使用的一种取物装置，在吊装作业中，吊钩与滑轮组合在一起使用。

吊钩的种类按其制造方法分有锻造吊钩和片式吊钩（俗称板钩）两种。一般锻造吊钩用 20 号钢（也有用 Q235、16Mn 的），经锻造和冲压之后退火处理，再进行机械加工。热处理后要求表面硬度为 95～135HB。片式吊钩是由每块厚 30mm 的切成形板片铆合制成的，一般用 Q235 钢板气割出型板。

锻造吊钩可分为单钩和双钩。单钩制造和使用均较方便，因此在起重量 80t 以下的起重机上应用最为普遍（常用的是 0.25～30t）。双钩由于受力情况比较有利，常用于起重量较大或要求吊钩受力对称的地方（主要用在 5t、100t 的起重机上）。片式吊钩主要用于冶金起重机和大起重量（75t 以上）的起重机上。吊钩钩身根据使用条件的不同，可制成各种不同的断面形状，通常有圆形、矩形、梯形和 T 形等，一般起重机用梯形断面的通用单钩和双钩。矩形断面的吊钩一般为片式吊钩。其钩口通常装有软钢垫块，以免损伤钢丝绳。

因为铸造工艺目前还存在很多质量缺陷，不能保证材料的力学性能，所以还不能用铸造方法生产吊钩。同样道理，也不能采用焊接方法生产吊钩。由于吊钩在启动、制动时受到很大的冲击载荷，因此也不能用强度高、冲击韧性低的材料制造吊钩。

(2) 吊钩的安全使用

吊钩的安全使用应注意如下几项。

① 不得超负荷使用。吊钩在使用前，应检查吊钩上标注的额定起重量，不得大于实际起重量。如没有标注或起重量标记模糊不清，应重新计算和通过负荷试验确定其额定起重量。

② 吊钩在使用过程中，应经常检查吊钩的表面情况，保持光滑、无裂纹、无刻痕。

③ 挂吊索时要将吊索挂至吊钩底部。如需将吊钩直接钩挂在构件的吊环中时，不能硬别，以免使钩身受侧向力，产生扭曲变形。

④ 对于经常使用的吊钩，每年要进行一次检查。

(3) 吊钩的负荷试验

吊钩的负荷试验是用额定起重量 125% 的重物，悬挂 10min，卸载后，测量钩口，如有永久性变形和裂纹（可用 20 倍放大镜观察），则应更新和降低负荷使用。

对自制新钩和使用到一定磨损程度（如断面高度磨损达 10% 时）的吊钩均应做负荷试验，重新确定额定起重量。国内外过去计算吊钩强度均采用弹性曲梁理论。

表 21.17 中的安全系数是指钩身部分的安全系数，螺纹部分安全系数应不小于 5。

**表 21.17 安全系数**

| 工作制度 | 安全系数 |
|---|---|
| 轻级、中级 | 2.0 |
| 重级、超重级 | 2.25 |

苏联规定许用应力（$\sigma$）（20 号钢）为：手动 145～165MPa；机动 125～150MPa。

日本规定安全系数（$n$）为：手动 1.5；机动 2。

根据起重研究所提供材料，按弹性曲梁理论计算的安全系数与实测值差别很大。所以全国滑车系列设计会议研究了极限状态计算法，即所谓承载能力法，并决定用这种方法来计算吊钩强度。试验证明，这种计算方法的安全系数和实测安全系数是接近的。

（4）吊钩的检验与更新标准

起重机吊钩每年至少检查1～3次，要清洗润滑，并要定期退火处理，以免由于零件疲劳而出现裂纹。表21.18为吊钩检验项目。

**表21.18　吊钩检验项目**

| 项目 | 定期检验 | 特殊检验 |
| --- | --- | --- |
| 吊钩回转状态 | 用手轻轻转动能灵活转动 | |
| 防脱钩装置 | 用手检验，确认可靠 | |
| 滑轮 | 转动时无异常响，应有防护罩 | |
| 螺栓、心轴 | 不松动脱落 | |
| 危险断面磨损 | 按GB 6067.1—2010不应超过名义尺寸的5%，日本规定不应超过名义尺寸的3%～5% | |
| 裂纹 | 每6个月检查一次 | 磁粉探伤（每6个月检查一次） |
| 吊钩开口度 | | 不能超过原尺寸的5% |
| 螺纹 | | 卸去螺母检查 |
| 轴承及轴枢 | | 不得有裂纹和严重磨损 |

① 锻造吊钩。锻造吊钩发现下列情况必须更新：

a. 用20倍放大镜观察表面，如有裂纹、破口或发纹；

b. 经探伤发现有内部隐患；

c. 钩的危险断面高度磨损超过10%；

d. 负荷试验产生永久变形；

e. 钩尾和螺纹部分有变形及裂纹；

f. 钩尾有螺纹部分和没有螺纹部分过渡圆角处有疲劳裂纹。

② 片式吊钩。片式吊钩的检验包括如下几项。

a. 用20倍放大镜检查吊钩的危险断面是否有裂纹及松动的铆钉。

b. 检查片式吊钩的衬套、心轴（销子）、小孔、耳环、片式吊钩中紧固件的磨损情况，以及表面是否有疲劳裂纹及变形。当衬套磨损到原厚度50%时，应更换。当心轴（销子）的磨损量为公称直径的3%～5%时，需更新。

#### 21.1.2.3　滑轮组、卷筒

（1）滑轮

起重机用滑轮可用灰铸铁HT15-33、球墨铸铁QT40-10制造，工作级别高的起重机用滑轮用铸钢ZG25或ZG35制造。对于大直径（$D>800$mm）滑轮可用Q235钢焊接。

滑轮直径与钢丝绳直径的比值（$h_2$）不应小于表21.19规定的数值。对于流动式起重机，$h_2$可以为18。平衡滑轮直径与钢丝绳直径的比值不得小于$0.6h_2$，对桥式起重机平衡轮直径应同其他滑轮直径取一样大小。对于临时性、短时间使用的简单、轻小型起重机设备，$h_2$值可取为10，但最低不得小于8。

**表21.19　卷筒和滑轮$h_1$、$h_2$的值**

| 机构工作级别 | $h_1$ | $h_2$ |
| --- | --- | --- |
| $M_1$～$M_3$ | 14 | 16 |
| $M_4$ | 16 | 18 |
| $M_5$ | 18 | 20 |
| $M_6$ | 20 | 22.4 |
| $M_7$ | 22.4 | 25 |
| $M_8$ | 25 | 28 |

滑轮表面应光洁平滑，不得有损伤钢丝绳的缺陷，并且应有防止钢丝绳跳出轮槽的装置。

为防止钢丝绳与轮缘的摩擦，在拉紧状态时，滑轮（车）组的上下滑轮之间的距离，应保持在700～1200mm，不得过小。使用多门滑车时，必须使每个滑轮均匀受力，不能以其中的一个或几个滑轮承担全部载荷。作业时严禁歪拉斜吊，防止定滑轮轮缘破坏。金属铸造滑轮，出现下述情况之一时应报废：裂纹；轮槽不均匀磨损达3mm；轮槽壁厚磨损达原壁厚的20%；因磨损使轮槽底部直径减少量达钢丝绳直径的50%；其他损伤钢丝绳的缺陷。

（2）滑轮组

在起重机上滑轮组属于省力滑轮组。滑轮组省力倍数用倍率$m$表示。对动臂式起重机用单联滑轮组，单联滑轮组倍率（$m$）为：

$$m=\frac{起重量}{卷筒支承力}=支承绳分支数$$

对桥式起重机采用双联滑轮组，倍率（$m$）为：

$$m=\frac{起重量}{卷筒支承力}=\frac{支承绳分支数}{2}$$

起重量与双联滑轮组倍率的关系及滑轮组的效率分别见表21.20和表21.21。

**表21.20　起重量与双联滑轮组倍率的关系**

| 起重量/t | 5～10 | 15～25 | 30～40 |
| --- | --- | --- | --- |
| 双联滑轮组倍率 | 2 | 2～3 | 3～4 |

**表21.21　滑轮组的效率**

| 滑轮组轴承种类 | 滑轮组的效率($\eta$) | | | | | | |
| --- | --- | --- | --- | --- | --- | --- | --- |
| | 2 | 3 | 4 | 5 | 6 | 8 | 10 |
| 滑动轴承 | 0.89 | 0.95 | 0.93 | 0.90 | 0.88 | 0.84 | 0.8 |
| 滚动轴承 | 0.99 | 0.985 | 0.98 | 0.97 | 0.96 | 0.95 | 0.92 |

注：表中数据2，3，4，5，6，8，10分别表示滑轮组的倍率数据。

（3）卷筒

卷筒一般采用不低于HT20～HT40的铸铁制造，重要卷筒可采用球墨铸铁，很少采用铸钢。大型卷筒多用Q235钢板弯卷成筒焊接而成。卷筒直径已有系列：300、400、500、650、700、800、900、1000等。对卷筒的安全要求如下。

① 卷筒上钢丝绳尾端的固定装置应有防松或自紧的性能。对钢丝绳尾端的固定情况应每月检查一次。

② 多层卷绕的卷筒凸缘的高度，应比最外层钢丝绳高出两倍钢丝绳直径的高度，单层卷绕卷筒也应满足这一要求。

③ 当卷筒长度$L$与直径$D$的比值小于或等于3时，要验算卷筒的压缩应力；当$L/D$大于3时，要考虑弯曲和扭转的作用。

④ 卷筒出现裂纹应报废。

⑤ 筒壁磨损量达原厚度的20%时应报废。

钢丝绳在卷筒上固定通用的方法是采用压板，其优点是构造简单，拆卸方便。

#### 21.1.2.4　齿轮与齿形联轴器

（1）齿轮的失效形式

① 疲劳点蚀。点蚀就是靠近节圆的齿面上出现“麻坑”。腐蚀的产生是由于齿面接触应力达到一定极限，表面产生一些疲劳裂纹，裂纹扩展就会出现小块金属剥落，形成小“麻坑”。麻坑会造成齿面凸凹不平，从而引起振动和噪声，产生点蚀，最后使齿轮丧失传动能力。点蚀损伤齿合面

达 30%，或深度达齿厚的 10%时应报废。

② 齿厚磨损。起重机上齿轮的另一种失效形式是磨损，造成磨损的原因有润滑油内有杂质产生研磨。这种研磨常常使齿顶和齿根出现很深的刮道，减速器内油温升高，在传动中发出尖细噪声。还有齿形偏差、中心距偏差、过载都可能造成齿轮磨损。齿轮允许磨损量见表 21.22。

**表 21.22 齿轮允许磨损量**

| 比较基准 / 传动级 / 用途 | | 齿轮磨损达原齿厚的百分率/% | |
|---|---|---|---|
| | | 第一级啮合 | 其他级啮合 |
| 闭式 | 起升机构和非平衡变幅机构 | 10 | 20 |
| | 其他机构 | 15 | 25 |
| 开式齿轮传动 | | 30 | |

对于吊运炽热金属或易燃、易爆等危险品的起升机构、变幅机构，其传动齿轮的磨损限度达①、②两条中规定值的 50%时应报废。齿轮产生裂纹、断齿则应报废。

(2) 齿轮联轴器

齿轮联轴器出现下述情况之一时，应报废：裂纹；断齿；齿厚的磨损量达表 21.23 规定值。

**表 21.23 齿厚磨损量**

| 机构及传动形式 | 齿厚磨损达原齿厚的百分率/% |
|---|---|
| 起升机构和非平衡变幅机构 | 15 |
| 其他机构 | 20 |

(3) 减速器

起重用减速器有 JZQ 系列渐开线圆柱齿轮减速器、ZHQ 系列圆弧齿轮减速器以及摆线针轮减速器和行星减速器等。在选用减速器时，要验算减速器输出轴的最大扭矩和最大径向力在允许范围内。减速器不得有变形损伤，油量要适中，不应有污染，不应漏油。

减速器的安全检验包括如下几项。

① 经常检查减速器地脚螺栓，不得有松动现象。

② 检查减速器轴承发热情况（可用手触摸），一般温度不应超过 60～70℃（当周围温度在 25℃以下时）。

③ 要监听减速器齿轮啮合声音是否均匀而轻快，不得有噪声及撞击声。

④ 检查减速器的密封情况，有无渗油或漏油现象，油量是否符合要求，不足时应及时添加。

⑤ 检查齿轮的磨损情况（在节圆处测量），如达到表 21.24 所示数值时，应更换。

**表 21.24 齿轮允许磨损度**

| 传动齿轮的类别 | 齿厚允许磨损范围 |
|---|---|
| 开式齿轮 | 30 以内 |
| 起升机构的齿轮(包括开式齿轮) | 12～15(吊金属液体为 12) |
| 其他传动机构的齿轮 | 20～25 |

⑥ 检查齿轮有下列缺陷时，应立即更换：齿根上有一处或数处疲劳裂纹；疲劳剥落而损坏的齿轮工作面积超过齿轮全部工作面积 30%及剥落的坑沟深度超过齿厚的 10%。

⑦ 减速器应定期更换润滑油，一般为每 0.2～2 年更换一次，并定期检查（每 3～6 个月）润滑油，如发现润滑油变质，应及时更换。

#### 21.1.2.5 制动器

在起重机械的各种机构中，只有具备了可靠的制动器后，机构准确和安全地工作才能得到保证。《起重安全管理规程》（1962 年劳动部颁）指出："起重机的卷扬机构和机动的移动、旋转、变幅机构都必须装有制动器。吊运钢水或其他熔化金属的机动的卷扬机构应当装有两套各能承受全部起重量的制动器。"

(1) 制动器的种类

目前，常见的制动器有 3 种形式，即带式制动器、瓦块制动器（电磁和液压瓦块制动器）及盘式制动器。这里主要介绍两种制动器。

① 带式制动器。带式制动器（图 21.2）的钢质制动带 2 紧包在制动轮 1 的外表面上，通过摩擦力矩使制动轮停止转动，带式制动器上闸（制动带紧靠在制动轮上）是依靠制动器坠重 3 来实现的，松闸（制动带离开制动轮）是依靠电磁铁 4 来实现的。

带式制动器制动力矩的大小取决于制动带在制动轮上的包角 $\alpha$、制动带和制动轮之间的摩擦系数和制动器坠重的大小等。为增加制动带与制动轮之间的摩擦系数，在制动带的内表面上钉摩擦垫片，如皮革、石棉制动带和辊压带等。

带式制动器的优点是：结构简单、紧凑，并能随着包角的增加而产生较大的制动力矩，在制动过程中冲击小，故在某些起重设备中仍被应用。其主要缺点是：制动轴受很大的弯曲力，其值等于制动带的拉力 $T$ 与 $t$ 的向量和；由于制动带的单位压力不均匀，因而摩擦垫片的磨损也不均匀；某些带式制动器不适用于要求逆转的机构等。由于带式制动器存在上述诸多缺点，故在很多地方已被结构更为合理的块式制动器所代替。

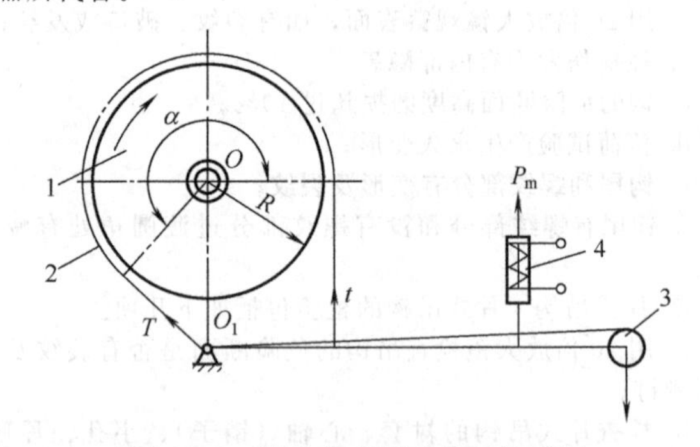


图 21.2 简单带式制动器工作原理

1—制动轮；2—制动带；3—坠重；4—电磁铁

② 液压瓦块制动器。液压瓦块制动器的松闸动作采用液压松闸器。其优点是：制动器启动、制动平稳，没有声响，每小时操作次数可达 720 次。

目前使用较多的是液压电磁推杆瓦块制动器，如图 21.3 所示。当线圈 18 通电时（见图 21.4），动铁芯 3 向上移动。这时由于齿形阀片 16 的阻流作用使工作间隙的液体被压缩。在压力油作用下，活塞 12 连同推杆 5 一起向上移动，从而推动杠杆 2（见图 21.3）使制动器松闸。如图 21.4 所示，当线圈 18 断电时，在制动器弹簧压力作用下，推杆 5 向下运动，活塞下腔的油又流回工作间隙，动铁芯 3 也就回到下方原始位置，动铁芯下面的液体通过通道流回油缸 13。液压电磁推杆瓦块制动器已系列化（YDWZ 型）成批生产，制动力矩为 20～1250N·m。

(2) 制动器的安全要求

制动器的安全要求如下。

① 动力驱动的起重机，其起升、变幅、运行、回转机构都必须装设制动器。人力驱动的起重机，起升机构和变幅机构也必须装设制动器或停止器。起升机构和变幅机构的制动器必须采用常闭式制动器。当起升机构采用自由下降的方式落下货物时，必须装有可操纵的常闭式制动器，并严格控制下降货物的质量。

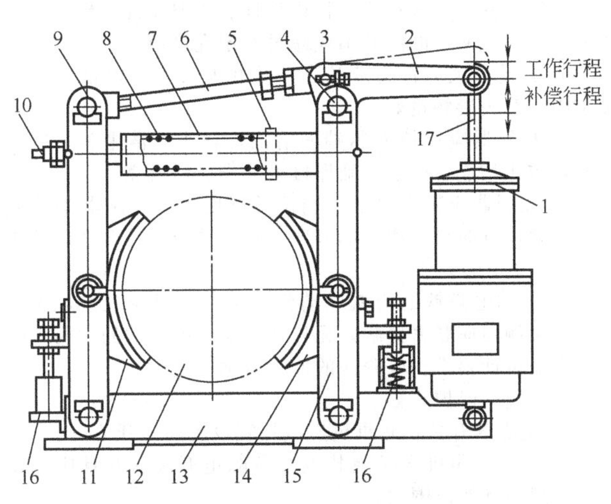


图 21.3 液压电磁推杆瓦块制动器

1—液压电磁铁；2—杠杆；3,4—销轴；5—挡板；6—螺杆；7—弹簧架；8—主弹簧；9—左制动臂；10—拉杆；11,14—瓦块；12—制动轮；13—支架；15—右制动臂；16—自动补偿器；17—推杆

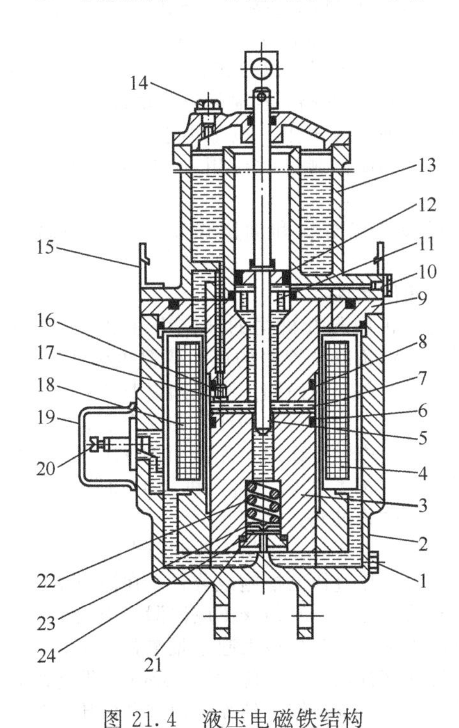


图 21.4 液压电磁铁结构

1—放油螺塞；2—底座；3—动铁芯；4—绝缘圈；5—推杆；6—密封环；7—垫圈；8—引导套；9—静铁芯；10—放气螺塞；11—轴承；12—活塞；13—油缸；14—注油螺塞；15—吊耳；16—齿形阀片；17—齿形阀；18—线圈；19—接线盒；20—接线柱；21—下阀体；22—弹簧；23—带孔阀座；24—下阀片

② 吊运炽热金属或易燃、易爆等危险品的起重机，每套驱动装置都应装设两套制动器。每套制动器安全系数应符合表 21.25 规定的数值。

③ 制动器应与机构工作级别相协调，制动轮的温度不应超过 200℃。

④ 制动摩擦垫片与制动轮的实际接触面积不应小于理论接触面积的 70%。

⑤ 控制制动器的操纵部位，如踏板、操纵手柄等，应有防滑性能。

⑥ 正常使用的起重机每班都应进行检查，应能可靠吊起额定起重量。起升机构的溜钩距离 $S_{溜}=\left(\frac{1}{80}\sim\frac{1}{100}\right)v$，速度 $v$ 的单位为 m/min，溜钩距离 $S_{溜}$ 的单位为 m。

⑦ 人力操纵的制动器，施加能力与行程应符合表 21.26 规定的数值。

**表 21.25 制动器的安全系数**

| 机构 | 使用情况 | 安全系数 |
|---|---|---|
| 起升机构 | 一般的 | 1.5 |
| | 重要的 | 1.75 |
| | 具有液压制动作用的液压传动 | 1.25 |
| 吊运炽热金属或危险品的起升机构 | 装有两套支持制动器时，对每一套制动器 | 1.25 |
| | 对于两套彼此有刚性联系的驱动装置，每套装置有两套支持制动器时，对每一套制动器 | 1.1 |
| 非平衡变幅机构 | | 1.75 |
| 平衡变幅机构 | 在工作状态时 | 1.25 |
| | 在非工作状态时 | 1.15 |

**表 21.26 人的施加能力与行程**

| 要求 | 操作方法 | 施加能力 | | 行程/cm |
|---|---|---|---|---|
| | | N | kgf | |
| 一般宜采用值 | 手控 | 100 | 10 | 40 |
| | 脚控 | 120 | 12 | 25 |
| 最大值 | 手控 | 200 | 20 | 60 |
| | 脚控 | 300 | 30 | 30 |

注：1kgf=9.80665N。

⑧ 制动器零件，出现下述情况之一应报废：裂纹；制动摩擦垫片的磨损量达原厚度的 50%；弹簧出现塑性变形；小轴或轴孔直径磨损量达原直径的 50%；起升、变幅机构的制动轮轮缘厚度磨损量达原厚度的 40%；其他机构制动轮轮缘厚度磨损量达原厚度的 50%。制动轮表面凹凸不平度达 1.5mm 时，若能重新修复，符合上述⑤、⑥的要求，可以继续使用，否则应报废。

#### 21.1.2.6 车轮与轨道

(1) 车轮

车轮可分为无轮缘车轮、单轮缘车轮和双轮缘车轮。车轮滚动面可分为圆柱形滚动踏面和圆锥形滚动踏面。锥形车轮安装时应采用正锥法安装，也就是两个主动轮大直径向内，小直径向外，从动轮按反锥法安装。也可以主动轮采用锥形轮（正锥法安装），从动轮采用圆柱形踏面车轮。

车轮直径可根据起升载荷的大小，从表 21.27 中选用。

**表 21.27 桥式起重机车轮直径与起升载荷**

| 起升载荷/kN | 50 | 80 | 125 | 200/50 | 320/80 | 500/125 | 800/200 | 1600/320 | 2500/320 | 3200/320 |
|---|---|---|---|---|---|---|---|---|---|---|
| 大车轮直径/mm | 400 | 500 | 630 | 630 | 710 | 800 | 710 | 710 | 710 | 800 |
| 小车轮直径/mm | 200 | 250 | 320 | 320 | 400 | 500 | | | | |

注："/" 左边为主钩最大起升载荷，"/" 右边为副钩最大起升载荷。

车轮轮缘高度对于小车轮缘为20～25mm，大车轮缘为25～30mm。为提高车轮耐磨性能可将轮缘高度提高到表21.28规定的值。

**表21.28　车轮轮缘高度与轨道型号的关系**

| 轨道型号 | P43 | P50 | QU70 | QU80 | QU100 | QU120 |
|---|---|---|---|---|---|---|
| 轮缘高度/mm | 30 | 30 | 35 | 40 | 45 | 50 |

起重机车轮一般用ZG55制造，对负荷大的车轮也可用ZG50SiMn及ZG35CrMnSi或65Mn。车轮表面硬度不低于300～350HB。

车轮出现下列情况之一时应报废：裂纹；轮缘厚度磨损量达原厚度的50%；轮缘弯曲变形量达原厚度的20%；踏面厚度磨损量达原厚度的15%；当运行速度低于50m/min时，椭圆度达1mm；当运行速度高于50m/min时，椭圆度达0.5mm。

(2) 轨道

轨道起重机轨道有P型铁路钢轨和QU型起重机专用钢轨。钢轨检查应包括钢轨不得有裂纹，夹板不应松脱，连接螺栓齐全牢固，不应有严重变形。轨顶和轨侧磨损量（单侧）不应超过3mm。桥式起重机轨距偏差不应超过±5mm；轨道纵向倾斜度不应超过1/1500；两条对应的钢轨相对标高偏差不应超过10mm。两条并接的钢轨，横向位移和高低偏差不应大于1mm。钢轨并接缝应错开500mm以上（见图21.5）。钢轨实际中心线与轨道几何中心线偏差不应超过3mm。

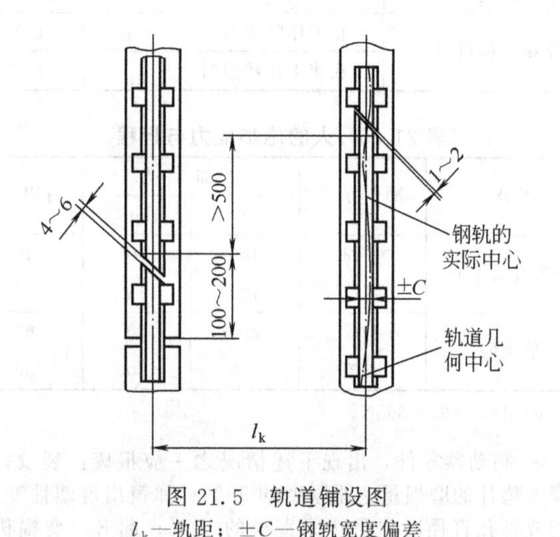


图21.5　轨道铺设图

$l_k$—轨距；$\pm C$—钢轨宽度偏差

### 21.1.2.7　电气元件

(1) 对电气元件的安全要求

电气元件应与起重机的机构特性、工况条件和环境条件相适应。电气元件的温升不应超过额定允许值。

① 自动开关应保持清洁，防止相互飞弧。保证端子连接牢固，触头接触良好。

② 接触器应保持铁芯端面清洁，触头光洁平整，接触紧密，防止粘连、卡阻，确保接触动作灵活可靠。

③ 控制器应操纵灵活，挡位手感明显。控制器手轮或手柄的动作方向与机构运动方向一致，并应保持合理的动作协调比例。

④ 制动电磁铁的衔铁应动作灵活，无阻滞现象，吸合时铁芯接触面应紧密接触，无异常声响。电磁铁的中间气隙应符合原设计要求。电磁铁的冲程应调节适中。

(2) 电气保护装置

① 主隔离开关，起重机进线处宜设主隔离开关。

② 起重机司机室必须装设紧急断电开关，并且应安装在最理想的操作范围内。

③ 起重机上应设总断路器来实现短路保护，还应设失压保护和零位保护。

④ 起重机上应设行程保护和必要的联锁保护。

⑤ 每套机构必须单独设置过流保护。

⑥ 起重机应有可靠的接地，按地连接宜用截面积不小于150mm$^2$的扁钢或10mm$^2$的铜线。

起重机的接地电阻，以及起重机上任何一点的接地电阻均不得大于4Ω。主回路与控制回路的电源电压不大于500V时，回路的对地绝缘电阻一般不小于0.5MΩ，潮湿环境中不得小于0.25MΩ。测量时应用500V的兆欧表在常温下进行。

起重机馈电裸滑线和周围设备的安全距离与偏差见表21.29。

### 21.1.2.8　液压元件

液压起重机的起升机构的油路由油泵、换向阀、平衡阀、油马达和油箱以及管路构成。变幅机构油路包括油泵、变幅油缸、平衡阀、换向阀、溢流阀以及油箱。

液压系统应有防止过载和冲击的安全装置，采用溢流阀时，溢流阀压力应取为系统工作压力的110%。在起升机构和变幅机构、伸缩臂机构、回转机构的油路中都装有溢流阀，其作用是防止过载。

液压系统中应有防止被吊重或起重臂的重力作用，而使油马达或油缸动作过快的措施或装置。在液压系统中的平衡阀就是这种装置之一。平衡阀不应渗漏，当起重机在基本臂最小幅度的工况时，起吊最大起重量悬吊15min，变幅油缸和支腿油缸活塞杆回缩量不应大于15mm。平衡阀必须直接或用钢管连接在变幅油缸、伸缩臂油缸和液压马达上，不得用软管连接。

**表21.29　起重机馈电裸滑线和周围设备的安全距离与偏差**

| 项　　目 | 安全距离与偏差/mm |
|---|---|
| 距地面高度 | >3500 |
| 距汽车通道高度 | >6000 |
| 距一般管道 | >1000 |
| 距氧气管道及设备 | >1500 |
| 距易燃气体及液体管道 | >1500 |
| 相邻滑线导电部分和对接地的净距 | >30 |
| 滑线器距滑线末端的距离 | >200 |
| 固定装设的型钢滑线，其终端支架距滑线末端的距离 | ≥800 |
| 滑线膨胀补偿装置的间隙 | 10～20 |
| 型钢滑线与起重机轨边的实际中心线平行度偏差 | 小于或等于长度的1/1000，但最大偏差为10 |
| 滑线接触面之间的等距偏差 | 小于或等于长度的1/1000，但最大偏差为10 |
| 悬吊滑线间的弛度偏差 | ≤20 |
| 型钢滑线与起重机轨道沿滑线全长平行度的最大偏差 | ≤10 |

液压系统外漏检查发生在液压系统的各项实验动作之后15min内，对系统外漏进行检查，要求液压元件固定接合面不渗油，相对运动部位不能形成油滴，则认为液压系统密封性能良好。液压系统工作时，液压油的温升不应超过40℃。

### 21.1.3　安全装置

#### 21.1.3.1　上升或下降极限位置限制器

上升极限位置限制器的作用是防止司机不小心把起重钩上升超过允许起升高度时，引起拉断钢丝绳，钢丝绳固定端板开裂脱落，或挤碎滑轮等事故。常用的起升高度限制器有下列几种。

(1) 重锤式上升极限位置限制器

LX10-31型和LX10-32型限位开关为重锤式上升极限位置限制器。其优点是结构简单，使用方便。其缺点是由于碰杆用钢丝绳悬挂，起重机运行时，钢丝绳与小车架经常摩擦，有时造成磨断绳的事故。当小车运行来回摆动，也有时发生滑轮组顶不上重锤而过卷扬。目前国内规定重锤离小车300mm，而国外有的规定为50mm。

(2) 螺杆式上升极限位置限制器

螺杆式上升极限位置限制器的螺杆直接与起重小车的卷筒轴相连。其主要部分由螺杆、移动螺母、限位开关和固定杆等组成。近年来在桥式起重机起升机构上较多采用双向限位作用的限制器，它既可防止过卷扬，又可防止钢丝绳放出过多，使钩头触地，绞乱钢丝绳。这种限制器的优点是动作比较准确，缺点是螺杆螺母易于磨损。为了防止磨损，在限位开关的壳体里加入润滑油，油面与螺杆一样高，并保持润滑。

(3) 凸轮式上升极限位置限制器

凸轮式限制器结构的原理是通过一套齿轮传动装置，把卷筒的转动变成凸轮盘的转动。由于凸轮盘周围是凸凹状的，在对应的位置上安装限位开关，通过杠杆使限位开关起作用。一般全扬程凸轮转动300°左右开关便动作。这种限制器不仅可以起终端限位的作用，也可在起升过程中上、下自动限位。

(4) 对上升或下降极限位置限制器的安全要求

上升极限位置限制器，必须保证当吊具起升极限位置时，自动切断起升的动力源。对于液压起升机构，宜给出禁止性报警信号，所有桥式起重机、流动式起重机、塔式起重机、门座起重机和电动葫芦上都应装设上升极限位置限制器。

对下降极限位置限制器，在吊具可能低于下极限位置的工作条件下，应保证吊具下降到下极限位置时能自动切断下降的动力源，以保证钢丝绳在卷筒上的缠绕不少于设计规定的安全圈数。凡有可能造成吊具越过下极限位置工作的起重机，均应装设下降极限位置限制器。

#### 21.1.3.2　行程限位器

为了控制起重机大小车运行机构行程范围都设有行程限位器。行程限位器一般是由限位开关与碰杆等组成。当起重机顶杆触开限位开关时就切断电路，使起重机停止作业。大车行程限位开关常装在起重机端梁上，在大车运行轨道尽头装有固定磁杆。

小车行程限位开关常装在桥架端部，安全尺装在小车架侧边。臂架转角限位开关可装在起重机转台上。当碰杆压住活动臂时，活动臂绕转轴旋转，使常闭触头打开断电，当碰杆松开，活动臂由于弹簧的作用恢复到原来的位置。这种行程开关用于速度低的运行机构中。LX10-21/22型限位开关活动臂为带滚子的叉形臂。它有专门的定位机构，不能自动复位。活动臂只要碰上挡块，即可断电。它的复位靠机构反向运动时碰块的反向作用来实现，适用于速度较大的运行机构。

限位开关的检验：限位开关应有坚固的外壳，并应具有良好的绝缘性能。在室外或有粉尘的场所应能有效防护。接点不应有明显的磨损和变形，应能准确复位；轴和杠杆不应损坏。限位开关的动作应灵敏可靠。

一般情况下，上升极限位置限制器的动作距离吊钩滑轮组与上方接触物的距离不应小于250mm。对于重锤式上升极限位置限制器，要特别注意重锤悬吊锤（绳）的连接，必须牢固可靠，防止重锤坠落。

#### 21.1.3.3　缓冲器

缓冲器是防止起重机发生强烈碰撞的安全装置。其功能是吸收起重机或小车运动动能。当运行速度（$v$）小于0.67m/s，并且装有终点行程开关时，可以不装缓冲器，只装挡止器。缓冲器有木质缓冲器、橡胶缓冲器、聚氨酯发泡塑料缓冲器、弹簧缓冲器、弹簧摩擦缓冲器、液压缓冲器等。

(1) 橡胶缓冲器

橡胶缓冲器的结构简单、制造方便、成本低，但弹性变形量较小，吸收动能有限，所以只适用于运行速度不超过0.83m/s的情况。同时，橡胶缓冲器不宜用于环境温度过高或过低的场合，允许的环境温度为－30～＋55℃，橡胶弹性体不应与油、酸、碱及其他有害化学物品接触。图21.6所示为橡胶缓冲器的结构。

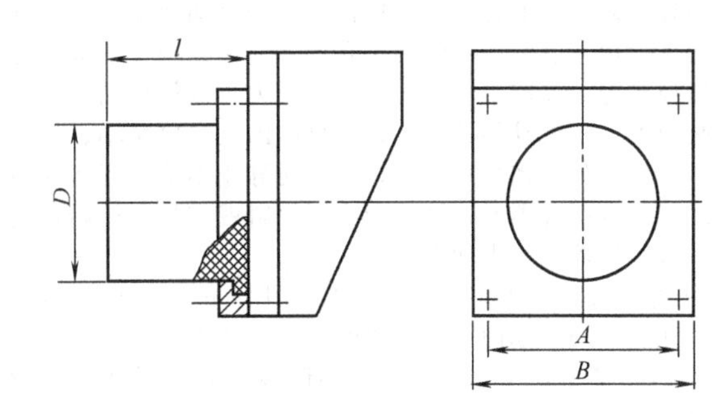


图21.6　橡胶缓冲器

使用橡胶缓冲器时应注意防止松脱，要经常检查橡胶是否老化，如有老化变质现象，要及时更换。

弹簧缓冲器的结构简单，使用可靠，维修方便，环境温度对其工作几乎没有影响。因此，弹簧缓冲器是目前应用最广的一种。其主要缺点是该缓冲器具有强烈的“反弹力”，当缓冲过程终了时，撞击动能大部分转换成弹簧的压缩势能，储存在弹簧内，在反弹时又将能量传给起重机，使其朝相反方向运动。所以，弹簧缓冲器不宜用于运行速度过高的场合，一般适用速度范围为0.83～2m/s。图21.7为大车弹簧缓冲器的结构。

(2) 液压缓冲器

液压缓冲器的作用原理是在碰撞力作用下，油缸腔内的液体通过缸套上的许多小孔流入储油腔，由于小孔的阻尼作用，吸收了运动体（起重机或小车）的动能转变为油液的热能。由于在缓冲过程中，运动质量的动能几乎全部通过节流变为热能，因而不再有“反弹力”。活塞在完成缓冲任务后的复位是靠弹簧来完成的。它的优点是结构紧凑，工作平稳可靠。缺点是构造复杂，维修不方便，密封要求高，对环境温度变化比较敏感。通常液压缓冲器适用于碰撞速度大于2m/s或具有较大动能的起重机。图21.8为液压缓冲器结构。

(3) 聚氨酯发泡塑料缓冲器

聚氨酯发泡塑料是一种轻质多孔弹性材料，除了耐油、耐热、耐老化、耐化学试剂、密度小、强度大、隔音、隔热

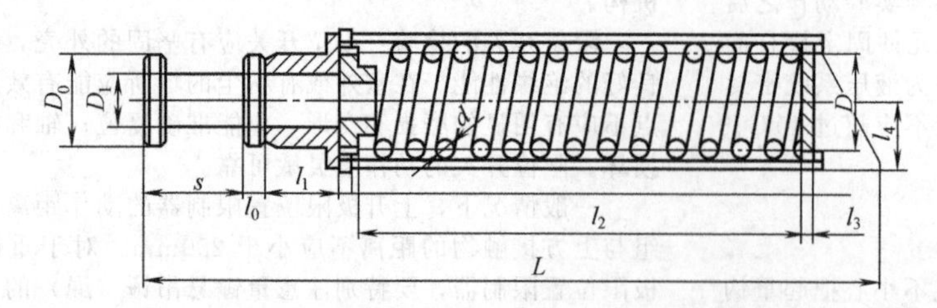
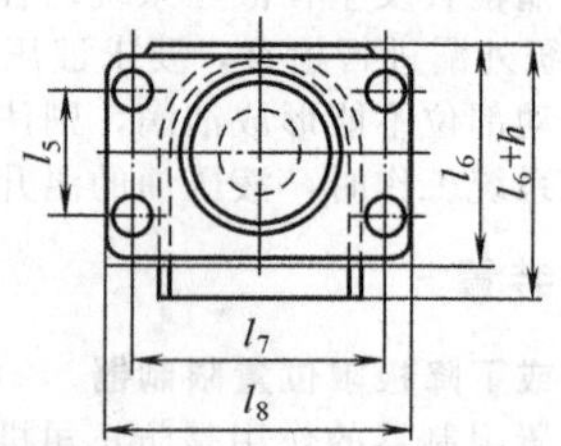


图 21.7　大车弹簧缓冲器

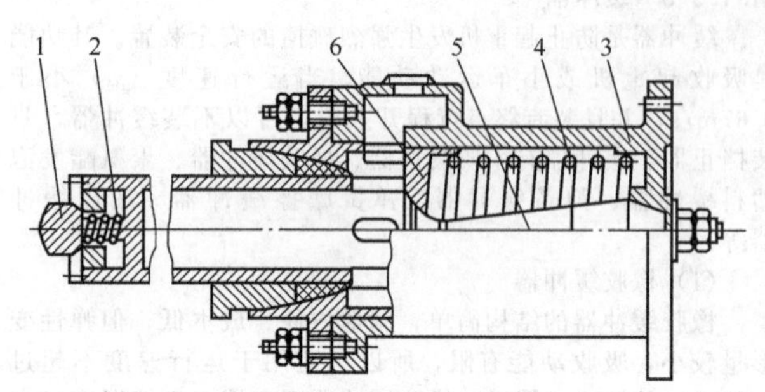


图 21.8　液压缓冲器结构

1—塞头；2—加速弹簧；3—壳体；4—复位弹簧；5—顶杆；6—活塞

等特性外，同时还有优良的吸振性能。聚氨酯泡沫塑料在外力作用下，由于它是一个闭式多孔的弹性体结构，能吸收外部的碰撞动能，发泡塑料内部产生的反力足以使运动体产生大的减速度。随着动能的减小，塑料体内反力也减小。当反力与运动体的外摩擦力相当时，二者便静止不动。当运动体反向运行脱离缓冲器时，聚氨酯泡沫塑料就恢复到初始自由状态。该缓冲器的特点如下。

① 寿命长。当压缩量为 60％时，其冲击寿命达 20 万次以上。在这个寿命期内，缓冲器的特性维持不变。

② 构造简单，维修方便。如要调换，只要拆装四个螺栓即可。

③ 适用于－20～＋70℃的条件，短时间可用于 130℃的条件，具有耐酸、耐油和耐水性能，不易老化，可在室内外工作。

④ 体积小，重量轻而缓冲容量大，它的自重为弹簧缓冲器的 1/15（同样容量情况下）。

⑤ 能经受大的轴向载荷，但横向载荷作用易使塑料体剪断。

#### 21.1.3.4　夹轨器

在露天工作的龙门起重机、装卸桥、门座起重机及塔式起重机等，为了防止被大风吹走而发生起重机的倾翻事故，必须装设夹轨器，以确保起重机的安全。

目前最常用的夹轨器有手动夹轨器和电动夹轨器两大类。

（1）手动夹轨器

手动夹轨器的形式较多，一般可分为手动垂直螺杆夹轨器和手动水平螺杆夹轨器两种。手动夹轨器具有构造简单，结构紧凑，成本低，操作方便等优点，但夹紧力有限，动作慢，安全性差，仅适用于中小型起重机。

手动螺杆式夹轨器夹紧力的计算：计算夹紧力时，应保证起重机在非工作状态时，在风力作用下不被风吹走，这就要求夹轨器产生夹紧力 $P_{夹}$ 必须大于起重机在非工作状态时的最大滑行力（不考虑运行机构制动器的作用和车轮轮缘对轨道侧面附加阻力的影响），即

$$P_{夹} \geqslant P_{滑} = P_{风} + P_{坡} - P_{摩\min} \tag{21.13}$$

式中，$P_{风}$ 为空载的起重机受沿大车轨道方向的非工作状态下的风载荷（内地 $q=800\text{Pa}$）；$P_{坡}$ 为空载的起重机在轨道上最大斜坡下滑力，$P_{坡}=K_{坡}G$；$K_{坡}$ 为坡度阻力系数，$K_{坡}\approx 0.02$；$G$ 为起重机自重；$P_{摩\min}$ 为由摩擦引起的起重机最小运行阻力。

（2）电动夹轨器

电动夹轨器有弹簧式、重锤式和液压式等。电动夹轨器的优点是起重机遇到大风或不工作时，夹轨器自动作用，将起重机牢靠地固定住。这种夹轨器对突然的暴风袭击情况能起到保护作用，安全可靠。其缺点是构造复杂、自重大、体积大、成本高，通常用于大型起重机。这里主要介绍电动重锤楔块式夹轨器。图 21.9 为电动重锤楔块式夹轨器。

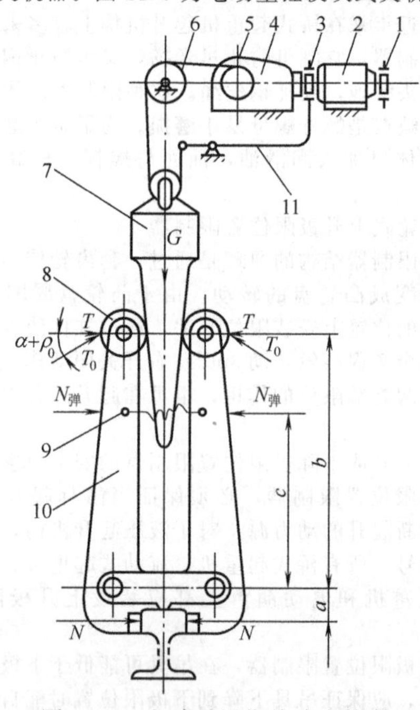


图 21.9　电动重锤楔块式夹轨器

1—常开式制动器；2—电动机；3—安全制动器；4—减速器；5—卷筒；6—钢丝绳；7—楔形重锤；8—滚轮；9—弹簧；10—钳臂；11—杠杠系统；$T_0$，$T$—滚轮对楔形重锤的压力；$a$，$b$—夹钳力臂；$c$—弹簧到铰轴中心的距离；$\alpha$—楔形重锤的倾斜角；$\rho_0$—滚轮对楔形锤面的摩擦角；$N$—夹轨器产生的夹紧力；$N_{弹}$—弹簧弹力；$G$—重锤自重

电动重锤楔块式夹轨器一般用于大型龙门起重机、装卸桥与门座起重机。它操作方便，易实现自动夹紧，但自重大，重锤与滚轮易磨损。这种夹轨器常借助于起重机装有风速仪的信号而自动工作。

① 夹轨器的夹紧过程。楔形重锤在无动力驱动下依靠自重下降，为了使它不致晃动，并能进入夹轨钳上端的滚子之间，故在滚子圆周表面上开有凹槽。下降同时带动电动机空转，重锤下降至下面极限位置时，电动机在惯性作用下继续旋转，使钢丝绳从卷筒上继续放出，由于钢丝绳过分松弛，会引起脱槽现象，如再提升会造成冲击或卡住现象。为

了避免这种事故发生，特设置安全制动器，当钢丝绳发生松弛时，在杠杆系统自重作用下，安全制动器立即自动上闸，卷筒不再放出钢丝绳。

② 松开夹轨器过程。重锤提起时，在弹簧力作用下，夹轨钳上部收紧而下部钳口张开。重锤上升碰到第一个行程开关时，起重机接通电源进入运行准备状态，继续上升碰到第二个行程开关时，提升重锤的电动机断电，常开式制动器接电，使重锤悬吊于一定高度不下落。

**21.1.3.5 超载限制器**

超载限制器的功能是防止起重机超负荷作业。当起重机超负荷时，超载限制器能够停止起重机向不安全方向继续动作，但应能允许起重机向安全方向动作，同时发出声光报警。

超载限制器的综合精度，对于电子型装置为±5%，对于机械型装置为±8%。某些超载限制器也有称量功能，显示出具体的起重量。

（1）机械型超载限制器

机械型超载限制器是利用杠杆、弹簧、凸轮等制造而成的。图 21.10 为弹簧式超载限制器。当超载时，弹簧 13 的压缩量到一定值，触杆 4 向下移动，撞开开关 5，使起升机构停止向不安全方向动作。这种装置也可以改成称量装置，如在触杆 4 上安装一齿轮条、齿轮、表针、表盘，则可显示起重量。

弹簧式超载限制器同时有上升极限位置限制器的作用。当吊钩滑轮组上升到极限位置时，托起重锤 10，在弹簧 6 的作用下，触杆 7 上移，触动开关 5，使起升机构停止起升动作。

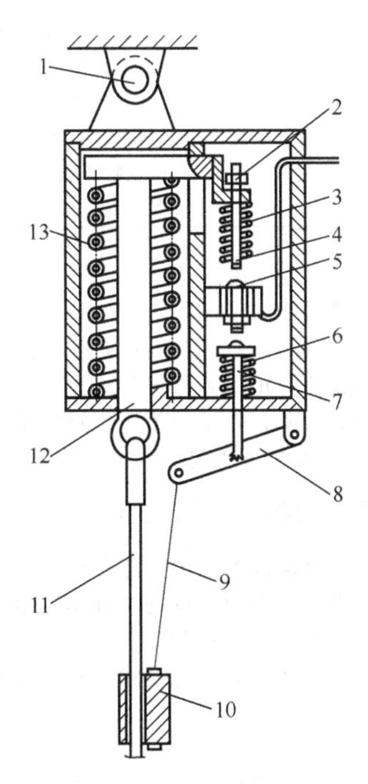


图 21.10 弹簧式超载限制器

1—支铰；2—调节螺母；3,6,13—弹簧；4,7—触杆；5—开关；8—杠杆；9—链条；10—重锤；11—钢丝绳；12—滑杆

（2）电子型超载限制器

电子型超载限制器，一般同时有称量功能，也称电子秤。电子秤由载荷传感器、测量放大器、显示器等部分构成。传感器是在一个弹性很好的金属筒（或柱体）上粘贴电阻应变片，这些电阻应变片构成一个平衡电桥回路。当传感器受力时，电阻应变片产生不同的变形（顺向粘贴的被拉长，横向粘贴的被拉宽），使桥路失去平衡，并输出信号。输出信号的大小与载荷成正比。经过电压放大和功率放大后，驱动微型电动机旋转，用转角来反映出载荷的大小。当超载时，则停止起升机构的危险动作，并发出声响和灯光报警。图 21.11 为 QHK-1 型电子秤的工作原理框图。

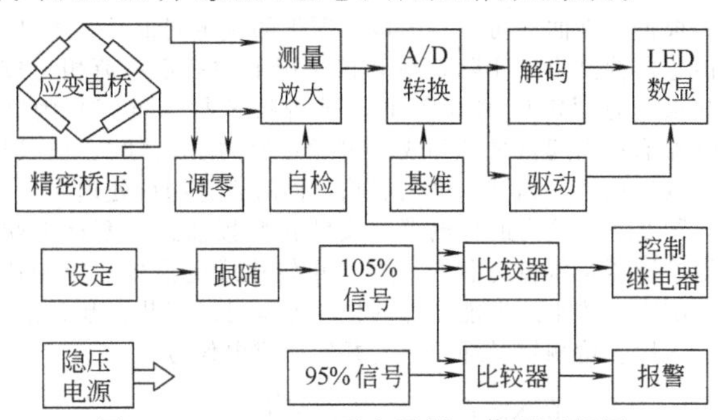


图 21.11 QHK-1 型电子秤工作原理框图

QHK-1 型电子秤采用拉力传感器（电阻应变片式）。当传感器受力时，粘贴其上的电阻应变片产生变形，在桥路中产生一个不平衡电压，经测量放大，A/D（模/数）转换后，在 LED（电子显示器）上准确地显示出起重量。

超载控制和报警是通过负荷测量放大器输出的电压，与设定电压相比较，当负荷达设定负荷（额定负荷）的 90%时，比较控制电路开启，发出警报；当负荷达到设定值时，比较器控制继电器，中断起升回路，吊钩只能下降，不能再起升，起超载保护作用。传感器可以安装在平衡轮处，也可以安装在钢丝绳上。

（3）对超载限制器的安全要求

① 超载限制器的综合误差，机械型的不应大于 8%，电子型的不应大于 5%。

② 载荷达到额定起重量的 90%时，应能发出提示报警信号。

③ 起重机械装设超载限制器后，应根据其性能和精度进行调整和标定，当载荷超过额定起重量时，能自动切断起升动力源，并发出禁止性报警信号。

④ 桥式起重机、铁路起重机、门座起重机等应装设超载限制器，塔式起重机、升降机、电动葫芦等也可根据实际需要装设。

**21.1.3.6 力矩限制器**

对于臂架型起重机，主要的危险是失稳倾翻。为保证起重作业安全，要限制起重力矩不超过额定值。起重机械安全规程中规定：起重量等于或大于 16t 的汽车式起重机、轮胎式起重机应装力矩限制器；起重能力等于或大于 25t·m 的塔式起重机应装力矩限制器。

力矩限制器有机械型和电子型两种。图 21.12 是电子型力矩限制器的原理框图，由力的检测器、臂长检测器、臂角检测器、工况选择器、微型计算机、液晶显示和声光报警等部分构成。

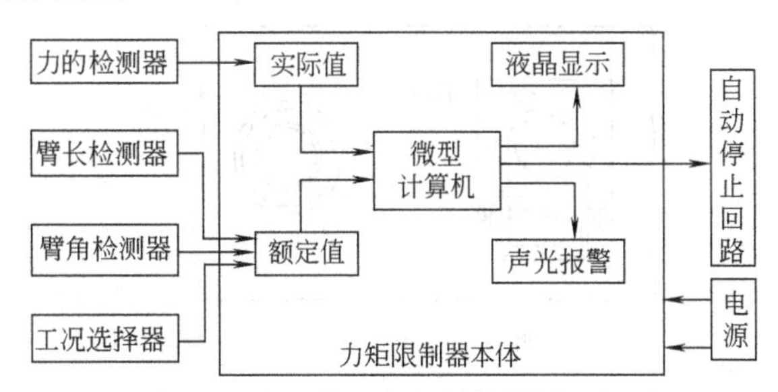


图 21.12 电子型力矩限制器原理框图

力矩限制器的工作原理：将起重机的起重特性曲线和必要的参数存入力矩限制器的存储器内，起重机在作业过程

中，通过力的检测器、臂长检测器、臂角检测器的传感器随时采集过来，并且数量化。检测出臂长就可以知道起重机工作在哪一条特性曲线上（曲线已存储在力矩限制器的存储器内），检测出臂角和臂长则可计算出工作幅度；有了工作幅度，根据特性曲线可以得出该工况下的额定起重量。通过力的传感器检测出的实际负荷和该工况下的额定负荷相比较，当起重量为额定值的 90%时，预告报警灯（黄灯）闪亮，蜂鸣器响；当起重量达到或超过额定值的 100%时，极限报警灯（红色灯）闪亮，蜂鸣器响，同时进行卸荷处理。

图 21.13 是力的检测器，安装在变幅油缸活塞杆末端。力的检测器是将负荷和起重臂自重转化成电信号的应变仪，具有防震、防水的性能。力的检测器也可以安装在起升钢丝绳上，用来检测钢丝绳拉力，并转换成电信号。

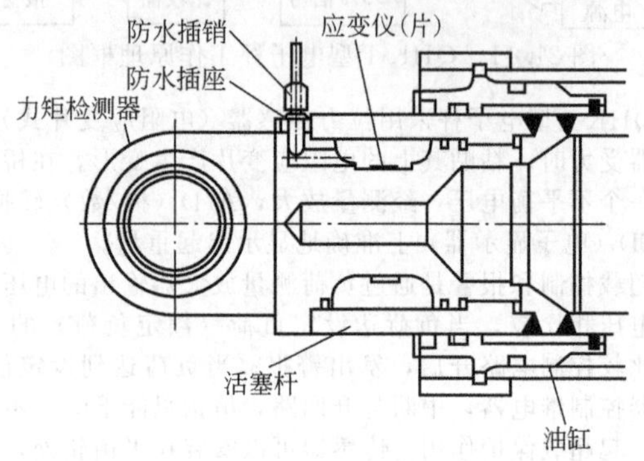


图 21.13 力的检测器

臂长检测器由卷轮、细钢丝绳、减速器、电位器等构成。细钢丝绳一端固定在起重臂端上，另一端卷在卷轮上。当起重臂伸出时，细钢丝绳从卷轮中拉出，带动电位器转动，产生电信号；当起重臂回缩时，卷轮的盘簧把钢丝绳卷入，同样，电位器产生电信号，反映起重臂的长度（图 21.14）。

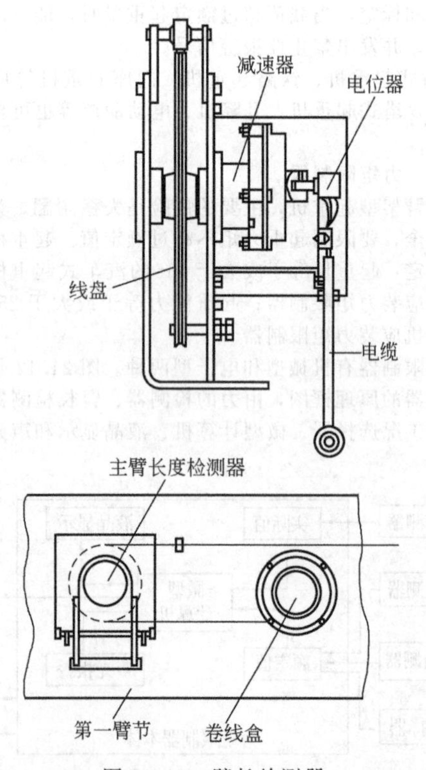


图 21.14 臂长检测器

臂角检测器安装在起重臂上，由一个置于硅油中的重力摆和电位器构成。由于重力摆始终指向地心，当起重臂臂角变化时，电位计则会产生电的信号，反映起重臂的臂角。

力矩限制器系统综合精度不得劣于±5%。在任何情况下，其超载报警点的实测起重力矩不得大于起重机对应工况下额定起重力矩的 110%。

系统综合精度按下式计算：

$$\text{系统综合精度}=\frac{\text{实测起重力矩}-\text{额定起重力矩}}{\text{额定起重力矩}}\times 100\%$$

或者

$$\eta=\frac{M_s-M_e}{M_e}\times 100\%=\frac{Q_sR_s-Q_eR_e}{Q_eR_s}\times 100\% \tag{21.14}$$

式中，$\eta$ 为系统综合精度；$M_s$ 为实测起重力矩；$M_e$ 为额定起重力矩；$Q_e$ 为实测起重量；$Q_s$ 为额定起重量；$R_e$ 为额定工作幅度；$R_s$ 为实测工作幅度。

力矩限制器在规定的使用条件下，不加额外调整必须保证无故障工作时间在 3000h 以上。力矩限制器可靠寿命（可靠度 $R=0.9$）应不小于 2000h。

力矩限制器必须有自检功能。当力矩限制器出现故障时，应能及时提醒操作者，其自检用代码表示。当按下力矩限制器面板上的“CHECK”钮时，面板上的全部灯亮，显示 18.8 或 8.8，说明系统正常。当出现故障时“FAILURE”灯亮，系统停止工作，并在显示窗口出现故障代码，故障代码有 8 个，见表 21.30。

**表 21.30 力矩限制器的故障代码**

| 故障代码 | 故障 |
|---|---|
| 1 | 数字电路板故障 |
| 2 | 模拟电路板的电压超出域值 |
| 3 | 压力传感器故障 |
| 4 | 角度传感器故障 |
| 5 | 长度传感器故障 |
| 6 | 臂长和支腿选择开关位置组合不当 |
| 7 | 作业状态设置不当 |
| 8 | 倍率选择开关设置不当 |

对力矩限制器的安全要求为：

① 力矩限制器的综合误差不应大于 10%。

② 装设力矩限制器后，应根据其性能和精度情况进行调整和标定，当载荷力矩达到额定起重力矩时，能自动切断起升或变幅机构动力源，并发出禁止性报警信号。

③ 流动式起重机和塔式起重机上应装设力矩限制器。

## 21.1.4 起重机的稳定性与安全

### 21.1.4.1 流动式起重机的稳定性与安全

流动式起重机最严重的事故是“翻车”事故，其根本原因是丧失稳定，所以起重机的稳定性与安全关系十分密切。流动式起重机的稳定性可分为行驶状态稳定性和工作状态稳定性两种。

(1) 影响稳定性的因素

轮式起重机作业时的稳定性完全由机械的自重来维持，所以有一定的限度，往往在起重机的结构件（如吊臂、支腿等）强度还足够的情况下，整机却由于操作失误和作业条件不好等原因，突然丧失稳定而造成整机倾翻事故。因而轮式起重机的技术条件规定，起重机的稳定系数 $K$ 不应小于 1.15。

轮式起重机在使用中，应主要注意以下诸因素对起重机稳定性的不利影响。

① 吊臂长度的影响。起重机的伸臂越长或幅度越大，对稳定性越不利，特别是液压伸缩臂起重机，当吊臂全伸时，在某一定倾角（使用说明书中有规定）以下，即使不吊

载荷，也有倾翻危险；当伸臂较长，并吊有相应的额定载荷时，吊臂会产生一定的挠曲变形，使实际的工作幅度增大，倾翻力矩也随之增大。

② 离心力的影响。轮式起重机吊重回转时会产生离心力，使重物向外抛移。重物向外抛移（相当于斜拉）时，通过起升钢丝绳使吊臂端部承受水平力的作用，从而增大倾翻力矩。特别是使用长吊臂时，臂端部的速度和离心力都很大，倾翻的危险性也很大。所以，起重机司机操纵回转时要特别慎重，回转速度不能过快。

③ 起吊方向的影响。轮式起重机的稳定性，随起吊方向不同而不同，不同的起吊方向有不同的额定起重量。在稳定性较好的方向起吊的额定载荷，当转到稳定性较差的方向上就会超载，因而有倾翻的可能性。一般情况下，后方的稳定性大于侧方的稳定性，而侧方的稳定性大于前方的稳定性，即后方稳定性＞侧方稳定性＞前方稳定性。所以，应尽量使吊臂在起重机的后方作业，避免在前方作业。

④ 风力的影响。工作状态最大风力一般规定为 6 级风，对于长大吊臂，风力的作用很大，从表 21.31 可看出风速的影响。

**表 21.31 臂长、风速、风载力矩的关系**

| 风载力矩/kN·m \ 臂长/m \ 风速/(m/s) | 10 | 20 | 30 | 相当于风级 |
|---|---|---|---|---|
| 10 | 1.8 | 8 | 20 | 5～6 |
| 20 | 7 | 30 | 80 | 7～9 |
| 30 | 15 | 80 | 200 | 10～12 |

从表 21.31 中可知，随着臂长和风速的增加，风载力矩增加很快。

在正常作业中，最大风力为 6 级，此风力并不很大，翻车事故主要发生在回转时，没有注意转向顺风（风从起重臂后方吹来）。

⑤ 坡度的影响。当有坡度时，相当于起重机伸臂的幅度增大，从而使倾覆力矩增大，翻车的危险性也随之增大。

⑥ 惯性力的影响。起升机构在突然提升时，会产生惯性力 $P$，$P=m(g+a)$，其中 $a$ 为加速度。在物品下降突然制动时，也会产生不利于稳定的惯性力。起重机在操纵时，要避免突然启动。物品下降时，避免突然刹车，以防止由于惯性力造成起重机翻车。

⑦ 其他因素。还有许多因素会影响起重机的稳定性，如工作过程中支腿回缩或者地面下沉都会造成翻车事故。

吊重时，变幅或伸缩臂操作程序错误也会造成翻车事故。如在某一工况下，起吊的物品是该工况的允许最大载荷，则不允许伸臂放低（增大幅度）。因这样会增大倾覆力矩，使本来处于临界状态的起重机翻倒。超载和斜吊是使起重机发生翻倒的原因。此外，由于机构本身出现故障造成翻车的事故也时有发生。

（2）行驶状态的稳定性

行驶状态稳定可分为纵向行驶稳定和横向行驶稳定两种。

① 纵向行驶稳定。起重机在设计时，规定了起重机所允许爬坡的最大坡角。当坡角超过规定值时，前轮轮压可能为零，会使起重机无法控制转向，这就叫起重机失去行驶稳定。当起重机在坡道上下滑力接近驱动轮上的附着力时，车轮则不能上坡而产生打滑现象，这也是一种失去稳定的现象。

② 横向行驶稳定。起重机在转弯时，车体会产生离心力的作用，速度愈大，离心力愈大。离心力 $P_{离}=\dfrac{GV^2}{gR}$，离心力与车体行驶速度平方成比例。当车速比较高且转弯半径又小，加之起重机重心比较高的情况下，很容易造成向外翻车，或者侧向滑动。因此，在行驶中要控制速度不要过快，防止翻车。

③ 工作状态的稳定性

a. 静态稳定。静态稳定就是起重机在自身重力和起吊载荷的作用下的稳定。静态稳定性就是在没有考虑附加载荷的情况下分析工作状态稳定性。但是在实际的作业中，还有很多附加载荷存在，如风力、坡度、惯性力、回转离心力等。若是把这些附加载荷考虑进去，则稳定安全系数应小些。

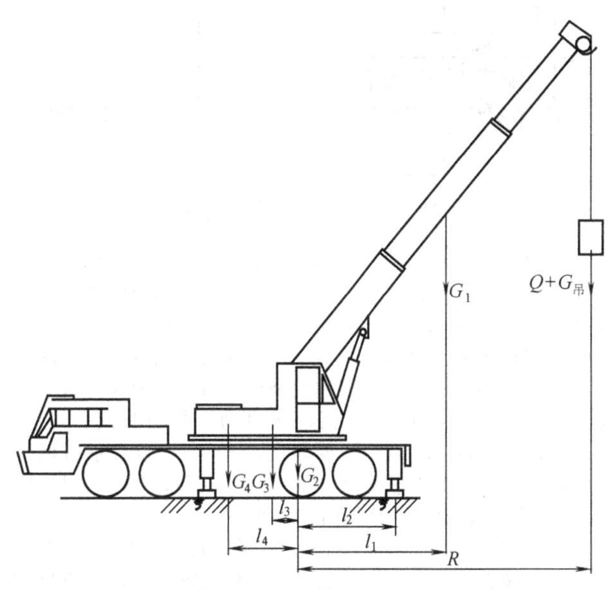


图 21.15 稳定性计算

静态稳定性常用稳定性安全系数 $K_1$ 表示（见图 21.15）。

$$K_1=\frac{M_{稳}}{M_{倾}}=\frac{G_2l_2+G_3(l_3+l_2)+G_4(l_4+l_2)-G_1(l_1-l_2)}{(Q+G_{吊})(R-l_2)}\geqslant 1.4 \tag{21.15}$$

式中，$G_1$ 为起重臂重量，N；$G_2$ 为下车重量，N；$G_3$ 为上车重量，N；$G_4$ 为平衡重量，N；$(Q+G_{吊})$ 为起重量加吊具重量，N；$R$ 为幅度，m；$l_1$，$l_2$，$l_3$，$l_4$ 为尺寸。稳定性计算见图 21.15。

b. 动态稳定。动态稳定就是除起重机自重和吊载之外，还要考虑风力、惯性力、离心力和坡度的影响。

风力是考虑不利于稳定性的工作风力，与起重机臂长度有直接关系，例如以 10m/s 的风速为例，起重臂长为 10m，产生的倾覆力矩为 1800N·m；臂长为 20m，产生的倾覆力矩为 8000N·m；臂长为 30m，产生的倾覆力矩为 20000N·m。

坡度的影响也是不可忽视的，经计算，当起重机倾斜 1°时，起重能力要降低 7.4%；倾斜 2°时，起重能力降低 14.3%；倾斜 3°时，起重能力降低 19.8%。

惯性力主要是指物品突然起吊和下放突然刹车时，产生的不利稳定的惯性力，实际是增加了起吊重力。

离心力是指起重机回转时，起重臂、吊物所产生的离心力。特别是吊物的离心力，通过钢丝绳直接作用在起重臂端部，增加起重机的倾覆力矩。

动态稳定性安全系数 $K_2$ 为：

$$K_2=\frac{G(0.5l+c)-\frac{Qv_1}{gt_1}(R-0.5l)-\left[P_1h_1+P_2h_2+\frac{Qn^2Rh_2}{900-n^2h_0}+\frac{Q+G_b}{gt_2}v_2h_2+(Qh_2+Gh)\sin\alpha\right]}{Q(R-0.5l)} \tag{21.16}$$

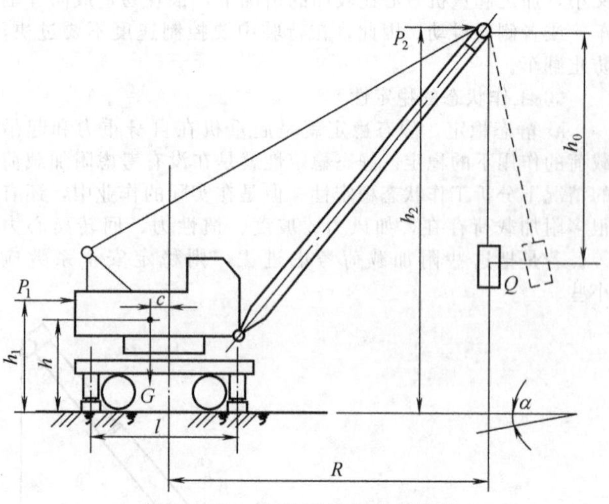


图 21.16　起重机动态稳定计算

式中，$Q$ 为起吊载荷，N；$G$ 为起重机自重，N；$G_b$ 为折算到臂头的起重臂自重，N；$R$ 为幅度，m；$P_1$ 为作用在起重机上的工作状态最大风力，N；$P_2$ 为作用在起吊物品上的工作状态最大风力，N；$h_1$，$h_2$ 为与 $P_1$、$P_2$ 对应的高度，m；$h_0$ 为起吊物品至臂端的高度，m；$t_1$ 为起升机构启动、制动时间，s；$t_2$ 为变幅机构启动、制动时间，s；$v_1$ 为起升速度，m/s；$v_2$ 为变幅速度，m/s；$n$ 为起重机回转速度，rad/s；$\alpha$ 为起重机支承面倾角，(°)；$l$，$c$ 为尺寸，m。起重机动态稳定计算见图 21.16。

c. 自身稳定性。如图 21.17 所示，自身稳定性是考虑在自重、倾斜坡度、非工作状态、风载的影响下，起重机的稳定性。

起重机自身稳定性安全系数 $K_n$ 为：

$$K_n=\frac{G(a-l)\cos\alpha-Gh_1\sin\alpha}{0.1Wh_2}\geqslant 1.15 \tag{21.17}$$

式中，$G$ 为起重机自重，kg；$W$ 为作用在起重机上的风力，N；$h_1$，$h_2$ 为起重机重心及风力作用点至地面距离，m；$l$ 为起重机重心至回转中心的距离，m；$\alpha$ 为起重机支承面倾角，(°)；$a$ 为车轮支承点至回转中心的距离，m。

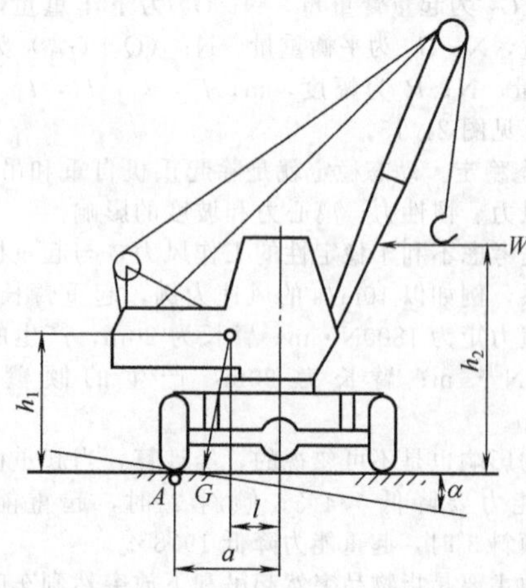


图 21.17　自身稳定性计算

#### 21.1.4.2　门座起重机的稳定性

对于具有变幅机构的起重机来讲，都有在自重和起吊载荷作用下可能产生的倾翻事故。就发生倾翻事故的可能性来讲，塔式起重机的倾翻事故最多，其次是轮式起重机，门座起重机也存在倾翻事故。起重机抗拒自重和起吊载荷作用产生倾翻的能力，叫作起重机的稳定性。

门座起重机在工作状态下的稳定性，即起吊载荷作用下的稳定性叫作载重稳定性。而在非工作状态下的稳定性，即在自重下的稳定性叫作自重稳定性。不论是哪一种稳定性，都是以相对于倾覆边的复原力矩与倾覆力矩的比值来表示稳定性的大小，称为稳定性安全系数。

(1) 载重稳定性

载重稳定性的验算应根据起吊额定载荷、臂架处于最大幅度并垂直于运行轨道的情况，再考虑路轨高度不一致时坡度对稳定性处于不利时的条件下进行。

除了上述条件外，还应考虑风力自臂架后方吹来的影响，再加上吊钩起升和机身旋转所产生的惯性力的影响。一般地说，只有自重力矩能使起重机稳定。不论是设计还是使用时，都必须使起重机的自重稳定力矩大于倾覆力矩。这两个力矩的比值应大于 1.4。

图 21.18 是门座起重机稳定性计算时用的受力分析。从图中可以看出，所吊重物与工作幅度之间的关系。要保证不倾覆，起重机所吊的货物重量不能超过额定起重量，轨道坡度不能超过 2°，起升速度和旋转速度都不能超过该起重机的技术性能参数。

(2) 自重稳定性

门座起重机的自重稳定性应以臂架幅度最小，两根轨道高低不平，臂架处于垂直的位置，以及最大风力从前方吹来的最不利条件进行检验。由于起重机处于静止状态，因此稳定性安全系数 $K$ 的计算公式就比载重稳定性的简单得多。

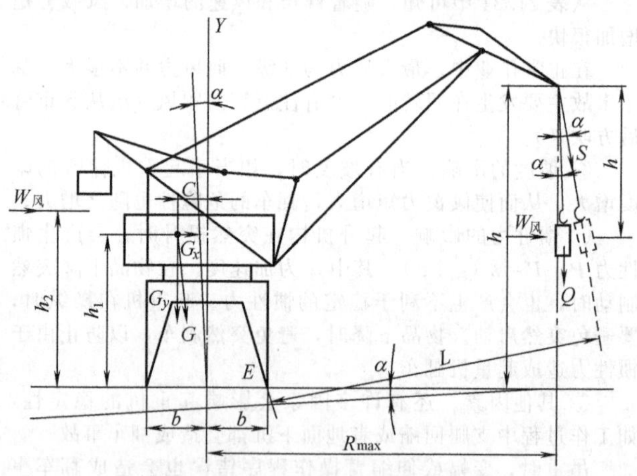


图 21.18　门座起重机受力分析

这时倾覆力矩仅由风力产生，稳定性的安全系数 $K$ 为：

$$K=\frac{G\cos\alpha(b-C)-Gh_1\sin\alpha}{W_{风}h_2}\geqslant 1.15 \tag{21.18}$$

式中，$C$ 为最小幅度时，起重机重心到旋转中心的距离，m；$b$ 为最小幅度时，车轮支撑点到旋转中心的距离，m；$\alpha$ 为起吊物品与垂直方向倾角，(°)；$h_1$ 为最小幅度时，吊重重心高度，m；$h_2$ 为起重机挡风面积的形心高度，m；$W_{风}$ 为作用在起重机上的最大风力，kgf。

自重稳定性安全系数 $K$ 的值是 1.15。

当稳定性安全系数 $K$ 不能满足国家标准 GB/T 3811—2008《起重机设计规范》的规定时，一般可以采取两种办法。一种是增加配重，这种办法对结构、基础、轮压等方面都是不利的，因此一般不过多地增加配重。还有一种办法就是彻底修改设计参数，如对起重量、幅度等数值进行修改，或增大轨距或轮距的数值，使稳定性得到改善。

### 21.1.5　起重机械安全

#### 21.1.5.1　轻小型起重设备安全

（1）千斤顶

千斤顶，又称举重器，是起重吊装作业中的一种常用工具。它具有轻巧简便，维护方便等优点。在吊装作业中，靠它可用很小的力顶起很重的机械设备，又可拨正设备安装的偏差和构件的变形等。同时，千斤顶还可以用多次重复递升的方法来达到很大的起升高度，且无冲击震动，因而被广泛用于安装和检修工作中。

千斤顶的顶升高度一般为100～400mm，起重能力最大可达500t，自重约为10～500kg。

常见千斤顶按其构造及工作原理可分为齿条式、螺旋式和油压式三种。

① 齿条式千斤顶。齿条式千斤顶由齿条、齿轮、手柄等组成，在承载齿条的上方有一转动头，用来放置被举升的载荷。使用时，只要摇动手柄，齿便带动齿条上升或下降，从而实现重物的上升或下降。有时被举升的载荷也可以放在侧面的凸耳上，但在此情况下，由于齿条受到偏心载荷，所以其允许的举重量只能是额定举重量的一半。为了支持其所举起的载荷，防止由于自重的降落应装有安全摇柄装置。

齿条式千斤顶的使用注意事项如下：

a. 千斤顶使用前，应先检查制动齿轮及制动装置的可靠程度，并保证在顶重时能起制动作用。

b. 千斤顶的齿条和齿轮应无裂纹或断齿，手柄及其所有配件完整无缺，且连接正确可靠时方可使用。

c. 千斤顶使用时，应放在平整坚固的地方，底部应铺垫坚实的垫板以扩大支承面积，顶部和物体接触处也应垫上木板，既可防止重物被挤坏，又可防止受压时千斤顶滑脱。

d. 顶重时，必须将千斤顶垂直放置，不容许超负荷使用，以确保使用安全。

e. 操作时应先将物体稍微顶起一点，然后检查千斤顶底部的垫板是否平整和牢固，如垫板受压后不平整、不牢固、千斤顶有偏斜时，必须将千斤顶松下，经处理后重新进行顶升，顶升时应随物体的上升在物体的下面及时增垫保险枕木，以防止千斤顶倾斜或失灵而引起活塞突然下滑而造成危险。

f. 起升重物时，应在千斤顶两旁另搭架枕木垛，以防意外。枕木垛和重物底面净距离应始终保持在50mm以内，即应随顶随垫。

g. 千斤顶的顶升高度，不得超过规定的行程。

h. 几台千斤顶同时顶升同一物件时，要有专人统一指挥，目的是使几台千斤顶的升降速度基本相同，以免造成事故。

i. 放落千斤顶时，不能突然下降，以免千斤顶内部结构遭受冲击及引起重物震动、倾覆。

j. 齿条及齿轮等部分应经常保持整洁，防止泥沙杂物阻滞齿轮和齿条部分，增加阻力和缩短使用寿命，并应定期清洗涂油。

② 螺旋式千斤顶。螺旋式千斤顶是由铸铁底座、固定在外壳内的螺母和螺杆所组成，在螺杆上端装有托盘用以支承载荷，手柄用来旋转螺杆，螺杆后端的粗大部分可防止螺杆完全旋出。对于工作场所受限制的地方，手柄不能转动整个或半个圆周时，可用棘轮扳手旋转螺杆。这种千斤顶的螺杆的螺旋角度小，自锁好，因而在顶重后能自动制动，不会自动下降，不需要装安全摇柄。

螺旋式千斤顶的特点是：工作平稳、准确、可靠（有自锁作用），构造简单耐用，因此，在安装工作中用得较多。

这类千斤顶的举重量通常为5～50t，有的可达100t，最大行程可达400mm。

使用螺旋式千斤顶时，除遵守齿条式千斤顶有关注意事项外，还应遵守下述安全注意事项：

a. 顶升重物前，注意放正千斤顶的位置，使其保持垂直，以防止螺杆偏斜弯曲及由此引起的事故。

b. 顶重时，应均匀使用力量摇动手柄，避免上下冲击而引起事故和损坏千斤顶。

c. 使用时，应注意不使超过允许的最大顶重能力，防止超负荷所引起的事故。

d. 使用时，顶升高度不要超过套筒或活塞上的标志线，对无标志线的千斤顶，其顶升高度不得超过螺杆螺纹或油塞总高度的3/4，以免将套筒或活塞顶脱，使千斤顶损坏并造成事故。

e. 放松千斤顶使重物降落之前，必须事前检查重物是否已经支垫牢靠，然后缓缓放落，以保证安全。

f. 千斤顶使用保管期间，需用黄油润滑，以防其过度磨损，缩短使用寿命。

③ 油压式千斤顶。油压式千斤顶主要是由油室、油泵、储油腔、活塞、油阀和手柄等组成。使用时先将手柄提起，压力油进入油泵，再将手柄下压，压力油进入油缸，使活塞上升，实现重物的起升过程；下落重物时，需放松回油阀，使油缸里的压力油流回储油腔，活塞随之下落，实现重物的下落过程。这类千斤顶举重量一般为2～200t，活塞行程200mm。

使用油压式千斤顶时，除应遵守齿条式千斤顶有关注意事项外，还应遵守下述安全注意事项：

a. 千斤顶在使用前必须进行性能检查，各部件应灵活、无损伤。液压式千斤顶的阀门、活塞、皮碗等应完好，油液干净。

b. 液压式千斤顶使用时，必须安放在稳固、平整结实的基础上，以承受重压，并保证在顶升时不发生千斤顶下陷、歪斜，甚至卡住活塞等。

c. 液压式千斤顶的储液腔（或油箱）和液体应经常保持清洁，如产生渣滓或液体浑浊都会使活塞顶升受阻碍，致使顶杆伸出速度缓慢，甚至发生故障。

d. 必须注意千斤顶活塞允许的顶升高度，防止顶升重物时超过顶升允许高度而引起事故。

e. 不得在千斤顶高压输油管路有折裂、破损或连接不良的情况下升举重物。

f. 活塞顶升和退缩过程中，需随时用棉纱擦净。

g. 为防止长时间顶举或突然下降，应在顶升部分做临时垫衬，既能避免和减少密封圈的损伤，又有利于安全操作。

h. 顶起重物后，千斤顶降落时，应微开回油阀使活塞缓慢下降，如突然下降，容易造成油压式千斤顶内部皮碗的损伤而使千斤顶不能继续使用，突然下降会使内部装置受到冲击，致使手柄跳动而打伤人。

（2）电动葫芦

电动葫芦是一种把电动机、钢丝卷筒、减速器、制动器及运行小车合为一体的小型轻巧的起重设备。由于它轻巧灵活，成本低，所以广泛地用在中、小型物品的起重运输过程中。

① 电动葫芦使用前注意事项：

a. 在操作者步行范围内和重物通过的路线上应无障碍物。

b. 手控按钮上下、左右方向应动作准确灵敏，电动机和减速器应无异常声响。

c. 制动器应灵敏可靠。

d. 电动葫芦运行轨道上应无异物。

e. 上下限位器动作应准确。

f. 吊钩止动螺母应紧固。

g. 吊钩在水平和垂直方向上的转动应灵活。

h. 吊钩滑轮应转动灵活。

i. 钢丝绳应无明显缺陷，在卷筒上排列整齐，无脱开滑轮槽迹象，润滑良好。

j. 吊辅具无异常现象。

k. 电动葫芦的工作环境温度为－25～＋40℃。

② 电动葫芦使用注意事项：

a. 电动葫芦不适用于充满腐蚀性气体或相对湿度大于85%的场所，不能代替防爆葫芦，不宜吊运熔化金属或有毒、易燃和易爆物品。

b. 电动葫芦不得旁侧吊卸重物，禁止超负荷使用。

c. 在使用过程中，操作人员应随时检查钢丝绳是否有乱扣、打结、掉槽、磨损等现象，如果出现应及时排除，并要经常检查导绳器和限位开关是否安全可靠。

d. 在日常工作中不得人为地使用限位器来停止重物提升或停止设备运行。

e. 工作完毕后，关闭电源总开关，切断主电源。

f. 应设专门维修保养人员每周对电动葫芦主要性能和安全状态检查一次，发现故障及时排除。

g. 电动机风扇制动轮上的制动环，不许沾有油垢。调整螺母应紧固，以免因制动失灵而发生事故。

h. 电动葫芦各润滑部分应及时加适量的润滑油，润滑油要清洁，不含其他杂质。润滑油约2个月更换一次。对起升减速器和运行减速器在使用前一定要加足够的润滑油，起重减速器内注入50号机械油（HJ-50，GB 443—1989）。0.5t、1t、2t、3t、5t、10t电动葫芦分别注入1kg、1.5kg、2.5kg、3kg、3.5kg、4kg机械油，运行减速器时注入黏度为5.5～7°$E_{50}$（恩氏黏度，50℃）、数量为0.3kg的润滑油。

i. 使用过程中，发现故障应及时切断主电源。

j. 电动葫芦不工作时，不允许将重物悬挂在空中，以防止零部件产生永久变形。

k. 电动葫芦使用完毕后，应停在指定的安全地方，室外应设防雨罩。

l. 禁止同时按下两个相反方向的按钮，其他按钮可以同时操纵。

m. 检修起升减速器拆卸时不得使用螺丝刀、扁铲等打接合面，应用木锤轻轻敲打箱体凸出部分，以免破坏箱体与箱盖密封平面。

(3) 卷扬机

卷扬机可分为手动卷扬机和电动卷扬机。绞磨是手动卷扬机的一种。

卷扬机的使用注意事项如下：

① 卷扬机安装必须牢固可靠，不得有滑动、倾斜现象。固定方法有混凝土基础固定法、平衡重固定法、封锁固定法等。混凝土基础固定法是把卷扬机用地脚固定在混凝土基础上。平衡重固定法是用平衡重压在卷扬机后方，在前方加木桩。封锁固定法是用钢丝绳把卷扬机封锁固定在木桩上，同时用木桩顶住。

② 安装卷扬机时，应使卷扬机距起吊物15m以上。用桅杆时，卷扬机与桅杆距离应大于桅杆高度。导向滑轮与卷扬机的距离应大于卷筒宽度的20倍。

③ 开车前，先用手扳动机器空转一周，检查各零部件及制动器，确认无误后方可进行作业。

④ 卷扬机不准超载。

⑤ 卷扬机卷筒上钢丝绳放到最后，卷筒上的安全圈不得少于3圈。

⑥ 拉力10t以上的卷扬机宜装排绳器。当钢丝绳排乱时，要停机整理，不准开机用棍棒撬排。

⑦ 手动卷扬机或绞磨必须装设可靠的制动器或停止器。

⑧ 绞磨芯子最小直径处不应小于钢丝绳直径的10倍。

**21.1.5.2　桥式起重机的机构安全性**

桥架型起重机由起升机构、小车运行机构、大车运行机构、金属结构以及电气设备等构成。

(1) 起升机构安全性

起升机构由电动机、制动器、减速器、卷筒、钢丝绳滑轮组和吊钩（或其他取物装置）构成。当起重量大于15t时，起升机构有主副钩两套机构。采用抓斗的起升机构也有两套起升机构。

① 起升机构钢丝绳最大静拉力为：

$$S_{静}=\frac{Q+G}{2m\eta_{滑}} \tag{21.19}$$

式中，$Q+G$为起吊物品和吊具重量，N；$m$为起升机构倍率；$\eta_{滑}$为滑轮组效率。

② 卷筒扭矩及转速为：

$$M_{卷}=\frac{(Q+G)D}{2m\eta_{滑}\eta_{卷}} \tag{21.20}$$

式中，$D$为卷筒直径，m；$\eta_{卷}$为卷筒效率。

$$n_{卷}=\frac{mv}{\pi D} \tag{21.21}$$

式中，$v$为起升速度，m/min。

③ 电动机功率为：

$$N=\frac{(Q+G)v}{60\times1000\eta_0} \tag{21.22}$$

式中，$Q+G$为起重量及吊具重量，N；$v$为起升速度，m/min；$\eta_0$为起升机构效率，$\eta_0$为0.85～0.9。

④ 制动力矩为：

$$M_{制}=\frac{(Q+G)D}{2mi}\eta_0 \tag{21.23}$$

式中，$i$为传动比。

⑤ 启动时间为：

$$t_{起}=\frac{[J]n_0}{9.55(M_{起}-M_{静})} \tag{21.24}$$

式中，$M_{起}$为电动机平均启动力矩［对于三相交流绕线式电动机，$M_{起}=(1.6\sim1.8)M_{额}$，$M_{额}=9550\frac{N}{m}$，其中，$N$为电动机功率，kW；$m$为电动机转速，r/min］，N·m；$n_0$为电动机额定转速，r/min；$M_{静}$为电动机轴上静力矩，$M_{静}=\frac{(Q+G)D}{2mi\eta_0}$；［$J$］为起升时换算到电动机轴上的总转动惯量｛$[J]=1.15J_0+\frac{(Q+G)D^2}{4gm^2i^2\eta_0}$，$J_0$为高速轴上旋转质量的转动惯量，包括电动机转子的转动惯量与联轴器、制动轮的转动惯量｝，kg·m²。

⑥ 平均加速度。启动时间是否合适，可根据平均加速度来判断。

$$a_{平}=\frac{v}{60t_{起}} \tag{21.25}$$

表21.32为允许的平均加速度。

(2) 运行机构安全性

运行机构分小车运行机构和大车运行机构。小车运行机构由电动机、制动器、减速器、传动器、联轴器和车轮等构成。

小车运行机构常见的故障是“小车三条腿”，也就是小车四个轮子有三个车轮着轨，有一个车轮悬空。造成这种故障的原因有车轮的原因，如车轮直径不等、车轮轴线不在一个平面上等。也有轨道的原因，如某些地段凹凸不平使得一

表 21.32　允许的平均加速度

| 起重机用途 | $a_{平}/(m/s^2)$ | 起重机用途 | $a_{平}/(m/s^2)$ |
|---|---|---|---|
| 作精密安装用 | ≤0.1 | 冶金工厂中生产效率较高的起重机 | ≤0.5 |
| 吊运熔化金属 | ≤0.1 | 抓斗起重机 | ≤0.8 |
| 一般车间、仓库、堆场 | ≤0.2 | 吊运工作的吊钩起重机 | 0.6～0.8 |

个车轮悬空。

大车运行机构有分别驱动和集中驱动之分。分别驱动是指桥式起重机大车运行机构是由两套相同但没有任何联系的驱动装置驱动。其优点是省去中间传动轴，起重机自重减轻。有的分别驱动运行机构还采用了“三合一”的方式，即将电动机、制动器及减速器合成一个整体，使其体积小、重量轻、结构紧凑等优点更为显著。“三合一”方式的缺点是行走部分振动比较剧烈，对传动机构和金属结构有不良影响，不利于安全。分别驱动在现代桥式起重机上得到广泛的应用，其结构如图 21.19 所示。

集中驱动是一套驱动装置通过传动轴驱动起重机运行。按传动轴的布置方式，集中驱动又分为低速集中驱动、中速集中驱动和高速集中驱动 3 种，分别如图 21.20～图 21.22 所示。

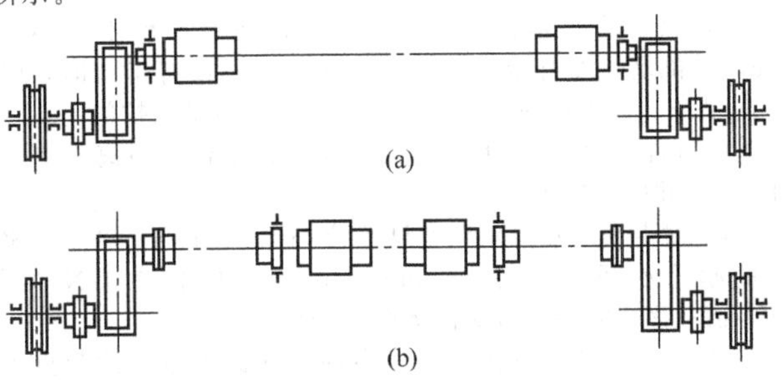


图 21.19　桥式起重机分别驱动运行机构

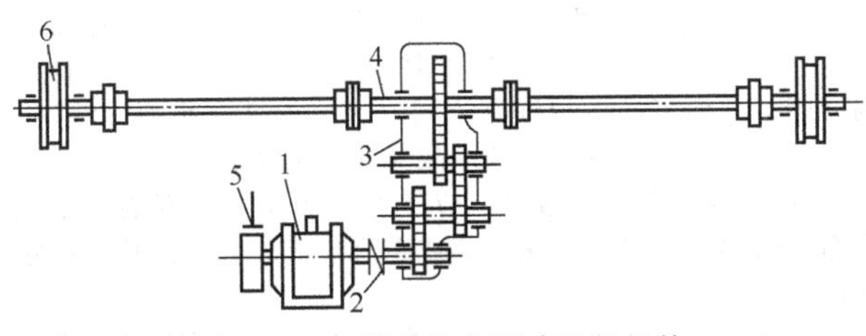


图 21.20　低速集中驱动运行机构

1—电动机；2—联轴器；3—减速器；4—低速轴；5—制动器；6—车轮

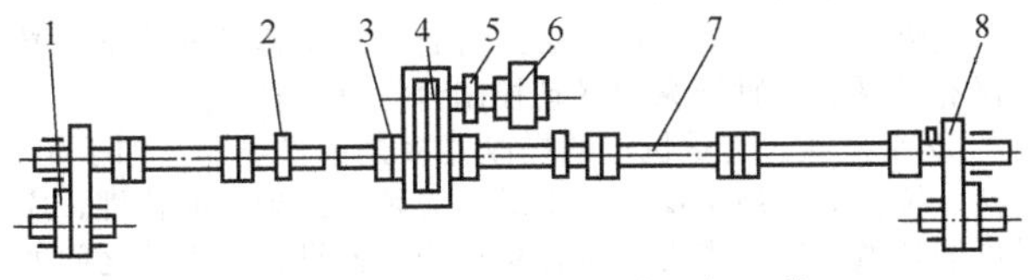


图 21.21　中速集中驱动运行机构

1—车轮；2—轴承座；3—联轴器；4—减速器；5—制动器；6—电动机；7—中速轴；8—开式齿轮

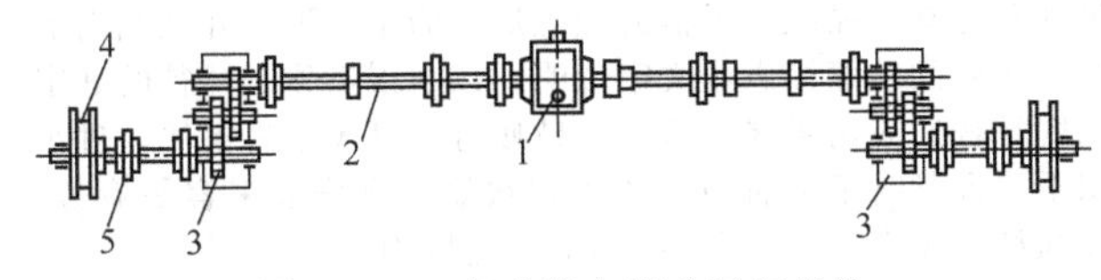


图 21.22　高速集中驱动运行机构

1—电动机；2—高速轴；3—减速器；4—车轮；5—联轴器

#### 21.1.5.3　起重机啃道原因及预防方法

起重机“啃道”是一种较为普遍的现象，正常运行的起重机，车轮轮缘与轨道保持一定的间隙，啃道的起重机车轮轮缘与轨道产生强烈的磨损。啃道是车轮轮缘与轨道摩擦阻力增大的过程，也是车体走斜（走偏）的过程。

啃道的原因有车轮的原因、轨道的原因、传动系统的原因以及金属结构的原因。

（1）车轮的原因

车轮平行度不良是啃道的常见原因，平行度不良就是车轮滚动中心线与轨道中心线间有一个夹角，当夹角 $\alpha>0.5°$ 时，一般情况下车轮会发生走偏“啃道”现象。车轮的垂直偏差过大也会发生啃道。

图 21.23 是车轮的垂直偏差。当垂直偏差 $\Delta L$ 达 $1/400D$ 时，则会发生啃道，$D$ 为车轮直径。

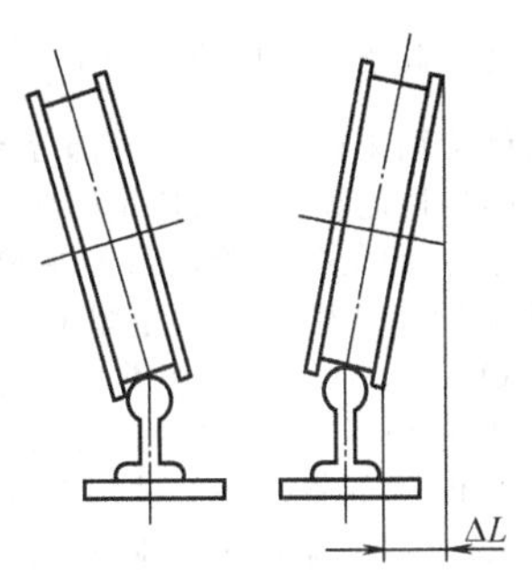


图 21.23　车轮的垂直偏差（$\Delta L$）

车轮的跨距、对角线偏差是造成啃道的原因之一，同一侧的两个车轮直线性偏差过大也是造成啃道的原因之一。

（2）轨道的原因

两条轨道相对标高偏差过大，起重机在运行中容易产生横向移动。轨道标高高的一侧车轮外侧轮缘与轨道相挤而啃道，标高低的一侧内侧轮缘与轨道相挤而啃道。同一侧的两条钢轨顶面不在同一平面内，当起重机运行到轨道接头处，起重机易发生横向移动，造成啃道。

（3）传动系统的原因

对分别驱动的运行机构，由于齿轮间隙不等、键的松动、电动机转速差过大、两个制动器调整不同等都可能造成两驱动装置不同步，车体走偏造成啃道。

（4）啃道事故预防

啃道会使车轮提前报废，造成很大的经济损失。啃道严重的起重机一周换一副车轮。车轮啃道造成运行阻力增大，曾发生过烧毁电动机的事故。也有的起重机由于啃道轮缘爬到轨道顶面上，最后脱轨，由此带来各种事故。

预防啃道的方法是提高车轮的安装精度，加大车轮轮缘高度，或者采用水平导轮，防止起重机走偏。

#### 21.1.5.4　桥式起重机的负荷试验及金属结构的安全检查

（1）桥式起重机的负荷试验

① 试验数量。试制的起重机在制造厂或在用户使用现场进行试验与鉴定。对定型产品进行抽试，每年至少抽试 1～2 台。对大修后的起重机还应进行负荷试验。

② 电气设备的试验要求。接电试验前应认真检查全部接线，使之符合图样规定，整个线路的绝缘电阻必须大于 0.5MΩ 才可开始接电试验。试验中各电动机和电气元件的温升不能超过各自的允许值。起重机的试验应采用该机自身的电气设备，试验中若有触头等元件严重烧坏者应予更换。

③ 无负荷试验。用手转动各机构的制动轮，使最后一根轴（如车轮轴或卷筒轴）旋转一周时不得有卡住现象。然后分别开动各机构的电动机，各机构应正常运转，各限位开关应能可靠工作，小车运行时，主动轮应在轨道全长上

接触。

④ 静负荷试验。静负荷试验的目的是检验起重机各部件和金属结构的承载能力。起升额定负荷（可逐渐增至额定负荷）在桥架全长上往返运行时，检查起重机性能都应达到设计要求。卸去负荷，使小车停在桥架中间，定出测量基准点。起重量$Q \leqslant 50t$的轻、中、重级工作类型和起重量$Q>50t$的各种工作类型起重机应逐渐起升1.25倍额定负荷，起重量（$Q$）小于或等于50t的超重级工作类型起重机也应逐渐起升1.4倍额定负荷，离地面100～200mm，悬停时间不少于10min，然后卸去负荷，检查桥架有无永久变形。如此重复最多三次桥架不应再产生永久变形。将小车开至跨端检查实际上拱值应不小于$\frac{0.7}{1000}L$。最后使小车仍停在桥架中间，起升额定负荷，检查主梁挠度值（由实际上拱值算起），对于超重级工作类型起重机其拱值不大于$\frac{1}{1000}L$。

上述静负荷试验结束后，起重机各部分不得有裂纹、连接松动或损坏等影响性能和安全的质量问题。

⑤ 动负荷试验。动负荷试验的目的主要是检查起重机各机构及其制动器的工作性能。起重量$Q \leqslant 50t$的轻、中、重级工作类型和$Q>50t$的各种工作类型起重机应起升1.1倍额定负荷；起重量$Q \leqslant 50t$超重级工作类型起重机应起升1.2倍额定负荷做动负荷试验。试验时应同时开动两个机构，按工作类型规定的循环时间做重复的启动、运转、停车、正转、反转等动作延续至少应达1h。各种机构应动作灵敏，工作平稳可靠，各限位开关、安全装卸应动作准确可靠，各零部件应无裂纹等损坏现象，各连接处不得松动。

（2）桥式起重机金属结构的安全检查

金属结构不得产生裂纹、开焊等缺陷。常出现裂纹的部位有：腹板与上下盖板的连接部位，主梁与走台的连接部位，端梁安装角轴承箱部位；龙门起重机的支腿与下横梁连接部位，桥架梁节点板部位等。

金属结构主要受力构件失去整体稳定性时不应修复，应报废。当主要构件发生腐蚀，腐蚀量达原厚度10%时，如不能修复，则应报废。

对于桥式起重机，当小车在跨中起吊额定载荷，且主梁跨中的下挠值在水平线下达1/700跨度时，如不能修复则应报废。曾经发生过单梁桥式起重机桥架断裂的事故，也发生过从端梁角轴承箱处断裂的事故。

① 栏杆。栏杆高度应为1050mm，并应设有间距为350mm的水平横杆，底部应设置高度不小于70mm的围护板。栏杆任何处都应能承受1kN（约100kgf）来自任何方向的载荷而不产生塑性变形。因在空中润滑或维修而在臂架上设的栏杆，某扶手应有悬挂安全带的挂钩，并应能承受4.5kN（约450kgf）的载荷而不破坏。

② 直梯。梯级间距宜为300mm，所有梯级间距应相等，踏杆距前方立面不应小于150mm，梯宽不应小于300mm。当高度大于10m时，应每隔6～8m设休息平台，当高度大于5m时，应从2m起装设直径为650～800mm的安全圈，且相邻两圈间距为500mm。安全圈之间应用5根均匀分布的纵向连杆连接。安全圈的任何位置都应能承受1kN（约100kgf）的力而不破断。直梯通向边缘敞开的上层平台时，梯两侧扶手顶端比最高一级踏杆应高出1050mm，扶手顶端应向平台弯曲。

③ 斜梯。斜梯应按表21.33设置，在整架斜梯中所有梯级间距应相等。斜梯高度大于10m时，应在7.5m处设休息平台。在以后的高度上，每隔6～10m设休息平台。梯侧应设栏杆。

**表21.33 斜梯尺寸**

| 与水平夹角/(°) | 30 | 35 | 40 | 45 | 50 | 55 | 60 | 65 |
|---|---|---|---|---|---|---|---|---|
| 梯级间距/mm | 160 | 175 | 185 | 200 | 210 | 225 | 235 | 245 |
| 踏板宽度/mm | 310 | 280 | 249 | 226 | 208 | 180 | 160 | 145 |

④ 起重机上的走台。对电动起重机宽度（由栏杆到移动部分的最大界限之间的距离）不应小于500mm；对人力驱动的起重机不应小于400mm。

对上空有相对移动构件或物的走台，其净空高度不应小于1800mm。走台应能承受3kN（约300kgf）移动的集中载荷而无塑性变形。

**21.1.5.5 司机室的安全要求**

（1）司机室的一般安全要求

① 司机室必须安全可靠。司机室与悬挂或支撑部的连接必须牢固。

② 司机室的顶部应能承受2.5kPa（约$250kgf/m^2$）的静载荷。

③ 在高温、有尘、有毒等环境下工作的起重机，应设封闭式司机室，露天工作的起重机，应设防风、防雨、防晒的司机室。

④ 开式司机室应设有高度不小于1050mm的栏杆，并应可靠地围护起来。

⑤ 除流动式起重机外，司机室内净空高度不应小于2m，司机室外面有走台时，门应向外开；没有走台时，门应向里开。司机室外有无走台都可以采用滑动式拉门。

⑥ 司机室底面与下方地面、通道、走台等距离不应小于2m，并应设置走台。

⑦ 对电动起重机走台宽度不应小于500mm；对人力驱动的起重机不应小于400mm。走台应能承受3kN（约300kgf）移动的集中载荷而无塑性变形。

⑧ 除流动式起重机和司机室底部无碰人危险的起重机外，与起重机一起移动的司机室，其底面距下方地面、通道、走台等的净空高度不应小于2m。

⑨ 桥式起重机司机室，一般应设在无导电裸线一侧。

⑩ 司机室的构造与布置应使司机对工作范围具有良好的视野，并便于操作和维修。同时，应保证在事故发生时，司机能安全撤出，或能避免事故对司机的危害。

⑪ 司机室窗子的布置，应使所有的窗玻璃都能安全地擦净。窗玻璃应采用钢化玻璃或夹层玻璃，并只能从司机室里面安装。

⑫ 封闭式司机室的不装玻璃部分覆盖一层隔热绝缘材料或者塑料，里面可以带有空调装置、隔热墙、隔热的地板、天花板和窗户，窗户的玻璃要求是双层的。

（2）操纵器和显示器

操纵器和显示器的设计必须符合人机工程学的要求。操纵器有手操纵、脚操纵和联动控制台操纵三种。

① 手操纵。起重机上的操纵器多是手操纵器，如手轮、手柄、按钮等。用手操纵的操纵器必须考虑到手的特性，应尽可能地做到轻松省力，位移量适当，操纵杆或手轮之间的运动要协调。

手在垂直面内运动速度较快时，准确度高，并且是从上往下运动速度快，右手动作频率要比左手快。根据手的测量尺寸和运动，操纵杆手柄的理想形状为半球形，并在端面上绘有形象的功能标志或文字说明，以防误操作。球径的确定原则是普通人用手握舒适、不易疲劳。过大不易握住，过小用手去握紧时手部肌肉会收缩得很紧，操作起来容易疲劳。操纵杆的操纵力一般在60～150N范围内。

手轮的尺寸也是根据人体测量学的尺寸来确定。手轮直径一般为150～250mm，握把直径为20～50mm。单手操纵力可为 20～130N，双手最大操纵力不超过 250N。

目前塔式起重机采用操纵盘的形式，盘上有电流表、电压表和按钮。

② 脚操纵。在工程起重机上，一般都装有踏板。踏板的尺寸建议长度不小于 230mm，宽度不小于 90mm，间距不小于 65mm。图 21.24 为操作手柄和踏板布置。

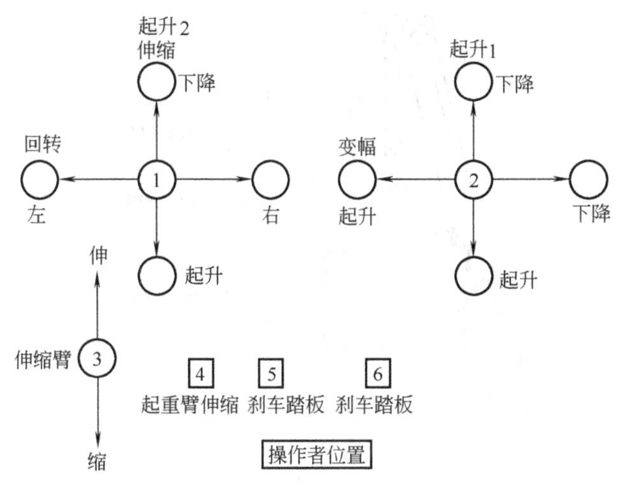


图 21.24　操纵手柄和踏板布置

操纵手柄往后拉，机构实现起升，向外推则实现下落。左右运动与机械运动方向一致，有一个伸缩臂操纵杆，同时安一个伸缩臂踏板。

③ 联动控制台。目前很多起重机都采用联动控制台。联动控制台是一种包括控制台全套电气设备及司机座椅在内的成套控制设备。它由三部分构成，即中间座椅及底座、左操纵箱及右操纵箱。座椅与两侧的操纵箱用螺栓连成一体，在大修及运输时可以分开。在操纵箱的前方装有联动转头，手柄的纵向推拉连杆使纵向运动主令控制器正向动作，横向转动链轮使横向运动主令控制器反向动作。联动转头、连接件及主令控制器各转动铰点均装有滚动轴承，使手柄可在两个自由度上灵活地同时操纵两台主令控制器。

在操纵箱上方装有开关板，上面装有必要的主令电气元件和指示元件，如紧急停车、单机选择、警报信号等，联动控制台内还装有以自动空气断路器为主体的保护装置，具有过载保护和短路保护等作用。

联动控制台的主要优点是操作方便省力，手柄在各个方向的任意位置上，操作力都不大于 30N，每个手柄可以同时控制两套主令控制器。这对于工作特别繁忙的起重机，需要 3 个或 4 个机构同时工作的情况是比较有利的。又由于控制箱在司机座椅的两侧，如果司机室的设计合理，就可以保证司机有良好的视野，不再需要司机在工作过程中站起来。

我国早期生产的起重机多半采用体积较大的凸轮控制器。有的单位曾经把这些老式控制器横放在座椅下面，通过链轮和一个小扇形轮来实现联动，既利用了原有的设备，又改善了司机的工作条件，成本也比较低。

（3）司机座椅

司机应有一个舒适的座椅。座椅设计应尽可能地避免司机常常需要站起来工作，以保证不因座椅设计不合理而易于疲劳。

座椅的位置是可调节的，可向后倾斜 3°～7°。座椅在水平方向可调节 ±80mm，垂直方向可调节 ±50mm，而且能可靠地锁紧。座椅应结实、宽松，并且应备有防止出汗的椅套。座椅还应配备形状合适并可调节的座椅扶手。

（4）良好的工作环境

为提高工作效率和保证安全，必须为处于司机室中的操纵者提供一个舒适的工作环境。

① 温度要求。《起重机械安全规程》中规定：司机室内部工作温度高于 35℃的和在高温环境下工作的起重机（如冶金起重机）司机室，应设降温装置。工作温度低于 5℃的司机室，应设安全可靠的手暖设备。

从人机工程学的角度看，体力劳动的舒适温度为 20～28℃，相对湿度为 50%。目前世界上某些国家规定，司机室的允许温度界限为 10～28℃。

在高温环境中直接受热辐射的司机室，应设置有效的隔热层，受热辐射的窗玻璃应采用防红外线辐射的钢化玻璃。

在降温措施方面，许多用户曾经试用过水冷却或冰冷却等。实践证明，采用冷气机降温的效果是较好的，如鞍钢第一初轧厂在钳式起重机上采用冷气机降温措施，它包括隔热密闭、冷气机降温及调度联系三个部分。隔热层分为三层，第一层为厚度 1mm 的铝板包裹着司机室，防止热的辐射作用；第二层为厚度 60mm 的玻璃棉；第三层为厚度 24.5mm 的木板，外面是一层三合板或五合胶板，刷上油漆以后，可保持隔热层的耐用与美观。

冷气机采用的是上海产的 P-4 型冷气机，它由压缩冷凝机组和空气冷却器组两部分组成。制冷剂为氟利昂 F-12。压缩冷凝机组安装在司机室旁边，因而散热快，可以减振防尘，并便于检修。由于装有这种降温设备，当环境温度为 63℃时，司机室温度仍保持在 28℃左右。

在通用桥式起重机的司机室保暖方面，某厂采用 1.5kW 的电热器取得比较好的效果。当然司机室应有一定的密封条件，同时电热器也要装在易于散热的地方。敞开式司机室适用于室温在 10～28℃之间的封闭式厂房里；封闭式司机室适用于有尘埃的车间或者温度变化在 28～40℃之间的露天场地。当温度有可能低于 10℃时，应装设取暖装置，并使司机室内温度保持在 10℃以上。

② 防振措施。门座起重机、龙门起重机、桥式起重机的司机室振动还是比较严重的，容易引起振动病和高血压病等。因此，起重机司机室应采取防振或隔振措施。

根据有关振动对人体危害的参考文献，人体的各主要器官和肢体都有固有振动频率。当起重机司机室的振动与某一器官和肢体的固有振动频率相近时，则会产生不舒适，甚至达到不能容忍的程度。如水平振动频率在 0.2～1Hz 会使人产生晕船的症状；3～20Hz 的振动会使人产生说话困难的症状；5～7Hz 使人感到胸腔疼痛；4～8Hz 使人感到呼吸困难；10.5～16Hz 使人有大小便失禁感等。

整个司机室的设计要考虑防振性能，通过人机工程学的研究，设计出振动最小，而振动频率又不与人的大脑和心脏等重要器官的固有振动频率相近（防止共振）的司机室，以保证操作者的心理始终处于稳定状态，避免发生意外事故。

③ 卫生要求。对于有尘、有毒的作业环境应采取防尘、防毒措施。粉尘浓度不应高于 $2mg/m^3$。根据我国《工业企业噪声卫生标准》的规定，如 8h 连续工作，听力保护的理想值为 75dB，最大不应超过 85dB。

司机室的设计还应保证在事故状态下司机能安全地撤出，避免事故对司机的危害。德国某公司研制的冶金起重机司机室由三个单元组成：一是操作间；二是生活间；三是空调间。在操作间内有舒适可调的转椅，在其两侧有控制开关和按钮，室内保持适宜的温度和湿度，以防止操作者患风湿和感冒等疾病。整个操作间有良好的视野，底板上开有观察窗，各种装置的布置符合人机工程学的要求，以保证操作者始终处于最佳的作业状态，从而既可提高劳动生产率，又可减少事故。

### 21.1.5.6　汽车式与轮胎式起重机的操作安全

（1）作业准备

务必打好完全伸出的支腿，使起重机呈水平状态，不允许只在作业一侧使用支腿。打支腿时，必须选择坚实的地面。一个支腿的最大载荷有时能达到起重机自重和吊重之和的70%～80%。支腿不应靠地基挖方边缘，支腿不应支在地下埋设物上方，有时会把表土层踩个窟窿，不仅会破坏地下埋设物，而且会造成翻车事故。

起重机工作时，必须保持水平状态，由于倾斜会使翻覆力矩增大，从而造成翻车事故。当地面有1°倾角时，起重能力降低7.4%；当有2°倾角时，起重能力降低14.3%；当有3°倾角时，起重能力降低19.8%。

要比较准确地估计吊物的重量，不准超载。当使用吊具时，起重机允许起吊物品的最大重量应为额定起重量扣除吊具的重量。在作业时，要严格按起重量特性曲线进行，见图21.25。

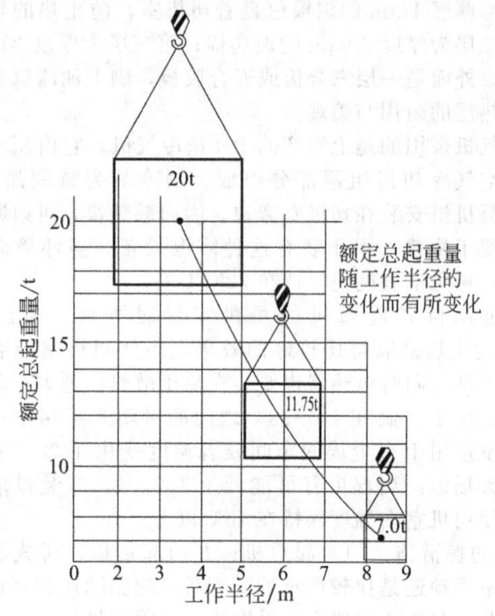


图21.25 起重量特性曲线

幅度小，起重量大；幅度大，起重量小。在起重臂长度不变时，起重机吊物的大小与起重臂的倾角（起重臂与水平线夹角）有关，当倾角不变时，臂长增加，则起重能力变小。在小幅度起吊额定起重量的情况下，如果再使幅度变大，就会造成超载甚至翻车。操作中也不要只顾安放货物而将幅度变大，造成超载。

当全伸起重臂作业时，要考虑起重臂的变形对起重能力的影响（相当于增大幅度，减小起重能力）。在起吊额定载荷时，为确保安全，应将货物稍许吊离地面，进行试吊，确认没有危险时，再继续正式起吊。

注意起重臂倾角的变化，图21.26为起重臂的危险角度。在作业过程中，当把起重臂放低到一定角度时，即使空载也会发生翻车。因此，不要任意放低起重臂。

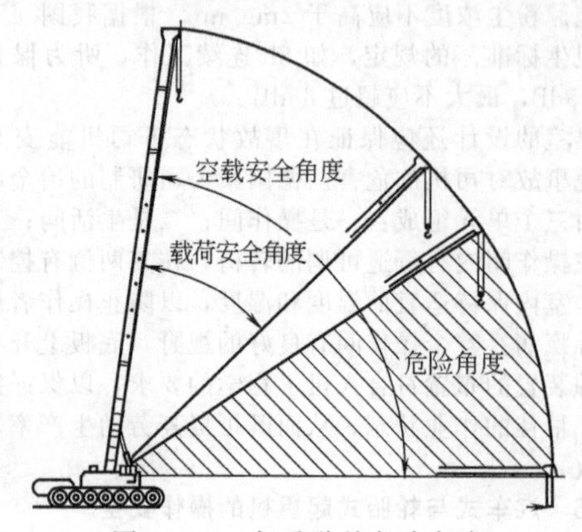


图21.26 起重臂的危险角度

注意选择起升高度，作业前要根据起升高度曲线和所吊货物的尺寸，确定实际起升高度。

图21.27为确定起升高度应考虑的几个问题。注意留出臂杆与货物的安全空隙。

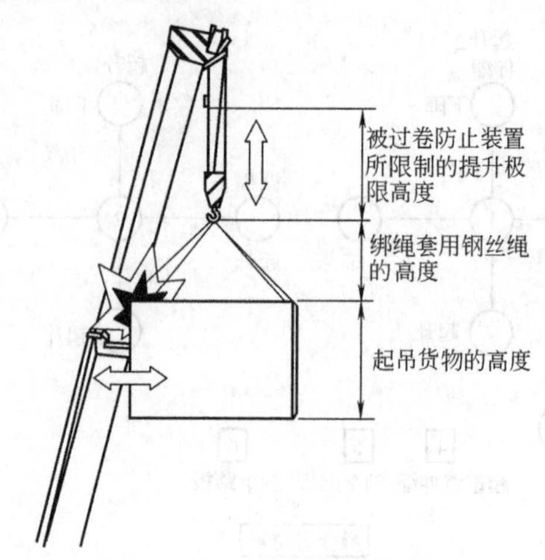


图21.27 起升高度

(2) 作业过程

作业开始，一定要注意起重机回转部分上不应有人员停留。在作业过程中要经常发出报警信号，使现场上的人员能够退到安全的地方。

注意留出起重机凸出部位与构筑物间的安全距离（0.5m），防止挤伤人员。变幅动作不应过猛，否则会使货物摆动，甚至与起重臂相撞。同样回转速度也不应过猛，防止货物向外偏摆（增加幅度）造成倾翻事故。在任何情况下，都要遵守起重臂下禁止站人的规定。

必须用两台起重臂同时起吊一个货物时，必须有专人指挥，选择性能、机型相近的两台起重机，并且应使货物保持平衡，同步动作。对于每台起重机分担的载荷，都不应超出各自额定起重量的80%。

禁止在高压线下作业，必须作业而又不能拆除高压线时，则应按表21.34规定的危险距离进行，防止触电事故。

表21.34 高压线下作业时的危险距离

| 触电线路电压/kV | <1 | 1～35 | ≥60 |
|---|---|---|---|
| 最小距离/m | 1.5 | 3 | 0.01 |

作业中不准斜吊、拖拉以及吊拔埋设物件，防止由于超载造成折臂和倾翻事故。

#### 21.1.5.7 塔式起重机作业安全

(1) 塔式起重机的一般安全要求

① 塔式起重机工作风力不大于6级，整体架设、爬升或顶升操作时，风力不大于4级。臂架根部绞点高度超过30m时，在该点相应高度处10m的平均风速不得大于13m/s。

② 起重机运动部分与建筑物及建筑物外围施工设施之间的最小允许距离不小于0.5m。

③ 轨距误差不得超过其名义值的1/1000。在纵、横方向上，钢轨顶面的倾斜度不大于1/1000。钢轨接头间隙为3～6mm，并与另一侧钢轨接头错开距离不小于1.5m。

④ 轮胎式起重机的工作场地必须平整、坚实，保证在工作时不沉陷，回转支撑面与水平面的倾斜度不大于1/1000。

⑤ 通过司机室及需要安装、检修、保养的地方，应设置永久性的扶梯、栏杆、把手、脚踏板和操作平台。

⑥ 扶梯的宽度不得小于 300mm。扶梯的连续长度超过 10m 时，必须设置中间休息平台。垂直或斜度大于 75°的扶梯，长度大于 3m 时，一般应设后背围栏。

⑦ 各工作或检修用走台和平台，四周应设置高度不低于 1.05m 的防护栏杆。

⑧ 司机室的安装位置应便于观察和操纵。司机室的窗玻璃都应能便于擦拭，且保持明净。

⑨ 司机室的内部宽度不小于 800mm，高度不小于 2000mm，司机室要求密封保温、通风散热、防雨等性能良好，地板应防滑和绝缘，座椅设计应符合人机工程学要求。

⑩ 可升降的司机室或载人电梯，必须有可靠的安全装置和警报信号及使用规则的标志，并应有合理的通道和安全门。

⑪ 齿轮、皮带、链等传动装置的外露旋转零件应设置防护罩，各种防护罩均应坚固，且便于观察和检修。

（2）塔式起重机的安全装置

① 起升高度极限位置限制器。对于通过改变臂架倾角变幅的起重机，当吊钩装置顶部升至距离臂架下端 800mm 处时，必须能立即停止起升运动。

对于小车变幅的起重机，当吊钩装置顶部升至距离小车架下端 500mm 处时，必须立即停止起升运动。

② 起重力矩限制器和最大起重量限制器。当起重力矩达到其额定值的 90%时，起重力矩限制器应能发出声响或红色灯光，以示警报。当起重力矩超过其额定值并达到额定值的 108%时，应停止提升方向及向外方向的变幅动作。如设有起重量和幅度指示器时，数值显示应正确、清晰醒目。其数位误差均不得大于指示值的 5%。

当起重量超过最大起重量时，最大起重量限制器应发出灯光或声响报警，当起重量超过最大起重量的 6%时，应停止提升方向的运动，但允许机构朝向下降方向运动。

③ 幅度限位装置。对臂架变幅的起重机，应装设最小幅度限位器和防止臂架反弹后倾的装置。对小车变幅的起重机，必须装设小车行程开关和终端缓冲装置。

④ 夹轨器和行走限位装置。轨道式塔式起重机必须装设夹轨器，同时应装设行走限位装置。

⑤ 风速仪。对臂架根部铰点高度超过 50m 的起重机，必须在顶部装设风速仪。

⑥ 避雷和防电磁波感应装置。对臂架根部铰点高度超过 50m 的起重机，应根据实际情况装设避雷装置和采取防电磁波感应措施。

⑦ 塔式起重机为防止回转超载，应装极限力矩联轴器。

（3）出厂试验

① 安全装置的检测。检查各电气系统绝缘情况，其阻值应大于 0.5MΩ。检查各安全装置的可靠性，检查起重力矩限制器的可靠性时，应不小于三个幅度。检查各机构制动器的可靠性。检查液压系统溢流阀的开启压力是否符合设计要求。

② 空载试验。起重机在空载状态下，检查起升、回转、变幅、行走及架设、顶升等机构的运动情况。

依次检查各传动机构作业时动作的准确性、平稳性。不允许有爬行、振动、冲击、过热及驱动功率增大等异常现象。

各传动机构的液压元件不允许超过渗漏标准。

架设、顶升就位应准确。各种安全装置应灵敏可靠，各电气元件不得有漏电现象。

③ 额定载荷试验。按标定的各种塔高和各种臂长进行组合，每一种组合状态都应小于相应幅度起吊最大额定起重量和最大幅度起吊额定起重量。

起升机构：以最低稳定工作速度和最大工作速度在起升高度全程内进行不少于 3 次的起升下降额定起重量。要求在起升、下降过程中启动和制动平稳，在一定的起升高度处停稳后吊重不应下滑。

回转机构：以最低稳定速度在作业区范围内进行不少于 3 次起吊额定起重量的左右回转，要求在回转过程中启动、制动平稳。

行走机构：轨道式起重机起吊额定起重量吊离地面 500m，行走 40m 的距离，往返 3 次。要求每次停稳后再启动、制动应平稳。

④ 超载 25%静载试验。按标定的各种塔高和各种臂长进行组合，试验每一种组合状态下，臂架位于平行于轨道和垂直于轨道的两个方位，起重钩分别在最大幅度和最大额定起重量相应的最大幅度，在起重钩上逐次增加重量至 1.25 倍该工况相应的额定起重量，离地 300mm，持续时间 5～10min。

检查金属结构不得有永久变形，焊缝不得开裂，制动器必须可靠。允许对制动力矩进行调整，试验后应重新调整到原规定值。

⑤ 超载 10%动载试验。试验方法与额定载荷试验相同，但起重量为最大额定起重量的 1.1 倍。

⑥ 连续作业试验。连续循环作业不少于 30 次，检查各传动机构及电气系统的温升、机构动作等不应有异常现象。

对于基本臂长工况，起重量为额定起重量的 70%时，要求起升一定高度，向左（右）回转 180°后再回转到原位，下降到地面。这样的动作为一次循环。

⑦ 整体拖运试验。拖运速度为最大拖运速度的 1.2 倍时，连续拖运 5km 以上。拖运总里程不少于 20km。试验时检查转向、制动、轴承温升及各零部件的紧固情况。

#### 21.1.5.8 港口起重机作业安全

（1）门座起重机的安全要求

门座起重机的稳定性是保证安全作业的重要条件。在作业中不准超载，不准斜吊，严格遵守安全技术规则作业。曾发生国外某港口在台风之后，用门座起重机拖吊浮桥，由于超载而造成倾倒事故。1984 年某港口由于台风袭击把一台 10t 的门座起重机吹出轨道造成机损事故。

门座起重机金属结构开焊、断裂的检查也是一项重要工作。门座起重机发生开焊、断裂的主要部位有象鼻梁下弦杆、平衡梁山拉杆、平衡梁支座、支座轴套；平衡梁；人字架；变幅油缸支座；转盘主梁；支承环；转柱；门腿；走行台车的平衡梁。此外，还有焊缝集中的部位和截面突变的部位。产生开焊和断裂的原因，除质量的问题外，与门座起重机作业频繁，产生很强烈的振动，超负荷和甩钩作业有关。

（2）门座起重机的安全装置

门座起重机应装有超载限制器或力矩限制器、上升限位器、行程限位器、幅度限位器、防风夹轨器和锚定装置、风速风级报警器等。

（3）集装箱起重机安全装置

集装箱起重机都应装有防摇系统，使被吊起的集装箱尽快稳定就位。较好的防摇系统在小车停车后 5～6s 内将集装箱的摆动阻止或减到 10cm 之内。

集装箱起重机除安装一般的安全装置外，还应安装限速开关。有上升、下降限速开关，当速度超过 115%时，还应有限速开关动作。小车运行机构有减速和停止开关控制运行中的每一个终端动作。停止开关在小车到达两端缓冲器之前动作。当小车运行超过码头时应装减速开关。俯仰机构的上升或下降位置有减速或停止限位开关。当速度超过 115%时，限速开关切断驱动并紧急断闸。

为使司机室内和工作区域内有足够的照明度，应保证司机室内照明度平均为100lx（$1lx=1lm/m^2$），工作区域为50lx，通道及扶梯平均为20lx，起重机上还装有四只航空危险灯。

### 21.1.6　起重机械的安全管理

使用起重机械的单位必须认真执行起重机械安全规程中GB 6067.1—2010、GB 6067.5—2014的规定。在厂长、总工程师的领导下，要指定专门部门或人员负责起重机械的管理工作，建立和健全关于起重机械维护保养制度、循环检查制度、定期检验制度、定期修理制度、交接班制度和安全规程等制度，不断提高司机的操作技术水平，这些都是保证安全生产的重要措施，是减少起重事故的重要环节。

#### 21.1.6.1　起重机械的管理制度与操作规程

（1）部门的安全职责

① 设备部门的职责。设备部门应负责安排起重机械的安装及大中小修，制订维护保养、更新计划和规定维修保养项目，并对其技术、质量负责。

② 安全技术部门的职责。安全技术部门的职责包括如下内容。

a. 协助企业领导贯彻执行国家和地方政府、行业部门颁布的有关起重机械安全监察、管理规定等行政性法规及技术法规、标准。

b. 在进行起重机械作业施工时，负责安排、检查施工安全方面的内容。

c. 调查研究起重机械运行中的不安全因素，提出改进意见；参加编制和审查安全技术措施计划，并对实施情况进行督促检查。

d. 组织制订或修订起重机械作业人员的岗位责任制和安全操作规程等，并对制度、规程的贯彻执行情况进行监督检查。

e. 负责检查、纠正违章指挥和违章作业行为，并进行必要的教育；对有可能造成事故的现场，有权责令立即停止作业。

f. 协助有关部门对起重机械作业人员进行安全生产教育和安全操作技术的培训、考核。

g. 参加起重机械技术改造项目有关安全防护设施（装置）的设计审查和竣工验收。

h. 参加起重机械事故的调查、分析、处理，并按规定做好伤亡事故的统计分析。

i. 协助有关部门制定防止起重伤害事故的措施。

j. 督促有关部门按规定给职工发防护用品。

（2）建立与健全管理制度

要保证起重机械的安全运行，还应建立完善的规章制度，使操作者有章可循，管理者有法可依。所有操作者掌握并认真执行规章制度，安全管理工作就有了群众基础。企业安全管理方面的规章制度，至少应包括下列内容：

① 管理人员和操作人员的岗位责任制；

② 安全操作规程；

③ 安装、修理验收制度；

④ 日常检查、维护、保养制度；

⑤ 定期检验、修理、更换制度；

⑥ 人员安全技术培训、考核制度；

⑦ 班前安全教育和交接班制度；

⑧ 大、中型吊装工程或疑难构件的吊运，在施工前必须编写施工方案的制度；

⑨ 起重机械的登记、建档和档案管理制度。

（3）定人定机岗位责任制

起重设备是工矿企业的重要设备，对安全生产有重大影响，因此对起重设备要实行定人定机岗位责任制。

① 定人定机岗位责任制的优点

a. 便于加强操作者的责任心，加强操作者对设备的正确使用和精心维护的责任感；

b. 便于开展维护保养设备的竞赛，提高设备的完好率，保持设备的良好状态；

c. 专人操作，便于操作者了解设备的特殊性能和缺陷，从而可以充分地发挥设备的使用潜力。

② 岗位责任制的内容

a. 起重机司机应经过专门培训，了解起重机结构、性能、传动原理、安全技术规程，经考试合格并持有操作证。

b. 司机应严格执行各项规章制度，遵章守纪。当班司机应严守工作岗位，不得无故擅自离开起重机。

c. 司机应密切注意起重机的运行情况，发现机件、零件、安全装置等有故障或异常现象时，应及时设法排除和进行维护保养，或迅速向单位领导和检修人员汇报，待故障排除后方可继续操作。

d. 起重机进行大修或检修时，司机除完成本职工作外，还应主动熟悉起重机的检修情况及性能，参加设备修理、加油和验收工作。

e. 当班司机要认真填写交班记录或当班操作留言，操作中的隐患、故障一定要填写清楚，并当面向接班人交代清楚。

③ 要求做到“三好”“四全”。实行定人定机岗位责任制，要求起重机司机在工作中应逐步做到“三好”“四会”。

a. “三好”即管好、用好和养好。

管好：对起重机负保管责任，不许别人动自己所使用的设备，对起重机上的安全防护装置、备件等应保持完整无损。

用好：要严格执行安全操作规程，合理使用设备，坚守工作岗位。

养好：严格执行交接班制度，班前进行检查、润滑、试运行；班后进行清扫擦拭；认真进行定保（即定期保养），积极参加小修，不断提高修理设备的能力，在摸清设备状况的基础上，逐步掌握设备的事故部位和应急措施。

b. 四会即会使用、会保养、会检查、会排除故障。

会使用：在操作中，集中思想执行操作规程，在实践中不断摸索和积累经验，充分发挥设备潜力，并防止人身和设备事故的发生。

会保养：认真做好例行保养和定期保养，按照各部润滑要求，认真做到定质、定量、定时、定点加油润滑。

会检查：认真执行班前检查和试运行，保证各安全装置、制动装置、控制器等灵活可靠，发现问题及时报告。在操作中，认真观察和根据声响判断设备运转情况，如有异常应停车检查，并会同维修人员找出原因。

会排除故障：起重机的一般机械和电气故障，应自行排除，较大故障应和维修人员共同排除。发生人员和设备事故，应保持现场，立即向领导报告。

企业应根据不同情况，对起重机的保养状态进行检查评比，开展竞赛活动，这对延长设备使用寿命，保证安全生产是有重大意义的。

设备保养状态的评比工作由车间主任组织，由设备员、维修班长和生产班长或班组设备员具体执行。对设备要做到周检查，月评比，年终进行总评。对在维护保养工作中做出显著成绩的操作者，应给予表扬和奖励；对于严重失职，造成设备失修和重大责任事故的操作者，要给予批评教育，甚至进行行政处分和经济制裁。

每一个司机都应对自己使用的起重机认真进行维护保养，做到“三好”“四会”，使起重机经常处于整齐、清洁、润滑、安全的良好状态，力争达到甲等设备保养标准。严格按高标准要求自己的工作，以适应社会发展的需要。

(4) 交接班检查和例行保养制

① 交接班检查制。按照规定，当班司机应认真负责地向接班司机介绍当班的工作情况，设备运转情况，以及有关安全事项。当班司机应和接班司机共同做好检查工作，并写好交接班记录。当班司机如未做好例行保养工作，接班司机有权拒绝接班。即使是自己负责一台起重机，没有接班司机的情况下，也应按规定做好例行保养和运行情况记录。

连续工作的起重机，每班应有15～20min的交接班检查和维护时间。不连续工作的起重机，检查维护工作应在工作前进行。

交接班检查维护应按一定的顺序进行，以防漏检。其主要内容和顺序如下。

a. 从交接班记录和交接人处了解前一班的工作情况，是否发生过故障或其他不正常情况。

b. 把空钩起升到上限位置，不要靠近地面。

c. 把起重机开到指定的停车点，起重机不要停在热辐射源的上方，以防热辐射对大梁的影响而增加挠度。

d. 把起重小车停在操作室一旁，不要停在大梁跨中，否则增加大梁挠度。

e. 把各控制器拨到零位，断开闸刀开关，切断总电源。不允许带电进行检查。

f. 检查常用工具与易损件的完好情况。

g. 检查设备机械部分、电气部分是否完好，当班司机介绍设备故障及本班运行情况。

h. 检查制动器是否完好，作用是否灵活可靠。销、轴、连接板、制动带是否磨损过限，制动电磁铁是否接触良好。

i. 检查钢丝绳在卷筒上的缠绕情况，有无窜槽和重叠，压板螺栓是否有松动等。对吊运熔化金属的起重机，应着重检查起升机构制动器和钢丝绳有无损坏。

j. 检查大、小车集电器滑块在滑线上的接触情况。

k. 上述情况检查完好后回到司机室，检查各控制器触头的接触是否良好。注意在检查中若发现缺油情况应进行加油润滑。

l. 检查完后，合上闸刀开关，进行空负荷试车，试车前应观察轨道上有无行人或障碍物，并发出信号。

m. 开动大、小车和起升各运动机构，注意检查各安全、限位装置等是否良好，各运动机构的声响和工作是否正常，各控制器和制动器是否灵活可靠。只有经检查和试车确认起重机状态良好后，才可正式工作。

接班司机应做到：

a. 认真听取上一班工作情况介绍，并主动问清情况。

b. 查阅上一班交班记录和工作留言。

c. 检查操纵系统是否灵活可靠，制动器是否良好。

d. 检查吊钩、钢丝绳、滑轮等有无隐患。

e. 空载试运转，检查各种开关（限位开关、紧急开关、行程开关等）是否灵活，发现问题要及时修复后方可使用。

在上述共同交接班检查中，双方认为正常无误，接班人在交班记录上签字后，交班人方可离开岗位。

② 例行保养。例行保养（简称例保）包括如下几项内容。

a. 由当班司机每班对起重机进行检查、清扫、润滑、调整、紧固等工作，使起重机保持良好的运行状态。

b. 在接班时认真做好接班检查和润滑试车，在工作中应集中思想，认真操作，严格遵守操作规程，注意并发现异常情况应及时排除故障，防止事故发生。

c. 下班前（一般下班前15～20min）应对起重机进行清扫、擦拭、整理和润滑。正确存放工具和备件，将起重机停放在规定的地方，各手把停在零位，吊钩升到必要的高度，切断电源，并认真填写交接班记录，办理交班手续。

d. 对起重机的润滑应根据各部位要求的润滑周期来进行。

e. 对起重机的清扫擦拭，除每班应进行外，应根据起重机使用环境和具体情况，每周或每月进行一次大清扫，彻底清扫和擦拭起重机的各部位，使起重机的各处见本色。此工作可在司机交接班作业时共同进行。与此同时，也可结合定保或小修对起重机进行全面检查和维修工作。

③ 交接班检查维护、例行保养中的安全注意事项。

a. 接班前要穿戴好防护用品，认真开好班前安全教育会。

b. 交接班时，应把车停在登车梯子处。司机上、下梯子时不准奔跑，手中不准拿东西，工具等物应放在工具袋内背着上、下车。

c. 不准在主梁上行走，更不准在主梁上跨越。

d. 禁止带电检查和维修。

e. 用拖把清扫车上的油污、灰尘时，不准站在主梁上，以防用力过猛发生滑倒事故。

f. 检查和观察控制器时，必须切断电源。操作控制器前，必须把保护罩盖上。

④ 安全操作规程。起重机安全操作规程是每个司机在操作中必须严格遵守的。由于各企业各机种的具体情况不同，故规程的具体内容可以不同，但基本安全操作规程可按如下规定。

a. 新司机必须在有实践经验的老司机的指导下，经过学习训练，考试及格，经有关部门批准，发给操作合格证后，才准独立操作。任何人无权指派非起重机司机开车。

b. 司机应每年体检一次，患有高血压、心脏病、较重的关节炎、癫痫、耳聋及视力较差者，应及时调离司机岗位。

c. 司机必须熟悉起重机的构造、性能，懂得电气设备的基本知识，掌握捆绑和吊挂知识及指挥信号，通晓维护保养知识。

d. 钢丝绳、链条、吊钩及吊环等应有制造单位的技术证明文件和检验证书，作为使用的理论依据。如没有，应经过试验，查明规格性能及破断拉力后方可使用。

e. 起重工在操作前，要穿戴好防护用品。作业班长或安全员要在班前会和作业现场宣布安全措施，并负责监督执行。

f. 各种安全装置、声响信号、起重工具（钢丝绳、倒链、卡环、千斤顶、滑轮、麻绳等）在使用前，必须认真检查。发现裂纹、破损或不符合安全要求的情况，不准使用，直至采取安全措施后方可作业。

g. 开车前应做好润滑保养，检查各控制器是否在零位。起吊前，必须经过试吊，在重物吊离地面20～50m时停止上升，起重人员进行一次全面检查，确认无险情后，用铃、哨音或手势通知周围人员安全避让后，方可起升或吊运。

h. 司机在工作中应集中精力，不准酒后开车，不准携带书、报、杂志、小说等其他物品到司机室。非本台起重机的司机进出司机室，必须取得本台司机的同意。车未停稳时禁止上、下车。

i. 操纵电气设备时应遵守下列规定：将控制器手把扳向停止位置时，应考虑其惯性，以便使吊钩、大小车停在所需要的位置上；遇突然停电或电压大量下降（低于额定电压的85%）时，应将所有控制器手把扳至零位，拉下电源开关；开动控制器时应逐级操作，中间稍停1～2s；向零位移动时，应当迅速，但禁止为了制动而一直扳过零位；为避免重大事故而必须打反车制动时，制动器的手把只能扳到反方向第一级。

j. 吊运较重的物件时，应做起落试验，将重物吊离地面0.5m左右再停车、下降（不落地），以检查制动器的作用是否良好。

k. 吊运重量小于或等于额定起重量50%的物件时，操纵大车、小车和起升三个机构的手把中，可以任意开动其中两个，但不能三个手把同时开动。吊运重量大于额定起重量50%的物件时，只准一个机构一个机构地开动。

l. 吊运重大、长大、零散的物件以及熔化金属或需起升较高的物件时，应缓慢运行。

m. 吊运重物时，必须高于被越过物件0.5m。吊运物件行驶方向下部有人时，应发出声响信号，以示避开。如人员一时不能离开，应停车等待，严禁吊运物件从人头上或重要设备上越过。不准在被吊运物件上再挂放其他的物件，更不允许以在吊运物件上站人的方法来达到平衡吊运；不准锤击被吊运物件；严禁在被吊运物件上施行焊接工作。

n. 司机应按指挥人员的信号操作，当指挥人员的信号与司机意见不一致时，应发出询问信号；在确认信号与指挥意图一致时才能开车，严禁随意开车。

o. 在有多人工作的情况下，司机应服从专人指挥。在起吊和运行中，任何人发出紧急停车信号时，司机均应立即执行。

p. 司机遇到下列情况之一时，应做到：钢丝绳不合格不吊；捆绑不牢不吊；工作物上有人不吊；超过额定负荷不吊；信号不明不吊；重量不明（估计超过额定负荷）的物件不吊；工作物埋在地面以下不吊；起重机发生故障不吊；具有爆炸性的物品（如氧气瓶、乙炔发生器等）不吊；钢（铁）水包装得过满不吊；斜拉不吊。

q. 吊物件时，要保持钢丝绳的垂直，翻活时，不准有大于5°的斜拉斜吊，不准以起重机作牵引和卷扬使用。

r. 司机室内严禁明火取暖。禁止地面向起重机上或从起重机上向地面抛扔物品，如必须递送物件时，应用绳索、工具袋递送。在运行中，发现起重机有异常现象时应停车检查，排除故障，禁止在运行中检修起重机。禁止在吊有物件的情况下调整制动器。

s. 起重机在停车检修时，司机室应挂上“上面有人，请勿合闸”的警告牌，禁止带电检修；在同一轨道上有多台起重机工作，距检修起重机两侧适当距离安装轨道卡子，并设置明显的标记。

t. 用两台起重机一起吊运同一物件时，应使其承载均匀，起升机构的钢丝绳保持垂直；两台起重机的动作应“同步”，且不允许同时开动两个机构，抬杆应保持水平，要有专人指挥，不允许用两台起重机“翻活”。

u. 在同跨度内有两层起重机工作时，上层起重机的吊钩没有上升到极限位置时，下层起重机不允许开到上层起重机的下面去。下层起重机在工作时，上层起重机与其距离不得小于2m。上层起重机在落钩时必须与下层起重机司机取得联系，待得到回答信号后才能落钩。

v. 具有主钩和副钩的双钩起重机，不允许两个钩同时吊运两个物件。在主副钩换用时，当两个吊钩达到相同高度之后，必须一个钩一个钩地单独开动。

w. 用电磁盘吊运钢铁等导磁物时，在工作范围内不允许有人；登高作业除按登高作业规程执行外，小工具和工件的上下吊卸需采取安全措施，严禁甩抛；大工具和工件应直接吊卸；起重工配合检修工等工种作业时，必须执行其他工种的安全操作规程。

x. 起重用的机械设备和各种工具，应指定专人保管，建立定期检查鉴定和保养维护制度。定期检查鉴定结果，必须记载保存。起重机的走台、桥架、小车和司机室等处要经常清扫，不得有油污，不准放置物品，不准跨越小车轨道。

y. 起重机上的钢丝绳及其固定装置要经常检查，每月应涂油润滑一次。吊钩、吊钩横梁、滑轮轴等应遵照规定，每半年探伤检查一次。凡超过规定的磨损、裂纹变形等应立即更换。

z. 在起重机停止使用时，应停在规定位置，吊钩上不准悬挂重物，吊钩应升到一定的高度，小车停在端部（龙门起重机停在支腿部），所有控制器手把应扳在零位上，并切断电源开关。龙门起重机必须将夹轨器锁紧，或挂上地锚，以防发生风吹溜车事故。

#### 21.1.6.2 起重机械的安装、检验与维修

(1) 起重机械的安装

起重机械安装的安全管理，可以分成3个阶段。

① 安装队伍的选择。起重机械的安装队伍可选择有安装资格的制造厂家，形成制造、安装、调试一条龙的服务模式。除此之外，选择的安装单位必须是具有省级质量技术监督部门颁发的《特种设备安装（维修）安全认可证》的专业队伍，并具有安装相应起重量的安装资格。安装单位确定后安装前要协助安装单位办理特种设备开工报告，并检查安装队伍的施工组织方案、安装设备、安装程序、技术要求、安装过程中隐蔽工程验收记录、自检报告等是否符合要求。安装完毕后要监督安装单位进行全面自检和运行试验、载荷试验，确认自检合格后，申报特种设备检验机构进行安装验收。验收合格并取得了《安全使用许可证》后，方可投入使用。验收合格后，使用单位应将起重机械随机技术资料、安装资料及检验报告书等有关技术资料存档。以后在使用中发生的定期检验、大修、改造、事故记录等资料也一并存入起重机械安全技术档案。

② 安装过程中的质量控制。每个较大的安装工程，都应事先制订一个完整的施工组织方案，包括人员组织、时间安排计划、安装设备和工具的选择、安装程序、技术要求及方法、检验（试验）要求及方案、安全防护措施等内容。施工中应严格执行方案要求和原设计的技术要求，保证施工质量。安装过程中有关事项（进行程度、性能、尺寸等）应记入自检记录备查。

③ 安装竣工后的要求。首先，安装单位应按有关标准和该起重设备的设计技术要求进行全面的自检和运行试验，检验和试验结果应做记录备查。自检时，设备使用单位亦应参加。自检合格后，安装单位和使用单位应向当地劳动部门申报监检，监检合格后方可交付使用单位投入使用。

(2) 起重机械使用单位的安全检验

使用单位对设备的安全检验及维护保养对保证设备的安全运行至关重要。安全检验包括周期性检验、技术检验和安全检查。

① 周期性检验

a. 年度检验。年度检验应由企业设备部门组织专业人员进行，主要内容有6项。

第一，结构部分，主要检查主梁下挠、水平旁弯，主梁与支腿连接处的变形等，上下盖板和腹板有无裂纹、腐蚀等情况。

第二，机械部分，主要检查减速器、开式齿轮、联轴器、轴承座的连接及运转情况。

第三，电气部分，主要检查电气配线、控制装置和电动机等动力装置的布置状况及控制、拖动功能的有效性。

第四，易损件部分，主要检查钢丝绳、起重链条等吊具、索具的安全性能。

第五，设备基础部分，主要检查支承起重设备的厂房墙壁、柱子及移动式起重机台车等。

第六，额定载荷试验，企业应每年进行一次，要按GB/T 5905—2011《起重机 试验规范和程序》等有关标准的要

求进行。对起重量较大的设备，可以结合吊运相当于额定起重量的重物进行。

对停用一年以上、遇四级以上地震、经受九级风力（露天起重机）、发生重大设备事故后的起重设备，使用前均应进行上述检验。

b. 半年检查。半年检查内容包括检查控制屏、保护箱、控制器、电阻器及接线座、接线螺钉的紧固情况；端梁螺栓的紧固情况；制动器液压电磁铁油量及油质情况；所有电气设备的绝缘情况。

c. 月检查。月检查内容包括检查安全防护装置，检查警报装置、制动器、离合器等有无异常；钢丝绳压板、绳卡等的紧固及钢丝绳、起重链条的磨损和润滑情况；吊钩、抓斗等吊具有无损伤；电动机、减速器、轴承座、角轴承箱地脚螺栓的紧固及电动机炭刷的磨损情况；配线、集电装置配电、开关和控制器等有无异常情况；管口处导线绝缘层的磨损；减速器润滑油的油量。

d. 周检查。周检查内容包括检查制动器轮、闸、带的磨损情况及制动力的大小；频繁使用的起重钢丝绳的磨损、断丝情况；联轴器上键的连接及螺钉的紧固情况；控制器、接触器触头的接触及腐蚀情况。

e. 每日作业前检查。每日作业前检查包括检查制动器、离合器的可靠性；钢丝绳在卷筒、滑轮上的缠绕应无窜（脱）槽或重叠现象；继电器滑块在滑线上的接触情况；起重机和小车导轨的状态；空载运行检查各操纵系统、起升限位开关、行程开关、超载保护装置（有自检功能的）和各种报警装置的可靠性。

② 技术检验。凡下述情况，应对起重机按有关起重机械试验标准进行技术检验。

a. 正常工作的起重机，每两年进行一次。

b. 经过大修、新安装及改造过的起重机，在交付使用前。

c. 闲置时间超过一年的起重机，在重新使用前。

d. 经过暴风、大地震、重大事故后，可能使强度、刚度、构件的稳定性、机构的重要性能等受到损害的起重机。

③ 安全检查

a. 经常性检查。经常性检查应根据工作繁重、环境恶劣的程度确定检查周期，但不得少于每月一次。一般应包括：起重机正常工作的技术性能；所有的安全、防护装置；线路、罐、容器阀、泵、液压或气动的其他部件的泄漏情况及工作性能；吊钩、吊钩螺母及防松装置；制动器性能及零件的磨损情况；钢丝绳磨损和尾端的固定情况；链条的磨损、变形和伸长情况；捆绑、吊挂链、钢丝绳和辅具。

b. 定期检查。定期检查应根据工作繁重、环境恶劣的程度确定检查周期，但不得少于每年一次。一般应包括：在经常性检查中的第一项内容；金属结构的变形、裂纹、腐蚀及焊缝，铆钉、螺栓等的连接情况；主要零部件的磨损、裂纹、变形等情况；指示装置的可靠性和精度；动力系统和控制器等。

（3）设备维修

设备维修应注意以下问题：①维修更换的零部件应与原零部件的性能和材料相同。②结构件需焊修时，所用的材料、焊条等应符合原结构件的要求，焊接质量应符合要求。③起重机处于工作状态时，不应进行保养、维修及人工润滑。

维修时，应符合下述要求：将起重机移至不影响其他起重机工作的位置，对因条件限制，不能做到以上要求时，应有可靠的保护措施，或设置监护人员；将所有的控制器手柄置于零位；切断主电源、加锁或悬挂标志牌，标志牌应放在有关人员能看清的位置。

## 21.2 压力容器安全技术

### 21.2.1 压力容器及其分类

（1）压力容器

压力容器，过去又常称受压容器，从广义上来说，应该包括所有承受压力载荷的密闭容器。但在工业生产中，承受压力载荷的容器是很多的，其中只有一部分相对来说比较容易发生事故，而且事故的危害性比较大。所以许多工业国家都把这类容器作为一种特殊设备，需要由专门机构进行安全监督，并按规定的技术管理规范进行设计、制造和使用。这样的一种作为特殊设备的压力容器，当然需要划定一个界限范围，不可能也没有必要将所有承载压力的容器（例如像储水塔那样的设备）都作为特殊设备。在工业上，一般所说的压力容器，就是指这一类作为特殊设备的容器。

关于压力容器的界限范围，目前国际上也还没有一个完全统一的规定。不过既然压力容器指的是那些比较容易发生事故，特别是事故危害比较大的特殊设备，那么它的界限范围就应该从发生事故的可能性和事故危害的大小来考虑。一般来说，压力容器发生爆炸事故时，其危害的严重程度与容器的工作介质、工作压力以及容积有关。

压力容器主要由下列部分组成：壳体 为储存物料或完成热交换、化学反应提供密闭压力空间。连接件 连接筒体与封头、接管与外部管道等。密封元件 借助于螺栓等紧固件的压力而起密封作用。支座 支承容器、固定容器位置。接管 连接压力容器与介质输送管道或仪表。

（2）压力容器的主要技术参数

压力容器的技术参数是它在设计、制造、使用和检验等方面的重要依据。常用参数有设计压力、设计温度、公称直径等。设计压力是指在相应的设计温度下用以确定容器壳体壁厚的压力，也是标注在铭牌上的压力。在确定容器的设计压力时，一般应遵循下列原则：

① 设计压力应略高于容器顶部可能出现的最高压力。

② 装有安全泄压装置的压力容器，设计压力应不低于安全阀的开启压力和爆破片装置的爆破压力。

③ 盛装液化气体的容器，无保温装置的，设计压力不低于所装液化气体在50℃时的饱和蒸气压力；有可靠保温设施的，设计压力不低于在试验实测的最高温度下的饱和蒸气压力。

设计温度是指容器在正常操作情况下设定的壳体的金属温度，确定时应注意以下几点。

① 对常温和高温操作的容器，设计温度不得高于壳体金属可能达到的最高金属温度。

② 对零度以下操作的容器，设计温度不得低于壳体金属可能达到的最低温度。

③ 在任何情况下，容器壳体或其他受压元件金属的表面温度不得超过材料的允许使用温度。

④ 安装在室外且器壁无保温装置的容器，壁温受环境温度的影响可能小于或等于20℃时，设计温度应按容器使用地区月平均最低温度设计。

公称直径是按容器零部件标准化系列而选定的壳体直径。焊接的圆筒形容器，公称直径是指它的内径。而用无缝钢管制作的圆筒形容器，公称直径是指它的外径。

（3）压力容器的分类

压力容器的使用极其普遍，形式也很多。根据不同的需要，压力容器有若干种分类方法。按容器的壁厚分为薄壁容器（壁厚不大于容器内径的1/10）和厚壁容器；按壳体承受压力的方式分为内压容器（壳体内部受压）和外压容器；按容器的工作壁温分为高温容器、常温容器和低温容器；按壳体的几何形状分为球形容器（见图21.28）、圆筒形容器（见图21.29）、圆锥形容器和轮胎形容器等；按容器的制造方法分为焊接容器、铸造容器、锻造容器、铆接容器和组合式容器（见图21.30）；按容器的放置方式分为立式容器和卧式容器。

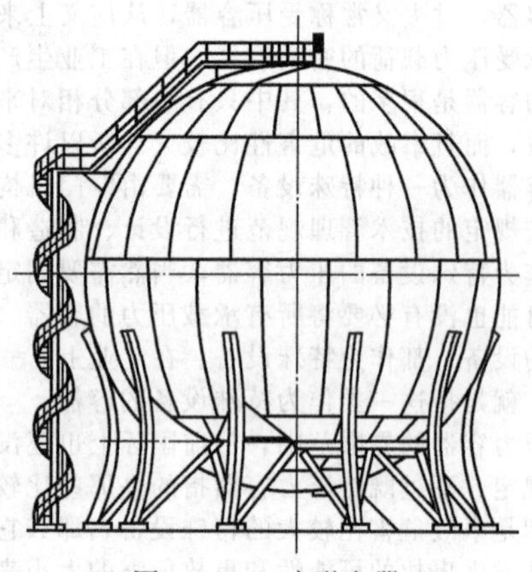

图21.28　球形容器

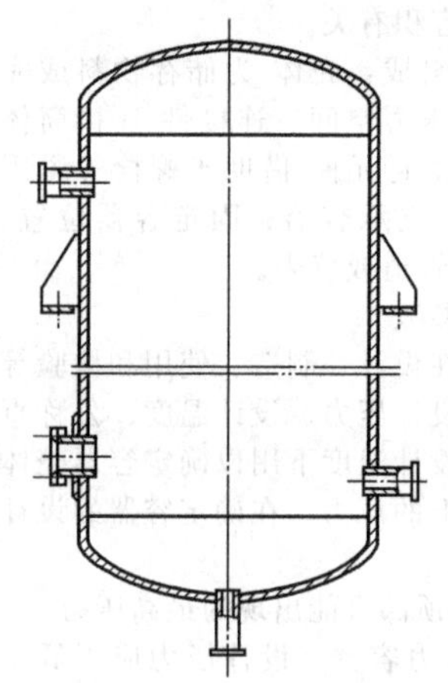

图21.29　圆筒形容器

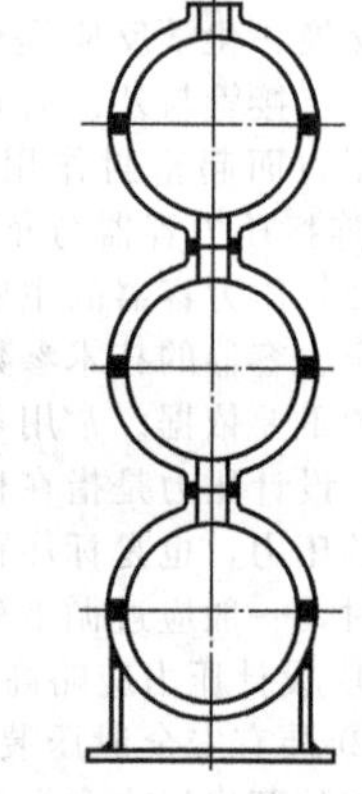

图21.30　组合式容器

总之，各种不同的分类方法都是从各个不同需要的角度来考虑的。但从使用的角度考虑，常把压力容器分为两大类，即固定式压力容器和移动式压力容器。这两类容器由于使用情况不同，对它们的技术管理要求也不一样。我国和其他许多国家对这两类容器都分别制定有不同的管理章程和技术标准、规范等。为便于技术管理，每类容器还可以按它的压力或用途再予以细分。

固定式压力容器是指除了用作运输储存气体的盛装容器以外的所有容器。这类容器有固定的安装地点和使用地点，工艺条件和操作人员比较固定，容器一般是用管道与其他设备相连。根据《固定式压力容器安全技术监察规程》（TSG 21—2016）可将这类容器分为低压（设计压力为0.1～1.6MPa，代号L）、中压（设计压力为1.6～10MPa，代号M）、高压（设计压力为10～100MPa，代号H）、超高压（设计压力大于100MPa，代号U）四个压力等级。此外，按照压力容器的工艺用途可将固定式压力容器分为：反应压力容器（代号R）、换热压力容器（代号E）、分离压力容器（代号S）及储存压力容器（代号C）。

移动式压力容器是指由压力容器罐体与走行装置或者框架采用永久性连接组成的罐式运输装备，包括铁路罐车、汽车罐车、长管拖车、罐式集装箱和管束式集装箱等。这类容器没有固定的使用地点，一般也没有专职的使用操作人员，使用环境经常更换，管理比较复杂，因而也比较容易发生事故。为了有区别地对待安全要求不同的压力容器的技术管理和监督检查，包括设计图样的备案和审批、容器制造厂条件的审查、日常使用中的定期检验与上报，以及某些技术条件的要求差别，《移动式压力容器安全技术监察规程》（TSG R0005—2011）将其适用范围内的压力容器分为以下三类。

① 低压容器（②、③规定的除外）为第一类压力容器。

② 下列情况之一为第二类压力容器。

a. 中压容器（除③规定的）；

b. 易燃介质或毒性程度为中等危害介质的低压反应容器和储存容器；

c. 毒性程度为极度和高度危害介质的低压容器；

d. 低压管壳式余热锅炉；

e. 搪玻璃压力容器。

③ 下列情况之一为第三类压力容器。

a. 毒性程度为极度和高度危害介质的中压容器或设计压力与容积的乘积大于等于0.2MPa・$m^3$的低压容器；

b. 易燃介质或毒性程度为中等危害介质且设计压力与容积的乘积大于等于0.5MPa・$m^3$的中压反应容器，或设计压力与容积的乘积大于等于10MPa・$m^3$的中压储存容器；

c. 高压、中压管壳式余热锅炉；

d. 高压容器。

### 21.2.2　压力容器的破裂形式及其原因

根据压力容器的破裂特点，可将压力容器的破裂形式分为延性破裂、脆性破裂、疲劳破裂、应力腐蚀破裂和蠕变破裂等。

（1）延性破裂

延性破裂是压力容器在内部压力作用下，器壁上产生的应力达到材料的强度极限而产生的。它是在器壁上发生大量塑性变形之后产生的。

延性破裂的主要特征是：器壁有明显的塑性变形；在较高的应力水平下破坏（达到或超过材料的屈服强度）；不产生碎片，只裂开一个小口（其大小与爆破时释放的能量有关）；断口为灰暗色的纤维状，无金属光泽，断口不齐平；常温下发生；危害性小，有可能预防。

压力容器产生延性破裂的主要原因是在使用中超压。此外，因介质对器壁产生腐蚀，或停用时没有采取有效的防腐措施，器壁发生大面积腐蚀而壁厚严重减薄产生过量的塑性变形；或盛装液化气体的容器充装过量，在运输与使用及储存过程中，由于受环境温度的影响，使液体温度升高，体积膨胀，压力急剧上升。

要防止压力容器发生延性破裂事故，最根本的措施是保证任何情况下由内压在器壁上引起的应力低于材料的屈服强度，并留有适当的安全裕度。因此，必须做到以下几点。

① 设计时承压部件必须经过强度核算，使用前也应进行强度校核。

② 容器应按规定装设安全装置，并经常保持其处于灵敏可靠状态。

③ 定期检验，及时发现因腐蚀而导致壁厚减薄的在用设备。

④ 加强维护保养，经常保持防腐措施处于良好状态。

⑤ 严格遵守操作规程，注意运行中的监督调节，防止超压运行。

（2）脆性破裂

并不是所有的压力容器在破裂时都经过显著的塑性变形，有些容器在破裂后经检查并没有发现可见的塑性变形现象，而且器壁的平均应力远低于材料的强度极限。这种破裂现象和脆性材料的破裂相似，故称为脆性破裂，有时也称为低应力破裂。压力容器发生脆性破裂时，在破裂形状、断口形式等方面都具有一些与延性破裂正好相反的特征：

① 容器器壁几乎没有塑性变形；

② 在应力低于材料的屈服强度时破坏；

③ 容器常常裂成碎块；

④ 断口呈金属光泽的结晶状，平直；

⑤ 在温度较低的情况下发生；

⑥ 破坏前无预兆，危害性大，难以预防。

产生脆性破坏的原因主要是材料的韧性差，特别是在低温时下降很快。此外，承压部件存在缺陷时，在此区域应力增强，易产生应力集中。

防止压力容器产生脆性破裂最基本的措施是减少或消除构件的缺陷，要求材料具有很好的韧性。设计时选用在低温下仍保持较好韧性的材料；注意结构设计的合理性，在制造时采取严格的工艺措施减小应力集中；在使用中加强检验，及早发现并消除缺陷。

（3）疲劳破裂

疲劳破裂是压力容器常见的一种破裂形式。据英国的一个联合调查组统计，在运行期间发生破坏事故的压力容器有近90%是由裂纹引起的，而在由裂纹引起的事故中，疲劳裂纹约占40%。可见，压力容器的疲劳破裂是绝对不能忽视的。压力容器的疲劳破裂，绝大多数属于金属的低周疲劳，即承受较高的交变应力，而应力交变的次数并不是太多。一般情况下，压力容器的承压部件在长期反复交变载荷作用下，在应力集中处产生微裂纹，随着交变载荷的继续作用，裂纹逐渐扩大，导致破裂。疲劳破裂的压力容器，一般具有以下特征：

① 容器没有明显的塑性变形；

② 破坏总是产生在应力集中的地方；

③ 只产生开裂，不产生碎片；

④ 从裂纹的形成、扩展到破坏有一个较为缓慢的发展过程；

⑤ 破坏总是经过长期的反复载荷作用后发生，应力低于拉伸强度；

⑥ 断面呈两个区域，即裂纹的形成和扩展区与脆断区。

压力容器的疲劳破裂既然是反复的交变载荷以及过高的局部应力引起的，那么要防止它发生这类事故，除了在运行中尽量避免那些不必要的频繁加压和卸压、过分的压力波动和悬殊的温度变化等因素外，主要还在于设计时采用合理的结构。一方面，要避免产生应力集中，使容器器壁的个别部位的局部应力不至于超过材料的屈服强度。另一方面，如果容器上确实难以避免地要出现较高的局部应力，则应做疲劳分析和疲劳设计。此外，在制造时要按正确的工艺进行，确保质量。

（4）应力腐蚀破裂

压力容器的应力腐蚀破裂是指容器壳体由于受到腐蚀介质的腐蚀而产生的一种破裂形式。应力腐蚀又称腐蚀裂开，是在腐蚀介质和拉伸应力的共同作用下产生的。腐蚀使金属材料的有效截面积减小和表面形成缺口，产生应力集中。而应力则可加速腐蚀的进行，使表面缺口向深处扩展，最后导致破裂。所以应力腐蚀可使压力容器在应力低于它的强度极限时破坏。应力腐蚀是相当危险的破裂形式，因为它常常是在未被发现的情况下突然断裂而发生损坏。常见压力容器产生的应力腐蚀破裂的特征是：属于脆性断裂，没有明显预兆，危害极大；断裂区呈黑色，分为裂纹区、扩展区、拉断或撕裂区；裂纹分叉。

应力腐蚀破裂的影响因素很多，比如介质的种类、介质浓度、环境温度、构件所处的应力状态、金属所用材料的成分与组织。设备的防腐蚀措施是各式各样的，需要根据不同的设备条件和不同的工作介质采用不同的方法。在压力容器中，可采取下面几种防腐蚀措施。

① 选择合适的防腐蚀材料；

② 采取必要的保护措施，使承压部件与腐蚀介质隔离；

③ 进行合理设计，避免高应力区；

④ 制造时制定合理的工艺，消除残余应力；

⑤ 使用中加强管理，定期检查维修。

（5）压力冲击破裂

压力冲击破裂是指容器的压力由于各种因素而急剧升高，使壳体受到高压力的突然冲击作用而造成的破裂爆炸。产生压力冲击主要是由于操作不当或泄漏等原因使可燃气体与助燃气体混合比例达到爆炸的极限范围，或者是催化剂使用不当、冷却装置失效、原料不纯等原因。压力冲击破裂有如下一些特征：压力冲击破裂的容器，常常产生大量的碎块；壳体内壁常附有化学反应产物或痕迹；断裂时常伴有高温产生；断口类似脆性破裂；容器释放的能量较大。

（6）蠕变破裂

蠕变是指金属材料在应力和高温的双重作用下产生的缓慢而连续的塑性变形。承压部件长期在金属蠕变的高温下工作，壁厚会减小，材料的强度有所降低，严重时会导致压力容器高温部件发生蠕变破裂。产生蠕变破裂的原因主要是未选用抗蠕变性能好的合金钢来制造高温部件、结构设计不合理而使局部区域过热、制造时改变了材料的组织而降低了材料的抗蠕变性能以及由于操作或维护不当使承压部件局部过热。材料发生蠕变破裂时，一般都有明显的塑性变形，断口表面形成一层氧化膜。

预防压力容器高温承压部件蠕变破裂主要从以下几个方面来考虑：设计时根据使用温度选用合适的材料；合理设计结构，避免局部高温；制定正确的加工工艺，避免因加工而降低材料的抗蠕变性能；遵守操作维护规程，防止产生局部过热。

（7）腐蚀疲劳破裂

腐蚀疲劳破裂是材料在腐蚀和交变应力共同作用下引起的一种破坏形式。它的主要特征是具有疲劳破裂的断口，有裂纹产生与发展区和破裂区两个区域；裂纹侧源点是表面的腐蚀坑，裂纹形成后以穿晶方式逐步扩展。

引起腐蚀疲劳破裂的原因是金属材料在腐蚀介质中，由于交变应力的反复作用，在表面形成腐蚀缺口并引起应力集中而产生裂纹。通过合理选材、采用表面保护镀层或添加缓蚀剂、采用电化学保护等措施可防止腐蚀疲劳破裂的产生。

### 21.2.3　压力容器的安全泄压装置

压力容器的安全装置是指为了使压力容器能够安全运行装设在设备上的一种附属机构，又常称为安全附件。其中，最常用且最关键的是安全泄压装置。为了确保压力容器安全运行，防止设备由于过量超压而发生事故，除了从根本上采取措施消除或减少可能引起压力容器超压的各种因素以外，装设安全泄压装置是一个关键措施。

安全泄压装置是为保证压力容器安全运行，防止其超压的一种器具。它具有如下功能：当容器在正常工作压力下运行时，保持严密不漏；若容器内压力一旦超过规定，则能自动地、迅速地排泄出器内的介质，使设备的压力始终保持在许用压力范围以内。一般情况下，安全泄压装置除了具有自动泄压这一主要功能外，还有自动报警的作用。因为当它启动排放气体时，由于介质以高速喷出，常常发出较大的响声，这就相当于发出了设备压力过高的报警信号。

安全泄压装置按其工作原理和结构形式可以分为阀型、断裂型、熔化型和组合型等。

（1）阀型泄压装置

阀型泄压装置就是常用的安全阀。它是通过阀的自动开启排出气体来降低器内的过高压力。这种安全泄压装置的优点是：仅仅排放压力容器内高于规定的部分压力，而当容器内的压力降至正常操作压力时即自动关闭，所以能避免一旦容器超压就得把全部气体排出而造成的浪费和生产中断。装置本身可重复使用多次，安装调整也比较容易。它的缺点是：密封性能较差，即使是合乎规定的安全阀，在正常工作压力下也难免有轻微的泄漏；由于弹簧等的惯性作用，阀的开启有滞后现象，因而泄压反应较慢。另外，安全阀若用于介质为一些不洁净的气体时，阀中有被堵塞和阀瓣有被粘住的可能。

阀型安全泄压装置适用于介质比较洁净的气体，如空气、水蒸气等的设备，不宜用于介质具有毒性的设备，更不能用于器内有可能产生剧烈化学反应而使压力急剧升高的设备。

压力容器的安全泄放量是指压力容器在超压时为保证它的压力不再升高，在单位时间内所必须泄放的气量。安全阀的排量是指安全阀处于全开状态时在排放压力下单位时间内的排放量。选用安全阀时其排放量必须大于设备的安全泄放量，并根据设备的工艺条件和工作介质特性选用安全阀的结构形式，按最大允许工作压力选用合适的安全阀。

(2) 断裂型泄压装置

这类泄压装置，常用的有爆破片和爆破帽。爆破片多用于中低压容器，爆破帽多用于超高压容器。断裂型安全泄压装置是利用爆破元件在较高的压力下即发生断裂而排放气体的。它的优点是：密封性能好，在容器正常工作时不会泄漏；爆破片的破裂速度高，故泄压反应较快；介质中若含有油污等杂物也不会对装置元件的动作压力产生影响。它的缺点是：在完成泄压动作以后，爆破元件即不能继续使用，容器一旦超压就得被迫停止运行；爆破元件长期处于高应力状态，容易因疲劳而过早失效，因而元件寿命较短，需定期更换。此外，爆破元件的动作压力也不易准确预测和严格控制。

断裂型泄压装置宜用于器内可能发生压力急剧升高的化学反应，或介质具有剧毒性的容器，不易用于液化气体储罐。对于压力波动较大，即超压机会较多的容器也不宜采用。

(3) 熔化型泄压装置

熔化型泄压装置就是常用的易熔塞。它是利用装置内的低熔点合金在较高的温度下熔化，打开通路，使器内的气体从原来填充有易熔合金的孔中排放出来而泄放压力的。它的优点是：结构简单，容易更换；由合金的熔化温度决定的动作压力较易控制。它的缺点是：装置动作后元件即不能继续工作，容器被迫停止运行；因受易熔合金强度的限制，装置的泄放面积较小；有时因易熔合金受压或其他原因可能脱落或熔化，出现动作失误以致发生意外事故。

(4) 组合型泄压装置

这类泄压装置是由两种形式的泄压装置组合而成。常用的是安全阀和爆破片的组合结构或安全阀和易熔塞的组合结构。安全阀和爆破片组合而成的组合型泄压装置同时具有阀型和断裂型的优点，它既可防止单独用安全阀的泄漏，又可以在完成排放过高压力的动作后恢复容器的继续使用。组合型装置的爆破片可根据不同的需要，设置在安全阀的入口或出口侧。前者可利用爆破片把安全阀与器内的气体隔离，以防安全阀受腐蚀或被气体中的污物堵塞或粘住，当容器超压时，爆破片断裂，安全阀也开启，容器降压后，安全阀再关闭，容器可以继续暂时运行，等设备停机检修时再装上爆破片。这种结构要求爆破片的断裂不妨碍后面安全阀的正常动作，而且要求在爆破片与安全阀之间设置检查器具，防止它们之间存有压力，影响爆破片的正常动作。当爆破片装在安全阀的出口侧时，可以使爆破片免受气体压力与温度的长期作用而疲劳破坏，爆破片则用以补救安全阀的泄漏。这种结构要求将爆破片与安全阀之间的气体及时排出，否则安全阀即失去作用。

组合型安全泄压装置一般用于介质具有腐蚀性的液化气体，或剧毒、稀有气体的容器。由于装置中的安全阀有滞后作用，不能用于器内升压速度极快的反应容器。

除了安全泄压装置外，压力容器的安全装置还有联锁装置、报警装置和计量装置。联锁装置是为了防止操作失误而设置的控制机构，如联锁开关、联动阀等。报警装置是指容器在运行过程中出现不安全因素致使容器处于危险状态时能自动发出声响或其他明显报警信号的仪器，如压力报警器、温度监测仪等。计量装置是指能自动显示容器运行过程中与安全有关的工艺参数的器具，如压力表、温度计、液面计等。

### 21.2.4 压力容器定期检验

#### 21.2.4.1 压力容器定期检验周期

压力容器的定期检验是指在使用过程中，每间隔一定的期限即采用各种适当而有效的方法对压力容器的各个承压部件和安全装置进行检查和必要的试验。借以早期发现压力容器上存在的缺陷，使它们在还没有危及压力容器安全之前即被消除或采取适当措施进行特殊监护，以防压力容器发生事故。

压力容器的定期检验根据其检验项目和范围可以分为外部检查、内外部检验和耐压试验。在正常情况下，各类检验的周期应符合如下规定。

① 外部检查是指专业人员在压力容器运行过程中所进行的检查，目的是及时发现容器在外表面及操作工艺中所存在的不安全因素，确定容器能否在保证安全的情况下继续运行。容器的外部检查每年应不少于一次。

② 内外部检验是指专业人员在压力容器停止运行的情况下所进行的技术检验。其目的是尽早发现容器内部和外部所存在的缺陷，确定容器能否继续运行，或制定为保证安全所必须采取的适当措施。容器的内外部检验的周期，根据容器的具体情况，包括操作条件、环境以及原有的缺陷等情况而定。工作介质无明显腐蚀、部件不存在较大的缺陷以及其他的安全状况良好的压力容器，内外部检验每六年至少进行一次。安全状况较差的，每三年至少检验一次。工作介质对器壁材料有腐蚀性，且按腐蚀速率控制使用寿命的容器，内外部检验的间隔期应不超过容器剩余寿命的一半。有下列情况之一的压力容器，内外部检验期限应予适当缩短：

a. 介质对压力容器材料的腐蚀情况不明，或腐蚀速率大于每年 0.25mm，以及设计者所确定的腐蚀数据严重不准确的。

b. 材料焊接性能差，在制造时曾多次返修的。

c. 首次检验的。

d. 使用条件差，管理水平低的。

e. 使用期超过 15 年，经技术鉴定确认不能按正常检验周期使用的。

f. 检验员认为应该缩短的。

③ 耐压试验是指压力容器停机检验时所进行的超过最高工作压力的压力试验，压力容器耐压试验的周期每 10 年至少进行一次。有下列情况之一的压力容器，经内外部检验合格后必须进行耐压试验：

a. 用焊接方法修理或更换主要受压元件的。

b. 改变使用条件且超过原设计参数的。

c. 更换衬里的。

d. 停止使用两年或两年以上、重新投入运行的。

e. 新安装或移装的。

f. 无法进入器内进行内部检验的。

g. 使用单位对容器的安全性能有怀疑的。

#### 21.2.4.2 压力容器定期检验的内容

压力容器定期检验的内容包括外部检查、内外部检验和耐压试验。

(1) 外部检查的内容

外部检查应在运行中进行，具体检查内容包括以下几项。

① 压力容器的本体、接口部位、焊接接头等的裂纹、过热、变形、泄漏等。

② 外表面的腐蚀，保温层破损、脱落、潮湿、变质。

③ 检漏孔、信号孔及各连接处有无漏液、漏气。

④ 压力容器与相邻管道或构件的异常振动、响声，相互摩擦。

⑤ 进行安全附件检查。

⑥ 支承或支座的损坏，基础下沉、倾斜、开裂，紧固件的情况。

⑦ 运行的稳定情况，4 级压力容器安全状况的监控情况。

(2) 内外部检验的内容

内外部检验应在停用时进行，具体检查内容包括以下几项：

① 外部检验的全部项目。

② 结构检验：筒体与封头连接处、开孔处、焊缝、支座和法兰。

③ 几何尺寸：核对有资料可确认的容器的主要几何尺寸。

④ 表面缺陷：腐蚀与机械损伤、表面裂纹、焊缝咬边、变形等。

⑤ 壁厚测定。

⑥ 材质：主要受压元件的材质是否恶化。

⑦ 保温层、堆焊层、金属衬里的完好情况。

⑧ 焊缝埋藏缺陷的检查。

⑨ 安全附件检查。

⑩ 紧固件检查。

(3) 耐压试验的内容

压力容器的耐压试验应包括内外部检验的全部项目，并在内外部检验合格的基础上进行压力试验。试验的内容、方法及评定应遵守《固定式压力容器安全技术监察规程》的有关规定。经耐压试验的容器，应由检验人员根据检验情况做出检验结论。

对定期检验的压力容器必须提交压力容器定期检验报告书，压力容器定期检验报告书的内容应包括：原始资料的审查报告；内外表面检查报告及缺陷部位图；无损探伤报告及探伤部位；材质化验、性能试验报告；安全附件检验报告；耐压试验报告和检验结论报告。

检验报告是否有效，主要考虑检验单位是否持有检验许可证，检验人员是否持有检验员证书。检验员和检验单位负责人签字手续是否齐全，检验单位有无盖印章。检验内容是否完整，包括缺陷处理后的检验。检验结论明确与否。

#### 21.2.4.3 压力容器中的常见缺陷

压力容器必须定期进行技术检验，检验的目的是要早期发现容器所存在的缺陷，及时地消除隐患，以防缺陷继续发展扩大，最后造成破坏事故。压力容器中比较常见的缺陷是腐蚀、裂纹和变形。

(1) 腐蚀

腐蚀是压力容器在使用过程中最容易产生的一种缺陷，特别是在化工容器中。腐蚀是金属与所接触的介质产生化学或电化学变化作用而引起的。容器的腐蚀可以是均匀腐蚀、点腐蚀、晶间腐蚀、应力腐蚀和疲劳腐蚀。不管是哪一种腐蚀，严重时都会导致容器的失效或破坏。

压力容器的内外表面都可以产生腐蚀。容器的外壁一般是由于大气腐蚀作用，大气腐蚀作用与地区与季节等有密切的关系，在干燥的地区或季节，大气的腐蚀比潮湿地区或多雨季节轻微得多。压力容器外壁的腐蚀多产生于经常处于潮湿状态和易于积存水分或湿气的部位。在容器与支架的接触面、容器与地面接触的部分容易产生腐蚀。容器内壁的腐蚀主要是工作介质或它所含有的杂质作用而产生的。一般来说，工作介质具有明显腐蚀作用的容器，设计时都采取防腐蚀措施，如选用防腐蚀材料、进行表面处理或表面涂层、在内壁加衬里等。因此，这些容器内壁的腐蚀常常是防腐蚀措施遭到破坏而引起的。容器内壁的腐蚀也可能是正常的工艺条件被破坏而引起的，例如干燥的氯对钢制容器不产生腐蚀作用，而如果氯气中含有水分或充装氯气的容器进行水压试验后没有干燥，或由于其他原因混入水分，则氯气与水作用生成盐酸或次氯酸，对容器内壁产生强烈的腐蚀作用。由于结构上原因也可引起或加剧腐蚀作用，例如，带有腐蚀性沉积物的容器，排出管高于容器的底平面，使容器底部长期积聚有腐蚀性的沉积物，因而产生腐蚀。此外，焊缝及热影响区、铆接容器的铆钉周围及接缝区都是比较容易产生腐蚀的地方。

由于容器外壁的腐蚀一般是均匀腐蚀或局部腐蚀，用直观检查的方法即可发现。外壁涂刷有油漆防护层的容器，如果防护层完好无损，而且又没有发现其他可疑迹象，一般不需要清除防护层来检查金属壁的腐蚀情况。外面有保温层或其他覆盖层的容器，如果保温材料对器壁材料无腐蚀作用，或容器壳体有防腐层，在保温层完好无损的情况下，也可以不拆除保温层，但如果发现泄漏或其他有可能引起腐蚀的迹象，则至少在可疑之处拆除部分保温层进行检查。

容器内壁可能有各种形式的腐蚀。对均匀腐蚀和局部腐蚀也可以通过直观检查的方法进行。对晶间腐蚀和断裂腐蚀(应力腐蚀和疲劳腐蚀)，除了严重的晶间腐蚀可以用锤击检查有所发现外，一般用直观检查是难以判断的，常用金相检验、化学成分分析和硬度测定等。一般衬里要做气密性检验，检验时有妨碍检验的构件应予以拆除。

经直观检查发现容器内壁或外壁有均匀腐蚀或局部腐蚀时应测量被腐蚀处的剩余厚度，从而确定器壁的腐蚀厚度和腐蚀速率。

对腐蚀缺陷的处理要根据容器的具体使用情况而定，一般原则如下。

① 内壁发现晶间腐蚀、断裂腐蚀等缺陷时，不宜继续使用。如果腐蚀是轻微的，允许根据具体情况，在改变原有工作条件下使用。

② 当发现分散点腐蚀，但不妨碍工艺操作时(不存在裂纹，腐蚀深度小于计算壁厚的一半)，可对缺陷不做处理继续使用。

③ 均匀腐蚀和局部腐蚀按剩余厚度不小于计算厚度的原则，确定其继续使用、缩小检验间隔期限、降压使用或报废。

(2) 裂纹

裂纹是压力容器中最危险的一种缺陷，它是导致容器发生脆性破坏的因素，同时又会促进疲劳破裂和腐蚀破裂的产生。压力容器中的裂纹，按其生成过程，大致可分为两大类，即原材料或容器制造中产生的裂纹和容器使用过程中产生的裂纹或扩展的裂纹。前者包括原材料轧制裂纹、容器的拔制裂纹、焊接裂纹和消除应力热处理裂纹；后者包括疲劳裂纹和应力腐蚀裂纹。

原材料轧制裂纹是由于金属材料本身存在的疏松、缩孔和非金属夹杂物等缺陷积聚在一起，经轧制而生成的线型缺陷。这种缺陷可以在材料的内部也可以在表面，无一定的方向性和固定的部位。在有些拔制的小型高压容器中，也常常发现类似的裂纹。

焊接裂纹主要是在容器制造过程中产生的，由于容器制造厂质量检验不严，或原有缺陷轻微未被发现而在使用过程中有所发展。

消除应力热处理裂纹是一种呈分枝状的晶间裂纹，是在焊后消除应力热处理时产生的，也可在使用中扩展。

疲劳裂纹是因为容器的结构不良或材料存在缺陷，造成局部应力过高，在容器经过反复多次的加压或卸压后产生的裂纹，在一些开停频繁的压力容器中可以发现这种裂纹。

应力腐蚀裂纹是腐蚀介质在一定的工作条件下，对材料进行腐蚀而逐渐形成的，这种裂纹往往与应力有关。因为应力和腐蚀两者相互促进，后者在材料表面形成缺口产生应力集中，或削弱金属的晶间结合力，而前者则加速腐蚀的进展，使表面缺口向深处发展。

压力容器的裂纹虽然在它的内外表面的各个部位都可能存在，但是一般最容易产生裂纹的地方是焊缝与焊接热影响区以及局部应力过高的部位。

裂纹的检查可以用直观检查和无损探伤。一般是通过直观检查发现或初步发现裂纹的迹象，再通过无损探伤进一步加以确认。无损探伤无论是液体的渗透探伤、荧光探伤和磁力探伤，对检查表面裂纹都有较高的效用，可以根据具体情况适当选用。

当发现压力容器有裂纹缺陷时，首先应根据裂纹所在部位、数量、大小、分布情况及容器的工作条件等分析裂纹产生的原因，必要时可以进行金相检验，以判断裂纹是原材料存在的缺陷，还是容器制造时留下的，或是使用过程中产生的。然后再根据缺陷的严重程度和容器的具体情况确定缺陷或对存在缺陷容器的处理方法。由于材料轧制或拔制容器留下的微裂一般都比较浅，可以用手锉或砂轮等磨去。焊接裂纹应在检查发现时予以铲除。由于结构不良、局部应力过高而产生裂纹的部件一般不宜继续使用。存在腐蚀裂纹的容器，也不应将裂纹铲除或焊补后继续使用。在特殊情况下，由于容器制造或原材料留下的裂纹确实难以消除，经过具有资格的压力容器缺陷评定单位检查鉴定，并根据断裂力学的分析和计算，确认裂纹不会扩展，且具有足够的安全裕度，容器可以采取可靠的监护措施，继续使用，但要缩短检验间隔期限，严密监视裂纹的发展情况。

(3) 变形

变形是指容器在使用以后整体或局部地方发生几何形状的改变，这种缺陷一般在压力容器中是比较少见的。容器的变形一般可以表现为局部凹陷、鼓包、整体扁瘪、整体膨胀等形式。

局部凹陷是容器壳体或封头的局部区域受到外力的撞击或挤压而发生的表面凹洼，这种变形一般只能在壳壁较薄的小容器上产生，它并不引起容器壁厚的改变，而只是使某一局部表面失去了原有的几何形状。

鼓包是容器的某一部分承压面因严重的腐蚀，壁厚显著减薄，因而在内压作用下发生的向外凸起变形。个别情况下也可因容器的局部温度过高，致使材料的力学性能降低而产生鼓包，这种变形将使容器这一区域的壁厚进一步减薄。

整体扁瘪是因为受外压作用的壳体壁厚太薄，以至于在压力作用下失去稳定性，丧失原有的壳体形状，这种变形只发生在容器的受外压部件，如夹套容器的内筒。

整体膨胀变形是因为容器壁厚太薄或超压使用，致使整个容器或某些截面产生屈服变形而造成的。这种变形一般都是缓慢进行的，只有在特殊的监测下才能发现。

变形的检查一般可用直观检查，不太严重的变形可以通过量具检查来发现。

产生变形缺陷的容器，除了不太严重的局部凹陷以外，其他的一般不宜继续使用。因为经过塑性变形的容器，壁厚总有不同程度的减薄，而且变形材料也会因应变硬化而降低其韧性，耐腐蚀性能也较差。对于轻微的鼓包变形，如果变形面积不太大，而且又未影响到容器的其他部分，则在容器材料可焊性较好的情况下，可以考虑采用挖补处理。即将局部鼓包的部分挖去，再用相同形状和材料的板块进行补焊，焊后按容器原来的技术要求对焊缝进行技术检验。

### 21.2.4.4 常用检验方法

对压力容器进行内外部检验常用的检验方法一般可概括为直观检查、量具检验和无损探伤，但是在检验前需要进行大量的准备工作。

(1) 检验前的准备工作

首先，要了解压力容器的制造、使用情况，包括压力容器设计、制造、现场组装等方面的技术资料；容器运行记录；历次检验记录；有关修理和改造的文件。

其次，进行检验前的停运准备，包括缓慢降压、降温；切断与其他设备的通路；关闭阀门并用盲板严密封闭；将内部介质排除干净；切断与容器有关的电源，拆除熔断器并设置严禁送电标志；拆除妨碍检查的内件，清除内部污物。为检验搭设安全牢固的脚手架、轻便梯等，以便于检验。对槽、罐车检验时，应采取措施防止车体移动。

最后，检验仪器和修理工具必须具有良好的绝缘，并有可靠的接地。如需现场射线探伤时，应隔离出透照区，设置安全标记。

(2) 直观检查

直观检查主要是凭借检查人员的感觉器官对容器的内外表面情况进行检验，以判别是否存在缺陷。直观检查的内容主要有：受压元件的结构和焊缝布置是否合理；连接部位、焊缝、胀口、衬里等部位是否存在渗漏；内外表面有无腐蚀、冲刷、裂纹、重皮、皱折等缺陷；壳体有无整体变形、凹陷、鼓包和过热的痕迹；焊缝表面形成状况及是否有气孔、咬边、弧坑、裂纹等缺陷；容器内外壁的防腐层、保温层是否完好。

直观检查的方法有：

① 用肉眼检查。

② 借助反光镜或窥测镜及灯光检查。

③ 表面裂纹检查：用砂纸打磨干净；用10%硝酸或乙醇溶液浸湿；擦净后用 5～10 倍放大镜观察。

④ 从手孔中伸入手触摸内表面检查内壁是否光滑，有无凹坑、鼓包、积垢等缺陷。

⑤ 锤击检查：根据锤击时发出的声音和弹跳程度，判断是否存在缺陷及严重程度。

直观检查方法比较简单，是对压力容器进行内外部检验的基本方法。它不但可以直接发现较为明显的容器表面缺陷，而且对进一步用其他方法做详细检查也可以提供线索和根据。不过，这种方法的检验效果在很大程度上取决于检验人员的经验程度，因此应在实践中不断探索和总结。

(3) 量具检验

量具检验是根据需要使用各种不同的工具仪器对容器的内外表面进行直接测量，以检验存在的缺陷及严重程度。常用的方法是用平直尺或弧形样板紧靠容器的表面，测量检查容器部件的平直度或弧度，以确定它在轴向或周向的变形程度，或用测探卡尺直接测量被磨损的沟槽或腐蚀深坑的深度，以确定容器金属表面的磨损或局部腐蚀的严重程度等。

在容器金属壁发生均匀腐蚀、片状腐蚀或密集斑点腐蚀时，直接用测探卡尺难以测出剩余壁厚及确定其腐蚀深度。过去经常采用钻孔检查法，用手钻或电钻在容器表面腐蚀最严重的地方钻孔，再用简易的量具通过小孔测出器壁的剩余厚度。由于此法过于麻烦，也影响容器的外形完整和美观，除特殊情况外，目前已很少采用，而由超声波测厚法代替。

超声波测厚用的超声波测厚仪有共振型与脉冲型等形式。它是根据超声波的两种基本特性制成的。用超声波测厚仪测量容器的壁厚时，应先将待测表面清理干净并打磨到一定粗糙度，然后按仪器操作规程进行测量。

(4) 无损探伤

无损探伤是在不损伤被检查构件的情况下，利用材料和材料中的缺陷所具有的物理特性，探查其内部是否存在缺陷的方法。常见的无损探伤方法有：射线探伤、超声波探伤、磁粉探伤、渗透探伤和荧光探伤。

射线探伤是根据射线穿过有缺陷部分和无缺陷部分时强度衰减程度不同，反映在底片上的影像也不相同的原理来判断金属内部缺陷情况的一种探伤方法。压力容器检验常用X射线。

超声波是一种超出人的听觉范围的高频率机械振动波，当超声波束通过探头自工件表面进入内部遇到缺陷时，则缺陷会使超声波产生反射现象，在荧光屏上形成脉冲波形，根据这些脉冲波形的不同特征可以判断缺陷的位置和大小，这种方法称为超声波探伤。该方法判断缺陷的方法是定位、定量和定性。定位就是缺陷位置的确定，有纵波探伤定位和横波探伤定位两种方法。定量就是缺陷大小的确定，有当量法和实际法两种方法。定性就是缺陷性质的判断。

磁粉探伤是利用铁磁性材料在缺陷处的磁导率不同，因而磁阻也不同的原理来检验缺陷的。当缺陷处于工件表面或接近表面时，一部分磁力线经过缺陷暴露在空气中，形成漏磁场；在该处撒上磁粉后，漏磁场吸附磁粉形成一条磁粉痕迹，根据其形状、大小可判断缺陷的情况。需要注意的是，磁粉探伤只适用铁磁性材料，主要检测表面或近表面缺陷。探伤时至少要把构件在相互垂直的两个方向进行磁化。当构件较大时用移动式触探型磁力探伤仪进行分段探伤检查。探伤时将待查表面上的油污、铁锈清理干净。在磁化电流通过时再施加磁粉，磁粉应具有高磁导率和低剩磁性，磁粉的颜色与被检工件表面相比应有较高的对比度。

渗透探伤是利用液体毛细作用原理，采用渗透性较强的液体，涂在被检工件表面上，如果工件表面有缺陷存在，渗透液便渗入其中；除去多余的渗透液，涂上一层显示剂；一定时间后，渗入缺陷内的渗透液可被显示剂吸附出来，在工件表面显现出缺陷的外形。进行渗透探伤时待查部位应清洗干净，并要留有充分的渗透时间，一般不少于10min。清洗被检表面的多余渗透液时要防止过度清洗和清洗不足。显示剂应搅拌均匀，薄而均匀地施加在被检表面。观察显示痕迹在显示剂施加后7～30min内进行，此外要有足够的照明。

荧光探伤的原理与液体渗透探伤相似，不同的是荧光探伤用的渗透液是荧光液，而检查时则用紫外线照射。渗入的荧光液在紫外线照射下可发出强烈的荧光，因而使被检查表面上的缺陷被发现。荧光探伤比一般液体的渗透探伤灵敏度高一些，但它需要有紫外线光源。

#### 21.2.4.5 压力容器的耐压试验

压力容器的耐压试验是用水或其他适宜的液体作为加压介质，在容器内施加比它的最高使用压力还要高的试验压力，并检查容器在试验压力下是否有渗漏、明显的塑性变形或其他缺陷。

压力容器耐压试验的目的是通过观察承压部件有无明显变形和破裂，检验承压部件的强度，来验证压力容器是否具有设计压力下安全运行必需的承压能力。同时通过观察焊缝、法兰等连接处有无泄漏，来检验锅炉压力容器的严密性或发现容器潜在的局部缺陷。

压力容器的耐压试验时，在一般情况下加压介质只能用水或其他适宜的液体，要求介质具有挥发性小、易流动、不燃和无毒等特性，而不用气体。因为耐压试验主要是检验强度，试验时应考虑容器在试验时有无破裂的可能性，由于气体爆破时的能量比液体大数百倍甚至上万倍，故较少采用。

对于一般在常温下使用的压力容器，为了避免耐压试验时发生脆性破裂而提高试验用水的温度是没有必要的，这些容器可以在环境温度下，用一般常温的水进行耐压试验。但是在环境温度低于零度时应将试验用水的温度保持在5℃以上，以防冻结。在较高温度下使用的压力容器，如果所用材料无延性转变温度，在耐压试验时可适当提高试验用水温度，但不宜高过容器的设计温度。

在常温下使用的钢制和有色金属制的固定式压力容器，耐压试验的试验压力为设计压力的1.25倍。设计压力小于400kPa的容器，试验压力比设计压力高100kPa。工作温度高于200℃的钢制容器，试验压力应等于常温容器的试验压力除以容器材料在设计温度下的应力降低系数。

压力容器耐压试验的试验程序如下。

① 试验前，应先将容器内部的残留物清除干净，对容器进行内外部检验。各连接部件的紧固螺栓必须装配齐全，并将两个量程、经过校正的压力表装在试验装置上便于观察的地方。

② 试验现场应有可靠的安全防护装置。停止与试验无关的工作，疏散与试验无关的人员。

③ 将压力容器充满水后，用顶部的放气阀排净内部的气体，检查外表面是否干燥。

④ 用试压泵缓慢升压至最高工作压力，确认无泄漏后继续升压到规定的试验压力。压力容器根据容积大小保压10～30min。然后降到最高工作压力下进行检查。检查期间压力保持不变。

压力容器水压试验后，无渗漏、无可见异常变形，试验过程中无异常的声响，则认为水压试验为合格。

由于结构或支承原因，不能向压力容器内安全充灌液体及运行条件不允许残留试验液体的压力容器，可按设计图样规定采用气压试验，但试验压力要降低。

气压试验的技术要求：

① 有经试验单位技术总负责人批准的安全措施，试验时安全部门应进行现场监督。

② 所用气体应为干燥、洁净的空气、氮气或其他惰性气体。

③ 碳素钢和低合金钢的压力容器气压试验用气体温度不低于15℃，其他材料制成的压力容器按设计图样规定。

④ 试验时压力应缓慢上升，达到规定试验压力的10%，保压5～10min，对所有焊缝和连接部位进行初次检查，如无泄漏可继续升至规定压力的50%；如无异常现象，然后按每级为规定压力的10%，逐级上升到试验压力，根据容积大小保压10～30min；然后降至设计压力，保压进行检查，保压时间不小于30min。

气压试验的合格标准是：按规定程序试验后，经肥皂液和其他检漏液检查无漏气、无可见的异常变形为合格。

### 21.2.5 气瓶的充装与检验技术

气瓶是一种移动式容器，对压力容器的安全要求原则上也适用于气瓶。但由于气瓶在充装和使用过程中还存在一些特殊问题，因此，要保证气瓶的安全使用，还需要一些专门的规则和要求。

#### 21.2.5.1 气瓶的充装

气瓶的正确充装是保证气瓶安全使用的关键之一。由于充装不当而发生的气瓶爆炸事故是屡见不鲜的。属于这方面最常见而又最危险的事故是气瓶混装和超量充装。

气瓶混装是指在同一气瓶中装入两种气体或液体。如果这两种介质在适宜的条件下发生化学反应，将会造成严重的爆炸事故。其中，最危险而又最常见的事故是氧气与可燃气体混装。

超量充装也是气瓶破裂爆炸的常见原因，特别是充装低压液化气体的气瓶，因为液化气体的充装温度一般都比较低，如果计量不准确，就可能充装过量。充装过量的气瓶受周围环境温度的影响，或烈日暴晒下，瓶内液体温度升高，体积膨胀，产生很大的压力，造成气瓶爆炸破裂。对于液化石油气钢瓶，爆炸时瓶内石油气喷出，常造成火灾事故。

为防止气瓶因充装不当而发生爆炸破裂事故，必须采取有效的措施，主要是加强对气瓶的检查，特别是充装前的检查；正确确定气瓶的充装量并严格执行；注意充装过程的安全操作等。

(1) 充装前的检查

气瓶在充装之前，必须经过认真仔细的检查，以防止一切不符合要求和规定的气瓶投入充装，排除不安全因素，保证气瓶在充装和使用过程中的安全。

气瓶在充装前应由专人负责逐只进行检查，检查的主要内容如下：

① 气瓶是否是持有制造许可证的单位制造的，气瓶是否属于制造单位、有关主管安全监察部门宣布报废、规定停用或需要复检的产品。

② 气瓶改装是否符合要求。

③ 气瓶原始标志是否符合标准和规定，铅印字迹是否清晰可见。气瓶的铅印标记上的内容应包括：气瓶制造单位名称或代号；气瓶编号；水压试验压力；公称工作压力；实际重量；实际容积；瓶体设计壁厚；制造单位检验标记和制造年月；监督检验标记；寒冷地区用气瓶标记。

④ 气瓶是否在规定的定期检验有效期限内。

⑤ 气瓶上标出的公称工作压力是否符合欲装气体规定的充装压力。气瓶的公称压力规定如下：气体在基准温度(20℃)下的充装压力（盛装压缩气体的气瓶）；按规定的充装系数充装，温度为60℃时介质压力（液化气体）；限定充装量下，温度为60℃时瓶内乙炔气的压力（溶解乙炔）。

⑥ 气瓶的颜色、字样是否符合《气瓶颜色标记》的规定。

⑦ 气瓶附件是否齐全，并符合技术要求。

⑧ 气瓶内有无剩余压力，剩余气体与欲装气体是否相符合。

⑨ 盛装氧气或强氧化性气体的气瓶的瓶阀和瓶体是否沾有油脂。

⑩ 首次充气的气瓶是否经过置换或真空处理。

⑪ 瓶体有无裂纹、严重腐蚀、明显变形、机械损伤等缺陷。

(2) 气瓶的充装量

气瓶的充装量是指气瓶在单位容积内允许充装的气体或液化气体的最大质量，所以也称最大充装量或安全充装量。各类气瓶的充装量应该根据气瓶的许用压力和最高使用温度确定。其原则是保证所装气体或液化气体在最高使用温度下，其压力不超过气瓶的许用压力。

气瓶许用压力是为保证气瓶安全，允许瓶内达到的最高压力。我国规定：高压气瓶的许用压力等于气瓶的公称工作压力；永久气体气瓶的许用压力为公称工作压力的1.2倍或水压试验压力的0.8倍。

气瓶的最高使用温度是指气瓶在充装气体以后可能达到的最高温度。根据我国《气瓶安全技术监察规程》(TSG R0006—2014)规定，国内使用的气瓶，最高使用温度为60℃。

永久气体（压缩气体）气瓶的充装量与液化气体不同，它是指在最终充装温度下的充装压力。

(3) 液化气体的充装

气瓶充装单位应具有省级劳动部门压力容器安全监察机构发给的注册登记证；有保证充装安全的管理体系和各项管理制度；有熟悉气瓶充装安全技术的管理人员和经过专业培训的操作人员；有与所充装气体相适应的场地、设施、装备、检测手段。充装液化气体的规定如下：①实行充装复检制度，严禁过量充装；②称重衡器应保持准确；③严禁从液化石油气槽车直接向气瓶灌装；④充装后逐只检查，发现有泄漏或其他异常现象应妥善处理；⑤认真填写充装记录；⑥操作人员应相对稳定，并定期进行安全教育和考核。

充装的注意事项是：①严格按照有关制度和操作规程进行操作；②充装前检查称重衡器的准确度和灵敏性，符合要求方可使用；③充装前应将瓶内余气抽空，空瓶称重后校核是否与瓶上铅印标记质量相符；④核实无误后接上充装卡头，定好称重衡器的充装质量再进行充装。

(4) 气瓶充装后的检查

充装气体后的气瓶，应由专人负责逐只进行检查，不符合要求时应进行妥善处理。检查的内容应包括：①瓶壁温度有无异常；②瓶体有无出现鼓包、变形、泄漏或充装前检验的缺陷；③瓶阀和瓶口连接处的气密性是否良好，瓶帽和防爆圈是否齐全完好；④颜色标记和检验色标是否齐全并符合技术要求；⑤取样分析瓶内气体纯度及杂质含量是否在规定的范围内；⑥实测瓶内气体压力、质量是否在规定的范围内。

(5) 气瓶充装不当的防止

在充气前应对气瓶进行严格检查，属于以下所列情况者应及时处理：铅印标记、颜色标记不符合规定及无法判定瓶内气体的；附件不全、损坏或不符合规定的；瓶内无剩余压力的；超过检验期限的；存在明显损伤需进一步进行检查的；氧化性或强氧化性气体气瓶沾有油脂的；易燃气体气瓶首次充装事先未经置换和抽真空的。

此外要采取严密措施，防止气瓶充装超量。

#### 21.2.5.2 气瓶的定期技术检验

气瓶在使用过程中，可能因大气或工作介质的腐蚀而产生内外表面缺陷，或因搬运、使用不当造成磨损或其他机械损伤，也可能由于频繁充气而使气瓶壁金属产生疲劳现象。因此，必须定期对气瓶进行技术检验。压力容器定期检验技术原则上适用于各类气瓶，下面仅就气瓶特点介绍一些特殊要求。

气瓶定期检验的周期为：腐蚀性气体，每2年1次；一般气体，每3年1次；液化石油气瓶，使用未超过20年的每5年1次，超过20年的每2年1次；惰性气体，每5年1次。

检验前要排放瓶内剩余气体；拆卸瓶帽、防震圈、瓶阀；清理与洗刷气瓶内外表面；原始标记登记。

气瓶定期检验的项目有：外观检查、音响检查、瓶口螺纹检查、内部检查、重量和容积的测定、水压试验和气密性试验。

#### 21.2.5.3 气瓶的使用管理

(1) 气瓶的运输

运输气瓶的要求：①运输工具上应有明显的安全标志；②戴好瓶帽，轻装轻卸，严禁抛、滑、滚、碰；③吊装时严禁使用电磁起重机和链绳；④瓶内气体相互接触能引起燃烧、爆炸，产生毒物的气瓶，易燃易爆、腐蚀性物品或与瓶内气体起化学反应的物品，不得同车运输；⑤气瓶装在车上应妥善固定；⑥夏季运输应有遮阳设施，避免暴晒；城市的繁华地区应避免白天运输；⑦严禁烟火，运输可燃气体气瓶时运输工具上应备有灭火器材；⑧运输气瓶的车、船不得在繁华市区、重要机关附近停靠，车、船停靠时，司机与押运人员不得同时离开；⑨装有液化石油气的气瓶不应长途运输。

(2) 气瓶的储存

储存气瓶的要求：①应置于专用仓库储存，气瓶仓库应符合《建筑设计防火规范》的有关规定；②仓库内不得有地沟、暗道，严禁明火和其他热源，仓库内应经常通风、干燥，避免阳光直射；③盛装易起聚合反应或分解反应气体的气瓶，必须规定储存期限，并应避开放射性射线源；④空瓶与实瓶分开放置，并有明显标志；⑤毒性气体气瓶和瓶内气体相互接触能引起燃烧、爆炸，产生毒物的气瓶应分室放置，并在附近设置防火用具或灭火器材；⑥放置整齐，戴好瓶帽。

(3) 气瓶的使用

使用气瓶的规定：①不得擅自更改气瓶的铅印和颜色标记；②使用前应进行安全状况检查，确认盛装的气体；③放置地点不得靠近火源，离明火 10m 以外，盛装易起聚合反应气体的气瓶，应避开放射性射线源；④气瓶立放时应采取防止倾倒的措施；⑤夏季应防止暴晒；⑥严禁敲击、碰撞；⑦严禁在气瓶上进行电焊引弧；⑧严禁用温度超过 40℃的热源对气瓶加热；⑨瓶内气体不得用尽，必须留有剩余压力；⑩在可能造成回流的场合，设备上应配防止倒灌的装置；⑪气瓶投入使用后不得对瓶体进行挖补、焊接修理；⑫液化石油气瓶用户不得将气瓶内液化石油气向其他气瓶倒装，不得自行处理气瓶内剩余残液。

(4) 气瓶改装

气瓶改装指在用的气瓶、尚未投入使用的气瓶或定期检验剔出降压使用的气瓶，因需要由原盛装气体改成盛装另一种气体。气瓶改装工作由气瓶定期检验单位负责进行。

气瓶改装的要求：①根据气瓶制造铅印标记和安全状况，确定改装后充装气体和气瓶的公称工作压力；②对气瓶进行彻底清理、冲洗、干燥，换装相应的瓶阀和其他附件；③按规定打检验钢印和涂检验色标，并按改装后盛装的气体更改气瓶的颜色、字样和色环；④将气瓶改装情况通知其产权单位，记入气瓶档案。

#### 21.2.5.4 气瓶事故的处理

气瓶发生事故时，首先应考虑如何采取有效的措施减少事故造成的损失。

当气瓶受外界火焰威胁时，若火焰尚未波及气瓶，应全力灭火；若火焰已波及气瓶，应将气瓶转移到安全地方或喷射大量水进行冷却；若火焰发自瓶阀，应迅速关闭瓶阀切断气源。

当气瓶发生泄漏事故时，应根据气瓶的泄漏部位、泄漏量、泄漏气体性质及影响，就地阻止。如不能阻止，可根据气瓶所装气体性质，将泄漏的气瓶浸入冷水池或石灰水池中使之吸收；若有大量的毒性气体，需迅速疏散周围人员，并戴防护用品处理；若为可燃气体，应迅速处置，做好各项灭火工作，喷水冷却。

## 21.3 锅炉安全技术

### 21.3.1 锅炉的组成

锅炉（图 21.31）是由“锅”与“炉”两个主要部分组成，锅与炉组合起来便构成了锅炉本体。锅是容纳水和蒸汽的密封受压部件，一般包括锅筒、水冷壁、集箱、对流管束、过热器、省煤器和汽水管道等，在其中进行水的加热、汽化和饱和蒸汽的过热等吸热过程。炉是燃料燃烧的场所，即燃烧设备和燃烧室（炉膛）。燃料在炉中燃烧释放出大量热能，被锅内的水和蒸汽吸收。因此，锅炉是一种利用燃料在炉中燃烧释放的热能或工业中的其他热能，加热锅中的水使之具有一定温度和压力的换热设备，也称热工设备。

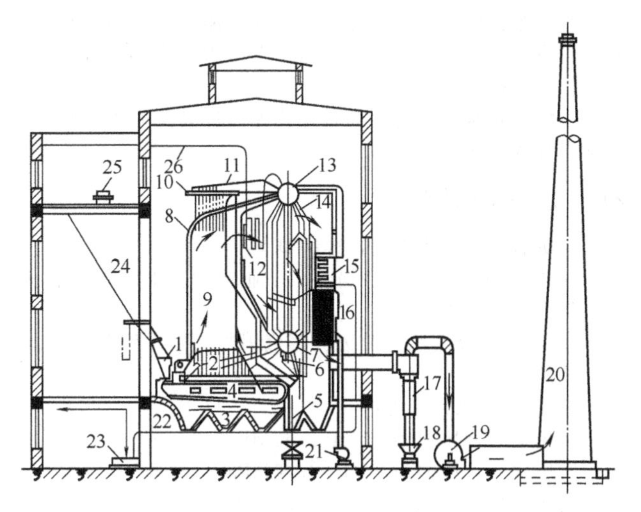

图 21.31 锅炉设备示意

1—煤斗；2—链条炉钩；3—风室；4—侧水冷壁下集箱；5—煤渣斗；6—下降管；7—下锅筒；8—炉膛；9—水冷壁管；10—侧水冷壁上集箱；11—汽水引出管；12—蒸汽过热器；13—上锅筒；14—对流管束；15—省煤器；16—空气预热器；17—除尘器；18—灰车；19—引风机；20—烟囱；21—送风机；22,23—给水泵；24—储煤斗；25—皮带运输机；26—主蒸汽管

锅筒是由钢制封头与筒身焊接制成的圆筒形容器，分头上开有人孔。对于双锅筒锅炉，上锅筒内部装有配水装置、汽水分离装置、排污装置等，外部连接受热面管子，并装有安全附件。下锅筒设有排污装置。上锅筒的作用是：容纳一定的水量，使锅炉维持一定的水位，提高锅炉压力和蒸汽的稳定性；与蒸发受热面管子构成循环回路；汽水混合物在上锅筒进行汽水分离。下锅筒的作用是：与上锅筒及对流管束一起构成循环回路，沉淀水渣并定期排出。

水冷壁是由锅炉钢管弯制而成的单排并水管，作用是：吸收炉膛高温辐射热量，使管内的水汽化；降低炉膛内壁温度，保护炉墙，防止结焦。水冷壁一般布置在炉膛四周，并贴墙。

对流管束是由锅炉钢管弯制成适当形状组成的管群，其两端焊接在上下锅筒上。其作用是吸收烟气的对流放热量，使管束内的水不断汽化。对流管束一般布置在锅炉炉膛出口之外的对流烟道中。

省煤器由弯成蛇形的无缝钢管交错排列组成，作用是：降低排烟温度，减少热损失，提高热效率；提高给水温度，改善水的品质，减轻有害气体对钢板的腐蚀。省煤器一般布置在锅炉尾部烟道中。

过热器由两端各连接在进口和出口的蛇形管束组成，作用是将一定压力的饱和蒸汽加热干燥成一定温度的过热蒸汽。过热器布置在温度较高的烟道中或炉膛的上部。

集箱由直径较大的无缝钢管和两个端盖焊接而成，箱体上开有很多管孔，用以焊接管子。集箱的作用是：汇集或分配多根管子中的汽、水工质；缩短工质的输送连接管道；减少锅筒的开孔数。

为了维持锅炉的正常运行，除锅炉本体外，还配有通风和除尘设备、给水和水处理设备、燃烧供应和灰渣清除设备、仪表及控制设备等辅助设备。因此，人们把锅炉本体和它的辅助设备构成的整套装置，称为锅炉设备或锅炉机组，通常简称为锅炉。

### 21.3.2 锅炉的分类

锅炉有七种分类方法，具体如下：

① 按用途分为：电站锅炉、工业锅炉、生活锅炉、机车船舶锅炉。

② 按出口介质状态分为：蒸汽锅炉、热水锅炉、汽水两用锅炉。

③ 按蒸汽压力分为：

低压锅炉：压力小于等于 2.45MPa。

中压锅炉：压力为 2.94～4.90MPa。

高压锅炉：压力为 7.84～10.8MPa。

超高压锅炉：压力为 11.8～14.7MPa。

亚临界压力锅炉：压力为 15.7～19.6MPa。

超临界压力锅炉：压力大于等于 22MPa。

④ 按蒸发量分为：

小型锅炉：蒸发量小于 20t/h。

中型锅炉：蒸发量为 20～75t/h。

大型锅炉：蒸发量大于 75t/h。

⑤ 按燃料分为：燃煤锅炉、燃油锅炉、燃气锅炉、原子能锅炉。

⑥ 按燃烧方式分为：层燃炉、室燃炉、沸腾炉。

⑦ 按结构分为：锅壳式锅炉、水管锅炉。

### 21.3.3 锅炉安全技术

(1) 锅炉安全基本要求

锅炉是一种承受内压力，具有高温爆炸危险的特种热工设备，锅炉的安全问题，对生产建设和保障人民生命财产安全关系重大，从事锅炉安全管理的工作者，必须高度重视这一工作。

锅炉的安全问题，就是要保证它不发生事故。锅炉的事故按其严重程度，可以粗略分为两类：灾难性爆炸事故和一般性强迫停炉事故。灾难性爆炸事故大部分发生在低、中压，中小型容量的锅炉，多数发生在低压、小型工业锅炉方面。至于高压乃至超临界压力的巨型电站锅炉，很少发生重大受压元件在运行中爆炸的事故。这说明锅炉的安全性在于人如何去掌握，只要充分认识并重视锅炉的安全管理，是完全可以防止灾难性锅炉爆炸事故发生的。此外，锅炉的安全还与设计、制造、运行和检修等方面的工作密切相关。有些锅炉本体结构设计不合理，制造时焊接质量差，甚至安全附件也不全、不灵。对这些锅炉应严格把好质量关，不经检验合格不准出厂和安装使用。

从事锅炉安全管理的工作者，不仅要充分重视锅炉的安全问题，而且必须掌握其安全技术的基本知识，只有这样才能有效地行使监察职权，做好本职工作。

对锅炉本体结构的基本安全技术要求主要有：锅炉本体的各部分在运行时应能按设计预定方向自由膨胀；各部分受热面应得到可靠的冷却；锅炉各受压元件应有足够的强度，并装有可靠的安全保护设施，防止超压；受压元件或部件结构形式、开孔和焊缝的布置应尽量避免或减小复合应力和应力集中；锅炉的炉膛结构应有足够的承压能力和可靠的防爆措施，并应有良好的密封性；锅炉承重结构在承受设计负荷时应有足够的强度、刚度、稳定性及防腐蚀性；锅炉结构应便于安装、维修和清洗内外部。

热是物质分子运动能量的宏观反映。长时间以来热的单位采用卡路里，简称“卡”。由于卡的定义不统一和种类繁多，不能满足现代科学技术的发展，1948 年第九届国际计量大会通过决议，确定用焦耳作为热的单位。焦耳这个单位是以著名科学家焦耳的名字命名的，国际符号为“J”。我国在法定计量单位中规定：热、功、能均采用焦耳为单位，并自 1991 年 1 月起，除个别特殊领域外，不允许再使用非法定计量单位。

在工程技术中，普遍存在着传热问题，无论是增强传热，或者是削弱传热，都必须掌握有关热量传递的基本知识才能有效地控制传热，合理地利用热能。锅炉设备中的锅与炉，一个是吸热，一个是放热，如何强化有利传热，保证锅炉设备安全经济地运行，作为安全技术人员，必须掌握传热方面的基本知识及与之有关的锅炉安全问题。

任何物体在热的作用下，可以使它的温度升高、体积膨胀或状态改变。这一点可以列举出生活中许多常见的现象，例如用火炉烧开水，炉火加热水，使生水变成开水，这时水温升高、体积膨胀，部分液态的水变成蒸汽；又如火车轨道的连接处，都必须留少许间隙，天热时间隙就减小或没有了，天冷时间隙又变宽了。这些现象都是物质具有热胀冷缩特性的缘故。锅炉不仅承受内压力，而且是在高温条件下工作的，这就决定了锅炉运行条件的特殊性。因此，锅炉从设计制造到安装使用，都必须考虑它在运行条件下温度变化引起的热胀冷缩问题，热胀冷缩与锅炉安全有着密切关系。锅炉从冷态点火到正常运行，它的受热膨胀往往是很可观的。当锅炉负荷经常变化时，由于热胀冷缩还会使锅炉产生一种反复作用的内应力。例如，额定工作压力为 0.787MPa（表压），生产饱和蒸汽的兰开夏锅炉，它的锅筒直径为 2.5m，长度为 10m。根据计算，从冷炉点火（假定冷炉温度为 20℃）到产生蒸汽（饱和蒸汽温度为 174.53℃），兰开夏锅炉的锅筒要伸长约 17mm。如果安装时事先没有给锅筒留有伸长的余地，就会致使锅筒损坏，或者推裂炉墙。因此，安装锅炉时，锅筒与炉墙之间要留有空隙，锅筒的支座应考虑使锅筒能自由伸长。火管锅炉的炉胆分成几段，每段连接处用波浪形或波纹形连接环；锅筒的封头要扳边，这都是为了缓冲其热胀冷缩在结构上所采取的安全措施。锅炉安装完毕，要经过烘炉阶段，烘炉时必须使锅炉本体与炉墙的温度缓慢而均匀地升高，否则各部分热胀冷缩不均匀，就会使炉墙产生裂纹，炉体渗漏。锅炉正常开炉和停炉时，必须严格遵守锅炉安全操作规程。锅炉实现改造时，不要搞刚性结构，要使锅炉结构具有弹性和有伸缩的余地。

(2) 锅炉用燃料及其燃烧

燃料是指燃烧时能放出大量热能，并且此热能可被有效利用（经济上合理，技术上可能）的物质。锅炉选用燃料的种类和品质不同，它的结构、燃烧方式和燃烧特性也各不相同，这些都与锅炉安全、经济运行有着密切关系。因此，了解各种燃料的性质及其燃烧特性，对做好工业锅炉安全管理工作具有十分重要的意义。

燃料分类的方法有多种，锅炉用燃料通常根据其物理状态的不同分为固体、液体和气体三种。固体燃料有煤、油页岩以及木柴等；液体燃料有柴油、重油和渣油等各种石油制品；气体燃料有天然气、油田伴生气和各种人工发生煤气等。

燃料在炉内燃烧是燃料中可燃成分与空气中的氧相遇，在足够的着火温度下，发生剧烈的化学反应，既发光又放热，并生成燃烧产物的过程。换句话说，燃料的燃烧是燃料的剧烈氧化过程。因此，要使燃料燃烧，应该有充分的氧气供应和足够高的反应温度，而要使燃料达到迅速而完全地燃烧，还必须使燃料中的可燃成分与氧气有良好的接触和充分的反应时间。

充分的氧气供应，也就是供给足够的空气，即加大向炉内的送风量，这样便增强了燃料中可燃成分与氧气接触的能力，只要在足够高的着火温度条件下，燃料在炉内即可达到迅速而完全燃烧。所以，向炉内供给足够的空气量是燃料迅速而完全燃烧的必要条件。但是向炉内供给的空气量也不能过多，否则不参与燃料燃烧的冷空气大量进入炉内，会降低炉膛温度，反而使炉内燃烧状况恶化，甚至被破坏。所以，向炉内供给的空气量要适当。

燃料燃烧所需的空气量主要取决于燃料中可燃元素成分的含量。每千克应用基固体或液体燃料，或者标准状态下每立方米气体燃料完全燃烧所需要的干空气量称为理论空气量。它的计算公式可由燃料中各可燃元素的完全燃烧方程式导出。但是，在燃料燃烧时，由于操作水平和炉子结构等原因，供给的空气不可能百分之百地与燃料接触和发生反应。为了使燃料尽可能完全燃烧，在送风时必须加上一定的裕量。所以，锅炉在运行时，实际供给的空气量大于理论空气量。通常，把比理论空气量多出的那部分空气称为过量空气。实际空气量与理论空气量的比值，称为过量空气系数。

过量空气系数的大小与锅炉结构、燃料品种、燃烧方式以及锅炉负荷的大小等因素有关。过量空气系数太大，说明空气供应过多，一部分热量被白白地用来加热进入炉膛的冷空气，会使炉膛温度降低，烟气量增加，排烟热损失增加，风机的电耗也增多。反之，过量空气系数太小，则导致燃料燃烧不完全，增加了不完全燃烧热损失。因此，过量空气系数的大小可以反映出锅炉燃烧的经济性和操作运行的技术水平。它是锅炉设计的一项比较重要的技术经济指标。锅炉在运行过程中，要求在保证燃料的完全燃烧、热损失较低的前提下，尽量减小过量空气系数，一般是控制锅炉燃烧室（炉膛）出口处的过量空气系数。最佳过量空气系数应根据不同的锅炉结构、燃烧方式、燃料品种等通过试验和技术经济比较来确定。

一般锅炉在运行中炉内处于负压状态，炉膛和烟道内保持略低于炉外环境的大气压力，以免向炉外喷火、冒烟、吐灰。因此，会有空气通过炉门、看火孔以及炉墙的不严密部位自炉外漏入炉膛和烟道中。炉膛的漏风量，应该考虑包含在需要的过量空气量之内。对流烟道的漏风量，完全无助于燃烧，只能使烟气温度下降，锅炉尾部受热面传热恶化，增大空气带走的热量。因此，也要控制锅炉各对流烟道的过量空气系数在一定范围之内，主要是改善炉墙结构、提高炉墙的砌筑质量以及运行中加强堵漏等措施。

燃料在锅炉中的燃烧方式有层状燃烧、室燃烧和沸腾燃烧。

层状燃烧是由人或机械将颗粒直径为十几毫米甚至上百毫米的煤粒或煤块送到固定的或活动的炉排上，形成一定高度的燃烧层；空气由炉排下部进入，经炉排的间隙穿过燃烧层，使煤块燃烧。其特点是所烧的煤块较大，不易烧透，常用较好的煤。

室燃烧是指燃料和空气混合后经喷燃器喷入炉膛，在炉膛内边运动边燃烧。它的主要特点是对煤种适用性强；容易着火，燃烧比较完全，热效率高。其缺点是附属的制粉和配风系统复杂，耗电量大；飞灰含量较高；低负荷运行困难。

沸腾燃烧是指煤粒分布在炉排上，用高压风机通过装有风帽的炉排使煤粒悬浮，上下翻滚，着火燃烧。其特点是能燃用劣质煤；燃烧强度和传热强度高；燃烧温度低，煤气中有害物质少；灰渣便于综合利用。其缺点是飞灰量大，机械不完全燃烧损失较大；煤粒破碎、鼓风等耗电量大；埋管及受热面管子磨损严重。

(3) 锅炉热效率及其热损失

锅炉的任务不外乎两个方面，其一是使燃料在炉内得到良好燃烧，放出热量；其二是汽锅受热面有效地最大限度地吸收热量。燃料在炉内燃烧所放出的热量，只有一部分被汽锅受热面吸收用以生产蒸汽或热水，这部分热量称为锅炉有效利用热量，其余的热量都以各种不同形式损失掉了，称为各种热损失。锅炉热效率是指锅炉有效利用热量与燃料输入锅炉总热量的百分比。

为了确定锅炉热效率，就需要使锅炉在稳定热力工况下，建立锅炉输入热量和输出热量及各种热损失之间的平衡关系，通常称锅炉的热平衡。锅炉的热平衡对燃用固体、燃用液体而言，是以进入炉膛1kg应用基燃料为计算的基础；对气体燃料而言，则以标准状态下$1m^3$气体燃料为计算的基础。在锅炉的热平衡基础上可计算锅炉热效率和燃料消耗量以及各种热损失。

锅炉的热平衡是指在正常运行状态下燃料输入锅炉的热量应该等于锅炉有效利用热量与各种热损失热量之和。在燃煤的工业锅炉中，输入锅炉的热量一般就是煤的应用基低位发热量$Q_{dw}$。锅炉输出的热量则包括两部分：其一是被有效利用生产蒸汽或热水的热量$Q_1$；其二是各种热损失。热损失包括排烟热损失$Q_2$、气体不完全燃烧热损失$Q_3$、固体不完全燃烧热损失$Q_4$、散热热损失$Q_5$和灰渣物理热损失$Q_6$五项。故锅炉的热平衡方程式即可写成：

$$Q_{dw}=Q_1+Q_2+Q_3+Q_4+Q_5+Q_6 \quad (21.26)$$

锅炉的热平衡对锅炉的设计和运行都很重要。在锅炉的热平衡基础上，不仅可以确定锅炉的有效利用热量、各种热损失、锅炉热效率及燃料消耗量，而且可以检查锅炉设计质量及运行水平，并由此分析造成热损失大的原因，做到及时改进，提高热效率。

要确切计算锅炉热效率的数值，必须通过锅炉的热效率试验。锅炉的热效率试验分正平衡试验和反平衡试验。正平衡试验是直接测量燃料消耗量及其发热值、锅炉蒸发量、蒸汽参数等数值后，算出锅炉热效率的一种热平衡试验方法。这是一种测定工业锅炉常用的比较可靠、简便的方法，但正平衡试验法只能求得锅炉的热效率，不能研究和分析影响热效率的各种原因，用于小型锅炉。在实际的热工试验中，往往采用反平衡试验法。反平衡试验是测定锅炉的各项热损失来确定锅炉热效率的一种热平衡试验方法。这种方法常用于大中型锅炉。

锅炉的热损失主要有：排烟热损失（受排烟温度和排烟量影响）；气体不完全燃烧热损失（受过量空气系数和炉膛结构影响）；固体不完全燃烧热损失（受燃料种类、燃烧方式、炉膛结构、运行情况影响）；散热损失（受炉墙面积、绝热性能、厚度等影响）；灰渣物理热损失（受燃料中灰分含量、燃烧发热量、排渣形态影响）。

### 21.3.4　锅炉安全装置

锅炉安全装置主要是指锅炉上使用的压力表、水位计、安全阀、汽水阀、排污阀等。它们是锅炉正常运行中不可缺少的组成部件。其中，压力表、水位计和安全阀是锅炉操作人员进行正常操作的基础，是保证锅炉安全运行的基本附件，对锅炉的安全运行极为重要，因此常被称为锅炉的三大安全附件。

(1) 压力表

测量锅炉汽水系统中压力大小的压力表，广泛应用的是弹簧管式压力表。这是其具有结构简单、使用方便、价格低廉和准确可靠等优点的缘故。每台锅炉必须装有与锅筒蒸汽空间直接相连的压力表，还应在给水调节阀前、可分式省煤器出口、过热器出口和主汽阀间装设压力表。锅炉或高温蒸汽的压力容器，压力表的接管上应装有存水弯管，压力表与存水弯管间应装有三通旋塞。根据最高工作压力在压力表的刻度盘上画出警戒红线。盛装高温、强腐蚀性或高黏度介质的压力容器，应在压力表与容器的连接管路上装设充填有液体的隔离装置，或选用抗腐蚀压力表。压力表的位置应有足够的照明以便于观察和检验。要防止压力表受热辐射、低温及振动的影响。压力表与承压设备间应有三通旋塞，且装在垂直管段上，要有开启标记和锁紧装置。

选用压力表时应注意压力表的量程一般为工作压力的1.5～3倍；测量精度根据设备的工作压力等级和实际需要来确定；表盘直径不小于100mm。

压力表的常见故障是指针不动，指针抖动，指针在无压时回不到零位，指示不明确，超过允许误差。压力表有下列情况之一时，应停止使用：①有限制钉的压力表，在无压力时，指针转动后不能回到限制钉处；无限制钉的压力表，在无压力时，指针距零位的数值超过压力表规定的允许偏差。②表盘封面玻璃破碎或表盘刻度模糊不清。③封印损坏或超过检验有效期限。④表内弹簧管泄漏或压力表指针松动。⑤其他影响压力表准确指示的缺陷。

压力表在使用时应保持清洁，表盘上的玻璃应明亮清晰。压力表的连接管要定期吹洗，以免堵塞。经常检查指针的转动与波动是否正常，连接管上的旋塞是否处于全开位置。压力表必须定期检验，每年至少经有资格的计量单位校验一次。校验后应认真填写校验记录和校验合格证并加铅封。超过校验期的压力表应停止使用。

(2) 水位计

水位计又称水位表，它是用来显示锅内水位的高低，同时监控锅炉水位动态，控制其在正常范围内，保证锅炉安全运行的设备。蒸汽锅炉上如果不安装水位计或者水位计失灵，司炉人员将无法了解锅内水位的高低，在运行中不可避免地会造成蒸汽锅炉锅内缺水或满水事故，特别是锅内严重缺水时，还可能造成锅炉爆炸事故。所以，为了确保蒸汽锅炉的安全运行，每台蒸汽锅炉必须按规定装设灵敏可靠的水位计。没有水位计或水位计失灵的蒸汽锅炉是绝对不允许投入运行的。

水位计是按照连通器内水位高度相等的原理制造而成的。水位计水连管和汽连管分别与锅筒的水空间和汽空间相连，水位计和锅筒构成连通器，水位计显示的水位即是锅筒的水位。锅炉上常用的水位计有玻璃管式水位计、玻璃板式水位计、双色水位计和低地位水位计。

为防止水位计发生故障时无法显示锅内水位，要求每台锅炉应至少装设两个彼此独立的水位计。分段蒸发的锅炉应在每个蒸发段上装一个水位计。水位计应装在便于观察的地方，并且有良好的照明以便于检查与冲洗。水位计与锅筒间的汽水连接管应水平布置，防止形成假水位。水位计要有最高、最低安全水位的明显标志。

水位计在使用时的常见故障主要有旋塞泄漏、虚假水位、旋塞拧不动及水位计玻璃管爆破。在使用水位计时应注意：水位计在运行中要定期清洗，每班至少清洗一次；及时检查和消除水位计各接合面的漏水和漏汽现象；锅炉正常运行时，水位计的水位应有轻微的波动；水位计上的旋塞手柄应齐全，旋转灵活；锅炉上装有几个水位计时，在运行中每班至少要互相校正3～4次，并把校正的结果记入运行记录中。

(3) 安全阀

安全阀能自动地将锅炉工作压力控制在预定的允许范围内。当锅炉压力超过允许的工作压力时，安全阀就自动开启，排出蒸汽或热水，直到锅炉压力降低到允许的工作压力，才会自动关闭，使锅炉工作压力经常保持在允许的工作压力下运行，而不致因超压酿成锅炉爆炸事故。

安全阀由阀座、阀瓣、加载机构组成，通过作用在阀瓣上的两个力来使它开启或关闭以达到防止锅炉超压的目的。安全阀要具备必要的密封性、可靠地开启、及时稳定地排放、适时地关闭及关闭后的密封。

安全阀按整体结构和加载结构的形式分为重锤杠杆式（见图21.32）、弹簧式（见图21.33）、控制式三种；按阀瓣开启高度与阀流通直径之比分为微启式和全启式两种；按气体排放方式分为全封闭式、半封闭式和敞开式三种。

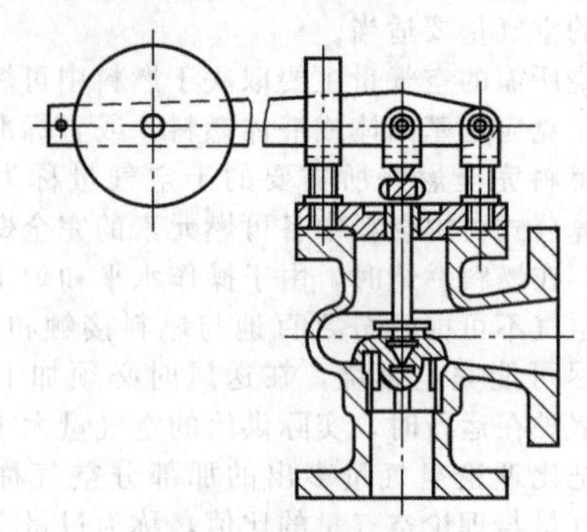
图21.32　重锤杠杆式安全阀

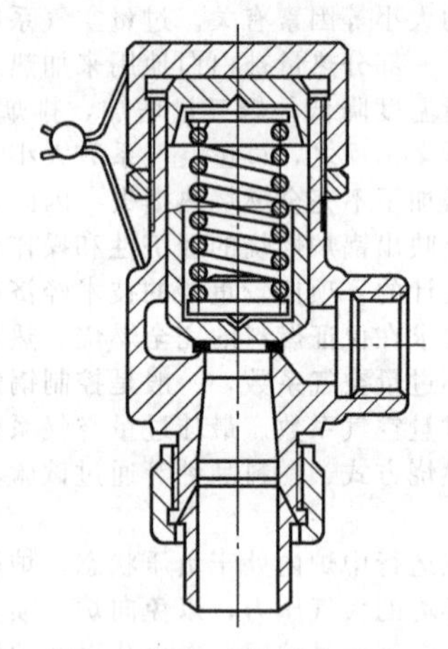
图21.33　弹簧式安全阀

安全阀的压力参数如下：

公称压力，常温状态下的最高许用压力；开启压力（整定压力），阀瓣在运行条件下开始升起时的介质压力；排放压力，阀瓣达到规定开启高度时进口侧的压力；回座压力，排放后阀瓣重新压紧阀座，介质停止排出时的进口压力；启闭压差，开启压力和回座压力之差。

安全阀出厂时金属铭牌上应载明的内容有：制造单位名称、制造许可证编号；型号、形式、规格；产品编号；公称压力；阀座喉径；排放系数；检验合格标记；适用介质、温度；出厂年月。

在锅炉上安装安全阀，应符合如下的要求：

①安全阀应垂直安装在锅筒、集箱的最高位置。②在安全阀与锅筒或集箱之间，不得装有取用蒸汽的出口管和阀门。③安全阀与锅炉的连接管，其截面积应不小于安全阀的进口截面积。④额定蒸发量大于0.5t/h的锅炉，至少装两个安全阀，反之至少装一个安全阀；可分式省煤器出口处、蒸汽过热器出口处都必须装安全阀。⑤重锤杠杆式安全阀要有防止重锤自行移动的装置和限制杠杆越轨的导架，弹簧式安全阀要有提升手把和防止随便拧动调整螺钉的装置。⑥额定蒸汽压力小于或等于3.82MPa的锅炉，安全阀喉径不应小于25mm；当额定蒸汽压力大于3.82MPa时，安全阀喉径不应小于20mm。⑦安全阀一般应装排气管，排气管应直通安全地点，并有足够的截面积，保证排汽畅通。

安全阀在安装前应进行耐压试验和气密性试验，检验安全阀的强度和密封性能，合格后才能进行校正和调整。在气体试验台上，通过调节施加在阀瓣上的载荷来校正安全阀的开启压力。在容器上，通过调整安全阀调节圈与阀瓣的间隙来调整安全阀的排放压力和回座压力。安全阀调整与校正过程中必须有使用单位主管锅炉压力容器安全的技术人员在场，调整及校正用压力表的精度应不低于1级，在调整及校正时应有安全防护措施。及时记录调整及校正过程，合格后装好有关附件进行铅封。

安全阀在使用时应保持清洁，防止阀体弹簧等被油垢脏物粘满或被腐蚀，防止安全阀排放管被油污或其他异物堵塞；要经常检查铅封是否完好，防止重锤杠杆式安全阀的重锤松动或被移动，防止弹簧式安全阀的调节螺钉被随意拧动；发现安全阀有泄漏迹象时，应及时更换或检修；每年至少做一次定期校验，保持安全阀灵敏可靠。

安全阀的常见故障及消除方法，如表21.35所示。

安全阀的选用取决于设备的工艺条件和工作介质特性，一般按最大允许工作压力选用合适的安全阀，排量必须大于设备的安全泄放量。

(4) 锅炉上的其他安全装置

锅炉汽水管道上安装的各种阀门，是锅炉设备不可缺少的附件。锅炉在运行中，司炉人员通过操作各种阀门，实现对锅炉汽水系统的控制和调节，以保证锅炉的正常和经济运行。根据用途不同，锅炉汽水管道上的阀门可分为主汽阀、给水阀、止回阀和排污阀等。主汽阀是指安装在锅筒或蒸汽过热器管道上的蒸汽阀，利用它可调节锅炉蒸汽量的大小和开关蒸汽的通道，一般采用闸板阀和截止阀两种。给水阀是用来控制和调节锅炉给水量的阀门，又称给水调节阀，常用直通式流线型的球形阀或阀芯呈锥形体的球形阀。止回阀是用来防止有压流体在管道中逆向流动的一种自动阀门，又称逆止阀或单流阀，通常有开启式、升降式和弹簧式三种形式。排污阀是用于锅炉排污的阀门，锅炉上常用的排污阀有旋塞式、齿条闸门式、普通闸门式等几种。

## 21.3.5 锅炉安全运行管理

锅炉要实现安全、经济和连续地运行，必须具备合理的锅炉结构、完整的附件、熟练的操作工人和一整套完善的科学管理制度。同时，当地劳动部门还必须加强对这一工作的领导，行使其有效的监督和检查权力。只有这样，才能避免锅炉在运行过程中发生重大事故。为此，从事锅炉安全管理的工作者，必须具备锅炉安全运行与科学管理方面的一些基本知识。

### 21.3.5.1 锅炉点火前的检查与准备

对于新装、移装、改装或检修后的锅炉，以及长期停用的锅炉，在点火前必须由专业技术人员对锅炉进行全面仔细的检查，确定锅炉各部分都符合点火运行要求，方可批准投入使用。同时，要做好点火前的各项检查与准备工作。

(1) 锅内检查

检查锅筒、集箱、炉胆、火管、水管等内部情况是否正常，要在人孔和手孔尚未关闭时进行，以便检查这些部件内部有没有严重腐蚀或损坏，水垢泥渣是否清洗干净，有无工具及其他物件留在锅内，并用通球法检查管内是否有焊渣或被堵塞。经检查认为合格后，确实证明没有人留在锅筒内时，方可关闭所有的人孔和手孔。

(2) 锅外检查

检查炉墙有无裂缝、凸出或塌凹现象；炉墙与锅体接触部位是否留有必要的膨胀间隙和石棉绳垫料；烟道炉墙是否完整，烟道应通畅；烟道闸门是否操作灵活、关闭严密；当关闭烟道出灰门时，应检查有没有人仍在烟道内工作，并且出灰门应关闭严密。

对于链条炉排锅炉，应检查炉排的活动部分和固定部分是否有必要的间隙，炉排所有转动部分的润滑情况，炉排转动装置中安全弹簧的压紧程度。然后开动电动机对炉排各挡速度进行空转试验，检查炉排的松紧程度是否适当，炉排、炉排片和其他零件是否完整。往复炉排锅炉与链条炉排锅炉的检查内容大致相同。对于燃油锅炉，应检查炉膛有无积油，如有积油必须清除干净；供油管道绝对不允许有漏油现象，否则漏出的油蒸发成气态，并与空气混合，在火花作用下会引起爆炸。

对锅炉的风机，应检查风机入口调节导叶方向与风机叶片转动方向是否相同，挡板用手转动应灵活。用工具盘转动靠背轮，使风机转动，检查动、静两部分有没有摩擦、碰撞、卡死或其他异常现象。如一切正常，应通电试验风机旋转方向是否正确，还应无摩擦、碰撞和异味，并注意电流表的指示值应该正确。

表21.35 安全阀的常见故障及消除方法

| 故　障 | 原　因 | 消除方法 |
|---|---|---|
| 泄漏 | 阀瓣与阀座密封面间有脏物 | 将阀开启几次，冲去脏物 |
| | 密封面损伤 | 研磨或车削后研磨 |
| | 阀杆弯曲、倾斜或杠杆与支点偏斜 | 重新装配或更换 |
| | 弹簧弹性降低或失去弹性 | 更换弹簧或重新调整开启压力 |
| 到规定压力时不开启 | 定压不准 | 重新调整弹簧的压缩量或重锤的位置 |
| | 阀瓣与阀座粘住 | 定期对安全阀做手动放气或放水试验 |
| | 杠杆被卡住或重锤被移动 | 重新调整重锤位置并使杠杆运动自如 |
| 不到规定压力时开启 | 弹簧弹力不足 | 更换弹簧 |
| | 初始压力不准确 | 重新调整初始压力 |
| | 调整螺钉固定不牢 | 旋紧调整螺钉 |
| | 重锤向前移动 | 重新调整重锤位置 |
| 排气后压力继续上升 | 安全阀排量小于安全阀泄放量 | 重新选用合适的安全阀 |
| | 阀杆中线不正或弹簧生锈 | 重新装配阀杆或更换弹簧 |
| | 排气管截面不够 | 采用符合安全排放面积的排气管 |
| 阀瓣频跳或振动 | 弹簧刚度太大 | 改用刚度适当的弹簧 |
| | 调节圈调整不当 | 重新调整调节圈位置 |
| | 排放管阻力过大 | 减小排放管阻力 |

锅炉所有附件应符合安全技术要求，这些附件的开关位置都应准确无误。

(3) 上水

在锅炉点火前的检查工作完毕之后，即可进行锅炉的上水工作。上水前应开启锅筒上的空气旋塞，以便在上水时排除锅炉内的空气。如无空气旋塞，可稍撑开其安全阀或开放压力表下的三通阀门，或打开注水器的蒸汽阀。上水时要缓慢，水温不要过高，冬季水温应在50℃以下。水温太高，会使受热面温度不均匀而产生内应力，易使管子胀口形成裂缝而产生泄漏。上水时应检查锅炉的人孔盖、手孔盖、法兰接合面及排污阀等有无漏水现象。当发现有漏水现象时应拧紧螺钉，如仍然漏水，应停止上水，并放水至适当位置重新换垫片，杜绝漏水后再继续上水。

对蒸汽锅炉，当锅内水位上升到玻璃管水位计的最低水位线时，应停止上水。对热水锅炉，当锅炉顶部集气罐上的放气阀有水冒出时，上水即告完毕，便可关闭放气阀。停止上水后，应继续检查锅水有无泄漏之处。如有泄漏，应查明原因并设法消除。对蒸汽锅炉初次上水，其水位应在最低水位线处，这是由于冷水加热后其体积会膨胀，水位会继续上升。

(4) 烘炉

烘炉是在炉膛中用文火缓慢加热锅炉，逐渐蒸发掉炉墙、炉拱中的水分。烘炉的目的是使锅炉的炉墙、炉拱能够缓慢地干燥，把炉墙、炉拱中的水分排掉，避免在运行时由于水分急剧蒸发而使炉墙、炉拱产生裂缝或变形，甚至破坏。同时，烘炉可以使炉墙、炉拱趋于稳定，以便在日后能在高温状态下长期可靠的工作。烘炉是一项细致的工作，应当小心谨慎地进行。要缓慢地驱逐炉墙、炉拱内的水分，不使它骤然产生应力与变形，直到完全干燥为止。如果烘炉很草率，使炉墙、炉拱干燥太快时，其内会产生大量的水蒸气，因而挤压墙砖移动，造成炉墙和炉拱突出、裂缝及变形等缺陷。

烘炉时间的长短应根据具体情况而定，即根据锅炉形式、炉墙结构、干湿程度及施工季节不同而定。烘炉过程中的温度上升情况应按过热器后的烟气温度测定。烘炉的合格标准是在烘炉时炉墙不出现裂缝和变形。

烘炉的后期也可以和煮锅同时进行，以缩短煮锅时间。

(5) 煮锅

煮锅是指用化学药剂除去受热面及循环系统内的铁锈、污物及胀接管头内部的油脂等。煮锅的目的是清除锅炉在制造、运输、安装或修理过程中带入锅内的杂质和油污。这些脏物的存在，不但会堵塞水管，使蒸汽品质恶化，而且它还使传热变坏，受热面容易过热烧坏，因此必须通过煮锅把它清除。

煮锅时所用的化学药剂是磷酸三钠和氢氧化钠，在没有压力的情况下将配制的上述均匀溶液与锅炉给水同时缓慢放入锅筒内，或用加药泵注入锅筒内。煮锅过程中，蒸汽锅炉应保持锅内水在最高水位；热水锅炉则保持锅内满水。加热应均匀，维持锅水在大气压下的沸腾状态约10～12h后，减弱燃烧进行排污；再加强燃烧使锅炉运行12～24h后自然冷却，等锅水冷却至70℃以下时即可排出，最后用清水清洗干净。需要强调的是，在煮锅时要将参加工作的人员进行分工，制定操作规程和标准，并严格执行。特别是在配制煮锅用化学药剂时应穿胶鞋，戴胶手套，系胶围裙以及戴有防护玻璃的面罩，防止被碱液灼伤。

(6) 蒸汽试验

通过蒸汽试验检查人孔、手孔、法兰处是否有渗漏，全部阀门的严密程度，锅筒、集箱等膨胀情况是否正常等。

#### 21.3.5.2 锅炉的点火与并炉

(1) 锅炉的点火

锅炉的点火是在做好点火前的一切检查和准备工作之后才开始的。锅炉点火所需的时间，应根据锅炉的结构形式、燃烧方式和水循环等情况而定。水循环好的锅炉一般点火时间短些，水循环差些的锅炉点火时间要长些。所谓点火时间指从冷炉开始到锅炉达到正常运行状态所需要的时间。点火时间火管锅炉一般为5～6h，水管锅炉一般为3～4h，快装锅炉一般为2～3h。点火速度不能太快，特别是水容量大和水循环差的锅炉，更应该使锅炉温度缓慢上升，以免因突然热膨胀损坏锅炉部件和炉墙。

由于锅炉用燃料和燃烧方式的不同，点火时应注意的安全问题也各不相同。燃油锅炉在点火前应启动引风机和送风机，并将风门挡板暂放在全开位置，保持炉膛负压为49～98Pa。对炉膛和烟道至少通风5min，将炉膛在上次停炉熄火时喷出的油滴蒸发成的油气和烟道死角可能积存的可燃气体全部排出换成新鲜空气，否则点火时有爆炸危险。点火时应将风门挡板转到风量最小的位置，并从侧面点火，以防爆燃时被喷火烧伤，燃烧器点火必须用火把。

燃气锅炉点火时，为防止炉膛和烟道可能残留有可燃气体而引起爆炸事故，点火前必须启动风机，对炉膛和烟道至少通风5min。在通风前无论任何情况，不得将明火带入烟道和炉膛中去。若一次点火不成功，必须立即关闭燃气调节阀，停止向炉膛进燃气，再充分通风换气后重新点火，严禁利用炉膛余火进行二次点火。

燃烧煤粉的锅炉，若一次点火不成功，必须首先停止向炉内供给煤粉，然后进行通风换气后再进行点火。燃烧块煤的层燃炉一般是在自然通风下进行点火。点火前也要将烟道的闸门完全开启10～15min，使炉膛和烟道能彻底通风。

锅炉点火后，燃烧要缓慢加强。为了保证锅炉各部分受热均匀，升压不要太快。当汽压升高到高于大气压力，蒸汽从空气阀排出时，应关闭锅炉上的空气旋塞或将安全阀扳回到原处，并注意锅炉压力的继续上升。如锅筒上装有两个压力表时，应该校核两者所指示汽压是否相同。同时，注意炉膛及其所有受热面受热膨胀是否均匀。当汽压达到额定工作压力时，应校验安全阀是否灵敏可靠，然后铅封。

在锅炉供汽之前，应先做好暖管工作。暖管一般是在锅炉汽压升到额定工作压力的2/3时进行。暖管工作就是用蒸汽将常温下的蒸汽管道及阀门和法兰均匀加热，并把加热冷凝下来的水排出去，以防送汽时发生水击而损坏管道、法兰和阀门。暖管时应注意管道受热后的变形，管道的支架或吊架应没有不正常现象，否则应停止暖管并设法消除。

锅炉在点火升压阶段除了要防止炉膛爆炸、控制升温升压速度外，还应注意严密监视和调整指示仪表。要注意对非沸腾式省煤器的监视，防止因省煤器内产生蒸汽造成水击，使省煤器损坏。

(2) 锅炉的并炉

几台蒸汽锅炉并列运行，向同一根蒸汽母管送汽叫并炉，又称并汽。并炉前应减轻炉膛火力，开启蒸汽母管上的疏水阀，并冲洗水位计，检查水位是否正常。并炉应在锅炉汽压与蒸汽母管汽压相差0.048～0.098MPa时进行。先缓慢打开主汽阀，等汽管中听不到汽流声音时才能大开主汽阀。主汽阀全开后，应回关一圈，再关旁通阀。

并炉时应注意观察水位、汽压的变化情况，若管道内有水击现象，应加强疏水后再并炉。并炉后，各蒸汽锅炉的上水必须配合锅炉的蒸发量，使其维持在正常水位。

对于热水锅炉，应根据整个采暖系统的特点，在开始上水、点火时，应重点检查进出口阀门是否开启，各处空气阀门是否打开，以便使整个系统充满水。启动大型循环水泵时，为防止电动机启动电流过大，循环水泵应在其出口阀门关闭的情况下启动，而后先打开旁通阀，再逐渐开启水泵出口阀门，以免启动升压太快造成炉体和暖气片损坏。等锅炉运转正常后，可关闭旁通阀或开大进、出口阀门。

对有蒸汽过热器的锅炉，在锅炉点火时，应开启蒸汽过热器出口集箱上的疏水阀，使蒸汽通过过热器的蛇形管来冷却过热器。随着锅炉压力的升高，应将蒸汽过热器出口集箱上的疏水阀慢慢关闭。在并炉工作全部进行完毕时，蒸汽过热器出口集箱上的疏水阀应完全关闭。蒸汽过热器出口集箱上安全阀的始启压力，应调整至低于锅筒上安全阀的始启压力，以便当负荷突然降低时，蒸汽可流经蒸汽过热器出口集箱上的安全阀而排至大气，防止蒸汽过热器过热。

#### 21.3.5.3　锅炉运行的管理与维护

要使锅炉安全、经济、连续地运行，必须做好锅炉运行时的管理和维护工作。使用锅炉的单位，应根据本单位实际情况，建立以岗位责任制为主要内容的各项规章制度，并保证贯彻执行。具有自动控制系统的锅炉，还应建立巡回监视检查和定期对自动仪表进行校验、检修的制度。主管部门应根据本单位锅炉设备的情况，制定有关的锅炉管理方面的规章制度，搞好维护保养、定期检修等工作。

锅炉运行是否正常，直接影响锅炉的安全及运行经济效益，为此必须经常地监视锅炉的运行变化情况和控制锅炉运行在正常范围内。锅炉运行监督调节的主要任务是：维持蒸发量为额定值或维持蒸发量与负荷相适应；维持蒸汽参数为额定值，并基本上保持稳定；维持锅炉水位在正常水位±50mm范围内波动；保证蒸汽品质，保证燃烧及传热良好；保证人身和设备安全。

（1）锅炉运行时水位的调节与控制

不断地通过水位计监视锅内的水位，保持在正常水位线处，并允许在正常水位线上下50mm之内波动。锅炉在低负荷运行时，水位应稍高于正常水位，以防负荷增加时水位降得过快。锅炉在高负荷运行时，水位应稍低于正常水位，以防负荷降低时水位升得过快。锅炉运行中要定期冲洗水位计，每班至少进行一次。

（2）锅炉运行时汽温的调节与控制

当过热蒸汽温度过高时，采用下列方法调节：有减温器的，可增加减温器水量；喷汽降温；对过热器前的受热面进行吹灰；在允许范围内降低过量空气量；提高给水温度；使燃烧中心下移。

当过热器温度过低时，采用下列方法升高汽温：对过热器进行吹灰，提高其吸热能力；降低给水温度；增加风量，使燃烧中心上移；有减温器的，可减少减温水量。

（3）锅炉运行时燃烧的调节

对于层燃炉，燃料的调节是通过变更加煤间隔时间，改变链条转速、炉排振动频率等手段。在增大风量时，先增引风，后增鼓风。在减小风量时，应先减鼓风，后减引风，使炉膛保持在负压下运行。

对于室燃炉，负荷增加时，先增引风，后增鼓风，最后增加燃料。当负荷减小时，应先减燃料，其次减鼓风，最后减引风。防止在炉膛及烟道中积存燃料，避免浪费和爆炸事故发生，同时也保证负压运行。

（4）锅炉房的安全要求

锅炉房内的设备布置应便于操作、通行和检修，同时应有足够的照明、良好的通风及必要的降温和防冻措施。锅炉房地面应平整无台阶，并能防止积水。锅炉房承重梁柱等构件与锅炉应有一定距离或采取其他措施以防受高温损坏。锅炉房每层至少应有两个出口，分别设在两侧。通向室外的门应向外开。在锅炉房内的操作地点及水位计、压力表、温度计、流量计等处，应有足够的照明；锅炉房应有备用的照明设备或工具。

锅炉房应有完善的规章制度，一般应包括岗位责任制、锅炉及其辅助设备的安全操作制度、巡回检查制度、交接班制度、设备维修保养制度、水质管理制度。

（5）对司炉工人的要求

司炉工人应年满18周岁，身体健康，无妨碍从事司炉作业的疾病和生理缺陷。司炉工人应具有关于蒸汽、压力、温度、水质、燃料与燃烧、通风、传热等方面的基本知识，并掌握所操作锅炉的基本内容，经考试合格取得司炉操作证。

司炉工人在安全技术方面的职责是：严格执行各项规章制度，精心操作，确保锅炉安全运行；发现危及安全的异常现象应紧急停炉并及时报告单位负责人；拒绝执行任何损坏锅炉安全运行的违章操作；努力学习业务知识，不断提高操作水平。

对司炉工人要经常进行培训，并定期考核。司炉工人的安全技术培训、考核与发证按《锅炉司炉工人安全技术考核管理办法》执行。培训工作由本单位、主管单位或委托其他单位进行。考试由当地锅炉压力容器安全监察机构统一组织，包括理论和实际操作两部分。考试合格的司炉工人由当地锅炉压力容器安全监察机构签发司炉操作证。司炉操作证根据锅炉压力、容量及供热量的不同分为四类，一般每4年由发证机关或其指定单位进行一次审查。

#### 21.3.5.4　锅炉停炉与保养

锅炉停炉有正常停炉和事故停炉两种情况。

（1）正常停炉

正常停炉即有计划停炉。经常遇到的是锅炉定期检修，节假日期间或供暖季节已过，需要停炉。正常停炉应遵照锅炉安全操作规程所规定的停炉操作步骤，按顺序进行。一般而言，正常停炉时，先停止向炉内供给燃料，关闭送风机停止送风，降低引风，最后关闭引风机。

锅炉正常停止运行应注意的主要问题如下。

① 防止降压降温过快，避免锅炉部件因降温收缩不均匀而产生过大的热应力。

② 停炉操作应按规定程序进行：停止燃料供应、停止送风、降低引风、降低锅炉负荷、减少锅炉上水。停止供汽后，关闭主气阀，开启过热器集箱疏水阀和对空排气阀，排气降压以冷却过热器。

③ 停炉后4～6h内，紧闭炉门和烟道挡板，之后打开烟道挡板，缓慢加强通风，适当放水。

④ 停炉18～24h后，锅水温度不超过70℃时可将锅水放尽。

⑤ 保证锅炉与其他运行的锅炉可靠绝缘。

（2）事故停炉

事故停炉又称紧急停炉。事故停炉时应立即停止向炉内供给燃料，必要时扒出炉内燃料或用湿炉灰将火压灭。

在锅炉运行中的紧急停炉一般情况是：锅炉水位低于水位计的下部可见边缘，不断加大给水及采取其他措施但水位仍继续下降；锅炉水位超过最高可见水位，经放水仍不能见到水位；给水泵全部失效或给水系统故障，不能向锅炉进水；水位计或安全阀全部失效；锅炉元件损坏，危及运行人员安全；燃烧设备损坏，炉墙倒塌或构架被烧红等，严重威胁安全运行；其他异常情况危及安全运行。

事故停炉的操作程序是：立即停止添加燃料和送风，减弱引风；设法熄灭炉内明火；打开炉门、灰门、烟道挡板，以加强通风冷却；关闭主气阀，开启空气阀、安全阀、过热器疏水阀，排气降压；通过排污和上水更换锅水，锅水冷却至70℃左右允许排水；因缺水事故引起紧急停炉时，严禁向锅炉上水，不得开启空气阀与安全阀快速降压。

（3）停炉后的保养

锅炉停止运行后，应放出水。锅内湿度很大，通风又不良，若长期处于潮湿状态，在空气中氧及二氧化碳作用下，锅的内表面会产生一层黄褐色的铁锈。被腐蚀后的锅炉，在一定条件下仍继续与铁化合生成四氧化三铁，因而会加剧对锅炉金属的腐蚀。锅炉金属表面被严重腐蚀后，金属壁减薄，机械强度降低，必然威胁锅炉的安全运行，并缩短锅炉的使用寿命。因此，当锅炉长期不用时，必须对锅炉进行保养。目前常用的保养方法有干法保养、湿法保养和气相保养。

① 干法保养。当锅水全部排出后，清除水垢和烟灰，关闭蒸汽管、给水管和排污管道上的阀门，或用隔板堵严，与其他运行中的锅炉完全隔绝。接着打开人孔、手孔使锅筒、集箱自然干燥。如果锅炉房潮湿，最好用木材维持微火将锅炉本体烘干，或者向锅内送入热风，使其干燥。烘炉完毕，经过数小时锅炉冷却后，将准备好的盛放在敞口槽中的干燥剂放入锅内。然后将人孔、手孔及与锅筒相连的阀门关严，对有些渗漏的阀门，应加装盲板，使之与外界大气完全隔绝。锅内放入干燥剂约一周后，应打开锅筒，检查干燥剂是否已经吸湿而失效。如已经失效，则应及时更换，以后每隔1～2个月检查一次。

锅炉长期停用，其受热面外壁应涂防锈漆，并将所有通风闸门、灰门等关闭。在炉膛及烟道内适当的地方也可放置干燥剂。用干法保养的锅炉在投入使用前必须将锅内盛放的干燥剂连同敞口槽一同取出，并将各管道的盲板去除。

② 湿法保养。湿法保养是利用碱度较高的溶液灌满汽锅，利用碱液和金属作用生成的氧化物保护膜来防止锅炉金属的腐蚀。碱性防腐液由水、碳酸钠（或氢氧化钠）、磷酸三钠配制而成，也可由氢氧化钠、磷酸盐与亚硫酸钠配制。当溶液注入锅内后，炉膛内都要生火，用微火加热直至锅内压力升到196～294kPa为止。保压2～3h，至锅内碱性溶液浓度均匀一致后停火降压。然后再用碱性防腐液经锅炉上部或省煤器处将蒸汽锅炉的锅筒灌满，直到通气孔冒出水为止。关闭通气孔，并用液压泵使锅内压力维持147～392kPa，在整个保养期内一直维持这一压力，以后每隔一定时间取样化验一次锅水，如果碱性溶液浓度降低，应及时补充。

当锅炉准备点火运行前，应将锅内所有溶液放出，或放出一半再用水稀释，直至合乎锅水要求的标准为止。湿法保养锅炉的优点是可以缩短锅炉的启动时间。这种方法一般适用于停炉时间不超过一个月的锅炉。冬季采用这种方法要采取防冻措施，以免冻坏设备。

③ 气相保养。气相保养又叫气相缓蚀法保养。它采用TH-901保护剂（缓蚀剂），放入需要长期停用的锅内，通过保护剂挥发的气体在锅内金属表面形成一层保护膜，从而达到防锈的目的。它克服了干法保养和湿法保养锅炉的缺陷，并具有较高的效率，且方便、廉价，能有效防止锅炉停用期间的腐蚀。该法也可用于各种钢制容器、管道等设备停用期间的防腐保护。

TH-901保护剂的使用方法是：将长期停用的锅炉趁热排完水，打开人孔、手孔，按1kg/m$^3$将保护剂放入托盘，并将托盘放入锅筒和集箱，也可将保护剂直接撒入锅内；然后关闭人孔、手孔，使汽锅完全封闭。若锅炉排水后，锅内积水过多时，保护剂的用量可适当加大。保护剂对锅炉运行无害，锅炉重新启用时不必清除保护剂，只需取出托盘即可。如果是生活锅炉，启用时先用清水冲洗一遍，即可正常运行。

### 21.3.6　锅炉事故与故障

锅炉事故是指锅炉在运行、试运行或试压时，锅炉本体、燃烧室、主烟道或钢架、炉墙等发生损坏；锅炉故障是指锅炉在运行中，由于附属设备，如燃烧设备、通风设备、除尘除灰设备、水处理及给水设备发生故障或损坏而被迫停止运行。锅炉中常见的事故和故障有锅内缺水、锅内满水、锅炉超压、汽水共腾、炉管爆炸、二次燃烧、锅炉熄火等。

锅炉发生事故或故障会造成严重的损失，直接损失包括：设备损坏后的修复费用，无修复价值按现固定资产净值算，对周围建筑物破坏造成的损失，按国家规定应付的人员伤亡和丧葬、抚恤等费用。事故的间接损失包括设备停运后产值、利润的减少。锅炉发生事故后应及时处理、组织抢救、保护现场、报告上级，并组织调查分析。

锅炉事故的调查分析是指运用各种手段，通过研究设备断裂的特征、过程、形式等，查明设备破坏的直接原因，以提出预防措施和对策。调查分析的目的是：找到切实有效的事故预防办法；明确事故责任并对责任者进行适当处理；提高技术水平和管理水平；为建立各种法规和规则提供依据和参考资料。在进行事故调查分析时应遵守一定的程序：首先成立事故调查组，了解事故发生前的设备运行情况及事故时出现的异常现象等；检查和记录事故现场和设备本体破坏情况，并了解设备的历史情况；进行技术试验鉴定；分析事故原因并作出报告。

锅炉事故按严重程度大致可分为三类：爆炸事故、重大事故和一般事故。爆炸事故是指锅炉在使用中或试压时发生破裂，使压力瞬时降至外界大气压力的事故；重大事故是指锅炉受压部件严重损坏、附件损坏或炉膛爆炸等，被迫停止运行，必须进行修理的事故；一般事故是指损坏程度不严重，不需要停止运行修理的事故。

（1）锅内缺水

锅内缺水事故时锅炉水位低于最低安全水位刻度线。锅炉缺水时的主要表现是：水位计内看不到水位，其内发白发亮；水位警报器发出低水位警报；过热蒸汽温度上升；给水流量不正常地小于蒸汽流量；锅炉排烟温度上升。

造成锅炉缺水的原因主要有：司炉人员疏忽大意，对水位监视不严；不能识别假水位，造成判断错误；撤离岗位，放弃了对水位的监视；水位计故障造成假水位；自动给水调节器失灵或低水位联锁保护装置失灵；给水设备或给水管道发生故障，无法给水或水量不足；司炉人员排污后忘记关排污阀，或排污阀泄漏；用汽量增加后未加强给水。

锅炉缺水后会使蒸发受热面管子温度升高，强度下降，严重时发生过热变形甚至被烧塌；胀口渗漏以致脱落；受热面钢材过热或过烧，丧失承载能力，造成管子破裂。因此，应杜绝锅内缺水事故。若发现锅炉缺水后，应采取适当的措施，首先判断是轻微缺水还是严重缺水。若为轻微缺水时，应减少燃料和送风，减弱燃烧；开大给水阀门加大给水量，检查给水系统的设备是否正常；当水位恢复到安全水位线后，增加燃料和送风使正常燃烧。若为严重缺水时，立即发出事故信号，通知用汽单位停止送汽；停止向锅炉进燃料，先停鼓风再停引风；严禁向锅炉进水；关闭蒸汽阀门，关闭烟风道门；开炉门、检查门，使炉子自然冷却；检查原因，确认无异常情况后方可继续运行。

（2）锅炉满水

锅炉满水事故时锅炉水位高于最高安全水位线。锅炉满水时的主要表现是：水位计内看不到水位，且表内发暗；水位报警器发出高水位警报；给水流量不正常地大于蒸汽流量；过热蒸汽温度降低或蒸汽带水，蒸汽管道内发出水击声。

造成锅炉满水的原因主要有：司炉人员对水位监视有疏忽；水位计故障造成假水位而未及时发现；水位报警器或自

动给水调节器失灵。若为轻度满水，应将自动给水改为手动；部分或全部关闭给水阀门，减少或停止给水；减少燃料和送风，减弱燃烧；必要时开启排污阀；如蒸汽带水，开启过热器疏水阀和蒸汽管疏水阀。若为严重满水，应关闭给水阀，停止给水；停止供燃料和通风，停止燃烧；开启排污阀及过热器和蒸汽管疏水阀；严密监视水位，发现水位在水位计上重新出现时，可陆续关闭放水阀，待事故原因查明、故障消除后，方可重新投入运转。

(3) 炉管事故

炉管事故是指锅炉运行中炉管突然破裂，水和汽大量喷出的现象。炉管爆破时有显著的爆破声、喷气声，这时水位迅速下降，汽压明显降低，一般无法维持汽压和水位。产生炉管事故的原因是：水质不好，管子结垢后过热和腐蚀使壁厚减薄造成强度下降；严重缺水或水循环不良致使壁温急剧升高，强度下降；炉膛内结焦未及时清理或清理不彻底；烟气磨损导致管壁减薄，或吹风不当导致管壁减薄；管子膨胀受阻，热应力导致管子焊口或胀口破裂；检修或安装时管内有杂物堵塞。

发生炉管事故时，应根据情节严重程度采取不同的处理方式。若为炉管轻微破裂，水位、汽压和燃烧尚能维持，故障不会迅速扩大，可短时减负荷运行，待备用炉启用后立即停炉检修。若为炉管爆破，不能维持水位和汽压，应紧急停炉，立即停止供燃料，熄灭炉膛火焰，保留引风机继续运行；继续给水，尽力维持水位，防止其他管子破坏。

(4) 汽水共腾

汽水共腾是指锅炉蒸发面或水位计内汽水共同升起，产生大量泡沫并上下波动翻腾的现象。此时，蒸汽中大量带水，严重时发生水冲击。

产生汽水共腾原因：锅水品质太差，悬浮物或含盐量大，在锅筒水表面上产生很多泡沫，当泡沫破裂时，气泡中的蒸汽逸出，同时将溅出的水带走；严重超负荷运行，水面汽化加剧造成水面波动或蒸汽带水；表面排污不够；并炉时开启主汽阀过快。

当产生汽水共腾时，应减弱燃烧，降低负荷，关小主汽阀；全开连续排污阀，适当开启定期排污阀；加大给水以改善水的质量；开启过热器与蒸汽管道的疏水阀；增加对锅水的分析次数，待水质改善，水位清晰时可恢复运行。

防止汽水共腾的主要措施是：加强锅炉给水的处理及分析监视；根据水的质量注意排污量；中压以上锅炉应采用连续排污；负荷增加时注意抽气速度不要过快，保证水位处于正常状态；并炉时注意开主汽阀门的速度不能太快。

(5) 锅炉超压

锅炉超压是锅炉运行时的工作压力超过了最高许可工作压力。造成锅炉超压，发生锅炉爆炸事故，多属于盲目提高锅炉工作压力或司炉工人擅离岗位，锅炉处于无人管理的结果。

因此，不能盲目提高锅炉工作压力。如需提高，必须经有关部门进行严格的技术鉴定。另外，要加强对司炉工人的培训和岗位责任制的严格执行。

(6) 炉膛爆炸

炉膛爆炸是指炉膛内可燃物的瞬间爆燃现象。当炉膛内的可燃物与空气混合的浓度处于爆炸极限范围内时，遇到明火就会发生炉膛爆炸或爆燃。炉膛爆燃时，火焰从锅炉的点火孔、看火门等处向外喷出，极易伤人。炉膛爆炸时会造成炉墙倒塌，锅炉损坏，并严重威胁人身安全。

炉膛爆炸多发生于煤粉炉和燃油炉。当炉膛内油雾、煤粉与空气混合的浓度处于爆炸极限范围时，遇到明火，或在高温下产生自燃，就会造成炉膛爆炸。

发生炉膛爆炸后应立即停止向炉内供给燃料和热风；关闭引风机和送风机及因爆炸震开的人孔门与看火门；修复好防爆门后，缓慢开启引风机、送风机入口挡板并恢复通风运行；爆炸严重时必须立即停炉检修。

(7) 二次燃烧

二次燃烧是指在炉膛内没有完全燃烧的可燃物随烟气进入尾部烟道，积存于烟道内或黏附在尾部受热面上，在一定条件下重新燃烧的现象。

引起二次燃烧的原因是燃烧与风量调整不当，炉温较低；点火与停火操作不当；吹灰不及时。当发生二次燃烧时应立即停止向炉内供给燃料；停止送风、引风；严密关闭炉膛、烟道各处的风、烟道挡板和门孔；必要时，向烟道内喷入蒸汽灭火；问题严重时应紧急停炉。

预防二次燃烧的措施是：改善燃烧，保证燃料完全燃烧；尽量减少锅炉启停次数；经常清除尾部受热面上的积灰；停炉后及时停止送引风，10h内严密关闭各风道、烟道挡板和门孔；在尾部烟道装设蒸汽灭火装置。

(8) 蠕变断裂

蠕变是指金属材料在应力和高温的双重作用下产生的缓慢而连续的塑性变形。锅炉高温部件发生蠕变断裂时，一般都有明显的塑性变形，断口表面形成一层氧化膜。

造成高温承压部件蠕变断裂的原因有：未选用抗蠕变性能好的合金钢来制造高温部件；结构设计不合理，使局部区域过热；制造时改变了材料的组织，降低了材料的抗蠕变性能；操作或维护不当，使承压部件局部过热。

防止锅炉的高温承压部件蠕变断裂的措施有：设计时根据使用温度选用合适的材料；合理设计结构，避免局部高温；制定正确的加工工艺，避免因加工而降低材料的抗蠕变性能；遵守操作维护规程，防止产生局部过热。

(9) 水击

水击是由于蒸汽或水突然产生的冲击力使锅筒或管道发生猛烈振动并发出巨大声响的现象。水击主要发生在给水管道、省煤器、锅筒和蒸汽管道。

产生水击的原因有：管道阀门关闭或开启过快；给水管道内存有蒸汽或空气；给水温度剧烈变化；省煤器内产生蒸汽；锅筒内水位低于给水出口；下锅筒内蒸汽加热管进汽速度太快；蒸汽管道在送汽前未进行暖管和疏水；锅炉负荷增加过快或发生满水、汽水共腾等事故。

当水击发生在给水管道内时，应启用备用给水管道继续向锅炉给水，开启管道上的空气阀，排出蒸汽或空气，检查给水泵和给水止回阀有无异常情况。水击发生在省煤器中时应开启旁路烟道挡板，关闭主烟道挡板，开启空气阀，排尽蒸汽，检修止回阀。当水击发生在锅筒内时要检查锅筒内水位，如过低时适当调高，向锅筒内进水应均匀平缓，下锅筒采用蒸汽加热的锅炉，应立即关闭蒸汽阀。若水击发生在蒸汽管道内，则应开启过热器集箱和蒸汽管道上的疏水阀进行疏水。

(10) 空气预热器损坏

空气预热器损坏指空气预热器发生泄漏，烟气中混入大量空气的现象，主要表现是：排烟温度降低；引风机负荷增大；通风阻力增大，送风严重不足；燃烧工况突变，甚至不能维持燃烧。

造成空气预热器损坏的主要原因有：空气预热器部位的烟气温度低于酸露点，使管壁受腐蚀；烟气流速太快，含灰量大，使管壁磨损减薄；管子积灰严重，管束受热不均造成局部过热烧坏；烟道内可燃气体或积炭在空气预热器处二次燃烧。

空气预热器损坏的处理方法有：损坏不严重时可维持短时间运行；如有旁路烟道，立即启用，关闭主烟道挡板；控制排烟温度不超过引风机铭牌规定，否则降负荷运行；损坏严重时应紧急停炉。

（11）省煤器损坏

省煤器损坏事故指省煤器管子破裂或接头法兰泄漏现象。

造成省煤器损坏的主要原因有：给水品质不合要求，含氧量高，在升温时分解出来腐蚀内壁；烟速过高或烟气灰量过大，飞灰磨损严重；出口烟气温度低于酸露点，在出口段烟气侧产生酸性腐蚀；给水流量和温度变化频繁或运行操作不当使管忽冷忽热；非沸腾式省煤器内产生蒸汽，引起水击，剧烈振动而破坏；材质缺陷或制造安装时焊接缺陷导致破裂。

对于非沸腾式省煤器，发生省煤器损坏事故时应当开启旁通烟道门，关闭进出省煤器的烟道门；关闭进出水门，由旁路水管向锅炉上水；放掉省煤器里的水，进行抢修。对于沸腾式省煤器则应尽量维持水位，待备用锅炉投入运行后停炉检修；如事故扩大，应立即停炉。

（12）过热器损坏

过热器损坏指过热器管爆破，主要现象是：过热器附近有喷汽的声响；蒸汽流量明显下降；过热蒸汽温度上升，压力下降；炉膛负压降低或变为正压；从炉门和看火门等处向外喷汽和冒烟，排烟温度显著下降。

造成过热器损坏的主要原因有：锅水品质不好，水位常过高，发生汽水共腾或汽水分离效果差；低负荷运行且蒸汽减温器操作不当使过热蒸汽温升过高；燃烧调节不良使火焰中心偏斜或后移，炉膛出口烟温偏高；结构有缺陷，造成热偏差，使局部管壁过热烧坏；材质缺陷或错用材料；烟气严重磨损或吹灰不当损坏管壁；安装或检修时在管内留有杂物，造成管子堵塞。

当过热器损坏不严重时，维持短期运行，待备用炉投入使用后停炉检修；过热器管爆破严重时，立即停炉。

（13）锅炉结焦

锅炉结焦是指灰渣在高温下熔化后黏结在炉墙、受热面、炉排上的现象。锅炉结焦后，受热面吸热量少，锅炉的出力和效率降低；使管壁受热不均，造成破坏，并影响和破坏水循环；使过热蒸汽温度升高，过热器金属超温；阻碍燃烧设备的正常运行，甚至被迫停炉。

造成锅炉结焦的原因有：煤的灰熔点低；超负荷运行时，炉温升高，烟气流速加快，煤的灰粒呈熔融态；煤粉炉的炉膛矮或煤粉过粗使其在炉膛内燃烧不尽；煤粉炉的煤粉喷嘴角度调节不当，距后墙太近或喷射速度大；运行调节不当，使火焰偏斜到炉墙或水冷壁附近；吹灰或除焦不及时。

锅炉结焦的处理方法有：降低锅炉负荷，减弱燃烧，降低炉膛温度；使用吹灰器冲刷或用人力除焦；结焦严重、影响正常运行时应立即停炉。

锅炉结焦的预防措施：化验煤质，灰熔点低的煤应与灰熔点高的煤混烧；选择合适的炉膛容积热负荷，控制炉膛出口温度；正确布置煤粉喷嘴位置，合理设计炉膛形状；正确控制二次风、过量空气系数和减少漏风，避免火焰偏斜。

（14）炉墙损坏

炉墙损坏是指锅炉内外炉墙或炉拱发生裂缝、塌落、变形甚至倒塌的现象。炉墙损坏后，炉墙裂缝漏风或影响正常燃烧，不能保证负压运行，向外冒烟喷火，锅炉钢架烧红变形、炉墙倒塌造成被迫停炉。

炉墙损坏的原因有：砌筑质量不符合要求；未按要求烘炉、升压，运行中常改变负荷，停炉时冷却不当；炉膛温度过高或火焰中心偏移；炉膛结焦，焦渣崩坠使炉墙或炉拱随之坠落；炉膛爆炸，炉墙被损坏。

炉墙损坏的处理方法有：轻微裂缝可用石棉绳、耐火泥堵塞；轻微变形可采用加固措施；崩溃面积较大时，要停炉检修。

炉墙损坏的预防措施有：砌墙应保证耐火度和强度，留有一定缝隙，保证自由伸缩；按要求点火、升压，保证负荷稳定，停炉时缓慢冷却；灰熔点低的煤与灰熔点高的煤混烧，经常除焦；火焰中心不能偏移，避免局部过热。

（15）锅炉熄火

锅炉熄火又叫锅炉灭火，它是指锅炉在正常运行中的突然熄灭，是燃油锅炉在运行中的常见故障。

燃油锅炉在运行中突然熄灭的主要原因有：燃油中含水太多；结焦或积炭使喷嘴堵塞，供油中断；风量不足或二次风量过大；油温过低；油过滤网堵塞等。

为了防止燃油锅炉突然熄灭，应该加强对燃料油的管理，要定期对燃料油脱水，定期吹扫过滤网，定期检查和清扫油嘴和油罐底的沉渣。

（16）热水锅炉锅内汽化

热水锅炉锅内汽化的现象是：锅内有水击响声，管道发生振动；锅内压力突然升高；超温报警器发出报警信号；安全阀排出蒸汽。

锅内汽化的原因有：由于突然停电、停泵，锅水停止循环后被锅内大量余热继续加热；由于锅炉结构或燃烧工况不良，造成并联回路之间热偏差，或使锅水流量不均匀，水冷壁管或对流管束内严重积垢或存有污物，使锅内水循环遭到破坏。

对热水锅炉锅水汽化采取的措施有：若属于突然停电应及时接通电源，或者启用由内燃机驱动的发电机组。否则应切断锅水通往供热系统的管线，并向锅内注入自来水。同时，通过锅炉上部集汽罐的排放阀缓慢排出，使锅水一面流动，一面降温，直至消除炉内余热为止。此时，还应打开炉门和省煤器旁烟道，使炉内温度迅速降低。若自来水的水源无保证，而系统回水能由旁路引入锅内时，也可将有静压的回水引入，再由排放阀缓慢排出，使锅水逐渐冷却。当锅水温度急剧上升，出现严重汽化时，应紧急停炉。

### 21.3.7 锅炉水质处理

锅炉水质处理是保证锅炉安全、经济运行的重要环节，是防止锅炉事故、节约燃料和促进生产的重要措施。

（1）锅炉的水质指标

在天然水中通常含有三种杂质：悬浮杂质（泥沙、油污等）、胶体杂质（铁、铝、硅的氢氧化物等）及溶解杂质（溶解气体和溶解盐类等）。这些杂质可以使锅炉产生水垢和水渣，腐蚀锅炉的金属表面，引起锅水发泡、汽水共腾、蒸汽带水、污染蒸汽，有时还可使过热器沉盐结垢，造成过热爆管。特别是水垢的形成，不但浪费能源、损坏受热面，而且破坏水循环，缩短锅炉的使用寿命。在锅炉中形成水垢的原因是水在加热过程中，某些钙、镁盐发生化学反应生成难溶物质析出，且这些钙、镁盐的溶解度随水温升高而下降，达到饱和浓度后析出，锅水不断蒸发浓缩后，形成难溶盐类沉淀。

水质指标是表示水的质量好坏的技术指标，根据用水要求和杂质的特性制定。锅炉用水的水质指标主要如下。

① 悬浮物。在规定试验条件下，将水过滤分离得到的不溶于水的物质的含量。

② 含盐量。溶于水中全部盐类的总含量，常用溶解固形物含量代替。

③ 硬度。水中溶解的钙镁盐的总含量。硬度又有暂时硬度和永久硬度之分。暂时硬度是水中钙镁的重碳酸盐含量。永久硬度是水中非碳酸盐硬度，包括钙、镁的硫酸盐和氯化物等。

④ pH 值。水中氢离子含量的负对数。

⑤ 碱度。水中由于离解或者水解而使氢氧根浓度增加的物质总含量。

⑥ 相对碱度。锅水中所含氢氧根碱度与含盐量的比值。

工业上根据硬度将水分为软水（硬度在8°以下的水，1°代表每升水中含 10mg 的氧化钙）、中等硬水（硬度在 8°～16°之间）、硬水（硬度在 16°～28°之间）和超硬水（硬度大于 28°）四类。

水质标准是水质指标要求达到的合格范围，由锅炉蒸发量、工作压力、蒸汽温度、水处理工艺等多方面情况制定。

我国《工业锅炉水质》（GB/T 1576—2018）对水质标准做出了具体的规定。

① 自然循环蒸汽锅炉和汽水两用锅炉水质

a. 采用锅外水处理的自然循环蒸汽锅炉和汽水两用锅炉水质。采用锅外水处理的自然循环蒸汽锅炉和汽水两用锅炉水质应符合表 21.36 的规定。

b. 单纯采用锅内加药处理的自然循环蒸汽锅炉和汽水两用锅炉水质。额定蒸发量小于或等于 4t/h，并且额定蒸汽压力小于或等于 1.3MPa 的自然循环蒸汽锅炉和汽水两用锅炉可以单纯采用锅内加药处理，但加药后的水、汽质量不得影响生产和生活，其给水和锅水水质应符合表 21.37 的规定。

**表 21.36　采用锅外水处理的自然循环蒸汽锅炉和汽水两用锅炉水质**

| 项目 | 额定蒸汽压力/MPa | | $P\leqslant1.0$ | | $1.0<P\leqslant1.6$ | | $1.6<P\leqslant2.5$ | | $2.5<P<3.8$ | |
|---|---|---|---|---|---|---|---|---|---|---|
| | 补给水类型 | | 软化水 | 除盐水 | 软化水 | 除盐水 | 软化水 | 除盐水 | 软化水 | 除盐水 |
| 给水 | 浊度/FTU | | ≤5.0 | ≤2.0 | ≤5.0 | ≤2.0 | ≤5.0 | ≤2.0 | ≤5.0 | ≤2.0 |
| | 硬度/(mmol/L) | | ≤0.030 | | | | | | ≤$5.0\times10^{-3}$ | ≤$2.0\times10^{-3}$ |
| | pH 值(25℃) | | 7.0～9.0 | 8.0～9.5 | 7.0～9.0 | 8.0～9.5 | 7.0～9.0 | 8.0～9.5 | 7.0～9.0 | 8.0～9.5 |
| | 溶解氧①/(mg/L) | | ≤0.10 | | ≤0.10 | | ≤0.050 | | ≤0.050 | |
| | 油/(mg/L) | | ≤2.0 | | | | | | | |
| | 全铁/(mg/L) | | ≤0.30 | | ≤0.30 | | ≤0.30 | ≤0.10 | ≤0.10 | |
| | 电导率(25℃)/(μS/cm) | | — | | ≤$5.5\times10^{2}$ | ≤$1.1\times10^{2}$ | ≤$5.0\times10^{2}$ | ≤$1.0\times10^{2}$ | ≤$3.5\times10^{2}$ | ≤80.0 |
| 锅水 | 全碱度②/(mmol/L) | 无过热器 | 6.0～26.0 | ≤10.0 | 6.0～24.0 | ≤10.0 | 6.0～16.0 | ≤8.0 | ≤12.0 | ≤4.0 |
| | | 有过热器 | — | | ≤14.0 | ≤10.0 | ≤12.0 | ≤8.0 | ≤12.0 | ≤4.0 |
| | 酚酞碱度/(mmol/L) | 无过热器 | 4.0～18.0 | ≤6.0 | 4.0～16.0 | ≤6.0 | 4.0～12.0 | ≤5.0 | ≤10.0 | ≤3.0 |
| | | 有过热器 | — | | ≤10.0 | ≤6.0 | ≤8.0 | ≤5.0 | ≤10.0 | ≤3.0 |
| | pH 值(25℃) | | 10.0～12.0 | | | | | | 9.0～12.0 | 9.0～11.0 |
| | 溶解固形物/(mg/L) | 无过热器 | ≤$4.0\times10^{3}$ | | ≤$3.5\times10^{3}$ | | ≤$3.0\times10^{3}$ | | ≤$2.5\times10^{3}$ | |
| | | 有过热器 | — | | ≤$3.0\times10^{3}$ | | ≤$2.5\times10^{3}$ | | ≤$2.0\times10^{3}$ | |
| | 磷酸根③/(mg/L) | | — | | 10.0～30.0 | | | | 5.0～20.0 | |
| | 亚硫酸根④/(mg/L) | | — | | 10.0～30.0 | | | | 5.0～10.0 | |
| | 相对碱度⑤ | | $<0.20$ | | | | | | | |

① 溶解氧控制值适用于经过除氧装置处理后的给水。额定蒸发量大于等于 10t/h 的锅炉，给水应除氧。额定蒸发量小于 10t/h 的锅炉如果发现局部氧腐蚀，也应采取除氧措施。对于供汽轮机用汽的锅炉给水含氧量应小于等于 0.050mg/L。

② 对蒸汽质量要求不高，并且不带过热器的锅炉，锅水全碱度上限值可适当放宽，但放宽后锅水的 pH 值不应超过上限。

③ 适用于锅内加磷酸盐阻垢剂。采用其他阻垢剂时，阻垢剂残余量应符合药剂生产厂规定的指标。

④ 适用于给水加亚硫酸盐除氧剂。采用其他除氧剂时，药剂残余量应符合药剂生产厂规定的指标。

⑤ 对于全焊接结构锅炉，相对碱度可不控制。

注：1. 对于供汽轮机用汽的锅炉，蒸汽质量应按照 GB/T 12145—2016《火力发电机组及蒸汽动力设备水汽质量》规定的额定蒸汽压力 3.8～5.8MPa 汽包炉标准执行。

2. 硬度、碱度的计量单位为一价基本单元物质的量浓度。

3. 停（备）用锅炉启动时，锅水的浓缩倍率达到正常后，锅水的水质应达到《工业锅炉水质》（GB/T 1576—2018）的要求。

**表 21.37　单纯采用锅内加药处理的自然循环蒸汽锅炉和汽水两用锅炉水质**

| 水样 | 项　　目 | 标准值 | 水样 | 项　　目 | 标准值 |
|---|---|---|---|---|---|
| 给水 | 浊度/FTU | ≤20.0 | 锅水 | 全碱度/(mmol/L) | 8.0～26.0 |
| | 硬度/(mmol/L) | ≤4.0 | | 酚酞碱度/(mmol/L) | 6.0～18.0 |
| | pH 值(25℃) | 7.0～10.0 | | pH 值(25℃) | 10.0～12.0 |
| | 油/(mg/L) | ≤2.0 | | 溶解固形物/(mg/L) | ≤$5.0\times10^{3}$ |
| | | | | 磷酸根①/(mg/L) | 10.0～50.0 |

① 适用于锅内加磷酸盐阻垢剂。采用其他阻垢剂时，阻垢剂残余量应符合药剂生产厂规定的指标。

注：1. 单纯采用锅内加药处理，锅炉受热面平均结垢速率不得大于 0.5mm/a。

2. 额定蒸发量小于等于 4t/h，并且额定蒸汽压力小于等于 1.3MPa 的蒸汽锅炉和汽水两用锅炉同时采用锅外水处理和锅内加药处理时，给水和锅水水质可参照表 21.38 的规定。

3. 硬度、碱度的计量单位为一价基本单元物质的量浓度。

**表 21.38　给水和锅水水质（一）**

| 水样 | 项目 | 标准值 |
|---|---|---|
| 给水 | 浊度/FTU | ≤20 |
| | 硬度/(mmol/L) | ≤4 |
| | pH(25℃) | 7.0～10.5 |
| | 油/(mg/L) | ≤2 |
| | 全铁/(mg/L) | ≤0.3 |
| 锅水 | 全碱度/(mmol/L) | 8～26 |
| | 酚酞碱度/(mmol/L) | 6～18 |
| | pH(25℃) | 10.0～12.0 |
| | 电导率(25℃)/(μS/cm) | $\leq 8.0\times10^3$ |
| | 溶解固形物/(mg/L) | $\leq 5.0\times10^3$ |
| | 磷酸银①/(mg/L) | 10～50 |

① 适用于锅内加磷酸盐阻垢剂的情况。采用其他阻垢剂时，阻垢剂残余量应符合药剂生产厂规定的指标。

注：1. 采用锅内水处理，锅炉受热面平均结垢速率不得大于0.5mm/年。

2. 硬度、碱度的计量单位为一价基本单元物质的量浓度。

② 热水锅炉水质

a. 采用锅外水处理的热水锅炉水质。采用锅外水处理的热水锅炉水质应符合表 21.39 的规定。

**表 21.39　采用锅外水处理的热水锅炉水质**

| 水样 | 项目 | 标准值 |
|---|---|---|
| 给水 | 浊度/FTU | ≤5.0 |
| | 硬度/(mmol/L) | ≤0.60 |
| | pH 值(25℃) | 7.0～11.0 |
| | 溶解氧①/(mg/L) | ≤0.10 |
| | 油/(mg/L) | ≤2.0 |
| | 全铁/(mg/L) | ≤0.30 |
| 锅水 | pH 值(25℃)② | 9.0～11.0 |
| | 磷酸根③/(mg/L) | 5.0～50.0 |

① 溶解氧控制值适用于经过除氧装置处理后的给水。额定功率大于等于 7.0MW 的承压热水锅炉给水应除氧，额定功率小于7.0MW 的承压热水锅炉如果发现局部氧腐蚀，也应采取除氧措施。

② 通过补加药剂使锅水 pH 值控制在 9.0～11.0。

③ 适用于锅内加磷酸盐阻垢剂。采用其他阻垢剂时，阻垢剂残余量应符合药剂生产厂规定的指标。

注：硬度的计量单位为一价基本单元物质的量浓度。

b. 单纯采用锅内加药处理的热水锅炉水质。对于功率小于或等于 4.2MW 的承压热水锅炉和常压热水锅炉（管架式热水锅炉除外），可单纯采用锅内加药处理，但加药后的汽、水质量不影响生产和生活，其给水和锅水水质应符合表 21.40 的规定。

③ 贯流和直流蒸汽锅炉水质。贯流和直流蒸汽锅炉应采用锅外水处理，其给水和锅水水质应符合表 21.42 的规定。

**表 21.40　单纯采用锅内加药处理的热水锅炉水质**

| 水样 | 项目 | 标准值 |
|---|---|---|
| 给水 | 浊度/FTU | ≤20.0 |
| | 硬度①/(mmol/L) | ≤6.0 |
| | pH 值(25℃) | 7.0～11.0 |
| | 油/(mg/L) | ≤2.0 |
| 锅水 | pH 值(25℃) | 9.0～11.0 |
| | 磷酸根②/(mg/L) | 10.0～50.0 |

① 使用与结垢物质作用后不生成固体不溶物的阻垢剂，给水硬度可放宽至小于等于 8.0mmol/L。

② 适用于锅内加磷酸盐阻垢剂。采用其他阻垢剂时，阻垢剂残余量应符合药剂生产厂规定的指标。

注：1. 对于额定功率小于等于 4.2MW 的水管式和锅壳式承压的热水锅炉和常压热水锅炉，同时采用锅外水处理和锅内加药处理时，给水和锅水水质可参照表 21.41 的规定。

2. 硬度的计量单位为一价基本单元物质的量浓度。

**表 21.41　给水和锅水水质（二）**

| 水样 | 项目 | 标准值 |
|---|---|---|
| 给水 | 浊度 FTU | ≤20 |
| | 硬度①/(mmol/L) | ≤6 |
| | pH(25℃) | 7～11 |
| | 油/(mg/L) | ≤2 |
| 锅水 | pH(25℃) | 9～11 |
| | 磷酸根②/(mg/L) | 10～50 |

① 使用与结垢物质作用后，不生成固体不溶物的阻垢剂，给水硬度可放宽至小于等于 8.0mmol/L。

② 适用于锅加磷酸盐阻垢剂。加其他阻垢剂时，阻垢剂残余量应符合药剂生产厂规定的指标。

注：1. 对于额定功率小于等于 4.2MW 水管式和锅壳式承压的热水锅炉和常压热水锅炉，同时采用锅外水处理和锅内加药处理时，给水和锅水水质可参照表 21.39 规定。

2. 硬度的计量单位为一价基本单元物质的量浓度。

**表 21.42　贯流和直流蒸汽锅炉水质**

| 项目 | 锅炉类型 | 贯流锅炉 | | | 直流锅炉 | | |
|---|---|---|---|---|---|---|---|
| | 额定蒸汽压力/MPa | $P\leq1.0$ | $1.0<P\leq2.5$ | $2.5<P<3.8$ | $P\leq1.0$ | $1.0<P\leq2.5$ | $2.5<P<3.8$ |
| 给水 | 浊度/FTU | ≤5.0 | ≤5.0 | ≤5.0 | — | — | — |
| | 硬度/(mmol/L) | ≤0.030 | ≤0.030 | $\leq5.0\times10^{-3}$ | ≤0.030 | ≤0.030 | $\leq5.0\times10^{-3}$ |
| | pH 值(25℃) | 7.0～9.0 | | | 10.0～12.0 | | |
| | 溶解氧/(mg/L) | ≤0.10 | ≤0.050 | ≤0.050 | ≤0.10 | ≤0.050 | ≤0.050 |
| | 油/(mg/L) | ≤2.0 | | | | | |
| | 全铁/(mg/L) | ≤0.30 | ≤0.30 | ≤0.10 | — | — | — |
| | 全碱度/(mmol/L) | — | — | — | 6.0～16.0 | 6.0～12.0 | ≤12.0 |
| | 酚酞碱度/(mmol/L) | — | — | — | 4.0～12.0 | 4.0～10.0 | ≤10.0 |
| | 溶解固形物/(mg/L) | — | — | — | $\leq3.5\times10^3$ | $\leq3.0\times10^3$ | $\leq2.5\times10^3$ |
| | 磷酸根/(mg/L) | — | — | — | 10.0～50.0 | 10.0～50.0 | 5.0～30.0 |
| | 亚硫酸根/(mg/L) | — | — | — | 10.0～50.0 | 10.0～30.0 | 10.0～20.0 |

续表

| 项目 | 锅炉类型 | 贯流锅炉 | | | 直流锅炉 | | |
|---|---|---|---|---|---|---|---|
| | 额定蒸汽压力/MPa | $P\leqslant1.0$ | $1.0<P\leqslant2.5$ | $2.5<P<3.8$ | $P\leqslant1.0$ | $1.0<P\leqslant2.5$ | $2.5<P<3.8$ |
| 锅水 | 全碱度/(mmol/L) | 2.0～16.0 | 2.0～12.0 | ≤12.0 | — | — | — |
| | 酚酞碱度/(mmol/L) | 1.6～12.0 | 1.6～10.0 | ≤10.0 | — | — | — |
| | pH值(25℃) | 10.0～12.0 | | | — | — | — |
| | 溶解固形物/(mg/L) | $\leqslant3.0\times10^3$ | $\leqslant2.5\times10^3$ | $\leqslant2.0\times10^3$ | — | — | — |
| | 磷酸根/(mg/L) | 10.0～50.0 | 10.0～50.0 | 10.0～20.0 | — | — | — |
| | 亚硫酸根/(mg/L) | 10.0～50.0 | 10.0～30.0 | 10.0～20.0 | — | — | — |

注：1. 贯流锅炉汽水分离器中返回到下集箱的疏水量，应保证锅水符合GB/T 1576—2018。

2. 直流锅炉给水取样点可定在除氧热水箱出口处。

3. 直流锅炉汽水分离器中返回到除氧热水箱的疏水量，应保证给水符合GB/T 1576—2018。

4. 硬度、碱度的计量单位为一价基本单元物质的量浓度。

④ 余热锅炉水质。余热锅炉的水质指标应符合同类型、同参数锅炉的要求。

⑤ 补给水水质。应当根据锅炉的类型、参数，回水利用率、排污率，原水水质和锅水、给水水质标准，选择补给水处理方式。补给水处理方式应保证给水水质符合GB/T 1576—2018。软水器再生后出水氯离子含量不得大于进水氯离子含量的1.1倍。以软化水为补给水或单纯采用锅内加药处理的锅炉的正常排污率不应超过10.0%；以除盐水为补给水的锅炉的正常排污率不应超过20.0%。

⑥ 回水水质。回水水质应当保证给水水质符合GB/T 1576—2018，并尽可能提高回水利用率。回水水质应符合表21.43的规定，并应根据回水可能受到的污染介质，增加必要的检测项目。

**表21.43　回水水质**

| 硬度/(mmol/L) | | 全铁/(mg/L) | | 油/(mg/L) |
|---|---|---|---|---|
| 标准值 | 期望值 | 标准值 | 期望值 | 标准值 |
| ≤0.060 | ≤0.030 | ≤0.60 | ≤0.30 | ≤2.0 |

目前水质管理方面存在的主要问题是：一些锅炉至今没有进行水处理或不能正确采用有效的水处理方法；水质监督管理制度不严；排污控制不当；水处理化验人员技术水平较低，少数人员责任心不强。

为保证锅炉给水和排水的各项指标符合相应标准规定，使锅炉在运行中不结垢、不腐蚀、蒸汽品质符合要求，从而保证锅炉安全、经济运行，必须对锅炉进行水处理。常用水处理方法有：锅内加药处理和锅外软化处理（沉淀法软化和离子交换法软化）。具体选用时因炉、因水制宜，也可根据水源水质的总硬度与总碱度的关系选择合适的处理方式。

(2) 锅内水处理

锅内（又称炉内）加药水处理是利用向锅内注入碱性或胶质药剂，使给水中的硬度盐类在进入锅内之前变成非黏附性的水渣，通过排污而排出锅外，从而防止锅内结垢和腐蚀，而且还可以使已附着在锅内壁上的水垢逐渐松软而脱落。其机理是药剂能有效地控制锅水中离子的平衡关系，生成水渣的结晶核心，阻止水垢晶体的形成，从而破坏了锅炉金属与锅水中沉析的固态物质之间的静电吸引作用，促使锅内壁上的老垢脱落。

锅内水处理的优点是设备简单、投资小，操作方便、易于管理，排污率高、热损失大；缺点是不能完全排除沉渣，除垢效果不稳定，水循环不良的地方易造成水渣聚集而形成二次水垢，因此适用于低压小型和对蒸汽质量要求不高、无水冷壁及过热器的锅炉。

锅内加药水处理所用药剂为碳酸钠、氢氧化钠、磷酸三钠和栲胶等。加药方法有：通过注射器向锅内加药；向给水箱间断加药；排挤式加药器加药；活塞泵加药。用锅内加药水处理时应注意定期加药、定期排污、定期化验和定期检查。

(3) 锅外水处理

锅外水处理又称为锅外化学水处理，主要有水的沉淀软化和水的离子交换软化。

水的沉淀软化即将水加热或向水中加入化学药剂而使溶于水中的钙、镁硬度盐转变成难以溶于水的沉淀物，并从水中沉淀分出。其中将水加热的方法叫作热力软化法，这种方法只能将水中碳酸盐硬度基本除去，非碳酸盐硬度则不能除去，一般尚不能满足锅炉给水的要求。并且经热力软化后的水温很高，使进一步的离子交换软化处理难以进行，故目前较少采用。向水中加入化学药剂的方法叫作化学软化法，通常加入的化学药剂有石灰、纯碱、氯化钙、磷酸三钠等。对暂时硬度大的水，常加入石灰；对永久硬度大的水，常加入纯碱；对负硬度较大的水，则加入氯化钙。由于我国水质多属于暂时硬度型，而石灰价格又低廉，因此常以石灰为主，配合使用其他药剂进行水的软化或作为离子交换软化前的预处理之用。

水的离子交换软化是利用不溶于水的离子交换剂将水中钙、镁离子置换出来而达到水的软化。这种可用自己的离子来把水溶液中某些同种电荷的离子置换出来的固体颗粒物质叫作离子交换剂。它是一种反应性强的高分子化合物。按其来源，离子交换剂可分为无机的和有机的两大类。无机离子交换剂一般是指矿物质的阳离子交换剂，有天然的（海绿砂，又叫天然沸石）和人造的（合成沸石）。由于无机离子交换剂的颗粒核心为致密结构，只能在其表面进行交换反应，故交换能力小。又因为机械强度和化学稳定性都不高，且不能进行酸处理，只能做钠离子交换。有机离子交换剂有碳质的磺化煤和有机合成的离子交换树脂之分。磺化煤是由焦结性烟煤破碎、过筛后，经发烟硫酸加热处理，再经碱液冲洗、干燥而制成。磺化煤的颗粒核心为粗松结构，交换反应可在颗粒表面和内部进行，故交换容量比无机离子交换剂要大，而且可以进行氢型交换，也可经氯化钠溶液处理后将氢型转为钠型，作为钠离子交换剂使用。但磺化煤具有不耐碱、机械强度小、热稳定性差和交换容量仍然较低等缺点，已逐步被有机合成树脂代替。离子交换树脂是由交联结构的高分子骨架和能离解的活性基团两部分组成的不溶性高分子化合物。国内广泛使用的凝胶型离子交换树脂，其主要原料是苯乙烯，而用二乙烯苯作为交联剂。由苯乙烯和二乙烯苯共聚合成的母体呈多孔网状结构，通过适当的化学处理可在此母体上引入各种类型的活性基团，后者与水接触即离解，并分离出交换离子。根据活性基团的类型和交换离子的种类不同，可将树脂分为阳离子交换树脂和阴离子交换树脂两类。而根据活性基团离解的难易程度，又可将树脂分为强性和弱性两类。目前国内常用的阴、阳离子交换树脂有强酸性阳离子交换树脂、弱酸性阳离子交换树脂、强碱性阴离子交换树脂、弱碱性阴离子交换树脂。

水的离子交换软化的处理效果较好，可使锅炉获得良好的给水品质，达到无垢运行，但需较多的设备和投资。一般常用离子交换器，它的运行步骤为：①反洗，用水以一定速度自下而上通过交换剂层进行冲洗；②再生，用5%～10%氯化钠以4～6m/h的速度自上而下通过交换剂层；③正洗，用水清洗交换剂层；④软化，离子交换器的正常运行阶段。

(4) 锅炉用水的除氧

锅炉用水中溶解的气体，特别是氧气和二氧化碳，会严重腐蚀锅炉金属，危害锅炉的安全，必须采取措施除氧。常用除氧方法有热力除氧法、解吸除氧法和化学除氧法。

热力除氧法就是用具有一定压力的蒸汽把水加热至沸腾时，氧气在水中的溶解度急剧下降而从水中逸出，逸出的氧气随着少量未凝结的蒸汽一起排出。因此，热力除氧的特点是不仅能除氧，而且能除$CO_2$、$NH_3$、$H_2S$等各种气体。热力除氧的除氧效果比较稳定，除氧后水中含盐量并不增加。但蒸汽耗量较多，由于省煤器给水温度得到提高，锅炉排烟温度升高，影响排烟废热利用，负荷变动时不易调整。热力除氧器根据压力可分为大气式、真空式和压力式几种。其结构形式有淋水盘式和喷雾填料式两种。

将含氧的水与无氧气体相混合，而使水中氧气分离出来的过程称为解吸除氧。解吸除氧装置主要由水泵、喷射器、解吸器、反应器、汽水分离器和气体冷却器等组成。喷射器的水压越高，吸入的无氧气体越多，除氧效果越好。水温高，扩散过程强烈，除氧效果好，但水温过高会使水喷射后蒸发，影响除氧效果，一般水温以40～50℃为宜。此外，反应器内的温度、解吸器中的水位对除氧效果影响较大。由于解吸除氧法可在水温较低的条件下得到满意的除氧效果，故工业锅炉较适宜采用此法。其主要优点是装置简单、容易制造；操作简单，运行耗费省；水温低，对降低锅炉排烟温度和采用省煤器有利；除氧效果好。但是，当解吸除氧装置投入运行后，必须根据负荷变化情况、解吸器水位波动以及木炭含水率的实际情况，经适当调整才能掌握其运行。另外，解吸除氧后水中的$CO_2$含量会增加。

向水中加入还原剂，或使水流经有吸氧物质的过滤器而除去水中氧气的方法称为化学除氧法。常用的化学除氧法是药剂除氧和钢屑除氧。药剂除氧就是加入给水中的还原剂与给水中的溶解氧化合。常用药剂为亚硫酸钠、联氨。亚硫酸钠除氧法装置简单，使用和维护方便，药剂价格低、毒性小、使用安全，在催化剂作用下，水温较低时也能迅速与氧反应。因此，其适用于中、低压蒸汽锅炉和热水锅炉的给水除氧。但是，由于亚硫酸钠与氧反应生成硫酸钠，使锅水中含盐量增加，从而加大锅炉的排污量和影响蒸汽品质，故很少单独采用，而多作为给水热力除氧后的补充除氧措施，以进一步除去水中的残氧。联氨与氧气反应生成氮气和水，不增加水中含盐量，而且对蒸汽品质和锅炉排污均无影响。但因联氨价格昂贵，且易挥发、易燃、有毒，对人体呼吸系统和皮肤有侵害作用，加之它在低温条件下与氧气作用缓慢，故在低压锅炉上的应用受到限制。故常与热力除氧相配合，作为高压锅炉给水的补充除氧措施。

(5) 自来水作为锅炉补给水时的除氯

自来水中由于加氯消毒而剩余在水中的次氯酸具有很强的氧化性，它会破坏离子交换树脂的结构，使其强度变差，容易破碎，故在用自来水作为锅炉补给水时，在离子交换软化之前，需将水中的剩余氯除去。除氯的方法有两种：一种是化学还原法，即向自来水中加一定量的还原剂使其发生脱氯；另一种是活性炭脱氯法，这种方法是使自来水流过活性炭滤层时，次氯酸被吸附在活性炭的表面上，分解成氯化氢和氧原子，达到脱氯的目的。

(6) 锅炉水垢的清除方法

水质不良或水处理方法不当，管理不善，甚至不进行水处理，都会使锅内结垢，积垢到一定程度后将危及锅炉的安全。因此，必须及时清除水垢才能保证锅炉安全、经济地运行。

当前清除锅内水垢的方法有手工除垢、机械除垢和化学除垢。这三种方法的选用，应根据炉型、水垢的组成成分、水垢厚度及除垢的难易程度等情况而定。

① 手工除垢。手工除垢是用特制的刮刀、铲刀及钢丝刷等专用工具来清除水垢。此法劳动强度大，停炉时间长，易损坏锅炉金属，且除垢不够彻底，在许多情况下不能使用或效果不好。因此，它只适用于清除面积小、结构不紧凑的小型锅炉，或者用机械方法清除不到的地方。对于水管锅炉的管内和结构紧凑的火管锅炉管束上积结的水垢，则不易于用手工方法清除。用手工工具除垢时，应注意不能敲铲过猛而损伤金属表面，特别是对铆接锅炉，不要损伤铆钉头。进入锅内进行手工除垢时，应保持锅内空气通畅，必要时应采用机械通风，避免发生窒息事故，而且切实做好与其并联运行锅炉的所有汽、水管道的隔断措施，防止发生人身伤亡事故。

② 机械除垢。机械除垢是用电动洗管器和风动除垢器清除管内或受热面上的水垢的一种方法。

电动洗管器主要用来清除管内水垢。它由电动机、铣刀头和金属软管内的软轴所组成。软轴一端用联轴器固定在电动机的输出轴上，另一端用活络接头与铣刀头连接；软轴外面被金属软管保护着，并可在金属软管内自由移动转动，而金属软管可在被清洗的管内移动。用电动洗管器清除管内水垢时，将铣刀头插入被洗管内，开动电动机，把金属软管慢慢插入管内，并上下移动，这时靠软轴带动铣刀头旋转，即可把管内的水垢刮下来。在铣刀头插入管内清除水垢的同时将水引入管内，以便将清除下来的水垢用水冲出管外。电动洗管器的电动机应有接地保护，以防发生触电事故。

风动除垢器常用的是空气锤和压缩空气枪。用空气锤或压缩空气枪来清除受热面上较厚的水垢时，必须小心谨慎地进行。空气锤的锤头或压缩空气枪的枪头应与被清除的表面成10°～15°的夹角，严禁成直角，而且不要直接击在金属上，否则会损坏受热面金属。

③ 化学除垢。化学除垢是以酸性或碱性药剂溶液与水垢发生化学反应，使坚硬的水垢溶解变成松软的垢渣，然后用水冲掉，以达到除垢的目的。因此，化学除垢有酸洗和碱煮之分，而以酸洗除垢最常用且效果好。

酸洗除垢的酸通常采用盐酸和硫酸。硫酸缺乏良好的缓蚀剂，特别是当水垢中含有较多钙盐时，会在酸洗过程中形成坚硬的硫酸钙。所以目前广泛应用的缓蚀盐酸清洗方法是在盐酸溶液中配以一定浓度的缓蚀剂，起到既能除去锅炉水垢，又能防止对锅炉钢材腐蚀的作用。酸洗时可采用静置酸洗或循环酸洗。静置酸洗是将配制好的已加缓蚀剂的酸液注入或用耐酸泵从排污孔打入锅内浸泡。酸液注入锅内后，用耐酸泵使酸通过中间容器在封闭回路中不断循环，则称为循环酸洗。水容量大的锅炉，酸洗操作需要配制大量的酸液，很不经济，最好采用喷洒循环酸洗。酸洗时，操作人员应佩戴好防护用品，打开门窗，以防伤害身体，而且严禁在工作场地进行焊接、吸烟或取用明火，以防氢气爆炸造成人身伤亡和其他损失。此外，酸洗不宜多次采用，对有裂缝或渗漏缺陷的锅炉，必须消除缺陷后才能进行酸洗。

碱煮除垢是将某些碱性药剂加入锅水中，在一定温度和压力下进行煮炉。碱煮除垢的效果比酸洗除垢差，但对于硫酸盐和硅酸盐水垢，碱煮水垢效果却比较好。当锅内已结垢时，碱煮可以使水垢松软，易于人工或机械除垢。因此，人工或机械除垢前，宜先采用碱煮除垢。碱煮除垢常用的碱剂是纯碱和磷酸三钠。纯碱适用于清除由钙、镁的硫酸盐或硅酸盐构成的水垢；磷酸三钠适用于清除包括钙、镁的硫酸盐或硅酸盐在内的任何形式的水垢。碱煮除垢虽然耗时较长，碱剂耗量大，但由于操作简单、经济可靠，在低压工业锅炉中常采用。

### 21.3.8　锅炉检验

锅炉经常处在高温高压的条件下工作，锅炉的某些金属元件时刻都被高温烟气及汽水介质冲刷和侵蚀，甚至会侵入金属内部，因此，锅炉金属元件易发生腐蚀、磨损、变形和裂纹等缺陷，在运行过程中有可能发生事故，导致被迫停炉、停产，甚至造成人员伤亡。为了及时发现和消除锅炉存在的缺陷，保证锅炉安全、经济和连续地运行，一定要按计划对锅炉内外部进行定期检验和修理。

按照《锅炉安全技术监察规程》第1号修改单（TSG G0001—2012/XG1—2017）的规定，运行的蒸汽锅炉每两年应停炉进行内外部检验。新装蒸汽锅炉的头两年及实际运行时间超过10年的蒸汽锅炉、运行的热水锅炉及汽改水的卧式锅壳式锅炉，每年应进行内外部检验。一般每6年应对锅炉进行一次水压试验。除定期检验外，锅炉有下列情况之一时，也应进行内外部检验：新装、移动锅炉投运前；锅炉停止运行一年以上需要投入或恢复运行前；受压元件经重大修理或改造后及重新运行一年后；根据锅炉的运行情况，对设备安全可靠性有怀疑，必须进行检验时。锅炉检验是一项细致、复杂和技术性较强的工作，从事工业锅炉安全管理的工作者必须熟悉锅炉检验的方法、内容和质量要求。

#### 21.3.8.1　锅炉检验的方法

（1）宏观检验

宏观检验是指凭肉眼或借助一般放大镜观察锅炉受压元件表面上产生的腐蚀、变形、渗漏和裂纹等缺陷，这对一些明显的表面缺陷容易发现。若无法直接观察，但又怀疑元件某处有发生裂纹的可能时，可用砂纸将该处磨光，再用10%的硝酸腐蚀剂处理，擦净后用5～10倍的放大镜观察，以判断其是否发生裂纹。

（2）锤击检验

锤击检验是目前锅炉检验的基本方法之一，是用0.5kg重的小锤，靠锤击被检元件发出的声音和小锤弹回的程度来判断被检元件的缺陷情况。锤击发出的声音清脆而单纯，小锤也能弹回，则认为被检元件情况良好。若锤击时被检元件发出闷声、浊声和破碎声，而且小锤的弹跳性也很差，则说明金属元件内可能有分层、夹渣和裂纹，也可能是金属表面被腐蚀和内表面已经结了很多水垢。锤击铆钉或螺栓头部时发出浊声，而用手指放在锤击部感到有移动，则说明铆钉或螺栓松弛。锤击铆钉头部时铆钉脱落，则是铆缝有苛性脆化，应进一步详细检验。

（3）灯光检验

灯光检验是用手电筒照射锅炉元件表面，根据不均匀变形情况发现缺陷。它可检验出锅筒、集箱、炉胆、火管和水管等受压元件的大面积不均匀腐蚀、变形和粗裂纹等。检验时灯光沿着金属表面照射。被腐蚀的地方，在灯光下呈黑色斑点；若发生鼓包变形，则凸起部分被照亮，而凹下部分是黑暗的；若金属表面有裂纹，则在灯光照射下显示黑色的线条。

（4）钻孔检验

为了确定被腐蚀金属的残余厚度，以及查明金属裂纹的深度或夹层的发展方向，可以采用钻孔检验。钻孔检验金属的残余厚度时，一般钻孔孔径取6～8mm，孔的边缘应钻在腐蚀最深的地方，而且要钻透，然后用回形针测出残余厚度。如果单面被腐蚀，测量残余厚度不用钻孔，只有两面被腐蚀且面积特别大或用无损探伤方法不易测出残余厚度的地方，才用钻孔法测厚。为了确定金属内夹层的发展方向或裂纹的深度，可先在有此缺陷的地方钻上2～3mm深的孔，其孔径约为13mm，把孔边用砂纸磨光并酸洗，然后用5～10倍的放大镜观察。如果裂纹与金属表面所成的角度不大，且穿越试验孔范围之外，则可顺着裂纹在距离第一个孔约50～100mm处再钻一个孔。该孔的深度与裂纹延伸的角度相适应，孔的边缘仍应磨光并酸洗，再用放大镜观察。如果裂纹在金属表面不深的地方扩展，多半是由于钢板分层，必须找到分层的边界，将这部分金属铲除掉。如果裂纹深度超过2mm，金属被铲除后还要进行焊补。如果裂纹与金属表面成90°夹角的方向扩展到金属深处，钻孔的深度应深入到裂纹的尽头。

（5）超声波测厚

超声波测厚仪是利用声波在各种介质中传播声速不同和声波传播时遇到第二种介质能反射回声波而制成的。它无须破坏锅炉钢板，只要测出超声波自发射至接收到反射波的间隔时间，并将间隔时间转换为电的指示量，即能直接得到锅炉被测元件的厚度。超声波测厚范围一般为4～40mm，测厚精度为±0.025mm。

用超声波测厚仪测量锅炉钢板的厚度时，必须先将探头紧贴在已知厚度的试块上，调整好仪器，并把被测部位的表面清洗干净，并抹上液体耦合剂，再将探头紧贴被测部位表面左右摆动达到良好的接触，同时从超声波测厚仪的刻度盘上读出被测部位的厚度。

（6）荧光探伤

荧光探伤是利用紫外线光源照射某些荧光物质，由于荧光物质的原子在正常状态下具有一定的势能，当它受到紫外线激发后，处于一定能级的外层电子获得一定的能量，升为高势能状态，于是便向更外层跳越，处于不平衡状态。当它恢复到平衡状态时，就要放出一定的能量，这种能量以光子的形式放射出来，因而发出强烈的可见光（即荧光）。当检验锅炉元件的表面裂纹时，应在被检验部位涂上一层渗透性较好的荧光渗透液，经过一段时间以后，利用洗蚀性能较好的乳化剂将被检部位的荧光渗透液洗掉，并用清洁纱布擦净。裂纹内仍保留着已充满的荧光渗透液，然后将表面涂刷具有良好吸收性能的显像剂，显像剂将荧光渗透液从裂纹中吸附出来，并扩散一定宽度，对裂纹有放大显示作用。这时荧光渗透液在紫外线的照射下发出鲜明的荧光，从而根据荧光便可确定裂纹的形状和位置。

荧光探伤时使用的紫外线光源一般采用高压水银石英灯。注意：荧光渗透液一般易燃、有毒，工作人员应佩戴有色眼镜，室内使用时必须装有通风设备，以保护人身健康。

（7）着色探伤

着色探伤是利用某些具有渗透性较强的渗透液的毛细作用，渗入工件表面的微小裂纹中，然后用清洗液除去工件表面的渗透液，使附着在缺陷中的渗透液保存下来，再在表面涂一层吸附性较强的显示剂。隔一段时间后，凡在工件表面有缺陷的地方，因显示剂的毛细作用，渗透液在工件表面就会显现出来，从而可以判断工件表面缺陷的大小、形状和位置。

着色探伤的渗透液和显示剂的配制是保证着色探伤灵敏度的关键，哈尔滨锅炉厂配制的渗透液和显示剂具有较高的灵敏度，可清楚地显示出0.01mm的表面裂纹。

进行着色探伤时，被检工件的温度及室内温度最好不低于5℃或高于50℃。

(8) 磁力探伤

磁力探伤又称电磁探伤。它的工作原理是利用电流或马蹄形磁铁，将被检部位磁化至饱和程度，然后在被检部位撒上干式或湿式磁铁粉；当被检部位有裂纹等缺陷时，由于裂纹两侧表面产生一对具有S、N极的局部磁场，磁性特强，磁铁粉被局部磁场所吸附，产生磁铁粉积聚，从而把裂纹的外形清楚地显示出来。

磁力探伤用的磁铁粉具有高磁导率、低顽磁性，其一般用150～200号的筛子筛过，并除去黏土或非磁铁粉等杂质。为增强显示能力，常给磁铁粉着色，使它与被检部位的表面颜色有明显区别。在锅炉上产生裂纹的部位，大部分发生在锅炉的圆弧扳边、管孔周围或旧式锅炉的铆钉接缝处，因此，用磁力探伤检验这些部位的裂纹时，通常采用简单的周向磁化法。这种方法是用一根铜导线插入被检验的管孔中，然后使导线通上6V电源的电流，则导线周围产生磁场，使管孔周围达到磁化。需要注意的是，磁力探伤只适用于铁磁性材料，主要检测表面或近表面缺陷。构件较大时用移动式触探型磁力探伤仪进行分段探伤检查。探伤时将待查表面上的油污、铁锈清理干净。

(9) 金相检验

为了确定锅炉受压元件在腐蚀介质和应力作用下引起破裂破坏时金属材料的内部组织结构，评价材质的优劣，鉴别、判断缺陷的种类，分析缺陷的成因和性质，必须采取金相检验。需要进行金相检验的锅炉有：高温下工作的锅炉、交变载荷下或高温蠕变条件下工作的锅炉、腐蚀环境下工作的锅炉及在无损探伤时发现有缺陷及焊缝探伤时发现较多裂纹的锅炉。

金相检验的方法是：先从损坏元件上截取试片，用细砂纸将其打磨干净，再用泥料擦至有光泽，但不能损伤表面。然后在试片上涂上福林氏溶液或4%的硝酸溶液。侵蚀以后，用150倍的放大镜或显微镜观察试片表面的金相组织变化，以判断受压元件破裂损坏的性质。苛性脆化的微观特征是裂纹沿晶界发展且尾部较尖。而腐蚀疲劳裂纹多数是穿晶分布，一般不分支或分支较少。

#### 21.3.8.2　锅炉检验的内容

(1) 外部检验

外部检验就是锅炉在运行状态下的检验，也叫非定期检验。这种检验是在锅炉运行中司炉人员和锅炉管理人员进行的检验。上级部门的有关人员也可随时进行外部检验，并根据规程要求提出意见。发现危及锅炉安全运行的现象时，应立即采取修复措施。因此，外部检验是确定锅炉能否继续维持现状而安全地运行。

外部检验的主要内容是：人孔、手孔、检查孔是否漏水；汽、水阀门和管道的状况；辅助设备运行情况；炉墙、钢架、炉膛燃烧情况；安全附件是否齐全、灵敏；操作规程、岗位责任制、交接班制度的执行情况；水处理设备运行情况。

(2) 内外部检验

内外部检验又叫定期停炉检验，它需要在锅炉停止运行后进行，一般在锅炉检修、洗炉前后进行。内外部检验是为了全面查出锅炉在运行中无法查到的可能产生的一切缺陷，以便对锅炉设备状况做全面评价，对存在的缺陷要分析原因和提出处理意见，最后确定锅炉能否继续使用或在什么压力下使用。如要进行受压元件的修理，还需在修理后进行复验。锅炉进行内外部检验的主要内容有：上次检验有缺陷的地方；受压元件的内、外表面，特别是开孔、焊缝、扳边处有无裂纹、裂口、腐蚀；管壁有无磨损和腐蚀；锅炉的拉撑及被拉元件的结合处有无裂纹、断裂和腐蚀；胀口是否严密，管端的受胀部分有无环形裂纹，铆缝是否严密，有无苛性脆化；受压元件有无凹陷、弯曲、鼓包、过热；锅筒和砖衬接触处有无腐蚀，受压元件或锅炉构架有无因砖墙或隔火墙损坏发生过热；受压元件水侧有无水垢、水渣，进水管和排污管与锅筒的接口处有无腐蚀、裂纹，排污阀和排污管连接部分是否牢固；安全附件是否灵敏、可靠，水位计、安全阀、压力表等与锅炉本体连接的通道有无堵塞；自动控制、信号系统及仪表是否灵敏、可靠。

不同结构的锅炉，内外部检验的程序也有所不同，但大致过程是：停炉准备、外部结构检验、进入上锅筒人孔或火管锅炉上部、进入下锅筒人孔或火管锅炉下部、上下各集箱、炉膛、烟道、本体外部、过热器、省煤器、空气预热器、安全附件及附属装置。定期停炉检验时，还应检查炉墙、拱砖和隔火墙等情况。砖墙损坏时往往发生垫铁烧坏而使锅炉下沉。此外，还要分析检验发现的主要缺陷形式，一般有锅炉受压元件的腐蚀、变形、裂纹、渗漏、有水垢等。对检验中发现的所有缺陷，均应详细记入检验记录本，并有检验人员签字。对主要缺陷进行分析是总结、提高使用单位锅炉管理水平的一种好方法。通过检验结果，可以发现锅炉日常维护保养工作不足之处，从而促使锅炉使用单位进一步搞好锅炉安全经济运行。检验结束后，要尽快整理记录，写出检验报告书，或者将检验结果填写到锅炉技术档案里。

(3) 锅炉检验前的准备

锅炉检验前的准备工作对检验质量、检验结论都有重要关系。只有在检验前做到对锅炉使用情况了如指掌才能确定检验重点，提高检验质量。一般来说，检验前的主要工作有：查阅锅炉登记技术档案和了解锅炉使用情况；锅炉设计、制造、安装情况；锅炉改造情况；锅炉使用历史和使用情况；锅炉水处理情况；锅炉规章制度执行情况。检验前停炉的准备：结合生产检修计划安排停炉日期；按正常停炉程序停炉，缓慢冷却；炉水温度降至70～80℃时放水；打开所有门孔；隔断与运行中锅炉相通的蒸汽、给水、排污等管道和烟道；清除受热面上的烟灰和水垢。检验工具和照明的准备：准备必要的仪器、工具、量具以及安全的照明装置。

#### 21.3.8.3　锅炉的水压试验

(1) 水压试验的目的

水压试验是锅炉检验的重要手段之一。对运行的锅炉应每6年进行一次水压试验，对新装、移装、改装和受压元件经过重大修理或运行后停运一年以上的锅炉，均需进行一次水压试验。其目的在于鉴别锅炉受压元件的严密性和耐压强度。

① 严密性主要是指试验锅炉受压元件的焊缝、法兰接头及管子胀口等处是否严密而无渗漏。在水压试验时，如果发现焊缝渗漏，说明焊缝有穿透性的缺陷。因此，必须把焊缝缺陷处铲除干净后重焊，不允许仅在其表面上进行堆焊修补。在水压试验时发现胀口处渗漏，应分析原因，找出正确的处理方法。如果一个胀口经过一、两次补胀后，仍有漏水现象，就应将管子取下，检查管端是否有裂纹、轴向刻痕或其他情况，然后换管重胀。

② 耐压强度。只要锅炉结构合理，使用元件钢材符合技术要求，额定工作压力是根据规定进行核算确定的，试验压力是根据规定进行的，一般在水压试验时，不会出现耐压强度上的问题。因为水压试验压力下的应力比钢材的屈服强度低得多，因此，水压试验后，用肉眼观察，受压元件不应有残余变形，即所谓耐压强度。

特别应该指出的是，有些单位由于不了解水压试验的目的，而用水压试验来确定锅炉的工作压力，错误地认为锅炉只要进行了水压试验，就可以按试验压力打个折扣确定最高工作压力，这种做法非常错误也十分危险。因为锅炉的水压试验是在常温下进行的，而锅炉运行是在高温条件下进行，由于温差的变化，受压元件的强度将发生很大差异，极易导致受压元件的损坏或破裂，甚至酿成人身伤亡事故。对大量的锅炉爆炸事故调查发现，许多单位自制的结构不合理的锅炉，在使用前大都进行了水压试验，而且绝大部分没有发现损坏，但在运行后很多发生了爆炸事故。因此，绝对不允许以水压试验来确定锅炉的最高工作压力。

锅炉水压试验的压力按《锅炉安全技术监察规程》第1号修改单（TSG G0001—2012/XG1—2017）所规定的试验压力进行。热水锅炉本体的水压试验压力与蒸汽锅炉本体的试验压力相同。

(2) 水压试验的准备工作

在对锅炉进行水压试验时，应当做好下列准备工作。

① 除水垢、烟灰，特别是要把水垢清除彻底。清除水垢时，应注意不要把工具及手套、棉纱等丢在锅筒内，以免堵塞炉管和排污孔。

② 除弹簧式安全阀外，所有附件都应装上。弹簧式安全阀要拆除或加盲板，目的是防止水压试验时压力较高，使弹簧失效。

③ 装两只压力表，一只装在手摇泵出口，用来指示水泵出口压力，另一只要经过计量部门检验，临时安装在锅炉上，并以此表作为标准表。

④ 拆除锅炉本体上的部分覆盖物。新锅炉或修复后的锅炉，在进行水压试验前不应涂漆，以免堵塞缝隙，不易发现问题。

⑤ 对于没有自来水的地方，可以用电泵或汽泵向锅内上水，但在升压时不能使用。

⑥ 用水温度一般应保持在20～70℃，水温过低，易发生出汗现象；水温过高，渗漏的水就会蒸发。周围空气温度不得低于5℃，若低于5℃，必须有防冻措施。

⑦ 锅炉顶部应有放气阀。如锅内有空气，则上满水较困难，满水后水压试验时容易升压过快。

(3) 水压试验的程序

做好上述准备工作后，即可进行水压试验。试验时，水压应缓慢上升。当水压升到工作压力时，应暂时停止升压，检查锅炉各部位有无渗漏或异常现象；如果没有任何缺陷，可以升压到试验压力。焊接锅炉应在试验压力下保持5min，铆接锅炉则应保持20min。在上述时间内，试验压力不能下降；如果压力下降，要查明原因。若试验压力可维持到规定的时间，然后将试验压力降到工作压力，进行全面检查。检查时锅内压力保持不变。

锅炉在试验压力情况下，不准用手锤敲击锅炉。当压力降到工作压力时，应当详细检查锅炉各部位有无渗漏或变形，同时允许用手锤轻轻敲击一些焊缝等部位，但严禁猛击。

(4) 水压试验的注意事项

① 水压试验最好在白天进行，以便观察清楚。

② 不准用电泵或气泵作升压泵用，也不准用氧气瓶的气压来顶水压。因为这样压力很难控制，并且容易损坏锅炉。

③ 锅炉升压或降压必须缓慢，压力表指针移动应平稳均匀。

④ 对于比较复杂的锅炉，检查人员最好将应当重点检查的部位编列序号，以免漏检。

⑤ 当水压试验发生渗漏时，应当使锅炉内压力降到零后修理，不允许带压修理。

⑥ 水压试验结束后，不要忘记拆除弹簧式安全阀孔口上的盲板。

⑦ 水压试验必须用水进行，禁止用汽压试验或汽水联合试验来代替水压试验。因为汽压试验不能检查渗漏等缺陷，更重要的是一旦锅炉有严重缺陷，在水压试验过程中会造成恶性爆炸事故。

⑧ 水压试验压力必须严格按照规定进行，不准任意提高试验压力。

(5) 水压试验的合格标准

锅炉进行水压试验时，符合下列情况时，即认为合格。

① 在受压元件金属壁和焊缝上没有水珠和水雾。

② 铆缝和胀口处，在降至工作压力后不滴水珠。

③ 水压试验后，没有发现残余变形。

## 参考文献

[1] 张质文等. 起重机设计手册. 第二版. 北京：中国铁道出版社，2013.

[2] 陈敢泽. 现代起重机管理与实用技术. 北京：科学出版社，2000.

[3] 张应立. 起重机司机安全操作技术. 北京：冶金工业出版社，2002.

[4] 孙桂林，臧吉昌. 安全工程手册. 北京：中国铁道出版社，1989.

[5] 劳动部，职业安全卫生与锅炉压力容器监察局编. 工业防爆实用技术手册. 沈阳：辽宁科学技术出版社，1996.

[6] 冯肇瑞，杨有启. 化工安全技术手册. 北京：化学工业出版社，1993.

[7] 安全科学技术百科全书编委会. 安全科学技术百科全书. 北京：中国劳动社会保障出版社，2003.

[8] 罗云等. 特种设备风险管理. 北京：中国质检出版社，2013.

# 第五篇　职 业 健 康

## 主　　编

程五一

## 副　主　编

李永霞

## 本篇编写成员

赵一归　李永霞　刘　超　岳仁田　宫运华
程五一　杨文涛　陈　莹　许　柯　杨冠洲
张德全　冯　杰　苏贺涛　吴　盈　常明亮

# 22 噪声与振动控制

## 22.1 噪声及其量度

### 22.1.1 噪声

对人体有害的，人们不需要的一切声音都是噪声。噪声能使人耳聋，诱发各种疾病，降低劳动生产率，影响人们的正常工作和生活。

(1) 噪声的基本性质

声波是在弹性媒质中传播的一种机械波。

声波传播的路径为声线，声波在同一时刻相位相同各点所包络的面为波阵面，媒质中有声波存在的区域为声场。

人类可听声的频率范围约为20～20000Hz，低于20Hz的为次声，高于20000Hz的为超声。

声波在媒质中传播，当媒质及其状态一定时，声速为常数。常见气体中的声速见表22.1。

**表22.1 常见气体中的声速**

| 气体 | 温度($t$)/℃ | 密度($\rho$)/($kg/m^3$) | 声速($c$)/(m/s) | 比热容比($\gamma$) | $dc/dt$/[m/(s·℃)] |
|---|---|---|---|---|---|
| 空气 | 0 | $0.1293\times10^{-3}$ | 331.45 | | |
| 氧 | 20 | | 326.5 | | 0.60 |
| 氮 | 20 | | 340.9 | | |
| 氢 | 20 | | 1307.6 | 1.405 | 2.25 |
| 二氧化碳 | 20 | | 274.6 | 1.299 | 0.54 |
| 一氧化碳 | 18 | | 348.9 | | 0.63 |
| 水蒸气 | 27 | | 432 | | |
| 氯 | 18 | | 215 | | 0.40 |
| 氨 | 18 | | 428 | | 0.73 |
| 苯 | 30 | | 190.4 | | |
| 甲烷 | 25 | 0.657 | 448 | 1.30 | 0.83 |
| 环丙烷 | 25 | 1.744 | 262 | 1.18 | |
| 己烷 | 35 | | 176 | 1.06 | |
| 甲醇 | 32 | | 312.8 | | |
| 乙烯 | 25 | 1.157 | 330 | 1.25 | |
| 乙炔 | 25 | 1.081 | 341 | 1.24 | |

声波在传播路径上遇到障碍物时，部分声波能够绕过障碍物继续传播，这种现象称为衍射或者绕射。当障碍物尺寸小于声波的波长或与之相差不大时，声波能绕过障碍物继续传播；障碍物尺寸远大于声波波长时，声波将被反射，并在障碍物后面形成声影区。频率相同、相位差恒定的两列声波相遇，会使声场中出现某些点的振动加强、某些点的振动减弱的声波干涉现象。声波在均匀媒质中传播时，其振幅、声强等随传播的距离增大而减小，这种现象称为声波的衰减。较小的声源在自由声场中传播时，波阵面的面积随距离增大而变大，声能密度随之减小。这种声能密度随距离增加而减小的现象称为扩散衰减。因媒质质点吸收部分声能，使声波沿传播方向随距离增加而衰减的现象称为吸收衰减。噪声有掩蔽效应，由于掩蔽声的存在使原有听阈上升。低频声具有较大的掩蔽作用。噪声的掩蔽作用对语言清晰度和音乐的音质能构成严重干扰。但是连续的、声强不大、没有信息内容的掩蔽声，可成为使人易于接受的背景噪声，用来掩蔽不受人欢迎的噪声。

(2) 噪声污染的特点

噪声污染同水、气、渣等物质的污染相比，具有其显著的特点：一是具有能量性，噪声污染是能量的污染，它不具有物质的累积性。声源关闭，污染便消除。噪声的能量转化系数很低，约为$10^{-6}$，即百万分之一。二是具有波动性，声能以波动的形式传播，因此噪声，特别是低频声具有很强的绕射能力。三是具有局限性，一般的噪声源只能影响它周围的一定区域。四是具有难避性，突发的噪声是难以逃避的，即使在睡眠中，人耳也会受到噪声的污染。五是具有危害潜伏性，多数暴露在90dB左右噪声条件下的职工，也认为能够忍受，实际上这种“忍受”是以听力偏移为代价的。生活环境的噪声污染，主要带来的是语言干扰、睡眠干扰和烦恼效应，由此会引起神经衰弱及其他非特异性疾病。因此，噪声的危害不可低估。

### 22.1.2 噪声的量度

(1) 声压和声压级

声波是疏密波，在空气中传播时，它使空气时而变密——压力升高，时而变稀——压力降低。这种在大气压力上起伏的部分就是声压。声压是衡量声音大小的尺度，通常用$p$来表示，单位为Pa。声音越强，声压越大；反之，声压越小。

人耳对1000Hz纯音的听阈声压是$2\times10^{-5}$Pa，只有一个大气压力（1atm=101325Pa）的$1/(50\times10^8)$；飞机的强力发动机发出的声音高达$10^2$Pa，这是人耳能短时忍受的最大声压，而它也是一个大气压的千分之几。从人耳刚刚能听到的微弱声音到难以忍受的强烈噪声，声压相差数百万倍，而且仅是一个大气压的几十亿分之一到几千分之几。显然，用声压作单位来衡量声音的大小是很不方便的。声学上普遍使用对数标度来度量声压，称为声压级，其定义是声压平方和1000Hz纯音的听阈声压平方比值的对数，单位是贝尔。但贝尔是一个很大的单位，用起来也不方便。因此，人们又把贝尔分成10份，取1份作常用单位，这就是分贝，符号为dB。几种常见声源的声压和声压级见表22.2。

$$L_p=10\lg\frac{p^2}{p_0^2}=20\lg\frac{p}{p_0} \tag{22.1}$$

式中，$L_p$为声压级，dB；$p$为声压，Pa；$p_0$为基准声压，在空气中$p_0=20\mu Pa$。

从式（22.1）可以看出，声音的叠加不是声压叠加，而是声压的平方叠加，即能量的叠加。

(2) 声功率和声功率级

声功率是描述声源性质的物理量，由于它不像声压那样随着离开声源的距离加大而减小，因此，国际标准化组织向人们推荐测试噪声源的声功率。声功率反映的是单位时间内声源向外辐射的总能量，即

$$W=\frac{E}{\Delta t} \tag{22.2}$$

式中，$W$为能量，W；$E$为总能量，W；$\Delta t$为单位时间。

表 22.2 几种常见声源的声压和声压级

| 声压/Pa | 声压级/dB | 声源及环境 |
|---|---|---|
| $2\times10^{-5}$ | 0 | 刚刚能听到的声音 |
| $6.3\times10^{-5}$ | 10 | 寂静的夜晚 |
| $2\times10^{-4}$ | 20 | 微风轻轻吹动树叶 |
| $6.3\times10^{-4}$ | 30 | 轻声轻语 |
| $2\times10^{-3}$ | 40 | 疗养院房间 |
| $6.3\times10^{-3}$ | 50 | 机关办公室 |
| $2\times10^{-2}$ | 60 | 普通讲话 |
| $6.3\times10^{-2}$ | 70 | 繁华街道 |
| $2\times10^{-1}$ | 80 | 公共汽车内 |
| $6.3\times10^{-1}$ | 90 | 水泵房 |
| 2 | 100 | 轧机附近 |
| 6.3 | 110 | 矫直机旁 |
| 20 | 120 | 大型球磨机附近 |
| 63 | 130 | 锻锤工人操作岗位 |
| 200 | 140 | 飞机强力发动机旁 |

以 1pW 为基准，定义声功率级为：

$$L_W=10\lg\frac{W}{W_0} \tag{22.3}$$

式中，$L_W$ 为声功率级，dB；$W$ 为声功率；$W_0$ 为基准声功率。

(3) 声强和声强级

声强与声压幅值的平方成正比，因而它和声压一样也随着离开声源距离的加大而减小。

此外，声强还与传声媒质的性质有关，例如在空气和水中有两列具有相同频率、相同速度幅值的声波，这时，水中的声强要比空气中的声强约大 3600 倍。

几种典型声源的声功率和声功率级见表 22.3。

表 22.3 几种典型声源的声功率和声功率级

| 声功率/W | 声功率级/dB | 声源及环境 |
|---|---|---|
| $10^{-9}$ | 30 | 轻声说话 |
| $10^{-5}$ | 70 | 普通讲话 |
| $10^{-4}$ | 80 | 高声喊叫 |
| $10^{-3}$ | 90 | G4-73-11. No 9D 通风机旁 |
| $10^{-2}$ | 100 | LGA30-3500-1 罗茨风机旁 |
| $10^{-1}$ | 110 | 离心风机(风量 3500m$^3$/min)旁 |
| 10 | 130 | 球磨机附近 |
| $10^2$ | 140 | 螺旋桨飞机附近 |
| $10^4$ | 160 | 喷气式飞机附近 |

声强级是以 1000Hz 纯音的听阈声强值 1pW/m$^2$ 为基准定义的，即

$$L_I=10\lg\frac{I}{I_0} \tag{22.4}$$

式中，$I$ 为声强，W/m$^2$；$I_0$ 为基准声强。

听阈声强是与听阈声压相对应的声强。声强级和声压级之间满足下列关系：

$$L_I=L_p+10\lg\frac{400}{\rho c} \tag{22.5}$$

式中，$L_p$ 为声强级，dB；$\rho$ 为传声媒质的密度，kg/m$^3$；$c$ 为传声媒质的声速，m/s。

如果在测量时，条件恰好是 $\rho c=400$（例如在空气中，0℃时，$\rho=1.2$kg/m$^3$，$c=332$m/s），则声强级和声压级在数值上就会相等。对于一般情况，两者相差一个修正项 $10\lg\frac{400}{\rho c}$，但这个修正项通常是比较小的。

(4) 噪声的频谱分析

声源做简谐振动所产生的声波，其声压与时间成正弦曲线的关系，它只具有单一频率成分，因此称为纯音。复音是由很多不同频率的纯音组成的声波，在听觉上可以引起一个以上的音调，频谱是在频率域上描述声音强度变化规律的曲线，一般以频率（或频带）为横坐标，以声压级（或声功率级）为纵坐标。

在可听声的频率范围内，声能连续分布，在频谱图上呈现一条连续的曲线，称为连续谱；若声能间断分布，在频谱图上呈现出一系列分离的竖直线段，则称为离散谱。

工业噪声一般都是由很多频率和强度不同的成分杂乱无章地组成的，其频谱有连续谱、离散谱，也有二者的混合谱。为了了解噪声的成分和性质，进行频谱分析是十分必要的。

有的机械设备高频率的声音较多，听起来尖叫刺耳，例如电锯、铆钉枪等，它们辐射的噪声主要成分在 1000Hz 以上，属于高频噪声。有的机器辐射的噪声低频成分较多，主要能量集中分布在 500Hz 以下，听起来低沉闷响，这种噪声属于低频噪声，例如空压机、汽车的噪声。我们把主要频率成分分布在 500～1000Hz 范围内的噪声称为中频噪声，例如高压风机、水泵的噪声；把频谱中能量比较均匀分布在 125～2000Hz 范围内的噪声称为宽带噪声，例如柴油机、轴流风机的噪声。

在一般情况下，对工业噪声不必逐一频率地进行分析。根据人耳对声音频率变化的反应，可把可听声的频率范围按频程划分成频带。频程的单位为数倍频程（简称倍频程）。倍频程是指频带间的中心频率之比都是 2∶1，其中心频率是上、下限的几何平均值。表 22.4 列出倍频程中心频率及频率范围。1/3 倍频程是把每个 1 倍频程再分成 3 份，其中心频率和频率范围见表 22.5。在噪声测量中，作出噪声按倍频程的声压分布曲线即为倍频程频谱分析，用这种方法可以直观地了解噪声的概略特性。如果要想知道更详细的噪声频谱特性，还可以使用 1/3 倍频程频谱分析方法。

表 22.4 倍频程中心频率及频率范围

| 中心频率/Hz | 频率范围/Hz | 中心频率/Hz | 频率范围/Hz |
|---|---|---|---|
| 31.5 | 22～45 | 1000 | 710～1400 |
| 63 | 45～90 | 2000 | 1400～2800 |
| 125 | 90～180 | 4000 | 2800～5600 |
| 250 | 180～355 | 8000 | 5600～11200 |
| 500 | 355～710 | 16000 | 11200～22400 |

表 22.5 1/3 倍频程中心频率及频率范围

| 中心频率/Hz | 频率范围/Hz | 中心频率/Hz | 频率范围/Hz |
|---|---|---|---|
| 50 | 45～56 | 1000 | 900～1120 |
| 63 | 56～71 | 1250 | 1120～1400 |
| 80 | 71～90 | 1600 | 1400～1800 |
| 100 | 90～112 | 2000 | 1800～2240 |
| 125 | 112～140 | 2500 | 2240～2800 |
| 160 | 140～180 | 3150 | 2800～3550 |
| 200 | 180～224 | 4000 | 3550～4500 |
| 250 | 224～280 | 5000 | 4500～5600 |
| 310 | 280～355 | 6300 | 5600～7100 |
| 400 | 355～450 | 8000 | 7100～9000 |
| 500 | 450～560 | 10000 | 9000～11200 |
| 630 | 560～710 | 12500 | 11200～14000 |
| 800 | 710～900 | 16000 | 14000～18000 |

## 22.2 噪声的危害、评价和标准

### 22.2.1 噪声的危害

(1) 特异性噪声病——噪声聋

长期暴露在强噪声环境中，或接受瞬时性的特强噪声，使听觉器官发生器质性病变，会造成永久性听力损伤。

工业噪声对听力的影响主要表现为2kHz以上的高频听力损伤，很少波及到语言听力频率范围，噪声聋的早期症状多表现为耳鸣、耳痛。

以500Hz、1000Hz、2000Hz听力损失（dB）平均值为计量标准，听力损失25～40dB为轻度聋，40～55dB为中度聋，55～70dB为显著聋，70～90dB为重度聋，90dB以上为极端聋。

长期接受噪声，造成听力损伤的噪声强度下限A声级为85dB，低频稳态噪声为100dB，中频为85～95dB，高频为75dB。85dB（A）以下的噪声一般不会造成听力损伤。

(2) 非特异性噪声病

① 中枢神经系统。长期暴露在强噪声环境中，会使人产生心慌、易疲劳、反应迟钝等神经衰弱的症状，会导致劳动效率的降低和生产性伤亡事故率的上升。

② 心血管系统。短时接触强噪声环境，可出现血压升高、心跳加快、心输出血量增加等短时保护性反应。长时间暴露，上述反应减弱，继而出现心跳缓慢、心输出血量减少、血压降低等心血管系统抑制性反应，又称为暂时效应。若长期暴露，则会引起心电图改变和缺血性心脏疾患，称为慢性伤害效应。脉冲噪声对心血管系统的损害比稳态噪声更为严重。

③ 消化系统。常出现胃张力下降、蠕动无力、排空缓慢、胃液分泌障碍等症状。

④ 内分泌和血液系统。表现为血脂增高，血胆固醇增加和继发性甲状腺功能亢进的症状，甚至发生贫血、白细胞分类异常。另外，噪声与各种有毒物质（工业毒物或者药物）同时作用于人体，多数能产生联合作用，导致毒物容许浓度和药物极量的减小。

(3) 噪声对生活、工作的干扰

40dB（A）的连续噪声会影响睡眠深度，产生睡眠深度回转，甚至惊醒；若达55dB（A），能对多数人的睡眠构成严重干扰。突发噪声强度仅为40dB（A）就能使人惊醒。

45dB（A）以下的环境噪声对会话、电话交谈的影响很小；若超过64dB，则构成严重的干扰。噪声对谈话的干扰程度见表22.6。

**表22.6 噪声对谈话的干扰程度**

| A声级/dB | 能正常交谈的最大距离/m | 电话通话质量 |
| --- | --- | --- |
| 45 | 10 | 很满意 |
| 55 | 3.5 | 满意 |
| 65 | 1.2 | 差 |
| 75 | 0.3 | 很差 |
| 85 | 0.1 | 无法交谈 |

### 22.2.2 噪声的评价

噪声的评价是指对不同强度的噪声及其频率特性以及噪声的时间特性等所产生的危害与干扰程度所做的研究。

由于噪声与主观感觉的关系非常复杂，人们对各种噪声影响的反应很不一致。因此，噪声评价仍然是环境声学研究工作中的一个重要课题。

目前，评价噪声使用比较广泛的是响度和烦恼效应的A声级和以A声级为基础的等效声级、感觉噪声级，评价语言干扰的语言干扰级，评价建筑物室内噪声的噪声评价曲线，以及综合评价噪声引起的听力损失、语言干扰和烦恼三种效应的噪声评价数等。

(1) 人耳的听觉特性

声音给人耳的感觉，主要是响的感觉。对某两种声音来说，如果它们的频率和声压级不同，人们就感到它们不一样响；如果它们的频率不同，即使声压级相同，人耳感觉到的响亮程度也不同。空压机和电锯，同是100dB声压级的噪声，可是听起来电锯声要比空压机声响得多，原因就是空压机辐射的是低频噪声，而电锯声属于高频噪声。

那么人耳对于某一声音响亮程度的感觉，究竟与其声压级和频率有什么关系呢？为了定量地确定这种关系，人们首先把某频率的声音引起人耳的感觉相当于1000Hz纯音的声压级定义为该频率纯音的响度级，其单位为方。这就是说，假如1000Hz纯音的声压级为80dB时与某一机器发出的声音听起来同样响，那么不管这台机器噪声的声压级是多少分贝，它的响度级都被认为是80方。由响度级的定义不难看出，对1000Hz的纯音，其以dB为单位的声压级和以方为单位的响度级在数值上是相等的。

在此基础上，人们做了很多实验以测定响度级与频率及声压级的关系，从大量测量的统计结果中，得到一般人对不同频率的纯音感觉为同样响的响度级与频率的关系曲线，这就是等响曲线。图22.1为等响曲线及人耳听觉范围，图中虚线表示人耳的听觉范围，这个范围包括了对人耳起作用的各种频率的声音以及相应的声压级范围。从等响曲线中可以看出，人耳对1000Hz的声音最敏感，而且对高频声比对低频声的灵敏性要好。据此，汽车喇叭声和消防车的警笛声的频率一般都设计在1000～5000Hz范围内。

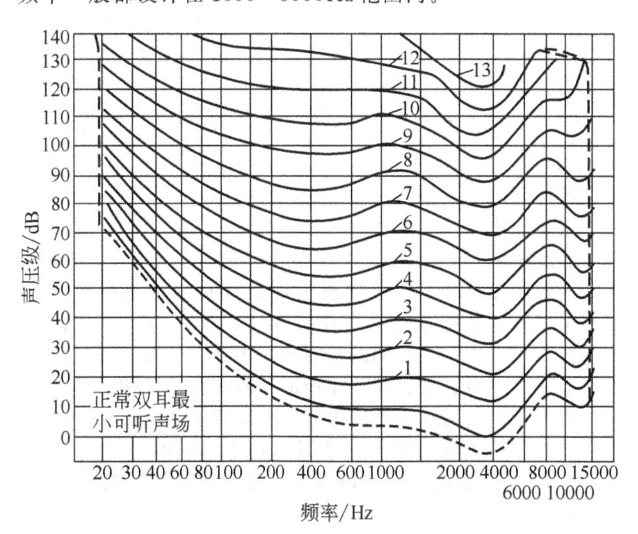


图22.1 等响曲线及人耳听觉范围

1—10方；2—20方；3—30方；4—40方；5—50方；6—60方；7—70方；8—80方；9—90方；10—100方；11—110方；12—120方；13—130方

在一般情况下，声压级每增加10dB，正常人耳感觉响1倍，为了直接表示人耳对声音强弱的感觉，声学上引入响度的概念。响度的单位为宋，定义40方的纯音为1宋，若用$N$表示响度，$L_N$表示响度级，它们之间有如下关系

$$L_N=40+33.3\lg N \tag{22.6}$$

(2) A声级评价

从图22.1的等响曲线中可以看出，人耳的听觉特性具有滤波作用，所能听到的最小的声音与频率有关，并且对于声压级相同、频率不同的声音反应也不一样。由于人耳的这

些听觉特性，机器辐射出的宽带噪声，一进入人耳就失真了，一部分低频成分的噪声被滤掉了，也可以说是被人耳计权了。

人耳的听觉不能定量地测定出噪声的频率成分和相应的强度，因此，需要借助仪器来反映人耳的听觉特性。人们想出来的办法就是在测量声音的仪器——声级计中，安装一个滤波器，并使其对频率的判别与人耳的功能相似，这个滤波器我们常称为A计权网络，其衰减特性见图22.2。当声音信号进入A计权网络时，中、低频的声音就按比例衰减通过，而1000Hz以上的声音无衰减地通过。这种被A网络计权了的声压级，我们就称为A声级，用于区别声压级。

用A声级评价噪声是1967年开始逐渐发展起来的一种评价方法。多年来，经过大量的实验和测量，现在世界各国的声学界和医学界都公认，用A声级测量得到的结果与人耳对声音的响度感觉基本一致，用它来评价各类噪声的危害和干扰，都得到了很好的结果。因此，A声级已经成为一种国内外都使用的最主要的评价量。

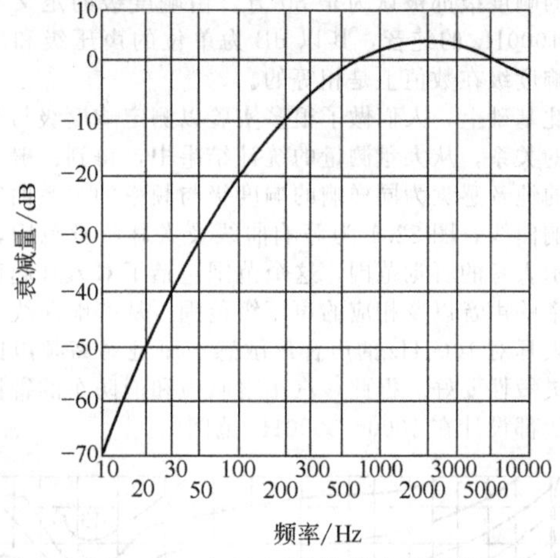


图 22.2 A计权网络的衰减特性

(3) 等效声级

噪声的影响，不仅与噪声的声级大小有关，而且还与噪声的状态性质以及噪声作用的时间长短有关，因此，要评价噪声的这些影响，只用A声级是不够的。于是，人们又引入了等效声级的概念。等效声级是以A声级为基础建立起来的关于不稳态噪声的噪声评价量，它以A声级的稳态噪声代替变动噪声，在相同的暴露时间内能够给人以等数量的声能，这个声级就是该变动噪声的等效声级，又称连续等效A声级。其定义为：在声场中一定点位置上，用某一段时间内能量平均的方法，将间隙暴露的几个不同的A声级，以一个A声级表示该段时间内噪声大小，这个声级即为等效声级，记作$L_{eq}$。

等效声级可用下式表示：

$$L_{eq}=10\lg\left\{\frac{1}{t_2-t_1}\int_{t_1}^{t_2}10^{0.1L_{pA}}\mathrm{d}t\right\} \tag{22.7}$$

式中，$t_2-t_1$为某段时间；$L_{pA}$为变化A声级的瞬时值，dB。

对于有限个声级测定值，式(22.7)可简化为：

$$L_{eq}=10\lg\left(\frac{1}{n}\sum_i 10^{0.1L_{pAi}}\right) \tag{22.8}$$

式中，$L_{pAi}$为$n$个A声级中第$i$个测定值（对于$n$值，ISO建议取$n=100$），dB。

如果在一段时间内总是接触一个稳定不变的噪声（如总在A声级为95dB的机器旁工作），其等效声级就是这个稳态噪声的A声级（$L_{eq}=95$dB）。

如果一段时间内，接触噪声的大小有变化，则对不同的噪声A声级按式(22.7)或式(22.8)算出等效声级，即折合成一个A声级表示这段时间的噪声大小。也可以用积分式声级计直接测量这段时间内变动噪声的等效声级。

等效声级对于衡量工厂工人噪声暴露量是一个很重要的物理量。好多种噪声生理效应的评价都可以用等效声级为指标。听力损失、神经系统和心血管系统疾病的阳性率，也都发现与等效声级有较好的相关性。现在，绝大多数国家的听力保护噪声标准和我国颁布的《工业企业噪声卫生标准》都是以等效声级为指标的。

等效声级的缺点是略去了噪声的变动特性，因而有时会低估了噪声的效应。特别是包含有脉冲成分与纯音成分的噪声，仅用等效声级衡量仍然是不充分的。

不稳态噪声的评价量还有日夜等效声级、统计声级、噪声污染级和交通噪声指数。

日夜等效声级$L_{dn}$是用来评价环境噪声的一个量，它考虑了夜间噪声对人的影响特别严重的因素，对夜间噪声做了增加10dB的加权处理，其计算公式为：

$$L_{dn}=10\lg\left\{\frac{1}{24}\left[15\times10^{0.1L_d}+9\times10^{0.1(L_n+10)}\right]\right\} \tag{22.9}$$

式中，$L_d$为白天（6：00～22：00）的等效声级，dB；$L_n$为夜间（22：00～6：00）的等效声级，dB。

统计声级$L_n$是用统计的方法，以声级出现的概率或累积概率来表示的噪声评价量。$L_n$表示百分之$n$的测量期间所超过的噪声级，例如$L_{10}=80$dB，表示测量期间内有10%的时间噪声级超过80dB，而其他90%的时间噪声级低于80dB。$L_{10}$、$L_{50}$和$L_{90}$分别相当于交通噪声的峰值、平均值和本底值。在一段时间内，交通噪声的声级是按正态分布的，即接近平均值的时间长，声级特别高或特别低的时间少。在这种情况下，最常用的评价量就是这三个统计声级。

噪声污染级$L_{NP}$（或用NPL表示）一般用于评价不稳定的交通噪声，单位为dB。在正态分布条件下，噪声污染级为：

$$L_{NP}=L_{50}+d+\frac{d^2}{60} \tag{22.10}$$

式中，$d=L_{10}-L_{90}$。

交通噪声指数TNI是机动车辆噪声的评价量，单位为dB，它的定义是：

$$\mathrm{TNI}=L_{90}+4d-30 \tag{22.11}$$

对于正态分布的交通噪声，等效声级可用下式计算：

$$L_{eq}=L_{50}+\frac{d^2}{60} \tag{22.12}$$

(4) 感觉噪声级

感觉噪声级$L_{pN}$是飞机噪声的评价参数。在研究航空噪声对人的干扰过程中，人们发现用响度低估了高频连续谱噪声对人的影响，因此响度计算法对于航空噪声是不适用的，于是就引入了感觉噪声级和噪度这两个新的主观评价量。感觉噪声级的单位是dB，与响度级的方相对应；噪度的单位是呐，与响度的宋相对应。感觉噪声级、噪度与响度级、响度不同之处在于前者是以复音为基础的，而后者则以纯音或频带声为基础。若将噪度与响度做比较，则噪度更多地反映了1000Hz以上的高频声对人的危害和干扰。

图22.3为等噪度曲线，曲线上的数据为噪度数据，单位为呐。它与等响曲线的不同之处在于它对受试者提出的不是等响不等响的问题，而是两个1/3倍频程的噪声是否给人以相同的烦躁感觉的问题。

等噪度曲线的形状与等响曲线相似，但前者高频部分下凹得突出，这说明人们对高频声的烦躁和讨厌程度远大于低频声。

感觉噪声级与噪度的关系类似于响度级与响度的关系，

定义中心频率 1000Hz 的倍频程声压级 40dB 为 1 呐。

感觉噪声级的计算方法如下：

① 由图 22.3 查出倍频程或 1/3 倍频程声压级所对应的噪度，再计算总噪度 $N_T$。对于倍频程：

$$N_T = N_m + 0.3\left(\sum_i N_i - N_m\right) \tag{22.13}$$

对于 1/3 倍频程：

$$N_T = N_m + 0.15\left(\sum_i N_i - N_m\right) \tag{22.14}$$

式中，$N_T$ 为总噪度；$\sum_i N_i$ 为对各频带噪度的求和；$N_m$ 为各噪度中最大的一个。

② 由总噪度计算感觉噪声级：

$$L_{PN} = 40 + 33.3\lg N_T \tag{22.15}$$

感觉噪声级的计算比较复杂，如不需要精确的数学计算，可用声级计测得 A 声级加 13dB 来估算，也可用声级计测得 C 声级 $L_{pC}$ 和 A 声级 $L_{pA}$，由两者之差，按表 22.7 近似求出。如果有带 D 计权网络的脉冲声级计，还可用其读数再加上 9dB 来计算感觉噪声级。对大多数飞机噪声来说，用上述几种方法估算感觉噪声级，所引起的误差一般都较小。

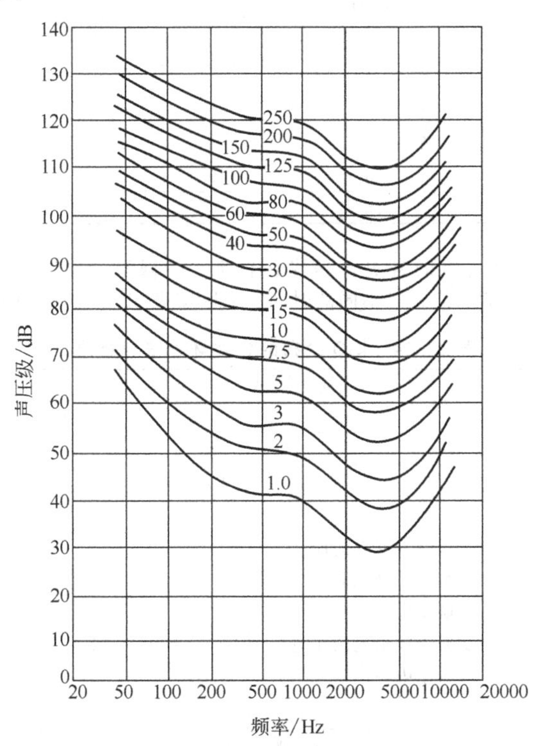


图 22.3 等噪度曲线

**表 22.7 感觉噪声级与 C 声级和 A 声级的关系**

| $L_{pC}-L_{pA}$ | −2 | −1 | 0 | 1 | 2 | 3 |
|---|---|---|---|---|---|---|
| $L_{PN}-L_{pC}$ | 12.8 | 12.1 | 11.2 | 10.4 | 9.8 | 9 |
| $L_{pC}-L_{pA}$ | 4 | 5 | 6 | 7 | 8 | 9 |
| $L_{PN}-L_{pC}$ | 8.2 | 7.4 | 6.8 | 6.2 | 5.6 | 4.9 |
| $L_{pC}-L_{pA}$ | 10 | 11 | 12 | 13 | 14 | 15 |
| $L_{PN}-L_{pC}$ | 4.4 | 3.7 | 3.1 | 2.7 | 2.1 | 1.6 |
| $L_{pC}-L_{pA}$ | 16 | 17 | 18 | 19 | 20 | 21 |
| $L_{PN}-L_{pC}$ | 1.1 | 0.7 | 0.2 | −0.3 | −0.3 | −1.1 |

(5) 噪声评价数

ISO 公布了一簇噪声评价曲线（即 NR 曲线），称为噪声评价数 NR，简单表示为 $N$，图 22.4 中曲线上数据为噪声评价数。噪声评价数是用来评价不同声级、不同频率的噪声对听力损伤、语言干扰和烦恼的程度。

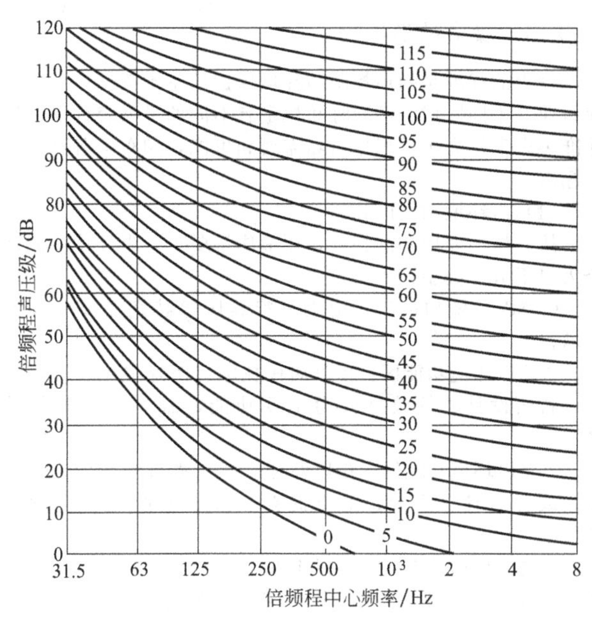


图 22.4 噪声评价曲线

噪声评价曲线的声级范围是 0～130dB，频率范围是 31.5～8000Hz，包括 9 个频程。在 NR 曲线簇上，1000Hz 声音的声压级等于噪声评价数 $N$。实测得到各个倍频程声压级 $L_p$ 与 $N$ 关系为：

$$L_p = a + bN \tag{22.16}$$

式中，$L_p$ 为声压级，dB；$a$，$b$ 为与各倍频程声压级有关的常数，见表 22.8。

**表 22.8 $a$、$b$ 常数表**

| 频率/Hz | 31.5 | 63 | 125 | 250 | 500 | 1000 | 2000 | 4000 | 8000 |
|---|---|---|---|---|---|---|---|---|---|
| $a$/dB | 55.4 | 35.5 | 22.0 | 12.0 | 4.8 | 0 | −3.5 | −6.1 | −8.0 |
| $b$/dB | 0.681 | 0.790 | 0.870 | 0.930 | 0.974 | 1.000 | 1.015 | 1.025 | 1.030 |

对于一般的噪声，其噪声评价数 $N$ 可近似地由 A 声级 $L_{pA}$ 求出。

$$L_{pA} = N + 5$$

为了保护听力，通常取 $N=85$dB，作为最大允许的噪声评价数。对于其他环境，可参考表 22.9 所列的建议值来确定 $N$。

**表 22.9 建议的噪声评价数 $N$** 单位：dB

| 卧室 | 办公室 | 教室 | 工厂 |
|---|---|---|---|
| 20～30 | 30～40 | 40～50 | 60～70 |

(6) 语言干扰级

大量的研究和实验结果表明，人的讲话声主要集中在以 500Hz、1000Hz 和 2000Hz 为中心的 3 个倍频程中。因此，为了评价噪声对语言会话的干扰程度，人们就把这 3 个倍频程声压级的算术平均值定义为语言干扰级，用 SIL 表示，单位为 dB。

$$\mathrm{SIL} = \frac{L_{p500} + L_{p1000} + L_{p2000}}{3} \tag{22.17}$$

一般情况下，在相距 1m 远处可以正常谈话的语言干扰级为 54dB。当谈话声的声压级比语言干扰级高 10dB 以上时，人们彼此可以听得很清楚；当声压级和语言干扰级相等时，还可以勉强听清；当声压级比语言干扰级低10dB时，就完全听不清了。

### 22.2.3 噪声的标准

噪声的标准是噪声控制和环境保护的基本依据，对于不同行业、不同区域、不同时间规定有不同的最大容许噪声级标准。国家权力机关根据实际需要和可能，颁布了各种噪声的标准。

(1) 声环境功能区分类

按区域的使用功能特点和环境质量要求，声环境功能区分为以下五种类型：

0类声环境功能区：指康复疗养区等特别需要安静的区域。

1类声环境功能区：指以居民住宅、医疗卫生、文化教育、科研设计、行政办公为主要功能，需要保持安静的区域。

2类声环境功能区：指以商业金融、集市贸易为主要功能，或者居住、商业、工业混杂，需要维护住宅安静的区域。

3类声环境功能区：指以工业生产、仓储物流为主要功能，需要防止工业噪声对周围环境产生严重影响的区域。

4类声环境功能区：指交通干线两侧一定距离之内，需要防止交通噪声对周围环境产生严重影响的区域，包括4a类和4b类两种类型。4a类为高速公路、一级公路、二级公路、城市快速路、城市主干路、城市次干路、城市轨道交通（地面段）、内河航道两侧区域；4b类为铁路干线两侧区域。

(2) 工业企业厂界环境噪声排放标准

2008年，我国环境保护部和国家质量监督检验检疫总局颁发了《工业企业厂界环境噪声排放标准》（GB 12348—2008），从2008年10月1日起实施。该标准颁发的目的是防止工业企业噪声污染，改善声环境质量。它所规定的噪声是指在工业生产活动中使用固定设备产生的，在厂界处进行测量和控制的干扰周围生活环境的声音。该标准适用于工业企业噪声排放的管理、评价及控制。该标准也适用于机关、事业单位、团体等对外环境排放噪声的单位。它针对厂界环境噪声排放限值规定见表22.10。

表22.10 工业企业厂界环境噪声排放限值

| 时段<br>厂界外声环境功能区类别 | 昼间/dB | 夜间/dB |
|---|---|---|
| 0 | 50 | 40 |
| 1 | 55 | 45 |
| 2 | 60 | 50 |
| 3 | 65 | 55 |
| 4 | 70 | 55 |

1971年，国际标准化组织公布了《职业性噪声暴露和听力保护标准》（ISO R1999），其内容见表22.11。

表22.11 职业性噪声暴露和听力保护标准

| 连续噪声暴露时间/h | 8 | 4 | 2 | 1 | 1/2 | 1/4 | 1/8 | 最高限 |
|---|---|---|---|---|---|---|---|---|
| 允许A声级/dB | 85～90 | 88～93 | 91～96 | 94～99 | 97～102 | 100～105 | 103～108 | 115 |

根据ISO R1999，一些国家制定了自己的工业噪声允许标准，见表22.12。

(3) 声环境质量标准

表22.12 一些国家工业噪声允许标准（A声级）

| 国别 | 连续噪声级/dB | 暴露时间/h | 时间减半允许提高量/dB | 最高限度/dB | 脉冲噪声级/dB |
|---|---|---|---|---|---|
| 美国 | 85 | 8 | 3 | 115 | |
| 英国 | 90 | 8 | 5 | | 150 |
| 法国 | 90 | 40 | 3 | | |
| 日本 | 90 | | 3 | | |
| 意大利 | 90 | 8 | 5 | 115 | |
| 加拿大 | 90 | 8 | 3 | | |
| 比利时 | 90 | 40 | 5 | 110 | 140 |
| 瑞典 | 85 | 40 | 3 | 115 | 140 |

关于噪声对人们的交谈、工作、休息、睡眠以及吵闹感觉等多方面的影响，都属于环境噪声标准。

2008年，我国环境保护部和国家质量监督检验检疫总局颁布的《声环境质量标准》（GB 3096—2008）规定了各类声环境功能区环境噪声等效声级限值，见表22.13。

表22.13 环境噪声限值

| 声环境功能区类别 | | 时段 | |
|---|---|---|---|
| | | 昼间/dB(A) | 夜间/dB(A) |
| 0类 | | 50 | 40 |
| 1类 | | 55 | 45 |
| 2类 | | 60 | 50 |
| 3类 | | 65 | 55 |
| 4类 | 4a类 | 70 | 55 |
| | 4b类 | 70 | 60 |

ISO公布的各类环境噪声标准，一般以A声级35～45dB为基本值，对不同的时间、地区按表22.14进行修正。

表22.14 ISO公布的各类环境噪声标准

| 不同时间的修正值 | | | |
|---|---|---|---|
| 时间 | 白天 | 晚上 | 夜间 |
| 修正值/dB | 0 | －5 | －10～－15 |
| 不同地区的修正值 | | | |
| 地区分类 | | 修正值/dB | |
| 医院和要求特别安静的地区 | | 0 | |
| 郊区住宅、小型公路 | | ＋5 | |
| 城市住宅 | | ＋10 | |
| 工厂与交通干线附近的住宅 | | ＋15 | |
| 城市中心 | | ＋20 | |
| 工业地区 | | ＋25 | |
| 室内修正值 | | | |
| 条件 | | 修正值/dB | |
| 开窗 | | －10 | |
| 单层窗 | | －15 | |
| 双层窗 | | －20 | |
| 室内噪声标准 | | | |
| 室的类型 | | 噪声标准/dB | |
| 寝室 | | 20～50 | |
| 生活室 | | 30～60 | |
| 办公室 | | 50～60 | |
| 单间 | | 70～75 | |

(4) 机械产品噪声标准

随着噪声控制工作的全面发展，机械产品的噪声标准已经作为机械产品的一项质量标准提出来。我国除少数产品外，大多数产品的标准正在编制之中。依据《家用和类似用途电器噪声限值》(GB 19606—2004),表 22.15～表 22.18 是常见机械产品和家用电器的噪声标准。

**表 22.15 电冰箱噪声限值**(声功率级)

| 容积/L | 直冷式电冰箱/dB | 风冷式电冰箱/dB | 冷柜/dB |
|---|---|---|---|
| ≤250 | 45 | 47 | 47 |
| >250 | 48 | 52 | 55 |

**表 22.16 空调器噪声限值**(声压级)

| 额定制冷量/kW | 室内噪声/dB(A) | | 室外噪声/dB(A) | |
|---|---|---|---|---|
| | 整体式 | 分体式 | 整体式 | 分体式 |
| <2.5 | 52 | 40 | 57 | 52 |
| 2.5～4.5 | 55 | 45 | 60 | 55 |
| 4.5～7.1 | 60 | 52 | 65 | 60 |
| 7.1～14 | — | 55 | — | 65 |
| 14～28 | — | 63 | — | 68 |

**表 22.17 吸油烟机噪声限值**(声功率级)

| 风量/($m^3$/min) | 噪声/dB |
|---|---|
| 7～10 | 71 |
| 10～12 | 72 |
| ≥12 | 73 |

**表 22.18 电风扇噪声限值**(声功率级)

| 台扇、壁扇、台地扇、落地扇 | | 吊扇 | |
|---|---|---|---|
| 规格/mm | 噪声/dB(A) | 规格/mm | 噪声/dB(A) |
| ≤200 | 59 | ≤900 | 62 |
| 200～250 | 61 | 900～1050 | 65 |
| 250～300 | 63 | 1050～1200 | 67 |
| 300～350 | 65 | 1200～1400 | 70 |
| 350～400 | 67 | 1400～1500 | 72 |
| 400～500 | 70 | 1500～1800 | 75 |
| 500～600 | 73 | | |

根据《土方机械 噪声限值》(GB 16710—2010),装有司机室的土方机械在司机位置处的发射声压级值应不大于表 22.19 的规定。

**表 22.19 司机位置噪声限值**

| 机器类型 | 司机位置发射声压级限值/dB(A) | |
|---|---|---|
| | Ⅰ阶段 | Ⅱ阶段 |
| 履带式挖掘机 | 83 | 80 |
| 轮胎式装载机、轮胎式推土机、铲运机、轮胎式吊管机、轮胎式挖掘机、压路机(非振动、非振荡)、轮胎式挖掘装载机 | 89 | 86 |
| 平地机 | 88 | 85 |
| 轮式回填压实机 | 91 | 88 |
| 履带式推土机、履带式装载机、履带式挖掘装载机、挖沟机、履带式吊管机 | 95 | 92 |
| 压路机(振动、振荡) | 90 | 87 |
| 自卸车 | 85 | 82 |

根据《机床电器噪声的限值及测定方法》(JB/T 10046—2017),机床电器噪声极限值见表 22.20。

根据《拖拉机噪声限值》(GB 6376—2008),拖拉机的环境噪声和驾驶员操作位置处噪声限值见表 22.21。

**表 22.20 机床电器噪声极限值**

| 序号 | 产品名称 | 产品规格 | 噪声极限值/dB(A) |
|---|---|---|---|
| 1 | 机电式接触器 | $L\leqslant63$A | 40 |
| | | $L>63$A | 45 |
| 2 | 电动机启动器 | $L\leqslant63$A | 40 |
| | | $L>63$A | 45 |
| 3 | 接触器式继电器 | 全系列 | 40 |
| 4 | 交流电磁铁 | 全系列 | 65 |

注:$L$ 为额定电流。

**表 22.21 拖拉机噪声限值**

| 形式 | | 标定功率/kW | 环境噪声/dB(A) | | 驾驶员操作位置处噪声限值/dB(A) | |
|---|---|---|---|---|---|---|
| | | | 静态 | 动态 | 其他 | 封闭驾驶室① |
| 手扶拖拉机 | | ≤7.5 | | 82 | 92 | |
| | | >7.5 | | 84 | | |
| 轮式拖拉机 | 直连传动 | <14.7 | | 85 | 94 | 89 |
| | | 14.7～48 | | 86 | | |
| | | 48～73.5 | | 87 | 95 | |
| | | ≥73.5 | | 88 | | |
| | 皮带传动 | | | 86 | 95 | |
| 履带式拖拉机 | | <73.5 | 83 | | 95 | |
| | | ≥73.5 | 85 | | | |

① 封闭驾驶室按 GB/T 6960.7—2007 中 3.1.3 的规定。

根据《摩托车和轻便摩托车 定置噪声限值及测量方法》(GB 4569—2005),在用的摩托车和轻便摩托车定置噪声限值见表 22.22。

**表 22.22 摩托车和轻便摩托车定置噪声限值**

| 发动机排量 $V_h$/mL | 定置噪声限值/dB(A) | |
|---|---|---|
| | 第一实施阶段 | 第二实施阶段 |
| | 2005 年 7 月 1 日前生产的摩托车和轻便摩托车 | 2005 年 7 月 1 日起生产的摩托车和轻便摩托车 |
| ≤50 | 85 | 83 |
| $50<V_h\leqslant125$ | 90 | 88 |
| >125 | 94 | 92 |

根据《汽车定置噪声限值》(GB 16170—1996),车辆噪声限值见表 22.23。

**表 22.23 车辆噪声限值**

| 车辆类型 | 车辆出厂日期 | 1998 年 1 月 1 日前 | 1998 年 1 月 1 日起 |
|---|---|---|---|
| | 燃料种类 | 车辆噪声限值/dB(A) | |
| 轿车 | 汽油 | 87 | 85 |
| 微型客车、货车 | 汽油 | 90 | 88 |
| 轻型客车、货车、越野车 | 汽油,$n_r\leqslant4300$r/min | 94 | 92 |
| | 汽油,$n_r>4300$r/min | 97 | 95 |
| | 柴油 | 100 | 98 |
| 中型客车、货车、大型客车 | 汽油 | 97 | 95 |
| | 柴油 | 103 | 101 |
| 重型货车 | $N\leqslant147$kW | 101 | 99 |
| | $N>147$kW | 105 | 103 |

注:$n_r$ 表示汽车油转速;$N$ 表示汽车牵引功率。

## 22.3 噪声测量

噪声测量是噪声控制工程中不可缺少的重要组成部分。噪声测量的目的主要包括确定声源的性质和确定声场的特性两个方面。噪声基本测量系统主要由传声器、声级计和噪声信号的记录装置三部分组成。当需要对噪声信号进行频谱分析时，还要使用外接或声级计本机携带的滤波器对信号进行中间处理。噪声测量应依照国家制定的有关标准和规范执行。

### 22.3.1 噪声测量仪器

(1) 仪器的选用

仪器的选用是根据测量目的和内容确定的。噪声测量仪器选用的范围概括起来列于表22.24中，可供参考。

**表22.24 噪声测量仪器的选用**

| 测量目的 | 测量内容 | 可使用的仪器 |
| --- | --- | --- |
| 设备噪声评价 | 规定测点的噪声级(A、C声级)、频谱、声功率级和方向性 | 精密声级计、滤波器、频谱分析仪、记录仪、标准声源 |
| 工人噪声暴露量 | 人耳位置的等效声级$L_{eq}$ | 噪声剂量计、积分声级计 |
| 车间(室内)噪声评价 | 车间(室内)各代表点的A、C声级或$L_{eq}$、$L_{10}$、$L_{90}$、$L_{50}$ | 精密声级计、积分声级计、噪声剂量计 |
| 厂区环境噪声评价 | 厂区各测点处A、C声级或$L_{eq}$、$L_{10}$、$L_{90}$、$L_{50}$ | 精密声级计、积分声级计、噪声剂量计 |
| 厂界噪声评价 | 厂界各测点处A、C声级或$L_{eq}$、$L_{10}$、$L_{90}$、$L_{50}$ | 精密声级计、积分声级计、噪声剂量计 |
| 厂外环境噪声评价 | 厂外各类环境中的A、C声级或$L_{eq}$、$L_{10}$、$L_{90}$、$L_{50}$ | 精密声级计、积分声级计、噪声剂量计 |
| 消声器声学性能评价 | 消声器插入损失 | 精密声级计、滤波器、频谱分析仪、记录仪、扬声器、白噪声发生器 |
| 城市交通噪声评价 | 交通噪声的$L_{eq}$、$L_{10}$、$L_{90}$、$L_{50}$ | 积分声级计、噪声剂量计 |
| 脉冲噪声评价 | 脉冲或脉冲保持值、峰值保持值 | 脉冲声级计、精密声级计 |
| 吸声材料性能测量 | 法向吸声系数$\alpha_0$、无规入射吸声系数$\alpha_r$ | 驻波管、白噪声发生器、信号发生器、扬声器、传声器、频谱分析仪、记录仪、放大器 |
| 隔声测量 | 传声损失(隔声量)$R$ | 白噪声发生器、信号发生器、扬声器、传声器、频谱分析仪、记录仪、放大器 |
| 设备声功率测量 | 声功率级$L_W$ | 标准声源、精密声级计、传声器、滤波器 |
| 振动测量 | 振动的位移、速度、加速度 | 加速度传感器、精密声级计、放大器、记录仪、频谱分析仪、微处理机 |
| 机械噪声源的鉴别 | 噪声频谱、振动频谱 |  |
| 新厂环境噪声预评价 | 设备声功率级、建厂区域各点噪声预估值及本底噪声 | 标准声源、精密声级计、微型计算机 |

(2) 常用仪器

① 传声器。传声器的种类按工作原理可分为电容式、动圈式和驻极体式3种，其中电容传声器最为常用。电容传声器按照频率响应特性，又可分为声压型、自由场型和无规响应（扩散场）型。

测试环境为自由声场时，应使用声压型或自由场型。测量时，声压型电容传声器的膜片的指向应与声波传播方向垂直；自由场型电容传声器的膜片应正对着声源。

测试环境为扩散声场（混响声场）时，应使用无规响应型或自由场型。测量时，对无规响应型电容传声器膜片指向无特殊要求；自由场型电容传声器必须加装无规入射校正器。

② 声级计。声级计是噪声测量中最基本、最常用的仪器，按用途可分为普通型、精密型、脉冲精密型、积分型声级计4种类型，按精度等级可分为0型、Ⅰ型、Ⅱ型、Ⅲ型。

使用声级计测量前必须用活塞发生器或声级校准器进行校准。测量时应对背景噪声进行修正。若需要了解噪声的频谱分布，应使用滤波器或其他频率分析仪器进行频谱分析。

③ 噪声信号的记录装置和其他仪器

a. 声级记录仪又称为电平记录仪，是一种能精确地记录交、直流和噪声信号的有效值、峰值、平均值的仪器。它能把随时间变化的噪声信号连续地记录在坐标记录纸上，与滤波器连接使用，能自动记录噪声的频谱。

b. 磁带记录仪即录音机，具有记录频带宽度大，能长时间连续地记录和长时间保存信号，可同时进行多通道记录等特点。利用磁带记录仪具有的对高频信号快记慢放和对低频信号慢记快放的功能，有利于对噪声信号的详尽分析。磁带记录仪的主要性能参数有：工作频带、带速、信速比、通道数、失真率、线性度、抖动率等。

c. 实时分析仪与普通频率分析仪器相比较，具有许多滤波器同时工作的能力，并在屏幕上显示出各自通道内相应频带的声压级。若与电子计算机配合使用能自动进行分析处理，并显示出人们所需要的多种噪声和振动的资料。实时分析仪常用来对飞机噪声、汽车噪声、火车噪声以及瞬时即逝的脉冲声进行频率分析，可取得满意的结果。

(3) 计算机在噪声与振动控制中的应用

计算机具有运算和控制的功能，以它为中心的系统在噪声与振动控制的计算、测量、数据分析和自动控制中用途很广，简单介绍如下。

① 数值计算。数字计算机首先是作为数值计算的工具而诞生的，在噪声评价中可以用来计算声功率级、响度、响度级和环境预评价参数等；在噪声控制工程设计中，可以用来计算理论值和选取最佳设计方案等。

② “非数值”计算。用计算机进行代数运算，促使有限单元法在力学、振动和声学中进行应用。

③ 计算机模拟。一些实验过程可以直接在计算机上模拟，如果把图形输入与输出和一些专用软件结合起来，采用人机对话工作方式，就能成为很方便的模拟系统。例如画出一个消声器结构图，立即可以显示出通频带消声量曲线和结构参数，不断改图，随时显示，很快就能确定出较好的设计方案。

④ 测量仪表。测量仪表中使用微处理机和微型计算机不但能使仪表微型化，而且能够实现仪器故障自动诊断、检验和操作自动化。例如噪声测定仪采用Intel 8080微处理机就可以对随机噪声进行统计分析，并做计算和处理：平均值、极大值和极小值，噪声强度的时间分布，噪声强度的累积时间分布，$L_{10}$、$L_{50}$、$L_{90}$等。

⑤ 采用“脱机”方式使实验数据处理自动化。仪器和

设备不直接与计算机连接，而是部分采用数字式测量仪表和输出设备，数据记录后再集中由计算机处理。例如处理统计测量数据，包括分析与比较信号，做多项平均与积分，对一系列谱的极大值、幅度分布、相关特性等进行分析，并把结果自动绘制成图表与曲线。

⑥ 实验设备的自动控制和实验数据的采集处理。利用计算机的逻辑判断和存储能力，就可使实验顺序、参数控制和调整、数据采集和处理由计算机自动控制，这样就可以实现无人管理和自动操作进行实时测量，并随时对测量结果进行检查。例如实时测定声源的频谱、声功率和指向性等，实时测量混响时间、传声损失和声吸收等。

### 22.3.2 噪声测量方法

(1) 噪声测量的标准与规范

噪声与振动的测量结果和测量所采用的方法有关。为了取得可以进行比较、可靠的数据，就需要测量者必须按照统一的测试方法进行测量和仪器标定。

国际标准化组织（ISO）对噪声测量颁布了一些标准，见表 22.25。

表 22.25 ISO 的有关噪声测量的标准

| 标准代号 | 标准内容 |
|---|---|
| ISO 354 | 吸声系数的混响室测量 |
| ISO R495 | 机械噪声测量的一般不要项目 |
| ISO R1996 | 公众对噪声反应的评价 |
| ISO 3740～3748、5136、6926 | 噪声源声功率级的确定 |
| ISO 3891、5129 | 航空器噪声 |
| ISO 2922、2923 | 船舶噪声测量 |
| ISO 362、5130、5128、7188、3095 | 车辆噪声测量 |
| ISO 1680 | 旋转机械空气声测量 |
| ISO 2151、3989 | 压缩机与原动机空气声测量 |
| ISO 6190 | 气体装置空气声测量 |
| ISO 5135 | 空气终端装置等声功率级的确定 |
| ISO 3481 | 气动工具与机械空气声测量 |
| ISO 6798 | 往复式内燃机空气声测量 |
| ISO 4872 | 建筑机械空气声测量 |
| ISO 5132、5133、6393、6394、6395、6396 | 运土机械噪声测量 |
| ISO 5131、7216、7217 | 农(林)用拖拉机等噪声测量 |
| ISO 4869、6290 | 护耳器噪声衰减测量 |
| ISO 7235 | 管道消声器测量 |

(2) 噪声测量的环境

要使测量数据可靠，不仅要有精确的仪器，而且还得考虑到外界因素对测量的影响，必须考虑的外界因素如下。

① 大气压力。大气压力主要影响传声器的校准。活塞发生器在 101.325kPa 时产生的声压级是 124dB（国外仪器有的显示 118dB，有的显示 114dB），而在 90.259kPa 时则为 123dB。活塞发生器一般都配有气压修正表，当大气压力改变时，可从气压修正表中直接读出相应的修正数值。

② 温度。在现场测量系统中，典型的热敏元件是电池。温度的降低会使电池的使用寿命随之降低，特别是 0℃以下的温度对电池使用寿命影响很大。

③ 风和气流。当有风和气流通过传声器时，在传声器顺流的一侧会产生湍流，使传声器膜片压力发生变化而产生风噪声，风噪声的大小与风速成正比。为了检查有无风噪声的影响，可对有无防风罩时的噪声测量数据做出比较，如无差别则说明无风噪声影响；反之，则有影响。这时应以加防风罩时的数据为准。环境噪声的测量，一般应在风速小于 5m/s 的条件下进行。防风罩一般用于室外风向不定的情况下。在通风管道内，气流方向是恒定的，这时应在传声器上安装防风鼻锥。

④ 湿度。若潮气进入电容传声器并且凝结，则电容传声器的极板与膜片之间就会产生放电现象，从而产生“破裂”与“爆炸”的声响，影响测量结果。

⑤ 传声器的指向性。传声器在高频时具有较强的指向性，膜片越大，产生指向性的频率就越低。一般国产声级计，当在自由场（声波没有反射的空间）条件下测量时，传声器应指向声源。若声波是无规入射的（声波有反射很强的空间），则需要加上无规入射校正器。测量环境噪声时，可将传声器指向上方。

⑥ 反射。在现场测量环境中，被测机器周围往往可能有许多物体，这些物体对声波的反射会影响测量结果。原则上，测点位置应离开反射面 3.5m 以上，这样反射声的影响就可以忽略。在无法远离反射面的情况下，也可以在反射噪声的物体表面铺设吸声材料。

⑦ 本底噪声。本底噪声是指待测机械设备停止运转时的周围环境噪声。测量机器噪声时，如果受到周围环境的干扰，就会影响测量结果的准确性。因此，现场测量时，首先要设法测量本底噪声。若本底噪声级与被测噪声级的差值大于 10dB，则本底噪声不会影响测量结果；若差值小于 3dB，则本底噪声对测量影响很大，不可能进行精确测量，其测量结果没有意义，这时应设法降低本底噪声或将传声器移近被测声源，以提高被测噪声级与本底噪声级之间的差值；若差值 3～10dB 之间，则可按表 22.26 进行修正，即将所测得的值减去相应的修正值就可以得到被测声源的实际噪声值。

表 22.26 本底噪声修正值

| 被测声源噪声级与本底噪声级之差/dB | 3 | 4～5 | 6～9 |
|---|---|---|---|
| 修正值/dB | 3 | 2 | 1 |

(3) 生产环境噪声测量

评价生产车间和作业场所的噪声是否达到了工业企业噪声卫生标准，必须进行现场的噪声测量，并应注意下列事项：

① 传声器应位于人耳的高度和操作者工作的位置，测量时人尽量离开或远离测点。

② 测量时声级计使用慢挡，读数取平均值。

③ 若为稳态噪声，应测量 A 声级。

④ 若为非稳态噪声，应测量等效连续 A 声级。

⑤ 若为脉冲噪声，应使用具有噪声级峰值保持功能的脉冲精密声级计。

⑥ 对于生产车间和作业场所，测点应包括工人的作业和活动区域，当作业环境中噪声级的差值小于 3dB（A）时，选 1～3 个测点进行测量。各测点的噪声级相差 3dB（A）以上时，应将测量环境分为若干区域，使得每个区域内各测点的噪声级差值小于 3dB（A）。相邻两区域的噪声级差值大于或者等于 3dB（A）。每区域内应选 1～3 个测点测量。

⑦ 测量时应注意避免温度、湿度、气流和电磁场等环境因素对测量的干扰。

(4) 企业现场设备噪声测量

企业现场设备噪声测量目的是了解机械设备的噪声性质，为噪声控制工程提供必要的设计依据。

测量时应做到：

① 关闭待测设备以外的其他现场设备。

② 外形尺寸小于 30cm 的设备，测点应距设备表面 30cm 左右；外形尺寸在 30～100cm 之间的设备，测点应距设备表面 50cm 左右；外形尺寸大于 1m 的设备，测点应距

设备表面1m左右；异型、特大型及具有危险性的设备，测点的选择应视具体情况取较远的位置。

③ 测点高度以设备高度的一半为准，尽量取其水平轴的水平面，但不得低于50cm。

④ 测量时除测量A、C声级和频带声压级以外，还应测量相应测点的背景噪声，并对测量数据进行修正。

⑤ 测点应选4～8个，均匀地分布在设备周围的空间。

⑥ 将测量数据和测试的环境条件记录在专用的工业企业噪声测量记录表上。

## 22.4 吸声

### 22.4.1 吸声原理

声波在传播过程中遇到各种固体材料时，一部分声能被反射，一部分声能进入材料内部被吸收，还有很少一部分声能透射到另一侧。我们常将入射声能 $E_i$ 和反射声能 $E_r$ 的差值与入射声能 $E_i$ 的比值称为吸声系数，记为 $\alpha$，即

$$\alpha=\frac{E_i-E_r}{E_i} \tag{22.18}$$

吸声系数的取值在0～1之间。当 $\alpha=0$ 时，表示声能全部反射，材料不吸声；当 $\alpha=1$ 时，表示材料吸收全部声能，没有反射。吸声系数 $\alpha$ 的值愈大，表明材料（或结构）的吸声性能愈好。一般地，$\alpha$ 在0.2以上的材料被称为吸声材料，$\alpha$ 在0.5以上的材料就是理想的吸声材料。

吸声系数 $\alpha$ 的值与入射声波的频率有关，同一材料对不同频率的声波，其吸声系数有不同的值。在工程中常采用125Hz、250Hz、500Hz、1000Hz、2000Hz、4000Hz六个倍频程的中心频率的吸声系数的算术平均值来表示某一材料（或结构）的平均吸声系数。

由于入射角度对吸声系数有较大的影响，因此，规定了3种不同的吸声系数：垂直入射吸声系数（驻波管法吸声系数），用 $\alpha_0$ 表示，多用于材料性质的鉴定与研究；斜入射吸声系数（应用不多）；无规入射吸声系数 $\alpha_r$（混响法吸声系数）。

在吸声降噪过程中，常采用多孔性材料、板状共振吸声结构、穿孔板共振吸声结构和薄板共振吸声结构等来实现减噪目的。虽然这些技术方法都能达到程度不同的减噪目标，且各有特点，但其吸声原理是不相同的。

(1) 多孔性材料的吸声原理

多孔性材料多用来进行车间吸声处理和室内音质控制，也是隔声结构和阻性消声器的重要材料。对其合理选择与使用，在噪声控制技术中有着重要的意义。

多孔性材料的构造特征是在材料中有许多微小的间隙和连续的孔洞（合称孔隙），这些间隙和孔洞具有一定的通气性能。当声波经过材料表面入射到内部时，就会引起孔隙中的空气运动，空气的黏滞性以及孔隙中的空气和孔壁与纤维之间的热传导导致产生热损失，从而使相当一部分声能转变为热能而被消耗掉，这就是多孔性材料的吸声机理。常用的多孔性材料有玻璃棉、矿渣棉、岩棉、毛毡、木丝板和吸声砖等。

多孔性材料的吸声性能与材料的厚度、密度、背后空气层的厚度以及入射声波的频率有关。

多孔性材料的吸声系数一般都随着频率的增大而增大，在一定的频率下大致要达到固定值。

(2) 穿孔板共振吸声结构的吸声原理

薄的板材，如钢板、铝板、胶合板、塑料板、石膏板等按一定的孔径和穿孔率穿上孔，在背后留下一定厚度的空气层，就构成穿孔板共振吸声结构。

图22.5所示为穿孔板共振吸声结构的示意图。

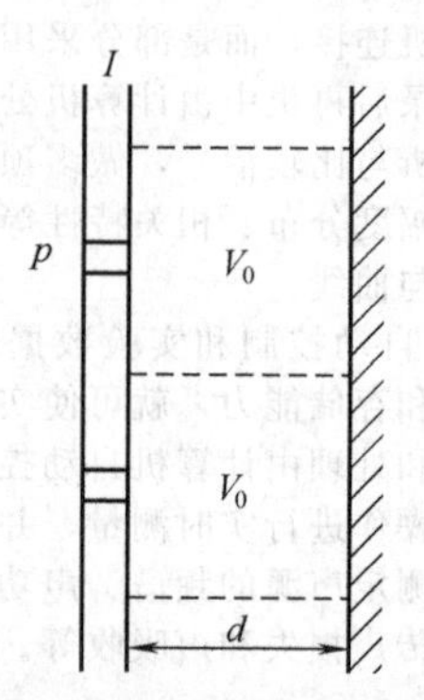


图22.5 穿孔板共振吸声机构

$V_0$—相当于单个共振器的腔体体积；$l$—板厚；$d$—穿孔板与壁面间距离；$p$—穿孔率

穿孔板共振吸声结构实际上是由许多单个共振器并联而成的共振吸声结构。当声波垂直入射到穿孔板表面时，暂不考虑板振动，孔内及周围的空气随声波一起来回振动，相当于一个“活塞”，它反抗体积速度的变化，是个惯性量。穿孔板与壁面间的空气层相当于一个“弹簧”，它阻止声压的变化。由于空气在穿孔附近来回振动存在摩擦阻尼，它可以消耗声能。

不同频率的声波入射时，这种共振系统会产生不同的响应。当入射声波的频率接近系统固有的共振频率时，系统内空气的振动很强烈，声能大量损耗，即声吸收最大。相反，当入射声波的频率远离系统固有的共振频率时，系统内空气的振动很弱，因此吸声的作用很小。可见，这种共振吸声结构的吸声系数随频率而变化，最高吸声系数出现在系统固有的共振频率处。目前广泛使用的微穿孔吸声结构的吸声原理也属于这种类型。

(3) 薄板共振吸声结构的吸声原理

将薄的塑料板、金属板或胶合板等材料的周边固定在框架（龙骨）上，并将框架与刚性板壁相结合，这种由薄板与板后的空气层构成的系统称为薄板共振吸声结构。图22.6为薄板共振吸声机构示意图。

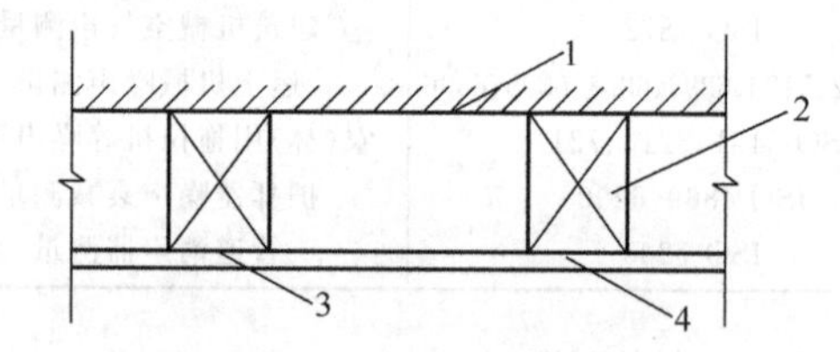


图22.6 薄板共振吸声结构

1—墙体或天花板；2—龙骨；3—阻尼材料；4—薄板

当声波入射到薄板上时，将激起板面振动，使板发生弯曲变形，由于板和固定支点之间的摩擦以及板本身的内阻尼，使一部分声能转化为热能损耗，声波得到衰减。

当入射声波频率与薄板共振吸声结构的固有频率一致时，产生共振，消耗声能最大。

### 22.4.2 吸声材料

吸声材料，指声波入射到材料内部引起纤维及其空隙中空气振动，由于摩擦、黏滞阻尼和热传导使部分声能转化为热能而耗散掉的多孔性和纤维性材料。最常用的是多孔性材料，有时也可选用柔性材料及膜状材料等。在工程中，我们还常将多孔性材料做成各种几何体来使用。

(1) 多孔性材料

多孔性材料一般有纤维类、泡沫类和颗粒类三大类型。

纤维类分无机纤维和有机纤维两类。无机纤维类主要有

玻璃棉、玻璃丝、矿渣棉、岩棉及其制品等。玻璃丝可制成各种玻璃丝毡。玻璃棉分短棉、超细棉和中级纤维三种。超细棉是最常用的吸声材料，具有不燃、防蛀、耐热、耐腐蚀、抗冻等优点。经过硅油处理的超细棉，具有防火、防水、防湿的特点。岩棉是一种较新的吸声材料，它价廉、隔热、耐高温（700℃），易于成型加工。有机纤维类吸声材料主要有棉麻下脚料、棉絮、稻草、海草、棕丝等，还有甘蔗渣、麻丝等经过加工加压而制成的各种软质纤维板。这些有机材料具有价廉、吸声性能好的特点。

泡沫类主要有脲醛泡沫塑料、氨基甲酸酯泡沫塑料、海绵乳胶、泡沫橡胶、聚氨酯泡沫塑料等。这类材料的特点是体积密度小、热导率小、质地软。其缺点是易老化、耐火性差。目前用得最多的泡沫类吸声材料是聚氨酯泡沫塑料。

颗粒类主要有膨胀珍珠岩、多孔陶土砖、矿渣水泥、木屑石灰水泥等，具有保温、防潮、不燃、耐热、耐腐蚀、抗冻等优点。

多孔性材料在使用时必须有护面层，以便于多孔材料的固定，防止飞散、抖落。护面层可采用穿孔护面板、金属丝网、塑料网纱、玻璃布、麻布、纱布等，使用穿孔护面板时要使其开孔率不低于20%，否则会影响材料的吸声性能。

（2）膜状与板状材料

膜状材料是指聚乙烯薄膜或几乎没有通气性能的帆布等材料，它本身的刚度很小，在受拉力处于紧张状态时具有一定的弹性。板状材料是在胶合板、硬质板、石膏板、石棉水泥板等板材的背后设置空气层，并把它们的周边固定在框架上。在一定的范围内，膜状材料和板状材料的吸声机理是一样的，即当入射波的频率同材料的固有频率一致时，两种材料都会发生共振，由于内部摩擦而消耗声能。

由板状（或膜状）材料与其后设置的空气层组成的吸声结构，可用于吸收低频噪声，其共振频率（固有频率）$f_0$为：

$$f_0 = \sqrt{\rho_s D} \tag{22.19}$$

式中，$f_0$为共振频率，Hz；$\rho_s$为板（膜）的面密度，$kg/m^2$；$D$为板（膜）后的空气层厚度，cm。

（3）吸声体

在某些噪声环境中，为了使用上的方便将吸声材料做成各种几何体（如平板状、球体、圆锥体、圆柱体、棱形体、正方体等），把它们悬挂在空中，此时吸声材料各个侧面都能与声波接触，起到空间吸声的作用，因此把它们称为空间吸声体。

吸声体是由框架、吸声材料（常用多孔材料）和护面结构制成的。吸声体的面积宜取房间平顶面积的30%～40%，或室内总表面积的15%左右。此时其吸声量接近满铺吸声材料时的效果，因而造价降低。此外，吸声体还可以预制，安装方便，合理的形状和色彩还可以起到装饰作用。

空间吸声体的安装高度，对于大型厂房，通常顶高度控制在厂房净高度的1/7～1/5左右。小型厂房挂在离顶0.5～0.8m处。排列方式常用集中式、棋盘式、长条式3种，其中以长条式效果最好。

如果把吸声材料做成楔形结构（在金属钢架内填充多孔材料构成），就成为吸声尖劈。尖劈吸声性能比较好，对50Hz以上的声波，其吸声系数可高达99%。在消声室内，由于对吸声的要求很高，因此各壁面都用尖劈吸声。

### 22.4.3 吸声结构

利用共振原理制成吸声装置，当声波射向吸声机构，在一定频率范围内引起吸声机构声学元件共振，将声能转换为热能从而达到吸声目的。吸声结构能获得较好的低频吸声效果，弥补多孔性吸声材料低频吸声性能的不足，具有较大的使用范围。

（1）穿孔板吸声结构

穿孔板吸声结构由具有一定穿孔率的薄板和板后的空气层组成。薄板上的穿孔一般为圆形，按正方形和三角形两种方式排列。

穿孔率$P$一般控制在1%～10%，孔径$d$一般控制在2～10mm。$d$值的大小对吸声系数和吸声带宽的影响不大。空气层的厚度$D$小于$\lambda/4$（$\lambda$为共振频率波长），吸声系数最大；若等于$\lambda/2$，吸声系数最小。$D$值增大，共振频率值向低频移动，这时低频吸声系数增加，高频吸声系数略有下降。

在空气层内填充吸声材料，构成组合吸声结构，可展宽吸声频带。吸声材料不宜选得过薄，一般应紧贴穿孔板。

（2）薄板吸声结构

薄板吸声结构由一个不透气的薄板和薄板后的空气层组成。不透气的薄板可以是硬质的薄金属或薄木板、草纸板、塑料板、胶合板、石膏板、石棉水泥板，以及质量小的软质油毡、漆布、合成革等薄板材料。

通常硬质薄板结构的共振频率约在80～300Hz的低频范围内。质量小、不透气的软质材料，由于薄板的面密度小，共振频率向高频移动。硬质薄板结构的共振吸声系数一般约为0.2～0.5，若在空气层中填加多孔吸声材料，在板的边缘安装柔顺材料将改善吸声性能。常用薄板共振吸声结构的吸声系数见表22.27。

（3）微穿孔板共振吸声结构

微穿孔板吸声结构是我国著名声学专家马大猷教授于1984年首先提出来的。在厚度不超过1nm的薄金属板上开一些直径不超过1nm的微孔，开孔率控制在0.5%～5%，板后留下一定厚度的空腔，这样就构成了微穿孔吸声结构。

这种结构的吸声性能明显优越于前面两类共振吸声结构。它的吸声频带较宽，吸声系数较高，特别是它可用在其他材料或结构不适合的场所（因为它完全不需要使用吸声材料），如高温、潮湿、腐蚀性气体或高速气流等环境。同时，它结构简单，设计理论成熟，吸声特性的理论计算值与实测值很接近，而一般吸声材料或结构的吸声系数则要靠试验测量，理论只起指导作用。因此，微穿孔板共振吸声结构近年来已在噪声控制领域得到广泛应用，效果较好。但它的缺点是微孔加工较困难，且易被灰尘堵塞。有时也利用双层微穿孔结构来进一步提高其吸声效果。部分微穿孔板吸声结构吸声系数见表22.28。

**表22.27 常用薄板共振吸声结构的吸声系数**

| 材料 | 构造/cm | 各频率下吸声系数 | | | | | |
|---|---|---|---|---|---|---|---|
| | | 125Hz | 250Hz | 500Hz | 1000Hz | 2000Hz | 4000Hz |
| 草纸板 | 板厚2,空气层厚5 | 0.15 | 0.49 | 0.41 | 0.38 | 0.51 | 0.64 |
| 三夹板 | 空气层厚10 | 0.59 | 0.38 | 0.18 | 0.05 | 0.04 | 0.08 |
| 五夹板 | 空气层厚10 | 0.41 | 0.30 | 0.14 | 0.05 | 0.10 | 0.16 |
| 木丝板 | 板厚3,空气层厚10 | 0.09 | 0.36 | 0.62 | 0.53 | 0.71 | 0.89 |
| 胶合板 | 空气层厚10 | 0.34 | 0.19 | 0.10 | 0.09 | 0.12 | 0.11 |

**表 22.28　微穿孔板吸声系数**（混响法和驻波管）

| 频率/Hz | 单层微穿孔板 | | | | 双层微穿孔板 | | |
|---|---|---|---|---|---|---|---|
| | $\phi$0.8mm<br>$t$ 0.8mm<br>$P$ 1% | $\phi$0.8mm<br>$t$ 0.8mm<br>$P$ 1% | $\phi$0.8mm<br>$t$ 0.8mm<br>$P$ 2% | | $\phi$0.8mm<br>$t$ 0.8mm<br>$P$ 2%<br>$P$ 1% | $\phi$0.8mm<br>$t$ 0.8mm<br>$P$ 3%<br>$P$ 1% | $\phi$0.8mm<br>$t$ 0.8mm<br>$P$ 2%<br>$P$ 1% |
| | 15 | 20 | 15 | 20 | 前腔 8,后腔 12 | | |
| 100 | 0.35 | 0.40 | 0.12 | 0.12 | 0.44 | 0.37 | 0.41 |
| 125 | 0.37 | 0.40 | 0.18 | 0.19 | 0.48 | 0.40 | 0.41 |
| 160 | 0.34 | 0.50 | 0.19 | 0.26 | 0.25 | 0.62 | 0.46 |
| 200 | 0.77 | 0.72 | 0.30 | 0.30 | 0.86 | 0.81 | 0.83 |
| 250 | 0.85 | 0.83 | 0.43 | 0.50 | 0.97 | 0.92 | 0.91 |
| 315 | 0.92 | 0.95 | 0.96 | 0.55 | 0.99 | 0.99 | 0.69 |
| 400 | 0.97 | 0.80 | 0.81 | 0.54 | 0.97 | 0.99 | 0.58 |
| 500 | 0.87 | 0.54 | 0.57 | 0.45 | 0.93 | 0.95 | 0.61 |
| 630 | 0.65 | 0.27 | 0.52 | 0.41 | 0.93 | 0.90 | 0.54 |
| 800 | 0.30 | 0.07 | 0.36 | 0.27 | 0.96 | 0.88 | 0.60 |
| 1000 | 0.20 | 0.77 | 0.32 | 0.35 | 0.64 | 0.66 | 0.61 |
| 1250 | 0.26 | 0.40 | 0.29 | 0.39 | 0.41 | 0.50 | 0.60 |
| 1600 | 0.32 | 0.13 | 0.40 | 0.36 | 0.13 | 0.25 | 0.45 |
| 2000 | 0.15 | 0.28 | 0.33 | 0.36 | 0.15 | 0.13 | 0.31 |
| 2500 | | | 0.38 | 0.01 | | | 0.47 |
| 3150 | | | 0.35 | 0.33 | | | 0.32 |
| 4000 | | | 0.34 | 0.19 | | | 0.30 |
| 5000 | | | 0.32 | 0.36 | | | 0.32 |
| 备注 | 驻波管法 | | 混响法 | | 驻波管法 | | 混响法 |

注：$\phi$ 为孔径；$t$ 为板厚；$P$ 为穿孔率。

### 22.4.4　吸声设计

（1）吸声结构选择与设计的原则

① 应尽量先对噪声源进行隔声、消声等处理，当噪声源不宜采用隔声措施，或采用隔声措施后仍达不到噪声标准时，可用吸声处理作为辅助手段。只有当房间内平均吸声系数很小时，吸声处理才能取得良好的效果，单独的风机房、泵房、控制室等房间面积较小，所需降噪量较高，宜对天花板、墙面同时做吸声处理。车间面积较大时，宜采用空间吸声体，平顶吸声处理。声源集中在局部区域时，宜采用局部吸声处理，并同时设置隔声屏障。噪声源比较多而且较分散的生产车间宜做吸声处理。

② 对于中、高频噪声，可采用 20～50mm 厚的常规成型吸声板，当吸声要求较高时可采用 50～80mm 厚的超细玻璃棉等多孔吸声材料，并加适当的护面层。对于宽频带噪声，可在多孔材料后留 50～100mm 的空气层，或采用 80～150mm 厚的吸声层。对于低频带噪声，可采用穿孔板共振吸声结构，其板厚通常可取 2～5mm，孔径可取 3～6mm，穿孔率小于 5%。

③ 对于湿度较高的环境，或有清洁要求的吸声设计，可采用薄膜覆面的多孔材料或单、双层微穿孔共振吸声结构，穿孔板的板厚及孔径不大于 1mm，穿孔率可取 0.5%～3%，空腔深度可取 50～200mm。

④ 进行吸声处理时，应满足防火、防潮、防尘等工艺与安全卫生要求，还应兼顾通风、采光、照明及装修要求，也要注意埋设件的布置。

（2）吸声设计程序

① 确定吸声处理前室内的噪声级和各倍频程的声压级，并了解噪声源的特性，选定相应的噪声标准；

② 确定降噪地点的允许噪声级和各倍频程的允许声压级，计算所需吸声降噪量 $\Delta L_P$；

③ 根据 $\Delta L_P$ 值，计算吸声处理后应有的室内平均吸声系数 $\alpha_2$；

④ 由室内平均吸声系数 $\alpha_2$ 和房间可供设置吸声材料的面积，确定吸声面的吸声系数；

⑤ 由确定的吸声面的吸声系数，选择合适的吸声材料或吸声结果、类型、材料厚度、安装方式等。

## 22.5　隔声

### 22.5.1　隔声原理

当具有一定能量的噪声入射到一个壁面上时，在声波的作用下，壁面按一定方式进行振动，这部分声能称为透射声能，另外向外辐射噪声。对于大多数壁面来说，透射声能仅为入射声能的几百分之一，或者更小，而绝大部分声能被反射回去。

在噪声控制技术中，常采用透射系数 $t_1$ 来表示壁面的隔声能力，透射系数就是透射声强与入射声强的比值。透射系数一般远小于1，约在 $10^{-5}$～$10^{-1}$ 之间。为了计算方便，通常采用 $10\lg\frac{1}{t_1}$ 来表示一个隔声构件的隔声能力，它称为隔声材料的固有隔声量或传声损失，记为 $R$，单位为 dB，定义为：

$$R=10\lg\frac{1}{t_1} \tag{22.20}$$

$t_1$ 越小，$R$ 数值越大，壁面的隔声性能越好；相反，则隔声性能越差。要注意，传声损失是只与隔墙本身的物理特性有关的量，它与“隔声量”的概念是有区别的。隔声量除了与隔墙的透射损失有直接关系外，还与室内吸收大小有关。隔声量通常在实验室实测得到。

隔声量的大小与隔声构件的结构、性质和入射波的频率有关，同一构件对不同频率的声音，其隔声性能可能有很大差别，因此工程中常用125Hz～4kHz六个倍频程中心频率的隔声量的算术平均值来表示某一构件的隔声性能，也称为平均隔声量。另外，ISO推荐用隔声指数来评价构件的隔声性能。

应该注意，一个机器房中的噪声不仅通过壁面向相邻房间传播，还可以通过天花板、地板、孔和缝隙等途径传播。

（1）单层均质壁面的隔声原理

隔声技术中，通常将板状的隔声构件称为隔墙、墙板或墙。

单层密实均质板材壁面在噪声的疏密压力波（往复拉动力）作用下，使板（壁面）产生类似于压缩变形（纵波）和剪切变形（弯曲波）的情况，这些波传到板体的另一侧，则形成透射波。这是一种客观的物理现象，对单层密实均质板材来说，吸收声能很小，可以忽略不计，但对复合隔声结构来说，特别是夹层中间带有吸声层的结构，其吸声能力很强，不能忽略。

实践证明，单层密实均质板材壁面的隔声量与入射声波的频率有很大关系，入射频率从低到高其吸声情况可分成三个区域，即劲度与阻尼控制区、质量控制区和吻合效应区。劲度与阻尼控制区又可分为劲度控制区和阻尼控制区，阻尼控制区又叫共振区。单层密实均质板材壁面的隔声频率特性曲线见图22.7。

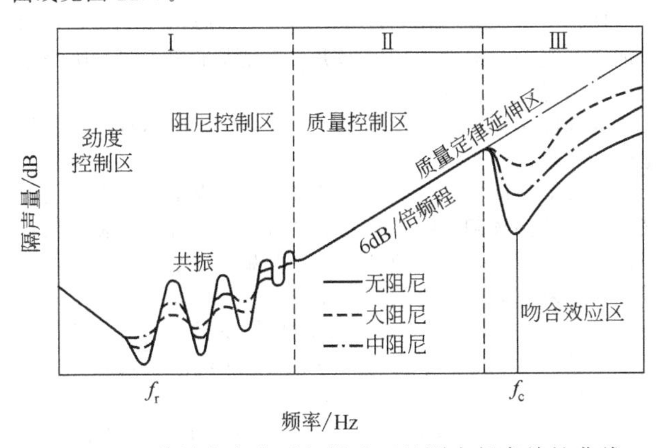


图22.7　单层密实均质板材壁面的隔声频率特性曲线

在劲度控制区，入射频率范围从0到第一共振频率$f_r$。在此区域，墙板壁面对声压的反应类似于弹簧，其隔声量与墙板壁面的劲度成正比。对于某一频率的声波，墙板壁面的劲度愈大，隔声量愈大。对于同一板材，随着入射频率的增加，其隔声量逐渐下降。

阻尼控制区又称板共振区，当入射的频率与墙板固有频率相同时，墙板发生共振，此时墙板振幅最大，透射声能急剧增加，隔声量曲线出现最低谷，此时的声波频率称为第一共振频率$f_r$。当声波频率是共振频率的谐频时，墙板发生的谐振也会使隔声量下降，所以在共振频率之后，隔声量曲线连续又出现几个低谷，但本区内随着声波频率的增加，共振现象愈来愈弱，直至消失，所以隔声量总是呈上升趋势。阻尼控制区的宽度取决于墙板的几何尺寸、弯曲劲度、面密度、结构阻尼的大小及边界条件等，对一定的墙体，主要与其阻尼大小有关，增大阻尼可以抑制墙板的振幅，提高隔声量，并降低该区的频率上限，缩小该区频率范围。

对一般砖石等厚重的墙，共振频率与其谐频率很低可忽略不计。对于薄板，共振频率较高，阻尼控制区的声频率分布很宽，应予以重视。一般采用增加墙板的阻尼来控制共振现象。

在质量控制区，声波对墙板的作用如同一个力作用于一个有一定质量的物体，隔声量随入射声波的频率直线上升，其斜率为6dB/倍频程。在声波频率一定时，墙板的面密度愈大，即质量愈大，墙板受声波激发产生的振动愈小，隔声量愈高。

在吻合效应区，随着入射声波频率的升高，隔声量反而下降，曲线上出现一个深深的低谷，这是出现吻合效应的缘故。

所谓吻合效应，就是当某一频率的声波以某一角度$\theta$入射到墙体上时，使墙体发生弯曲振动，如果声波的波长$\lambda$与墙体的固有弯曲波长$\lambda_B$发生吻合，恰好满足关系$\lambda_B=\lambda/\sin\theta$，这时声波将激发墙体固有振动，墙体向另一侧辐射出大量的声能，墙体的隔声能力大大下降，这种现象叫吻合效应。能产生吻合效应的最低入射频率称为“临界吻合频率”，简称“临界频率”，常记为$f_c$，$f_c$的大小与构件本身固有性质有关。

增加板的厚度和阻尼，可使隔声量下降趋势得到减缓。越过低谷后，隔声量以每倍频程10dB趋势上升，然后逐渐接近质量控制的隔声量。

（2）双层隔声墙的隔声原理

由两层均质墙与中间所夹一定厚度空气层所组成的结构称为双层隔声墙或双层隔声结构。为提高墙板的隔声量，用增加单层墙体的面密度或增加厚度或增加自重的方法，虽然能起到一定的隔声作用，但作用不明显，而且浪费材料。如果在两层墙体之间夹以一定厚度的空气层，其隔声效果大大优于单层实心结构。双层隔声结构的隔声机理是：当声波依次透过特性阻抗完全不同的墙体、空气介质时，造成声波的多次反射，发生声波的衰减，并且由于空气层的弹性和附加吸收作用，使振动能量大大衰减。比较以上两种隔声结构的使用情况，如果要达到相同的隔声效果，双层隔声墙体比单层实心墙体重量减少2/3～3/4，隔声量增加5～10dB。

双层墙隔声结构相当于一个由双层墙与空气层组成的振动系统。当入射声波频率比双层墙共振频率低时，双层墙将做整体振动，隔声能力与同样重量的单层墙差不多，即此时空气层不起作用。当入射声波达到共振频率时，隔声量出现低谷，超过$\sqrt{2}f_0$后，隔声曲线以每倍频程18dB的斜率急剧上升，充分显示出双层墙隔声结构的优越性。

## 22.5.2　隔声装置

（1）隔声门和隔声窗

隔声门和隔声窗是隔声围护结构的重要构件，也是隔声结构的薄弱环节。常常对隔声间和隔声罩的隔声性能起到控制作用。合理设计与正确制作隔声门和隔声窗在噪声控制工程中具有重要的现实意义。

① 隔声门的设计要点

a. 隔声门要保证足够的隔声量和开启机构灵活方便。

b. 一般隔声门均采用多层结构，其框架多为木制品和轧制型材做成。它们的隔声量比普通嵌板门大约能提高12dB。

在隔声材料层中间填充吸声材料可提高门的隔声能力。一般填充密度为100kg/m$^3$矿棉毡或密度为150kg/m$^3$玻璃棉。

为保证隔声门的隔声效果，必须在门的碰头缝中安装压紧垫（软橡皮、毛毡或类似的材料），隔声能力一般可提高7dB。

在门扇下面设置拖板或刮板（软橡皮片或涂胶的布），隔声能力一般可提高5dB，也可设计成门缝消声器。

增加门的碰头缝中的槽口；采用门斗（外室）设置两道门，并在其周围表面装饰吸声面，隔声效果甚佳。

② 隔声窗的设计要点

a. 隔声窗多为隔声罩和隔声间的观察窗。为提高隔声量，隔声窗常采用双层或三层玻璃结构。

b. 为消除高频吻合效应的影响，多层窗最好选用厚度不同的玻璃，一般多选用3mm和6mm两种。

c. 多层窗玻璃板之间要有较大的空气层，一般为100mm厚，并设法在空气层四周边壁上做好吸声处理。

多层窗的玻璃板之间应保持一定的倾斜度以消除驻波。通常将朝向声源一侧的玻璃倾斜。

玻璃边缘采用压紧的弹性垫，改善窗的隔声能力。特别是中高频时，具有特别重要的作用。常用材料有：细毛毡条、粗毛呢条、多孔橡皮垫。

为提高木窗的隔声能力，所用木材必须干燥，木材湿度不可大于10%～12%。窗扇彼此之间，窗扇与窗框之间的全部接触面必须严密。窗扇的刚度必须良好。

为进一步提高窗的隔声能力，可采用有机玻璃和硅酸盐玻璃制成的特种隔声窗。它是由10mm厚的硅酸盐玻璃6～8片黏结成的玻璃砖和15～20mm厚的有机玻璃，以及镶在窗口上的钢窗框组成。

(2) 隔声罩

隔声罩是把噪声源围在罩内，减小噪声外逸的声学装置，也是抑制机械噪声有效的设备，常用来降低风机、柴油机、电机、空压机的噪声。燃气轮机、球磨机等大型机械设备的噪声控制也可采用隔声罩。

① 隔声罩。隔声罩由罩板、阻尼涂料和吸声层构成。罩板多采用1～3mm厚的钢板，也可采用面密度较大的木质纤维板。采用钢板时，必须涂覆一定厚度的阻尼层，以便提高共振区和吻合效应区的隔声量。罩内应内衬吸声层，以便减弱罩内混响声。

隔声罩按其外形结构可分为全封闭型隔声罩、局部隔声罩和消声隔声箱三类。全封闭型隔声罩是指无开口的密闭隔声罩，多用来隔绝体积较小、散热问题不严重的噪声源。局部隔声罩是指有开口或局部无罩板的隔声罩，但在其内仍能形成混响声场，多安装在大型设备的局部发声部件上，或用来隔离发热严重的电气设备。在隔声罩进排气口处安装消声装置的属于消声隔声箱，多用来消除电机散热严重的风机噪声。

② 隔声罩隔声效果的计算。隔声罩的隔声量可用式(22.21)估算。

$$R = 10\lg \frac{\sum_{i=1}^{n} S_i \alpha_i}{\sum_{i=1}^{n} S_i \tau_i} \tag{22.21}$$

式中，$S_i$ 为隔声罩内各内表面的面积；$\alpha_i$ 为隔声罩内各内表面的吸声系数；$\tau_i$ 为隔声罩各罩板的透声系数；$n$ 为组成隔声罩的构件个数。

当罩内表面吸声系数足够大时，隔声罩的隔声量达到最大值，近似等于罩板材料本身的隔声量。若罩内表面吸声系数很小时，隔声罩的隔声量很小，有时近乎不隔声。

对于局部隔声罩和消声隔声箱的隔声量的计算，可以将局部隔声罩的敞口部分作为吸声系数和透声系数均为1的构件近似地加以处理。对于隔声箱上消声装置（消声器），可用吸声系数为1，消声量作为隔声罩的局部隔声效果来加以处理。

③ 隔声罩的设计要点

a. 应正确选择隔声罩罩板材料及其刚度，并慎重决定隔声罩的外形和尺寸。一般来说，曲线形（如圆形）罩体的刚度比较大，有利于隔声。

b. 罩板的内侧必须涂覆阻尼材料，减弱共振和吻合现象对隔声能力的影响。

c. 隔声罩内表面必须镶饰吸声材料，如果内表面钢板裸露在外，隔声罩隔声效果很差，甚至会变成发声体。

d. 制作和安装隔声罩不可有缝隙或不严密存在，避免因漏声影响隔声效果。

e. 隔声罩应能拆卸，可装设观察窗或小门，以及开设管道、机轴或电缆通过所用的孔洞，但必须在隔声罩的结构上严加密封，妥善处理，确保隔声罩的声学效果。

对于电机、通风机等运转发散热量的设备，必须在隔声罩上设计通风换气的消声装置，以缓减隔声能力大幅度下跌。

严防机器与罩体有刚性连接，机器安装应设置减振器。

④ 隔声罩的设计步骤。测量机器的噪声声级和频谱；根据降低噪声的要求，确定声级隔声量和倍频程隔声量；选择合适的材料和结构，估算隔声罩的隔声量；可同时设计数种隔声罩，对比技术和经济指标，择优选用。

(3) 隔声间

隔声间是防止外界噪声入内而形成局部空间安静的小室或房间，是防止强噪声污染的有效措施之一，又称隔声控制室。在内燃机、电机、空压机等高噪声车间内，常用来作为控制室使用，隔声效果良好，深受操作人员欢迎。

隔声间与隔声罩相比较，尽管声源和受声者的相对位置正好相反，但它们的隔声量的计算方法是相同的。

隔声间常用来作为控制室使用，为观察机器运转，避免机械设备事故的发生，常把观察窗做得比较大，使室内吸声量的增加受到影响，从而降低了隔声间的隔声量。可用适当增加室内吸声量的办法予以解决，例如在地板上铺设吸声系数较高的毛毡、地毯等。

因为隔声间经常有操作者出入，故隔声门不宜过小，但是门的密封问题至关重要。

一般隔声间容积都较小，操作者在间内工作，常常因空气不通畅感到烦闷，特别是夏季更为严重。可用安装通风空调设备予以解决，但必须考虑和处理漏声问题。

建造隔声间应注意的事项如下。

① 生产工厂的中心控制室、操作室等，宜采用以砖、混凝土及其他隔声材料为主的高性能隔声间。必要时，墙体和屋顶可采用双层结构，以利于隔声。

② 隔声间的门窗，根据具体情况可采用带双道隔声门的门斗及多层隔声窗，门缝、窗缝、孔洞要进行必要的缝隙隔声处理。由于声波的衍射作用，孔洞和缝隙会大大降低组合墙的隔声量。门窗的缝隙、各种管道的孔洞、隔声罩焊缝不严的地方等都是透声较多处，直接影响墙体的隔声量。低频噪声声波长，透过孔隙的声能要比高频声小些，在一般计算中，透声系数均可取为1。为了不降低墙的隔声量，必须对墙上的孔洞和缝隙进行密封处理。

③ 门、窗的隔声能力取决于本身的面密度、构造和碰头缝密封程度。隔声窗应多采用双层或多层玻璃制作，两层玻璃宜不平行布置，以便减弱共振效应，并需选用不同厚度的玻璃以便错开吻合效应的影响。

④ 为了防止孔洞和缝隙透声，在保证门窗开启方便的前提下，门与门框的碰头缝处可选用柔软富有弹性的材料，如软橡皮、海绵乳胶、泡沫塑料、毛毡等进行密封。在土建工程中注意砖墙灰缝的饱满，混凝土墙的砂浆的捣实。

⑤ 隔声间的通风换气口应设置消声装置；隔声间的各种管线通过墙体需打孔时，应在孔洞处加一套管，并在管道周围用柔软材料包扎严密。

(4) 隔声屏

用来阻挡噪声源与接收者之间直达声的障板或帘幕称为隔声屏（帘）。

一般对于人员多、强噪声源比较分散的大车间，在某些情况下，由于操作、维护、散热或厂房内有吊车作业等原因，不宜采用全封闭性的隔声措施，或者对隔声要求不高的情况下，可根据需要设置隔声屏。此外，采用隔声屏减少交通车辆噪声干扰，已有不少应用，一般沿道路设置5～6m高的隔声屏，可达到10～20dB（A）的减噪效果。

设置隔声屏的方法简单、经济、便于拆装移动，在噪声控制工程中广泛应用。隔声屏障的种类有一般用各种板材制成并在一面或两面衬有吸声材料的隔声屏，有用砖砌成的隔声墙，有用1～3层密实幕布围成的隔声幕，还有利用建筑物作屏障的。

隔声屏对高频噪声有较显著的隔声能力，因为高频噪声波长短，绕射能力差，而低频噪声波长长，绕射能力强。

设置隔声屏应注意的事项如下。

① 隔声屏常用的建筑材料如砖、木板、钢板、塑料板、石膏板、平板玻璃等，都可以直接用来制作声屏障，或是作为其中的隔声层。在结构上，可以做成基础固定的单层实体，也可以做成装配灵活的双层或多层复合结构。结合采用不同材料的表面吸声处理，布置时，可以是一端连墙或两端连墙的直立式，也可以是曲折状的两边形、多边形屏障。可按照工厂车间的具体情况，因地制宜进行设计。

② 隔声屏的骨架可用1.5～2.0cm厚的薄钢板制作，沿周边铆上型钢，以增加隔屏的刚度，同时也作为固定吸声结构的支座，吸声结构可用50mm厚的超细玻璃棉加一层玻璃布与一层穿孔板（穿孔率在25%以上）或窗纱、拉板网等构成。

③ 隔声屏的一侧或两侧衬贴的吸声材料，使用时应将布置有吸声材料的一面朝向声源。

④ 隔声屏应有足够的高度，有效高度越高，减噪效果越好。隔声屏的宽度也是影响其减噪效果的重要参量，通常取宽度大于高度，一般来说宽度为高度的1.5～2倍。

⑤ 在放置隔声屏时，应尽量使之靠近噪声源处。活动隔声屏与地面的接缝应减到最小。多块隔声屏并排使用时，应尽量减少各块之间接头处的缝隙。

### 22.5.3　噪声的个人防护

利用个人防护用具能阻止或减缓噪声对人体的侵害，保护人耳使其避免过度刺激，并防止诱发各种疾病。

在噪声源以及噪声的传播途径上未进行或不易进行噪声治理，并且是高噪声时，必须进行个人防护。长时间连续在高噪声环境中工作，尤其应该进行个人防护。常用的个人防护用具有耳塞、防声棉、耳罩和防声头盔等。

（1）耳塞

耳塞通常由软橡胶（氯丁橡胶）、软塑料（聚氯乙烯树脂）、泡沫塑料和硅橡胶之类的材料制成。其外形主要有圆柱形、伞形数种，根据人耳道的大小一般有大、中、小三个型号。耳塞对中、高频噪声有较好的隔声效果，对低频噪声的隔声效果较差。佩戴合适的耳塞一般中、高频噪声可降低20～30dB。在尖叫刺耳的高频噪声环境中，能取得令人满意的降噪效果，对正常交谈影响不大。耳塞具有价格便宜、经济耐用、体积小巧、便于携带等特点。但由于人耳道不一，一般配合不理想，佩戴后常感不适，甚至引起耳胀和耳道疼痛。

（2）防声棉

防声棉是用直径1～3$\mu m$的超细玻璃棉经过化学方法软化处理后制成的。使用时撕下一小块用手卷成锥状，塞入耳内即可。防声棉比普通棉花隔声效果好，且隔声值随着噪声频率的增加而提高，它对隔绝高频噪声更为有效。在强烈的高频噪声车间使用防声棉，对语言联系无妨碍，而且对语言清晰度有所提高。

（3）耳罩

耳罩由外壳（用硬塑料、硬橡胶和金属板制成）、密封垫圈（多用软质泡沫塑料外包聚氯乙烯薄膜制成）、弓架和内衬吸声材料构成。耳罩平均隔声量一般为15～25dB，对高频隔声量可达30dB，对低频隔声量也有12dB，主要用来防护强烈的枪炮脉冲噪声，航空发动机、凿岩机、内燃机等动力机械产生的空气动力性噪声，以及各种风动工具、铆焊、冲压、冷作等机械噪声。耳罩体积较大，佩戴不太方便，特别是高温工种和炎热季节，佩戴者常感闷热和不适。

（4）防声头盔

防声头盔主要有软式防噪声帽和硬式防声盔两种。软式防噪声帽主要由人造革帽和耳罩组成，能防止听觉损伤，对人的头部有防振、防外伤和防寒的作用。硬式防声盔主要由外壳（玻璃钢制成）、内衬吸声材料和耳罩组成，可防止强噪声经过气导和颅骨传入内耳，以及冲击波对听觉和头部的损伤。防声头盔的质量较大，佩戴常感不适，特别是高温作业和炎热天气，轻者感到闷热、易出汗，重者常引起头晕、头昏症状。

（5）防护衣

防护衣由玻璃钢或铝板内衬柔软的多孔性吸声材料组成，常用来防止140dB以上高强度噪声对人体内脏器官的危害。

## 22.6　消声器及噪声控制的设计

### 22.6.1　消声器

消声器是允许气流通过，阻止或减弱声波传播的装置，也是降低空气动力性噪声的主要技术措施，主要应用在风机进出口和排气管道口，以及通风换气的地方。对消除噪声污染，改善劳动与生活环境具有重要的应用价值。

（1）消声器性能评价

① 消声性能。消声性能即消声的消声量和频谱特性。消声器的消声量通常用传声损失和插入损失来表示。现场测试时，也可以用排气口（或进气口）处两端声级来表示。消声器的频谱特性一般以倍频1/3频带的消声量来表示。

② 空气动力性能。空气动力性能即阻力损失或阻力系数。消声器的阻力损失通常是用消声器入口和出口的全压来表示。阻力系数可由消声器的动压和阻损算出。在气流通道上安装消声器，必然会影响空气动力设备的空气动力性能。如果只考虑消声器的消声性能而忽略了空气的动力性能，则在某种情况下，消声器可能会使设备的效能大大降低，甚至无法正常使用。例如，某内燃机厂柴油试车上的消声器，由于阻力太大，使得发动机的功率损失过大，以致开不动车，为了不影响生产，工人们只得将消声器拆掉，仍旧在强噪声环境中工作。

③ 结构性能。结构性能对于具有同样的消声性能和空气动力性能的消声器的使用具有十分重要的现实意义。一般如果几何尺寸越小，价格越便宜，使用寿命越长，则该消声器结构性能就越好。

（2）消声器分类

消声器的种类很多，但究其消声机理，可以把它们分为6种主要类型，即阻性消声器、抗性消声器、阻抗复合式消声器、微孔板消声器、小孔消声器和有源消声器。

① 阻性消声器。阻性消声器主要是利用多孔吸声材料来降低噪声的。把吸声材料固定在气流通道的内壁上，或使之按照一定的方式在管道中排列，就构成了阻性消声器。当声波进入阻性消声器时，一部分声能在多孔材料的孔隙中摩擦而转化热能耗掉，使通过消声器的声波减弱。阻性消声器就像电学上的纯电路，吸声材料类似于电阻。在消声器中，吸声材料把声能转换成热能耗掉，在电路中电阻把电能转换成热能耗掉。由于人们对电学知识的普遍了解，因此把这种

消声器定名为阻性消声器。同时，也称吸声材料为阻性材料。阻性消声器具有能在较宽的中高频范围内消声，特别是对于刺耳的高频声效果更好。它的缺点是在高温、高速、水蒸气、含尘、油雾以及对吸声材料有腐蚀性的气体中，使用寿命短，消声效果差。另外，对于低频噪声，它的消声效果也不够理想。

阻性消声器的消声量与消声器的形式、长度、通道截面积有关，同时与吸声材料的种类、密度和厚度等因素也有关。

阻性消声器一般有管式、片式、蜂窝式、折板式和声流式等几种。

② 抗性消声器。抗性消声器与阻性消声器的消声机理是完全不同的，它的特点是没有敷设吸声材料，因而不能直接吸收声能。抗性消声器是由突变界面的管和室组合而成的，好像是一个声学滤波器，与电学滤波器相似，每一个带管的小室是滤波器的一个网孔，如图 22.8 所示。

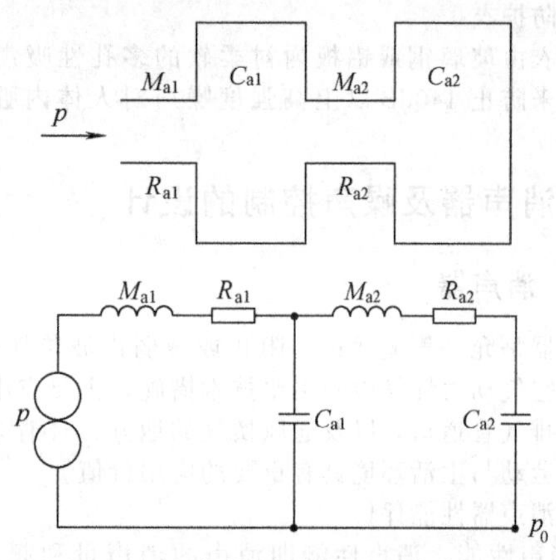


图 22.8　抗性消声器的电声类比

管中的空气质量相当于电学中的电感和电阻，用 M 和 R 表示。小室中的空气质量相当于电学中的电容，称为声顺，用 C 表示。不同的管和室组合，相当于不同的声质量、声阻和声顺组合。与电学滤波器类似，每一个带管的小室都有自己的固有频率。当包含各种频率成分的声波进入第一个短管时，只有在第一个网孔固有频率附近的某些频率的声波才能通过网孔到达第二个短管口，而另外一些频率的声波则不可能通过网孔，只能在小室中来回反射，因此称这种对声波有滤波功能的结构为声学滤波器，选取适当的管和室进行组合，就可以滤掉某些频率成分的噪声，从而达到消声的目的。

抗性消声器适用于消除中、低频噪声，主要有扩张室式和共振式两种类型。

③ 阻抗复合式消声器。阻性消声器在中高频范围内有较好的效果，而抗性消声器可以有效地降低中频噪声。若取这两种消声器结构的优点，就能够获得在较宽的频率范围内令人满意的消声效果。把阻性结构和抗性结构按照一定的方式组合起来，就构成阻抗复合式消声器。常用的阻抗复合式消声器有阻-扩复合式、阻复合式、阻-共-扩复合式等。根据阻性和抗性两种消声原理，可以组合出各式各样的阻抗复合式消声器。

阻抗复合式消声器既有吸声材料，又有共振、扩张室等声学滤波元件，消声原理定性地可以认为是阻性和抗性各自消声原理的结合。但是由于声波的波长比较长，因此当消声器以阻抗的形式复合在一起时，就会出现声的耦合作用，互相产生影响，因此不能看成是简单的叠加关系。

阻抗复合式消声器具有宽频带、高吸收的消声效果，主要用于消除各种风机和空压机的噪声。但由于阻性段有吸声材料，因此阻抗复合式消声器一般都不适于在高温和含尘等的环境中使用。

④ 微孔板消声器。微孔板消声器是阻抗复合式消声器的一种特殊形式，微穿孔板吸声结构本身就是一个既有阻性又有抗性的吸声元件，把它们进行适当的组合排列，就构成了微孔板消声器。

微孔板结构可以用一个交流电路来模拟。在声学上，微孔板相当于一个声阻和一个声质量，可以等效于电路中的电容。由理论分析可知，声阻与穿孔板上的孔径成反比，由于微孔板上的孔径很小，所以它的声阻很大，当声波射入时，可以有效地消耗一部分声能。与由电阻、电感和电容组成的交流电路相似，由声阻、声质量和声顺组成的系统，也有固有频率。微孔板吸声结构的固有频率正是由声阻、声质量和声顺决定的。选择微孔板上的不同穿孔板率和板后不同的腔深，就可以控制消声器的频谱性能，使其在较宽的或需要的频率范围内获得良好的消声效果。

⑤ 小孔消声器。小孔消声器是一根直径与排气管直径相等、末端封闭的管子，管壁上钻有很多小孔降低气体排放时产生噪声的一种消声器。其消声原理是以喷气噪声的频谱为依据的，图 22.9 给出几种不同喷孔孔径的喷气噪声的频谱特性。

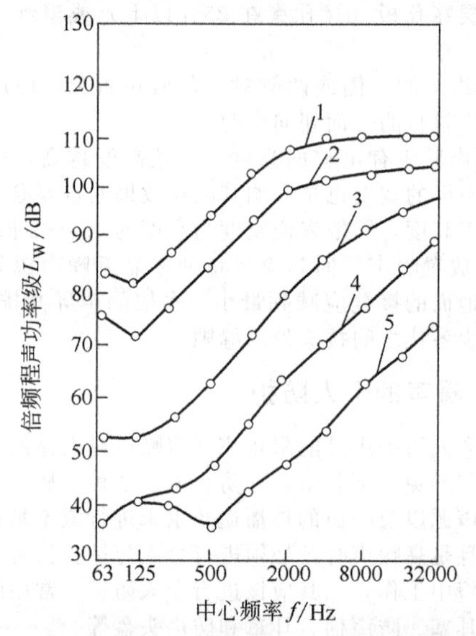


图 22.9　不同喷孔孔径的喷气噪声的频谱特性

1—$d$=20.08mm；2—$d$=11.08mm；
3—$d$=4.15mm；4—$d$=2mm；5—$d$=1mm

如果保持喷口的总面积不变而用很多个小喷口来代替，则当气流经过小孔时，喷气噪声的频谱就会移向高频或超高频，使频谱中的可听声成分显著降低，从而减少噪声对人的伤害。一般的工业排气中，排气管的直径从几厘米到几十厘米，峰值频率较低，辐射的噪声主要在可听声的频率范围内。小孔消声器的小孔直径一般为 1mm，峰值频率较排气管喷气噪声的峰值频率要高几十倍。因此，在排气管上安装小孔消声器，可把排气产生的噪声频率移向高频范围。

为了使得安装小孔消声器后不影响排气效率，一般要求小孔的总面积等于排气管管口面积的 1.5～2.0 倍。另外，小孔消声器上小孔之间应有足够大的距离，这时，各个小孔的喷气才能被看作是独立的，否则小孔消声器的消声量就会减少。

小孔消声器具有体积小、重量轻和消声能力大的特点。在应用方面，其主要用来控制空气压缩机及锅炉排气、钢铁企业的高炉放风等产生的噪声。

⑥ 有源消声器。有源消声器（也称电子消声器）是一套仪器装置，它主要由传声器、放大器、相移装置、功率放

大器和扬声器等组成。传声器将接收到的声压转变为相应的电压，通过放大器把电压放大到相移装置所要求的输入电压，然后经相移装置把这个电压的相位改变180°，再送给功率放大器，功率放大后的电压经扬声器又转变为声压，这时的声压与原来的声压正好是大小相等而相位相反，这两个声压彼此相互抵消，就形成了噪声抑制区。

有源消声器其实就是在原来的噪声场中，利用电子设备再产生一个与原来的声压大小相等、相位相反的声波，即反噪声，使其在一定的声场中相抵消。

到目前为止，由于噪声场中各点的声压大小和相位差别很大，变化也很大，因此有源消声器除了在较小的范围内用于降低简单稳定的声源（如高压变压器站、大加压站等）的噪声以外，并未得到普遍应用。把有源消声器广泛应用于工业噪声控制，还有很多问题尚未解决，但随着现代化科学技术的发展，它的应用前途必然是十分广阔的。

(3) 消声器的选用及安装

① 消声器的选用。消声器的选用一般应考虑以下5个因素。

a. 噪声源特性分析。在具体选用消声器时，必须首先弄清楚需要控制的是什么性质的噪声源，是机械噪声、电磁噪声，还是空气动力性噪声。消声器只适用于降低空气动力性噪声，对其他噪声源是不适用的。按其空气动力性质不同，可分为低压、中压和高压；按其流速不同，可分为低速、中速和高速；按其输送气体性质的不同，可分为空气、蒸汽和有害气体等。应按不同性质、不同类型的噪声源，有针对性选用不同类型的消声器。噪声源的声级高低及频谱特性各不相同，消声器的消声性能也各不相同，在选用消声器前应对噪声源进行测量和分析。一般测量A声级、C声级、倍频程或1/3倍频程频谱特性。根据噪声源的频谱特性和消声器的消声特性，使两者相对应，噪声源的峰值频率应与消声器最理想、消声量最高的频段相对应。这样，安装消声器后才能得到满意的消声效果。另外，对噪声源的安装使用情况，周围的环境条件，有无可能安装消声器，消声器装在什么位置等，事先应加以考虑，以便正确合理地选用消声器。

b. 噪声标准确定。在具体选用消声器时，还必须弄清楚应该将噪声控制在什么水平上，即安装所选用的消声器后，能满足何种噪声标准的要求。因此，在设计消声量时，必须参照国家的有关标准。

c. 消声量计算。按噪声测量结果和噪声允许标准的要求来计算消声器的消声量。消声器的消声量，过高或过低都不恰当。过高，可能达不到或提高成本或影响其他性能参数；过低，则达不到要求。例如，噪声源A声级为100dB，噪声允许标准A声级为85dB，则消声量应为15dB(A)，消声器的消声量一般指A声级消声量或频程消声量。在计算消声量时要考虑以下因素的影响：背景噪声的影响，有些待安装消声器的噪声源，使用环境条件较差、背景噪声很高或有多种声源干扰，这时噪声源消声器的噪声略低于背景噪声即可；自然衰减量的影响，声波随距离的增加而衰减，例如，点声源、球面声波、在自由声场，其衰减规律符合反平方律，即离声源1倍半径的距离，声压级减小6dB，在计算消声量时，应减去从噪声源控制区沿途的自然衰减量。

d. 选型与适配。正确地选型是保证获得良好消声效果的关键。如前所述，应按噪声源性质、频谱、环境的不同，选择不同类型的消声器。例如，风机类噪声，一般可选用阻性或阻抗复合式消声器；空压机、柴油机等，可选用抗性或以抗性为主的复合式消声器；锅炉蒸汽放室温，高压、高速排气放空，可选用新型节流减压及小孔喷注消声器；对于风景特别大或通道面积很大的噪声源，可以设置消声房、消声器坑、消声塔或以特制消声元件组成的消声器。

消声器一定要与噪声源相匹配，例如，风机安装消声器后要保证设计要求的消声量能满足风量、流速、压力损失等性能要求。一般来说，消声器的额定风量应等于或稍大于风机的实际风量。若消声器不是直接与风机进风管道相连，而是安装于密封隔声室的进风口时，消声器设计风量必须大于风机的实际风量，以免密封隔声室内形成负压。消声器的风速应等于或小于风机实际流速，防止产生过高的再生噪声。消声器的阻力应小于或等于允许阻力。

e. 综合治理、全面考虑。安装消声器是降低空气动力性噪声最有效的方法，但不是唯一的措施。如前所述，消声器只能降低空气动力设备进排气口或沿管道传播的噪声，而对该设备的机壳等辐射的噪声无能为力。因此，在选用和安装消声器时应全面考虑，按噪声源的分布传播途径、污染程度以及降噪要求等采取隔声、隔振、吸声、阻尼等综合治理措施，才能获得较理想的效果。

② 消声器的安装。消声器的安装一般应注意以下几个问题。

a. 消声器的接口要牢靠。消声器往往是安装于需要消声的设备上或管道上，消声器与设备或管道的连接一定要牢靠，较重大的消声器应支撑在专门的承重架上，若附于其他管道上，应注意支撑位置的牢度和刚度。

b. 在消声器上加接变径管。对于风机消声器，为减小机械噪声对消声器的影响，消声器不应与风机接口直接连接，应加设中间管道。一般情况下，该中间管道长度为内机接口直径的3～4倍。当所选用的消声器接口形状尺寸与内机接口不同时，可考虑在消声器前后加接变径管。在设计时，一般变径管的当量扩张角不得大于20°。

c. 应防止其他噪声传入消声器的后端。消声设备的机壳或管道辐射的噪声有可能传入消声器后端，致使消声效果下降，因此，必要时可在消声器外壳或部分管道上做隔声处理。例如消声器法兰和风机管道法兰连接处应加弹性垫并注意密闭，以免漏声、漏气或刚性连接引起固体传声。在通风空调系统中，消声器应尽量安装于靠近使用房间的地方；排气消声器应尽量安装在气流平稳的管段。

d. 消声器安装场所应采取防护措施。消声器露天使用时应加防雨罩；作为进气消声使用时应加防尘罩；含粉尘的场合应加滤清器。一般的通风消声器，通过它的气体含尘量应低于150mg/m$^3$，不允许含水雾、油雾或腐蚀性气体通过，气体温度不应大于150℃，在寒冷地区使用时，应防止消声器孔板表面结冰。

e. 消声器片间流速应适当。对于风机消声器片间平均流速，通常可选为等于风机管道流速。用于民用建筑，消声器片间平均流速常取3～12m/s；用于工业方面，消声器片间平均流速可取12～25m/s，最大不得超过30m/s。流速不同，消声器护面结构也不同。当平行流速<10m/s时，多孔材料的护面可用布或金属丝网；当平行流速为10～23m/s时，可采用金属穿孔板护面；当平行流速为23～45m/s时，可采用金属穿孔板和玻璃丝布护面；当平行流速为45～120m/s时，应采用双层金属穿孔板和钢丝棉护面，穿孔率应大于20％。

### 22.6.2　噪声控制的设计程序

应用降噪技术，根据工程的需要和可能在噪声传播途径上统筹兼顾进行防治，以获得在技术上、要求上和经济上合理的噪声环境称为噪声控制。

在实际工作中，噪声控制主要分现有企业达不到标准，需要采取补救措施和新建、扩建、改建企业需要事先考虑噪声污染，从而采取相应治理措施两种情况。后者工作主动，容易确定合理的控制方案，收到较为满意的实际效果。

**表 22.29 对几种噪声可采取的控制措施**

| 情况 | 声源降噪 | 隔振、阻尼包扎、消声器 | 隔声罩(屏) | 隔声间 | 吸声处理 | 个人防护 |
|---|---|---|---|---|---|---|
| 一般噪声 | 次 | 次 | | | 主 | |
| 声源少、人多 | 次 | 次 | 主 | | 次 | |
| 声源分散、人多 | 次 | 次 | 次 | | | |
| 声源少、人少 | 次 | 次 | | 次 | | 主 |
| 声源多、人少 | | | | 主 | | 次 |
| 内燃机和气动设备 | 次 | 主 | 次 | | | |
| 各种措施效果/dB(A) | 5～10 | 5～30 | 5～30 | 5～40 | 3～7 | 10～40 |
| 对生产操作的影响 | 无 | 无 | 稍有影响 | 无 | 无 | 无 |
| 费用估计 | | 20～1000元/台 | 每平方米罩或屏50～150元 | 每平方米隔声结构50～100元 | 每平方米吸声10～50元 | 0.1～10元/人 |

(1) 调查和测定噪声现场

① 调查现场主要噪声源及其噪声产生的原因，了解噪声传播的途径。

② 对噪声污染对象（操作者、居民等）进行调查，并进行噪声级测量。

③ 绘制噪声分布图。可采用直角坐标用数字标注的方法，或在厂区、车间地图上以不同的等声组曲线表示。

(2) 确定减噪量

调查噪声现场的测量数据与噪声标准（包括国家标准、部颁标准、地方或企业标准）进行比较，确定所需降低噪声的数值（包括噪声级和各频带声压级所需降低的分贝数）。

(3) 确定控制方案

① 对生产工艺和技术操作进行认真仔细地了解和观察，严防降噪措施影响、妨碍甚至破坏正常生产秩序。

② 对设备运行工况进行认真了解和研究，采取降噪措施必须充分考虑设备的供水、供电等问题，特别应考虑通风、散热、采光、防水、防腐蚀和污染环境等因素。

考虑并计算采取措施后的声学效果，必要时应进行实验，取得经验后再大面积进行治理，力求稳妥，避免盲目性。降噪措施要做到设计合理，结构简单，加工方便，便于维修，经久耐用。进行投资核算时，力求高的经济效益。确定的控制方案，力求全面，避免不切实际。若实际效果达不到设计要求，应查找原因，调整方案，补加措施。并注意尽可能将噪声的治理与防尘、保温等工作结合考虑，做到统筹兼顾、综合利用。对降噪效果、投资款额，对生产和工作的影响程度应认真总结，及时进行技术鉴定或工程验收。

对几种噪声可采取的控制措施见表 22.29。

## 22.7 振动及其控制

### 22.7.1 振动分类及其危害

(1) 振动的概念与定义

振动是指质点或物体在外力的作用下，沿直线或弧线围绕于平衡位置的往复运动。生产过程中产生的一切振动统称为生产性振动。长期接触生产性振动可对机体产生不良影响。

振动的基本物理参数包括其频率、振幅、速度、加速度以及振动方向等。单位时间内振动的次数为振动频率(Hz)；振动位移指其离开平衡位置的瞬时距离（mm），离开平衡位置的最大距离为振幅；速度是指振动的位移对时间的变化率（m/s）；加速度是指其速度对时间的变化率（$m/s^2$）。表示振动强度的物理量有位移、速度、加速度，振动位移存在正峰值和负峰值。平均值是振动物理量随时间变化的各点绝对值的平均数。有效值是按照能量平均的方法，取各点的平方值进行平均，再将此值开方，有效值与振动能量直接相关。位移、速度、加速度三个物理量中，加速度最能反映振动的强度，对人体的作用更为显著和重要，是目前评价振动强度大小最常用的物理量。

(2) 振动的分类

生产性振动的分类方法很多，通常可以分为如下几类。

按振动作用于人体的部位，可分为局部振动和全身振动两类。局部振动指生产中使用手持振动工具或接触受振工件时，直接作用或传递到人手臂系统的机械振动或冲击。接触局部振动的作业主要是使用电动或气动工具的作业，如铆工、凿岩工、电锯工、抛光工、捣固工等。全身振动指人体以立位、坐位或卧位接触而传至全身的振动，如驾驶车辆、船舶、飞机、拖拉机等交通工具及农机作业，操作建筑用混凝土搅拌机或捣固机，工作中接受地面振动等情况。

生产过程中接触振动的作业和振动源主要包括以下几个方面：使用风动工具，例如铆接、清砂、锻压、凿岩等；使用电动工具，如钻孔、割锯、捣固等；表面加工，例如研磨、抛光等；使用运输工具，从事交通运输工作等。

(3) 振动的危害

生产过程中的一切振动统称为生产性振动。长期接触生产性振动可对健康产生不良影响。振动对人类机体的影响可大致分为局部振动影响和全身影响两类。

① 局部振动对机体的影响。局部振动主要作用于人体手或足等局部，但其对机体的影响却是全身性的，可引起神经系统、心血管系统、骨骼及肌肉系统、听觉器官、免疫系统和内分泌系统等多方面的改变。神经系统对振动较为敏感，其响应特征是：对末梢神经的不良作用为皮肤感觉迟钝，触觉、痛觉和振动感觉功能下降，感觉运动反应时间明显延长，末梢神经传导速度减慢。长期暴露可致植物神经功能紊乱及组织营养障碍等。对中枢神经系统主要表现为大脑皮质功能低下，易疲劳，注意力不集中，可能出现脑电图改变成神经衰弱综合征。对心血管系统的响应特征是：40～300Hz的振动能引起周围毛细血管形态和张力改变，末端血管痉挛、扭曲，肢端皮温低，上肢血管紧张，脑血管改变，脑血流图异常。心脏方面表现为心动过缓、窦性不齐和心电波形改变。高血压的发生率增高。骨骼及肌肉系统响应特征是：手部肌肉萎缩，手握力下降，肌电异常。40Hz 以下大振幅振动可致骨关节改变、骨质增生、骨质疏松、关节变形等。振动引起的听力损失以 125～250Hz 的低频音为主，但早期仍以高频音听力损失严重，而后低频音听力逐步下降为其特征，在长期振动作用下，耳蜗顶部可受损。

② 全身振动对机体的影响。全身振动对机体的影响主要表现为：振动对高级神经中枢起抑制作用，表现为反应时间延长，双手腕、视觉分辨能力下降，植物神经功能紊乱

等。对心血管系统，全身振动可致心率加快、血压上升、外周血管收缩等。对呼吸系统，全身振动最明显的影响是过度换气，剧烈振动可致肺组织撕伤、出血，引起呼吸痛、胸痛、窒息等。对消化系统，振动可抑制胃肠蠕动和消化液分泌，有时发生胃下垂，强烈振动可引起胃肠道损伤。肌肉骨骼系统在长期振动的作用下，易发生肌肉紧张、疲劳、活动能力下降；强烈振动可致肌萎缩、肌张力下降等。对听觉器官，头部振动可使耳部受损，出现恶心、呕吐、头晕等现象。

③ 影响振动危害作用的因素。振动参数特性与振动对人体危害密切相关，其中频率、振幅、加速度等振动物理量是基本影响因素。振动频率对人体有较大影响，1Hz～1kHz振动给人以振动觉感受。一般认为，低频率（20Hz以下）、大振幅的全身振动主要作用于前庭、内脏器官，共振作用可使个别器官系统受到严重损害；局部振动时骨关节和局部肌肉组织受损明显。40～300Hz高频振动对末梢循环和神经功能损害明显。振幅对人的影响表现形式为在一定频率下，振幅越大对机体的影响越大。大振幅、低频率振动可作用于前庭器官，使内脏位移。高频、低振幅振动主要对组织神经末梢起作用。人对加速度最为敏感，手麻、白指、冷水试验阳性率以及压指试验阳性率均有随振动加速度增大而增多的趋势。接振时间越长，对机体的不良影响越大。振动病的发病率有随工龄增加而增加的趋势。体位、姿势、冲击力和静力紧张等均与罹患振动病有关。人体对振动的敏感程度和身体所处位置有关，卧位时对水平振动较敏感，立位时对垂直振动较敏感。立位操作工人若将胸腹等部位紧贴到振动对象上，不良作用有可能更为严重。冲击力强的振动易导致骨关节病变，静力紧张可使血管受压、血循环不良，易促使局部振动病的发生。振动环境与可否导致振动病相联系。寒冷在振动致病作用上起重要作用，是促使局部振动致病作用的重要条件之一。全身受冷和局部受冷结合有促使振动病患者白指发作的倾向。

## 22.7.2 振动的识别与评价

(1) 振动的识别

生产过程中接触振动的作业和振动源主要包括铆接、清砂、锻压、凿岩等作业和使用铆钉机、风铲、锻锤、凿岩机；用电动工具钻孔、割锯、捣固等作业和使用电钻、电锯、捣固机；表面加工研磨、抛光等作业和使用砂轮机、抛光机、铣床；用运输工具从事交通运输工作和汽车、火车、飞机、轮船、摩托车；农业生产、工程建设和农业机械、工程机械，如收割机、脱粒机、拖拉机以及各种工程机械等。其中，接触振动强度最高、暴露时间最长的是使用电动或气动手持工具进行锯、磨、钻、凿、夯等形式作业的人员。

(2) 振动的评价

振动加速度和振动级是评价振动最常用的参量。

描述物体振动的基本物理量有位移、速度和加速度。为便于计量常使用其相对量，就出现了振动“级”的概念。由于人体最为敏感的是振动的加速度，于是振动的加速度和加速度级便成为工程技术上最常应用的参量。振动加速度级的定义是：某振动的加速度 $a$ 与基准振动加速度 $a_0$ 的比值取以10为底的对数再乘以20，即 $L_a=20\lg(a/a_0)$ (dB)。我国和ISO都规定，$a_0=10^{-6}\text{m/s}^2$。参数频率计权加速度 $a_w$ 和频率计权加速度级 $VL_W$，是评价振动的常用参数。

生产性振动多数含有复杂的频率成分，其振幅按频率排列的图形称频谱。进行振动分析常用1/3倍频带和1/1倍频带进行频谱分析。物体在外界力的激发下产生最大振动的频率为其固有频率，外界激发频率与物体固有频率一致时会出现共振。人体各个部位或器官也具有一定的共振频率，由于人体对全身振动的频率响应存在明显的个体差异，故其共振频率的范围较大。通过实验得出的人体不同部位或器官的共振频率见表22.30，表22.31为全身振动强度卫生限值，表22.32为辅助用室垂直或水平振动强度卫生限值［《工业企业设计卫生标准》(GBZ 1—2010)］。

**表 22.30 人体不同部位或器官的共振频率**

| 部位或器官 | 共振频率/Hz | 部位或器官 | 共振频率/Hz |
|---|---|---|---|
| 头部 | 2～30 | 前臂 | 16～30 |
| 眼部 | 30～80 | 腹腔 | 10～12 |
| 上下颌 | 6～8 | 脊柱 | 10～12 |
| 肩部 | 4～5 | 下肢 | 2～20 |
| 胸腔 | 4～8 | 神经系统 | 250 |

**表 22.31 全身振动强度卫生限值**

| 工作日接触时间 $t$/h | 卫生限值/(m/s²) |
|---|---|
| $4<t\leqslant8$ | 0.62 |
| $2.5<t\leqslant4$ | 1.10 |
| $1.0<t\leqslant2.5$ | 1.40 |
| $0.5<t\leqslant1.0$ | 2.40 |
| $t\leqslant0.5$ | 3.60 |

**表 22.32 辅助用室垂直或水平振动强度卫生限值**

| 接触时间 $t$/h | 卫生限值/(m/s²) | 工效限值/(m/s²) |
|---|---|---|
| $4<t\leqslant8$ | 0.31 | 0.098 |
| $2.5<t\leqslant4$ | 0.53 | 0.17 |
| $1.0<t\leqslant2.5$ | 0.71 | 0.23 |
| $0.5<t\leqslant1.0$ | 1.12 | 0.37 |
| $t\leqslant0.5$ | 1.8 | 0.57 |

振动的不良影响与振动频率、强度和接振时间有关。振动频率在6.3～16Hz之间的危害作用与频率无关，在16～1500Hz范围内随频率的增加危害作用减少。目前，局部振动评价标准依据频率计权和接振时间确定，即以4h等能量频率计权振动加速度作为人体接振强度的定量指标。频率计权根据频率对测定值进行修正，即根据不同频率振动对机体的效应赋予各频带相应的计权系数。

## 22.7.3 隔振装置

隔振装置是使系统与稳态激励隔离的一种弹性装置。机器运转产生的振动能影响以致破坏机器本身的结构和部件，缩短使用寿命，降低劳动生产率，甚至干扰与损坏周围设备，以及辐射强烈噪声污染环境。采用隔振装置是减缓与消除振动的重要措施，特别是新建厂房安装机器设备时应首先考虑解决。

隔振装置选择要点：

① 隔振装置和隔振材料的选择，应首要考虑其静载荷和动态特性，使激振频率与整个隔振系统的固有振动频率的比值 $f/f_0>\sqrt{2}$，保证隔振系数 $T<1$，工作在隔振区域内。

② 机器实际振动常含有许多不同的频率。选择时应考虑将低频振动充分地予以减弱，更高的频率会被隔振装置在更大的程度上予以减弱。

③ 隔振装置一般应具有低于5～7Hz的共振频率。对于隔绝能听到撞击声（30～50Hz）的机器振动，隔振装置的共振频率应低于15～20Hz。

④ 低频振动的隔绝困难较大，一般只能采用钢弹簧减振器。设备振动的频率越高，隔振效果越好。对于高频振动，一般采用橡皮、软木、毛毡、玻璃纤维做成的弹性垫比

较好。为了在较宽的频率范围内减弱振动，可采用弹簧减振器与弹性垫相结合的组合式减振器。

⑤ 隔振材料的使用寿命差别很大，钢弹簧最长，橡胶为4～6年，软木为10～30年。超过上述年限一般应考虑予以更换。

⑥ 安装隔振装置不会降低车间噪声，但能使噪声限制在局部范围内，使机组传到邻近房间内的噪声大为减弱，起到隔声作用。

⑦ 机器下面的混凝土基础的重心应尽量向下，以增加机器稳定性。

隔振装置主要包括钢弹簧减振器、橡胶减振器、减振垫层、空气弹簧等隔振器和软木、各类毡类等。

（1）钢弹簧减振器

钢弹簧减振器是最常用的一种减振器。从结构上可分为螺旋弹簧减振器和板条式弹簧减振器两种。从安装方式上可分为压缩式和悬挂式两种。

钢弹簧减振器固有频率低，一般在5Hz以下。有较大的静态变形量，一般在2cm以上。能适应较广泛的使用范围，对低频振动具有良好的隔振效果。能承受较大负载，性能稳定。体积小，耐高温，经久耐用，不怕潮湿和油污。

钢弹簧减振器的阻尼系数过小，一般阻尼比为0.005，实际应用时，需另加黏滞阻尼器，或采用钢丝外包敷橡胶的办法来增加阻尼。它还存在高频传递的缺点，可采用在弹簧下面辅设橡胶垫或软木来解决。

（2）橡胶减振器

橡胶减振器常用的有压缩型、剪切型和压缩-剪切型三类。橡胶减振器具有较大的阻尼系数，在共振区内有较好的隔振效果。其弹性系数可借助改变橡胶的成分和几何结构在相当大的范围内变动。

该种减振器静态变形量不能过大，因此对于固有频率过低和自重特别大的机组不适用。由于橡胶固有性质，其隔振性能受温度影响较大，气温过高或过低都将影响隔振性能。一般使用温度为－5～50℃。该种减振器怕油污，长期使用易龟裂，一般使用寿命为4～6年。

（3）减振垫层

减振垫层是直径和高度不等的圆凸台分别交叉配置在两面的橡胶材料垫层。它的刚度由橡胶的弹性模量和几何形状决定。由于表面是圆凸台状，故能增加变形量，并使得固有振动频率降低到最低程度。其圆凸台的多少取决于需要的稳定性。因为有制动作用，使用时可不加任何紧固措施即可防止机器滑动。

（4）软木

软木具有质轻、耐腐蚀、保温性能好、施工方便等特点，并有一定的弹性和阻尼，是较好的隔振材料，对高频和冲击振动有一定隔振效果。其隔振效果与软木的粒径大小，软木层的厚度、负荷大小以及构造形式有关。对重要工程，应通过试验然后采用，以保证可靠性。在施工与使用时，应注意采取措施，防止水、油等介质的侵蚀而使其腐烂变形。

（5）各类毡类

玻璃纤维毡、矿渣棉毡等各类毡类，均是良好的隔振材料，能在较大的负载范围内保持自然频率，可用在机器设备基础上，也可作为管子穿墙的减振垫衬。应用中较多使用的是树脂胶结的玻璃纤维毡，具有良好的阻尼性质，富有弹性，永久变形小，耐化学侵蚀，不怕潮湿，不易燃烧，在较大的温度范围内性能稳定。

## 参考文献

[1] 高红武．噪声控制技术．武汉：武汉理工大学出版社，2009．

[2] 袁昌明，方云中，华伟进．工业噪声与振动控制技术．北京：冶金工业出版社，2007．

[3] 陈秀娟．实用噪声与振动控制．北京：化学工业出版社，2003．

[4] 国家安全生产监督管理总局，中国职业安全健康协会．职业健康监督管理培训教程．第2版．北京：煤炭工业出版社，2011．

[5] 高红武．噪声控制工程．武汉：武汉理工大学出版社，2003．

[6] 蔡俊．噪声污染控制工程．北京：中国环境科学出版社，2011．

[7] 张重超．机电设备噪声控制工程学．北京：轻工业出版社，1989．

[8] 吴九汇．噪声分析与控制．西安：西安交通大学出版社，2011．

[9] 马大猷．噪声与振动控制工程手册．北京：机械工业出版社，2001．

[10] 贺启环等．环境噪声控制工程．北京：清华大学出版社，2011．

# 23 工业防尘

## 23.1 粉尘危害及粉尘标准

### 23.1.1 粉尘的概念和分类

（1）粉尘的概念

“粉尘”或“尘”（dust）是通俗地对能较长时间悬浮于空气中的固体颗粒物的总称。实际上，悬浮于空气中的固体颗粒物有多种名称。“粉尘”这个名词只是指那些由固体物料经机械性撞击、研磨、碾轧而形成的固体微粒，这些固体微粒经气流扬散而悬浮于空气中，其粒径大都在0.25～20μm之间，其中绝大部分为0.5～5μm。另外一种悬浮于空气中的固体微粒是从物料燃烧或金属熔炼过程中产生的，物料燃烧时产生未充分燃烧的微粒或残存有不燃的灰分，金属在熔炼过程中会产生氧化微粒或升华凝结产物，这些微小团体颗粒物随热气流扬散至空气中一般称为“烟”或“烟尘”（smoke或fume，smoke指燃烧过程产生的烟，fume指金属熔炼过程中产生的烟），其粒径一般小于1μm，其中较多的粒径为0.01～0.1μm。溶液经蒸发、冷凝或受到冲击也能形成溶液粒子，当这种液态颗粒形成之初不能叫作“尘”，只能叫作“雾”（mists或fogs），其粒径一般为0.05～50μm，但当溶剂蒸发之后，溶质将凝结成固体微粒，这种悬浮于空气中的固体微粒仍应称为“尘”，例如喷漆作业所产生的漆尘等。此外，大气中一些气态化学物质在特定条件下，经过复杂的物理、化学反应而形成固态微粒，其粒径在0.005～0.05μm，这种微粒虽不属于工业意义上的“尘”，但也被称为“烟”“雾”。

含有固体微粒或“尘”的空气，一般称为含尘空气，更确切的名称是“气溶胶”（aerosol），因为固体微粒或尘实际是分布于以空气作为胶体溶液里的固体分散介质。

自不稳定的气溶胶中析出的固体微粒，或强制地由气溶胶中离析出的固体微粒一般仍被称为粉尘。这种粉尘名义上应区别于粉料，虽然粉尘与粉料很可能是同一种物质，而且粒径分布相接近，但粉料纯属制备产品为目的的物质，不能称为粉尘。由不稳定的气溶胶中经自然沉降而落于地面、墙壁上的粉尘又被称为“落尘”或“降尘”。大气中的降尘被看作评价大气质量的重要指标之一。

（2）粉尘的分类

生产性粉尘可以从不同角度分类。

① 以形成粉尘的物质分类　这是称呼不同种类粉尘常用的分类法，即由煤产生的称为煤尘，由棉织物产生的称为棉丝，由石棉产生的称为石棉尘等。

物质可以分几大类，相应粉尘也可划分为下列几类。

a. 无机性粉尘，包括矿物性粉尘、金属性粉尘及人工无机性粉尘。矿物性粉尘，包括石英、石棉、煤尘等。金属性粉尘，包括铁、铅、锌及其氧化物粉尘等。人工无机性粉尘，包括金刚砂、水泥、玻璃粉等。

b. 有机性粉尘，包括动物性粉尘、植物性粉尘和人工有机性粉尘。动物性粉尘，包括兽毛、鸟毛、骨质、毛发粉尘等。植物性粉尘，包括谷物、烟草、茶叶尘等。人工有机性粉尘，包括合成纤维、有机染料尘等。

c. 混合性粉尘，是指上述各类或同类粉尘中的几种物质的混合物。

② 按产生粉尘的生产工序分类。各种不同生产工序使用或生产不同的物料，产生不同的粉尘，因此，不仅可以按形成粉尘的物质分类，而且可以按使用并生产各种不同物质的工序分类。例如铅冶炼过程中产生铅烟尘，进而可以区分为铅烧结烟尘、铅熔炼烟尘、铅铸锭烟尘。由于不同生产工序往往产生不同粒径、不同物性的粉尘，因此，这种分类对准确选择粉尘防治措施是有益的。

根据工序性质不同可以概括地将烟尘分为如下几类。

a. 一次烟尘，指的是由烟尘源直接排出的那一部分烟尘。

b. 二次烟尘，指的是经一次收集未能全部排出而散发出的烟尘。零散的烟尘，均称为二次烟尘或是无组织排放烟尘。

目前还有一种分类法，即将一次烟尘以外的所有烟尘源，如破碎、运输、料场、浇铸等工序或地点的产生均称为阵发性尘（fugitive emission）。

③ 按粉尘可见条件分类。按粉尘的可见条件可将粉尘分为3类：

a. 可见粉尘，是指用肉眼可见，粒径大于10μm以上的粉尘。

b. 显微粉尘，是指粒径为0.25～10μm，可用一般光学显微镜观测的粉尘。

c. 超显微粉尘，是指粒径小于0.25μm，只在超显微镜或电子显微镜下能见到的粉尘。

粉尘粒径不同，其吸入肺部的深度及沉着位置也不同。这方面由于试验条件不同，所得到的结论不尽相同。

④ 按粉尘的物性分类。粉尘有多种多样的性质，如粉尘的吸湿性、黏性、可燃性、导电性等，因此，可以按不同的物性区分为：

a. 吸湿粉尘、不吸湿粉尘。

b. 不黏尘、微黏尘、中黏尘、强黏尘。

c. 可燃尘、不燃尘。

d. 高比电阻尘、一般比电阻尘、导电尘。

e. 可溶粉尘、不溶粉尘。

⑤ 按粉尘对人体危害的机制分类。不同的粉尘对人体致病的机制不同，按这一性质可以对粉尘进行分类。

a. 硅尘。含游离二氧化硅的粉尘或较多结合二氧化硅的粉尘，如石英尘、滑石尘、云母尘等，吸入这种粉尘将使肺组织纤维化，形成硅结节。

b. 石棉。具有纤维状结构的粉尘，吸入将导致石棉肺，诱发肿瘤病。

c. 放射性粉尘。吸入人体将产生放射线损伤。

d. 有毒粉尘。如铅尘，含铜、锰、铬的粉尘，吸入人体将产生各种中毒病状。

e. 一般无毒粉尘。如煤尘、水泥尘等，长期吸入人体将导致各种肺尘埃沉着病。

### 23.1.2 粉尘对人体健康的危害

（1）粉尘的理化性质与危害性的关系

粉尘的化学组成及粉尘的粒径分布对引起疾病的性质起

着重要的作用。此外，粉尘的密度、溶解度、荷电性以及放射性等也与引起疾病的性质密切相关。

① 粉尘的化学组成。粉尘的化学成分直接影响着对机体的危害性质，特别是粉尘中游离二氧化硅的含量。长期大量吸入含结晶型游离二氧化硅的粉尘可引起硅沉着病。粉尘中游离二氧化硅的含量愈高，引起病变的程度愈重，病变的发展速度愈快。但是直接引起肺尘埃沉着病的粉尘是指那些可以吸入到肺泡内的粉尘，一般称为呼吸性粉尘（respirable dust)。在生产现场中单一组成的粉尘是较少的，往往是混合性粉尘，尤其在采矿作业时，由于各种岩石共生以及围岩成分的不同，所产生粉尘的化学组成也有差异。当粉尘中含有某些化学元素或物质时可影响粉尘对机体致病作用的性质和强度，有些可使致病作用加强，而有些可使致病作用减弱，因此在评价粉尘的致病作用时，一定要了解粉尘的化学组成。

② 粉尘的粒径分布。粉尘的粒径分布也叫作粉尘的分散度，是用来表示粉尘粒子大小组成的百分构成，一般是以各粒径区间的粉尘数量或质量所占的百分比表示。粉尘中较小粒径的尘粒所占百分比大时，称为分散度高；反之则称为分散度低。粉尘粒子的大小一般以微米（$\mu$m）表示。在生产过程中产生的危害性较大的粉尘，是那些比较微细的粉尘，需用显微镜才能观察到。

粉尘分散度的高低与其在空气中的悬浮性能、被人体吸入的可能性和在肺中的阻留及其溶解度均有密切的关系。

a. 粉尘的分散度与其在空气中的悬浮性。粉尘粒子的大小直接影响其沉降速度。分散度高的尘粒，由于质量较轻，可以较长时间在空气中悬浮而不易降落，这一特性称为粉尘的悬浮性。

粉尘的沉降速度随着其粒径的减小而急剧降低，在生产环境中，直径大于 10$\mu$m 的粉尘很快就会降落，而直径为 1$\mu$m 的粉尘可以长时间悬浮在空气中而不易沉降。尘粒在空气中呈飘浮状态的时间愈长，被吸入肺内的机会就愈多。粉尘在空气中的悬浮时间与许多因素有关，除与粉尘分散度有关外，还与粉尘的密度、形状有关。从卫生学的观点来看，只有那些分散度高、易于悬浮的粉尘才对人体有危害，因为工人在整个工作班的劳动过程中将持续地吸入这种粉尘。

在生产条件下，由于机械的转动、工人的走动以及存在热源等因素的影响，经常会有气流运动，这些因素都能延长尘粒在空气中的悬浮时间，一般在生产环境中能较长时间悬浮在空气中的粉尘多为 10$\mu$m 以下的尘粒。

b. 粉尘分散度与其表面积的关系。总表面积是指单位体积中所有粒子表面积的总和。粉尘分散度愈高，粉尘的总表面积就愈大，如 1$cm^3$ 的立方体其表面积为 6$cm^2$，当将其粉碎成边长为 1$\mu$m 的颗粒时，其总表面积就增加到 6$m^2$，即其表面积增大 $10^4$ 倍。因而分散度高的粉尘容易参加理化反应，如有些粉尘可与空气中的氧气发生反应从而引起粉尘的自燃或爆炸。分散度高的粉尘，由于其表面积大，因而在溶液或液体中的溶解速度也会增加。

粉尘可从气体中吸附有毒气体，如一氧化碳、氢氧化物等，分散度愈高吸附量也愈大。

③ 粉尘的溶解度。粉尘溶解度的大小与其对人体的危害性有关。对于有毒性粉尘，随着其溶解度的增加，有害作用也增强，有毒性粉尘溶解后可侵入血液而引起中毒，也可与组织接触而引起局部刺激或化学性损伤。无毒性粉尘则相反，粉尘的溶解度愈大对机体的危害性愈小，因为它没有毒害作用，且能尽快消除粉尘在体内的异物作用和机械刺激作用。

④ 粉尘粒子的密度、形状和硬度。粉尘密度的大小与其沉降速度有关，当尘粒大小相同时，密度大的粉尘沉降速度快，在空气中的悬浮性小。在通风除尘装置的设计上要考虑粉尘的密度，而采用不同的控制风速。此外，粉尘在呼吸道内的阻留也与其密度有关。

粉尘粒子的形状是多种多样的，常见的形状有球形（如炭黑粉尘）、菱形（如石英粉尘）、叶片形（如云母粉尘）、纤维形（如石棉、棉花、玻璃纤维、矿物纤维粉尘等）。此外，还有凝聚体和聚集体等形状。

粉尘的形状在某种程度上也影响粉尘的悬浮性，密度相同的尘粒，其形状愈接近球形，沉降时所受到的阻力愈小，沉降速度愈快。由于粉尘的形状和密度的不同，在空气中的沉降速度也不同，很难用同一个参数来表示，可采用空气动力学直径或空气动力径（aerodynamic equivalent diameter）来互相比较。阻留在上呼吸道或进入眼睛内的粉尘，特别是锐利而坚硬的金属性粉尘会引起局部机械性损伤或慢性炎症。

⑤ 粉尘的荷电性。粉尘粒子可以带有电荷，其来源可能是由于物质在粉碎过程中摩擦而带电，或与空气中的离子碰撞而带电。尘粒的荷电量取决于尘粒的大小，并与温度、湿度有关。温度升高时荷电量升高，湿度增加时荷电量降低。

粉尘的荷电性对粉尘在空气中的悬浮性有一定的影响。带相同电荷的尘粒，由于互相排斥而不易沉降，因而增加了尘粒在空气中的悬浮性；带不同电荷的尘粒则由于互相吸引、易于凝集而加速沉降。

(2) 粉尘在肺内的沉积和排出

① 粉尘在肺内的沉积。粉尘可随呼吸进入呼吸道，进入呼吸道内的粉尘并不全部进入肺泡，可以沉积在从鼻腔到肺泡的呼吸道内。影响粉尘在呼吸道不同部位沉积的主要因素是尘粒的物理特性（如尘粒的大小、形状及密度等），以及与呼吸有关的空气动力学条件（如流向、流速等），不同粒径的粉尘在呼吸道不同部位沉积的比例也不同，尘粒在呼吸道内的沉积机理主要有以下几种：

a. 截留。主要发生在不规则形的粉尘（如云母片状尘粒）或纤维状粉尘（如石棉、玻璃棉等），它们可沿气流的方向前进，被接触表面截留。

b. 惯性冲击。当人体吸入粉尘时，尘粒按一定方向在呼吸道内运动。由于鼻咽腔结构和气道分叉等解剖学特点，当含尘气流的方向突然改变时，尘粒可冲击并沉积在呼吸道黏膜上，这种作用与气流的速度、尘粒的空气动力径有关。冲击作用是较大尘粒沉积在鼻腔、咽部、气管和支气管黏膜上的主要原因。在这些部位上沉积下来的粉尘如不及时被机体清除，长期慢性作用就可以引起慢性炎症病变。

c. 沉降作用。尘粒可受重力作用而沉降，沉降的速度与粉尘的密度和粒径有关。粒径或密度大的粉尘沉降速度快，当吸入粉尘时，首先沉降的是粒径较大的粉尘。

d. 扩散作用。粉尘粒子可受周围气体分子的碰撞而产生不规则的运动，并引起在肺内的沉积。受到扩散作用的尘粒一般是指 0.5$\mu$m 以下的尘粒，特别是小于 0.1$\mu$m 的尘粒。

尘粒在呼吸系统的沉积可分为三个区域：上呼吸道区（包括鼻、口、咽和喉部）；气管、支气管区；肺泡区（无纤毛的细支气管及肺泡）。

一般认为，空气动力径在 10$\mu$m 以上的尘粒大部分沉积在鼻咽部，10$\mu$m 以下的尘粒可进入呼吸道的深部。而在肺泡内沉积的粉尘大部分是 5$\mu$m 以下的尘粒，特别是 2$\mu$m 以下的尘粒。进入肺泡内粉尘空气动力径的上限是 10$\mu$m，这部分进入肺泡内的尘粒具有重要的生物学作用，因为只有进入肺泡内的粉尘才有可能引起肺尘埃沉着病。能进入肺泡区的粉尘称为呼吸性粉尘。

1952年英国医学研究委员会（British Medical Research Council）首先确定了呼吸性粉尘的定义：呼吸性粉尘是指能到达肺泡并引起肺尘埃沉着的粉尘，并选用水平淘析器作为粉尘粒子的标准分选器。1959年国际尘肺会议（International Conference Pneumoconiosis）接受了这一定义。英国医学研究委员会规定的尘粒在肺内的沉积率见表23.1。

**表23.1 英国医学研究委员会规定的尘粒在肺内的沉积率**

| 空气动力径/μm | 2.2 | 3.2 | 3.9 | 4.5 | 5.0 | 5.5 | 5.9 | 6.3 | 6.9 | 7.1 |
|---|---|---|---|---|---|---|---|---|---|---|
| 沉积率/% | 90 | 80 | 70 | 60 | 50 | 40 | 30 | 20 | 10 | 0 |

1961年美国原子能委员会（AEC）在一次会议上对呼吸性粉尘的定义做了如下的规定：呼吸性粉尘是指能通过没有纤毛肺组织的那部分粉尘，并规定了呼吸性粉尘采样器分离尘粒的性能应符合表23.2的要求。

**表23.2 呼吸性粉尘采样器分离尘粒性能**

| 空气动力径/μm | ≤2 | 2.5 | 3.5 | 5.0 | 10 |
|---|---|---|---|---|---|
| 通过分选器的百分数/% | 100 | 75 | 50 | 25 | 0 |

1968年美国政府工业卫生医师会议（ACGIH）把AEC的标准做了修改，规定小于或等于2μm尘粒的吸入百分数为90%，并提出了石英呼吸性粉尘浓度阈限值（TLV）的计算公式：

$$\text{呼吸性粉尘浓度}(\text{mg/cm}^3)=\frac{10}{\text{呼吸性粉尘中石英含量}+2}$$

式中，呼吸性粉尘浓度是指通过具有下列特征的粒子分选器（表23.3）所得到的粉尘浓度。

**表23.3 ACGIH分离尘粒性能**

| 空气动力径/μm | ≤2 | 2.5 | 3.5 | 5.0 | 10 |
|---|---|---|---|---|---|
| 通过分选器的百分数/% | 100 | 75 | 50 | 25 | 0 |

目前对于沉积在呼吸系统不同区域的粉尘有不同的定义。吸入性粉尘（inspirable dust），是指从人鼻、口吸入整个呼吸道内的全部粉尘。这部分粉尘可引起整个呼吸系统的疾病。可吸入性粉尘（inhalable dust），是指从喉部进入气管、支气管及肺泡区的粉尘，这部分粉尘除有可能引起肺尘埃沉着病外，还能引起气管和支气管的疾病。呼吸性粉尘（respirable dust），是指能进入肺泡区的粉尘，是肺尘埃沉着病的病因。

② 粉尘从肺内的排出。肺有排出吸入尘粒的自净能力，吸入粉尘后，沉着在有纤毛气管内的粉尘能很快被排出，但进入肺泡内的微细尘粒则排出较慢。前者可称为气管排出，主要是借助呼吸道黏膜所分泌的黏液，由于纤毛的运动而将不溶性或难溶性的尘粒排出；后者称为肺清除，主要是由肺泡中的巨噬细胞将粉尘吞噬，然后运至细支气管的末端经呼吸道随痰排出体外。

关于粉尘在肺内的清除速率，有人用放射性气溶胶进行过研究，发现吸入的尘粒大部分在23h内清除。在一个工作班中在呼吸道黏膜上的粉尘，大部分可在几小时之内被清除，只有未被排出的那部分粉尘，长期累积，达到一定数量后与肺组织作用产生反应才能引起疾病。粉尘从肺内的排出速度与尘粒的大小和沉着的部位有关。

(3) 粉尘引起的疾病

由于生产性粉尘的种类和性质不同，因而对机体引起的危害也不同。肺尘埃沉着病（pneumoconiosis）是指由于吸入较高浓度的生产性粉尘而引起的以肺组织弥漫性纤维化病变为主的全身性疾病。由于粉尘的种类和性质的不同，吸入后对肺组织引起的病理改变也有很大的差异，肺尘埃沉着病按其病因可分为以下几种。

① 硅沉着病 硅沉着病是肺尘埃沉着病中最严重的一种职业病，它是由于吸入含结晶型游离二氧化硅粉尘所引起的一种肺尘埃沉着病。

在很多厂矿的生产过程中都可以产生硅尘，如开矿采掘、开凿隧道、开山筑路，以及耐火材料、玻璃制造、陶瓷、搪瓷、铸造、石英砂加工等行业。在这些行业中如不注意防尘，粉尘浓度超过国家规定的卫生标准，就可能发生硅沉着病。

硅沉着病的病因是粉尘中结晶型游离二氧化硅，即石英的沉积。因此，在评价粉尘的危害性时，要经常测定粉尘中游离二氧化硅的含量。

硅沉着病是一种慢性进行性的疾病，其发病一般比较缓慢，其发病时间多在接触硅尘后5～10年，有的可长达15～20年。

当吸入高游离二氧化硅含量的粉尘时，可以形成硅结节。

硅沉着病病人症状主要有气短，早期硅沉着病病人在体力劳动或上坡走路时就会感到气短。硅沉着病病人还会有胸痛、胸闷、咳嗽、咯痰等症状。

硅沉着病合并肺结核的频率较高，也可并发肺及支气管感染、自发气胸和肺心病等。

② 硅酸盐肺。硅酸盐肺（silicatosis）是由于长期吸入含有结合二氧化硅（即硅酸盐）粉尘引起的肺尘埃沉着病。其中，最常见的有石棉肺、滑石肺、云母肺尘埃沉着病、水泥肺尘埃沉着病等。

a. 石棉肺。石棉肺（asbestosis）是长期吸入石棉粉尘所引起的一种肺尘埃沉着病。

石棉是一种具有纤维状结构的矿物，它含有镁和少量铁、铝、钙、钠等。因此，石棉又称为镁铁钠的含水硅酸盐。

石棉分为两大类，即纤蛇纹石类和闪石类。闪石类石棉多粗糙且坚硬，有青石棉、铁石棉、直闪石、透闪石、阳起石等。石棉分类见图23.1。

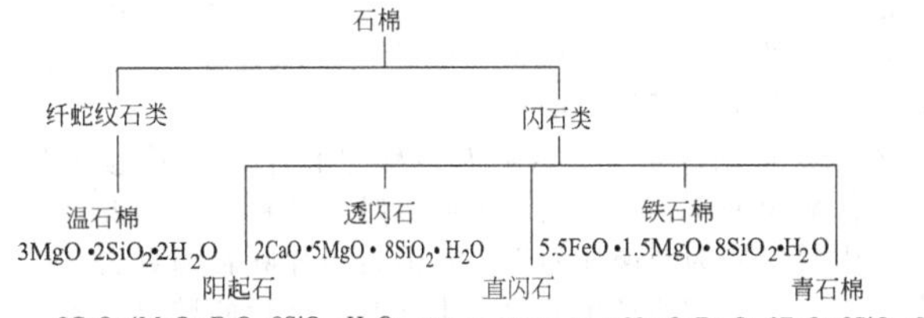


图23.1 石棉分类

接触石棉的作业主要是石棉的加工和处理，以及石棉矿的开采、选矿和运输等。在石棉加工厂的开包、轧棉、梳棉和织布车间，造船厂的修造和运输过程，石棉制品的粉碎、切割、磨光及钻孔等生产过程中均可产生石棉粉尘。此外，在应用石棉制品的行业也有接触石棉粉尘的可能。

长期吸入大量的石棉粉尘可以引起肺脏弥漫性间质纤维化病变，并可见胸膜增生性病变，如胸膜增厚、胸膜斑等。

石棉肺的发病一般比较缓慢，其发病时间一般为10～15年以上。调离粉尘作业后的工人仍可发生石棉肺。发病的快慢和严重程度与石棉的种类、石棉粉尘浓度以及接触的时间长短有关。温石棉由于纤维柔软而易于弯曲，易被上呼吸道阻留并排出。青石棉由于纤维硬而直，可穿透到肺组织深部，并常侵及胸膜，而引起胸膜或腹膜间皮瘤。

石棉肺的主要病理改变是弥漫性呼吸性细支气管及其所属肺泡管和肺泡的炎症，以及细支气管周围、肺泡间隔和胸膜结缔组织增生，一般很少有结节状的纤维化病变。在显微镜下，肺组织中可见裸露的石棉纤维和石棉小体，其长度约为10～15μm、宽度为1～5μm不等。

吸入石棉粉尘除能引起石棉肺外，还与肿瘤的发生有着密切的关系。接触石棉粉尘的工人发生癌症的危险度增加，特别是肺癌。其发病与接触石棉的剂量有关。吸烟可增加其发病率，以鳞癌和腺癌为多见。此外，接触石棉粉尘的工人还可以发生胸膜或腹膜间皮瘤，间皮瘤发病的潜伏期可长达20～30年。间皮瘤与接触石棉的种类有关，接触青石棉易发生间皮瘤。

石棉粉尘浓度的监测方法有两种：一种是测定质量浓度的方法，一种是测定数量浓度的方法。我国卫生标准中规定的是质量浓度，没有规定数量浓度标准。但一些研究表明，石棉肺的发生与石棉纤维的数量浓度有关。因此，我国目前也已研究了数量浓度的测定方法。在国外，英国石棉肺研究委员会（ARC）、美国国家职业安全卫生研究所（NIOSH）及国际石棉协会（AIA），均提出过石棉纤维浓度的测定方法。这些方法都是用微孔滤膜进行采样，在相差显微镜下进行测量并计算出空气中石棉纤维浓度的方法。

b. 滑石肺。滑石肺（talc pneumoconiosis）是长期吸入滑石粉尘而引起的一种肺尘埃沉着病。

滑石为含水硅酸镁（$3MgO \cdot 4SiO_2 \cdot H_2O$），含有29.8%～63.5%结合二氧化硅，28.4%～36.9%氧化镁和小于5%的水。有些种类的粉尘还含有少量的游离二氧化硅、钙、铝和铁。其形状多样，有颗粒状、纤维状、片状及块状等。滑石具有润滑性、耐酸碱、耐腐蚀、耐高温等特点，广泛用于橡胶、建筑、纺织、造纸、涂料、医药以及化妆品生产等行业。

滑石肺的病理改变是以间质纤维化为主，早期病变呈异物肉芽肿，随后网织纤维和胶原纤维逐渐增多，最后导致弥漫性纤维化，并可引起胸膜粘连。肺内可见有滑石小体。

滑石肺早期无明显症状，部分病人可有咳嗽、气急、胸痛等症状，肺功能可有损伤。滑石肺的发病和病程较长，一般为10～35年，也有较早发病的。

c. 云母肺尘埃沉着病。云母是铝的硅酸盐，其种类较多，常见的是白云母，此外还有黑云母和金云母。云母是一种柔软透明的矿物，具有耐酸、隔热及绝缘性能好等特性。因此，在工业上广泛用作绝缘材料。

在云母矿山的采矿、选矿及运输过程中可以接触云母粉尘。但矿山的凿岩工和运输工所接触到的粉尘多为混合性粉尘，因其母岩为花岗伟晶岩，其围岩为片麻岩和页岩，因此在采矿和选矿时所产生的粉尘中含有一定量的游离二氧化硅。工人长期吸入云母混合性粉尘可以引起云母肺尘埃沉着病（mica silicosis），发病工龄随粉尘中游离二氧化硅含量的不同而异，一般为7～25年。在云母加工厂所接触到的粉尘则多为纯云母粉尘。云母加工一般分为厚片加工及薄片加工。在厚片加工时，因矿石外有一些围岩附着，通常含有一定量的游离二氧化硅，一般含有7%～19%。而薄片加工原料主要是云母矿石，所以其游离二氧化硅含量较低，一般为0.9%～3.5%。长期吸入较纯的云母粉尘可以引起云母肺尘埃沉着病，其发病工龄较长，一般在20年以上。

云母肺尘埃沉着病的主要病理改变是肺组织间质纤维化和结节肉芽肿。在肺泡间隔、血管和支气管周围可见结缔组织增生及细胞粉尘灶，显微镜下可见有云母尘粒及云母小体。

d. 水泥肺尘埃沉着病。水泥是人工合成的硅酸盐混合物，是由石灰质（石灰石、泥灰或白垩）与黏土质（黏土、页岩等）混合、粉碎为生料，在窑中加热到1350～1800℃制成熟料，然后混以20%左右的石膏粉、页岩渣等而制成。在厚料的破碎、混合和烘干过程中要产生生料粉尘，其中含有一定量的游离二氧化硅，其含量的多少与原料的来源有关。在煅烧和包装时接触的是水泥熟料粉尘，其中游离二氧化硅含量较少，主要是硅酸盐。

长期吸入水泥生料粉尘可以引起混合性肺尘埃沉着病。其病变的轻重与粉尘中游离二氧化硅含量的多少有关。长期吸入水泥成品粉尘是否可引起肺尘埃沉着病，过去有不同的看法，但目前多数研究认为可以引起水泥肺尘埃沉着病，水泥肺尘埃沉着病的发病时间较长，一般多在15年以上。

硅酸盐粉尘能引起上述肺尘埃沉着病，也有报道称，长期吸入玻璃纤维粉尘也可引起肺尘埃沉着病。

③ 碳素肺尘埃沉着病。一些研究认为，长期吸入碳素粉尘可以引起肺尘埃沉着病，如煤肺尘埃沉着病、石墨肺尘埃沉着病、炭黑肺尘埃沉着病和活性炭肺尘埃沉着病等。

a. 煤肺尘埃沉着病。长期吸入单纯的煤尘可以引起煤肺尘埃沉着病。煤尘中游离二氧化硅含量较低，一般不超过5%。这与煤矿岩石推进时所产生的岩尘不同，它是混合性粉尘，含有较多的游离二氧化硅。这种粉尘引起的是煤硅沉着病，是煤矿中最常见的一种肺尘埃沉着病。而单纯煤尘所引起的煤肺尘埃沉着病则见于井下单纯采煤工、选煤厂的选煤工、煤球厂的工人以及码头煤炭装卸工等。

目前，国内外大多数学者认为长期吸入煤尘可以引起煤肺尘埃沉着病。煤肺尘埃沉着病主要的病理学改变是煤尘灶，并可引起间质纤维化的病变。煤肺尘埃沉着病的发病和进展均较缓慢，一般的发病工龄约为20～30年。

b. 炭黑肺尘埃沉着病。炭黑是用烃类化合物经不完全燃烧而制得的一种产品。长期吸入炭黑粉尘可以引起炭黑肺尘埃沉着病，炭黑肺尘埃沉着病的发病和进展较慢，其发病工龄一般为10～25年左右。炭黑肺尘埃沉着病的症状主要有气急、胸痛、鼻干、咳嗽等表现。

c. 石墨肺尘埃沉着病。长期吸入石墨粉尘可以引起石墨肺尘埃沉着病。但接触石墨采矿时的粉尘，由于粉尘中含有较多游离二氧化硅，因此可以引起石墨硅沉着病。石墨粉尘引起的肺组织病理改变主要是以石墨粉尘细胞灶为主，见有异物多核巨细胞，个别肺区可见肺泡间隔增厚及少量网织纤维。

d. 活性炭肺尘埃沉着病。活性炭是用木屑、木炭、果壳、褐煤等为原料，经高温活化加工精制而成的一种产品，主要作为脱色剂及吸附剂广泛应用于食品和医药卫生等工业中。

活性炭肺尘埃沉着病的临床症状主要是不同程度的气急、胸闷、咳嗽、咯痰及胸痛等。活性炭肺尘埃沉着病的发病和进展都较慢，一般在15年以上。

④ 金属肺尘埃沉着病。长期吸入某些金属粉尘也可引起肺尘埃沉着病，如铝肺尘埃沉着病（aluminosis）。

长期吸入铝尘可以引起铝肺尘埃沉着病。肺脏的病理改变主要是以铝尘细胞灶与纤维细胞灶为主，纤维组织增生不明显。由于铝尘种类和性质的不同，引起病变的程度也有不同。金属铝与合金铝的致病作用比氧化铝强。铝肺尘埃沉着病的症状主要是咳嗽、胸闷、气短、咯痰等，并随病程的延长而逐渐加重。

⑤ 混合性肺尘埃沉着病。混合性肺尘埃沉着病是吸入含有游离二氧化硅和其他某些物质的混合性粉尘所引起的肺尘埃沉着病，如吸入较高游离二氧化硅含量的煤尘时所引起的煤硅沉着病。此外，还有石墨硅沉着病等。

⑥ 肺粉尘沉着症。有些粉尘，特别是金属粉尘，如钡、铁和锡等粉尘，长期吸入后可沉积在肺组织中，主要产生一般的异物反应，也可继发轻微的纤维化病变，对人体的危害比硅沉着病、硅酸盐肺小，在脱离粉尘作业后，有些病人的

病变可有逐渐减轻的趋势。一些研究认为，某些金属粉尘也可引起肺尘埃沉着症。

⑦ 有机性粉尘引起的肺部疾患。许多有机性粉尘吸入肺泡后可引起过敏反应，如吸入棉尘、亚麻或大麻粉尘后可引起棉尘病，也有些研究认为可引起棉肺尘埃沉着病。病人临床表现有发热、胸闷、咳嗽等症状，并有通气功能的减退。也有些粉尘可引起外源性过敏性肺泡炎。如反复吸入带有芽饱霉菌的发霉的植物性粉尘，可引起农民肺、蔗渣肺尘埃沉着病等。又如吸入禽类排泄物的粉尘可引起禽类饲养工肺等。

有机性粉尘的成分复杂，有些粉尘可被各种微生物污染，也常混有一定含量的游离二氧化硅及无机杂质等，所以各种有机性粉尘对人体的生物学作用是不同的。如长期吸入木、茶、枯草、麻、咖啡、骨、羽毛、皮毛等粉尘可引起支气管哮喘。

有些有机性粉尘中常混有砂土及其他无机性杂质，如烟草、茶叶、皮毛、棉花等，粉尘中常混有这些杂质，长期吸入这种粉尘可以引起肺组织的间质纤维化，叫作混合性肺尘埃沉着病。一些研究认为，长期吸入游离二氧化硅含量较低的木尘、聚氯乙烯尘、蚕丝尘等也可引起肺组织的间质纤维增生，即可引起肺尘埃沉着病。

(4) 卫生标准

卫生标准是国家的一项重要技术法规，是保障人民健康、促进现代化建设的重要手段，是进行卫生监督和管理的法定依据。

为了保护工人免受粉尘的危害，防止肺尘埃沉着病的发生，需要对不同种类粉尘，根据其对机体危害的程度和特点规定出该种粉尘的容许浓度，通常称为该种粉尘的卫生标准，并根据该种粉尘的卫生标准对生产现场粉尘的危害性进行卫生学评价。

我国卫生标准中所采用的最高容许浓度数值是指工人经常停留的工作地点，任何一次采样测定中所不应超过的粉尘浓度最高值。

我国卫生标准中所采用的时间加权平均容许浓度是以粉尘质量浓度表示的。采用质量浓度是因为肺尘埃沉着病的发生发展与生产环境空气中粉尘的质量浓度有一定的关系。此外，用质量法测定的粉尘浓度准确性较高，能真实反映环境空气中受粉尘污染的程度。

标准中的时间加权平均容许浓度是根据各种粉尘的化学组成及其致病作用的特点而制定的，特别是根据粉尘中游离二氧化硅含量而制定的。标准中的游离二氧化硅含量，从生物学作用的观点来考虑，指的是悬浮粉尘中的含量，因为只有悬浮粉尘才有机会吸入肺内而危害人体健康。测定粉尘中游离二氧化硅的方法，目前国家规定为焦磷酸分析法，但此法所需的样品量较大，在粉尘浓度较低的情况下采样所需的时间较长，因此也有人用新沉降在工人呼吸带水平的沉积尘的分析结果作为参考。

目前采用的粉尘卫生标准列在工业企业设计卫生标准中，是2019年8月27日由国家卫生健康委员会发布的，自2020年4月1日起实施的《工作场所有害因素职业接触限值　第1部分：化学有害因素》(GBZ 2.1—2019)。

### 23.1.3　粉尘爆炸性危害

(1) 粉尘爆炸现象及其条件

分散在空气（或可燃气）中的某些粉尘，在一定浓度状态下如遇火源，就会燃烧、爆炸。粉尘的爆炸在瞬间产生，伴随着高温、高压。热空气膨胀形成的冲击波具有很大的摧毁力和破坏性。这方面的伤亡事故及随之带来的巨大经济损失，已引起人们对粉尘爆炸问题的高度重视。

① 粉尘爆炸机理和特点。粉尘爆炸与气体爆炸相似，也是一种连锁反应，即尘云在火源或其他诱发条件作用下，局部化学反应所释放的能量，迅速诱发较大区域粉尘产生反应并释放能量，这种能量使空气提高温度，急剧膨胀，形成摧毁力很大的冲击波。

与气体爆炸相比，粉尘爆炸有以下3个特点。

a. 必须有足够数量的尘粒飞扬在空中才能发生粉尘爆炸。尘粒飞扬与颗粒的大小和气体的扰动速度有关。

b. 粉尘燃烧过程比气体燃烧过程复杂，感应期长。有的粉尘要经过粒子表面的分解或蒸发阶段，即便是直接氧化，这样的粒子也有由表面向中心燃烧的过程。感应时间可达几十秒，为气体的几十倍。

c. 粉尘点爆的起始能量大，几乎是气体的百倍。

② 影响粉尘爆炸的因素。影响粉尘爆炸的因素有粉尘自身因素与外部条件因素两方面。就粉尘自身因素来说，又有化学因素和物理因素两类，详见表23.4。一般常见的粉尘爆炸形成的三个要素是：粉尘的可燃性、空气的存在和点火源。

**表23.4　影响粉尘爆炸的因素**

| 粉尘自身 | | 外部条件 |
|---|---|---|
| 化学因素 | 物理因素 | |
| 燃烧热<br>燃烧速度<br>与水汽进行二氧化碳的反应性 | 粉尘浓度<br>粒径分布<br>粒子形状<br>比热容及热导率<br>表面状态<br>带电性<br>粒子凝聚特性 | 气流运动状态<br>氧气运动状态<br>可燃气体浓度<br>温度<br>窒息气浓度<br>阻燃性粉尘浓度及灰分<br>点火源状态与能量 |

影响粉尘爆炸的主要因素如下。

a. 爆炸浓度上、下限。各种可燃粉尘都有一定的爆炸浓度范围，在此范围以内才能爆炸。爆炸浓度的下限一般为每立方米几十克至几百克，上限可达2～6kg/m$^3$。由于粉尘具有一定的粒度和沉降性，其爆炸浓度的上限很少能达到，故从安全方面考虑，重点是要求不达到爆炸浓度的下限。

b. 燃烧热。燃烧热高的粉尘，其爆炸浓度下限低，爆炸威力也大。

c. 燃烧速度。燃烧速度高的粉尘，爆炸压力较大。

d. 粒径。多数爆炸性粉尘的粒径在1～150$\mu$m范围内，粒径越细越易飞扬。粒径小的粉尘的比表面积大，表面能大，所需点燃能量小，所以容易点燃。因此，限制小颗粒粉尘的产生，或设法使小粒子凝聚成大尘粒，对防止爆炸是有作用的。

e. 氧含量。随着空气中氧含量的增加，爆炸浓度范围也扩大。

f. 惰性粉尘和灰分。惰性粉尘和灰分的吸热作用会影响爆炸。例如粉尘中含11%的灰分时还能爆炸，但当灰分达到15%～30%时，就很难爆炸了。

g. 空气中含水量。空气中含水量对粉尘爆炸的最小点燃能量有影响。水分能使粉尘凝聚沉降，不易达到爆炸浓度范围。水分的蒸发要吸收大量热能使温度不易达到燃点而破坏化学反应链，产生的水蒸气占据空间，稀释了氧含量而降低粉尘的燃烧速度。所以在生产条件许可时，喷水是有效的防爆措施。

h. 可燃气含量。当粉尘与可燃气共存时，爆炸浓度下限相应下降。最小点燃能量也有一定程度的降低，可燃气的存在能大大增加粉尘的爆炸危险性。

i. 温度和压力。温度升高和压力增大，均能使爆炸浓度范围扩大，所需点燃能量下降，所以输送易燃粉尘的管道要避免日光暴晒。

j. 最小点燃能量。粉尘着火能量一般为 10mJ 至数百毫焦，相当于气体点燃能量的一百倍左右。粉尘的点燃能量除与粉尘种类有关外，还与粉尘的浓度、粒径、含水量、含氧量、可燃气含量等许多因素相关。

(2) 粉尘爆炸危险

工业爆炸造成的损失是惊人的，许多爆炸事故往往是恶性事故。在矿山开采、粉末冶金、粮食加工、食品生产、高分子塑料工业、合成染料和涂料、新型洗涤剂、漂白剂、农药和药品制造业以及植物纤维纺织工艺等中普遍存在着粉尘爆炸危险。

① 爆炸性粉尘的行业分布。粒径小于 100μm 的可燃性粉尘，经搅动能悬浮于空中，形成爆炸尘云（火药、炸药类则不论形状，粉状或悬浮状均可爆炸），随着生产技术向均质化、流态化发展，出现爆炸性粉体的行业越来越多。

a. 金属。镁粉、铝粉、锌粉。

b. 碳素。活性炭、电炭、煤。

c. 粮食。面粉、淀粉、玉米粉。

d. 饲料。鱼粉。

e. 农产品。棉花、亚麻、烟草、糖。

f. 林产品。木粉、纸粉。

g. 合成材料。塑料、染料。

h. 火药、炸药。黑火药、TNT。

② 有粉尘爆炸危险的作业场所和设备。一些有粉尘爆炸危险的作业场所和设备见表 23.5。

表 23.5　有粉尘爆炸危险的作业场所和设备

| 粉尘种类 | 作业场所和设备 |
| --- | --- |
| 铝 | 铝粉末制造厂、筛分室、旋风器、运送器、建筑物、铝箔制造厂、制箔机导管、防尘系统、作业场、铝制品抛光作业、防尘系统 |
| 铝的硬脂酸盐 | 粉碎机、袋滤器、干燥器 |
| 研磨金属粉 | 袋滤器、筛分室 |
| 饲料、干草 | 粉碎机、箕斗运送机、旋风机、袋滤器 |
| 亚麻仁粉、向日葵籽 | 鼓风干燥机、储藏室、储仓 |
| 煤炭 | 回采工作面、粉碎机、选别机、旋风机、输送管道、粉料制造工厂、袋滤器 |
| 软木 | 粉碎机、运送器、选别机、除尘器、作业场 |
| 大麦、小麦 | 粉碎机、除尘器、干燥机与作业场储仓 |
| 赛璐珞 | 与旋转锯的排气部分连接的除尘器 |
| 醋酸纤维素 | 粉碎机、筛分机、成型工厂 |
| 可可粉 | 粉碎段的旋风器及其他除尘器 |
| 染料 | 粉碎及混合机 |
| 硬橡胶 | 连接于粉碎工程的旋风器或袋滤器 |
| 锰铁 | 粉碎机、空气输送及选别工厂 |
| 唱片原料 | 粉碎机、旋风器 |
| 镁 | 粉碎机、球磨机、运送器、选别机、除尘器 |
| 聚苯乙烯 | 射出机、干燥器、除尘器、储瓶、作业场 |
| 淀粉 | 制造工厂、破碎机、干燥机、除尘器、升降机、糖果工厂的撒涂作业场 |
| 沥青 | 连接于粉碎机的旋风器、箕斗升降机 |
| 砂糖 | 粉碎机、除尘器、筛分器、静电沉积器 |

(3) 粉尘爆炸危害

① 粉尘爆炸危害的特点。粉尘爆炸危害有以下两个特点。

a. 粉尘爆炸有产生二次爆炸的可能性。由于粉尘的初始爆炸气浪会将沉积粉尘扬起，在新的空间达到爆炸浓度而产生二次爆炸。这种连续爆炸会造成极大的破坏。

b. 粉尘爆炸会产生有毒气体。粉尘爆炸产生的有毒气体是一氧化碳和爆炸物（如塑料）自身分解的毒性气体。毒气的产生往往造成爆炸过后的众多人畜中毒伤亡，必须加以重视。

② 粉尘爆炸的严重后果。粉尘爆炸的后果往往极为惨痛，伤亡严重、损失惊人。从表面看来，粉尘爆炸事故不像慢性中毒或粉尘作业那样可以预先被人们感知，在其发生前，似乎没有任何危害，但事故的形成条件在逐渐积累，一旦爆炸就使麻痹大意的人们措手不及，后果严重。

生产、生活中广泛使用着铝及其制品，在加工时极易发生火灾爆炸事故。表面氧化膜被去掉的铝粉或是新制成的铝粉，化学性质极其活泼，除水外，与酸、碱、氨、卤族元素、强氧化剂等都能反应，导致燃烧爆炸。铝粉的爆炸对周围的建筑物具有很大的破坏力。

火药不仅用于军事用途，还用于民间鞭炮、烟火材料，但生产和加工比较危险，稍有不慎，就会引起猛烈爆炸。

粮食储运与加工工业也经常发生粉尘爆炸事故。

在化学、石油、橡胶制品业，安全问题引人注目。一般来说，这类粉尘的着火条件比较难以成立，然而，在化学纤维制造业、工业药品制造业、动植物油脂制造业、橡胶制品业都出现过火灾爆炸事故。

综上所述，可燃性粉尘的筛分和运输系统中经常存在着爆炸危险，除尘系统的粉尘爆炸危险更不容忽视。锅炉除尘器由于炉内煤屑飞扬，易发生明火引爆危险。在粮食系统、木材加工工业、纺织工业等部门都出现过除尘系统中的可燃性粉尘着火、爆炸事故。

除尘系统中的粉尘积累，常常使得粉尘浓度处于可爆炸浓度范围内，与流动的气流混合形成粉尘云，如与能量足够的火源相遇，即可引爆。在除尘系统的设计和应用中要特别注意粉尘爆炸的危险。

## 23.2　通风除尘

被粉尘污染的空气随生产厂房内的空气流动而进一步扩散。室内空气流动是由各种射流的相互作用引起的，这些射流常有通风口造成的通风射流，热物体上方形成的热射流，运转设备诱导引起的射流，由于设备内部所产生的余压从缝隙喷出气体所造成的射流等。室内空气流动所引起的粉尘传播要比粉尘在气流中的扩散速度大得多，所以了解空气流动的基本规律，对含尘空气进行气流控制是工厂防尘的重要手段。由于伴随着粉尘的污染，生产车间常常还有热、湿以及其他有害气体和蒸气产生。

### 23.2.1　空气流动理论及通风防尘原理

(1) 车间空气环境及其卫生要求

① 空气的基本性质及污染。空气环境是指空气的组成及状态。空气由多种气体组成，而且它总是或多或少地包含一定数量的水蒸气。通常将不受局部污染源影响的“纯净”空气除去水蒸气以后，称为干空气，含有水蒸气的空气称为湿空气，湿空气是干空气和水蒸气的混合气体。干空气按容积的平均百分组成如下：氮，78.0840；氧，20.9476；二氧化碳，0.0314；氩，0.9340；氖，0.001818；氦，0.000524；氪、氙、臭氧，0.0002。干空气的平均分子量为 28.9645，平均气体常数为 287J/(kg·K)。水蒸气的气体常数为 461J/(kg·K)。

湿空气中水蒸气的含量在一定的温度和压力下，不能超过某一最大值，达到水蒸气含量最大值的空气状态称为饱和状态。

由各种局部污染源将各种杂质混入空气的过程称为对空气的污染。污染物质由于其物理和化学性质不同以及形成的方式不同，在空气中存在的形式也不同，有的是以气态，即以分子状态分散于空气中，有的是以液态或固态的微粒分散于空气中，这种分散体系称为气溶胶。液态或固态微粒按其形成方式通常有分散性和凝集性两类。液态污染物质无论是分散性的还是凝集性的通常都是以雾的形式悬浮于空气中。空气中悬浮的固体微粒，按其生成条件不同，又分为烟和粉尘。烟是由分子分散物质在凝结过程中或升华物质氧化过程中产生的，即凝集性的，有自发的凝结特性。粉尘则是由较粗的颗粒组成，即分散性的，大多数微粒不自行凝结。例如，一般的物料破碎、筛分和运输过程中产生的固体污染物主要是粉尘，而金属熔炼、浇注以及焊接等工艺过程中产生的固体污染物则常常是烟和粉尘的混合物。但在一般情况下又常把能较长时间浮游在空气中的固体微粒统称为粉尘。

污染物质在单位体积空气中的含量称为该污染物质的浓度。对于固态或液态污染物质的含量通常以质量表示，称为质量浓度，常用单位为 $g/m^3$、$mg/m^3$ 等；对于气态污染物质的含量除了可用质量表示以外，还可用体积表示，称为体积浓度，常用单位为 $mL/m^3$ 等。在标准状态下，质量浓度和体积浓度可按式（23.1）进行换算。

$$c_m=\frac{M}{22.4}c_V \tag{23.1}$$

式中，$c_m$ 为污染气体的质量浓度，$mg/m^3$；$M$ 为污染气体的摩尔质量，g/mol；22.4 为摩尔体积，L/mol；$c_V$ 为污染气体的体积浓度，$mL/m^3$。

污染物质的浓度是衡量空气受到该物质污染程度的度量指标。对于大气，散布在大气中的固体物质在重力作用下又不断沉降到地面上来，所以，有时又以每月在 $1km^2$ 范围内的降尘量（单位为吨）作为大气受到烟尘污染程度的另一个指标。

② 湿空气参数。衡量空气环境质量，除了污染物质的浓度（即破坏空气正常组成的程度）以外，还有空气的状态。气体的状态通常用压力 $p$、比体积 $V$、温度 $T$、焓 $i$ 等基本状态参数来表示。由于湿空气是干空气和水蒸气的混合物，因此，标志湿空气中水蒸气含量的参数（如绝对湿度、相对湿度及含湿量等）也是湿空气的状态参数，因为它们仅仅取决于干空气和水蒸气的基本状态参数。常用的湿空气状态参数有：压力、温度、绝对湿度和相对湿度、含湿量。

a. 压力。湿空气的压力（即大气压力）$B$ 为干空气分压力 $p_g$ 和水蒸气分压力 $p_s$ 之和，即

$$B=p_g+p_s \tag{23.2}$$

b. 温度。湿空气温度 $T$ 等于干空气温度 $T_g$，也等于水蒸气温度 $T_s$。

$$T=T_g=T_s \tag{23.3}$$

c. 绝对湿度和相对湿度。每 $1m^3$ 湿空气中所含水蒸气的质量（即水蒸气的密度）称为湿空气的绝对湿度。湿空气的绝对湿度 $\gamma_s$ 和同温度下饱和状态空气绝对湿度 $\gamma_{sb}$ 之比称为湿空气的相对湿度，通常以百分数表示，符号为 $\varphi$，即

$$\varphi=\frac{\gamma_s}{\gamma_{sb}}\times 100\% \tag{23.4}$$

如果把湿空气中的水蒸气近似地看作理想气体，可分别写出湿空气及其同温度下饱和空气中水蒸气的状态方程。

$$p_s=\gamma_s R_s T \tag{23.5}$$

$$p_{sb}=\gamma_{sb} R_s T \tag{23.6}$$

两式相除得：

$$\frac{\gamma_s}{\gamma_{sb}}=\frac{p_s}{p_{sb}} \tag{23.7}$$

即湿空气的相对湿度也可以用湿空气中水蒸气分压力 $p_s$ 和同温度下水蒸气的饱和压力 $p_{sb}$ 之比来表示。

d. 含湿量。含有 1kg 干空气的湿空气中所含水蒸气的质量（g）称为湿空气的含湿量，符号记为 $d$，单位为 g/kg 干空气，即

$$d=\frac{\gamma_s}{\gamma_g}\times 1000 \tag{23.8}$$

干空气分压力 $p_g$ 为：

$$p_g=\gamma_g R_g T \tag{23.9}$$

由式（23.8）、式（23.9）和式（23.5）得：

$$d=1000\times\frac{p_s}{p_g}\frac{R_g}{R_s}=622\frac{p_s}{B-p_s} \tag{23.10}$$

又因：

$$p_s=\varphi p_{sb} \tag{23.11}$$

故：

$$d=622\frac{\varphi p_{sb}}{B-\varphi p_{sb}} \tag{23.12}$$

（2）空气流动理论

① 空气的压力和压力场。空气的流动是压力差引起的。在房间内或风道内的空气，不论它是否流动，对其周围壁面都产生垂直于壁面的压力，称为空气的静压力。流动着的空气沿它的流动方向将产生一种压力，称为空气的动压力。单位面积上的压力称为压强，在一般通风文献中习惯于将压强称为压力，而总面积所承受的压力称为总压力。

静压力通常以大气压力为基准进行计量，即以大气压力计量为零，静压力超过大气压力的值为正，低于大气压力的值为负。而动压力始终为正值。静压力和动压力的代数和称为空气的全压力。

压力的单位为帕斯卡，简称帕，符号为 Pa，即在每平方米面积上的总压力为 1N（牛顿）。通风工程上还常常习惯于用压差计上的液柱高度来度量压力大小，如 $mmH_2O$（毫米水柱）。

空气流动空间的压力分布称为压力场。空气不流动时也可以看作是其中的一种特殊情况，即处处流速为零。压力场可以表示为 $p(x_1, x_2, x_3, t)$，其中 $x_1$、$x_2$、$x_3$ 为观察点的空间坐标，$t$ 为观察的时刻。即压力是空间和时间的函数，如压力不随时间而变化，则称为稳定的压力场，反之称为不稳定的压力场。

气流在室内空间流动的压力分布不均匀，其原因一般有两种：一种是温度分布不均匀因而产生密度分布不均匀而造成的；另一种是局部气流造成的，如通风送排风口造成的局部气流、运转设备引射形成的气流、生产设备泄漏喷出或吸入的气流等。气流在通风除尘管道中的流动则主要依靠通风机所造成的压力差，在热源上方的排风系统也有利用管道内外温度差所形成的压力差的。

② 气体的黏性和黏性力。当气体各流层有相对运动时，存在一种阻滞这种运动的力，一旦相对运动消失，这种力也不复存在，气体的这种性质称为黏性。其作用力称为黏性力，黏性力是和它的作用表面平行的，而压力则是和它的作用表面垂直的。所以单位面积上所受的黏性力通常又称为切应力。切应力的大小 $\tau$ 与垂直于气流流动方向的速度梯度成正比，即

$$\tau=\mu\frac{\partial v}{\partial x} \tag{23.13}$$

式中，$\frac{\partial v}{\partial x}$ 为垂直于气流流动方向的速度梯度；$\mu$ 为气体的动力黏性系数或相对黏度，Pa·s。

动力黏性系数与气体的物理性质及温度有关。空气在不同温度下的动力黏性系数见表 23.6。

**表 23.6　空气的动力黏性系数**

| 温度/℃ | 动力黏性系数 $/\times10^{-5}$Pa·s | 温度/℃ | 动力黏性系数 $/\times10^{-5}$Pa·s | 温度/℃ | 动力黏性系数 $/\times10^{-5}$Pa·s |
|---|---|---|---|---|---|
| −50 | 1.46 | 70 | 2.04 | 250 | 2.80 |
| −20 | 1.63 | 80 | 2.10 | 300 | 2.97 |
| 0 | 1.72 | 90 | 2.16 | 350 | 3.15 |
| 10 | 1.78 | 100 | 2.18 | 400 | 3.30 |
| 20 | 1.82 | 120 | 2.28 | 500 | 3.62 |
| 30 | 1.87 | 140 | 2.35 | 600 | 3.92 |
| 40 | 1.92 | 160 | 2.41 | 800 | 4.45 |
| 50 | 1.96 | 180 | 2.50 | 1000 | 4.95 |
| 60 | 2.01 | 200 | 2.59 | | |

气体的黏性是抵抗剪切变形的特性，一方面是分子之间的吸引力引起的，另一方面又受到分子热运动所产生的动量交换的影响。当温度升高时，对于空气来说，虽然分子间吸引力减小，但由于分子动量交换的加剧，以至于动力黏性系数反而增加。

在研究气体的运动中，常常关心的是黏性力对产生流体加速度的影响。为此常以运动黏性系数 $\nu$ 来代替动力黏性系数 $\mu$，$\nu$ 的单位为 $m^2/s$。运动黏性系数和动力黏性系数的关系为：

$$\nu=\frac{\mu}{\rho} \tag{23.14}$$

式中，$\rho$ 为气体的密度，$kg/m^3$。

不同气体的运动黏性系数见表 23.7。

**表 23.7　气体的运动黏性系数**（101325Pa）

单位：$\times10^6 m^2/s$

| 温度/℃ | 空气 | $N_2$ | $O_2$ | CO | $CO_2$ | $H_2$ | 水蒸气 |
|---|---|---|---|---|---|---|---|
| 0 | 13.1 | 13.4 | 13.7 | 12.9 | 7.1 | 99.3 | 10.9 |
| 100 | 23.1 | 23.3 | 24.1 | 22.4 | 12.9 | 162.6 | 22.1 |
| 200 | 34.6 | 34.9 | 36.4 | 33.4 | 20.2 | 241.0 | 36.0 |
| 300 | 48.0 | 48.3 | 50.4 | 46.0 | 28.6 | 330.0 | 53.1 |
| 400 | 62.8 | 63.1 | 66.0 | 60.1 | 38.0 | 424.0 | 73.0 |
| 500 | 78.7 | 78.9 | 83.0 | 75.1 | 48.4 | 529.0 | 95.9 |
| 600 | 96.0 | 96.2 | 101.2 | 91.6 | 59.6 | 641.0 | 121.0 |
| 700 | 114.6 | 114.6 | 121.0 | 108.8 | 71.8 | 762.0 | 149.0 |
| 800 | 134.1 | 133.7 | 141.6 | 127.0 | 84.6 | 887.0 | 180.0 |
| 900 | 155.0 | 154.5 | 163.2 | 146.5 | 98.5 | 1019.0 | 212.0 |
| 1000 | 176.1 | 175.4 | 185.9 | 166.4 | 112.9 | 1155.0 | 248.0 |

③ 描述空气流动过程的基本方程。室内空气的流动不仅和压力分布有关，还和温度、密度、流速分布有关。粉尘和有害气体在室内的传播，不仅取决于它们在空气中的扩散，也取决于它们随空气的运动而迁移。粉尘和有害气体的扩散又取决于它们的浓度分布。

室内空气温度分布、密度分布、流速分布和粉尘及其他有害物质的浓度分布分别称为室内空气的温度场、密度场、速度场和浓度场。它们可以分别表示为其空间和时间的函数：$T(x_1,x_2,x_3,t)$、$\rho(x_1,x_2,x_3,t)$、$\mu(x_1,x_2,x_3,t)$ 和 $c(x_1,x_2,x_3,t)$。它们的相互关系可以用一系列基本方程式来描述，这些基本方程式包括：连续性方程、状态方程、能量方程及动量方程。

a. 连续性方程。连续性方程是质量守恒原理在气体流动中的具体表现形式。在任意形状的总流（边界为固壁或流线族所限制，过流断面有一定大小的总体流动）中取出流段 1～2 作为隔离体进行分析，如图 23.2 所示，$A_1$、$A_2$ 分别为断面 1 和 2 的断面积，$v_1$、$v_2$ 分别为断面 1 和 2 的断面平均流速，$\rho_1$、$\rho_2$ 分别为断面 1 和 2 的空气密度，$p_1$、$p_2$ 分别为断面 1 和 2 的空气压力。所谓流线就是指在某一时刻，此曲线上任一点的切线方向都表示该点气流的流动方向。因此，上述总流中的气流不能穿越固壁或流线族。对于稳定流动条件下，在同一时间内从断面 1 流入流段 1～2 的空气质量应与从断面 2 流出的空气质量相等，即

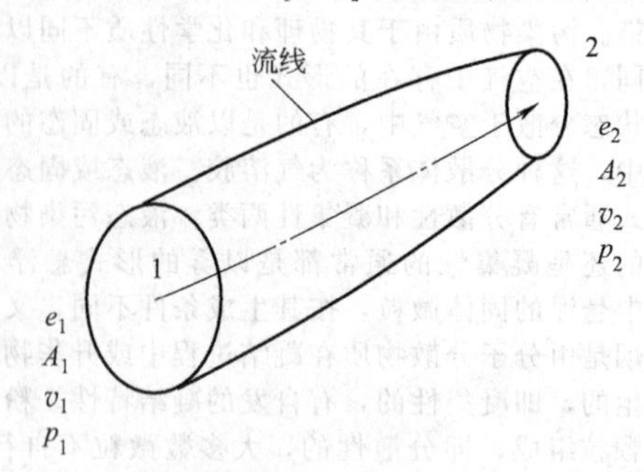


图 23.2　隔离体

$$\rho_1A_1v_1=\rho_2A_2v_2 \tag{23.15}$$

b. 状态方程。气体的基本状态参数为温度 $T$、压力 $p$ 和比体积 $V$，从不同的方面表达了气体的状态。它们之间的关系式为：

$$F(\rho,V,T)=0 \tag{23.16}$$

上式称为气体的状态方程。

在通风除尘工程中所遇到的温度和压力范围内，干空气及其并存的水蒸气可近似地认为服从于理想气体的基本规律，即当温度 $T$ 不变时，一定质量气体的体积 $V$ 与其压力 $p$（绝对压力）成反比；当压力不变时，一定质量的气体的体积 $V$ 与其热力学温度 $T$ 成正比。其关系是：

$$\frac{V_1p_1}{T_1}=\frac{V_2p_2}{T_2}=\frac{V_3p_3}{T_3}=\cdots=\text{常数} \tag{23.17}$$

对于 1kg 气体，可写成：

$$\frac{pv}{T}=R \quad 或 \quad pv=RT \tag{23.18}$$

式中，$v$ 为气体的比容，$m^3/kg$；$R$ 为气体常数。

对于干空气，气体常数 $R_g=287J/(kg\cdot K)$；对于水蒸气，气体常数 $R_g=461J/(kg\cdot K)$。

根据阿伏伽德罗定律，在相同的温度和压力条件下，不同气体在同容积中所包含的分子数目相同。而 1mol 的任何气体在相同的温度和压力条件下均有相同的体积。在标准条件下，即压力为 101.325kPa，温度为 273.15K 时，1mol 任何气体的体积为 $22.41\times10^{-3}m^3$，因此对于 1mol 任何气体的气体常数均为：

$$R_0=\frac{pv}{T}=\frac{101.325\times22.41}{273.15}=8.313J/(mol\cdot K) \tag{23.19}$$

$R_0$ 称为普适气体常数（或摩尔气体常数）。由此，气体状态方程式又可写为：

$$pV=nR_0T \tag{23.20}$$

式中，$n$ 为气体的物质的量。

c. 能量方程。能量方程是能量守恒原理在气体流动中的具体表现形式。对于稳定气流的分析和分析连续性方程时一样，在任意形态的总流中截取流段 1～2，如图 23.3 所示。这段总流在经过时间 $\Delta t$ 后移至 $1'2'$。这时，移入流段 1～2 的流体质量为 $\rho_1A_1dl_1=\rho_1A_1v_1\Delta t$，移出流段 1～2 的流体质量为 $\rho_2A_2dl_2=\rho_2A_2v_2\Delta t$。

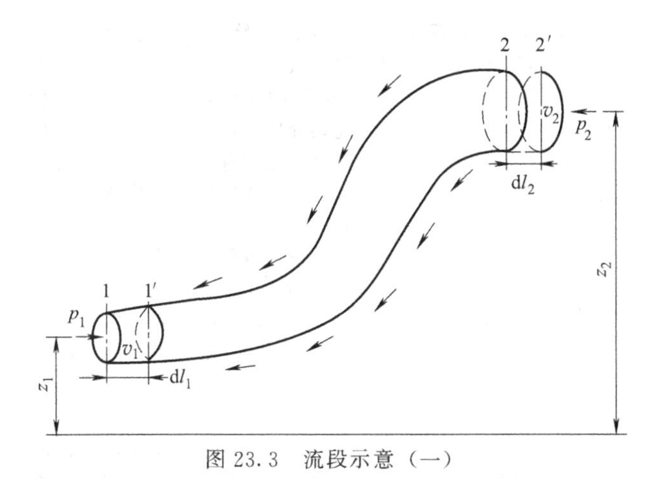

图 23.3　流段示意（一）

根据连续性方程：

$$\rho_1 A_1 v_1 \Delta t = \rho_2 A_2 v_2 \Delta t \tag{23.21}$$

流段1～2在外力推动下移至1′～2′时，其中1′～2流段空间中总动能并没有发生变化，而是增加了2～2′流段空间气体的动能，减少了1～1′流段空间气体的动能。因此，整个流段的动能增加值为：

$$E = \frac{1}{2}\rho_1 A_1 v_1 \Delta t a_1 v_1^2 - \frac{1}{2}\rho_2 A_2 v_2 \Delta t a_2 v_2^2 \tag{23.22}$$

式中，$a_1$，$a_2$ 为考虑断面 $A_1$ 和 $A_2$ 上流速分布不均匀的修正系数，气流为紊流时 $a=1.05 \sim 1.10$，为层流时，$a=2$。

根据能量守恒原理，流段1～2的动能增值应当等于外力对它所做的功。其所受的外力主要为：压力、重力和黏性阻力（指侧壁边界上的切应力）。

压力所做的功为：

$$w_1 = p_1 A_1 v_1 \Delta t - p_2 A_2 v_2 \Delta t \tag{23.23}$$

重力所做的功为：

$$w_2 = \rho_1 A_1 v_1 \Delta t g z_1 - \rho_2 A_2 v_2 \Delta t g z_2 \tag{23.24}$$

黏性阻力所做的功 $w_3$ 总是负值，即伴随气流运动而产生的机械能损失（转变为热能）。

综上所述，总流功能变化关系式可写成如下形式。

$$p_1 A_1 v_1 \Delta t - p_2 A_2 v_2 \Delta t + \rho_1 A_1 v_1 \Delta t g z_1 - \rho_2 A_2 v_2 \Delta t g z_2 - w_3 = \frac{1}{2}\rho_1 A_1 v_1 \Delta t a_1 v_1^2 - \frac{1}{2}\rho_2 A_2 v_2 \Delta t a_2 v_2^2 \tag{23.25}$$

全式除以 $\rho_1 A_1 v_1 \Delta t$，则可得：

$$\frac{p_1}{\rho_1} - \frac{p_2}{\rho_2} + g z_1 - g z_2 - \frac{w_3}{\rho_1 A_1 v_1 \Delta t} = \frac{a_1 v_1^2}{2} - \frac{a_2 v_2^2}{2} \tag{23.26}$$

当 $\rho_1 \approx \rho_2$，且重力所做的功远小于压力所做的功可以忽略时，令 $\frac{w_3}{A_1 v_1 \Delta t} = \Delta p_{1\sim2}$，则上式为：

$$p_1 + \frac{\rho v_1^2}{2} = p_2 + \frac{\rho v_2^2}{2} + \Delta p_{1\sim2} \tag{23.27}$$

上式的左边为断面1的全压，右边为断面2的全压加上 $\Delta p_{1\sim2}$。由此可见，$\Delta p_{1\sim2}$ 是气流流过流段1～2时由于黏性阻力产生的全压损失，它通常又称为阻力损失。

d. 动量方程。连续性方程和能量方程建立了各断面流动参数的变化关系，而动量方程则是用来决定气体与边界的相互作用力。运动中的物体，其质量 $m$ 和运动速度 $\vec{v}$ 的乘积称为它的动量，由于速度是矢量，故动量也是矢量。根据牛顿第二定律，单位时间内物体动量的变化等于作用在该物体上的外力 $\vec{F}$，即

$$\vec{F} = m\frac{\Delta \vec{v}}{\Delta \tau} \tag{23.28}$$

现在，从总的流体中截取任意形状流段1～2作为分析对象（如图23.4所示），在单位时间内通过断面1进入流段1～2的质量为 $\rho_1 A_1 v_1$，从断面2流出流段1～2的质量为 $\rho_2 A_2 v_2$。对于稳定流动，$\rho_1 A_1 v_1$ 应等于 $\rho_2 A_2 v_2$。因此，在单位时间内的动量增量应等于作用于流段1～2的外力的合力，即

$$\vec{F} = \rho_1 A_1 v_1 (\vec{v_2} - \vec{v_1}) \tag{23.29}$$

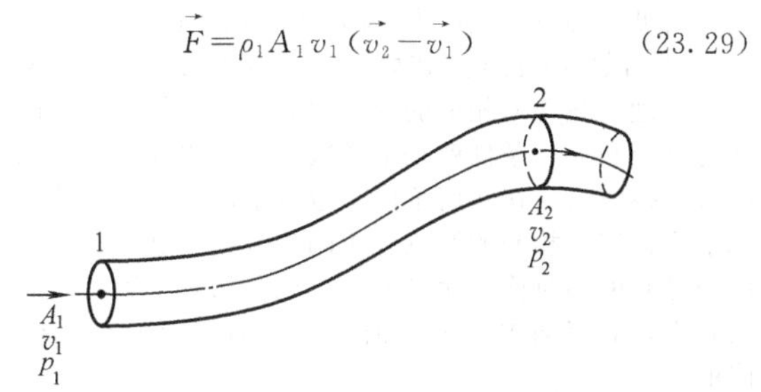

图 23.4　流段示意（二）

如果将矢量分别按直角坐标写成沿坐标轴方向的分量，则式（23.29）变成以下形式。

$$\begin{cases} F_x = \rho_1 A_1 v_1 (v_{2x} - v_{1x}) \\ F_y = \rho_1 A_1 v_1 (v_{2y} - v_{1y}) \\ F_z = \rho_1 A_1 v_1 (v_{2z} - v_{1z}) \end{cases} \tag{23.30}$$

（3）通风气流的流动特性

粉尘和其他有害物在室内的扩散过程在很大程度上取决于室内空气的流动状况。通风防尘就是通过有组织的排风和送风达到控制粉尘扩散的目的。而送风口和排风口所造成的通风气流的流动特性对室内气流组织有很大影响。送风和排风除部分自然通风是由于门窗内外压力差通过门窗孔口形成的通风气流外，大都是由排风或送风管道系统在排风口或送风口形成通风气流。对管道内的气流流动特性的认识是进行通风管道系统设计的基础。此外，粉尘在气流中和气流的相对运动以及风压作用下的自然通风都和气流对固体的绕流特性有关。本部分主要对管道内的气体流动特性和含尘气流中的尘粒运动进行扼要阐述。

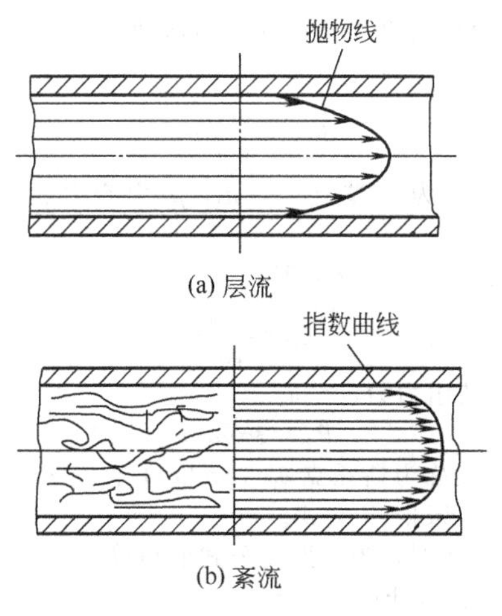

图 23.5　层流与紊流

a. 管道内的气体流动特性。气体在管道内流动，当流速很低时，任一气体微团只有沿管道轴线方向的分量，而径向分量为零，各层气体相对滑动而不相混，这种流动状态称为层流。当管道内气体流动呈层流状态时，其断面流速沿径向呈抛物线分布，其中心最大流速 $v_0$ 为断面平均流速 $v$ 的两倍［图23.5（a）］。当管内气体流速增加达到某一速度时，气体微团除轴向速度分量之外，同时产生不规则的径向速度分量，各层气体相互混合，断面流速分布在管道中心部分渐趋平缓，这种流动状态称为紊流［图23.5（b）］。即使

在紊流状态下，在靠近管壁附近也还存在一层很薄的气流层保持层流状态，称为层流边界层。管道内气体的流动状况取决于无量纲量雷诺数 $Re$。

$$Re=\frac{vD\rho}{\mu} \tag{23.31}$$

式中，$v$ 为气流速度，m/s；$D$ 为管道直径，m；$\rho$ 为气体密度，kg/m$^3$；$\mu$ 为气体动力黏度，Pa・s。

雷诺数 $Re$ 表示气体微团惯性力和黏性力的关系。根据相似原理，在几何相似的管道中，黏性流体稳定流的运动相似的必要和充分条件就是雷诺数相等和边界条件、物性条件相似。换言之，在几何条件、边界条件和物性条件相似的情况下，雷诺数相同的管流有相同的流型。这时几何对应点上压力分布的相对值（无量纲量）也会相等。管流中的不同流动状态，其流动中的阻力损失和断面流速分布的规律是不同的。

b. 含尘气流中的尘粒运动。含尘气流中的尘粒除了随气流的运动以外，还有对气流的相对运动。存在这种相对运动时，将产生气流对尘粒逆相对运动方向的阻力。

ⅰ. 尘粒的运动方程。尘粒的运动服从牛顿运动定律。尘粒上所受外力的合力 $F$ 等于其质量 $m_p$ 乘加速度 $du/d\tau$，即

$$F_i=m_p\frac{du}{d\tau} \tag{23.32}$$

尘粒所受外力一般为重力、浮力、电场力和气流阻力等。当这些外力平衡时，即它们的合力为零时，则尘粒做等速直线运动。通常浮力相对于其他外力作用来说要小得多，一般可以忽略不计。

ⅱ. 气流对尘粒相对运动的阻力。气流对尘粒相对运动的阻力 $P_D$ 可表示为：

$$P_D=C_DA_p\frac{\rho_a u^2}{2} \tag{23.33}$$

式中，$u$ 为尘粒相对于气流的运动速度，m/s；$\rho_a$ 为空气密度，kg/m$^3$；$A_p$ 为尘粒迎风截面积，m$^2$；$C_D$ 为阻力系数；

阻力系数 $C_D$ 和尘粒在气流中运动的雷诺数 $Re_p$ 有关，而 $Re_p$ 表示为：

$$Re_p=\frac{u\rho_a d_p}{\mu} \tag{23.34}$$

式中，$d_p$ 为尘粒直径，m；$\mu$ 为空气的动力黏度，Pa・s。

当 $Re_p<1$（层流区）时：

$$C_D=\frac{24}{Re_p} \tag{23.35}$$

这时气流阻力为：

$$P_D=3\pi\mu d_p u \tag{23.36}$$

层流区又称为斯托克斯（Stokes）区，式（23.36）称为斯托克斯（Stokes）公式。

当 $Re_p>1$ 时，为了提高公式的精确度，在计算 $C_D$ 值时应乘上修正项，即

$$C_D=\frac{24}{Re_p}\left(1+\frac{3}{16}Re_p\right) \tag{23.37}$$

当 $1<Re_p<500$（过渡区）时，阻力系数 $C_D$ 可用式（23.38）计算。

$$C_D=\frac{24}{Re_p}+\frac{4}{\sqrt[3]{Re_p}} \tag{23.38}$$

当 $500<Re_p<2\times10^5$（紊流区）时，$C_D$ 近似为一常数，这时气流阻力和相对流速的平方成正比。

$$P_D=0.055\pi P_a d_p^2 u^2 \tag{23.39}$$

当 $Re_p>2\times10^5$（高速区）时，尘粒前方边界层变得不稳定了，阻力系数反而降低，由 0.44 降至 0.1～0.22。

上述 $C_D$ 和 $Re_p$ 之间的关系式都适用于粗粒分散系，即尘粒直径 $d_p$ 远大于空气分子运动的平均自由程 $\lambda$，在这种条件下，空气对尘粒可视为连续介质。当 $d_p/2$ 稍大于 $\lambda$ 时，在尘粒表面和紧贴第一层空气分子之间存在速度差，这种现象称为滑动。在此情况下，Stokes 公式应做如下修正。

$$P_D=3\pi\mu d_p u/c \tag{23.40}$$

式中，$c$ 为 Cunmingham 系数，也称滑动系数。

$$c=1+A(2\lambda/d_p) \tag{23.41}$$

式中，$\lambda$ 为空气分子平均自由程，在温度为 20℃、压力为 101.325kPa 情况下，$\lambda=0.065\mu m$；$A=1.257+0.4\exp\left(-\frac{1.10d_p}{2\lambda}\right)$。

当 $d_p/2\ll\lambda$ 时，尘粒运动带有分子运动性质，任何时刻从各个方向撞击到尘粒表面的分子数是不同的。由于某种驱动力的作用，尘粒按一定方向运动时，从前方撞击尘粒表面的分子数及速度大于从后面撞击来的空气分子。因而引起气流对尘粒相对运动的阻力。当 $d_p=0.001\mu m$ 时，其阻力可用式（23.42）表示。

$$P_D=\frac{3\pi\mu d_p u}{A+Q}\frac{d_p}{2\lambda} \tag{23.42}$$

式中，系数 $A+Q=1.1$～$1.3$。

(4) 作业环境含尘气流控制

通风方式一般分为局部通风及全面通风。局部通风又有局部排风和局部送风之分。局部排风就是在污染源利用局部排风气流将污染物质加以控制，使其不致扩散到车间作业地带。全面通风是以全面换气的方式将扩散到车间的污染物质稀释到最高容许浓度以下。局部送风是以送风气流在被污染的车间内创造一个局部的环境达到卫生标准所要求的指标。对于防尘来说，最有效的方法还是局部排风。当然，从车间内部抽出大量空气，必须从有组织或无组织进风来补偿。所谓有组织进风，就是通过一定的送风系统进行，而无组织进风就是指室外空气通过门窗缝隙自由进入室内。在寒冷地区，冬季的无组织进风将使车间内温度大大降低，在这种情况下，应有有组织的进风系统，将室外空气进行加热后送入车间。

① 局部通风系统的设计原则。在局部排风除尘系统设计中首先应对车间产尘点的情况进行详细了解，不但要了解工艺设备的产尘情况和特点，还要了解有关操作及维修条件，在此基础上对各产尘点选择适当的局部排风罩。在选择局部排风罩时应尽可能采用密闭罩，从密闭罩内排风要尽量避免将粉状物料抽走，而对于伞形罩或侧吸罩应将已被粉尘污染的空气吸入罩内。局部排风罩选好并确定排风量以后，将若干排风罩归并为一个系统，系统的划分通常按产尘点分布的远近以及是否具有同类性质来确定，以便粉尘的回收和利用。含尘空气排出室外之前应通过除尘设备净化到容许的排风浓度。有时一级除尘达不到要求时则采用二级除尘。

② 全面通风。全面通风就是把清洁的新鲜空气不断送入车间，稀释被污染的室内空气，使空气中有害物质浓度在卫生标准规定的最高容许浓度范围以内，同时将被污染的空气排至室外。

a. 通风换气量的确定。在稳定状况下，为达到此目的所需的通风换气量（m$^3$/s）可按式（23.43）计算。

$$Q=\frac{G}{C_2-C_0} \tag{23.43}$$

式中，$G$ 为有害物产生量，mg/s；$C_0$ 为送入空气中有害物浓度，mg/m$^3$；$C_2$ 为室内空气（排出空气）中有害物浓度，mg/m$^3$。

当数种溶剂（苯及其同系物、醇类或醋酸类）的蒸气

或数种刺激性气体（二氧化硫及三氧化硫或氟化氢及其盐类等）同时在室内放散时，全面通风应按各种有害物分别稀释到相应的最高容许浓度所需换气量的总和计算。放散数种其他类型有害物质时，则按分别稀释到相应的最高容许浓度所需换气量中的最大值计算。

如果室内产生热量和水蒸气，为消除余热和余湿所需通风换气量可按下列公式计算消除余热（显热）$q$（kW）。

$$G=\frac{q}{c(T_p-T_0)} \quad (23.44)$$

如果按消除总余热 $q'$（包括产生水蒸气的潜热），则：

$$G=\frac{q'}{I_p-I_0} \quad (23.45)$$

如果按消除余湿 $\omega$（g/s）为：

$$G=\frac{\omega}{d_p-d_0} \quad (23.46)$$

式中，$T_p$，$T_0$ 为排风及送风的温度，K；$I_p$，$I_0$ 为排风及送风的焓，kJ/kg 干空气；$d_p$，$d_0$ 为排风及送风的含湿量，g/kg 干空气；$c$ 为空气质量比热容，kJ/(kg·K)，一般 $c\approx1.01$kJ/(kg·K)。

当散入室内的有害物量无法具体计算时，则根据经验和房间的类型按换气次数计算，所谓每小时换气次数 $n$ 是指每小时通风换气量 $Q$（$m^3/h$）和房间体积 $V$（$m^3$）之比，即

$$n=\frac{Q}{V} \quad (23.47)$$

b. 全面通风的气流组织。由于室内有害物的分布及通风气流并不是非常均匀的，稀释过程也不可能在瞬间完成。因此，按照以上所述方法计算的通风换气量进行送风和排风时，作业地带的有害物浓度仍有可能高于或低于 $C_2$。要达到满意的通风效果，还需要合理地组织室内通风气流。其一般原则是：使送风气流先经过工作地带，再流向污染源，最后通过排风口排出。

对于车间粉尘污染的控制主要是依靠局部排风，但是从局部排风系统排出的空气，必须由有组织的或无组织的送风来补偿。所谓无组织送风补偿，就是通过门窗缝隙渗入的空气来作为送风补偿。在这种情况下常常导致室内产生较大的负压，带来一些不良影响，如排风系统排风量减少，开关外门由于室内负压造成困难，自然通风工业密炉抽力不足，冷气流射向操作工人引起不舒适感等。因此局部排风和相应的送风对车间来说，仍然构成全面通风。在寒冷季节，为补偿局部排风而送入车间的空气应当先进行加热，以免降低车间温度。一般还常常把补偿送风的加热温度提高和热风采暖结合起来，补偿部分或全部建筑热损失。送风温度应根据车间的空气平衡和热平衡计算来确定。

③ 空气平衡和热平衡。在通风过程中，送风量如果大于排风量，则室内空气质量将积累，压力增大，反之则压力减小。对于稳定过程来说，送风量应当和排风量相等。同样，室内产生的有害物，加上送风带入的，应当等于排风带走的该种有害物，否则室内有害物浓度将升高或降低。对于余热和余湿也是如此，它们分别应等于排风带走的热和湿与送风带入的热和湿的差值。总之，通风过程应该服从质量守恒和能量守恒等普遍性的自然规律。式（23.43）和式（23.45）就是基于这些原理推导出来的。但是，这只适用于最简单的情况。如果从一个房间不同送风口送风的参数不同，或从不同点排出的排风参数不同，则不能直接使用这些简单的公式。例如在冬季为了补偿局部排风和全面排风，一部分送风是经过加热送入车间的，而另一部分则是从门窗缝隙渗入的，两种送风的温度就各不相同。

空气平衡和热平衡的表达方式如下。

$$\sum_i G_{ji}=\sum_k G_{pk} \quad (23.48)$$

$$\sum q_i+\sum(cG_{ji}T_{ji})=\sum q_p+\sum_k(cG_{pk}T_{pk}) \quad (23.49)$$

式中，$\sum q_i$ 为室内总散发热量，kW；$\sum q_p$ 为围护结构及材料吸热等总损失热量，kW；$G_{ji}$ 为第 $i$ 个送风系统的送风量，kg/s；$G_{pk}$ 为第 $k$ 个排风系统的排风量，kg/s；$T_{ji}$ 为送风系统 $i$ 的送风温度，K；$T_{pk}$ 为排风系统 $k$ 的排风温度，K；$c$ 为空气质量比热容，kJ/(kg·K)，一般可取 $c\approx1.01$kJ/(kg·K)。

如果室内散发热量和失热量按总热（包括蒸发或凝结水蒸气潜热）$\sum q_i'$ 和 $\sum q_p'$ 计算，则式（23.49）有如下形式。

$$\sum q_i'+\sum_i(G_{ji}I_{ji})=\sum q_p'+\sum_k(G_{pk}I_{pk}) \quad (23.50)$$

式中，$I_{ji}$ 为送风系统 $i$ 送风的焓，kJ/kg 干空气；$I_{pk}$ 为排风系统 $k$ 排风的焓，kJ/kg 干空气。

（5）事故通风

粉尘有爆炸危险性，存在一定的极限容许浓度和爆炸下限浓度。各种爆炸性粉尘、气体和蒸气的极限容许浓度与爆炸下限见表 23.8、表 23.9。

**表 23.8 爆炸性粉尘的性质**

| 物质名称 | 极限容许浓度/(mg/m³) | 危险等级 | 爆炸下限/(g/m³) |
|---|---|---|---|
| 铝粉 | 1 | 4 | 58 |
| 蒽 | 6 | 4 | 5 |
| 赛璐珞尘 | 6 | 4 | 8 |
| 联二苯 | — | — | 12.6 |
| 樟脑 | 3 | 3 | 10.1 |
| 煤尘 | 4～10 | 4 | 114 |
| 松脂 | 6 | 4 | 5 |
| 锯末 | — | — | 65 |
| 面粉尘 | 6 | 4 | 30.2 |
| 有机染料 | 1～10 | 3 | 270 |
| 萘 | 20 | 4 | 2.5 |
| 燕麦尘 | 6 | 4 | 30.2 |
| 烟草尘 | 3 | 3 | 10.1 |
| 沥青 | 6 | 4 | 15 |
| 焊条尘 | 6 | 4 | 30 |
| 麦麸 | 6 | 4 | 10.1 |
| 锰铁 | 1 | 3 | 130 |
| 钛铁 | — | — | 140 |
| 棉尘 | 2～6 | 4 | 25.2 |
| 硫黄 | — | — | 2.3 |

**表 23.9 气体和蒸气的爆炸极限浓度**

| 名称 | 爆炸浓度 | | | |
|---|---|---|---|---|
| | 按体积/% | | 按质量/(g/m³) | |
| | 下限 | 上限 | 下限 | 上限 |
| 氨 | 16.00 | 27.00 | 111.20 | 187.70 |
| 乙炔 | 3.50 | 82.00 | 37.20 | 870.00 |
| 苯 | 1.50 | 9.50 | 49.10 | 31.00 |
| 甲烷 | 5.00 | 16.00 | 32.60 | 104.20 |
| 硫化氢 | 4.30 | 45.50 | 60.50 | 642.20 |
| 乙醇 | 3.50 | 18.00 | 66.20 | 340.10 |
| 丙酮 | 2.90 | 13.00 | 69.00 | 308.00 |

由表中数据可以看出，很多物质的爆炸下限已大大超过卫生标准所规定的最高容许浓度。因此，在通常情况下，车间空气的含尘浓度和有害气体浓度均低于爆炸下限时，不会引起爆炸。但是在防尘密闭罩及通风防尘系统内部有可能

达到爆炸极限浓度，此外在车间内部由于气流组织不当，在某些“死角”产生有害物质聚集。另外，也存在生产操作发生某种事故，使大量粉尘或有害气体外逸的情况。通风系统内部防爆的主要措施是防止产生引爆火花。对于车间内部如有可能由于事故产生粉尘及有害气体大量外逸，应设置事故通风系统。

事故通风一般措施是增设事故排风系统，事故排风系统和正常排风系统协同工作，造成车间更大的全面排气量，使逸散的有害物迅速排出室外。事故排风一般不进行净化处理，排出剧毒物质时应排放到10m以上高度的大气中。事故排风也不设专门的补充送风系统，而通过门窗自由进气。事故排风系统的设计主要是确定排风量和布置风口位置。事故排风口应设在有可能造成有害物外逸的设备附近和室内气流易停滞的地方。事故排风系统的排风量应为事故通风总换气量减去正常通风排气系统的风量。事故排风系统的启动装置应设在车间入口附近容易到达的位置。

事故通风总换气量$Q$（$m^3/h$）按不稳定全面通风方式计算，当通风房间体积为$V$（$m^3$），有害物初浓度为$c_1$，有害物发生量为$G$（mg/s），要求经过时间$t$（s）后，有害物浓度降低至$c_2$时，所需全面换气量为：

$$Q=\left(\frac{G}{c_2-c_0}-\frac{V}{t}-\frac{c_2-c_1}{c_2-c_0}\right)\times 3600 \qquad (23.51)$$

式中，$c_0$为进风（室外空气）中有害物浓度，$g/m^3$。

当无法估计有害物逸出量时，可按换气次数计算事故通风换气量。所谓换气次数是指每小时的换气量相当于该车间体积的倍数。

当有害物的最高容许浓度大于$5mg/m^3$时，换气次数不应小于下列数值：

a. 车间高度在6m及6m以下者，不小于8次/h；

b. 车间高度在6m以上者，不小于5次/h；

当有害物的最高容许浓度小于$5mg/m^3$时，上述数值应乘系数1.5。

### 23.2.2　局部排风罩设计

（1）概述

局部排风罩是局部排风系统中的一个重要组成部件。它的效能，对于整个局部排风系统的技术、经济效果具有十分重要的影响。局部排风罩设计的目的是用较小的排风量来控制尘源，把绝大多数的尘毒捕集入罩内，保证车间操作区的空气含尘及有毒有害物质的浓度不大于最高容许浓度。

设计局部排风罩时，通常应当考虑以下几个方面。

a. 局部排风罩应尽可能靠近或包围尘源，使排风量及有害物的扩散空间限制在最小范围内。但有时由于工艺操作等的要求也存在一些不允许罩口靠近或包围尘源的情况。

b. 局部排风罩的吸入气流受到尘源污染后，不允许再经过人的呼吸区。设计时应充分考虑操作人员的位置及活动范围。

c. 含尘气流本身具有一定的运动方向时，则局部排风罩的气流尽可能同它保持一致方向。

一般局部排风罩的外形和结构都比较简单。但是，要满足上述要求，获得好的效果，有时往往有一定的难度。这是由于设计排风罩时，需要解决客观上存在的多种相互矛盾、相互制约的因素，也需要借助于多方面的知识和经验。

排风罩在生产运行中应充分发挥它的预期作用，除了经常维护管理外，对设计者还应注意下列各点。

a. 为使设计的排风罩尽可能地不影响正常的工艺操作。设计人员应深入了解有关工艺过程及操作，充分预计排风罩对工艺操作可能产生的各种影响。

b. 采用正确的设计计算方法。有多种计算方法时，应将其计算结果进行对比和分析，选择最合理者。

c. 正确选择设计计算中所使用的各种参数，如罩口面的风速等。在缺乏资料数据时，可进行实地调查，收集有关的实际资料数据。

d. 在条件许可时，可对同类现场进行实测和分析，以便获得更全面和实际的资料。

总之，充分了解工艺实际情况，掌握和熟悉必要的资料数据来进行设计是至关重要的。

局部排风罩按其作用原理和功能特点来分，可归纳为以下几种基本形式。

① 密闭罩。这类局部排风罩的主要特点是将尘源或污染源全部围挡起来，使有害物的扩散范围只限制在已围挡的一个小密闭空间内，一般只在围挡的罩壁上留有观察窗或不经常开启的操作检查门。空气只能经过缝隙或某些孔才能进入罩内，由于其开启的面积很小，所以用较小的排风量就可以有效地防止有害物逸出。密闭罩按尘源工艺设备的特点，可以做成固定式，也可以做成移动式。

② 柜式排风罩。柜式排风罩也称“通风柜”“排风柜”等，它的特点基本上同密闭罩相类似。但是它往往有一个经常敞开的工作孔。产生有害物的工艺操作或化学反应均在柜内进行。为了防止柜内有害物逸出，工作孔的敞开面上应保持一定的吸风速度。柜内有害物通过排风管道排走。

③ 外部排风罩。由于工艺或操作条件的限制，不能将尘源或污染源密闭起来，只能把局部排风罩设置在有害物源的附近，依靠罩口抽吸作用产生的气流运动，将有害物吸入罩内。这类局部排风罩统称为外部排风罩，它的特点是为了得到较大速度的气流，往往具有很大的排风量。按工艺和操作的情况，可以设计成上吸式、下吸式、侧吸式及槽边式等各种形状。

④ 接受式排风罩。某些生产过程的本身会产生或诱导一定的气流，驱使有害物随着气流一起运动，在气流运动的方向上设置能收集和排除有害物的排风罩，就称为接受式排风罩。从外形上看，接受式排风罩同外部排风罩是类似的，但外部排风罩是靠罩口抽吸风的作用，来造成罩口附近所需的气流风速，以控制有害物的扩散和逸出。而接受式排风罩罩口外气流运动主要是生产过程所造成，罩口排风量只要能将有害物排走就可以了。此外，加热源上部的伞形罩，是靠上升的热气流来接受有害气体，所以，也是一种应用于热工艺过程的接受式排风罩。

⑤ 吹吸式排风罩。由于条件所限，当外部排风罩罩口必须较远地离开污染源，且无生产过程形成的气流可利用时，宜采用设有吹出气流装置的吹吸式排风罩。吹吸式排风罩的气流流速是靠吹出射流和吸入气流二者共同形成的。由于污染源或部分污染源离吸气罩口较远，单靠吸风就得不到必要的气流流速，在吹出射流的共同作用下，能得到距罩口较远处必要的气流流速。吹吸式排风罩的吸口排风量，在相同的条件下，可比外部排风罩的排风量少。此外，吹吸式排风罩具有抗外界干扰气流能力强，不影响工艺操作等优点，它的应用有逐步扩大的趋势。

（2）冷过程的局部排风罩

冷过程局部排风罩的主要特点是依靠吸口排气形成罩内负压和罩口气流速度来控制有害物的外逸和扩散。相对“热过程的局部排风罩”来说，它的计算不考虑热工艺过程散发的大量的热而引起强烈的上升“热射流”。实际上，只要适合于上述冷过程局部排风罩的计算原理，即使产生一些热量，都将属于研究范围。

① 密闭罩。用密闭罩将尘源点或整个工艺设备密闭是控制尘源的有效方法，在实际生产中应用得比较普遍。一般情况，对密闭罩提出下列各项要求。

a. 尽可能将尘源点或产生工艺设备完全密闭。为了便于操作和维修，在密闭罩罩壁上设置一些观察窗和检修孔，但数量和面积都应尽可能小，并尽量避免设在正压部位。

b. 密闭罩的形式和结构不应妨碍工人操作。这方面很重要，如考虑不周，生产后可能使刚装上的密闭罩不得不拆除。

c. 为了便于管理和检修，密闭罩尽可能做成装配式的。

d. 排气管的抽气口装置，必须保证密闭罩内各部分气流都能与排气口连通，从而在一定的排气量下，保持各部位均处于负压。为了避免物料过多地被抽出，排气口不宜设在物料处于搅动状态的区域，如流槽入口处。

密闭罩的形式很多，归纳起来可分为下列三种类型。

a. 局部密闭罩。将设备的扬尘源局部地密闭起来，其他工艺设备均露在密闭罩外。其特点是容积较小，适用于尘源扩散速度较小，尘源集中，以及扬尘时间连续而波动较小的情况，诸如某些皮带输送机的落料点。

b. 整体密闭罩。将产尘设备大部分密闭起来，只把设备的传动部分留在罩外，适用于机械振动大、含尘气流扩散速度较大和扬尘面也较大的尘源，诸如振动筛、落砂机等。

c. 大容积密闭罩。将产尘设备或地区全部密闭起来，其特点是罩内容积大，可缓冲较大的含尘气流，减小局部正压，通过罩上设置的观察孔来监视设备的运行，维修可在罩内进行。大容积密闭罩适用于尘源面积大而多，含尘气流速度大，以及设备检修频繁的情况。

密闭罩的选择要根据工艺操作条件，设备的维修以及车间的布置等条件来进行。一般应优先考虑采用局部密闭罩，因为它的排风量及材料消耗都是比较经济的。

尘源被密闭在罩壳内，需保持罩内各点处于负压，以使密闭罩外壁不严密的隙缝等处保持有一定的吸入速度，来防止含尘气体外逸。密闭罩的排风量能维持上述情况就可以了。过大的排风量可能将物料带走，增加风机和处理设备的负荷，也造成不必要的物料损失。一般罩内气流流速小于0.25～0.37m/s时，不会导致静止的物料散发到空气中去。当流速大至2.5～5m/s时，物料就可能被气流带走。因此，罩内气流通过排风口进入排风管道前的风速一般应不大于2～3m/s。如果物料是极细的粉尘，排风口处的风速最好在0.4～0.6m/s为宜。

排风口设置在物料飞溅点，虽对防止粉尘外逸是有益的，但是这将可能排走过多的物料。扩大罩内容积，使飞溅气流的速度在到达罩壁前就衰减掉，可防止粉尘外逸。当不能扩大罩的容积时，可在飞溅点的气流方向加设挡板，以消耗它的能量，阻止它的外逸。设置双层密闭罩也可以达到这样的目的。

密闭罩排风的详细计算是复杂的，而且必须有大量的实验数据作依据，各类专门工艺设备，一般按设备的型号、规格和罩子形式，采用经验数据来计算。有的直接选用规定的排气量，有的选择开口处规定的平均风速来计算排风量。

此外，可按照密闭罩空气量的平衡原理来估算它的排风量。一般情况下，密闭罩进、排空气量平衡时，可有下列方程式。

$$Q=Q_1+Q_2+Q_3+Q_4 \tag{23.52}$$

式中，$Q$ 为密闭罩的排风量，$m^3/s$；$Q_1$ 为被运送物料携入密闭罩的空气量，$m^3/s$；$Q_2$ 为通过密闭罩不严密处吸入的空气量，$m^3/s$；$Q_3$ 为由于设备运转鼓入密闭罩的空气量，$m^3/s$；$Q_4$ 为因物料和机械加工散热而使空气膨胀和水分蒸发而增加的空气量，$m^3/s$。

上述诸因素中，$Q_3$ 按工艺设备类型及其配置而定，并只有锤式破碎机等这样一些个别设备才产生 $Q_3$；$Q_4$ 只在散热大和物料含水率高时，才值得去计算。因此对于大多数情况，密闭罩的排风量是由 $Q_1$ 和 $Q_2$ 两部分组成。

$$Q=Q_1+Q_2 \tag{23.53}$$

$Q_1$ 主要是因物料下落时所诱导的空气量，它和物料的流量、下落高度差、溜槽形状及倾斜角，以及物料颗粒大小、形状等因素有关，要获得准确的计算式是比较困难的。

$Q_2$ 可按密闭罩的外壳不严密处的总面积及其阻力系数，或流量系数来计算。实际上，要正确确定不严密处的面积（包括缝隙等）是困难的，因而这种计算也只能是近似估计。

② 柜式排风罩。柜式排风罩的工作原理和密闭罩相类似，将有害气体发生源围挡在柜状空间内。操作孔口是被围挡的柜状空间与罩外的唯一通道，防止有害气体从操作孔口泄出是设计柜式排风罩应当首先考虑的。被围挡的柜状空间内排风口或排气点的位置，对于有效地排除有害气体，并不使它从操作口泄出有着重要的影响。一般设计时应考虑下列各点。

a. 柜式排风罩操作口的吸入风速是否均匀对排风效果影响很大。当柜状空间内没有发热量，且产生有害气体的密度较大时，一般不应在柜状空间的上部排气，否则操作口的上缘处风速偏大，可达孔口平均风速的150%。而操作口下部风速偏低，低至孔口平均风速的60%，有害气体可能从操作口下部泄出。为了改善这种情况，在柜状空间的下部应设置排气点。

b. 当工艺过程产生一定热量时，柜状空间内的热气流要自然地向上浮升。如果仅在下部排气，热气流可能从操作口的上部泄出。因此，必须在柜内空间的上部进行排气。

c. 对于柜内产热不稳定的，为了适应各种不同工艺和操作情况，应在柜内空间的上、下部均设置排气点，并装设调节阀，以便调节上、下部排风量的比例，也即利用上、下部联合排风的作用。它的特点是使用灵活，但结构较复杂。

d. 为了节省采暖耗热量和空调耗冷量，保持室内洁净度和避免室内较大的负压，应采用“送风式柜式排风罩”。

柜式排风罩的排风量按式（23.54）计算。

$$Q=AvK+Q_f \tag{23.54}$$

式中，$Q$ 为排风量，$m^3/s$；$A$ 为操作孔口的面积，$m^2$；$v$ 为操作孔口处的平均吸风速度，m/s；$K$ 为安全系数，一般取 1.05～1.20；$Q_f$ 为柜内污染气体发生量，$m^3/s$。

③ 外部排风罩。当污染源及扬尘点不能密闭或围挡起来时，应设置外部排风罩。根据不同的工艺设备、操作情况及有害物特点等条件，来选择和设计外部排风罩的各种形式，如圆形罩、矩形罩及条缝形罩，上吸、下吸及侧吸，带法兰边框和不带法兰边框等。设计外部排风罩应注意以下的要求。

a. 为了有效地控制和捕集粉尘或有害气体，在不妨碍生产操作的情况下，应尽可能使外部排风罩的罩口靠近污染源或扬尘点，以使整个污染源或所有的扬尘点都处于必要的风速范围之内。

b. 不妨碍操作的情况下，罩口边缘加设法兰边框，在同样的排风量条件下，可提高排风效果。法兰边框的宽度为150～200mm，加设后可减少15%～30%的排风量。

c. 污染后的气流，应不再经过人员操作区，并防止干扰气流将其再吹散（可采用罩口外加设挡风板等措施），要使污染气流的流程最短，尽快地吸入罩口内。

d. 保持罩口风速比较均匀，在不同的情况下，可考虑如下一些措施：罩口至排风接口的扩张角宜小于60°，不允许大于90°。当罩口的平面尺寸较大而又缺少容纳适宜扩张角所需的垂直高度时，可采用互连在一起的若干独立的小罩子；在罩口内设置挡板；在罩口上设置条缝口，要求条缝口处风速不小于10m/s；在罩口内设置气流分布板。

e. 了解工艺设备的结构及运行操作的特点，使所设计的外部排风罩既不影响生产操作，又便于维护、检修及拆装设备等情况。

④ 一般外部排风罩。外部排风罩主要是依靠罩口的吸气作用，使罩口附近尘源处的气流速度达到所需要的“控制风速”。这种“控制风速”所造成的气流动量，恰能够克服和控制污染气流外逸，并将其捕集入罩内而排走。“控制风速”还应包含必要的安全因素。当确定了排风罩的形式和尺寸后，可按尘源处所需的“控制风速”来计算排风罩的排风量。

“控制风速”不仅同工艺设备类别及污染物散发条件有关，也同污染物的危害程度，以及周围干扰气流的情况等因素有关。正确和适当地选取“控制风速”，是计算罩口风量的重要环节。

当已知尘源所要求的控制风速 $v_x$ 后，计算外部排风罩的排风量时，还应确定下列主要因素及相应数据。

a. 根据工艺设备及操作，确定罩口形状及尺寸，由此可算出罩口面积 $A$（$m^2$）。

b. 根据前述的设计要求，来安排罩口与尘源的相对位置，从而确定罩口几何中心与尘源控制风速点的距离 $x$（m）（见图 23.6）。

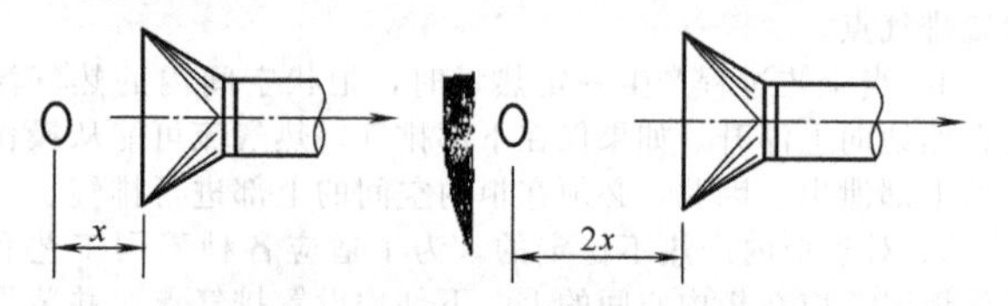


图 23.6　罩口与尘源相对位置

c. 按照前述的设计要求及工艺操作条件的可能性，确定是否设置罩外挡板、罩口周边法兰及其他措施。

罩口的形状和尺寸，对于罩口附近速度分布，即罩口气流流谱有着密切的关系。对于悬空的圆形、方形及长宽比小于5的矩形罩口，其气流流谱可假想近似于点汇流气流流谱来考虑。点汇流气流的等速面是球形面，根据流体连续性原理，跟吸口点 $x$ 处的球形等速面上的全部流量，应等于排风罩的罩口面上通过的流量，即

$$v_c A = 4\pi x^2 v_x$$

所以

$$v_x = v_c \frac{A}{4\pi x^2} \tag{23.55}$$

式中，$v_c$ 为罩口面上的平均风速，m/s；$A$ 为罩口面积，$m^2$；$x$ 为罩口几何中心至尘源控制点的距离，m；$v_x$ 为控制风速，m/s。

显然，排风量 $Q=v_c A$，如果按点汇流气流来计算排风量，利用式（23.55）可以很容易求得。但是根据实际测定，悬空的圆形或方形罩口附近的等速面并非是圆球面形状（图23.7）。

同样排风量时，同一点上的风速，加设法兰边框后会增加。因此，一般情况下，加设法兰后，可节省25%的排风量。由于罩门附近的等速面并不完全是圆球面形状，因此不能用式（23.55）计算。根据对实测的分析，提出了悬空条件下，圆形无边框罩口速度的近似经验计算式：

$$\frac{v_x}{v_c} = \frac{A}{10x^2 + A} \tag{23.56}$$

由此可得悬空圆形罩口排风量的计算式：

$$Q = (10x^2 + A)v_x \tag{23.57}$$

此外，条缝形排风罩的罩口附近等速面也不是圆柱面形状，不能按线汇流公式计算，而是按实测流场所归纳的经验公式来计算。

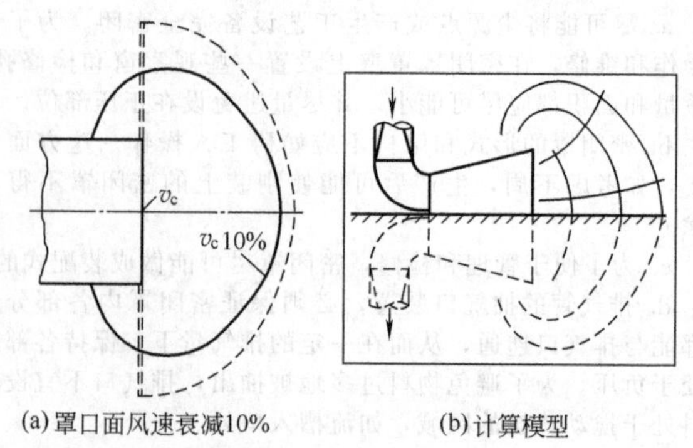


图 23.7　罩口附近的等速面

按上述的原则和方法，各种形状罩口及不同的设置情况下，排风量的计算如下。

罩口，周围无法兰边框：

$$v_x = v_c \frac{A}{10x^2 + A} \tag{23.58}$$

$$Q = (10x^2 + A)v_x$$

罩口，周围有法兰边框，或设置在平台上但无法兰形边框：

$$v_x = \frac{v_c}{0.75} \frac{0.1A}{x^2 + 0.1A} \tag{23.59}$$

$$Q = 0.75(10x^2 + A)v_x \tag{23.60}$$

矩形（长宽比小于5）罩口，四周无法兰边框：

$$v_x = v_c \frac{KA}{x^2 + KA} \tag{23.61}$$

$$Q = \left(\frac{1}{K}x^2 + A\right)v_x \tag{23.62}$$

矩形（长宽比小于5）罩口，设置于台面上，无法兰边框：

$$v_x = v_c \frac{0.2A}{x^2 + 0.2A} \tag{23.63}$$

$$Q = (5x^2 + A)v_x \tag{23.64}$$

矩形（长宽比小于5）罩口，四周有法兰边框：

$$v_x = \frac{v_c}{0.75} \frac{KA}{x^2 + KA} \tag{23.65}$$

$$Q = 0.75\left(\frac{1}{K}x^2 + A\right)v_x \tag{23.66}$$

矩形（长宽比小于5）罩口，三边有法兰，底边无法兰而紧靠于平台面上：

$$v_x = \frac{v_c}{0.75} \frac{0.2A}{x^2 + 0.2A} \tag{23.67}$$

$$Q = 0.75(5x^2 + A)v_x \tag{23.68}$$

条缝（长宽比大于5）罩口，四周无法兰边框：

$$v_x = \frac{v_c}{3.7} \frac{A}{xl} \tag{23.69}$$

$$Q = 3.7x/v_x \tag{23.70}$$

条缝（长宽比大于5）罩口，四周有法兰边框或设置于台面上而四周无法兰边框：

$$v_x = \frac{v_c}{2.8} \frac{A}{xl} \tag{23.71}$$

$$Q = 2.8x/v_x \tag{23.72}$$

条缝（长宽比大于5）罩口，三边有法兰边框，底边紧靠台面上：

$$v_x = \frac{v_c}{2} \frac{A}{xl} \tag{23.73}$$

$$Q = 2x/v_x \tag{23.74}$$

式中，$x$ 为污染源或扬尘点距罩口面中心的距离，m；$v_x$ 为污染源或扬尘点要求达到的“控制风速”，m/s；$v_c$ 为罩口面上的平均风速，m/s；$Q$ 为排风罩的计算排风量，$m^3/s$；$A$ 为罩口的面积，$m^2$；$l$ 为条缝罩口的长度，m；$K$ 为系数，按矩形罩口长宽比值确定。

⑤ 槽边排风罩。槽边排风罩是外部排风罩的一种特殊形式，它控制的污染源是工业槽内均匀散发有害气体的液面。为了不影响工艺操作，有害气体不经操作人员的呼吸区，就由槽边设置的条缝形排风罩口吸入，经过向下行走的风道排走。由于罩口气流与液面散发的有害气体运动方向不一致，所需要的排风量显然是比较大的。

条缝形排风罩口应沿槽的长度方向设置，一般槽宽小于及等于 0.7m 时，宜设置单侧排风罩口；槽宽小于 0.7m 时，宜设置双侧排风罩口。当槽宽更大时，或有害气体散发较为强烈时，可采用吹吸式排风罩。

⑥ 上吸式伞形排风罩。这里所指的是冷设备或冷工艺中的上吸式伞形排风罩。因此，它仍然是依靠罩口的吸气作用来控制和排走有害气体。所不同于一般外部排风罩是，罩口下的冷设备成为吸入气流的障碍，气流从旁侧流向罩内。气流流速的分布不同于前述的一般外部排风罩。

(3) 热过程的局部排风罩

热生产过程中，热设备不断地散发热量给周围空气，空气被加热而升温，在浮力作用下产生一股强烈的上升气流，也称“热射流”。同时，生产工艺过程本身也不断地散发出大量热烟气、污染气体。所以，设计热过程的局部排风罩，是利用这股热气体运动能量，并将它们收集入罩内并带走。这同冷过程局部排风罩的“控制风速”有着不同的含义。

① 高、低悬的伞形罩。在热生产过程中的热设备上，悬挂伞形罩来排除热气流，这是一种典型的“接受式排风罩”。设计这种接受式排风罩，必须计算出上升热气流的流量。其中有关工艺产生的热烟气量由工艺计算来提供。热设备加热周围空气而产生的热上升气流，可以通过实验研究建立的公式来计算。

图 23.8 表示热射流形态。热射流上升过程中，由于同周围空气不断混合，气流的横截面积和气流流量都将随着上升高度的增加而增加。因此，罩口对热设备的相对高度，同罩口应捕集的热气流量有密切的关系。根据实验，具有水平面积 $A$ 的热设备，在其上 $1.5\sqrt{A}$ 高度以内，混入热射流内的空气较少，忽略它不会产生很大误差；当在 $1.5\sqrt{A}$ 高度以上时，就应计算混合入内的空气量。所以罩口高度大于 $1.5\sqrt{A}$ 的称为“高悬伞形罩”，罩口高度小于 $1.5\sqrt{A}$ 的称为“低悬伞形罩”。

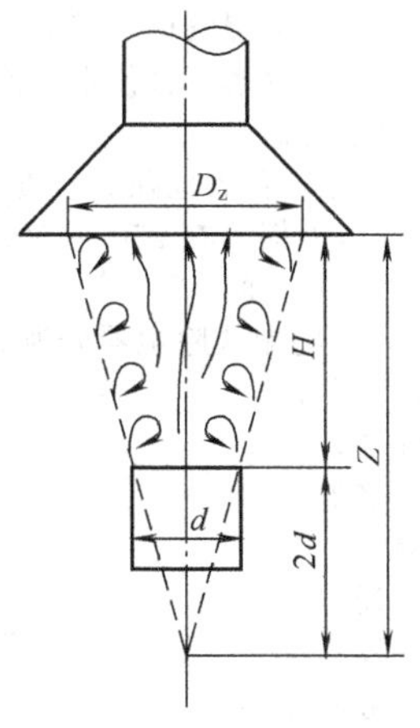


图 23.8 热射流形态

热射流的计算是以假想热源作为起始点，不同高度热射流截面上的平均流速 $v_z$，截面直径 $D_z$ 及其流量 $Q_z$ 还可按实验公式计算：

$$v_z=0.0512Z^{-0.29}q_0^{\frac{1}{3}} \quad (23.75)$$

$$D_z=0.434Z^{0.83} \quad (23.76)$$

$$Q_z=8\times10^{-3}Z^{\frac{2}{3}}q_0^{\frac{1}{3}} \quad (23.77)$$

式中，$Z$ 为以假想热源为起点的“高度”（按实验可近似地等于自热源面算起的实际高度 $H$ 加上 2 倍热源水平直径 $d$，即 $Z=H+2d$），m；$q_0$ 为热源（热设备）的对流散热量，W。

设计高悬伞形罩来排除热气流时，应考虑上升热气流可能的偏斜及横向气流的干扰等因素，罩口直径尺寸要适当加大，通常按 $D_z=0.434Z^{0.83}$ 计算所得气流直径 $D_z$，再加 $0.8H$，即

$$D_D=D_z+0.8H \quad (23.78)$$

式中，$D_D$ 为罩口设计直径，m；$H$ 为从热源面算起的罩口高度，m。

因此，罩口总的排风量应为：

$$Q_r=Q_z+\frac{\pi}{4}(D_D^2-D_z^2)v_r \quad (23.79)$$

式中，$Q_r$ 为高于热源面 $H$ 的罩口总排风量，$m^3/s$；$Q_z$ 为进入罩口的热气流流量，$m^3/s$；$v_r$ 为热射流截面以外的罩口风速，一般取 0.5～0.75m/s。

高悬伞形罩的排风量，应当是扩展后的热射流的流量和罩口周边从周围吸入的空气量两部分组成。

设计低悬伞形罩时，由于罩口和热源面比较接近，可以认为热射流的尺寸基本上等于热源尺寸。因此，在相同情况下，低悬罩口尺寸比高悬罩口小些，一般可按下列规定来选取。

a. 横向气流的干扰不大时，低悬罩口每边比热源尺寸扩大 150～200mm。

b. 当横向气流的干扰较大时：

对于圆形罩：$$D_D=d_0+0.5H \quad (23.80)$$

对于矩形罩：$$b_D=b_0+0.5H \quad (23.81)$$

$$l_D=l_0+0.5H \quad (23.82)$$

式中，$D_D$ 为圆形罩口的直径，m；$b_D$ 为矩形罩口的宽度，m；$d_0$ 为热源水平面的直径，m；$b_0$ 为热源水平面的宽度，m；$H$ 为热源面到罩口的距离，m；$l_D$ 为矩形罩口的宽度，m；$l_0$ 为热源水平面的长度，m。

由于认为低悬罩口应排的风量就是热源面上起始的热气流量，为了安全起见，把罩口尺寸作为热源尺寸来计算，并考虑排风量有 15% 的安全因素。

对于圆形的低悬罩口排风量可按式（23.83）计算：

$$Q_r=0.047D_D^{2.33}\Delta t^{5/12} \quad (23.83)$$

对于矩形的低悬罩口排风量可按式（23.84）计算：

$$Q_r=0.06b_D^{4/3}l_D\Delta t^{5/12} \quad (23.84)$$

式中，$\Delta t$ 为热源温度与周围空气温度之差，℃。

② 用流量比法计算罩口排风量。接受式排风罩排除热污染气流的过程中，有着很多影响因素，用实验的方法来建立各种因素和排风量的关系，可得到各种条件下的一系列实验方程式，通过这些方程式可求得污染气体量 $Q_1$、周围空气吸入量 $Q_2$ 及罩口排风量 $Q_3$ 之间的比值，故称“流量比法”。在计算排风量时，必须按照这些方程式所规定的条件，这是由于离开所规定的条件，这些方程式将会改变。

为不使污染气体从罩口向外泄出，需要有足够的罩口排风量 $Q_3$。污染气体量 $Q_1$ 是按工艺而定，还需要有足够的周围空气吸入量 $Q_2$，它们的关系如下：

$$Q_3=Q_1+Q_2 \quad (23.85)$$

即　　$Q_3=Q_1\left(1+\frac{Q_2}{Q_1}\right)$

令　　$K_L=\left(\frac{Q_2}{Q_1}\right)_L$

则　　$Q_3=Q_1(1+K_L)$　　(23.86)

式中，$K_L$ 为在污染气流不泄漏的条件下，$Q_2$ 与 $Q_1$ 的一个最小的极限比值，称“极限流量比”。为了考虑横向气流产生的不利因素，设计时应乘上必要的安全系数 $m$，即

$$Q_3=Q_1(1+mK_L)\quad(23.87)$$

$$Q_3=Q_1(1+K_D)\quad(23.88)$$

(4) 吹吸式排风罩

吹吸式排风罩的特点是：除设置一般接受式排风罩口外，还设置相配合的并针对污染源的吹风喷口装置；通过吹出射流和吸入气流联合作用来提高所需的“控制风速”，从而达到排除污染气体的目的。

吹吸式排风罩的应用有下列特点。

a. 具有比一般排风罩较高的效能。冷过程排风罩吸口风速随距离衰减很快，即吸口能量或动量被均匀分散到各个方向的几何空间。增加排风量来提高污染源处的“控制风速”，对增加罩口附近所有空间的风速效果不大，所以排风口能量利用率是很低的。吹吸式罩口将改善这种低效能状况，主要用吹出射流来提高污染源处的控制风速，射流的特点是速度分布比较集中，能量或动量的有效利用率就可以提高。

b. 比接受式排风罩有较稳定的效果。接受式排风罩利用了工艺产生的气流来收集污染气体，如上悬式罩口收集上升热气流，但是这种热气流有时是不稳定的，受到干扰的气流可能逸出罩外。吹吸式排风罩的吹出气流可以根据需要来进行设计，在运行中可保持较稳定的效果。

c. 适合于大面积、强扩散的污染源。一般排风罩对于大范围面积，扩散速度较大的污染源是难于控制的。吹吸式排风罩利用射流的有效射程，扩大控制范围，提高控制速度。

d. 不影响工艺操作，不遮挡操作视线。

吹吸式排风罩在应用中应防止吹向障碍物时引起污染气体逸出。此外，如经常吹风于人体，应防止在冬季的寒冷感。

吹吸式排风罩在技术经济上有明显的优点，从早期应用于酸洗、电镀等工业槽，到近年更广泛地应用于工业尘源中，并有进一步扩大应用的趋势。但是，由于吹吸气流是一种性质比较复杂的气流，怎样进行合理的设计和计算，至今还是国内外进一步研究的课题。现将目前已采用或有较大影响的计算方法叙述于下。

① 用于工业槽边的计算法。本方法一般适用于槽液温度低于100℃的情况。它适合下列基本条件。

a. 吹出气流按半射流（靠液面侧射流不扩展）计算。吸口的排风量按吹出射流的末端流量的1.25倍计算；

b. 吹、吸口均为等宽度条缝形，吹口宽度 $h_1$ 按槽宽 $b$（即吹吸的间距）的比例来算，即 $h_1=b/80$。吸口宽度 $h_2$ 按16倍 $h_1$ 计算，即 $h_2=16h_1$；吹口宽度 $h_1$ 不宜小于5～7mm。

c. 吹出气流的吹口风速 $v_1$ 按槽液温度、槽宽的经验关系式计算，最大不宜超过12m/s。

按照这些条件，可得下列计算式。

$$v_1=6.67kb\quad(23.89)$$

$$Q_1=300b^2l\quad(23.90)$$

$$Q_1=0.083kb^2l\quad(23.91)$$

式中，$v_1$ 为吹口的风速，m/s；$Q_1$ 为吹口的风量，$m^3/s$；$b$ 为槽宽，即吹吸口的间距，m；$l$ 为槽长，m；$k$ 为槽内溶液的温度系数。

排风量 $Q_3$ 可从上面条件和射流公式推得：

$$Q_3=6Q_1\quad(23.92)$$

② 美国工业卫生医师会议（ACGIH）的计算法。规定条缝吸风口的宽（高）度 $H$ 按吹出射流的半扩散角10°来计算。

$$H=b\tan10°=0.18b\quad(23.93)$$

式中，$b$ 为槽宽，即吹吸口间距，m。

一般吹风口射流的自然半扩散角为14°～16°，这里规定10°是考虑了射流靠近吸风口处，受到周围吸入气流对射流的影响，使射流边界在吸口处有了一定的收敛。

排风量 $Q_3$ 取决于槽液面面积、液温、干扰气流等因素，通常提供选取的范围为1830～2750$m^3/h$或每平方米液面所需的排风量（$m^3/h$）。

吹风量 $Q_1$ 按式（23.94）计算：

$$Q_1=\frac{1}{bE}Q_3\quad(23.94)$$

式中，$E$ 为引进系数，按槽宽 $b$ 来选取。

吹口风速选取范围5～10m/s，但没有规定吹风口的尺寸范围。

③ 流量比计算法。用流量比法计算吹吸式排风罩也是建立在实验的基础上。吹出气流量 $Q_1$ 控制污染气体散发量 $Q_0$ 向外扩散；吸口排风量 $Q_3$ 应包括周围空气吸入量 $Q_2$、污染气体散发量 $Q_0$ 及吹风量 $Q_1$。它们的关系为：

$$Q_3=Q_1\left(1+\frac{Q_2}{Q_1}\right)=Q_1(1+K_L)\quad(23.95)$$

吹风量 $Q_1$ 按式（23.96）计算。

$$Q_1=D_1lv_1\quad(23.96)$$

式中，$D_1$ 为吹风罩口的宽度，m；$l$ 为吹风罩口的长度，m；$v_1$ 为吹风罩口的风速，m。

式（23.95）中，$K_L$ 是使 $Q_0$ 恰好不扩散出去的 $Q_2$ 与 $Q_1$ 的“极限流量比”。

## 23.3 湿法除尘

### 23.3.1 概述

(1) 湿式除尘器的分类

湿式除尘器是使废气与液体（一般为水）密切接触，将污染物从废气中分离出来的装置，又称湿式气体洗涤器。湿式除尘器既能净化废气中的固体颗粒污染物，也能脱除气态污染物（气体吸收），同时还能起到气体降温的作用。湿式除尘器还具有结构简单、造价低和净化效率高等优点，适用于净化非纤维性和不与水发生化学作用的各种粉尘，尤其适用于净化高温、易燃和易爆气体。其缺点是管道设备必须防腐、污水和污泥要进行处理、会使烟气抬升高度减小以及冬季烟囱会产生冷凝水等。

采用湿式除尘器可以有效地除去粒度在0.1～20μm的液滴或固体颗粒，其压力损失在250～1500Pa（低能耗）和2500～9000Pa（高能耗）之间。

根据净化机理，可将湿式除尘器分为七类：

① 重力喷雾洗涤器；

② 旋风式洗涤器；

③ 自激喷雾洗涤器；

④ 泡沫洗涤器；

⑤ 填料床洗涤器；

⑥ 文丘里洗涤器；

⑦ 机械诱导喷雾洗涤器。

以上七类洗涤器的结构形式、性能及操作范围见

表 23.10。

**表 23.10 湿式除尘器的结构形式、性能及操作范围**

| 洗涤器 | 对 5μm 尘粒的近似分析效率/% | 压力损失/Pa | 液气比/(L/m³) |
|---|---|---|---|
| 重力喷雾 | 80 | 125～500 | 0.67～268 |
| 旋风式 | 87 | 250～4000 | 0.27～2.0 |
| 自激喷雾 | 93 | 500～4000 | 0.067～0.134 |
| 泡沫 | 97 | 250～2000 | 0.4～0.67 |
| 填料床 | 99 | 50～250 | 1.07～2.67 |
| 文丘里 | >99 | 1250～9000 | 0.27～1.34 |
| 机械诱导喷雾 | >99 | 400～1000 | 0.53～0.67 |

(2) 湿式除尘器的除尘机理

惯性碰撞和拦截是湿式除尘器捕获尘粒的主要机理。当气流中某一尘粒接近小水滴时，因惯性脱离绕过水滴的气流流线，并继续向前运动而与水滴碰撞，发生了惯性碰撞的捕集作用，这是捕集密度较大的尘粒的主要机理。此外是拦截作用，在此情况下，尘粒随着绕过水滴的流线作用，当流线距液滴表面的距离小于尘粒半径时，便发生拦截作用。不同粒径的球形颗粒在液滴（捕集器）上捕获示意如图 23.9 所示。

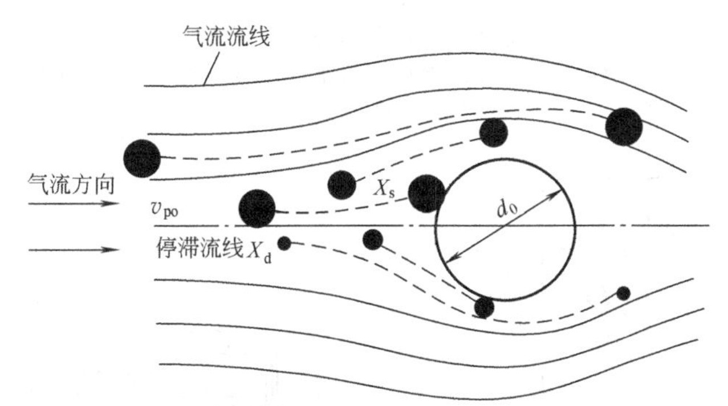


图 23.9 不同粒径的球形颗粒在液滴（捕集器）上捕获示意

含尘气体在运动过程中如果同液滴相遇，在液滴前 $X_d$ 处气流改变方向，绕过液滴流动，而惯性大的尘粒要继续保持其原有的直线运动，这时尘粒运动主要受两个力支配，即它本身的惯性力以及周围空气对它的阻力，而在阻力的作用下，尘粒最终将停止运动，尘粒从脱离流线到惯性运动结束，总共移动的直线距离为 $X_s$，$X_s$ 通常称为停止距离。假如停止距离 $X_s>X_d$，尘粒和液滴就发生碰撞。将停止距离 $X_s$ 和液滴直径 $d_D$ 的比值称为碰撞数 $N_I$。

$$N_I=\frac{X_s}{d_D} \tag{23.97}$$

尘粒和液滴的碰撞效率，也就是尘粒从气流中被捕集的效率 $\eta$ 和碰撞数 $N_I$ 有关。

假定尘粒运动符合斯托克斯定律，可以推导求出 $X_s$ 的表达式。根据尘粒上力的平衡，即尘粒本身的惯性力 $F_I$ 和周围空气对其阻力 $F_d$ 平衡时，则有：

$$F_I+F_d=0 \tag{23.98}$$

$$m\frac{dv_p}{dt}+3\pi\mu d_p v_p=0 \tag{23.99}$$

式中，$v_p$ 为尘粒相对于液滴的速度，m/s。

为了简化计算，阻力项中 $v_p$ 可用尘粒在整个运动中的平均速度 $v_{pm}$ 代替。另外，假定尘粒为具有密度 $\rho_p$ 的球体，则其质量 $m_p=\frac{\pi}{6}d_p{}^3\rho_p$，式 (23.99) 可写为：

$$-dv_p=\frac{18v_{pm}\mu dt}{d_p\rho_p} \tag{23.100}$$

将等式两边积分：

$$\int_{v_{po}}^{0}-dv_p=\int_0^t\frac{18v_{pm}\mu}{d_p\rho_p}dt \tag{23.101}$$

式中，$\mu$ 为气体的黏度，Pa·s；$v_{po}$ 为尘粒脱离气体流线时的相对速度，一般认为与气速相同，也就是气液相对速度。积分后有：

$$v_{po}=\frac{18v_{pm}\mu t}{d_p^2\rho_p} \quad 或 \quad t=\frac{v_{po}d_p^2\rho_p}{18\mu v_{pm}} \tag{23.102}$$

在 $t$ 时间段内，尘粒的停止距离：

$$X_s=v_{pm}t=v_{pm}\frac{v_{po}d_p^2\rho_p}{18\mu v_{pm}}=\frac{v_{po}d_p^2\rho_p}{18\mu} \tag{23.103}$$

在多数情况下，$v_{po}$ 也可以表示为气流相对于液滴的速度。

将式 (23.103) 代入式 (23.97) 后有：

$$N_I=\frac{X_s}{d_D}=\frac{v_{po}d_p^2\rho_p}{18\mu d_D} \tag{23.104}$$

此处应当注意的是，有些研究者把碰撞数定义为停止距离 $X_s$ 和除尘器半径之比。碰撞数为无量纲数，计算时要注意各变量的单位。

尘粒的粒度 $d_p$ 和密度 $\rho_p$ 确定之后，碰撞数与相对速度 $v_{po}$ 成正比，与液滴的直径成反比。由式 (23.104) 可以看出，工艺条件确定之后，要想提高 $N_I$，则必须提高气液的相对速度 $v_{po}$，并减小液滴直径。目前工程上常用的湿式除尘器，大多数都围绕这两个因素发展起来。

从另一方面来说，液滴的直径也不是愈小愈好。直径过小的液滴容易随气流一起运动，减小了气液的相对运动速度。因此，对于给定尘粒的除尘效率有一个最佳液滴直径。斯泰尔曼（Stainmand）进行了尘粒和水滴尺寸对喷雾塔除尘效率的影响研究，其结果如图 23.10 所示。图 23.10 表明，对于各种尘粒尺寸的最高除尘效率大部处于水滴直径在 500～1000μm 的范围之间，而产生水滴直径刚好在 1mm 以下的粗喷嘴能满足这一要求。

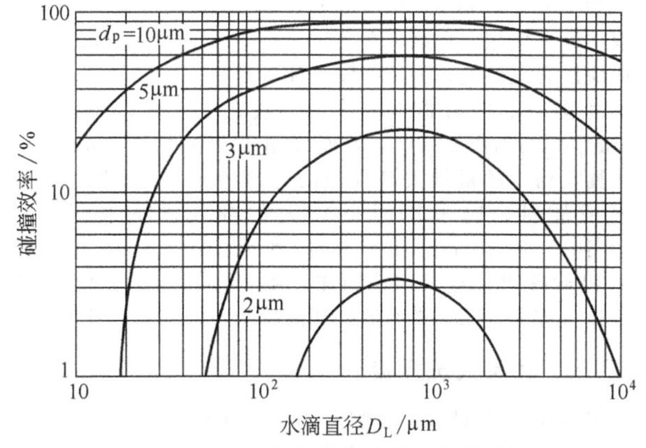


图 23.10 在喷雾塔中的碰撞效率

## 23.3.2 重力喷雾洗涤器

重力喷雾洗涤器又称喷雾塔或洗涤塔，是湿式洗涤器中最简单的一种。在塔内，含尘气体通过喷淋液体所形成的液滴空间时，由于尘粒和液滴之间的碰撞、拦截和凝聚等作用，使较大较重的尘粒靠重力作用沉降下来，与洗涤液一起从塔底排走。通常在塔的顶部安装除沫器，既可以除去那些十分小的清水滴，又可去除很小的污水滴，否则它们会被气流夹带出去。

按尘粒和水滴流动方式可分为逆流式、并流式和横流式。图 23.11 为逆流式喷雾塔。

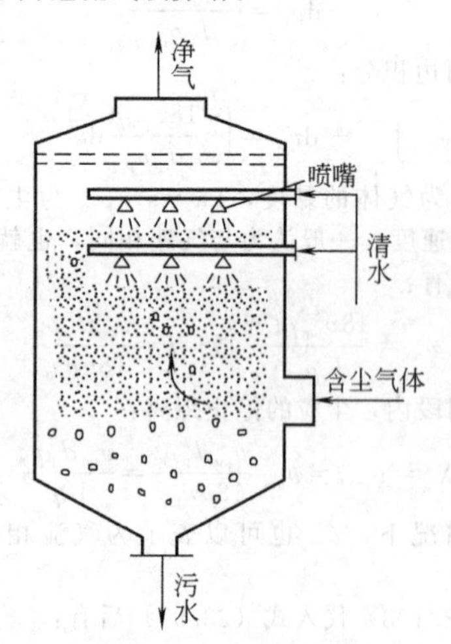


图 23.11　逆流式喷雾塔

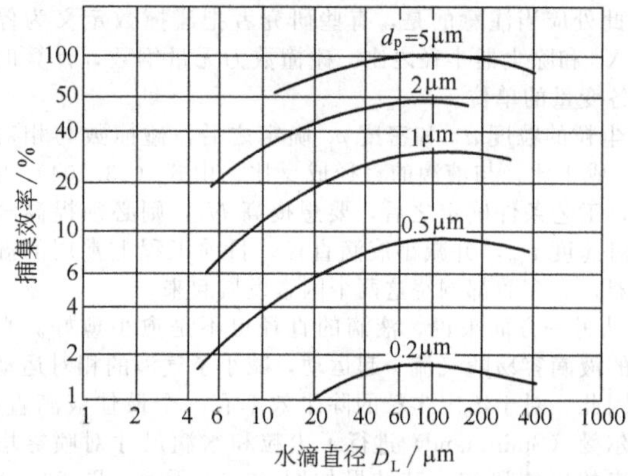


图 23.12　离心力为重力的 100 倍时单个水滴的捕集效率

通过喷雾室洗涤器的水流速度应与气流速度同时考虑。水速与气速之比大致为 0.015～0.075。气体入口速度范围一般为 0.6～1.2m/s，耗水量为 0.4～1.35L/m³。一般工艺中液体循环使用，但因为有蒸发，应不断地给予补充。在工厂内应设置沉淀池，循环液体沉淀后复用。

喷雾塔的压力损失较小，一般在 250Pa 以下，对于 10μm 尘粒的捕集效率低，因而多用于净化大于 50μm 的尘粒。捕集粉尘的最佳液滴直径约为 800μm，为了防止喷嘴堵塞或腐蚀，应采用喷口较大的喷嘴，喷水压力为 $1.5\times10^5$～$8\times10^5$Pa，如图 23.12 所示。

喷雾塔的特点是结构简单、阻力小、操作方便稳定，但其设备庞大，除尘效率低，耗液量及占地面积都比较大。

### 23.3.3　旋风式洗涤器

旋风式洗涤器与干式旋风除尘器相比，由于附加了水滴的捕集作用，除尘效率明显提高。在旋风式洗涤器中，由于带水现象比较少，则可以采用比喷雾塔中更细的喷雾。气体的螺旋运动所产生的离心力把水滴甩向外壁，形成壁流而流到底部出口，因而水滴的有效寿命较短。为增强捕集效果，采用较高的入口气流速度，一般为 15～45m/s，并从逆向或横向对螺旋气流喷雾，使气液间相对速度增大，提高惯性碰撞效率。喷雾细，靠拦截的捕集概率增大。水滴愈细，它在气流中保持自身速度和有效捕集能力的时间愈短。从理论上已估算出最佳水滴直径为 100μm 左右，实际采用水滴直径为 100～200μm。

旋风式洗涤器适于净化大于 5μm 的粉尘。在净化亚微米范围的粉尘时，常将其串联在文丘里洗涤器之后，作为凝聚水滴的脱水器。旋风式洗涤器也用于吸收某些气态污染物。

旋风式洗涤器的除尘效率一般可以达 90%以上，压损（压力损失）为 0.25～1kPa，特别适用于气量大和含尘浓度高的烟气除尘。

（1）环形喷液旋风式洗涤器

在干式旋风除尘器内部以环形方式安装一排喷嘴，就构成一种最简单的旋风式洗涤器。喷雾发生在外旋流处的尘粒上，载有尘粒的液滴在离心力的作用下被甩向旋风式洗涤器的内壁，然后沿内壁而落入器底。在气体出口处要安装除雾器。

（2）旋风水膜除尘器

它的构造是在筒体的上部设置切向喷嘴，如图 23.13 所示。水雾喷向器壁，使内壁形成一层很薄的不断向下流的水膜，含尘气体由筒体下部切向导入旋转上升，靠离心力作用甩向器壁的粉尘被水膜所黏附，沿器壁流向下端排走，净化后的气体由顶部排出。因此净化效率随气体入口速度增大和筒体直径减小而提高，但气体入口速度过高，压力损失会大大增加，有可能破坏水膜层，从而降低除尘效率。因此，气体入口速度一般控制在 15～22m/s。筒体高度对净化效率影响也比较大，对于小于 2μm 的细粉尘影响更为显著。因此，筒体高度应大于筒径的 5 倍。

旋风水膜除尘器不但净化效率比干式旋风除尘器高得多，而且对器壁磨损也较轻，效率一般在 90%以上，有的可达到 95%，气流压损为 500～750Pa。

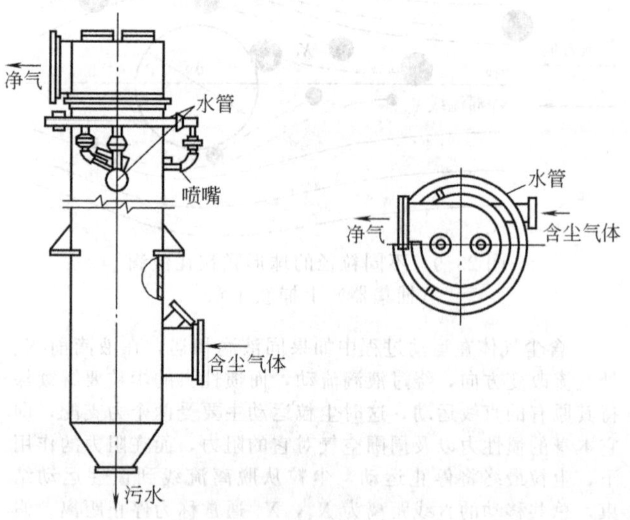


图 23.13　旋风水膜除尘器

（3）旋筒式水膜除尘器

旋筒式水膜除尘器又称卧式旋风水膜除尘器，如图 23.14 所示。含尘气体由切线式入口导入，沿螺旋形通道做旋转运动，在离心力的作用下粉尘被甩向筒外。当气流以高

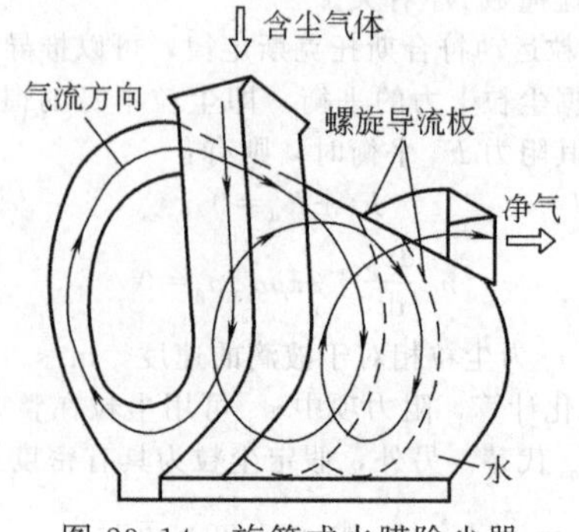


图 23.14　旋筒式水膜除尘器

速冲击到水箱内的水面上时，一方面尘粒因惯性作用落于水中；另一方面气流冲击水面激起的水滴与尘粒碰撞，也将尘粒捕获。其效率一般为90%以上，最高可达95%。

(4) 中心喷雾式旋风洗涤器

中心喷雾式旋风洗涤器如图23.15所示。含尘气体由圆柱体的下部切向引入，液体通过轴向安装的多头喷嘴喷入，径向喷出的液体与螺旋形气流相遇而黏附粉尘颗粒，加以去除。入口处的导流片可调节气流入口速度和压力损失。如需进一步控制，则要靠调节中心喷雾管入口处的水压。如果在喷雾段上端有足够的高度时，圆柱体上段就起除沫器的作用。

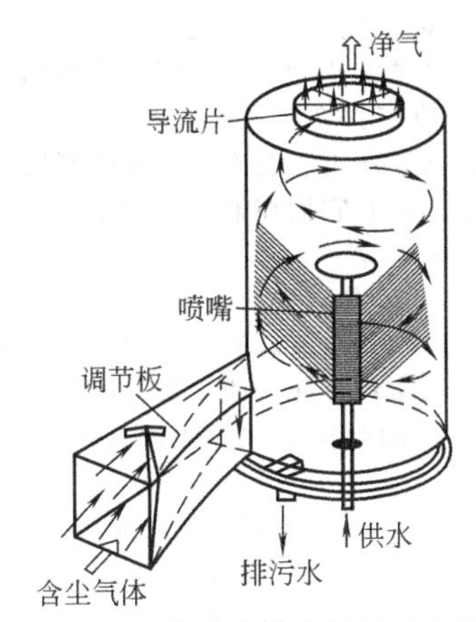


图23.15 中心喷雾式旋风洗涤器

这种洗涤器的入口风速通常在15m/s以上，洗涤器断面风速一般为1.2～24m/s，压力损失为500～2000Pa，耗水量为0.4～1.3L/m³，对于各种小于5μm的粉尘净化率可达95%～98%。这种洗涤器也适于吸收锅炉烟气中的$SO_2$，当用弱碱溶液洗涤液时，吸收率在94%以上。

### 23.3.4 文丘里洗涤器

(1) 文丘里洗涤器的构造

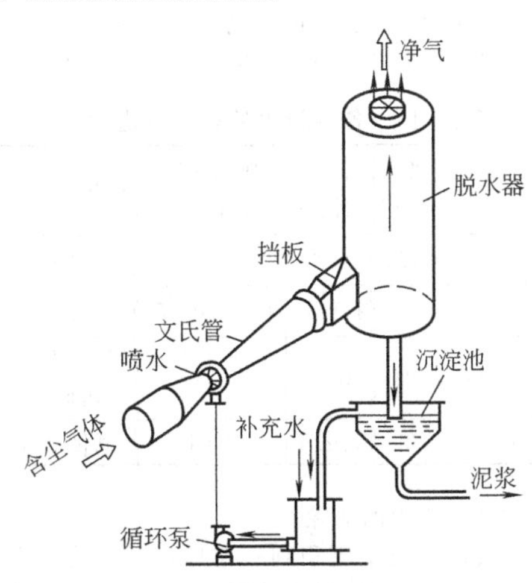


图23.16 文丘里洗涤器

它是一种高效湿式洗涤器，常用在高温烟气降温和除尘上。如图23.16所示，文丘里洗涤器由引水装置（喷雾器）、文氏管本体及脱水器三部分组成。文氏管本体由渐缩管、喉管和渐扩管组成。含尘气流由风管进入渐缩管之后，流速逐渐增大，气流的压力逐渐变成动能；进入喉管时，流速达到最大值，静压下降到最小值；在渐扩管中进行着相反的过程，流速渐小，压力回升。除尘过程如下：水通过喉管周边均匀分布的若干小孔进入，然后被高速的含尘气流撞击成雾状液滴，气体中尘粒与液滴凝聚成较大颗粒，并随气流进入旋风分离器中与气体分离，因此文丘里洗涤器必须和旋风分离器联合使用。概括起来说，文丘里洗涤器的除尘过程，可分为雾化、凝聚和分离除尘（脱水或除雾）三个阶段，前两个阶段在文氏管内进行，后一阶段在脱水器内进行。

要提高尘粒与水滴的碰撞效率，喉管部的气体速度必须较大，在工程上一般保证此处气速$v_r=50\sim80$m/s，而水的喷射速度控制在6m/s，这是由于水的喷射速度过低时，会被分散成小液滴而被气流带走。反之液滴喷射速度过高，则气液的相对速度较低，水则不可能很好地分散成小液滴，可能散落在渐缩管壁上，这样会降低除尘效率。除尘效率还与水气比有关，其一般为0.5～1L/m³。

文氏管结构尺寸如图23.17所示。文氏管的进口直径$D_1$由与之相连的管道直径来确定，管道中气体流速$v_1$约为16～22m/s。文氏管的出口直径按$v_2=18\sim22$m/s来确定。而喉管直径$D_r$按喉管的气速$v_r$来确定。这样文氏管的进口、出口和喉管处的管径可按下式计算。

$$D=18.8\sqrt{\frac{Q}{v}}$$

式中，$Q$为气体通过计算管段的实际流量，m³/h；$v$为气体通过计算管段的流速，m/s。

渐缩管的中心角$\alpha_1$一般取23°～25°，渐扩管的中心角$\alpha_2$一般取6°～7°，当选定两个角之后，便可计算出渐缩管长$L_1$和渐扩管长$L_2$，即

$$L_1=\frac{D_1-D_r}{2}\cot\frac{\alpha_1}{2}$$

$$L_2=\frac{D_2-D_r}{2}\cot\frac{\alpha_2}{2}$$

喉管长度$L_r$对文氏管的凝聚效率和阻力皆有影响。实验证明，$L_r/D_r=0.8\sim1.5$左右为宜，通常取$L_r=200\sim500$mm。

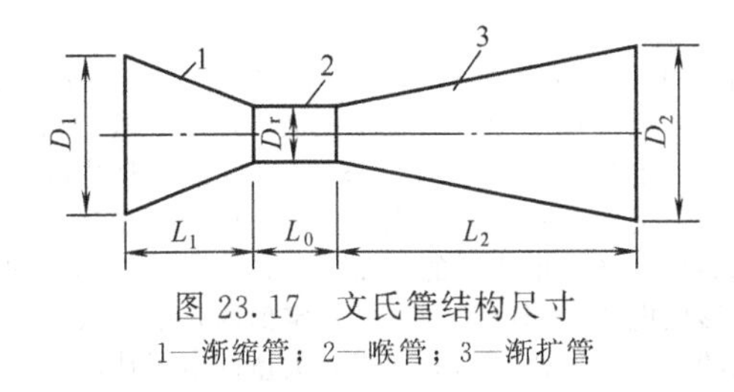


图23.17 文氏管结构尺寸

1—渐缩管；2—喉管；3—渐扩管

(2) 文氏管的压力损失

为了计算文丘里洗涤器的压力损失，有些学者提出了一个模式，该模式认为气流的全部能量损失仅用在喉部将液滴加速到气流速度，当然模式是近似的，由此而导出的压力损失表达式为：

$$\Delta p=1.03\times10^{-6}v_r^2L \tag{23.105}$$

式中，$\Delta p$为文丘里洗涤器的气体压力损失，$cmH_2O$（$1cmH_2O=98.0665$Pa）；$v_r$为喉部气体速度，cm/s；$L$为液气体积比，L/m³。

关于文丘里洗涤器穿透率可按式（23.106）来计算，即

$$p=\exp(-6.1\times10^{-9}\rho_L\rho_pK_cd_p^2f^2\Delta p/\mu_g^2) \tag{23.106}$$

式中，$\Delta p$为压力损失，$cmH_2O$；$\mu_g$为气体黏度，$10^{-1}$Pa·s；$\rho_L$为液体密度，g/cm³；$\rho_p$为尘粒密度，g/cm³；$d_p$为尘粒直径，μm；$f$为实验系数，一般取0.1～0.4；$K_c$为库宁汉（Cunninghun）修正系数。

当空气温度$t=20°$，$p=101.325$kPa时：

$$K_c=1+(0.172/d_p)$$

由于文丘里洗涤器对细粉尘具有较高的净化效率，且对高温气体的降温也有很好的效果，因此常用于高温烟气的降温和除尘，如在炼铁高炉、炼钢电炉烟气以及有色冶炼和化工生产中的各种炉窑烟气的净化方面都常使用。文丘里洗涤器具有体积小、构造简单、除尘效率高等优点，其最大缺点是压力损失大。

## 23.4 静电除尘

静电除尘是在高压电场的作用下，通过电晕放电使含尘气流中的尘粒带电，利用电场力使粉尘从气流中分离出来并沉积在电极上的过程。利用静电除尘的设备称为静电除尘器，简称电除尘器，在冶金、水泥、电站锅炉以及化工等行业中得到广泛的应用。

静电除尘器主要有以下优点：

① 除尘性能好（可捕集微细粉尘及雾状液滴）；

② 除尘效率高（粉尘粒径大于1μm 时，除尘效率可达 99%）；

③ 气体处理量大（单台设备每小时可处理 $10^5$～$10^6$ $m^3$ 的烟气）；

④ 适用范围广（可在 350～400℃的高温下工作）；

⑤ 能耗低，运行费用少。

静电除尘器的缺点如下：

① 设备造价偏高；

② 除尘效率受粉尘物理性质影响很大，不适宜直接净化高浓度含尘气体；

③ 对制造、安装和运行要求比较严格；

④ 占地面积较大。

### 23.4.1 静电除尘的基本原理

静电除尘的基本原理主要包括电晕放电、尘粒的荷电、荷电尘粒的运动和捕集、被捕集粉尘的清除几个基本过程。

（1）电晕放电

静电除尘器实质上是由两个极性相反的电极组成的，其中一个是表面曲率很大的线状电极，即电晕极；另一个是管状或板状电极，即集尘极（图 23.18）。一般情况下，电晕极接直流电源的负极，集尘极接直流电源的正极，两极之间形成高压电场。电极间的空气离子在电场的作用下向电极移动，形成电流。当电压升高到一定值时，电晕极表面出现青紫色的光，并发出“嘶嘶”声，大量的电子从电晕线不断逸出，这种现象称为电晕放电。电子撞击电极间的气体分子，使之产生电离，生成大量的自由电子和正离子，电子在电场力的作用下，向极性相反的电极运动，运动过程中与气体分子碰撞并使之离子化，其结果是产生更多的电子。把电子能引起气体分子离子化的区域，称为电晕区。

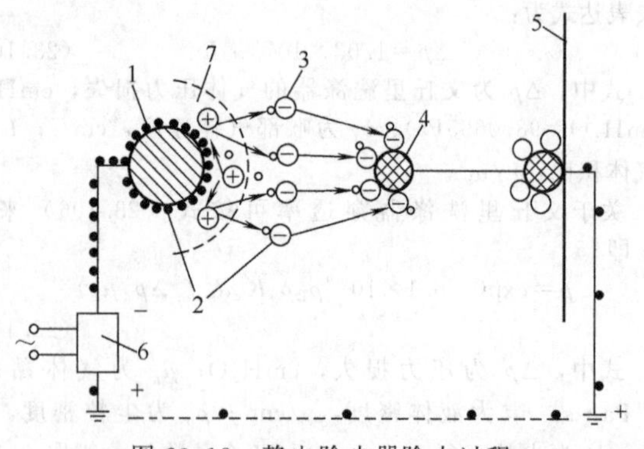


图 23.18 静电除尘器除尘过程

1—电晕极；2—电子；3—离子；4—粒子；5—集尘极；6—供电装置；7—电晕区

如果在电晕极上加的是负电压，则产生的是负电晕；反之，则产生正电晕。因为产生负电晕的电压比产生正电晕的电压低，而且电晕电流大，所以工业应用的电除尘器，均采用负电晕放电的形式。

在达到起始电晕电压的基础上，如果进一步升高电压，则电晕电流急剧增加，电晕放电更加激烈。当电压升至某一值时，电场击穿，发生火花放电，电路短路，电除尘器停止工作。在相同的情况下，负电晕的击穿电压比正电晕的击穿电压高得多。正是由于负电晕起晕电压低，电晕电流大，击穿电压高，所以工业采用的电除尘器，均采用稳定性强的负电晕极。但是，正电晕产生的臭氧量小，从维护人体健康来考虑，用于空气调节的小型电除尘器大多采用正电晕极。

电晕特性取决于许多因素，包括电极的形状、电极间的距离，气体组成、压力、温度，气流中要捕集的粉尘的浓度、粒度、比电阻以及它们在电晕极和集尘极上的沉积等。

（2）尘粒的荷电

尘粒的荷电机理有两种，一种是电场荷电，另一种是扩散荷电。电场荷电是指电晕电场中的电子在电场力的作用下做定向运动，与尘粒碰撞后使尘粒荷电的方式。扩散荷电是指电子由于热运动与粉尘颗粒表面接触，使粉尘荷电的方式。

尘粒的荷电方式与粒径有关。对粒径大于 0.5μm 的尘粒以电场荷电为主，小于 0.2μm 的尘粒以扩散荷电为主。由于工程中应用的电除尘器，处理粉尘的粒径一般大于 0.5μm，而且进入电除尘器的粉尘颗粒大多凝并成团，所以尘粒的荷电方式主要是电场荷电。

（3）荷电尘粒的运动和捕集

在电晕区内，气体正离子向电晕极运动的路程极短，因此它们只能与极少数的尘粒相遇并使之荷正电，因而荷正电的极少数尘粒沉降在电晕极上；在负离子区内，大量荷负电的粉尘颗粒在电场力的驱动下向集尘极运动，它们到达极板失去电荷后，沉降在集尘极上。

当尘粒所受的静电力和尘粒的运动阻力相等时，尘粒向集尘极做匀速运动，此时的运动速度就称为驱进速度，用 $\omega$ 表示。表 23.11 给出了一些粉尘的有效驱进速度。

表 23.11 各种粉尘的有效驱进速度

| 粉尘种类 | 驱进速度/(m/s) | 粉尘种类 | 驱进速度/(m/s) | 粉尘种类 | 驱进速度/(m/s) |
|---|---|---|---|---|---|
| 锅炉飞灰 | 0.08～0.122 | 焦油 | 0.08～0.23 | 氧化铅 | 0.04 |
| 水泥 | 0.0945 | 石英石 | 0.03～0.055 | 石膏 | 0.195 |
| 铁矿烧结灰尘 | 0.06～0.20 | 镁砂 | 0.047 | 氧化铝熟料 | 0.13 |
| 氧化亚铁 | 0.07～0.22 | 氧化锌 | 0.04 | 氧化铝 | 0.084 |

（4）被捕集粉尘的清除

集尘极表面的灰尘沉积到一定厚度后，为了防止粉尘重新进入气流，需要将其除去，使其落入灰斗中。电晕极上也会附有少量的粉尘，它会影响电晕电流的大小和均匀性，隔一段时间也要清灰。

电晕极的清灰一般采用机械振动的方式。集尘极清灰方法在干式和湿式除尘器中是不同的。

在干式除尘器中，沉积在集尘极上的粉尘是由机械撞击或电极振动产生的振动力清除的。现代的电除尘器大多采用电磁振打或锤式振打清灰，两种主要常用的振打器是电磁型和挠臂锤型。

湿式除尘器的清灰一般是用水冲洗集尘极板，使极板表面经常保持一层水膜，粉尘落在水膜上时，被捕集并顺水膜流下，从而达到清灰的目的。湿式清灰的主要优点是已除去的粉尘不会重新进入气相造成返混。同时，也会净化部分有害气体。湿式清灰的主要缺点是极板腐蚀和对含水污泥的处理使流程复杂。

### 23.4.2 静电除尘器除尘效率的影响因素

多依奇（Dertsh）在以下假定的基础上，提出了理论捕集效率的计算公式。

① 除尘器中气流为紊流状态；

② 在垂直于集尘极表面任一横断面上；

③ 粒子浓度和气流分布是均匀的；

④ 粉尘粒径是均一的，且进入除尘器后立即完成荷电过程；

⑤ 忽略电风和二次扬尘的影响。

$$\eta=1-\frac{C_2}{C_1}=1-\exp\left(-\frac{A\omega}{Q}\right) \tag{23.107}$$

式中，$C_1$ 为电除尘器进口含尘气体的浓度，$g/m^3$；$C_2$ 为电除尘器出口含尘气体的浓度，$g/m^3$；$A$ 为集尘极总面积，$m^2$；$Q$ 为含尘气体流量，$m^3/s$；$\omega$ 为尘粒的驱进速度，m/s。

尽管电除尘器是一种高效除尘器，但并非任何条件都能达到最高的除尘效率，而是受到许多因素的制约，影响除尘效率的主要因素如下。

（1）粉尘的比电阻

从图 23.19 可以看出，在 A 段，粉尘的比电阻小于 $10^4\Omega\cdot cm$，导电性能好，且随着比电阻的减小，除尘效率大大下降，而电流消耗大大地增加。在 B 段，比电阻在 $10^4\sim2\times10^{10}\Omega\cdot cm$ 之间，除尘效率较高，电流消耗比较稳定。在 C、D 段，粉尘的比电阻大于 $2\times10^{10}\Omega\cdot cm$ 时，随着比电阻的增大，除尘效率急剧下降。因此，粉尘的比电阻过高或过低均不利于电除尘，最适合于电除尘器捕集的粉尘，其比电阻的范围大约是 $10^4\sim10^{10}\Omega\cdot cm$。

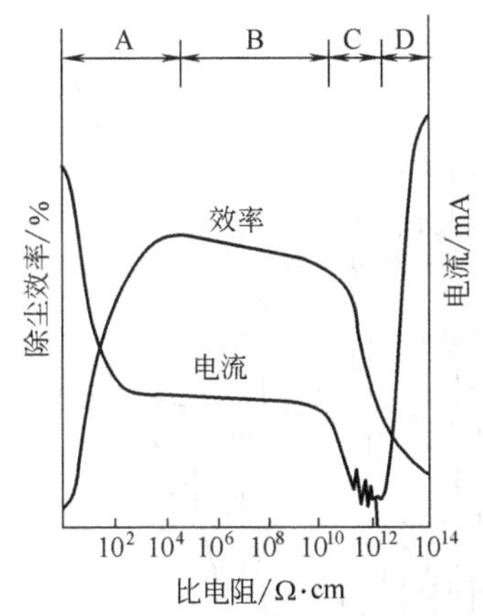


图 23.19 粉尘的比电阻与除尘效率和电流的关系

影响粉尘比电阻的因素很多，但主要是气体的温度和湿度。所以，对于比电阻偏高的粉尘，往往可以通过改变烟气的温度和湿度来调节，具体的方法是向烟气中喷水，这样可以同时达到增加烟气湿度和降低烟气温度的双重目的。为了降低烟气的比电阻，也可以向烟气中加入 $SO_3$、$NH_3$ 以及 $Na_2CO_3$ 等化合物，以使尘粒的导电性增加。

（2）火花放电频率

为了获得最高的除尘效率，通常用控制电晕极和集尘极之间火花频率的方法，做到既维持较高的运行电压，又避免火花放电转变为弧光放电。这时的火花频率被称为最佳火花频率，其值因粉尘的性质和浓度、气体的成分、温度和湿度的不同而不同，一般取 30～150 次/min。

（3）含尘浓度

由于电晕放电在除尘电场中产生大量的电子，使进入其间的粉尘荷电。荷电粉尘形成的空间电荷会对电晕极产生屏蔽作用，从而抑制了电晕放电。随着含尘浓度的提高，电晕电流逐渐减小，这种效应称为电晕阻止效应。当含尘浓度增加到某一数值时，电晕电流基本为零，这种现象被称为电晕闭塞。此时，电除尘器失去除尘能力。

为了避免产生电晕闭塞，进入电除尘器气体的含尘浓度应小于 $20g/m^3$。当气体含尘浓度过高时，除了选用曲率大的芒刺型电晕电极外，还可以在电除尘器前串接除尘效率较低的机械除尘器，进行多级除尘。

（4）除尘器断面气流速度

从电除尘器的工作原理不难得知，除尘器断面气流速度越低，粉尘荷电的机会越多，除尘效率也就越高。从图 23.20 可以看出，当锅炉烟气的流速低于 0.6m/s 时，除尘效率接近 100%。当烟气的流速等于 1.6m/s 时，除尘效率只有 84%。可见，随着气流速度的增大，除尘效率大幅度下降。

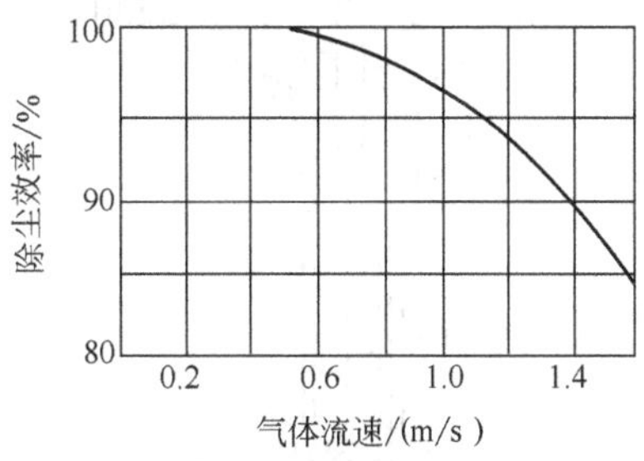


图 23.20 气体流速与除尘效率的关系

从理论上讲，低气体流速有利于提高除尘效率，但气体流速过低的话，不仅经济上不合理，而且管道易积灰。实际生产中，断面上的气体流速一般为 0.6～1.5m/s。

（5）气体的温度和湿度

含尘气体的温度对除尘效率的影响主要表现为对粉尘比电阻的影响。在低温区，由于粉尘表面的吸附物和水蒸气的影响，粉尘的比电阻较小，随着温度的升高，作用减弱，使粉尘的比电阻增加。在高温区，主要是粉尘本身的电阻起作用，因而随着温度的升高，粉尘的比电阻降低。

当温度低于露点时，气体的湿度会严重影响除尘器的除尘效率。主要会因捕集到的粉尘结块黏结在集尘极和电晕极上，难于振落，而使除尘效率下降。当温度高于露点时，随着湿度的增加，不仅可以使击穿电压升高，而且可以使部分尘粒的比电阻降低，从而使除尘效率有所提高。

（6）断面气流分布

电除尘器断面气速分布均匀与否，对除尘效率有很大的影响。如果断面气速分布不均匀，在流速较低的区域，就会存在局部气流停滞，造成集尘极局部积灰严重，使运行电压变低；在流速较高的区域，又会造成二次扬尘。因此，除尘器断面上的气速差异越大，除尘效率越低。

为了解决除尘器内气速分布问题，一般采取在除尘器的入口或在出入口同时设置气流分布装置。为了避免在进、出口风道中积尘，应控制风道内气速在 15～20m/s 之间。

（7）清灰

由于电除尘器在工作过程中，随着集尘极和电晕极上堆积粉尘厚度的不断增加，运行电压会逐渐下降，使除尘效率降低。因此，必须通过清灰装置使粉尘剥落下来，以保持高的除尘效率。

### 23.4.3 静电除尘器的结构形式和主要部件

（1）静电除尘器的结构形式

静电除尘器的结构形式很多，可以根据不同的特点，分成不同的类型。根据集尘极的形式可以分为管式和板式两种；根据气流的流动方式，可以分为立式和卧式两种；根据粉尘在电除尘器内的荷电方式及分离区域布置的不同，可以分为单区和双区电除尘器。此外，还可分为干式和湿式电除尘器。

① 管式和板式电除尘器。最简单的管式电除尘器为单管电除尘器（见图 23.21），它是在圆管的中心放置电晕极，而把圆管的内壁作为集尘极，集尘极的截面形状可以是圆形或六角形。管径一般为 150～300mm，管长 2～5m，电晕线用重锤悬吊在集尘极圆管中心。含尘气体由除尘器下部进入，净化后的空气由顶部排出。由于单管电除尘器通过的气量少，在工业上通常采用多管并列组成的多管电除尘器（图 23.22）。为了充分利用空间，可以用六角形管代替圆管。

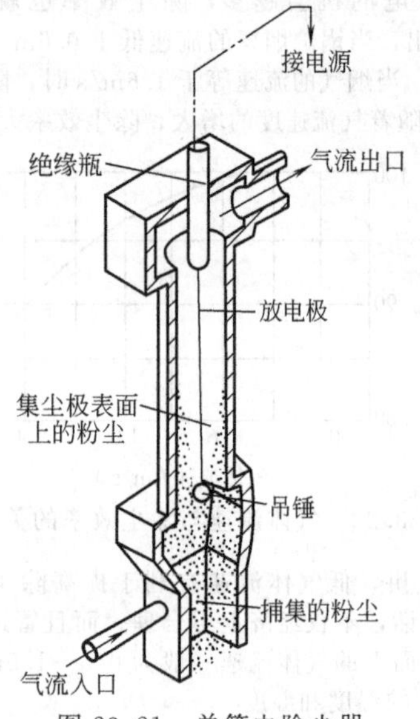


图 23.21 单管电除尘器

板式电除尘器（见图 23.23）是在一系列平行金属板间（作为集尘极）的通道中设置电晕极。极板间距一般为 200～400mm，极板高度为 2～15m，极板总长度可根据对除尘效率高低的要求而定。通道数视气量而定，少则几十，多则几百。板式电除尘器由于它的几何尺寸灵活，因而在工业除尘中广泛应用。

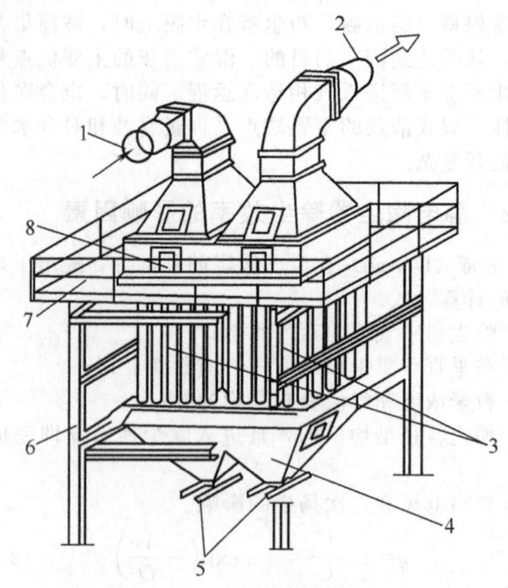


图 23.22 多管电除尘器

1—含尘气体入口；2—净气出口；3—管状电除尘器；4—灰斗；5—排尘口；6—支架；7—平台；8—人孔

② 立式和卧式电除尘器。立式电除尘器通常做成管式，垂直安装。含尘气体由下部进入，自下而上流过电除尘器。立式电除尘器由于向高度发展，因而占地面积小；在高度较高时，可以将净化后的烟气直接排入大气而不另设烟囱，但检修不如卧式方便。

卧式电除尘器多为板式，气体在其中水平通过。每个通道内沿气流方向每隔 3m 左右（有效长度）划分成单独电场，常用是 2～4 个电场（根据除尘效率确定）。卧式电除尘器安装灵活、维修方便，适用于处理烟气量大的场合。

③ 单区和双区电除尘器。在单区电除尘器里，尘粒的荷电和捕集在同一电场中进行，即电晕极和集尘极布置在同一电场区内（见图 23.24）。这种单区电除尘器是应用最广泛的一种电除尘器，通常用于工业除尘和烟气净化。

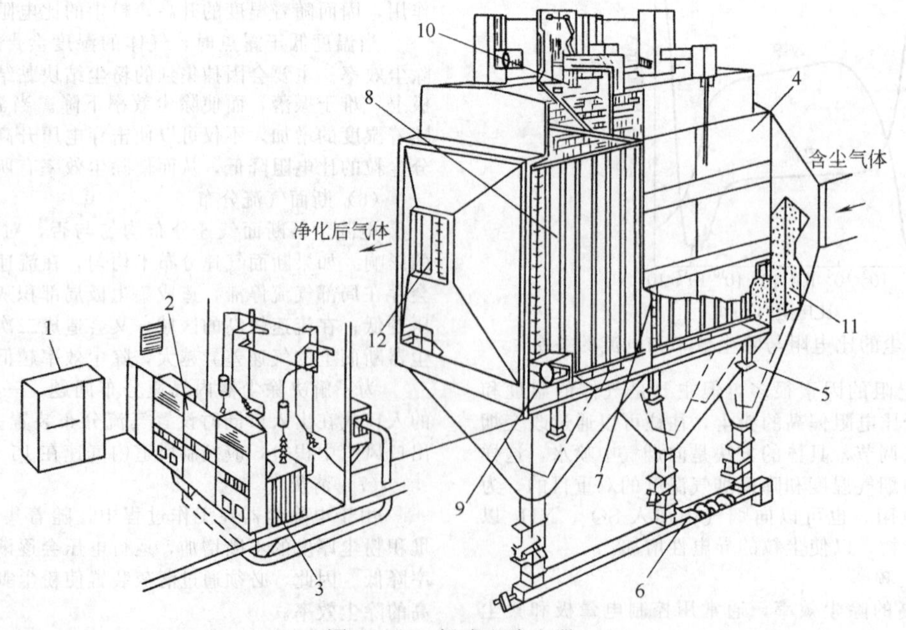


图 23.23 板式电除尘器

1—低压电源控制柜；2—高压电源控制柜；3—电源变压器；4—电除尘器本体；5—下灰斗；6—螺旋除灰机；7—电晕极；8—集尘极；9—集尘极振打清灰装置；10—放电极振打清灰装置；11—进气气流分布板；12—出气气流分布板

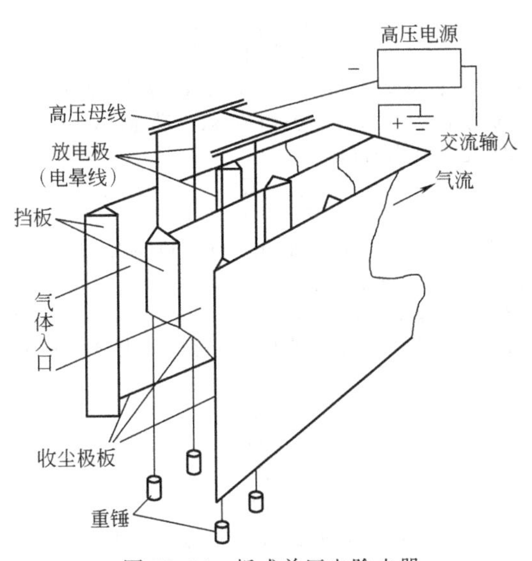

图 23.24　板式单区电除尘器

在双区电除尘器内，尘粒的荷电和捕集分别在两个不同的区域内进行。安装放电极的放电区主要完成对尘粒的荷电过程，而在装有高压极板的集尘区主要是捕集已荷电的粉尘（见图 23.25）。双区电除尘器可以防止反电晕的现象发生，这种电除尘器一般用于空调送风的净化系统。

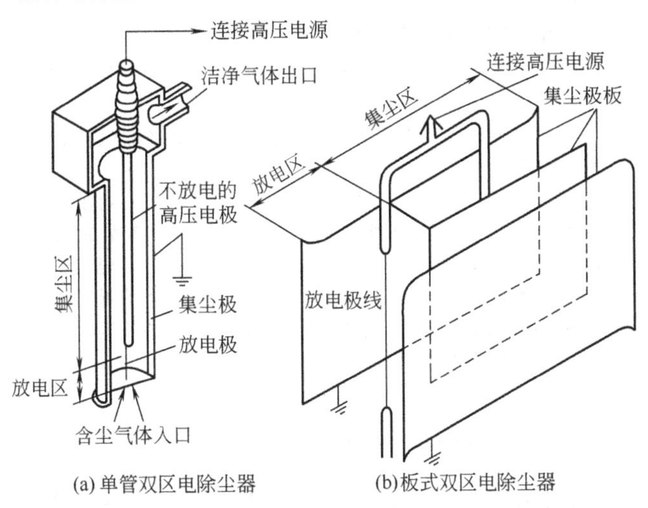

(a) 单管双区电除尘器　(b) 板式双区电除尘器

图 23.25　双区电除尘器

④ 干式和湿式电除尘器。干式电除尘器是通过振打的方式使电极上的积尘落入灰斗中。含尘气体的电离、粒子荷电、集尘及振打清灰等过程，均是在干燥状态下完成的。这种清灰方式简单，便于粉尘的综合利用，但易造成二次扬尘，降低除尘效率。目前，工业上应用的电除尘器多为干式电除尘器。

湿式电除尘器是采用溢流或均匀喷雾的方式使集尘极表面经常保持一层水膜，用以清除被捕集的粉尘。这种方式不仅除尘效率高，而且避免了二次扬尘。此外，由于没有振打装置，运行比较稳定。其主要缺点是对设备有腐蚀，泥浆后处理复杂。

近年来，为了进一步提高电除尘器的效率，出现了许多新型结构的电除尘器。例如超高压宽间距电除尘器、原式电除尘器、横向极板电除尘器等。这些新型结构的电除尘器的特点是：提高尘粒的有效驱进速度；减轻了反电晕的影响；减少了二次扬尘；提高了除尘效率等。随着科学技术的进步，以及各国对环境保护的要求日益严格，新型电除尘器将会不断研制出来并在工业上使用。

(2) 静电除尘器的主要部件

静电除尘器的结构由除尘器本体、供电装置和附属设备组成。除尘器的主体包括电晕电极、集尘极板、气流分布装置等。

① 电晕电极。电晕电极是产生电晕放电的电极，应具有良好的放电性能（起晕电压低、击穿电压高、电晕电流大等），较高的机械强度和耐腐蚀性能。

电晕电极有多种形式，最简单的是圆形导线，圆形导线的直径越小，起晕电压越低，放电强度越高，但机械强度也较低，振打时容易损坏。工业电除尘器中一般使用直径为 2～3mm 的镍铬线作为电晕电极，上部自由悬吊，下部用重锤拉紧。也可以将圆导线做成螺旋弹簧形，适当拉伸并固定在框架上，形成框架式结构。

芒刺形和锯齿形电晕电极放电属于尖端放电，放电强度高，在正常情况下比星形电晕电极产生的电晕电流大 1 倍，起晕电压比其他的形式低。此外，由于芒刺形电晕电极或锯齿形电晕电极尖端放电产生的电子流和离子流特别集中，在尖端伸出方向，增强了电风，这对减弱和防止因烟气含尘浓度高时出现的电晕闭塞现象是有利的。因此芒刺形和锯齿形电晕电极适合于含尘浓度高的场合，如在多电场的电除尘器中用在第一电场和第二电场中。图 23.26 所示是几种常见的芒刺形电晕电极。

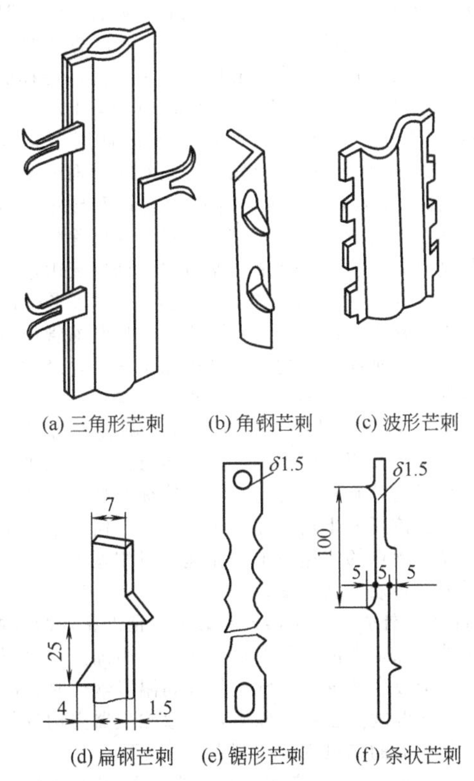

(a) 三角形芒刺　(b) 角钢芒刺　(c) 波形芒刺

(d) 扁钢芒刺　(e) 锯形芒刺　(f) 条状芒刺

图 23.26　常见的芒刺形电晕电极

相邻电晕电极之间的距离（极距）对放电强度影响较大，极距太大减弱电场强度，极距过小也会因屏蔽作用降低放电强度。实验表明，最优极距为 200～300mm。

② 集尘极板。集尘极板的结构形式直接影响除尘效率。对集尘极板的基本要求是振打时二次扬尘少，单位集尘面积金属用量少，极板较高时不易产生变形，气流通过极板空间时阻力小等。

集尘极板的形式有平板形、Z 形、C 形、波浪形、曲折形等（图 23.27）。平板形极板对防止二次扬尘和使极板保持足够刚度的性能较差。型板式极板（除平板形外其他极板）是将极板加工成槽沟的形状。当气流通过时，紧贴极板表面处会形成一层涡流区，该处的流速较主气流流速要小，因而当粉尘进入该区时易沉积在集尘极板表面。同时由于板面不直接受主气流冲刷，粉尘重返气流的可能性以及振打清灰时产生的二次扬尘都较少，有利于提高除尘效率。

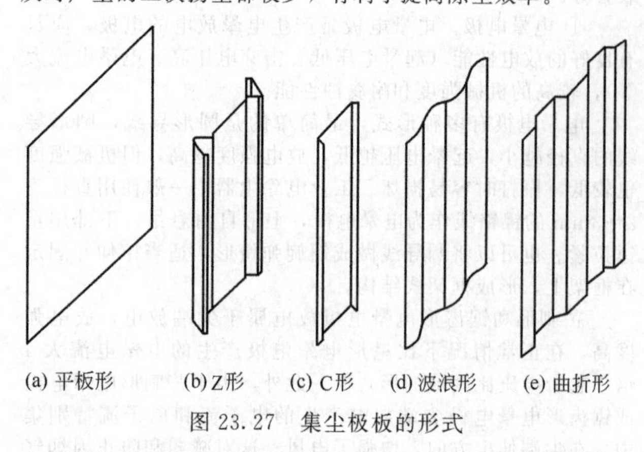


图 23.27 集尘极板的形式

极板间距对电场性能和除尘效率影响较大。在通常采用的60～72kV变压器的情况下，极板间距一般取200～350mm。

集尘极板和电晕电极的制作和安装质量对电除尘器的性能有很大影响。安装前极板、极线必须调直，安装时要严格控制极距，安装偏差要在±5%以内。极板的挠曲和极距的不均匀会导致工作电压降低和除尘效率下降。选择极板的宽度要与电晕线的间距相适应。例如，C形和Z形集尘极板，若每块对应一根电晕线时，则极板宽度可取180～220mm。若极板宽为380～480mm，则对应两根电晕线。

③ 气流分布装置。气流分布的均匀程度与除尘器进口的管道形式及气流分布装置有密切关系。在电除尘器安装位置不受限制时，气流应设计成水平进口，即气流由水平方向通过扩散形变径管进入除尘器，然后经1～2块平行的气流分布板后进入除尘器的电场。在除尘器出口渐缩管前也常常设一块分布板。被净化后的气体从电场出来后，经此分布板和与出口管相连接的渐缩管，然后离开除尘器。

分布板一般为多孔薄板，孔形分为圆孔或方孔，也可以采用百叶窗式孔板。电除尘器正式运行前，必须进行测试调整，检查气流分布是否均匀，其具体标准是：任何一点的流速不得超过该断面平均流速的±40%；任何一个测定断面上，85%以上测点的流速与平均流速不得相差±25%。如果不符合要求，必须重新调整。

④ 除尘器外壳。除尘器外壳必须保证严密，减少漏风。漏风将使进入除尘器的风量增加，风机负荷加大，电场内风速过高，除尘效率下降。特别是处理高温湿烟气时，冷空气漏入会使烟气温度降至露点以下，导致除尘器内构件粘灰和腐蚀。电除尘器的漏风率应控制在3%以下。

⑤ 高压供电装置。高压供电装置主要用于提供尘粒荷电和捕集所需要的电晕电流。对电除尘器供电系统的要求是对除尘器提供一个稳定的高电压并具有足够的功率。高压供电装置主要包括升压变压器、高压整流器和控制装置。

在电除尘器系统中，要求供电装置自动化程度高，适应能力强，运行可靠，使用寿命在20年以上。

### 23.4.4 电除尘器的设计和选择

电除尘器的设计主要是根据需要处理的含尘气体流量和净化要求，确定集尘板面积、电场断面面积、电场长度、工作电压等。电除尘器有平板形和圆筒形，本节只介绍平板形电除尘器的有关设计计算。

(1) 集尘极面积

$$A=\frac{Q}{v_d}\ln\left(\frac{1}{1-\eta}\right) \tag{23.108}$$

式中，$A$ 为集尘极面积，$m^2$；$Q$ 为处理气体流量，$m^3/s$；$\eta$ 为集尘效率；$v_d$ 为微粒有效驱进速度，m/s。

(2) 电场断面面积

$$A_e=\frac{Q}{u} \tag{23.109}$$

式中，$A_e$ 为电场断面面积，$m^2$；$Q$ 为处理气体流量，$m^3/s$；$u$ 为除尘器断面气流速度，m/s。

(3) 集尘室的通道个数

由于每两块集尘极之间为一通道，则集尘室的通道个数 $n$ 可由下式确定。

$$n=\frac{Q}{bhu}$$

$$n=\frac{A_e}{bh}$$

式中，$b$ 为集尘极间距，m；$h$ 为集尘极高度，m；$Q$ 为气体流量，$m^3/s$。

(4) 电场长度

$$L=\frac{A}{2nH} \tag{23.110}$$

式中，$L$ 为集尘极沿气流方向的长度，m；$H$ 为电场高度，m。

(5) 工作电压

根据实际需要，工作电压 $U$ 一般可按下式计算。

$$U=250b \tag{23.111}$$

(6) 工作电流

工作电流 $I$ 可由集尘极的面积 $A$ 与集尘极的电流密度 $I_d$ 的乘积来计算。

$$I=AI_d \tag{23.112}$$

**例** 设计一电除尘器用来处理石膏粉尘。若处理风量为129600$m^3/h$，入口含尘浓度为$3\times10^{-2}kg/m^3$，要求出口含尘浓度降至$1.5\times10^{-5}kg/m^3$。试计算该除尘器所需集尘板面积、电场断面面积、集尘室通道个数和电场长度。

**解** 查得石膏粉尘的有效驱进速度为0.18m/s（平均值）。

处理风量为：$Q=\frac{129600}{3600}=36$ （$m^3/s$）

除尘效率为：$\eta=\left(1-\frac{C_2}{C_1}\right)\times100\%=\left(1-\frac{1.5\times10^{-5}}{3\times10^{-2}}\right)\times100\%=99.5\%$

集尘板面积：$A=\frac{Q}{v_d}\ln\left(\frac{1}{1-\eta}\right)=\frac{36}{0.18}\ln\left(\frac{1}{1-0.995}\right)=1060$ （$m^2$）

取除尘器断面气流速度 $u=1.0$m/s，则电场断面面积为：$A_e=\frac{Q}{u}=\frac{36}{1.0}=36$ （$m^2$）

取通道宽300mm，高 $h=6$m，则集尘室通道个数为：$n=\frac{A_e}{bh}=\frac{36}{0.3\times6}=20$

电场长度为：$L=\frac{A}{2Hn}=\frac{1060}{2\times20\times6}=4.42$ （m）

## 23.5 袋式除尘

### 23.5.1 袋式除尘器的除尘原理

袋式除尘器是利用纤维织物的过滤作用将含尘气体中的尘粒阻留在滤袋上，从而使颗粒物从废气中分离出来。除尘机理包括筛滤效应、惯性碰撞效应、钩住效应、扩散效应和静电效应。

图 23.28 是除尘原理示意图。当含尘气体通过洁净滤袋时，由于洁净滤袋的网孔较大，大部分微细粉尘会随气流从滤袋的网孔中通过，只有粗大的尘粒能被阻留下来，并在网孔中产生“架桥”现象。随着含尘气体不断通过滤袋的纤维间隙，纤维间粉尘“架桥”现象不断加强，一段时间后，滤袋表面积聚一层粉尘，这层粉尘被称为初层。形成初层后，气体流通的孔道变细，即使很细的粉尘，也能被截留下来。因此，此时的滤布只起支撑的骨架作用，真正起过滤作用的是尘粒形成的过滤层。随着粉尘在滤布上的积累，除尘效率不断增大，同时阻力也不断增大。当阻力达到一定程度时，滤袋两侧的压力差会把有些微细粉尘从微细孔道中挤压过去，反而使除尘效率下降。另外，除尘器的阻力过高，也会使风机功耗增加，除尘系统气体处理量下降，因此当阻力达到一定值后，要及时进行清灰。注意清灰时不要破坏初层，以免造成除尘效率下降。

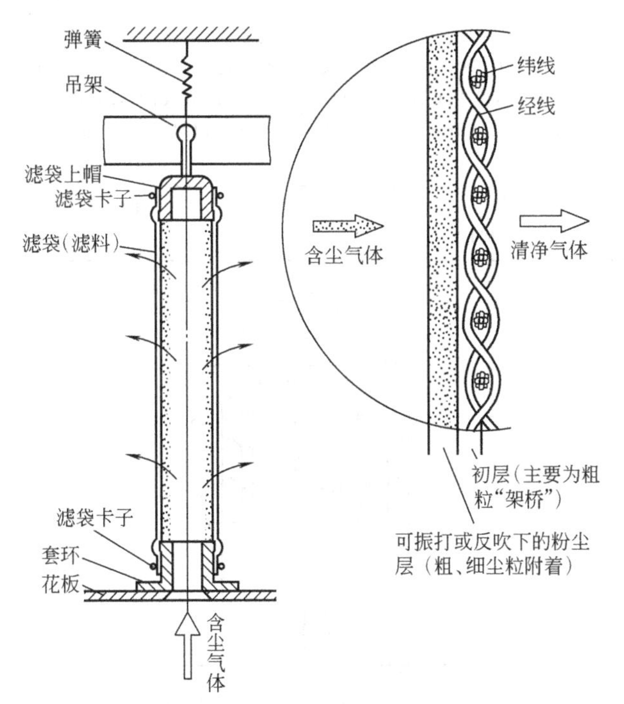


图 23.28 除尘原理示意图

## 23.5.2 袋式除尘器除尘效率的影响因素

影响袋式除尘器除尘效率的因素有过滤风速、过滤阻力、过滤材料等。

(1) 过滤风速

袋式除尘器的过滤风速是指气体通过滤布时的平均速度，在工程上是指单位时间通过单位面积滤布含尘气体的流量。过滤风速的计算公式为：

$$u_f=\frac{Q}{60A} \tag{23.113}$$

式中，$u_f$ 为过滤风速，$m^3/(m^2\cdot min)$；$Q$ 为气体的体积流量，$m^3/h$；$A$ 为过滤面积，$m^2$。

过滤风速是反映袋式除尘器处理能力的主要技术经济指标。在实际运行中，它是由滤料种类、粉尘粒径、粉尘的性质及清灰方式而确定的。提高过滤风速可以减少过滤面积，提高滤料的处理能力。但风速过高会把滤袋上的粉尘压实，使阻力加大。由于滤袋两侧的压力差增大，会使细微粉尘透过滤料，而使除尘效率下降。过滤风速过高还会引起频繁清灰，增加清灰能耗，减少滤袋的使用寿命等。过滤风速低，阻力也低，除尘效率高，但在气体处理量一定的情况下，过滤面积增加，除尘器的体积、占地面积、设备投资也会加大。因此，过滤风速的选择要综合考虑各种影响因素。

(2) 过滤阻力

袋式除尘器的过滤阻力是一个主要的技术经济指标。它不仅决定除尘器的能量消耗，而且决定除尘效率和清灰时间间隔。袋式除尘器的阻力与它的结构形式、滤料特性、过滤风速、粉尘性质和浓度、清灰方式、气体的温度和黏度等因素有关。

$$\Delta p=\Delta p_c+\Delta p_f+\Delta p_d \tag{23.114}$$

式中，$\Delta p$ 为过滤阻力，Pa；$\Delta p_c$ 为袋式除尘器的结构阻力（在正常过滤风速下一般为 300～500Pa），Pa；$\Delta p_f$ 为清洁滤料的阻力，Pa；$\Delta p_d$ 为粉尘层的阻力，Pa。

在过滤风速一定的情况下，如果含尘气体的浓度较低，则过滤时间可以适当延长；反之，处理的含尘气体浓度较高时，过滤时间可以适当缩短。进口气体含尘浓度低、过滤时间短、清灰效果好的袋式除尘器，可以选较高的过滤风速；反之，则应选择较低的过滤风速。

(3) 过滤材料

过滤材料简称滤料，袋式除尘器的滤料是滤布。它是袋式除尘器的主要部件，其费用一般占设备费的 10%～15%。滤布的质量直接影响除尘器的效率、阻力等性能。工程应用上，对滤料有如下要求：

① 纤维质地均匀，尘容量大，吸灰性能好；

② 透气性好，阻力低；

③ 力学性能好，尺寸稳定性好，不易起皱、变形；

④ 吸湿性小，易清灰；

⑤ 化学稳定性好，耐高温；

⑥ 成本低，使用寿命长。

袋式除尘器采用的滤料种类较多，按滤料的材质分为天然纤维、无机纤维和合成纤维等；按滤料的结构分为滤布和毛毯两类；按滤布的编织方法分为平纹编织、斜纹编织和缎纹编织滤布。

滤料的性能除了与纤维本身的性质（如耐高温、耐腐蚀、耐磨损等）有关外，还与滤料的结构有很大关系。例如，表面光滑的滤料和薄滤料，尘容量小，清灰容易，但除尘效率低，适用于含尘浓度低、黏度大的粉尘，采用的过滤风速也不能太高；厚滤料和表面起绒的滤料，尘容量大，过滤效率高，可以采用较高的过滤风速，但过滤阻力较大，应注意及时清灰。

目前，还没有完全满足全部要求的滤料。只能根据具体的情况，选择符合使用条件的滤料。

新型的滤料不断地被开发应用。例如，国内生产的针刺呢滤料，它具有三维结构、孔隙率大、透气性好、除尘效率高、表面光滑平整、易清灰等优点。国外研制的薄膜表面滤料，可耐温 260℃，对细微粉尘的除尘效率也接近 100%，其厚度仅为 100μm，眼孔为 0.1μm，可根据含尘气体的性质贴在所需的滤料上。它表面光洁、清灰容易、阻力小，是高效袋式除尘器较理想的滤料。

## 23.5.3 常用袋式除尘器的结构

(1) 袋式除尘器的分类

袋式除尘器有多种结构形式（图 23.29～图 23.33），通常可根据滤袋的形状、进风口位置、过滤方式以及清灰方式等的不同特点来分类。袋式除尘器的结构形式及特点见表 23.12。

**表 23.12　袋式除尘器的结构形式及特点**

| 分类方式 | 除尘器类型 | 结构特点 |
|---|---|---|
| 滤袋形状 | 圆筒形 | 结构简单，便于清灰，滤袋直径一般为100～300mm，最大不超过600mm，袋长2～12mm |
| | 扁平形 | 扁袋在相同除尘器体积的情况下比圆袋的过滤面积大30%。但结构复杂，换袋比较困难 |
| 过滤方式 | 内滤式 | 含尘气体首先进入滤袋内部，由内向外过滤，粉尘积附在滤袋内表面，一般适用于机械清灰的袋式除尘器 |
| | 外滤式 | 含尘气体由滤袋外部进入滤袋内，粉尘积附在滤袋外表面，滤袋内设置支撑骨架，适用于脉冲喷吹清灰袋式除尘器和回转反吹袋式除尘器 |
| 进气方式 | 下进气式 | 含尘气流由除尘器的下部进入除尘器内 |
| | 上进气式 | 含尘气流由除尘器的上部进入除尘器内，有助于粉尘的沉降，减少粉尘的再吸附 |
| 清灰方式 | 机械振动清灰 | 包括人工振打、机械振打和高频振荡等。方法简单、投资少，但振打强度不均匀，对滤袋损伤大，过滤风速低，正在逐渐被其他清灰方式取代 |
| | 脉冲喷吹清灰 | 以压缩空气为动力，利用喷吹机构瞬间喷出的压缩气体，通过文氏管诱导二次空气高速喷入滤袋，使滤袋产生冲击振动，将滤袋上的粉尘清除下来，清灰强度大，允许采用较大的过滤风速，是目前国内应用最广的清灰方式 |
| | 逆气流清灰 | 吸入室外空气或用除尘后的循环烟气作为反吹气流，反吹气流沿着与过滤方向相反的方向通过滤袋，使滤袋上的粉尘落入灰斗。反吹时如果采用正压方式，称为正压反吹风清灰；如果采用负压方式，称为负压反吸风清灰。逆气流反吹(吸)风清灰在整个滤袋上气流分布均匀，但清灰强度小，过滤风速不宜过大 |
| | 声波清灰 | 利用声波发生器使滤料产生振动而进行清灰，这种方式有时用作反吹(吸)风清灰的补充，在高温下采用声波清灰可以减轻玻璃纤维滤袋的损坏 |

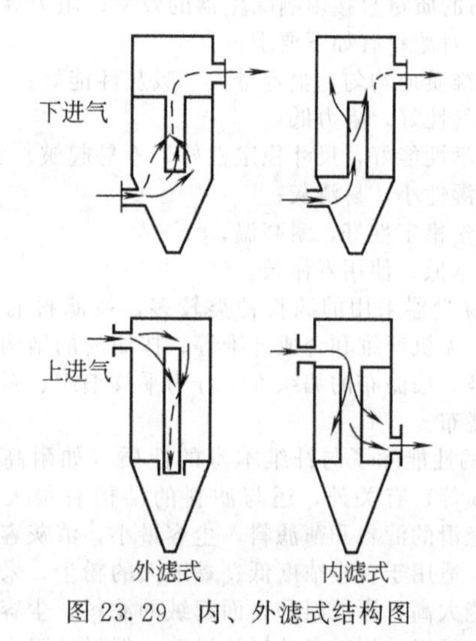

图 23.29　内、外滤式结构图

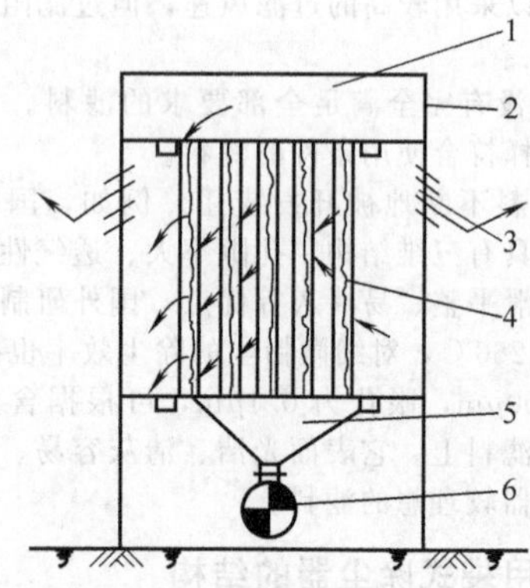

图 23.30　上进风袋式除尘器

1—空气分配室；2—含尘气体进口；3—滤袋；4—清洁气体出口；5—灰斗；6—螺旋卸尘机

(2) 常用袋式除尘器

① 机械振动清灰袋式除尘器。这种除尘器是利用机械振打机构使滤袋产生振动，从而使滤袋中的灰尘落到灰斗中的一种除尘器。图 23.34 是最常见的三种振动方法。

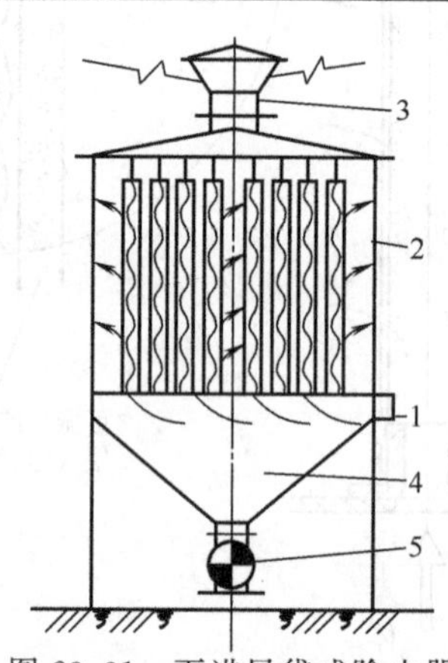

图 23.31　下进风袋式除尘器

1—含尘气体入口；2—滤袋；3—排风帽；4—灰斗；5—螺旋卸尘机

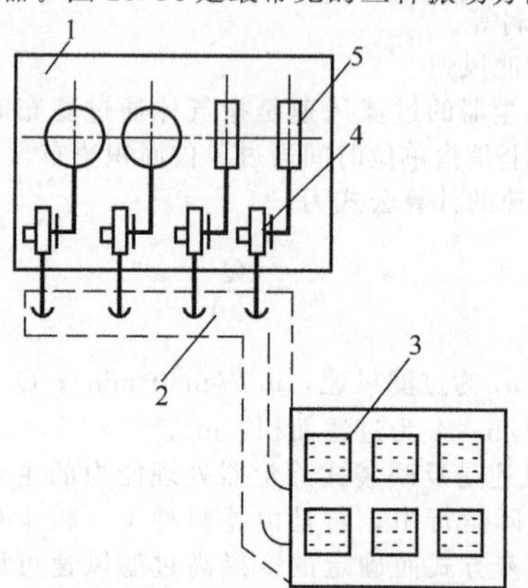

图 23.32　集中式袋式除尘器

1—生产车间；2—地下风道；3—袋式除尘器；4—通风机；5—产尘设备

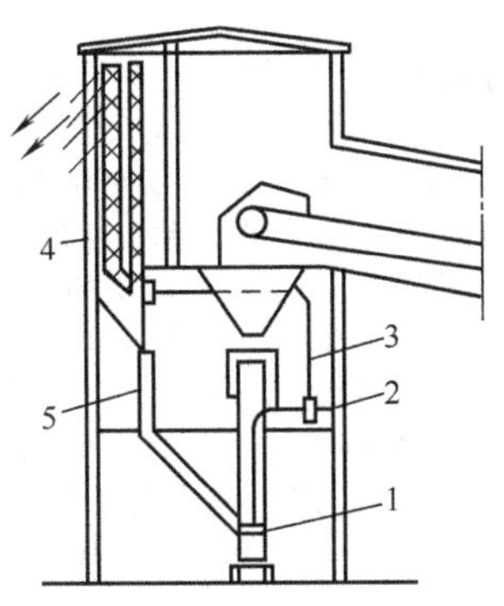

图 23.33 分散式袋式除尘器

1—抽风罩；2—通风机；3—风管；4—袋式除尘室；5—卸灰管

图 23.34（a）是利用振打机构拖动滤袋进行水平方向振动进行清灰的方法，水平振打部位可以是上部，也可以是中部，该方法虽然对滤袋损伤较小，但振打强度分布不均匀。图 23.34（b）是利用振打机构使滤袋沿垂直方向发生松动和拉紧运动，从而使滤袋上的积尘脱落并进入下部集尘斗中，该方法清灰效果好，但对滤袋下部的损伤较大。图 23.34（c）是利用偏心轮使滤袋做往复扭转运动的清灰方法。图 23.35 示出偏心轮振动清灰袋式除尘器。滤袋下部固定在花板凸出接口上，上部吊挂在框架上，清灰时电机带动偏心轮使滤袋振动，从滤袋脱落下来的粉尘进入灰斗中，该方法清灰效果好，耗电量小，适用于净化含尘浓度不高的废气。

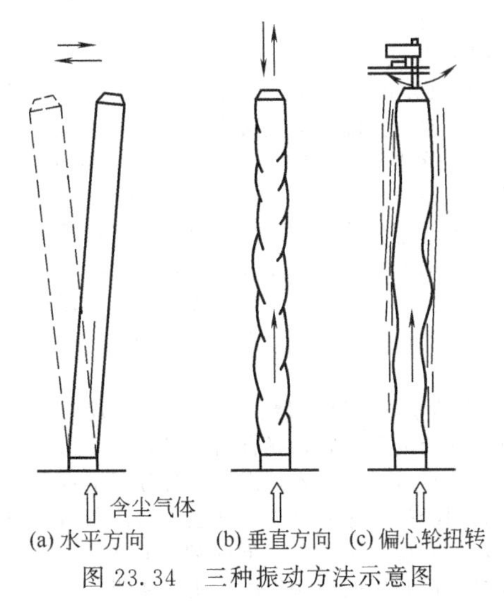

图 23.34 三种振动方法示意图

机械振动清灰袋式除尘器的过滤风速一般取 0.6～1.6m/min，阻力约 800～1200Pa。这种除尘器因滤袋受到的机械力较强，滤袋寿命较短，滤袋的检漏和维修工作量大。

② 逆气流清灰袋式除尘器。这种除尘器清灰时的气流与过滤时的气流方向相反，分为逆气流吹风清灰袋式除尘器和逆气流吸风清灰袋式除尘器。

逆气流吹风清灰袋式除尘器由滤袋、固定滤袋的花板、悬吊滤袋的框架、外壳和风机等部件组成。根据需要可以设计成单袋室，也可以设计成多袋室。图 23.36 是单袋两室逆气流吹风清灰袋式除尘器，左侧袋室正在进行滤尘，右侧袋室正在进行清灰。含尘气体由灰斗进气管进入，再进入滤袋内部进行滤尘，粉尘粒子被滤袋阻留在内表面上，穿过滤袋的洁净气体通过风机排出。阻留在滤袋内表面上的粉尘达到一定的厚度时必须进行清灰。清灰时先关闭除尘器顶部净化

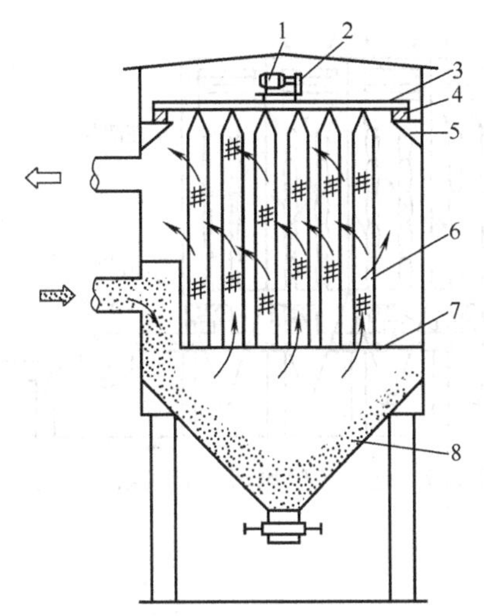

图 23.35 偏心轮振动清灰袋式除尘器

1—电机；2—偏心轮；3—振动架；4—橡胶垫；5—支座；6—滤袋；7—花板；8—灰斗

气体的排出阀，开启吹入气体的进气阀，使风机吹入的净化气体从滤袋外侧穿过滤袋，滤袋内的积尘因滤袋受外部风压而塌陷，并脱落进入灰斗中。当由侧滤袋清灰完毕时，关闭反吹气体进气阀，打开气体排出阀，即可转入滤尘过程。

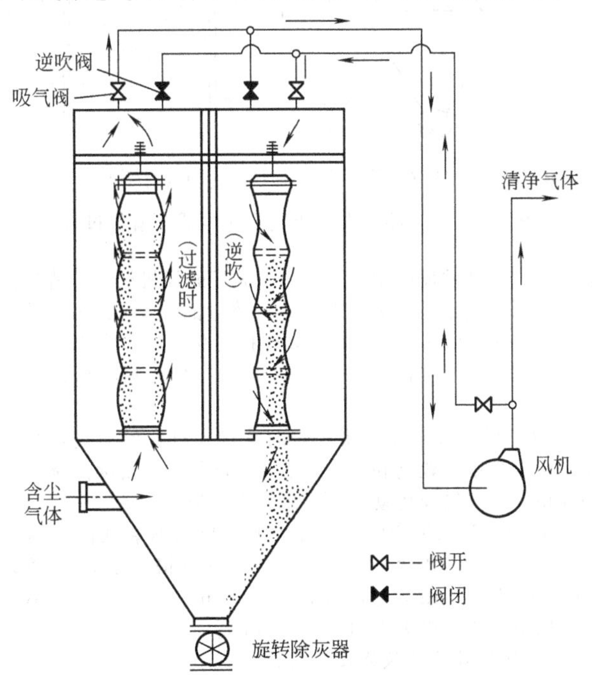

图 23.36 单袋两室逆气流吹风清灰袋式除尘器

逆气流吸风清灰袋式除尘器的结构如图 23.37 所示。这种袋式除尘器一般由多个各自带有灰斗的袋室所组成，各袋室的顶部出来的洁净气体与总集气管连通，灰斗上进气管与含尘气体总管相互连接。当某一袋室滤尘过程结束就进入清灰过程。清灰时，先关闭含尘气体的进气阀门，开启吸气阀门，借助吸风机将滤袋外部的净化气体通过滤袋及积尘层抽入吸风总管，其中夹有粉尘的吸风通过风机吸入后在返回到含尘气体总管中与含尘气体一同进入正在滤尘的袋室中进行滤尘。滤袋内表面的积尘层脱落到灰斗中。

③ 气环反吹清灰袋式除尘器。图 23.38 是气环反吹清灰袋式除尘器及清灰过程。气环箱紧套在滤袋外部，可做上下往复运动。气环箱内侧紧贴滤袋外处开有一条环缝（气环喷管），滤袋内表面沉积的粉尘，被气环喷管喷射的高压气

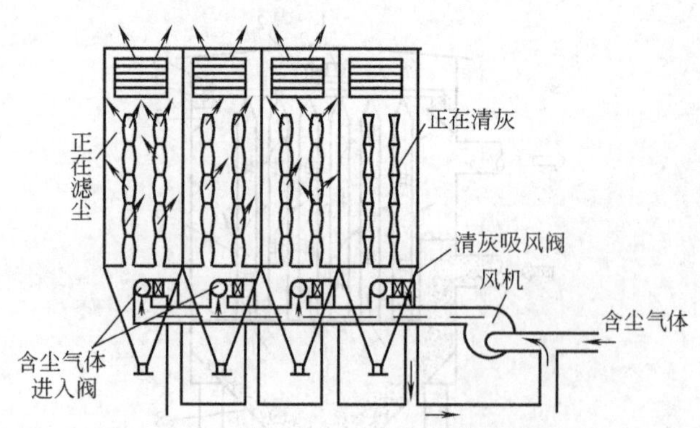


图 23.37　逆气流吸风清灰袋式除尘器的结构

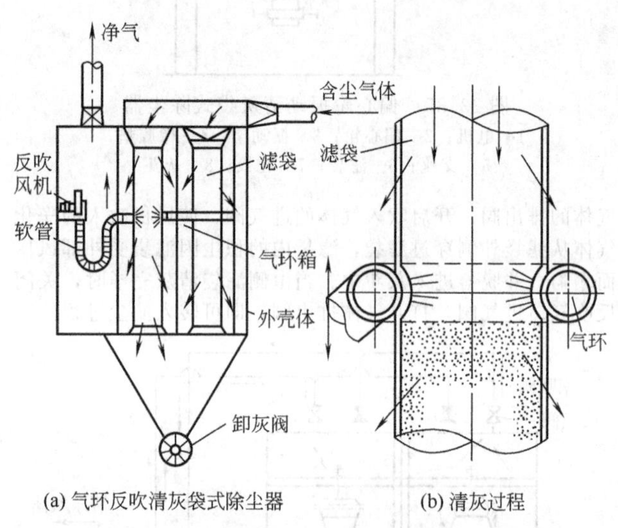


(a) 气环反吹清灰袋式除尘器　　(b) 清灰过程

图 23.38　气环反吹清灰袋式除尘器及清灰过程

流吹掉。气环的反吹空气可由小型高压鼓风机供给。清灰耗用的反吹空气量大约为处理含尘气体量的8%～10%，风压为3000～10000Pa。当处理潮湿或稍黏粉尘时，为提高清灰效果，需要将反吹高压空气加热到40～60℃后，再进行反吹清灰。

气环反吹清灰袋式除尘器的特点是过滤风速高，可用于净化含尘浓度较高和较潮湿的含尘废气。主要缺点是滤袋磨损快，气环箱及传动机构容易发生故障。

目前，我国生产的QH型气环反吹清灰袋式除尘器有24个、36个、48个、72个袋等多种规格。滤袋直径为120mm，长2.54m，过滤风速为4～6m/min，除尘效率达99%以上，压力损失为1000～1200Pa。

④ 脉冲喷吹清灰袋式除尘器

这类除尘器有多种结构形式，如中心喷吹、环隙喷吹、顺吹、对吹等。它是目前我国生产量最大、使用最广的一种袋式除尘器。

采取中心喷吹形式的脉冲喷吹清灰袋式除尘器，它按规格的大小，装有4～20排滤袋（袋径120mm，袋长2000mm），每排6条滤袋。与机械振动清灰相比，过滤风速可达2～4m/min，相应的阻力为1000～1500Pa，可以在不停风状态下进行清灰，在相同处理风量情况下，滤袋面积比机械振动清灰的少。但脉冲控制系统较为复杂，维护管理水平要求较高，而且需要压缩空气，当供给的压缩空气压力达不到喷吹要求时，清灰效果会大大降低。

环隙喷吹形式与中心喷吹形式相比，主要不同点是采用环喷引射器。其主要优点是：过滤风速高，喷吹压力低，换袋容易。环隙喷吹脉冲清灰袋式除尘器每排装7条滤袋，滤袋直径60mm，长度2250mm。每5排组成一个单元，由处理风量确定除尘单元数。

顺吹脉冲清灰袋式除尘器与逆喷袋式除尘器的不同之处是经滤袋净化后的气体并不经由文氏管排出，而是由滤袋下面的净气联箱汇集后排出。这可以使除尘阻力大大降低。

对吹脉冲清灰袋式除尘器又称为LDB型袋式除尘器。这种除尘器由于采用了上、下对喷清灰的方式，因此袋长可达5m，在相同过滤面积条件下，占地面积小；在相同占地面积情况下，过滤面积可增加50%。由于采用了低压喷吹系统，喷吹压力由一般的$5\times10^5$～$7\times10^5$Pa降到$2\times10^5$～$4\times10^5$Pa。这种除尘器采用单元组合的形式，每排7条滤袋，每5排组成一个单元，可根据处理风量，确定使用的单元数。

⑤ 回转反吹扁袋除尘器。这种除尘器的外壳为圆筒形，梯形扁袋沿圆筒辐射形布置，并根据过滤面积确定所需的圈数。滤袋断面尺寸为（35～80）mm×290mm，袋长6m，除尘效率为99.2%～99.75%，阻力为800～1600Pa。进口按旋风除尘器设计，能起局部旋风作用，可以减轻滤袋粉尘负荷；使用长滤袋，占地面积小。除尘器自带反吹风机受压缩空气源的限制，易损部件少，运行可靠，维护方便。

⑥ 脉动反吹风袋式除尘器。利用脉冲反吹气流进行清灰的袋式除尘器称为脉动反吹风袋式除尘器。这种除尘器大体上与回转反吹扁袋除尘器相同，主要不同之处是在反吹风机与反吹旋臂之间设置了一个回转阀。清灰时，由反吹风机送来的反吹气流，通过回转阀后形成脉动气流，这股脉动气流进入反吹旋臂，随着旋臂的旋转，依次垂直向下对每个滤袋进行喷吹。国产的脉动反吹风袋式除尘器型号为MFC-1型，除尘效率可达99.4%以上，过滤风速为1～1.5m/min时，阻力损失为800～1200Pa。

⑦ 反吸风袋式除尘器。反吸风袋式除尘器有吸入式和压入式两种。吸入式除尘器安装在风机的吸入端，在负压下工作；压入式除尘器安装在风机的压出端，在正压下工作。袋径可达300mm，袋长可达12m，因而处理风量大、占地面积小。另外，这种除尘器的反吸风清灰机构简单、维修工作量小、能量消耗低。由于反吸风清灰的这些特点，因此被广泛地应用在大型除尘场合。反吸风袋式除尘器的过滤风速较低，一般在1m/min以下，除尘效率大于99%，阻力为1500～2000Pa。

⑧ 联合清灰袋式除尘器。为提高清灰效果，可采用不同清灰方式联合清灰。脉动联合清灰袋式除尘器在正常过滤时，含尘气体经过气管进入，由分配管分配给各组滤袋，净气通过主阀门经排气总管排出。某室需要清灰时，关闭其上部主阀门，打开反吹风阀门，同时启动该室上部提升机构，在机械振打和反吹风的同时作用下实现清灰。

(3) 袋式除尘器的选择和应用

在选择袋式除尘器时，应注意以下几个问题。

a. 袋式除尘器是一种高效除尘器，主要用于除掉1μm左右的微细尘粒。当处理含尘浓度超过$5g/m^3$时，最好对含尘气体进行预分离。

b. 要根据气体的温度、湿度等物理、化学性质，以及粉尘的粒度、化学组成、酸碱性、吸湿性、荷电性、爆炸性、腐蚀性等，选择适当的滤布。

c. 根据气体处理量的大小，选择适当的过滤面积。若面积太大，则设备投资大；若面积过小，则过滤阻力大，操作费用高，滤布使用寿命短。袋式除尘器各种清灰方式适用的过滤风速及阻力见表23.13。

d. 根据粉尘的性质和运转条件，选择适当的清灰方式。

袋式除尘器作为一种高效除尘器广泛地应用于各种生产工艺尾气的除尘。袋式除尘器的特点如下。

表 23.13 各种清灰方式适用的过滤风速及阻力

| 清灰方式 | 过滤风速/(m/min) | 阻力/Pa |
| --- | --- | --- |
| 手动 | 0.35～0.5 | 400～600 |
| 机械振动 | 0.50～2.0 | 800～1000 |
| 逆气流反吹 | 1.0～2.0 | 800～1200 |
| 脉冲喷吹 | 2.0～4.0 | 800～1500 |

a. 除尘效率高，对微细粉尘也有较高的效率；

b. 处理风量范围大，安装方便灵活；

c. 适应性强，不受粉尘比电阻的限制；

d. 不存在水污染和泥浆处理问题；

e. 除尘效率不受入口气体含尘浓度的影响，因此应用特别广泛。

它比电除尘器结构简单、投资少、运行稳定，可以回收高比电阻的粉尘；与洗涤式除尘器比，省去了泥浆的后处理，回收的干粉可以综合利用。

袋式除尘器的缺点主要是过滤速度较低，设备体积庞大，滤袋损耗大，压力损失大，运行费用较高等。但是，随着新技术、新工艺、新材料的发展和对大气环境质量的更高要求，袋式除尘器将有更广阔的应用前景。

### 23.5.4 颗粒层除尘器

颗粒层除尘器是利用颗粒状物料（如硅石、砾石、焦炭等）作为填料层的一种内滤式除尘装置。在除尘过程中，气体中的粉尘粒子主要是在惯性碰撞、截留、扩散、重力沉降和静电力等多种作用下将气体中的尘粒分离出来的。

颗粒层除尘器的主要优点如下。

① 耐高温、耐磨损、耐腐蚀；

② 过滤能力不受灰尘比电阻的影响，除尘效率高；

③ 能够净化易燃易爆的含尘气体，并可同时除去 $SO_2$ 等多种污染物；

④ 维修费用低，因此广泛用于高温烟气的除尘。

(1) 颗粒层除尘器的分类

颗粒层除尘器的种类很多，按床层位置可分为垂直床层与水平床层颗粒层除尘器；按床层的状态可分为固定床、移动床和流化床颗粒层除尘器；按床层数一般分为单层式和多层式颗粒层除尘器；按清灰方式分为振动式反吹清灰、带梳耙反吹清灰及沸腾式反吹清灰颗粒层除尘器等。

(2) 颗粒层除尘器的性能

颗粒层除尘器的性能参数有除尘效率、床层阻力和过滤风速。影响颗粒层除尘器性能的主要因素是床层颗粒的粒径和床层厚度。

实践证明，颗粒的粒径越大，床层的孔隙率越大，粉尘对床层的穿透越强，除尘效率越低，但阻力损失越小；反之，颗粒的粒径越小，床层的孔隙率越小，除尘效率越高，阻力损失越大。因此，在阻力损失允许的情况下，为提高除尘效率，最好选用小粒径的颗粒。床层厚度增加以及床层内粉尘层增加，除尘效率和阻力损失也会随之增加。

选择合适的颗粒粒径配比和最佳的床层厚度是保持颗粒层除尘器良好性能的重要因素。对单层旋风式颗粒层除尘器，颗粒粒径以 2～5mm 为宜，其中小于 3mm 粒径的颗粒应占 1/3 以上，床层厚度可取 100～500mm。

颗粒层除尘器的性能还与过滤风速有关，一般颗粒层除尘器的过滤风速取 30～40m/min，除尘器总阻力约 1000～1200Pa，对 0.5$\mu$m 以上的粉尘，过滤效率可达 95%以上。

**例** 袋式除尘器用于热电厂锅炉烟尘的除尘

**解** ① 粉尘的性质。电厂使用的锅炉为 NG130/39-2 型固体排渣煤粉炉，锅炉产汽量为 130t/h。设计煤种为褐煤，飞灰的比电阻为 $1.23\times10^{12}\Omega\cdot cm$（$T=172$℃），飞灰的真密度为 2.2g/cm$^3$，锅炉飞灰的粒径分布见表 23.14。

表 23.14 锅炉飞灰的粒径分布

| 粒径/$\mu$m | <5 | 5～15 | 15～30 | 30～50 | 50～100 | >100 |
| --- | --- | --- | --- | --- | --- | --- |
| 质量分数/% | 17.3 | 1106 | 8.9 | 24.4 | 20.5 | 17.3 |

② 工艺流程。锅炉空气预热器出口的烟气，通过两个进气联箱均匀分配进入除尘器的 10 个袋室，经滤袋净化后的烟气由 10 根排气支管汇集于排气总管，由引风机排入全厂 4 台锅炉共用的 120m 高的烟囱。配套使用的引风机全风压为 3580Pa，风量为 197000m$^3$/h。通风机全风压为 4600Pa，风量为 78200m$^3$/h。

③ 除尘器结构及其主要设计参数。袋式除尘器为钢结构，运行层以下除灰斗外为钢筋混凝土框架，各袋室“背靠背”布置，前后各 5 室，共 10 个袋室，每室宽 4m，进深 5.6m，除尘器全长 20m，全宽 11.2m，高约 20m。

结构的主要特点如下：

a. 烟气由进气支管经百叶窗式挡板进入灰斗。烟气中较粗的粉尘因惯性与重力沉降作用而被分离落入灰斗，减轻了滤袋的粉尘负荷和对滤袋下部的磨损，利于延长滤袋使用寿命。

b. 由于烟气温度较高，滤袋采用无碱玻璃纤维，经硅油-石墨-聚四氟乙烯浸渍处理。斜纹、单经双纬，布厚 0.4mm。此滤布价格适中，透气性较好，耐高温，有较长的使用寿命。

c. 采用“过滤-反吹清灰-静止沉降”的三状态清灰，优于“过滤-反吹清灰”的二状态清灰。特别对下进风袋式除尘器，气流流动方向和被剥离的粉尘掉落方向相反，若在清灰后设置一定的静止时间，就会避免一部分剥离的粉尘重新被上升气流带到滤袋上，降低除尘效果。

d. 设备选用的耐高温电动密闭阀门，工作压力 4000Pa，工作温度 200℃，密封材料为耐热氟橡胶，弹簧采用沉淀硬化不锈钢或 1Cr18Ni9Ti。

e. 整个系统设置旁路烟道，可以有效避免锅炉运行异常，烟气超湿时烧灼滤袋。

除尘器主要设计参数如下：

| | |
| --- | --- |
| 处理烟气量 | 300000m$^3$/h |
| 总过滤面积 | 10179m$^2$ |
| 烟气温度 | 175℃ |
| 全过滤速度（全部袋室运行） | 0.491m/min |
| 净过滤速度（有一个袋室清灰） | 0.573m/min |
| 滤袋入口风速 | 1.14m/s |
| 滤袋直径 | 300mm |
| 滤袋长度 | 10m |
| 滤袋总数 | 1080 条 |
| 滤袋长径比 $L/D$ | 33.3 |
| 除尘袋分室数 | 10 室 |
| 滤袋布置方式 | $2\overline{\omega}^4\overline{\omega}^2$ |

④ 主要技术性能。主要技术性能如下：

| | |
| --- | --- |
| 冷态实验平均漏风率 | 0.61% |
| 热态实验漏风率 | 2% |
| 热态实验平均漏风率 | 2.63% |
| 清灰控制压力损失 | 1176Pa |
| 清灰后残留压差 | 750～800Pa |
| 除尘效率 | $\eta$>99% |
| 出口含尘浓度 | 47～63mg/m$^3$ |

## 23.6 粉尘测定

### 23.6.1 测定粉尘浓度的目的与计量方法

为了了解、评价作业场所空气中粉尘对工人健康的危害状况，研究、改善防尘技术措施，以及评价防尘措施的效果，都需要对粉尘浓度进行测定。粉尘浓度的表示方法有质量法和数量法两种。质量粉尘浓度为单位体积空气中粉尘的质量，以 $mg/m^3$ 表示。数量粉尘浓度为单位体积空气中粉尘颗粒数目，以 $n/m^3$ 表示。20 世纪 60 年代以前，很多国家的粉尘最高容许浓度采用数量浓度表示，只有我国、苏联等国采用质量浓度表示。后来，由于发现硅沉着病的进展与悬浮粉尘的质量浓度密切相关，20 世纪 70 年代后，英国、美国、日本等国进入了数量浓度与质量浓度并用阶段，目前各国逐渐向质量浓度发展，对于石棉粉尘，由于其性质及严重的危害性，则采用数量浓度表示。质量粉尘浓度的测定包括如下几方面。

① 作业场所粉尘浓度的测定。为了了解作业场所粉尘的平均浓度和不同位置的粉尘浓度而进行的测定。

② 作业者个人暴露浓度的测定。为了了解生产工人全工作班时间内接触的粉尘的平均浓度，把个体粉尘采样器挂在工人身上接近呼吸位置处，进行一个工作班的连续采尘，求得粉尘的平均浓度。

③ 通风管道中粉尘浓度的测定。为了得到设计除尘装置所需的资料或评价除尘装置的效果，对通风管道中粉尘浓度进行的测定。

在上述①②测定中，为了确切地了解粉尘浓度和肺尘埃沉着病发病的关系，根据尘粒在肺部的沉积状况，一些发达国家同时采用了总粉尘浓度及呼吸性粉尘浓度，以评价作业场所粉尘的危害状况。目前各国各类呼吸性粉尘测定仪及两级（呼吸性粉尘及总粉尘）质量采样仪都是按照各自的标准进行设计和标定的。

在总粉尘浓度的测定方面，我国卫生标准的规定是用一般敞口的采样器采集到的一定时间悬浮在空气中的全部固体微粒。但是，近年来国外对于总粉尘（或总粉尘浓度）的定义有进一步的提法。日本在 1982 年公布的容许浓度报告中对总粉尘解释如下："捕集器入口流速为 0.5～0.8m/s，所捕集的粉尘称总粉尘。"这是按常用的敞开式采样器确定的。一般来说，它可以采集到 100μm 以下的粒子。但是个体采样仪的入口都不是敞开式的，其采样流量为 1～3L/min，因此不能将全部悬浮粒子捕集进去。国际标准化组织（ISO）1983 年第 8 次修订总粉尘测定标准时规定："总粉尘定义为 1～3m/s 入口速度所捕集到的尘粒。"在静止空气中选用入口直径为 2～10mm 的采样器，能收集空气动力直径达 30μm 的尘粒。当前人们越来越注意那些与人体健康有关的尘粒，即能进入人的鼻腔、口腔内的粒子为总粉尘。1982 年英国职业医学会和联邦德国埃森实验室在发尘风道内用模型人头进行人鼻和口吸入效率的实验，结果发现大于 30μm 的粒子的吸入效率有 50%。另外，对采集总粉尘浓度采样器的入口部的设计也提出了要求。国际上已有用可吸入性粉尘代替总粉尘的趋势。

### 23.6.2 作业环境粉尘浓度的测定

（1）采样点的选定

采样点的选定以能代表粉尘对人体健康的危害为原则。考虑粉尘发生源在空间和时间上的扩散规律，以及工人接触粉尘情况的代表性，测点应根据工艺流程和工人操作方法而确定。

① 在生产作业地点较固定时，应在工人经常操作和停留的地点，采集工人呼吸带水平的粉尘。距地面的高度应随工人生产时的具体位置而定。例如在站立生产时，可在距地面 1.5m 左右尽量靠近工人呼吸带进行采样。坐位、蹲位工作时，应适当放低。

为了测得作业场所的粉尘平均浓度，应在作业范围内选择若干点（尽可能均匀分布）进行测定。每个点的测定时间不得少于 10min（使用相对浓度测定法测定时不受这种限制），求得其算术平均值和几何标准差。

② 在生产作业不固定时，应在接触粉尘浓度较高的地点、接触粉尘时间较长的地点和工人集中的地点分别进行采样。

③ 采样开始的时间，在连续性产生粉尘的作业地点，应在作业开始 30min 后，粉尘浓度稳定后采样。阵发性产尘的作业点，在工人工作时采样。

④ 在有风流影响的作业场所，应在产尘点下风侧粉尘扩散较均匀地区的呼吸带进行粉尘浓度的测定。

测尘采样点的选择，由于情况复杂，不少工业部门结合自己的生产工艺特点，制定出了测尘选点细则。如《冶金企业测尘办法》中就规定：一个厂房内有多台同类设备时，3 台以下者选一个测点，10 台以上者选 3 个测点。同类设备处理不同物料时，则按物料种类分别确定测点。同工种不同设备，应分别设测点。

（2）测定粉尘浓度方法的分类

测定悬浮粉尘浓度的方法很多，根据测定原理或定量方法可分为捕集测定法和悬浮测定法，或可分为绝对浓度测定法和相对浓度测定法。

① 捕集测定法。用过滤、电沉降、惯性冲击或离心等方法把空气中的悬浮粉尘捕集后测定其浓度。使用压电晶体测尘仪、β 射线测尘仪测尘都是属于这种方法。

② 悬浮测定法。在尘粒处于悬浮状态下测定空气中粉尘浓度的方法。使用散射光测尘仪或其他光学测尘仪测尘属于这种方法。

③ 绝对浓度测定法。将捕集到的粉尘用天平称其质量求出粉尘的质量浓度，或用显微镜计数求其数量浓度，或是用光学手段对悬浮粉尘直接计数都是属于绝对浓度测定法。

④ 相对浓度测定法。捕集悬浮粉尘，通过测得与粉尘量有相关性的物理量，求得粉尘浓度。或测定悬浮粉尘的相对物理量，求得粉尘的浓度。使用 β 射线测尘仪、压电晶体测尘仪测尘都是属于这种方法。

采样方法的分类应随测尘的目的而定，如为探索作业场所粉尘分布规律和监督检查，采用快速测尘法较为方便；为确定生源强度，了解产尘环境被尘源污染的程度，寻找防尘措施薄弱环节，采用现行的短期定点采样法较为合适；对粉尘作业场所常规监测，采用个体及长周期的采样方法较为合适。

（3）滤膜测尘质量法

抽取一定体积的含尘空气，将粉尘阻留在已知质量的滤膜上，由取样后滤膜的质量增量，求出单位体积空气中粉尘的质量（$mg/m^3$）。

目前国内所普遍采用的滤膜测尘法是一种定点短周期的测尘方法，它测定的是符合我国现行国家标准的总粉尘浓度。另外，还有在滤膜前加 1～2 级尘粒分级装置的滤膜测尘仪，将大的粉尘颗粒捕集在分级装置中，使滤膜所捕集的仅为进入人体肺部的尘粒。这种滤膜测尘仪可同时测定作业场所中总粉尘浓度与呼吸性粉尘浓度，是近几年国内新开发的产品，它包括长周期测定与短周期测定两类。该测尘方法的器材主要由如下几部分组成。

a. 采样器。采用经过产品检验合格的粉尘采样器，在需要防爆作业的场所采样时，用防爆型粉尘采样器。采样系统的气密性应符合要求。必要时可用塑料薄膜代替测尘薄膜做抽气检查。

b. 滤膜。用过氯乙烯纤维滤膜，当粉尘浓度低于 50mg/m³ 时，用直径为 40mm 的滤膜；当粉尘浓度高于 50mg/m³ 时，用直径为 75mm 的滤膜。当作业场所的温度在 55℃以上时，应当改用玻璃纤维滤膜。

c. 气体流量计。常用 15～40L/min 的转子流量计，也可用涡轮式气体流量计；当抽气能力大，可以加大流量时，也可用 40～80L/min 的上述流量计，其精度应达到 ±2.5%，流量计应每年用钟罩式气体计量器、湿式气体流量计或皂膜流量计校准、校正。若管壁和转子有明显污染时，应及时清洗、校正。

d. 天平。用感量为 0.0001g 的分析天平，按计量部门规定，每年检定一次。

e. 秒表或相当于秒表的计时器。

f. 干燥器。内盛硅胶或氯化钙。

测定步骤如下。

a. 滤膜的准备。用镊子取下滤膜两面的夹衬纸，将滤膜置于天平上称量，记录质量，然后将滤膜装入滤膜夹，确认滤膜无褶皱或裂隙后，放入带编号的样品盒内，备用。

b. 采样器的架设。取出准备好的滤膜夹，固定在采样头中。采样时，滤膜的受尘面应迎向含尘气流。当迎向含尘气流无法避免飞溅的泥浆、砂粒对采样器的污染时，受尘面可以侧向。

c. 采样开始的时间。对连续性产尘作业点，应在作业开始 30min 后采样；对阵发性产尘作业点，应在工人工作时采样。

d. 采样持续的时间。粉尘采样的持续时间，根据测尘点的粉尘浓度估计值及滤膜上所需粉尘增量的最低值确定，但一般不得小于 10min（当粉尘浓度高于 10mg/m³ 时，采气量为 0.5～1m³）。采样时间一般按下式计算。

$$t \geqslant \frac{\Delta m \times 1000}{C_a Q} \qquad (23.115)$$

式中，$t$ 为采样时间，min；$\Delta m$ 为要求的粉尘增量，其质量应不少于 1 mg；$C_a$ 为作业场所的估计粉尘浓度，mg/m³；$Q$ 为采样时的流量，L/min。

e. 采样在滤膜上粉尘的质量范围。对于直径为 40mm 滤膜的粉尘质量，不应少于 1mg，但不得多于 10mg；对于直径为 75mm 的滤膜，应做成锥形体进行采样，其粉尘质量不受此限。

f. 采样的流量。常用流量为 15～40L/min。当浓度较低时，可适当加大流量，但不得超过 80L/min。在整个采样过程中，应保持流量稳定。

g. 采样后样品的处理。采样结束后，将滤膜从滤膜夹上取下，一般情况下，不需干燥处理，可直接在感量为 0.0001g 的分析天平上称量，记录质量。如果采样时现场的相对湿度在 90% 以上并有水雾存在时，应将滤膜放在干燥器内干燥 2h 后称量，并记录测定结果。称量后再放入干燥器中干燥 30min，再次称量，当相邻两次的质量差不超过 0.1mg 时，取最终值为结果值。

h. 粉尘浓度的计算：

$$C = \frac{m_2 - m_1}{Qt} \times 1000 \qquad (23.116)$$

式中，$C$ 为粉尘浓度，mg/m³；$m_1$，$m_2$ 为采样前、后的滤膜质量，mg；$t$ 为采样时间，min；$Q$ 为采样流量，L/min。

i. 滤膜测尘的除油方法。在矿山测尘中，由于凿岩机喷散出大量机油雾，会使滤膜称重所得到的结果偏大，需要将滤膜除油后，才能得到粉尘的真实增重。

常用的滤膜除油方法有以下两种。

a. 石油醚除油法。将采集有粉尘和机油的滤膜经石油醚处理去机油，干燥后称重。测定出粉尘和机油的质量，再换算出粉尘和机油的浓度。

使用的器材及试剂有：250mL 索氏提取器、石油醚（沸点 30～60℃）、水浴锅、45mm² 塑料网（若干块）、曲别针、长镊子、滤纸、干燥器。

操作方法为：向索氏提取器中加入 150～200mL 石油醚；将称重后的含有机油的粉尘滤膜样本向内折叠一次，用塑料网包夹，再用曲别针固定；将夹好的样本 20 个以下为一批放入装有石油醚的索式提取器中；将索式提取器放在水浴锅上，调节水温，控制在 60℃左右，使石油醚蒸发循环；经石油醚循环 2～3 次处理后，用长镊子将样本取出，放在滤纸上；取下塑料网，待滤膜稍干后，放在干燥器中 30min 进行称量；计算粉尘及油雾的浓度。

$$粉尘与油雾的总浓度(\mathrm{mg/m^3}) = \frac{采样后滤膜重(\mathrm{mg}) - 采样前滤膜重(\mathrm{mg})}{采样流量(\mathrm{L/min}) \times 采样时间(\mathrm{min})} \times 1000$$

$$粉尘浓度(\mathrm{mg/m^3}) = \frac{除油后滤膜重(\mathrm{mg}) - 采样前滤膜重(\mathrm{mg})}{采样流量(\mathrm{L/min}) \times 采样时间(\mathrm{min})} \times 1000$$

$$机油浓度(\mathrm{mg/m^3}) = 粉尘与油雾总浓度 - 粉尘浓度$$

b. 汽油除油法。将采集有粉尘和机油的滤膜经汽油处理去除机油，称量至恒重，换算出粉尘的浓度。

使用的器材及试剂有：120 号汽油、定性滤纸、扁形称量瓶（60mm×30mm）、分析天平。

操作步骤为：将 120 号汽油用定性滤纸过滤；在扁形称量瓶中盛 20～30mL 汽油；将带有机油的滤膜两次对折成 90°角，开口向上地放置在已准备好的扁形称量瓶中，每个扁形称量瓶中可放 4 个滤膜；滤膜在 120 号汽油内浸泡 10min 后，更换新的汽油，其量仍为 20～25mL，再浸泡 10min 后，将滤膜取出，使其上的汽油自行挥发；开始挥发 30min 后，对滤膜进行称量，其后每隔 10min 称量一次，直至达到恒重为止。

(4) 滤膜测尘数量法（用于石棉纤维粉尘数量浓度的测量）

用过氯乙烯纤维滤膜采集空气中的石棉粉尘，滤膜经加透明剂呈透明后，在相差显微镜下计测，求出单位体积空气中石棉纤维的数量（$n$/cm³）。

所需器材包括过氯乙烯滤膜、滤膜储存器、采样器（流量，L/min）、秒表、载玻片（25mm × 76mm × 0.8mm）、小镊子、剪刀和锐刀、相差显微镜（10 倍目镜、10 倍物镜）、目镜测微计、物镜测微计、带帽盖的玻璃瓶（25～50mL）和滴管。透明剂有邻苯二甲酸二甲酯（分析纯）、单酸二乙酯（分析纯）。

测定步骤如下。

① 采样。采样流量取 1～2L/min；采集一个样品一般不少于 15min；其他要求同一般尘粒的采样。

② 石棉粉尘样品的制备

a. 载玻片及盖玻片的清洗及清洁。将载玻片及盖玻片分别放入洗液中浸泡 2～4h。然后用自来水充分清洗，再用蒸馏水清洗，最后用带有乙醇的绸布擦洗、擦干。在载玻片的一端贴上空白标签纸，放在载玻片储盒和盖玻片储盘中备用。

b. 滤膜透明剂的配制。将邻苯二甲酸二甲酯及单酸二乙酯按 1∶1 的体积比配成溶液，再按每毫升溶液中含 0.05g 清洁滤膜的比例配制成透明溶液，配后使之溶解 24h，离心去除杂质，取其上清液放在带盖的玻璃瓶中，备用。配制后的透明溶液需在两个月内使用，如存放时间过长溶液的透明度降低，影响测定结果。当室内温度过低时，溶液的透明度也降低，此时可适当加温。在配制透明溶液的操作过程中，应避免粉尘的污染。

c. 标本的制备。

③ 石棉纤维的观察和计数

a. 计测石棉纤维的大小、数目需使用相差显微镜，其放大倍数为400倍。按常规调整光环和相板，再调节视野内的光强。

b. 目镜测微计在使用前需用物镜测微计标定。

c. 计算计数视野面积。

d. 石棉纤维的计数。

④ 石棉纤维浓度的计算。石棉纤维浓度按下式计算。

$$石棉纤维浓度(n/cm^2)=\frac{An}{aVN} \quad (23.117)$$

式中，$A$ 为滤膜采尘面积，$cm^2$；$n$ 为测出的纤维总根数；$a$ 为显微镜一个计测视野的面积，$cm^2$；$V$ 为采气体积，$cm^3$；$N$ 为计测视野数。

### 23.6.3　作业者个体接触粉尘浓度的测定

(1) 测定原理

作业者个体接触粉尘的采样器简称个体采样器。个体测尘技术是国际上20世纪60年代以来发展起来的，是评价作业场所中的粉尘对工人身体危害程度的一种较为科学的测定方法。由佩戴在工人身上的个体采样器连续在呼吸带处抽取一定体积的含尘气体，测定工人一个工作班的接触粉尘浓度或呼吸性粉尘浓度。个体采样器在测定个人接触浓度时所捕集的应为工人呼吸区域内的总粉尘粒子，在测定呼吸性粉尘浓度时所捕集的应为进入人体肺部的粉尘粒子。目前国际上普遍采用的呼吸性粉尘卫生标准有ACGIH和BMRC两种。因此测定呼吸性粉尘浓度时，个体采样器必须带有符合上述要求的采样器入口及分粒装置。

(2) 个体接触粉尘采样器的主要组成部件及器材

① 采样头。它是个体采样仪器收集粉尘的装置，主要由入口、分粒装置（测定呼吸性粉尘时用）、过滤层3部分组成。入口将呼吸带内满足总粉尘卫生标准的粒子有代表性地采集下来。分粒装置将采集下来的这部分粒子中非呼吸性粉尘阻留。其余部分，即呼吸性粉尘则由过滤层全部捕集下来。分粒装置有以下几种主要类型。

a. 旋风分离器（图23.39）。含尘气流通过导管进入圆筒，产生旋转气流。在离心力的作用下，大颗粒被抛到管壁上而落入大粒子收集器。气流继续向下运动至收缩锥部，挟带着小粒子沿旋流核心上升，这些小粒子最终被滤膜捕集。改变导管中气流速度可分离不同粒径的粒子。

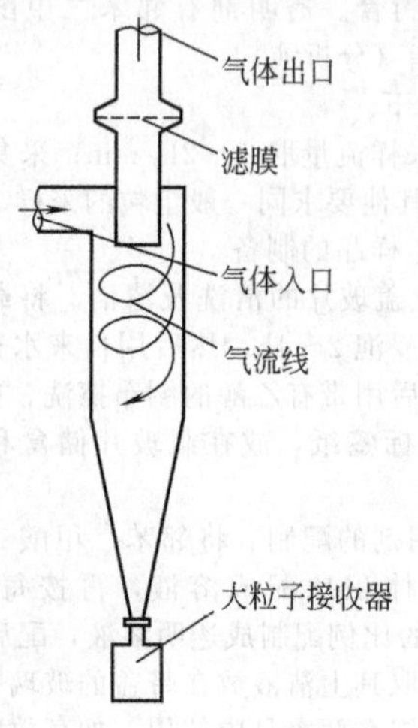

图23.39　旋风分离器

b. 冲击式分离器（图23.40）。气体由喷嘴高速喷出，在冲击板上方气流弯曲，大粒子由于惯性而脱离流线，被冲击板捕集，而小粒子则随气流运动，不与冲击板相撞。

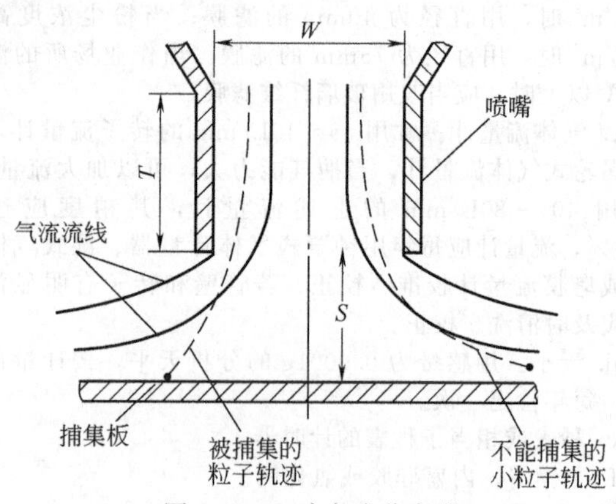

图23.40　冲击式分离器

采样头必须经过严格的实验室标定及检验，它包括使用目前国际上普遍应用的单分散标准粒子对其分粒装置进行标定，对于采样器入口效率以及测量一致性等进行检验，达到标准后方可使用。

② 采样泵。采样泵为可充电的微型直流泵，作为采样器的动力装置。在工作流量下应能连续稳定运转9h以上，其流量控制精度在整个运转期间应优于±10%。

③ 滤膜。根据不同形式的采样器及不同环境的要求可采用玻璃纤维滤膜、微孔滤膜或其他种类的滤膜。

④ 其他辅助器材。经过校准后的2～3L/min转子流量计，感量为0.0001g或0.00001g的分析天平或电子天平，计时器及干燥器等。

(3) 测定步骤

① 准备工作。将选定的滤膜编号，放入干燥器内平衡24h后，称出质量。将采样泵的蓄电池充电。将已处理的滤膜装入采样头后，调整采样泵的初始工作流量（一般为1.5～2L/min）。如果由于滤膜阻力造成采样头后负压超过4000Pa（30mmHg），则流量计读数应加以修正。

② 测定过程。个体采样器应由测尘人员与生产指挥人员共同商量，指定专人佩戴。采样头可戴在工作服的上衣口袋、衣领处或安全帽的正面。采样口的方向根据不同采样器的具体要求可以向上、向下或倾斜一定角度。采样动力由皮带系在腰间，并用专用软管与采样头连接牢固，不得漏气。

根据测尘的不同要求，选择并记录下开始采样时间。使用个体采样器一般应连续采样一个工作班，如果测定现场粉尘浓度过高或采样器容尘能力达不到上述要求，可中间更换一次滤膜。当采样结束时，记录时间与最终采样流量读数。若此时采样头后的负压大于4000Pa（30mmHg），则需对采样流量读数进行修正。采样结束后，将采有粉尘的滤膜放入干燥器内干燥24h后，用天平称量，得出粉尘增重。

(4) 粉尘浓度计算

① 采样流量的计算。将修正后的初始及最终流量代入下式得出平均采样流量 $Q$。

$$Q=\frac{初始流量\ Q_1+最终流量\ Q_2}{2} \quad (23.118)$$

② 接触粉尘浓度的计算。工人的接触粉尘浓度是按一个工作班的时间加权平均浓度。

$$C_t=\frac{\Delta m}{Qt}\times 1000 \quad (23.119)$$

式中，$C_t$ 为接触粉尘浓度，$mg/m^3$；$\Delta m$ 为粉尘增重，在没有分粒装置的采样器内为过滤滤膜上的粉尘量，在带有分粒装置的采样器内为分粒装置与过滤滤膜上的粉尘量之和，mg；$Q$ 为平均采样流量，L/min；$t$ 为采样持续时间，min。

③ 呼吸性粉尘浓度的计算。在带有阻留非呼吸性粉尘粒子的分粒装置的采样器内，到达过滤滤膜上的粒子即为呼吸性粉尘。

$$C_R=\frac{\Delta m_R}{Qt}\times 1000 \tag{23.120}$$

式中，$C_R$ 为呼吸性粉尘浓度，mg/m$^3$；$\Delta m_R$ 为呼吸性粉尘增重，即过滤滤膜上收集的粉尘量，mg。

(5) 几种常用的个体采样器

图 23.41 是常用个体采样器。

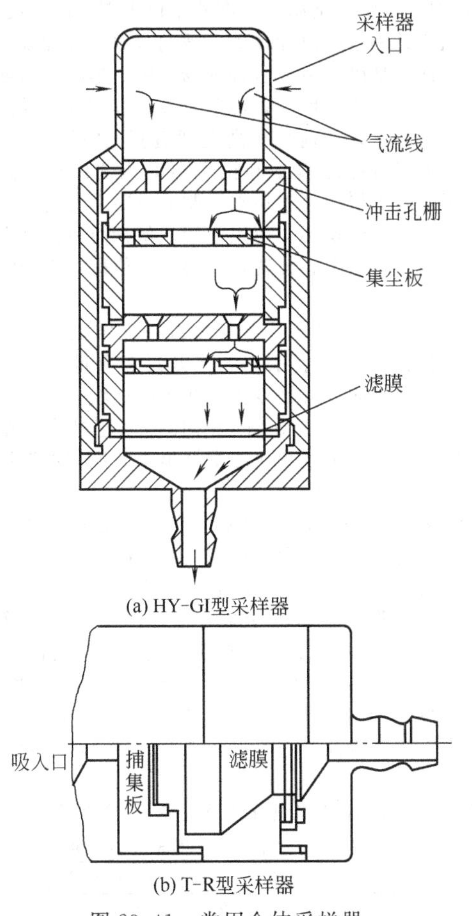


图 23.41　常用个体采样器

### 23.6.4　管道粉尘浓度的测定

(1) 管道粉尘特性和测定的基本要求

① 管道粉尘特性。管道测尘通常是指一般含尘管道和烟道两种类型粉尘浓度和排放量的测定。车间中一般含尘管道或排气筒排出的尘粒，大多是由机械破碎、筛选、包装和物料输送等生产过程中产生的，气体介质成分不发生变化，气体的温度也和车间空气温度差不多，变化不大。而从烟道或烟囱排放的尘粒，大多是电燃烧、锻造、冶炼、烘干等热过程产生的，这种含尘气体不但温度高，含湿量大，而且气体成分也发生变化，且伴有二氧化硫、氮氧化物、氟化物等有害物质，有较强的腐蚀性。因此，在选用测定方法和测定装置时，应考虑这些因素。

此外，不同行业、不同生产方式排出的粉尘浓度差别很大，即便是同一行业同一类型的生产方式，由于生产工艺、原料、控制措施和管理水平等不同，其粉尘浓度也有很大差异。就以燃煤工业锅炉排尘来看，由于燃烧方式、煤质、锅炉负荷不同，粉尘浓度就有很大区别。根据北京市各种燃煤锅炉排尘浓度的实测数据，浓度范围 110～75162mg/m$^3$，高低相差几十倍甚至数百倍。

未经除尘设备净化的排放浓度比经除尘器净化后的排放浓度要低得多，根据一些实测资料，经电除尘器、袋式除尘器净化后的粉尘浓度一般为 302～400mg/m$^3$，旋风除尘器后的粉尘浓度一般在 150～700mg/m$^3$ 之间。

关于粉尘在管道中的浓度分布，普遍认为对流体的任何阻挡都会产生湍流，并常常使浓度分布不对称，图 23.42 是含尘气体在弯头处的流动状态。即便没有阻挡，管道内的浓度分布也不完全是均匀的，在水平管道内大的尘粒由于重力沉降作用使管道下部浓度偏高。只有在足够长的垂直管道中粉尘浓度才被看作是轴对称分布，因此，在选择采样位置和确定采样点数时，应考虑这些因素。

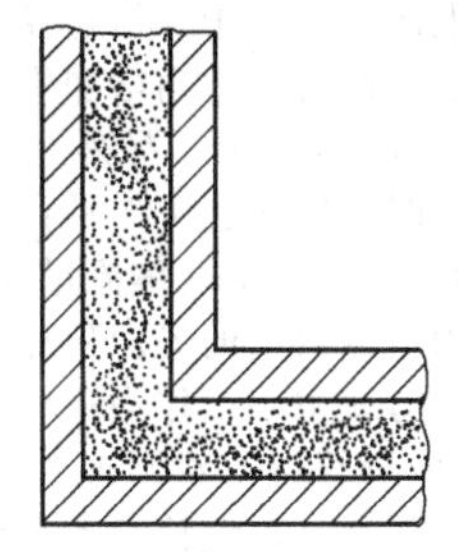

图 23.42　含尘气体在弯头处的流动状态

② 测定的目的和测定时对排放源的要求。测试目的主要是：

a. 评价除尘装置的性能和使用情况；

b. 检查污染源排放的粉尘浓度和排放量是否符合排放标准的规定；

c. 为大气质量管理和评价提供依据。

为了取得有代表性的样品，测定时，生产设备应处于正常运转条件下。当测定工业锅炉烟尘浓度时，锅炉应在稳定的负荷下运行，不能低于额定负荷 80%，手烧锅炉测定时间不得少于两个加煤周期。因生产过程而引起排放情况变化的污染源，则应根据其变化特点和规律进行系统测定，以得到可靠的数据。

③ 测定前的准备工作。管道粉尘浓度测定是一项十分繁重的工作。开始前，应深入现场，对被测试的生产设备、除尘装置的特性，排放粉尘的性质，管道位置、尺寸等进行了解，并根据现场情况，确定测孔位置，落实工作平台、开孔和电源等准备工作。为了得到可靠的数据，对测试的设备，包括生产和净化设备的运转，应事先提出要求，并向厂方有关管理和操作人员详细说明，以便协同工作。

根据测试目的确定测定方案，准备测定需要的仪器和设备，并对所用仪器进行检查，预先排除仪器故障。检查采样系统漏气的方法，是将系统连接起来，开动油气泵抽气，封闭进口一端，使采样系统形成 21332Pa（160mmHg）左右的负压，然后封闭接抽气泵一端，关闭抽气泵，如系统不漏气，则负压表应保持一定的负压不变，否则即表明系统漏气，需要分段检查，找出漏气部位，加以改正。

(2) 管道粉尘浓度的测定方法

管道粉尘浓度的测定方法有过滤法、电沉降法、冲击法和利用粉尘物理效应的光电法。光电法是一种简单的测量方法，但由于测定精度低，一般只作为固定点粉尘浓度的监测装置。目前国内外采用的粉尘测试标准方法为过滤法。这种方法是在选定的采样装置上，通过采样管抽取一定体积的含尘气体，使之通过已知质量的滤料，将粉尘捕集出来，根据捕集的粉尘质量和采气体积，计算粉尘的浓度和排放量。粉尘样品应在等速条件下采取，使用普通采样管采样，要预先测出采样点的气流速度、温度、压力和含湿量，根据采样嘴的直径计算出等速采样流量，然后再进行采样。使用平衡型等速采样管采样，采样前，无须预先测出采样点的流速和烟气状态参数、计算等速采样流量，即可通过压力调节装置，实现等速采样。但是，为了计算等速采样流量和粉尘的排放量，除粉尘取样外一般仍需要进行气体的温度、压力、含湿量、流速和流量的测定。当烟气成分变化对测定结果有较大影响时，还需要测定烟气成分。如果被测对象系常温管道，气体温度、含湿量、成分变化对采样精度影响不大时，测定项目和等速流量的计算可适当简化。

(3) 采样位置的选择和采样点的确定

① 采样位置的选择。在测定气体流速和采取粉尘样品时，为了取得有代表性的样品，尽可能将采样位置放在气流平稳的直管段中，距弯头、阀门和其他变径管段下游方向大于6倍直径和在其上游方向大于3倍直径处，最少也不应少于管道直径的1.5倍，此时应适当增加采样点数。要求取样断面气体流速最好在5m/s以上。另外，还要考虑操作地点的方便、安全，必要时，应安装工作平台。

② 采样点的确定。当测定气体流量和采取粉尘样品时，应将管道断面划分为适当数量的等面积环或方块，再将环分成两个等面积的线或方块中心，作为采样点。

a. 圆形管道、矩形管道。对圆形管道，若所测定断面流速分布比较均匀、对称，在较长的水平或垂直管段，可设置一个采样孔，测点减少一半。当管道直径小于0.3m，流速分布比较均匀对称时，可取管道中心作为采样点。

对矩形管道，断面流速分布比较均匀、对称，可适当减少测点数，但每个测点所代表的管道断面积不得超过$0.6m^2$。若管道断面积小于$0.1m^2$且流速分布比较均匀、对称，可取断面中心作为采样点。

b. 拱形管道。分别按圆形和矩形管道采样点布置原则确定，见图23.43。

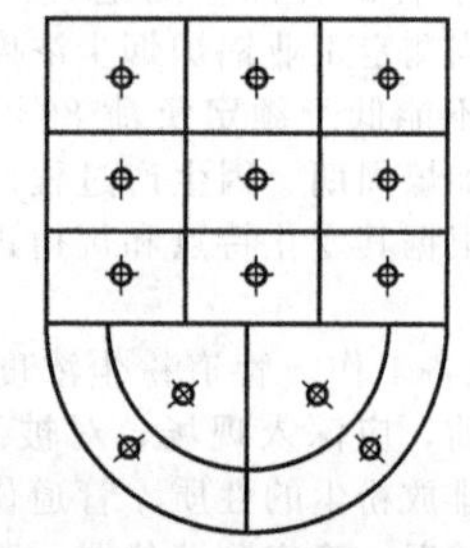

图23.43 拱形管道采样点

c. 当管道积灰时，应将积灰部分从断面内扣除，然后按有效断面布置采样点。

d. 一般采样孔的结构见图23.44。为了适应各种形式采样管插入，孔的直径应不小于75mm。当管道内有有毒或高温气体，且采样点管道处于正压状态时，为保护操作人员的安全，采样孔应设置防喷装置，如图23.45所示。

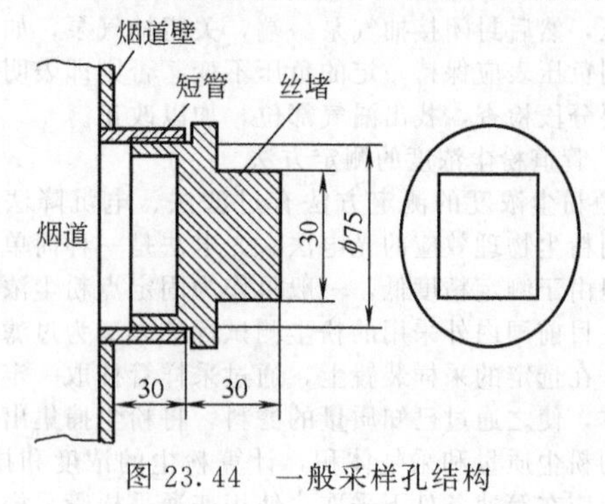


图23.44 一般采样孔结构

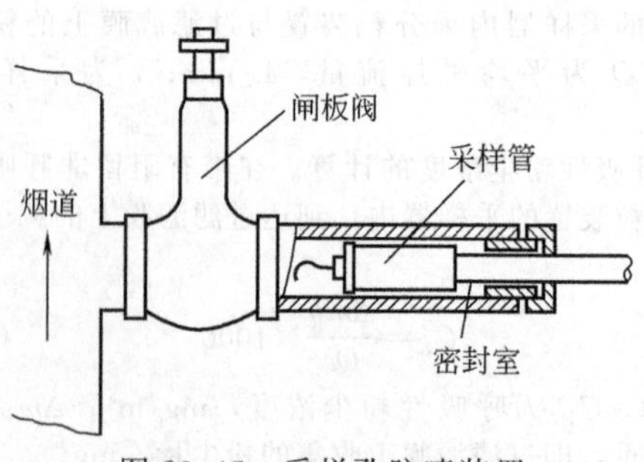


图23.45 采样孔防喷装置

(4) 与测尘有关的气体参数测定

① 温度测定。常用的温度测量仪表有玻璃水银温度计、热电偶温度计和电阻温度计等。玻璃水银温度计温度测量范围窄，且杆短易碎，不太适合现场应用。热电偶温度计温度测量范围宽，反应速度快，测杆能根据需要制成任意长度，因而在管道测试，特别是在高温烟道测试中得到广泛应用。常用的热电偶有镍铬-镍铝和铂-铂铑，与之配用的温度指示仪表多用高温毫伏计。近年来已制成带冷端温度补偿的数字式温度计，不但体积小，使用也较毫伏计简单。测定时，将感温部分放在管道中心位置，等温度读值稳定不变时再读取数值。

② 气体含湿量测定。气体含湿量通常是以气体中水蒸气含量体积分数$X_{sw}$表示，测定方法有重量法、冷凝法和干湿球法，常用的方法是冷凝法和干湿球法。

a. 冷凝法。抽取一定体积气体使之通过冷凝器，根据冷凝器冷凝出来的水量和从冷凝器出来的饱和水汽量来确定气体的含湿量。

冷凝器连接在采样管和流量测量箱之间，检查系统是否漏气，然后将冷却水管连接到冷凝器冷水管道入口，或将冰块和水的混合物直接放入冷凝器中作为冷源。再将滤筒放入采样管内以除去气体中粉尘，将采样管插入管道中心位置。打开抽气泵以20L/min流量抽气，采样时间应使冷凝水量在10mL以上。采样时记下冷凝器出口饱和水汽温度、流量计读数和流量计前的温度、压力。采样完毕取出采样管，将冷凝在采样管道内的水倒入冷凝器中，用量筒计量冷凝水量。

气体中水汽含量体积分数$X_{sw}$按下式计算。

$$X_{sw}=\frac{1.24g_w+V_m\dfrac{p_v}{B+p_r}\dfrac{273}{273+t_r}\dfrac{B+p_r}{101325}}{1.24g_w+V_m\dfrac{273}{273+t_r}\dfrac{B+p_r}{101325}}\times100\%$$

$$=\frac{461.4(273+t_r)g_w+p_vV_m}{461.4(273+t_r)g_w+V_m(B+p_r)}\times100\% \tag{23.121}$$

式中，$g_w$为冷凝器中凝结出来的水的质量，g；$p_v$为通过冷凝器后气体的饱和水汽压力，可根据冷凝器出口气体温度$t_v$，从空气饱和时水蒸气压力表查得，Pa；$V_m$为抽取的气体体积（测量状态下），L；$B$为大气压力，Pa；$p_r$为流量计前的指示压力，Pa；$t_r$为流量计前的气体温度，℃；1.24为标准状态下1g水汽占的体积，L。

若式中压力和水蒸气气体常数单位以毫米汞柱计时，水蒸气气体常数值461.4应为3.461。

b. 干湿球法。使烟气以一定速度流过干湿球温度计，根据干湿球温度计读数和管道中气体压力来确定气体含湿量。

测定时将干湿球测量装置按图23.46连接，打开抽气泵抽气，气体先通过玻璃棉过滤管将粉尘除去，然后以大于2.5m/s的速度流过干、湿球温度计，待干、湿球温度计读值稳定不变时读数。测定时要注意取样管保温，以免气体在到达干、湿球温度计前水蒸气冷凝而产生误差。

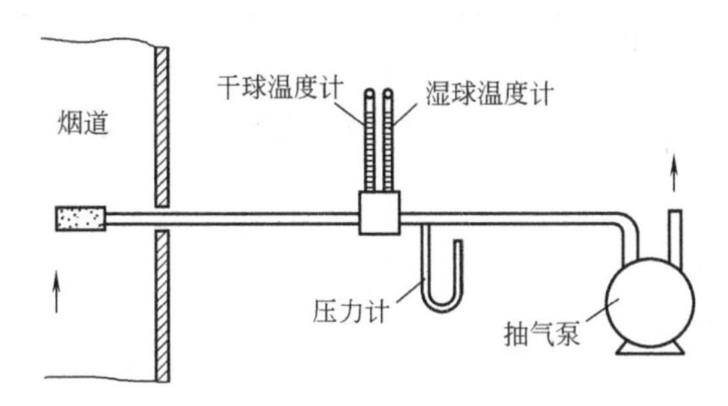


图 23.46　干湿球测量装置

气体中水汽含量体积分数按下式计算。

$$X_{sw}=\frac{p_b-C(t_g-t_s)(B+p_s)}{B+p_j} \tag{23.122}$$

式中，$p_b$ 为温度为 $t_s$ 时饱和水蒸气压力，Pa；$t_g$ 为干球温度，℃；$t_s$ 为湿球温度，℃；$p_s$ 为通过湿球表面的气体指示压力，Pa；$p_j$ 为管道气体静压，Pa；$B$ 为大气压力，Pa；$C$ 为系数，0.00066。

公式中压力单位如用毫米汞柱代入时，形式不变。

③ 气体成分的测定。通常用奥氏气体分析器测定气体成分，其工作原理是用不同的吸收液分别对气体中各组分逐一进行吸收，经吸收后的气体体积的减少量即为该成分的含量。$CO_2$、$O_2$、CO、$N_2$ 各组分的体积分数按下式计算。

$$\left.\begin{aligned}X_{CO_2}&=(V_0-V_1)\times100\%\\X_{O_2}&=(V_1-V_2)\times100\%\\X_{CO}&=(V_2-V_3)\times100\%\\X_{N_2}&=V_3\times100\%\end{aligned}\right\} \tag{23.123}$$

式中，$V_0$ 为吸收前量气管体积，mL；$V_1$，$V_2$，$V_3$ 为分别经 $CO_2$、$O_2$、CO 吸收液吸收后气体体积剩余量，mL。

吸收液配制方法如下。

a. 二氧化碳吸收液。50%氢氧化钾溶液，200mL。

b. 氧吸收液。称取 28g 焦性没食子酸，溶于 50mL 温水中。冷却后，加入 150mL 50%的氢氧化钾溶液。为了使溶液与空气隔绝，防止氧化，在缓冲瓶内要加少量液体石蜡。

c. 一氧化碳吸收液。称取 250g 氯化铵，溶于 750mL 水中，过滤到有铜丝或铜片段的 1000mL 细口瓶中，再加 200g 氯化亚铜，将瓶口封严，放数日至溶液褪色。使用时量取此溶液 140mL 和 60mL 浓氨水混匀。

测定方法是将采样管插入管道靠近中心位置，用二联球或抽气泵将气体抽入塑料袋或球胆中，用气体反复冲洗 3 次，最后采取 250mL。然后用奥氏气体分析器进行分析，由于氧吸收液既能吸收氧也能吸收二氧化碳，因此必须按 $CO_2$、$O_2$、CO 顺序操作。

知道气体成分后，即可求出气体的密度 $\rho$ 或气体常数 $R$，为便于计算流速、等速采样流量和采气体积，凡涉及气体成分的有关计算公式，均以气体常数 $R$ 表示。

气体常数按下式计算。

$$R=\sum_{i=1}^{n}g_iR_i=\frac{1}{\sum\limits_{i=1}^{n}\frac{U_i}{R_i}} \tag{23.124}$$

式中，$R$ 为气体的气体常数，J/(kg・K)；$g_i$ 为某一气体组分的质量分数；$R_i$ 为某一气体组分的气体常数，J/(kg・K)；$U_i$ 为某一气体组分的体积分数。

某一气体组分的气体常数 $R_i$ 按下式计算。

$$R_i=\frac{8314}{M_i} \tag{23.125}$$

式中，$M_i$ 为某一气体组分的分子量；8314 为普适气体常数。

如果干气体组分近似于干空气，则可以把气体看成仅仅是干空气和水蒸气组成的混合物，这样气体的气体常数可写成如下形式。

$$R=\frac{1}{\frac{1-X_{sw}}{R_g}+\frac{X_{sw}}{R_w}}=\frac{1}{\frac{1-X_{sw}}{286.7}+\frac{X_{sw}}{461.9}} \tag{23.126}$$

式中，$R$ 为干空气气体常数，J/(kg・K)；$R_w$ 为水蒸气气体常数，J/(kg・K)。

④ 压力测定。含尘管道压力测定通常使用的仪器是毕托管和液体压力计。常用的毕托管有标准型和 S 型两种。

常用的液体压力计有 U 形压力计和倾斜微压计两种。

⑤ 流速和流量的测定。管道流速测定应按采样位置和采样点的规定，在选定的测量位置和各采样点上，用标准毕托管和倾斜微压计测定各点的动压，根据测得的动压计算气体的速度，每次测定至少要反复进行 2 次，取平均值。

为了计算方便起见，根据气体状态方程 $\rho=\frac{p}{RT}$，可将计算式写成下列形式：

$$v=k\sqrt{2p_d}\sqrt{\frac{RT}{p}} \tag{23.127}$$

式中，$v$ 为气体流速，m/s；$p_d$ 为气体动压，Pa；$p$ 为气体绝对压力，Pa；$R$ 为气体的气体常数，J/(kg・K)；$T$ 为气体热力学温度，K；$\rho$ 为气体密度，kg/m³；$k$ 为毕托管校正系数。

根据对电站、工业锅炉烟尘测试的经验，燃煤锅炉排放的烟气，气体成分的变化对整个计算影响不大，因此在计算过程中，可以把这些烟气看成仅仅是由空气和水汽组成的混合物，又据实测资料，烟气露点温度一般在 35～55℃之间，相应的气体常数为 293.3～303.9J/(kg・K) [2.20～2.28mmHg・m³/(kg・K)]。烟气的绝对压力在 97309～104621Pa (730～770mmHg) 之间，在计算中取 $R=298.6$ (2.24)，$p=99975$Pa (750mmHg)，则对流速可能引起的误差在 1%左右。因此，在一般的测定计算中，可用下式计算。

$$v=0.078k_p\sqrt{273+t}\sqrt{p_d} \tag{23.128}$$

如压力单位用毫米水柱代入上式时，式中系数 0.078 应改为 0.24。

管道内横断面各点的平均流速为：

$$\bar{v}=\frac{v_1+v_2+\cdots+v_n}{n} \tag{23.129}$$

式中，$\bar{v}$ 为气体平均流速，m/s；$v_1$，$v_2$，$v_n$ 为在横断面上各点流速，m/s；$n$ 为管道测量流速的点数。

气体流量等于测定点管道断面积乘以气体的平均流速，即

$$Q=\bar{v}A\times3600 \tag{23.130}$$

式中，$Q$ 为气体流量，m³/h；$A$ 为管道断面面积，m²。标准状态下干气体流量（$Q_N$）按下式计算。

$$Q_N=\bar{v}A(1-X_{sw})\frac{B-p_j}{101325}\times\frac{273}{273+t}\times3600 \tag{23.131}$$

当压力单位用毫米汞柱代入上式时，标准状态下压力值 101325Pa 应为 760mmHg。

### 23.6.5　粒径分布测定的方法和仪器

(1) 测定方法概述

**表 23.15 粉尘粒径测定方法及测定仪器种类**

| 类别 | 测定方法 | | 仪器名称 | 测定范围/μm | 粒径表示 | 分布基准 | 适用场合 |
|---|---|---|---|---|---|---|---|
| 显微镜法 | 光学显微镜法 | | 低倍光学显微镜 | (10～25)～100 | $d_f$ | 面积或个数 | 实验室 |
| | | | 中倍光学显微镜 | (1～10)～100 | | | |
| | | | 高倍光学显微镜 | >0.25 | | | |
| | | | 紫外光高倍光学显微镜 | >0.1 | | | |
| | 电子显微镜法 | | 电子显微镜 | >(0.01～0.05) | | 计重 | 实验室 |
| 筛分法 | 筛分 | | 普通筛 | >(40～60) | $d_A$ | 计重 | 实验室或现场 |
| | | | 空气喷射筛 | >20 | | | |
| | | | 声波筛 | 5～5600 | | | |
| 沉降法 | 气体介质沉降法 | 惯性力 | 级联冲击器 | 0.3～20 | $d_{st}$ | 计重 | 实验室或现场 |
| | | 离心力 | 巴柯离心分离器 | 2～60 | | | |
| | | | 串联旋风分级器 | 1～70 | | | |
| | 液体介质沉降法 | 移液法 | 移液管、移液瓶 | (5～10)～60 | | 计重 | 实验室 |
| | | 沉降天平法 | 沉降天平 | 0.5～60 | | | |
| | | 光透过法 | 消光法粒径测定仪 | 1～150 | | | |
| | | | X射线透过粒径测定仪 | 0.1～150 | | | |
| 细孔通过法 | 电导法 | | 库尔特粒径测定仪 | 0.6～800 | $d_v$ | 体积 | 实验室 |
| | 光散射法 | | 光散射粒子计数器 | 0.3～10 | | 个数 | 现场 |
| 全息照相法 | 不使用干涉技术 | | 全息照相装置 | >10 | $d_f$ | 面积或个数 | 实验室 |
| | 使用干涉技术 | | | >0.05 | | | |
| | 使用外差全息干涉技术 | | | >0.0005 | | | |

在通风除尘领域中，接触到的粉尘粒径范围很宽（从0.01μm到数百微米），这些粉尘又具有不同的物理、化学性质。目前每种测定方法、测定仪器只能在一定条件、一定的粒径范围内使用，尚未出现一种通用方法。

从宏观意义上看，粉尘的粒径分布测定的手段是分级，即把粉尘按一定的粒径范围划分成若干个部分来计量，而不是针对某一个具体的粉尘颗粒，去测定这个尘粒直径的大小。

测定粉尘粒径分布时，要根据测定目的来选择测定方法。粉尘粒径的测定方法如下。

① 计数法。针对具有代表性的一定数量的样品逐个测定其粒径的方法。属于这种方法的有显微镜法、光散射法等。计数法测得的是各级粒子的颗粒百分数。

② 计重法。以某种手段把粉尘按一定的粒径范围分级，然后称取各部分的质量，求其粒径分布。常用的计重法粉尘粒径测量仪采用离心、沉降或冲击原理将粉尘按粒径分级，测出的是各级粒子的质量分数。

③ 其他方法。包括面积法、体积法等。

粒径分布的测定可以在现场或实验室进行。现场测定是直接从气流中抽取部分气流进行分析。实验室测定则要在实验室对现场采集的粉尘样品进行分析。

随着当代科学技术的飞速发展，粒径分布测定的应用领域越来越宽广，测定方法也越来越多。

(2) 测定仪器的分类

各种粉尘粒径分布测定仪器都是基于粉尘的某种特性设计的，例如光学特性、惯性、电性质等。所以，由于设计原理不同，测定的方法也不同，测得的粒径含义也不同。例如，显微镜法测得的粉尘粒径是投影径（定向径、长径、短径等），属于显微镜法的测定方法有光学显微镜法、电子显微镜法、图像分析仪法等。使用沉降法测得的是空气动力径，使用电导法测得的是等体积径等，各种测定方法得到的粒径含义很可能是不同的。所以在使用某种仪器测得粉尘的粒径分布数据后，特别要注意分析一下这种仪器属于哪种粒径分布测定方法，得出的是何种意义的粉尘粒径。

粉尘粒径测定方法及测定仪器种类见表 23.15。

现在，有些国家要求除尘装置能捕集到1μm以下的粉尘，袋式除尘器和电除尘器等高性能除尘器能满足这个要求。但是测定1μm以下的粉尘粒径不是一件容易的事情，不仅需要昂贵的仪器，还要有熟练的操作技术。新兴的粉末冶金、现代药品、针剂产品生产等也需要对超细粉末进行研究，国内外都开展了这方面的工作。

## 23.7 个人防尘用具

### 23.7.1 呼吸器官防护用具的分类与要求

呼吸器官防护用具（简称呼吸护具），对预防粉尘方面职业病有重要作用。因为呈粉尘状溶解性毒物能被人体呼吸器官的所有组织细胞吸收，并能直接迅速地进入人体大循环系统，特别像硅等粉尘被吸入肺泡时，会直接导致肺组织病变。据报道，95%职业中毒和全部的肺尘埃沉着病病人都是粉尘通过呼吸器官吸入而导致发病的。

呼吸护具可分为过滤式呼吸器、通风式呼吸器、自给式呼吸器三大类。

过滤式呼吸器是采用净化材料处理污染空气，再配上适于佩戴使用的造型面具与系带构成的，实际上是一种依靠人体吸气作用为动力的小型过滤器。依据它所净化的对象不同，又分为防尘、防毒面具两大类。

通风式呼吸器有通风管路，也称为管式呼吸器。其中最简单的一种是通过管路，依靠人的吸气作用，从无污染处吸进新鲜空气。或者通过管路，使用人力、电动风机、压缩空气，将经净化处理的空气供给人体呼吸。除依靠人吸气作用自吸呼吸器外，不存在通气阻力的问题。它既有防尘的效能，又有防毒的效能。

自给式呼吸器装置中配备有供气源，供呼吸需要。一般情况下，作为防尘措施很少采用它。

选择、使用呼吸护具的主要原则如下。

① 首先要根据人机工程学（人类工效学）上的要求，既要求呼吸护具有充分的防护性能，又要求佩戴方法简便，易于掌握与使用。佩戴它时不得妨碍生产操作以及影响人体感觉器官的生理活动。

② 选择呼吸器具的制作材料时，首先要符合人体的安全卫生要求，如接触皮肤的材料，不得有刺激皮肤或诱发炎症等因素，有挥发毒性、水溶性毒性，或者存在着其他不安全因素。

③ 满足一定的防尘效率和适宜的通风阻力，它的外观应尽量做到形式美观，并且还要考虑经济、社会习惯等因素。

### 23.7.2 过滤式呼吸器

（1）简易型防尘口罩

这类防尘口罩一般是直接用滤料来制作的。它制作容易、轻便、价廉。我国从20世纪50年代初推广使用8层纱布口罩，目前全国年使用量达3亿个以上。但使用棉纱作滤料，阻尘效率低。另外，它是一种平面的造型，不可能与多曲面的颜面部位相密合，而会发生口罩在鼻翼部的严重侧漏灰尘。从20世纪60年代开始采用阻尘效率高的羊毛毡、氯纶绒布、丙纶无纺布等，并设计成一定造型，使口罩能够与颜面相密合，同时使口罩内形成一定空腔，使滤料所有部分能充分发挥过滤作用。有代表性的简易型防尘口罩，其结构如图23.47～图23.49所示。

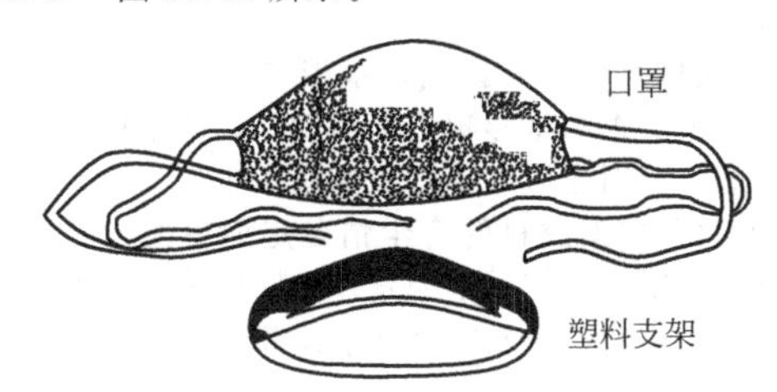

图23.47 简易型防尘口罩

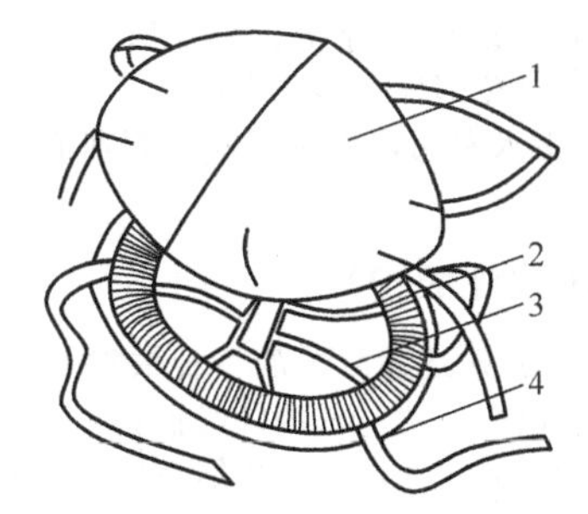

图23.48 湘劳Ⅰ型防尘口罩

1—主体正面；2—背面衬背；3—支架；4—系带

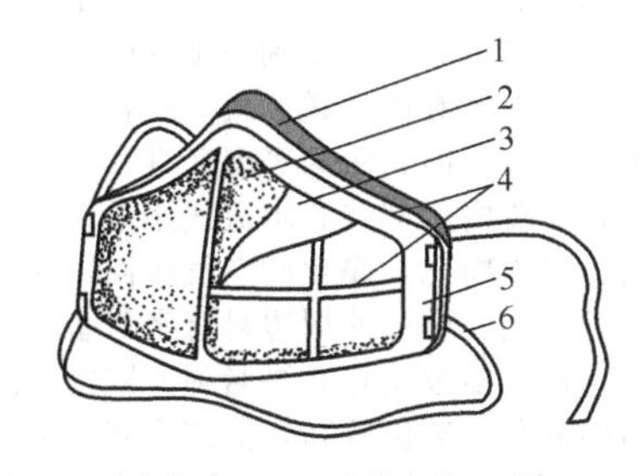

图23.49 77型防尘口罩

1—泡沫塑料衬圈；2—泡沫塑料片；3—滤料；4—内夹具；5—外夹具；6—系带

在国外，一般低浓度灰尘工作点，推广使用无纺布造型加工的简易口罩，如美国3M8800型、日本SDR型，在它的主体上部用铝片制成鼻夹。根据使用者的鼻形调整，以保证严密。再附以简单的橡皮筋带作系带，使用一次就作废。

简易型防尘口罩由于结构上的限制以及所选用滤料的局限性，它的阻尘效率一般不是很高。因为随着使用时间的增长，滤料上的容尘量也随之增加，同时由于人体呼出气体中的水分，在通过时又将滤料浸湿。这样使用口罩时间越长，通气阻力就随之增加越明显。因此，简易型防尘口罩适用于粉尘浓度不高或在较短时间内使用的场合。

（2）复式防尘口罩

复式防尘口罩不同于简易型防尘口罩的是在结构上为了要充分发挥滤料的阻尘效率，保护滤料不受呼气中水分干扰，而设有专用装滤料的滤盒，以及装设有呼、吸气阀门以保证呼气与吸气相互分开，即吸气通过滤料后经吸气阀进入呼吸道，呼气时由于呼气的压力将吸气阀关闭，呼气经由呼气阀排出。为了能连续固定这些部件，以及保证口罩与颜面的密封性能，就需有非滤料制成的口罩的主体部件。这种口罩部件如图23.50所示。

① 主体。主体的主要作用是连接各个部件，既要替换方便，又要严密配合。另外，为了便于佩戴，还要保持与颜面柔软性的密合以防止侧漏灰尘。因此，它多采用弹性较好的橡胶、塑料制成，为适应不同的脸型，分成多种型号。目前对主体反映较多的问题是橡胶的不良气味，如能选用合成橡胶或香味橡胶，可以得到较好解决。有个别人佩戴时发生过敏性皮炎，可选用主体周边粘贴棉毛布，或者用棉毛布制作的主体套圈，使皮肤不直接与橡胶接触。目前国内外发展以泡沫乳胶、泡沫塑料作主体的周边垫圈，以保持使用舒适与严密性。为增加与颜面的密封性能，主体周边采用多层次，或扩大与颜面的接触面等结构。

② 滤料盒。滤料盒的主要作用是充分地发挥滤料的阻尘作用，降低通气阻力，以及能方便使用等。不但要严密固定好滤料，还需要能方便滤料的替换更新。降低通气阻力的措施，可尽量扩大盒内所装滤料的面积或厚度。例如对滤料进行波纹状造型，扇形重叠，或者采用双过滤盒等。武安四型防尘口罩使用重叠屉式多层的滤盒，滤盒的形状一般多为圆形，但有的为了解决视野问题，设计成三角形、梯形、矩形或外圆形等结构。

目前，新型口罩设计成两级过滤系统，第一级采用绒布或用一次性滤纸进行粗过滤，以保证高效滤料能有效地使用较长时间。因此在滤盒的设计中，还要充分考虑两级滤料的替换方式与相应的结构。

③ 呼气阀。呼气阀的作用是使进入口罩内的呼、吸气流单向流动，即使吸入空气经滤料净化后再吸进呼吸系统，而人体呼出有水分气体经呼气阀直接排入大气中，以保证不浸湿滤料，不影响它的使用效果。要求呼气阀阻力不超过5mmH$_2$O（1mmH$_2$O＝9.80665Pa），否则戴用时人体很容易疲劳。同时，对阀的性能既要求启开灵敏，又要求关闭严密。为了加强阀的密封性能，要求设有防护盖，使外面形成一定死腔，以减少直接侵入阀内的含尘空气和冷空气。它装设在主体上，对通气阻力是有一定影响的，较适宜的位置是在口、鼻之间。根据形状呼气阀大致可分为5种，即伞状、盘状、鸭嘴状、舌状和片状阀（图23.51）。

在寒冷季节戴口罩时，需解决排出主体内腔积存冷凝水的问题。有的利用口罩下部的呼气阀来排水，但冷凝水过多或结冰时易失灵。在301型口罩中，设计了一种新型的排水阀。其结构是利用密度小的材料制成小球，有积水时球浮起排水，无积水时球下沉堵住排水孔，外界空气不能由孔进入。

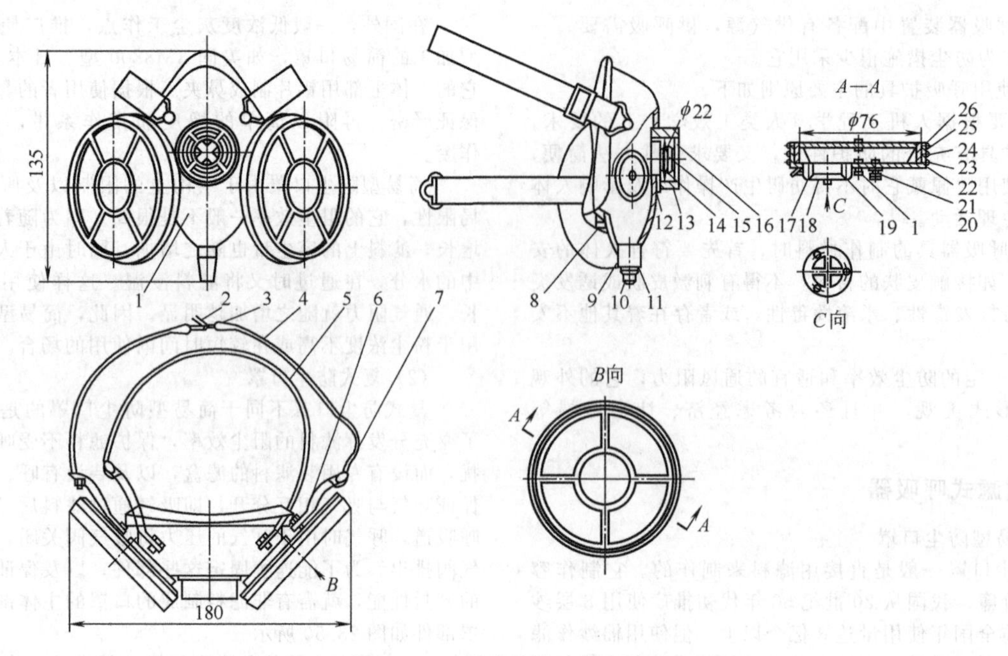


图 23.50 复式防尘口罩部件

1—主体；2,3,6—扣；4—下系带；5—上系带；7—调节扣；8—座圈；9—排水口连接环；10—浮球；11—出水嘴；12—呼气阀座；13—呼气阀盖；14—呼气活瓣；15—弹簧；16—弹簧托盘；17—铁钉；18—吸气活瓣；19—过滤盒连接环；20—上按钉；21—下按钉；22—过滤盒底；23—滤料套圈；24—压纸盖；25—超细纤维滤料；26—桑皮棉纸

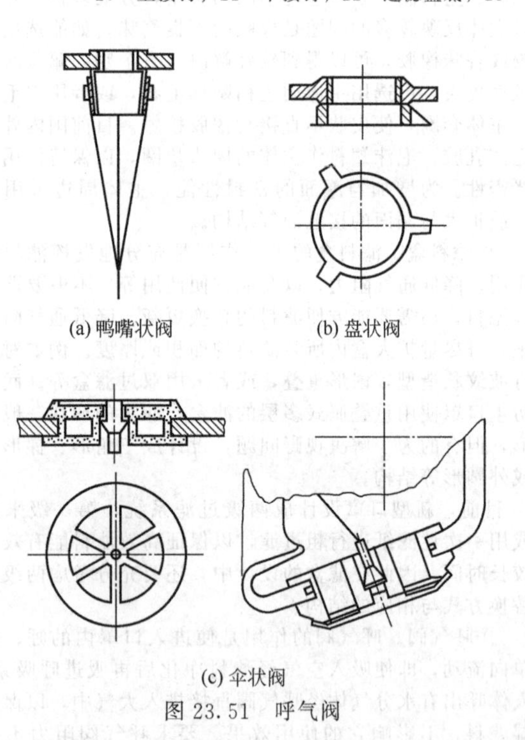

(a) 鸭嘴状阀 (b) 盘状阀

(c) 伞状阀

图 23.51 呼气阀

吸气阀是由薄橡胶制成，要求阀片与阀座平整，以保持密封。

④ 系带。所有口罩都有连接的系带，根据需要设有 2 根或者 4 根，材料多选用弹性较好的乳胶带或橡皮筋纱带等。有的为了分散口罩的质量的压力，在相当于后头部位处，将系带分成两股或用较大的椭圆形垫片。在系带设计中，如材料选用不合理或位置安置不当，都能影响戴用的严密性、舒适程度以及使用效果。在复式口罩中，为了替换系带，另设有与系带配套的挂钩、套环、固定钉等。同时，系带与配件等使用方法不能过于复杂，以便于使用者掌握。

(3) 复式防尘口罩的使用与维护

对复式防尘口罩的使用与维护，可归纳成以下 5 条。

① 使用前要检查各个部件是否完整，主要检查各部件的连接处，既要连接严密，又要保证气流通畅，特别是呼气阀要灵敏可靠。

② 佩戴口罩位置要正确，系带要调整适度，对颜面要无严重压迫感，否则将影响头部活动。口罩主体要不因系带勒拉而变形，否则变形时将造成侧漏灰尘。

③ 滤料要根据滤料的容尘情况定期更换，以免因阻力增大而影响使用。在使用中如发现口罩腔体内或滤料盒底部有粉尘泄漏痕迹时，应及时查找泄漏粉尘处，并立即补救后再使用。

④ 使用后的口罩主体，要用肥皂水洗净，再用清水洗涤以保证清洁，置通风处晾干。切忌暴晒、火烤，接触油类、有机溶剂，以免部件变形或损坏。

⑤ 口罩应专人专用，或设有专人管理清洗，整理替换部件。

### 23.7.3 通风式呼吸护具

通风式呼吸护具是最简单的一种依靠人体自身的吸气作用，通过风管吸引新鲜空气的呼吸护具。这种呼吸护具存在通气阻力问题。采用送风机、压缩空气等，经管路送进已经净化的空气，以供应人体呼吸使用，不存在通气阻力的问题，它既能防尘又能防毒，戴用者也感觉舒适，在国外得到较为广泛的应用，而国内应用很少。它的不足之处是由于连有通风管路，使用者活动范围受到一定的限制。为此研制成了能在身上佩戴的配备有电动送风机、滤料、电源等的电动送风口罩。近年来，英国、法国等国又继续发展出自带电源的电动送风头盔，盔内后部装有轴流式小电风机，吸进的空气经纤维织物过滤层净化，净化的空气顺面罩而下，以保证人体呼吸洁净的空气。面罩的周边衬有密封垫，以维持罩内为正压，使尘、毒气不致从外面渗漏到面罩内。国内也在试制，但由于结构复杂，造价较高，推广受到一定的限制。

对于通风式呼吸器所用的面具根据不同要求，有半面具、全面具以及头罩等，甚至采用送风衣、空气眼等。近年来，由于透明聚合物的发展，能制作透明面罩、透明空气眼等。这类护具的严密性、视野广阔性、穿用舒适度以及预防使用面具时能发生的接触性皮炎等方面都表现较好。

通风式呼吸护具根据它的结构形式，大致可分两大类：软管式呼吸器和压风呼吸器。又可根据各种呼吸器的空气动力源以及调整空气的方式分为数种，见表23.16。

**表 23.16 通风式呼吸护具分类**

| 类型 | 分类 |
| --- | --- |
| 软管式呼吸器 | 自吸式呼吸器 |
| | 送风机式呼吸器 |
| | 自携式呼吸器 |
| 压风呼吸器 | 恒定式压风呼吸器 |
| | 可调式压风呼吸器 |
| | 复合式压风呼吸器 |

(1) 软管式呼吸器

由软管将净化空气送至呼吸器的主体内，供人体呼吸使用。最简单的方式是将管的一端装设漏斗形进风口，将进风口置于空气清新、无污染的处所，并设置可引起人们注意的警示板，或安排值班人员看守，以免发生堵塞而造成用者窒息的意外事故。而在另一端采用半面罩（口罩）或全面罩。软管的长度，美国矿山局规定为7m，一般不得超过10m，而管内径要在25mm左右。在国外，为了防止因软管曲折而压断通气管路的意外事故，将管路设计成在汽车轮压轧下也不会变形的硬性软管。对此类结构的呼吸器称为自吸式呼吸器，其结构简单，易于推广应用，如图23.52所示。

为了解决管路长度限制与增添粉尘过滤器，就需配备有送风动力装备，这种类型称为送风机式呼吸器。动力源可用人力（即手动、脚踏），或用电动机驱动等。送风机的送风量，要求通过过滤器后要在100L/min以上，风压要超过130mm$H_2O$，在面罩内呼吸带部分风量要大于50L/min。如用手动送风机，其曲轴转速应为60r/min以上，每个手动送风机的功率不得超过150W。此种呼吸器的结构如图23.53所示。

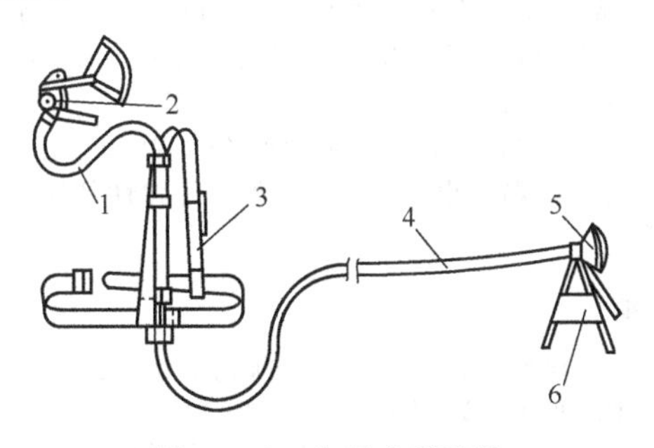

图 23.52 自吸式呼吸器

1—吸气管；2—口罩；3—背带；4—软管；5—送风漏斗；6—警示板

电动送风机式呼吸器所引入的风流，先经流量调节装置，进入空气调节装置，以平稳调节流量的变化。同时准备在风机一旦发生故障或其他原因而停止送风时，佩戴者可依靠空气储存罐中的空气维持短时间的呼吸，而不致窒息（图23.54）。

国内外正大力发展研制自身佩戴有电源、电动送风机、滤器、软管以及面罩的自携式呼吸器。这样使佩戴者的活动将不再受到限制，同时也无通风阻力，易于为使用者所接受。特别在剧毒粉尘工作点，操作工人人数不多时，使用它最为适宜。它防护效率高，而且比采用通风除尘设备、密闭工程等技术措施从经济、技术、时间上将大大节省，并且简

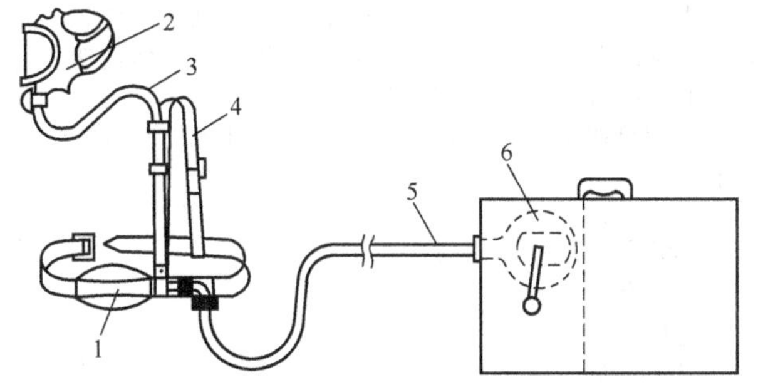

图 23.53 送风机式呼吸器

1—空气调节袋；2—面罩；3—吸气管；4—着装带；5—软管；6—手动送风机

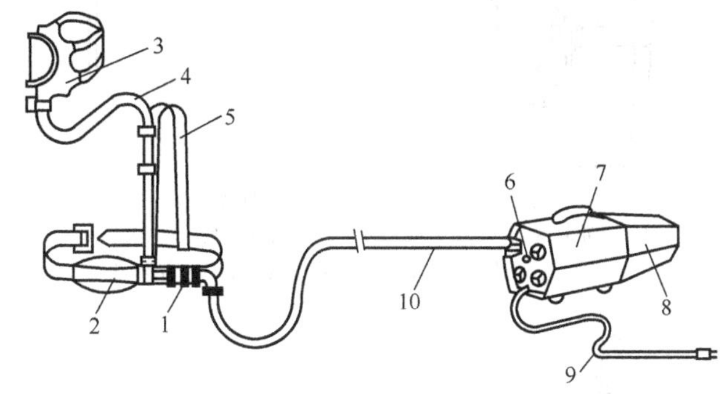

图 23.54 电动送风机式呼吸器

1—流量调节装置；2—空气调节装置；3—面罩；4—吸气管；5—着装带；6—风量转换开关；7—电动送风机；8—过滤器；9—电源软管；10—软管

便易行。它的关键是送至呼吸带的净化空气量要满足人体呼吸需要。所有通风管路以及主体与颜面接触部位都要有良好的密封性能。由于采用的主体不同，可分为电动送风口罩、电动送风面罩、电动送风头盔、电动送风头罩（有的还连接防护服上装）。

对所有软管式呼吸器，为了保证使用时的防护与安全性能，在设计结构上应满足以下几点要求。

a. 结构要牢固、轻便，能在较长时期使用时不发生故障。

b. 所有部件的结合部分要连接紧密，不得泄漏气体，以保证防护性能的可靠性。为了保障使用者的安全，需在手都能接触到的部位设有管路活接头，以便在紧急情况下，能解脱开连接管路，使戴用者能迅速离开危险现场。

c. 呼吸器应在使用时不因受到冲撞而影响使用效果。

(2) 压风呼吸器

压风呼吸器是指呼吸器的空气源来自空气压缩机，或者是高压空气容器中储存的压缩空气，通过空气导管、吸气管、面罩等送入供佩戴者使用。这类呼吸器的重点是要保证压缩空气的清洁，以及能灵活地调整气流的压力，特别是压气中的粉尘、机油分解产物、水分等都要除去，以保证使用者的安全与健康。为了保证使用者能得到充足的空气，同时又不让压风直接冲击颜面部，要设有流量调节装置。根据流量调节的方式，压风呼吸器可分为恒定式、可调式、复合式3种。恒定式，即在该呼吸器中设置有定量的调整流量设备，向面罩送进调整好的定量空气以供给人体呼吸。可调式分两部分调整：一是通过可调流量装置进行流量调整；二是在面具前部设有肺力阀，按呼吸时的需要，经肺力阀来调整气流的需要量，以保证面罩内有较充分的送风量。复合式压风呼吸器的压缩空气则经管路送至佩戴者身上的小型压气瓶内，并设有压力表、减压阀以及肺力阀等。其优点是离开压

力源或压力源有故障时，在短时间内尚能维持一定供气时间，以保证生命安全。肺力阀是指一种依靠人体的吸气作用，来开启阀门以调节进气门的专用阀。

压风呼吸器的3种类型具体结构如图23.55～图23.57所示。

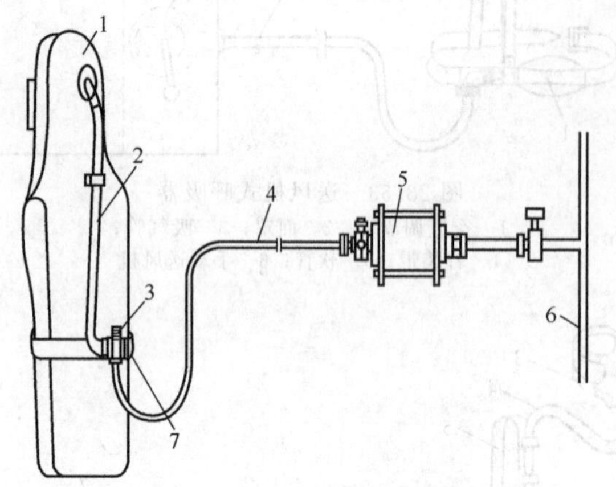


图23.55　恒定式压风呼吸器

1—防护罩；2—吸气管；3—流量调整装置；4—空气导管；5—过滤装置；6—压缩空气管；7—着装带

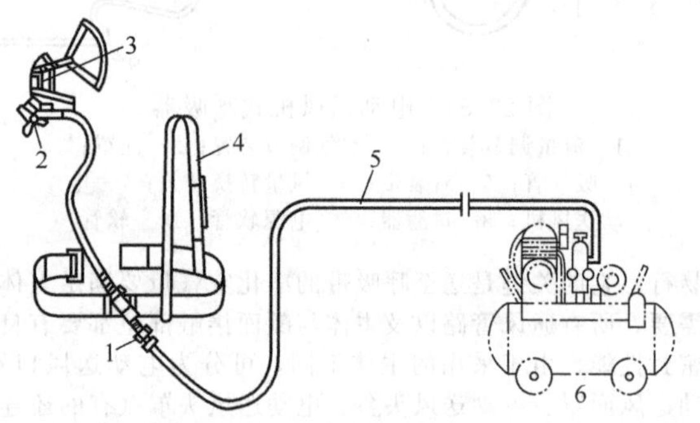


图23.56　可调式压风呼吸器

1—软管结合部；2—肺力阀；3—面罩；4—着装带；5—空气导管；6—空气压缩机

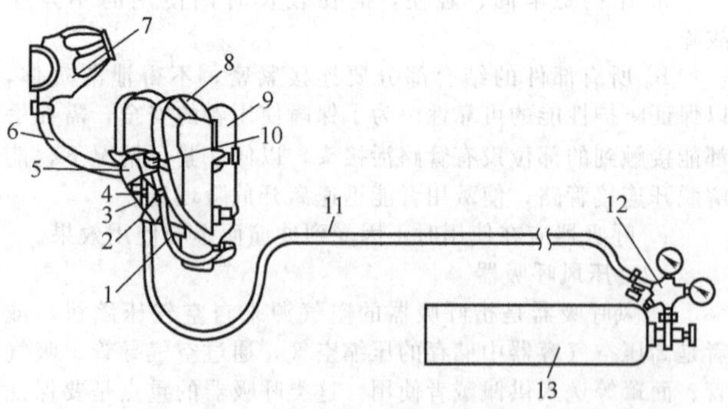


图23.57　复合式压风呼吸器

1—高压导管；2—试管结合部；3—中间阀；4,12—减压阀；5—肺力阀；6—吸气管；7—面罩；8—着装带；9—中间高压空气容器；10—压力指示计；11—空气导管；13—高压容气容器

(3) 通风式呼吸器的选择与使用

面具与软管是通风式呼吸器的主要部件，特别是面具应根据粉尘、毒物而选用。对灰尘浓度不高、对眼伤害较小的作业点可选用半面罩（口罩）。灰尘大、对眼有伤害时要选用全面具或面罩。灰尘情况严重、毒性较大时，应选用头罩（盔），甚至包括通风上衣，以至全身都进行防护的送风衣。其具体结构如图23.58所示。

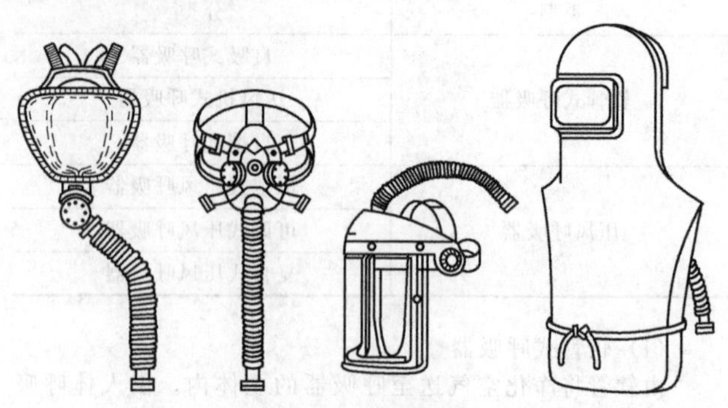

(a) 全面具　(b) 半面具(口罩)　(c) 面罩　(d) 通风上衣

图23.58　通风面具

对通风式呼吸器的选择和使用，应注意下列几点。

① 在选用时，主要根据所要防护的对象、作业场所的条件、作业所需用的时间、临时性或长期性的工作等具体情况来考虑。例如，对密闭性罐、筒内或地下井、坑进行临时性检查时，距离新鲜空气较近可用自吸式呼吸器，距离较远（大于5m）时就要采用人力、电动送风机式呼吸器等。当然空气吸入口应置于新鲜空气处。如入口空气已被污染时，必须使用装设过滤器的动力通风呼吸器。

② 这类呼吸器较防尘口罩结构复杂，在使用前应根据产品使用说明书，进行佩戴演习，以免临到使用时不熟悉戴用的方法而发生意外。特别是它的通风管路、接头、储气罐不得漏气；活接头在需要时能顺利解开；动力设备送风情况要符合卫生学要求等，都应事先检查，在确认性能良好时方能启用。

③ 一般在单独作业的情况下，不得一人独自使用这类呼吸器，以免设备发生故障时，使用者由于缺氧反应迟钝而造成窒息死亡事故。

④ 使用后要检查保养，面罩部分要用75%乙醇消毒，整理好后可装入箱内很好储存。对橡胶等弹性部件，不得挤压以免变形。

## 参考文献

[1] 中国劳动保护科学技术学会，工业防尘专业委员会．工业防尘手册．北京：劳动人事出版社，1989．

[2] 李广超，傅梅绮．大气污染控制技术．第2版．北京：化学工业出版社，2011．

[3] 郭静，阮宜纶．大气污染控制工程．第2版．北京：化学工业出版社，2010．

[4] 孙一坚，沈恒根．工业通风．第4版．北京：中国建筑工业出版社，2010．

# 24 工业防毒

## 24.1 有害物质与人体健康

在生产和生活过程中，人类要接触各式各样的化学物质。在一定的条件下，一些有害化学物质会对人类造成不同的危害。各类有害物质的特性不一，对人体的危害程度也有很大的差异。中毒是有害物质对人体产生危害的最明显特征之一，大剂量的有害物质会引起急性中毒死亡，长期小剂量接触有害物质也会导致人体慢性中毒而损伤机体组织。因此，生产和生活中的有害物质严重地影响着人们的身体健康。

（1）毒物

凡是以小剂量进入机体，通过化学或物理化学作用而导致健康受损的物质，称为毒物。目前已用“外源性化学物”一词代替毒物。

① 毒物的毒性。一种外源性物质的毒性是指其与机体接触或者进入机体的某个部位以后，对机体损伤的相对大小程度。毒性较高的物质只需很少的量即可对机体造成很大的危害，毒性低的物质只有在较大的剂量时才能体现出一定的危害作用。因此，中毒剂量可以作为毒物毒性的一种衡量标准。

② 毒物的分类方法。毒物的种类很多，可以按以下方法分类。

a. 按理化性质可分为水溶性毒物（例如强酸、强碱、亚硝酸盐等）、挥发性毒物（例如氰化物、醇类、酚类等）、非挥发性毒物（例如巴比妥类、有机磷农药等）、金属毒物（例如砷、汞、铅、铬等）和气体毒物（例如一氧化碳、硫化氢等）。

b. 按毒理作用可分为腐蚀毒物（对接触机体部分有强烈的腐蚀作用，如强酸、强碱、酚类等）、实质毒物（吸收后可引起组织器官病理损害，如砷、铅、汞等）、血液毒物（能引起血液的变化，如一氧化碳、硫化氢、亚硝酸盐等）、神经毒物（可造成中枢神经系统功能障碍，如醇类、安眠药、麻醉药等）和酶系毒物（抑制特异的酶，如有机磷农药、氰化物等）。

c. 按来源、用途并结合毒理作用可分为腐蚀性毒物（如强酸、强碱、酚类等）、金属毒物（如砷、汞等）、功能性毒物（如安眠药、氰化物、一氧化碳、亚硝酸盐等）、农药毒物（如有机磷农药、氨基甲酸酯类、杀虫脒等）、杀鼠药毒物（如磷化锌、敌鼠等）、植物毒物（如马钱子、夹竹桃、马桑、毒蕈等）、动物毒物（如蛇毒、河豚、斑蝥等）、食物中细菌及霉菌毒物。

（2）中毒

毒物进入机体后，以其化学或物理化学作用而造成组织器官结构损害或功能障碍的过程，称为中毒。

① 中毒分类

a. 按中毒的原因分类。按中毒原因分类主要有职业中毒和日常生活中毒。

职业中毒是指劳动者在劳动及其他各种职业活动中，由于接触作业环境中的有毒物质而引起疾病。与化工有关的行业职业性中毒较多，在生产过程中化学物质毒物有数千种，常见的毒物也有150多种，由于高温、高压的生产工艺，易燃易爆的原料及产品的存在，生产工艺复杂多变，以及有害物质泄漏可引起此类行业职业性中毒。而企业生产工艺落后，劳动条件差，安全卫生防护设施不齐全，也是造成职业性中毒的重要因素。此外，高温或低温作业、工业噪声、放射性和射频辐射等物理因素也可以引起职业性中毒。日常生活中毒是指由于摄入某种化学物质、药物、有毒的动植物或食品引起的中毒。

b. 按中毒的速度分类。按中毒的速度，可将中毒分为急性中毒和慢性中毒。毒性较大或大剂量毒物一次性进入机体后，很快出现明显中毒症状者，称为急性中毒。此类中毒多数迅速导致死亡，少数中毒者经及时有效地抢救可痊愈或病程迁延转为慢性。

小剂量毒物多次进入人体而逐渐引起的中毒，称为慢性中毒。该类中毒者的早期症状往往不明显，而当毒物在体内积蓄到一定量后，才出现严重中毒表现，并可导致中毒死亡。环境污染造成的中毒及职业中毒多为慢性中毒，滥用药物所致的瘾癖也属于慢性中毒。

中毒还可按照所中毒物质的种类进行分类，如腐蚀性毒物中毒、金属毒物中毒、障碍功能性毒物中毒、农药中毒、鼠药中毒、有毒植物中毒、有毒动物中毒、细菌性或霉菌性食物中毒等。

② 中毒机理。毒物通过改变机体的正常细胞功能和生理过程组织的机能而产生毒性，主要有以下几种作用方式。

a. 与体内的物质结合。

b. 干扰正常受体、配体的相互作用。

c. 影响生物膜的正常功能。

d. 影响细胞能量的产生。

③ 影响中毒的因素。影响中毒的因素主要有：毒物的质和量及进入机体的途径等。

a. 毒物的质和量。毒物的物理性质主要影响发生中毒的速度。气体毒物经肺迅速吸收进入血液，因而发生中毒作用最快；液体毒物次之；固体毒物再次之。固体毒物的作用又视其能否溶解于水或胃肠液而不同。

毒物的化学性质主要决定其毒性作用的大小。化学结构相似的毒物，其毒性作用也相似，其毒性作用也大致相同。低价化合物与高价化合物相比，由于存在不饱和键而更易参加化学反应，其毒性作用也越大。

毒物需达到一定的量才能引起中毒。凡能引起机体中毒的最小剂量称为中毒量，引起机体中毒死亡的最小剂量称为致死量。

由于影响中毒的因素很多，因此各种毒物的中毒量和致死量并无一个绝对值。一般来说，毒物的剂量越大，中毒越快，症状越严重。但是决定毒物对机体作用的不是服入量，而是机体对毒物的吸收量。

b. 机体的状态。主要因素有年龄与性别、健康状况、耐受性与过敏性以及毒物进入机体的途径。

（3）生产性毒物

在生产和劳动过程中存在的可能危害劳动者健康的因素，称为生产性有害因素。生产过程中可能有铅、汞等有毒物质，矿尘、煤尘等生产性粉尘，高温、高湿等异常气象条件，紫外线、微波等非电磁辐射，噪声、振动以及炭疽杆菌等生产性有害因素。

劳动过程中也可能有劳动组织制度不合理，劳动强度过大，个别器官或系统过度紧张，不良体位及使用工具不合理等生产性有害因素。

此外，还有卫生条件和设备不良，生产场所设计不符合卫生标准，安全设施与个人防护不完善等生产性有害因素。

① 生产性毒物对人体的危害。生产性毒物在一定条件下，对人体可造成下列危害。

a. 局部刺激和腐蚀。有些毒物对人体接触的部位（如皮肤、黏膜）产生强烈的刺激和腐蚀作用，使细胞的形成和功能发生不同程度的病理变化。

b. 窒息和麻醉。一氧化碳、氰化物、硫化氢、氮气、甲烷及二氧化碳等均属于窒息性气体。当它们被人体吸收时，由于对血液或组织产生特殊的化学作用，能引起组织的“内窒息”；或由于对氧的排斥，使肺内氧分压降低，从而造成机体缺氧。当机体吸入高浓度的苯、四氯化碳和二氧化碳时，会对中枢神经系统产生麻醉作用。

c. 溶血。人体接触某些毒物后，可发生溶血性贫血。如二硝基甲苯、硝基苯、氨基酚、间苯二胺、砷化氢及非那西汀等，它们通过不同的机理作用，均可使体内红细胞破坏增速，超过造血补偿能力而发生贫血。

d. 机体免疫功能低下。有些毒物可引起过敏反应或细胞溶解反应等，使人体免疫功能低下，对疾病的抵抗力下降，如甲醛、甲苯、二异氰酸酯、六六六，以及重金属汞、铅、铬、镍等。还有的毒物可引起胎儿畸形等。

② 生产性毒物进入人体的途径。生产性毒物主要经呼吸道和皮肤进入人体，经消化道进入者较少见。了解毒物侵入人体的途径，有助于采取相应的预防措施。

a. 呼吸道吸收。凡是呈气体、蒸气和气溶胶形态的毒物，都可经呼吸道侵入人体，如一氧化碳、苯蒸气，电焊时产生的气溶胶形态的锰等。人体整个呼吸道都能吸收毒物，工人在8h劳动中（一般强度）约呼吸$10m^3$的空气。由于肺泡总面积大（50～$100m^2$），血流丰富而且肺胞壁薄，空气在肺泡内流速慢（接触时间长），这些都极有利于毒物吸收。而且肺泡上皮与身体其他生物膜不同，它对脂溶性分子、非脂溶性分子及离子都具有高度通透性。毒物经呼吸道吸收后，不经过肝脏转化、解毒即直接进入血液循环分布于全身。因此，呼吸道是生产性毒物进入人体的最重要途径。

b. 经皮肤吸收。毒物经皮肤吸收可通过表皮屏障到达真皮并进入血管，但也可通过毛囊与皮脂腺或汗腺绕过表皮屏障。毒物经皮肤吸收后，也可不经过肝脏直接进入血液循环而分布于全身。

c. 胃肠道吸收。在生产条件下，毒物经消化道侵入人体者较少见，一般多为不遵守个人卫生制度或发生意外事故所造成。另外，由于经呼吸道侵入的毒物在经口腔清除的过程中，有可能吞入胃肠道，这些毒物主要由小肠和胃吸收。

③ 人体排出毒物的途径。进入人体内的毒物，可通过多种途径排出，其中肾脏是最主要的一个途径。但其他途径对排出一些特殊的化合物也是非常重要的，如肺排出有毒气体及蒸气，肝及胆道排出铅、锰、镉等金属。

④ 最高容许浓度。最高容许浓度是指在工人作业场所任何有代表性的空气采样中，有害物质均不得超过的数值。车间空气中有害物质的最高容许浓度是指工人在该浓度下长期进行生产劳动，不引起急性或慢性职业危害的浓度。

⑤ 中毒急救。中毒急救应遵循下列三条原则：首先，尽快阻止毒物继续进入患者体内；其次，进行解毒和排毒；再次，对症治疗，保护重要器官，促进恢复。中毒急救具体办法如下。

a. 抢救时，先查明毒物的侵入途径、进入量及与毒物接触的时间。如为气体毒物经呼吸道吸入体内中毒，应立即将患者从中毒现场转移到空气新鲜的地方，松开衣服及腰带。

b. 经皮肤吸收中毒者，应立即脱去污染的衣服，用清水或皂液彻底冲洗被污染的皮肤、毛发和指甲。皮肤被强酸、强碱污染时，应立即在现场用大量自来水冲洗10～20min。

c. 毒物口服进入时，如患者清醒，可饮大量温水或2%～4%盐水，然后用手指或棉棒刺激咽部以催吐，并用此方法反复引吐至彻底为止。强酸、强碱等腐蚀性物质口服后不宜催吐和洗胃，可服用牛奶、蛋清等以保护胃黏膜。对昏迷患者，洗胃要慎重。

d. 在解毒治疗方面，积极消除毒物在体内的毒作用，及时促使进入体内毒物的排出。如急性有机磷农药中毒时，可用解磷定等胆碱酯酶复能剂，使被毒物抑制的胆碱酯酶活力得到恢复。

e. 在急性中毒的抢救治疗中，可采用强有力的对症和支持疗法，以维持主要脏器的功能。对有昏迷、呼吸困难、紫绀、惊厥等症状者，应立即送医务室或医院抢救。在护送途中，要注重保持患者呼吸道通畅，头稍低，侧卧位，避免呕吐物流入气管。惊厥时要防止从床上跌下。呼吸停止时应立即进行人工呼吸，心跳停止时应进行胸外心脏按压。

f. 加强护理，使患者静卧休息，注意保温。密切观察病情变化，根据病情随时调整治疗措施。

## 24.2 有毒烟雾的净化设备

### 24.2.1 过滤式酸雾净化器

过滤净化一般分为内部过滤和表面过滤两种方式。内部过滤是把分散的填充滤料（如各种纤维、金属丝网、金属绒等）以一定体积填充在容器内作为过滤层，这种净化是在过滤材料内部进行的。表面过滤是采用较薄织物的滤料作为过滤层，净化过程是在过滤材料表面进行的。

过滤式酸雾净化器是一种简单有效的雾沫分离器，如图24.1所示。过滤式酸雾净化过程是在过滤材料内部进行的，所以是内部过滤。

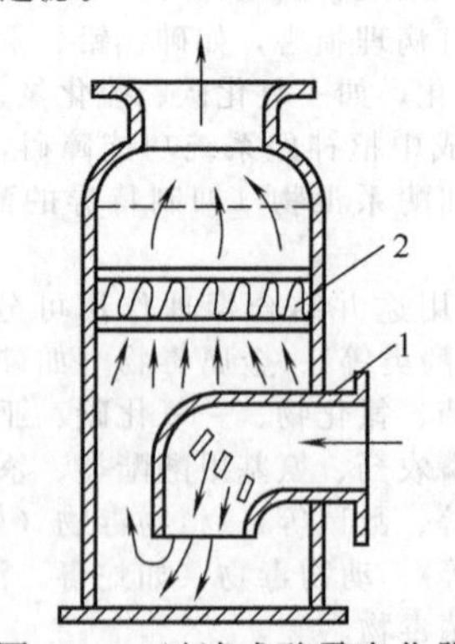


图24.1　过滤式酸雾净化器

1—喷口；2—过滤器

过滤丝网的材料必须耐腐蚀，常用的丝网有金属丝、塑料丝、树脂丝等。丝网直径一般不大于0.38mm，金属绒（丝）的直径为0.28～1.5mm，这些过滤介质的空隙率可达97%～99%。高效丝网的比表面积为$361m^2/m^3$，较低的比表面积也达$148m^2/m^3$。

由于丝网层的空隙率大，所以它的压降很低。如气流中夹带雾沫量多，则压降增加。一般压降在250Pa以下，此时对于净化1μm以下的雾沫效率可达90%以上。

选择过滤最佳风速是决定净化效率和阻力的关键因素。影响过滤风速的因素很多，如雾沫量的多少、雾滴的大小、液体黏度、表面张力、网的形式等。诸多影响因素中最为重要的是气体和液体的密度，而把其他因素归纳为速度常数 $k$。过滤风速为：

$$v=k\left(\frac{\gamma_L-\gamma_g}{\gamma_L}\right)^{\frac{1}{2}} \tag{24.1}$$

式中，$v$ 为过滤风速，m/s；$\gamma_L$ 为液体的密度，kg/m$^3$；$\gamma_g$ 为气体的密度，kg/m$^3$；$k$ 为速度常数，通常为 0.242。

表 24.1 是实测酸雾净化器的阻力与除雾效率的比较。过滤风速低，则除雾效率与阻力也小；过滤风速高，则除雾效率与阻力也大。选取的断面风速为 2～3m/s 时，除雾效率达 90%以上。

**表 24.1　实测酸雾净化器的阻力与除雾效率的比较**

| 序号 | 过滤风速/(m/s) | 风量/(m$^3$/s) | 阻力/Pa | | 酸雾浓度/(mg/m$^3$) | | 除雾效率/% |
|---|---|---|---|---|---|---|---|
| | | | 丝网阻力 | 总阻力 | $c_{进}$ | $c_{出}$ | |
| 1 | 1.56 | 4630 | 140.7 | 182.4 | 7.50 | 1.64 | 78.13 |
| 2 | 2.05 | 6090 | 161.7 | 241.3 | 17.70 | 4.63 | 73.84 |
| 3 | 2.44 | 6650 | 199.8 | 267.8 | 18.80 | 1.80 | 90.43 |
| 4 | 2.32 | 6890 | 223.0 | 313.6 | 34.90 | 2.63 | 92.47 |
| 5 | 2.49 | 7400 | 258.3 | 403.9 | 21.90 | 1.40 | 93.61 |
| 6 | 2.69 | 8020 | 278.3 | 470.9 | 58.10 | 0.90 | 98.45 |

当酸雾沫有波动时，建议取计算风速的 75%，最小设计速度可取计算值的 30%。

丝网的厚度应按工艺条件，通过试验确定。

注意支承丝网的栅板，应具有大于 90%的自由截面积，否则造成阻力增加，并影响除雾效率。

### 24.2.2　重力喷雾洗涤器

重力喷雾洗涤器有逆流式喷雾塔（图 24.2）和错流式喷淋塔（图 24.3）两种。它们压损小（一般小于 0.25kPa），操作稳定方便，但净化效率低，耗水量大及占地面积较大，常用于 50$\mu$m 以上的粉尘。对小于 10$\mu$m 的尘粒净化效果差。重力喷雾洗涤器通常与高效洗涤器联用，起预净化、降温和增湿等作用。

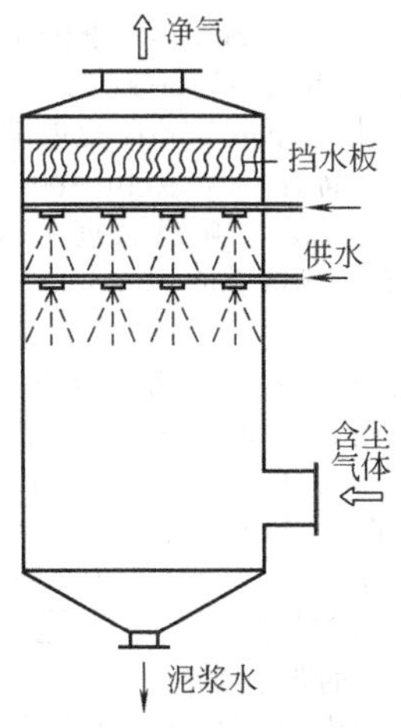


图 24.2　逆流式喷雾塔

减小水滴直径 $D_L$ 将使惯性碰撞与拦截作用增强，但 $D_L$ 过小时，水滴的自由沉降速度缓慢，甚至被气流托起或带走，相对速度大大降低，碰撞参数 $N_1$ 反而减小，效率下降。因此存在一个最佳水滴直径范围。斯泰尔曼（Stairmand）研究了水滴直径对喷雾塔碰撞效率的影响，结果如图 24.4 所示。图 24.4 表明，对各种粒径粒子效率最高的水滴直径范围是 0.51～1.0mm，尤以 0.8mm 左右为最佳。用碰撞式喷嘴能产生比 1mm 稍小的水滴，最为合适。

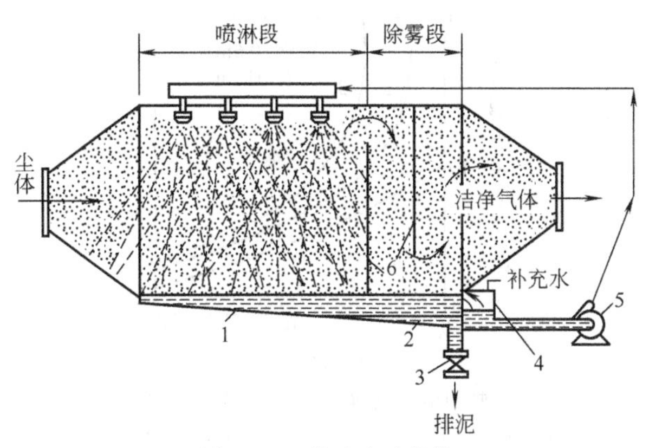


图 24.3　错流式喷淋塔

1—水池；2—泥浆；3—阀；4—溢流堰箱；5—泵；6—喷雾挡板

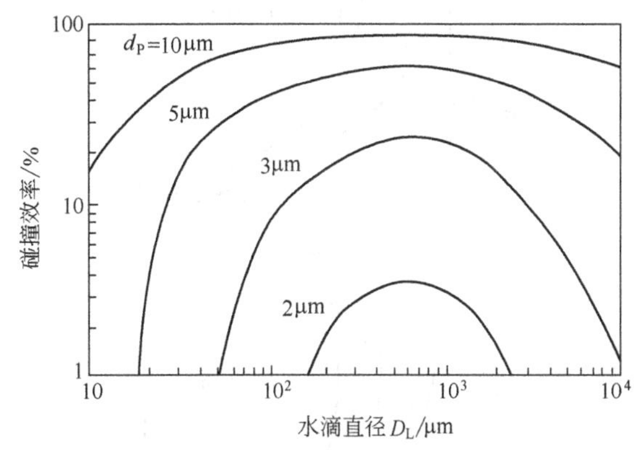


图 24.4　水滴在喷雾塔中的碰撞效率

喷雾塔的空塔气速 $v_G$ 大致取为水滴沉降速度的 50%为宜，一般取 0.6～1.2m/s。卡尔弗特导出的喷雾塔的惯性碰撞除尘效率计算式如下。

立式逆流喷雾塔：

$$\eta=1-\exp\left[-\frac{3Q_Lv_LH\eta_T}{2Q_GD_L(v_L-v_G)}\right] \tag{24.2}$$

错流式喷雾塔：

$$\eta=1-\exp\left(-\frac{3Q_LH\eta_T}{2Q_GD_L}\right) \tag{24.3}$$

式中，$v_L$ 为水滴的重力沉降速度，m/s；$v_G$ 为空塔气速，m/s；$Q_L$，$Q_G$ 为水和气的体积流量，m$^3$/s；$H$ 为喷雾塔高度，m；$\eta_T$ 为自由降落的水滴捕集尘粒的效率。

式（24.2）、式（24.3）的一些解以空气动力分割粒径 $d_{ac}$ 对塔高 $H$ 的关系标绘在图 24.5 和图 24.6 中，同时给出水滴直径 $D_L$、空塔气速 $v_G$ 及水气比 $L$ 等参数。空气和水的参数均采用 20℃、1.013×10$^5$Pa 下的数值，并假定塔壁上无液流。

### 24.2.3　文丘里洗涤器

（1）文丘里洗涤器的除尘原理、结构和尺寸

文丘里洗涤器（简称文氏洗涤器）是一种高效湿式除尘器，可以用于除尘、气体吸收和高温烟气降温。文丘里洗涤器一般包括文丘里管（简称文氏管）和脱水器（分离器）两部分，如图 24.7 所示。文氏洗涤器的结构如图 24.8 所示。

文氏洗涤器的除尘包括雾化、凝聚和脱水 3 个过程，

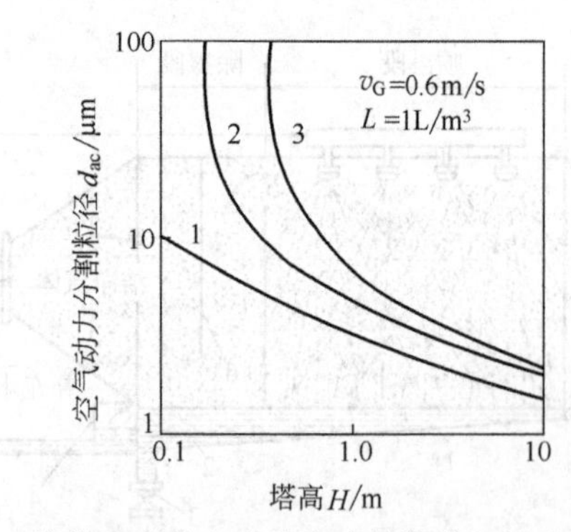


图 24.5　推算典型的立式逆流喷雾塔的空气动力分割粒径

水滴直径：1—200$\mu$m；2—500$\mu$m；3—1000$\mu$m

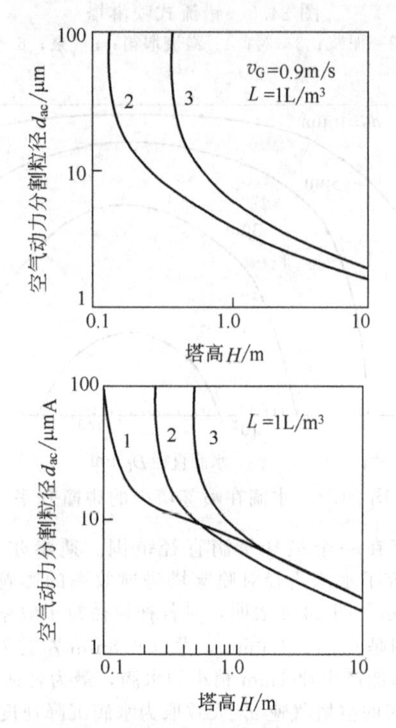


图 24.6　推算典型的错流喷雾塔的空气动力分割粒径

水滴直径：1—200$\mu$m；2—500$\mu$m；3—1000$\mu$m

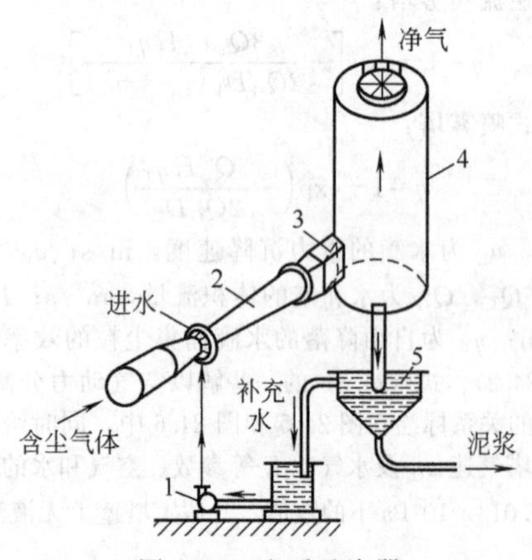


图 24.7　文氏洗涤器

1—循环泵；2—文氏管；3—调节板；

4—脱水器；5—沉淀池

前两个过程在文氏管内进行，后一个过程在脱水器内进行。

含尘气流进入收缩管，气速逐渐增加，在喉管中气速最高，气液相对速度很大。在高速气流冲击下，喷嘴喷出的水滴被高度雾化。喉管处的高速低压使气流达到过饱和状态，同时尘粒表面附着的气膜被冲破，使尘粒被水润湿。因此，在尘粒与水滴或尘粒之间发生着激烈的碰撞和凝聚。从喉管进入扩散管后，速度降低，静压回升，以尘粒为凝结核的过饱和蒸汽的凝结作用进行得很快。凝结有水分的颗粒继续凝聚碰撞，小颗粒凝成大颗粒，很容易被其他除尘器或脱水器捕集下来，使气体得到净化。

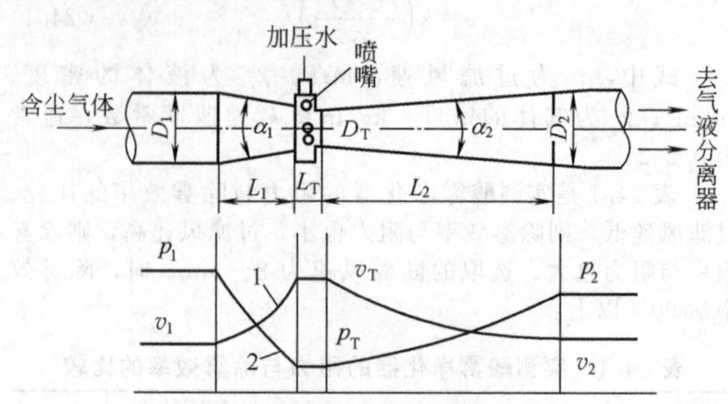


图 24.8　文氏洗涤器的结构

1—气流速度沿长度方向变化曲线；

2—气流静压力沿长度方向变化曲线

文氏管的结构形式有多种，从断面形状上分，有圆形和矩形两类；从组合方式上分，有单管与多管组合式；从喉管构造上分，有喉口部分无调节装置的调径文氏管等；从水的雾化方式上分，有预雾化（用喷嘴喷成水滴）和不预雾化（借助高速气流使水雾化）两类；从供水方式上分，有径向内喷、径向外喷、轴向喷雾和溢流 4 类。各种供水方式皆应以利于水的雾化并使水滴布满整个喉管断面为原则。

文氏管几何尺寸的确定，应以保证净化效率和减小流体阻力为基准原则，主要包括收缩管、喉管和扩散管的长度和直径，以及收缩管和扩散管的张角等。文氏管的进口、出口和喉管处的直径均可按式（24.4）计算。

$$D=18.8\sqrt{\frac{Q}{v}} \tag{24.4}$$

式中，$Q$ 为气体通过计算段的实际流量，m³/s；$v$ 为气体通过计算段的流速，m/s。

进口管径 $D_1$ 一般按与之相连的管道直径确定，$v_1$ 一般取 16～22m/s。出口管径 $D_2$ 一般按其后相连的脱水器要求的气速确定，$v_2$ 一般取 18～22m/s。由于扩散管后面的直管段还具有凝聚和压力恢复的作用，故最好设 1～2m 直管段，再接脱水器。喉管直径 $D_T$ 按喉管内气速 $v_T$ 确定，在除尘中一般取 $v_T=40$～120m/s；净化亚微米的粉尘时可取 90～120m/s，甚至高达 150m/s；净化较粗粉尘时可取 60～90m/s，在有些情况下取 35m/s 也能满足要求。用于降温及除尘效率要求不高时，$v_T$ 取 40～60m/s。在气体吸收中，$v_T$ 一般取 20～23m/s。喉管长度 $L_T$，一般采用 $L_T/D_T=0.8$～1.5 左右，或取 200～350mm，但也有人认为取 200mm 较合适。

收缩管的收缩角 $\alpha_1$ 愈小，阻力愈小，一般采用 23°～25°。扩散管的扩散角 $\alpha_2$ 一般取 3°～8°，有人认为不超过 6° 为宜。当直径 $D_1$、$D_2$、$D_T$ 和角度 $\alpha_1$、$\alpha_2$ 确定后，便可算出收缩管和扩散管的 $L_1$ 和 $L_2$。

$$L_1=\frac{D_1-D_T}{2}\cot\frac{\alpha_1}{2},\quad L_2=\frac{D_2-D_T}{2}\cot\frac{\alpha_2}{2} \tag{24.5}$$

（2）文氏洗涤器的除尘效率

文氏洗涤器的除尘效率取决于文氏管的凝聚效率和脱水器的效率，通常只计算前者。凝聚效率表示因惯性碰撞、拦截和凝聚作用尘粒被液滴捕获的百分率。卡尔弗特考虑到文氏管捕集尘粒的最重要机制是惯性碰撞，提出了计算凝聚效率的公式如下。

$$\eta=1-\exp\left[\frac{2Q_L v_T \rho_L D_L}{55Q_G \mu_G}F(N_I,f)\right] \quad (24.6)$$

式中，$v_T$ 为喉管气速，m/s；$\mu_G$ 为气体黏度，Pa·s；$\rho_L$ 为液体密度，$kg/m^3$；$D_L$ 为按式（24.8）计算的平均液滴直径，m；$N_I$ 为按喉管气速 $v_T$ 确定的惯性碰撞参数，$N_I=d_p^2\rho_L v_T C_u/18\mu_G D_L$。$F$（$N_I$，$f$）（式中，$d_p$ 为粉尘粒径；$\rho_p$ 为粉尘密度；$C_u$ 为参数，$C_u=1+0.172/d_p$）由式（24.7）计算。

$$F(N_I,f)=\left[-0.7-2N_I f+1.4\ln\left(\frac{2N_I f+0.7}{0.7}\right)+\frac{0.49}{0.7+2N_I f}\right]\frac{1}{2N_I} \quad (24.7)$$

上式中的经验系数 $f$ 综合了没有明确包括在式（24.7）中的各种因素的影响，实际情况非常复杂。对疏水性粉尘，$f$ 的范围为 0.1～0.3，可取 0.25；对亲水性气溶胶，如可溶性化合物、含有 $SO_2$ 或 $SO_3$ 的飞灰等，$f$ 可取 0.4～0.5。液气比小于 $0.2L/m^3$ 后，$f$ 逐渐增大。对大型洗涤器的实验表明，$f=0.5$。

被高速气流雾化的液滴直径，一般采用表面积平均直径，并用拔山-栅泽经验公式估算，即

$$D_L=\frac{586\times10^3}{v_T}\left(\frac{\sigma}{\rho_L}\right)^{0.5}+1682\left(\frac{\mu_L}{\sqrt{\sigma\rho_L}}\right)^{0.45}gL^{1.5} \quad (24.8)$$

式中，$v_T$ 为液滴与气流的相对运动速度（此处可近似取为喉管气速 $v_T$），m/s；$\rho_L$ 为液体密度，$kg/m^3$；$\sigma$ 为液体表面张力，N/m；$\mu_L$ 为液体黏度，Pa·s；$L$ 为液气比，$L/m^3$。

对空气和水系统，在 20℃和常压下，式（24.8）可简化为：

$$D_L=\frac{5000}{v_T}+29L^{1.5} \quad (24.9)$$

由上述关系可见，$v_T$ 愈高，液滴就会被雾化得愈细（$D_L$ 愈小）愈多，则尘粒与液滴碰撞、凝聚的概率也愈大，凝聚效果愈好。对 $d_p$（粉尘粒径）和 $\rho_p$（粉尘密度）较小的粉尘要取较大的 $v_T$ 值。气流量变化大时，采用调径文氏管可随气流量变化调节喉径，以保持 $v_T$ 不变，从而得到稳定的除尘效率。

图 24.9 示出了喉管内气速 $v_T$ 和空气动力粒径 $d_a$ 与捕集效率的关系。图 24.9 表明，不论选择多大的 $v_T$ 和 $L$ 值，

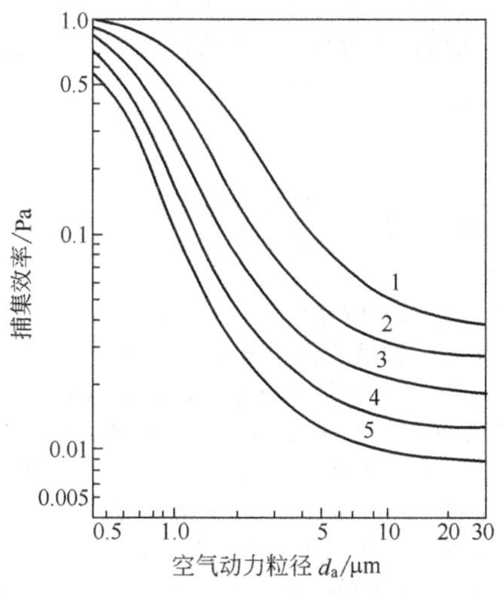


图 24.9 推算文氏除尘器的捕集效率

（$L=1L/m^3$；$f=0.25$）

1—$v_T=50m/s$，$\Delta p=2.5kPa$；2—$v_T=75m/s$，$\Delta p=5.7kPa$；3—$v_T=100m/s$，$\Delta p=10kPa$；4—$v_T=125m/s$，$\Delta p=10kPa$；5—$v_T=150m/s$，$\Delta p=23kPa$

对 $d_a<0.5\mu m$ 粒子的捕集效率都很低；当 $d_a=1\sim10\mu m$ 时，捕集效率急速提高；在 $d_a>10\mu m$ 后，捕集效率变化不大，这时每个水滴的单个捕集效率都几乎达到 100%。进一步提高捕集效率的唯一途径是提高液气比 $L$，以提供更多的水滴，但 $v_T$ 必须与 $L$ 值相应增大，否则当 $v_T$ 很小而 $L$ 很大时会导致水滴增大，反而对凝聚不利。根据计算，最佳水滴直径约为 $d_a$ 的 150 倍左右，而 $L$ 取值范围一般为 0.3～$1.5L/m^3$，选用 0.7～$1.0L/m^3$ 的较多。

（3）文氏管的压力损失

文氏管的压力损失（压损）一般比较高。要准确测定某一操作状况下文氏管的压损是很容易的，但是设计时企图准确推算它的压损往往是困难的。这是因为影响文氏管压损的因素很多，如结构尺寸（特别是喉管尺寸），加工、安装精度，喷雾方式和喷水压力，水气比，气体流动情况等。各研究者根据的实验给出的公式都是在特定条件下得到的，因而有一定的局限性。在此给出两种推算公式，供设计时参考。

海斯凯茨（Hesketh）给出的经验公式为：

$$\Delta p\approx0.863\rho_G A_T^{0.133}v_T^2L^{0.78} \quad (24.10)$$

式中，$A_T$ 为喉管横断面积，$m^2$。

木村典夫给出径向喷雾时计算压损的公式为：

$$\Delta p=(0.42+0.79L+0.36L^2)\frac{\rho_G v_T^2}{2} \quad (24.11)$$

$$\Delta p=\left(\frac{0.033}{\sqrt{R_{HT}}}+3.0R_{HT}^{0.30}L\right)\frac{\rho_G v_T^2}{2} \quad (24.12)$$

式中，$R_{HT}$ 为喉管水力半径，$R_{HT}=D_T/4$，m。

在处理高温气体（700～800℃）时，按式（24.12）计算的压损应乘以温度修正系数 $K$。

$$K=3(\Delta t)^{-0.28} \quad (24.13)$$

式中，$\Delta t$ 为文氏管进、出口气体的温度差，℃。

如前所述，文氏管的除尘效率取决于水滴直径 $D_L$、喉管气速 $v_T$ 和水气比 $L$，而压损取决于 $v_T$ 和 $L$ 等。图 24.10 是斯泰尔曼给出的关系曲线，表明了在一定压损下，已知最佳水气比时的最高总除尘效率。由于文氏除尘器不仅对细尘有很高的除尘效率，且对高温气体有良好的降温效果，所以广泛用于高温气体的降温、除尘。

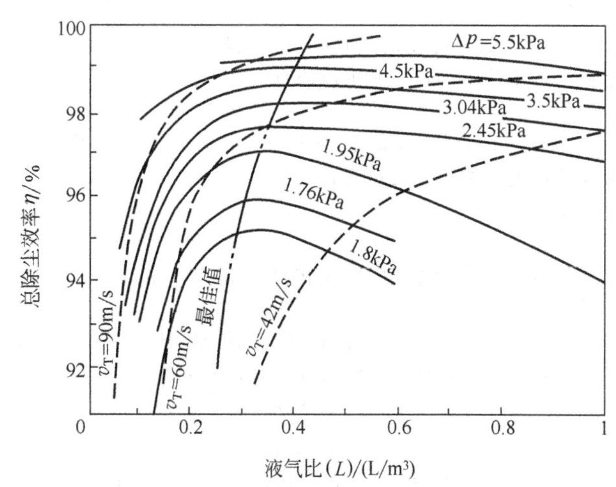


图 24.10 文氏除尘器的最佳操作条件

（粉尘：M.S.C 二氧化硅；粉尘浓度 $2.8g/m^3$）

## 24.3 工业废气的净化处理方法

### 24.3.1 吸收净化法

吸收净化法是工业废气净化处理方法中一种重要的、常用的方法。它是利用废气中各混合组分在选定的吸收剂中

溶解度不同，或者其中某一种或多种组分与吸收剂中活性组分发生化学反应，达到将有害物从废气中分离出来、净化废气目的的一种方法。吸收净化法不仅可以净化废气，减少或消除气态污染物向大气的排放，有时还可获取有用的副产物。例如，用纯碱吸收处理含 $NO_x$ 废气，可获取亚硝酸钠副产物。

很多工业废气可用吸收净化法处理，如含 $SO_2$、$NO_x$、$H_2S$、HF、卤代烃等的废气，以及含恶臭物的气体。其中含 $SO_2$、$NO_x$ 废气的吸收（湿法）治理应用例子很多。

从吸收过程的本质来看，所谓吸收净化法就是将废气中气态污染物转移到液相（吸收剂），以溶解成为水合物或某种新化合物存在于液相。为避免二次污染，在选择吸收剂时，应考虑气态污染物被吸收后，最好能生成可回收的副产物或将其转化为难溶的固体（渣）分离出来，实现吸收剂的再生，并循环使用。

与化工生产的吸收过程相比较，废气吸收净化的另一特点是往往气态污染物含量低、废气气量大、净化要求高，这就要求吸收净化过程具有高的吸收效率与速率，物理吸收难于满足要求，化学吸收常常成为首选的方案。例如用碱性吸收剂来脱除燃烧后烟气中的 $SO_2$，以及柴油机尾气中的 $NO_x$ 等。

（1）吸收过程

吸收过程可分为物理吸收及化学吸收两种。物理吸收的主要分离原理是气态污染物在吸收剂中具有不同溶解能力，而化学吸收的主要分离原理是气态污染物与吸收剂中的活性组分具有选择性反应能力。

（2）气体在液相中的溶解及平衡

混合气体与吸收剂接触后，混合气体中溶质A由于自身的物理性质，会向液相（吸收剂）迁移，其迁移的速度随时间的推移，由快向慢变化，最终达到动态平衡。达到动态平衡时，液相中溶质A的浓度（平衡浓度）与气相中A的分压（平衡分压）间的关系可用亨利定律来描述。

$$p_A^* = E_A x_A \tag{24.14}$$

式中，$p_A^*$ 为溶质A在气相中的平衡分压，MPa；$x_A$ 为溶质A在液相中的平衡浓度（摩尔分数）；$E_A$ 为亨利系数，MPa。

亨利系数随温度的变化较大，受压力的影响很小。由于参数的单位不同，亨利定律还有下列形式。

$$p_A^* = E'_A c_A \tag{24.15}$$

式中，$E'_A$ 为亨利系数，$MPa \cdot m^3/kmol$；$c_A$ 为溶质A液相物质的量浓度，$kmol/m^3$。

以及

$$y_A^* = m_A x_A \tag{24.16}$$

式中，$y_A^*$ 为溶质A气相摩尔分数；$m_A$ 为相平衡常数。

式（24.16）是较常用的气液平衡关系式。式（24.14）～式（24.16）比例系数之间的关系如下。

$$m_A = E_A / p$$

$$E_A = E'_A / c_T$$

式中，$p$ 为气相总压力，MPa；$c_T$ 为液相总物质的量浓度，$kmol/m^3$。

$1/E_A$ 称为溶解度系数，可视为溶质A的气相分压为0.1MPa时的溶解度（单位为 $kmol/m^3$）。

亨利定律的适用范围如下：

① 常压或低压（0.5MPa以下）下的溶解度。

② 溶质在气相和液相中的分子状态相同。例如，若用苯等有机溶剂吸收含HCl气体，溶质在气相和液相里都是HCl分子，可以应用亨利定律。同样用水吸收脱除废气中 $SO_2$ 或 $NH_3$，亨利定律仅适用于溶解态的 $SO_2$ 分子或 $NH_3$ 分子的浓度。当溶质进入液相后，发生了离解或者化学反应后，应同时考虑溶质在液相中的化学平衡，或者说对亨利定律进行修正。

③ 当液相添加了电解质或非电解质后，也会发生对亨利定律的偏差，应予以修正。

亨利定律是计算吸收过程气液间平衡、溶质溶解度以及设计吸收设备的重要依据定律。

（3）气液传质理论

① 双膜理论。双膜理论是较早（1923年）由惠特曼（Whiteman）提出的一个描述气液间传质的理论。如图24.11所示，它假定在气液相界面两侧，各有一个很薄的滞流膜存在，分别称为气膜和液膜，薄膜内的质量传递主要依靠分子扩散；在该两膜以外的流体主体内，质量传递主要为对流完成，因而溶质浓度均一，无浓度梯度存在；当气相中溶质A从气相主体经两滞流膜迁移到液相主体时，其浓度梯度（或阻力）主要集中在两膜内，其传递速率取决于两膜的阻力大小。在气液相界面处，界面两侧的浓度符合相平衡关系。

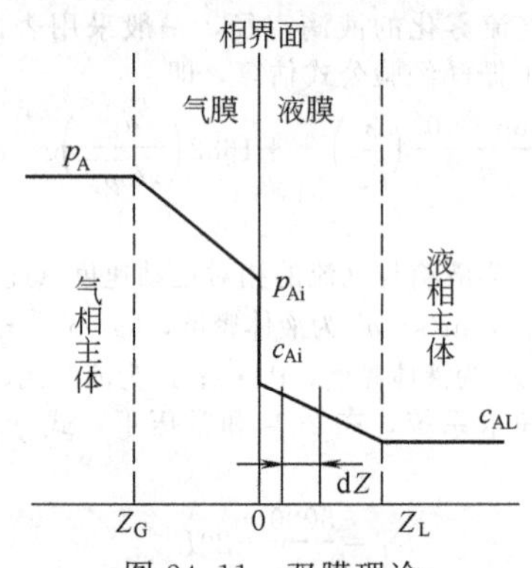


图 24.11 双膜理论

② 传质速率。根据分子扩散的费克（Fick）定理，单位时间内，通过单位截面积的A物质量，正比于扩散方向（Z）上的浓度梯度。

$$J_A = -D_A \frac{dc_A}{dZ} \tag{24.17}$$

式中，$J_A$ 为A物质的扩散通量，$mol/(cm^2 \cdot s)$；$D_A$ 为A物质的扩散系数，$cm^2/s$。

基于双膜理论，应用费克定理在液膜内取一微元做物料衡算，可得溶质A经气膜或液膜传递（扩散）的速率。

$$N_A = k_L(c_{Ai} - c_{AL}) = \frac{D_{AL}}{Z_L}(c_{Ai} - c_{AL}) = k_x(x_{Ai} - x_{AL}) \tag{24.18}$$

$$N_A = k_G(p_{AG} - p_{Ai}) = \frac{D_{AG}}{Z_G}(p_{AG} - p_{Ai}) = k_y(y_{AG} - y_{Ai}) \tag{24.19}$$

式中，$N_A$ 为传质速率，$kmol/(m^2 \cdot s)$；$k_L$ 为基于推动力（$c_{Ai} - c_{AL}$）的液膜传质分系数，m/s；$k_x$ 为基于推动力（$x_{Ai} - x_{AL}$）的液膜传质分系数，$kmol/(m^2 \cdot s)$；$k_G$ 为基于推动力（$p_{AG} - p_{Ai}$）的气膜传质分系数，$kmol/(m^2 \cdot s \cdot kPa)$；$k_y$ 为基于推动力（$y_{AG} - y_{Ai}$）的气膜传质分系数，$kmol/(m^2 \cdot s)$；$D_{AL}$ 为溶质A液相扩散系数，$cm^2/s$；$D_{AG}$ 为溶质A气相扩散系数，$cm^2/s$；$Z_L$ 为有效液膜厚度，m；$Z_G$ 为有效气膜厚度，m；$c_{Ai}$ 为溶质A在气液相界面处的液相物质的量浓度，$kmol/m^3$；$c_{AL}$ 为溶质A在液相主体中的液相物质的量浓度，$kmol/m^3$；$x_{Ai}$ 为溶质A在气液相界面处的浓度（摩尔分数）；$x_{AL}$ 为溶质A在液相主体中的浓度（摩尔分数）；$p_{AG}$ 为溶质A在气相中的分压，MPa；$p_{Ai}$ 为溶质 A 在气液相界面处的分压，MPa；$y_{AG}$ 为溶质 A 在气相主体中的摩尔分数；$y_{Ai}$ 为溶质 A 在气液相界面处气相摩尔分数。

溶质 A 由气相向液相传递的总速率式则为：

$$N_A=k_G(p_{AG}-p_A^*)=k_y(y_{AG}-y_A^*) \quad (24.20)$$

$$N_A=k_L(c_A^*-c_{AL})=k_x(x_A^*-x_{AL}) \quad (24.21)$$

式中，$k_G$ 为基于推动力（$p_{AG}-p_A^*$）的气相传质总系数，kmol/(m$^2$・s・kPa)；$k_y$ 为基于推动力（$y_{AG}-y_A^*$）的气相传质总系数，kmol/(m$^2$・s)；$k_L$ 为基于推动力（$c_A^*-c_{AL}$）的液相传质总系数，m/s；$k_x$ 为基于推动力（$x_A^*-x_{AL}$）的液相传质总系数，kmol/(m$^2$・s)；$c_A^*$ 为溶质 A 的平衡物质的量浓度，kmol/m$^3$；$x_A^*$ 为溶质 A 在界面上的平衡浓度（摩尔分数）。

可以看出，气相中溶质 A 穿过气膜（或液膜）迁移的通量，正比于 A 的气相（或液膜）主体浓度（或分压）与界面上 A 的浓度（或分压）之差（即推动力），其比例系数为气膜（或液膜）传质分系数。类似地，溶质 A 由气相向液相传递的通量，正比于 A 的气相（或液相）主体浓度（或分压）与 A 的平衡浓度（或平衡分压）之差，比例系数为总传质系数。根据稳态下的双膜理论，对同一条件下的同一溶质，式（24.18）～式（24.21）所示通量应相等，否则在膜内会有 A 的积累。

若溶质在界面两侧的浓度符合亨利定律的平衡关系，则可推出：

$$\frac{1}{K_G}=\frac{1}{k_G}+\frac{E'}{k_L} \quad (24.22)$$

$$\frac{1}{K_L}=\frac{1}{E'k_G}+\frac{1}{k_L} \quad (24.23)$$

可以看出，吸收过程总阻力 $\frac{1}{K_G}$ 等于气膜阻力 $\frac{1}{k_G}$ 与液膜阻力 $\frac{E'}{k_L}$ 之和，与双膜理论吻合。

### 24.3.2　吸附净化法

吸附过程是用多孔固体（吸附剂）将流体（气体或液体）混合物中一种或多种组分积聚或凝缩在表面，达到分离目的的操作。在废气污染治理中，应用吸附法脱出水分、有机蒸气、恶臭、HF、$SO_2$、NO 等。吸附过程的不足之处是吸附剂容量往往有限，需要频繁再生。间歇吸附过程的再生操作烦琐且设备利用率不高，因而吸附过程对那些污染物含量较低的废气的治理较适合，可减少再生次数，或者使吸附过程连续化（采用模拟移动床）。

（1）物理吸附与化学吸附现象

吸附现象，根据吸附剂表面与吸附质之间作用力的不同，分为物理吸附和化学吸附两类。物理吸附是由分子间引力引起的，通常称为范德华力，它是定向力、诱导力和逸散力的总称。它的特征是吸附质与吸附剂不发生化学作用，是一种可逆过程（吸附与脱附）。

化学吸附是固体表面与被吸附物质间的化学键力起作用的结果。化学吸附需要一定的活化能，故又称活化吸附。

物理吸附与化学吸附的区别有如下几点。

① 吸附热。化学吸附的吸附热与化学反应热相近，而物理吸附的吸附热与气体的液化热相近。一般化学吸附热很大（>42kJ/mol），物理吸附热则较小，仅每摩尔几百焦耳左右，最多不超过每摩尔几千焦耳。吸附热是区别物理吸附和化学吸附的重要标志之一。

② 选择性。化学吸附具有较高的选择性，而物理吸附则没有太高的选择性，这是因为前者是化学键力而后者却是分子间的范德华力引起的吸附现象。

③ 温度的影响。化学吸附可以看成是一个表面化学过程，往往需要一定的活化能，它的吸附与脱附速度都较小，温度升高时，则吸附和脱附速度都显著增加。而物理吸附不是活化过程，不需要活化能，其吸附与脱附效率均较快，一般不受温度的影响，但吸附量随温度升高而下降。

④ 吸附层厚度。化学吸附总是单分子层或单原子层吸附，且不易解吸。物理吸附可以是单分子层，也可以是多分子层吸附，解吸也容易，低压时一般为单分子层吸附，随着吸附压力增大，往往会变成多分子层吸附。

总之，化学吸附实质上是一种表面化学反应，吸附作用力为化学键力；而物理吸附则是一种物理作用，吸附作用力为范德华力，二者的实质及其表现特征均不同。

物理吸附与化学吸附可以同时发生，但常常是以某一类吸附为主。温度有时可以改变吸附的性质。低温时，常以物理吸附为主，温度升高，活化分子数量增加，吸附可能转化为以化学吸附为主。

（2）吸附剂

作为工业用吸附剂，应具备下列条件。

① 具有巨大的内表面，也就是要求具有较大的吸附容量，吸附剂应是极其疏松的固体泡沫。

② 具有良好的选择性，以便达到净化某种或某几种污染物的目的。

③ 具有良好的再生特性和耐磨能力，还要求有对酸、碱、水、高温的适应性。

④ 来源广泛，成本低廉。

工业上常用的吸附剂有活性炭、硅胶、分子筛、硅藻土、活性氧化铝、合成沸石、天然沸石等。

a. 活性炭。活性炭是常用的吸附剂，具有性能稳定、抗腐蚀性等优点。由于具有疏水性，常被用来回收湿空气中的有机溶剂、恶臭物质，以及用于吸附法脱除湿工业废气中的 $NO_x$、$SO_2$ 等。活性炭具有可燃性，因此使用温度一般不超过200℃，个别情况下，有惰性气流保护时，操作温度可达500℃。活性炭是具有重要商业价值的吸附剂。

活性炭是由各种含碳物质——骨头、煤、椰壳、木材、渣油等炭化后再用水蒸气或药品进行活化处理而得。活性炭的质量取决于原料性质和活化条件。

b. 硅胶。亲水性是硅胶的特性，它吸附的水分质量可达自身质量的50%，而难于吸附非极性物质，因而常被用于处理含湿量较高的气体，进行干燥脱水。硅胶吸附水分后，吸附其他有害气体或蒸气的能力就大为下降。有时候，硅胶的亲水性妨碍了它的应用。例如，硅胶若吸附上了有机蒸气，也会被空气中的水分所置换，而用硅胶来脱除尾气中的 $NO_x$ 需先将废气干燥，否则被饱和的硅胶无催化性能，不能将 NO 催化氧化为 $NO_2$，而后被硅胶吸附脱除。硅胶还常被用于回收处理有机蒸气。

硅胶是粒状无晶形氧化硅，由水玻璃（硅酸钠）用酸处理，将得到的硅凝胶经老化、水洗、干燥脱水制得。

c. 分子筛。分子筛是一种人工合成沸石，具有多孔型硅酸盐骨架结构。通式为：$Me_{x/n}[Al_2O_3]_x(SiO_2)_y \cdot mH_2O$，式中，$x/n$ 为价数为 $n$ 的金属阳离子 Me（$Na^+$、$K^+$、$Ca^{2+}$ 等）的数目；$m$ 为结晶水的分子数。

分子筛的特点是孔径整齐均一，因而具有高的吸附选择性，就像筛子一样，能选择性地吸附直径小于某个尺寸的分子。同时，分子筛又是一种离子型吸附剂，对极性分子、不饱和有机物具有选择吸附能力。由于分子筛内表面积大，故吸附容量大。

由于分子筛性能优良，所以常被广泛采用。在废气治理方面，常用它进行脱硫汞蒸气的净化及其他有害气体的治理。

d. 活性氧化铝　活性氧化铝是将含水氧化铝在严格升温条件下加热到464℃，使之脱水而制得。它具有多孔结构及良好的机械强度。活性氧化铝对水有强的吸附能力，主要用于气体和液体的干燥、石油气的浓缩和脱氢，近年来又将它用于含氟废气的治理。

(3) 吸附基本理论

一台运转的吸附设备，欲使其达到最大的分离效果，必须从以下两方面考虑：由吸附剂与吸附质本身的物化性质所决定的吸附平衡；由物质传递所决定的吸附动力学（吸附速率）。

吸附平衡是理想状态，是吸附剂与吸附质长期接触后达到的状态，而吸附速率则体现了吸附过程与时间的关系，它反映了吸附过程的操作条件（温度、浓度、压力等），以及床层的结构、充填情况，吸附剂的形状大小，流体在床层流动情况等因素对吸附容量的影响。

① 吸附平衡。吸附质与吸附剂充分、长期接触后，气相中吸附质的浓度与吸附剂（相）中吸附质的浓度终将达到动态平衡，此时的吸附量是吸附的极限，也是吸附设计与操作的重要参数，可以用吸附曲线或吸附（等温）方程来描述它。

a. 朗格缪尔（Langmuir）方程。朗格缪尔吸附理论假定：吸附仅是单分子层的；气体分子在吸附剂表面上吸附与脱附呈动态平衡；吸附剂表面性质是均一的，被吸附的分子相互不影响；气体的吸附速率与该气体在气相中的分压成正比。根据上述假定，可推导出朗格缪尔（Langmuir）方程。

$$\theta=\frac{ap}{1+ap} \tag{24.24}$$

式中，$\theta$ 为吸附剂表面被吸附分子覆盖的百分数；$a$ 为吸附系数，是吸附作用的平衡常数；$p$ 为气相分压。

朗格缪尔等温式的另一种形式为：

$$V=\frac{V_m ap}{1+ap} \tag{24.25}$$

式中，$V_m$ 为单分子层覆盖满时（$\theta=1$）的吸附量；$V$ 为在气相分压 $p$ 下的吸附量。

在压力很低时，或者吸附很弱时，$ap\ll 1$，式（24.25）变成：

$$V=V_m ap \tag{24.26}$$

由朗格缪尔等温式得到的结果与许多实验现象相符合，能够解释许多实验结果，因此，它目前仍是常用的、基本的等温式。但在很多体系中，朗格缪尔等温式不能在比较大的 $\theta$ 范围内与实验结果相吻合。

b. 弗罗因德利希（Freundlich）方程

$$q=\frac{x}{m}=kp^{\frac{1}{n}} \tag{24.27}$$

式中，$q$ 为固体吸附气体的量，kg/kg 吸附剂；$p$ 为平衡时气体分压；$k$，$n$ 为经验常数（在一定温度下，对一定体系而言是常数，$k$ 和 $n$ 随温度的变化而变化）；$m$ 为吸附剂质量，kg；$x$ 为被吸附气体的质量，kg。

对式（24.27）等号两边取对数得：

$$\lg q=\lg k+\frac{1}{n}\lg p \tag{24.28}$$

以 $\lg q$ 对 $\lg p$ 作图可得一直线。由直线斜率和截距可获得 $k$ 及 $n$ 的实验值。

弗罗因德利希等温式只是一个经验式，它所适用的范围比朗格缪尔等温式要大些，可用于未知组成物质的吸附，如有机物或矿物油的脱色，通过实验来确定常数 $k$ 与 $n$。有资料认为，它在高压范围内不能很好地与实验值吻合。

c. B. E.T方程

由于朗格缪尔的单分子层吸附理论及其等温方程与中压和高压物理吸附不能很好吻合，因此在其基础上发展了B. E. T理论。它除了接受朗格缪尔理论的几条假定以外，还认为在吸附剂表面吸附了一层分子以后，由于范德华力的作用还可以吸附多层分子，但第一层与以后的各层是不同的，不同点如下。

多层吸附中，除第一层是吸附质分子与固体表面分子间作用，发生了松懈的化学反应外，其余各层则是相同分子间的范德华力作用。

第一层吸附热类似于反应热，其余各层的吸附热约等于它的液化热。

吸附过程中，不等上一层饱和就可以进行下一层吸附，各吸附层间存在着动态平衡。同一层分子之间无任何影响，吸附层次可以是无限的。

吸附达平衡后，吸附总量 $V$ 为：

$$V=V_m\frac{Cp}{(p_0-p)\left[1+(C-1)\dfrac{p}{p_0}\right]} \tag{24.29}$$

式中，$V$ 为压力为 $p$ 时的吸附总量；$V_m$ 为吸附剂表面为单分子层铺满时的吸附量；$p_0$ 为实际温度下气体的饱和蒸气压；$C$ 为与气体有关的常数。

为了使用方便，式（24.29）可以改写为：

$$\frac{p}{V(p_0-p)}=\frac{1}{V_m C}+\frac{(C-1)p}{CV_m p_0} \tag{24.30}$$

或

$$V=\frac{CV_m x}{1-x}\ \frac{1}{1+(C-1)x}\qquad x=\frac{p}{p_0}$$

以 $\frac{p}{V(p_0-p)}$ 对 $\frac{p}{p_0}$ 作图，可得一斜率为 $\frac{C-1}{CV_m}$、截距为 $\frac{1}{V_m C}$ 的直线，由此可得 $V_m$ 与 $C$ 的值，并可进一步计算出吸附剂的比表面积。

很多实验证明，当比压 $p/p_0$ 在0.05～0.35范围内时，B. E. T方程是比较准确的。

当气体的分压很小（$p\ll p_0$），若除了第一层外各层的吸附均可忽略不计，$C\gg 1$，则式（24.30）可变为：

$$\frac{p}{vp_0}=\frac{1}{V_m C}+\frac{p}{V_m p_0}=\frac{1}{V_m}\left(\frac{p_0+Cp}{Cp_0}\right)$$

整理后得：

$$\frac{V}{V_m}=\frac{\dfrac{C}{p_0}p}{1+\dfrac{C}{p_0}p} \tag{24.31}$$

若将 $\frac{C}{p_0}$ 视为 $a$，$\frac{V}{V_m}$ 视为 $\theta$，则式（24.31）具有式（24.25）的形式，说明B. E. T方程在低压下可以与朗格缪尔等温式一致。

② 吸附等温线。吸附质在流体相与固相（吸附剂）之间的平衡关系常用吸附等温线表示，图24.12所示为吸附量-气体分压曲线，可以看出 $SO_2$ 在硅胶上的平衡吸附量随分压增大而增大。但是由于吸附剂的表面不均匀，被吸附的分子和吸附剂表面之间、被吸附的各分子之间的作用力各不相同，吸附等温线的形状是不尽相同的。Brunauer 等把典型的吸附等温线分为5类（图24.13）。图24.13中纵坐标为吸附量 $q$，横坐标为对比压力 $p/p_0$，在组分的分压 $p$ 等于该温度下组分的饱和蒸气压 $p_0$ 时，对比压力 $p/p_0=1$。Ⅰ型吸附等温线的特点是随着 $p/p_0$ 的增加，曲线迅速升高后趋于平坦，有一饱和值，常称为朗格缪尔型。Ⅱ型吸附等温线的特点是 $q$ 与 $p/p_0$ 的关系呈S形，低压下，形状类似Ⅰ型，随着 $p/p_0$ 的增大，曲线迅速上升，吸附量趋于无限

大。Ⅲ型与Ⅱ型趋势相似，但整条曲线无拐点，随着 $p/p_0$ 的增大，曲线斜率下降。Ⅳ型和Ⅴ型曲线的最初一段分别类似Ⅱ型、Ⅲ型，但接近饱和压力时，曲线不是增至无限大，而是趋于饱和，类似Ⅰ型。Ⅳ型的中段下凹。

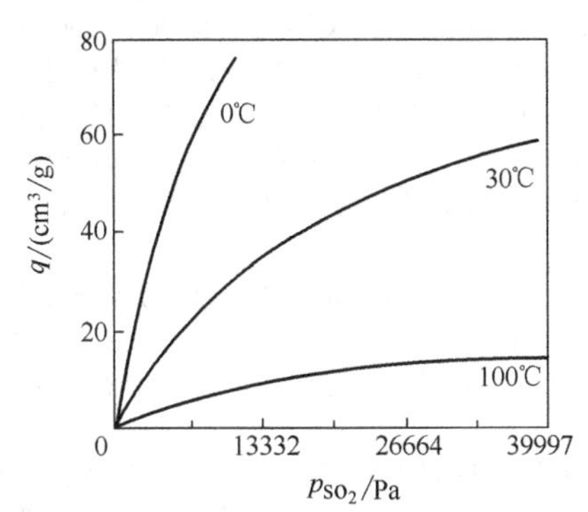


图 24.12　$SO_2$ 在硅胶上的吸附等温曲线

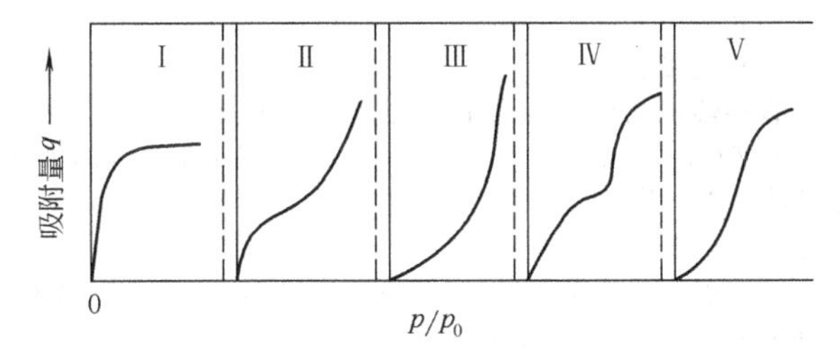


图 24.13　气相吸附的典型吸附等温曲线

③ 吸附速率。吸附操作时的吸附量除受吸附平衡影响外，很大程度上受吸附速率的影响。操作床层内的吸附过程有如下步骤。

a. 外扩散气体组分从气相主体穿过吸附剂粒子周围的边界膜（气膜或液膜）扩散到达吸附剂外表面。

b. 内扩散气体组分从吸附剂表面扩散送入微孔道内，在微孔道内扩散到微孔表面。

c. 到达微孔表面的吸附质分子被吸附到吸附剂上，并最终达到吸附与脱附的动态平衡，脱附出来的气体经内、外扩散到气相主体。

上述几个步骤都不同程度地影响总吸附速率，总吸附速率是这几个步骤的综合结果，其中阻力最大的一步（速率最小的一步）限制了整个速率的大小，该步骤称为控制步骤。一般在物理吸附过程中，吸附剂表面上的吸附与脱附速率都较快，而“内扩散”与“外扩散”过程要慢得多。这样，整个物理吸附过程可以近似地认为是两个扩散过程。

吸附质 A 的外扩散速率可写为：

$$\frac{dq_A}{d\tau}=k_Y a_p(Y_A-Y_{Ai}) \tag{24.32}$$

式中，$dq_A$ 为微元时间 $d\tau$ 内吸附质 A 从气相主体扩散到吸附剂表面的量，$kg/m^3$；$k_Y$ 为外扩散吸附分系数，$kg/(h \cdot m^2 \cdot \Delta Y)$；$a_p$ 为单位体积床层固体颗粒外表面积，$m^2/m^3$；$Y_A$，$Y_{Ai}$ 为组分 A 在气相主体、固体外表面的比质量浓度，kg/kg。

内扩散速率为：

$$\frac{dq_A}{d\tau}=k_X a_p(X_{Ai}-X_A) \tag{24.33}$$

式中，$k_X$ 为内扩散吸附分系数，$kg/(h \cdot m^2 \cdot \Delta X)$；$X_A$，$X_{Ai}$ 为组分 A 在吸附相内表面及外表面的比质量浓度，kg/kg。

由于吸附剂内、外表面浓度均不易测定，吸附速率常用吸附总系数来表示。

$$\frac{dq_A}{d\tau}=k_Y a_p(Y_A-Y_A^*)=k_X a_p(X_A^*-X_A) \tag{24.34}$$

设吸附达平衡时，气相与吸附相中吸附质浓度有如下简单关系。

$$Y_A^*=mX_A$$

式中，$m$ 为平衡线的平均斜率。

则可导得：

$$\frac{1}{K_Y a_p}=\frac{1}{k_Y a_p}+\frac{m}{k_X a_p} \tag{24.35}$$

$$\frac{1}{K_X a_p}=\frac{1}{k_X a_p}+\frac{1}{k_Y a_p m} \tag{24.36}$$

式中，$K_X$ 为内扩散吸附总系数，$kg/(h \cdot m^2 \cdot \Delta X)$；$K_Y$ 为外扩散吸附总系数，$kg/(h \cdot m^2 \cdot \Delta X)$。

由于吸附机理较复杂，传质系数目前从理论上推导还有一定困难，故经常用经验公式计算。例如用一般粒度的活性炭吸附有机蒸气总传质系数可由式（22.37）计算。

$$K_Y a_p=1.6\frac{Du^{0.54}}{v^{0.54}d^{1.46}} \tag{24.37}$$

式中，$D$ 为扩散系数，$m^2/s$；$u$ 为气体混合物流速，m/s；$v$ 为运动黏度，$m^2/s$；$d$ 为吸附剂颗粒直径，m。

上式是根据雷诺数 $Re<40$ 时，活性炭吸附乙醚蒸气的实验数据得出的。

D. H. Bangham 曾提出用下列计算式计算吸附速率。

用活性炭吸附氯气：

$$\frac{dq}{d\tau}=\frac{q}{m\tau}$$

积分得：

$$q=K\tau^{\frac{1}{m}} \tag{24.38}$$

用活性炭吸附二硫化碳、二氧化硫、甲苯及氨类气体：

$$\frac{dq}{d\tau}=k'\frac{q_\infty-q}{\tau^m}$$

积分得：

$$\lg\frac{q_\infty}{q_\infty-q}=K\tau^n \tag{24.39}$$

式中，$q$ 为时间 $\tau$(s) 内吸附剂所吸附的吸附质的量，kg；$k'$ 为常数。

根据式（24.39），以 $\lg\left(\lg\frac{q_\infty}{q_\infty-q}\right)$ 对 $\lg\tau$ 作图，可得如图 24.14 所示直线。由图 24.14 查出对应于 $\tau$ 的 $q$ 值，可算得吸附速率。

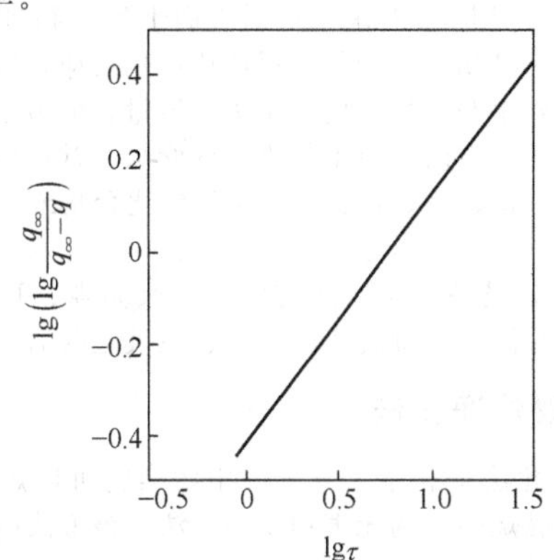


图 24.14　活性炭吸附二氧化硫的吸附速率

（压力为 $2\times10^4$Pa；温度为 293K）

（4）吸附剂的再生

吸附剂再生，可以有以下两种情况：一种是单纯脱除污染物，再生吸附剂，脱附出来的废气可送去燃烧或催化燃烧（对可燃污染物）；另一种是在脱除吸附质的同时回收脱除的吸附质，这往往是由于脱附出来的吸附质浓度较高或者价值较高。

再生的方法一般有下面几种。

① 加热解吸再生。这是利用吸附剂吸附容量在等压下随温度升高而降低的特点，在低温或常温下吸附，然后提高温度，在加热下吹扫脱附。这样的循环方法又称作变温吸附。

由于吸附质不同，吸附作用的强弱不同，解吸温度也有不同。有机物的摩尔体积为 80～190mL/mol 时，一般采用水蒸气、惰性气体或烟道气吹脱，吹脱温度在 100～150℃左右，称作“加热解吸”。而当吸附质的摩尔体积大于 190mL/mol 时，低温蒸气已不能脱附，往往需要在 700～1000℃的再生炉中进行，称作“高温灼烧”，使用的脱附介质为水蒸气或 $CO_2$ 气体。

② 减压或真空解吸。该方法是利用吸附容量在恒温下随压力的下降而降低的特点，在加压下进行吸附，在减压或真空下解吸，这种循环方法又称作变压吸附。它的优点是无须加热与冷却，故又称无热再生法。

该方法的缺点是由于设备有死空间，因而导致回收物纯度与回收率不能同时兼顾。由于死空间的气体不能参加分离，因而降低了吸附设备的利用率，在降压或抽真空排放死空间内气体时，使回收率降低。

③ 溶剂置换再生。某些热敏性物质，如不饱和烯烃类物质，在较高温度下易聚合，可以采用亲和力较强的溶剂进行置换再生的方法。用解吸剂置换，使吸附质脱附出来，然后加热床层，脱除解吸剂再进行干燥，使吸附剂再生，此方法又称变浓度吸附。脱附出来的吸附质与解吸剂，可用蒸馏的方法将二者分离开来。解吸剂的选择，应使它与吸附质组分间沸点差较大，便于蒸馏分离。溶剂置换再生方法多用于液体吸附上。

④ 其他再生方法。还有一些其他再生方法，例如药物再生、微生物再生、湿式氧化分解再生、电解氧化再生等。

(5) 吸附浸渍

吸附浸渍是将吸附剂先吸附某种物质，然后用这种处理过的吸附剂去净化含污染物的废气，使污染物与浸渍物在吸附剂表面上发生反应；或由于浸渍物的催化作用，使吸附剂表面上的污染物发生催化转化，以达到净化废气的目的。例如，以磷酸浸渍过的活性炭去净化含胺及氨等污染物的废气，可生成相应的磷酸盐，使含胺、氨废气得到净化。

吸附浸渍在废气净化上用得很多，是一种重要的净化方法。它的优点是由于在吸附剂表面上发生物理吸附的同时，还发生污染物参加的化学反应或催化反应，因而提高了过程的净化效果与速率，增大了吸附容量。但由于过程中生成了新的物质，有时给再生带来一些麻烦。常用的浸渍剂有铜、锌、银、铬、钴、锰、钒、钼等的化合物或它们的混合物，以及卤素、酸、碱等。

对于吸附设备，常用的有固定床吸附器、移动床吸附器、流化床吸附器、旋转床吸附器、浆液吸附器等。

### 24.3.3　燃烧净化法

燃烧净化法是利用工业废气中污染物可以燃烧氧化的特性，将其燃烧转变为无害物质的方法。该方法的主要化学反应是燃烧氧化，少数是热反应。用燃烧法处理工业废气的方法有如下几种。

① 不需要辅助燃料，但需要补充空气才可维持燃烧的废气或尘雾。这种废气中可燃物成分超过爆炸上限，除非与空气混合，这种物质是非爆炸性的。采用这种系统，废气无回火之忧，即火焰不会通过废气管线往回传播。

废气的燃烧需要充足的氧气，才能保证燃烧反应不断地、充分地进行下去。因此，为保证这类废气良好燃烧，充足的氧及与氧的良好混合是重要的，一般混合气中的含氧量应不低于 15%。没有充分燃烧的废气会产生一氧化碳或浓烟（未燃或未燃尽的炭粒）。

② 既不需要补充燃料又不需要提供空气便可维持燃烧的废气。这种废气处于可燃范围之内，易燃易爆，因而是极其危险的，火焰能从着火点通过输送废气的管道回火。因此，处理这类废气，必须采取安全措施，防止回火。

由于上述两种方法均不需辅助燃料，因而又称为直接燃烧。

③ 不加辅助燃料就不能维持燃烧的工业废气或尘雾。这种废气中往往含有燃烧所需的足够的空气，通常被稀释到爆炸下限的 25%以下后进行焚烧。此类燃烧又称“热力燃烧”。

④ 让废气通过催化剂床层，使废气中可燃物发生氧化放热反应。这种采用催化剂使废气中可燃物在较低温度下氧化分解的方法叫催化燃烧法。它所需要的辅助燃料仅为热力燃烧的 40%～60%。

(1) 直接燃烧

直接燃烧又称直接火焰燃烧，是用可燃有害废气当作燃料来燃烧的方法。显然，能采用直接燃烧法来处理的废气应当是可燃组分含量较高，或燃烧氧化放出热量较高，能持续燃烧的气体混合物。

直接燃烧的设备可以是一般的炉、窑，也常采用火炬。例如炼油厂氧化沥青生产的废气经冷却后，可送入生产用加热炉直接燃烧净化，并回收热量。又如溶剂厂的甲醛尾气经吸收处理后，仍含有甲醛 $0.75g/m^3$，氢 17%～18%，甲烷 0.04%，也可送入锅炉直接燃烧。直接燃烧通常在 1100℃以上进行，燃烧完全的产物应是二氧化碳、氮气和水蒸气等。火炬是一种敞开式的直接燃烧器，它适用于只需补充空气、无须补充燃料的第一种工业废气。

火炬常常高出地面几十米，由工厂各处排出的可燃废气汇于主管，经分离器、阻火水封槽及其他阻火器后导入火炬顶部燃烧排放，顶部设有气体分布装置、火焰稳定装置以及采用普通燃料并借电火花点火的点火器（见图 24.15），便于火炬顶部安全、稳定、可靠地燃烧。

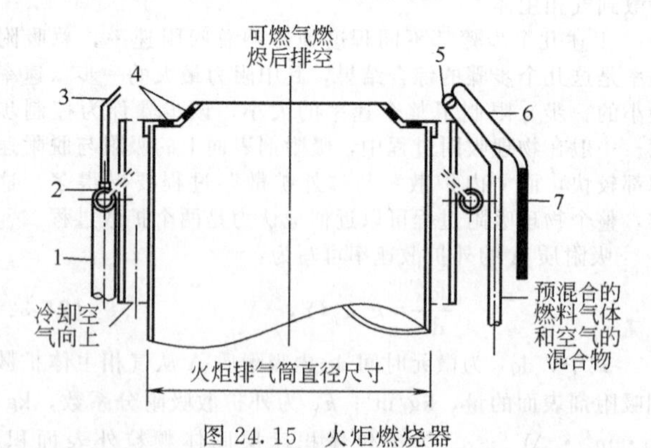


图 24.15　火炬燃烧器

1—升汽管；2—蒸汽集管；3—蒸汽喷管；4—两排辅助风口；5—引火喷嘴；6—火焰前锋点火器喷嘴；7—点火器燃料管

高空火炬燃烧所需空气来自大气。在可燃烃类排入大气的同时，依靠大气湍流进行可燃物与空气的混合，因而混合往往不良，尤其是在刮大风或废气中含碳量很高（C/H>33%）时，燃烧不完全，出现浓烟，需向火炬中喷入水蒸气，以消除或减少浓烟。水蒸气的作用首先是阻止长链烃形成、抑制烃聚合（对不饱和烃的作用尤其显著），其次能增加扰动，促进混合，有利于燃烧完全。水蒸气的需要量计算如下。

$$\frac{m_s}{m_f}=0.1+4.15\frac{m_{un}}{m_f} \tag{24.40}$$

式中，$m_s$ 为所需蒸汽质量；$m_f$ 为被燃烧燃料质量；$m_{un}$ 为在 $m_f$ 燃料中的不饱和烃质量。

火炬燃烧法的优点是安全，很少要从外部向系统供给能量，成本低，结构简单，但它的最大缺点是资源不能回收，且往往由于燃烧不全造成大量污染物排向大气，因而对各炼油厂、石油化工厂提出要消灭火炬，设法将火炬气用于生产，以回收热值或返回生产系统作原料，只在废气流量过大、影响生产平衡时，自动控制排入火炬燃烧排空。废气中可燃物含量在爆炸范围内的气体的直接燃烧，安全问题是至关重要的。常采用空气或惰性气体将可燃物含量稀释到爆炸下限以下，但需要供应辅助燃料。

比较好的方法是用蒸汽喷射泵将废气引入焚烧炉，蒸汽喷射泵既可以帮助废气克服管道阻力，又可在点火燃烧处和废气发生源之间起阻火作用。在有些情况下，可以采用阻火水封槽，废气由管道进入装有一定高度水的密封槽，鼓泡向上穿过水层进入上部蒸汽空间，再由引出管送至燃烧炉，水层可以起防止回火的阻火作用。但当水封槽上部蒸汽具有足够的容积时，爆炸也可能在此发生，或者在水封槽内燃烧，放出足以将水蒸发的热量。

另外，可在废气输送管路上安装各种形式的阻火器，它们通常由筛网、孔板等串联而成，万一发生回火时，它们能起到阻断火焰的作用。但其阻火能力取决于废气通过阻火器的速度，若这种速度高于火焰传播速度，则起阻火作用；否则，火焰就会回至废气源，因而设计阻火器时，必须充分了解火焰传播速度。火焰传播速度因条件（温度、密度等）不同而有不同，阻火器有时不能起很好的阻火作用。可见，防止回火的阻火手段有很多，但总有一些不足之处，实际应用时，常常是几种方法一起用，起二次保护作用。

(2) 热力燃烧

经常采用燃烧法处理的工业废气，通常是可燃物含量低、不能维持燃烧的第三种工业废气，可用热力燃烧法处理。

在热力燃烧中，被处理的废气不是直接燃烧的燃料，而是作为助燃气体（在废气含氧足够多时）或燃烧对象（废气含氧很少时）。热力燃烧主要依靠辅助燃料燃烧产生的热力，提高废气的温度，使废气中烃及其他污染物迅速氧化，转变为无害的二氧化碳和水蒸气（图 24.16）。

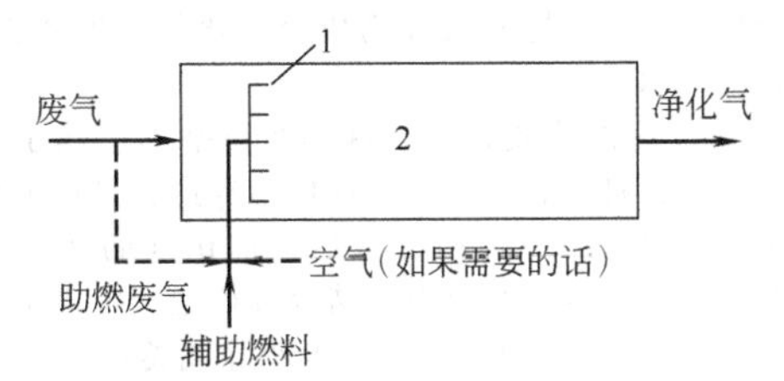


图 24.16 热力燃烧过程

1—燃烧器；2—热力燃烧炉

热力燃烧炉由两部分构成，一是燃烧器，燃烧辅助燃料以产生高温燃气；二是燃烧室，高温燃气与冷废气在此充分混合以达到反应温度，并提供足够的停留时间氧化转化废气中烃类等污染物。显然，要达到理想的净化效果，“三 T”条件，即反应温度（temperature）、停留时间（time）、湍流（turbulence）混合是重要的。

① 热力燃烧的“三 T”条件。为使废气中污染物充分氧化转化，达到理想的净化效果，除过量的氧外，还需要足够高的反应温度（一般 760℃左右）及在此温度下有足够长的停留时间（一般 0.5s），以及废气与氧很好混合（高度湍流）。“三 T”条件是互相关联的，在一定范围内改善其中一个条件，可以使其他两个条件要求降低。例如，提高反应温度可以缩短停留时间，并可降低湍流混合的要求。其中，提高反应温度将多耗辅助燃料，延长停留时间将增大燃烧设备尺寸，因而改进湍流混合是最为经济的。这是设计燃烧炉时要注意的重要方面。

燃烧炉内总停留时间及燃烧室体积可按式（24.41）估算。

$$\tau=\frac{V_R}{Q_{标}\frac{T}{293}}\times 3600 \tag{24.41}$$

式中，$\tau$ 为燃烧炉内总停留时间，s；$V_R$ 为燃烧室体积，$m^3$；$Q_{标}$ 为废气与高温燃气在标准状态（293K，$1.013\times10^5$ Pa）下的体积流量，$m^3/h$；$T$ 为燃烧室反应温度，即销毁温度，K。

总停留时间包括冷的旁通废气与高温燃气均匀混合、均匀升温、进行氧化反应和销毁的全部时间，其中大部分时间用于废气升温。

表 24.2 列出了部分废气热力燃烧反应温度及停留时间。一般在工程设计时，可取 760℃与 0.5s，有雾滴与黑烟的燃烧净化需提高温度、增加停留时间。

**表 24.2 废气燃烧净化所需的反应温度及停留时间**

| 废气净化范围 | 停留时间/s | 反应温度/℃ |
|---|---|---|
| 烃类化合物(销毁 90%以上) | 0.3～0.5 | 590～680[①] |
| 烃类化合物＋CO(销毁 90%以上) | 0.3～0.5 | 680～820 |
| 臭味 | | |
| 销毁 50%～90% | 0.3～0.5 | 540～650 |
| 销毁 90%～99% | 0.3～0.5 | 590～700 |
| 销毁 99%以上 | 0.3～0.5 | 650～820 |
| 烟和缕烟白烟(雾滴) | | |
| 缕烟消除 | 0.3～0.5 | 430～540[②] |
| 烃类化合物＋CO(销毁 90%以上) | 0.3～0.5 | 680～820 |
| 黑烟(炭粒和可燃粒) | 0.7～1.0 | 760～1100 |

① 如甲烷、溶纤剂 [$C_2H_5O(CH_2)_2OH$] 及甲苯、二甲苯等存在，则需 760～820℃。

② 缕烟消除一般是不实用的，因为往往由于氧化不完全而又产生臭味问题。

② 燃料消耗。热力燃烧的燃料消耗，可由热量衡算来求得。辅助燃料的消耗，辅助燃料的消耗，以满足将全部废气升温到反应温度（760～820℃）即可。

燃烧计算中，确定空气与燃料比是很重要的。设质量为 $W_1$ 的燃料需要空气质量为 $W_2$，则空气与燃料的质量比 $A_F$ 为：

$$A_F=\frac{W_2}{W_1}=\frac{28.97n_a}{M_f n_f}$$

式中，$n_a$ 为空气（$O_2+N_2$）的物质的量，mol；$M_f$，$n_f$ 为燃料的分子量、物质的量；28.97 为空气的平均分子量。

若废气中可燃物热值较大，计算燃料消耗时应予考虑。燃烧炉与环境间有辐射与对流热损失时，应通过传热方程计算热损失，或取经验数据 10%。

③ 热力燃烧设备。前已述及，热力燃烧炉包括燃烧器及燃烧室两部分。按照燃烧器不同形式，可将燃烧炉分成配焰燃烧器系统与离焰燃烧器系统两类。

a. 配焰燃烧器系统。该系统如图 24.17 所示。配焰燃烧器根据“火焰接触”的理论将燃烧分配成许多小火焰，布点成线，使冷废气分别围绕许多小火焰流过，以达到迅速完全的湍流。

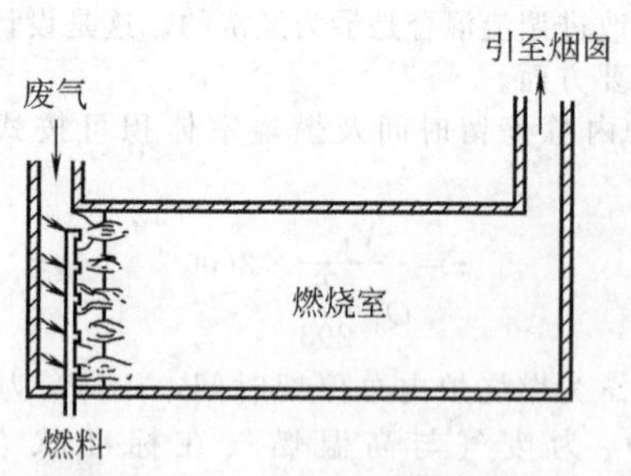

图 24.17 配焰燃烧器系统

由于冷的废气流与高温燃气从辅助燃料的燃烧火焰处就开始混合并分细分开，有利于在短距离内混合良好。故该系统混合时间短，可以留出较多时间用于燃烧反应。燃烧反应完全，则净化效率高。燃烧器火焰间距一般为 30cm，燃烧室直径为 60～300cm。

配焰燃烧系统不适用于含氧低于 16% 的废气，需补充空气助燃的缺氧废气。另外，它仅适用于燃料气供热，不适用于燃料油供热，并且不适用于含有焦油、颗粒物等易于沉积于燃烧器的废气治理。

为保证燃烧完全，燃烧室的尺寸要保证气体足够的停留时间（一般为 0.3～0.5s），适当的湍流度（一般气体建议达 4.5～7.5m/s），长径比取 2～6。

b. 离焰燃烧器系统。该系统如图 24.18 所示。燃料与助燃空气（或废气）先通过燃烧器燃烧，产生高温燃气，然后与冷废气在燃烧室内混合，氧化销毁。在该系统中，高温燃气的产生与混合，是分开进行的。

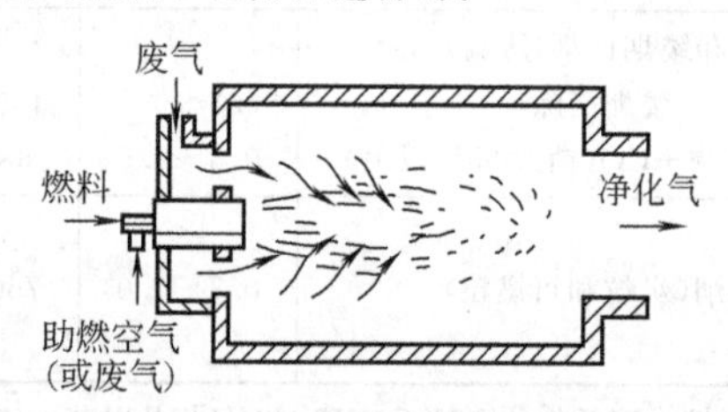

图 24.18 使用离焰燃烧器的燃烧

由于没有像配焰炉那样将火焰与废气一起分成许多小股，高温燃气与冷废气的混合不如配焰炉好，横向混合往往很差，可采用轴向火焰喷射混合、切向或径向进废气与燃料气、在燃烧室内设置挡板等改善措施。

燃烧室的长度需保证足够的停留时间（一般为 0.5s）。离焰燃烧器可以燃烧气，也可以烧油，可用废气助燃，也可用空气助燃。火焰可大可小，容易调节，制作也较简单。

c. 利用锅炉燃烧室进行热力燃烧。由于大多数加热炉或锅炉燃烧室的温度都超过 1000℃，停留时间在 0.5～3s，基本能满足热力燃烧的“三 T”条件，因而利用工厂现有加热炉或锅炉燃烧室来销毁废气，不失为一个好方法，国内很多工厂采用。与热力燃烧炉相比，利用锅炉兼作燃烧净化炉的优点是：设备投资费用大大减少，操作费用、辅助燃料消耗均大为减少，无须再考虑热量回收、利用的问题，是一个经济而有效的方法。它的缺点是：如果废气流量过大，传热效率下降，锅炉消耗的燃料增加较多，且压降增大；锅炉的燃烧器、传热管可能会因废气不完全燃烧后的残留物污染，增加维护费用；若用蒸汽的时间与废气处理的时间不一致，则会造成浪费。

(3) 催化燃烧

催化燃烧是利用催化剂使废气中气态污染物在较低的温度（250～450℃）下氧化分解的方法。它的优点是：起燃温度低，含烃类物质的废气在通过催化剂床层时，烃类分子和氧分子分别被吸附在催化剂表面并被活化，因而能在较低温度下迅速氧化分解成 $CO_2$ 和 $H_2O$，与直接燃烧法相比（起始温度为 600～800℃），它的能耗要小得多，甚至在有些情况下，达到起燃温度后，不需外界供热，还能回收净化后废气带走的热量；催化燃烧可以适用于几乎所有的含烃类有机废气及恶臭气体的治理，也就是说，它适用于浓度范围广、成分复杂的有机化工、家电等众多行业；基本上不会造成二次污染。

催化燃烧的主体设备是一装有固体催化剂的反应器，它具有换热结构，废气通过已达起燃温度的催化床层，迅速发生氧化反应。

① 催化剂及载体。由于元素周期表中过渡元素及第Ⅷ族元素中的贵金属具有催化氧化的性能，它们及其氧化物常被用作催化燃烧催化剂的活性成分，例如钍、钒、铬、锰、铁、钴、镍、铜、锌的氧化物及铂、钯、钌等。从目前国内的实践看，催化燃烧的催化剂可分为下列三类。

a. 贵金属催化剂。铂、钯、钌等贵金属有很高的催化活性，且易于回收，因而是最早使用的催化剂。但由于其资源稀少，价格昂贵，且中毒性差，人们一直力图寻找替代品或减少它们的用量。

b. 复合氧化物催化剂 复合氧化物催化剂是用铜、铬、钴、镍、锰等非过渡贵金属氧化物作活性主要成分，降低了催化剂的成本。

c. 稀土元素氧化物。稀土与过渡金属氧化物在一定条件下可以形成具有天然钙钛矿型的复合氧化物，其通式为 $ABO_3$，其中 A 为离子半径 0.08～0.165nm 的稀土元素阳离子，B 为离子半径 0.04～0.14nm 的非铂系金属阳离子。

催化剂活性组分可用下列方式沉积在载体上：电沉积在缠绕的或压制的金属载体上；沉积在片、粒、柱状陶瓷材料上；沉积在蜂窝结构的陶瓷材料上。

催化燃烧催化剂会发生中毒现象，导致中毒的原因有如下几点。

a. 使催化剂中毒的物质可分两类：快速作用毒物（如磷、铋、砷、锑、汞等）和慢速作用毒物（锌、铅等）。一般来说，催化剂中毒是由于毒物与活性组分化合或熔成合金。对快速作用毒物来说，即使只有微量，也能使催化剂迅速失活。慢速作用毒物使活性物质合金化的速度要慢得多，特别是在 500℃ 以下。

b. 抑制反应的物质作用。这类物质基本上属于覆盖性毒物，例如卤素和硫的化合物。这种中毒过程是可逆的、暂时的。当废气中这类物质被除去后，催化剂的活性可以恢复，这是由于它们与活性中心的结合较松弛。定期加热催化剂到 650℃左右，也可以从催化剂上驱除此类物质。

c. 堵塞或沉积物覆盖活性中心。例如不饱和烃及不饱和物存在导致的碳沉积，陶瓷粉尘、铁氧化物及其他颗粒性物质堵塞活性中心，影响催化剂的吸附与解吸能力。通过定期清洗的办法，可以使催化剂活性恢复到接近原有的水平，例如可以用过热蒸汽进行再生。

② 催化燃烧工艺流程。根据废气的预热及富集方式的不同，可分为如下 3 种。

a. 预热式。这是一种较普遍的基本流程形式，如图 24.19 所示。当从烘房排出的废气温度较低（100℃以下），低于起始温度，同时废气中有机物浓度也较低，热量不能自给时，需要在进入催化燃烧反应器前在燃烧室（预热段）加热升温，净化后气体在热交换器内与未处理废气进行热交换，以回收部分热量。一般采用煤气燃烧或电加热升温至起

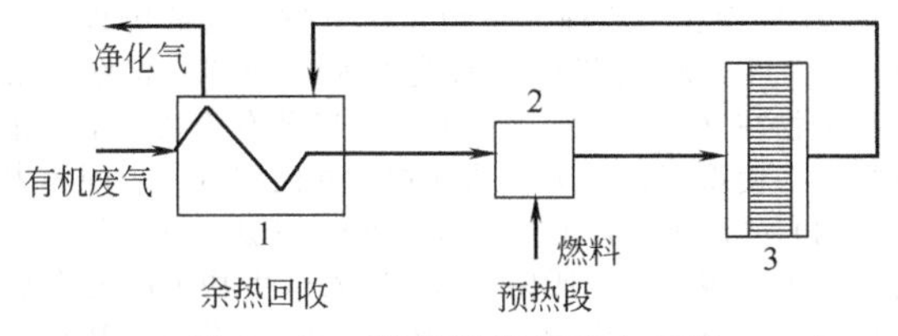


图 24.19 催化燃烧的基本流程
1—热交换器；2—燃烧室；3—催化反应器

燃温度。

b. 自身热平衡式。如图 24.20 所示，若废气排出时温度较高（在 300℃左右），高于起始温度，且有机物含量较高，正常操作时能维持热平衡，无须补充热量，此时只需要在催化燃烧反应器中设置电加热器，供起燃时使用，热交换器可回收部分净化后气体的热量。

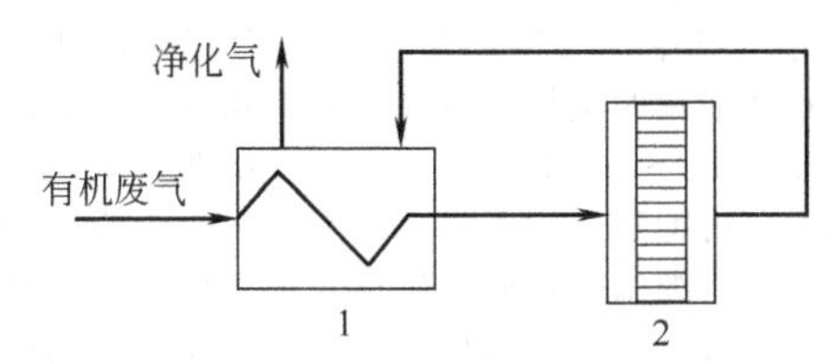


图 24.20 自身热平衡催化燃烧流程
1—热交换器；2—催化反应器

c. 吸附-催化燃烧。若废气的浓度、温度很低，风量很大，采用催化燃烧需耗大量燃料，能耗过高，这时先采用吸附手段将废气中有机物吸附于吸附剂上，通过热空气吹扫，使有机物脱附出来成为浓缩了的小风量、高浓度含有机物废气（一般可浓缩 10 倍以上），再送去进行催化燃烧，不需要补充热源，就可维持正常运行。

对于某一有机废气，究竟采用什么样的流程主要取决于：燃烧过程的放热量，这取决于废气中可燃物的种类和浓度；催化剂的起燃温度，这取决于催化剂的活性；预热回收率，这取决于热交换器的效率；废气的初始温度，确定预热到反应温度所需要提供的热量。当回收热量超过预热所需热量时，可实现自身热平衡运转，无须外界补充热源。

### 24.3.4 工业废气的其他净化方法

(1) 冷凝法

冷凝法是利用废气中各混合成分的冷凝温度不同而将有害成分分离出来的方法，它通常用于有机废气的净化。冷凝净化法比较适宜于用来净化有价值的或高浓度的有机废气，否则它往往由于消耗能量较多而不经济。为了提高回收、净化效果，又减少能量消耗，常将冷凝法与其他净化方法如吸附、吸收、燃烧等结合起来使用。可用冷凝法在不太低的温度下，将有价值的、沸点较高的物质先回收下来，然后再采用其他手段加以净化，达到排放标准。如高分子绝缘薄膜聚酰亚胺生产排放的废气中，含有大量毒性较大、价值较高的二甲基乙酰胺，可采用冷凝-吸收法，冷凝后回收率为 70%左右，再经过水吸收，去除率达 99.5%，然后达标排放。

从气态污染物与冷却剂的接触方式分，冷凝设备可分为直接接触式冷凝器与表面式冷凝器两种。

在直接接触式冷凝器里，冷却剂（冷水或其他冷却液）与废气直接接触，借对流和热传导，将气态污染物的热量（显热与潜热）传递给冷却剂，达到冷却、冷凝的目的。气体吸收操作本身伴有冷凝过程，故几乎所有的吸收设备都能作为直接接触式冷凝器。常用的直接接触式冷凝器有喷射器、喷雾塔、填料塔等。

冷凝用的填料塔与吸收用的填料塔结构类似，只是冷凝用的填料宜采用比表面积及空隙率都较大的填料，能显著提高填料塔单位体积处理量。

表面式冷凝器则通过间壁来传递热量，达到冷凝分离的目的。各种形式的列管式换热器是表面式冷凝器的典型设备，其他还有淋洒式换热器等。

在卧式列管冷凝器中，凝液聚集在低层壳程里，冷却水一般从底层管子进入，对凝液进行冷却，使冷凝下来的污染物不会重新挥发而造成二次污染。

① 冷凝原理及污染物热力学性质。冷凝法是利用气态污染物在不同温度及压力下具有不同的饱和蒸气压，在降低温度或加大压力下，某些污染物凝结出来，从而达到净化或回收目的的方法。可以借助于控制不同的冷凝温度，分离出不同的污染物来。

由于废气中污染物含量往往很低，空气或其他不凝性气体含量较大，故可认为当气体混合物中污染物的蒸气分压等于它在该温度下的饱和蒸气压时，废气中的污染物就开始凝结出来。这时该污染物在气相达到了饱和，该温度下的饱和蒸气压就体现了气相中未冷凝下来，仍残留在气相中的污染物的量的大小。

各种物质在不同温度下的饱和蒸气压 $p^0$ 可以按式 (24.42) 计算。

$$\lg p^0=-\frac{A}{T}+B' \tag{24.42}$$

式中，$T$ 为液体物质的温度，K；$A$，$B'$为常数，无量纲；$p^0$ 为物质在 $T$ 时的饱和蒸气压（1mmHg＝133.322Pa），mmHg。

表 24.3 列出了一些常见有机溶剂的 $A$、$B'$值。

**表 24.3 常见有机溶剂的 $A$、$B'$值**

| 物质名称 | 分子式 | $A$ | $B'$ |
|---|---|---|---|
| 苯 | $C_6H_6$ | 1731 | 7.783 |
| 二硫化碳 | $CS_2$ | 1446 | 7.410 |
| 甲醇 | $CH_3OH$ | 1992 | 8.780 |
| 醋酸甲酯 | $CH_3COOCH_3$ | 1679 | 7.961 |
| 四氯化碳 | $CCl_4$ | 1668 | 7.651 |
| 甲苯 | $C_6H_5CH_3$ | 1901 | 7.837 |
| 醋酸乙酯 | $CH_3COOC_2H_5$ | 1827 | 8.099 |
| 乙醚 | $C_2H_5OC_2H_5$ | 1463 | 7.639 |
| 乙醇 | $C_2H_5OH$ | 2185 | 9.101 |

也可以由 Frost-Kalkwarf-Thodos（弗罗斯特-卡克瓦夫-索多斯）方程计算。

$$\ln p^0=\ln p_c-2.303\left(\frac{1}{T}-\frac{1}{T_c}\right)+\left(2.67-\frac{1.8B}{T_c}\right)\times \ln\frac{T}{T_c}+0.42\left(\frac{T_c^2}{p_cT^2}p-1\right) \tag{24.43}$$

式中，$T_c$ 为临界温度，K；$p_c$ 为临界压力（1atm＝101325Pa），atm；$B$ 为常数，K；$p^0$ 为温度 $T$（K）下的饱和蒸气压，atm；$p$ 为压力；$T$ 为温度。

在已知某一点的温度及蒸气压时（例如，$p=0.1$MPa，正常沸点 $T_b$），可由式 (24.44) 计算式 (24.43) 中的常数 $B$。

$$B=\frac{\ln p_c+2.67\ln\frac{T_b}{T_c}+0.422\left(\frac{T_c^2}{p_cT_b^2}-1\right)}{2.303\left(\frac{1}{T_b}-\frac{1}{T_c}\right)+\frac{1.8}{T_c}\ln\frac{T_b}{T_c}} \tag{24.44}$$

冷凝潜热随温度的变化可以用沃森方程［式（24.45）］计算。

$$\Delta H_v = \Delta H_b \left(\frac{T_c - T}{T_c - T_b}\right)^{0.38} \tag{24.45}$$

式中，$\Delta H_v$ 为温度 $T$（K）下的冷凝潜热，kJ/kg；$\Delta H_b$ 为正常沸点 $T_b$ 下的冷凝潜热，kJ/kg。

② 冷凝计算。含气态污染物的废气，常用浓度表示方法有：体积浓度 $c_v$；质量-体积浓度 $c$；质量浓度（或分数）$y$。体积浓度由废气中污染物的体积除以废气总体积而求得，质量-体积浓度则表示单位体积废气中含有的污染物质量，而质量浓度是单位质量废气中含有的污染物质量。

设一含有污染物的废气由状态 1（$T_1$，$p_1$）经过冷凝过程，变为状态 2（$T_2$，$p_2$），污染物气体气相浓度从 $c_1$ 变成 $c_2$（质量-体积浓度），由理想气体定律可得：

$$c_1 = \frac{Mp_1}{RT_1},\ c_2 = \frac{Mp_2}{RT_2}$$

可推得：

$$c_2 = c_1 \frac{p_2 T_1}{p_1 T_2} \tag{24.46}$$

式中，$M$ 为污染物分子量；$R$ 为气体常数，8314J/(kmol·K)；$p_1$，$p_2$ 为污染物在状态 1 和状态 2 时的分压，Pa。

而用体积浓度 $c_v$ 表示时，则：

$$c_{v_2} = c_{v_1} \frac{p_2}{p_1} \tag{24.47}$$

某一冷凝过程的捕集效率 $\eta$ 定义为：

$$\eta = 1 - \frac{v_2}{v_1} \tag{24.48}$$

式中，$v_1$，$v_2$ 为污染物在冷凝器入口和出口（状态 1 和状态 2）的质量流率，kg/h。用不同浓度单位 $c_1$、$c_{v_1}$ 和 $y_1$ 表示时，则：

$$\eta = \frac{p}{p - p_2}\left(1 - \frac{Mp_2}{RT_1 c_1}\right) \tag{24.49a}$$

$$\eta = \frac{p - p_2/c_{v_1}}{p - p_2} \tag{24.50a}$$

$$\eta = 1 - \frac{1 - y_1}{y_1} \frac{Mp_2}{M_a(p - p_2)} \tag{24.51a}$$

式中，$p$ 为总压；$M$ 为污染物分子量；$M_a$ 为废气中被捕集的污染物以外的其他气体的平均分子量。

当污染蒸气分压 $p_1$ 与 $p_2$ 均很小时，$\eta$ 的计算可简化为：

$$\eta = 1 - \frac{Mp_2}{RT_1 c_1} \tag{24.49b}$$

$$\eta = 1 - \frac{p_2}{pc_{v_1}} \tag{24.50b}$$

$$\eta = 1 - \frac{Mp_2}{M_a p y_1}(1 - y_1) \tag{24.51b}$$

（2）生物净化法

① 概述。生物净化法是利用微生物对污染物有较强、较快的适应能力的特点，用污染物对其进行驯化，微生物可以以污染物（通常是有机物）作为代谢底物，使其降解，转化为无害、简单的物质（如 $H_2O$ 等），从而达到净化含气态污染物废气的目的。它的优点是进化效果好，设备、工艺流程简单，能耗少，运行费用低，操作稳定，无二次污染。该净化法适用于低浓度（$<3kg/m^3$）有机废气，尤其是对恶臭气体的治理。虽然恶臭气体中的有机物含量很低，却给人们的身心带来很大的不愉快及伤害。用生物净化法，则显示出了巨大的优越性。

② 生物净化法原理。生物净化有机废气的历程一般认为有以下三步：a. 有机废气首先与水（液相）接触，由于有机污染物在气相和液相的浓度差，以及有机物溶于液相的溶解性能，使得有机污染物从气相进入液相（或者固体表面的液膜内）。b. 进入液相或固体表面生物层（或液膜）的有机物被微生物吸收（或吸附）。c. 进入微生物细胞的有机物在微生物代谢过程中作为能源和营养物质被分解、转化成无害的化合物。一般不含氮的有机物分解的最终产物为 $CO_2$；含氮物被微生物分解时，经氨化作用释放出氨，氨又可被另外一类微生物的硝化作用氧化为亚硝酸，再氧化成硝酸；含硫物质经微生物分解释放出硫化氢，硫化氢又可以被另外一类微生物的硫化作用氧化成硫酸。产生的代谢物，一部分溶入液相，一部分（如 $CO_2$）析出到气相，还有一部分可以作为细胞物质或细胞代谢的能源。有机物经过上述过程不断转化、减少，从而净化废气。

可用于废气生物降解的微生物分为两类：自养型和异养型。自养型细菌的生长可以在没有有机碳源和氮源的条件下，靠 $NH_3$、$H_2S$、S 和 $Fe^{2+}$ 等的氧化获得必要的能量，故这一类微生物特别适用于无机物的转化。但由于能量转换过程缓慢，这些细菌生长的速度非常慢，因此在工业上应用的困难较多，仅有少数场合可采用。异养型微生物则是通过对有机物的氧化分解来获得营养物和能量，适宜于有机污染物的分解转化。目前，处理有机废气主要应用微生物的好氧降解特性，因而氧的供给量、氧的供给方式与速度对转化过程影响很大。当然，选择最有利于处理某一种具体的有机污染物的适用微生物种群，应是关键之一。

生物净化法的工艺条件，取决于微生物生长的最佳条件，主要有温度、供氧量和 pH 值。系统中溶解氧的适宜浓度，取决于微生物的数量、底物浓度和温度等因素。适宜温度因微生物种群不同而不同（表 24.4）。适宜的 pH 值，通常为中性或微碱性，随种类不同其可以忍受的 pH 值的高限和低限也有不同。

**表 24.4　不同微生物用于有机物净化的适宜温度范围**

| 细菌种类 | | 适宜温度/℃ | | |
|---|---|---|---|---|
| | | 最低值 | 最高值 | 最适值 |
| 低温性 | 专性 | −5～5 | 15～18 | 19～22 |
| | 兼性 | −5～5 | 25～30 | 30～35 |
| 中温性 | | 10～15 | 35～47 | 20～45 |
| 高温性 | | 40～45 | 60～80 | 55～75 |

③ 净化设备及工艺

a. 生物洗涤塔（bioscrubber）。生物洗涤塔系统由一个吸收塔和一个再生池构成。如图 24.21 所示，生物吸收液（循环液）自吸收室顶部喷淋而下，使废气中的污染物和氧转入液相，实现质量传递。从吸收塔底部流出的吸收液进入

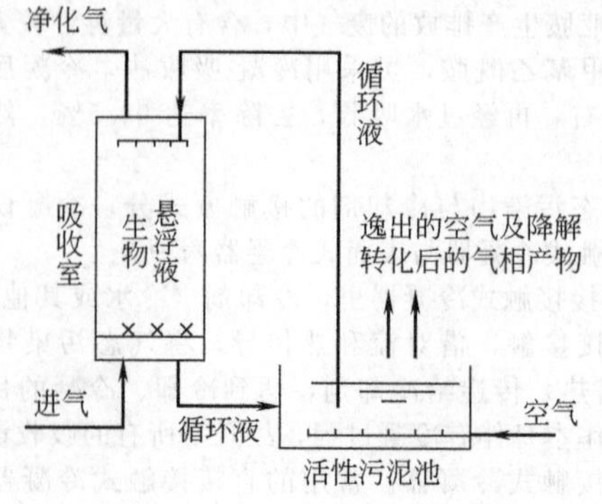

图 24.21　生物洗涤塔系统

再生反应器（活性污泥池）中，通入空气充氧再生。被吸收的气态污染物通过微生物氧化作用，被再生池中的活性污泥悬浮液降解、转化，从而净化脱除。

吸收塔的结构可以是喷淋式、填料式或鼓泡式，与吸收净化法中使用的塔结构类似。

生物洗涤塔系统净化含有机污染物废气的效率与活性污泥中悬浮固体含量的 MLSS 浓度、pH 值、溶解氧（或曝气条件）等有关。所用污泥经驯化的比未经驯化的要好。营养盐的投入量、投放时间、投放方法也是重要的控制因素。

b. 生物滤池（biofilter）。生物滤池系统如图 24.22 所示。含有机污染物的废气经过增湿器，具有一定湿度后，进入生物滤池，通过约 0.5～1m 厚的生物活性填料，有机污染物从气相转移到生物层，进而被氧化分解。生物滤池常用设计参数见表 24.5。

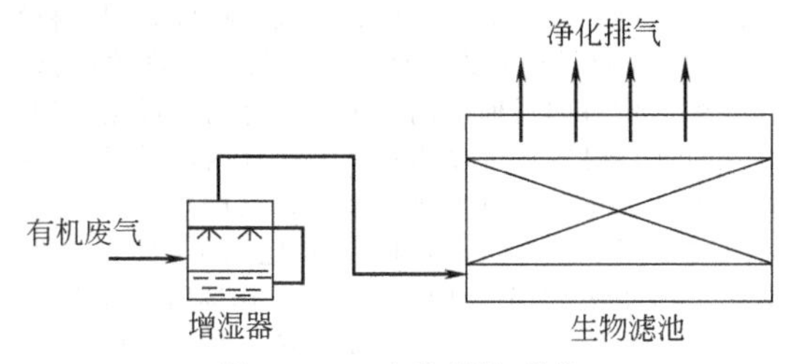


图 24.22 生物滤池系统

**表 24.5 生物滤池常用设计参数**

| 参数项 | 参数值 |
| --- | --- |
| 气流速度(表面)/[$m^3$/($m^2$·h)] | 10～100 |
| 接触时间/s | 30～60 |
| 滤池高度/m | 0.5～1.0 |
| 压力降/Pa | 500～1000 |
| 水容量/% | 25～50 |
| 废物去除率(以有机碳计)/[g/($m^3$·h)] | 6～16 |

生物活性填料是由具有吸附性的滤料（土壤、堆肥、活性炭等），附着能降解、转化有机物的微生物构成的。滤料不同，脱除效果及适宜的工艺参数也有所不同，可分为土壤过滤及堆肥过滤两种。

土壤生物滤池有较好的通气性，适度的通水与持水性，以及完整的微生物群落系统，因而能有效地去除烷烃类化合物，去除效果很好。

土壤过滤是利用土壤中胶体粒子的吸附性，吸附上有机污染物后，土壤中的细菌、放线菌、霉菌、原生动物、藻类等种类繁多的微生物，对有机物进行分解转化，实现废气的净化。由于微生物种类不同，它们适应的生活条件不同，一般控制的适宜条件为：温度 5～30℃，湿度 50%～70%，pH 值 7～8。土壤滤层材料一般的混合比例为：黏土 1.2%，有机质沃土 15.3%，细砂土 53.9%，粗砂 29.6%。滤层厚度 0.5～1m，通风速度 6～100$m^3$/($m^2$·h)。

堆肥过滤是采用污水处理厂的污泥、城市垃圾和畜粪等有机废弃物为主要原料，经好氧发酵，再经热处理，作为过滤层滤料。它的装置与土壤法类似，在一个混凝土池子里，下层置砂砾层，砂砾层中装有气体分布管，砂砾层上是堆肥装置。池底有排水管可排出多余的积水。堆肥层上面可以种植花草进行绿化，并经常浇水保持 50%～70%的湿度，以防止堆肥表面干裂，有机废气未经充分降解逸出。堆肥生物滤池由于微生物量比土壤中多，故效果及负荷均比土壤法好，气体停留时间一般只需 30s，而土壤法则需 60s。堆肥使用 1 年以上时，也会酸化。应及时调节 pH 值，还要定期（每隔两年）补给微生物所需的碳素养料。

c. 生物滴滤池（biotricklingfilter）。生物滴滤池系统如图 24.23 所示，它由生物滴滤池和储水槽构成，生物滴滤池内充以粗碎石、塑料、陶瓷等一类不具吸附性的填料，填料表面是微生物区系形成的几毫米厚的生物膜。填料比表面积为 100～300$m^2$/$m^3$，这样的结构使得气体通道较大，压降较小，不易堵塞。

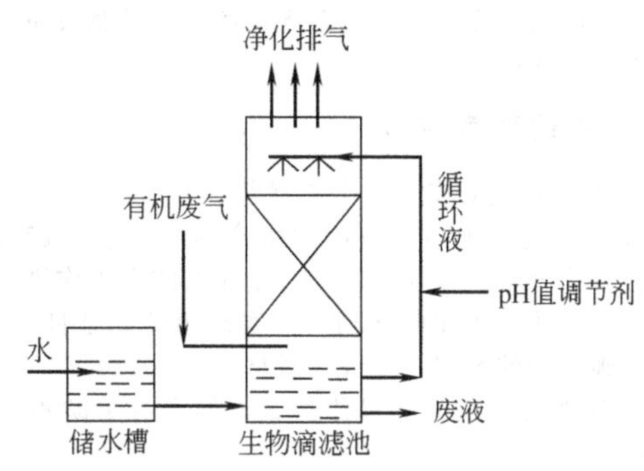


图 24.23 生物滴滤池系统

与生物滤池相比，生物滴滤池的工艺条件可以很容易通过调节循环液的 pH 值、温度来控制，是它的一大特点。而生物滤池的 pH 值控制，主要是通过装填料时投配适当的固体缓冲剂来完成，一旦缓冲剂耗竭则需更换新滤料或取出后加入石灰调节 pH 值，温度的控制则需要通过外加措施来完成。所以，生物滴滤池很适宜于处理含卤代烃、硫、氮等有机物废气的净化，因为这些污染物经氧化分解后有酸产生。由于生物滴滤池的单位体积填料层内微生物浓度较高，其处理废气的能力是相应的生物滤池的 2～3 倍。

## 24.4 工业生产中的防毒对策

工业毒物引起的危害，一般是人为造成的，所以要同时采取技术、管理、教育三项措施。

### 24.4.1 防毒技术措施

（1）以无毒、低毒的物料代替有毒、高毒的物料

在生产过程中，使用的原材料和辅助材料应尽量采用无毒、低毒材料，以代替有毒、高毒材料，尤其是以无毒材料代替有毒材料，这是从根本上解决毒物对人体危害的好方法。

（2）改革工艺

改革工艺是在选择新工艺或改造旧工艺时，尽量选用那些在生产过程中不产生（或少产生）有毒物质，或将这些有毒物质消灭在生产过程中的工艺路线。在选择工艺路线时，要把有毒无毒作为权衡选择的重要条件，还要把此工艺路线中所需的防毒措施费用纳入技术经济指标中去。例如改用隔膜法电解代替水银电解，可消除汞害等。

（3）生产设备的管道化、密闭化以及操作的机械化

要达到有毒物质不散发、不外逸，关键在于生产设备本身的密闭程度以及投料、出料，物料的输送、粉碎、包装等生产过程中各环节的密闭程度。

生产条件允许时也可使设备内部保持负压状态，以达到有毒物质不外逸。

对气体、液体，多采用管道、泵、高位槽、风机等作为投料、出料、输送的设施。对固体则可采用气力输送，软管真空投料，星形锁气器、翻板式锁气器出料等。

以机械化操作代替手工操作，可以防止毒物危害，降低劳动强度。

（4）隔离操作和自动控制

由于条件的限制，不能使有毒物质的浓度降低到国家卫生标准时，可以采用隔离操作措施。

隔离操作，就是把工人与生产设备隔离开来，使生产工人不会被有毒物质或有害的物理因素所危害。隔离的方法有两种：一种是将全部或个别毒害严重的生产设备放置在隔离室内，采用排风方法使室内保持负压状态，使有毒物质不能外逸；另一种是把工人的操作地点放在隔离室内，采用送风的办法，将新鲜空气送入隔离室内，保持室内正压。先进、完善的隔离操作，必须要有先进的自动控制设备和指示仪表的配合，才能搞好防毒工作。

### 24.4.2　管理教育措施

（1）加强企业对安全工作的领导

健全的经营管理体系应该把生产与安全统一起来。要有人专管（或分管）这项工作，对企业的防毒工作进行检查和督促，制订防毒工作的计划，落实改善劳动条件的措施，并保证措施所需的经费、设备、器材等。

（2）加强防毒工作的宣传教育，健全有关防毒工作的管理制度

贯彻安全生产的方针，防止职业病和职业中毒的发生，就要通过宣传教育使大家认识防毒工作的重要性。既要说明毒物对人体的危害，又要讲清职业危害是可以防止的。

教育职工加强个人的防护，遵守安全操作规程等。积极介绍、推广防毒工作的先进经验和技术。

建立健全有关防毒方面的管理制度，如有关防毒的操作规程，有关防毒的宣传教育制度、定期检测制度、毒物的领取和保管制度、毒物的储藏和运输制度、设备维修制度等。

### 24.4.3　工业卫生法规与方针

定期检测工作场所的有毒物质，可以了解其毒害程度、范围及动态变化，对检查日常防毒工作、评价劳动条件、判明防毒措施和效果以及为职业病诊断提供依据和修改有关法规积累资料等工作是必不可少的。

预防工业毒物对人体危害的关键，在于控制生产环境中有毒物质的浓度，即确定车间空气中有害物质的最高容许浓度，并符合职业接触限值。

职业接触限值是职业性有害因素的接触限制量值，指劳动者在职业活动过程中长期反复接触对机体不引起急性或慢性有害健康影响的容许接触水平。化学因素的职业接触限值可分为时间加权平均容许浓度、最高容许浓度和短时间接触容许浓度三类。时间加权平均容许浓度指以时间为权数规定的8h工作日的平均容许接触水平。最高容许浓度指工作地点在一个工作日内任何时间均不应超过的有毒化学物质的浓度。短时间接触容许浓度指一个工作日内，任何一次接触不得超过的15min时间加权平均的容许接触水平。

在《工作场所有害因素职业接触限值 第1部分：化学有害因素》（GBZ 2.1—2019）中，规定了工作场所空气中化学有害因素职业接触限值（表24.6）、工作场所空气中粉尘职业接触限值（表24.7）和工作场所空气中生物因素职业接触限值（表24.8）。

表24.6　工作场所空气中化学有害因素职业接触限值（部分）

| 序号 | 中文名 | 英文名 | 化学文摘号（CAS No.） | OELs/($mg/m^3$) | | | 备注 |
|---|---|---|---|---|---|---|---|
| | | | | MAC | PC-TWA | PC-STEL | |
| 1 | 安妥 | antu | 86-88-4 | — | 0.3 | — | — |
| 2 | 氨 | ammonia | 7664-41-7 | — | 20 | 30 | — |
| 3 | 2-氨基吡啶 | 2-aminopyridine | 504-29-0 | — | 2 | — | 皮 |
| 4 | 氨基磺酸铵 | ammonium sulfamate | 7773-06-0 | — | 6 | — | — |
| 5 | 氨基氰 | cyanamide | 420-04-2 | — | 2 | — | — |
| 6 | 奥克托今 | octogen | 2691-41-0 | — | 2 | 4 | — |
| 7 | 巴豆醛 | crotonaldehyde | 4170-30-3 | 12 | — | — | — |
| 8 | 百草枯 | paraquat | 4685-14-7 | — | 0.5 | — | — |
| 9 | 百菌清 | chlorothalonile | 1897-45-6 | 1 | — | — | G2B |
| 10 | 钡及其可溶性化合物(按Ba计) | barium and soluble compounds(as Ba) | 7440-39-3(Ba) | — | 0.5 | 1.5 | — |
| 11 | 倍硫磷 | fenthion | 55-38-9 | — | 0.2 | 0.3 | 皮 |
| 12 | 苯 | benzene | 71-43-2 | — | 6 | 10 | 皮,G1 |
| 13 | 苯胺 | aniline | 62-53-3 | — | 3 | — | 皮 |
| 14 | 苯基醚(二苯醚) | phenyl ether | 101-84-8 | — | 7 | 14 | — |
| 15 | 苯硫磷 | EPN | 2104-64-5 | — | 0.5 | — | 皮 |
| 16 | 苯乙烯 | styrene | 100-42-5 | — | 50 | 100 | 皮,G2B |
| 17 | 吡啶 | pyridine | 110-86-1 | — | 4 | — | — |
| 18 | 苄基氯 | benzyl chloride | 100-44-7 | 5 | — | — | G2A |
| 19 | 丙醇 | propyl alcohol | 71-23-8 | — | 200 | 300 | — |
| 20 | 丙酸 | propionic acid | 79-09-4 | — | 30 | — | — |
| 21 | 丙酮 | acetone | 67-64-1 | — | 300 | 450 | — |
| 22 | 丙酮氰醇(按CN计) | acetone cyanohydrin(as CN) | 75-86-5 | 3 | — | — | 皮 |
| 23 | 丙烯醇 | allyl alcohol | 107-18-6 | — | 2 | 3 | 皮 |
| 24 | 丙烯腈 | acrylonitrile | 107-13-1 | — | 1 | 2 | 皮,G2B |
| 25 | 丙烯醛 | acrolein | 107-02-8 | 0.3 | — | — | 皮 |
| 26 | 丙烯酸 | acrylic acid | 79-10-7 | — | 6 | — | 皮 |

续表

| 序号 | 中文名 | 英文名 | 化学文摘号（CAS No.） | OELs/(mg/m$^3$) | | | 备注 |
|---|---|---|---|---|---|---|---|
| | | | | MAC | PC-TWA | PC-STEL | |
| 27 | 丙烯酸甲酯 | methyl acrylate | 96-33-3 | — | 20 | — | 皮，敏 |
| 28 | 丙烯酸正丁酯 | *n*-butyl acrylate | 141-32-2 | — | 25 | — | 敏 |
| 29 | 丙烯酰胺 | acrylamide | 79-06-1 | — | 0.3 | — | 皮，G2A |
| 30 | 草酸 | oxalic acid | 144-62-7 | — | 1 | 2 | — |
| 31 | 重氮甲烷 | diazomethane | 334-88-3 | — | 0.35 | 0.7 | — |
| 32 | 抽余油(60～220℃) | raffinate(60～220℃) | | — | 300 | — | — |
| 33 | 臭氧 | ozone | 10028-15-6 | 0.3 | — | — | — |
| 34 | 滴滴涕(DDT) | dichlorodiphenyl trichloroethane(DDT) | 50-29-3 | — | 0.2 | — | G2B |
| 35 | 敌百虫 | trichlorfon | 52-68-6 | — | 0.5 | 1 | — |
| 36 | 敌草隆 | diuron | 330-54-1 | — | 10 | — | — |
| 37 | 碲化铋(按 $Bi_2Te_3$ 计) | bismuth telluride(as $Bi_2Te_3$) | 1304-82-1 | — | 5 | — | — |
| 38 | 碘 | iodine | 7553-56-2 | 1 | — | — | — |
| 39 | 碘仿 | iodoform | 75-47-8 | — | 10 | — | — |
| 40 | 碘甲烷 | methyl iodide | 74-88-4 | — | 10 | — | 皮 |
| 41 | 叠氮酸蒸气 | hydrazoic acid vapor | 7782-79-8 | 0.2 | — | — | — |
| 42 | 叠氮化钠 | sodium azide | 26628-22-8 | 0.3 | — | — | — |
| 43 | 丁醇 | butyl alcohol | 71-36-3 | — | 100 | — | — |
| 44 | 1,3-丁二烯 | 1,3-butadiene | 106-99-0 | — | 5 | — | G2A |
| 45 | 丁醛 | butylaldehyde | 123-72-8 | — | 5 | 10 | — |
| 46 | 丁酮 | methyl ethyl ketone | 78-93-3 | — | 300 | 600 | — |
| 47 | 丁烯 | butylene | 25167-67-3 | — | 100 | — | — |
| 48 | 毒死蜱 | chlorpyrifos | 2921-88-2 | — | 0.2 | — | 皮 |
| 49 | 对苯二甲酸 | terephthalic acid | 100-21-0 | — | 8 | 15 | — |
| 50 | 对二氯苯 | *p*-dichlorobenzene | 106-46-7 | — | 30 | 60 | G2B |
| 51 | 对茴香胺 | *p*-anisidine | 104-94-9 | — | 0.5 | — | 皮 |
| 52 | 对硫磷 | parathion | 56-38-2 | — | 0.05 | 0.1 | 皮 |
| 53 | 对叔丁基甲苯 | *p*-tert-butyltoluene | 98-51-1 | — | 6 | — | — |
| 54 | 对硝基苯胺 | *p*-nitroaniline | 100-01-6 | — | 3 | — | 皮 |
| 55 | 对硝基氯苯 | *p*-nitrochlorobenzene | 100-00-5 | — | 0.6 | — | 皮 |
| 56 | 多亚甲基多苯基多异氰酸酯 | polymethylene polyphenyl isocyanate(PMPPI) | 57029-46-6 | — | 0.3 | 0.5 | — |
| 57 | 二苯胺 | diphenylamine | 122-39-4 | — | 10 | — | — |
| 58 | 二苯基甲烷二异氰酸酯 | diphenylmethane diisocyanate | 101-68-8 | — | 0.05 | 0.1 | — |
| 59 | 二丙二醇甲醚 | dipropylene glycol methyl ether | 34590-94-8 | — | 600 | 900 | 皮 |
| 60 | 2-*N*-二丁氨基乙醇 | 2-*N*-dibutylaminoethanol | 102-81-8 | — | 4 | — | 皮 |
| 61 | 二噁烷 | 1,1,4-dioxane | 123-91-1 | — | 70 | — | 皮，G2B |
| 62 | 二氟氯甲烷 | chlorodifluoromethane | 75-45-6 | — | 3500 | — | — |
| 63 | 二甲胺 | dimethylamine | 124-40-3 | — | 5 | 10 | — |
| 64 | 二甲苯(全部异构体) | xylene(all isomers) | 1330-20-7;95-47-6;108-38-3 | — | 50 | 100 | — |
| 65 | 二甲基苯胺 | dimethylanilne | 121-69-7 | — | 5 | 10 | 皮 |
| 66 | 1,3-二甲基丁基醋酸酯(乙酸仲己酯) | 1,3-dimethylbutyl acetate(sec-hexylacetate) | 108-84-9 | — | 300 | — | — |
| 67 | 二甲基二氯硅烷 | dimethyl dichlorosilane | 75-78-5 | 2 | — | — | — |
| 68 | 二甲基甲酰胺 | dimethylformamide(DMF) | 68-12-2 | — | 20 | — | 皮 |
| 69 | 3,3-二甲基联苯胺 | 3,3-dimethylbenzidine | 119-93-7 | 0.02 | — | — | 皮，G2B |

续表

| 序号 | 中文名 | 英文名 | 化学文摘号(CAS No.) | OELs/(mg/m³) | | | 备注 |
|---|---|---|---|---|---|---|---|
| | | | | MAC | PC-TWA | PC-STEL | |
| 70 | *N*,*N*-二甲基乙酰胺 | dimethyl acetamide | 127-19-5 | — | 20 | — | 皮 |
| 71 | 二聚环戊二烯 | dicyclopentadiene | 77-73-6 | — | 25 | — | — |
| 72 | 二硫化碳 | carbon disulfide | 75-15-0 | — | 5 | 10 | 皮 |
| 73 | 1,1-二氯-1-硝基乙烷 | 1,1-dichloro-1-nitroethane | 594-72-9 | — | 12 | — | — |
| 74 | 1,3-二氯丙醇 | 1,3-dichloropropanol | 96-23-1 | — | 5 | — | 皮 |
| 75 | 1,2-二氯丙烷 | 1,2-dichloropropane | 78-87-5 | — | 350 | 500 | — |
| 76 | 1,3-二氯丙烯 | 1,3-dichloropropene | 542-75-6 | — | 4 | — | 皮,G2B |
| 77 | 二氯二氟甲烷 | dichlorodifluoromethane | 75-71-8 | — | 5000 | — | — |
| 78 | 二氯甲烷 | dichloromethane | 75-09-2 | — | 200 | — | G2B |
| 79 | 二氯乙炔 | dichloroacetylene | 7572-29-4 | 0.4 | — | — | — |
| 80 | 1,2-二氯乙烷 | 1,2-dichloroethane | 107-06-2 | — | 7 | 15 | G2B |
| 81 | 1,2-二氯乙烯 | 1,2-dichloroethylene | 540-59-0 | — | 800 | — | — |
| 82 | 二缩水甘油醚 | diglycidyl ether | 2238-07-5 | — | 0.5 | — | — |
| 83 | 二硝基苯(全部异构体) | dinitrobenzene (all isomers) | 528-29-0;99-65-0;100-25-4 | — | 1 | — | 皮 |
| 84 | 二硝基甲苯 | dinitrotoluene | 25321-14-6 | — | 0.2 | — | 皮,G2B(2,4-二硝基甲苯、2,6-二硝基甲苯) |
| 85 | 4,6-二硝基邻苯甲酚 | 4,6-dinitro-*o*-cresol | 534-52-1 | — | 0.2 | — | 皮 |
| 86 | 二硝基氯苯 | dinitrochlorobenzene | 25567-67-3 | — | 0.6 | — | 皮 |
| 87 | 二氧化氮 | nitrogen dioxide | 10102-44-0 | — | 5 | 10 | — |
| 88 | 二氧化硫 | sulfur dioxide | 7446-09-5 | — | 5 | 10 | — |
| 89 | 二氧化氯 | chlorine dioxide | 10049-04-4 | — | 0.3 | 0.8 | — |
| 90 | 二氧化碳 | carbon dioxide | 124-38-9 | — | 9000 | 18000 | — |
| 91 | 二氧化锡(按 Sn 计) | tin dioxide(as Sn) | 1332-29-2 | — | 2 | — | — |
| 92 | 2-二乙氨基乙醇 | 2-diethylaminoethanol | 100-37-8 | — | 50 | — | 皮 |
| 93 | 二亚乙基三胺 | diethylene triamine | 111-40-0 | — | 4 | — | 皮 |
| 94 | 二乙基甲酮 | diethyl ketone | 96-22-0 | — | 700 | 900 | — |
| 95 | 二乙烯基苯 | divinyl benzene | 1321-74-0 | — | 50 | — | — |
| 96 | 二异丁基甲酮 | diisobutyl ketone | 108-83-8 | — | 145 | — | — |
| 97 | 二异氰酸甲苯酯(TDI) | toluene-2,4-diisocyanate(TDI) | 584-84-9 | — | 0.1 | 0.2 | 敏,G2B |
| 98 | 二月桂酸二丁基锡 | dibutyltin dilaurate | 77-58-7 | — | 0.1 | 0.2 | 皮 |
| 99 | 钒及其化合物(按 V 计) | vanadium and compounds(as V) | 7440-62-6(V) | | | | |
| | 五氧化二钒烟尘 | vanadium pentoxide fume dust | | — | 0.05 | — | — |
| | 钒铁合金尘 | ferrovanadium alloy dust | | — | 1 | — | — |
| 100 | 酚 | phenol | 108-95-2 | — | 10 | — | 皮 |
| 101 | 呋喃 | furan | 110-00-9 | — | 0.5 | — | G2B |
| 102 | 氟化氢(按 F 计) | hydrogen fluoride(as F) | 7664-39-3 | 2 | — | — | — |
| 103 | 氟化物(不含氟化氢)(按 F 计) | fluorides(except HF) (as F) | | — | 2 | — | — |
| 104 | 锆及其化合物(按 Zr 计) | zirconium and compounds(as Zr) | 7440-67-7(Zr) | — | 5 | 10 | — |
| 105 | 镉及其化合物(按 Cd 计) | cadmium and compounds(as Cd) | 7440-43-9(Cd) | — | 0.01 | 0.02 | G1 |
| 106 | 汞-金属汞(蒸气) | mercury metal(vapor) | 7439-97-6 | — | 0.02 | 0.04 | 皮 |
| 107 | 汞-有机汞化合物(按 Hg 计) | mercury organic compounds(as Hg) | | — | 0.01 | 0.03 | 皮 |

续表

| 序号 | 中文名 | 英文名 | 化学文摘号（CAS No.） | OELs/(mg/m³) | | | 备注 |
|---|---|---|---|---|---|---|---|
| | | | | MAC | PC-TWA | PC-STEL | |
| 108 | 钴及其氧化物(按Co计) | cobalt and oxides(as Co) | 7440-48-4(Co) | — | 0.05 | 0.1 | G2B |
| 109 | 光气 | phosgene | 75-44-5 | 0.5 | — | — | — |
| 110 | 癸硼烷 | decaborane | 17702-41-9 | — | 0.25 | 0.75 | 皮 |
| 111 | 过氧化苯甲酰 | benzoyl peroxide | 94-36-0 | — | 5 | — | — |
| 112 | 过氧化氢 | hydrogen peroxide | 7722-84-1 | — | 1.5 | — | — |
| 113 | 环己胺 | cyclohexylamine | 108-91-8 | — | 10 | 20 | — |
| 114 | 环己醇 | cyclohexanol | 108-93-0 | — | 100 | — | 皮 |
| 115 | 环己酮 | cyclohexanone | 108-94-1 | — | 50 | — | 皮 |
| 116 | 环己烷 | cyclohexane | 110-82-7 | — | 250 | — | — |
| 117 | 环氧丙烷 | propylene oxide | 75-56-9 | — | 5 | — | 敏,G2B |
| 118 | 环氧氯丙烷 | epichlorohydrin | 106-89-8 | — | 1 | 2 | 皮,G2A |
| 119 | 环氧乙烷 | ethylene oxide | 75-21-8 | — | 2 | — | G1 |
| 120 | 黄磷 | yellow phosphorus | 7723-14-0 | — | 0.05 | 0.1 | — |
| 121 | 己二醇 | hexylene glycol | 107-41-5 | 100 | — | — | — |
| 122 | 1,6-己二异氰酸酯 | hexamethylene diisocyanate | 822-06-0 | — | 0.03 | — | — |
| 123 | 己内酰胺 | caprolactam | 105-60-2 | — | 5 | — | — |
| 124 | 2-己酮 | 2-hexanone | 591-78-6 | — | 20 | 40 | 皮 |
| 125 | 甲拌磷 | thimet | 298-02-2 | 0.01 | — | — | 皮 |
| 126 | 甲苯 | toluene | 108-88-3 | — | 50 | 100 | 皮 |
| 127 | *N*-甲苯胺 | *N*-methyl aniline | 100-61-8 | — | 2 | — | 皮 |
| 128 | 甲醇 | methanol | 67-56-1 | — | 25 | 50 | 皮 |
| 129 | 甲酚(全部异构体) | cresol(all isomers) | 1319-77-3;95-48-7;108-39-4;106-44-5 | — | 10 | — | 皮 |
| 130 | 甲基丙烯腈 | methylacrylonitrile | 126-98-7 | — | 3 | — | 皮 |
| 131 | 甲基丙烯酸 | methacrylic acid | 79-41-4 | — | 70 | — | — |
| 132 | 甲基丙烯酸甲酯 | methyl methacrylate | 80-62-6 | — | 100 | — | 敏 |
| 133 | 甲基丙烯酸缩水甘油酯 | glycidyl methacrylate | 106-91-2 | 5 | — | — | — |
| 134 | 甲基肼 | methyl hydrazine | 60-34-4 | 0.08 | — | — | 皮 |
| 135 | 甲基内吸磷 | methyl demeton | 8022-00-2 | — | 0.2 | — | 皮 |
| 136 | 18-甲基炔诺酮(炔诺孕酮) | 18-methyl norgestrel | 6533-00-2 | — | 0.5 | 2 | — |
| 137 | 甲硫醇 | methyl mercaptan | 74-93-1 | — | 1 | — | — |
| 138 | 甲醛 | formaldehyde | 50-00-0 | 0.5 | — | — | 敏,G1 |
| 139 | 甲酸 | formic acid | 64 -18-6 | — | 10 | 20 | — |
| 140 | 甲氧基乙醇 | 2-methoxyethanol | 109-86-4 | — | 15 | — | 皮 |
| 141 | 甲氧氯 | methoxychlor | 72-43-5 | — | 10 | — | — |
| 142 | 间苯二酚 | resorcinol | 108-46-3 | — | 20 | — | — |
| 143 | 焦炉逸散物(按苯溶物计) | coke oven emissions (as benzene soluble matter) | | — | 0.1 | — | G1 |
| 144 | 肼 | hydrazine | 302-01-2 | — | 0.06 | 0.13 | 皮,G2B |
| 145 | 久效磷 | monocrotophos | 6923-22-4 | — | 0.1 | — | 皮 |
| 146 | 糠醇 | furfuryl alcohol | 98-00-0 | — | 40 | 60 | 皮 |
| 147 | 糠醛 | furfural | 98-01-1 | — | 5 | — | 皮 |
| 148 | 考的松 | cortisone | 53-06-5 | — | 1 | — | — |
| 149 | 苦味酸 | picric acid | 88-89-1 | — | 0.1 | — | — |
| 150 | 乐果 | rogor | 60-51-5 | — | 1 | — | 皮 |
| 151 | 联苯 | biphenyl | 92-52-4 | — | 1.5 | — | — |
| 152 | 邻苯二甲酸二丁酯 | dibutyl phthalate | 84-74-2 | — | 2.5 | — | — |
| 153 | 邻苯二甲酸酐 | phthalic anhydride | 85-44-9 | 1 | — | — | 敏 |

续表

| 序号 | 中文名 | 英文名 | 化学文摘号（CAS No.） | OELs/(mg/m³) | | | 备注 |
|---|---|---|---|---|---|---|---|
| | | | | MAC | PC-TWA | PC-STEL | |
| 154 | 邻二氯苯 | *o*-dichlorobenzene | 95-50-1 | — | 50 | 100 | |
| 155 | 邻茴香胺 | *o*-anisidine | 90-04-0 | — | 0.5 | — | 皮，G2B |
| 156 | 邻氯苯乙烯 | *o*-chlorostyrene | 2038-87-47 | — | 250 | 400 | — |
| 157 | 邻氯亚苄基丙二腈 | *o*-chlorobenzylidene malononitrile | 2698-41-1 | 0.4 | — | — | 皮 |
| 158 | 邻仲丁基苯酚 | *o*-sec-butylphenol | 89-72-5 | — | 30 | — | 皮 |
| 159 | 磷胺 | phosphamidon | 13171-21-6 | — | 0.02 | — | 皮 |
| 160 | 磷化氢 | phosphine | 7803-51-2 | 0.3 | — | — | — |
| 161 | 磷酸 | phosphoric acid | 7664-38-2 | — | 1 | 3 | — |
| 162 | 磷酸二丁基苯酯 | dibutyl phenyl phosphate | 2528-36-1 | — | 3.5 | — | 皮 |
| 163 | 硫化氢 | hydrogen sulfide | 7783-06-4 | 10 | — | — | — |
| 164 | 硫酸钡（按 Ba 计） | barium sulfate(as Ba) | 7727-43-7 | — | 10 | — | — |
| 165 | 硫酸二甲酯 | dimethyl sulfate | 77-78-1 | — | 0.5 | — | 皮，G2A |
| 166 | 硫酸及三氧化硫 | sulfuric acid and sulfur trioxide | 7664-93-9 | — | 1 | 2 | G1 |
| 167 | 硫酰氟 | sulfuryl fluoride | 2699-79-8 | — | 20 | 40 | — |
| 168 | 六氟丙酮 | hexafluoroacetone | 684-16-2 | — | 0.5 | — | 皮 |
| 169 | 六氟丙烯 | hexafluoropropylene | 116-15-4 | — | 4 | — | — |
| 170 | 六氟化硫 | sulfur hexafluoride | 2551-62-4 | — | 6000 | — | — |
| 171 | 六六六 | hexachlorocyclohexane | 608-73-1 | — | 0.3 | 0.5 | G2B |
| 172 | γ-六六六 | γ-hexachlorocyclohexane | 58-89-9 | — | 0.05 | 0.1 | 皮，G2B |
| 173 | 六氯丁二烯 | hexachlorobutadine | 87-68-3 | — | 0.2 | — | 皮 |
| 174 | 六氯环戊二烯 | hexachlorocyclopentadiene | 77-47-4 | — | 0.1 | — | — |
| 175 | 六氯萘 | hexachloronaphthalene | 1335-87-1 | — | 0.2 | — | 皮 |
| 176 | 六氯乙烷 | hexachloroethane | 67-72-1 | — | 10 | — | 皮，G2B |
| 177 | 氯 | chlorine | 7782-50-5 | 1 | — | — | — |
| 178 | 氯苯 | chlorobenzene | 108-90-7 | — | 50 | — | — |
| 179 | 氯丙酮 | chloroacetone | 78-95-5 | 4 | — | — | 皮 |
| 180 | 氯丙烯 | allyl chloride | 107-05-1 | — | 2 | 4 | — |
| 181 | β-氯丁二烯 | chloroprene | 126-99-8 | — | 4 | — | 皮，G2B |
| 182 | 氯化铵烟 | ammonium chloride fume | 12125-02-9 | — | 10 | 20 | — |
| 183 | 氯化苦 | chloropicrin | 76-06-2 | 1 | — | — | — |
| 184 | 氯化氢及盐酸 | hydrogen chloride and chlorhydric acid | 7647-01-0 | 7.5 | — | — | — |
| 185 | 氯化氰 | cyanogen chloride | 506-77-4 | 0.75 | — | — | — |
| 186 | 氯化锌烟 | zinc chloride fume | 7646-85-7 | — | 1 | 2 | — |
| 187 | 氯甲甲醚 | chloromethyl methyl ether | 107-30-2 | 0.005 | — | — | G1 |
| 188 | 氯甲烷 | methyl chloride | 74-87-3 | — | 60 | 120 | 皮 |
| 189 | 氯联苯（54%氯） | chlorodiphenyl (54%Cl) | 11097-69-1 | — | 0.5 | — | 皮，G2A |
| 190 | 氯萘 | chloronaphthalene | 90-13-1 | — | 0.5 | — | 皮 |
| 191 | 氯乙醇 | ethylene chlorohydrin | 107-07-3 | 2 | — | — | 皮 |
| 192 | 氯乙醛 | chloroacetaldehyde | 107-20-0 | 3 | — | — | — |
| 193 | 氯乙酸 | chloroacetic acid | 79-11-8 | 2 | — | — | 皮 |
| 194 | 氯乙烯 | vinyl chloride | 75-01-4 | — | 10 | — | G1 |
| 195 | α-氯乙酰苯 | α-chloroacetophenone | 532-27-4 | — | 0.3 | — | — |
| 196 | 氯乙酰氯 | chloroacetyl chloride | 79-04-9 | — | 0.2 | 0.6 | 皮 |
| 197 | 马拉硫磷 | malathion | 121-75-5 | — | 2 | — | 皮 |
| 198 | 马来酸酐 | maleic anhydride | 108-31-6 | — | 1 | 2 | 敏 |
| 199 | 吗啉 | morpholine | 110-91-8 | — | 60 | — | 皮 |

续表

| 序号 | 中文名 | 英文名 | 化学文摘号(CAS No.) | OELs/(mg/$m^3$) | | | 备注 |
|---|---|---|---|---|---|---|---|
| | | | | MAC | PC-TWA | PC-STEL | |
| 200 | 煤焦油沥青挥发物(按苯溶物计) | coal tar pitch volatiles(as Benzene soluble matters) | 65996-93-2 | — | 0.2 | — | G1 |
| 201 | 锰及其无机化合物(按 $MnO_2$ 计) | manganese and inorganic compounds(as $MnO_2$) | 7439-96-5(Mn) | — | 0.15 | — | — |
| 202 | 钼及其化合物(按 Mo 计) | molybdeum and compounds(as Mo) | 7439-98-7(Mo) | | | | |
| | 钼,不溶性化合物 | molybdeum and insoluble compounds | | — | 6 | — | — |
| | 可溶性化合物 | soluble compounds | | — | 4 | — | — |
| 203 | 内吸磷 | demeton | 8065-48-3 | — | 0.05 | — | 皮 |
| 204 | 萘 | naphthalene | 91-20-3 | — | 50 | 75 | 皮,G2B |
| 205 | 2-萘酚 | 2-naphthol | 2814-77-9 | — | 0.25 | 0.5 | — |
| 206 | 萘烷 | decalin | 91-17-8 | — | 60 | — | — |
| 207 | 尿素 | urea | 57-13-6 | — | 5 | 10 | — |
| 208 | 镍及其无机化合物(按 Ni 计) | nickel and inorganic compounds(as Ni) | | | | | G1(镍化合物),G2B(金属镍和镍合金) |
| | 金属镍与难溶性镍化合物 | nickel metal and insoluble compounds | 7440-02-0(Ni) | — | 1 | — | |
| | 可溶性镍化合物 | soluble nickel compounds | | — | 0.5 | — | |
| 209 | 铍及其化合物(按 Be 计) | beryllium and compounds(as Be) | 7440-41-7(Be) | — | 0.0005 | 0.001 | G1 |
| 210 | 偏二甲基肼 | unsymmetric dimethylhydrazine | 57-14-7 | — | 0.5 | — | 皮,G2B |
| 211 | 铅及其无机化合物(按 Pb 计) | lead and inorganic compounds(as Pb) | 7439-92-1(Pb) | | | | G2B(铅),G2A(铅的无机化合物) |
| | 铅尘 | lead dust | | — | 0.05 | — | |
| | 铅烟 | lead fume | | — | 0.03 | — | |
| 212 | 氢化锂 | lithium hydride | 7580-67-8 | — | 0.025 | 0.05 | — |
| 213 | 氢醌 | hydroquinone | 123-31-9 | — | 1 | 2 | — |
| 214 | 氢氧化钾 | potassium hydroxide | 1310-58-3 | 2 | — | — | — |
| 215 | 氢氧化钠 | sodium hydroxide | 1310-73-2 | 2 | — | — | — |
| 216 | 氢氧化铯 | cesium hydroxide | 21351-79-1 | — | 2 | — | — |
| 217 | 氰氨化钙 | calcium cyanamide | 156-62-7 | — | 1 | 3 | — |
| 218 | 氰化氢(按 CN 计) | hydrogen cyanide(as CN) | 74-90-8 | 1 | — | — | 皮 |
| 219 | 氰化物(按 CN 计) | cyanides(as CN) | 460-19-5(CN) | 1 | — | — | 皮 |
| 220 | 氰戊菊酯 | fenvalerate | 51630-58-1 | — | 0.05 | — | 皮 |
| 221 | 全氟异丁烯 | perfluoroisobutylene | 382-21-8 | 0.08 | — | — | — |
| 222 | 壬烷 | nonane | 111-84-2 | — | 500 | — | — |
| 223 | 溶剂汽油 | solvent gasolines | | — | 300 | — | — |
| 224 | 乳酸正丁酯 | *n*-butyl lactate | 138-22-7 | — | 25 | — | — |
| 225 | 三亚甲基三硝基胺(黑索今) | cyclonite(RDX) | 121-82-4 | — | 1.5 | — | 皮 |
| 226 | 三氟化氯 | chlorine trifluoride | 7790-91-2 | 0.4 | — | — | — |
| 227 | 三氟化硼 | boron trifluoride | 7637-07-2 | 3 | — | — | — |
| 228 | 三氟甲基次氟酸酯 | trifluoromethyl hypofluorite | | 0.2 | — | — | — |
| 229 | 三甲苯磷酸酯 | tricresyl phosphate | 1330-78-5 | — | 0.3 | — | 皮 |
| 230 | 1,2,3-三氯丙烷 | 1,2,3-trichloropropane | 96-18-4 | — | 60 | — | 皮,G2A |
| 231 | 三氯化磷 | phosphorus trichloride | 7719-12-2 | — | 1 | 2 | — |
| 232 | 三氯甲烷 | trichloromethane | 67-66-3 | — | 20 | — | G2B |
| 233 | 三氯硫磷 | phosphorous thiochloride | 3982-91-0 | 0.5 | — | — | — |

续表

| 序号 | 中文名 | 英文名 | 化学文摘号(CAS No.) | OELs/(mg/m³) | | | 备注 |
|---|---|---|---|---|---|---|---|
| | | | | MAC | PC-TWA | PC-STEL | |
| 234 | 三氯氢硅 | trichlorosilane | 10025-28-2 | 3 | — | — | — |
| 235 | 三氯氧磷 | phosphorus oxychloride | 10025-87-3 | — | 0.3 | 0.6 | — |
| 236 | 三氯乙醛 | trichloroacetaldehyde | 75-87-6 | 3 | — | — | — |
| 237 | 1,1,1-三氯乙烷 | 1,1,1-trichloroethane | 71-55-6 | — | 900 | — | — |
| 238 | 三氯乙烯 | trichloroethylene | 79-01-6 | — | 30 | — | G2A |
| 239 | 三硝基甲苯 | trinitrotoluene | 118-96-7 | — | 0.2 | 0.5 | 皮 |
| 240 | 三氧化铬、铬酸盐、重铬酸盐(按 Cr 计) | chromium trioxide、chromate、dichromate(as Cr) | 7440-47-3(Cr) | — | 0.05 | — | G1 |
| 241 | 三乙基氯化锡 | triethyltin chloride | 994-31-0 | — | 0.05 | 0.1 | 皮 |
| 242 | 杀螟松 | sumithion | 122-14-5 | — | 1 | 2 | 皮 |
| 243 | 砷化氢(胂) | arsine | 7784-42-1 | 0.03 | — | — | G1 |
| 244 | 砷及其无机化合物(按 As 计) | arsenic and inorganic compounds(as As) | 7440-38-2(As) | — | 0.01 | 0.02 | G1 |
| 245 | 升汞(氯化汞) | mercuric chloride | 7487-94-7 | — | 0.025 | — | — |
| 246 | 石蜡烟 | paraffin wax fume | 8002-74-2 | — | 2 | 4 | — |
| 247 | 石油沥青烟(按苯溶物计) | asphalt(petroleum)fume (as benzene soluble matter) | 8052-42-4 | — | 5 | — | G2B |
| 248 | 双(巯基乙酸)二辛基锡 | bis(marcaptoacetate) dioctyltin | 26401-97-8 | — | 0.1 | 0.2 | — |
| 249 | 双丙酮醇 | diacetone alcohol | 123-42-2 | — | 240 | — | — |
| 250 | 双硫醒 | disulfiram | 97-77-8 | — | 2 | — | — |
| 251 | 双氯甲醚 | bis(chloromethyl)ether | 542-88-1 | 0.005 | — | — | G1 |
| 252 | 四氯化碳 | carbon tetrachloride | 56-23-5 | — | 15 | 25 | 皮,G2B |
| 253 | 四氯乙烯 | tetrachloroethylene | 127-18-4 | — | 200 | — | G2A |
| 254 | 四氢呋喃 | tetrahydrofuran | 109-99-9 | — | 300 | — | — |
| 255 | 四氢化锗 | germanium tetrahydride | 7782-65-2 | — | 0.6 | — | — |
| 256 | 四溴化碳 | carbon tetrabromide | 558-13-4 | — | 1.5 | 4 | — |
| 257 | 四乙基铅(按 Pb 计) | tetraethyl lead(as Pb) | 78-00-2 | — | 0.02 | — | 皮 |
| 258 | 松节油 | turpentine | 8006-64-2 | — | 300 | — | — |
| 259 | 铊及其可溶性化合物(按 Tl 计) | thallium and soluble compounds(as Tl) | 7440-28-0(Tl) | — | 0.05 | 0.1 | 皮 |
| 260 | 钽及其氧化物(按 Ta 计) | tantalum and oxide(as Ta) | 7440-25-7(Ta) | — | 5 | — | — |
| 261 | 碳酸钠(纯碱) | sodium carbonate | 3313-92-6 | — | 3 | 6 | — |
| 262 | 羰基氟 | carbonyl fluoride | 353-50-4 | — | 5 | 10 | — |
| 263 | 羰基镍(按 Ni 计) | nickel carbonyl(as Ni) | 13463-39-3 | 0.002 | — | — | G1 |
| 264 | 锑及其化合物(按 Sb 计) | antimony and compounds(as Sb) | 7440-36-0(Sb) | — | 0.5 | — | — |
| 265 | 铜(按 Cu 计) | copper(as Cu) | 7440-50-8 | | | | |
| | 铜尘 | copper dust | | — | 1 | — | — |
| | 铜烟 | copper fume | | — | 0.2 | — | — |
| 266 | 钨及其不溶性化合物(按 W 计) | tungsten and insoluble compounds(as W) | 7440-33-7(W) | — | 5 | 10 | — |
| 267 | 五氟氯乙烷 | chloropentafluoroethane | 76-15-3 | — | 5000 | — | — |
| 268 | 五硫化二磷 | phosphorus pentasulfide | 1314 -80-3 | — | 1 | 3 | — |
| 269 | 五氯酚及其钠盐 | pentachlorophenol and sodium salts | 87-86-5 | — | 0.3 | — | 皮 |
| 270 | 五羰基铁(按 Fe 计) | Iron pentacarbonyl(as Fe) | 13463-40-6 | — | 0.25 | 0.5 | — |
| 271 | 五氧化二磷 | phosphorus pentoxide | 1314-56-3 | 1 | — | — | — |
| 272 | 戊醇 | amyl alcohol | 71-41-0 | — | 100 | — | — |
| 273 | 戊烷(全部异构体) | pentane(all isomers) | 78-78-4;109-66-0;463-82-1 | — | 500 | 1000 | — |

续表

| 序号 | 中文名 | 英文名 | 化学文摘号（CAS No.） | OELs/(mg/m³) | | | 备注 |
|---|---|---|---|---|---|---|---|
| | | | | MAC | PC-TWA | PC-STEL | |
| 274 | 硒化氢(按Se计) | hydrogen selenide(as Se) | 7783-07-5 | — | 0.15 | 0.3 | — |
| 275 | 硒及其化合物(按Se计)(不包括六氟化硒、硒化氢) | selenium and compounds (as Se)(except hexafluoride、hydrogen selenide) | 7782-49-2(Se) | — | 0.1 | — | — |
| 276 | 纤维素 | cellulose | 9004-34-6 | — | 10 | — | — |
| 277 | 硝化甘油 | nitroglycerine | 55-63-0 | 1 | — | — | 皮 |
| 278 | 硝基苯 | nitrobenzene | 98-95-3 | — | 2 | — | 皮,G2B |
| 279 | 硝基丙烷 | 1-nitropropane | 108-03-2 | — | 90 | — | — |
| 280 | 硝基丙烷 | 2-nitropropane | 79-46-9 | — | 30 | — | G2B |
| 281 | 硝基甲苯(全部异构体) | nitrotoluene(all isomers) | 88-72-2;99-08-1;99-99-0 | — | 10 | — | 皮 |
| 282 | 硝基甲烷 | nitromethane | 75-52-5 | — | 50 | — | G2B |
| 283 | 硝基乙烷 | nitroethane | 79-24-3 | — | 300 | — | — |
| 284 | 辛烷 | octane | 111-65-9 | — | 500 | — | — |
| 285 | 溴 | bromine | 7726-95-6 | — | 0.6 | 2 | — |
| 286 | 溴化氢 | hydrogen bromide | 10035-10-6 | 10 | — | — | — |
| 287 | 溴甲烷 | methyl bromide | 74-83-9 | — | 2 | — | 皮 |
| 288 | 溴氰菊酯 | deltamethrin | 52918-63-5 | — | 0.03 | — | — |
| 289 | 氧化钙 | calcium oxide | 1305-78-8 | — | 2 | — | — |
| 290 | 氧化镁烟 | magnesium oxide fume | 1309-48-4 | — | 10 | — | — |
| 291 | 氧化锌 | zinc oxide | 1314-13-2 | — | 3 | 5 | — |
| 292 | 氧乐果 | omethoate | 1113-02-6 | — | 0.15 | — | 皮 |
| 293 | 液化石油气 | liquified petroleum gas (L. P. G.) | 68476-85-7 | — | 1000 | 1500 | — |
| 294 | 一甲胺 | monomethylamine | 74-89-5 | — | 5 | 10 | — |
| 295 | 一氧化氮 | nitric oxide(Nitrogen monoxide) | 10102-43-9 | — | 15 | — | — |
| 296 | 一氧化碳 | carbon monoxide | 630-08-0 | | | | |
| | 非高原 | not in high altitude area | | — | 20 | 30 | — |
| | 高　原 | in high altitude area | | | | | |
| | 海拔 2000～3000m | 2000～3000m | | 20 | — | — | — |
| | 海拔>3000m | >3000m | | 15 | — | — | — |
| 297 | 乙胺 | ethylamine | 75-04-7 | — | 9 | 18 | 皮 |
| 298 | 乙苯 | ethyl benzene | 100-41-4 | — | 100 | 150 | G2B |
| 299 | 乙醇胺 | ethanolamine | 141-43-5 | — | 8 | 15 | — |
| 300 | 乙二胺 | ethylenediamine | 107-15-3 | — | 4 | 10 | 皮 |
| 301 | 乙二醇 | ethylene glycol | 107-21-1 | — | 20 | 40 | — |
| 302 | 乙二醇二硝酸酯 | ethylene glycol dinitrate | 628-96-6 | — | 0.3 | — | 皮 |
| 303 | 乙酐 | acetic anhydride | 108-24-7 | — | 16 | — | — |
| 304 | *N*-乙基吗啉 | *N*-ethylmorpholine | 100-74-3 | — | 25 | — | 皮 |
| 305 | 乙基戊基甲酮 | ethyl amyl ketone | 541-85-5 | — | 130 | — | — |
| 306 | 乙腈 | acetonitrile | 75-05-8 | — | 30 | — | 皮 |
| 307 | 乙硫醇 | ethyl mercaptan | 75-08-1 | — | 1 | — | — |
| 308 | 乙醚 | ethyl ether | 60-29-7 | — | 300 | 500 | — |
| 309 | 乙硼烷 | diborane | 19287-45-7 | — | 0.1 | — | — |
| 310 | 乙醛 | acetaldehyde | 75-07-0 | 45 | — | — | G2B |
| 311 | 乙酸 | acetic acid | 64-19-7 | — | 10 | 20 | — |
| 312 | 2-甲氧基乙基乙酸酯 | 2-methoxyethyl acetate | 110-49-6 | — | 20 | — | 皮 |

续表

| 序号 | 中文名 | 英文名 | 化学文摘号(CAS No.) | OELs/(mg/m³) | | | 备注 |
|---|---|---|---|---|---|---|---|
| | | | | MAC | PC-TWA | PC-STEL | |
| 313 | 乙酸丙酯 | propyl acetate | 109-60-4 | — | 200 | 300 | — |
| 314 | 乙酸丁酯 | butyl acetate | 123-86-4 | — | 200 | 300 | — |
| 315 | 乙酸甲酯 | methyl acetate | 79-20-9 | — | 200 | 500 | — |
| 316 | 乙酸戊酯(全部异构体) | amyl acetate(all isomers) | 628-63-7 | — | 100 | 200 | — |
| 317 | 乙酸乙烯酯 | vinyl acetate | 108-05-4 | — | 10 | 15 | G2B |
| 318 | 乙酸乙酯 | ethyl acetate | 141-78-6 | — | 200 | 300 | — |
| 319 | 乙烯酮 | ketene | 463-51-4 | — | 0.8 | 2.5 | — |
| 320 | 乙酰甲胺磷 | acephate | 30560-19-1 | — | 0.3 | — | 皮 |
| 321 | 乙酰水杨酸(阿司匹林) | acetylsalicylic acid(aspirin) | 50-78-2 | — | 5 | — | — |
| 322 | 2-乙氧基乙醇 | 2-ethoxyethanol | 110-80-5 | — | 18 | 36 | 皮 |
| 323 | 2-乙氧基乙基乙酸酯 | 2-ethoxyethyl acetate | 111-15-9 | — | 30 | — | 皮 |
| 324 | 钇及其化合物(按Y计) | yttrium and compounds(as Y) | 7440-65-5 | — | 1 | — | — |
| 325 | 异丙胺 | isopropylamine | 75-31-0 | — | 12 | 24 | — |
| 326 | 异丙醇 | isopropyl alcohol(IPA) | 67-63-0 | — | 350 | 700 | — |
| 327 | *N*-异丙基苯胺 | *N*-isopropylaniline | 768-52-5 | — | 10 | — | 皮 |
| 328 | 异稻瘟净 | iprobenfos | 26087-47-8 | — | 2 | 5 | 皮 |
| 329 | 异佛尔酮 | isophorone | 78-59-1 | 30 | — | — | — |
| 330 | 异佛尔酮二异氰酸酯 | isophorone disocyanate (IPDI) | 4098-71-9 | — | 0.05 | 0.1 | — |
| 331 | 异氰酸甲酯 | methyl isocyanate | 624-83-9 | — | 0.05 | 0.08 | 皮 |
| 332 | 异亚丙基丙酮 | mesityl oxide | 141-79-7 | — | 60 | 100 | — |
| 333 | 铟及其化合物(按In计) | indium and compounds (as In) | 7440-74-6(In) | — | 0.1 | 0.3 | — |
| 334 | 茚 | indene | 95-13-6 | — | 50 | — | — |
| 335 | 正丁胺 | *n*-butylamine | 109-73-9 | 15 | — | — | 皮 |
| 336 | 正丁基硫醇 | *n*-butyl mercaptan | 109-79-5 | — | 2 | — | — |
| 337 | 正丁基缩水甘油醚 | *n*-butyl glycidyl ether | 2426-08-6 | — | 60 | — | — |
| 338 | 正庚烷 | *n*-heptane | 142-82-5 | — | 500 | 1000 | — |
| 339 | 正己烷 | *n*-hexane | 110-54-3 | — | 100 | 180 | 皮 |

注：

皮：可因皮肤、黏膜和眼睛直接接触蒸气、液体和固体，通过完整的皮肤吸收引起全身效应。

敏：已被人或动物资料证实该物质可能有致敏作用。

G1：确认为人类致癌物。

G2A：可能为人类致癌物。

G2B：可疑为人类致癌物。

**表 24.7 工作场所空气中粉尘职业接触限值（部分）**

| 序号 | 中文名 | 英文名 | 化学文摘号(CAS No.) | PC-TWA/(mg/m³) | | 备注 |
|---|---|---|---|---|---|---|
| | | | | 总尘 | 呼尘 | |
| 1 | 白云石粉尘 | dolomite dust | | 8 | 4 | — |
| 2 | 玻璃钢粉尘 | fiberglass reinforced plastic dust | | 3 | — | — |
| 3 | 茶尘 | tea dust | | 2 | — | — |
| 4 | 沉淀 $SiO_2$(白炭黑) | precipitated silica dust | 112926-00-8 | 5 | — | — |
| 5 | 大理石粉尘 | marble dust | 1317-65-3 | 8 | 4 | — |
| 6 | 电焊烟尘 | welding fume | | 4 | — | G2B |
| 7 | 二氧化钛粉尘 | titanium dioxide dust | 13463-67-7 | 8 | — | — |
| 8 | 沸石粉尘 | zeolite dust | | 5 | — | — |
| 9 | 酚醛树脂粉尘 | phenolic aldehyde resin dust | | 6 | — | — |
| 10 | 谷物粉尘(游离 $SiO_2$ 含量＜10%) | grain dust(free $SiO_2$＜10%) | | 4 | — | — |

续表

| 序号 | 中文名 | 英文名 | 化学文摘号(CAS No.) | PC-TWA/(mg/m³) | | 备注 |
|---|---|---|---|---|---|---|
| | | | | 总尘 | 呼尘 | |
| 11 | 硅灰石粉尘 | wollastonite dust | 13983-17-0 | 5 | — | — |
| 12 | 硅藻土粉尘(游离 $SiO_2$ 含量<10%) | diatomite dust(free $SiO_2$<10%) | 61790-53-2 | 6 | — | — |
| 13 | 滑石粉尘(游离 $SiO_2$ 含量<10%) | talc dust(free $SiO_2$<10%) | 14807-96-6 | 3 | 1 | — |
| 14 | 活性炭粉尘 | active carbon dust | 64365-11-3 | 5 | — | — |
| 15 | 聚丙烯粉尘 | polypropylene dust | | 5 | — | — |
| 16 | 聚丙烯腈纤维粉尘 | polyacrylonitrile fiber dust | | 2 | — | — |
| 17 | 聚氯乙烯粉尘 | polyvinyl chloride(PVC)dust | 9002-86-2 | 5 | — | — |
| 18 | 聚乙烯粉尘 | polyethylene dust | 9002-88-4 | 5 | — | — |
| 19 | 铝尘：<br>铝金属、铝合金粉尘<br>氧化铝粉尘 | aluminum dust:<br>metal & alloys dust<br>aluminium oxide dust | 7429-90-5 | <br>3<br>4 | <br>—<br>— | <br>—<br>— |
| 20 | 麻尘<br>(游离 $SiO_2$ 含量<10%)<br>亚麻<br>黄麻<br>苎麻 | flax, jute and ramie dusts<br>(free $SiO_2$<10%)<br>flax<br>jute<br>ramie | | <br><br>1.5<br>2<br>3 | <br><br>—<br>—<br>— | <br><br>—<br>—<br>— |
| 21 | 煤尘(游离 $SiO_2$ 含量<10%) | coal dust(free $SiO_2$<10%) | | 4 | 2.5 | — |
| 22 | 棉尘 | cotton dust | | 1 | — | — |
| 23 | 木粉尘 | wood dust | | 3 | — | G1 |
| 24 | 凝聚 $SiO_2$ 粉尘 | condensed silica dust | | 1.5 | 0.5 | — |
| 25 | 膨润土粉尘 | bentonite dust | 1302-78-9 | 6 | — | — |
| 26 | 皮毛粉尘 | fur dust | | 8 | — | — |
| 27 | 人造玻璃质纤维<br>玻璃棉粉尘<br>矿渣棉粉尘<br>岩棉粉尘 | man-made vitreous fiber<br>fibrous glass dust<br>slag wool dust<br>rock wool dust | | <br>3<br>3<br>3 | <br>—<br>—<br>— | <br>—<br>—<br>— |
| 28 | 桑蚕丝尘 | mulberry silk dust | | 8 | — | — |
| 29 | 砂轮磨尘 | grinding wheel dust | | 8 | — | — |
| 30 | 石膏粉尘 | gypsum dust | 10101-41-4 | 8 | 4 | — |
| 31 | 石灰石粉尘 | limestone dust | 1317-65-3 | 8 | 4 | — |
| 32 | 石棉(石棉含量>10%)<br>粉尘<br>纤维 | asbestos(asbestos>10%)<br>dust<br>asbestos fibre | 1332-21-4 | 0.8 | <br>—<br>— | <br>G1<br>— |
| 33 | 石墨粉尘 | graphite dust | 7782-42-5 | 4 | 2 | — |
| 34 | 水泥粉尘(游离 $SiO_2$ 含量<10%) | cement dust(free $SiO_2$<10%) | | 4 | 1.5 | — |
| 35 | 炭黑粉尘 | carbon black dust | 1333-86-4 | 4 | — | G2B |
| 36 | 碳化硅粉尘 | silicon carbide dust | 409-21-2 | 8 | 4 | — |
| 37 | 碳纤维粉尘 | carbon fiber dust | | 3 | — | — |
| 38 | 矽尘<br>10%≤游离 $SiO_2$ 含量≤50%<br>50%<游离 $SiO_2$ 含量≤80%<br>游离 $SiO_2$ 含量>80% | silica dust<br>10%≤free $SiO_2$≤50%<br>50%<free $SiO_2$≤80%<br>free $SiO_2$>80% | 14808-60-7 | <br>1<br>0.7<br>0.5 | <br>0.7<br>0.3<br>0.2 | G1(结晶型) |
| 39 | 稀土粉尘(游离 $SiO_2$ 含量<10%) | rare-earth dust(free $SiO_2$<10%) | | 2.5 | — | — |
| 40 | 洗衣粉混合尘 | detergent mixed dust | | 1 | — | — |
| 41 | 烟草尘 | tobacco dust | | 2 | — | — |
| 42 | 萤石混合性粉尘 | fluorspar mixed dust | | 1 | 0.7 | — |
| 43 | 云母粉尘 | mica dust | 12001-26-2 | 2 | 1.5 | — |
| 44 | 珍珠岩粉尘 | perlite dust | 93763-70-3 | 8 | 4 | — |
| 45 | 蛭石粉尘 | vermiculite dust | | 3 | — | — |
| 46 | 重晶石粉尘 | barite dust | 7727-43-7 | 5 | — | — |
| 47 | 其他粉尘① | particles not otherwise regulated | | 8 | — | — |

① 指游离 $SiO_2$ 低于10%，不含石棉和有毒物质，而尚未制定容许浓度的粉尘。表中列出的各种粉尘（石棉纤维尘除外），凡游离 $SiO_2$ 高于10%者，均按矽尘容许浓度对待。

表 24.8 工作场所空气中生物因素职业接触限值（部分）

| 序号 | 中文名 | 英文名 | 化学文摘号（CAS No.） | OELs | | | 备注 |
|---|---|---|---|---|---|---|---|
| | | | | MAC | PC-TWA | PC-STEL | |
| 1 | 白僵蚕孢子 | beauveriabassiana | | $6\times10^7$(孢子数/$m^3$) | — | — | — |
| 2 | 枯草杆菌蛋白酶 | subtilisins | 1395-21-7;9014-01-1 | — | 15ng/$m^3$ | 30ng/$m^3$ | 敏 |

同时，在《工作场所有害因素职业接触限值 第1部分：化学有害因素》（GBZ 2.1—2019）中也列出了以下正确使用的说明。

① 有毒物质和物理因素的职业接触限值是用人单位监测工作场所环境污染情况，评价工作场所卫生状况和劳动条件以及劳动者接触化学因素的程度的重要技术依据，也可用于评估生产装置泄漏情况，评价防护措施效果等。工作场所有害因素职业接触限值也是职业卫生监督管理部门实施职业卫生监督检查、职业卫生技术服务机构开展职业病危害评价的重要技术法规依据。

② 在实施职业卫生监督检查，评价工作场所职业卫生状况或个人接触状况时，应正确应用时间加权平均容许浓度、短时间接触容许浓度或最高容许浓度的职业接触限值，并按照有关标准的规定，进行空气采样、监测，以期正确地评价工作场所化学有害因素的污染状况和劳动者接触水平。

③ PC-TWA的应用。8h时间加权平均容许浓度（PC-TWA）是评价工作场所环境卫生状况和劳动者接触水平的主要指标。职业病危害控制效果评价，如建设项目竣工验收，定期危害评价，系统接触评估，因生产工艺、原材料、设备等发生改变需要对工作环境影响重新进行评价时，尤应着重进行TWA的检测、评价。个体检测是测定TWA比较理想的方法，尤其适用于评价劳动者实际接触状况，是工作场所化学有害因素职业接触限值的主体性限值。定点检测也是测定TWA的一种方法，要求采集一个工作日内某一工作地点、某个时段的样品，按各时段的持续接触时间与其相应浓度乘积之和除以8，得出8h工作日的时间加权平均容许浓度（TWA）。定点检测除了反映个体接触水平，也适用于评价工作环境的卫生状况。

定点检测可按下式计算出时间加权平均浓度：

$$c_{TWA}=(c_1T_1+c_2T_2+\cdots+c_nT_n)/8$$

式中，$c_{TWA}$ 为8h工作日化学有害因素的时间加权平均浓度，mg/$m^3$；8为一个工作日的工作时间，工作时间不足8h者，仍以8h计，h；$c_1$，$c_2$，…，$c_n$ 为 $T_1$，$T_2$，…，$T_n$ 时间段接触的相应浓度；$T_1$，$T_2$，…，$T_n$ 为 $C_1$，$C_2$，…，$C_n$ 浓度下相应的持续接触时间。

**例** 乙酸乙酯的PC-TWA为200mg/$m^3$。劳动者接触状况为：400mg/$m^3$，接触3h；160mg/$m^3$，接触2h；120mg/$m^3$，接触3h。代入上述公式，$c_{TWA}$＝(400×3＋160×2＋120×3)÷8＝235（mg/$m^3$）。此结果＞200mg/$m^3$，超过该物质的PC-TWA。

同样是乙酸乙酯，若劳动者接触状况为：300mg/$m^3$，接触2h；200mg/$m^3$，接触2h；180mg/$m^3$，接触2h；不接触，2h。代入上述公式，$c_{TWA}$＝(300×2＋200×2＋180×2＋0×2)÷8＝170（mg/$m^3$），结果＜200mg/$m^3$，则未超过该物质的PC-TWA。

④ PC-STEL的应用

a. PC-STEL是与PC-TWA相配套的短时间接触限值，可视为对PC-TWA的补充，只用于短时间接触较高浓度可导致刺激、窒息、中枢神经抑制等急性作用，以及其慢性不可逆性组织损伤的化学物质。

b. 在遵守PC-TWA的前提下，PC-STEL水平的短时间接触不引起：刺激作用；慢性或不可逆性损伤；存在剂量-接触次数依赖关系的毒性效应；麻醉程度足以导致事故率升高，影响逃生和降低工作效率。即使当日的TWA符合要求时，短时间接触限值也不应超过PC-STEL。当接触浓度超过PC-TWA，达到PC-STEL水平时，一次持续接触时间不应超过15min，每个工作日接触次数不应超过4次，相继接触的间隔时间不应短于60min。

c. 对制定有PC-STEL的化学物质进行检测和评价时，应了解现场浓度波动情况，在浓度最高的时段按采样规范和标准检测方法进行采样和检测。

⑤ MAC的应用。MAC主要是针对具有明显刺激、窒息或中枢神经系统抑制作用，可导致严重急性损害的化学物质而制定的不应超过的最高容许接触限值，即任何情况下都不容许超过的限值。最高浓度的检测应在了解生产工艺过程的基础上，根据不同工种和操作地点采集能够代表最高瞬间浓度的空气样品再进行检测。

⑥ 超限倍数的应用。许多有PC-TWA的物质尚未制定PC-STEL。对于粉尘和未指定PC-STEL的化学物质，即使其8h TWA没有超过PC-TWA，也应控制其漂移上限。因此，可采用超限倍数控制其短时间接触浓度，采样和检测方法同PC-STEL。

⑦ 在标注栏内标有（皮）的物质（如有机磷酸酯类化合物，芳香胺，苯的硝基、氨基化合物等），表示可因皮肤、黏膜和眼睛直接接触蒸气、液体和固体，通过完整的皮肤吸收引起全身效应。使用（皮）的标识旨在提示即使空气中化学物质浓度等于或低于PC-TWA时，通过皮肤也可引起过量接触。对于那些标有（皮）标识且OELs低的物质，在接触高浓度，特别是在皮肤大面积、长时间接触的情况下，需采取特殊预防措施减小或避免皮肤直接接触。当难以准确定量接触程度时，也必须采取措施预防皮肤的大量吸收。对化学物质标识（皮）并未考虑该化学物质引起刺激、皮炎和致敏作用的特性，对那些可引起刺激或腐蚀效应但没有全身毒性的化学物质也未标以（皮）的标识。患有皮肤病时可明显影响皮肤吸收。

⑧ 在备注栏内标有（敏），是指已被人或动物资料证实该物质可能有致敏作用，但并不表示致敏作用是制定PC-TWA所依据的关键效应，也不表示致敏效应是制定PC-TWA的唯一依据。使用（敏）的标识不能明显区分所致敏的器官系统，未标注（敏）标识的物质并不表示该物质没有致敏能力，只反映目前尚缺乏科学证据或尚未定论。使用（敏）的标识旨在保护劳动者避免诱发致敏效应，但不保护那些已经致敏的劳动者。减少对致敏物及其结构类似物的接触，可减少个体过敏反应的发生率。对某些敏感的个体，防止其特异性免疫反应的唯一方法是完全避免接触致敏物及其结构类似物。应通过工程控制措施和个人防护用品以有效减少或消除接触。对工作中接触已知致敏物的劳动者，必须进行教育和培训（如检查潜在的健康效应、安全操作规程及应急知识）。应通过上岗前体检和定期健康监护，尽早发现特异易感者，及时调离接触。

⑨ 致癌性标识按国际癌症研究中心（IARC）分级，在备注栏内用G1、G2A、G2B标识，作为参考性资料。化学物质的致癌性证据来自流行病学、毒理学和机理研究。国际癌症研究中心（IARC）将潜在化学致癌性物质分类如下。

G1：确认人类致癌物（carcinogenic to humans）。G2A：可能人类致癌物（probably carcinogenic to humans）。G2B：可疑人类致癌物（possibly carcinogenic to humans）。G3：对人及动物致癌性证据不足（not calssifiable as to carcinogenicity to humans）。G4：未列为人类致癌物（probably not carcinogenic to humans）。GBZ 2.1—2019 引用国际癌症组织（IARC）的致癌性分级标识 G1、G2A、G2B，作为职业性危害预防控制的参考。对于标有致癌性标识的化学物质应采用技术措施与个人防护，减少接触机会，尽可能保持最低接触水平。

⑩ 对分别制定了总粉尘和呼吸性粉尘 PC-TWA 的粉尘，应同时测定总粉尘和呼吸性粉尘的时间加权平均浓度。按照 BMRC（british medical research council）分离曲线要求，呼尘的 dae 应在 7.07μm 以下，其中 dae 5μm 粉尘颗粒的采集率为 50%。

⑪ 当工作场所中存在两种或两种以上化学物质时，若缺乏联合作用的毒理学资料，应分别测定各化学物质的浓度，并按各个物质的职业接触限值进行评价。

⑫ 当两种或两种以上有毒物质共同作用于同一器官、系统或具有相似的毒性作用（如刺激作用等），或已知这些物质可产生相加作用时，则应按下列公式计算结果，进行评价：

$$\frac{c_1}{L_1}+\frac{c_2}{L_2}+\cdots+\frac{c_n}{L_n}=1$$

式中，$c_1$，$c_2$，…，$c_n$ 为各化学物质所测得的浓度；$L_1$，$L_2$，…，$L_n$ 为各化学物质相应的容许浓度限值。

据此算出的比值≤1 时，表示未超过接触限值，符合卫生要求；反之，当比值>1 时，表示超过接触限值，则不符合卫生要求。

⑬ GBZ 2.1—2019 应由受过职业卫生专业训练的专业人员使用，不适用于非职业性接触。

⑭ 有害因素职业接触限值是基于科学性和可行性制定的，所规定的限值不能理解为安全与危险程度的精确界限，也不能简单地用以判断化学物质毒性等级。

为了控制恶臭污染物对大气的污染，保护和改善环境，我国制定了《恶臭污染物排放标准》(GB 14554—1993)，其中规定了恶臭污染物厂界标准值（见表 24.9）、恶臭污染物排放标准值（见表 24.10）和恶臭污染物与臭气浓度测定方法（见表 24.11）。

**表 24.9 恶臭污染物厂界标准值**

| 序号 | 控制项目 | 单位 | 一级 | 二级 | | 三级 | |
|---|---|---|---|---|---|---|---|
| | | | | 新扩改建 | 现有 | 新扩改建 | 现有 |
| 1 | 氨 | $mg/m^3$ | 1.0 | 1.5 | 2.0 | 4.0 | 5.0 |
| 2 | 三甲胺 | $mg/m^3$ | 0.05 | 0.08 | 0.15 | 0.45 | 0.80 |
| 3 | 硫化氢 | $mg/m^3$ | 0.03 | 0.06 | 0.10 | 0.32 | 0.60 |
| 4 | 甲硫醇 | $mg/m^3$ | 0.004 | 0.007 | 0.010 | 0.020 | 0.035 |
| 5 | 甲硫醚 | $mg/m^3$ | 0.03 | 0.07 | 0.15 | 0.55 | 1.10 |
| 6 | 二甲二硫醚 | $mg/m^3$ | 0.03 | 0.06 | 0.13 | 0.42 | 0.71 |
| 7 | 二硫化碳 | $mg/m^3$ | 2.0 | 3.0 | 5.0 | 8.0 | 10 |
| 8 | 苯乙烯 | $mg/m^3$ | 3.0 | 5.0 | 7.0 | 14 | 19 |
| 9 | 臭气浓度 | 无量纲 | 10 | 20 | 30 | 60 | 70 |

## 24.4.4 工业卫生设施

(1)“三同时”方针

严格执行“三同时”方针，是防毒技术管理的一个重要方面。一切企业、事业单位在新建、改建、扩建项目时，其中防止污染与其他公害的设施，必须与主体工程同时设计、同时施工、同时投产。

**表 24.10 恶臭污染物排放标准值**

| 序号 | 控制项目 | 排气筒高度/m | 排放量/(kg/h) |
|---|---|---|---|
| 1 | 硫化氢 | 15 | 0.33 |
| | | 20 | 0.58 |
| | | 25 | 0.90 |
| | | 30 | 1.3 |
| | | 35 | 1.8 |
| | | 40 | 2.3 |
| | | 60 | 5.2 |
| | | 80 | 9.3 |
| | | 100 | 14 |
| | | 120 | 21 |
| 2 | 甲硫醇 | 15 | 0.04 |
| | | 20 | 0.08 |
| | | 25 | 0.12 |
| | | 30 | 0.17 |
| | | 35 | 0.24 |
| | | 40 | 0.31 |
| | | 60 | 0.69 |
| 3 | 甲硫醚 | 15 | 0.33 |
| | | 20 | 0.58 |
| | | 25 | 0.90 |
| | | 30 | 1.3 |
| | | 35 | 1.8 |
| | | 40 | 2.3 |
| | | 60 | 5.2 |
| 4 | 二甲二硫醚 | 15 | 0.43 |
| | | 20 | 0.77 |
| | | 25 | 1.2 |
| | | 30 | 1.7 |
| | | 35 | 2.4 |
| | | 40 | 3.1 |
| | | 60 | 7.0 |
| 5 | 二硫化碳 | 15 | 1.5 |
| | | 20 | 2.7 |
| | | 25 | 4.2 |
| | | 30 | 6.1 |
| | | 35 | 8.3 |
| | | 40 | 11 |
| | | 60 | 24 |
| | | 80 | 43 |
| | | 100 | 68 |
| | | 120 | 97 |
| 6 | 氨 | 15 | 4.9 |
| | | 20 | 8.7 |
| | | 25 | 14 |
| | | 30 | 20 |
| | | 35 | 27 |
| | | 40 | 35 |
| | | 60 | 75 |
| 7 | 三甲胺 | 15 | 0.54 |
| | | 20 | 0.97 |
| | | 25 | 1.5 |
| | | 30 | 2.2 |
| | | 35 | 3.0 |
| | | 40 | 3.9 |
| | | 60 | 8.7 |
| | | 80 | 15 |
| | | 100 | 24 |
| | | 120 | 35 |
| 8 | 苯乙烯 | 15 | 6.5 |
| | | 20 | 12 |
| | | 25 | 18 |
| | | 30 | 26 |
| | | 35 | 35 |
| | | 40 | 46 |
| | | 60 | 104 |
| 9 | 臭气浓度 | 排气筒高度/m | 标准值(无量纲) |
| | | 15 | 2000 |
| | | 25 | 6000 |
| | | 35 | 15000 |
| | | 40 | 20000 |
| | | 50 | 40000 |
| | | ≥60 | 60000 |

表 24.11 恶臭污染物与臭气浓度的测定方法

| 序号 | 控制项目 | 测定方法 |
| --- | --- | --- |
| 1 | 氨 | HJ 534—2009 |
| 2 | 三甲胺 | GB/T 14676—1993 |
| 3 | 硫化氢 | GB/T 14678—1993 |
| 4 | 甲硫醇 | GB/T 14678—1993 |
| 5 | 甲硫醚 | GB/T 14678—1993 |
| 6 | 二甲二硫醚 | GB/T 14678—1993 |
| 7 | 二硫化碳 | GB/T 14680—1993 |
| 8 | 苯乙烯 | HJ 583—2010 |
| 9 | 臭气浓度 | GB/T 14675—1993 |

(2) 卫生保健措施

① 重视个人卫生，禁止在有毒作业场所饮食、吸烟，饭前洗手、漱口，班后洗浴，定期清洗工作服等。

② 从事有毒作业的工人，享受国家发放的保健费，以增强他们的体质。

③ 国家规定由卫生部门定期为从事有毒作业的工人进行体格检查。

④ 各单位应培训医务人员，进行有关的中毒急救处理。

(3) 二次尘毒源的消除

二次尘毒源是指有毒物质从生产和储运过程中逸出，造成对人体的危害，并散落或吸附在地面、墙壁、窗框、设备表面等，再次成为有毒气体或烟尘的来源。

消除二次尘毒源的关键是搞好防毒的管理工作。坚持容器要加盖，不能敞口，坚持岗位清扫等一系列规章制度。

(4) 个人防毒措施

个人防护是防毒的预防措施之一。对劳动者个体的防护大致可分为两类：

① 皮肤防护。为防止毒物由皮肤进入人体，要穿用具有不同性能的工作服、鞋、防护镜等。对裸露皮肤也应视其所接触的不同物质，采用相应的保护油膏或清洁剂。

② 呼吸防护。为防止毒物由呼吸道进入人体，应使用呼吸防护器。呼吸防护器可分为过滤式防毒呼吸器和隔离式防毒呼吸器，应根据作业场所合理选用。

### 24.4.5 通风排毒措施

在生产过程中，只要密闭设备仍有毒物逸出，或因生产条件限制使设备无法密闭时，要采取通风排毒措施。

(1) 局部送风

局部送风是将新鲜空气直接送到工人操作地点，主要用于车间的防暑降温，或用于个人防护，即把新鲜空气送入送风面盔。

(2) 全面通风换气

全面通风换气又称稀释通风，是用大量新鲜空气将整个车间空气中有毒物质稀释到国家卫生标准，即车间空气中有毒物质的最高容许浓度。

实际生产过程散发的有毒物质不是单一品种时，全面通风换气量应按 GBZ 2.1—2019、GBZ 2.2—2007 及相关的规定进行确定。

确定车间内气流走向问题是决定其效果的重要因素。应将清洁空气送入车间有毒气体浓度低的区域，排风口尽量接近毒物发生源。

全面通风换气所需风量大，且不能净化回收，只适用于低毒的气体及散发量不大的情况，或有毒气体散发源过于分散的情况，或作为局部排风的辅助措施。

(3) 局部排风

局部排风是将有毒气体从它的发生源抽走，不任其散逸，所以处理的气量小，气体浓度高，便于净化回收。局部排风系统应该包括有毒气体的捕集、输送及净化三部分。局部排风是通风排毒措施中效果最好、最常用和最经济的一种。

排气罩应根据生产设备、工艺过程的具体情况，使用条件及毒物的特性进行设计。同一系统的几个排气罩，可以放在一个净化回收系统处理。不同性质气体，不要放在一个排风系统内，特别是可燃、易爆的气体应设立单独的系统。不同温度和湿度的气体放入一个系统时，应考虑结露问题，对含雾滴的气体，风管上要开漏液管，要采取管道保温等措施。

## 24.5 作业环境空气中有害物质的检测

### 24.5.1 有害物质存在的特点

作业环境空气中有害物质存在的特点如下。

① 作业环境空气中的有害物质来源于生产的原料、中间产品、成品及副产物，这些物质均可通过各种途径逸散到空气中，使作业环境空气中有害物质种类增多。

② 有害物质存在状态复杂。作业环境空气中有害物质的存在状态由其物理性质、化学性质、生产工艺过程决定。有害物质的存在状态分为气体、蒸气、雾、烟、尘等。

③ 有害物质浓度在百万分之几的数量级。根据我国制定的《工业场所有害因素职业接触限值》中规定的车间空气最高容许浓度，大约 90% 的物质低于 $10mg/m^3$，其中 80% 以上低于 $1mg/m^3$。

④ 有害物质浓度受气象因素影响较大。作业环境温度、湿度、气压、风向、风速均可影响空气中有害物质的存在状态、扩散速度、浓度和采样效率。

⑤ 有害物质浓度随时间波动。连续性生产，空气中有害物质浓度波动较小；间歇式生产，则波动很大。

### 24.5.2 采样方案设计原则

确定作业环境空气中有害物质的浓度，需经采集样品、分析样品及测定结果的数据处理三个环节。样品的采集包括设计合理的采样方案和确定采样方法两部分。

采样方案应具有科学性，样品应具有代表性，测定数据应具有可比性。为此，设计采样方案应遵循以下原则。

(1) 布点前的调查研究

a. 调查有害物质的形成机理，确定有害物质的存在状态。

b. 调查生产方式的类型（连续式、间歇式），初步了解被测物质在空气中随时间和空间的波动情况。对产生急性中毒的有害物质，应了解该物质的最高浓度及持续时间。

c. 调查测定环境中污染源的种类及数目。

d. 查阅有害物质的理化特性，如熔点、沸点、密度、闪点、爆炸极限、溶解性等。

e. 查阅有害物质的毒理学分类，如刺激性物质、窒息性物质、麻醉性物质、侵犯机体系统的物质、化学致癌物质、化学致畸物质、使肺部组织产生疤痕的物质。

f. 查阅有害物质进入体内的途径，如通过呼吸道进入、通过消化道进入、通过皮肤进入。

g. 研究过去作业环境测定的数据、生产工艺流程、设备状况及自然条件变化情况。

h. 研究作业岗位上工人健康状况。

i. 了解监测仪器、设备的完好率及监测人员的技术水平状况。

(2) 采样目的的确定

作业环境空气中有害物质的监测目的可分为以下几类。

a. 评价作业环境污染状况，包括污染源对作业场所污染的程度、范围、作业环境中固定岗位上有害物质浓度随时间的波动程度。

b. 评价治理措施效果，包括治理设备性能及治理措施对作业环境空气质量的影响。

c. 评价有害物质对人体的危害。

d. 对生产过程或生产设备的突然故障进行监测。

（3）采样点的选择

在调查研究的基础上，根据测定目的选择有代表性的采样点。为评价作业环境污染状况，常用的采样布点形式、点数、布点要求见表 24.12。

**表 24.12 采样布点形式、点数、布点要求**

| 布点形式 | 点数/个 | 布点要求 | 备注 |
| --- | --- | --- | --- |
| 单点形 | 1 | 在污染源下风向；绕污染源一周均匀取样；间歇式生产，在高浓度时取样 | |
| 三点直线形 | 3 | 三点均匀分布 | 对有害物质浓度分布充分了解时用 |
| 三点扇形 | 3 | 采样点间角一般呈 60° | 适用于污染源位于车间一侧的情况 |
| 十字形 | 4 | 四点均匀布置在污染源周围 | 适用于污染源位于车间中间的情况 |
| 对角线形 | 5 | 四个点在对角线上，一个点位于对角线的交点上 | |
| 米字形 | 10 | 车间按米字形划分，在交点和米字线上布点；在污染源所在区域内，在污染源旁再加一个采样点 | |
| 网格形 | 5～30 | 将车间以 3～6m 等距，纵横画线，各个交点为采样点；如果交点在设备上，则取消该点；线间距离由车间面积决定，纵线与横线间距可以不同 | 适用于正规环境评价 |

为评价工人个人染毒状况，采样器应挂在工人胸前。

采样点的选择应注意如下几点。

a. 采样点必须包括作业场所空气中有毒物质浓度最高，操作者接触有毒物质时间最长及上述两种状况同时具备的工作地点；b. 在污染源下风向的岗位工种至少设一个采样点；c. 采样点的高度以操作者呼吸带高度为准；d. 采样点应尽可能靠近操作者，但不影响操作者正常操作，应避免生产过程中被测物质直接飞溅入收集器内；e. 有毒作业分级时，被测有毒物质逸散范围内的所有岗位工种应分别设置采样点；f. 评价防毒工程措施净化效率时，采样点应在设备的进口和出口的断面布点（详见各类防毒工程措施净化效率的采样规定）；g. 评价防毒工程措施效果时，应在开启通风净化装置前后按 e. 设定采样点；h. 对岗位工种有毒作业分级时，至少应设 1 个采样点；i. 对工作地点有毒作业分级时，应按岗位工种数布点，至少应设 3 个采样点。

（4）采样高度的选择

采样器放置的高度以工人呼吸带为准。对于站立作业人员，采样高度为距地面 1.5m；对于坐椅作业人员，采样高度为距地面 1m；对于坐地作业人员，采样高度为距地面 0.6m。

（5）采样时机

① 连续式生产在正常生产 1～2h 后即可采样。

② 间歇式生产应在生产过程的开始、中间及末尾三段时间内采样。

为使采集的样品更具有代表性，对于某些毒物可试用“间隔分次采样法”。例如，以 0.5L/min 的速度采集空气样品 2L，若一次连续采样只需 4min，为了延长采样时间，又不增加样品数，可以 0.5L/min 的速度抽气 1min 停 10min，重复操作共采集空气样品 2L，则采样时间由 4min 延续到 34min。

③ 应在生产设备正常运转及操作者正确操作状况下采样。

④ 有通风净化装置的工作地点，应在通风净化装置正常运行的状况下采样。

⑤ 在整个工作班内浓度变化不大的采样点，可在工作开始 1h 后的任何时间采样；在整个工作班内浓度变化大的采样点，每次采样应在浓度较高时进行，其中一次在浓度最大时进行。

（6）采样频率

根据国家标准《职业性接触毒物危害程度分级》（GBZ 230—2010），Ⅰ级毒物每季度测定 1 次，Ⅱ级、Ⅲ级毒物每年测定 2 次（冬、夏季），Ⅳ级毒物每年测定 1 次。

① 有毒作业分级采样频率

a. 对被测有毒物质每年测定 2 次（冬、夏季各 1 次）。

b. 每次测定应连续 2 天，每天每个采样点上、下午各采集 1 组平行样。

② 防毒工程措施效果评价的采样频率

a. 对被测有毒物质每年测定 2 次（冬、夏季各 1 次）。

b. 每次测定应连续 3 天，每天每个采样点上、下午各采集 1 组平行样。

（7）采样记录

采样记录表见表 24.13。

### 24.5.3 采样方法

根据被测物质在空气中的存在状态、浓度以及所用分析方法的灵敏度，选用不同的采样方法。采样方法基本上分为两类：直接采样和浓缩采样。

（1）直接采样

用容器直接收集空气样品，称为直接采样，又称集气法。测定结果为空气中有害物质的瞬时浓度或短时间内的平均浓度。集气法适用于空气中有害物质浓度较高或测定方法灵敏度较高，只需采集少量空气样品的情况。

常用的容器有真空采样瓶、采气管、100mL 医用注射器、塑料袋或球胆等。由于容器壁对空气中有害物质有吸附作用，使容器内空气中有害物质浓度低于现场空气中该有害物质浓度，其测定结果偏低。容器壁对空气中有害物质具有渗透作用，塑料袋或球胆对各种物质渗透率不同，渗透作用使样品测定结果偏低。若被测物质与容器壁发生化学作用，则将引入负误差。若采样容器活塞漏气或塑料袋、球胆上有小孔，将会造成容器气密性不良。

（2）浓缩采样

将大量（一定量）的空气样品通过收集器，使其中的有害物质被吸收、吸附或阻留在收集器中，以达到浓缩目的，该采样方法称为浓缩法，又称富集法。浓缩采样测定结果为在采样时间内有害物质的平均浓度。

表 24.13　采样记录表

| 毒物名称 | | | | | | 总编号 | | | |
|---|---|---|---|---|---|---|---|---|---|
| 省市区 | | | | | | 单位地址 | | | |
| 单位名称 | | | | | | 车间(或工段) | | | |
| 采样类型 | | | | | | 采样仪器型号 | | | |
| 采样布点 | | | | | | | 布点图内容 | | |
| | | | | | | | ①作业场所面积；<br>②生产示意图；<br>③逸散源位置；<br>④通风净化措施位置及运行状况；<br>⑤操作人员位置；<br>⑥采样点位置 | | |
| 样品号与图一致 | 采样点位置 | 现场气象条件 | | | | 采样情况 | | | 备注 |
| | | 温度/K | 压力/Pa | 湿度/% | 风向 | 采气速度/(L/min) | 采样时间/min | 采气体积/L | |
| | | | | | | | | | |
| | | | | | | | | | |
| | | | | | | | | | |

采样单位：　　　　　采样日期：　　　　　采样人员：

浓缩方法有以下几种。

① 液体吸收法。收集器内装有一定量的吸收液，当空气样品呈气泡状通过吸收液时，气泡与吸收液界面上的有害物质分子由于溶解作用或化学作用，很快进入吸收液中。常用的吸收液有水、水溶液、有机溶剂。

② 固体阻留法。固体阻留法浓缩有害物质的机理各不相同。常用的固体阻留物有颗粒状吸附剂、纤维状滤料及筛孔状滤料。

③ 低温浓缩法。又称冷阱法，用于采集低沸点物质。

④ 静电沉降法。空气样品通过 12～20kV 的电场，气体分子电离成离子附在气溶胶粒子表面，在强电场作用下沉降到收集极上。该方法采样效率高，但有易燃、易爆气体、蒸气及粉尘的现场不能使用。

⑤ 个体剂量器法。个体剂量器法浓缩空气中有害物质时，无须用抽气动力将空气样品通过收集器。个体剂量器法的采样动力是环境空气中有害物质浓度与个体剂量器内吸收介质表面有害物质的浓度差。根据分子自身运动规律，高浓度向低浓度方向扩散或渗透，有害物质可到达吸附介质表面，以达到浓缩目的。按照原理，该方法可分为扩散法和渗透法。

a. 扩散法。利用分子的扩散作用达到采样目的。用个体剂量器采集某物质的总量为：

$$M=\frac{DA}{L}ct \tag{24.52}$$

式中，$M$ 为扩散到吸附介质（或吸收液）上的物质总质量，ng；$D$ 为分子扩散系数，$cm^2/s$；$A$ 为扩散带的截面积，$cm^2$；$L$ 为扩散带的长度，cm；$c$ 为空气中被测物质的浓度，$ng/cm^3$；$t$ 为采样时间。

当剂量器构造一定，对每种物质而言，$DA/L$ 为一常数，称为剂量器的采样速度，因此用剂量器采集物质的总质量仅与空气中被测物质浓度和采样时间有关。

b. 渗透法。利用有害物质分子的渗透作用，达到采样目的。分子通过渗透膜，进入吸附（吸收）剂被吸附（吸收）。与扩散法相似，可用下列公式计算空气中被测物质的浓度。

$$c=\frac{WK}{t} \tag{24.53}$$

式中，$c$ 为空气中被测物质浓度；$W$ 为采样器采集到被测物质的总质量，μg；$K$ 为被测物质的渗透常数；$t$ 为采样时间。

渗透常数 $K$ 由实验测得，与渗透膜材料和被测物质的性质有关。

浓缩采样仪器由收集器、流量计、抽气动力三部分组成。溶液吸收法常用收集器有气泡吸收管、多孔玻板吸收管、冲击式采样器。

（3）采样误差来源

① 使用仪器的误差。采样用的收集器、流量计和抽气动力等都有一定的规格要求，必须严格遵守，在使用前必须进行检查和校正，使用不合格的仪器，会造成不同程度误差。

② 采样系统漏气。对任何采样系统都应检查有无漏气现象。检验方法：在采样系统中串联一支压力计，当体系处于最大工作压力范围时，关闭体系的进、出口，观察压力计指示有无变化。

③ 采样系统阻力加大可引入误差，操作时应校正。

④ 采样操作过程的污染。

⑤ 采集样品的损失。

⑥ 采集量已超过收集器负荷。

⑦ 采样时气象因素的影响。

### 24.5.4　采样仪器

空气采样仪器主要由收集器、流量计和抽气动力三部分组成。

（1）收集器

直接采样和浓缩采样均需具备收集器。

（2）流量计

流量计是测量空气流量的仪器。使用抽气机作抽气动力时，需用流量计测量采气体积。现场采样使用的流量计有转子流量计和孔口流量计两种。流量计的指示刻度需经常校正。

① 流量计种类

a. 转子流量计。由一个上粗下细的锥形玻璃管或塑料管和一个转子组成，转子可用金属或塑料制成。当气体自下而上流经锥形管时，转子底部和顶部所受压力不同，因浮力作用转子上升，当压力差（$\Delta p$）与转子质量相等时，转子上升高度处于平衡位置。根据转子位置高低确定其流量大小。

转子流量计使用注意事项：通过流量计的气体应干燥，不溶解塑料，无腐蚀性；开启流量计时，气流不可太大；温度、压力对流量计的计量均有影响，故实际流量应进行温度和压力的校正。

b. 孔口流量计。在流量计的U形管内装有液体，当空气通过带孔的水平玻璃管时，因孔的阻力，在孔前后产生一定压差，该压差使U形管内液面产生差距，根据液面差（$h$）计算气体流量（$Q$）。

$$Q=K\sqrt{\frac{hv_e}{v_g}} \tag{24.54}$$

式中，$K$为常数；$v_e$为液体密度；$v_g$为气体密度。孔口流量计内常用液体有水（可滴加几滴红墨水）、乙醇、水银、液体石蜡等。

孔口流量计使用注意事项：同一规格的孔口流量计，在U形管内所装液体种类不同，即使液面差相同，指示的流量大小也不同；温度、压力能影响气体密度，也影响气体流量；玻璃管易破损，防止液体流出。

c. 皂膜流量计。皂膜流量计由刻度玻璃管和橡皮球组成。其测量准确度高，可以作为校正其他流量计的基准流量计。使用时在橡皮球内装满洗涤液，测量时先用皂液湿润管壁，捏一下橡皮球，使气体进入皂液，形成一个皂膜，气流将一个皂膜吹过刻度线，用秒表记录皂膜经过一定体积所需的时间。皂膜流经体积与所用时间的比值则为被测气体流量。

皂膜流量计使用注意事项：皂膜上升速度不应超过4cm/s，且皂膜不凸起；根据所测流量范围选择适宜的皂膜流量计，参见表24.14。

**表24.14 皂膜流量计测量范围**

| 流量计规格/cm | 可测流量/(L/min) |
|---|---|
| 1 | 0.5 |
| 3 | 5 |
| 5 | 10 |

d. 湿式流量计。湿式流量计由金属圆筒构成，筒内鼓轮将圆筒分成4个小室，鼓轮轴与圆筒外指针相连，鼓轮可沿轴顺时针方向转动。测量时在筒内装半筒水，当空气由进气口进入小室，推动鼓轮转动，鼓轮每转1周，表盘指针转1周，排气量相当于4个小室的体积。湿式流量计不便携带，但精密度高，宜在实验室内使用。

② 流量计校正方法

a. 用皂膜流量计校正。操作步骤如下：标出被校流量计零点（未通气转子位置）；启动空气压缩机，调节三通阀，转子升至一定高度，待转子平衡时用皂膜流量计测量该状态下气体流量，并填写流量计校正记录表（表24.15）。

**表24.15 流量计校正记录表**

皂膜流量计的体积______L　室温______℃　大气压______Pa

| 流量计校正时转子上升高度/mm | 皂膜通过体积刻度线间的时间/s | 流量$=\frac{体积(L)}{时间(s)}\times 60$ |
|---|---|---|
| | | |

以转子上升高度为纵坐标，相应流量为横坐标，绘制流量计校正曲线。从曲线上查出流量整数值所对应转子高度，制得流量计的标尺，将零点对齐，贴在校正流量计管壁上，并注明校正时的温度及大气压。

b. 用湿式流量计校正。与用皂膜流量计校正方法相同。

c. 用标准流量计校正。串联连接已校正过的标准流量计和被校流量计，通过不同流量的气体，以标准流量计的读数标定被校流量计的读数标尺。粗略校正可将标准流量计串联在被校流量计前后各1次，用平均值制定被校流量计的标尺。精确校正还需有温度和压力的校正。

d. 下口瓶校正法。将流量计与装满水的下口瓶串联，在下口瓶的出口配有调节螺旋夹，调节排水流速。校正时调节螺旋夹，待流量计指示值稳定后，用量筒接下口瓶流出的水，并同时开动秒表准确计时1min，立即取出量筒。该量筒内水的体积等于该流量计指示值相对应的空气流量（L/min）。该方法适用于空气流量小于2L/min的校正。

③ 温度、压力对流量计读数的影响。使用流量计时，温度、压力与校正流量计时的温度、压力不同，则流量计的读数与实际流量有误差，可按式（24.55）进行修正。设流量计是在20℃、760mmHg（$1.013\times10^5$Pa）下校准的，现场使用温度为$t$（℃），收集器阻力为$p$（mmHg），流量计读数为$Q_{p,t}$，则修正后流量为：

$$Q_{760,20}=Q_{p,t}\sqrt{\frac{760-p}{760}}\sqrt{\frac{273+20}{273+t}} \tag{24.55}$$

式中，$\sqrt{\frac{760-p}{760}}$为阻力校正系数，当阻力在60mmHg（$8.0\times10^3$Pa）时，其值为0.66；$\sqrt{\frac{273+20}{273+t}}$为温度校正系数，当$t$为40℃时，其值为0.97，当$t$为0℃时，其值为1.03。

因此，当收集器阻力低于60mmHg（$8.0\times10^3$Pa），温度在0～40℃范围内，影响可以忽略不计。

（3）抽气动力

常用采气抽气动力见表24.16。

**表24.16 常用采气抽气动力**

| 名称 | 特点 | 适用范围 |
|---|---|---|
| 吸尘机 | 最大流量100L/min，持续运转30～60min，体积大，质量较轻 | 大流量、低阻力采样 |
| 薄膜泵 | 体积小，质量轻，噪声小，流量低（5～30L/min），可连续工作 | 小流量采样 |
| 刮板泵 | 最大流量80L/min，能长时间工作，能克服较大阻力，噪声大于80dB | 大流量采样 |
| 真空泵 | 功率大，能长时间运转，能克服大的通气阻力，体积大，质量重 | 宜实验室用 |
| 电磁泵 | 流量最大3L/min，克服阻力小，噪声小，能长时间运转，无火花 | 易燃、易爆的现场 |
| 负压引射器 | 轻便，抽气速度及克服阻力大小由高压气源决定 | 有压缩空气的现场 |
| 手抽气筒 | 每次抽100～150mL空气 | 采样速度慢，采样量小的场合 |
| 水抽气瓶 | 采样流量小于2L/min，流量大小由螺旋夹调节 | 无电源或有爆炸危险的现场 |

（4）专用采样器

将收集器、流量计和抽气动力组装在一起成为专用采样器。专用采样器具有体积小、重量轻、携带方便等优点。根据专用采样器的构造及用途不同分为三类：粉尘采样器、气体采样器和个体剂量器。

### 24.5.5 分析方法

根据待测有害物质的理化性质不同，选用不同的测试方法。

（1）紫外、可见分光光度法

根据待测物质对光有选择性吸收的性质，当一定波长的入射光通过被测溶液后光强度减弱，由入射光强度减弱的程度确定待测物质的含量。其定量关系遵循朗伯-比尔定律，即当入射光波长和强度一定时，溶液的吸光度与溶液浓度和液层厚度之积成正比，数学表达式如下。

$$A=-\lg T=abc \tag{24.56}$$

式中，$A$ 为溶液的吸光度；$T$ 为溶液的透光率；$a$ 为溶液的吸光系数；$b$ 为液层厚度；$c$ 为溶液浓度。

分光光度法测定范围很广，可以测定金属、非金属、无机化合物及有机化合物。

（2）原子吸收分光光度法

将待测元素的溶液雾化喷入火焰或直接加到石墨炉，经干燥、灰化、汽化、分解成待测元素的基态原子蒸气。当元素灯发射共振线通过原子蒸气时，同类元素的基态原子吸收某共振线，其吸收程度（吸光度）与该元素原子浓度成正比。在一定的实验条件下，基态原子浓度与试样中该元素的浓度成正比，因此原子吸收的吸光度与试样中该元素的浓度成正比。除金属元素和惰性元素外，元素周期表中的大多数元素都能用原子吸收法测定。

（3）荧光分析法

某些物质经紫外线照射后，能立即放出能量较低的光，当光照停止后，该物质发射的光在 $10^{-8}$s 内停止，则称荧光。当波长和强度一定的紫外线照射于试样上，其荧光强度与试样溶液浓度成正比，由此确定物质含量。能产生足够荧光强度的物质可用此方法测定。

（4）气相色谱法

利用各种物质在两相间具有不同的分配系数，当两相做相对运动时，样品中的各组分在两相中经多次反复地分配，使原来分配系数只有微小差别的各组分产生很大的分离效果，从而将各组分分离。分离后的各组分经检测器转变成电信号（在记录仪上表示为色谱峰面积或峰高），电信号大小与物质的含量成正比。

$$W_i=f_iA_i \tag{24.57}$$

式中，$W_i$ 为 $i$ 组分的质量；$f_i$ 为 $i$ 组分的校正因子；$A_i$ 为 $i$ 组分的色谱峰面积。

此方法主要测定沸点在400℃以下的有机化合物。

（5）离子选择电极法

离子选择电极是一类具有薄膜的电极，基于薄膜的特性，电极电势对溶液中某种离子有选择性响应，用它作为指示电极，再与参比电极和被测液组成原电池，通过测量原电池的电动势，确定对离子选择电极有响应的离子活度。当被测溶液总离子强度一定时，可以测得被测离子的浓度。

此方法可测定一价、二价的金属离子、非金属离子或酸根。

（6）快速测定法

① 检测管。检测管是以试剂浸泡过的载体制成指示剂装在玻璃管中，被测空气以一定速度通过此管时，被测物质与试剂发生颜色反应，根据颜色深浅或变色柱的长短，与预先做成的标准比色板或浓度标尺比较，及时报告测定结果。

② 试纸比色法。将被测空气通过用试剂浸泡过的滤纸，有害物质与试剂在纸上发生化学反应，产生颜色变化；或者先将被测空气通过未浸泡试剂的滤纸，使有害物质吸附或阻留在滤纸上，然后向滤纸上滴加试剂，产生颜色变化，根据颜色的深浅确定物质含量。

③ 溶液快速法。用显色液作为吸收液，当被测物质通过吸收液时，立即显色，根据颜色深浅，确定有害物质浓度。

## 参考文献

[1] 王正萍. 环境有机污染物监测分析. 北京：化学工业出版社，2002.
[2] 李金. 有害物质及其检测. 北京：中国石化出版社，2002.
[3] 童志权，等. 工业废气净化与利用. 北京：化学工业出版社，2001.
[4] 台炳华. 工业烟气净化. 北京：冶金工业出版社，1999.

# 25 辐射安全

## 25.1 外照射防护的一般方法

对外照射一般有三种防护方法：时间防护、距离防护、屏蔽防护。

### 25.1.1 时间防护

很容易理解，工作人员在辐射场停留的时间越长，所受总剂量也必然越大；反之越小。

假设工作人员停留或工作处的照射量率为 $\dot{X}$（R/h）（$1R=2.58\times10^{-4}$C/kg），在那里停留或工作的总时间为 $t$（h），则所受的总剂量当量可由式（25.1）计算。

$$H=\dot{X}t \tag{25.1}$$

时间防护就是以减少工作人员受照射的时间为手段的一种防护方法。由式（25.1）可知，受照射的总剂量与受照时间成正比。如果采取适当措施，使工作人员操作时间减少1/2，则所受的总剂量也将减少1/2。

减少受照时间的方法有：提高操作技术的熟练程度，采用机械化、自动化操作，严格遵守规章制度，以及减少在辐射场的不必要停留等。为此，在操作放射性物质的工作中，对于每项新的操作，必须先反复做模拟实验，并证明切实可行之后才能正式进行。对位于辐射场剂量较强处的操作，特别是像$^{60}$Co辐照源或治疗机的倒源或检修等，必须选择操作技术熟练的人员去完成。当操作遇到意外情况，需要研究对策和做准备工作时，必须及时离开辐射场，以减少不必要的照射。

### 25.1.2 距离防护

若辐射源的放射性活度 $A$ 以“毫居里”（$1mCi=3.7\times10^{7}Bq$）为单位，离源 $R$（cm）处的照射量率可由式（25.2）求得：

$$\dot{X}=\frac{A\Gamma}{R^2} \tag{25.2}$$

式中，$\Gamma$ 为照射量率常数，它表示1mCi的点状γ射线源在离它1cm处产生的以R/h为单位的照射量率，R·cm$^2$/(h·mCi)；$R$ 为被测点到点源的距离，cm。γ射线源的放射性活度，如果用“克镭当量”及其千分之一“毫克镭当量”表示，则照射量率可表示为：

$$\dot{X}=\frac{m\times8.25}{R^2} \tag{25.3}$$

式中，$m$ 为辐射源的γ射线当量，毫克镭当量；8.25为$^{226}$Ra226的照射量率常数。

由式（25.2）、式（25.3）可以看出，照射量率 $\dot{X}$ 是与离源的距离 $R$ 的平方成反比的。这就是说，距离增加一倍，照射量率则将降为原来的1/4。在非点状源时，照射量率虽然不再与 $R$ 成简单的平方反比关系，但也总是随着 $R$ 的增加而减小的。因此，离源越远，照射量率越低，在相同时间内受到的照射量也越小。在实际工作中，采用机械操作或使用长柄的工具操作等，就是距离防护的具体应用。例如，手工操作1Ci（$1Ci=3\times10^{10}Bq$）的$^{60}$Co源，人体与源的最大距离也只有约0.5m，躯干处照射量率可达5.3R/h，操作10min就会接受约0.9rem（9mSv）的剂量当量。当采用长1m的长柄工具操作时，人体与源的距离可增大到1.5m，躯干处照射量率可下降为0.6R/h，即使操作时间延长一倍（达20min），躯干受到的总剂量也只有0.2rem（2mSv）。

长柄操作总是不能像用手直接操作那样自如。为了使操作正确无误，又能尽量缩短操作时间，这些工具的柄也不能过长，否则就不灵活。使用这些工具的人，应经过适当的训练后才能正式操作。用机械化和自动化代替手工操作，自然是更有效的距离防护方式，所以在实际工作中应不断开展技术革新和技术改造，以提高机械化和自动化水平。

时间防护和距离防护虽然是最经济的，但毕竟是有限的，因为有时空间不大，或操作时必须接近辐射源等，因而屏蔽防护是最常用的防护方法。

### 25.1.3 屏蔽防护

屏蔽防护是在辐射源和工作人员之间设置由一种或数种能减弱射线的材料构成的物体，从而使穿透屏蔽物入射到工作人员的射线减少，以达到降低工作人员所受剂量的目的。屏蔽防护中的主要技术问题是屏蔽材料的选择、屏蔽体厚度的计算和屏蔽体结构的确定。由于内容较多，这里仅介绍一下屏蔽材料的选择原则。

各种射线在物质中的相互作用形式是有区别的。所以，选择屏蔽材料时也要注意这些差别。材料选择不当，不但在经济上造成浪费，有时还会在屏蔽效果上适得其反。例如，要屏蔽β射线，必须先用轻材料，然后视情况再附加重物质防护。如将其次序颠倒，因β射线在重物质中比在轻物质中能产生更多的韧致辐射，就会形成一个相当大的γ辐射场。各类射线的屏蔽材料选择原则见表25.1。

表 25.1 屏蔽材料的选择原则

| 射线种类 | 与物质作用的主要形式 | 屏蔽材料种类 | 屏蔽材料举例 |
|---|---|---|---|
| α | 电离和激发 | 一般物质 | 纸 |
| β | 电离和激发、韧致辐射 | 轻物质+重物质 | 铝或有机玻璃+铁 |
| γ | 光电效应、康普顿效应、电子对效应 | 重物质 | 铅、铁、普通混凝土 |
| 中子 | 弹性散射、非弹性散射、吸收 | 轻物质 | 水、石蜡 |

在选择和使用屏蔽材料时，除了应考虑达到屏蔽目的外，还必须注意到其他一些因素，例如材料的经济价值和易得程度，屏蔽体容许占的空间大小、支持物能否承受、屏蔽材料的结构强度，以及吸收辐射后是否会产生感生放射性或其他毒性物质等。

经验表明，人们接触辐射源的实际情况是非常复杂的，因此，时间、距离和屏蔽这三种防护方法应视具体情况而定，可以单独使用，也可以结合使用。例如，主要用于照射植物、研究植物生长规律的钴圃，辐射源的放射性活度可达几千居里，在离源5m处，照射量率仍可达几十伦。为了减少工作人员的受照剂量，通常建造具有一定厚度防护墙的控制室，操作人员和源是采用隔离式的屏蔽防护，人可在控制室内借助于机械装置升降辐射源。为了减少辐射源吊出储存井进行工作时对附近地区人员的照射，圃园边界砌有一定厚度的围墙，使与工作没有关系的居民不要接近辐射场，起到屏蔽防护的作用，减少了对周围人员的照射。

## 25.2 辐射技术应用的安全

辐射技术在工业生产、医药事业以及人们的日常生活中得到了广泛的应用，产生了许多有用、有价值的产品，给人们的生活带来了极大的便利，但是在应用的同时也要特别重视这些产品的负面影响，即各种对人体的辐射和对环境的污染。下面是对辐射技术在生产中使用的一般安全要求。

① 必须掌握所用辐射源的辐射防护基础知识，并能经常用来考虑工作场所是否符合辐射防护要求。特别是独立操作的人员，必须受过辐射防护的专门训练，并经考试合格才能进行操作。分装、倒装辐射源，排除故障或检修等操作，容易受到较大的照射，因此，更应由受过专门训练的人员在专用设施内或采取有效防护措施后进行。并且事前应做好专门的准备工作，一切操作要求准确、迅速。

② 对所用辐射源要熟悉它的性能，例如辐射特性、活度和结构等，以及辐射源工作或不工作状态时的剂量场强度的分布情况。不论使用何种类型的辐射源，都必须以明显标志划出控制区，以免有人误入。在控制区内，除因工作需要不得有人进入。

③ 对辐射源在使用或操作中可能发生的事故，要有设想和分析，并制定出预防和处理措施。所有安全装置，例如传动装置、安全信号装置、监测装置和联锁装置等，应经常检查其性能完好情况，不符合要求时不准开始工作。

④ 一切特殊操作和不符合安全规程的各种操作，应经安全防护部门批准，并在其监督下进行。工作人员必须进入强辐射场操作时，应尽量采用足够的局部屏蔽措施，并尽量选择在照射量率最小处进行。

⑤ 对一切辐射源，都要定期检查其泄漏或破损情况，特别是对可能放出气体或气溶胶的辐射源，例如镭源等，要多进行检查。当有破损怀疑时，必须立即检查。凡已破损的，在未查明原因和采取防范措施前不准继续使用。

⑥ 一切辐射源要有专人管理，并建立账目，登记入册，经常检查账物是否相符。

### 25.2.1 X射线机和加速器

(1) 加速器

加速器产生的辐射，其性质和强度随加速器的类型，加速粒子的种类、能量和强度，靶材料和屏蔽材料的性质及其结构等许多因素而不同。因此，各类加速器的具体屏蔽要求和方法也各不相同。在设计和建造加速器厂房，采取有关防护措施时应注意以下6个方面。

① 原始射线束。这是加速器真空室内被加速的射线束，一般是电子、质子和氘核。这些射线束的穿透能力很强，同时还有明显的散射。

② 次级射线束。主要是指入射束与靶产生的有用射线束，即中子和X射线，除电子加速器产生X射线外，几乎所有类型的加速器都产生中子。同时，在过程中还会产生韧致辐射。

原始射线束和次级射线束都具有很强的方向性。原始射线束能量愈高，在原始射线束方向上的总辐射强度也愈大。在设计加速器屏蔽墙厚度时，必须注意射线束的方向性。

③ 感生放射性。这是原始射线束打在加速器各部件上引起核反应所产生的。原始射线束打在室内的设备和墙上以及空气中的各种物质成分上，也能产生少量的放射性物质。这些放射性物质，虽然半衰期长短相差很大，但大部分半衰期很短。

④ 天空散射。加速器大厅内的辐射是很强的。由于散射，屋顶的屏蔽是必须考虑的，特别是千兆电子伏量级的高能加速器，顶部屏蔽厚度一般应与边墙屏蔽厚度相近。医疗上使用的加速器，一般能量远不及千兆电子伏，其天顶屏蔽问题要小些。

⑤ 速调管的X射线。速调管是高频能源，它会产生X射线。速调管应装置在人员不经常出入的地方。

⑥ 放射性气体和有害气体。放射性气体主要有氧($^{15}O$)、氮($^{13}N$)等，有毒气体主要是臭氧。放射性气体和有毒气体中，主要危害还是臭氧。因此，加速器厂房必须有良好的通风。其排气烟囱高度，一般应高于周围50m范围内建筑物最高屋脊的4～5m以上。

加速器大厅内每小时换气次数$\Gamma$可由下式确定。

$$\Gamma=3.6\dot{X}\text{（室温低于15℃时）}$$
$$\Gamma=0.36\dot{X}\text{（室温高于15℃时）}\qquad(25.4)$$

式中，$\dot{X}$为室内平均照射量率，R/s。

中子剂量场时的换气次数为：

$$\Gamma=3.6\times10^{-8}\phi_n\text{（室温低于15℃时）}$$
$$\Gamma=3.6\times10^{-9}\phi_n\text{（室温高于15℃时）}\qquad(25.5)$$

式中，$\phi_n$为室内中子流平均值，中子/($s\cdot cm^{-2}$)。这样，通风装置的功率可由式(25.6)求得：

$$N=\Gamma V\qquad(25.6)$$

式中，$V$为工作场所空间体积，$m^3$。

(2) X线机和加速器操作注意事项

由于X射线较易屏蔽，所以在一般使用中往往采用可携带的防护衣具。防护衣具的式样很多，应根据需要选择。X线机工作人员，一般在开机的时刻只能停留在防护屏蔽墙后面。如不能这样做时，必须穿上至少0.25mm铅当量的铅橡胶围裙。当透视需要把手放进或接近辐射束时，还必须戴上不少于0.25mm铅当量的铅橡胶手套。手套必须能盖住整个手，包括手背、手掌、手指和手腕。对医用诊断X线机，还应注意配备可供被检者使用的各种防护用品。供胃肠及其他特殊检查的，应使用0.5mm铅当量的铅橡胶手套。特别是摄片时，操作人员应严格按照部位调节照射野，使有用线束限制在临床实际需要的最小区域，并对非投照部位采取适当防护措施。

使用X射线治疗机时，为了保证按规定的剂量进行照射，必须装备自动计时器，在预定时间到达后能及时切断X射线管的电流，从而结束照射。对其他射线治疗机，例如超高压治疗机也必须这样做。鉴于超过或不符合规定的剂量对治疗都可能产生不良的甚至严重的后果，所以各种射线治疗机的输出功率，都应经常进行校正。

超高压治疗机除必须专门设计防护设施外，在使用时尤其要有定时装置以免发生危险。

在使用加速器时，除了要注意上述有关事项外，还应特别注意设备（尤其主体部分）的感生放射性问题。加速器设备房间，必须停机并待照射率降到允许水平后才能进入。

具有放射性的部件在检修或更换时，应按开放型放射性物质操作对待，操作地点和拆下部件的存放和处理，必须符合开放型操作的有关规定。

### 25.2.2 油田测井

油田测井使用放射性同位素不仅有工作场所和运输中的辐射防护安全问题，而且也有环境保护问题。

根据GBZ 142—2002的要求，进行放射源操作时应充分考虑放射源活度、操作距离、操作时间和防护屏蔽等因素，采取最优化的防护措施，以保证操作人员所受剂量控制在可以合理做到的尽可能低的水平。目前我国油（气）田测井的现场操作中已完全杜绝了徒手操作。在室外操作放射源时，应在空气比释动能率为 2.5μSv/h 处的边界上设置警告标志（或采取警告措施），防止无关人员进入边界以内的操作区域，减少工作人员和公众的照射，也防止放射源丢失。储存或运输放射源时设置 γ 射线报警仪，并且对源罐加装“预控装置”，保证在运输过程中放射源发生意外掉出时能及时发现。油田还应建立结构合理、屏蔽性能好、取存方便、地理位置适当的放射源库。放射源密封性应定期检查。

对于开放型放射源的操作，GBZ 118—2020 的要求是：

① 要建立乙级或丙级工作场所的实验室，它应尽可能将其设置在单独建筑物内，有单独的出入口，要进行分区管理，地面、墙壁、门窗及内部设备的结构力求简单，表面应光滑、无缝隙；地面应铺设可更换、易去污的材料，并设地漏接一般下水系统；高出地面 2m 以下的墙面应涂以耐酸、碱的油漆。开瓶分装室内必须设通风橱（或工作箱），橱内应保持 200Pa 负压，其排气系统应设过滤装置；橱内下接低放射性废液储存设施；橱内还应配备屏蔽 β、γ 外照射的防护设施。应有良好的通风与照明，设置专用的放射性废液和固体废物的收集容器或储存设施。

② 应建立储源库，它应与开瓶分装室相连接（或相邻）并有单独的出入口。墙壁、门窗的材料与结构要具有防盗与防火的作用。储源库的地面要光滑无缝隙、易去污、易冲洗。储源库要有足够的使用面积和良好的通风与照明。墙壁与门窗要有足够的防护厚度。储源库内必须设储源坑或池，源坑（池）内应保持干燥，其上口应至少高出地面 10～20cm，设有防护盖，并且能加锁。

③ 所有放射性核素、示踪剂都必须盛放于严密盖封的内容器内，然后根据其辐射特性再放入具有一定屏蔽能力的储存运输容器中。盛装放射性示踪剂的内容器应选用质地坚韧，并具有良好密封性能的容器，不应使用容易损坏、破裂的容器。储存运输容器应便于搬运和易于放入与取出容器，而且必须能加锁。β 放射性核素的储存运输容器壁厚必须大于 β 粒子在该容器材料中的最大射程，β 粒子最大能量在 1MeV 以上时，需注意屏蔽韧致辐射。

④ 操作放射源前，应做好充分准备工作，熟悉操作程序，核对放射性物质名称、活度、出厂日期、总量、分装量，检查仪器设备是否正常，通风是否良好，检查实际活度是否与标示活度一致。采用新技术新方法时，应通过“模拟试验”确认切实可行，并经放射卫生技术服务机构认定操作熟练后，方能正式操作。对开瓶、分装、配制、蒸发、烘干溶液，或有气体、气溶胶产生的操作应在通风橱或操作箱内进行，易于造成污染的放射性操作必须在铺有易去污材料的工作台上或搪瓷盘内进行。吸取放射性溶液时，严禁用口。工作场所要经常进行湿式清扫，清扫工具不得与非放射性区混用。放射工作人员必须了解处理放射性污染事故的原则，熟悉放射性污染事故的处理方法。

⑤ 测井中释放放射性示踪剂应采用井下释放方式，将装有示踪剂的井下释放器随同测井仪一起送入井下一定深度处，由井上控制在井下释放放射性示踪剂。采用井口释放方式时，应先将示踪剂封装于易在井内破碎或裂解的容器或包装内，施行一次性投入井口的方法；禁止使用直接向井口内倾倒示踪剂的方法，以防止污染操作现场。操作强 γ 放射源时，还应使用铅防护屏和戴铅防护眼镜。

⑥ 所有放射性核素的容器及其外包装、储存和运输设备，使用前、后要进行 γ 辐射水平和表面放射性污染水平的测定。实验室内每次高活性操作和现场测井操作前、后，必须对工作场所辐射水平和设备及场所的放射性表面污染进行测量，必要时应测量空气中放射性气溶胶浓度。当实验与测井操作人员工作结束离开实验室或现场时，必须测量其裸露皮肤、工作服和个人防护用品的放射性沾污水平，发现污染，立即妥善处理。一般情况下，对实验室辐射水平与设备、地面及墙壁表面的放射性污染水平每月进行一次全面检测。

### 25.2.3 γ 工业探伤防护

如同其他放射性工作一样，γ 探伤中存在着常规运行中的辐射和潜在辐射危害。常规运行中的辐射主要来自：

① 放射源处在探伤机储存位置时，工作人员在探伤室工作，在做探伤准备，或结束探伤后整理现场时受到照射；

② 运输装有放射源的探伤机时受到照射；

③ 源离开储存位置而转移到探伤位置进行探伤时受到照射。

工业 γ 射线照相可以分为两种情况：第一种情况是工业照相在一个指定的地点，有为此目的而设置的屏蔽设施，在这种情况下将准备照相的物体拿到设施中。第二种情况是工业照相可能在现场的几个点进行。在这种情况下，将射线照相设备运到有关现场，并且一般情况下没有完善的辐射屏蔽设施。在第二种情况中，由于采用的控制、监督和防护设施不同，其防护功效也不同。

（1）工作场所要求

γ 射线探伤工作场所，从辐射防护角度出发，主要是屏蔽和安全装置。

① 屏蔽要求。γ 探伤室应尽量设在单独的房间内。其主屏蔽墙厚度应根据所用辐射的活度大小和射线能量决定，要保证室外公众人员所受的剂量不超过相应的限值。操作间（操作室）必须与探伤室分开，操作室的辐射水平限值一般取 2.5μSv/h。为了排除臭氧，探伤室应有良好的通风，换气次数应不低于 3 次/h。为了更好地降低工作人员的受照水平，使人员入口处的辐射水平更低，在不影响工件出入的情况下，人员出人通道可采用迷路形式。在设置观察窗时，观察窗应具有屏蔽墙相等效果。探伤室门口要有醒目的电离辐射标志、灯光和音响信号，以及门机联锁和安全报警等。

② 安全装置。γ 探伤机的控制台应具有工作信号、源位置显示、联锁装置和紧急终止照射开关，并应保证终止照射后放射源能自动回复到安全状态。源处在探伤状态时，应保证探伤室内没有人，外面的人员进不去。辐射水平的监测仪表，探头应设在探伤室内。源处于探伤状态时，工作人员进口处应有红灯显示。通常来讲，辐射水平仪表与入口的门要联锁，即室内辐射水平升高时门开不了，人进不去。

使用携带式 γ 探伤机进行室外操作时，为了防止无关人员进入而受到不必要的照射，在主射线投照方向应设立半径不小 30m 的控制区。控制区边缘的剂量限值可以是 20μSv/h，并应设立明显的“辐射危险”等标志，必要时设立专人警戒。控制区可以用临时栏杆、绳索或其他障碍物围成。操作人员与探伤源之间应有足够距离防护。如距离防护不能实现，则两者之间应有临时屏蔽。

探伤室（工作场所）内，应设置沙袋、工型铅砖、长柄机械手等辐射防护工具，以便源不能回归储存位置时使用。

探伤室的设计不但在屏蔽方面，而且在安全措施方面均有较强的技术性，所以应由专业人员完成。

（2）源和源容器要求

① 源。γ 探伤源应符合《密封放射源 一般要求和分级》（GB 4075）的各项要求，只有这样的源才能经受得起正常运行状况下的磨损和冲击，不会使密封性破坏，不会造

成放射性泄漏和污染。为此，探伤单位应选用有生产许可证的单位生产的放射源。使用$^{192}$Ir的源，应符合《无损检测用γ放射源》（EJ 1024—2008）。每一密封源泄漏检验不得超过六个月，不具有六个月内进行泄漏试验证明的密封源不得装入γ探伤机。源的外表光滑平整，不得有裂痕、锈蚀、变形等现象。

② 源容器

a. 屏蔽要求。源容器是探伤源储于储藏（非工作状态）位置时的屏蔽设备，所以它的屏蔽效能一定要满足要求。当选用贫化铀作为屏蔽材料时，为减弱和吸收β辐射，避铀的磨损而污染环境，要求外面采用足够厚度和足够强度的非放射性物质，并且屏蔽体的内通道要设置非放射性的内衬，以避免密封源在通道内进出时直接与贫化铀接触。铸造源容器时应特别注意防止砂眼和裂缝，以免出现屏蔽薄弱点。源容器在装纳最大活度值时，密封源闭锁在安全位置，其照射量率见表 25.2。

**表 25.2　源容器照射量率限制**

| 容器类别 | 容器外表面 /[nC/(kg·s)] | 离容器外表面 50mm 处 /[nC/(kg·s)] | 离容器外表面 1m 处 /[nC/(kg·s)] |
|---|---|---|---|
| P | 14.3(200mR/h) | 9.6(150mR/h) | 0.1(2mR/h) |
| N | | 7.2(100mR/h) | 0.4(5mR/h) |
| F | | | 0.7(10mR/h) |

b. 安全装置。源容器上必须装有安全装置。其功能必须达到用专用钥匙打开安全锁后才能进行使用辐射源的操作，射线才能从容器的源出入口射出。安全锁一般是没有钥匙也能锁上的保险锁，也可以是当源离开安全位置时钥匙就不能拿下来的保险锁。该锁锁上时，密封源就一定在安全位置，否则就无法锁上。当密封源处在安全状态，但锁又损坏时，也不妨碍密封源回到安全状态。显然，钥匙和锁均应选择优质的较硬材料，以减少钥匙和锁的故障引起的事故。

当设置联锁装置时，该装置应满足在一系列操作条件实现后才能使源离开安全位置的要求。发生异常情况时，应有显示，但放射源不会离开安全位置。γ探伤机应有灯光显示、数字指示器或音响指示器等指示源的位置。

当采用自动遥控系统时，应能做到系统出现故障时能使屏蔽间自行关闭，或使源回到安全位置。遥控系统的操作面板上应有某种设备以防止操作者不在场时有人私自违章操作，其常用的方法是闭锁活动摇柄。

源容器的各种配件要有足够的强度、耐辐照性和使用寿命，避免疲劳或其他缺陷引起探伤机运行故障。

（3）辐射监测

γ探伤机中使用的放射源常处在运动状态，即频繁地离开安全储存位置，使辐射场辐射水平明显升高，因此辐射防护监测很重要。其主要内容如下。

① 个人剂量监测。它能记录正常运行中工作人员所受的照射，也能在事故情况下较快地获得过量照射的数值，便于在医学上及早采取救治活动。

② 使用个人剂量报警仪。这是针对潜在照射概率比较高的特点而提出的要求，它可以及时发现人员受到了超量照射，也可以及时发现辐射水平升高的现场和时机。

③ 源返回安全位置的监测。这项监测主要判断源是否已回到了安全位置。探伤结束，源回到安全位置的操作结束后就应用仪表做该项测量。每次运输工作结束后也应用仪表判断源的位置。每次测量后应做好记录。记录的目的一是备查，二是督促实施这项监测。

④ 源密封性检查。γ探伤机用密封源因为要经常使用，密封源离开安全储存位置而受到摩擦、冲击等，所以一般均应半年检查1次其密封性。检查方法可以是擦拭源表面或源通道。这项工作应由受过专门训练的人完成。

监测中所需要的仪器仪表，应在设计时就被考虑到，源返回安全位置的监测判断，应是每个探伤人员均会做的。

### 25.2.4　核电的安全性

人们所关注的核电安全问题，最重要的是避免和防止放射性物质泄漏对环境造成的严重危害。核燃料在反应堆里裂变时，产生大量的强放射性物质，因此核电站是一个有很大潜在危险的能源，对它必须处处设防，避免各种可能发生的放射性泄漏事故。为此，核电站设计的安全标准很高，这是它建设投资成本高的重要原因。

为了防止强放射性物质泄漏污染环境，在放射性物质与环境之间设置了三道屏障。只要其中有一道屏障是完整的，就不会发生放射性物质外泄事故。

第一道屏障是燃料包壳。核燃料是二氧化铀烧成的圆柱形陶瓷块，它耐高温（熔点 2800℃），核裂变产物绝大部分还是固体，98%以上的放射性物质仍然保留在陶瓷块内。将上述铀块密封在优质铝合金包壳内（燃料棒），可防止放射性物质进入一回路水中。实验证明，即使燃料棒在反应堆内停留3年，每10万根燃料棒也只有几根破裂。破裂后泄漏的放射性物质很少，而且极易检查发现并进行处置，这种微量泄漏对安全影响不大。我国秦山核电站（一期）已用的几万根核燃料棒还没有发现破裂的。

第二道屏障是压力容器。整个堆芯是密封在20cm多厚钢制的压力容器内，放射性物质即使越过前一道屏障有少量漏出，也被挡在反应堆的压力容器内，不会排入环境。

第三道屏障是安全壳。整个反应堆连同蒸汽发生器、回路管道等与放射性有关的系统，都安装在安全壳内。安全壳是高 60～70m、壁厚 1m 的钢筋混凝土建筑物，内表面还有 6mm 厚的钢材里。即使压力容器和相关的高压系统发生泄漏，安全壳也能有效地包容放射性物质，防止它进入环境。

## 25.3　环境辐射安全

由于辐射技术的广泛应用以及自然辐射的存在，环境中存在着大量的辐射照射，因此环境的辐射安全就显得很重要。本节中的环境辐射包括天然本底照射和人工放射性核素辐射两种。

### 25.3.1　天然本底照射

这类照射包括空间宇宙射线和存在于土壤、岩石、水源及人体中的放射性核素产生的照射。在一般地区，天然本底照射给予人的辐照剂量当量率，估计为 240mrem (2.4mSv)/年左右，其中宇宙射线的份额为 39mrem (0.39mSv)/年，地面辐射为 50mrem（0.5mSv)/年，$^{40}$K 的体内照射为 20mrem（0.2mSv)/年，$^{220}$Rn 的体内照射最多，为 1300mrem（1.3mSv)/年。

研究表明，地球上的土壤和岩石中存在着的镭、钍、铀及其子代产物等放射性元素会不断地转移到空气、水和食物中，通过食入和吸入途径又进入人体形成内照射。

（1）宇宙射线

宇宙射线是一种来自宇宙空间的高能粒子流，习惯上又把宇宙射线分为初级宇宙射线和次级宇宙射线两种。所谓初级宇宙射线是指从星际空间发射到地球大气层上部的原始射线，其组成比较恒定，约 83%～89%为质子，10%左右是α粒子，此外还有极少量的重粒子、高能电子、光子和中微子。这种初级宇宙射线从各个方向均匀地向地球照射，其活度随太阳活动周期（大约为11年）而呈周期性变化。

当初级宇宙射线和地球大气中元素的原子核相互作用时，将产生中子、质子、介子以及许多其他反应产物（宇生核素）如$^{3}H$、$^{7}Be$、$^{22}Na$等，通称为次级宇宙射线，其中介子约占70%。次级宇宙射线的生成过程相当复杂，因为初级宇宙射线同大气中元素的原子核碰撞后产生的次级粒子能量仍很高，足以引起新的核作用，它们将和大气中元素的原子核进行第二次、第三次的反应而生成更多的次级粒子，这一过程称为级联。

在15km以下的高空，初级宇宙射线已大部分转变为次级宇宙射线，在海平面附近，次级宇宙射线的强度已降低了许多。同时，这一区域宇宙射线的活度已不受太阳活动的影响。

宇宙射线与空气中元素的原子核作用产生的放射性同位素种类较多，见表25.3，其中天然存在的氚（$^{3}H$）约有1/4是由宇宙射线中的中子与空气中的氮作用产生的，其余则是由大气中元素的原子核被宇宙射线的高能粒子撞击而成的。

$$^{14}N+^{1}n \longrightarrow ^{3}H+^{12}C$$

天然存在的$^{14}C$也是宇宙射线中的中子慢化后被空气中的$^{14}N$俘获而产生的。

$$^{14}N+^{1}n \longrightarrow ^{1}H+^{14}C(n,p)$$

**表25.3 宇宙射线产生的放射性同位素**

| 放射性同位素 | 半衰期 | 粒子最大能量/MeV | 大气低层中浓度/(pCi/m³) |
|---|---|---|---|
| $^{3}H$ | 12.3年 | 0.0186 | $5\times10^{-2}$ |
| $^{7}Be$ | 353天 | 电子俘获 | 0.5 |
| $^{10}Be$ | $2.7\times10^{6}$年 | 0.555 | $5\times10^{-8}$ |
| $^{14}C$ | 5730年 | 0.156 | 1.3～1.6 |
| $^{22}Na$ | 2.6年 | $0.545(\beta^{+})$ | $5\times10^{-5}$ |
| $^{32}Si$ | 700年 | 0.210 | $8\times10^{-7}$ |
| $^{32}P$ | 14.2天 | 1.710 | $1.1\times10^{-2}$ |
| $^{33}P$ | 25天 | 0.248 | $6\times10^{-3}$ |
| $^{35}S$ | 87.2天 | 0.167 | $6\times10^{-3}$ |
| $^{36}Cl$ | $3.03\times10^{5}$年 | 0.714 | $1.2\times10^{-8}$ |
| $^{81}Kr$ | $2.2\times10^{5}$年 | 电子俘获 | — |

宇宙射线被大气强烈地吸收，其活度随高度的增加而增加，在海拔数千米内，高度每升高1500m，总剂量率增加1倍。宇宙射线活度也受地磁纬度的影响，低纬度地区剂量率低，高纬度地区剂量率高。此外，外层大气的温度变化、气团的移动、气压的变化等均可能引起宇宙射线活度的变化，但宇宙射线对地面γ辐射外照射剂量不起重要作用，对人体无重大影响，据联合国原子辐射效应委员会（UNSCEAR）的计算，地平面由宇宙射线产生的年有效剂量当量约为280μSv。

（2）地球辐射

地球辐射是地球本身因包含各种原生放射性核素（即天然放射性核素）而造成的辐射。主要的原生放射性核素是以$^{238}U$、$^{232}Th$为首的两个放射系的元素。此外，还有$^{40}K$、$^{87}Sb$、$^{14}C$、$^{3}H$等核素，它们不属于以上衰变系列，但也广泛地分布于大气、岩石、水源、生物组织之中。

地球刚形成的时候，放射性强度比现在高得多，据计算，$^{235}U$从地球形成到现在已减少到只有几十分之一，$^{238}U$减少了一半，其他核素也减少了很多。这些残存的天然放射性核素广泛地分布于自然界，因而人类是生活在一个放射性环境之中，也就是说，人类自古以来就受到天然放射性物质的照射。

一般来说，这种天然辐射对人体并不造成有意义的影响。在一般环境中，由于天然放射性物质所产生的放射性称作天然放射性本底。了解各类环境的天然放射性本底，对于确定污染、找出污染来源、制定放射卫生标准以及研究遗传学效应都具有重要意义，环境中的天然放射性核素主要包括以下几种。

① 土壤和岩石中的天然放射性核素。地壳中残存的天然放射性物质大部分集中于土壤和岩石。河流、海洋、生物体中的天然放射性物质多由它们迁徙、转移所致。

② 水中的天然放射性核素。土壤、岩石中的放射性物质向水环境的转移是一个极其复杂的过程，它取决于地质、水文、土壤和岩石的种类、理化特性等。比如，铀原子通常存在于岩石晶格中，晶格破坏，即岩石溶解时，它由岩石转入水中，因此，影响溶解度的全部因素，都影响铀从岩石向水中的转移。同时，若水富含碳酸，铀也很容易随水转移，这是铀容易移动的主要原因。镭则是在晶格并未遭到破坏的条件下，靠溶滤过程转移的。由于水中放射性物质的含量受到多种因素所制约，故世界各国河水、海水放射性含量存在着较大的差异。

③ 海水中的天然放射性核素。1943年以前，海水中只含天然放射性物质，而不含人工放射性物质。海水中的天然放射性物质主要来源于河流泥沙的注入、海底岩石的风化以及宇宙射线。

④ 空气中的天然放射性核素。空气中的主要天然放射性核素是$^{222}Rn$和$^{220}Rn$，它们是惰性气体，分别由$^{226}Ra$和$^{224}Ra$衰变产生。$^{222}Rn$和$^{220}Rn$广泛存在于自然界，人们通过吸入它们的裂变产物，经常受到$^{222}Rn$和$^{220}Rn$子体的照射。

⑤ 地表γ辐射。室外天然辐射所致剂量因各地而异，主要取决于土壤的放射性浓度，而土壤的放射性浓度又主要由原始岩石的放射性浓度而定。一般来说，火成岩比水成岩的放射性浓度高。从世界范围来看，γ辐射产生的室外陆地空气吸收剂量率平均为$4.4\times10^{-8}$Gy/h。

室内天然γ辐射水平依建筑材料、地面材料的种类而定，全世界室内平均空气吸收剂量率为$6\times10^{-8}$Gy/h。经世界人口平均后，来自陆地总辐射（室外＋室内）年有效剂量当量约为$3.5\times10^{-4}$Sv。

### 25.3.2 人工放射性核素辐射

人工放射性核素对环境的污染主要来自核武器试验，核电站（反应堆）排放的废物，以及其他使用人工放射性同位素领域。

（1）核爆炸对环境的污染

就世界范围而言，环境中的人工放射性核素，绝大部分来源于在核武器试验中产生的裂变产物。自1945年美国爆炸第一颗原子弹以来，世界上已进行了近千次核武器试验，这些核试验产生的裂变产物连同感生放射性物质、未裂变的核装料一起将在相当长的时间内对环境造成污染。

核爆炸后将产生约200种核素，它们具有不同的半衰期和辐射类型，其中大部分半衰期都很短（有的仅数秒或几分钟），有的半衰期为数天至数十天。随着核爆时间的推移，裂变产物的组成也发生很大的变化，有的核素衰变消失，有的核素逐渐增长。在原子弹爆炸初期，危害较大的裂变产物为$^{131}I$、$^{140}Ba$、$^{140}La$、$^{89}Sr$等；中、晚期则为$^{90}Sr$、$^{137}Cs$、$^{144}Ce$、$^{144}Pr$、$^{95}Zr$、$^{95}Nb$。原子弹爆炸时，核裂变释放出来的中子被弹壳、土壤、水、建筑物等物质的原子俘获后，可产生感生放射性物质。

（2）（核电站）反应堆对环境的污染

从世界范围看，反应堆的数量都以较快的速度增长着。

反应堆是核工业体系中污染环境的主要环节。反应堆和核电站产生的放射性废物可分为裂变产物和中子后代产物两大部分。冷却剂里也有放射性核素，这既是由于冷却剂被活化，也是由于裂变产物小碎片通过包壳上缺陷的扩散，以及由于结构材料和包壳材料的腐蚀。向大气环境释放的放射性核素，包括裂变惰性气体氪和氙、活化气体（$^{14}C$、$^{16}N$、$^{35}S$、$^{41}Ar$）、氚、碘和放射性微粒。

(3) 其他放射性污染

因为人类活动而散布到环境中的天然放射性物质，包括煤电厂运行和含放射性物质的各种金属、非金属矿开采中产生的含天然放射性核素的气体、液体排放物和固体排放物。

核燃料循环过程中各核设施及工业、农业、医学等部门中的同位素应用设施向大气和水环境释放的放射性物质及储存的放射性固体废物。

因为工作不慎而散落在环境中的放射性物质，以及使用封闭型辐射源但屏蔽不好造成的环境外照射辐射场。

### 25.3.3　放射性防护监测

放射性工作所需要的安全状况监测主要是辐射防护监测。放射性辐射监测的目的，主要是防止有害的确定性效应的发生、限制随机性效应的发生率以及控制和评价辐射危害。一般来说，辐射防护监测的含义：一是对有关地点的辐射场和个人所受的剂量进行测量；二是根据测量结果，与国家或有关部门制定的放射防护规定中的相应数值进行比较，然后对该项放射性操作的安全程度做出评价。一切辐射防护监测结果必须及时分析，并建立档案，定期做出辐射防护评价，以改善防护措施，达到安全生产的目的。

(1) 工作场所监测

放射性工作场所的辐射监测，可以分为三种类型：常规监测，用于经常性的重复性作业；某些操作的监测，用于某一特定的操作；特殊监测，用于实际存在或怀疑存在异常照射的特殊操作之中。前两种监测，实质上都是指正常操作而言的。在一般情况下，这些监测主要包括：外照射监测、表面污染监测和工作场所空气污染监测等。特殊监测时也应进行包括上述内容的监测，但是，特殊操作往往需要提供更详细、更及时的资料，因而一般需有几项监测内容同时进行。当然，一旦特殊监测已经达到目的，就应恢复至常规监测。

① 外照射监测。工作场所的外照射主要来自γ和X射线，有时也有中子和β辐射。对它们的监测不仅是为了控制个人所受外照射剂量，而且往往也是检查屏蔽设施有无缺陷的重要手段。

如果辐射源活度和防护设施基本上是固定的，在开工初期就应将工作场所各点的辐射水平测定准确。特别是工作人员需要经常停留的地方（也包括相邻房间，楼上楼下或建筑物外）的辐射水平，更要测量清楚。一次测定后，一般无须进行经常性的测量，但每次辐射源活度改变时，应及时予以重新测量。

如果辐射源位置和防护设施不是固定的，在每次位置或防护条件改变时就应进行详细的测量。只有经过多次测量取得了一定的经验之后，才能缩小和减少对辐射场的测量范围和次数。对于辐射场容易改变并且会迅速增加到严重程度的辐射装置，应有自动报警仪器，例如各种强源治疗机或加速器等，应设有源是否正常工作的信号装置，这是消除意外事故的重要措施。

在开放型操作中，废物收集处的外照射剂量经常会有所增加，应时常进行监测和及时把废物处理掉。

在进行有外照射存在的特殊操作时，工作场所的外照射监测是最重要的。只有探明了辐射场分布情况，按预计的剂量范围确定了允许工作的时间之后，工作人员才能进入特殊操作区域。

② 表面污染监测。表面放射性物质污染的监测结果，往往是评定包封容器完好程度和工作场所辐射防护条件优劣的重要手段之一，也能及早地发现包封容器的意外破损或违章操作等事件。

表面污染监测，通常只选择某个区域内的有代表性的几个表面部分，并根据经验确定监测频度。大面积的普查也应建立，但一般一年内有数次即可。

操作放射性物质用的密闭工作箱和存放放射性物质的密封容器，是否有轻微的破损而导致少量洒落或溅出，一般可用检查控制区工作人员穿戴的鞋、手套和工作服袖口，清洁用的抹布或拖布，盛放放射性物质容器的撑托物等是否有表面污染来发现。

丙级工作场所，一般只需在工作地点设置可供随时检查工作服和体表污染用的仪器即可；而对于乙级以上的工作场所，除了工作场所外，在由工作区出来到更衣室的区段内也应设置污染检查仪器，以便控制污染向非放射性操作区扩散。在通风柜内和实验台上操作时，监测地面和设备的表面污染很有必要。经验表明，意外的污染是经常发生的。另外，在特殊操作时，监测范围和细致程度还应该有所增加。

为了做到不向非控制区域扩散放射性物质，对操作过放射性物质的物件，在携出工作场所改作他用时，应该对它们的各个表面做细致的污染测量（要特别注意缝隙和凹槽处），只有在污染程度低于规定的控制限值时才允许携出。

表 25.4 给出了各级工作场所的表面污染、空气中放射性物质浓度和外照射辐射活度等的监测周期，可供一般情况下采用。

表面污染监测的方法，通常是用仪器进行直接测量。对不能直接测量地方（如沟、槽、角落或窄小空间处）的松散污染可用擦拭法做间接测量。最简单的擦拭法是干擦，在需要检查的地方，用棉花（超细纤维滤布更好）擦拭一个相应面积（通常是 $50cm^2$ 或 $100cm^2$），然后将擦拭样放在仪器上测量。估算污染程度时，要注意把擦拭系数考虑进去。擦拭系数是擦拭样上的放射性活度与被擦面积上擦拭前的放射性活度之比，它随表面性质、污染时间长短、擦拭材料性质、污染物质的理化特性和擦拭压力等有关。干擦时的擦拭系数通常只有 10%～50%，甚至更低。采用仪器的类型视被检查的射线种类而定。监测到污染程度已超过规定值的地方，应立即划出区域，并责成有关人员及时做去污处理，以免扩大污染。

**表 25.4　各级工作场所辐射监测周期**

<table>
<tr><th colspan="2">监测项目</th><th>表面污染</th><th>空气中放射性物质浓度</th><th>β、X、γ、中子射线外照射活度</th><th>源密封性检查</th></tr>
<tr><td rowspan="3">开放型放射性场所</td><td>甲</td><td>1个月</td><td>1周</td><td>酌情定</td><td rowspan="3"></td></tr>
<tr><td>乙</td><td>1个月</td><td>2周</td><td>酌情定</td></tr>
<tr><td>丙</td><td>2个月</td><td>4周</td><td>酌情定</td></tr>
<tr><td rowspan="2">封闭型放射性操作</td><td colspan="3">对固定性辐射源和放射性设施</td><td>1个月</td><td rowspan="2">半年</td></tr>
<tr><td colspan="3">对非固定性辐射源和放射性设施</td><td>1周</td></tr>
</table>

③ 工作场所空气污染监测。开放型操作的工作场所，进行空气中放射性物质浓度的监测是相当重要的，因为吸入是工作人员摄入这些物质的一个主要而普遍存在的途径。但空气污染监测通常又只是在操作放射性物质数量较大时才是必要的。对丙级实验室水平的操作，一般经常性地进行表面污染监测就可对工作场所的辐射防护情况做出判断。不过，对在操作过程中能产生大量放射性灰尘、气体或气溶胶的工作场所，应定期或连续地进行空气污染监测。例如，操作毫居里量级的极易挥发的碘同位素时，就应建立空气污染监测。检查周期可参考表25.4。

与表面污染监测一样，对特殊操作也应增加空气污染监测的布点和频度。

通风排气系统的过滤器，在使用过程中是会逐渐甚至突然出故障的。为了控制废气向大气的排放，必须定期监测过滤器前后的放射性气体或气溶胶浓度，以便在发现过滤器过滤效率不能满足要求时及时更换。

a. 取样方法。测定工作场所放射性气体和气溶胶浓度的取样点布置，可以有三种方式：一是工作场所的固定取样点，它应置于工作人员逗留时间最多的地方；二是用可携式取样器采集特殊位置的样品；三是用个人取样器采集工作人员呼吸带样品。个人取样器所得的结果，最能评价工作人员可能吸入的放射性物质数量。

气溶胶取样方法主要有：过滤法、冲击法、静电收集法和黏着法等。其中过滤法由于过滤材料容易获得，采样设备也较简单，所以应用最广泛。

图25.1给出了放射性气体取样装置，它由装有滤纸的过滤器、气体流量计、抽气电机和连接管等组成。

滤纸是用来收集空气中放射性气溶胶的，其优良程度主要用过滤效率（符号 $\eta$）表示。目前广泛使用的滤纸主要是合成超细纤维滤纸。但是，这种滤纸对碘和铯等的同位素过滤效率很低。而活性炭滤纸对分子态碘的收集效率可达95%左右，适宜于对碘取样用。

取样时，滤纸（有效直径约4～5cm）装在过滤器（即取样头）上，滤纸表面应与地面保持垂直，以消除大颗粒落下对取样代表性的影响。流量计用来测定单位时间内流经滤纸的空气体积，用它乘上取样时间即得取样总体积。抽气泵可采用家庭用电动吸尘器。吸尘器使用时应注意电机发热，一般只能连续工作15～20min，休息冷却15min后再继续使用。取样器的流量一般在200～280L/min。连接管高度可以调节，以便能抽取不同高度的空气样品。一般情况下，取样点应布置在污染源的下风向工作人员经常逗留的区域，取样点离地面约1.4～1.6m高，相当于人呼吸带的高度。在特殊情况下，取样点应接近操作区或人的鼻部。目前在大中型核企业中，多数建立了连续自动取样和报警的设备。但如图

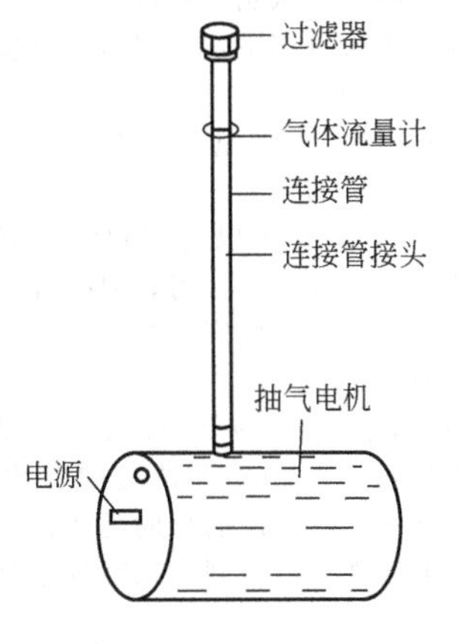


图25.1　放射性气体取样装置

25.1所示的取样装置简单而又易于配备，具有可流动取样等优点，在中小型放射性核素应用单位仍被广泛使用着。

取样过程中应把取样条件和数据记录在专用表格上，以便对监测结果进行评价。记录内容主要有：取样日期、地点；操作放射性物质情况和通风情况；取样时气体流量和时间长度等；对样品的放射性活度（或核素分析）的测量结果，以及最后计算出的放射性气溶胶浓度值等。

b. 过滤法取样的气溶胶浓度计算。以过滤法取样为例，空气中人工放射性气溶胶浓度，可由式（25.7）计算：

$$c=\frac{N}{2.2\times10^{12}Qt\eta K\varepsilon\xi} \tag{25.7}$$

式中，$N$ 为滤纸上人工放射性污染的净计数率，计数/min；$Q$ 为取样流量，L/min；$t$ 为取样时间，min；$\eta$ 为滤纸过滤效率；$K$ 为滤纸自吸收系数；$\varepsilon$ 为仪器探测效率；$\xi$ 为滤纸的β反散射系数。

刚取完样的滤纸上，有大量天然存在的 $^{222}Rn$ 和 $^{220}Rn$ 子体。要测出人工放射性气溶胶污染，必须把天然放射性核素和人工放射性核素分开。区分的方法目前主要有衰变法、能量甄别法、假符合法、比值法和利用两者在非放射性特性上的差异建立的其他物理和化学方法。

衰变法是利用各种放射性核素半衰期的不同，且天然放射性核素的半衰期又较短的特点，分开天然放射性核素和人工放射性核素的方法。取样4天以后，天然放射性核素可以粗略地被认为已全部衰变完。所以，对于长寿命人工污染放射性核素，当其污染浓度不需要快速测出时，可放置4天或者更长一些的时间后再测定。但在样品放置期间，要防止各种途径对样品造成的放射性污染。敞开放置的样品很容易吸附空气中的 $^{222}Rn$ 和 $^{220}Rn$ 子体。为了尽早地知道人工污染的程度，通常采用对样品追踪测量的方法。一般在取样后5min、6h和24h三个时间进行测量。5min后的测量，可以及时地报告出人工污染已超过 $10^{-12}$Ci/L（$3.7\times10^{-2}$Bq/L）的情况。利用经过6h和24h后样品净计数率 $N_1$ 和 $N_2$，可以求出人工放射性的净计数率。

$$N=\frac{N_2-0.31N_1}{0.69} \tag{25.8}$$

这里要注意，$N_1$ 与 $N_2$ 的统计误差不能大于10%，否则，$N$ 有可能出现负值。

放射性气溶胶流经过滤材料时，一部分滞留在滤纸上，一部分穿过滤纸，未被滤纸收集到。过滤效率 $\eta$ 是滞留在滤纸上的放射性活度与通过滤纸的空气中当时实际存在的放射性活度之比。过滤效率与滤纸的性质、气溶胶的颗粒度和气流速度有关，一般常由实验测量得到。简单的实验方法是用两张材料和厚度完全相同的滤纸串联取样，然后利用式（25.9）计算。

$$\eta=\frac{N_1}{N_1+N_2} \tag{25.9}$$

式中，$N_1$ 为第一张滤纸上的放射性活度计数率；$N_2$ 为第二张滤纸上的放射性活度计数率。

超细纤维滤纸的过滤效率，对大部分放射性核素可取90%～99.9%，而对 $^{137}Cs$ 仅为65%左右。活性炭滤纸的过滤效率，对元素态（分子态）的碘同位素，约可取90%，但对有机碘，只取1%左右。

探测效率是由测量仪器的性能和污染核素的辐射特性所决定的，对α射线一般约是10%～30%，β射线是9%～15%。测量中应尽量消除测量条件不稳定的影响，最好每次测量前后都用同一标准源确定其探测效率。为消除立体角的影响，标准源活性区应与滤纸的有效直径相同。

滤纸的自吸收，是放射性气溶胶分布在滤纸样品的不同深度上造成的。这个系数一般也由实验测定，对铀α可取

0.7，对钚α可取0.8。

在辐射防护测量中，由于滤纸的反散射影响较小，故一般可以忽略不计。

④ 密封源密封性检查。密封源的密封性受到破坏的因素主要有：a. 由于密封容器中可能存在的水分在强辐射作用下分解所产生的蒸汽压力，把容器胀裂或某些应力较弱处破坏；b. 搬运过程中磨损、掉落、跌砸使包装容器损坏；c. 放射气源射气造成的压力使容器破坏；d. 焊接密封时有假焊等。

密封性已破坏的放射性辐射源，如不及时发现并采取措施，会很快酿成大面积表面污染和气溶胶污染事故。所以，对源的密封性要定期检查，检查周期可参考表25.4。但在发生放射源从高处掉落或碰砸等情况时，必须及时进行检查。

对密封源密封性的定性检查，虽然不能给出泄漏的定量结果，但可以判断辐射源是否还能继续使用。定性检查的方法如下。

a. 浸入检验法。把密封源浸泡在水溶液（绝不能有酸碱液，以免使密封容器受腐蚀）里一定时间，然后取水样测定水溶液中的放射性活度。用水屏蔽井的辐射源，可直接定期测量屏蔽水中的放射性物质含量即可。

b. 擦拭检验法。可以用在25%的甘油乙醇中浸渍过的棉球擦拭密封源的外表面，然后测定擦拭棉球上有无放射性物质污染。但大部分密封源，在生产过程中外表面就有少量放射性物质污染，监测时要注意鉴别。

c. 气体吸附法。能释放气体的辐射源，可用此法检漏。释放的气体由气体吸附剂（或收集器）收集，然后放在气体测量装置上测量。

（2）外环境监测

外环境的辐射防护监测结果，是评价放射性工作单位环境保护工作做得好坏的重要依据，环境保护部门也可以据此对工作单位就环境保护提出要求与措施。

外环境监测的机构一般可分为两类：一类是大型的核企业，由本企业的防护监测部门负责进行，而地方公共卫生机关只进行监督、抽查和提供必要的帮助；另一类是经常排放的放射性“三废”数量并不太大，但同邻近若干单位一起相加后的排放总量有可能造成一定程度的环境影响的单位，外环境监测一般由地方公共卫生机关负责进行。

新建的大型核企业，在投产前必须获得本地区至少1年的天然辐射本底数据，以便对投产后造成的环境污染程度进行评价。新建的小型企业，如获得上述完整的资料有困难时，可以采用附近地区的天然辐射水平代替。

外环境的监测范围，视排出物中放射性核素的性质和数量、排放形式及环境条件等许多因素而定，可包括全部防护监测区和部分附近居民区，从方圆几十米到几十千米不等。排放量很小的单位，常常只需在方圆几十米或几百米范围内进行监测。对于常年处于废气排放口的下风向或排放放射性废水的河流下游区域，监测范围应比其他方面的区域大些。

外环境监测项目可包括空气、水（包括污水下水系统）、土壤、有代表性的农牧产品及排放“三废”中放射性物质含量的测量，并由此计算出总（日或年的）排放量及地表面的β、γ辐射活度的测量等。在有多种核素存在时，还应做主要核素分析。

对于操作放射性物质年数较久的单位，可以根据历年的监测结果，常规监测应简化为只选择“紧要地区”、“紧要核素”和“紧要品种”进行监测。“紧要”的意思是只要这些地区（或品种）的样品中的紧要核素的含量不超过有关规定的话，那么在其他一切地区（或品种）的样品中的各种放射性核素的含量也不会超过相应标准。一旦发现异常情况时，应扩大监测范围和监测项目，进行“追踪”监测，以便获得更完整的资料，供分析原因和提出环境保护措施用。

对样品的测量分析，一般包含两个方面内容：样品中所含的是哪些放射性核素或主要是哪些放射性核素；样品中有关核素的放射性活度或比活度的大小。

外环境样品中放射性的测量比工作场所样品的测量更为困难，主要原因是分析对象繁多，样品体系复杂，放射性活度又比较低。当前一般采用两种测量方法：一是用低本底物理测量装置直接测量，例如对大部分γ放射性核素可采用低本底γ谱仪测定，这种方法的优点是操作简单，并可对多种核素同时测量，但这种方法所用的测量设备价格较贵；二是先用化学分析方法对采集的样品中的放射性物质进行分离浓集，然后制成“测量样品”，再用物理仪器测量，此法操作麻烦，但灵敏度较高。

### 25.3.4　放射性事故处理

（1）事故处理一般原则

辐射事故按其性质一般分为：超剂量照射事故、表面污染事故、放射性流出物排出事故、丢失放射性物质事故、超临界事故和其他事故。辐射事故按危害程度可分为：一般事故、较大事故和重大事故。

对事故现场处理的一般原则如下。

① 首先是消除事故的源头，防止事故继续蔓延扩大。遇到盛装放射性料液的容器有裂缝，放射性溶液正在往外渗漏时，首先应尽快将放射性料液转移到完整的容器中；遇到中小强度的外照射辐射源已经掉落在容器外边时，应赶快用现有的工具或屏蔽材料，迅速地将其放到有屏蔽能力的容器内。但是，遇到强辐射源时应首先组织附近人员立即退出现场，然后研究处理措施，以做到有组织、有计划、科学地消除事故。

② 控制事故影响区域，以防止有人受到大剂量照射，或防止污染扩大。这可以用明显的标志（例如用涂有颜色的绳、线、桩等，甚至设岗哨等）划出禁区，并严格限制无关人员进入。特别是表面污染事故，如果对出入的人员不加限制，会扩大污染范围，给去污工作带来很大的困难。

③ 处理要及时迅速。发现事故后应迅速组织人力、物力采取措施进行处理。污染事故，时间拖久了更不易去除污染。

④ 彻底处理，不留后患。一般情况下，绝不能采用封闭事故现场的方法作为处理事故的最终方案，而应该彻底清理好。

⑤ 处理较复杂的事故，必须在有资格的安全防护人员指导下进行。有的事故，由于技术性比较强，如处理不当，会发生新的事故。因此，从制定处理工作计划到处理工作完毕后的评价这样一个长过程中，随时得到有资格的现场防护人员的指导是很必要的。

⑥ 做好事故处理中的剂量监测工作，收集分析事故发生原因和评价事故后果的资料。

⑦ 事故处理中，要在可以合理做到的范围内尽量减少照射，尤其是减少超过标准的照射；对处理事故的应急人员受照剂量应规定一个限值，由安全防护人员监督执行。

（2）准备工作

在着手处理事故之前，应制定出具体处理方案和步骤，同时要注意随着处理过程中实际情况的变化而改进处理方案，并做好充分准备。这样做的目的是防止扩大事故并尽量缩短工作人员在事故现场的时间，以减少接受的辐射照射总剂量。

准备工作主要有以下5个方面。

① 弄清事故类型，确定事故影响范围。根据事故类型，用辐射防护仪表测量法和理论估算法尽快把事故影响范围和相应的辐射强度搞清楚，以作为确定事故处理措施的依据。

② 制定事故处理方案。按照事故类型，辐射场活度（包括气溶胶浓度和表面污染），人力、物力的情况，以及其他方面的要求等制定处理程序和各具体步骤的要点，其中也应包括“三废”处理方案、辐射防护及监测方案等，特别是人员在事故现场允许停留的时间应做明确规定并坚决执行。

③ 物资准备。准备好处理事故中所需的一切物资，诸如简易操作机械、化学去污药品、个人防护用品、防护屏、“三废”处理设备、剂量监测仪表和其他测量设备等。选择剂量监测仪表时要注意其所能测定的辐射类型和量程范围。在强 γ 场下处理事故时，最好使用个人剂量报警仪。

④ 人员准备。要选择对事故现场比较熟悉和技术比较熟练的人员去消除事故，并应按处理方案进行试验，在证明方案可行且工作人员也已熟练后，才能实际进行。一切人员在进入现场前要明确职责，在安全防护上要服从安防人员的指导。

⑤ 建立组织。在处理较大事故时一般应建立专门小组，其基本任务是查清事故发生原因，完成现场处理，做出事故评价，总结经验教训，提出防范措施等。

事故一旦发生，为把事故造成的损失和影响控制在最小限度，其中做好事故处理准备工作最为重要。

## 25.4 放射性物质运输安全

### 25.4.1 放射性物质运输基础知识

（1）放射性物质安全运输中的分类

目前，国内外对危险品的分类方法基本相同，都将危险品分为九类，其中第七类就是放射性物质。凡比活度大于 70kBg/kg（即相当于 2μCi/kg）的物质就称为放射性物质。放射性物质有块状、粉末、晶粒、液态或气态之分，但不管哪一种放射性物质，其共同特点是能够连续不断地放出射线（包括 α、β、γ 和中子）。有的物质仅放射出一种射线，有的可能放出两种乃至三种射线。几种射线对物质有不同的穿透能力，它们对人体都有损伤作用。因此在放射性物质的运输中要严格执行有关规程，确保安全运输。目前运输中放射性物质包括下列 5 大类：①低弥散放射性物质；②低比活度物质；③低毒性 α 放射性物质；④特殊形式放射性物质；⑤表面污染物质。

（2）与放射性物质安全运输有关的概念

① 包装与货包。在放射性物质安全运输中，包装与货包具有不同的概念。具体地说，包装可以包括一个或几个容器、吸收物质、间隔结构、冷却设备、防止机械冲击的吸收装置以及绝热装置。这些装置有时还包括车辆本身在内，这个车辆具有使包装固定的系统而构成包装的一个部分。包装可以是小到一个盒子或类似的容器，也可以是大到集装箱或“罐”。而货包是交付运输的包装连同其中的放射性内容物。也就是说，装了放射性内容物的包装就称为货包。货包一般分为四大类：例外货包、工业型货包（包括三种类型）、A 型货包、B 型货包［包括 B（U）型和 B（M）型］。

② 放射性内容物。放射性内容物指的是包装内的放射性物质连同被其污染的多种固体、液体和气体。货包中放射性内容物的放射性活度是有一定限制的。对于 A 型货包而言，特殊形式的放射性以及一般形式的放射性内容物的数量是受限制的（即 $A_1$、$A_2$ 值，$A_1$ 是 A 型包装中允许装入的特殊形式的放射性物质的活度最大容许限值，$A_2$ 是一般形式放射性物质的活度最大容许限值），而对 B 型货包则根据设计批准书上的量控制。

③ 特殊形式的放射性物质。特殊形式的放射性物质是指那些不可弥散的固态放射性物质或储藏有放射性物质的密封小容器，而且此种密封小容器应当做得只有破坏容器时才能打开。特殊形式的放射性物质还必须满足下列诸要求。

a. 至少有一个尺寸不小于 5mm。

b. 必须符合冲击试验、叩击试验、挠曲试验和加热试验的要求。

④ 一般形式的放射性物质。在运输中那些未能满足“特殊形式的放射性物质”各项要求（即各种试验要求）的放射性物质都属于一般形式的放射性物质。它包括可能产生弥散的固体、液体、气体、粉末等。

⑤ 货包辐射水平与最大容许辐射水平。货包辐射水平是指货包表面（以及距该货包表面 1m 处）以 mSv/h 为单位的剂量当量率。货包的最大容许辐射水平指的是各种级别货包表面及其 1m 远处的辐射水平（剂量当量率）的限值。运输中各个级别货包的辐射水平都不容许超过此相应的限值。

⑥ 整载货物。运输中整载货物包括下列情况的货物：由发货人托运时专用了一个车辆或一个大型集装箱、一架飞机、内河船舶的一个货舱或隔室、海洋航轮的一个货舱或隔室及一块甲板区，以这种方式运输的货物就称为整载货物。整载货物在运输起点、中途和终点的装卸由发货人或收货人自行安排，但必须符合下列要求。

a. 运输人员和仓库保管人员的辐射照射应严格控制在所受的照射剂量当量不超过社会成员的容许量（即每年不超过 5mSv）。而对那些已划定为辐射工作者的人员应控制所受照射剂量当量不超过每年 50mSv（或 5rem）。

b. 关于涉及的危害和防范措施应将必要注意事项告知有关的运输人员及仓库保管人员。

⑦ 积载。积载即堆放或摆放的意思，是运输中的一个环节，将货物装到车、船或飞机上，不同类型的货物有不同的要求。为保证安全，某些货包的摆放有特殊要求即称积载要求。例如当放射性货物与未感光胶卷一起运输时，就必须满足适当的隔离要求，使未感光胶卷在整个运输期间所受的照射小于 10mR。此外，积载要求中还有运输指数、件数、摆放密集度等方面的内容。对于裂变物质还要求货包排列必须是次临界的。每次运输的积载都必须按主管部门批准的证书和运输证件所规定的要求执行。

⑧ 满载。运输中满载是指下列任何一种情况的负载。

a. 来自一个发货人专用的车辆或大型货物集装箱，或者船上的一个货舱、一个舱室或限定的甲板区域的货载。

b. 对其码头管理和转运装卸应按照发货人或收货人的要求进行。

c. 除非有特殊说明，否则包件中不得有不同种类的放射性物质或与非放射性物质混载。

### 25.4.2 放射性物质安全运输

#### 25.4.2.1 放射性物质运输包装

如前所述，放射性物质能自发地不断放出射线，并对人体具有一定的危害作用。因此，放射性物质运输中很重要的一点就是要防止射线对人体的照射，并防止放射性物质散失出来。一方面将包装要按照各种射线的不同性质选择不同的材料制成各种类型的结构，对射线进行有效的屏蔽；另一方面将包装制成各种构件（例如密封容器等）防止放射性物质扩散，以免工作人员、工作场所、运输工具、搬运设备或其他物品受到放射性物质的污染。合格而良好的包装是放射性物质安全运输的基础。因此，对于放射性物质，必须要求包装好后才能运输。

① 包装和货包设计的基本要求 货包在设计时必须满

足下述基本要求。

a. 包装的设计，在考虑它的质量、体积和形状时，应使其便于安全地装卸和运输，并且在运输中稳妥地固定在运输工具上。

b. 毛重在10～50kg的货包应有人工装卸的提手，大于50kg的货包应当能用机械安全装卸。

c. 设计的附连在货包上面的提吊部件，在正常使用时，不会对货包结构产生不安全的应力，同时应留有猛然起吊时相应的安全系数。

d. 货包外表面用以提起货包的部件或其他装置，在运输中应当能拆下或不起提吊作用，需要时其结构能按b. 项要求用作放射性货包的把手。

e. 在实际可行的限度内，货包外表面应尽量平滑，防止积水并易于去污。

f. 在运输过程中，附连在货包上的任何部件不得减损货包的安全性。

g. 货包必须能够经受住在正常运输条件下可能引起的任何加速、振动和共振的影响；能经受运输过程中正常冲撞、振动、挤压和摩擦。确保各种容器的密封性或货包的完整性不受任何损坏，特别是螺母、销子和其他紧固器件在设计上做到能防止无意松动或脱开。

h. 包装的材质、规格和种类与任何组件或构件必须在理化性质上是相适应的，与放射性内容物是相容的，同时也应考虑到在辐射条件下的变化情况。

② 包装的构成。放射性物质运输包装是按一定技术方法而采用的容器、材料及辅助物构成的零件、部件的综合体，主要包括以下几部分。

a. 防护容器。起屏蔽作用，用于减弱射线的强度。

b. 防护填充材料。用作补充减弱射线的辅助包装材料。

c. 内容器。为了方便，用于装卸具有放射性物质初始容量的容器。

d. 辅助包装材料。为了使初始容量的放射性物质得以完善保存和在事故损坏的情况下能吸收放射性物质的材料。

e. 密封容器。它保证对放射性物质的运输在正常条件和事故条件下具有所规定的密封性，并防止放射性物质在周围环境中的扩散。

f. 保护包装材料。用以保护外容器不受损坏和防止人员、工作场所、运输工具、装卸设备及周围环境受到放射性物质的污染。

g. 起重部件。在装卸过程中用于提升和挪动包装的部件。

此外，在整个包装中可能还有排放热量的冷却设备、排除剩余压力装置、机械冲击吸收装置及绝热装置等。

③ 工业型货包。工业型货包主要是用来装运低比活度放射性物质或表面污染物体的包装、罐或货物集装箱。根据装载和要求的不同分三种类型。

a. 工业Ⅰ型货包主要是装运Ⅰ类低比活度物质或Ⅰ类表面污染物体。其设计要求应满足对放射性物质所规定的一切包装和货包的一般要求。如果空运时，还应符合空运包装的附加要求。

b. 工业Ⅱ型货包主要用来装运Ⅱ类、Ⅲ类低比活度物质，Ⅰ类低比活度液体物质或Ⅱ类表面污染物体。其设计要求应满足对放射性物质所规定的一切包装和货包的一般要求。如果空运时，则应符合空运包装的附加要求。此外，还应满足对工业Ⅱ型货包、罐或货物集装箱的特定设计要求。

c. 工业Ⅲ型货包主要装运Ⅲ类低比活度物质、Ⅱ类低比活度液体或气体物质、Ⅱ类表面污染物体。其设计应满足对一切包装和货包的一般要求。如果空运时，则应符合空运包装的附加要求。此外，还应满足对工业Ⅲ型货包、罐或货物集装箱的特定设计要求。

④ A型货包。A型货包是指它的设计能承受相应于正常运输条件下的性能试验，其密封性和屏蔽性完好无损的包装。内装放射性物质限于$A_1$或$A_2$，对A型货包除了要满足对包装设计的一般要求外，还有如下附加要求。

a. 货包任何一边的外尺寸不得小于20cm。

b. 每一件货包的外面都要有可靠的铅封，以证明货包未被打开过。

c. 包装的设计应当考虑在运输和存放过程中可能受到的温度变化。在选择材料时所考虑的温度范围可以取为－40～70℃，但在这样的温度范围内，应当特别注意材料变脆而断裂。

d. 焊接或其他连接装置的设计和制造工艺应符合标准。

e. 货包应当能耐受在正常运输过程中发生的加速、振动或共振，而不致损害各个容器上关闭装置的有效性和整个货包的完整性，特别是螺母、螺栓和其他紧固装置在结构上应当保证即使多次反复使用后也不致松动或偶然自动脱开。

f. 包装的设计应当包括一个可靠的关闭装置所构成的密闭系统。关闭装置不能随意开启或由于货包内部所产生的压力作用而打开。

g. 特殊形式的放射性物质可视为密闭系统的一个组成部分。

h. 如密封系统是整个包装的单独部分，则应具有与包装任何其他部分无关的牢靠的关闭装置。

i. 整个包装及其结构的任何集成部分所用的材料必须考虑到照射时的作用，使其在物理和化学方面能相互并容，并且材料与放射性货包所装的内容物能相互并容。

j. 密封系统任何组件的设计，应当尽可能考虑到液体和其他易损物质的辐射分解，以及由于化学反应和辐射分解作用所产生的气体。

k. 密封系统应当在环境压力降低到24.5kPa时，仍能保持它的内容物不致外溢。

l. 除排气安全阀以外，凡是放射性内容物有可能由此渗漏的所有阀门，均应有防止无关人员随意启动的保护装置，并应装有防止放射性物质经由阀门渗漏的罩帽。

m. 如果密封系统中的一个或若干个组成部分有辐射屏蔽防护，则它们在结构上应使任何一个组成部分不露出防护屏蔽范围之外。如果防护屏蔽和其他内部密封系统的组成部分无关而是单独的部件，则防护屏蔽应有与整个包装任何其他部分无关的牢靠的关闭装置。

n. 货包上所有用于固定的附件，在结构上应保证不论在正常条件还是在发生事故条件下所产生的应力都不致削弱或损害该货包满足A型货包规定标准的要求。

o. A型货包的结构应能做到在接受喷水试验、自由下落试验、压缩试验和贯穿试验后，放射性内容物不失散（或弥散），货包外表面的最大辐射水平不增加。

p. 液体放射性物质所用的A型货包，除应符合上述15项要求外，还要求：当做自由下落试验时，样品下落到靶子上，应使密封系统受到最大的损伤，从样品最下部到底板上平面的下落高度应为9m；当做贯穿试验时，其程序按标准进行，不同的只是下落高度从1m应增加到1.7m。但是，如果密封系统内吸附材料的数量足以吸收不少于2倍的液体内容物，并且符合下列条件，则无需进行试验：吸附材料处于辐射防护屏蔽之内；吸附材料虽然处于辐射防护屏蔽之外，但能证明当液体内容物被吸附材料吸收后，由此产生的放射性货包表面的辐射水平不超过2mSv/h。

q. 用于压缩或非压缩气体的A型货包，在进行了自由下落试验和贯穿试验后，仍能防止放射性内容物的失散或漏散时，用于放射性活度不超过$4\times10^{13}$Bq（1000Ci）的气态氚或放射性活度不超过$A_2$的气态惰性气体的货包，可以免除本条的要求。

⑤ B型货包。B型货包包括B（U）型和B（M）型，是装有活度可以超过$A_2$的特殊形式的放射性物质或超过$A_1$的非特殊形式的放射性物质的货包、罐或货物集装箱。对B型货包的设计除满足对货包的一般要求、A型货包的附加要求、空运的附加要求外，还要满足如下要求。

a. 货包在接受力学试验、热试验和水浸没试验后能保持足够的屏蔽能力，以保证在货包内装有所设计的最大量的放射性内容物时，距货包表面1m处的辐射水平不超过10mSv/h（1rem/h）。

b. 货包设计，要求在环境温度为38℃以及规定的太阳暴晒量（见表25.5）的条件下，货包经受喷水试验、自由下落试验、压缩试验和贯穿试验所证明的正常运输条件下，货包内部由于内容物所产生的热量，不会1周内无人照管而对货包产生不利的影响，以致降低包容系统和屏蔽的效能，主要应特别注意热效应的如下变化。

使放射性内容物的排列、几何形状或物理状态发生变化，如果放射性物质是封装在罐或容器内（例如带包壳的燃料元件），则可能使罐、容器或者放射性物质变形或熔化。

由于辐射屏蔽材料不同的膨胀、产生裂缝或熔化而降低包装的效能。

发热加潮湿，使腐蚀加速。

**表 25.5 暴晒数据**

| 表面形状和位置 | 每天12h暴晒量/(W/m²) |
|---|---|
| 平坦表面，水平的运输 | |
| 底面 | 无 |
| 其他表面 | 300 |
| 平坦表面，不是水平的运输 | |
| 任何表面 | 200① |
| 弯曲表面 | 400① |

① 另一种处理办法是采用一个吸收系数，并忽略邻近物体可能的反射效应，然后使用正弦函数来估计暴晒量。

c. 货包在符合②的条件下，其可接近表面温度不得超过50℃。

d. 为了满足热试验的要求而带有热保护装置的货包要能经受住喷水试验、自由下落试验、压缩试验、贯穿试验以及力学试验中的下落试验Ⅰ和下落试验Ⅱ的要求。

e. 在常规运输条件下和发生事故时，以及在上述试验条件下未模拟到的如扯裂、切割、磨损或粗暴装卸等情况，包装外部任何防护装置仍能保持有效。

f. 货包在受到喷水试验、自由下落试验、压缩试验和贯穿试验后，放射性内容物的损失限制在每小时不大于$10^{-6}A_2$。

g. 货包在接受了力学试验、热试验和水浸没试验后，1周内放射性内容物的累积失散对$^{85}$Kr限制在不大于$10A_2$，其他所有放射性核素不大于$A_2$。

h. 当货包内装有各种放射性核素的混合物时，则必须按计算$A_1$、$A_2$值的方法予以确定，但$^{85}$Kr例外，它的$A_2$有效值可采用100TBq。同时，对货包外表面污染必须按规定的污染限值控制。

⑥ 对B（U）型货包的要求。B（U）型货包必须满足B型货包设计的全部要求，同时还要符合如下要求。

a. 装有放射性活度大于$3.7\times10^{16}$Bq（$10^6$Ci）辐照过的核燃料货包在接受了水浸没试验后，应确保包容系统不破裂。

b. 为遵循容许的放射性活度释放限值而采取的措施，不得依赖过滤器或机械冷却系统。

c. 为防止在经受喷水试验、自由下落试验、压缩试验和贯穿试验后，可能引起放射性物质排入环境，因而货包不得有脱离包容系统的减压装置。

d. 货包在处于最大正常工作压力时，接受喷水试验、自由下落试验、压缩试验、贯穿试验、力学试验、热试验和水浸没试验后，包容系统保护能力和安全性不应受到不利影响。

e. 货包的最大正常工作压力不得超过表压700kPa。

f. 除了对空运货包的要求之外，在货包运输过程中容易接近的任何表面的最高温度于正常运输条件下又没有暴晒时，不得超过85℃。可以考虑采用屏障或隔板保护运输人员，此种屏障和隔板不必接受任何试验。

g. 货包的设计必须适应环境温度范围（−40～38℃）。

⑦ 对B（M）型货包的要求

a. B（M）型货包必须满足B型货包设计的全部要求，以及在实际可行的限度内尽量能符合对B（U）型货包的各项规定要求。

b. 在运输过程中，B（M）型货包的间歇性通风是容许的，只要通风的操作管理为有关主管部门所接受。

#### 25.4.2.2 放射性物质的运输分类、分级和限量

（1）放射性物质运输分类

经由铁路、公路、水路及航空所运输的放射性货物，因其所具有的放射性，它们的原子核经受着自发的衰变，并伴随着放出不同类型的射线，这是放射性货物与其他货物最大的不同点。根据放射性物质的特性及对人类健康和环境的潜在危害程度，通常可分为如下3类。

一类放射性物品，是指Ⅰ类放射源、高水平放射性废物、乏燃料等释放到环境后对人体健康和环境产生重大辐射影响的放射性物品。

二类放射性物品，是指Ⅱ类和Ⅲ类放射源、中等水平放射性废物等释放到环境后对人体健康和环境产生一般辐射影响的放射性物品。

三类放射性物品，是指Ⅳ类和Ⅴ类放射源、低水平放射性废物、放射性药品等释放到环境后对人体健康和环境产生较小辐射影响的放射性物品。

（2）放射性货包和集装箱的运输分级

放射性货包和集装箱划分运输等级是为了便于组织和管理放射性货物的运输、剂量检查与安全防护。

一类放射性物品从境外运抵中华人民共和国境内，或者途经中华人民共和国境内运输的，托运人应当编制放射性物品运输的核与辐射安全分析报告书，报国务院核安全监管部门审查批准。

二类、三类放射性物品从境外运抵中华人民共和国境内，或者途经中华人民共和国境内运输的，托运人应当编制放射性物品运输的辐射监测报告。

① Ⅰ级——白色

货包：在正常运输过程中的任一时刻，在货包外表面上任一处的辐射水平不得超过0.005mSv/h（0.5mrem/h）。

集装箱：集装箱内的任一货包的辐射水平不得高于Ⅰ级——白色。

② Ⅱ级——黄色

货包：在正常运输过程中的任一时刻，货包外表面上任一处的辐射水平不得超过0.5mSv/h（50mrem/h），同时运输指数不得大于1。

集装箱：在正常运输过程中的任一时刻，集装箱的运输指数不得大于1。

③ Ⅲ级——黄色

货包：在正常运输过程中的任一时刻，货包外表面任一处的辐射水平不得超过2mSv/h（200mrem/h），同时运输指数不得大于10。

集装箱：在正常运输过程中的任一时刻，集装箱的运输指数不得大于10。同时，要求在任一单个集装箱或一批集装箱中运输指数的总和不得超过50。

各级货包最大允许辐射水平限值见表25.6。各级外包装（包括集装箱）的最大允许辐射水平见表25.7。

**表25.6 各级货包最大允许辐射水平限值**

| 货包类型 | 货包外表面/[mSv/h(mrem/h)] | 距货包表面1m处(即运输指数TI)/(mrem/h) |
|---|---|---|
| Ⅰ级——白色 | $H\leqslant0.005(0.5)$ | 0① |
| Ⅱ级——黄色 | $0.005(0.5)<H\leqslant0.5(50)$ | $0<TI\leqslant1$ |
| Ⅲ级——黄色 | $0.5(50)<H\leqslant2(200)$ | $1<TI\leqslant10$ |
| Ⅲ级——黄色(专载) | $2(200)<H\leqslant10(1000)$ | $TI>10$ |

① 凡TI≤0.05mrem/h（1rem=10mSv）者，被认为0。

**表25.7 各级外包装（包括集装箱）的最大允许辐射水平**

| 外包装类别 | 距外包装(或集装箱)表面1m处(即运输指数TI)/(mrem/h) |
|---|---|
| Ⅰ级——白色 | TI=0 |
| Ⅱ级——黄色 | $0<TI\leqslant1$ |
| Ⅲ级——黄色 | $TI>1$ |

（3）工业货包的限值

工业货包主要用来装运低比活度物质（LSA）和表面污染物体（SCO）。单个低比活度物质的货包中总放射性活度或单个表面污染物体的货包中总放射性活度，必须加以限制，使得离无屏蔽物质或物体、物体群3m远处的外部辐射水平不得超过10mSv/h（1rem/h）。而且在单一交通工具中的低比活度物质和表面污染物体的总放射性活度都不得超过表25.8中所规定的限值。

**表25.8 低比活度物质和表面污染物体在交通工具中的放射性活度限值**

| 材料性质 | 除内陆水路外交通工具的放射性活度限值 | 内陆船舶底舱或货舱中的放射性活度限值 |
|---|---|---|
| Ⅰ类低比活度物质 | 无限值 | 无限值 |
| Ⅱ类和Ⅲ类低比活度物质的非易燃性固体 | 无限值 | $100A_2$ |
| Ⅱ类和Ⅲ类低比活度物质的可燃性固体、液体和气体 | $100A_2$ | $10A_2$ |
| 表面污染物体 | $100A_2$ | $10A_2$ |

（4）A型货包的限值

① A型货包所含的放射性活度不得超过下列数值：

a. 对于特殊形式的放射性物质——$A_1$；

b. 对于所有其他放射性物质——$A_2$。

② $A_1$和$A_2$值的确定方法

a. 对于种类已知，但$A_1$、$A_2$值未知的单种放射性核素，$A_1$和$A_2$值的确定必须经主管部门的批准，对国际运输来说，必须经多方批准。也可以用表25.9的$A_1$和$A_2$值，此时不必取得主管部门批准。

**表25.9 $A_1$和$A_2$通用表**

| 内容物 | $A_1$/TBq(Ci) | $A_2$/TBq(Ci) |
|---|---|---|
| 已知有发射β和γ的核素 | 0.2(5) | 0.02(0.5) |
| 已知有发射β和γ的核素或者无有关数据可用 | 0.1(2) | $2\times10^{-5}(5\times10^{-4})$ |

注：括号中的居里值是近似值。

b. 若单一放射性衰变链中放射性核素以天然的比例存在，并且子核半衰期不大于10天或不大于母核的半衰期，则必须把该单一放射性衰变链看作单纯放射性核素，而所计算的放射性活度和所应用的$A_1$或$A_2$值必须与该衰变链母核的数值相同。若在放射性衰变链中任何子核半衰期大于10天或大于母核半衰期，则必须把母核和这种子核看为不同核素的混合物。

c. 对于种类和各自的放射性活度已知的放射性核素的混合物，必须应用下述条件。

对特殊形式放射性物质：

$$\sum_i \frac{B(i)}{A_1(i)}\leqslant 1 \tag{25.10}$$

对其他形式的放射性物质：

$$\sum_i \frac{B(i)}{A_2(i)}\leqslant 1 \tag{25.11}$$

式中，$B(i)$为第$i$种放射性核素的放射性活度；$A_1(i)$、$A_2(i)$为第$i$种放射性核素的$A_1$、$A_2$值。

或者，混合物的$A_2$值可用式（25.12）确定。

$$A_2=\frac{1}{\sum_i \frac{f(i)}{A_2(i)}} \tag{25.12}$$

式中，$f(i)$为混合物中第$i$种核素的放射性活度份额；$A_2(i)$为第$i$种核素的$A_2$适用值。

d. 当每种放射性核素种类已知，但其中有些放射性核素的各自放射性活度未知时，可以把这些放射性核素归并成组，并在应用上述三公式时，可以使用每一组中放射性核素的最小$A_1$和$A_2$值作为这组$A_1$或$A_2$适用值。当总α放射性活度和总β、γ放射性活度已知时，可以此为基础对放射性核素进行分组，并分别使用α发射体或β、γ发射体的最小$A_1$或$A_2$值。

e. 对缺少有关数据的单种核素或放射性核素混合物，必须用表25.10所列的数值。

（5）对B型货包的限值

B型货包应符合批准书的规定，不得装有超出设计标准的内容物。

a. 超过货包设计书所容许的放射性活度。

b. 不同于货包设计书所容许的放射性核素。

c. 在形态或物理、化学状态上不同于货包设计书所容许的内容物。

#### 25.4.2.3 放射性物质运输方法和管理

在原子能工业和放射性核素应用技术不断发展的形势下，各种核燃料和放射性核素的运输频度、数量、范围和放射性强度都有很大增长，由此而引起的从事运输工作的各类人员以及普通居民所受到的辐射照射机会和剂量水平也在增加。因此，放射性物质运输中的安全，已成为整个辐射防护和核安全的重要组成部分。正确组织与管理放射性物质的运输并确保运输中的安全，防止对人员的伤害和环境的污染有着重要的意义。经验证明，如能切实采取严格、行之有效的防护管理措施，就能保证运输的安全，并做到防患于未然。

运输放射性物品的单位，应当持有生产、销售、使用或者处置放射性物品的有效证明，使用与所托运的放射性物品类别相适应的运输容器进行包装，配备必要的辐射检测设备，防护用品，防盗、防破坏设备，并编制运输说明书、核与辐射事故应急响应指南、装卸作业方法、安全防护指南。

## 25.4.3 运输放射性物质的申报与核准

### 25.4.3.1 发货人运输单证的填写

运输放射性货物时，必须在运输单据上如实申报，发货人对每一批托运的放射性货物，应在运输文件中写明下列事项。

① 货运名称和货物品名。

② 对于低比活度物质，相应的分类符号“ISA-Ⅰ”、“ISA-Ⅱ”或“ISA-Ⅲ”。

③ 对于表面污染的物体，相应的分类符号“SCO-Ⅰ”或“SCO-Ⅱ”。

④ 放射性物质的物理和化学形态是否属特殊形式的说明。

⑤ 放射性内容物的最大活度用 Bq 或 Ci 为单位表示。裂变物质用 g 或 g 的倍数表示。

⑥ 运输指数（只用于Ⅱ级、Ⅲ级——黄色标志）。

⑦ 对豁免货包，必须在运输文件中写明为“放射性物质”。在标明为“豁免货包”的同时还必须填写清楚所运输的物品或物质的正确品名。

⑧ 对于裂变物质托运的货物，必须按裂变物质的包装和运输管理要求办理。托运货物中，如果都是豁免货包时，则应注明“豁免的裂变物质”字样。

⑨ 当货包用外包装或集装箱托运时，应写明外包装和集装箱内各货包内容物的详细情况。

### 25.4.3.2 发货人的保证和说明

① 保证托运货物的内容物所用的名称与实物相符。放射性货物的包装、分类和标志均符合国内和国际的有关管理规定，而且在各方面都处于良好的运输状态。

上述保证要填写在托运货物的运输文件中并由发货人签字和注明日期，以表示负责。

② 发货人如有对承运人在操作方面的要求，应在运输文件中提出说明，其中主要内容如下。

a. 关于装货、运输、存放、卸货、搬运以及为安全散热所必需的摆放等方面的补充作业要求。

b. 运输方式或交通工具类型及运输路线方面的限制。

c. 与托运货物有关的应急安排措施。

### 25.4.3.3 发包设计的审批手续

在通常情况下，下列几种类型的包装设计必须经过主管部门的审批。

（1）B（U）型货包设计的审批

① B（U）型货包设计需经辐射防护部门批准，先提出审批申请书，包括如下内容。

a. 放射性内容物的详细说明书，并附有对其物理和化学状态以及辐射性质的特殊说明。

b. 设计书的详细说明，包括完整的工程图纸、材料清单和所用的制作方法。

c. 已经进行的试验及其结果的说明，或根据计算法提出的证据，或其他证据证明设计书足以满足使用要求。

d. 对包装的使用所建议的操作和保养的说明。

e. 如果货包的最大正常运行压力的设计值超过表压 100kPa，则审批申请书必须特别说明容器系统的结构材料、规范，所取样品和所进行的试验。

f. 准备装运的内容物如是辐照过的燃料，则申请人应该说明其在燃料特性的安全分析中所做的假定是正当的。

g. 为保证货包的安全，散热的任何特殊的堆放规定，必须对所用的各种运输模式和交通工具或集装箱的类型做出考虑。

h. 如用以表明货包结构的可复制的例图，其尺寸不大于 21cm×30cm。

② 主管部门应颁发批准证书，确认被核准的货包设计符合 B（U）型货包的要求。

（2）B（M）型货包设计的审批

① 每一种 B（M）型货包的设计，必须经过多方批准。对 B（M）型货包设计先提出审批申请书，包括如下内容。

a. 货包设有遵循所规定的有关 B（U）型货包的特殊要求的清单。

b. 在《放射性物品安全运输规程》中通常设有规定的，可供运输期间采用的附加操作管理的建议，这对保证货包的安全或补偿 a. 中所列的不足是必需的，例如对温度和压力的测量或对定期通风的管理等。

c. 对运输方式的任何限制以及对任何特殊的装货、载运、卸货或搬运过程的说明。

d. 预计在运输过程中会遇到的，并在设计中已考虑的环境条件（温度、日照）的最大值和最小值。

② 主管部门应颁发批准证书，确认被核准的货包设计符合 B（M）型货包的要求。

（3）裂变物质货包设计的审批

a. 裂变物质的每一种货包设计必须经多方批准。首先提出申请批准书，其内容必须包括为使主管部门相信该设计能够满足对裂变货包有关要求而必需的一切资料。

b. 主管部门应颁发批准证书，确认被核准的货包设计符合裂变货包的要求。

### 25.4.3.4 特殊形式放射性物质的审批手续

① 特殊形式放射性物质的设计需经本单位辐射防护部门批准，其审批申请书应包括如下内容。

a. 放射性物质的详细说明，如果是一个密封盒，应有对其内容物的详细说明，对物理和化学状态做出特定的说明。

b. 关于所用密封盒设计的详细说明。

c. 已经进行的试验和试验结果的说明，或者以计算方法为基础，说明放射性物质能符合性能标准的依据，或其他依据。

② 主管部门应颁发批准证书，确认被核准的设计已符合特殊形式放射性物质的规定要求。

### 25.4.3.5 装运的审批手续

① 下述货包的装运必须经多方批准。

a. 为了容许可控制的间歇通风而专门设计的 B（M）型货包的装运。

b. 装有放射性物质的 B（M）型货包的装运，所装放射性物质的活度大于 $3\times10^3 A_1$ 或 $3\times10^3 A_2$。

c. 裂变物质货包的装运，如果各单个货包运输指数的总和超过 50 时，则应采用专用运输工具装运。

② 装运审批申请书应包括如下内容。

a. 请求批准的装运日期。

b. 实际的放射性内容物，预期的运送方式，交通工具类型和预定或建议的路线。

c. 按照不同类型所颁发的货包设计批准证书中提及的特殊预防措施，特殊的管理与操作实施办法的说明。

③ 装运被核准后，主管部门应颁发批准证书。

### 25.4.3.6 特殊安排装运的审批手续

① 在特殊安排下装运的每一件托运货物均必须经多方批准。

② 特殊安排了装运的审批申请书，必须包括为使主管部门相信运输的全面安全水平至少相当于《安全运输规程》中所有有关要求得到满足时所能提供的一切资料，同时还应包括：

a. 申述无法完全按照《安全运输规程》中有关要求办理托运的事项和理由。

b. 阐明为了补偿未能满足《安全运输规程》中有关要求的不足，必须在运输时采取的特殊预防措施或特殊管理及操作控制的说明。

③ 在核准特殊安排后，主管部门应颁发批准证书。

### 25.4.4 安全检查

（1）在承运放射性货包时安全检查的项目

为保证放射性货包的运输安全和人员的身体健康，在承运放射性货包时应该进行严格的检查。

① 货包的完好情况。检查货包是否破损，标志牌的填写和张贴是否得当，以及货包质量检查等。

② 货包表面辐射水平和运输指数。根据各级货包的容许限值检查货包是否合乎要求。

③ 抽查货包外表面松散放射性物质的污染量是否超过最大容许限值。

④ 检查货包的温度、压力、气密性能以及临界安全等。经检查不合规格的放射性货包应该拒绝承运。

（2）运输途中的安全检查

运输途中的安全检查有助于及早发现事故，从而减少事故造成的损失。运输途中的检查主要内容有：货包在运输工具上的牢固程度以及各构件的完好情况；检查货包辐射水平以及外表面放射沾染情况，以推断放射性内容物包装的可靠性；应检查货包的温度、压力。各项检查应做记录并与运输前的各项检查资料做对照分析。

（3）放射性货包运抵到达站时，卸货前的检查项目

放射性货包运至到达站时，卸货前应做辐射检查。检查时应有货包押运人员参加，与货物接方（或货站）安全人员共同进行检查。主要内容有：货单的账物检查，运输前和途中安全检查的记录，货包完整性的外观检查，以及货包辐射水平和表面污染情况的检查。在检查时尤其应注意检查货包中内容物是否掉出，一旦发现丢失，应及时寻找以避免事故的扩大。

## 25.5 放射性废物的处理

放射性废物又称核废料，按照国际原子能委员会的定义，放射性废物是指放射性浓度或活度大于国家主管部门所规定的“豁免量”（exempted quantity），并预计将来不再被利用的含放射性核素或被放射性核素污染的任何物质。放射性废物可以产生于任何应用放射性核素的单位，但主要产生于核燃料循环的各个环节。

### 25.5.1 放射性废物的来源

与核燃料循环的各个环节相对应产生的放射性废料是放射性废物的主要来源，低、中水平放射性废物还可以来自工业、农业、医药以及研究部门，高水平放射性废物主要来自化工后处理厂和反应堆的乏燃料。具体说，放射性废物主要来自以下几个方面：核燃料的制造、使用及后处理等阶段；核设施退役；研究实验室；有关工业部门；医疗部门。

### 25.5.2 放射性废物分类和分级

（1）放射性废物分类

1971年国际原子能机构推荐放射性废物的分级标准：先按放射性废物的物态分为气、液、固三类，然后按其活度再进行分类，将气体分为三级，液体分为五级，固体分为四级。我国的分类方式与此基本一致，按照放射性废物的物理性状分为放射性气载废物、液体废物和固体废物，然后再进行细分。

① 放射性气载废物。放射性浓度大于“公众导出空气浓度”（$DAC_m$）的气载废物称为放射性气载废物，否则称为非放射性气载废物。按放射性水平可将放射性气载废物分为三级：Ⅰ级$\leqslant 10^4 DAC_m$；Ⅱ级$10^4 \sim 10^8 DAC_m$；Ⅲ级$> 10^8 DAC_m$。若气载废物中含有两种或两种以上的放射性核素时，其$DAC_m$可按式（25.13）计算。

$$DAC_m = \left(\frac{P_1}{DAC_1} + \frac{P_2}{DAC_2} + \cdots + \frac{P_k}{DAC_k}\right)^{-1} = \left(\sum_{i=1}^{k} \frac{P_i}{DAC_i}\right)^{-1} \tag{25.13}$$

式中，$DAC_m$为公众导出空气浓度；$P_i$为第$i$种放射性核素所占的活度分数；$DAC_i$为第$i$种放射性核素导出空气浓度。

② 放射性液体废物。放射性浓度大于“公众导出食入浓度”（$DIC_m$）的液体废物称为放射性液体废物，否则称为非放射性液体废物。按放射性水平可将放射性液体废物分为四级：Ⅰ级$\leqslant 3.7\times10^2$ Bq/L；Ⅱ级$3.7\times10^2 \sim 3.7\times10^5$ Bq/L；Ⅲ级$3.7\times10^5 \sim 3.7\times10^9$ Bq/L；Ⅳ级$> 3.7\times10^9$ Bq/L。若液体废物中含有两种或两种以上的放射性核素时，其$DIC_m$可按式（25.14）计算。

$$DIC_m = \left(\frac{P_1}{DIC_1} + \frac{P_2}{DIC_2} + \cdots + \frac{P_k}{DIC_k}\right)^{-1} = \left(\sum_{i=1}^{k} \frac{P_i}{DIC_i}\right)^{-1} \tag{25.14}$$

式中，$DIC_m$为公众导出食入浓度；$P_i$为第$i$种放射性核素所占的活度分数；$DIC_i$为第$i$种放射性核素导出食入浓度。

③ 放射性固体废物。放射性比活度大于$7.4\times10^4$ Bq/kg，若仅含天然$\alpha$辐射体，其比活度大于$3.7\times10^5$ Bq/kg的固体废物为放射性固体废物，反之称为非放射性固体废物。放射性固体废物按其所含寿命最长的放射性核素的半衰期（$T_{1/2}$）长短分为4种，每种中又按其放射性比活度水平分为三级。

a. 含有半衰期小于或等于60天的放射性核素的废物，其放射性比活度水平分为三级：

第Ⅰ级（低放废物），比活度$7.4\times10^4 \sim 3.7\times10^7$ Bq/kg；

第Ⅱ级（中放废物），比活度$3.7\times10^7 \sim 3.7\times10^{11}$ Bq/kg；

第Ⅲ级（高放废物），比活度大于$3.7\times10^{11}$ Bq/kg。

b. 含有半衰期60天至5年（包括核素$^{60}$Co）的放射性核素的废物，其放射性比活度水平分为三级：

第Ⅰ级（低放废物），比活度$7.4\times10^4 \sim 3.7\times10^6$ Bq/kg；

第Ⅱ级（中放废物），比活度$7.4\times10^6 \sim 3.7\times10^{11}$ Bq/kg；

第Ⅲ级（高放废物），比活度大于$3.7\times10^{11}$ Bq/kg。

c. 含有半衰期5～30年（包括核素$^{137}$Cs）的放射性核素的废物，其放射性比活度水平分为三级：

第Ⅰ级（低放废物），比活度$7.4\times10^4 \sim 3.7\times10^6$ Bq/kg；

第Ⅱ级（中放废物），比活度$7.4\times10^6 \sim 3.7\times10^{10}$ Bq/kg；

第Ⅲ级（高放废物），比活度大于$3.7\times10^{10}$ Bq/kg。

d. 含有半衰期大于30年（包括核素$^{60}$Co）的放射性核素的废物，其放射性比活度水平分为三级：

第Ⅰ级（低放废物），比活度$7.4\times10^4 \sim 3.7\times10^6$ Bq/kg；

第Ⅱ级（中放废物），比活度$7.4\times10^6 \sim 3.7\times10^9$ Bq/kg；

第Ⅲ级（高放废物），比活度大于 $3.7\times10^{9}$Bq/kg。

（2）放射性废物分类

废物的放射性水平通常用放射性比活度表示。按放射性比活度，一般分为高水平放射性、中水平放射性和低水平放射性废物。

高水平放射性废物，简称高放废物，主要指高水平放射性、长寿命放射性核素及放射性高的放射性废物，包括：①主要含裂变产物和某些锕系元素的高水平放射性废液，由辐照燃料后处理产生；②反应堆乏燃料；③放射性水平与上述两种相似的其他产物。该类放射性废物再处理和运输时均需要严格屏蔽。

中水平放射性废物，简称中放废物，其放射性核素含量介于低、高水平放射性废物之间，含大量的长寿命的放射性同位素，放射毒性中等，放射性比活度、发热量等均比高水平放射性废物低。该类废物处理和运输时需加以屏蔽。

低水平放射性废物，简称低放废物，指放射性核素含量低、半衰期寿命短、放射毒性低的放射性废物。该类废物处理和运输时无须屏蔽。

### 25.5.3 放射性废物处理

（1）气体放射性废物处理

为了防止大气中放射性物质的浓度超过规定的标准，一切放射性气体和气溶胶在排人大气前必须采取净化过滤、放置衰变和烟囱排放等措施，使排出的气体及气溶胶经大气扩散稀释。在不同人员所在地区空气中的浓度，不得超过其相应地区空气中的限制浓度（每周平均浓度）。

对半衰期很短的放射性物质，可以采取放置衰变的办法减少向环境排放的放射性总量。这个方法就是在源的排风系统中增设一个大体积的排风室，延迟气体排出排风口的时间。大部分单位的放射性废气，可以采取直接稀释排放或经净化过滤两种处理方法。

① 直接稀释排放。放射性气溶胶的稀释排放，就是将符合排放标准的气体通过一定高度的烟囱直接排人大气中，向四周扩散以得到稀释。为了保证任何时候（按每周平均计）不因废气排放而使附近地区居民和广大居民所受的辐射剂量率超过相应的限制剂量当量率，必须建造一定高度的烟囱，并制定相应烟囱高度下的允许排放量。

大、中型放射性工作单位，其烟囱高度必须经专门设计部门根据排放量（日排放率和年排放总量）及当地的气象条件等许多因素做专门计算来确定；而作为一般的放射性同位素应用单位，烟囱高度只要比周围 50m 范围内的最高屋脊高出 3m 以上就可以了。

放射性废气的排放对环境的影响程度，与排放时的气象条件有密切关系。为减少受照者个人所受的剂量当量，污染物质扩散得越广越好。晴天的傍晚，是最有利于气体扩散的时间。在有较大数量的集中排放时，应特别注意选择在气象条件好的时间。

单纯的稀释排放，虽然可以不使局部地区的人员所受的剂量超过规定的标准，但是受影响的范围会随扩散稀释程度的增加而大大扩展，社会成员所受的总剂量将仍然是很大的。只有在排出的放射性物质含量不大时，才可以不必采取净化措施。

② 净化过滤。净化过滤是减少放射性物质向大气排放，切实保护环境的根本办法。操作的放射性物质数量在乙级实验室水平以上的单位，一般都应采用空气净化措施。

由于放射性气溶胶的粒度极大部分在零点几微米至几微米量级，放射性物质的质量浓度很低（绝大部分在 $10^{-3}$mg/m$^{3}$ 以下），而净化程度要求又很高（净化效率一般要求在 99.9%以上，空气污染严重时，应采取两级净化，总净化效率达 99.9999%），因此，通常要采用较特殊的净化措施。其中，应用最广泛的是过滤法。

当含有放射性气体如氢、氩、氪、氙和易挥发的放射性碘等时，通风排气或工艺尾气常采用吸收或吸附法将放射性气体从废气中除去。

碘同位素应用较为广泛，其危害不可忽视。除碘的方法主要有液体吸收法和固体吸收法两大类。前者是用液体吸收淋洗废气，使碘与吸收剂发生化学反应转入液相而除去。后者是用固体吸附材料对废气中的碘进行吸附，使碘由气相转入固体吸附材料的表面而从气体中除去。目前广泛采用的对碘的液体吸附剂有氢氧化钠溶液和硝酸银溶液。50%氢氧化钠溶液吸收碘效率可达 99%左右。硝酸银吸收碘是在用硝酸银溶液浸泡过的陶瓷填料塔中进行的，吸收碘效率可达 99.99%。常用的固体吸附材料主要有活性炭，它价廉易得。其中椰子壳活性炭，除碘效果较好，对无机碘去除效率可达 80%，但对有机碘的去除效率很低。此外，也可用附银硅胶和附银沸石等作为除碘过滤材料。

（2）放射性废液的处理

放射性废液产生于核工业的每一个环节及使用放射性物质的部门，包括铀矿开采、水冶、铀精制、核燃料元件制造、反应堆运行、乏燃料暂存、乏燃料后处理以及同位素生产等。除乏燃料后处理厂的第一级萃取循环液为高放废液外，其余来源废液几乎都是低、中放废液。液体放射性废物一般可依据其比放射性 $A$ 的高低分为四类（$1\text{Ci}=3.7\times10^{10}$Bq）：

| | | |
|---|---|---|
| Ⅰ | $A\leqslant10^{-9}$（单位为 Ci/L，下同） | 可排放废水 |
| Ⅱ | $10^{-9}<A\leqslant10^{-4}$ | 低放废水 |
| Ⅲ | $10^{-4}<A\leqslant10^{-1}$ | 中放废水 |
| Ⅳ | $10^{-1}<A$ | 高放废水 |

放射性废液的处理有四种方法：稀释或储存排放、浓缩、固化和长期储存。

① 稀释或储存排放。可排放废水的放射性较低，大部分低于在露天水源中的限制浓度，在没有专用下水道或处理放射性废水设备的单位，可以直接排人本单位的工业下水道，但是要保证在总排出口水中的放射性物质含量低于露天水源中的限制浓度。这些废水也可以直接排向江河，但是应该避开经济鱼类产卵区和水生植物（生物）养殖场，并根据江河的有效稀释能力，控制放射性废水的排放总量和排放浓度，要保证在最不利的条件下（例如最枯旱季节），距排放口下游最近的城镇、工业企业集中式给水取水区或农村生活饮水区及成群停泊船只的码头区，水中的放射性物质含量永远不能超过露天水源中的限制浓度。

我国目前执行的防护标准中，规定了放射性浓度超过露天水源限制浓度 100 倍的废水不允许用稀释排放法处理。例如，$^{137}$Cs 在露天水源中的限制浓度为 37Bq/L，所以只有对放射性浓度小于 $3.7\times10^{3}$Bq/L 的废水才可以采用稀释或储存排放法处置。

对于短寿命的放射性废液，可采用储存排放法处理，即将废水存放在一个合适的地方，待放射性衰减到可排放标准以下时再排放。例如含$^{131}$I 的废液，就可以利用此法。存放时用的容器，应确保不会发生破裂或渗漏。

② 浓缩。少数使用放射性同位素的单位，可能产生放射性含量较高的Ⅱ、Ⅲ类废液。放射性废液的浓缩处理，是为了使低、中等浓度的废水经过处理后的放射性浓度大大降低，使大部分废液的比放射性浓度达到可以直接稀释排放的水平。浓缩后留下的少量含放射性物质的泥浆或残渣，应该作为强放废液储存，或再把它们制成固体废物处理。常用的浓缩方法有：蒸发浓缩、化学沉淀和离子交换等。

图 25.2 为最简单的蒸发浓缩示意图，蒸发浓缩的去污

系数（废水蒸发前的放射性浓度与蒸馏出来的冷凝液的放射性浓度之比）一般可达$10^4$～$10^5$，但对于含有挥发性组分（钌、碘等）和有机物（如肥皂、去污剂之类）的废液不适用。

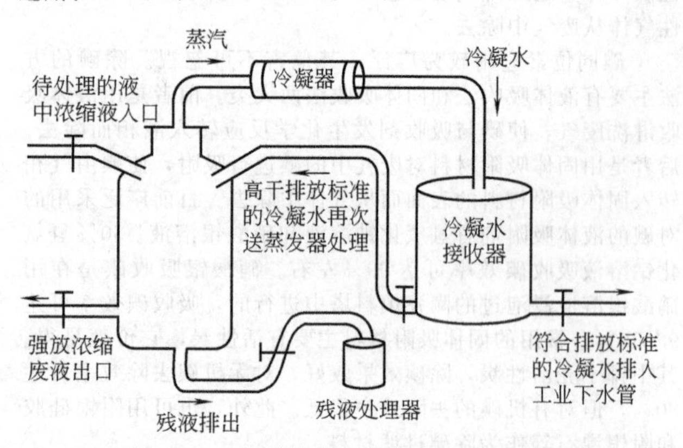

图 25.2 放射性废液的蒸发浓缩示意图

化学沉淀法所用的设备简单，成本低廉，故采用得更为广泛。它的原理是根据废液中的溶质、溶剂等的不同性质，在废液中投入一定量的化学凝聚剂，通过所形成的絮凝体吸附大量的放射性物质，或借助于化学药剂与放射性物质发生共沉淀或共结晶，将液体中的放射性物质大部分转移或浓缩集于小体积沉淀泥浆中。化学沉淀法去污系数一般在10左右，有时可达$10^2$。

离子交换法是通过离子交换树脂与放射性废液相接触时二者间的离子交换，使废水中放射性离子转移到离子交换树脂上，而达到废液净化的方法。所用离子交换树脂的类型，要根据废液中离子的特性来确定。此方法的去污系数可达$10$～$10^3$。

(3) 放射性固体废物处理

放射性固体废物品种繁杂，它不仅包括各类固体废物，而且包括废液处理系统产生的浓缩液、去污化学废液、沉淀泥浆、过滤淤渣和废过滤器芯等湿固体废物。压缩和焚烧是目前世界各国对放射性固体废物减容的重要手段。

放射性固体废物的压缩、焚烧等减容效果，用减容比（或减容系数）表征，其为处理前后核废物的体积之比。减容比越大，减容效果越好。

① 放射性固体废物的切割。切割（或切碎）是将大块固体废物用切割器械或切碎设备切成断片的减容工艺，经这类处理后，固体废物的减容比可达3（对于小件）～10（对于大型构件）。常用的切割器械有等离子火焰切割机、电弧切割机和激光切割机等。切割或切碎处理一般在废物的焚烧、压缩处理前进行。

② 放射性固体废物的压缩。放射性固体废物的压缩处理是借压缩机械将废物压实的一种减容处理工艺。被压缩废物的减容效果取决于原废物的孔隙度、密度，压缩机的压力和废物回弹能力等。压缩处理的减容比一般为2～6，若采用高压压缩机则减容比可达100，甚至将金属压缩至其近似理论密度。这样，固体废物的体积明显缩小，为以后经济地处理、处置创造了有利条件。

用于压缩固体废物的压缩机种类繁多，按压缩方式可分为单向压缩机、三向压缩机、卧式压缩机、立式压缩机、固定式压缩机、车载流动式压缩机等，或在桶内压缩，或在压缩后装桶；按压力大小可分为低压压缩机（数十吨至100t压力）、中压压缩机（数百吨至1000t压力）和高压压缩机（数千吨压力）。压缩机的驱动力可为水压、油压和气压等。低压压缩机一般在固体废物产生现场使用，高压压缩机（移动式、固定式）则常置于处置场（库）使用。压缩减容的优点是成本较低，几乎不产生二次废物，设备简单，操作方便，易实现自动化；缺点是减容效果较焚烧法差，且不减重。

③ 放射性固体废物的焚烧。焚烧是对可燃性废物减容的常用处理技术，将可燃性（固体、液体）废物置于高温焚烧炉内焚烧，产生的惰性熔渣或灰烬（具有比原来高得多的比活度）供进一步固定。

核废物焚烧一般可分为干法焚烧和湿法焚烧两大类。其中，干法焚烧工艺的开发研究最早，目前应用最广，处置效率较高，但其尾气净化工艺复杂；湿法焚烧工艺尚处于研究开发阶段，其处理效率较低，但易于回收灰烬中的钚和铀，且尾气处理工艺较简单。

干法焚烧炉的炉型繁多，其中最重要的是过量空气焚烧炉和热解焚烧炉。干法焚烧炉一般具有以下结构系统：

a. 焚烧系统（包括加料、推料、焚烧、出灰等装置）。废物由加料器械间断式投入炉膛口，再由推料装置将废物推入炉膛。焚烧温度取决于炉型，其范围为500～1600℃。焚烧灰烬由出灰装置装入废物桶内备用。

b. 净化系统。燃烧废气经除尘器、过滤器净化后，通过高烟囱向大气稀释排放。

c. 控制系统。由中心控制室控制、检测焚烧炉的运行全过程。

d. 通风系统。维持炉膛内空气供给及工作场所空气新鲜等。

湿法焚烧工艺可分预处理（检测、分类、切割）、酸浸煮、尾气处理、酸分馏（$H_2SO_4$、$HNO_3$的分离、浓缩和回收）和残渣处理（回收Pu、U）等流程。该方法尤其适用于焚烧。废物减容比最大可达70～80，并可回收废物中95%以上的Pu、U，因而也适用于处理含钚废物。

可燃放射性废物的焚烧处理可获得显著的减容和减重效果（表25.10），去污系数可达$10^4$～$10^6$，适用于处理大多数可燃性核废物，但焚烧设备的基建投资费用大，尾气需做第二次处理，因而不宜为每座核设施都配备焚烧炉，宜建立区域性焚烧中心。

**表 25.10 放射性废物压缩减容和焚烧减容的特点对比**

| 特点 | 压缩减容 | 焚烧减容 |
|---|---|---|
| 处理对象 | 低、中放可燃、不可燃废物，α废物 | 低、中放可燃性废物，α废物 |
| 减容比 | 3～10 | 10～100 |
| 减重的倍数 | 不减重 | 20～200 |
| 产物稳定性 | 不改变可燃烧性、热解性 | 无机化、稳定性较好 |
| 设备投资 | 较低 | 较高 |
| 处理费用 | 较低 | 较高 |
| 处置费用 | 较高 | 较低 |
| 储存、运输和处置特点 | 工艺简单，减容比小，适用性大，几乎无二次废物 | 减容比大，投资大，适于建区域性焚烧中心 |

(4) 放射性废物的固化

固化是将废液转化为固体的过程，该固体被称为废物固化体，固化废液的材料被称为固化基材（例如玻璃、水泥、沥青等）。例如废液经玻璃固化后成为玻璃固化体，废液经水泥固化后成为水泥固化体等。

固化核废物的基本要求是：a. 固化体应具有良好的导热性、化学稳定性、辐射稳定性和一定的机械强度；b. 固化体具有较低的浸出率；c. 固化体无爆炸性、自燃性，对废物容器无腐蚀性；d. 固化过程具有较明显的减容效果，具有较大包容量；e. 固化时应尽量少产生二次废物；f. 固化工艺流程简单，能远距离操作、维修，处理费用较低。

① 玻璃固化。玻璃固化是将高放废液与玻璃基材以一定比例混合后，置于装有感应炉装置的金属固化设备中高温熔融，经退火后成为包容有废物的非晶质固化体。这是目前国际上工艺较成熟、应用最广的高放废液固化技术。

按成分和包容废物方式不同，玻璃固化基材已有：a. 硼硅酸盐玻璃，是目前国际上采用的最普遍的玻璃固化基材，其固化体被称作标准固化体，作为与其他种类固化体对比的参照物；b. 铝硅酸盐玻璃，其化学成分为 $Na_2O$、CaO、$Al_2O_3$、$SiO_2$ 等；c. 磷酸盐玻璃；d. 高硅玻璃，其 $SiO_2$ 含量高于硼硅酸盐玻璃，化学稳定性优于后者；e. 玻璃复合基材，即在球状、丸状玻璃固化体表面包覆金属或陶瓷层，或将其埋入金属（铅或铅合金）基体中。

目前世界上高放废液玻璃固化方法主要有四种：a. 口转炉煅烧-金属罐熔融法，以两步法连续生产；b. 焦耳加热陶瓷熔炉法，以一步法连续生产；c. 罐式法，以感应加热金属熔炉一步法间断生产；d. 罐式法，以二步法间断生产。无论何种固化工艺流程，其都包括以下工艺过程：a. 在100℃蒸发、浓缩、干燥高放废液（预处理）；b. 在500～900℃燃烧废物（例如喷雾燃烧、流化床燃烧等），使其中硝酸盐分解生成氧化物；c. 将玻璃基材与分解废物在1000℃以上熔融、急速冷却。

② 陶瓷固化。陶瓷固化是将高放废液与一种、数种天然矿物、人工化合物一起经高温煅烧、热压等，制成稳定固化体的一种高放废液固化技术。它与玻璃固化的主要区别：玻璃固化体是经熔融、快速冷却后生成的非晶质体，而陶瓷固化体是经熔融、缓慢冷却后生成的晶质体。由于陶瓷固化采用天然矿物物料，在固化体中新生成了一些矿物相或类矿物相（指具有与某种矿物相同或相似结构、不同化学成分的相），因而它又称矿物固化或岩石固化。

放射性核素在陶瓷固化体中主要呈固溶体和独立矿物两种形式存在。

按化学成分不同，陶瓷固化基材可分为硅酸盐陶瓷、钛酸盐陶瓷、铝酸盐陶瓷、磷酸盐陶瓷等；按固化基材和工艺流程不同，陶瓷固化基材又可分为烧结陶瓷、二氧化钛陶瓷、独居石陶瓷和玻璃陶瓷等。

③ 人造岩石固化。人造岩石（synroc）固化是由澳大利亚国立大学 A. E. Ringwood 教授等（1987 年）发明的一种高放废液固化技术，这是一种钛酸盐陶瓷固化工艺。synroc 是 synthetic rock（人造岩石）的缩写。该类固化体的优点是：耐浸出性极好，在水溶液中（即使在高温热水中）的平均浸出率，较硼硅酸盐玻璃固化体的 $1/10^4 \sim 1/5$，而且浸出温度越高，这种差异越大；机械强度、热稳定性和抗辐射性等明显优于硼硅酸盐玻璃固化体。该方法的缺点是工艺复杂，成本较高，这是其工业规模应用的主要障碍。

目前已研制出的人造岩石固化体系有 Synroc-A、Synroc-B、Synroc-C、Synroc-D、Synroc-E、Synroc-F 等。

④ 水泥固化。低、中放废物的水泥固化是一项较成熟的处理技术，在过去数十年间，已被世界各国广泛采用。目前高放废液热压水泥固化工艺技术尚处于开发阶段。

低、中放废物水泥固化是将水泥废液或湿固体废物、水、添加剂按一定比例依次混合，在常温下硬化成废物固化体的处理技术，固化体可在硬化前储入废物桶内（桶外法），也可直接在废物桶中固化（桶内法），还可以将其直接灌浇入处置沟槽中（大体积浇注法）。用于固化低、中放废物的水泥主要有波特兰水泥、硅酸盐水泥、矿渣水泥等（表25.11）。为了增强水泥固化体的耐浸出性、机械强度、凝固特性等，固化时需加入一定添加剂（蛭石、沸石、膨润土、硅酸钡、水玻璃、页岩粉、陶土和飞灰等）。

**表 25.11 用于固化低、中放废物的水泥种类**

| 水泥种类 | 特　点 |
|---|---|
| 波特兰Ⅰ型 | 最常用 |
| 波特兰Ⅱ型 | 放热少，凝固快，抗硫酸盐腐蚀性较强 |
| 波特兰Ⅲ型 | 凝固快，生热速率快 |
| 波特兰Ⅳ型 | 凝固慢，生热速率慢，放热少 |
| 波特兰Ⅴ型 | 抗硫酸盐腐蚀性较强，抗海水作用强 |
| 火山灰水泥 | 浸出率低，固化体密度较波特兰水泥的小15%～25% |
| 高铝水泥 | 凝固快，抗硫酸盐、海水作用强，水化快，放热量大，价格高 |
| 沸石水泥 | 强度大，耐浸出性强 |
| 高炉水泥 | 抗硫酸盐作用能力强 |
| 矿渣水泥 | 机械强度大 |

低、中放废物水泥固化方法主要有以下几种。

a. 搅拌固化法

桶内搅拌混合法：按一定比例将水泥、废物、水、添加剂依次投入废物储存桶内，同时插入搅拌器械搅拌，待搅拌均匀后，移出封盖，养护硬化即成。我国秦山、大亚湾核电站拟使用此工艺固化低、中放废物。在该方法应用中，还可采用滚轮混合器转动混合容器达到搅拌目的（滚压法）。该方法优点是处理后器具不用清洗；废液不易外溅；可远距离操作，十分安全。其缺点是处理量小，废物桶不能填满。

桶外搅拌混合法：这是用自动传送带将废物桶送至已搅拌均匀的废物水泥排出口，直接装桶、硬化的一种方法。该方法可克服桶内搅拌混合法的若干缺点，但混合器需定期清洗。

b. 不搅拌固化法

注入废物法：预先向废物桶内装入水泥、添加剂等，然后向其空隙压注待固化废液。日本压水堆核电厂产生的低、中放废物即用此方法固化。

注入水泥灰浆法：先向废物桶内装入固体废物，然后向其空隙压注水泥浆、灰浆。这一固化方式颇似建筑上的现场浇注法，故又称现浇水泥固化法，适于固化大小混杂、不宜用搅拌法固化的固体废物。

c. 冷压固化法。美国蒙特实验室用此方法处理含超铀核素的焚烧灰，即把水泥（波特兰Ⅰ型水泥或高铝水泥）与废物混合物在约 172.4kPa 压力下压成小圆柱状固化体，其含水量较低（3%），废物包容量高达 65%。

⑤ 沥青固化。沥青固化是将低、中放废物和沥青在一定碱度、配料比、温度、搅拌速度条件下产生皂化反应，使料液中的盐分或固体物质均匀地包容在沥青中的一种固化技术。该方法适合于固化蒸发残液、废树脂、再生液、有机溶液、化学沉淀泥浆、废塑料和焚烧灰等低、中放废物。

沥青固化方法主要有三种：

a. 高温熔化混合蒸发法。将废物加入已熔沥青中，在150～230℃搅拌、混合、蒸发，待水分和其他挥发组分排出后，注入废物桶内冷凝。

b. 暂时乳化法。将废物、沥青、表面活性剂（例如椰壳氨基丙酮等）加热混合成乳状体，再分离出其中水分后，在 140～150℃干燥、脱水、装桶。该工艺能排除废物中的硝酸盐类等强氧化剂，降低固化体的自燃能力。

c. 化学乳化法。将废物与乳化沥青混合，增温、脱水、直接固化在废物桶中。用于沥青固化的基材有直馏沥青、氧化沥青、乳化沥青、改性沥青等，其中以前两种最常用。

⑥ 塑料固化。低、中放废物的塑料固化是近几十年来开发研究成功的一种在常温或低温（100～170℃）条件下，使热塑性塑料或热固性塑料与废物混合、聚合、固化的新工艺。20世纪70年代初，法国、日本开始试用不饱和聚酯在常温下固化核电站废物，并建立了示范生产线。目前，该固化工艺已部分地得到小规模应用（美国、日本）。塑料固化法适用于固化废离子交换树脂、有机废液、浓缩废液、过滤泥浆、焚烧灰烬等。

固化低、中放废液用的塑料有热塑性塑料和热固性塑料两大类。其中，热塑性塑料有聚乙烯、聚丙烯、聚苯丙烯、聚苯乙烯、聚氯乙烯、多氯乙烯等；热固性塑料有苯乙烯－二乙烯基苯、聚酯苯乙烯、尿素－甲醛树脂、不饱和聚酯树脂、环氧树脂等。这些塑料具有良好的机械物理性质、抗热性能（<200℃）和化学稳定性。

(5) 放射性废物地质处置

① 低、中水平放射性废液的地质处置方法。低、中水平放射性废液的处置通常有三种方法：

a. 直接将低水平放射性废液排放到天然水域（河、湖、海）或地下水中；

b. 将放射性废液浓缩，然后将浓缩液固化后作为固体放射性废物处置，并将浓缩出的净化液向天然水域排放；

c. 直接将低、中水平放射性废液处置于地质介质（如岩石、土壤等）中。

属于低、中水平放射性废液的地质处置的方法通常分为三种，即地下渗滤法、深井注入法和水力压裂法。其中，又以深井注入法和水力压裂法较为适合于处置低、中水平放射性废液。

② 低、中水平放射性固体废物的地质处置方法

低、中水平放射性固体废物的地质处置方法主要有六种：

a. 海洋倾倒；

b. 岛屿处置；

c. 浅海床深层处置；

d. 大钻孔浅层处置；

e. 废矿井与岩穴储存；

f. 浅层埋藏。

③ 高水平放射性废物的地质处理。高放废物的数量远远少于低、中放废物。但高放废物具有很高的比活度和释热率，具有一些寿命极长的核素，因此要求极好的隔离效果和需要极长的隔离时间。作为处置高放废物的地质介质的岩石类型主要有：蒸发岩（岩盐）、沉积岩（泥岩和黏土岩）、岩浆岩（花岗岩、辉长岩、玄武岩和凝灰岩）、变质岩（片麻岩和石英岩）等。高放废物的处置方法有：a. 深岩穴处置库法；b. 深钻孔处置法；c. 岩石熔融处置法；d. 深海底处置法。

(6) 放射性废物处置场的设计、运行和关闭

① 设计。处置场设计的内容包括防水、排水设施，处置单元式样等。处置场的建造就是要接纳废物，并将废物安全地放置在处置单元中。在需要的条件下，可考虑设置合理的减容设施。

a. 防水与排水设计的重点是防止地表水和雨水渗入处置单元，通过岩土的渗透性、吸附性、地表径流和地下水位等场址特性来决定防水的设计。排水设计应保证处置场地面积水能畅通排走，处置单元内的积水及时排出。

除了防水与排水设计外，处置场设计还应包括处置单元回填、覆盖层结构设计、地表处理、植被，以及在处置单元附近和场区的适当位置设置地下水监测孔等。

b. 设施主要有：运输车辆和运输容器的检查装置（包括剂量率，表面沾污和货单的准确性等）；卸出废物桶（箱）并逐个验证的器具；辐射监测报警系统；处理破损容器的设施；运输设备的去污装置和去污废物的处理设施等。

c. 其他处置单元的设计可采用地上坟堆式、地下壕沟式及其他形式，以适应不同场地特性和不同类型废物的处置要求。应设计有暂存设施，并与各种运输容器和运输车辆相适应。处置场应设有化验室，以便对水、土壤、空气和植物样品进行日常分析，从而做出场内和周围环境的安全评价。

处置场还应有其他设施，以便工作人员更衣及人身去污，人身及环境监测，仪表及设备的维修、设备去污，以及消防及紧急医疗处理等。还应有安全警卫系统、车库以及行政管理系统等。

② 运行。处置场的运行应保证其操作人员所受辐照剂量低于国家标准。其安全性也应符合国家规定。废物的减容和固化等处理，原则上应在进入处置场之前完成，必要时也可在场内进行。

a. 废物的接收与搬运。废物运到处置场后，必须进行检查，以确认废物包装体符合包装要求，在运输过程中无损坏，并与所填写的废物卡片内容完全相符。废物卡片的格式应由主管部门审定。废物卡片由废物产生单位填写并对其内容负责。

处置场应具备适用的搬运设备和器具，如吊车、叉车、遥控抓钩等，这些设备和器具应与处置操作及运输方式相适应。

b. 废物的处置操作包括废物的搬运，废物的安放，以及处置单元的封闭。在整个处置操作过程中，均应保证操作人员和公众的安全。

废物的安放应有利于处置单元的封闭，并且不应对安全隔离造成不利影响（如积水和泄漏等）。

废物处置运行档案应包括废物处置的日期和位置，以及废物的最基本的数据，如废物桶或箱的系列号、产地，废物中的主要放射性核素，总活度和比活度，辐射水平，废物的体积和质量，以及处置操作发生的问题。处置场运行单位应负责妥善保管运行档案，其副本应按规定交有关部门保存。

应在废物处置场场区和处置单元附近的适当位置设立永久性标志，标明废物埋藏的位置和有关事项。

c. 运行的监督。处置场运行单位应负责进行场内环境的日常监测，其中应包括：

表面沾污的测量；

地下水样品的分析测量；

地表及一定深度岩土样品的分析测量；

植物样品的分析测量；

空气样品的分析测量；

辐射监测；

处置单元顶部覆盖层完整性的定期检查。

d. 处置场应有应急措施和补救手段来处理非正常情况：对废物卡片不清楚，废物包装不合格或破裂，废物散落，以及发现放射性物质非正常的释放等，以防止或尽量减小污染的扩散。

一旦发生可能引起污染的事故，处置场运行单位应尽快确定污染的地点、核素、水平、范围及其发生过程，以决定应采取的补救措施。如果事故严重到必须打开处置单元时，应事先制定周密的计划，并采取必要措施来限制污染的扩展（包括空气的污染、水的污染以及材料的污染）。

③ 关闭。当已经达到运行许可证允许处置的废物数量或总放射性限值时，处置场应实行正常关闭。

当发现处置系统的设计或场址的选择有不可改正的错误，发生严重事故，或发生不可预见的自然灾害使得处置场不再适合处置放射性废物时，处置场应实行非正常关闭。处

置场关闭之后一般经历三个阶段：

a. 封闭阶段。刚关闭的处置场应保持封闭状态，只有为了进行监督工作才能进入场内。

b. 半封闭阶段。当证明废物的危害已经很小时，而且废物的覆盖层完好，可以允许进入场区，但不允许进行挖掘或钻探等作业。

c. 开放阶段。在达到所规定的场区控制期后，废物的放射性已降到不需辐射防护的水平，经验证场区方可完全开放。

处置场关闭后的维护、监测和应急措施所需费用，应在处置场运行前做出预算，并从处置废物的收费中按一定比例提取，为适应可能遇到的各种变化，应不定期地重新估算该项费用，并做必要的调整。

④ 安全评价。为了估计废物处置设施的功能，在选择方案、确定场址、设计、运行和关闭处置场时，必须进行安全分析和环境影响评价。

a. 选择场址阶段的要求。在申报确定场址的审批文件中，必须包括安全分析报告书及环境影响报告书。报告书应包括以下主要内容：对国家有关标准和本规定所涉及的安全要求的贯彻情况，存在问题及采取措施；分析放射性核素可能由处置场转移到人类环境的数量和概率，进入人体的机理、途径和速率，初步地（在数据资料不足的情况下，可用假设参数）估算处置场在正常状态、自然事件和人为事件下公众所受的个人剂量当量和集体剂量当量，并做出安全评价；预分析和评价处置场在施工、运行和关闭后各阶段对环境的影响，以及周围环境可能对处置场的影响。

b. 设计阶段的要求。处置场初步设计阶段，应有安全分析和环境保护设计文件，其中应包括三方面主要内容：

论述实现本规定要求所采取的工程措施及其可靠程度；

对选址阶段的安全分析报告书和环境影响报告书内容进一步论证，根据设计参数估算运行阶段公众和操作人员所受剂量当量，以及处置场关闭后公众所受剂量当量，并考虑和评价当发生自然和人为事件时，处置场对环境和人类可能造成的危害；

c. 运行和关闭阶段的要求。处置场投入运行之前和处置场关闭之前均必须按国家规定履行安全审批手续。

处置场关闭后的“封闭”、“半封闭”和“开放”三个阶段的划分，应经过安全分析和评价，经国家主管部门审批后才能实行。

处置场运行阶段，处置场关闭后的封闭和半封闭阶段，应根据环境监测的数据，定期地对环境质量做出评价。由于人为或自然事件出现异常情况而影响到处置场预期的功能时，应及时进行分析和评价，同时向国家主管部门报告。

(7) 放射性废物处理单位相关要求

专门从事放射性固体废物处置活动的单位，应当符合下列条件，并申请领取放射性固体废物处置许可证。

① 有国有或者国有控股的企业法人资格。

② 有能保证处置设施安全运行的组织机构和专业技术人员。低、中水平放射性固体废物处置单元应当具有10名以上放射性废物管理、辐射防护、环境监测方面的专业技术人员，其中至少有3名注册核安全工程师；高水平放射性固体废物和α放射性固体废物处置单元应当具有20名以上放射性废物管理、辐射防护、环境监测方面的专业技术人员，其中至少有5名注册核安全工程师。

③ 有符合国家有关放射性污染防治标准和国务院环境保护主管部门规定的放射性固体废物接收、处置设施和场所，以及放射性检测、辐射防护和环境监测设备。低、中水平放射性固体废物处置设施关闭后应满足300年以上的安全隔离要求，高水平放射性固体废物和α放射性固体废物深地质处理设施关闭后应满足1万年以上的安全隔离要求。

④ 有相应数额的注册资金。低、中水平放射性固体废物处置单位的注册资金应不少于3000万元；高水平放射性固体废物和α放射性固体废物处置单位的注册资金应不少于1亿元。

⑤ 有能保证其处置活动持续进行直至安全监护期满的财务担保。

⑥ 有健全的管理制度以及符合核安全监督管理要求的质量保证体系，包括质量保证大纲、处置设施运行监测计划、辐射环境监测计划和应急方案等。

### 25.5.4 放射性废物的暂存和储存

(1) 放射性废物的暂存

放射性废物的暂存是指放射性废物最终处置前在控制条件下可采取短期储存，可有以下形式。

a. 处理前的暂存。由核电厂产生的低、中放废物和乏燃料，在对其进行固化或后处理之前，为了降低其放射性比活度和衰变温度，均需在厂内或厂外就地做短期储存。储存时间：低、中放废物，3～5年；乏燃料，数十天至数年不等；后处理高放废液，20～30年。

b. 处置前的中间储存。核废物经固化处理后，一般需经短期储存后再做最终处置，即中间储存，旨在强制冷却（衰变热）和降低其放射性比活度。中间储存时间：低、中放废物，数月至10年（我国规定为5年）；高放废物，20～100年；不处理的乏燃料，1～50年。高放废物的中间储存时间取决于废物年龄、废物固化体尺寸大小、固化体中废物包容量、处置库主岩种类、处置时回填材料种类、废物罐在中间储存设施中的堆置密度等。

c. 废物被处置前，为了积存至足够数量后用车辆或舰只将其运至处置地，一般进行短期积累储存；或因处置场（库）运行中途暂不能及时接收废物，也需做暂时停放储存。

d. 对退役废物中污染较严重、放射性水平较高的大型设备和构件，一般需首先就地封存10～15年，待其比活度降至一定水平后，再进行去污和其他处理。

核废物暂存的目的，是借屏障隔离和控制放射性物质以可接受的量释放到环境中，保证公众和职业人员受到的照射不超过相应的剂量当量限值，并保证可以合理达到尽可能低的水平。凡产生放射性固体废物的实践，皆应建立相应的废物暂存设施。暂存的废物必须在包装、储存方式上保证其在处置前可完整取回。

核废物暂存方法有湿法和干法两类，所采用的冷却方式有水强制循环冷却、空气强制循环冷却和空气自然循环冷却三种。

a. 湿法暂存。核废物的湿法暂存是将废物、废物固化体容器储存于地下或地面水池中，借强制循环水冷却废物（或乏燃料）。暂存用水池深约12～13m，为一钢筋混凝土平底池，池底和池壁衬有防漏不锈钢板，池底有放置废物的金属架，池内水充满到一般使水面高出废物容器3～4m以上，且使水面的辐射剂量率小于$1\times10^{-3}$Sv/h。池水吸收核废物的衰变热后，由水泵不断送至冷却塔冷却，形成了一个冷却回路系统。池水的设计温度约100℃，实际水温不超过50℃；水池中固化废物表面温度不超过250℃，容器表面温度低于100℃。

湿法暂存的优点是冷却效果好（水的热容量大），在暂存开始数月内便可迅速降低废物的温度；储存设施较简单，出现故障后易于修复。其缺点是水对废物容器的腐蚀较空气强烈，且产生二次废物（污染池水）。

b. 干法暂存。核废物的干法暂存是将废物（或乏燃料）置于特制的大容器中或地下室中储存，分为如下几种。

干容器储存：将废物装入特制大金属容器（兼作运输容器）内，置于地面储存库中，借进入容器内的自然对流空气冷却废物。废物储存容器可有两类，一类为整块球墨铸铁、锻钢或不锈钢质圆桶状金属容器，其直径约1～2.5m，高约2～6m，容器壁厚40～50cm，质量约数十吨至100余吨，内装4～33个废物容器。另一类储存容器为圆柱状混凝土屏蔽容器（储存单元），其内径和壁厚均达70～100cm。设计温度为混凝土容器260℃，不锈钢等金属容器430℃。

干地下室储存：将废物容器置于地下室底板的储存井中，借强制循环空气冷却废物，热空气经过滤后，由烟囱排入大气中。排气烟囱口的空气温度达100～150℃，废物衰变热同时向储存井四周土壤中传导散失。

(2) 放射性物质的储存

放射性物质被丢失、误拿、误倒或混淆，都会造成辐射事故或环境污染事故，有时甚至会发生人身伤亡的严重后果。因此，使用（包括生产、应用和研究）放射性物质的单位，必须设有专人负责领用、登记、保管和运输等方面的管理工作，建立健全账目和管理制度，定期检查，做到收支清楚，账物相符。领用放射性物质，必须得到领导和安全防护部门的批准，并在本单位办理登记手续。单位之间转让时，应在一方办理注销，另一方办理领用接收手续。放射性物质储存处，应有“辐射-危险”标志（图25.3），以免将放射性物质误作一般物质处理，或有人随意接近。

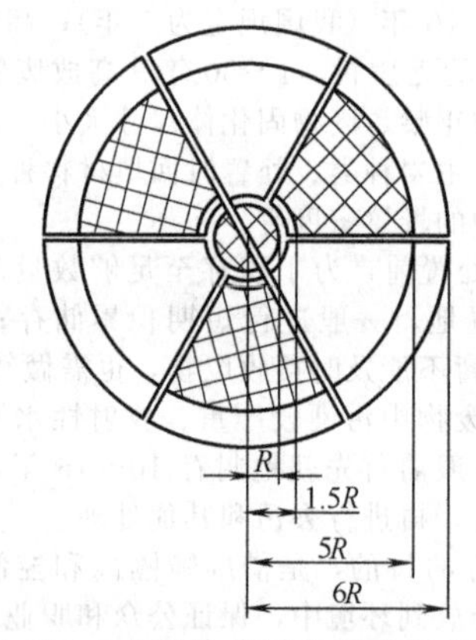


图25.3 “辐射-危险”标志示意图

装有高比活度放射性物质溶液的玻璃容器，储存时必须放在金属或塑料的容器内，该容器的大小要能足以容纳全部保存的液体，那么一旦玻璃容器因机械作用、辐射作用或其他原因破损时，溶液不会逸出而造成污染。气态和有可能产生气体或气溶胶的放射性物质，在储存时，必须用金属等制成的密闭容器盛装，然后放在通风柜或工作箱内。容器在使用前必须经过充气法或负压法做泄漏检查。储存放射性物质的地点，应选在不会有高温或水浸并且人员不经常接近的地方。所有存放放射性物质的容器，必须贴上明显的标签，并标明所盛放射性物质的名称、元素状态、放射性活度、存放日期和存放负责人等。存放放射性物质的保险柜和其他容器等，必须容易开启和关闭，保险柜应加锁。对于有外照射危险的放射性物质，储存时不但要考虑存放地点附近，而且对左邻右舍、楼上楼下都要视辐射剂量大小，采取相应屏蔽措施。可移动性屏蔽设施，结构一定要稳妥可靠，屏蔽效果应能满足各类人员的辐射防护标准。

## 参考文献

[1] 范深根，娄云. 放射性和辐射的安全使用. 北京：中国科学技术出版社，2001.
[2] 阎茂中主编，陈式等. 放射性废物处理原理. 北京：原子能出版社，1998.
[3] 刘学成，韩开春. 放射性物质安全运输问答. 北京：中国铁道出版社，1987.
[4] 陈以彬，冯易君. 环境的放射性污染及监测. 成都：四川科学技术出版社，1987.
[5] 王志雄，周宏春. 放射性废物处置概论. 北京：科学出版社，1996.
[6] 刘洪涛等. 人类生存发展与核科学. 北京：北京大学出版社，2001.

# 26 个体防护

## 26.1 概述

### 26.1.1 个人防护用品及其作用

个人防护用品又称劳动防护用品、劳动保护用品，简称“护品”，是指劳动者在劳动中为防御物理、化学、生物等外界因素伤害人体而穿戴和配备的各种物品的总称。

个人防护用品的作用是使用一定的屏蔽体或系带、浮体，采取隔离、封闭、吸收、分散、悬浮等手段，保护机体或全身免受外界危害因素的侵害。护品供劳动者个人随身使用，是保护劳动者不受职业危害的最后一道防线。当劳动安全卫生技术措施尚不能消除生产劳动过程中的危险及有害因素，达不到国家标准、行业标准及有关规定，也暂时无法进行技术改造时，使用护品就成为既能完成生产劳动任务，又能保障劳动者的安全与健康的唯一手段。

### 26.1.2 对个人防护用品的基本要求

护品质量的优劣直接关系到职工的安全与健康，其基本要求是：

① 具备相应的生产许可证（编号）、产品合格证和安全鉴定证；

② 符合国家标准、行业标准或地方标准。

### 26.1.3 个人防护用品分类

（1）按照用途分类

① 以防止伤亡事故为目的的安全护品，主要包括：

a. 防坠落用品，如安全带、安全网等；

b. 防冲击用品，如安全帽、防冲击护目镜等；

c. 防触电用品，如绝缘服、绝缘鞋、等电位工作服等；

d. 防机械外伤用品，如防刺、割、绞碾、磨损用的防护服、鞋、手套等；

e. 防酸碱用品，如防酸碱手套、防护服和靴等；

f. 耐油用品，如耐油防护服、鞋和靴等；

g. 防水用品，如胶制工作服、雨衣、雨鞋和雨靴、防水保险手套等；

h. 防寒用品，如防寒服、鞋、帽、手套等。

② 以预防职业病为目的的劳动卫生护品，主要包括：

a. 防尘用品，如防尘口罩、防尘服等；

b. 防毒用品，如防毒面具、防毒服等；

c. 防放射性用品，如防放射性服、铅玻璃眼镜等；

d. 防热辐射用品，如隔热防火服、防辐射隔热面罩、电焊手套、有机防护眼镜等；

e. 防噪声用品，如耳塞、耳罩、耳帽等。

（2）以人体防护部位分类

① 头部防护用品，如防护帽、安全帽、防寒帽、防昆虫帽等；

② 呼吸器官防护用品，如防尘口罩（面罩）、防毒口罩（面罩）等；

③ 眼面部防护用品，如焊接护目镜、炉窑护目镜、防冲击护目镜等；

④ 手部防护用品，如一般防护手套、各种特殊防护（防水、防寒、防高温、防振）手套、绝缘手套等；

⑤ 足部防护用品，如防尘、防水、防油、防滑、防高温、防酸碱、防振鞋（靴）及电绝缘鞋（靴）等；

⑥ 躯干防护用品，通常称为防护服，如一般防护服、防水服、防寒服、防油服、防电磁辐射服、隔热服、防酸碱服等。

⑦ 护肤用品，用于防毒、防腐、防酸碱、防射线等的相应保护剂。

### 26.1.4 使用劳动防护用品单位的责任

（1）相关法律的规定要求

《安全生产法》规定：“生产经营单位必须为从业人员提供符合国家标准或者行业标准的劳动保护用品，并监督、教育从业人员按照使用规则佩戴、使用。”

《职业病防治法》规定：“用人单位必须为劳动者提供个人使用的职业病防护用品。”据此，用人单位应当按照有关标准以不同工种、不同劳动条件发给职工个人劳动防护用品，不得以货币或其他用品代替。

（2）使用单位的具体责任

① 使用单位应根据工作场所中的职业危害因素及其危害程度，为劳动者免费提供符合国家规定的护品。使用单位不得以货币或其他物品替代应当配备的护品。

② 使用单位应到定点经营单位或生产企业购买特种劳动防护用品。护品必须具有“三证”，即生产许可证、产品合格证和安全鉴定证。购买的护品需经本单位安全管理部门验收。并应按照护品的使用要求，在使用前对其防护功能进行必要的检查。

③ 使用单位应教育本单位劳动者，按照护品的使用规则和防护要求，正确使用护品，使职工做到“三会”：会检查护品的可靠性；会正确使用护品；会正确维护保养护品。同时，使用单位对劳动者进行监督检查。

④ 使用单位应按照产品说明书的要求，及时更换、报废过期和失效的护品。

⑤ 使用单位应建立健全护品的购买、验收、保管、发放、使用、更换、报废等管理制度，并切实贯彻执行和进行必要的监督检查。

## 26.2 劳动防护用品分类标准

本节主要从使用劳动防护用品的角度对有关标准（国家标准或行业标准）内容进行简要介绍，涉及护品制造、试验、检验的内容，需要时请读者自行查阅相关标准。

### 26.2.1 《劳动防护用品分类与代码》（LD/T 75—1995）

该标准规定了劳动防护用品（简称“护品”）的分类与代码，适用于护品生产、统计、订货、储运、经营和分发等方面的管理及信息处理和交换。

（1）编码原则和方法

采用四层全数字型编码，即第一层和第二层采取一位数字编码；第三层采取两位数字编码；第四层采取三位数字编码：

X　X　XX　XXX

第一层代码 护品性质(特种或一般)

第二层代码 防护部位

第三层代码 防护功能

第四层代码 材质、结构等其他属性(护品种类)

（2）护品分类和代码设定

① 第一层代码（护品性质）的设定。护品根据性质分为特种劳动防护用品和一般劳动防护用品两类。

特种劳动防护用品是指使劳动者在劳动过程中预防或减轻严重伤害和职业危害的劳动防护用品，以“1”表示。

目前，行业及部门主管主要对保护劳动者在生产劳动过程中的安全与健康必不可少的特种劳动防护用品进行监督管理；特种劳动防护用品由国家级检测中心检测认定，并颁发生产许可证。

特种劳动防护用品的种类和品种范围如下。

a. 头部防护类。包括由各种材料制作的安全帽。

b. 呼吸器官防护类。包括过滤式防毒面具、滤毒罐（盒）、简易式防尘口罩（不包括纱布罩）、复式防尘口罩、过滤式防微粒口罩、长管面具。

c. 眼、面部防护类。包括电焊面罩、焊接镜片及护目镜、炉窑面具、炉窑护目镜、防冲击护具。

d. 听觉器官防护类。包括用各种材料制作的防噪声护具。

e. 防护服装类。包括防静电工作服、防酸碱工作服（除丝、帽面料外材质必须经过特殊处理）、涉水工作服、防水工作服、阻燃工作服。

f. 手足防护类。包括绝缘、耐油、耐酸三种手套；绝缘、耐油、耐酸三种靴；盐滩靴、水产靴、用各种材料制作的低压绝缘鞋、耐油鞋、防静电导电鞋、安全鞋（靴）和各种劳动保护专用护肤用品。

g. 防坠落类防护用品。包括安全带（含速差式自控器与缓冲器）、安全网、安全绳。

h. 主管部门确定的其他特种劳动防护用品。

一般劳动防护用品是指除特种劳动防护用品以外的护品，以“0”表示。

② 第二层代码（防护部位）的设定。第二层代码（防护部位）的设定见表 26.1。

**表 26.1　防护部位分类代码**

| 护品类别 | 分类代码 | 护品类别 | 分类代码 |
| --- | --- | --- | --- |
| 头部防护用品 | 1 | 足部防护用品 | 6 |
| 呼吸器官防护用品 | 2 | 躯干防护用品 | 7 |
| 眼、面部防护用品 | 3 | 护肤用品 | 8 |
| 听觉器官防护用品 | 4 | 防坠落及其他防护用品 | 9 |
| 手部防护用品 | 5 | | |

③ 第三层代码（防护功能）的设定。第三层代码（防护功能）的设定见表 26.2。

④ 第四层代码（护品种类）的设定。按护品种类顺序排列。

有关劳动防护用品具体分类和代码设置，请自行查阅该标准中“劳动防护用品分类和代码表”。

**表 26.2　防护功能分类代码**

| 防护功能 | 分类代码 | 防护功能 | 分类代码 |
| --- | --- | --- | --- |
| 普通 | 1 | 防烫 | 15 |
| 防尘 | 2 | 水上救生 | 16 |
| 防水 | 3 | 防昆虫 | 17 |
| 防寒 | 4 | 给氧 | 18 |
| 防冲击 | 5 | 防风沙 | 19 |
| 防毒 | 6 | 防强光 | 20 |
| 阻燃 | 7 | 防噪声 | 21 |
| 防静电 | 8 | 防振 | 22 |
| 防高温 | 9 | 防切割 | 23 |
| 防电磁辐射 | 10 | 防滑 | 26 |
| 放射线 | 11 | 防穿刺 | 25 |
| 防酸碱 | 12 | 电绝缘 | 26 |
| 防油 | 13 | 其他 | 95 |
| 防坠落 | 14 | | |

## 26.2.2　头部防护用品

### 26.2.2.1　概述

① 生产劳动过程中头部伤害因素

a. 物体打击伤害。在生产劳动过程中，可能发生原材料、工具、岩石、建筑材料等坚硬物体从高处坠落或抛出击中在场人员头部造成伤害。

b. 高处坠落伤害。高处作业人员可能因人体坠落导致伤害。

c. 机械性伤害。生产劳动过程中作业人员可能因毛发卷入运动的机械，特别是旋转的机械部件中造成伤害。

d. 污染毛发（头皮）。在生产劳动过程中作业人员接触化学毒物、腐蚀性物质、放射性物质、生物性物质等，均可能污染毛发（头皮），对人体造成伤害。

② 头部防护用品分类。根据防护作用可将头部防护用品分为三类：安全帽、防护头罩及一般工作帽。本节只介绍安全帽。

③ 有关安全帽的标准。截至 2020 年，有关安全帽的标准主要有：GB 2811—2019《头部防护 安全帽》和 GB/T 2812—2006《安全帽测试方法》。

### 26.2.2.2　头部防护 安全帽（GB 2811—2019）

安全帽是指对人头部受坠落物及其他特定因素引起的伤害起防护作用的帽，由帽壳、帽衬、下颏带、附件组成。

（1）技术要求

① 一般要求

a. 不得使用有毒、有害或引起皮肤过敏等伤害人体的材料。

b. 不得使用回收、再生材料作为安全帽受力部件（如帽壳、顶带、帽箍等）的原料。

c. 材料耐老化性能应不低于产品标识明示的使用期限，正常使用的安全帽在使用期限内不能因材料原因导致防护功能失效。

② 基本技术性能

a. 帽箍。帽箍应根据安全帽标识中明示的适用头围尺寸进行调整。

b. 吸汗带。帽箍对应前额的区域应有吸汗性织物或增加吸汗带，吸汗带宽度应不小于帽箍的宽度。

c. 下颏带尺寸。安全帽如有下颏带，应使用宽度不小于 10mm 的织带或直径不小于 5mm 的绳。

d. 帽壳。帽壳表面不能有气泡、缺损及其他有损性能的缺陷。

e. 部件安装。安全帽各部件的安装应牢固，无松脱、滑落现象。

f. 质量（不包括附件）。特殊型安全帽不应超过600g；普通型安全帽不应超过430g；产品实际质量与标记质量相对误差不应大于5%。

g. 帽舌。按照GB/T 2812规定的方法测试，帽舌应≤70mm。

h. 帽沿。按照GB/T 2812规定的方法测试，帽沿应≤70mm。

i. 佩戴高度。按照GB/T 2812规定的方法测量，佩戴高度应≥80mm。

j. 垂直间距。按照GB/T 2812规定的方法测量，垂直间距应≤50mm。

k. 水平间距。按照GB/T 2812规定的方法测量，水平间距应≥6mm。

l. 帽壳内突出物。帽壳内侧与帽衬之间存在的尖锐锋利突出物高度不得超过6mm，突出物应有软垫覆盖。

m. 通气孔。当帽壳留有通气孔时，通气孔总面积不应大于450mm$^2$。

n. 下颏带强度。当安全帽有下颏带时，按照GB/T 2812规定的方法测试，下颏带发生破坏时的力值应介于150～250N之间。

o. 附件。当安全帽配有附件（如防护面屏、护听器、照明装置、通信设备、警示标识、信息化装置等）时，附件应不影响安全帽的佩戴稳定性，同时不影响其正常防护功能。

p. 冲击吸收性能。按照GB/T 2812规定的方法测试，经高温（50℃±2℃）、低温（－10℃±2℃）、浸水（水温20℃±2℃）、紫外线照射预处理后做冲击测试，传递到头模的力不应大于4900N，帽壳不得有碎片脱落。

q. 耐穿刺性能。按照GB/T 2812规定的方法测试，经高温（50℃±2℃）、低温（－10℃±2℃）、浸水（水温20℃±2℃）、紫外线照射预处理后做穿刺测试，钢锥不得接触头模表面，帽壳不得有碎片脱落。

除此之外，标准还规定了阻燃性能、耐低温性能等特殊性能要求，读者可自行查阅。

（2）分类

安全帽按性能分为普通型（P）和特殊型（T）。普通型安全帽是用于一般作业场所，具备基本防护性能的安全帽产品，特殊型安全帽是除具备基本防护性能外，还具备一项或多项特殊性能的安全帽产品，适用于与其性能相应的特殊作业场所。带有电绝缘性能的特殊型安全帽按耐受电压大小分为G级和E级。G级电绝缘测试电压为2200V，E级电绝缘测试电压为20000V。

（3）采购和储存

① 采购。企业必须购买有产品检验合格证的安全帽，购入的安全帽经验收后，方准使用。

② 储存。安全帽不应储存在酸、碱、高温、日晒、潮湿等处所，更不可与硬物放在一起。

（4）安全帽的使用期

从产品制造完成之日计算，植物枝条编织帽不超过2年，塑料帽、纸胶帽不超过2年半，玻璃钢（维纶钢）橡胶帽不超过3年半。

企业安全技术部门应按照规定对到期的安全帽进行抽查测试（抽验），合格后方可继续使用。以后每年抽验1次，抽验不合格则该批安全帽即报废。

（5）标志和包装

每顶安全帽应有以下4项永久性标志：

① 制造厂名称、商标、型号；

② 制造年、月、日；

③ 生产合格证和验证；

④ 生产许可证编号。

（6）安全帽的选用及注意事项

① 选用原则

a. 在可能从高空中（或侧面）抛物或飞落物环境中工作的人员、高空作业者，以及需要进入这类现场的人员，都必须佩戴安全帽。

b. 材料的选用。材料的选用主要是考虑承受的机械强度和作业环境。如估计坠落物件质量较大时，应选用较高强度材料制成的安全帽；在冶炼作业场所宜选用耐高温玻璃钢的安全帽；在炎热地区建筑施工宜选用通风散热较好的竹编安全帽；严寒地区户外作业宜选用防寒安全帽等。

c. 式样的选用。大沿（舌）帽适用于露天作业，有兼防日晒和雨淋的作用；小沿帽适用于室内、隧道、涵洞、井巷、森林、脚手架上等活动范围小、容易出现帽檐碰撞的狭窄场所。

d. 颜色的选用。颜色的选用应从安全心理学的角度来考虑。国际上较为通用的惯例是：黄色加黑条纹是表示注意警戒的标志；红色是表示限制、禁止的标志；蓝色具有显示作用等。一般对于普通工种使用的安全帽宜选用白、淡黄、淡绿等色；煤矿矿工宜选用明亮的颜色，甚至考虑在安全帽上加贴荧光色条或反光带，以便于在照明条件较差的工作场所容易发现并引起警觉；在森林采伐场地，红、橘红色的安全帽醒目，易于相互发现；在易燃易爆工作场所，宜选用大红色的安全帽。有些企业采用不同颜色的安全帽，可区分职别和工种，以利于生产管理。

② 使用注意事项

a. 佩戴安全帽前，应检查各部件齐全、完好后方可使用。

b. 高空作业人员佩戴安全帽，要将颏下系带和后帽箍拴牢，以防帽子滑落与被碰掉。

c. 热塑性安全帽可用清水冲洗，不得用热水浸泡，不得用暖气片、火炉烘烤，以防帽体变形。

d. 严格执行有关安全帽使用期限的规定，不得使用报废的安全帽。

## 26.2.3 眼面部防护用品

### 26.2.3.1 概述

① 生产劳动过程中眼伤害因素

a. 异物性眼伤害。在工业生产中，铸造、机械制造、建筑等是发生眼外伤的主要行业。沙粒、金属碎屑等进入眼内时，大多数小颗粒可被眼泪冲掉，但留在上眼睑内侧、嵌入角膜或巩膜表面的异物，如果不及时清除，可能引起溃疡或感染。有的固体异物高速飞出（如旋转切削的金属碎片或打磨金属物体等），若击中眼球，则可能发生眼球破裂或穿透性损伤。

在农业生产中，烟、化肥、谷壳、昆虫等也可能进入眼中，引起异物性眼伤害。

b. 化学性眼（面部）伤害。在生产劳动过程中的酸碱溶液、腐蚀性烟雾等进入眼中或者喷到面部皮肤上，可能引起眼角膜或面部皮肤灼伤。工业生产，特别是化工生产中的化学性眼（面部）伤害较为多见。

c. 非电离辐射眼伤害。在电气焊接、氧切割、炉窑、玻璃加工、热轧和铸造等场所，热源在1050～2150℃时可产生强光、紫外线及红外线。紫外线辐射可能引起眼结膜炎，因多发生于电焊工，故通常称为“电光性眼炎”，是一种常见职业病。红外线辐射对眼组织产生热效应，可能引起眼睑慢性炎症和晶体浑浊（职业性白内障）。强光会引起眼睛疲劳、眼睑痉挛等暂时性症状。

d. 电离辐射眼伤害。电离辐射主要可能发生在原子能工业、核动力装置（如核电站、核潜艇等）、高能物理试验、同位素诊治及其他应用等场所。如果眼睛受到电离辐射，可能发生严重后果。当总剂量超过 2Gy 时，个别人开始出现白内障，其出现率随总剂量增大而升高。

e. 微波和激光眼伤害。微波和激光也属于非电离辐射。

微波广泛应用于雷达、通信、医疗、探测、军事、工业加热、食品加工等部门。微波对人眼的伤害，主要是由于热效应引起晶体浑浊，导致"白内障"的发生。

激光近年来在工业、医疗、科研，特别是在军事上的应用发展很快。激光若投射到视网膜上可能引起灼伤，甚至导致永久失明。

② 眼面护具。眼面护具指防御电磁波、烟雾、化学物质、金属火花、飞屑和粉尘等伤害眼睛、面部（含颈部）的防护用品。根据防护部位和防护性能，眼面护具可以分为以下两类。

a. 防护眼镜

安全护目镜：防御有害物伤害眼睛的护品，如防冲击眼护具、防化学液体护目镜等。

遮光护目镜：防御强光及有害辐射线伤害眼睛的护品，如焊接护目镜、炉窑护目镜等。

b. 防护面罩

安全面罩：防御有害物伤害眼、面部的护品，如钢化玻璃面罩、有机玻璃面罩、金属网面罩等。

遮光面罩：防御强光及有害辐射线伤害眼、面部的护品，如电焊面罩、炉窑面罩等。

③ 眼面部防护用品标准。截至 2020 年，有关眼、面部防护用品的标准主要有 GB 14866—2006《个人用眼护具技术要求》和 GB/T 3609.1—2008《职业眼面部防护 焊接防护 第 1 部分：焊接防护具》。

#### 26.2.3.2 分类与标记

① 眼面护具

a. 按外形分类、代号及样型见表 26.3。

b. 按性能分类、代号及标记见表 26.4。

c. 标记示例。防 6328nm 的塑料材质的激光防护镜，标记为 JG-S-6328nm。遮光号为 10 号的玻璃材质焊接滤光镜，标记为 FS-B-10。

② 面罩。面罩按结构分类，代号及样型见表 26.5。

#### 26.2.3.3 技术要求

(1) 材料

① 眼护具各部件材料必须满足下列要求：

a. 具有一定强度、弹性和刚性；

b. 不能用有害于皮肤或易燃的材料制作；

c. 眼罩头带使用的材料应质地柔软、经久耐用。

表 26.3 按外形分类、代号及样型

| 名称 | 眼镜 | | 眼罩 | |
|---|---|---|---|---|
| 代号 | A-1 | A-2 | B-1 | B-2 |
| | 普通型 | 带侧光板型 | 开放型 | 封闭型 |
| 样型 | | | | |

表 26.4 按性能分类的代号及标记

| 防护种类（字母代号） | 滤光片材质(字母代号) | | | 其他(遮光号、波长、密度等) | 标记 |
|---|---|---|---|---|---|
| | 玻璃(B) | 塑料(S) | 镀膜(M) | | |
| 防辐射(FS)(焊接、炉窑等) | B | | — | | FS-B-其他 |
| 防太阳光(TY) | B | S | M | | TY-B(S,M)-其他 |
| 防冲击(CJ) | B | S | | | CJ-B(S) |
| 防激光(JG) | B | S | M | | JG-B(S,M)-其他 |
| 防微波(WB) | B | — | M | | WB-B(M)-其他 |
| 防射线(SX) | B | — | | | SX-B-其他 |
| 防烟尘(YC) | — | S | — | — | YC-S |
| 防化学液体飞溅(XY) | — | S | — | — | XY-S |

表 26.5 面罩分类、代号及样型

| 名称 | 手持式 | 头戴式 | | 安全帽与面罩连接式 | | 头盔式 |
|---|---|---|---|---|---|---|
| 代号 | HM-1 | HM-2 | | HM-3 | | HM-4 |
| | | HM-2-A | HM-2-B | HM-3-A | HM-3-B | |
| | 全面罩 | 全面罩 | 半面罩 | 全面罩 | 半面罩 | |
| 样型 | | | | | | |

② 面罩必须使用耐高低温、耐腐蚀、耐潮湿，并具有一定强度的非导电材料制作。

（2）结构

① 眼护具的结构必须满足下列条件：

a. 表面光滑、无毛刺、无锐角或可能引起眼（面部）不舒适感的其他缺陷；

b. 可调部分灵活可靠，结构零件易于更换；

c. 具有良好的透气性。

② 面罩的结构必须满足下列条件：

a. 铆钉及其他部件要牢固，没有松动现象，金属部件不能与面部接触；

b. 掀起部件灵活可靠。

（3）规格和视野

请自行查阅相关标准。

（4）技术性能要求

① 光学性能。包括表面质量及内在疵病、可见光透射比、镜片颜色、屈光度偏差和平行度等。

② 非光学性能。包括强度性能、耐腐蚀性能、耐高温性能、耐低温性能、耐磨性能等。

#### 26.2.3.4 产品标志

（1）眼护具

① 每副（片）眼护具在不影响视场的右上方按照标准规定标记出永久标志，如 FS-B-10。

② 在每副眼护具的镜框或镜架腿的里侧标出不少于以下 4 项：制造厂名代号（需在说明书中注明生产厂代号）；生产许可证代号；结构代号；其他需要标出的标号。

（2）面罩

在面罩的右上方标记出如下永久标志：结构代号；制造厂代号；生产许可证代号；其他（如生产日期或商标等）。

### 26.2.4 呼吸器官防护用品

（1）概述

① 生产劳动过程中伤害呼吸器官的因素。在生产劳动过程中伤害呼吸器官的因素主要包括生产性粉尘和生产性化学毒物两大类。如果作业场所上述两类因素中某一种或者多种有害物质浓度超过卫生标准，则会对现场作业人员的健康造成危害，甚至可能导致职业病，如各种肺尘埃沉着病、职业性肿瘤、重要性中毒等。此外，缺氧环境对作业人员的健康甚至生命也构成威胁。

② 呼吸器官防护用品及其分类。呼吸器官防护用品（简称“呼吸护具”）是指防御缺氧空气和尘毒等有害物质吸入呼吸道的防护器具。根据呼吸护具的结构和工作原理，分为净气式呼吸护具和隔绝式呼吸护具两大类，见表 26.6。

③ 有关呼吸护具标准。截至 2020 年，有关呼吸护具的标准主要有 GB 2626—2019《呼吸防护 自吸过滤式防颗粒物呼吸器》、GB 2890—2009《呼吸防护 自吸过滤式防毒面具》、GB 6220—2009《呼吸防护 长管呼吸器》、GB/T 16556—2007《自给开路式压缩空气呼吸器》和 LD 7—1991《开放一体型电动送风过滤式防尘呼吸器》等。

（2）自吸过滤式防颗粒物呼吸器（GB 2626—2019）

自吸过滤式防颗粒物呼吸器是靠佩戴者呼吸克服部件气流阻力的过滤式呼吸防护用具，按结构分为随弃式面罩、可更换式半面罩和全面罩三类。

① 技术要求

a. 直接与面部接触的材料对皮肤应无害；

b. 滤材对人体应无害；

c. 所有材料应具有足够的强度，在正常使用寿命中不应出现破损或变形。

② 性能试验和检验规则，请自行查阅相关标准。

③ 标志。随弃式面罩、可更换式半面罩的过滤元件应标注级别，级别用执行标准号、年号、过滤元件类型和级别的组合方式标注。

（3）长管呼吸器（GB 6220—2009）

① 长管呼吸器是使戴用者的呼吸器官与周围空气隔离，并通过长管输送清洁空气供呼吸的防护用品。

② 长管呼吸器种类及组成，见表 26.7。

表 26.6 呼吸护具分类

| | | | | |
|---|---|---|---|---|
| 呼吸护具 | 净气式呼吸护具（过滤式） | 防尘呼吸护具 | 自吸过滤式防尘口罩 | 简易式防尘口罩 |
| | | | | 复式防尘口罩 |
| | | | 送风过滤式防尘面具 | 密合型 |
| | | | | 开放型 |
| | | | | 头罩型 |
| | | 防毒呼吸护具 | 自吸过滤式防毒面具 | 导管式 |
| | | | | 直接式 |
| | | | 送风过滤式防毒面具 | |
| | 隔绝式呼吸护具 | 供气式呼吸护具（自给式） | 自救器 | |
| | | | 空气呼吸器 | |
| | | | 氧气呼吸器 | 开放式 |
| | | | | 循环式 |
| | | 送风式呼吸护具 | 自吸式软管呼吸器 | |
| | | | 压气式呼吸器 | |

表 26.7 长管呼吸器种类及组成

| 长管呼吸器种类 | 系统组成主要部件及次序 | | | | | 供气气源 |
|---|---|---|---|---|---|---|
| 自吸式长管呼吸器 | 密合型面罩 | 导气管 | 低压长管 | 低阻过滤器 | | 大气 |
| 连续送风机式长管呼吸器 | | 导气管＋流量阀 | 低压长管 | 过滤器 | 风机 | 大气 |
| | | | | | 空压机 | |
| 高压送风式长管呼吸器 | | 导气管＋供气阀 | 中压长管 | 高压减压器 | 过滤器 | 高压气源 |
| 所处环境 | | 工作现场环境 | | 工作保障环境 | | |

③ 总体性能

a. 面具的设计应避免由于空气流速或分布不当而引起佩戴者任何紧张或不适；

b. 佩戴者蹲伏姿势或在空间受限的环境中作业时，长管不应妨碍其活动；

c. 固定带应能将导气管或中压管固定在佩戴着身后或侧面而不影响操作，宽度不应小于40mm；

d. 呼吸器上需佩戴者操作的部件应触手可及，并可通过触摸加以识别，所有可调节的部件在使用中不应出现意外变动；

e. 长管按 GB 6220—2009 测试，抗拉强度应大于1000N。

④ 长管呼吸器标记

a. 面具种类、面罩类别及用途；

b. 生产厂名、制造年月及生产批号；

c. 使用及保存事项。

(4) 自吸过滤式防毒面具（GB 2890—2009）

① 自吸过滤式防毒面具及其分类。自吸过滤式防毒面具是指防御有毒物质、生物体和放射性尘埃等危害呼吸器官和眼面部的自吸净气式呼吸护具。其种类及组成见表 26.8。

**表 26.8　自吸过滤式防毒面具种类及组成**

| 种　类 | 组　成 |
|---|---|
| 导管式防毒面具 | 全面罩、大型滤毒罐、导气管 |
| | 全面罩、中型滤毒罐、导气管 |
| 直接式防毒面具 | 全面罩、小型滤毒罐 |
| | 半面罩、滤毒盒 |

② 对面具材料的要求

a. 面具部件必须无毒、无害，能满足使用条件和保存期限要求；与人体面部接触的材料对皮肤无刺激作用；

b. 面具材料应能耐受清洗和消毒；

c. 金属材料应进行防腐蚀处理。

③ 技术要求。标准中对面罩、滤毒罐、导气管等基本部件性能及其相互连接要求都做了规定，请自行查阅。

④ 使用要求

a. 面具使用条件。空气中氧气浓度≥18%（体积分数）；毒气浓度参考标准中规定；温度为－30～45℃；不能用于槽、罐等密闭容器环境。

b. 正确选配面具。使用者应根据自身面部尺寸选配适宜的面具号码；根据毒物种类、浓度选配滤毒罐（盒）。

c. 正确佩戴使用。使用前应检查面具的完整性和气密性；面罩密合框应与佩戴者颜面密合；使用中应注意有无泄漏和滤毒罐（盒）有无失效。

⑤ 产品标志

a. 制造厂名、厂址、邮政编码；

b. 产品名称、商标、生产许可证编号；

c. 型号、标记；

d. 制造日期或生产批号；

e. 有效期。

⑥ 储存要求

a. 储存库房应干燥、通风、无酸、无碱、无溶剂等。

b. 储存期。滤毒罐为 5 年，滤毒盒为 3 年，且产品性能符合标准。过期产品应经抽检，合格后方可使用。

(5) 自给开路式压缩空气呼吸器（GB/T 16556—2007）

① 自给开路式压缩空气呼吸器（简称“空气呼吸器”）是指利用面罩与佩戴人员面部周边密合，使人员呼吸器官、眼睛和面部与外界染毒空气或缺氧环境完全隔离，自带压缩空气源供给人员呼吸所用的洁净空气，呼出的气体直接排入大气中的一种呼吸器。

② 产品种类与型号

a. 种类及其标志。空气呼吸器种类及分类标志见表 26.9。

**表 26.9　空气呼吸器种类及分类标志**

| 种　类 | 分类标志 |
|---|---|
| 工业空气呼吸器 | G |
| 消防和应急空气呼吸器 | X |

b. 额定储气量及其型号标志。额定储气量及型号标志见表 26.10。

**表 26.10　额定储气量及型号标志**

| 额定储气量(Q)/L | 型号标志 |
|---|---|
| 600≤Q<800 | 6 |
| 800≤Q<1200 | 8 |
| 1200≤Q<1600 | 12 |
| 1600≤Q<2000 | 16 |
| 2000≤Q<2400 | 20 |
| 2400≤Q | 24 |

c. 产品标志示例。作业、救援用的正压式空气呼吸器，额定储气量为 1800L，产品标志为 RPP20。

③ 技术要求

a. 性能要求。包括气密性、面罩性能、报警器性能、空气呼吸器流量要求、空气呼吸器耐高温性能、空气呼吸器耐低温性能、空气呼吸器适用性能等。

b. 构造要求。包括整体要求和各部件（如面罩、供气阀、呼气阀、减压器、安全阀、压力显示装置、报警器、导气管、气瓶阀、气瓶、高压部分及背托等）的要求。

c. 质量要求。当气瓶内气体压力处于额定工作压力状态时，空气呼吸器总质量应不超过 16kg。

d. 材料要求。空气呼吸器所使用的材料应有足够的机械强度和足够的耐腐蚀能力，与呼吸气体接触的材料不应有害健康和产生刺激性气体。

e. 一切需要清洗和消毒的部件，制造厂应推荐对其无腐蚀的清洗剂和消毒剂。

④ 试验方法及检验规则。请自行查阅标准。

⑤ 标志。每套产品标志的内容如下：

a. 制造厂名；

b. 产品名称或代号；

c. 空气呼吸器种类标志；

d. 空气呼吸器型号标志；

e. 制造日期或生产编号。

⑥ 包装

a. 产品采用箱装，并且具有防震、防压功能。

b. 部件可采用盒装。

c. 包装箱内应随带下列文件：产品合格证、产品说明书及装箱单。

⑦ 产品说明书内容应包括：

a. 使用方法和安全注意事项；

b. 维修、消毒、存储及检查方法；

c. 故障、原因和排除方法；

d. 其他必要的说明。

### 26.2.5　手部防护用品

(1) 概述

① 生产劳动过程中伤害手部的因素。人的手是人体最主要的劳动器官。在生产劳动过程中，比起其他器官来手部

受到的伤害较为严重。因此为了保护劳动者的健康，预防手部伤害非常重要。

有可能伤害手部的因素很多，大致可以归纳为下列几种因素：火与高温、低温、电磁与电离辐射、电、化学物质、撞击、切割、砸伤、微生物侵害及感染等。在诸多因素中，机械性损伤最为常见，其他较为常见的是化学物质中的酸碱以及对皮肤有刺激性的药剂，而电伤害与辐射伤害导致的后果较为严重。

② 手部防护用品及其分类。手部防护用品分为防护手套和防护套袖两大类。防护手套包括：带电作业用绝缘手套、耐酸碱手套、焊工手套、橡胶耐油手套、防X线手套、防水手套、防毒手套、防机械伤手套、防振手套、防静电手套、防寒手套、防热辐射手套、耐火阻燃手套、电热手套、防微波手套、防切割手套。本节只介绍防护手套。

③ 有关防护手套的标准。截至2020年，有关防护手套的标准主要有：GB/T 12624—2009《手部防护　通用技术条件及测试方法》、FZ/T 73039—2010《涂胶防振手套》、AQ 6101—2007《橡胶耐油手套》、AQ 6102—2007《耐酸（碱）手套》、AQ 6103—2007《焊工防护手套》、AQ 6104—2007《防X线手套》、LD 59—1994《森林防火手套》等。

（2）防护手套（GB/T 12624—2009）

① 劳动防护手套（简称“防护手套”）是供劳动人员劳动时佩戴的，具有保护手和手臂功能的护品。

② 防护手套分类

a. 防护手套可按照防护性能分类。

b. 防护手套分类标记代号及其含义见表26.11。

**表26.11　防护手套分类标记代号及其含义**

| 防护性能(字母代号) | 材质(字母代号) | 质量等级 | 分类标记 |
| --- | --- | --- | --- |
| 带电作业用绝缘手套(JY) | 橡胶(X) | 1～2级 | L-JY-X-1(或2) |
| | 乳胶(R) | | L-JY-R-1(或2) |
| 耐酸碱手套(SJ) | 橡胶(X) | 1～2级 | L-SJ-X-1(或2) |
| | 乳胶(R) | | L-SJ-R-1(或2) |
| | 塑料(S) | | L-SJ-S-1(或2) |
| 焊工手套(HG) | 牛皮(N) | 1～2级 | L-HG-N-1(或2) |
| | 猪皮(Z) | | L-HG-Z-1(或2) |
| 橡胶耐油手套(NY) | 橡胶(X) | 1～2级 | L-NY-X-1(或2) |
| | 乳胶(R) | | L-NY-R-1(或2) |
| 防X线手套(FX) | 橡胶(X) | 不分级 | L-FX-X |
| | 乳胶(R) | | L-FX-R |
| 防水手套(FS) | 橡胶(X) | 1～2级 | L-FS-X-1(或2) |
| | 乳胶(R) | | L-FS-R-1(或2) |
| | 塑料(S) | | L-FS-S-1(或2) |
| 防毒手套(FD) | 橡胶(X) | 不分级 | L-FD-X |
| | 乳胶(R) | | L-FD-R |
| 防机械伤手套(JS) | 帆布(F) | 1～3级 | L-JS-F-1(2或3) |
| | 牛皮(N) | | L-JS-N-1(2或3) |
| | 猪皮(Z) | | L-JS-Z-1(2或3) |
| | 绒布(RB) | | L-JS-RB-1(2或3) |
| | 粗纱(C) | | L-JS-C-1(2或3) |
| 防振手套(FZ) | 橡胶(X) | 不分级 | L-FZ-X |
| 防静电手套(JD) | 橡胶(X) | 1～3级 | L-JD-X-1(2或3) |
| | 乳胶(R) | | L-JD-R-1(2或3) |
| 防寒手套(FH) | 棉(M) | 1～3级 | L-FH-M-1(2或3) |
| | 牛皮(N) | | L-FH-N-1(2或3) |
| | 猪皮(Z) | | L-FH-Z-1(2或3) |
| | 人造毛皮(P) | | L-FH-P-1(2或3) |
| 防热辐射手套(RF) | 镀铝布(D) | 1～2级 | L-RF-D-1(或2) |
| 耐火阻燃手套(ZR) | 石棉布(B) | 1～2级 | L-ZR-B-1(或2) |
| | 其他阻燃纤维(T) | | L-ZR-T-1(或2) |
| 电热手套(DR) | 夹电阻丝织物(E) | 1～2级 | L-DR-E-1(或2) |
| 防微波手套(WB) | 微波屏蔽织物(W) | 不分级 | L-WB-W |
| 防切割手套(QG) | 牛皮(N) | 不分级 | L-QG-N |
| | 金属丝(J) | | L-QG-J |
| | 粗纱(C) | | L-QG-C |

c. 分类标记及其含义如下：

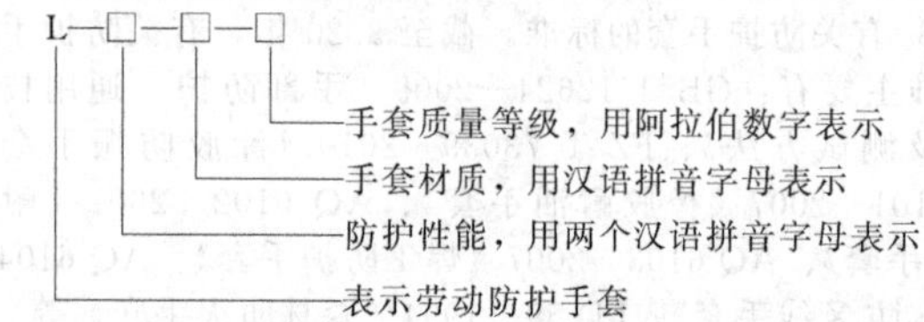


d. 标记示例。质量为二级品的橡胶绝缘手套：L-JY-X-2。

③ 防护手套技术要求。相关标准中分别规定了皮革手套、橡胶手套、乳胶手套、塑料（PVC）手套、帆布手套和白纱手套的技术要求，读者需要时可自行查阅。

④ 防护手套标志。每副手套的筒口附近应有标志块，其上至少应有以下 4 项标志：

a. 制造厂名；

b. 分类标记；

c. 制造日期或生产批号；

d. 生产许可证编号。

⑤ 防护手套的使用及注意事项

a. 防护手套的种类较多，应针对作业性质，根据手套的防护功能进行选用。不得随意混用。

b. 防水、耐酸碱手套在使用前应仔细检查，观察表面是否破损。简易方法是用手捏紧筒口后向手套内吹气，观察是否漏气。漏气则不能使用。

c. 绝缘手套应定期检验电绝缘性能，不符合规定的不能使用。

d. 橡胶、塑料等类手套反复使用后应冲洗干净、晾干，保存时避免高温，并在手套上撒滑石粉以防粘连。

(3) 浸塑手套（GB/T 18843）

① 浸塑手套是一种较为新型的防护手套。它是直接将手形模具或套上棉毛衬里的手形模具浸入液态塑料中，取出后经固化、干燥、脱模的方法制成的防护手套。

② 标记

a. 浸塑手套分类及其标记见表 26.12。

**表 26.12　浸塑手套分类及其标记**

| 分类原则 | 类　别 | 标记 | |
|---|---|---|---|
| | | 材质标记（有无衬里） | 防护功能标记 |
| 按有无衬里分类 | 有衬里浸塑手套（又称棉毛浸塑手套） | S1 | |
| | 无衬里浸塑手套 | S2 | |
| 按使用功能分类 | 耐酸碱浸塑手套 | | SJ |
| | 耐油浸塑手套 | | NY |
| | 防苯及其他有机溶剂浸塑手套 | | FB |
| | 热水作业浸塑手套 | | RS |
| | 一般防护浸塑手套 | | YB |

产品标记应符合 GB/T 12624—2009《手部防护 通用技术条件及测试方法》中的规定：

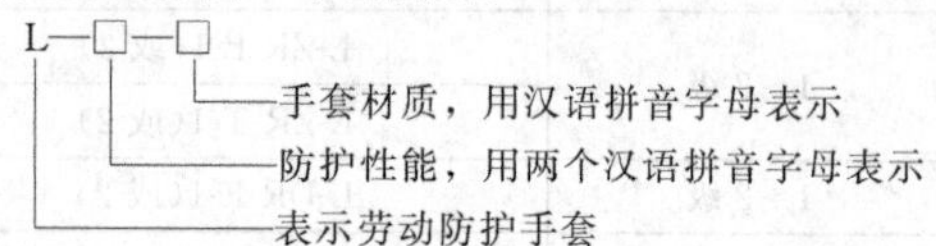


示例 1：一般防护无衬里浸塑手套的标记为 L-YB-S2。

示例 2：耐酸碱有衬里（棉毛）浸塑手套的标记为 L-SJ-S1。

b. 规格标记。浸塑手套的规格以手套长和手套宽两值（mm，整数）标记，彼此之间以斜线隔开。长以 10mm 为一档距，宽以 5mm 为一档距。

规格标记示例：280/80 表示长为 280mm，宽为 80mm 的浸塑手套。

③ 技术要求。包括外观要求、材料性能要求、理化性能要求等。

④ 试验方法、检验规则。请自行查阅相关标准。

⑤ 产品标志。每只手套袖筒上应有下列标志：

a. 分类标记；

b. 规格；

c. 生产日期或批号。

⑥ 包装。每副手套应独立包装（无衬里手套内应撒滑石粉），内附产品说明书、出厂检验合格证及其他按照有关规定必须提供的文件。包装上应有以下标记：

a. 产品名称、分类标记；

b. 规格；

c. 制造厂厂名、厂址、邮政编码（或电话号码）；

d. 商标；

e. 生产日期或批号；

f. 有效期限；

g. 执行标准号。

⑦ 储存

a. 储存和运输中必须防水、通风、避光、隔热，同时避免化学物品的侵袭；

b. 储存期超过 1 年者，按有关规定抽样，进行检验，合格后方可销售、使用。

### 26.2.6　足部防护用品

(1) 概述

① 生产劳动过程中伤害足部的因素

a. 物体砸伤或刺伤。这是最常见的因素。在机械、冶金等行业及建筑或其他施工中，常有物体坠落、抛出或铁钉等尖锐物体散落于地面，可能砸伤足趾或刺伤足底。

b. 高低温伤害。在冶炼、铸造、金属加工、焦化、化工等行业的一些作业场所，强辐射热会灼烤足部，灼热的物料可能落到脚上引起烧伤或烫伤。在高寒地区，特别是冬季户外施工时，足部可能因低温发生冻伤。

c. 化学性伤害。在化工、造纸、纺织、印染等接触化学品（特别是酸碱）的行业，有可能发生足部被化学品灼伤的事故。

d. 触电伤害与静电伤害。一方面，人体的手和脚都是容易发生触电事故的部位。另一方面，作业人员未穿电绝缘鞋，可能导致触电事故；或者由于作业人员鞋底材质不适当，在行走时可能与地面摩擦而产生静电，导致危害。

e. 强迫体位。主要发生在低矮的井下巷道作业，由于膝部常常弯曲或膝盖着地爬行，可能造成膝关节滑囊炎。

② 足腿部防护用品分类。根据防护部位和防护功能，足腿部防护用品分为护膝用品、护腿用品、足护盖用品和防护鞋（靴）四类。其中，防护鞋（靴）的品种较多，应用也较为广泛。本节只介绍防护鞋（靴）。

③ 有关防护鞋（靴）的标准。截至 2020 年，有关防护鞋（靴）的标准主要有：GB 21146—2007《个体防护装备职业鞋》、GB 12011—2009《足部防护 电绝缘鞋》、LD 4—1991《焊接防护鞋》、LD 32—1992《高温防护鞋》、LD 50—1994《保护足趾安全鞋（靴）》、LD 60—1994《森林防火鞋》等。

(2) 防护鞋（GB 21146—2007）

防护鞋是防御生产劳动中物理、化学和生物等外界因素伤害劳动者的脚及小腿的护品。

a. 防护鞋防护性能分类及其标记，见表 26.13。

表 26.13 防护鞋分类及其标记

| 大类 | 类别 | 细分 |
| --- | --- | --- |
| 工业用防护鞋(G) | 防水鞋(GS) | |
| | 防寒鞋(GH) | |
| | 绝缘鞋(GJY) | |
| | 防静电鞋(GJD) | |
| | 导电鞋(GDD) | |
| | 电热鞋(GDR) | |
| | 防腐蚀鞋(GF) | 碱(GFJ) |
| | | 酸(GFS) |
| | | 油(GFY) |
| | | 有机溶剂(GFR) |
| | 放射性污染防护鞋(GWR) | |
| | 防尘、污及一般机械伤害鞋(GCW) | |
| | 防滑鞋(GHD) | |
| | 防震鞋(GCD) | |
| | 轻便鞋(GQ) | |
| | 无尘鞋(GWC) | |
| | 抗刺割鞋(GCG) | |
| 林业安全鞋(L) | 采伐鞋(LC) | |
| | 扑火用阻燃鞋(LP) | |
| 铸造及类似热作业用安全鞋(ZR) | | |
| 建筑等高处作业用安全鞋(JG) | | |
| 搬运工、修理工等工种用安全鞋(B) | | |
| 采矿鞋(ZK) | | |

b. 标记示例。工业用防水鞋的标记为：防护鞋 GS GB 12623。

c. 技术要求。内容包括对鞋外底、鞋后跟高、鞋帮、鞋底防滑性及鞋后跟缓冲性等的要求，请自行查阅标准。

d. 标志。每双鞋应选择在内底、外底中部、后帮上部、鞋舌中的一个部位，冲压、印刷或粘贴永久性标志（即出厂合格证）。

标志中应包含下列内容：鞋的型号、生产厂家、生产年月、许可证编号、产品分类标记、产品标准号。

### 26.2.7 躯干防护用品

（1）概述

① 生产劳动过程中对躯干伤害的因素

a. 高温、强辐射热。对人体的危害主要有两类：一类是局部性伤害，如皮肤烫伤及局部组织烧伤等；另一类是全身性伤害，如中暑及高温昏厥、抽搐等。

b. 低温。对人体的危害主要有三种情况：一是皮肤组织被冻疼、冻伤或冻僵；二是低温金属与皮肤接触时产生粘皮肤伤害；三是由于低温使人体热损失过多，对人体造成全身性生理危害所引起的不适症状，如呼吸和心率加快、颤抖，继而头痛，随着人深部体温逐渐降低，症状逐渐加重，甚至可能导致死亡；

c. 化学药剂。如酸碱溶液、农药、化肥及其他经皮肤进入体内的化学液体，将皮肤灼伤，刺激皮肤产生过敏性反应、毛囊炎，或引起全身性中毒症状。

d. 微波辐射。微波对人体的危害，主要表现在外周白细胞总数暂时下降；长期接触微波的人员，可能发现晶体浑浊，甚至产生白内障；对生殖功能、内分泌机能、免疫功能等都可能有不利影响。

e. 电离辐射。电离辐射对人体的伤害主要有两种类型：一种是大剂量辐射造成的急性辐射伤害；另一种是长期小剂量辐射积累造成的慢性辐射伤害。其症状基本相同，如细胞和血小板减少，明显贫血，胃肠功能紊乱，毛发脱落，白内障，齿龈炎等，晚期有癌变，以再生性贫血和白细胞减少症较为多见。

f. 静电危害。人体静电电击的发生，可能由带电体对人体放电，也可能由带静电的人对接地体放电，造成电流流经人体产生电击，造成指尖受伤等机能损伤，或产生心理障碍、恐惧感，进而导致二次事故。此外，还可能因电击发生皮炎、皮肤烧伤等。

② 躯干防护用品分类。按照结构、功能，躯干防护用品分为两大类：防护服和防护围裙，见表 26.14。

表 26.14 躯干防护用品分类

| 大类 | 类别 | 品种 |
| --- | --- | --- |
| 防护服 | 一般劳动防护服 | |
| | 特种劳动防护服 | 阻燃防护服 |
| | | 防静电服 |
| | | 防酸服 |
| | | 抗油拒水服 |
| | | 防水服 |
| | | 森林防火服 |
| | | 劳保羽绒服 |
| | | 防 X 射线防护服 |
| | | 防中子辐射防护服 |
| | | 防带电作业屏蔽服 |
| | | 防尘服 |
| | | 防砸背心 |
| 防护围裙 | | |

③ 有关防护服标准。截至 2020 年，有关防护服的标准有：GB/T 20097—2006《防护服 一般要求》、GB/T 13459—2008《劳动防护服 防寒保暖要求》、GB 8965.1—2009《防护服装 阻燃防护 第 1 部分：阻燃服》、GB 8965.2—2009《防护服装 阻燃防护 第 2 部分：焊接服》、GB 12014—2019《防护服装 防静电服》、GB/T 6568—2008《带电作业用屏蔽服装》、GB 9953—1999《浸水保温服》、GB/T 13640—2008《劳动防护服号型》、GB/T 33536—2017《防护服装 森林防火服》和 LD 86—1996《100keV 以下辐射防护服》等。

（2）一般防护服（GB/T 20097—2006）

① 一般防护服是指防御普通伤害和脏污的各行业穿用的工作服，可分为以下几种款式：

a. 上、下身分离式；

b. 衣裤（或帽）连体式；

c. 大褂式；

d. 背心；

e. 背带裤；

f. 围裙；

g. 反穿衣等。

② 设计原则。防护服应做到安全、适用、美观、大方。应符合以下原则：

a. 有利于人体正常生理要求和健康；

b. 款式应针对防护需要进行设计；

c. 适应作业时肢体活动，便于穿脱；

d. 在作业中不易引起钩、挂、绞、碾；

e. 有利于防止粉尘、污物沾污身体；

f. 针对防护服功能需要选用与之相适应的面料；

g. 便于洗涤与修补；

h. 防护服颜色应与作业场所背景色有所区别，不得影响各色光信号的正确判断。凡需要有安全标志时，标志颜色应醒目、牢固。

③ 技术要求、试验方法、检验规则等，请自行查阅相关标准。

④ 标志、包装、运输和储存

a. 每件成品需有厂名、商标、号型和检验合格证。外包装上应有制造厂名、商品名称、货号、数量及出厂日期。

b. 包装应整齐、牢固、数量准确，在产品与外包装之间应设防潮隔层。如外包装有特殊要求，可由供需双方商定。

c. 产品运输不得损坏包装，防止雨淋日晒。

d. 产品应在阴凉、干燥、通风及确保安全的地方储存，防止鼠咬虫蛀、霉变和其他隐患。

(3) 冬季室外作业防寒服的防寒保暖要求（GB/T 13459—2008）

各服装气候区分区限值及对防寒服总保暖量要求，见表26.15。

**表 26.15 各服装气候区分区限值及对防寒服总保暖量要求**

| 服装气候区 | 综合温度 $T_{ayn}$ 限值范围/℃ | 防寒服总保暖量要求/clo |
|---|---|---|
| 高寒区 | $T_{ayn}\leqslant -25$ | 6.5 |
| 寒区 | $-25<T_{ayn}\leqslant -15$ | 5.5 |
| 温区 | $-15<T_{ayn}\leqslant -5$ | 4.6 |
| 亚热区 | $-5<T_{ayn}\leqslant 5$ | 3.7 |
| 热区 | $T_{ayn}>5$ | 2.8 |

注：clo（克罗）：一个安静坐着或从事轻度脑力劳动的人［代谢产热量为209.2kJ/(m²·h)］在21℃、相对湿度小于50%、风速不超过0.1m/s的环境中感觉舒适时，所穿衣服的热阻值为1clo。

(4) 防护服装 防静电服（GB 12014—2019）

① 防静电服指为了防止衣服的静电积聚，用防静电织物按规定的款式和结构缝制的工作服。

② 技术要求及检验规则等，请自行查阅相关标准。

③ 标志。每件成品上必须注有生产厂名称、产品名称、商标、号型规格、等级、生产日期。

④ 穿用要求

a. 气体爆炸危险场所属0区、1区且可燃物最小点燃能量在0.25mJ以下者，作业人员应穿用防静电服。

b. 禁止在易燃易爆场所穿脱。

c. 禁止在防静电服上附加或佩戴任何金属物件。

d. 防静电服必须与防静电鞋配套穿用，同时地面应是导电地板。

e. 防静电服应保持清洁，保持防静电性能。使用后用软毛刷、软布蘸中性洗涤剂刷洗，不可损伤衣料纤维。

f. 穿用一段时间后，应对防静电性能进行检验。若不符合标准要求，则不能再作为防静电服穿用。

(5) 焊接防护服（GB 8965.2—2009）

① 焊接防护服是指采用具有阻燃性、防金属熔滴冲击性、抗电性等安全性能的织物为面料，并采取领口、袖口、裤口松紧两用式缝制的产品，用于保护从事焊接作业的人员。

焊接防护服分为上、下身分离式和衣裤连体式两类。两类焊接防护服均可配用围裙、套袖、披肩、鞋盖等附件。

② 技术要求、试验方法、检验规则等，请自行查阅相关标准。

③ 标志、包装、运输和储存

a. 每件产品需有厂名、商标、号型和检验合格证。外包装上应有厂名、商品名称、货号、数量及出厂日期。

b. 包装应整齐牢固、数量准确，在产品与外包装之间应设防潮隔层。如外包装有特殊要求，可由供需双方商定。

c. 产品运输不得损坏包装，要防止日晒、雨淋。

d. 产品应在阴凉、干燥、通风处储存。

(6) X射线防护服（GB 18464）

① X射线防护服是指用铅橡胶、铅塑料和其他复合材料制作的防护服，用于保护接触X射线人员（如直接进行荧光透视的工作人员、在X射线机旁从事特殊检查的临床医生以及在X射线辐射场所进行防护剂量检测的防护人员等）免受X射线的危害。

② 分类及规格

a. 按照铅当量大小分为Ⅰ型（0.25mmPb）、Ⅱ型（0.35mmPb）、Ⅲ型（0.50mmPb）三类；

b. 照品种款式分为衣、裤、围裙、背心、颈套、帽等。

③ 技术要求、试验方法、检验规则等，请自行查阅相关标准。

④ 标志、包装、运输、储存、使用

a. 每件产品应有如下标志：产品名称、产品规格、质量等级、铅当量、生产厂名称及厂址。

b. 产品外包装内应附有产品检验合格证和使用说明书，检验合格证应包括以下内容：产品名称、生产厂名称及厂址、生产日期、检验员代号等。

c. 运输和储存时切勿重压、日晒、雨淋。严禁与酸、碱、油、有机溶剂等腐蚀及溶解性物质接触。

d. 产品应储存在干燥、通风的库房内，储存温度为−10～40℃，离地垫高150mm以上。

e. 在上述储存条件下，从出厂日期算起，产品的储存期为1年。过期存放应重新抽检，合格后方可销售和使用。

f. 应根据作业场所X射线强度，或按照有关标准和规定，选择不同等级铅当量的X射线防护服。使用后应挂在远离热源和避强光处，不得压成死褶和损伤。

g. X射线防护服正常使用期限为4～5年。

(7) 阻燃防护服（GB 8965.1—2009）

① 阻燃防护服（简称"阻燃服"）是指在接触火焰及炽热物体后能阻止本身被点燃、有焰燃烧和阴燃的防护服，适于劳动者从事有明火、散发火花、在熔融金属附近操作和在有易燃物质并有发火危险的场所穿用，以保护作业人员。

② 技术要求、试验方法、检验规则等，请自行查阅相关标准。

③ 标志、包装、运输和储存

a. 每件阻燃服需有厂名、商标、号型、产品合格证和永久专用标志。外包装上应有厂名、地址、商品名称、货号、数量、生产许可证编号及生产日期。

b. 包装应整齐牢固、数量准确，产品与外包装之间应设防潮隔层。不得损坏包装，防止雨淋、日晒。

c. 产品不得与有腐蚀性物品一起存放；存放处应干燥、通风；产品距离墙及地面200mm以上；防止鼠咬、虫蛀、霉变。

(8) 带电作业用屏蔽服（GB 6568—2008）

① 带电作业用屏蔽服（简称"屏蔽服"）是指工作人员在电气设备上进行带电作业时穿戴的屏蔽服。整套屏蔽服包括上衣、裤、帽、手套、袜、鞋，必须配套穿用。

② 分类。根据使用条件的不同，带电作业用屏蔽服可分为两类，见表26.16。

**表 26.16 带电作业用屏蔽服分类**

| 类别 | 屏蔽效率/dB | 熔断电流/A |
|---|---|---|
| Ⅰ型 | ≥40 | ≥5 |
| Ⅱ型 | ≥40 | ≥30 |

③ 要求

a. 总的要求。屏蔽服应有较好的屏蔽性能、较低的电阻、适当的通流容量、一定的阻燃性及较好的服用性能；屏蔽服各部件应经过两个可卸的连接头进行可靠的电气连接，并应保证连接头在工作过程中不得脱开。

b. 对衣料的要求。包括屏蔽效率、电阻、衣料熔断电流、耐电火花、耐燃、耐洗涤、耐磨、透气性能、断裂强度和断裂伸长率等具体要求。

c. 对成品的要求。包括对上衣、裤、帽、手套、袜、鞋，以及整套屏蔽服、分流连接线和连接头的具体要求。

④ 屏蔽服号型、检验规则等，请自行查阅相关标准。

⑤ 标志

a. 整套屏蔽服，包括上衣、裤、帽、手套、袜、鞋等各部件均必须牢固地装上明显的三角形永久性标志，见图 26.1。

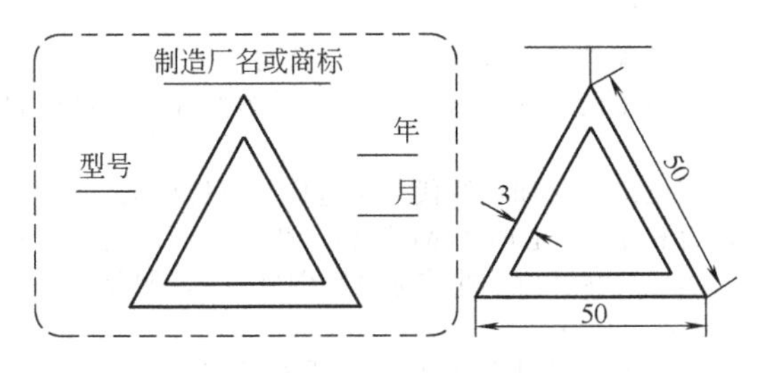


图 26.1 屏蔽服标志

b. 标志应包括以下内容：制造厂名或商标、型号、制造年份及月份、熔断电流、号型标志。

c. 此外，屏蔽服的外包装上应有防压、易碎、防潮等标志。

⑥ 包装

a. 由于导电织物中的导电材料在空气中会被氧化，必须将屏蔽服包装好，使其在长期储存中不会被氧化；

b. 整箱包装时应用硬箱包装，避免屏蔽服在运输过程中因受重压而导致导电材料损坏；

c. 外包装内必须附有产品装箱单及产品合格证。

### 26.2.8 听觉器官防护用品

(1) 生产劳动过程中对听力的损害因素

对听力的损害因素是有害的、不需要的一切声音。按照噪声的来源，可以分为生产噪声、交通噪声和生活噪声三大类。在生产劳动过程中对听力的损害因素主要是生产噪声，根据其产生的原因及方式不同，生产噪声可分为下列几种：

① 机械性噪声。指由于机械的撞击、摩擦、固体振动及转动产生的噪声，如纺织机、球磨机、电锯、机床、碎石机等运转时发出的声音。

② 空气动力性噪声。指由于空气振动产生的声音，如通风机、空气压缩机、喷射器、锅炉排气放空等发出的声音。

③ 电磁性噪声。指电机中交变力相互作用而产生的噪声，如发电机、变压器等发出的声音。

生产噪声能损伤作业人员的听力，甚至导致耳聋，还可能诱发各种疾病，降低劳动生产率。因此为了保护作业人员的听力，预防职业性耳聋的发生，当工作场所噪声超过卫生标准时，作业人员应当佩戴听觉器官防护用品。

(2) 听觉器官防护用品

听觉器官防护用品又称听力防护用品，简称“护耳器”，是指保护听觉、使人避免噪声过度刺激的护品。

按照结构不同，护耳用品可分为耳塞、耳罩和防噪声耳帽三种产品。耳塞是指插入外耳道内或置于外耳道口处的防噪声护耳器；耳罩是指用头环戴在头上，由压紧耳郭或围住耳郭的壳体封住耳道，以降低噪声刺激的护耳器。

截至 2018 年底，我国还没有有关护耳用品的国家标准和行业标准。

### 26.2.9 劳动护肤剂

(1) 生产劳动过程中对皮肤的有害因素

① 在生产劳动过程中对皮肤的有害因素较多，概括起来有三大类：

a. 物理因素，如放射性辐射、电、火、机械摩擦等；

b. 化学因素，如煤焦油、石油产品、铬、铍、砷、石棉等；

c. 生物因素，如昆虫叮咬等。

② 常见职业性皮肤病

a. 职业性皮炎

接触性皮炎：由化学或生物因素引起的刺激性或变应性皮炎。

光敏性皮炎：由光敏性物质和光线共同作用引起的光毒性或光变应性皮炎。

电光性皮炎：如人工光源（电焊等）引起的急性皮炎。

此外，还有放射性皮炎。

b. 职业性皮肤色素变化

职业性黑变病：长期接触煤焦油、石油分馏产品、橡胶、添加剂、某些颜料、染料及其中间体等引起的一种特殊性皮肤色素沉着。

职业性斑：长期接触苯基酚或烷基酚类等引起的皮肤色素失斑。

职业性痤疮：由煤焦油或高沸点的石油分馏产品、卤素及其化合物等引起的痤疮样皮损。

职业性溃疡：由铬、铍、砷等化合物引起的“鸡眼型溃疡”。

职业性疣赘：由于长期接触沥青、焦油、页岩油等，在接触部位发生的扁平疣、寻常疣或乳头瘤样皮损，以及接触石棉引起的石棉疣。

职业性角化过度、皲裂：由于长期接触脂肪溶剂和碱性物质等引起。

职业性痒疹：由昆虫叮咬引起的丘疹性荨麻疹样损害，如谷痒症等。

职业性浸渍、糜烂：长时间浸水引起的皮损。

职业性毛发改变：由矿物油、沥青等引起的壳毳毛折断或增生。

职业性指甲改变：长期接触碱类物质、矿物油及物理因素引起的平甲、匙甲、甲剥离等。

其他：玻璃纤维引起的皮肤瘙痒症。

(2) 劳动护肤剂标准

截至 2020 年，有关劳动护肤剂的标准有 GB/T 13641—2006《劳动护肤剂通用技术条件》。

① 劳动护肤剂简称“护肤剂”，是指涂抹在皮肤上，能阻隔有害因素的护肤用品。

② 分类。护肤剂分为 5 类：防水型；防油型；皮膜型；遮光型；其他用途型。

(3) 技术要求

① 护肤剂卫生指标必须符合《化妆品卫生标准》(GB 7916—1987) 的规定。

② 护肤剂必须具有不对人体皮肤黏膜产生原发性刺激和致敏作用，也不会因化学物经皮肤吸收引起全身毒作用和远期效应的安全性。

③ 护肤剂必须进行防护效果评价，确定有效后方可生产、使用、销售。

④ 护肤剂的产品标准中除必须有上述 3 项内容外，还应包括以下质量标准：感观标准、理化指标、包装外观指标等。

⑤ 护肤剂的使用性应符合以下要求：

a. 使用时能黏附在皮肤上，但不得使皮肤产生黏腻等不舒适感；

b. 使用后必须易于清洗。

(4) 检验方法及规则

请自行查阅相关标准。

(5) 包装

① 包装材料必须无毒和清洁。

② 内包装上必须有说明或另附说明性的标签、使用说明书等。

③ 外包装上应有标准规定的标志。

(6) 运输与储存

① 护肤剂在运输时必须轻装轻卸。防止倒置，避免剧烈振动和日晒雨淋。

② 护肤剂应储存在温度 10～35℃，相对湿度低于 80%，通风的仓库内。堆放时按包装箱标记不得倒置，必须离地面 20cm 以上，中间留通道。

(7) 保质期

在符合规定的储存条件下，护肤剂包装完整，未经启封，其保质期不低于 1 年。

### 26.2.10　安全带（GB 6095—2009）

从大量事故调查资料分析得知：人在离开地面 2m 以上的高处作业，若没有个人防护措施，一旦坠落，就可能发生伤亡事故。因此我国与许多国家都明文规定：在高处作业时，为预防人员或物品坠落造成伤害，必须使用安全带和安全网。本节只介绍安全带。

(1) 安全带

指防止高处作业人员发生坠落或坠落后将作业人员安全悬挂的个体防护装备。

(2) 分类

安全带分为围杆作业安全带、区域限制安全带、坠落悬挂安全带。

(3) 各品种结构和技术等要求

请自行查阅相关标准。

(4) 使用和保管

① 安全带应高挂低用，注意防止摆动碰撞。使用 3m 以上长绳应加缓冲器，自锁钩用吊绳例外。

② 缓冲器、速差式装置和自锁钩可以串联使用。

③ 不准将绳打结使用；应将钩挂在连接环上，不准直接挂在安全绳上使用。

④ 安全带上的各种部件不得任意拆掉。更换新绳时要注意加绳套。

⑤ 安全带使用 2 年后，按照批量购入情况抽验 1 次（试验方法参见标准），经试验合格，该批安全带可继续使用。对抽验过的样带，必须更换安全绳后才能继续使用。

⑥ 使用频繁的绳，要经常做外观检查。发现异常时应立即更换新绳。带子使用期为 3～5 年，发现异常应提前报废。

(5) 标志和包装

① 金属配件上要打上制造厂的代号。

② 安全带的带体上缝上永久字样的商标、合格证和检验证。

③ 安全绳上应加色线代表制造厂，以便识别。

④ 合格证应注明产品名称、生产年月、拉力试验 [4412.7N（450kgf）]、冲击质量（100kg）、制造厂名称、检验员姓名（代号）等。

⑤ 每条安全带外包装上印有产品名称、生产年月、拉力试验 [4412.7N（450kgf）]、冲击质量（100kg）、制造厂名称及使用保管注意事项等。

⑥ 对产品包装箱的要求（略）。

(6) 运输和储藏

① 运输过程中，要防止日晒、雨淋。

② 搬运时，不准使用有钩刺的工具。

③ 安全带应储藏在干燥、通风的仓库内。不准接触高温、明火、强酸和尖锐的坚硬物体，也不准长期暴晒。

## 26.3　劳动防护用品选用及配备标准

### 26.3.1　《个体防护装备选用规范》（GB/T 11651—2008）

(1) 作业分类

按照工作环境中主要危险特征及工作条件特点分为 39 种作业类别，见表 26.17。

(2) 个体防护设备的防护性能

常用个体防护装备的防护性能的说明，见表 26.18。

(3) 选用

根据作业类别可以使用或建议使用的个体防护装备，见表 26.19。

表 26.17　作业分类及主要危险特征举例

| 编号 | 作业类别名称 | 编号 | 作业类别名称 |
|---|---|---|---|
| A01 | 存在物体坠落、撞击的作业 | A21 | 吸入性气溶胶毒物作业 |
| A02 | 有碎屑飞溅的作业 | A22 | 沾染性毒物作业 |
| A03 | 操作转动机械作业 | A23 | 生物性毒物作业 |
| A04 | 接触锋利器具作业 | A24 | 噪声作业 |
| A05 | 地面存在尖利器物的作业 | A25 | 强光作业 |
| A06 | 手持振动机械作业 | A26 | 激光作业 |
| A07 | 人承受全身振动的作业 | A27 | 荧光屏作业 |
| A08 | 铲、装、吊、推机械操作作业 | A28 | 微波作业 |
| A09 | 低压带电作业 | A29 | 射线作业 |
| A10 | 高压带电作业 | A30 | 腐蚀性作业 |
| A11 | 高温作业 | A31 | 易污作业 |
| A12 | 易燃易爆场所作业 | A32 | 恶味作业 |
| A13 | 可燃性粉尘场所作业 | A33 | 低温作业 |
| A14 | 高处作业 | A34 | 人工搬运作业 |
| A15 | 井下作业 | A35 | 野外作业 |
| A16 | 地下作业 | A36 | 涉水作业 |
| A17 | 水上作业 | A37 | 车辆驾驶作业 |
| A18 | 潜水作业 | A38 | 一般性作业 |
| A19 | 吸入性气相毒物作业 | A39 | 其他作业 |
| A20 | 密闭场所作业 | | |

注：标准中对各项作业均有说明和举例，本书从略；实际工作中涉及多项作业特征的为综合性作业。

表 26.18 个体防护装备的防护性能的说明

| 编号 | 防护用品品类 | 防护性能说明 |
| --- | --- | --- |
| B01 | 工作帽 | 防头部脏污、擦伤、长发被绞碾 |
| B02 | 安全帽 | 防御物体对头部造成冲击、刺穿、挤压等伤害 |
| B03 | 防寒帽 | 防御头部或面部冻伤 |
| B04 | 防冲击安全头盔 | 防止头部遭受猛烈撞击，供高速车辆驾驶者佩戴 |
| B05 | 防尘口罩(防颗粒物呼吸器) | 用于空气中含氧 19.5%以上的粉尘作业环境，防止吸入一般性粉尘，防御颗粒物(如毒烟、毒雾)等危害呼吸系统或眼、面部 |
| B06 | 防毒面具 | 使佩戴者呼吸器官与周围大气隔离，由肺部控制或借助机械力通过导气管引入清洁空气供人体呼吸 |
| B07 | 空气呼吸器 | 防止吸入对人体有害的毒气、烟雾、悬浮于空气中的有害污染物，或在缺氧环境中使用 |
| B08 | 自救器 | 体积小、携带方便，供矿工个人短时间内使用。当煤矿井下发生事故时，矿工佩戴它可以通过充满有害气体的井巷，迅速离开灾区 |
| B09 | 防水护目镜 | 在水中使用，防御水对眼部的伤害 |
| B10 | 防冲击护目镜 | 防御铁屑、灰砂、碎石等物体飞溅对眼部产生的伤害 |
| B11 | 防微波护目镜 | 屏蔽或衰减微波辐射，防御对眼部的微波伤害 |
| B12 | 防放射性护目镜 | 防御 X 射线、$\gamma$ 射线、电子流等电离辐射物质对眼部的伤害 |
| B13 | 防强光、紫外线、红外线护目镜 或面罩 | 防止可见光、红外线、紫外线中的一种或几种对眼、面部的伤害 |
| B14 | 防激光护目镜 | 以反射、吸收、光化等作用衰减或消除激光对人眼的危害 |
| B15 | 焊接面罩 | 防御有害弧光、熔融金属飞溅或粉尘等有害因素对眼、面部(含颈部)的 伤害 |
| B16 | 防腐蚀液护目镜 | 防御酸、碱等有腐蚀性化学液体飞溅对人眼产生的伤害 |
| B17 | 太阳镜 | 阻挡强烈的日光及紫外线，防止刺眼光线及眩目光线，提高视觉清晰度 |
| B18 | 耳塞 | 防护暴露在强噪声环境中工作人员的听力受到损伤 |
| B19 | 耳罩 | 适用于暴露在强噪声环境中的工作人员，保护听觉，避免噪声过度刺激，不 适宜戴耳塞时使用 |
| B20 | 防寒手套 | 防止手部冻伤 |
| B21 | 防化学品手套 | 具有防毒性能，防御有毒物质伤害手部 |
| B22 | 防微生物手套 | 防御微生物伤害手部 |
| B23 | 防静电手套 | 防止静电积聚引起的伤害 |
| B24 | 焊接手套 | 防御焊接作业的火花、熔融金属、高温金属、高温辐射对手部的伤害 |
| B25 | 防放射性手套 | 具有防放射性能，防御手部免受放射性伤害 |
| B26 | 耐酸碱手套 | 用于接触酸(碱)时戴用，也适用于农、林、牧、渔各行业一般操作时戴用 |
| B27 | 耐油手套 | 保护手部皮肤避免受油脂类物质的刺激 |
| B28 | 防昆虫手套 | 防止手部遭受昆虫叮咬 |
| B29 | 防振手套 | 具有衰减振动性能，保护手部免受振动伤害 |
| B30 | 防机械伤害手套 | 保护手部免受磨损、切割、刺穿等机械伤害 |
| B31 | 绝缘手套 | 使作业人员的手部与带电物体绝缘，免受电流伤害 |
| B32 | 防水胶靴 | 防水、防滑和耐磨，适合工矿企业职工穿用的胶靴 |
| B33 | 防寒鞋 | 鞋体结构与材料都具有防寒保暖作用，防止脚部冻伤 |
| B34 | 隔热阻燃鞋 | 防御高温、熔融金属火花和明火等伤害 |
| B35 | 防静电鞋 | 鞋底采用静电材料，能及时消除人体静电积聚 |
| B36 | 防化学品鞋(靴) | 在有酸、碱及相关化学品作业中穿用，用各种材料或者复合型材料做成，保护脚或腿防止化学飞溅所带来的伤害 |
| B37 | 耐油鞋 | 防止油污污染，适合脚部接触油类的作业人员 |
| B38 | 防振鞋 | 衰减振动，防御振动伤害 |
| B39 | 防砸鞋(靴) | 保护足趾免受冲击或挤压伤害 |
| B40 | 防滑鞋 | 防止滑倒，用于登高或在油渍、钢板、冰上等湿滑地面上行走 |
| B41 | 防刺穿鞋 | 采矿、消防、工厂、建筑、林业等部门使用，防足底刺伤 |
| B42 | 绝缘鞋 | 在电气设备上工作时作为辅助安全用具，防触电伤害 |
| B43 | 耐酸碱鞋 | 用于涉及酸、碱的作业，防止酸、碱对足部造成伤害 |
| B44 | 矿工靴 | 保护矿工在井下足部免受伤害 |
| B45 | 焊接防护鞋 | 防御焊接作业的火花、熔融金属、高温金属、高温辐射对足部的伤害 |
| B46 | 一般防护服 | 以织物为面料，采用缝制工艺制作，起一般性防护作用 |
| B47 | 防尘服 | 透气(湿)性织物或材料制成，防止一般性粉尘对皮肤的伤害，能防止静电积聚 |
| B48 | 防水服 | 以防水橡胶涂覆织物为面料，防御水透过和漏入 |
| B49 | 水上作业服 | 防止落水沉溺，便于救助 |
| B50 | 潜水服 | 用于潜水作业 |
| B51 | 防寒服 | 具有保暖性能，用于冬季室外作业职工或常年低温环境作业职工的防寒 |
| B52 | 化学品防护服 | 防止危险化学品的飞溅和与人体接触对人体造成的危害 |

续表

| 编号 | 防护用品品类 | 防护性能说明 |
| --- | --- | --- |
| B53 | 阻燃防护服 | 用于作业人员从事有明火、散发火花的工作，在熔融金属附近操作有辐射热和对流热的场合和在有易燃物质并有着火危险的场合穿用，在接触火焰及炽热物体后，一定时间内能阻止本身被点燃、有焰燃烧和阴燃 |
| B54 | 防静电服 | 能及时消除本身静电积聚危害，用于可能引发电击、火灾及爆炸危险场所穿用 |
| B55 | 焊接防护服 | 用于焊接作业，防止作业人员遭受熔融金属飞溅及其热伤害 |
| B56 | 白帆布类隔热服 | 防止一般性热辐射伤害 |
| B57 | 镀反射膜类隔热服 | 防止高热物质接触或强烈热辐射伤害 |
| B58 | 热防护服 | 防御高温、高热、高湿度 |
| B59 | 防放射性服 | 具有防放射性性能 |
| B60 | 防酸(碱)服 | 用于从事酸(碱)作业人员穿用，具有防酸(碱)性能 |
| B61 | 防油服 | 防御油污污染 |
| B62 | 救生衣(圈) | 防止落水沉溺，便于救助 |
| B63 | 带电作业屏蔽服 | 在10～500kV电气设备上进行带电作业时，防护人体免受高压电场及电磁波的影响 |
| B64 | 绝缘服 | 可防7000V以下高电压，用于带电作业时的身体防护 |
| B65 | 防电弧服 | 碰到电弧爆炸或火焰的状况下，服装面料纤维会膨胀变厚，关闭布面的空隙，将人体与热隔绝并增加能源防护屏障，以致将伤害程度降至最低 |
| B66 | 棉布工作服 | 有烧伤危险时穿用，防止烧伤伤害 |
| B67 | 安全带 | 用于高处作业、攀登及悬吊作业，保护对象为体重及负重之和最大100kg的使用者。可减小从高处坠落时产生的冲击力，防止坠落者与地面或其他障碍物碰撞，有效控制整个坠落距离 |
| B68 | 安全网 | 用来防止人、物坠落，或用来避免、减轻坠落物及物击伤害 |
| B69 | 劳动护肤剂 | 涂抹在皮肤上，能阻隔有害因素 |
| B70 | 普通防护装备 | 普通防护服、普通工作帽、普通工作鞋、劳动防护手套、雨衣、普通胶靴 |
| B71 | 其他零星防护用品 | 如披肩帽、鞋罩、围裙、套袖等，防尘、阻燃、防酸、防碱等 |
| B72 | 多功能防护装备 | 同时具有多种防护功能的防护用品 |

**表 26.19 个体防护装备的选用**

| 作业类别 | | | 可以使用的防护用品 | 建议使用的防护用品 |
| --- | --- | --- | --- | --- |
| 编号 | 类别名称 | | | |
| A01 | 存在物体坠落、撞击的作业 | | B02 安全帽<br>B39 防砸鞋(靴)<br>B41 防刺穿鞋<br>B68 安全网 | B40 防滑鞋 |
| A02 | 有碎屑飞溅的作业 | | B02 安全帽<br>B10 防冲击护目镜<br>B46 一般防护服 | B30 防机械伤害手套 |
| A03 | 操作转动机械作业 | | B01 工作帽<br>B10 防冲击护目镜<br>B71 其他零星防护用品 | |
| A04 | 接触锋利器具作业 | | B30 防机械伤害手套<br>B46 一般防护服 | B02 安全帽<br>B39 防砸鞋(靴)<br>B41 防刺穿鞋 |
| A05 | 地面存在尖利器物的作业 | | B41 防刺穿鞋 | B02 安全帽 |
| A06 | 手持振动机械作业 | | B18 耳塞<br>B19 耳罩<br>B29 防振手套 | B38 防振鞋 |
| A07 | 人承受全身振动的作业 | | B38 防振鞋 | |
| A08 | 铲、装、吊、推机械操作作业 | | B02 安全帽<br>B46 一般防护服 | B05 防尘口罩(防颗粒物呼吸器)<br>B10 防冲击护目镜 |
| A09 | 低压带电作业 | | B31 绝缘手套<br>B42 绝缘鞋<br>B64 绝缘服 | B02 安全帽(带电绝缘性能)<br>B10 防冲击护目镜 |
| A10 | 高压带电作业 | 在1～10kV带电设备上进行作业 | B02 安全帽(带电绝缘性能)<br>B31 绝缘手套<br>B42 绝缘鞋<br>B64 绝缘服 | B10 防冲击护目镜<br>B63 带电作业屏蔽服<br>B65 防电弧服 |
| | | 在10～500kV带电设备上进行作业 | B63 带电作业屏蔽服 | B13 防强光、紫外线、红外线护目镜或面罩 |

续表

<table>
<tr><th colspan="2">作业类别</th><th rowspan="2">可以使用的防护用品</th><th rowspan="2">建议使用的防护用品</th></tr>
<tr><th>编号</th><th>类别名称</th></tr>
<tr><td>A11</td><td>高温作业</td><td>B02 安全帽<br>B13 防强光、紫外线、红外线护目镜或面罩<br>B34 隔热阻燃鞋<br>B56 白帆布类隔热服<br>B58 热防护服</td><td>B57 镀反射膜类隔热服<br>B71 其他零星防护用品</td></tr>
<tr><td>A12</td><td>易燃易爆场所作业</td><td>B23 防静电手套<br>B35 防静电鞋<br>B52 化学品防护服<br>B53 阻燃防护服<br>B54 防静电服<br>B66 棉布工作服</td><td>B05 防尘口罩(防颗粒物呼吸器)<br>B06 防毒面具<br>B47 防尘服</td></tr>
<tr><td>A13</td><td>可燃性粉尘场所作业</td><td>B05 防尘口罩(防颗粒物呼吸器)<br>B23 防静电手套<br>B35 防静电鞋<br>B54 防静电服<br>B66 棉布工作服</td><td>B47 防尘服<br>B53 阻燃防护服</td></tr>
<tr><td>A14</td><td>高处作业</td><td>B02 安全帽<br>B67 安全带<br>B68 安全网</td><td>B40 防滑鞋</td></tr>
<tr><td>A15</td><td>井下作业</td><td rowspan="2">B02 安全帽<br>B05 防尘口罩(防颗粒物呼吸器)<br>B06 防毒面具<br>B08 自救器<br>B18 耳塞<br>B23 防静电手套<br>B29 防振手套<br>B32 防水胶靴<br>B39 防砸鞋(靴)<br>B40 防滑鞋<br>B44 矿工靴<br>B48 防水服<br>B53 阻燃防护服</td><td rowspan="2">B19 耳罩<br>B41 防刺穿鞋</td></tr>
<tr><td>A16</td><td>地下作业</td></tr>
<tr><td>A17</td><td>水上作业</td><td>B32 防水胶靴<br>B49 水上作业服<br>B62 救生衣(圈)</td><td>B48 防水服</td></tr>
<tr><td>A18</td><td>潜水作业</td><td>B50 潜水服</td><td></td></tr>
<tr><td>A19</td><td>吸入性气相毒物作业</td><td>B06 防毒面具<br>B21 防化学品手套<br>B52 化学品防护服</td><td>B69 劳动护肤剂</td></tr>
<tr><td>A20</td><td>密闭场所作业</td><td>B06 防毒面具(供气或携气)<br>B21 防化学品手套<br>B52 化学品防护服</td><td>B07 空气呼吸器<br>B69 劳动护肤剂</td></tr>
<tr><td>A21</td><td>吸入性气溶胶毒物作业</td><td>B01 工作帽<br>B06 防毒面具<br>B21 防化学品手套<br>B52 化学品防护服</td><td>B05 防尘口罩(防颗粒物呼吸器)<br>B69 劳动护肤剂</td></tr>
<tr><td>A22</td><td>沾染性毒物作业</td><td>B01 工作帽<br>B06 防毒面具<br>B16 防腐蚀液护目镜<br>B21 防化学品手套<br>B52 化学品防护服</td><td>B05 防尘口罩(防颗粒物呼吸器)<br>B69 劳动护肤剂</td></tr>
<tr><td>A23</td><td>生物性毒物作业</td><td>B01 工作帽<br>B05 防尘口罩(防颗粒物呼吸器)<br>B16 防腐蚀液护目镜<br>B22 防微生物手套<br>B52 化学品防护服</td><td>B69 劳动护肤剂</td></tr>
<tr><td>A24</td><td>噪声作业</td><td>B18 耳塞</td><td>B19 耳罩</td></tr>
</table>

续表

| 作业类别 | | 可以使用的防护用品 | 建议使用的防护用品 |
| --- | --- | --- | --- |
| 编号 | 类别名称 | | |
| A25 | 强光作业 | B13 防强光、紫外线、红外线护目镜或面罩<br>B15 焊接面罩<br>B22 焊接手套<br>B45 焊接防护鞋<br>B55 焊接防护服<br>B56 白帆布类隔热服 | |
| A26 | 激光作业 | B14 防激光护目镜 | B59 防放射性服 |
| A27 | 荧光屏作业 | B11 防微波护目镜 | B59 防放射性服 |
| A28 | 微波作业 | B11 防微波护目镜<br>B59 防放射性服 | |
| A29 | 射线作业 | B12 防放射性护目镜<br>B25 防放射性手套<br>B59 防放射性服 | |
| A30 | 腐蚀性作业 | B01 工作帽<br>B16 防腐蚀液护目镜<br>B26 耐酸碱手套<br>BA3 耐酸碱鞋<br>B60 防酸(碱)服 | B366 防化学品鞋(靴) |
| A31 | 易污作业 | B01 工作帽<br>B06 防毒面具<br>B05 防尘口罩(防颗粒物呼吸器)<br>B26 耐酸碱手套<br>B35 防静电鞋<br>B46 一般防护服<br>B52 化学品防护服 | B27 耐油手套<br>B37 耐油鞋<br>B61 防油服<br>B69 劳动护肤剂<br>B71 其他零星防护用品 |
| A32 | 恶味作业 | B01 工作帽<br>B06 防毒面具<br>BA6 一般防护服 | B07 空气呼吸器<br>B71 其他零星防护用品 |
| A33 | 低温作业 | B03 防寒帽<br>B20 防寒手套<br>B33 防寒鞋<br>B51 防寒服 | B19 耳罩<br>B69 劳动护肤剂 |
| A34 | 人工搬运作业 | B02 安全帽<br>B30 防机械伤害手套<br>B68 安全网 | B40 防滑鞋 |
| A35 | 野外作业 | B03 防寒帽<br>B17 太阳镜<br>B28 防昆虫手套<br>B32 防水胶靴<br>B33 防寒鞋<br>BA8 防水服<br>B51 防寒服 | B10 防冲击护目镜<br>B40 防滑鞋<br>B69 劳动护肤剂 |
| A36 | 涉水作业 | B09 防水护目镜<br>B32 防水胶靴<br>B48 防水服 | |
| A37 | 车辆驾驶作业 | B04 防冲击安全头盔<br>B46 一般防护服 | B10 防冲击护目镜<br>B13 防强光、紫外线、红外线护目镜或面罩<br>B17 太阳镜<br>B30 防机械伤害手套 |
| A38 | 一般性作业 | | B46 一般防护服<br>B70 普通防护装备 |
| A39 | 其他作业 | | |

(4) 判废规定

符合下述条件之一者，即予判废：

a. 所选用的个体防护装备技术指标不符合国家相关标准或行业标准；

b. 所选用的个体防护装备与所从事的作业类型不匹配；

c. 个体防护装备产品标识不符合产品要求或国家法律

法规的要求；

d. 个体防护装备在使用或保管储存期内遭到破损或超过有效使用期；

e. 所选用的个体防护装备经定期检验和抽查结果为不合格；

f. 当发生使用说明中规定的其他报废条件时。

### 26.3.2 劳动防护用品配备标准（试行）

2000 年 3 月 6 日，国家经济贸易委员会发布国经贸安全〔2000〕189 号文件，印发《劳动防护用品配备标准（试行）》，见表 26.20。

表 26.20 劳动防护用品配备标准（试行）

| 序号 | 名称<br>典型工种 | 工作服 | 工作帽 | 工作鞋 | 劳防手套 | 防寒服 | 雨衣 | 胶鞋 | 眼护具 | 防尘口罩 | 防毒护具 | 安全帽 | 安全带 | 护听器 |
|---|---|---|---|---|---|---|---|---|---|---|---|---|---|---|
| 1 | 商品送货员 | √ | √ | fz | √ | √ | √ | jf | | | | | | |
| 2 | 冷藏工 | √ | √ | fz | √ | √ | | jf | | | | | | |
| 3 | 加油站操作工 | jd | jd | fz、jd、ny | √ | jd | | jf、ny | | | | | | |
| 4 | 仓库保管工 | √ | √ | fz | √ | | | | | | | | | |
| 5 | 机舱拆解工 | √ | √ | fz、cc | √ | √ | √ | jf | cj | √ | | √ | √ | |
| 6 | 农艺工 | √ | √ | √ | | √ | √ | √ | | | | | | |
| 7 | 家畜饲养工 | √ | √ | √ | fs | √ | √ | √ | | √ | | | | |
| 8 | 水产干燥工 | √ | √ | √ | √ | √ | √ | √ | | | | | | |
| 9 | 农机修理工 | √ | √ | fz | √ | √ | √ | √ | cj | | | | | |
| 10 | 带锯工 | √ | √ | fz | fg | √ | √ | √ | cj | | | | | √ |
| 11 | 铸造工 | zr | zr | fz | zr | √ | | | hw、cj | √ | | √ | | |
| 12 | 电镀工 | sj | sj | fz、sj | sj | √ | | sj | fy | | √ | | | |
| 13 | 喷砂工 | √ | √ | fz | √ | √ | √ | jf | cj | √ | | √ | | |
| 14 | 钳工 | √ | √ | fz | √ | √ | | | cj | | | √ | | |
| 15 | 车工 | √ | √ | fz | | | | | cj | | | | | |
| 16 | 油漆工 | √ | √ | √ | √ | √ | | | | | √ | | | |
| 17 | 电工 | √ | √ | fz、jy | jy | √ | √ | | | | | √ | | |
| 18 | 电焊工 | zr | zr | fz | √ | √ | | | hj | | | √ | | |
| 19 | 冷作工 | √ | √ | fz | √ | √ | | | cj | | | √ | | |
| 20 | 绕线工 | √ | √ | fz | √ | | | | fy | | | | | |
| 21 | 电机(汽机)装配工 | √ | √ | fz | √ | | | | | | | √ | | |
| 22 | 制铅粉工 | sj | √ | fz、sj | sj | √ | | | fy | √ | √ | | | |
| 23 | 仪器调修工 | √ | √ | fz | √ | | | | | | | | | |
| 24 | 热力运行工 | zr | √ | fz | | √ | | | | | | √ | | |
| 25 | 电系操作工 | √ | √ | fz、jy | jy | √ | √ | jf、jy | | | | √ | √ | |
| 26 | 开挖钻工 | √ | √ | fz | √ | √ | √ | jf | cj | √ | | √ | √ | √ |
| 27 | 河道修防工 | √ | √ | √ | √ | √ | √ | jf | | | | | | |
| 28 | 木工 | √ | √ | fz、cc | √ | √ | √ | √ | cj | √ | | √ | | |
| 29 | 砌筑工 | √ | √ | fz、cc | √ | √ | √ | jf | | √ | | √ | | |
| 30 | 泵站操作工 | √ | √ | fz | fs | √ | √ | √ | | | | | | |
| 31 | 安装起重工 | √ | √ | fz | √ | √ | √ | jf | | | | √ | √ | |
| 32 | 筑路工 | √ | √ | fz | √ | √ | √ | jf | fy | √ | | √ | | √ |
| 33 | 下水道工 | √ | √ | √ | fs | √ | √ | √ | fy | | √ | √ | | |
| 34 | 沥青加工工 | √ | √ | fz | fs | √ | √ | jf | fy | | √ | √ | | |
| 35 | 机械煤气发生炉工 | zr | √ | fz | √ | √ | √ | | | | √ | √ | | |
| 36 | 液化石油气灌装工 | jd | jd | fz、jd | √ | √ | | | | | | | | |
| 37 | 道路清扫工 | √ | √ | √ | √ | √ | √ | √ | | √ | | | | |
| 38 | 配料工 | √ | √ | fz | √ | √ | | | √ | √ | | √ | | |
| 39 | 炉前工 | zr | zr | fz | zr | √ | | | hw | √ | | √ | | |
| 40 | 酸洗工 | sj | sj | fz、sj | sj | √ | | sj | fy | | √ | | | |
| 41 | 拉丝工 | √ | √ | fz | √ | √ | | | cj | | | | | |
| 42 | 炭素制品加工工 | √ | √ | fz | √ | √ | | | √ | √ | | | | |
| 43 | 炼胶工 | √ | √ | fz | √ | √ | | jf | | √ | | | | |
| 44 | 纺织设备保全工 | √ | √ | fz | √ | | | | | | | | | |
| 45 | 挡车工 | √ | √ | √ | | | | | | | | | | |
| 46 | 造纸工 | √ | √ | fz | | | | | | | | | | |
| 47 | 电光源导丝制造工 | √ | √ | fz | √ | | | | √ | | | | | |
| 48 | 油墨颜料制作工 | √ | √ | fz、ny | ny | | | | | | √ | | | |
| 49 | 酿酒工 | √ | √ | √ | √ | √ | √ | √ | | | | | | |

续表

| 序号 | 名称<br>典型工种 | 工作服 | 工作帽 | 工作鞋 | 劳防手套 | 防寒服 | 雨衣 | 胶鞋 | 眼护具 | 防尘口罩 | 防毒护具 | 安全帽 | 安全带 | 护听器 |
|---|---|---|---|---|---|---|---|---|---|---|---|---|---|---|
| 50 | 制革鞣制工 | √ | √ | fz | √ | √ | √ | √ |  | √ | √ |  |  |  |
| 51 | 圆珠笔芯制作工 | √ | √ | √ |  |  |  |  |  |  |  |  |  |  |
| 52 | 塑料注塑工 | √ | √ | fz | √ |  |  |  |  |  |  |  |  |  |
| 53 | 工具装配工 | √ | √ | fz | √ |  |  |  | √ |  |  |  |  |  |
| 54 | 试验工 | √ | √ | √ | √ |  |  |  |  |  |  |  |  |  |
| 55 | 机车司机 | √ | √ | √ | √ | √ | √ |  | √ |  |  |  |  |  |
| 56 | 汽车驾驶员 | √ | √ | √ | √ | √ | √ | √ | zw |  |  |  |  |  |
| 57 | 汽车维修工 | √ | √ | fz | √ | √ | √ | √ | fy |  |  |  |  |  |
| 58 | 船舶水手 | √ | √ | fz | √ | √ | √ | jf | zw |  |  |  |  |  |
| 59 | 灯塔工 | √ | √ | √ | √ | √ | √ | jf | √ |  |  |  |  |  |
| 60 | 无线电导航发射工 | √ | √ | √ |  |  |  |  |  |  |  |  |  |  |
| 61 | 中小型机械操作工 | √ | √ | fz | √ | √ | √ | jf |  | √ |  | √ |  |  |
| 62 | 电影洗片工 | √ | √ | √ | √ |  |  |  |  |  |  |  |  |  |
| 63 | 水泥制成工 | √ | √ | fz | √ | √ |  | jf | fy | √ |  |  |  |  |
| 64 | 玻璃熔化工 | zr | √ | fz | zr | √ |  |  | hw | √ |  |  |  |  |
| 65 | 玻璃切裁工 | √ | √ | fz | fg | √ |  |  | cj | √ |  |  |  |  |
| 66 | 玻纤拉丝工 | √ | √ | fz |  | √ |  |  | √ |  |  |  |  |  |
| 67 | 玻璃钢压型工 | √ | √ | fz | √ | √ |  | jf | √ | √ | √ |  |  |  |
| 68 | 砖瓦成型工 | √ | √ | fz | √ | √ | √ | jf |  | √ |  |  |  |  |
| 69 | 包装工 | √ | √ | fz | √ |  |  |  |  |  |  |  |  |  |
| 70 | 卷烟工 | √ | √ | √ |  |  |  |  |  | √ |  |  |  |  |
| 71 | 合成药化学操作工 | √ | √ | √ | √ | √ |  | jf | fy |  |  |  |  |  |
| 72 | CT 组装调试工 | √ | √ | fz | √ |  |  |  |  |  |  |  |  |  |
| 73 | 计算机调试工 | √ | √ | √ |  |  |  |  |  |  |  |  |  |  |
| 74 | 电解工 | sj | sj | fz、sj | sj | √ |  |  | √ | √ |  |  |  |  |
| 75 | 配液工 | sj | sj | sj | sj | √ |  |  | √ | √ |  |  |  |  |
| 76 | 挤压工 | √ | √ | fz、ny | √ | √ |  |  | cj |  |  | √ |  |  |
| 77 | 研磨工 | √ | √ | fz | √ | √ |  |  | √ | √ |  |  |  |  |
| 78 | 线材轧制工 | √ | √ | fz | √ | √ |  |  | √ |  |  | √ |  | √ |
| 79 | 成衫染色工 | √ | √ | √ | √ | √ |  | √ |  |  |  |  |  |  |
| 80 | 钟(表)零件制造工 | √ | √ | √ | √ |  |  |  |  |  |  |  |  |  |
| 81 | 陶瓷机械成型工 | √ | √ | fz | √ | √ |  |  | √ | √ |  |  |  |  |
| 82 | 检验工 | √ | √ | fz | √ | √ |  |  | √ | √ |  |  |  |  |
| 83 | 制卤工 | √ | √ | √ | √ | √ | √ | √ | √ |  |  |  |  |  |
| 84 | 糖机工 | √ | √ | √ | √ | √ | √ | √ |  |  |  |  |  |  |
| 85 | 生牛(羊)乳预处理工 | √ | √ | √ | √ | √ | √ | √ |  |  |  |  |  |  |
| 86 | 皮鞋划裁工 | √ | √ | √ | √ |  |  |  |  |  |  |  |  |  |
| 87 | 釉料工 | √ | √ | √ | √ |  |  |  |  |  |  |  |  |  |
| 88 | 车站(场)值班员 | √ | √ | √ |  | √ | √ | √ |  |  |  |  |  |  |
| 89 | 汽车客运服务员 | √ | √ | √ |  | √ | √ | √ |  |  |  |  |  |  |
| 90 | 邮电营业员 | √ | √ | √ |  | √ | √ | √ |  |  |  |  |  |  |
| 91 | 文物修复工 | √ | √ | √ | √ |  |  |  |  | √ |  |  |  |  |
| 92 | 石棉纺织工 | √ | √ | √ | √ | √ |  |  | fy | √ |  |  |  |  |
| 93 | 建筑石膏制备工 | √ | √ | fz | √ | √ | √ | √ |  | √ |  |  |  |  |
| 94 | 塔台集中控制机务员 | √ | √ | √ |  |  |  |  |  |  |  |  |  |  |
| 95 | 海洋水文气象观测工 | √ | √ | √ |  | √ | √ | √ | fy |  |  |  |  |  |
| 96 | 长度量具计量检定工 | √ | √ | √ |  |  |  |  |  |  |  |  |  |  |
| 97 | 中药临方制剂工 | √ | √ | √ | √ | √ |  |  | fy |  |  |  |  |  |
| 98 | 天文测量工 | √ | √ | √ |  | √ | √ | √ | fy |  |  |  |  |  |
| 99 | 印刷电路照相制版工 | √ | √ | √ | √ | √ |  |  |  |  |  |  |  |  |
| 100 | 钨铜粉末制造工 | √ | √ | fz | √ | √ |  |  | √ | √ |  |  |  |  |
| 101 | 单晶制备工 | √ | √ | fz | √ | √ |  |  | √ |  |  |  |  |  |
| 102 | 光敏电阻制造工 | √ | √ | √ | √ |  |  |  |  |  |  |  |  |  |
| 103 | 光电线缆绞制工 | √ | √ | fz | √ | √ |  |  | √ |  |  |  |  |  |
| 104 | 石油钻井工 | ny | ny | fz、ny | √ | √ | √ | ny | √ |  |  | √ |  |  |

续表

| 序号 | 名称<br>典型工种 | 工作服 | 工作帽 | 工作鞋 | 劳防手套 | 防寒服 | 雨衣 | 胶鞋 | 眼护具 | 防尘口罩 | 防毒护具 | 安全帽 | 安全带 | 护听器 |
|---|---|---|---|---|---|---|---|---|---|---|---|---|---|---|
| 105 | 采煤工 | √ | √ | fz | √ | √ | √ | √ | √ | √ |  | √ |  |  |
| 106 | 中式烹调师 | √ | √ | √ |  |  |  | √ |  |  |  |  |  |  |
| 107 | 旅店服务员 | √ | √ | √ | √ |  |  |  |  |  |  |  |  |  |
| 108 | 尸体防腐工 | √ | √ | √ | √ | √ |  | √ |  |  | √ |  |  |  |
| 109 | 印刷工 | √ | √ | √ | √ |  |  |  |  |  |  |  |  |  |
| 110 | 牛羊屠宰工 | √ | √ | fz | √ | √ |  |  |  |  |  |  |  |  |
| 111 | 制粉清理工 | √ | √ | √ | √ |  |  |  | √ | √ |  |  |  |  |
| 112 | 化工操作工 | sj | sj | fz、sj | sj | √ |  |  | √ | √ |  |  |  |  |
| 113 | 化纤操作工 | √ | √ | √ | √ |  |  |  |  |  |  |  |  |  |
| 114 | 超声探伤工 | ff | ff | fz | fs | √ |  |  |  |  |  |  |  |  |
| 115 | 水产养殖工 | √ | √ | √ | √ | √ | √ | √ |  |  |  |  |  |  |
| 116 | 调剂工 | √ | √ | √ | √ |  |  |  | √ |  |  |  |  |  |

注：1. “√”表示该种类劳动防护用品必须配备；字母表示该种类必须配备的劳动防护用品还应具有表 26.21 中规定的防护性能。

2. 本标准附录 B 为每种典型工种与相近工种对照表，需要者可自行查阅。

**表 26.21 防护性能字母对照表**

| 字母 | 防护性能 | 字母 | 防护性能 | 字母 | 防护性能 |
|---|---|---|---|---|---|
| cc | 防刺穿 | cj | 防冲击 | fg | 防割 |
| ff | 防辐射 | fh | 防寒 | fs | 防水 |
| fy | 防异物 | fz | 防砸(1～5 级) | hj | 焊接护目 |
| hw | 防红外 | jd | 防静电 | jf | 胶面防砸 |
| jy | 绝缘 | ny | 耐油 | sj | 耐酸碱 |
| zr | 阻燃耐高温 | zw | 防紫外 |  |  |

## 参考文献


[1] 劳动保护用品知识编写组．劳动保护用品知识．北京：劳动出版社，1982.

[2] 张达义等．个人劳动保护用品及其选择使用．北京：冶金工业出版社，1990.

[3] 罗云．工业安全卫生基本数据手册．北京：中国商业出版社，1997.

# 第六篇　行业安全

## 主　　编

周福宝

## 副　主　编

王国春

## 本篇编写成员：

季淮君　苏贺涛　周福宝　王国春　丁传波
朱亚威　方东平　杨　军　王　东　郭成功
赵希江　岳仁田　吴学成　柳　君　陈　扬
孙　煜　章　鑫　席海峰　骆晓伟　刘卫红
吕世民　王志安　徐沛歆　邹小飞　季晨阳
赵正宏　吕士伟

# 27 煤矿安全

煤矿安全包括两部分内容，一是煤矿安全技术，另一部分是煤矿安全工程。煤矿安全技术是为了实现煤矿安全生产所采取的技术措施，是煤矿生产技术的重要组成部分。煤矿安全技术伴随着煤矿生产的出现而出现，同时又随着煤矿生产技术的发展而不断发展。工业革命以后，煤矿生产中广泛使用机械、电力及烈性炸药等新技术、新设备、新能源，使煤矿生产效率大幅度提高。另外，采用新技术、新设备、新能源也带来了新的不安全因素，导致煤矿事故频繁发生，事故伤害和职业病人数急剧增加。煤矿伤亡事故严重的局面促使人们努力开发新的煤矿安全技术，从而促使煤矿技术的进一步发展。目前已形成了包括矿井通风、防火、防尘、防瓦斯、防水、地压控制、爆破等一系列专门安全技术在内的煤矿安全技术体系。特别是在煤矿安全检测技术方面，先进的科学技术手段逐渐取代人的感官和经验，可以灵敏可靠地发现不安全因素，从而使人们可以及早采取控制措施，把事故消灭在萌芽状态之中。例如，我国已经研制和应用声发射技术、红外探测技术等手段进行岩体压力监测；应用电子计算机进行矿内生产监控和矿井瓦斯、火灾连续自动报警，及时预报矿内瓦斯和火灾情况等。为了达到安全生产的目的，人类在与各种煤矿事故的长期斗争中，不断积累经验，创造了许多安全技术新措施。

煤矿安全工程是以煤矿生产过程中发生的人身伤害事故作为主要研究对象，在总结、分析已经发生的煤矿事故经验的基础上，综合应用自然科学、技术科学和管理科学等方面的有关知识，识别和预测煤矿生产过程中存在的不安全因素，并采取有效的控制措施，防止煤矿伤害事故发生的科学技术知识体系。

现代煤矿生产系统是个非常复杂的系统。煤矿生产是由众多相互依存、相互制约的不同种类的生产作业综合组成的整体；每种生产作业又包含许多设备、物质、人员和作业环境等要素。一起煤矿伤亡事故的发生，往往是许多要素相互复杂作用的结果。尽管每一种专门煤矿安全技术在解决相应领域的安全问题方面十分有效，但要保证整个煤矿生产系统安全非常困难，必须综合运用各种煤矿安全技术和相关领域知识。

煤矿安全的一个重要内容，就是根据对伤亡事故发生机理的认识，应用系统工程的原理和方法，在煤矿规划、设计、建设、生产直到结束的整个过程中，都要预测、分析、评价其中存在的各种不安全因素，综合运用各种安全技术措施，消除和控制危险因素，创造安全的生产作业条件。

煤矿安全技术及工程是一门知识结构庞大的知识体系，涉及面广，本章主要论述煤矿开采、矿井通风、矿井瓦斯防治、矿井火灾防治、煤矿粉尘防治等方面内容。

## 27.1 煤矿开采

### 27.1.1 煤矿开采的基本概念

（1）煤田和矿区

在地质历史发展过程中，同地质时期形成并大致连续发育的含煤岩系分布区称为煤田。统一规划和开发的煤田或其一部分则称为矿区。

煤田范围很大，面积可达数百到数千平方千米，储量从数亿吨到数百上千亿吨。根据国民经济发展需要和行政区域的划分，利用地质构造、自然条件或煤田沉积的不连续，或按勘探时期的先后，往往将一个大煤田划归几个矿区来开发，比较小的煤田也可作为一个矿区开发，也有一个大矿区开发几个小煤田的情况。对于利用地质构造、自然条件或煤田沉积的不连续，或按勘探时期的先后命名的煤田，其煤田的含义已经改变，不是我们定义的煤田。

一个矿区由很多个矿（或露天矿）组成，以便有计划、有步骤、合理地开发整个矿区。为了配合矿井（或露天矿）的建设和生产，还要建设一系列的辅助企业、交通运输与民用事业，以及其他有关的企业和市政建设。因此，矿区开发之前应进行周密的规划，进行可行性研究，编制矿区总体设计，作为矿区开发和矿井建设的依据。

（2）井田

划分给一个矿井（或露天矿）开采的那一部分煤田，称为井田（矿田）。

每一个矿井的井田范围大小、矿井生产能力和服务年限的确定，是矿区总体设计中必须解决好的关键问题之一。

井田范围是指井田沿煤层走向长度和倾向的水平投影宽度。

煤田划分为井田，应根据矿区总体设计任务书的要求，结合煤层的赋存情况、地质构造、开采技术条件，保证各井田都有合理的尺寸和边界，使煤田的各部分都能得到合理开发。

根据目前开采技术水平，一般小型矿井井田走向长度不小于1500m，中型矿井不小于4000m，大型矿井不小于7000m。

（3）矿井生产能力和井型

矿井生产能力，一般是指矿井的设计生产能力，以万吨/年（或百万吨/年）表示。有些生产井原来的生产能力需要改变，因而要对矿井各生产系统的能力重新核定，核定后的综合生产能力，称核定生产能力。根据矿井生产能力不同，我国把矿井划分为大、中、小三种类型，称井型。

大型矿井：生产能力为1.20百万吨/年、1.50百万吨/年、1.80百万吨/年、2.40百万吨/年、3.00百万吨/年、4.00百万吨/年、5.00百万吨/年和5.00百万吨/年以上的矿井。3.00百万吨/年及其以上的矿井又称特大型矿井。

中型矿井：生产能力为45万吨/年、60万吨/年、90万吨/年的矿井。

小型矿井：生产能力为9万吨/年、15万吨/年、21万吨/年和30万吨/年的矿井。

我国国有重点煤矿多为大、中型矿井；地方国有煤矿多为中、小型矿井；乡镇煤矿多是小煤窑，年生产能力多小于3万吨/年。

矿井年产量是矿井每年生产出来的煤炭数量，以万吨或百万吨表示。年产量是指每年实际生产出来的煤炭量，其数值常常不同于矿井生产能力，而且每年的年产量常不相等。

矿井井型大小直接关系基建规模和投资多少，影响到矿井整个生产时期的技术经济面貌。正确地确定井型是矿区总体设计和矿井设计的一个重要问题。

（4）露天开采与地下开采的概念

从敞露的地表直接采出有用矿物的方法，叫作露天开采。露天开采与地下开采在进入矿体的方式、生产组织、采掘运输工艺等方面截然不同，它需要先将覆盖在矿体之上的岩石或表土剥离掉，如图27.1所示。

当煤厚达到一定值，直接出露于地表，或其覆盖层较薄，开采煤层与覆盖层采剥量之比在经济上有利时，就可以考虑采用露天开采。

露天开采一般机械化程度高、产量大、劳动效率高、成本低、工作比较安全，但受气候条件影响较大，需采用大型设备和进行大量基建剥离，基建投资较大。因此，只能在覆盖层较薄、煤层的厚度较大时采用。由于受资源条件的限制，我国露天开采产量比重比较小。

露天开采是采矿工业的发展方向之一。在具有露天开采条件的地区应贯彻“先露天后地下”的原则。凡煤田浅具有露天开采条件的，应根据经济合理剥采比并适当考虑发展可能划定露天开采边界。所谓剥采比，即每采一吨煤需要剥离多少立方米的岩石量。最大经济合理剥采比，就是按该剥采比开采的煤炭成本不大于用地下开采的煤炭成本。它是确定露天煤矿开采边界的主要依据。根据我国目前的露天煤矿的技术条件和实际经验，最大经济合理剥采比一般对褐煤为$6m^3/t$左右，对烟煤为$8m^3/t$左右。

煤矿地下开采，也称井工开采。它需要开凿一系列井巷（包括岩巷和煤巷）进入地下煤层才能进行采煤。由于是地下作业，工作空间受限，采掘工作地点不断移动和交替，并受到地下的水、火、瓦斯、煤尘以及煤层围岩塌落等威胁。因此，地下开采比露天开采复杂和困难。

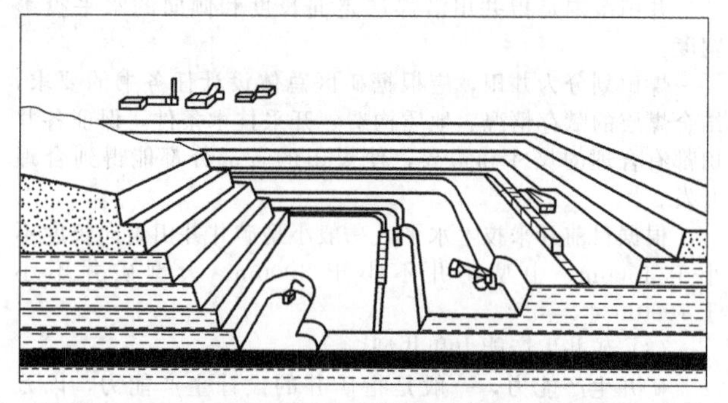

图27.1　露天开采示意图

## 27.1.2　采煤方法的概念和分类

### 27.1.2.1　采煤方法的概念

任何一种采煤方法，均包括采煤系统和采煤工艺两项主要内容。要正确理解“采煤方法”的含义，必须首先了解下列基本概念。

采场：用来直接大量采取煤炭的场所。

采煤工作面：在采场内进行回采的煤壁，也称回采工作面。实际工作中，采煤工作面与采场是同义语。

回采工作：在采场内，为采取煤炭所进行的一系列工作。回采工作可分为基本工序和辅助工序。把煤从整体煤层中破落下来称为煤的破落，简称破煤。把破落下来的煤炭装入采场中的运输工具内，称为装煤。煤炭运出采场的工序，称为运煤。煤的破、装、运是回采工作中的基本工序。为了使基本工序顺利进行，必须保持采场内有足够的工作空间，这就要用支架来维护采场，这项工序称为工作面支护。煤炭采出后，被废弃的空间称为采空区。为了减轻矿山压力对采场的作用，以保证回采工作顺利进行，在大多数情况下，必须处理采空区的顶板，这项工作称为采空区处理。此外，通常还需要进行移置运输、采煤设备等工序。除了基本工序以外的这些工序，统称为辅助工序。

采煤工艺：由于煤层的自然条件和采用的机械不同，完成回采工作各工序的方法也就不同，并且在进行的顺序上、时间和空间上必须有规律地加以安排和配合。这种在采煤工作面内按照一定顺序完成各项工序的方法及其配合，称为采煤工艺。在一定时间内，按照一定的顺序完成回采工作各项工序的过程，称为采煤工艺过程。

采煤系统：回采巷道的掘进一般是超前于回采工作进行的。它们在时间上的配合以及在空间上的相互位置关系，称为回采巷道布置系统，也即采煤系统。

采煤方法：根据不同的矿山地质及技术条件，可有不同的采煤系统与采煤工艺相配合，从而构成多种多样的采煤方法。如在不同的地质及技术条件下，可以采用长壁采煤法、柱式采煤法或其他采煤法，而长壁与柱式采煤法在采煤系统与采煤工艺方面差别很大。由此可以认为：采煤方法就是采煤系统与采煤工艺的综合及其在时间和空间上的相互配合，但两者又是互相影响和制约的。采煤工艺是最活跃的因素，采煤工具的改革，要求采煤系统随之改变，而采煤系统的改变也会要求采煤工艺做相应的改革。事实上，许多种采煤方法正是在这种相互推动的过程中得到改进和发展，甚至创造了新的采煤方法。

### 27.1.2.2　采煤方法的分类及应用概况

我国煤层赋存条件多样，开采技术条件各异，因而促进了采煤方法的多样化发展。我国使用的采煤方法很多，是世界上采煤方法最多的国家。

我国常用的几种采煤方法及其特征如表27.1所示。

采煤方法的分类方法很多，一般可按下列特征进行分类，见图27.2。

表27.1　我国常用的采煤方法及其特征

| 序号 | 采煤方法 | 体系 | 整层与分层 | 推进方向 | 采空区处理 | 采煤工艺 | 适应煤层基本条件 |
|---|---|---|---|---|---|---|---|
| 1 | 单一走向长壁采煤法 | 壁式 | 整层 | 走向 | 垮落 | 综、普、炮采 | 薄及中厚煤层为主 |
| 2 | 单一倾斜长壁采煤法 | 壁式 | 整层 | 倾斜 | 垮落 | 综、普、炮采 | 缓斜薄及中厚煤层 |
| 3 | 刀柱式采煤法 | 壁式 | 整层 | 走向或倾斜 | 刀柱 | 普、炮采 | 缓斜薄及中厚煤层，顶板坚硬 |
| 4 | 大采高一次采全厚采煤法 | 壁式 | 整层 | 走向或倾斜 | 垮落 | 综采 | 缓斜厚煤层（<5m） |
| 5 | 放顶煤采煤法 | 壁式 | 整层 | 走向 | 垮落 | 综采 | 缓斜厚煤层（>5m） |
| 6 | 倾斜分层长壁采煤法 | 壁式 | 分层 | 走向为主 | 垮落为主 | 综、普、炮采 | 缓斜、倾斜厚及特厚煤层为主 |
| 7 | 水平分层、斜切分层下行垮落采煤法 | 壁式 | 分层 | 走向 | 垮落 | 炮采 | 急斜厚煤层 |
| 8 | 水平分段放顶煤采煤法 | 壁式 | 分层 | 走向 | 垮落 | 综采为主 | 急斜特厚煤层 |
| 9 | 掩护支架采煤法 | 壁式 | 整层 | 走向 | 垮落 | 炮采 | 急斜厚煤层为主 |
| 10 | 水利采煤法 | 柱式 | 整层 | 走向或倾斜 | 垮落 | 水采 | 不稳定煤层急斜煤层 |
| 11 | 柱式体系采煤法（传统的） | 柱式 | 整层 | 无 | 垮落 | 炮采 | 非正规条件回收煤柱 |

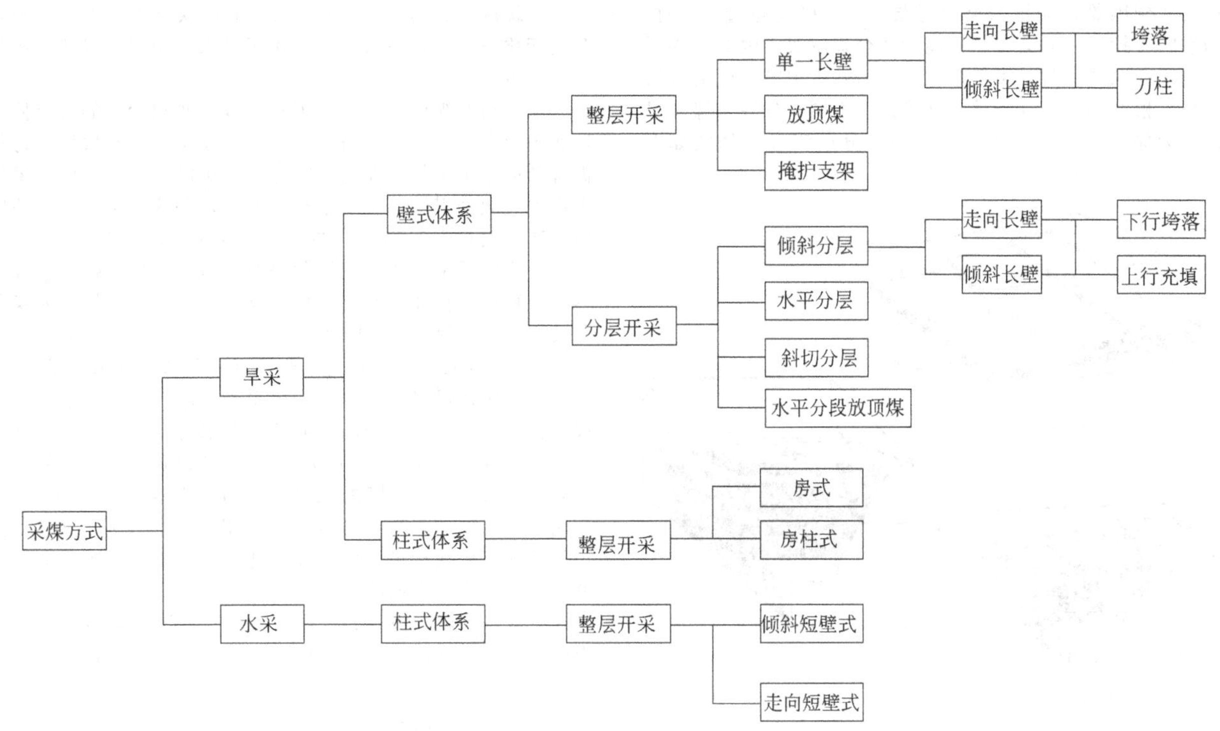


图 27.2　采煤方法分类

壁式体系采煤法一般以长工作面采煤为主要标志，产量占国有重点煤矿的 95%以上。随着煤层厚度及倾角的不同，开采技术和采煤方法会有所区别。对于薄及中厚煤层，一般都是按煤层全厚一次采出，即整层开采；对于厚煤层，可把它分为若干中等厚度（2～3m）的分层进行开采，即分层开采，也可采用放顶煤整层开采。无论整层开采或分层开采，依据不同倾角，按采煤工作面推进方向，又可分为走向长壁开采和倾斜长壁开采两种类型。上述每一类型的采煤方法在用于不同的矿山地质条件及技术条件时，又有很多种变化。

(1) 薄及中厚煤层单一长壁采煤法

图 27.3 (a) 所示为单一走向长壁垮落采煤法。所谓"单一"表示整层开采；"垮落"表示采空区处理是采用垮落的方法。由于绝大多数单一长壁采煤法均用垮落法处理采空区，故一般可简称为单一走向长壁采煤法。首先将采（盘）区划分为区段，在区段内布置回采巷道（区段平巷，开切眼），采煤工作面呈倾斜布置，沿走向推进，上下回采巷道基本上是水平的，且与采区上山相连。

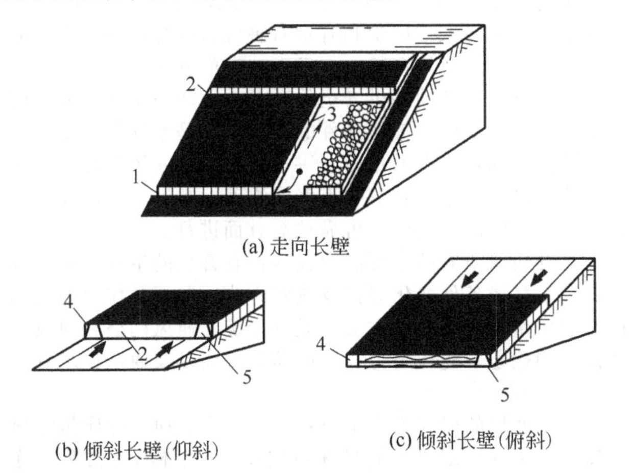


图 27.3　单一长壁采煤法示意图
1,2—区段运输和回风平巷；3—采煤工作面；
4,5—分带运输和回风斜巷

对于倾斜长壁采煤法，首先将井田或阶段划分为带区及分带，在分带内布置回采巷道（分带斜巷、开切眼），采煤工作面呈水平布置，沿倾向推进，两侧的回采巷道是倾斜的，并通过联络巷直接与大巷相连。采煤工作面向上推进称仰斜长壁［图 27.3（b）］，向下推进称俯斜长壁［图 27.3（c）］。为了便于顺利开采，煤层倾角不宜超过 12°。当煤层顶板极为坚硬时，若采用强制放顶（或注水软化顶板）垮落法处理采空区有困难，有时可采用煤柱支撑法（刀柱法），称单一长壁刀柱式采煤法，如图 27.4 所示。采煤工作面每推进一定距离，留下一定宽度的煤柱（即刀柱）支撑顶板。但这种方法工作面搬迁频繁，不利于机械化采煤，资源的采出率较低，是在特定条件下的一种采煤方法。当开采急斜煤层时，为了便于生产和安全，工作面可呈俯伪斜布置，仍沿走向推进，则称为单一伪斜走向长壁采煤法。另外，近十年来在缓斜厚煤层（<5m）中成功采用大采高一次采全厚的采煤法，也属于单一长壁采煤法的一种。

单一长壁采煤法是我国采用最为普遍的一种采煤方法。其产量比重占国有重点煤矿总产量的 55.91%。其中，单一走向长壁、单一倾斜长壁、单一长壁刀柱和厚煤层大采高一次采全厚采煤法产量比重分别为 43.16%、8.65%、1.66%和 2.44%。

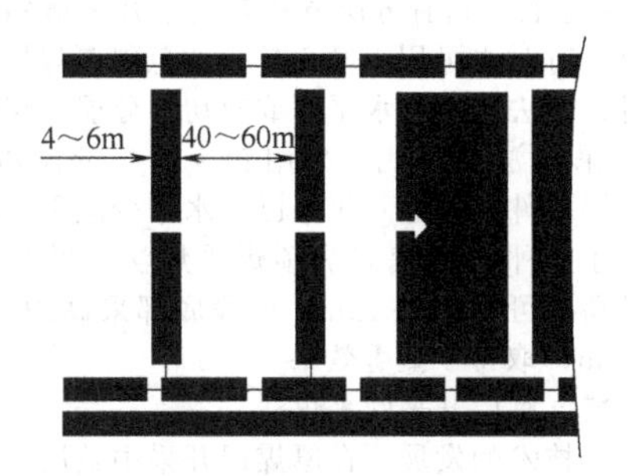


图 27.4　单一长壁刀柱式采煤法示意图

(2) 厚煤层分层开采的采煤法

开采厚煤层及特厚煤层时，利用上述的整层采煤法来开采将会遇到困难，在技术上较复杂。煤层厚度超过 5m 时，采场空间支护技术和装备目前尚无法合理解决。因此，为了克服整层开采的困难，可把厚煤层分为若干中等厚度的分层来开采。根据煤层赋存条件及开采技术不同，分层采煤法又可以分为倾斜分层、水平分层、斜切分层三种，分别如图 27.5 (a)～(c) 所示。

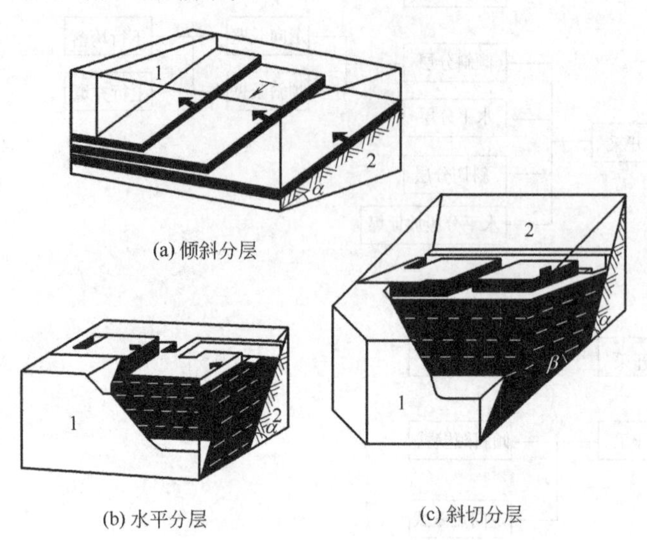


图 27.5　厚煤层分层开采采煤法

1—顶板；2—底板；α—煤层倾角；β—分层与水平夹角

倾斜分层是将煤层划分成若干个与煤层层面相平行的分层，见图 27.5 (a)，工作面沿走向或倾向推进。

水平分层是将煤层划分成若干个与水平面相平行的分层，见图 27.5 (b)，工作面一般沿走向推进。

斜切分层是将煤层划分成若干个与水平面成一定角度的分层，见图 27.5 (c)，工作面沿走向推进。

各分层的回采有下行式和上行式两种顺序。先采上部分层，然后依次回采下部分层的方式称为下行式；先回采最下分层，然后依次回采上部分层的方式称为上行式。

回采顺序与处理采空区的方法有极为密切的关系。当用下行式回采顺序时，可采用垮落或充填法来处理采空区；当采用上行式回采顺序时，则一般采用充填法处理采空区。

不同的分层方法，回采顺序以及采空区处理方法的综合应用，可以演变出各式各样的分层采煤方法。但是，在实际工作中一般采用的主要有下列三种：①倾斜分层下行垮落采煤法；②倾斜分层上行充填采煤法；③水平或斜切分层下行垮落采煤法。

分层采煤法是当前我国在厚煤层中采用的主要采煤方法，产量占国有重点煤矿总产量的 25% 以上。最常用的是倾斜分层，产量占 24.79%。顶板管理主要采用垮落法，充填法仅占 1% 左右。这种分层方法多用于开采缓斜、倾斜厚及特厚煤层，有时也可用于倾角较小的急斜厚煤层；开采急斜厚煤层时，过去常用的水平（或斜切）分层采煤法已部分为掩护支架采煤法所替代，采用较少，产量仅占 0.30%；急斜特厚煤层条件下，近几年来已在水平分层采煤法基础上成功地采用了水平分段综采放顶煤采煤法，煤厚一般 25m 以上，分段高度可为 10～12m，分段底部采高约 3m，放顶煤高度 7～9m，取得了显著效果。

(3) 厚煤层整层开采的采煤法

随着生产技术的发展，在厚煤层开采中整层开采有了较大发展，产量比重达到 14.75%。近几年来，由于综合机械化采煤技术装备的发展、大采高支架的应用，为 5m 以下的缓斜厚煤层采用大采高一次采全厚的单一长壁采煤法创造了条件，并已得到一定的发展，产量比重已达 2.44%。

在缓倾斜、厚度为 5.0m 以上的厚煤层条件下，特别是厚度变化较大的特厚煤层，采用了综采放顶煤采煤法，产量比重约占 12.29%。

在急斜厚煤层条件下，可利用煤层倾角较大的特点使工作面俯斜布置，依靠重力下放工作面支架，为有效地进行顶板管理创造了条件，在煤层赋存较稳定的条件下，成功采用了掩护支架采煤法，实现了整层开采，并获得了较广泛的应用，产量比重为 0.77%，约为急斜煤层产量的 1/4。

壁式体系采煤法为机械化采煤创造了条件。按工艺方式不同，长壁工作面可有综合机械化采煤、普通机械化采煤和爆破采煤三种工艺方式，产量比重分别占 47.18%、23.35% 和 2842%。机械化采煤的比重呈逐年上升趋势。

综上所述可以看出，壁式体系采煤法一般具有下列主要特点：①通常具有较长的采煤工作面长度，我国一般为 120～180m，但也有较短的——80～120m，或更长的——180～240m。先进采煤国家其工作面长度多在 200m 以上。②在采煤工作面两端至少各有一条巷道，用于通风和运输。③随采煤工作面推进，应有计划地处理采空区。④采下的煤沿平行于采煤工作面的方向运出采场。

我国、苏联、波兰、德国、英国、法国和日本等广泛采用壁式体系采煤法，美国、澳大利亚等近年来也在发展壁式体系采煤法。

## 27.2　矿井通风

### 27.2.1　概述

矿井通风是指利用机械和自然风压为动力，使地面新鲜空气进入井下，并在井巷中做定向和定量流动，稀释井下有害物并将污浊的空气排出矿井的过程。其实质是有效地、合理地组织空气流动，稀释有害物质。矿井通风的基本任务是：连续不断地向井下供给适当空气，将新鲜空气科学合理地分配到各个用风地点，控制并稀释有毒有害物质，调节矿内气候条件，保证安全生产。

矿井通风系统是通风动力、通风网路和通风控制设施的总称。矿井通风系统对全矿井的通风状况具有全局性的影响，是搞好井下通风防尘工作的基础。相关法律、法规明确规定，矿井必须有完整的、合理的通风系统。

地下采矿作业是在有限空间内进行的，不仅工作空间狭小、工作地点多变，生产过程中矿床和围岩体内会不断涌出瓦斯、碳氧化合物、氮氧化合物等有害气体，生产过程中也会不断产生矿尘，部分矿井甚至还存在放射性元素，这些有毒有害物质主要靠通风的办法解决。地面空气进入井下后，氧含量会逐渐降低，矿尘和有毒有害气体成分增加，空气的温度、湿度和压力等参数也会发生一定的变化。

为井下采矿活动提供安全舒适的作业环境是矿井通风的根本目的。考查矿井气候条件的主要指标是空气的温度、湿度和流速。而从安全的角度上讲，考察矿井通风工程主要是从风流速度、风量、有毒有害气体浓度、空气的温度和湿度以及通风系统的稳定性和可靠性等方面进行。

矿井通风研究的主要内容包括：有害物的生成和分布规律；井下气候条件变化规律及改善方法；井下各作业地点和矿井总风量的正确确定方法；通风系统、通风网络和通风方法的正确确定；通风阻力、通风动力特征以及通风技术管理等方面内容。

矿井通风的研究方法主要包括：三个定律（即质量守恒定律、动量守恒定律和能量守恒定律）；气体状态方程、连续性方程、运动方程和动量方程；物质、能量转移方程等。

矿井通风是防止瓦斯、煤尘、火灾和热害等自然灾害发生的根本保障。在灾变时期，合理的风流调度是防止灾情恶化，保证有效救灾的最积极最有效的手段。无数的事故案例表明，零星事故的发生主要源于人的思想麻痹和各种违章行为，而重大灾害事故的发生和恶化，与矿井通风系统中存在的安全隐患存在着千丝万缕的联系。要搞好矿井通风与安全工作必须在各种基础理论的基础上，运用系统论、控制论的方法和手段，辩证地分析和解决有关问题。

## 27.2.2 矿井空气流动的基本理论

矿井空气流动的基本理论主要研究矿井空气沿井巷流动过程中宏观力学参数的变化规律以及能量的转换关系。

### 27.2.2.1 空气的主要状态参数

与矿井通风工程研究密切相关的空气状态参数有温度、压力、密度、比体积、湿度和焓，有时还考虑空气的黏性。

湿空气的密度计算公式为：

$$\rho=0.003484\frac{p}{273.15+t}\left(1-\frac{0.378\varphi p_s}{P}\right) \quad (27.1)$$

式中，$p$ 为空气的绝对压力，Pa；$t$ 为空气的干球温度，℃；$p_s$ 为在温度为 $t$ 时饱和水蒸气的分压力，Pa；$\varphi$ 为空气的相对湿度，$\varphi=0\sim1$。

在矿井通风工程中，空气密度可近似按下式计算：

$$\rho=(0.003458-0.003473)\frac{p}{T} \quad (27.2)$$

特别地，当井下空气相对湿度超过60%时，一般按 $\rho=0.003458\frac{p}{T}$ 来计算。

### 27.2.2.2 风流能量与压力

能量与压力是通风工程中两个重要的基本概念，它们既密切相关又相互区别。风流之所以能在系统中流动，其根本原因是系统中存在促使空气流动的能量差。空气的能量对外做功有力的表现时，称为压力，压力可以理解为单位体积流体所具有的对外做功的机械能，其单位为 Pa。

(1) 风流能量与压力

① 静压能-静压。空气分子做无规则的热运动时所具有的分子动能中一部分转化为能够对外做功的机械能叫静压能，用 $E_p$ 表示（$J/m^3$）。空气分子撞击到器壁上，就会有力的效应，这种单位面积上的力的效应称为静压力，简称静压，以 $p$ 表示，单位为 $N/m^2$，即 Pa。在矿井通风学中，压力的概念与物理学中的压强相同，即单位面积上受到的垂直作用力，静压力即为单位体积空气的静压能。

② 重力位能-位压。物体在地球重力场中因地球引力的作用，由于位置不同而具有的一种能量称为重力位能，用 $E_{po}$ 表示。重力位能是一个相对概念，其计算应有一个参照基准。

$$E_{po1\text{-}2}=\int_2^1\rho g\,dZ \quad (27.3)$$

式中，$E_{po1\text{-}2}$ 为1断面与2断面间单位体积空气具有的重力位能差；$\rho$ 为1断面与2断面间空气的密度，它是 $Z$ 的函数；$Z$ 为各断面在地球重力场的标高。

在矿井通风工程中，通常将某点空气所具有的静压能和位能之和称为势能，它与物理学中刚体的势能不是同一个概念。显然，势能也是一个相对概念，通常只定义某两断面间空气的势能差，而不定义某断面空气所具有的势能。

③ 动能-动压。单位体积流体做宏观运动（即定向流动）时所具有的那部分能量称为动能，用 $E_v$ 表示，单位为 $J/m^3$，其动能转化所显现的压力称为动压或速压，以 $h_v$ 表示，单位为 Pa，计算公式为：

$$h_v=\frac{1}{2}\rho v^2 \quad (27.4)$$

式中，$h_v$ 为某点空气流速为 $v$ 时单位体积空气所具有的动能，即动压；$v$ 为某点空气流速。

通常情况下，以某断面平均速压来研究井巷空气流动规律。

(2) 风流点压力及其相互关系

风流点压力表示测点单位体积空气所具有的总能量。它包括静压、动压、位压，其中风流的静压和动压之和称为全压。相对于绝对真空的压力称为绝对压力，相对于当时当地大气压力的压力称为相对压力。

静压是反映某点空气分子做无规则热运动所具有的部分微观动能，空气的静压在任何方向都表现相同的数值，即各向同值。而动压是反映某点空气做宏观定向流动时所具有的动能，其方向与空气流动的方向一致，在垂直于流动方向上其值为零。

在压入式通风管路中，任意一点空气的绝对全压 $p_t$ 和绝对静压 $p_s$ 一般都高于外面与该点同标高的大气中的大气压 $p_o$，故称正压通风；在抽出式通风的管路中，任意一点空气的绝对全压 $p_t$ 和绝对静压 $p_s$ 一般都低于外面与该点同标高的大气中的大气压力 $p_o$，故称负压通风。但在风机出口的扩散器中，由于扩散器断面的变化，其内部空气的绝对静压只小于与该点同标高的外面大气中的大气压力，安装扩散器的目的是回收速压，以提高风机对井巷通风的能力。风流点压力存在如下关系：

$$p_t=p_s+h_v \quad (27.5)$$

$$h_t=|p_t-p_o| \quad (27.6)$$

$$h_s=|p_s-p_o| \quad (27.7)$$

式中，$p_s$、$p_t$ 为通风管路中某点空气的绝对静压、绝对全压，Pa；$p_o$ 为与通风管路中某点同标高的外面大气压力，Pa；$h_s$、$h_t$ 为通风管路中某点空气的相对静压、相对全压，Pa；$h_v$ 为通风管路中某点空气的速压，Pa。

由于相对静压、相对全压都是取绝对值，故一般地存在下列关系：

在抽出段：

$$h_s=|p_s-p_o|=p_o-p_s \quad (27.8)$$

$$h_t=|p_t-p_o|=h_s-h_v \quad (27.9)$$

在压入段：

$$h_s=|p_s-p_o|=p_s-p_o \quad (27.10)$$

$$h_t=|p_t-p_o|=h_s+h_v \quad (27.11)$$

### 27.2.2.3 通风能量方程

质量守恒是自然界最基本的客观规律之一，井巷中流动的空气（即风流）是连续不断的介质，它充满其所流经的井巷空间。在无点源或点汇存在时，根据质量守恒定律，对于稳定流动（流动不随时间变化的流动），流入某空间的流体质量必然等于流出该空间的流体质量。对于不可压缩流体（密度为常数）的稳定流动，通过任一断面的体积流量（即风量）相等。

严格地讲，由于矿井中不断有瓦斯及其他有害气体涌出，空气在井巷流动的过程中湿度也会产生一定的变化，特别是部分矿井存在无法弄清的漏风通道，故质量守恒定律在矿井通风中的表达式很难准确列出，并且井巷空气流动实际上并不是稳定流动。众所周知，空气是可压缩流体，但在研究井下空气流动的能量方程时，有时参照不可压缩流体的研究方法，再予以修正。

(1) 单位质量流量的流体流动的能量方程

在热力学中，一般按单位质量流量，根据热力学第一定律进行能量方程的推导，得出流体的单位质量流量的能量方程为：

$$L_R=\frac{p_1-p_2}{\rho_m}+\left(\frac{1}{2}v_1^2-\frac{1}{2}v_2^2\right)+g(Z_1-Z_2)+L_t \quad (27.12)$$

式中，$L_R$ 为流体从断面1流至断面2时对外界做的功；$v_1$，$v_2$ 为流体在断面1、2的平均流速；$Z_1$，$Z_2$ 为断面1、2相对于基准面的高程；$L_t$ 为断面1、2间由压源（如局部通风机）为流体提供的能量。

（2）单位体积流量的流体流动能量方程

我国矿井通风学术界习惯使用单位体积流量的能量方程。在考虑到空气的可压缩性时，在前述单位质量流量能量方程的基础上，方程式两边同时乘以空气的平均密度 $\rho_m$，并令 $h_R=L_R\rho_m$，$H_t=L_t\rho_m$，则能量方程变为：

$$h_R=p_1-p_2+\left(\frac{1}{2}v_1^2-\frac{1}{2}v_2^2\right)\rho_m+g\rho_m(Z_1-Z_2)+H_t$$
$$=p_1-p_2+\left(\frac{1}{2}v_1^2-\frac{1}{2}v_2^2\right)\rho_m+\int_2^1\rho g\mathrm{d}Z+H_t \quad (27.13)$$

式中，$h_R$ 为单位体积流体从断面1流至断面2过程中能量损失，通常称为通风阻力，Pa；$H_t$ 为单位体积流体从断面1流至断面2过程中，由压源（如局部通风机）对流体附加的功，Pa。

说明：

① 在矿井通风系统内部，一般断面1与断面2间无风机，则 $L_t$ 和 $H_t$ 均为0；

② 能量方程中有关速压的计算中，$v_1$、$v_2$ 分别为断面1、2上的平均风速，由于巷道断面上风速分布不均匀，用断面平均风速计算出来的断面总动能与断面实际总动能不等，需要加以修正。

③ 在矿井通风中，能量方程式中动压本身很小，故实际应用时取：

$$\left(\frac{1}{2}v_1^2-\frac{1}{2}v_2^2\right)\rho_m=\frac{1}{2}\rho_1v_1^2-\frac{1}{2}\rho_2v_2^2 \quad (27.14)$$

进行上述处理后，单位体积流量的流体流动时的能量方程式可简化为：

$$h_R\approx p_1-p_2+\left(\frac{1}{2}\rho_1v_1^2-\frac{1}{2}\rho_2v_2^2\right)+\int_2^1\rho g\mathrm{d}Z+H_t \quad (27.15)$$

实际在矿井通风工程中，上述能量方程直接用等号而不用约等号。

## 27.2.3　井巷通风阻力

空气沿井巷流动时，由于风流的黏滞性和惯性，以及井巷壁面对风流的阻滞、扰动作用而使风流的总能量降低，单位体积空气流动过程中所产生的能量损失称为通风阻力。井巷通风阻力可分为摩擦阻力（也称为沿程阻力）和局部阻力。

### 27.2.3.1　摩擦阻力

风流在井巷中做沿程流动时，由于流体层间的摩擦和流体与井巷壁间的摩擦所形成的阻力称为摩擦阻力。

（1）层流状态下摩擦阻力计算

$$h_{fc}=2\upsilon\rho\frac{LU^2}{S^2}v=2\upsilon\rho\frac{LU^2}{S^3}Q \quad (27.16)$$

式中，$h_{fc}$ 为空气做层流运动时所产生的摩擦阻力，Pa；$\upsilon$ 为空气的运动黏度，$m^2/s$；$\rho$ 为空气密度，$kg/m^3$；$v$ 为井巷风流断面的平均风速，m/s；$L$ 为井巷长度，m；$U$ 为井巷断面的平均周长，m；$S$ 为井巷平均断面积，$m^2$；$Q$ 为井巷风量，$m^3/s$。

（2）紊流状态下摩擦阻力计算

$$h_{fw}=\frac{\lambda\rho}{8}\frac{LU}{S}v^2=\frac{\lambda\rho}{8}\frac{LU}{S^3}Q^2 \quad (27.17)$$

式中，$h_{fw}$ 为空气做紊流运动时所产生的摩擦阻力；$\lambda$ 为沿程阻力系数（无量纲系数），在紊流状态时，$\lambda$ 只与井巷的相对糙度相关，对于几何尺寸和支护已定型的井巷，$\lambda$ 可视为定值。其他符号意义同前。

（3）摩擦阻力系数 $\alpha$

$$\alpha=\frac{\lambda\rho}{8} \quad (27.18)$$

式中，$\alpha$ 为井巷的摩擦阻力系数，与井巷的相对糙度和空气密度有关。习惯上，在矿井通风工程中，将大气压力为0.1013MPa，温度 $t=20℃$，相对湿度 $\varphi=60\%$ 的状态称为标准状态，在标准状态下空气密度为 $\rho_0=1.2kg/m^3$，此时井巷的摩擦阻力系数称为标准值，记为 $\alpha_0$。当井巷中空气密度为 $\rho$ 时，$\alpha=\alpha_0\dfrac{\rho}{1.2}$。

（4）摩擦风阻 $R_f$

$$R_f=\alpha\frac{LU}{S^3} \quad (27.19)$$

式中，$R_f$ 为井巷的摩擦风阻，$N\cdot S^2/m^8$。

对于紊流状态下，存在下列关系：

$$h_f=\frac{\lambda\rho}{8}\frac{LU}{S}v^2=\frac{\lambda\rho}{8}\frac{LU}{S^3}Q^2=\alpha\frac{LU}{S^3}Q^2=R_fQ^2 \quad (27.20)$$

### 27.2.3.2　局部阻力

风流在运动过程中，由于井巷断面、方向变化以及分岔或汇合等原因，使均匀流动在局部地区受到影响，从而引起风流速度场分布变化，导致风流的能量损失，这种阻力称为局部阻力。局部阻力 $h_t$ 一般用动压的倍数来表示：

$$h_t=\varepsilon\frac{\rho}{2}v^2 \quad (27.21)$$

式中，$\varepsilon$ 为局部阻力系数，无量纲。其值与风流的流动状态、局部阻力物的形状及计算时风速 $v$ 的选定有关。

同摩擦阻力计算相似，局部阻力计算也可以通过局部风阻来进行，即

$$h_t=R_tQ^2 \quad (27.22)$$

式中，$R_t$ 为局部风阻。

在实测井巷通风阻力时，一般都将局部阻力包含在摩擦阻力当中，不另行计算，但局部阻力比较明显时，只考虑局部阻力。

### 27.2.3.3　矿井总风阻与矿井等积孔

井巷通风系统中，风流一般都处于完全紊流状态，摩擦阻力与局部阻力均与风量的平方成正比，对于特定井巷，当空气密度 $\rho$ 不变时，其风阻 $R$ 基本上为定值。在矿井通风系统中，地面大气从进风口进入井下，沿井巷流动，直到风硐再由主要通风机排出，沿途要克服各段井巷的通风阻力。从进风井口到主要通风机入口，把顺序连接的各段井巷的通风阻力累加起来，就得到矿井通风总阻力 $H_R$。若矿井在该主要通风机负责的这一系统中总风量为 $Q$，则系统的总风阻 $R$ 为：

$$R=\frac{H_R}{Q^2} \quad (27.23)$$

显然，$R$ 是反映矿井通风难易程度的一个指标，$R$ 值越大，矿井通风越困难，反之则较容易。对于矿井某一个通风系统，其总风阻受风网结构、井巷风阻、风量分配等因素影响。

习惯上，常用矿井等积孔来形象地描述矿井通风难易程度。假定在无限空间有一薄壁，在薄壁上开一面积为 $A$（$m^2$）的孔口，当孔口通过的风量等于矿井风量 $Q$，而孔口两侧的风压差等于该矿井通风系统的总阻力 $H_R$ 时，则称该矿井通风系统的等积孔为 $A$（$m^2$）。$A$ 与 $H_R$、$R$、$Q$ 存在下列关系：

$$A=\frac{1.19Q}{\sqrt{H_R}}=\frac{1.19}{\sqrt{R}} \quad (27.24)$$

显然，$A$ 值越大，则表明 $R$ 值越小，矿井通风越容易；反之越难。

应当指出，前述矿井通风系统等积孔的概念，是针对某一风机负责的通风系统而言的，计算时，$H_R$ 是从进风井经井下系统至该风机入口的总通风阻力，风量 $Q$ 应是该风机所负责通风的井下总回风量（不应该包含风机房附近的地面漏风量）。对于单一风机通风的矿井，$A$ 表示该矿井通风系统等积孔的面积。只要井下风网结构和井巷风阻不发生变化，等积孔 $A$ 是定值。对于多风机通风系统的矿井，各个系统的等积孔是不一样的，又由于多风机通风系统的矿井，系统之间存在公共通风井巷，当某一系统的风机运转参数发生变化使自身系统风量发生变化后，公共通风的井巷中风量、阻力也发生变化，其他系统的风量、总阻力也发生变化，由上述方法计算出等积孔面积 $A$ 值也是变化的，故在多风机通风系统的矿井中，各系统的等积孔面积 $A$ 不仅受井下风网结构、井巷风阻影响，还受各风机的运转参数的影响。

#### 27.2.3.4 降低矿井通风阻力的措施

降低矿井通风阻力，对保证矿井安全生产和提高经济效益都具有重要意义。摩擦阻力是矿井通风阻力的主要组成部分，但许多矿井的回风系统（特别是风硐）的局部阻力也占有相当大的比例。从总体上讲，降低矿井通风阻力的主要措施有：

① 减小井巷摩擦阻力系数 $\alpha$。在矿井设计时，尽量选用 $\alpha$ 值较小的支护方式，施工时确保质量，并加强维护，使各井巷保持光滑、平整、畅通。

② 保证各井巷有足够大的有效通风断面 $S$。风量较大的井巷必须保证有足够大的有效通风断面，必要时，可以开掘并联井巷。

③ 选用周长较小的井巷。在井巷断面积相同的条件下，圆形断面的周长最小，拱形次之，矩形、梯形断面周长较大。因此，立井井筒都采用圆形断面，斜井、石门、主要进回风大巷、上下山一般均采用拱形断面，只有在次要巷道及采区内服务时间不长的巷道才采用梯形断面。

④ 减小井巷长度 $L$。在满足开采需要的前提下，尽量缩短通风流程。

⑤ 避免井巷内风量过于集中。对全矿井而言，应合理规划井下通风网络，使总进风早分开，总回风晚汇合。

⑥ 设法降低井巷的局部阻力。应尽量避免井巷断面的突然扩大和突然缩小，转弯应平缓，及时清理不必要的堵塞物，加强井巷的维护工作，及时处理冒顶、片帮和积水。

### 27.2.4 矿井通风动力

克服矿井通风阻力的能量或压力，称为通风动力。通风机提供的机械风压和由于通风回路中各井巷空气密度不同而形成的自然风压都是矿井通风动力。

#### 27.2.4.1 自然风压

在一个有高差的闭合回路中，只要两侧有高差的井巷中空气的密度不等，该回路就有自然风压。自然风压是地表气候条件变化、井下风流与井巷和设备进行热交换等原因引起，当进风侧空气平均密度较回风侧空气平均密度大时，自然风压的作用方向与风机的作用方向相同，自然风压作为通风动力，与主要风机风压联合克服矿井通风阻力；相反，自然风压则成为矿井通风的阻力。

自然风压既可作为矿井通风的动力，也可能成为事故的肇因，因此新设计矿井在选择开拓方案、拟定通风系统时，应充分考虑利用地形和当地气候条件特点，使全年大部分时间内自然风压作用方向与机械通风风压的作用方向一致。在自然风压较大且方向与风机作用方向一致时，可适当减小风机的叶片角度或降低风机转速，实现节能。在自然风压较大且方向与风机作用方向相反时，应及时增加主要风机的能力，并严格井下通风系统管理，防止部分井巷风量减小甚至反向，避免事故的发生。在非常时期，如主要风机突然停止运转，可打开回风井的防爆盖，利用自然风压暂时为井下通风，减少事故隐患。

在煤矿生产经验和对自然通风规律认识的基础上，特提出以下几方面的途径，以实现有效地利用自然通风：

① 设计和建立合理的通风系统。在拟定通风系统时，要从全年着眼，利用低温季节的上行自然风流为主，而对高温季节的下行自然风流采取适当的限制措施，以期不致扰乱和破坏拟定的上行通风状况。

② 降低作业环境对风速的影响。在一定时期、一定范围内自然风压基本上是定值，因此，降低影响风速的因素就能提高风量。降低风阻的主要措施有：在采场进风侧规划好进风风路，尽可能组织多条平行平巷进风；各采场之间皆用并联通风；疏通采场回风天井及其进口断面；采场回风侧的回风道应予疏通，清除杂物扩大过风断面；利用采空区回风。

除了自然风压以外，还常常使用机械通风，依靠风机提供的风压、风量，通过管道和送、排风口系统可以有效地将室外新鲜空气或经过处理的空气送到建筑物的任何工作场所，还可以将建筑物内受到污染的空气及时排至室外，或者送至净化装置处理合格后再予排放。这类通风方法称为机械通风。

#### 27.2.4.2 风机及其附属装置

矿井通风的主要动力是风机，矿用风机按其服务范围可分为主要风机、辅助风机和局部风机三种。按风机的构造和工作原理又分为离心式风机和轴流式风机两种。

煤矿使用的风机，除了主机之外，尚有一些附属装置，如风硐、扩散器（扩散塔）、防爆门（防爆井盖）和反风装置以及消音器等。主机和附属装置总称为风机装置。

#### 27.2.4.3 通风机特性曲线

表征通风机装置性能的主要参数有风压 $H_f$、风量 $Q_f$、风机轴功率 $N_f$、效率 $\eta$ 和转速 $n$ 等。风机装置全压 $H_{ft}$ 是风机装置对空气做功时消耗每 $1cm^3$ 空气的能量，其值为风机扩散器出口风流的总能量与风机入口风流总能量之差。在抽出式矿井中，存在下列关系：

$$H_{ft}+H_N=H_R+h_v \tag{27.25}$$

$$H_{ft}=H_{fs}+h_v \tag{27.26}$$

$$H_{fs}+H_N=H_R \tag{27.27}$$

式中，$H_{ft}$ 为风机装置的相对全压；$H_{fs}$ 为风机装置的相对静压；$H_v$ 为风机扩散器出口速压；$H_N$ 为矿井通风系统的自然风压，当其作用方向与风机作用方向一致时，$H_N$ 取正值，反之取负值；$H_R$ 为矿井通风系统的总阻力，其值等于单位体积空气在进风井口地面处与主要风机入风口的总能量之差。

风机装置的输出功率以全压计算时称为全压功率 $N_{ft}$，以静压计算时称为静压功率 $N_{fs}$，计算式为：

$$N_{ft}=H_{ft}Q_f\times10^{-3} \tag{27.28}$$

$$N_{fs}=H_{fs}Q_f\times10^{-3} \tag{27.29}$$

设风机的轴功率（即风机的输入功率）为 $N$，则相应的风机装置全压效率 $\eta_{ft}$ 和静压效率 $\eta_{fs}$ 计算式为：

$$\eta_{ft}=\frac{N_{ft}}{N}=\frac{H_{ft}Q_f}{1000N} \tag{27.30}$$

$$\eta_{fs}=\frac{N_{fs}}{N}=\frac{H_{fs}Q_f}{1000N} \tag{27.31}$$

#### 27.2.4.4 主要风机工况点

（1）风机的合理工作范围

从经济角度考虑，风机的运转效率不应低于 60%，从安全角度考虑，为使风机在稳定区内工作，实际工作风压不应超过最高风压的90%，叶片角度应不低于最小允许安装角度，也不应高于最大允许安装角度，转速也不应高于最高允许转速。

(2) 比例定律

同一系列风机在相应工况点工作时，气体在风机内流动过程是相似的，这时风机之间在任一对应点的同名物理量之比为常数，这些常数称为相似常数或比例系数，同一系列风机满足几何相似，是风机相似的必要条件，动力相似则是风机相似的充要条件，满足动力相似的条件是雷诺数和欧拉数分别相等。同系列风机在相似的工况点符合动力相似的充要条件。

① 压力系数 $\overline{H}$。同系列风机在相似工况点的全压和静压系数均为一常数：

$$\frac{H_t}{\rho u^2}=\overline{H}_t,\quad \frac{H_s}{\rho u^2}=\overline{H}_s \tag{27.32}$$

式中，$\overline{H}_s$，$\overline{H}_t$ 为静压系数和全压系数；$\rho$ 为空气密度；$u$ 为圆周速度。

② 流量系数 $Q$

$$\frac{Q}{\frac{\pi}{4}D^2u}=\overline{Q} \tag{27.33}$$

式中，$D$ 为相似风机的叶轮外缘直径；$\overline{Q}$ 为同系列风机的流量系数。

③ 功率系数 $\overline{N}$

$$\overline{N}=\frac{\overline{HQ}}{\eta}=\frac{1000N}{\frac{1}{4}\pi\rho D^2u^3} \tag{27.34}$$

同系数风机在相似工况点的效率 $\eta$ 相等，功率系数 $\overline{N}$ 为常数。

### 27.2.5 矿井通风网络中风量分配与调节

(1) 矿井通风基本定律

矿井通风基本定律包括风量平衡定律、风压平衡定律和通风阻力定律。

风量平衡定律是指在稳态通风条件下，单位时间流入某节点的空气质量等于流出该节点的空气质量，即流入与流出某节点的各分支的质量流量的代数和为零（$\sum M_i=0$），若不考虑风流密度的变化，则流入与流出某节点的各分支的体积流量（即风量）的代数和为零，即

$$\sum Q_i=0 \tag{27.35}$$

风压平衡定律（或称能量平衡定律）是指沿任一闭合回路顺时针风流方向的风压之和等于逆时针风流方向的风压降之和，即

$$\sum H_i-H_{fi}-H_N=0 \tag{27.36}$$

式中，$H_i$ 为第 $i$ 个分支的通风阻力，顺时针风流时为正，逆时针风流时为负；$H_{fi}$ 为第 $i$ 个分支中专设风机产生的风压，其正负值与分支阻力值相反；$H_N$ 为回路中自然风压，顺时针为负，逆时针为正。

通风阻力定律：

$$h_i=R_iQ_i^2 \tag{27.37}$$

(2) 串联风路与并联风路

若干风路顺次首尾相接，称为串联风路。在串联风路中，各分支风量相等，总风阻等于各分支风阻之和，总阻力等于各分支阻力之和。若干风路有共同的始点和终点的风路，称为并联风路。并联风路中，若回路中不存在自然风压且各分支中又无专用风机附加风压，则各分支阻力相等且等于风路总阻力，各分支风量之和等于总风量。但当回路中有自然风压或部分分支中有专用风机通风时，各分支阻力并不完全相等，此时只能说主要风机作用在各分支上的力是相等的。

(3) 角联风网

角联风网是指内部存在角联分支的网络。角联分支（也称对角分支）是指位于风网的任意两条有向通路之间，且不与两通路的公共节点相连的分支。角联分支的风向取决于其始、末节点间的压能差，风流由能量高的节点流向能量低的节点，当两点能量相等时风流停滞。角联分支的风流方向、风量大小与其所在风网的其他分支风阻值分布有关，故风流大小及风向很不稳定，特别是在发生火灾时，火烟气体侵入的分支中产生较大的热风压，可能使部分角联分支风量减小，甚至反向，火灾烟流蔓延范围扩大。

(4) 通风网络动态分析

在矿井生产过程中，随着采掘工作面的推进、转移，通风网络结构及各分支的风阻都将发生相应的变化，或由于井下生产过程中，井巷瓦斯涌出量的变化、煤炭或矿石自燃等原因，也需对井下通风网络结构、各分支的风阻进行人为的调节，因此，矿井通风网络实际上处于一个动态变化过程中。

① 井巷风阻变化引起风流变化的规律。矿井风网内分支风阻变化是经常发生的，有些风阻变化是按计划进行的，如采掘工作面的推进和搬迁、采区的接替、水平的延伸、系统的调整；有些风阻变化则是随机的，如风门的开启、井巷的局部冒顶和变形、运输和提升设备的运行等，都会引起网内风流的变化。

当某分支风阻增大时，其本身的风量会减小，包含该分支的所有通路上的其他分支的风量也会随之减小，与该分支并联的其他分支的风量会增加。分支风阻变化对矿井通风网络的影响程度取决于该分支在网络中的位置，若分支是矿井的主要进回风井巷，本身的风量较大，其风阻值稍有变化，则整个网络都会发生较大的变化。

在通风系统中构筑密闭或进行巷道贯通，实际上使风网的结构发生了变化，施工前，必须进行通风网络分析，预测系统中各井巷的风流变化情况。为避免事故的发生，一般宜先做系统调整，将密闭构筑地点或贯通地点的风量降低，以减少密闭或被贯通矿岩承受的压差。

② 风流稳定性分析。无数的事故案例表明，零星事故的发生，通常是个人违章或思想上缺乏安全意识所致，而重大的瓦斯煤尘事故和明火火灾事故的发生和灾情扩大，都是矿井通风系统中存在重大的安全隐患的必然结果。保证通风系统的稳定是安全生产所必需，也是通风管理的重要任务。

在生产矿井中，影响风流稳定性的因素很多，如风机的工作状态、通风构筑物的构筑数量和质量、自然风压变化幅度、巷道贯通或密闭构筑、工作面的推进与转移、采区或生产水平过渡、井巷运输和堆积物等，对通风系统的稳定性均有一定的影响。

仅由串、并联分支组成的风网，其稳定性强，只有风网动力源改变时，才能发生风流反向，角联风网中，对角分支的风流易出现不稳定。实际情况下，大多数采掘工作面都处在潜在的角联风网中，应在相应井巷中安设调节风门，保证风流的稳定。主要风机、辅助风机数量和运转参数的变化，不仅会引起风机所在井巷的风量变化，而且会使风网中其他分支风量发生变化，特别是在多风机通风的矿井中，某一主要风机工况的变化都会影响其他风机的工况，变化较大时，会出现部分井巷风量不足，停风甚至风流反向等严重隐患。

为保证通风系统的动态稳定，必须及时对通风系统进行合理的调整。局部风量调节包括增阻调节法、减阻调节法和

增加风压调节法（如在需增风的分支增设辅助风机，利用自然风压调节部分分支的风量），矿井风量调节包括改变主要风机工作特性（如改变风机转速和叶片安装角度，调节前后导器，更换风机等）和改变矿井总风阻（如用风硐闸门调节，增减井下井巷风阻等方法）。另外，合理调整井下通风网络结构，不仅对降低井下通风阻力有利，对提高通风系统的稳定性和防灾抗灾能力，都是有好处的。

## 27.3 矿井瓦斯防治

### 27.3.1 瓦斯的生成及物理性质

（1）矿井瓦斯的生成

矿井瓦斯，是指从煤岩中释放出的气体的统称，其主要成分是以甲烷（$CH_4$）为主的烃类气体。矿井瓦斯是伴随着煤的生成而生成的。在远古时代，成煤植物的残骸被泥沙和海水淹没，埋在地下与空气隔绝。由于受到原存于植物体内的氧的作用，仍然进行着缓慢的氧化过程。与此同时，也存在着厌氧菌的分解发酵作用。这样，植物残骸在高温、高压的环境中，在成煤的同时，也生成大量的瓦斯、二氧化碳、水蒸气等。植物在炭化过程中生成的瓦斯量是很大的，在全部成煤过程中，每形成 1t 烟煤，大约可伴生 600m$^3$ 以上的瓦斯。但经过长期的地质作用，植物残骸生成的气体，大部分都逸散到大气中，仅有一小部分保存于煤层和围岩中。进行开采时，保存下来的气体就会涌出来。

（2）瓦斯的物理性质

瓦斯是一种无色、无味、无臭的气体。由于瓦斯的密度小，容易积聚在巷道的上部。瓦斯分子直径小，渗透性很强，它的渗透系数为空气的 1.6 倍，容易扩散。因此，封闭在采空区内的瓦斯，仍能不断地渗透到矿内空气中，从而增加空气中的瓦斯浓度。

瓦斯几乎不溶于水，而且很难凝固液化。在温度不高、压力不大的情况下，瓦斯在化学上的惰性极大，它只能与卤素元素化合。

（3）瓦斯的危害

空气中瓦斯浓度增加会相对降低空气中氧气的含量。当瓦斯浓度达到 40%时，因缺乏氧气会使人窒息死亡。

瓦斯具有燃烧性与爆炸性。瓦斯与空气混合达到一定浓度后，遇火能燃烧或爆炸，对矿井威胁很大。井下一旦发生瓦斯爆炸，产生高温、高压和大量有害气体，形成破坏力很强的冲击波，不但伤害职工生命，而且会严重地摧毁矿井巷道和井下设备。有时，还可能因此引起煤尘爆炸和井下火灾，从而扩大灾害的危险程度。还有一些矿井，存在煤和瓦斯突出现象，危害就更大。

### 27.3.2 煤岩瓦斯赋存状态

#### 27.3.2.1 瓦斯在煤岩体中的存在状态

矿井瓦斯在煤体及围岩中的存在状态主要有游离状态和吸附状态两种。

（1）游离状态

瓦斯以自由气体的状态存在于煤体或围岩的裂缝和孔隙之中，并有一定压力，极易放出。煤中瓦斯一般分为游离瓦斯和吸附瓦斯。在突出过程中，游离瓦斯自由逸出，吸附瓦斯从煤体中解吸。显然，瓦斯压力愈高，含量愈高，突出强度及涌出量也会愈大。

（2）吸附状态

吸附状态的瓦斯，按其结合形式不同，又可分为吸着和吸收两种状态。吸着状态是由于固体粒子和气体分子之间的引力作用，使气体分子在固体粒子表面上紧密附着一个薄层；吸收状态是气体分子已进入煤体的内部，瓦斯与煤体紧密结合在一起，它和气体溶解于液体中的现象相似。

在煤层未受采掘影响，仍处于原始平衡状态的条件下，游离和吸附瓦斯处于动平衡状态，各自所占的比例主要取决于压力的大小。当温度、压力等外界条件发生变化时，这种相对稳定性即遭到破坏。瓦斯压力升高，温度降低时，部分瓦斯将由游离状态转化为吸附状态，这种现象称为吸附。反之，当瓦斯压力降低，温度升高时，又会有部分瓦斯由吸附状态转化为游离状态，这种现象称为解吸。

#### 27.3.2.2 瓦斯含量及其影响因素

瓦斯含量是指单位体积或单位质量的煤体或围岩中所含有的瓦斯量，单位通常以 m$^3$/m$^3$、m$^3$/t 来表示。影响煤体瓦斯含量的因素很多，可概括为两类：

一是影响瓦斯生成量多少的因素。如成煤前含有机质越多，含杂质越少，瓦斯生成量就越大；炭化程度越高，含固定碳越多，瓦斯生成量就越大；按地质史来说，古老煤田成煤早，瓦斯生成量就大。

二是瓦斯的保存和放散条件。瓦斯的保存条件是指煤的孔隙多少和对瓦斯的吸附能力的大小；放散条件是指煤的埋藏深度、覆盖层的性质和厚度、煤与地面的连通条件和煤岩的透气性等。可归纳为下述三个方面：

（1）煤的性质

煤的孔隙率大，其储存游离瓦斯的空隙就大，对瓦斯的吸附能力也大，其他条件相同时，煤层的透气性越大，瓦斯就越容易逸散；水分不仅占据了空隙和吸附面，而且还可以溶解和带走瓦斯，因此，煤层水分多，瓦斯就相应地减少。

（2）煤层赋存条件

煤层埋藏较深，瓦斯含量一般较大；因岩石的透气性比煤层要小得多，垂直层理面较沿层理面的透气性也小得多，所以，煤层倾角小，瓦斯放散条件就差；在地质变化复杂的煤层中，地质变化带往往成为瓦斯的集聚区，如断层、褶皱、层理紊乱、煤质松软地带，一般瓦斯含量变化就大。

（3）煤层顶、底板和覆盖层的性质、厚度

如果煤层顶、底板是致密的透气性小的岩层，瓦斯就难于放出；覆盖层越厚，瓦斯就越不易放出，瓦斯含量就越大。

总之，煤的瓦斯生成量多，保存条件好，放散条件差，则瓦斯含量就大。但是，影响瓦斯含量的因素是复杂的。煤层瓦斯含量的大小，正是上述诸因素长期综合影响的结果。

### 27.3.3 矿井瓦斯涌出量计算及预测

#### 27.3.3.1 矿井瓦斯涌出

矿井瓦斯从煤或岩层中涌出的形式有两种。一种是均匀涌出，煤层揭露后，首先是游离瓦斯从煤层或岩层表面非常微细的裂缝和孔隙中缓慢、均匀而持久地涌出，而后是吸附瓦斯解吸为游离瓦斯而涌出。这种涌出形式范围广、时间长。另一种是特殊涌出，瓦斯特殊涌出包括瓦斯喷出与突出，即在较高压力状态下，很短时间内自采掘工作面的局部地区突然涌出大量的瓦斯，伴随瓦斯突然涌出有大量的煤和岩石被抛出。瓦斯的这种涌出是矿井特殊的一种瓦斯放散形式。但是，由于它的出现具有突然性，一次涌出的瓦斯量大而集中，且伴随有一定的机械破坏力，因此对安全生产威胁很大。

#### 27.3.3.2 矿井瓦斯涌出量

矿井瓦斯涌出量是指矿井生产过程中，单位时间内从煤层本身以及围岩和邻近层涌出的各种瓦斯量的总和。瓦斯涌出量分为绝对涌出量和相对涌出量两种。

（1）绝对涌出量

绝对涌出量是指矿井在单位时间内所涌出的瓦斯量，用 $Q_{CH_4}$ 表示，单位为 m$^3$/s 或 m$^3$/min、m$^3$/d，绝对涌出量可用下式计算：

$$Q_{CH_4}=QC\times60\times24 \quad (27.38)$$

式中，$Q_{CH_4}$ 为矿井瓦斯绝对涌出量，$m^3/d$；$Q$ 为矿井总回风巷风量，$m^3/min$；$C$ 为回风流中的平均瓦斯浓度，%。

绝对涌出量是进行瓦斯管理时风量计算的一个重要依据。但是，它仅能表明矿井涌出瓦斯的多少，很难判断矿井瓦斯涌出的严重程度，如两个绝对涌出量相等的矿井，表面看来瓦斯涌出情况似乎一样，实际其中开采规模小的矿井，瓦斯涌出情况必然更为严重。

（2）相对涌出量

相对涌出量是指矿井在正常条件下月平均产煤1t的瓦斯涌出量，用 $q_{CH_4}$ 表示，单位为 $m^3/t$，根据它能够判断出矿井瓦斯涌出的严重程度。

相对涌出量用下式计算：

$$q_{CH_4}=Q_{CH_4}\frac{T}{n} \quad (27.39)$$

式中，$q_{CH_4}$ 为矿井相对涌出量，$m^3/t$；$Q_{CH_4}$ 为矿井绝对涌出量，$m^3/d$；$T$ 为矿井瓦斯鉴定月的产量，t；$n$ 为矿井瓦斯鉴定月的工作日数。

**27.3.3.3　矿井瓦斯涌出量的影响因素**

矿井瓦斯涌出量的大小，受自然因素和开采技术因素的综合影响。

（1）自然因素

① 煤层和围岩的瓦斯含量。煤层和围岩的瓦斯含量是影响瓦斯涌出量大小的决定性因素，煤的瓦斯含量与相对涌出量虽然表达单位相同，但是其物理意义却不同，而且在数量上也不相等，这是因为瓦斯涌出量不仅包括来自采出煤炭所涌出的瓦斯，而且还包括矿井内一切煤层、岩层涌出的瓦斯，尽管采出煤的残余瓦斯含量随煤运至地面而未涌入矿井，但是后一来源的量更大，所以相对涌出量比开采层的瓦斯含量大。例如，淮南谢二矿，开采C13煤层的相对涌出量为其含量的1.58～1.73倍。由此可见，煤层的瓦斯含量越高，其相对涌出量也越大。

② 开采深度。在瓦斯风化带内开采的矿井，相对涌出量与深度无关。在甲烷带内开采的矿井，随着开采深度的增加，相对涌出量增大。在深部开采时，邻近层与围岩所涌出的量比开采层增加得快，因此，深部矿井更应该注意邻近层与围岩的瓦斯涌出。

③ 地面大气压力变化。受地面大气压力变化的影响，工作面后部采空区与老采空区的瓦斯涌出量随着上升或下降，而掘进巷道与掘进区几乎不受影响。应掌握每个矿井瓦斯涌出量随大气压力变化的规律，以防止瓦斯事故的发生。

（2）开采技术因素

开采技术因素主要包括开采顺序与回采方法、回采速度与产量、落煤工艺与基本顶来压步距、通风压力与采空区封闭质量和采场通风系统等。

① 开采顺序与回采方法。首先开采的煤层（或分层），其相对涌出量增大，而后开采的煤层（或分层），其相对涌出量减小。采出率低的回采方法，相对涌出量增大。垮落式顶板控制方法比充填式造成更大范围的围岩破坏与卸压，邻近层瓦斯涌出的分量增大。因此，前者的相对涌出量也比后者的相对涌出量大。水采水运的采煤方法比旱采的相对涌出量减小，这是因为湿煤残余瓦斯含量增大。

② 回采速度与产量。当回采速度不高时，绝对涌出量与回采速度（日推进速度）或产量成正比，即相对涌出量保持常数；当回采速度较高时，相对涌出量中开采层涌出分量与邻近层涌出分量都相对减小，即相对涌出量有所降低。因此，绝对涌出量随回采速度或产量的增加而增大，但是，它低于线性增加量。在高瓦斯综采工作面的实测结果表明，快采必须快运，可明显地减少瓦斯涌出。

③ 落煤工艺与基本顶来压步距。落煤工艺与基本顶来压步距对瓦斯涌出量的峰值与波动（即瓦斯涌出不均匀系数）有显著影响，不仅影响绝对涌出量，而且在一定程度上影响相对涌出量，采用浅截深的连续落煤工艺和缩短基本顶来压步距都能显著减小瓦斯涌出不均匀系数。据统计，同正常平均瓦斯涌出量相比，风镐落煤时瓦斯涌出量增大到1.1～1.3倍；爆破时瓦斯涌出量增大到1.4～2.0倍；采煤机采煤时瓦斯涌出量增大到1.3～1.6倍；水枪落煤时瓦斯涌出量增大到2～4倍。

④ 通风压力与采空区封闭质量。通风压力与采空区密闭质量都对采空区的瓦斯涌出量有一定的影响。通风压力小，采空区封闭质量好，则可减小采空区瓦斯涌出不均匀系数及涌出量，这对老矿井具有重要意义。

⑤ 采场通风系统。根据进、回风巷是在煤体内还是在采空区内进行维护，可把采场通风系统划分为4种基本类型："进回皆煤"型、"进回皆空"型、"进煤回空"型与"进空回煤"型。不论哪种类型，从开采层涌出的瓦斯几乎都是进入采场的，而邻近层与围岩涌出的瓦斯可能是一部分进入采场，也可能是全部进入采场。此外，由于采空区瓦斯被风流带走的难易程度的不同，4种类型的瓦斯涌出量会有很大差别，当邻近层瓦斯涌出量大时尤其如此。

**27.3.3.4　矿井瓦斯涌出量预测**

（1）统计预测法

统计预测法是指根据矿井以往生产中获得的大量的相对涌出量与开采深度的数据，按统计规律预测深部水平瓦斯涌出量的方法。统计预测法是国内外有关矿井长期以来普遍采用的矿井瓦斯涌出量预测方法，该方法的基本原理是根据矿井已采区域历年测定的相对涌出量及相应的开采深度，采用数理统计方法建立两者之间的线性或非线性回归方程，并通过检验，确认回归方程有意义后，用于对深部或条件相同矿井未采区域的瓦斯涌出量做出预测。而通常采用的瓦斯涌出量梯度实际上是瓦斯涌出量对开采深度的回归方程的回归系数。

一般情况下，统计预测法主要用于生产矿井深部水平，开采技术条件、地质条件相同，或类似的邻近矿井的瓦斯涌出量预测。此外，也可根据已采工作面的相对涌出量及相应的开采深度之间的统计规律，进行瓦斯涌出量预测。近年来，国内外有些研究人员还通过建立瓦斯涌出量与煤层瓦斯含量之间的回归关系式，预测新区的瓦斯涌出量。还有一些研究人员采用多元统计分析中的数量化理论，建立预测瓦斯涌出量的多变量数学模型，预测未采区的瓦斯涌出量，以期提高瓦斯涌出量的预测精度。

（2）分源预测法

分源预测法预测矿井瓦斯涌出量是以煤层瓦斯含量、煤层开采技术条件为基础，根据各基本瓦斯涌出源的瓦斯涌出规律计算采煤工作面、掘进工作面、采区及矿井瓦斯涌出量。含瓦斯煤层在开采时，受采掘作业的影响，煤层及围岩中的瓦斯赋存平衡状态即遭到破坏，破坏区内煤层、围岩中的瓦斯将涌入井下巷道。井下涌出瓦斯的地点即为瓦斯涌出源。瓦斯涌出源的多少、各涌出源涌出瓦斯量的大小直接决定着矿井瓦斯涌出量的大小。

这种方法既考虑了影响瓦斯涌出量大小的主要因素（煤层瓦斯含量），又考虑了与煤层相关的一些地质自然因素和开采技术因素。在地质自然因素方面，国内外一些学者提出的预测公式中反映了煤层开采厚度、相邻煤层厚度、邻近层至开采层的层间距、煤层倾角等因素。许多瓦斯含量计算法都考虑了煤层的开采方法、顶板控制方法、采出率、分层开采的层数和顺序等一些开采技术因素。由于瓦斯含量计算法以煤层瓦斯含量作为预测的基础，因而煤层瓦斯含量测定值的可靠性和含量点的分布及密度影响着预测的准确度。一般在进行瓦斯涌出量预测前，根据已知的瓦斯含量点绘制煤层瓦斯含量等值线，计算预测区域内煤层瓦斯含量。如果预测区域内只有少量的瓦斯含量测定点，或者煤层的瓦斯含量分析不够准确，那么以瓦斯含量为基础进行的瓦斯涌出量预测工作将难以保证准确性。

(3) 类比法

在一个煤田或一个矿区范围内，在地质条件相同或相似的情况下，矿井瓦斯涌出量与钻孔煤层瓦斯含量之间存在一个自然比值。对于新建矿井可以通过邻近生产矿井已知的矿井瓦斯涌出量资料和钻孔煤层瓦斯含量资料的统计运算，求得一个近似比值。然后将该比值与新建矿井已知的钻孔煤层瓦斯含量相乘，即得到新建矿井的瓦斯涌出量。该方法适用于与邻近生产矿井具有相同或相似的地质、开采条件的新建矿井瓦斯涌出量预测。

类比法对矿井瓦斯涌出的预测精度很低，有时只能够做定性的分析。

(4) 人工神经网络预测法

在瓦斯涌出量预测的过程中，瓦斯涌出量与其影响因素之间存在着复杂的非线性关系，是非结构性问题，并且受许多客观因素的影响，目前的这些方法很难准确地预测瓦斯涌出量。而近年来迅速发展起来的人工神经网络以其高度的非线性映射、自组织结构、高度并行处理的特点，将影响瓦斯涌出量的诸因素视为输入向量，并通过一定的连接方式对网络进行学习，从而实现对瓦斯涌出量的预测。该方法精度高，计算过程和数据处理均由计算机实现，推广起来十分方便。人工神经网络是由大规模神经元互连组成的，以模拟人脑信息处理机制为基础的高度非线性动力学系统，是对人脑或自然神经网络（natural neural network）若干基本特性的抽象和模拟。它具有通过样本来“学习”的能力，一方面区别于传统的各种预测方法，实际应用时无须做出因素与瓦斯涌出量相关关系的任何假设，只需将实际数据直接提供给网络进行训练；另一方面训练完成后的网络能以任何精度逼近真值（只要训练数据足够多），能够抽提、捕捉隐藏在历史数据中的规律，这些优点都是传统方法所无法比拟的。

人工神经网络的主要应用领域有模式识别、预测、分类、非线性回归及过程控制等，根据某些预测指标值预测瓦斯涌出量实质上就是一个模式识别的过程。应用前馈神经网络模型中的反向传播人工神经网络（BP 网络），建立瓦斯涌出量的预测模型，通过多组已知指标样本及其结果训练该模型以形成一定的预测规则，进而实现对实际瓦斯涌出量的预测。

(5) 瓦斯地质数学模型法

瓦斯地质数学模型法的基本原理是通过瓦斯地质规律研究，分析瓦斯涌出量的变化规律，筛选影响瓦斯涌出量变化的主要地质因素。在此基础上，根据矿井已采地区的瓦斯涌出量实测资料和相关的地质资料，综合考虑包括开采深度在内的多种影响因素，采用一定的数学方法，建立预测瓦斯涌出量的多变量数学模型预测方程，利用所建立的数学模型，对矿井未采区域的瓦斯涌出量进行预测。

瓦斯地质数学模型法采用数量化理论作为建模工具。数量化理论是一种可以同时处理定性变量和定量变量的多元统计分析方法，也可只包含定性变量或定量变量。数理化理论是数量化理论的方法之一，用于解决从定性的或兼有定量的自变量出发对因变量的预测问题。在瓦斯地质相关因素定量分析中，某些地质因素难以定量化，如煤层的顶底板岩性，只是某种属性的描述，而没有量的概念，这类变量称为定性变量，当某些定性变量是影响瓦斯涌出量变化的主要因素时，就成为不可忽略的因素。而一般的多元统计分析方法，如多元回归分析法，只能解决从定量的自变量出发对因变量的预测问题。

### 27.3.4 矿井瓦斯等级的鉴定

按照矿井瓦斯相对涌出量、绝对涌出量和瓦斯涌出形式，将矿井划分为：

(1) 低瓦斯矿井

矿井瓦斯相对涌出量≤10m$^3$/t，且矿井瓦斯绝对涌出量≤40m$^3$/min。

矿井任一掘进工作面瓦斯绝对涌出量小于 3m$^3$/min。

矿井任一采煤工作面瓦斯绝对涌出量小于 5m$^3$/min。

低瓦斯矿井中，瓦斯相对涌出量大于 10m$^3$/t 或有瓦斯喷出的个别区域（采区或工作面）为高瓦斯区，该区应按高瓦斯矿井管理。

采掘工作面的瓦斯浓度监察次数为每班至少两次。

(2) 高瓦斯矿井

矿井瓦斯相对涌出量＞10m$^3$/t，或矿井瓦斯绝对涌出量＞40m$^3$/min。

矿井任一掘进工作面瓦斯绝对涌出量大于或等于 3m$^3$/min。

矿井任一采煤工作面瓦斯绝对涌出量大于或等于 5m$^3$/min。

高瓦斯矿井和突出矿井不再进行周期性瓦斯等级鉴定工作，但应每年测定和计算矿井、采区、工作面瓦斯涌出量。

经鉴定或者认定为突出矿井的，不得改定为瓦斯矿井或高瓦斯矿井。

采掘工作面的瓦斯浓度监察次数为每班至少三次。

(3) 煤（岩）与瓦斯突出矿井

在一个矿井中，只要有一个煤（岩）层发现瓦斯，该矿井即定为瓦斯矿井，并依照瓦斯等级管理制度进行管理。在采掘过程中，矿井只要发生过一次煤（岩）与瓦斯突出，该矿井即定为煤（岩）与瓦斯突出矿井。

各矿业集团公司每年必须组织进行矿井瓦斯等级和二氧化碳的鉴定工作，报省（自治区、直辖市）负责煤炭行业管理的部门审批，并报省级煤矿安全监察机构备案。上报时应包括开采煤层最短发火期和自燃倾向性、煤尘爆炸性的鉴定结果。新矿井设计前，地质勘探部门应提供各煤层的瓦斯含量资料，矿井瓦斯等级应在任务书中明确。

有煤（岩）与瓦斯突出危险的采掘工作面，有瓦斯喷出危险的采掘工作面和瓦斯涌出量较大、变化异常的采掘工作面，必须有专人经常检查，并安设甲烷断电仪。

矿井总回风巷或一翼回风巷中瓦斯或二氧化碳浓度超过 0.75%时，必须立即查明原因，进行处理。采区回风巷、采掘工作面回风巷风流中瓦斯浓度超过 1.0%或二氧化碳浓度超过 1.5%时，必须停止工作，撤出人员，采取措施，进行处理。

### 27.3.5 瓦斯爆炸与预防

#### 27.3.5.1 瓦斯的爆炸性及爆炸效应

(1) 瓦斯的爆炸性

所谓瓦斯爆炸，是指一定浓度的瓦斯和空气中的氧气在引火源的作用下产生剧烈的氧化反应的过程，这个过程的最终结果可用下列化学反应式表示：

$$CH_4 + 2O_2 \longrightarrow CO_2 + 2H_2O$$

如果煤矿井下氧气不足，则反应的最终式为：

$$CH_4 + O_2 \longrightarrow CO + H_2 + H_2O$$

一般认为，$CH_4$ 等烃类化合物的氧化、燃烧和爆炸都是链反应过程。瓦斯在热能的引发下，分解为（$CH_3$）和（H）两个活化中心，它们与氧气反应生成新的活化中心，使链反应继续发展。当反应生成的热量大于散发的热量时，反应物的温度上升，反应速率进一步加快，最后形成爆炸。

（2）瓦斯的爆炸效应

① 产生高温。在新鲜空气，瓦斯浓度为 9.5% 的条件下，测定瓦斯爆炸时的瞬时温度，结果在自由空间内可达 1850℃，在封闭空间内最高可达 2650℃，在独头巷道内爆炸温度将在 1850℃以上。

② 产生高压。爆炸后产生的最大压力是爆炸前的 7～10 倍，因此，瓦斯爆炸会产生很高的冲击压力。

③ 冲击波。爆炸时产生的高温、高压，促使爆炸源附近的气体和爆炸火焰以极高的速度（可达每秒几百米甚至数千米）向外冲击，而形成冲击波。

冲击波通常出现正向冲击和反向冲击两种情况：

a. 正向冲击。由于炽热的气体膨胀后具有很高的压力，而由爆炸点向四周扩散，在所经过的地方形成的冲击，称为正向冲击。

b. 反向冲击。由于爆炸生成物冷却，水蒸气很快凝结，在爆炸地点形成空气稀薄的低压区，而引起爆炸冲击的气体连同爆炸源外围的气体又以高速度返回时形成的冲击，称为反向冲击。

反向冲击的威力通常小于正向冲击。但由于反向冲击是沿着遭受正向冲击路线和遭受破坏的区域返回，所以，在爆炸以后所发现的反向冲击的机械破坏力往往又大于正向冲击。如果反向冲击的空气中含有足够的瓦斯和氧，而爆炸源附近的火源尚未消失或有爆炸产生的新火源存在时，还可能引起瓦斯的再次爆炸。

④ 有害气体。瓦斯爆炸后产生大量的有害气体，并使氧气的含量降低，出现大量的 CO。如果有煤尘参与爆炸，CO 的生成量更大，这是造成人员大量伤亡的原因。

#### 27.3.5.2　瓦斯的爆炸条件及其影响因素

瓦斯爆炸的必要条件：瓦斯浓度在爆炸范围内；高温热源存在时间大于瓦斯的引火感应期；足够的氧气含量。瓦斯爆炸时这三者必须同时存在。

（1）瓦斯浓度

瓦斯浓度是指瓦斯在矿井空气中所占体积分数，它是衡量瓦斯在空气中含量大小的主要因素。瓦斯在某一浓度范围内爆炸，该范围称为瓦斯爆炸界限。发生瓦斯爆炸的最低浓度称为爆炸下限，最高浓度称为爆炸上限。一般情况下，瓦斯爆炸下限浓度为 5%～6%，上限浓度为 14%～16%。瓦斯浓度低于下限时，因瓦斯过少，发热量小，因而不足以引起爆炸。但遇氧气时可以在火焰外围稳定地燃烧。瓦斯浓度高于上限时，因瓦斯过多，瓦斯的比热容大，氧量不足，反应不完全，也不会爆炸。但遇新鲜空气时，能在与新鲜空气的接触面燃烧。在井下新鲜空气中，其爆炸威力最强的浓度为 9.1%。

瓦斯的爆炸界限不是固定不变的，它受如下多种因素的影响：

① 混入可燃性气体。瓦斯中混入可燃性气体后，使瓦斯爆炸下限降低，上限升高，扩大了瓦斯爆炸界限。当井下发生火灾时，即使平时瓦斯涌出量小的矿井，也有爆炸的可能。

② 混入煤尘。矿井空气中有烟煤煤尘时，因放出可燃性气体，会使爆炸下限降低，增加瓦斯爆炸的危险性。

③ 混合气体的初温。爆炸前气体温度越高，瓦斯爆炸界限越大，所以发生矿井火灾时要特别注意瓦斯爆炸。

④ 混合气体初压。爆炸前气体压力越大，瓦斯爆炸范围越大。

⑤ 惰性气体的混入。惰性气体的混入，可以降低瓦斯爆炸的危险性，少量加入可以缩小其爆炸界限。例如，在瓦斯爆炸性气体中加入少量 $N_2$ 或 $CO_2$，可以使其爆炸下限升高，上限降低。目前，国内外所使用的阻化剂就是依据这个原理而制成的。

（2）引火温度

通常把点燃瓦斯所需要的最低温度称为引火温度，所需的最低点燃能量称为着火能量。瓦斯的引火温度为 650～750℃，着火能量为 0.25～0.28mJ。但瓦斯点燃不一定就发生爆炸，是否爆炸，要看瓦斯浓度，只有在爆炸浓度界限内点燃方能爆炸。但点燃后不立即爆炸，而是稍有延迟，这是瓦斯热容量大所致。这种需要延迟一个很短时间才能爆炸的现象，称为引火延迟现象，引火延迟时间称为感应期。实验证明，引火温度越高，感应期越短；瓦斯浓度越高，感应期越长。

（3）氧浓度

因为氧在瓦斯混合气体中的浓度越低，其爆炸范围就越小。当氧浓度低于 12% 时，瓦斯就不会爆炸。因井下空气中氧浓度不能低于 20%，故限制氧浓度是不可能的，也没有实际意义。但是，在密闭区，特别是火区内氧浓度很低，启封火区时，氧浓度会很快提高到 12%。

#### 27.3.5.3　瓦斯爆炸原因的分析

（1）通风不良

煤矿井下的任何地点都有瓦斯爆炸的可能性，但大部分瓦斯爆炸发生在瓦斯煤层的采掘工作面，其中又以掘进工作面为最多，约占 70%。这主要是掘进工作面局部风机管理制度不严，安装局部风机位置不当或局部风机供风不足，巷道贯通掘进放炮时，没有排净贯通的工作面瓦斯所致。

（2）引火源分析

井下明火、电气火花、煤炭自燃、热的安全灯罩、吸烟及摩擦产生的火花等都能引起瓦斯爆炸。

（3）思想麻痹

思想上的麻痹，导致管理上的松懈，进而引发违章作业和违章指挥。统计表明，往往瓦斯涌出量小的矿井，瓦斯爆炸事故却多于瓦斯涌出量大的矿井。

#### 27.3.5.4　预防瓦斯爆炸的措施

预防瓦斯爆炸的技术措施很多，但不外乎以下三个方面：防止瓦斯积聚、防止瓦斯燃烧和防止瓦斯爆炸事故扩大。

（1）防止瓦斯积聚的措施

① 加强通风。加强通风是防止瓦斯积聚的根本措施。

a. 矿井必须根据规定配足风量。

b. 所有矿井都要采用机械通风，且矿井主风机的安装、运转等均要符合《煤矿安全规程》第 135 条的规定。

c. 每一个生产水平、每一个采区都要布置单独的回风道，实行分区通风。

d. 在瓦斯矿井中，采煤工作面、掘进工作面都应采用独立通风。

e. 采空区必须及时封闭。控制风流的设施，如风门、风桥、挡风墙、调节风门、风窗等设施的设置、质量和管理制度由矿务局统一规定。

f. 瓦斯矿井的掘进工作面，禁止使用扩散通风。对于用局部风机通风的工作面，要根据瓦斯涌出量的大小确定风机能力和风筒口到工作面的距离。无论在工作或交接班时，都不准停风。如因检修、停电等原因停风时，都要撤出人员，切断电源。

② 及时处理局部积存瓦斯。井下易于积存瓦斯的地点有：采煤工作面的上隅角、顶板冒落的空洞内、低风速巷道

的顶板附近、停风的盲巷、采煤工作面采空区边界处以及采煤机附近、煤壁炮窝、枝头柱脚、煤巷掘进工作面的迎头处。应向瓦斯积存地点加大风量或提高风速，将瓦斯冲淡排出；引风将盲巷和顶板空洞内积存的瓦斯排出；必要时要采取抽放瓦斯的措施。

③ 加强检查。对于井下易于积聚瓦斯的地方，强化管理，要经常检查其浓度，尽量使其通风状况合理。若发现瓦斯超限，应及时处理。

(2) 防止瓦斯燃烧的措施

如前所述，引火源有明火、放炮、电火花、摩擦火花、冲击火花等，必须做到：

① 禁止携带烟草及点火工具下井。

② 井下禁止使用电炉，井下和井口房内不准从事电焊、气焊和使用喷灯接焊等工作。如果必须使用，则应制定安全措施，并报上级批准。

③ 对电弧、火花也要进行严格的管理，在瓦斯矿井中应选用矿用安全型、矿用防爆型或矿用安全火花型电气设备。在使用中应保持良好的防爆、防火花性能。电缆接头不准有“羊尾巴”、“鸡爪子”、明接头。要注意金属支柱在煤矿压力作用下产生的摩擦火花。对电气设备的防爆措施，除广泛采用防爆外壳外，采用低电流、低电压技术来限制火花强度。掘进工作面采用局部风机与其他电气设备间的闭锁装置。

④ 停电、停风时，要通知瓦斯检查人员检查瓦斯；恢复送电时，要经过瓦斯检查人员检查后，才准许恢复送电工作。

⑤ 严格执行“一炮三检”制度，同时还必须加强对放炮工作的管理，封泥量一定要达到《煤矿安全规程》规定的要求，绝不允许在炮泥充填不够或混有可燃物及炸药变质的情况下放炮。

⑥ 为防止机电设备防爆性能失效或工作时出现火花以及放炮产生火焰等引燃瓦斯，《煤矿安全规程》还就以下几种情况做了瓦斯浓度界限的规定：

a. 采掘工作面风流中瓦斯浓度达到1%时，必须停止用电钻打眼；达到1.5%时，必须停止工作，切断电源，进行处理；采掘工作面个别地点积聚瓦斯浓度达到2%时，要立即进行处理，附近20m内，必须停止机器运转，并切断电源。只有在瓦斯浓度降到1%以下，才许开动机器。

b. 放炮地点附近20m以内风流中的瓦斯浓度达到1%时，禁止放炮。

c. 采区回风巷、采掘工作面回风巷风流中瓦斯浓度超过1%时，必须停止作业，采取有效措施，进行处理。

d. 矿井总回风或一翼回风流中瓦斯浓度超过0.75%时，矿总工程师必须查明原因，进行处理，并报告矿务局总工程师。

(3) 防止瓦斯事故扩大的措施

① 通风系统力求简单，实行分区通风，各水平、各采区和工作面应有独立的进、回风巷，无用的巷道应及时封闭，特别是连通进、出风井和总进、回风流的巷道都必须砌筑两道挡风墙，以防止瓦斯爆炸时风流短路。

② 主要局部风机必须装有反风设备，并应定期进行试验。为了保证实现反风，连通主要进、回风流的巷道内要装设两道方向相反的风门（双向风门）。

③ 要创造条件实现区域性反风。

④ 装有局部风机的井口，必须设置防爆门，以防止爆炸波冲毁局部风机。

⑤ 采掘工作面不经批准，不许使用串联通风。

⑥ 设置水棚或岩粉栅、岩粉带，使瓦斯或煤尘爆炸的范围减小。

⑦ 一旦发生瓦斯爆炸，局部风机一定要保持正常运转状态，尽一切力量恢复由于爆炸而混乱的通风系统。

⑧ 发生瓦斯爆炸时，灾区人员要镇静，应尽快地戴上自救器，无自救器的用湿毛巾掩住口鼻，逆着冲击波的方向迅速进入就近的避难硐室等待抢救，在硐室中精神要放松。

### 27.3.6 瓦斯浓度检测

#### 27.3.6.1 检查瓦斯浓度的重要性

井下测定瓦斯浓度是管理瓦斯的主要环节。及时准确地掌握瓦斯情况，有针对性地采取各种预防措施，才能确保安全生产，否则极易造成事故。

#### 27.3.6.2 检查地点

(1) 掘进工作面

高瓦斯矿井与煤、瓦斯突出的矿井，掘进工作面常采用压入式通风，在掘进巷道的A点和B点（见图27.6）要重点检查瓦斯，A点位置距工作面200mm，B点位置距掘进巷道5～10m。此外，在掘进巷道冒顶处上方，有向外涌出瓦斯的掘进巷道内裂缝、裂隙处都要设测点，检查瓦斯。

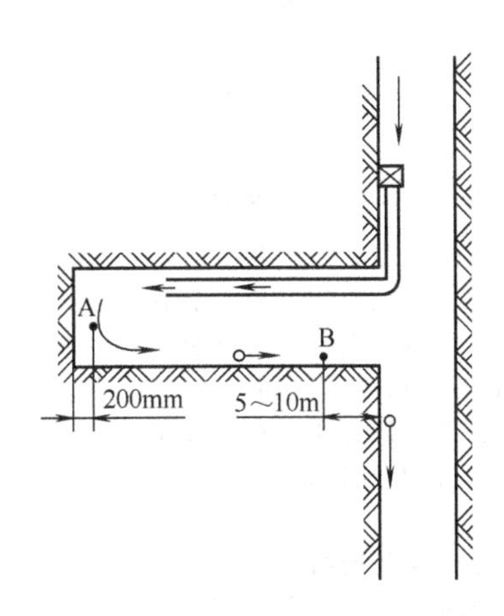


图27.6 压入式通风掘进工作面瓦斯测点布置

(2) 采煤工作面及其附近

采煤工作面的瓦斯来源于煤壁和采空区。下列地点要设测点检查瓦斯：采煤工作面上、中、下部；采煤工作面上隅角和尾巷内；采煤工作面回风巷与运输巷；采煤工作面冒顶处。

(3) 其他

在不通风的地方或通风不好的地方均要设测点，如：采煤工作面开切眼；密闭墙外面；并联通风巷道中风速较低的巷道内；矿井总回风巷或一翼总回风巷；可能有瓦斯积聚的机电调室内，如采区绞车房等。

#### 27.3.6.3 瓦斯检测仪器

光学瓦斯检定器（图27.7）使用方便，测量范围广，操作简单，精度高，除了可检测瓦斯外，还可检测二氧化碳。

图27.7 光学瓦斯检定器

甲烷检测仪（图 27.8）是一种可连续检测甲烷浓度的本质安全型设备。它适用于防爆、甲烷泄漏抢险、地下管道或矿井等场所，能有效保证工作人员的生命安全不受侵害，生产设备不受损失。甲烷检测仪采用自然扩散方式检测气体，敏感元件采用精良的气体传感器，具有极好的灵敏度和出色的重复性；测试程序由人工智能微电脑控制，工作流程合理，简洁便利，功能齐全，具有多种自适应能力；使用超高亮 LED 数码管显示，直观清晰；小巧美观的便携设计不仅使人爱不释手，更便于移动使用。甲烷检测仪外壳采用高强度材料辅以防滑橡胶制成，强度高、手感好，并且防水、防尘、防爆。

图 27.8　甲烷检测仪

## 27.3.7　瓦斯抽采及突出预防

矿井瓦斯抽采，就是在矿井中利用专门的巷道系统将瓦斯抽排至地面或井下回风巷道的安全地点，从而达到减少矿井瓦斯涌出量，实现安全生产的目的。一般是在靠通风方法难以解决瓦斯问题时，采取此措施。

按抽采的瓦斯来源分类，有开采煤层瓦斯抽采（本煤层瓦斯抽采）、邻近层瓦斯抽采、采空区瓦斯抽采和围岩瓦斯抽采。

### 27.3.7.1　开采煤层瓦斯抽采

开采煤层瓦斯抽采，是在煤层开采之前或采掘的同时，用钻孔或巷道进行该煤层的抽采工作。煤层回采前的抽采属于未卸压抽采，在受到采掘工作面影响范围内的抽采属于卸压抽采。决定未卸压煤层抽采效果的关键因素，是煤层的透气性系数，透气性系数越大，抽采的效果越好。

（1）未卸压抽采

未卸压抽采方法适用于透气性系数较大煤层的瓦斯预抽采。其优点是施工方便，可以预抽的时间较长。如果是厚煤层下行分层回采，第一分层回采后，还可在卸压的条件下，抽采未采分层的瓦斯。

（2）卸压抽采

在煤层中回采或掘进巷道时，在采动影响下引起围岩应力的重新分布，形成卸压区和应力集中区。在卸压区内煤层膨胀变形，透气性系数大大增加。在这个区域内打钻抽采瓦斯，可以提高抽出量，并阻截瓦斯流向工作空间。

### 27.3.7.2　邻近层瓦斯抽采

邻近层瓦斯抽采，是在有瓦斯赋存的邻近层内开凿抽采瓦斯的巷道，或从开采煤层或岩石大巷内向邻近层打钻孔，将邻近层涌出的瓦斯汇集抽出。国内外都广泛采用钻孔法，即由开采煤层进、回风巷或岩石大巷内，向邻近层打穿层钻孔，封孔后将钻孔连接于抽瓦斯的管道上。当采煤工作面接近或超过钻孔位置时，岩体卸压膨胀变形，透气性系数增大，钻孔瓦斯的流量有所增加，就可开始抽采。

（1）上邻近层瓦斯抽采方法

上邻近层瓦斯抽采即邻近层位于开采层的顶板，通过巷道或钻孔来抽采上邻近层的瓦斯。根据岩层的破坏程度与位移状态可把顶板划分为垮落带、裂隙带和弯曲下沉带，把底板划分为裂隙带和变形带。垮落带高度一般为采厚的 5 倍，在距开采层近、处于垮落带内的煤层，随垮落带的垮落而垮落，瓦斯完全释放到采空区内，很难进行上邻近层抽采。裂隙带的高度为采厚的 8～30 倍，裂隙带因充分卸压，瓦斯大量解吸，形成了最好的瓦斯抽采区带，瓦斯抽采量大，浓度高。因此，上邻近层抽采层位取垮落带的高度为下限距离，裂隙带的高度为上限距离。

上邻近层瓦斯抽采分为：由开采层运输巷、回风巷或层间岩巷等向上邻近层施工钻孔进行瓦斯抽采；由开采层运输巷、回风巷等向采空区方向施工斜交钻孔进行瓦斯抽采；在上邻近层掘汇集瓦斯巷道进行抽采；从地面施工钻孔进行抽采。

（2）下邻近层瓦斯抽采方法

下邻近层抽采瓦斯即邻近层位于开采层的下部，通过巷道或钻孔来抽采下邻近层的瓦斯。根据邻近层瓦斯钻孔抽采的基本原理为“三带”原理和底板两带原理，由于下邻近层不存在垮落带，所以不考虑上部边界，至于下部边界，一般不超过 60～80m。

下邻近层瓦斯抽采是邻近层位于开采层底板，通过巷道或钻孔来抽采下邻近层的瓦斯。可分为：由开采层运输巷、回风巷或层间岩巷等向下邻近层施工钻孔进行瓦斯抽采；由开采层运输巷、回风巷等向下邻近层采空区方向施工斜交钻孔进行瓦斯抽采；在下邻近层掘汇集瓦斯巷道进行抽采；从地面施工钻孔进行抽采。

邻近层的选择主要是根据岩层卸压和瓦斯变化，邻近层层位与开采层间距的上、下限确定。另外，与开采层厚度、层间岩性、倾角等均有关系。

### 27.3.7.3　采空区瓦斯抽采

在高瓦斯矿井和突出矿井，邻近层煤线和不可采煤层、围岩、煤柱和工作面丢煤都会向采空区涌出瓦斯。采空区瓦斯不仅在开采过程中向工作面和采空区涌出，而且在工作面采完密闭后仍有瓦斯涌出，并延续较长一段时间。与开采煤层预抽相比，采空区抽采的特点是抽采量大，但瓦斯浓度低，其抽采量的大小取决于采空区瓦斯涌出量的大小和所采用的采空区抽采方法。

开采厚煤层或邻近层处于垮落带时，其中大量的瓦斯会直接进入采空区。当回采工作面的采空区或老空区积存大量瓦斯时，往往被漏风带入生产巷道或工作面，造成工作面瓦斯超限而影响生产，因而应对采空区的瓦斯进行抽采。对采空区的瓦斯进行抽采的方法，叫作采空区瓦斯抽采。

### 27.3.7.4　围岩瓦斯抽采

煤系地层中的岩层也含有瓦斯，特别是在靠近煤层的岩层，瓦斯含量更大。岩层中的瓦斯基本上都是游离瓦斯，只是在岩层中含有有机物时才会增加一部分吸附瓦斯。这部分瓦斯就是围岩瓦斯。围岩瓦斯既存在于微小的孔隙和裂隙中，也存在于大的煤层围岩裂隙和溶洞中，前者涌出形式是均匀和缓慢的，后者则是大量和快速的，也是局部性的，但高压瓦斯对岩巷掘进构成瓦斯喷出或突出危险较前者更严重。为了施工安全，可超前向岩巷两侧或掘进工作面前方的溶洞裂隙带打钻，进行瓦斯抽采。

### 27.3.7.5　瓦斯喷出及其预防

瓦斯喷出是在开采过程中，从岩石或岩层裂缝、空洞中突然涌出大量瓦斯的现象。在喷出时常常发出声响和动力效应，能使风流方向逆转，喷出的瓦斯量大，时间长。

（1）瓦斯喷出的原因及规律

① 原因。瓦斯喷出的内因是煤层或岩层的构造裂缝中储存有大量高浓度瓦斯；外因是在开采过程中，由于放炮透穿或机械震动、地压活动使煤、岩层形成卸压缝隙，构成瓦斯外喷的通道。

② 规律

a. 瓦斯喷出与地质构造有密切关系，一般喷出发生在地质构造破坏带内，如断层、溶洞、断裂和褶曲轴部附近。

b. 瓦斯喷出量有大有小，从几立方米到几十万立方米，喷出的持续时间从几分钟到几年，甚至十几年。它与蓄积的瓦斯量和瓦斯来源有密切关系。

c. 瓦斯喷出前往往出现预兆，如岩压活动显著，底板突然鼓起，支架破坏，煤层变软、湿润，瓦斯浓度忽大忽小，发出“嘶嘶”声等。

(2) 瓦斯喷出的预防措施

预防处理瓦斯喷出的措施，应根据瓦斯喷出量的大小和瓦斯压力的高低来制定，一般采取“探、排、引、堵”等措施。

①“探”就是探明地质构造和瓦斯气情况。

②“排”就是排放和抽放瓦斯。如探明断层、裂隙、溶洞大小或瓦斯量不多时，则可让它自然排放。如瓦斯量大，喷出强度大，持续时间长，则可插管进行抽放。

③“引”就是引导瓦斯到回风巷。

④“堵”就是堵塞裂隙。喷出瓦斯的裂隙范围较广，但喷出量很小时，可用黄泥或水泥堵住裂隙，防止瓦斯喷出，以保证掘进工作面的安全。

同时，对于瓦斯喷出的工作面要有独立的通风系统并加大供风量，以保证瓦斯浓度不超限。

#### 27.3.7.6 瓦斯突出的原因及其规律

煤与瓦斯突出是指地下开采过程中，在很短的时间（几分钟或几秒钟）内，突然由煤体内大量喷出煤和瓦斯，并伴随着强烈的声响和强大机械效应的一种现象。上山、石门和平巷内以及放炮落煤时最容易发生突出。

(1) 原因

① 瓦斯作用假说认为突出主要动力来源于瓦斯。

② 地压作用假说认为突出主要动力来源于造山运动后地压和仍停留在部分构造带内的残余弹性潜能突然释放。

③ 综合作用假说认为突出是地压、瓦斯、煤的结构和强度等综合作用的结果。

最近的研究，一般都趋向于综合作用假说。

(2) 规律。

① 随着深度增加、突出危险性增大。这表现在突出次数增多、突出强度增大、突出煤层数增加及突出的危险区域扩大等。

② 突出在煤层中的分布是不均匀的。突出多集中在地质构造带，突出危险区的面积只占突出层总面积的5%～10%。

③ 易于发生突出的常见构造类型有：压扭性逆断层带，向斜轴部，煤层扭转地区，煤层走向突变和倾角突变地区，煤层突然变厚、特别是软分层变厚等。

④ 突出的次数和强度随着煤层厚度的增加，特别是软分层厚度的增加而增多和增大。突出最严重的煤层一般是最厚的主采煤层。

⑤ 采掘工作面形成的应力集中区是突出点密集地区。

⑥ 突出可以发生在各种类型的巷道中。其中，煤层平巷突出次数最多，石门揭开煤层时的突出次数虽然不多，但强度最大（平均突出强度为317t）。

⑦ 突出的发生同外力冲击诱发有关。采掘工作中，绝大多数突出发生在落煤时。

⑧ 在煤和瓦斯突出时，都要在煤层中形成特殊形状的孔洞（椭圆形、梨形等），喷出的煤具有分选性。

#### 27.3.7.7 突出前的预兆

突出前的预兆可分为有声预兆和无声预兆。

(1) 有声预兆

煤层内发生劈裂声、机枪声、爆竹声，有时发出像打闷雷一样的巨响，俗称“煤炮”。

① 煤壁发生震动或冲击；

② 顶板来压，煤体和支架压力增大，巷道支架发出断裂声；

③ 打钻时出现喷煤粉、喷瓦斯和水现象，并伴有哨声、蜂鸣声等。

(2) 无声预兆

① 工作面顶板压力加大，煤开裂、外鼓，有时出现顶板下沉或底板凸起；

② 工作面压力骤然增大，煤壁塌落、片帮、掉碴；

③ 煤尘变大，煤质干燥，煤光泽变暗，层理紊乱，煤厚变大（特别是软分层变厚）；

④ 工作面瓦斯涌出异常，瓦斯浓度忽大忽小；

⑤ 煤的硬度发生变化；

⑥ 地质变化，如煤层倾角变陡、挤压褶曲、波状隆起；

⑦ 打钻时顶钻、夹钻，装药时顶药卷。

在每一次突出前并非所有预兆同时出现。

#### 27.3.7.8 突出的预防措施

区域防突措施是指在突出煤层进行采掘前，对突出煤层较大范围采取的防突措施。区域防突措施包括开采保护层和预抽煤层瓦斯两类。

(1) 开采保护层

开采保护层分为上保护层和下保护层两种方式。

开采保护层防突措施应当符合下列要求：

① 开采保护层时，同时抽采被保护层的瓦斯。

② 开采近距离保护层时，采取措施防止被保护层初期卸压，瓦斯突然涌入保护层采掘工作面或误穿突出煤层。

③ 正在开采的保护层工作面超前于被保护层的掘进工作面，其超前距离不得小于保护层与被保护层层间垂距的3倍，并不得小于100m。

④ 开采保护层时，采空区内不得留有煤（岩）柱。特殊情况需留煤（岩）柱时，经煤矿企业技术负责人批准，并做好记录，将煤（岩）柱的位置和尺寸准确地标在采掘工程平面图上。每个被保护层的瓦斯地质图应当标出煤（岩）柱的影响范围，在这个范围内进行采掘工作前，首先采取预抽煤层瓦斯区域防突措施。当保护层留有不规则煤柱时，按照其最外缘的轮廓画出平直轮廓线，并根据保护层与被保护层之间的层间距变化，确定煤柱影响范围。在被保护层进行采掘工作时，还应当根据采掘瓦斯动态及时修改。

(2) 预抽煤层瓦斯

预抽煤层瓦斯可采用的方式有：地面井预抽煤层瓦斯以及井下穿层钻孔或顺层钻孔预抽区段煤层瓦斯、穿层钻孔预抽煤巷条带煤层瓦斯、顺层钻孔或穿层钻孔预抽回采区域煤层瓦斯、穿层钻孔预抽石门揭煤区域煤层瓦斯、顺层钻孔预抽煤巷条带煤层瓦斯等。

预抽煤层瓦斯防突措施应当按上述所列方式的优先顺序选取，或一并采用多种方式的预抽煤层瓦斯措施。

采取各种方式的预抽煤层瓦斯防突措施时，应当符合下列要求：

① 穿层钻孔或顺层钻孔预抽区段煤层瓦斯区域防突措施的钻孔应当控制区段内的整个开采块段、两侧回采巷道及其外侧一定范围内的煤层。要求钻孔控制回采巷道外侧的范围是：倾斜、急倾斜煤层巷道上帮轮廓线外至少20m，下帮至少10m；其他为巷道两侧轮廓线外至少各15m。以上所述的钻孔控制范围均为沿层面的距离，以下同。

② 穿层钻孔预抽煤巷条带煤层瓦斯区域防突措施的钻孔应当控制整条煤层巷道及其两侧一定范围内的煤层。其范围与本条第①项中回采巷道外侧的要求相同。

③ 顺层钻孔或穿层钻孔预抽回采区域煤层瓦斯区域防

突措施的钻孔应当控制整个开采块段的煤层。

④ 穿层钻孔预抽石门（含立、斜井等）揭煤区域煤层瓦斯区域防突措施应当在揭煤工作面距煤层的最小法向距离7m以前实施（在构造破坏带应适当加大距离）。钻孔的最小控制范围是：石门和立、斜井揭煤处巷道轮廓线外12m（急倾斜煤层底部或下帮6m），同时还应当保证控制范围的外边缘到巷道轮廓线（包括预计前方揭煤段巷道的轮廓线）的最小距离不小于5m，且当钻孔不能一次穿透煤层全厚时，应当保持煤孔最小超前距15m。

⑤ 顺层钻孔预抽煤巷条带煤层瓦斯区域防突措施的钻孔应控制的条带长度不小于60m，巷道两侧的控制范围与本条第①项中回采巷道外侧的要求相同。

⑥ 当煤巷掘进和回采工作面在预抽防突效果有效的区域内作业时，工作面距未预抽或者预抽防突效果无效范围的前方边界不得小于20m。

⑦ 厚煤层分层开采时，预抽钻孔应当控制开采的分层及其上部至少20m，下部至少10m（均为法向距离，且仅限于煤层部分）。

## 27.4　矿井火灾防治

### 27.4.1　煤炭自燃预测与预报

矿井火灾是指发生在矿井内的，或虽发生在井口附近、煤层露头上但有可能威胁井下安全的火灾。矿井火灾按引火热源的不同可分为外因火灾和内因火灾两类。外因火灾是指由外部火源引起的火灾，如电流短路、焊接、机械摩擦、违章放炮产生的火焰，瓦斯和煤尘爆炸等都可能引起该类火灾。内因火灾又称自燃火灾。它是指由于煤炭或其他易燃物自身氧化积热，发生燃烧引起的火灾。在自燃火灾中，主要是煤炭自燃而引起的。在上述两类火灾中，自燃火灾是矿井火灾防治的重点。这是因为自燃火灾不仅发生次数居多（占矿井火灾的80%以上），而且它的火源较隐蔽，常发生在人们难以进入或不能进入的采空区或煤柱内，致使灭火难度加大，很难在短时间内扑灭，以致有的自燃火灾持续数月、数年之久，甚至更长时间，这不仅严重危及人身安全，而且导致大量煤炭资源损失。

#### 27.4.1.1　煤炭自燃的早期识别和预报

（1）人的直接感觉

① 浅部开采时，冬季在地面钻孔口或塌陷区，有时发现冒出水蒸气或冰雪融化现象。井下两股温度不同的风流交汇处，过饱和的水蒸气凝聚也会出现雾气。因此，在发现上述现象时，应结合具体条件分析。

② 煤从自热到自燃过程中，氧化产物中有各种烃类化合物，所以，在井下可以闻到煤油、汽油或松节油味。如闻到焦油气味，则表明自燃已经发展到相当的程度。

③ 从煤炭自热或自燃地点流出的水或空气，其温度较平常为高。

④ 人有不舒适感，如头痛、闷热、精神疲乏等，这与空气中有害气体（如$CO$、$CO_2$）的浓度增加有关。

由于人的感觉总带有相当大的主观性和弱敏感性，人的直接感觉不能作为识别早期煤炭自热、自燃过程的可靠方法。

（2）测定矿内空气成分的变化

根据应用原理不同，预测的方法可分为气体分析法和煤炭氧化速度测定法，这是及时发现和预报煤炭自燃的主要手段。

（3）测定空气和围岩的温度（测温法）

测温法有时可以作为一种补充手段。空气温度利用普通温度计或电阻温度计测定。围岩温度要在一定深度的钻孔中测定。为掌握采空区和密闭区内自燃发展情况，可以用远距离电阻温度计测定其温度变化。

#### 27.4.1.2　煤炭自燃倾向性的鉴定

《煤矿安全规程》（2016版）要求生产矿井将煤样送到有关单位进行煤的自燃倾向性鉴定，依据鉴定分类拟定正确的开采方法和经济有效的防火措施。

影响煤炭自燃的因素：

（1）煤炭自身特性

① 煤的炭化程度。煤的炭化程度越高，氧自由基的含量越少，其自燃倾向性越小，反之则大。炭化程度相同的煤的自燃倾向性由大到小的顺序是褐煤、烟煤、贫煤和无烟煤。在烟煤中又以长焰煤的自燃危险性较大。

② 煤的岩石学成分。煤的岩石学成分有丝煤、暗煤、亮煤和镜煤。它们具有不同的氧化性。丝煤在常温下吸氧能力特别强，煤中含丝煤越多，自燃倾向越大。相反，含暗煤多的煤，一般是不易自燃的。

③ 煤的水分。煤层的自燃危险性往往和煤的湿润程度，甚至空气中的相对湿度有关。煤孔隙内水分的存在，将降低煤吸附氧气的能力，减小煤的自燃性倾向。

④ 煤的含硫量。同牌号的煤中，含硫矿物（如黄铁矿）越多，越易自燃。

⑤ 煤的孔隙率。煤的孔隙率大，使煤与氧气接触面积增加，故易自燃。

（2）地质、开采因素

① 煤层厚度和倾角。煤层厚度和倾角越大，自燃危险性越大。这是因为开采厚煤层或急倾斜煤层时，煤炭回收率低，采区煤柱易遭破坏，采空区不易封闭严密和漏风较大。

② 煤层埋藏深度。煤层埋藏深度增加，煤体的原始温度增加，煤内自然水分减少，这将使煤的自燃危险性增加。

③ 地质构造。煤层中有地质构造破坏的地带（如褶曲、断层、破碎带和岩浆侵入区等）时，煤炭自燃比较频繁。因为这些地区煤质松碎，有大量裂隙，从而增加了煤的氧化活性和供氧通道与氧化表面积。

④ 围岩性质。顶底板的物理机械性（结构、硬度、可塑性等）也能在一定程度上影响煤炭的自燃过程。如果顶板坚硬不易冒落，就会造成煤层和煤柱破坏，煤炭就易于自燃。如果顶板易于垮落，并在垮落之后，能够严密地充填采空区而又压实，自燃就不会发生。

⑤ 煤的瓦斯含量。煤孔隙内存在的瓦斯能够占据煤的孔隙空间和内表面，降低煤的吸氧量，瓦斯逸出后，就构成煤炭加剧氧化的条件。

⑥ 开拓开采条件。它是影响煤炭自燃的重要因素。能保证煤层切割少、煤柱少、及时隔绝采空区的开拓系统，以及巷道布置简单、煤炭回收率高、采空区的漏风少、后退式开采的采煤方法，可以降低煤炭的自燃性。

⑦ 通风制度。煤炭氧化生成的热量及其热量的积聚同风速有直接的关系。当风速过小时，供氧不足，氧化生成热很少，易散失掉。当风速过大时，氧化生成热被风流带走，同样不能形成热积聚，不能发生自燃。只有当风流流动而且风速又不大的情况下，煤才能自燃。一般认为，0.02～0.05m/s是有利于煤自燃的风速，采空区、煤巷冒落处、垮帮处及煤柱裂隙地点的漏风，往往形成了自燃发火的条件。

### 27.4.2　预防矿井火灾的措施

对待矿井火灾的基本原则是：以预防为主，防灭并重。

#### 27.4.2.1　矿井防火的一般措施

（1）采用不燃性材料支护井筒

井底车场、主要巷道及硐室，一旦发生火灾，对整个矿井威胁很大。因此，井筒、平硐及井底车场沿煤层开凿时，必须砌碹。在岩层内开凿时，应用不燃性材料支护。井筒与井底车场或大巷相连的地点都要砌碹或用不燃性材料支护。井下永久性中央变电所和井底车场内的其他机电硐室必须砌碹，采区变电所都用不燃性材料支护，从硐室、井下火药库及其两旁的巷道（需小于5m）必须砌碹或用不燃性材料支护。

（2）设消防材料库

每个矿井必须储存灭火材料和工具，并建立一批消防材料库，同时要满足下列要求：

① 地面消防材料库要设置在井口房附近（但不得设在井口房内），并有铁路直达井口。

② 井下消防材料库要设在每一个生产水平的运输大巷中。

③ 消防材料库储存的材料及工具的品种和数量，由矿长决定，并定期检查和更换。这些材料只能用于处理事故不得它用，因处理事故所消耗的材料，要及时补充。

（3）设防火门

为了避免地面火灾传入井下，进风井口和进风平调都要装有防火铁门，铁门要能严密地遮盖井口，并易于关闭。进风井筒和各个水平的井底车场的连接处都要装有两道容易关闭的铁门或木板上包有铁皮的防火门。

开采有自燃发火的煤层，在采区进、回口风巷道内，必须先砌好留有门硐的防火墙，门硐附近要放置门扇，储备足够封堵防火墙门硐的材料，以便随时封闭。

（4）设置消防水池和井下消防管路系统

每一个矿井必须在地面设置消防水池和井下消防管路系统。消防水池附近要装设水泵，其扬程和排水量在设计矿井消防设备时确定。开采深部水平的矿井，除有地面消防水池外，还可利用上部水平或生产水平的水仓作为消防水池。

#### 27.4.2.2 外因火灾的预防

预防外因火灾应从杜绝明火与电火花着手，其主要措施有：

（1）瓦斯矿井要使用安全炸药，放炮要遵守安全规程。

（2）正确选择、安装和维护电气设备，保证线路完好，防止短路、过负荷产生火花。

（3）井下严禁使用灯泡取暖和使用电炉。井下和井口房不得从事电焊、气焊、喷灯焊接。如必须进行上述工作时，必须制定专门安全措施，报矿长批准，并由矿长指定专人在场检查和监督。

#### 27.4.2.3 内因火灾的预防

（1）正确选择开拓、开采方法

防止自燃火灾对于开拓、开采的要求是：最小的煤层暴露面、最大的采煤量、最快的回采速度和采区的容易隔绝。

① 采用集中岩巷或减少采区的切割量。要采用石门、岩石大巷或集中平巷（上山、下山）；采区内尽量少开辅助性巷道，尽可能增加巷道间距，把主要巷道布置在较硬的岩石中，必须在煤层中开凿主要巷道时，要选择不自燃或自燃危险性较小的煤层，采区内煤巷间的相对位置应避免支承压力的影响，煤柱的尺寸和巷道支护要合理等。

② 选择合理的采煤方法。高落式、房柱式等旧的采煤方法回采率很低，采空区遗留大量而又集中的碎煤，掘进巷道多，漏风大，难以隔绝。开采易于自燃的煤层，选用这种方法是十分危险的。

壁式采煤法回采率高，巷道布置比较简单，便于使用机械化装备，从而加快回采速度。此方法有较好的防火安全性。经验证明，薄煤层采用这种采煤方法，很少自燃发火。

回采厚煤层和中厚煤层采用倾斜分层和水平分层人工假顶采煤法，辅以预防性灌浆，只要保证灌浆质量，能够做到既安全可靠又经济合理地开采厚煤层和中厚煤层。

顶板管理方法能影响煤炭回收率及煤柱、煤留的完整性和漏风量的大小。开采有自燃危险的煤层选择顶板管理方法要慎重。全部陷落法管理顶板，一般易于发生采空区的自燃，用惰性材料及时而致密地充填全部采空区，可以大大减少自燃火灾的发生。

③ 提高回采率，加快回采速度。采用先进的劳动组织，尽可能使用高效率的采煤设备和综合机械化设备，以加快回采速度。此外，必须根据煤层的自燃倾向和采矿、地质因素确定自燃发火期，结合回采速度合理地划分采区面积，在自燃发火以前就将一个采区采完封闭。

（2）通风措施

① 选择合理的采区通风系统。结合开拓方案和开采顺序，选择合理的采区通风方式，可以减少采空区漏风量。

② 实行分区通风。分区通风是比较合理的通风方式，它能降低矿井总阻力，扩大矿井通风能力，并易于调节风量，减少漏风。同时，在火灾期间也便于稳定风流和隔绝火区。

（3）预防性灌浆

① 用泥浆作为灌浆材料。预防性灌浆是借助输浆设备把泥浆（水、黄土、砂子等按一定比例配制）等材料送到易发生自燃的地区，起到防火的作用。采用泥浆作为灌浆材料是预防自燃发火较有效的措施，在有条件使用灌浆的生产矿井得到了广泛的应用。

② 用尾矿作为灌浆材料。尾矿制浆比黄泥制浆工艺简单得多，它只要将浮选后的浆料用灰渣泵或砂泵打至地面圆形搅拌池，经过两道筛子过滤，不需其他加工就能作为防灭火灌浆材料。

其流程是：浮选机→（尾）浓缩机→尾矿（煤泥浆料）→砂泵输送→圆形搅拌池→经管路自流入井下各灌浆地点。

③ 阻化剂灭火是采用一种或几种物质的溶液或乳浊液灌注到采空区、煤柱缝隙等易于自燃的地点，降低煤的氧化能力，阻止煤的氧化过程。阻化剂防灭火简便易行，经济可靠。这种方法对缺土、缺水矿区的防灭火有重要的现实意义。

### 27.4.3 火灾时风流的措施

煤矿井下发生火灾时，一方面要保障井下作业人员的安全，另一方面要采取一定的通风措施，控制风流，不允许风流发生逆转造成火烟弥漫井巷或有害气体毒化井巷以及发生瓦斯爆炸。

#### 27.4.3.1 保障人员安全的措施

（1）自危险区中撤退人员的措施

发生火灾时，直接受到威胁的地区是发火地区及其邻近地区和火烟流向出风井时所经过的地区。因此，在这些地区和风路上工作的人员除参加救灾的以外，应当首先撤出。此外，有可能发生风流逆转而被火烟弥漫危险地区的人员也应撤出。在编制防火措施、制订灾变预防措施计划时，一定要考虑到井下任何地点发生火灾时，撤出受难人员和有受难危险人员的最短和最安全的路线，向他们报警的方法，把他们送到安全地点的措施等。灾变预防措施计划必须在职工中认真贯彻，使他们知道计划的内容。

撤退的路线应当维护良好，有适当的照明，并设有标明巷道名称及通向出口或避难硐室的路标。平时井下人员应当熟悉这些路线（包括其发生变化时）。

从新鲜风流方向抢救受烟威胁的人员时，可以利用已有的备用防火门。关闭防火门，可以使流向相应区域的火、烟大大减少。但是，不应关闭没有火烟的风流里的火区防火门。

（2）救灾人员的安全保护措施

在有逆转可能的风流里，应当尽量做好这方面的观测，在没有控制住火灾以前，有关的负责人员要高度重视，及时发现预兆，采取安全措施。

火烟发生爆炸的最危险的时期是建立主干密闭墙的时候。因此，为避免爆炸的不良后果，最好是把主干密闭墙做成带门的形式。把门关闭以后，应当尽快地离开主干密闭墙及其附近区。如果过了一定的时间（如3～4h）以后没有发生爆炸，再回到主干密闭墙处，着手相应的加严和加固的工作。但仍应尽快地完成，尤其是瓦斯矿井，更应这样做。

设立了主干密闭墙和已经把既定风流方向稳定了以后，才可以说火灾已经基本控制住了。而后才能够着手建立最后的尽可能严密的消火密闭墙（如果决定采用隔绝法灭火）。不应过急地把排烟的永久密闭墙封严，应当留有排烟管。排烟管兼作以后对火区的观测孔用。只有过了一定时间以后，当涌出的火烟已经大大地减少、火区内也没有出现巨大的正压现象时，才可以把排烟密闭墙彻底封闭。因为，有较大的正压现象时，火区内的火烟甚至会从入风侧密闭墙向外流动，发火初期火烟中肯定会含有大量有毒有害气体，流动后会造成矿内大气毒化，所有的能够通往危险地区的风路都应当设立警戒牌。

**27.4.3.2　控制风流的措施**

（1）处理火灾时的通风方法

井下发生火灾时，常用的通风方法有：正常通风、增减风量、反风、风流短路、隔绝风流、停止扇风机运转等。

（2）根据矿井火灾发生地点选择通风方法

① 如果火灾发生在矿井的进风井筒、井底车场等处，灾变生成的有毒、有害气体随风流会侵入各个采区，威胁全矿井下工作人员的生命安全。这时，一定要采取反风措施。为了达到这一要求，每个矿井都要做到：

a. 矿井必须有可靠的反风设施，而且能在10min内改变风流方向，反风后的主通风机供风量不得低于正常风量的60%。

b. 隔绝主要进回风路的风门，要用铁板制成，有双向开关，以保证反风时，巷道中的风流能够反向流动。

c. 反风设施要按照《煤矿安全规程》规定，定期检查，定期演习反风。

d. 如果主通风机尚无反风设施，在日常通风管理中要维护一条连接主要进回风区域的短路通道，以便在突变时有毒气体绕过采区直接排入回风巷，这种情况下主通风机应保持正常运转。

e. 如无反风设施，又无短路巷道，则应尽快停止辅通风机和主通风机运转，并打开风井井口防爆盖，利用在进风井筒内产生的局部火风压实现反风。

② 如果火灾发生在采区的上行风路中，在排烟的道路上威胁不到集中工作地点的安全，应保持主通风机正常运转。

③ 如果火灾发生在机电硐室，应采取隔断风流的措施，在进风倒挂风障或在硐室口建临时密闭。

## 27.4.4　灭火方法

灭火方法：一是直接灭火法，二是隔绝灭火法，三是综合灭火法。现在采用最多的是综合灭火法。

**27.4.4.1　直接灭火**

直接灭火就是用水、砂子、岩粉或利用化学方法在火源附近直接扑灭火灾或挖除火源。

（1）用水灭火

用水灭火它具有操作方便、灭火迅速、消火彻底、费用少等优点，是煤矿灭火常用的方法之一。

① 用水灭火注意事项：a. 要有充足的水，在灭火过程中，水能够不间断地供给。b. 采用正常通风，能够使火烟和水蒸气顺利地从回风巷排出。c. 灭火时应由火源边缘逐渐向中心喷射，防止产生大量的水蒸气而发生爆炸。d. 要经常检查火区附近的瓦斯。e. 一般不准人员在回风侧。为防止火灾向回风侧蔓延，在回风侧应当设水幕或者将可燃支架拆除一段。

用水灭火的缺点是水流经高温火区时，产生大量的水蒸气，蒸汽能分解成氧气和氢气，氢气能自燃，氧气能助燃，混合气体能爆炸。这对灭火是十分有害的。另外，水不能直接扑灭电气火灾。井下发生火灾时，岩石结构被高温破坏，被水冷却后容易垮落，发生冒顶。

② 用水灭火的使用条件：a. 火源明确，能够接近火源；b. 火势不大，范围较小，对其他区域无影响（特别是对初始火灾更为有效）；c. 有充足的水源和灭火器材；d. 火源地点瓦斯浓度低于2%；e. 通风系统畅通无阻；f. 灭火地点顶板坚固，有支架掩护；g. 有充足的人力，可以连续作战。

（2）干粉灭火

干粉灭火剂是一种固态物质，用它制造的灭火工具具有易于携带、操作简单、能迅速进行灭火等优点，用来扑灭矿井初期的明火，中小型火灾，以及煤、木材、油类、电气设备等火灾，均有良好效果。尤其在无水或缺水的矿井中用干粉灭火，具有特殊的意义。

（3）高倍数泡沫灭火

高倍数泡沫灭火目前在我国已得到广泛的应用，而且取得了良好的效果。

（4）用砂子和岩粉灭火

砂子和岩粉能覆盖火源，将燃烧物与空气隔绝使火熄灭。此外，砂子和岩粉不导电，并能吸收液体物质，因此，可以扑灭油类或电气火灾。

（5）挖除火源

将已燃煤炭挖除，送至地面。这种灭火方法彻底，但必须是在人离火源很近，且火势不大的情况下进行。瓦斯矿井应当尽量少用这种方法灭火。

**27.4.4.2　隔绝灭火**

隔绝灭火法就是在通往火区的所有巷道内砌筑防火密闭墙（简称密闭），将火区封闭起来，待火区氧气几乎消耗完了，$CO_2$大量增加时，燃烧即自行熄灭。该方法适用于井下火灾不能用直接灭火法扑灭时，在处理大面积火灾时效果也较好。该方法单独使用，灭火时间较长，故封闭火区范围应尽可能小些。

防火密闭墙分临时、永久和防爆三种。

（1）临时密闭墙

临时密闭墙适用于发火初期，防止火势蔓延和掩护建造永久密闭墙之用。对其基本要求是：构筑容易、用料少、能迅速切断风流。

（2）永久密闭墙

永久密闭墙用作长期切断风流。对其基本要求是：严密、坚固、耐火、耐压，并具备一定的抗爆能力。

（3）防爆密闭墙

为了防止瓦斯爆炸的冲击，需要建立防爆墙。对其基本要求是：抗爆性能好、建造速度快、对救护人员能起到保护作用。

**27.4.4.3　综合灭火**

使用隔绝灭火法时，灭火所需的时间很长。如果密闭墙质量不好，漏风较大，火便很难熄灭。因此，在火区封闭以后，还要采取一些积极措施，如向火区灌注泥浆、惰性气体或者调节火区两侧的风压，使火熄灭，该方法称为综合灭火法。

（1）灌浆灭火

灌浆灭火的工艺过程和预防性灌浆基本相同。一般从井下巷道或地面向已封闭的火区打钻灌浆。灭火效果主要取决于火源位置的确定和钻孔布置。所以当火区范围很大，不易找到火源时，常采用向火区内逐渐移设防火墙的办法，以缩小火区范围，准确地向火源灌浆，以提高灌浆灭火的效果。

(2) 惰性气体灭火

惰性气体灭火就是将不参与燃烧反应的单一或混合的窒息性气体，利用一定的动力压入火区，使火区的氧含量降到抑燃值以下，从而抑制可燃物质（包括可燃气体）的燃烧和爆炸。

(3) 均压灭火

均压灭火的基本原理就是采用风压调节技术使火区或有自燃危险的区域（或采空区）的进、回风侧压差尽量减小，并使之少漏风或不漏风，以消除供氧条件，达到使火区熄灭的目的。

(4) 凝胶灭火

凝胶灭火就是将基料（水玻璃）和促凝剂（碳酸氢铵），分别按一定比例配制成水溶液之后注入火区，利用凝胶的絮凝作用成胶，把流动的水分固结起来，对煤炭颗粒进行包裹，同时由于成胶反应为吸热反应，在成胶过程中吸收大量的热量，从而达到阻止或降低煤氧化过程。同时凝胶的黏度随着时间推移而增大，能在有限的空间内向上堆积，具有良好的挂壁和覆盖性能，能够在浮煤上形成一层致密、含水量高的保护层，不但阻止氧气与煤的接触，而且又具有很好的冷却降温性能，起到显著的防灭火效果。

(5) 液态二氧化碳灭火

通过向不通风的火区内，注入一定量的液态二氧化碳，由于压力的骤然下降，液态二氧化碳会迅速转变为气态，由于$CO_2$密度比空气大，气态$CO_2$在进入火区后，会沉积在空气底部，将其内的氧气挤出，火区空气中的氧气浓度不断降低，进而使火区处于缺氧状态，达到灭火的效果。在由液态向气态转变过程中，液态二氧化碳可以吸收大量的热量，起到控制火区周边温度的效果，具有独特的灭火性能。

(6) 液氮灭火

液氮在常温下是以气体形式存在，氮气是无色无味气体，不燃烧，化学性质稳定。可燃物在燃烧时需要大量的氧气，当液氮进入火区后，会使燃烧物所在空间的氧气所占比例急剧下降，并吸收大量的热量，当氧气体积分数降到一定程度时，燃烧就停止了。这就是利用液氮的性质，使可燃物的温度急剧下降，并使其得不到足够的氧气来维持燃烧而灭火。

## 27.5 煤矿粉尘防治

### 27.5.1 矿尘性质及其危害

#### 27.5.1.1 矿尘在井下的存在状态

井下的矿尘，按照其存在状态，可分为浮游矿尘和沉积矿尘两种。

浮游矿尘是指飞扬在矿井空气中的矿尘（简称为浮尘）；沉积矿尘是指从矿井空气中因自重而沉降下来，附在巷道周边以及积存在巷道内浮煤上的矿尘（简称为落尘）。两者的关系是浮游矿尘因自重而逐渐沉降下来成为沉积矿尘，而沉积矿尘受外界条件的干扰时，又可再次飞扬起来成为浮游矿尘。矿尘包括煤尘和岩尘。

#### 27.5.1.2 矿尘的分类

在国际上还没有对矿尘进行统一的分类，根据不同标准进行如下分类。

(1) 按测定矿尘浓度的方法分类

① 全尘。全尘是指各种粒度的煤尘和岩尘总和。在实际工作中，无法严格按粒窿和成分测得全尘，通常把矿尘浓度近似作为全尘浓度。

② 呼吸性粉尘。人在正常呼吸时，粒径较大的矿尘容易被阻留在呼吸道，而粒径小于5μm的矿尘有80%～90%能够随人的呼吸到达人的肺泡，对肺部危害很大，因此，把粒径5μm以下的矿尘称为呼吸性粉尘。

(2) 按矿尘产生的过程分类

① 矿尘。矿物由于机械或爆破作用被粉碎而生成的细小颗粒称为矿尘。尘粒形状不规则，尘粒大小分布范围很广，其中1～100μm的尘粒能暂时悬浮于空气中。

② 烟尘。由于燃烧、氧化等物理化学变化过程所伴随产生的固体微粒称为烟尘，如井下硫化矿床的自然发火、外因火灾产生的烟尘。其粒径一般很小，多在0.01～1μm范围，可长时间悬浮于空气中。

(3) 按矿尘粒度分类

① 可见矿尘。粒径为10μm以上，在明亮的光线下，由肉眼可看到，在静止空气中呈加速沉降。

② 显微矿尘。粒度为0.25～10pm，用普通显微镜可以观察到，在静止空气中呈等速沉降。

③ 超微粉尘。即粒径小于0.25pm的粉尘，要用超倍显微镜才可观察到，能长时间悬浮于空气中，并能随空气分子做布朗运动。

(4) 其他分类方法

按粉尘的成分可分为岩尘，石棉尘，水泥尘，煤尘，动、植物粉尘等；按有无毒性可分为有毒、无毒或放射性粉尘等；按爆炸性可分为易燃、易爆或非燃非爆粉尘。

#### 27.5.1.3 矿尘的危害

矿尘危害很大，对长期从事采掘工作和粉尘作业的职工，能引起肺尘埃沉着病（旧称“尘肺”）。肺尘埃沉着病是矿工的主要职业病，发病率高，对身体影响大，难以根治。目前，最为严重的肺尘埃沉着病是硅沉着病（旧称“硅肺”），硅沉着病是吸入二氧化硅的矿尘引起的一种职业病。矿尘的危害是多方面的，除引起肺尘埃沉着病外，某些矿尘如含砷、铅、汞的矿尘还能引起中毒现象。

除此之外，还可能发生煤尘爆炸，造成诸多危害：

(1) 产生皮渣和粘块

煤尘爆炸时，对于结焦煤尘（气煤、肥煤及焦煤的煤尘）会产生焦炭皮渣与粘块黏附在支架、巷道壁或煤壁等上面，它可以用来判断是煤尘爆炸还是瓦斯爆炸。根据皮渣和粘块在支柱上的位置不同，可以判断煤尘爆炸的程度和帮助寻找火源。

(2) 生成有害气体

煤尘爆炸后产生2%～4%的CO，甚至其浓度高达8%，这是造成矿工大量中毒伤亡的原因。

(3) 产生高温

据测定，煤尘爆炸火焰的温度达1600～1900℃。煤尘爆炸时释放出的热量巨大，产生的气体温度可达2300～2500℃。

(4) 火焰传播速度快

国外用化学方法算出的煤尘爆炸火焰最大传播速度为1120m/s，而在实际试验中测得的爆炸火焰传播速度为610～1800m/s。

(5) 冲击波传播速度快

煤尘开始被点燃时，产生冲击波的传播速度与火焰的传播速度几乎是相同的，随着时间延长冲击波的速度加快。据计算，爆炸冲击波的传播速度可达2340m/s。

(6) 产生高压

煤尘爆炸的理论压力为750kPa，但在有大量沉积煤尘的巷道中，爆炸压力将随着距爆炸源的距离的增加而跳跃式地增加。井下煤尘爆炸事故中，一般距爆炸源10～30m范围以内，因爆炸较小，破坏和伤亡较轻，而后随距离的增加，破坏和伤亡加重。

### 27.5.2 煤尘爆炸

(1) 煤尘爆炸的原因

煤是可燃物质，煤被粉碎成细小颗粒后，增大了表面积。它悬浮在井下巷道的空气中，扩大了与氧的接触面积，加快了氧化作用。同时，也增加了受热面积，加速了热化过程。依次极快地进行，氧化反应越来越快，温升越来越高，范围越来越大，导致气体运动，并在火焰前形成冲击波，在冲击波达到一定强度时，即转为爆炸。

(2) 煤尘爆炸的条件

煤尘爆炸必须同时具备三个条件：煤尘本身要具有爆炸性；煤尘必须浮游在空气中，并达到一定浓度；有能引起爆炸的热源存在。

① 煤尘的爆炸性。煤尘可以分为有爆炸性煤尘和无爆炸性煤尘。煤尘有无爆炸性，要经过煤尘爆炸性鉴定后才能确定。

② 浮游煤尘的浓度。单位体积空气中能够发生煤尘爆炸的最低煤尘含量称为煤尘爆炸下限浓度；单位体积空气中能够发生煤尘爆炸的最高煤尘含量称为煤尘爆炸上限浓度。煤尘爆炸是在煤尘下限浓度至上限浓度范围内发生的。不同种类的煤炭和不同的试验条件所得到的爆炸上、下限浓度是不同的。煤尘爆炸下限浓度与煤的成分、粒度、引火源种类和试验条件有关。我国试验的结果是煤尘爆炸的下限浓度为45g/m$^3$，煤尘爆炸的上限浓度最高可达1500～2000g/m$^3$，这种情况下矿井中不大可能出现。因此，煤尘爆炸上限浓度的意义不大。试验表明，爆炸威力最强的煤尘浓度为300～400g/m$^3$。井下空气中如果有瓦斯和煤尘同时存在，可以相互降低两者的爆炸下限浓度，从而增加瓦斯、煤尘爆炸的危险性。瓦斯浓度达到35%时，煤尘浓度只要达到6.1g/m$^3$，就可能发生爆炸。

③ 引爆热源。煤尘爆炸的引燃温度变化范围较大，它随着煤尘的性质和试验条件的不同而变化。我国煤尘爆炸的引燃温度在610～1050℃之间。这种温度在井下各种作业地点是容易达到的，温度越高，越容易引起爆炸。

井下能引燃煤尘的高温热源有：放炮产生的火焰、电气设备产生的电火花、架线电机车及电缆破坏时产生的电弧、各种机械强烈摩擦产生的火花、瓦斯燃烧或爆炸产生的高温、井下火灾或明火、矿灯故障产生的火花等。

(3) 煤尘爆炸的过程

煤尘爆炸是空气中氧气与煤尘急剧氧化的反应过程。这个过程大致可分为三步。第一步是悬浮的煤尘在热源作用下迅速地被干馏或气化而放出可燃气体；第二步是可燃气体与空气混合而燃烧；第三步是煤尘燃烧放出热量，这种热量以分子传导和火焰辐射的方式传给附近悬浮的或被吹扬起来的落地煤尘，这些煤尘受热后被气化，使燃烧循环地继续下去。随着每个循环的逐个进行，引起火焰传播自动加速。在火焰传播速度达到每秒数百米以后，煤尘的燃烧便在一定的临界条件下跳跃式地转变为爆炸。

在发生煤尘爆炸的地点，空气受热膨胀，其密度降低，形成压力为0.5kgf/cm$^2$（1kgf/cm$^2$＝98.0665kPa）的负压区，造成空气向爆炸地点逆流，带来新鲜空气，这时爆炸地点若还有煤尘和热源，可能连续发生第二次爆炸，造成更大灾害。

(4) 影响煤尘爆炸的因素

煤尘爆炸受很多因素影响，如煤尘的粒度、化学组成及外界条件等。有些提高其爆炸危险性，有些抑制和减弱其爆炸危险性。其主要的影响因素如下：

① 煤的挥发分。煤尘可燃挥发分含量越高，爆炸性越强；挥发分含量越低，爆炸性越弱。我国煤田的煤质按照挥发分含量依次增大的顺序分为无烟煤、贫煤、焦煤、肥煤、气煤、长焰煤和褐煤。一般来说，煤尘爆炸性也是按这个顺序增加的，其中无烟煤挥发分含量低，所以无烟煤煤尘基本上不爆炸。

② 煤尘浓度。煤尘爆炸最强浓度为300～400g/m$^3$。小于300g/m$^3$直到爆炸下限浓度，其爆炸强度依次变弱；大于400g/m$^3$直到爆炸上限浓度，其爆炸强度依次减弱。

③ 煤尘粒度。总的趋势是粒度越小爆炸性越强，但煤尘粒度小于0.01mm后，爆炸性反而因粒度减小而变弱。这是由于过细的尘粒在空气中很快氧化成为灰烬。

④ 瓦斯的影响。当空气中存在瓦斯时，煤尘爆炸下限浓度降低，瓦斯浓度越高，煤尘爆炸下限浓度越低。

⑤ 空气中氧含量。氧气含量变化将改变煤尘点燃温度。试验证明，空气中氧含量升高，煤尘点燃温度降低；空气中氧含量降低，煤尘点燃温度升高；当空气中氧含量低于17%时，煤尘就不能发生爆炸。

⑥ 煤中水分。煤中水分对尘粒起黏结作用，水分高时，能增大颗粒粒径而降低飞扬能力，同时又起着吸热降温、阻燃作用。所以，煤中水分有减弱和阻碍爆炸的作用。

⑦ 煤的灰分。灰分是不燃物质，它能吸收大量的热，起着降温阻燃作用。另外，灰分增加了煤尘的密度，有助于加速沉降。试验表明，当灰分在20%以下时，对煤尘爆炸性影响较小，只有超过30%或40%时，才会显著减弱煤尘爆炸性。

⑧ 引爆热源温度。引爆热源温度越高，能量越大，越容易点燃煤尘，煤尘初始爆炸强度也越大；引爆热源温度越低，能量越小，越难以点燃煤尘，即使能引起爆炸，初始爆炸的强度也小。

### 27.5.3 防止煤尘爆炸的措施

防止煤尘爆炸的措施包括防尘措施、防爆措施和隔爆措施。

#### 27.5.3.1 防尘措施

防尘措施的作用是减少井下煤尘的产生和飞扬。

(1) 打钻时防尘

① 湿式凿岩。湿式凿岩的实质是随着凿岩过程的进行，连续地将水送至钻眼底部，以冲洗岩屑和湿润岩粉，达到减少岩尘的产生和飞扬的目的。

② 水电钻打眼。水电钻主要用在回采和煤巷掘进工作面，亦可以用于软岩和半煤岩掘进工作面。

③ 干式捕尘。干式捕尘主要用于缺水、高寒地区和某些特殊条件下的岩石巷道掘进工作面。

(2) 放炮时防尘

① 水袋填塞炮眼。俗称“水炮泥”，其实质是将装满水的塑料袋装填在炮眼内，爆破时水袋被爆碎，并将水压入煤的裂隙和使水雾化，以达到防尘的目的。

② 水封爆破。水封爆破不仅能降低煤尘的产生量，而且还能减少瓦斯涌出，增加爆破的安全性和提高爆破效果。

水封爆破的做法是：将炸药装炮眼内后，孔口密封好，然后向炮眼内注水，再进行爆破。该爆破法可用于煤巷掘进，也可用于回采。

③ 喷雾。喷雾是爆破时一种简单易行的降尘措施。喷雾器多为风水联合作用，以压风为主要动力，将低于风压98～196kPa的水喷射出去，使之雾化。它的射程大、雾粒细、喷射面宽、降尘效果好。

④ 水幕。掘进工作面放炮时，水幕也是一种降尘与消烟的有效措施。同时，水幕也设在采煤工作面的回风巷或尘

源丰富的巷道中，用以降尘和净化风流。

(3) 装岩（煤）时防尘

掘进或采煤工作面爆破之后，一般是先用水冲洗煤帮、岩帮，以清除沉积粉尘，然后对煤堆或岩堆进行洒水，最后再装运。

① 人工洒水。总的要求是让爆破下来的煤或岩石充分湿润，不仅要在装运前洒水，随着装运进行还要经常洒水，这样可使粉尘浓度降到 $2mg/m^3$。

② 喷雾器洒水。

(4) 运输时的防尘

其主要措施是喷雾洒水。

(5) 采掘机械割煤时的防尘

① 选择最佳切割参数。采掘机械的切割参数对产尘量影响甚大。一般采取减少齿数、增大齿距、加大截深和降低切割速度等措施。

② 喷雾洒水。喷雾洒水是采掘机械切割煤体时普遍应用的一种降尘措施，有外喷雾洒水和内喷雾洒水，也可同时并用。

③ 除尘措施

a. 除尘器除尘。把粉尘从烟气中分离出来的设备叫除尘器或除尘设备。除尘器的性能用可处理的气体量、气体通过除尘器时的阻力损失和除尘效率来表达。同时，除尘器的价格、运行和维护费用、使用寿命长短和操作管理的难易是选择时考虑的重要因素。除尘器是锅炉及工业生产中常用的设备。除尘器按照除尘方式分为干式除尘器、半干式除尘器、湿式除尘器。

b. 泡沫除尘。泡沫除尘是利用表面活性发泡剂与水混合，通过发泡装置和导管喷射至采掘机械割煤区，以捕捉煤尘。由于生成的泡沫体积很大，罩住了尘源，达到防止粉尘飞扬的目的。

c. 通风除尘。合理的通风措施能够有效地排除粉尘，它是机械化工作面的防尘手段之一。掘进通风的排尘效果与通风方式密切相关。压入式通风能够较快地清洗工作面空间，但含尘空气要经过整个巷道。抽出式通风，只有当风筒入风口距工作面不超过 2m 时，排尘效果才显著。所以说，混合式通风除尘效果最好。

(6) 预先湿润煤体防尘

预先湿润煤体是在煤体尚未开采之前用水加以湿润，增加煤体水分，以减少开采时的煤尘产生量。其方法有煤层注水和采空区灌水等。

(7) 个体防护措施

由于煤矿中的吸呼性粉尘对矿工的身体危害很大。因此，个体防护应当引起高度重视。常用的个体防护器具有：

① 自吸式防尘口罩。自吸式防尘口罩是靠人体肺部吸气使含尘空气通过口罩的滤料而净化的。它分无换气阀和有换气阀两种。

② 送风式防尘口罩。送风式防尘口罩是用微型通风机将含尘空气送至滤料净化，净化后的空气再通过蛇形管送至口罩内供呼吸之用。

③ 压气呼吸器。压气呼吸器为一种隔绝式个体防护用具。它是井下压风管道中的压缩空气经过过滤、消毒和减压后，再经过导管进入口罩内供呼吸用的。其优点是免除了粉尘的危害，而且呼吸舒畅。其缺点是工作地点需有压风管道，并且每人拖着一根长管子，行动不便。

#### 27.5.3.2 防爆措施

防止煤尘生成和防止煤尘引燃的措施称为防爆措施。

① 清扫沉积煤尘。积聚在巷道周边、支架及设备上的沉积煤尘要定期清扫。我国煤矿多为人工清扫，扫尘时要先行洒水后清扫，以防煤尘飞扬，清扫的煤尘要运走。

② 冲洗沉积煤尘。定期用水冲洗巷道顶、帮和支架上的沉积煤尘，冲洗下来的煤尘要清理运出。

③ 刷浆。对主要巷道和硐室要进行刷浆。刷浆材料是生石灰和水，其体积比为 1 ∶ 1.4，用人工或机械喷洒在巷道帮、顶上。其作用是易观察巷道中煤尘沉积情况，同时还可覆盖和固结已沉积的煤尘，使之不再飞扬。

④ 撒布岩粉。岩粉是惰性粉尘，在巷道周边撒布岩粉，能增加沉积煤尘中的不燃物质，可以防止和控制煤尘爆炸。但是，岩粉的防爆作用只有在煤尘中达到一定比例时，才能有效地发挥。随着煤尘产生量和煤尘沉积强度的增大，需频繁重复撒布。

⑤ 黏结沉积煤尘。黏结沉积煤尘就是向巷道周边喷洒黏结液。黏结液主要由湿润剂和吸入盐类组成，它能把已沉积的和陆续沉积的煤尘黏结起来，使其丧失飞扬能力，防止其参与爆炸。

#### 27.5.3.3 隔爆措施

限制煤尘爆炸事故的波及范围，不使其扩大蔓延的措施，称为隔爆措施。隔爆措施有以下两种。

① 岩粉棚。将岩粉装在岩粉棚上，设置于巷道之中。煤尘爆炸时，冲击波吹翻岩粉棚，造成岩粉飞扬，形成一段浓厚的岩粉云，截住爆炸火焰，以达到防止爆炸蔓延扩大的目的。在矿井的两翼，相邻采区和相邻的煤层都必须用岩粉棚隔开。岩粉受潮不易飞扬时需更换，落入的煤尘要经常检查和清除。

② 水棚。近年来利用水棚代替岩粉棚来隔绝煤尘爆炸。水棚是由水槽组成，与岩粉棚相似，爆炸冲击波使水棚翻转或破碎，将水于瞬间洒布在巷道空间，形成一道水雾，阻止爆炸火焰的传播。

### 27.5.4 煤矿肺尘埃沉着病

(1) 煤矿肺尘埃沉着病分类

① 由吸入含较高游离二氧化硅的岩尘所引起的肺尘埃沉着病为硅沉着病，是长期从事岩巷掘进的工人最容易患上的职业病。

② 由吸入煤尘和含有二氧化硅的岩尘所引起的肺尘埃沉着病为煤硅沉着病，是长期从事半煤岩巷道掘进和采煤的工人容易患上的职业病。

③ 由吸入煤尘所引起的肺尘埃沉着病为煤肺病，是在变质程度比较高的无烟煤矿长期从事采煤工作的职工容易患上的职业病。

(2) 煤矿防尘

煤矿生产中产生的粉尘称为矿尘。矿尘不仅影响矿工的身体健康，而且，部分煤矿的粉尘还具有爆炸性，严重威胁着煤矿的安全生产。

煤矿各生产工序，如凿岩、爆破、装运、破碎等都产生大量的矿尘。就矿尘的性质而言，其内容较多，如矿尘的成分、矿尘的分散度、矿尘的溶解度和密度、矿尘的比电阻、矿尘的爆炸性、矿尘的吸水性等。

## 27.6 矿井水灾防治

### 27.6.1 矿井防治水的措施

#### 27.6.1.1 地面防排水

地面防排水是防止或减少大气降水和地表水大量流入矿井的重要措施，是保证矿井安全的第一道防线。特别是对于以大气降水和地表水为主要充水水源的矿井，地面防排水工作必须经常进行，尤其雨季到来之前，更要做好各项防排水工作。

地面防排水措施主要包括填塞通道、排除积水、挖排洪沟、筑堤防洪、整铺河底及河流改道等，必须根据地形、水文和气象条件加以合理选择，有时还可将几种措施综合使用，以求更好的效果。

**27.6.1.2 井下防治水**

(1) 井下排水

① 矿井应当配备与矿井涌水量相匹配的水泵、排水管路、配电设备和水仓等，确保矿井排水能力充足。

矿井井下排水设备应当满足矿井排水的要求。除正在检修的水泵外，应当有工作水泵和备用水泵。工作水泵的能力，应当能在20h内排出矿井24h的正常涌水量（包括充填水及其他用水）。备用水泵的能力应当不小于工作水泵能力的70%。检修水泵的能力，应当不小于工作水泵能力的25%。工作和备用水泵的总能力，应当能在20h内排出矿井24h的最大涌水量。排水管路应当有工作和备用水管。工作排水管路的能力，应当能配合工作水泵在20h内排出矿井24h的正常涌水量。工作和备用排水管路的总能力，应当能配合工作和备用水泵在20h内排出矿井24h的最大涌水量。配电设备的能力应当与工作、备用和检修水泵的能力相匹配，保证全部水泵同时运转。

② 主要泵房至少有两个出口，一个出口用斜巷通到井筒，并应高出泵房7m以上；另一个出口通到井底车场，在此出口通路内，应设置易于关闭的既能防水又能防火的密闭门。泵房和水仓的连接通道，应设置可靠的控制闸门。

③ 新建矿井揭露的水文地质条件比地质报告复杂的，应当进行水文地质补充勘探，及时查明水害隐患，采取可靠的安全防范措施。

④ 井下采区、巷道有突水或者可能积水的，应当优先施工安装防、排水系统，并保证有足够的排水能力。

(2) 探放水

① 下探放水应当使用专用钻机，由专业人员和专职队伍进行施工。严禁使用煤电钻等非专用探放水设备进行探放水。探放水工应当按照有关规定经培训合格后持证上岗。

安装钻机进行探水前，应当符合下列规定：a. 加强钻孔附近的巷道支护，并在工作面迎头打好坚固的立柱和拦板。b. 清理巷道，挖好排水沟。探水钻孔位于巷道低洼处时，配备与探放水量相适应的排水设备。c. 在打钻地点或其附近安设专用电话，人员撤离通道畅通。d. 依据设计，确定主要探水孔位置时，由测量人员进行标定。负责探放水工作的人员必须亲临现场，共同确定钻孔的方位、倾角、深度和钻孔数量。

② 在预计水压大于0.1MPa的地点探水时，应当预先固结套管，在套管口安装闸阀，进行耐压试验。套管长度应当在探放水设计中规定。预先开掘安全躲避硐，制定包括撤人的避灾路线等安全措施，并使每个作业人员了解和掌握。

③ 在探放水钻进时，发现煤岩松软、片帮、来压，或者钻眼中水压、水量突然增大和顶钻等透水征兆时，应当立即停止钻进，但不得拔出钻杆。现场负责人员应当立即向矿井调度室汇报，立即撤出所有受水威胁区域的人员到安全地点。然后采取安全措施，派专业技术人员监测水情并进行分析，妥善处理。

④ 探放老空水前，应当首先分析查明老空水体的空间位置、积水量和水压等。探放水应当使用专用钻机，由专业人员和专职队伍进行施工，钻孔应当钻入老空水体最底部，并监视放水全过程，核对放水量和水压等，直到老空水放完为止。

探放水时，应当撤出探放水点以下部位受水害威胁区域内的所有人员。

钻探接近老空水时，应当安排专职瓦斯检查员或者矿山救护队员在现场值班，随时检查空气成分。如果瓦斯或者其他有害气体浓度超过有关规定，应当立即停止钻进，切断电源，撤出人员，并报告矿井调度室，及时采取措施进行处理。

⑤ 钻孔放水前，应当估计积水量，并根据矿井排水能力和水仓容量，控制放水流量，防止淹井；放水时，应当设有专人监测钻孔出水情况，测定水量和水压，做好记录。如果水量突然变化，应当立即报告矿调度室，分析原因，及时处理。

⑥ 排除井筒和下山的积水及恢复被淹井巷前，应当制定可靠的安全措施，防止被水封住的有毒、有害气体突然涌出。

排水过程中，应当定时观测排水量、水位和观测孔水位，并由矿山救护队随时检查水面上的空气成分，发现有害气体，及时采取措施进行处理。

(3) 留设防隔水煤（岩）柱

相邻矿井的分界处，应当留防隔水煤（岩）柱。矿井以断层分界的，应当在断层两侧留有防隔水煤（岩）柱。防隔水煤（岩）柱的尺寸，应当根据相邻矿井的地质构造、水文地质条件、煤层赋存条件、围岩性质、开采方法以及岩层移动规律等因素，在矿井设计中确定。矿井防隔水煤（岩）柱一经确定，不得随意变动，并通报相邻矿井。严禁在各类防隔水煤（岩）柱中进行采掘活动。

## 27.6.2 井下透水事故的处理

**27.6.2.1 透水预兆**

① 巷道壁和煤壁"挂汗"。由压力水渗过微细裂隙后，凝聚于岩石和煤层表面造成的。

② 煤层变冷。煤层含水增大时，热导率增大，所以，用手摸煤壁时有发凉的感觉。

③ 淋水加大，顶板来压或底板鼓起并有渗水。

④ 出现压力水流（或称水线）。这表明离水源已较近，如出水浑浊，说明水源很近；如出水清净，则说明水源稍远。

⑤ 煤层有水挤出，并发出"嘶嘶"声，有时尚能听到空洞泄水声。

⑥ 工作面有害气体增加。积水区常激发出气体——瓦斯、二氧化碳和硫化氢等。

⑦ 煤壁或巷道壁"挂红"、酸度大、水味发涩和有臭鸡蛋味，这是老空水的特点。

⑧ 煤发潮发暗。干燥、光亮的煤由于水的渗入，就变得潮湿、暗淡，如果挖去表层，里面还是这样，说明附近有积水。

**27.6.2.2 处理井下水灾的一般原则**

① 必须了解水灾的地点、性质、估计突出水量、静止水位、突水后涌水量、影响范围、补给水源及有影响的地面水体。

② 掌握灾区范围。如发生事故前人员分布、矿井中有生存条件的地点、进入该地点的可能通道。

③ 按积水量、涌水量组织强排。同时，发动群众堵塞地面补给水源，排除有影响的地表水体积水，必要时可采用灌浆堵水。

④ 加强排水与抢救中的通风，切断灾区电源，防止一切火源，防止瓦斯和其他有害气体的聚积和涌出。

⑤ 排水后，侦察抢险中，要防止冒顶和二次水灾。

⑥ 搬运和抢救遇难者，要按医疗防护措施进行。

**27.6.2.3 被淹矿井的恢复**

矿井被淹没后，排除积水是极为重要的。排水工作很复杂，首先要对水源进行调查研究，然后选择适当能力的排水设备，组织力量进行排水和恢复工作。排水的方法有：

(1) 直接排干法

就是增加排水能力，直接把井巷中的积水全部排干，此方法只能在水量不大或水源有限的情况下采用。

(2) 先堵后排法

当井下涌水量特别大，增大水泵能力不可能将水排干时，则必须先堵住涌水通道，然后再进行排水。

在整个恢复工作期间，要十分注意通风工作，排出有害气体。排水期间的安全措施有：

① 经常检查瓦斯。当井筒空气中瓦斯含量达1%时，停止向井下输电排水，要加强通风，使瓦斯含量降到1%以下。

② 及时检查其他有害气体含量。

③ 严禁在井筒内或井口附近使用明火或出现其他火源。

④ 在井筒内安装排水管或进行其他工作的人员，都必须佩戴安全带和自救器。

⑤ 在恢复井巷时，应特别注意防止冒顶与坠井事故。

#### 27.6.2.4 井下被困人员的救护

井下被困人员首先要做到情绪稳定，坚定信心，同时要注意保存自己的体力，要想尽一切办法与外界取得联系，如用石块或其他工具有规律地敲击巷道、煤岩壁等，给抢救人员寻找自己创造条件。

① 在井下发现被困人员时，禁止用头灯光束直接照射被困人员的眼睛，以避免在强光刺射下瞳孔急剧收缩，造成失明。可用红布、纸张、衣服等罩住头灯，使光线减弱，也可以用布把被困人员眼睛蒙住，使瞳孔逐渐收缩，待恢复正常后才能见强光。

② 发现被困人员时，不可立即抬运出井，应注意保持体温，抬到安全地点并在救护队的保护下，派医生对被困人员的身体进行检查，并给予必要的治疗（如包扎、输液、注射等）。

③ 在被困人员长期未进食的情况下，不能吃硬食物和过量饮食，以免发生意外，造成不良后果。

④ 救护队到达被困人员躲避地点时，在检查后确认躲避处无火源和其他危害时，可打开氧气瓶并放氧，使空气中氧含量增加。对于无氧气呼吸器的人员，禁止到躲避地点去。

⑤ 在搬运被困人员时，要轻抬轻放，保持平衡，避免震动。

## 27.7 地压灾害防治

### 27.7.1 冒顶事故及其危害

在煤矿井下生产过程中的5大自然灾害中，冒顶事故占比重最大，危害十分严重。不仅威胁井下人员生命安全，而且冒顶能压垮工作面，造成全工作面停产，影响正常循环作业。

在井下顶板事故中，采煤工作面冒顶事故最多（占冒顶总数的75%以上），其次是掘进工作面。然而，有针对性地采取措施，加强顶板的科学管理，绝大多数冒顶事故是可预防的。

### 27.7.2 预防冒顶的措施

按照顶板一次冒落的范围及造成伤亡的严重程度，可将常见的顶板事故分为两大类：大冒顶和局部冒顶事故。

#### 27.7.2.1 大冒顶的预兆及预防措施

采煤工作面不断向前推进，采场控顶面积便逐步增大，当厚度不大的直接顶逐渐塌落，而坚硬的老顶大面积悬露时，在工作面顶板岩层形成一个自然压力拱，煤壁受压发生变化，造成工作面压力集中。在这种情况下，如果工作面支架对顶板的总支撑力不能与维持顶板稳定下沉的要求相适应，就会出现大冒顶（或称切顶）。

(1) 大冒顶的预兆

① 顶板的预兆

a. 顶板连续发出断裂声。这是由于直接顶和老顶发生离层或顶板切断而产生的声响。

b. 顶板岩层破碎、下落、掉碴。掉碴一般由少变多，由稀变密。

c. 顶板裂缝增加或裂隙张开，并产生大量的下沉。

② 煤帮的预兆。由于冒顶前压力增加，煤壁受压后，煤质变软，片帮增多。使用电钻打眼时，钻眼省力；用采煤机割煤时，负荷减少。

③ 支架的预兆。使用木支架时，支架大量折断，发出声音。使用金属支柱时，顶板来压引起活柱快速下沉，连续发出“咯咯”的响声，支柱发颤。工作面使用绞接顶梁时，因受顶板冲击压力，顶梁楔被弹出或挤压，俗称“飞楔”。底板松软或底板留有底夹石、丢底煤时，支柱会大量插入底板。

④ 工作面瓦斯含量增多或淋水增大。含有瓦斯的煤层，冒顶前瓦斯涌出量突然增大。有淋水的顶板，淋水量增加。

(2) 预防大冒顶的措施

① 掌握工作面顶板周期来压规律。在确定工作面支架的总支撑力时，必须考虑顶板的初次来压和周期来压规律。如果支架总支撑力只能适应平时顶板压力，当有周期来压时会给工作面造成严重威胁。在支架的总支撑力不足应付周期来压时，掌握了顶板活动规律，在来压前加强支护，多增支架，并采取各种安全措施，则可以防止冒顶。所以，采掘工作面有备用支护材料是十分必要的。

② 采煤工作面要具备合理的支架规格和支护密度。

③ 加快工作面推进速度。因为工作面推进速度慢，顶板下沉量大，所以顶板不完整，木支架折损多，作用在金属支柱上的压力也大。由于推进速度慢，支柱大量折损，便使得工作面的总支撑力减小，这就容易推垮工作面。故应加快工作面推进速度。

#### 27.7.2.2 局部冒顶的预兆及预防措施

局部冒顶的发生主要取决于顶板的岩石性质以及支架对每一块顶板的支撑力。当顶板破碎、节理发育时，不进行支护就会发生冒顶。在地质条件变化的区域，也易发生冒顶。有时尽管顶板比较稳定，但忽视支架规格质量，违反操作规程，也会引起局部冒顶。

(1) 局部冒顶的预兆

① 工作面遇到小地质构造；

② 顶板裂隙张开，裂隙增多，敲帮问顶时发出不正常的声音；

③ 顶板裂隙内卡有活矸，并有掉碴、掉矸现象，先小后大；

④ 煤层与顶板接触面上，极薄的矸石片不断地脱落；

⑤ 滴淋水从顶板劈裂面滴落。

(2) 预防局部冒顶的措施

① 支护方式必须和顶板岩石性质相适应。

② 采煤机采后要及时支柱。

③ 整体移置输送机要采取必要的安全措施。

④ 工作面上下出口要有特种支架。根据《煤矿安全规程》的规定，一般采取在上、下平巷中超前工作面架抬棚，在机头、机尾处架抬棚，有时要加打密集支柱或木垛等措施加以特别支护。

⑤ 防止放炮崩倒棚子。

⑥ 认真做好回柱放顶工作。回柱放顶一定要及时，控顶距超过作业规程规定时，禁止采煤。回柱后顶板仍不冒

落，超过规定悬顶距离时，必须采取人工放顶或其他有效措施进行强制放顶。

⑦ 坚持正规循环作业。

⑧ 坚持执行必要的制度，如敲帮问顶制度、验收支架制度、岗位责任制度、金属支架检查制度、交接班制度、顶板分析制度等。

## 27.7.3　冒顶事故的处理

### 27.7.3.1　基本原则

冒顶事故发生后，应迅速抢救被困人员、恢复通风。

首先，应直接与被困人员联络（呼叫、敲打、使用地音探听器等）来确定被困人员所在的位置和人数。如果被困人员所在地点通风不好，必须设法加强通风，并利用压风管、水管及开掘巷道、打钻孔等方法，向被困人员输送新鲜空气、饮料和食物。如果觉察到有再次冒顶危险时，首先应加强支护。有准备地做好安全退路。在冒落区工作时，要派专人观察周围顶板变化，注意检查瓦斯变化情况。在清除冒落矸石时，要小心地使用工具，以免伤害被困人员，应该根据冒顶事故的范围大小、地压情况等，采取不同的抢救方法。

### 27.7.3.2　采煤工作面

应首先抢救被困人员，接着就是采取措施恢复生产。处理的方法应根据冒顶区岩层冒落的高度、冒落岩石的块度、冒顶的位置和冒顶影响范围的大小来决定。同时，还要根据煤层厚度、采煤方法等采取相应的措施。

（1）局部小冒顶的处理方法

一般是采取掏梁窝使用单腿棚或悬挂金属顶梁处理。

（2）大冒顶的处理方法

① 整巷法处理冒顶。对影响范围不大，冒顶区不超过15m，垮下来的碎石不大，采取一定措施以后，用人工可以搬动的，可以采取整巷法处理冒顶。

② 开补巷绕过冒顶区。一般在冒顶影响范围较大，不宜用整巷法处理时，可采取开补巷绕过冒顶区的方法，也称为部分重掘开切眼和重掘开切限的方法。根据冒顶区在工作面所处位置的不同，有以下三种情况：

a. 冒顶发生在工作面机尾处。可以沿工作面煤帮从回风巷重开一条补巷绕过冒顶区。若冒顶区范围较大，矸石堵塞巷道，造成采空区回风角瓦斯积存，可用临时挡风帘或临时局部通风机排除。

b. 冒顶区在工作面中部。可以平行于工作面留3～5m煤柱，重开一条切巷。新切巷的支架可根据顶板情况而定，一般使用一梁二柱棚。

c. 冒顶区在工作面机头侧。处理方法基本上与处理机尾侧冒顶区相同，即在煤帮错过一段留3～5m煤柱，由进风侧向工作面斜打一条补巷，与工作面相通。

### 27.7.3.3　掘进工作面目顶事故的处理

在处理垮落巷道之前，应采用加补棚子和架挑棚的方法，对冒顶处附近的巷道加强维护。在维护巷道的同时，要派专人观察顶板，以防扩大冒顶范围。处理垮落巷道的方法有木垛法、搭凉棚法、撞楔法、打绕道法四种。

① 木垛法。这是处理垮落巷道较常用的方法，一般分为“井”字木垛和“井”字木垛与小棚相结合的两种处理方法。

② 搭凉棚法。冒顶处冒落的拱高度不超过1m，且顶板岩石不继续冒落，冒顶长度又不大时，可以用5～8根长料搭在冒落两头完好的支架上，这就是搭凉棚法。然后，在“凉棚”这个遮盖物的掩护下进行出矸、架棚等项工序。架完棚以后，再在凉棚上用材料把顶板接实。这种方法在高瓦斯矿井中不宜使用。

③ 撞楔法。当顶板岩石很碎而且继续冒落，无法进行清理冒落物和架棚时，可采用撞楔法处理垮落巷道。

④ 打绕道法。当冒顶巷道长度较小，不易处理，并且造成堵人的严重情况时，为了想办法给被困人员输送新鲜空气、食物和饮料，迅速营救被困人员，可采取打绕道的方法，绕过冒落区进行抢救。

## 27.7.4　冲击地压防治

### 27.7.4.1　冲击地压概念

冲击地压（亦称“冲击矿压”，非煤矿山或其他岩土工程也称为“岩爆”）是煤矿开采中典型的动力灾害之一，通常是在煤、岩力学系统达到极限强度时，以突然、急剧、猛烈的形式释放弹性能，导致煤岩层瞬时破坏并伴随有煤粉和岩石的冲击，造成井巷的破坏及人身伤亡事故。在我国，冲击地压作为一种特殊的矿压显现形式，已成为煤矿开采，特别是深部开采矿井的主要灾害，严重威胁煤矿的安全生产。冲击地压可以定义为：矿山井巷和采场周围煤、岩体由于变形能释放而产生的以突然、急剧、猛烈的破坏为特征的动力现象。简单地讲，冲击地压就是煤岩体的突然破坏现象。冲击地压发生前一般没有明显的宏观前兆。冲击地压发生时，煤和岩石突然被抛出，造成支架折损、片帮冒顶、巷道堵塞、人员伤亡，并伴有巨大声响和岩体震动。在瓦斯煤层发生冲击地压时，往往还伴有大量瓦斯涌出。

### 27.7.4.2　冲击地压的防范措施

冲击地压的防范措施可分为区域性防范措施和局部性解危措施。

（1）冲击地压的区域性防范措施

① 矿井采用合理的开拓布置和开采方式。合理的开拓布置和开采方式能有效避免煤岩体中应力分布的集中叠压，大多冲击地压是因为不合理开采造成的。开采煤层群时，开拓布置应该有利于保护层开采。采盘区采面的开采方向应该一致，避免相向开出，造成应力集中。开采有冲击可能的煤层时，各巷道、硐室应布置在无冲击或冲击很小的煤岩体中，这样有利于维护和减少冲击发生的可能。

② 开采保护层是最有效和带有根本性的防治冲击地压的区域性防范措施。就下部煤层而言，由于开采保护层时前后支撑压力对其产生加压和泄压的交替作用，尤其是改变了它们的裂隙程度和透气性，使煤岩体内部结构发生变化，释放了积聚的弹性能，从而减缓和消除了冲击的可能。

（2）冲击地压的局部性解危措施

① 煤层注水。在工作面采掘前，提前对煤层使用高压注水，压力促使水体通过煤岩体中的裂隙、孔隙等通道进入煤层，达到软化煤层的效果，它是一种区域性的主动防冲击措施。煤层注水能够显著改变煤体开采过程中的煤层支承压力、上覆岩层应力分布及煤的变形特征等矿压显现规律，从而减弱或消除冲击地压发生的条件。煤层注水不仅可以减弱放缓冲击强度，还可以起到降尘、防突出的作用，能改善工作面作业环境。影响煤层注水的因素有煤层裂隙、孔隙的发育程度、煤层埋深、地应力分布集中状态、煤层的物理力学性质以及煤层的亲水性和内部瓦斯压力等。煤层的注水量要按煤层的性质通过试验确定，以煤层冲击倾向消失为原则。

② 离层注浆。离层注浆技术是人为经地面向煤岩体中打钻孔，利用高压泵向空隙带中不间断连续注入水及其他注浆材料配比成的注浆液，使注浆液充填进煤岩体离散层的裂隙、孔隙部，形成稳定整体支撑离层带上部强度、刚度大的煤层或岩层。使用离层注浆技术，可以使上覆岩层尽可能形成一个整体，减少或限制其受采动影响发生弯曲破裂，减小了地表的沉陷速度、沉陷量和范围，同时能减弱作业面发生冲击地压的可能。

③ 钻孔卸压。钻孔卸压是向煤岩体中打钻孔，利用煤

岩体中所积聚的能量破坏钻孔四周的煤岩体，达到释放动能、卸载压力、缓解冲击发生的目的。钻孔越接近高应力带，煤岩体积聚的能量就越多，钻孔冲击的频率和强度就越大，卸压成效性就越好。它的优点是操作灵活、效果明显、适应性强。打钻孔时，钻屑量的变化规律可以作为判别冲击发生的危险程度和卸压效果的指标。

④ 卸压爆破。卸压爆破是对已形成冲击危险的煤岩体采取深孔爆破的方法，减缓其应力分布集中的一种解危措施。钻孔深度应该达到它的支承压力峰值区内，越靠近峰值区，爆炸效果越明显，爆破卸压接触煤岩体应力集中的效果就越好。它能同时局部减缓解除冲击地压发生的强度和能量条件，使煤岩体不能积聚能量或达不到冲击发生的程度。卸压爆破简单易行，工时消耗少，相对较安全。

## 27.8 爆破安全

煤矿爆破是指把煤岩从矿体中剥落下来，并按工程要求爆破成一定的爆堆，破碎成一定的块度，为随后的采、装、运工作创造条件。常用的爆破方法有浅眼爆破法、深孔爆破法等，为控制爆破而使用的光面爆破法、预裂爆破法、缓冲爆破法，以及为改善爆破破碎效果而使用的挤压爆破法等。

爆破作业时，必然产生爆破地震、空气冲击波、碎石飞散及有害气体，因而危及爆破区附近的人员、设备、设施、建筑物及井巷等的安全。所以，爆破作业设计必须考虑安全距离、起爆方法等问题。

根据使用爆破器材的不同，起爆方法分为火雷管起爆法、电雷管起爆法、导爆索起爆法、导爆管起爆法及联合起爆法。

火雷管起爆法起爆，操作简便，不需电源，不受雷电及杂散电流的影响。电雷管起爆法起爆，起爆网路可用仪表检查，因而起爆可靠，延时精确。导爆索起爆法起爆，操作简单，导爆索强度大，防潮性能好，安全可靠。导爆管起爆法起爆，使用方便且安全可靠。为了保证爆破工作的安全可靠，防止拒爆，一般在较大规模爆破时使用联合起爆法起爆，同时敷设两种起爆网络。

### 27.8.1 浅眼爆破

在煤矿，浅眼炮孔一般分垂直孔、倾斜孔和水平孔三种，生产爆破中多用垂直孔和倾斜孔。露天开采多采用台阶式开采，开采布孔方式分为单排孔、双排孔、多排孔和分台阶布孔。

在浅眼爆破中，为了保证爆破的安全和爆破效果，应科学合理地确定爆破的每个参数，包括最小抵抗线、孔深、孔距、排距、一次起爆的炮孔数目和装药量等。

井下浅眼爆破有掘进爆破和浅眼崩矿爆破。掘进爆破效果的好坏直接影响每一掘进循环的进尺和装岩支护等工作能否顺利进行。掘进爆破需确定的参数有单位炸药消耗量、炮眼直径、炮眼数目和炮眼的深度。要做到浅眼崩矿爆破的安全和效果，对于炮眼排列和有关技术参数的确定是非常重要的。

### 27.8.2 深孔爆破

深孔爆破的孔深一般为 8～15m。露天爆破布孔形式按孔排列方向分为垂直深孔和倾斜深孔两种。

台阶开采时，相比之下倾斜孔比垂直孔应用更广泛，只是倾斜孔增加了炮孔的长度。深孔分为单排布置和多排布置，爆破参数包括炮孔的孔径、孔深、超深、孔距、底盘抵抗线、炮孔邻近系数、炮孔充填长度及炸药单耗等。

井下深孔爆破的深孔布置方式有平行深孔和扇形深孔两种，根据采矿方法的要求，深孔可布置成水平、垂直和倾斜。井下深孔爆破参数主要是孔径、最小抵抗线、孔间距和单位炸药消耗量等。

## 27.9 煤矿机电运输

煤矿生产过程中，矿石或废石从采掘（剥）作业面运送到矿仓、选厂或废石场，生产所需要的各种设备、器材运送到作业地点以及作业人员上下班的运送，都需要运输和提升工作。

### 27.9.1 煤矿提升运输方式

煤矿的提升运输方式是根据矿床的开采方法、开拓方式及经济技术条件确定的，而主要提升运输设备的选用又影响开采、开拓方案的确定。

（1）地下开采的主要提升运输方式

地下开采的矿井中，采掘作业面的矿石或废石一般都是通过溜井、溜眼装入运输平巷的矿车，或者在平巷内直接装车，通过巷道运输、井筒提升等环节转载送到地面。根据提升运输井巷的不同，分为竖井提升、斜井提升和平巷运输。

竖井提升按提升容器的不同，可分为罐笼提升、箕斗提升以及建井时用的吊桶提升；按提升机的不同，可分为单绳缠绕式提升和多绳摩擦式提升；按提升方式不同，可分为双罐笼提升、单罐笼提升及单罐平衡锤提升等。

斜井提升按设备不同，可分为斜井设备提升和斜井胶带输送机提升。轨道提升又可分为斜井提升和串车提升。

平巷运输按其动力不同可分为人力推车和机械运输；按运输设备的不同，可分为机车运输、无极绳运输等。机车运输又可分为内燃机车、架线式电机车和蓄电池电机车运输。

（2）露天开采的常用运输方式

露天开采运输方式，就动力而言，可分为人力和机械运输两大类；从道路设施分，又可分为有轨和无轨运输。常用的运输方式有以下几种：

① 公路运输。用汽车或拖拉机，沿着矿场的公路，将矿石运送到矿仓等地。这种运输方式机动灵活，对地形条件适应性较强，但车辆的运行和维修费用较大。

② 轨道机车运输。在矿体平面尺寸较大、坡度较缓的露天矿场内铺设窄轨铁路，用机车牵引列车运送矿石。该运输的优点是适合长距离运输，运营费用低；缺点是爬坡能力小，线路基建投资大。小型露天矿场，采用较多的轨道运输系统，是在水平地段用机车牵引或人力推车，在斜坡段用卷扬机或无极绳提升（下放）的联合运输方式。

③ 斜坡卷扬运输。在斜坡轨道上用提升机（卷扬机）提升或下放，而在斜坡道卷扬运输有斜坡箕斗和串车两种方式。斜坡箕斗是专用在斜坡道上的运载容器，与串车相比，运输能力大，发生跑车事故的可能性较小，但需设置装卸载设施，不如串车提运灵活。

④ 坡牵引手拉车运输。在手拉车通过斜坡道时，用钢丝卷扬牵引或下放手拉车。这种运输方式投资少，设备简单，使用方便，但运输能力低，仅适用于短距离、小坡度提升的小采矿场。

⑤ 溜运输。在山坡露天矿场，矿石借助自重，从溜井或溜槽放至地面。在采场内和地面，则用机动车辆或其他运输设备来进行运输。这种运输方式不受煤矿规模的限制，利用地形高差自重放矿，运营费低，在距地面高差较大、坡度较陡的山坡露天矿场中得到较为广泛的应用。

⑥ 重力卷扬运输。依靠矿石的重力，拖动重力卷扬机转动，并通过卷扬机的缠绕或摩擦使另一根（或另一端）钢丝绳提升空车，从而完成重车下放、空车上提的任务。车辆运行的速度，靠轨道坡度和制动闸来进行调节。这种运输方式适用于小型山坡露天矿场。

⑦ 人力运输。分轨道人力推车和胶轮手拉（推）车两种。

(3) 架空索道运输

架空索道运输是通过架设在空中的钢丝绳悬挂矿斗，随着牵引（或制动）钢丝绳的运动，矿车也随着运动的一种运输方式，这种运输方式分为动力和重力两种。它可以直接跨越较大的沟谷，翻越陡峭的山谷，对于地处山区、产量不大的煤矿，是一种比较有效的地表运输方法。

### 27.9.2　矿井提升及安全

#### 27.9.2.1　提升系统

矿井提升系统就是通过地面井口、井筒和井底的设备和装置进行上下提升运输工作的系统。所需设备和装置包括提升机、井架、天轮、钢丝绳、连接装置、提升容器、井筒导向装置、井口和井底的承接装置、阻车器、安全闸以及信号装置等。

根据主要设备、装置、用途及工作方式的不同特点，可以分为不同的系统，如多绳摩擦轮箕斗提升系统、单绳缠绕式罐笼提升系统、斜井串车提升等。小型煤矿的竖井基本上都使用罐笼提升。一般井筒断面大、提升量多而提升水平少的矿井，采用单罐笼带平衡锤提升。井筒断面小、提升量少的矿井，采用单罐笼提升。

#### 27.9.2.2　提升容器

提升容器用来供装运物、人员、材料和设备使用。竖井常用的提升容器有罐笼、箕斗、吊桶三种。罐笼可用于提升矿石、废石、人员、材料和设备，既可用于主井提升，也可用于副井提升，是小型煤矿广泛采用的提升容器。箕斗只能用来提升矿石和废石，并且要配备卸载装置，仅用于提升量较大的主井。而吊桶一般仅用于竖井开凿和井筒延深。

(1) 罐笼安全要求

煤矿广泛使用的单层罐笼是由罐体、连接装置、导向装置等主要部分组成的。

① 罐体。罐体是由槽钢、角钢等构件焊接或铆接成的金属框架，其两侧有带孔的钢板，上面设有扶手，以供升降人员之用；罐底焊有花纹钢板并铺设钢轨，供推入矿车之用。为避免矿车在罐内移动，掉出罐笼造成事故，在罐底装有限车器，并能可靠地工作。罐笼顶部设有可打开的顶盖门，以便装入长材料。为了防止乘罐人员掉出，罐笼两端必须装设罐门或罐帘，罐门或罐帘的高度不得小于 1.2m，下部距罐底不得超过 25cm。

② 连接装置。连接装置是指钢丝绳与提升容器之间的连接器具。连接装置不合要求会造成容器坠落事故的发生。连接装置由主拉杆、桃形环、绳卡（压板）和两根或四根保险链等组成。钢丝绳的尾端绕过桃形环后，用不少于 5 个绳卡与钢绳的工作端箍紧。为检查连接装置在运行过程中是否有松脱现象，在最后两绳卡间留一弧段（绳端侧），如弧段伸直或缩小时则说明绳卡已松动。

③ 导向装置。罐笼的导向装置一般称为罐耳。罐笼借助罐耳沿着装在井筒中的罐道运动。罐道有木质、金属（钢轨和型钢组合）、钢丝绳三种。木罐道用得较多，但有变形大、磨损快、易腐烂等缺点。钢丝绳罐道具有结构简单、节省钢材、通风阻力小、便于安装、维护简便等优点，已经获得越来越广泛的使用。但钢丝绳罐道的拉紧装置增加了井架负荷，井筒断面亦稍增加。罐耳有滑动和滚动两种。滚动罐耳运行平稳性好，阻力小，罐道磨损亦小，滚轮一般用橡胶或铸铁制成。采用钢丝绳罐道时，提升容器上除设沿钢丝绳罐道滑动的导向套（每根钢丝绳罐设两个）外，还应设滑动罐耳，以适应井口换车时稳罐的需要。

罐耳与罐道的间隙允许值为金属罐道每边不大于 5mm，木罐道每侧不大于 10m。钢丝绳罐耳滑套与钢丝绳的径向间隙为 2～5mm，若金属罐道一侧磨损超过 8mm 亦应更换，钢丝绳罐道钢丝在一个捻距内断丝数不得超过 15%。

(2) 吊桶提升及安全

吊桶是竖井开凿和延深时使用的提升容器。吊桶依照构造可分为自动翻转式、底开式与非翻转式。非翻转式可供升降人员、提运物料，在煤矿中广泛使用。

吊桶的结构强度必须满足要求，并要按规定进行检查。某金矿和某萤石矿曾发生过自制吊桶因吊环（提梁）断裂而坠落伤人事故。分析其原因主要是吊环的夹角过大，在提升时产生的弯曲应力反复作用下，致使吊环疲劳而断裂。

吊桶与钢丝绳之间必须采用不能自行脱落的连接装置。用吊桶升降人员时，必须符合有关安全规定：①吊桶要沿钢丝绳罐道升降。在凿井初期尚未设罐道前，升降距离不得超过 40m，吊盘下面不装设罐道的部分也不得超过 40m。②吊桶上面要装保护伞。③乘吊桶人员必须佩戴保险带，不准坐在吊桶边缘。装有物料的吊桶不得乘人。④没有特殊安全装置的自动翻转式或底开式吊桶，不准升降人员。⑤吊桶升降人员到井口时，必须在出车平台的井盖门关闭和吊桶放稳后，方允许人员进出吊桶。

#### 27.9.2.3　防坠器

防坠器是在提升容器因钢丝绳、连接装置等断裂发生意外事故时，能使提升容器立即卡在罐道上而不下坠的装置，是竖井提升中很重要的安全装置。因此，安全规程中规定升降人员或升降人员和物料的罐笼必须装设可靠的防坠器。

① 防坠器组成。防坠器基本上由开动机构、传动机构、抓捕机构三个部分组成：

a. 开动机构。广泛采用的是弹簧式开动机构。正常提升时，由于自重和提升钢丝绳的拉紧作用，使处于压缩的弹簧迅速恢复弹力。

b. 传动机构。当开动机构发生动作，其压缩弹簧在恢复变形的过程中，就通过传动机构带动抓捕机构工作。

c. 抓捕机构。当抓捕机构工作时，能紧紧抓住罐道，使提升容器不坠落。根据抓捕方式的不同分为刺入式、摩擦式和楔式。

② 防坠器类型。根据使用罐道或支撑元件的不同，防坠器有以下三种类型：

a. 木罐道防坠器。在正常情况下，弹簧被中心拉杆压缩，通过水平杆、拉杆、连杆而使支撑杆下落，卡抓亦下落，因而在卡抓和罐道之间保持一定的间隙。当发生断绳时，中心拉杆失去拉力，在弹簧作用下，通过传动杆件使支撑杠杆的末端向上撬起，将卡抓向上转动，刺入木罐道而进行抓捕。

b. 金属罐道防坠器是一种靠在钢轨或组合型钢罐道两侧的凸轮，在罐笼失去拉力时，与罐道间产生摩擦来阻止罐笼下落的防坠装置。

c. 钢丝绳制动防坠器是以井筒中专门设置的制动钢丝绳为支承元件的防坠器，不仅用于钢丝绳罐道，还可以用于刚性罐道。

#### 27.9.2.4　井口安全设施

为保证提升作业安全，防止发生人身或设备事故，在罐笼提升系统中，各井口必须装设必要的安全设施：

① 井口安全门。在地面及各中段井口必须装设安全门，以防止人员进入危险区域或者运输设备冲入井筒，发生人员或者设备坠井事故。安全门应启开灵活，具有可靠的防护作用。其操作方式有手动、罐笼带动、气动、电动等多种。安全门的结构形式较多，有罐笼带动上下滑移式、横向沿移式、开启式及折叠式等。

② 井口阻车器。为了防止矿车落入井筒，在罐笼提升

的井口车场进车侧，必须装设阻车器，并要保持动作灵活、可靠。阻车器的操作方式有手动、气动、液压，以及利用罐笼升降、矿车运行等方式为动力来进行传动。其结构有阻车轮、阻车轴等形式。

③ 承接装置。为保证安全和便于矿车出入罐笼，在提升罐笼的井口使用承接装置，一般包括承接梁、托台和摇台。无论托台还是摇台，都应与提升机或提升信号闭锁，以免发生冲撞事故。

#### 27.9.2.5　提升机

提升机又称绞车或卷扬机，是矿井提升的主要设备，它的安全可靠运行是矿井提升安全的重要保证。

（1）种类

提升机按照卷筒的特点可分为单绳缠绕式和多绳摩擦式两大类。

单绳缠绕式提升机又分为单卷筒和双卷筒两种。双卷筒提升机，每个卷筒上固定一根钢丝绳，两根钢丝绳按相反方向缠绕于卷筒上，卷筒往同一方向旋转时，两绳一缠一放，使两个绳端的容器上下运动。单卷筒提升机只有一个卷筒，主要用于单钩提升。

多绳摩擦式提升机是通过主导轮上的衬垫与围抱在其上的钢丝绳之间的摩擦力来拖动钢丝绳的，具有体积小、重量轻、提升能力大、安全性能好等优点，适用于深井提升。

（2）安全装置及有关安全要求

① 卷筒缠绳的有关要求。钢丝绳在卷筒上缠绕后，会对卷筒产生缠绕应力，缠绕应力过大会造成筒壳变形损坏。为了使筒壳应力分布均匀，在筒壳外面装设衬木，并在上面刻有绳槽，以使钢绳排列整齐。为了限制缠绕应力和避免跳绳、咬绳，安全规程对钢丝绳缠绕的层数做了规定。

钢丝绳的绳头固定在卷筒上必须牢固，要有特定的卡绳装置，不得系在卷筒轴上，穿绳孔不得有锐利的边缘和毛刺，曲折处的弯曲不得形成锐角，以防止钢丝绳变形。卷筒上必须留有三圈绳作为摩擦圈，以减轻钢丝绳与卷筒连接处的张力。

② 制动装置。制动装置是提升机的关键，很多安全保护都要靠它来实现，因此必须非常可靠。

a. 制动装置的种类和形式。制动装置按用途不同分为工作制动和安全制动（紧急制动、保险制动）。在提升机工作时，参与调整速度并在提升终了时使之正常停车，即为工作制动。当提升机工作异常时，使之迅速停车，以防止事故发生，即为安全制动。

制动装置的传动机构有手动式、液（油）压式和气压式。手动式只限于在小型提升机上使用。液压式和气压式有两种工作方法，一种是用液压或压缩空气气压直接进行制动；另一种是利用液压和气压来克服重锤或弹簧进行松闸，靠重锤或弹簧力进行制动。要求在紧急情况下能自动可靠地进行制动，因此，它必须借助电磁铁的失电使机构动作，靠重力或弹簧力实现制动，同时要切断电动机的电源，使提升机安全停车。

b. 制动装置的检查和维修。为了使制动装置能安全可靠地工作，必须认真地进行检查和维修，使之处于良好的状态。对于小型提升机制动装置，检查内容及要求主要包括：制动装置的动作是否灵活可靠；各传动杆件是否存在变形和裂纹；紧固件是否松动；各销轴是否松动、不缺油；闸瓦与闸轮是否接触良好，闸带是否存在断裂现象，磨损余厚是否不小于3mm；固定螺栓顶端距闸木曲面是否不小于5mm，闸轮表面是否光滑等。

③ 过卷保护装置。当提升容器升到井口而未停车，继续向上提升而造成的事故称为过卷事故。这类事故往往将井架拉坏，甚至将钢丝绳拉断而使提升容器坠落。当提升容器下放到井底而未减速停车，与井底承接装置或井窝发生撞击而造成的事故称为镦罐事故，也称下放过卷事故。

过卷保护装置是将串联在保护回路内的过卷保护开关安装在井架和深度指示器上，当提升容器超过正常终端停止位置0.5m时，使过卷开关触点断开，保护回路线圈失电，即将电动机和安全制动电磁铁的电源切断，安全制动器发生作用而制动。

④ 限速保护装置。限速保护装置起两个作用，一是防止提升机超速；二是限制提升容器到达井口时的速度，以防因速度高而使制动距离过大造成事故。为此，安全规程要求限速保护装置：当提升速度超过正常最大速度的15%时，使提升机自动停止运转，实现安全制动；当最大提升速度超过4m/s时，能保证提升容器在到达井口时的速度不超过2m/s。限速保护装置一般可分为机械式和电磁式两种。

⑤ 紧急脚踏开关。为了能在提升机的工作闸或主令控制器失灵等紧急情况下，司机能够迅速地切断电源，实现紧急制动，防止事故的发生，在司机台前装设紧急脚踏开关，只要司机一踩，就能切断电源，制动停车。

（3）提升机的安全操作

矿井提升机能否安全运转，除了有良好的安全性能外，它的安全操作是非常重要的。

① 提升信号。在提升中，为了统一指挥提升作业，保障人员、设施的安全和生产的正常进行，必须安装信号系统，包括声光信号、辅助信号、电话等。对信号的要求是：清晰、明了、容易识别。为了避免提升机的误操作，井底和各中段发出的信号需经井口信号工转发给提升机房，不准越过井口信号工直接向提升机房发开车信号，但可以发紧急停车信号。井口信号应与提升机的控制回路闭锁，只有当信号发出后，提升机才能启动。

② 人员提升安全。井筒是人员进出的必经之路，为了避免人员提升时发生事故，必须经常对入井人员进行安全教育，建立严格的信号管理、乘罐等规章制度，加强对井口安全管理。井口的安全设施必须齐备、可靠。井筒和水平大巷的连接处，必须设人行绕道，井筒中装有梯子间时，可以用梯子间作人行绕道。禁止人员通过提升间。井口信号工既是井口提升作业的操作者，又是井口安全的管理者，是煤矿的特种作业人员之一。井口信号工发出信号之前，必须看清楚罐笼内和井口附近人员情况，关好罐笼门和井口安全门，防止人员进入危险位置。乘罐人员一定要严格遵守乘罐制度，服从管理人员和井口信号工的指挥，遵守秩序，不要拥挤。发出升降信号后、罐笼没有停稳和没有发出停车信号以前，不许上下，以防失足坠落或者挤伤、碰伤。罐笼每次所载的人数要有明确规定，不许超载，不许强行搭乘。井口附近应有良好的照明，应设有明显的提升声光信号，其安装位置应尽量接近井口，使乘罐人员能清晰地看到、听到。

#### 27.9.2.6　斜井提升安全

小型煤矿常用的提升方式之一是斜井（斜坡）单钩串车提升，设备简单，但如果在操作、管理方面不当，则容易发生事故，造成危害。因此，要引起重视，应采取有效的措施，搞好斜井提升安全。

（1）跑车事故及预防

① 跑车事故的原因。斜井串车提升由于换钩频繁，钢丝绳容易磨损和断裂等，常常发生跑车事故。根据引发事故的不同原因，大致可分为以下几种：挂钩工疏忽而未挂钩就将空车下推引起的跑车事故，挂钩工操作不当而引起的跑车事故，断绳引起的跑车事故，车辆运行中由于挂钩插销跳出而发生的跑车事故，连接装置断裂引起的跑车事故，提升机制动器失灵引起的跑车事故。

② 防止跑车事故的措施。对跑车事故主要从两方面着手应对，一是防止发生跑车；二是一旦发生跑车时避免事故扩大，尤其是避免人员伤害。主要措施有以下几个方面：严格执行“井筒行车不行人，行人不行车”制度；上部和中间车场，装设阻车器或挡车栏，在车辆通过时打开，通过后关闭；在条件允许的情况下井口尽量使用甩车场，以避免平车场容易跑车的缺点；把钩工要经过培训，考试合格后才能上岗；加强钢丝绳的检查、维护，防止断绳事故；钢丝绳与矿车和矿车之间都要使用不能自行脱落的连接装置；轨道要符合质量标准，并要及时清理，以防矿车掉道或运行时跳动；要加强矿车的检查和维修，发现底盘有开焊和裂崩的矿车，要停止使用；装设防跑车装置。

③ 斜井防跑车装置的种类和结构。斜井防跑车装置是斜井发生跑车后能将跑下的车辆阻止，从而避免事故扩大、造成严重后果的装置。防跑车装置种类很多，一般使用的有自动抓捕装置、电动式自动挡车门、闭锁式防跑车装置。

(2) 斜井运送人员

斜井人车是专供运送人员上下之用的，其本身不带动力，用提升机由钢丝绳牵引，由跟车的司机发送信号指挥提升机司机开车。人车上装有断绳防坠器，当发生断绳或连接器脱钩等事故时，能自动将人车平稳地停下。断绳防坠器也可以用手操纵。人车断绳防坠器主要有两种，即插爪式和抱轨式。

#### 27.9.2.7 煤矿运输及安全

(1) 轨道运输

轨道运输是地下开采煤矿主要的运输方式，在露天矿场的运输中占有重要的地位。轨道运输的主要设备有轨道、矿车、牵引设备和辅助机械设备等。矿车按用途分为运货矿车、人车和专用矿车（如炸药车、水车）。运输的矿车主要有固定车厢式、翻斗式、侧卸式、平板式和底卸式等。牵引设备，在斜巷（斜坡）主要是用绞车（卷扬机）通过钢丝绳牵引（提升）车辆，在平巷和坡度很小的坡道主要是机车牵引车辆。辅助机械设备主要有翻车机、推车机、爬车机、阻车器等。

(2) 机车运输

机车运输是用机车牵引着一列矿车在轨道上运行。它是水平巷道长距离运输的主要方式，在露天矿场用得很多。矿用机车按使用动力不同，分为电机车和内燃机车两种。绝大多数煤矿使用的是电机车，煤矿井下使用的是内燃机车，排放的废气必须经过净化处理，符合排放标准。

电机车能否安全运行，它的制动性能好坏将起着重要的作用。电机车的制动分机械制动和电气制动两种。在正常行驶的情况下，应使用机械制动；在紧急情况下，机械和电气制动要同时使用，以保证能安全制动。制动装置要有足够的制动力，以保证列车在运行时的制动距离符合安全规程的规定，即运送人员时不超过20m，运送物料时不超过40m。

电机车司机的安全操作是电机车安全运行的关键，司机要由责任心强、身体健康、经过培训考试合格的人员担任。电机车司机不得擅离工作岗位。开车前，必须发出开车信号。开车时，要集中精力，谨慎操作。司机离开座位时，必须切断电动机电源，将控制手把取下，保管好，扳紧车闸，但不要关闭车灯。电机车在正常运行时，必须在列车的前端牵引，只有在调车和处理事故时才可以顶车。司机在行车时，必须随时注意线路前方有无障碍物、行人或其他危险情况，不得将头或身体探出车外。列车通过风门区域时，要发出声光信号，接近风门、巷道口、弯道、道岔，坡度较大或噪声大等区域，以及前方有车辆或视线有障碍时，必须降低速度和发出报警信号。司机发现有异常情况或信号时，应立即停车检查，待故障排除后，方可继续行车。

电机车架空线的悬吊、架设应符合有关质量标准。架空线的悬挂高度（自轨面算起），在运输巷道内，不低于1.8m；在调车场及电机车道与人行道交叉点，不低于2m；在井底车场及地面工业广场，不低于2.2m。为了便于架空线维修和及时切断电源，需设分段开关，架线电车运输中断时间较长（超过一个班）的区段，架空线的电源必须切断。

为了减少杂散电流，在钢轨接头处，各平行钢轨之间，道岔和道岔心之间，都必须用导线连接，并要加强维护，以减小轨道回路电阻。对于不回电的轨道和架线电机车轨道的连接处必须加以绝缘。

(3) 公路运输

公路运输是露天矿场采用较多的运输方式，为确保公路运输的安全，应做到下列几点：

① 道路要符合设计要求，经常养护，保证车辆运行顺利。

② 机动车辆驾驶员必须经过培训考试，取得驾驶证，严禁无证驾驶。

③ 车辆要按有关规定进行维修保养，保持其安全性能。

④ 自卸汽车严禁运载易燃、易爆物品。

⑤ 车辆在采矿场道路上宜采用中速行驶，在急弯、陡坡、危险地段应限速行驶，煤矿应依据情况具体规定各地段的车速，并设置路标。

⑥ 雾天和烟尘较大影响视线时，应开亮车前黄灯靠右减速行驶，前后车间的安全距离不小于30m。

⑦ 冰雪和多雨季节，道路较滑时，应有防滑措施，要减速行驶，前后车间的安全距离不得小于40m。

⑧ 卸矿平台要有足够的调车宽度。卸矿点必须有可靠的挡车设施，其高度应不小于轮胎直径的2/5。挡车设施需经技术检验合格后方准使用。

## 27.10 边坡灾害防治

### 27.10.1 边坡及相关概念

边坡指的是为保证路基稳定，在路基两侧做成的具有一定坡度的坡面。

边坡的分类：

① 按成因分类可分为人工边坡和自然边坡。

② 按地层岩性分类可分为土质边坡和岩质边坡。

a. 按岩层结构分为层状结构边坡、块状结构边坡、网状结构边坡。

b. 按岩层倾向与坡向的关系分为顺向边坡、反向边坡、直立边坡。

③ 按使用年限分类可分为永久性边坡和临时性边坡。

### 27.10.2 高危边坡形成机理

高危边坡的形成受多种条件和因素的制约和影响，这些条件和因素主要包括地形地貌、地层岩性及构造、暴雨等因素。

① 地形地貌。边坡处于低山区，边坡体地表相对高差40～100m，斜坡坡度大，在边坡前缘下部由于修建公路开挖坡脚，坡度较陡，一般为55°～75°，上部为自然边坡，坡度较缓，一般为30°～50°。

② 地层岩性及构造。边坡地层岩性主要为二迭系砂泥岩，砂岩多为灰绿色，中厚层状构造，层厚20～50cm，中粒结构，钙质胶结；泥岩多为紫红色，风化呈碎片状，局部夹灰绿色、灰白色泥岩层，层厚2～5m不等。由于泥、页岩抗风化能力弱，表层常形成全风化的土状，在泥、页岩层形成凹槽，上部形成不稳定块体。岩层中节理裂隙构造发育，局部褶曲变形复杂，破坏了岩层的完整性和稳定性，当

坡角开挖后，形成危岩边坡，易出现崩落、垮塌等灾害现象。

③ 暴雨。当遇暴雨时，地表水沿坡体下渗，增大了孔隙水压力及降低了岩土体的强度，易引发崩塌。

### 27.10.3 边坡灾害发生机理

影响边坡稳定性的人为因素有坡体开挖程度、坡体下部开挖形态、工程爆破、坡体开挖坡度角、降水或排水、破坏植被等。影响边坡稳定性的自然因素有边坡岩层岩性、风化程度、岩体构造、岩体节理、岩体断层、水文地质、气候与气象、地震等。边坡滑坡的类型有平面滑坡、楔体滑坡、圆弧滑坡、倾倒滑坡、复合滑坡5种。边坡滑坡是在多种应力作用下所致，可分为3个阶段：1为不稳定因素积累阶段；2为重力崩坠阶段；3为平衡恢复阶段。1阶段岩体在长期的地质应力和各种外界剪切力作用下，产生节理、裂隙或断裂，岩体整体性受到严重破坏，甚至被外界剪切力分割成支离破碎的块体，为滑坡运动奠定了基础。2阶段使滑坡体脱离母岩，沿最大重力梯度方向急剧崩落，然后堆积于坡麓。3阶段是平衡恢复阶段，同时也是再次滑坡的准备阶段，如此周期变化。边坡滑坡受多种因素影响，人为因素影响主要是工程爆破改变地质应力，开挖改变台阶坡度，促使台阶坡体内能量释放，地质应力重新分布，导致岩体产生节理、裂隙和断裂，原有节理、裂隙和断裂更加扩展，由地质应力所切割的岩体失稳，可能造成边坡岩体滑落。自然因素影响主要有两方面，一是矿台阶坡面岩体性质有较大差异，岩层软硬相间，长时间风化雨淋，软岩被风化侵蚀，结构面破碎就会产生滑落；二是地质构造发育使没有节理发育的岩体破碎化，构造越发育，岩体越破碎，越容易导致滑坡。

### 27.10.4 边坡防护措施

（1）边坡结构物防护

大多用于人工开挖边坡，主要有喷射水泥砂浆、混凝土等，具体施工方法是水泥砂浆喷射法，其厚度一般为5～10m。在喷射前，先用压缩空气仔细清扫，将活动的浮石扫落后，再用直径2～6mm、间距50～150mm的铁丝网固定在边坡上，$1m^2$内固定一两处。涌水地段，要挖泄水孔或水平泄水孔进行彻底处理，使喷射面内侧没有水回流。即使认为没有涌水危险的边坡，在20m内也宜做一处泄水孔。还要进行铺石或预制块铺砌防护，铺石护坡、预制块铺砌的主要目的为防止小于10%缓坡风化和侵蚀，用于没有黏结力的砂土、硬土，以及易于崩塌的黏土等。

（2）边坡植被防护

植被防护可以铺草皮防护，这是一种在挖土或填土边坡上种植草皮以及保护边坡的方法，栽植时间以初春到梅雨季节为好，尽可能避开旱季、霜冻季节。在挖方或填方的边坡上用喷撒机械将种子、肥料拌上土壤喷撒，靠这些种子生长的草皮来护边坡。这种方法施工速度快，季节性强。袋式植被防护，这种方法是将种子与肥料装于网袋内，铺贴在边坡上所挖的水平沟槽内，因包在网袋内流失少，在冬季或夏季都可施工。孔穴式植被防护，这种方式是在边坡上挖成交错式的孔穴，将种子与肥料填充入孔内，因外来土较深，肥料流失少，肥效可长期保存，适用于硬质黏土类的匀质土挖方边坡。

## 27.11 尾矿库灾害防治

### 27.11.1 排土场灾害及防治

（1）概念

排土场又称废石场，是指矿山采矿排弃物集中排放的场所。采矿是指露天采矿和地下采矿，包含矿山基建期间的露天剥离和井巷掘进开拓。排弃物一般包括腐植表土、风化岩土、坚硬岩石以及混合岩土，有时也包括可能回收的表外矿、贫矿等。排土场作为矿山接纳废石的场所，是露天矿开采的基本工序之一，是矿山组织生产不可或缺的一项永久性工程建设。其位置选择、建设质量、经营管理、安全稳定在矿山生产时期至闭坑后相当长时期内都会对矿山企业产生重要影响。为确保正常生产，各矿山对排土场管理都很重视，排土场管理成本投入也在不断增加。但由于排土场在建设和使用过程中对各种影响因素考虑不周，比如排土场选址缺乏科学论证、忽视排土场的建设质量、生产经营管理不到位等，常导致排土场灾害发生，给矿山和社会带来严重危害。

（2）排土场灾害类型

排土场灾害的类型因地质、地理、气候等自然条件不同而异，按其对环境危害的形式，大体分为三种：一是排土场滑坡，因松散固体大规模错动、滑移对环境造成的破坏性危害；二是排土场泥石流，液固相流体流动对环境造成的破坏性危害；三是排土场环境污染，气体或液体携带有害粉尘或泥沙对环境造成的污染性危害。

① 排土场滑坡。排土场滑坡是排土场灾害中最为普遍、发生频率最高的一种，包括排土场内部的滑坡、沿排土场与基底接触面的滑坡、沿基底软弱层的滑坡三种类型。这三种类型的滑坡机理是大体相同的，但是在成因上有所区别。

② 排土场泥石流。泥石流的形成有三个基本条件：一是泥石流区含有丰富的松散岩土；二是山坡地形陡峻和较大的沟床纵坡；三是泥石流区的上中游有较大的汇水面积和充足的水源。矿山工程中筑路开挖的土石方、坑道掘进排弃的废石、矿山开采表土剥离的土石方以及露天矿排土场堆积的大量松散岩土物料都给泥石流的发生提供了丰富的固体物料来源。此外，大部分矿山排土场都建在山沟里，使得排土场的汇水面积较大和具有较大的沟床纵坡，在集中降雨的情况下，便有可能发生排土场泥石流。

③ 排土场环境污染。矿山排土场作为矿山开采中收容废石的场所，其中必然存在大量的细微固体颗粒，无论使用何种排土工艺，在卸土和转排时，都会产生大量的粉尘，随风四处飞扬，不仅危害作业人员的身体健康，而且还危害排土场周围环境，污染空气和农作物。排土场一般都处在较高的位置，随着风力的加剧，污染范围也会扩大。此外，排土场因水土流失造成的水系污染对生态环境的影响也是很大的。

（3）排土场灾害影响因素

① 基底承载能力。确定排土场稳定性要分析基底岩层构造、地形坡度及其承载能力。通常矿山排土中，基底不稳引起滑坡的占32%～40%。当基底坡度较陡，大于或接近排土物料的内摩擦角时，容易产生沿基底接触面的滑坡。

② 排土工艺。不同的排土工艺形成不同的排土场台阶，其堆置速度、堆置高度、压力与基底土层孔隙压力的固结和消散都密切相关，对上部各台阶的稳定性起着重要作用，是导致排土场滑坡的重要因素。

③ 排土场岩土力学性质。根据松散介质理论，当基底稳定时，坚硬岩石的排土场高度，在其边坡角等于自然安息角条件下可以达到任意高度。然而，往往受到排土场岩石构成的不均匀性和外部荷载的影响，使得排土场高度受到限制。

④ 地下水与地表水。排土场物料的力学性质与湿度和含水量有着显著关系，当物料的湿度较小时，随着湿度的增加，黏结力和内摩擦角逐渐上升，若湿度继续增加则力学参数将下降，直到饱和状态时，便对排土场有破坏性的影响。据统计，我国露天矿山排土场由于雨水或地表水作用而引起

滑坡的例子占50%左右。

(4) 排土场灾害防治技术

① 选择最合适场址建设排土场。要从优选水文和工程地质条件、植被及周边环境等因素入手，进行合理设计。避开塌方、泥石流、滑坡、地下河、破碎带、断层、软弱基底等不良地质区，避免跨越流水量大的沟谷等不利因素，适当改造环境工程地质条件，使之适应实际需要。

② 改进排土工艺。铁路运输时采用轻便高效的排土设备（如推土机、前装机等）进行排土，可以增大移道步距，提高排土场的稳定性。合理控制排土顺序，避免形成软弱夹层（即潜在滑动面）。同时将坚硬大块岩石堆置在底层以稳固基底，或将大块岩石堆置在基底以压实和固结，也有助于上部后续台阶的稳定。

③ 处理软弱基底。若基底表土或软岩较薄，可在排土之前开挖掉，若在3～5m以上，挖掉是不经济的，则要控制排土强度和一次堆置高度，以使基底得到压实和逐渐分散基底的承载压力。也可用爆破法将基底软岩破碎，这不仅增大抗滑能力，还可在底层形成排水层。基底含水将浸润排土场下部岩石而产生滑动。可在场地周围开挖排水沟，降低地下水位，在排水沟内充填透水材料，坡度不小于2%，如果基底面低洼积水，则要开挖排水涵洞。若基底内有承压水，则要事前疏干，不让静水压力造成隔水层底鼓，导致地下水穿透隔水层进入排土场。此时，有效的疏干措施是打管道式降水井。

④ 疏干排水。地表水和雨水对于排土场滑坡和泥石流起着重要作用，因此需要采取一系列的工程措施进行水的治理和疏排工作。首先对排土场上方山坡汇水截流，将水疏排到外围的低洼处。其次是排土场平台本身的汇水不致侵蚀和冲刷边坡，而将平台修成3°左右的反坡，使水流向坡跟处的排水沟而排出界外。然后在排土场下游沟谷的收口部位修筑不同形式的拦挡坝（片石过水坝、竹笼坝、铁丝笼坝及拦洪坝等），起到拦挡排土场泥石流、防止污染农田的作用。

⑤ 修筑护坡挡墙和泥石流消能设施。为稳固坡角，防止排土场滑坡，可采用不同形式的护坡挡墙。它们是坚硬的石块堆置成的块石重力坝，透水性好，施工简单，造价便宜，能阻挡泥沙和滑坡。将坚硬岩石预先堆置在可能产生潜在滑动面的位置上，排土场形成后便成了预先埋设的抗滑挡墙。同时它将改善水的排泄和排土场内部的疏干。

⑥ 排土场复垦。在已结束施工的排土场平台和斜坡上进行复垦（植树和种草），可以起到固坡和防止雨水对排土场表面侵蚀和冲刷的影响，尤其堆置的是表土和风化岩石时，这种植被的效果比较明显。植被的根系可以加固排土场表面的岩石，阻止雨水往内部渗透，植物本身也吸收大量的水分。排土场植被要结合排土场作业计划统一规划，首先因地制宜，确定适宜种植的植物种类，然后根据排土台阶的形成顺序，进行场地平整、播种或栽植，并有专人施肥、浇水和维护，以获得较高的成活率。

## 27.11.2 煤矸石山灾害及防治

### 27.11.2.1 煤矸石山概念

煤矸石山是煤矿集中堆置废料的场所。煤矸石山是煤矿最显著的标志之一，采煤时，煤矸石会被分离出来堆放在一边，久而久之堆积成山。煤矸石是煤矿生产过程中产生的废渣，包括岩石巷道掘进时产生的掘进矸石，采煤过程中从顶板、底板和夹在煤层中的岩石夹层里采出来的矸石，以及洗煤厂生产过程中排出的洗矸石。一般将采煤过程和洗煤厂生产过程中排出的矸石叫煤矸石。它是成煤过程中与煤层伴生的一种含碳量低、比较坚硬的黑色岩石。煤矸石的化学成分主要是$SiO_2$（30%～60%）、$Al_2O_3$（15%～40%）和C（20%～30%），还含有$Fe_2O_3$（2%～10%）、CaO（1%～4%）、MgO（1%～3%）、$Na_2O$（1%～2%）、$K_2O$（1%～2%）、$SO_3$、$P_2O_3$、N、H等。此外，也常含有少量Ti、V、Cu等金属元素。煤矸石的化学成分不稳定，不同地区的煤矸石成分变化较大，煤矸石的矿物成分以黏土矿物和石英为主，常见矿物为高岭石、蒙脱石、伊利石、石英、长石、云母和绿泥石类。除了石英和长石外，以上矿物均属于层状结构的硅酸盐，这是煤矸石矿物成分的一个特点。

### 27.11.2.2 煤矸石山危害

(1) 煤矸石对自然环境的影响和危害

煤矸石对自然环境的影响主要表现在以下几个方面：

① 大量占用土地面积，浪费土地资源。

② 对自然环境造成严重污染，具体表现在：

a. 对大气环境的污染。通常情况下，煤矸石多露天堆放，很容易形成扬尘现象，由于煤矸石多年堆放，表层风化严重，会形成粉尘颗粒，在风力作用下，颗粒就会飞起并悬浮于大气中。粉尘中含有很多对人体有害的元素，如Hg、Cd、Cr、Cu、As、Mn、Zn等，可能导致多种疾病。煤矸石中所含的黄铁矿（$FeS_2$）易被空气氧化，放出的热量可以促使煤矸石中所含煤炭风化甚至自燃，在自燃中放出大量的$SO_2$、$H_2S$、CO、$CO_2$和氮氧化物等有害气体。煤矸石燃烧时散发出难闻的气味和有害的烟雾，使附近居民慢性气管炎和气喘病患者增多，周围树木落叶，庄稼减产。风化引起的扬尘对矿区大气环境造成严重污染。

b. 对水资源的污染。煤矸石中的硫被雨水浸湿后加速氧化过程，能引起煤矸石山的燃烧，生成二氧化硫等大量有毒有害的气体和粉尘，从而对周围的环境和地表水造成严重的污染，而煤矸石由于长期堆放，经长期风化、淋滤、渗漏等作用，也大量渗出煤泥水、含重金属酸性水，对地下水造成严重的污染。

③ 对土壤的损害。煤矸石中含有的多种非中性物质以及微量重金属等，通过淋溶、扬尘等方式进入土壤，再通过径流、渗透等方式在土壤中扩散，造成一定区域内土壤酸碱性的明显改变，破坏植被适宜生长的环境，造成大量植被枯死，短期内很难恢复。另外，煤矸石中重金属元素通过径流、渗透等进入土壤，并长期聚集，将破坏土壤中重金属的本底值和平衡关系，破坏土壤的养分，还可能通过食物链系统危及人体健康。

(2) 煤矸石给人类的灾害

煤矸石堆积过高，坡度过大，容易引发煤矸石山滑坡、崩塌等，造成地质灾害。例如凤台县新集镇境内发生一起因当地农民进入煤矸石山，扒捡矿山废弃物，造成煤矸石山坍塌，致使8人死亡的事故。又如煤矸石的自燃事故等在我国曾多次发生。

### 27.11.2.3 煤矸石山灾害治理对策

治理煤矸石所引发的灾害可以从两个方面进行，一是把煤矸石作二次资源进行开发利用；二是通过植被恢复与重建方法从而改变煤矸石废弃地的土质及生态环境。

① 对煤矸石的二次开发利用，提高矿产资源的综合利用水平，既可减少煤矸石的排放量，改善生态环境，又可变废为宝，充分利用资源，缓解矿产资源供需矛盾。近年来，我国在煤矸石综合利用方面取得了一定的成绩和经验，比如：用于沸腾炉燃烧来供热、发电；用于生产煤矸石砖，避免因大量取土烧砖而减少耕地；把煤矸石作为生产水泥的原料；从煤矸石中回收硫，生产硫酸等化工产品；利用煤矸石生产石棉及其制品；据介绍，我国在利用煤矸石充填塌陷区、修路等方面的技术也取得了较大的突破，有效地提高了煤矸石和土地的利用率。

② 煤矸石山植被恢复和重建方法。煤矸石山对人类和

环境的危害以及对区域可持续发展的影响日益受到人们的重视，其生态的恢复与重建已为世界各国所普遍关注。这些煤矸石风化物大都不易成土粒，而呈砾状且不像土壤那样有吸附性能，保水、保肥、缓冲性能都较差，立地条件相当差，贫瘠、缺水、呈酸性，且易受粉尘、$SO_2$、$SO_3$ 等侵蚀，所以要选耐贫瘠、耐酸性、抗粉尘、抗酸气污染的植物。我们可以借鉴明山煤矿的煤矸石山现已成功自然定居的 64 种植物，通过人工播种这些植物，为其他煤矸石山植被恢复与重建以及生态环境保护提供参考。

## 参考文献


[1] 王省身，张国枢主编．矿井火灾防治．徐州：中国矿业大学出版社，1990.

[2] 徐永圻主编．煤矿开采学．徐州：中国矿业大学出版社，1999.

[3] 刘子龙主编．煤矿安全管理及灾害防治．北京：中国劳动社会保障出版社，2010.

[4] 中国法制出版社著．煤矿安全规程．北京：中国法制出版社，2016.

[5] 陈文凯．高危边坡灾害防治整治技术措施．道路交通与安全，2010，10（02）：41-45.

[6] 蓝书开．滑坡、边坡灾害防治措施．工程技术，2016，1：289.

[7] 王赫旺．露天矿边坡灾害及防治技术．军民两用技术与产品，2018，12：211-212.

[8] 曾玲玉．论煤矸石山的灾害及防治对策——以广东梅州明山煤矿为例．地质灾害与环境保护，2008（01）：20-22.

[9] 严荣华，赖健．浅谈排土场灾害及防治技术．中国科技博览，2016（3）：393.

[10] 国家安全生产监督管理总局，国家煤矿安全监察局编．防治煤与瓦斯突出规定．北京：煤炭工业出版社，2009.

[11] 齐庆新，窦林名主编．冲击地压理论与技术．徐州：中国矿业大学出版社，2008.

[12] 宁尚根．煤矿安全生产标准化教材．北京：煤炭工业出版社，2017.

[13] 李存禄．煤矿安全生产标准化班组管理手册．北京：煤炭工业出版社，2017.

[14] 刘泽功，等．煤矿安全生产基础知识．徐州：中国矿业大学出版社，2014.

[15] 张嘉勇．煤矿灾害事故评价方法．北京：冶金工业出版社，2018.

[16] 刘建功．煤矿充填开采理论与技术．北京：煤炭工业出版社，2016.

[17] 李苏龙．火源探测凝胶灭火技术及应用．煤炭科学技术，2011，39（07）：57-60.

[18] 易千．液态二氧化碳灭火技术在矿井灭火中的应用．煤炭与化工，2015，38（09）：82-83+85.

# 28 金属非金属矿山安全

## 28.1 矿山自然与地质灾害防治

矿山环境地质问题是指由于人类从事技术经济活动或自然因素所产生的地质灾害。人类在开发利用矿产资源过程中所带来的环境地质问题日趋严重。目前，人类每年开采利用的矿产资源总量超过百亿吨，其中大多为露天开采，造成极其巨大的矿山剥离。随着地表矿产资源的锐减，矿产资源开采深度越来越大，对环境的影响和破坏的深度和广度也随之不断增大。巨大的采矿工程活动，引起各种各样的环境地质问题，如水土流失、滑坡、崩塌、地面沉降塌陷、泥石流、诱发地震、污染水体和空气等，给人们生命财产带来了巨大损失。

### 28.1.1 矿山地质灾害类型

矿山地质灾害类型主要有山体滑坡、崩塌，地面沉降与塌陷，矿井突水，泥石流等。

（1）山体滑坡、崩塌

由于矿区被大量开采，使得坡体的原始应力平衡被长期堆积的矸石所破坏，从而引发山体滑坡、崩塌。特别是在雨水较多的季节，山体的滑坡、崩塌在矿区发生的次数更为频繁。由于山体被暴雨和强大的水流所冲洗，矿区长期堆放的矿渣场拦堤就可能被冲垮，然后倾泻而下，对周围的居民生命财产构成巨大的威胁，给国家和地区都会造成巨大的经济损失。

（2）地面沉降与塌陷

在矿区被开采之后经常发生的地质灾害是地面沉降与塌陷。造成这一现象的主要原因就是在开采过程中对采空区的围岩造成破坏，以至于采空区岩石冒落和破碎。此外，在人们大量抽排地下水与采空区不断外扩的双重作用下，使得采空区和地下水不得不重新进行分布，从而会形成面积比较大的降落漏斗，最后会出现地面沉陷现象。地面沉降与塌陷不同于一般的地质灾害，因为这种灾害导致修复工事会很困难，也比较复杂，需要花费大量的人力与物力进行修复。

（3）矿井突水

矿井突水是指人类在挖掘或者采矿的过程中，当巷道揭穿导水断裂、积水老窿、富水溶洞，而导致大量地下水突然涌入矿山井巷的现象。矿井突水这种现象在矿山开采的过程中也时常发生，不仅对矿山的安全生产构成威胁，而且对矿井工人的生命财产安全也存在着严重的威胁。

（4）泥石流

泥石流是指在地势深壑的地区，由暴雨或其他自然灾害引发的山体滑坡并携带有大量泥沙以及石块的特殊洪流。因其高速前进，具有强大的能量，因而破坏性极大。由于矿区的大量开采所留下的矸石集中堆放，遇到雨雪天气，就可能由于雨雪水过多冲刷坡体的堆积物而引发泥石流现象，从而对附近的居民造成人身财产威胁，有可能造成巨大的经济损失。

### 28.1.2 矿山地质灾害防治措施

（1）加大对地质灾害知识的宣传力度，提高全民防灾意识

各地方政府及有关部门应该加强地质灾害的宣传教育，开展一系列的宣传教育活动，让人们心中逐渐形成防灾的意识，当地质灾害来临时，人们能够有足够的心理承受能力，并采取相应的措施来进行自我保护。矿山的各级领导和所有员工都需要对自己所在的矿区的地形地势有一个全方位的把握，同时对各种防灾的方法、防灾的措施有一个详细了解。对各种防灾方法进行全面的掌握，同时通过宣传教育活动让广大群众知晓这些防治措施。相关单位可派出员工对矿区四周地区进行深入研究，便于及时掌握灾害实际情况。要对灾害的出现予以及时预测，并做好准备和防御工作，在灾害来临时尽可能多地减少人员的伤亡，最大限度地降低经济损失。

（2）合理规划开采矿产资源，注意保护地质生态环境

我国颁布的《矿产资源法》和《环境保护法》中，对地质的保护和环境的保护做出了明确的规定，人类在进行地质矿产开采的过程中，必须要注意保护地质生态环境，同时应该加强对地质灾害防治力度，最大限度降低地质灾害的发生。矿山在进行开采之前，必须要对开采的地区进行综合分析，尽可能避开人口稠密地区、山体稳定性较差的地区以及存在着生命工程设施的地区。

（3）因地制宜，进行综合防治

实行“以防为主，防治结合，综合治理”的原则，以达到减轻或防止灾害发生的目的。在矿产开采中可能会诱发多种地质灾害，但各种地质灾害的分布又存在着一定的规律，因此不同类型的地质灾害又对应着不同的防治措施和防范的标准。应以生物措施为主，辅以工程措施，两措施同步进行，优化综合防治，对地质灾害的防治效果可能会更加显著。

（4）加快矿山地质生态环境恢复进程

近年来，由于长时间不间断的频繁开采作业，我国的矿山生态环境受到了前所未有的破坏，面临如此严峻的情况，国家对此做出了一系列整改措施，但是对生态环境恢复来讲却是微乎其微的。因此，需要国家加大宣传力度和加强整改方案，要始终把恢复生态环境作为首要任务。绿水青山就是金山银山，只有生态环境日渐变好，我们才能生活在绿色美好的家园里，才能过得幸福、健康、安稳。目前重中之重就是要制定一系列切实可行的措施，将生态系统的功能恢复，把对受到破坏的植物进行恢复放在首位。只有保证了生态环境不被破坏，可持续发展才不会成为空话，大自然才能回馈更多人类所需要的物质资源。

## 28.2 矿山地压灾害防治

### 28.2.1 矿（地）压灾害的概念及成因

（1）矿（地）压的概念

在矿体没有开采之前，岩体处于平衡状态。当矿体开采后，形成了地下空间，破坏了岩体的原始应力，引起岩体应力重新分布，并一直延续到岩体内形成新的平衡为止。在应力重新分布过程中，使围岩产生变形、移动、破坏，从而对工作面、巷道及围岩产生压力。通常把由开采过程而引起的岩移运动对支架围岩所产生的作用力，称为矿山压力。在矿山压力作用下所引起的一系列力学现象，如顶板下沉和垮

落、底板鼓起、片帮及支架变形和损坏、充填物下沉压缩、煤岩层和地表移动、露天矿边坡滑移、冲击地压、煤与瓦斯突出等现象，均称为矿山压力显现。因此，矿山压力显现是矿山压力作用的结果和外部表现。

矿（地）压灾害的常见类型主要有采掘工作面或巷道的冒顶片帮、采场（采空区）顶板大范围垮落和冲击地压（岩爆）。

（2）矿（地）压灾害的成因

在采矿生产活动中，采掘工作面或巷道的冒顶片帮、采场（采空区）顶板大范围垮落是最常见的事故，主要原因有：

① 采矿方法不合理和顶板管理不善。采掘顺序、凿岩爆破、支架放顶等作业不妥当是这类事故发生的重要原因。

② 缺乏有效支护。支护方式不当、不及时支护或缺少支架、支架的初撑力与顶板压力不相适应是这类事故的另一重要原因。

③ 检查不周和疏忽大意。在顶板事故中，很多事故都是由于事先缺乏认真、全面的检查，疏忽大意，没有认真执行“敲帮问顶”制度等。

④ 地质条件不好。断层、褶曲等地质构造形成破碎带，或者由于节理、层理发育，破坏了顶板的稳定性，容易发生顶板事故。

⑤ 地压活动。地压活动也是顶板事故的一个重要原因。

⑥ 其他原因。不遵守操作规程、发现问题不及时处理、工作面作业循环不正规、爆破崩倒支架等都容易引起顶板事故。

### 28.2.2 矿（地）压灾害的防治技术

（1）井巷支护及维护

井巷掘进出空间后，都要进行临时支护或永久支护，以防止围岩的破坏。井巷支护的方式主要有以下几种：

① 锚杆支护与锚喷支护。

a. 锚杆支护。锚杆支护是单独采用锚杆的支护。掘进后即向巷道围岩钻孔，然后向孔中安装锚杆，必要时也可安装锚索，如在大断面巷道或硐室支护时。目的是使锚杆和锚索与围岩共同作用进行巷道支护。锚杆支护的作用机理有多种：悬吊作用、组合梁作用及挤压连接、加固拱作用和松动圈支护理论等。

b. 锚喷支护。锚喷支护又称喷锚支护，联合使用锚杆和喷射混凝土或喷浆的支护。从广义上讲可以将除锚杆支护以外的其他与锚杆联合的支护形式都纳入此范围，如喷浆支护、喷混凝土支护、锚网支护、锚喷网支护、锚梁网（喷）支护以及锚索支护等。

② 混凝土及钢筋混凝土支护。混凝土支护是用预制混凝土块或浇筑混凝土砌筑的支架所进行的支护。钢筋混凝土支护是用预制的钢筋混凝土构件或浇筑的钢筋混凝土砌筑的支架所进行的支护。这两种支护是立井井筒、运输大巷及井底车场所采用的主要支护方式。

③ 棚状支架。棚状支架根据材质不同可以分为木支架和金属支架。

（2）采场地压事故防治技术

① 空场采矿法地压控制。空场采矿法借矿柱控制采场顶板和围岩的暴露面积。根据矿岩的强度，采取合适的矿房和矿柱尺寸，以维护采场的稳定。有时为了提高矿岩的承载能力，除留矿柱外，还可采取木支架、锚杆支护等辅助性措施，以保证回采工作的安全。

② 充填采矿法地压控制。充填采矿法在回采矿石的同时，用充填材料充填回采空间，实现采场地压控制。充填体限制围岩的位移和变形，减缓围岩移动的危害和降低地表下沉的程度。充填体使矿柱由单向或双向受力状态变为三向受力状态，从而提高了矿柱的强度。回采空间充填后，能降低蓄积在围岩中的弹性应变能，从而提高了地下结构抵抗动荷的能力。

③ 崩落采矿法地压控制。随着回采工作面向前推进，顶板岩层中压力波也向前移动。在回采工作面前后方顶板岩层中形成应力降低区、应力升高区和原始应力区。顶板岩层强度越大，开采深度越深，其应力峰值越高。采用单层崩落法采矿时，为使工作面附近有一个安全地段，应根据顶板岩石的力学性质，合理确定最大悬顶距。为保证回采工作安全，使作用在工作面上方的压力值较小，必须随回采工作面的进行，工作面向前推进一定距离，在控顶距处架设密集切顶立柱，进行放顶。采用无底柱分段崩落法采矿时，为维持回采进路良好的稳定性，必须掌握回采进路周围岩体中的应力分布，回采顺序对进路的影响，以便采取相应的维护措施。采用有底柱崩落采矿法的地压控制问题，主要是维护出矿巷道的稳定性。

（3）搞好地质调查工作

对于采掘工作面经过区域的地质构造必须调查清楚，通过地质构造带时要采取可靠的安全技术措施。

（4）坚持正规循环作业，严格顶板监测制度。

（5）冲击地压（岩爆）预防技术

① 冲击地压（岩爆）现象及特点。冲击地压（岩爆）是井巷或工作面周围岩体，由于弹性变形能的瞬时释放而产生的一种以突然、急剧、猛烈的破坏为特征的动力现象。根据原岩（煤）体应力状态不同，冲击地压（岩爆）可分为3类：重力型冲击地压、构造应力型冲击地压、中间型或重力-构造型冲击地压。

冲击地压（岩爆）的特点：a. 一般没有明显的预兆，难于事先确定发生的时间、地点和冲击强度；b. 发生过程短暂，伴随巨大声响和强烈震动；c. 破坏性很大，有时出现人员伤亡。

② 冲击地压（岩爆）的预测方法。目前，冲击地压（岩爆）的预测方法主要有以下几种：

a. 钻屑法。钻屑法是通过在煤体中打小直径（42～50mm）钻孔，根据排出的煤粉量及其变化规律以及钻孔过程中的动力现象鉴别冲击危险的一种方法，目前在我国应用较普遍。

b. 声发射和微震监测方法。该过程主要是对冲击地压前兆信息的统计，冲击危险的判别依据是能率、事件频度及其变化规律，单个声发射事件的幅度、延续时间、频率等参数作为判别冲击危险的参考指标。

c. 综合指数法。综合指数法是在进行采掘工作前，首先分析影响冲击地压发生的主要地质和开采技术因素，在此基础上确定各个因素对冲击地压的影响程度及其冲击危险指数，然后综合评定冲击地压危险状态的一种区域预测方法。

③ 冲击地压（岩爆）的防治措施。根据发生冲击地压的成因和机理，防治措施分为两大类：一类是防范措施；另一类是解危措施。

a. 防范措施。防范措施主要包括：预留开采保护层；尽量少留煤柱和避免孤岛开采；尽量将主要巷道和硐室布置在底板岩层中；回采巷道采用大断面掘进；尽可能避免巷道多处交叉；加强顶板控制；确定合理的开采程序；煤层预注水，以降低煤体的弹性和强度等。

b. 解危措施。冲击地压（岩爆）解危措施包括卸载钻孔、卸载爆破、诱发爆破和煤层高压注水等。

## 28.3 地下采空区危害防治

矿产资源地下开采留下了大量的采空区，多数矿山都有采空区，导致矿柱变形。采空区极易积水成患，矿山开采条件更加严峻，威胁着矿山的安全生产，需要对各矿采空区的调查摸底情况，采空区的治理方案的编制情况，井上下对照图的填绘情况，治理方案的组织施工、治理效果情况进行全面、系统的检查。相邻作业区巷道维护难度大，容易发生大面积岩移和冒落，导致地表坍陷，采空区突然坍陷形成的高速气浪对设备和人员的摧毁性大。因此，必须针对采空区特点制定针对性、可行性治理方案，确定治理时限和任务目标，划分责任，落实到人，制定好具体的质量措施和安全应急预案，以提高治理的可行性与有效性。

### 28.3.1 地下采空区的危害

① 采空区陷落。对金属及非金属矿山的无序开采，会使地下出现大面积的采空区。随着生产活动的不断进行，地下水和老空积水不断增加，易发生井下透水灾害。如果不加强采空区治理工作，将来由于老窑水的冲击，必然会引发地表陷落，从而造成围岩的塌落并会在瞬间形成强大气浪，引起采场大面积塌方，造成重大事故。

② 地表陷落威胁周边住户安全。在对非煤矿山的开采过程中，会导致采空区的地表岩土力学平衡遭到破坏，继而会导致地表发生移动，当地表移动到一定程度时，会导致地表建筑物下沉或者倒塌，这样会在地表形成较大的裂缝或者塌陷坑，在一定程度上破坏环境平衡，同时会给人们带来一定的经济损失。另外，如果地表裂缝中汇集地下水，那么积水会通过裂缝流入矿山的采空区，增加矿山采场的压力，严重时甚至引发透水事故。

③ 采空区顶板塌落。在非煤矿山的开采中，如果过度开采而出现采空区，将会增加采空区顶板塌落的风险，一旦顶板出现塌落，将会对采空区的地表产生强大冲击，并且由于力的传递性将其传递至开采区，从而导致开采区塌落，造成巨大的人员伤亡和设备损坏。另外，如果采空区的顶板塌落过大，同时采空区周围地质环境不稳定，其顶板塌落将十分容易引起地震灾害，那样会造成更大的人员伤亡和财产损失。

### 28.3.2 地下采空区危害防治

① 隔离处理采空区。为保证采空区的长期稳定性，工作人员需要在相关地点建筑密闭墙，以便可以将采空区与工作区之间有效隔离。另外，要利用通往地表的天井排放采空区的气流，只有这样，才能在顶板塌落时，最大限度地减小对工作面的冲击，从而将顶板塌落的影响降到最低。但是值得注意的是，隔离处理法仅适用于分散、顶板稳固、不连续和规模较大的矿体，对于其他矿山结构却缺乏一定的适应性，必须要根据实际情况进行合理选择。

② 自然塌落顶板。在对矿山的采空区进行处理时可以将采空区封闭，使顶板自然塌落，这样的方式可以从地表填充采空区，同时可有效降低风险，进而保证矿区的人员和财产安全。但是自然塌落的方式仅适用于层状的矿床，同时地表必须具有一定稳定性，可以承受这种塌方。因此，工作人员在处理采空区的过程中，一定要对矿山的结构和周围的地质进行合理考察，以期选用科学的采空区处理方案。

③ 物料填充法。在铁矿的开采过程中，由于开采的范围相对较大，会使矿区出现较大面积的采空区，同时在部分采空区的地表上存在大量建筑物，这种情况不能运用自然塌方或者支撑的处理方式，而是要采取物料填充的方式来处理采空区。填充方式主要包括尾砂填充和废石填充，但是在尾砂填充过程中，必须利用封闭墙将采空区封闭，同时必须保证填充物的胶结性。该采空区处理方式适用于存在建筑的区域或者矿脉较为密集的区域，如果塌方，将会造成巨大损失。因此，在面临特殊环境时，工作人员可以采用物料填充的处理方式。

### 28.3.3 地下采空区综合治理

① 企业全面排查。各地下矿山企业对采矿权范围内的采空区情况要逐一进行核实，周密安排，督促各矿认真开展采空区自查摸底，各矿山企业对各矿矿体产状、地质条件、三下开采状况、采空区总量及影响地表面积、采空区治理费用等内容进行自查，建立采空区管理台账，使企业做到心中有一本明白账，不留隐患盲区。严格执法，开展采空区专项检查。针对查出的问题隐患，要求企业立即整改，由驻矿员监督落实整改情况并及时反馈，做到闭合管理。采空区排查治理专项行动实行季报告制度，每季度末各市级安监部门要及时收集排查治理情况，认真填写。强化管理，加强采空区动态监管。

② 严格执行图纸定期交换制度。要求各矿山每月必须按时报送矿山生产作业计划、采掘作业图纸等资料，随时掌握各矿采空区变化情况。驻矿员加强对采空区巡查力度，督促企业做到随采随充，减少顶板暴露时间。各矿要建立健全采空区安全管理制度和预防控制措施，不断完善地压监测系统和顶板离层仪等设备，随时监控采空区稳定性，彻底消除隐患，保障安全生产。明确奖惩，对治理迅速彻底且效果显著的企业给予物质上和政策上的奖励和表彰，对治理滞后且效果不佳的企业做挂牌督办处理，并采取积极措施，推动采空区治理行动扎实有效开展。要保存完整的相关图纸资料，详细记录采空区及已处理采空区的位置、数量、处理方式和监测监控情况，并随开采情况变化及时更新。

③ 基于实际测量绘制井上井下对照图、挖掘剖面图及平面图，确定采空区位置、长度、范围，顶板宽度、高度，围岩性质，地表塌陷状况及地表移动范围。对于采空区的积水，要标注积水深度和积水量，与地面沟通的采空区要标注地表汇水面积，标注与井上建筑物及重要设施的关系，标注地表移动范围内建筑物、水体、铁路、公路，标注与井下作业现场的关系。提高思想认识，加强组织领导。要定期对采空区治理情况进行总结，对进展缓慢的要确定专人进行督办，确保治理工作顺利进行。各级安监部门和各地下矿山企业要高度重视金属非金属地下矿山采空区治理工作。地下矿山开采后形成的大面积采空区，不仅容易引发地表地质灾害，而且对井下生产作业带来严重威胁，是金属非金属地下矿山安全生产的重点，是安全生产监管的重要场所，必须引起高度重视。

④ 要设立机构、明确分工、落实责任，确保采空区排查治理专项行动取得实效，明确治理责任，落实治理资金。金属非金属地下矿山企业是采空区排查治理工作的责任主体，主要负责人对本单位采空区排查治理工作全面负责。要认真组织做好采空区排查治理工作，加强采空区排查治理过程中的安全管理，要足额保障治理资金，按照治理方案开展专项治理，尽可能消除一切隐患，切实保障安全生产。对于隐患治理过程中无法确保生产安全的，应将作业人员从危险区域撤离，对于可能存在危险的区域，要将其中的人员疏散，设置相应的警戒标志，并停止相关生产，建立安全生产长效机制。各地下矿山企业必须每季末向所在地县级安监部门上报一次采空区实测图、通风系统图和采掘作业工作面布置图。

## 28.4 矿山水灾防治

### 28.4.1 地下矿山充水水源及涌水特征

在矿山开采过程中，矿井充水水源主要有地表水、溶洞-溶蚀裂隙水、含水层水、断层水、封闭不良的钻孔水、采空区形成的“人工水体”等。

地下矿山水质分析方法有多种，其中用得较多的是重量法、容积法和比色法。重量法适用于杂质含量较多的水样；容积法适用于中等杂质含量的水样；比色法适用于微量杂质含量的水样。

（1）大气降水为主要充水水源的涌水特征

这里主要指直接受大气降水渗入补给的矿床，多属于包气带中、埋藏较浅、充水层裸露、位于分水岭地段的矿床或露天矿区。其涌水特征与降水、地形、岩性和构造等条件有关。

① 地下矿山涌水动态与当地降水动态一致，有明显的季节性和多年周期性的变化规律。

② 多数矿床随采深增加矿井涌水量逐渐减少，其涌水高峰值出现滞后的时间加长。

③ 地下矿山涌水量的大小还与降水性质、强度、连续时间及入渗条件有密切关系。

（2）以地表水为主要充水水源的涌水特征

地表水充水矿床的涌水特征有：

① 地下矿山涌水动态随地表水的丰枯做季节性变化，且其涌水强度与地表水的类型、性质和规模有关。受季节流量变化大的河流补给的矿床，其涌水强度也呈季节性周期变化，有常年性大水体补给时，可造成定水头补给稳定的大量涌水，并难于疏干。有汇水面积大的地表水补给时，涌水量大且衰减过程长。

② 地下矿山涌水强度还与井巷到地表水体间的距离、岩性与构造条件有关。一般情况下，其间距愈小，则涌水强度愈大；其间岩层的渗透性愈强，涌水强度愈大。当其间分布有厚度大而完整的隔水层时，则涌水甚微，甚至无影响；其间地层受构造破坏愈严重，井巷涌水强度也愈大。

③ 采矿方法的影响。依据矿床水文地质条件选用正确的采矿方法，开采近地表水体的矿床，其涌水强度虽会增加，但不会过于影响生产。如选用的方法不当，可造成崩落裂隙与地表水体相通或形成塌陷，发生充水和泥沙冲溃。

（3）以地下水为主要充水水源的矿床

能造成井巷涌水的含水层称矿床充水层。当地下水成为主要涌水水源时，有如下特征：

① 矿井涌水强度与充水层的空隙性及其富水程度有关。

② 矿井涌水强度与充水层厚度和分布面积有关。

③ 矿井涌水强度及其变化，还与充水层水量组成有关。

（4）以老窑水为主要充水水源的矿床

在我国许多老矿区的浅部，老采空区（包括被淹没井巷）星罗棋布，且其中充满大量积水。它们大多积水范围不明，连通复杂，水量大，酸性强，水压高，如现生产井巷接近或崩落带到达老采空区，便会造成充水。

### 28.4.2　地下矿山防治水技术

（1）地表水治理措施

① 合理确定井口位置。井口标高必须高于当地历史最高洪水位，或修筑坚实的高台，也可在井口附近修筑可靠的排水沟和拦洪坝，防止地表水经井筒灌入井下。

② 填堵通道。为防雨雪水渗入井下，在矿区内采取填坑、补凹、整平地表或建不透水层等措施。

③ 整治河流。

a. 整铺河床。河流的某一段经过矿区，而河床渗透性强，可导致大量河水渗入井下，在漏失地段用黏土、料石或水泥修筑不透水的人工河床，以制止或减少河水渗入井下。

b. 河流改道。在河流流入矿区附近，可选择合适地点修筑水坝，将原河道截断，用人工河道将河水引出矿区以外。

④ 修筑排（截）水沟。山区降水后以地表水或潜水的形式流入矿区，地表有塌陷裂缝时，会使矿区涌水量大大增加。在这种情况下，可在井田外缘或漏水区的上方迎水流方向修筑排（截）水沟，将水排至影响范围之外。

（2）地下水的排水疏干

在调查和探测到水源后，最安全的方法是预先将地下水源全部或部分疏干。疏干方法有3种：地表疏干、井下疏干和井上下相结合疏干。

① 地表疏干。在地表向含水层内打钻，并用深井泵或潜水泵从相互沟通的孔中把水抽到地表，使开采地段处于疏干降落漏斗水面之上，达到安全生产的目的。

② 井下疏干。当地下水源较深或水量较大时用井下疏干的方法可取得较好的效果。根据不同类型的地下水，有疏放老孔积水和疏放含水层水等方法。

（3）地下水探放

① 矿井工程地质和水文地质观测工作。水文地质工作是井下水害防治的基础，应查明地下水源及其水力联系。

② 超前探放水。在矿井生产过程中，必须坚持“有疑必探，先探后掘”的原则，探明水源后制定措施放水。

（4）地下矿山水的隔离与堵截

在探查到水源后，由于条件所限无法放水，或者能放水但不合理，需采取隔离水源和堵截水流的防水措施。

① 隔离水源。隔离水源的措施可分留设隔离岩柱防水和建立隔水帷幕带防水两类方法。

a. 留设隔离岩柱防水。为防止矿层开采时各种水流进入井下，在受水威胁的地段留设一定宽度或厚度的矿柱。防水矿柱尺寸的确定应考虑到含水层的水压、水量，所开采矿的机械强度、厚度等因素及有关规定，并通过实践综合确定。

b. 建立隔水帷幕带防水。隔水帷幕带就是将预先制好的浆液通过由井巷向前方所打的具有角度的钻孔，压入岩层的裂缝中，浆液在孔隙中渗透和扩散，再经凝固硬化后即成，起到隔离水源的作用。由于注浆工艺过程和使用的设备都较简单，效果也好，因此国内外均认为是矿井防治水害的有效方法之一。

② 地下矿山突水堵截。为预防采掘过程中突然涌水而造成波及全矿的淹井事故，通常在巷道一定的位置设置防水闸门和防水墙。

（5）矿山排水

金属非金属矿山的排水能力要达到以下要求：

井下主要排水设备，至少应由同类型的3台泵组成。工作泵应能在20h内排出一昼夜的正常涌水量。除检修泵外，其他水泵应能在20h内排出一昼夜的最大涌水量。井筒内应装备2条相同的排水管，其中1条工作，1条备用。

水仓应由两个独立的巷道系统组成。涌水量大的矿井，每个水仓的容积，应能容纳2～4h井下正常涌水量。一般矿井主要水仓总容积，应能容纳6～8h的正常涌水量。主要水仓必须有主仓和副仓，当一个水仓清理时，另一个水仓能正常使用。新建、改扩建或生产矿井的新水平，正常涌水量在$1000m^3/h$以下时，主要水仓的有效容积应能容纳8h的正常涌水量。正常涌水量大于$1000m^3/h$的矿井，主要水仓有效容积可按下式计算：

$$V=2(Q+3000) \tag{28.1}$$

式中，$V$为主要水仓的有效容积，$m^3$；$Q$为矿井每小时正常涌水量，$m^3$。

但主要水仓的总有效容积不得低于4h的矿井正常涌水量，采区水仓的有效容积应能容纳4h的采区正常涌水量。

### 28.4.3　地下矿山水灾的预测和突水预兆

（1）地下矿山水灾的预测

地下矿山水灾的预测是指在开采前，根据地质勘探的水文地质资料及专门进行的水害调查资料，确定水灾危险程度，并编制水灾预测图。

① 地下矿山水灾危险程度的确定

a. 用突水系数来确定地下矿山水灾的危险程度。突水系数是含水层中静水压力（kPa）与隔水层厚度（m）的比值，其物理意义是单位隔水层厚度所能承受的极限水压值。

b. 按水文地质的影响因素来确定地下矿山水灾的危险程度。该方法是按水文地质的复杂程度将地下矿山水灾的危险程度划分为5个等级。

② 地下矿山水灾预测图的编制。根据隔水层厚度和矿区各地段的水压值，计算某开采水平的突水系数，编制相应比例的简单突水预测图，然后根据矿区突水系数的临界值，圈定安全区和危险区。水灾预测图的另一种编制方法是在开采平面图上圈定地下水灾的等级区域，据此制定最佳矿井规划和防治水灾的措施，加强危险区域的监测，保证安全生产。

（2）地下矿山突水预兆

地下矿山突水过程主要取决于矿井水文地质及采掘现场条件。一般突水事故可归纳为两种情况：一种是突水水量小于矿井最大排水能力，地下水形成稳定的降落漏斗，迫使矿井长期大量排水；另一种是突水水量超过矿井的最大排水能力，造成整个矿井或局部采区淹没。在各类突水事故发生之前，一般均会显示出多种突水预兆。

① 一般预兆：

a. 煤层变潮湿、松软；煤帮出现滴水、淋水现象，且淋水由小变大；有时煤帮出现铁锈色水迹。

b. 工作面气温降低，或出现雾气、硫化氢气味。

c. 有时可闻到水的“嘶嘶”声。

d. 矿压增大，发生片帮、冒顶及底鼓。

② 工作面底板灰岩含水层突水预兆：

a. 工作面压力增大，底板鼓起，底鼓量有时可达500mm以上。

b. 工作面底板产生裂隙，并逐渐增大。

c. 沿裂隙向外渗水，随着裂隙的增大，水量增加。当底板渗水量增大到一定程度时，裂隙渗水可能停止，此时水色时清时浊，底板活动时水变浑浊，底板稳定时水色变清。

d. 底板破裂，沿裂缝有高压水喷出，并伴有“嘶嘶”声或刺耳水声。

e. 底板发生“底爆”，伴有巨响，地下水大量涌出，水色呈乳白或黄色。

③ 松散孔隙含水层水突水预兆：

a. 突水部位发潮、滴水且滴水现象逐渐明显，仔细观察发现水中含有少量细砂。

b. 发生局部冒顶，水量突增并出现流砂，流砂常呈间歇性，水色时清时浊，总的趋势是水量、砂量增加，直至流砂大量涌出。

c. 顶板发生溃水、溃砂，这种现象可能影响到地表，致使地表出现塌陷坑。

以上预兆是典型的情况，在具体的突水事故过程中，并不一定全部表现出来，所以应该细心观察，认真分析、判断。

## 28.5　爆破危害防治

### 28.5.1　矿山爆破事故分析

爆破事故在矿山伤亡事故中占有较大的比例，主要有以下类型：

① 炸药储存保管中造成的事故。炸药库管理不善会引起爆炸事故。

② 炸药燃烧中毒事故。炸药燃烧时会放出大量有毒气体。在井下运送炸药，如不遵守安全规程，有时会引起炸药燃烧甚至爆炸事故。

③ 点炮迟缓和导火线质量不良造成的事故。根据统计，点火事故在爆破事故中占有较高比例。一次点炮数目较多时仍采用逐个点火，加之导火线过短，或在水大的工作面导火线受潮，不得不一面割线一面点火，时间拖得太长，都容易引起爆炸事故。

④ 盲炮处理不当造成的事故。在爆破工作中，由于各种原因造成起爆药包（雷管或导爆索）瞎火拒爆和炸药未爆的现象叫作盲炮。爆破中发生盲炮而未及时发现或处理不当，潜在危险极大。往往因误触盲炮、打残眼或摩擦震动等引起盲炮爆炸，以致造成重大伤亡事故。

⑤ 爆破后过早进入现场和看回火引起的事故。爆破后炸药产生的有毒气体短时间内不能扩散干净，在通风不良的情况下更是如此，过早进入现场就会造成炮烟中毒事故。

⑥ 因不了解炸药性能而造成事故。黑火药、雷管、炸药与火花接触，某些炸药受摩擦、折断，揉搓硝化甘油炸药以及冻结或渗油的硝化甘油炸药本身，都曾经发生过爆炸事故。

⑦ 爆破时警戒不严造成事故。警戒不严或爆破信号标志不明确，以及安全距离不够，也会引发爆炸事故。

⑧ 早爆事故。早爆事故是指在爆破工作中，因操作不当或因受某些外来特殊能源作用造成雷管或炸药的早爆。在硫化矿床内，使用硝胺类炸药有可能出现早爆事故。检查电雷管时使用不合适的检验仪表，而又无安全挡板，曾造成多次伤人事故。雷雨天用电雷管进行爆破，天空对地放电能引起电雷管爆炸。

此外，电网不合理也会造成爆炸事故。使用电雷管而仍用电池灯照明，也发生过伤人事故。矿井内的杂散电流及压气装药时所产生的静电都能引爆电雷管。

⑨ 相向掘进巷道时的事故。当两个相向掘进的巷道即将贯通时，仍旧同时爆破，也曾在几个矿山发生过事故。原因是两端同时作业，一端爆破时打穿岩石隔层而崩伤另一端工作人员。因此，除了要求测量工作及时观测贯通巷道的距离外，还必须规定相向掘进工作面相隔15m时，贯通巷道只能一头作业。

在进行爆破作业时一定要严格遵守《爆破安全规程》《金属非金属矿山安全规程》等有关规定，避免不幸事故的发生。

### 28.5.2　爆破事故的预防

爆破事故常引起重大伤亡或降低爆破效率，因此研究造成这些事故的原因及其对策是爆破安全管理的重要任务之一。为了预防爆破事故的发生，应加强以下工作：

① 提高爆破作业人员的爆破安全基础知识；

② 健全规章制度，根据《爆破安全规程》规定，制定实施细则和操作规程。

针对上述常见的爆破事故，应采取如下的预防和处理措施。

① 打残眼引起的爆破事故的预防措施

a. 要避免炮孔中炸药传爆不完全，就要把握住爆破器材检查和操作质量。器材性能应符合要求，药包直径应大于其临界直径，超过储存期及变质的炸药不能使用，不抗水的炸药不能用于潮湿环境的爆破。

b. 要防止人为失误。开钻前一定要仔细检查前次爆破后形成的新工作面是否有残眼，特别要注意残眼中是否有残药，切不可掉以轻心，更不能存在侥幸心理，忽视检查或只图开孔快而打残眼。

② 盲炮事故的预防措施

a. 对储存的爆破器材定期检查，选用合格的炸药和雷管以及其他起爆材料。

b. 在施工中要清理炮眼中的积水。

c. 装药和填塞时，必须仔细进行，防止损坏起爆药包和折断雷管的起爆线路。

③ 飞石伤人事故的预防措施

a. 对于一次爆破量较大的爆破，爆破前应计算其飞石距离，设置合理的警戒范围。

b. 选择合理的炸药单耗和爆破参数，并在爆破前要弄清最小抵抗线的大小。

c. 保证足够的填塞长度和质量。

d. 采取一定防护措施，如局部覆盖或搭防护墙等。

④ 炮烟中毒事故的预防措施

a. 加强炸药的质量管理，定期检验炸药的质量。

b. 不要使用过期变质的炸药。

c. 加强炸药的防水和防潮，保证堵塞质量，避免炸药产生不完全的爆炸反应。

d. 爆破后要加强通风，一切人员必须等到有毒气体稀释至爆破安全规程中允许的浓度以下时，才准返回工作面。

e. 露天爆破时，人员应在上风方向。

⑤ 炸药储存保管不当引起爆炸事故的预防措施

a. 库内必须整洁、防潮和通风良好，要杜绝鼠害。

b. 库区内严禁烟火和明火照明，严禁用灯泡烘烤爆破器材。

c. 库区必须昼夜设警卫，加强巡逻，严禁无关人员进入库区。

d. 严禁穿铁钉鞋和易产生静电的化纤衣服进入库房和发放间。

e. 开箱应使用不产生火花的工具，并在专设的发放间内进行。

f. 必须经常测定库房的温度和湿度。

### 28.5.3 爆破安全标准和安全距离

(1) 地震安全距离

地震安全距离往往是决定爆破工程规模、方式的重要因素，有些爆破设计在报批中遇到的麻烦也往往发生在地震效应的控制上。因为控制标准、计算方法均不甚严格，被保护建（构）筑物的结构和状况又十分复杂，如何较为准确地预估地震强度，控制建（构）筑物的损坏程度经常成为有争议的问题。《爆破安全规程》规定“一般建筑物和构筑物的爆破地震安全性应满足安全震动速度的要求”，并规定了建（构）筑物地面质点震动速度控制标准。

(2) 空气冲击波的安全距离

空气冲击波的安全距离主要依据以下几个方面来确定：对地面建筑物的安全距离；空气冲击波超压值计算和控制标准；爆破噪声；空气冲击波的方向效应与大气效应。

控制空气冲击波的方法主要有：

① 避免裸露爆破，特别是在居民区更需特别重视，导爆索要掩埋 20cm 或更多，一次爆破孔间延迟不要太长，以免前排带炮使后排变成裸露爆破。

② 保证堵塞质量，特别是第一排炮孔，如果掌子面出现较大后冲，必须保证足够的堵塞长度。对水孔要防止上部药包在泥浆中浮起。

③ 考虑地质异常，采取措施。例如断层、张开裂隙处要间隔堵塞，溶洞及大裂隙处要避免过量装药。

④ 在地下矿山巷道，可利用障碍、阻波墙、扩大室等结构来减轻巷道空气冲击波。

(3) 爆破飞石的安全距离

爆破飞石的飞散距离受地形、风向和风力、堵塞质量、爆破参数等影响，爆破飞石的安全距离应根据硐室爆破、非抛掷爆破、抛掷爆破等情况分别考虑。

飞石事故超过爆破事故总数的 1/4，在设计和施工中必须严格做到以下几点：

① 设计合理，测量验收严格，避免单耗失控，这是控制飞石危害的基础工作。

② 慎重对待断层、软弱带、张开裂隙、成组发育的节理、溶洞、采空区、覆盖层等地质构造，采取间隔堵塞，调整药量，避免过量装药等措施。

③ 保证堵塞质量，不但要保证堵塞长度，而且保证堵塞密实。

④ 多排爆破时要选择合理的延迟时间，防止因前排带炮（后冲）造成后排最小抵抗线大小与方向失控。

(4) 爆破有害气体扩散安全距离

爆破有害气体主要有 CO、NO、$NO_2$、$N_2O_5$、$SO_2$、$H_2S$、$NH_3$ 等，可引起窒息及血液中毒。大量爆破后必须取样检测，有害气体浓度低于允许指标才能下井作业。

减少爆破有害气体的措施主要有：

① 使用合格炸药；

② 做好起爆器材及炸药防水、炮孔堵塞等工作，避免半爆和爆燃；

③ 加强井下通风，特别要注意通风死角、盲区，人员进入前必须通风并取样检测空气中的有害气体浓度。

## 28.6 矿山火灾防治

### 28.6.1 矿山火灾概述

矿山火灾，是指矿山企业内所发生的火灾。根据火灾发生的地点不同，可分为地面火灾和井下火灾两种。凡是发生在矿井工业场地的厂房、仓库、井架、露天矿场、矿仓、储矿堆等处的火灾，叫地面火灾。凡是发生在井下硐室、巷道、井筒、采场、井底车场以及采空区等地点的火灾，叫井下火灾。当地面火灾的火焰或由它所产生的火灾气体、烟雾随同风流进入井下，威胁矿井生产和工人安全的，也叫井下火灾。

井下火灾与地面火灾不同，井下空间有限，供氧量不足。假如火源不靠近通风风流，则火灾只是在有限的空气流中缓慢地燃烧，没有地面火灾那么大的火焰，但却生成大量有毒有害气体，这是井下火灾易于造成重大事故的一个重要原因。另外，发生在采空区或矿柱内的自燃火灾是在特定条件下，由矿岩氧化自热转为自燃的。根据火灾发生的原因，可分外因火灾和内因火灾两种。

(1) 外因火灾

外因火灾（也称外源火灾）是由外部各种原因引起的火灾。例如，明火（包括火柴点火、吸烟、电焊、氧焊、明火灯等）所引燃的火灾；油料（包括润滑油、变压器油、液压设备用油、柴油设备用油、维修设备用油等）在运输、保管和使用时所引起的火灾；炸药在运输、加工和使用过程中所引起的火灾；机械作用（包括摩擦、震动冲击等）所引起的火灾；电气设备（包括动力线、照明线、变压器、电动设备等）的绝缘损坏和性能不良所引起的火灾。

(2) 内因火灾

内因火灾（也称自燃火灾）是由矿岩本身的物理和化学反应热所引起的。内因火灾的形成除矿岩本身有氧化自热特点外，还必须有聚热条件。当热量得到积聚时，必然会产生升温现象，温度的升高又导致矿岩的加速氧化，发生恶性循环，当温度达到该种物质的发火点时，则导致自燃火灾的发生。

内因火灾的初期阶段通常只是缓慢地升高井下空气温度

和湿度，空气的化学成分发生很小的变化，一般不易被人们所发现，也很难找到火源中心的准确位置。因此，扑灭此类火灾比较困难。内因火灾燃烧的延续时间比较长，往往给井下生产和工人的生命安全造成潜在威胁，所以防止井下内因火灾的发生与及时发现并控制灾情的发展有着十分重要的意义。

## 28.6.2 外因火灾的发生原因、预防与扑灭

### 28.6.2.1 外因火灾的发生原因

在我国非煤矿山中，矿山外因火灾绝大部分是木支架与明火接触，电气线路、照明和电气设备的使用和管理不善，在井下违章进行焊接作业、使用火焰灯、吸烟，或无意、有意点火等外部原因所引起的。随着矿山机械化、自动化程度的提高，因电气原因所引起的火灾比例会不断增加，这就要求在设计和使用机电设备时，应严格遵守电气防火条例，防止因短路、过负荷、接触不良等原因引起火灾。矿山地面火灾则主要是违章作业、粗心大意所致。外因火灾的发生原因有：

(1) 明火引起的火灾与爆炸

在井下使用电石灯照明、吸烟，或无意、有意点火所引起的火灾占有相当大的比例。电石灯火焰与蜡纸、碎木材、油棉纱等可燃物接触，很容易将其引燃，如果扑灭不及时，便会发生火灾。非煤矿山井下，一般不禁止吸烟，未熄灭的烟头随意乱扔，遇到可燃物是很危险的。据测定结果显示，香烟在燃烧时，中心最高温度可达650～750℃，表面温度达350～450℃。如果被引燃的可燃物是易燃的，有外在风流，就很可能酿成火灾。冬季的北方矿山在井下点燃木材取暖，会使风流污染，有时造成局部火灾。一个木支架燃烧，它所产生的一氧化碳就足够在很长的巷道中引起中毒或死亡事故。

(2) 爆破作业引起的火灾

爆破作业中发生的炸药燃烧及爆破原因引起的硫化矿尘燃烧、木材燃烧，爆破作业后因通风不良造成可燃性气体聚集而发生燃烧、爆炸都属于爆破作业引起的火灾。近年来，这类燃烧事故时有发生，造成人员伤亡和财产损失。其直接原因可以归纳为：在常规的炮孔爆破时，引燃硫化矿尘；某些采矿方法（如崩落法）采场爆破产生的高温引燃采空区的木材；大爆破时，高温引燃黄铁矿粉末、黄铁矿矿尘及木材等可燃物；爆破产生的碳、氮化合物等可燃性气体积聚到一定浓度，遇摩擦、冲击或明火，便会发生燃烧甚至爆炸。

必须指出，炸药燃烧不同于一般物质的燃烧，它本身含有足够的氧，无需空气助燃，燃烧时没有明显的火焰，而是产生大量有毒有害气体。燃烧初期，生成大量氮氧化物，表面呈棕色，中心呈白色。氮氧化物的毒性比一氧化碳更为剧烈，严重者可引起肺水肿造成死亡，所以在处理炮烟中毒患者时，要分辨清楚是哪种气体中毒。在井下空间有限的条件下，炸药燃烧时生成的大量气体，因膨胀、摩擦、冲击等产生巨大的响声。

(3) 焊接作业引起的火灾

在矿山地面、井口或井下进行气焊、切割及电焊作业时，如果没有采取可靠的防火措施，由焊接、切割产生的火花及金属熔融体遇到木材、棉纱或其他可燃物，便可能造成火灾。特别是在比较干燥的木支架进风井筒进行提升设备的检修作业或其他动火作业时，因切割、焊接产生火花及金属熔融体未能全部收集而落入井筒，又没有用水将其熄灭，便很容易引燃木支架或其他可燃物，若扑灭不及时，往往酿成重大火灾事故。

据测定结果，焊接、切割及电焊时飞散的火花及金属熔融体碎粒的温度高达1500～2000℃，其水平飞散距离可达10m，在井筒中下落的距离则可大于10m。由此可见，这是一种十分危险的引火源。

(4) 电气原因引起的火灾

电气线路、照明灯具、电气设备的短路、过负荷，容易引起火灾。电火花、电弧及高温赤热导体极易引燃电气设备、电缆等的绝缘材料。有的矿山用灯泡烘烤爆破材料或用电炉、大功率灯泡取暖、防潮，引燃了炸药或木材，造成严重的火灾、中毒、爆炸事故。

用电发生过负荷时，导体发热容易使绝缘材料烤干、烧焦，并失去其绝缘性能，使线路发生短路，遇可燃物时，极易造成火灾。带电设备元件的切断、通电导体的断开及短路现象发生都会形成电火花及明火电弧，瞬间达到1500～2000℃以上的高温，而引燃其他物质。井下电气线路特别是临时线路接触不良，接触电阻过高是造成局部过热引起火灾的常见原因。

白炽灯泡的表面温度40W以下的为70～90℃，60～500W的为80～110℃，1000W以上的为100～130℃。当白炽灯泡打破而灯丝未断时，钨丝最高温度可达2500℃左右。这些都能构成引火源，引起火灾发生。随着矿山机械化、自动化程度不断提高，电气设备、照明和电气线路更趋复杂。电气保护装置选择、使用、维护不当，电气线路敷设混乱往往是引起火灾的重要原因之一。

### 28.6.2.2 外因火灾的预防

矿井每年应编制防火计划。该计划的内容包括防火措施，撤出人员和抢救遇难人员的路线，扑灭火灾的措施，调度风流的措施，各级人员的职责等。防火计划要根据采掘计划、通风系统和安全出口的变动及时修改。矿山应规定专门的火灾信号，当井下发生火灾时，能够迅速通知各工作地点的所有人员及时撤出灾险区。安装在井口及井下人员集中地点的信号，应声光兼备。当井下发生火灾时风流的调度，主要是通风机继续运转或反风，应根据防火计划和具体情况，做出正确判断，由安全部门和总工程师决定。离城市15km以上的大、中型矿山，应成立专职消防队。小型矿山应有兼职消防队。自然发火矿山或有瓦斯的矿山应成立专职矿山救护队，救护队必须配备一定数量的救护设备和器材，并定期进行训练和演习。对工人也应定期进行自救教育和自救互救训练。

(1) 一般要求

① 地面火灾。对于矿山地面火灾，应遵照中华人民共和国公安部关于火灾、重大火灾和特大火灾的规定进行统计报告。矿山地面防火，应遵守《消防法》和当地消防机关的要求。对于各类建筑物、油库、材料场、炸药库、仓库等建立防火制度，完善防火措施，配备足够的消防器材。各厂房和建筑物间，要建立消防通道。通道上不得堆积各种物料，以利于消防车辆通行。矿山地面必须结合生活供水管道设计地面消防水管系统，井下则结合作业供水管道设计消防水管系统。水池的容积和管道的规格应考虑两者的用水量。

② 井下火灾。井下火灾的预防应按照中华人民共和国冶金工业部制定的《冶金矿山安全规程》有关条款的要求，由安全部门组织实施。其一般要求是：对于进风井筒、井架和井口建筑物、进风平巷，应采用不燃性材料建筑；对于已有的木支架进风井筒、平巷要求逐步更换；用木支架支护的竖、斜井井架，以及井口房、主要运输巷道、井底车场和硐室要设置消防水管；如果用生产供水管兼作消防水管，必须每隔50～100m安设支管和供水接头；井口木料厂、有自燃发火的废石堆（或矿石堆）、炉渣场，应布置在距离进风口主要风向的下风侧80m以外的地点并采取必要的防火措施；主要扇风机房和压入式辅助扇风机房、风硐及空气预热风

道、井下电机车库、井下机修及电机硐室、变压器硐室、变电所、油库等，都必须用不燃性材料建筑，硐室中有醒目的防火标志和防火注意事项，并配备相应的灭火器材；井下应配备一定数量的自救器，集中存放在合适的场所，并应定期检查或更换，在危险区附近作业的人员必须随身携带以便应急；井下各种油类，应分别存放在专用的硐室中，装油的铁桶应有严密的封盖；储存动力用油的硐室应有独立的风流并将污风汇入排风巷道，储油量一般不超过三昼夜的用量；井下柴油设备或液压设备严禁漏油，出现漏油时要及时修理，每台柴油设备上应配备灭火装置；设置防火门，为防止地面火灾波及井下，井口和平硐口应设置防火金属井盖或铁门，各水平进风巷道距井筒 50m 处应设置不燃性材料构筑的双重防火门，两道门间距离 5～10m。

（2）几种常见火灾的预防措施

① 预防明火引起火灾的措施。为防止井口火灾和污染风流，禁止用明火或火炉直接接触的方法加热井内空气，也不准用明火烤热井口冻结的管道；井下使用过的废油、棉纱、布头、油毡、蜡纸等易燃物应放入盖严的铁桶内，并及时运至地面集中处理；在大爆破作业过程中，要加强对电石灯、吸烟等明火的管制，防止明火与炸药及其包装材料接触引起燃烧、爆炸；不得在井下点燃蜡纸作照明，更不准在井下用木材生火取暖；特别对有民工采矿的矿山，更要加强明火的管理。

② 预防焊接作业引起火灾的措施。在井口建筑物内或井下从事焊接或切割作业时，严格按照安全规程执行和报总工程师批准，并制定出相应的防火措施；必须在井筒内进行焊接作业时，需派专人监护防火工作，焊接完毕后，应严格检查和清理现场；在木材支护的井筒内进行焊接作业时，必须在作业部位的下面设置接收火星、铁渣的设施，并派专人喷水，及时扑灭火星；在井口或井筒内进行焊接作业时，应停止井筒中的其他作业，必要时设置信号与井口联系，以确保安全。

③ 预防爆破作业引起的火灾。对于有硫化矿尘燃烧、爆炸危险的矿山，应限制一次装药量，并填塞好炮泥，以防止矿石过分破碎和爆破时喷出明火，在爆破过程中和爆破后应采取喷雾洒水等降尘措施；对于一般金属矿山，要按《爆破安全规程》要求，严格对炸药库照明和防潮设施检查，应防止工作面照明线路短路和产生电火花而引燃炸药，造成火灾；在进行露天台阶爆破或井下爆破作业时，均不得使用在黄铁矿中钻孔时所产生的粉末作为填塞炮孔的材料；大爆破作业时，应认真检查运药路线，以防止电气短路、顶板冒落、明火等原因引燃炸药，造成火灾、中毒、爆炸事故；爆破后要进行有效的通风，防止可燃性气体局部积聚，达到燃烧或爆炸极限而引起燃烧或爆炸事故。

④ 预防电气方面引起的火灾。井下禁用电热器和灯泡取暖、防潮和烤物，以防止热量积聚而引燃可燃物造成火灾。正确地选择、装配和使用电气设备及电缆，以防止发生短路和过负荷。注意电路中接触不良，电阻增加发生热现象，正确进行线路连接、插头连接、电缆连接、灯头连接等。井下输电线路和直流回馈线路，通过木质井框、井架和易燃材料的场所时，必须采取有效防止漏电或短路的措施。变压器、控制器等用油，在倒入前必须干燥，清除杂质，并按有关规程与标准采样，进行理化性质试验，以防引起电气火灾。严禁将易燃易爆器材存放在电缆接头、铁道接头、临时照明线灯头接头或接地极附近，以免因电火花引起火灾。

#### 28.6.2.3 外因火灾的扑灭

无论发生在矿山地面或井下的火灾，都应立即采取一切可能的方法直接扑灭，并同时报告消防、救护组织，以减少人员和财产的损失。对于井下外因火灾，要依照矿井防火计划，首先将人员撤离危险区，并组织人员，利用现场的一切工具和器材及时灭火。要有防止风流自然反向和有毒有害气体蔓延的措施。扑灭井下火灾的方法主要有直接灭火法、隔绝灭火法和联合灭火法。

① 直接灭火法。用水、化学灭火器、砂子或岩粉、泡沫剂、情性气体等，直接在燃烧区域及其附近灭火，以便在火灾初起时迅速地扑灭。在矿山，可以利用消防水管、橡胶水管、喷雾器和水枪等进行灭火。

② 隔绝灭火法。当井下火灾不能用直接灭火法扑灭时，必须迅速封闭火区，切断氧气供给。经过相当时间以后，由于火区氧气消耗殆尽，火灾最终熄灭。封闭火区的工作必须由矿山总工程师负责领导。为了有效地切断氧气供给，应在通往火区的所有巷道内构筑防火墙，并且堵住一切可能的漏风通道。封闭火区时，在确保安全的前提下应尽量缩小封闭火区的范围，并必须指定专人检查瓦斯、氧气、一氧化碳、煤尘以及其他有害气体和风流的变化，采取防止瓦斯、煤尘爆炸和人员中毒的安全措施。

③ 联合灭火法。即在封闭火区后再辅以其他灭火措施，如灌浆或灌惰性气体和调节风压法等。火区范围大，火源位置不太确切时，应对整个火区灌注大量泥浆。火区范围小且火源位置已准确掌握时，就可在火源附近打钻注浆。用惰性气体灭火，就是向火区输送二氧化碳、氮气或炉烟等惰性气体，以降低火区内的氧气含量，增加密闭区的气压，减少漏风，从而加速火灾的熄灭。调节风压法灭火，其实质是调节火区进、回风侧密闭之间的风压差，减少向火区的漏风，加速灭火。

### 28.6.3 内因火灾的发生原因及影响因素

（1）内因火灾的发生原因

堆积的含硫矿物或碳质页岩与空气接触时，会发生氧化而放出热量。若堆积物氧化生成的热量大于向周围散发的热量时，则该物质能自行升高其温度，这种现象就称为自热。随着温度的升高，氧化加剧，同时放热能力也因此增高。如果这个关系能形成热平衡状态，则温度停止上升，自热现象中止，并且通常在若干时间后即开始冷却。但有时在一定外界条件下，局部的热量可以积聚，物质便不断加热，直到其着火温度，即引起自燃。

如果物质在氧化过程中所产生的热量低于周围介质所能散发的热量，则无升温自热现象。因此，物质的自热、自燃与否都是由下列三个基本因素决定的：该可燃物质的氧化特性；空气供给的条件；可燃物质在氧化或燃烧过程中与周围介质热交换的条件。第一个因素是属于物质发生自燃的内在因素，仅取决于物质的物理化学性质，而后两个因素则是外在因素。

硫化矿物在成矿过程中，由于温度和压力的不同往往在同一矿床中有多种类型的矿物。由于成矿后长期受淋漓、风化等物理化学作用，同一矿物也会出现结构构造差异很大的情况。在同一矿床中，各种矿物内在性质不同，因此必须对每类型的矿石做深入细致的试验研究，从中找出有自燃倾向性的矿石。

矿体顶板岩层为含硫碳质页岩（特别是黄铁矿在碳质页岩中以星点状态存在）时，当顶板岩层被破坏后，黄铁矿和单质碳与空气接触也同样可以产生氧化自热到自燃的现象。

任何一种矿岩自燃的发生即为矿岩的氧化过程。在整个过程中，由于氧化程度的不同，必然呈现出不同的发展阶段，因此可把矿岩自燃的发生划分为氧化、自热和自燃三个阶段。这三个阶段可用矿岩的温升来表示，根据矿岩从常温到自燃整个温升过程的激化程度，可定为：常温至 100℃矿岩水分蒸发界限为低温氧化阶段；100℃至矿岩着火温度为高温氧化阶段；矿岩着火温度以上为燃烧阶段。任何一种矿岩的自燃必须经过上述温升的三个阶段，因而矿岩是否属于自燃矿岩，必须根据温升的三个阶段来确定。

必须指出，由于矿岩氧化是随着温度的升高而加剧，因此，如何设法控制矿岩温度不高于100℃是防止矿岩自燃的关键。但要做到这一点，难度也是很大的。

(2) 内因火灾的影响因素

① 矿岩的物理化学性质。矿岩的物理化学性质对矿岩的自燃有着重要作用，主要影响因素有矿岩的物质组成和硫的存在形式、矿岩的脆性和破碎程度、矿岩的水分和pH值、不同的化学电位的物质。矿岩中的情性物质（尤其是碳酸盐类矿物）对矿岩的自燃起抑制作用。

矿岩的物质组成和硫的存在形式是决定矿岩自燃倾向的重要因素。含硫量的多少不能作为衡量自燃火灾能否发生的判据，它只与火灾规模有关系，因为各种矿岩的放热能力是随着矿岩中含硫量的增加而增长的。

矿岩的脆性和破碎程度对矿岩的氧化性有影响，松脆的和破碎程度大的矿岩，由于氧化表面积增大而加快其氧化速度，并且矿岩的破碎也降低了它的着火温度，所以变得更容易自燃。

矿岩的水分和pH值对矿岩的氧化性有显著的影响，一般湿矿岩的氧化速度要比干矿岩快，pH值低的矿岩更易氧化。

矿岩中常含有多种带有不同化学电位的物质，矿岩在有水分参与反应的氧化过程中，各物质成分间因化学电位的不同将产生电流，因而加速了氧化作用。

② 矿床赋存条件。硫化矿床自燃与矿体厚度、倾角等有关系。矿体的厚度愈大，倾角愈大，则火灾的危险性也愈大。因为急倾斜的矿体遗留在采空区内的木材和碎矿石易于集中，矿柱易受压破坏，且采空区较难严密隔离。

③ 供氧条件。供氧条件是矿岩氧化自燃的决定因素。在开采的条件下，为保证人员呼吸并将有毒有害气体、粉尘等稀释到安全规程规定的允许浓度以下，需要向井下送入大量新鲜空气，这些新鲜空气能使矿岩进行充分的氧化反应。但大量供给空气又能将矿石氧化所产生的热量带走，破坏了聚热条件。

④ 水的影响。水能促进黄铁矿氧化，是一种供氧剂。但过量的水能带走热量，水汽化时要吸收大量热，同时生成的$Fe(OH)_3$是一种胶状物，会使矿石产生胶结，故水又是一种抑制剂。

⑤ 同时参与反应的矿量。参与反应的矿石和粉矿越多，自燃的危险性越大；反之则危险性越小。

此外，温度也是一个重要的影响因素，因为矿岩的氧化自热是随着温度的升高而加快的。

### 28.6.4　内因火灾的预防与扑灭

#### 28.6.4.1　内因火灾发火前的征兆

能尽早而又准确地识别矿井内因火灾的初期征兆，对于防止火灾的发生和及时扑灭火灾都具有极其重要的意义。井下初期内因火灾可以从以下几方面进行识别。

(1) 火灾孕育期的外部征兆

火灾孕育期的外部征兆是指人的感觉器官能直接感受到的征兆，属于此类的有：矿物氧化时生成的水分会增加空气的湿度，在巷道内能看到有雾气或巷道壁“出汗”，这是火灾孕育期最早的外部征兆，但并不是唯一可靠的；在硫化矿井中，当硫化矿物氧化时出现$SO_2$强烈的刺激性臭味，这种臭味标志着矿内火灾将要发生，是较可靠的征兆；人体器官对于不正常的大气会有不舒服的感觉，如头痛、闷热、暴露皮肤微疼、精神感到过度兴奋或疲乏等，但这种感觉不能看作是火灾孕育期的可靠征兆；井下温度升高。

上述火灾外部征兆的出现已是矿物或岩石在氧化自热过程相当发达的阶段，因此，为了鉴别自燃火灾的最早阶段，尚需利用适当的仪器进行测定分析。

(2) 矿内空气分析法

矿内空气分析法是目前矿山中应用最广而且也是比较可靠的方法。该法的实质是在有自燃危险的地区内，经常系统地取空气试样进行分析，以观测矿内空气成分的变化。根据分析结果，便可以确定自燃过程的开始及其发展动态。

在金属矿井中，除了CO外，当矿内大气中经常出现$SO_2$且浓度逐渐升高时，才可作为鉴别火灾发生的必然征兆。但是$SO_2$容易溶解于水，硫化矿物在氧化自热的初期阶段它在空气中的含量微小，不易为人们的嗅觉所觉察，必须依靠空气分析法才能鉴别出来。应当注意，在很多情况下偶然遇到的孤立现象并不能作为判断火灾有无的可靠征兆。唯有在矿井巷道的空气中CO、$CO_2$、$SO_2$及$H_2S$等气体的浓度稳定上升，且该区内温度出现逐渐升高等现象时，才能够认为是内因火灾较可靠的初期征兆。

(3) 矿内空气和矿岩温度

为了准确掌握自燃发展的动态与火源位置，最好将空气分析法与测温法结合起来同时进行。空气与水的温度可用普通温度计或留点温度计测定。而测定矿体和围岩的温度时，也可用留点温度计或热电偶置于待测的钻孔内，并将钻孔口用木栓塞住。测定采空区矿岩的自热发展过程，可用远距离电阻温度计或热电偶测温法测定其中的温度变化。测定地面钻孔内的岩石温度时，可用热电偶或温度传感器进行。将同一水平面或同一垂直面所测得的各测点温度标在相应测区的水平或垂直截面图中，然后把温度相同的测点连接起来，便成为地层等温线图。根据测得的等温线图的变化，即能掌握自燃发展的动态并能大致找出火源中心位置。

(4) 矿井水的成分

在硫化矿井中，从自热地区流出的水，其成分与非自热区流出的水是不同的。因此，可以根据对水的分析来判断火源的存在。通常分析矿井水要测定下列内容：游离硫酸或硫酸根离子的含量，钙、镁、铁等离子的含量，水的pH值降低量，水温的逐渐升高数。井下水的酸性增加，铁和硫酸根等离子含量的增大，pH值的逐渐降低和水温的升高，在一定条件下可以认为是硫化矿井中内因火灾的初期征兆。

另外，还可用电测和磁测法判断内因火灾的初期征兆。电测法测量受正在进展中的火源的影响而发生在岩石中的电位。磁测法的原理：由于火区的高温氧化使铁发生磁化作用，因而引起地球磁性变化，根据其变化大小进行判断。

#### 28.6.4.2　内因火灾的预防方法

(1) 预防内因火灾的管理原则

对有自燃发火可能的矿山，地质部门向设计部门所提交的地质报告中必须要有“矿岩自燃倾向性判定”内容；贯彻以防为主的精神，在采矿设计中必须采取相应的防火措施；各矿山在编制采掘计划的同时，必须编制防灭火计划；对自燃发火矿山，尽可能掌握各种矿岩的发火期，采取加快回采速度的强化开采措施，每个采场或盘区争取在发火期前采完，但是，由于发火机理复杂、影响因素多，实际很难掌握矿岩的发火期。

(2) 开采方法方面的防火要求

对开采方法方面的防火要求是使矿岩在空间上和在时间上尽可能少受空气氧化作用，以及万一出现自热区时易于将其封闭。其主要措施有采用脉外巷道进行开拓和采准，以便易于迅速隔离任何发火采区；制定合理的回采顺序。

矿石有自燃倾向时，必须考虑下述因素：矿石的损失量及集中程度、遗留在采空区的木材量及其分布情况、采空区被封闭的可能性及其封闭的严密性、回采强度和崩矿量等。其中，矿石的损失量及集中程度、遗留在采空区的木材量及其分布情况、回采强度和崩矿量尤为重要，在经济合理的前提下，应尽量采用充填采矿法。

（3）矿井通风方面的防火要求

实践表明，内因火灾的发生往往是在通风系统紊乱、漏风量大的矿井里较为严重。有自燃危险的矿井的通风必须符合下列主要要求：

① 应采用扇风机通风，不能采用自然通风，而且扇风机风压的大小应保证使不稳定的自然风压不发生不利影响；应使用防腐风机和具有反风装置的主要通风机，并应经常检查和试验反风装置及井下风门对反风的适应性。

② 结合开拓方法和回采顺序，选择相应合理的通风网路和通风方式，以减少漏风。各工作采区尽可能采用独立风流的并联通风，以便降低矿井总风压，减少漏风量，以及便于调节和控制风流。实践证明，矿岩有自燃倾向的矿井采用压抽混合式通风方式较好。

③ 加强通风系统和通风构筑物的检查和管理，注意降低有漏风地点的巷道风压；严防向采空区漏风；提高各种密闭设施的质量。

④ 为了调节通风网路而安设风窗、风门、密闭和辅助通风机时，应将它们安装在地压较小、巷道周壁无裂缝的位置，同时还应密切注意有了这些通风设施以后，是否会使本来稳定且对防火有利的通风网路变为对通风不利。

⑤ 采取措施，尽量降低进风风流的温度。其做法有：在总进风道中设置喷雾水幕；利用脉外巷道的吸热作用，降低进风风流的温度。

（4）主要防火措施

① 封闭采空区或局部填充隔离防火。这种方法的实质是将可能发生自燃的地区封闭，隔绝空气进入，以防止氧化。对于矿柱的裂缝，一般用泥浆堵塞其入口和出口；而对采空区除堵塞裂缝外，还在通达采空区的巷道口上建立密闭墙。

井下密闭按其作用分为临时的和永久的两种。有用井下片石、块石代替砖的或用砂袋垒砌的加强式密闭墙等。用密闭墙封闭采空区以后，要经常进行检查和观测防火的状况、漏入风量、密闭区内的空气温度和空气成分。由于任何密闭墙都不能绝对严密，因而必须设法降低密闭区的进风侧和回风侧之间的风压差。当发现密闭区内仍有升温现象时，应向其内注入泥浆或其他灭火材料。

② 黄泥注浆防灭火。向可能发生和已经发生内因火灾的采空区注入泥浆是一个主要的有效预防和扑灭内因火灾的方法。泥浆中的泥土沉降下来，填充注浆区的空隙，嵌入缝隙中并且包裹矿岩和木料碎块，水过滤出来。这一方法的防火作用在于隔断了矿岩、木料同空气的接触，防止氧化；加强了采空区密闭的严密性，减少漏风；如果矿岩已经自热或自燃，泥浆也起冷却作用，降低密闭区内的温度，阻止自燃过程的继续发展。

③ 阻化剂防灭火。阻化剂防灭火是采用一种或几种物质的溶液或乳浊液喷洒在矿柱、矿堆上或注入采空区等易于自燃、已经自燃的地点，降低硫化矿石的氧化能力，抑制氧化过程。这种方法对缺土、缺水矿区的防灭火有重要的现实意义。

阻化剂溶液的防灭火作用是阻化剂吸附于硫化矿石的表面，形成稳定的抗氧化保护膜，降低硫化矿石的吸氧能力；溶液蒸发吸热降温，降低硫化矿石的氧化活性。

常用的阻化剂有氯化钙、氯化镁、熟石灰（氢氧化钙）、卤粉、膨润土、水玻璃（硅酸钠）、磷酸盐等无机物，以及某些有机工业的废液，如碱性纸浆废液、炼镁废液、石油副产品的碱乳浊液等。根据现场试验证明，当矿石温度大于60℃时，用2056的氮化钙溶液处理，技术经济效果较为理想；在局部明火区，则以浓度为50%的氮化钙溶液进行处理，效果较好。

为了提高阻化剂溶液的阻化效果，可加入少量湿润剂。湿润剂最好选用其本身就有阻化作用的表面活性物质，如脂肪族氨基磺酸铵或氯化钙等。

阻化剂法与黄泥注浆法相比，具有工艺系统简单、投资少、耗水量少等优点。但是某些阻化剂（$CaCl_2$、$MgCl_2$）溶液一旦失去水分，就不能起到阻止氧化的作用，且氯化物溶液对金属有一定的腐蚀作用。

**28.6.4.3 内因火灾的扑灭方法**

扑灭矿井内因火灾方法分为四类：直接灭火法、隔绝灭火法、联合灭火法、均压灭火法。

（1）直接灭火法

直接灭火法是指用灭火器材在火源附近直接进行灭火，是一种积极的方法。直接灭火法一般可以采用水或其他化学灭火剂、泡沫剂、惰性气体等，或是挖除火源。

用水灭火时必须注意，保证供给充足的灭火用水，同时还应使水及时排出，勿让高温水流到邻区而促进邻区的矿岩氧化；保证灭火区的正常通风，将火灾气体和蒸汽排到回风道去，同时还应随时检测火区附近的空气成分；火势较猛时，先将水流射往火源外围，逐渐通向火源中心。对于范围较小的火灾也可以采用化学药剂等其他的灭火方法直接灭火。挖除火源是将燃烧物从火源地取出立即浇水冷却熄灭，这是消灭火灾最彻底的方法。但是这种方法只有在火灾刚刚开始尚未出现明火或出现明火的范围较小、人员可以接近时才能使用。

（2）隔绝灭火法

隔绝灭火法是在通往火区的所有巷道内建筑密闭墙，并用黄土、灰浆等材料堵塞巷道壁上的裂缝，填平地面塌陷区的裂隙以阻止空气进入火源，从而使火因缺氧而熄灭。绝对不透风的密闭墙是没有的，因此若单独使用隔绝灭火法，则往往会拖延灭火时间，较难达到彻底灭火的目的。只有在不可能用直接灭火法或者没有联合灭火法所需的设备时，才用密闭墙隔绝火区作为独立的灭火方法。

（3）联合灭火法

当井下发生火灾不能用直接灭火法消灭时，一般均采用联合灭火法。此方法就是先用密闭墙将火区密闭后，再向火区注入泥浆或其他灭火材料。注浆方法在我国使用较多，灭火效果很好。

（4）均压法灭火

均压法灭火的实质是设置调压装置或调整通风系统，以降低漏风通道两端的风差，减少漏风量，使火区缺氧而达到熄灭火源的目的。用调压装置调节风压的具体做法有风窗调压、局扇调压、风窗-局扇联合调压等。

## 28.7 提升与运输危害防治

运输和提升是矿山生产的重要环节。在矿山事故中，运输与提升事故所占的比例很大。由于井下环境恶劣、空间狭窄、照明不足，而运输设备的转速和动能都较大，因此，极易造成后果严重的运输事故。一旦提升、运输系统发生重大事故，整个矿井生产将陷于瘫痪。因此，提升、运输系统的安全可靠，对矿山的安全与生产是至关重要的。

矿山的提升、运输方式是根据矿床的开采方法、开拓方式及经济技术条件确定的，地下开采的矿山是依靠立井、斜井、平硐等开拓巷道与地面联系，人员、矿石、废石、设备与材料等均由此出入。在立井、斜井中称作提升，在平硐内称作运输。

提升有立井、斜井提升。立井的提升容器有罐笼和箕斗，斜井在倾角大时用箕斗，小于25°时用矿车，倾角不大于18°时用带式运输机。

## 28.7.1 立井提升安全

立井提升就是通过安装在立井井口、井筒和井底的设备、装置进行的提升运输工作。立井提升系统使用的主要设备和装置包括提升机、井架、天轮、钢丝绳、连接装置、提升容器、井筒导向装置、井口和井底的承接装置、阻车器、安全门以及信号装置等。这些设备和装置是立井提升中不可缺少的部分，同时也是提升安全工作中必须注意的重要环节。

按照提升容器的不同，立井提升可以分为罐笼提升、箕斗提升和吊桶提升。小型矿井使用罐笼提升较为普遍。一般在井筒断面大、提升量多而提升水平又小的矿井采用双罐笼提升；井筒断面小、提升水平大的矿井可采用单罐笼带平衡锤提升；井口断面小、提升量少的矿井可采用单罐笼提升。在立井开凿和延伸期间，一般采用吊桶提升。

(1) 立井井口和中段安全设施

为保证提升作业的安全，以防发生人身或设备事故，在罐笼提升系统中罐口及各中间作业段，必须装设必要的安全设施。

① 安全门。安装于地面井口及各水平的井口。

② 罐门及罐内阻车器。

③ 进出罐笼的承接设施。常用的承接设施有托台和摇台。其操作方式有手动、气动、液压等。立井提升除在井口、井底使用托台，各中段应使用摇台，因井深或其他原因中段也可使用自动托台。无论采用托台或摇台均应与提升机闭锁。

④ 推车机与阻车器。推车机是向罐笼送入矿车，同时将空矿车从罐笼内顶出的设备。小型矿山多用人力上罐。

井口阻车器设在车场进车侧矿车进罐的前方，它可以防止矿车坠入井筒。罐内阻车器设在罐笼内，它可以防止矿车在罐笼运行中窜出，坠入井底。阻车器一般有单式阻车器，也有复式阻车器。

(2) 人员和物料的升降安全

罐笼是人员进出的主要通路。为了避免提升人员时发生事故，必须经常对入井人员进行安全教育，建立健全严格的信号管理制度。罐笼升降人员和物料，应符合以下规定：

① 罐顶必须设置可以打开的铁盖或铁门。

② 罐底要铺满铁板，不得有眼。罐底下面有转动阻车器的连杆装置时，要设牢固的检查门。

③ 罐笼侧壁与罐道接触部分，禁止使用带孔的钢板。罐内要装设扶手。

④ 两端出入口，必须设置罐门或罐帘，罐门或罐帘下部距罐底距离不得超过25cm，门不得向外开。

⑤ 罐笼内应设有可靠的阻车器。

⑥ 提升系统用的罐笼的最大载重量，应在井口公布。

⑦ 禁止用罐笼同时提升人员、物料或爆破器材。

(3) 防坠器

安全规程中规定，提升人员或物料的罐笼，必须装设安全可靠的防坠器（安全卡）。多绳提升可不设防坠器。

防坠器就是在提升容器发生坠落（主要是钢丝绳断或连接装置断裂）时，立即开始工作使提升容器卡在罐道上而不坠落的装置。防坠器是一个很重要的安全装置，它必须处于可靠状态。防坠器要求每日检查一次，检查各部零件有无损伤、螺栓是否松动、弹簧是否有裂缝和折断现象，对阻碍活动的油垢要清除。每月要检查维修一次。每6个月进行一次不脱钩试验：罐笼放在井口，松开钢丝绳，检查抓捕器动作情况；放松钢丝绳，看罐下坠时，卡爪抓住罐道，木、金属罐道抓捕距离不超过200mm，绳罐道不超过40mm。

(4) 提升机的安全装置

提升机根据缠绕钢丝绳滚筒的不同分为单滚筒、双滚筒和多绳摩擦轮提升机。提升机能否做到安全运转，安全装置将起到十分重要的作用。提升机的安全装置主要包括以下几种：

① 制动装置。制动装置是提升机的主要安全装置，它不仅满足提升机正常运转时的工作制动，同时在发生意外事故时能及时进行保险制动。

② 限速与防过卷装置。立井提升装置的最大速度应符合提升系统设计的要求。安全规程中规定，当提升速度超过最大正常速度的15%时，必须能自动切断电源，并能使保险闸动作。同时，又要求当最大速度超过3m/s时，能保证提升容器到达井口时的速度不超过2m/s。能满足上述要求的装置叫限速装置。限速装置有机械式与电气式两种。

防过卷装置是分别安在井架上和提升机深度指示器上的行程开关，一旦提升容器超过了正常卸载位置（或出车平台）0.5m时，就碰撞井架上的行程开关，同时深度指示器指针碰撞过卷开关，过卷行程开关动作，切断保护回路进行安全制动。

③ 深度指示器。它可指出提升容器在井筒中的位置，当提升容器接近井口时，能发出减速警告信号，同时深度指示器上安装有防过卷开关和防过速装置。没有深度指示器，就好比人没有眼睛，随时都可能发生事故。目前有两种形式的深度指示器：牌坊式与圆盘式。

④ 安全回路与保护。为确保提升机的安全运转，在提升机电控系统中，设有可靠的安全回路保护，只有在所有保护装置都处于正常状态时，提升机才能正常工作。一旦出现某一事故，某一保护装置会立即断开安全回路，使安全闸和工作闸都投入制动。

(5) 立井提升信号

为了统一指挥提升作业，保障人员、设施的安全和生产正常进行，井底、井口以及中段车场之间，井口和提升机房之间必须安装提升信号，如声光信号、辅助信号、电话等。设置提升信号的要求是：

① 信号系统必需完善、可靠，信号要清晰明了、准确无误、容易识别。

② 井底和各中段发出的信号需经井口信号工转发给提升机房，不准越过井口信号工直接向提升机房发开车信号，但可以发紧急停车信号。

③ 井口信号应与提升机的控制电路闭锁，只有信号发出后，提升机才能启动。

## 28.7.2 斜井提升安全技术

斜井提升是指用安装在地面的提升机，通过斜井对矿物、材料和人员进行的运输工作。斜井运输的容器主要是矿车和箕斗，乘坐人员时则称为人车。

(1) 斜井运送人员的安全事项

① 斜井距离较长，垂高较大时，应采用专用人车运送人员。各车辆之间除连接装置外，必须附有保险链，连接装置和保险链要有足够的安全系数。人车应有顶棚，还应装有断绳保险器，当发生断蝇、脱钩事故时，能自动（也能手动）地平稳停车。

② 斜井用矿车组提升时，严禁人货混合串车提升。

③ 在用列车运送人员的斜井内，必须安装信号装置，保证在行驶途中任何地点跟车工都能向司机发出信号，而在多水平运输时，司机能辨认出各水平发出的信号。所有收发

信号的地点，都应挂明显的信号牌。

④ 斜井运输工作应有专人管理。斜井人车在运行前应对其连接装置、保险链、保险器、轨道和车辆等设备进行检查，在每班运送人员前，进行一次空载运行，确认安全后再运送人员。

⑤ 运送人员的列车必须有跟车安全员，跟车安全员要坐在行驶方向的第一辆装有保险器操纵杆的车内。乘车人员必须听从跟车安全员指挥，按指定地点上下车，上车后必须关好车门，挂好车链。

⑥ 乘车人员要遵守人车管理制度，服从人车司机和跟车安全员的指挥，不得拥挤，不准超员乘坐；井口和车场要设候车室，依次序下车、上车；上车后必须关好车门，挂好车链，才能发出开车信号；乘车人员不得将身体探出车外，以防意外事故发生。

⑦ 人员在上下斜井时，其上下车地点的斜井应有足够宽的人行道，一般应不小于1.5m，具有良好的照明和台阶踏步。

(2) 斜井跑车事故及预防

斜井串车提升是小型矿山常用的提升方式，斜井串车运输的工作方式是：井底重车由井底的把钩工挂至牵引钢丝绳上，通过井上下的信号联系，开动绞车将井下的矿物运到地面，同时把井口的车辆放至井底。另外还有一种是斜井单绳提升，即井底重车提升到地面后摘勾，再挂上空车下放到井底。斜井提升具有设备简单、投资少、见效快等优点。

由于斜井提升中频繁摘挂钩，再加上钢丝绳容易磨损和断裂，因此容易发生跑车事故。其后果较为严重，不仅造成设备损毁，而且导致人员伤亡，生产停顿。造成跑车事故的原因一般有：挂钩工疏忽，将未挂钩的空车下推造成跑车；挂钩工操作不当，如在车辆未全部提上来就提前摘钩，造成未上来的车辆跑车；钢丝绳断裂或连接装置断裂造成跑车；提升机制动失灵造成跑车；车辆运行中挂钩插销跳出造成跑车。

防止跑车事故应遵从两条原则：一是防止跑车事故发生；二是一旦发生跑车后，要避免事故扩大，尤其是避免人员伤害。

### 28.7.3　钢丝绳

矿井提升钢丝绳是连接提升容器和提升机，以及传递动力的重要部件。它的可靠使用是升降人员和物料的安全保证，而钢丝绳又最容易损坏，是安全提升的最薄弱环节，因此应予特别重视。

钢丝绳是由一定数量的钢丝捻成绳股，再由若干绳股(一般为6股)沿着一个含油的纤维绳芯捻制而成。由于提升钢丝绳直接关系到人员生命安全，故对钢丝绳的选择有严格的规定。针对不同类型的提升机(单绳或多绳)，提人时的安全系数要求仔细核查。

在提升钢丝绳的使用上，一方面要合理地选择结构和规格；另一方面应正确地使用、维护与检查，以便及时掌握钢丝绳的状况，延长钢丝绳的使用寿命，确保提升安全。

(1) 钢丝绳的使用与维护

在钢丝绳的使用中，应满足安全规程规定的卷筒直径与钢丝绳直径的比值要求，以控制其弯曲疲劳应力。钢丝绳在卷筒上排列要整齐，运行时要保持平稳，不跳动、不咬绳。

钢丝绳使用过程中应注意润滑，良好的润滑对延长钢丝绳的寿命影响很大，因此应定期对钢丝绳涂油。涂油前，应先清除钢丝绳上的尘土污油，然后用人工法或涂油器法(钢丝绳穿过两半合成的油筒，随着钢材绳的移动，及时往油筒内添加热油)进行涂油。

因钢丝绳绳头部分损坏较快，所以对钢丝绳应定期进行斩头。同时也要定期调头，将与卷筒连接的一端和与连接装置连接的另一端互相更换，以增加钢丝绳的使用寿命。其斩头和调头的期限，应根据各单位不同使用条件和钢丝绳损坏情况确定。

井筒内应尽量减少淋水，保持干燥，以避免钢丝绳的腐蚀。

此外，要注意钢丝绳的运输和存放；提升启动、停车、加减速时要平稳操作，以减少对钢丝绳的损坏。

(2) 钢丝绳的检查

新钢丝绳到货后应检查是否有厂家合格证书、验收证书等资料；有无锈蚀和损伤，不符合要求的不准使用。升降人员的钢丝绳要按安全规程的规定进行试验。

使用中的钢丝绳应每日检查一次。检查时，采用慢速运行对钢丝绳进行外观检查，同时可用手将棉纱围在钢丝绳上，如有断丝，其断丝头就会把棉纱挂住。要特别注意检查绳头端和容易磨损段，还要注意不得有漏检。钢丝绳在遭受卡罐或突然停车等猛烈拉力时，应立即停车检查。钢丝绳的检查工作要有专人负责，并做好检查记录。

### 28.7.4　矿山井下运输

运输分为地面运输和井下运输，地面运输主要是指露天矿的运输。井下运输又有平巷运输、采区运输，一般用人力或机械来完成。机械运输是依靠电机车来拖动矿车，人力运输是由人来推动矿车。运输是矿山生产的命脉，一旦运输发生事故就会使生产停止，甚至造成重大事故。

(1) 井下运输的特点

① 受空间限制。井下巷道、工作地点狭小，潮湿多水，光线不足，作业条件差。

② 运输设备安装移动频繁，容易出现安装质量不佳的情况(安装质量不容易保证)。

③ 运输设备运行速度快，威胁安全的程度大。

④ 当发现危险时停车困难。如电机车在井下由于潮湿多水，制动距离远。

⑤ 运输是多水平的立体交叉，线路复杂，管理难度大。

⑥ 工作人员与运输工具同在一条巷道，人车混杂等。

(2) 矿山的主要运输方式

地下矿山的机械运输又可分为轨道运输和无轨运输。无轨运输包括轮胎式运输(如用地下矿用汽车、铲运机、拖拉机、三轮车等运输)和带式输送机运输。

① 轨道运输。轨道运输是我国矿山使用最广泛的一种运输方式，其主要设备有轨道、矿车、牵引设备和辅助设备等。

井下巷道中铺设的轨道通常是窄轨。我国矿山常用的轨道为600mm轨距、11～18kg/m的钢轨，以及762mm和900mm轨距、22～38kg/m钢轨。

地下用的矿车有以下几种：固定车厢式，只能在固定地点借助翻车机或人工卸载，矿车容积0.5～10m$^3$；翻斗车，容积0.5～1.2m$^3$，卸载方便，在中小矿山使用广泛；侧卸式、前倾式、底卸式和梭式等几种。

矿用电机车是轨道运输的牵引设备，常见的有架线式和蓄电池式两种。非煤矿山主要用架线式电机车。一般都用直流电源，需在井下设变流站，将交流电变为直流电。电机车的电源和架线及轨道形成网路，因电源常冒火花，不能在有瓦斯爆炸危险的矿井使用。目前架线式电机车有3t、7t、10t、14t和20t等几种。蓄电池式电机车由本身所带的蓄电池供电，它不需要架线，也不产生电火花，主要用于有瓦斯爆炸危险的矿井，或在运距短的临时巷道中作辅助运输。

轨道运输的辅助设备有翻车机、推车器、阻车器等。

② 无轨运输。无轨运输设备主要有地下矿用汽车、铲运机、拖拉机、三轮车等。地下矿用汽车是一种柴油无轨运输设备，国外矿山已广泛使用。目前，我国仅在少数矿井使用。拖拉机、三轮车在小型矿山应用较广。

井下无轨运输使用的自卸式汽车有翻转式和推卸式两种。这种运输方式需开掘供汽车及其他柴油无轨设备行驶的斜坡道（斜坡道开拓的矿山）。斜坡道的坡度一般为10%～20%。目前，由于井下使用的无轨运输设备大都是用柴油发动机驱动，柴油机工作时会排出大量有毒有害气体，严重污染井下空气，即使安装了废气净化装置，仍不能彻底解决，因此，必须加强通风，尽量减轻井下空气污染。

矿用带式输送机按结构可分为普通胶带输送机、钢丝绳芯胶带输送机和钢丝绳牵引胶带输送机。无论哪种带式输送机，均由机头、机尾、机身三部分组成。机头包括电动机、减速箱和主动滚筒；机尾即拉紧装置；机身包括胶带、托辊和托架。

（3）井下运输安全

① 平巷运输。水平巷道内运输可采用人力推车或电动机车拖动。其安全技术规定有：

a. 巷道断面布置。水平巷道断面尺寸是由巷道内通过的机车或矿车外形尺寸、运输容器与各部安全间隙及人行道等决定，必须保证运输畅通、安全。具体有关尺寸规定见有关安全规程。

b. 巷道坡度。水平巷道应有一定坡度，按流水需要，一般为3%～5%，车辆在巷道运行时，巷道的轨道坡度一般与巷道坡度相同，但在井底车场内坡度按设计要求不同。

c. 在水平巷道内运输应保持一定的行车速度与间距。

d. 电机车运输。电机车有架线式与蓄电池式两种。

② 电机车运输

a. 电机车司机的安全操作是电机车安全运行的关键。电机车司机必须经培训考核，取得特种作业操作资格证，持证上岗。

b. 电机车开动前，必须发出开车信号。

c. 开车时，必须精力集中，谨慎操作。

d. 行车时必须随时注视前方有无障碍物、行人或其他危险情况。

e. 列车接近风门、巷道口、弯道、道岔、坡度大和噪声大的区域，以及前方有车辆、障碍物时，必须减速，发出警告信号或及时停止行进。

f. 电机车司机不得擅离岗位。司机在需要离开座位时，必须切断电源，将控制把手取下，扳紧车闸，但不要关闭车灯。

g. 要加强行车管理，安排好列车行驶路线，防止机车碰头和追尾事故。两车在同轨道同方向运行时，必须保持不少于40m的距离。

h. 除了跟车工之外，运输物料的机车不准带人。

③ 人力推车运输安全。人力推车应注意的事项包括：

a. 每人只允许推一辆矿车，车速不得太快。轨道的坡度在5%以下的，同方向行驶的车辆的间距，不得小于10m；轨道的坡度大于5%，同方向行驶的车辆的间距，不得小于30m；轨道的坡度大于10%，禁止人力推车。

b. 在单轨巷道要确认对面没有来车时才能向前推车。在下坡道推无制动装置的车辆时，推车人员不准站在矿车的碰头上，更不准放飞车。在能自动滑行的线路上运行时，应有可靠的制动装置，但车速不得超过3m/s。停车时，要用木楔或木板支好塞牢，使之不致自动下滑。

c. 矿车驶近道岔、巷道口、风门，通过弯道、坡度较大的区域，以及两车相遇、前面有人或障碍物、停车等情况时，应及时发出警告信号。

d. 在无良好照明的巷道或区段，一般不准进行人力推车。在正常照明的巷道内，推车人应备有矿灯，并将矿灯挂在矿车的前端，而且行车速度不宜太快。

### 28.7.5 露天矿（地面）运输

露天矿山运输的基本任务是将采出的矿石运送到选矿厂、破碎站或储矿场，把剥离的废石运送到排土场，并将人员、设备和材料运送到工作地点。

露天矿山的运输方式，就动力而言，可分为人力运输和机械运输；从道路设施看，可分为有轨运输和无轨运输。

（1）露天矿山的主要运输方式

① 铁路运输。在矿区范围较大、坡度较缓的露天矿场内可以铺设铁路，采用机车牵引列车运送矿石的运输方式。铁路运输的主要设备有轨道、矿车、机车和辅助设备。铁路运输按机车的动力不同可分为电机车运输和内燃机车运输；按轨距不同可分为标准轨铁路运输（轨距为1435mm）和窄轨铁路运输（轨距为600mm、762mm和900mm），矿车与地下矿山相同。

大型露天矿用大型电机车牵引大型翻斗车运输，其载重量可达60～80t，甚至更大。电机车运输必须架设供电线路。

大型露天矿多采用标准轨铁路运输；在中小露天矿以及采石场多采用窄轨铁路运输或人力推车，在斜坡段用卷扬机或无级绳提升联合运输。

② 道路运输。露天矿山道路运输的主要车辆是自卸汽车，小型矿山和采石场也常使用拖拉机、机动三轮车，甚至使用畜力车、人力车等。

③ 斜坡卷扬运输。即在斜坡轨道上用卷扬机提升或下放斜坡箕斗或矿车，在斜坡道的上、下平面则借助其他运输方式联合运输。

④ 斜坡牵引手推车运输。斜坡道上，用钢丝绳卷扬牵引或下放手推车。

⑤ 矿石自溜运输。利用矿区的地形、高差开凿溜井或地表溜槽，用机动车辆或其他运载设备将矿石运至溜井或溜槽，矿石借助自重下放，下部用机动车或其他运载设备来运输。

⑥ 人力运输。有轨道人力推矿车和推平板车等方式。

（2）露天矿山运输安全

① 铁路运输安全。铁路运输中常见的事故有撞车、脱轨、道口肇事和由此引起的人身伤害。露天矿山铁路运输应遵守地下矿山电机车运输的有关安全规定。

② 道路运输安全

a. 山坡填方的弯道、坡度较大的填方地段以及高堤路基路段外侧应设置护栏、挡车墙等。夜间装卸矿地点应有良好的照明。

b. 自卸汽车进入工作面装车，应停在挖掘机尾部回转范围0.5m以外，防止挖掘机回转撞坏车辆。

c. 装车时，发动机不准熄火；关好驾驶室车门，不得将头和手臂伸出驾驶室外；禁止检查、维护车辆。

d. 装车后挖掘机司机或指挥人员发出信号，汽车才能驶出装车地点。

e. 禁止采用溜车方式发动车辆，下坡行驶严禁空挡滑行。在坡道上停车时，司机不能离开，必须使用停车制动并采取安全措施。

f. 机动车辆在矿区道路上宜中速行驶，急弯、陡坡和危险地段应限速行驶。正常作业条件下同类车严禁超车，前后车应保持适当距离。

g. 雾天和烟尘弥漫影响能见度时，应开亮前黄灯与标志灯，并靠右侧减速行驶，前后车间距不得小于30m。

h. 视距不足20m时，应靠右暂停行驶，并不得熄灭车前车后的警示灯。

i. 冰雪和雨季道路较滑时，应有防滑措施并减速行驶；前后车距不得小于40m；禁止转急弯、急刹车、超车或拖挂其他车辆。

j. 汽车在靠近边坡或危险路面行驶时，要谨慎通过，防止架头倒塌和崩落。生产干线、坡道上禁止停车。

k. 机动车辆通过铁路道口前，司机应减速瞭望，确认安全方可通过。

l. 卸矿地点必须设置牢固可靠的挡车设施，并设专人指挥。挡车设施的高度不得小于该卸矿点各种运输车辆最大轮胎直径的2/5。

m. 汽车进入排卸场地要听从指挥，卸完后应及时落下翻斗，务必确认翻斗落好后方可动车，严防翻斗竖立刮坏高空线路和管道等设施。

n. 自卸汽车在翻斗升起与落下时不准人员靠近，卸载工作完毕后应将操纵器放置空挡位置，防止行车时翻斗自动升起引起事故。

o. 自卸汽车严禁运载易燃、易爆物品；驾驶室外平台、脚踏板及车斗不准载人；禁止在运行中升降车斗。

p. 要加强机动车辆的检查、维护保养，保证机动车前后车灯正常，刹车灵敏可靠。

③ 斜坡卷扬运输安全

a. 斜坡道与上部车场和中间车场的连接处，应设置灵敏可靠的阻车器；斜坡道上设防跑车装置；沿斜坡道设人行踏步；斜坡轨道中间设托辊并保持润滑良好，以减少钢丝绳的磨损。

b. 卷扬司机、卷扬信号工和矿仓卸矿工之间应装设声光信号联络装置。联系信号必须清楚，信号不清或中断时，不得进行作业。

c. 在斜坡道上或在箕斗（矿车）、料仓里工作，必须有安全措施。调整钢丝绳必须空载、断电进行，并用工作制动。

d. 应对钢丝绳及其附件以及绞车定期进行检查、试验，保证钢丝绳完好、绞车制动可靠。

④ 斜坡牵引手推车运输安全

a. 选择斜坡道位置要合适，坡度不宜过大，道路要平整，没有过大的起伏、坑沟和障碍物。

b. 为防止跑车，斜坡道上部车场坡口设挡车设施，坡口后应有一段下坡道，斜坡道下部应迎坡设一挡墙。

c. 卷扬机制动必须灵敏可靠。钢丝绳和挂钩的安全系数应不小于10。钢丝绳与挂钩的连接应用不少于3个绳卡与主绳卡紧，其间距为200～300mm。

d. 应定期检查、试验卷扬机、钢丝绳和连接装置。发现钢丝绳有断股或严重损坏、挂钩环损坏时，必须更换，不得修复使用。

e. 卷扬机操作工应思想集中，密切注意运转情况，发现异常情况立即停车。

f. 钢丝绳牵引速度要与驾车人行走的速度相适应，一般不超过1m/s。驾车人要在手推车上坡的方向，不得在下坡方向，以防意外跑车事故。

g. 手推车的挂钩环应牢固地固定在轮轴与车架上，要防止在工作时自行脱钩。

h. 手推车不得装得过满，以防矿石滚落伤人。

i. 在拉矿石时，驾车人要双手扶把，不得坐在把手上或车上任其自行。重车提到坡顶，要待车越过坡口的车挡，停稳后才能摘钩。

j. 往井底运送空车，要用钢丝绳牵引下放，不得驾车下跑；要确认手推车挂牢靠后，才能发出下放信号。

k. 钢丝绳牵引手推车上下时不准带人。斜坡道有车运行时，不准人员行走（驾车人除外）。

l. 斜坡道较长时，在卷扬机与坡底之间要设联络信号。

⑤ 人力运输安全。露天窄轨人力推车与地下窄轨人力推车安全要求相同。安全要求如下：

a. 道路应有足够的宽度，路面应坚实、平坦，不得有障碍物和坑洞；

b. 连接陡坡的弯道的外侧应适当超高；

c. 卸矿场或排土场的边坡坡顶应适当超高；

d. 夜间工作的道路应有良好的照明。

## 28.8 矿山边坡灾害防治

露天矿边坡滑坡是指边坡体在较大的范围内沿某一特定的剪切面滑动，一般的滑坡是滑落前在滑体的后缘先出现裂隙，而后缓慢滑动或周期地快慢更迭，最后骤然滑落，从而引起滑坡灾害。

### 28.8.1 边坡的破坏类型

岩质边坡的破坏可分为滑坡、崩塌和滑塌等几种类型。

（1）滑坡

滑坡是指岩土体在重力作用下，沿坡内软弱结构面产生的整体滑动。滑坡通常以深层破坏形式出现，其滑动面往往深入坡体内部，甚至延伸到坡脚以下。当滑动面通过塑性较强的土体时，滑速一般比较缓慢；当滑动面通过脆性较强的岩石或者滑面本身具有一定的抗剪强度时，可以积聚较大的下滑势能，滑动具有突发性。根据滑面的形状，滑坡形式可分为平面剪切滑动和旋转剪切滑动。

（2）崩塌

崩塌是指块状岩体与岩坡分离向前翻滚而下。在崩塌过程中，岩体无明显滑移面，同时下落的岩块或未经阻挡而落于坡脚处，或于斜坡上滚落、滑移、碰撞最后堆积于坡脚处。

（3）滑塌

松散岩土的坡角大于它的内摩擦角时，表层蠕动使它沿着剪切带表现为顺坡滑移、滚动与坐塌，从而重新达到稳定坡角的破坏过程，称为滑塌或崩滑。

### 28.8.2 露天边坡事故的原因

露天边坡的主要事故类型是滑坡事故，即露天边坡岩体在较大范围内沿某一特定的剪切面滑动的现象。露天边坡滑坡事故发生的原因主要有：

① 露天边坡角设计偏大或台阶没按设计施工；

② 边坡有大的结构弱面；

③ 自然灾害，如地震、山体滑移等；

④ 滥采乱挖等。

### 28.8.3 滑坡事故防治技术

（1）合理确定边坡参数

合理确定台阶高度和平台宽度。合理的台阶高度对露天开采的技术经济指标和作业安全都具有重要意义。平台宽度不但影响边坡角的大小，也影响边坡的稳定。

正确选择台阶坡面角和最终边坡角。

（2）选择适当的开采技术

选择合理的开采顺序和推进方向。在生产过程中必须采用从上到下的开采顺序，应选用从上盘到下盘的采剥推进方向。

合理进行爆破作业，减少爆破震动对边坡的影响。

（3）制定严格的边坡安全管理制度

合理进行爆破作业必须建立健全边坡管理和检查制度。有变形和滑动迹象的矿山，必须设立专门观测点，定期观测记录变化情况，并采取长锚杆、锚索、抗滑桩等加固措施。露天边坡滑坡事故可以采用位移监测和声发射技术等手段进行监测。

### 28.8.4 露天矿不稳定边坡的治理措施

不稳定边坡会给露天矿的生产带来极大的危害，因此矿山机械应十分重视不稳定边坡的监控，并及时采取合理的工程技术措施，防止滑坡的发生，从而确保生产人员和设备的安全。我国自20世纪50年代末期开始研究不稳定边坡的治理，特别是从20世纪80年代以来，各种新的工程技术治理方法得到了有力的推广，获得了良好的效益。

不稳定边坡的治理措施大体可分为以下四类。

① 对地表水和地下水的治理。生产实践和现场研究表明，对那些确因地表水大量渗入和地下水运动影响而不稳定的边坡，采用疏干的方法，治理效果较好。对地表水和地下水治理的一般措施有：地表排水、水平疏干孔、垂直疏干井、地下疏干巷道。

② 采取减小滑体下滑力和增大抗滑力措施。具体方法有缓坡清理法与减重压脚法。

③ 采用增大边坡岩体强度和人工加固露天边坡工程技术。普遍使用的方法有：挡土墙、抗滑桩、金属锚杆、钢丝绳锚索及压力灌浆、喷射混凝土护坡和注浆防渗加固等。

④ 周边爆破。爆破震动可能损坏距爆源一定距离的采场边坡和建筑物。对采场边坡和台阶比较普遍的爆破破坏形式是后冲爆破、顶部龟裂、坡面岩石松动。周边爆破技术就是通过降低炸药能量在采场周边的集中和控制爆破的能量在边坡上的集中，从而达到限制爆破对最终采场边坡和台阶破坏的目的。具体周边爆破技术有减震爆破、缓冲爆破、预裂爆破等。

## 28.9 排土场灾害防治

排土场又称废石场，是指露天矿山采矿排弃物集中排放的场所。排土场作为矿山接纳废石的场所，是露天矿开采的基本工序之一，也是矿山组织生产不可缺少的一项永久性工程建设。当排土场受大气降雨或地表水的浸润作用，排土场内堆积体的稳定状态会迅速恶化，引发滑坡和泥石流等灾害。

### 28.9.1 排土场事故原因

排土场事故类型主要有排土场滑坡和泥石流等。排土场变形破坏，产生滑坡和泥石流的影响因素主要是基底的软弱地层、排弃物料中含有大量表土和风化岩石，以及地表汇水和雨水的作用。

(1) 排土场滑坡

排土场滑坡类型分为3种：排土场内部滑坡、沿排土场与基底接触面的滑坡和沿基底软弱面的滑坡。

① 排土场内部滑坡。基底岩层稳固，岩土物料的性质、排土工艺及其他外界条件（如外载荷和雨水等）所导致的排土场滑坡，其滑动面露出堆积体。

② 沿排土场与基底接触面的滑坡。当山坡形排土场的基底倾角较陡，排土场与基底接触面之间的抗剪强度小于排土场的物料本身的抗剪强度时，易产生沿基底接触面的滑坡。

③ 沿基底软弱面的滑坡。当排土场坐落在软弱基底上时，由于基底承载能力低而产生滑移，并牵动排土场的滑坡。

(2) 排土场泥石流

排土场泥石流是指排土场大量松散岩土物料充水饱和后，在重力作用下沿陡坡和沟谷快速流动，形成一股能量巨大的特殊洪流。矿山泥石流多数以滑坡和坡面冲刷的形式出现，即滑坡和泥石流相伴而生，迅速转化难于区分，所以又可分为滑坡型泥石流和冲刷型泥石流。

形成泥石流有三个基本条件：第一，泥石流区含有丰富的松散岩土；第二，地形陡峻和较大的沟床纵坡；第三，泥石流区的上中游有较大的汇水面积和充足的水源。

### 28.9.2 排土场灾害的影响因素

排土场形成滑坡和泥石流灾害主要取决于以下因素：基底承载能力、排土工艺、岩土力学性质、地表水和地下水等。

(1) 基底承载能力

对排土场稳定性，首先要分析基底岩层构造、地形坡度及其承载能力。一般矿山排土场滑坡中，基底不稳引起滑坡的占32%～40%。当基底坡度较陡，接近或大于排土场物料的内摩擦角时，易产生沿基底接触面的滑坡。当基底为软弱岩层而且力学性质低于排土场物料的力学性质时，则软弱基底在排土场荷载作用下必产生底鼓或滑动，然后导致排土场滑坡。

(2) 排土工艺

不同的排土工艺形成不同的排土场台阶，其堆置高度、速度、压力大小对于基底土层孔隙压力的消散和固结都密切相关，对上部各台阶的稳定性起重要作用，是发生排土场滑坡的重要因素。

(3) 岩土力学性质

当基底稳定时，坚硬岩石的排土场高度等于其自然安息角条件下可以达到的任意高度，但往往受排土场内物料构成的不均匀性和外部荷载的影响，使得排土高度受到限制。排土场堆置的岩土力学属性受密度、块度组成、黏结力、内摩擦角、含水量及垂直荷载等影响。

(4) 地下水和地表水

排土场物料的力学性质与含水量密切相关。我国露天矿山排土场滑坡及泥石流有50%是雨水和地表水作用引起的。

### 28.9.3 排土场事故防治技术

防治排土场滑坡和泥石流的主要技术措施有：

(1) 选择最合适的场址建设排土场

要从优选水文和工程地质条件、植被及周边环境等因素入手，进行合理设计。避开塌方、滑坡、泥石流、地下河、断层、破碎带、软弱基底等不良地质区，避免跨越流水量大的沟谷等不利因素，适当改造环境工程地质条件，使之适应实际需要。

(2) 改进排土工艺

铁路运输时采用轻便高效的排土设备进行排土，可以增大移道步距，提高排土场的稳定性；合理控制排土顺序，避免形成软弱夹层；将坚硬大块岩石堆置在底层以稳固基底，或将大块岩石堆置在最低一个台阶反压坡脚。

(3) 处理软弱基底

若基底表土或软岩较薄，可在排土之前开挖掉。若基底表土或软岩较厚，开挖掉不经济时，可控制排土强度和一次堆置高度，使基底得到压实和逐步分散基底的承载压力。也可以用爆破法将基底软岩破碎，以增大抗滑能力。

(4) 疏干排水

在排土场上方山坡没有截洪沟时，将水截排至外围的低洼处；将排土场平台修成2%～5%的反坡，使平台水流向坡跟处的排水沟而排出界外；在排土场下有沟谷的收口部位修筑不同形式的拦挡坝，起到拦挡排土场泥石流等作用。

(5) 修筑护坡挡墙和泥石流消能设施

为了稳固坡脚，防止排土场滑坡，可采用不同形式的护坡挡墙。开挖截水沟、消力池、导流渠，建立废石坝、拦泥坝等配套设施，防止水土流失造成滑坡和泥土流失等灾害的发生，增强排土场的稳定性。

(6) 排土场复垦

在已结束施工的排土场平台和斜坡上进行复垦（植树和种草），可以起到固坡和防止雨水对排土场表面侵蚀、冲刷作用。

## 28.10　尾矿库灾害防治

尾矿一般是以浆体形态产生和处置的破碎、磨细的岩石颗粒，通常视为矿物加工的最终产物，即选矿或有用矿物提取之后剩余的排弃物。把尾矿定义为排弃物，而不定义为固体废料，意在承认它可能作为资源再利用的价值。尾矿库是指筑坝拦截谷口或围地构成的用以储存金属非金属矿山进行矿石选别后排除尾矿的场所。将尾矿存放到尾矿库里能有效地防止尾矿对农田和水系的污染，减少了尾矿对环境的危害。但是，尾矿库一旦发生溃坝等事故，则可能造成大量人员伤亡、财产损失和严重的环境污染。

### 28.10.1　尾矿库的等别

尾矿库各使用期的设计等别是根据该期的全库容和坝高分别确定的。当两者的等差为一等时，以高者为准；当等差大于一等时，按高者降低一等。尾矿库失事将使下游重要城镇、工矿企业或铁路干线遭受严重灾害者，其设计等别可提高一等。尾矿库等别见表28.1。

**表 28.1　尾矿库等别**

| 等别 | 全库容 $V/10^3m^3$ | 坝高 $H/m$ |
|---|---|---|
| 一 | 二等库具备提高等别条件者 | |
| 二 | $V \geqslant 10000$ | $H \geqslant 100$ |
| 三 | $1000 \leqslant V < 10000$ | $60 \leqslant H < 100$ |
| 四 | $100 \leqslant V < 1000$ | $30 \leqslant H < 60$ |
| 五 | $V < 100$ | $H < 30$ |

### 28.10.2　尾矿库安全度分类

尾矿库安全度主要根据尾矿库防洪能力和尾矿坝坝体稳定性确定，分为危库、险库、病库和正常库四级。

(1) 危库

危库是指安全没有保障，随时可能发生垮坝事故的尾矿库。危库必须停止生产并采取应急措施。

尾矿库有下列工况之一的为危库：

① 尾矿库调洪库容严重不足，在设计洪水位时，安全超高和最小干滩长度都不满足设计要求，将可能出现洪水漫顶；

② 排洪系统严重堵塞或坍塌，不能排水或排水能力急剧降低；

③ 排水井显著倾斜，有倒塌的迹象；

④ 坝体出现贯穿性横向裂缝，且出现较大范围管涌、流土变形，坝体出现深层滑动迹象；

⑤ 经验算，坝体抗滑稳定最小安全系数小于规定值的95%；

⑥ 其他严重危及尾矿库安全运行的情况。

(2) 险库

险库是指安全设施存在严重隐患，若不及时处理将会导致垮坝事故的尾矿库。险库必须立即停产，排除险情。

尾矿库有下列工况之一的为险库：

① 尾矿库调洪库容不足，设计洪水位时安全超高和最小干滩长度均不能满足设计要求；

② 排洪系统部分堵塞或坍塌，排水能力有所降低，达不到设计要求；

③ 排水井有所倾斜；

④ 坝体出现浅层滑动迹象；

⑤ 经验算，坝体抗滑稳定最小安全系数小于规定值的98%；

⑥ 坝体出现大面积纵向裂缝，且出现较大范围渗透水高位出逸，出现大面积沼泽化；

⑦ 其他危及尾矿库安全运行的情况。

(3) 病库

病库是指安全设施不符合设计要求，但符合基本安全生产条件的尾矿库，应限期整改。

尾矿库有下列工况之一的为病库：

① 尾矿库调洪库容不足，在设计洪水位时不能同时满足设计规定的安全超高和最小干滩长度的要求；

② 排洪设施出现不影响安全使用的裂缝、腐蚀或磨损；

③ 经验算，坝体抗滑稳定最小安全系数满足规定值，但部分高程上堆积边坡过陡，可能出现局部失稳；

④ 浸润线位置局部较高，有渗透水出逸，坝面局部出现沼泽化；

⑤ 坝面局部出现纵向或横向裂缝；

⑥ 坝面未按设计设置排水沟，冲蚀严重，形成较多或较大的冲沟；

⑦ 坝端无截水沟，山坡雨水冲刷坝肩；

⑧ 堆积坝外坡未按设计覆土、植被；

⑨ 其他不影响尾矿库基本安全生产条件的非正常情况。

(4) 正常库

同时满足下列工况的为正常库：

① 尾矿坝的最小安全超高和尾矿库的最小干滩长度均符合设计要求；

② 排水系统各构筑物符合设计要求，工况正常；

③ 尾矿坝的轮廓尺寸符合设计要求，稳定安全系数及坝体渗流控制满足要求，工况正常。

### 28.10.3　尾矿库事故的主要类型

(1) 尾矿坝溃坝事故

尾矿坝溃坝事故的主要原因是尾矿库建设前期对自然条件了解不够，勘察不明、设计不当或施工质量不符合规范要求，生产运行期间对尾矿库的安全管理不到位，缺乏必要的监测、检查、维修措施以及紧急预案等，一旦遇到事故隐患，不能采取正确的方法，导致危险源状态恶化并最终酿成灾难。可以通过声发射、位移监测等技术手段监测尾矿坝溃坝事故。

(2) 边坡失稳事故

尾矿库的稳定性包括坝体的稳定性和天然边坡的稳定性。由于坝体和岩土体的物质组成不同，它们有着不同的结构，工程地质、水文地质及力学特性差异显著，使得力学性能很不相同，它们的变形机理和破坏模式的差别也十分显著。自然边坡的破坏方式可分为崩塌、滑坡和滑塌等几种类型，尾矿坝坝坡除会发生滑坡和滑塌破坏外，还可能发生塌陷、渗漏及管涌溃堤、渗流冲刷造成尾矿堆石坝破坏等事故。

(3) 洪水漫顶事故

造成洪水漫顶事故的原因包括：

① 设计、施工的防洪标准、设施不符合现行尾矿设施设计施工规范，导致洪水漫顶、溃坝事故；

② 洪水超过尾矿库设计标准导致漫顶、溃坝事故；

③ 对气候、地质、地形等发生变化而引起的尾矿库最小安全超高和最小干滩长度等发生的不利变化，没有及时采取正确的应对方法所导致事故；

④ 疏于日常管理，对库区、坝体、排洪设施等出现的事故隐患未能采取及时处理措施，导致洪水漫顶、溃坝事故；

⑤ 缺乏抗洪准备和防汛应急措施，对洪水可能造成的破坏没有应急预案而造成事故。

(4) 排洪设施破坏

造成排洪设施破坏的事故原因包括：

① 构筑物的设计、施工不符合水工构筑物设计规范，在实际生产运营过程中，不能承担排洪作用；

② 疏忽构筑物的日常检查、维修工作，导致漏砂、漂浮杂物沉积并堵塞在进、出水管道，从而影响排洪的功能；

③ 临近山坡的溢洪沟、截洪沟等设施，由于气候、地质变化而毁坏，不能满足排洪要求；

④ 废弃的排水构筑物未能处理或处理不符合规范，产生事故；

⑤ 暴雨、洪水过后，未能对构筑物全面检查和清理，对已有隐患没有及时修复，在连续暴雨期内发生事故；

⑥ 因负重、锈蚀等导致排水管道、隧洞破损、断裂、垮塌，地形、地质变化导致构筑物发生变形、沉降，而不能承担防汛功能。

(5) 地震液化事故

根据遭受地震破坏的尾矿坝情况分析，地震对尾矿坝的破坏具有下列特点：①尾矿坝的破坏是尾矿的液化引起的；②尾矿坝的破坏形式表现为流滑；③遭受地震破坏的尾矿坝，其坝坡大都在30°～40°。经验表明，影响砂土液化最主要的因素为：土颗粒粒径、砂土密度、上覆土层厚度、地震强度和持续时间、与震源之间的距离及地下水位等。砂土有效粒径愈小、不均匀系数愈小、透水性愈小、孔隙比愈大、受力体积愈大、受力愈猛，则砂土液化可能性愈大。

## 28.10.4 尾矿库险情预测

根据不完全统计，尾矿库溃坝事故的直接原因中洪水约占50%，坝体稳定性不足约占20%，渗流破坏约占20%，其他约占10%。而事故的根源则是尾矿库存在隐患。尾矿库建设前期工作对自然条件（如工程地质、水文、气象等）了解不够，设计不当（如考虑不周，盲目压低资金而置安全于不顾，由不具备设计资格的设计单位进行设计等）或施工质量不良是造成隐患的先天因素。在生产运行中，尾矿库由不具备专业知识的人员管理，未按设计要求或有关规定执行，是造成隐患的后天因素。

尾矿库险情预测就是通过日常检查尾矿库各构筑物的工况，发现不正常现象，借以研判可能发生的事故。

① 坝前尾矿沉积滩是否已形成，尾矿沉积滩长度是否符合要求，沉积滩坡度是否符合原控制（设计）条件，调洪高度是否满足需要，安全超高是否足够，排水构筑物、截洪构筑物是否完好畅通，断面是否够大，库区内有无大的泥石流，泥石流拦截设施是否完好有效，岸坡有无滑坡和塌方的征兆。以上这些项目中如有不正常者，就是可能导致洪水溃坝成灾的隐患。

② 坝体边坡是否过陡，有无局部坍滑或隆起，坝面有无发生冲刷、塌坑等不良现象，有无裂缝，是纵缝还是横缝，裂缝形状及开展宽度，是趋于稳定还是在继续扩大，变化速度怎样（若速度加快，裂缝增大，且其下部有局部隆起，这是发生坝体滑坡的前期征兆），浸润线是否过高，坝基下是否存在软基或岩溶，坝体是否疏松。以上这些项目中如有不正常者，就是可能导致坝体失稳破坏的隐患。

③ 浸润线的位置是否过高（由测压管中的水位量测或观察其出逸位置），尾矿沉积滩的长度是否过短，坝面或下游有无发生沼泽化，沼泽化面积是否不断扩大，有无产生管涌、流土，坝体、坝肩和不同材料接合部位有无渗流水流出，渗流量是否在增大，位置是否有变化，渗流水是否清澈透明。以上这些项目中如有不正常者就是可能导致渗流破坏的隐患。

## 28.10.5 尾矿库安全检查和监测技术

(1) 防洪安全检查和监测

防洪安全检查和监测的主要内容：防洪标准检查、库水位监测、滩顶高程的测定、干滩长度及坡度测定、防洪能力复核和排洪设施安全检查等。

(2) 尾矿坝安全检查和监测

尾矿坝安全检查和监测内容：坝的轮廓尺寸，变形、裂缝、滑坡和渗漏，坝面保护等。

(3) 尾矿库库区安全检查

尾矿库库区安全检查的主要内容：周边山体稳定性，违章建筑、违章施工和违章采选作业等情况。

## 28.10.6 尾矿库的安全治理

### 28.10.6.1 尾矿坝裂缝的处理

裂缝是一种尾矿坝较为常见的病患，某些细小的横向裂缝有可能发展成为坝体的集中渗漏通道，有的纵向裂缝也可能是坝体发生滑坡的预兆，应予以充分重视。

(1) 裂缝的种类与成因

土坝裂缝是较为常见的现象，有的裂缝在坝体表面就可以看到，有的隐藏在坝体内部，要开挖检查才能发现。裂缝宽度最窄的不到1mm，宽的可达数十厘米，甚至更大。裂缝长度短的不到1m，长的数十米，甚至更长。裂缝的深度有的不到1m，有的深达坝基。裂缝的走向有的是平行坝轴线的纵缝，有的是垂直坝轴线的横缝，有的是大致水平的水平缝，还有的是倾斜的裂缝。

裂缝的成因，主要是由于坝基承载能力不均衡、坝体施工质量差、坝身结构及断面尺寸设计不当或其他因素等。有的裂缝是单一因素所造成，有的则是多种因素所造成。

(2) 裂缝的检查与判断

裂缝检查需特别注意坝体与两岸山坡接合处及附近部位，坝基地质条件有变化及地基条件不好的坝段，坝高变化较大处，坝体分期分段施工接合处及合拢部位，坝体施工质量较差的坝段，坝体与其他刚性建筑物接合的部位。

当坝的沉陷、位移量有剧烈变化，坝面有隆起、坍陷，坝体浸润线不正常，坝基渗漏量显著增大或出现渗透变形，坝基为湿陷性黄土的尾矿库开始放矿后或经长期干燥、冰冻期后，以及发生地震或其他强烈震动后应加强检查。

检查前应先整理分析坝体沉陷、位移、测压管、渗流量等有关观测资料。对没条件进行钻探试验的土坝，要进行调查访问，了解施工及管理情况，检查施工记录，了解坝料上坝速度及填土质量是否符合设计要求；采用开挖或钻探检查时，对裂缝部位及没发现裂缝的坝段，应分别取土样进行物理力学性质试验，以便进行对比，分析裂缝原因。因土基问题造成裂缝的，应对土基钻探取土，进行物理力学性质试验，了解筑坝后坝基压缩、密度、含水量等变化，以便分析裂缝与坝基变形的关系。

裂缝的种类很多，如果不了解裂缝的性质，就不能正确地处理，特别是滑动性裂缝和非滑动性裂缝，一定要认真予以判别，应根据裂缝的特征进行判别。滑坡裂缝与沉陷裂缝的发展过程不同，滑坡裂缝初期发展较慢而后期突然加快，而沉陷裂缝的发展过程则是缓慢的，并到一定程度而停止。只有通过系统的检查观测和分析研究才能正确判断裂缝的性质。

内部裂缝一般可结合坝基、坝体情况进行分析判断。当库水位升到某一高程时，在无外界影响的情况下，渗漏量突然增加的；个别坝段沉陷、位移量比较大的；个别测压管水位比同断面的其他测压管水位低很多，浸润线呈现反常情况的；注水试验测定其渗透系数大大超过坝体其他部位的；当库水位升到某一高程时，测压管水位突然升高的；钻探时孔口无回水或钻杆突然掉落的；相邻坝段沉陷率（单位坝高的沉陷量）相差悬殊等现象都可能预示产生内部裂缝。

（3）裂缝的处理

发现裂缝后都应采取临时防护措施，以防止雨水或冰冻加剧裂缝的开展。对于滑动性裂缝的处理，应结合坝坡稳定性分析考虑。对于非滑动性裂缝，采用开挖回填是处理裂缝比较彻底的方法，适用于不太深的表层裂缝及防渗部位的裂缝。对坝内裂缝、非滑动性很深的表面裂缝，由于开挖回填处理工程量过大，可采取灌浆处理，一般采用重力灌浆或压力灌浆方法。灌浆的浆液，通常为黏土泥浆；在浸润线以下部位，可掺入一部分水泥，制成黏土水泥浆，以促其硬化。对于中等深度的裂缝，因库水位较高不宜全部采用开挖回填办法处理的部位或开挖困难的部位，可采用开挖回填与灌浆相结合的方法进行处理。裂缝的上部采用开挖回填法，下部采用灌浆法处理。先沿裂缝开挖至一定深度（一般为 2m 左右）即进行回填，在回填时按上述布孔原则，预埋灌浆管，然后对下部裂缝进行灌浆处理。

#### 28.10.6.2 尾矿坝渗漏的处理

尾矿坝坝体及坝基的渗漏有正常渗流和异常渗漏之分。正常渗流有利于尾矿坝坝体及坝前干滩的固结，从而有利于提高坝的整体稳定性。异常渗漏则是有害的。由于设计考虑不周，施工不当，以及后期管理不善等原因而产生异常渗流，导致渗漏出口处坝体产生流土、冲刷及管涌多种形式的破坏，严重的可导致垮坝事故。因此，对尾矿坝的渗漏必须认真对待，根据情况及时采取措施。

（1）坝体渗漏

① 设计方面原因。土坝坝体单薄，边坡太陡，渗水从滤水体以上逸出；复式断面土坝的黏土防渗体设计断面不足或与下游坝体缺乏良好的过渡层，使防渗体破坏而漏水；埋设于坝体内的压力管道强度不够或管道埋置于不同性质的地基，地基处理不当，管身断裂；有压水流通过裂缝沿管壁或坝体薄弱部位流出，管身未设截流环；坝后滤水体排水效果不良；对于下游可能出现的洪水倒灌防护不足，在泄洪时滤水体被淤塞失效，迫使坝体下游浸润线升高，渗水从坡面逸出等。

② 施工方面的原因。土坝分层填筑时，土层太厚，碾压不透致使每层填土上部密实，下部疏松，库内放矿后形成水平渗水带；土料含砂砾太多，渗透系数大；没有严格按要求控制及调整填筑土料的含水量，致使碾压达不到设计要求的密实度；在分段进行填筑时，由于土层厚薄不同，上升速度不一，相邻两段的接合部位可能出现少压或漏压的松土带；料场土料的取土与坝体填筑的部位分布不合理，致使浸润线与设计不符，渗水从坝坡逸出；冬季施工中，对碾压后的冻土层未彻底处理，或把大量冻土块填在坝内；坝后滤水体施工时，砂石料质量不好，级配不合理，或滤层材料铺设混乱，致滤水体失效、坝体浸润线升高等。

③ 其他原因。如白蚁、獾、蛇、鼠等动物在坝身打洞营巢；地震引起坝体或防渗体发生贯穿性的横向裂缝等。

（2）坝基渗漏

① 设计方面原因。对坝址的地质勘探工作做得不够；设计时未能采取有效的防渗措施，如坝前水平铺盖的长度或厚度不足，垂直防渗墙深度不够；黏土铺盖与透水砂砾石地基之间无有效的滤层，铺盖在渗水压力作用下破坏；对天然铺盖了解不够，薄弱部位未做处理等。

② 施工方面的原因。水平铺盖或垂直防渗设施施工质量差；施工管理不善，在库内任意挖坑取土，天然铺盖被破坏；岩基的强风化层及破碎带未处理或截水墙未按设计要求施工；岩基上部的冲积层未按设计要求清理等。

③ 管理运用方面的原因。坝前干滩裸露暴晒而开裂，尾矿库放水等从裂缝渗透；对防渗设施养护维修不善，下游逐渐出现沼泽化，甚至形成管涌；在坝后任意取土，影响地基的渗透稳定等。

（3）接触渗漏

造成接触渗漏的主要原因有：基础清理不好，未做接合槽或做得不彻底；土坝两端与山坡接合部分的坡面过陡，而且清基不彻底或未做防渗漏墙；涵管等构筑物与坝体接触处，因施工条件不好，回填夯实质量差，或未设截流环（墙）及其他止水措施，造成渗流等。

（4）绕坝渗漏

造成绕坝渗漏的主要原因有：与土坝两端连接的岸坡属条形山或覆盖层单薄的山坡而且有透水层；山坡的岩石破碎，节理发育，或有断层通过；施工取土或库内存水后由于风浪的淘刷，岸坡的天然铺盖被破坏；溶洞以及生物洞穴或植物根茎腐烂后形成孔洞等。

#### 28.10.6.3 尾矿坝滑坡的处理

尾矿坝滑坡往往导致尾矿库溃决事故，因此，即使是较小的滑坡也不能掉以轻心。有些滑坡是突然发生的，有些是由裂缝开始的，如不及时注意，任其逐步扩大和蔓延，就可能造成重大的垮坝事故。如云锡公司 1962 年的火谷都尾矿库事故，就是从裂缝、滑坡而溃决的。

（1）滑坡的种类及成因

滑坡的种类按滑坡的性质可分为剪切性滑坡、溯流性滑坡和液化性滑坡；按滑坡的形状可分为圆弧滑坡、折线滑坡和混合滑坡。

① 造成滑坡的勘探设计方面原因。在勘探时没有查明基础有淤泥层或其他高压缩性软土层，设计时未能采取相应的措施；选择坝址时，没有避开位于坝脚附近的渊潭或水塘，筑坝后由于坝脚处沉陷过大而引起滑坡；坝端岩石破碎、节理发育，设计时未采取适当的防渗措施，产生绕坝渗流，使局部坝体饱和，引起滑坡；设计中坝坡稳定分析所选择计算指标偏高，或对地震因素注意不够，以及排水设施设计不当等。

② 施工方面的原因。在碾压土坝施工中，由于铺土太厚，碾压不实，或含水量不合要求，干密度没有达到设计标准；抢筑临时拦洪断面和合拢断面，边坡过陡，填筑质量差；冬季施工时没有采取适当措施，以致形成冻土层，在解冻或蓄水后，库水入渗形成软弱夹层；采用风化程度不同的残积土筑坝时，将黏性土填在土坝下部，而上部又填了透水性较大的土料，放矿后，青水坡上部湿润饱和；尾矿堆积坝与初期坝二者之间或各期堆积坝坝体之间没有接合好，在渗水饱和后，造成滑坡等。

③ 其他原因。强烈地震引起土坝滑坡；持续的特大暴雨，使坝坡土体饱和，或风浪淘刷，使护坡遭破坏，致坝坡形成陡坡，以及在土坝附近爆破或者在坝体上部堆有物料等人为因素。

（2）滑坡的检查与判断

滑坡检查应在高水位时期、发生强烈地震后、持续特大暴雨和台风袭击时以及回春解冻之际进行。

从裂缝的形状、裂缝的发展规律、位移观测资料、浸润线观测分析和孔隙水压力观测成果等方面进行滑坡的判断。

（3）滑坡的预防及处理

防止滑坡的发生应尽可能消除促成滑坡的因素。注意做好经常性的维护工作，防止或减轻外界因素对坝坡稳定的影响。当发现有滑坡征兆或有滑动趋势但尚未坍塌时，应及时采取有效措施进行抢护，防止险情恶化。一旦发生滑坡，则应采取可靠的处理措施，恢复并补强坝坡，提高抗滑能力，抢护中应特别注意安全问题。

滑坡抢护的基本原则：上部减载，下部压重，即在主裂缝部位进行削坡，而在坝脚部位进行压坡。尽可能降低库水位，沿滑动体和附近的坡面上开沟导渗，使渗透水能够很快排出。若滑动裂缝达到坝脚，应该首先采取压重固脚的措施。因土坝渗漏而引起的背水坡滑坡，应同时在迎水坡进行抛土防渗。

因坝身填土碾压不实，浸润线过高而造成的背水坡滑坡，一般应以上游防渗为主，辅以下游压坡、导渗和放缓坝坡，以达到稳定坝坡的目的。在压坡体的底部一般可设双向水平滤层，并与原坝脚滤水体相连接，其厚度一般为80～150cm。滤层上部的压坡体一般用砂、石料填筑，在缺少砂石料时，也可用土料分层回填压实。

对于滑坡体上部已松动的土体，应彻底挖除，然后按坝坡线分层回填夯实，并做好护坡。坝体有软弱夹层或抗剪强度较低且背水坡较陡而造成的滑坡，首先应降低库水位，如清除夹层有困难时，则以放缓坝坡为主，辅以在坝脚排水压重的方法处理。地基存在淤泥层、湿陷性黄土层或液化等不良地质条件，施工有时没有清除或清除不彻底而引起的滑坡，处理的重点是清除不良的地质条件，并进行固脚防滑。因排水设施堵塞而引起的背水坡滑坡，主要是恢复排水设施效能，筑压重台固脚。

处理滑坡时应注意开挖回填工作应分段进行，并保持允许的开挖边坡。开挖中，对于松土与稀泥都必须彻底清除。填土应严格掌握施工质量、土料的含水量和干密度必须符合设计要求，新旧土体的接合面应刨毛，以利于接合。对于水中填土坝，在处理滑坡阶段进行填土时，最好不要采用碾压施工，以免因原坝体固结沉陷而开裂。滑坡主裂缝不宜采取灌浆方法处理。

滑坡处理前，应严格防止雨水渗入裂缝内。可用塑性薄膜、沥青油毡或油布等加以覆盖。同时还应在裂缝上方修截水沟，以拦截和引走坝面的积水。

#### 28.10.6.4　尾矿坝管涌的处理

管涌是尾矿坝坝基在较大渗透压力作用下而产生的险情，可采用降低内外水头差，减少渗透压力或用滤料导渗等措施进行处理。

(1) 滤水围井

在地基好、管涌影响范围不大的情况下可抢筑滤水围井。在管涌口砂环的外围，用土袋围一个不太高的围井，然后用滤料分层铺压，其顺序是自下而上分别填0.2～0.3m厚的粗砂、砾石、碎石、块石，一般情况可用三级分配。滤料最好要清洗，不含杂质，级配应符合要求，或用土工织物代替砂石滤层，上部直接堆放块石或砾石。围井内的涌水，在上部用管引出。如险处水势太猛，第一层粗砂被喷出，可先以碎石或小块石消杀水势，然后再按级配填筑；或铺设土工织物，如遇填料下沉，可以继续填砂石料，直至稳定。若发现井壁渗水，应在原井壁外侧再包以土袋，中间填土夯实。

(2) 蓄水减渗

险情面积较大、地形适合而附近又有土料时，可在其周围填筑土埂或用土工织物包裹，以形成水池，蓄存渗水，利用池内水位升高，减少内外水头差，控制险情发展。

(3) 塘内压渗

若坝后渊塘、积水坑、渠道、河床内积水水位较低，且发现水中有不断翻花或间断翻花等管涌现象时，不要任意降低积水位，可用芦苇秆和竹子做成竹帘、竹箔、苇箔（或荆篱）围在险处周围，然后在围圈内填放滤料，以控制险情的发展。如需要处理的管涌范围较大，而砂、石、土料又可解决时，可先向水内抛铺粗砂或砾石层（厚15～30cm），然后再铺压卵石或块石，做成透水压渗台。或用柳枝秸料等做成15～30cm厚的柴排（尺寸可根据材料的情况而定），柴排上铺草垫厚5～10cm，然后再在上面压砂袋或块石，使柴排潜埋在水内（或用土工布直接铺放），也可控制险情的发展。

如堤坝后严重渗水，采用一些临时防护措施尚不能改善险情时，宜降低库内的水位，以减少渗透压力，使险情不致迅速恶化，但应控制水位下降速度。

## 28.11　矿山电气、机械等其他危害防治

机电设备是现代企业生产所必需的技术装备，在矿山生产中离不开采掘、运输、提升、通风、排水、破碎、选矿和变配电等各种电气与机械设备。但是，机电设备有时会因使用维修不当而造成损坏，从而影响矿山的正常生产，甚至会发生各种机电伤害事故。掌握电气与机械相关的安全技术和设备管理方面的知识，对于充分发挥设备的效能，做好矿山安全生产工作是十分必要的。

### 28.11.1　矿山电气事故分类

矿山电气事故是指由电流、电磁场、雷电、静电和某些电路故障等直接或间接造成矿山设施、设备毁坏，人、动物伤亡，以及引起矿山火灾和爆炸等后果的事件。

按照构成事故的基本要素，矿山电气事故可分为以下四大类：

① 触电事故。该事故是电流形式的能量失去控制造成的事故。人身触及带电体时，由于电流流过人体而造成的人身伤害事故。触电又可分为单相触电、两相触电和跨步触电。

② 雷电和静电事故。雷电事故是自然界中相对静止的正、负电荷形式的能量造成的事故。局部范围内暂时失去平衡的正、负电荷，在一定条件下将电荷的能量释放出来，对人体或设备造成的伤害或引发的其他事故。

③ 电磁辐射事故。电磁辐射事故是电磁波形式能量造成的事故。电磁场能量对人体造成的伤害即为电磁场伤害。在高频电磁场的作用下，人体因吸收辐射能量，各器官会受到不同程度的伤害，从而引起各种疾病。

④ 电路故障。电能在传递、分配、转换过程中，由于失去控制而造成电路故障。线路和设备故障不但威胁人身安全，而且会严重损坏电气设备。电路故障和事故包括接地、漏电、短路、断线、过载、元件损坏等多种故障和事故。电路事故可能导致人身伤亡、设备毁坏、火灾、爆炸、停电等多种危险。电气事故按发生灾害的形式，可以分为人身事故、设备事故、电气火灾和爆炸事故等；按发生事故的电路状况可分为短路事故、断线事故、接地事故、漏电事故等。

以上四种矿山电气事故，以触电事故最为常见。但无论哪种事故，都是由于各种类型的电流、电荷、电磁场的能量不适当释放或转移而造成的。

### 28.11.2　矿山电气危害防治

#### 28.11.2.1　矿山电力用户的分类和供电电压等级

(1) 矿山电力用户分类和供电要求

在矿山企业中，各种电力负荷对供电可靠性的要求是不同的，为了能在技术、经济合理的前提下满足不同负荷对供电可能性的要求，把电力负荷分为三类。

一类用户。凡因为突然停电造成人身伤亡事故或重要设备损坏，给企业造成重大经济损失者均为一类用户。如因事故停电有淹没危险的矿井的主排水泵，有火灾、爆炸危险或含有对人有生命危害的气体的地下矿的主扇风机，无平硐或

其他安全出口的竖井载人提升机，金矿选厂的氰化搅拌池。

二类用户。凡因突然停电造成较大减产和较大经济损失者为二类用户。如露天和地下矿山生产系统的主要设备，因事故停电有淹没危险的露天矿的主要排水设备，以及高寒地区采暖锅炉房的用电设备等。

三类用户。这类用户突然停电时对生产没有直接影响。如小型矿山的用电设备（属于一级负荷的除外），以及矿山的机修、仓库、车库等辅助设施的供电等。

对电力负荷分类是为了便于合理地供电。在供电系统运行中，确保一类负荷的供电不间断，保证二类负荷的用电，而对于三类负荷则更多地考虑供电经济性。因此当电力系统因故障必须拉闸限电时，首先停三类负荷，必要时再停二类负荷，但必须保证一类负荷的用电。

（2）矿井供电电压等级

我国习惯上以1kV为划分界限。凡工频交流对地电压大于1kV者称为高压，凡工频交流对地电压为1kV以下者称为低压。矿山供配电电压和各种电气设备的额定电压等级如下：

① 矿井地面变电所变电电压为35kV。

② 露天矿和地下矿地面高压电力网的配电电压，一般为6kV和10kV。井下高压配电，一般为6kV。

③ 露天矿场和地下矿山的地面低压配电，一般采用380V和380V/220V。井下低压网路的配电电压，一般采用380V或660V。

④ 运输巷道、井底车场、井下照明电压应不超过220V。采掘工作面、出矿巷道、天井和天井至回采工作面之间照明电压应不超过36V。行灯电压应不超过36V。

⑤ 携带式电动工具的电压，应不超过127V。

⑥ 电机车供电电压，采用交流电源应不超过400V，采用直流电源应不超过600V。

⑦ 在金属容器和潮湿地点作业，安全电压不得超过12V。

⑧ 直流架线电机车常用直流电源的额定电压为250V或550V。

⑨ 综合机械化采煤工作面电气设备的额定电压为1140V或3kV。

#### 28.11.2.2　矿山供电安全的基本要求和措施

矿山供电安全的基本要求：

（1）供电可靠

对矿山企业的重要负荷，如主要排水、通风与提升设备，一旦中断供电，可能发生矿井淹没、有毒有害气体聚集或停罐甚至坠罐等事故。采掘、运输、压气及照明等中断供电，也会造成不同程度的经济损失或人身事故。根据对供电可靠性要求的不同，将矿山电力负荷分为一、二、三级用电负荷。一级负荷应由两个电源供电，且两个电源间允许无联系和有联系，当两个电源有联系时，应同时符合下列规定。

① 当发生任何一种故障时，两个电源的任何部分应不致同时受到损坏。

② 当发生任何一种故障且保护装置动作正常时，应有一回路电源不中断供电。当发生任何一种故障且主保护装置失灵，以致两电源均中断供电后，应能在有人值班的处所完成各种必要操作，迅速恢复一个电源的供电。二级负荷宜由两回路电源供电，无一级负荷的小型矿山工程，可由专用的一回路电源供电。

（2）供电安全

矿山生产的工作环境特殊，必须按照安全规程的有关规定进行供电，确保安全生产。

（3）供电质量高

供电质量是衡量供电的电压和频率是否在额定值和允许的偏差范围内，因用电设备在额定值下运行性能最好，供电电压允许偏移范围为±5%，电压偏移增大，用电设备性能恶化，严重时会造成设备的损坏。

（4）供电经济

从降低供电设施、器材的建设投资和减少供电系统中的电能损耗及维护费用等方面考虑，以求供电的经济性。

（5）供电能力

不仅要求电力系统或发电厂能供给矿山充足的电量，而且要求矿井供电系统的各项供电设施具有足够的供电能力。

矿山供电安全的基本措施：

① 绝缘和屏护。所谓绝缘，就是用绝缘物质和材料把带电体包括并封闭起来，以隔离带电体或不同电位的导体，使电流按一定的通路流通。良好的绝缘是保证电气线路和电气设备正常运行的必要条件，也是防止电气事故的重要措施。屏护，即为防止人体接近或触及带电体，用遮栏、护罩、护盖等将带电体隔离开来。用金属材料制成的屏护装置要与带电体良好绝缘，并接地或接零。

② 安全距离。为防止人和车辆等意外接近带电体及防止电气设备的短路和放电，规定带电体与别的设备和设施之间，带电体之间均需保持一定的安全距离（简称间距）。在露天矿场内，高压输电线架设高度与各种机械设备的最大高度之间不得小于2m，低压输电线不得小于1m。对于工频交流电压的最小安全距离是10kV以及以下为0.70m，20kV和35kV为1.00m，63kV和110kV为1.50m，220kV为3.0m，330kV为4.00m，750kV为8.0m。对于直流电压的最小安全距离，±50kV为1.5m，±500kV为6.8m，±660kV为9.0m。

③ 载流量。载流量是指导线或设备的导电部分通过的电流数量，假若通过的电流数量超过了安全载流量，就会导致严重发热，以致损坏绝缘，损伤设备，甚至可能引起火灾。因此在选用和装设线路和设备时必须使正常工作时的最大电流不超过安全载流量。

④ 安全标志。安全标志分为禁止标志、警告标志、指令标志和提示标志四类。电气安全标志有用于警告的，有用于区别各种性质和用途的。用于警告的标志一般是警告牌或警告提示，如闪电符号，在高压电器上注明“高压危险”的警告语，检修设备的电气开关上挂“有人作业，禁止送电”的警告牌等。表示不同的性质和用途一般是用颜色来区分标志，如红色按钮表示停机按钮、绿色按钮表示开机按钮等。还有各种用途的电气信号指示灯。

⑤ 接地措施。供电系统的电源变压器中性点采用何种接地方式，对于电气保护方案的选择和电网的安全运行关系极大。低压供电系统一般有两种供电方式，一种是将配电变压器的中性点通过金属接地体与大地相接，称中性点直接接地方式［图28.1（a）］；另一种是中性点与大地绝缘，称中性点不接地方式［图28.1（b）］。这两种接地方式各有短长，适合于不同的使用场所，并要有相应的电气保护装置才能保证电网的安全运行。

a. 当人触及电网一相时，中性点接地系统危险性较大；中性点不接地系统只要保持较高的对地绝缘电阻和限制过大的电容电流，对人体触电的危险就小得多。

b. 当电网相接地时，中性点接地系统即为单相短路，短路点将产生很大的电弧。短路电流在大地流通时，易引起电雷管爆炸事故。中性点不接地系统接地电流较小，相对较安全。

c. 以架空线路为主，比较分散的低压电网，要维护很高的绝缘电阻是很困难的，尤其是雨雪天。当线路绝缘能力降低到一定程度后即失去中性点不接地的优点。由于矿山井下环境恶劣，对安全用电要求特别高，为此，安全规程规定

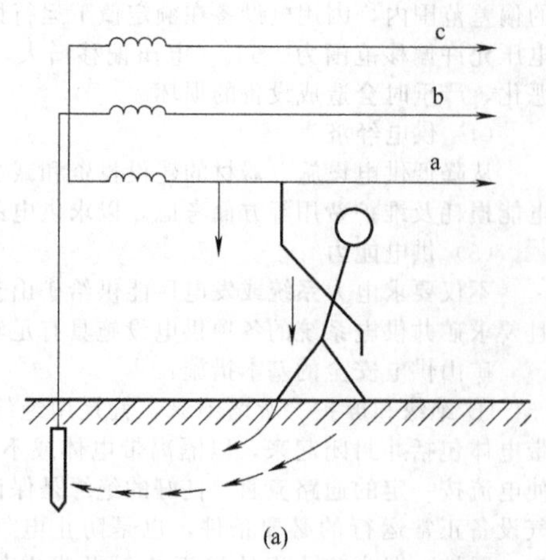


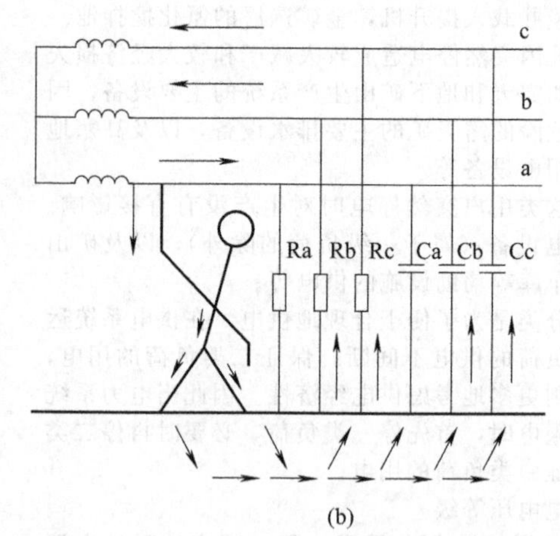


图 28.1 两种供电方式

井下配电变压器以及金属露天矿山的采场内不得采用中性点直接接地的供电系统；地面低压供电系统以及露天矿采场外地面的低压电气设备的供电系统，一般都是采用中性点直接接地的系统。

d. IT 系统。这种系统主要用于 10kV 及 35kV 的高压系统和矿山、井下的某些低压供电系统，电力系统的带点部分与大地间无直接连接（或经电阻接地），而受电设备的外露导电部分则通过保护线直接接地。IT 方式供电系统供电距离不是很长时，供电的可靠性高、安全性能好，一般用于不允许停电的场所，或者是要求严格地连续供电的地方。

许多小矿山，井上、下共用一台变压器，为了能满足安全规程的要求，要采用中性点不接地的方式，并要保持网路的绝缘性能。为了避免和减轻高压窜入低压的危险，要将中性点通过击穿保险器同大地可靠地连接起来，或在三相线路上装设避雷器。

⑥ 矿井应有两回路电源线路。当任一回路发生故障停止供电时，另一回路应能担负矿井全部负荷。矿井的两回路电源线路上都不得分接任何负荷。正常情况下，矿井电源应采用分列运行方式，一回路运行时，另一回路必须带电备用，以保证供电的连续性。

⑦ 对井下各水平中央变电所、主排水泵房和下山开采的采区排水泵房供电的线路，不得少于两回路。

⑧ 井下低压配电系统同时存在两种或两种以上电压时，低压电气设备上应明显地标出其电压额定值。严禁井下配电变压器中性点直接接地。严禁由地面中性点直接接地的变压器或发电机直接向井下供电。

⑨ 经由地面架空线路引入井下供电线路，必须在入井处装设避雷装置。

⑩ 矿井必须备有井上、下配电系统图，井下电气设备布置示意图，以及电力、电话、信号、电机车等线路平面敷设示意图，并随着情况变化定期填绘。

⑪ 电气设备不应超过额定值运行。将防爆电气设备变更额定值使用和进行技术改造时，必须经国家授权的矿用产品质量监督检验部门检验合格后，方可投入运行。

⑫ 防爆电气设备入井前，应检查其产品合格证、防爆合格证、矿山矿用产品安全标志及安全性能。检查合格并签发合格证后，方准入井。

⑬ 矿山供电施工中的安全技术措施

a. 在施工现场必须有一名班长现场指挥，起吊设备前，仔细检查顶板及受理部位的牢固情况，确认起吊工具必须完好，起吊锚杆必须牢固可靠，方可进行施工。在起吊过程中，施工人员严禁站立在起吊设备下方向范围内。

b. 回收的电气设备及备件，必须列出回收明细，否则不得回收。回收电缆时，严禁用钢锯锯电缆，电缆装矿车时必须进行盘置码放。装花车时，两端必须用破皮带进行防护。

c. 搬运电气设备时，要步调一致，轻抬轻放，严禁损坏设备。装车的设备必须捆牢扎实，严禁超高、偏载。

d. 拆除的螺栓螺母、密封圈、挡板等小件物品，必须放在专用袋子内，防止丢失。

#### 28.11.2.3 矿山供电安全的防雷电措施

矿山变电所遭受雷击事故的类型分为三类：一是输电线路受雷击时沿线路向变电所入侵的雷电波；二是雷击输电线路附近地面的感应雷；三是雷直击变电所内线路和设备的直击雷。雷电波与感应雷的陡度大、幅度高、危害严重，不采用避雷措施就使变电所的电气设备绝缘击穿。据统计，我国 110～220kV 的变电所因雷击引起的事故率约 0.5 次/(百所·年)，直配电击的损坏率约 1.25 次/(百所·年)。

对付雷击主要是泄放、堵截、疏导，采用的手段主要是接地、绝缘、均压、屏蔽。为了防止地面雷电波及引起井下瓦斯、煤尘以及火等灾害，必须遵守下列规定。

① 经由地面架空线路引入井下的供电线路（包括电机车架线），必须在入井处装设避雷装置。装设的避雷装置其接地电阻不得大于 5Ω。

② 经由地面直接入井的轨道、管路、铠装电缆的金属外皮，都必须在井口附近将金属体进行不少于两处的可靠接地，接地极的电阻不得大于 5Ω。两接地极的距离应大于 20m。

③ 通信线路必须在入井处装设熔断器和避雷装置，避雷装置的接地极的电阻不得大于 1Ω。

④ 提升用的钢丝绳提升机、罐笼用的钢丝绳罐道，都必须在井口附近将绞车提升机和钢绳进行可靠接地，其接地电阻不得大于 4Ω。

⑤ 为防止避雷针（线）起接收雷电线的作用，井口不应设针式避雷器，最好采用阀型避雷器或其他方式的避雷措施。

⑥ 加强矿井通风管理和洒水降尘，防止瓦斯和煤尘积聚。

⑦ 废弃井巷或采空区封闭前，应将巷道中或封闭区域中所有金属导体拆散，拆除造成传入雷电的通道和所产生火花的线路。

⑧ 矿井变电所对直击雷的防护措施。变电所防范雷电波和感应雷是防雷的首要任务，对直击雷要采取合理的防雷措施，对高压输电线路要用耐雷水平和雷击跳闸率来衡量防雷性能优劣，确保矿山变电所安全正常运行。变电所防护直击雷的有效措施就是在变电所安装避雷装置。避雷装置由接

闪器、引下线和接地装置三部分组成。接闪器采用避雷针、带、线和网。引下线要保证接闪器与大地间有良好连接。接地装置的电阻应不大于10Ω。

在避雷针高于被保护设备时，它的保护范围包括变电所厂房及室外所有设备。避雷针就像一把伞，只要把被保护设备置于伞盖的范围内，它就能将雷电吸引到自身上，就能把极大的雷电流通过引下线引入地下的接地装置，尽快放逸到大地并与异种电荷中和，可以保护设备雷击率小于0.1%。要防止它们之间造成反击事故。故采用滚球法计算时，避雷针保护范围缩小，可在建筑物上安装避雷带（网）。

⑨ 矿山变电所对雷电波的防护措施。变电所内的主变电压器最重要，应重点保护。变配电站的防雷措施主要有设避雷针，高压侧装设阀型避雷器或保护间隙，当低压侧中性点不接地时，也应装设阀型避雷器或保护间隙，利用变电所母线安装阀型避雷器，把它接在主变压器旁边。在雷电波入侵到主变压器时，产生全反射使其电压升高，雷电波电压曲线与阀型避雷器的较平坦的伏秒特性相交，使避雷器动作。对有正常防雷的110～220kV变电所，流过避雷器的雷电流不大于5kA，在主变压器冲击耐压大于避雷器冲击放电电压时，主变压器得到可靠保护。要选择好安装避雷器的位置，它与主变压器及其他设备的距离都应小于最大允许电气距离，一组不满足要求时可再增加一组。

⑩ 输电线路防护雷电波措施。35～110kV无避雷线的输电线路，当进线段遭雷击时，雷电波的幅值和陡度会超过变电所设备的耐压值。在接近变电所1～2km的进线段处安装避雷线就能降低雷电波的陡度，限制流过变电所阀型避雷器中的雷电流不大于5kA，使进线段内出现雷电波的概率大为减小，即使出现也只能在进线段外。对重雷区及雨季经常合闸的情况，还应该在进线段保护的首端各安装一组管型避雷器。架空线路防雷措施可以采用设避雷线，提高线路自身的绝缘水平，用三角顶线作保护线，安装自重合熔断器等措施。

⑪ 各种变压器防护雷电波措施：

a. 三相绕组变压器只需在低压绕组某相出口处加装一组避雷器。

b. 自耦变压器可在高压、中压侧与断路器之间各安装一组避雷器。

c. 35kV变压器中性不用保护，110kV变压器中性接避雷器。

d. 3～10kV配电变压器采用阀型避雷器，对多雷区还要在低压侧安装一组氧化锌避雷器。

#### 28.11.2.4　矿山电气安全基本措施

① 直接触电防护措施指防止人体各个部位触及带电体的技术措施。主要包括绝缘、屏护、安全间距、设置障碍、安全电压、限制触电电流、电气联锁、漏电保护器等防护措施。其中，限制触电电流是指人体直接触电时通过电路或装置，使流经人体的电流限制在安全电流值的范围以内，这样既保证人体的安全，又使通过人体的短路电流大大减小。

② 间接触电防护措施主要包括保护接地或保护接零、绝缘、采用二类绝缘电气设备、电气隔离、等电位连接、不导电环境、加强绝缘等防护措施。其中，前三项是最常用的方法。

③ 电气作业安全措施指人们在各类电气作业时保证安全的技术措施。主要有电气值班安全措施、电气设备及线路巡视安全措施、倒闭操作安全措施、停电作业安全措施、带电作业安全措施、电气检修安全措施、电气设备及线路安装安全措施等。

④ 电气安全装置主要包括熔断器、继电器、断路器、漏电开关、防止误操作的联锁装置、报警装置、信号装置等。

⑤ 电气安全操作规程主要有高压、低压、弱电系统电气设备及线路操作规程，特殊场所电气设备及线路操作规程，家用电器操作规程，电气装置安装工程施工及验收范围等。

⑥ 电气安全用具主要有起绝缘作用的绝缘安全用具，起验电或测量作用的验电器或电流表、电压表，防止坠落的登高作业安全用具，保证检修安全的接地线、遮栏、标志牌和防止烧伤的护目镜等。

⑦ 电气火灾消防技术指电气设备着火后必须采用的正确灭火方法、器具、程序及要求等。

⑧ 电气作业安全管理指组织电气安全专业性监督检查，及时发现并消除隐患和不安全因素；做好触电事故急救工作，及时处理电气事故，做好电气安全档案管理；做好电气作业人员（电工）的管理工作，如上岗培训、专业技术培训考核、安全技术考核、档案管理等。

⑨ 健全矿山电气保护网络。矿井内电压在36V以上和由于绝缘损坏可能带有危险电压的设备的金属外壳、构架，电缆的配件、金属外皮等都必须有保护接地、漏电保护、过流保护（短路保护、过负荷保护盒断相保护）。

#### 28.11.2.5　电气工作安全措施

在电气设备及线路检修和停送电等工作中，为了确保作业人员的安全，应采取必要的安全组织措施和安全技术措施。

（1）安全组织措施

① 工作票制度。工作票是准许在电气设备或线路上工作，以及进行停电、送电、倒闭操作的书面命令。工作票上要写明工作任务、工作时间、停电范围、安全措施、工作负责人等。同时，签发人和工作负责人要在上面签字。签发人必须根据工作票的内容安排好各方面的协调工作，避免误送电。除按规定填写工作票之外的其他工作或紧急情况，可用口头或电话命令。口头或电话命令要清楚，并要有记录。紧急事故处理可不填工作票，但必须做好安全保护工作，并设专人监护。

② 工作监护制度。工作监护制度是保证人身安全及操作正确的重要措施，可防止工作人员麻痹大意，或对设备情况不了解造成差错，并随时提醒工作人员遵守有关的安全规定。万一发生事故，监护人员可采取紧急措施，及时处理，避免事故扩大。

③ 恢复送电制度。停电检修工作完成后，应整理现场，不得有工具、器材遗留在工作地点。待全体工作人员撤离工作地点后，要把有关情况向值班人员交代清楚，并与值班人员再次检查，确认安全合格后，然后在工作票上填明工作终结时间。值班人员接到所有工作负责人的完工报告，并确认无误后，方可向设备或线路恢复送电。合闸送电后，工作负责人应检查电气设备和线路的运行情况，正常后方可离开。

④ 安全监控制度。建立健全设备、仪表台账；做好监控设备故障登记，检修记录，巡查记录，中心站运行日志，矿井安全监控日报，矿井安全监控设备使用情况月报、季报表等。

（2）安全技术措施

在电气设备和线路上工作，尤其是在高压场所工作，必须完成停电、验电、放电、装设临时接地线、悬挂警告牌和装设遮栏等保证安全的技术措施。

① 停电。对所有可能来电的线路，要全部切断，且应有明显的断开点。特别注意防止从低压侧向被检修设备反送电，要采取防止误合闸的措施。

② 验电。对已停电的线路要采用与电压等级相适应的验电器进行验电。

③ 放电。其目的是消除被检修设备上残存的电荷。放电可用绝缘棒或开关来进行操作。应注意线与地之间，线与线之间均应放电。

④ 装设临时接地线。为防止作业过程中意外送电和感应电，要在检修的设备和线路上装设临时接地线和短路线。

⑤ 悬挂警告牌和装设遮栏。在被检修的设备和线路的电源开关上，应加锁并悬挂“有人作业，禁止送电”的警告牌。对于部分停电的作业，安全距离小于0.7m的未停电设备，应装设临时遮栏并悬挂“止步，高压危险”的标示牌等。

#### 28.11.2.6 电气火灾消防技术

① 电气火灾发生后，电气设备可能是带电的，这对消防人员是非常危险的，可能会发生触电伤亡事故。因此，电气火灾发生后，无论带电与否，都必须首先切断电气设备的电源。

② 充油电气设备，如电力变压器、油断路器、电动机启动补偿器等，当火灾发生后，可能会发生喷油或爆炸，造成火焰蔓延，扩大火灾事故范围。因此，充油电气设备发生火灾时，如不能立即扑火，应将油放进事故储油池内。

③ 当电气设备火灾发生后，应及时关闭有关的门窗、通道，以免火灾事故的蔓延。

④ 电气火灾发生后，现场电气人员一方面尽快切断电源，并组织人力用现场的灭火器材或其他可灭火的器材，按照火源的不同情况尽快灭火；另一方面尽快疏散在场的人员，并组织人力抢救有关财物，尽量减少损失。

⑤ 电气火灾发生后，如果火势较大，现有灭火器材及人力难以扑灭时，应立即拨火警电话“119”，说明地点、火情、联系方法或电话号码。

⑥ 电气火灾发生后，如面积较大，必须做好警戒，封锁所有通道、路口，非消防人员禁止进入现场。

⑦ 消防人员进入现场后，火场的扑救工作由消防人员统一组织指挥，现场的电气工作人员及其他人员应听从指挥，主要是疏散物资、维持秩序、救护伤员等。千万不要乱拉消防水带、水枪或者持灭火器、消防桶冲入火场，以减少不必要的损失。

⑧ 如果火场上的房屋有倒塌的危险，或者电气设备和线路周围的储罐、受压容器及扩散开来的可燃气体有爆炸危险的时候，警戒的范围要扩大，留在现场灭火的人员不宜太多，除消防人员外均应退到安全的区域。

⑨ 电气火灾被扑灭后，电气工作人员应及时清理现场、扑灭余火、恢复供电。恢复供电前必须进行一系列测试和试验，达不到标准要求时，严禁合闸送电。

#### 28.11.2.7 矿山触电事故的预防

触电是泛指人体触及带电体。触电时电流会对人体造成各种不同程度的伤害。触电事故分为“电击”和“电伤”。

矿山触电事故的预防主要有：

① 在变配电装置上触电。这类事故的发生多为电气工作人员粗心大意、违章作业，没有执行工作票和监护制度，没有执行停电、验电、放电、装设地线、悬挂标志牌及装设遮栏等规定，违反了安全操作规程所致。为防止这类事故，应严格执行安全操作规程，作业时落实安全组织措施和安全技术措施。

② 在架空线路上触电。这类事故多为当停电操作时，电气工作人员没有做好验电、放电及跨接临时接地线工作；当带电作业时，带电作业安全措施不落实或监护不力所致。这类触电一般伴有摔伤。预防这类事故应严格执行安全操作规程，作业时落实安全组织措施和安全技术措施。

③ 在架空线路下触电。这类事故多发生于非电气工作人员，如高处作业误触带电导线，金属杆及潮湿杆件触及带电导线或吊车臂碰及导线，导线断落后误触或碰及人身。预防措施为当在架空线路下及周围作业时，必须做好防护措施，严禁在架空线路附近竖立高金属杆或潮湿杆件，恶劣天气时应避开架空线路。

④ 电缆触电。这类事故一般是由电缆受损或绝缘击穿，挖土时碰击，带电情况下拆装移位，电缆头放炮等所致。预防措施为电缆应加强巡视检查，周期进行检测，禁止在电缆沟附近挖土，运行的电缆在检修时必须遵守操作规程，必须落实安全组织措施和安全技术措施。

⑤ 开关元件触电。这类事故多由于元件带电部位裸露、外壳破损、外壳接地不良，以及工作人员违反操作规程、粗心大意。预防措施有加强巡检，定期进行检修，严格执行安全操作规程及安全措施。

⑥ 盘、柜、箱触电。这类事故为设备本身制造上有缺陷或接地不良、安装不当所致，有的则为违反操作规程、粗心大意所致。预防措施为加强巡检，定期进行检修，严格执行安全操作规程及安全措施。此外要加强盘柜制造上的管理和监督，提高质量标准，满足防潮、防尘、防火、防爆、防触电、防漏电等要求，电气工作人员对有严重缺陷的盘柜可拒绝安装，并加强对盘柜的测试工作。

⑦ 携带式照明灯（手把灯）触电。这类事故多为没有采用安全电压（36V以下）或行灯变压器不符合要求、错接等。预防措施为携带式照明灯安装后应测试其灯口的电压，非电气工作人员不得安装电气设备。

⑧ 手持电动工具、移动式电气设备、携带式电气设备触电。这类事故发生多为设备本身破损漏电、接线错误或接地不良、导线破损漏电所致。预防措施有加强手持、携带、移动电气设备的管理、维修保养，接线必须由有经验的电气工作人员进行，系统应安装漏电保护装置。

⑨ 电气设备金属外壳带电触电。这类事故多为接地不良造成，或电气设备的漏电跳闸及绝缘检查、保护装置选择不当、调整过大所致。预防措施为系统接地必须良好，加强接地系统和线路的巡视检查及测试，及时修复；加强系统电气设备的巡视检查、维护保养。

⑩ 生产工艺操作触电。这类事故多为违反操作规程、设备线路陈旧待修、保护装置不完善、接地不良所致。预防措施为严格执行安全操作规程，加强维护保养，调整保护装置。

### 28.11.3 机械伤害原因及预防措施

#### 28.11.3.1 机械伤害的原因

机械伤害和其他事故一样，是由于人的不安全行为和物的不安全状态造成的，具体有以下几方面。

（1）人的不安全行为

指作业人员违反安全操作规程或者某些失误而造成不安全的行为，以及没有穿戴合适的防护用品而得不到良好的保护。常见的有下列几种情况：

① 正在检修机器或者刚检修好尚未离开，因他人误开动而被机器伤害。

② 在机器运转时进行检查、保养或做其他工作，因误入危险区域和部位造成伤害。例如人跌入破碎机内，手伸进皮带罩内等。

③ 防护用品没有穿戴好，衣角、袖口、头发等被转动的机械拉卷进去。

④ 设备超载运行造成断裂、爆炸等发生事故而伤人，如钢丝绳拉断弹击人员等。

⑤ 操作方法不当或不慎造成事故，如人被装岩机斗或所装的岩石伤害等。

（2）设备安全性能不好

指机械设备先天不足，缺乏安全防护装置，结构不合理，强度达不到要求；或者设备安装维修不当，不能保持应有的安全性能。常见的情况有：

① 机械传动部分，如皮带轮、齿轮、联轴器等没有防护罩壳而轧伤人，或传动部件的螺栓松脱而飞击伤人。

② 设备及其某些部件没有安装牢固，受力后拉脱、倾翻而伤人，如电耙绞车回绳轮的固定桩拉脱，连板运输机的机尾倾翻等。

③ 机械某些零件强度不够或受损伤，突然断裂而伤人。

④ 在操作时，人体与机械某些易伤害的部分接触。

⑤ 设备的防护栏杆、盖板不齐全，使人易误入或失足跌入危险区域而遭伤害。

⑥ 缺乏必要的安全保险装置，或保险装置失灵而不能起到应有的作用。

(3) 工作场所环境不良

机械设备所处的环境条件不好，如空间狭窄、照明不良、噪声大、物件堆放杂乱等，会妨碍作业人员的工作，容易引起操作失误，造成对人员的伤害。

#### 28.11.3.2 机械伤害预防措施

(1) 正确的行为

要避免事故的发生，首先要求作业人员的行为要正确，不得有误。为此，要加强安全管理，建立健全安全操作规程并要严格对操作者进行岗位培训，使其能正确熟练地操作设备；要按规定穿戴好防护用品；对于在设备开动时有危险的区域，不准人员进入。

(2) 设备良好的安全性能

设备本身应具有良好的安全性能和必要的安全保护装置。主要有以下几点：

① 操纵机构要灵敏，便于操作。

② 机器的传动皮带、齿轮及联轴器等旋转部位都要装设防护罩壳；对于设备的某些容易伤人或一般不让人接近的部位，要装设栏杆或栅栏门等隔离装置；对于容易造成失足的沟、堑，应有盖板。

③ 要装设各种保险装置，以避免人身和设备事故。保险装置是一种能自动清除危险因素的安全装置，可分为机械和电气两类，根据所起的作用可分为下列几种：

a. 锁紧件。如锁紧螺栓、锁紧垫片、夹紧块、开口销等，以防止紧固件松脱。

b. 缓冲装置。以减弱机械的冲击力。

c. 防过载装置。如保险销（超载时自动切断的销轴）、易熔塞、摩擦离合器及电气过载保护元件等，能在设备过载时自动停机或自动限制负载。

d. 限位装置。如限位器、限位开关等，以防止机器的动作超出规定的范围。

e. 限压装置。如安全阀等，以防止锅炉、压力容器及液压或气动机械的压力超限。

f. 闭锁装置。该装置在机器的门盖没有关好或存在其他不允许开机的状况时，使得设备不能开动；在设备停机前不能打开门盖或其他有关部件。

g. 制动装置。当发生紧急情况时能自动迅速地使机器停止转动，如紧急闸等。

h. 其他保护装置。如超温、断水、缺油、漏电等保护装置。

④ 要装设各种必要的报警装置。当设备接近危险状态，人员接近危险区域时，能自动报警，使操作人员能及时做出决断，进行处理。

⑤ 各种仪表和指示装置要醒目、直观、易于辨认。

⑥ 机械的各部分强度应满足要求，安全系数要符合有关规定。

⑦ 对于作业条件十分恶劣，容易造成伤害的机器或某些部件，应尽可能采用离机操纵或遥控操纵，以避免对人员造成伤害。

(3) 良好的作业环境条件

要为设备的使用和安装、检修创造必要的环境条件，如设备所处的空间不能过于狭小，现场整洁，有良好的照明等，以便于设备的安装和维修工作顺利进行，减小操作失误而造成伤害的可能性。

(4) 加强维修工作

要保证设备的安全性能，除了要设计、制造安全性能优良的设备外，设备的安装、维护、检修工作十分重要，尤其是对于移动频繁的采掘和运输设备，更要注意安装和维修工作质量。

### 28.11.4 机械设备的安全管理

设备维修和管理工作，是矿山生产和管理工作的重要组成部分，搞好这一工作，对于安全、经济、合理地使用设备，充分发挥设备效能，保障矿山的安全生产起着十分重要的作用。

#### 28.11.4.1 设备管理

设备管理是通过一系列技术、经济、组织措施，对设备的选型、安装、使用、维修、改造、更新直至报废的全过程进行综合管理，以达到设备综合经济效益最高的目标。为了能科学地对设备进行管理，矿山企业应建立下列制度：

(1) 设备管理制度

主要内容有设备管理的组织机构和管理人员的职责；设备管理过程中各个环节的管理制度、管理方法和手续，以及有关的经济技术指标和要求等。

为了便于管理，各种机电设备都应编号，建立台账或卡片（主要设备）。设备台账的基本内容包括设备编号、名称、规格、型号、功率、制造厂、出厂时间、启用时间等。设备卡片除了台账的内容外，还应有简要的技术性能、附属装置等明细表，以及设备大修、重大事故和安装使用地点变动等记录。

(2) 设备使用和维护保养制度

要充分发挥设备的效能，就必须正确使用和精心维护保养设备。为此，应建立以岗位责任制为中心的各种规章制度，内容包括各种设备司机培训、考核、持证上岗制度；设备安全操作（使用）规程；日常点检（巡回检查）和维护保养制度以及交接班制度等。这些制度的主要对象是司机（操作工）。

(3) 设备维修制度

为了搞好设备维修，保持设备技术状况的良好，应建立设备维修制度，主要对象是设备维修人员，内容包括设备的检修计划及故障修理等方面的组织、计划、实施及有关要求等。设备技术状况的考核指标为设备完好率，即完好设备的台数与设备总台数的比值。关于设备完好的标准，各种设备都有具体的标准，但所有设备，其安全保护装置必须齐全、灵敏、可靠。

(4) 设备事故管理制度

设备事故管理制度包括设备事故的统计、报告、分析处理和制定防范措施等内容。设备事故是指在生产过程中，由于设备的原因而使生产突然中断的事故。设备事故的分级主要是以造成的经济损失作为划分标准，一般可分为重大事故和一般事故两个级别。对于设备事故的考核指标，各矿山行业也不完全相同。矿山主要是把“千元产值事故损失率”，以事故损失金额与产值比较，作为考核设备事故的指标。

除上述制度外，还有备件管理、用电管理等制度。各矿山企业应根据有关要求和实际情况，制定切实可行的机电设备管理制度。

要搞好图纸和技术资料的管理。设备的图纸资料要妥善保管。对于常用设备的使用维护说明书、易损件图纸和电气原理图等有关技术资料，应复制使用，以免原件损坏、丢失。设备的检修、测试和事故等记录是设备技术档案的一部分，要保存好。为便于指挥生产和设备管理，矿山应有配电系统图、排水管路系统图及设备布置示意图等图件，并要随着变化情况定期填绘。

#### 28.11.4.2 设备选型

(1) 对设备选型的要求

设备的选型是矿山设备管理的第一个环节，其目的是为生产选择最优的技术装备，即技术先进、经济合理、安全可靠、维修方便和生产实用的设备。

(2) 设备选型的基本方法

设备选型一般应从以下几个方面考虑：

① 根据生产和工艺上的要求及有关方面的条件，选择设备的种类、形式，确定方案。

② 根据生产规模、工作量的大小和特点等因素，选择工作能力、额定功率（容量）等主要技术性能参数相适应的设备。

③ 根据工作环境条件选择适当的防护形式，如在矿山井下应选择矿用型的设备；在有瓦斯等爆炸危险场所的电气设备，必须选用防爆型的。

此外，对于危险性较大的特种设备，应选购取得生产许可证或经过批准认可的单位设计制造的产品。关于设备选型设计的具体方法可参考有关资料。

#### 28.11.4.3 设备安装应注意的问题

设备的安装，简单地说就是将设备的各部分按图纸和质量标准进行安放和装配，使其能按预定的要求进行工作。矿山机械安装应注意以下几个问题：

① 在安装前，要掌握设备的原理、构造、技术性能、装配关系以及安装质量标准。要详细检查各零部件的状况，不得有缺损。要制订好安装施工计划，做好充分准备，以便安装工作顺利进行。

② 基础是设备的重要组成部分，对设备的安全运行起重要作用。大型设备的基础要按图纸的要求进行施工。混凝土的浇注质量要符合要求，要认真检查隐蔽工程的质量并做好记录。对于电耙、调度绞车等经常移动的小型设备，可以用打支柱、拴地锚等方法固定，但必须固定牢靠，不能松脱。

③ 设备的找正。设备安装的准确性，包括垂直度、水平度、相互的位置偏差等都要符合标准，为达到此目的而进行的工作称为找正。这是一项十分细致的工作，尤其是提升设备，相互有密切的联系。因此，提升机及天轮的提升中心线要与井筒中心线相一致，提升机及天轮的主轴线要与提升中心线相垂直，否则就会影响钢丝绳的排列，加快天轮的磨损，甚至会影响提升容器的运行。

④ 设备安装后，由设备管理部门组织安装单位，使用车间，安全、质检等有关部门的人员进行验收。经过认真地检查、测试，设备的技术状况达到质量标准，安全装置齐全、可靠，设备运转正常，验收合格后，方可交付使用。

#### 28.11.4.4 设备维修工作

为使设备保持良好的技术状况，延长使用寿命，减少故障停机时间，降低维修费用，保证设备安全经济运行，就必须搞好设备的维修工作。设备维修工作应坚持“预防为主，维护保养和计划检修并重”的方针。

(1) 设备安装及检修安全

在设备的安装和检修工作中，机件的频繁拆装和起吊、机器的开动、场地杂乱、工人的流动等都存在着危险因素。因此，对安装和检修中的安全问题必须十分重视，要注意下列有关安全事项：

① 设备在检修前必须切断电源，并挂上“有人工作，禁止送电”的标志牌；在机内或机下工作时，应有防止机器转动的措施。

② 起吊设备的机具、绳索要牢固，捆扎要牢靠，起重杆、架要稳固，机件安放要稳实。

③ 设备的吊运要执行起重作业安全操作规程，要有人统一指挥。

④ 需要大型机件（如减速箱盖）悬吊状态下作业时，必须将机件垫实撑牢，需要垫高的机件，不准用砖头等易碎裂的物体垫塞。

⑤ 高空作业时，应扎好安全带，做好防护措施。

⑥ 设备安装和检修完后，必须经过认真的检查，确认无误后，方可开机试运转。

(2) 维护保养

维护保养是设备维修工作的基础，也是保持设备技术状况良好的关键。要充分发挥操作工人和维修工人的积极性，明确各自的职责，维护保养好设备。

设备的维护保养分为日常保养和定期保养。

① 日常维护保养由操作人员负责，每天班前、班后或班中对设备进行认真的检查和擦拭，使设备经常保持润滑、清洁、齐全、紧固，及时排除缺陷和故障。

② 定期维护保养以维修工人为主，操作工人参加，对设备局部进行小修理，排除故障，内部清洗，换油脂和密封件等。此工作一般与设备的小修一并进行。

(3) 设备检查

设备检查就是对设备的工作性能、安全性能和零部件磨损情况的检查。通过检查，可以掌握设备技术状况的变化和磨损情况，及时发现和消除设备隐患，为制订设备修理计划和改进措施提供依据。

设备的检查，一般分为日常检查（或称日常点检）和定期检查两种。

① 日常检查主要由操作人员负责，每天对设备按定点检查图表或点检卡片逐点逐项进行检查，主要是通过人的五官和简单的器具进行检查。其目的是及时发现不正常情况，采取相应的措施加以消除，减少故障。

设备巡回检查也是设备日常检查的一种形式，由值班电工、钳工按规定的检查路线、部位进行检查，以防患于未然。

② 定期检查是指维修工人在操作人员参与下，定期对设备进行的检查。其目的是检查设备的性能状况，明确零部件的实际磨损程度，以便确定修理的时间和内容。定期检查是按计划进行的，检查周期根据各类设备的不同而各异（周、旬、月、季）。周期较长的检查（月、季等）往往与设备的修理一并进行，称为设备的检修。

设备检查的部位、项目、标准及检查结果的分析处理等内容，应根据有关规程、标准的规定和设备的实际状况确定。

(4) 计划检修

机器设备在运转中，因磨损等因素，往往使原有的性能恶化，效率降低，以致不能继续使用，甚至发生事故而被迫停机修理，为避免上述情况的发生，安全、经济、合理地使用设备，应实行有计划的预防性检修制度。

根据预防性检修计划所确定的更换零部件的数量和修理（包括检查、测定和试验等）工作量的不同，分为大修、中修和小修三类，小型设备可分为大修、小修两类。

① 小修。更换或修理部分易损零部件，并进行清洗换油，调整间隙和检查与紧固全部连接件等。

② 中修。除包括小修内容外，要对机器的主要部分进

行解体、检修。更换部分损坏的主要零部件，消除在小修中不能处理的缺陷和隐患，以保证设备达到应有的技术状态。

③ 大修。为使设备恢复原有的技术性能而进行全面彻底的解体检修，内容包括拆卸和清洗设备的全部零部件；修理或更换所有损坏和具有缺陷的零部件及机体；整修设备基础；更换全部的润滑材料；调整整个机构和电气操作系统等。

设备的检修周期应根据日常检查所掌握的实际情况，以及参考行业主管部门制定的“机电设备使用期限和检修周期表”确定。

对于各类矿山安全规程中所规定的有关机电设备定期检查、试验的项目，要按规定的周期组织进行，如需要停机、停产的，应与设备的检修同时进行，统筹安排。

矿山企业的有关部门应根据设备的检修、试验周期和工作量，并结合生产的安排（需要停产检修的项目），编制机电设备检修计划。计划检修项目确定后，对主要设备应编制“单项检修任务书”。在任务书中应具体规定需要清洗、更换和修复部件的名称、规格和数量；检修专用的材料、工具；需要测绘的图纸、资料；检修质量、试验标准；检修时的安全措施和检修前必须做好的其他准备工作等。此外，还应做出施工组织计划。

矿山在进行重大的停产检修工程时，要很好地组织实施。指定检修项目的负责人，明确任务；及时掌握检修的质量和进度，处理临时出现的问题；检查安全情况，保证作业安全；做好停电、停风、停运、排水等方面的具体安排等，以保证整个检修工程按时按质和安全地完成。

设备检修完成后，要按检修质量标准进行验收；大型设备在部分检修完成后，应及时进行中间验收，以确保整个工程的质量。

在检修过程中要做好记录，检修结束要进行整理，并存入设备档案。

## 参考文献

[1] 吴宗之，等. 安全生产技术. 北京：中国大百科全书出版社，2008.
[2] 郎咸民，许治国，等. 矿山地质与灾害防治. 北京：中国劳动社会保障出版社，2011.
[3] 陈国芳，等. 矿山安全工程. 北京：化学工业出版社，2014.
[4] 王省身，等. 矿井灾害防治理论与技术. 徐州：中国矿业学院出版社，1986.
[5] 王省身，张国枢，等. 矿井火灾防治. 徐州：中国矿业大学出版社，1990.

# 29 化工安全

## 29.1 安全与化工生产

随着科学技术的发展和人类文明的进步，无论农业、工业、交通运输、国防、文化教育、体育卫生，还是人们的日常生活，都离不开化学工业为其提供各种各样、种类繁多的化工产品。化工产品用途之广泛，对国家经济发展和人民日常生活影响之巨大，是其他工业产品无可比拟的。化学工业对国民经济的影响越来越大，成为现代经济发展和人民物质文化生活提高的重要基础。

然而，化学工业在其生产过程中又有其他工业生产所难以比拟的危险性。

据统计，生产化工产品所用的原料，中间体甚至产品本身，有70%以上具有易燃、易爆或有毒的性质，生产大多在高温、高压、高速、有毒等严酷条件下进行，经常因处理不当而发生事故。不仅职工的生命财产受到危害，事故还容易扩大蔓延，对周围居民造成伤害。因此，搞好化工厂的安全工作，不仅是保证生产顺利进行的必要条件，也是保证社会稳定的重要因素。

化工产品的生产一般通过物理变化和化学反应来完成，不仅工艺复杂而且有些反应十分剧烈，极易失控，这些剧烈的反应大多在反应容器或管道中进行，难于监视，一旦失控，事故后果不堪设想，所以化工生产比其他工业具有更特殊的潜在危险性。一旦操作条件发生变化，工艺受到干扰产生异常，或人的特性和素质欠佳等原因造成误操作，潜在危险就会发展成为灾害性事故。

虽然如此，化工厂的事故也可以采取防范措施使之降低或避免。如果设计时对生产安全能周密考虑，使得厂址选择和装置布置科学合理，工艺流程采取完善的安全系统，并在运行中进行严格的管理，在后勤支援上配备足够的医护、消防等措施以减缓事故后果的严重程度，则事故大半会得到防止，即使发生了，也不会造成灾难性后果。

### 29.1.1 当前我国化工安全的现状

当前我国火灾、爆炸、中毒、窒息事故频频发生，总体而言，安全形势严峻。这种局面的形成，是多种原因共同造成的。其主要原因大致有以下几点：

一是先天性不足，即化工企业起点低，无论是设备质量，还是工艺水平、安全设施，都比较落后，落后的设备、工艺，必然容易引发事故。二是规模型企业少，中小化工企业多。改革开放以来，化工企业如雨后春笋般出现，化工企业数量的增加，使得危险作业的总量大大增加，这本身就不可避免地造成事故数量的上升。更为严重的是，这些小企业，大多安全投入严重不足，往往连最基本的安全生产条件都不具备就开工生产，为安全生产埋下了祸根。三是从业人员素质低。化工行业是危险性大、技术含量高的行业，每一个操作工都要掌握系统防火防爆、防电击、防坠落等安全知识，而在许多化工企业中，工人本身素质就低，安全培训再不到位，使得他们的安全知识远不能满足生产的需要。四是安全管理队伍参差不齐。在一些大型化工厂，安全管理人员大多来自既有理论基础，又有实践经验的生产骨干，建立起了一支素质较高的安全管理队伍，这就为企业进行科学的安全管理提供了有力的保障。而在许多小型化工厂，工厂领导对安全根本就不重视，导致安全无人管。还有一种情况，就是安全管理人员只是兼职，或是专职但并未受系统培训，因此，出现想管不会管的现象。

上述问题的存在，决定了我国化工安全工作任重而道远。

长期以来，我国政府对搞好化工安全给予了高度重视，并以法制化建设为核心开展了一系列卓有成效的工作，如颁布实施了《安全生产法》《危险化学品安全管理条例》《职业病防治法》《化工企业职业安全健康管理体系实施指南》等一系列法律、行政法规，也在全国范围内进行了一次又一次的危险化学安全管理专项整治，等等。

### 29.1.2 化工安全的现实对策

提高化工企业的安全性应从两个方面着手：

(1) 加强硬件建设

要不断提高设备质量，以此提高设备的安全可靠性；不断开发应用安全防护设施，提高事故的防范控制能力；对于中小型化工企业，也应加速技术改造，在设备操作上加强密闭化、机械化和集中控制，增强防护设施，使操作人员脱离不良的劳动环境。

(2) 加强软件建设

一是要大力借鉴、开发、应用安全新技术。对于大型化工企业的安全问题，首先要考虑设备和控制技术的可靠性，而当前设备故障诊断技术发展很快，如断裂力学在评价压力容器寿命方面的应用，机械零部件失效分析，振动监测、声发射技术测定容器裂纹的发展，易燃易爆及有害气体自动报警装置，以及本质安全、自动防故障技术在加强控制系统可靠性方面的应用等，都是保障设备和工艺安全运转的重要手段，应在生产实践中加强引进、吸收和推广。

二是要不断转变观念，用最新的理念、方法提高企业的安全管理水平。实践已经证明，只有通过有效的管理才能对危险性进行有效的控制。当前，安全管理正朝着安全、健康、环境、质量一体化的方向发展。职业安全健康体系(OSHMS)已在世界范围内受到认可，并与企业的形象、市场竞争力具有前所未有的密切关系。我国政府对此也发布了相关的国家标准，成立了相应的体系认证机构，这对全方位地提高化工企业的安全管理水平，保障从业人员的安全健康发挥了巨大的推动作用。同时，源自石油勘探开发领域的安全、健康、环境管理体系（HSE)，已在我国石油、石化企业推广应用，诸多化工企业也积极消化吸收为自己的管理理念与技术。

三是大力开发应用安全评价技术。危险性具有潜在性质，在一定条件下可以发展成为事故，但也可以采取措施抑制其发展，新技术的采用也可能带来新的危险性。所以辨识危险性已成为一个十分重要的问题，在危险性辨识的基础上，对危险性进行定性和定量评价，并根据评价结果采取优化的安全措施，使安全管理上升了一个新台阶。当前，我国政府十分重视安全评价工作，一是从法律上提出了明确的要求，发布了一系列的评价规范、标准，初步建立起了安全评价的法规、标准体系；二是各地依法成立了安全评价中介机构，为开展安全评价提供了组织保障；三是对评价人员依法进行资格培训，有效保证了安全评价工作的质量。安全评价工作的开展，必将使化工企业的安全管理在不长的一个时期内得到较大幅度的提高。

四是要不断强化人员培训，培养高素质的员工。要搞好安全，既要具备系统的安全知识，又要熟悉生产，掌握特殊的生产知识，二者缺一不可。既不能让管理人员只懂安全，不懂生产，也不能让操作人员只懂生产，不懂安全。要做到这些，就必须对员工进行分专业、有层次的系统培训，这是消除人的不安全因素的重要途径。

当前，我国的化工事故仍然呈居高不下的趋势，造成这种情况的原因是多方面的，既有管理上的问题，也有技术上的问题。而当前我国经济的持续高速增长，人们物质生活和文化生活水平的不断提高，需要化学工业的持续健康发展作支撑，因此，必须大力提高广大化工安全工作人员的安全技术知识和安全管理水平，推进化工安全生产迈上一个历史性的新台阶，从而促进化学工业的健康发展，为国民经济的持续快速增长，实现全面建设小康社会的宏伟目标提供强劲的动力。

## 29.2　化工过程安全

### 29.2.1　工艺的危险特性

(1) 吸附过程及危险性分析

吸附是利用某些固体能够从流体混合物中选择性地凝聚一定组分在其表面上的能力，使混合物中的组分彼此分离的单元操作过程。

吸附现象早已被人们发现和利用，在人们生活中用木炭使气体和液体脱湿和除臭已有悠久的历史。20世纪20年代首次出现从气体中分离乙醇和苯蒸气，以及从天然气中回收乙烷等烃类化合物的大型生产装置。

目前吸附分离广泛应用于化工、石油化工、医药、冶金和电子等工业部门，用于气体分离、干燥及空气净化、废水处理等环保领域。如酸性气体脱除，从各种混合气体中分离回收 $H_2$、$CO_2$、CO、$CH_4$、$C_2H_4$ 等，也可从废水中回收有用成分或除去有害成分。在吸附过程中选用的吸附剂活性炭等材料由于吸附热的积累或者由于空气进入吸附系统可能会引起活性炭的自燃，进而引起系统介质的燃烧。

吸附是一种界面现象，其作用发生在两个相的界面上。例如活性炭与废水相接触，废水中的污染物会从水中转移到活性炭的表面上。固体物质表面对气体或液体分子的吸着现象称为吸附，其中具有一定吸附能力的固体材料称为吸附剂，被吸附的物质称为吸附质。与吸附相反，组分脱离固体吸附剂表面的现象称为脱附（或解吸）。与吸收-解吸过程相类似，吸附-脱附的循环操作构成一个完整的工业吸附过程。吸附过程所放出的热量称为吸附热。

根据吸附剂对吸附质吸附力的不同，可以分为物理吸附与化学吸附。

物理吸附是指当气体或液体分子与固体表面分子间的作用力为分子间力时产生的吸附，它是一种可逆过程。吸附质分子和吸附剂表面分子之间的吸附机理，与气体液化和蒸气冷凝时的机理类似。因此，吸附质在吸附剂表面形成单层或多层分子吸附时，其吸附热比较低，接近其液体的汽化热或其气体的冷凝热。

化学吸附是由吸附质与吸附剂表面原子间的化学键合作用造成，即在吸附质和吸附剂之间发生了电子转移、原子重排或化学键的破坏与生成等现象。因而，化学吸附的吸附热接近于化学反应的反应热，比物理吸附大得多，化学吸附往往是不可逆的。人们发现，同一种物质在低温时，它在吸附剂上进行的是物理吸附；随着温度升高到一定程度，就开始产生化学变化，转为化学吸附。

在气体分离过程中绝大部分是物理吸附，只有少数吸附剂具有物理吸附及化学吸附性质，如活性炭（或活性氧化铝）上载铜的吸附剂具有较强选择性吸附CO或 $C_2H_4$ 的特性。

(2) 萃取过程及危险性分析

工业上对液体混合物的分离，除了采用蒸馏的方法外，还广泛采用液-液萃取。例如，为防止工业废水中的苯酚污染环境，往往将苯加到废水中，使它们混合和接触，此时，由于苯酚在苯中的溶解度比在水中大，大部分苯酚从水相转移到苯相，再将苯相与水相分离，并进一步回收溶剂苯，从而达到回收苯酚的目的。再如，在石油炼制工业的重整装置和石油化学工业的乙烯装置中都有抽提芳烃的过程，因为芳香族与链烷烃类化合物共存于石油馏分中，它们的沸点非常接近或成为共沸混合物，故用一般的蒸馏方法不能达到分离的目的，而要采用液-液萃取的方法抽提出其中的芳烃，然后再将芳烃中各组分加以分离。

液-液萃取也称溶剂萃取，简称萃取。这种操作是指在欲分离的液体混合物中加入一种适宜的溶剂，使其形成两液相系统，利用液体混合物中各组分在两相中分配差异的性质，易溶组分较多地进入溶剂相从而实现液体混合物的分离。在萃取过程中，所用的溶剂称为萃取剂，混合液体为原料，原料液中欲分离的组分称为溶质，其余组分称为稀释剂（或称原溶剂）。萃取操作中所得到的溶液称为萃取相，其成分主要是萃取剂和溶质，剩余的溶液称为萃余相，其成分主要是稀释剂，还含有残余的溶质等组分。

需要指出的是，萃取后得到的萃取相往往还要用精馏或反萃取等方法进行分离，得到含溶质的产品和萃取剂，萃取剂供循环使用。萃余相通常含有少量萃取剂，也需应用适当的分离方法回收其中的萃取剂。因此，生产上萃取与精馏这两种分离混合液的常用方法是密切联系、互相补充的，常配合使用。另外，有些混合液的分离（如稀乙酸水溶液的去水，从植物油中分离脂肪酸等）既可采用精馏，也可采用萃取。选择何种方法合适，主要是由经济性来确定。与蒸馏比较，整个萃取过程的流程比较复杂，且萃取相中萃取剂的回收往往还要应用精馏操作，但是萃取过程具有在常温下操作、无相变化以及选择适当溶剂可以获得较好的分离效果等优点，在很多情况下仍显示出技术经济上的优势。

一般而言，以下几种情况采用萃取操作较为有利：①混合液中各组分之间的相对挥发度接近于1，或形成恒沸物，用一般的蒸馏方法难以达到或不能达到分离要求的纯度；②需分离的组分浓度很低且沸点比稀释剂高，用精馏方法需蒸出大量稀释剂，消耗能量很多；③溶液要分离的组分是热敏性物质，受热易于分解、聚合或发生其他化学变化。

目前萃取操作仍是分离液体混合物的常用单元操作之一，在石油化工、精细化工、湿法冶金（如稀有元素的提炼）、原子能化工和环境保护等方面已被广泛地应用。

(3) 干燥过程及危险性分析

化工生产中的固体物料，总是或多或少含有湿分（水或其他液体），为了便于加工、使用、运输和储藏，往往需要将其中的湿分除去。除去湿分的方法有多种，如机械去湿、吸附去湿、供热去湿，其中用加热的方法使固体物料中的湿分汽化并除去的方法称为干燥，干燥能将湿分去除得比较彻底。

干燥在化工、轻工、食品、医药等工业中的应用非常广泛，其在生产过程中的作用主要有以下两个方面。

① 对原料或中间产品进行干燥，以满足工艺要求。如以湿矿（俗称尾砂）生产硫酸时，为满足反应要求，先要对

尾砂进行干燥，尽可能除去其水分；再如涤纶切片的干燥，是为了防止后期纺丝出现气泡而影响丝的质量。

② 对产品进行干燥，以提浓产品中的有效成分，同时满足运输、储藏和使用的需要。如化工生产中的聚氯乙烯、碳酸氢铵、尿素，食品加工中的奶粉、饼干，药品制造中的很多药剂，其生产的最后一道工序都是干燥。

干燥按其热量供给湿物料的方式，可分为以下几种。

① 传导干燥。湿物料与加热介质不直接接触，热量以传导方式通过固体壁面传给湿物料。此法热能利用率高，但物料温度不易控制，容易过热变质。

② 对流干燥。热量通过干燥介质（某种热气流）以对流方式传给湿物料。干燥过程中，干燥介质与湿物料直接接触，干燥介质供给湿物料汽化所需要的热量，并带走汽化后的湿分蒸汽。所以，干燥介质在干燥过程中既是载热体又是载湿体。在对流干燥中，干燥介质的温度容易调控，被干燥的物料不易过热，但干燥介质离开干燥设备时，还带有相当一部分热能，故对流干燥的热能利用程度较差。

③ 辐射干燥。热能以电磁波的形式由辐射器发射至湿物料表面，被湿物料吸收后再转变为热能将湿物料中的湿分汽化并除去，如红外线干燥器辐射干燥。辐射干燥生产强度大，产品洁净且干燥均匀，但能耗高。

④ 介电加热干燥。将湿物料置于高频电场内，在高频电场的作用下，物料内部分子因振动而发热，从而达到干燥目的。电场频率在300MHz以下的称为高频加热，频率在$300\sim300\times10^5$MHz的称为微波加热。

在上述四种干燥方法中，以对流干燥在工业生产中应用最为广泛。在对流干燥过程中，最常用的干燥介质是空气，湿物料中的湿分大多为水。因此，主要讨论以湿空气为干燥介质、以含水湿物料为干燥对象的对流干燥过程。

干燥按操作压力可分为常压干燥和真空干燥，按操作方式可分为连续干燥和间歇干燥。其中，真空干燥主要用于处理热敏性、易氧化或要求干燥产品中湿分含量很低的物料，间歇干燥用于小批量、多品种或要求干燥时间很长的场合。

在化学工业中，干燥常指借热能使物料中水分（或溶剂）汽化，并由惰性气体带走所生成的蒸气的过程。例如干燥固体时，水分（或溶剂）从固体内部扩散到表面再从固体表面汽化。干燥可分为自然干燥和人工干燥两种，并有真空干燥、冷冻干燥、气流干燥、微波干燥、红外线干燥和高频率干燥等方法。干燥过程安全措施是指确保干燥设备、干燥介质、加热系统等安全运行，防止火灾、爆炸、中毒事故的发生。干燥装置在运行中应该严格控制各种物料的干燥温度。根据情况采取温度计、温度自动调节和信号报警等控制措施。当干燥物料中含有自燃点很低的物质或其他有害杂质时必须在烘干前彻底清除掉，干燥室内也不得放置容易自燃的物质。干燥室与生产车间应用防火墙隔绝，并安装良好的通风设备，电气设备开关应安装在室外。在干燥室或干燥箱内操作时，应防止可燃的干燥物直接接触热源，以免引起燃烧。干燥易燃易爆物质，应采用蒸汽加热的真空干燥箱，真空能降低爆炸的危险性。对易燃易爆物质采用流速较大的热空气干燥时，排气用的设备和电动机应采用防爆型。在用电烘箱烘烤能够蒸发易燃蒸气的物质时，电炉丝应完全封闭，箱上应加防爆门。利用烟道气直接加热可燃物时，在滚筒或干燥器上应安装防爆片，以防烟道气混入一氧化碳而引起爆炸。同时注意加料不能中断，滚筒不能中途停止回转，如发生上述情况应立即封闭烟道的入口，并灌入氮气。干燥按干燥介质类别可分为空气干燥、烟道气干燥或其他干燥介质干燥；按干燥介质与物料流动方式可分为并流干燥、逆流干燥和错流干燥。就干燥设备而言，可分为间歇式常压干燥器；如箱式干燥器；间歇式减压干燥器，如减压干燥器、附有搅拌器的干燥器；续式常压干燥器，如洞道式干燥器、多带式干燥器、回旋式干燥器、滚筒式干燥器、圆筒式干燥器、气流式干燥器和喷雾式干燥器等；连续式减压干燥器，如减压滚筒式干燥器等。

间歇式干燥物料大部分靠人力输送，热源采用热空气自然循环或鼓风机强制循环，温度较难以控制，易造成局部过热，引起物料分解造成火灾或爆炸。因此，在干燥过程中，应严格控制温度。连续式干燥采用机械化操作，干燥过程连续进行，因此物料过热的危险性较小，且操作人员脱离了有害环境，所以连续式干燥较间歇式干燥安全。在采用洞道式、滚筒式干燥器干燥时，主要是防止机械伤害。在气流干燥、喷雾干燥、沸腾床干燥以及滚筒干燥中，多以烟道气、热空气为干燥热源。干燥过程中所产生的易燃气体和粉尘同空气混合易达到爆炸极限。在气流干燥中，物料由于迅速运动相互激烈碰撞、摩擦易产生静电。滚筒干燥中的刮刀有时和滚筒壁摩擦产生火花，这些都是很危险的。因此，应该严格控制干燥气流风速，并将设备接地。对于滚筒干燥应适当调整刮刀与筒壁间隙，并将刮刀牢牢固定，或采用有色金属材料制造刮刀，以防产生火花。用烟道气加热的滚筒式干燥器，应注意加热均匀，不可断料，滚筒不可中途停止运转，斗口有断料或停转时应切断烟道气并通氮。干燥设备上应安装爆破片。在干燥易燃、易爆的物料时，最好采用连续式或间歇式真空干燥比较安全。因为在真空条件下，易燃液体蒸发速度快，并且干燥温度可适当控制得低一些，从而可以防止由于高温物料局部过热分解，降低了火灾爆炸的危险性。当真空干燥后消除真空时，一定要使温度降低方能放入空气，否则，空气过早进入，会引起干燥物着火或爆炸。性质不稳定、容易氧化分解的物料进行干燥时，滚筒转速宜慢，要防止物料落入转动部分，转动部分应有良好的润滑和接地措施。含有易燃液体的物料不易采用滚筒干燥。

### 29.2.2　工艺的过程安全控制

（1）化学反应安全控制

加氢、磺化、中和、氧化、卤化、煅烧、热分解、裂解蒸馏等反应的场所或装置、系统具有一定的火灾、爆炸和泄漏中毒的危险。因此，必须对其进行严格的安全控制。

控制主要从以下几方面进行：

① 反应装置、系统需配置与其反应特点相匹配的防灾安全技术措施，确保安全运行。

② 投料、卸料需有方式、顺序、料量和速度等方面的安全规定，并有保证其安全实施的技术措施。

③ 因催化剂因素可能有导致异常反应的工艺，需具备消除催化剂不安全因素的有效措施。一般的化学反应都选择与其工艺相适应的催化剂。如果催化剂选型不当，可能出现异常反应，使反应过程难于控制；当催化作用于多项反应中，温度、压力也较难以控制，造成异常事故；等等。这些不安全因素均应采取相应的安全防范措施。

④ 泄漏、温度、正压安全控制（下面详述）。

（2）物料处理及输送安全控制

物料处理是指物料的精制、分离、过滤、调配、水洗、研磨、干燥、包装，以及物料的捕集、回收等非化学反应性的处理过程。其安全控制措施：

① 各种物料的处理、输送装置，需有可靠的安全、卫生防护措施。

处理或输送不同的物料，应有不同的安全、卫生防护措施。例如，液体物料若具有易燃、易爆、有毒的特性，其安全防护措施应有防挥发、逸散设施，静电消除、接地装置，符合现场防爆级别的机电设备等。如果进行粉料处理或输送，则应有防止粉尘逸散的捕集或滤尘装置。输送装置为较长距离输送时，应有多点停车开关或故障下自动停车装置。在一定压力下处理或输送物料，易产生压差或发生物料倒流情况时，应装设防止物料倒流的单向阀或阻火液封等安全装置。所有防护设施应当完好有效。

② 可燃、易燃或有毒物排放口，需有安全、卫生处理措施。

③ 各种物料的包装需符合储运安全要求，有必要的安全标志和详细准确的说明。

④ 危险化学品的包装岗位，需有必要的安全措施和劳动保护措施。

⑤ 物料捕集、回收装置或设备，需有符合安全卫生要求的良好捕集、回收效果，并有其保证措施。

⑥ 处理物料和输送物料的装置、设备、管道，需随时检查，确保处于完好状态。

（3）封闭单元安全控制

封闭单元主要从防泄漏、防火、防爆等方面进行安全控制。

① 易燃、易爆、有毒、有害物质处理，需有防逸散、泄漏的可靠措施。

② 易燃、易爆物料处理的封闭单元内，需有防止火种引燃、引爆的安全技术措施或安全装置。

③ 具有易燃、易爆、有毒、有害介质的封闭单元，需有足够容量的通风换气装置，且设备位置合理。

④ 化工生产封闭单元内危险物品的储存量：原料不超过本班和下一班的用量，产品不超过一班的产量。

⑤ 有易燃、易爆物生产和有剧毒物生产的封闭单元，要设易燃、易爆和剧毒物浓度超限报警装置。

（4）温度安全控制

温度安全控制主要有以下几个方面：

① 温度计量装置、器具需定期校验，并加贴检验标签。

② 温度控制系统能满足工艺需要，升、降温控制灵敏可靠。

③ 主要温控点设超限报警或联锁装置。主要温控点是指那些温度超限可能产生危险后果的控制点。对于升、降温缓慢，温度超限也不会产生危险的控制点，无须设超限报警。

④ 温度计量装置、器具及其配件的选型，要符合使用介质的安全技术要求。

⑤ 温度计量、控制系统，要定期维护、检修，保证完好可靠。

（5）负压运行安全控制

负压操作安全控制主要有以下 6 项控制措施：

① 负压操作时，要严格开车、停车、排渣安全操作程序，确保不发生暴沸、氧化燃烧、爆炸事故，且有可靠的安全措施。

② 负压系统抽出物，需有必要的安全处理装置或设施，确保不发生燃烧、爆炸、污染。

③ 负压装置系统需有防突然停水、停汽、停电等紧急停车的安全保证措施。有些负压处理物料的装置，突然停车会造成窜入空气或其他介质，进而引起燃烧、爆炸，因此，必须有应急处理措施。

④ 负压装置系统与负压动力设备之间，应设安全缓冲分离装置或其他安全装置。

负压系统和负压泵之间，常因故障使不同介质互窜，进而引发事故，故需在其间设置缓冲分离器，或视情况设置单向阀等其他安全装置。

⑤ 负压工艺系统的设备、装置、管道等应随时检查维护，定期检测、修理、更换，确保其完好可靠。

⑥ 负压系统操作要有破真空的安全技术措施。

负压操作需要破真空时，要严格执行操作规程，并落实可靠的破真空安全技术措施。有易燃、易爆物存在的负压操作，为防止破真空时混进空气，形成爆炸性混合气体，可采用氮气等惰性气体破真空。

（6）防止爆炸

爆炸安全主要从爆炸源及作业环境条件两方面进行控制。

① 使用或产生易燃易爆物的逸散点，要有必要的安全措施。凡是泄漏易燃易爆物的部位，而且有可能引起燃烧或爆炸者，必须有防燃烧、爆炸措施，如装设防爆膜、捕集器等。

② 易形成爆炸性混合物的场所，需有良好的通风换气条件或设施，保证作业场所的空间可爆物浓度始终处于爆炸下限以下。

③ 可能产生爆炸性混合物的场所，不得有可以引爆的能源。这里指的能源是指该场所的机电设备、装置及邻近的热辐射、明火、静电火花等。对这些可以引爆的能源必须有安全控制措施。如对热辐射采取隔热处理，对明火采取密封处理，采用防爆型机电设备等。

④ 易形成爆炸性混合物的作业场所，要设易燃易爆气体动态监测报警装置。

⑤ 有爆炸危险的设备、装置或部位，需具备可靠的隔爆装置或安全措施。隔爆装置主要包括防爆板、墙、堤、罩等，其装设目的在于隔爆，改变泄爆方向，减少或避免伤亡损失。

⑥ 易燃易爆物的排放口，需设阻火、防爆装置。

⑦ 易燃易爆作业间，需有足够的泄压面积。

⑧ 在爆炸极限内及其附近的作业，必须落实降温、阻燃等安全技术措施。在设备、装置、管道内的工艺物料介质，正常作业就处在爆炸极限范围内及其附近时，必须落实降温和阻燃的措施，如环氧乙烷储存需有冷冻降温措施和用氮气加压封储。

（7）粉尘爆炸安全控制

粉尘爆炸安全控制从生产装置本身、生产环境、消除静电、防二次污染等四个方面进行。

① 凡使用产生可燃、可爆粉尘的生产装置、设备，需有防其燃烧、爆炸的安全措施。

使用可燃粉尘、产生可燃粉尘的反应，需有防止达到爆炸浓度、控制湍动速度、防静电等措施及辅助装置，要有防止可燃、可爆粉尘逸散到空间的措施。

② 在爆炸浓度范围内的粉尘作业装置、岗位及其环境，需有必要的安全技术措施。

对产生粉尘，粉尘浓度可达到爆炸极限范围内的作业装置和岗位，要严格控制点火源，要落实一系列控制点火源的安全措施。如装置内有产生静电火花可能，就要严格控制湍流的速度；粉尘排放口要有防止外来火种引燃、引爆的措施等。

③ 可爆粉尘的生产装置、系统，需有可靠的消除静电的装置。能产生可爆粉尘的粉碎、研磨、干燥、输送、捕集、滤尘等设备、装置及其有关系统，必须有消除静电措施，能有效地消除静电。

④ 有粉尘飞扬的作业间，需有防止二次扬尘的安全措施。

（8）正压安全控制

应对正压安全控制系统的控制装置、设备、安全附件、防爆装置、安全检修等方面进行控制。

① 加压反应系统，需设置可靠的压力控制装置、超限报警装置或联锁保险装置。

② 压力计量和控制装置、设备的选型，需满足工艺需

要，具备必要的安全技术条件。

③ 承压的主要反应装置、计量容器等压力容器和设备，应设有必要的防爆安全装置，能有效地泄放压力，并控制泄爆方向。

④ 承压系统易产生压差或压力不稳的环节，应装设必要的单向阀、极限流或稳压器等安全附件。

⑤ 正压系统的设备、装置、附件，应及时检查、维修，定期检测，确保完好。

(9) 低温安全控制

低温安全控制从低温装置的材质，保持低温的措施，防低温灼伤和故障，防制冷剂的燃、爆、毒害及系统的维护检修等方面进行。

① 低温工艺系统的装置、设备、管道、填料等的材料，需具有耐低温脆变的物性，保证无脆变的物性，从而保证无脆性破坏和泄漏。

② 低温工艺系统，需有稳定低温控制范围的保证措施。

③ 低温生产系统，需有必要的防冷凝和防冻伤的可靠措施。

④ 低温作业岗位，需有防制冷剂毒害，防燃、爆的可靠措施。

⑤ 低温生产系统的装置、设备、管道，要定期检查、探伤、检修、更新，确保其完好。

(10) 容量安全控制

容量安全控制从控制手段、暂存物料安全、控制部位和控制设备四个方面进行，重点防火、防爆和防中毒。

① 工艺系统需具备必要的容量安全控制设施或措施，如：投料计量、出料计量、器内料量或液位量度、器内物料超限报警或联锁等安全保障装置。

② 生产场所不得作堆料场，必须暂存物料时，需有确保安全的条件。

③ 可燃、易燃、易爆物料和有毒有害物料流动系统、储存装置，需有防止燃烧、爆炸、中毒等安全技术措施。

④ 计量仪器、仪表、装置，容量安全控制、报警、联锁等装置，需随时检查、维护，定期检修、更新。

(11) 腐蚀工艺安全控制

腐蚀工艺安全控制主要从工艺装置，设备的耐腐蚀性，预防腐蚀介质泄漏及污染，人的安全、卫生方面进行，并对预防腐蚀性介质的危险反应和工艺系统的维护修理及更新进行考虑。

① 具有腐蚀性介质的工艺系统，其装置、设备均应满足工艺要求，选用相应的耐腐蚀性材料制造，具有良好的耐腐蚀性能。

② 凡可能逸散、泄漏腐蚀性介质的装置、设备需有防逸散、泄漏、污染的安全技术措施。如储器的封闭，设备或处理装置的密封，排气通道或尾气的喷淋、中和、吸收等。

③ 腐蚀性介质可能灼伤、侵害人体的作业场所，需设置必要的安全、卫生设施和采取必要的安全防护技术措施，主要包括隔离装置、通风、排雾、冲洗、防护器具以及药物等。

④ 工艺系统或作业环境，凡存在腐蚀性介质，同时具有能与其发生危险反应的物质，需有必要的安全防范措施。

⑤ 承受腐蚀性介质腐蚀的工艺系统，其设备、管道、装置等需随时检查、维护，定期检测，确保完好。

(12) 泄漏安全控制

泄漏安全控制是从工艺压力、温度、投料控制及操作和密封等方面进行。

① 工艺系统或工艺装置，应具备防止因超压而造成泄漏的安全控制措施或装置。

② 工艺系统或工艺装置需具备控制因超温造成泄漏或溢料的保证措施或装置。

③ 设备、装置、管道等应按期更新，避免因腐蚀泄漏造成灾害。

④ 工艺过程中，凡有倒料、装料、卸料及计量操作过程者，均需有防止泄漏、溢料的可靠措施。

⑤ 设备、装置、管道、法兰等垫片，密封填料，需符合安全技术要求。

(13) 明火加热设备安全控制

明火加热设备安全控制，从明火加热设备的布置、房屋结构、受热物料及燃料储存、设备完好等方面进行。

① 明火加热装置的布置，需符合相关的标准。

② 明火加热炉与毗邻的防火、防爆、隔热处理等措施，需符合相关规定。

③ 明火加热的可燃、易燃物料，需有可靠的预防明火引燃、引爆的安全技术措施。

④ 明火加热炉的燃料储存位置，需符合《建筑设计防火规范》。

⑤ 明火加热设备系统，需经常检查，定期检修，及时更新，确保完好。

(14) 热油换热系统安全控制

① 油炉燃烧室与换热系统，必须隔开建筑，其建筑结构符合相关规定。

② 热油换热系统，需严格密闭，定期检测，做密闭性试验，并有试验合格证。

③ 热油的受热和换热系统，其温度、压力、液位控制等安全附件应齐全，并定期进行检查、校验、更新。

④ 严格要求热油质量，有安全运行的质量保证措施。

⑤ 热油炉作业期间，需有良好的通风换气条件。

⑥ 热油换热系统，尤其受热部分，需定期洗刷，清除杂质、焦垢。

(15) 化工设备安全控制

化工设备安全控制，应运用安全系统工程对设备进行科学分析，从中找出各种危险因素，针对这些危险因素，列出一些直接安全保证条件和间接安全保证条件。根据这些安全保证条件的实现情况，判定设备的安全可靠程度。

① 直接安全保证条件

a. 设备及其零部件不能超期使用。任何设备都具有一定的使用寿命。设备使用寿命是由该设备的性能和安全可靠度决定的。设备结构、材料与强度的变化，抗疲劳能力、耐腐蚀能力的变化，都决定了设备的安全可靠度，也决定了设备的使用寿命。而一旦超过使用寿命，就会随时存在发生事故的可能。因此，必须对设备的使用寿命，即能否继续满足生产的需要做出评价。

b. 设备应按期检修，并保证检修质量。化工设备的使用条件很不稳定，环境条件也千变万化。化工设备的适应能力在设计制造时虽然进行了充分考虑，并给出了必要的安全系数，但因不可预见的波动因素的存在，设备的适应能力，还是会出现各种意想不到的变化。化工设备的定期检修，能够及时发现和排除其存在的不安全因素，保证其适应能力，延长其使用寿命。

c. 设备要有满足工艺和安全操作要求的良好密闭性。化工设备因其工艺条件具有高温、高压、深冷、负压等特点，以及设备内有各种易燃、易爆、有毒、有害介质，所以对设备的密闭性要求是很严格的。密闭性包括正压密闭、常压密闭和负压密闭。各种密闭技术包括设备和零部件的设计和配置，焊接、铆接技术的达标，密封填料的选择和密封装置的达标等。

d. 设备各种受力零部件及其连接件应安全可靠。任何设备的受力部位的断裂和破碎都使设备不同程度地失去安全可靠性。

e. 设备要有特殊状况下的运行稳定性。在可以预见的震动、风载和其他可以预期的外载荷条件下，设备必须有足够的稳定性。

f. 设备表面没有可以伤人的尖角、利棱及较突出部分。

g. 有保障操纵器可靠性的措施。任何设备的操纵器必须同人体操作部位相适应，以能防止误操作。操纵器一般要有联锁装置。操纵器的行程应满足工艺设备的安全要求。

h. 设备上装置可靠的信号和显示器。设备上各种信号和显示器要符合安全、清晰、灵敏的原则，各种危险信号应同其他信号有明显区别。

i. 设备上的工作位置应合理。设备上的工作位置，要保证作业者有充分的活动空间，要有防滑、防高处坠落的必要条件。危险作业要有足够的退避空间。

j. 必要的检修和维护条件。化工设备一般都有检修时拆卸、吊装用的孔和环，要有进入的人孔，要有专用的检修工具和装备，要有必要的检修维护时的锁定装置。

k. 评价设备的润滑情况。生产设备相对运行部位都必须有润滑保证，重要设备应采取强制润滑的方法，并设有联锁装置，保证在油泵动作并达到一定油压后，设备才能启动。

② 间接安全保证条件

a. 配置设备超载防护装置。容器的充装过量和机械设备的超负荷运行，极易给设备带来损伤，造成事故，需要落实超载防护装置。

b. 配置设备外露可动零部件的防护装置。外露可动零部件的运动轨迹，常和人的运动轨迹发生交叉而造成事故，需设防护装置或将两条运行轨迹隔离开来不发生交叉。

c. 配置设备超位运行的防护装置。对有可能发生超位的设备，要设置必要的防护装置。如起升限位器、防坠落装置、防松脱装置等。

d. 采取必要的隔热防冷措施。设备外表面过热或过冷，一方面造成不应有的能量损失，另一方面可产生热灼伤和冷灼伤，必须采取必要的隔热防冷措施。

e. 有完善的防火、防爆措施。在易燃、易爆场所的设备要有防止摩擦、撞击产生火花的措施，要有消除电火花的措施，要有消除静电积累的措施。

f. 对于具有明火的设备，要有防止可燃气体偶然排出的措施，要有可靠的点火装置和火焰稳定装置，要有燃烧安全防护装置，如截止阀、安全阀、防爆膜、自动报警和回火防止器。燃料供给时，要有清杂装置，以防止形成爆炸性混合物，防止设备带进中强腐蚀剂，损坏设备本体等。

g. 有正压设备无规则压力泄放设施。带压设备的超压报警、泄压阀、放空管及放空管后边带的捕集器等均为控制压力无规则泄放的安全措施。

h. 负压设备的意外事故防范措施。负压设备的负压稳定装置和安全破真空装置都是为防意外事故设置的。

i. 设置可靠的设备和装置的控制系统。设备和装置的控制系统应能在异常情况下控制设备和装置不发生危险，必要时控制装置要能自动切换到备用电源和备用设备或装置中。

j. 装设完善的设备调节装置。

k. 调节装置要有联锁，以防止误操作和自动调节装置的误通、误断。

l. 设置可靠的紧急事故开关。下列情况需设置紧急事故开关。

一是发生事故时，不能通过停车开关来终止危险的运行。

二是不能通过总开关来迅速中断若干个造成危险的运行单元。

三是由于中断某个单元能出现其他危险。

四是控制台不能看到所控制的全部装置和设备，无法分析判断和实施有效控制。紧急事故控制要有防次生灾害的措施，如防窜压、防逆转等措施。紧急事故开关应该用红色，并能明显区别其他开关。

m. 设备有防噪声、防粉尘飞扬、防毒物溢出、防辐射、防振动等措施。

n. 设备本体上配置自动的事故应急装置。如热媒炉自带的蒸汽灭火装置，设备上自带的自动异常反应的控制装置，均属设备上的事故应急装置。

③ 其他安全保证条件

a. 设置必要的符合标准的色标、警示标志牌等。

b. 严格用规程约束人的行为安全。

c. 人的行为安全是设备安全运行的重要条件。因此，必须将指导和约束人的行为的设备安全操作规程、设备安全检修规程和设备开停车规程等严格认真地落到实处。

### 29.2.3 涉及特种设备安全管理

化工企业的特种设备安全生产是一个系统又复杂的过程，不仅包括起重设备与承压设备的安全管理，在管理中还包括设计、制造、使用以及日常修理维护等多个方面的内容。也就是说，化工生产中的特种设备安全管理是一项巨大的工程，而且安全管理贯穿于化工生产的各个环节与各个阶段。化工企业整体生产的安全性具有紧密的联系，也就是说无论哪个生产环节出现质量问题或者安全事故，都直接影响着企业整体效益与人身安全。特种设备安全工程是安全管理的一个重要组成部分，而化工企业中的承压设备具有事故发生率较高以及破坏性大等特点，因其具有较大的危险性，还具有潜在风险性，极容易导致各类安全事故的发生，对人们生命财产安全造成一定威胁。

此外，化工企业生产行业与其他企业生产不同，由于其生产环境的特殊性，导致其设备数量、种类与工种等多方面内容都与其他行业不同。比如合成氨，作为一种危险性极高的化学用品，对其生产过程中存在的危险因素需要分析辨识，这是保证人们生命财产安全的重要措施，在很大程度上直接影响着社会经济发展与地区稳定。如果合成氨存在的危险因素不能有效分析与辨别，就很容易引起各类安全事故，这就充分说明了在生产过程中大部分生产原料、产品以及附属产品都具有腐蚀性、有毒有害以及易燃易爆等特点，化工生产与其他生产最大的不同就是具有极高的危险性与破坏性。因此，加强特种设备的安全性具有十分重要的意义。

#### 29.2.3.1 化工生产特种设备安全管理措施

(1) 加强企业操作人员的安全生产技能，提高其安全意识

化工企业生产一般都在高温高压环境下进行，还需要大量的介质以及其他化学物质，通常来说这些化学物质都具有易燃易爆、有毒等特点，这就充分说明了化工企业生产过程具有巨大的危险性，即使不发生任何安全事故，单是这些介质与化学物质在一定程度上也会对人体健康造成不同程度的影响。在实际操作中，经常由于工作人员疏忽或者人为操作失误导致中毒事件。我们都知道化工原料具有一定的毒性与冷冻作用，对人们日常生活以及社会生产等多个方面带来便利的同时，也极大威胁着人们人身安全，并使得事故具有多发性与潜在性，这些风险因素都是客观存在的，并不以我们的意识为转移，所以，还需要我们着重注意。

尤其是承压设备工作条件比较恶劣，生产工艺极其复杂，这些都对作业人员的专业技能与综合素养提出更严格要求。所以，必须加强企业操作人员的安全生产技能，提高其安全意识。首先要求相关工作人员在生产过程中具有强烈的

社会责任感与事故分析能力、处理突发事件的能力，并严格依照生产操作要求进行作业。一旦在生产过程中发生安全事故或者其他异常现象，可以做到临危不惧，仔细冷静分析与处理。此外，还需要对相关人员进行定期培训，不断提高其安全生产能力与操作技能，使他们熟悉掌握与了解化工设备生产的各项要求与生产特点，做好安全教育工作。

(2) 加强设备的安全性与可靠性

化工生产的各个环节与各个阶段都具有紧密的联系，具有较强的连续性，如果在生产中的任何一道工序出现问题或者出现其他故障都会对企业的生产质量以及人身安全造成巨大影响。如果设备出现故障就会影响生产的持续性，从而降低企业的经济效益与社会效益。也就是说，设备的安全性对于企业生产的经济效益具有很大的影响，所以，必须要加强设备运行的稳定性与安全性。设备管理往往不会引起工作人员的重视，从而引发各种设备故障，对企业经济效益造成巨大影响。根据我国化工企业生产实践数据表明，由于机械设备故障发生火灾或者爆炸事故的概率要远远大于其他因素，这也充分说明了企业与工作人员并没有意识到设备管理的重要性。为了提升化工生产特种设备管理水平，首先需要对生产工艺的全过程进行严格管理与监督，防止出现违法违规操作问题。同时，还需要加强设备的日常维修与养护工作，对设备潜在的问题及时采取措施消除，定期对设备进行全面检查与修补，保证设备可以正常运行。最后，对于运行中的设备我们可以建立实时监督与监测系统，随时跟踪监测。

**29.2.3.2　化工企业特种设备安全管理细则**

① 在企业所使用的特种设备应符合安全技术规范要求，应具有设计文件、产品质量合格证明、安装及使用维修说明、监督检验证明等文件。

② 企业内的特种设备由工程部主要负责管理，各使用部门协助管理，工程部与采购部负责向区特种设备安全监督管理部门登记。登记标志应当置于或者附着于该特种设备的显著位置。

③ 企业需要委托安装、改造或者维修特种设备的，应当委托已依法取得相应许可的单位进行。企业特种设备因故停用半年以上，应当向区特种设备安全监督管理部门重新办理登记手续启用，已停用一年以上的特种设备，应向区特种设备检验检测机构申报检验。

④ 特种设备使用部门应建立特种设备安全技术档案。安全技术档案应当包括以下内容：

a. 特种设备的设计文件、制造单位、产品质量合格证明、使用维护说明等文件以及安装技术文件和资料。

b. 特种设备的定期检验和定期自行检查的记录。

c. 特种设备的日常使用状况记录。

d. 特种设备及其安全附件、安全保护装置、测量调控装置及有关附属仪器仪表的日常维护保养记录。

e. 特种设备运行故障和事故记录。

⑤ 特种设备使用部门委托具有保养资质单位对在用特种设备进行经常性日常维护保养，并定期自行检查，企业特种设备应当至少每月进行一次自行检查，并做出记录。企业特种设备使用部门对在用特种设备进行自行检查和日常维护保养时发现异常情况的，应当及时处理。企业特种设备使用部门应当对在用特种设备的安全附件、安全保护装置、测量调控装置及有关附属仪器仪表进行定期校验、检修，并做出记录。

⑥ 特种设备使用部门应当按照安全技术规范的定期检验要求，在安全检验合格有效期满前1个月向特殊设备检验检测机构提出定期检验要求，未经定期检验或者检验不合格的特种设备，不得继续使用。

⑦ 特种设备出现故障或者发生异常情况，应当对其进行全面检查，消除事故隐患后，方可重新投入使用。

⑧ 企业特种设备存在严重事故隐患，无改造、维修价值，或者超过安全技术规范使用年限，应当及时予以报废，并向区特种设备安全监督管理部门办理注销手续。

⑨ 特种设备使用部门应当建立特种设备的事故应急措施和救援预案。

⑩ 电梯的日常维护保养必须由依法取得许可的安装、改造、维修单位或者电梯制造单位进行。电梯应当至少每15日进行一次清洁、润滑、调整和检查。

⑪ 电梯的日常维护保养单位应当在维护保养中严格执行国家安全技术规范的要求，保证维护保养电梯的安全检查技术性能，并负责落实现场安全防护措施，保证施工安全。

⑫ 企业锅炉、压力容器、电梯的作业人员及其相关管理人员，应按照国家规定经区以上特种设备安全监督管理部门考核合格，取得相应的特种设备作业人员证书后，方可上岗作业或者从事相应的管理工作，特种设备作业人员证书应当按照国家规定办理年审。

⑬ 特种设备作业人员应进行特种设备安全教育和培训，保证特种设备作业人员具备必要的特种设备安全作业知识，特种设备作业人员在作业中应严格执行特种设备的操作规程和有关的安全规章制度。

⑭ 特种设备作业人员在作业过程中发现事故隐患或者其他不安全因素，应当立即向现场安全管理人员和单位有关负责人报告。

## 29.2.4　电气危害及防范

在化工企业中，从动力到照明、从电热到制冷、从控制到信号、从仪表到计算机，都要用到电能。然而由于设计、安装、使用、管理不当，电气设施也会成为化工企业引发火灾、爆炸事故的根源之一。

**29.2.4.1　火灾和爆炸危险环境里的电气安全控制措施**

(1) 爆炸危险环境及其区域划分

爆炸危险环境是指生产、使用、储存易燃易爆物质，并能形成爆炸性混合物，具有爆炸危险的环境。

根据爆炸性混合物出现的频繁程度和持续时间，对爆炸危险环境区域等级进行划分，见表29.1。

**表29.1　爆炸危险环境区域等级**

| 区域类型 | 区域等级 | 环境特征 |
|---|---|---|
| 爆炸性气体环境危险区域 | 0区 | 连续出现或长期出现爆炸性气体混合物的环境 |
| | 1区 | 在正常运行时可能出现爆炸性气体混合物的环境 |
| | 2区 | 在正常运行时，不太可能出现爆炸性气体混合物的环境，或即使出现也仅是短时间存在 |
| 爆炸粉尘环境危险区域 | 20区 | 空气中的可燃性粉尘云持续、长期或频繁地出现于爆炸性环境中的区域 |
| | 21区 | 在正常运行时，空气中的可燃性粉尘云很可能偶尔出现于爆炸性环境中的区域 |
| | 22区 | 在正常运行时，空气中的可燃性粉尘云一般不可能出现于爆炸性粉尘环境中的区域，即使出现，持续时间也是短暂的 |

（2）爆炸性气体环境电力设计应符合下列要求

① 将正常运行时发生火花的电气设备布置在爆炸危险性较小或没有爆炸危险性的环境内；

② 在满足工艺生产及安全的前提下，应从经济的角度考虑，尽量减少防爆电气设备数量；

③ 设置的防爆电气设备必须是符合现行国家标准的产品；

④ 不宜采用携带式电气设备。

（3）爆炸性气体环境电气设备的选择应符合下列要求

根据爆炸危险区域的分区、爆炸性气体混合物的级别和组别不同，选择相应类型的电气设备。当存在两种以上易燃易爆物质形成的爆炸性混合物时，应按危险程度较高的级别和组别选用防爆电气设备。

（4）爆炸性气体环境电气线路的设计和安装要求

① 电气线路应在爆炸危险性较小的环境或离释放源较远的地方敷设。当易燃物质比空气密度大时，电气线路应在较高处敷设或直接埋地。架空敷设时，应采用阻燃电缆和电缆桥架；电缆沟敷设时，沟内应充砂，并宜设排水设施。当易燃物质比空气密度小时，电气线路宜在较低处敷设或采用电缆沟敷设。电气线路宜在有爆炸危险性的建（构）筑物的墙外敷设。

② 敷设电气线路的电缆或钢管，对于其所穿过不同区域之间的墙或楼板处的孔洞，应采用非燃性材料严密堵塞。

③ 当电气线路沿输送可燃气体或液体的管道栈桥敷设时，应沿危险性较低的管道一侧敷设。如爆炸性气体比空气密度大时，应在管道的上方敷设。

④ 在1区内单相网络中的相线及中性线均装设短路保护，并采用双极开关同时切断相线及中性线。

⑤ 在1区内应采用铜芯电缆，在2区内宜采用铜芯电缆。当采用铝芯电缆时，与电气设备的连接，应有可靠的铜铝过渡接头等措施。

⑥ 对3～10kV的电缆线路，宜装设零序电流保护。在1区内，保护装置宜作用于跳闸；在2区内，宜作用于信号。

（5）变配电所和控制室的设计、布置应符合下列要求

① 变配电所（含控制室，下同）应布置在爆炸危险区域范围以外，当为正压室时，可布置在1区、2区内。

② 对于易燃物质比空气密度大的爆炸危险性环境，位于1区、2区附近的变配电所的室内地面应高出室外地面0.6m。

（6）爆炸性气体环境的接地设计应符合下列要求

①在不良导电地面处，交流额定电压380V或以下和直流额定电压440V或以下的电气设备正常情况下不带电的金属外壳、处于干燥环境里的交流额定电压127V及以下和直流电压110V及以下的电气设备正常情况下不带电的金属外壳、安装在已接地的金属结构上的电气设备仍应进行接地。

② 1区内的所有电气设备以及2区内除照明灯具以外的其他电气设备，应采用专门的接地线，进行可靠接地。

③ 接地干线应在爆炸危险性区域的不同方向（不少于2处）与接地体连接。

④ 电气设备的接地装置与防止直击雷的独立避雷针的接地装置应分开设置，与装设在建筑物上防止直击雷的避雷针的接地装置可合并设置，与防感应雷的接地装置也可合关设置，但接地电阻应取其各自规定最小值中的较小值。

#### 29.2.4.2 爆炸性粉尘环境的电气装置

（1）爆炸性粉尘环境的电力设计应符合下列要求

① 宜将电气设备和线路，特别是正常运行时能发生火花的电气设备，布置在爆炸性粉尘环境以外，当需设在爆炸性粉尘环境内时，应布置在危险性较小的地点。

② 电气设备最高允许表面温度应按要求进行控制。

③ 采用非防爆型电气设备进行隔墙机械传动时，安装电气设备的房间应采用非燃烧体的实体墙与爆炸性粉尘环境隔开；安装电气设备的房间必须与爆炸性粉尘环境相通时，应对爆炸性粉尘环境保持相对的正压。

④ 有可能过负荷的设备，应装设可靠的过负荷保护装置。

（2）防爆电气设备的选型

除可燃性非导电粉尘和可燃纤维的21区环境采用防尘结构的粉尘防爆电气设备外，爆炸性粉尘环境20区及其他爆炸性粉尘环境21区均采用尘密结构的粉尘防爆电气设备，并按照粉尘的不同引燃温度选择不同组别的电气设备。

（3）爆炸性粉尘环境的电气线路设计和安装

除电气线路的敷设、绝缘导线和电缆的导体允许载流量及低压电力、照明线路用的绝缘导线和电缆的额定电压，与爆炸性气体环境的要求相同外，还应符合下列要求：

① 20区内高压配电线应采用铜芯电缆，11区内高压配电线除用电设备和线路有剧烈振动者外，可采用铝芯电缆；

② 20区内全部和11区内有剧烈振动且电压为1000V以下用电设备的线路，均应采用铜芯绝缘电线或电缆；

③ 电压为1000V以下的导线和电缆，应按短路电流进行热稳定校验；

④ 严禁采用绝缘导线或塑料管明设；

⑤ 爆炸性粉尘环境内电气设备的金属外壳应可靠接地。

#### 29.2.4.3 火灾危险环境的电气装置

（1）火灾危险环境

火灾危险环境是指存在火灾危险物质以致有火灾危险的区域。

对于生产、加工、处理、运转或储存过程中出现或可能出现下列火灾危险物质之一时，应进行火灾危险环境的电力设计：

① 闪点高于环境温度的可燃液体；在物料操作温度高于可燃液体闪点的情况下，有可能泄漏但不能形成爆炸性气体混合物的可燃液体。

② 不可能形成爆炸性粉尘混合物的悬浮状、堆积状可燃粉尘及可燃纤维以及其他固体可燃物质。在火灾危险环境中可以引起火灾危险的可燃物质有下列4种：

可燃液体，如柴油。

可燃粉尘，如铝粉、焦炭粉。

可燃纤维，如棉花纤维、毛纤维。

固体状可燃物质，如煤、焦炭、木材。

（2）火灾危险环境的电气装置

在火灾危险环境内，电气设备和线路应符合周围环境内化学、机械、热、霉菌及风沙等条件对电气设备的要求；正常运行时产生火花或外壳表面温度较高的电气设备应远离可燃物质；不宜使用电热器，当生产要求必须使用电热器时，应将其安装在非燃烧材料底板上。

在火灾危险环境内，应根据区域等级和使用条件，选择相应类型的电气设备。

在易沉积可燃粉尘或可燃纤维的露天环境，设置变压器或配电装置时，应采用密闭型的，其外廓距火灾危险环境建筑物的外墙在10m以内时，应符合下列要求：

① 火灾危险环境靠变压器或配电装置一侧的墙应为非燃烧实体墙；

② 在变压器或配电装置高度加3m的水平线以上，变压器或配电装置外廓两侧各加3m的纵向线以外的墙上，可安装非燃烧体的装有铁丝玻璃的固定窗。

火灾危险环境的电气线路设计和安装应符合下列要求：

① 可采用非铠装电缆或钢管配线明敷设。在21区或23区内，可采用硬塑料管配线。在23区内，当远离可燃物质时，可采用绝缘导线在针式或鼓形瓷绝缘子上敷设。沿未抹灰的木质吊顶和木质墙壁敷设时，木质吊顶内电气线路应穿钢管明设。

② 电气、照明线路的绝缘导线和电缆的额定电压不应低于线路的额定电压，且不低于500V。

③ 采用铝芯绝缘导线和电缆时，应有可靠的连接和封端。

④ 在21区或22区内，电动起重机不应采用滑触线供电；在23区内，电动起重机可采用滑触线供电，但在滑触线下方不应堆置可燃物质。

⑤ 移动式和携带式电气设备的线路，应采用移动电缆或橡套软线。

⑥ 当采用裸铝、裸铜母线时，其不需拆卸检修的母线连接处应采用熔焊或钎焊；母线与电气设备的螺栓连接应可靠并防止自动脱落；在21区和23区内，母线宜装设保护罩。

⑦ 10kV及以下架空线路严禁跨越火灾危险区域。

火灾危险环境的接地设计应符合下列要求：

① 电气设备的金属外壳应可靠接地；

② 接地干线应有不少于两处与接地体连接。

(3) 电气线路

化工厂的电气线路由于线路长，分支多，易于接触可燃物质，一般故障难于发现，因此，容易因短路、漏电、过负荷造成高温、电火花和电弧等引发火灾、爆炸事故，且蔓延迅速，难以控制。其安全控制措施如下：

① 漏电。在设计和安装电气线路时，导线绝缘强度不应低于线路额定电压，支持导线的绝缘子也要根据电源电压进行选择；在特别潮湿或有酸碱腐蚀性气体场所，严禁绝缘导线明敷，应采用聚氯乙烯套管布线；在安装线路时，导线接头处包扎牢固，同时要防止刀钳等物划伤导线绝缘层；有腐蚀性气体的场所，可采用铅皮线、管子线（钢管涂耐酸漆）、硬塑料管线、塑料线或裸导线；高温场所，采用石棉、瓷珠、瓷管、云母等作为绝缘的耐燃线；经常移动的电气设备，应采用软线管软电缆；平时要加强检查维护，发现导线绝缘破损要及时维修或更换。

② 短路。由专业电工布线，不能私拉乱接；在线路运行过程中，经常进行外观绝缘检查，并定期检测绝缘强度；导线与导线之间，导线与墙壁、顶棚、金属建筑构件之间，以及固定导线用的绝缘子之间，应有合乎规程要求的安全间距；架空裸线附近的树木应定期修剪；在线路上按规定安装断路器或熔断器，以便在发生短路时，能及时可靠地切断电源。

③ 过负荷。导线截面应满足负荷要求；定期检测线路的实际负荷情况，超负荷时应及时采取措施；安装合适的断路器或熔断器，特别是不能用钢丝、铜丝等代替熔丝。

④ 电火花和电弧。裸导线间或导体与接地间应保持有足够的距离；应保持导线连接处的紧密和牢固；应保持导线支持物的良好完整，导线的敷设不宜过松；经常检查导线的绝缘电阻，保证其满足要求；熔断器或开关宜安装在非燃烧材料的基座上，并用非燃烧材料的箱盒保护；带电安装和修理电气设备，应有完善的安全措施；在有可燃粉尘、纤维的场所，应采用有密封衬垫的铁皮配电箱，在有爆炸危险的场所应采用防爆配电盘。

## 29.2.5　防火防爆

### 29.2.5.1　化工生产的火灾爆炸危险性分析

化工生产的火灾爆炸危险性分析可以从生产过程中物料的火灾爆炸危险性、生产装置及工艺过程中的火灾爆炸危险性两个方面进行。具体地说，就是生产中使用的原料、中间产品、辅助原料（如催化剂等）及成品的物理化学性质、火灾爆炸危险程度，生产过程中使用的设备密封种类以及安全操作的可靠程度等。

(1) 物料的火灾爆炸危险性

化工生产中，所使用的物料绝大部分都具有火灾爆炸危险性，从防火防爆的角度划分，这些物质可分为七大类：

① 爆炸性物质，如硝化甘油；

② 氧化剂，如过氧化钠、亚硝酸钾等；

③ 可燃气体，如瓦斯气、苯蒸气等；

④ 自燃性物质，如黄磷等；

⑤ 遇水燃烧物质，如硫的金属化合物等；

⑥ 易燃与可燃液体，如汽油、丁二烯等；

⑦ 易燃与可燃固体，如硝基化合物等。

(2) 生产装置及工艺过程中的火灾爆炸危险性

① 装置中储存的物料越多，发生火灾时，灭火就越困难，损失也就越大；

② 装置的自动化程度越高，安全设施越完善，防止事故的可能性就越高；

③ 工艺过程越复杂，生产中物料发生的物理化学变化就越多，危险性也就相应增加；

④ 工艺条件苛刻，高温、高压或低温会增加危险性；

⑤ 操作人员技术不熟练，不遵守工艺规程，或事故应急处理技能差，都会引发事故，并使事故扩大；

⑥ 装置设计不符合规范，布局不合理，易发生事故，并使事故扩大。

### 29.2.5.2　防火防爆的技术措施

(1) 防火防爆技术措施的要点

防火防爆技术措施，就是根据科学原理和实践经验，对火灾爆炸危险所采取的预防、控制和消除措施。根据物质燃烧爆炸原理，防止发生火灾爆炸事故的要点为：

① 控制可燃物和助燃物浓度、温度、压力及混触条件，避免物料处于燃爆的危险状态；

② 消除一切足以导致起火爆炸的点火源；

③ 采取各种阻隔手段，阻止火灾爆炸事故灾害的扩大。

从理论上讲，不使物质处于燃爆的危险状态和消除各种点火源，这两项措施只要控制其一，就可以防止火灾爆炸事故的发生。但在实践中，由于受到生产、储存条件的限制，或者受某些不可控制的因素影响，仅采取一种措施是不够的，往往需要同时采取上述两种措施，以提高安全度。此外，还应考虑某种辅助措施，以便万一发生火灾爆炸事故时，减少危害，把损失降到最低限度。

(2) 控制可燃物的措施

控制可燃物，就是使可燃物达不到燃爆所需要的数量、浓度，或者使可燃物难燃化或用不燃材料取而代之，从而消除发生燃爆的物质基础。这主要通过下面所列举的措施来实现：

① 利用爆炸极限、相对密度等特性控制气态可燃物。当容器或设备中装有可燃气体或蒸气时，根据生产工艺要求，可增加可燃气体浓度或用可燃气体置换容器或设备中的原有空气，使其中的可燃气体浓度高于爆炸上限。

散发可燃气体或蒸气的车间或仓房，应加强通风换气，防止形成爆炸性气体混合物。其通风排气口应根据气体的相对密度设在房间的上部或下部。

对有泄漏可燃气体或蒸气危险的场所，应在泄漏点周围设立禁火警戒区，同时用机械排风或喷雾水枪驱散可燃气体或蒸气。若要撤销禁火警戒区，则需用可燃气体测爆仪检测该场所可燃气体浓度是否处于爆炸浓度极限之外。

盛装可燃液体的容器需要焊接、动火检修时，一般需排空液体、清洗容器，并用可燃气体测爆仪检测容器中可燃蒸气浓度是否达到爆炸下限，在确认无爆炸危险时才能进行检修。

② 利用闪点、自燃点等特性控制液态可燃物。根据需要和可能，用不燃液体或闪点较高的液体代替闪点较低的液体。例如：用三氯乙烯、四氯化碳等不燃液体代替乙醇、汽油等易燃液体作溶剂；用不燃化学混合剂代替汽油、煤油作金属零部件的脱脂剂等。

利用不燃液体稀释可燃液体，会使混合液体的闪点、自燃点提高，从而减小火灾危险性。如用水稀释乙醇，便会起到这一作用。

对于在正常条件下有聚合放热自燃危险的液体（如异戊二烯、苯乙烯、氯乙烯、丙烯腈等），在储存过程中，应加入阻聚剂（如对苯二酚、苯醌等），以防止该物质暴聚而导致火灾爆炸事故。

③ 利用燃点、自燃点等数据控制一般的固态可燃物。选用砖石等不燃材料代替木材等可燃材料作为建筑材料，可以提高建筑物的耐火极限。例如，截面为20cm×20cm的砖柱和钢筋混凝土柱，其耐火极限为2h，而截面为20cm×20cm的实心木柱（外有2cm厚的抹灰粉刷层），其耐火极限只有1h。

选用燃点或自燃点较高的可燃材料或难燃材料代替易燃材料或可燃材料。例如，用醋酸纤维素代替硝酸纤维素制造胶片，燃点由180℃提高到475℃，可以避免硝酸纤维素胶片在长期储存或使用过程中的自燃危险。

用防火涂料或阻燃剂浸涂木材、纸张、织物、塑料、纤维板、金属构件等可燃材料或不燃材料，可以提高这些材料的耐燃性和耐火极限。

④ 利用负压操作对易燃物料进行安全干燥、蒸馏、过滤或输送。因为负压操作能够降低液体物料的沸点和烘干温度，缩小可燃物料的爆炸极限，所以通常应用于下列场合：

a. 真空干燥和蒸馏在高温下易分解、聚合、结晶的硝基化合物、苯乙烯等物料，可减小火灾爆炸危险性；

b. 减压蒸馏原油，分离汽油、煤油、柴油等，可防止高温引起油料自燃；

c. 真空过滤有爆炸危险的物料，可免除爆炸危险；

d. 负压输送干燥、松散、流动性好的粉状可燃物料，有利于安全生产。

负压操作除了要求设备密闭并设置可靠的控压仪表和安装止逆阀外，必须保持一定的安全压力（即真空度）。只有在安全压力下，所处理的易燃物料才能免除燃爆危险。某些可燃液体物料的安全压力，可通过下式求出：

$$A=L/K \tag{29.1}$$

式中，$A$为安全压力，mmHg（1mmHg=133.322Pa）；$K$为1mmHg压力下可燃物的浓度，g/m$^3$；$L$为可燃物料的爆炸下限，g/m$^3$。$L$、$K$值由有关表查得。

(3) 控制助燃物的措施

控制助燃物，就是使可燃性气体、液体、固体、粉体物料不与空气、氧气或其他氧化剂接触，或者将它们隔离开来，即使有点火源作用，也因为没有助燃物而不致发生燃烧、爆炸。

① 密闭设备系统。把可燃性气体、液体或粉体物料放在密闭设备或容器中储存或操作，可以避免它们与外界空气接触而形成燃爆体系。为了保证设备系统的密闭性，要求做到下列各点：

a. 对有燃烧爆炸危险物料的设备和管道，尽量采用焊接，减少法兰连接。如必须采用法兰连接，应根据操作压力的大小，分别采用平面、榫槽面和凸凹面等不同形状的法兰，同时，衬垫要严实，螺栓要拧紧。

b. 所采用的密封垫圈，必须符合工艺温度、压力和介质的要求。一般工艺可用石棉橡胶垫圈，有高温、高压或强腐蚀性介质的工艺，宜采用聚四氟乙烯塑料垫圈。近几年来，有些机泵改成端面机械密封，防腐密封效果较好。如果采用填料函密封仍达不到要求，有的可加水封或油封。

c. 输送燃爆危险性大的气体、液体管道，最好用无缝钢管。盛装腐蚀性物料的容器尽可能不设开关和阀门，可将物料从顶部抽吸排出。

d. 接触高锰酸钾、氯酸钾、硝酸钾、漂白粉等粉状氧化剂的生产传动装置，要严加密封，经常清洗，定期更换润滑油，以防止粉尘漏进变速箱中与润滑油混合而引起火灾。

e. 对加压和减压设备，在投入生产前和做定期检修时，应做气密性试验和耐压强度试验。在设备运行中，可用皂液、pH试纸或其他专门方法检验气密性状况。

② 惰性气体保护。惰性气体是指那些化学活泼性差、没有燃爆危险的气体，如氮气、二氧化碳、水蒸气、烟道气等，其中使用最多的是氮气。它们的作用是：隔绝空气，冲淡氧含量，缩小甚至消除可燃物与助燃物形成的燃爆浓度。

惰性气体保护，主要应用于以下几个方面：

a. 覆盖保护易燃固体的粉碎、研磨、筛分和混合及粉状物料的输送；

b. 压送易燃液体和高温物料；

c. 充装保护有爆炸危险的设备和储罐；

d. 保护可燃气体混合物的处理过程；

e. 封锁可燃气体发生器的料口及废气排放系统的尾部；

f. 吹扫置换设备系统内的易燃物料或空气；

g. 充氮保护非防爆型电器和仪表；

h. 稀释泄漏的易燃物料，扑救火灾。

惰性气体的需用量，可根据危险物料系统燃烧必需的最低含氧量计算。

(4) 隔绝空气储存

遇空气或受潮、受热极易自燃的物品，可以隔绝空气进行安全储存。例如：金属钠存于煤油中，黄磷存于水中，活性镍存于乙醇中，烷基铝存于氮气中，二硫化碳存于水中等。

(5) 隔离储运与酸、碱、氧化剂等助燃物混触能够燃爆的可燃物和还原剂

对氧化剂和有机过氧化物的生产、储存、运输和使用，应严格按照国务院第645号令《危险化学品安全管理条例》的有关规定执行。

#### 29.2.5.3　控制点火源的措施

在多数场合，可燃物和助燃物的存在是不可避免的，因此，消除或控制点火源就成为防火防爆的关键。但是，在生产加工过程中，点火源常常是一种必要的热能源，故应科学地对待点火源，既要安全地利用有益于生产的点火源，又要设法消除能够引起火灾爆炸的点火源。

在石油化工企业中能够引起火灾爆炸事故的点火源主要有：明火源、摩擦与撞击、高温物体、电气火花、光线照射、化学反应热、静电火花等。

(1) 消除和控制明火源

明火源是指敞开的火焰、火花、火星等，如吸烟用火、加热用火、检修用火、高架火炬，以及烟囱、机械排放火星等。这些明火源是引起火灾爆炸事故的常见原因，必须严加防范。

① 在有火灾爆炸危险的场所，应有醒目的“禁止烟火”标志，严禁动火吸烟。吸烟应到专设的吸烟室，不准乱扔烟头。进入危险区的蒸汽机车，应停止抽风、关闭灰箱，其烟囱上应装设火星熄灭器；驶入危险区的汽车、拖拉机、摩托

车等机动车辆，其排气管应戴防火帽。

② 生产用明火、加热炉宜集中布置在厂区的边缘，且应位于有易燃物料的设备全年最小频率风向的下风侧，并与露天布置的液化烃设备和甲类生产厂房保持不小于15m的防火间距。加热炉的钢支架应覆盖耐火极限不小于1.5h的耐火层。烧燃料气的加热炉应设长明灯和火焰监测器。

③ 使用气焊、电焊、喷灯进行安装和维修时，必须按危险等级办理动火批准手续，领取动火证，在采取完美的防护措施、确保安全无误后，方可动火作业。焊割工具必须完好。操作人员必须有合格证，作业时必须遵守安全技术规程。

④ 全厂性的高架火炬应布置在生产区全年最小频率风向的下风侧。可能携带可燃性液体的高架火炬与相邻居住区、工厂应保持不小于120m的防火间距，与厂区内装置、储罐、设施保持不小于90m的防火间距。装置内的火炬，其高度应使火焰的辐射热不致影响人身和设备的安全，顶部应有可靠的点火设施和防止下"火雨"的措施；严禁排入火炬的可燃气体携带可燃液体；距火炬筒30m范围内，禁止可燃气体放空。

(2) 防止撞击火星和控制摩擦热

当两个表面粗糙的坚硬物体互相猛烈撞击或剧烈摩擦时，有时会产生火花，这种火花可认为是撞击或摩擦下来的高温固体微粒。据测试，若火星的微粒是0.1mm和1mm的直径，则它们所带的热能分别为1.76mJ和176mJ，超过大多数可燃物质的最小点火能量，足以点燃可燃的"气体、蒸气和粉尘"，故应严加防范。

① 机械轴承缺油、润滑不均等会摩擦生热，具有引起附着可燃物着火的危险。要求对机械轴承等转动部位及时加油，保持良好润滑，并注意经常清扫附着的可燃污垢。

② 物料中的金属杂质以及金属零件、铁钉等落入反应器、粉碎机、提升机等设备内，由于铁器与机件的碰击，能产生火花而招致易燃物料着火或爆炸。要求在有关机器设备上装设磁力离析器，以捕捉和剔除金属硬质物；对研磨、粉碎特别危险物料的机器设备，宜采用惰性气体保护。

③ 金属机件摩碰，钢铁工具相互撞击或与混凝土地面撞击，均能产生火花，引起火灾爆炸事故。所以，对摩擦或撞击能产生火花的两部分，应采用不同的金属制造，如搅拌机和通风机的轴瓦或机翼采用有色金属制作；扳手等钢铁工具改成铍青铜或防爆合金材料制作等。在有爆炸危险的甲、乙类生产厂房内，禁止穿带钉子的鞋，地面应用摩碰撞击不产生火花的材料铺筑。

④ 在倾倒或抽取可燃液体时，由于铁制容器或工具与铁盖（口）相碰能迸发火星引起可燃蒸气燃爆。为防止此类事故的发生，应用铜锡合金或铝皮等不易发火的材料将容易摩碰的部位覆盖起来。搬运盛装易燃易爆化学物品的金属容器时，严禁抛掷、拖拉、摔滚，有的可加防护橡胶套垫。

⑤ 金属导管或容器突然开裂时，内部可燃的气体或溶液高速喷出，其中夹带的铁锈粒子与管（器）壁冲击摩擦变为高温粒子，也能引起火灾爆炸事故。因此，对有可燃物料的金属设备系统内壁表面应做防锈处理，定期进行耐压试验，经常检查其完好状况，发现缺陷，及时处置。

(3) 防止和控制高温物体作用

高温物体，一般是指在一定环境中能够向可燃物传递热能并能导致可燃物着火的具有较高温度的物体。在化工生产中常见的高温物体有：加热装置（加热炉、裂解炉、蒸馏塔等）、蒸汽管道、高温反应器、输送高温物料的管线和机泵以及电气设备和采暖设备等。

这些高温物体温度高、散发热量多，能引起与其接触的可燃物着火。预防措施如下：

① 禁止可燃物料与高温设备、管道表面接触。在高温设备、管道上不准搭晾可燃衣物。可燃物料排放口应远离高温物体表面。沉落在高温物体表面上的可燃粉尘、纤维要及时清除。

② 工艺装置中的高温设备和管道要有隔热保护层。隔热材料应为不燃材料，并应定期检查其完好状况，发现隔热材料被泄漏介质侵蚀破损，应及时更换。

③ 在散发可燃粉尘、纤维的厂房内，集中采暖的热媒温度不应过高。一般要求热水采暖不应超过130℃，蒸汽采暖不应超过110℃。采暖设备表面应光滑不沾灰尘。在有二硫化碳等低温自燃物的厂（库）房内，采暖的热媒温度不应超过90℃。

④ 加热温度超过物料自燃点的工艺过程，要严防物料外泄或空气渗入设备系统。如需压送高温可燃物料，不得用压缩空气，应当用氮气。

(4) 防止电火花

电火花是一种电能转变成热能的常见点火源。电气火花大体上有：电气线路和电气设备在开关断开、接触不良、短路、漏电时产生火花，静电放电火花，雷电放电火花等。电气火花引起火灾爆炸事故的原因及其防范措施见本篇有关内容。

(5) 防止日光照射和聚光作用

直射的日光通过凸透镜、圆烧瓶或含有气泡的玻璃时，会被聚集的光束形成高温而引起可燃物着火。某些化学物质，如氯与氢、氯与乙烯或乙炔混合在光线照射下能爆炸。乙醚在阳光下长期存放，能生成有爆炸危险的过氧化物。硝化棉及其制品在日光下暴晒，自燃点低，会自行着火。在烈日下储存低沸点易燃液体的铁桶，能爆裂起火。压缩和液化气体的储罐和钢瓶在烈日暴晒下，会使内部压力激增而引起爆炸及次生火灾。因此，应采取如下措施加以防范，保证安全。

① 不准用椭圆形玻璃瓶盛装易燃液体，用玻璃瓶储存时，不准露天放置；

② 乙醚必须存放在金属桶内或暗色的玻璃瓶中，并在每年4～9月限以冷藏运输；

③ 受热易蒸发分解气体的易燃易爆物质不得露天存放，应存放在有遮挡阳光的专门库房内；

④ 储存液化气体和低沸点易燃液体的固定储罐表面，无绝热措施时应涂以银灰色，并设冷却喷淋设备，以便夏季防暑降温；

⑤ 易燃易爆化学物品仓库的门窗外部应设置遮阳板，其窗户玻璃宜采用毛玻璃或涂刷白漆；

⑥ 在用食盐电解法制取氯气和氢气时，应控制单槽、总管和液氯废气中的氢含量分别在2%、0.4%和3.5%以下；

⑦ 在用电石法制备乙炔时，如用次氯酸钠作清净剂，其有效氯含量不应超过0.1%。

(6) 静电火花的控制措施

① 对接触起电的物料，应尽量选用在带电序列中位置较邻近的，或对产生正负电荷的物料加以适当组合，最终达到起电最小。

② 在生产工艺的设计上，对有关物料应尽量做到接触面积和压力较小，接触次数较少，运动和分离速度较慢。

③ 在静电危险场所，所有属于静电导体的物体必须接地。

④ 对金属物体应采用金属导体与大地做导通性连接，对金属以外的静电导体及亚导体则应做间接接地。

#### 29.2.5.4　控制工艺参数的措施

控制工艺参数，就是控制反应温度、压力，控制投料的速度、配比、顺序以及原材料的纯度和副反应等。因为工艺参数失控常常是造成火灾爆炸事故的根源之一，所以严格控制工艺参数，使之处于安全限度之内是防火防爆的根本措施之一。

（1）控制温度

温度是化工生产的重要条件之一。加热升温，可以加速物料的化学反应，使石油裂解；降温深冷可以使气体液化、混合气体分离，从而提高产品收率，获得更佳的经济效果。但如果温度超高，反应物可能分解着火，造成压力升高，导致爆炸，也可能因温度过高产生副反应，生成新的危险物质。升温过快、过高或冷却设施故障，还可能引起剧烈反应，发生冲料或爆炸。温度过低有时会造成反应速率减慢或停滞，而且一旦温度恢复正常时，则往往因为未反应的物料过多而发生剧烈反应，引起爆炸。温度过低，还会使某些物料冻结，造成管路堵塞憋爆，致使易燃物料泄漏而发生火灾爆炸事故。因此，正确控制反应温度不仅是保证产品质量、降低能源消耗所必需的，也是防火防爆所必需的。

常见控温措施有以下几种：

① 移走反应热量。化学反应一般都有热效应，如氧化、氯化、聚合等反应都是放热反应，裂解、脱氢、脱水等都是吸热反应。为使反应在一定温度下进行，必须向反应系统加入或移去一定的热量，以防发生危险。

② 防止搅拌中断。搅拌可以加速热量的传导，使反应物料进行均匀的混合和反应，若在反应过程中中断搅拌，则会造成散热不良或局部反应剧烈而发生危险。例如，某厂用异戊二烯和丁二烯制取乙烯基降冰片，其反应是在温度120℃、压力2.1MPa下进行的比较缓慢的放热反应。一天，在进行设备检修、停止反应操作时，由于关闭进料阀后，在温度没有下降的情况下又关闭了进口阀并中断了搅拌，反应器内仍进行着局部放热反应和丁二烯自聚放热反应，致使温度、压力急剧上升而酿成火灾事故。在生产过程中，若由于停电、机械故障等原因造成搅拌中断，应立即停止加料，并采取有效的降温措施。必要时，可以将物料放入事故槽或放空。对因搅拌中断可能引起事故的化工装置，应采用双路供电电源、增设人工搅拌器的办法来保证搅拌不中断。

③ 正确选择传热介质。避免使用与反应物料性质相抵触的物质作传热介质。例如，环氧乙烷很容易与水发生剧烈的反应，因此，冷却或加热这类物料时，不能选用热水或水蒸气作传热介质。传热面结疤不仅影响传热效率，更危险的是因物料局部过热而引起分解导致事故。注意处理受热易分解爆炸的物质。

（2）控制压力

压力计种类很多，主要有液柱式、弹力式、电气式、活塞式。

① 压力计的选用。根据容器、管线的设计压力或最高工作压力正确选用压力计的精度级。低压设备的压力精度不得低于2.5级；中压设备不得低于1.5级；高压、超高压设备则不低于1级。为便于操作人员观察和减少视差，选用的压力计量程最好为最高工作压力的2倍，不得小于1.5倍，也不得大于3倍；表盘直径以大于100mm为宜。

② 压力计的安装。压力计应安装在照明充足、便于观察、没有振动、不受高温辐射和低温冰冻的地方。压力计与设备间的连接管线上应装三通旋塞或针形阀，以便切换或现场校检。

③ 压力计的使用。根据设备允许的最高工作压力，在压力表刻度盘上画以红线，作为警戒。并保持压力计洁净，表面玻璃清晰，定期进行清洗以防堵塞。

（3）控制投料

控制投料，一般包括以下几个方面：

① 控制投料速度和数量。在化工生产中，控制投料速度和数量不仅是保证产品质量的需要，也是确保安全防止事故的需要。对于有放热反应的生产过程，投料速度不能超过设备的传热能力，否则，物料温度将会急剧升高，引起物料的分解、突沸或冲料起火、爆炸。在一次投料的生产中，如果投料过量，则物料升温后体积膨胀，可能导致设备爆裂。投料速度过快，还可能造成尾气吸收不完全，引起可燃气体或毒气外逸而酿成火灾、中毒事故。此外，投料数量过少，也可能出现两种引起事故的情况：一是投料量少，使温度计接触不到液面而出现假象，导致误判断，造成事故；二是投料量过少，使物料的气相部分与加热面（如夹套、蛇管的加热面）接触而导致易于热分解的物料局部过热，引起分解爆炸事故。因此，必须按照工艺参数的要求，设置必要的投料计时器、流量计、液位计和联锁装置。操作人员要密切注视仪表显示值，做到精心平稳操作，发现异常应及时处置。

② 控制投料配比。投料配比不仅关系到产品质量，也关系到生产安全。对于连续化程度较高、火灾危险较大的生产，更要注意反应物料的配比关系。例如：环氧乙烷生产中乙烯和氧的混合反应，硝酸生产中氨和空气的氧化反应，以及丙烯腈生产中丙烯、氨、空气的氧化反应，其原料配比都接近爆炸极限，且反应温度又接近或超过物料的自燃点，一旦投料配比失调，就可能发生爆炸、火灾。尤其是在开停车过程中，各种物料的浓度都在发生变化，而且开车时催化剂活性较低，容易造成反应器出口氧浓度升高，引起危险。另外，催化剂对化学反应速率的影响很大。如果催化剂过量，有可能发生危险，导致事故。因此，为了保证生产安全，应严格控制投料配比，经常核对物料的组成比例，尽量减少开停车次数。对于接近爆炸下限或处于爆炸极限范围的生产，工艺条件允许时，可充氮保护或加水蒸气稀释。与此同时，在反应器上应装设灵活好用的控料阀、流量计及联锁装置。

③ 控制投料顺序。化工生产要求按一定顺序投料，是防止火灾、爆炸事故的一个重要方面。例如，氯化氢的合成应先投氢后投氯，三氯化磷的生产应先投磷后投氯，硫磷酯与一甲胺反应时应先投磷酸酯后滴加一甲胺等。否则，就有发生燃爆的危险。再如，生产农药除草醚时，2,4-二氯酚、对硝基氯苯和碱三种原料必须同时加入反应罐进行缩合反应。若忘记加入对硝基氯苯，其他两种原料反应会生成二氯酚钠盐，在240℃下即能分解爆炸；若忘记加入2,4-二氯酚，另两种原料反应会生成对硝基氯酚钠盐，在200℃下即能分解爆炸。

④ 控制原材料纯度和副反应。有许多化学反应，往往由于物料中危险杂质的增加，导致副反应、过反应的发生而造成火灾爆炸事故。例如：电石中含磷量过高，在制取乙炔时易发生燃爆事故；五硫化二磷中含游离磷量过高易自燃；氯气中含氢量过高、氢气中含氯量过高、氧气中含乙炔量过高，在生产或压缩过程中会发生爆炸。其原因主要是原材料纯度不合格，或因包装不符合要求而在储运中混入杂质等。因此，要求做到以下几点：

a. 严格执行原材料分析化验规程，除去有害杂质，保证纯度合格，并应在投料前将设备清洗干净。

b. 执行包装的标准化，加强储运管理，防止杂质混入。

c. 严格控制操作温度、压力和原料配比，防止过反应的发生，否则，会生成不稳定反应产物而引起事故。例如，苯、甲苯过硝化反应，易生成不稳定的二硝基苯和二硝基甲苯，在精馏时易发生爆炸。对这类反应，应保留一部分未反应物，以防产生过反应物。

d. 对有较大危险的副反应物，要避免超期超量储存。例如，液氯系统常有不稳定的三氯化氮存在，如用加热汽化法灌装液氯，其操作会使整个系统处于较高压力状态，容易使三氯化氮在汽化器内积累引起事故，采用泵输送方式则可避免这种情况的发生。

⑤ 控制溢料和漏料。溢出可燃物料，容易酿成火灾。造成溢料的原因很多，与物料的构成，反应温度，加料速度，以及消泡剂的质量、用量等有关。例如，加料量过大或加料速度过快，会使产生的气泡大量溢出，同时夹带走大量物料；加热速度太快，容易产生沸溢现象；物料黏度大，也易产生气泡而引起溢料。为此，应针对造成溢料原因做相应处置。例如，对黏度大而易产生气泡的物料，可通过提高温度、降低黏度等方法来减少泡沫，也可以通过喷入少量的消泡剂来降低其表面张力，或在设备结构方面采用能打散泡沫的打泡桨等。

可燃物料泄漏导致火灾爆炸的事例并不少见。造成漏料的原因也很多，有人为操作造成的，也有设备缺陷、故障原因造成的；有技术方面的原因，也有维护管理等方面的原因。预防漏料的关键是防止误操作，加强设备维修保养，严禁超量、超温、超压灌装，加强防火管理和安全教育。制止漏料的措施主要有：安装检测报警装置，做到早发现、早处置；发现泄漏物料即应采取通风、置换或吹扫、捕集等方法处理；及时采取堵漏、补漏等措施修复，避免外漏延续不上。

⑥ 重要的阀门应采取两级控制。对危险性大的装置，应设远距离遥控断路器，以备一旦装置发生异常时，立即与其他装置隔离。为了防止误操作，重要控制阀的管线应涂色，或挂标志、加锁。仪表配管也要用各种颜色加以区别。各管道的阀门要留一定的间距，并设法消除剧烈的震动和流体的脉动，以及不必要的气液相变。

### 29.2.6　过程危害

（1）化工过程定义

化工过程是研究化学工业和其他过程工业（process industry）生产中所进行的化学过程和物理过程共同规律的一门工程学科。这些工业从石油、煤、天然气、盐、石灰石、其他矿石和粮食、木材、水、空气等基本的原料出发，借助化学过程或物理过程，改变物质的组成、性质和状态，使之成为多种价值较高的产品。冶金、医药等所谓“过程工业”一般要经过一系列物理的或化学的加工处理步骤，这一系列步骤称为过程。过程需要由设备来完成。过程设备必须满足过程的要求。化工过程包括单元操作、化工热力学、化工系统工程、过程动态学及化学过程控制等方面。

（2）化工过程危害

化工企业在进行生产的过程中，将原料放入生产的设备当中，主要是采用化学方法进行产品的生产，然后通过物理方法按照生产工艺进行产品的加工，最终得出需要的化工产品。所谓的化学生产过程中的工艺危害就是指在进行生产的过程当中，由于正在进行化学反应的化学品泄漏，造成的生命财产的损害。对于一个工艺流程而言，工艺危害主要来自化学品本身的危害以及工艺流程本身的危害这两个方面。下面对这两个方面进行分析。

第一，化学品本身的危害。现如今，我国的化工生产企业采用的生产工艺具有原料种类多，生产工艺差别比较大，具有易燃易爆等特点。例如在生产的过程中需要利用氢气，这样将会具有极大的爆炸隐患。尤其是随着我国经济的不断发展，各种原材料的广泛使用，都将会为化工生产过程产生巨大的安全隐患。

第二，工艺流程本身的危害。化工企业在进行生产的过程中，由于生产工艺操作不够得当，也将会造成巨大的安全事故。在进行生产的过程中，进行操作的人员如果按照生产的要求进行操作，并不会发生事故，但是如果操作失误将会造成巨大的安全事故，造成生产工艺偏离预定的轨道。造成生产工艺偏离预定轨道的原因有很多，例如机械设备出现故障，电网出现突然的停电，或者是操作工出现失误，还有就是因为天气等因素，都会造成事故的发生。

## 29.3　化工建设项目安全

### 29.3.1　化工建设项目安全设计

化工事故多发主要是对危险、有害因素辨识不明，事故隐患得不到及时整改所致。为控制风险，项目设立之初首先应进行厂址比较，而审批后的建设项目应按照配套的安全设施进行工程设计。具体要求是通过总图运输设计或总体工程规划，做出布局方案，然后进行厂区总平面布置和安全设施配置，提出管理要求，确保各装置生产工艺及安全、卫生、环保的要求得以实现。作为高度危险性的化工生产项目，其初步设计过程中的安全设计尤为重要，因此有危险化学品建设项目安全设计专篇审查的规定。

由于化工建设项目在其定位、选址和布局规划中，会涉及很多复杂情况。不同的设计建设者对设计规范引用和标准要求的认识不尽一致。因此，开展这方面的研究和讨论，可以统一认识，进一步提高安全设计的针对性、合理性和可靠性。

（1）安全设计理念

化工厂在生产运行过程中可能遇到各式各样的危险情况。长期安全和稳定生产是建设项目布局策划的最终目标。根据安全系统工程分析，化工生产基本上可以分为潜在危险和直接危害两种类型。潜在危险是可能的初始触发事件，在正常条件下没有造成人身或财产的损害，只有引发事故才会引起伤损。潜在危险主要是：①易燃物质存在；②热源存在；③火源存在；④富氧条件存在；⑤压缩物质存在；⑥毒性物质存在；⑦人的失误可能性；⑧设备故障可能性；⑨人员、物流动态；⑩自然灾害因素等。

当潜在危险失去控制，就意味着出现了直接危害，直接危害是造成对人身或财产直接损害的严重危害。直接危害主要是：①火灾；②爆炸；③游离毒物释放；④跌伤；⑤倒塌；⑥碰撞等。当直接危害失去控制那就是事故扩大，或称为严重危害，继而造成灾难性事件。因此，化工厂安全设计要从控制工厂风险的整体着眼，贯彻“安全第一，预防为主，综合治理”方针，从项目建设之初就注重提高工程和设备的本质安全度，同时强化安全设施配置，完善自身安全防护功能。为此，化工厂至少考虑设置三道防护线。

设置第一道防护线的目的是防止潜在危险的出现或减少潜在危险的存在。即要通过选址、总图设计、区域规划，排除一切可以避免的危险因素和不利因素，有效地提高工厂的本质安全度。同时，要使建设项目选择的工艺、设备、装置的安全程度得到保证，并选择相应的安全设施进一步改善安全条件。其中很多方面涉及装置、设备的精细制造工艺和确保关键装置无破损、无泄漏等的技术管理。

设置第二道防护线的目的是防止直接危害的发生。即为了防止潜在危险的失控而演变成事故，需要设置相应的安全设施，加强工艺参数偏差的监测预警和自动控制。

设置第三道防护线的目的是在直接危害已经发生的情况下，启动应急预案和动用应急装备抑止直接危害，阻止直接危害向严重危害甚至是灾难性危害发展。即实施应急处置，尽可能把生命和财产的损失降至最低限度。

（2）区域规划与布局

建设项目布局是工厂安全初始设计中的关键程序，目的在于提高本质安全度和在风险防范方面起到开局策划和安全设计的关键作用。项目安全规划既要关注项目的工艺危险性，尤其是火灾、爆炸和毒物扩散等重大危险因素，还要根据企业及其相邻工厂、设施的生产特点，结合地形、风向等环境条件，进行合理规划和布局。例如危险化学品项目选址邻近城镇或居民区的，其生产储存区布置宜位于相邻城镇或居民区全年最小频率风向的上风侧。若项目选址在山区或丘陵地区，则其生产、储存区应避免布置在窝风地带。若项目选择沿江河岸边布置时，则其生产、储存区布置宜位于邻近江河的其他敏感设施的下游。这些敏感设施包括城镇、重要桥梁、大型锚地、船厂等重要建筑物或构筑物。

此外，在进行项目具体布局的安全设计时，要求符合如下一些原则：

① 危险化学品生产、储存建设项目的生产区应避免高压电力线架空穿越。

② 非生产所需的输油（输气）管道不应穿越危险化学品项目的生产、储存区。

③ 为防止泄漏可燃液体和受污染液体，项目应有防止消防下水排出的措施保障。

④ 区域排洪沟不宜从危险化学品项目生产、储存区通过。当不得不通过时，应有严格的技术措施保障，防止一旦泄漏的可燃液体和受污染的消防水流入区域排洪沟。

⑤ 化工企业设施与不同类企业（相邻工厂或设施）的防火间距，以及与同类企业及油库的防火间距应该符合国家规定的防火间距要求。

由于危险化学品生产项目所涉及的工艺情况复杂，装置类型很多，虽然大部分标准数据在相关标准中基本统一，但也会遇到适用标准非唯一的情况。尤其当安全间距选用出现疑问时，我们应该了解地方政府、工业园区在区域规划时的具体规定。如果未做规定，属于重化工的项目，宜按照《石油化工企业设计防火规范》执行。属于轻化工的，宜按照《建筑设计防火规范》执行。例如，《建筑设计防火规范》按照生产的火灾危险性分类定义的甲类厂房，其与周边设施的典型安全间距要求为：

① 甲类厂房与重要公共建筑之间的防火间距不应小于50m；

② 甲、乙、丙类液体储罐区，液化石油气储罐区，可燃、助燃气体储罐区，可燃材料堆场，应与装卸区、辅助生产区及办公区分开布置，与明火或散发火花地点之间的防火间距不应小于30m；

③ 项目涉及高层厂房的，高层厂房与甲、乙、丙类液体储罐，可燃、助燃气体储罐，液化石油气储罐，可燃材料堆场（煤、焦除外）的防火间距不应小于13m。

（3）项目平面布置

危险化学品项目平面布置应注意以下几个问题：

① 危险化学品项目的厂区总平面应根据场内各装置生产工艺及安全、卫生、环保要求，进行功能明确、分区合理的布置。功能区的内部和相互之间，应该设置消防和疏散通道，并保持一定的安全间距。建设项目的厂前区宜面向城镇、主要交通道路和工厂居住区一侧。机、电、仪修等操作人员较多的场所宜布置在厂前区或附近，避免大量人流经常穿行全厂或化工生产装置区。可燃液体储罐组不应毗邻布置在高于工艺装置、重要设施或人员集中场所的阶梯上。同时，也不宜紧靠排洪沟布置。但安全条件限制或有工艺要求时，应采取措施，防止泄漏的可燃液体流入工艺装置。防止泄漏的可燃液体影响全厂性重要设施或人员集中场所，以及进入排洪沟等沟渠。厂区污水处理场、大型物料堆场、各类仓库区应分别集中布置在厂区边缘地带，且注意与周边设施的安全间距和规划发展距离。储存甲、乙类物品的库房、罐区、液化烃储罐等危险性物料储存区，同样适宜归类分区并布置在厂区边缘地带，其储存量和总平面及交通线路等各项设计内容应参照《石油库设计规范》。由于危险化学品生产往往存在火灾危险性高和有毒有害的工艺特点，厂区内的正压通风设施的取风口宜位于可燃气体和甲B、乙A类设备最小频率风向的下风侧，且取风口高出地面9m或爆炸危险区1.5m以上。散发烟尘、水雾和噪声的生产场所及可能散发可燃气体的工艺装置应布置在人员集中场所及明火或散发火花地点的最小频率风向的上风侧。全厂性高架火炬宜布置在化工生产、贮存区全年或夏季最多风向的下风向。

② 厂前区、机、电、仪、维修工段和配电等部分应位于全年最小频率风向的下风侧。涉及生产过程需要用到的空分站应布置在空气清洁地段，并宜位于散发乙炔及其他可燃气体、粉尘等场所的全年最小频率风向的下风侧。此外，考虑到水雾飘散的不利因素，循环水冷却塔不宜布置在室外变配电装置冬季频率风向的上风侧，并应与总变电所、道路、铁路和各种建（构）筑物保持规定的距离。厂区道路应根据交通、消防要求布置，力求畅通。危险场所的道路应为环形，路面宽度应保证消防、急救车辆畅行无阻。大型化工厂的人流和货运应分开。厂区面积大于5万平方米的化工企业应有两个以上的出入口。机动车辆频繁进出的装卸料设施应布置在厂区边缘或厂区外并设围墙独立成区。若建设项目有厂内铁路线，一般应集中布置在后部或侧面，避免伸向厂前、中部位，尽量减少与道路和管线交叉。铁路沿线的建（构）筑物必须遵守建筑限界规定。

③ 新建危险化学品项目应根据生产性质、地面上下设施和环境特点进行绿化美化设计，但是生产区不应种植含油脂较多的树种，宜选择含水分较多的树种；工艺装置或可燃气体、可燃液体的罐组与周围消防车道之间不宜种植绿篱或茂密的灌木丛；在可燃液体罐组防火堤内仅可种植高度不超过15cm，含水分多的常青草皮。建设项目的厂区绿化不应妨碍消防操作，街区道路均应考虑消防车通行。道路中心线间距应符合《建筑设计防火规范》。采用架空电力线路进出厂区的总变电所应布置在厂区边缘。

④ 考虑到出现火灾事故情况下的消防现场操作，罐区泡沫站应布置在罐组防火堤外的非防爆区，与可燃液体罐的防火间距不宜小于20m。消防站的位置宜远离噪声场所，避开工厂主要人流道路及在生产区全年最小频率风向的下风侧，同时应便于消防车迅速通往工艺装置区和罐区。其他要求：消防站的服务范围应按行车路程计，行车路程不宜大于2.5km，并且接火警后消防车到达火场的时间不宜超过5min，对丁、戊类的局部场所消防站的服务范围可加大到4km。

⑤ 化工生产过程中使用、储存的可燃气体、可燃液体都应考虑事故泄放的处置。可燃气体设备的安全阀出口泄放管应接至火炬系统或其他安全泄放设施。液化烃或可燃液体设备内物料应能排放至安全地点，其安全阀出口泄放管应接入储罐或其他容器。若可燃气体可能携带液滴，则应经分液罐后再接至火炬系统。设长明灯和可靠点火系统的火炬，是石油化工企业常见的对空排放处理装置。火炬设施的附属设备可靠近火炬布置，包括高架火炬或地面火炬。高架火炬的防火间距应根据人或设备允许的安全辐射热强度计算确定，对可能携带可燃液体的高架火炬的防火间距不应小于石油化工厂总平面布置的防火间距规定。火炬的辐射热不应影响人身及设备的安全，距火炬筒30m范围内，不应设置可燃气体放空。液体、低热值可燃气体、含氧气或卤族元素及其化合物的可燃气体、毒性为极度和高度危害的可燃气体、惰性气体、酸性气体及其他腐蚀性气体不得排入全厂性火炬系统。同时，也严禁将混合后可能发生化学反应并形成爆炸性

混合气体的几种气体进行混合排放。受介质或其他工艺条件所限而无法排入火炬的可燃气体，若不得不通过排气筒、放空管直接向大气排放，其主要排放口高度应符合如下要求：a. 连续排放，排气筒顶或放空管口应高出周围（20m 范围内）的平台或建筑物顶 3.5m 以上；b. 间歇排放，排气筒顶或放空管口应高出周围（10m 范围内）的平台或建筑物顶 3.5m 以上。同时，其安全阀排放管口不得朝向邻近设备或有人通过的地方，而且应高出周围（8m 范围内）的平台或建筑物顶 3m 以上。因物料爆聚、分解造成超温超压，可能引起火灾、爆炸的反应设备应设泄压排放设施，以及紧急切断进料设施。有突然超压或发生瞬时分解爆炸危险物料的反应设备，其导爆管口应朝向无火源的安全方向，必要时应采取防止二次爆炸、火灾的措施。

在满足生产的条件下，工厂布置应结合声学因素合理规划，宜将高噪声区和低噪声区分开布置，噪声污染区远离生活区，并充分利用地形、地物、建（构）筑物等自然屏障阻滞噪声（或振动）的传播。

(4) 安全设施设计

危险化学品建设项目的安全设施是指企业（单位）在生产经营活动中将危险因素、有害因素控制在安全范围内，为预防、减少、消除生产过程危害所配备的装置（设备），以及在安全控制和危害防护方面所采取的技术措施。

从事故预防、控制理论出发，危险化学品建设项目的安全设施可以分为以下 3 大类。

① 预防事故设施，包括检测、报警设施，设备安全防护设施，防火防爆设施，防雷、防静电设施，作业场所危害防护设施，安全警示标志等。

② 控制事故设施，包括泄压和止逆设施、紧急处理设施等。

③ 减少与消除事故影响设施，包括防止火灾蔓延设施、灭火设施、紧急个体处置设施、应急救援设施、逃生避难设施、劳动防护用品和装备等。

检测、报警设施往往与生产流程自动控制系统实现安全联锁。尤其是化工生产涉及的危险性工艺流程，还应该配置自动化的过程安全监控系统。根据建设项目生产规模的不同和工艺特点的差异，可以选择的安全预警控制系统包括自动化仪表控制系统、可编程序逻辑控制系统、分散控制系统、紧急停车安全系统、现场总线控制系统等，应该结合工艺特点配置，这是安全设计的难点。

## 29.3.2　风险辨识和评价方法在项目建设过程中的应用

### 29.3.2.1　安全风险辨识和评价的常用方法

(1) 工作危害分析法（JHA）

工作危害分析法是一种定性的风险分析辨识方法，它是基于作业活动的一种风险辨识技术，用来进行人的不安全行为、物的不安全状态、环境的不安全因素以及管理缺陷等的有效识别。即先把整个作业活动（任务）划分成多个工作步骤，将作业步骤中的危险源找出来，并判断其在现有安全控制措施条件下可能导致的事故类型及其后果。若现有安全控制措施不能满足安全生产的需要，应制定新的安全控制措施以保证安全生产。制定新的安全控制措施后危险性仍然较大时，还应将其列为重点对象加强管控，必要时还应制定应急处置措施加以保障，从而将风险降低至可以接受的水平。

(2) 安全检查表分析法（SCL）

安全检查表分析法是一种定性的风险分析辨识方法，它是将一系列项目列出检查表进行分析，以确定系统、场所的状态是否符合安全要求，通过检查发现系统中存在的风险，提出改进措施的一种方法。安全检查表的编制主要是依据以下四个方面的内容：

① 国家、地方的相关安全法规、规定、规程、规范和标准，行业、企业的规章制度、标准及企业安全生产操作规程。

② 国内外行业、企业事故统计案例及经验教训。

③ 行业及企业安全生产的经验，特别是本企业安全生产的实践经验，引发事故的各种潜在不安全因素及成功杜绝或减少事故发生的成功经验。

④ 系统安全分析的结果，如采用事故分析方法找出的不安全因素，或作为防止事故控制点列入安全检查表。

(3) 风险矩阵分析法（LS）。

风险矩阵分析法是一种半定量的风险评价方法，它在进行风险评价时，将风险事件的后果严重程度相对定性分为若干级，将风险事件发生的可能性也相对定性分为若干级，然后以严重性为表列，以可能性为表行制成表，在行列的交点上给出定性的加权指数。所有的加权指数构成一个矩阵，而每一个指数代表了一个风险等级。风险矩阵分析法计算风险程度的公式为 $R=LS$。式中，$R$ 为风险程度；$L$ 为发生事故的可能性，重点考虑事故发生的频次以及人体暴露在这种危险环境中的频繁程度；$S$ 为发生事故的后果严重性，重点考虑伤害程度、持续时间。

(4) 作业条件危险性分析法（LEC）

作业条件危险性分析法是一种半定量的风险评价方法，它用与系统风险有关的三种因素指标值的乘积来评价操作人员伤亡风险大小。三种因素分别是：$L$（事故发生的可能性）、$E$（人员暴露于危险环境中的频繁程度）和 $C$（一旦发生事故可能造成的后果）。给三种因素的不同等级分别确定不同的分值，再以三个分值的乘积 $D$（危险性）来评价作业条件危险性的大小，即 $D=LEC$。$D$ 值越大，说明该系统危险性越大。

(5) 风险程度分析法（MES）

风险程度分析法是一种半定量的风险评价方法，它是对作业条件危险性分析法（LEC）的改进。风险程度 $R=MES$。式中，$M$ 为控制措施的状态；$E$ 为暴露的频繁程度，$E$ 包括职业病发病情况、环境影响状况两项影响因素；$S$ 为事故的可能后果，包括伤害、职业相关病症、财产损失和环境影响。对 $M$、$E$、$S$ 分别制定了其取值标准。

### 29.3.2.2　化工工艺风险识别

(1) 化工工艺风险的种类

我国国家安全监管总局制定的《首批重点监管的危险化工工艺目录》列举了 15 种化工工艺中的高风险工艺，即光气及光气化工艺、电解工艺、氯化工艺、硝化工艺、合成氨工艺、裂解工艺、氟化工艺、加氢工艺、重氮工艺、氧化工艺、过氧化工艺、氨基化工艺、磺化工艺、聚合工艺、烷基化工艺。2013 年，第二批危险化工工艺目录已经由国家安全监管总局公布出来，其中添加了新型煤化工工艺、电石生产工艺以及偶氮化工艺。可以看出，随着经济的发展，化工企业之间的竞争越来越激烈，危险化工工艺品的种类也在不断增多，各企业之间应当不断增强化工工艺的风险识别意识，做到安全生产。比如其中较为典型的光气及光气化工艺，其危险性就非常高，光气具有剧毒性，如果在运输与使用的过程中发生泄漏，后果不堪设想，将会造成大面积的污染和中毒事故，并且其工艺过程中的副产物具有极大的腐蚀性，也是一大安全隐患。

(2) 化工工艺的风险产生原理

根据吉普森的观点，认为事故发生最为直接的原因是意外释放了不正常的能量，各种不正常的能量之间混合，从而对周围的事故造成不正常的损害。事故的发生有着不同的特点，这主要是对能量以及能量载体的不同控制所导致的，能量载体同样包括参与能量释放的人。而风险控制则是如何将这些危害或者危险降到最低。化工工艺的风险识别问题也可采用这个理论进行研究。需要对化工工艺对人的身体危害做出合理的评估，识别风险的来源，在事前进行合理控制，在事后及时报告并抢救，将危害结果降到最低。

（3）化工工艺致害后果

我们知道物质本身都是由元素构成的，一些元素构成了危险物质，这些危险物质成为国家法律法规限制的对象。这些物质若没有管理和使用好，将会造成很大的危险。在日常生活中，我们常见的有腐蚀性物质、易燃易爆物质等，这些物质不仅会对人的身体产生严重危害，对生态环境也会造成严重的不利影响。这些危险物质的表现形态多种多样，有气体的、固体的，也有液体的。

（4）危险化工工艺的特点（以氯化工艺为例）

为了能够更好识别高风险化工工艺，需要对高风险化工工艺的特点有充分的认识。一般情况下，可以从以下几个方面进行了解，即温度、压力、腐蚀率以及化学反应等。一般能够带来高风险的化工物质有甲类可燃气体、甲类固体等，在控制这些物质化学反应的过程中，液体的温度不能够超过1000℃，压力不能够超过100MPa。根据理论知识与实践经验的总结，化工工艺危险的特点可以总结为原料及产品具有燃爆危险性、反应气易导致闪爆危险、部分氧化剂具有燃爆危险以及过氧化物易导致燃烧和爆炸等。以氯化工艺为例，其工艺危险特点主要表现在以下几个方面：第一，作为一个放热反应，高温下的氯化必然使整个反应进行得十分剧烈，反应速率非常大，并且放出的热量十分多；第二，在这一工艺中，所采用的原料多具有燃爆性质；第三，所产生的氯气本身就是剧毒物。

（5）化工工艺的危险源头

化工工艺生产出的产品会被使用在生活中的各个角落，保证其产品的安全，不只是化工安全生产的要求，对于社会来说也是意义重大。要控制化工工艺的风险，就必须对化工工艺的危险源头进行了解并监控，根据实践经验的总结，我们发现一般风险较高的部分是化学产品以及化学装置。因此，在接触这两部分的过程中，应当提高风险意识，从而保证整个化工工艺生产流程的安全性。

#### 29.3.2.3 化工工艺安全评价

（1）化工工艺进行安全评价的现实需求

现今的生活环境无论何处都充斥着化工产品的身影，根据相关的统计数据，发现现今为止，有500万～700万种化工产品，这些化学品在市场上不停流通，给人们的生活带来方便的同时，也埋藏了很多隐患。人们的生活对化工产品的需求很大，也促进了和化工工艺息息相关的其他行业的发展，比如各种制造业对化工产品原料的需求也越来越高。如化肥农药行业等，我国的产量从世界范围来看已经是数一数二的了，而石油加工能力也在世界范围内占有一定的地位。比如我国福建省的化工发展前景较为可观，福建省炼油化工合资项目开始投入实施与使用，主要承揽的公司是福建东南电化氯碱有限公司、泉州泉港海洋聚苯烯树脂有限公司，三明化工有限公司的项目也在建设，从这一局部的发展现状，可以看出我国化工行业对其他行业的引领作用。但是有喜有忧，通过化工行业生产出来的产品大多数具有很大的危险，具有易燃易爆等特性，这些产品的生产流程较为复杂，是在易燃、高温、高压等环境下生产出来的。因此，随着化工产品的增多，生产方法越来越趋于多元化。化学装置的技术要求也不断提高，朝着自动化、过程连续化等方向发展。在这一过程中，化学装置也将会存在一大批新的安全隐患问题，为了解决这一问题，应当对整个化学装置进行安全评价。同时，政府制定相关的法律法规也要紧跟时代的发展，高度重视新技术带来的化工工艺安全隐患，及时出台相关的法律法规，其内容不仅是针对危险化工产品的监督管理，还要制定一系列企业安全生产的具体制度，从这两个方面来保证化工工艺安全有效地发展下去。

（2）化工工艺安全评价问题的内容

化工工艺安全评价问题主要针对的是化工装置的危险性。化工装置的危险性主要存在以下两类。第一类危险，一般指的是爆炸、火灾、中毒等危险，这类危险一般潜伏在设备或者系统内的物料和生产过程当中。比如用于加工存储这些物质的设备，在高温高压的情况下，就很容易发生爆炸以及火灾等情况。这类危险的特性是在正常状况下一般对人体没有危险，但是一旦危险发生，其损失将会是巨大的。第二类危险，是在第一类危险发生之后，泄漏出的物质或者其他物体对人体以及财产的损害。第一类危险的发生是由化工产品特定的生产工艺而决定，在进行安全评价的过程中，应当注重事前控制。根据不同的危险化工工艺产品，采取不同的安全控制措施。如针对磺化工艺，其安全控制方式有将磺化反应釜内温度与磺化剂流量、磺化反应釜夹套冷却水进水阀、釜内搅拌电流形成联锁关系，而紧急断料系统在磺化反应釜内各参数偏离工艺指标时，能自动报警、停止加料，甚至紧急停车，并且磺化反应系统应设有泄爆管和紧急排放系统。又如针对氯化工艺，在安全控制过程中，就需要设立紧急停车系统，使得釜内的温度、压力、化学物质和冷却水形成良好的联锁关系，预防事故的发生。在安全设施上，可以在设备上配备安全阀、高压阀、紧急放空阀以及液位计等。

（3）化工工艺安全性措施分析

化工生产过程中的安全隐患问题是难以避免的，我们要做的是不断减小其发生的概率。在安全生产的过程中，可以通过对设备的选择与调控来实现这样的目的。作者根据以往实践经验的总结，提出自己的一些见解，在生产过程中要时刻将工艺参数保持在安全的范围之内。应当优化化工装置，从控制设备上来说，为了能够更好地对整个生产过程进行监控，应当集测量仪表、传感器、执行器以及控制器于一身，对温度、压力等指标及时进行控制。此外，化工装置的控制系统应当配备报警、切断或者联锁等功能，在风险发生时能够及时做出反应，采取合理措施。比如硝化危险工艺所采取的安全措施有釜内温度报警和联锁、自动进料设备以及在搅拌过程中的稳定控制。又如合成氨工艺中，在其合成釜内同样设置了温度、压力报警和联锁装置，并且用设备控制物料的配比等。再如裂解工艺，根据该工艺的特性建立紧急切断系统，以及对再生压力能够很好控制的分程系统。

## 29.4 特殊作业安全

### 29.4.1 特殊作业环节风险分析方法

特殊作业：化学品生产单位设备检修过程中可能涉及的动火、进入受限空间、盲板抽堵、高处作业、吊装、临时用电、动土、断路，对操作者本人、他人及周围建（构）筑物、设备、设施的安全可能造成危害的作业。

（1）风险综合评价法

风险综合评价的方法中，最常用、最简单的分析方法是通过调查专家的意见，获得风险因素的权重和发生概率，进而获得项目的整体风险程度。其步骤主要包括：

① 建立风险调查表。在风险识别完成后，建立投资项目主要风险调查表，将该投资项目可能遇到的所有重要风险全部列入其中。

② 判断风险权重。

③ 确定每个风险发生概率。可以采用1～5分别表示可

能性很小、较小、中等、较大、很大的程度。

④ 计算每个风险因素的等级。

⑤ 将风险调查表中全部风险因素的等级相加，得出整个项目的综合风险等级。

（2）蒙特卡洛模拟

① 使用条件。当在项目评价中输入的随机变量个数多于三个，每个输入变量可能出现三个以上甚至无限多种状态时（如连续随机变量），就不能用理论计算法进行风险分析，这时就必须采用蒙特卡洛模拟。

② 原理。用随机抽样的方法抽取一组输入变量的数值，并根据这组输入变量的数值计算项目评价指标，抽样计算足够多的次数可获得评价指标的概率分布，并计算出累计概率分布、期望值、方差、标准差，计算项目由可行转变为不可行的概率，从而估计项目投资所承担的风险。

③ 蒙特卡洛模拟的程序

a. 确定风险分析所采用的评价指标，如净现值、内部收益率等。

b. 确定对项目评价指标有重要影响的输入变量。

c. 经调查确定输入变量的概率分布。

d. 为各输入变量独立抽取随机数。

e. 由抽得的随机数转化为各输入随机变量的抽样值。

f. 根据抽得的各输入随机变量的抽样值组成一组项目评价基础数据。

g. 根据抽样值组成基础数据计算出评价指标值。

h. 重复 d～g，直至预定模拟次数。

i. 整理模拟结果所得评价指标的期望值、方差、标准差和期望值的概率分布，绘制累计概率图。

j. 计算项目由可行转变为不可行的概率。

（3）专家调查法

专家调查法是基于专家的知识、经验和直觉，发现项目潜在风险的分析方法。

适用范围：风险分析的全过程。

注意：采用专家调查法时，专家应有合理的规模，人数一般应在 10～20 左右。专家的人数取决于项目的特点、规模、复杂程度和风险的性质，没有绝对规定。专家调查法有很多，其中头脑风暴法、德尔菲法、风险识别调查表法、风险对照检查表法和风险评价表法是最常用的几种方法。

① 风险识别调查表。该表主要定性描述风险的来源与类型、风险特征、对项目目标的影响等。

② 风险对照检查表。风险对照检查表是一种规范化的定性风险分析工具，具有系统、全面、简单、快捷、高效等优点，容易集中专家的智慧和意见，不容易遗漏主要风险，对风险分析人员有启发思路、开拓思路的作用。

a. 当有丰富的经验和充分的专业技能时，项目风险识别相对简单，并可以取得良好效果。

b. 风险对照检查表的设计和确定是建立在众多类似项目经验基础上的，需要大量类似项目的数据。而对于新的项目或完全不同环境下的项目，则难以适应。需要针对项目的类型和特点，制定专门的风险对照检查表。

③ 风险评价表。通过专家凭借经验独立对各类风险因素的风险程度进行评价，最后将各位专家的意见归集起来。风险评价表通常重在说明。

注意：说明中应对程度判定的理由进行描述，并尽可能明确最悲观值（或最悲观情况）及其发生的可能性。

（4）风险概率估测

① 客观概率估计。客观概率是实际发生的概率，可以根据历史统计数据或是大量的试验来推定。确定客观概率有两种方法：a. 将一个事件分解为若干子事件，通过计算子事件的概率来获得主要事件的概率；b. 通过足够量的试验统计出事件的概率。

客观概率估计是指应用客观概率对项目风险进行的估计，它利用同一事件或是类似事件的数据资料，计算出客观概率。客观概率估计最大的缺点是需要足够的信息，但通常是不可得的。

注意：客观概率只能用于完全可重复事件，因而并不适用于大部分现实事件。

② 主观概率估计。主观概率是基于个人经验、预感或直觉而估算出来的概率，是一种个人的主观判断。

主观概率估计是基于经验、知识或类似事件比较的专家推断概率。

注意：当有效统计数据不足或是不可能进行试验时，主观概率是唯一选择。

主观概率专家估计的具体步骤：

a. 根据需要调查问题的性质组成专家组。专家组成员由熟悉该风险因素的现状和发展趋势的专家、有经验的工作人员组成。

b. 每个专家独立地给出某风险变量可能出现的状态数或状态范围，以及各种状态出现的概率或变量发生在状态范围内的概率，并以书面形式反映出来。

c. 整理专家组成员意见，计算专家意见的期望值和意见分歧情况，反馈给专家组。专家组讨论并分析意见分歧的原因，重新独立填写变量可能出现的状态数、状态范围和各种状态出现的概率或变量发生在状态范围内的概率，如此重复进行，直至专家意见分歧程度满足要求值为止。这个过程最多经历三个循环，否则不利于获得专家们的真实意见。

③ 风险概率分布

a. 离散型概率分布。输入变量可能值是有限个数。各种状态的概率取值之和等于 1，它适用于变量取值个数不多的输入变量。

b. 连续型概率分布。输入变量的取值充满一个区间。

④ 风险概率分析指标。描述风险概率分布的指标主要有期望值、方差和标准差、离散系数等。

a. 期望值。期望值是风险变量的加权平均值。

b. 方差和标准差。方差和标准差都是描述风险变量偏离期望值程度的绝对指标。

c. 离散系数。离散系数是一组数据的标准差与其相应的均值之比，是数据离散程度的相对指标，其主要是用于比较不同组别数据的离散程度。

（5）风险解析法

风险解析法，也称风险结构分解法，它将一个复杂系统分解为若干子系统，通过对子系统的分析进而把握整个系统的特征。

（6）概率分析

概率分析是通过研究各种不确定性因素发生不同变动幅度的概率分布及其对项目经济效益指标的影响，对项目可行性和风险性以及方案优劣做出判断的一种不确定性分析法。概率分析常用于对大中型重要若干项目的评估和决策之中。概率分析通过计算项目目标值（如净现值）的期望值及目标值大于或等于零的累积概率来测定项目风险大小，为投资者决策提供依据。概率分析的指标：①经济效果的期望值；②经济效果的标准差。

概率分析的方法：

① 期望值法（expectancy method）。期望值法在项目评估中应用最为普遍，是通过计算项目净现值的期望值和净现值大于或等于零时的累计概率，来比较方案优劣、确定项目可行性和风险程度的方法。

② 效用函数法（utility function method）。效用是对总目标的效能价值或贡献大小的一种测度。在风险决策的情

况下，可用效用来量化决策者对待风险的态度。通过效用这一指标，可将某些难以量化、有质的差别的事物（事件）给予量化，将要考虑的因素折合为效用值，得出各方案的综合效用值，再进行决策。效用函数反映决策者对待风险的态度。不同的决策者在不同的情况下，其效用函数是不同的。

③ 模拟分析法（model analysis）。模拟分析法就是利用计算机模拟技术，对项目的不确定因素进行模拟，通过抽取服从项目不确定因素分布的随机数，计算分析项目经济效果评价指标，从而得出项目经济效果评价指标的概率分布，以提供项目不确定因素对项目经济指标影响的全面情况。

④ 德尔菲法。德尔菲法是一种集中众人智慧进行科学预测的风险分析方法。德尔菲法是美国咨询机构兰德公司首先提出的，它主要是借助于有关专家的知识、经验和判断来对企业的潜在风险加以估计和分析。

概率分析的步骤：

① 列出各种欲考虑的不确定因素。例如销售价格、销售量、投资和经营成本等均可作为不确定因素。需要注意的是，所选取的几个不确定因素应是互相独立的。

② 设想各种不确定因素可能发生的情况，以及其数值发生变化的几种情况。

③ 分别确定各种可能发生情况出现的可能性，即概率。各种可能发生情况出现概率之和必须等于1。

④ 计算目标值的期望值。计算目标值的期望值时可根据方案的具体情况选择适当的方法。例如采用净现值为目标值，则计算目标值一种方法是将各年净现金流量所包含的各种不确定因素在各可能情况下的数值与其概率分别相乘后再相加，得到各年净现金流量的期望值，然后求得净现值的期望值。另一种方法是直接计算净现值的期望值。

⑤ 求出目标值大于或等于零的累计概率。对于单个方案的概率分析应求出净现值大于或等于零的概率，由该概率值的大小可以估计方案承受风险的程度，该概率值越接近1，说明技术方案的风险越小；反之，技术方案的风险越大。可以列表求得净现值大于或等于零的概率。

（7）层次分析法

层次分析法（the analytic hierarchy process，AHP）的基本思路与人对一个复杂的决策问题的思维、判断过程大体上是一样的。不妨以假期旅游为例：假如有3个旅游胜地A、B、C供你选择，你会根据诸如景色、费用、居住、饮食、旅途条件等一些准则去反复比较这3个候选地点。首先，你会确定这些准则在你的心目中各占多大比重，如果你经济宽绰、醉心旅游，自然看重景色条件，而平素俭朴或手头拮据的人则会优先考虑费用，中老年旅游者还会对居住、饮食等条件给予较大关注。其次，你会就每一个准则将3个地点进行对比，譬如A景色最好，B次之；B费用最低，C次之；C居住条件较好等。最后，你要将这两个层次的比较判断进行综合，在A、B、C中确定哪个作为最佳地点。

运用AHP法进行决策时，需要经历以下4个步骤：

① 建立系统的递阶层次结构；

② 构造两两比较判断矩阵（正互反矩阵）；

③ 针对某一个标准，计算各备选元素的权重；

④ 计算当前一层元素关于总目标的排序权重。

⑤ 进行一致性检验。

运用AHP法有很多优点，其中最重要的一点就是简单明了。该法不仅适用于存在不确定性和主观信息的情况，还允许以合乎逻辑的方式运用经验、洞察力和直觉。也许该法最大的优点是提出了层次本身，它使得买方能够认真地考虑和衡量指标的相对重要性。

### 29.4.2 特殊作业环节安全监督管理

（1）作业管理

① 正常生产操作外，凡在生产、储存区作业都应严格执行相关作业许可证规定，并参照《特殊作业安全实施指南》执行相关要求。

② 按照"谁主管、谁负责"的原则，相关部门和分厂应对生产区域内作业人员、车辆及相关作业状况实行有效监督，对其人员的行为和设施安全负责，确保各项工作符合安全要求。作业区域如与生产装置区域交叉时，作业区域应采取有效的隔离措施。

③ 生产区域的作业人员应配备、穿戴好相应的劳动防护用品，并在指定的区域内工作。

④ 进入生产区域人员作业前应清楚各种标识牌所表示的含义，作业完成后，作业负责人应确认作业现场处于安全状态。

⑤ 安全健康环境部门应对进入生产区域作业的人员进行不定期抽查，不符合要求者不得作业。

⑥ 作业严格执行"一票"制，严禁出现涂改、转借、变更、扩大作业范围或转移作业部位。

（2）作业人员管理及考核

① 作业项目负责人（作业人直接管理者或单位负责人）。作业项目负责人对作业过程负全面管理责任，应在作业前详细了解作业内容、作业部位及周围情况，参与作业风险分析、安全措施的制定和落实，向作业人员交代作业任务和作业安全注意事项。作业完成后，组织检查现场，确认无遗留隐患，方可离开作业现场。未尽事宜考核500元/次。未尽事宜，造成事故后果的，以事故调查处理为准。

② 实施人（直接参与作业者、作业人员）。独立承担作业必须持有作业证，并在相关作业许可证上签字，填写作业证号。若带徒作业时，实施人必须在场监护。实施人接到作业许可证后，应核对证上各项内容是否落实，审批手续是否完备。若发现不具备条件时，有权拒绝作业，并向安全健康环境部门报告。

实施人必须随身携带作业许可证，严禁无证作业及审批手续不完备作业。作业前，实施人应主动向作业点所在单位当班班长交验作业许可证，经其签字验证后方可进行作业。实施人必须填写特种作业证编号，必须按实施人具体人数填写特种作业证编号。

不具备作业条件进行作业的考核200元/次；办理作业许可证后，接受检查时无法出具作业许可证的考核50元/次；未经作业区域负责人确认进行作业的考核100元/次。未尽事宜，造成事故后果的，以事故调查处理为准。如未填写特种作业证编号考核100元/人。

③ 监护人。监护人由作业点所在单位指定责任心强、有经验、熟悉现场、掌握相关安全知识的人员担任，必要时，也可由作业单位和作业点所在单位共同指派。新项目施工作业，由施工单位指派监护人。监护人所在位置应便于观察整个作业现场，必要时可增设监护人。作业途中不得更换监护人，如需更换必须在作业证中注明。

监护人负责作业现场的监护与检查，发现异常情况应立即通知实施人停止作业，及时联系有关人员采取措施。监护人必须坚守岗位，不准脱岗。在作业期间，不准兼做其他工作，在作业完成后，要会同有关人员清理作业现场，清除残火，确认无遗留火种及安全隐患后方可离开现场，并确认签字。

作业现场无监护人进行危险性作业，考核作业人员100元/次；确定监护人以后现场检查监护人不在作业现场，考核监护人200元/次；监护人在执行监护过程中兼做其他工作，考核监护人200元/次；作业完成后未进行作业现场隐患排查并签字直接离开，考核监护人100元/次；造成后果的以事故调查处理为准，未尽事宜，造成事故后果的以事故调查处理为准。

④ 分析人员。分析人员应对分析手段和分析结果负责，根据作业地点所在单位的要求，亲自到现场取样分析，在样品分析报告单上填写取样时间和分析数据并签字，不得弄虚作假，违者考核100元/次。未尽事宜，造成事故后果的以事故调查处理为准。

⑤ 安全管理人员（安全员）。执行作业的单位和作业点所在单位应负责对各类作业进行风险分析，负责监督作业人员办理相关作业证，并检查相关作业规定的执行和安全措施落实情况，随时纠正违章作业，特殊危险作业时，公司及部门安全员必须到现场。安全管理人员对作业票证核查不到位即签字确认的，考核200元/次。未尽事宜，造成事故后果的以事故调查处理为准。

⑥ 作业审查批准人。各类作业的各级作业审查批准人审批作业时必须亲自到现场，了解作业部位及周围情况，审查并明确作业等级，检查、完善安全措施，审查"安全作业证"是否正确、符合要求。在确认准确无误后，方可签字批准作业。作业审查批准人对作业过程负全责。

作业审查批准人未到现场确认作业环境进行审批的，考核作业审查批准人500元/次；作业票证签发不规范进行审批的，考核作业审查批准人200元/次；因审批前核查不到位造成严重后果的，以事故调查处理为准。

⑦ 作业票管理规范。作业票等级统一用汉字书写（如动火等级：特殊、一级、二级），如出现小写数字书写（如1级、2级）考核当事人50元/次。造成严重后果的，以事故调查处理为准。

作业时间必须在审批时间后，审批签字确认无误后方可进行作业，班组长验票签字必须在进行作业之前。时间填写错误或弄虚作假者考核50元/次。造成严重后果的，以事故调查处理为准。

作业票审批时严禁出现代签现象，如有代签考核代签人100元/次；造成事故的追究签字人、代签人相关事故责任；造成严重后果的，以事故调查处理为准。

作业现场所需的应急救援物品必须配备齐全，如动火所需的灭火器，高空作业所需的安全带，吊装作业所需的警戒带。如相关安全措施未落实，考核安全措施确认人100元/次。造成严重后果的，以事故调查处理为准。

作业证编号格式为作业点所在分厂-月份-编号，一分厂代码为"1"，二分厂代码为"2"，三分厂代码为"3"，原料分厂代码为"4"。如一分厂8月份第一张作业证编号为"1-8-1"。

## 29.5 化学品储运安全

### 29.5.1 危险化学品包装

(1) 危险化学品包装的分级

按照包装的结构强度、防护性能及内装物的危险程度，包装分为三个等级：

① Ⅰ级包装，适用于内装危险性极大的化学品。

② Ⅱ级包装，适用于内装危险性中等的化学品。

③ Ⅲ级包装，适用于内装危险性较小的化学品。

(2) 危险化学品包装的基本要求

① 包装质量良好，其构造和封闭形式应能承受正常储存、运输条件下的各种作业风险，不应因温度、湿度或压力的变化而发生任何渗（撒）漏；包装表面清洁，不应黏附有害的危险物质。

② 包装与内装物直接接触部分，必要时应有内涂层或进行防护处理。包装材质不得与内装物发生化学反应而形成危险产物，或导致削弱包装强度。

③内容器应予固定，如属易碎性的应使用与内装物性质相适应的衬垫材料或吸附材料衬垫妥实。

④ 包装封口应根据内装物性质采用严密封口、液密封口或气密封口。

⑤ 有降压装置的包装，其排气孔设计和安装应能防止内装物泄漏和外界杂质进入，排出的气体量不得造成危险和污染环境。

⑥ 复合包装的内容器和外包装应紧密贴合，外包装不得有擦伤内容器的凸出物。

⑦ 所有包装（包括新型包装、重复使用的包装和修理过的包装）均应符合有关危险化学品包装性能试验的要求。

⑧ 包装所采用的防护材料及防护方式，应与内装物性能相容且符合运输包装件总体性能的需要，能经受运输途中的冲击与振动，保护内装物与外包装，当内容器破坏、内装物流出时也能保证外包装安全无损。

⑨ 危险化学品的包装内应附有与危险化学品完全一致的化学品安全技术说明书，并在包装（包括外包装件）上加贴或者拴挂与包装内危险化学品完全一致的化学品安全标签。

(3) 危险化学品包装容器及其安全要求

不同的包装容器，除应满足包装的通用技术要求外，还应根据其自身的特点，满足各自的安全要求。常用的包装容器材料有钢、铝、木材、纤维板、塑料、编织材料、多层纸、金属（钢、铝除外）、玻璃、陶瓷、柳条、竹篾等。其中，作为危险化学品包装容器的材质，钢、铝、塑料、玻璃、陶瓷等用得较多。容器的外形也多为桶、箱、罐、瓶、坛等外形。在选取危险化学品容器的材质和外形时，应充分考虑所包装的危险化学品的特性，例如腐蚀性、反应活性、毒性、氧化性和包装物要求的包装条件，例如压力、温度、湿度、光线等，同时要求选取的包装材质和所形成的容器要有足够的强度，在搬运、堆叠、震动、碰撞中不能出现破坏而造成包装物的外泄。

### 29.5.2 危险化学品储存

① 危险化学品不得露天存放。

② 危险化学品仓库防火间距应符合国家标准《建筑设计防火规范》(GB 50016—2014) 的规定。

③ 建筑结构

a. 危险化学品仓库的墙体应采用砌砖墙、混凝土墙及钢筋混凝土墙。

b. 危险化学品仓库应设置高窗，窗上应安装防护铁栏，窗的外边应设置遮阳板或雨搭。窗户上的玻璃应采用毛玻璃或涂白色漆。

c. 仓库门应为铁门或木质外包铁皮门，采用外开式。

d. 有爆炸危险的危险化学品仓库应设置泄压设施。泄压设施采用轻质屋面板、轻质墙体和易于泄压的门、窗等，不得采用普通玻璃。

e. 危险化学品仓库应独立设置，为单层建筑，并不得设有地下室。

④ 储存禁忌。根据危险化学品特性分区、分类、分库储存。各类危险化学品不得与禁忌化学品混合储存。

⑤ 安防措施

a. 危险化学品仓库应设置防爆型通风机。

b. 危险化学品仓库内、外应设置视频监控设备。

c. 危险化学品仓库设置的灭火器数量和类型应符合《建筑灭火器配置设计规范》(GB 50140—2005) 的要求。

d. 仓库总面积大于 500m$^2$ 的危险化学品仓库应设置火灾自动报警系统、消防（安防）控制室及红外报警系统。

e. 储存易燃气体、易燃液体的危险化学品仓库应设置可燃气体报警装置。

⑥ 电气安全

a. 面积小于 50m$^2$ 的危险化学品仓库内不得设置照明装置；面积大于 50m$^2$ 的危险化学品仓库内可设置照明装置，照明装置应使用防爆型低温照明灯具。

b. 仓库内电气设备应为防爆型。配电箱及电气开关应设置在仓库外，并安装防雨、防潮保护设施。

⑦ 储存的危险化学品应有中文化学品安全技术说明书和化学品安全标签。

⑧ 小型企业危险化学品仓库内的危险化学品储存量不得大于国家标准《危险化学品重大危险源辨识》（GB 18218—2018）中危险化学品临界量的 50%。

⑨ 小型企业的危险化学品仓库总面积不得大于 300m$^2$。

⑩ 化工商店

a. 位于城市中心区的化工商店不得存放危险化学品实物。

b. 位于城市中心区以外的化工商店不得设在居民楼和办公楼内，店面与自备危险化学品仓库应有实墙相隔。店面内只许存放民用小包装的危险化学品，其存放总质量不得大于 1t，自备危险化学品仓库存放总质量不得大于 2t。

⑪ 建材市场

a. 建材市场的危险化学品经营场所内不得存放危险化学品。

b. 经营危险化学品的建材市场应设立危险化学品仓库，仓库总面积不得大于 200m$^2$。其中，每个经营单位（户）应设立不小于 10m$^2$ 的危险化学品备货仓库。

⑫ 气体经营单位

a. 仓库应为半封闭建筑，三面实墙，屋顶为轻质不燃材料。

b. 仓库门前应设置装卸平台。装卸平台高度一般为 1.2m，宽度一般不小于 1.0m，并应在适当位置设置台阶。

c. 空瓶与实瓶应分区存放，并设置明显标志。气瓶区应设置防倾倒链。

d. 对储存相对密度小于 1 的气体的气瓶仓库，库顶部应设置通风的窗口；对储存相对密度大于 1 的气体的气瓶仓库，库底部的墙体上应设置通风的洞口。

e. 储存气体（不包括惰性气体和压缩空气）实瓶总数不得大于 300 瓶。

⑬ 自备储存仓库的危险化学品经营单位

a. 自备储存仓库内的危险化学品储存量不得大于 GB 18218—2009 中所列的危险化学品临界量的 30%。

b. 自备储存仓库总面积不得大于 500m$^2$。

⑭ 大型危险化学品专业储存仓库（仓库总面积大于 10000m$^2$）与周围公共建筑物、交通干线（公路、铁路、水路）、工矿企业等距离不得小于 250m。

⑮ 中型危险化学品专业储存仓库（仓库总面积大于 1000～10000m$^2$）与周围公共建筑物、交通干线（公路、铁路、水路）、工矿企业等距离不得小于 200m。

⑯ 小型危险化学品专业储存仓库（仓库总面积小于 1000m$^2$）与周围公共建筑物、交通干线（公路、铁路、水路）、工矿企业等距离不得小于 150m。

### 29.5.3 危险化学品装卸

① 通用要求

a. 装卸车区域严禁烟火。

b. 装卸人员必须经过培训，掌握危险化学品理化特性、应急处置等。

c. 外来车辆进入前，保安人员要对车辆及人员相关证件进行检查、登记，确认无误后，方可准许进入厂内。保卫部门对车辆阻火器进行检查，必须装有阻火器方可入内。

d. 进行危险化学品装卸前，装卸人员应对罐体、阀门及附件（安全阀、压力表、液位计等）的灵敏度、可靠性进行检查，应保证充装设备和充装容器之间的连接管线、接头的材质、强度符合工艺要求，充装系统的电气设备、设施符合国家相关规定。

e. 装卸前，应在现场准备好消防器材，装卸人员应佩戴相应的防护用品（如：耐酸碱手套、护目镜、防化服）。

f. 严禁超过容器规定的充装量或超压充装；严禁在无可靠安全措施情况下处理容器（气瓶）内的残液；严禁擅自更换或改装罐体，擅自改变容器用途。

g. 在雷雨天气等不安全气象环境和周边存在不安全因素情况下，应立即停止作业并采取有效防范措施。

h. 在装卸现场，充装车辆在熄火后应刹紧制动器，在有坡度的场地应采取防止溜车措施，装卸过程司机不得离开现场。

② 各类危险化学品安全注意事项

a. 易燃易爆性气体或液体（如甲醇、液氨、苯、环己胺、苯胺等）：在装卸易燃易爆气体或液体时，应使用防爆工具；装卸人员要穿防静电工作服，装车前，要在接地扶手处释放人体静电；装车时，管道应伸入槽车底部，距离底部不大于 20cm；装卸前应先检查静电接地装置的有效性，并按照使用说明正确安装好，保证有效；装车完毕要静置 2min 以上方可提升输送管道，拆除接地线等。

b. 腐蚀性液体（如硝酸）：装卸人员必须穿戴防酸服、防酸手套、防毒面具等；作业完毕后必须更衣洗澡；防护用具必须清洗干净后方能再用；装卸现场应备有清水、洗眼器等，以备急用。

### 29.5.4 危险化学品运输

① 从事危险化学品道路运输、水路运输的，应当分别依照有关道路运输、水路运输的法律、行政法规的规定，取得危险货物道路运输许可、危险货物水路运输许可，并向工商行政管理部门办理登记手续。

危险化学品道路运输企业、水路运输企业应当配备专职安全管理人员。

② 危险化学品道路运输企业、水路运输企业的驾驶人员、船员、装卸管理人员、押运人员、申报人员、集装箱装箱现场检查员应当经交通运输主管部门考核合格，取得从业资格，具体办法由国务院交通运输主管部门制定。

危险化学品的装卸作业应当遵守安全作业标准、规程和制度，并在装卸管理人员的现场指挥或者监控下进行。水路运输危险化学品的集装箱装箱作业应当在集装箱装箱现场检查员的指挥或者监控下进行，并符合积载、隔离的规范和要求；装箱作业完毕后，集装箱装箱现场检查员应当签署装箱证明书。

③ 运输危险化学品，应当根据危险化学品的危险特性采取相应的安全防护措施，并配备必要的防护用品和应急救援器材。

用于运输危险化学品的槽罐以及其他容器应当封口严密，能够防止危险化学品在运输过程中因温度、湿度或者压力的变化发生渗漏、洒漏；槽罐以及其他容器的溢流和泄压装置应当设置准确、启闭灵活。

运输危险化学品的驾驶人员、船员、装卸管理人员、押运人员、申报人员、集装箱装箱现场检查员，应当了解所运输的危险化学品的危险特性及其包装物、容器的使用要求和出现危险情况时的应急处置方法。

④ 通过道路运输危险化学品的，托运人应当委托依法取得危险货物道路运输许可的企业承运。

⑤ 通过道路运输危险化学品的，应当按照运输车辆的核定载质量装载危险化学品，不得超载。

危险化学品运输车辆应当符合国家标准要求的安全技术条件，并按照国家有关规定定期进行安全技术检验。

危险化学品运输车辆应当悬挂或者喷涂符合国家标准要求的警示标志。

⑥ 通过道路运输危险化学品的，应当配备押运人员，并保证所运输的危险化学品处于押运人员的监控之下。

运输危险化学品途中因住宿或者发生影响正常运输的情况，需要较长时间停车的，驾驶人员、押运人员应当采取相应的安全防范措施；运输剧毒化学品或者易制爆危险化学品的，还应当向当地公安机关报告。

⑦ 未经公安机关批准，运输危险化学品的车辆不得进入危险化学品运输车辆限制通行的区域。危险化学品运输车辆限制通行的区域由县级人民政府公安机关划定，并设置明显的标志。

⑧ 通过道路运输剧毒化学品的，托运人应当向运输始发地或者目的地县级人民政府公安机关申请剧毒化学品道路运输通行证。

申请剧毒化学品道路运输通行证，托运人应当向县级人民政府公安机关提交下列材料：

a. 拟运输的剧毒化学品品种、数量的说明；

b. 运输始发地、目的地、运输时间和运输路线的说明；

c. 承运人取得危险货物道路运输许可，运输车辆取得营运证，以及驾驶人员、押运人员取得上岗资格的证明文件；

d.《危险化学品安全管理条例》第三十八条第一款、第二款规定的购买剧毒化学品的相关许可证件，或者海关出具的进出口证明文件。

县级人民政府公安机关应当自收到前款规定的材料之日起7日内，做出批准或者不予批准的决定。予以批准的，颁发剧毒化学品道路运输通行证；不予批准的，书面通知申请人并说明理由。

剧毒化学品道路运输通行证管理办法由国务院公安部门制定。

⑨ 剧毒化学品、易制爆危险化学品在道路运输途中丢失、被盗、被抢或者出现流散、泄漏等情况的，驾驶人员、押运人员应当立即采取相应的警示措施和安全措施，并向当地公安机关报告。公安机关接到报告后，应当根据实际情况立即向安全生产监督管理部门、环境保护主管部门、卫生主管部门通报。有关部门应当采取必要的应急处置措施。

⑩ 通过水路运输危险化学品的，应当遵守法律、行政法规以及国务院交通运输主管部门关于危险货物水路运输安全的规定。

⑪ 海事管理机构应当根据危险化学品的种类和危险特性，确定船舶运输危险化学品的相关安全运输条件。

拟交付船舶运输的化学品的相关安全运输条件不明确的，应当经国家海事管理机构认定的机构进行评估，明确相关安全运输条件并经海事管理机构确认后，方可交付船舶运输。

⑫ 禁止通过内河封闭水域运输剧毒化学品以及国家规定禁止通过内河运输的其他危险化学品。

前款规定以外的内河水域，禁止运输国家规定禁止通过内河运输的剧毒化学品以及其他危险化学品。

禁止通过内河运输的剧毒化学品以及其他危险化学品的范围，由国务院交通运输主管部门会同国务院环境保护主管部门、工业和信息化主管部门、安全生产监督管理部门，根据危险化学品的危险特性、危险化学品对人体和水环境的危害程度以及消除危害后果的难易程度等因素规定并公布。

⑬ 国务院交通运输主管部门应当根据危险化学品的危险特性，对通过内河运输《危险化学品安全管理条例》第五十四条规定以外的危险化学品（以下简称通过内河运输危险化学品）实行分类管理，对各类危险化学品的运输方式、包装规范和安全防护措施等分别做出规定并监督实施。

⑭ 通过内河运输危险化学品，应当由依法取得危险货物水路运输许可的水路运输企业承运，其他单位和个人不得承运。托运人应当委托依法取得危险货物水路运输许可的水路运输企业承运，不得委托其他单位和个人承运。

⑮ 通过内河运输危险化学品，应当使用依法取得危险货物适装证书的运输船舶。水路运输企业应当针对所运输的危险化学品的危险特性，制定运输船舶危险化学品事故应急救援预案，并为运输船舶配备充足、有效的应急救援器材和设备。

通过内河运输危险化学品的船舶，其所有人或者经营人应当取得船舶污染损害责任保险证书或者财务担保证明。船舶污染损害责任保险证书或者财务担保证明的副本应随船携带。

⑯ 通过内河运输危险化学品，危险化学品包装物的材质、形式、强度以及包装方法应当符合水路运输危险化学品包装规范的要求。国务院交通运输主管部门对单船运输的危险化学品数量有限制性规定的，承运人应当按照规定安排运输数量。

⑰ 用于危险化学品运输作业的内河码头、泊位应当符合国家有关安全规范，与饮用水取水口保持国家规定的距离。有关管理单位应当制定码头、泊位危险化学品事故应急预案，并为码头、泊位配备充足、有效的应急救援器材和设备。

用于危险化学品运输作业的内河码头、泊位，经交通运输主管部门按照国家有关规定验收合格后方可投入使用。

⑱ 船舶载运危险化学品进出内河港口，应当将危险化学品的名称、危险特性、包装以及进出港时间等事项，事先报告海事管理机构。海事管理机构接到报告后，应当在国务院交通运输主管部门规定的时间内做出是否同意的决定，通知报告人，同时通报港口行政管理部门。定船舶、定航线、定货种的船舶可以定期报告。

在内河港口内进行危险化学品的装卸、过驳作业，应当将危险化学品的名称、危险特性、包装和作业的时间、地点等事项报告港口行政管理部门。港口行政管理部门接到报告后，应当在国务院交通运输主管部门规定的时间内做出是否同意的决定，通知报告人，同时通报海事管理机构。

载运危险化学品的船舶在内河航行，通过过船建筑物的，应当提前向交通运输主管部门申报，并接受交通运输主管部门的管理。

⑲ 载运危险化学品的船舶在内河航行、装卸或者停泊，应当悬挂专用的警示标志，按照规定显示专用信号。

载运危险化学品的船舶在内河航行，按照国务院交通运输主管部门的规定需要引航的，应当申请引航。

⑳ 载运危险化学品的船舶在内河航行，应当遵守法律法规和国家其他有关饮用水水源保护的规定。内河航道发展规划应当与依法经批准的饮用水水源保护区划定方案相协调。

㉑ 托运危险化学品的，托运人应当向承运人说明所托运的危险化学品的种类、数量、危险特性以及发生危险情况的应急处置措施，并按照国家有关规定对所托运的危险化学品妥善包装，在外包装上设置相应的标志。运输危险化学品

需要添加抑制剂或者稳定剂的，托运人应当添加，并将有关情况告知承运人。

㉒ 托运人不得在托运的普通货物中夹带危险化学品，不得将危险化学品匿报或者谎报为普通货物托运。任何单位和个人不得交寄危险化学品或者在邮件、快件内夹带危险化学品，不得将危险化学品匿报或者谎报为普通物品交寄。邮政企业、快递企业不得收寄危险化学品。

㉓ 通过铁路、航空运输危险化学品的安全管理，依照有关铁路、航空运输的法律、行政法规、规章的规定执行。

## 29.6 化工过程检测和控制

### 29.6.1 过程检测方法

#### 29.6.1.1 故障诊断技术

故障诊断技术起源于 20 世纪 60 年代的欧美国家，我国对故障诊断技术的研究是在 20 世纪 80 年代初开始的，虽然起步比较晚，但经过几十年的发展，已经在航天、汽车等各个领域内取得了不错的成绩。故障诊断技术主要对系统的状态进行监测，对故障进行诊断。根据故障诊断技术发展的阶段，将故障诊断大体分为 3 种，即系统数学模型诊断法、系统输入输出信号处理诊断法和人工智能故障诊断法。系统数学模型诊断法是发展最早，也是最系统的一种诊断方法。系统输入输出信号处理诊断法是第 2 阶段依靠测试技术发展的，通过信号模型分析可测信号，提取特征值，获取与故障相关的征兆。人工智能故障诊断法目前是故障诊断领域的主要研究方向，能有效解决大型复杂系统的多征兆、多故障问题。

(1) 故障诊断方法分类

① 系统数学模型诊断法。该方法可以深入系统本质的动态性质，与控制系统紧密结合，从而实现实时诊断、容错控制、系统修复与重构等故障，但系统模型难获得，易出现鲁棒性问题。其主要分为状态估计诊断法和参数估计法。

a. 状态估计诊断法。状态估计诊断法是通过被控过程的状态反映系统运行状态，再结合适当模型诊断故障的方法。当系统可观和部分可观时，重构被控过程的状态，将估计值与测量值进行比较，构成残差序列，以检测和分离系统故障。该方法综合利用了系统的结构、功能、行为信息，算法简单，直接有效，但一些非线性系统难建立模型，使其受到了一定的限制。刘春生等提出了一种可以解决状态不可测时故障状态估计设计方法，可以用于报警和故障容错控制。随着故障对象复杂性的增加，对故障状态估计精确性需求会越来越高。

b. 参数估计法。参数估计法的基本思想是由模型参数序列计算过程参数序列并确定过程参数的变化量序列，基于此变化序列进行故障诊断。这种方法不需要计算残差序列，比状态估计诊断法更有利于故障的分离。目前较多的研究是将参数估计法与其他方法相结合，对解决复杂分布模型的参数估计问题有着重大意义。

② 系统输入输出信号处理诊断法。该方法是一种传统的故障诊断方法，通过信号模型分析可测信号，提取方差、幅值、频率等特征值，从中获取与故障相关的征兆，达到对机械故障进行监测和诊断的目的。

a. 小波变换诊断法。近年来小波变换的相关研究取得了突飞猛进的发展，特别是非平稳信号分析。我国香港城市大学 J. Rafiee 等在基于小波变换的信号处理与特征提取技术方面进行了深入研究。

第 1 代小波变换虽然在工程应用方面取得了一定成功，但不能有效地匹配信号的特征，并且过于依赖 Fourier（傅里叶）变换，因此 1997 年 W. Sweldens 提出了第 2 代小波变换的概念，更简单快速，适合于自适应、非线性变换，但可能丢失有用故障特征信息，导致信号失真，并产生虚假频率，造成误诊。2009 年鲍文等提出了冗余第 2 代小波变换，其去掉了第 2 代小波变换分裂操作，克服了第 2 代小波变换上述缺陷，并对发动机的振动信号进行了有效的降噪处理。2010 年 Zhou 等对细节信号进一步采用冗余第 2 代小波变换进行分解，实现了冗余第 2 代小波包变换，比冗余第 2 代小波变换更加精细地划分频带，有效提高了时频分辨率，更适合于机械故障诊断。罗荣等提出了一种改进的冗余第 2 代小波包变换。该变换既避免了冗余第 2 代小波包变换中存在的频带错位缺陷，又消除了误差积累缺陷，非常适合于机械故障信号的预处理，并成功应用于直升机齿轮箱故障诊断。

b. 输出信号处理诊断法。输出信号处理诊断法的常用方法有谱分析法、概率密度法、相关分析法及互功率谱分析法等。

FFT 和频谱分析是机械设备故障诊断等多种学科重要的理论基础。华南理工大学丁康长期以来致力于研究 FFT 信号处理方法，并系统解决了离散频谱校正问题。相关分析的算法简单，不仅可以检测、识别、提取确定性信号和随机信号，还可以抑制白噪声信号，在微弱信号检测和机械振动分析方面有广泛的应用。

c. 经验模态分解诊断法。机械设备发生故障时，会出现非平稳特性的振动信号，经验模态分解（EDM）诊断法是一种优秀的非平稳信号处理方法，可以应用于机械设备动态分析与故障诊断。该方法无须预先设定基函数，就可将信号自适应地分解成不同尺度的本征模式函数（IMF），具有多分辨率和自适应性的特点，能有效地提取原信号的特征信息。在实际应用中，经验模态分解诊断法存在模态混叠、频率分辨率低的问题。

d. 时间序列模型诊断法。该方法基本思想是建立以反映状态变化的诊断参数为基础的时序模型，从而分析机器的运行状态，具有较强的识别能力和诊断能力。目前的研究主要集中于数据约简和降维，如离散傅里叶变换、离散小波变换、奇异值分解、分段线性近似和分段聚合近似等，并且已成功应用到了故障诊断领域。

e. 信息融合诊断法。信息融合是为了完成所需决策和估计任务，利用计算机技术基于一定的准则对按时序获得的若干传感器的观测信息自动分析、优化综合的信息处理过程。多源信息融合技术已经被国内外诸多学者应用到故障诊断领域中，主要是对系统故障进行更有效的推理与决策，改善系统整体性能。M. S. Safizadeh 等利用加速度传感器和压力传感器数据融合技术对轴承进行故障诊断。有人用多测点和多混沌特征参数信息融合，利用支持向量机分类，成功对行星轮故障进行了诊断。有人提出一种基于多源信息融合的故障诊断方法，解决了依靠单一特征信号进行诊断的准确性低及不确定性高的问题。

③ 人工智能故障诊断法。实现人工智能的重要基础包括专家系统、神经网络、模糊逻辑、故障树分析、支持向量机、粗糙集理论、实例推理、遗传算法等方法。

a. 专家系统智能诊断法。该方法主要思想是运用专家多年积累的经验知识，模拟专家的思维过程来解决复杂问题。主要有基于浅知识领域专家的经验知识的故障诊断系统和基于深知识诊断对象的模型知识的故障诊断系统，但应用最多的是两者的融合使用。其发展有基于规则、框架、案例、模型、网络的故障诊断专家系统。目前发展方向是基于多模型结合、实时诊断、分布式的专家系统。传统的专家系统具有获取知识难、推理效率低等缺点，而网络、数据库等技术与专家系统的结合可以有效弥补上述不足，使之趋向于并行化和智能化。基于专家系统的故障诊断结构见图 29.1。

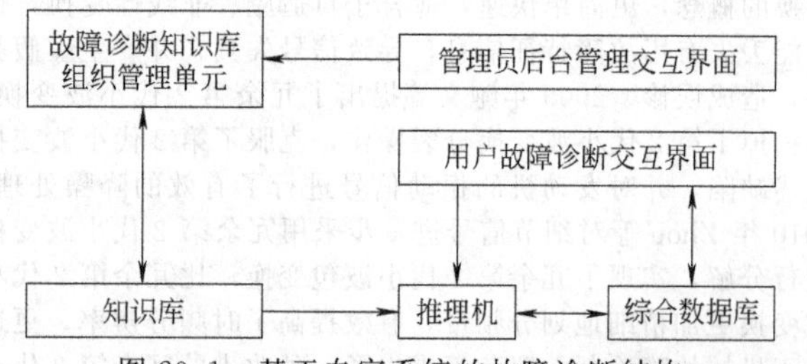


图 29.1 基于专家系统的故障诊断结构

b. 神经网络智能诊断法。作为一种模式识别和知识处理方法，神经网络在故障诊断领域的应用主要是分类器、动态预测模型和基于神经网络的专家系统。基于神经网络的故障诊断结构见图 29.2。

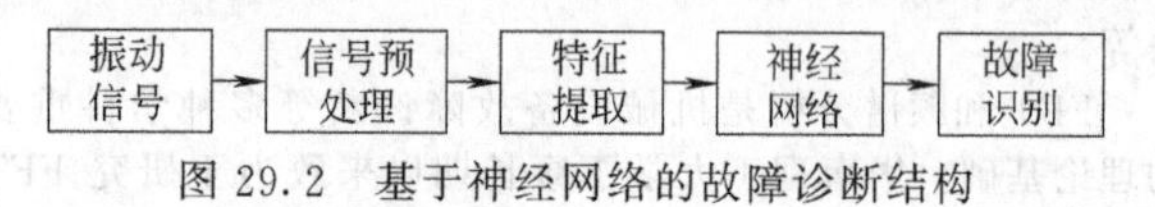


图 29.2 基于神经网络的故障诊断结构

该方法扩大了故障诊断的应用范围，提高了诊断的准确性，显示了极大的应用潜力。其未来的研究方向主要是神经网络自身算法的改进，神经网络技术与其他诊断技术理论的融合。李巍华等提出一种双层萤火虫神经网络诊断法并应用于轴承故障诊断。

c. 模糊逻辑诊断法。对大型复杂设备进行故障诊断时，由于测试点有限等客观原因，会出现故障现象模糊性、故障现象与原因之间关系的模糊性等问题，因此模糊逻辑的引入有利于处理监测和诊断中遇到的故障信息的不确定性、不精确性以及噪声等问题，为故障诊断开辟了新途径。Liu 等基于模糊测度和模糊积分数据融合技术对机器人故障进行了诊断。吴晓平等将模糊集理论和证据推理结合，提高了故障的识别能力和准确性。

d. 故障树分析诊断法。故障树分析（FTA）诊断法是一种简单、有效的演绎推理方法。其主要思想是将系统的故障原因由总体至部件按树枝状逐级细化，直观地展现故障。其优点是可以分析耦合性的多种模式故障，已经得到了卓有成效的应用。对于复杂系统的故障诊断而言，传统故障树分析的建模能力有限，杨昌昊等将故障树转变为故障贝叶斯网，对飞机雷达系统进行了故障诊断，满足了对复杂系统故障诊断的要求。

e. 支持向量机故障诊断法。支持向量机（SVM）是基于统计理论发展的一种新的通用学习方法，能够有效地解决高维、小样本学习问题。在故障诊断领域，SVM 主要用于故障分类、模式识别和趋势预测。S. Abbasion 等结合小波分析和 SVM 对轴承的多种故障进行了分类。V. Sugumaran 等提出了基于临近点核函数的多分类支持向量的诊断法。焦卫东等引入了 FLSA-SVM 算法，从数据预处理、特征提取和分类器设计等方面对现有的基于 SVM 故障诊断法进行了整体改进，并利用齿轮箱故障验证了方法的有效性。

近年来，支持向量机与其他学科融合构造出了多种新型支持向量机并得到了有效的实践应用，如模糊支持向量机（FSVM）、粒度支持向量机（GSVM）、孪生支持向量机（TWSVMs）、排序支持向量机（RSVM）等。

f. 粗糙集理论诊断法。粗糙集（RST）是 1982 年波兰 Z. Pawlak 教授提出来的一种数据分析方法，通过数据表研究属性之间的依赖关系导出分类规则，获得所需信息，可以有效处理不确定信息，在专家系统、模式识别等领域有广泛应用。郭小荟等将 RST 引入到故障诊断特征提取，可以提取出最能反映故障的特征，通过对发动机进行特征提取验证了该方法。与其他故障诊断方法相比，RST 不需要故障样本就可以找到一部分关于故障的知识，但在处理数据上有一定的缺陷，多与专家系统、神经网络、模糊理论、支持向量机等其他智能故障诊断技术融合应用。

g. 实例推理诊断法。实例推理是人工智能领域内新兴起的一种通过检索历史实例来解决新问题的推理技术，直接模拟人类的思维方式，可以提高推理效率，缩短诊断时间。王侃夫等利用实例推理来解决数控机床的常见故障、共性故障和群发性故障的诊断问题。

h. 遗传算法故障诊断法。遗传算法是 1975 年美国 J. Holland 教授提出的一种来源于生物界自然选择和进化机制的仿生算法。其通过选择、交叉和变异操作寻求系统最优解，算法思想比较简单、容易实现，具有并行搜索机制和全局搜索的特点，因此被引入故障诊断领域。Adam 等利用遗传算法达到对滚珠轴承状态监测、故障识别的目的。由于在实际应用中，工程问题的复杂程度越来越大，容易出现早熟收敛和收敛性能差等缺点，并且受算法自身的限制，通用性不强。为了克服这些，未来的研究方向可以将遗传算法与其他算法相融合。

i. 蚁群算法故障诊断法。意大利学者 Dorigo 等在 1992 年提出了蚁群算法作为一种新的进化计算方法。其主要特点是通过正反馈、分布式协作来寻找最优路径，解决故障诊断过程中故障征兆自动分类的困难。孙京诰等提出了一种新的基于蚁群算法的故障识别算法，已成功应用于一种化学反应器。由于蚁群算法缺少严格的数学理论证明，限制了自身的发展，目前在故障领域内的研究集中于与神经网络、遗传算法、支持向量机等其他诊断技术的融合。

j. 人工免疫故障诊断法。神经网络、模糊逻辑、遗传算法等理论属于第 1 代生物启发的计算技术，H. Bersini 等以生物免疫系统为灵感提出了属于第 2 代生物启发的计算技术的人工免疫算法。通过交叉、变异操作解决自适应和预测问题，适合于在线监测和自适应故障诊断，通过生成能够表示和识别抗原（即故障形式）的记忆抗体集合，然后用建立好的记忆抗体集合对故障形式进行识别分类。于宗艳等基于人工免疫模式识别对抽油井机的 3 种典型故障进行了诊断。

k. 粒子群故障诊断法。粒子群优化算法（PSO）是 20 世纪 90 年代由美国 J. Kennedy 等基于鸟群在空中的捕食行为提出的一种新仿生算法，通过粒子操作解决一般优化问题，具有参数少、操作简单、收敛速度快等优点，目前的研究主要是自身算法的改进和与其他算法的结合。袁海满等利用 PSO 的全局寻优搜索策略对相关向量机（RVM）的核函数的参数进行优化，解决了 RVM 自身无法取得最佳核函数参数的固有不足，并已经应用于电力变压器的故障诊断。

（2）其他故障诊断法

① 噪声诊断方法。机械的噪声与振动信号类似，含有丰富的状态信息，可以反映机器零件的自身或者零件的相互运动状态的变化。通过对异常噪声进行分析，解决了一些设备难以测量振动信号的局限性，具有信号易测量、设备简单和传感器安装灵活等优点。潘楠等提出了基于频域盲解卷积的声学诊断方法对齿轮箱复合故障特征进行提取。贾继德等提出了基于小波包和模糊聚类分析的噪声诊断方法，解决了振动方法较难诊断内燃机内部机件磨损故障的局限性。

② 声发射故障诊断法。声发射（AE）是材料受力作用产生变形或断裂时，或构件在受力状态下被使用时，结构内部以弹性波形式释放应变能的现象。AE 信号是本身发出的高频应力波信号，可有效抑制周围环境噪声的干扰，频谱宽，可检测动态性缺陷。该方法主要就是采集、分析 AE 信号，并用 AE 信号获取声发射源，可以对大型构件的故障进行快速检测和诊断，对机械早期的故障诊断具有重要意义。赵元喜等提出了基于谐波小波包和 BP 神经网络的滚动轴承

声发射故障模式识别技术，对轴承的声发射故障进行了有效诊断。

#### 29.6.1.2 无损检测技术

无损检测技术即非破坏性检测，就是在不破坏待测物质原来的状态、化学性质等前提下，为获取与待测物的品质有关的内容、性质或成分等物理、化学情报所采用的检查方法。

(1) 应用原理

常用的无损检测方法有目视检测、射线检测、超声检测、磁粉检测和渗透检测。其他无损检测方法有涡流检测、声发射检测、红外检测、激光全息检测等。

无损检测是利用物质的声、光、磁和电等特性，在不损害被检测对象使用性能的前提下，检测被检对象中是否存在缺陷或不均匀性，给出缺陷大小、位置、性质和数量等信息。它与破坏性检测相比有以下特点：第一是具有非破坏性，因为它在做检测时不会损害被检测对象的使用性能；第二是具有全面性，由于检测是非破坏性的，因此必要时可对被检测对象进行100%的全面检测，这是破坏性检测办不到的；第三是具有全程性，破坏性检测一般只适用于对原材料进行检测，如机械工程中普遍采用的拉伸、压缩、弯曲等，都是针对制造用原材料进行的，对于产成品和在用品，除非不准备让其继续服役，否则是不能进行破坏性检测的，而无损检测因不损坏被检测对象的使用性能，故不仅可对制造用原材料、各中间工艺环节直至最终产成品进行全程检测，也可对服役中的设备进行检测。

(2) 分类

① 超声检测。超声检测的基本原理：利用超声波在界面（声阻抗不同的两种介质的结合面）处的反射和折射以及超声波在介质中传播过程中的衰减，由发射探头向被检件发射超声波，由接收探头接收从界面（缺陷或本底）处反射回来的超声波（反射法）或透过被检件后的透射波（透射法），以此检测被检件是否存在缺陷，并对缺陷进行定位、定性与定量。

超声检测主要应用于对金属板材、管材和棒材，铸件、锻件和焊缝，以及桥梁、房屋建筑等混凝土构件的检测。

② 射线检测。射线检测的基本原理：利用射线（X射线、γ射线和中子射线）在介质中传播时的衰减特性，当将强度均匀的射线从被检件的一面注入其中时，由于缺陷与被检件基体材料对射线的衰减特性不同，透过被检件后的射线强度将会不均匀，用胶片照相、荧光屏直接观测等方法在其对面检测透过被检件后的射线强度，即可判断被检件表面或内部是否存在缺陷。

目前，射线检测主要用于机械、兵器、造船、电子、航空航天、石油化工等领域中的铸件、焊缝等的检测。

③ 磁粉检测。磁粉检测的基本原理：由于缺陷与基体材料的磁特性不同，穿过基体的磁力线在缺陷处将产生弯曲并可能逸出基体表面形成漏磁场，若缺陷漏磁场的强度足以吸附磁性颗粒，则将在缺陷对应处形成尺寸比缺陷本身更大、对比度也更高的磁痕，从而指示缺陷的存在。

目前，磁粉检测主要应用于金属铸件、锻件和焊缝的检测。

④ 渗透检测。渗透检测的基本原理：利用毛细管现象和渗透液对缺陷内壁的浸润作用，使渗透液进入缺陷中，将多余的渗透液移出，残留缺陷内的渗透液能吸附显像剂，从而形成对比度更高、尺寸放大的缺陷显像，有利于人眼的观测。

目前，渗透检测主要应用于有色金属和黑色金属材料的铸件、锻件、焊接件、粉末冶金件，以及陶瓷、塑料和玻璃制品的检测。

⑤ 涡流检测。涡流检测的基本原理：将交变磁场靠近导体（被检件）时，由于电磁感应在导体中将感生出密闭的环状电流，此即涡流。该涡流受激励磁场（电流强度、频率）、导体的电导率和磁导率、缺陷（性质、大小、位置等）等许多因素的影响，并反作用于原激发磁场，使其阻抗等特性参数发生改变，从而指示缺陷的存在与否。

目前，涡流检测主要应用于导电管材、棒材、线材的探伤和材料分选。

⑥ 声发射检测。声发射检测的基本原理：利用材料内部因局部能量的快速释放（缺陷扩展、应力松弛、摩擦、泄漏、磁畴壁运动等）而产生的弹性波，用声发射传感器级二次仪表获取该弹性波，从而对试样的结构完整性进行检测。

目前，声发射检测主要应用于锅炉、压力容器、焊缝等中的裂纹检测，以及隧道、涵洞、桥梁、大坝、边坡、房屋建筑等的在役检（监）测。

⑦ 红外检测。红外检测的基本原理：用红外点温仪、红外热像仪等设备，测取目标物体表面的红外辐射能，并将其转变为直观形象的温度场，通过观察该温度场的均匀与否，来推断目标物体表面或内部是否有缺陷。

目前，红外检测主要应用于电力设备、石化设备、机械加工过程检测，火灾检测，农作物优种，材料与构件中的缺陷无损检测。

⑧ 激光全息检测。激光全息检测是利用激光全息照相来检验物体表面和内部的缺陷。它是将物体表面和内部的缺陷，通过外部加载的方法，使其在相应的物体表面造成局部变形，用激光全息照相来观察和比较这种变形，然后判断出物体内部的缺陷。

目前，激光全息检测主要应用于航空、航天以及军事等领域，对一些常规方法难以检测的零部件进行检测。此外，在石油化工、铁路、机械制造、电力电子等领域也获得了越来越广泛的应用。

无损检查目视检测范围：

① 焊缝表面缺陷检查。检查焊缝表面裂纹、未焊透及焊漏等焊接质量。

② 内腔检查。检查表面裂纹、起皮、拉线、划痕、凹坑、凸起、斑点、腐蚀等缺陷。

③ 状态检查。当某些产品（如蜗轮泵、发动机等）工作后，按技术要求规定的项目进行内窥检测。

④ 装配检查。当有要求和需要时，使用同三维工业视频内窥镜对装配质量进行检查；装配或某一工序完成后，检查各零部组件装配位置是否符合图样或技术条件的要求，是否存在装配缺陷。

⑤ 多余物检查。检查产品内腔残余碎屑、外来物等多余物。

### 29.6.2 报警系统

#### 29.6.2.1 目前石油化工行业火灾自动报警和气体检测系统的主要构成方式

(1) 单独设置

单独设置火灾报警系统，可燃有毒气体的检测信号传至DCS系统内，火灾报警与气体检测系统两者之间没有关系，因为这种结构比较简单，所以这种设置是目前国内投资并且已经能够投产的装置中采用比较多的系统构架。

(2) 主体设置

在这个系统构架中，以火灾报警系统为主体，可燃有毒气体传感器通过相关的控制器以及直接数字控制器将原本的模拟信号转变为高低压电平开关量输出信号，同时两者相互连接。这是一种比较完善、经济实用的报警检测系统，同时也是目前采用较多的火灾自动报警和气体检测系统构架。

（3）完整设置

根据相关要求，同时依据装置生产区域和辅助生产区域危险等级的不同，需要将生产区域中所有的自动火灾报警设备、可燃有毒气体传感器、可视主动火焰传感器以及雨淋系统等的控制信号和动作返回信号等所有相关的信号连接在可编程控制器上。在辅助生产区域内，则是设置火灾自动报警系统，该系统采用的是二总线制，其中包括报警控制器、烟雾传感器、手动按钮以及空气取样传感器等，同样还是把发生火灾时控制器的输出信号送到可编程逻辑控制器上，通过可编程控制器的输出接口将所有信号传送至控制室，这两个部分合在一块就是一个完整的火灾自动报警和气体检测系统。

#### 29.6.2.2　不同报警和检测系统的性能以及优缺点

（1）第一类系统的构架

该系统通常是国内投资企业采用的方式。由于是国内自主研发的火灾报警设备，这种结构的特点在于投资少而且比较独立。但是该系统无法接收可燃、有毒气体传感器的模拟量信号，所以在火灾报警系统是单独安装在装置区内的控制室和变电所等地方，同时可燃、有毒气体传感器则是接入DCS系统，两者之间互不相干。在装置生产区域的火灾报警设备基本上是安全型非地址码、报警按钮，而国产的手动报警大多是不放水的。如果是安置在室外使用，就必须要加非标防水外罩，这样的火灾自动报警和气体检测系统大多情况下都会存在一些缺陷。比如在建筑物进行大修期间，DCS系统会停止工作，导致气体传感器停止工作，一旦可燃、有毒气体发生泄漏，检测系统无法检测到，给装置区域带来极大的安全隐患。而且在建筑物进行大修期间，如果检修工在使用焊接设备时，可燃气体发生泄漏并且已经达到上限值，同时DCS系统停止工作无法报警，那极易引发火灾。化工装置与民用建筑不一样，在装置变电所的夹层中，因为夹层内灰尘比较多，而且还潮湿，烟雾传感器的智能程度有限，所以设置在电缆夹层中的烟雾传感器经常会误报警，大大降低了火灾自动报警和气体检测系统的可靠程度。

（2）第二类系统的构架

该系统通常是用于特定建筑物内的二总线制火灾报警系统，为了保证该系统的可靠性，该系统中火灾报警设备和气体检测设备大多数情况下是采用进口或者是合资产品。该系统的优点在于投资较少而且系统可靠性比较高，尤其是在建筑物大修期间系统仍然可以正常工作，也容易管理。其缺点就是该系统的响应时间比较长，在火灾发生时无法显示具体的模拟量信号数值，尤其是风向和风速传感，无法准确区分建筑物和装置区域的安全等级。

（3）第三类系统的构架

该系统最为完善而且更加安全可靠，在国外的大型项目中得到了广泛使用，在国内则是运用在大型石化联合装置中。该系统是在生产装置的建筑物内设置二总线火灾报警系统，其中包括了火灾报警控制器、烟雾感应传感器等。虽然该系统比前两个系统更加可靠完善，但是它的造价也偏高，而且后期的维护成本也比较高。

#### 29.6.2.3　如何合理设置火灾自动报警和气体检测系统

通过上面的描述，以上三种火灾自动报警和气体检测系统应用的背景和装置规模都是不一样的，第一种火灾自动报警和气体检测系统的构架存在着明显不合理之处，缺陷也比较多，所以在日后的化工装置中应该不采用该系统。第二种系统构架与第一种系统构架相比就完善了很多，所需的费用却很少，而且现场的防爆手动报警按钮采用的是地址码按钮，这就节省了电缆和施工费用，同时该系统还可以通过模拟量信号模块接收到可燃、有毒气体传感器的模拟量信号，通过与现场其他信号和控制设备的输入输出模块相连接，就构成了简单而且比较可靠的火灾自动报警和气体检测系统。第三种火灾自动报警和气体检测系统最可靠最安全，除了系统造价比较高外，还没有发现其他的缺陷，所以该系统可以应用在大型的化工装置中，可以发挥出很大的作用，同时该系统还符合相关的规定和条款。

#### 29.6.2.4　火灾和气体检测报警系统的合并设置

在大型联合装置中，区域控制中心和全厂控制中心等的可燃、有毒气体检测报警系统可以优先考虑与火灾报警系统的合并，即所谓的火灾和气体检测报警系统。火灾和气体检测报警系统的职责是通过专门的传感器和检测仪器，检测出早期火灾和可燃、有毒气体的泄漏，由相关设备发出警告提示工作人员进行相关安全操作，组织人员的撤离和疏散，或者也可以通过预先设置好的联锁逻辑程序自动开启保护措施和救护装置。另外，火灾和气体检测报警系统还可以通过远程报警系统使得自身能够得到及时救援，从而使原本可能发生的火灾或中毒事故在一开始就被处理掉，使已经发生的事故得到及时有效的控制，保证相关工作人员和生产设备的安全。火灾和气体检测报警系统的职责包括生产装置现场的所有火灾和可燃、有毒气体的检测报警，中央控制室和机柜之间等建筑物内的火灾报警和联动通常是由另外一套火灾自动报警系统负责，这样就实现了生产装置现场可燃、有毒气体检测报警系统和火灾检测报警系统的合并设置。在功能方面，这两个系统有着许多相似的地方，单独进行设置的话，无论是初期投入还是后期的维护都是不经济的，主要有以下几个原因：第一点，行业管理之间不同的设计规范，工业和民用建筑物内的火灾报警系统的设计规范是GB 50116—2013中的火灾自动报警系统设计规范，而可燃、有毒气体检测系统采用的是GB 50493—2019中的设计规范，不同的标准所要求的内容也是不一样的。第二点，长期以来火灾与气体检测报警系统由3个不同专业来负责设计，不同专业对一体化控制的思想认识不一样，对其他专业的认知程度也不高，这就造成了重复设置，重复设置不仅给资源造成了很大程度上的浪费，同时也给后期的维护工作带来不小的麻烦。第三点，不同行业采用的标准不一样，厂家依据不同标准生产出的产品也有所不同。火灾自动报警系统大多数采用的是总线型检测仪表，而火灾与气体检测报警系统采用的是常规点对点的模拟信号和开关信号回路，导致有些时候两个系统无法兼容。

### 29.6.3　化工过程紧急停车系统（ESD）

紧急停车系统，其作用是当生产过程中出现紧急情况或者需要进行停车处理时，它能够做出精准的检测并进行具体的响应操作，以确保整个化工装置停留在一个相对安全的水平，从而保障整个化工装置以及操作人员的安全。

#### 29.6.3.1　关于紧急停车系统的概述

（1）安全系统层次

① 在进行安全系统设备选型的过程中，对于装置的设计、使用、安装等各个方面都做了充足的考虑，使整个安全生产装置自身具备一定的安全性能。但这种降低风险的安全保障远远无法满足化工生产的实际需要。

② 过程控制系统。在紧急停车系统装置中，分布着不同的系统控制设备，如集散控制系统（DCS）、可编程控制器（PLC）等过程控制系统。它能够对化工工艺中的生产过程进行连续性的动态控制，使整个装置能够保持一个平稳操作的状态，从而降低整个化工装置所具有的风险值。

③ 紧急停车系统（ESD）是控制系统之外的独立系统，它能够对整个化工生产的过程进行监控，对生产中存在的风险进行预判，进而降低可能存在的事故。可以说，它是用于确保安全生产的最高层级。

（2）系统区分

ESD与DCS二者都是用于保障化工装置生产安全的，但是二者又有着显著的不同。DCS系统的主要作用在于控制生产过程中动态参数指标，确保在安全生产的前提下可以生产出符合产品设计要求的产品。而ESD系统则是对于生产过程中的一些关键性的工艺以及设备参数进行不间断的检测。所以通常情况下ESD系统是静态的，它不会产生任何的动作，但一旦生产过程中的参数出现异常或是设备出现故障，ESD系统就会按照既定的程序开展相应的安全处理的动作，以确保整个装置都能够符合安全生产的要求。对于二者的区分：

DCS：动态控制、故障自动显示、维修时间不太关键、可自动或手动切换。ESD：静态监护与保护、必须测试潜在故障、维修时间关键、永远不允许离线。

#### 29.6.3.2 关于紧急停车系统（ESD）的设计原则

（1）ESD选型

① 参考原则。系统的安全性：在选择产品或是系统时首先应当将其所具备的稳定性和性质作为主要参考依据，通过对其运行无故障的时间平均值进行参数比较，从而得出其所具有的可靠度。系统的可用性：系统在整个任务过程中所具有的可能性。通常来讲，系统的可用性增加，平均运行无故障的时间就会增长，维修的时间就会缩短。

② 选型依据。依照紧急停车系统的设计目的，在进行系统设计时首先需要满足整个装置的安全等级需求。而目前所使用的选型技术和配置方式都是依据国家所出台的安全等级作为参考标准（表29.2）。

**表29.2 安全等级对比**

| DIN V192 50 | IEC-615 08 | ISA-S84.01 |
|---|---|---|
| AK1 | SIL1 | SIL1 |
| AK2 | SIL1 | SIL1 |
| AK3 | SIL1 | SIL1 |
| AK4 | SIL2 | SIL2 |
| AK5 | SIL3 | SIL3 |
| AK6 | SIL3 | SIL3 |
| AK7 | SIL4 | |
| AK8 | SIL4 | |

（2）独立设置原则

在很多的情况下DCS系统的一些回路需要进行手动操作，若将紧急停车系统设置在DCS之内，在出现异常情况时工作人员要依靠自身进行情况判断处理，无形中增加了风险。因此，在安全等级要求下，两种系统必须分离开。

（3）故障安全原则

要对故障出现的状态进行判断，依据状况出现的实际情况考虑哪种情况导致的故障发生概率最大。

（4）综合考虑原则

紧急停车系统需要符合安全功能要求，同时还必须具有较高的可靠程度。安全性能越高，设备的停车次数就会越多，维修的时间就会拉长，并降低了系统的可用性。但在化工生产过程中一旦停车就会造成比较严重的经济损失，因此必须将安全生产与经济挂钩，进行综合性的评定，从而确保系统既有可靠性又有可用性。

#### 29.6.3.3 系统的实际应用

以加氢溶剂装置为例，这种装置中含有较多的化学物质，因而具有易燃、易爆的生产风险，所以为了确保装置安全运行内设了21套安全系统。

依据化工装置的特点以及安全生产等级要求，该系统主要采用的是现场总线控制（FSC）系统。这种系统不仅具有高等级的安全性能，同时其硬件也非常可靠。它能够有效地解除系统中存在的冗余，并提升了整个安全控制系统的故障容错能力。ESD在整个系统中所能发挥的作用非常明显，它不仅能够对整个系统中的安全稳定性提供一定的保障。同时，如果发生事故，它还能够针对事故进行记录。一旦运行状态出现异常就会记录每次的跳变情况，包括系统内部的定时器、计数器等的数据。ESD系统的自检功能能够如实地将记录打印出来，给相关的工作人员提供一定的参考，以便更加准确地找出事故的原因。

### 29.6.4 化工过程安全仪表系统（SIS）

安全仪表系统（safety instrumented system，SIS）又称为安全联锁系统（safety interlocking system），主要为工厂控制系统中报警和联锁部分，对控制系统中检测的结果实施报警动作、调节或停机控制，是工厂企业自动控制中的重要组成部分。

国内化工行业的规模逐渐扩大，其生产自动化水平得到明显提升，相应安全管理的要求也越发严格。为了促进化工装置和设备的长期安全运行，国家相关机构已经加强了安全仪表系统的管理力度。国家有关部门对化工仪表系统提出了明确的指导意见，必须加强安全仪表系统的优化，从设计、调试、安装等多个角度出发进行处理；避免系统仪表故障等引发的质量缺陷，从硬件设备保证方面提高石化行业的安全等级，避免意外事故等状况的出现。

（1）基本组成

安全仪表系统包括传感器、逻辑运算器和最终执行元件，即检测单元、控制单元和执行单元。SIS系统可以监测生产过程中出现的或者潜伏的危险，发出告警信息或直接执行预定程序，立即进入操作，防止事故的发生，降低事故带来的危害及其影响。

（2）系统结构

SIS的主流系统结构主要有TMR（三重化）、2004D（四重化）两种。

① TMR结构。它将三路隔离、并行的控制系统（每路称为一个分电路）和广泛的诊断集成在一个系统中，用三取二表决提供高度完善、无差错、不会中断的控制。TRICON、ICS、HollySys等均是采用TMR结构的系统。

② 2004D结构。2004D结构是由两套独立并行运行的系统组成，通信模块负责其同步运行，当系统自诊断发现一个模块发生故障时，CPU将强制其失效，确保其输出的正确性。同时，安全输出模块中SMOD功能（辅助去磁方法）确保在两套系统同时故障或电源故障时，系统输出一个故障安全信号。一个输出电路实际上是通过四个输出电路及自诊断功能实现的，这样确保了系统的高可靠性、高安全性及高可用性。HONEYWELL、HIMA的SIS系统均采用了2004D结构。

（3）化工安全仪表系统设计原则

① 仪表系统的稳定性、安全性、科学性。为了提高石化运作的安全性，需要加强仪表系统的稳定性、安全性、科学性分析。这一过程中必须及时建立安全仪表体系，结合行业标准规范等进行维护更新、检查处理，保证仪表体系的稳定性，这对提高石化行业的综合效益具有明显促进作用。仪表系统的设计中，首先需要考虑流程中各个环节之间的衔接方法，从整体性、稳定性、安全性出发对元器件进行选型，保证系统设计、软件编程的科学性。

设计过程中，为了促进仪表系统可长期维持高性能工作状态，需要考虑特殊工况的影响，如开车、停车等，提高相关操作人员人身安全的合理分析，避免石化企业内部管理工作的混乱。设计中，仪表系统的影响因素较多，包括设备自身条件、工作人员专业能力和不可控因素等，从提高石化行业仪器稳定性出发，需要加强仪表系统的合理管控、维护，避免异常状况等引发的事故问题。同时也是在不可抗因素导致事故情况下，借助安全仪表及时做出正确反应。

② 仪表设备运行稳定性、功能有效性。从提高石化行业运作合理性出发，必须及时进行安全仪表设备的稳定性、功能性分析，这对充分发挥安全仪表效能具有重大帮助。设计中需要考虑仪表正常工作状况下的报警功能，加强采样检测的代表性、合理性分析。此外，从系统设计案例出发，必须加强整个设计的合理性，保证其满足标准要求，避免设计人员经验匮乏、对现场了解不足等状况的发生。从进一步加强仪表系统的稳定性出发，需要及时进行安全仪表的维护、保养，尽量遵循维修便利、安全适用、耐用性高等基本原则的落实。再者需要引起重视的是仪表数量应尽可能降低，一方面缩减前期投资成本，另一方面可避免不必要的故障引发的事故问题，是促进企业可持续发展的重要措施。

(4) SIS设计优化

① 具体设计过程分析。SIS设计优化中，需要考虑优化后系统的改变，为了避免系统稳定性下降，优化后系统可结合项目运行状态进行风险因素的判定分析，避免进一步发生危险，这一举措可将已发生事故的风险降至最低。

首先，优化SIS选型，可对产品项目及时进行适用性测试，结合产品制造商规模进行检验。保证所选系统是国际认证体系，即所选级别需要满足SIS最优化要求；考虑选型中软件、硬件种类的选取，及时进行诊断、测试、报警等功能的落实；在控制器选择中，需要选择具有双重功能的控制器。

其次，系统优化配置方面，从提高现阶段工程进展出发，必须满足下列要求：其一，执行元件方面，系统的配置需要单独处理，SIS传感器信号一般会经由分配器传输信号，进入PCS后进行表决，该回路的供电必须借助SIS功能完成。此外，控制阀处可设置单独的关断阀，及时在阀门处设置安全定位仪，结合实际状况进行控制管理。其二，阀门冗余配置中需要考虑完整性1级的SIS应采用单一阀门，而2级SIS应采用冗余阀门。电磁阀门必须安装在定位器位置处，避免跳车等状况的发生。其三，优化后的系统需要采用变送器进行处理，可快速提高信号稳定性、精确性，便于相关人员进行实时监控。

② SIS设计优化的逻辑设计。逻辑设计环节中，需要提高控制器型号、系统匹配效果的分析，结合不同运行工况选择对应的逻辑形式。注意事项如下：其一，表决器的设计中，需要考虑其逻辑设计合理性，必须保证其与优化前的SIS相符合；其二，旁路的设计、维护中，需要考虑正常工况下的主要影响因素，这对旁路开关的位置设计具有一定影响，便于后期维护、调整等工作的顺利进行；其三，系统监视设计中，需要考虑信号显示作用，避免操作人员不能及时进行管理或监控。

### 29.6.5　自动化控制系统

(1) 自动化控制系统基本内涵及重要性

自动化控制系统是指通过运用一定的方法、原理，借助计算机网络平台，设定一定的参数和模型，打造整体化控制体系，并实现动态监控调试，进而满足生产运行自动化控制要求的一种技术、理念和模式。近年来随着化工市场竞争日益激烈，对精细化工企业发展带来了巨大的挑战，为了更好地满足公众对精细化产品的需求，精细化工企业在自动化控制、智能化管理等方面不断探索。通过不断创新，引进现代化设备和理念，从而进一步优化了精细化工产品生产工艺，提高了生产效率和质量，也提高了市场竞争实力。在精细化工企业应用自动化控制系统，意义重大。一方面，随着精细化工企业生产方向不断调整，想要生产出更多高质量的精细化工产品，就需要不断改进工艺、完善技术，才能切实提高产品的附加值。可以说，精细化工企业自动化控制水平是衡量其综合实力的一个重要测量指标，通过自动化控制技术应用，有助于不断提高产品质量，减轻工作人员负担，提高自动化监控运行质量，确保生产出更多高效、优质的产品投放市场，进而满足公众的需求，实现效益的持续提升。另一方面，随着行业竞争日益激烈，精细化工企业为了在市场上有更多的立足之地，就必须要进行变革和转型升级。精细化工生产过程本身的复杂性和程序化特点，可以通过引入自动化控制技术，从而能够更好地满足生产运行要求，加强安全防控和质量监督，降低运行成本，提高安全防范水平，更好地提升产品营销力，进而实现更长远的发展，不断巩固竞争优势。

(2) 化工自动化控制系统

对于化工企业来说，随着自动化系统在企业中的应用，其内部包含的自动化系统比较多，主要包含以下几个系统：

① 自动检测系统。该系统中主要包括多种检测仪器及仪表，针对不同的设备性能、工艺参数进行测量、记录。该系统的出现降低人工测量所需耗费的人力，节约了时间，同时也提高了测量与记录的准确度。

② 自动信号与联锁保护系统。化工企业在实际生产过程中，难免会出现突发事件，导致生产中工艺参数发生变动，如果突发事件造成的后果比较严重，就有可能导致生产工艺参数超出允许范围，造成生产事故的发生。所以，将自动信号及联锁保护系统用于部分关键性参数设计中，如果工艺参数超出了规定的最大允许范围，在事故尚未发生前，信号系统检测到异常情况后自动发出报警信息，操作人员在看到报警信息后，就能够对异常情况进行及时处理。如果操作人员未能及时发现报警信息或异常情况进展较快时，在即将达到危险工况状态时，联锁系统会紧急做出反应，切断某些电路或打开安全阀，甚至停车，避免事故的发生或扩大。在生产过程中，该系统属于安全系统的一部分。

③ 自动操纵及自动开停车系统。在系统中对设备的周期性操作预先进行设定，即自动操作系统。如煤气发生炉是化工企业生产中常用的设备，在使用前先对其进行设定，实现水蒸气与空气的周期性循环接通，如果人工接通的话，会消耗大量的人力和时间，并且存在人为误操作风险，而利用自动操作设备，对人工方法能够有效替代，根据在一定时间程序内，将空气与水蒸气的阀门扳动，使这两部分与煤气发生炉交替接通，有效降低了人工操作的重复性劳动，生产的效率和安全性都得到提高。

④ 自动控制系统。在具体生产中，由于产品质量、型号等因素的影响，所以各种工艺条件也会发生一定的变动。目前，化工企业中很多都采用的是连续性生产工艺，工艺中包含多个环节，任何一个环节出现问题，对后续环节都会带来影响，造成生产工艺参数发生改变，所以某一环节如果出现偏差以后，其他设备也需要进行变动。在生产过程中，可以自动化控制生产过程中的某些关键性参数，降低这些参数受到干扰因素的影响，自动控制系统可将此类关键性参数的数值控制在允许的范围内，保证了生产过程的稳定性及产品的质量。

(3) 化工自动化控制系统结构分类

化工自动化控制系统的结构比较复杂，但从其控制类型方面可划分为以下两个类型。

① 闭环控制系统。化工自动化控制系统中，在控制器和被控制对象之间设置闭环控制系统，该结构最主要的特点是实现了对控制器和被控制对象的顺向与反向的双向控制，所以，很多时候也将闭环控制系统叫作反馈控制系统。闭环

控制系统最大的优点是在任何干扰因素干扰的条件下，被控对象都不会偏离设定值，控制系统可以很好地实现对被控制对象的控制，并对产生偏差的趋势进行纠正，确保被控制对象处于设定值范围内。也正因为如此，该系统的控制性能非常好，并且系统工作只出现在偏差出现后。但同时也由于往往是在偏差出现后系统才开始控制，因此也具有滞后性的缺陷，尽管可发挥出控制效果，但控制的质量往往会降低。

② 开环控制系统。将控制系统设置在控制器与被控制对象之间，但只是控制器对被控制对象的顺向控制形式称为开环控制系统。也就是说，通过对操纵对象实现对被控制对象的影响，而被控制对象对操纵对象不会产生任何影响。开环控制系统可以划分为两种类型：a. 按设定值控制。该方式下，对被控制对象中的被控变量需要控制的时候，只是对设定值进行测量。b. 按扰动控制。该控制方式下，对被控制对象中的被控变量需要控制时，是对导致系统破坏的扰动量进行测量，借助扰动信号产生控制作用，也称为按扰动进行控制。因为该系统只能对扰动量进行测量，所以控制时只能对测量到的扰动进行控制。

## 参考文献


[1] 李景惠. 化工安全技术基础. 北京：化学工业出版社，1995.

[2] 王自齐，赵金垣. 化学事故与应急救援. 北京：化学工业出版社，1997.

[3] 中石化安全监督局编. 石油化工防火与灭火. 北京：中国石化出版社，1998.

[4] 廖学品. 化工过程危险性分析. 北京：化学工业出版社，2000.

[5] 朱宝轩. 化工安全技术基础. 北京：化学工业出版社，2008.

[6] 刘相臣，张秉淑. 石油和化工装备事故分析与预防. 北京：化学工业出版社，2011.

[7] AQ/T 3033—2010 化工建设项目安全设计管理导则.

[8] 杨素平. 化工生产过程的工艺危害与防范措施. 化工管理，2014 (05)：242.

[9] 张宏文. 化工装置中紧急停车系统的应用. 化工设计通信，2017，43 (11)：143-145.

[10] 吕波. 基于精馏过程控制浅论化工自动化控制系统. 华东科技：学术版，2017，0 (3).

[11] 李伟国，肖军，苏龙，秦普丰，汤浩. 灭火剂分类与发展研究. 山西建筑，2014，40 (19)：270-271.

[12] 沈立. 浅谈化工建设项目的安全设计要素. 江苏安全生产，2011 (1)；36-38.

[13] 刘晓威. 浅谈化工特殊作业环节安全管理对策. 化工安全与环境，2015，0 (32)：6-7.

[14] 谢若曦. 石油化工安全仪表系统的设计分析. 科技经济导刊，2018 (14)：57.

[15] 赵庆海，赵玮，石玉霞. 现代故障诊断技术研究现状与趋势. 包装工程，2018，39 (15)：159-165.

[16] DB11/ 755—2010 危险化学品仓库建设及储存安全规范.

[17] 刘作华. 化工安全技术. 重庆：重庆大学出版社，2018.

[18] 徐锋等. 化工安全. 天津：天津大学出版社，2015.

[19] 齐向阳等. 化工安全与环保技术. 北京：化学工业出版社，2016.

[20] 吴济民. 化工安全与生产技术. 北京：科学出版社，2018.

[21] 陈卫航. 化工安全概论. 北京：化学工业出版社，2016.

# 30 冶金安全

## 30.1 冶金工厂安全

### 30.1.1 冶金工厂伤亡事故类型分析

冶金工厂配套专业多、设备大型化、操作复杂，既具有高动能、高势能、高热能所带来的重大危险因素，又具有有毒有害、易燃易爆等危险因素。高温、有毒、有害、易燃、易爆气体，煤气燃烧、爆炸，铁、钢水喷溅，粉尘与高温烟气，起重与车辆伤害等是冶金工厂中的主要职业危害。

根据相关部门针对部分大中型钢铁企业伤亡事故总数分析得出，在冶金工厂伤亡事故中，轧钢、炼钢和炼铁工序占伤亡事故总数比例较高，其余如烧结、焦化触电、高处坠落和中毒等也都占有一定的比例。从死亡、重伤、轻伤的比例来看，死亡所占比重较大。

从事故的性质和原因来分析，属于环境因素影响，工艺、设备缺陷，以及防护措施不全等因素造成的事故，约占伤亡事故总数的1/3，其余均属于人为失误造成的，包括工人不熟悉操作规程、缺乏对事故的应变和处理能力、注意力不集中、存在侥幸心理和违章作业等，情况比较复杂。特别是部分中小冶金企业，存在安全设备设施不完善，安全管理混乱，隐患排查治理工作不到位，管理人员、作业人员安全素质和技能差，缺乏应急预案等诸多问题。部分地区对冶金企业的安全生产工作重视不够，监督管理针对性不强，存在薄弱环节和漏洞等。

### 30.1.2 钢铁水喷溅

(1) 喷溅原因

在钢铁冶炼过程中，钢水和铁水是高温熔融液体，本身并不致喷溅或爆炸。炼钢过程主要是氧化过程，它的反应主要是钢渣之间的反应，反应速率与温度和气相压力有密切关系。碳氧反应的同时，产生大量一氧化碳气体，产生的气体能否顺利排除，与熔渣的沸腾有直接关系。熔渣的碱度适当、流动性好，促使熔池有较活跃的沸腾，达到碳的氧化反应条件。依据碳的氧化反应机理，分析平炉冶炼期间产生大喷溅或大爆炸的原因如下。

① 在熔池中熔渣过多、渣子黏、流动性不好以及熔池沸腾差的情况下，便加入氧化剂。由于碳氧反应产生大量一氧化碳气体，因熔渣的黏性太大，使气体不能顺利排除，同时促使熔池产生巨大压力，在此瞬间形成大喷溅或大爆炸。

② 由于低温操作，在熔池尚未形成一定性能的碱性渣或温度低的情况下，就急于集中往炉内加入氧化剂，所加入的氧化剂未完全起作用，浮在熔渣中，当熔池温度上升或从炉门抽管吹氧时，达到碳氧反应条件，突然进行急剧的碳氧反应，产生大量气体，这些气体不能顺利排除，导致产生大喷溅或大爆炸。

③ 由于熔池温度过高或熔池的上下温差大。当炉子倾动或抽管吹氧时，促使熔池形成对流作用而引起激烈反应，产生大喷溅或大爆炸。

(2) 防止措施

① 补炉时要高温正压，分层投补，保证烧结好。防止一次投补大量耐火材料，保持炉床形状和出钢口形状正常，防止剩留残钢、残渣，防止炉床局部上浮。

② 熔渣碱度要适当，流动性好，沸腾活跃，通常称为高温、薄渣、活跃、沸腾。为此要尽量多放初期渣，提前在熔化期进行造渣，使熔渣碱度控制在2.0～2.5。

③ 严禁低温操作，并在熔池温度低的情况下加入氧化剂（矿石、铁皮）。

④ 严禁氧化剂集中和大批量加入，特别要防止所加入的氧化剂未完全进行碳氧反应，又连续加入，同时要注意所加入的氧化剂未反应完全时，不能从炉门抽管吹氧，并且要适当控制供给燃料。

⑤ 控制好熔池温度，防止熔池上下温差过大，防止熔池表面温度过高或过氧化现象产生，顶吹平炉氧枪距渣面不能超过250mm。

⑥ 注意维护水冷系统，保持不漏水，地面无积水。

(3) 顶吹转炉炼钢过程防止钢水喷溅措施

① 转炉出完钢后，不论炼什么钢种，钢渣必须倒净，在老炉出不完渣的情况下，添铁、回炉、倒包应采取措施，通知周围人员暂时离开，并缓慢兑铁。

② 炉内剩有炉渣，补铁时必须由炼钢工处理后才能缓慢兑铁。

③ 冶炼新钢种前需先制定出冶炼方案和安全措施。

④ 技术规程要求的补炉原则是高温快补、均匀薄补、烧结牢固。补炉料运来后应及时组织补炉，要保持补炉料温度在140℃左右。

(4) 高炉炼铁过程防喷溅的措施

① 高炉冶炼过程中，炉前操作的主要任务是及时而又安全地放尽炉渣和生铁，如果铁口维护不好，就会发生铁口堵不上、铁水喷溅等事故。

② 出铁时，铁口不能有潮泥，如果带潮泥出铁，会造成铁口大喷，烫伤人员，铁口也会崩塌，造成维护铁口的困难，所以出铁前应该把潮泥烘干。

③ 如果发生炉缸烧穿事故，炉内铁水将从烧穿处流出，如炉基附近的地面存有积水时，铁水流过就会发生爆炸，因此，必须经常清除平台积水和垃圾，保持炉前地面干燥清洁。

### 30.1.3 冶金工厂煤气安全

高炉煤气、转炉煤气和焦炉煤气是炼钢、炼铁和炼焦生产中的副产品，每生产1t生铁可产生2100～2200$m^3$高炉煤气，每炼1t钢可产生50～70$m^3$转炉煤气，每炼1t焦炭可产生300～320$m^3$焦炉煤气。此外还有发生炉煤气、天然气等，都是冶金工厂的重要气体燃料。各种煤气的成分及主要性质见表30.1。

(1) 发生煤气事故的原因

从表30.1可以看出，中毒、着火、爆炸是煤气的三大特性。因此，冶金工厂接触煤气作业容易引起事故，通常称为煤气三大事故。发生煤气事故的原因如下。

① 缺乏煤气安全知识，如在发生事故后不戴防毒面具进行抢救，导致事故扩大，或在有煤气的地区干活而不戴防毒面具。

表 30.1 各种煤气的成分及主要性质

| 成分 | 种类 | | | | |
|---|---|---|---|---|---|
| | 高炉煤气 | 焦炉煤气 | 发生炉煤气 | 转炉煤气 | 天然气 |
| 甲烷/% | | 20～30 | 3～6 | | |
| 烃类化合物/% | | 2 | ≤0.5 | | |
| 一氧化碳/% | 27～30 | 7 | 26～30 | 60～70 | |
| 氢气/% | 1.5～1.8 | 58～60 | 9～10 | | |
| 氮气/% | 55～57 | 7～8 | 55 | | |
| 二氧化碳/% | 8～12 | 3～3.5 | 1.5～3.0 | | |
| 发热量/($kcal/m^3$) | 850～950 | 3900～4400 | 1400～1700 | 1800～2200 | 8500～90000 |
| 密度/($kg/m^3$) | 1.295 | 0.45～0.55 | 1.08～1.25 | | 0.7～0.8 |
| 燃点/℃ | 700 | 600～650 | 700 | 650～700 | 550 |
| 主要性质 | 无色、无味、有剧毒<br>易燃易爆 | 无色、有臭味、有毒<br>易燃易爆 | 有色、有臭味、有剧毒<br>易燃易爆 | 无色、无味、有剧毒<br>易燃易爆 | 无色，有蒜臭味，有窒息性、麻醉性<br>极易燃易爆 |

② 煤气设备泄漏煤气。

③ 设备有隐患，如水封有效高度不够，放散管高度不够，处理煤气的风机不防爆等。

④ 处理煤气不彻底，没有牢靠地切断煤气来源，如不堵盲板而单靠开闭器切断煤气来源。

⑤ 上级变电所或自控电气设备出事故突然停电。

⑥ 操作技术不熟练，误操作，或者不懂操作技术。

⑦ 处理煤气完毕后，煤气设备内的沉淀物，如焦油、萘等自燃或遇火燃烧爆炸。

⑧ 抽堵盲板没有接地线，作业处蒸汽管道没保温（或保温层脱落），盲板、吊具与管道摩擦等。

(2) 煤气中毒及其预防

煤气中含大量有毒气体，如一氧化碳、硫化氢、苯、酚、氨等。高炉煤气和发生炉煤气含一氧化碳量高，吸入人体后，一氧化碳与血液中的血红蛋白化合，使血液失去输氧能力，引起中枢神经障碍，轻者头疼、晕眩、耳鸣、恶心、呕吐，重者两腿不听指挥、意志障碍、吐白沫、大小便失禁等，严重者昏迷甚至死亡。

天然气含大量甲烷，甲烷无毒，但含量高时，氧气含量相对减少。当空气中甲烷含量达到10%以上时，人体的反应是虚弱、晕眩，进而失去知觉直至死亡。

预防煤气中毒，要严格遵守煤气安全规程的有关规定，首先要做到以下各点：

① 经常检查煤气设备的严密性，防止煤气泄漏，煤气设备容易泄漏部分，应设置报警装置，发现泄漏要及时处理，发现设备冒出煤气或带煤气作业，要佩戴防毒面具。

② 新建或大修后的设备，要进行强度及严密性试验，合格后方可投产。

③ 进入煤气设备内作业时，一氧化碳含量及允许工作时间应符合表 30.2 的规定。

表 30.2 一氧化碳含量及允许工作时间

| CO 含量/($mg/m^3$) | 允许工作时间 |
|---|---|
| 20 | 平均每工作日 8h，每工作周 40h |
| 200 | 不超过 15min |

④ 要可靠地切断煤气来源，如堵盲板、设水封等，盲板要经过试验，水封阀门不能作为单独的切断装置。煤气系统中水封要保持一定的高度，生产中要经常保持溢流。水封的有效高度室内为计算压力加 $1000mmH_2O$，室外为计算压力加 $500mmH_2O$。

⑤ 在煤气设备内清扫检修时，必须将残存煤气处理完毕，经试验合格后方可进行。对煤气区域的工作场所，要经常进行空气中一氧化碳含量分析，如超过国家规定的卫生标准时，要检查分析原因并进行处理。

⑥ 煤气区域应挂有“煤气危险区域”的标志牌。发生煤气中毒事故时，应立即通知煤气救护站，进行抢救和处理。

(3) 煤气着火、爆炸及其预防

煤气是一种可燃性气体，当煤气和空气混合，煤气中的可燃性气体和空气中的氧进行强烈的氧化反应，这种反应由缓慢转变到着火温度，并由缓慢氧化转为瞬时猛烈氧化，即达到爆炸阶段。如果煤气着火发生在密闭容器里，就会因急剧燃烧、体积突然膨胀而造成猛烈爆炸事故，破坏性很大。

防止煤气着火、爆炸的措施：

① 防止煤气与空气混合成爆炸比例，控制氧含量不使达到爆炸极限，同时不使火源、火花或赤热物与之接触。

通煤气的管道与没有通煤气的管道，必须有可靠的切断装置，不允许单独用阀门切断。高炉煤气管道在驱除煤气时，必须打开末端放散管及另一端人孔，用鼓风机强制通风。焦炉煤气管道需用蒸汽驱赶，或先通蒸汽，然后再用鼓风机通风。

② 停送煤气放散时，放散管周围 40m 内不准有明火存在，煤气管道设备停煤气后，必须立即按规定要求进行处理，合格后方可进行检修动火。高炉煤气、发生炉煤气可用鸽子或其他探测、报警装置进行检测，焦炉煤气、天然煤气可做爆发试验或进行一氧化碳含量分析。

③ 在煤气管道上动火时，必须保持管道内正压不低于 $50mmH_2O$，当压力低于 $50mmH_2O$ 时，要立即切断电焊机电源。

④ 使用煤气时，必须在压力正常的情况下才能点火。点火时必须先点火后给煤气，并将烟道闸门和炉门打开。

⑤ 发生煤气爆炸事故时，要立即通知用户止火，切断煤气来源，关闭阀门或水封并堵盲板。用蒸汽或者自然通风处理残余煤气，以防再次爆炸。煤气管道局部着火时，可用黄泥堵塞着火处。如裂缝太大，用黄泥堵塞不住时，应采取紧急措施通知有关单位停止使用煤气，然后采取灭火及处理措施。

### 30.1.4 厂内交通运输安全

冶金工厂的运输任务 80% 由铁路承担，而汽车运输约占 10%，皮带、辊道运输所占比重较小。冶金工厂厂内运输的主要特点是：运距短，装卸次数多，调车作业频繁，运量大，品种多；高温、液态金属以及其他熔渣的运输量约占厂内运输量的一半；线路情况复杂，道口多，弯道多，曲率半径小，道岔多，视线差；噪声大，粉尘作业点多；人、车混流现象多，上、下班时人流密集等。

#### 30.1.4.1　机车车辆安全装置与安全运行

制动机是机车运行中用来调节速度或停车用的安全装置，每台机车上都装有空气制动机和手制动机。调车作业和牵引特种车辆的机车，绝大多数采取单机制动。单机连挂车辆尤其是特种钩车，调车人员在前方引导时，制动应尽量减少冲动，防止车辆脱钩伤人。挂车前实行一停再挂措施，防止撞车并给调车人员以安全下车的机会。

冶金企业中，渣罐车、铁水车、铸锭车等特种车辆较多，这些车辆载重量大，运行速度要求慢。要防止由于超速运行至曲线、道岔时，渣铁水溅出伤人或烧毁附近设施和建筑物。在高炉下作业时，要注意调车人员的安全。牵引或推进特种车辆时，除特别紧急情况外，不许随便使用紧急制动，以免由于突然受阻，车上的钢锭、模子、铁水等错位或倾倒，伤人、坏车、毁铁路。

厂、矿铁路运输坡度大，曲线小，道口重叠，以及建筑物多影响视线。因此，为了防止列车在推进运行时，由于信号中断造成恶性事故，可根据具体情况，在固定的循环车组上安装紧急制动阀，遇有下列情况时，用以紧急停车：①列车推进运行中有发生脱轨、撞车、颠覆等危险时；②列车发生火灾时；③遇线路故障或其他故障，有使列车紧急停车的必要时；④有发生危及人身安全的情况时；⑤其他特殊情况必须紧急停车时。

#### 30.1.4.2　冶金工厂特种车辆运输安全要点

（1）机车在高炉下倒配渣铁罐时安全要点

① 根据炼铁生产周期，制定取送和挂运渣铁列车定点作业周转图，减少和消除炉下作业的干扰。铁厂和运输部门要严格遵守双方签订的安全协议，无厂方发给的安全作业牌时，机车不准进入炉下倒配渣铁罐。

② 连挂铁水和渣罐时，应停车检查车钩连挂状态，注意罐车是否倾斜，然后缓慢挂车，防止激烈冲撞渣铁水溅出伤人。

③ 无钩链或无提钩杆的罐车，列检部门要及时安装，保持车辆完整，维护作业安全。

④ 进入炉下作业的运输人员，应按规定穿戴防热服以及安全帽、鞋等。

（2）炼钢地区铸锭运输安全防护措施

① 在挂运模、帽、钢锭和底盘时，如发现装载偏重、倾斜或串动脱落现象时，应立即通知厂方处理，不得盲目调移车辆。

② 铸车连挂后，要试拉，以防脱钩跑车，还应认真检查特种钩，如发现裂痕，要及时更换。

③ 往脱模场、铸锭线和初轧均热炉摞车时，要在易于溜车的方向，做好止轮工作；为防范铸车断钩跑车，在整膜、脱模及初轧厂厂房内外，设置数量足够的止轮铁鞋。

④ 进入厂房送铸车时，机车应减速行驶或采取一度停车，确认起重设备状况、线路两侧和车辆底部无障碍物，并得到厂方通知后，方可进入指定线路。

（3）渣罐运输安全措施

① 行驶坡道的渣罐列车，为提高爬坡能力和下坡控制能力，应采取双机牵引或减少罐组，同时将运行区段按特定列车一次开通，以防运缓退行、断钩溜车。

② 渣道曲线部分要加强巡道检查和维护保养，机车行经曲线时要减速，曲线与坡道连接处阻力较大，为解决因超速带来的不利因素，可采取双机牵引或补充机车推送的办法。

③ 有陡坡的渣罐尽头线，应设铁的挡车器，在止挡器前方备存足够数量的制动铁鞋，防止溜车出轨，冲渣池翻罐时，要将机车摘开，带到安全地段待避，得到通知后方可再挂车。

现在许多钢铁厂对高炉渣和平炉、转炉渣开始采用水淬的综合利用措施，这是从根本上解决熔渣运输问题的好办法。

汽车运输也是冶金工厂厂内运输的重要交通工具，汽车运输的安全问题比铁路运输更为复杂，因此，加强对汽车驾驶员的培训，严格交通规则和加强管理，可以有效地降低这方面的伤亡事故。

总的来说，防止冶金工厂厂内运输方面的伤亡事故，主要应采取以下措施：

① 在生产、设备改造的同时，改善厂区的总图运输布置，发展多种运输并尽量减少装卸、运环节；

② 在人流、车流繁忙地段设人行道；

③ 在繁忙道口、交叉路口和地形条件允许情况下分别设立交叉道、人行地洞、天桥，以减少人车相撞机会；

④ 改造半径过小、坡度过大与道路过窄的线段；

⑤ 搞好机车、车辆与线路维修；

⑥ 禁止建筑物、构造物挤占线路界限，避免影响行车视距。

### 30.1.5　炼铁生产安全

在冶金企业内，炼铁厂是伤亡事故比较多的一个单位，占整个冶金企业的第二位或第三位。根据炼铁生产系统几个主要生产过程，分别提出伤亡事故发生的原因以及预防措施。

#### 30.1.5.1　原料系统的安全

原料系统的伤亡事故，主要产生在以下几个环节：

① 皮带运输系统缺乏安全装置。操作人员经常走动的通道，在机旁没有设置栏杆、安全绳索与紧急事故开关，有些转动轴、滚筒等外露部分无防护罩，人员跨越皮带时缺乏过桥。

② 料仓设计的坡度不符合要求，选用的闸门不灵活或者闸门年久失修，造成堵料，当用人工捅料时，容易发生崩料、挤压事故。

③ 矿槽周围没设栏杆，槽上没有格栅或格栅年久失修等。

④ 防止原料系统伤亡事故的措施：

a. 应严格遵守《炼铁安全规程》中关于供上料系统的安全要求，遵守相应规程，所有井、焦槽应设栏杆、盖板或格筛。

b. 皮带机所有外露的传动设备及部件，应设防护罩和栏杆，人员需跨越转动的皮带时，需安设过桥。

c. 不合要求的料仓与闸门应进行技术改造，当发生结块和卡料时，下去处理的人员应系好安全带，搭好跳板，并需有人监护，防止突然塌料伤人。

d. 从烧结厂运来的烧结料，温度高达600℃左右，卸料时常有喷溅放炮等现象，要防止被掀起的赤热粉尘烫伤。

e. 称量车司机在沟下（槽下）作业时，应防止撞车、挤压、跑料、脱钩等事故，由于沟下裸露电器较多，要注意防止触电和电器短路事故。清理料坑时，清理人员应事先与称量车联系好，防止料车挤人。

f. 逐步淘汰火车运料，改用皮带运输机，设置安全检测与联锁装置，提高机械化和自动化水平。

#### 30.1.5.2　高炉本体与出铁系统的安全

（1）高炉本体安全要求

应严格遵守《炼铁安全规程》（AQ 2002—2018）中关于高炉本体的安全要求，遵守下列规程。

① 高炉内衬耐火材料、填料、泥浆等，应符合设计要

求，且不得低于国家标准的有关规定。

② 风口平台应有一定的坡度，并考虑排水要求，宽度应满足生产和检修的需要，上面应铺设耐火材料。

③ 炉基周围应保持清洁干燥，不应积水和堆积废料。炉基水槽应保持畅通。

④ 风口、渣口及水套，应牢固、严密，不应泄漏煤气；进出水管，应有固定支撑；风口二套，渣口二、三套，也应有各自的固定支撑。

⑤ 高炉应安装环绕炉身的检修平台，平台与炉壳之间应留有空隙，检修平台之间宜设两个走梯。走梯不应设在渣口、铁口上方。

⑥ 为防止停电时断水，高炉应有事故供水设施。

⑦ 冷却件安装之前，应用直径为水管内经 0.75～0.8 倍的球进行通球试验，然后按设计要求进行水压试验，同时以 0.75kg 的木锤敲击。经 10min 的水压试验无渗漏现象，压力降不大于 3%，方可使用。

⑧ 炉体冷却系统，应按长寿、安全的要求设计，保证各部位冷却强度足够，分部位按不同水压供水，冷却器管道或空腔的流速及流量适宜。并应满足以下要求：a. 冷却水压力比热风压力至少大 0.05MPa；b. 总管测压点的水压，比该点到最上一层冷却器的水压应至少大 0.1MPa；c. 供水分配管应保留足够的备用水头，供高炉后期生产及冷却器由双联（多联）改为单联时使用；d. 应制定因冷却水压降低，高炉减风或休风后的具体操作规程。

⑨ 热电偶应对整个炉底进行自动、连续测温，其结果应正确显示于中控室（值班室）。采用强制通风冷却炉底时，炉基温度不宜高于 250℃；应有备用鼓风机，鼓风机运转情况应显示于高炉中控室。采用水冷却炉底时，炉基温度不宜高于 200℃。

⑩ 采用汽化冷却时，汽包应安装在冷却器以上足够高的位置，以利循环。汽包的容量，应能在最大热负荷下 1h 内保证正常生产，而不必另外供水。

⑪ 汽包的设计、制作及使用，应遵循以下规定：a. 每个汽包应至少有两个安全阀和两个放散管，放散管出口应指向安全区。b. 汽包的液位、压力等参数应准确显示在值班室，额定蒸发量大于 4t/h 时，应装水位自动调节器；蒸发量大于 2t/h 时，应装高、低水位警报器，其信号应引至值班室。c. 汽化冷却水管的连接不应直角拐弯，焊缝应严密，不应逆向使用水管（进、出水管不能反向使用）。d. 汽化冷却应使用软水，水质应符合 AQ 2002—2018 的规定。

（2）高炉开、停炉时的安全

在进行开、停炉时，应严格遵守《炼铁安全规程》（AQ 2002—2018）中关于高炉开、停炉的安全要求，遵守下列规程。

① 开、停炉及计划检修期间，应有煤气专业防护人员监护。

② 应组成生产厂长（总工程师）为首的领导小组，负责制定开停炉的方案、工作细则和安全技术措施。

③ 进行停炉、开炉工作时，煤气系统蒸汽压力应大于炉顶工作压力，并保证畅通无阻。

④ 开炉应遵守下列规定。

a. 应按制定的烘炉曲线烘炉；炉皮应有临时排气孔；带压检漏合格，并经 24h 连续联动试车正常，方可开炉。

b. 冷风管应保持正压；除尘器、炉顶及煤气管道应通入蒸汽或氮气，以驱除残余空气；送风后，大高炉炉顶煤气压力应大于 5～8kPa，中小高炉炉顶压力应大于 3～5kPa，并做煤气爆发试验，确认不会产生爆炸，方可接通煤气系统。

c. 应备好强度足够和粒度合格的开炉原、燃料，做好铁口泥包；炭砖炉缸应用黏土砖砌筑保护层，还应封严铁口泥包（不适用于高铝砖炉缸）。

⑤ 开炉工作的特点是炉衬是湿的，如不烘干，开炉后温度突然升高，会造成砖裂胀裂，装入的原料是冷的，容易造成悬料，炉冷甚至炉缸冻结；开炉时煤气中的一氧化碳、氢较多，爆炸因素增加等。

⑥ 开炉前做好设备检查及试运转工作，开炉以后，当高炉生产和所有设备逐步正常后，就可以开始引煤气。由于此时的煤气具有较多的爆炸因素，所有除尘和煤气净化系统应事先通入蒸汽 1～2h，不宜使用煤气驱赶空气的方法来处理。

（3）出铁安全

炉前操作的主要任务是及时安全地放尽炉渣和生铁，如果铁口维护不好，就会发生铁口堵不上，铁水跑大流，烧坏铁路，被迫休风停产等事故。为了维护好铁口，应注意做好以下工作：①多放上渣，减少从铁口流出的炉渣，减轻炉渣对铁口的浸蚀作用；②出铁时，铁口不能有潮泥，因为带潮泥出铁，会造成铁口大喷，烫伤人员，冲塌铁口；③放净渣铁，如果渣铁不放净，堵口时打进去的炮泥就不能在铁口粘住，而可能被铁水冲走；④出铁前应对好渣罐、铁水罐，铁水沟及闭渣器应干燥，防止刚打开铁口就被迫堵口，造成炉前操作混乱。

（4）放渣与炉渣处理的安全

人工使用堵耙堵渣口时，要掌握好堵渣的时机。当炉渣放净刚刚见喷的时刻，就应立即堵口，错过这个时机，就可能导致渣口大喷。炉渣带铁，会烧坏渣口水套，严重时会引起渣口爆炸，甚至毁坏整个渣口设备。为了避免这种事故，禁止在铁水面接近渣口时从渣口放渣。为了防止渣中带铁引起冲渣爆炸，还应注意：①放上渣时，发现带铁应立即堵住渣口。②出铁冲下渣，闭渣器的沙坝要有适当的高度和足够的牢度；堵铁口时，要等到主沟中铁水流净才能堆沙坝。③严重炉冷，渣中带铁过多时，要改用渣罐。

（5）休风与复风时的安全措施

休风操作中主要的安全问题是防止煤气爆炸。应严格遵守《炼铁安全规程》中关于高炉开炉的安全要求，遵守下列规程。

① 应事先同燃气（煤气主管部门）、氧气、鼓风、热风和喷吹等单位联系，征得燃气部门同意，方可休风。

② 炉顶及除尘器，应通入足够的蒸汽或氮气；切断煤气（关切断阀）之后，炉顶、除尘器和煤气管道均应保持正压；炉顶放散阀应保持全开。

③ 长期休风应进行炉顶点火，并保持长明火；长期休风或检修除尘器、煤气管道，应用蒸汽或氮气驱赶残余煤气。

④ 因事故紧急休风时，应在紧急处理事故的同时，迅速通知燃气、氧气、鼓风、热风、喷吹等有关单位采取相应的紧急措施。

⑤ 正常生产时休风，应在渣、铁出净后进行，非工作人员应离开风口周围；休风之前如遇悬料，应处理完毕再休风。

⑥ 休风期间，除尘器不应清灰；有计划的休风，应事前将除尘器的积灰清尽。

⑦ 休风前及休风期间，应检查冷却设备，如有损坏应及时更换或采取有效措施，防止漏水入炉。

⑧ 休风期间或短期休风之后，不应停鼓风机或关闭风机出口风门，冷风管道应保持正压；如需停风机，应事先堵严风口，卸下直吹管或冷风管道，进行水封。

⑨ 休风检修完毕，应经休风负责人同意，方可送风。

（6）处理故障时的安全注意事项

① 炉壁结瘤通常要采用爆炸的方法进行处理，炸药属一级危险品，应严格遵守《爆破安全规程》的有关规定。由于炮眼是用氧气烧成，里面发红，放炸药包前应先用水冷却炮眼，防止提前爆炸。

② 小高炉由于炉底距风口很近，结构不够牢固，炉缸烧穿的可能性比较大。炉缸烧穿的征兆主要有：a. 出铁量突然减少；b. 炉缸冷却水箱的出水温度急剧升高；c. 炉缸钢壳某处表面温度突然升高甚至发红；d. 炉缸附近地面有煤气大量逸出，甚至冒出蒸汽。

发现炉缸有烧穿征兆时，应采取以下措施：a. 降低冶炼强度，改炼铸造生铁，目的是促使大量石墨炭沉积，以保护砖衬；b. 提高冷却水压力，加强冷却，必要时可局部表面喷水冷却；c. 增加出铁次数，减轻炉缸铁水的静压力；d. 暂时封闭这一部位上面的风口及渣口，减少附近的活跃程度；e. 高压改常压；f. 清除炉基平台上的积水和垃圾，切断或使炉基上通过的水管、煤气管、氧气管和油管等改道，如不能改道，可砌墙保护，地面铺黄沙保护。

③ 炉凉严重如果处理不及时，甚至处理错误时，就会造成炉缸冻结。在炉缸冻结抢救过程中，炉台上人员多，赤红的渣液会从风口、渣口流向炉台周围，氧气皮管多处拉放，极易发生人身事故，应在抢救过程中加强组织领导。

④ 停电处理事故，应遵守下列规定。

a. 高炉生产系统（包括鼓风机等）全部停电，应按紧急休风程序处理。

b. 煤气系统停电，应立即减风，同时立即出净渣、铁，防止高炉发生灌渣、烧穿等事故；若煤气系统停电时间较长，则应根据煤气厂（车间）要求休风或切断煤气。

c. 炉顶系统停电时，高炉工长应酌情立即减风降压直至休风（先出铁，后休风）；严密监视炉顶温度，通过减风、打水、通氮或通蒸汽等手段，将炉顶温度控制在规定范围以内；立即联系有关人员尽快排除故障，及时恢复回风，恢复时应摆正风量与料线的关系。

d. 发生停电事故时，应将电源闸刀断开，挂上停电牌；恢复供电，应确认线路上无人工作并取下停电牌，方可按操作规程送电。

⑤ 停水事故处理，应遵守下列规定。

a. 当冷却水压和风口进水端水压小于正常值时，应减风降压，停止放渣，应立即组织休风，并将全部风口用泥堵死；

b. 如风口、渣口冒汽，应设法灌水，或外部打水，避免烧干；

c. 应及时组织更换被烧坏的设备；

d. 关小各进水阀门，通水时由小到大，避免冷却设备急冷或猛然产生大量蒸汽而炸裂；

e. 待逐步送水正常，经检查后送风。

⑥ 处理其他故障时，应严格遵守《炼铁安全规程》中关于高炉故障处理的安全要求。

#### 30.1.5.3　燃料喷吹的安全防护措施

高炉喷吹燃料通常是指通过风口向炉内吹入液体、气体和固体工业燃料，以节约部分焦炭。喷吹的燃料一般是燃料油、天然气、焦炉煤气、煤粉等，这些燃料都是易燃易爆品，所以在喷吹和运输时都要有安全措施。

① 燃油喷吹时，因杂油、柴油的闪点都比重油低，极易着火引起爆炸事故，所以储油罐必须有泡沫灭火装置或防火蒸汽管，一旦着火，立即扑灭。在高炉附近，喷油系统应设总管切断阀、蒸汽吹扫阀、自动调节阀、流量计和旁路闸板阀组成的油量调节系统。油路间的止回阀是防止热风倒流的安全装置，当流动介质发生倒流现象时，止回阀即自动关闭。

② 在喷吹煤粉时，应严格遵守《炼铁安全规程》中关于喷吹煤粉的一般规定，遵守下列安全措施：a. 剔除煤粉中的金属物，防止金属摩擦产生火花。b. 采用惰性气体，使混合气体中含氧量控制在安全范围内。c. 储煤罐、喷吹罐设防爆孔，并保持室内通风良好。d. 严格控制磨煤出口、粉煤仓、喷吹罐和布袋除尘器进出口温度，设置温度、压力及氧气等含量极限报警装置。e. 混合器与煤气输送管间，应设逆止阀和自动切断阀，保证喷吹的煤粉与空气混合物在风口前的压力大于高炉热风压力 50kPa 以上，大于大型高炉的热风压力 100kPa。喷吹管路应设低压报警装置与逆止阀，当压力低于规定值时，低压报警装置发出信号，并自动切断。f. 管理系统的设计应使管道保持足够的气流速度，以防止煤粉在管道中沉积。g. 煤粉制作间应设水冲洗系统或真空吸尘系统，防止煤尘散落堆砌，导致煤尘爆炸事故。

③ 在进行烟煤及混合煤喷吹和氧煤喷吹时，应严格遵守《炼铁安全规程》中相应的安全要求。

#### 30.1.5.4　高炉检修时的安全问题

在进行高炉检修时，应严格遵守《炼铁安全规程》中关于设备检修的一般规定，以及针对炉体检修、炉顶设备检修、热风炉检修、除尘器检修、摆动溜嘴检修和铁水罐检修的安全要求。

高炉检修时，炉内并不熄火，里面充满炽热的焦炭，虽然已停止鼓风，但由于炉身下部及风口附近不可能彻底密闭，少量空气仍源源不断渗进炉内，和红焦接触后产生少量一氧化碳，所以，在高炉休风的整个过程，高炉煤气仍不断产生，由炉顶逸出，积累到一定水平就会危及检修人员的安全。

高炉检修是高空多层作业，40%的伤亡事故是高空坠落，因此防止坠落是高炉检修安全工作的重点之一。

高炉检修时需要把料面下降，降料过程中，炉顶温度越来越高，为了保护炉顶设备，需往炉内打水，以降低炉顶温度。打水以后，炉内产生大量水蒸气，煤气中氢含量增加，爆炸的危险因素增大，所以整个降料过程都要注意安全控制用水，防止产生强烈爆炸事故。

高炉休风以后，炉内还有煤气，可能使检修工人中毒，也可能发生爆炸，所以，休风检修以前，要把炉顶的爆发孔打开，并把炉顶的煤气点着。在检修过程中，应继续保持炉顶明火燃烧。

### 30.1.6　炼钢安全

#### 30.1.6.1　平炉炼钢安全

（1）原料车间的安全措施

原料场要保证良好通风，夜间要有良好照明，卸料坑要设挡板，栈桥需安装带栏杆的走台，炉料装箱前要经专人检查，不得混有爆炸物和有色金属（特别是密度大、熔点低于钢的铅等），密封容器装入料箱前要穿孔两个以上，以免气体受热剧烈膨胀，引起爆炸，料箱底部至少要有八个孔道，以便流出积水，使用的脱氧剂（锰、矽铁等）要专门烘干去除水分。

混铁炉是储存、供应铁水的设备，要有可靠的制动器，突然停电时能使自身由倾斜状态恢复到正常状态。

（2）冶炼过程的安全措施

在平炉炉头下部和后墙外部要设挡热板，减少热辐射。夏季在计器室、炉前平台、炉后出钢口等处需设通风装置。平炉补炉工作要及时，防止发生重大漏钢事故，装料加料完毕堵假门坎时，材料中不许带有金属物料，以防兑铁水后，由于温度升高金属件熔化，烧穿假门坎，造成跑铁事故。兑铁水时，铁水温度达 1200℃以上，流槽、平台不能积水和有潮湿物，以防爆炸。为了多放初期渣，经常采用压渣操作法，压渣时，不能使用水或潮湿物，以防爆炸伤人，兑铁水时，停止吹扫炉顶的工作，以防炉内火焰喷出伤人。平炉炼钢普遍采用吹氧强化冶炼新技术，吹氧设备严禁沾有油质，新安装的氧气管道要用四氯化碳脱油，为防止产生静电火花，各管头阀门均要用铜制，出钢前要检查钢水罐和渣罐，里面不得有水或潮湿物，以免引起爆炸事故。平炉修炉时间紧，劳动强度大，高炉多层作业，劳动条件差，要特别注意安全。首先要注意修炉设备的安全装置，例如采用低压照明，以及保持各种电器设备的良好绝缘等，以防触电事故。另外，机械传动部分要有防护罩等，多层作业要搭好保护棚或安全网，防止人员坠落事故，炉内放炮作业应有专门的安全措施。

#### 30.1.6.2 转炉炼钢安全

（1）准备工作

① 在进行转炉冶炼之前，应严格遵守《炼钢安全规程》中关于转炉的设备设施要求。

② 转炉炼钢开炉前的准备工作非常重要，稍有疏忽就可能酿成重大人身事故。吹炼时，发现烟罩漏水，应马上停吹，关闭中压水阀门，检修焊接，直至不漏水为止。

③ 检查管道与阀门时，要有监护和检查二人同时进行，严禁吸烟，周围不得有明火，防止漏氧燃烧。在氧气管道周围，不准堆放易燃易爆品和油污物。

④ 炉盖上面焊有水箱，转炉倒炉时，钢水不能碰水冷炉口，以免引起事故。冶炼过程中如发现水冷炉口漏水，应立即停吹，派二人检查进水阀门并修复。

（2）冶炼过程的安全

① 在进行转炉冶炼前，应严格遵守《炼钢安全规程》中关于转炉的生产操作要求。

② 兑铁水后吹第一炉钢时，温度要升高，吹炼时间要长，这样可避免发生塌炉。尽管如此，新开炉子倒渣出钢时，周围人员还应让开，因为这时炉体尚不稳定，烧结不牢固，而炉内气流非常激烈，炉内渣子易喷出炉外，造成炉衬剥落，严重时可能塌炉。

③ 装料前应将炉内残钢残渣倒掉。装料时先装废钢和铁矿石，后装适当温度的铁水。加入的废钢原料要仔细清理，不能把带炸药的废武器，盛有水、冰、雪的容器加入炉内。发现废旧炮弹不许乱拆乱动，应及时交有关部门处理。

④ 在冶炼过程中，炉长和摇炉工要密切注意火焰的变化，当吹到终点火焰还不下降，周围有烟雾上升时，应提前检查。发现喷枪渗水时，应迅速调换喷枪，如果继续吹炼，喷头大量漏水，会造成严重的爆炸事故。

⑤ 发生喷溅时，火星冲出氮（或蒸汽）封口，可将氧气皮管烧坏，造成设备事故，如果渣子不化而又采取高枪位的不正常操作，造成连续性的剧烈大喷溅，危害更大。还有一种是动炉倒渣大喷溅，爆炸威力大，往往会炸坏摇炉房的仪器设备，灼伤人员。出现这种大喷溅的原因是渣子氧化性过高、氧气截止阀失效、漏氧时间过长等，因而渣子表面含氧量高，炉子倾动时，产生大量泡沫喷出炉口。

⑥ 发生跑钢事故时，首先应搞清跑钢部位，以便采取措施。窜钢时应从速调整化学成分，快速出炉，以免发生设备和人身事故。万一发生炉底窜钢时，应立即关闭进水阀门，在着火部位用四氯化碳灭火机灭火。

⑦ 氧气顶吹转炉炼钢，钢水温度高达1000℃以上，在这种温度下，水的体积将增大5000倍以上。这时假如蒸汽在炉内无自由发散余地，便会发生恶性爆炸事故。因此，炉内严禁入水。但是每个炉子都需要使用大量水冷却，因此要严密注意防止冷却水漏入炉内。在冶炼过程中，往往会出现喷枪头部、活动烟罩、汽化冷却烟道漏水，其现象是有白烟雾出现，火焰突然收缩等反常情况。这时必须立即提枪，关高压水，采取监护等一系列有效措施，等炉内水蒸气发散完后，才能转动炉体，否则极易发生严重爆炸事故。

烟气净化系统的爆炸主要发生在第一级文氏管前，爆炸力较大，严重威胁人身安全和正常生产。发生爆炸的原因是炉内操作不正常发生连续爆发性喷溅，大量渣子喷入文氏管，如果文氏管喷水量不足以熄灭喷入的红渣，便在其中留下了火种，如果漏入的氧与转炉烟气中一氧化碳混合成一定的比例，遇火种即能爆炸。防止措施是炉前作业严格遵守操作规程，尽量杜绝大喷渣，适当限制补炉砂量，保证烧结质量，防止坍补炉料；除尘管道设备保持气密性，有漏气及时修补；增加文氏管喷水量，使它足够熄灭喷出的火种。

补炉后再次开吹时，如发现火焰有突然熄灭现象，应立即提抢，停吹倒渣，降低氧压，继续吹炼，这时若再发生喷溅，也可减轻并防止爆炸事故发生。

#### 30.1.6.3 电炉炼钢安全

电炉炼钢的主要材料是废钢、生铁、铁合金、造渣材料、石灰、萤石、火砖以及脱氧剂等，其特点是炉温特别高，电弧温度高达3000℃以上。电炉炼钢的主要安全问题是电、水、氧三方面的问题。在进行电炉炼钢时，应严格遵守《炼钢生产规程》中关于转炉的设备设施要求和生产操作要求。

① 变压器室是电炉的心脏，室内必须保持清洁干燥，不准堆放杂物并不得带入火种，室内应设置符合要求的消防器材。

工作人员应经常检查设备情况，发现油温、水温过高时，应立即检查，采取措施，防止发生事故。严禁带负荷进行调压操作。炉前需供电或停电时，必须和配电工交换红绿牌，不得口头通知，以免发生误操作；不得带电上炉顶，不得带电做临时小修或接、松电极，不得带电摇炉出钢，以免发生事故。

② 对于漏水，要采取有力的弥补措施。在炼钢过程中，如果发生总水管断水，炉前应立即停电，升高电极，打开炉门，提升炉盖，快速降温，以免发生爆炸事故。在这种情况下，应关闭总阀门，来水后再逐步放入水箱，防止进水太快，箱内气体来不及排除而引起爆炸。等进、出水正常后，再恢复生产。出钢坑和机械坑内如有积水，应及时排除，未经处理，不得冒险出钢。

③ 氧气能加速炉料熔化、脱碳、升温，大大缩短熔炼时间，提高钢的质量。但应严防氧气泄漏。氧气开关应有专人操作，不能戴有油污的手套操作氧气开关。

电炉炼钢生产是高温多相的物理化学反应，可变因素较多，如果钢液与炉渣中含［O］及氧化铁浓度过高，钢液中有突然增加的大面积的反应界面和低温加矿石氧化，就可能产生钢液大喷溅甚至崩塌炉盖的事故，防止措施：a. 合理供氧，吹氧助溶不宜过早，以炉料熔化60%以上时为宜，以减少铁的大量氧化。b. 回炉料应好坏搭配，并按不同钢种适当控制含碳量，如铁料质量太差，全熔前应适当换渣，提高渣的碱度，降低氧化铁的浓度。c. 炉料熔清后，钢液温度达到开始氧化温度时方准氧化，消灭低温氧化。矿石分批分区加入，保持熔池均匀沸腾。d. 当氧气压力大于600kPa时，不宜矿、氧联合氧化，吹氧时应不断移动氧管位置，防止局部过氧化，减少大沸腾，产生大沸腾时，不能倾炉。

### 30.1.7 废料破碎

炼钢的原料主要是铁，也用一部分废钢作冷却剂。废钢来自各个不同部门，情况比较复杂，特别是来自军工部门的各种废炮弹，要特别注意加强管理，认真处理。冶金工厂中由于对金属废料的处理不当而造成的事故主要有以下几方面：废金属中混有炮弹、炸药等爆炸物，在分选过程中碰撞爆炸，或接触高温、火源等引起爆炸；用氧切割废炮弹引起爆炸；处理盛装液体或气体的金属容器不慎爆炸等。

预防措施主要有以下几方面：

① 严格把好采购、接货、卸车、验收、分选、切割、配料、入炉八个关口，特别要加强对分选的管理和检查。

② 修建专用的废钢切割场地，实行料块单层分选切割制度。严禁在废钢堆上进行切割，因为在废钢堆上切割，往往容易诱发多种多样的事故，难于发现钢堆中的易燃易爆物，切割时氧割火焰的温度在1600～3000℃之间，废钢中如混有易燃易爆物，容易受氧割高温引爆。

③ 废金属料场要有专门的管理制度。作业人员应该进行培训，经考核合格后方准上岗操作，不准许实习期的新工人单独操作。验收必须挑选责任心强、经验丰富的人员担任。

④ 上级管理部门应对出售、收购、转销、运输废钢的单位加强管理，特别是军工部门，应该定点回收废旧武器及炮弹，并在销售前进行处理。

## 30.1.8　高温作业

冶金工厂中的冶金炉、轧钢、烧结、焦化炉窑等生产过程都散发大量热量。通常热强度（每立方米车间体积每小时散出的热量）大于 20cal/(m$^3$·h) 时称为高温车间。高温车间一般都气温高、辐射热强度大、湿度低。

根据实测资料，炎热地区的高温车间，夏季在没有采取降温措施的情况下，车间内工作区的温度通常都超过 35℃，辐射强度一般在 1～2cal/(cm$^3$·min) 以上。当车间内堆放大量热工件或炉门开启时，工作区的热辐射强度可高达 9～10cal/(cm$^3$·min) 以上。

人体为了保持正常的新陈代谢，要向体外散发一定的热量，这种散热量的大小，随着劳动条件的不同而异。同时，人体的散热也要受到外界因素的影响，例如空气的温度、相对湿度、空气气流速度和周围的物体表面温度等，都会影响人体散热。当人体由于新陈代谢所需的散热量受到外界因素的影响不能顺利散出或散出过多时，就会使人感到不适，发生中暑现象。

汗的蒸发强度与周围的空气温度、相对湿度、气流速度有关。当空气温度高，相对湿度低，气流速度大时，虽然这时对流和辐射散热量减小，但通过汗的蒸发散热却增大了。因此，空气温度、气流速度、相对湿度以及周围物体表面温度对人体散热所产生的作用是一种综合作用。因此，要保持人体正常的热平衡，就应对上述诸因素进行综合考虑，采取有效的综合措施，达到防暑降温，保护工人身体健康和提高劳动生产率。

在高温车间作业，防止高温对人体危害的最根本办法是采取综合性措施，包括改进生产工艺流程、合理分配布置热源、隔热、局部通风降温、调整工时、提供清凉饮料等。

### 30.1.8.1　空气幕

空气幕是利用特制的空气分布器喷出一定的温度和速度的幕状气流，借以封住门、窗，减少或隔绝外界空气流的侵入，以维持室内或某一工作区的一定气象条件。

空气幕的一个作用是防止室外热气流侵入，冶金车间材料和工具的运输出入频繁，夏季为了防止室外热气流对室内温度的影响，可以设置空气幕或设置喷射冷空气的空气幕。

空气幕的另一个作用是防止余热和有毒、有害气体扩散。为了防止余热和有毒、有害气体向其他车间或工作区扩散蔓延，可设置空气幕进行阻隔。

(1) 侧翼式空气幕

可分为单侧式和双侧式两种。单侧式适用于门洞较小、车辆通过时间较短的场合，当门洞宽度超过 4m，或车辆通过时间较长时，往往采用双侧式空气幕。侧翼式空气幕喷出的气流比较卫生。为了不阻挡气流，侧翼式空气幕的大门不允许向里开。

(2) 下向式空气幕

冬季冷风从下部吹入，而工人操作的地点多数位于下部，所以这种空气幕挡风效率最高。但下向送风口在地面，容易受地面粉尘等污染和堵塞。

(3) 上向式空气幕

挡风效率不如下向式空气幕，但喷出的气流质量较好，这种空气幕适于隔绝夏季热风流侵入室内。

三种空气幕中以侧翼式使用较为广泛。

### 30.1.8.2　局部通风降温

(1) 风扇通风

在高温车间，室温和设备的表面温度一般都比较高，人体的辐射散热受到阻碍，通常都采用风扇通风来增加工作地点的风速，以加强人体对流和汗液蒸发散热，风速愈大散热愈多，工作地点风速可按以下要点确定：辐射强度小于 2cal/(cm$^3$·min) 时，可采用 3～4m/s 的风速；在辐射强大于 2cal/(cm$^3$·min) 劳动强度大的车间，可以采用 6～7m/s 的风速，个别地点还可增加到 8～10m/s。风扇容易扬起地面灰尘，要求经常向地面洒水。风扇通风属于车间内空气再循环，只能增加室内风速而不能降低空气温度，因此在高温车间和辐射强度大的车间，这种风扇不能满足降温要求。

(2) 喷雾风扇

喷雾风扇用于不怕水滴的高温工作地点，它送出含有水雾的风流，不仅可以增加空气流速，而且由于以下原因可以起到降温效果：①水分蒸发时从周围空气中吸收热量，使空气温度下降；②来不及蒸发的细小雾粒，随风吹落到人体皮肤表面后继续蒸发，同样可起到散热作用；③空气中的悬浮雾粒可以部分隔离辐射热。

喷雾风扇的降温效果主要取决于雾粒直径的大小和雾量，雾粒直径愈小，雾量愈大，喷射面积愈大，水滴与空气的接触面积愈大，蒸发吸热愈多，降温效果愈好。雾粒直径以 60$\mu$m 左右较好，最大不超过 100$\mu$m。雾粒太大不仅影响降温效果，而且容易使人产生不舒适的感觉。

### 30.1.8.3　空气淋浴

空气淋浴是一种局部机械送风系统，进出的空气预先经过冷却、净化等处理，然后经过一组喷头，将空气以一定的速度吹到操作人员身体上部，在高温工作区造成一个范围不大的凉爽区域，使工人劳动条件有所改善。

空气淋浴按位置能否变动分为移动式和固定式两种，移动式空气淋浴适用于工人操作位置经常变动的场合，它是一种装在特制车上的机组形式，机组本身带有风机，进、出风口，水泵，淋水喷头，水箱等设备和部件。固定式空气淋浴常用于集中供风。

送到受风地点的气流宽度，应使人能处于气流的作用范围之内，一般采用 0.6～1.0m，也可根据情况适当放宽。

### 30.1.8.4　隔热降温

隔热装置主要是用以防止辐射热对人体的危害和用以防止热源将热散发到工作地带，从而降低工作地带的温度。

(1) 厂房建筑物的隔热

建筑物隔热必须从建筑物外围护结构各个组成部分（墙、窗、屋顶等）着手考虑，其隔热方法也是多方面的，如合理选择外围护结构的构造，在外围护结构内组织通风，屋顶淋水，窗户遮阳等。由于窗户和屋顶所接受和传导的日照辐射热在外围护结构总辐射热量中为最大，所以重点考虑窗户和屋顶的隔热。

① 外窗遮阳隔热。阳光透过窗户照射到室内，是造成室内温度过高的一个主要原因。为了减少太阳对外窗的辐射，常采用遮阳隔热，其基本作用是用不透明的材料将太阳光线挡住（反射或吸收），从而减少透过的光线，遮阳材料吸收太阳辐射热后温度升高，然后由周围空气将热量吸收并带走，可以防止或减少太阳辐射热通过外窗传入室内。窗户通常采用遮阳板遮阳、挂竹帘或搭凉棚、窗户刷云青粉等方法。外窗遮阳设计要充分掌握日照规律等基础资料，并综合考虑隔热、挡风、防雨、采光和通风等功能，以期做到经济合理。

② 屋顶隔热。夏季太阳照射到屋顶上的昼夜平均辐射强度最大，辐照时间长，因此，通过屋顶传入室内的热量很大，屋顶隔热能大幅度减少太阳辐射强度，并能降低屋顶内表面温度，从而减少屋顶对人体的热辐射。

a. 通风屋顶。通风屋顶是一种很有效的隔热措施，隔热能力取决于屋顶内换气量的大小，而影响换气量的因素主要是屋顶内所受自然通风热压和风压的大小，因此为了提高隔热的效果，通风屋顶内空气夹层的排风口要比进风口高些，并可以适当增加风帽等部件，通常采用大阶砖通风屋顶和拱形通风屋顶两种形式。

b. 淋水屋顶。对铁皮或石棉瓦等轻型结构有坡屋顶的建筑，可以采用屋顶淋水隔热措施。淋水屋顶隔热降温原理，主要是因为水在蒸发时要吸收大量的汽化热，这些热量大部分取自屋顶所吸收的太阳辐射热，因而降低了屋顶的太阳辐射热强度，相应地降低了屋顶内的表面温度。淋水屋顶的构造是坡面屋顶的屋脊上装有多孔水管，放水时在屋顶上形成一很薄的流水层。淋水量一般取 30～50kg/($m^2$·h)。淋水时间一般在太阳辐射热达到高峰前开始，高峰过后就停止。

c. 喷水屋顶。喷水屋顶是在屋顶上均匀布置数列喷嘴，用一定压力的水从喷嘴喷出，在屋顶上形成一个水雾空间，以阻止太阳的辐射，同时雾滴落到屋顶上又形成一层水膜，能同时起到淋水屋顶隔热的作用。

（2）车间内热源的隔热

对于冶金工厂的高温车间，热源主要在车间内部，对热源采取隔热措施可以有效地减少辐射热对人体的危害，通常对冶金炉窑等热设备采取隔离热源的方法。一般隔热后设备外表面温度不宜超过 60℃，操作人员所受辐射强度应小于 1cal/($cm^3$·min)。

① 利用流动空气间层隔热。流动空气间层的隔热原理是由于间层内外空气温度不同而形成自然通风的作用压力，使温度较低的空气由下部孔洞进入，吸收由炉壁散出的热量后从上部孔洞排出。

② 隔热水幕。隔热水幕的原理是由于多数热量的传递方式是辐射，发热体随本身温度的不同而以不同波长的射线向外传播能量。冶金工厂的热源大部分是热射线，水幕形成的水膜对热射线具有较高的吸收能力，水膜愈厚，吸收能力愈强。流动隔热水幕就是利用这种原理阻挡热射线进入室内的。水幕是一种效果较好的隔热装置，在冶金工厂应用比较广泛。常采用的有：

a. 纯水幕。分两种，一种是溢流式水幕，水从溢流槽流出，经特制的溢水口而形成水幕；另一种是压力式水幕，水从具有压力的水箱底部流出形成水幕。

b. 铁丝网水幕。水由带孔的钢管喷出射到引水板上，再由引水管流到铁丝网上而形成整片水幕，最后经排水槽收集由排水管排出。由于铁丝网具有阻碍作用，水流动速度慢，水膜较厚，省水，隔热效果较好。有些高温车间要用铁板水幕，效果也较好，但铁板易受热变形，需注意维护管理。

c. 隔热水箱。隔热水箱是使热源的辐射热首先传给水箱壁，依靠水和水箱壁换热把热量传给水再由水流带走，从而达到隔热的目的。水箱的隔热效果取决于水量和水温，水温低、水量大，隔热效果好。

③ 反射隔热板。当热源的辐射热投射到反射隔热板上时，大部分被反射回去，仅有少部分被吸收，吸热后使隔热板本身温度升高而产生二次辐射，经过几次反射后只有小部分热量穿过隔热板辐射到工作区，从而起到隔热的作用。隔热板的隔热效果与材料的反射性能和厚度有关，材料的反射性能好，厚度大，它的隔热效果就好。铝板反射隔热板是较好的材料，但价格贵，常用的还有石棉板和镀锌铁板等。

④ 高温作业的综合预防措施。除以上降温隔热措施外，现在的冶金工厂中还采取了多班轮流作业，给工人提供盐汽水、绿豆汤等高温饮料，给轮班工人准备带空调的休息室，保证工人夏季能得到充分的休息。由于采取综合性的技术措施、组织措施和保健措施等，在重点冶金工厂中已基本消灭高温作业中暑事故。

## 30.2 冶金工厂职业健康

### 30.2.1 冶金工厂通风采暖及防尘毒危害

一般工业通风、采暖的原则和要求，大部分都适用于冶金工厂，但是冶金工厂是高温作业，存在着粉尘和有毒气体的危害，因而又有它特定的要求。

#### 30.2.1.1 通风和采暖的一般要求

① 冶金工厂各主要车间应根据工艺过程和固定工作地点的数量采取有组织的自然通风，不能进行自然通风时，应考虑采用机械通风或混合通风。所有受热辐射的工作地点应配备机械通风装置（局部送风、空气调节等），以通风采暖的方法保证工作地点的气候条件符合国家规定的卫生标准。

② 大量对流热和辐射热以及污染工作区的粉尘、有毒气体等应首先采取下列工艺和建筑方面的措施：

① 用挡板、隔离屏、水幕等减少工作地点所受的热辐射；

② 将放散粉尘和烟气的生产过程密封，同时采用机械通风；

③ 在热车间布置有主要散热源的工段，应考虑用自然通风设施进行季节性调整，而不使用机械；

④ 建议将主要热放散源放出的热量，用于冷跨间的采暖和加热全面通风换气的进风；

⑤ 为了提高通风系统工作的可靠性，改善操作和减少人员，以采用集中送风和排风的通风系统为基本原则；

⑥ 通风系统的室外吸风点，应设置在所设计的工程项目范围以内，并考虑到风向和避开污染源，在个别情况下允许将吸气点延伸到距离污染源 100～120m 以外的地方；

⑦ 必须为冶炼机组和加热炉使用的吊车和地面机械的司机室考虑隔热措施并配备单独的空调装置；

⑧ 局部通风系统抽出的烟气在放散到大气以前应进行净化处理。

#### 30.2.1.2 采暖通风系统的能量消耗

钢铁厂采暖通风的主要用户是炼铁、炼钢和轧钢车间，包括它的主厂房及配套辅助建筑。

在确定热需要量时，必须详细研究工厂的组成，因为主要车间的数目取决于所出产品的特性。

#### 30.2.1.3 全面换气通风

当车间内有散热量时，全面换气通风便靠室内外温差形成的热压和作用于建筑物时的风压来实现。车间内如果散热量小，只能靠风力进行自然换气。只有在车间内装有能阻挡空气自外墙流向厂房深部的情况下，才能有效地利用自然通风。

单跨和双跨间的厂房在风力作用下产生穿堂风时，对车间内的气候条件产生不利影响。在计算通风孔时，必须考虑风力作用，避免产生穿堂风。实际上通过确定进风和排风孔面积的比例和重新分配它们之间的热压，就能部分或全面地得到解决。

在厂房内，当热和烟气的主要污染源集中布置时，设计必须分段考虑。工艺布置和将放散污染物质的跨间与整个车间隔断开，对有效地解决自然通风起着重要的作用。

建筑设计应保证清洁的室外空气能够进入厂房。因此，在确定厂房位置时应考虑主导风向，并在建筑物之间留下必要的间距。

自然通风应采用结构简单的不受风力影响的天窗，进风孔挡板应布置在操作方便的工作区内，这样才能简化自然通风操作并提高效率。

当全面换气的自然通风不能保证气候条件或工艺条件所要求的空气参数和生产要求的空气清洁度时，才采用机械通风。

在金属生产过程中，有时按工艺要求必须在整个厂房保持空气高度清洁，而且在个别情况下全年还要保持一定的温度和湿度参数。属于这类生产过程的有纯金属合金、精密合金、精抛光带钢、刃具带钢、变压器带钢等的生产。在上述生产过程中，全面换气的机械通风是保证优质产品的工艺过程的重要组成部分。

厂房全面换气机械通风的设计经验和技术经济分析证明：设置集中的通风系统是合理的，集中送风系统长期运行的可靠性、运行效率都比较高，维护检修方便，管理人员可大量减少。

集中送风系统的关键是保持合理的分风和风量调节。

#### 30.2.1.4　局部通风

局部通风的目的是将新鲜空气直接送到工人的作业地点，改善作业环境，带走工人身体表面的辐射热，排除工作地点的粉尘和有毒、有害气体。固定工作地点只有在热辐射强度超过 300kcal/($m^3$·h)，才考虑采用局部机械通风。

局部通风系统主要由吸气罩、管道装置、废气净化设备和风机组成。

吸气罩是局部通风系统中控制烟尘扩散的部件。吸气罩应安装在产生烟、尘的尘源处，借助通风机在罩口造成的吸气速度，有效地将生产过程中散发出来的有害物质吸走，使其不在车间内扩散。它的设计安装合理与否，将直接影响着局部通风系统的效率。实践证明，防止烟、尘扩散的最有效方法，是把产生有害物的工艺设备或尘源、毒源点完全密闭起来，使它限制在很小的空间内。这种密闭设备称为密闭罩。

有时由于工艺或生产设备结构的限制，有许多设备或尘源点是无法密闭的，只能在它的顶部或侧面设置吸气罩，这些吸气罩有的叫伞形罩，伞形罩的吸气范围大，因此排风量要比密闭罩大得多。

还有些生产工艺的尘源、毒源，不能加以罩覆，只能采取在槽边设置吸气口，称为槽边吸气罩。基于槽边吸气罩要在蒸发面表面上造成一个不让烟尘散发到室内空气中去的速度场，因此，它需要更大的排风量。从以上简要的分析中可以看出，设计吸气罩时应注意以下几点：

① 密闭罩能有效地防止有害物的扩散，它能用较小的风量获得良好的通风效果，因此，设计时要尽量采用密闭罩；

② 局部排气罩的吸气方向应尽可能与有害物的运动方向一致；

③ 局部排气罩的吸气气流不允许先经过人的呼吸区，再进入罩内；

④ 局部排气罩应尽量靠近有害物的发生源，如果有害物源是移动的，排气罩也要相应地做成移动的；

⑤ 局部吸气罩的设置应不妨碍工人操作，同时要便于设备的检修。

### 30.2.2　高温烟气净化

冶金工厂冶炼过程产生大量高温烟气。这些烟气不仅含有气态有毒物质，而且含有各种金属和金属氧化物微粒，如二氧化硫、氟化氢、氯、汞、镉、铅、铍、砷、羰基镍等。这些烟气会造成严重的伤亡事故和职业病。

#### 30.2.2.1　除尘设备

在冶金工业中经常产生可燃性气体 CO、$H_2$ 等。目前在净化时多采用洗涤或用冷却器冷却到 200℃以下时再进行净化，不仅投资大，而且洗涤器收集的液态洗涤物，还要进行再次净化处理。一般用于冶金工厂烟气净化的设备主要有干式和湿式两种类型，干式有重力沉降除尘器、惯性除尘器、大型旋风除尘器、小型旋风除尘器、带式除尘器、颗粒层过滤器、干式电除尘器，湿式有湿式电除尘器、喷淋式洗涤器、离心水膜除尘器、湿式旋风除尘器、冲击式除尘器、泡沫除尘器、中低压文丘里管、高压文丘里管。目前冶金工厂中以环隙式脉冲袋式除尘器应用最为广泛。

国内外为了符合环境保护对控制微细粉尘的要求，并从技术经济的角度加以考虑，单一的除尘机理难以实现上述目标，因此 20 世纪 80 年代后研制的新型除尘设备，多采用综合的除尘机理，如采用预荷电技术和静电袋式除尘器。对袋式除尘器荷电的方法有两种，一种是使粉尘进入过滤器之前荷电（预荷电）；另一种是使除尘器内形成一个静电场。两种方法均能提高袋式除尘器捕集微细粉尘的性能。国外研制成功的静电袋式除尘器有：

① 阿匹托隆（Apitron）静电袋式除尘器。它是在传统的袋滤器前放置一中心有电极的圆筒形电除尘器。放电电极与设在滤袋中心的喷吹管连接，当用压缩空气喷吹时，一方面清除了沉积在收尘极上（圆管内壁）的粉尘，另一方面在滤袋内形成逆气流，达到清灰的目的。

② ULPA 静电除尘器。这种除尘器由两级组成，第一级为电离器，含尘气流中的粉尘粒子经第一级荷电后，一部分粒子被捕集，剩余的粒子随气流进入过滤器，被滤袋捕集。这种过滤器对 0.1μm 的微粒过滤效率达 99.999%。

采用综合机理的静电袋式除尘器，不仅能提高对微细粉尘的净化效率，同时还能降低滤袋阻力，减少清灰次数，延长滤袋使用寿命。

在冶金工厂常用的除尘器中，有以下几方面的特点：

① 旋风除尘器。造价低廉，结构简单，但除尘效率低。

② 洗涤式除尘器。耗能高，并产生新的液态废物。

③ 颗粒层除尘器。效率较高，但投资、占地面积大，对某些高温黏性粉尘净化效果差。

④ 静电除尘器。能净化高温微细粉尘，净化效率高，能耗低，但一次投资大，占地面积大，不适宜净化爆炸性气体和高比电阻粉尘，在冶金企业中的应用有逐渐增长的趋势。

⑤ 过滤式除尘器。目前仅限于处理 250℃以下的高温烟气，国内外正在加速对各种高温滤料进行研究。

#### 30.2.2.2　电除尘器在冶金炉窑的应用

电除尘器是利用高压直流电在阴极和阳极间形成电场，使气体电离产生大量的阴离子或阳离子，使通过电场的粉尘获得相同的电荷，然后沉集在与它极性相反的电极上，达到除尘的目的。

电除尘器有多种形式，其分类如下：

① 根据电除尘器的清灰方法，可分为干式和湿式两种；

② 根据气流方向，可分为立式和卧式两种；

③ 根据电离区和收尘区的布置形式，可分为双区和单区两种。

属于干式电除尘器的板式电除尘器是冶金工业中普遍使用的一种机型。电除尘器的主要结构部件有放电电极、收尘电极、气流分布板、收尘电极的清灰装置、放电极的清灰装置、外壳和供电设备等。

荷电和收集粉尘在一个区段内进行称为单区电除尘器，荷电和收集粉尘在两个区段先后完成的称为双区电除尘器。

双区电除尘器是一种精净化的高效除尘器，双区电除尘器主要特点如下。

① $4m^2$ 双区电除尘器系精净化高效除尘设备，适用于净化分散度高、密度小的粉尘、气溶胶、油雾、炭黑和细菌等，可以除掉 0.01～100μm 的微粒。

② 电离区电压 14kV，沉积区电压 7kV，仅为单区电除尘器的 1/5～1/4。但由于极距仅 8～10mm，为单区电除尘器的 1/15～1/12，所以电场强度达 8～10kV·cm，约比单区电除尘器大一倍。在收尘区，由于驱进速度高，驱进距离小，因而净化效率高。

③ 双区电除尘器净化效率高的另一因素：由于在净化中带正电荷和负电荷的微粒能同时得到充分净化，在电离区实际上存在少量负电荷的微粒，这些微粒通过沉积区时向正极板驱进并沉集于其上，从而避免单区电除尘器内与集尘电极电性相同的微粒难以得到充分净化的缺点。

电除尘器是一种高效率除尘装置，适于微粒控制，对 1～2μm 粉尘的效率达 98%～99%，阻力低、电耗小，可处理 500℃以下的气体，处理风量变化范围大，大风量时其经济效益更显著，但设备庞大，钢材用量多，一次投资大，结构较复杂，制造安装技术要求较高，并对粉尘比电阻有一定要求。

表面积 $1cm^2$、厚 1cm 粉尘层的电阻称比电阻，可实测得出，电除尘器正常工作的比电阻是 104～1011Ω·cm，小于此下限值时易产生二次飞相；大于上限值时，使粉尘驱进速度降低，并可能出现反电晕。选择适当的操作温度，增加烟气含湿量，加入调节剂（如 $SO_2$、$NH_3$ 等），加强振打清灰和改变结构是降低比电阻、提高除尘效率的措施。当前正在研究脉冲供电和超高压宽极距的除尘器，以适应高比电阻的净化要求和减小除尘器体积，降低电耗和一次投资。

#### 30.2.2.3 耐高温滤料的应用

（1）芳香族聚酰胺纤维

耐高温材料中占有重要地位的一大类是芳香族聚酰胺纤维。其中应用较广的是诺梅克斯（Nomex）。它耐碱性能很强，耐酸性能中等，是处理 180～220℃高温腐蚀性气体的良好材料。国外除在各种工业炉窑烟气净化中普遍应用外，在燃煤锅炉烟气净化方面也已取得满意效果。芳砜纶纤维在 100～270℃范围内可保持良好的纤维尺寸稳定性，并有良好的耐腐蚀性能，国外现已用于 260℃以下的烟气净化。

（2）聚四氟乙烯纤维

聚四氟乙烯纤维又称特氟隆，它可在－180～260℃的范围内长期使用，在高温下强度保持率高，对酸、碱、有机溶剂及其他氧化剂和还原剂保持良好的抵抗能力，可用于 220～260℃的腐蚀性气体的净化。它的突出优点是使用寿命长，在滤袋室工作温度为 166～204℃的情况下，滤袋寿命可长达 6 年。聚四氟乙烯的价格太高，约相当于玻璃纤维滤料的 10 倍，因此应用尚不广泛。

（3）玻璃纤维

玻璃纤维刺毡强度高，过滤负荷高，易清灰，寿命较长，工作温度可达 290℃。

（4）金属丝纤维

金属丝纤维的直径一般为 4～22μm，具有良好的耐腐蚀性能，较高的机械强度及良好的热稳定性，适于净化 400～600℃的烟气。但金属丝纤维滤料价格昂贵，约相当于玻璃纤维滤料的 25 倍，特氟隆的 2 倍，诺梅克斯的 9 倍，因而尚未达到普遍适用的阶段。

### 30.2.3 耐火厂防尘技术

耐火材料是冶金工业系统冶金炉窑的重要建筑材料，耐火材料的加工、生产是粉尘危害比较严重的一个部门。耐火材料厂生产的主要品种有黏土砖、高铝砖、矽砖、镁质砖、白云石、焦油砖等，以矽砖生产车间矽尘危害最为严重（矽砖原料含游离二氧化硅 90%以上）。

#### 30.2.3.1 尘源密闭

对原料制备系统的颚式破碎机、圆锥破碎机、干碾机、筒磨机等尽量采用各种不同形式的密闭。生产过程的产尘设备能否有效地进行密闭，对防尘效果影响很大。装配式凹槽盏板防尘密闭罩，使用时拆装方便，单位长度的缝隙漏风量小于 $0.25m^3/h$，经现场使用证明防尘效果良好，既可节省净化设备的投资，又可减少维修费用。

#### 30.2.3.2 通风管道及除尘系统

密闭内的粉尘借助通风管道用通风机排出，一般用途的空气管道设计成圆形、方形和矩形截面。这几种管道在有效截面相同的情况下，圆形的周边最小，也最经济。

圆形空气管道直径由 100～1600mm，共有 26 种统一的规格。除尘和工艺通风系统使用的空气管道用 3mm 或更厚的钢板制造。如果通风管道是非金属的，摩擦阻力损失值应予增加，矿渣风道增加一倍，砖砌风道增加 1.5 倍，在网上抹灰的风道增加 2 倍。

为了保持各分支管内的压力平衡，即消除剩余压力，采用平的或锥形流量孔板。锥形流量孔板常用于含尘量超过 $100～200mg/m^3$ 的除尘系统中。

除尘系统包括吸尘装置、管道、除尘器和通风机四部分。除尘系统管网的布置原则：

① 除尘系统的管网布置应力求简单，连接的吸尘点不宜过多，一般不宜超过 5～6 个。假如连接的吸尘点很多时，最好采用集合管，以利于各支管的阻力平衡。集合管内风速不宜超过 3m/s。由于集合管内风速较低，部分粉尘可能沉降下来，所以底部应设清灰装置。

本钢耐火厂对制料系统的颚式破碎机、干碾机、圆锥破碎机、筒磨机、湿碾机等采用一台工艺主体设备为一个独立除尘系统的布置方法，调节方便，风量能按计划分配，达到有效利用，风流输送线路可避免粉尘在管路中沉积，便于管理和抢修。

② 除尘管道应垂直或倾斜布置，倾斜管与水平面夹角以 45°～60°左右为宜，以防粉尘在管道内积聚。若因厂房条件限制需按水平布置，应增设清灰口等防积尘措施。

③ 管道转弯的曲率半径 $R=(1\sim2)d$，$d$ 为管道直径，管壁厚度保持 1.5～3.0mm 左右。

④ 加强除尘系统的维护和管理，注意保持吸尘设备的良好吸尘效果，防止管网和设备漏风，因为锁气器漏风将严重影响除尘效率。为了防止风道和设备积尘或被杂物堵塞，要及时清扫除尘器内的积尘，对于磨损或腐蚀损坏的风道及设备要及时维修或更换。

#### 30.2.3.3 成型车间

成型过程中的称料、添料、加压、出模、砖坯检尺等操作过程，均有粉尘飞扬，没有除尘装置时，粉尘浓度可高达 $10～100mg/m^3$。安装吸气罩，提高吸气罩的吸气量，能有效地控制粉尘的产生。

加湿作业是成型车间抑制尘源的一项重要措施，加湿的水分含量，以不使粉料黏结或飞扬为原则，可根据不同的粉料性质确定需要加湿的水分含量。

由于成型车间接触粉料操作过程较为繁杂，粉料撒落地面的机会较多，因此，必须采取措施，防止产生二次扬尘，例如经常冲洗地面，擦拭机器的积尘。从干燥窑出来的运料小车必须经过吹洗装置清理后，方能进入成型车间，防止产生扬尘。

烧成工序的装窑、出窑部分存在着高温粉尘问题，由于这部分作业地点难以固定，可采用103型电动喷雾装置减少粉尘飞扬。

## 30.2.4　烧结厂除尘

烧结厂是目前冶金企业中粉尘污染最严重的单位之一。烧结厂产生的粉尘量大，影响面广，治理困难，危害严重。一台 $75m^3$ 的烧结机，每小时产生的废气达 $3.9\times10^5m^3$，散落的粉尘约1.5t。烧结生产过程的主要尘源是：①烧结机主烟道排气中的粉尘；②烧结机和冷却机尾部卸料时产生的粉尘；③烧结矿筛分时产生的粉尘；④成品和返矿运输过程产生的粉尘；⑤一次混合废气中的粉尘；⑥烧结用原料、熔剂、燃料的卸车、加工（破碎、筛分）和运输过程产生的粉尘；⑦干式除尘器的排灰处理；⑧二次扬尘。

各种尘源都有它的特点：原料准备系统的尘源多而分散；混合料系统，特别是热返矿参加混合时尘气共生，排气具有高温、高湿和较高的含尘浓度。烧结矿系统的废气量大，温度高，含尘浓度大，由于目前多生产自熔性或高碱度烧结矿，因而产生的粉尘比电阻高。此外，烧结粉尘磨损性强，废气中含 $SO_2$、CaO，易产生腐蚀与结垢，对烧结粉尘的治理存在一定的困难。

#### 30.2.4.1　烧结工艺的防尘措施

烧结厂除尘首先要从改革工艺和设施，提高自动化水平方面入手，减少尘源和粉尘排放量。主要有以下几方面：

① 自动配料和严格控制混合料水分、点火温度，从而使成品烧结矿质量高，强度大，粉化率低，粉尘因而得以减少；

② 采用铺底料烧结工艺，在烧结机上首先铺上粒度为10～20mm，料层厚30～50mm的烧结矿，能够使配合料烧透，成品烧结矿不夹杂生料，降低粉尘量；

③ 对强化烧结过程所用生石灰采用风力输送，实现密闭运输，可避免皮带运输的扬尘；

④ 烧结机尾向冷却机采用直接给料方式，取消机尾热筛，采用冷返矿配料方案，从而消除热返矿配料时产生大量水汽夹带粉尘飞扬的状况；

⑤ 将环冷机受料点排出的高温废气接到点火器助燃，废气经台车料层时粉尘被吸收，从而减少粉尘排放量；

⑥ 烧结设备大型化、自动化，减少接尘人员和减少人员接尘的机会，这是今后烧结厂防尘的发展方向。

#### 30.2.4.2　烧结厂除尘措施

现代烧结厂除尘措施的发展趋势如下。

① 目前烧结厂排风系统的除尘设备，多数仍采用机械式旋风除尘器或多管除尘器，净化效率仅能达到70%～90%排放粉尘浓度，不能达到国家卫生标准。现在多采用集中的大型除尘系统，同时采用先进的大型除尘设备，这样，便于集中管理和维修，有利于除尘器连续正常运行，粉尘集中回收处理，减少二次扬尘。宝钢烧结厂一期工程，全厂共设5个集中的除尘系统，即废气、机尾、配料、成品、粉焦5个系统，净化设备分别采用ESCS-600直线型卧式三室宽间距电除尘器、三菱-鲁奇型电除尘器和大型吸入式反吸风袋式除尘器，取得了良好的除尘效果。对电除尘器的设计，注重气流均匀分布，电场内及灰斗内设阻流隔板，阳极采用480mm大槽型板，出口设槽型板，采用高性能的供电电源等措施，提高了静电除尘器的水平。

② 合理的粉尘处理与回收。由于系统的集中化和大型化，使除尘系统回收的粉尘集中在几个点，再采用粉料的密闭输送或加湿后送至烧结工艺系统加以回收利用。

#### 30.2.4.3　烧结废气除尘

近年来，有些单位在降尘管与多管除尘器之间增加一段旋风除尘器或惰性除尘器，从而使粉尘浓度达到排放标准。现已在烧结厂的废气除尘系统采用静电除尘器的设计，不久即将投入运行。宝钢的烧结废气除尘系统采用ESCS型超高压、宽极距的电除尘器，用以净化高比电阻粉尘，已初步取得经验。

#### 30.2.4.4　烧结厂环境除尘

烧结厂的原料准备，混合料、成品烧结矿等除尘系统一般称为环境除尘系统，包括以下几方面。

（1）原料准备系统的除尘措施

烧结厂的原料准备系统是指烧结所用的含铁原料、熔剂、燃料的储存、加工、运输及配料的工艺过程。过去原料准备系统的除尘系统分散，方法多样，通常多采用水力除尘、水力机械联合除尘、机械旋风除尘、高压静电尘源控制等措施，除尘效果不理想。现已开始采用集中式大型除尘设备，例如现在投入运行的鞍钢二烧配料除尘系统，共有几个吸尘点，总除尘风量为 $26\times10^4m^3/h$，除尘设备选用干式卧式双室两电场 $85m^3$ 的电除尘器，收集的粉尘用螺旋机输送到工艺配料皮带加以回收利用。

在原料准备系统，尚有一些开放性尘源，例如尚有许多胶带运输机无可靠的防尘设施，如果在尘源点采用高压静电尘源控制装置，或在尘源点喷洒荷电水雾，可以有效地抑制这些开放性尘源。

（2）混合料系统除尘

烧结厂混合料系统是配合料在装入烧结机前经专用的混合设备加水湿润和成球的工艺过程。烧结厂若是热矿工艺，热返矿遇水将产生大量粉和水汽，使混合料环境恶化。若任其自然排放，会造成很大的危害。可根据工艺和操作方式的不同，分别在返矿皮带加水点、一次混合圆筒混合机等主要尘源点采用大型冲击式除尘器，在其他次要尘源点采用喷淋管或喷淋箱对排气进行净化。

（3）成品烧结矿系统除尘

成品烧结矿系统是指烧结机尾卸矿部、冷却设备及整粒设施等工艺过程。这个系统各尘源点的含尘浓度高，处理风量大，是烧结厂除尘的主要部分。一是机尾除尘，目前多采用静电除尘器；二是整粒设施除尘，除尘措施是按工艺生产系统设立集中或分散的除尘系统，选用静电除尘器或环隙式脉冲袋式除尘器等。

## 30.2.5　焦化厂防尘防毒

焦化厂的特点是污染物多、散发面广、危害性大、治理困难，主要污染物是粉尘（煤尘和焦尘）、苯并芘、氰化物、硫化物等。

（1）尘毒危害

多数焦化企业，备煤、筛焦、运焦机械化程度很低，劳动条件差，粉尘浓度普遍超过国家标准。

国外3,4-苯并芘浓度超过 $10\mu g/1000m^3$ 时即可视为严重污染。根据鞍钢等有关单位的测定，焦炉附近3,4-苯并芘的浓度可高达 $816.8\sim24279\mu g/1000m^3$。几乎整个焦化厂都处于3,4-苯并芘的污染范围之内。另外，根据测定鞍钢化工总厂二回收约冷水架下风侧大气中的氰化物浓度，如果以日平均浓度标准 $0.01mg/m^3$ 来衡量，普遍严重超过国家标准。

氰化物的主要污染源是终冷水架，其次是熄焦塔。硫化物的危害主要有 $SO_2$、$H_2S$、$CS_2$ 等，其中含量最大的是 $SO_2$，当采用焦炉煤气为炼焦燃料时，燃烧生成的 $SO_2$ 通过焦炉的烟囱放散。

其他有害物质还有 $NH_3$、CO、$NO_2$ 以及各种多环芳烃类化合物等。

(2) 尘毒治理措施

① 装炉烟尘约占焦炉烟尘总量的 60%，国外研究的控制措施是：密闭化装炉、顺序装炉、集烟洗涤装煤车、带固定干管的串级落地洗涤系统等。

顺序装炉的原理是在装炉时间内任一吸风侧只允许开放一个装煤孔。它适合有四个装煤孔的双集气管焦炉，不需要特殊的机具，也不增加额外的能耗，因此技术经济效益优于一般控制方法。

带固定平管的串级落地洗涤系统是在洗涤装煤车之外再串接落地的文氏管洗涤装置。这种装置投资大，能耗大，操作费用也贵。

焦炉烟尘控制，首先要抓装炉的烟尘治理，而顺序装炉是最有效的措施之一，投资省、节能而且效果好。我国冶金系统现有的 80 多座大型焦炉，多数是三个装煤孔的单集气管焦炉，少数是三装煤孔的双集气管焦炉，两者都难以改造成顺序装炉，因此，对现有的三孔焦炉适于采取集烟洗涤装煤车的控制方法。但对改造或新建的焦炉，还是应当按顺序装炉的要求设计。

② 推焦烟尘是仅次于装炉的污染源，约占焦炉总烟尘量的 30%。推焦烟尘控制的措施有：带固定干管的移动烟罩、焦烟大棚、封闭式接焦车、移动式焦烟洗涤烟罩、焦烟洗涤导焦车以及开式喷淋等。

③ 湿熄焦烟尘约占焦炉总烟尘量的 10%。为了减少焦尘排放，在熄焦塔内安装百叶除雾器，可捕集到 90%以上的焦尘和液雾，为了减少酚、$NH_3$、HCN、$H_2S$ 等污染物的排放，要求熄焦用水必须达到当地河流的水质标准。

我国冶金系统的焦化厂全部采用湿法熄焦，应当装设百叶除雾器，并对现有的熄焦塔加以改造，熄焦用水积极设法处理，即可有效控制温法熄焦的烟尘污染。

### 30.2.6 焦化生产职业健康

焦化生产以洗精煤为主要原料，经过焦炉高温干馏和有关的化工过程处理后，生产出不同粒度的焦炭、煤气和多种化学产品。其中焦炭占总产量的 75%左右，而且主要是大于 25mm 粒度的冶金焦。焦化生产的化学产品，其品种随各厂综合利用和加工深度的不同而有较大的差别。综合利用较差的焦化厂，只开发几种或 10 多种；综合利用较好的焦化厂，可开发 40～50 种。全国焦化厂产品品种可达 100 余种，广泛应用于农业、医药、染料、合成纤维、合成橡胶等轻、化工业以及国防工业等部门。

焦化厂各车间随着生产工艺的不同，事故性质也明显不同。备煤车间以皮带运输机事故和煤埋窒息为主，炼焦车间以机械及车辆伤害、高温、烟、尘为主，而回收、精苯、焦油等化学车间则以火灾爆炸和中毒事故为主，所以各车间的安全防护措施各有其侧重点。

(1) 皮带运输机事故的预防

焦化厂皮带运输机（简称皮带机）是运输煤、焦炭的主要工具之一。皮带机在运转中容易发生打滑、跑偏、皮带撕裂、漏斗堵塞等事故，在处理故障和清扫时发生绞人事故的情况也不少。预防措施主要有：①采用触线紧急刹车检测装置。一旦皮带工触及皮带触线，皮带机迅速停止运转，防止将人绞入皮带。②采用皮带跑偏检测、调整装置。它能检测皮带的跑偏程度，当接收到电气控制系统的驱动信号时，能调整皮带逆着跑偏方向运动，以消除皮带跑偏。③采用打滑检测、调整装置。其作用是在皮带机尾轮转速降到额定转速的 85%以下时，发出打滑自动调整信号；接收到电气控制系统的驱动信号时，能将松香蜡打到皮带机头轮上，以增加摩擦力，从而消除皮带打滑现象。④采用防撕裂检测装置。当发生皮带撕裂时，可立即停车。⑤防止漏斗堵塞。当物料装满至一定位置时，振打机构开始工作，将物料振下。⑥皮带机清扫、检修等作业，应在皮带机停止运转的情况下进行。

(2) 煤埋窒息事故的预防

国内焦化厂所有储煤槽的漏嘴都设计成倒圆锥形或倒角锥形，其横截面积收缩率越来越大，往往使煤在其中流动受阻。如果煤因潮湿而流动黏性较大，槽中的煤只有中心的筒形部分能够流动，有时甚至完全不下，采用各种方式振动，也无济于事。流动受阻的这部分煤，常因过期变质而不适合炼焦使用，因此必须用人工进行处理，往往就在处理过程中，人员被塌下的煤埋住以致窒息死亡。近年来，储煤槽漏嘴的几何形状，已由原来的圆锥、角锥形改为双曲线形。这样，煤流动的截面收缩率虽然没有改变，但减小了煤流阻力，使槽内煤流情况大为改善，也就不再需要人工清扫处理，从而杜绝煤埋窒息事故。如果偶尔还需对储煤槽进行人工清扫，下槽人员必须佩戴安全带，并有专人监护，清扫时禁止在悬煤下探煤。

(3) 焦炉高温的防护

炼焦炉是一个内部温度达 1300～1350℃的大型高温窑炉，表面散热量较大。特别是炉顶和机焦侧操作平台等处，操作工人有相当一部分时间必须近距离（1～2m）面对大面积的高温焦炭（达 1100～1200℃），或在炉墙的辐射下进行作业。

对于高温环境的防护，近年来开发了一些新技术，主要有：①隔热炉盖，夏季可使炉盖表面温度降低 120～140℃；②上升管汽化冷却，可使上升管表面温度下降 240℃左右；③新型隔热材料。以上这些措施，不但降低对人体的危害，而且可收到节能效果。

(4) 焦炉烟、尘的防治

焦化厂的烟尘和粉尘绝大部分来自炼焦炉。炼焦炉装煤时，煤与高温炉墙接触后立即分解产生黄色烟尘从装煤口和装煤车煤斗、上升管、桥管接头、大小炉门等处冒出。据资料记载，每生产 1t 焦炭排出 6kg 左右的烟尘。

目前治理烟尘、粉尘的措施主要有：①在焦侧安装巨大抽尘系统，比较彻底地解决推焦的粉尘问题。②采用干法熄焦，由于熄焦是在密闭系统中由循环惰性气体冷却焦炭，系统内部与大气隔绝，所以也可大大减少粉尘的散发。③采用除尘熄焦塔，在传统的湿法熄焦塔中设置粉尘捕集器，使熄焦带出的粉尘减少 60%～70%。④利用高压氨水无烟装煤，替代过去的蒸汽喷射无烟装煤。由于大部分焦化厂的蒸汽压力无法保证，不能发挥无烟装煤作用，改用高压氨水后，喷射压力有了保证，而且效果比蒸汽为佳。在双集气管的条件下，装煤时几乎可以完全不冒烟。

(5) 火灾和爆炸的预防

在焦化厂回收车间、精苯车间和焦油车间，加工生产大量易燃可燃液体，其中有些属于一级易燃液体，如粗苯、苯初馏分、苯、甲苯、二甲苯和吡啶等，一旦发生火灾或爆炸，就可能酿成毁灭性的事故。所以必须有完备的防火防爆措施。主要的防范措施有：①严格划分动火区与防火区。防火区严禁烟火，包括每个人的防火。禁止任何人携带火种进入防火区，禁止穿戴和使用可能产生火花的衣服、鞋和工具。非经特殊批准并采取特殊防范措施，不准在防火区进行动火检修作业。防火区应采用防爆型电气设备。有关设备管道应有良好的接地装置，防止静电积聚。②严防泄漏和气体散发。一级易燃液体或温度高于闪点的易燃、可燃液体，其液面上的空气本身就是爆炸性混合物。为防止这种混合物逸散，必须对易燃、可燃液体储槽进行定期检查；输送泵及管道均应严密不漏；各储槽或生产装置的放散管，应装置阻火器。③要有完善的消防设施。大中型焦化厂一般设有专门的消防站和泡沫站。

(6) 中毒的预防

焦化厂使用、处理和生产的物料，不但易燃易爆，而且容易引起中毒事故。其主要毒物有一氧化碳、苯、甲苯、二甲苯、酚、沥青、氰化氢和硫化氢等。防止中毒的措施主要是防止毒物泄漏。进入有毒物质的容器、设备和管线等内部检修，必须首先对其进行彻底清洗，并经取样分析，确认内部空气符合车间空气容许浓度后，才可进行工作。

(7) 肺癌的预防

煤高温干馏时生成大量的稠环化合物可使人致癌，其3,4-苯并芘是公认的强致癌物质。国际公认的癌症高发地区的癌症发病率为 $5\times10^{-5}$，而焦化厂的癌症发病率为 $(167\sim227)\times10^{-5}$。其中最严重的是沥青焦炉工人，癌症发病率高达 $560\times10^{-5}$。在各种癌症中以肺癌最多。中国现已确定焦炉工人肺癌为职业病。预防肺癌的关键是防止烟尘的散发，以及减少人与烟尘接触的机会。消灭烟尘，采用机械化、自动化操作是根本途径。

### 30.2.7 炼钢职业健康

#### 30.2.7.1 职业危害

(1) 事故

炼钢生产工伤事故在钢铁工厂中最为严重，一般居钢铁厂职工伤亡率的首位，伤亡严重程度也较高。据 20 世纪 80 年代初统计，平炉与转炉炼钢厂平均死亡 1.2～1.5 人/(年·厂)，电炉炼钢厂平均死亡 0.5 人/(年·厂)，死亡、重伤、轻伤比例约为 1∶3∶138。按事故类别，转炉与平炉炼钢主要是灼烫，占 20%，车辆伤害占 18%，物击占 15%，机具伤害占 10%；电炉炼钢主要是灼烫，占 28%，起重伤害占 28%，物击占 19%，触电占 9.5%，机具伤害占 9.5%。按工种，主要是炼钢工占 27%，注锭工、整模工、吊车司机、修炉工、修罐工各占 10%。国外炼钢伤亡率在钢铁工厂中也是占第一位。据西欧煤钢联营集团 6 个国家统计，炼钢伤亡率比炼铁高 51%，比轧钢高 19%，死亡事故与非死亡事故的比例为 1∶519。日本炼钢伤亡率比钢铁工业平均伤亡率高一倍多。氧气转炉炼钢与平炉炼钢的生产与设备事故，主要是炉子故障，钢液、渣喷溅与爆炸，氧枪与供氧系统故障，注锭或连铸漏钢，吊车故障和除尘系统故障。而电炉炼钢则电气故障事故较多，约占电炉炼钢生产设备事故的 1/3 以上。

(2) 钢液、渣喷溅与爆炸

炼钢厂重大生产设备事故和重大伤亡事故主要是钢液、渣喷溅与爆炸。该类事故往往造成重大损失，且事故发生概率高，约为 $3.35\times10^{-2}$ 次/h，属于较常发生的事故。据对 13 个企业 20 世纪 80 年代初的统计，平均每个厂发生大喷溅 15.7 次、爆炸 23.6 次。事故原因主要是氧枪与炉子的冷却水系统漏水，氧枪坠落，炉衬与炉盖坍塌，炉料含油、水、雪、湿料、密闭容器和炸药雷管等爆炸物，炉子留钢留渣或打水压渣作业，以及其他引起突然剧烈碳氧反应，发生大沸腾喷溅爆炸等。钢液、渣喷溅与爆炸类重大生产设备事故，能导致重大伤亡事故的频率较高，大喷溅为 0.69，爆炸为 0.61。发生伤亡事故的严重程度也较高，大喷溅平均伤亡 2.2 人/次，其中死亡、重伤 0.64 人/次；爆炸平均伤亡 2.1 人/次，其中死亡、重伤 0.7 人/次。炼钢厂喷溅爆炸事故的特点是容易发生特大恶性伤亡事故。譬如，某厂转炉大喷溅伤亡 55 人（死亡 4 人，重伤 1 人，轻伤 50 人）；某厂转炉爆炸伤亡 15 人（死亡 6 人，重伤 3 人，轻伤 6 人）。此外，炼钢厂其他着火与爆炸事故也值得注意。一是大量用氧而带来的着火与爆炸事故，如某平炉炼钢厂使用氧气管在炉门和炉头吹氧，发生多次回火与爆炸事故，前后累计烧伤 100 多人；某炼钢厂检修氧气管道起火，现场 7 人全被烧死。二是电炉炼钢电气设备着火与爆炸事故，如某电炉炼钢厂多次发生炉用变压器、电抗器等起火爆炸的重大生产设备事故，每次均损失几十万元。

(3) 烟尘

炼钢厂烟尘危害大，接尘工人占职工总数的 39%～43%，有的平炉炼钢厂高达 69%。主要尘源是吹氧烟尘，其次是出钢、出渣、浇注、整脱模和混铁炉倾倒铁水作业，修炉、拆炉和修罐作业，以及普遍使用压缩空气吹扫积尘所引起的二次扬尘。炼钢厂烟尘是含大量氧化铁粉和约 20% 游离二氧化硅，粒度绝大部分小于 $10\mu m$ 的混合粉尘。其特点是量大，使用吹氧的电炉、平炉炼钢比不吹氧的烟尘量约大 10～15 倍。据测定，炼钢车间粉尘浓度平均为 $70mg/m^3$ 左右，最高可达 $1000mg/m^3$ 以上，其中修炉 $100mg/m^3$，炉下清渣 $125mg/m^3$，注锭平台 $114mg/m^3$，整模 $33mg/m^3$，铸锭吊车司机室 $36mg/m^3$。目前，治理较好的炼钢厂岗位粉尘浓度或降到 $10mg/m^3$ 左右，粉尘合格率可达 70% 以上。20 世纪 80 年代以来，炼钢厂已开始陆续发现硅沉着病患者。据某钢厂 649 例炼钢工人胸部 X 线摄片检查，硅沉着病检出率为 0.3%，可疑硅沉着病为 5.6%，出现网影（硅沉着病早期 X 线表现）为 12.6%。其中，主要是修炉、修罐工，炉前工，原料工和吊车工。

(4) 高温辐射热

炼钢生产是钢铁工厂中高温辐射热危害最为严重的系统，高温工人大约占工人总数的 56%～70%，有 87% 作业点夏季超过 35℃，其他季节超过 35℃ 的作业点达 30% 以上，高温岗位占岗位总数 34% 以上。炉前温度高达 57℃，单相辐射热 $5\sim7cal/(cm^3\cdot min)$；整脱模和真空处理炉旁，单相辐射热 $6cal/(cm^3\cdot min)$。自 20 世纪 70 年代以来，尽管已消灭中暑，但头昏、心慌、恶心等中暑前兆仍屡有发生，尤其是高温作业引起呼吸和消化系统疾病，以及风湿性关节炎和眼结膜炎等多发病较多。据某钢厂 968 个慢性病例分析，胃病、关节炎和眼病约占 75%，而秋冬两季门诊病例分析则以感冒较为突出，约占 65%。

(5) 其他危害

炼钢生产噪声污染较严重，转炉与平炉炼钢主要是气流噪声，电炉炼钢主要是振动和电磁噪声。据测定，转炉与平炉炼钢的噪声，氧枪为 105～110dB，炉子兑铁水前 102～107dB，兑铁水后 93～102dB，注锭 91～97dB，整脱模平台 90～96dB，电炉炼钢熔化期 118～122dB。此外，炼钢修炉和补炉用沥青焦油，整修钢锭模喷涂焦油，以及滑动水口板制作与保温产生的沥青烟气等，均含有多环芳烃类致癌物。如锭模喷涂焦油作业场所，空气中苯并芘浓度达 $13.99\pm2.92mg/m^3$。其他如注锭和电渣熔炼烟气含氟化物，铁水预脱硫烟气含二氧化硫，混铁炉含钠离子烟尘，以及整脱模绝热板粉化产生含酚醛树脂等有机物的烟尘等。

#### 30.2.7.2 预防措施

(1) 安全组织管理

炼钢生产不安全因素多、事故率高、危险性大，必须做好炼钢危险源的辨识、分析和划分的基础工作。尤其是应针对易引起钢铁液、渣喷溅爆炸，跑钢漏钢和电气设备着火爆炸等重大生产设备事故和重大伤亡事故的系统和因素进行分析。这包括炉子及其操作，氧枪和供氧，炉子和氧枪的冷却水系统，电气设施与供电，吊运钢铁水的吊车，钢浇注系统，炉料准备系统，修炉和修罐作业，以及各种高空立体交叉作业等。所有这些应专门列出并作为炼钢生产的重大危险源和危险作业来强化安全管理。对于炉料、炉子冶炼、浇注和供氧、供电、供水等中心环节，必须严格执行生产技术操作规程和安全技术操作规程，开展反对“双违”活动。对于要害工艺设备和岗位，应进行安全标准化作业，制定出作业的安全标准和程序要求，还应建立现场抢救和支援体制。必须突出安全教育，强化职工安全意识，可采用目前较先进的炼钢厂强化职工自身保护安全意识的管理方法，诸如炼钢厂职工自主安全管理，安全员管理，工厂、亲属和社会多方位管理和支持安全，以及进行职工安全风险抵押承包等办法。对炼钢工、注锭工、吊车工、修炉修罐工、煤气工、电气工和爆破工，必须进行严格的专业安全技术知识的培训和考核。对拆炉用的炸药雷管和平炉开出钢口用的穿甲弹等的储存和使用，必须严格执行国家有关规定。

（2）工程措施

不少炼钢厂都是20世纪50～60年代建设起来的，且大多几经扩大规模，提高产量，因此较普遍存在车间布置过分拥挤，设备陈旧，事故隐患多等问题，必须设置完整的隐患检测系统，采取相应的整改措施，或者有计划地在大修和改造中逐步加以解决。对炼钢厂的主要危险源，应采取有效的安全防护措施，配备完好齐全的安全装置；对要害设备应实行“双保险”原则，应设有相应的备用电源、水源和自动切换装置。在生产工艺上，必须采取严密措施，防止炉料带有油、水、雪、湿料、密闭器皿、未烧透的石灰石及炸药雷管等爆炸物。在生产操作上，应采取有效措施，防止炼钢炉熔池突然剧烈碳氧反应造成喷溅爆炸，禁止使用留钢、留渣和用水或潮湿物压渣等危险作业。铁水吊车和钢水铸锭吊车必须设有防碰撞、端头缓冲、上下限位、过载保护、钢绳防断防松等安全装置。氧枪系统必须设有测量冷却水流量、温度的报警和联锁装置、防氧枪坠落的安全装置以及事故紧急开关，供氧系统的管道、闸阀和仪表应符合国家有关规定。进入厂房内的铁水线、渣线、铸锭线、整脱模线等铁路线，应设有声光报警和显示信号装置。

（3）工业卫生

炼钢生产由于普遍采用氧强化冶炼和大幅度提高产量，使车间作业环境恶化。因此，在采取各种必要的防护措施的同时，必须制定从根本上改善车间劳动环境的规划，有计划地在工厂大修或改造中逐步解决。必须重视炼钢厂已陆续发现硅沉着病这一严重事实，炼钢炉、铸锭、混铁炉、整脱模和原料系统等产生尘源场所均应设除尘装置，逐步淘汰采用压缩空气吹扫积尘以致造成二次扬尘的落后方法。高温作业岗位，应有隔热设施和通风降温设施；各种高温作业吊车，应设有隔热、密闭并带有双层钢化玻璃和空调装置的司机室。对于噪声危害，应采取隔音、消音、密闭和工人佩戴耳塞等综合治理措施。对于毒物危害，目前应着重加强各种毒物的检测及其特性的分析研究工作，并在此基础上采取相应的有效防护措施。

## 30.2.8 炼铁生产职业健康

### 30.2.8.1 职业危害

炼铁生产是钢铁工业伤亡事故较多的系统之一，一般年千人伤亡率仅次于炼钢，居第二位，也有不少炼铁厂超过炼钢的。炼铁工伤事故的严重程度一直较高，在钢铁工厂中往往居第一位，其死亡与非死亡事故比例，大型炼铁厂达1∶99，比钢铁工业平均水平高两倍多。近十几年，炼铁厂平均年千人死亡率，也比钢铁工业同期年平均千人死亡率高1倍多。据某大型炼铁厂截至20世纪80年代初的统计，年平均死亡人数高达1.42人。国外炼铁工业工伤事故率，在钢铁工厂中均低于炼钢、轧钢，居第三位，只略高于炼焦和其他辅助材料加工部门。但其工伤事故严重程度则与中国相同，通常居第一位。西欧煤钢联营集团6个国家炼铁死亡与非死亡事故比例为1∶376，比炼钢高37%，比轧钢高49%。中国大型炼铁厂年千人死亡率比国外高，比日本约高1倍多，这主要是因为中国高炉机械化、自动化水平较低。

炼铁工伤事故主要发生在高炉和原料两个系统，其中高炉本体与出铁场的事故占炼铁事故近一半，原料系统约占1/3。而高炉与出铁场事故主要发生在高炉风口、渣口和铁口，三者合计占高炉系统事故的60%以上。工伤人员的工种，主要是炉前工，占40%以上，其次是原料系统皮带工，占20%以上。按工伤事故类型，主要是灼烫（25%）、机具（16.9%）、车辆（15%）、中毒（11%）和物击（11%）五类，合计占80%。炼铁生产恶性伤亡事故主要是爆炸和煤气中毒两大类。

炼铁的生产设备事故主要是高炉炉缸冻结、结瘤，恶性悬料，炉缸、炉底烧穿，风口、渣口和铁口的烧穿，爆炸或喷出渣铁红焦，以及煤气爆炸等6类。重大生产设备事故中发生工伤事故的频率平均为7%，但上述后两类发生工伤事故的频率较高，约为1/7。其他某些罕见的恶性生产设备事故也时有发生，如某炼钢厂高炉小修时大钟坠入炉内，造成死亡6人、伤7人的重大伤亡事故。

（1）爆炸

渣、铁、煤气和喷吹煤粉的爆炸使炼铁生产设备破坏，且极易造成重大人身伤亡。炉前爆炸事故主要是风口、渣口的烧穿，铁口堵不住和炉缸、炉底烧穿等所引起的。国内外均有不少有关高炉大量跑渣跑铁或者喷出大量渣、铁、红焦的报道，一次喷出几十吨，甚至上百吨，有时多至一次跑铁七八百吨，造成炉前一片火海，铁水淹没铁道。其原因主要是高炉生产工艺制度和出渣出铁制度遭到破坏，炉缸工作不好和炉缸积铁过多。煤气爆炸事故大多发生在高炉开炉、送风、休风、停炉以及处理除尘器等煤气设备的残余煤气的过程中。高炉煤气与空气混合只要达到爆炸极限（上限89%，下限30%），有赤热料、尘或火星就会引起爆炸。当煤气中有粉尘或水蒸气时，其爆炸范围还要扩大。高炉煤气爆炸事故往往造成较大损失，如某炼铁厂高炉，中修停炉时发生煤气爆炸，将高炉上半部抛起，并喷出大量砖块和焦炭，死亡3人，伤3人，后被迫由中修改成事故性大修。喷吹煤粉系统早在20世纪50年代就发生过喷吹罐爆炸、死亡数人的重大伤亡事故。其他如铁水遇水爆炸等恶性事故也时有发生，某厂铁水罐修理库因铁水罐吊运时倾翻，铁水遇积水爆炸，造成死亡14人，伤8人的事故。

（2）一氧化碳中毒

炼铁副产大量高炉煤气，同时也是高炉煤气的用户。高炉煤气中含有一氧化碳28%～32%，这是一种窒息性气体，是炼铁工人的主要危害之一。炼铁厂煤气中毒伤亡事故约占钢铁厂煤气中毒事故的一半以上，其严重程度也较高，死亡与非死亡事故比例为1∶7，死、重伤与轻伤比例为1∶20（而终身残疾人数又要占到重伤人数的42%），分别较炼铁厂工伤事故水平高2倍多和3倍多。其原因主要是作业环境煤气泄漏严重，空气中一氧化碳浓度超过国家标准几倍到十几倍。据炼铁厂作业环境十年测定的平均值，铁口、渣口、热风仪表室等的一氧化碳浓度均超过160mg/m$^3$，最高达6000mg/m$^3$；热风炉区为422mg/m$^3$，最高达28000mg/m$^3$；煤气除尘系统为150mg/m$^3$，最高达15000mg/m$^3$。煤气中毒人员主要是维修工、炉前工和瓦斯工，三者合计占90%以上；中毒场所以风口、渣口和铁口作业，处理阀门和管道，抽堵盲板和煤气取样作业为最多，约占80%以上。炼铁厂还曾多次发生煤气中毒伤亡十几人，甚至几十人到上百人的重大伤亡事故，其中一个重要原因是缺乏煤气安全知识，致使事态扩大。如某炼铁厂高炉煤气放散装置未投产，使洗涤分离器的水封被煤气击穿，造成多人中毒，而现场抢救中因缺乏煤气安全知识，以致死亡 11 人，重伤 7 人，轻伤 19 人。

(3) 烟尘

炼铁生产烟尘大，接尘工人占 80%以上，而作业环境改善缓慢，致使近年来工人硅沉着病、肺尘埃沉着病有增加趋势。主要原因是原料系统、出铁场、铸铁机和碾泥机等作业环境粉尘浓度高。混合性烟尘由氧化铁粉尘与炭素泥、尘砂、焦粒等组成，并含有矽尘，粒度小，5μm 以下的占 89%，含游离 $SiO_2$ 约 10%以上。目前炼铁厂粉尘合格率普遍较低，某大型炼铁厂近几年的岗位粉尘浓度超过国家标准的工作点数平均为 65.8%。据测定，开铁口粉尘浓度为 180mg/m$^3$，砂口地带和铁水罐周围 580mg/m$^3$，原料系统沟下 102mg/m$^3$，矿槽为 788mg/m$^3$，称量室为 266mg/m$^3$。据 20 世纪 80 年代初期对工人进行身体检查和诊断的结果，高炉工硅沉着病患病率为 3.7%，若加上疑似硅沉着病，已高达 39.6%；原料工硅沉着病患病率略低于高炉工，为 2.6%。但近年来，由于一些炼铁厂所采用上料工艺和设备的原因，沟下和焦粉通廊等处粉尘飞扬，有的沟下粉尘浓度竟高达 3000mg/m$^3$，致使沟下工硅沉着病患者剧增，有的炼铁厂沟下工硅沉着病患者占全厂的近一半。

(4) 高温辐射与噪声

炼铁生产的噪声主要来自高炉熔炼过程，一般为 95dB 左右，开视孔小盖 128dB，热风炉换炉 93dB，喷吹煤粉系统球磨机 103～114dB，其他如炉顶均压放散、漏风、跑水蒸气等噪声也较严重，往往高达 100dB 以上。炼铁生产属高温作业，据测定出铁时辐射热为 10cal/(cm$^3$·min)，出渣时为 12.5cal/(cm$^3$·min)，铸铁机为 6.5cal/(cm$^3$·min)。尤其是炉前工，长期高温作业往往带来高血压、关节炎、胃病等疾病。据调查，炉前工上消化道疾病患病率高达 38%，较非高温作业工人高一倍多。

(5) 其他危害

修补高炉铁水沟、砂口、渣沟，以及堵铁口泥炮和碾泥车间，都要使用炭素泥和煤焦油沥青，所产生烟尘含有多环芳烃类致癌物。据测定，其中活性较大的苯并芘浓度，高炉炉口和碾泥车间分别比城市居民区高 500 多倍和 20 多倍，约 80%碾泥工人和 10%炉前工人患有皮肤病和沥青中毒现象。

此外，由于铁矿石中含有有害元素，在炼铁生产中也会对人体健康带来危害，如含稀土、萤石的包头铁矿，广东、广西地区含铅、锌、砷的铁矿，以及使用硫铁矿渣等。其中，包头铁矿较为典型、突出，含放射性钍，使得原料车间、高炉车间、矿渣车间和使用高炉渣的建筑，均含有一定数量的钍，高炉渣所含的放射性按国家规定应属放射性渣。氟在炼铁生产中以 HF 和 SiF 的形式存在，约超过国家标准 1～10 倍，有的岗位超过几十倍，使作业工人尿氟和发氟含量比正常人高得多，呈现出氟作业工人临床症状的约占作业人员 92%以上，往往出现异常心电，以及皮肤、牙部、鼻咽、眼部和骨骼的损害。因此，氟化物对含氟矿冶炼工人的损害是较普遍而严重的。

#### 30.2.8.2　预防措施

(1) 安全组织管理

炼铁事故的原因，根据中国 7926 件事故案例统计分析，大体是违章作业占 41.59%，管理原因占 23.88%，物质原因占 23.88%。前两者合计，即人为原因为 65%，因此必须首先从加强安全管理着手，高炉炉前作业，包括铁口、风口、渣口的作业，铁沟、渣沟的清理，以及炉前冲水渣作业，必须严格按照《炼铁安全规程》和各企业制定的安全操作规程执行。尤其是近年来某些大型炼铁厂开展的安全标准化作业，包括危险作业管理的标准化，安全操作标准化和危险作业的定量考核，是实现炼铁生产安全科学管理的重大发展，应在炼铁系统普遍推广应用。对高炉区、热风炉区和煤气洗涤除尘系统 3 个主要煤气危险区，应普遍采用国内一些炼铁厂多年来行之有效的 3 类煤气危险区管理制度（即按作业环境煤气量划分成致命危险，可能危及人身健康和生命安全，以及含少量煤气的甲、乙、丙 3 类区域管理办法）。对喷吹煤粉车间的磨煤、干燥、粉煤仓、储煤罐、喷吹罐和输送煤粉管路，应严格按照国家防火防爆有关规定执行。为杜绝或减少重大生产事故和重大设备事故，尤其是大量跑渣、跑铁、喷射红焦以及煤气爆炸，除严格贯彻高炉生产工艺制度外，应按照系统工程原理与方法，把生产事故、设备事故与工伤事故，作为一个完整的系统来统一考虑和管理。

(2) 工程措施

逐步实现炼铁生产工艺设备安全化，创造安全作业条件，这是控制事故发生的重要途径。尤其是出铁场作业应实现机械化，这是减少炉前作业大量事故的重要措施。应尽量减少或消除煤气的人工取样，换风口和清理渣、铁沟等危险作业和笨重体力劳动。原料车间的皮带运输系统应设有完整的安全装置。喷吹煤粉系统除按防火防爆要求设计、建设和选用设备外，必须设有除去金属物装置，以及控制和检测温度、压力、含氧量的极限报警和自动切断装置。对炼铁厂的设计建设和生产，必须采取加强高炉、热风炉和煤气系统的密封性能措施，应很好维修和定期更换超期使用或已磨损的闸阀等煤气设备附件。在高炉技术改造或大修时，应解决炼铁区内布置不合理、建设结构过分拥挤、铁路线路过多以及职工上下班没有合适的安全通道等问题，这是减少炼铁厂大量车辆伤亡事故的根本措施之一。

(3) 工业卫生

在高炉大修或技术改造中，应尽量采用先进工艺设备逐步做到在中型炼铁厂从原料到出铁、出渣的工艺设备，都便于密闭抽风、隔热、防尘、防毒以及防止漏风和水蒸气措施；有条件的企业，应淘汰火车上矿坑和料罐、料车上料，以尽量减少原、燃料多次落地扬尘和倒运；原料系统、出铁场、铸铁机和碾泥等烟尘危害严重的场所，应设有除尘装置，可采用扬尘点加密封罩或采用出铁场两次除尘、屋顶电除尘等先进技术。对高炉均压放散、热风炉、鼓风机、除尘风机、磨煤机等噪声污染严重的设施应采取吸声、消声、隔离、减振、阻尼等措施。煤气区域应有足够的一氧化碳检测报警器或报警管。出铁场和高炉炉体作业较多的平台应设有各种送风装置或局部通风降温设施。

### 30.2.9　轻金属锻压职业健康

(1) 职业危害

轻金属锻压的职业危害主要有：

① 事故。模锻车间生产铝合金锻件，常常发生起重伤害及热工件烫伤、带锯机割伤事故。

自由锻件和模压锻件是在立式水压机上加工。自由锻造铝合金时，如坯料未夹紧、放正，有松动和产生偏心，锻件会压跑。锻造冲孔件时，如上下模具不配套，可将下模具压飞。如果夹钳不牢靠，钳把对着腹部，则更是十分危险。

使用模锻水压机锻造时，由于锻造温度范围很窄，为防止散热快，模具必须预热，预热温度在 250～420℃。如接触热模具、热工件则可能会烫伤。模具安装时要装正夹紧。装紧模具，采用楔铁固定，用吊车吊着撞锤击打楔铁，也很危险。

自由锻造和模压铝合金时，如在活动的横梁下部探视模具或工件，不仅能造成压伤，而且还可能因地面油污而滑倒，误触热的模具或热的工件而烫伤。

由于生产模锻件规格不同，需要经常更换模具。模具的上下模同时吊运，重量大，吊运频繁，吊运时稍有失误就会碰伤人。往模具加热炉内装、出模具，往水压机上装、卸模具，必须使用起重棒进行。选择起重棒必须与起重孔配套，如用大直径起重孔、小直径起重棒，或用其他钢棒代替起重棒，在吊运时起重棒将会崩出。

模锻件带有一定的飞边，必须用带锯机切掉。带锯机是切割速度很高的设备，锯条断裂经常发生，操作时如不慎会造成割伤。

② 酸雾。为使模锻件表面干净，清除石墨粉及油污，查看表面缺陷，以便修补，需要对模锻件进行酸洗、碱洗，产生的酸，碱雾、会刺激人的呼吸道。

(2) 预防措施

① 生产自由锻件或模锻件时，锻件应该放在水压机的中心，不应超过偏心值。模具要装在水压机中心上，防止压飞工件或因偏心过大而损坏设备。装、卸模具改用风动楔铁装置，既安全可靠，又可减轻笨重体力劳动。

为了使锻件从模膛中易于取出，还要进行润滑。润滑剂采用石墨和锭子油混合物。向模膛及模压件抹润滑剂时，不仅易着火，而且产生黑烟，因而要使用长把油刷，产生的黑烟要用通风机排除。模压过程中，不许任何人到活动横梁下部探视模具及工件，如需要探视，可将工作台移出。装热模具，取热毛料，热模锻件打印，都应戴手套，防止烫伤。模压后的工件，应装在料筐里。工作场地应保持干净，及时清扫地面油污，以免滑倒伤人。

合理选用吊运模具的吊索及吊具，采用正确的吊运模具方法。吊运时，不能上模块大，下模块小；不能使用小直径起重棒插入大直径起重孔中吊运。

② 铝合金锻件酸洗、碱洗，除采用通风排气措施外，同时采用隔离措施，即人员在有玻璃隔离的房间内操作，防止酸、碱雾的危害。尽量避免采用人工抬着酸罐将酸倒入水槽中的方法，以减少危害。加酸最好在室外，制作平台，安装管路，用阀门控制酸液流量，渐渐加入水槽中，以消除酸雾和灼伤的危险。

### 30.2.10　铝冶炼职业健康

(1) 职业危害

电解法炼铝生产中，职业危害主要在电解和铸造厂房内。

① 烫伤事故。在打电解质硬壳，加氧化铝与冰晶石和捅电解质硬壳上的火眼（放气孔）时，都会迸溅电解质溶液。当自熔阳极的阳极糊堵塞外壳的孔眼时，会迸溅热糊浆液。换阳极导电棒或换预熔阳极块时，脚踩电解质硬壳上操作，会陷入赤热的电解液中。用真空台包吸出铝液，台包吸管和内衬稍有冷潮，会爆炸喷铝。铸锭放铝液扒渣，遇工具冷潮，也会迸溅铝液。以上情况都会发生烫伤事故。

② 触电事故。电解厂房使用的工具和料箱等都是铁制的，容易导电；当电解槽附近经常存放一些铝块铝屑，槽上通电导体又是裸露的，操作工人接触，容易造成触电事故。如果电解槽串联在一起，对地电压高，电击危险就更大。

③ 物体打击事故。电解厂房内，受强直流电产生强磁场影响，工人使用铁工具，容易发生失误。自熔阳极需经常更换导电棒，拿放不稳，容易掉落。吊车吊运阳极糊块、原料、台包和工具等，因捆吊不好或操作失误，会意外下坠与掉落，对人即可能发生危险。

④ 中暑事故。厂房内炉槽多，又紧紧相邻，台台散发热量，夏天室外气温高，厂房内气温更高；电解厂房内有些热点，气温高过室外 20℃以上。在槽上操作时，面对赤热溶液，高温辐射强烈，因此容易发生中暑。

⑤ 中毒事故。在电解厂房，电解槽内冰晶石吸水受热分解，散发氟化氢气体；自熔阳极的阳极糊中含沥青，加热后挥发沥青烟。这些毒气在电解槽附近，浓度常超过卫生容许标准，长期接触，容易出现氟中毒、沥青烟中毒等职业病。

(2) 预防措施

在电解法炼铝生产中，要消除职业危害，应遵守《氧化铝厂防尘防毒技术规程》，从多方面采取措施。

① 厂房建筑方面，以绝缘防水为突出目标。电解厂房铺设绝缘性的沥青地面；厂房内金属管道加多道绝缘性接头进行连接；导电母线与地沟盖板之间，相隔两槽的地沟铁盖板之间，用绝缘物隔离；厂房墙柱 2m 以下部分和母线地沟内，不能有钢筋外露；进厂房的小铁轨连接需加三道绝缘；厂房应有完整的门窗雨棚，并保证汛期厂房不进水。

② 电解厂房吊车，在钩头与滑轮间、滚筒与小车体间、小车轨道与大车体间，都应加绝缘垫。电解槽本体与对地面，有多处连接点，也都加绝缘垫。所有绝缘，都应合乎规定标准要求。厂房内部动力与照明用电，都要经过专用的绝缘变压器转送，不与外部电源直接相连。由于电解系列电压高并对大地绝缘，因而要定期检查厂房各处绝缘及对地电压，发现问题应及时消除。

③ 按工种分别制定安全操作规程，对安全要点提出要求，以防事故的发生。为防止电解直流串联系列发生断路，而造成严重事故，规定“在调整电压提升阳极时，要等阳极升降轮停止转动后，操作工人方可离开”“无人操作阳极降电压时，不能出铝”“电解槽停产大修时，要先接上短路片通电后，方可将该槽断开”。为防止阳极操作中，脚陷槽内烫伤，规定“严禁将脚直接踏在电解质壳面上，如工作必需，要加垫好木板，方可操作”。

④ 为减少与防止电解的烟尘侵害，自熔阳极电解槽上四面安设电动启闭的炉帘；预熔阳极电解槽安设启闭方便的炉罩。每槽都要装排烟管道，由排烟机将烟尘抽走。烟尘要经净化处理后放空；如未安装净化设施，则应由高烟囱放空。在良好自然通风的同时，安设多台通风机，经地下风道往厂房内送风，供给足够的新鲜空气。

⑤ 个人防护用品方面，发给操作人员隔热防烫的手套、工作服、帽子和防护眼镜，以及隔热绝缘抗砸的工作鞋。有的还要发给阻燃的围裙，穿着绝缘及阻燃性能最好的毡鞋。

⑥ 对电解厂房操作工人，实行定期健康检查，氟中毒者，应及时安排治疗和休养。

### 30.2.11　镁冶炼职业健康

(1) 职业危害

氯化镁融盐电解炼镁，从菱镁矿石进厂到精镁锭包装出厂，要经过破碎、配料、氯化、电解、精炼、铸造、酸洗镀膜等过程。工序多，工艺复杂，生产中的危害较多。具体如下：

① 生产过程使用和产生剧毒的氯气，容易发生操作人员急性氯气中毒。

② 从氯化、电解到精炼、铸造，操作处理熔融金属和盐类，容易发生烧烫灼伤。

③ 电解使用强直流电，系列电压高，场地又遭氯化物污染，容易发生人员触电。

④ 熔镁外溢，容易燃烧甚至发生爆炸。吊运料块多，容易掉落造成砸伤。

⑤ 氯盐粉尘垃圾有吸水潮解特性，容易腐蚀建筑物与设备。

(2) 预防措施

① 氯化镁融盐电解生产，由于腐蚀性大，因此在厂房建筑及设备上，要有严格的防腐措施。厂房的屋架金属构件，以及设备金属壳体和管道等，都要定期检修并进行防腐处理。特别是隐蔽构件连接部分，更要特别加以注意。

② 为防止触电，电解厂房地坪要铺设瓷砖，以达到绝缘、防水、防酸、防火的要求。地坪清扫时使用锯木粉等吸湿剂。电解槽上支持导、母线的瓷件要定期清擦；瓷件铁杆要外加绝缘套保护。电解槽多处连接点，要加不易受潮便于工作与清洁的绝缘垫。所有绝缘电阻，必须达到规定标准要求。厂房内吊车，从钩头到大车体，要有三道绝缘。吊车轨道采取自动撒沙以防滑。电解地下室地面，要在地下水最高水位以上。经常检查清理槽体地下部分，以保证对地绝缘。

③ 个人防护用品以防烧烫与触电为主。发给镁生产工人耐腐蚀防热的呢料工作服、工作帽和手套，并加丝绸衬衣。发给毡鞋，在电解岗位的工人应备有高压绝缘靴。同时发给防毒面具或防毒口罩，并及时更换滤毒活性炭，以保证功效。

④ 根据工作岗位不同，制定不同的安全操作规程。

⑤ 在生产管理中，要把控制、平衡氯气作为突出重点，纳入日常生产调度管理。要使电解槽副产氯气量保持小于氯化炉使用氯气量，防止出现多余氯气，给生产和操作人员造成危害。一旦出现氯气多余时，要有紧急处理措施，以保证安全。

⑥ 由于有氯气和氯盐的污染腐蚀，氯化与电解厂房内的吊车，不能用明滑线送电，要改用胶皮软电缆。吊车与拉运台包小车，容易发生控制失灵、轨道和路面打滑等情况，必须特别加强维修和清扫管理，以保证吊车安全行驶。

⑦ 要使氯化炉保持负压状态，减少氯气跑冒，必须改善氯化生产排烟设施，提高排烟机排放能力，并保证经常运行良好。

⑧ 对供运储液氯的槽车、储罐以及加热输送氯气的设备和管道，要有押运、检修维护、输送联系等各项制度，严格进行管理。

### 30.2.12　钼粉末冶金职业健康

(1) 职业危害

高压釜是钼冶炼中较为先进的设备，由于承受高温、高压、强腐蚀，外壳多采用高锰钢，内胆用钛材，中间灌铅而制成。在生产中，一旦安全阀失灵，排气阀堵塞，超温、超压，投料过多，硝酸加入过量，釜内进入油脂，即能造成燃烧爆炸事故。放料速度过快或加压时，管道及阀门泄漏，易引起烫伤、灼伤事故。氧气汇流排操作失误，氧气瓶翻倒撞击或沾染油脂等可发生爆炸事故。多膛炉、反向炉翻料，捅下料口不当，会发生烫伤、烧伤。浸出、酸沉、蒸发结晶等岗位溅出酸液，可能造成伤害。钼还原炉开炉前，如在未排尽空气情况下，就送氢气吹炉并送电升温，在热炉情况下用惰性气体（氮气）吹炉而未将空气排尽；装卸料时，没有开大氢气流量就打开炉门，产生负压，这些都会引起“打炮”或爆炸，造成人身伤害。钼条垂熔是用氢气作为保护气体，当电流表指针急剧下降时，说明坯料已断；上、下导电柱漏水，如不立即停机都可能造成电气短路或触电事故。等静压是用油传压，压力很大，如压力表指示不准因而超压，可能造成重大事故。多膛炉、反射炉、浸出、蒸发结晶等岗位操作过程需要在高温环境中连续紧张劳动。还原室、垂熔房在冷风发生故障时，室内温度高达45℃，容易发生中暑事故。反射炉装料、出料，钼粉过筛，合批，压制等岗位有粉尘存在，可使操作工人患肺尘埃沉着病。等静压、中频发电机组、过筛振动器等是声级相当高的噪声源，能对工人的听觉造成损害。

(2) 预防措施

① 高压釜的安全附件必须齐全，供氧系统必须安全可靠，设备的安全阀、压力表、温度计、排气阀等应定期校验，保证灵敏，釜体和釜盖的测漏孔不得漏气。操作时，严格控制硝酸的加入量。还原炉、单带马弗炉、四管炉、垂熔机、中频烧结炉在开炉前，必须先开抽风机，送氢气吹炉至空气排尽时，方可送电升温。装卸料不能同时进行。当氢气中断时，应先将出氢口堵死，同时关闭氢气管道各阀门，停止装卸料，停止送电。当冷却水突然中断时，不准装卸料，冷却水的温度不得超过40～50℃。摇摆筒、螺旋混合器启动前，设备周围不得有障碍物，装料盖必须盖紧，装卸料的支撑齿轮要稳固，制动要灵敏。压力机应安装于单独房室内，以与其他设备隔离，每处压力表需装两个，并检验无误。机身、施压、电气和液压传动部分必须正常；管道和接头等不得漏油；施压前，手离开压模，操作中严禁“抢”模。

② 湿法（浸出、酸沉、结晶等）生产岗位会散发出大量的氯化氢、氨气和水蒸气，必须装设抽风机。还原、垂熔等密封岗位，要求室内温度控制在25℃左右，在过筛、合批、混合等岗位处，除要具有良好的通风外，还可在粉尘比较集中的地方安装吸尘器，以减少粉尘危害。

### 30.2.13　铅冶炼职业健康

(1) 职业危害

① 铅中毒。铅的熔点低（327.5℃），在400～550℃便有显著的挥发，并随温度的升高而增多。铅矿石在鼓风炉还原熔炼时，由于鼓风炉内温度达1200℃以上，铅的挥发很大，炉渣中也含有2%左右的铅，在流出时铅同样挥发；在铅矿中含有一定量的铅、砷、锑形成的铅冰铜和砷冰铜，冰铜排放时，铅的挥发更大；熔融金属铅的流出也造成铅蒸气的形成。铅蒸气在空气中迅速凝聚、氧化而成氧化铅（PbO），呈气溶胶散布于作业环境中，而铅及其化合物都是毒性很强的毒物。

铅及其化合物在生产中以蒸气、烟及烟尘的形式存在，主要由呼吸道进入人体，在呼吸道内的吸收远较消化道完全和迅速。由于经常不断地进入和蓄积于人体内，引起操作人员的铅中毒。

铅中毒能引起神经系统功能的紊乱，造血机能的减退。国家规定允许铅尘浓度为0.05mg/m$^3$，铅烟灰0.03mg/m$^3$。

② 砷中毒。铅矿石中含有一定量的砷化物，在鼓风炉还原熔炼时，还能生成砷冰铜。在放出砷冰铜时，有大量砷蒸气及三氧化二砷向操作现场弥散，引起操作人员砷中毒，能引起毛细血管、新陈代谢、神经系统等方面的病变。

③ 一氧化碳中毒。由于鼓风炉内还原气氛很强，一氧化碳有时自炉顶和炉腹向外散发；在处理风口故障时，自风口溢出；鼓风炉在熔炼过程中，难免产生炉结，在处理炉结时，要增加焦炭的加入量，同时降低料面，停止鼓风，更创造了产生一氧化碳的条件。处理炉结，都靠人工在炉口进行，劳动强度大，增加呼吸量，所以稍有不慎，都会发生一氧化碳中毒。

④ 粉煤爆炸。鼓风炉炉渣的处理使用烟化法，在处理过程中，需要向熔渣层喷入大量的粉煤，在煤的干燥、粉碎、储存、管道运输和使用时，都可能潜伏爆炸的危险。

⑤ 氟化氢及四氟化硅的危害。铅电解精炼时，所用的电解液是硅氟酸（$H_2SiF_6$）和硅氟酸铅（$PbSiF_6$）的水溶液。硅氟酸是用氟氢酸（$H_2F_2$）加石英石粉（$SiO_2$）制成的；氟氢酸是萤石（$CaF_2$）加硫酸而制成；硅氟酸铅是用硅氟酸加铅而产出。在制备上述产物时，有氟化氢、四氟化

硅溢出，造成对呼吸道黏膜、牙齿和皮肤的伤害，严重者可得氟骨症。操作者如皮肤直接接触氟氢酸，不仅损伤皮肤肌肉，严重者可损坏骨骼。

⑥ 沥青危害。铅的电解精炼用的电解槽，是以木材或钢筋混凝土先制成槽形，然后内外衬以厚厚的沥青和滑石粉的混合物作为防护层，用此方法解决腐蚀问题。电解厂房的地面、电解液流槽、储液罐等，均用烧红的烙铁烙上一层厚厚的沥青混合物。烙制前，先将沥青加温熔化，配入一定比例的滑石粉，充分搅匀，然后送往需烙沥青处用烙铁烙匀。这一作业称为“烙油”。沥青与人体接触有 3 种方式：a. 沥青中挥发物质在加温中产生蒸气，污染皮肤或经呼吸道进入机体；b. 沥青粉尘附着于表皮，又进入毛囊，使毛囊阻塞而发生病变，粉尘也可经呼吸道进入机体；c. 熔融的沥青直接接触皮肤，而引起中毒。

沥青中主要成分为多环烃类，有引起皮肤癌的可能性。它又是感光性物质，产生较长波长的辐射线，危害人的机体。

（2）预防措施

铅冶炼中职业危害的预防措施如下。

① 预防铅、砷中毒常采用的措施有：

a. 有尘毒飞扬的铅物料在运输、转移及生产过程中，均应采取密闭、排风和净化等措施。

b. 铅作业场所，应设置吸尘式清扫装置，定期对设备、地面、侧墙和房顶进行清扫，以减少粉尘及二次粉尘的飞扬。

c. 铅作业人员的工作服、口罩等，必须集中在厂内洗涤，有铅尘的工作服不得带出厂外，防止二次污染，尤其防止职工家属铅中毒。穿工作服不得进入食堂。

d. 饭前、饮水时应先漱口、洗脸、洗手，不得在作业场所吸烟和进食。更不得利用热的铅渣、铅冰铜及铅锭考煮食物。

e. 对从事铅作业人员要定期进行体检；对从事冶炼作业的职工，实行 6h 工作制和定期进行疗养。

f. 严格禁止铅鼓风炉低料柱作业，降低铅鼓风炉炉顶温度，减少铅蒸气的生成。

② 防止一氧化碳中毒。加强生产厂房通风，定期进行一氧化碳浓度检测，同时加强检修，防止泄漏。

③ 防止粉煤爆炸。常采取如下措施：

在粉煤系统的管道上，应设防爆阀，在分煤仓、分离器、旋风器等设备上，应分别设置防爆门，防爆门的面积与该设备的容积按 $0.4m^2/m^3$ 取值，但不得小于 $90cm^2$。所用防爆片应用厚度不大于 0.5mm 的薄铁板，并应在其上划有十字刻痕，安装时有刻痕面应朝外。

输送粉煤的管道，除通往燃烧器的一段外，不得有水平区段，更不得呈袋囊形。

粉煤制备系统的机械设备，应有保持良好的联锁装置；电气设备应采用防爆型。

所有输送粉煤的管道和制备粉煤的设备，均应有良好的接地，并定期检测其接地电阻。

定期清扫设备系统外部、管道外表及厂房内地面、墙壁上的粉煤，以防自燃和二次爆炸。

制备粉煤的场所，严禁吸烟和动火。如检修需动火时，必须清扫彻底，经有关部门检查合格批准，持有动火证动火。在仓内清扫和修理时，应设人监护。如仓内残留的粉煤自燃，清扫人员应立即退出，将仓密闭，用蒸汽或二氧化碳灭火，确认无火源和有害气体后，才能进入仓内。

采用热风时，若煤种挥发分较高，热风温度不得超过 160℃。

停送粉煤时，送煤机风压保持 $0.2kgf/cm^2$（$1.96\times10^4Pa$），待粉煤全部送完后，再停空压机。

④ 防止氟化氢及四氟化硅的危害。具体措施如下：

上述作业均应在密闭的容器内进行。

各个储罐，必须加盖并进行水封。

加强铅电解厂房内的自然通风，冬季送入的新鲜空气，需经预热。

发放防酸的工作服和长筒靴及防酸手套，严防皮肤直接接触。

夏季，发给操作工人护肤膏，以免造成皮疹。

⑤ 预防沥青的危害。具体做法是：

运送沥青在夜间、阴天或黄昏时进行，避免在日光下操作。熬制沥青在室外通风良好的环境下进行，并控制好温度，以防突然沸腾溢出，造成火灾及烫伤。

在容器内烙沥青时，要勤轮换，作业时间改为 6h 工作制，皮肤表面涂防护油膏。

供给带有披肩的防尘帽、防护眼镜、帆布手套、鞋盖、过滤式口罩，防止与皮肤接触，以及减少呼吸道的吸入。

### 30.2.14 钛冶炼职业健康

（1）职业危害

镁热还原四氯化钛生产海绵钛，在生产过程中存在高温烧烫、触电、中毒窒息、酸灼、起重伤害、着火爆炸和放射性侵害等多种危险，是一种危险性较大的工业生产。

① 将钛铁矿经电弧炉熔炼生产高钛渣，制团使用沥青，容易造成中毒；熔炼时电弧炉温度高，易被熔体迸溅烧烫，并有触电危险。

② 在沸腾通氯气进行氯化生产四氯化钛时，炉内还生成一氧化碳、氯化氢和光气（$COCl_2$）等有毒气体，随每班放渣和氯气一起跑漏出来，它们同氯气一样都会造成急性中毒。由于氯化炉系统、管路中，常残存一氧化碳，如没有认真清理就焊接动火，会发生爆炸。冷凝四氯化钛，使用氨冷冻机，又有跑漏氨气中毒危险。

③ 从氯化、精制到还原，整个四氯化钛输送管道系统线路长，阀门、接头多，容易出现泄漏；从氯化到精制过程，四氯化钛又常因储槽过满造成“冒罐”。四氯化钛遇空气吸水生成氯化氢，出现白雾，是军用烟幕弹原料。跑冒四氯化钛，容易发生化学性烫伤和中毒。

④ 还原和蒸馏都是真空加热，在高温受压条件下进行生产，要求高度密封，如有泄漏进水，会发生爆炸。充用惰性气体氩气，使用不当有发生窒息的危险。在还原蒸馏的装炉和出炉过程中，要进行频繁的安装和拆卸作业，使用吊车起重作业时间多，起重伤害等危险大。还原、蒸馏炉都是电热炉，炉内深，操作人员进出炉，容易发生触电、烫伤、跌伤事故。

⑤ 海绵钛用高压油压机破碎，然后筛选、输送、包装入桶。在这过程中有砸伤、绞伤危险。厂房内破碎粉屑积存过多，有着火爆炸危险。

⑥ 在整个生产过程中，出现故障多和残渣多，在处理故障、检修设备和清理残渣时，容易出现跑冒熔体和氯气等。

⑦ 由于钛铁矿中常含有放射性物质，经熔炼、氯化，最后聚合在氯化废渣中。因此，从钛铁矿配料制团、电炉熔炼到氯化排渣，都存在对人体的放射性侵害。

（2）预防措施

① 钛生产中使用氯气，并易生成氯化氢等，腐蚀性大。因此，首先要搞好厂房建筑及设备管道的防腐，主要是氯化精制系统，要经常维护和定期检修，使之保持良好状态。

② 个人防护用品方面，发给操作工人防热耐酸的呢料工作服、工作帽和手套。在潮湿有酸操作岗位，发给耐酸胶

靴，一般为防热鞋，并根据工种岗位以及尘毒危害情况，发给防尘口罩、防毒口罩或防毒面具。同时有多种性质不同的毒气侵害时，操作人员要佩戴隔离式防毒面具——氧气呼吸器，才能有效地保证安全。对防尘、防毒口罩，要及时更新污染滤层。防毒面具要及时更新滤毒活性炭，并经常检查面具密闭性能。对氧气呼吸器，更要有专人负责严格检查和认真维修。

③ 根据工种岗位和操作条件，认真制定安全操作规程，既要包括一般共同性安全防护要点，又要明确本工种操作的突出危险与防护手段，并使工人切实掌握、自觉执行。如往精制工序送四氯化钛，规定氯化工序要先给送料信号。精制工序得信号后，检查储槽液面高度、进料管和废气平衡管道，以及阀门开闭情况，确认完好无误后，发出允许送料信号，氯化工序接信号后才能输送。这样才可以防止“冒罐”。还原炉、蒸馏炉安装拆卸时，规定人员进出炉要从专用木梯上下；进炉前由电工停电，并挂上“有人工作，不许合闸”标牌。

④ 在清理氯化系统管道沉淀和设备残渣泥浆时，规定面部不正对排放口；进行水解要控制水量，并不得直接往下水道排放，以防止四氯化钛崩冒而被烧伤和下水道爆炸。

⑤ 所有水冷、真空、受压设备，都要经严格充压和气密实验，检验合格后方可投用。

⑥ 破碎、包装海绵钛厂房，要经常清扫，清除海绵钛尘屑。清扫尘屑注意防止起火。如海绵钛着火，禁止用水灭火，应有特别专用的消防设施。

⑦ 有可能接触放射性粉尘作业人员的工作服，应单独存放，并绝对禁止穿着回家。氯化收尘与放射性物质废渣，不得与一般废渣混放，处理时需用专车运送出厂，并按国家环境保护规定要求进行处理。

### 30.2.15　钽、铌粉末冶金职业健康

(1) 职业危害

① 放射性。钽、铌矿物常与铀、钍等放射性元素伴生。采选后提供冶炼的精矿，其铀、钍等放射性元素的含量一般为1‰～3‰。经酸分解后的残渣，铀、钍元素进一步富集，其含量有的高达1%以上。钽、铌冶炼的前期处理，存在着放射性物质的危害与防护问题。钽、铌萃取残液中氢氟酸及硫酸浓度较高，如果直接排放将严重污染环境。

② 腐蚀性。钽、铌冶炼使用的强腐蚀性化学物质较多，特别是湿法冶炼部分，用量很大，如氢氟酸、硫酸、盐酸、硝酸、氢氧化钠等。这些物质若与皮肤接触能引起化学灼伤，若进入呼吸道则有害健康。特别是氢氟酸，与皮肤接触的当时并不疼痛，过几个小时后出现剧烈疼痛，接触部位可形成坏死。氟化氢对皮肤的渗透能力很强，可造成肌腱、骨膜及骨骼的深度损伤。氟化氢在灼伤皮肤的同时，还可被吸收，引起全身症状。眼部接触氟化氢后，角膜和结膜出现白色膜障，并可能引起穿孔。这些物质还严重腐蚀设备，缩短设备寿命，并且容易造成事故。

③ 易燃易爆。钽、铌冶炼使用的易燃、易爆物质较多。萃取使用的甲醛异丁醛酮和仲辛醇等液态有机试剂，其闪点低，如甲醛异丁醛酮的闪点为23℃，仲辛醇闪点为73℃，遇明火、高热、强氧化剂等有燃烧的危险。液氨熔点为－77.70℃，沸点为－33.5℃，易吸热汽化膨胀，空气中氨气浓度达15.7%～27.4%的爆炸极限时，遇火星会引起燃烧爆炸。若液氨罐与使用蒸汽的加热器及其分汽缸同放一室，一旦加热设施泄漏蒸汽时，容器的压力骤增，有发生爆炸的危险。钽、铌火法冶炼过程中，使用氢气的岗位很多，用量很大，空气中氢气的浓度在4.5%～75.0%之间，遇明火就会发生爆炸。金属钠遇水后发生剧烈反应，产生氢气，并放出大量的热量，容易引起自燃或爆炸；同时生成的氢氧化钠在空气中形成碱雾，灼伤人的皮肤，严重污染环境。

④ 粉尘。钽、铌粉末冶金过程中接触的粉尘很多，如湿法冶炼部分的球磨和酸分解岗位要接触放射性矿物粉尘；煅烧、过筛岗位要接触氧化物粉尘；火法冶炼部分要接触氧化物、炭黑和金属粉尘等。

(2) 预防措施

① 湿法冶炼部分的设备、管道、储液槽、风机等，要加强防腐，并经常进行检查，及时修补和更换。压力容器必须由专业厂制造，并严格按规程操作，定期组织安全和设备监测人员进行检查和测试，不合格者必须报废。输送氢气的管道及容器要有明显的标志，要保证不漏，并设置安全装置。对易挥发的物质，诸如氨、氢氟酸、硝酸、盐酸等，为控制和降低各作业点向外逸散的气体量，必须对敞口的设备与容器加盖，并安装通风设施，加强通风，改善作业环境。

② 钽铌生产中，在装卸、破碎精矿和处理、干燥、分解残渣时，均易产生粉尘，应采取湿式作业、密闭通风、除尘净化等综合措施，降低作业场所空气含尘中天然铀、钍的浓度，使其含量低于0.02mg/m³，以防止放射性粉尘对人体的伤害。其他有毒、有害物质的浓度，亦应符合有关标准的规定，防止急性中毒和减少职业病的发生。含放射性的残渣，用专用运输工具转移到远离生产作业区的地下渣仓中，堆满后用土掩埋，并设置标志。残渣在装卸搬运过程中不能滴漏撒落，以防放射性物质污染环境。为了防止射线对人体的伤害，应采用缩短工作时间，进出车间更换工作服和下班必须洗澡的规定。萃取残液最好进行转化，合成有价元素，然后用碱中和进行综合回收，这样残液就能达到排放标准而不污染环境。

③ 防爆措施。碳化工艺主要使用氢气，为防止氢气泄漏与空气混合发生燃烧爆炸事故，必须严格控制操作岗位空气中的氢含量，控制火源，并对供气储罐、管路与阀门进行严格试压检漏。在烘炉点火时要提前15～30min开启风机，排除炉内和工作场所的有害气体。预热烘炉应控制温度在300℃以下，使炉内水分和其他挥发物蒸发排尽。在点燃氢气之前，应在排气口取氢气做点火试验。

金属钠化学性质极为活泼，在空气中易氧化，遇酸、水剧烈反应，产生氢气，并放出大量热量而燃烧爆炸。它不溶于煤油。根据钠的这些特性，采取安全措施。将钠保存在煤油中，并密封放置。用水处理反应后的剩余钠，为防止气浪与碱性粉末或金属杂物飞溅伤人，处理剩余钠应在无人场所或专用“放炮”室内进行。产生的气体和碱性粉末应预处理，以免污染环境。

④ 穿戴个人防护用品。铀、钍放出的α射线，其电离能力很强，贯穿能力较弱，在空气中一般只能运行3～8cm的路程即能被吸收。一张纸、一层布即可加以防护。因此，对其外照射一般不需防护，但需防止进入体内形成照射。所以在有放射性岗位操作的工人，必须戴好口罩及乳胶手套，穿好工作服和防酸鞋套。在有酸、碱作业岗位的工人，还应戴护目镜。在钠还原岗位，应佩戴透明的有机玻璃面罩。高温作业岗位应戴石棉手套。

⑤ 医学监督。为了选择适合于钽、铌冶炼这种特殊工种，特别是湿法冶炼的工人，就业前的体格检查十分重要。对接触粉尘者，应特别注意进行定期的胸部检查。对接触放射性物质者，应定期进行血液、肝、脾等的检查，发现问题及时进行治疗。

### 30.2.16　铜冶炼职业健康

(1) 职业危害

① 熔融铜液和冰铜遇水容易发生爆炸，接触人体造成

烫伤、烧伤。

② 熔炼车间的起重设备吊运的都是高温熔体，起重设备本身稍有故障或吊运过程中操作稍有疏忽，易造成伤害事故。

③ 所有高温熔炼炉都有水冷装置。水冷系统发生故障或违章作业，易发生爆炸事故。

④ 高温熔炼炉熔池部分，容易受侵蚀而发生泄漏现象，冰铜和铜液漏出后遇水或潮湿地面易发生剧烈爆炸，造成厂房、设备受损和人身伤亡。

⑤ 转炉生产过程中，易发生喷溅甚至炉喷事故。最严重的恶性事故为炉喷，即炉内所产生的二氧化硫气体因体积急剧增大，夹带冰铜或铜液自炉口喷出，炽热的熔体大面积喷发降落，往往带来十分严重的后果，设备被毁，人员伤亡。造成炉喷的原因有：a. 转炉进料超量或加入冷料过多，使炉温过低；b. 第一周期熔剂加入不及时或量不足，造成渣黏，阻碍二氧化硫排出；c. 放渣不及时，过吹，渣黏；d. 在新炉挂炉后进料过急；e. 粗铜过吹，再加入冰铜进行还原。

⑥ 在火法精炼的还原阶段，如用重油作还原剂，重油中有水，很容易引起爆炸以及还原性炉气在烟道内爆燃，这时体积瞬间膨胀，有很大压力作用到精炼炉，致使炉内火焰外喷，烧伤附近作业人员。严重时还有崩塌炉盖的危险。

在还原作业时，炉内为正压还原气体，容易外喷，如窜入烧油的供风管道，极易造成爆炸。有的工厂，以液化石油气作为还原剂，如流量控制不当或管道泄漏，石油液化气汽化不好，也容易造成爆炸和火灾。

⑦ 因为阳极板中含有相当量的杂质，如铁、砷、锑、镍等，在电解过程中这些杂质进入电解液，使电解液成分偏离选定的范围，所以必须每天抽出一定数量的电解液进行净化处理，并用等量的新液进行补充。在净化过程中，进行脱铜除砷、锑时，有剧毒气体砷化氢产生，操作者吸入后，24h 内出现乏力、发冷、头痛、眩晕、呕吐等症状，二三天后，出现黄疸、血尿，严重者呼吸困难、血压下降。

（2）预防措施

① 熔炼车间吊运高温熔体的起重机其各种安全装置必须齐全有效，钢丝绳和吊钩必须每班检查，钢丝绳要定期窜绳和浸油。在吊运高温熔体时，副钩必须回收，不得钩于包子尾部吊环上。到达倾倒位置时，副钩才可挂上，以免吊车司机误操作或出机械故障引起包子倾转，熔体流出，造成事故。

吊运重包时，必须先行紧钩，经检查确认吊钩与包梁，包梁与包耳位置正常后，才可起吊。氧气瓶、乙炔气瓶及易燃易爆物品不得在生产车间上空吊运。

电解车间，能接触到硫酸铜电解液的吊绳和吊链等遇硫酸铜溶液会发生腐蚀，应加强检查，到报废期及时更换。

② 所有接触高温熔体的工具、铸模和盛装高温熔体的包子等，必须保持干燥，并先预热，以免引起爆炸。

③ 为防止爆炸，所有炼炉的水冷装置或汽化水套等必须定期检修，清除锈垢，并进行水压试验。所有阀门，除专职人员外，其他人员不得操作。汽化装置要定期排污，用水要经软化处理。

突然停水时，应及时关闭冷却水入口阀门，并使所产生的蒸汽及时排出；来水后，应缓慢通入冷却水。如严重缺水烧干时，严禁立即通入冷却水。

④ 带有水、冰、雪的物料，绝对不能向存有熔体的炉内投入。严禁爆炸品入炉。

⑤ 高温炼炉周围应保持干燥，并应设置安全坑。安全坑应保持干燥，并不得有可燃物。一旦炉体烧漏时，外流熔体有容纳之地，避免事故扩大。转炉的渣场不得有积水，倒渣时避免冰铜进入炉渣。

⑥ 设有前床的鼓风炉，应控制好冰铜面，严防冰铜随渣流出，遇水发生爆炸。

⑦ 密闭鼓风炉，应严格控制炉气中单体硫析出，以免在排烟系统中单体硫急剧燃烧或爆炸，而损坏设备和伤人。

⑧ 防止转炉炉喷的办法是坚持正规操作。尤其当粗铜发生过吹，需用冰铜进行还原时，冰铜的倾入，必须由熟练的吊车司机在该炉炉长的指挥下，十分谨慎缓慢地进行。发现炉内沸腾剧烈立即中止，等待沸腾减弱时再缓慢倾入。

⑨ 预防还原性气体进入烟道引起爆燃，应在烟道系统上设置多处防爆孔，使爆燃时瞬间产生的压力及时泄出，减弱其作用，防止喷火及损坏炉顶。

预防还原性气体窜入烧油送风管引起爆燃，在进行还原前应将烧火系统切断，并用黏土严密封闭精炼炉的烧火孔，使炉内还原性气体不致漏入烧火系统中。

使用液化石油气还原剂时，各管道不得漏气，胶管和阀门不得损坏，紧急截止阀动作应有效。停止使用时，应先关闭液化石油气阀门，然后用空气将管道内残存液化石油气冲洗干净，再关闭空气阀。

⑩ 电解液净化脱铜除砷、锑时，必须在密闭和有良好的排风条件的单独脱铜室内进行。现场应按班挂二氯化汞纸条，班后收回保存三天。操作人员入内作业时，应戴好砷化氢专用的防毒面具。

脱铜室设置于楼上者，尤应注意楼面板是否有缝，以免往楼下泄漏，因砷化氢相对密度为 3.484，密度比空气大。一旦发现操作者有中毒症状时，应及时送医院治疗。

## 30.2.17 有色金属工业职业健康

有色金属元素是指金属元素中除铁、锰、铬以外的金属。到目前为止，在自然界已经发现的元素有 103 种，金属元素占 86 种，其中有色金属为 83 种（包括 5 种半金属）。

世界上对于金属元素有两种分类方法：美国、西欧、日本等把金属元素分为铁金属和非铁金属两大类。苏联及东欧国家将金属元素分为黑色金属和有色金属两类。我国采用的是后者。但是“黑色”和“有色”的命名不是确切定义，只是惯称而已。

有色金属按其性质、储量、使用的发展情况，可分为 5 种：

① 相对密度小于 4.5 的为轻金属，如铝、镁、钾、钠、钙、锶、钡等。

② 相对密度大于 4.5 的为重金属，如铜、铅、锌、锡、镍、钴、锑、铋、镉和汞等。

③ 贵金属因价格比一般金属昂贵而得名，包括金、银和铂族金属（锇、铱、铂、钌、铑、钯）等 8 种元素。

④ 稀有金属指自然界中储量少、分布极为分散、开采和提炼十分困难，且使用发展较晚的金属，共有 53 种元素。可分为：a. 稀有轻金属（包括锂、铍、铷、铯 4 种元素）；b. 稀有高熔点金属（包括钨、钼、钽、铌、钒、钛、锆、铪、铼 9 种元素）；c. 稀散金属（包括镓、铟、锗、铊 4 种元素）；d. 稀土金属（包括镧系、钪、钇等 17 种元素）；e. 稀有放射性金属（包括钋、镭、锕、钍、镤、铀及超铀元素等 19 种元素）。

⑤ 半金属性质介于金属和非金属之间，包括硅、硼、砷、碲、硒等元素。

有色金属中的铜、铅、锡等，在公元前几千年就被人类发现和使用，远远早于铁的发现和使用，人类历史经过青铜时代之后才是铁器时代，有色金属对于古代生产力的发展起了积极的推动作用。中国早在公元前 2000 多年前就发明了冶炼铜和锡的技术，并能制取铜锡合金、铜铅合金（锡青铜和铅青铜)，比罗马人开采铜矿还要早1200年。在湖北大冶铜绿山发掘的宋代采矿遗址，根据对冶炼矿渣的测定，金属回收率达90%，说明当时我国冶炼技术已经达到很高水平。18世纪以来，几十种有色金属元素相继被发现，有色金属的提炼和使用也随之有了发展。中国的有色金属工业，新中国成立以来有了很大发展。1949年只能生产7种有色金属，现在已能生产64种有色金属。1983年，中国有色金属产量已上升到世界第6位。

有色金属加工成的材料品种繁多，用途极其广泛，是国民经济各部门不可缺少的重要材料，也广泛用于人们的日常生活。先进国家有色金属产量一般占钢铁产量的3%～5%。有色金属同钢铁构成国民经济三大材料之一，随着世界经济的发展，对有色金属的需求也日益增长。在当今世界新技术革命中，对有色金属材料的需要越来越多样化。如核工业需要铀、锆、铪；航天工业需要铝、钛、钽、铌；电子工业需要硅、锗；超导技术需要铌、镓、钒、钛；稀土金属在生物工程中有重要作用。所以有色金属材料，在现代科学技术领域是不可缺少的并处于举足轻重的地位，有很大发展前途。

有色金属工业是包括从有色金属矿石的开采、选矿、冶炼、合金制取到加工的工业体系。绝大多数有色金属在自然界中含量少、矿石品位低、矿物种类繁多，且又多种元素共生，大都以硫酸亚铁化物形态存在，这就使有色金属工业生产工艺复杂、工序多、流程长而且危害多。其主要特点有：

① 矿石品位低，使采矿量大，选矿、冶炼工艺流程长。如品位0.5%的铜矿就有开采价值，而品位30%的铁矿则是贫矿。铜精矿需要4～5道生产工序才能炼出铜，而铁矿石一道工序就炼出铁，两道工序可炼成钢。

② 有色金属冶炼是复杂的物理化学反应过程，反应速率很快，进行剧烈的能量转换和释放，反应速率控制不好就会发生事故。

③ 产生和使用大量有毒、有害和易燃易爆物质，如液态二氧化硫、液氯、煤气、氢气、氧气、重油及各种有机萃取剂等。这些物质危险性大，容易发生泄漏，引起火灾和爆炸。如镁、铝、钠、钾、钛等有色金属，其本身即是易燃易爆物质。

④ 生产中使用大量的强酸、强碱等强腐蚀性物质，会造成厂房、设备腐蚀严重、寿命短，而容易潜伏重大事故隐患。

⑤ 有色金属及其化合物大多是有毒物质。如铅、镉、砷、汞、铍等，在生产中容易使作业人员中毒。

⑥ 有色金属生产较之钢铁生产的企业规模小，非标准设备多。由于要对多种金属进行综合回收，需要多道工序和复杂的分离提纯技术；各种渣子、烟气、废液需要反复提炼和倒运；机械化水平低，手工操作多，劳动强度大，生产连续性也差。

⑦ 有些元素本身就是放射性元素，也有些金属本身虽无辐射性危害，但其矿物中含有放射性元素，如铌精矿、钽精矿、锂精矿，对人体会造成危害。

有色金属生产过程中的尘毒有较大危害，高温辐射和噪声对人体也有危害，加以作业条件和生产环境差，防治职业病和环境污染任务较艰难。

## 30.3　冶金工艺安全

### 30.3.1　冶金和有色金属行业概述

#### 30.3.1.1　冶金工业概况

(1) 冶金工业的发展现状

① 钢铁生产工艺流程逐渐优化。20世纪80年代以来，钢铁行业的发展规模明显扩大，到了90年代国际竞争变得越发激烈，绝大多数的企业都将发展重点转向了降低消耗、减少成本、增加品种、提高生产质量以及绿色环保等方面。传统的冶金生产工艺属于在一种冷态环境下作业的，最近几年来才逐渐有所改善，钢铁行业有了明显的进步，主要体现在生产流程、优化工艺、提高质量等方面。关于技术主要体现在两个方面，具体如下：

a. 加大了新工艺的研发，以便可以更好地代替传统生产工艺。先后研发了待岗连铸连轧技术等，在眼下钢铁企业发展中占据着重要位置。

b. 在很大程度上完善了现有的技术装备和生产工艺。

这两方面的进步相互渗透，相互促进，使得钢铁冶金工业迈出了飞跃性的一步，进一步走向了集约化发展。

② 钢铁产量不断增长。冶金工业在发展的过程中由于自身特性的问题很容易受到来自多方面因素的影响，例如国内经济与国际经济等方面，主要体现在国内宏观经济和国际宏观经济两方面。

a. 国内方面。最近几年以来国家先后出台了相关宏观调控政策对冶金行业进行了管理和扶持，初见成效。钢铁行业由于生产规模较大，低水平建设影响极差，这些政策的实施有效控制了低水平重复建设，严格禁止“地条钢”等劣质产品进入钢铁市场，避免市场环境受到不良冲击，在净化了钢铁市场的同时也有效提高了钢铁市场的规范化和理性化。与此同时，社会各个行业的消费结构也在随着经济的发展不断升级，城市化进程不断加快，这种社会背景为钢铁企业的发展奠定了良好的基础。最近几年西部大开发和振兴东北老工业基地战略逐渐打响，受到了社会各级高度重视的同时也为钢铁冶金行业的发展带来了新的机遇。

b. 国际方面。最近几年世界经济朝着全球化方向发展，从目前的情况看来发展态势良好，使得全球钢铁需求持续增长，各大企业的钢铁产量也在不断增大。

从目前的情况来看，随着我国社会经济的不断发展，国家宏观政策也会随之做出相应的改变，虽然环境制约严重，但是最近几年应该不会出现太大的回落。国际钢材市场需求量会有所增长，但不会提高太大，增速缓慢。由于产能过剩，我国钢铁行业最近几年不会出现太大的变化，产量一直居高不下。

(2) 生产工艺流程及其安全生产特点

① 冶金工厂主要危险源及主要事故类别和原因。冶金生产过程既有冶金工艺所决定的高热能、高势能的危害，又有化工生产具有的有毒有害、易燃易爆和高温高压危险。同时，还有机具、车辆和高处坠落等伤害，特别是冶金生产中易发生的钢水、铁水喷溅爆炸，煤气中毒或燃烧、爆炸等事故，其危害程度极为严重。此外，冶金生产的主体工艺和设备对辅助系统的依赖程度很高，如突然停电等可能造成铁水、钢水在炉内凝固，煤气网管压力骤降而引发重大事故。因此，冶金工厂的危险源具有危险因素复杂、相互影响大、波及范围广、伤害严重等特点。

导致事故发生的主要原因为人为原因、管理原因和物质原因三个方面。人为原因中主要是违章作业，其次是误操作和身体疲劳。管理原因中最主要的是不懂或不熟悉操作技术，劳动组织不合理；其次是现场缺乏检查指导，安全规程不健全，以及技术和设计上的缺陷。物质原因中主要是设施(备)工具缺陷，个体防护用品缺乏或有缺陷；其次是防护保险装置有缺陷和作业环境条件差。

② 冶金安全生产主要安全技术。冶金安全生产主要安全技术的原则随着现代化经济的发展与安全工作的社会、国际化，安全系统的概念已不再停留在原先某个行业某个车间的危险控制上，系统的组成包括了各子系统、分系统。其规

模、范围互不相同，危险的性质、特点亦不相同，因此，必须采用分级控制。各子系统可以自己调整和实现控制。

一级控制是指对事故的根本原因——管理缺陷的控制。二级控制指的是对生产过程实施的危险闭环控制系统，二级控制是对装备本质安全化的控制，因此是至关重要的。三级控制则是工作场所预防控制，如机械防护、局部排风。在三级控制中，一级控制是关键，只有有效的一级控制才会有好的二级和三级控制。由于冶金安全事故预防必须采取分级控制方法，因此只有综合性的措施方能有效，下面仅对综合措施中的若干方法进行介绍。

有色金属冶炼常见的事故类型有：高温作业伤害、火灾和爆炸、机械伤害、触电、职业病环境污染、冶金设备腐蚀等。以职业病预防、控制为例：a. 加强职工安全素质教育和技能的培训；b. 提供合格的劳动防护用品；c. 定期对职工的身体进行健康检查；d. 提供安全卫生的劳动场所和环境。

铝冶炼事故除包括高温作业伤害、爆炸和火灾、机械伤害、触电、职业病、环境污染、冶金设备腐蚀外，最主要的危险源还有氟化物。对事故预防与控制的主要技术措施：a. 选用优质、耐高温、耐腐蚀的劳动防护用品；b. 加强职工安全素质教育和技术技能的培训，提高员工的环境保护意识及自我保护意识；c. 加强通风，保证工作场所的良好环境。

**30.3.1.2 有色金属工业概况**

从全球有色金属行业来看，我国是全球最大的有色金属的生产国和消费国。中国有色金属矿产资源丰富，种类繁多。按若干金属（包括钨、钼、锡、锑及稀土金属）的探明储量计，中国居全球前列。中国是有色金属生产和消耗大国，通过利用国内外两方面资源，中国已建立大规模的有色金属工业，全国十种有色金属（即铜、铝、铅、锌、锡、镍、锑、汞、镁及钛）的产量居全球第一位。

从有色金属用途来看，我国有色金属是能源、信息技术和材料三大支柱产业的基础，广泛应用于交通运输、电力、建筑、通信工业等基础行业。

其中，建筑、交通运输和电力是有色金属的主要消费领域，以铜、铝为例，二者在消费结构中占比分别达到77.6%和62%。

总体来看，我国有色金属行业产能增长过快、需求增长有限，整体处于发展的滞涨期。2016年我国有色金属行业固定资产投资6687.26亿元，相比2004年的678.33亿元，年复合增长率约为21.01%，但近年来行业固定资产投资增速逐步放缓。为应对产能过剩的问题，并推进产业升级，国务院于2013年10月颁布《关于化解产能严重过剩矛盾的指导意见》，提出淘汰落后产能、加快兼并重组的指导方针。

虽然2015年、2016年我国有色金属行业固定资产投资完成额出现负增长，但我国有色金属行业仍将会保持一定的增长态势。一方面，我国未来一段时间GDP仍将保持中高速增长，有色金属行业具备一定的发展基础；另一方面，有色金属行业存量资产规模较大，相关采矿、冶炼和生产企业将会逐步产生新的业务需求，如降低生产成本、提高产品质量、增强劳动生产率、缩短交货周期、节能减排等。未来，有色金属行业“两化融合”将进一步推进，生产企业利用新一代信息技术，以产业公共服务平台、智能工厂示范、虚拟技术平台研发等为重点，推动生产自动化、管理信息化、流程智能化和制造个性化。

## 30.3.2 烧结球团安全

球团与烧结是钢铁冶炼行业中作为提炼铁矿石的两种常用工艺。球团矿就是把细磨铁精矿粉或其他含铁粉料添加少量添加剂混合后，在加水润湿的条件下，通过造球机滚动成球，再经过干燥焙烧，固结成为具有一定强度和冶金性能的球形含铁原料。

人造块矿经过多年的发展，逐步衍生为烧结矿和球团矿两大类。进入21世纪以来，科学技术飞速发展，不断有新技术应用到钢铁工业生产中，我国烧结球团行业也随之快速发展，烧结球团的产量增长巨大，质量水平提升明显，生产工艺日渐成熟，技术含量越来越高，不断补充和完善现行的操作技术，自动化水平也大大提高。人们在实践中不断进步，努力提炼确实可行的操作标准程序，提升了企业管理水平。但其生产带来的影响也给人们造成了巨大的困扰。

**30.3.2.1 技术现状**

改革开放后，国内钢铁集团借鉴国外的发展模式，生产力得到飞速发展。但大部分钢铁集团没有意识到节能减排的重要性，烧结球团技术的进步发展主要体现在提高企业的生产总量方面，忽视了生产过程中的过度能源消耗。进入21世纪以来，经济发展迅速，国内钢铁企业在面对机遇时没有确立正确的发展目标，只是不断革新技术来单方面地追求提高产量，直到近几年这种状况才有所好转。目前，国内烧结机的数量大幅度增加，尤其以大型烧结机最为明显，烧结面积中2/3以上都已被大中型烧结机占据，大型烧结机在烧结面积方面已占明显优势，烧结机大型化已成为当今的发展趋势。而烧结机的现代化和大型化，可以有效地改善环境质量并提高烧结矿质量，降低生产中的能量消耗，保证烧结矿的质量不出问题。国内如今只有部分企业做到装备大型化，重视节能减排问题，大部分企业受区域限制、技术装备差异、发展程度以及初期制定的发展计划路线的影响。炼铁原料准备结构错位，使我国矿粉烧结与球团细粉精矿的生产技术落后于世界先进水平。

**30.3.2.2 安全建议**

（1）更新设备与技术

应淘汰落后的烧结球团技术设备，落后的烧结球团生产工艺及设备其极大的原燃料消耗、设备损耗增加了生产成本，也没有完整可靠的环保节能配套措施设备。使用新型节能环保、高效的生产设备，大胆采用可行的新型烧结球团技术，才能为以后烧结球团工业的转变提前打好基础。在经济不景气时，经得住考验，机遇来临时，能够迅速成长起来。如竖炉焙烧法是最早采用的焙烧法，由于竖炉内各工作带的控制程序烦琐，不能均匀焙烧，对放入的原料要求过高，单机能力不强等，在钢铁行业实力较强的国家已不再使用。目前采用最多的是带式焙烧机法，使用燃料高热值的煤气和重油，并且成品球团的质量有不均匀的现象，也不是最优选择。相比而言，链篦机回转窑工艺能够更好地适应我国铁原料供应的稳定性差且复杂多变的国情。链篦机回转窑法出现得较晚，其优点是球团矿的强度好、连续性较强且产出的球团质量均匀，因此受到很多企业青睐，未来有很大概率成为主流的球团矿焙烧法。烧结球团产业的发展与科学技术的发展息息相关，科技创新能够大大加快烧结球团的生产设备的更新换代速度，以科技的创造力来实现生产技术和操作水平的提升。如合理的膨润土配加比例在球团生产过程中，能够进一步提高球团矿产品的质量；在高炉炼铁时，使用高发热值的焦粉、煤粉等燃料。

（2）降低损耗、节能减排，资源循环利用

燃料能源短缺是提高产能必须要清除的障碍之一，能源短缺长期以来严重影响了产品产量。如何解决能源短缺，降低燃料的消耗量，减少生产成本，进而提高工厂经济效益是我国烧结球团产业发展的重中之重。烧结节能的主要方向为减少固体燃料的使用量、降低机器用电损耗、减少点火时煤气损耗和烧结过程余热资源的回收利用。固体燃料损耗占据烧结工艺生产总能耗的80%，在选用燃料时，一定要选用纯度高，燃烧后残渣少的固体燃料。高纯度的燃料能够提供更多的热量，残渣少能够降低后期清理人员的工作量，以减少用工成本。烧结过程中的余热资源有烟气余热、冷却废气热等。主排余热锅炉可以利用烧结机在粉焦烧结矿石时产生的中温烟气，在锅炉中流动汲取热量，加热余热锅炉管箱中的软水，实现烧结烟气余热回收。冷却废气的回收有热管回收与余热锅炉两种方式，热管回收是利用热管吸收热量，再将热量传递给水套管，使水套管产生蒸汽，蒸汽再经循环管道完成汽水循环。余热锅炉回收冷却气是环冷机高温废气经除尘后通过余热锅炉又返回环冷机的冷却机，废气不断被高温矿石加热循环。以上几种方式产生的蒸汽可以为居民区供暖，实现资源循环利用，将废气余热转变为财富。在生产中节约能源，有效利用能源来创造财富、降低损耗，才能更好地促进烧结球产业的快速发展。

(3) 打造清洁、环保的生产环境

生产对环境的影响不可忽视，烧结生产工艺相比较球团而言污染还要严重些，生产过程中排放的有害气体以 $SO_2$ 为主，应大力推进烟气脱硫工程的建设，做好 $SO_2$ 的处理工作。除 $SO_2$ 外，还有废水污染、土地污染和噪声污染等问题，要有效提升废水资源化，达到排放标准排放。员工对环境清洁的认知不全，应督促员工在每日工作后进行清洁活动，制定严格的清洁标准，采用新型除尘设备袋式除尘器与新型电除尘器除尘。在完成工作的同时，充分利用烧结球团生产中的各项配套环保设施及设备，处理好环境清洁问题，提升烧结球团生产的清洁水平，进而提高生产效率。随着可持续发展战略的逐步推进，生产生活中的污染标准也会随之变化。这就要求我们在粉尘、$SO_2$ 和 $CO_2$ 等排放方面，要制定严格的标准，减少大气污染物的排放，在生产的同时保护好环境。

### 30.3.3　焦化安全

焦化厂是通过对烟煤进行高温干馏，制取优质的冶金焦炭并生产焦炉煤气和宝贵的化学产品的工业企业。炼焦化学工业是煤炭化学工业的一个重要部分，煤炭主要加工方法包括高温炼焦、中温炼焦、低温炼焦等三种方法。焦化厂生产焦炭过程中，也同时生产、使用、加工、处理煤气、轻苯、焦油、硫黄、硫酸、烧碱等十几种化工产品，具有易燃、易爆、高温、高压、易腐蚀、易中毒等典型的化学工业生产特点，在生产中，因设备的维修、安装、技改等工作需要，动火作业较为频繁，稍有不慎，很容易发生火灾爆炸事故，给企业造成较大的经济损失。因此必须采取积极而有效的防范措施，以确保生产的正常进行，确保人员和设备的安全。

#### 30.3.3.1　焦化厂的火灾危险性

(1) 焦炉表面高温可能引起可燃物起火

炼焦是焦化厂的主体，焦炉是用来炼制焦炭的，其内部温度极高，炉体表面散热面积较大，如有易燃或可燃物质与炉体接触，极易被烤燃；距炉体较近的易燃、可燃物，也有被辐射热引燃的危险。

(2) 泄漏是常见的产生可燃性混合物的原因

可燃气体、易燃液体和温度超过闪点的液体的泄漏，都会在漏出的区域或漏出的液面上产生可燃（爆炸）性混合物。造成泄漏的原因主要有：

① 焦炉和管道本身存在漏洞或裂缝。有的是焦炉本身质量差，有的是长期使用未修理、严重腐蚀的。所以，凡是加工、处理、生产或储存可燃气体、易燃液体或温度超过闪点的可燃液体的设备，在投入使用之前必须要进行检测合格。在使用过程中要定期检查其严密性和腐蚀情况。

② 人员操作失误。相对地说，这类原因造成的泄漏事故比设备本身缺陷造成的要多些。由于疏忽或操作错误造成泄漏火灾事故很多。要预防这类事故的发生，除要求严格按标准化作业外，还必须采取防泄漏措施。对可能泄漏或产生含油废水的生产装置周围应设围堰，焦化厂车间下水道应设水封井、隔油池等。

③ 粉尘爆炸危险。粉尘是指由固体物质分散而成的细小颗粒。粉尘起电的主要机理是快速流动或抖动、振动等运动状态下粉尘与管路、器壁、传送带之间的摩擦、分离，以及粉尘自身颗粒的相互摩擦、碰撞、分离，固体颗粒断裂、破碎等过程产生的接触，会和空气形成爆炸性的混合物，如厂内备煤及筛焦等，其煤尘浓度过高，遇明火将会造成爆炸事故。特别是用来输送煤及焦炭的专用设施，其除尘系统的故障会累积大量的粉尘；再遇上煤、焦的粉尘与空气的碰撞，形成爆炸性混合物，将造成严重污染、爆炸、火灾等事故。

④ 电气危险。固体绝缘物没有自由电子，但其表面常因杂质吸附、氧化等形成具有电子转移能力的薄层，因产品质量不良、施工不当或绝缘破坏，长期过负荷绝缘老化或因外部影响，在摩擦、滚压、挤压、剥离、过滤、粉碎等情况下能够产生静电，可能引发电气设备、电线、电缆过热而发生火灾。

#### 30.3.3.2　焦化安全措施分析

(1) 防爆电气设备类型的确定

当完成焦化厂爆炸危险区域的划分之后，可以根据相关的规定，按照不同爆炸区域的需求选择合适的电气设备类型。如焦化厂内部的回收区域，一般根据规定需要选用隔爆型设备或者是增安型设备；而在煤气鼓风机的区域内，只能选择隔爆型设备；对于控制开关的区域选择本质安全设备或者是隔爆型设备。只有选择合适的设备类型才能保证防爆电气设备作用的有效发挥。

(2) 注意焦化厂布置

焦化厂总平面布置要符合城市及本企业总体发展规划，充分考虑地形条件，合理紧凑布置，发展地预留在厂区边缘，减少占地，正确选择运输方式。钢铁联合企业的焦化厂要尽量靠近炼铁厂，缩短焦炭和高炉煤气的输送距离。焦化厂在生产过程中产生有害气体和粉尘，因此应建在城市、联合企业和居民区最小频率风向的上风侧，以避免或减少污染。

(3) 加强隔离

在防火防爆场所动火，应采取可靠的隔离措施。采用金属盲板将连接的进出口隔离，使动火管道与在用管道完全隔离。在此也特别注意检查设备上所有的连接管，对有可能与危险物连接的管道均要打上盲板，或是摘开。在动火附近将火源和有发生危险的管道、设备通过搭设防火壁隔离开。

(4) 防止粉尘危险

煤尘主要产生在煤的装卸、运输以及破碎粉碎等过程中，在多面都能产生很多粉尘。一般煤场采用喷洒覆盖剂或在装运过程中采取喷水等措施来降低粉尘的浓度。还可以提高空气的湿度，其主要作用在于降低场内空气干燥度，提高泄放速度，限制粉尘烟尘的积聚。提高湿度的允许范围应根据生产的具体情况而定，从防火的安全考虑，保持相对湿度在50%以上较为适宜。输送带及转运站主要依靠安设输送带通廊、局部或整体密闭防尘罩等来隔离和捕集煤尘。

(5) 应确保火灾、爆炸危险场所的电气设施符合防爆技术要求

煤气系统的设备及管道设置相应的蒸汽吹扫及取样装置，防止煤气中含氧量超标燃爆而引起火灾。

(6) 应当设置防护等级要求

在爆炸和火灾危险场所，应当设置检修电源，检修电源线路的设计、安装及设备选型应符合相应危险场所的防护等

级要求。

（7）加强安全管理

① 作业前环境监察。做好相关准备工作后，对周围工作环境要严格认真检查。检查确认一般由施工单位的负责人、监察员和安全员等人参加，检查是否按规定进行了现场清理、隔离遮盖、清洗置换、设备监测等。

② 现场安全监护。选派有责任心、有动火技术、了解现场状况、有现场应变能力和掌握一定消防技术的人员担任负责人，如发现有可燃气体或其他不安全因素时，应立即通知动火执行人停止动火，并及时联系有关人员采取相应措施。

③ 作业后监察。动火结束后的现场清理，往往容易被人忽视。动火结束后，相关负责人应关掉电源、气源，搬离动火设备，同监护人或安全员一起检查清理现场，熄灭余火。

（8）发展趋势

发展配型煤、煤干燥调湿和高效自动捣固煤饼等炼焦煤准备和预处理新技术；扩大炼焦用煤资源，实现备煤过程控制自动化；扩大焦炉炭化室容积，提高炼焦生产效率和焦炭质量；发展焦炉热工检测控制过程自动化和烟尘有效治理新技术；完善焦炉自动化操作，发展焦炉煤气净化新技术；开发焦化厂含酚氰废水处理新技术；发展粗苯加氢精制和大型煤焦油加工新技术；开发焦化厂计算机控制管理等新技术。

## 30.3.4 炼铁安全

炼铁是钢铁生产中的重要组成部分，其生产过程中涉及的设备、物料众多，工序复杂，作业条件相对恶劣，危险有害因素较多，易发生多种安全事故。

### 30.3.4.1 炼铁生产的主要安全技术

（1）高炉装料系统安全技术

装料系统将原料按炼铁要求的原料配比混配，连续输送给高炉进行冶炼。装料系统包括原料燃料的运入、储存、放料、输送以及炉顶装料等环节。装料系统应尽可能减少装卸与运输环节，提高机械化、自动化水平，使之安全运行。

① 运入、储存与放料系统。大中型高炉的原料和燃料多采用胶带机运输，若储矿槽未铺设格栅或格栅不全、格栅孔隙过大，周围没有栏杆，人行走时有掉入槽内的危险；料槽形状不当，存有死角，需要人工清理；内衬磨损，进行维修时劳动条件差；料闸门失灵常用人工捅料，如料块突然崩落往往造成伤害。放料时粉尘浓度很大，作业环境差。因此，储矿槽的结构应是永久性的、坚固的。各槽的形状应做到自动顺利下料，槽的倾角不应小于50°，以消除人工捅料的现象。金属矿槽应安装振动器。钢筋混凝土结构矿槽，内壁应铺设耐磨衬板；存放热烧结矿的内衬板应是耐热的。矿槽上必须设置格栅，周围设栏杆，并保持完好。卸料口应选用开关灵活的阀门，最好采用液压闸门。放料系统应采用完全封闭的除尘设施。

② 原料输送系统。多数高炉采用料车斜桥上料法，料车应设有两个相对方向的出入口，并设有防水防尘措施。一侧应设有符合要求的通往炉顶的人行梯。卸料口卸料方向必须与胶带机的运转方向一致，机上应设有防跑偏、打滑装置。胶带机在运转时容易伤人，必须在停机后，方可进行检修、加油和清扫工作。

③ 炉顶装料系统。以钟式上料系统为例，该系统以大钟为中心，由大钟、料斗、大小钟开闭驱动设备、探尺、旋转布料等装置组成。采用高压操作必须设置均压排压装置。做好各装置之间的密封，特别是高压操作时，密封不良不仅会使装置的部件受到煤气冲刷，缩短使用寿命，甚至会出现大钟掉到炉内的事故。料钟的开闭必须遵守安全程序。为此，有关设备之间必须联锁，以防止人为的失误。

（2）高炉安全操作技术

① 开炉的操作技术。开炉处理不当极易发生事故。开炉前应做好如下工作：进行设备检查，并联合检查；做好原料和燃料的准备；制定烘炉曲线，并严格执行；保证准确计算和配料。

② 停炉的操作技术。停炉过程中，煤气中的一氧化碳浓度和温度逐渐升高，再加上停炉时喷入炉内水分的分解使煤气中氢浓度增加。为防止煤气爆炸，应做好如下工作：处理煤气系统，以保证该系统蒸汽畅通；严防向炉内漏水。在停炉前，切断已损坏的冷却设备的供水，更换损坏的风渣口；利用打水控制炉顶温度在400～500℃之间；停炉过程中要保证炉况正常，严禁休风；大水喷头必须设在大钟下，设在大钟上时，严禁开关大钟。

（3）煤粉喷吹系统安全技术

高炉煤粉喷吹系统最大的危险是可能发生爆炸与火灾。为了保证煤粉能吹进高炉又不致使热风倒吹入喷吹系统，应视高炉风口压力确定喷吹罐压力。混合器与煤粉输送管线之间应设置逆止阀和自动切断阀。喷煤风口的支管上应安装逆止阀，由于煤粉极细，过久储存容易自燃，停止喷吹时，喷吹罐内、储煤罐内的储煤时间不能超过8～12h，其中，烟煤粉不应超过8h。煤粉流速必须大于18m/s。罐体内壁应圆滑，曲线过渡，管道应避免有直角弯。

为了防止爆炸产生强大的破坏力，喷吹罐、储煤罐应有泄爆孔。喷吹时，由于炉况不好或其他原因使风口结焦，或由于煤枪与风管接触处漏风使煤枪烧坏，这两种现象的发生都能导致风管烧坏。操作时应该经常检视，及早发现和处理。

（4）供水与供电安全技术

高炉是连续生产的高温冶炼炉，不允许发生中途停水、停电事故。必须采取可靠的措施，保证安全供水、供电。

① 供水系统安全技术。高炉炉体、风口、炉底、外壳、水渣等必须连续给水，一旦中断便会烧坏冷却设备，发生停产甚至设备报废的重大事故。大中型高炉应采取以下安全供水措施：供水系统设有一定数量的备用泵；所有泵站均设两路电源；设置供水的水塔，以保证柴油泵启动时供水；设置回水槽，保证在没有外部供水情况下维持循环供水；在炉体、风口供水管上设连续式过滤器；供、排水采用钢管，以防破裂。

② 供电安全技术。不能停电的仪器设备，万一发生停电时，应考虑人身及设备安全，设置必要的保安应急措施，设置专用、备用的柴油机发电组。

计算机、仪表电源、事故电源和通信信号均为保安负荷，各电器室和运转室应配紧急照明用的带蓄电池应急灯。

（5）高炉维护安全技术

高炉生产是连续进行的，任何非计划休风都属于事故。因此，应加强设备的检修工作，尽量缩短休风时间，保证高炉正常生产。

为防止煤气中毒与爆炸应注意以下几点：

① 在一、二类煤气作业前必须通知煤气防护站的人员，并至少有2人以上进行作业。在一类煤气作业前还需进行空气中一氧化碳含量的检验，并佩戴空气呼吸器。

② 在煤气管道上动火时，需先取得动火票，并做好防范措施。

③ 进入容器作业时，应首先检查空气中一氧化碳的浓度。作业时，除要求通风良好外，还要求容器外有专人进行监护。作业人员还应配备便携式一氧化碳的浓度报警仪。

### 30.3.4.2 炼铁生产事故的预防措施和技术

炼铁厂煤气中毒事故危害最为严重，死亡人员多，多发生在炉前和检修作业中。预防煤气中毒的主要措施是提高设备的完好率，尽量减少煤气泄漏；在易发生煤气泄漏的场所安装煤气报警器；进行煤气作业时，作业人员佩戴便携式煤气报警器，并派专人监护。

综上所述，炼铁是典型的冶金生产工艺，其存在的危险有害因素包括中毒、火灾、爆炸、高温烫伤、机械伤害、起重伤害、触电、高处坠落等。管理人员和现场操作人员应对此详细了解，重点防范。

炼铁的安全管理，应首先从设备设施本身的安全装置、设施的配备和完善入手，其次应从管理人员和现场操作人员的专业知识、作业资格和安全知识培训、考核入手，同时，还应保证安全管理制度、安全操作规程和事故应急预案的健全和落实到位。如此三管齐下，才能保障生产过程的本质安全。

### 30.3.5　炼钢安全

钢铁企业安全生产是国家和社会密切关注的对象，在新时代背景条件下，钢铁企业得以迅速发展，从而加快了炼钢技术水平，而传统的管理模式跟不上时代的发展，因此造成了许多重大事件，可见炼钢企业安全生产管理的现状并不乐观。诸多炼钢企业喊着响亮的口号，但是在真正的生产过程中，却依然是以企业利润为先行目标，甚至出现部分企业为了缩减开支，使用超过服役期限的机械设备进行炼钢，严重威胁到炼钢员工的生命安全。如何提高安全生产问题，是钢铁企业面临的最为迫切的问题，必须要放在首要位置去解决。

安全生产是任何一个炼钢企业都必须关注的重要问题，这是炼钢企业的基础，也是炼钢企业能够正常有序进行生产的前提，更是炼钢企业提高市场竞争力的根本。一旦出现安全生产事件，不但给炼钢企业员工人身安全造成伤害，而且还损失了炼钢企业的经济效益，给炼钢企业带来严重影响。因此，必须加强炼钢企业内部的管理，才能够提高炼钢安全生产的效应。

(1) 炼钢特点

炼钢生产流程非常复杂，从铁水炼成钢水，再到钢水铸成坯，其中过程工序复杂多样，高温生产作业线长，从铁水进场到钢坯出场都是高温。而随着时代的发展、科技的进步，炼钢企业的生产流程也发生了重大变化，其主要表现在以下几个方面：

① 为了占据市场，提高企业竞争力，炼钢企业对于生产设备都进行了大力的改进，运用科学技术提高现代化生产水平，引进了更加先进的生产工艺技术和生产流程，加大了炼钢生产的质量和产量，同时也导致了其现代化和传统的生产系统共存的局面。

② 炼钢生产所需的设备越来越大型化，这使炼钢企业员工降低了劳动强度，所接触到的危险源也大大减少，但是随之而来的却是管理阶层的问题，大型设备一旦管理不当，所造成的事件也会大大增多。

③ 现代化生产系统有着强大的功能，可以通过检测设备对安全事件进行预防，因为按照常规检查措施，是很难发现安全隐患的，如此就需要加强专业管理，才能够防止安全事件的发生。除此之外，生产操作自动化后，炼钢员工面临的危险源也越来越少，事件的发生率也随之减小，对于设备修理和维护的员工，所接触和面临的危险源随之增加。

(2) 炼钢发生安全事件的原因

炼钢生产流程是一个非常复杂而又危险的过程，不但具有高温高压的特性，而且还有毒有害，甚至一不小心就会出现易燃易爆的事件。而随着时代的发展，我国大部分炼钢企业都在生产技术和设备上进行了大力改革，使员工面对的危险因素大大降低，然而炼钢生产安全事件依然频发，造成事件的原因不外乎以下三点：

① 炼钢员工在进行生产的时候，违反安全操作规程是相当普遍的情况。我国大部分炼钢都有严格的安全操作规范和流程，然而大部分规范都没有严格实施，炼钢管理阶层更没有组织员工对其生产流程和操作规范进行学习和认知，在具体的生产管理过程中，更没有对生产流程和操作规程进行监督和检查。而作为炼钢的员工，大部分都缺乏正确的、科学的炼钢生产流程和操作规程知识，导致炼钢员工从根源上就不懂得安全生产的步骤。最终往往会因为这些认知的不足，从而导致了重大安全事件的发生。

② 炼钢内部的安全管理制度不健全。炼钢的管理制度有许多，但是都不够健全，许多制度还是延续传统的管理制度，这对现代炼钢背景下，以科技发展为动力，改进生产工艺的炼钢企业来说不但过时，而且还跟不上时代。对于新生产系统的炼钢流程，却使用旧的生产管理，这在很大程度上会造成严重的安全问题，使炼钢员工在实际施工过程中，根本就不知道该用哪种方案进行作业，有时候甚至会出现在使用新生产系统的时候，居然用传统的操作流程进行作业，这样将很容易造成安全事件的发生。除此之外，炼钢内部的大多数岗位没有面对突发事件的经验，对于应急预案等也从来没有讨论和制定过，这对于炼钢企业来说，存在着相当重大的生产安全隐患。

③ 炼钢企业在安全生产宣传教育方面不够充分，对员工的教育有明显的不足之处，大部分员工都缺乏安全生产和安全操作规范等知识。随着企业规模的发展壮大，所需要的炼钢员工也越来越多，招收的人员向来都是陆续进企，然而对于新员工人数不多，安全教育为了图省事，企业管理阶层向来都是简单的教育一下操作流程，就宣布上岗了，致使新员工没有足够的安全生产经验。而老员工拥有的安全生产经验也只能适用于传统生产系统，而在新时代的生产系统为前提条件下，老员工也不具备安全生产的认知，如此必定会导致安全事件的发生。除此之外，大多数炼钢企业使用的为短期合同用工制度，也就是所谓的临时工、劳务工、派遣工或外委工等，这种工种没有固定的工作岗位，也没有明确的定位工种，这也是严重威胁到炼钢企业安全生产的因素。

(3) 炼钢安全生产管理措施

① 提高炼钢员工安全教育。对于炼钢员工的安全生产教育工作，炼钢企业管理阶层必须要加强关注力度，对不同工种和不同岗位的员工进行定期的安全知识培训，所培训的安全知识也必须要与炼钢企业员工的工种和岗位有关，每年都要对安全生产知识培训制订详细的计划，利用班前会班后会，见缝插针，布置任务同时学习安全生产知识，每个月或每个星期都要组织一次全员的安全生产教育培训活动，严格按照炼钢企业制定好的规章制度进行安全生产教育，所有员工必须持证上岗。除此之外，对于档案的建立也必须要健全完善，对员工安全学习的内容，都要有专门人员进行记录，收进安全学习管理档案中。在培养员工安全生产知识的同时，树立起良好的安全意识，以此避免不合规的操作发生。一旦发生重大安全事件，将由炼钢员工直接面对。只有将炼钢企业员工的安全教育工作做好，彻底将其思想转变，才能从被动转为主动，从而避免违规操作和流程出现，才能有效避免安全事件的出现。

② 健全管理制度。炼钢企业发生的严重安全事件，大部分都是因为协同作业双方没有做到有效的沟通或联系，从而造成安全事件问题，比如维修人员在对设备进行修理作业的时候，没有对这个岗位和相关联的岗位的员工发出通知、交底及检修挂牌，而岗位操作员工因为没有接到维修人员的通知，继续进行正常的生产操作，最终导致安全生产事件发

生。因此，必须制定完善的管理制度，如：做安全锁、检修挂摘牌确认记录制度，将类似的情况杜绝，严格按照炼钢企业设置的标准流程，健全管理制度。

③ 紧急事件预案的完善。对于大部分炼钢企业来说，都严重缺乏面对突发事件的处理方式，对于安全事件的应急预案也没有详细制定，以至于在发生重大生产安全事件的时候，炼钢企业领导和负责人不能有效进行现场指导，反而互相推诿，对事件的解决方案没有一点笼统的概念，而在这种情况下，缺乏管理的炼钢企业员工，也势必会陷入混乱之中，这样将会加重炼钢企业的损失。可见，炼钢企业必须制定一套或数套相应的突发事件应急预案，并有计划、定期对炼钢企业员工进行演练，对突发事件起到一定的防护作用，尽量避免无序现象的出现。因此，当重大突发安全事件发生后，炼钢企业员工就会按照日常演练那样，有序化解突发事件，不易出现差错，各岗位的员工都能坚守岗位、各司其职，能够有效地在第一时间将事件控制住，防止其扩大。

### 30.3.6 轧钢安全

在我国国民经济中冶金轧钢作为重要的基础支柱产业，关系到社会主义市场经济的和谐跨越式发展。由于行业本身生产过程条件存在着众多危险源和不确定因素，也会给生产管理带来一些未知因素，甚至是安全隐患。因此，加强冶金轧钢行业的安全生产管理必然任重道远。

近年来我国冶金轧钢行业迅猛发展，加之冶金轧钢行业本质特点是工序繁复，从原料储备、上料、加热、除磷、粗中精轧、吊运、发货等整个生产过程管理错综复杂，给安全管理带来的一定的难度。

(1) 轧钢行业的安全生产管理现状

① 大型企业与中小型企业在基础管理和技术设备上存在差距。在我国，轧钢企业一直是以国有企业为主，其他多种企业类型为辅的构成格局。大型企业拥有较为完备的安全生产管理机制，设备管理和运行水平也较为先进，员工安全意识比较强、劳动作业强度适当，这就相对降低了安全事故发生概率。对于中小型企业来说，安全管理工作仍然处于探索阶段，难免会存在安全生产管理机制不完善，设备与工艺参差不齐的问题，安全管理多处于被动管理的局面。

② 行业安全生产标准研究不完善，落实不均衡。通过对国内与国外行业标准对比可以看出，国外工业发达国家对安全生产的管理标准更新周期是4年左右，我国虽然不断加强轧钢行业的安全生产管理标准，但更新速度明显落后，目前广泛采用的标准大多是很多年前的。在管理标准如何落实到安全生产上，也存在着落实不到位的情况，具体表现为忽视结合企业自身生产特点，不与实践相结合等方面。虽然国内在轧钢生产上取得了一定成效，包括采用发生机理的控制办法、事故隐患检测预警技术，以及采用应急救援与安全信息管理研究等有效的措施，但因各领域投入的不同，在实践生产工作中各企业的运用也并不十分均衡。

③ 事故发生类型以忽视安全规则的事故为主。从21世纪近十几年的统计结果可以看出，因操作不按照规程和违反安全生产规定引起的事故死亡在400人左右，占整体事故死亡率的2/3；因设备缺陷、指挥操作错误、现场疏忽等原因，造成的死亡率为1/3。通过查阅全国安全生产事故的年报可以看出，事故多高发于4月、5月以及8月，这些时间段也恰恰是企业生产任务最为紧张的时期，最易发生一些安全生产事故。

(2) 轧钢行业的安全生产管理问题

① 安全生产管理措施落实不到位和安全意识淡薄。国内大型冶金轧钢企业都已经建立了完备的安全生产机制，也都在全方位贯彻和实施安全生产管理标准，但落实效果参差不齐，特别是体系标准实际运用只是框架，并未有效落实业界的情况屡见不鲜。无论是大型还是中小型企业，都存在随市场需求而快速提高产能、提升劳动生产率的迫切需求，这样势必给安全生产带来一定的管理难度，并且标准更新速度普遍落后于国外工业发达国家。一线员工大多存在安全思想意识不足，还处于“要我安全”的层面，要使全员形成“我要安全”的思想形态还有很长一段路要走，并且生产各条线基本处于“事故后预防”的现状，实现“事故前预防”的管理模式也需要经历一个过程，那么真正将防患于未然应用到生产管理中显得尤为重要。

② 加大安全保障资金的投入，加强专业安全人员队伍的培养。若要保证生产稳定进行，加强生产安全管理的同时，必须提供可靠的安全基础管理水平。目前有些企业安全意识落后，加之企业自身经费不足，不去主动及时更新设备，也不积极改进工艺流程，对于安全管理投入的资金严重不足。因此，加大安全保障资金的投入，生产各工序涉及的设备更新换代必须加快实施进度。另外，因企业多存在重生产轻培训的模式，存在专业安全人才队伍配备不足的情况，那么加强对专业安全人员队伍的建设和实现员工安全多维培训模式也显得至关重要。

(3) 轧钢行业的安全生产管理对策

① 贯彻实施安全生产管理标准。使用科学合理、完备的安全生产管理体系，去指导冶金轧钢生产安全工作，确保企业安全生产管理有章可循。目前国外工业发达的国家在安全生产规则的制定和实施上具有较为先进的经验，因此国内企业应当主动研究国外先进管理经验，并总结出符合自身企业管理要求的宝贵经验，主动推进安全生产管理的健康协调发展。

② 成立领导小组责任制，从安全意识提高入手。目前国内很多轧钢企业都开始运用领导小组责任制保障安全管理工作。把企业管理层分为生产小组和安全小组，这样不同小组主抓不同工作方面。特别是在出现矛盾后，两组人员可以及时讨论，合理研究并提出解决方案。同时把领导业绩考核制度与安全工作紧密结合，企业领导的责任制开始带动各岗位人员的责任制，让企业管理层既可以专心管理生产，也可以专心管理安全。更进一步地开展员工的安全专业培训，提高专业岗位员工安全素质，也可以避免企业在员工生产培训和安全培训上不平衡和概念混淆的矛盾。

③ 重视企业安全文化的基础建设。安全是生产的前提，不能只重视生产而忽视安全。通过加强安全生产管理，让企业每一名员工懂得安全是保障生产的必要条件之一，同时也让员工避免传统冶金轧钢工业生产上容易发生从众心理的弊端。企业通过定期和不定期的员工培训，结合不同工种容易发生的安全隐患问题，做到意识预防和知识预防，对易出现事故的岗位，通过人性化、专业化的指导，把人为操作等事故降到最低，有效促进员工安全素养的不断提升。

(4) 对冶金轧钢行业的安全生产管理的展望

冶金轧钢行业的安全生产管理是一个严密系统工程，需要企业管理层以敏锐的视觉和发展的理念指导整个安全生产管理，也需要企业在生产过程各环节上落实长效的管理措施加以保障。因此，提高全体员工的安全意识，保障设备和生产过程的先进性和科学性，必须运用科学的管理理念和模式，确保能有效推动安全生产管理工作的持续健康发展。

### 30.3.7 有色金属压力加工安全

(1) 有色金属压力加工介绍

金属分为黑色金属和有色金属两大类。黑色金属通常指铁、铬和锰等，除此之外的其他金属称为有色金属。目前工业上常用的有色金属有十几种，主要分为三类：轻有色金属、重有色金属和稀有贵金属。

轻有色金属主要包括铝、镁及其合金，其中铝及铝合金应用最为广泛。纯铝由于其色泽美丽、耐蚀性好而被广泛应用于轻工部门，特别是日常用品与电器用品方面。铝合金与镁合金根据其性能不同而用途各异，如硬铝、超硬铝合金与镁合金由于强度较高，主要用于宇航与运输工业；防锈铝合金则用于建筑及石油化工方面；铝箔主要用于包装与电子工业；民用铝合金型材广泛应用于建筑行业等。

重有色金属主要包括铜、镍、锌、铅及其合金，其中以铜及其合金应用最为广泛。铜合金中依其不同的性能广泛应用于国防、轻工、汽车、拖拉机、仪表、电气与电子等许多工业部门；镍及镍合金广泛用于电真空、耐蚀件以及电热材料等；锌及锌合金主要用于电池及印刷工业；铅主要用作耐酸、耐蚀与防辐射材料等。

稀有贵金属主要包括钛（有时也作为轻金属）、钨、钼、钽、铌、铍、锆、铼、锗、钒、钇、铀和钍等。在稀有贵金属中，钛及钛合金是重要的宇航材料，并在舰船制造与化学工业领域得到广泛应用；铍的高温强度好，有较强的耐蚀能力，因此在原子能反应堆中被用作减速剂、反射层以及包套材料；钨、钼主要是利用其熔点高的优点，用作电工材料，比如钨、钼丝用作电极及灯丝等。

有色金属及合金的压力加工，又叫塑性加工，它是根据有色金属及合金的塑性，在外力（压力或拉力）的作用下，在改变其形状和尺寸的同时，也改善其组织和性能。塑性加工的方法有挤压、拉拔、轧制、锻造和冲压等多种，是有色金属及合金板带材、箔材、棒材、型材以及线材的主要生产方法，有色金属及合金材料的塑性加工在国民经济中占有重要的地位。在现阶段，随着冶金和机械电气工业的进步、电子计算机自动控制技术的应用以及社会总体科学技术水平的提高，有色金属材料的压力加工技术在工艺、设备、工具及理论上都有着较快的发展。总体来说，有色金属压力加工技术发展的主要特点和趋势为：

① 实现生产过程的连续化和自动化。近年来，在有色金属板带材、线材、管材、型材的生产中，连续化、自动化水平越来越高。比如：在轧制中，出现的从冶炼、铸锭到轧制全过程的连续化，亦即连续铸轧或连铸-连轧技术在铝、铜等有色金属材料生产中日益得到推广和应用；近代的挤压生产采用远距离集中控制、程序控制和计算机自动控制技术，从而使生产效率大幅度提高，操作人员显著减少，甚至可能实现挤压生产线的无人化操作；在有色金属线材拉拔中，高速拉线机的拉拔速度达到了80m/s，而多线链式拉拔机一般可自动供料、自动穿模、自动套芯杆、自动咬料和挂钩、管材自动下落以及自动调整中心等。

② 扩大品种、提高产品质量。为了适应国民经济各个部门和科学技术迅速发展的需要，有色金属及合金的管、棒、型、线材以及板带箔材的品种和规格不断扩大，质量不断提高。比如：现阶段铝合金型材的品种已达25000多种，其中包括了逐渐变断面型材和阶段变断面型材等；用拉拔技术可以生产直径大于500mm的管材，也可以拉制出0.002mm的细丝。在产品精度方面，能使厚度在5mm以下的热轧板带材的厚度精度控制到±0.025mm，冷轧带材控制到±0.004mm；在拉拔时，采用无模拉拔技术，制品的加工精度也可以达到±0.011mm。

③ 采用新技术、新工艺，降低能耗，提高经济效益。有色金属及合金的加热、轧制、挤压、拉拔以及锻造等，是能源消耗与金属消耗的主要部门，它直接影响到工厂的经济效益。因此，必须通过加强技术改造和采用新工艺、新设备、新技术，以使能源和金属消耗降低。现阶段，在铝合金挤压方面，为了控制流出速度，防止在制品表面上出现周期性裂纹，出现了等温挤压技术；在轧制方面，大力发展连铸-连轧技术，可以大大提高成材率、节约能源消耗和降低生产成本；在拉拔方面，多线连续拉拔技术也可以大大提高生产效率。

(2) 有色金属料的熔化

有色金属压力加工企业一般都设有熔炼和铸锭车间，为的是将金属原料按照各种产品化学成分和内部质量的要求配制成各种合金并铸出适宜于压力加工尺寸、形状和质量要求的各种合金铸锭，以便进行压力加工。

① 熔化过程。有色金属及合金的熔化就是在熔炼炉中，把有色金属坯料进行加热，使之由固态变成液态的过程。常用的有色金属料主要有原生锭坯、再生锭坯、本厂的边角料、外来的边角料和废旧料等。

在压力加工车间内，熔化有色金属及合金的目的是将各种不同成分、形状和清洁度的坯料，变成化学成分符合产品要求的洁净的液态金属，用于铸造规定尺寸的有色金属锭或为连铸机供料。

有色金属坯料熔化所消耗的能量约占有色金属材料加工总能耗的30%～40%。因此，在设计熔炉结构、选用燃烧器型号和制定熔化操作工艺时，必须考虑热量的充分利用和废气余热的回收，以尽量减少能源消耗。

熔料炉按加热方式可分为燃料炉、电阻炉和感应炉等。在工业生产中，燃料炉应用较为普遍，因为所用的燃料（主要有重油、天然气、煤气等）价格低廉，资源丰富。电阻炉一般只用于温度控制要求较严格的静置炉等。感应炉的能量利用率较高，但因容量小，在大规模的铝、铜等有色金属熔炼生产中应用不多。

在有色金属坯料的熔化中，除了金属坯料外，为改善合金的工艺性能和制品质量，减少冷、热裂纹，除应控制化学成分和杂质外，还应采用合适的工艺添加剂（变质剂）以改变和细化铸锭的晶粒。

② 金属液中气体的溶解与检测

a. 气体的主要来源。金属液中的气体主要来源于燃料、大气、炉料、耐火材料、溶剂、熔铸工具、润滑油等。

b. 金属液中溶解气体的种类。在有色金属及合金熔体中溶解的气体有：$H_2$、$CO_2$、CO、$N_2$ 和 $C_nH_m$（烃类化合物）等气体。在这些气体中，氢原子在正常熔炼条件下显著溶解，所以熔体中存在的气体主要以 $H_2$ 为主，约占整个气体含量的70%～90%。$N_2$ 和 $C_nH_m$ 的溶解量也不容忽视。

c. 气体的溶解机理。凡与金属有一定结合能力的气体，都能不同程度地溶解于金属中，与金属无结合能力的气体，一般只被吸附，而不溶解。气体在金属中溶解度的大小，取决于气体与金属间结合能力的强弱。

d. 影响气体含量的因素。主要有合金元素的种类、燃料种类、温度、熔体中氧化夹杂物的含量和性质以及熔炼时间等。

e. 熔体中气体的危害。金属中溶解的气体是引起铸锭产生气孔或组织疏松之类缺陷的重要原因之一，对结晶温度范围较大的合金，尤其敏感。

比如，在低温下，铝能与空气中的水蒸气或沉积在铝表面的水分直接反应，生成一种被称为铝锈的氢氧化铝腐蚀产物。此外，水蒸气还能与固态或液态铝直接反应生成氧化铝和氢原子，氢原子一部分被铝所吸收，其他的化合成分子氢进入大气。反应式如下：

$$2Al+3H_2O \xlongequal{} Al_2O_3+3H_2$$

由上式可见，水蒸气和铝的反应是十分有害的。低温下生成的铝锈是一种组织疏松、对铝没有保护作用的白色粉末状物质，能吸附大量水蒸气和氢，熔炼时若将铝锈混入溶液中，会造成熔体严重污染。因此，铝锭通常都要储存在干燥的仓库中。液态铝与水蒸气的反应，一是生成 $Al_2O_3$ 和氢原子污染铝熔体；二是该反应十分激烈，只要有一点点水分进入铝熔体中，就有可能引起爆炸，造成事故。因此，在熔炼铝合金之前，必须对炉衬、炉料、工具、各种溶剂等进行充分预热和干燥。

f. 熔体中气体含量的测定。生产中为了及时掌握金属中的气体含量，常对金属进行抽查，以便在工艺上采取补救措施。气体含量的测定，最简单的方法，就是第一气泡法：合金液精炼静止后，在炉前石墨模中浇注 $\phi$80mm×20mm 的圆饼形试样，观察试样凝固过程中表面上气泡析出情况，以判断精炼的效果。

## 30.3.8 煤气安全

### 30.3.8.1 冶金煤气介绍及来源

煤气是冶金生产的副产品和重要能源，生产使用量大。冶金煤气主要有焦炉煤气、高炉煤气、转炉煤气。炼焦炭时生产的煤气叫焦炉煤气；将焦炭送到高炉去炼铁，它是作为还原剂使用的，把铁矿石中的铁还原出来，焦炭就生成了煤气——高炉煤气；还原过程中有多余的炭浸入，铁含炭量高，需要脱炭，脱炭即为炼钢，脱炭产生煤气——转炉煤气。炼焦、炼铁、炼钢过程中煤气的产生量很大。

煤气是一种可燃性气体，当煤气和空气混合时，煤气中的可燃性气体和空气中的氧进行强烈的氧化反应，这种反应由缓慢达到着火温度，并由缓慢氧化转为瞬时猛烈氧化，即达到爆炸阶段。如果煤气着火发生在密闭容器里，就会因急剧燃烧、体积突然膨胀而造成猛烈爆炸事故，破坏性很大。防止煤气着火、爆炸的措施：

① 防止煤气与空气混合成爆炸比例，控制氧含量不使其达到爆炸界限，同时不使火源、火花或炽热物与之接触。通煤气的管道与没有通煤气的管道，必须有可靠的切断装置，不允许单独用阀门切断。高炉煤气管道在驱除煤气时，必须打开末端放散管及另一端人孔，用鼓风机强制通风，焦炉煤气管道需用蒸汽驱赶，或先通蒸汽，然后再用鼓风机通风。

② 在停送煤气放散时，放散管周围 40m 内不准有明火存在，煤气管道设备停煤气后，必须立即按规定要求进行处理，合格后方可进行检修。

### 30.3.8.2 冶金企业发生煤气事故原因及其预防

(1) 发生煤气事故的原因

① 缺乏煤气安全知识，如在发生事故后不戴防毒面具进行抢救，导致事故扩大，或在有煤气的地区干活而不戴防毒面具。

② 煤气设备泄漏煤气。

③ 设备有隐患，如水封有效高度不够，放散管高度不够，处理煤气的风机不防爆等。

④ 处理煤气不彻底，没有牢靠地切断煤气来源。如不堵盲板，单靠开闭器切断煤气来源。

⑤ 上级变电所或自控电器设备出事故突然停电。

⑥ 操作技术不熟练，误操作，或者不懂操作技术。

⑦ 处理煤气完毕后，煤气设备内的沉淀物，如焦油、萘等自燃或遇火燃烧爆炸。

抽堵盲板没有接地线，作业处蒸汽管道没保温（或保温层脱落），盲板、吊具与管道摩擦等。

(2) 煤气中毒及其预防

煤气中含大量有毒气体，如一氧化碳、硫化氢、苯、酚、氨等。高炉煤气和发生炉煤气含一氧化碳高，吸入人体后，一氧化碳与血液中的血红蛋白化合，使血液失去输氧能力，引起中枢神经障碍，轻者头疼、晕眩、耳鸣、恶心、呕吐，重者两腿不听指挥、意志障碍、吐白沫、大小便失禁等，严重的昏迷甚至死亡。天然气中含大量甲烷，甲烷无毒，但含量高时，氧气含量相对减少。当空气中甲烷含量达到 10%以上时，人体的反应是虚弱、晕眩，进而失去知觉直至死亡。

预防煤气中毒，要严格遵守煤气安全规程的有关规定，做到以下各点：

① 经常检查煤气设备的严密性，防止煤气泄漏，煤气设备容易泄漏部分，应设置报警装置，发现泄漏要及时处理，发现设备冒出煤气或带煤气作业，要佩戴防毒面具。

② 新建或大修后的设备，要进行强度及严密性试验，合格后方可投产。

③ 进入煤气设备内作业时，一氧化碳含量及允许工作时间应符合相关规定。

④ 要可靠地切断煤气来源，如堵盲板、设水封等，盲板要经过试验，水封阀门不能作为单独的切断装置。煤气系统中的水封要保持一定的高度，生产中要经常保持溢流。水封的有效高度：室内为计算压力加 1000mm$H_2O$ (1mm$H_2O$=9.80665Pa)，室外为计算压力加 500mm$H_2O$。

⑤ 在煤气设备内清扫检修时，必须将残存煤气处理完毕，经试验合格后方可进行。对煤气区域的工作场所，要经常进行空气中一氧化碳含量分析，如超过国家规定的卫生标准时，要检查、分析原因并进行处理。

⑥ 煤气区域应挂有"煤气危险区域"的标志牌。发生煤气中毒事故时，应立即通知煤气救护站，进行抢救和处理。

## 30.3.9 冶金企业常用气体安全

能源成本增加与电能高需求已成为钢铁工业面临的主要挑战。废气作为炼钢过程中的"免费"副产品，对高效发电来说颇具吸引力。使用这些废气作为发电机燃料，不仅具有较好的经济效益，而且能减少工业 $CO_2$ 排放，从而节约天然能源。有效利用三种不同的炼钢废气——焦炉煤气、高炉煤气、转炉煤气，变废为宝是一种有效解决资源浪费的途径。

(1) 焦炉煤气的利用

我国是世界上焦炭产量最大的国家，也必然是焦炉煤气产量最大的国家，若能将我国大量的焦炉煤气有效利用起来，不仅仅可以给企业带来很好的经济效益，还由于焦炉煤气是二次能源，增加二次能源的回收利用。

大型钢铁联合企业的焦炉煤气首先是作为热轧工序加热炉的燃料使用，加热炉的燃料可以是液体燃料，也可以是固体燃料，最经济的还是以焦炉煤气为代表的气体燃料。由于国内钢材产能严重过剩，钢铁企业只有靠调整产品结构，增加钢材附加值，才能在钢材的寒冬中生存下去，因此，热轧产品产量大幅提高，对焦炉煤气的需求量也大幅增加。但是仅仅作为加热炉的燃料，还不能消耗全部的焦炉煤气。

另外，热轧产品产量增加后，市场仍处于供过于求的状态，因此，还需要开发附加值更高的产品，就是冷轧系列产品，在生产冷轧系列产品的过程中，需要进行中间退火、脱炭退火和高温退火等多种热处理，以上热处理工艺都必须用高纯度的氢气和氮气作为保护气体。和用电解水的方法来制氢相比，用焦炉煤气制氢是钢铁企业更为经济的方式。利用变温、变压吸附技术从焦炉煤气中分离氢气的工艺技术和装备都已成熟，目前采用较多的是变压吸附工艺，其原理是利用吸附剂对气体各组分的吸附容量随压力的不同而有差异的特性，在吸附剂选择性吸附的条件下，加压吸附以除去焦炉煤气中除氢气和氧气以外的组分，减压脱附这些杂质而使吸附剂获得再生，循环操作，以达到连续提取纯度 99.5%以上氢气的目的，最后通过催化剂除去少量的氧和微量的水，以制得纯度99.99%以上的氢气。

除上述两个用途外，作为炼铁的还原剂、焦炉的加热煤气、燃气炉发电和供应当地居民作为燃气使用等手段可以全部消耗大型钢铁企业的焦炉煤气，高附加值产品比重高的钢企甚至会出现焦炉煤气短缺的情况。将焦炉煤气利用于调整钢铁企业品种结构，提高高附加值产品上，焦炉煤气的价值就体现在终端的高附加值钢材价值中，虽无法准确计量，但不可否认的是在钢铁企业中，焦炉煤气的价值得到了充分的体现。

独立的焦化企业与钢铁企业的焦化厂不同，由于焦炉煤气运输不便，除用于自身焦炉加热外，有大量的焦炉煤气需要开发利用，如不能有效使用，大量的焦炉煤气放散到空气中，不仅使企业的经济损失巨大，而且会污染环境，造成不好的社会影响。随着煤化工技术的发展，利用焦炉煤气的工艺技术都已成熟，主要包括利用焦炉煤气发电、提取高纯度甲醇和制天然气等。各企业可根据自身的情况来进行选择。

(2) 冶金企业有毒有害气体作业存在的较大危险因素

冶金企业内的有毒有害气体作业，存在的较大危险因素和易发生的事故类型有：

① 地下管廊、地下隧道、地下室，以及滞留易燃易爆气体、窒息性气体和其他有害气体的地沟，没有通风措施，导致爆炸。

② 进入有毒有害危险区域未佩戴个人防护用具，导致中毒和窒息。

③ 使用煤气点火未执行正确点火顺序，导致火灾、爆炸、中毒和窒息。

④ 煤气设备吹扫置换未达到安全要求，导致火灾、爆炸、中毒和窒息。

⑤ 停（送）煤气作业未制定方案，导致火灾、中毒和窒息。

主要防范措施有：

① 地下管廊、地下隧道、地下室，以及滞留易燃易爆气体、窒息性气体和其他有害气体的地沟，应设置通风措施；密闭的深坑、池、沟，应考虑设置换气设施。

② 进入有毒有害危险区域：a. 进入有毒有害气体容易聚集的场所应携带便携式毒害气体泄漏监测仪，佩戴防毒面具。到煤气区域作业的人员，应配备便携式一氧化碳报警仪。一氧化碳报警装置应定期校核。b. 煤气作业工作场所必须备有必要的联系信号、煤气压力表及风向标志等。

③ 使用煤气点火：a. 炉子点火时，点火程序必须是先点燃火种后给煤气，严禁先给煤气后点火。凡送煤气前已烘炉的炉子，其炉膛温度超过1073K（800℃）时，可不点火直接送煤气，但必须严密监视其是否燃烧。b. 送煤气时不着火或者着火后又熄灭，必须立即关闭煤气阀门，查清原因，排净炉内混合气体后，再按规定程序重新点火。c. 凡强制送风炉子，点火时必须先开鼓风机但不送风，待点火送煤气燃着后，再逐步增大风量和煤气量。停煤气时，必须先关闭所有烧嘴，然后停鼓风机。d. 送煤气后，必须检查所有连接部位和隔断装置是否泄漏煤气。

④ 煤气设备吹扫置换：a. 吹扫和置换煤气设施内部的煤气，应使用蒸汽、氮气或烟气为置换介质。吹扫或引气过程中，不准在煤气设施上拴、拉电焊线。b. 煤气设施内部气体置换是否达到要求，应按预定目的，根据含氧量和一氧化碳分析或爆发试验确定。

⑤ 停（送）煤气作业：a. 停（送）煤气危险作业应填报危险作业申请单，并向主管部门申请批办作业手续。b. 按照方案做好停、送气前的准备工作，对参与停（送）煤气作业人员进行安全技术交底和明确分工。c. 按停、送煤气方案要求分别做好停、送煤气作业前的现场安全确认。d. 按照方案确定的停、送气操作步骤和工艺要求规范操作。

(3) 有效利用废气措施

生态意识以及对以化石燃料形式存在的一次能源有限储量认识的日益增强，人们认为有必要更加经济、有效地利用现有资源。当今，$CO_2$ 和其他温室气体的排放构成了最大的环境问题之一。显然，包括地球大气中所有的微量气体在内，$CO_2$ 是人类温室效应的罪魁祸首。

炼钢过程中会产生大量包含 $CO_2$ 的废气。这些气体至今没有统一的有效利用方法，其利用途径各不相同。目前普遍的做法包括用于锅炉与汽轮机的组合，或者燃烧这些气体并排放到大气中。后者所浪费的能量若用于内燃机以构成废气发电系统，则可作为国家电网基础能量。

① 工业焦炭生产过程的“免费”副产品——焦炉煤气可作为发动机燃料，以提供有效、经济的能源。

② 从内燃机回收的热所产生的二次热量进一步提高了经济可行性。

③ 可使用天然气作为内燃机燃料，这种灵活性保证了较高的实用性。

重要措施包括：a. 要重视国内气体分析仪的生产和研制工作。b. 要生产和研制品种齐全的标准物质。c. 要促进分析工作的规范化、标准化。d. 鉴于目前国内金属中气体分析工作还没有成为一门独立的科学，今后要系统地开展基础理论的研究和探讨。

冶金工厂产生的低浓度 $SO_2$，可用氨水吸收得到亚硫酸氢铵溶液，然后用磷酸来分解这一溶液，生成安福粉（磷酸铵盐）浆液，再加工为安福粉，而释放出的高浓度二氧化硫则可送往生产硫酸工序，有效利用废气。

(4) 危险气体及化学品的日常管理

危险气体的管理：①危险气体的使用人员必须对设备进行检查，确认是否漏气或可能漏气的因素，发现时应及时进行维护修理。②所用危险气体应由专人管理和保管，必须放置在指定地点，其操作人员必须培训合格后方可上岗。

危险气体及化学品的储存、使用应依据国务院颁布的《危险化学品安全管理条例》中有关条款进行。

化学品泄漏时的管理：①抢救人员需穿戴必要的防护用具进行处理；②控制污染源；③移开其他危害物质或废溶剂；④疏散不必要人员，并保持通风；⑤将清理过的物质、废弃物放置在有明显标识的处理袋内；⑥如使用水清洗污染物区的残余时，禁止流出场外，并进行收集；⑦使用工具或个人防护用具后清洗时，也应将废液收集在专用桶内。

## 30.3.10　铝冶炼安全

随着科学技术的不断发展，铝冶炼技术也迎来了一次次进步，我国已经走过了铝冶炼技术的发展阶段，现在已经跨过了纯进口电解铝的阶段，铝冶炼技术持续进步发展，已经是铝生产的第一大国，不仅在生产数量上有了飞速增长，在质量技术方面也有了很大的进步。

### 30.3.10.1　我国铝冶炼的发展现状

我国的铝冶炼技术经过数十年的发展，已经掌握了整个产业链中各个步骤的技术，不管是铝材料的勘探、采集、冶炼，还是加工制造都具备了非常成熟的技术。并且已经掌握了世界上最先进的铝冶炼技术。

2003年，我国稳稳占据了世界第一铝冶炼大国的位置，但是随着我国铝冶炼技术的不断成熟和发展，随之而来的问题就是铝冶炼材料的供给不足，导致相关铝产业的发展停滞。但是随着政府相关部门的调节扶持，加上行业中的整合以及重组，使我国铝冶炼行业的发展处于稳定状态。因各地的地质情况不同，所开采的铝矿也不完全相同，我国的铝矿与其他国家铝矿的主要区别就是我国铝矿中的铝含量较高、硅含量比较高、铁含量比较低，属于一水硬铝石型。由于我国铝矿中矿物质的含量情况较为复杂，导致我国的铝冶炼技术生产过程工序较为烦琐，对碱、汽、煤等能源的消耗都比较高，然而铝的产出量却比较少，导致当时我国原铝行业整体都呈现一种高成本低收益的趋势。

20世纪70年代末期，我国铝冶炼技术走向了一个新的时代，对铝冶炼的工艺技术、材料选择、冶炼过程、设备设施都进行了全方面的改革。随着21世纪我国各种技术的不断发展进步，对于铝冶炼的技术也有了新的突破，自主研发了更多更先进的电解槽技术，此时我国的铝冶炼技术已经到了世界瞩目的阶段，大容量电解槽的开发和投产，使我国的铝冶炼行业发生了翻天覆地的变化。但是整体来说，我国铝冶炼技术在发展过程中的速度还是比较快，用的时间也比较短，因此我国电解槽方面的技术并没有那么成熟，导致所开发的大型电解槽在使用过程中还存在着一定的问题。

2011年下半年至2015年11月，铝价持续下降，不断刷新历史低点。中国氧化铝、电解铝企业亏损加剧，全行业几乎无一盈利，加上银行收贷，过半数企业资金陷入困境。困境下，国内氧化铝、电解铝企业抱团开启大范围弹性生产。减产消息刺激下，2015年11月26日SHFE期铝大涨超过3个百分点。至此，铝价开启了本轮强势。随着铝价回升，电解铝企业逐步复产，但是信贷吃紧，加之停启成本较高，企业复产处于观望情绪中，都拉长了企业复产的进程。2016年在消费提速、供给受限的情况下，现货库存锐降至2010年以来最低。随着铝价的回升，电解铝产能恢复生产迅速。进入2017年，中国电解铝运行产能基本保持在3500万吨以上。到2017年3月份，运行产能已经达到3760万吨。

#### 30.3.10.2 我国铝冶炼技术发展中的问题及对策

要想促使我国铝冶炼技术不断进步，首先要发现其中的问题，针对实际问题进行对应解决，比较明显的如电解槽使用寿命较短、电流效率低、电能消耗较大、效应系数高、吨铝碳素消耗高等问题，对于我国的铝冶炼行业的发展还是存在一定影响的。以下是我国目前铝冶炼技术发展中出现的具体问题：

① 整体生产装备水平急需完善。我国目前在铝冶炼产业发展过程中，虽然生产了多种先进设备，但是还不具备完全完善的使用功能，还存在着各种问题，比如在进行实际使用时容易出现故障，生产质量也不是特别高，机器中的重点部位还有待进一步发展。另外，相关设备在使用过程中还会出现一些滴漏现象，导致工艺实施过程中不免还会出现各种问题。我国的相关工艺虽然已经足够先进，但是在配套设施方面还达不到相对应的水平。

② 电解槽使用寿命需要延长。国际平均水平中，铝电解槽的使用寿命一般在7年以上，有的甚至达到了10年，而我国的仅仅能使用4年左右，因此造成了很大的额外消耗，这也是我国在电解槽生产研发上急需解决的一个问题。

③ 电气自动化水平需要提高。虽然我国的电气自动化水平已经处于世界先进水平，但是在铝冶炼相关技术中对于自动化的使用还不完善，很多工序还需要人工进行操作，大大降低了生产的效率，并且增加了企业的生产成本。因此，在以后的研究中应该尽快完善相关技术，提高自动化水平，进而促进整个行业的发展。

#### 30.3.10.3 铝冶炼安全生产标准

(1) 建立一个总体绩效评价、完成八个子项评价

建立一个总体绩效评价是指每年末都要对要素中的内容运行情况以及持续改进情况分别进行评估，指出每个要素运行是否正常、是否符合标准化的要求、是否在持续改进。

完成八个子项评价分别是：

① 是否定期对安全生产目标的完成效果进行评估和考核，是否及时调整安全生产目标和指标的实施计划。

② 是否定期对安全生产责任制进行适宜性评审与更新。

③ 是否每年至少一次对安全生产法规、标准规范执行与适用情况进行检查、评估。

④ 是否每年至少一次对规章制度、操作规程执行与适用情况进行检查、评估。

⑤ 是否定期识别安全教育培训需求、制订各类人员培训计划，保障教育培训资源以及场地、教材、教师、培训效果等。

⑥ 是否定期对生产现场和生产过程、环境存在的风险和隐患进行辨识、评估分级，并制定相应的控制措施。

⑦ 是否每年进行一次职业健康安全方面的合规性评价，编制输出合规性评价报告。

⑧ 是否定期评审应急预案，并进行修订和完善。是否对应急演练效果进行评估，根据评估效果，修订、完善应急预案，改进应急管理工作。评价目的就是全面衡量各个子要素是否按照相关要求进行分解、细化、落实、改进该项工作内容。

(2) 着力提升八项基础管理

基于岗位生产中的特定风险、事故类型以及安全防范措施，修订安全管理规章制度时要结合岗位危险源辨识内容以及风险防控措施和应急措施，对关键工序单独制定作业指导书。

安全培训记录、安全评价记录、事故报告、应急演练等17项记录要按照相关文件管理制度妥善保管。

安全教育培训要根据日常检查出的问题因材施教，培训方式要理论与实际操作相结合，培训效果评估要有具体措施，培训内容中要增加职业卫生健康的内容。要考虑安全培训前是否征询班组及员工，需要培训哪些安全知识？哪些是基层员工普遍存在的安全不足？各级管理人员对相关信息的收集是否进行整理与分析？

提升设备本质安全要落实三个方面管理内涵：

从项目新、改、扩开始，严格手续与设备设施设计安全标准，认真落实“三同时”，遵循企业设计规范，确保通道、楼梯、照明、操作室站（各类控制室、配电室等）、油库、电缆隧道的选址、安全距离、应急照明、采光要求等条件满足需求。关键问题是在设备设施的设计与安装的源头上，由哪个业务部门来负责把好本质安全第一关？相关的工作制度与流程是否符合要求？哪个部门去进行检查验证？

在设备设施运行管理方面，完善设备维修台账，制订、实施检维修计划安全方案，对强制检测仪器仪表，安全联锁装置，以及可燃、有毒气体报警装置，防雷、防静电装置是否定期进行检测等进行巡视检查。

关键问题是生产现场设备、压力槽罐的安全监控设施、报警装置、联锁装置、防爆装置、急停装置、泄压溢流装置等是否建有具体台账？如何开展日常巡检？故障状态下采取的临时措施在其区域及岗位是否进行交底与告知？生产现场物品堆放、安全通道畅通、设备清灰、应急物资数量、安全警示标牌完好等日常安全巡视内容齐全吗？

强化相关方管理要从资质审核、签署安全协议、建立相关方安全管理制度、开展相关方培训、落实作业前安全交底、监督作业人员上岗资质和作业行为、形成相关方安全作业绩效考评体系、实行优胜劣汰方式，激励相关方遵守企业安全、职业健康等管理规定。同时，要求各单位落实好区域安全负责制，行使相关方进厂作业安全措施审查与安全交底，严格工作票管理流程。

提高职业健康管理，提升作业现场防尘防毒设施设计标准，通过完善通风、降尘、降温设施的运行率，采取隔离、

封闭等改进噪声及其他危害影响。将职业危害因素监测结果进行公布，对出现危害异常区域制定应对控制措施，对健康体检结果异常员工采取换岗、疗养、复查等措施。

提升应急管理能力。进一步突出专项预案和现场处置方案的演练力度，按照计划及时组织各种应急演练，并对演练结果进行评价，调整应急物资和应急队伍能力，实现应急预案最适宜、应急程序最简洁、应急能力最快速、应急组织最畅通的目标。

严格事故“四不放过”。认真开展伤害事故、未遂事件调查、分析、处理与防范，健全事故（事件）台账，开展年度事故教育。关键问题是单位与车间对各类事故、未遂事件是否进行登记、分析？出现的问题缺陷是否制定具体改进措施？改进措施的落实是否有专人跟踪落实？

（3）重点规范人的作业行为

① 积极推行中铝公司CBS“行为安全”模块运行工作，建立各级违章行为数据库，制定违章行为纠正措施等消除作业违章行为。

② 通过问题看板、目视化、班组活动、安全竞赛等形式，宣贯违章行为种类以及纠正预防措施。

③ 突出全员、全过程的参与管理，自查、互查、突查等共同纠正违章。

④ 对出现违章问题的责任人给予当面纠正，并在班组或车间让当事人讲述违章过程及纠正措施，让其他员工引以为戒。

⑤ 所有未遂事件都要召开事件分析会，找准问题原因、制定纠正措施及整改责任人，强化事件管理力度。

⑥ 积极推行杜邦公司“安全行为观察法”，每个人在执行安全检查时，多停留观察作业人员的行为动作、工作程序、使用工具、个人装备以及工作区域所处的环境等，对其错误的做法进行当面探讨和指正，树立正向安全管理思路。

（4）工作方式及内容要不断创新

① 比如用动画（漫）的形式再现事故经过，也可以考虑将未遂事故或重要的危险源可能导致的事故用动画形式表现出来，浅显易懂又让人记忆深刻。

② 隐患描述时要直指问题所在，不能用不确定或模糊的语句。比如“氧气瓶、乙炔气瓶安全距离严重不足”应改为“正在使用中的氧气瓶、乙炔气瓶安全距离不足5m”，这样描述准确，直指问题所在，有利于安全知识的传播与推广。

③ 开展安全生产职责履行情况自我评价活动，其评价格式尽量标准化或有一定格式。

④ 每年推出一个安全主题、理念、愿景或口号。这些理念向全体员工征集，让员工从最基本的安全理念或口号开始就参与其中。

⑤ 设立实物安全教学室。利用实物安全教学室，对应急物资使用、紧急情况处理、安全防护设施设备使用等进行教学。

⑥ 企业安委会会议或者安全例会，应当邀请其他专业管理人员、普通员工代表参与。对照安全生产标准化条款要素，企业还有许多管理内涵需要纵深扩展，只有在认真消化现有管理的基础上，通过开展与国际行业安全对标、完善安全预测预警系统、加强风险管理力度，实施检修作业能量挂锁等管理措施，才能更加有效落实企业安全管理工作。

## 30.3.11 重金属及其他有色金属冶炼安全

### 30.3.11.1 重金属的定义及理化特性

重金属原义是指相对密度大于5的金属（一般来讲密度大于4.5g/cm³ 的金属），包括金、银、铜、铁、铅等，重金属在人体中累积达到一定程度，会造成慢性中毒。对什么是重金属，其实目前尚没有严格的统一定义，在环境污染方面所说的重金属主要是指汞（水银）、镉、铅、铬以及类金属砷等生物毒性显著的重元素。重金属非常难以被生物降解，相反却能在食物链的生物放大作用下，成千百倍地富集，最后进入人体。

重金属在人体内能和蛋白质及各种酶发生强烈的相互作用，使它们失去活性，也可能在人体的某些器官中富集，如果超过人体所能耐受的限度，会造成人体急性中毒、亚急性中毒、慢性中毒等，对人体会造成很大的危害。例如，日本发生的水俣病（汞污染）和骨痛病（镉污染）等公害病，都是由重金属污染引起的。

重金属在大气、水体、土壤、生物体中广泛分布，而底泥往往是重金属的储存库和最后的归宿。当环境变化时，底泥中的重金属形态将发生转化并释放造成污染。重金属不能被生物降解，但具有生物累积性，可以直接威胁高等生物（包括人类）。有关专家指出，重金属对土壤的污染具有不可逆转性，已受污染土壤没有治理价值，只能调整种植品种来加以回避。因此，底泥重金属污染问题日益受到人们的重视。

### 30.3.11.2 重金属废水处理

目前中国由于在重金属的开采、冶炼、加工过程中，造成不少重金属如铅、汞、镉、钴等进入大气、水、土壤，引起严重的环境污染。如随废水排出的重金属，即使浓度小，也可在藻类和底泥中积累，被鱼和贝类体表吸附，产生食物链浓缩，从而造成公害。

水体中金属有利或有害不仅取决于金属的种类、理化性质，而且还取决于金属的浓度及存在的价态和形态，即使有益的金属元素浓度超过某一数值也会有剧烈的毒性，使动植物中毒，甚至死亡。

除去废水中的有害物质，综合回收重金属，净化后的废水回用于生产或排放。有色金属冶炼厂重金属废水主要为：湿法冶炼过程中的生产排水以及泄漏和洗涤产品、设备的排水；湿式收尘排水；水淬渣排水；铸型机冷却排水；冲洗地面排水等。

重金属废水除含有某些有害的重金属离子外，还含有砷、氟、氰、酚等有害物质，是危害较大的废水之一，要尽量减少废水外排。对排出的废水要进行无害化处理。一般采用下列措施：①改革冶炼工艺减少废水；②清污分流；③加强管理，防止跑、冒、滴、漏；④建立废水处理系统，净化后的废水回用于生产，逐步实现闭路循环，不外排废水，达到“零排放”。

从废水中分离重金属有两类方法：①转化重金属离子为难溶的重金属化合物。例如中和沉淀法、硫化沉淀法等。②浓缩分离废水中的重金属离子。例如吸附法、离子交换法、渗析法、离子浮选法、微生物法等。中国昆明冶炼厂于1973年建成了一座处理能力为2000m³/天的废水处理站，处理含铅、砷、氟等重金属废水。净化后的废水全部返回生产系统循环使用，沉泥含铅10%左右，可回收铅。

### 30.3.11.3 有色金属冶炼中混凝土槽罐的腐蚀与防护

重有色金属冶炼中，混凝土槽罐的腐蚀防护长期影响建设工程质量，严重制约着生产成本的控制和安全生产的高效运行，针对这种现状，对造成混凝土槽罐渗漏的原因进行剖析。通过对比分析防腐蚀设计与施工的差别和优劣，提出解决渗漏、延长混凝土槽罐使用寿命的对策。同时提出完善、改进现行实施方案的建议及改变混凝土槽罐腐蚀防护的创新思路，具有极其重要的意义。

（1）重有色金属冶炼生产中混凝土槽罐使用现状

在重有色金属湿法冶炼生产过程中，大量使用多种材质、多种规格的槽罐，其中混凝土槽罐因防腐蚀性好、刚度大、强度高、造价低、方便施工而得以广泛应用。但在实际使用中，混凝土槽罐的腐蚀还是相当普遍和严重的，大修更换频繁，浪费较大。由于槽罐内盛装的溶液大多为强腐蚀性液体，因此槽罐稍有渗漏便会对槽罐及结构构件造成由点到面的腐蚀。

对混凝土槽罐的防腐蚀施工应严格要求，对其防护质量更需严格控制。而在实际使用中却防不胜防，渗漏时有发生。在混凝土槽罐的防腐蚀设计中，防护材料与混凝土基层是粘接在一起工作的，两种材料在使用中发生收缩不一致等变形造成渗漏，或者人为因素损坏造成渗漏。渗漏后面临的难题首先是对渗漏点查找难度大，表面上看到的渗漏位置往往不是实际发生渗漏的部位。液体在防腐蚀层出现渗漏后，不仅会在防腐层与混凝土之间改变线路，进入混凝土层后仍然会改变其游弋路径。因此，查明其确切的渗漏点非常困难，到目前为止，尚无工程界的“CT机”或“核磁机”大量投入使用。另外，即便找到渗漏点，对渗漏的修复也非常困难。大多数混凝土槽罐在防腐蚀层之上要做一两层缸砖（或瓷板）保护层，修复时先对其拆除，再对防腐蚀层修复。而拆除保护层又会破坏完好的防腐蚀层，如此形成恶性循环。有的槽罐渗漏从外观上甚至看不到一点痕迹，实际上腐蚀液体早已穿过防腐蚀层进入混凝土内部，使混凝土内的钢筋锈蚀，严重时将导致爆罐事故发生，造成财产损失且危及人员生命，后果不堪设想。因此，精心做好混凝土槽罐防腐蚀已成为工程技术人员的重点工作。盛有腐蚀性溶液的槽罐投入生产后，出现渗漏就会影响日常生产。目前在重有色金属冶炼企业中，往往有数百台乃至上千台混凝土槽罐投入使用，应用相当广泛。

（2）渗漏原因分析

在玻璃钢加防腐耐温砖复合衬里结构中，玻璃钢自身渗漏的可能性较小，玻璃钢经多遍裱糊后，可以保证防渗防腐蚀要求。渗漏主要是在后期施工和使用过程中造成的。在预硫化丁基橡胶板加防腐耐温砖复合衬里结构中，预硫化丁基橡胶板在完成铺贴后，如果检测不细致，会发生检测遗漏情况，造成渗漏隐患。再者，如果胶板、黏结胶等原材料有质量问题，黏结不牢，胶板破损也会造成渗漏隐患。

防腐蚀构造在后期施工和使用中造成损坏，发生渗漏的可能性有：

① 搭设脚手架等施工设施对腐蚀防护层造成损坏。

② 施工机具使用不当造成损坏。

③ 材料运输、堆放过程中造成损坏。

④ 防腐耐温砖在砌筑过程中对防腐蚀层造成损坏。

⑤ 管道等设备安装过程中对防腐蚀层造成损坏。

⑥ 新砌筑的防腐蚀耐温砖在固化过程中变形与玻璃钢变形不一致造成的破坏。

⑦ 槽罐投入使用后，因槽体内溶液温度较高使玻璃钢变形，与混凝土槽壁及防腐耐温砖砌体变形不一致导致防护层破坏。

⑧ 空气搅拌震动对防护层的损坏。

⑨ 预硫化丁基橡胶老化导致防腐蚀层损坏。

对于混凝土基层，玻璃钢裱糊做法更适宜不太平整的表面，与基层的黏结力更强。相对于预硫化丁基橡胶衬里来说，较为平整的钢板基层则有更好的接触面，也就是预硫化丁基橡胶衬里对混凝土基层的平整度要求更高。

玻璃钢施工完成固化后，抵抗后期施工中造成损伤的能力比预硫化丁基橡胶板要强，且损伤部位较易辨别修复。

（3）防止渗漏发生需采取的有效措施

① 完成防腐蚀层施工后，应对成品加强保护，设计周到细致的防护方案，防止一切可能造成损坏的情况发生。

② 施工前进行严格的施工交底，明确注意事项，强化工序验收，对各工序施工操作人员明确职责，落实责任，文明施工，杜绝施工隐患。

③ 在脚手架搭设、工程材料运输、施工机具使用及防腐耐温砖砌筑中要有专人负责监管监护，确保万无一失。

④ 管道等设备安装要有坚固可靠的连接设计方案，避免防腐蚀层受力。管道与防腐蚀层连接部位考虑减震措施，减少槽罐震动与管道震动相互传递。管道等设备安装过程中，要有可靠实施的防护方案，避免损伤防腐蚀层。

⑤ 预硫化丁基橡胶复合衬里结构，其衬胶层设计应采用两层以上复合结构，接缝部位可相互覆盖，防止单层衬胶在接缝处产生漏点。硬质胶板、半硬质胶板与软质胶板在使用中各有利弊，最好能结合使用。

⑥ 空气搅拌槽基础应考虑减震措施，以减轻槽罐使用中的震动。

⑦ 加强施工质量保障，强化进场材料验收制度，查验质量证明资料，杜绝过期产品进场，尤其是树脂、固化剂、胶板、黏结胶等绝对保证在有效期内使用，对关键材料应进行复检，确保原材料质量。

⑧ 槽罐混凝土宜设计为防渗混凝土，在混凝土施工及衬胶工艺完成后，分别进行渗水试验。防渗混凝土可减慢腐蚀性溶液的侵蚀，从而降低槽罐腐蚀的速度。

⑨ 对于一般建筑工程而言，混凝土质量控制只要保证实体强度合格，对表面质量要求较低。但对于重腐蚀混凝土槽罐，不仅要确保实体质量，还要控制好混凝土的表面质量，采用一般的混凝土验收规范验收达不到防腐蚀工程的质量要求。因此，在确定施工方案时要事先考虑提高混凝土表面质量的措施，提高平整度，加强养护，确保混凝土表层强度，防止表面炭化。防腐蚀材料附着在混凝土表面，混凝土表层强度不足或是疏松，外部即使有再好的防腐蚀设计，也无法与混凝土结为一体。正所谓皮之不存，毛将焉附。混凝土的表面养护质量尤为重要，这是与其他环境下混凝土构配件质量要求的最大差别。

⑩ 除了保证建设施工过程中的质量，在日常使用过程中，也要加强管理和维护，严格控制溶液浓度、温度、压力、震动等生产工况条件，一旦超越设计范围运行，即使是偶尔或短暂时间也会对防腐蚀层造成很大影响，缩短其使用寿命。

## 参考文献


[1] 孙桂林，臧吉昌. 安全工程师手册. 北京：中国铁道出版社，1989.

[2] 中国金属学会冶金安全学会编. 生产安全与劳动卫生知识问答. 北京：冶金工业出版社，1992.

[3] 韦冠俊，等. 矿山环境工程. 北京：冶金工业出版社，2001.

[4] 杨富主编. 冶金安全生产技术. 北京：煤炭工业出版社，2010.

[5] 龚学德. 我国铝冶炼技术现状及发展趋势. 读书文摘（中），2018，0（3）：277-277.

[6] 孙志杰. 解读有色铝冶炼企业安全生产标准化条款要素. 中国有色金属，2015（S1）：171-173.

[7] Stephan Wojcik，Martin Schneider，Erwin Amplatz，陈敏. 冶金气体在燃气发电中的利用世界钢铁，2014，14（06）：36-41.

[8] 冶炼气体中二氧化硫的经济利用. 硫酸技术报导，1962（02）：81-83.

[9] 李庭佑. 重有色金属冶炼中混凝土槽罐的腐蚀与防护. 腐蚀与防护，2015（9）：893-897.

[10] 施倚. 冶金企业有毒有害气体作业存在哪些较大危险因素. 劳动保护，2018，（3）：105.

[11] 詹俊博. 焦炉煤气综合利用初探. 冶金财会，2014（12）：44-45.

[12] 白星良主编. 有色金属压力加工. 北京：冶金工业出版

社，2004.
[13] 孟杰. 我国铝冶炼技术现状及发展趋势. 有色金属（冶炼部分），2002（2）：26-28.
[14] 刘克俭，姜侠，戴波. 烧结球团分相密封技术及其应用前景. 烧结球团，2018（1）：57-60，77.
[15] 代献龙，王守兴，宋忠飞. 焦化安全防火技术新举措. 工业，2015，0（46）：90-91.
[16] 张钦京，张婵. 炼铁安全技术浅析. 建筑工程技术与设计，2015（20）：1101.
[17] 张桢炜. 浅谈炼钢安全生产管理模式. 江西建材，2017（9）：281，288.
[18] 许延利. 冶金轧钢安全生产管理中存在的问题及解决措施. 中国机械，2014（24）：81-82.
[19] 国家安全监管总局下发有色重金属冶炼、有色金属压力加工企业安全生产标准化评定标准. 中国金属通报，2011（32）：12-12.
[20] 王喆，李敬. 冶金企业的煤气安全管理问题探讨. 建筑工程技术与设计，2018（20）：2023.
[21] 孙志杰. 解读有色铝冶炼企业安全生产标准化条款要素. 中国有色金属，2015（S1）：171-173.
[22] 李家骥. 关于重金属冶炼企业外排废气问题的探讨. 资源节约与环保，2014（3）：16-17.

# 31 建筑安全

## 31.1 施工现场安全管理

### 31.1.1 建筑安全事故类型和原因分析

通过对我国近年来发生的建筑安全事故的分析可知，事故的主要类型分别是高处坠落、触电伤害、物体打击和机械伤害。高处坠落是建筑安全事故最主要的直接原因，几乎在所有国家都是如此。还有就是触电造成的伤害。

（1）高处坠落

《高处作业分级》（GB/T 3608—2008）规定："违反在坠落高度基准面2m以上（含2m），有可能坠落的作业处进行的作业"称为高处作业。高处作业可分为三大类：临边作业、洞口作业和独立悬空作业。施工人员从高处作业区坠落事故简称为高处坠落。《建筑施工高处作业安全技术规范》（JGJ 80—2016）针对性最强，是建筑施工中高处作业最重要的安全法规之一。

高处坠落事故的一般原因有以下几类：违反《建筑施工高处作业安全技术规范》（JGJ 80—2016）的有关规定；违反起重运输机械使用安全技术规范的有关规定；违反《建筑安装工人安全技术操作规程》（建工劳字［80］第24号）的有关规定；违反《建筑施工安全检查标准》（JGJ 59—2011）的有关规定；安全帽、安全网、安全带（"三宝"）使用中的问题；高处作业安全设施（如脚手架操作平台、跑道等）的主要受力构件，未经设计验算和批准就盲目使用等。

高处坠落事故频发的最根本原因是忽略有关法律与标准规范的教育，造成法规意识淡薄；安全技术教育不按规定要求进行，往往流于形式，教育内容肤浅，不切实际；安全技术责任制不健全等。尤其需要指出的是，有的施工企业的安全员带头知法违法，造成极其严重的后果。以上种种都应引起高度重视，并尽早制定整改措施，认真组织实施。

（2）触电伤害

电击是指直接接触带电部分，使人体通过一定的电流，是有致命危险的触电伤害。电伤是指皮肤局部的创伤，如灼伤、烙印等。

建筑施工的触电事故主要有三类：一是施工人员触碰电线和电缆线；二是建筑机械设备漏电；三是高压防护不当而造成触电。根据建设部的统计资料，由于施工人员触碰电力线路造成的伤亡事故占30%，由于工地随意拖拉电线造成触电事故的占16%，现场照明电压不是安全电压造成事故的占15%，以上三类占触电事故的61%。

分析建筑施工中触电事故原因，突出地反映在违反用电规范、规程或有关规定。这些规范、规程或有关规定主要有：①《建筑法》（1997年11月1日通过，2019年修正）；②《建筑安装工人安全技术操作规程》（建工劳字［80］第24号）；③《特殊作业人员安全技术培训考核管理规定》；④《施工现场临时用电安全技术规范》（JGJ 46—2005）；⑤《塔式起重机安全规程》（GB 5144—2006）；⑥《建筑施工安全检查标准》（JGJ 59—2011）。

（3）物体打击

物体打击指施工过程中的砖石块、工具、材料、零部件等在高空下落时对人体造成的伤害，以及崩块、锤击、滚石等对人体造成的伤害，不包括因爆炸而引起的物体打击。

建筑施工中物体打击伤害的主要物体是建筑材料、构件和工具。物体打击不但直接致人死亡，而且对建筑物、构筑物、管线设备、设施等均可造成损害。发生物体打击原因主要是一些建筑施工企业，从领导到操作工人，对预防物体打击事故的许多规定不了解或不执行；有的人为操作不慎，致使零部件、工具、材料从高处坠落伤人；有的施工现场临边洞口无防护或防护不严密；有的无个人防护用品或个人防护用品不全，使用不正确；有的起吊物体时绑扎不牢、外溢；有的采用的索具、索绳不符合安全规范的技术要求；有的起重机械制动失灵，钢丝绳、销轴、吊钩断裂，连接松脱，滑轮破损、出轨等，以至于这类事故至今仍然屡见不鲜。其主要原因集中在违反有关的法律法规：

① 违反1997年通过、2011年修正的《建筑法》；

② 不遵守国家建委1977年发布的《关于加强建筑安装企业安全施工的规定》中的有关内容；

③ 操作工人不执行国家建工总局颁发的《建筑安装工人安全技术操作规程》（建工劳字［80］第24号）；

④ 有的施工现场严重违反《建筑施工高处作业安全技术规范》（JGJ 80—2016）的有关规定，造成物体打击事故频发；

⑤ 不符合《建筑施工安全检查标准》（JGJ 59—2011）的有关规定。

（4）机械伤害

机械工具对操作人员的伤害（包括绞、碾、碰、割、戳等）称为机械伤害。建筑施工中较常见的易导致伤害的机具是木工机械、钢筋加工机械、装饰工程机具、搅拌机、打桩机以及各种起重运输机械等。而造成死亡事故的常见设备有龙门架及井架物料提升机、各类塔式起重机、施工的外用电梯、土石方工程机械以及铲土运输机械等。

应该注意到的是，建筑施工现场条件差，露天、高空作业多，自然环境影响大，机械设备容易磨损、锈蚀，而且维修保养不便，造成不安全因素增多。再加上机械的操作和使用人员变化频繁，常出现不按照安全操作规程和规范正确使用各类机械的情况，从而不仅缩短了机械设备的使用寿命，降低了生产效率，而且容易发生设备事故和人身伤亡事故。

目前，少数建筑施工企业机械管理水平低下，重使用，轻维护，拼设备、拼机具的问题突出，造成机具完好率不高。有些自制机具质量差，安全隐患多。还应指出的是，一些低资质的施工企业购买了大中型企业淘汰的、落后的、安全性能差的机具设备也导致机具伤害事故不断发生。更应该指出的是，机具操作人员素质不高，又未进行必要的培训教育，是机具伤害事故频发的重要原因。

伤害事故的原因主要集中在以下几个方面：违反《建筑机械使用安全技术规程》（JGJ 33—2012）的有关规定；违反《龙门架及井架物料提升机安全技术规范》（JGJ 88—2010）的有关规定；操作工人违反《建筑安装工人安全技术操作规程》（建工劳字［80］第24号）的有关规定。此外，机具伤害事故中，有的操作工人属特种作业人员，由于这些人员不符合《特殊作业人员安全技术培训考核管理规定》的要求，无证上岗，违规操作，造成人员伤亡。

### 31.1.2　安全管理相关的法规规范

新中国成立以来，我国建筑安全生产管理工作健康稳步发展，尤其是改革开放以来，建筑安全生产管理体制改革步伐加快，在完善建筑安全生产管理运行机制方面取得显著成效。

(1) 建立建筑安全生产法规和建筑安全技术标准体系

新中国成立初期，国务院颁布了《工厂安全卫生规程》、《建筑安装工程安全技术规程》和《工人职员伤亡事故报告规程》，这三大规程为维护劳动者安全和健康的权益，控制生产过程中伤亡事故的发生起到了极其重要的作用。改革开放以来，国家建设行政部门抓住深化改革的历史机遇，把建筑安全行业管理工作的重点放在建立健全行政法规和技术标准体系上，加大了建筑安全生产的立法研究工作，加快建筑安全技术标准体系的完善工作。20世纪80年代，建设部出台了《工程建设重大事故报告和调查程序规定》和《建筑安全生产监督管理规定》等部门规章，颁布了《建筑施工安全检查标准》《建筑施工高处作业安全技术规范》《龙门架及井字架物料提升机安全技术规范》《施工现场临时用电安全技术规范》等建筑安全技术标准、规范，并颁布《建筑施工门式钢管脚手架安全技术规范》《扣件式钢管脚手架安全技术规范》《建筑施工工具式脚手架安全技术规范》《建筑施工模板工程安全技术规范》等七部技术标准、规范，初步形成了建筑安全的法规体系。1998年《建筑法》(简称《建筑法》)的颁布实施，奠定了建筑安全管理工作的法规体系的基础，把建筑安全生产工作真正纳入法制化轨道，开始实现建筑安全生产监督管理工作向规范化、标准化和制度化管理的过渡。

(2) 初步形成建筑安全监督管理体系

根据我国安全管理体制的要求，建设部于1991年颁布了13号令《建筑安全生产监督管理规定》，明确在全国建设系统建立建筑安全生产监督管理机构，开展建筑安全生产的行业管理工作。目前，全国已经有22个省、直辖市和自治区，272个地级城市和911个县成立了建筑安全监督管理机构，拥有12000多人的执法监督队伍，初步形成了“纵向到底，横向到边”的建筑安全生产监督管理体系。监督管理体系的形成，加大了建筑安全生产监督检查力度，强化了建筑业企业的安全生产意识，有效地贯彻了“安全第一，预防为主”的安全生产方针，为搞好建筑安全生产做出了突出的贡献。在建设法规方面上海市做出了很多有益的尝试，其中1996年颁布的《上海市建设工程施工安全监督管理办法》和1998年颁布的上海市标准《施工现场安全生产保证体系》(DBJ 08-903—98) 对建筑安全管理的规范有了进一步的发展。其中，《上海市建设工程施工安全监督管理办法》明确了安全监督管理部门的职责，以及安全监督机构和人员的配备，更重要的是其划分清晰了建筑业各个干系人（建设单位、施工工地管理单位）的责任和义务，并且对安全技术上的考虑、安全防护设施设置、施工机械安装使用等方面做出了明确的规定，其中包括对相应的安全负责人、施工人员等的安全教育、培训和考核制度的建立。

在《建筑法》第五章中明确提出建筑工程安全生产管理必须坚持“安全第一，预防为主”的方针，建立健全安全生产的责任制度和群防群治制度；建筑施工企业在编制施工组织设计时，应当根据建筑工程的特点制定相应的安全技术措施，对专业性较强的工程项目，应编制专项安全施工组织设计，并采取安全技术措施；建筑施工企业应在施工现场采取维护安全、防范危险、预防火灾等措施，有条件的应当对施工现场实行封闭管理。

### 31.1.3　安全生产检查

施工现场应建立各级安全检查制度，工程项目部在施工过程中应组织定期和不定期的安全检查，主要是查思想、查制度、查教育培训、查机械设备、查安全设施、查操作行为、查劳动保护用品的作用、查伤亡事故处理等。

安全检查的形式主要有：项目每周和每旬由主要负责人带队组织定期的安全大检查；生产施工班组每天上班前由班组和安全值班人员组织班前安全检查；季节更换前，组织季节性劳动保护安全检查；对专业技术人员对电气、机械、脚手架等进行专项安全检查；安全管理小组成员、安全专兼职人员进行日常安全巡查等。

(1) 安全检查的要求：

① 各种安全检查都应该根据检查要求配备力量。特别是大范围、全面性安全检查，要明确检查负责人，抽调专业人员参加检查，并进行分工，明确检查内容及标准。

② 各种安全检查都应有明确的检查目的和检查项目、内容及标准。重点、关键部位要重点检查。对大面积或数量多的相同内容的项目可采取系统观看和一定数量的测点相结合的检查方法。检查时尽量采用测检工具，用数据说话。对现场管理人员和操作工人不仅要检查是否有违章指挥和违章作业行为，还应进行应知应会知识的抽查，以了解管理人员及操作工人的安全素质。

③ 检查记录是安全评价的依据，因此要认真、详细。特别是对隐患的记录必须具体，如隐患的部位、危险性程度及处理意见等。采用安全检查评分表的，应记录每项扣分的原则。

④ 安全检查需要认真、全面地进行系统分析，用定性定量方法进行安全评价。如哪些检查项目达标；哪些检查项目虽然基本上达标，但是具体还有哪些方面需要进行完善；哪些项目没有达标，存在哪些问题需要整改。受检单位根据安全评价可以研究对策，进行整改和加强管理。

⑤ 整改是安全检查工作重要的组成部分，是检查结果的归宿。整改工作包括隐患登记、整改、复查、销案。

(2) 对检查出来的隐患的处理

① 检查中发现的隐患应该进行登记，不仅是作为整改的备查依据，而且是提供安全动态分析的重要信息渠道。若各单位和多数单位安全检查都发现同类型隐患，说明是“通病”。若某单位安全检查中经常出现相同隐患，说明没有整改和整改不彻底，形成“顽症”。根据隐患记录的信息流，可以制定出指导安全管理的决策。

② 安全检查中查出的隐患除进行登记外，还应发出隐患整改通知单，引起整改单位重视。对事故风险大的隐患，检查人员应责令停工，被查单位必须立即整改。

③ 对于违章指挥、违章作业行为，检查人员可以当场指出，进行纠正。

④ 被检查单位领导对查出的隐患，应立即研究整改方案，按照“三定”（即定人、定期限、定措施），立即进行整改。

⑤ 整改完成后要及时通知有关部门。有关部门要立即派员进行复查，经复查整改合格后，进行销案。

### 31.1.4　建筑施工安全“三宝”的正确使用

(1) 安全帽

安全帽被广大建筑工人称为安全“三宝”之一，是建筑工人保护头部，防止和减轻各种事故伤害，保证生命安全的重要个人防护用品。

进入施工现场必须正确戴好安全帽。施工现场发生的伤亡事故，特别是物体打击和高处坠落事故表明：凡是正确戴好安全帽，就会减轻和避免事故的后果；如果未正确戴好安全帽，就会失去它保护头部的防护作用，使人受到严重伤害。

正确使用安全帽，必须做到以下四点：

① 帽衬顶端与帽壳内顶，必须保持25～50cm的空间，有了这个空间，才能够成为一个能量吸收系统，才能使冲击分布在头盖骨的整个面积上，减轻对头部的伤害。

② 必须系好下颏带，戴安全帽如果不系好下颏带，一旦发生高处坠落，安全帽将被甩掉，离开头部造成严重后果。

③ 安全帽必须戴正、戴稳，如果帽子歪戴着，一旦头部受到打击，就不能减轻对头部的伤害。

④ 安全帽在使用过程中会逐渐损坏。要定期不定期进行检查，如果发现开裂、下凹、老化、裂痕和磨损等情况，就要及时更换，确保使用安全。

(2) 安全带

安全带是高处作业工人预防坠落伤亡事故的个人防护用品，被广大建筑工人誉为救命带。安全带是由带子、绳子和金属配件组成，总称安全带。

安全带的正确使用方法：在没有防护设施的高处悬崖、陡坡施工时，必须系好安全带。安全带应该高挂低用，注意防止摆动碰撞。若安全带低挂高用，一旦发生坠落，将增加冲击力，带来危险。安全绳的长度限制在1.5～2.0m，使用3m以上长绳应加缓冲器。不准将绳打结使用，也不准将钩直接挂在安全绳上使用，应挂在连接环上使用。安全带上的各种部件不得任意拆掉，使用2年以上应抽检一次。悬挂安全带应做冲击试验，以100kg重量做自由坠落试验，若不破坏，该批安全带可继续使用。频繁使用的绳，要经常做外观检查，发现异常时，应提前报废。新使用的安全带必须有产品检验合格证，无证明不准使用。

(3) 安全网

安全网是用来防止人、物坠落，或用来避免、减轻坠落及物体打击伤害的网具。安全网一般由网体、边绳、系绳、筋绳、试验绳等组成。网体是由纤维绳或线编结而成，是具有菱形或方形网目的网状体。边绳是由围绕网体的边缘，决定安全网公称尺寸的绳。系绳是把安全网固定在支撑物上的绳。筋绳是增加安全网强度的绳。试验绳是供判断安全网材料老化变质情况试验用的绳。

## 31.2 土方工程

### 31.2.1 土方工程概述

建筑施工的土方施工包括场地平整、基坑开挖、回填等内容。在建筑施工的过程中，土方施工受自然条件的影响最大，而随着社会发展，高层、超高层建筑不断涌现，土方施工的难度也越来越大。因此在土方施工过程中，必须采取正确的安全管理和技术措施。

(1) 施工前的资料准备

土方施工之前必须做好调查研究，掌握准确资料。必须掌握的资料有：

① 水文、地质、气象资料。

② 施工现场地下设施资料，如天然气、煤气、电缆、通信、上下水、城市供热等各管线的分布位置和深度等。

③ 周围建筑物基础的埋深。

④ 施工场地的大小。

⑤ 工程设计要求。

(2) 制定施工方案与安全措施方案

上述资料准备后，应该制定正确的施工方案与安全措施方案。工程技术人员在掌握以上资料后，结合本单位施工技术水平和机械水平，制定出既确保安全，又能保证工程质量和工期的施工方案，主要有以下几个方面的内容：

① 正确选择施工顺序。

② 选择合适的施工方法。

③ 采用新技术。

④ 正确选择放坡或支撑的方案。

⑤ 对施工管理人员和作业人员进行技术与安全方面的认真交底，同时还要针对工期情况定期或随时对工人进行安全教育。

### 31.2.2 基坑支护

(1) 边坡坡度的确定

当地质情况良好、土质均匀、地下水位低于基坑（槽）地面标高时，不加支撑的边坡最陡坡度应符合表31.1规定。

(2) 基坑（槽）无边坡垂直挖深高度规定

无地下水或地下水低于基坑（槽）地面且土质均匀时，立壁不加支撑的垂直挖深不宜超过表31.2规定。

**表31.1 深度5m内的基坑（槽）边坡的最陡坡度规定**

| 土的类别 | 边坡坡度(高∶宽) | | |
|---|---|---|---|
| | 坡顶无荷载 | 坡顶有静载 | 坡顶有动载 |
| 中密的砂土 | 1∶1.00 | 1∶1.25 | 1∶1.50 |
| 中密的碎石类土(充填物为砂土) | 1∶0.75 | 1∶1.00 | 1∶1.25 |
| 硬塑的粉土 | 1∶0.67 | 1∶0.75 | 1∶1.00 |
| 中密的碎石类土(充填物为黏性土) | 1∶0.50 | 1∶0.67 | 1∶0.75 |
| 硬质的粉质黏土、黏土 | 1∶0.33 | 1∶0.50 | 1∶0.67 |
| 老黄土 | 1∶0.10 | 1∶0.25 | 1∶0.33 |
| 软土(经井点降水后) | 1∶1.00 | — | — |

**表31.2 立壁不加支撑的垂直挖深规定**

| 土的类别 | 深度/m |
|---|---|
| 密实、中实的砂土和碎石类土(充填物为砂土) | 1.00 |
| 硬塑、可塑的粉土及粉质黏土 | 1.25 |
| 硬塑、可塑的黏土和碎石类土(充填物为黏性土) | 1.50 |
| 坚硬的黏土 | 2.00 |

天然冻结的速度和深度，能确保施工挖方的工作安全，在深度4m以内的基坑（槽）开挖时，允许采用天然冻结法垂直开挖而不加设支撑。但在干燥的砂土中应研究采用冻结法施工。

(3) 基坑（槽）无边坡的土壁支撑

开挖过程中，条件允许时，可考虑垂直开挖或放坡，但在建筑物稠密地区施工时，则根据土壁情况进行支撑，以保证施工中的安全，具体如表31.3所示。

**表31.3　基坑（槽）无边坡的土壁支撑**

| 支撑名称 | 使用范围 | 支撑简图 | 支撑方法 |
|---|---|---|---|
| 间断式水平支撑 | 干土或天然湿度的黏土类土，深度在2m以内 | 1, 5, 7 | 两侧挡土板水平放置，用撑木加木楔顶紧，挖一层土支顶一层 |
| 断续式水平支撑 | 挖掘湿度小的黏性土及挖土深度小于3m时 | 3, 6, 1 | 挖土板水平放置，中间留出间隔，然后两侧同时对称立上竖木方，再用工具式横撑上下顶紧 |
| 连续式水平支撑 | 挖掘较潮湿的或散粒的土及挖土深度小于5m时 | 3, 7, 5, 1 | 挡土板水平放置，相互靠紧，不留间隔，然后两侧同时对称立上竖木方，上下各顶一根撑木，端头加木楔顶紧 |
| 连续式垂直支撑 | 挖掘松散的土或湿度很高的土（挖土深度不限） | 2, 4, 5, 7 | 挡土板垂直放置，然后每侧上下各水平放置木方一根用撑木顶紧，再用木楔顶紧 |
| 锚拉支撑 | 开挖较大基坑或使用较大型的机械挖土，而不能安装横撑时 | $\frac{H}{\tan\phi}$, 8, 9, 10, 13, $H$, 1 | 挡土板水平顶在柱桩的内侧，桩顶一端打入土中，另一端用拉杆与远处锚桩拉紧，挡土板内侧回填土 |
| 斜柱支撑 | 开挖较大基坑或使用较大型的机械挖土，而不能使用锚拉支撑时 | 8, 13, 11, 12, 1, 1.5m | 水平挡土板钉在柱桩的内侧，柱桩外侧由斜撑支牢，斜撑的底端只顶在撑桩上，然后在水平挡土板内侧回填土 |
| 短柱横隔支撑 | 开挖宽度大的基坑，当部分地段下部放坡不足时 | 8, 1 | 打入小短木桩，一半露出地面，一半打入地下，地上部分背面钉上横板，在背面填土 |
| 临时挡土墙支撑 | 开挖宽度大的基坑，当部分地段下部放坡不足时 | 14 | 坡角用砖、石叠砌或用草袋装土叠砌，使其保持稳定 |

注：1—水平挡土板；2—垂直挡土板；3—竖方木；4—横方木；5—撑木；6—工具式横撑；7—木楔；8—柱桩；9—锚桩；10—拉杆；11—斜撑；12—撑桩；13—回填土；14—装土草袋。

(4) 深基坑无边坡的土壁支撑

对于深基坑，采用的支撑形式应由设计计算决定。其支撑形式如表31.4所示。

人工开挖大孔径的土壁支撑形式见表31.5。

表31.4 深基坑无边坡的土壁支撑

| 支撑名称 | 适用范围 | 支撑简图 | 支撑方法 |
| --- | --- | --- | --- |
| 钢构架支撑 | 在软弱土层中开挖较大、较深基坑，而不能采用一般支护方法时 | 1、2、3 | 在开挖的基坑周围打板桩，在柱位置上打入暂设的钢柱，在基坑中挖土，每下挖3～4m装上一层幅度很宽的构架式横撑，挖土在钢构架网格中进行 |
| 地下连续墙支撑 | 开挖较大、较深，周围有建筑物、公路的基坑，作为复合结构的一部分，或用于高层建筑的逆作法施工，作为结构的地下室外墙 | 4、5 | 在开挖的基槽周围，先建造地下连续墙，待混凝土达到强度后，在连续墙中间用机械或人工挖土，直至要求的深度。对跨度、刚度不大的，连续墙刚度能满足要求，可不设内部支撑。用于高层建筑地下室逆作法施工，每下挖一层，把下一层梁板柱浇筑完成，以此作为连续墙的水平框架支撑，如此循环作业，直至地下室的底层全部挖完土，浇筑完成 |
| 地下连续墙锚杆支撑 | 开挖较大、较深(>10m)的大型基坑，周围有高层建筑，不允许支护有较大变形，采用机械挖土，不允许内部设支撑时 | 4、6 | 在开挖基坑的周围，先建造地下连续墙，在墙中间用机械开挖土方，至锚杆部位，用锚杆钻机在要求部位凿孔，放入锚杆，进行灌浆，待达到设计强度，装上锚具，然后继续下挖至设计深度，如设有2～3层锚杆，每挖一层装一层锚杆，采用快凝砂浆灌浆 |
| 挡土护坡桩支撑 | 开挖较大、较深基坑(>6m)，邻近有建筑物，不允许支撑有较大变形时 | 17、2、16、7 | 在开挖基坑的周围，用钻机钻孔，现场灌注钢筋混凝土桩，待达到强度后，在中间用机械或人工挖土，下挖1m左右，装上横撑，在桩背面已挖沟槽内拉上锚杆，并将它固定在已预先灌注的锚杆上拉紧，然后再继续挖土至设计深度。在桩中间土方挖成向外拱形，使其起土拱作用。如邻近有建筑物，不能设置锚拉杆，则采用加密桩距或加大桩径进行处理 |
| 挡土护坡桩与锚杆结合支撑 | 大型较深基坑开挖，邻近有高层建筑，不允许支护有较大变形时 | 7、6 | 在开挖基坑的周围钻孔，浇筑钢筋混凝土灌注桩，达到强度后，在桩中间沿桩垂直挖土，挖到一定深度，安上横撑，每隔一定距离向桩背面斜下方用锚杆钻机打孔，在孔内放钢筋锚杆，用水泥压力灌浆达到强度后，拉紧固定，在桩中间进行挖土直至设计高度。如设两层锚杆，可挖一层土，装设一次锚杆 |
| 板桩中央横顶支撑 | 开挖较大、较深基坑，板桩刚度不够，又不允许设置过多支撑时 | 1(7)、12、10、3、11 | 在基坑周围先打板桩或灌注钢筋混凝土护坡桩，然后在内侧放坡挖中央部分土方至坑底，先施工中央部分框架结构至地面，然后再利用此结构作支撑，向板桩支水平横顶梁，再挖去放坡的土方，每挖一层，支一层横顶梁，直至坑底，最后建造靠近板桩部分的结构 |
| 板桩中央斜顶支撑 | 开挖较大，较深基坑，板桩刚度不够，坑内又不允许设置过多支撑时 | 1(7)、12、11、8、9、4、10 | 在基坑周围打板桩或灌注护坡桩，在内侧放坡开挖中央部分土方至坑底，并先灌注好中央部分基础，再从这个基础向板桩上方支斜顶梁，然后再把挖坡的土方逐层挖除运出，每挖一层支一道斜顶撑，直至设计深度，最后建靠近板桩部分地下结构 |

续表

| 支撑名称 | 适用范围 | 支撑简图 | 支撑方法 |
|---|---|---|---|
| 分层板桩支撑 | 开挖较大，较深基坑，当主体与裙房基础标高不等而又无重型板桩时 | 13 14 17 15 | 在开挖裙房基础，周围先打钢筋混凝土板桩或钢板支护，然后在内侧普遍挖土至裙房基础底标高，再在中央主体结构基础四周打二级钢筋混凝土板桩，或钢板桩挖主体结构基础土方，施工主体结构至地面。最后施工裙房基础，或边继续向上施工主体结构，边分段施工裙房基础 |

注：1—钢板桩；2—钢横撑；3—钢撑；4—钢筋混凝土地下连续墙；5—地下室梁板；6—土层锚杆；7—直径400～600mm现场钻孔灌注钢筋混凝土桩，间距1～1.5m；8—斜撑；9—连系板；10—先施工框架结构或设备基础；11—后挖土方；12—后施工结构；13—锚筋；14—一级混凝土板桩；15—二级混凝土板桩；16—拉杆；17—锚桩。

**表31.5 人工开挖大孔径的土壁支撑形式**

| 支撑名称 | 适用范围 | 支撑简图 | 支撑方法 |
|---|---|---|---|
| 混凝土或钢筋混凝土支撑 | 天然湿度的黏土类土中，地下水较少，地面荷载较大，深度6～30m的圆形护壁或人工挖孔桩护壁用 | 80～150 1500～4500 80～150 1 2 3 1000～1200 | 每挖1m，支模板，绑钢筋，浇一节混凝土护壁，再挖深1m拆上节模板，支下节，再浇下节混凝土，循环作业直至设计深度。钢筋用搭接或焊接，浇灌口处多出护壁内表面的混凝土，待终凝后敲去 |
| 锥式混凝土或钢筋混凝土支撑 | 天然湿度的黏土，砂类土中无地下水或地下水较少，深度6～30m的圆形护壁或人工挖孔桩护壁用 | 80～150 1500～4500 80～150 1 2 4 1000～1200 | 每挖1～1.2m支模板，绑钢筋，锥形上口内径为设计桩径，浇一节，再挖一节，拆上节模板支下节模板，并浇筑混凝土，如此循环作业直至设计深度，每个锥形台阶可供操作人员上下工作用 |

注：1—主筋$\phi$6@200mm或$\phi$8@250mm；2—水平筋$\phi$6@180mm或$\phi$8@200mm；3—混凝土浇筑口；4—坡度$i=1\%$。

(5) 基坑开挖的安全注意事项

放坡开挖时，应当注意：

① 坡顶或坑边不宜堆土或堆荷，遇有不可避免的附加荷载时，稳定性验算应计入附加荷载的影响。

② 基坑边坡必须经过验算，保证边坡稳定。

③ 土方开挖应在降水达到要求后，采用分层开挖的方法施工，分层厚度不宜超过2.5m。

④ 土质较差且施工期较长的基坑，边坡宜采用钢丝网水泥或其他材料进行护坡。

⑤ 放坡开挖宜采用有效措施降低坑内水位和排出地表水，严禁地表水或基坑排出的水倒流回渗入基坑。

有支护结构的基坑开挖时：

① 土方开挖的顺序、方法必须与设计工况一致，并遵循"开槽支撑，先撑后挖，分层开挖，严禁超挖"的原则。

② 除设计允许外，挖土机械和车辆不得直接在支撑上操作行走。

③ 采用机械挖土方式时，严禁挖土机械碰撞支撑、立柱、井点管、围护墙和工程桩。

④ 应尽量减少基坑无支撑暴露时间。对一、二级基坑，每一工况挖至设计标高后，钢支撑的安装周期不宜超过一昼夜，钢筋混凝土支撑的完成时间不宜超过两昼夜。

⑤ 采用机械挖土，坑底应保留200～300mm的厚基土，用人工挖除整平，并防止坑内土体扰动。

⑥ 对面积较大的一级基坑，土方宜采用分块、分区对称开挖和分区安装支撑的施工方法，土方挖至设计标高后，立即浇筑垫层。

⑦ 基坑中有局部加深的电梯井、水池等，土方开挖前应对其边坡做必要的加固处理。

### 31.2.3 基坑排水与降水

降低地下水水位是土方施工中一项非常重要的措施。其目的在于疏干固结坑内土体，改善土方施工条件，提高支护结构的安全度。

#### 31.2.3.1 基坑降水的分类

(1) 集水坑降水法

集水坑降水法是指基坑逐层开挖过程中，沿每层坑底四周设置排水沟和集水坑，通过水泵将集水坑内的积水抽走直至基坑开始回填时排水过程结束。集水坑降水法分为明沟排水法和盲沟排水法，适用于：降水深度较小且土层为粗粒土层、渗水量小的黏土层；基坑开挖较深，但采用刚性土壁支护结构挡土并形成止水帷幕的基坑内降水；当采用井点降水法但仍有局部区域降水深度不足时，可用作辅助措施。

(2) 井点降水法

井点降水法是指在基坑开挖前，先在基坑周围埋设一定数量的滤水管（井），再利用抽水设备从中抽水，使地下水位降至基坑以下，直至基础工程完工为止。该方法适用于降水深度较大或土质较差的情况，分为表31.6所列的几类。

**表31.6 井点降水法的分类**

| 项次 | 井点类别 | 土的渗透系数 K/(m/d) | 降低水位深度/m |
|---|---|---|---|
| 1 | 单层轻型井点 | 0.1～50 | 3～6 |
| 2 | 多层轻型井点 | 0.1～50 | 6～12(由层数选择) |
| 3 | 电渗井点 | <0.1 | 根据选用的井点确定 |
| 4 | 喷射井点 | 0.1～2 | 8～20 |
| 5 | 管井井点 | 20～200 | 3～5(井间)，6～10(井中) |
| 6 | 深井井点 | 10～250 | >15 |

31.2.3.2 **基坑降水的一般原则**

① 黏性土地基中，基坑开挖深度小于3m时，可采用集水坑降水法；大于3m时，多采用井点降水法。

② 砂性土地基中，基坑开挖深度超过2.5m时，宜采用井点降水法。

③ 降水深度超过6m时，宜采用多层轻型井点或喷射井点降水。

④ 放坡开挖或无隔水帷幕围护的基坑，降水井点宜设置在基坑外。有隔水帷幕围护的基坑，降水井点宜设置在基坑内。降水深度应不大于隔水帷幕的设置深度。

⑤ 基坑内降水，其降水深度应在基坑底以下0.5～1m之间，且宜设置在透水性较好的土层中。

⑥ 井点降水应确保砂滤层施工质量，以保证出水效果，并且做到出水长清。

⑦ 坑外降水，为减少井点降水对周围环境的影响，可在降水管与受保护对象之间设置回灌井点和回灌砂井、砂沟。

31.2.3.3 **降水过程中应注意的问题**

① 土方开挖前，必须保证一定的预抽水时间，一般轻型井点不少于7～10天，喷射井点或真空深井井点不少于20天。

② 井点降水设备的排水口应与坑边保持一定距离，防止排出的水回渗入坑内。

③ 降水过程必须与坑外水位观测密切配合，注意可能由于隔水帷幕渗漏在降水时影响周围环境。

④ 拔除井点管后的孔洞，应立即用砂土（或其他替代材料）填实。对于穿过不透水层进入承压含水层的井管，拔除后应用黏土球填衬封死，杜绝井管位置发生管涌。

31.2.3.4 **流砂的产生与防治**

流砂现象是降水过程中极易发生的现象，是土方施工过程中一大安全隐患。因此，对流砂的防治是安全措施中非常重要的一项。

当基坑挖土到达地下水位以下而土质为细砂或粉砂，又采用集水坑降水法，坑底下的土有时候会形成流动状态，随地下水涌入基坑，这种现象称为流砂。发生流砂现象时，土完全丧失承载力，土边挖边冒，且施工条件恶化，工人难以立足，基坑难以挖到设计深度。严重时会引起基坑边坡塌方，如果周围有建筑物，就会因地基被掏空而使建筑物下沉、倾斜，甚至倒塌。

流砂是由于动水压力的方向由下往上，与重力方向相反，减小土粒间的压力，即土粒除了受到水的浮力作用外，还受到动水压力向上的举托作用。如果动水压力大于或等于水的浸土密度，土粒就会处于悬浮状态，土的抗剪强度为零，土粒能随着渗流的水一起流动，发生流砂现象。由此可见，细颗粒、颗粒均匀、松散、饱和的非黏性土，更易发生流砂。

流砂的防治途径主要有：减少或平衡水压力，设法使动水压力向下，截断地下水流。其具体措施有：

① 枯水期施工法。枯水期地下水位较低，基坑内外水位差小，动水压力不大，就不容易产生流砂。

② 抢挖并抛大石块法。组织分段抢挖，使挖土速度超过冒砂速度，在挖至标高后立即铺竹篾、芦席并抛大石块，以平衡动水压力，将流砂压住。此方法可解决局部或轻微流砂，但若坑底冒砂较快，土已丧失承载力，则抛入坑内的石块会沉入土中，无法阻止流砂。

③ 设止水帷幕法。将连续的止水支护结构（如连续板桩、深层搅拌桩、密排灌注桩等）打入基坑地面以下一定深度，形成封闭的止水帷幕，从而使地下水只能从支护结构下端向基坑渗流，增加地下水从坑外流入基坑内的渗流路径，减小水力坡度，从而减小动水压力，防止流砂产生。此方法造价较高，一般可结合挡土支护结构形成既挡土又止水的支护结构，从而减小土方的开挖量。

④ 水下挖土法。不排水施工，使基坑内外水压平衡，流砂无从发生。此方法在沉井施工中经常采用。

⑤ 人工降低地下水位法。采用井点降水法，使地下水位降至基坑地面以下，地下水的渗流向下，则动水压力的方向也向下，从而水不能渗流入基坑内，且增大了土粒间的压力，可有效地防止流砂的产生。

此外，还可以采用地下连续墙法、压密注浆法、土壤冻结法等，截止地下水流入基坑内，以防止流砂发生。

### 31.2.4 土方施工安全防护措施

31.2.4.1 **土方施工中的边坡安全防护要点**

（1）土方边坡导致坍塌的原因

① 因边坡太陡，没按规定放坡或将坡挖亏，使土体稳定性不够发生坍塌。

② 因土质部分不均匀，有弱土夹层，如淤泥粉砂等。

③ 气候干燥，基坑暴露时间长，使土质松软或黏土中的夹层因浸水而产生润滑作用，以及饱和的细砂、粉砂因受震动而液化引起土体抗剪强度降低发生塌方。

④ 边坡顶面附近有动荷载，或下雨使土的含水量增加，导致土体的自重增加和水在土中渗流产生一定的动水压力，以及土体裂缝中的水产生静水压力等，引起土体剪应力的增加而产生塌方。

（2）预防土方坍塌的安全措施

① 土方开挖前要做好排水处理，防止地表水、施工用水和生活废水浸入施工现场或冲刷边坡。下大雨时，应暂停土方施工。

② 挖土方应从上而下逐层挖掘。两人操作间距应大于2m。严禁采用掏挖的操作方法。

③ 开挖坑（槽）沟深度大于1.5m时，应根据土质和深度情况，按规定放坡或加可靠支撑，并设置人员上下坡道或爬梯。开挖深度超过2m时，必须在边沿处设立两道牢固护身栏杆。在危险处，夜间应设红色标志灯。

④ 挖土时要随时注意土壁变动的情况，如发现有裂纹或部分坍塌现象，要及时进行支撑或改缓放坡，并应注意支撑的稳定和边坡的变化。夜间土方施工时，要有足够的照明。

⑤ 坑（槽）沟边1m以内不得堆土、堆料、停置机具。坑（槽）沟边与建筑物、构筑物的距离不得小于1.5m。特殊情况时，必须采取有效技术措施，报请领导批准后方可施工。

⑥ 人工挖大孔径桩及扩底桩必须办理施工资质。施工前编写施工组织设计，并应采取安全技术措施，由专人负责实施。

⑦ 多桩开挖时，应采取间隔开挖方法，以减小水的渗透和防止土体滑移。

⑧ 在斜坡上方弃土时，应保证挖方边坡的稳定。弃土应连续堆置，其顶面应向外倾斜，以防止山坡水流入挖方场地。但坡度小于1/5或在软土地区，禁止在挖方上侧弃土。

31.2.4.2 **基坑支护中的安全措施**

① 采用钢木坑壁支撑时，要随挖随撑，并应支撑牢靠，且在整个施工过程中应经常检查，如有松动、变形等现象，要及时加固或更换。

② 钢木支撑的拆除，按回填次序依次进行。多层支撑应自下而上逐层拆除，随拆随填。

③ 采用钢板桩，钢筋混凝土预制桩或灌注桩作坑壁支撑时，要符合以下规定：

a. 应尽量减少打桩时对邻近建筑物和构筑物的影响。

b. 当土质较差时，宜采用啮合式板桩。

c. 采用钢筋混凝土灌注桩时，要在桩身混凝土达到设计强度后，方可开挖。

d. 在桩身附近挖土时，不能伤及桩身。

④ 采用钢板桩，钢筋混凝土桩作坑壁支撑并设有锚杆的，要符合以下规定：

a. 锚杆宜选用螺纹钢筋，使用前应清除油污和浮锈，以便增强黏结的握裹力和防止发生意外。

b. 锚杆段应设置在稳定性较好土层或岩层中，长度应大于或等于计算规定。

c. 钻孔时不得损坏已有管沟、电缆等地下埋设物。

d. 施工前应测定锚杆的抗拔拉力，验证可靠后，方可施工。

e. 锚固段要用水泥砂浆灌注密实，并应经常检查锚头紧固和锚杆周围土层情况。

#### 31.2.4.3 基坑工程中的其他安全问题

(1) 基坑周边的安全

要特别注意基坑周边的堆载，千万不能超过基坑工程设计所考虑的附加荷载。大型机械要行走至坑边或停放在坑边，必须征得设计者的同意。深度超过 2m 的基坑，周边还应设置不低于 1.2m 高的固定防护围栏。

(2) 行人支撑上的护栏设置

应合理选择部分支撑，作为行走便道，其他地方不得行人。

(3) 基坑内扶梯的合理设置

扶梯应尽可能设计成踏步式。

(4) 大体积混凝土施工中的防火安全措施

要注意对大面积干草包的防火工作，不得用钨碘灯烘烤混凝土表面。

(5) 钢筋混凝土支撑爆破时的安全措施

爆破时，应由消防部门批准的具有资质的企业进行施工。

### 31.2.5 桩基础施工安全

(1) 桩基础施工注意事项

① 打桩过程中遇有地坪隆起或下陷时，应及时将打桩机架调直，把路轨垫平或调平。

② 操作时，司机应思想集中，服从指挥，不得随便离开工作岗位。在打桩过程中，应经常注意打桩机的运转情况，发现异常情况应立即停止，并及时纠正后方可继续进行。

③ 打桩时，严禁用手拨正桩头垫料，同时严禁桩锤未打到桩顶即起锤或刹车，以避免损坏打桩设备。

④ 预制混凝土桩，在送桩入土后，桩孔应及时用砂子或其他材料填灌。钻孔灌注桩已钻孔未浇混凝土前，必须用盖板封严。钢管桩打完后，应及时加盖临时桩帽，以避免发生伤亡事故。

⑤ 冲抓锥或冲孔锤操作时，严禁任何人进入落锤区的施工范围内，以防砸伤。

⑥ 各类成孔钻机操作时，应安放平稳，以便防止钻机突然倾倒或钻具突然下落后发生伤亡事故。

⑦ 对爆扩桩，在遇雷、遇雨时，不要包扎药包，已包扎好的应打开。在检查雷管和已经包扎药包的线路时，应做好安全防护。

⑧ 爆扩桩引爆时，要划定安全区（一般不小于 20m），并派专人警戒。

(2) 大直径挖孔桩施工注意事项

① 参加挖孔的人员，事前必须检查身体，凡患有精神病、高血压、心脏病、癫痫病和聋哑者不得参加土方开挖。

② 非机电人员不得操作机电设备。翻斗车、搅拌车、电焊机和电葫芦等应由专人负责操作。

③ 每天上班及施工过程中，应及时检查支腿、挂钩、保险装置和吊桶等设备的完好程度，发现有破损的迹象时，应及时修复或更换。

④ 现场施工人员必须戴安全帽，井下人员工作时，井上配合人员不能擅离职守。孔口边 1m 范围内不得有任何杂物，堆土应离孔口边 1.5m 以上。

⑤ 井孔上下应设可靠的通话联络，如对讲机等。

⑥ 挖孔作业进行中，当人员下班休息时，必须盖好孔口，或设 800mm 高以上的护身栏。

⑦ 正在开挖的井孔，每天上班工作前，应对井壁、混凝土支护以及井中气孔等进行检查，发现异常情况，应采取安全措施后，方可继续施工。

⑧ 井底需抽水时，应在挖孔作业人员上地面以后再进行。

⑨ 夜间一般禁止挖空作业，如遇特殊情况需要夜班作业时，必须经现场负责人同意，并必须要有领导和安全人员在现场指挥和进行安全监督与检查。

⑩ 井下作业人员连续工作时间不宜超过 4h。

⑪ 照明通风。在挖井过程中，应向孔底通风，并且设照明设施并安装漏电保护装置。

⑫ 井孔保护。雨季施工，应设砖砌井口保护圈，高出地面 150mm，以防地面水流入。最上一节混凝土护壁，在井口处混凝土应出 400mm 宽的沿，厚度同护壁，以便保护井口。

### 31.2.6 基坑工程的监测

大量的工程实践证明，基坑支护结构的设计与施工实际情况是有区别的，为此必须对基坑工程进行监测。

(1) 监测的原则

① 可靠性原则。

② 多层次监测原则。

③ 重点监测关键区的监测。

④ 方便实用原则。

⑤ 经济合理原则。

(2) 监测的内容

监测主要包括对支护结构的监测，对周围环境的监测和对岩土性状受施工影响而引起变化的监测。

① 支护结构顶部水平位移监测。

② 支护结构倾斜监测。

③ 支护结构沉降监测。

④ 支护结构应力监测。

⑤ 支撑结构受力监测。

⑥ 基坑开挖前应进行支护结构完整性监测。

⑦ 邻近建筑物的沉降、倾斜，裂缝的发生时间和发展过程的监测。

⑧ 邻近构筑物、道路、地下管网设施的沉降与变形监测。

⑨ 对岩土性状受施工影响而引起变化的监测。

⑩ 桩侧土压力测试。

⑪ 基坑开挖后的基底隆起观测。

⑫ 土层孔隙水压力变化的测试。

⑬ 地下水位动态监测。

⑭ 肉眼巡视与裂缝观测。

## 31.3 模板工程

### 31.3.1 模板的安装

#### 31.3.1.1 普通模板安装的安全技术

(1) 基础及地下工程模板安装

应先检查基坑土壁边坡的稳定情况，发现有塌方的危险时，必须采取加固措施确保安全后，方可进行模板作业。操作人员上、下深度 2m 以上坑、槽时，应设置坡道或爬梯。坑、槽上口边缘 1m 以内不得堆土、堆料或停放机械。向坑、槽内运送模板，工人应使用溜槽或绳索，不得向下投掷，运送时应有专人指挥，上下呼应。模板支撑支在护壁上时，应在支点处加垫板，以免支撑不牢或造成护壁坍塌。采用起重机械调运模板等材料时，被吊的模板构件和材料应捆牢，起落应听从指挥，被吊重物下方回转半径内禁止人员停留。分层分段的柱基支模，应在下层模板校正并支撑牢固后，再进行上一层模板的支搭工作。

(2) 混凝土柱子模板的安装

柱子模板支模时，四周必须设牢固支撑或用钢筋、钢丝绳拉接牢固，避免柱模整体歪斜、位移甚至倾倒。柱箍的间距及拉接螺栓的设置必须按模板设计规定执行。当柱模超过 6m 以上时，不宜单独支模，应将几个柱子模板拉接成整体。

(3) 单梁与整体混凝土楼层面支模

应搭设牢固的操作平台，并设置护身栏。上下不得交叉作业。楼层立柱高超过 4m 时，应采用钢管脚手架立柱或门式脚手架。如果采用多层支架支模时，应使支架的层间垫板保持平整，立柱垂直，上、下层立柱在同一条垂直线上。并使用横、竖拉杆对架身加固，防止模板立柱位移，发生坍塌事故。

现浇多层房屋或构筑物，应采取分层分段支模方法。在已拆模的楼板面上支模时，应验算楼板的承载力能否承受上部支模的荷载。如果承载力不够，则必须附加临时立柱支顶加固，或保留该楼板的模板立柱。上、下层楼板的模板立柱应在同一条垂直线上。在首层房心土上支模，地面应平整夯实，立柱下面应加通长垫板。冬季不能在冻土或潮湿地面上支立柱，因土体受冻膨胀可将楼板顶裂或化冻时使立柱下沉引起结构变形。

(4) 混凝土墙模板工程

一般有大型起重设备的施工现场，墙模板采用预制拼装成大块模板，整体安装、拆除，可节省劳动力，加快施工速度。这种拼装成大块模板的墙模板，一般没有支腿，必须码放在插放架内，插放架应牢固，吊环要进行计算设计。整片大块墙模板安装就位后，用穿墙螺栓将两片墙模板拉牢，并设置成与相邻墙模板连成整体，增加稳定性。

(5) 圈梁与阳台模板的安装

支圈梁模板要搭设操作平台，不允许站在墙上操作。阳台是悬挑结构，阳台支模的立柱可由下而上逐层在同一条垂直线上，拆除时由上而下拆除，首层阳台立柱应支承在散水回填土上，必须要平整夯实并加垫板，防止因雨季下沉、冬季冻胀而发生事故。至阳台模板的操作地点应设安全防护栏或立挂安全网。

(6) 烟囱、水塔及高大特殊的构筑物模板

必须进行专门设计，并编制专项安全技术措施，经上级技术负责人和有关部门审批后方可实施。

#### 31.3.1.2 液压滑动模板工程的安全技术

滑动模板（滑模）施工开工前必须编制专项滑模工程安全施工组织设计（施工方案），并报请上级技术负责人和有关部门及安全技术人员审核后方可实施。

(1) 滑模安装的安全技术要求

① 组装前对各部件的材质、规格和数量进行详细检查，将不合格部件清除，不得使用。

② 模板安装完，必须对其进行全面检查验收，合格签字后，方可进行下一道工序作业。

③ 液压控制台在安装前，必须预先做加压试车工作，进行严格检查，确认合格后方准在工程上安装使用。

④ 滑模的平台应保持水平，不得倾斜，随时用千斤顶调整，使平台始终处于平衡状态。

(2) 滑模施工注意事项

① 滑升机具和操作平台应严格按照施工设计安装。平台周边必须设 1.2m 高的防护栏杆，并立挂密目安全网，平台板必须满铺，不得留有空隙。施工区域下面应设安全围栏。

② 滑模提升前，若为柔性索道运输时，必须先放下吊笼，再放松吊索，检查支承杆有无脱空现象，结构钢筋与操作平台有无挂连，确认无误后方可进行提升。

③ 操作平台上，不允许多人聚集一处，夜间施工应备有手电筒，当夜间停电时，作为应急照明。

④ 滑升过程中，要随时调整平台的水平、中心的垂直度，防止平台扭转和水平位移。

⑤ 平台内、外吊脚手架使用前，应设置安全网，并将安全网紧靠筒壁。

⑥ 建筑物、构筑物出入口和垂直运输进料口，应搭设高度不低于 2.5m 的安全防护棚。

⑦ 滑模施工中应经常与当地气象台、站取得联系，遇有雷、雨、六级以上大风时，必须停止施工。操作平台上的作业人员撤离前，应对设备、工具、零散材料进行整理、固定并做好防护。全部人员撤离后应立即切断通向操作平台的电源。

⑧ 滑模操作平台上的作业人员应定期进行体检，不适合高处作业的人员不得分配其上岗作业。并对操作人员进行专业安全技术培训，考试合格，持证上岗。

#### 31.3.1.3 大模板施工

墙体大模板施工伤亡事故，主要发生在大模板安装司机、指挥、挂钩配合失误，模板场地堆放不稳，吊运过程中的碰撞和违章作业的过程中。因此，在大模板施工中必须做好如下的几项工作：

① 大模板的场地和存放与安装。大模板应按施工组织设计（施工方案）规定分区存放，存放场地必须平整夯实，不得存放在松土和坑洼不平的地方；在地面存放模板时，两块大模板应采用面对面的码放方法，调整地脚螺栓，使大模板的自稳角度成 78°～80°，下部应垫设通长木方。长期存放的大模板，应用拉杆连接绑牢。在楼层存放时，必须在大模板横梁上挂钢丝绳或花篮螺栓，钩在楼板的吊环或墙体钢筋上。对没有支承或自稳角度小的大模板，应存放在专用的插放架内或平卧堆放，严禁靠放到其他模板或构件上，防止大模板下脚滑移倾倒伤人。

② 大模板应按设计制造。每块大模板应设有操作平台、上下爬梯、防护栏杆，以及存放小型工具和螺栓的工具箱。检验合格后，方可使用。

③ 大模板起吊前，应检查吊装用的绳索、卡具及每个吊环是否牢固可靠，然后将吊钩挂好，拆除临时支撑，慢起稳吊，吊起过程中防止模板摆动碰倒其他模板。

④ 大模板安装时，应先内后外，单面模板就位后，用钢筋三角支架插入板面螺栓眼上支撑牢固。双面板就位后，用拉杆或螺栓固定，未就位和未固定前不得摘钩。摘钩后必须将吊钩护送过头顶，防止吊钩碰刮其他模板造成事故。

⑤ 有平台的大模板起吊时，平台上严禁存放任何物料。里外角模和临时摘、挂的板面与大模板必须连接牢固，防止脱开和断裂发生模板坠落事故。

⑥ 大模板安装拆除的安全注意事项：

a. 大模板放置时，下面不得压有电线和气焊管线。

b. 大模板组装或拆除时，指挥、拆除和挂钩人员，必须站在安全可靠的地方进行操作，严禁任何人员随大模板起吊，安装外模板的操作人员应系好安全带。

c. 大模板的操作平台、上下爬梯、防护栏杆如有损坏，应及时修复。大模板安装就位后，为便于浇捣混凝土，两道墙模板平台之间应搭设临时通道，严禁在外墙板上行走。

d. 吊装大模板时，如有防止脱钩装置，可吊运同一房间内的两块大模板，禁止隔着墙体同时调运不同房间内的两块大模板。

e. 模板安装就位后，用振捣棒作业时，应有防止振捣棒触电的保护措施，要派专人将大模板串联起来，并同避雷网接通，防止漏电伤人。

f. 当风力5级以上时，应停止吊运。

g. 拆除模板时，应先拆穿墙螺栓和铁杆等，确认模板面与墙面脱离后，方准慢速起吊。

h. 清扫模板和刷隔离剂时，必须将模板支撑牢固，两板中间保持不小于60cm的走道。

#### 31.3.1.4 飞模（台模）工程

飞模是用来浇筑整间或大面积混凝土楼板的大型工具式模板。其面积较大，还常常附带一个悬挑的外边梁模板及操作平台，对这类模板的设计要充分考虑施工的各个阶段抗倾覆稳定性和结构的强度和刚度，并将组装、吊装、就位、找平调整固定、绑钢筋、浇筑混凝土等全过程中最不利荷载考虑进去（包括板面可能脱落减轻平衡重等不利因素），从而采取针对性的措施。其具体的安全要求有：

① 飞模在上人操作（组装过程或找平调整）前，必须把防倾覆的安全链挂牢。

② 在施工过程中，飞模的板面应与楞条骨架固定牢固，悬挑平台上散落的混凝土应及时清理，堆放的梁模板及其他模板材料荷重不能超过设计规定的荷载。

③ 飞模停放及组装场地应平整夯实，防止地基下沉造成飞模倾覆或变形。飞模应尽量在现场组装，如果现场没有组装条件必须场外组装运输时，一定要绑牢。组装好的飞模在每次周转使用时，应设专人检查维修，发现有螺栓松动或固定不牢时应及时修理。

④ 在飞模周转使用的调运过程中，模板面上不得有浮搁的材料、零配件及工具，严禁乘人。待就位后，其后端与建筑物做可靠拉结后，方可上人。

⑤ 高而窄的飞模架宜加设连杆互相牵牢，防止失稳倾倒。

⑥ 飞模脱模，向外推出时，后面要挂好安全保险绳，防止飞模突然向外滑出或倾覆，发生伤亡事故。

### 31.3.2 模板的拆除

在能保证混凝土质量的前提下，应尽早拆模，以便加快模板的周转速度以及能使下一道工序早日插入工作面。

#### 31.3.2.1 拆模日期的确定

混凝土模板的拆模日期取决于混凝土的强度、构件的形状和用途与施工的方便。

(1) 混凝土强度影响拆模日期

影响混凝土强度增长快慢的因素有材料本身的性质及配合比，如水泥的品种及每立方米水泥用量，水灰比大小，掺用的外加剂种类等。也取决于外界条件，最主要的是温度的高低，同时湿度的大小也影响混凝土强度的增长。另外，施工方法也影响混凝土强度的增长，如用机械搅拌与振捣的混凝土，其强度增长要比人工搅拌与振捣快。用机械施工的混凝土搅拌均匀充分，混凝土振捣密实，水灰比可小些，因此混凝土强度增长快。

(2) 构件的形式和用途也影响拆模日期

对重要的构件，要达到混凝土强度设计标准之后才能拆模，以确保构件的质量。模板的底模要比侧模晚拆模，这是因为底模承重。跨度大的构件要比跨度小的构件晚拆模。从受力情况看，受压构件可以早一些拆模，受拉、受弯构件要晚一些拆模。

(3) 要看施工方便

按常规，侧模可以比底模早拆除，但有时由于模板的构造影响，施工不便，侧模不能早拆。如梁板系统中梁的侧模板本来可以早拆，由于被楼板模板压顶住，不能早拆，要等楼板拆模后才能拆除梁侧模。又如柱与梁的模板，如构造上没有处理好，由于梁模板顶住柱的模板而使柱模板要等梁模板拆除后才可能拆除。

对于模板的侧模与底模拆除的具体要求如下：

① 侧模。只要保证在拆除侧模时，不损坏构件的棱角及混凝土表面时，即可拆除。例如大模板拆除，只要混凝土达到0.1MPa时就可以拆除了。

② 底模。我国现行规范的拆模要求，主要从跨度和混凝土强度来考虑的，并参考构件的用途。要求与构件同等条件下养护的试件达到表31.7的规定强度时，方可拆模。

**表31.7 现浇结构拆模时所需混凝土强度**

| 项次 | 结构类型 | 结构跨度/m | 按达到设计混凝土强度标准值的百分率计/% |
|---|---|---|---|
| 1 | 板 | ≤2 | 55 |
| | | >2,≤8 | 75 |
| 2 | 梁 | ≤8 | 75 |
| | | >8 | 100 |
| 3 | 板、壳 | ≤8 | 75 |
| | | >8 | 100 |
| 4 | 悬臂构件 | ≤2 | 75 |
| | | >2 | 100 |

对新型结构和重要的构件，设计人员应给出拆模强度。即使通过计算和测试，构件的实际混凝土强度与实际受荷情况能满足强度要求时，也不提倡提前拆模，因为混凝土的早期受荷是不利的，会影响混凝土后期强度的增长。有的国家规定在拆模时，还考虑构件承受荷载的情况，这是合理的。但是由于我国水泥品种、标号、性能差异较大，现场养护条件很不一致，同时考虑目前有不少施工单位未掌握设计数据，因此，没有考虑此因素。

#### 31.3.2.2 拆模的顺序与注意事项

拆模时应尽量减少模板的损耗。拆模时应根据模板及支架系统的构造，由原来安装模板的工人，按安装相反的顺序拆模。

拆模时要注意：

① 安全。尤其拆底模时，防止伤人，防止钉子扎脚，不要从高空直接向下扔模板。拆模时，操作人员应站在安全线外，以免发生安全事故，待该片（段）模板全部拆除后，方许将模板、配件、支架等运出堆放。模板运至对方场地后应排放整齐，并由专人负责清理维修，以增加模板使用寿命，提高经济效益。

② 要是结构构件缓慢受力，防止冲击力使构件出现裂缝。如拆模梁下支架立柱，应缓慢松动楔块拆下立柱，不得用大锤直接猛打立柱。

③ 要防止构件局部受力过大。应使构件拆模过程中的受力情况与构件将来使用时的受力情况相近。例如梁中无负弯矩筋时，其支架立柱应从当中向两侧拆除。又如壳体，它主要承受压力，所以拆模时，从一边向另一边逐步拆除，使壳体结构受弯。

④ 尽量避免损坏、丢失模板及其附件，也不应从楼上向楼下扔掷模板。拆下的模板按指定地点堆放，并做到及时清理、维修和涂刷好隔离剂，以备待用。

已拆除的模板及其支架结构，应在混凝土强度达到设计的混凝土标准值后，才允许承受全部的使用荷载。在多层房屋施工中，当下层模板及其支架拆除后，其上层施工荷载产生的效应比使用荷载更不利时，必须经过核算，在下层加强临时支架，以确保拆模后构件的质量和安全。

拆除模板应经施工技术人员统一。操作时应按顺序分段进行，拆除模板一般应用长撬杠，严禁猛撬、硬砸或大面积撬落或拉倒，严禁操作人员站在正在拆除的模板上。完工前，不得留下松动或悬挂的模板。拆下的模板应及时运送到指定地点集中堆放，防止钉子扎脚。模板上有预留洞者，应在安装后将洞口盖好。混凝土板上的预留洞，应在模板拆除后，随即将洞口盖好。拆除薄腹梁、吊车梁、桁架等预制构件模板，应随拆随加顶撑支牢，防止构件倾倒。

## 31.4 脚手架安全

脚手架是建筑施工中的登高设施之一，它在施工中担负着重要角色。脚手架可使作业人员进行各类登高施工作业、堆放物料，并能用作短距离水平运输通道。若脚手架搭设不规范，工效则难以提高，工程质量也无法得到保障。脚手架搭设不规范、不稳固，在施工过程中就容易出现伤亡事故，所以对脚手架的设计、构造、选材、搭设质量等绝不可轻视。随着建筑业的发展，脚手架的设计也不断得到改进和发展，对脚手架的工艺要求也就越来越高。

### 31.4.1 脚手架的设计安全

脚手架上的施工荷载一般情况下是通过脚手板传递给小横杆，由小横杆传递给大横杆，再由大横杆通过绑扎（或扣结）点传递给顶撑立杆，最后通过立杆底部传递至地基上。

但是，当使用竹笆板脚手板时，则是将施工荷载通过竹笆板传递给大横杆（或搁栅），由大横杆传递给靠近立杆的小横杆，再由小横杆通过绑扎点传递给顶撑立杆，最后通过立杆传递给地基。

在施工荷载的传递过程中，关键的问题就是要确定作用在脚手架上施工荷载值的大小以及风荷载值对脚手架的影响等。我国国务院在1956年颁布的三大规程中明确规定脚手架上的施工荷载不得超过$2700N/m^2$，风荷载值没有做出明确的统一规定。近年来，我国工程技术人员做了大量的调查研究，在通过理论计算和荷载试验后，并按概率统计分析确定了施工荷载标准值和风荷载值。

#### 31.4.1.1 施工荷载值

承重架（包括砌筑、浇混凝土和安装用架）规定：脚手架安全技术规范中规定为$3000N/m^2$。另外，为了明确$3000N/m^2$荷载值的含义，相应指明脚手架上的堆砖荷载不得超过单行侧排四层。

脚手架上的施工荷载值规定为$2000N/m^2$。

#### 31.4.1.2 恒、活荷载

恒载主要指立杆、大小横杆、斜撑（或剪刀撑）、扣件、脚手板、安全网和栏杆等各构件的自重。

活载主要指脚手板上的堆砖（或混凝土、模板和安装件等）、运输车辆（包括所装物件）和作业人员等荷载。

#### 31.4.1.3 设计要求

（1）扣件式钢管脚手架的设计要求

设计扣件式钢管脚手架时，一般应考虑三个方面的问题：要满足作业要求；不能超过杆件承受能力的允许限度；施工中不要超过设计所能允许的荷载。同时，当脚手架的钢管属冷弯薄壁型钢，设计时要遵照GBJ 18的有关规定。若采取悬挑结构的分段卸荷措施时，对悬挑的型钢属于普通钢结构范围这部分的计算应遵守GB 50017—2017的规定。

钢管脚手架的垂直荷载由小横杆、大横杆和立杆组成受力构架，并通过立杆传给基础。剪刀撑、斜撑和连墙杆主要是保证脚手架的整体刚度和稳定性，加强抵抗垂直和水平力作用的能力。连墙杆则承受全部的风荷载。扣件则是架子组成整体的连接件和传力件。

除上述外，具体设计时还应注意以下一些要求：

① 小横杆受力情况为简支梁，大横杆受力情况为三跨连续梁。

② 除立杆白重为轴心荷载外，其他杆件的自重和施工荷载均通过连接扣件传给立杆，荷载作用点与立杆轴线间具有约53mm的偏心，设计时应考虑偏心矩对立杆的影响。

③ 强度核算时，须将恒载乘以分项系数1.2，活荷载的标准值乘以分项系数1.4。但核算变形时则需取标准值，一般要求大、小横杆的挠度不要大于$L$（杆长）/200。

④ 计算压杆的长细比不应超过200，拉杆的长细比不应超过350。

⑤ 核算压杆（即立杆）稳定时，应以无连墙杆的立杆为计算对象。当大横杆间距为1.0～2.0m时，压杆的长度系数为1.4～1.7。

（2）木、竹脚手架的设计要求

木脚手架的设计主要应遵照《木结构设计标准》（GB 50005—2017），而竹脚手架一般应参考木脚手架的设计，并应以实验验证的方法为主。

大横杆上作用的集中荷载应按小横杆下传的最不利情况求取。验算挠度和稳定时应取各构件的中间截面；但验算受弯强度时，则应取最大弯矩处的截面为计算截面。除上述外，还应注意以下一些要求：

① 强度核算时，需先将恒载和活载的标准值分别乘以分项系数1.2与1.4，但核算挠度时则需采用标准值。

② 受压杆的长细比不应超过150。

③ 验算立杆稳定时，其计算高度$H_0$应按下列规定取值：纵向平面内，取大横杆步距中心距；横向平面内，取竖向相邻两连墙点间的距离0.8倍；底层无扫地杆时，取$H_0+0.2m$。

④ 核算立杆稳定时，强度设计值应乘以高度折减系数$K_H$。

（3）脚手架小横杆、大横杆的设计计算

横杆的设计计算：①应按照荷载实际堆放位置求取简支梁最大弯矩值核算其弯曲强度；但对双排架求取最大弯矩值时，应不考虑靠墙端悬臂部分的活荷载。求小横杆支座反力时，必须考虑悬臂部分的活荷载。②按实际荷载堆放位置的标准值求取简支梁的最大弯矩值（不考虑悬臂部分活荷载的作用）后，然后换算成等效均布荷载再进行挠度核算。

大横杆的设计计算应按三跨连续梁进行弯曲强度核算：①用小横杆支座最大反力计算值，进行最不利荷载布置，求取最大弯矩值进行核算。②脚手架外侧有遮盖物或有六级以上大风时，应按双向弯曲求取最大组合弯矩值再进行核算。

### 31.4.2 脚手架的材质与规格

（1）木质材料

木脚手架是传统脚手架之一，常采用剥皮杉木、落叶松木，它们质轻、坚韧，而且挺直。其他如桦木、椴木、油松等由于质地松软，且易腐朽并带有死节，一般多不能用。杨木、柳木质地松脆，容易折断，一般不准使用。

使用木材搭设脚手架，它的主杆、剪刀撑、抛撑、斜撑的小端直径应不小于7cm，但是大横杆、小横杆的小端直径应不小于8cm。

目前大中型建筑多数采用了金属材质搭设的脚手架，但仍有较多的小型建筑采用木脚手架，特别是小型装饰项目采用小方木的现象更为普遍，这种脚手架的质量、安全往往都得不到保障。

(2) 竹材

竹材一般多采用四年以上的毛竹、楠竹。其中，幼嫩、闷脆、虫蛀、黑麻病、白麻病以及大裂开连通数节的竹材都不能使用。采用毛竹搭设脚手架时，它的立杆、大横杆、斜拉杆、剪刀撑的小端直径一般以不小于6.5cm为宜，小横杆的小端外侧有效部位直径以不小于7.5cm为宜。

竹材脚手架附件的质量要求：

① 毛竹片编制的横向型脚手架底笆纬线竹片宽度不得小于3.5cm，厚度不得小于0.5cm，但是不能用枯、脆、闷、虫蛀的竹材加工成制品；经线竹片宽度不得小于2.5cm，尽端用单根竹片，中间三道应采用双根为宜，且尽端经线竹片向内侧采用双片竹，面对面夹紧，并钻眼后，用16号铁丝扎牢。

② 毛竹片编制的直向型脚手架底笆，它的纬线竹片宽度不得小于4.5cm，纬线竹片宽度小端不得小于3.5cm；四周边，经线竹片与纬线竹片采用打钻眼后并用圆钉钉牢。

③ 毛竹片编制的侧向型脚手立人板，竹片宽度不小于5cm，侧向并列，并用直径8～10mm的螺杆，通过预先钻好的孔内将螺母旋紧，使竹片成为整体。螺杆离端部距离约为20cm，螺杆之间的距离为60cm。

(3) 钢质材料

钢管材质一般使用A3钢，且应符合YB 242标准。当每批钢管进场时，应该同时出具生产厂家的检验合格证。若对质量不明或有怀疑时，应将进场钢管抽样进行力学性能试验，其结果应符合GB/T 700—2006中对A3钢的要求。当采用钢制桁架来代替钢管小横杆时，其拉杆在－30℃以下条件工作时，要有冷弯试验的合格保证。另外对承重杆件的钢材，还应具有抗拉强度，伸长率，屈服点，硫、磷含量的合格保证。

各种杆件均应优先采用外径48mm、壁厚3.5mm的焊接钢管，如缺乏此类钢管时，也可采用同样规格的无缝钢管或用外径50～51mm、壁厚3～4mm的焊接钢管或其他钢管。用于立杆、大横杆和斜杆的钢管长度以4～4.5m为好，这样长度的钢管一般在25kg以内，适合人工操作；用于小横杆的钢管长度以2.1～2.3m为宜，以便适应脚手架的宽度变化。

扣件一般应符合GB/T 9440—2010《可锻铸铁件》的规定，用力学性能不低于KT33-8的可锻铸铁制造。扣件的附件（T形螺栓、螺母、垫圈）所采用的材料应符合GB/T 700—2006《碳素结构钢》中A3钢的规定；螺纹均要符合GB/T 196—2003《普通螺纹 基本尺寸》的规定；垫圈则要符合GB 96.1—2002《大垫圈 A级》和GB 96.2—2002《大垫圈 C级》的规定。制作好的扣件不应有裂纹、气孔，也不宜有疏松、砂眼或有影响使用性能的铸造缺陷，应无影响外观质量的黏砂、浇冒口残余、披缝、毛刺、氧化皮等。扣件与钢管的贴合面要严格整形，保证与钢管扣紧时接触良好；扣件夹紧钢管时，开口处的最小距离要不小于5mm；扣件的活动部位应转动灵活，旋转扣件的两旋转面间隙要小于1mm。

(4) 绑扎紧固用材料

竹篾：

① 广篾。广篾出产于南方广东地区，故称广篾。它采用水竹加工，因为水竹质地坚韧，纤维软而节隔长，根梢均匀。应当选用质地新鲜、竹龄合格的水竹加工，加工成厚度0.6mm，宽度5m，长度2.4m的篾片。

② 靖江篾。靖江篾是利用长江两岸地区种植的篾竹加工而成，其特点是纤维软、节隔较短、根梢不均匀，一般作为广篾绑扎时的辅助材料。因其多产于江苏靖江地区而得名。

③ 小青篾。小青篾产于浙江温州地区，其强度性能均超过靖江篾。目前上海地区在修缮作业时都采用小青篾作绑扎辅料，替代了广篾、靖江篾等篾材。

广篾、靖江篾、小青篾在使用前一天应用清水浸泡，这样绑扎时不易折断、不易伤手，但是不能用酸、碱性的水浸泡。断腰、霉斑、虫蛀的篾片均不能使用。

④ 合成篾。合成篾在20世纪80年代初开始用于南方地区施工的脚手架中，它用化纤合成绳、合成带等作为脚手架绑扎的辅料。原料的主要成分为聚丙烯或聚乙烯，故又称塑料篾。

使用合成篾时一定要有生产单位的合格证并经拉力强度测试合格后方能采用。

麻绳、棕绳：

20世纪50年代初，我国部分地区采用麻、棕绳绑扎的脚手架。由于麻、棕绳是以植物纤维为原料，它的强度较低，且易受气候的影响，所以现在施工中已很少应用，若不得已使用时，只能搭设三排以下的脚手架，施工期不得超过二个月。

金属绑扎材料：

竹脚手架搭设时往往也采用18号镀锌铁丝，绑扎时用双根并绕三圈以上。搭设木脚手架时可采用8号镀锌铁丝来绑扎，在非承重受力部位也可采用8号铁丝，如无铁丝时也可采用4mm直径的钢丝，但必须做回火处理后才能使用。

### 31.4.3　落地式脚手架

#### 31.4.3.1　脚手架配件的安全要求

(1) 钢管

① 脚手架钢管应采用现行国家标准《直缝电焊钢管》(GB/T 13793—2016）或者《低压流体输送用焊接钢管》(GB/T 3091—2015）中规定的3号普通钢管。其质量应符合现有国家标准《碳素结构钢》(GB/T 700—2006）中Q235-A级钢的规定。

② 脚手架钢管宜采用$\phi 48 \times 35$钢管。每根钢管的最大质量不应大于25kg。

③ 钢管应有产品质量合格证（有质量检验报告）。

④ 钢管的表面应平直光滑，不应有裂缝、结疤、分层、错位、硬弯、毛刺、压痕和深的划道。

⑤ 钢管外径与壁厚偏差小于0.5mm，钢管两端面切斜偏差不大于1.7mm。钢管外表面锈蚀深度不大于0.5mm。钢管的弯曲应符合规范要求。

⑥ 钢管上严禁打孔。

(2) 扣件

扣件是采用螺栓紧固的扣接连拉件，有直角扣件、旋转扣件、对接扣件及根据防滑要求增设的非连接用的防滑扣件等几种。扣件的质量要求如下：

① 扣件应采用可锻铸铁制成，新扣件应有生产许可证、法定检测单位的测试报告和产品质量合格证，其材质应符合现行国家标准《钢管脚手架扣件》(GB 15831—2006)。

② 旧扣件使用前应进行质量检查，有裂缝、变形的严禁使用，出现滑丝的螺栓必须更换。

③ 新旧扣件均应进行防锈处理。

(3) 脚手板的质量要求

① 脚手板可采用钢、木、竹材料制成，每块质量不宜大于30kg。

② 冲压钢脚手板的材质应符合现行国家标准《碳素结构钢》(GB/T 700—2006）中Q235-A级钢的规定。新脚手板应有产品质量合格证，板面的挠曲不大于12mm，板面扭曲不大于5mm，且不得有裂纹、开焊与硬弯，应有防滑措

施，新、旧脚手板均应涂防锈漆。

③ 木脚手板应采用杉木或松木制作，其材质应符合现行国家标准《木结构设计标准》（GB 50005—2017）Ⅱ级材质的规定。脚手板厚度不应小于 50mm，宽度不宜小于 200mm，两端应各设直径为 4mm 的镀锌钢丝箍两道，腐朽的脚手板不准使用。

④ 竹脚手板宜采用由毛竹或楠竹制作的竹串片板、竹笆板。竹串片板是用螺栓将侧立的竹片并列连接而成，螺栓直径 8～10mm，间距 500～600mm，板长一般为 2～2.5m，宽度为 250mm，板厚一般不小于 50mm。

竹笆板是用平放带竹青的竹片纵横编织而成，每根竹片宽度不小于 30mm，厚度不小于 8mm。横筋一反一正，边缘纵横筋相交点用铁丝扎紧，板长一般为 2m，宽度为 8～1.2m。凡虫蛀、枯脆、松散的竹脚手板不准使用。

#### 31.4.3.2 搭设要求

（1）纵向水平杆的搭设要求

① 纵向水平杆宜设置在立杆内侧，其长度不宜小于 3 跨。

② 纵向水平杆接长宜采用对接扣件连接，也可采用搭接。

③ 在封闭型脚手架的同一步中，纵向水平杆应四周交圈，使用直角扣件与内外角部立杆固定。

（2）横向水平的构造应符合的规定

① 主节点处必须设置一根横向水平杆，用直角扣件扣接且严禁拆除。主节点处两个扣件的中心距不应大于 150mm。在双排脚手架中，靠墙一端的外伸长度不应大于 500mm。

② 作业层上非主节点处的横向水平杆，宜根据支承脚手板的需要等间距设置，最大间距应大于纵距的 1/2。

③ 当使用冲压钢脚手板、木脚手板、竹串片板时，双排脚手架的横向水平杆两端均应采用直角扣件固定在纵向水平杆上。

④ 使用竹笆板时，双排脚手架的横向水平杆两端，应用直角扣件固定在立杆上。

⑤ 双排脚手架横向水平杆的靠墙一端至墙装饰面的距离不宜大于 100mm。

（3）立杆的搭设要求

① 脚手架整体承压部位应在回填土填完后夯实，脚手架底座底面标高宜高于自然地坪 50mm。基础的横距宽度不小于 2m，并应有排水措施。

② 一般脚手架，可将由钢板、钢管焊接而成的立杆底座直接放置在夯实的原土上或在底座下加垫板，垫板宜采用长度不小于 2 跨、厚度不小于 50mm 的木垫板，也可采用槽钢，然后把立杆插在底座内。

③ 高层脚手架，在坚实平整的土层上铺 100mm 厚道渣，再放置混凝土垫块，上面纵向仰铺通长 12～16 号槽钢，立杆放置于槽钢上。

④ 脚手架一经搭设，其地基或附近不得随意开挖。

⑤ 立杆接头除在顶层可采用搭接外，其余各接头必须采用对接扣件连接。

⑥ 立杆上的对接扣件应交叉布置，两个相邻立杆接头不应设在同步同跨内，两相邻立杆接头在高度方向错开的距离不应小于 500mm，各接头中心距主节点的距离不应大于步距的 1/3。

⑦ 立杆的搭接长度不应小于 1m，用不少于 2 个扣件固定。端部扣件盖板的边缘至杆端距离不应小于 100mm。

⑧ 立杆顶端宜高出女儿墙上皮 1m，高出檐口上皮 1.5m。

⑨ 双根钢管立杆是沿脚手架纵向并列将主立杆和副杆用扣件紧固组成，副立杆的高度不应低于 3 步，钢管长度不应小于 6m，扣件数量不应小于 2 个。

⑩ 严禁将外径 48mm 与 51mm 的钢管混合使用。

⑪ 开始搭设立杆时，应每隔 6 跨设置一根抛撑，直至连墙件安装稳定后，方可根据情况拆除。

⑫ 当搭至有连墙件的构造点时，在搭设完该处的立杆、纵向水平杆、横向水平杆后，应立即设置连墙件。

（4）连墙件的连接、搭设要求

连墙件的形式有软拉结（也称柔性拉结）和硬拉结（也称刚性拉结）两种。

① 连墙件宜呈水平并垂直于墙面设置，与脚手架连接的一端可稍下斜，不允许向上翘起。

② 对高度在 24m 以下的双排脚手架，宜采用刚性连墙件，也可采用拉筋和顶撑配合使用的附墙连接方式，严禁使用仅有拉筋的柔性连墙件。

③ 对高度在 24m 以上的双排脚手架，必须采用刚性连墙件与建筑物可靠连接。

④ 当脚手架下部暂不能设连墙件时可搭设抛撑。抛撑应采用通长杆件与脚手架可靠连接，与地面的倾角应在 45°～60°之间，连接点中心至主节点的距离不应大于 300mm，抛撑应在连墙件搭设后方可拆除。

⑤ 架高超过 40m 且有风涡流作用时，应采取抗上升翻流作用的连墙措施。

（5）剪刀撑的设置要求

① 每道剪刀撑跨立杆的根数宜按有关的规定确定，每道剪刀撑宽度不应小于 4 跨，且不应小于 6m，斜杆与地面的倾角宜在 45°～60°之间。

② 高度在 24m 以下的单、双排脚手架，必须在外侧立面的两端各设置一道剪刀撑，并应由底至顶连续设置；中间各道剪刀撑之间的净距不应大于 15m。

③ 高度在 24m 以上的双排脚手架应在外侧立面整个长度和高度上连续设置剪刀撑。

④ 剪刀撑斜杆的接长宜采用搭接，搭接长度不小于 1m，应采用不少于 2 个旋转扣件固定。

⑤ 剪刀撑斜杆应用旋转扣件固定在与之相交的横向水平杆的伸出端或立杆上，旋转扣件中心线离主节点的距离不宜大于 150mm。

（6）栏杆挡脚板的搭设要求

① 栏杆和挡脚板应搭设在外立杆的内侧。

② 上栏杆上皮高度应为 1.2m。

③ 挡脚板高度不应小于 180mm。

④ 中栏杆应居中设置。

（7）扫地杆的设置要求

脚手架必须设置纵、横向扫地杆。纵向扫地杆应采用直角扣件固定在距底座上皮不大于 200mm 处的立杆上。横向扫地杆也应采用直角扣件固定在紧靠纵向扫地杆下方的立杆上。当立杆基础不在同一高度上时，必须将高处的纵向扫地杆向低处延长两跨与立杆固定，高低差不应大于 1m。靠边坡上方的立杆轴线到边坡的距离不应小于 500mm。

#### 31.4.3.3 安全管理要求

① 脚手架搭设人员必须是经过按《特殊作业人员安全技术培训考核管理规定》考核合格的专业架子工。上岗人员应定期体检，合格者方可持证上岗。

② 搭设脚手架人员必须戴安全帽、系安全带、穿防滑鞋。

③ 脚手架的构配件质量与搭设质量，应按规定进行检查验收，合格后方准使用。

④ 作业层上的施工荷载应符合设计要求，不得超载。

不得将模板支架、缆风绳、泵送混凝土和砂浆的输送管等固定在脚手架上；严禁悬挂起重设备。

⑤ 当有六级及六级以上大风和雾、雨、雪天气时应停止脚手架搭设与拆除作业。雨、雪后的上架作业应有防滑措施，并应扫除积雪。

⑥ 脚手架的安全检查与维护应按规定进行，安全网应按有关规定搭设或拆除。

⑦ 在脚手架使用期间，严禁拆除下列杆件：

a. 主节点处的纵、横向水平杆，纵、横向扫地杆；

b. 连墙件。

⑧ 不得在脚手架基础及其邻近处进行挖掘作业，否则应采取安全措施，并上报主管部门批准。

⑨ 临街搭设脚手架时，外侧应有防止坠物伤人的防护措施。

⑩ 在脚手架上进行电、气焊作业时，必须有防火措施和专人看守。

⑪ 工地临时用电线路的架设及脚手架接地、避雷措施等，应按现行行业标准《施工现场临时用电安全技术规范》(JGJ 46—2005)的有关规定执行。

### 31.4.4 附着升降脚手架

#### 31.4.4.1 附着升降脚手架的安装

① 使用前，应根据工程结构特点、施工环境、条件及施工要求编制“附着升降脚手架专项施工组织设计”，并根据有关要求办理使用手续，备齐相关文件资料，施工人员必须经过专业培训。

② 附着升降脚手架的安装应符合以下规定：

a. 水平梁架及竖向主框架在两相邻附着支承结构处的高差应不大于20mm；

b. 竖向主框架和防倾覆导向装置的垂直偏差应不大于0.5%和60mm；

c. 预留穿墙螺栓孔和预埋件应垂直于工程结构外表面，其中心误差应小于15mm。

③ 附着升降脚手架组装完毕，必须进行以下检查，合格后方可进行升降操作：

a. 工程结构混凝土强度应达到附着支承对其附加荷载的要求；

b. 全部附着支承点的安装符合设计规定，严禁少装附着固定连接螺栓和使用不合格螺栓；

c. 各项安全保险装置全部检验合格；

d. 电源、电缆及控制柜等的设置符合用电安全的有关规定；

e. 升降动力设备工作正常；

f. 同步及荷载控制系统的设置和试运效果符合设计要求；

g. 架体结构中采用普通脚手架杆件搭设的部分，其搭设质量达到要求；

h. 各种安全防护设施齐备并符合设计要求；

i. 各岗位施工人员已落实；

j. 附着升降脚手架施工区域应有防雷措施；

k. 附着升降脚手架应设置必要的消防及照明设施；

l. 同时使用的升降动力设备、同步与荷载控制系统及防坠装置等专项设备，应分别采用同一厂家、同一规格型号的产品；

m. 动力设备、控制设备、防坠装置等应有防雨、防砸、防尘等措施。

#### 31.4.4.2 附着升降脚手架的使用与拆卸

(1) 附着升降脚手架的升降操作

附着升降脚手架的升降操作必须遵守以下规定：

① 严格执行升降作业的程序规定和技术要求。

② 严格控制并确保架体上的荷载符合设计规定。

③ 所有妨碍架体升降的障碍物必须拆除。

④ 所有升降作业要求解除的约束必须拆开。

⑤ 严禁操作人员停留在架体上，特殊情况确实需要上人的，必须采取有效安全防护措施，并由建筑安全监督机构审查后方可实施。

⑥ 应设置安全警戒线，正在升降的脚手架下部严禁有人进出，并设专人负责监护。

⑦ 严格按设计规定控制各提升点的同步性，相邻提升点间的高差不得大于30mm，整体架最大升降差不得大于80mm。

⑧ 升降过程中应实行统一指挥、规范指令。升、降指令只能由总指挥一人下达。但当有异常情况出现时，任何人均可立即发出停止指令。

⑨ 采用环链葫芦作升降动力的，应严密监视其运行情况，及时发现、解决可能出现的翻链、绞链和其他影响正常运行的故障。

⑩ 附着升降脚手架升降到位后，必须及时按照使用状况要求进行附着固定。在没有完成架体固定工作前，施工人员不得擅自离岗或下班。未办交付使用手续的，不得投入使用。

(2) 附着升降脚手架的拆卸

① 附着升降脚手架的拆卸工作必须按专项施工组织设计及安全操作规程的有关要求进行。拆除工作前应对施工人员进行安全技术交底，拆除时应有可靠的防止人员与物料坠落的措施，严禁抛扔物料。

② 拆下的材料及设备要及时进行全面检修保养，出现以下情况之一的，必须予以报废：

a. 焊接件严重变形且无法修复或严重锈蚀；

b. 导轨、附着支承结构件、水平梁架杆部件、竖向主框架等构件出现严重弯曲；

c. 螺栓连接件变形、磨损、锈蚀严重或螺栓损坏；

d. 弹簧件变形、失效；

e. 钢丝绳扭曲、打结、断股、磨损断丝严重达到报废规定；

f. 其他不符合设计要求的情况。

③ 遇5级(含5级)以上大风和大雨、大雪、浓雾、雷雨等恶劣天气时，禁止进行升降和拆卸作业。并应预先对架体采取加固措施，夜间禁止进行升降作业。

#### 31.4.4.3 附着升降脚手架的管理

① 建设部对从事附着升降脚手架工程的施工单位实行资质管理，未取得相应资质证书的不得施工；对附着升降脚手架实行认证制度，即所使用的附着升降脚手架必须经过国务院建设行政主管部门组织鉴定或者委托具有资格的单位进行认证。

② 附着升降脚手架工程的施工单位应当根据资质管理有关规定到当地建设行政主管部门办理相应的审查手续。

③ 新研制的附着升降脚手架应符合《建筑施工附着脚手架管理暂行规定》的各项技术要求，并到当地建设行政主管部门办理试用手续，经审查合格后，只可以在一个工程上试用，试用期间必须随时接受当地建设行政主管部门的指导和监督。

④ 试用成功后，再按照规定取得认证资格，方可投入正式使用。

⑤ 对已获得附着升降脚手架资质证书的施工单位实行年检管理制度，有下列情况之一者，一律注销资质证书：

a. 使用与其资质证书所载明的附着升降脚手架名称和型号不一致者；

b. 有出借、出租资质证书及转包行为者；

c. 严重违反《建筑施工附着脚手架管理暂行规定》，多次整改仍不合格者；

d. 发生一次死亡 3 人以上重大事故或事故累计死亡达 3 人以上者。

⑥ 异地使用附着升降脚手架时，使用前应向当地建设行政主管部门或建筑安全监督机构办理备案手续，接受其监督管理。

## 31.4.5 门式钢管脚手架

### 31.4.5.1 要求

(1) 搭设门架及配件应符合的规定

① 不配套的门架与配件，不得混合使用于同一脚手架。

② 门架安装应自一端向另一端延伸，并逐层改变搭设方向，不得相对进行。搭完一步架后，应按要求检查并调整其水平度与垂直度。

③ 交叉支撑、水平架或脚手板应紧随门架的安装及时设置。

④ 连接门架与配件的锁臂、搭钩必须处于锁住状态。

⑤ 水平架或脚手板应在同一步内连续设置，脚手板应满铺。

⑥ 底层钢梯的底部应加设钢管并用扣件扣紧在门架的立杆上，钢梯的两侧均应设置扶手，每段梯可跨越两步或三步门架再行转折。

⑦ 栏板（杆）、挡脚板应设置在脚手架操作层外侧、门架立杆的内侧。

(2) 加固杆、剪刀撑等加固件的搭设应符合的规定

① 加固杆、剪刀撑必须与脚手架同步搭设；

② 水平加固杆应设于门架立杆内侧，剪刀撑应设于门架立杆外侧并连牢。

(3) 连墙件的搭设应符合的规定

① 连墙件的搭设必须随脚手架的搭设同步进行，严禁滞后设置或搭设完毕后补做；

② 当脚手架操作层高出相邻连墙件以上两步时，应采用确保脚手架稳定的临时拉结措施，直到连墙件搭设完毕后方可拆除；

③ 连墙件宜垂直于墙面，不得向上倾斜，连墙件埋入墙身的部分必须锚固可靠；

④ 连墙件应连于上、下两榀门架的接头附近。

(4) 加固件、连墙件等与门架采用扣件连接时应符合的规定

① 扣件规格应与所连钢管外径相匹配；

② 扣件螺栓拧紧扭力矩宜为 50～60N·m，不得小于 40N·m；

③ 各杆件端头伸出扣件盖板边缘长度不应小于 100mm。

脚手架应沿建筑物周围连续、同步搭设升高，在建筑物周围形成封闭结构；不能封闭时，在脚手架两端应增设连墙件。

脚手架搭设完毕或分段搭设完毕，应按规定对脚手架工程的质量进行检查，经检查合格后方可交付使用。

高度在 20m 及 20m 以下的脚手架，应由单位工程负责人组织技术安全人员进行检查验收。高度大于 20m 的脚手架，应由上一级技术负责人随工程进行分阶段组织单位工程负责人及有关的技术人员进行检查验收。

### 31.4.5.2 拆除

① 脚手架经单位工程负责人检查验收并确认不再需要时，方可拆除。

② 拆除脚手架前，应清除脚手架上的材料、工具和杂物。

③ 拆除脚手架时，应设置警戒区和警戒标志，并由专职人员负责警戒。

④ 脚手架的拆除应在统一指挥下进行，按后装先拆、先装后拆的顺序及下列安全作业的要求进行：

a. 脚手架的拆除应从一端走向另一端，自上而下逐层地进行；

b. 同一层的构配件和加固件应按先上后下、先外后里的顺序进行拆除，最后拆除连墙件；

c. 在拆除过程中，脚手架的自由悬臂高度不得超过两步，当必须超过两步时，应加设临时拉结；

d. 连墙件、通长水平杆和剪刀撑等，必须在脚手架拆卸到相关的门架时方可拆除；

e. 工人必须站在临时设置的脚手板上进行拆卸作业，并按规定使用安全防护用品；

f. 拆除工作中，严禁使用榔头等硬物击打、撬挖，拆下的连接件应放入袋内，锁臂应先传递至地面并放入室内堆存；

g. 拆卸连接部件时，应先将锁座上的锁板与卡钩上的锁片旋转至开启位置，然后开始拆除，不得硬拉，严禁敲击；

h. 拆下的门架、钢管与配件，应成捆用机械吊运或者由井架传送到地面，防止碰撞，严禁抛掷。

### 31.4.5.3 管理与维护

① 搭拆脚手架必须由专业架子工进行，并按现行国家标准《特殊作业人员安全技术考核管理规则》(GB 5306，国家安全生产监督管理总局第 80 号令修订) 考核合格，持证上岗。上岗人员应定期进行体检，凡不适于高处作业者，不得上脚手架操作。搭拆脚手架时工人必须戴安全帽，系安全带，穿防滑鞋。

② 操作层上施工荷载应符合设计要求，不得超载；不得在脚手架上集中堆放模板、钢筋等物件。严禁在脚手架上拉缆风绳或固定、架设混凝土泵、泵管及起重设备等。

③ 六级及六级以上大风和雨、雪、雾天应停止脚手架的搭设、拆除及施工作业。

④ 施工期间不得拆除下列杆件：

a. 交叉支撑、水平架；

b. 连墙件；

c. 加固杆件，如剪刀撑、水平加固杆、扫地杆、封口杆等；

d. 栏杆。

⑤ 作业需要时，临时拆除交叉支撑或连墙件应经主管部门批准，并应符合下列规定：

a. 交叉支撑只能在门架一侧局部拆除，临时拆除后，在拆除交叉支撑的门架上、下层面应满铺水平架或脚手板。作业完成后，应立即恢复拆除的交叉支撑。拆除时间较长时，还应加设扶手或安全网。

b. 只能拆除个别连墙件，在拆除前、后应采取安全措施，并应在作业完成后立即恢复，不得在竖向或水平向同时拆除两个及两个以上连墙件。

⑥ 在脚手架基础或邻近部位严禁进行挖掘作业，临街搭设的脚手架外侧应有防护措施，以防坠物伤人。

⑦ 脚手架与架空输电线路的安全距离、工地临时用电线路架设及脚手架接地避雷措施也应按现行行业标准《施工现场临时用电安全技术规范》(JGJ 46—2005) 的有关规定执行。

⑧ 沿脚手架外侧严禁任意攀登，对脚手架应设专人负责进行经常检查和保修工作。对高层脚手架应定期做门架立杆基础沉降检查，发现问题应立即采取措施。

⑨ 拆下的门架及配件应消除杆件及螺纹上的沾污物，并按规定分类检验和维修，按规格分类整理存放，妥善保管。

### 31.4.6 盘扣式脚手架

承压型盘扣式钢管支架由立杆、水平杆、斜杆、可调底座及可调托座等构配件构成。根据其用途可分为模板支架和脚手架两类。

#### 31.4.6.1 搭设要求

（1）模板搭设应遵循的要求

① 模板支架立杆搭设位应按专项施工方案放线确定。

② 模板支架搭设应根据立杆放可调底座，应按先立杆后水平杆再斜杆的顺序搭设，形成基本的架体单元，应以此扩展搭设成整体支架体系。

③ 可调底座和土层基础上垫板应准确放置在定位线上，保持水平。垫板应平整、无翘曲，不得采用已开裂垫板。

④ 立杆应通过立杆连接套管连接，在同一水平高度内相邻立杆连接套管接头的位置宜错开，且错开高度不宜小于75mm。模板支架高度大于8m时，错开高度不宜小于500mm。

⑤ 水平杆扣接头与连接盘的插销应用铁锤击紧至规定插入深度的刻度线。

⑥ 每搭完一步支模架后，应及时校正水平杆步距，立杆的纵、横距，立杆的垂直偏差和水平杆的水平偏差。立杆的垂直偏差不应大于模板支架总高度的1/500，且不得大于50mm。

⑦ 在多层楼板上连续设置模板支架时，应保证上下层支撑立杆在同一轴线上。

⑧ 混凝土浇筑前施工管理人员应组织对搭设的支架进行验收，并应确认符合专项施工方案要求后浇筑混凝土。

（2）双排外脚手架搭设应遵循的要求

① 脚手架立杆应定位准确，并应配合施工进度搭设，搭设高度不应超过相邻连墙件以上两步。

② 连墙件应随脚手架高度上升在规定位置处设置，不得任意拆除。

③ 作业层搭设应符合的要求。

a. 应满铺脚手板。

b. 外侧应设挡脚板和防护栏杆，防护栏杆可在每层作业面立杆的0.5m和1.0m的盘扣节点处布置上、中两道水平杆，并应在外侧满挂密目安全网。

c. 作业层与主体结构间的空隙应设内侧防护网。

④ 加固件、斜杆应与脚手架同步搭设。采用扣件钢管作加固件、斜撑时应符合现行行业标准《建筑施工扣件式钢管脚手架安全技术规范》（JGJ 130—2011）的有关规定。

⑤当脚手架搭设至顶层时，外侧防护栏杆高出顶层作业层的高度不应小于1500mm。

⑥ 当搭设悬挑外脚手架时，立杆的套管连接接长部位应采用螺栓作为立杆连接件固定。

⑦ 脚手架可分段搭设、分段使用，应由施工管理人员组织验收，并应确认符合方案要求后使用。

#### 31.4.6.2 拆除

（1）模板拆除要求

① 拆除作业应按先搭后拆、后搭先拆的原则，从顶层开始，逐层向下进行，严禁上下层同时拆除，严禁抛掷。

② 分段、分立面拆除时，应确定分界处的技术处理方案，并应保证分段后架体稳定。

（2）双排外脚手架拆除要求

① 脚手架应经单位工程负责人确认并签署拆除许可令后拆除。

② 脚手架拆除时应划出安全区，设置警戒标志，派专人看管。

③ 拆除前应清理脚手架上的器具、多余的材料和杂物。

④ 脚手架拆除应按后装先拆、先装后拆的原则进行，严禁上下同时作业。连墙件应随脚手架逐层拆除，分段拆除的高度差不应大于两步。如因作业条件限制，出现高度差大于两步时，应增设连墙件加固。

#### 31.4.6.3 安全管理与维护

① 模板支架和脚手架的搭设人员应持证上岗。

② 支架搭设作业人员应正确佩戴安全帽、系安全带、穿防滑鞋。

③ 模板支架混凝土浇筑作业层上的施工荷载不应超过设计值。

④ 混凝土浇筑过程中，应派专人在安全区域内观测模板支架工作状态，发生异常时观测人员应及时报告施工负责人，情况紧急时施工人员应迅速撤离，并应进行相应加固处理。

⑤ 模板支架及脚手架使用期间，不得擅自拆除架体结构杆件。如需拆除时，必须报请工程项目技术负责人以及总监理工程师同意，确定防控措施后方可实施。

⑥ 严禁在模板支架及脚手架基础开挖深度影响范围内进行挖掘作业。

⑦ 拆除的支架构件 应安全传递至地面，严禁抛掷。

⑧ 高支模区域内，应设置安全警戒线，不得上下交叉作业。

⑨ 在脚手架或模板支架上进行电气焊作业时，必须有防火措施和专人监护。

⑩ 模板支架及脚手架应与架空输电线路保持安全距离，工地临时用电线路架设及脚手架接地防雷措施等应按现行行业标准《施工现场临时用电安全技术规范》（JGJ 46—2005）的有关规定执行。

### 31.4.7 其他特殊脚手架

除上述传统的落地式双排脚手架外，施工中往往会随施工对象的变化而采用其他各种适用的脚手架。下面介绍几种特殊的脚手架的搭设技术及要求。

（1）脚手架使用安全要求

① 由预埋钢筋环与固定螺栓做成的悬挂点要认真进行设计计算，一般情况下，悬挂点水平间距不大于2m。

② 由于挂脚手架的附加荷载对主体结构有一定的影响，因此还必须对主体结构进行验算和加固。

③ 使用时严格控制施工荷载和作业人数，一般施工荷载不超过1kN/m²，每跨同时操作人数不超过两人。

④ 挂脚手架应在地面上组装，然后利用起重机械进行挂装。挂脚手架正式投入使用前，必须经过荷载试验。试验时，荷载至少持续4h，以检验悬挂点和架体的强度和制作质量。

⑤ 挂脚手架施工层除设置1.2m高防护栏杆和18cm高的踢脚板外，架体外侧必须用密目网实施全封闭，架体底部必须封闭隔离。

（2）吊脚手架使用安全要求

① 手动吊篮部件中，除手拉葫芦属采购产品外，架体都为现场拼装，因此施工作业前必须经过设计计算。

② 吊篮的悬挑梁，挑出建筑物长度除不宜大于挑梁全长的1/4.5外，还应满足抵抗力矩大于3倍的倾覆力矩。挑梁外侧应设有吊点限位，防止吊绳、吊链滑脱，挑梁内侧必须与建筑结构连接牢固，且外侧比内侧高出50～100mm，形成外高内低，挑梁间应用纵向水平杆连接以确保挑梁体系的整体性和稳定性。

③ 吊篮外侧和两端应设置 500mm、1000mm 和 1500mm 高三道防护栏杆，内侧设置 600mm 和 1200mm 高两道护身栏杆，四周设置 180mm 高的挡脚板，底部用安全网兜底封严，外侧和两端三面必须外包密目式安全网。

④ 当存在交叉作业或上部可能有坠落物时，吊篮顶部必须设置防护顶板，顶板可采用木板、薄钢板或金属网片。

⑤ 吊篮内侧两端应设置护墙轮等装置，以确保作业时吊篮与建筑物拉牢、靠紧、不晃动，当工作平台为两层时，应设内爬梯，平台爬梯口应设置盖板。

⑥ 吊篮升降时，必须设置不小于 $\phi$12.5mm 的保险钢丝绳或安全锁。所有承重钢丝绳和保险钢丝绳不准有接头，且按有关规定紧固。

⑦ 电动吊篮必须具备生产厂家的生产许可证或准用证、产品合格证、安装使用和维修保养说明书、安装图、易损件图、电气原理图、交接线图等技术文件。吊篮的几何长度、悬挑长度、载荷、配重等应符合吊篮的技术参数要求。其电气系统应有可靠的接零装置，接零电阻≤0.1Ω。电气控制机构应配备漏电保护器，电气控制柜应有门加锁。电动吊篮应设有超载保护装置和防倾斜装置。

⑧ 吊篮使用前应进行荷载试验和试运行验收，确保操纵系统、上下限位、提升机、手动滑降、安全锁的手动锁绳灵活可靠。

⑨ 吊篮升降就位后应与建筑物拉牢、固定后才允许人员出入吊篮或传递物品。吊篮使用时，必须遵循设备保险系统与人身保险系统分开的原则，即操作人员安全带必须扣在单独设置的保险绳上。严禁吊篮连体升降，且两篮间距不大于 200mm，严禁将吊篮作为运送材料和人员的垂直运输设备使用。严格控制施工荷载，不超载。

⑩ 吊篮操作人员应相对固定，经特种作业人员培训合格后持证上岗，每次升降前应进行安全技术交底。作业时应戴好安全帽、系好安全带。

⑪ 吊篮必须在醒目处挂设安全操作规程牌和限载牌，升降交付使用前应履行验收手续。吊篮的安装、施工区域应设置警戒区。

(3) 单跨升降钢管工具式脚手架

单跨升降钢管工具式脚手架俗称自爬式脚手架。它因具有省工、省料的优点，近年来在高层建筑结构施工中大量使用。由于其结构复杂，技术性要求高，所以施工前必须由技术部门专门设计，经审批后才能投入使用。

准备工作：

① 单跨升降钢管工具式脚手架搭设前，按照结构工程的具体情况，在结构施工前，应完成升降脚手架的架体与墙体连接承力点预留孔或利用大模板固定螺柱孔的施工图设计。

② 此类脚手架架体按照单位工程的具体设计要求制作单根钢管，应经有关部门验收合格后，方能运至现场进行安装。

③ 施工人员在拼装前，根据经纬仪测得的轴线来确定模板留孔的位置，确保各层的预留孔中心处在同一垂直线上。如有偏差，应修正预留孔的位置和孔径。墙面严重凹凸的要修平。不允许预留孔有偏斜。

安装：

① 单跨升降钢管工具式脚手架的安装，应在吊机的配合下，将单榀升降架吊起，先将套管的支座与墙面预留孔用螺栓连接固定，然后下降吊机的吊钩，升降架的芯部架体在自重作用下随吊钩自动下降，待降至锚固点处停止。

② 单榀升降架体安装妥后，再按跨独立地由上而下进行大横杆、搁栅竹片笆、扶手等安装绑扎。升降架体纵向间应该用密目安全网按跨独立张设牢固。

③ 单跨升降钢管工具式脚手架逐榀安装完成后，应按跨连成整体。并按照设计要求与建筑结构进行硬拉结。

升降操作：

① 操作人员应持有权威部门颁发的操作证。管理人员要对操作人员进行施工安全交底。

② 升降操作应按跨进行。操作人员应站在被升降跨的邻跨进行操作。升降时，脚手架上的堆放物料应清除干净。升降操作前应先用手拉葫芦把需要升降的架子吊牢，卸去架子设置在结构上的固定穿墙螺栓以及硬拉结，再进行升降操作。

③ 升降操作一般应由四人完成，按跨进行。两升降架上各设一个手拉葫芦。两个手拉葫芦必须同步拉动，保证水平升降。

④ 升降架即将到达预定穿墙孔位置时，应仔细调整高低差距，将升降架体上连接墙体的钢板螺栓孔对准预留穿墙孔洞，插入固定螺栓，旋紧螺母将升降架固定，然后卸去手拉葫芦。

⑤ 架体升降到操作层后，立即完善安全网，将转角、阳台等处的安全设施搭设好，经操作班组、安全技术部门共同验收、鉴定、挂牌后方能使用。

⑥ 升降操作前，应做好升降区域下方的地面安全防护警戒，严禁人员进入，并设有专人监护。

(4) 烟囱脚手架

烟囱脚手架有维修用和砌筑用两种，在搭设前先确定工程施工方案，按照不同的施工需要设计不同的脚手架。

① 烟囱脚手架有四角形和六角形两大类。其平面形状主要根据烟囱结构底部的具体尺寸、烟囱的高度和是否设有附属维修登高钢梯等情况来选择。

② 烟囱脚手架与其他脚手架不同，因为烟囱结构多数是圆筒形，所以脚手架搭设比较特殊。在设计中不宜把脚手架的横向稳固措施搭在烟囱构筑物上，只能依靠脚手架自身杆件的配合来加强其稳固性，并设置缆风绳以保证脚手架的整体稳固性。

③ 烟囱脚手架的内外立柱的下端往往分别搁置在烟囱的基座上和基座外围的土层上。因其软硬不同，易造成内外立柱沉降不均匀，所以要事先加以处理。

④ 缆风绳应选用钢丝绳，一般自底部起到 15m 高度即应设置一道。当脚手架搭设升高时，应按每升高 10m 加设一道为宜。架设缆风绳应注意周围架空电线。缆风绳底部应设置地锚固定，并采用索具螺旋扣调节松紧。缆风绳上部与脚手架连接点应与内立柱、大横杆及小横杆绑扎在一起，用钢丝绳夹紧固。

烟囱脚手架除了要满足常规的安全防护规定外，还应在内角空档处布置各类脚手笆、板等，但不宜叠铺。夜间应设红色安全灯。气候变化时，应派专职巡视员监护，顶端应设避雷装置。

(5) 水塔脚手架

水塔脚手架的搭设也有维修脚手架与施工脚手架之分，但与烟囱脚手架不同。水塔结构造型种类繁多，所以在搭设前应按照水箱承台架体的不同形状，根据设计及结构施工要求，绘制脚手架的平面与立面的施工图，并对重要部位加以说明。

圆筒体承台脚手架搭设方法可采用多角形搭设，多角形承台脚手架搭设的方法多数采用多立柱满堂方式。水箱体部分则按照不同的造型设计，一般可分为两种：水箱体部位挑排搭设和利用满堂多立柱式同步搭设。

水箱体脚手架采用挑排方式搭设的，它的荷载应小于 1500N/m$^2$。水箱体外壁底与脚手架空缺部分，应用安全网全封闭。空缺口超过 30cm 时，应用硬隔离封闭，并设置好上下登高通道。

水塔脚手架除了常规的安全防护设施外，还必须在水箱体挑排脚手架下方设置硬隔离或平挑网一道，以保证水塔架体施工区域内的安全。

(6) 电线防护脚手架

建筑工程施工时经常遇到工地附近的高低压输变电线，因此，应当采取相应防范措施，搭设电线防护脚手架。

① 在搭设施工脚手架时，如遇有旧墙体或相邻部位架设的工业用电线或民用低压电线，则必须由专业人员采取安全防范措施后，方可进行施工，其他人员均不得擅自作业。

② 在结构施工脚手架的搭设中，如附近有高压电线应先搭设电线防护脚手架，然后再进行施工脚手架搭设和垂直运输机械的安装。

③ 电线防护脚手架的高度必须高于高压线 1m 以上。它的长度应超出高压线在施工范围纵向的总长度。脚手架与高压线的距离应按当地供电部门有关规定执行。

④ 电线防护脚手架必须采用绝缘材料搭设，绝不能使用金属钢管等材料搭设。电线防护脚手架在高压电线规定允许距离外，可用镀锌铁丝绑扎，否则必须用竹篾、合成篾或麻绳绑扎。

⑤ 电线防护脚手架必须独立搭设，不允许拉结在各种电线杆上，更不允许支撑在围墙及临时工棚上。它的纵、横向的稳固都依靠剪刀撑的设置而维持。

### 31.4.8　脚手架施工安全技术交底

(1) 金属扣件双排脚手架搭设工程安全技术交底

① 搭设钢管扣件双排脚手架，应严格按《建筑施工扣件式钢管脚手架安全技术规范》(JGJ 130—2011) 的规定要求。

② 搭设前应严格进行钢管的筛选，凡严重锈蚀、薄壁、严重弯曲裂变的杆件不宜采用。

③严重锈蚀、变形、裂缝，螺栓螺纹已损坏的扣件不宜采用。

④ 脚手架的基础除按规定设置外，必须做好排水处理。

⑤ 高层钢管脚手架座立于槽钢上的，必须有地杆连接保护，普通脚手架立杆必须设底座保护。

⑥ 不宜采用承插式钢管作底步立杆交错之用。

⑦ 所有扣件紧固力矩应达到 45～55N・m。

⑧ 同一立面的小横杆，应对等交错位置，同时立杆上下对直。

⑨ 斜杆接长不宜采用对接扣件，应采用叠交方式，两只回转扣件接长，搭接距离视两只扣件间隔不少于 0.4m。

⑩ 脚手架的主要杆件，不宜采用木、竹材料。

⑪ 高层建筑金属脚手架的拉杆，不宜采用铅丝攀拉，必须使用埋件形式的刚性材料。

(2) 金属扣件式双排钢管脚手架拆除工程安全技术交底

① 拆除现场必须设警戒区域，张挂醒目的警戒标志。警戒区域内严禁非操作人员通行或在脚手架上方继续组织施工，地面监护人员必须履行职责。高层建筑脚手架拆除，应配备良好的通信装置。

② 仔细检查吊运机械（包括索具）是否安全可靠，吊运机械不允许搭设在脚手架上，应另立设置。

③ 如遇强风、雨、雪等特殊气象条件，不应进行脚手架的拆除。夜间实施拆除作业，应具备良好的照明设备。

④ 所有高处作业人员，应严格按高处作业的规定执行和遵守安全纪律，以及拆除工艺的要求。

⑤ 建筑内所有窗户必须关闭锁好，不允许向外开启或向外伸挑物件。

⑥ 拆除人员进入岗位以后，先进行检查，加固松动部位，清除步层内留的材料、物件及垃圾块。所有清理物应安全输送至地面，严禁高处抛掷。

⑦ 按搭设的反程序进行拆除，即安全网—竖挡笆—垫铺笆—防护栏杆—搁栅—斜拉杆—连墙件—大横杆—小横杆—立杆。

⑧ 不允许分立面拆除或上、下同时拆除（踏步式）。做到一步一清，一杆一清。

⑨ 所有连墙件、斜拉杆、隔排措施、登高措施必须随脚手架步层拆除同步进行下降，不准先行拆除。

⑩ 所有杆件与扣件，在拆除时应分离，不允许杆件上附着扣件输送至地面，或两杆同时拆下输送至地面。

⑪ 所有垫铺笆拆除，应自外向里竖立、搬运，防止自里向外翻起后，笆面垃圾物件直接从高处坠落伤人。

⑫ 脚手架内必须使用电焊气割工艺时，应严格按照国家特殊工种的要求和消防规定执行。增派专职人员，配备料斗（桶），防止火星和切割物溅落，严禁无证动用焊割工具。

⑬ 当日完工后，应仔细检查岗位周围情况，如发现留有隐患的部位，应及时进行修复或继续完成至一个程序、一个部位的结束，方可撤离岗位。

⑭ 输送至地面的所有杆件、扣件等物件，应按类堆放整理。

(3) 室内满堂脚手架搭设工程安全技术交底

① 室内满堂脚手架搭设应严格按施工组织设计要求进行。

② 满堂脚手架的纵、横距不应大于 2m。

③ 满堂脚手架应设登高措施，保证操作人员上下安全。

④ 操作层应满铺竹笆，不得留有空洞。必须留空洞者，应设围栏保护。

⑤ 大型条形内脚手架，操作步层两侧应设防护栏杆保护。

⑥ 满堂脚手架步距，应控制在 2m 内，必须高于 2m 者，应有技术措施保护。

⑦ 满堂脚手架的稳固，应采用斜杆（剪刀撑）保护。

⑧ 满堂脚手架不宜采用钢、竹混设。

(4) 电梯井道内架子、安全网搭设工程安全技术交底

① 从二层楼面起张设安全网，往上每隔四层设置一道，安全网应完好无损、牢固可靠。

② 拉结必须牢靠，墙面预埋张网钢筋不小于 $\phi4$，钢筋埋入长度不少于 $30d$（$d$ 为钢筋直径，$30d$ 为锚固长度）。

③ 电梯井道防护安全网不得任意拆除，待安装电梯搭设脚手架时，每搭到安全网高度时方可拆除。

④ 电梯井道的脚手架一律用钢管、扣件搭设，立杆与横杆均用直角扣件连接，扣件紧固力矩应达到 45～55N・m。

⑤ 脚手架所有横楞两端，均与墙面撑紧，四角横楞与墙面距离平衡对重一侧为 600mm，其他三侧均为 400mm，离墙空档处应加隔排钢管，间距不大于 200mm，隔排钢管离四周墙面不大于 200mm。

⑥ 脚手架柱距不大于 1.8m，排距为 1.8m，每低于楼层面 200mm 处加搭一排横楞，横向间距为 350mm，满铺竹笆，竹笆一律用铅丝与钢管四点绑扎牢固。

⑦ 脚手架拆除顺序应自上而下进行，拆下的钢管、竹笆等应妥善运出电梯井道，禁止乱扔乱抛。

⑧ 电梯井道内的设施，应由脚手架保养人员定期进行检查、保养，发现隐患及时消除。

⑨ 张设安全网及拆除井道内设施时，操作人员必须系好安全带，挂点必须安全可靠。

(5) 脚手架的验收与维护

验收工作：

任何种类的脚手架都应该按照搭设顺序，分段、分排或在搭设竣工后进行验收。验收由工程施工单位负责召集技术、安全部门和搭设班组共同进行，检查其是否按图纸、有关规范施工。验收可按下列几点进行：

① 脚手架底部基础是否稳固。

② 脚手架立柱、大横杆是否横平竖直。

③ 脚手架的软、硬拉结是否层层拉牢固。

④ 脚手架的剪刀撑是否全面覆盖。

⑤ 脚手架排层内是否有剩余物料。

必要时还可采用随机抽样实测的方法验收，合格后填写验收单，签字归档，这时方可挂牌使用。

维护工作：

由于脚手架在建筑施工中担负着堆放物料、作水平运输通道以及对施工人员的安全防护等重要任务，所以当搭设完毕并经过验收合格投入使用后还应经常维修保养。因为脚手架大部分是在露天场合使用，加之施工周期一般均较长，长期的日晒雨淋，施工中各种情况造成的损坏，使得脚手架的杆件受损或产生倾斜等，安全性大大下降。因此，脚手架在使用期间，应建立正常的维修制度。

维修工作一般有两种方式，分日常专职维修与在节假日停工期间的维修。专职维修工有义务向使用班组宣传脚手架的使用规范并进行监督与日常维修。应经常检查脚手架的各杆件、扣件、拉结点、绑扎处等完好程度，如有损坏，应及时维修，以确保安全生产。

## 31.5 安全防护

### 31.5.1 高处作业定义及其分级

(1) 高处作业定义

在建筑工程施工中，时常会发生操作者从高处坠落以及物体落下伤人事故。这类事故都是在一定的环境下造成的。高空坠落当然极其危险，然而造成坠落伤亡事故的环境和原因却是多种多样的。比如，当操作人员在远离地面以上很高的建筑物中施工，如果周围是封闭的或者是有遮拦措施，所处的环境就比较安全。但是，即使在较低的施工作业层，如离地面仅仅是1～2m的地方，失足下跌也会造成人员伤亡和财产损失。

高处作业是指人在一定位置为基准的高处进行的作业。《高处作业分级》(GB/T 3608—2008) 规定：凡在坠落基准面2m以上（含2m）有可能坠落的高处进行作业，均作为高处作业。因此在建筑物作业时，这个概念涉及的范围是十分广泛的，凡在2m以上无可靠的安全防护设施进行作业，即在2m以上的架子上进行操作，即为高处作业。

为了便于操作过程中做好安全防范工作，有效的预防人与物从高处坠落的事故，根据建筑施工的特点，在建筑安装工程施工中，对建筑物和构筑物结构范围以内的“四口”与“五临边”和攀登、悬空均作为高处作业进行安全防护，确保劳动者在生产过程中的安全健康。

脚手架、井架、龙门架、施工用电梯和各种吊装机械设备在施工中使用时所形成的高处作业，其安全问题，都由该工程或设备的安全技术部门各自做出规定加以处理。

(2) 高处作业分级

人、物从高处坠落时，地面可能高低不平。上述标准所称坠落高度基准面，是指通过最低的坠落着落点的水平面。而所谓最低的坠落着落点，则是指当在该作业位置上坠落时，有可能坠落到最低之处。这就是最大的坠落高度。因此，高处作业的衡量，以从各作业位置至相应的坠落基准面之间的垂直距离的最大值为准。

由于并非所有的坠落都是沿着垂直方向笔直地坠落，因此就有一个可能的坠落范围的半径问题。即考虑最低坠落着落点时，应同时确定一个坠落的范围作为依据。当以可能坠落范围的半径为 $R$，从作业位置至坠落高度基准面的垂直距离为 $h$ 时，国家标准《高处作业分级》规定 $R$ 与 $h$ 值的关系如下：

| $h$/m | $R$/m |
|---|---|
| 2～5 | 2 |
| 5～15 | 3 |
| 15～30 | 4 |
| 30以上 | 5 |

因此，坠落高度越高，危险性就越大。所以按照不同的坠落高度将高处作业分级如下：

| $H$/m | 分级 |
|---|---|
| 2～5 | 一级高处作业 |
| 5～15 | 二级高处作业 |
| 15～30 | 三级高处作业 |
| 30以上 | 特级高处作业 |

(3) 高处作业的种类和特殊高处作业的类别

高处作业按性质和环境的不同，又可分为一般高处作业和特殊高处作业两类。一般高处作业为正常作业环境下之前我们所介绍的各项高处作业。特殊高处作业指在复杂的作业环境下对操作人员具有危险性的作业，包含以下八类：

① 强风高处作业（阵风风力六级，风速10.8m/s）；

② 异温高处作业（高温或者低温）；

③ 雪天高处作业（降雪时）；

④ 雨天高处作业（降雨时）；

⑤ 夜间高处作业（室外完全采用人工照明的作业）；

⑥ 带电高处作业（接近或者接触带电体）；

⑦ 悬空高处作业（无立足点或者无牢靠立足点）；

⑧ 抢救高处作业（突然发生各种灾害事故时的抢救作业）。

(4) 建筑施工中对高处作业安全技术要求

在进行高处作业时，应该结合工程特点，相应地制定各种安全防护技术措施，其相关要求如下：

① 每个工程项目在编制施工组织设计和施工方案时，要列入该项目所涉及高处作业的各项安全措施，并要尽量采取地面作业，减少各种高处作业。

② 高处作业的安全技术问题范围较为广泛，既有一般的要求，如设置安全标志、张挂安全网等，也有各种专项措施。为明确职责，加强安全管理工作，在进行施工以前，应该由单位工程项目负责人，逐级向有关人员做好安全技术交底。高处作业人员在各项安全技术措施和人身防护用品未解决和落实之前，不能进行施工。对各种用于高处作业的设施和设备，在投入使用前，要一一加以检查，经确认完好后，才能投入使用。

③ 高处作业人员，一般每年需要进行一次体格检查。患有心脏病、高血压、精神病、癫痫病等不适合从事高处作业的人员，不可安排其从事这类操作。

④ 高处作业人员衣着要注意轻便灵活，但要注意不可赤膊裸身。脚下要穿软底防滑鞋，严禁穿拖鞋、硬底鞋和带钉易滑的靴。作业时要严格遵守各项劳动纪律和安全操作规程。

⑤ 架子工、结构安装工等从事的攀登和悬空作业，危险性都比较大，因而要求对从事这些作业的人员进行培训，并要通过相应的考试，取得合格证后方可上岗。

⑥ 要将高处作业中所用的物料妥善保管，堆放要平稳，不可置放在临边或洞口附近，也不能妨碍通行和拆卸。对作业中的走道、通道板和登高用具等，都应该随时加以清扫，

保持其干净。拆卸下来的物体、剩余材料和废料等都要及时加以清运，不得任意处置或者向下丢弃。传递物件时严禁抛掷。各施工作业场所内，凡有坠落可能的任何物料，都要一律先行拆除或者加以固定以防跌落伤人。

⑦ 施工过程中，如果发现高处作业的安全设施存在隐患或者缺陷，需及时报告并立刻对其进行解决处理。危及人身安全的隐患，要立即停止作业操作。所有安全防护设施和安全标志等，任何人都不得损坏、擅自移动位置或者拆除。确实因为施工需要而暂时拆除或者移位安全设施和安全标志的，要上报施工负责人审批后方能进行拆除，并且在相关工作完成以后要即刻进行复原。

⑧ 鉴于我国幅员广大，南北纬度相差很多，各地习惯等又不相同，在高处作业中要按照各地区的气候情况和具体条件，分别采取相应可靠的防滑、防寒和防冻等安全措施。在高耸的建筑物的施工过程中，还应设置可靠的避雷装置，以防施工作业人员发生触电事故。

⑨ 高处作业的安全防护措施在完成后要按照类别逐项加以检验并且做好记录。另外，随着工程的向上进展，高处作业的工作量会随之增加，要相应地采取分层、定期、不定期等检查手段。

### 31.5.2　临边作业安全防护

在施工现场，当高处作业中工作面的边沿没有围护设施或虽有围护设施，但其高度低于800mm时，这一类作业称为临边作业。例如沟、坑、槽边，深基础周边，楼层周边，梯段侧边，平台或阳台边，屋面周边等作业，都属于临边作业。此外，一般施工现场的场地上，还时常出现挖坑、挖地沟、挖地槽等地面工程，在它们边沿施工也称为临边作业。

(1) 深度超过2m的槽、坑、沟的周边

深度超过2m的槽、坑、沟的周边，必须设两道牢固的安全防护栏杆，见图31.1。

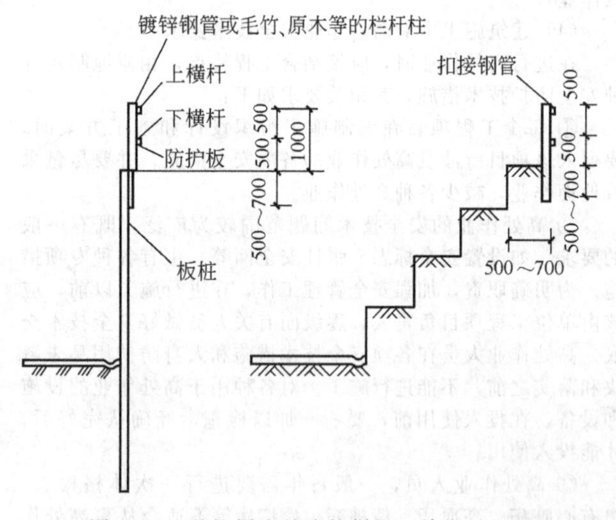


图31.1　基坑周边的防护栏杆（单位：mm）

(2) 无外脚手架的屋面（作业面）和框架结构楼层的周边

屋面楼层临边防护栏杆见图31.2。

(3) 井字架、脚手架等与建筑物的通道两侧边

井字架、龙门架、外用电梯和脚手架与建筑物的通道、上下跑道和斜道的两侧边，其通道侧边防护栏杆见图31.3。

(4) 在施工程的楼梯口的梯段边

楼层和楼梯的防护栏杆见图31.4。

(5) 尚未安装栏板、栏杆阳台、料台、挑平台的周边

阳台防护栏杆见图31.5。

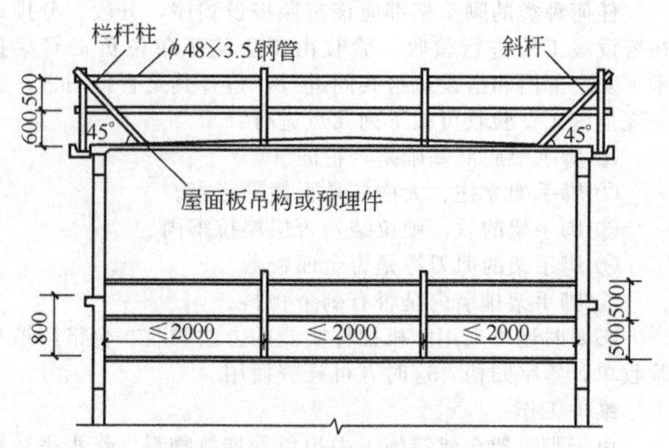


图31.2　屋面楼层临边防护栏杆（单位：mm）

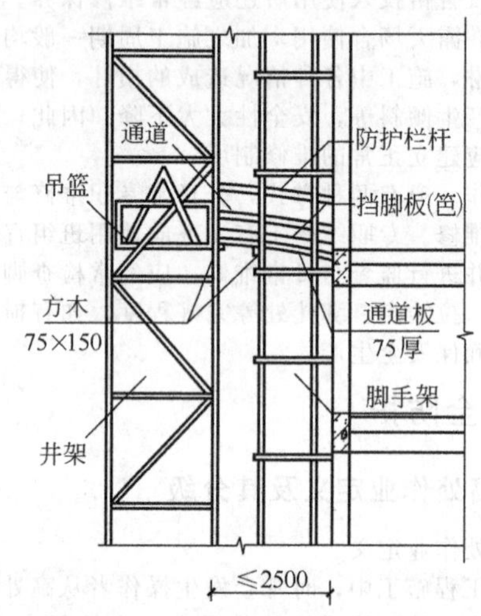


图31.3　通道侧边防护栏杆（单位：mm）

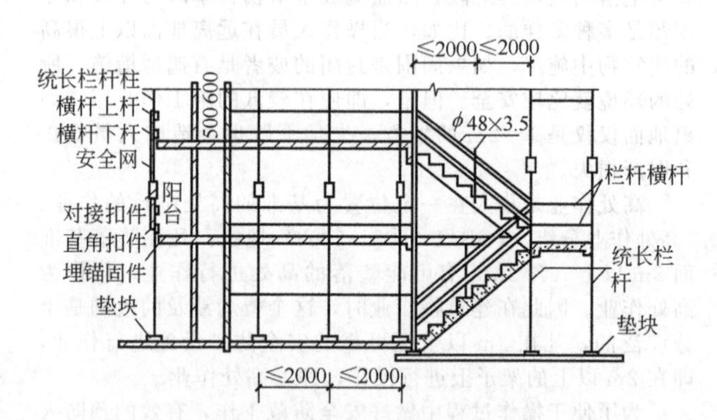


图31.4　楼层和楼梯的防护栏杆（单位：mm）

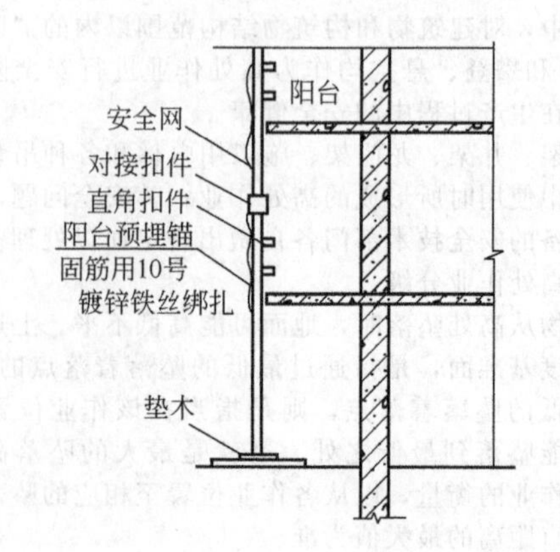


图31.5　阳台防护栏杆

(6) 临边防护栏杆的构造

① 防护栏杆在构造上应牢固而不动摇，能够承受可能的突然冲击，阻挡人员在可能状态下的下跌和防止物料的坠落，还要有一定的耐久性，因此要满足以下要求：

② 防护栏杆上杆离地（作业层）的高度为 1～1.2m（考虑人体中心的位置），下杆离地（作业层）高度为 0.5～0.6m，这样可以较稳妥地防止作业人员在作业面的边沿失足坠落。坡屋顶坡度大于 1∶2.2（即 25°）的屋面，防护栏杆不得低于 1.5m，并加挂密目安全网。除了经过设计计算外，立柱间距大于 2m 的，中间必须加立柱，以免防护栏杆的横杆受力后挠曲过甚，产生险情，造成坠落事故。

③ 栏杆柱与地面或楼面的固定可根据具体情况以不同方式加以处理。基坑等地面上坑口的边沿用钢管作栏杆柱时，为避免土质松动，可将钢管打入地面 50～70cm 深，钢管离基坑边的距离应不小于 50cm。但是如基坑周边采用板桩围护，则钢管栏杆柱就可以打在板桩的外侧。

④ 栏杆的结构及横杆与栏杆柱的连接，其整体结构应该使防护栏杆在其上杆的任何处能经受任何方向的 1000N 的外力。当栏杆所处位置有发生人群拥挤、车辆冲击或物体碰撞等可能时，还要加大横杆的截面或加密柱的距离，以提高其强度和刚度。

⑤ 防护栏杆要自上而下用密目安全网封闭，或在栏杆下边加扎严密固定的挡脚板，高度不低于 18cm。挡脚笆与挡脚板面上如有孔眼，其直径应不大于 25mm。接料平台两侧的防护栏杆，必须自上而下加挂密目安全立网或满扎挡板式的挡笆。

⑥ 当临边的外侧面临街道或其他有人流动场所，除设置必要的防护栏杆外，还要满挂密目安全网或以其他可靠的安全措施做全封闭防护。

(7) 防护栏杆的计算

① 临边作业防护栏杆主要用于防止人员坠落，能够经受一定的撞击或冲击，在受力性能上能耐受 1000N 的外力，所以除结构符合规定外，还要经过一定的计算，才能确保安全。此项计算通常纳入施工组织设计当中。以后如采用同样的结构，还可以继续引用，只要加以注明，不必重复计算。

② 防护栏杆的计算原则和方法按《建筑结构荷载规范》(GB 50009—2012) 及各种结构设计规范相应计算。在荷载规范中，对于自重等恒荷载称为永久荷载，对于施工中作用的外力和其他施工活荷载称为可变荷载。这些荷载，在结构或者构件使用期间，在正常情况下出现的最大值称为标准值。设计计算时采用的荷载的量值，可称为荷载代表值。永久荷载和可变荷载在计算强度时都要乘以分项系数作为荷载设计值来使用。但是在计算挠度时，可以使用标准值作为代表值来进行计算。

③ 防护栏杆应能在任何位置和任何方向承受 1000N 的外力，以栏杆中心部位承受此 1000N 所产生的影响为最大。承受撞击作用的主要为上杆，故计算以上杆中点受集中荷载 1000N 为准。栏杆可能为一跨，也可能为多跨，以扣件扣接。其支点的性质较难确定，为简化计算，可按单跨简支梁做计算。

### 31.5.3 洞口作业安全防护

施工现场建筑物与构筑物上往往存在着各式各样的孔与洞，在孔与洞边口旁的高处作业统称为洞口作业。经常有物或人从孔、洞坠落，造成伤害事故。还有常会有因特殊工程和工序需要而产生使人与物有坠落危险或危及人身安全的各种洞口，都应按洞口作业加以防护。

孔与洞的区分以其大小来划分界限，水平方向与铅直方向也略有不同。如楼板、屋面、平台等水平向的面上，短边尺寸小于 25cm 的，在墙体等铅直向（即垂直于楼、地面的面上），高度小于 75cm 的均称为孔。在楼板、屋面、平台等水平向的面上，短边尺寸等于或大于 25cm 的，在墙等垂直向的面上，高度等于或大于 75cm，宽度大于 45cm 的均称为洞。此外，凡深度在 2m 以及 2m 以上的桩孔、人孔、沟槽与管道孔洞边沿上高处作业，也称为洞口作业。

中华人民共和国建设部颁发《建筑施工安全检查标准》JGJ 59—2011，对检查项目规定了“三宝”“四口”防护，将洞口简称为“四口”，即通道口、预留洞口、楼梯口、电梯井口。“四口”的安全防护对于预防人员和物体高处坠落伤害事故发挥着积极的重要作用，其具体安全防护的做法如下。

(1) 通道口

在施工程建筑物的出入口和临近施工区域，对人或物构成威胁的地方，以及井字架、龙门架和外用电梯地面的进料口，必须支搭安全防护棚；建筑物的出入口应搭设长 3～6m，宽于出入通道两侧各 1m 的防护棚，棚顶应满铺不小于 5cm 厚的木板，非出入口和通道两侧必须封严，确保安全生产。

(2) 预留洞口

① 楼板、屋面和平台等面上短边尺寸小于 25cm 但大于 2.5cm 的孔口，必须用坚实的盖板盖严。盖板应能防止挪动移位。

② 混凝土楼板面等处边长为 150cm×150cm 的洞口，应预埋通长钢筋防护网，见图 31.6。

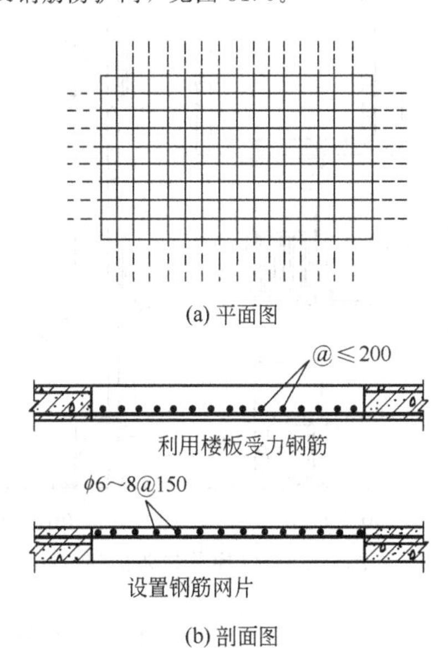


图 31.6 洞口钢筋防护网

同时，要加固定盖板。150cm×150cm 以上的洞口，四周必须设两道牢固护身栏杆并挂密目安全网，中间支挂水平安全网，见图 31.7。

③ 墙面等处的竖向洞口，凡落地的洞口要加装开关式、工具式或固定式安全防护门。门栅网格的间距应不大于 15cm。也可采用防护栏杆，下设挡脚板或挡脚笆。各地区的行之有效的其他可靠措施，也可在上级核准下施行。

下边沿至楼板或底面的高度低于 80cm 的窗台等竖向洞口，如外侧落差大于 2m，就应在施工过程中加设高至 1.2m 的安全防护栏杆，凡是对人与物有坠落危险的各种竖向孔洞，都必须进行安全防护。安全防护设施必须有固定位置的措施，防止移位或拆走。

(3) 电梯井口

在施工程的电梯楼层电梯门口，必须设高度不低于

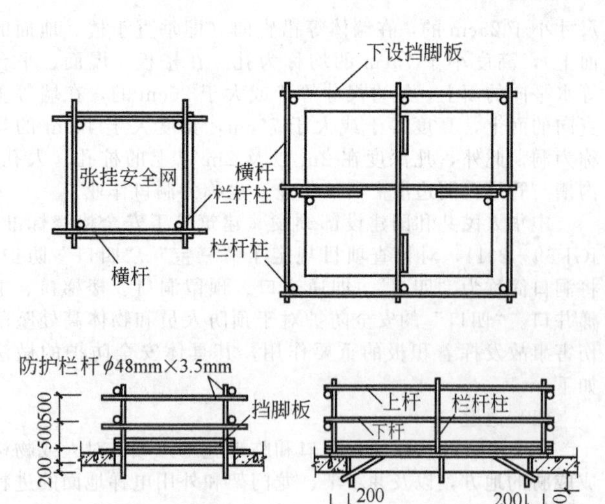


图 31.7　洞口防护栏杆的通用方式

1.2m 的金属安全防护门。电梯井内首层和首层以上每隔四层（10m）设一道水平安全网，安全网应封闭严密。也可以按当地地方法规规定，设固定的格栅或采取坚实可靠的措施，见图 31.8。

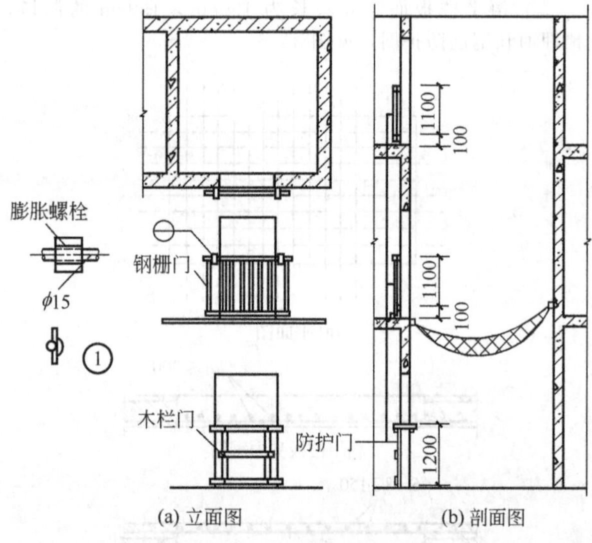


图 31.8　电梯井口防护门

（4）楼梯口

楼梯口指楼梯踏步和休息平台处，必须设两道牢固防护栏杆或用立挂密目安全网做防护。回转式楼梯间应支设首层水平安全网，每隔四层（10m）设一道水平安全网。

## 31.5.4　操作平台安全技术

施工现场常搭设各种临时性的操作平台，进行各种砌筑、装修和粉刷等作业。这种操作平台往往是上面铺设脚手板供操作人员站立操作，形成大同小异，通常是用时搭设，用毕拆掉，属于结构简单的临时性质的操作用具，并无固定的型号和规格。另有一种具有一定结构形式，可在一定工期内使用的用于运载物料、站人，并在其中进行各种操作的构架式平台，称为操作平台。操作平台可分两种：一种是具有独立的构架，可以搬移的，用于结构施工、装修工程和水电安装，称为移动式操作平台；另一种是能整体吊运，使用时一边搁支于楼层边沿，另一头吊挂在结构上，用于接送物料和转运模板等构件用的悬挑形式的平台，称为悬挑式钢平台。

上述两种操作平台，在编制施工组织设计时或在制作前都要由专业技术人员按所使用的材料依照现行的相应规范进行设计。设计的主要依据为《建筑结构荷载规范》和《钢结构设计规范》等国家规范。计算书及图纸要编入施工组织设计（施工方案）。在操作平台上显著位置标明它所允许的荷载值。使用时，操作人员和物料的总重量不得超过设计的允许荷载。操作平台应具有必要的强度和稳定性，使用过程中不得晃动。

（1）移动式操作平台

移动式操作平台（图 31.9）的构造一般采用梁板结构的形式。以 $\phi$48mm×3.5mm 的脚手架钢管用扣件相扣接进行制作，这种做法较为方便。也可采用门式架钢管脚手架或承插式钢管脚手架的部件，按其使用要求进行组装。平台的次梁，间距不应大于 400mm。台面应铺满，铺板如用木板，要一一加以固定，使其不松动，厚度应不小于 50mm。也可用竹笆，以镀锌钢丝绑扎，扎结点位于板下。操作平面的面积不宜过大，一般为 $10cm^2$ 以内。为了避免摇动和倾覆，平台高度为 5m 以下。对于支承用的立柱，要采取措施减小长细比，并进行稳定验算。操作平台的周边，都必须按照临边作业的要求设置防护栏杆，配置登高扶梯，不允许攀登杆件上下。

移动式操作平台装设轮子时，轮子与平台的结合部位要牢固可靠。立柱的底端与地面的距离不能超过 80mm，以便

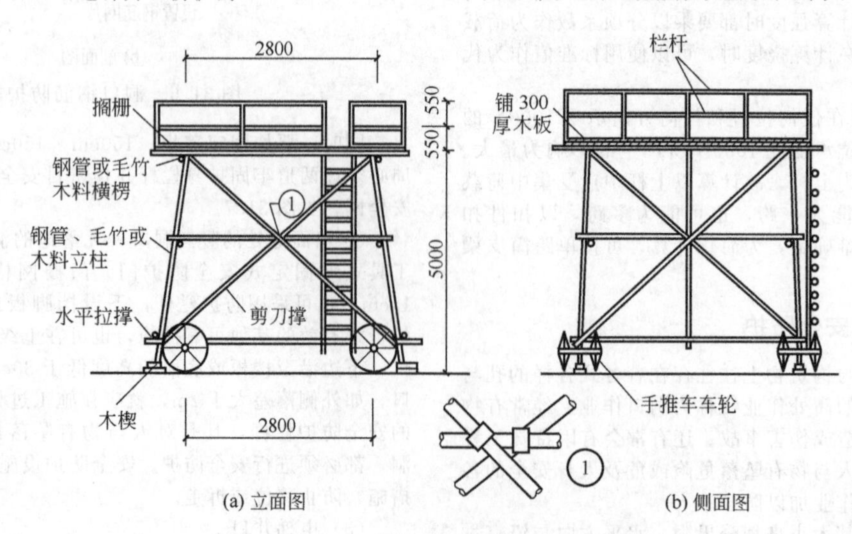


图 31.9　移动式操作平台

使用时可将立柱底下垫实固定。它的优点是使平台推移方便。

（2）悬挑式钢平台

① 在高层建筑施工中，为满足施工需要，往往使用悬挑式钢平台放置材料。

悬挑式钢平台，其构造大都采用梁板结构的形式（图31.10）。由于是悬挑的，并无立柱支承。一边搁置于建筑物楼层边沿，平台的受荷较大，故不用钢管而采用型钢作次梁和主梁。较小的用角钢或槽钢，较大的则用工字钢和槽钢。至于铺板，需使用5cm厚木板作铺板。

② 悬挑式钢平台的搁支点与上部位接点，都必须位于建筑物上，不得设置在脚手架等施工设施上。斜拉杆或钢丝绳，应在两边各设前后两道，两道中的每一道均按单道做受力验算，特殊情况下，左右各设一道时，其安全系数应比采用两道时适当提高。

③ 制作钢平台时，吊点上需设置4个经过验算的吊环。吊运平台的钢丝绳与吊环之间要使用卡环连接，不得将吊钩直接钩挂吊环。吊环用Q235钢制作。钢平台两侧，还要按规定设置固定的防护栏杆，并立挂密目安全网，封闭严密。防护栏杆上严禁搭放任何物品（木方、钢管等物），钢平台设计时应考虑装拆容易。

④ 好的悬挑式钢平台，钢丝绳应采用专用的挂钩挂牢。如果采用其他方法，卡头的卡子不可少于3个。吊装后，需待横梁支撑点搁稳，电焊固定，钢丝绳接好，调整完毕，并经过检查验收，方可松卸起重吊钩。钢平台外口应略高于内口，不可向外下倾。钢丝绳与建筑物构件围系处若有尖锐利口，必须加软垫物作衬垫，以防钢丝绳磨损。

⑤ 悬挑式钢平台在使用过程中，要经常进行检查，发现钢丝绳有锈蚀损坏应及时更换，焊缝脱焊应及时补焊牢固。

⑥ 平台上的操作人员和物料的总重量不得超过设计的允许荷载，并指定专人监督检查，明确岗位责任。

### 31.5.5 悬空作业安全防护

在周边临空状态下，无立足点或无牢靠立足点的条件下进行的作业，称为悬空作业。因此，在悬空作业时，需要建立有牢固的立足点，如设置防护栏网、栏杆或其他安全设施。悬空作业人员，是指建筑安装工程中，从事建筑物和构筑物结构主体施工的操作人员。悬空作业在建筑施工现场较为常见，主要有构件吊装、钢筋绑扎、混凝土浇筑以及门窗安装和油漆等多种作业。

（1）构件吊装与管道安装安全防护

① 构件吊装。钢结构吊装，应尽量先在地面上组装构件，避免或减少在悬空状态下进行作业，同时还要预先搭设好在高处要进行的临时固定、电焊、高强螺栓连接等工序的安全防护设施，并随构件同时起吊就位。对拆卸时的安全措施，也应该一并考虑和予以落实。

预应力钢筋混凝土屋架、桁架等大型构件在吊装前，也要搭设好进行作业所需要的安全防护设施。

② 管道安装。安装管道时，可将结构或操作平台作为立足点，在安装中的管道上行走和站立是十分不安全的。尤其是横向的管道，尽管看起来表面上是平的，但并不具有承载施工人员重量的能力，稍不留意就会发生危险。所以绝不可站立或倚靠，要严格禁止。

（2）钢筋绑扎安全防护

进行钢筋绑扎和安装钢筋骨架的高处作业，都要搭设操作平台和挂安全网。悬空大梁的钢筋绑扎，施工作业人员要站在操作平台上进行操作。绑扎柱和墙的钢筋，不能在钢筋骨架上站立或攀登上下。绑扎2m以上的柱钢筋，还需在柱的周围搭设作业平台。2m以下的钢筋，可在地面或楼面上绑扎，然后竖立。

（3）混凝土浇筑的安全防护

① 浇筑离地面高度2m以上的框架、过梁、雨篷和小平台等，需搭设操作平台，不得站在模板或支撑杆件上操作。

② 浇筑拱形结构，应自两边拱角对称地相向进行。浇筑储仓，下口应先行封闭，并搭设脚手架以防人员坠落。

③ 特殊情况下进行浇筑，如无安全设施，必须系好安全带，并扣好保险钩或架设安全网防护。

（4）支搭和拆卸模板时的安全防护

① 支搭和拆卸模板，应按规定的作业程序进行。前一道工序所支的模板未固定前，不得进行下一道工序。严禁在连接件和支撑件上攀登上下，并严禁在上下同一垂直面上装、卸模板。结构复杂的模板，其装、卸应严格按照施工组织设计的措施规定执行。支大空间模板的立柱的竖、横向拉杆必须牢固稳定，防止立柱走动发生坍塌等事故。

② 支设高度在2m以上的柱模板，四周应设斜撑，并设有操作平台。低于2m的可使用马凳操作。

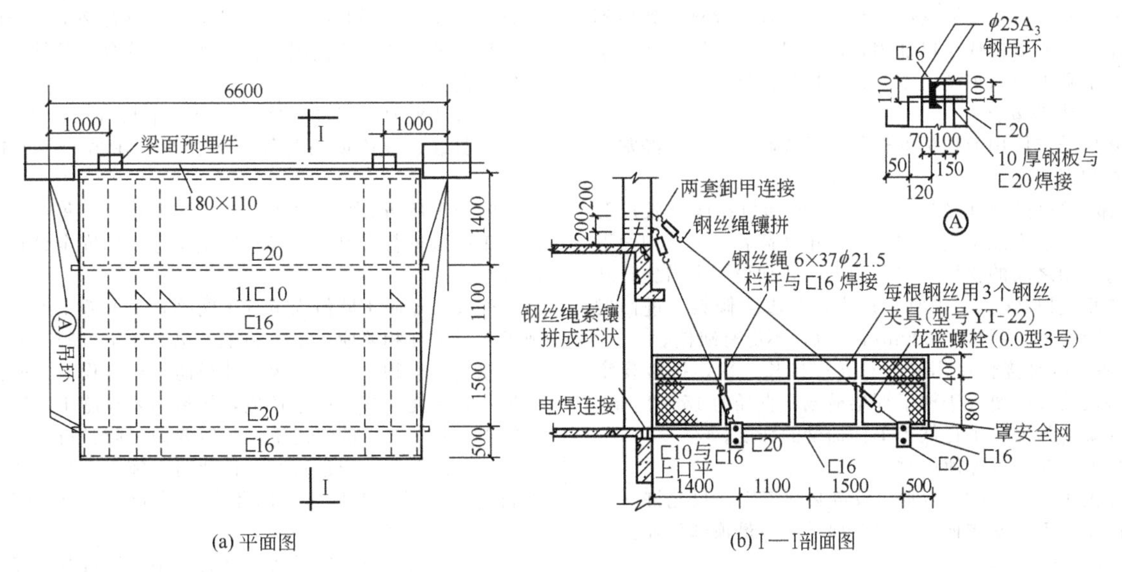


图31.10 悬挑式钢平台

③ 支搭悬挑式模板时，应有稳固的立足点。支搭凌空构筑物模板时，应搭设支架或脚手架。模板面上有预留洞时，应在安装后将洞口盖严。混凝土板面拆模后，形成的临边或洞口，必须按有关规定予以安全防护。

④ 拆模高处作业，应配置登高用具或设施，不得冒险操作。

(5) 门窗工程悬空作业的安全操作规定

① 安装和油漆门、窗及安装玻璃时，严禁操作人员站在樘子或阳台栏板上操作。门、窗临时固定，封填材料未达到强度，以及电焊时，严禁手拉门、窗或进行攀登。

② 在高处外墙安装门、窗，无外脚手架时，应张挂水平安全网。无水平安全网时，操作人员必须系好安全带，其保险钩应挂在操作人员上方的可靠物体上，并设专门人员加以监护，以防脱钩酿成事故。

③ 进行高处窗户、玻璃安装和油漆作业时，操作人员的重心应位于室内，并系好安全带进行操作。

### 31.5.6　攀登作业安全设施

在建筑施工现场，经常借助登高用具或登高设施，在攀登条件下进行的高处作业，称为攀登作业。

攀登作业主要是利用梯凳和结构安装中的登高作业。登高较容易发生危险，因此，在编制施工组织设计时，应该考虑施工所需要的各种登高和攀登设施，为劳动者高处作业创造一个安全作业的条件。一般来讲，各种登高作业应尽量利用现成条件，如借助于建筑结构和脚手架上的登高梯道或载人的垂直运输设备，如施工用电梯等。在施工生产过程中，施工现场的所有人员的上下，都必须在规定的通道上下行走，不允许在阳台之间等非正规通道攀登或跨越，更不能利用起重机的臂架或脚手架、井字架、龙门架等施工设备设施进行攀登。

攀登的工具主要是梯子，梯子的种类和形式很多，材质有钢制、合金制、木制和竹制多种，其结构构造应按国家标准执行。因此，在制作或购置时必须符合国标规定并有检验合格证。至于另外一些较少使用的如伸缩梯、支架梯、手推梯等梯子，作为施工设备取用时，都应该事先按有关标准加以检查和验算。

(1) 梯子结构

构造要牢固可靠，上下的踏板其使用荷载应大于1100N，这是以人和衣着的重量750N，乘以动荷载系数1.5而确定的。当梯面上有特殊作业，压在踏板上的重量有超过上述荷载值时，应按实际情况对梯子踏板加以验算。如果不适合使用，就要更换或予以加固，以确保安全。用任何梯子上下时，都必须面向梯子，不允许手持任何器物。

(2) 移动式梯子

除新梯子在使用前按标准进行质量验收外，还需经常性进行检查和保养。

① 梯子的底脚要坚实，并且要采取加包扎或钉胶皮等防滑措施；梯子不准垫高使用，以防止受荷后发生不均匀下沉或脚与垫物之间的松脱；梯子的上端要加设固定措施；立梯的工作角度以75°±5°为宜，过大则易发生倾斜，进而发生危险；踏板上下间距以300mm为宜，不能有缺档。

② 梯子需要接长使用时，只允许接长一次，搭接要牢固，其搭接的长度要大于梯子框架横截面直径的15～20倍。连接后梯梁的强度，不得低于单梯梯梁的强度。

(3) 人字梯（折梯使用时）

上部尖角以35°～45°为宜，铰链必须牢固，只允许一人操作，操作者不准站在梯子上移动梯子或在最顶部作业。

(4) 固定式直爬梯

通常采用金属材料制成。使用钢材制作时，要采用Q235AF沸腾钢。梯宽不应大于500mm，支撑应采用不小于∟70×6mm的角钢，都须埋设荷焊接牢固。梯子顶端的踏棍与攀登的顶面两者应该齐平，并加设1～1.5m高的扶手以备临时拉扶，如使用直爬梯进行攀登作业时，高度以一级高处作业5m为限。超过2m时，应加设安全防护圈。二级高处作业中高度超过8m的，必须设置梯间平台。

(5) 钢结构的吊装

此外，钢结构吊装和安装时，操作工人需要登高上下。除人身上的安全防护设备必须按规定佩戴齐全外，对不同的结构构件的施工，有着不同的安全防护措施。具体可分为：

① 钢柱安装登高，可使用钢挂梯或设置在钢柱上的爬梯。钢柱以及梁和行车梁等构件吊装施工所需要的直爬梯及其他登高用拉攀件等，都要在构件制作图上绘出并附加说明。钢柱的接柱应使用梯子或操作台。操作台上横杆的高度，当无电焊防风要求时可高1m，有电焊防风要求时可高1.8m。

② 登高安装钢梁时，可视钢梁高度，在两端设置挂梯或搭设钢管脚手架。需在梁面上行走时，其一侧的临时护栏，横杆可采用钢索。如改用扶手绳，绳的自然下垂度应不大于其长度的1/20，并应控制在10cm以内。临时护栏和工具式走道栏端扣接于梁边。

③ 在钢屋架上下弦从事登高作业时，对于三角形屋架需在屋脊处，梯形屋架需在两端，设置攀登时上下用的梯架。其材质可选用毛竹或原木，踏步间距应不大于40cm，毛竹梢径不宜小于70mm。吊装屋架以前，应事先在上弦处设置栏杆柱和横杆作防护设施，并在左右两下弦之间张挂安全平网。吊装完毕后，即将安全网铺设固定。

### 31.5.7　交叉作业安全防护

在建筑施工现场，凡存在两个或以上的工种在同一个区域同时施工称为交叉作业。施工现场常会有上下立体交叉的作业。因此，凡在不同层次中，处于空间贯通状态下同时进行的高处作业，属于交叉作业。

(1) 交叉作业施工人员安全操作规定

施工中尽量减少立体交叉作业。必须交叉时，施工负责人应事先组织交叉作业各方，商定各方的施工范围及安全注意事项；各工序应紧密配合，施工场地尽量错开，以减少干扰；无法错开的垂直交叉作业，层间必须搭设严密、牢固的防护隔离设施。

支模、砌墙、粉刷等各工种，在交叉作业中，不得在同一垂直方向上下同时操作。下层作业的位置必须处于依上层高度确定的可能坠落范围半径之外。不符合此条件，中间应设安全防护层。

交叉作业时，工具、材料、边角余料等严禁上下抛掷，应用工具袋、箩筐或吊笼等吊运。严禁在吊物下方接料或逗留。

各施工队伍必须办理安全施工作业票，且每天必须对自己施工区域进行查看是否存在安全隐患，如安全设施是否到位等。

交叉作业施工队伍人员分工明确，上方施工人员和下方施工人员应互相照应。上方施工人员照顾下方施工人员，不要随意丢弃杂物；动用电火焊铺设防火毯并设专人监护；下方施工人员注意施工周边环境，尽量不要在施工区域下方进行施工，必须施工的情况下，一定要做好防护设施。

在生产运行区域进行交叉作业时，施工人员遵守安全规章制度，做到三不伤害：①不伤害自己；②不伤害他人；③不被他人伤害。

高空交叉作业时应配备工具袋，小型工具装袋保管，大型工具要系保险绳。

进入施工现场必须佩戴安全帽，高空作业要正确系好安全带，挂在安装完毕的设备或搭设牢固的脚手架上，防止高空坠落。遇大风和下雨等恶劣天气时，要停止露天高处作业。

上方进行动火作业而下方有油等易燃、易爆品时，办理安全作业票，并且动火时使用防火毯、脚手板搭设防护棚进行隔离。

(2) 交叉作业现场安全防护

① 交叉作业场所的通道应保持畅通，有危险的出入口处应设围栏或悬挂警告牌。

② 隔离层、孔洞盖板、栏杆、安全网等防护设施严禁任意拆除；必须拆除时，应有相关部门和领导签字，并采取临时安全施工措施，作业完毕后立即恢复原状并经搭设单位验收；严禁乱动非工作范围内的设备、机具及安全设施。

③ 脚手架要搭设牢靠，架子板双排铺设，不允许有探头板，要有1m高的防护栏杆，并执行挂牌制度，设立专人负责，做到分工明确。所有脚手架需经安监部门和使用部门验收合格后方可使用。

④ 作业下方有精密设备时，用脚手板搭设防护棚进行隔离。

⑤ 结构施工至二层起，凡人员进出的通道口（包括井架、施工电梯的进出口）均应搭设安全防护棚。高层建筑高度超过24m的层次上交叉作业，应设双层防护设施。

## 31.6 施工机械

### 31.6.1 土方工程施工机械

建筑项目土方工程包括基坑、沟槽开挖、道路填铺和场地平整等。这些工程往往工程量大、工期长而且对工人的劳动强度要求很高。目前常用的机械有：推土机、铲运机、单斗挖土机、压实机械等。这些机械形体较大、功率大、机动性能好且灵活，极大减轻了工人的劳动强度，提高了劳动生产率，而且有利于提高工程质量。

(1) 推土机

推土机主要由两部分组成：拖拉机和前面安装的推土装置。按照推土装置的传力方式不同可分成机械传动式和液压传动式；按照刀片的功能不同可分成固定式和回转式；按照行走方式不同可分成履带式和轮胎式。

在建筑工程中，推土机主要用于场地平整、基坑基槽的回填、堆集物料以及压实。

目前常用推土机主要规格见表31.8。

推土机安全操作要点：①推土机操作人员必须经过正规培训，持证上岗；②作业前操作人员应先对场地进行勘察，若存在危险地段，做好标记，并考虑采取的安全措施；③定期对推土机进行检修维护，发现故障及时排除；④作业时应低速行驶，禁止超负荷运转；⑤无关人员应远离作业现场。

(2) 挖土机

基坑的开挖是建筑工程的重要内容，统计数字表明：挖土机要完成55%以上的土方工程量。目前应用最广泛的为单斗挖土机，有机械式和液压传动式两种。其主要规格见表31.9。

挖土机安全操作要点：

① 挖土机操作人员需经过正规的训练，持证上岗。

② 作业前操作人员应先对场地进行勘察，确保停机坪足够坚实，不至于造成机器过大的倾斜；确保地下电缆管线已经清除或改变其布置以不影响作业。

**表31.8 常用推土机主要规格**

| 型号 | | TY60 | TY100 | T120 | T150 | TYL180 |
|---|---|---|---|---|---|---|
| 项目＼形式 | | 液压履带式 | 液压履带式 | 机械履带式 | 机械履带式 | 液压轮胎式 |
| 推土刀 | 宽度/mm | 2280 | 3810 | 3760 | 3760 | 3190 |
| | 高度/mm | 738 | 860 | 1100 | 1100 | 998 |
| | 提升高度/mm | 625 | 800 | 1000 | 1000 | 900 |
| | 切土深度 mm | 290 | 650 | 650 | 300 | 400 |
| 松土器 | 齿轮/个 | | 3 | 3 | 3 | |
| | 提升高度/mm | | 550 | 600 | | |
| | 松土宽度/mm | | 1960 | | 110 | |
| | 松土深度/mm | | 550 | 800 | 800 | |
| 柴油机功率/kW | | 44.7 | 74.4 | 100.6 | 119 | 134 |
| 最大牵引力/kN | | 36.6 | 90 | 120 | 145 | 85 |
| 行驶速度/(km/h) | | 3.44～8.47 | 2.30～10.13 | 2.27～10.44 | 2.27～10.44 | 7～27.5 |
| 最大爬坡度/% | | | 58% | 58% | 58% | 46% |
| 接地比压/(kgf/m$^2$) | | 0.41 | 0.68 | 0.59 | 0.59 | |
| 油泵型号 | | CB-46 | | CB-140E | CE-140E | CBG2100 |
| 外型尺寸(长×宽×高)/mm×mm×mm | | 4214×2280×2300 | 6900×3810×3060 | 6506×3760×2875 | 1930×1880×1548 | 6130×3190×2840 |
| 整机质量/t | | 5.9 | 16 | 14.7 | 14.7 | 12.8 |
| 生产厂家 | | 长春工程机械厂 | 长春工程机械厂 | 四川建筑机械厂 | 四川建筑机械厂 | 郑州工程机械厂 |

**表31.9 单斗挖土机主要规格**

| 项目＼型号 | W-50 | WLY-60 | W-100 | WY-100 | WY-160 | WD-400 |
|---|---|---|---|---|---|---|
| 斗容量/m$^3$ | 0.5 | 0.6 | 1 | 1 | 1.6 | 4 |
| 生产率/(m$^3$/h) | 120 | 130 | 200 | 200 | 280 | 600 |
| 操纵方式 | 机械 | 液压 | 机械 | 液压 | 液压 | 电动 |

续表

| 型号<br>项目 | W-50 | WLY-60 | W-100 | WY-100 | WY-160 | WD-400 |
|---|---|---|---|---|---|---|
| 正铲最大挖掘半径/m | 7.8 | 7.78 | 9.8 | 9.8 | 8.05 | 14.3 |
| 反铲最大挖掘深度/m | 5.56 | 5.30 | 7.30 | 7.30 | 5.84 | |
| 平台回转速度/(r/min) | 3.07-7.1 | 7.55 | 4.6 | 4.6 | 7.6 | 3.5 |
| 接地比压/MPa | 0.06 | 0.03 | 0.09 | 0.09 | 0.075 | 0.20 |
| 发动机功率/kW | 59.7 | 70.8 | 89.5 | 110 | 130.5 | 250 |
| 最大爬坡度/% | 40 | 40 | 36 | 36 | 70 | 21 |
| 整机质量/t | 20.5 | 13.5 | 41/33 | 21.5(25) | 35 | 200 |

③ 对于冻土、含石块较多的土或者坚土，不得用铲斗进行破碎。施工场地土质应满足机械的性能要求。

④ 挖土斗未离开土层时不准回转，挖土斗不得用于拨动重物，司机离开驾驶室前，应先将铲斗放在地上。

⑤ 挖土机作业时禁止进行调整，检修或加润滑油等保养工作必须先熄火。

⑥ 挖土机作业时，大臂回转范围内禁止人通过，在任何情况下，斗内不得坐人。

(3) 压实机

为了保持建筑物、各种构筑物地基路面坚实平整，具有足够的稳定性和承载能力，且不产生不均匀沉降，降低土壤的透水性，有效地保证工程质量，经常需要使用各种压实工具进行压实工作。压实机械的种类很多，按照工作原理可分为碾压式、冲击式和振动式三种。其中，冲击式压实机较为危险，本书仅就冲击式中电动蛙式打夯机安全操作作介绍。

① 操作前应先对设备进行检查，确保设备正常。

② 每台打夯机至少由两人操作，一人扶夯，另一人负责拖送电缆以保证电缆线摆放有序，不缠绕在一起。

③ 打夯作业速度由机器决定，不得强行推夯、拉夯或用力按压扶手；作业转弯时，需先将夯头抬起后再进行转弯；转弯时，应确保两侧人员与机器的安全距离。

④ 多台打夯机同时作业时，需要保持一定的净距，并行间距不得小于5m，纵行间距不得小于10m。

⑤ 不得在含有冻土、石块或混凝土块的夯实作业待夯实土壤中作业。

### 31.6.2 桩工机械

按照桩的类型不同，可将桩工机械分成预制桩打桩机械和灌注桩成孔机械。预制桩打桩机械是将预制好的桩打入地基持力层，常用的打入方式有：利用桩锤的冲击能，即振动法；气压或其他静力压入法，即冲土埋桩法。灌注桩成孔机械是按照设计要求的指定位置、孔径和孔深成孔的设备，以用于安放钢筋、浇注混凝土或桩。

#### 31.6.2.1 预制桩打桩机

(1) 锤击打桩机

锤击打桩机主要依靠桩锤下落的冲击力，克服土体对桩的摩擦阻力和端阻力，使桩下沉。

① 按照桩锤的动力不同，可分成4类：

a. 落锤。锤头是一铸铁块，质量为0.5～1.5t，一般利用卷扬机将桩锤升到一定高度后令其自由下落，依靠锤重冲击打桩。

b. 柴油锤。原理与柴油发电机相同，利用气缸内柴油的爆炸产生冲击力，通过锤头把力传递到桩上，进而把桩打入土中。由于打桩效率高，因此目前应用很广泛。按照柴油锤的构造不同，分为导杆式柴油锤和筒式柴油锤。

c. 气动锤。以蒸汽或压缩空气为动力，使锤体获得能量而上下运动冲击桩头打桩。按气体不同，分为蒸汽锤和空气锤。

d. 液压打桩锤。这是一种新型的打桩设备。通过液压油提升与降落冲击缸体，缸体的下部充满氮气。当缸体下落时，首先是冲击头对缸体施加压力，接着是通过可压缩的氮气对桩施加压力，使对桩的冲击加压过程延长，从而使每次击打都能获得更大的贯入度。施工过程中，液压锤不产生任何噪声、废气，冲击频率高，是一种比较理想的打桩设备，但造价较高。

② 打桩作业安全操作要点

a. 桩机进场使用前应先进行检查验收，确认合格后方可使用。

b. 桩机一般高度较大，作业前应检查场地上空是否存在电线，若电线可能会与桩机相接触，则应该先清除架空的电线。

c. 开始打桩时，应选择短的落距轻打，待桩入土1～2m后，再正常打桩。

d. 用锤击沉桩时，宜选择重锤低击，从而减少能量损失，提高打桩效率。

e. 打桩过程中应密切注意打桩机的工作情况以及桩机的稳定性；在桩机的移动过程中，尤其应注意保持桩机的稳定性。

f. 打桩机作业附近，无关人员不得靠近，以免发生危险。

(2) 振动打桩机

振动打桩机借助固定于桩头上的大功率的偏心振动器的振动锤所产生的振动力，克服桩与土之间的摩擦阻力，使桩在自重与机械力的共同作用下沉入土中。主要用于砂石、黄土、软土和亚黏土层中，在含水的砂层中效果好，在黏土中的效果较差。

(3) 水冲沉桩法

利用高压水流冲击桩尖下面的土壤，以减小桩侧面与土之间的摩擦力和桩尖下土的阻力，使桩身很快沉入土中。适用于砂土、砾石或其他坚硬的土层。

(4) 静力压桩法

利用静压力将预制桩逐节压入土中的一种新的沉桩工艺，尤其是在软土地基上应用较为广泛。

#### 31.6.2.2 灌注桩成孔机械

灌注桩施工是利用成孔机械在地面设计桩位上成孔，成孔后再放入钢筋笼，随后浇注混凝土而成桩。成孔机械有挤土成孔机械、螺旋钻孔机械、冲抓式钻孔机、潜水钻孔机等。灌注桩的适用范围见表31.10。本书主要介绍常用的螺旋钻孔机械安全知识，其他机械可参考此项。

(1) 螺旋钻孔机械组成

螺旋钻孔机械是一种安装在履带式起重机回转底盘上的钻孔机械，主要部分为电动机、减速器、钻杆和钻头。整套钻具都悬挂在钻架上。它的就位和起落全靠底盘上的相关机构。

**表 31.10 灌注桩的适用范围**

| 序号 | 成孔方法 | | 适用土类 |
|---|---|---|---|
| 1 | 泥浆护壁成孔 | 冲抓<br>冲击<br>回转钻 | 碎石土、砂土、黏性土及风化岩 |
| | | 潜水钻 | 黏性土、淤泥、淤泥质土及砂土 |
| 2 | 干作业成孔 | 螺旋钻 | 地下水位以上的黏性土、砂土及人工填土 |
| | | 钻孔扩底 | 地下水位以上坚硬、硬塑的黏性土及中密以上的砂土 |
| | | 机动洛阳铲 | 地下水位以上的黏性土、黄土及人工填土 |
| 3 | 套管成孔 | 锤击振动 | 可塑、软塑、流塑的黏性土，稍密及松散的砂土 |
| 4 | 爆扩成孔 | | 地下水位以上的黏性土、黄土、碎石土及风化岩 |

减速器大多采用行星立式，其一侧装导向装置，使钻具可以沿桩架的导轨上下滑动。钻杆是一根焊有螺旋叶片的无缝钢管，螺旋叶片的外径就是桩孔直径，钻杆一般分段制作，以法兰连接。钻头是一块扇形刀扳，与钻杆下端通过接头连接，可以更换。刀扳端部都是切削刃，并用一个定心尖起导向作用，防止钻孔歪斜，为使切下的碎土能够及时送到螺旋叶片上，钻杆的端部还有一小段双头螺旋部分。

螺旋钻既可以钻冻土又可以钻软黏土，但在土内含有碎石、混凝土块或其他坚硬物块时，需要更换特殊的钻头，如耙形钻头、筒形钻头。

(2) 安全操作要点

① 桩机进场使用前应先进行检查验收，确认合格后方可使用。

② 桩机一般高度较大，作业前应检查场地上空是否存在电线，若电线可能会与桩机相接触，则应该先清除架空的电线。

③ 钻孔开始时，使钻杆向下移动至钻头触及土面时，才开动转轴旋动钻头。一般先慢后快，以减小钻杆晃动，同时易于纠正钻孔的偏移。

④ 钻进过程中如发现钻杆摇晃或者难钻时，可能遇到石块或其他硬物，此时应提钻检查，查明原因后再钻。

⑤ 钻孔时，随时清除孔口积土和地面散落土，保持必要的整洁；钻孔深度不能超过地下水位。

⑥ 钻进作业和移动桩机时，注意保持稳定。

⑦ 钻孔作业与安放钢筋作业同时进行时，要相互协调配合，避免发生意外。

## 31.6.3 提升设备

在建筑工程施工过程时，建筑材料的垂直运输和施工人员的上下，都需要应用提升设备。设备的频繁使用和不安全因素的存在，导致了提升设备的高事故率。据统计，在建筑机械伤害事故中，起重、提升伤害事故约占38%。因此做好运输机械的安全管理，设置完备的安全防护装置，对减少建筑伤害事故有着重要的意义。

这里我们主要介绍两种最为常用设备：物料提升机和施工升降机（施工电梯）。在现场应用最广泛的是井字架、龙门架和施工外用电梯。井字架即通常所说的井架，龙门架外形如同“门”字形。施工升降机是一种采用齿轮啮合传动或钢丝绳提升方式，使吊笼沿着导轨架上下垂直运动，从而达到运输货物目的的机械，目前高层建筑中最常用的是客货两用电梯。

### 31.6.3.1 井架与龙门架

井架与龙门架的基本构造及安全装置：

(1) 井架的基本构造

架体：由型钢和立柱、平撑、斜撑等杆件组成。

天梁：安装在架体底部的横梁是主要的受力构件，上安装有一对定滑轮，承受钢丝绳的拉力。

吊篮：装载物料的部件，一般由型钢及连接钢板焊成。吊篮两侧应设置大于1m的安全挡板或钢丝网片。上料口与卸料口需要设置防护门，防止吊篮运输时物料坠落。

导轨：吊篮的运行轨道，保证吊篮运行过程中不偏斜。常见的有单根或双根导轨。也可以在架体的四角分别设置导轨，这样稳定性更好。

电动卷扬机：井架的主要动力设备，是完成主要工作的牵引设备。

(2) 龙门架的基本构造

构成与井架相似，相比较而言，龙门架的构造更加简单，架体由两根立柱构成，制作、拆装也相对容易。但由于立柱刚度和稳定性差，一般常见于低层建筑。

(3) 安全防护装置

安全防护装置也是物料提升设备的重要组成部分，包括：

安全停靠装置：用于可靠地将吊篮固定，并在吊篮停靠时承受荷载，使此时的钢丝绳不受力。当吊篮运动到位后，由弹簧控制或人工扳动使支承杆伸到架体的承托架上，从而使承托架承载。

断绳保护装置：吊篮在运行过程中若发生钢丝绳突然断裂、钢丝绳尾端固定点松脱或卷扬机抱闸失灵，会造成事故。这种情况下，此装置即刻启动，将吊篮卡在架体上，避免事故发生。该装置有自动和手动两种。

吊篮安全门：设置在上、下料口，通常为自动开启型。当吊篮落地或停在某一层时自动打开，升降过程中则处于关闭状态。

通道停靠安全门：设置在通道口，当吊篮升降时保证处于关闭状态。只有在吊篮运行到此通道时才打开，避免高处坠落事故的发生。

上料口防护棚：升降机地面上料口是运料人员经常出入和停留的地方，吊篮运行中很容易发生落物伤人事故，为避免地面运料人员伤亡，应搭设防护棚。

上极限位器：用于防止误操作引起的吊篮上升高度失控，设置此装置。当吊篮达到极限位置时，限位器会切断电源，使吊篮停止上升。

下极限位器：主要用于高架提升机，为防止吊篮下落不停止，致使压迫缓冲装置造成事故。安装后，只要将其调试到碰撞缓冲器之前，可自动切断电源保证安全运行。

紧急断电开关：设于司机操作室，用于紧急情况下切断总控制电源。

超载限制器：防止装料过多以及司机对散装状各类重物难以估计，造成的超载运行而设置的。当吊篮内荷载达到额定荷载的90%时，即可发出信号；达到100%时就可自动切断电源。

通信装置：对于高架提升机或利用通道升降运行的，因司机视线障碍不能清楚看到各楼层时，司机与各层运料人员靠通信装置及信号装置来进行联系和确定吊篮实际运行的情况。

安全检查：

新颁布的《建筑施工安全检查标准》中将物料提升机与外用电梯作为一个项目单列，足以看出其重要性。物料提升机检查评分表见表 31.11。安全工程师应根据现有的条件，对照表格，发现问题，及时纠正，提高现场的安全技术水平。

**表 31.11　物料提升机（龙门架、井字架）检查评分表**

| 序号 | 检查项目 | | | 扣分标准 | 应得分数 | 扣减分数 | 实得分数 |
|---|---|---|---|---|---|---|---|
| 1 | 保证项目 | 架体制作 | | 无设计计算书或未经上级审批的扣 9 分<br>架体制作不符合设计或规范要求的扣 7～9 分<br>使用厂家生产的产品，无建筑安全监督管理部门准用证的扣 9 分 | 9 | | |
| 2 | | 限位保险装置 | | 吊篮无停靠装置的扣 9 分<br>停靠装置未形成定型化的扣 5 分<br>无超高限位器的扣 9 分<br>使用摩擦式卷扬机超高限位采用断电方式的扣 9 分<br>高架提升机无下极限位器、缓冲器或无超载限位器的，每一项扣 3 分 | 9 | | |
| 3 | | 架体稳定 | 缆风绳 | 架高 20m 以下时设一组，20～30m 时设两组，少一组的扣 9 分<br>缆风绳不使用钢丝绳的扣 9 分<br>钢丝绳直径小于 9.3mm 或角度不符合 45°～60°要求的扣 4 分<br>地锚不符合要求的扣 4～7 分 | 9 | | |
| | | | 与建筑结构连接 | 连墙杆的位置不符合规范要求的扣 5 分<br>连墙杆不牢固的扣 5 分<br>连墙杆与脚手架连接的扣 9 分<br>连墙杆材质或连接做法不符合要求的扣 5 分 | | | |
| 4 | | 钢丝绳 | | 钢丝绳磨损已超过报废标准的扣 8 分<br>钢丝绳锈蚀、缺油的扣 2～4 分<br>绳卡不符合规定的扣 2 分<br>钢丝绳无过路保护装置的扣 2 分<br>钢丝绳拖地的扣 2 分 | 8 | | |
| 5 | | 楼层卸料平台防护 | | 卸料平台两侧无护栏或防护不严的扣 2～4 分<br>平台脚手板搭设不严、不牢的扣 2～4 分<br>平台无防护门或不起作用的每一处扣 2 分<br>防护门未形成定型化、工具化的扣 4 分<br>地面进料口无防护棚或不符合要求的扣 2～4 分 | 8 | | |
| 6 | | 吊篮 | | 吊篮无安全门的扣 8 分<br>安全门未形成定型化、工具化的扣 4 分<br>违章乘坐吊篮上下的扣 8 分<br>吊篮提升使用单根钢丝绳的扣 8 分 | 8 | | |
| 7 | | 安装验收 | | 无验收手续和责任人签字的扣 9 分<br>验收单无量化验收内容的扣 5 分 | 9 | | |
| | 小计 | | | | 60 | | |
| 8 | 一般项目 | 架体 | | 架体安装拆除无施工方案的扣 5 分<br>架体基础不符合要求的扣 2～4 分<br>架体垂直偏差超过规定的扣 5 分<br>架体与吊篮间隙超过规定的扣 5 分<br>架体外侧无立网防护或防护不严的扣 4 分<br>摇臂把杆未经设计的或安装不符合要求、无保险绳的扣 8 分<br>井架开口处未加固的扣 2 分 | 10 | | |
| 9 | | 传动系统 | | 卷扬机地锚不牢固的扣 2 分<br>卷筒钢丝绳缠绕不整齐的扣 2 分<br>第一个导向滑轮距离小于 15 倍卷筒宽度的扣 2 分<br>滑轮翼缘破损或与架体柔性连接的扣 3 分<br>卷筒上无防止钢丝绳滑脱保险装置的扣 5 分<br>滑轮与钢丝绳不匹配的扣 2 分 | 9 | | |
| 10 | | 联络信号 | | 无联络信号的扣 7 分<br>信号方式不合理、不准确的扣 3～5 分 | 7 | | |
| 11 | | 卷扬机操作棚 | | 卷扬机无操作棚的扣 7 分<br>操作棚不符合要求的扣 3～5 分 | 7 | | |
| 12 | | 避雷装置 | | 防雷保护装置范围以外无避雷装置的扣 7 分<br>避雷装置不符合要求的扣 4 分 | 7 | | |
| | 小计 | | | | 40 | | |
| | 检查项目合计 | | | | 100 | | |

提升机的操作应满足如下安全要求：

① 提升机应由专职机构和专职人员管理。

② 组装后应进行验收，并进行空载、动载和超载试验。

③ 空载试验。不加任何荷载，只将吊篮按施工中各种动作反复进行，试验限位器的灵敏程度。

④ 动载试验。按说明书中规定的最大荷载进行动作运行。

⑤ 超载试验。一般只在第一次使用前或经大修后，按照额定荷载的125%开始，逐渐减荷试运行。

⑥ 由专职司机操作。提升机司机应经专门培训，持证上岗，人员要相对稳定，每班开机前应对卷扬机、钢丝绳、地锚、缆风绳进行检查，并进行空车试验，合格后方准使用，并做好检查记录。

⑦ 在安全装置可靠的情况下，装、卸料人员才能进入吊篮内工作。严禁各类人员乘吊篮升降。

⑧ 禁止攀登架体和从架体下面穿越。

⑨ 要设置灵敏可靠的联络信号装置，做到各操作层均可同司机联系，并且信号准确。

⑩ 缆风绳不得随意拆除。需临时拆除的，应先行加固，待恢复缆风绳后，方可使用提升机；如缆风绳改变位置，要重新埋设地锚，待新缆风绳拴好后，原来的缆风绳方可拆除。

⑪ 设备保养必须在停机后进行，禁止在运行中擦洗、加油等工作。需重新在卷筒上缠绕绳时，必须一人开机一人扶绳，相互配合。司机在操作中要经常注意传动机构的磨损，发现磨绳、滑轮磨偏等问题时，要及时向有关人员报告，加以解决。

⑫ 架体及轨道发生变形必须及时纠正。

⑬ 严禁超载运行。

⑭ 司机离开时，应降下吊篮并切断电源。

#### 31.6.3.2 施工外用电梯

建筑施工电梯是高层建筑施工现场用以运送人员或货物的垂直运输机械。随着城市的发展，中高层建筑任务越来越多，垂直运输作业也更加繁重。因此，在中高层建筑中建筑施工外用电梯经常使用。

施工外用电梯组成：

施工外用电梯主要由传动机构、提升机构和吊笼三部分组成，使用吊笼沿着导轨架做垂直或倾斜运动，从而运送人员或者货物。按照传动形式的不同，可分为齿轮齿条式、钢丝绳式和混合式。

(1) 施工外用电梯的安全装置

① 限速器。齿条驱动的施工电梯，为了防止吊笼坠落，设置限速器。

② 缓冲弹簧。设置于外用电梯的底架上，当吊笼发生坠落事故时，先与缓冲弹簧接触，减小冲击力。

③ 上、下限位器。同井架中的限位器。

④ 上、下极限限位器。考虑施工外用电梯是客货两用提升设备，对安全性的要求更高，当上下限位器失灵时，此装置能及时切断电源，以保证吊笼的安全。

⑤ 安全钩。吊笼上部最后一道安全装置，当其他安全装置都不能阻止吊笼到达预定位置后继续上升时，安全钩会钩住导轨架，保证吊笼不发生坠落事故。

⑥ 吊笼安全门、通道安全门。同井架中的安全门。

⑦ 紧急制动开关。同井架中的紧急制动开关。

(2) 施工外用电梯常见事故分析

① 吊笼坠落事故。建筑施工电梯的吊笼或对重与提升机构之间的连接出现破损、断裂，电梯的提升钢丝绳破裂以及提升机构的制动装置失效，传动工作的自锁功能失灵等，都将会引起吊笼的坠落而发生安全事故。

② 高空坠落事故。主要原因是吊笼安全门、通道安全维护门等装置以及电气联锁装置损坏、失效等原因造成安全门非正常开启，从而造成人员或货物跌入井道，导致高空坠落事故。

③ 吊笼冲顶、置底事故。电梯的上极、下极限位装置失效，会造成电梯运行到上端或下端时无法制动，发生冲顶和置底事故。

(3) 安全操作要点

① 必须由专职司机操作，提升机司机应经专门培训，持证上岗。

② 现场除应进行定期检查外，司机还应在作业前做日常检查工作，包括：空载及满载试运行，检查制动装置是否可靠。

③ 要设置灵敏可靠的联络信号装置，做到各操作层均可同司机联系，并且信号准确。

④ 在运行过程中，司机严禁以碰撞上、下限位开关实现停车，维修保养工作必须在停机后进行。

⑤ 严禁超载运行。

⑥ 司机离开时，应将吊笼降到地面，切断电源并且锁上电箱门，以防其他人员擅自开启电梯。

(4) 安全检查

《建筑施工安全检查标准》中列出了外用电梯安全检查评分表，见表31.12。安全工程师应以此为标准，发现问题，及时纠正，提高现场的安全技术水平。

**表31.12 外用电梯（龙门架、井架）安全检查评分表**

| 序号 | 检查项目 | | 扣分标准 | 应得分数 | 扣减分数 | 实得分数 |
|---|---|---|---|---|---|---|
| 1 | 保证项目 | 安全装置 | 吊笼安全装置未经试验或不灵敏的扣10分<br>门联锁装置不起作用的扣10分 | 10 | | |
| 2 | | 安全防护 | 地面吊笼出入口无防护棚的扣8分<br>防护棚材质搭设不符合要求的扣4分<br>每层卸料口无防护门的扣10分<br>有防护门不用的扣6分<br>卸料台口搭设不符合要求的扣6分 | 10 | | |
| 3 | | 司机 | 司机无证上岗作业的扣10分<br>每班作业前不按规定试车的扣5分<br>不按规定交接班或无交接记录的扣5分 | 10 | | |
| 4 | | 荷载 | 超过规定承载人数无控制措施的扣10分<br>超过规定重量无控制人数措施的扣10分<br>未加配重载人的扣10分 | 10 | | |
| 5 | | 安装与拆卸 | 未制定安装拆卸方案的扣10分<br>拆装队伍没有资格证书的扣10分 | 10 | | |

续表

| 序号 | 检查项目 | | 扣分标准 | 应得分数 | 扣减分数 | 实得分数 |
|---|---|---|---|---|---|---|
| 6 | 保证项目 | 安装验收 | 电梯安装后无验收或拆装后无交底的扣10分<br>验收单上无量化验收内容的扣5分 | 10 | | |
| 7 | | 架体稳定 | 架体垂直度超过说明书规定的扣7～10分<br>架体与建筑结构附着不符合要求的扣7～10分<br>架体附着装置与脚手架连接的扣10分 | 10 | | |
| 8 | | 联络信号 | 无联络信号的扣10分<br>信号不准确的扣6分 | 10 | | |
| 9 | | 电气安全 | 电气安装不符合要求的扣10分<br>电气控制无漏电保护装置的扣10分 | 10 | | |
| 10 | | 避雷装置 | 防雷保护装置范围以外无避雷装置的扣10分<br>避雷装置不符合要求的扣5分 | 10 | | |
| 检查项目合计 | | | | 100 | | |

### 31.6.4　吊装类起重设备

现代建筑工程中，起重机械发挥的作用越来越大。这是减轻工人劳动强度，提高劳动生产率的重要手段。起重设备的频繁使用，也带来了伤害事故的增加，而且起重伤害伤亡人数多，损失巨大。

在建筑工程中最为常用的起重机为塔式起重机、汽车起重机、轮胎起重机、履带起重机。由于塔式起重机最为常用，本书将重点介绍。

#### 31.6.4.1　塔式起重机

塔式起重机是现代建筑，特别是高层建筑施工中必不可少的垂直运输机械，也是衡量一个建筑施工企业装备实力的重要标识。鉴于目前塔式起重机事故较多，安全工程师对此要提起足够的注意。在有关塔式起重机的许多规程和工作原理很多书中已作了较详细的规定和介绍，本书不再赘述，仅就塔式起重机安全方面的各个装置及安全操作常识作详细介绍。

塔式起重机的安全装置：

塔式起重机上的安全装置很多，作为安全工程师，必须对每种装置有详细的了解，才能在工作中认识到其重要性，并在安全检查中予以充分重视，保证塔式起重机工作的安全。

（1）起重量限制器

用于限制塔式起重机的起升荷载，防止超载运行。有机械式和电子式两种，一般安装在操作室、吊臂根部下端和塔帽中间（只限定塔式起重机的最大额定起重量）。起重量限制器的误差不大于其额定值的5%。当起重量达到额定值时，应有灯光或音响报警；当起重量超过额定荷载10%时，应切断上升方向的电源，但机构可做下降方向的运动。

（2）起重力矩限制器

用以防止塔式起重机因起重力矩超载而导致整机倾翻事故，限制相应幅度的额定起重量。一般有机械式、电子式和复合式三种，一般安装在塔帽中部或顶部。起重力矩限制器的综合误差不大于其额定值的10%。当起重力矩超过其额定值时，起重力矩限制器应切断上升和幅度增大方向的电源，但机构可做下降和减小幅度方向的运动。

（3）行程限位器

① 起升高度限位器。防止吊钩上升超过极限而损坏设备发生事故的安全装置，有重锤式和蜗轮蜗杆式。一般安装在起重臂头部或起重卷扬机上。当吊钩上升到极限位置时，限位器能切断上升方向的电源，起升高度限位器安装应能保证动力切断后，吊钩架与定滑轮的距离至少有2倍的制动行程，且不小于200mm，一般安装、检查掌握在1000mm左右。

② 行走限位器。为防止行走式塔式起重机在行走、工作时冲出轨道，或把塔式起重机的活动控制在一定的范围内而设置的安全装置。行走限位器分为行程开关和碰杆两部分，一般行程开关安装在主动台车内侧，碰杆固定在轨道内侧的路基上。安装位置应充分考虑塔式起重机的制动行程。一般碰杆应设置在距轨道端部不小于3m处，保证塔式起重机在驶进轨道末端或与同一轨道上其他塔式起重机互相靠近时能切断向外行走的电源，安全停车。

③ 幅度限位器

a. 对于小车式变幅塔式起重机，幅度限位器安装在起重臂两端或小车牵引机构卷扬机滚筒上，对最大变幅速度超过40m/min的起重机，在小车向外运行时，当起重力矩达到额定值的80%时，应自动转换为低速运行。

b. 对于动臂式塔式起重机，幅度限位器安装在起重臂根部，设置臂架低位置和臂架高位置的限位开关和防止臂架反弹后翻的装置。防止误操作而使起重臂向上仰起过度，导致整个起重臂向后翻倒事故，或下降超过极限位置。

④ 回转限位器。对于未使用中央集电环的塔式起重机，均需装设回转限位器，一般安装在转平台上。其作用是限制塔式起重机朝一个方向旋转一定圈数后，切断电源，只能做反方向旋转，防止电缆扭转过度断裂或损坏电缆而造成事故。

（4）吊钩保险

吊钩上安装的弹簧锁片装置。当吊索套住吊钩时，被锁片挡住，以防止吊索脱落发生事故。部分塔式起重机出厂时，吊钩无保险装置，如自行安装保险装置，应采取环箍固定，禁止在吊钩上打眼或焊接，防止影响吊钩的力学性能。

（5）卷扬机滚筒保险装置

当吊物需中间停止时，使用滚筒保险装置，防止吊物自由向下滑动。一般安装在起升卷扬机的滚筒上。

（6）夹轨器

防止停机后因大风或其他意外原因使塔式起重机自动行走的装置，在非工作状态下保证小车不能行走。塔式起重机停机后，应将夹轨器紧紧夹住轨道，一般安装在行走台车上。

（7）轨挡与缓冲器

轨挡设置在轨道的两端，是防止塔式起重机冲出轨道的最后一道防护。一般设置在轨道端不小于1m处，可用型钢制作，并与轨道固定牢固。缓冲器安装在塔式起重机底架上，当起重机与轨道末端轨挡相撞击时，保证塔式起重机能比较平稳地停车而不致产生猛烈的冲击。

（8）风速仪

架根部铰点高度大于50m的塔式起重机应安装风速仪，当风速大于工作极限风速时，发出停止作业的警报，一般安装在塔式起重机的塔帽顶部。

(9) 电气保护装置

① 接地保护。塔式起重机所有电气设备、正常情况下不带电的金属外壳等均应可靠接地，接地电阻值不大于4Ω。塔式起重机供电电缆应备有一根专用芯线或金属外皮做的保护接地零线，防止操作及维修人员发生触电事故。

② 防撞红色灯。塔式起重机顶部高于30m的应在塔顶和臂架头部装设防撞红色灯，并保证供电不受停机影响。

③ 避雷保护装置。塔机臂架铰点距地面高度大于50m时，在塔顶和臂头部位应装设避雷保护装置，避雷针长度1～2m。避雷保护装置的冲击接地电阻值不得大于30Ω。

(10) 检查起重设备

① 起重作业区域是否设置警戒线或明显的安全提示。

② 起重设备本身要灵活好用；动力设备绝缘是否良好，接地是否正确、可靠。

③ 钢丝绳是否存在磨损断股、断丝、腐蚀、变形等情况；吊具、夹具等是否有裂纹、缺损以及磨损、变形等现象。

④ 起重设备的安全装置是否齐全、完好。

⑤ 检查其他辅助安全设施，应包括照明灯具、电器防雨设备、低压照明、梯子、平台的防护栏杆及消防器材是否正常。

(11) 起重设备安全操作

① 塔式起重机的司机和指挥及司索人员，必须经过特种作业培训、考核，取证后持证上岗，严禁无证操作、无证指挥。

② 使用前要认真检查安全保险装置钢丝绳及吊钩等的磨损情况，严禁塔式起重机带病运转。

③ 开动控制器时，必须按操作次序启动各部，并逐级提高速度。起重机的移动与吊钩的起落，不得同时开动。

④ 负荷达到最大起重量时，在起吊后物件距地面100mm左右的高度时，应检查控制器的功能，确认可靠后再继续起吊。

⑤ 不许斜拉、斜吊；不准用吊钩直接吊物，不得用挂重物的方法来进行撞击工作。

⑥ 在同一轨道上有几台起重机工作时，其最小间距不得小于0.3m，一般为1.5m，以防止相互撞击。

⑦ 用几台起重机吊一个重物时，每台受力均不能超负载，且只允许沿一个方向运动，动作要协调一致，保持拉杆的水平。

⑧ 降落吊钩时，卷筒上的钢丝绳不得少于2圈，吊物时要平稳均匀，注意起吊的重物不得突然摔在地上，吊起的重物不得从设备上空经过。

⑨ 变换起吊运动方向时，应待运动完全停止后，再反向运动，各部位至接近终点时应降低速度，不得用终点开关控制各部运动。

⑩ 必须经常检查各部运动情况，发现有不正常现象或突然停电等情况时，要立即拉下总开关，将操作手柄置于"零位"。然后先由操作者排除故障，若自己解决不了，则通知检修。

⑪ 塔式起重机停用时，吊物必须落地，不得悬在半空中。并对塔式起重机的停放位置和小车、吊钩、夹轨器、电源等一一加以检查，确认无误后方可离岗。

⑫ 下班前15min停车，将起重机卸荷，小车开至远离司机的一端，大车到指定的地点，关闭电源，将设备擦拭干净，做好交接班工作。

⑬ 电气部位的熔丝，必须按照规定的负荷限额装用，不得随意更换。

⑭ 塔式起重机的装拆必须由有资质的单位进行作业。

#### 31.6.4.2 其他类型起重机

轮胎式起重机（包括汽车起重机和轮胎起重机）：

汽车式起重机是将起重作业部分安装在通用或专用的汽车底盘上的起重作业工具。这种起重机机动灵活，具有载重汽车的行驶性能，行驶速度高，能快速转移，适用于流动作业或临时分散作业。

(1) 行驶时注意事项

① 行驶前必须遵守与汽车有关的操作规程及交通规则，将起重臂放在支架上，吊钩用专用钢丝绳挂住。

② 确保收回支腿，取力器操纵手柄置于脱开的位置。

③ 轮胎气压保持在0.45MPa以下。

④ 下坡时，不能选择空挡，也不得熄火。

⑤ 上车与下车不允许同时操纵。

(2) 作业时注意事项

① 作业时，起重臂下严禁站人，下车驾驶室也不得有人；重物不得超越驾驶室上方，也不得在车前方起吊。

② 尽量保持整机水平，底盘车的手制动器必须锁死。作业时不得扳动支腿操纵手柄；若实在需要调整，应先将重物放下，移动起重臂至正前方或正后方。

③ 重物长久停于半空时，司机不得离岗。

④ 操作应尽量平稳，不得突然制动；若发现有倾覆迹象，应先迅速把重物放在地上，严禁突然制动。

⑤ 对起重机的重要构件或部位，应定期进行检查。

履带起重机具有履带式行走机构，因而越野能力和稳定性好，适用范围广，应用普遍。

履带起重机使用、操作要点：

① 作业前应先检查机器运转状况并最好进行试吊（尤其是长久不用的机器），确认正常后方可进行作业。

② 作业时，动作要平稳，每次只能进行一个动作。

③ 双机抬吊，物件不得超过双机总载重的75%，且每台分配到的荷载不得大于允许荷载的80%。

④ 荷载行走时，起重臂应与履带平行。此时稳定性差，应尽可能保持平稳。

### 31.6.5 钢筋加工机械

钢筋加工是现场作业的重要部分，包括钢筋除锈，钢筋调直，钢筋切断，钢筋弯曲，以及钢筋的冷拉、冷拔等。涉及使用的机械有电动除锈机，机械调直机，钢筋切断机，钢筋弯曲机，以及钢筋冷拉、冷拔设备等。

钢筋加工机械使用安全要求：

(1) 钢筋除锈

① 使用电动除锈机除锈，要先检查钢丝刷固定螺栓有无松动，检查封闭式防护装置及排尘设备的完好情况，防止发生机械伤害；

② 使用移动式除锈机，要检查电气设备的绝缘以及接地是否良好；

③ 操作人员要将袖口扎紧，并戴好口罩、手套等防护用品，特别要戴好安全防护眼镜，防止圆盘钢丝刷上的钢丝甩出伤人；

④ 送料时，操作人员要侧身操作，严禁在除锈机的正前方站人，长料除锈需要两个人默契配合。

(2) 钢筋调直

① 调直前，必须保证钢筋卡紧，防止断折或脱扣，机械前方必须设铁板加以防护；

② 机械开动后，人员应在两侧各1.5m以外，不得靠近钢筋行走，以防止钢筋断折或脱扣伤人。

(3) 钢筋切断

① 待切钢筋料不得小于1m，每次切断数目必须符合机械的性能，不得造成超载；

② 切 $\phi 12$mm 及以上钢筋时，要两个人相互配合，人与钢筋要保持一定距离，并把稳钢筋；

③ 断料时要握紧，并在机器刀片后退时把料送进刀口，以防止钢筋末端摆动或钢筋崩出伤人；

④ 不要在活动刀片已开始向前推进时向前推进钢筋送料，这种做法往往威胁人身安全。

(4) 钢筋弯曲

①弯曲作业之前，应检查机器各部件是否正常，并进行空载试运转，正常后再进行正式作业；

② 人必须保持注意力高度集中，与机器相配合作业，同时注意保持手与机器的距离。

(5) 钢筋冷拉、冷拔

① 钢筋冷拉时，冷拉线两端必须设置防护装置。

② 钢筋冷拉前要检查设备的能力与钢筋的冷拉力是否相适应，严禁超载；冷拔前也要对设备进行检查，保证接触良好，运转正常。

③ 检查地锚是否稳固，设置相应防护装置。

④ 正在处理的冷拉钢筋，禁止无关人员靠近、跨越或者触动，以避免发生意外。

⑤ 冷拔过程中，操作人员应密切注意运转情况并靠近电源，发生意外立即关闭电源，停止操作；如果不是连续拔丝，必须注意拔到最后时，末端钢丝可能弹出伤人。

(6) 钢筋对焊

使用对焊机，可将钢筋切断剩下的断料重新接长加以利用，而且强度比电弧焊高。应用比较普遍，使用过程中安全注意事项是：

① 焊工必须经过专门的安全技术和防火培训，持证上岗。

② 焊机必须接地，以保证人员安全；电缆尤其是焊钳接线处，必须可靠绝缘；对焊机断路器的接触点、电极，要定期检查修理。

③ 施焊时，焊工应有必要的安全防护用具，周围无关人员应离开作业区，以免对视力造成伤害。

④ 室内作业应保持良好的通风，作业区应远离易燃、易爆品，做好防火措施。

⑤ 遇大风天气，禁止高空作业；雨雪天气禁止露天作业。

⑥ 焊接过程中，若出现不正常声响，或导线破裂及漏电等，应停止作业，停机检修。

### 31.6.6　混凝土搅拌机

混凝土搅拌机常用规格为 250L、400L 和 500L，生产过程有周期式和连续的强制式搅拌机。强制式搅拌机多用于生产大量混凝土的工厂或搅拌站。工地现场常用的为周期式搅拌机。

(1) 搅拌机常见事故

① 设备本身在安装、防护装置上存在问题，造成对操作人员安全的威胁；

② 施工现场用电不安全，存在漏电现象，从而造成触电事故；

③ 施工人员违反操作规程，违章作业而造成的人身伤害事故。

(2) 根据常见事故，安全工程师在工作中应从如下几项入手

① 搅拌机应安装在平整且经过夯实的地面，机械安装要平稳牢固。

② 各类搅拌机，均应单向旋转进行搅拌。

③ 开机作业前，先检查电气设备的绝缘和接地是否良好，皮带轮的保护装置是否完整。

④ 加料前应先启动进行试运转，待机械运转正常后再加料进行搅拌；若中途突然停止搅拌，应把料先卸掉；重新启动时，料斗内不得有料，必须空载启动。

⑤ 料斗应带保险钩，起斗停机时必须挂上安全钩。

⑥ 搅拌机料斗下方禁止站人，非操作人员不得开动机械。

### 31.6.7　电焊机

电焊机是供给焊接电弧燃烧的电源。根据电流种类的不同，分为直流电焊机、交流电焊机。直流电焊机实际上是一台直流发电机，它使用交流电源驱动交流电动机带动直流电动机从而产生直流电，供焊接使用；交流电焊机实际是一台交流变压器，即将电压降低后供电焊机使用，目前交流电焊机应用比较广泛。

#### 31.6.7.1　手工电弧焊对电焊机的要求

焊接作业时，作业电弧与焊机形成弧-源系统。为保证焊接电流稳定燃烧，手工电弧焊接机应满足以下几点要求：

(1) 保持电焊机有一定的空载电压

为保证电弧的可靠引燃与稳定，要求直流电焊机空载电压不小于 40V，交流电焊机的空载电压不低于 55V。但考虑操作者的安全，空载电压又不可过大，一般应小于 90～100V。

(2) 输出电流具有下降的外特性

外特性即电源向负载供电时，输出电流与电压之间的对应关系。一般用电设备要求电源供电时保持输出电压不变，即外特性曲线是直线。但稳定输出电压的情况下，电弧不能稳定燃烧，因此需要电焊机的输出电流具有下降的外特性。

(3) 电焊机应具有适当的短路电流

在焊接作业过程中，经常会使焊机处于短路状态。若短路电流太小，则会使引弧困难；若太大，则会使液体飞溅增加，甚至烧坏焊机。

(4) 焊机电流易调节

焊机在焊接不同厚度和材料的焊件时，电流必须可调且易调。一般规定，手弧焊机的电流调节范围为焊机额定电流的 0.25～1.2 倍。

(5) 电焊机应有良好的外在品质

焊接的过程是电流不断变化的过程，这就造成了电焊机的动负载。这就要求焊机的动态品质良好，以适应工作。

#### 31.6.7.2　电焊作业安全操作要点

① 电焊机外壳应完好无损，并有防雨、防潮、防晒措施；使用前需经过安全管理部门的验收。

② 工作时戴安全帆布手套，穿绝缘胶底鞋，在金属容器中工作时，应戴上头盔、护肘等用具。这些防护用品除了有绝缘性能外，还能防止灼伤和射线伤害。

③ 焊钳与把线必须绝缘良好，连接牢固，在断电情况下更换焊条。把线接头不得超过 2 个，以避免电阻过大引起发热而燃烧。

④ 为保证节能和安全，可采用焊弧自动断电装置。当焊条与焊件一接触，开关会立即接通进行焊接作业；当焊条离开焊件时，电流能延时自动断开。

⑤ 严禁在带压力的容器上施焊，焊接带电设备必须先切断电源；对储藏过有毒物品或易燃易爆物品的容器施焊时，必须先清除干净，并把所有的空口打开。

⑥ 焊接工作时，要防止发生火灾，不得与氧焊在同一室内进行，施焊场地周围应清除易燃易爆物品，或进行覆盖、隔离。

⑦ 安装、检修焊机或者更换熔丝，应由电工进行操作，焊工不得擅自动手。

⑧ 多台焊机在一起集中工作时，焊接平台或焊件必须

接地，并应有隔光板。

⑨ 清除焊渣时，若采用电弧气刨，应戴防护眼镜或面罩，防止铁渣飞溅伤人。

⑩ 焊接结束后，应切断焊机电源，并检查操作地点，确认无起火危险后，方可离开。

### 31.6.8 手持小型电动工具

（1）简介

在木材加工和混凝土浇注过程中，经常需要进行切割、钻孔、刨光、清理焊渣和扳紧各种螺栓等工作，会用到很多手持式小型电动工具，包括圆盘锯、电动带锯、电刨、电钻等。这些设备基本构造简单，操作与维护方便，而且工作效率高，主要是由一个小型电动机将力传递到工作部分进行工作的。

这种设备的安全问题集中在如下几方面：漏电产生触电事故；震动或随之产生的噪声对工人的伤害；刃具对人员造成的伤害。

（2）安全操作要点

① 工具使用前需由有关的安全部门验收，确保：外壳、手柄没有裂缝；电缆以及接头完好，连线正确；防护护罩完好。

② 采取必要的接地或接零措施，作业时工人必须穿戴绝缘用品。

③ 机具应空载启动，确认正常后再作业；作业过程中严禁超载，操作时间过长，机具温度升高超过60℃时，应停机等待冷却后再作业；作业过程中发现异常应立即停机检查。

④ 作业中，不得用手触摸刃具、模具和砂轮；发现异常，应先停机待停止运转后再进行检查。

⑤ 与工人接触的手柄若震动太大，应尽量采取减震措施，减小对工人的影响。

⑥ 若噪声太大，应对工人耳部进行必要的防护。

⑦ 操作人员必须待停止旋转后再离开，不得在机具转动时撒手不管。

## 31.7 施工用电安全技术

### 31.7.1 临时用电管理

在建筑施工现场，电是不可缺少的能源，随着建筑业的发展，施工中以电为能源的各种设备和施工机械日益增多。与施工现场外正式工业与民用“永久性”用电相比，施工现场用电是一种专属施工现场内部的用电，是由施工现场临时用电工程提供电力并用于现场施工（例如驱动各种电动机械和电动工具，以及点燃电气照明灯具等）的用电。由于施工现场用电的临时性和环境的特殊性、复杂性，施工现场的安全用电存在许多不可避免的不利因素（如风沙雨雪等）。因此施工现场临时用电应有较正式“永久性”用电更为可靠的安全防护措施和技术措施，以确保用电设备和人身安全。

（1）施工现场电气安全的重要性

施工现场临时用电是建筑施工安全生产的重要内容之一，随着国家经济的不断发展和基础建设的增多，建筑规模也不断扩大，施工现场用电的机具设备种类、数量和范围都随之增多。目前建筑施工的触电伤亡事故占事故类别第二位，仅次于高处坠落。为确保建筑施工用电的安全生产，必须建立健全安全用电的规章制度，既要有安全用电的组织措施，又要有相应的技术管理措施。

对建筑施工人员进行安全用电教育，严格遵守电气安全技术操作规程。对电工进行严格专业安全技术培训考核，持证上岗。在各种施工用电机具上必须设置电气安全装置，并对其进行定期检查维修。严禁违章指挥、违章作业。这些措施有力地促进了电气安全管理工作，对提高企业经济效益和人身安全起了保障作用。

（2）施工组织设计

必须由电气工程技术人员编制，技术负责人审核，经有关部门批准后实施。施工用电线路，其设施变更时，必须单独绘制图纸，作为临时用电施工的依据，经原审批单位同意后，方可实施并补充有关图纸资料。临时用电施工组织设计可作为临时用电管理的大纲，指导帮助供、用电人员按照用电施工组织设计的具体要求及措施执行，确保施工现场临时用电安全。

（3）临时用电施工组织设计的内容

施工用电线路的架设及设施的布局，应有统一的设计图纸。临时用电线路在6个月以上的应按正式线路架设。工程竣工以后应马上拆除临时用电设施，在实际操作中不可能像永久性供电设施那样坚固安全。

中华人民共和国建设部颁发行业标准《施工现场临时用电安全技术规范》(JGJ 46—2005）中规定，施工现场临时用电设备在5台及5台以上，或设备总容量在50kW及50kW以上的，应编制用电施工组织设计。小于上述设备或容量的，应制定安全用电技术措施和电气防火措施，从而保障施工用电的安全性、实用性和可靠性。

施工组织设计的内容和步骤应包括以下6个方面。

① 现场勘探；

② 确定电源进线和变电所、配电室、总配电箱、分配电箱等的位置及线路走向；

③进行负荷计算；

④ 选择变压器容量、导线截面和电器类型及规格；

⑤ 绘制电气平面图、立面图和接线系统图；

⑥ 制定安全用电技术措施和电气防火措施。

在编制施工组织设计时，应首先进行现场勘探，了解施工现场的地形、地貌，正式工程的线路情况和电压等级，上下水、通信工程、市政煤气管线等位置；了解新开工程的土建、上下水施工平面布置及各种施工机具用电设备的位置等；确定电源进线和变电所、配电室、总配电箱、分配电箱等的位置及线路走向，以及现场周围环境等。

在现场调查研究的基础上，进行认真的负荷计算。一般可采用查设计施工手册中电气设备需用系数表，按需用系数法设计计算，即可满足要求。对于施工现场照明容量，可按单位容量法查表计算。

在负荷计算的基础上，主要是根据施工现场用电情况结合进行，选择施工用电变压器的容量，导线截面、电器类型和规格，以及保护电器的整定值（负荷计算方法见有关参考文献）。绘制临时施工用电的平面图、立面图和接线系统图。临时施工用电工程图纸是临时用电施工的依据，应单独绘制，不得与其他专业施工平面图绘制在同一张图纸上。

（4）建立安全用电技术档案

安全用电技术档案是施工现场临时用电工程中最主要也是最重要的技术资料，存放在施工现场，以备上级主管部门检查和自查。档案资料包括以下三个方面：临时用电施工组织设计的全部资料（包括修改资料）；安全技术交底资料，临时用电工程检查验收表，电气设备的测试、检验和调试记录；接地电阻测试记录表，定期检查、复查表，电工值班和电气维修记录。

（5）建立健全临时安全用电制度

① 建立安全用电技术交底制度。向专业电工、各类用电人员介绍临时用电施工组织设计和安全用电技术措施的总体意图、技术内容和注意事项，应在技术交底文字资料上履行交底人和被交底人的签字手续，载明交底日期。

② 建立安全用电检测制度。从临时用电工程安装验收使用开始，定期对临时用电工程进行检测。主要内容包括：接地电阻值、电气设备绝缘电阻值、漏电保护开关动作参数等，以监视临时用电工程是否安全可靠，并做好检测记录。

③ 建立电气维修制度。加强日常和定期维修工作，及时发现和消除隐患，并建立维修记录，记载维修时间、地点、设备、内容、技术措施、处理结果、维修人员、验收人员等。

④ 建立临时用电工程拆除制度。建筑工程竣工后，临时用电工程的拆除应有统一的组织和指挥，必须规定拆除时间、人员、程序、方法、注意事项和防护措施等。

⑤ 建立安全检查评价制度。施工管理部门和企业要按照 JGJ 59—2011《建筑施工安全检查标准》定期对施工现场用电安全情况进行检查评价。

(6) 用电管理规定

① 对于在施工现场工作的电工的要求

a. 必须持证上岗，有高度的安全用电责任心和对工作极端负责的精神，操作中要装得安全、拆得彻底、修得及时、用得正确。

b. 团结互助协作，有较强的集体意识，互相监督，服从统一指挥。

c. 坚持制度的严肃性，各项用电制度均是用伤亡的代价换取的，所以各项制度必须自觉严格遵守。

d. 掌握事故的规律，积累经验，找出季节性、工程队伍素质、施工环境等易发事故的规律，提出相应的技术措施，做到预防在先。

e. 及时消除隐患，勤检查、勤维修、勤宣传。

f. 掌握技术、精益求精，防止不懂装懂、害人害己。

② 对于各类用电人员的安全技术要求

a. 掌握安全用电的基本知识和所用设备的性能。

b. 使用设备前必须按照规定穿戴和设备相适应的劳动保护用品，检查安全装置和防护设施是否完好。

c. 停用的设备必须拉闸断电，锁好开关箱。

d. 负责保护所用的开关箱、负载线和保护零线，发现问题及时报告解决。

e. 搬迁或移动电气设备必须经电工切断电源，做妥善处理后进行。

## 31.7.2 建筑施工临时用电的接地与接零

施工现场的电气设备，尤其是各种用电设备由于绝缘老化或机械损伤等因素造成设备的金属外壳带电（称为漏电），此时如有人触及，会发生触电或电击事故。这种人体与故障情况下变为带电的外露导电部分的接触称为间接接触。在施工现场，由于现场环境、条件的影响，间接触电现象往往比直接触电现象更普遍，危害也更大。所以除了应采取防止直接接触电的安全措施以外，还必须采取防止间接触电的安全技术措施。

### 31.7.2.1 电气设备的接地

所谓接地，就是将电气设备的某一可导电部分与大地之间用导体做电气连接。电气连接是指导体与导体之间电阻为零的连接。实际上，用金属等导体将两个或两个以上的导体连接起来即可称为电气连接。简言之，设备与大地做金属性连接称为接地。接地主要有四种，即工作接地、保护接地、重复接地、防雷接地。现简述如下：

① 工作接地。在电力系统中，因运行需要的接地（如三相供电系统中，电源中心点的接地）称为工作接地。在工作接地的情况下，大地被作为一根导线，而且能够稳定设备导电部分的对地电压。

② 保护接地。在电力系统中，因漏电保护需要，将电气设备正常情况下不带电的金属外壳和机械设备的金属构件（架）接地，称为保护接地。

③ 重复接地。在中性点直接接地的电力系统中，为了保证接地的作用和效果，除在中心点处直接接地外，在中性线上的一处或多处再做接地，称为重复接地。

④ 防雷接地。防雷装置（避雷针、避雷器、避雷线等）的接地，称为防雷接地。防雷接地的设置主要是用作雷击防雷装置，将雷电流导入大地。

### 31.7.2.2 接零

① 工作接零。工作接零是指电气设备因运行需要而与工作零线连接。施工现场额定工作电压为 220V 的单相用电设备（包括照明装置）的一极与工作零线连接，属于工作接零。单相用电设备运行时，其工作接零线上有正常工作电流。

② 保护接零。保护接零是指电气设备正常情况不带电的导体部分与保护零线连接。导电部分是指能导电，然而不一定承载工作电流的部分。在 TNS 系统专用保护零线的施工现场内，保护接零应与专用保护零线连接。

在下列电气设备正常情况下不带电的外露导电部分应做保护接零：

① 电机、变压器、电器、照明器具、电动机械、电动工具的金属外壳、基座（对产生振动的手持电动工具等，其保护零线的连接点应不少于两处）；

② 电气设备传动装置的金属部件；

③ 配电屏与控制屏的金属框架；

④ 室内外配电装置的金属构架、箱体及靠近带电部分的金属围栏和金属门；

⑤ 电力线路的金属保护管、敷设钢索、起重机轨道、滑升模板金属操作平台以及钢大模板等；

⑥ 电力线路电杆上的开关、电容器等电气装置的金属外壳及支架。

外露导电部分是指容易触及的导电部分和虽不是带电部分但在故障情况下可变为带电的部分。

## 31.7.3 配电箱

### 31.7.3.1 配电箱与开关箱的设置原则

配电箱与开关箱的设置原则是关系到施工现场临时用电安全技术管理的重要问题，为便于对现场配电系统做安全技术管理和维护，配电箱根据其用途和功能的不同，满足用电设备的配电和控制要求应做分级设置，一般可分为三级：

(1) 总配电箱

它是控制施工现场全部供电的集中点，应设置在靠近电源的地区。电源由施工现场用电变压器低压侧引出的电缆线接入，并装设电流互感器、有功电度表、无功电度表、电流表、电压表、总开关、分开关。总配电箱内必须装设总隔离开关和分路隔离开关、总熔断器和分路熔断器以及漏电保护器，引入、引出线应穿管并有防水弯。

总配电箱通常以固定的形式出现，故又称为固定式配电箱。《施工现场临时用电安全技术规范》(JGJ 46—2005) 中规定，总配电箱用符号“A”表示。

如：A-1、A-2。其中，A 表示总配电箱；1、2 表示序号。

(2) 分配电箱

它是总配电箱的一个分支，控制施工现场某个范围用电的集中点，应安装在用电设备或负荷相对集中的地区。分配电箱内也应装设总隔离开关及分路隔离开关、总熔断器及分路熔断器。如总配电箱已经装有漏电保护器，则分配电箱不必再装漏电保护器；如总配电箱没有装设漏电保护器，则分配电箱必须装设漏电保护器。

分配电箱通常为移动式配电箱。分配电箱用符号“B”表示。

如：B-1、B-2、B-3。其中，B表示分配电箱；1、2、3表示序号。

(3) 开关箱

它直接控制用电设备，每台用电设备应有各自的专用开关箱，必须实行“一机、一闸、一漏、一箱”制。开关箱与其所控制的固定式用电设备的水平距离不宜超过3m，与分配电箱距离不得超过30m。

开关箱内必须安装漏电保护器、熔断器及插座，总配电箱或分配电箱以及开关箱内的漏电保护器的选择要合理，使其具有分极、分段保护功能。电源线采用橡套软电缆线，从分配电箱引出，接入开关箱上闸口。开关箱用符号“C”表示。

如：C-1、C-2、C-3。其中，C表示开关箱；1、2、3表示序号。

#### 31.7.3.2 配电箱及其内部开关、器件的安装

配电箱及其内部开关、器件的安装应端正、牢固。安装在建筑物或构筑物上的配电箱为固定式配电箱，其箱底距地面的垂直距离应大于1.3m，小于1.5m。移动式配电箱不得置于地面上随意拖拉，应固定在支架上，其箱底与地面的垂直距离应大于0.6m，小于1.5m。配电箱、开关箱应采用铁板或优质绝缘材料制作，铁板的厚度不应大于1.5mm。不宜使用木质材料制作配电箱、开关箱、配电板安装电器。因为木质配电箱干燥时不防水，下雨时不防雨，潮湿时不防电，经不起冲击，容易腐朽损坏，使用寿命短。

配电箱和开关箱的进、出线口，应设在箱体的下底面，并加护套保护。进、出线应分路成束，不得承受外力，并做好防水湾。导线束不得与箱体进、出线口直接接触。进入开关箱的电源线严禁用插头连接。

#### 31.7.3.3 配电箱内的开关、电器

配电箱内的开关、电器，应首先安装在金属或非木质的绝缘电器安装板上，然后整体紧固在配电箱体内。金属箱体、金属电器安装板以及箱内电器不应带电的金属底座、外壳等必须做保护接零，应采用不小于2.5mm的绿、黄双色绝缘多股铜芯线与箱内专设的保护零线端子板做可靠的电气连接。箱内电器安装常规是左大右小，大容量的控制开关、熔断器在左面，右面安装容量小的开关电器。内部设置的电器元件之间的距离与箱体之间的距离应符合电气规范。

配电箱内的开关及仪表等电器排列整齐，所有配线绝缘良好、绑扎成束。熔丝及保护装置按设备容量合理选择，三相设备的熔丝大小应一致。具有三个及以上回路的配电箱应装设总开关，分开关应标有回路名称。三相胶盖开关只能作为断路开关使用，三相胶盖开关内不许装设熔丝，应另加熔断器。各开关、触点应动作灵活、接触良好。配电箱的操作面，其操作部位不得有带电体明露。箱内应整洁，不得放置工具等杂物，箱门应有锁，并用红色油漆喷上警示标语及危险标志，施工现场所有的配电箱（A、B、C级）均应标明编号、名称、用途，并做出分路标记，防止因误操作而造成意外伤害事故。下班后操作人员应拉闸断电，锁好配电箱门。

配电箱周围2m以内不得堆放杂物。对配电箱应经常进行巡视检查，检查开关、熔断器的接点处是否过热，配线绝缘有无破损，各部位接点是否牢固，各种仪表指示是否正常等。发现缺陷应及时处理。此外，配电箱、开关箱必须防雨、防尘并配有门锁。

### 31.7.4 施工照明

① 施工现场照明应采用高光效、长寿命的照明光源。在一个工作场所内，不得只装设局部照明。局部照明是指仅供局部工作地点的照明。对于需要大面积照明的场所，应采用高压汞灯、高压钠灯或碘钨灯，灯头与易燃物的净距离一般不应小于0.5m，与易燃物应保持安全距离。流动性碘钨灯采用金属支架安装时，支架应稳固，灯具与金属支架必须做接零保护。根据工作环境条件，选择不同用途和类型的照明灯具。

② 施工照明灯具露天装设时，应采用防水式灯具，且距地面高度不得低于3m。工作棚、场地的照明灯具，可分路控制，每路照明支线上连接的灯数一般不超过10盏，若超过10盏时，每个灯具上应装设熔断器。

③ 室内照明灯具距地面不得低于2.4m。每路照明支线上灯具和插座数不宜超过25个，额定电流不得大于15A，并采用熔断器或漏电保护开关。

④ 一般施工场所宜选用额定电压为220V的照明灯具，不能使用手电门和带电门的灯头，应选用螺纹口灯头。相线接在与中心触头相连的一端，零线接在与螺纹口相连的一端。灯头的绝缘外壳不得有损伤和漏电，照明灯具的金属外壳必须做保护接零。单相回路的照明开关箱内必须装设漏电保护开关。

⑤ 现场局部照明用的工作灯，在室内抹灰、水磨石地面等潮湿的作业环境，照明电源电压应不大于36V。在特别潮湿的场所，导电良好的地面、锅炉或金属容器内工作的照明灯具，其电源电压不得大于12V。工作手灯应有胶把和网罩保护。

⑥ 36V的照明变压器，必须使用双绕组型，严禁使用自耦变压器，二次线圈、铁芯、金属外壳必须有可靠的保护接零。一、二次侧应分别装设熔断器，一次线长度不应超过3m。照明变压器必须有防雨、防砸措施。

⑦ 照明线路不能拴在金属脚手架、龙门架上，严禁在地面上乱拉、乱拖。灯具需要安装在金属脚手架、龙门架上时，线路和灯具必须用绝缘物与其隔离开，且距离工作面的高度在3m以上。控制刀闸应配有熔断器和防雨措施。施工现场的照明灯具应采用分组控制或单灯控制，以防止一处发生故障，造成整个现场黑暗而发生意外伤害。

⑧ 油库、油漆仓库除通风条件良好外，其灯具必须为防爆型，拉线开关应安装在库门外。施工现场夜间影响飞机或车辆通行的在建工程设备（塔式起重机等高突设备），必须安装醒目的红色信号灯，其电源线应设在电源总开关的前侧。这主要是保护夜间不因工地其他停电而红灯熄灭。

### 31.7.5 施工用电线路

施工用电线路应按临时用电施工组织设计（施工用电方案）实施。施工用电线路从结构形式上可分为架空线路和电缆线路两大类型。

(1) 架空线路

①架空线路的干线架设（380V/220V）应采用铁横担、磁瓶水平架设，档距不大于35m，线间距离不小于0.3m，电杆的梢径不小于0.13m，埋入地下深度为杆长的1/10再加上0.6m；木质电杆不得劈裂、腐朽，根部应刷沥青油防腐。水泥电杆不得有露筋、环向裂纹、扭曲等现象。

② 对于线材的要求。架空线路必须采用绝缘导线。架空绝缘铜芯导线截面积不小于$10mm^2$，架空绝缘铝芯导线截面积不小于$16mm^2$；在跨越铁路、管道的档距内，铜芯导线截面积不小于$16mm^2$，铝芯导线截面积不小于$35mm^2$，而且导线不得有接头。

③ 架空线路距地面一般不低于4m，过路线的最下一层不低于6m。多层排列时，上、下层的间距不小于0.6m。高压线在上方，低压线在中间，广播线、电话线在下方。

④ 干线的架空零线截面积应不小于相线截面积的1/2。导线截面积在$10mm^2$以下时，零线和相线截面积相同。支线零线是指干线到闸箱的零线，应采用与相线大小相同的截面积。

⑤ 架空线路最大弧垂点至地面的最小距离见表31.13。

表31.13　架空线路最大弧垂点至地面的最小距离

| 架空线路地区 | 线路电压 | |
|---|---|---|
| | 1kV以下 | 1～10kV |
| 居民区 | 6m | 6.5m |
| 交通要道(路口) | 6m | 7m |
| 建筑物顶端 | 2.5m | 3m |
| 特殊管道 | 1.5m | 3m |

⑥ 架空线路摆动最大时与各种设施的最小距离。外侧边线与建筑物凸出部分的最小距离：1kV以下时为1m，1～10kV时为1.5m。在建工程（含脚手架）的外侧边缘与外架空线路的边线之间的最小距离：1kV以下时为4m，1～10kV时为6m。

（2）电缆线路

电缆线路发生触电事故的主要原因有三个方面：

① 电缆线路绝缘受损或受外力而击穿。

② 在不停电的情况下，带电拆除、迁移电缆。

③ 电缆头发生击穿，绝缘损坏。

电缆干线应采用埋地或架空敷设，严禁沿地面明敷设，并应避免机械损伤和介质腐蚀。

电缆在室外直接埋地敷设时，必须有电缆埋设图，应砌砖槽防护，且埋设深度不小于0.6m。在电缆的上下各均匀铺设不小于10cm厚的细砂，上方盖电缆盖板或砖作为电缆的保护层。地面上应有埋设电缆的标志，现场有专人负责管理。不得将物料堆放在电缆埋设地的上方。电缆接线盒（箱）应防雨、防尘、防机械损伤，并远离易燃、易爆、易腐蚀场所，避免经过常积存水、常挖掘和地下埋设物较复杂的地方。电缆穿越建筑物、构筑物、道路、易受机械损伤的场所及引出地面从2m高度至地下0.2m处，必须加防护套管。有接头的电缆不准埋在地下，接头处应露出地面，并配有电缆接线盒（箱）。电缆线路与其附近热力管道的平行间距不得小于2m，交叉间距不得小于1m。

橡套电缆架空敷设时，应沿墙壁或电杆设置，并用绝缘子固定，严禁使用金属裸线作绑线。电缆间距大于10m时，必须采用铅丝或钢丝绳吊绑，以减轻电缆自重，最大弧垂距地面不小于2.5m。电缆接头处应牢固可靠，做好绝缘包扎，保证绝缘强度，不得承受外力。

在施工程高层建筑的临时电缆配电，必须采用电缆埋地引入。电缆垂直敷设时，位置应充分利用竖井、垂直孔洞。其固定点每楼层不得少于1处。水平敷设应沿墙或门口固定，最大弧垂距地面不得小于1.8m。

## 31.7.6　漏电保护开关

### 31.7.6.1　安装漏电保护开关的目的

电气设备的偶然漏电事故，将会给国家、企业、家庭造成无法挽回的损失。在用电设备上安装漏电保护开关，其目的就是防止发生触电伤亡事故，保护劳动者的生命安全，把损失降到最低点。漏电保护开关是一种新型保护电器，在建筑施工现场，所有施工用电设备都必须在漏电保护开关的保护范围内。安装漏电保护开关是安全用电、防止人身触电伤亡事故及防止设备漏电发生电气火灾事故的一项重要技术措施。

建筑施工现场临时用电线路比较零乱，电气设备经常移动，手持电动工具使用种类多；施工现场场地潮湿，钢筋、模板等金属导电物随处可见，电气设备漏电、导线破损的现象经常发生。为了安全用电，防止触电伤亡事故，在用电设备上加装漏电保护开关是一项行之有效的安全保护措施。

### 31.7.6.2　漏电保护开关的种类及主要参数选择

（1）种类

漏电保护开关是一种在人体发生触电时或设备绝缘损坏发生漏电时，能迅速自动地切断电源，以保障人身安全及设备安全的保护装置。漏电保护开关按反馈信号可分为电压型和电流型漏电保护装置，电流型又可分为零序电流型和泄漏电流型。目前施工现场使用的漏电保护装置均为零序电流型漏电保护开关。

（2）主要参数选择

① 根据动作电流，可分为三个区域：

高灵敏度：5～30mA。

中灵敏度：50～1000mA。

低灵敏度：1000mA以上。

根据工作环境和性质的不同，适当选择动作电流。为避免误动作，保护装置的不动作电流一般不大于动作电流的1/2。

② 动作时间

快速型：不超过0.1s。

定时限型：不超过0.1～2s。

在使用中根据工作环境选择动作时间，但是一般漏电的动作电流和动作时间的比值，不应超过30mA/s（毫安/秒）。

### 31.7.6.3　漏电保护开关的接线方法

按接线方法可分为三种：①单相双极（220V）；②三相三极（380V）；③三相四极（380/220V）。

正视漏电开关，其上端为电源侧，下端为负荷侧。上端的零线为保护零线，下端的零线为工作零线。

漏电保护开关必须按出厂说明书的要求正确接线，否则，当接线错误时，漏电保护开关就无法正常供电或起不到漏电保护的作用。

国家在漏电保护开关的使用规程中就明确规定："低压电网中使用电流动作型漏电保护器，变压器中性点必须直接接地或经过低阻抗接地。""在使用电流动作型漏电保护器之后的低压电网中，不得出现有重复接地。"使用规程中还强调指出："必须保证零线对地要有良好的绝缘。"也就是说，应将中性线和保护接地线严格分开。国家对接零保护系统规定："电源进线处必须做重复接地，安装漏电保护器后，在负载侧不应再做重复接地，保持原有接零保护系统不变。"

以上这些规定是漏电保护开关正确接线的理论根据。同时，国家提出了安装漏电保护开关必须严格实行三相五线制或单相三线制的技术要求。

在建筑施工现场，为了正确使用漏电开关，在中性点接地的供电系统中，N线（工作零线）与PE线（保护零线）都与中性点连通，从现场总配电箱零线端子板下端开始分开，采用三相五线制形式输送给分配电箱（TN-S系统）

### 31.7.6.4　漏电保护开关的安装

漏电保护开关安装前应搞清楚被保护设备是单相设备还是三相设备，漏电保护开关的相数应与被保护设备相数相匹配。不论是接零（TN）保护系统，还是接地（TT）保护系统，下列场所的用电设备都应安装漏电保护开关：

① 属于Ⅰ、Ⅱ类的手持电动工具；

② 建筑施工工地（包括市政工程施工工地）的电器施工机具和暂设用电的电器设备；

③ 处在潮湿场所的电器设备，如食堂操作间、锅炉房、浴室、洗衣间、地下设备等场所的电器设备；

④ 工作场所使用的家用电器。

漏电保护开关安装前，应检查其额定电压、额定工作电流、漏电动作电流及分断时间等是否符合所需设备的要求。施工现场的漏电保护开关必须采用两极漏电保护；在总配电箱、分配电箱上安装的漏电保护开关的漏电工作电流应为50～100mA，起到保护该段线路作用；在开关箱上安装的漏电保护开关的漏电动作电流应为30mA以下，起到保护人身安全作用。

漏电保护开关不得随意拆卸和调换零件，以免改变原有技术参数。对漏电保护开关应经常检查试验，发现异常情况，必须立即查明原因，消除隐患。

### 31.7.7 触电事故急救方法

在施工现场，发现有人触电时，应首先切断电源（切不可盲目用手拉伤者，应先关电源或用绝缘材料挑开电线），其次迅速诊断和急救：

① 查看有无呼吸（可用脸贴近其口鼻处，因脸感觉比较灵敏）。

② 查看有无心跳（用手搭其颈动脉或股动脉），接着立即进行抢救。如无心跳，用胸外心脏挤压法，需用力下压，使胸骨下端和与其相连的肋骨下陷3～4cm，对成人每分钟挤压约60次。如无呼吸，则口对口人工呼吸，先清除口内杂物，每分钟约12次。如呼吸、心跳均无，两方法同时进行，注意必须抢救至医务人员来接替为止，不能半途而废，否则易造成后遗症或抢救失败。

## 31.8 城市轨道交通工程施工安全

国内轨道交通建设规模大、发展快的客观事实，以及地下工程严峻的安全形势决定了轨道交通工程风险管理实施的必要性和紧迫性。由于城市轨道交通工程建设的特殊性和复杂性，“大规模、高风险”的工程特点在地铁建设中体现得尤其明显。地下工程具有隐蔽性大、作业循环性强、作业空间有限、施工技术复杂、岩土物理力学参数不准确、作业环境恶劣、投资大、施工周期长、施工项目多、不可预见风险因素多和对社会环境影响大等特点，而以地下工程为主的城市轨道交通工程更具有几大显著特点：①大部分位于城市中心地区，即周边环境复杂，各种建（构）筑物、地下管线多且对施工变形控制要求高；②工程地质与水文地质复杂，不确定因素多；③结构形式及施工方法交叉变换多，施工难度大，工期压力较大，社会影响大，专业技术人员匮乏等。这些特点都集中表现为工程的高风险性。由于规模大、发展快，存在技术和管理力量难以充分保证的客观原因，加上对地下工程安全风险的认识不客观、风险管理不科学、风险管理投人不到位的主观原因，造成城市轨道交通地下工程建设中事故频发，形势非常严峻，令人担忧！

随着轨道交通工程规模的快速增长，安全事故总体呈上升趋势，重大安全事故时有发生。面对国内轨道交通地下工程的安全形势，传统的经验型、事后型、人盯人的安全管理模式已无法应对，进行安全风险管理体系建设、技术及相关标准研究刻不容缓。因此，建立风险管理制度，对拟建和在建的城市地铁工程项目进行风险评估，继而进行风险控制十分必要，建立一套可执行的风险管理体系，实施规范化管理迫在眉睫。

### 31.8.1 施工安全与风险管理方法

(1) 风险类型

城市轨道交通地下工程建设应保障人员安全，减小对周边环境影响，将建设风险造成的各种不利影响、破坏和损失降低到合理、可接受的水平。根据风险损失进行分类，风险类型应包括以下几个方面。

① 人员伤亡风险。包括工程建设直接参与人员及场地周边第三方人员发生的伤害、死亡及职业健康危害等。

② 环境影响风险。包括施工对邻近各类建（构）筑物、道路、管线或其他设施等的破坏；工程建设活动对周边区域的土地与水资源的破坏、对动（植）物的伤害；施工发生的空气污染、光电磁辐射、光干扰、噪声及振动等；周边环境改变或第三方活动对工程造成的破坏。

③ 经济损失风险。

④工期延误风险。

⑤ 社会影响风险。

(2) 风险发生可能性与损失等级

城市轨道交通地下工程建设风险管理应根据工程建设阶段、规模、重要性程度及建设风险管理目标等制定风险等级标准。工程建设风险等级标准宜以长度在10m以上的城市轨道交通单条线路为基本建设单位制定。工程建设风险等级标准应按风险发生可能性及其损失进行划分。

风险发生可能性等级标准宜采用概率或频率表示，可参考表31.14的规定。

风险损失等级标准宜按损失的严重程度划分为五级，可参考表31.15的规定。

工程建设人员和第三方伤亡等级标准宜按风险可能导致的人员伤亡类型与数量划分为五级，可参考表31.16的规定。

**表31.14 风险发生可能性等级标准**

| 等级 | 1 | 2 | 3 | 4 | 5 |
|---|---|---|---|---|---|
| 可能性 | 频繁的 | 可能发生的 | 偶尔发生的 | 很少发生的 | 不可能的 |
| 概率 | $P\geqslant10\%$ | $1\%\leqslant P<10\%$ | $0.1\%\leqslant P<1\%$ | $0.01\%\leqslant P<0.1\%$ | $P<0.01\%$ |

**表31.15 风险损失等级标准**

| 等级 | A | B | C | D | E |
|---|---|---|---|---|---|
| 严重程度 | 灾难性的 | 非常严重的 | 严重的 | 需考虑的 | 可忽略的 |

**表31.16 工程建设人员和第三方伤亡等级标准**

| 对象 | 等级 | | | | |
|---|---|---|---|---|---|
| | A | B | C | D | E |
| 建设人员 | 死亡(含失踪)10人 | 死亡(含失踪)3～9人,或重伤10人以上 | 死亡(含失踪)1～2人,或重伤2～9人 | 重伤1人,或轻伤2～10人 | 轻伤1人 |
| 第三方 | 死亡(含失踪)1人以上 | 重伤2～9人 | 重伤1人 | 轻伤2～10人 | 轻伤1人 |

城市轨道交通地下工程环境影响等级标准宜按建设对周边环境的影响程度划分为五级，导致周边区域环境影响的等级标准符合表 31.17 的规定。

针对不同的工程类型、规模和工期，根据关键工期延误量，工期延误标准可采用两种不同单位进行分级，短期工程（建设工期 2 年以内，含 2 年）采用天（d）为单位，长期工程（建设工期 2 年以上）采用月为单位。工期延误等级标准应符合表 31.18 的规定。

（3）风险等级分级标准

根据风险发生的可能性和损失等级，工程建设风险等级标准宜分为四级，并符合表 31.19 的规定。

针对不同等级风险，应采用不同的风险处置原则和控制方案，风险接受准则应符合表 31.20 的规定。

（4）施工阶段风险管理主要内容

施工准备期：

① 管理目的。通过加强施工准备期的施工安全设计交底、地质踏勘、环境核查和空洞普查、安全风险深入识别及风险工程分级调整等，加强施工过程的安全风险监控、评估预警、信息报送和预警处理等风险预防和控制措施，及时发现安全隐患并采取有效控制措施，避免工程事故和环境事故的发生。

② 管理职责

a. 建设各方施工风险分析及职责划分。

b. 制定现场工程建设风险管理实施制度。

c. 编制关键节点工程建设风险管理专项文件。

d. 编制突发事件或事故应急预案。

e. 必须实施动态风险管理。

f. 应编制风险控制预案，建立重大风险事故呈报制度。

③ 管理内容

a. 施工安全设计交底。

b. 地质踏勘、环境核查和空洞普查及分析。

c. 设计文件分析。

d. 风险因素深入识别与风险工程分级调整。

e. 安全专项施工方案的编制与审查。

f. 施工风险预告。

g. 征地、拆迁、管线改迁、交通疏解及场地准备等风险分析。

h. 邻近建（构）筑物（包括建筑物、管线、道路、既有轨道交通）的影响风险分析。

i. 工程建设工期及进度安全风险分析。

j. 工程施工组织设计及技术方案可行性风险分析。

k. 施工监测布置及监测预警标准风险分析。

l. 现场风险管理制度及组织的建立。

m. 现场施工安全防范措施及抢险物资准备。

**表 31.17 环境影响等级标准**

| 等级 | 影响范围及程度 |
|---|---|
| A | 涉及范围非常大,周边生态环境发生严重污染或破坏 |
| B | 涉及范围很大,周边生态环境发生较严重污染或破坏 |
| C | 涉及范围大,周边生态环境发生污染或破坏 |
| D | 涉及范围小,周边生态环境发生轻度污染或破坏 |
| E | 涉及范围很小,周边生态环境发生少量污染或破坏 |

**表 31.18 工期延误等级标准**

| 对象 | 等级 | | | | |
|---|---|---|---|---|---|
| | A | B | C | D | E |
| 长期工程 | 延误大于 9 个月 | 延误 6～9 个月 | 延误 3～6 个月 | 延误 1～3 个月 | 延误少于 1 个月 |
| 短期工程 | 延误大于 90d | 延误大于 60～90d | 延误大于 30～60d | 延误大于 10～30d | 延误少于 10d |

**表 31.19 风险等级标准**

| 损失等级 / 可能性等级 | | A | B | C | D | E |
|---|---|---|---|---|---|---|
| | | 灾难性的 | 非常严重的 | 严重的 | 需考虑的 | 可忽略的 |
| 1 | 频繁的 | Ⅰ级 | Ⅰ级 | Ⅰ级 | Ⅱ级 | Ⅲ级 |
| 2 | 可能发生的 | Ⅰ级 | Ⅰ级 | Ⅱ级 | Ⅲ级 | Ⅲ级 |
| 3 | 偶尔发生的 | Ⅰ级 | Ⅱ级 | Ⅲ级 | Ⅲ级 | Ⅳ级 |
| 4 | 很少发生的 | Ⅱ级 | Ⅲ级 | Ⅲ级 | Ⅳ级 | Ⅳ级 |
| 5 | 不可能的 | Ⅲ级 | Ⅲ级 | Ⅳ级 | Ⅳ级 | Ⅳ级 |

**表 31.20 风险接受准则**

| 等级 | 接受准则 | 处置措施 | 控制方案 | 应对部门 |
|---|---|---|---|---|
| Ⅰ级 | 不可接受 | 必须采取风险控制措施降低风险,将风险降低至可接受水平 | 应编制风险预警与应急处置方案,或进行方案修正或调整 | 政府主管部门、工程建设各方 |
| Ⅱ级 | 不愿接受 | 必须加强监测,采取风险处理措施降低风险等级,且降低风险的成本不应高于风险发生后的损失 | 应实施风险防范与监测,制定风险处置措施 | |
| Ⅲ级 | 可接受 | 宜实施风险管理,可采取风险处置措施 | 宜加强日常管理与检测 | 工程建设各方 |
| Ⅳ级 | 可忽略 | 可实施风险管理 | 可开展日常审视检查 | |

n. 设计方应配合开展施工图设计风险交底，应根据现场施工反馈信息，对施工图设计风险进行动态管理。

④ 风险识别要点

a. 自然灾害风险。

b. 不良工程地质及水位地质和不明障碍物等。

c. 施工机械与设备，施工技术、工艺、材料等。

d. 周边环境影响因素。

e. 其他各类突发事件。

⑤ 风险评估要点

a. 征地、拆迁、管线改迁、交通疏解及场地准备等的风险评估。

b. 场地地质条件风险分析与评估。

c. 邻近建（构）筑物等周边环境的影响风险分析与评估。

d. 工程建设工期及进度安排风险分析与评估。

e. 工程施工组织设计及技术方案可行性风险分析与评估。

f. 施工监测点布置及监测预警风险分析与评估。

施工期：

① 管理目标。城市轨道交通地下工程风险管理是工程建设风险管理过程核心，也是工程建设风险能否得到有效控制的关键。

② 管理内容

a. 施工中的风险辨识和评估。

b. 编制现场施工风险评估报告，并应以正式文件发送给工程建设各方，经各方交流后形成现场风险管理实施文件记录。

c. 施工对邻近建（构）筑物的影响风险分析。

d. 施工风险动态跟踪管理。

e. 施工风险预警预报。

f. 施工风险通告。

g. 现场重大事故上报及处置。

h. 安全风险监控、评估与预警的信息报送。

i. 参与审查安全风险有关的施工方案或专项方案。

j. 随施工进度工点风险源的动态更新与增补。

k. 现场安全风险巡视。

l. 风险源动态预告与提示。

m. 各类方案变更的风险评估与管理。

n. 应急救援机制（包括组织体系、信息报送与反馈、应急响应等）。

o. 视频管理。

③ 风险辨识要点

a. 邻近或穿越既有或保护性建（构）物、军事区、地下管线设施区等。

b. 穿越地下障碍物段施工。

c. 浅覆土层施工。

d. 小曲率区段施工。

e. 大坡度区段施工。

f. 小净距隧道施工。

g. 穿越江河段施工。

h. 特殊地质条件或复杂区段施工。

④ 风险评估要点

a. 施工过程中动态的风险辨识及评估。

b. 施工过程中对邻近建筑物的影响风险分析与评估。

c. 施工过程中动态风险跟踪与管理。

d. 施工过程中重大风险源动态分级与评估。

### 31.8.2 施工安全检查的主要内容

(1) 安全风险管理监督及检查

在施工阶段，风险处于动态变化过程，现场情况也瞬息万变，工程风险管控形势最为严峻，需要定期开展风险管控情况的监督检查及考核，以确保工程各重大风险始终处于严密监控状态，现场工程风险管理体系始终处于最优化运行状态，才能保障工程整体实施顺利推进。

(2) 检查内容

城市轨道交通工程因地质条件复杂，施工难度较大，项目实施过程中必然遇到较多的安全风险隐患，为有效、及时发现并消除安全隐患，结合城市轨道交通工程安全检查指南中对各参建单位的职责要求，建立安全风险管理监督及检查制度，通过检查实现对现场风险管控情况全面把控。

① 国家法律、法规、部门规章制度的执行情况。各参建单位在城市轨道交通工程建设期间关于质量安全相关法律法规、标准规范及规范性文件贯彻执行情况。

② 相关管理制度落实情况检查。根据风险管理规范及相关管理办法和实施细则规定，各参建单位，如施工单位、监理单位、设计单位等承担各方主体相关责任落实情况，如设计单位制定风险源的控制指标、施工单位进行风险源的辨识和评估、监理单位进行风险源实施监理等。

③ 工程安全风险情况检查。城市轨道交通工程建设期间，各单位根据设计图纸实施工程实体质量情况，施工现场安全隐患排查、治理情况，安全生产标准化工作开展情况的检查。

④ 专项方案、措施落实情况检查

a. 检查施工单位编制的风险源专项施工控制方案编制及校审流程。

b. 检查专项方案措施落实情况。

(3) 风险源发布、跟踪、更新及控制措施

现场通过对风险源进行辨识评估后将重大风险源清单提交给地铁公司，由地铁公司对重大风险源清单进行汇总发布。施工单位根据重大风险源清单制定专项保护方案，方案应经过专家评审。在过程中通过日常巡视、信息系统、安全风险周报和月报等形式对重大风险源进行跟踪。随着工程施工进度变化，原辨识重大风险源情况发生了重大变化，有的风险源已灭失，有的由于发生设计变更、前期风险辨识过程中存在遗漏和评估等级与实际不符、新增风险源等情况，风险源发生一定变化，现场需根据实际情况定期对风险源进行更新。

(4) 重大风险源公示

根据《城市轨道交通地下工程建设风险管理规范》、《危险性较大的分部分项工程安全管理办法》、重大风险清单等文件设立风险源公示牌，结合工点工况进度及施工安排，提前对即将施工的工序和部位存在的安全风险进行公示，内容包含危险源、防范及预控措施、可能造成的伤害等，便于进行土建施工期间的动态风险管控。

## 31.9 专项工程施工安全

### 31.9.1 钢结构工程

(1) 钢结构工程施工中的安全防护要点

① 高空坠落问题的预防。安装使用的工具，如扭矩扳手、撬棍、角磨机等应采用安全保护绳，防止坠落。随手用的螺栓垫片等应放入工具袋。施工作业中所有可能坠落的物件，应一律先进行撤除或加以固定。在高空用气割或电焊切割时，应采取措施防止割下的金属、熔珠或火花落下伤人。

② 高空坠物伤人的预防。高空作业人员所携带各种工具、螺栓等应在专用工具袋中放好，在高空传递物品时，应挂好安全绳，不得随便抛掷，以防伤人。吊装时不得在构件上堆放或悬挂零星物件，零星物件应用专用袋子上、下传

递。构件绑扎必须牢固，起吊点应通过构件的重心位置。吊开时应平稳，避免振动或摆动，在构件就位或固定前，不得解开吊装索具，以防构件坠落伤人。对于钢梁的吊装，由于钢梁为不规则工字钢，绑扎点容易滑动，故特制一吊装悬挂点用的专用 $\delta=14$mm 厚钢连接板，并用螺栓与钢梁上弦紧固。起吊构件时，速度不能太快，不能在高空停留太久，严禁猛升、降，以防构件脱落。构件安装后，应检查各构件的连接和稳定情况，当连接确实安全可靠，方可松钩、卸索。吊装高空对接构件时需绑好溜绳，控制其方向。雨天作业时，应采取必要的防滑措施，夜间作业应有充足的照明。特别指出，对于夹层吊装时的松钩、卸索，施工人员应站在稳固可靠的梯子之上。严禁在高空向下抛掷物料。

③ 起重设备作业要求。吊装时吊机应有专人指挥，指挥人员应位于吊机司机视力所及地点，应能清楚地看到吊装的全过程，起重工指挥手势要准确无误，哨音要明亮，吊机司机要精力集中，服从指挥，并不得擅自离开工作岗位。吊装过程中因设备出现故障中断作业时，必须采取措施进行处理，不得使构件长时间处于悬空状态。风力大于 6 级时禁止吊装作业。非司机人员不能擅自进入驾驶室，起重机停止作业时，应刹住回转及行走机构。起重设备不允许在斜坡道上工作，不允许起重机两边高低差相差太多。当场地条件差，如土质松软，履带吊下虽有走道板铺垫，但雨后土质会变得更松软，为防止履带吊在行走和吊装时倾倒，现场需有其他机械配合进行再次平整、压实，避免发生事故。

④ 吊装后结构失稳的预防。构件吊装就位后，应经初校和临时固定或连接可靠后方可以卸钩，最后稳定后方可拆除固定工具或其他稳定装置。屋盖构件吊装，及时进行固定并安好屋面支撑系统，以保持结构稳定。长细比较大的构件，未经就位临时固定组成一稳定单元体系前，应设溜绳子加地锚固定。对于整体校正后符合要求的空间体系，应对所有连接螺栓进行检查，并紧固达到要求，以保证其成为一个稳定的空间刚度单元。

(2) 钢结构的安全施工措施

施工企业，在钢结构安装与防护工作中，应建立科学有效的保障体系和操作规范，可以以项目经理为安全施工第一责任人，对现场的安全施工全面负责。施工队长为安全施工的具体领导者，负责现场本队施工区域的安全施工。安全文明管理员为现场安全施工的专职人员，负责安全施工的教育、监督、检查。班组长安全员负责本班组施工区域的安全施工，执行具体安全施工措施。明确安全施工责任，责任到人，层层负责，切实地将安全施工落到实处。贯彻国家劳动保护政策，严格执行企业有关安全、文明施工管理制度和规定。施工现场建立项目经理负责制度，贯彻“谁施工，谁负责安全”的制度。进入施工现场需戴安全帽。施工机械、机具每天使用前例行检查，特别是钢丝绳、安全带每周还应进行一次性能检查，确保完好。安装过程中应考虑到现场机具、设备、已完成工程的安全防护。当风速为 10m/s 时，吊装工作应该停止；当风速达到 15m/s 时，所有工作均应停止。安装和搬运构件、板材时应戴好手套。吊装时钢丝绳如出现断股、断钢丝和缠结要立即更换。特殊工种持有效证上岗。一天工作结束时，要使安装的建筑物得到正确支撑，以免发生意外。钻孔时始终要戴好防护镜。做好现场的安全防护措施，按规定搭设脚手架并经检查合格后方可使用。在安装墙板时，使用的移动脚手架的每层操作平台要固定牢固，并做防滑措施，拉好防护绳，扣好安全带。移动脚手架与墙体有两个以上拉接点，并在外侧设两道抛撑。抛撑需固定在坚实有承载力的地面上。移动前要清除前方道路的障碍物，填平坑洼地，压实路面方可向前移动。在实施每一项任务前，应对安装工人反复讲明安全事项。采用二级安全监督体系，实现安全教育和安全检查。

### 31.9.2 建筑幕墙工程

(1) 幕墙安全施工技术措施

① 进入现场必须戴安全帽，高空作业必须系好安全带、携带工具袋，严禁高空坠物，严禁穿拖鞋、凉鞋进入工地。

② 禁止在外脚手架上攀爬，必须由通道上下。

③ 幕墙施工下方禁止人员通行和施工。

④ 现场电焊时，在焊接下方应设接火斗，防止电火花溅落引起火灾或烧伤其他建筑成品。

⑤ 在 6 级以上大风、大雾、雷雨天气严禁高空作业。

⑥ 所有施工机具在施工前必须进行严格检查，如对手持吸盘应检查吸附质量和进行持续吸附时间试验，对电动工具需做绝缘电压试验。

⑦ 所有幕墙材料的吊运必须安全可靠，捆绑要牢固，吊运 时要有专人指挥。

⑧ 在高层幕墙安装施工与上部结构施工交叉作业时，结构施工层下方应架设防护网，并应搭设挑出 6m 的水平安全网。

⑨ 施工前，项目经理、技术负责人要对工长及安全员进行技术交底，工长和安全员要对全体施工人员进行技术交底和安全教育，每道工序都要做好施工记录和质量自检。

(2) 幕墙施工安全管理

① 坚持“安全第一、预防为主”的方针，建立、健全安全保障体系，明确安全责任目标。对职工经常进行安全教育，定期开展安全活动，充分认识安全生产的重要性。

② 落实安全责任，实施责任管理；针对项目建立、完善以项目经理为首的安全生产领导组织，有组织、有领导地开展安全管理活动，明确各级人员的安全责任，承担组织、领导安全生产的责任。

③ 认真执行国家的安全生产法规。同时，结合工程特点，制定安全生产制度和奖罚条例，并认真执行。

④ 走道板材质要符合规定，铺设牢靠，不得出现翘头。电焊作业台搭设力求平衡、安全，周围应有防护栏杆。所有设置在高空的设备、机具，必须放置在指定地点，避免载荷过分集中。

⑤ 所有安全设施由专业人员按规定统一设置，不得随便拆动，若需拆动要经过施工主管允许，事后要及时恢复。

⑥ 各种施工机械编制操作规程和操作人员岗位责任制，专机专人使用保管，机操人员必须持证上岗。

⑦ 坚持安全教育制度，提高安全防护意识，使员工明确“三不”原则，即不伤害自己、不伤害别人、不被别人伤害。

⑧ 建立定期安全检查、安全会议制度，及时消除隐患，做到“三定”，即定人、定时间、定措施。

### 31.9.3 机电安装工程

(1) 各种电气设备安装

① 进行吊装作业前，索具、机具必须先经过检查，不合格者不得使用。

② 安装使用的各种电气机具要符合《施工现场临时用电安全技术规范》(JGJ 46—2005) 的要求。

③ 在进行变压器、电抗器干燥，变压器油过滤时应慎重，备好消防器材。

④ 设备安装完暂时不能送电运行的变配电室、控制室门窗应封闭，设置保安人员。注意土建施工的影响，防止室内潮湿。

⑤ 对柜（屏、台）箱（盘）保护接地的电阻值、PE 线和 PEN 线的规格、中性线重复接地应认真检查，要求标识

明显，连接可靠。

⑥ 电机干燥过程中应有专人看护，配备灭电气火灾的防火器材，严格注意防火。

⑦ 电机抽芯检查施工中应严格控制噪声污染，注意保护环境。

⑧ 电气设备外露导体必须可靠接地，防止设备漏电或运行中产生静电火花伤人。

(2) 柴油发电机组安装

① 柴油发电机组对人体有危险的部分必须贴危险标志。

② 维修人员必须经过培训，不能独自一人在机器旁维修，这样一旦发生事故时能及时得到帮助。

③ 维修时禁止启动机器，可以按下紧急停机按钮或拆下启动电瓶。

④ 在燃油系统施工和运行期间，不允许有明火、烟、机油、火星或其他易燃物接近柴油发电机组和油箱。

⑤ 燃油和润滑油碰到皮肤会引起皮肤刺痛，如果油碰到皮肤上，立即用清洗液或水清洗皮肤；如果皮肤过敏（或手部有伤者），要戴上防护手套。

⑥ 如果蓄电池使用的是铅酸电池，如要与蓄电池的电解液接触，一定要戴防护手套和特别的眼罩。

⑦ 蓄电池中的稀硫酸具有毒性和腐蚀性，接触后会烧伤皮肤和眼睛。如果硫酸溅到皮肤上，应用大量清水清洗，如果电解液进入眼睛，应用大量的清水清洗并立即去医院就诊。

⑧ 制作电解液时，先把蒸馏水或离子水倒入容器，然后加入酸，缓缓地不断搅动，每次只能加入少量酸。不要往酸中加水，酸会溅出。制作时要穿上防护衣、防护鞋，戴上防护手套，蓄电池使用前要将电解液冷却到室温。

⑨ 三氯乙烯等除油剂有毒性，使用时注意不要吸进它的气体，也不要溅到皮肤和眼睛上；在通风良好的地方使用，要穿戴劳保用品保护手、眼和呼吸道。

⑩ 如果在机组附近工作，对耳朵要采取保护措施，如果柴油发电机组外有罩壳，则在罩壳外不需要采取保护措施，但进入罩壳内则需采取。在需要耳部保护的区域标上记号，尽量少去这些区域。若必须要去，则一定要使用护耳器。

⑪ 不能用湿手，或站在水中和潮湿地面上触摸电线和设备。

⑫ 不要将发电机组与建筑物的电力系统直接连接。电流从发电机组进入公用线路是很危险的，这将导致人员触电死亡和财产损失。

(3) 低压电气动力设备试验和试运行

① 凡从事调整试验和送电试运的人员，均应戴手套，穿绝缘鞋，但在用转速表测试电机转速时，不可戴线手套。推力不可过大或过小。

② 试运通电区域应设围栏或警告指示牌，非操作人员禁止入内。

③ 对即将送电或送电后的变配电室，应派人看守或上锁。

④ 带电的配电箱、开关柜应挂上“有电”的警示牌。在停电的线路或设备上工作时，应在断电的电源开关、盘柜或按钮上挂上“有人工作”“禁止合闸”等警示牌（电力传动装置系统及各类开关调试时，应将有关的开关手柄取下或锁上)。

⑤ 凡在架空线上或变电所引出的电缆线路上工作时，必须在工作前挂上地线，工作结束后撤除。

⑥ 凡临时使用的各种线路（短路线、电源线)、绝缘物和隔离物，在调整试验或试运后应立即清除，恢复原状。

⑦ 合理选择仪器、仪表设备的量程和容量，不允许超容量、超量程使用。

⑧ 试运的安全防护用品未准备好时，不得进行试运。参加试运的指挥人员和操作人员，应严格按试运方案、操作规程和有关规定进行操作，操作及监护人员不得随意改变操作命令。

(4) 裸母线、封闭母线、插接式母线安装

① 安装用的梯子应牢固可靠，梯子放置不应过陡，其与地面夹角以60°为宜。

② 材料要堆放整齐、平稳，并防止磕碰。

③ 施工中的安全技术措施，应符合《电气装置安装工程 母线装置施工及验收规范》(GB 50149—2010) 和现行有关安全技术标准及产品的技术文件规定。对重要工序，应事先制定安全技术措施。

(5) 电缆敷设和电缆头制作

① 采用撬杠撬动电缆盘的边框敷设电缆时，不要用力过猛，不要将身体伏在撬杠上面，并应采取措施防止撬杠脱落、折断。

② 人力拉电缆时，用力要均匀，速度要平稳，不可猛拉猛跑，看护人员不可站于电缆盘的前方。

③ 敷设电缆时，处于电缆转向拐角的人员，必须站在电线弯曲半径的外侧，切不可站在电缆 弯曲半径的内侧，以防挤伤事件发生。

④ 敷设电缆时，电缆过管处的人员必须做到：接迎电缆时施工人员的眼及身体的位置不可直对管口，防止挫伤。

⑤ 拆除电缆盘木包装时，应随时拆除、随时整理，防止钉子扎脚或损伤电缆。

⑥ 推盘的人员不得站在电缆盘的前方，两侧人员站位不得超过电缆盘轴心，防止压伤事故发生。

⑦ 在已送电运行的变电室沟内进行电缆敷设时，必须做到电缆所进入的开关柜停电。

⑧ 施工人员操作时应有防止触及其他带电设备的措施(如采用绝缘隔板隔离)。

⑨ 在任何情况下与带电体操作安全距离不得小于1m(10kV以下开关柜)。

⑩ 电缆敷设完毕，如余度较大，应采取措施防止电缆与带电体接触（如绑扎固定)。

⑪ 在交通道路附近或较繁华的地区进行电缆施工时，电缆沟要设栏杆和标志牌，夜间设标志灯（红色)。

⑫ 电缆头制作环境应干净卫生，无杂物，特别是应无易燃易爆物品，应认真、小心使用喷灯，防止火焰烤到不需加热部位。

⑬ 电缆头制作安装完成后，应工完场清，防止化学物品散落在现场。

(6) 照明灯具、开关、插座、风扇安装

① 登高作业应注意安全，正确佩戴个人防护用品。

② 人字梯应放置平稳牢靠，并有防滑链。

③ 严禁两人在同一梯子上作业。

④ 施工场地应做到工完料清，灯具外包装及保护用泡沫塑料应在收集后集中处理，严禁焚烧。

(7) 接地装置安装

① 进行接地装置施工时，如位于较深的基槽内，应注意高空坠物并做好护坡等处理。

② 进行电焊作业时，电焊机应符合相关规定并使用专用闸箱，必须做到持证上岗，施工前清理易燃易爆物品，设专门看火人及相应灭火器具。

③ 进行气焊作业时，氧气、乙炔瓶放置间距应大于5m，设有检测合格的氧气表、乙炔表并设防回火装置，同时必须做到持证上岗，设专门看火人及相应灭火器具。

④ 雨雪天气时禁止在室外进行电焊作业。

⑤ 接地极、接地网埋设结束后，应对所有沟、坑等及时回填，如作业时间较长，应注意保持开挖土方湿润，避免扬尘污染。

⑥ 凡在居民稠密区进行强噪声作业的，必须严格控制作业时间，一般不得超过 22h。

### 31.9.4　装饰装修工程

(1) 抹灰、饰面施工安全要求

① 在楼层进行施工时，楼面上堆置的材料，如砂石、石灰、水泥饰面材料等，其重量不得超过楼面设计的荷重，并分散对放。

② 室内抹灰使用的活动钢（木）脚手架或钢管、竹、木搭设的脚手架均应平稳可靠，脚手板跨度不得大于 2m，架上堆放材料不应过于集中，在同一跨度内操作人员不超过两人。

③ 禁止在门窗、暖气片、洗脸池等器物上搭设脚手板。在阳台部位抹灰时，外侧应设防护栏杆或挂安全网。严禁踏踩在脚手架的防护栏杆和阳台板上进行操作。

④ 在外墙进行抹灰（或饰面）时，料具堆放重量不得超过脚手架的容许荷载。操作前应对脚手架进行检查，如有损坏应及时修理加固。严禁踩踏脚手架防护栏杆操作和攀附脚手架上下。

⑤ 外墙抹灰（或饰面）工序一般由上而下，如需上下同时操作时，应在脚手架与墙身的空隙部位采取遮隔防护措施。

⑥ 进行天花抹灰时脚手板应铺设平顺，无较大的孔洞。

⑦ 贴面使用的预制件、大理石、花岗岩、锦砖等材料，应堆放整齐平稳，边用边运，铺设各种较重饰件（人工或天然大理石、花岗岩、锦砖等）起重安装要小心，操作人员要互相协调一致，在四面确认已经扎稳或黏结牢靠时，才能互相通知入手或拆除临时支撑工具。在楼层施工的正下方应有遮隔防护措施；如无遮隔防护措施，应禁止行人进入。

⑧ 脚手板上的料具应堆放稳妥，禁止从架上掷落，吊线使用的砖块或吊锤应绑扎牢固，防止坠落伤人。

⑨ 斩假石（剁斧石）操作前应先检查斧头和木柄是否牢靠，操作时要戴防护眼镜。

⑩ 使用水磨石切割机应遵守下列要求：

a. 启动前检查电机，电器应正常，接地（接零）保护良好，机械防护装置齐全有效，锯片选用符合要求，安装正确。然后进行空载运转，确认正常后方可作业。

b. 操作人员双手按紧工件，匀速送料，不得用力过猛，操作时不得戴手套。

c. 加工件送到锯片距离 30cm 处或切割小块水磨石应使用专用工具，送料时不得直接用手推料。

d. 作业中，严禁工件冲击、跳动现象发生。发生异常声响立即停机检查，排除故障后，方可继续作业。

e. 锯台上碎屑应用专用工具随时清除，不得用手拣拾或抹拭。

⑪ 使用机械摸灰时，除按《砌筑施工机械》中的“灰浆输送泵”和有关要求执行外，还应遵守下列要求：

a. 拿喷枪的操作人员，必须戴防护眼镜；

b. 当进行脚手架或远距离作业时，要有人协助抱管。在转移房间时，应关闭气阀，喷头朝下；

c. 在喷射进行中不得中途将管屈折停喷，以防爆管及伤人。

⑫ 干挂饰面板，必须遵守如下要求：

a. 干挂饰面板是一种新工艺，安装工人进场前应受到专门培训，并对其做详细的安全、技术交底方能上岗操作。

b. 饰面块材的规格大小必须适合当地的最大风力及抗震要求，并严格注意排除有开裂、隐伤的块材。

c. 金属挂件所采用的构造方式、数量，要同块材外形规格的大小及其重量相适应。

d. 所有块材、挂件及其零件均应按常规方法进行材质定量检验。

e. 应配备专职检测人员及专用测力扳手，随时检测挂件安装的操作质量，务必排除结构基层上有松动的螺栓和紧固螺母的旋紧力未达到设计要求的情况，其抽检数量按 1/3 进行。

f. 一切用电设备必须遵守《施工现场临时用电安全技术规范》(JGJ 46—2005）的规定。

g. 现场棚加强、平台或脚手架，必须安全牢固，脚手板上只准堆放单层石材，不得堆放与干挂施工无关的物品；需要上下交叉作业时，应互相错开，禁止上下同一工作面操作，并应戴好安全帽。

h. 室内外运输道路应平整，石块材料放在手推车上运输时应垫以松软材料，两侧宜有人扶持以免碰损和砸脚伤人。

i. 块材钻孔、切割应在固定的机架上，并应由经过专业岗位培训的人员操作，操作时应戴防护眼镜。

(2) 油漆、喷涂、刷浆施工安全要求

① 操作前，必须检查脚手架、梯子是否安全牢固，脚手板有无孔洞或探头等，如发现有不安全之处，应进行修理加固后方可作业。

② 高处作业（如上立杆或烟囱涂刷埋件等）时，要系好安全带、搭设安全网，或两者同时配置。

③ 雨后初晴，脚手架、梯子和屋面受潮易滑跌，应采取防滑措施，或待稍干后方可进行操作。

④ 梯子脚部要包裹麻布或胶皮，用人字梯在光滑地面操作时，必须先检查拉绳（或链条）是否拴紧，仰角不得小于 60°，防止人员上下扶梯时跌伤。

⑤ 木金字架在安装前，不应在架上涂抹油漆，以防高处作业人员滑脚跌落。

⑥ 在有电源的房间操作时，应先关闭电闸，闸门加锁，在机械设备附近操作时，必须在机械停机后进行。

⑦ 各类油漆，因其易燃或有毒，应存放在专用库房内，不准与其他材料混堆，对挥发性油料必须存放于密闭容器内，必须设专人保管。

⑧ 油漆涂料库房应有良好的通风，并设置消防器材，悬挂醒目的“严禁烟火”的标志，库房与其他建筑应保持一定的安全距离，严禁住人。

⑨ 使用煤油、汽油、松香水等易燃调配油料，佩戴好防护用品，禁止吸烟。

⑩ 沾染油漆或稀释油类的棉纱、破布等物，应全部收集存放在有盖的金属箱内，待不能使用时应集中销毁或用碱将油污洗净以备再用。

⑪ 用钢丝刷、板锉、气动或电动工具清除铁锈、铁鳞时，要戴上防护眼镜，在涂刷红丹防锈漆及含铅颜料的油漆时，要注意防止中毒，操作时戴口罩。用喷沙除锈，喷嘴接头要牢固，不准对人。喷嘴堵塞时，应停机消除压力后，方可进行修理或更换。

⑫ 刷涂耐酸、耐腐蚀的过氯乙烯漆时，由于气味较大、有毒性，在刷漆时应戴上防毒口罩，每隔 1h 到室外换气一次，同时还应保持工作场所良好的通风。

⑬ 使用天然漆（生漆）时由于有毒性，操作时要防止中毒，操作前先用软凡士林油膏涂抹两手及面部，用以封闭外露皮肤毛细孔。操作时要佩戴好口罩和手套。若手上沾染漆污时，可用煤油、豆油擦拭干净，不应用松香水或汽油洗涤，禁止用已沾漆的手去碰身体别的部位。中毒后应停止工

作，可用杉木或香樟木熬煎的温水洗刷患处或去医院治疗。

⑭ 油漆窗子时，严禁站或骑窗槛上工作台，以防槛断人落。

⑮ 涂刷外开窗时，应将安全带挂在牢靠的地方，刷封檐板应利用外装修架或搭设挑架进行，刷落水管也应利用外架或单独搭设吊架进行。

⑯ 刷涂坡度大于 25°的铁皮屋面时，应设置活动板梯、防护栏和安全网。

⑰ 夜间作业时，应采取防爆照明。涂刷大面积场地时，室内照明和电气设备必须按防爆等级规定进行安装。

⑱ 容器内喷涂，必须保持良好通风，一般应尽量在露天喷涂，作业场所的周围不得有火种。

⑲ 喷涂时，如发现喷枪出漆不匀，严禁对着喷嘴察看，可调整出气嘴和出漆嘴之间的距离来解决，最好在施工前用水代替漆进行试喷，无问题后再正式进行。

⑳ 喷涂对人体有害的油漆涂料时要戴防毒口罩，如对眼睛有害，必须戴上密封式的眼镜进行防护。

㉑ 喷涂硝基漆或其他发挥性、易燃性溶剂稀释的涂料时，不准使用明火或吸烟。

㉒ 为避免静电聚集，喷漆室（棚）或罐体涂漆应设有接地保护装置。

㉓ 在室内或容器内喷涂时应隔 2h 左右到室外换换空气。

㉔ 大面积喷涂时，电气设备必须按防爆等级进行安装。

㉕ 喷涂作业人员进行施工时，感觉头痛、心悸和恶心时，应立即停止工作，远离工作地点到通风处换气，如仍不缓解，应去医院治疗。

㉖ 使用喷灯时，汽油不得过满，打气不得过足，应在避风处点燃喷灯，火嘴不直接对人和易燃物品。使用时间不宜过长，以免发生爆炸。停歇时应立即熄火。

㉗ 使用喷灰水机械，必须经常检查胶皮管有无裂缝，接头是否松动，安全阀是否有效。禁止用塑料管代替胶皮管。喷涂灰水，必须戴好防护眼镜、口罩及手套，工作完要洗净胶皮管，下班后要切断电源。手上沾有灰水时，不准开关电闸，以防触电。

㉘ 使用高压无气喷涂泵必须遵守如下要求：

a. 喷涂燃点在 21℃以下的易燃涂料（如硝基纤维素等）时，喷涂泵和被喷涂物件均应接地（接零）。喷涂泵不得放置在喷涂作业同一房间内。

b. 喷枪专用的高压软管，不得任意代用，软管接头应为具有规定强度的导电材料制成，其最大电阻不超过 1MΩ。

c. 作业前检查电机、电器、机身应接地（接零）良好，检查吸入软管、回路软管接头和压力表，高压软管与喷枪均应连接牢固。

d. 作业前应先空载运转，然后使用水或溶剂进行运转检查，确定运转正常后，方可作业。

e. 作业中喷枪严禁对人，不得用手碰触喷出的涂料，发生喷射受伤应立即送医院治疗。

f. 喷涂过程中高压软管的最小弯曲不得小于 150mm。

g. 停止喷涂时，应切断电源，关上喷枪安全锁，卸去压力，将喷枪放在溶剂桶内。

h. 喷嘴堵塞时，应先卸压，关上安全锁，然后拆下喷嘴进行清洗。排除喷嘴孔堵塞时，应用竹木等进行，不得用铁丝等坚硬物品当作通针。

i. 清洗喷枪时，不得把涂料（尤其是燃点在 21℃以下的涂料）喷回密闭的容器里。

（3）玻璃安装要求

① 搬运玻璃必须戴手套或用布、纸垫住玻璃边口部分及与身体裸露部分分隔，如数量较大应装箱搬运，玻璃片直立于箱内，箱底和四周要用稻草或其他软性物品垫稳。两人以上共同搬抬较大、较重的玻璃时，要互相配合。

② 裁割玻璃，应在指定场所进行。边角料要集中堆放在容器或木箱内，并及时处理。集中装配大批玻璃场所，应设置栏杆或标志。

③ 安装门窗玻璃时，禁止在无隔离防护措施的情况上下楼层同时操作，取出未安装上的玻璃应放置平稳。所用的小钉子、卡子和工具等放入工具袋内，随安随装。严禁将铁钉放在嘴里，安装玻璃的楼层下方，禁止人员来往和停留。

④ 独立悬空作业时必须挂好安全带，不准一手腋下夹住玻璃，一手扶梯攀登上下。使用梯子时，不论玻璃厚薄均不准将梯子靠在玻璃面上操作。

⑤ 安装高处外开窗时，应在牢固的脚手架上操作或挂好安全带，严禁无安全防护措施而蹲在窗框上操作。

⑥ 天窗及高层房屋安装玻璃时，施工点的下面及附近严禁行人通过，以防玻璃及工具掉落伤人。

⑦ 大屏幕玻璃安装应搭设吊架或挑架，从上而下逐层安装。

⑧ 门窗等安装好的玻璃应平整、牢固，不得有松动现象。在安装完后，应随即将风钩挂好，插上插销，以防风吹窗扇碰碎玻璃掉落伤人。

⑨ 安装屋顶采光玻璃，应铺设脚板或采取其他安全措施。

⑩ 安装完后所剩下的残余碎玻璃应及时清扫或集中堆放，并尽快处理，以避免伤人。

### 31.9.5 有限空间工程

有限空间是指在密闭或半密闭，进出口较为狭窄，未被设计为固定工作场所，自然通风不良，易造成有毒有害、易燃易爆物质积聚或氧含量不足的空间。

（1）有限空间作业安全管理

有限空间作业的建设单位，应在施工前向地下管线档案管理机构、地下管线权属单位取得施工现场区域内涉及地下管线的详细资料，并移交施工单位，办理移交手续。同时，应设专人对直接发包的有限空间作业施工单位进行协调和管理。

监理单位应对施工现场有限空间施工作业的专项方案进行审核，未经审核严禁施工单位擅自施工。监理单位应加强对有限空间施工作业的监理。

施工单位主要负责人应加强有限空间作业的安全管理，履行以下职责：

① 建立、健全安全生产责任制；

② 组织制定专项施工方案、安全操作规程、事故应急救援预案、安全技术措施等；

③ 保证安全投入，提供符合要求的通风、检测、防护、照明等安全防护设施以及个人防护用品；

④ 督促、检查本单位有限空间作业的安全生产工作，落实有限空间作业的各项安全要求；

⑤ 提供应急救援保障，做好应急救援工作；

⑥ 及时、如实报告生产安全事故。

有限空间作业施工，单位技术负责人应组织制定专项施工方案、安全作业操作规程、安全技术措施等，根据相关规定组织审批和专家论证等工作，并督促、检查实施情况。

有限空间作业施工单位安全生产监督管理部门应加强日常的监督检查，检查内容包括有限空间作业各项规定、规范的落实情况，有限空间作业施工现场的隐患排查情况，以及安全防护设施和个人防护用品的配备、检测、维护等情况。

施工单位应明确作业负责人、监护人员和作业人员。严禁在没有监护人的情况下作业。凡进入有限空 间作业的，施工总承包单位应实行作业审批制度，填写有限空间危险作业审批表，报项目负责人审批。未经审批的，任何人不得进入有限空间作业。同时，应配备符合国家标准的通风设备、检测设备、照明设备、通信设备和个人防护用品。防护装备应妥善保管，并严格按照规定进行检验、维护，以保证安全有效。

从事有限空间作业的特种作业人员应持有相应的资格证书，方可上岗作业。

(2) 有限空间作业安全技术

有限空间作业必须严格执行"先检测，后作业"的原则，根据施工现场有限空间作业实际情况，对有限空间内部可能存在的危害因素进行检测。在作业环境条件可能发生变化时，施工单位应对作业场所中危害因素进行持续或定时检测。

对随时可能产生有害气体或进行内防腐处理的有限空间作业时，每隔30min必须进行分析，如有一项不合格以及出现其他异常情况，应立即停止作业并撤离作业人员。现场经处理并经检测符合要求后，重新进行审批，方可继续作业。实施检测时，检测人员应处于安全环境，未经检测或检测不合格的，严禁作业人员进入有限空间进行施工作业。

检测指标应当包括氧浓度、易燃易爆物质浓度、有毒有害气体浓度等。检测工作应符合《工作场所空气中有害物质监测的采样规范》(GBZ 159—2004)。

有限空间作业前和作业过程中，可采取强制性持续通风措施降低危险，保持空气流通。严禁用纯氧进行通风换气。当有限空间作业可能存在可燃性气体或爆炸性粉尘时，施工单位应严格按上述要求进行"检测"和"通风"并制定预防、消除和控制危害的措施。同时，所用设备应符合防爆要求，作业人员应使用防爆工具，配备可燃气体报警仪器等。

### 31.9.6　危险性较大的分部分项工程

(1) 起重机械安装拆卸作业安全

① 起重机械安装拆卸作业必须按照规定编制、审核专项施工方案，超过一定规模的要组织专家论证。

② 起重机械安装拆卸单位必须具有相应的资质和安全生产许可证，严禁无资质、超范围从事起重机械安装拆卸作业。

③ 起重机械安装拆卸人员、起重机械司机、信号司索工必须取得建筑施工特种作业人员操作资格证书。

④ 起重机械安装拆卸作业前，安装拆卸单位应当按照要求办理安装拆卸告知手续。

⑤ 起重机械安装拆卸作业前，应当向现场管理人员和作业人员进行安全技术交底。

⑥ 起重机械安装拆卸作业要严格按照专项施工方案组织实施，相关管理人员必须在现场监督，发现不按照专项施工方案施工的，应当要求立即整改。

⑦ 起重机械的顶升、附着作业必须由具有相应资质的安装单位严格按照专项施工方案来实施。

⑧ 遇大风、大雾、大雨、大雪等恶劣天气，严禁进行起重机械安装、拆卸和顶升作业。

⑨ 塔式起重机顶升前，应将回转下支座与顶升套架可靠连接，并应进行配平。顶升过程中，应确保平衡，不得进行起升、回转、变幅等操作。顶升结束后，应将标准节与回转下支座可靠连接。

⑩ 起重机械加节后需进行附着的，应按照先装附着装置、后顶升加节的顺序进行。附着装置必须符合标准规范要求。拆卸作业时应先降节，后拆除附着装置。

⑪ 辅助起重机械的起重性能必须满足吊装要求，安全装置必须齐全有效，吊索具必须安全可靠，场地必须符合作业要求。

⑫ 起重机械安装完毕及附着作业后，应当按规定进行自检、检验和验收，验收合格后方可投入使用。

(2) 起重机械使用安全

① 起重机械使用单位必须建立机械设备管理制度，并配备专职设备管理人员。

② 起重机械安装验收合格后应当办理使用登记，在机械设备活动范围内设置明显的安全警示标志。

③ 起重机械司机、信号司索工必须取得建筑施工特种作业人员操作资格证书。

④ 起重机械使用前，应当向作业人员进行安全技术交底。

⑤ 起重机械操作人员必须严格遵守起重机械安全操作规程和标准规范要求，严禁违章指挥、违规作业。

⑥ 遇大风、大雾、大雨、大雪等恶劣天气，不得使用起重机械。

⑦ 起重机械应当按规定进行维修、维护和保养，设备管理人员应当按规定对机械设备进行检查，发现隐患及时整改。

⑧ 起重机械的安全装置、连接螺栓必须齐全有效，结构件不得开焊和开裂，连接件不得严重磨损和塑性变形，零部件不得达到报废标准。

⑨ 两台以上塔式起重机在同一现场交叉作业时，应当制定塔式起重机防碰撞措施。任意两台塔式起重机之间的最小架设距离应符合规范要求。

⑩ 塔式起重机使用时，起重臂和吊物下方严禁有人员停留。物件吊运时，严禁从人员上方通过。

(3) 基坑工程施工安全

① 基坑工程必须按照规定编制、审核专项施工方案，超过一定规模的深基坑工程要组织专家论证。基坑支护必须进行专项设计。

② 基坑工程施工企业必须具有相应的资质和安全生产许可证，严禁无资质、超范围从事基坑工程施工。

③ 基坑施工前，应当向现场管理人员和作业人员进行安全技术交底。

④ 基坑施工要严格按照专项施工方案组织实施，相关管理人员必须在现场进行监督，发现不按照专项施工方案施工的，应当要求立即整改。

⑤ 基坑施工必须采取有效措施，保护基坑主要影响区范围内的建（构）筑物以及地下管线安全。

⑥ 基坑周边施工材料、设施或车辆荷载严禁超过设计要求的地面荷载限值。

⑦ 基坑周边应按要求采取临边防护措施，设置作业人员上下专用通道。

⑧ 基坑施工必须采取基坑内外地表水和地下水控制措施，防止出现积水和漏水漏沙。汛期施工，应当对施工现场排水系统进行检查和维护，保证排水畅通。

⑨ 基坑施工必须做到先支护后开挖，严禁超挖，及时回填。采取支撑的支护结构未达到拆除条件时严禁拆除支撑。

⑩ 基坑工程必须按照规定实施施工监测和第三方监测，指定专人对基坑周边进行巡视，出现危险征兆时应当立即报警。

(4) 脚手架施工安全

① 脚手架工程应按照规定编制、审核专项施工方案，超过一定规模的要组织专家论证。

② 脚手架搭设、拆除单位必须具有相应的资质和安全生产许可证，严禁无资质从事脚手架搭设、拆除作业。

③ 脚手架搭设、拆除人员必须取得建筑施工特种作业

人员操作资格证书。

④ 脚手架搭设、拆除前，应当向现场管理人员和作业人员进行安全技术交底。

⑤ 脚手架材料进场使用前，必须按规定进行验收，未经验收或验收不合格的严禁使用。

⑥ 脚手架搭设、拆除要严格按照专项施工方案组织实施，相关管理人员必须在现场进行监督，发现不按照专项施工方案施工的，应当要求立即整改。

⑦ 脚手架外侧以及悬挑式脚手架、附着升降脚手架底层应当封闭严密。

⑧ 脚手架必须按专项施工方案设置剪刀撑和连墙件。落地式脚手架搭设场地必须平整坚实。严禁在脚手架上超载堆放材料，严禁将模板支架、缆风绳、泵送混凝土和砂浆的输送管等固定在架体上。

⑨ 脚手架搭设必须分阶段组织验收，验收合格的，方可投入使用。

⑩ 脚手架拆除必须由上而下逐层进行，严禁上下同时作业。连墙件应当随脚手架逐层拆除，严禁先将连墙件整层或数层拆除后再拆脚手架。

（5）模板支架施工安全

① 模板支架工程应按照规定编制、审核专项施工方案，超过一定规模的要组织专家论证。

② 模板支架搭设、拆除单位必须具有相应的资质和安全生产许可证，严禁无资质从事模板支架搭设、拆除作业。

③ 模板支架搭设、拆除人员必须取得建筑施工特种作业人员操作资格证书。

④ 模板支架搭设、拆除前，应当向现场管理人员和作业人员进行安全技术交底。

⑤ 模板支架材料进场验收前，应按规定进行验收，未经验收或验收不合格的严禁使用。

⑥ 模板支架搭设、拆除要严格按照专项施工方案组织实施，相关管理人员必须在现场进行监督，发现不按照专项施工方案施工的，应当要求立即整改。

⑦ 模板支架搭设场地必须平整坚实。必须按专项施工方案设置纵横向水平杆、扫地杆和剪刀撑；立杆顶部自由端高度、顶托螺杆伸出长度严禁超出专项施工方案要求。

⑧ 模板支架搭设完毕应当组织验收，验收合格的，方可铺设模板。

⑨ 混凝土浇筑时，必须按照专项施工方案规定的顺序进行，应当指定专人对模板支架进行监测，发现架体存在坍塌风险时应当立即组织作业人员撤离现场。

⑩ 混凝土强度必须达到规范要求，并经监理单位确认后方可拆除模板支架。模板支架拆除应从上而下逐层进行。

## 参考文献

[1] 陆荣根，等. 施工现场分部分项工程安全技术. 上海：同济大学出版社，2002.
[2] 陈立道，等. 建设安全监理. 北京：中国电力出版社，2002.
[3] 重庆大学，同济大学，哈尔滨工业大学合编. 土木工程施工. 北京：中国建筑工业出版社，2003.
[4] 朱嬿，梁绍周，张玉蓉，等. 建筑施工技术. 北京：清华大学出版社，1994.
[5] 范照远，等. 建筑施工与安全技术. 北京：中国建材工业出版社，1999.
[6] 上海市工程建设监督研究会. 建筑工程安全施工指南. 北京：中国建筑工业出版社，2000.
[7] 杨嗣信，等. 建筑工程模板施工手册. 北京：中国建筑工业出版社，2004.
[8] 建筑施工手册编写组. 建筑施工手册. 第四版. 北京：中国建筑工业出版社，2003.
[9] 王维瑞，唐伟，等. 安全员手册. 北京：中国建筑工业出版社，2001.
[10] 姚进，陈晖，等. 建筑施工安全技术与资料. 武汉：中国地质大学出版社，2009.
[11] 周和荣，等. 建筑施工安全. 北京：中国建筑工业出版社，2010.
[12] 王东升，等. 建筑工程安全生产技术及管理. 北京：中国建筑工业出版社，2010.
[13] 王朝华，等. 城市轨道交通工程施工安全风险管理实务. 北京：中国水利水电出版社，2016.
[14] 王洪德，等. 安全员传帮带. 北京：化学工业出版社，2013.

# 32 道路运输安全

## 32.1 道路交通事故与交通安全

### 32.1.1 道路交通事故概述

(1) 交通事故的定义

在《交通安全法》中对交通事故的定义如下：交通事故，是指车辆在道路上因过错或者意外造成的人身伤亡或者财产损失的事件。

(2) 交通事故的构成条件

① 人的条件。人员是构成道路交通事故的主体，包括车辆驾驶员、行人、乘车人以及其他在道路上进行与交通有关活动的人员。

道路交通事故的各方当事人中至少有一方为车辆驾驶员。这里的车辆驾驶员包括机动车驾驶员（含无证驾驶人员）和非机动车驾驶员。前者如驾驶各种车辆的人员，后者如骑自行车的人，赶畜力车和推、拉人力车的人员。事故双方都是行人，即行人与行人相撞造成损害的不属于道路交通事故，而是作为一般的民事案件进行处理。

另外，其他在道路上进行与交通有关活动的人员，是指那些在道路上进行施工养护、堆物、作业、摆摊经商、打场晒粮等活动占用道路的人员或组织。

② 道路条件。道路要素是构成道路交通事故的空间条件。也就是说，只有发生在法定道路范围内的损害事件，才属于由道路交通管理部门依法进行处理的交通事故。否则只是一般的伤害事件，不按道路交通事故处理。

根据目前的法律，发生交通事故的“道路”是指公路、城市道路和虽在单位管辖范围但允许社会机动车通行的地方，包括广场、公共停车场等用于公众通行的场所。

③ 车辆条件。交通事故的各方，至少有一方含有车辆，这里的车辆包括机动车和非机动车。新《交通安全法》规定的“机动车”，是指以动力装置驱动或者牵引，上道路行驶的供人员乘用或者用于运送物品以及进行工程专项作业的轮式车辆，“非机动车”是指以人力或者畜力驱动，上道路行驶的交通工具，以及虽有动力装置驱动但设计最高时速、空车质量、外形尺寸符合有关国家标准的残疾人机动轮椅车、电动自行车等交通工具。

④ 损害后果条件。所谓损害后果，是指称为交通事故的事件必须要有损害后果的产生，即必须是造成人员伤亡或者财产损失的才能称为道路交通事故。既无人员伤亡又无财产损失的不能称其为事故，当然也根本谈不上是道路交通事故。

(3) 交通事故的分类

根据不同的需要，从不同的角度对交通事故可以有多种分类的方法。从有利于事故处理工作的角度，按事故损害后果的严重程度，交通事故分为轻微事故、一般事故、重大事故和特大事故四级。根据公安部《关于修订道路交通事故等级划分标准的通知》，交通事故分为四类：

① 轻微事故是指一次造成轻伤 1～2 人，或者机动车财产损失不足 1000 元，非机动车财产损失不足 200 元的事故。

② 一般事故是指一次造成重伤 1～2 人，或者轻伤 3 人以上，或者财产损失不足 3 万元的事故。

③ 重大事故是指一次造成死亡 1～2 人，或者重伤 3 人以上 10 人以下，或者财产损失 3 万元以上不足 6 万元的事故。

④ 特大事故是指一次造成死亡 3 人以上；或者重伤 11 人以上；或者死亡 1 人，同时重伤 8 人以上；或者死亡 2 人，同时重伤 5 人以上；或者财产损失 6 万元以上的事故。

根据损害后果的表现类型，交通事故可分为死亡事故、伤人事故和财产损失事故。根据交通事故的责任分类，交通事故可分为机动车事故、非机动车事故、行人事故。

### 32.1.2 交通事故的车辆碰撞速度再现

在交通事故处理过程中，交通事故基本事实的认定非常重要，包括交通事故发生的过程、车辆运动状态、事故当事人的违章情节、车辆的技术状况、驾驶员的生理和心理状态等。只有将以上的基本事实调查清楚，才能根据驾驶员的违章行为认定交通事故责任，进而追究当事人的法律责任。调查基本事实主要是采用调查取证以及专家鉴定的方法。对交通事故发生过程的调查主要通过询问当事人或者询问知情者、证人的方法。对车辆运动状态的调查可通过地面轮胎痕迹、路面损伤痕迹等痕迹、车体痕迹、人体痕迹以及各种散落物等进行推理判断。对于车辆的技术状况以及驾驶员的生理心理状态调查一般是通过专门仪器设备进行检验或者聘请专家进行技术鉴定。以上几种基本事实的调查相对容易一些。而对于判断驾驶员在事故发生前是否超速的事实是非常困难的，因为交通事故处理人员到达现场后面对的都是事故发生后的状态，而事故当事人一般都不会承认自己超速的事实。所以对于重、特大交通事故，一般都要聘请专家对交通事故的车辆速度进行技术鉴定。交通事故车辆速度再现是一个复杂的过程，涉及数学、物理学、力学、医学、运动学等方面的综合知识，目前我国在此方面的研究主要借鉴国外实验数据得到经验模型。

#### 32.1.2.1 道路交通事故的类型

道路交通事故的类型（见图 32.1）按照肇事双方的交通方式的不同分类，见图 32.1。

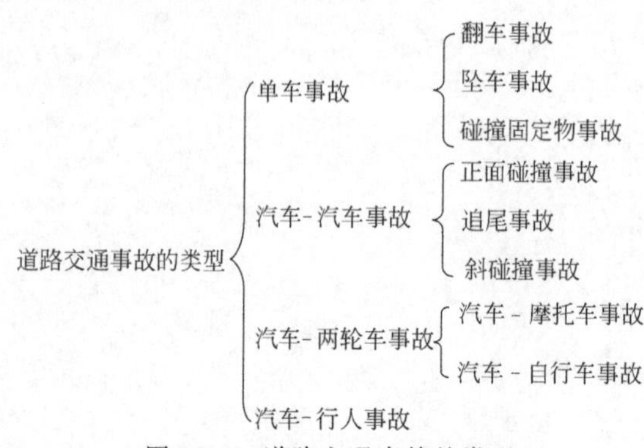


图 32.1 道路交通事故的类型

#### 32.1.2.2 单车事故的碰撞分析及速度再现方法

汽车单车事故的发生率在高速公路或者山区公路上占比较大的比重，主要表现形态为侧滑翻车、紧急避让翻车、弯道翻车、碰撞树木或电灯杆、碰撞护栏等。在对单车事故的处理方面，经常需要鉴定肇事车辆的车速，以下是几种常用单车事故速度鉴定的方法。

(1) 汽车转弯侧滑发生事故时的车速

汽车转弯时，要产生离心力，离心力的大小与转弯速度、转弯半径和道路情况有关。保证车辆转弯不产生横向滑移的条件是离心力小于横向附着力，即

$$m\frac{v^2}{R}<mg\varphi' \tag{32.1}$$

式中，$v$ 为车辆的行驶速度，m/s；$m$ 为车辆的总质量，kg；$R$ 为车辆的转弯半径，m；$\varphi'$ 为车辆的横向附着系数。

转弯时，车辆发生横向滑移的临界条件为：

$$v=\sqrt{g\varphi'R} \tag{32.2}$$

实际上，如果汽车在弯道上由于侧滑发生了单车事故，则汽车的行驶速度不小于由上面公式计算的 $v$ 值。

上述的计算条件是在平直的路面上，如果道路有横坡度，则汽车的速度为：

$$v=\sqrt{g(\varphi'\pm i_0)R} \tag{32.3}$$

式中，$i_0$ 为道路的横坡度，汽车行驶在超高弯道内侧取正值，行驶在反超高路面取负值。

(2) 汽车转弯倾翻发生事故时的车速

汽车转弯时，车辆不倾翻的条件是车辆的离心力矩小于车辆的重力力矩（图 32.2）。

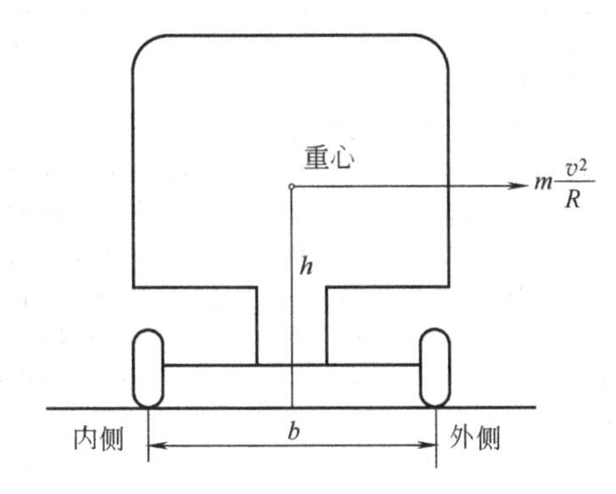


图 32.2　汽车弯道侧翻受力图

$$m\frac{v^2}{R}h<mg\frac{b}{2} \tag{32.4}$$

式中，$h$ 为车辆的重心高度，m；$b$ 为车辆的轮距，m。

车辆转弯时不发生倾翻的最大安全行驶速度为：

$$v=\sqrt{\frac{gRb}{2h}} \tag{32.5}$$

当汽车行驶在超高弯道时：

$$v=\sqrt{gR(b/2h\pm i_0)} \tag{32.6}$$

式中，$i_0$ 为道路的横坡度，汽车行驶在超高弯道内侧取正值，行驶在反超高路面取负值。

实际上，如果汽车在弯道上由于倾翻发生了单车事故，则汽车的行驶速度不小于由上面公式计算的 $v$ 值。

(3) 汽车碰撞固定柱子（或树木）

当汽车飞出路外撞在电线杆等柱子上时，最关键的是确定此时的碰撞速度。此时的速度可参照图 32.3 进行推断，从图中可看出，碰撞速度随前端的塑性变形量的增加而增大。汽车质量越大，碰撞的动能越大，塑性变形量越大。

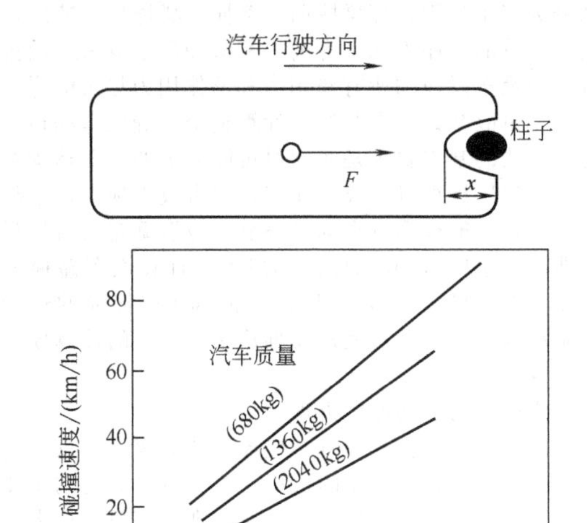


图 32.3　轿车前端撞在柱子上前端的塑性变形量与碰撞速度的关系

(J. R. Morgan, D. L. Ivey. Analysis of Utility Pole Impacts. SAE, No. 870607)

(4) 汽车坠入路面外的悬崖下的速度计算

当汽车在半山腰上或在桥上行驶时，有时会坠入悬崖下或桥下，此时飞出路面外的速度，可根据从路面到该车落地点的高度差 $h$ 及此间的水平飞跃距离 $S$，按下列公式计算（见图 32.4）。

$$v=S\sqrt{g/2h} \tag{32.7}$$

式中，$v$ 为汽车飞出路面外的速度，m/s；$S$ 为汽车第一次落地点距离悬崖（桥）边缘的水平距离，m；$h$ 为悬崖（桥）距离下面的高度差，m。

(5) 汽车发生翻滚事故时的速度计算

汽车打转后做侧翻滚动的运动叫作翻滚。根据美国几位研究人员的实验数据，得出根据翻滚距离计算翻滚开始时速度的经验公式（K. R. Orlowski, et al. Reconstruction on Rollover conllisions. SAE, No. 890857)：

$$v_R=\sqrt{2d_RS_R} \tag{32.8}$$

式中，$S_R$ 为翻滚距离，m；$v_R$ 为汽车翻滚开始的速度，m/s；$d_R$ 为翻滚减速度，平均值取为 0.4$g$。

以上 $d_R$ 取值是在平坦的沥青路面上的值，如果在凹凸不平的自然路面上，$d_R$ 取值要大一点。

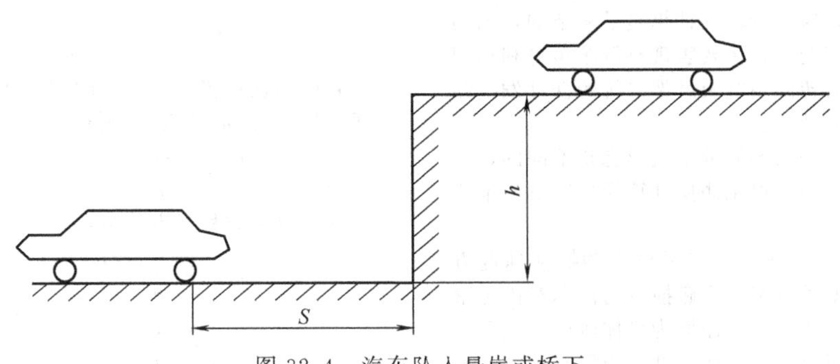


图 32.4　汽车坠入悬崖或桥下

#### 32.1.2.3　汽车-汽车交通事故车辆速度再现

汽车之间发生的交通事故是发生最多的情况，具体形态主要包括汽车-汽车正面碰撞、追尾碰撞以及斜碰撞等，而每一种类型都分为两类，对心碰撞和偏心碰撞。在实际的案例中，遇到的大部分碰撞是偏心斜碰撞，而且碰撞的角度也各不相同。因此，对于此类事故的速度鉴定难度非常大。无论实际中汽车碰撞的形态千变万化，但都可以将汽车的交通事故划分为三个过程，即碰撞前、碰撞、碰撞后。速度再现模型按照计算的顺序不同分为前推算法和后推算法。前推算法是将参与汽车碰撞的所有作用力和反作用力尽可能详细进行描述，从事故初始状态开始，计算整个过程汽车的运动状态。这一算法的基本要求是建立尽可能完善的汽车运动数学模型，一般运用计算机完成。在实际的事故再现中，事故处理人员或专家一般根据汽车的最终静止位置确定其碰撞后的速度（即出口速度），并以此为出发点，计算汽车碰撞前瞬间的速度（即入口速度），然后再根据汽车碰撞前的运动计算汽车制动前的速度，这就是反推算法。以下的计算模型是采用反推算法建立的。

（1）碰撞后的运动速度再现

碰撞后的运动过程是指汽车碰撞车体分离后，汽车由于惯性作用继续运动直至停止的过程。这一阶段的运动主要通过地面痕迹中的接触点以后的痕迹来体现，一般交通事故如果驾驶员在汽车碰撞前采取紧急制动，在碰撞瞬间除非驾驶员飞出车外，一般在碰撞结束后车轮仍然是抱死拖滑的。即使驾驶员在碰撞前的运动中没有时间反应，来不及采取制动，他在碰撞过程中或碰撞后都会采取紧急制动的。所以在碰撞后汽车一般会在地面上留下制动拖印。如果汽车是四轮制动，根据拖印的长度可计算汽车碰撞后的车速，即采用下面的公式（只有前轮或只有后轮的制动，速度计算公式参阅《道路交通事故分析与再现》一书，警官教育出版社）：

$$v=\sqrt{2g(\varphi\pm i)S} \tag{32.9}$$

式中，$v$ 为汽车碰撞后的速度；$S$ 为汽车碰撞后到静止位置的制动距离；$i$ 为道路纵坡度，上坡时 $i$ 取正值，下坡时 $i$ 取负值；$\varphi$ 为路面与轮胎的纵向附着系数，不同道路的纵向附着系数见表 32.1。

**表 32.1　不同道路的纵向附着系数**

| 路面类型＼路面的干湿 | | 干燥 | 潮湿 |
|---|---|---|---|
| 沥青或混凝土 | 新铺装或路面磨耗较小 | 0.60～0.80 | 0.45～0.75 |
| | 路面磨耗较大 | 0.50～0.65 | 0.45～0.6 |
| 沙石路面 | | 0.40～0.70 | 0.45～0.75 |
| 土路 | | 0.50～0.60 | 0.30～0.45 |
| 雪路面 | | 0.20～0.40 | 0.20～0.25 |
| 冰路面 | | 0.10～0.20 | 0.05～0.10 |

（2）碰撞过程的速度再现

碰撞阶段指汽车间发生碰撞，进行动量以及能量交换的瞬间过程。这一过程的时间非常短，平均只有 0.1～0.2s 的时间。在具体的案例中，这一阶段的计算是最复杂的，因为汽车在一瞬间将发生很多变化，主要表现有汽车车身和车架发生大面积变形、汽车的转向系统及悬架系统的杆件发生断裂、汽车发动机体向后移动等。

碰撞过程的计算模型按照不同的事故形态是不同的，主要模型有正面碰撞计算模型、追尾碰撞计算模型以及三维碰撞计算模型。

① 正面碰撞计算模型。正面碰撞是汽车碰撞前速度方向相反的一维碰撞。同型号汽车正面碰撞可与汽车对固定壁碰撞等价。汽车正面碰撞速度小的碰撞为刚体碰撞。汽车碰撞的塑性变形与汽车碰撞速度、结构刚度等因素有关。试验表明，迎面碰撞中汽车的塑性变形量与汽车有效碰撞速度有关。用数学式表示为：

$$X=0.0095v_e \tag{32.10}$$

式中，$X$ 为迎面碰撞中汽车的塑性变形量，m；$v_e$ 为有效碰撞速度，km/h。

$$v_{e1}=v_{10}-v_c=\frac{m_2}{m_1+m_2}(v_{10}-v_{20}) \tag{32.11}$$

$$v_{e2}=v_c-v_{20}=\frac{m_1}{m_1+m_2}(v_{10}-v_{20}) \tag{32.12}$$

则

$$v_{e1}=105.3X_1 \tag{32.13}$$

$$v_{e2}=105.3X_2 \tag{32.14}$$

式中，$v_{e1}$，$v_{e2}$ 为两车的有效碰撞速度，km/h；$v_{10}$，$v_{20}$ 为两车碰撞前的速度，km/h；$X_1$，$X_2$ 为两车的碰撞变形量，m.

由此列方程组：

$$\begin{cases}\dfrac{m_2}{m_1+m_2}(v_{10}-v_{20})=105.3X_1\\ m_1v_{10}+m_2v_{20}=m_1v_1+m_2v_2\end{cases} \tag{32.15}$$

或

$$\begin{cases}\dfrac{m_1}{m_1+m_2}(v_{10}-v_{20})=105.3X_2\\ m_1v_{10}+m_2v_{20}=m_1v_1+m_2v_2\end{cases} \tag{32.16}$$

将碰撞后计算得出的速度 $v_1$、$v_2$ 代入方程组可解出 $v_{10}$、$v_{20}$。

② 追尾碰撞计算模型。汽车追尾碰撞是汽车碰撞前速度方向一致的一维碰撞。在一定条件下，刚体、塑性以及弹塑性碰撞模型也适用于追尾正碰。

通常，被追尾车发动机前置，汽车尾部是行李舱，尾部刚度相对较小，被碰撞时变形较大。追尾汽车前部刚度相对较大，所以追尾正碰与迎面正碰的碰撞性质是不同的。追尾碰撞前，被追尾车的驾驶员一般不采取制动措施，追尾车的驾驶员可及时地采取制动措施，追尾车的速度大于被追尾车，追尾碰撞后瞬时两车共同运动。汽车追尾碰撞可被认为是塑性碰撞。碰撞后，被碰撞车的车轮一般处于自由转动状态，追尾车的车轮处于制动抱死状态。

设汽车 1 为追尾车，汽车 2 为被追尾车，因汽车追尾碰撞后两车共同运动，则：

$$v_c=\frac{m_1v_{10}+m_2v_{20}}{m_1+m_2} \tag{32.17}$$

$v_c$ 的计算根据碰撞后两车的运动。如果碰撞后两车一直一起运动，汽车 1 车轮制动，汽车 2 车轮转动，则：

$$v_c=\sqrt{\frac{2(m_1g\varphi_1s+m_2gf_2s)}{m_1+m_2}} \tag{32.18}$$

式中，$f_2$ 为被追尾车的滚动摩擦系数；$s$ 为两车一起移动的距离。

如果两车碰撞结束后分开运动，根据汽车 1 制动拖印，则：

$$v_c=\sqrt{2\varphi_1gs_1} \tag{32.19}$$

因为追尾碰撞属于塑性碰撞，追尾碰撞能损失为：

$$E_L=\frac{1}{2}\frac{m_1m_2}{m_1+m_2}(v_{10}-v_{20})^2 \tag{32.20}$$

若已知被追尾车尾部刚度 $C_2$，尾部变形量 $X_2$，则追尾碰撞能损失为 $m_2C_2X_2$。则有：

$$\frac{1}{2}\frac{m_1m_2}{m_1+m_2}(v_{10}-v_{20})^2=m_2C_2X_2 \tag{32.21}$$

联立以上方程得方程组：

$$\begin{cases}v_c=\dfrac{m_1v_{10}+m_2v_{20}}{m_1+m_2}\\ \dfrac{1}{2}\dfrac{m_1m_2}{m_1+m_2}(v_{10}-v_{20})^2=m_2C_2X_2\end{cases} \tag{32.22}$$

解上述方程组可得到 $v_{10}$、$v_{20}$。

③ 三维碰撞计算模型。汽车三维碰撞指汽车碰撞后做非一维的平面运动的碰撞类型。汽车三维碰撞模型的前提假设为：车体仅有纵向、横向平动和绕 $z$ 轴的横摆运动三个自由度；汽车碰撞与路面在同一平面。此时的速度计算主要依据动量守恒定律和能量守恒定律两大定律，按照动量守恒定律是由于假定在碰撞瞬间汽车碰撞力的大小远远超过地面摩擦力的大小，忽略外力的做功；按照能量定恒定律是由于汽车动能的减少量等于汽车发生变形或者断裂所消耗的能量。主要参照以下公式计算：

$$\begin{cases} m_1 v_{10x} + m_2 v_{20x} = m_1 v_{1x} + m_2 v_{2x} \\ m_1 v_{10y} + m_2 v_{20y} = m_1 v_{1y} + m_2 v_{2y} \\ 1/2 m_1 {v_{10}}^2 + 1/2 m_2 {v_{20}}^2 \\ = 1/2 m_1 {v_1}^2 + 1/2 m_2 {v_2}^2 + 1/2 I_1 {\omega_1}^2 + 1/2 I_2 {\omega_2}^2 + \\ \varphi_1 m_1 g s_1 + \varphi_2 m_2 g s_2 + E_{L1} + E_{L2} \end{cases} \tag{32.23}$$

式中，$v_{10x}$，$v_{20x}$ 为两车碰撞前 $x$ 方向的速度分量；$v_{10y}$，$v_{20y}$ 为两车碰撞前 $y$ 方向的速度分量；$v_{1x}$，$v_{2x}$ 为两车碰撞后 $x$ 方向的速度分量；$v_{1y}$，$v_{2y}$ 为两车碰撞后 $y$ 方向的速度分量；$I_1$，$I_2$ 为两车的转动惯量；$\omega_1$，$\omega_2$ 为两车碰撞后的角速度；$s_1$，$s_2$ 为两车碰撞后的移动距离；$E_{L1}$，$E_{L2}$ 为两车碰撞损失的能量（可根据变形量计算或者根据碰撞断裂的部位计算）。

通过以上方程组的计算，可求出两车碰撞前的速度 $v_{10}$、$v_{20}$。

（3）碰撞前的运动

碰撞前汽车的运动过程主要是驾驶员发现危险—判断应采取的措施—采取制动或转向等措施。

这一阶段的运动主要通过地面痕迹中的接触点以前的痕迹来体现。一般在接触点前可发现汽车的制动拖印。通过制动拖印的长度，由式（32.24）和式（32.25）可计算汽车采取制动措施前的速度与汽车发生碰撞时速度的关系。

根据能量守恒定律，制动前的动能＝制动后的动能＋制动的摩擦功，所以得到：

$$1/2 m v_B^2 = 1/2 m v_A^2 + \varphi m g S_B \tag{32.24}$$

$$v_B = \sqrt{v_A^2 + 2(\varphi \pm i) g S_B} \tag{32.25}$$

式中，$v_B$ 为汽车制动前的速度，m/s；$v_A$ 为汽车碰撞时的速度，m/s；$S_B$ 为汽车制动距离，m；$i$ 为道路纵坡度，上坡时 $i$ 取正值，下坡时 $i$ 取负值。

由于汽车在刚开始制动时，车轮没有抱死，地面没有拖印，即在拖印的开始点以前，汽车已经有了一定的制动力，所以汽车的制动距离 $S_B$ 的选取应比拖印长度稍微大一点，否则计算出来的速度值偏低。

### 32.1.2.4 汽车-两轮车交通事故速度再现

汽车-两轮车事故主要包括汽车-摩托车事故和汽车-自行车事故。汽车与摩托车的碰撞形态基本包括两种类型，即摩托车正面碰撞汽车、汽车正面碰撞摩托车的侧面等。汽车与自行车的碰撞形态除了上述两种外，还有汽车追尾自行车的类型。

摩托车正面碰撞汽车主要过程为：

摩托车前轮碰撞汽车→前叉后移→前轮变形。

此时摩托车的碰撞速度可用碰撞速度与纵向变形量关系进行计算。

如果用轴距减少量表示前叉位移大小与碰撞速度关系，则：

$$D = 0.67v - 8 \text{（中间轴与后轴基本不变）} \tag{32.26}$$

从而得到摩托车的碰撞速度：

$$v = 1.5D + 12$$

式中，$D$ 为轴距减少量，cm；$v$ 为摩托车碰撞速度，km/h。

对于汽车碰撞自行车的情况，主要根据自行车碰撞后滑移的距离和骑车人的纵向抛距进行计算。根据实验数据得到汽车碰撞速度与自行车或骑车人抛距的关系式如下：

骑车人的平均抛距：

$$S_{ZF} = 0.033 v_c^{1.59} \tag{32.27}$$

自行车的平均抛距：

$$S_Z = 0.044 v_c^{1.57} \tag{32.28}$$

式中，$v_c$ 为汽车的碰撞速度，km/h。

### 32.1.2.5 汽车碰撞行人交通事故

在汽车碰撞行人的交通事故中，当然行人受伤的程度要更严重，交通事故鉴定的主要问题有：汽车的碰撞速度、碰撞地点。

行人的质量一般相当于汽车质量的 5% 左右，相对很小，当被碰撞时，行人会立即加速，达到几乎与汽车碰撞速度相同的速度。被撞人因汽车制动而从发动机罩上呈水平方向抛出，呈抛物线轨迹落在地面上。落地后在路面上滑行，因摩擦功而减速，最后停止。这就是汽车碰撞行人的基本运动过程，碰撞后行人运动的轨迹见图 32.5。

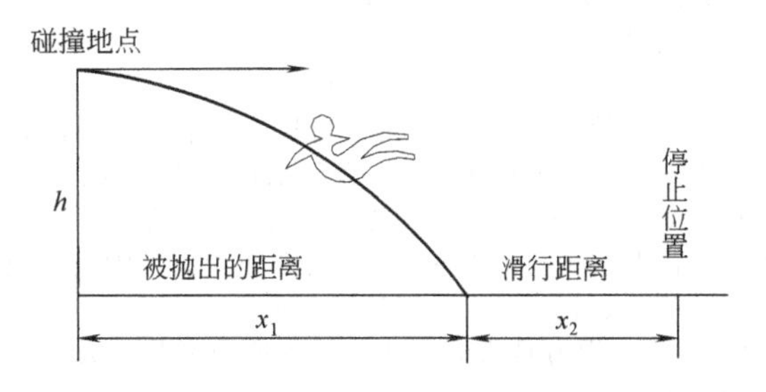


图 32.5 碰撞后行人运动的轨迹

根据这一关系，可通过行人在地面被抛出的距离，推算肇事车辆的速度。

推出汽车的碰撞速度：

$$v = \sqrt{2g}\,\mu\left(\sqrt{h + x/\mu} - \sqrt{h}\right) \tag{32.29}$$

式中，$v$ 为汽车的碰撞速度，m/s；$\mu$ 为人体在路面上滑行的摩擦系数；$x$ 为行人水平抛距，m；$h$ 为行人撞飞高度（一般为发动机罩高度＋躯体半径），m。

还可根据实验数据得到的经验公式计算。轿车碰撞行人时行人的水平抛距为：

$$x = 0.079v + 0.0049v^2 \text{（}v\text{ 以 km/h 计的情况）} \tag{32.30}$$

$$x = 0.285v + 0.0636v^2 \text{（}v\text{ 以 m/s 计的情况）} \tag{32.31}$$

式中，$x$ 为行人水平抛距，m；$v$ 为轿车的碰撞速度。

### 32.1.2.6 道路交通事故中汽车速度再现的注意事项

由于道路交通事故具有复杂性，在进行汽车行驶速度再现时，有很多因素是未知的，而且由于事故处理过程中遗失很多重要参数，导致速度再现的难度是非常大的，所以一般不能得到汽车速度的严格值，很多情况都是采用经验公式或者进行估计一个范围值，这就使得速度的准确性很难保证。一般采用两种以上的多种方法进行速度再现，通过各种方法得到的速度值如果在同一范围内，则大大增加了再现结果的精确性。所以汽车速度再现是一项技术性要求极高的工作，在国外一般都是由具有专门知识的专家进行鉴定。日本的刑事诉讼法（第 165 条）中规定了“法院可以任命拥有学识、经验丰富者予以鉴定”。在我国也在逐渐实行交通事故由专家进行鉴定的方法。各地交警部门可以委托具有丰富事故鉴定经验的专家、教授进行交通事故的鉴定。

### 32.1.3　交通安全心理

交通安全心理学是把关于人类行为的科学方法、事实和原则应用于交通中的一门学科，即交通安全心理学是系统研究交通中人的行为的科学。参与交通的人主要包括机动车驾驶员、非机动车骑行人和行人，人的因素在交通过程中与交通事故有直接关系。从我国历年的交通事故统计可以看到，90%以上的交通事故都和参与交通的人有关。在所有人的要素中，机动车驾驶员又是造成交通事故的关键因素。根据近年来国外的有关统计资料，交通事故中有80%～90%是驾驶员原因造成的。

#### 32.1.3.1　驾驶员的生理特征

汽车驾驶员在驾驶汽车运行时，首先通过各种感觉器官来获得信息。用眼睛从风挡玻璃和后视镜观察车辆和行人，用手和脚感受方向盘、变速杆及踏板的情况，用臀部感受汽车的震动，用耳朵听风声和发动机的响声等。这些信息再传到驾驶员的中枢神经，并进行识别、判断和抉择，从而做出相应的反应，对车辆实施正确的驾驶。根据统计分析得知，各种感觉器官给驾驶员提供的交通信息数的比例如下：视觉占80%，听觉占14%，触觉占2%，味觉占2%，嗅觉占2%。可见，视觉对于驾驶员来说是最重要的。

(1) 驾驶员的视觉特性

汽车驾驶员通过视觉从交通环境中获得80%的交通信息。对发生事故的40名驾驶员进行检查，结果发现潜在性斜视、左右眼的反光度不平衡、眼镜的度数不相等占36%。对各种视觉毛病采取了有效措施后，有90%的驾驶员减少了事故，因此视觉机能对安全行车非常重要。驾驶员的视觉机能包括视力、视野、立体视觉等方面。

① 视力。视力是人的眼睛分辨物体的形状、大小的能力。视力可分为静视力、动视力和夜视力等。

a. 静视力。静视力是指人和所看的目标都在不动状态下检查的视力。在报考驾驶证时，都要经过视力检查，一般认为1.0即为正常视力。用这种方法检查的视力反映驾驶员在静止状态下的视力，即静视力。

b. 动视力。动视力是指人和所看的目标处于运动状态(其中的一方或双方运动)时检查的视力。汽车驾驶员在行车中的视力为动视力。研究结果表明，驾驶员的动视力随着车速的变化而变化，一般来说动视力比静视力低10%～20%。例如，以60km/h的车速行驶的车辆，驾驶员能够看清前方240m处的交通标志；而当车速提高到80km/h时，则只能看清160m处的交通标志。即车速提高33%，视认距离却减少33%。

c. 夜视力。视力与光线强度有关，亮度加大可以增强视力。在照度为0.1～1000lx（$1lx=1lm/m^2$）的范围内两者几乎成线性的关系。由于夜晚照度低引起的视力下降叫做夜视力。通过研究发现，夜间的交通事故往往与夜间光线不足、视力下降有直接关系。对于驾驶员来说，在一天中最危险的时刻是黄昏。这是因为此时正值黄昏时，光线较暗，不开灯看不清楚，而当打开前照灯时，其亮度与周围环境亮度相差不大，因而不易看清周围的车辆和行人，往往因观察失误而发生事故。

d. 视力适应。人的眼睛对于光亮强度的突然变化，要经过一段时间才能适应。眼睛的适应性分为暗适应和明适应两种。从明亮处进入暗处，眼睛习惯、视力恢复，称为暗适应；从暗处进入明亮处，眼睛习惯、视力恢复，称为明适应。明适应一般在1min内可完全恢复，暗适应比明适应所需时间较长，通常要3～6min才能基本适应，15min以上才能完全适应。尽管眼睛的瞳孔活动和视网膜的灵敏度能对亮、暗适应进行调节，但在汽车行驶过程中若处于明暗急剧变化的道路上，由于视觉不能立即适应，极易造成视觉危害。因此为了减少由亮到暗引起的落差，通常采取减缓照明度措施。例如在城市与郊区的交界处将路灯的距离慢慢拉长，直到郊区人烟稀少处才不设路灯。又如快速道路进入没有照明的隧道时大约产生10s的视觉障碍，相当于在200～300m距离内眼睛不能适应，故从道路设计的角度考虑应在入口处采取相应的过渡段照明设计和管理措施。从驾驶员的角度，应在接近隧道口时尽量降低车速，当遇到突然情况时容易及时进行处理。

e. 眩目。夜间行车时，对面来车的前大灯光线照射到驾驶员的眼睛中，刺目光源使眼球中角膜及视网膜间介质产生散乱现象，出现一时性视觉障碍，这种现象叫作“眩目”。以眼睛的视线为中心，30°的范围为“眩目带”，在这一区域射入强光将会产生危险。夜间行车驾驶员不应正视对向车的前灯光线，而应把路旁护栏或道路的中心标线作为行车基准，这就需要驾驶员在对向车到来之前，对道路状况做出正确的判断。现在，道路建设部门、汽车制造厂家、交通管理部门等都在防止眩目上加大了措施，如在道路中间隔离带上植树、设置防眩目护栏，提高路灯的亮度，研究防眩目大灯等，这些都在一定程度上减少了因眩目而造成的交通事故。对于驾驶员来说，必须遵守夜间会车规定，《道路交通安全法实施条例》第四十八条规定：“夜间会车应当在距相对方向来车150m以外改用近光灯，在窄路、窄桥与非机动车会车时应当使用近光灯。”会车时若一方驾驶员进行了变光，而另一方驾驶员不变光时，是非常危险的。变光车辆驾驶员被对方前照灯照射后发生眩目现象，再加上自己进行了变光，如果前面有行人，近光灯照射在行人身上反射的光线比对向远光灯的光线弱，驾驶员看不到前方的行人，而行人误以为双方车辆都看到了自己，这样就很容易发生交通事故。

② 视野。人的眼睛正视前方，并保持眼球和头部不动时，所能看到的范围称为视野。将头部和眼球固定，同时能看到的范围为静视野。将头部固定，眼球自由转动看到的范围为动视野。人在静止状态时，单眼的水平视野为150°～160°，双眼的水平视野为180°～200°，双眼的垂直视野为130°～140°。动视野比静视野大，左右约宽15°，上方约宽10°，下方无变化。

人的眼睛在垂直方向6°和水平方向8°的角度内见到的物体，影像落在视网膜的中央，看得最清楚，这就是眼睛的注视点。视网膜周边部位视力较差，对识别细小物体作用不大，但对物体的运动刺激很敏感。如处于视野周边的外界物体的情况发生变化时，相应的视网膜周边部分会做出反应，可使眼球转动，使注视点对准那个位置。周边视力对掌握物体的形状有很大作用，周边视力可发现那些需仔细观察的目标，如从视线盲区驶出的车辆，突然跑到路上的儿童等。如果驾驶员周边视力有损伤，就看不清道路环境的全面情况，难以发现附近突然发生的变化，影响行车安全。年龄大的驾驶员，周边视力减退，识物能力下降。此外，戴眼镜的驾驶员视野略窄些。

表32.2　行车速度与视野的关系

| 行车速度/(km/h) | 注视点在汽车前方距离/m | 视野/(°) |
|---|---|---|
| 40 | 183 | 90～100 |
| 72 | 366 | 60～80 |
| 105 | 610 | 40 |

驾驶员的视野与行车速度有密切关系，随汽车速度的提高，注视点前移，视野变窄，周界感减少，驾驶员行车速度与视野的关系见表32.2。行车速度越高，驾驶员越注视前方，视野越窄，注意力随之引向景象的中心而置两侧于不

顾，结果形成所谓“隧道视”。这容易引起驾驶员打瞌睡，因此在道路设计时，应在平面线形中限制直线段的长度，借以强制驾驶员移动其注视点，避免打瞌睡而发生交通事故。

汽车在行驶过程中，靠近路边的景物相对于驾驶员眼睛的回转加速度若大于72°/s时，景物在视网膜上就不能清晰地成像，感到模糊不清。所以车速越高就越看不清路边近处的景物。根据试验，当车速为64km/h时，能看清车辆两侧24m以外的物体；而车速为90km/h时，仅能看清车辆两侧32m以外的物体，小于这个距离，无法识别物体。因此，道路交通标志的设置要与驾驶员有一定的距离。对驾驶员来说，在驾驶过程中，眼睛不能始终看近处的景物。

③ 立体视觉。立体视觉是人对三维空间各种物体远近、前后、高低、深浅和凹凸的一种感知能力。当观察一个立体对象时，由于驾驶员的两只眼睛相距大约65mm，所以两只眼睛是从不同角度来看这个对象的，左眼看到的物体左边多一些，右眼看到的物体右边多一些。在视网膜上分别感受不同的影像，在空间的立体对象造成了两眼在视觉上的差异，即双眼视觉差。现代视差信息理论认为，双眼注视景物时产生的这种视差是人对深度感知的基础，当深度信息传至大脑枕区，再经过加工处理后，便产生了深度立体感知。这种把两眼具有视差的二维物象，融合分析为一个单一完整的具有立体感的三维物象过程，就是双眼视差，即立体视觉。

立体视觉的生理基础是双眼视觉功能的正常。但双眼视力均为1.5的人，立体视觉也不一定健全。立体视觉缺乏者称为立体盲。据国外资料介绍，立体盲的发病率为2.6%，立体视觉异常者高达30%。

对驾驶员来说，立体盲是一种比色盲、夜盲更为有害的眼病。驾驶员在交通环境中，必须准确地判断车辆与车辆之间、车辆与交通设施之间的远近距离、确切方向、位置，判断车辆的速度，正确认识交通环境中的一切事物。如果缺乏立体视觉或视觉异常，则容易发生交通事故。

(2) 驾驶员的听觉特性

听觉是人耳受到声波刺激所引起的感觉。行车时，要求驾驶员听觉正常，否则对外界的声音信息就觉察不到。比如外界车辆发出的报警声，车辆发出的故障声音等，驾驶员如果听不清，很容易发生交通事故。因此，驾驶员听觉机能的正常，是保证安全行车的重要条件。

人对于外界声波的接收是有一定范围的，声波在500～5000Hz之间时人的接收率最高，而在16Hz以下或20000Hz以上时，无论多大强度都接收不到。音响太大，会引起耳膜疼痛。随驾驶员年龄的增大，听力会有所下降，因此年龄大的驾驶员开车要更加小心。听觉的适应比视觉快，外界的声音刺激几乎立刻就能听到。在疲劳的情况下，听觉的感受性会有所下降，但是恢复较快，一般10～15s就可完全恢复。在对驾驶员检查身体时，要求两耳分别距音叉50cm能辨别方向，低于这个值不适合做驾驶员。

长期连续行车，由于外界各种嘈杂声音，车上零部件、翼子板等松动发出的连续噪声等不断刺激驾驶员，会使驾驶员的听觉器官机能出现疲劳现象，这容易使驾驶员听力分散，分辨不出音响的性质，或察觉不到有可能造成严重后果的声音，如行人的声音等。这时可听一些比较轻松的音乐来缓解疲劳。

(3) 驾驶员的平衡觉特性

平衡觉是由人们的位置根据重力方向所发生的变化而引起的，反映驾驶员头部运动速度的大小和方向的感觉。它可以感受物体运动的速度和方向的变化，同时告诉人的身体在空间的位置，主要用于汽车制动、超车、侧滑和转弯的时候。

平衡觉对于驾驶员采用正确的速度进行超车、通过交叉路口、绕过障碍物以及转弯是非常必要的。在车辆转弯时，驾驶员如果错误地选择了转弯时的速度，对离心力的估计失误，就可能会出现汽车侧滑和翻车。平衡觉的不利方面表现在车辆在速度和方向频繁变化的山路行驶时，有时会出现不适感，对此情况，可通过专门的训练加以克服。

#### 32.1.3.2　心理方面

心理活动是指人的认识活动、情绪、意志等心理过程。个性心理特征是指人的能力、性格方面的差异。驾驶员的活动是在人、车、路、环境等因素相互作用的复杂条件下进行的。驾驶员通过眼睛、耳朵、经验进行分析、思考，进而做出判断，及时采取合理措施，保证行为无误。在处理事物的过程中，驾驶员不但有各种心理活动，而且还表现出每个人的不同特点，如技术水平的高低、才能的大小、性格的差异等。心理活动和个性心理特征密切相连。通过对客观世界的认识，对客观世界的意志活动，形成个性心理特征。同时，已形成的个性心理特征又制约着心理活动。

驾驶员心理活动过程的规律是：发现外界刺激信息－经过大脑的分析、综合、判断和推理－最后做出行动的对策。注意力与刺激信息有密切的关系，注意力越强，越能够捕捉到外界微弱信息。因此，注意力是接收外界信息的前提。

(1) 驾驶员的注意特征与交通安全

“注意”是心理过程，是对一定目标产生的方向性意识。在行车过程中，注意是驾驶员对将出现的道路交通情况产生的方向性意识。例如，在繁忙的交叉路口，驾驶员不可能对所有的行人、汽车都仔细地去观察，实际上也没有必要，在某一瞬间，驾驶员选择行驶需要的最重要信息，并集中精力进行分析，以适应车辆安全行驶的需要，这就是注意。车辆行驶过程中，被注意的对象是注意的中心，其余的对象有的处于注意的边缘，多数处于注意范围之外。随着车辆运行条件的不断变换，注意的中心和边缘是经常变化的。在平直道路上行驶时，驾驶员的注意中心是车道分界线及前方行驶车辆的状况，路边的景物及行人处于注意的边缘，当行至人行横道时，注意的中心将变成行人的行动。对于驾驶员，注意的基本要求是应该看到给定瞬间所需要的一切。

在对交通事故的原因进行分析过程中发现，交通事故人的原因中很大部分是驾驶员的疏忽大意，这里的疏忽大意即交通心理学中的“不注意”，从总的情况看，产生不注意的原因如图32.6所示。

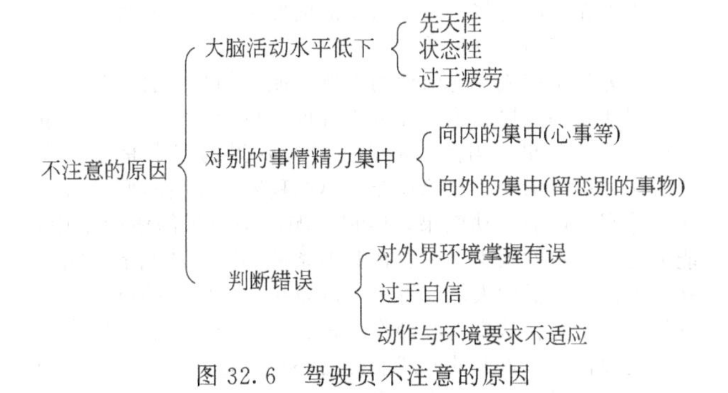


图32.6　驾驶员不注意的原因

(2) 驾驶员的情绪特征与交通安全

汽车驾驶员的情绪对安全行车影响很大，在积极的情绪状态下，驾驶员的操作失误率低，工作效率高。而在消极的情绪状态下，则对安全行驶有很大的阻碍作用，不应有的失误增多，且会大大降低运输效率。因此，职业驾驶员应该经常保持积极的情绪状态。但是由于社会的复杂性，驾驶员在日常生活中经常会出现这样或那样的不良情绪反应。另外，由于现代道路交通环境日益复杂以及由此而产生的危险，也经常引起驾驶员心理状态的变化。所以从安全运行和提高效率的角度出发，有必要对驾驶员在行车中的消极情绪进行有效的调节与控制。

驾驶员的情绪主要包括心境、冲动和应激等。

心境是一种比较弱、平静而持久的情绪状态，是由于特别高兴或特别不快时产生的情感的延续。在其产生的全部时间内影响人的整个行为表现。积极、良好的心境有助于积极性的发挥，提高效率，克服困难；消极、不良的心境使人厌烦、消沉。驾驶员在良好的心境下驾驶，思维敏捷、判断准确、操作灵活；而在压抑、沮丧的心境下，会感到什么都不顺眼，可能会强行超车、开斗气车，往往会导致交通事故的发生。

冲动是一种强烈、迅速爆发的情绪状态。冲动爆发时具有很明显的外部表现，有时甚至会手舞足蹈、放声大笑，有时会咬牙切齿、出言不逊等。此时，人的认识活动范围往往会缩小，只局限在引起冲动的事物上，正常的思维活动遭到破坏，理智的分析能力受到抑制，常常以下意识来代替理智，不能够正确地评价自己行动的意义与后果，更不能冷静地去约束自己的行为。有时甚至会采取与自己意志相反的行动，从而造成更严重的后果。

驾驶员在出乎意料的紧急情况下所表现出来的行为状态为应激情绪状态。当驾驶员在突如其来、十分危险的条件下，例如在行驶中突然遇到行人在车前横穿公路或自行车突然猛拐等，需要驾驶员迅速地判断情况，在一瞬间就做出决定。此时可能使人的呼吸加深，心率加快，大脑供血增多，血压、肌肉紧张程度发生显著的变化，引起情绪的高度紧张，此即为驾驶员的应激情绪。驾驶员在应激情绪下，认识变得狭窄，不可能全面去考察情况以及交替选择，此时很难实现符合目的的行动，容易做出一些不适当的反应，导致交通事故。

(3) 个性心理

汽车在运行过程中，驾驶员要根据各种环境信息来实施自己的操纵行为。其中常常会碰到一些复杂的危险场面，这时个性就显得特别突出，所以具有什么样的特性的人操纵汽车时对交通安全就显得特别重要。多年的实践已经证明，在日常生活中缺乏高度精神文明的驾驶员，操纵汽车时的举止也不会文明，夜间行车时不实行变光，不必要地占取左边道路或中间道路，不必要的紧急制动等，经常会表现出此类的违章行为，而这些行为往往会造成危险局面，当其他不利的情况集中在一起时将导致交通事故的发生。个性心理主要包括驾驶员的能力和气质等。

能力就是完成一定活动的本领。能力的高低会影响一个人掌握活动的快慢、难易和巩固程度，也会影响一个人从事某种活动的效果。当然，影响活动和效果的因素是多方面的，例如思想水平、知识技能、熟练程度、花费时间、身体状况等都能影响活动效果，但在影响活动效果的诸因素中，能力是最基本的因素。一般在其他条件相同的情况下，能力高的人比能力低的人能取得更好的效果。驾驶员的感知或信息加工活动是在从事驾驶操作中进行的，为了顺利、安全地完成运输任务，重要的心理前提是必须具备驾驶能力。驾驶能力的形成受三个主要因素影响：

① 素质。素质是人天生具有的生理特征，是大脑机能水平的表现，是能力发展的先决条件。驾驶员的素质要求包括生理素质、思想素质、心理素质和技术素质。这里主要是指心理素质和生理素质。

② 知识和技能。驾驶能力受知识和技能的影响。知识和技能是人们实践经验的结晶，是能力发展的后天条件，从能力的形成上来看，它是在一个人身上固定下来的概括化的东西。人的知识和技能虽然也有一定的概括性，但两者的概括化性质不同。

③ 实践活动。能力是在改造客观实践活动中形成和发展起来的，实践活动对各种特殊能力的发展起着重要作用。

气质是一个人情感发生的速度、强度和稳定性，以及心理活动的指向性特点等多种方面的特点。

所谓心理过程的强度，是指情绪的强弱，意志的坚强和薄弱等。心理过程的速度和稳定性是指知觉的速度，思维的灵活程度，转移集中时间的长短等。心理活动的指向性是指有的倾向于外部，从外界获得新印象；有的倾向于内部，经常体验自己的情绪，分析自己的思想和印象。

人的气质可以划分为四种类型：性情暴躁、动作迅猛的胆汁质；性情活泼、反应敏捷的多血质；行动迟缓、心绪平和的黏液质；性情脆弱、动作迟钝的抑郁质。

胆汁质类型的驾驶员，其特点是具有很高的兴奋性，在行为上表现出不均衡性，脾气急躁，态度直率，言语动作急速而难以自制。其工作特点是当情绪高涨时，能以极大的热情投入工作，一旦对工作失去信心时，情绪顿时一落千丈。具有胆汁质的驾驶员驾驶汽车时属于典型的“快车型”，主要表现为超速行驶，争道强行甚至强行超车，这种驾驶员在遵守交通规章的前提下，由于其反应敏捷、动作果断，因此一般能够顺利完成驾驶任务，但当其情绪失去控制时，就很容易出现交通事故。

多血质类型的驾驶员反应灵活，容易适应新的环境，但注意力不稳定，兴趣容易转移，适合从事多变和多样化的工作，要求反应敏捷且均衡的工作对多血质的人最适合。因此具有多血质的人适宜从事驾驶工作，他们开车时胆大心细、机动灵活，对道路适应快，应变能力比较强。

黏液质类型的驾驶员特点是坚定沉着，稳重忍耐，但反应缓慢，属于“稳妥型”驾驶员。这种类型的驾驶员驾驶汽车四平八稳，遵守交通规则，很少违章，其驾驶汽车的不足之处是不够灵活，当遇到突然情况时，应变能力较差。

抑郁质类型的驾驶员在驾驶工作中忍耐能力差，容易疲劳，但其感情细腻，观察敏锐，能够察觉到别人观察不到的事物。这种气质类型的驾驶员在面临危险情况时，由于胆小会感到极度恐惧，往往容易发生事故。

#### 32.1.3.3　驾驶员的反应特性

驾驶员的反应特性是很重要的交通特性，直接影响交通安全状况。反应特性的衡量指标是反应时间。驾驶员通过感觉器官（眼、耳等）接受外界刺激到做出反应所需的时间，称为反应时间。它的含义并不是执行反应所需的时间，而是指刺激和反应之间的时间间隔。

经科学研究证明，外界刺激引起感觉器官的活动，信息经由神经传给大脑，经过加工，再由大脑传递给肌肉，肌肉收缩，作用于外界的客体。过程中的这些步骤都需要时间，而在大脑中消耗的时间最多。即使一个简单的反应，从感觉器官内传导的神经冲动也必须积累起来，并形成足够的兴奋，才能引起大脑运动区对肌肉发出一种神经冲动。反应时间包括三个时期：刺激时感觉器官产生兴奋，其冲动传递到感觉神经元的时间；神经冲动经感觉神经传至大脑皮层的感觉中枢和运动中枢，从那里经运动神经、效应器官的时间；效应器官接受冲动后引起效应的时间。以上三个时间的总和，就是反应时间。

反应时间分为简单反应时间和复杂反应时间（选择反应时间）。简单反应时间是对单一刺激物做出确定反应的时间。例如，红灯一亮就按电钮。这一过程大脑的活动比较简单，只要知觉到刺激物，不必过多地选择和考虑，就能立即做出反应。一般视觉刺激为 0.25～0.3s，听觉刺激为 0.2s，触觉刺激为 0.2s。复杂反应时间是指驾驶员对各种可能出现的不同刺激物做出不同的反应的时间。例如，在红、绿、黄三色灯中，亮不同的灯，按不同的按钮。它的特点是刺激信号内容多而复杂，需要做出思考和判断，容易出现错误，因此复杂反应时间比简单反应时间长。驾驶员的驾驶工作基本属于复杂反应这一类，其反应时间取决于道路环境的特点。在汽车运行的动态环境之中，驾驶员必须不断估计迅速发生变化的道路情况以及选择相应的操纵动作。动作的准确性和正确性反映了驾驶员的反应特性。国外的统计资料表明，复杂反应时间长的人，发生事故的可能性比较高。表 32.3 是对一些驾驶员在 9 个月中事故次数与反应时间关系的调查数据。

**表 32.3 事故次数与反应时间的关系**

| 事故次数/次 | 0～1 | 2～3 | 4～7 | 8～9 | 10～12 | 13～17 |
| --- | --- | --- | --- | --- | --- | --- |
| 反应时间/s | 0.57 | 0.70 | 0.72 | 0.86 | 0.86 | 0.89 |

汽车在运行过程中，当驾驶员接受紧急制动信号以后，制动过程如图 32.7 所示。

从图 32.7 中看出，当车辆行驶的前方突然出现障碍物等紧急情况时，驾驶员不可能立即行动，必须经过 $t_1$ 后才意识到要求制动，经过 $t_2$ 后脚开始踩制动踏板，经过 $t_3$ 后，制动器开始起作用，经过 $t_4$ 后，制动力达到最大。时间 $t_3+t_4$ 为制动系统作用时间（包括制动系统传递的迟滞时间和制动力增长时间），$t_5$ 为持续制动时间。

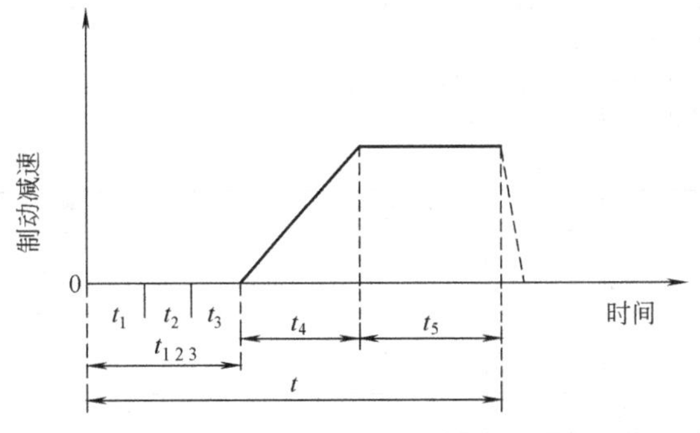


图 32.7 汽车制动过程曲线

驾驶员从发现障碍物（刺激）到制动器起作用，这段迟滞时间称为反应时间。反应时间实际包括两部分：

障碍物的反射光到达眼的视网膜，视网膜把障碍物的信号经神经传至感觉中枢，再由感觉中枢传至运动中枢，运动中枢再支配手脚开始动作，这段时间称为反射时间（reaction time），约 0.38s。

脚离开加速踏板踩到制动踏板上的踏板更换时间，约需 0.23s。踩下制动踏板到制动器起作用，即制动系统迟滞时间，约需 0.08s。这两段时间统称为动作时间（movement time），共需 0.31s。

反应时间等于反射时间加上动作时间，共需 0.69s（即图中的 $t_1+t_2+t_3$）。考虑到交通安全留有适当余地，故反射时间与动作时间之和一般取 0.6～1s。但在实际汽车运行中，驾驶员发现障碍物后，要观察障碍物的动作，在经过大脑的思考判断是绕行还是制动，这段时间称为判断时间，约需 1.5s。因此一般所说的驾驶员反应时间，是指反射时间、判断时间、动作时间的总和，其值为 2.5s 左右。在驾驶员的反应时间 $t_{123}$ 中，由于制动器未起作用，所以这段时间又称为汽车空跑时间，这段时间汽车行驶的距离称为空跑距离。假设驾驶员的反应时间为 2s，汽车以 45km/h 的速度行驶，则空跑距离为 25m，而且随着速度的增加呈正比增加。行驶的汽车制动到停止所需的全部时间为 $t=t_1+t_2+t_3+t_4+t_5$。这一时间的长短直接关系到汽车的行驶安全，所以把 $t_{123}$ 时间内汽车所行驶的距离（即空跑距离）和制动距离之和称为制动非安全区。从驾驶安全的角度考虑，要求制动非安全区越短越好，而在时间 $t$ 中，驾驶员的反应时间占有很大的比例，因此，对于高速行驶的汽车，如果驾驶员的反应时间比较长，则遇到突发情况，发生交通事故的可能性将大大增加。

反应时间的长短取决于驾驶员自身的个性、年龄、对反应的准备程度、信息的强弱、刺激时间的长短、刺激次数的多少等。其主要影响因素有以下几个：

（1）刺激信息

驾驶员的刺激信息来自道路和交通环境，它包括道路线形、宽度、路面质量、横断面组成、坡度、交叉口及车辆类型、交通量、机动车与非机动车的行驶情况及相互干扰情况、交通信号、标志等。在驾驶车辆的过程中，交通环境不断变换，驾驶员随时接收外界信息，并做出相应的反应。驾驶员所遇到的外界信息大致分为五种：

早显信息：信息出现有一定的时间提前量，如各种交通标志预告的各种交通信息。

突显信息：指突然到来的信息。例如，在行车中，行人或骑自行车人突然猛拐到机动车前，儿童的“跳出”事故等。

潜伏信息：指驾驶员不能直接观察到的信息。这种信息的特点是“隐蔽性”，如没有被驾驶员察觉的车辆带病行驶，与宽阔公路相接的窄桥，以及弯道的超高不够或反超高等。

微弱信息：指外界信息刺激量过小，难于被驾驶员所接收的信息。这种信息由驾驶员的感觉器官传至大脑后，往往分辨不清，容易产生犹豫、疏忽，甚至错觉。如黄昏时，驾驶员误将蹲在路中间系鞋带的小孩当成垃圾桶而撞死。

先兆信息：指信息到来之前具有某种征兆的信息。例如在行车过程中已发现有事故的苗头，如违章装载、超速行驶、酒后驾驶等。

对于早显信息和先兆信息都是在驾驶员有思想准备的情况下发生的，故驾驶员比较容易做出正确的判断和决策。微弱信息和潜伏信息都需要驾驶员集中注意力来捕捉和发现，如果疏忽大意，就会产生疏忽和错觉，造成动作迟缓，甚至做出错误判断。应对最困难的是突显信息，要求驾驶员在很短的时间内采取措施，如果驾驶员反应迟钝或注意力不集中，必然措手不及，造成事故。

（2）分析判断

分析判断是大脑的思维活动过程。对于驾驶员来说一般分为三种情况：第一种是驾驶员接收外界信息后，能够迅速地分辨真伪，得出正确的结论。一般有经验的驾驶员由于大脑中存储很多信息，遇到外界情况变化时，反应迅速，判断准确。第二种是对外界信息分辨不出真伪，思维混乱，以致造成判断错误。第三种是对外界信息归纳迟缓或欠考虑，造成分析时犹豫不决。后两种情况都是造成交通事故的重要原因，应力求避免。

（3）年龄与性别

实践证明，同一个人在 30 岁以前，随着年龄的增长，反应时间缩短。从 40 岁开始，反应时间均匀增加，一直到 50 岁，比平均反应时间增加 25%左右。50 岁后，反应时间开始明显增加。性别对反应时间的影响是同年龄的男性驾驶员比女性驾驶员的反应要快。驾驶员必须对自身的缺陷有正确的认识，以便在驾驶时加以克服。

（4）交通环境

随着客观情况的复杂程度的增加，反应时间增加。在有信号控制的交叉路口的入口街道上，自由行驶的车辆对红灯刹车反应时间平均为 0.5s；在车流量很大、行人很多的街道上，由于驾驶员要进行观察，故对相同信号的刹车反应时间增加到 1.2～1.5s。

（5）手和脚的差异

对于同样的刺激信息，引起手和脚的反应时间是不同的，见表32.4。

**表32.4　手和脚反应时间表**

| 反应器官 | 反应时间/ms | 反应器官 | 反应时间/ms |
| --- | --- | --- | --- |
| 左手 | 147 | 左脚 | 179 |
| 右手 | 144 | 右脚 | 174 |

从表32.4中可看出，手的反应比脚的反应快，右手、右脚比左手、左脚的反应快。人的两手、两脚以及两眼在优势上是有差别的，左手优势的人约占5%，由于汽车的操纵设计是按占95%的右手优势的人设计的，因而对左手优势的人带来不便，遇到紧急情况时，容易出现操作错误，所以职业驾驶员要注意这一点。

(6) 车速的影响

汽车的行驶速度越快，驾驶员的反应时间越长。例如当汽车车速由40km/h提高到80km/h时，驾驶员的反应时间约增加一倍。另外，随着汽车运行速度的提高，驾驶员的脉搏和眼的动作都加快，感知和反应变慢，这样对信息的感知就会出现变化，出现过低估计车速，且对距离估计失误，有时对突发情况还未做出反应事故就发生了。

此外，情绪、驾驶疲劳、酒精和药物等都会影响驾驶员的反应时间。

驾驶员的反应特性要求驾驶员不仅反应要快，而且要动作准确。如果驾驶员为了避免撞车，不管采取的措施如何，例如将方向转向人行道，将很可能导致更加严重的后果。在我国现行大量混合式交通的情况下，当遇到危险情况时，正确、冷静、迅速地做出反应是优秀驾驶员的必备品质。

#### 32.1.3.4　驾驶员的适应性特征

(1) 驾驶适应性的概念

适应性是指有效地完成某项课题、工作或活动时，具有的潜在性、能取得好成绩的诸能力，即感觉能力、反应能力、认知能力、社会适应能力以及体力等。一般认为，它与人体生理机能的优劣、智力、学历、知识、兴趣爱好、性格、社会性等有不同程度的联系。适应性是以个人差异为前提决定的。驾驶适应性是指与驾驶汽车这种特殊能力有关的适应性，即不发生违章或事故，能持续完成安全运输任务的素质，是从事汽车驾驶工作的人员心理品质适合于驾驶工作的可能性和可靠性。适应性问题的提出是围绕着“人-车-路”系统中驾驶员的主导地位和作用而展开的，国外“事故倾向理论”认为驾驶员中确实存在“事故倾向性”者。近年来，国内已开始重视驾驶适应性研究和检测。研究结果表明，有的人适合驾驶工作，而有的人则不适合驾驶工作。

(2) 事故的倾向性

理论和实践的研究证明，交通事故存在着倾向性，或称事故的亲和性或反复性。就是说在同样的作业环境下驾驶，所有的驾驶员并不是均等地发生交通事故。某些驾驶员反复出现交通事故，而另外一些驾驶员则几乎不发生交通事故，这些易反复出现事故的驾驶员为事故多发驾驶员。这就是说，交通事故的发生主要集中在少数人身上，以前肇事较多的驾驶员以后肇事的可能性也大，事故出现的重复性也大。

(3) 优劣驾驶员的差异性

为研究优劣驾驶员在身心素质方面的差异性，对1000名驾驶员进行人体参数测试，基本上得出驾驶员在四个方面的五项主要人体参数存在明显的差异。

① 动视力。一般人的动视力是随着汽车行驶速度的增加而减弱，其减少的程度受年龄和个人的视觉差异的影响。动视力与安全行车密切相关，动视力差的驾驶员，则发生交通事故的可能性较大。

② 立体视力。驾驶员双眼视差功能对行车安全有明显影响，因为立体视力差的驾驶员不能准确辨别车前障碍物的大小和形状，不能准确地在适当位置控制行车速度和采取措施。此外，立体视力对判断对方来车的速度准确性有重要作用。

③ 行动特征值。驾驶员在行车过程中，感知器官把接收来的各种信息经神经系统送到大脑中枢，经知觉记忆、思考、判断做出意志的决定，再经神经系统命令运动器官，按照驾驶员的意志进行各种操作，这就是驾驶过程中的特有行为方式，这种行为方式根据驾驶员判断的准确程度和动作的灵敏程度，可构成下列四种组合方式：

判断快×动作快=行动机敏

判断快×动作慢=行动慎重

判断慢×动作快=行动轻率

判断慢×动作慢=行动迟钝

这种关系可以从驾驶员的行为特征值CCN（cybernetic control number）中反映出来。在心理学中，把带有个人特征值的一定行为模式作为性格，CCNO就是表示一定行动倾向的特征值，即性格数量化特征值。这项测试可用来分析驾驶员的信息处理能力、动作能力、判断能力、动作协调能力、情绪稳定程度及行为类型。

④ 操作技能。驾驶员的操作技能是感知、判断和动作的综合反映，它将随驾驶经验的不断积累而提高。经测试检验知，操作技能与交通事故有密切的联系。

⑤ 智能。根据日本的资料介绍，智能与事故之间存在如表32.5所示的关系。

**表32.5　智能与事故的关系**

| 智能 | 无事故群 | 事故群 |
| --- | --- | --- |
| 优 | 6.4% | 4.8% |
| 稍优 | 30.8% | 17.7% |
| 一般 | 40.4% | 23.8% |
| 稍劣 | 21.3% | 24.9% |
| 劣 | 1.1% | 19.0% |

其中，智能为劣的在无事故群中占1.1%，而在事故群中占19%，高出近20倍，可见智能低下对驾驶汽车是个不利的条件。

(4) 驾驶员职业适应性管理

驾驶员职业适应性管理包括下列四项内容：

① 严格挑选。对报考驾驶证者，除了需要进行身体检查外，还需要进行职业适应性测试，筛选出身心素质较差、事故倾向性大的人，取消其报考资格。

② 科学指导。对于尚未进人驾驶队伍的人要严格挑选，对于现有的在职驾驶员要分期分批测试，根据测试结果，使每个驾驶员知道自己的长处和短处，扬长避短，并有目标地加强训练，提高自己的适应能力，保证行车安全。

③ 合理安排。对某些单项能力测试结果较差的驾驶员，要安排合适的驾驶任务。如身体弱的安排轻型车驾驶，暗适应弱者安排白天驾驶。

④ 目标培训。对虽经测试证明某项适应能力差，又暂时未发生事故的驾驶员要提醒其认识自身素质的差异，增强预防事故的自觉性和能力，努力训练提高或有计划地组织培训。

#### 32.1.3.5　驾驶疲劳与交通事故

(1) 驾驶疲劳的概念

所谓疲劳是指作业者在连续作业一段时间后，劳动机能的衰退和产生疲劳感的现象。这是作业者的生理、心理在作业过程中发生变化的结果，属于正常的生理现象。驾驶作业虽然不是繁重的体力劳动，但为了应付复杂的交通环境变化，驾驶员总是处在紧张的状态，使眼睛和神经都持续地高度紧张。特别是在高速行驶时，眼球运动有时达到每分钟150次以上，使眼睛感到很累，由此引起驾驶员的中枢神经容易产生疲劳，导致感觉的钝化和直觉的下降，引起认识的不全面或迟缓、判断的失误，最严重时产生驾驶时打瞌睡的危险现象。这种驾驶人员在连续驾驶车辆后，产生生理、心理机能以及驾驶操作效能下降的现象称为驾驶疲劳。

(2) 驾驶疲劳的特性及分类

驾驶疲劳可分为两种：急性疲劳和慢性疲劳。急性疲劳是由于长时间连续驾驶车辆而发生的暂时性疲劳。这种疲劳原因明显，驾驶员主观感受得到，所以容易引起驾驶员的注意，只要停车做短时间的休息，疲劳即可解除。慢性疲劳也称积蓄疲劳，是由于驾驶员每天超时间工作，前几天的疲劳还没恢复过来，累加到当天的驾驶作业中，这种累积的疲劳叫慢性疲劳。在驾驶工作中，慢性疲劳的危害性最大。日本有人通过学生和职业驾驶员进行连续22天驾驶试验，发现他们身心机能变化分为三个阶段：第一阶段两组人身心机能均出现低落，原因主要是改变工作和生活环境而不习惯。第二阶段为恢复时期，这时由于工作和生活环境逐渐习惯，人体各部分机能发挥正常，操作自如。第三阶段为慢性疲劳期，身心机能逐渐低落，出现疲劳现象。如果继续驾驶，疲劳加剧，容易导致交通事故。

驾驶疲劳的特征可分为生理和心理两方面的特征。在生理方面表现为感觉迟钝，动作不协调、不准确、肌肉痉挛、麻木等。驾驶员连续长时间在座位上进行驾驶操作，视觉紧张注视车外的环境，随时把交通信息送到大脑中做出判断，支配手、脚进行操作，必然会引起全身倦怠麻木、感觉迟钝、动作的机敏程度下降等现象，这说明身体的生理机能发生了变化。在心理上则表现为注意力不集中，思维迟缓，反应速度下降，尤其突出的是情绪的躁动、忧虑、怠倦等。因为驾驶员在驾驶作业中，要集中精力观察车外的环境变化，其高度紧张的心理状态加重了驾驶员的心理负荷，因而使驾驶员容易出现心理上的疲劳。

(3) 疲劳产生的原因

驾驶疲劳产生的原因是个复杂的问题，与很多因素有关。研究表明，人的昼夜生理节律对驾驶疲劳的产生有明显的影响，所谓昼夜生理节律是指人的觉醒水平以一昼夜为周期的起伏变化。一般认为，上午9～12点左右为一天中觉醒水平最高的时刻，精力较旺盛。而在深夜至凌晨时，觉醒水平最低，易疲劳瞌睡。这种节律是人们在长期适应客观环境中形成的一种固有特性，很难改变，在昼夜节律的影响下，夜间行车的驾驶员很容易疲劳，对夜间交通事故的调查表明，很多重大事故与驾驶员的疲劳、行车打瞌睡有关。

驾驶疲劳的出现与连续行车时间有关，长时间连续行车容易引起驾驶疲劳。

道路与交通条件对驾驶疲劳也有影响，日本学者认为，凡是加剧驾驶员精神紧张的道路和交通条件都会加速驾驶疲劳的出现。这些条件主要有：

① 无交通标志，且视距不足的道路；
② 交通堵塞、过交叉点以及意外被超车时；
③ 上坡的视距不足时；
④ 路面条件过差的道路；
⑤ 驾驶车况太差的汽车；
⑥ 同车人与驾驶员说话时。

另外，在景观单调、交通量稀少的平直道路上行驶时，由于外界信息过少，同时也无须很多驾驶操作，驾驶员的中枢神经缺少刺激，逐渐进入抑制状态，也容易引起驾驶员的驾驶疲劳。

从驾驶操作的进行和过程的分析可以看出，影响驾驶疲劳的因素如表32.6所示。

表32.6 影响驾驶疲劳的因素

| | | |
|---|---|---|
| 驾驶员生活情况 | 睡眠 | 睡眠时刻：几点钟开始睡觉<br>睡眠时间：几小时睡眠<br>睡眠环境：能否睡熟 |
| | 生活环境 | 居住环境：上班路程远近<br>家庭环境：婚否，家庭和睦情况，人际关系如何<br>业余时间：下班后时间的利用 |
| 行车情况 | 车内环境 | 车内温度：温度是否合适(17℃以下)<br>车内湿度：车内湿度是否合适(50%以下)<br>噪声与振动：振动是否剧烈<br>车内仪表：是否易于观察<br>座椅：乘坐是否舒适<br>与同乘人的关系：关系是否紧张 |
| | 车外环境 | 行车时间：白昼、傍晚、夜间、深夜、凌晨<br>气候：晴、雨、雪、雾<br>道路条件：道路线形、坡度，以及位于市区、郊区、山区等<br>交通条件：闲散、拥挤、堵塞<br>道路安全设施：标志、标线、防护栏信号设施完备与否 |
| | 行驶条件 | 运行条件：是否长时间、长距离行驶<br>时间限制：到达目的地的时间是否充裕<br>行驶状态：车速快、慢 |
| 驾驶员本人情况 | | 身体条件：体力与健康状况<br>经验条件：驾驶技术是否熟练<br>年龄条件：青年、中年、老年<br>性别：男、女<br>性格：内向、外向 |

(4) 驾驶疲劳对安全行车的影响

驾驶疲劳使驾驶员的驾驶机能失调、下降，对安全行车带来许多不利影响。

① 简单反应时间显著增长。据国外研究，工作一天后，不同年龄的驾驶员，其反应时间都增长了，如表 32.7 所示。

**表 32.7 不同年龄的驾驶员疲劳前后的反应时间**

| 年龄/岁 | 疲劳前的反应时间/s | 疲劳后的反应时间/s |
|---|---|---|
| 18～22 | 0.48～0.56 | 0.60～0.63 |
| 22～45 | 0.58～0.75 | 0.53～0.82 |
| 45～60 | 0.78～0.80 | 0.64～0.89 |

② 对复杂刺激（同时给红色和声音刺激）的选择反应时间增长，有的甚至增长两倍以上。

③ 疲劳后，动作准确性下降，有的发生反常反应（对于较强的刺激发出弱反应，对于较弱的刺激出现强反应）。动作的协调性受到破坏，以致反应不及时，有的动作过分急促，有的动作又非常迟缓。这在制动、转向方面表现得较为明显。

④ 疲劳以后，判断错误和驾驶错误都远比平时增多。判断错误多为对道路的交通量情况，对潜在事故的可能性以及应付措施考虑不周，在特殊道路上车速不当等。驾驶错误多为掌握方向盘、刹车、换挡不当等。严重者可发生手足发抖、肌肉痉挛、动作失调等，对驾驶发生严重影响。有的甚至进入半睡眠状态，将车开出公路而发生事故。

(5) 如何防止驾驶疲劳

驾驶疲劳产生的过程如图 32.8 所示。

由图 32.8 可知，虽然导致驾驶疲劳的因素是多方面的，但是，长时间连续驾驶是其中最关键的，可以说驾驶疲劳是伴随连续的长时间驾驶产生的。

驾驶的持续时间对驾驶员疲劳的产生、工作效率的保持，以及正确、迅速地掌握道路状况的能力起着决定性的作用。

日本交通心理学家把驾驶的疲劳感觉按连续行车时间长短分为五个阶段：0～2h 为适应新驾驶工作的努力期；2～4h 为驾驶的顺利期；6～10h 为出现疲劳期；10h 后为疲劳加重期；14h 后为过劳期。苏联科学家的研究结果为：1/6 的肇事驾驶员的持续驾驶时间超过 8h，而且所造成的损失也一般比其他驾驶员严重。他们认为，交通事故发生率在 8h 以后增大，11h 以后尤为明显。实际调查中，驾驶员自己的体会也是，疲劳往往产生于工作 10h 以后。因此，对于长途行车来说，无论从交通安全的角度，还是从经济的角度考虑，采用两班工作制要比延长工作时间优越得多。

防止驾驶疲劳最好的方法是保证充足的睡眠。一般情况下，驾驶员应保证每天 8h 的睡眠时间，白天睡眠还要适当增加时间，因为夜间睡眠效果比白天好。经测定，夜间睡眠 8h 的效果为 100%，而白天睡眠 8h 的效果只有 71%。此外，断续的睡眠比相同时间的连续睡眠效果差得多。深夜行车不要连续超过两次，如果正副驾驶员在夜间交换驾驶时，在 10h 中，一人的实际驾驶时间应为 4～6h。此外，要根据驾驶员的不同年龄、性别采用不同措施。年龄大的老驾驶员，恢复精力比年轻驾驶员慢，疲劳时要比年轻人多一些休息时间。

对于驾驶疲劳的预防，驾驶员要根据北方、南方（即地域）、运输货物的种类、所驾车型、自己本人的身体状况、白天还是夜晚以及道路交通环境等具体情况而决定。以下几点可以进行参考：

① 合理、科学地安排运输任务。在一年中，春秋两季汽车运输效率高于冬夏两季；在一周之内周一至周四工作效率高；在一天中深夜至天亮以及黄昏时驾驶员容易疲劳。驾驶员应根据这些规律合理安排自己的运输任务。

② 在开车的不同阶段应根据气候和环境情况，采取一些有关措施，以减轻驾驶员疲劳的影响。如停车做一些简单的活动，或是对驾驶室进行通风，也可找一个合适的地方洗洗脸、喝点清凉饮料等。

③ 注意利用高速公路的休息区。由于在高速公路上行车易疲劳，所以高速公路上每隔一段距离都设有一个休息区，驾驶员要合理使用。在感到身体不适时应及时进入休息区进行适当的调整，这一点在高速行车中非常必要。

④ 驾驶员应注意饮食营养。使身体经常保持最佳健康状况，是保证车辆安全行驶的重要条件之一。由于职业的特殊性，驾驶员的生活一般规律性不强，加上特殊的工作环境使得不少人患有职业病。所以在有条件的情况下，应尽可能注意饮食的营养和质量。

⑤ 车辆行驶在单调的环境中时，驾驶员要适当进行调节，对大脑中枢多增加一点刺激。例如，高声唱歌、听听音乐等。在交通量小、交通环境单调的情况下，听听音乐可以减轻疲劳，但如果听相声等容易分散驾驶员的注意力，所以，一般提倡收听轻音乐，因为轻音乐作为背景音乐收听，有助于消除单调感，减少疲劳，对提高驾驶员舒适的心情有作用，而且又不分散驾驶员的注意力。

#### 32.1.3.6 饮酒对交通安全的影响

汽车驾驶员酒后驾驶，常常发生交通事故。据日本统计，每年因饮酒驾驶所造成的交通事故占 4% 以上，死亡事故占其中的 10% 以上。在美国，曾对交通事故中的死亡者做尸体检查，发现死亡的驾驶员中，50% 的人在开车前喝过酒。我国的驾驶员有饮酒习惯的比欧美国家的相对少一些，但随着人们生活水平的提高，由于饮酒造成的交通事故有增加的趋势。酒后驾驶造成的事故多为重大事故，致死率高，为此，必须引起足够的重视。

(1) 酒精对人体身心机能的影响

酒的主要成分是酒精，饮酒后，酒精被胃壁和肠壁迅速吸收溶解于血液中，随血液循环流遍全身，渗透到机体各组织内部。胃肠吸收酒精的速度以空腹时为最快，一般在饮酒后 5min 便可在血液中发现酒精，约经过 2h，所饮酒中的酒精便被人体全部吸收。饮酒后，开始时使大脑中枢神经兴奋，然后产生抑制作用，严重者可造成中毒死亡。体内酒精含量低时对人体影响不大，浓度过高时处于高度抑制状态，容易导致驾驶员昏睡，不能驾驶。据日本资料表明，因饮酒造成事故的驾驶员，其血液中酒精浓度大多在 1.0～2.5mg/mL 范围内，其中，1.5～2.0mg/mL 的占 35.5%。饮酒后在 30～60min 内发生事故最多，因为在这段时间内，酒精浓度维持在上述较高的数值范围内。

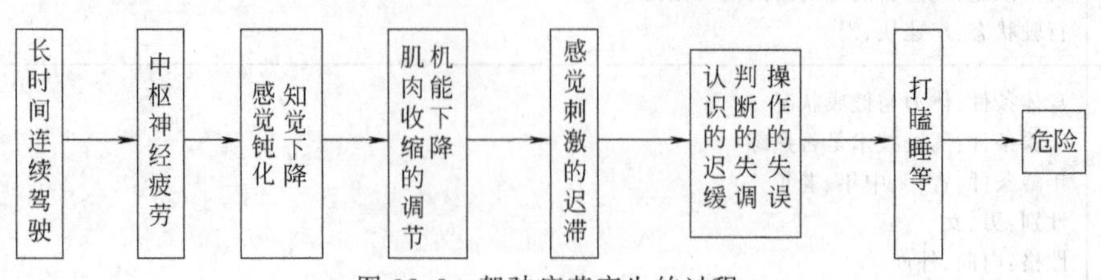


图 32.8 驾驶疲劳产生的过程

饮酒后的体内酒精浓度因个人的身体状况不同差别很大，酒量比较大的人，酒后体内酒精浓度在30min内达到顶点，消失得快，体内留存的浓度低。酒量中等程度的人，需要60～90min到达顶点，不仅到达顶点的时间长，消失得也比较慢，而且体内留存酒精浓度较高。饮酒后体内的酒精浓度与体重、性别有一定关系，如饮同量酒，体重大的人浓度低。据试验，女性30min以后血液内酒精浓度达到顶点，90min以后降低到微量，而男性酒精浓度顶点到得比较晚，90min后还维持一定的浓度。

酒醉在主观上还是感觉得到的，但醉到一定程度后，就失去了判断能力，客观上已经很明显，而他自己认为还没有醉。客观评价：主要是对饮酒人的言语、行动、驾驶举动等一些客观表现来判断，一般可分为微醉、轻醉、深醉和泥醉四种程度。微醉主要是脸红、话多、心神不定，对外界刺激反应迟钝，尚能控制自己。轻醉神态表现较为兴奋，言语不清，有时哭喊，对自己的行动控制能力降低。深醉的表现是基本失去控制，动作失调，言语不明，各种反应显著低落，快陷入麻痹状态。酒醉到最严重的程度时表现为泥醉，此时瘫软倒卧，昏迷不醒，大小便失禁，以及呼吸困难等，严重时可以造成死亡。对汽车驾驶员来说，主要是轻醉或微醉影响较大，容易发生事故。深醉和泥醉，已完全失去驾驶能力。

(2) 饮酒对驾驶操作的影响

饮酒对驾驶员的驾驶机能影响很大，主要表现在以下几个方面：

① 视力减退，视野变得狭窄，色彩感觉能力下降。

② 体内酒精浓度较低时，反应时间较饮酒前稍有缩短，体内酒精浓度较大时，反应时间明显增加，反应误差增多，其他感觉也变得迟钝。

③ 注意力降低，认识范围变窄。

④ 判断的准确性降低。

⑤ 处理信息能力降低，动作不协调。

⑥ 理性降低，情绪不安定。

⑦ 失去克制能力，喜欢超车、超速行驶。

酒后开车肇事的主要特征如下：

① 向固定物（如隔离带、水泥墩、电线杆、大树等）撞击；

② 大部分肇事发生在饮酒后的30～60min；

③ 由于感觉机能降低，反应迟钝，易驶入侧沟或冲出路外发生翻车事故；

④ 夜间会车时，受对向车的灯光照射眩目，视力恢复迟钝，而与对向车发生正面碰撞；

⑤ 重大事故多，死亡率高；

⑥ 肇事的时间多为午饭后或夜间，以城市周围和集镇附近为多。

(3) 如何预防酒后行车事故

① 按交通法规规定严禁酒后驾驶，不仅驾驶员要严格执行这一规定，而且交通管理部门也要加强这方面的管理力度，对于违章肇事者从重处罚。

② 加强交通管理人员的路查工作，若发现有异常表现，如路上汽车缓慢行驶，该快不快，该慢不慢，该停不停，过交叉路口时停车时间长，超车时跨越中线过度等均认为驾驶员有饮酒之嫌，这时应令其停车，观察其言行举止，以查证是否饮酒。

③ 使用仪器测定驾驶员血液中酒精含量。口中呼出气体中酒精含量与血液中酒精浓度成正比，即1mL血液中所含酒精量与呼气2000～2100mL中含酒精量相等。根据这一原理可制造出专门测试呼气中酒精浓度的仪器，从而间接测量出驾驶员血液中的酒精含量。现在有的高档轿车上装有这种电子仪器，当驾驶员呼气中酒精浓度超过一定值时，车辆的电子系统可以自动将汽车的电路系统锁住，防止驾驶员在醉酒后开车肇事。

#### 32.1.3.7 生病、服药驾驶对行车安全的影响

(1) 疾病与驾驶能力

疾病常常影响人的劳动能力，对汽车驾驶员来讲，有些疾病影响驾驶操作，有些疾病可使人丧失驾驶能力。在国外，私人有车较多，常自己驱车行驶，对身体健康状况要求不严，而我国多是职业驾驶员，体格要求比较严，如发现驾驶员有精神病、肌肉功能障碍或其他导致手足功能障碍的疾病，都要禁止驾驶。患脑晕、平衡功能疾病、严重偏头痛以及耳聋者也不能驾驶。若患冠状动脉梗塞症，三个月内不宜驾驶。

(2) 汽车驾驶员的常见疾病

汽车驾驶员由于其特殊的交通环境与特殊的坐姿和操作动作，在运行中，车辆振动、噪声，复杂的混合式交通使得驾驶员的身心负荷都很大。如果长时间开车，休息太少，疲劳过度，而且跑长途车的驾驶员不能按时饮食和睡眠，往往会导致多种疾病，尤其是慢性病，比较常见的有高血压、胃病、腰疼、肌炎、神经根炎、下肢静脉曲张等。

在驾驶员所患的胃肠疾病中，主要是胃炎和胃溃疡。饮食不节、慢性酒精中毒、新陈代谢失调等都是胃炎和胃溃疡的主要原因。驾驶员的饮食不节主要是指暴饮暴食、酗酒和大量食用刺激性强的食物以及不合理的饮食习惯。

肌痛、肌炎等是支撑运动器官的肌肉和组织的疾病。长久保持一种坐姿，频繁地执行单调的驾驶任务，以及体力与神经心理的极度紧张，都容易导致驾驶员的韧带组织的变形以及其他肌肉组织的疾病。

驾驶员患末梢神经系统的疾病是屡见不鲜的，这是因为驾驶员的工作与脊椎下部肌肉长期高度紧张、振动和受寒造成的疲劳等有直接关系。驾驶员在日常工作中，易患腰痛、脊神经根炎、坐骨神经痛等。

可见，驾驶员所患的常见病都是驾驶工作的特殊环境所致，但即使是轻微的病症，也会影响人的劳动能力。驾驶员在病态下开车，注意力和反应能力都会大大下降，动作协调性、准确性和速度都将变差。这都增加了交通事故发生的可能性。

(3) 药物对驾驶机能的影响

从交通事故的事后分析中发现，驾驶员因服用有关药物而导致交通肇事的现象所占比例逐年上升，这主要是现代的生活水平、医学和药理学的成就导致了药物使用的大大发展。以下是常见的对驾驶行为有影响的几种药物。

① 镇静剂。这类药物如安达可辛、扑尔敏、利血平、塞杜可辛等，能够在不减弱思维过程的情况下消除沮丧感、焦躁感、情绪紧张和不安感，是抑制中枢神经系统以调节心理的镇静剂。但这类药物可以冲淡感受外界事物的情绪，使人表现出冷漠、消极、肌肉活力下降，各部分协调涣散，并出现睡意。驾驶员服用这类药物后1h，驾驶能力显著下降，并损伤视觉而出现隧洞视、打瞌睡等。长期服用这类药物的驾驶员的违章和交通事故都比其他驾驶员高。

② 兴奋剂。兴奋剂包括可卡因、非那明、氨基丙苯等。这类药物对中枢神经系统的作用与镇静剂恰恰相反，是刺激中枢神经系统抵抗疲劳的。驾驶员服用这类药物后，会出现疲劳感降低、睡意消失、智力和活动的积极性提高、反应速度加快等。但这类药物也带来了副作用，如情绪急躁、焦虑不安、变得易冲动，在行车过程中表现出超速行驶、强行超车等。

③ 在治疗胃肠、呼吸和血液循环器官疾病的药物中，如阿托品、普鲁本辛等能够导致瞳孔的扩张和收缩，使眼睛的调节

能力下降、视野范围缩小等。现在广泛用于治疗感冒等常见病的解热、镇痛、止咳等药物，如阿司匹林等，带来的副作用是使人感到乏力，注意力减退，反应灵敏度下降等。

可见，在驾驶工作这种特殊的岗位上，驾驶员在生病时若不注意，会给操作行为带来很大的障碍，直接影响行车安全。世界医疗保健机构在 1980 年 12 月 1 日提出建议，规定有 7 类药物，驾驶员服后不准驾驶车辆。这 7 类药物是：

a. 对神经系统有影响的药物；

b. 催眠药物；

c. 使人恶心和产生变态反应的药物；

d. 止痛药物；

e. 兴奋剂；

f. 治疗癫痫的药物；

g. 治疗高血压的药物。

因为服用这类药物会使驾驶员反应迟钝，注意力降低，增加交通事故发生的可能。另外，近几年在交通肇事的驾驶员中不断发现吸毒者，这是一个值得注意的问题。吸毒者的心理机能已不同程度变态，尤其是毒瘾发作时，人完全失去理智的控制。这对于驾驶员来说是非常危险的，因此每个驾驶员都应从对家庭、个人、社会负责的角度考虑，坚决不能吸毒。

### 32.1.4 交通事故调查

#### 32.1.4.1 交通事故调查及原则

交通事故调查是公安机关为了提高交通安全水平，防止交通事故的发生而开展的调查活动。交通事故调查的目的是通过系统、规范的调查工作，采集与交通安全有关的数据、资料，并加以整理、存储，为揭示交通事故发生、发展的规律，制定交通安全管理方案与策略提供全面、可靠的依据。

（1）交通事故调查的种类

① 常规调查。交通事故现场勘查、交通事故个案调查等。

② 专项调查。区域交通安全调查、事故多发地点调查、肇事逃逸案件调查。

（2）交通事故调查的基本原则

① 交通事故调查要由专人负责；

② 交通事故调查要为交通安全管理工作服务；

③ 交通事故调查的数据要系统、规范、可靠；

④ 常规调查与专项调查相结合；

⑤ 交通事故调查要自顶向下全面展开。

#### 32.1.4.2 交通事故调查的工作内容

（1）交通事故调查的数据

① 表征交通事故状况的数据。如：交通事故发生次数、受伤人数、死亡人数、经济损失、万车死亡率、10 万人死亡率、安全度等。

② 表征交通事故发生条件的数据。如：交通事故发生的地点、时间、现场的道路几何参数、路面状况、行驶车速、车辆的性能参数等。

③ 表征交通事故环境条件的数据。如：人口数、机动车保有量、驾驶员数量、交通流量、交通违章数量、道路里程、路网密度、交通设施密度等。

④ 表征交通管理条件的数据。如：警力配置、勤务管理、纠正违章、交通管制、安全设施等。

（2）交通事故调查的项目

根据职责分工、调查目的的不同，可分为如下几个方面：

① 交通事故现场勘查

《交通事故现场勘查记录》需包括如下内容：

a. 接到报案的时间、事故发生和发现的时间、地点以及报案人的基本情况；

b. 现场保护人员的基本情况、现场保护措施及发现的情况；

c. 现场勘查的时间、地点及周围的情况；

d. 现场的类型、有无变动及异常情况；

e. 现场丈量记录，包括伤、亡、车辆和其他物质损失情况，痕迹的详细情况，提取的痕迹、物证的名称、数量等；

f. 现场照片与现场图；

g. 现场技术鉴定材料，包括车辆技术鉴定、道路鉴定、尸体检验等。

② 交通事故成因调查

a. 交通事故当事人调查；

b. 交通事故车辆调查；

c. 交通事故地点道路与环境调查；

d. 交通事故成因分析。

③ 交通安全专项调查

a. 区域交通安全调查；

b. 交通事故多发地点调查；

c. 肇事逃逸调查等。

表 32.8 列出了英国有关进行危险路段识别（hazardous road location，HRL）所需的交通事故数据，以及在交通事故数据采集和处理中应用的技术。

**表 32.8 危险路段识别（HRL）所需的交通事故数据**

| 数据类型 | | 数据 |
|---|---|---|
| 道路数据 | 道路条件 | 分级、有无车道划分、车道数目、速度限制、路旁土地利用情况等 |
| | 几何参数 | 曲线参数、坡度、超高、路拱、车道宽度、路肩宽度、路肩类型、视距限制等 |
| | 路面状况 | 类型、宏观结构、微观结构 |
| | 交通控制设施 | 标志、标线、标示、交通渠化、街道照明等 |
| | 交叉口控制 | 非控制、让行控制、停车让行控制、交通信号控制等 |
| | 路侧物体 | 标志、杆柱、护栏、街道附属设施、固定物体、桥梁、涵洞、铁路道口等 |
| | 交叉口 | 类型、构造、交叉道路条数、视距限制等 |
| 交通数据 | 交通量 | 日交通量、小时交通量、季交通量等 |
| | 交通构成 | 小汽车、货车、公共汽车、摩托车、自行车等 |
| | 行人 | 流量、年龄分布等 |
| | 车速 | 中值、85 分比车速 |
| | 停车 | 是否准许停车、停车类型等 |
| 交通事故数据 | 一般情况 | 事故的位置、发生在交叉口或路段、时间、事故类型、车辆的数目、事故严重程度、受伤人数等 |
| | 事故管理 | 调查报告人、事故卷宗号、车主详细情况、证人姓名和地址、警察到达时间等 |
| | 事故车辆 | 驾驶执照号码、车主、车型、厂家、出厂年份、装载或空载、制动、不稳定性等 |
| | 事故人员 | 姓名、地址、性别、年龄、饮酒、受伤情况、车内位置、安全带使用情况、行人位置及运动情况等 |
| | 环境条件 | 自然光线、街道照明、天气、路面情况等 |
| | 事故描述 | 现场情况、车辆及行人的运动情况、车速、碰撞顺序等 |

续表

| 数据类型 | 数据 |
| --- | --- |
| 在交通事故数据采集和处理中应用的技术 | 利用GPS(global positioning systems)或卫星导航系统精确定位和报告交通事故发生的地点 |
| | 利用GIS(geographic information systems)记录交通事故现场情况 |
| | 利用可扫描的事故报告,使得事故编码时的费用和可能的差错降到最低 |
| | 利用便携式计算机采集现场数据,并可同时进行逻辑和一致性检查 |

(3) 交通安全调查数据的来源

交通安全调查数据大部分来自公安交通管理部门的事故统计数据，交通事故信息采集的项目包括：

① 行政区划代码、事故编号。

② 交通事故发生的时间。交通事故发生的年、月、日、时、分、星期。

③ 交通事故发生的地点。路名、路号、里程数。

④ 路面宽度。双向、单向。

⑤ 死伤人数。死亡、受伤人数。

⑥ 损坏车辆数量。机动车损坏数量、非机动车损坏数量。

⑦ 直接经济损失折款。

⑧ 交通事故分类。特大事故、重大事故、一般事故、轻微事故。

⑨ 交通事故主要原因。机动车原因、机动车驾驶员原因、非机动车驾驶人原因、行人或乘车人原因、道路原因、其他原因。

⑩ 天气情况。雨、雪、雾、晴、大风、阴、其他。

⑪ 交通事故的形态。正面相撞、侧面相撞、尾随相撞、对向刮擦、同向刮擦、碾压、翻车、坠车、失火、撞固定物、其他。

⑫ 现场情况。原始现场、变动现场、逃逸现场、无现场。

⑬ 交通事故现场的地形。平原、丘陵、山区。

⑭ 现场路面情况。潮湿、积水、浸水、冰雪、泥泞、翻浆、泛油、坑槽、塌陷、路障、平坦、其他。

⑮ 路面类型。沥青、水泥、沙石、土路、其他。

⑯ 道路横断面形式。混合式、分向式、分车式、分车分向式。

⑰ 路口、路段类型。三枝分叉口、四枝分叉口、多枝分叉口、环形交叉、立体交叉、铁路道口；隧道、桥梁、窄路、高架道路、变窄路段、正常、其他。

⑱ 道路线形。一般弯道、一般坡道、急弯、陡坡、一般弯坡、急弯陡坡、一般坡急弯、一般弯陡坡、平直。

⑲ 道路类型。高速公路、一级公路、二级公路、三级公路、四级公路、等外公路；快速路、主干路、次干路、支路、其他路。

⑳ 交通控制方式。民警指挥、信号灯控制、标志标线控制、民警及信号灯控制、信号灯及标志标线控制、其他安全设施、无控制。

㉑ 照明条件。白天、夜间有路灯照明、夜间无路灯照明。

㉒ 当事者姓名。当事者的姓名。

㉓ 当事者性别。当事者的性别。

㉔ 当事者年龄。当事者的年龄。

㉕ 单位或住址。当事者的单位或住址。

㉖ 驾驶证号、居民身份证号。当事者的驾驶证号、居民身份证号。

㉗ 驾龄。

㉘ 驾驶证档案号。

㉙ 机动车牌号。

㉚ 伤害程度。死亡、重伤、轻伤、无伤、失踪。

㉛ 人体损伤部位。头部、上肢、下肢、胸背部、腹腰部、多部位、其他。

㉜ 驾驶证种类。正式驾驶证、学习驾驶证、临时驾驶证。

㉝ 车辆保险情况。当事者有无保险。

㉞ 驾驶机动车人类型。职业驾驶员、非职业驾驶员、非驾驶员。

㉟ 交通方式。驾驶汽车、驾驶摩托车、驾驶电车、驾驶拖拉机、驾驶挂车、驾驶专用机械车、驾驶农用运输车、驾驶非机动车、其他（步行、乘车等）。

㊱ 出行目的。工作出行、生活出行。

㊲ 机动车损坏程度。报废、严重损坏、一般损坏、轻微损坏、无损坏。

㊳ 人员类型。

㊴ 行驶状态。直行、倒车、掉头、停车、左转弯、右转弯、变更车道、躲避障碍、驶离路面、其他。

㊵ 单位所属行业。企业、事业、机关团体、军队、武警、个体、农业、外国驻华机构、无业、其他。

㊶ 其他伤亡人员。其他伤亡人员的姓名、性别、年龄、类型、伤害程度、交通方式、出行目的。

## 32.1.5 自行车的交通安全

### 32.1.5.1 自行车交通特点

自行车是一种“门到门”或“户到户”的个人交通工具，比较适合短距离行驶，是一种便利、无污染的交通工具。自行车交通的特点主要包括：

(1) 占道路面积小

据荷兰自行车协会的研究，自行车一般运行所需要的道路面积为 $9m^2$（指自由交通流，即A级服务水平的情况），轿车运行时平均每辆车需要的面积为 $40m^2$，是自行车的4.5倍。

自行车的运行轨迹不同于机动车，它的运动轨迹呈“蛇形”，是不稳定型交通工具。蛇形运动轨迹的宽度与车速及不同的骑车对象有关。根据日本交通工程研究所在一般道路上进行试验的结果表明，对于成年人，骑车速度越高，蛇形轨迹的宽度越小。如平均速度为17km/h时，蛇形轨迹的宽度为40cm。若在纵坡度为4%的道路上骑自行车，蛇形轨迹的宽度与骑车速度的关系如表32.9所示。

**表 32.9 骑车速度和蛇形轨迹宽度**

| 道路 | 骑车人 | 平均速度/(km/h) | 平均蛇形轨迹宽度/cm |
| --- | --- | --- | --- |
| 上坡(4%) | 成年人 | 8.3 | 36.0 |
| | 中学生 | 11.0 | 47.0 |
| | 小学生 | 10.0 | 36.0 |
| | 平均 | 9.8 | 39.7 |
| 下坡(4%) | 成年人 | 14.2 | 40.0 |

(2) 自行车灵活方便

自行车不像各种轿车受到时间和路面的限制，它可以灵活地选择时间和路面，并从出发地直达目的地。

(3) 自行车操作技术要求不高

自行车是一种简单的交通机械，骑车技术易掌握，不必专门培训。其维修保养也简单、经济，使用时对道路要求也较低。

(4) 无污染，节约能源

自行车没有废气，无排放物，噪声低。

(5) 舒适性差

自行车无驾驶室等防护措施，受天气条件和气候季节变化的影响大，如风、雨、雪天骑自行车不便。自行车全靠人力驱动，其功能受地形和出行距离等各种条件限制，长时间骑车消耗体力很大。

(6) 稳定性差

自行车仅有两点接触地面，接触面积小，重心高度较高，所以稳定性较差。骑行过程中稍受干扰就会改变方向，摇摆或倾倒。稳定性差也是导致自行车事故率高的一个重要因素。

(7) 干扰性大

自行车灵活性大且稳定性差，所以自行车对机动车和行人交通，尤其是对城市道路交通秩序造成的干扰大，并且随着自行车数量的增多，这种干扰就更大。在城市交通中，自行车严重侵占机动车道，与机动车争道抢行，在机动车道内截头猛拐等。特别是在交叉路口，自行车与机动车、行人形成许多交织的冲突点，造成交叉路口堵塞，通行效率低，事故率高。

基于这些特点，使得自行车在行驶过程中，表现出散漫、自由、任意抢路、超车、猛拐等现象，这不仅使自行车本身容易发生事故，而且对机动车、行人交通的安全构成很大的威胁。

**32.1.5.2　自行车交通事故分析**

由于自行车是市内交通的主要形式，以及自行车事故的频发性和事故后果的严重性，使得自行车交通事故在我国的交通事故中占很大比例。统计表明，在城市道路中有40%以上的交通事故与自行车有关，而且由于自行车在交通中的弱者地位，所以自行车事故大多都是有人身伤亡的事故。

(1) 自行车交通事故类型

自行车发生交通事故的方式表现最多的为以下几种。

① 自行车左转弯事故。自行车在交叉路口或路段左转弯时，要与同方向直行或右转弯的机动车行驶路线相交，要与对向直行或左转弯的机动车行驶路线相交，形成四个冲突点，如图32.9 (a) 所示，通常这种类型的自行车交通事故率较高。

② 自行车突然从支路或胡同快速驶出，这时直行和左转弯的自行车的行驶轨迹与直行的机动车行驶轨迹形成四个冲突点，见图32.9 (b)。

③ 自行车在路段行进中突然猛拐，造成自行车与汽车相撞。见图32.9 (c)。因为此时机动车驾驶员无任何思想准备，极易发生事故。这是由于骑自行车人不遵守交通规则造成的事故。

④ 自行车骑入机动车行驶的快车道与机动车相撞。这类事故主要有两种情况，一种是自行车与机动车同方向行驶，由于两者速度有差异，而发生追尾碰撞；另一种是自行车突然逆行进入机动车道，机动车驾驶员措手不及造成交通事故。

⑤ 机动车驶入非机动车道与自行车相撞。这主要是由于非机动车宽度有限，机动车占用非机动车道与自行车争道抢行造成刮擦事故。

(2) 自行车交通事故的成因

自行车交通事故的成因主要有以下几种：

① 道路类型与交通流状况。城区道路的自行车交通事故伤亡率要比郊区道路高，但重大伤亡交通事故郊区道路要

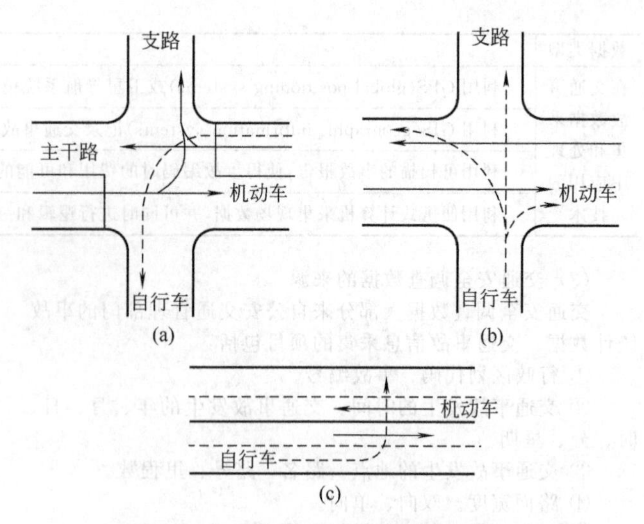


图32.9　自行车交通事故的主要类型

比城区道路多。干道上发生的自行车交通事故因速度高，事故后果较城区事故的后果严重。自行车交通事故主要出现在机动车交通流量大和交叉路口多的道路上。在交通管理不严或管理失控的城郊出入口处，交通流量大，也容易发生自行车交通事故。

② 交通参与者的行为。自行车交通事故的主要原因是违章骑车，如违章带人载货、双手撒把、攀扶行驶、扶肩并行、截头猛拐、抢道行驶等。当然自行车事故也与机动车驾驶员有很大关系，机动车驾驶员与自行车在路口处抢先通行是造成此类交通事故的最主要原因。

③ 道路与交通环境原因。道路条件、天气条件、视线条件等都对交通事故有很大影响。道路条件主要表现在我国城市道路大部分为两块板道路，机动车与非机动车混合行驶，道路资源本身就非常有限，再加上机动车在路边随意停车，公交车站没有设置为港湾式，迫使自行车驶入机动车道内，这样很容易导致交通事故的发生。另外，道路施工时机动车驶入非机动车道内行驶，与非机动车靠得很近，而自行车的不稳定性使得有的自行车刮到机动车上，严重的摔倒在机动车轮下造成恶性交通事故。因此，解决非机动车事故的一个重要手段是采用机非分离的管理手段，多采用三块板或四块板的道路。

照明条件对自行车交通事故的影响很大，夜间比白天的交通事故要多。由于自行车夜间行车没有照明设备，车辆交会前不易发现目标，待双方逼近时，常因措手不及而发生事故。

恶劣天气容易导致自行车交通事故的发生。雨、雪天气骑自行车人因穿着雨衣、棉衣影响了视觉或听觉，雨天骑自行车人低头急速行驶容易发生交通事故。冰雪路面道路附着系数低，很容易滑倒自行车，严重的将被机动车碾压造成交通事故。

**32.1.5.3　自行车交通事故的预防对策**

中国是一个自行车的大国，对于平原地区的中等城市，自行车是大部分工薪阶层的代步工具。尤其是上下班高峰，大批的自行车涌向路口，如果管理不当，必然有大量的自行车交通事故发生。预防自行车交通事故主要通过以下几方面来解决。

(1) 交通方式的限制与引导

国外发达国家的自行车数量极少，交通方式相对简单。我国的大连、青岛等滨海城市交通秩序、交通安全状况在全国属于前列，主要是由于这些城市地势起伏，坡道很多，很少有人骑自行车。取代自行车交通方式的是发达的公交网

络。对于中等城市，如果公交网络不完善，服务不到位，等公交车的时间比骑自行车上班的时间长，大多数人喜欢骑自行车。所以必须大力发展公共交通事业，增加公交车的班次与线路，提高公交运营速度，这样才能吸引更多的交通参与者。

（2）道路与交通设施的完善

有条件的情况下尽量采用机动车与非机动车分离行驶的策略，减少机动车与非机动车的相互干扰。在路口处完善路面渠化标线，使之各行其道。有条件的地方可以根据实际情况考虑设置机动车与非机动车分离的信号灯相位，达到两者的彻底分离。

（3）规范骑自行车人的行为

目前在交通管理的执法过程中，对于机动车的执法力度是非常大的，因此机动车驾驶员的遵章守法意识一般较强。对于骑自行车人来说，由于长期以来形成的执法难现象，加上警力不足，管理不到位，违反交通法规的现象屡禁不止。新交通安全法的出台其中增大了对骑自行车人违反交通法规的处罚力度，可以借此来约束自行车的违章现象，减少交通事故的发生。各级管理部门也应该加大对非机动车人的交通安全宣传力度，形成人人都遵守交通规则的良好交通环境。

## 32.1.6 行人交通安全

行人交通事故是与行人有直接关系的交通事故。我国城乡道路上都有大量行人存在，行人交通事故在城市交通事故里占有很大的比例。预防和减少行人交通事故具有非常重要的意义。

### 32.1.6.1 行人交通的特点

（1）行人交通的一般特点

① 行人交通常带有个人的意志性，即主观随意性强。往往凭自己的意志，选择自认为能到达其目的的道路、方向和速度。

② 行人交通有一定的习惯性，如上下班或上下学的行人流，为了节省时间，每天习惯都走同一条路线。

③ 行人交通的区域性强，行人流量、密度均有明显的区域性。如车站、码头、商业繁华区、居民居住区、文化娱乐中心等地区的行人流量、密度最大。

④ 相对于各种交通参与者，行人是交通的最弱者，极易受到伤害，因此，在交通事故中一般伤亡率最高。

（2）行人过街的特征

① 行人过街的心理状态。通过对单人横过马路的研究，大体可归纳为三种情形四种状态。第一种情形是待机而过，行人等待机动车和非机动车流出现足够过街空间，再行过街。第二种情形是抢行过街，车流中还未出现足以过街的空间，过街行人快步横向穿越。第三种情形是适时过街，行人走到人行横道端点，不等待随即横向穿越。行人横穿街道时的四种状态分别是：均匀步速横穿过街；中途停留后再横向穿越过街；中途加速步伐；中途步伐减速。

② 行人过街的危险性。行人过街的危险性与过街人数多少有密切关系。人行横道上人数多时，驾驶员容易提高警觉，故危险性小，安全度大；人行横道上人数少时，易造成驾驶员的疏忽大意，故危险性大，安全度小。行人过街时，大多数人只注意左侧车辆的运行情况，忽视右侧来车的危险，容易导致事故。

在多条车道的道路上，行人如果从停止的外侧车辆前面过街，对于内侧车道的车辆驾驶员形成视野盲区，不容易发现行人，这种情况更多发生在公交车进靠站时行人从车前过街。

③ 行人过街等待时间。行人过街等待时间取决于机动车和非机动车的交通流量、道路的宽度以及行人的生理素质等。交通流量大，可横向穿越的空间小，只有等到变化信号时方可过街，因此等待时间长。研究发现，女性的等待时间比男性略长，随年龄增加，等待时间增长。在一天的不同时刻，等待时间不同，上下班时等待时间短。通常男性的平均等待时间为8s，女性的平均等待时间为10s，一般人的等待时间容许极限为30s。超过一定时间人们开始不能忍受，强行过街。

④ 使用人行横道的状况。行人喜欢走捷径，所以如果交通管理不严，行人很少喜欢走人行横道。因此，人行横道的设置位置要合理，符合行人的行走轨迹。最好的办法是利用中心隔离护栏，行人能通过人行横道过街。

⑤ 使用过街天桥或地道。据调查，若行人沿人行横道过街和经天桥或地道过街的时间大致相等，约80%的人乐意使用天桥或地道。如果经天桥或地道的时间超过直接过街时间的一倍时，几乎无人喜欢使用天桥或地道。所以在修建天桥或地道的地方要在道路中心用隔离护栏防止行人直接过街。否则，必须浪费很多警力保证行人使用天桥或地道过街。

（3）不同对象行人的交通特点

① 儿童的交通特点。儿童天真活泼、好动，反应敏捷，动作迅速，但缺乏生活经验，不懂交通规则，缺少交通安全常识；不了解机动车和非机动车的性能及机动车对人的危险性，常在公路上玩耍、打闹、追逐等。遇到车辆时儿童仍然把“玩”放在首位，不懂得交通安全。因此，儿童发生的交通事故大部分是“跳出事故”，即儿童突然跳出跑到道路上，或者突然横穿马路。

② 青年行人的交通特点。青年行人精力充沛，感知敏锐，应变适应能力强，对交通法规熟悉，有生活经验。由于他们出行时间多，行走距离远，在客观上增加了发生事故的可能性。由于他们好胜心强，有的故意不遵守交通规则，故意不让车辆先行。如果车辆采取措施不及，容易导致交通事故。

③ 女性行人的交通特点。女性一般比较小心谨慎，横过马路的等待时间长，步行速度慢，一般喜欢成群行走，遇到危险时容易惊慌，有的往回跑，如果驾驶员警惕性不高，容易导致交通事故。

④ 老年行人的交通特点。老年人视力差，耳朵不灵，动作迟缓，反应迟钝，常不能正确估计车速和自己横穿道路的速度，准备横穿时犹豫不决，车辆来了由于腿脚不灵、躲闪不及容易造成交通事故。驾驶员遇到老年行人过街时应当减速让行。

### 32.1.6.2 行人交通事故的特点及成因

（1）行人交通事故的地点分布

根据对行人交通事故特点的研究发现，多数行人事故发生在人口比较集中的区域。据美国对12个城市行人交通事故的分析发现，50%的夜间交通事故中，一半发生在住宅区，约7%发生在商业住宅混合区，40%发生在主要繁华商业区，仅2%发生在学校附近。

行人交通事故多发生在狭窄道路上，道路宽度与行人交通事故的关系见表32.10，车速、路宽与行人交通事故的关系见表32.11。

表32.10 道路宽度与行人交通事故的关系

| 道路宽度/m | 行人交通事故数 | 比例/% |
|---|---|---|
| 大于13 | 38 | 15.1 |
| 9 | 56 | 22.3 |
| 7.5 | 31 | 12.4 |
| 5.5 | 64 | 25.5 |
| 5.4 | 62 | 24.7 |
| 合计 | 251 | 100 |

**表 32.11　车速、路宽与行人交通事故**

| 路宽/m | 车速/(km/h) | | | | | | 合计 |
|---|---|---|---|---|---|---|---|
| | 10 | 20 | 30 | 40 | 50 | 60 | 210 |
| 5.5～9.0 | 9 | 7 | 21 | 14 | 30 | 1 | 82 |
| 大于 9.0 | 6 | 10 | 22 | 25 | 19 | 4 | 86 |

(2) 车速与行人交通事故的关系

车速快，车辆的安全性下降，行人躲避险情的时间缩短。因此，车速越快，越容易发生交通事故。

(3) 行人交通事故的年龄分布

在世界各国的行人交通事故中，以儿童的死亡率最高，因为儿童适应交通环境的能力最差。在儿童交通事故中，主要是儿童突然跳出，跑到行车道上被行驶的车辆所撞，这种事故儿童年龄不足 6 岁的居多。其次是儿童在车辆的前后横穿时发生事故，以低年级小学生为主。

#### 32.1.6.3　行人交通事故的预防对策

预防行人交通事故的最主要手段是加强交通安全的宣传和教育。目前我国的公民遵守交通法规的意识比较薄弱，交通秩序离不开严管的手段，还没有达到人们自觉遵守交通规则的程度。尤其是行人交通，如果没有警察进行管理，很少有行人严格按照信号灯的指示行走。一方面要加大管理力度，另一方面要大力开展交通安全宣传教育。在日本、美国以及欧洲的许多国家，交通安全教育从小学开始，小学生基本都懂得交通安全的基本常识，行人在过街时能够自觉遵守交通规则。

减少行人交通事故的另一个措施是完善城市道路交通安全设施，主要是行人过街设施，包括人行横道、行人过街信号灯、天桥、地道等。对北京、上海等大城市，在行人过街量大的商业区、快速路上要大量发展立体过街设施，如天桥、地道等。对于中等以下城市，要根据城市的经济实力以及整体交通格局，不要盲目发展立体过街设施，应重点完善过街人行横道，在必要的地方安装行人过街信号灯。为防止行人随意横穿道路，在主要干道上安装中心隔离护栏。

### 32.1.7　公路交通安全

#### 32.1.7.1　公路交通事故的情况

(1) 公路交通的现状

《公路工程技术标准》(JTG B01) 规定，根据公路使用任务、功能和适用的交通量分为高速公路、一级公路、二级公路、三级公路、四级公路五个等级。各级公路的主要技术指标见表 32.12。

(2) 一般公路的交通事故及其特征

在各等级公路中，除了高速公路由于其特殊性，在交通管理设施方面有所不同，其他等级的公路都为一般公路。

一般公路的交通安全设计与城市道路有很大区别，主要表现在以下几个方面：①公路上行驶的车辆种类比较单一，主要以机动车为主，非机动车和行人占有较小的比例；②公路行驶的车辆速度一般比较高，所以一旦发生事故，事故的严重程度要高于城市道路；③公路两边的环境比较简单，主要以村庄为主，不像城市道路交叉口的数量比较多，容易造成驾驶员在驾驶过程中的不注意现象；④公路一般很少禁止某方向或者某车种的行驶，交通的随意性比较大，如果不注意安全，容易导致交通事故。

根据 107 国道在某城市境内的交通事故情况分析一般公路交通事故特征，交通事故的主要责任者分布见图 32.10，可见，造成交通事故的主要因素还是机动车驾驶员。从事故主要原因（图 32.11）看，违章装载、违反交通信号是交通事故的主要原因，所以要加强对驾驶员的宣传教育以及对于驾驶员的超载要严格管理，从源头上减少交通事故的发生机会。

从交通事故成因分析上看，影响交通事故的道路因素很少，这主要是由于在交通事故登记过程中，总是倾向于把交通事故的原因全部归于驾驶员，而道路方面的因素则很少考虑。但从发生的几起重、特大交通事故的分布来看，大部分发生在急弯、平交口等有一定缺陷的道路上。因此，道路条件对于交通事故的发生起到很大的作用。

一般公路交通事故的特点是侧面碰撞交通事故所占比例最大，主要是由于一般公路的路口一般没有信号灯控制，机动车超速行驶造成事故。此外，正面碰撞也占有很大的比例，主要是驾驶员的强行超车以及占道行驶等原因造成。图 32.12 为 107 国道交通事故形态分布图。

(3) 一般公路的交通事故的预防对策

针对一般公路的特点，要预防交通事故的发生，除了提高道路的设计标准外，更重要的是完善现有的交通管理设施，在一般公路交通管理设施中主要是针对交通安全而设计的。标志的数量上以警告标志为主，禁令标志主要是限速标志，另外添加一定的指路标志。

**表 32.12　各级公路主要技术指标**

| 公路等级 | | 高速公路 | | | | | | 一级公路 | | 二级公路 | | 三级公路 | | 四级公路 | |
|---|---|---|---|---|---|---|---|---|---|---|---|---|---|---|---|
| 计算行车速度/(km/h) | | 120 | | | 100 | 80 | 60 | 100 | 60 | 80 | 40 | 60 | 30 | 40 | 20 |
| 车道数 | | 8 | 6 | 4 | 4 | 4 | 4 | 4 | 4 | 2 | 2 | 2 | 2 | 1 或 2 | |
| 行车道宽度/m | | 2×15.0 | 2×11.25 | 2×7.5 | 2×7.5 | 2×7.5 | 2×7.0 | 2×7.5 | 2×7.0 | 9.0 | 7.0 | 7.0 | 6.0 | 3.5 或 6.0 | |
| 路基宽度/m | 一般值 | 42.50 | 35.00 | 27.50 或 28.00 | 26.00 | 24.50 | 22.50 | 25.50 | 22.50 | 12.00 | 8.50 | 8.50 | 7.50 | 6.50 | |
| | 变化值 | 40.50 | 33.00 | 25.50 | 24.50 | 23.00 | 20.00 | 24.00 | 20.00 | 17.00 | | | | 4.50 或 7.00 | |
| 极限最小半径/m | | 650 | | | 400 | 250 | 125 | 400 | 125 | 250 | 60 | 125 | 30 | 60 | 15 |
| 停车视距/m | | 210 | | | 160 | 110 | 75 | 160 | 75 | 110 | 40 | 75 | 30 | 40 | 20 |
| 最大纵坡/% | | 3 | | | 4 | 5 | 5 | 4 | 6 | 5 | 7 | 6 | 8 | 6 | 9 |
| 车辆荷载 | 计算荷载 | 汽车——超 20 级 | | | | | | 汽车——超 20 级<br>汽车——20 级 | | 汽车——20 级 | | 汽车——20 级 | | 汽车——10 级 | |
| | 验算荷载 | 挂车——120 | | | | | | 挂车——120<br>挂车——100 | | 挂车——100 | | 挂车——100 | | 履带——50 | |

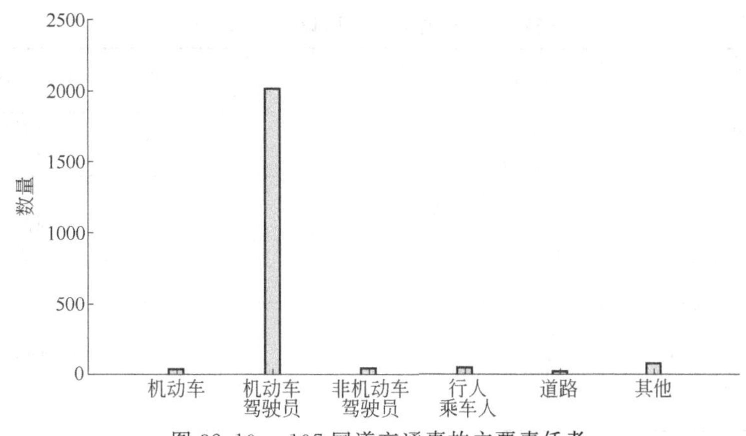


图 32.10　107 国道交通事故主要责任者

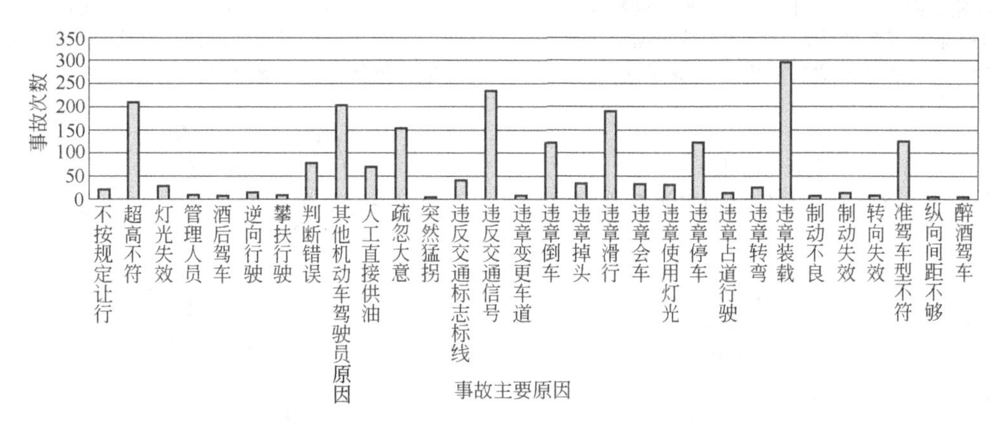


图 32.11　107 国道交通事故主要原因分析

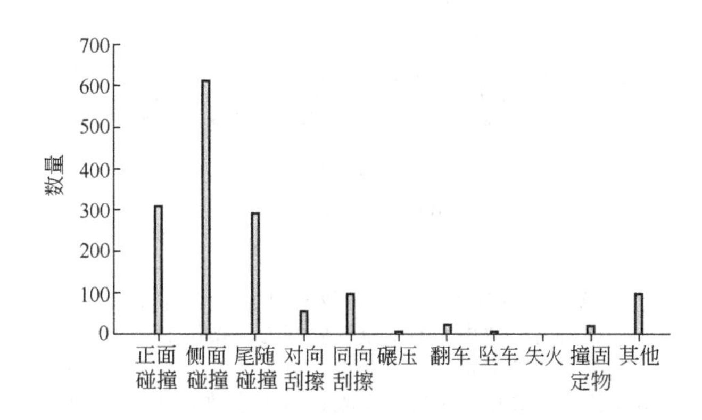


图 32.12　107 国道交通事故形态分布图

在一般道路的交通安全设计中，可在道路设计的同时，根据图纸要求将交通安全设施统一设计好，保障整条道路的交通安全系数的一致性。如果是已建成道路，可根据整条道路的各段的交通状况，道路线形，道路交叉口的数量，路边村庄等进行交通安全设计。重点是对于交叉口、急弯、陡坡、村庄、桥梁、视距不良路段的交通标志设计。另外，还有对整条路线的车辆行驶速度进行管理，首先进行速度调查，选取合适的车速作为限制车速的依据。限制车速过高容易导致交通事故，过低驾驶员一般不容易遵守，起不到限制车速的目的。所以限制速度的选择非常重要。另外，要保证速度改变的连续性，如果平直路段的车速控制在 70km/h，前方急弯处限速为 40km/h，则从 70km/h 降低到 40km/h 需要一个过渡段，这段距离应该合理进行降速设施的设计，包括距离逐渐减少的横向标线、颠簸路段等，使车辆速度逐渐降低，避免遇到紧急情况的紧急刹车，造成交通事故。

在对一般道路全线的交通管理措施设计过程中，要针对事故多发点或公路危险点的交通管理措施重点设计。首先应该采用一定的科学方法，全面排查目前道路的事故多发点以及公路危险点，然后分析事故多发的主要原因，针对原因采取几种针对性方案，进行方案优选，采取最科学、合理的方法进行事故多发点的治理。

#### 32.1.7.2　山区公路交通事故及其预防

（1）山区公路的交通事故及其特征

① 数据描述。选取云南省山区 A 高速公路为研究对象，研究山区公路交通事故的主要特征，其平纵图如图 32.13 所示。该高速公路具有明显的山区高速公路的工程特点：线形指标中多处参数中使用了极限值，急弯陡坡组合路段较多，桥隧群较多，且不良气候条件多发。随着该高速公路交通流量的逐年增加，其交通安全形势呈恶化趋势，交通安全综合处置措施、保障技术需求将更加凸显。

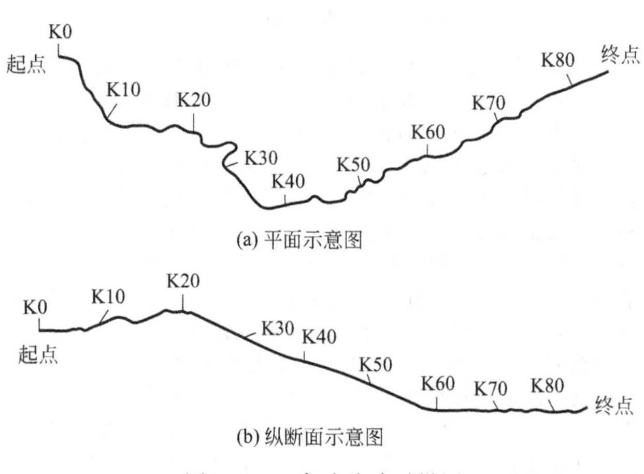


图 32.13　高速公路平纵图

**表 32.13　交通事故数据记录（部分）**

| 事故编号 | 事故发生时间 | 事故地点 | 轻微伤人数 | 直接财产损失/元 | 天气 | 事故形态 | 事故认定原因 |
|---|---|---|---|---|---|---|---|
| 53250132 01000164 | 2010-07-28 16:40 | 蒙新高速公路 | 0 | 200 | 雨 | 碰撞静止车辆 | 不按规定倒车 |
| 53250152 01100102 | 2011-05-12 11:47 | 蒙新高速公路蛮耗收费站收费车道内 | 0 | 800 | 晴 | 碰撞静止车辆 | 不按规定倒车 |
| 53250182 01000114 | 2010-05-16 15:10 | 蒙新高速公路蛮耗收费站 | 0 | 200 | 晴 | 碰撞运动车辆 | 驾驶不符合技术标准的机动车 |

调研了 A 高速公路 2010～2014 年的交通事故数据、设计资料、现场道路条件等基础数据。交通事故数据记录（部分）如表 32.13 所示，数据包括事故编号、事故发生时间、事故地点、轻微伤人数、直接财产损失、天气、事故形态、事故认定原因。

② 事故分布特征对交通安全影响分析

a. 时间分布。该道路交通事故的时间分布如图 32.14 所示。在白天，8：00～9：00 交通事故发生次数最少，此后呈上升趋势，至 15：00～17：00 达最高，此后呈下降趋势。其中，8：00～9：00 事故少是因为早晨驾驶员工作状态较好，交通量相对较小，此后随着出行交通量的增加（下午 15：00 达到出行高峰），以及驾驶时间的持续增长，发生交通事故风险呈递增趋势。而在夜间，20：00～21：00 交通事故发生次数明显增加，此后整体呈下降趋势，但在凌晨 2：00～3：00 及 6：00～7：00，事故发生次数明显增加，这是因为 20：00～21：00 左右，夜间短程出行或返回的交通量增加形成晚高峰，发生交通事故的风险增大，而在凌晨 2：00～6：00 事故多发则多是因为连续疲劳驾驶。

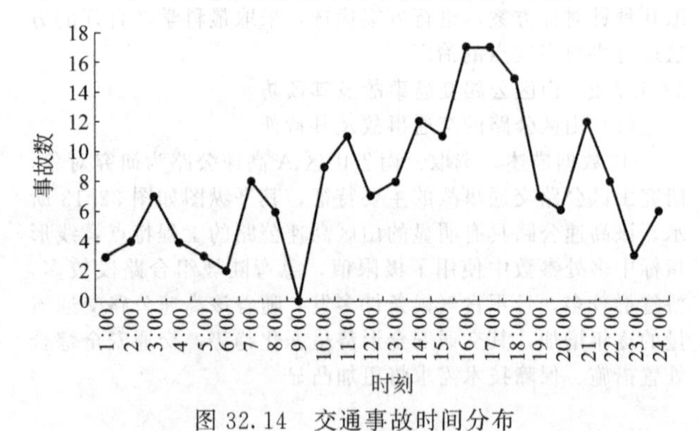


图 32.14　交通事故时间分布

b. 线形分布。道路线形条件主要包括平面线形、纵断面线形和横断面，是驾驶员行车的直接物理载体。大部分交通事故由不良道路几何设计所导致的不良行车条件直接诱发，在交通事故的众多因素中，由路域要素直接（不良组合）或间接（生、心理变化）引起的交通事故占比高。根据不同线形指标及其组合条件下交通事故的分布特性，在复杂道路条件、多样气候、驾驶员行为、特殊构造物等多因素的耦合作用下，山区高速公路交通事故的分布具有其独特性和多样性，难以采用统一的范式或关系规律进行描述，往往表现出较明显的分段集聚特征，以平曲线半径和纵坡坡度为例，其事故分布特征如图 32.15 所示。可以看出，在平曲线半径 400～500m、800～1200m 范围内交通事故频发，这是因为在小半径下驾驶员会谨慎驾驶使事故发生得到控制，而在这两个范围内驾驶员心理上的放松，加上对路段行车风险预判不足使得事故数增多；而在纵坡坡度为 −3% 左右时，驾驶员主观认为行车条件改善从而放松警惕，加上特殊道路条件的影响使交通事故频发。

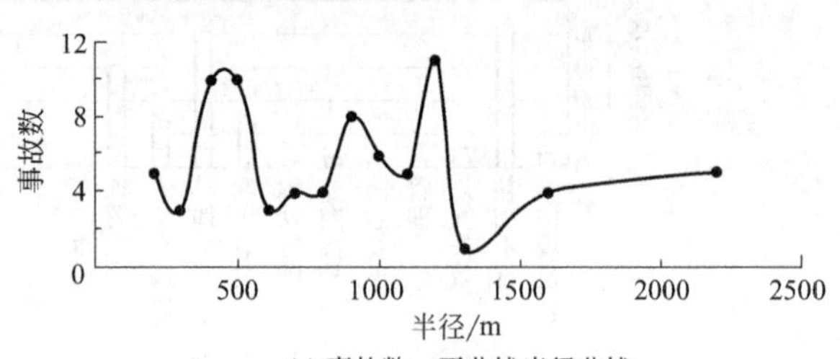


(a) 事故数－平曲线半径曲线

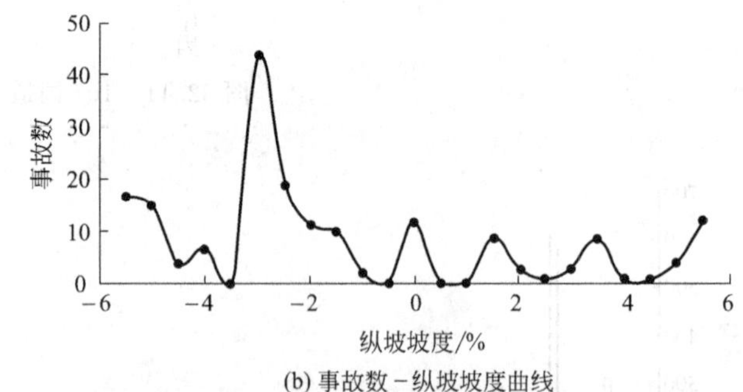


(b) 事故数－纵坡坡度曲线

图 32.15　交通事故分布

c. 驾驶行为分布。交通事故驾驶行为分布如图 32.16 所示。在所有事故中，不安全驾驶行为、操作不当、未保持安全距离、不按规定行驶、变更车道是诱发交通事故的主要驾驶员因素。其中，不安全驾驶行为占事故总数的 47.9%，操作不当和未保持安全距离占比分别达 22.1% 和 10.1%。这表明，不安全驾驶行为和操作不当造成的交通事故严重度大，事故发生频率高。需要注意的是，由于未保持安全距

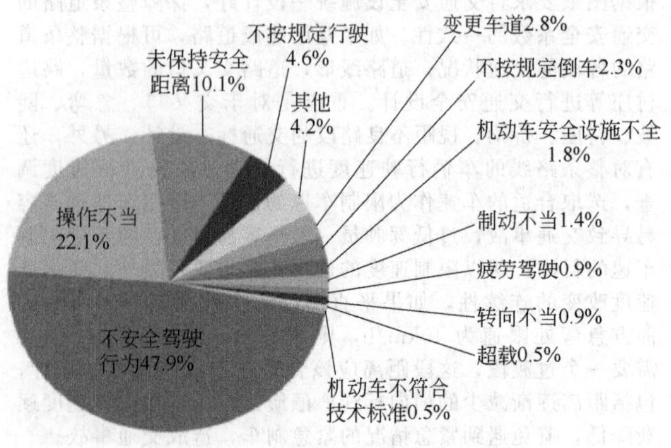


图 32.16　交通事故驾驶行为分布图

离、不按规定行驶及变更车道等诱发的严重事故数量占比高，社会影响恶劣，应当引起交通管理者重视，适当加强相关教育、管理。

d. 事故形态分布。该道路上交通事故形态分布如图32.17所示。在主要的事故形态中，碰撞固定物占比最大，达60%；其次为碰撞运动车辆，达20%；侧翻占比也相对较大，达13%；再次为碰撞静止车辆，达3%。需要注意的是，前3种事故形态的发生多是车速过快造成的，可见山区高速公路超速行驶将导致交通事故严重程度和数量明显增加，需要交通管理者制定行之有效的限速策略，加强车速控制。

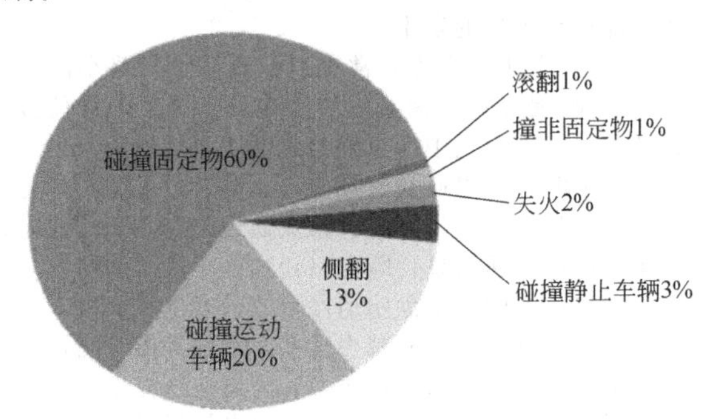


图 32.17 交通事故形态分布

e. 天气条件分布。发生交通事故时的天气状况统计如图32.18所示，发生交通事故时的天气大多数是晴天，占比74%，而阴、雨、雾天占比相对较低。

通过分析，阴天和雨天由于能见度降低，路面相对湿滑，加之驾驶员违规超速驾驶，交通事故多发，但由于雨天驾驶员自身安全意识较高，驾驶更为谨慎，雨天交通事故伤亡人数及严重程度较阴天小。

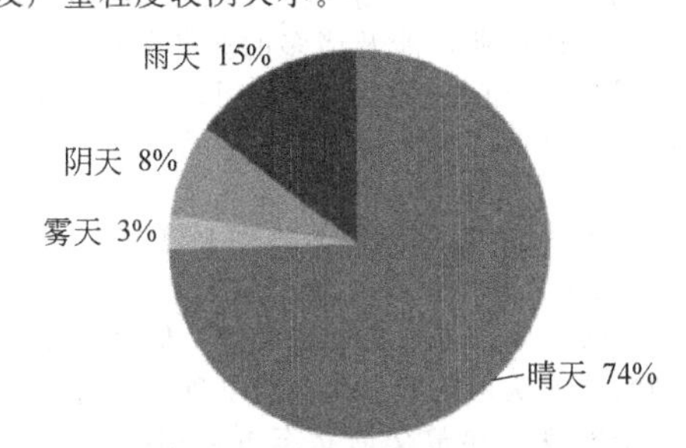


图 32.18 交通事故天气条件分布

(2) 山区公路交通事故的预防对策

山区公路由于受地理条件的影响，道路等级不高，因此最有效的是建设高等级公路，提高现有道路的几何条件。对于难以完成的改造，只能通过完善交通管理设施，进行局部道路工程改造等方法预防和减少交通事故的发生。在有限财力和物力的情况下，应加强山区公路危险路段的改进和监控，限制危险路段的行车速度，对于减少山区公路翻车事故的发生，改善山区公路交通安全状况具有非常重大的意义。此外，对于某些容易引起驾驶员违章超速等的地点，可加强交通巡逻，划分特控区等方案，减少驾驶员的违章操作，从而预防交通事故。

**32.1.7.3 高速公路交通事故及其预防**

(1) 高速公路的特点

高速公路为专供汽车分向、分车道行驶并全部控制出入口的干线公路。四车道高速公路一般能适应按各种汽车折合成小客车的远景设计年限年平均昼夜交通量为25000～55000辆；六车道高速公路一般能适应按各种汽车折合成小客车的远景设计年限年平均昼夜交通量为45000～80000辆；八车道高速公路一般能适应按各种汽车折合成小客车的远景设计年限年平均昼夜交通量为60000～100000辆。

① 高速公路的几何特征

a. 没有平面交叉道路，并且对全线进行全面控制。

b. 相对行驶车道之间完全由中央分隔带隔开。除救援车外不得越过分隔带。

c. 在高速公路的同一水平路面上没有其他公路、铁路或其他交通路线通过。但可在高速公路之上或之下通过。

d. 没有左转弯，所有道路都在控制之下。

e. 没有人行道。

f. 高速公路外围有护栏，防止动物等进入车道。

② 高速公路对行驶的要求。不能达到高速公路规定车速的车辆是不能在高速公路上行驶的。同时，为了保证汽车高速行驶时不发生或少发生事故，对车速要进行限制，一般为80～110km/h。由于是高速行驶，故在高速公路上对车辆的空气阻力、侧风、加速、转向和制动等的影响，都与一般公路不同。为了满足汽车高速行驶的要求，最优良的性能是低速与高速时的性能最好能基本相似。轮胎对汽车性能有一定影响，子午线轮胎较适应高速行驶，因此在高速公路时代被广泛采用。此外，高速行驶的汽车容易发生偏移、转向要修正这一现象。其他如制动、悬架等都要适应高速行驶的要求。

(2) 高速公路的交通事故的预防对策。

针对诱发高速公路交通事故的主要因素，解决该问题的主要途径可以从以下几个方面来考虑。

① 对人员的管理。严格把好培训关，提高驾驶员素质。现行的驾驶员培训考试制度，是针对普通公路制定的，对高速公路运输，已经显露出明显的不适应。应该在报考条件、培训和考试内容上增加心理和生理素质要求、高速公路基本知识和安全行车知识及驾驶技能等内容。新的交通安全法中取消了实习驾驶员不可以上高速公路的规定，更加要求驾驶员在培训过程中应该增加高速公路的驾驶技能以及安全知识的训练。加强驾驶员的安全教育，严禁无证驾驶，严禁酒后驾驶、违章驾驶、疲劳驾驶，严格按照高速公路上的规定要求停、靠和检修车辆，时刻按照高速公路的标识、标志行车，坚决杜绝违章现象的发生。除了要严格培训驾驶员外，还需普及安全教育。通过广播、报刊、电视等媒介形式和社会力量向广大群众大力宣传普及高速公路安全知识，提高现代交通安全意识。提高广大群众的高速公路法制观念和交通安全意识，是预防交通事故的有效措施，是一个长期性、基础性的工作。加强对国民的高速公路安全教育尤其是沿线居民的教育是值得重视的。通过教育，使沿线居民认识到高速公路不同于普通公路，在高速公路上行走或穿越，由于车速很高，自己和驾驶员都会出现严重的判断误差，有可能造成一些在普通公路上可能不会发生的车祸，既祸害自己，又殃及他人。同时，也要从人员选拔、教育培训、法规制度等方面入手，建立一支思想好、技术精、纪律严、作风硬、素质强、严格执法、热情服务的高速公路交通管理人才。

② 对车辆的管理

a. 加强对驶入高速公路车辆技术性能的检测与管理。针对高速公路运输的特殊性，补充、完善安全标准中高速行驶部分的内容。强化对在用车辆技术性能的检测，以区分许可行驶车辆和不许可行驶车辆。对检测符合高速公路行驶要求的车辆发放许可标志。对检测不符合高速公路行驶要求的车辆，视其技术性能的差异做出相应处理，对其中技术性能比较好的车辆，明确指出改进的内容，待改造完成检测合格后发放许可标志。对其中技术性能不佳的车辆，禁止上高速公路行驶。

b. 提高国产汽车的安全性和舒适性。就安全性和舒适性而言，国产汽车与进口汽车之间存在着一定差距。为适应我国高速公路运输快速发展的新形势，国内汽车行业应努力提高国产汽车的安全性和舒适性，满足高速公路运输市场不断扩大的需要。

③ 对道路安全条件的监督管理

a. 对高速公路事故多发路段，在调查弄清事故产生原因的基础上，对事故多发路段进行必要的道路改造。这是目前降低高速公路交通事故发生率、提高行车安全性的捷径之一。结论表明：平曲线半径与交通事故的关系为半径越小，事故率越大：半径 $R$ 不大于 400m 时，高事故率倾向显著；半径 $R$ 不低于 1000m 时，事故率没有明显的差别。竖曲线的纵坡与交通事故率的关系为降坡越大，事故率越大；纵坡在 $-2\%\sim+3\%$ 范围时，事故率无大的差异；当上坡超过 $+3\%$时，事故率再呈上升的趋势。除此之外，平、纵曲线的组合曲线、交织段长度等也与高速公路的交通事故率存在着密切的关系，可以根据我国高速公路交通事故的实际情况，研究确定有关几何要素的边界值。高速公路沿线的行驶环境和附属设施也影响着高速公路的交通安全性，因此，交通事故多发地段（或潜在的事故多发地段）应从上述诸方面加以综合诊断分析后确定。

b. 从利于交通安全出发，对一些设置不当的标牌、标志进行重新布置，对标牌、标志的要求是鲜明、清晰，其色彩应不易使人眼睛疲劳。同时在道路上增加一些动态信息标牌，以利于驾驶员随时了解道路前方的交通状况。

c. 对道路前方的修路施工处、突发交通事故或散落异物发生的道路临时被挤占情况，应提前向在行驶车辆提供紧急信息，以使驾驶员预知，便于采取相应措施。

d. 以人为本，不断改进高速公路设计质量，提高高速公路的人性化水平，将行车过程中的单调性等不利因素降至最低限度。

④ 充分发挥 ITS 系统在高速公路管理中的作用。基于 ITS 系统的高速公路交通管理系统主要包括封闭、监控、出入口控制、交通事故处理、可变信息、事件探测、自动收费等。

⑤ 车辆安全驾驶辅助系统的开发与运用。安全驾驶辅助系统（ASSD）技术是以人、车、路一体化为背景而提出的。其功能包括：

a. 行驶环境信息提供功能。不仅是白天，而且是在夜间和恶劣的天气条件下，利用设置于道路和车辆上的检测装置，检测沿途路况和周边车辆行驶状况等信息，通过信息提供装置将其提供给行驶中的驾驶员，为驾驶员了解驾驶环境提供支持。

b. 危险警告功能。为避免车辆追尾，或行驶中车辆与高速公路设施的碰撞，通过路上和车载装置，采集自身车辆与周边车辆间的位置、障碍物位置等信息，由此判断行驶车辆的危险程度。当出现险情时，驾驶员可由车载装置或其他车辆获得危险警告信息支持。如：前方车辆可以通过其尾部的文字信息提供装置，向后方随行车辆提供危险警告信息。另外，车辆自身还可装备车况自检系统。

c. 驾驶辅助功能。此功能是为了避免驾驶员生理和心理上的缘故导致的不当驾驶行为而提出的。如：当驾驶员出现疲劳状态或驾驶判断不当时，向驾驶员做出提醒。同时，对车辆的制动系统和方向控制系统加以自动控制。

d. 自动驾驶功能。这是车辆安全驾驶辅助系统的最高功能，除具有上述的基本功能外，还包括车辆自动制动、车速自适应、路径识别与选择等功能。以上的车辆安全驾驶辅助系统的基本功能，是新一代高速公路交通事故预防技术的发展趋势，但是，这些技术是以高新技术和高投入为基础的。我国尚处在发展阶段，可有步骤、分阶段地发展其中的行驶环境信息提供、危险警告和驾驶辅助功能。

⑥ 基于交通状态图像自动识别系统（AIDS）的交通事故预防对策。交通状态图像自动识别系统（AIDS）是运用图像处理技术，自动地检测行驶中的车辆为避开道路上异常情况的行驶轨迹，并将此信息传送给交通控制中心和路上的后续车辆。采用这一系统可以瞬时地发现异常交通现象，对于迅速地进行伤员救护、事故处理，降低事故所造成的交通阻塞，以及预防后续车辆的追尾事故等都具有重要的作用。以往，突发事件的信息主要是通过 SOS 电话、手动监视器、巡逻车、各类检测器等手段来获得，因此，事故发生后采取控制管理措施的响应时间极为迟缓。而导入 AIDS 后，仅需几秒钟就能确认事故的发生。

⑦ 路车间信息系统的异常交通信息采集。路车间信息系统（RACS）是通过车辆上的装置和设于路上的通信接收与发射装置，实现行驶中的车辆与管理中心的通信。当车辆自身遇有险情时，可以通知管理中心，并通过该中心将此信息提供给周边的车辆。当发生异常交通现象时，及时地向其上游的车辆提供交通信息，既可以让这些车辆了解前方的交通状态，采取适当的对策预防追尾事故的发生，又可以诱导上游的交通流绕行，一方面减少这些车辆的等候时间，另一方面降低事故突发路段的交通压力，为迅速恢复正常交通提供条件。提供的交通信息包括：通过信息板提供的关于异常交通现象的发生地点和事故类别的信息；通过交通广播或车载导航提供的上述内容的交通信息；流入和流出诱导信息；车道或行驶速度限制信息等。

⑧ 异常交通紧急救援对策。异常交通紧急救援对策的基本考虑应是：最大限度地降低异常交通所致的人员和物的损失；恢复高速公路的通行能力；减少异常交通状态下高速公路的流入交通需求。

a. 紧急救援管理部门的组织与分工。高速公路异常交通的紧急救援管理作业，涉及诸多的业务部门，主要包括：高速公路交通管理中心；交通警察部门；医务部门；事故排除部门；消防部门；特种物品（化学物品等）处置部门；巡逻管理部门。

b. 信息采集与异常交通状态判断和预测。这里的信息是指高速公路环境（气象等）和交通状态（交通流量、密度、速度、排队长度、异常交通现象等）信息。异常交通现象类型的判断、确认是在信息采集的基础上，通过交通管理中心的人员来实现。异常交通状态可运用状态模型加以预测。异常交通信息的采集手段有：

基于检测器的异常交通信息采集：由于异常交通造成的交通阻塞消散时间与紧急救援的响应时间成指数关系，所以及时地发现异常交通现象具有重要的意义。为采集异常交通信息，有必要加大沿线检测器的密度，一般以 500m 间距为宜，事故多发地段还可以再加大此密度。

基于紧急电话和巡逻手段的异常交通信息采集：这是常规的异常交通信息采集手段。突发事故发生后至被发现的时间，取决于紧急电话的设置密度和巡逻频率，一般情况下缺乏及时性。

基于 AIDS 的异常交通信息采集：AIDS 几乎可以在突发事故发生的同时获取异常交通信息，但由于该系统的成本较高，所以目前难以在高速公路上大范围地使用。

提高高速公路交通管理的智能化 ITS 技术的开发与研究被认为是 21 世纪交通管理技术的发展趋势，而且将带来相应产业的发展。有鉴于此，以我国现有的高速公路交通监控系统的场内外设施条件为基础，增添一定数量的信息采集与提供设施，强化高速公路交通管理措施与高速公路利用者间的有机联系，可以最佳地利用高速公路的有效资源，提高其运行效益。

### 32.1.8 汽车运输安全管理

#### 32.1.8.1 汽车运输安全管理的意义

① 搞好安全生产管理，实现安全生产是企业经营管理中的一个基本原则。企业在经营管理中，为避免因安全事故给国家和社会带来不应有的损失和恶果，必须做好安全生产管理，贯彻“安全第一”的方针，树立以预防为主的思想，把安全管理工作作为经营管理的一个基本原则，放在一切工作的首位，贯穿于运输生产过程中。在经营管理运输生产的同时，抓好安全管理工作，建立健全安全管理组织和各项安全运输规章制度，以确保“安全第一”方针的贯彻落实。

② 搞好安全生产管理，实现安全生产是社会主义经济建设的需要。“运输是我们整个经济的基础，也许是最主要的基础之一。”在社会主义经济建设中，各行各业的全部需要，从政治、经济、文化、军事到人们生活中的衣、食、住、行都与交通运输息息相关。只有搞好运输企业安全管理，减少交通事故的发生，才能保证“安全、及时、优质”地运送货物和旅客，以适应我国经济建设的需要。

③ 搞好安全生产管理，实现安全生产是提高企业经济效益，增强企业竞争力的一个基本条件。安全与生产是对立的统一。生产必须安全，安全促进生产，只有把安全问题解决了，运输生产才有保障，各项生产指标和企业的经济效益才能不断提高，才能给企业带来直接的经济效益。同时，安全的运输保证，可以提高企业的信誉和声望，从而争取更多的客货源，使企业在竞争中得到发展。只有处理好效益与安全的关系，企业才能在竞争中求得生存和发展。

#### 32.1.8.2 汽车运输安全管理的工作内容

汽车运输企业的安全管理工作，必须贯彻“安全第一”的方针，坚持预防为主的原则。事故从隐患、苗头到发生，具有一定的规律性，只要认识和掌握了其规律，就可以避免事故的发生，或使大事故化为小事故，小事故得到排除，把一切不安全的隐患消灭在萌芽状态。企业安全生产管理的内容主要包括组织、制度、教育等几个方面。

(1) 建立和完善适应改革和发展的安全管理机构，把抓安全生产落在实处

随着改革的不断深入，公路运输市场发生了深刻的变化，由过去单一所有制的封闭状态发展到国有、集体、个体及联户并存的格局，冲破了“系统内外”的界限，引入了多种经营和挂靠经营等。随着竞争机制的引入和经营方式的改革，使原来的安全管理在观念上和方法上都不能适应当前的形势。因此，汽车运输企业在安全管理上应根据自己的实际，尽快建立健全强有力的安全管理机构和联系网络，特别是要配齐、配好专职和兼职的安技人员，把素质好、责任心强、业务熟悉的人员充实到安全管理部门，发挥管理人员的骨干作用。

汽车运输企业安全管理机构的职责包括：①传达落实国家及上级主管部门有关安全方面的文件和会议精神；②定期召开安全生产会议，及时研究解决企业安全生产中的重大问题；③分析驾驶员的安全素质，提出教育方案并组织实施；④组织开展安全生产活动和总结、评比、表彰；⑤对企业发生的安全事故提出处理意见，并在报请上级主管领导批准后执行；⑥监督并指导各车队、车站、车间安全生产领导小组的工作，定期听取各安全领导小组的汇报，定期检查各安全领导小组的工作开展情况；⑦负责企业安全培训和教育工作。

(2) 建立健全以责任制为重点的安全管理规章制度

安全运输责任制的落实与否，关系到运输的安全。因此，汽车运输企业必须狠抓安全管理责任制的制定和落实，并在此基础上，一方面不断建立健全各种安全管理规章制度，另一方面狠抓落实，坚决消除纪律松弛、管理不严、有章不循、有法不依的现象。对不负责任、玩忽职守、违章违规所造成的事故，应严肃追查责任人，从严处理。

汽车运输企业安全管理的责任制度主要包括：①车队领导安全管理责任制；②调度员安全管理责任制；③汽车站安全管理责任制；④维修厂（车间）安全质量责任制；⑤油料、材料供应部门安全管理责任制；⑥驾驶员安全行车责任制；⑦乘务员安全管理责任制；⑧设备安全管理责任制。

(3) 抓好运输安全的源头管理

在汽车运输过程中，人和车的因素是交通事故的主要源头。因此，汽车运输安全源头管理主要包括对驾驶员的管理和对车辆的管理。

① 注重对驾驶员的管理

a. 严格审查。坚持把好五关：一是把好新驾驶员的选拔关；二是把好增驾大客车执照关；三是把好新调进驾驶员的考核关；四是把好部队转业人员的审查关；五是把好非职业驾驶员的上车关。

b. 安全管理人员要敢抓敢管。安全管理人员在安全管理中应牢固树立“安全第一”的思想，克服畏难情绪，该纠则纠，该罚则罚。对于超速违章、车辆带病行驶等严重违规行为酿成事故的应严肃处理，决不姑息迁就。对触犯法律的肇事者，要坚决地绳之以法。

c. 加强对驾驶员的安全教育。企业应根据运输企业经营过程流动、分散的特点，开展多种形式的安全宣传教育。使广大职工认识到安全生产的重要意义，懂得交通规则，自觉维护交通秩序，自觉遵守安全操作规程，使企业安全工作有可靠的保证。企业在搞好安全宣传教育的同时，应及时总结推广安全生产的先进经验，并针对薄弱环节提出预防措施。

d. 配合交通管理部门做好车辆年检及驾驶员考核、换证及年检工作。

e. 会同有关部门，参与新开辟线路的查定和驾驶员技术培训工作。

② 注重对车辆的管理

a. 企业安检部门对参加客、货运车辆，必须按《汽车运输企业车辆技术管理规定》对所有参营车辆严格执行定期检测、强制维护、视情修理制度。

b. 建立车辆“维修卡”制度。对维修车辆要在“维修卡”上签字认可后才能运行。

c. 加强对客、货车车况的监督检查，坚决杜绝车辆带病行驶。对于支持、纵容驾驶员违章违规的有关人员应进行批评教育，必要时给予经济处罚和行政处分，以保证源头管理的落实。

(4) 加强企业安全生产检查

开展安全生产检查是进一步落实安全生产方针和规章制度的有效办法，是发现和纠正各种违章、消除事故隐患的重要措施。安全生产检查可分为安全生产大检查和行车安全检查。

① 安全生产大检查。汽车运输企业应每月开展一次安全生产大检查，主要内容包括：a. 检查文件精神、上级指示、规章制度的落实执行情况；b. 检查会议记录和资料保管是否完整；c. 检查档案管理是否齐全；d. 检查安全设施是否明显有效；e. 检查消防设备是否齐全有效和使用方便；f. 检查维护质量是否达到标准；g. 检查停车场的车辆停放是否整齐、出入方便；h. 检查驾驶员是否遵章守纪；i. 检查站务员是否礼貌达标。

② 行车安全检查。行车安全检查主要是车辆进入场检

查、驾驶员一日三检和路检路查。在路检路查方面，车队领导和安全技术人员应根据运输业务范围和各时期交通情况、季节气候，有计划地组织路检路查。检查的内容应重点放在驾驶操作、安全机件以及道路情况，检查中发现的问题，必须及时处理。

(5) 搞好企业安全资料及档案的管理

资料及档案的管理是企业安全管理中的一项基础工作，它对分析事故、制定措施等方面有重要作用。企业安全资料及档案的管理内容有：

① 各种资料的管理。包括：a. 上级有关安全生产方面的文件、通知和规章制度；b. 企业所属单位的安全生产检查总结和典型经验；c. 车队预防事故、安全生产方面的措施；d. 来信来访、合理化建议。

② 各种会议记录。包括：a. 安全生产会议记录；b. 安全活动日记录；c. 家属座谈会记录等。

③ 各种安全工作登记。包括：a. 路检路查情况登记；b. 安全管理信息反馈登记；c. 事故登记；d. 违章记录登记；e. 事故车辆鉴定记录等。

④ 各种报表。包括：a. 逐月事故报表；b. 逐月事故登记表；c. 安全四项指标（事故次数、死亡人数、受伤人数、直接经济损失）表；d. 车辆、驾驶员分布情况表。

⑤ 档案。包括：a. 驾驶员档案；b. 机动车档案；c. 事故档案；d. 设备机具档案等。

### 32.1.9 道路交通安全设施

为了保障道路交通的安全与畅通，根据道路条件、交通流特点和道路交通管理的需要，依照有关的法律、法规和技术标准，在道路上设置的附属设施和装置，称为道路交通设施。按照其设置目的和作用大致可分为以下三类：

① 为了保障交通安全，防止交通事故，在道路上设置的交通设施，称为交通安全设施，包括护栏、交通岛、人行天桥、人行过街地道、道路反光镜、视线诱导标、照明设备等。

② 以限制、警告和诱导交通为目的而设置的交通设施，称为交通管理设施，包括道路交通标志、道路交通标线、交通信号控制系统、交通情报系统等。此类交通安全设施通常都具有区域性、时间性、限制性及可视性等特征，其作用集中地表现为：

a. 约束和限制各种交通流，组织和调节道路交通；

b. 向车辆和行人公布并提示特定区域内的交通情况和交通管理信息；

c. 为交通管理部门开展交通管理工作提供科学的手段和执法依据。

③ 为了有效地发挥车辆的运输效能和道路的功能，保障交通安全，所设置的道路交通设施，称为交通服务设施，包括公共汽车停靠站、客运汽车站、货运汽车站、公共及专用停车场、加油站、高速公路的服务区等。

道路交通安全设施是道路设施的重要组成部分，有效运用道路交通安全设施，有助于充分发挥道路的交通效能。科学地设置和管理道路交通安全设施，是全面提高道路交通管理水平，改善道路交通运行状况，做好交通组织工作，保障交通安全，服务交通运输的重要途径。

道路交通安全设施的运用管理是道路交通管理工作的重要内容，道路交通安全设施的设置及运用要充分体现道路交通管理的意图，为道路交通管理总目标服务。它通过动静态相结合的形式，向道路使用者传递道路交通及交通管理信息，引导、约束交通参与者的交通行为，从而达到对道路交通实施调节与控制的目的。

#### 32.1.9.1 道路交通标志

(1) 道路交通标志及其分类

道路交通标志是用图形符号、文字向驾驶人员及行人传递法定信息，用以管制、警告及引导交通的道路交通安全设施。合理地设置道路交通标志，可以平滑道路交通，提高通行能力，防止交通阻塞，减少交通事故，节约能源，降低公害，美化路容。

《道路交通标志和标线 第2部分：道路交通标志》(GB 5768.2—2009)，对道路交通标志进行如下分类：

① 警告标志。警告标志是警告车辆、行人注意危险地点及应采取措施的标志，其形状为等边三角形，顶角朝上，黄底、黑边、黑图案。按照其功能的不同，警告标志可分为表示道路交通交叉口形状标志、急弯路标志、双向交通标志等44种。

② 禁令标志。禁令标志是根据道路和交通情况，为保障交通安全而对车辆行为加以禁止或限制的标志。其形状为圆形（停车让行标志和减速让行标志例外，前者为八角形，后者为倒置正三角形），白色底，红圈红斜杠，黑色图案。按其功能分为以下三类：遵行标志，用以表示道路上应遵行的特殊规定事项；禁止标志，用以表示道路上应禁止的特殊规定事项；限制标志，用以表示道路上应限制的特殊规定事项。

③ 指示标志。指示标志是指示车辆、行人按规定方向、地点行进的标志。其形状为圆形和矩形，蓝色底，白色图案。按其功能可分为以下三类：道路遵行方向标志，用以表示道路上应遵行的方向规定；道路通行权分配标志，用以表示道路通行优先权分配规定；专用标志，用以表示道路（或车道）上遵行的特殊规定。

④ 指路标志。该标志是用来指示市镇村的境界，目的地方向、地点、距离，高速公路的出入口、服务区、著名地点等信息的标志。其形状为矩形，一般道路指路标志为蓝底白字，高速公路指路标志为绿底白字。

⑤ 旅游区标志。该标志是设置在通往旅游景点的交通路口，提示方向和距离信息的标志。旅游区标志分为指引标志和旅游符号标志两大类。

⑥ 其他标志。包括以下标志：

a. 作业区标志。用以通告道路交通阻断、绕行等情况，设在道路施工、养护等路段前适当位置。用于作业区的标志为警告标志、禁令标志、指示标志及指路标志，区中警告标志为橙底黑图形，指路标志为在已有的指路标志上增加橙色绕行箭头或者为橙底黑图形。

b. 辅助标志。辅助标志为白底、黑字（图形）、黑边框、白色衬边。

c. 告示标志。用以解释、指引道路设施、路外设施，或者告示有关道路交通安全法和道路交通安全法实施条例的内容。告示标志的设置有助于道路设施、路外设施的使用和指引，取消其设置不影响现有标志的设置和使用。

(2) 道路交通标志设计的一般要求

交通标志的基本功能是为车辆和行人提供完善和清晰的情报。面对复杂多变的交通状况和环境因素，理想的交通标志设计应满足以下要求：

① 对交通标志颜色的要求。对于颜色的选择，一方面要确保交通标志的视认性，另一方面还应考虑颜色所表达的抽象概念。根据颜色视觉的规律，道路交通标志多采用红、黄、绿、蓝、白、黑等颜色，不用中间色。

a. 红色。在人们心理上会产生强烈的兴奋感和刺激性，适用于表达禁止、紧急停止等信息。用于禁令标志的红圈、红斜杠、“停车让行”标志、“禁止进入”标志等的底色。

b. 黄色。具有警戒的感觉，适用于传递警告信息。用于警告标志、高速公路的“终点提示”“车距确认”等标志的底色。

c. 蓝色。使人产生沉静、安宁的感觉，多用于传递指示信息。用于指示标志、施工标志、一般道路指路标志的底色。

d. 绿色。使人产生舒适、恬静、安全感，多用它来提示安全、行进等信息。用于高速公路和城市快速路的指路标志底色。

e. 棕色。用于旅游区标志的底色。

f. 黑色和白色。具有较好的对比度，交通标志的文字、图形符号多采用这两种颜色。

② 对交通标志形状的要求。人们对于交通标志的认知始于对其形状、颜色的判断。因此，交通标志的形状被赋予了一定的含义，以增加其传递信息的内容。

a. 圆形。在同等条件下，圆形内的图符显得大些，容易看得清楚。用来表示“不允许”“禁止”。

b. 三角形。在等面积的情况下，辨认效果最佳。等边三角形被用来作为警告标志的图形。

c. 矩形。给人以安稳感，而且可利用的面积大，非常适合于布置指示标志、指路标志的图符和文字。

③ 对交通标志图符文字的要求。图形符号可直接表达交通标志的内容。在视觉条件受限制时，图形符号要优于文字，且不受国家、民族、语言、文字的影响。

交通标志的图符、文字应具有较强的直观性和醒目性，必须简练、清晰、形象，不能产生歧义，并尽可能采用国际通用的图符。具体要求如下：

a. 交通标志的图符应严格按标准规定制作，不得任意修改图案；

b. 交通标志的汉字、拉丁字和阿拉伯数字应采用标准规定的字体；

c. 指路标志采用中英文对照时，汉字应置于英文之上，英文字母的高度为汉字高度的 1/2，小写字母的高度为其大写字母高度的 3/4。

④ 对交通标志牌面尺寸的要求

a. 警告标志、禁令标志、指示标志的牌面尺寸根据计算行车速度确定；

b. 对于指路标志，由计算行车速度确定标志文字高度，根据字数、间隔、行距等计算确定牌面尺寸；

c. 交通标志牌面应进行美化设计，要确保视认性。

⑤ 交通标志的反光与照明。所有道路上的交通标志原则上都应采用反光材料制作标志牌面。

a. 高速公路及背景复杂的城市道路的交通标志应采用三级以上的反光膜，四、五级反光膜可用于四级公路和交通量很小的低等级公路；

b. 高速公路、城市快速路上的曲线段标志及城市地区的多路交叉路口，宜选用具有广角、性能优良的反光膜；

c. 高速公路、城市快速路上的门架标志和悬臂标志，为获得与路侧标志相当的反光效果，宜选用比路侧标志所用反光膜等级高的反光材料，或把门架标志和悬臂标志上的字符改用反射器，以改善其夜间的视认性。

交通标志的照明分为内部照明和外部照明两种方式：

a. 内部照明标志采用半透明材料制作交通标志面板，有单面显示和双面显示两种。应保证标志面照度均匀，在夜间具有 150m 的视认距离。标志强度足够，灯箱结构合理，防腐、防雨、防尘。

b. 外部照明标志依靠外部光源照亮标志牌面。应保证光照均匀，不造成驾驶员眩目，确保在夜间具有 150m 的视认距离。

(3) 道路交通标志的设置原则

道路交通标志应根据设置地点的实际情况，按照 GB 5768.1—2009 的规定设置，并应遵守以下的原则：

① 可见性原则。交通标志应设置得清晰可见、醒目分明。为保证交通标志设置的可见性，应注意以下几点：a. 交通标志应设置在车辆行进正面方向最容易看到的地点，可根据具体情况设置在道路的右侧、中央分隔带或者车行道上方。b. 交通标志的设置环境要合理，牌面位置突出。注意不要被树木、建筑物、广告牌等遮挡，还应避免因背景色彩而减弱交通标志的显示效果。c. 注意路侧式标志的设置角度，避免标志牌面对驾驶员的眩目。合理选择标志的牌面材料，改善照明条件，确保其在夜间具有良好的视认性。

② 简单性原则。尽量采用最少的交通标志，将必要的信息显示出来，可设可不设的标志，一律不设。该原则包含三个方面：a. 交通标志的设置方案简单，在特定的区域内，为了给驾驶员某种警告、禁令、指示或指路等信息，若有若干不同的设置方案，应选择其中最简单的方案。b. 避免信息过载，同一地点需要设置两种以上标志时，可以安装在一根标志柱上，但最多不能超过四种。解除限制速度标志、解除禁止超车标志、干路先行标志、停车让行标志、减速让行标志、会车先行标志、会车让行标志等，应单独设置。c. 信息传递有序，在一根标志柱上并设多个标志牌时，应按警告标志、禁令标志、指示标志的顺序，先上后下、先左后右排列。

③ 完整性原则。交通标志的设置应系统完整，为此应做到：

a. 全面系统地规划和制定交通标志设置方案，要考虑到总体布局，避免交通标志的遗漏和重复设置等现象。

b. 在同一地点设置多种交通标志，应保证标志所传递的信息是协调和完整的。

例如，某十字交叉路口，在 A 入口设了“禁止驶入”标志，则在 B 入口就应设置“禁止向左转弯”或“直行和向右转弯”标志，在 C 入口设置“禁止向右转弯”或“直行和向左转弯”标志，在 D 入口设置“向左和向右转弯”标志。交通标志的配合见图 32.19。

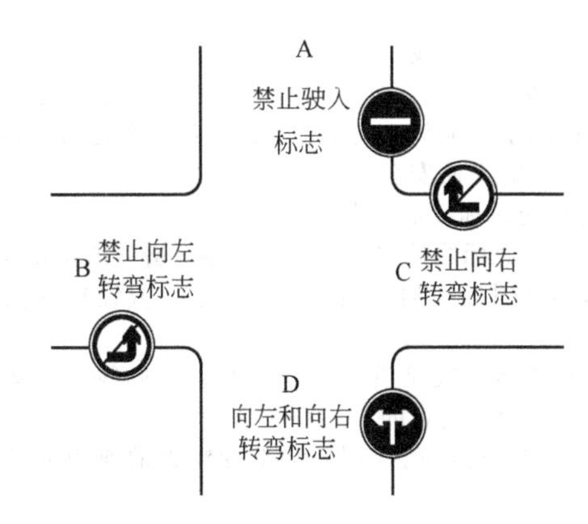


图 32.19 交通标志的配合

④ 一致性原则。交通标志及其他各种交通设施传递的信息应协调一致。该原则包括如下的内容：交通标志的规划与设置应符合交通管制方案的总体要求；交通标志所传递的信息，应与其他交通设施保持协调，不能相互矛盾；在特定区域内设置的所有交通标志的内容应协调一致，不能相互矛盾。

(4) 交通标志的设置参数

在制定交通标志设置方案时，必须确定交通标志的设置地点、设置高度、牌面的设置角度、交通标志牌面内缘到路边的距离等设置参数。

① 交通标志的设置地点

a. 指示标志和指路标志。交通标志的设置位置应与路口、危险地点及应注意的地点保持一定的距离，以便驾驶员有足够的时间，依据交通标志的内容，做出正确的操作。

通常，预告方向、地点、距离及经过道路的标志，设置在距路口300～500m的范围内，对于设计车速降低的道路，可设在距路口20～50m的范围内；指示车道、方向、路名的标志设置在距路口停车线30～50m处；环形交叉口标志设在距环形交叉口30m处或者设置在环岛外缘上。

b. 禁令标志。交叉口附近设置的禁令标志多为限制或禁止车辆行人的行进方向与行驶方式的标志。其他禁令标志如禁止停车、速度限制等标志，可设在相应的路段内，以避免造成交叉口附近交通标志过多，驾驶员无所适从的现象。

c. 警告标志。警告标志到危险地点的距离，应根据道路的设计车速，按表32.14的规定选取。

**表32.14 警告标志到危险地点的距离**

| 计算行车速度/(km/h) | 100～120 | 71～99 | 40～70 | ＜40 |
|---|---|---|---|---|
| 警告标志到危险地点距离/m | 200～250 | 100～200 | 50～100 | 20～50 |

② 交通标志的设置高度

a. 路侧式标志牌面下缘至路肩的高度应为100～250cm。

b. 悬臂式和龙门式标志牌面下缘至路肩或路面的净高，应按道路规定的净空高度设置。高速公路和一级公路为5.0m，三、四级公路为4.5m，一条公路应采取统一的净空高度。

③ 交通标志牌面的设置角度。为了减少标志牌反光对驾驶员的眩目，确保标志的视认性，标志牌面与道路中心线应有一定的角度（见图32.20）。

a. 指路和警告标志应为直角或近似直角（80°～90°）；

b. 禁令和指示标志一般情况为0°～45°，悬臂式或门架式原则上为直角（90°）。

④ 交通标志牌面内缘到路边的距离。路侧式交通标志牌面内缘距路边应大于25cm，最好保持在50cm。

### 32.1.9.2 道路交通标线

（1）道路交通标线、作用及其特点

① 道路交通标线、作用。道路交通标线是由标画于路面上的各种线条、箭头、文字、立面标记、突起路标和路边线轮廓标组成的交通安全设施。

② 道路交通标线的特点

a. 道路交通标线的主要作用是限制、警告或指示交通；

b. 道路交通标线通常施画在路面上，或设置在需要管制的地点；

c. 道路交通标线是借助于不同颜色的画线、图案或文字来传递交通管理信息的；

d. 道路交通标线的使用效果会受频繁的使用或不良气候的影响；

e. 道路交通标线的作用是被动式的，其有效性取决于交通参与者遵守标线指令的自觉程度。

（2）道路交通标线的分类

① 按道路交通标线的形态分类

a. 路面标线。纵向标线，如双向两车道路面中心线、车行道分界线、车行道边缘线等；横向标线，如停止线、减速让行线；其他标线，如人行横道线、停车位标线、高速公路出入口标线、港湾式停靠站标线、文字标记、导向箭头等。

b. 立面标记。立面标记是设在车行道或近旁有高出路面的构造物，用于提醒驾驶员注意，防止碰撞发生的标记。立面标记的颜色为黄黑相间的倾斜线条，斜线倾角为45°，线宽及其间距均为15cm，通常设置在桥梁的立柱、隧道洞口和安全岛的立面上。

c. 突起路标和路边线轮廓标。突起路标是设置在路面上的突起标记块，用于标示车道分界、边缘、分合流、弯道、危险路段、路宽变化、路面障碍物位置，可起到辅助和加强交通标线分隔效果的功能。

路边线轮廓标通常设置在高速公路和城市快速路的两侧，用以指示道路的方向、车行道的边界及危险路段的位置和长度。

② 按道路交通标线的功能分类

a. 指示标线是用于指示车行道、行车方向、路面边缘、人行道等设施的标线，如车行道分界线、左转弯导向线、人行横道线、导向箭头、路面文字标记等。指示标线及其形式见表32.15。

**表32.15 指示标线及其形式**

| 序号 | 标线名称 | 标线形式 |
|---|---|---|
| 1 | 双向两车道路面中心线 | 黄色虚线 |
| 2 | 车行道边缘线 | 白色实线<br>白色虚线 |
| 3 | 左转弯导向线 | 白色弧形虚线 |
| 4 | 高速公路车距确认标线 | 白色平行实线 |
| 5 | 停车位标线 | 白色实线 |
| 6 | 收费岛标线 | 黄黑相间斜线 |
| 7 | 路面文字标记 | 黄色白色文字 |
| 8 | 车行道分界线 | 白色虚线 |
| 9 | 左转弯待转区线 | 两弧形白虚线 |
| 10 | 人行横道线 | 白色平行实线 |
| 11 | 高速公路出入口标线 | 直接式平行线 |
| 12 | 港湾式停靠站标线 | 白色斑马线 |
| 13 | 导向箭头 | 白色箭头 |

b. 禁止标线是告示道路交通的遵行、禁止、限制等特殊规定，车辆驾驶员及行人需严格遵守的标线，如禁止超车线、禁止路边停放车辆线、停车让行线、停止线、非机动车禁驶区标线、导流线、网状线、禁止掉头标记等。禁止标线及其形式见表32.16。

**表32.16 禁止标线及其形式**

| 序号 | 标线名称 | 标线形式 |
|---|---|---|
| 1 | 禁止超车线 | 黄色双实线<br>黄色虚实线<br>黄色单实线 |
| 2 | 禁止路边停放车辆线 | 黄色虚线 |
| 3 | 停止线 | 白色实线 |
| 4 | 减速让行线 | 白色平行虚线 |
| 5 | 导流线 | 白色单实线<br>V形线<br>斜纹线 |
| 6 | 网状线 | 黄色网格线 |
| 7 | 禁止掉头标记 | 黄色实线 |
| 8 | 禁止路边临时或长时停放车辆线 | 黄色实线 |
| 9 | 禁止变换车道线 | 白色实线 |
| 10 | 停车让行线 | 白色平行实线 |
| 11 | 非机动车禁驶区标线 | 黄色虚线 |
| 12 | 中心圈 | 白色实线 |
| 13 | 车种专用车道线 | 黄色虚线<br>文字 |

c. 警告标线是促使车辆驾驶员及行人了解道路上的特殊情况，提高警觉，准备防范应变措施的标线，如车道宽度

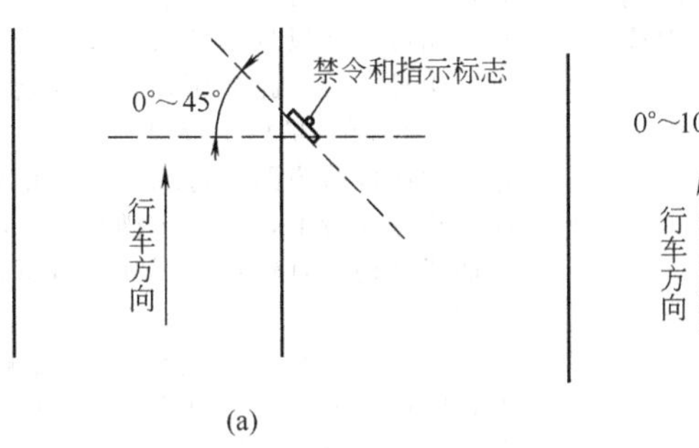


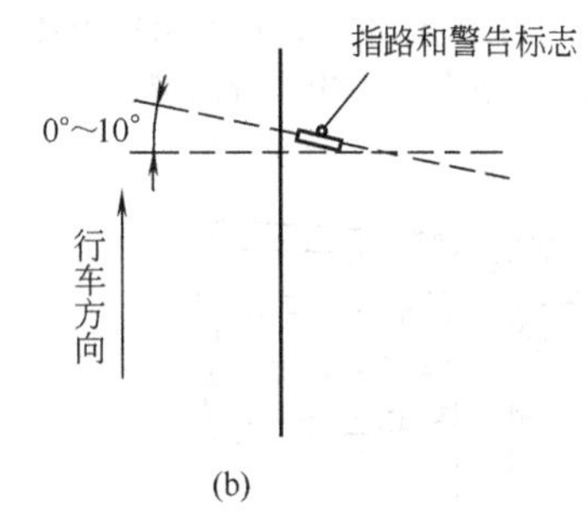


图 32.20　交通标志牌面的设置角度

渐变段标线、接近障碍物标线、减速标线等。警告标线及其形式见表 32.17。

**表 32.17　警告标线及其形式**

| 序号 | 标线名称 | 标线形式 |
|---|---|---|
| 1 | 车行道宽度渐变段标线 | 白色实线<br>黄色斑马线 |
| 2 | 近铁路平交道口标线 | 白色交叉线<br>文字 |
| 3 | 接近障碍物标线 | 颜色同中心线<br>V 形线<br>斜纹线 |
| 4 | 减速标线 | 白色虚线 |

③ 按照道路交通标线的标画分类

a. 白色虚线。画于路段中时，用以分隔同向行驶的交通流或作为行车安全距离识别线；画于路口时，用以引导车辆行进。

b. 白色实线。画于路段中时，用以分隔同向行驶的机动车和非机动车，或指示车行道的边缘；画于路口时，可用作导向车道线或停止线。

c. 黄色虚线。画于路段中时，用以分隔对向行驶的交通流；画于路侧或缘石上时，用以禁止车辆长时路边停放。

d. 黄色实线。画于路段中时，用以分隔对向行驶的交通流；画于路侧或缘石上时，用以禁止车辆长时或临时在路边停放。

e. 双白虚线。画于路口时，作为减速让行线；画于路段中时，作为行车方向随时间改变的可变车道线。

f. 双黄实线。画于路段中时，用以分隔对向行驶的交通流。

g. 黄色虚实线。画于路段中时用以分隔对向行驶的交通流。黄色实线一侧禁止车辆超车、跨越或回转，黄色虚线一侧在保证安全的情况下准许车辆超车、跨越或回转。

(3) 对道路交通标线性能的要求

① 对道路交通标线视认性的要求。道路交通标线的颜色要鲜明，对比度要强；道路交通标线的规格尺寸要适当，应保证足够的视认界限；图案文字的纵横比例应符合视觉特性，应避免产生错视现象；道路交通标线应具有较好的反光特性，并在相当长的使用期间不会显著下降。

② 对道路交通标线材料性能的要求。道路交通标线应具有良好的耐久性，在使用期间不产生明显的裂缝；路面标线的颜色均匀一致，不易变色；路面标线的黏结力强，耐腐蚀，并应具有良好的防滑性能；道路交通标线的材料价格便宜，涂敷作业安全、无毒、无污染。

③ 对道路交通标线施工性能的要求。道路交通标线应具有快干的特性，施工作业对交通的干扰小；路面标线的施工作业方便，画线边缘整齐、表面平整；在路面标线的施工过程中，能很容易地控制标线的厚度。

#### 32.1.9.3　物理隔离设施

物理隔离设施是用物体对交通流进行强制性分离的交通安全设施，包括护栏、隔离带等。

物理隔离设施具有特殊的结构和性能，以保证实现其强制分离交通流的功能，同时又不至于对车辆和行人的正常通行造成不必要的影响。物体隔离设施通常要设置在道路的范围之内，其自身具有一定的体积，需要占用相应的道路空间。同时，还存在着与交通体发生直接冲突的可能性。

(1) 护栏

护栏是沿着路基边缘或中央隔离带设置的交通安全设施。护栏是一种有效、多功能的物体隔离设施，在城市街道、高等级公路上得到了广泛的应用。

① 护栏的功能。护栏应具备隔离作用、保护作用、导向作用和美化作用等多种功能。

a. 隔离作用。护栏与道路交通标线一样，都具有分隔同向或对向行驶交通流的作用。所不同的是护栏分隔是一种强制性分离措施，车辆、行人不得跨越护栏行驶或通行。

b. 保护作用。护栏的重要功能还体现在其对车辆和行人的保护作用上。在机动车道与非机动车道之间、机动车道与人行道之间采用护栏隔离，既可有效地保护非机动车和行人的安全，又可避免其对机动车行驶的干扰。

c. 导向作用。沿着车辆行进方向连续设置的护栏，对于驾驶员来说，无疑会起到良好的视线诱导作用。

d. 美化作用。在道路中设置护栏可使单调的道路景观变得充实和生动起来。在城市街道上，采用造型别致、色调鲜明的护栏，与其他设施巧妙配合，会产生浑然一体的效果，可起到美化交通环境的作用。

② 对护栏技术性能的要求。为了保证护栏能发挥理想的作用，对其技术性能，应做如下的要求：

a. 强度适中，结构合理，最好具有吸收碰撞能量的能力和回正方向的能力，以保证车辆和乘员的安全；

b. 具有良好的视线诱导功能和观察瞭望的舒适性；

c. 几何尺寸适当，能较好地与道路环境协调一致；

d. 经济实用，施工及养护方便。

对于上述要求，特定的护栏可能不会完全满足。应在综合分析护栏的作用，设置的目的，比较各种护栏性能的基础之上，选择最为适宜的护栏形式。

③ 护栏的分类。护栏的种类很多，按照护栏的结构可分为型钢护栏、钢管护栏、箱梁式护栏、钢缆护栏、缓冲护栏、混凝土护栏、隔离栅栏和隔离墩等；按照护栏的强度可分为刚性护栏、半刚性护栏和柔性护栏等；按照护栏的设置方式可分为纵向护栏和桥梁护栏等。

a. 型钢护栏。型钢护栏是较为常见的护栏。如图 32.21 所示，它是由立柱及安置其上的波形断面金属横梁组成的，故又被称作波纹梁护栏。当车辆冲撞到波纹梁时，横梁产生变形，吸收冲撞能量，并且由于反力的作用，使车辆回复到正常的行驶方向。波纹梁受到车辆冲击后的变形虽大，但对护栏而言，损坏是局部性的，更换非常方便。另外，型钢护栏在小半径（小于 300m）路段也能设置，且有诱导视线的作用。双面型钢护栏还可设置在较窄的中央分隔带。

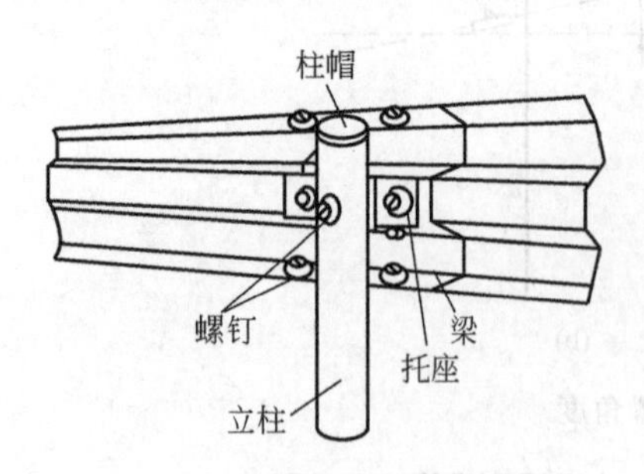


图 32.21　型钢护栏设置实例

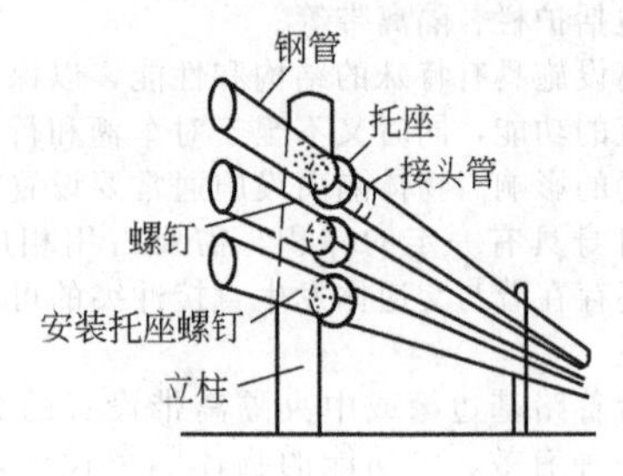


图 32.22　钢管护栏设置实例

b. 钢管护栏。如图 32.22 所示，钢管护栏以数根钢管（一般 2～3 根）安置在立柱上，其功能与型钢护栏相似，但比型钢护栏的外形美观。其可在城市街道上作为人行护栏，用于限制行人跨越或显示人行道边界的实例很多。

c. 箱梁式护栏。箱梁式护栏如图 32.23 所示。它由方形空心横梁及立柱组成。受到车辆冲撞时，强度低的立柱会发生弯曲，从而起到减缓冲击的作用。箱梁不易变形，可起到阻挡车辆的作用。箱梁式护栏可用在分隔带较窄的道路上，其缺点是在小半径路段上不能设置。

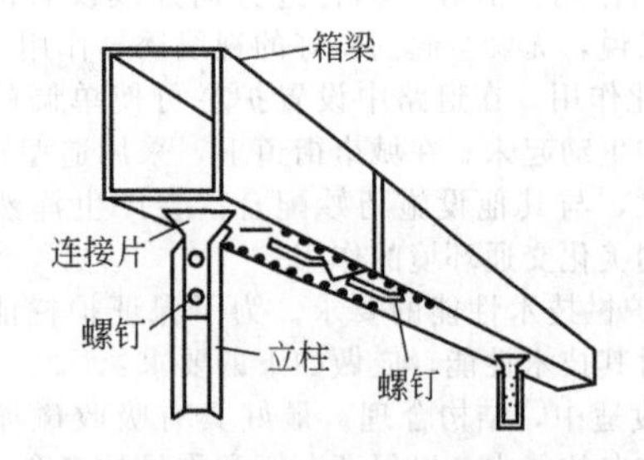


图 32.23　箱梁式护栏设置实例

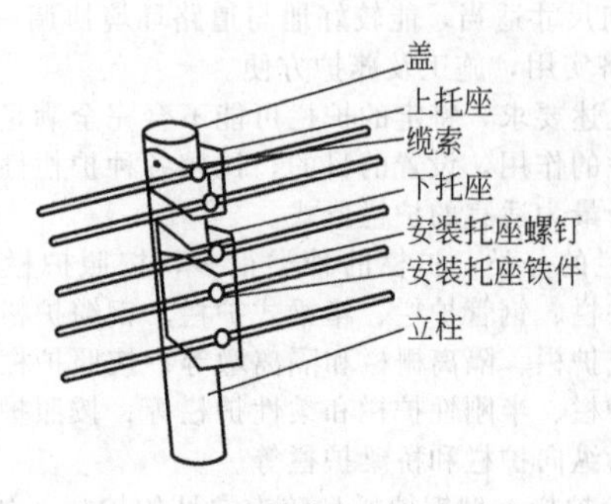


图 32.24　钢缆护栏设置实例

d. 钢缆护栏。如图 32.24 所示，钢缆护栏采用的是一种将数根钢缆施加预张力固定在立柱上的方法，来起到强制隔离的作用。车辆冲撞时，钢缆在弹性变形范围内工作，将车辆拦住，并可回正车辆行驶方向。钢缆护栏特别适用于长直线路段，在风景区道路上设置最为美观。其缺点是不适合于小半径曲线道路使用，施工复杂，视线诱导性较差。

e. 混凝土护栏。混凝土护栏主要设置在桥梁、高架道路及山区危险道路的边缘，以防止车辆冲出路外，也可设置在中央分隔带上，阻止车辆驶入对向车道。一般为钢筋混凝土墙式结构，有较强的行驶压迫感，分隔效果较好，维修费用很低。

f. 隔离栅栏。将钢筋加工成栅栏状，两端安装在立柱上，即可制成一片隔离栅栏。使用时，可将立柱直接埋设在路面上，也可将立柱安装在活动墩座上。隔离栅栏突出的特点是占用道路空间小，造型美观，故多用作城市街道的中央带护栏和人行护栏。

g. 隔离墩。隔离墩用混凝土或其他材料预制成型，以铁链、钢筋或钢管等连接，作为机动车-非机动车分隔带或路侧停车场的隔离带。其特点是拆装方便，可按需要移动位置，但稳定性差，也容易丢失。

除上述种类之外，还有网式护栏、链式护栏等防护设施。在运用上，除了单独设置外，也可多种形式并用。

④ 护栏的运用。护栏的种类和设置形式应根据交通状况和道路条件来确定。设置时要注意护栏的可视性，选择明度较大的颜色，护栏开始端的显著部位应涂有警告含义的安全色。在保证护栏的强制隔离效果的同时，应兼顾护栏的美观性以及交通设施的整体效应。

按照其设置位置和作用，护栏的运用形式包括路中护栏、路缘护栏和人行护栏等。

① 路中护栏。路中护栏包括中央分隔带护栏、机动车-非机动车分隔护栏。通常设置在车行道内，也可设置在分车带上。路中护栏应具有分隔车流，引导车辆行驶，阻挡车辆冲撞，防止行人跨越，保证交通安全等功能。城市道路的路中护栏多采用隔离墩和隔离栅栏。高等级公路常用型钢护栏、箱梁式护栏、缓冲护栏和混凝土护栏等。

② 路缘护栏。通常是靠近道路边缘设置，起到诱导驾驶员视线和阻止失控车辆冲出路外的作用。在低等级公路上，常采用木、石、钢筋混凝土制成的垛式护栏，间距为 2～3m，高出路面 80cm，外表涂以红白相间的颜色。在高等级公路上，为保证车辆行驶安全，多采用型钢护栏、钢缆护栏、箱梁式护栏、缓冲护栏和混凝土护栏等。

③ 人行护栏。为了保护行人安全，在人行道与车行道之间通常要设置人行护栏。一般在人行道的边缘，安装高出路面 90cm 左右用钢管或网材等制成的栅栏。因为人行护栏主要是为了控制行人横穿道路，所以在结构上不过多考虑防止车辆碰撞的问题，但应注意造型美观。无论设置何种形式的护栏，其要点是应当尽可能地连续设置。短区段的零星设置，不仅不能充分发挥护栏的效能，而且也容易引起行人横穿道路或车辆与其端部碰撞等现象的发生。

(2) 隔离带

隔离带是用以区分路面各部分使用界限的设施。由于隔离带突出于路面，故在效果上较道路交通标线更具有强制分隔的作用。隔离带一般用作隔离上下行交通的中央分车带、分隔机动车与非机动车的外侧分车带、车行道与路侧停车场的界限以及港湾式停靠站与车行道之间的隔离带等。

① 隔离带的设置条件

a. 当车行道的宽度大于等于 22m 时，道路横断面可布置为 2 块板或 3 块板形式，有条件时设置中央分隔带或外侧分隔带。

b. 当车行道的宽度大于等于 28m 时，道路横断面可布置为 4 块板的形式，则可同时设置中央分隔带、外侧分隔带和人行护栏。

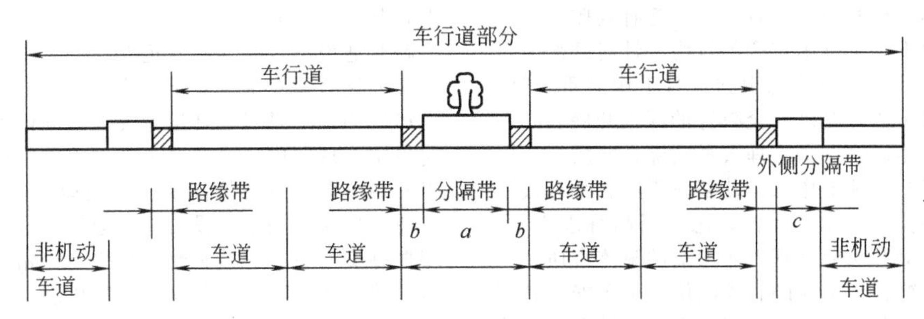


图 32.25　隔离带设置实例

② 中央分隔带的设置。在设计车速较高、双向四车道以上的道路上，为保证行驶的安全性和舒适性，有必要将对向车流分开。为此，在往返车道之间应设置中央分隔带。如图 32.25 所示，中央分隔带由分隔带和导向带组成。导向带设在车行道的外侧，具有一定的宽度，它可使车行道的边缘清晰，便于驾驶员识别，且可形成横向安全间距，有利于车辆行驶安全。

分隔带是由路缘石围砌而成、高出路面的带状构造物，是中央分隔带的实体，一般宽度为 3～5m，在城市道路上可缩减至 1m。分隔带上可附设护栏、信号机、交通标志、防眩设施、照明设施等。

导向带也称作路缘带，设置在分隔带与车行道之间，一般宽度为 0.25～0.40m。导向带可起到标明车行道的界限和视线诱导的作用，导向带内还可附设路面集排水设施。

③ 外侧分隔带的设置。外侧分隔带的作用是分隔同向的非机动车与机动车，诱导驾驶员视线。其结构与中央分隔带相似，包括分隔带和导向带。其中，分隔带的宽度为 1.5～3.0m，必要时可缩减至 0.5m，导向带的宽度与中央分隔带相同。

## 32.2　道路旅客运输安全

道路旅客运输安全管理监督是交通旅客运输运行的重要环节，随着我国交通运输环境的复杂化，这一工作的重要性将变得更加突出。但是根据当前阶段我国交通运输行业的发展现状来看，我国道路旅客运输安全管理工作仍旧存在一定的问题，为了保障交通旅客运输的安全性，必须对未来一段时间的工作要点进行明确，如此才能促进安全管理工作水平的提升。

### 32.2.1　道路旅客运输安全管理的作用

(1) 保障社会的和谐稳定

社会和谐稳定是国家发展的重要基础，当前阶段我国正处于经济转型的关键时期，我国每个行业都应积极响应党和国家的号召，共同努力达成这一目标。在道路运输行业中，道路旅客运输的首要关键点就是安全，同样也是社会和谐稳定的基本要求。因此，在道路运输发展的过程中，必须要进一步加强运输安全管理工作，最大限度降低安全风险，为旅客的人身财产安全提供坚实的保障。由此可见，做好道路旅客运输安全管理工作对于我国整个社会的稳定发展具有十分重要的积极意义，我国应该在这一领域不断加大力度，丰富管理手段和安全事故应对措施，促进我国道路运输行业健康稳定发展。

(2) 促进交通运输行业的健康发展

道路旅客运输安全管理工作是道路运输运行过程中的关键环节之一，近些年来，随着我国交通运输行业的不断发展，人们对行业安全性以及舒适性提出了更高的要求，因为旅客运输运行的安全性直接关系着旅客的人身财产安全。与此同时，我国交通运输的规模较过去也出现了大规模的提升。在这样严峻的交通环境下，想要保障交通运输行业的持续发展，必须加大道路旅客运输安全管理工作的执行力度，如此才能保障道路运输在交通运输行业中的竞争力。另外，做好道路旅客运输安全管理工作对于交通运输行业的发展也具有一定的促进作用。首先，安全管理工作的高效开展能够大幅度提高行业人员的工作积极性，实现行业整体经济效益的提高。其次，安全管理工作的开展需要大量高素质工作人员的参与，为了保障安全管理工作的有效性，客运企业必然会加大人才培养力度，这样就为道路运输行业注入了更多的新鲜活力。因此，不论是对道路运输还是交通运输行业而言，加强道路旅客运输安全管理工作都具有十分重要的意义。

(3) 保障道路质量，提高道路使用寿命

除了保障旅客的安全之外，安全管理工作同样能够为我国道路提供一定的保护。根据我国近些年来道路保养维护的实践来看，交通事故是损害道路质量的重要因素之一，不同程度的事故造成的损伤也存在轻重之分。为了最大限度降低这种损害，避免道路使用寿命受到影响，应该加强道路运输安全管理工作，尽可能降低交通事故发生的概率，这样既能够为旅客的人身财产安全提供保障，也能够为社会的稳定发展做出一定的贡献。

### 32.2.2　现阶段道路旅客运输安全管理工作的要点分析

(1) 落实安全责任制并构建安全预控监控系统

当前阶段我国很多客运企业在制定安全管理制度的过程中，都很容易忽视安全隐患的监控和预控，无法实现对道路旅客运输安全的动态管理。工作人员在工作的过程中，往往将重点集中在台账上。针对这一问题，必须要从管理体系的整体入手，对结构设置进行健全，一方面对安全管理责任进行科学的划分，并落实到具体的部门和个人；另一方面要设置专门的监督队伍，提升工作人员的责任心，对其工作态度和行为进行有效的约束，以此实现道路旅客运输安全管理工作效果的提升。

(2) 加强过程监督

在安全责任制建立的基础上，若是不辅以严格的监督，同样难以取得良好的效果。因此，客运企业必须做好整治工作，全面开展安全检查工作，对道路旅客运输中存在的隐患，要严令限期整改。同时，将安全预控监控工作和安全生产整治工作有机结合起来，避免出现只查不改的情况。企业内部的监督队伍要定期或不定期进行安全巡查，强化动态管理。此外，要对工作手段进行丰富，综合利用检查、复查、考核、处罚等多项手段，保障整改工作的有效落实，全面提升道路旅客运输安全管理工作水平。

(3) 加强对客运人员的培训教育

为了保障新时期道路旅客运输安全管理工作的高效开展，应该进一步完善客运企业职工的安全教育和安全培训工作，促进全体员工安全意识和技能的双重提高。尤其是对于驾驶员来说，由于其工作的独立性较强，缺乏有效监督，很容易因粗心大意出现不利于行车安全的行为。针对这部分员工，必须进行全方位教育，使其意识到自身工作的重要性，通过丰富多样的方法手段，促进安全教育的深入开展。

(4) 提高道路旅客运输安全管理人员的综合素质

道路旅客运输安全管理工作人员的整体素质水平直接影响着安全管理工作的实际效果，因此，想要提高管理水平，必须通过有效的措施提升安全管理工作人员的整体素质，打造一支业务能力强、综合素质高的管理队伍。由于安全管理工作的技术性较强，涉及的知识面较广，因此客运企业应该积极组织管理人员开展业务技能培训和进修，为安全管理工作的高效开展奠定坚实的基础。

(5) 加强先进科学技术手段的引进

随着我国交通运输行业的不断发展，道路旅客运输安全管理工作也变得更加繁重和复杂，仅仅依靠人力根本无法保障工作质量。因此，客运企业要结合时代发展趋势积极引进先进科学技术手段，实现对安全管理工作的全面把控。例如，在安全预控监控工作中，可以引入卫星定位系统和行车记录仪配合使用，通过视频监控、语音传输的方式对行车状况进行动态掌握。一旦出现事故，可以在第一时间做出反应，采取相应的解决措施。

### 32.2.3 共同捍卫道路安全

(1) 正视交通事故

经常有政府管理部门抱怨，交通安全很难管，老百姓的素质太低。要知道，人是这个世界上最具思维能力的高级动物，也是自然界的简单生命，而生命需要自由，这一点是所有生命的共同习惯。人最原始的"喜欢自由"的习惯没有素质高低之分，而是当组织、阶级、国家、科技发展之后，人们共同的自由习惯妨碍了一部分人不同的习惯，而被指责为素质低下或另类。当然，时下的交通安全秩序确实要靠人的高素质及自觉性去维护，要让更多人去养成遵守交通安全秩序的习惯。没有好的习惯，素质无从谈起。而习惯是要养成的，是要一点点、一天天去引导。如果靠教育、靠宣传、靠法制就能够养成优秀的习惯，那么人类的文明是很容易形成的，但却不切合实际。

交通安全的管理也是同样，需要到位、便利的道路交通设施去引导人们养成良好的习惯。在一些发达国家的城市街头，经常可以看到用护栏把不允许过街的路段隔离，仅留出斑马线或安全过街的路口供行人通行。这样，等人们养成了过街的习惯之后再撤去，也就形成了高素质的文明。

在交通安全的管理思维上，是否可以想象：设施引导规范，规范养成习惯，习惯造就素质，素质带来文明。

(2) 建立向政府"问责"机制

道路交通事故的发生，交通主体中的"人"是主要因素，由于"车"是由"人"操控（真正因车辆自身失灵导致交通事故所占比例较小），也可以归结为"人"的因素，唯有"道路"不能被"人"所操控（是指交通主体中，而不是交通管理中）。出了交通事故，人们往往第一想到的是倒霉和自责，第二想到的是抓紧认定事故双方谁对谁错，第三想到的是保险公司赔偿，极少或根本不会想到道路设施的设置是否也有责任。显而易见的是，人、车、路共同组成了道路交通环境，交通事故的发生三者互相依靠。

道路上的交通安全设施需要投资，而投资需要受益的维持。政府投资，出行者受益。这样的投资又是一项长期、较大的消耗性开支。在没有监督、没有问责的现状下，可投也可不投。交通警察尽管知道这一点很重要，但是苦于没有资金来源，有计不可施。

在我国，有很多个道路交通安全产品的国家或行业标准，却至今没有一个正规的道路交通设施标准或法律。关于道路交通设施，只是在《道路交通安全法》里给予了部分篇章，而这些篇章缺少对道路交通设施如何设置、设置效果的详尽说明，只是对破坏道路交通设施做出了严厉的打击和处罚规定。现实中，没有哪个驾驶人希望自己出交通事故，而出交通事故就有可能涉及破坏交通设施，还要赔钱给政府。目前，保险公司根本没有想到通过与政府的配合，从源头治理扼制交通事故而减轻赔偿损失。道路交通设施，只有政府向事故责任人或保险公司问责的机制，却没有向政府问责的机制，又如何问责，道路交通安全宣传教育偏向化严重。政府付出了很多资金和精力教育出行者，而很少宣传自己应当如何。普通老百姓对道路交通安全知识多半局限于什么样的行为是违法、什么样的行为是错误，而真正关系自身生命财产安全的道路交通设施知识一知半解或根本不知。在这样的状态下，很难让老百姓去问责。即使哪个安全隐患路口或路段没有设置警告、防撞、标志、信号等设施，也没有哪个部门或哪个人会因此违法。没有处罚手段的法律形同虚设，没有问责机制的交通安全管理形同虚无。

(3) 道路交通设施必须兼顾所有主体

设置道路交通设施的最初出发点，是为驾驶机动车辆的人去考虑。企业所研制的反光材料是一种定向回归逆反射材料在车灯的照射下（也必须和仅仅是在车灯的照射下）会产生反光，为驾驶提供了安全的视线。而在道路交通环境复杂多变的今天，行人、非机动车骑乘人、不具备良好灯光条件的机动车驾驶人、复杂的路况、恶劣的天气等组成了一个大而纷乱的交通环境。要想交通环境秩序井然，必须要让道路交通设施能够适用于上述的所有主体。事实上，道路交通设施还是停留在一个阶层化的阶段，也就是为具备良好灯光条件的机动车或机动车辆所设置。

据美国交通部联邦公路局统计，美国每年重大交通事故25%发生在弯道或附近，弯道交通事故死亡人数占总交通事故死亡比例的25%，弯道发生交通事故是其他道路发生交通事故概率的3倍。除了弯道之外，平面交叉路口、夜间、恶劣天气下发生的交通事故，共同组成了几乎百分之百的交通事故概率。

发生交通事故概率极高的路段或路口，道路交通设施的设置严重缺乏或不够科学合理。例如，普通反光材料制作的交通标志在夜间或恶劣天气下，失去了除机动车驾驶人之外的人的可视作用；交通信号灯被高高地挂在空中，人们需要仰视才能发现它，如果它被遮挡，人们只能跟随车辆大流而行；大量的钢筋水泥构造的交通设施，一旦发生碰撞就会加剧事故损害程度；黑暗的路口没有一个清晰可见的警示设施，稍不留神就会走错路。

(4) 道路交通安全设施必须自身"安全"，也为了别人的"安全"

道路交通安全设施的设置，第一功能应当是预防和保障人们的交通出行安全（无论是否出了事故，都应当有这样的功能）。第三功能是规范交通行为，促使道路畅通。第三功能是提升道路品位、美化环境。出于如此重要的功能性，设施自身的品质和结构安全性重之又重。如果它一碰就碎裂，或者用不了几天就自然损坏；如果它不能让人一目了然地判断何去何从；如果它会加剧碰撞力使得撞击的车辆面目全非；如果它在这条道路或这个城市是这样的面貌，到了那条道路或那个城市又是另一种截然不同的面貌试想，它是提供了安全，还是影响了安全？

## 32.3 道路货物运输安全

道路货物运输（以下简称货运）安全管理是一项复杂的系统工程，关系到千家万户的生命财产安全，需要政府管理部门、运输业户、驾驶人正视当前道路货运安全生产存在的主要问题，扎扎实实履行好各自的安全工作职责，共同努力，切实加强道路货运安全管理工作，建立道路货运安全管理长效机制，保障道路货运生产安全。

近年来，油价和人力成本不断上涨，运价却呈现出稳中有降的趋势，道路货运业户经营压力不断增大，多陷入“低价—超载”经营的恶性循环，安全管理基础薄弱，投入严重不足，道路货运重大事故频发，加强和完善道路货运安全管理已刻不容缓。

### 32.3.1 货运行业存在的问题

道路交通事故时有发生，究其原因，除了机制、管理和社会的原因，素质低下、不按照规定进行货运车辆的检测是引发交通事故的重要原因。

货运车辆是道路交通运输的主力军，对促进货物流通和人员流动，促进国民经济发展起到了积极的作用。同时，这部分车辆大多穿市过省、长途运输、使用率高，加上为追求经济利益，往往超限、超载、超速，成为事故频发一族。近年来，各级政府和交通运管部门会同公安交管、质检、工商、物价等部门进行了大力整治，取得了较好的成效。但是，公路运输行业的发展与构建综合运输体系、发展现代物流业、维持行业稳定发展、促进行业节能减排、提高城市公共安全和管理效能相比，仍存在一定的差距。

具体表现在：货运行业集中度较低，行业自律不足；企业信息化、网络化运营水平不高；货运车辆的管理机制有缺失；油价上涨，运费低，形成运输成本代价高，盈利不大，公路货运不景气；从业人员管理体系不健全，驾驶人员的素质偏低；车辆设施不规范；为了追求经济利益超限、超载、超速，规避检测或不按规定进行车辆性能检测等问题显而易见。

(1) 道路货运市场环境的影响

相对于当前的道路客运市场，道路货运市场是完全开放的，正处于无序的过度竞争的阶段，运力供给大于需求，经营成本高，运价偏低，道路货运业户为了在市场竞争中求得生存，不得不被动接受“低价-超载”的经营方式，这就带来诸多安全隐患，增大了经营风险，离安全、环保，为客户提供全方位、高品质的运输服务差距甚远。

(2) 企业安全生产主体责任不落实

货运业户普遍规模小，组织机构、管理制度不健全，有相当多的企业采用租赁、承包，甚至挂靠的经营方式，在安全管理中存在着“以包代管、以保代管、以罚代教”的现象，安全意识薄弱，安全管理不力，安全生产主体责任难以落实到位。

(3) 驾驶人交通安全意识薄弱

道路货运驾驶人文化程度普遍较低，安全意识、法律观念淡薄，职业素质参差不齐，接受严格、规范的培训机会少，安全驾驶操作技能相对较差，在复杂交通环境下，灵活应对和处置突发情况的能力不足，容易造成事故的发生。

(4) 车辆技术性能无法保障

近年来货运车辆大幅度增长，货运运力供大于求，货运业户盈利空间有限，为片面追求经济效益，未能严格按照“强制维护、定期检测、视情修理”的要求对车辆进行维护和检测，加上运输过程中的普遍性超载，使得车辆的基本性能难以得到保证。

(5) 道路交通状况复杂

在当前复杂的混合交通环境下，摩托车、电动车、自行车及行人等交通参与人的交通安全意识和交通守法意识普遍不高。从近几年的统计数据来看，道路运输行车事故涉及摩托车、电动车、自行车及行人的占到70%，且其中的80%与这类车辆或行人突然横穿道路、突然从路口冲出、突然转向及掉头等行为有关。货运车辆与摩托车碰撞造成死亡3人以上的重特大事故频发。

(6) 政府安全监管不足

道路货运业户、车辆、驾驶人数量庞大，而交通、交警等执法部门受人员、警力不足等客观因素的限制，执法人员很难经常性地深入进行监管，安全监管难度大，有效的监管措施和手段不足。

### 32.3.2 货运车辆检测率低的原因分析

(1) 运输市场存在政策性问题

① 油价高、运费低的矛盾日益突出，沿途收费站仍然较多，且收费高。加之交警、路政对货运车辆查得严、罚得狠，造成公路运输不赚钱。为了减少成本，货运经营者往往采取停车、半停车运输的做法来应对市场经济面临的新形势和新问题，少数货运车辆企图绕道或逃避检测减少成本，增加利润。由于货运车辆的捉迷藏式运输，也给货运车管理造成了一定困难。

② 货运业粗放式经营导致能耗高、损耗大、事故多，行业不能持续发展。我国的货运车辆法定的报废年限是10年，而货运车辆由于超载等原因，基本上4年后就没有使用价值了，故障频繁、效率低下，按时检测的车辆并不多，主动提前申请报废的车辆就更少。

③ 部分货车流动到外埠干活，这些车辆在当地没有申报，在外地没有备案，货车管理部门联系不够，委托车检不到位，产生货运车辆漏检的问题。

(2) 货运车辆驾驶人员的素质偏低，法律意识淡薄

① 他们既是车主又身兼驾驶人，聚集在农贸市场、装饰建材市场、蔬菜市场等场所，承揽运输业务，处于绝对的自由放任状态。

② 例如山西是一个矿产资源大省，煤炭、稀土等资源非常丰富，在山区或偏远地带运营的货运车辆占30%以上，有的车辆甚至常年在山里搞运输。有的漏检和手续不全的车辆，为了规避交警路面检查，利用夜间搞运输，给货运车辆的监督检查造成困难和漏洞。

(3) 其他原因

① 在营运中因交通事故或自身故障损坏被施救到修理厂待修理、待处理导致“消失”的车辆，因车辆维修成本高，甚至因车辆再利用价值不高而放弃检测或逾期未检，这也是导致检测率低的原因之一。

② 游离于挂靠单位或私自转让，不知去向的车辆也是造成车检率低的原因之一。

③ 报废车辆或实际已经停运车辆。有些使用年限较长、破旧残损、技术性能差、不能正常行驶的车辆，迫不得已停运并计划报废。此类车辆大都没有达到强制报废年限，并且明知车辆检验有效期满也不进行检验，这类车辆约占10%。

(4) 监管机制缺失，监管不到位

依据《道路货物运输及站场管理规定》，交通主管部门负责货运车辆的日常管理工作，公安机关负责维护超限超载检测站的交通和治安秩序，公路管理机构和公安部门可以在超限超载检测站对货运车辆实施路面监控。这种机制下，造成交警只能是在货运车辆上路时或者上路违法时对其进行检查。货运车辆的日常管理归交通运输部门，而货运车辆的检测却是交管部门的车管所，多部门的多头管理在货运车辆的检测和运营监管等环节造成了缺失，导致行业部门监管不力，依法治理乏力，行业协会的协调作用发挥不够。我国几度掀起了针对货运车辆超限、超载、超速为主要内容的“治超”行动，而对于货运车辆综合性能检测存在执行标准不严、把关不严的问题。

### 32.3.3 提高货运车辆检测率的对策和建议

① 提高货运行业的集中度，做大企业规模，深挖企业管理潜能。货运行业经营必须实行公司法人制度，如同客运出租车辆的管理一样。同时，货运公司在购车时，还要和货运管理部门签署按期进行车辆综合性能检测的车检协议，这样，货运车辆集中了，管理起来更为便捷，同时，管理的针对性、时效性加强。

② 加强货运车辆驾驶人群体的职业化管理，提高驾驶人员的职业素质。广大货运驾驶人绝大部分都是农民工，工资待遇低，常年辛苦奔波在全国各地，知识少、学习少，必须严格按照《道路交通安全法》和《道路货物运输及站场管理规定》，定期组织货运车辆驾驶人员进行学习，必须强化对货运驾驶人的教育，让他们清楚违反交通法规的危害性，不断提高他们的服务意识、安全意识和守法意识。

③ 建立有效的货运行业协会，协助交通货运管理部门和公安交管部门监管货运车辆的运行情况，培养行业内自律性管理。经济运行呈周期性变化，各地产业的发展、基础设施的建设都会反映到货运行业上来，为了适应和应对这些变化，货运行业内成立行业协会很有必要。行业协会不仅是各货运企业之间联系的纽带，更是货运企业与政府沟通的桥梁，协会还可以介入到企业的安全管理、服务质量等环节，帮助他们改进工作。

④ 完善法律条款，大幅度提高违法者的违法成本，加大违法惩处力度。货运行业面临的尴尬境地，与现有法律的不完善、惩处不严、违法成本低不无关系。要设立对企业法人代表的行政和刑事处罚条例，加大对企业不按规定进行车辆检测的惩处力度，尤其要加大因为车辆安全性能不过关而引发交通事故，发生重、特大交通事故可以对企业法人代表进行行政拘留处罚；发生特大交通事故或压塌桥梁造成重大损失者，应当追究企业法人和驾驶人的刑事责任。对于货运企业公司车辆没有安装GPS导航定位系统的或者已经安装但没有按规定使用的也要给予行政处罚。对于货运车辆驾驶人的违规行为，不能仅限于扣分、罚款上，要加强责任追究，违法后果严重的要依法追究其刑事责任。

⑤ 加大告知力度，建立协作机制，加强交通运输部门和公安交管部门的监督机制，对于监管不到位的也应追究其责任。目前，货运车辆的日常监管是交通运输管理局的货运处，很有必要让公安交通安全管理部门车辆管理处和交警加强对货运车辆的监管，因为交警人员的配备和现场执法，更适合对货运车辆的监管，交警战斗在第一线，无论是机动车辆还是货物运输车辆，都离不开交管部门的路面直接管控。一是要建立路面执法和源头治理联动机制，加强对货运重点单位企业的治理。根据实际，将货运量较大、容易发生事故的矿山、水泥厂、煤场、沙石料厂、汽车货运站、物流中心、蔬菜集散站、货物集散地、装卸现场、码头等作为重点货运源头单位，采取驻点、巡查等方式实施监督管理。二是要建立货运源头监管信息报送制度。公安交管部门和交通运输管理部门，要紧密协作，建立科学、准确、完整的信息报送体系，对查处的违法货物运输车辆信息和驾驶人员的信息及时进行反馈，对没有按照规定进行货运车辆检测的，一方面要建立质量信誉考核档案，另一方面要对违法行为进行行政或刑事方面的惩处。三是要加强组织领导和组织协调。要把道路运输车辆综合性能检测工作作为保障人民生命财产安全、促进经济社会健康发展的一项重要任务，各牵头部门要明确责任部门和工作计划，抓好落实。四是要调整检验周期，强制注销名存实亡、逾期一年以上未检验的车辆。五是要加强宣传力度，实行有奖举报制度，并在当地政府部门的统一领导下，建立完善的领导机构，健全源头治理工作机制，加大惩处力度，加强协调和监督，公安交警和交通运管部门要形成工作合力，拿出治理超限、超载、超速的勇气和决心，加大对车检工作的监督和惩处，落实经费保障，加强宣传力度，加大科学投入，加强队伍建设，提高管理水平，提高道路货运安全水平，确保道路交通安全畅通。

### 32.3.4 道路货运安全管理的措施

(1) 严把道路货运市场准入关

各级道路运输管理机构要严格按照《道路运输条例》《道路货物运输及站场管理规定》的相关要求，督促申请业户建立健全各项安全生产管理制度，包括安全生产操作规程、安全生产责任制、安全生产监督检查制度、从业人员安全管理制度、安全例会制度、安全培训和学习制度、车辆设施设备安全管理制度、事故处理应急预案、事故统计报告分析制度、安全管理经费使用制度和驾驶员聘用管理制度，严把市场准入关。

(2) 严把道路货运车辆技术状况关

① 道路货运业户要按照交通运输部《道路货物运输及站场管理规定》中有关车辆的规定，维护、检测、使用和管理专用车辆，确保货运车辆技术状况良好。

② 做好货运车辆动态监控管理工作，重型货运车辆、牵引车、危险货物运输车辆要100%安装、使用行驶记录仪或GPS定位装置，确保上线率在98%以上，并采取切实有效措施，防止驾驶人连续驾驶时间超过4 h。

(3) 严把道路货运从业人员准入关

从事大中型货车营运的驾驶人要按照公安部、交通运输部《关于进一步加强客货运驾驶人安全管理工作的通知》(公通字［2012］5号)中严格客货运驾驶人从业资格管理的要求，规范职业准入。道路货运企业主要负责人和安全管理人员需参加省级行业主管部门组织的安全生产管理人员培训且考试合格，取得相应培训合格证后方能任职。

(4) 强化道路货运企业日常监管工作

① 各级道路运输管理机构要采取日常现场检查、上路执法与年度质量信誉考核相结合的手段，对道路货运企业进行全面监管。

② 各级道路运输管理机构要帮助企业排查安全隐患，加大整治力度，促进企业安全管理水平不断提升。

③ 各级道路运输管理机构要切实履行《公路安全保护条例》赋予的源头治超职责，通过采取重点货运站场驻站管理和加强巡查等方式，从源头上预防车辆超载出站。

④ 发生一次死亡1人以上或者6个月内发生2起死亡3人以上责任事故的道路货运企业，由道路运输管理机构依法责令停业整顿，经停业整顿仍不具备安全生产条件的，吊销其道路运输经营许可证。在一年内发生1起死亡3～9人重特大交通责任事故的，道路运输管理机构在一年内暂停办理其新增车辆或经营范围行政审批事项。

(5) 完善驾驶员退出机制

各级道路运输管理机构要加强对货车驾驶人诚信考核，督促企业对存在重大安全隐患的驾驶人及时调离工作岗位。货车驾驶人发生重大以上交通事故，且负同等责任以上的，由道路运输管理机构吊销其从业资格证。货车驾驶人被吊销从业资格证的，3年内不得重新申请参加从业资格证考试。各级道路运输管理机构要会同公安机关交通管理部门建立被吊销从业资格证的营运驾驶人"黑名单"库，做好全国并网准备，定期向社会公布名单。

(6) 强化卫星定位系统监控管理

没有按照规定安装卫星定位装置和未接入全国联网联控系统的重型货运车辆、牵引车、危险货物运输车辆，道路运输管理机构要暂停营运车辆资格审验，要充分利用全国重点营运车辆联网联控系统提供的监管手段，进一步完善驾驶员诚信考核工作。

(7) 加强货运驾驶人日常安全学习

强化职业道德和安全警示教育。道路货运企业要做好驾驶人的安全学习管理工作，重点加强典型事故案例警示以及恶劣天气和复杂道路驾驶常识、紧急避险、应急救援处置等方面的教育、培训，保证每月至少2h的安全学习时间。

(8) 严格落实事故处理“四不放过”原则

道路货运企业在发生运输事故后，要严格按照事故处理的“四不放过”原则，切实做到事故原因没有查清不放过，事故责任者没有严肃处理不放过，广大职工没有受到教育不放过，防范措施没有落实不放过。通过认真分析事故原因，吸取血的教训，举一反三，夯实安全管理的各项基础工作，狠抓落实，为做好日后的运输安全生产工作打下坚实基础。

(9) 充分发挥政府部门的积极引导作用

政府相关部门要充分发挥对道路货运行业的引导作用，定期发布道路货运市场供需状况、运价和成本信息，建立健全货运物流园区建设运营相关补贴制度，完善货运企业车辆节能减排奖励补贴标准，弥补完全市场化调控的不足，引导货运价格合理回归，鼓励道路货运企业做大做强，促进转型升级，向安全、环保、高效的新阶段发展。

## 32.4 道路运输站场安全

在当今时代，每个行业都要深刻认识到安全管理的重要性，只有这样才能够保证生产安全，提高经济效益，为国家的发展奠定良好的基础。道路运输作为一种重要的交通方式，满足了当前社会的生产生活需要，具有很高的便利性，但其过程也具有一定危险性。如果对站场处理不当将会带来严重的安全隐患，导致事故的发生，所以一定要重视安全管理工作的重要性，完善当前的管理内容和具体措施，为国家的健康发展做出贡献。

现如今由于外界环境的改变，为站场安全管理工作带来了严峻的挑战，所以需要建立一个标准的规章制度来约束站场内部所有人员的行为，避免形成严重的安全隐患。同时，也要将老旧设备和材料的处理提上日程，确保危险物质的转移，为站场的安全管理提供有效的帮助。

### 32.4.1 道路运输站场安全管理中的主要问题

(1) 安全规划工作不到位

安全管理需要制定详细的规划，道路运输安全也不例外。结合道路运输站场当前的现状以及其他因素进行分析，最终明确站场内部的安全隐患，并采取科学有效的措施来解决这些问题。而某些单位则有些疏于对这方面的管理，大量具有安全隐患的物质存放在站场内，这些物质具有十分危险的特性，遇到明火十分容易燃烧甚至爆炸。因此，迫切需要一个详细的安全规划，来规范当前的运输站场安全管理内容，从根源上解决爆炸等事故的危机。

(2) 安全管理机制难以落实

现如今不仅仅需要制定详细的安全规划，还需要加强站场安全管理的落实程度，明确各个安全管理人员的基本责任和工作内容。安全管理人员作为企业的一部分，只有切实提高安全生产意识，完善自身的专业素质和能力，才能够保障安全工作的有效落实。在这一过程中，也需要企业内部形成良好的机制来配合安全管理工作，否则将会形成一种阻碍，影响安全工作的顺利开展。比如某站场内部危险区域虽然有相关人员值守，但自从基层单位办公室搬迁进来之后，带来了大量的人员和车辆，使本来就比较复杂的安全管理工作更加困难，一旦烟头、打火机等明火接触到植物溶剂油或是泄漏的燃气，都会引发重大的安全事故，所以需要站场从自身角度出发，严格落实安全管理机制，确保能够对站场内所有员工进行约束，并强化当前安全管理工作质量，这样才能够为站场的健康稳定发展保驾护航。

### 32.4.2 强化站场安全管理的具体措施

(1) 建立健全运输站场的安全管理规章制度

针对道路运输站场的具体情况，建立健全各种安全生产的责任制，落实安全责任，提高员工的安全意识，防止人为误操作引发的安全事故。建立健全各项安全操作规程，并确定考核制度，避免违章操作，相应地降低事故的发生率。

形成一个完善的管理制度体系，建立安全监管制度，通过道路运输站场的安全监管人员的工作，提高站场的安全性。一旦发生安全事故，追究安全监管人员和岗位员工的责任。对安全管理引起重视，避免各级各类安全事故的发生。

(2) 实施应急处理预案管理模式

及时发现站场内的安全隐患问题，对运输站场的设备进行安全隐患的排查和处理，防止由于安全隐患的存在而引发安全事故。依据运输站场的风险特点，采取安全风险评估管理措施，确定道路运输站场的安全风险点，合理控制安全风险源，防止发生风险事故。

建立事故应急预案处理措施，对可能发生的安全事故进行评估和预测，定期对岗位员工进行安全风险演练，提高岗位员工处理应急事故的能力。当发生安全事故的时候，立即启动应急预案，能够将损失降到最低，同时避免导致人身伤亡和财产损失。

(3) 强化输气站场的安全管理

为了提高运输站场的安全运行效率，应采取必要的安全管理措施，达到安全管理的目标。按照运输站场的技术标准，严格执行安全操作规程，不允许出现违章的情况。掌握运输站场中存在的问题，及时进行设备的安全隐患排查，加强对设备的维护保养，避免设备带病运行，提高设备的安全运行效率。加强对人员的安全管理，进行各种安全培训，提高员工的安全素质，使其满足运输站场的技术要求。

采取预防为主、安全第一的原则，加强对运输站场的安全管理。建立各种设备运行的台账资料，对于设备的维护保养，必须遵守维护保养制度，并达到质量标准。

(4) 科学规划运输站场场区

运输站场场区随着生产活动的停止，相关设备的处理和区域规划工作也要及时进行，首先就是要对原站场的设备进行拆除，并对其进行整理，及时规划场地，方便站场内部的安全管理的落实。同时，也要加强对整个站场内部空间的优化处理，合理分配各个区域的范围大小，保证办公区域和原站场区之间有足够的缓冲空间，避免危险发生时造成严重的人员伤亡。

### 34.2.3 道路运输站场的规划与布局

道路运输站场是集旅客、货物运输集散、中转和车辆运行组织等功能于一体的交通基础设施，同时又是道路运输业为社会提供运输服务的窗口，对道路运输加快从传统行业向现代服务业转变，不断提高运输效率和竞争能力发挥着重要作用。

国内道路运输网络发展历程表明，道路运输市场的培育和建设与站场的布局合理与否有着密切的联系，没有以布局合理的站场群体为依托的道路运输市场，就无法实现以最短的历程、最快的速度、最少的消耗，完成一条龙运输的目标。因此，研究道路运输站场规划布局与选址方法，对于站场的规划、运行和提高运输效益及方便旅客出行、节约资源等具有重要的现实意义。

(1) 加强站场系统规划构建运输服务网络

近年来，随着经济社会的快速发展，城市化进程日益加速，许多地方的城市定位、产业结构、总体规划、空间布局、交通需求发生巨大变化，道路客货运输需求也在不断变化和延伸。现代物流理念的兴起、综合运输观念的深化、城乡交通一体化、综合交通一体化、客运“零距离换乘”和货运“无缝衔接”的新理念对客货站场建设布局、功能和运营管理都提出了更高的要求。可以预见，加快运输站场的规划建设将成为交通领域关注的热点。

① 站场的规划建设应与综合运输网有效衔接、协调发展。站场的规划建设应体现综合运输理念，积极适应综合运输体系建设的趋势和要求，要从国家综合运输发展战略和国家道路运输总目标出发，根据城市发展总体布局规划和城市综合运输网的发展趋势，搞好运输站场与铁路站场、港口码头、航空港等其他运输方式及城市交通的紧密衔接、合理分工，充分实现客运“零距离换乘”和货运“无缝衔接”，共同构筑布局协调、衔接顺畅、优势互补的综合运输枢纽。

② 站场的规划建设应与高速公路网统筹协调，加快快速运输系统建设。运输站场与高速公路统筹建设，体现快速运输发展理念。要结合高速公路网布局及建设进程，合理布局客货站场建设，增强高速公路网的有效供给能力，构建以高速公路网为依托的道路快速运输系统。站场换乘系统要满足快速、便捷的要求，从而提高道路运输的竞争力和整体服务水平，提高运输效率。

③ 站场的规划建设应新旧兼容、远近结合、均衡分布。运输站场的规划建设应与所在城市公路主骨架及城市道路客、货运输方向结构性相适应，充分考虑城市经济对外辐射范围及主要辐射方向，使运输站场较为均衡地分布在城市各主要运输区域，并尽可能地布设在城市出入口与主干道的节点附近，以减小对城市交通的压力。

④ 站场的规划建设应充分考虑运输的方便合理和客、货源的分布。客运站场应与城市主要生活区及其他客运站之间有便捷的市内交通联系，方便城市居民乘车和旅客中转换乘；货运站场应考虑交通上的方便，设置在接近多数收、发货单位的合理位置，使货物的运输路线最佳，并具有与其他运输方式换装调整联运的良好条件和发展前景。

⑤ 站场的规划建设应注重节约投资和保护环境。运输站场的规划建设要以道路运输现状和发展预测为依据，充分考虑利用现有道路运输站场设施。在改、扩建及新建站场设施时，尽量避免拆迁工程过大，避免占用已有建筑用地和补偿费用过高的其他用地。一定要考虑站场的噪声、污染对环境的影响，尽量远离住宅区等需要安静环境的区域。

⑥ 站场的规划建设应适应形势发展，突出重点建设。为了确保运输站场功能与作用的充分发挥，应根据不同地区、不同时期需求特点，突出重点优先，选择建设一批适应新形势发展需要的客货站场。

（2）综合分析选址因素，合理布局运输站场

站场选址是道路运输网布局的基本环节，又是建设项目进行设计的前提。建设场地选择得当，有利于项目建设，有利于生产和使用，有利于所在地区的经济繁荣和城镇面貌的改善。选择不当，会增加建设投资，影响建设进度，影响投资的经济效果。因此，在选择站场建设地点时，必须从实际出发，认真地进行调查研究，进行多方案比选，慎重确定建设场地。

① 道路客运站场站址选择。客运站站址选择恰当与否是关系到客运站能否满足人们出行需求和经营者经济效益的重要因素，在客运站的选址上应注意以下几点：

a. 客运站选址应便于旅客集散和换乘。中小城市和乡镇的客运站应尽量设置在人口较为集中的居民点或城市公共交通枢纽。大型城市由于地域范围较大，旅客多，客运站点多分散，根据客流量情况，可设置一个大型中心站，同时设置若干个卫星站。

b. 客运站选址应紧密结合城市规划，合理布局。客运站属于公益性基础设施，应是城市规划和建设的一个组成部分，其位置的选择除了符合车站本身的技术要求外，还要符合城市布局远景规划要求，保证既方便旅客出行，又尽可能避免对城市居民生活的干扰。

c. 客运站选址应与其他运输方式紧密衔接，与其他服务设施相配合。站址选择不仅要考虑道路运输自身的需要，还要充分注意综合运输的需要，尽可能靠近铁路车站和港口码头，使相互之间有较好的交通联系，以利于开展联运，合理分流。此外，还应尽量靠近旅社、饭店、邮政、电信等公共服务设施，为旅客提供方便。

d. 客运站选址应具有足够的场地，并留有发展余地。根据客运站业务功能范围，应依据有关的建设标准和规定合理确定客运站的占地规模，同时为远期的发展留有适当的余地。

e. 客运站选址应注意场地地势条件，以利于客运站建设。客运站站址应有必要的水、电、路、消防、排污等条件。不应选择在低洼积水地段、断裂层等地质条件复杂的地区。场地地形应平坦或略有坡度，以利于建筑物及管线布置和自然排水。

② 道路货运站场站址选择。货运站站址选择恰当与否关系到货运站的企业经营效益，影响到货运服务的方便性以及环境保护。在货运站选址上应注意以下几点：

a. 货运站选址应与城市其他交通运输设施有合理的衔接和配合。货运站一般应设置在沿高速公路、城市主要出入干道及交通干道、铁路货运站或货运码头附近。以货物中转为主的货运站场，既要靠近城市工业区和仓库区，又要尽量与铁路货运站或货运码头有便捷的联系。主要为城市生产、生活服务的货运站及零担货运站，要考虑服务范围和货物集配方便，宜布置在城市中心区边缘。

b. 货运站选址应与城市总体规划相结合。货运站选址既要满足货流、货主和车主的需要，又要尽量减小货运车辆对城市交通的压力，减少车流、噪声及废气等对城市居民生活与工作的干扰和影响，同时应避免与学校、医院、居民区等相距过近。

c. 货运站选址应具有足够大的面积。货运站场的主要任务是完成城市货物的集散、中转、仓储等。货运站场要保证到达和始发的货物及站内货物有最良好的运输作业条件，确保中转货流不间断通过，需要有堆场、仓库、停车场等大面积设施，因此货运站场需具有足够大的面积。

d. 货运站场选址应考虑综合效率。货物在城市中集配需要一定的时间和运输费用，因此货运站场的设置除了考虑其服务范围外，还要与运输费用、运输时间相平衡，应将货运站场设置在综合效率最高的位置上。

e. 货运站场选址应注意场地地势条件，以利于货运站场建设。货运站场站址应有必要的水、电、路、消防、排污等条件。不应选择在低洼积水地段、断裂层等地质条件复杂的地区。担负大、重型物资运输的货运站场，还应考虑站址周围道路、桥梁的承载能力。货运站场地形应平坦或略有坡度，以利于建筑物及管线布置和自然排水。

## 32.5　道路运输信息化安全

道路运输管理工作属于当下社会发展中不可或缺的一部分，科学合理的管理可以有效保证人们的正常出行与企业运作，提升人们交通便捷性，有助于整个社会环境的优化。在实际处理中，需要积极了解地方情况，同时学习优秀经验，让经验管理更为贴合实际情况，提升管理成效，尽可能维护

人民多方面利益。

道路运输管理工作中安全管理是重中之重的工作内容，在实际的工作处理中，需要认真运用技术信息来辅助实际工作开展，注重人员综合素养培养提升，提升整个单位工作执行效果，保证道路运输的安全与高效。道路运输管理在一定程度上将精力的较大部分放在安全管理工作上，如何保证人们的安全出行是不可回避的问题，在此基础上再讲究道路运输的高效顺畅。对于安全管理而言，各地区因为气候环境、人文环境的不同，在实际的操作上也有一定差异，但是面对着越来越繁杂的交通运输参与者而言，对于所有问题都需要更为严格全面的管控，从而达到安全管控的效果。

随着信息和网络社会时代的到来，以计算机、通信和信息技术为中心的网络日益成为连接社会的纽带。道路运输管理作为社会发展的一个重要基础，成为信息时代发展的重点之一。信息技术是提高道路运输管理效果的重要手段，但是道路运输信息化管理还存在一定的问题，严重影响了道路运输管理信息化建设与发展。

### 32.5.1 道路运输的基本规律

如果以一年 12 个月的时间划分，通过大数据统计分析，由于冬季春运及气候恶劣、暑期气候炎热、疲劳驾驶与司机心理状态烦躁等，在 2 月、3 月、7 月、8 月的交通事故发生率相对更高，为事故高发时期。

如果从一天时间内情况来看，白天比夜间的事故率相对更多，主要是白天的运输量相对更多，尤其是早上 9 点至 12 点，以及下午 2 点至 5 点之间，这些时段都是运输量较大的时段。夜间事故一般与大货车等情况有一定关系，尤其是重大交通事故，这与司机疲劳驾驶与视线条件较差有较大关系。

在事故的发生形式上，主要集中在碰撞性事故，尤其是正面性的碰撞概率更高。而导致碰撞事故发生的原因较为多样，主要集中在雨雪天气道路湿滑，以及超速、违规占道行驶、车辆故障、视线情况不佳等。

在事故主要原因上，仍旧与驾驶员问题有重大关系。由于驾驶员自身的不规范驾驶行为引发的事故属于常见问题，例如超载、超速、疲劳驾驶、操作失误、违规占道行驶等。

将交通安全事故的特点分析出来后，可以更好地有助于交通运输管理依据实际情况做好重点监管，有的放矢的管理成效相对更高。

### 32.5.2 国内外道路运输信息化建设情况

（1）国外道路运输信息建设情况

发达国家很早就开始了统计系统的研究，目前，道路运输统计项目、统计内容、统计指标体系上相互协调、补充，已形成了能充分支持交通运输发展与社会经济发展的道路运输统计体系。

作为较早开展交通运输统计的美国，1991 年正式颁行了具有时代意义的“冰茶法案”。该法案明确要求在美国运输部内设立运输统计局（Bureau of Transportation Statistics，BTS），负责五种运输方式运输数据的统计和开发，为交通运输业的发展提供战略规划和政策建议。2005 年，美国对 BTS 的职责进行了修订调整，明确了 BTS 的职责；获取统计信息；协调运输信息的采集工作；收集运输统计资料；审查统计数据的来源渠道和可靠性；使数据标准化；提供数据给决策者；增强交通信息现代化水平；发布交通出行指导方针；BTS 开展的统计调查分为定期调查和不定期调查，定期调查包括商品流动调查和全国家庭出行调查，不定期调查则根据需要适时开展。通过这些调查，BTS 就可以获得可靠、权威的道路运输统计数据。

欧盟没有设立专门的道路运输统计机构，所有的统计工作都由欧盟统计局负责。它把从欧盟各个成员国统计部门收集来的统计数据进行比对和分析，然后给欧盟提供高质量的数据和接下来的对策建议。交通运输统计和环境报告统计被欧盟统计局编撰在一个年度统计报告中，并且通过在线共享数据系统及时更新每个成员国的运输统计信息，不断出版新的运输统计数据分析和对运输统计方法进行探索的出版物。

英国的运输统计工作由英国运输部负责，在道路运输统计方面主要有三大调查，即全国出行调查、公路货运连续调查和国际公路货运调查，分别收集旅客运输量数据、国内货物运输量数据和国际货物运输量数据。为了从多方面了解道路运输发展状况，英国运输部还开展不定期专项调查，比如英格兰厢式车运输调查、低碳厢式货车调查、外籍公路货运车辆调查等。

（2）当前国内道路运输信息化管理现状

近年来，国内道路运输管理信息化也开始全面推进，随着道路运输业务量快速增长，应用需求也呈现多样化，对业务功能、数据质量、信息服务等提出了更高的要求和更深入的需求，但仍然面临一些问题。

① 信息化的意识不够强。从当前的情况来看，部分工作人员对信息化工作还没有很好地掌握，没有充分认识到信息化的管理工作是做好道路运输管理工作的前提和基础；没有认识到信息化在道路运输管理工作中的地位和作用，许多道路运输部门把信息化工作简单等同于技术工作，把信息化建设等同于计算机办公等低级信息处理，致使信息化建设停滞在一个较低的水平上。

② 信息化管理粗放简单。道路运输信息系统建设虽然已经大规模得到应用，但目前绝大多数道路运输部门没有将信息化工作纳入重点工作，影响了信息系统的应用效果。同时，信息安全管理也存在隐患，一些地区没有专业操作人员，致使系统崩溃、数据丢失等信息安全事件在各地都时有发生。另外，普遍存在重建设、轻管理的现象，对信息系统的管理不够重视，运行维护机制不够健全。

③ 部分信息系统功能有待完善，信息系统整体规划设计等有待加强。目前，道路运输业务对信息化的需求是越来越高，部分系统功能、数据质量、系统关联性等已经不能满足业务工作的需求。一些较为落后的地区信息化设备投入不足，设备老化，部分基层工作地区对网络接入质量差，故障维护受条件制约，严重影响系统运行和业务办理。道路运输信息系统建设应用起步晚，业务相对来说比较多，但是目前有些地区运政信息的综合平台的应用衔接不够顺畅。

（3）强化道路运输信息化工作的途径

① 强化信息系统操作和管理人员培训。要抓好在职人员的信息技术教育与培训工作，增强信息化意识，不断更新观念，更新知识结构，适应不断发展的信息化建设需求。主要手段：定期组织工作人员开展信息化工作等技能的教育培训活动，促使他们全面掌握并做好信息工作的各项技能；成立信息化工作专门机构，建立信息化建设长效制度，同时还要健全信息化工作考核机制，加大信息化的考核力度，严格实施奖罚制度，推进道路运输管理信息化工作的进程。

② 加强信息化建设投入。信息化建设投入包括基础设施投入和信息技术开发投入。基础设施投入应该以运政系统的设备全面提档升级为目标。信息技术开发投入以高质量的运政系统软件开发为目标。

③ 加强横向联合，实现资源共享。信息化建设不只是政府重视，一些地方运输企业也因为尝到了甜头正在积极进行信息化建设。因此，如果能够采取企业与企业之间、运政管理部门与企业之间的横向联合的办法，实现资源共享，既可以解决资金短缺的问题，也可以扩展资源共享平台，实现

一次投入，企业与管理者双赢的局面。

信息化的生命就在于应用，信息化建设应当始终坚持围绕业务需求，服务于运政部门的实战应用，以提高道路运输行业整体经济效益和管理水平为核心，推进信息化建设全面实施，以有限的资源获得最大的应用效果。

### 32.5.3 优化安全管理水平的对策

（1）明确工作标准与内容

在交通运输管理方面管理方需要明确自身责任，让工作范围与标准得到清晰的界定，避免模糊区域该管不该管思想影响管理成效。各部门需要清除认识岗位范围，严格执行。要清晰地意识到运管单位在交通运输管理方面的价值与职责，让监督检查运输企业的安全状况成为自身不可推卸的责任，让相关企业能够明确认识到运管单位在安全管理上的专业规范，有效监督各企业履行安全管理职责。

（2）明确岗位责任制

在具体的工作执行层面，由于缺乏对应的责任人，出现问题容易有相互推诿的情况，因此导致工作监督不到位。要明确管理工作责任人，然后由责任人去做好工作执行的监督教育工作，督促基层执行人员将工作落到实处。因此，岗位责任制近年来逐步流行。但是责任制管理要松紧有度，避免过于严苛导致工作人员出现反弹情绪。尤其是在薪资福利没有提升的情况贸然加大工作压力，工作人员容易出现工作懈怠，甚至存在工作推卸逃避的情况。部分工作人员会因此而工作消沉，导致工作效率下降。

在实际工作中，制度有约束，但是制度与规章涉及的范围相对有限，更多的情况下需要灵活应对。如果管理过于严苛，就会导致下层管理人员工作消极，影响工作执行效果。因此，岗位责任制要明确划分，同时给予专业工作考核与激励制度配合，调动工作人员工作积极性。同时，要注重岗位人员的匹配性，工作能力更强的人更能够应对挑战，提升工作执行效果，减少徇私舞弊的可能。岗位责任制是给予相关工作人员权力，同时也给予监督与义务要求，让其提升工作效率，避免权力寻租。

（3）完善管理制度

在道路运输管理工作中，要充分运用科学技术的辅助，同时也要做好人员的管理。信技术的主要特点是传输信息的速度快、效率高，因此有利于信息管理系统实现其主要功能，使信息管理系统的决策功能得以落实，同样也会影响信息管理系统决策的辅助功能，可以进一步缩短决策时间。

## 参考文献


[1] Ogden K W. Safer Roads: A Guide to Road Safety Engineering. Institute of Transport Studies Department of Civil Engineering Monash University Melbourne, Australia, 1996.

[2] 李江，傅晓光，李作敏. 现代道路交通管理. 北京：人民交通出版社，2000.

[3] 路峰. 交通事故防治工程. 北京：警官教育出版社，1998.

[4] 魏朗，刘浩学. 汽车安全技术概论. 北京：人民交通出版社，1999.

[5] 邵毅明等编著. 高等级公路交通安全管理. 北京：人民交通出版社，1999.

[6] 姜文龙. 山区公路事故多发点防治的研究. 吉林工业大学硕士研究生学位论文，1999.

[7] 许洪国，何彪. 道路交通事故分析与再现. 北京：警官教育出版社，1996.

[8] 公安部交通管理局 编. 中华人民共和国道路交通安全法适用指南. 北京：中国人民公安大学出版社，2003.

[9] 过秀成编著. 道路交通安全学. 南京：东南大学出版社，2001.

[10] 公安部政治部 编. 道路交通事故处理. 北京：警官教育出版社，1998.

[11] 李作敏主编. 现代汽车运输企业管理. 北京：人民交通出版社，2003.

[12] 杨晓光等. 高速公路交通事故预防与紧急救援系统. 公路交通科技，1998.

[13] 刘志强. 道路交通安全研究方法. 中国安全科学学报，2000.

[14] 谷志杰，从国权. 交通事故处理及其预防. 北京：中国人民公安大学出版社，2002.

[15] （日）林洋着. 实用汽车事故鉴定学. 黄永和，译. 北京：人民交通出版社，2001.

[16] 王澍权. 道路交通事故分析与处理方法. 北京：人民交通出版社，1999.

[17] 马社强. 汽车碰撞二维运动模型的研究. 吉林工业大学硕士学位论文，1999.

[18] 姜文龙. 山区公路事故多发点防治的研究. 吉林工业大学硕士学位论文，1999.

[19] 佟德慧. 汽车碰撞事故计算机辅助再现的研究. 吉林工业大学硕士学位论文，1996.

[20] Geoffrey Grime. Grime Handbook of Road Safely Research. Butterworths，1987.

[21] Hirotoshi Ishikawa. Impact model and accident Restitution Normal and Tangential Coefficients. SAE，930654.

[22] 魏朗等. 车对车碰撞事故模拟计算机模拟的系统的研究. 中国公路学报，1996，9（4）.

[23] Koji Mizuno，Hideki Yonezawa. The Effect of Vehicle Mass in Car-Car Collisions. SAE，960441.

[24] Macinnis D D，Cliff W E，Ising K W. A Comparison of Moment of Inertia Estimation Techniques for Vehicle Dynamics Simulation. Society of Automotive Engineers，1997.

[25] Day T D，Hargens R L. Further Validation of EDCRASH Using the RICSAC Staged Collisions. International Congress & Exposition，1989.

[26] Day T D，Siddall D E. Three-Dimension Reconstruction and Simulation of Motor Vehicle Accidents. SAE，960890.

[27] 夏文平. 道路旅客运输安全管理工作的要点分析. 现代经济信息，2018，（4）：378.

[28] 李铭辉，秦伟. 广西道路货物运输安全管理对策研究. 西部交通科技，2012（11）：66-69.

[29] 董朋军. 站场安全管理工作分析. 中国化工贸易，2018（17）：32.

[30] 卢阳. 输气站场的安全管理措施. 云南化工，2018（4）：219.

[31] 王月玲. 道路运输管理工作中提升信息化安全管理水平的策略探讨. 科学与信息化，2018（4）：170，173.

[32] 李铭辉，秦伟. 广西道路货物运输安全管理对策研究. 西部交通科技，2012（11）：66-69.

[33] 刘卓凡，付锐，马勇. 高速跟车状态下驾驶人最低视觉注意力需求. 中国公路学报，2018（4）：29-37.

[34] 谭金华. 沙尘环境下交通流跟驰模型及仿真. 交通运输系统工程与信息，2018（3）：63-67.

[35] 江泽浩，杨晓光，汪涛. 绿灯倒计时影响下机动车微观驾驶行为分析与决策建模. 交通运输系统工程与信息，2018（2）：66-72.

[36] 刘干. 共同捍卫道路安全. 中国公路，2018（6）：28-29.

[37] 宋建华. 严格货运车辆检测 提高道路安全水平. 道路交通管理，2013（01）：36-37.

[38] 崔腾. 论道路运输站场的规划与布局. 运输经理世界，2015（19）：89-91.

[39] 朱巧云. 道路运输信息化发展现状及对策. 现代经济信息，2014（11）：388.

[40] 刘秀，王长君，罗俊仪，龚标. 我国危险化学品道路运输安全现状及对策. 道路交通管理，2007（09）：14-18.

# 33 其他行业安全

## 33.1 烟花爆竹安全

### 33.1.1 烟火药生产安全

#### 33.1.1.1 烟火药的性能

烟火药又叫烟火剂。它一般由硝酸钾、高氯酸钾、氯酸钾、高氯酸铵、硝酸钡、硝酸锶、铬酸钾、高锰酸钾、氧化铜、铝粉、镁粉、镁铝合金粉、硫黄等可燃剂、氧化剂为主要成分。为了改善其性能和工艺上的需要，有时还适当加入少量的黏合剂、防潮剂、钝感剂等。它与常谈的火药和炸药是有区别的。火药和炸药发生作用后，必须是有高温、高压的大量气体迅速对周围介质做功，而烟火药则是利用化学反应后产生某一个或几个效应。但是，它与火药和炸药一样，在生产、储存、运输、使用过程中，存在着很大的火灾、爆炸危险。而且，由于所用的化学品种类繁多，接触后能发生反应的排列更是不定。因此，生产、运输、储存、使用过程中，防止火灾、爆炸在一定程度上讲，比火药和炸药的安全管理更重要。

#### 33.1.1.2 烟火药的安全性检测

（1）取样方法

按照 GB/T 10632—2014《烟花爆竹 抽样检查规则》执行。

（2）试样处理

① 研磨与筛选

a. 粉状烟火药不进行研磨，使烟火药通过孔径 425μm 的标准筛，如有不能通过的铝渣、钛粉等硬质颗粒，将硬质颗粒一同放入筛过的药剂中混合均匀。

b. 块状或粒状药物，不论是否含有外层的引燃药，均在铜钵、研磨（如有大块纸屑、稻壳应首先剔除），使烟火药通过孔径 425μm 的标准筛，如有不能通过的铝渣、钛粉等硬质颗粒，将硬质颗粒一同放入筛过的药剂中混合均匀。

② 烘干

a. 撞击感度、摩擦感度、吸湿率、静电感度检测前，需将烟火药烘干；相容性、75℃热安定性、水分含量、pH 值检测前，烟火药不烘干。

b. 将烟火药放入水浴（或油浴）烘干箱内，试样厚度不超过 3mm，干燥温度为 55～60℃，恒温烘干 2h，烘好的试样放入干燥器内，在常温下冷却 1h 后备用。

（3）安全性指标及测定条件

① 湿法生产工艺。湿法生产工艺是指在烟花爆竹产品生产过程中，为保证安全，提高产品质量，在烟火药中拌入水、乙醇等溶剂的生产工艺。

② 撞击感度。撞击感度安全指标及测定条件见表 33.1。

③ 摩擦感度。摩擦感度安全指标及测定条件见表 33.2。

④ 静电感度。静电感度安全指标及测定条件见表 33.3。

⑤ 相容性。相容性安全指标及测定条件见表 33.4。

⑥ 75℃热安定性。75℃热安定性安全指标及测定条件见表 33.5。

⑦ 吸湿率。吸湿率安全指标及测定条件见表 33.6。

⑧ 水分含量。水分含量安全指标及测定条件见表 33.7。

⑨ pH 值。pH 值安全指标及测定条件见表 33.8。

**表 33.1 撞击感度安全指标及测定条件**

| | 撞击感度 | 单项判定 |
|---|---|---|
| 安全指标 | ≤60% | 合格 |
| | >60%<br>≤90% | 采用湿法生产工艺时判定为合格<br>未采用湿法生产工艺时判定为不合格 |
| | >90% | 不合格 |
| 测定条件 | 药量：0.020g±0.001g<br>摆角：70°<br>压力：1.23MPa | |
| 备　注 | 摩擦类烟火药不检测摩擦感度 | |

**表 33.2 摩擦感度安全指标及测定条件**

| | 摩擦感度 | 单项判定 |
|---|---|---|
| 安全指标 | ≤50% | 合格 |
| | >50%<br>≤90% | 采用湿法生产工艺时判定为合格<br>未采用湿法生产工艺时判定为不合格 |
| | >90% | 不合格 |
| 测定条件 | 药量：0.040g±0.001g<br>锤重：10000g±10g<br>落高：250mm±1mm | |
| 备　注 | 摩擦类烟火药不检测撞击感度 | |

**表 33.3 静电感度安全指标及测定条件**

| | 静电感度 | 单项判定 |
|---|---|---|
| 安全指标 | $E_{下}$≥0.15mJ | 合格 |
| | $E_{下}$<0.15mJ | 不合格 |
| 测定条件 | 药量：0.025g<br>充电电容：0.03μF<br>放电极针为负极，电机间隙为 1mm | |
| 备注 | $E_{下}=500CV_{下}^2$<br>$E_{下}$为烟火药 0.01%发火能量，mJ<br>$C$ 为充电电容实测值，μF<br>$V_{下}^2$为烟火药 0.01%发火电压，V | |

**表 33.4 相容性安全指标及测定条件**

| | 相容性 | 单项判定 |
|---|---|---|
| 安全指标 | $\Delta T$<5.0℃ | 合格 |
| | $\Delta T$≥5.0℃ | 不合格 |
| 测定条件 | 采用差热分析和差示扫描量热法<br>药量：0.002～0.010g<br>惰性参数比物：α-$Al_2O_3$ | |
| 备　注 | $\Delta T=T_1-T_2$<br>$T_1$ 为基准物质的第一放热峰值温度，℃<br>$T_2$ 为烟火药（或原材料）与接触材料混合物第一放热峰值温度，℃ | |

**表 33.5　75℃热安定性安全指标及测定条件**

| | 75℃热安定性 | 单项判定 |
|---|---|---|
| 安全指标 | 恒温期间烟火药未发生燃烧、爆炸、冒烟现象，恒温结束后烟火药仍保持原设计效果 | 合格 |
| | 恒温期间烟火药发生燃烧、爆炸、冒烟现象，恒温结束后烟火药未保持原设计效果 | 不合格 |
| 测定条件 | 药量：50.0g<br>环境温度：75℃±2℃<br>测定时间：连续 48h | |

**表 33.6　吸湿率安全指标及测定条件**

| | 吸湿率 | 单项判定 |
|---|---|---|
| 安全指标 | ≤2.0% | 合格 |
| | >2.0%<br>≤4.0% | 烟火药（发射药除外）中不含镁铝合金粉、铝粉时判定为合格<br>烟火药中含镁铝合金粉或铝粉时判定为不合格<br>发射药判定为不合格 |
| | >4.0% | 不合格 |
| 测定条件 | 药量：5.0g±0.1g<br>吸湿时间：24h<br>湿度控制：20℃±2℃的硝酸钾饱和溶液 | |
| 备　注 | 镁铝合金粉、铝粉均特指粒度≤125μm 的粉 | |

**表 33.7　水分含量安全指标及测定条件**

| | 水分含量 | 单项判定 |
|---|---|---|
| 安全指标 | ≤1.5% | 合格 |
| | >1.5%<br>≤4.0% | 烟火药（发射药除外）中不含镁铝合金粉、铝粉时判定为合格<br>烟火药中含镁铝合金粉或铝粉时判定为不合格<br>发射药判定为不合格 |
| | >4.0% | 不合格 |
| 测定条件 | 药量：10g<br>环境温度：100℃±2℃<br>测定时间：连续 30min | |
| 备　注 | 镁铝合金粉、铝粉均特指粒度≤125μm 的粉 | |

**表 33.8　pH 值安全指标及测定条件**

| | pH 值 | 单项判定 |
|---|---|---|
| 安全指标 | 5～10 | 合格 |
| | >10 或<5 | 不合格 |
| 测定条件 | 样品用无二氧化碳的水（不超过室温）配成 5%的溶液，从试样加水溶解至过滤完毕时间不得超过 3min | |
| 备　注 | 不含镁铝合金粉、铝粉（均特指粒度≤125μm 的粉）的烟火药不检测 pH 值 | |

#### 33.1.1.3　烟火药生产安全管理

烟火药制造过程是将氧化剂、还原剂及黏合剂和特种效应的化工原料按花炮产品的不同要求进行工艺处理的全过程，由于操作人员与药物特别是混合后的药剂直接接触，因此危险程度很高，必须严格控制。

（1）原料准备

① 烟火药的原材料必须符合有关烟火药原料质量标准，并具有产品合格证，进厂后应经过化验和工艺鉴定后，方可使用。

② 化工原料进厂后需进行工艺鉴定合格后，方可使用，以充分保证烟火药乃至产品制作的质量和安全。

③ 在备料过程中不得混入对药物增加感度的物质。

④ 出厂期超过 1 年的原材料，必须重新检验合格后方可使用。

（2）粉碎、筛选

① 粉碎应在单独工房进行。粉碎前后应筛选掉机械杂质，筛选时不得使用铁质等可产生火花的工具。

② 粉碎易燃易爆物料时，必须在有安全防护墙的隔离保护下进行。

③ 黑火药所用原材料一般可采用单料粉碎，但应尽量把木炭和硫黄两种原料混合粉碎。

④ 烟火药所用的原材料只能分机单独进行粉碎。感度高的物料应专机粉碎。

⑤ 机械粉碎物料应注意的事项：

a. 粉碎前对设备进行全面检查，并认真清扫粉尘；

b. 必须远距离操作，人员未离开机房，严禁开机；

c. 进出料时，必须停机断电；

d. 添料和出料，应停机 10min，散热后进行；

e. 注意通风散热，防止粉尘浓度超标。

⑥ 用湿法粉碎时，严禁物料泡沫外溢。

⑦ 粉碎的物料包装后，应立即贴上品名和标签。

（3）配制与混合

① 烟火药各成分的干法混合，宜采用木转鼓、纸转鼓或导电橡胶转鼓等设备。

②手工混合应在单独工房内进行，采用导电橡胶工作台或木质工作台、操作工具，用铜网筛和有韧性、拉力强度大的纸张。严禁在物料库和其他操作工房进行配料。

③ 黑火药在进行多元球磨混合时，应在单独工房内进行，远距离操作并有防爆设施。

④ 含氯酸盐等高感度药剂的配制，必须有专用工房和使用专用工具，应有防护设施。其工房工具如需改作他用时，应重新清洗干净方可使用。

⑤ 湿法配制含铝或镁合金粉等烟火药剂时，应及时做好散热处理。

（4）压药与造粒

① 压药与造粒工房，每间定机 1 台；手工压药造粒，定员不得超过 3 人。

②机器造粒运转时，药物温升不得超过 20℃。

③ 在造粒时，除操作人员外任何人不得进入工房内。

④ 操作人员发现机器在运转时有不正常现象时应立即关闭电源，停机寻找原因。

⑤ 烟火药造粒采用干法机械生产时，应有防爆墙（板）隔离才能进行操作。

⑥ 手工造粒时，应采用湿法生产，每间工房药物停滞量不得超过 5kg。

⑦ 湿法制成的亮珠必须摊开放置，摊开厚度不得超过 1.5mm。亮珠直径超过 1cm 时，摊开厚度不得超过亮珠直径的 2 倍。

⑧ 黏合剂的 pH 值应为 6～9。

⑨ 亮珠的筛选分级必须在未干之前进行，每次药量不得超过 3kg。

（5）药物干燥

严禁用明火直接烘烤药物，可采用的干燥方法一般有：

① 日光干燥。这是用得最多、最普遍的一种干燥方法。这种方法可节约能源，节约投资，简便易行，但受气候的影响，仅局限于晴天进行。阳光不足时，干燥不充分。夏季阳光充足，但气温过高，又容易发生事故。晒药的晒场要平整、光滑、无砂石。不能将药物直接摊在水泥三合混凝土场

地上晾晒，只能用木盘或篾盘垫上牛皮纸，然后把药物摊在纸上晒干，这样不但安全，而且收取方便。

② 热水或低压蒸汽取暖干燥。采用这种方法，温度容易控制，比较安全，应注意不能使用肋形散热器或肋形水暖管。

③ 热风干燥。这种方法热效率较高，干燥速度快，容易干燥充分，对于某些含铝的亮珠干燥特别适用，但应注意绝对不能热风带火星进入干燥室，并且风速不能大于 1m/s。循环风干燥应有除尘设备，除尘设备应定期清扫。

④ 红外线或远红外线干燥。这是一种较先进的干燥方法，这种干燥方法热效率较高，干燥速度快，使用安全可靠，但应注意热源与药物之间要有可靠的防护装置。

不管采用何种方法干燥药物，均应达到如下要求：

① 药物干燥过程中，不能翻动和收取，必须等其冷却至室温后才能入库收藏，未干透的药物严禁堆放和入库。

② 干燥后的药物，水分含量应小于 1.5%。

③ 被烘（晒）的药层厚度不得超过 1.5cm。

④ 烘盒、烘架、烘热干燥工具均应为竹、木、纸质材料，不得使用金属制成的器具。

⑤ 烘房内应设置自动感温报警装置。

⑥ 有专人看管，烘房看管人员应严格控制烘房室内最高温度不得超过 600℃，所烘药物要与热源隔离，其最小距离为 30cm。

### 33.1.2 黑火药生产安全

黑火药是由硝酸钾、硫黄和木炭等物质制成的烟火药。黑火药是我国古代四大发明之一，也称有烟火药，是最早发现和应用的火药。黑火药在军事上曾用于武器的发射、点火用品以及爆炸武器的装药等方面，在工程上曾用于采矿、开山、筑路和开凿隧道等方面，在民间主要用于爆竹和焰火的制造。

黑火药所用原材料一般可采用单料粉碎，但应尽量把木炭和硫黄两种原料混合粉碎，因为硫黄属高绝缘物质，极易产生静电积聚，当硫黄与木炭共同粉碎时，硫黄失去带电性，可消除静电积累，减少药物自燃自爆的可能性。同时，二元混合的工艺质量也要好些。条件较好的工厂，因工艺需要，黑火药可进行三元球粉碎，但一定要在专用工房进行，应有防爆设施，隔离传动。黑火药在进行多元球混合时，应在单独工房内进行，远距离操作，并有防爆设施。

### 33.1.3 引火线安全要求

引火线是用于烟花爆竹点火、传火、控制时间的烟火药制品。

#### 33.1.3.1 引火线的分类

引火线以燃速的不同可分为：慢速引火线、纸引火线和快速引火线。

(1) 慢速引火线

燃速小于 3.0cm/s 的引火线。

① 定时引火线

a. 普通型：以烟火药为药芯，表面为棉线和纸的本色，燃速为 0.7～1.0cm/s 的引火线。

b. 缓燃型：以防潮材料包裹烟火药为药芯，外层以棉线为包缠物且有一根绿色线，燃速为 0.4～0.7cm/s。

② 安全引火线。以烟火药为药芯，以棉线作包裹物，织成外织层，外涂以防潮材料的引火线。

(2) 纸引火线

① 纸引火线。以烟火药为药芯，用砂纸或皮纸作包缠物外浆以专用胶的引火线。

② 组合纸引火线。两根或两根以上纸引火线黏合而成的引火线。

(3) 快速引火线

燃速大于等于 3.0cm/s 的引火线。

① 牛皮纸快速引火线。以棉线包裹上烟火药为药芯，用牛皮纸包裹的引火线。

② 防水快速引火线。牛皮纸快速引火线外层包裹塑料材质或防水免水胶带的引火线。

③ 安全快速引火线。以烟火药为药芯，以棉线作为包缠物，织成外织层，外涂以防潮材料的引火线。

#### 33.1.3.2 引火线的技术要求

(1) 一般要求

① 外观。外观整洁，无霉变、潮湿、空引、螺纹引、就尾引、疵点、藕节、漏药、散浆、散纱和析硝等现象。

② 燃速。必须符合所标示的燃速要求。允许偏差：定时引火线为±4%；其他慢速引火线为±8%；快速引火线为±6%。

③ 吸湿率。硝酸盐引火线 ≤5.0%；其他引火线 ≤3.0%。

④ 水分。硝酸盐引火线≤1.5%；其他引火线≤1.0%。

⑤ 热安定性。75℃±2℃，48h 后，引火线无自燃、不燃现象。

⑥ 旁燃时间。安全引火线的旁燃时间必须≥3s。

⑦ 燃烧性。引火线燃烧传火时不允许有熄火、透火、顿火现象，除快速引火线外不得有爆燃及速燃现象。

(2) 其他要求

① 快速引火线。不允许有药芯线断的现象，且能承受 4750～5250g 的质量。

② 纸引火线。能承受 47.5～52.5g 的质量。

③ 定时引火线。两头必须封以防潮剂，允许包缠外层棉线排列不均匀，其长度不大于 10cm，外层缠线断线不得超过三根，其连续长度不大于 6cm。

④ 安全引火线。牢固性：应能承受 1990～2010g 的质量，外层缠线排列不均匀的部分，最长不得超过 10cm，在 1000cm 内不得超过两处；外层缠线断线不得超过两根（含两根），其长度总和不得超过整卷长度的 2.5%；外缠线间隔允许偏差±0.1%。

⑤ 防潮性。除纸引火线外其余引火线经防潮性试验后应符合“燃烧性”要求。

⑥ 抗水性。定时引火线、安全引火线经抗水性试验后应符合“燃烧性”要求。

(3) 尺寸要求

① 慢速引火线的长度应一致，允许偏差±2%，横向尺寸允许偏差±4%（手工纸引线除外）。

② 卷式包装引火线的长度允许偏差±1%，横向尺寸允许偏差±4%。

③ 快速引火线的长度允许偏差±2%，横向尺寸允许偏差±10%。

#### 33.1.3.3 引火线的安全制作规程

(1) 硝酸钾引火线

① 手工生产引火线应在单独工房内进行，每间工房定员不得超过 2 人，人均使用面积 3.5m$^2$，每人每次领药限量为 1kg。

② 机器生产引火线，每间工房不得超过 2 台机组，机组间距不得小于 2m，工房内药物停滞量不得超过 2.5kg。

③ 盛装引火线药的器皿必须用不产生火花和静电积累的材质制成，严禁敲打、撞击。

(2) 氯酸钾引火线

无论手工、机器生产，都限于单独工房操作，每间工房定员1人，药物限量不得超过0.5kg。

（3）裁切引火线

① 捆扎引火线与裁切引火线分开。捆扎引火线房的引火线停滞量按药量计算不超过5kg，应设置安全箱盛装引火线头。

② 裁切氯酸钾引火线，停滞量按药量计算不得超过0.5kg；裁切硝酸钾引火线按药量计算不得超过1kg。切引火线只许1人单间操作。

③ 工房应保持清洁，药粉和引火线头应及时清除。

### 33.1.4　烟花爆竹安全与质量

#### 33.1.4.1　烟花爆竹定义与分类

（1）烟花爆竹的定义

烟花爆竹是指以烟火药为原料制成的工艺美术品，通过着火源作用燃烧（爆炸）并伴有声、光、色、烟、雾等效果的娱乐产品。

（2）烟花爆竹的分级分类

① 按照产品的药量和危险性分为A、B、C、D四级，烟花爆竹分级分类与药量见表33.9。

a. A级。适应于由专业燃放人员燃放，在特定条件下燃放的产品。

b. B级。适应于室外大的开放空间燃放的产品，当按照说明燃放时，距离产品及其燃放轨迹25m以上的人或财产不应受伤害。

c. C级。适应于室外相对开放的空间燃放的产品，当按照说明燃放时，距离产品及其燃放轨迹5m以上的人或财产不应受伤害。对于手持类产品，手持者不应受到伤害。

d. D级。适应于近距离燃放，当按照说明燃放时，距离产品及其燃放轨迹1m以上的人或财产不应受伤害。对于手持类产品，手持者不应受到伤害。

② 根据产品的结构和燃放后的运动形式将产品分为以下14类。

a. 喷花类。燃放时以喷射火苗、火花为主的产品。

b. 旋转类。燃放时主体自身旋转但不升空的产品。

c. 升空类。燃放时主体定向升空的产品。

d. 旋转升空类。燃烧时自身旋转升空的产品。

e. 吐珠类。燃放时从同一筒体内有规律地发射出多颗彩珠、彩花、声响等效果的产品。

f. 线香类。用装饰纸或薄纸筒包裹烟火药，或在铁丝、竹竿、木杆或纸片上涂敷烟火药形成的产品。

g. 烟雾类。燃放时以产生烟雾效果为主的产品。

h. 造型玩具类。产品外壳制成各种形状，燃放时或燃放后能模仿所造形象或动作，或产品外表无造型，但燃放时或燃放后能产生某种形象的产品。

i. 摩擦类。用撞击、摩擦等方式直接引燃引爆主体的产品。

g. 小礼花类。燃放时放置在地面，从主体内发射（单筒内径<76mm）并在空中爆发出珠花、响声、笛音或漂浮物等效果的产品。

k. 礼花弹类。弹体从专用发射工具（发射筒内径≥76mm）发射到高空后能爆发出各种光色、花型图案成其他效果的产品。

l. 架子烟花。通过框架固定烟花位置、方向燃放的产品。

m. 爆竹类。单个爆竹产品或多个爆竹组合而成的产品。

n. 组合烟花。由多个单筒组合而成的烟花产品。

**表33.9　烟花爆竹分级分类与药量**

| 产品分级 | 产品分类 | 药量(不大于) |
|---|---|---|
| A级 | 喷花类 | 1000g |
| | 吐珠类 | 400g(20g/珠) |
| | 升空类 | 火箭 180g |
| | | 旋转升空烟花 30g/发 |
| | 组合烟花 | 药柱型、圆柱形(内径≤76mm)100g/筒 |
| | | 球形(内径≤102mm)320g/筒 |
| | 礼花弹类 | 药粒型(花束)(外径≤125mm)250g |
| | | 圆柱形和球形(外径≤305mm，其中雷弹外径≤76mm) 爆炸药 50g　总药量 8000g |
| | 旋转类 | 有固定轴旋转烟花　150g/发 |
| | | 无固定轴旋转烟花 |
| | 架子烟花 | |
| B类 | 喷花类 | 500g |
| | 吐珠类 | 80g(≤4g/发) |
| | 升空类 | 30g |
| | 组合烟花 | 3000g(内筒型单筒内径<68mm) |
| | 爆竹类 | 8g/个(黑火药) |
| | | 2g/个(其他) |
| | 小礼花类 | 50g |
| | 旋转类 | 60g(有轴) |
| | | 30g(无轴) |
| | 旋转升空类 | 20g |
| C级 | 喷花类 | 200g |
| | 吐珠类 | 20g(≤2g/发) |
| | 升空类 | 10g |
| | 组合烟花 | 1500g(内筒型单筒内径<40mm) |
| | 爆竹类 | 2g/个(黑火药) |
| | | 0.5g/个(其他) |
| | 小礼花类 | 20g |
| | 旋转类 | 30g(有轴) |
| | | 15g(无轴) |
| | 旋转升空类 | |
| | 线香类 | 25g |
| | 造型玩具类 | 15g |
| D级 | 喷花类 | 2g |
| | 摩擦类 | 20mg(拉炮类) |
| | | 200mg(擦火药头类) |
| | | 400mg(擦地炮类) |
| | 烟雾类 | 200g |
| | 旋转类 | 1g |
| | 线香类 | 5g |
| | 造型玩具类 | 3g |

33.1.4.2 **烟花爆竹技术要求**

（1）标志

标志分为产品外包装标志和产品标志。

① 产品外包装标注内容应包括：产品名称，制造商或出品人名称及地址，生产日期（或批号），箱含重、净重、体积，“烟花爆竹”“防火防潮”“轻拿轻放”等安全用语或安全图案，执行标准编号。

② 产品标志（内包装标志）内容应包括：产品名称、产品级别、产品类别、警示语、燃放说明、含药量、制造商或出品人名称及地址、生产日期，计数类产品应标明数量。

③ 标识所用文字应符合相关法律法规的要求。

④ 警示语主体应不小于四号字并加框，对比色度清晰。

⑤ 燃放说明应包括使用方法和场所、注意事项等，摩擦类应注明“不许拆开”字样。

⑥ A级产品应注明“由专业人员燃放”等字样。

（2）包装

① 产品必须有内包装。内包装材料应采用防潮性好的塑料、纸张等，应封闭包装。内包装产品应排列整齐、不松动。

② 外包装应采用适当的包装容器，并封装牢固。包装容器体积根据品种规格要求设计，每件净重不超过30kg。

③ 包装箱应有足够的强度和防潮性。

④ 摩擦类产品包装应采取隔栅或填充物等方式，保证安全储运。

（3）外观

① 产品整洁、表面无浮药、无霉变、无污染。产品外形应完整、无明显变形、无损坏、无漏药。

② 文字图案清晰。筒标纸粘贴吻合平整，无遮盖、无露头露脚、无包头包脚等现象。

③ 筒体应黏合牢固，不开裂、不散筒。

（4）部件

① 底座

a. 固定在地面静止燃放的烟花，筒高超过外径三倍者，必须安装底座，底座的外径或边长应大于主体高度（含安装底座后增加的高度）的1/3。

b. 底座应安装端正，产品放置在与水平面成12°的斜面上不得倾倒。

c. 底座应安装牢固，在倒垂的主体上加50g重物吊起，拿住底座保持1min主体应不脱落。

d. 产品在燃放过程中，底座应不散开、脱落。

② 引火线

a. 引火线应符合相应的质量标注要求。

b. 点火引火线的点火部位应有明显标识，礼花弹和组合烟花的点火部位应有防护装置。

c. 点火引火线应安装牢固，应能吊起规定质量的重物，保持1min不脱落。

d. 点火引火线的引燃时间应保证燃放人员安全离开，应在规定时间范围内引燃主体：D级2～6s；C级3～13s；B级5～15s。

③ 底塞。底塞安装牢固（跌落过程中不开裂、不脱落）。

④ 吊线。各类烟花产品的吊线应在50cm以上，吊线强度应能在产品主体上加50g重物后吊起，保持1min吊线不脱落或不断线。

⑤ 其他部件。其他部件应安装牢固，不跌落等。

（5）药种、药量和安全性能

① 药种

a. 产品禁止使用氯酸盐（烟雾类、摩擦类除外）。

b. 产品禁止使用砷化合物、汞化合物、没食子酸、苦味酸、镁粉（含镁合金粉，改良镁粉除外）、磷（摩擦类除外）。喷花类、线香类、造型玩具类、摩擦类、烟雾类、爆竹类、旋转类、吐珠类产品禁止使用铅化合物和六氯代苯。

② 药量

a. 爆竹产品单个药量大于0.5g的不允许结鞭，单个爆竹产品内径>5mm的，不允许使用不散开的固引剂。

b. 单个产品（A级除外）不得超过最大装药量（不包括引火线、填充物）。

③ 安全性能

a. 烟火药的安全性能应定期进行测试，新产品投产前进行药物安全性能测试。

b. 药物安全性能检测包括跌落试验、殉爆试验、热安定性、吸湿性、水分、pH值、低温试验、摩擦感度、撞击感度、火焰感度等。

c. 烟火药的pH值应为5～9。

d. 烟火药的水分应≤1.5%。

e. 烟火药的吸湿率应≤2.0%，笛音剂、粉状黑火药应≤4.0%。

f. 烟火药热安定性为75℃±2℃ 、48h条件下应无分解现象。

g. 烟火药低温试验：在－25～35℃、48h条件下应无分解现象。

h. 产品的跌落试验、殉爆试验应不爆燃。

i. 烟火药的摩擦感度≤60%，撞击感度≤50%（摩擦类除外）。

（6）燃放性能

① 喷花类的喷射高度应符合以下规定：D级<1m；C级<3m；B级<8m。

② 各类烟花产品不应出现炸筒、散筒，各类升空产品不得出现低炸、火险，升空类产品最低发射高度A级≥50m、B级≥30m、C级≥10m。

③ 小礼花类、升空类产品的发射偏斜角应≤22.5°，旋转升空类应≤45°。

④ 声级。B、C、D级产品最大声级应≤140dB。

⑤ 产品的结构和燃放效果应符合设计规定。

⑥ 烧成率。各类产品的烧成率应符合表33.10的规定。

**表33.10 各类产品的烧成率**

| 产品类别 | 烧成率/% |
| --- | --- |
| 喷花类 | ≥93 |
| 旋转类 | ≥96(有轴) |
| | ≥93(无轴) |
| 升空类 | ≥96(A级) |
| | ≥93(B级) |
| | ≥90(C级) |
| 旋转升空类 | ≥93 |
| 吐珠类 | ≥90 |
| 线香类 | ≥96 |
| 烟雾类 | ≥96 |
| 造型玩具类 | ≥90 |
| 礼花弹类 | ≥96(伞类93) |
| 组合烟火 | |
| 架子烟花 | ≥93 |
| 爆竹 | ≥90(B级) |
| | ≥85(C级) |
| 小礼花类 | ≥96(珠花类) |
| | ≥93(伞类) |

⑦ 计数类产品，计量误差应≤±5%。

⑧ 对存在重大安全缺陷的产品，应按有关规定进行

处置。

⑨ 旋转类产品的允许飞离地面高度应≤0.5m，旋转直径范围应≤2m。

⑩ 线香类产品燃放时不得爆燃或火星落地（燃放高度>1.0m 时）。

⑪ 烟雾类产品燃放时不得出现炸筒或明火。

⑫ 造型玩具类产品行走距离应≤2m。

⑬ 各类烟花产品手柄或手持部分 10cm 内不得装药或涂敷药物。

⑭ 摩擦类火花飞溅距离应≤20cm。

⑮ 架子烟花“焰火画”“字幕”应长度一致、密度均匀、不掉药、不断火、焰色效果清晰，“瀑布”不应出现筒体脱落、断火的现象。

#### 33.1.4.3 烟花爆竹安全性检测

（1）外观质量与标志、包装

用目测方法进行检验。

（2）规格尺寸

用相应的符合计量要求且符合相应精度的器具进行测试。

（3）牢固性与稳定性试验

① 引火线牢固性试验。将样品主体提起，在下垂的引火线上吊起规定的重物，观察 1min 内引火线是否脱落。

② 底座安装牢固性试验。拿起底座使主体向下，在下垂的主体上加挂 50g 重物吊起，观察 1min 内底座与主体是否分离。并观察产品燃放过程，底座是否脱落或者散开。

③ 底座跌落试验。将主体（安装底座的产品不摘除底座）应水平状拿住，从 400mm 高处，向厚度为 30mm 以上的硬木板上自由下落，每个样品重复三次，观察底座是否开裂或跌落。

④ 吊线牢固度试验。在吊线上加 50g 重物后吊起，观察吊线是否脱落或断线。

⑤ 底座安装平放性试验。将样品直立放置在用硬木板制成的与水平面成 12°的斜面上，样品不应斜倒，样品旋转任意角度后，重复上述试验，也不得倾倒。

（4）药量、安全性能检测

① 药量采用计量合格且符合相应精度的天平进行检测。

② 成箱产品跌落试验。将成箱产品从 12m 高处自由落在较硬的光滑地面上，观察产品是否发生燃烧、爆炸和箱体漏药现象。

③ 殉爆。在平坦的水泥地面上（场地应符合 GB 50161—2009 规定），放置含药量为 11g 的硝酸盐（黑药）爆竹一个（殉爆源），在它周围的 10cm、30cm 的距离上摆放样品。引爆殉爆源，检查并记录整体样品是否燃烧或爆炸。样品数量按 GB/T 10632—2014 中正常批抽取。

④ pH 值测试。按 GB/T 9724—2007 的规定进行。

⑤ 热安定性测定。单个产品药量在 100g 以下的，将产品放置在 75℃±2℃的烘箱中 48h 后燃放，观察是否保持原设计效果；单个产品药量在 100g 以上的，称取 50.0g 烟火药放置在 75℃±2℃的烘箱中 48h 后点燃，观察烟火药是否保持原设计效果。

（5）燃放性能试验

① 点火引火线的引燃时间的检验。用符合计量要求的秒表进行测试。

② 发射高度的测定。可选用标杆、测距杆、经纬仪及其他仪器设备测定，允许误差：<30m 时±2m，30～50m 时±4m，>50m 时±8m。

③ 发射偏斜角的测定。将一定直径可改变的铁丝圆圈水平摆放在距样品喷火口 2m 高处，圆心与发射点在同一垂线上，调节圆圈直径与发射点构成允许偏斜角度，观察燃放轨道是否穿过铁丝圈，或采用相应的仪器进行测定，允许误差±2°。

④ 声级值的测定。按 QB/T 1942—1994 的规定进行。

⑤ 烧成率。按数量将单位样品逐个燃放，统计烧成数与未烧成数。

### 33.1.5 烟花爆竹劳动安全技术要求

烟花爆竹为高危行业，其高危特征主要体现在烟花爆竹的生产、经营、储存、运输、燃放等劳动过程中容易造成事故，如：在生产中的违法、疏忽带来严重的人身伤亡，储运中的违规酿成重大事故，燃放中的不慎造成重大火灾等。这些行为严重危害着人们的生命、财产安全，更对社会稳定造成恶劣影响。因此，执行严格有效的烟花爆竹劳动过程安全技术要求对保障其安全有着至关重要的作用。

#### 33.1.5.1 烟花爆竹的主要危险因素

（1）主要原料的危险性

烟花爆竹生产所用的高氯酸钾、银粉、铝粉、硫黄等主要原料一般为粉尘或强氧化剂，具有易燃、易爆、有毒等危险特性，在人员健康、燃爆危险、食入急救措施、消防措施、泄漏应急处理、操作与储存、个体防护、理化特性、运输及包装要求等方面都应有严格要求。

（2）烟火药的危险有害因素

烟花爆竹药剂在生产、使用、运输、储存等过程中存在的危险有害因素主要有药剂的热感度、火焰感度、机械感度、电能敏感度、化学能敏感度等。

（3）烟花爆竹半成品、成品的危险有害因素

烟花爆竹的半成品、成品属于易燃易爆危险物品，其危险特性主要有遇热危险性、机械作用危险性、静电火花危险性、毒害性等。

（4）成品和半成品在储存过程中的危险有害因素

成品和半成品在储存过程中造成事故的主要原因：一是烟花爆竹成品和半成品从高处跌落；二是明火引燃、引爆成品和半成品；三是静电引起爆炸；四是雷电引发事故；五是撞击或摩擦引发事故；六是温度、湿度引发事故。

（5）生产工艺过程中的危险特性

烟花爆竹工厂工艺过程中的危险有害因素主要包括人的不安全行为、物的不安全状态、环境因素等三个方面。

① 人的不安全行为。企业安全意识淡薄；从业人员思想麻痹，违章操作；安全保卫工作不到位；半成品下发给家庭手工作业；使用童工；酒后上班。

② 物的不安全状态。主要是生产过程中的危险有害因素，一是机械能（碰撞、摩擦），二是静电，三是雷电，四是化学能，五是热能。

③ 环境因素。一是厂区内、外部环境；二是气候环境；三是地理环境。

（6）产品运输过程中的危险性

在产品制作过程中，产品从工房、中转库到成品库，都需要以不同的方式进行运输。在运输过程中，烟火药、半成品和成品成为移动的危险源，受震动、撞打击、摩擦、明火等威胁，很容易引发事故。因此，在产品运输过程中既要防止因运输方式、运输工具等本身原因引发燃烧、爆炸事故，又要防止在运输过程中因外部因素引发燃烧、爆炸事故。

（7）主要设备设施的危险性

烟花爆竹企业生产使用的设备的主要危险因素包括设备及其零部件在运行过程中性能低下或不符合工艺要求而达不到预期的功能；有药物接触了机械传动部分，使用金属搭扣皮带或润滑油添加不足，带电设备接地不可靠均可能导致燃烧、爆炸事故；电气设备导电部位裸露，未做防爆处理可能导致燃烧、爆炸事故；钻孔、切割工具刃口不锋利可能导致

燃烧、爆炸事故；运转不正常或机械功能的破坏，由设备损坏事故诱发火灾、爆炸事故等，如电气绝缘损坏、保护装置失灵就可能会导致操作人员受到机械伤害、触电或火灾、爆炸的伤害。

**33.1.5.2 烟花爆竹产品制作安全规程**

烟花爆竹事故多发生在生产过程中，如有疏忽，则会酿成事故，造成人身伤亡，财产损失。因此，烟花爆竹企业必须做好烟花爆竹的安全生产工作，严格遵照有关规定，切实施行安全规程，履行安全责任，保障安全水平。

(1) 领药限量的规定

对于各种产品装、筑药的领量不得超过表 33.11 限量。未列入表 33.11 的烟火药，干药每人每次限领 1kg；含水率在 5%～15%以内限领 3kg。从事药物操作，药物的停滞量[即建（构）筑物内，允许存放的最大含药量]和可能同时存放的火药类药料不得超过其限量，以填充增量为目的的原材料不作药料计算（如锯木屑、砂子、稻糠壳、棉籽等）。

(2) 压（打）药柱的安全要求

压（打）药柱必须单栋一人操作，工作台上垫好导电橡胶，备好消防水，必须使用铜质或木质操作工具，压（打）药柱必须站立操作，严格控制药物领取量，黑火药限领 3kg，烟火药限领 1.5kg，操作时用乙醇湿料，保持需要湿度。打好的药柱应及时转移，严禁使用铁质工具，严禁蹲在地上操作，严禁超员操作。机械压药柱必须严格清扫粉尘，防止机械螺钉松动，装拆机械部件需先清扫、洗干净，再进行操作。操作前，检查机械部件及电气电路是否正常，压药模具是否吻合，然后试机，对准模具来回空压一次，四柱打好润滑油，冲湿地面，每次只准压一盘。药盒不许存放在工作台上，操作人员离工作台 1～1.5m，上药必须有防火隔墙，压好的药饼迅速转移。下班前，先切断电源，然后用抹布将机械上的药尘抹干净，最后用水清洗地面、墙壁和工作台。

(3) 装药与筑药的注意事项

装药与筑药应在单独工房操作，工房使用面积不得少于 3.5m$^2$。装、筑含高感度烟火药时，应在有防护墙（堤）的工房内进行，每间定员 1 人。装、筑不含高感度烟药时，每间工房定员不得超过 2 人。每次限量药物用完后，应及时将半成品送入中转库或指定地点。

筑药工作台应靠近窗口，台高应略高于窗口。筑药工具应采用木、铜、铝或其他不产生火花的材质，严禁使用铁质工具。工作台上应垫以接地导电橡胶板。机械筑药时，冲击部位必须垫上接地导电橡胶板。

操作人员未经安全员许可，不得改变作业方法。

(4) 钻孔与切割的安全要求

有药半成品的钻孔和切割，应在专用工房内进行。所使用的钻切工具，要求韧口锋利，使用时应涂蜡擦油或交替使用，工具不合要求时不得强行操作。

(5) 封口、褙筒标的注意事项

操作人员人均使用面积不得少于 2m$^2$，操作间主通道宽度不得少于 1.2m。成品停滞量的总药量人均不应超过装填压药工序限量的 2 倍。操作工在完成一次限量的半成品加工送交后，才能领取下次的半成品。半成品封口必须牢实，严防药物外泄。

(6) 产品组装的安全规定

① 礼花弹组装。装填药料的每间工房不得超过 2 人操作，人均使用面积不得少于 3.5m$^2$，装填药料时，只能轻轻按压，不许进行强烈冲击。每人每次装球限量，按表 33.12 进行。在安装外导火索和发射药盒时，不许有药粉外泄。

② 组合烟花的组装。组装组合烟花，仅限于各种效果的半成品准备好后进行。每次组装限量不应大于表 33.13 的规定。每间工房不得超过 4 人，人均使用面积不少于 3.5m$^2$，主要通道宽度不少于 1.5m。组合烟花的钻孔、上引线按规定进行。

(7) 引火线制作的注意事项

① 硝酸钾引火线。手工生产引火线应在单独工房内进行，每间工房定员不得超过 2 人，人均使用面积 3.5m$^2$，每人每次领药限量为 1kg。机器生产引火线，每间工房不得超过 2 台机组，机组间距不得少于 2m，工房内药物停滞量不得超过 2.5kg。盛装引火线药的器皿必须用不产生火花和静电积累的材质制成，严禁敲打、撞击。

② 氯酸钾引火线。无论手工、机器生产，都限于单独工房操作，每间工房定员 1 人，药物限量不得超过 0.5kg。盛装引火线药的器皿必须用不产生火花和静电积累的材质制成，严禁敲打、撞击。

③ 裁切引火线。捆扎引火线与裁切引火线分开。捆扎引火线工房的引火线停滞量按药量计算不超过 5kg，应设置安全箱盛装引火线头。裁切氯酸钾引火线时，停滞量量按药量计算不得超过 0.5kg；裁切硝酸钾引火线时，停滞量按药量计算不得超过 1kg。裁切引火线只许 1 人单间操作，操作工房应保持清洁，药粉和引火线头应及时清除。

(8) 产品干燥的注意事项

有药产品干燥应采用日光、热风散热器、蒸汽干燥和红外线或远红外线烘烤，严禁采用明火直接烘烤。采用日光干燥时，必须遵守下列原则：

**表 33.11 装、筑产品时药物领料配制方法及限量**

| 序号 | 名称 | 氧化剂 | 还原剂 | 配制方法 | 限量/kg | |
|---|---|---|---|---|---|---|
| | | | | | 装药 | 筑药 |
| 1 | 黑火药 | 硝酸盐 | 木炭、硫黄 | 干法 | 5 | 3 |
| 2 | 含氯酸盐的黑火药 | 硝酸盐、氯酸盐 | 木炭、硫黄、铝粉等 | 干法 | 1 | |
| 3 | 爆炸音剂 | 氯酸钾 | 硫黄、铝粉等 | 干法 | 0.5 | |
| 4 | 含高氯酸盐的烟火药 | 高氯酸钾 | 木炭、铝粉、铝镁合金粉、钛粉等 | 干法 | 1.5 | |
| 5 | 笛音剂 | 高氯酸钾 | 苯甲酸氢钾、苯二甲酸氢钾等 | 干法 | 1.5 | 0.25 |
| 6 | 烟幕剂 | 氯酸盐、高氯酸盐 | 成烟物 | 干法 | 3 | |

**表 33.12 礼花弹装球限量**

| 球径 $\varphi$/cm | $\varphi$<7.4 | 7.4<$\varphi$<15 | 15<$\varphi$<25 | >25 |
|---|---|---|---|---|
| 每人每次装球限量/个 | 10 | 3 | 2 | 1 |

**表 33.13 烟花组装限量**

| 球径/cm | 1 | ≤2 | ≥3 | ≥5 |
|---|---|---|---|---|
| 每人每次组装限量/个 | 4 | 3 | 2 | 1 |

① 含氯酸盐的成品或半成品，气温高于37℃时不得进行日光直晒；

② 晒架以竹、木材料制成，晒架高度不小于25cm；

③ 日晒场应与车间仓库保持一定的距离，并有专人看管。

蒸汽干燥的烘房温度不得超过75℃，不宜采用肋形散热器。热风干燥成品、有药半成品时的室温不得超过40℃，无药半成品不得超过60℃，风速不大于1m/s；循环风干燥应有除尘设备，除尘设备要定期清扫。红外线或远红外线干燥时，热源与产品之间应有防护装置。烘房内应设置温度报警装置。烘房中堆码高度要求见表33.14。烘盒、烘垫、烘架材质应为竹、木、纸等，不许用金属材料制成的器具。烘房必须有专人看管，看管人员应严格控制温度的升降，发现异常情况应及时处理并报告安全部门。

**表33.14　烘房堆码要求**

| 名称 | 堆码高度/cm | 距离地面高度/cm | 与热源距离/cm | 搬移和翻动物体时温度 |
|---|---|---|---|---|
| 成品、半成品 | ≤120 | ≥20 | ＞30 | ≤30℃ |

(9) 实验室操作的安全规定

燃放试验要在规定场所进行，场地应符合表33.15要求。燃放试验时应注意风向风速，对熄引、瞎火及未烧完的试验物应慎重处理。燃放试验后的场地，残留物应进行清扫和妥善处理。

**表33.15　燃放试验场地要求**

| 名称 | 大火箭类 | 地面烟花 | $\varphi$＞10cm礼花弹 | 高空烟花 | 小型试验 |
|---|---|---|---|---|---|
| 与生产区及仓库距离/m | 500 | 100 | 1000 | 200 | ＞50 |

#### 33.1.5.3　烟花爆竹生产设备安全要求

生产设备的安全要求：

① 所有设备必须符合相应的技术标准要求。各种设备应按《电气设备安全设计导则》(GB/T 25295—2010) 的要求，要避免设备上有可能造成伤害的外露尖角、棱以及粗糙的表面，如果必须设置时应加以遮盖。各种设备应按《机械安全 防护装置 固定式和活动式防护装置的设计与制造一般要求》(GB/T 8196—2018) 设计防护装置。

② 电气装置在使用前应确认其符合相应的环境要求和使用等级要求。带电设备应按《生产设备安全卫生设计总则》(GB 5083—1999) 的要求设置防止意外启动的联锁安全装置和防止传动部件摩擦发热的措施。

③ 新的生产设备必须打磨平整、光洁后方可投入使用。

④ 工房所用设备凡需使用380V电压的动力设备，其电动机必须符合防爆要求；凡需使用220V电压的动力设备，其电动机必须采用单相感应电动机。

⑤ 凡接触药物的机械传动部分，严禁采用金属搭扣皮带，不宜采用平板皮带或万能皮带。应采用三角皮带轮或齿轮减速箱。必须经常添加润滑油。

⑥ 带电的机械设备必须有可靠的接地设施，接地电阻不应大于10Ω。

⑦ 进行二元或三元黑火药混合的球磨机禁止使用铁制部件，只许用黄铜、杂木、楠竹和皮革及导电橡胶制成，穿过转鼓的铁轴必须紧紧包以皮革。

⑧ 特种设备（锅炉、油压机）应由有资质的生产厂家生产，并经法定检验机构检验合格方可投入使用，应定期检验合格。

⑨ 粉碎设备必须是专机专用。

⑩ 不许在危险场所架设临时性的电气设施。工房的机械设备安装位置，应符合《生产过程安全卫生要求总则》(GB/T 12801—2008)，不影响操作人员的安全出入。

#### 33.1.5.4　烟花爆竹装卸、运输、储存要求

(1) 烟花爆竹装卸的安全要求

① 装卸前应打开仓库的所有安全出口，机动车应熄火平稳停靠，板车、手推车不得进入烟火药、黑火药、引火线、烟花爆竹有药半成品库内。

② 必须单件装卸。严禁碰撞、拖拉、抛摔、翻滚、摩擦、挤压等操作行为，不得使用铁锹等铁质工具。

③ 装卸烟火药、黑火药、引火线、烟花爆竹有药半成品时，现场限员2人，驾驶人员应离开装卸区，禁止无关人员靠近。

④ 机动车不应直接进入1.1级和1.3级建筑物内，装卸作业宜在各级危险性建筑物门前不小于2.5m以外处进行。

(2) 烟花爆竹运输的安全要求

① 厂内运输

a. 运输烟花爆竹、烟火药、引火线等，应使用符合安全要求的机动车，禁止使用自卸车、挂车、三轮车、畜力车和独轮手推车。

b. 所运输的物品堆码必须平稳、整齐，遮盖严密。烟火药装车堆码应不超过车厢高度。

c. 运输车辆严禁混装或同时载运其他货物，除驾驶员和押运员外，禁止无关人员搭乘运输车辆。

d. 手推车、板车的轮盘必须是橡胶制品，应以低速行驶，运输中不得强行抢道，车距应不少于20m，机动车的速度不得超过10km/h。

e. 进入仓库区的机动车辆，必须有防火花装置。

f. 厂区不在一处，厂区之间原材料、半成品的运输应遵守厂外危险品运输规定。

危险品生产区运输危险品的主干道中心线与各类建筑物的距离应符合下列规定：

a. 距1.1级建筑物不宜小于20m，有防护屏障时可不小于12m。

b. 距1.3级建筑物不宜小于12m，距实墙面可不小于6m。

c. 运输裸露危险品的道路中心线距有明火或散发火星的建（构）筑物不应小于35m。

d. 危险品总仓库区运输危险品的主干道中心线与各级危险性建筑物的距离不应小于10m。

e. 危险品生产区和危险品总仓库区内汽车运输危险品的主干道纵坡不宜大于6%；手推车运输危险品的道路纵坡不宜大于2%。

f. 人工提送危险品时，宜设专用人行道，道路纵坡不宜大于8%，路面应平整，且不应设有台阶。

② 厂外运输

a. 应获得公安部门的运输许可。

b. 不得违反运输许可事项，装载应符合国家有关标准和规范。

c. 配备消防灭火器，并显示爆炸危险品标志。

d. 速度应低于限速规定，应当保持车距，严禁抢道，避免紧急制动。

e. 通过市区时，应当遵守城市规定的时间和路线。不得进入禁止爆炸危险物品通行区。

f. 停歇时，运输车辆应远离重要建筑设施和人口密集的地方，严禁在运输车辆附近吸烟和用火，并有人始终看守。

g. 装载烟花爆竹的车厢不得载人且严禁司机醉酒或疲劳驾驶。

h. 严禁伪装或伪造品名运输烟花爆竹、有药半成品、烟火药、黑火药、引火线。

i. 严禁运输国家禁止生产的烟花爆竹及其制品，以及远距离运输亮珠、效果件和已装药未封口半成品。

j. 出现危险情况立即采取必要的措施，并报告当地公安部门。

k. 铁路、水上运输除遵守上述规定外，还应遵守铁路、港（航）监督机关的有关安全管理规定。

（3）烟花爆竹的储存要求

① 烟花爆竹仓库的设置。烟花爆竹企业按物质性质的不同分别设置仓库，见表33.16。

**表33.16 仓库设置要求**

| 序号 | 1 | 2 | 3 | 4 | 5 |
|---|---|---|---|---|---|
| 名称 | 化工原料 | 黑火药 | 烟火药 | 纸张 | 附加材料 |
| 序号 | 6 | 7 | 8 | 9 | |
| 名称 | 半成品 | 成品 | 成箱 | 其他 | |

入库的原材料、半成品应贴有明显的标签，包括名称、产地、出厂日期、危险等级和重量等。库墙与堆垛之间、堆垛与堆垛之间应留有适当的间距作为通道和通风巷，主要通道宽度应不小于2m。

烟火药、半成品、成品堆码高度按照表33.17规定。

**表33.17 仓库堆码要求**

| 名称 | 成品与半成品 | 烟火药 | 成箱成品 | 货架离地面 |
|---|---|---|---|---|
| 高度/m | ≤1.5 | ≤1 | ≤2.5 | >0.3 |

库房内木地板、垛架和木箱上使用的铁钉，钉头要低于木板外表面3mm以上，钉孔要用油灰填实。无地板的仓库，地面要设置30cm高的垛架，铺以防潮材料。

库房内应有测温、测湿计，每天进行检查登记，做好防潮、降温、通风处理。库房区内应分别设置相应的消防栓、水池、灭火器材等消防工具。

② 烟火药和烟花爆竹产品的储存

a. 烟火药化工原材料应按表33.18分类储存。

**表33.18 烟火药化工原材料储存分类**

| 作用 | 序号 | 原料名称 |
|---|---|---|
| 氧化剂 | 1 | 氯酸钾 |
| | 2 | 高氯酸钾、硝酸钾、硝酸钡、硝酸锶、氧化铅 |
| 可燃物 | 3 | 木炭 |
| | 4 | 硫、硫化锑、漆片、酚醛树脂 |
| | 5 | 铝粉、铁粉、钛粉、镁铝合金粉 |
| 着色剂 | 6 | 碱式碳酸铜、碳酸锶、草酸钠、氧化铜、氟硅酸钠 |
| 特殊效应物质 | 7 | 苯甲酸钾(钠)、苯二甲酸氢钾、成烟物 |
| 含氯有机物 | 8 | 六氯乙烷、聚氯乙烯 |
| 溶剂 | 9 | 汽油、香蕉水、乙醇 |

b. 烟火药的原材料和产品的储存条件应符合表33.19要求。

③ 烟花爆竹的仓库管理

a. 建立出入库检查、登记制度。收存和发放必须进行登记，做到账目清楚，账物相符。

b. 库房内存储的数量不得超过设计容量。性质相抵触的危险品，必须分库储存。库房内严禁存放其他物品。

c. 严禁无关人员进入库区。严禁在库区吸烟和用火。严禁把其他容易引起燃烧、爆炸的物品带入仓库。严禁在库房内住宿和进行其他活动。

**表33.19 储存要求**

| 名称 | 性质 | 储存条件 |
|---|---|---|
| 氯酸钾、高氯酸钾 | 强氧化剂 | 专库储存，不得与有机物、易燃易爆物、硫、磷、酸类等共同存放 |
| 硫黄 | 二级易燃物 | 与氧化剂应严格分开，并防止受潮 |
| 铝粉、铝镁合金粉 | 高能可燃物 | 装在密封金属桶内，与氧化剂、酸、碱隔离存放，通风防潮 |
| 金属钛粉（海绵钛粉） | 高能可燃物 | 防止受热，与易燃物、氧化剂、酸类隔离储存 |
| 萘 | 可燃有机物 | 与氧化剂隔离存放 |
| 氟硅酸钠 | 无机有毒物 | 密封盛装，应干燥防潮，严禁与金属易燃物存放，与草酸钠、碳酸锶分开存放 |
| 草酸钠 | 无机有毒物 | 密封盛装，存放于通风阴凉处 |
| 硝酸 | 强酸、强氧化剂 | 装于密封耐酸容器内，存放于阴凉干燥通风处，应与松节油、苦味酸盐、雷酸盐、氯酸盐、金属粉末、可燃物分开存放 |
| 木炭 | 易燃物 | 单独存入阴凉干燥的仓库，新制的木炭在炭化后6～8天以内不得入库储存 |
| 黑火药、烟火药 | 易燃易爆物 | 储入阴凉、干燥仓库 |
| 礼花弹、烟花爆竹 | 易燃易爆物 | 应储入单独通风仓库 |
| 引线 | 易燃易爆物 | 应储入单独通风仓库 |

d. 发现危险品丢失、被盗，必须及时报告所在地公安机关。变质和过期的危险品应及时清理出库，予以销毁。在销毁前要登记造册，提出实施方案，报上级主管部门批准，并向所在地县、市公安局备案，在县、市公安局指定的适当地点妥善销毁。

e. 危险品堆垛间应留有检查、清点、装运的通道。堆垛之间的距离不宜小于0.7m；运输通道的宽度不宜小于1.5m。

### 33.1.5.5 生产人员防护用品要求

烟花爆竹的生产从原料到产品都是易燃、易爆物质且含有大量的粉尘及有害物。由于烟花爆竹生产的这种特殊性，所以对其生产人员的防护从以下两方面考虑：

（1）降低人员危害因素

烟花爆竹的生产工厂应该根据工作性质和劳动条件，配备符合国家标准要求的防护用品，并建立、执行严格的检查和使用制度，保障员工安全。

对于从事药物混合、造粒、筛选、装药、筑药、压药、搬运等高危、高粉尘工序的操作人员：

① 佩戴自吸过滤式防尘口罩。

② 穿戴紧口、长袖、长裤工作服，穿布袜，尽量减少身体的裸露部分，衣着简单易脱。

③ 必须穿不藏砂的软底鞋、棉麻质工作服；药物工序工人应戴防护帽、防尘口罩，穿紧口长袖衣、裤，尽量减少身体的裸露部分。

（2）消除事故危险因素

静电是烟花爆竹生产过程中的一大危险因素，许多火灾、爆炸事故都是静电所致。在生产当中，必须避免静电的产生。因此，生产人员的防护用品必须由防静电材质制成，严禁穿戴化纤织制品的防护用品。严禁穿硬底及钉底鞋、拖鞋、背心、短裤和不防静电积累、易燃的化纤衣服以及赤膊、留长指甲进入有药工序。此外，用于配制氯酸盐等危险药物的专用工作服，不能在从事其他作业时穿用。

## 33.1.6 烟花爆竹企业生产要求

### 33.1.6.1 烟花爆竹生产单位许可制度

国家对烟花爆竹生产实行许可证制度。未经许可，任何单位和个人不得进行烟花爆竹生产活动。

(1) 烟花爆竹生产企业安全生产许可的基本条件

烟花爆竹生产企业依法取得安全生产许可应具备的基本安全生产条件包括：

① 符合当地产业结构规划。

② 基本建设项目经过批准。

③ 选址符合城乡规划，并与周边建筑、设施保持必要的安全距离。

④ 厂房和仓库的设计、结构和材料，以及防火、防爆、防雷、防静电等安全设备、设施符合国家有关标准和规范。

⑤ 生产设备、工艺符合安全标准。

⑥ 产品品种、规格、质量符合国家标准。

⑦ 有健全的安全生产责任制。

⑧ 有安全生产管理机构和专职安全生产管理人员。

⑨ 依法进行了安全评价。

⑩ 有事故应急救援预案、应急救援组织和人员，并配备必要的应急救援器材、设备。

⑪ 法律、法规规定的其他条件。

(2) 烟花爆竹安全生产许可程序

生产烟花爆竹的企业，应当在投入生产前向所在地设区的市人民政府安全生产监督管理部门提出安全审查申请，并提交能够证明符合上述规定的基本安全生产条件的有关材料。设区的市人民政府安全生产监督管理部门应当自收到材料之日起20日内提出安全审查初步意见，报省、自治区、直辖市人民政府安全生产监督管理部门审查。省、自治区、直辖市人民政府安全生产监督管理部门应当自受理申请之日起45日内进行安全审查，对符合条件的，核发《烟花爆竹安全生产许可证》；对不符合条件的，应当说明理由。

生产烟花爆竹的企业为扩大生产能力进行基本建设或者技术改造的，应当依照《烟花爆竹安全管理条例》的规定申请办理安全生产许可证。

获得安全生产许可的烟花爆竹的生产企业，持《烟花爆竹安全生产许可证》到工商行政管理部门办理登记手续后，方可从事烟花爆竹生产活动。

### 33.1.6.2 生产条件

所有烟火药剂需经国家认可的烟花爆竹检测实验室检测，符合测试要求方可投产。

操作工房的设计需符合《烟花爆竹工程设计安全规范》(GB 50161—2009) 的要求，工房内有相应的警示用语，地面平坦整洁，墙面清洁，无杂物乱堆乱放；逃生路线、安全通道应有明显标志。生产设备需符合生产技术要求，采用防爆电气设备，运转正常。凡有可能产生静电积累的有药操作工房，应有防静电装置，并保持地面潮湿。有药工序操作工房应设置冲洗皮肤或眼睛的供水设施，采用单层建筑，通风良好，防止粉尘积累。

生产区应配置与工作人员工作强度相适应的工作平台，配备安全检查监测设备和保护工作人员健康安全的防护用具，且应有药物操作更衣室。生产区需按规定设置消防器材和消防设施，应方便工作人员取用。

在从事有药产品制作过程中，应避免在如下情况时生产：

① 电源线路发生漏电、短路和机器运转不正常时。

② 天气恶劣，如雷电暴风雨时。

③ 通过仪器或人的感知发现药剂温度异常升高或产生异味时。

④ 一般工房室温超过35℃、高感度工房室温超过32℃时。

⑤ 工作人员身体状况不佳时。

企业应建立事故应急救援体系（包括气候环境的影响），制定应急救援预案，并配备有相应的资源。

### 33.1.6.3 生产环境

企业生产车间、工房和仓库必须每天进行清扫。正在生产火药的工房、仓库等建筑物内，必须每天进行清扫。

在清扫工房、车间药库时需按如下要求进行：

① 清扫前，应将药物、半成品搬走。

② 采用湿法清扫，严禁使用铁器清理垃圾。

③ 搬动设备时，需轻抬轻放，不许拖拉。

含有易燃、易爆的有毒颗粒、粉末和纤维等固体物质的废水处理，应符合下列要求：

① 排水系统应有相应的沉淀、中和、过滤和浮除装置，能彻底清除废水中的固体物质。

② 排水沟壁应进行平整铺砌，保证废水排放顺畅。

③ 废水中如含有毒物质，应针对不同特性进行降毒处理。

④ 可能生成易燃易爆危险物或造成更大危害的不同废水，严禁排入同一沟池。

⑤ 废水中含有的易燃易爆废渣和垃圾等固体物质严禁埋入地层或排入地面水体，必须由专人负责按规定方法到指定地点销毁。

厂区、车间、仓库和工房附近应种植有抗污染性能的绿化植物。

## 33.1.7 烟花爆竹安全管理

烟花爆竹是一种火工品，从原材料到产品都是易燃易爆的危险品，稍不慎便会引起燃烧和爆炸，甚至造成重大人员伤亡事故和财产损失。烟花爆竹从业人员的文化程度、职业技能和安全意识都不高，仅凭经验进行生产、经营，相当多的烟花爆竹企业没有合格的技术人员，没有合格的安全生产管理人员，有的还随便地招收未经安全教育和技术培训的工人上岗作业，生产操作中违反操作规程的现象严重。因此，国家要求烟花爆竹生产经营单位必须严格遵守法律法规、规章和标准，正确处理好安全与生产关系，牢固树立“防患于未然，责任重于泰山”的思想，坚持在保障安全生产的前提下严格管理，组织生产经营。

### 33.1.7.1 烟花爆竹生产安全

(1) 烟花爆竹行业相关法律法规体系

①《安全生产法》。共7章114条，包括总则（16条）、生产经营单位的安全生产保障（32条）、从业人员的安全生产权利义务（10条）、安全生产的监督管理（17条）、生产安全事故的应急救援与调查处理（11条）、法律责任（25条）以及附则（3条）。

《安全生产法》主要规定了七项法律制度，即监督管理制度、企业安全保障制度、单位负责人制度、从业人员的权利和义务制度、安全中介服务制度、事故应急救援和调查处理制度、安全生产责任追究制度。

《安全生产法》的五项基本原则是人身安全第一的原则，预防为主的原则，权责一致的原则，社会监督、综合治理的原则，以及依法从严处理的原则。

②《安全生产许可证条例》。是我国第一部对煤矿企业、非煤矿山企业、建筑施工企业和危险化学品、烟花爆竹、民用爆破器材生产企业实施行政许可的行政法规。这部行政法规是我国重大法律制度建设的重大创新，它依法确立了安全

生产许可制度，填补了我国安全生产制度的一项空白。

《安全生产许可证条例》的实行，对于建立安全生产许可制度，依法规范企业的安全生产条件，强化安全生产监督管理，预防和减少生产安全事故，必将发挥重要作用。

③《烟花爆竹安全管理条例》。《烟花爆竹安全管理条例》共七章46条。

a. 制定目的。《烟花爆竹安全管理条例》的制定是为了加强烟花爆竹的安全管理，预防爆炸事故的发生，保障公共安全和人身、财产的安全。

b. 适用范围。《烟花爆竹安全管理条例》适用于烟花爆竹的生产、经营、运输和燃放。其中，生产包括生产企业的设立、产品生产和生产过程中的储存；经营包括批发和零售及其储存；运输是指道路运输，其他运输方式（铁路、水路和航空运输）按照有关法律、行政法规的规定执行；燃放包括烟花爆竹的燃放和举办焰火晚会以及其他大型焰火燃放活动。

c. 对烟花爆竹生产企业及其生产作业人员的规定。生产烟花爆竹的企业应当对从业人员进行安全生产教育和培训，保证从业人员具备必要的安全生产知识，熟悉有关的安全生产规章制度和安全操作规程，掌握本岗位的安全操作技能，这是保证安全生产所必需的，是安全生产的基础。安全教育培训包括上岗前安全知识培训和继续提高培训。生产企业在采用新工艺、新技术、新材料或使用新设备时必须及时对相关从业人员进行教育培训，使他们了解、掌握安全技术特性，采取相应的安全防护措施。

《烟花爆竹安全管理条例》特别规定了对药物混合、造粒、筛选、装药、压药、切药、搬运等危险工序的作业人员进行专业技术培训，经设区的市人民政府安全生产管理部门考核合格后方可上岗作业。将这些危险工序的作业人员列入特种作业人员范围，进行专门的培训教育，使其了解本岗位的危险因素、防范措施、应急知识等，并进行严格的管理，减少他们的失误，对防止和减少生产安全事故具有重要的意义。

d. 法律责任。《烟花爆竹安全管理条例》对烟花爆竹生产经营企业、中介机构和监管部门的违法行为的处罚做了明确的规定。

④ 其他相关法律法规及标准。烟花爆竹生产经营单位的安全管理工作是关系到保障人民生命、财产安全的大事，党和国家历来十分重视。围绕烟花爆竹生产经营单位的生产经营活动，国家先后颁布了许多有关的法律、法规和标准。除了上述介绍的之外，还有《消防法》、《职业病防治法》、《行政处罚法》、《劳动爆竹监察条例》、《烟花爆竹生产企业安全生产许可证实施办法》、《烟花爆竹经营许可证实施办法》、《烟花爆竹工程设计安全规范》（GB 50161—2009）、《烟花爆竹 安全与质量》（GB 10631—2013）、《烟花爆竹 组合烟花》（GB 19593—2015）、《烟花爆竹 礼花弹》（GB 19594—2015）、《烟花爆竹 引火线》（GB 19595—2004）等。

以上所有的法律、法规和标准都是烟花爆竹生产经营单位必须遵守的。

（2）烟花爆竹安全生产须知

烟花爆竹行业是特殊行业、高危行业。从业人员必须严格遵守《烟花爆竹劳动安全技术规程》和所在企业的一切规章制度。

① 从业人员必须接受安全生产知识教育，从事药物混合、造粒、筛选、装药、压药、切药、搬运等危险工序的作业人员必须接受专门技术培训，经设区的市人民政府安全生产监督管理部门考核合格后，方可上岗作业。

② 不准携带火柴、打火机等火源进入生产区，不准在生产区内吸烟。

③ 不准带小孩及未经许可的非工作人员进入生产区，严禁串岗，未经许可不准脱岗。

④ 不准携带无线电通信工具进入1.1级生产厂房、仓库及粉尘药物区。

⑤ 不准两人以上同时进入各种有药中转库、烘房、仓库，不准两人以上从事各种药物运输和装卸。

⑥ 不准穿化纤衣服、背心、短裤、裙、硬底鞋、拖鞋，不准赤膊、赤脚进入生产区。

⑦ 不准睡眠不足、酒后及情绪不稳定时上班，工作时间不准打牌。

⑧ 不准堵塞通道或闩门生产，厂房通道和风雨走廊不准堆放任何货物。

⑨ 不准在1.3级厂房内进行1.1级工艺生产操作，不准蹲姿生产。

⑩ 不准老、幼、病、残、未成年人及孕妇从事有药工种生产。

⑪ 严格遵守各工序的药物限量规定，严禁超领、超存、超量。

⑫ 认真遵守“三轻”“四不”的规定，即轻拿、轻放、轻运；不拖、不推、不擦、不撞。

⑬ 认真执行“小型、分散、少量、多次、勤运走”十一字安全规定。

⑭ 严禁使用铁质、塑料、化纤材料工具进行有药操作。

⑮ 新职工进厂、老职工变换工种，都必须经过技术、安全培训，掌握好安全生产知识及规程，达到技术要求方能上岗，未经安全生产教育和培训合格的从业人员，不得上岗作业。

⑯ 上班前，首先必须检查各项安全设施是否齐全有效，备好安全水，实行文明生产，下班前按规定清扫工作场地，清除药尘和余药、废药，生产垃圾应送到指定地点定期处理。

⑰ 必须按规定使用厂房，严禁擅自改变厂房用途和生产工艺流程。

⑱ 仓库严禁将氧化剂与可燃物混存，半成品、成品、药物不准滞留在车间过夜，下班时应清洗厂房、工作台和工具，并关门落锁。

⑲ 不准私自将药物和产品携带出厂。

⑳ 必须服从领导，听从调度和安排，按规定的时间上下班，不准无故旷工、迟到及缺席各种会议、培训和学习，特殊情况按请假制度执行。

#### 33.1.7.2　烟花爆竹安全管理制度

（1）烟花爆竹生产单位许可制度

国家对烟花爆竹生产实行许可证制度。未经许可，任何单位和个人不得进行烟花爆竹生产活动。

（2）烟花爆竹生产经营单位安全生产责任制度

烟花爆竹生产经营单位安全生产责任制度是指为了有效保障烟花爆竹生产经营单位安全生产和工人的人身安全，防止事故的发生，建立起来的烟花爆竹生产经营单位负责人安全生产责任制、职能机构安全生产责任制和岗位人员安全生产责任制等制度。

① 烟花爆竹生产经营单位负责人安全生产责任制。烟花爆竹生产经营单位负责人是安全生产责任制度责任主体。企业的法定代表人对本单位的安全生产工作负全面责任，并保证安全生产投入的有效实施。其安全生产责任制的内容包括以下几个方面：

a. 认真贯彻执行《安全生产法》等法律及其实施条例、细则，以及其他法律、法规和标准中有关烟花爆竹生产经营单位安全生产的规定，对本单位的安全生产工作负全面责任。

b. 制定本单位的安全生产管理制度。

c. 根据安全生产的需要配备合格的安全工作人员，对每个作业场所进行跟班检查。

d. 采取有效措施，改善职工劳动条件，爆竹安全生产所需要的材料、设备、仪器和劳动保护用品及时供应。

e. 依照各有关安全生产法律、法规等规定对单位职工进行安全教育、培训。

f. 制定烟花爆竹灾害的预防和应急措施的计划方案。

g. 及时采取措施，处理烟花爆竹生产过程中存在的事故隐患。

h. 及时、如实地向安全生产监督管理部门及其他有关部门报告烟花爆竹事故。

② 职能机构安全生产责任制。职能机构安全生产责任制主要表现为职能机构负责人及其工作人员的安全生产责任制。安全管理处的负责人按照本处的工作职责，组织协调有关安全工作人员做好安全工作，对本机构安全职责范围内的工作负责。安全工作处的工作人员在本人职责范围内做好自己应该做好的安全生产工作。

③ 岗位人员安全生产责任制。岗位人员包括各生产小组的不脱产的安全员、各生产岗位职工。各生产小组都应该设有不脱产的安全员。小组安全生产管理员在生产小组长的领导和劳动保护干部的指导下，首先应当以身作则，起模范带头作用，并协助小组长做好以下安全工作：

a. 经常对本小组工人进行安全教育。

b. 督促小组工人遵守安全操作规程和各种安全生产制度。

c. 正确地使用个人防护用品。

d. 检查和维护本组的安全设备。

e. 发现生产中的不安全状况后及时报告。

f. 参加事故的分析和研究，协助领导制定和实施防止事故发生的措施。

(3) 烟花爆竹行业员工的安全生产培训

安全技术培训是实现安全生产的基础工作。《安全生产法》规定了对职工上岗前的培训及对主要负责人、特殊作业人员持证上岗的要求，并规定了相应的法律责任。

安全培训工作是一项长期的战略性任务，是科学技术转化为生产力的重要手段之一，也是保证烟花爆竹生产经营单位安全生产的一项带有根本性的措施。目前，合同工、农民轮换工是烟花爆竹生产一线的主力军，这些人的安全技术素质较差的问题必须通过培训解决。

(4) 烟花爆竹的安全检查和事故隐患排查

事故隐患是指生产现场、技术管理、装备设施上所存在的可能导致事故的因素。安全检查从检查层次上可分为安全生产监督管理机关的安全检查和企业的自查；从检查的形式上可分为定期检查、重点检查和临时抽查。检查的重点主要是围绕着防火、防爆，以及各种生产设备、设施的安全性能保持情况。

(5) 烟花爆竹生产作业标准化

安全生产作业标准化是安全生产管理、技术管理的重要基础工作，是企业管理的综合反映，是烟花爆竹企业实现文明作业、安全生产的前提，是企业实现安全生产的重要途径。烟花爆竹企业安全生产作业标准化应以加强企业管理、提高经济效益为指导思想，以质量达到标准、安全达到要求为总目标。

① 生产质量标准化制度。以国家标准、行业标准作业，全面建设质量标准化。

② 各级领导岗位责任制度。

③ 各工种特别是特殊工种的岗位责任制、操作（作业）规程是安全标准化制度的主要内容之一。各工种作业人员必须经过培训、考核、发证和持证上岗。

④ 安全管理制度是实现烟花爆竹企业安全标准化的有力保证。应建立：灾害预防与处理计划；要害场所管理制度；交接班制度；领导干部上岗检查制度；事故应急救援预案；档案管理制度；安全生产例会制度等。

#### 33.1.7.3 烟花爆竹安全生产管理机构和岗位人员的职责

(1) 烟花爆竹相关单位应成立安全生产管理机构

《安全生产法》规定，危险物品的生产、经营、储存单位以及从业人员超过300人的其他生产经营单位，应当设置安全生产管理机构或者配备专职安全生产管理人员。矿山开采、建筑施工以及危险物品的生产、经营、储存是危险性比较大的生产活动，从事这些活动的单位是危险性比较大的单位；从业人员超过300人的生产单位是规模比较大的生产单位。对于这两种生产单位，安全生产尤其重要。因此，必须在单位内成立专门从事安全生产管理工作的机构，或者配备专职的人员从事安全生产管理工作。国务院颁布的《安全生产许可证条例》对此做了较为严格的规定。

(2) 烟花爆竹企业主要负责人的安全生产职责

① 生产单位的主要负责人对本单位的安全生产工作负责。安全生产工作是企业管理工作中的重要内容，涉及企业生产活动的各个方面，必须要由企业“一把手”挂帅领导，统筹协调，负全面责任。按照《安全生产法》第17条和第18条的规定，生产单位主要负责人对本单位安全生产工作所负的职责包括：保证本单位安全生产所需的资金投入；建立健全本单位安全生产责任制，组织制定本单位的安全生产规章制度和操作规程；督促、检查本单位的安全生产工作，及时消除生产安全事故隐患；组织制定并实施本单位的安全事故应急救援预案；及时、如实报告生产安全事故等。生产单位的主要负责人应当依法履行自己在安全生产方面的职责，做好本单位的安全生产工作。

② 掌握必要的安全生产知识并具备管理能力。生产单位的主要负责人要组织、领导本单位的安全生产管理工作，并承担保证安全生产的责任。这就要求生产单位的主要负责人必须具备与本生产单位所从事的生产活动相适应的安全生产知识，同时具有领导安全生产管理工作和处理生产安全事故的能力。通过对当前一些生产安全事故的原因分析可以看出，不少事故都是由于生产单位的负责人缺乏基本的安全知识，管理不善，现场指挥不当造成的。因此，提高生产单位的主要负责人的安全生产知识水平和管理能力，对于加强单位的生产安全管理、改善劳动条件、保障职工的安全、促进单位安全生产、防止和减少生产安全事故的发生，都具有重要的意义。

③ 发生重大生产安全事故后，单位主要负责人的职责。发生生产安全事故后，单位主要负责人应当积极组织抢救。生产单位的主要负责人对本单位的安全生产工作全面负责。按照这一规定，生产单位的主要负责人不但负有采取各种措施、防止发生生产安全事故的责任，而且负有在事故后组织抢救、减少事故造成的损害的责任。生产单位发生生产安全事故后，事故现场有关人员必须立即报告本单位负责人。单位的主要负责人在接到事故报告后，应当立即赶到事故现场组织抢救。同时，还可以组织事故现场的人员根据本单位的事故应急救援预案进行自救。

发生生产安全事故时，主要负责人不得擅离职守。生产单位的主要负责人作为本单位安全生产的第一责任人，在事故发生后，应当坚守岗位，组织事故抢救，并积极配合有关部门进行事故调查和处理。因为，单位的主要负责人对单位的场地、布局、设备、人员以及其他生产状况比较熟悉，有其在场，可以比较顺利地进行事故抢救、事故原因的调查和对事故进行正确处理。另外，单位的主要负责人应对单位发生的生产安全事故负责。根据有关人员的行为构成刑法规定的重大责任事故罪、重大劳动事故罪以及其他犯罪的规定，还可能要追究单位主要负责人的刑事责任。因此，发生重大安全生产事故后，单位的主要负责人不得擅离职守，而应坚守岗位并等候处理。

(3) 烟花爆竹企业安全生产管理人员的安全职责

① 应当具备必要的安全生产知识和管理能力。生产单位的安全生产管理人员是本单位直接负责安全生产工作的人员。这些人员对生产单位过程中的安全技术措施的制定、实施和检查直接发生作用，他们的安全素质的高低将直接影响生产单位的安全生产工作的好坏。因此，安全生产管理人员必须具备与本单位所从事的生产活动适应的安全生产知识和管理能力。

② 应当通过专门的考核。危险物品的生产、储存单位主要负责人和安全生产管理人员，应当由有关主管部门对其安全生产知识和管理能力考核合格后方可任职，考核不合格的不得任职。危险物品的生产、储存单位是危险性比较大的生产单位，应对这些单位的主要负责人和安全生产管理人员有更加严格的要求。烟花爆竹生产单位安全生产管理人员培训时间不少于56课时，经营单位安全生产管理人员培训时间不少于36课时；烟花爆竹生产单位安全生产管理人员再培训时间不少于24课时，经营单位安全生产管理人员再培训时间不少于16课时。

#### 33.1.7.4 烟花爆竹经营安全

(1) 烟花爆竹的经营行为

根据有关法律法规，我国将烟花爆竹的经营行为分为批发和零售，分别实施许可管理。

烟花爆竹批发经营是指向烟花爆竹生产企业采购烟花爆竹，向从事烟花爆竹零售的经营者提供烟花爆竹的经营行为。

烟花爆竹零售经营是指向从事烟花爆竹批发的企业采购烟花爆竹，向烟花爆竹消费者销售烟花爆竹的经营行为。

(2) 烟花爆竹经营许可制度

国家对烟花爆竹的经营实行许可制度。未经许可，任何单位或者个人不得进行烟花爆竹经营活动。从事烟花爆竹批发的企业和零售经营者的经营点，应当经安全生产监督管理部门审批。禁止在城市市区布设烟花爆竹批发场所；城市市区的烟花爆竹零售网点，应当按照严格控制的原则合理布设。

对未经许可经营烟花爆竹的，或者向未取得烟花爆竹安全生产许可的单位或者个人销售黑火药、烟火药、引火线的，由安全生产监督管理部门责令停止非法生产、经营活动，处2万元以上10万元以下的罚款，并没收非法生产、经营的物品及违法所得。非法经营烟花爆竹的，构成违反治安管理行为的，依法给予治安管理处罚；构成犯罪的依法追究刑事责任。

#### 33.1.7.5 烟花爆竹批发企业的安全管理

(1) 烟花爆竹批发企业的基本安全条件

① 从事烟花爆竹批发的企业应当具备的安全条件

a. 具有企业法人条件；

b. 经营场所与周边建筑、设施保持必要的安全距离；

c. 有符合国家标准的经营场所和储存仓库；

d. 有保管员、仓库守护员；

e. 依法进行了安全评价；

f. 有事故应急救援预案、应急救援组织和人员，并配备必要的应急救援器材、设备；

g. 法律、法规规定的其他条件。

② 烟花爆竹的批发经营行为。烟花爆竹批发企业应以向烟花爆竹生产企业采购烟花爆竹，向从事烟花爆竹零售的经营者供应烟花爆竹的形式开展经营活动。

烟花爆竹批发企业不得采购和销售非法生产、经营的烟花爆竹，不得向烟花爆竹零售经营者供应按照国家标准规定应由专业燃放人员燃放的烟花爆竹。烟花爆竹批发企业向从事烟花爆竹零售的经营者供应非法生产、经营的烟花爆竹，或者供应按照国家标准规定应由专业燃放人员燃放的烟花爆竹的，将由安全生产监督管理部门责令停止违法行为，处2万元以上10万元以下的罚款，并没收非法经营的物品及违法所得；情节严重的，将被吊销烟花爆竹经营许可证。

(2) 烟花爆竹批发经营的许可程序

烟花爆竹批发的企业，应当向所在地省、自治区、直辖市人民政府安全生产监督管理部门或者其委托的设区的市人民政府安全生产监督管理部门提出申请，并提供能够证明符合从事烟花爆竹批发企业应当具备的安全条件的有关材料。受理申请的安全生产监督管理部门应当自受理申请之日起30日内对提交的有关材料和经营场所进行审查，对符合条件的，核发《烟花爆竹经营（批发）许可证》；对不符合条件的，应当说明理由。

烟花爆竹的批发企业，持烟花爆竹经营许可证到工商行政管理部门办理登记手续后，方可从事烟花爆竹经营活动。《烟花爆竹经营（批发）许可证》有效期为2年。

(3) 对黑火药、烟火药、引火线应进行严格的管理

黑火药、烟火药、引火线是烟花爆竹生产的重要原材料，其经营环节危险性较烟花爆竹产品更大。

① 购买、领用、销售登记和丢失报告制度。生产、经营、使用黑火药、烟火药、引火线的企业，应当对黑火药、烟火药、引火线的保管采取必要的安全技术措施，建立购买、领用、销售登记制度，防止黑火药、烟火药、引火线丢失。黑火药、烟火药、引火线丢失的，企业应当立即向当地安全生产监督管理部门和公安部门报告。

生产、经营、使用黑火药、烟火药、引火线的企业，丢失黑火药、烟火药、引火线未及时向当地安全生产监督管理部门和公安部门报告的，由公安部门对企业主要负责人处5000元以上2万元以下的罚款，对丢失的物品予以追缴。

② 销售限制。经营黑火药、烟火药、引火线的企业，不得向未取得烟花爆竹安全生产许可的任何单位或者个人销售黑火药、烟火药、引火线。

向未经取得烟花爆竹安全生产许可的单位或个人销售黑火药、烟火药、引火线的，将由安全生产监督管理部门责令停止非法经营活动，处2万元以上10万元以下的罚款，并没收非法生产、经营的物品及违法所得。

#### 33.1.7.6 烟花爆竹零售单位的安全管理

(1) 烟花爆竹零售单位的基本安全条件

烟花爆竹零售经营者，应当具备下列条件：

① 主要负责人经过安全知识教育；

② 实行专店或者专柜销售，设专人负责安全管理；

③ 经营场所配备必要的消防器材，张贴明显的安全警示标志；

④ 法律、法规规定的其他条件。

(2) 烟花爆竹零售的经营行为及处罚的规定

烟花爆竹零售者以向从事烟花爆竹批发的企业采购烟花爆竹，向烟花爆竹消费者销售烟花爆竹的形式开展零售经营活动。

烟花爆竹零售经营者不得采购和销售非法生产、经营的烟花爆竹，不得销售按照国家标准规定应由专业燃放人员燃放的烟花爆竹。烟花爆竹零售经营者销售非法生产、经营的烟花爆竹，或者销售按照国家标准规定应由专业燃放人员燃放的烟花爆竹的，由安全生产监督管理部门责令停止违法行

为，处1000元以上5000元以下的罚款，并没收非法经营的物品及违法所得；情节严重的，吊销烟花爆竹经营许可证。

(3) 烟花爆竹零售经营应申请许可

烟花爆竹零售经营者，应当向所在地县级人民政府安全生产监督管理部门提出申请，并提供能够证明符合烟花爆竹零售经营者应当具备的条件的有关材料。受理申请的安全生产监督管理部门应当自受理申请之日起20日内对提交的有关材料和经营场所进行审查，对符合条件的，核发《烟花爆竹经营（零售）许可证》；对不符合条件的，应当说明理由。

《烟花爆竹经营（零售）许可证》，应当载明经营负责人、经营场所地址、经营期限、烟花爆竹种类和限制存放量。

烟花爆竹的批发企业、零售经营者，持《烟花爆竹经营（零售）许可证》到工商行政管理部门办理登记手续后，方可从事烟花爆竹经营活动。《烟花爆竹经营（零售）许可证》的有效期由省、自治区、直辖市人民政府安全生产监督管理部门确定，最长不超过2年。

## 33.2 民用爆破物品安全

### 33.2.1 民用爆炸物品安全管理概述

民用爆炸物品是指用于非军事目的，列入民用爆炸物品品名表的各类火药、炸药及其制品和雷管、导火索等点火、起爆器材。其广泛应用于矿山开采、建筑、交通、基础设施建设等方面，既是经济建设和人民生活的生产资料和消费品，也是可能对公共安全产生危害的危险品。

民用爆炸物品安全管理是我国公安机关治安管理的一个重要内容，能否做到安全管理关系到整个社会的安定和人民生命财产的安全能否实现。一些因管理不当引发的案件提醒我们在对民用爆炸物品安全管理上还是存在着一些问题和漏洞，只有正视这些问题，找出相应的对策才是对社会主义经济建设和人民生命财产负责的态度和做法。

(1) 民用爆炸物品安全管理中存在的问题

民用爆炸物品安全管理涉及诸多环节，我们试图从民用爆炸物品的制造和经营方面、民用爆炸物品的存储和运输方面、民用爆炸物品的使用和监管方面入手，找出各自存在的问题，以便做到对症下药。

① 民用爆炸物品在制造和经营方面存在的问题。根据民用爆炸物品安全管理条例，从事民用爆炸物品的制造和相关经营活动必须具备相应的资质，只有通过严格的审核才能获得相应的生产和经营许可证。然而实际情况不容乐观，在我国，一些非法制造和经营民用爆炸物品的现象依然屡禁不止、时有发生。在利益的驱动下，私自制造和经营民用爆炸物品者，在生产程序不够完善，安全措施跟不上的情况下进行制造和经营活动，除了给自身带来极大的危险，更是对周围的群众造成了潜在的威胁。更可怕的是，如果这些民用爆炸物品被违法犯罪分子掌握，更是难以预料的危险隐患。

② 民用爆炸物品在存储和运输方面存在的问题。民用爆炸物品的存放在民用爆炸物品安全管理条例中有明确规定：存放地点必须为民用爆炸物品存放的专用仓库，仓库必须具备达到国家规定的技术防护设施，并设有专门人员进行管理和看护。对于存放当中已经变质和过期失效的民用爆炸物品应及时清理、销毁，且应注明去向。而在实际工作中，民用爆炸物品存放仓库条件、安全防护设施等不能完全达标，民用爆炸物品因存管不善，丢失、失效等情况时有发生。而在民用爆炸物品的运输环节中，有些人安全意识淡薄，不按照许可的物品、数量进行运输。在利益的驱动下只顾多拉且不能按照规定的车速行驶，在规定外的地点随意停车而无人看管。

③ 民用爆炸物品在使用和监管方面存在的问题。民用爆炸物品管理条例除了对民用爆炸物品的存储和运输进行了详细的规定外，对民用爆炸物品的爆炸作业使用也有详细规定，设有爆炸员、安全员安全操作规程。实际工作中，爆炸员、安全员虽要求持证上岗但人员水平参差不齐。这也就为安全爆破埋下了隐患。爆破现场的民用爆炸物品在存放上也存在较大问题：不能按规定选择存放地点，爆破现场爆破器材随意存放。在不采取任何防护措施情况下雷管、炸药同放一处。监管人员工作责任、安全意识淡薄，不能严格按照民用爆炸物品安全管理条例，对民用爆炸物品的存放、使用、经营等工作进行监管。这也就为一些不法分子造成了可乘之机，在社会的安定、人民生命财产的安全上埋下了隐患。

(2) 民用爆炸物品安全管理中存在问题的解决方法和对策

针对上述分析的民用爆炸物品安全管理在诸环节存在的具体问题，我们将在逐一分析探讨的基础上，对症下药给出其解决方法和对策。

① 加强民用爆炸物品知识宣传力度，提高民用爆炸物品安全管理意识。要想让大家提高对民用爆炸物品的安全管理意识，首先就要让大家了解民用爆炸物品的相关知识，民用爆炸物品知识的宣传显得尤为重要。了解了这些才能认识到民用爆炸物品在社会经济建设中的作用，才能明白可能存在的危险情况，才会让民众自觉去做到安全生产、经营和使用民用爆炸物品。还要强化从事民用爆炸物品工作人员的培训，不断提高管理人员和爆破工作人员的安全工作能力。只有这样，才能为预防和减少因对民用爆炸物品知识了解不足而在生产和经营中产生的问题，才能预防和减少事故的发生。

② 严格民用爆炸物品储存仓库标准，实施民用爆炸物品统一配送管理模式。民用爆炸物品储存仓库是否合乎标准，直接影响民用爆炸物品能否做到安全存放，因此在储存仓库的建设上必须严格按照民用爆炸物品安全管理条例要求执行。对民用爆炸物品的配送也是如此，必须完全按照条例要求做到统一发放、安全运输。除了公安机关外可建立一个评估机制，对民用爆炸物品的制造、存储、经营等环节施行评定。这既可以减轻公安机关在民用爆炸物品安全管理上的力不从心，还可以形成权力互相制约监督的有效机制，从而更好地实现民用爆炸物品的安全管理。

③ 组建专业民用爆炸物品使用队伍，切实做到规范管理安全监管责任。鉴于目前民用爆炸物品从业人员的复杂性和能力不足，应尽快建立一支专业民用爆炸物品使用队伍，促使民用爆炸物品行业走上专业经营管理之路。只有这样，才能在满足社会经济生产建设的同时，确保管理安全，达到双赢的社会效益。当然除了民用爆炸物品制造生产和运输使用部门自身需要强化安全意识、加强安全管理外，公安机关和相关安全监管部门必须切实尽到规范管理、安全监管的责任。要坚持管理和服务并重，既要严格管理又要悉心指导。多部门有效合作，形成管理合力，打防结合，防患于未然。

### 33.2.2 民用爆炸物品生产安全管理

① 设立民用爆炸物品生产企业，应当遵循统筹规划、合理布局的原则。

② 申请从事民用爆炸物品生产的企业，应当具备下列条件：

a. 符合国家产业结构规划和产业技术标准；

b. 厂房和专用仓库的设计、结构、建筑材料、安全距离，以及防火、防爆、防雷、防静电等安全设备、设施符合国家有关标准和规范；

c. 生产设备、工艺符合有关安全生产的技术标准和规程；

d. 有具备相应资格的专业技术人员、安全生产管理人员和生产岗位人员；

e. 有健全的安全管理制度、岗位安全责任制度；

f. 法律、行政法规规定的其他条件。

③ 申请从事民用爆炸物品生产的企业，应当向民用爆炸物品行业主管部门提交申请书、可行性研究报告以及能够证明其符合《民用爆炸物品安全管理条例》第十一条规定条件的有关材料。民用爆炸物品行业主管部门应当自受理申请之日起 45 日内进行审查，对符合条件的，核发《民用爆炸物品生产许可证》；对不符合条件的，不予核发《民用爆炸物品生产许可证》，并书面向申请人说明理由。

民用爆炸物品生产企业为调整生产能力及品种进行改建、扩建的，应当依照前款规定申请办理《民用爆炸物品生产许可证》。

民用爆炸物品生产企业持《民用爆炸物品生产许可证》到工商行政管理部门办理工商登记，并在办理工商登记后 3 日内，向所在地县级人民政府公安机关备案。

④ 取得《民用爆炸物品生产许可证》的企业应当在基本建设完成后，向省、自治区、直辖市人民政府民用爆炸物品行业主管部门申请安全生产许可。省、自治区、直辖市人民政府民用爆炸物品行业主管部门应当依照《安全生产许可证条例》的规定对其进行查验，对符合条件的，核发《民用爆炸物品安全生产许可证》。民用爆炸物品生产企业取得《民用爆炸物品安全生产许可证》后，方可生产民用爆炸物品。

⑤ 民用爆炸物品生产企业应当严格按照《民用爆炸物品生产许可证》核定的品种和产量进行生产，生产作业应当严格执行安全技术规程的规定。

⑥ 民用爆炸物品生产企业应当对民用爆炸物品做出警示标识、登记标识，对雷管编码打号。民用爆炸物品警示标识、登记标识和雷管编码规则，由国务院公安部门会同国务院民用爆炸物品行业主管部门规定。

⑦ 民用爆炸物品生产企业应当建立健全产品检验制度，保证民用爆炸物品的质量符合相关标准。民用爆炸物品的包装，应当符合法律、行政法规的规定以及相关标准。

⑧ 试验或者试制民用爆炸物品，必须在专门场地或者专门的试验室进行。严禁在生产车间或者仓库内试验或者试制民用爆炸物品。

### 33.2.3　民用爆炸物品运输安全管理

① 运输民用爆炸物品，收货单位应当向运达地县级人民政府公安机关提出申请，并提交包括下列内容的材料：

a. 民用爆炸物品生产企业、销售企业、使用单位以及进出口单位分别提供的《民用爆炸物品生产许可证》《民用爆炸物品销售许可证》《民用爆炸物品购买许可证》或者进出口批准证明；

b. 运输民用爆炸物品的品种、数量、包装材料和包装方式；

c. 运输民用爆炸物品的特性及出现险情的应急处置方法；

d. 运输时间、起始地点、运输路线、经停地点。

受理申请的公安机关应当自受理申请之日起 3 日内对提交的有关材料进行审查，对符合条件的，核发《民用爆炸物品运输许可证》；对不符合条件的，不予核发《民用爆炸物品运输许可证》，并书面向申请人说明理由。

《民用爆炸物品运输许可证》应当载明收货单位、销售企业、承运人，一次性运输有效期限、起始地点、运输路线、经停地点，民用爆炸物品的品种、数量。

② 运输民用爆炸物品时应当凭《民用爆炸物品运输许可证》，按照该许可证的品种、数量运输。

③ 经由道路运输民用爆炸物品的，应当遵守下列规定：

a. 携带《民用爆炸物品运输许可证》；

b. 民用爆炸物品的装载符合国家有关标准和规范，车厢内不得载人；

c. 运输车辆安全技术状况应当符合国家有关安全技术标准的要求，并按照规定悬挂或者安装符合国家标准的易燃易爆危险物品警示标志；

d. 运输民用爆炸物品的车辆应当保持安全车速；

e. 按照规定的路线行驶，途中经停应当有专人看守，并远离建筑设施和人口稠密的地方，不得在许可证以外的地点经停；

f. 按照安全操作规程装卸民用爆炸物品，并在装卸现场设置警戒线，禁止无关人员进入；

g. 出现危险情况立即采取必要的应急处置措施，并报告当地公安机关。

④ 民用爆炸物品运达目的地，收货单位应当进行验收后在《民用爆炸物品运输许可证》上签注，并在 3 日内将《民用爆炸物品运输许可证》交回发证机关核销。

⑤ 禁止携带民用爆炸物品搭乘公共交通工具或者进入公共场所。

⑥ 禁止邮寄民用爆炸物品，禁止在托运的货物、行李、包裹、邮件中夹带民用爆炸物品。

### 33.2.4　民用爆炸物品储存安全管理

① 民用爆炸物品应当储存在专用仓库内，并按照国家规定设置技术防范设施。

② 储存民用爆炸物品应当遵守下列规定：

a. 建立出入库检查、登记制度，收存和发放民用爆炸物品必须进行登记，做到账目清楚，账物相符；

b. 储存的民用爆炸物品数量不得超过储存设计容量，对性质相抵触的民用爆炸物品必须分库储存，严禁在库房内存放其他物品；

c. 专用仓库应当指定专人管理、看护，严禁无关人员进入仓库区内，严禁在仓库区内吸烟和用火，严禁把其他容易引起燃烧、爆炸的物品带入仓库区内，严禁在库房内住宿和进行其他活动；

d. 民用爆炸物品丢失、被盗、被抢，应当立即报告当地公安机关。

③ 在爆破作业现场临时存放民用爆炸物品的，应当具备临时存放民用爆炸物品的条件，并设专人管理、看护，不得在不具备安全存放条件的场所存放民用爆炸物品。

④ 民用爆炸物品变质和过期失效的，应当及时清理出库，并予以销毁。销毁前应当登记造册，提出销毁实施方案，报省、自治区、直辖市人民政府民用爆炸物品行业主管部门批准，由所在地县级人民政府公安机关组织监督销毁。

### 33.2.5　民用爆炸物品购买和销售安全管理

① 申请从事民用爆炸物品销售的企业，应当具备下列条件：

a. 符合对民用爆炸物品销售企业规划的要求；

b. 销售场所和专用仓库符合国家有关标准和规范；

c. 有具备相应资格的安全管理人员、仓库管理人员；

d. 有健全的安全管理制度、岗位安全责任制度；

e. 法律、行政法规规定的其他条件。

② 申请从事民用爆炸物品销售的企业，应当向所在地省、自治区、直辖市人民政府民用爆炸物品行业主管部门提交申请书、可行性研究报告以及能够证明其符合《民用爆炸

物品安全管理条例》第十八条规定条件的有关材料。省、自治区、直辖市人民政府民用爆炸物品行业主管部门应当自受理申请之日起30日内进行审查，并对申请单位的销售场所和专用仓库等经营设施进行查验，对符合条件的，核发《民用爆炸物品销售许可证》；对不符合条件的，不予核发《民用爆炸物品销售许可证》，并书面向申请人说明理由。

民用爆炸物品销售企业持《民用爆炸物品销售许可证》到工商行政管理部门办理工商登记后，方可销售民用爆炸物品。

③ 民用爆炸物品生产企业凭《民用爆炸物品生产许可证》，可以销售本企业生产的民用爆炸物品。

民用爆炸物品生产企业销售本企业生产的民用爆炸物品，不得超出核定的品种、产量。

④ 民用爆炸物品使用单位申请购买民用爆炸物品的，应当向所在地县级人民政府公安机关提出购买申请，并提交下列有关材料：

a. 工商营业执照或者事业单位法人证书；

b.《爆破作业单位许可证》或者其他合法使用的证明；

c. 购买单位的名称、地址、银行账户；

d. 购买的品种、数量和用途说明。

受理申请的公安机关应当自受理申请之日起5日内对提交的有关材料进行审查，对符合条件的，核发《民用爆炸物品购买许可证》；对不符合条件的，不予核发《民用爆炸物品购买许可证》，书面向申请人说明理由。

《民用爆炸物品购买许可证》应当载明许可购买的品种、数量、购买单位以及许可证的有效期限。

⑤ 民用爆炸物品生产企业凭《民用爆炸物品生产许可证》购买属于民用爆炸物品的原料，民用爆炸物品销售企业凭《民用爆炸物品销售许可证》向民用爆炸物品生产企业购买民用爆炸物品，民用爆炸物品使用单位凭《民用爆炸物品购买许可证》购买民用爆炸物品，还应当提供经办人的身份证明。

销售民用爆炸物品的企业，应当查验《民用爆炸物品购买许可证》和经办人的身份证明；对持《民用爆炸物品购买许可证》购买的，应当按照许可的品种、数量销售。

⑥ 销售、购买民用爆炸物品，应当通过银行账户进行交易，不得使用现金或者实物进行交易。

销售民用爆炸物品的企业，应当将购买单位的许可证、银行账户转账凭证、经办人的身份证明复印件保存2年备查。

⑦ 销售民用爆炸物品的企业，应当自民用爆炸物品买卖成交之日起3日内，将销售的品种、数量和购买单位向所在地省、自治区、直辖市人民政府民用爆炸物品行业主管部门和所在地县级人民政府公安机关备案。

购买民用爆炸物品的单位，应当自民用爆炸物品买卖成交之日起3日内，将购买的品种、数量向所在地县级人民政府公安机关备案。

⑧ 进出口民用爆炸物品，应当经国务院民用爆炸物品行业主管部门审批。进出口民用爆炸物品审批办法，由国务院民用爆炸物品行业主管部门会同国务院公安部门、海关总署规定。

进出口单位应当将进出口的民用爆炸物品的品种、数量向收货地或者出境口岸所在地县级人民政府公安机关备案。

### 33.2.6 爆破作业安全管理

① 申请从事爆破作业的单位，应当具备下列条件：

a. 爆破作业属于合法的生产活动；

b. 有符合国家有关标准和规范的民用爆炸物品专用仓库；

c. 有具备相应资格的安全管理人员、仓库管理人员和具备国家规定执业资格的爆破作业人员；

d. 有健全的安全管理制度、岗位安全责任制度；

e. 有符合国家标准、行业标准的爆破作业专用设备；

f. 法律、行政法规规定的其他条件。

② 申请从事爆破作业的单位，应当按照国务院公安部门的规定，向有关人民政府公安机关提出申请，并提供能够证明其符合《民用爆炸物品安全管理条例》第三十一条规定条件的有关材料。受理申请的公安机关应当自受理申请之日起20日内进行审查，对符合条件的，核发《爆破作业单位许可证》；对不符合条件的，不予核发《爆破作业单位许可证》，并书面向申请人说明理由。

营业性爆破作业单位持《爆破作业单位许可证》到工商行政管理部门办理工商登记后，方可从事营业性爆破作业活动。

爆破作业单位应当在办理工商登记后3日内，向所在地县级人民政府公安机关备案。

③ 爆破作业单位应当对本单位的爆破作业人员、安全管理人员、仓库管理人员进行专业技术培训。爆破作业人员应当经设区的市级人民政府公安机关考核合格，取得《爆破作业人员许可证》后，方可从事爆破作业。

④ 爆破作业单位应当按照其资质等级承接爆破作业项目，爆破作业人员应当按照其资格等级从事爆破作业。爆破作业的分级管理办法由国务院公安部门规定。

⑤ 在城市、风景名胜区和重要工程设施附近实施爆破作业的，应当向爆破作业所在地设区的市级人民政府公安机关提出申请，提交《爆破作业单位许可证》和具有相应资质的安全评估企业出具的爆破设计、施工方案评估报告。受理申请的公安机关应当自受理申请之日起20日内对提交的有关材料进行审查，对符合条件的，做出批准的决定；对不符合条件的，做出不予批准的决定，并书面向申请人说明理由。

实施前款规定的爆破作业，应当由具有相应资质的安全监理企业进行监理，由爆破作业所在地县级人民政府公安机关负责组织实施安全警戒。

⑥ 爆破作业单位跨省、自治区、直辖市行政区域从事爆破作业的，应当事先将爆破作业项目的有关情况向爆破作业所在地县级人民政府公安机关报告。

⑦ 爆破作业单位应当如实记载领取、发放民用爆炸物品的品种、数量、编号以及领取、发放人员姓名。领取民用爆炸物品的数量不得超过当班用量，作业后剩余的民用爆炸物品必须当班清退回库。

爆破作业单位应当将领取、发放民用爆炸物品的原始记录保存2年备查。

⑧ 实施爆破作业，应当遵守国家有关标准和规范，在安全距离以外设置警示标志并安排警戒人员，防止无关人员进入，爆破作业结束后应当及时检查、排除未引爆的民用爆炸物品。

⑨ 爆破作业单位不再使用民用爆炸物品时，应当将剩余的民用爆炸物品登记造册，报所在地县级人民政府公安机关组织监督销毁。

⑩ 发现、拣拾无主民用爆炸物品的，应当立即报告当地公安机关。

## 33.3 石油工业安全

### 33.3.1 石油物探安全

物探即石油地震勘探，它是通过人工方法激发地震波，研究地震波在地层中传播的情况，以查明地下地质构造，为寻找油气田或其他勘探项目服务的一种方法。物探是油田勘探开发整个生产过程中的首要环节，在石油工业系统中，素有“油田先驱”“勘探尖兵”的称号。

#### 33.3.1.1 关键场所的安全要求

（1）营地

营地是地震队临时性的生产、生活基地。地震队在没有条件租住民房、公房或旅馆时，必须配置营房，即自建营地。营地一般应选在工区范围之内的交通、取水、用电便利的地方。选择营地建设地点时，要尽量远离生产易燃、易爆物品或有毒、有害气体的工厂，避开传染病高发区、流行区。租住临时宿舍或库房时，应检查有无坍塌危险及其他危害人身安全的因素，使之达到符合安全要求，能独立存放易燃、易爆物品的要求。自建营地时，要注意选在地势平坦、宽敞、干燥和背风的地方，并注意周围的地质、自然因素的危害（如洪水、雷击、滑坡等）情况。营地周围 2m 外应挖设排水沟，清除杂草和垃圾，并设置垃圾坑。

营房管理要做到营区场地平整，进出道路平坦、宽敞、视线良好；营地内整洁卫生，房前无垃圾、污水，不随便停放车辆，无易燃、易爆物品堆放；营地门口要挂队牌和领导干部安全承包（联系）点牌，设置安全标志和照明信号灯；电气线路架设要安全、合理，无裸露或破损电线，并保证院内有良好的照明，各种电气设施安装漏电保护器，开关插头齐全、完好，无违章接线、用电现象；要按规定配备灭火器，并保持完好、有效；安全生产规章制度要悬挂上墙。如果是自建营地，还应做到营房摆放合理、整洁；院内有宽敞的活动场地，并符合安全卫生要求；野营房有良好的接地装置，并经常检查和维护。

（2）临时炸药库

设置临时炸药库要严格遵守有关炸药储存管理的规定要求。临时炸药库应独立设置，对居民点、重要工业建筑的安全距离按以下公式计算：$R=Kq/2$。式中，$R$ 为安全距离，m；$q$ 为最大库存总量，kg；$K$ 为系数，采用 $K=6$。对高压输电、铁路、公路的安全距离不小于 100m。炸药库要设置警戒区，并在警戒区周围加设禁行围栏和安全标志，按规定配备消防器材。库区内应整洁，无杂草，无易燃物，无杂物堆放。对炸药、雷管要分库存放，并保持安全距离至少在 10m 以上。库房要通风、干燥，严禁有明火、电源。爆炸物品要按规定进行存放，雷管要放在专用的防爆箱内，脚线要保持短路状态。要建立并严格落实各项爆炸物品安全管理制度，严格执行爆破器材进出账目登记、验收和检查制度，做到账、物相符。

（3）临时加油站

建设临时加油站要符合易燃易爆场所的有关安全要求。临时加油站应建在营区、居民点及高压线 50m 以外。库区四周加设禁行围栏，挖排水沟，设置安全标志牌。要配备足够数量的消防器材和消防砂，并按规定架设避雷装置。库区应保持整洁，做到无杂草，无易燃物堆放。储油罐和管线的各个接头、阀门应无渗漏，无油污。油泵、加油机及各种抽输油管、油枪等工具、容器应摆放整齐，并有防尘保护措施。油罐应有接地装置，有防腐、隔热、防尘、通风保护措施。罐盖、库门要上锁，并安排专人管理。存放各种油品要设置标牌，进出油料要严格执行检查、验收、登记制度。临时加油站周围 30m 范围内严禁烟火，严禁存放车辆。

（4）临时停车场

临时停车场应离营房或其他设施至少 10m。停车场的场地要平整、清洁，无杂草和易燃物堆放。停车场的进出口要宽敞、视线良好，入口处应设置安全警告牌，夜间要有足够的照明。场内要按车型划分停车区、停车位，设置定点停车标志。停放车辆要整齐，保持距离，对号停放。停车场要按规定配备消防器材，严禁在场内明火作业。

（5）发（配）电站

发（配）电站应离营地 20m 以上。其周围应无杂草，无易燃易爆物品堆放。场地要整洁，做到无杂物，无油污。要设置“防火”“防触电”标志牌，并配备足够数量的灭火器。发（配）电站应有防尘、防雨、散热、保温措施。两发电机之间保持 2m 左右的间距。发电机组要保持护罩完整、接地良好、设备清洁、无油污，禁止带病运转。电气线路架设要做到走向合理、规范标准、无裸露和漏电现象。接线盒要绝缘、封闭，无超负荷接线现象。各种插座、开关应无破损和老化现象。供油罐与发电机组之间的距离应不小于 5m，并做到整体无渗漏，罐口应封闭、上锁。发（配）电站的岗位人员要认真执行交接班制度，填写好运行记录，做到记录齐全、清楚、准确。

（6）食堂

食堂设置应避开污水、垃圾等污染源。工作间要整洁卫生，无蝇，无鼠，无变质、变味的饭菜。生熟食品应分开放置，分开使用案板，做到两刀、两板，各自使用。各种炊具、用具、容器要摆放整齐、合理，用后即清洗、消毒、擦净，保持无污垢，无灰尘。各种炊事机械、电动炊具应性能良好，安全防护装置齐全，接地可靠，有专人负责管理。配电盘、闸刀、开关、插头应无破损。电线要连接牢固，架设规范，无漏电、短路、裸露现象。液化气瓶、炉灶的使用要符合消防安全要求。储存库的各种生活物资、食品要摆放合理。场地应平整，无积水、垃圾和杂草。储水罐等其他容器应清洁卫生，无污染，用后封盖好。茶炉、容器的生活用水要符合饮用水卫生标准，各种食品制度应上墙。

#### 33.3.1.2 关键生产环节安全要求

地震勘探野外工作分试验和生产两个阶段进行。试验是为正式生产进行先期踏勘和生产试验。生产阶段的主要工作内容是：地震导线测量、地震波的激发和地震波的接收。其主要生产环节的安全要求如下：

（1）出工前准备

每次（年）出工前，要组织对职工进行全员的职业安全卫生教育、培训和应急演练，使职工的安全意识和安全技能达到项目要求。要做好设备检修和物资备料工作，制定长途搬迁方案，组织职工体检，并针对工区情况，采取针对性的防疫措施。要对职工传授必要的医疗护理知识和自我保护知识。

（2）工区踏勘

进行地震勘探作业前，在对施工地区的气候、自然环境、地理条件、流行病等进行踏勘、调查的基础上，应针对存在的隐患和不安全因素，制定有针对性的安全防范措施和应急预案，并编制安全施工方案和措施。

（3）营地（临时基地）搬迁

要按照长途搬迁方案，成立搬迁领导小组，负责搬迁中的安全管理和组织工作。各种设施的摆放要符合安全要求。如用起重机和拖拉机配合作业时，要严格按规程规定进行操作。在搬迁牵引式野营房前，必须对牵引装置、制动系统和灯光情况进行全面、严格的检查。经检查确认合格或整改合格（检查人员必须签字确认）后，方可牵引驾驶。施工以前，上级单位要组织安全、生产、技术、公安、设备、生活管理等部门人员对其进行职业安全卫生管理状况验收，验收通过后方可施工。

（4）出、收工车队

出、收工车队要由领导带队，按照指定的路线列队、限速行驶。

（5）爆炸物品的长途运输

爆炸物品的长途运输需持有所在市、县公安机关签发的《爆炸物品运输证》，装运爆炸物品需专车专用。雷管需用专用保险箱。严禁使用自卸车、拖拉机、摩托车等运输工具装运爆炸物品。装运爆炸物品的车辆必须技术性能良好，其驾驶员必须技术熟练、熟悉道路情况。装运爆炸物品的车辆不准搭乘无关人员或混装其他物品。车辆必须按规定路线中速行驶，尽量避免紧急刹车。除非有特殊情况，禁止在城镇、工厂、学校、居民区、桥梁、铁路等处停车。中途停车应选在安全地带，车辆周围 20m 以内禁止吸烟或使用明火、无线电发射装置，押运人员不得擅离车辆。途中住宿时，需报经当地公安机关许可，按指定地点停放，安排专人看守。

(6) 爆炸物品的施工运输

爆炸物品需用专用车辆、船或两栖运输工具运输，并悬挂爆炸物品运输车（船）标志牌，由当班爆炸员押运。装运爆炸物品的车辆电路系统必须安全可靠，无线头裸露和漏电现象。对爆炸物品要用专用箱装运，并随时上锁。雷管装箱前要全部短路。装运爆炸物品的运输工具禁止混装其他器材、物品或搭乘无关人员。爆炸物品车辆停放时，周围在 20m 内禁止吸烟及动用明火。爆炸物品车辆禁止安装、携带无线电发射器材，并应在距无线电发射器材 20m 以外停放。凡装运爆炸物品的车辆均需装配消防器材，并保证其性能良好。

(7) 爆炸物品的使用

凡爆炸物品操作人员均需持有公安机关签发的《爆炸员作业证》。不允许在酒后、带病或处于麻醉品影响的情况下进行爆炸物品的保管和使用。在整个工作期间，绝对不能丢弃和乱扔爆炸物品。严禁在装有爆炸物品的车辆上吸烟，下药人员在下药时不能吸烟或随身携带火柴等引火材料。接触爆炸物品的人员，必须按规定穿防静电服。爆炸物品和炸药箱的钥匙应由规定的保管人员来保管。装有爆炸物品的车辆在测线上行驶时，禁止超速行驶。运输爆炸物品的司机，要看管好车上的爆炸物品，不准随意离开。包装炸药包需在炸药车 10m 以外进行。取用雷管应疏管拿取，随用随取，用后将雷管箱锁好。包药时，炮线必须短路。炸药包必须附设防止上浮装置。严禁同一井场同时包装和存放两个及两个以上装有雷管的炸药包。炸药包包装完毕，随即填写《爆炸班爆炸物品消耗明细报表》。钻机未撤离井场时，炸药包应放置在井场 15m 以外，并有专人看守，防止车辆碾轧。炸药包下井时，下药工要用爆炸杆按规定程序将炸药包下到井内预定深度。炸药包下井后，由下药工轻提炮线，检查药包是否上浮。炸药包下井遇卡时，禁止强行上提。遇雷击、闪电时，应停止作业，待雷击过去 30min 后，才能重新进行爆炸作业。

(8) 爆炸作业

爆炸站应选在炮点上风向视线良好的位置。爆炸站距井口安全距离为砂、土地层时 35m，岩石、冻土层时 60m，水中放炮时 100m。爆炸员放炮前，必须核对炮点桩号，轻提炮线，检查炸药包是否上浮。在水域作业需要在船上放炮时，要专船专用（外雇船工必须经安全培训后方可上岗）。放炮船需有定位措施，并不得在行驶过程中放炮。人抬爆炸机在水中放炮只限于水深不超过 0.5m 的地方，并限于水中钻井放炮。在水中放炮前，应实行警戒，确认警戒区内无人后方可放炮。在施工过程中，禁止同一爆炸机使用双炮线作业，以避免接错炮线。在连接炸药前，炮线必须从爆炸机上断开并在爆炸机一端短路。在山地施工时，由于地形复杂，放炮人员所站位置必须视野宽广，做到全方位警戒，不留死角。放炮员必须要有足够的助手去连接炸药。在任何时候，放炮人员所在的位置应保证能观察到放炮区，并与其助手保持通畅的联系。在炮线与爆炸机连接时，放炮员要始终仔细地观察炮点。如果助手发现有人或动物进入放炮区，要立即通知放炮人员；放炮员必须立即切断与爆炸机连接的炮线，并将炮线短路。爆炸站及警戒的施工人员不得靠近沟边或悬崖峭壁，以防止爆炸震动引起山地塌陷滑坡，造成人员伤亡。

**33.3.1.3　现场作业各主要岗位的安全要求**

野外生产的主要工种（岗位）除各种车辆的驾驶员以外，有危险品保管员、测量工、钻井工、爆炸工、震源工、仪器操作员、解释员、电缆检波器工、修理工和推土机工等。对各岗位职工的总的要求是：热爱本职工作，在思想上重视安全生产，努力提高安全意识和预防事故的能力，自觉地接受安全教育，取得相应的岗位资质，有过硬的工作本领，熟练掌握安全操作规程，对本岗位所操作的设备做到懂构造、懂性能、懂原理、懂用途、会操作、会维修保养和排除故障。

(1) 危险品保管员

野外地震队使用的危险品主要有爆炸品和易燃品。爆炸品主要有各种炸药、雷管、导爆索等。易燃品主要有各种油料，如汽油、柴油等。

危险品保管员应了解各种易爆品、易燃品等有危险性物品的物理、化学性质，掌握防火防爆器材的使用方法，严格按照安全要求、岗位规程进行操作。每次上岗前，应检查工作场所的各种材料设备是否符合安全要求、有无事故隐患等。工作场所应始终保持整洁，及时清除杂草、油泥、铁屑等杂物，清除一切遗留在垫仓板上的散漏物资，保持通道畅通。对有特殊性质的危险品，应根据保管要求和管理规定，采取科学的保管方法储存。要加强日常安全检查工作，经常检查各种包装是否有残破、锈蚀、渗漏、封口损坏，以及包装物外表黏附杂质、油污，受雨、潮湿等情况。应特别注意，两种有抵触性的危险品物资不得同时在同一处储存。在搬运易燃、易爆物资出入库时，应提醒工作人员避免撞击和摩擦。要妥善保管各种账目和单据等资料，记好各种危险品账目，使各种账、单准确、及时地反映危险品收发动态。在危险品入库和发放的当日，应逐笔登记收发数和结存数。登销账目时，要有正规的收发依据。

保管易爆物品时，爆破器材总库和分库应设专职人员负责管理。库区设立门卫，并建立严格的门卫制度。要确认库存容量不得超过《爆炸物品储存许可证》规定的限额。本库工作人员在工作时间凭证入库，非本库人员按仓库出入库规定执行。库内严禁明火和吸烟，所有入库人员应穿防静电服和不带铁钉的鞋，所带火种、通信器材必须存放在门卫室。库房内应保持清洁、干燥和通风，应备有温度计和湿度计，使库内温度不超过 35℃，相对湿度尽量要小。库房管理采取双人保管、双人收发制度，不准一人代替。产品入库时，保管人员应按照制造厂家的产品合格证等证明严格验收产品的名称、型号、生产日期、数量、包装、装箱检查人等。验收合格方可入库并及时上账。箱堆下面应垫上方木或木板。雷管应放在特制的安全保险箱内。不允许在库房内拆封产品箱。维修库房时，应将库内物品搬出后方可施工。库房不允许存放其他物品。雷管库应做好防鼠、灭鼠工作。

保管易燃物品时，各牌号的油类应分别储存，禁止暴晒，禁止烟火，不得露天储放。要经常检查油罐的静电接地装置和消防装置，保证其时刻处于良好状态。汽油容器附近严禁有明火或火星，不得用汽油擦洗或冷却灼热零件。桶装汽油应放在阴凉处，并要留出约 7% 的空间，以防受热胀破油桶。在保管柴油及其他油料时，应严防混入机械杂质和水分。装油的容器必须清洁，不得有存水和铁锈及其他杂物。

(2) 测量工

测量工各岗位人员在使用测量工具时要小心谨慎，做到安全搬运，安全使用，并注意防潮、防淋、防尘、防晒、防腐。在野外测量作业之前，应与有关部门联系，了解清楚工区地下电缆、油、气、水管道等地下设施的准确位置，并在测量草图中详细标明。在确定井位时，炮井应按规定的安全距离远离这些设施，并确认井口周围场地相对平坦，无下陷、垮塌现象，在周围30m范围内应无高压输电线路通过。当测线经过河流、沟渠、陡崖等危险地段时，应采取监护措施。进行测量工作时，附近不得有闲杂人员。在沙漠地区测量时，针对沙漠内无明显标志以及由于气候变化容易迷失方向的情况，测量组必须在已确定的营地中心至测线工区道路两旁设置明显的路标（标志旗），来引导行车路线或方向。标志旗要插牢，用文字和数字注明方向和里程，其密度一般在300～500m间距，遇高差起伏大的地段还应增加设置标志旗的密度。测量工野外作业时，还应注意食品卫生、饮水卫生，防止食物中毒、疾病流行等危害发生。

(3) 钻井工

钻井组的所有人员要有明确的分工。司钻必须持证上岗。在施工过程中，所有钻井施工人员要穿戴好劳保服装，佩戴安全帽，坚守岗位，严禁脱岗、串岗、乱岗。要熟练掌握本岗位的安全操作规程，坚持“十四字作业法”，即清洁、润滑、调整、紧固、防腐、安全、整齐，按要求保养好各零部件，合理使用生产工具。

在钻井作业前，机组人员需了解当日施工任务、设备、测线环境、施工方法诸因素可能对安全的影响，并制定相应的施工安全措施。要备有测量组提供的施工草图，了解草图中的地面建筑、高压输电线、地下设施，以及广播电台、电视台、雷达等的具体位置。在选井位时，要注意井位与这些设施保持足够的安全距离，保证井位上方无高压电线，井位下面无地下设施。当井位上方有高压电线通过或离地面建筑距离较近时，井位必须偏移或空点。移动井位后，必须保证竖立井架时的安全及偏移点的安全性。

在钻机起架前，应按规定程序和安全技术要求检查钻机，确认钻机各个部分的技术性能符合使用安全技术条件的要求。起升井架时要平稳，钻机前后、井架和平台上不准站人，各位钻工应远离平台5m以上。井架竖立后，要将人字架锁钩挂牢。应检查液压管线，确保无挤压、扭转、死弯及磨碰现象。动力头下接头与卡瓦要对中。

在钻机操作过程中，任何岗位人员不得脱离岗位。以钻井液为介质钻井时，要随时注意钻井泵压力和钻井液循环情况。用空气为介质钻井时，在空压机运转前，应先拉动空气阀手柄打开阀门，使空气管线畅通。在工作过程中，可调节注水泵阀手柄，使注水泵连续或断续地喷水，以冷却管线，防止喷出井口的砂、土飞溅。在钻机运转过程中，井架上严禁站人。在平台上工作时，应注意离开转动轴，并不得同时进行维修保养作业，不准用手去触摸正在运转部分，不得任意拨动操作手柄。在上卸钻杆时，司钻应高度注意钻具的运转方向，要控制油门使之不要过大，禁止在钻杆未挂接稳妥时就提升或下放。装卸钻杆时，要注意防止钻杆掉入井内。严禁立架搬迁。

在放倒井架时，井架及平台上严禁有人，各位钻工应远离平台5m以上。井架落放过程应平稳，不能有挂碰和撞击的现象。

使用轻便钻机时，要求井场平坦，钻机平台四角着地，防止钻井过程中因振动造成平台下陷、井架倾斜、机件磨损严重和发生井架倾倒事故。在钻机装车搬运时，应先装大件，后装小件，摆放整齐、牢固，防止在车辆行驶时造成机具碰撞损坏及碰伤人员。

(4) 爆炸工

爆炸工各岗位人员必须经单位主管部门审查合格，进行专业培训，并持有公安机关批准核发的《爆炸员作业证》。工作期间，必须穿戴劳保用品，如穿戴防静电服装等。要严格按照有关规定进行爆炸工作。在从事提取爆破器材、制炸药包、下药、放炮以及爆炸后收尾工作时，必须按相应的安全要求操作。

(5) 震源工

在可控震源地震队中，震源工担负着驾驶可控震源车和操纵震源激发地震波的任务。震源工应按规定进行安全培训，考核合格。同时，应持有驾驶证。

可控震源车在驱动行驶前，震源工应按规定程序和技术要求检查各部件、各仪表指示数值以及各控制开关及阀门，确认符合要求后方可按安全技术规程进行可控震源的驱动。在起步前，应确认震动板已完全提升，车前、车后及车下无人及障碍物。在轻轻踩下行车加速踏板后，应注意观察前后驱动压力表，确认两个压力表压力值应同时上升。不可在挂挡后马上全力踩下加速踏板。

在驱动行驶过程中，应注意前后液压油温指示灯及前后变速箱油温指示灯是否均处于正常的状态。若红灯亮时，应停车查明故障后再行驶。当震源车在斜坡地带时，不准空挡滑行和停车。上、下陡坡时，应预先将变速箱换到一挡，不要在斜坡上变换挡位。需要变换挡位时，必须将车辆完全停下后才能进行。在一般行驶状态，转向阀手柄应放在前轮转向位置，并将后桥用锁死销锁在中间位置。对于特殊地表，可采用前后轮反向转向和同向转向。在使用这两种转向方式时，必须先将后桥锁死销拆去，然后将转向阀手柄移动到所需位置。要经常注意行车制动系统有无漏气、漏制动液现象，监视液压、气动、电气系统和发动机在前面板上的仪表显示是否正常。在移动或行驶时，车速要慢，与其他车辆要保持一定的安全距离。

驱动震源车到达施工地点后，在振动工作之前，应按要求做好车辆、外部电缆及电控箱体等部件的检查工作，确认各车辆、部件、仪表正常工作。扳动平板挂钩气动开关使平板挂钩脱开后，应下车查看，确认挂钩完全脱开（在此期间，现场其他人员不得进入震源车10m范围之内）。在升压情况下，不得转动任何液压元件管路等连接处，不得扳动电控箱体的电源开关，不得有人靠近液压系统。系统故障在排除以前需先降压。在未确认重锤锁牢、垫稳时，人体任何部位不得置于重锤与车辆之间或重锤与地面之间。在振动过程中，要随时观察各部仪表的指示变化，查看各部螺钉是否松动，并注意有无电控箱报警，随时调整或停机检查。在施工过程中，已确定的震源各项参数不得随意改动。工作完毕，在发动机熄火后应切断电源。离开驾驶室时，必须使用停止制动，然后打开储气箱的放气阀，将水、油等污物排出，然后按保养内容及要求进行停机后的各项检查、清洁工作，并加满燃油。在清除重锤底面泥垢时，应使用长的工具，人体任何部位不准越过安全链。在整个施工过程中，严禁任何人任何时候站、坐在震源平台或其他部位，无关人员禁止到驾驶室扳动各种开关和按钮。

(6) 电缆检波器工

放线班全体成员要按地震施工设计和现场技术人员要求进行搬运和布设大、小线及采集站。在野外作业时，严禁使用无尾锥的检波器施工。检波器与电缆连接时，正、负极性不得接反，检波器与电缆连接处的夹子、接头不要碰到潮湿地面。在放检波器时，要做到平、稳、正、直、紧。进行组合检波时，组合图形中心应对准道号位置。在放线时，不得直接用手操作检波器。装车时，对检波器串线不能乱丢、乱放，不能和铁锹、铁镐等尖硬物件堆放在一起。收工后，应视天气情况，用篷布将装检波器的车子盖好，以防雨、雾和露水。

使用与搬运检波器时要轻拿轻放，不得撞击，以防止磁钢退磁或损坏弹簧片。采集站安放要平稳放正，有太阳能电池板的一面向上。无线电传输的采集站应尽可能远离高压线。在移动采集站时，应先拔开插头座并将防尘盖盖好。只有收工后才能由专门人员打开采集站进行检查。

在野外工作期间，所有电缆检波器工不得擅自离开岗位，不得睡岗、串岗。应阻止闲杂人员进入施工现场。放炮期间，要严格执行仪器操作员的指令，放炮 10s 后方可疏散流动人员及车辆。当大线通过的公路行车较多时，应安排人员看守，并采取措施，防止车辆碾压。测线过河、穿山或在沼泽、湖泊区域内时，应由队长、班组长制定和落实安全防护措施，确保人员和设备的安全。在工作期间，查线岗位人员应使所用的通信器材离开爆炸物品，并管理保养好所使用的电表等器材。工作间歇时，所有人员不得躺在车下及庄稼地、草丛中和其他看不见的地方休息，并特别注意沿测线移动的各种车辆。

采集站及大、小线维修岗位人员应熟知所用仪表工具的性能，达到应知应会要求。工作前，要认真检查电气设备和线路并确保无异常情况。工作期间，要求室内整洁，不吸烟，无明火，各种仪器、仪表工具存放整洁、条理，所使用的闸刀、接线板、插头、插座等应完好无缺损。

(7) 仪器操作及解释员

在出工前，仪器操作人员应按地震仪的保养要求做好仪器的保养和检修工作。到达工地后，应察看仪器车是否停放平稳，并接好地线。对数字地震数据采集系统，应采取防静电措施；在使用前，必须检查电源电压是否符合仪器要求。对仪表要在使用前、后进行检查，不得存在漏电现象。在打开系统电源以前，要检查供电电压是否正常。放炮前，应了解观测系统、仪器因素、井深、药量，如实填写班报，并要求对整个施工现场的炮点、检波点做好警戒工作。在征得放炮员同意后，才发出放炮信号。仪器操作室应保持清洁，不得在室内吸烟和动用明火，不得使闲杂人员进入。要经常检查操作室内的消防器材，使之保持良好状态。

解释员应掌握工区的地质任务，认真执行本岗位的技术规程，达到岗位的应知应会要求，按规定使用、保管好各种资料、图件，保持作业现场的整洁。室内应无烟火及闲杂人员。野外作业中，要按照测量组提供的草图开具任务书，并标注当日生产中安全控制要点。

(8) 修理工

仪器仪表修理工作人员应熟知并严格遵守本岗位的安全操作规程，熟悉所维修的仪器仪表出厂的技术标准及使用说明书，熟练所使用的各种工具，做好工具的维护和保养工作。在仪器设备有重大故障或重大改进时，应上报上级有关单位批准方可修理或改动。修理现场应保持整洁，各种仪表、工具存放整齐，严禁将易燃易爆、有毒有害的污染物品和强磁物质带入仪器设备修理现场。修理工所使用的工具如闸刀、接线板、插头、插座等应完好无缺损，仪器接线、电气工具接线应无破损、老化现象。要经常检查仪表接地装置以及触电保护器并使之符合安全要求。仪器仪表的电源开关在通电前应全部置于断开位置，待电压频率符合仪器使用标准时方可通电（应按规定逐步开启）。严禁接通电源后拔电器电路元件。当元件板从插座拔出后，应及时采取防静电措施。在离开维修现场前，要切断一切电源，等待使用的电烙铁完全冷却。

机械修理工作人员应严格执行本岗位的安全技术操作规程，对使用的工作设备达到应知应会要求，并保持其清洁完好。修理现场应保持场地整洁，将各种物品摆放条理，把油液及污水清除干净。在解体拆卸设备时，应按要求摆放各个部件，使之不妨碍操作和行走。拆卸各种弹簧、卡簧时，要防止弹出伤人。在拆卸侧面机件时，应先拆下部螺栓。装配时，应先装上面的螺栓。对重心不稳的零件，在拆卸时应先拆离重心远的螺栓，在装配时则应先装离重心近的螺栓。需两人及两人以上共同拆装机件时，应密切配合，动作协调。抬较重和较长的物件时，应稳起稳落。清洗零件时应使用清洗液，废液要倒入指定的容器内。在使用起重设施时，要安排专人指挥，严格按起重作业安全规程进行操作。起重设施的吊钩、钢丝绳、绳卡要保持完好，吊件下不得站人。使用各种电动工具时，应遵守手持式电动工具安全操作规程，按规定戴防护眼镜和绝缘手套。在野外或露天维修各种车辆时，车辆应熄火停在平坦的场地上，拉住手刹，并在轮胎前后用垫木防止车辆溜滑（必要时设人监护）。在使用千斤顶时，要垫好枕木，在车辆保险杠处支好保险凳。

(9) 推土机工

推土机工必须经培训持证上岗。在启动发动机前，要按规定进行启动前的安全检查。如遇启动开关或操作杆上贴有“勿操作”或类似的警告标志的情况时，不得启动发动机或移动任何操作杆。在启动发动机前，必须将所有推土机具操作杆扳到“保持”位置，将变速箱变速杆和方向控制杆扳到“空挡”位置。不得以短路启动马达接线柱来启动推土机。驾驶推土机行走前，应提醒其他所有人员躲开，确认机上、机下或靠近推土机工作的地方无其他人员，并清除掉推土机所走路线上的全部障碍物。遇下坡地形时，不要把变速箱杆或方向控制杆扳到空挡滑行，不得超速行驶。停车时，要用脚刹车停住推土机，将变速箱变速杆和方向控制杆搬到空挡位置，拉住手刹。将推土机停在坡上时，要用垫土垫住推土机防止移动。熄灭发动机后，将启动开关钥匙扳到“关”的位置，拔出钥匙。如果停放时间较长，应锁上驾驶室。在推土机和推土机具下面检修时，要放好安全凳或用垫木支撑好。禁止在装有易燃油料的油管上电焊或用火焰切割。

### 33.3.2　石油钻井安全

钻井工程是指在勘探和开发油、气、水储藏的过程中，通过钻具（钻头、钻杆、钻铤等）对地层钻孔，然后用套管连接并向下延伸到油、气、水层的工程。目前，世界上绝大部分钻井工作量是由旋转钻井完成的，其中包括转盘钻井和井下动力钻井。另外，还有冲击钻井和爆炸钻井等，但使用极少。

#### 33.3.2.1　钻井施工安全

(1) 钻井设计与井场布置

① 钻井设计。所有的井都要本着“科学、安全、经济、环保”的原则进行钻井设计。在进行钻井设计时，要正确处理好安全、质量、速度、效益以及对社会、公众、环境的影响的关系，确保安全、环境与健康费用的投入，避免出现片面追求效益、危及安全、损害环境与职工健康的情况。钻井地质设计和工程设计要严格执行审批手续。在生产过程中，甲乙双方都要认真执行设计。如果出现新的情况需要更改设计时，也要严格按照相应的审批程序和制度来执行。

② 井场布置。井场定位必须符合钻井设计的要求，并充分考虑水源、道路、钻井液池、井场施工条件等因素。井场大小应能容纳所有的钻井设备和房屋、库房、工房等。井场布置应以井架为中心，对钻井设备、设施和辅助设施按照施工的要求，进行合理的布局。井场布置以有利于钻井施工，有利于设备、设施和辅助设施的安装运行，有利于节约土地，有利于服务车辆的通行，有利于抢险，有利于防洪、排涝、防冻等为原则。钻井各设备之间的空间应符合作业区和钻机危险区现有的有关规定。井场布局要考虑风频、风向，使井架大门方向尽量朝南或朝东。井场边缘距离铁路、高压线及其他永久性设施应不少于 50m。井口距离民房应大

于100m。在草原、苇塘、林区钻井时，井场周围应有防火隔离墙或者隔离带。

（2）设备安装

① 设备安装的基本条件。钻机应达到其安全技术条件，有制造厂或修理厂的出厂质量合格证等技术文件，并符合钻井工程设计对钻井主要设备选用的要求。安装钻机的井场和基础应符合按照规定程序批准的图样及技术文件的要求。安装所使用的各类工具或设备应齐备并有良好的使用性能。在用计量器具应检定合格。

② 塔形井架安装。塔形井架安装的工序为基础施工、安装井架底座、安装井架主体及附件。其安装作业一般由专业的井架安装队伍来完成。上井架的操作人员必须经“登高架设作业”安全技术培训、考核，并取得操作证。

在安装过程中，要正确使用施工机械，防止发生机械伤害和触电事故。在摆活动基础时，要预先对吊、索具进行检查。所有吊装作业都要严格执行起重作业安全规程。安装前，应对滚筒车、钢丝绳、扒杆、滑轮等机具进行安全检查。在施工过程中，地面人员与井架上的作业人员要密切配合，并有干部或安全员进行监控。安装工应把安全带系在稳固的地方，将手工具拴好尾绳并拴挂于腰间。应注意扒杆的正确使用，避免因超负荷或者扒杆吊物失衡造成损坏引发事故。遇浓雾、5级以上风力及其他恶劣天气时，不能进行井架安装作业。在井架主体安装结束后，各种附件也应相继安装完工。在使用井架前，使用单位要严格对井架质量和安装质量进行验收，并与安装单位办理交接手续。

③ 搬迁。钻机搬迁有分散搬迁和整体搬迁两种方式。对搬迁距离近、搬迁路线地面平坦、空中无障碍的井或同台丛式井组，一般尽可能采用整体搬迁的方式。

整体搬迁即用拖拉机组将井架和钻台上的设备拖至待钻井井位。整体搬迁前，要做好道路、工具等各种准备工作，拔出大、小鼠洞并甩下钻台，拆卸掉钻台与地面相连接的钻井液、油、水、气、电路、传动链条、万向轴等，固定好留在钻台上的所有设备，将方钻杆固定于转盘中心并用大钩拉紧，清理干净大门前影响整体搬迁的障碍物。要全面检查井架及底座，整改不符合整体搬迁要求的问题，将底座加固，连成一体，松开井架绷绳，保护好已钻井井口。

整体搬迁要有专人指挥。指挥人员要佩带明显标记。无论是用旗语或手势指挥，都要做到信号统一，准确无误。整体搬迁开始时，指挥人员发出信号后，各拖拉机组要同时起步，等速、缓慢前进。两组拖拉机要用速度较低并一致的挡位。拉紧绳套后，再进行一次全面检查。当井架底座前部积土过多或遇有其他障碍物时，要立即进行清理。在整体搬迁过程中，若发现两组拖拉机的牵引力悬殊且无法自行调整时，应立即停止前进，重新进行编组。整体搬迁到位后，指挥人员要立即发出停止信号，指挥拖拉机组立即停车。如果发现井架底座与基础的位置相对不正，可用部分拖拉机校正。整体搬迁时，非作业人员要远离井架50m以上。雨天、雾天、能见度小于10m或风力在5级以上时禁止进行整体搬迁。

水上钻机搬迁时，还要制定搬迁计划和应急计划，明确各个协作方的责任和义务，清晰掌握天气预报情况，做好水下地面情况的勘察，明确勘察方法、新钻机的定位、锚定方法、测试张紧力、链环的连接、通信责任和起抛锚拖船的选择等事宜。

分散搬迁是将整套钻机拆卸成便于汽车运输的单件，用拖拉机将拆卸开的设备按钻台、泵房、机房等分组，分别拖至几个便于装车的地点集中，然后用起重机将设备装上汽车，运往待钻井位（新井位）的搬迁方法。

在搬迁前，要召开全体人员会议，对搬迁工作进行严密的组织分工，确定钻台、泵房、机房、场地等区域装卸人员、负责人员、指挥人员。在新、老井场都应有钻井队干部作为搬迁的总负责人。在搬迁过程中，钻井队人员要与拖拉机、起重机和卡车司机密切配合。在用拖拉机拖设备时，等拖拉机停稳后才能挂、摘绳套，等挂、摘绳套人员离开后拖拉机才能行走。严禁站在拖拉机牵引架上随拖拉机行动。吊装设备时，要选好起重机的停放位置（地面应比较宽敞、平坦，上空及附近工作范围内应没有电力线路或通信线路，没有其他影响吊装工作的障碍物）。在吊装过程中，人员不能在吊臂旋转范围内和起重臂下停留或通过。在装车或在指定位置摆放设备时，不能用手去直接推、拉设备，而应拴牵引绳去控制设备的运动方向和位置。用两台起重机起吊一个大件（如绞车、钻井泵等）时，指挥人员与起重机司机要密切配合，做到动作一致，起吊平稳。在吊装钻井液循环罐、油罐和其他盛装流体的容器前，应将其内部清理干净。对装上汽车的野营房、值班房、发电房、材料房和易散、易滚、易滑的设备及物品等，要有专人负责，捆绑牢靠。在拉运设备的汽车车厢内严禁乘坐人员。设备分散搬迁应尽量避免夜间作业。

④ A型井架安装。A型井架由钻井队在井场安装。A型井架安装工作的顺序为安装井架底座，绞车就位，对接井架主体、天车，安装井架附件、照明电路及灯具，穿大绳，起升井架等。

井架底座安装要先确定井眼中心位置，然后确定井架底座各部分的位置。安装前，应对吊、索具认真进行检查。在安装过程中，要有专人指挥，起重指挥、起重机司机和司索人员要密切配合，严格执行起重作业安全规程。起吊时，人员不得进入吊物下或吊臂旋转范围以内。在底座各部对接时，操作人员不能将手伸入销孔来引导对接。在穿连接销时，工作人员要互相照顾，防止大锤伤人或销子崩出。在底座上部工作时，要有防人员、工具或机件坠落的措施。

绞车就位首先要合理选择好两台起重机的摆放位置，以使两台起重机距离适中，受力均匀。起吊时，指挥人员要站在两位起重机司机都能观察到的明显位置。两位起重机司机要服从指挥人员的指挥，动作协调一致。起重作业要认真执行起重作业安全规程。

井架主体、天车、井架附件、电路、灯具的安装，在对接井架构件、安装天车和一些较大的附件时，操作人员要注意与起重机司机的配合。对接时，不能用手伸入销孔来引导对接。进行高处作业时，必须要系好安全带，拴好工具尾绳。安装完毕，要对作业点进行检查和清理，确保各个部位连接可靠、固定牢固，无遗留的工具、螺栓、销子及其他物品。

穿大绳前，应对大绳做认真的检查，确保大绳绳径符合该井架的技术要求，无锈蚀、扭结、挤扁、松散、硬伤和严重断丝等缺陷。穿提升大绳时，在井架上工作的人员应系好安全带。大绳穿好后，要用绳卡固定好。卡固方法是：井架提升大绳两端使用与绳径相符合的绳卡固定，绳卡的数量和卡距必须符合规范要求，绳卡的压板应一律压在大绳的受力端。游动系统大绳的固定是死绳端在死绳固定器上缠绕3圈，然后用专用压板紧固牢靠，将活绳端用绳卡和压板固定在绞车滚筒上。

起井架作业要在全部钻井设备安装、校正结束后才能进行。在起井架前，要召开现场全体工作人员会议，由安全部门人员和钻井队干部交代作业措施和安全注意事项，对现场工作人员明确分工，组织对井场设备进行检查整改。其中，重点要检查井架底座与机房的连接和固定、各滑轮组的润滑和工作状态、气路控制系统、提升大绳和游动系统大绳的卡固、绞车刹车系统、井架缓冲气缸、水柜充水情况和井架各处有无遗留物等。作业时，要先试起井架，即将井架起升至支架上方 0.5m 时刹车，再对以上项目进行一次详细检查、整改。起井架作业应由有经验的队长或副队长操作刹把，由一名司钻在刹把旁监护。在起升井架的过程中不允许停顿。当井架起升至与地面成 60°时，应控制柴油机转速随井架升高而降低。当缓冲气缸接近人字架挡块时，要摘下绞车低速离合器，利用惯性使井架平稳靠拢人字架。井架起升到位后，用 U 形卡子或定位销固定好并张紧绷绳。禁止在 6 级以上（含 6 级）大风或雨、雾、雪等天气和视线不清的情况下进行起井架作业。

⑤ 主要设备的安装。钻机的各种主要设备要按照规定的顺序进行安装。在场地条件允许、保证安全的情况下，方可对钻机的辅助设备和设施进行交叉安装。

大绳的穿法有顺穿法和花穿法两种，现场多使用花穿法。在穿大绳过程中应做到：人工背引绳上天车时，工作人员脚要踏稳，手要抓牢；在天车平台上工作的人员必须系好安全带，携带的工具要拴好尾绳；引绳和大绳的连接要牢靠，相接处的直径不能大于大绳直径；天车平台上的工作人员和地面指挥人员要互相配合好，当天车平台上的工作人员倒引绳和处理其他问题时，地面人员要服从天车平台上的工作人员的指挥；在拉引绳带动大绳上行时，钻台上不能站人，指挥人员要站到安全的位置，天车平台上工作人员也应离开天车滑轮槽方向，并注意引绳不能与井架角铁相摩擦。

穿好大绳后，要将大绳的死绳端牢牢地固定在死绳固定器上，其做法是：将大绳的死绳端沿死绳轮的绳槽整齐排满，将绳头放人压板体内，扣上压板并用螺栓上紧，在距死绳固定器压板 10cm 处卡上两只与大绳径相符的绳卡（以防滑脱），上好死绳轮上的 4 只挡绳螺栓（防止大绳跳槽、挤压）。

绞车、转盘就位作业前，要认真检查死绳固定器和死绳的固定情况，检查起吊绞车所用导向滑轮的安全负荷及固定情况。起吊用钢丝绳和牵引用钢丝绳要符合标准要求。在作业过程中，一定要有专人指挥。因牵引大绳的拖拉机行驶距离远，还应有专人带车并传递指挥信号。在摘、挂绳套时，工作人员要站稳、抓牢，完成摘、挂绳套的操作后，立即站到安全地方。其他工作不得与绞车就位工作同时进行。遇大风、大雨、大雪、浓雾等恶劣天气时不能进行绞车、转盘就位作业。

绞车、转盘就位后，取下游动滑车上的绳套，派人登上井架二层操作台，用绳卡将不同滑轮上的相对方向相邻的两根上行、下行大绳卡住，将游动滑车悬吊在井口上方（注意：在以后的工作中卸开此绳卡前，大绳的死、活绳端至少有一处不得松开。否则，将导致游动滑车失去力的支撑而下落）。

进行钻台、机房、泵房设备的安装作业时，经常需要进行电、气焊割作业和高处作业，有时还需要拖拉机配合作业，其危险因素较多，应做好各个方面的安全生产工作。在校正设备时，应尽量使用千斤顶、手动葫芦等工具或移动设备。使用拖拉机时，要注意协作配合，指定专人指挥，防止拉翻、拉坏设备，防止崩断钢丝绳等情况的发生。上井架进行挂滑车等作业时，井架上的工作人员必须系好安全带，在其下方的工作人员应躲到安全的地方，避免进行立体交叉作业。所有的滑车钩口都必须封牢。需要用电、气焊（割）时，其操作人员必须是经安全专业培训并持有有效操作证的人员。动火时，要有相应的防火措施。设备校正、固定好后，钻台、机房、泵房及设备本身的梯子、栏杆、护罩、保险绳、安全阀等安全设施和装置应按标准安装齐全。

钻井液循环罐及固定设备现场装备有循环罐、振动筛、除砂泵、除砂器、除泥器、离心机和钻井液储备罐等。使用起重机、拖拉机作业时，必须要有专人指挥，挂绳套要有专人负责。在起吊和牵引作业时，要严格遵守起重和牵引作业安全规程，现场人员要躲到安全位置。不论是起吊绳、牵引绳或绳套，都不得存在超标的打扭、断丝、松散、硬伤等缺陷。循环罐上的过道、梯子、栏杆和电线杆必须安装齐全并固定牢靠。

钻井施工现场的电气设备、设施包括发电设备、用电设备、照明灯具及电路等。在安装电气设备、设施、装置的过程中，作业人员要注意登高架设作业和电气安装作业安全，确保安装质量符合要求。所安装的各种电气仪表要齐全、灵敏、准确。钻台、机房、净化系统、井控装置的电气设备、设施、照明灯具应分设开关控制，架设高度符合安全距离的要求，绝缘、防爆性能良好，按规定装设接地线，并不得从油罐上空通过。井控装置远程控制台、探照灯等应架设专线控制。登高作业时，作业人员必须戴好脚扣和安全带。

一口井的设备安装完毕并经整机运行试验合格后，由上级生产、质量检验部门和安全部门组织人员，按照安装质量标准、设备说明书和安全检查验收规定，进行严格认真的检查、检验。经对钻机的安装质量和安全运行条件检查验收合格后，方可准许开钻。

(3) 钻进施工

① 首次钻进。首次钻进是指埋设导管（在首次开钻时起引导钻头下钻并作为钻井液出口）后、下表层套管前的第一次钻进。

准备开钻前，要召开全体工作人员参加的班前会，由值班干部、班长等人交待工作任务和施工的安全措施。在设备未运转前，要对气路控制系统进行一次全面检查，确认气路没有错接现象。对泵压表、指重表、钻井泵安全阀、防碰天车、大绳死活绳头的卡固、绞车刹车系统等关键部位要进行重点检查，确保其灵敏、可靠。要检查小绞车的刹车、固定、钢丝绳、吊钩等并使之符合安全要求。吊鼠洞管应使用直径至少为 12.7mm 的钢丝绳套，不能使用白棕绳或其他绳套代替。吊鼠洞管上钻台时，操作人员应注意防止其钻入井架底座内或顶、挂井架，钻台上、下的工作人员要站到安全位置。

在钻进施工中，当钻头需要通过转盘而提出转盘大方瓦时，井口工作人员要及时清理转盘面上的物品，防止掉入井内；司钻要缓慢下放或起升钻具，特别是起升时，一定要等大方瓦提出后，才能起出钻头。从场地吊钻铤上钻台时，要用提升护丝和专用钢丝绳套，绞车操作人员和其他人员要互相配合好，防止钻铤上钻台后向小鼠洞方向快速移动，撞伤工作人员。接钻铤单根时，司钻要和井口操作人员密切配合，停泵后才能卸开方钻杆。上、卸扣应大力提倡使用液气大钳和液压猫头，避免使用猫头。拉方钻杆入大鼠洞时，操作人员不应挡住司钻视线。开大钩销应使用专用的开钩工具，不应爬上水龙头去。上井架操作的工作人员要系好安全带，井架上的所用工具如钻杆钩等应拴牢尾绳。井架工应和司钻配合好，随时注意游车高度和是否出现大绳进指梁的情况，发现问题及时发出停车信号。井口工作人员在推、拉立柱入排位时，不用肩推立柱，并注意自己双脚的站立位置，防止挤伤头部或者压伤脚部。起、下钻铤在井口坐好卡瓦后，还应在钻铤上卡好相应的安全卡瓦，防止钻具落井。起出最下部的一根钻铤立柱时，应将安全卡瓦卸下，不能随钻铤提升至井架高处。

下表层套管、固井要做到：从场地吊套管上钻台前，应尽量使套管处于钻台大门前居中位置，小绞车操作人员应和场地上的工作人员配合好，防止套管钻入井架底座下、碰伤设备或人员；吊套管必须用直径 12.7mm 以上的钢丝绳套，不能用棕绳代替；钻台上的工作人员拉吊卡到套管上时，套管接箍前端不能站人，防止吊卡摆回，砸伤人员；吊卡扣好后，要认真检查，确认无误才能指挥司钻上提，并确认大门前的人员站在安全位置；司钻要注意观察套管上提的情况，防止套管接箍挂、碰井架，顶弯大门钻杆；在套管公扣接近钻台面时，司钻要控制上提速度，使套管被设在大门前的拦绳挡住，将套管慢慢送向井口；套管上扣时，有条件的地方应尽量使用动力钳；必须用猫头拉旋绳、大钳上扣的，拉猫头应由副司钻以上岗位的熟练操作人员进行操作，并严格执行操作猫头的安全规程，做到“六不拉”（游车摆动大不拉、绳未缠好不拉、对井口人员不安全不拉、大钳未咬紧不拉、旋绳未放好不拉、扣未对好不拉）；在下套管过程中，井口操作人员应注意避免将手工具等物体掉入套管内或套管与井眼之间的环形空间（掉入套管内有可能造成无法固井而起出套管，掉入环形空间则有卡套管的危险）；下完套管后，接好联顶节、水泥头，将套管座于转盘，用钢丝绳将套管固定住，防止固井时因压差造成套管上浮。

② 再次钻进。再次钻进的工作内容主要包括：高压试运转、下钻、钻进和起钻等。有的井需要三次或更多次数的开钻，其工作内容与第二次开钻大体相同。

a. 高压试运转。高压试运转的目的是检查设备的安装质量，发现和整改存在的问题，保证设备和高压管汇在钻进过程中正常工作，以实现安全、快速、高效钻井的目的。在一口井的施工中，高压试运转是设备第一次在较大负荷和高泵压下工作，一定要事先对钻井泵的安全阀进行重点检查，调试好其开启压力或穿入标准规格的保险销。高压试运转时，钻台、机房、泵房的所有操作要有人统一指挥，密切协作配合。开泵时，所有人员应远离高压区，避开保险凡尔泄流方向，待钻井泵运转平稳、泵压稳定后，再对运转设备进行检查。在高压试运转期间，所有人员无特殊情况不得进入泵房区。冬季天气寒冷时，在高压试运转前，还应对钻井泵安全阀、泄压阀等进行预热。二开前，应安装好井控装置，并按规定试压合格。

b. 下钻。在下钻作业中，司钻在高速起空车时，要观察大绳的排列和缠绕情况，并注意大绳、游车的工作情况，防止大绳进指梁和游车挂、碰指梁；井架工要协助司钻观察，如发现问题，应及时发出停车信号；待游车过指梁后，司钻应摘开高速气开关，并注意离合器的放气情况。没有液气大钳的钻井队在用旋绳、大钳上扣时，操作猫头人员必须是副司钻以上岗位的熟练工人，并严格执行操作猫头的操作规程。在钻具下入井内的过程中，司钻要时刻观察指重表，控制下钻遇阻不能超过100kN。在已经遇阻的情况下，不得采取猛砸、硬压的方式强行通过。为防止顿钻，司钻要控制下放速度，当悬重达到300kN时，及时挂上辅助刹车。下钻前，应检查好井口工具（禁止使用损坏、缺少零配件或与钻具规范不符的井口工具），在转盘大方瓦内放入小补心；要检查大绳是否完好和刹车系统是否灵敏、可靠。下钻过程中，井口操作人员和泥浆工要观察井口泥浆返出情况，其返出量应与下入钻具的体积相一致。遇复杂情况需接方钻杆开泵循环时，开泵一定要慢，排量要由小到大。要特别注意钻井液漏失量不得超过5m$^3$，以防止憋垮地层造成卡钻。上井架的操作人员要系好安全带，所用手工具必须拴好保险绳。

c. 钻进。钻进过程中要做到：司钻操作刹把要精力集中，送钻均匀，随时注意指重表、泵压表和扭矩表的变化，及时准确地判断并处理井下情况，防止溜钻、顿钻和其他复杂情况的发生；钻进中若发现泵压下降1MPa时，应先检查地面设备和钻井液性能，如查不出问题，应立即起钻检查钻具；遇设备发生故障进行抢修时，应尽量保持钻井液的循环，并活动钻具（有的油田规定：钻具在井内静止时间不得超过3min），以防止卡钻（实在不能循环和活动钻具时，可下放钻具将悬重的2/3甚至全部压至井底，故障排除后，提起钻具，起钻检查）；钻至油、气层以上50m时应停止钻进，经请示上级有关部门同意后方可继续钻进；在油、气层钻进和穿过油、气层以后，要坚持执行坐岗制度，以便及时发现溢流并采取措施；用小绞车吊钻杆上钻台应使用提升护丝，每次只能吊一根；上卸扣应使用液气大钳（使用猫头的，要坚持执行操作猫头的安全操作规程）；在进行设备检修时，被检修设备的控制开关应处在摘开位置，挂上“检修牌”并有人监护，必要时可切断被检修设备的气源或电路。

在施工过程中，要选择和使用优质钻井液，并及时进行钻井液的性能调整和净化处理，使之符合钻井设计要求和有关规定。钻进中，应根据井内情况变化（地层、钻速、钻井液性能、钻井液体积和进出口流量的变化等）、地面设备运转和仪表信息变化判断分析，有异常情况时要及时采取相应的处理措施。钻开油气层前，要按照钻井设计要求、井控规定和防火防爆的有关要求逐项检查合格。

d. 起钻。起钻时应注意：起钻开始1～3个立柱用Ⅰ挡速度，然后根据井下情况，合理选择绞车排挡；司钻应集中精力，注意观察指重表读数变化，防止突然遇卡（上提遇卡不能超过原悬重的100kN，绝不能硬拔，以免越拔越死，给以后的处理造成困难；司钻与井口操作人员要密切配合，做到操作平稳，等井口人员挂好吊卡、插好吊卡销并闩开后方可上提，防止单吊环起钻；若已经造成单吊环上提，千万不能立即将吊卡坐于转盘，应首先放入卡瓦卡住钻杆，然后再做处理；为防止顶天车，在起钻前要仔细检查气路及防碰天车装置，司钻在操作过程中要随时注意钻具起出高度（井架工也要配合观察，游车到停车位置不停车时，要及时发出信号）；冬季施工时，要对气路和气控开关、防碰天车装置采取防冻措施，并经常活动各气控开关，防止冻结失灵；应使用液气大钳卸扣（若无液气大钳用B型大钳、猫头卸扣时，一定要严格执行猫头安全操作规程，禁止使用钢丝绳做猫头绳卸扣，严禁转盘绷扣）；用B型大钳配合猫头卸扣时，待大钳咬紧、猫头绳受力后，井口操作人员应及时躲避到安全的地方；在上提钻具时，井口操作人员应注意检查钻具是否有损坏现象；井架工开吊卡时，司钻要抬头观察，待井架工拉钻具进入指梁后，才能下放游车，以避免大钩压钻具接头造成事故；在起钻过程中，要连续向井内灌满钻井液，并随时注意灌入量是否与起出的钻具体积相一致，时刻保持井内钻井液柱的压力，以平衡地层压力，防止井塌和井喷。

(4) 检修保养与处理复杂情况和井下事故

① 检修与保养。正常的检修和保养作业应放在起钻后、下钻前或钻具在及时套管内的时候来进行。但在钻井施工过程中，经常遇到设备有问题需要检修和保养的情况，如修钻井泵，接链条，修气路、电路、柴油机等。在设备保养或检修时，如钻具在井下，应尽量保持钻井液的循环并活动钻具，如既不能循环也不能活动钻具，应将钻具2/3甚至全部的重量压在井底，形成钻柱的多次弯曲，以减少黏附卡钻的机会。在被检修设备的控制开关处，应挂上“正在检修、禁止乱动”的牌子，并派人监护，防止误操作。凡是气动控制的设备，在检修时，应确保控制气路有效断开，必要时，应将主气源管线拆下。

② 顿钻。顿钻可能造成砸坏设备，工具、钻具落井甚至伤及人员等严重后果。顿钻后，要立即对悬吊系统及钻台设备、井口工具进行认真检查，凡是损坏的要及时更换，并尽快查明顿钻原因。未查明原因之前，严禁起放游动滑车。若钻头顿至井底，则要起钻检查钻具，更换钻头。

预防顿钻的措施是：钻具在井下时，严禁操作人员离开刹把；在起、下钻过程中，要检查好井口工具，禁止使用损坏、有缺陷或与钻具规范不相符的井口工具；下钻悬重超过

300kN时，必须挂辅助刹车；司钻与井口操作人员要互相配合好，防止发生单吊环起钻；司钻操作时精力要集中，防止发生顶天车事故；要定期检查大绳和刹车系统，及时更换损坏部件，并注意在刹带及曲拐下不得存有异物；在刹带与刹车毂之间不得有油污；刹带调节螺栓的保险帽应齐全，与绞车底座的间隙应符合规定。

③ 顶天车。顶天车事故大多是操作失误或机械故障（如绞车气路冻结、堵塞不放气、防碰天车失灵等）而引起的。顶天车可造成拉断大绳、砸坏设备、钻具落井、砸伤人员等后果。顶天车事故发生后，要立即组织更换大绳，同时对天车、游动滑车、绞车、转盘、死绳固定器等进行全面检查、整改。造成设备损坏的，要对损坏设备进行更换。若钻具顶端未顿入井内，应用水龙带或组织水泥车循环钻井液。若有人员伤亡时，应立即送伤者去医院抢救。

预防顶天车的措施是：操作前，要详细检查气路和刹车系统，保证工作正常，防碰天车装置灵敏、可靠；司钻在操作时精力要集中，随时注意游车起升高度；若遇高、低速放气失灵，应立即摘开总离合器，合上刹车气缸开关或踏下防碰天车，紧急制动；应经常检查气控开关，在上起过程中要多放几次气，防止冻结造成放气失灵；冬季要对气路进行保温。

④ 单吊环起钻。一旦发生单吊环起钻，要立即刹车，在井口坐入钻杆卡瓦，使钻具重量坐于卡瓦上（切忌随即将吊卡坐于转盘，防止钻具折断），卸掉吊卡负荷，间断转动钻具，防止粘卡。如钻具弯曲不严重、钻柱重量较轻时，可低速上提，卸掉单根。上提时卡瓦不能提出转盘。若单根弯曲严重时，可在弯钻杆上再接一单根，慢慢起出弯钻杆，将其卸掉。如果钻具弯曲特别严重、悬重较大时，可割掉弯曲部分，另焊接头或用卡瓦打捞筒提起钻柱，卸掉坏钻杆。

预防单吊环起钻的措施是：司钻操作要平稳，等井口操作人员挂好吊卡、插好销子并闪开后才可上提；井口操作人员与司钻配合密切，推、拉动作要利索、准确；井口操作人员操作过程中不得挡住司钻视线。

⑤ 水龙头脱钩。水龙头脱钩往往是在上部软地层快速钻进时，因加压过大、大钩倒挂或接单根下放及活动钻具时下放过猛、井下突然遇阻且大钩锁销失灵而造成。如果发生水龙头脱钩，应区别不同情况进行处理。若是发生在接单根过程中，是因为下放钻具过快且井下遇阻而造成的水龙头脱钩，当方钻杆还未入转盘时，应先使用卡瓦卡住钻具并卡好安全卡瓦，防止钻具下溜，同时保持钻井液循环，然后进行处理。如果发生在钻进过程中，是由于加压过大或下放过猛而造成的水龙头脱钩，应禁止转动转盘，同时保持钻井液循环，然后进行处理。具体的处理方法一般是：下放大钩，在大钩吊环上拴上足够长度的牵引绳，然后将大钩提至适当位置，用人力拉牵引绳将大钩与水龙头挂合；若水龙头位置太高，用人力拉牵引绳无法挂合时，可用小绞车绳子设置导向滑轮的方法将大钩与水龙头挂合。在进行上述操作时要注意：若需有人上井架时，操作人员必须系好安全带；操作人员不得在水龙头上作业。如果水龙头压在井架梯子、平台等处，一定要事先采取防止钻具下溜的措施，在保证万无一失的情况下，操作人员才能到达梯子、平台上进行作业。

预防水龙头脱钩的措施是：挂水龙头时，一定要检查大钩与水龙头的挂合是否牢靠，锁销是否锁牢。无论是快速钻进、活动钻具还是接完单根下放，操作刹把的人员一定要平稳操作并密切观察指重表读数的变化。

⑥ 处理井下复杂情况和井下事故。井下复杂情况和井下事故包括：井涌、井漏、井塌、砂桥、泥包、缩径、键槽、地层蠕变、卡钻、井喷、钻具或套管断落、井下落物等。这些问题的处理可以参考蒋希文编著的《钻井事故与复杂问题》一书。

(5) 地质录井

在钻进过程中，同时伴有地质录井作业。地质录井的任务主要是取全、取准各项地质资料及其有关的钻井施工资料。钻进过程中的地质录井工作包括钻时录井、气测录井、钻井液录井、岩屑录井、岩心录井、压力录井等。地质录井人员在场地上工作时，要特别注意尽量避开交叉作业。

(6) 测井

测井是认识油气层和评价油气层的重要手段。测井在钻达预定井深或钻过油气层后进行。钻井队要为测井施工做好准备并配合好工作：准备好井眼；调整好钻井液性能使之能够满足测井需要；协助测井队吊仪器出、入井口；定时向井内灌满钻井液；随时观察井口有无溢流等情况。

在测井过程中要做到：事先关闭转盘两个水平轴制动销；有专人观察井口，若发现溢流要立即通知停止测井，并按井控作业规定处理；提示测井操作员，限制测井仪器在油、气层及其附近井段的上提速度；吊装测井滑轮和仪器时，应由钻井队人员操作小绞车，与测井人员配合好，防止碰坏仪器，碰伤人员。

(7) 地层测试与原钻机试油

① 地层测试。地层测试的现场施工一般经过井眼准备、现场设备与测试工具准备、组织协调施工队伍或人员落实、下钻、封隔器座封和开关井、解封封隔器、反循环、起钻等几个过程。

② 原钻机试油。原钻机试油就是由原钻井队人员用其原有设备，在有关单位的指导下，按试油施工设计进行试油作业。其一般程序为：安装井口及地面装置；下油管探底及调整钻井液；射孔；替清水引导油气流（提捞或气举）。区域探井、重点预探井、超深井等钻达油气层（完井）后一般应安排原钻机试油。

(8) 完井作业

完井作业是指钻井队钻完设计井深或目的层，调整好钻井液性能，将钻具从井内全部起出以后的工作，包括测井、下套管、固井、套管柱试压和电测固井质量等项工作。在这些工作中，除下套管是由钻井队独自完成的以外，测井和固井都有各自的施工单位，由钻井队协助其完成各项工作。

① 下套管。下套管前，要对井场所有设备进行全面检查，保证设备运转正常、指重表灵敏、刹车系统良好，各种安全防护设施齐全、完好，井架安全可靠，大绳符合标准。下套管前应更换与套管尺寸不相符合的防喷器闸板。

在下套管过程中要做到：吊套管上钻台必须使用直径不小于9.5mm的钢丝绳；禁止用棕绳吊套管，更不能将棕绳破开后使用其中的一股做绳套吊套管上钻台；吊套管上钻台时，小绞车操作手与大门前工作人员要互相配合好，防止套管快速移向井口，撞伤人员；套管上扣时，应尽量使用套管动力钳（用旋绳上扣、大钳紧扣的，猫头操作人员必须是副司钻以上的熟练操作人员，并严格执行猫头的安全操作规程）；司钻下放套管时要密切观察指重表读数变化，防止遇阻（遇阻时不能硬压，更不能硬转，应立即向套管内灌满钻井液，接水龙头带循环。无效时，应起出套管，下入钻具修整井眼）；司钻操作要按规定控制下放速度（一般不超过0.46m/s），操作要平稳，严禁猛提、猛放、猛刹；在通过高渗透性井段且套管串带有浮箍和扶正器时，下放速度应控制在0.25～0.3m/s，避免压漏地层；当悬重达300kN时，要及时挂上辅助刹车；每下入一定深度的套管（按设计要求），应向套管内灌满钻井液一次；在灌钻井液时，要及时活动套管，活动幅度要大于2m，防止粘卡；在下套管或灌钻井液时，要严防手套和其他杂物掉入套管内（因为一旦有杂物掉入套管，将会在浮箍处堵死水眼，造成无法循环、无法固井的事故）；在场地接套管双根时，一定要用链钳将扣上紧，以防拔脱或在井口上扣时倒扣；套管在上扣时，一旦错扣，应卸开重上，不得上提拔脱，更不能焊接后强行下入；下套管过程中，禁止钻台上人员向钻台下乱扔套管护丝。

② 固井。固井施工要注意：摆车时，要有专人指挥，防止车辆伤害现场工作人员；下完套管后，当套管内钻井液未灌满时，不能接水龙带开泵洗井；开泵顶水泥浆时，特别是当泵压逐渐升高，临近碰压时，所有人员都不得靠近井口、泵房、高压管汇、安全阀附近，在管线放压方向上也不得有人靠近。

③ 井口装定。固井后，对固井质量进行检查（试压和测井）。检查合格后，将悬挂在转盘上的套管载荷移交到井口（指最上一层套管）上进行井口装定。井口装定一般通过套管头悬挂器卡瓦来固定。对于经检查固井质量不合格的井，应采取挤水泥、注水泥和钻水泥塞等补救措施。

④ 拆卸设备。一口井施工完毕后拆卸设备，转入下一口井的施工。

完井后拆卸设备需要多工种配合作业，危险因素多，特别是拆卸钻具没有液气大钳而使用B型吊钳配合猫头松扣、使用旋绳卸扣时，容易发生吊钳伤人和猫头绳缠乱的事故。另外，在钻具下钻台时，易发生砸伤人员的事故。在进行以上作业时要注意：卸扣要使用液气大钳；用猫头卸扣时，要严格遵守猫头的安全操作规程；方钻杆在井口松扣时，不能退扣太多，防止脱扣；钻具下钻台时，人员要避至安全位置。拆卸水龙头、大钩、拔鼠洞、下绞车、转盘、抽大绳等作业基本上是安装设备的反程序作业，有关安全事宜参见安装要求。

#### 33.3.2.2　钻井井控

井喷失控是钻井生产中的最严重的事故之一。在钻井作业中，一旦发生井喷失控，将使油气资源受到严重破坏，还易酿成火灾，造成人员伤亡、设备毁坏、油气井报废、自然环境污染。做好井控工作，既有利于发现和保护油气层，又可以防止井喷、失控和着火事故的发生。井控工作包括井控设计，井控装备，钻开油气层前的准备工作，钻开油气层和井控作业，防火、防爆措施和井喷失控的处理，井控技术培训等。

（1）井控设计

井控设计是钻井、地质设计中的重要组成部分，包括以下主要内容：

① 满足井控安全的钻前工程及合理的井场布置。

② 合理的井身结构。根据全井段地层压力梯度、地层破裂压力梯度、浅气层资料、邻井资料、开发区块注水井分布及分层动态压力数据确定井身结构。在一口井的同一裸眼井段中，不应有两个不同压力梯度的主要目的层。

③ 适合地层特点的钻井液类型，合理的钻井液密度。钻井液密度的确定，在考虑地层压力和地层破裂压力的情况下，应以裸眼井段的最高地层压力当量钻井液密度为准，再增加一个附加值（一种是油水井为0.05～0.10g/cm³，气井为0.07～0.15g/cm³；另一种是油水井为1.5～3.5MPa，气井为3.0～5.0MPa）。附加值可选择一种。具体选择附加值时应考虑地层孔隙压力预测精度、油气水层的埋藏深度、地层油气中硫化氢含量、井控装置配套情况和钻井人员的井控技术水平。

④ 满足井控作业安全的各次开钻井控装备系统。钻井必须装防喷器。若因特殊情况不装防喷器，应由油田设计部门提出论证报告，并经油田井控安全第一责任人签字批准。

⑤ 勘定井位时，对周围一定范围以内的居民住宅、学校、厂矿（包括开采地下资源的矿业单位）进行勘查、标注。特别需标注清楚诸如煤矿等采掘矿井坑道的分布、走向、长度、距地表深度，供钻井工程设计时使用。

（2）井控装备

井控装备组合要按照钻井设计的要求来执行，根据不同井底压力选用不同压力级别的防喷器装置和组合形式。含硫地区井控装备材质应符合行业标准SY/T 5087—2017《硫化氢环境钻井场所作业安全规范》的规定。钻具内防喷工具、井控监测仪器、仪表和钻井液处理装置及灌注装置应根据各油田的具体情况配齐，以满足井控技术的要求。节流管汇的压力级别和组合形式要与防喷器压力级别和组合形式相匹配。压井管汇为压井作业专用。探井、气井及油气比高的油井必须安装液气分离器和除气器，并将液气分离器排气管线接出井场以外。各次开钻井口装备要严格按标准规范安装，要保证四通出口高度始终不变。

节流管汇、压井管汇及其所有的管线、闸阀、法兰等配件的额定工作压力必须与防喷器的额定工作压力相匹配。节流、压井管汇以内的管线要使用专用管线并采用标准法兰连接，不得焊接。钻井液回收管线、放喷管线使用合格管材，含硫化氢油气井的放喷管线采用抗硫的专用管材。每个闸阀要编号挂牌。防喷器四通两翼应各安装两个闸阀，紧靠四通的闸阀应处于常开状态，放喷管线控闸阀（手动或液动阀）必须接出井架底座外。寒冷地区在冬季应对控制闸阀以内的防喷管线采取相应的管线防冻措施。放喷管线布局要考虑当地风向、居民区、道路、各种设施情况，并接出井口75m以远，一般情况下要求安装平直，如遇特殊情况管线需要转弯时，要采用铸（锻）钢弯头，其角度大于120°，每隔10～15m、转弯处及放喷口要用水泥基墩与地脚螺栓或地锚固定。放喷管线通径不小于78mm。钻井液回收管线出口应接至漏斗罐并固定牢靠。拐弯处必须使用角度大于120°的铸（锻）钢弯头，内径不小于75mm。放喷管线及节流、压井管汇应采取防堵防冻措施，保证畅通。

防喷器控制系统能力应与所控制的防喷器组合相匹配。远程控制台应摆放在钻台侧前方，距井口25m，距放喷管线或压井管线应有一定距离。远程控制台的电源线、气源线要单独连接。储能器瓶的压力要始终保持在工作压力范围内。

井控设备的试压、检验要求如下。

① 全套井控装备应在井控车间用清水进行试压。环形防喷器封钻杆试压到额定工作压力，闸板防喷器和节流、压井管汇试压到额定工作压力，稳压时间不少于10min，密封部位无渗漏为合格。

② 全套井控装备在井上安装好后，进行清水（北方地区冬季加防冻剂）试压，试压压力不能超过套管抗内压强度的80%。在此前提下，环形防喷器试压到额定工作压力的80%，闸板防喷器、压井管汇试压到额定工作压力，节流阀后的部件比其额定工作压力低一个压力等级试压。钻开油气层前及更换井控装备部件后，要采用堵塞器按试压标准进行清水试压。

上述压力试验稳压时间不少于10min，密封部位无渗漏为合格。

③ 防喷器控制系统必须采取防冻、防堵、防漏措施，保证灵活好用。

（3）钻开油气层前的准备工作

在钻开油气层前，钻井队必须向全队职工进行地质、工程、钻井液和井控装备等方面的技术措施交底，调整钻井液密度及其他性能使之符合设计要求，并按设计要求储备加重钻井液、加重剂和处理剂。要将各种井控装备及其专用工具、消防器材、防爆电路系统配备齐全，并保证其运转正常。要落实溢流监测岗位、关井操作岗位和钻井队干部24h值班制度。要进行班组防喷演习，并达到规定要求。要严格执行钻开油气层前的申报、检查、验收制度。

(4) 钻开油气层和井控作业

在钻井作业过程中，要加强地层对比，及时提出地质预告，并做好地层压力监测工作。要采用地层预测和监测技术，掌握分层压力变化。对探井，要运用地震资料及邻井邻区资料，进行地层压力预测。钻进中进行随钻压力监测，绘出全井地层压力梯度曲线。有条件的地区应及时测试，取得压力数据，并根据监测、检测结果，按设计审批程序修改钻井设计，调整钻井液密度。

及时发现溢流显示是井控技术的关键。从打开油气层到完井，钻井队要落实专人坐岗，观察井口和循环池液面变化情况，发现溢流时要及时报告。在钻进中，遇到钻速突然加快、放空、井漏、气测及油气水显示异常的情况时，应立即停钻观察。如发现溢流，要及时发出报警信号（信号为：报警——长鸣笛；关井——两短鸣笛；结束——三短鸣笛）。

若是气层发现溢流时，要按正确的关井程序及时关井，使溢流量一般不超过本油气田明确规定数量，使关井最高压力不超过井控装备额定工作压力、套管抗内强度的80%和地层破裂压力所允许关井压力三者中的最小值。关井求压后，迅速实施压井作业。若是油层（特别是低渗透油层）而且是起下钻中途或起完钻发现溢流时，应组织力量强行下钻（下入钻具越多越好，直至无法下钻），然后关井、求压，进行压井作业。

钻开油气层后，起钻前，进行短程起下钻并循环观察，并控制起下钻速度。起钻时，要及时向井内灌满钻井液，并校核灌入量。起完钻后要及时下钻。检修设备时，必须保持井内有一定数量的钻具，并注意观察出口管钻井液返出情况。要定期对闸板防喷器开、关活动，并用环形防喷器试关井（在有钻具的条件下）。进行钻杆测试、测井、固井、射孔、试油等作业时，要严格执行安全操作规程和井控措施，避免发生井下复杂情况和井喷失控事故。

(5) 防火、防爆措施和井喷失控的处理

根据井控工作的需要，井场钻井设备的布局要考虑防火的安全要求。在森林或草场等地钻井时，应有隔离带或隔火墙。发电房、锅炉房应设置在季节风的上风位置。锅炉房距井口不小于50m，发电房距井口不小于30m，储油罐必须摆放在安全位置。井场电器设备、照明器具及输电线路的安装应符合防火、防爆要求。井场必须按消防规定备齐消防器材。钻台下面和井口周围禁止堆放杂物和易燃物，在机泵房下面应无积油。钻开油气层要防止柴油机排气管排火花。

一旦井喷失控，要立即停车、停炉、断电，成立有领导干部参加的现场抢险组，迅速制定抢险方案，集中、统一领导，负责现场施工指挥，并设置警戒线。在警戒线以内，严禁一切火源，并将氧气瓶、油罐等易燃易爆物品拖离危险区。要尽快由四通向井口连续注水，用消防水枪向油气喷流和井口周围大量喷水。同时，要迅速做好储水、供水工作，测定井口周围及附近的天然气和硫化氢气体含量，划分安全范围，清除井口周围和抢险通道上的障碍物。已着火的井要带火清障。如果需要换装新井口时，事先必须进行技术交底和演习。应尽量不在夜间施工。施工时，不要在施工现场同时进行可能干扰施工的其他作业。要做好人身安全防护工作，避免烧伤、中毒、噪声伤害等。

(6) 井控技术培训

涉及井控工作的各个单位要按照行业标准的要求，切实加强井控培训取证工作。其中，对工人的培训要以能及时发现溢流、正确实施关井操作程序、及时关井、会对井控装备进行日常维护和保养为重点；对钻井队干部的培训要以正确判断溢流、正确关井、迅速建立井内压力平衡、能正确判断井控装备故障、具有实施井喷及井喷失控处理能力为重点；对井控车间技术干部、现场服务人员的培训要以懂井控装备的结构、原理，会安装、调试，能正确判断和排除故障为重点；对钻井公司经理和总工程师的培训，要以井控工作的全面监督管理、复杂情况下的二次控制及组织处理井喷失控事故为重点；对井控操作者，一般每两年由油气田组织井控培训中心（点）复训一次，复训考核不合格者，应吊销井控操作证。

#### 33.3.2.3 钻遇硫化氢的安全防护

$H_2S$是一种剧毒的气体。它的毒性为一氧化碳（CO）的5～6倍。它对人体的致死浓度为$500\times10^{-6}$。在正常条件下，对人的安全临界浓度不能超过$20\times10^{-6}$。$H_2S$是一种沸点约为$-60℃$的无色气体，比空气密度大，相对密度为1.176。在通风条件差的环境里，极易聚集在低凹处。在低浓度（$0.13\times10^{-6}\sim4.6\times10^{-6}$）时可闻到臭蛋味。当浓度高于$4.6\times10^{-6}$时，人的嗅觉会钝化而感觉不到$H_2S$的存在。当$H_2S$浓度在4.3%～46%时，其混合气体遇火将发生强烈的爆炸（甲烷爆炸浓度5%～15%）。$H_2S$的燃点为260℃，燃烧时火焰为蓝色，会生成危害人眼睛和肺部的二氧化硫。$H_2S$可损伤人的眼、喉和呼吸道。$H_2S$易溶于水和油，在1个大气压下，1体积的水可溶解2.9体积的$H_2S$。随着温度的升高，其溶解度下降。$H_2S$及其水溶液对金属具有强烈的腐蚀作用。腐蚀严重时，可以造成管具、仪表和井口装置的损坏。

$H_2S$被吸入人体后，通过呼吸道，经肺部由血液运送到人体各个器官。它首先刺激呼吸道，使人嗅觉钝化、咳嗽，严重时将灼伤呼吸道；刺痛眼睛，严重时将失明；进而刺激神经系统，导致头晕，丧失平衡，呼吸困难，使心脏加速跳动，严重时因心脏缺氧而死亡。$H_2S$进入人体将与血液中的溶解氧发生化学反应，当浓度极低时，它将被氧化，对人体威胁不大；当浓度较高时，将夺去血液中的氧，使人体器官缺氧而中毒，甚至死亡。

发觉$H_2S$气体的方法有几种。鼻子可以嗅到空气中含量百万分之一的$H_2S$气体的存在。但当$H_2S$浓度达$4.6\times10^{-6}$时，会使人的嗅觉钝化。如果$H_2S$在空气中的含量达到$100\times10^{-6}$以上，嗅觉会迅速钝化，而得出空气中不含$H_2S$的不可靠的嗅觉。因此，根据嗅觉器官来测定$H_2S$极不可靠，十分危险，应该采用化学试剂或测量仪器来确定$H_2S$的存在及含量。常用的方法有醋酸铅试纸法、安培瓶法、抽样检测管法。在现场一般用电子探测仪测定$H_2S$的含量，如便携式$H_2S$电子探测报警器和固定式$H_2S$探测设备。一般电子探测仪都具有声光报警功能和硫化氢浓度显示功能，有的还能实现远距离探测。

在钻遇$H_2S$时，现场作业人员应佩戴防毒面具（呼吸器），如过滤型防毒面具和自持型防毒面具。目前，一般要求使用直接供氧式自持型防毒面具，如带氧式防毒面具（自带空气瓶供气）和非带氧式防毒面具（长软管与固定的大空气瓶连接供气）。

为了预防$H_2S$，水上钻井平台应正对盛行风向，以保证生活区及飞机平台处在井口上风位置。井架上和安全保护区都要装"风飘带"或"风向标"，工作人员应养成随时转移到井口上风方向工作的习惯。当空气中$H_2S$浓度达到$50\times10^{-6}$时，应挂出写有"硫化氢（$H_2S$）"字样的标牌，并升起红旗风向标，风速仪应安装在使人员看得见的地方。危险标牌应布置在钻井平台每一个侧边，并在每侧边摆几面矩形红旗挂起来，以便飞机和船舶能看见。危险标牌为黄色，宽度至少8ft（约2.4m），高度至少4ft（约1.2m），并用12in（约30.5cm）高的黑体字书写下列内容：危险-硫化氢-$H_2S$。在夜间和低能见度时，应有相应的照明装置。守护船应在平台上风方向停泊，保证水上运输畅通。在井口附近，钻台上、泥浆筛附近以及其他可能聚集硫化氢的地方，应定时用醋酸铅试纸或安培瓶等检测是否存在 $H_2S$。在容易聚集 $H_2S$ 的各部位应装有大型防爆风机，并安装有报警性能的 $H_2S$ 检测仪器。平台上固定式 $H_2S$ 探测探头安装位置：井口附近、钻台上、泥浆筛附近、循环池（钻井液舱）附近、生活区及发电房、配电房抽风口处。当空气中 $H_2S$ 浓度超过 $10\times10^{-6}$ 时，该系统即以声、光报警方式工作。探测仪灵敏度应达到 $5\times10^{-6}$。

陆地井场应选在空气流通的地方。井架上和安全保护区都要安装“风飘带”或风向标，工作人员应养成随时转移到上风方向的位置工作的习惯。当空气中硫化氢浓度达到 $50\times10^{-6}$ 时，应挂出写有“硫化氢（$H_2S$）”字样的标牌，并升起红旗。钻具应放在主风向的上风处，钻井液池要处在下风位置。井场上一般设置两三处安全保护区，一个在盛行风向处（一般为生活区方向），另两个成 120°角分布。井口附近、钻台上、泥浆筛附近、钻井液池（舱）附近以及其他可能聚集 $H_2S$ 的地方，要装有大的防爆风机，并定时用滤纸蘸上醋酸铅溶液来做简易检查，如发现黑色则说明空气中含有 $H_2S$。

含硫气田在进行钻前工程施工前，应从气象资料中了解当地的季节风风向。井场及钻机设备的安放位置应考虑季节风风向，井场周围应空旷，尽量在前后或左右方向能让季节风畅通。防喷器及压井管汇等设备要按要求进行安装、固定和试压。放喷管线应装两条，其夹角为 90°，并接出井场 100m 以外。若风向改变时，放喷管线应至少有一条能安全使用。压井管线至少有一条在季节风的上风方向，以便必要时放置其他设备（如压裂车等）作压井用。井控设备（和管材）在安装、使用前应进行无损探伤。井控设备（和管材）及其配件在储运过程中，需要采取措施避免碰撞和被敲打；应注明钢级，严格分类保管，并带有产品合格证和说明书。

在含硫地区的钻井设计中，应注明含硫地层及其深度和预计含量。若预计 $H_2S$ 分压大于 0.21kPa 时，必须使用抗硫套管、钻杆等其他管材。当井下温度高于 93℃时，套管和钻铤可不考虑其抗硫性能。高压含硫地区可采用厚壁钻杆。钻开含硫地层的设计钻井液密度，其安全附加密度根据规定的油井标准 0.05～0.10g/cm³、气井标准 0.07～0.15g/cm³ 选用上限值。钻井队必须有足量的高密度钻井液（超过钻进用钻井液密度 0.1g/cm³ 以上）和加重材料储备。高密度钻井液的储存量一般是井筒容积的 1～2 倍。在钻开含硫地层后，要求钻井液的 pH 值始终控制在 10 以上，并选用相适应的加重材料。若采用铝制钻具，pH 值不得超过 10.5。严格限制在含硫地层使用常规中途测试工具进行地层测试工作（若必须进行时，应减少钻柱在 $H_2S$ 中的浸泡时间）。必须对井场周期 2km 以内的居民住宅、学校、厂矿等进行勘测，并在设计书上标明位置。在有 $H_2S$ 溢出井口的危险情况下，应通知上述单位人员迅速撤离。

含硫气田钻井必须制订一个完整的对井队进行救援的计划。在进入气层前应和医院、消防部门取得联系。在即将钻入含硫地层时，应对钻井队进行一次防 $H_2S$ 安全培训，并向当班的各岗位人员发出警告信号。在高含硫地区即将钻入油气层时，以及发生井涌、井喷后，应有医生、救护车、安全部门人员在井场值班。要严格按设计钻井液密度配制钻井液。未征得上级部门的同意，不得降低设计钻井液密度。经随钻压力监测发现地层压力异常时，应及时调整钻井液密度以保持井内压力平衡，坚决将气层压稳。若有溢流显示时，应迅速控制井口，并尽快调整钻井液密度压井。利用钻井液除气器和除硫剂，将钻井液中 $H_2S$ 的含量控制在 75mg/m³ 以下，并随时对钻井液的 pH 值进行监测。在油气层和油气层以上起钻时，前 10 根立柱起钻速度应控制在 0.5m/s 以内。应进行短程起下钻，以观察气层的稳定性。在含硫地层取心起钻，当取心工具离地面还有五柱时，钻台作业人员应戴上防毒面具，直到取出岩心筒。钢材（尤其是钻杆）的使用拉应力需控制在屈服极限的 60%以下。屈服强度 630MPa 以下的钢材不会发生氢脆断裂。在油气层钻进时，若在井场动用电、气焊，必须采取绝对安全的防火措施，并报上级安全部门批准。当在 $H_2S$ 含量超过安全临界浓度的污染区进行必要的作业时，必须配备防护器具，且至少有两人同在一起工作，以便相互救护。钻井队在现有条件下不能实施井控作业而决定防喷点火时，点火人员应配备防护器具，并在上风方向，离火口距离不得少于 10m，用点火枪远程射击。控制住井喷后，应对井场各个岗位和可能积聚 $H_2S$ 的地方进行浓度检测。只有在安全临界浓度以下时，人员方能进入。

钻井队应经常进行 $H_2S$ 防护练习。当 $H_2S$ 报警声响起时，应采取下列步骤：

① 所有必要人员都要戴上呼吸器，派特定人员检查管道空气系统上的呼吸空气供应阀，钻井工人应按应急计划所指示的那样采取必要的措施。

② 鼓风机应具有可操作性，所有明火都应熄灭。

③ 利用互助系统，并按监督的指示进行工作。

④ 不必要的人员必须戴上呼吸器并离开现场危险区，等待更进一步的指示。

⑤ 关掉井场入口处的大门，并派人巡逻。要把红旗悬挂在大门上，它标志着钻机附近极度危险。

⑥ 一旦发出“全部清除”的信号，则开始实施下列步骤：

a. 负责人将检查呼吸压缩机、串联器、空气管道，以判断可能出现的任何毛病，并进行必要的整改。

b. 给自持式呼吸器充气以供下次使用，并检查损坏或故障处。每个自持式呼吸器要合适地存放起来。

c. 检查软管线的出口装置是否损坏，故障部分要整改。

d. 检查出 $H_2S$ 传感器等检测设备可能带来的任何问题。

e. 手提式检查仪器将用来检查在低凹区、空气不通区以及钻机周围地区有无 $H_2S$ 聚集。

f. 汇报 $H_2S$ 设备的任何破损情况。

⑦ $H_2S$ 防护练习情况要记录在值班日志上，记录内容包括以下 8 个方面内容：

a. 日期；

b. 培训；

c. 钻井深度；

d. 完钻所需时间；

e. 天气情况；

f. 参加练习的队员名单；

g. 在钻台或安全汇报点活动的简单描述；

h. 在练习过程中应指明队员的不规范操作或设备的故障，在日常钻井报告上应注明每次 $H_2S$ 的防护练习。

⑧ 练习后，对通知当地政府和警告井场附近的居民撤离现场的 $H_2S$ 应急计划进行讨论。

⑨ 疏散。

一旦听到 $H_2S$ 报警器的声音，现场施工最高职务者要对情况做出评价，并决定将采取的行动。要求：

a. 一旦收到疏散通知，所有不必要的人员应迅速离开危险区；

b. 只要认为井场没有别的事情可做，那么所有必要人员应转移到安全区域并疏散；

c. 需通知紧急情况管理部门，必要时，应协助危险区域的居民疏散；

d. 为保证井场安全，仅允许必要人员重新进入井场。

### 33.3.3 石油测井安全

测井，也叫地球物理测井或石油测井。在油田勘探与开发过程中，测井是分析和评价油、气层的重要手段之一，也是解决一系列地质和工程问题的重要手段。石油钻井时，在钻到设计井深后都必须进行测井，以获得各种地质及工程技术资料，作为完井和油田开发的原始资料。这种测井习惯上称为裸眼测井。而在油井下完套管后所进行的一系列测井，习惯上称为套管井测井或动态测井。

#### 33.3.3.1 测井施工

测井施工是最常见的测井工作项目，它包括施工准备和现场施工两个阶段。发生井下事故时，要组织特殊作业进行处理。

(1) 施工准备

在井场施工时，现场施工人员应按规定穿戴劳保用品，佩戴安全帽。仪器绞车（新电缆在使用前应消除扭力）和工程车按规定配备消防器具，停放在钻台前25m以外（操作室和井口之间不能存在障碍），滚筒对准井口，摆正仪器绞车前轮，垫好后轮掩木（复杂井、深井、雨雪天等特殊情况下施工时，应在绞车前挂钩处采取拖挂措施）。绞车采用液压传动动力滚筒时，绞车滚筒传动部分应有防护罩，刹车系统可靠，并确保绞车在运转时，其分动箱位置及滚筒附近不应有妨碍转动的物体。仪器下井连接部位应牢固可靠，鱼雷、马龙头等要符合规定。仪器遇卡拉力棒拉力超过标准值80%时，应更换拉力棒。要安装、固定好测井滑轮（地滑轮用链环固定）。滑轮、深度丈量器应转动灵活，张力系统、安全装置、测井现场通信联络系统应可靠工作。使用井场电源时，电源线接入井场电网前应断开电源（使用绝缘手套，并应有二人以上在场监护）。仪器绞车和工程车电路系统不应有短路和漏电现象。车辆接地线、接地棒应符合安全要求，接地电阻不应大于10Ω。

(2) 现场施工

施工前，队长应详细了解井况，向各个岗位人员交待井下情况和安全措施，要求测井人员严格遵守井场及测井施工防火等安全管理制度，不准操作钻井队的起吊设备。在钻井平台上组装下井仪器时，组装台要稳固，下井仪器应连接可靠。井口操作工在看管井口或扶下井仪器出入井口时，操作人员应站在转盘左后方向或井口滑轮两侧（不应站在电缆和仪器之下）。电缆起下过程中，绞车后方不应站人和进行其他作业，并不准跨越和扶摸电缆。绞车和井口滑轮在运转时，严禁进行加油和修理作业。在清除滑轮、深度丈量器测量轮上的冰层时，应停止起下电缆（但裸眼井施工停留时间不应超过3min）。在钻台使用工具时，应将井口盖好，不应将工具放在转盘上。仪器出入井口时，井口操作工的指挥手势应明显准确。远距离施工时，通信系统传话要清晰、清楚，并有人协助观察和传递信号。仪器在井内时，操作工程师要密切注意CRT上的曲线变化，监视仪器运行情况，保持起下速度不得超过规定要求。井下仪器接近套管鞋、井口和井底时，应减速起下。仪器遇阻时，不得猛冲猛下，应立即通知钻井队。在一个遇阻点连续遇阻三次，应请钻井队处理井眼后再进行测井。仪器遇卡时，对有推靠器的仪器要收拢推靠器。在规定拉力范围内不能解卡时，需及时请示有关部门，同时采取相应处理措施。仪器起出井口前，不得切断深度传送系统电源，不得拆除深度传送系统。在遇有七级以上大风、暴雨、雷电、大雾等恶劣天气或井场、仪器绞车漏电时，应将仪器起入套管内，切断电源，停止测井施工。

#### 33.3.3.2 放射性测井

放射性测井是核物理技术的一种具体应用，它是为油、气田勘探与开发提供必不可少的物理参数的重要手段之一。按其应用的类型，测井方法主要分为伽马测井和中子测井两大类。目前测井常用的伽马源主要是铯源（$^{137}Cs$）和镭源（$^{226}Ra$），中子源主要为镅铍源（$^{241}Am$-Be）等。测井用放射性同位素主要有钡球（$^{131}Ba$）和碘化钠溶液等。放射性测井使用放射源的方式有密封型、非密封型和装置型（中子发生器）三种。密封型放射源多用于油、气田的勘探测井，非密封型和装置型放射源多用于油、气田的开发测井。

(1) 放射防护

在使用放射源的活度不变的情况下，放射工作人员承受的外照射剂量大小，只与距离远近、时间长短、屏蔽防护状况有关。放射卫生防护应采用放射防护综合原则，即放射实践的正当化、放射防护的最优化和个人剂量的限制，并综合应用。

中子外照射的防护原则与手段和γ射线一样。屏蔽防护材料的选择不同和屏蔽的具体要求不尽相同。γ屏蔽要求使用密度大的材料，如铅、钨、钢等，中子屏蔽则要求使用密度小的含氢材料，如石蜡、水、聚乙烯、混凝土。γ屏蔽往往只需某种单一材料，即可达到屏蔽防护的要求；中子屏蔽则往往是非单一的复合材料，而且要求有恒定的密度和均匀性，才能达到较好的屏蔽防护效果。测井用中子源防护也应考虑低γ射线的存在。

应用开放型同位素测井存在内、外照射的双重危害和影响，要注意正确采用内、外照射的防护原则和手段。操作人员必须做充分的岗前准备工作（包括培训，熟悉情况，制定操作规程和管理制度，制定防范措施及模拟试验等），并正确穿戴个人防护用品，使用防护用具。在作业过程中，要努力做到操作谨慎、熟练、准确。吸取放射性液必须用吸液器。不准赤手接触或拿取放射性样品或放射性污染物。对伴有较强外照射的操作，要尽量采用屏蔽或长柄工具等。工作场所应经常进行清洁卫生的湿式扫除。放射性物品和非放射性物品要严格分开存放。任何样品、药品要有标签，摆放整齐，不得随意挪动。采用新工艺、新技术必须经过充分论证和试验。要严格放射性物质管理规定，防止出现放射性物质的泼、洒、滴、漏、错、丢失等事故。对放射性废物、废液，要按规定要求及时妥善处理。严禁在放射性工作场所进食、喝水、吸烟和存放食物。离开放射性场所时，必须按规定做好个人清洁卫生工作。

(2) 放射源的存放和出入库

放射源储存库（以下简称源库）应为独立的建筑。源库外和库区大门应设明显的电离辐射标志。四周应设不低于2m的实体围墙，围墙与源库四周的距离应达到在使用活度最大的裸体放射源时，围墙处的剂量当量率小于2.5μSv/h的要求。在源库内无裸体源的条件下，源库墙外沿1m、高1.5m处的放射剂量当量率应低于2.5μSv/h。源库内应设放射源储存坑（以下简称储源坑），深度不小于1.2m，上口应高于周围地面100～150mm。储源坑盖应有足够的防护材料，保证储源坑盖上表面剂量当量率小于2.5μSv/h。对活度大于37GBq的放射源，一个储源坑应只储存一枚。源库内应有良好的照明及通风条件，不得放置易燃、易爆危险物品。源库内应设有防盗报警装置或监视装置。储存大于200GBq的中子源和大于20GBq的伽马源的源库应有机械提升和传送设备。源库的投产前验收应按国务院颁发的《放射源同位素与射线装置放射防护条例》的规定执行。

源库应设昼夜值班室、警卫室和放射性监测室，有通信设施并保持畅通，并备有辐射检查的仪器。源库内应设有标明每个储源坑内放射源的编号、核素、活度等情况的标示牌。每个储源坑应设有所存放射源及出入库的标志，并相应固定到放射性测井小队（使用单位）。测井用放射源及废源应放在储源坑内。源库应设双人双锁保管。放射源出入库时，工作人员应穿戴劳动防护用品并配备个人剂量计。放射源出入库应有完备的手续。取源要凭生产调度部门的取源通知单，交接要有检查、签字手续。放射源出入库时，应用仪器对放射源进行检查，不得用眼直接观察裸源。源库应建立放射源资料台账，其主要内容有新存入的放射源、废源处理和放射源储存情况等。放射源的资料分别由主管部门、使用单位或保管单位保存，每年进行一次核查并记入台账。

有关部门和岗位人员要按管理制度的要求，定期、定时对各种放射物品进行检查、监测，并做好资料记录。对源库安全防护性能定期检查的内容主要包括源库内外放射性剂量当量的测定、储源罐防护、放射源泄漏情况等。新源进库或更换储源罐时，要及时进行检查，按入库程序办理各种交接手续并记录备案。

（3）放射性测井施工

测井队上井时，护源工持生产管理部门签发的《取源通知单》和取源人的有效证件到源库领取放射源，并按规定办理检查登记手续。放射性测井队应使用配有放射性检测仪的专用运源车，由护源工负责从源库领出放射源、途中押运、住宿、现场看管、测井返回把源送交源库等项安全管理工作。长途运输时，应到公安和卫生部门办理相应的手续。施工小队车辆及运源车应按指定路线行驶，禁止无关人员搭乘，避免在人口稠密区和危险区段停留。中途停车、住宿时，应有专人看护。预防放射源丢失是职业安全卫生管理和环境保护工作的一项重要内容，多年来，石油与天然气企业在此方面采取了一些措施。胜利油田测井公司研制成功并获实用新型专利的“放射源狱控装置”，集防护及防丢于一体，并配有声光报警系统，较好地解决了这一问题。

放射性测井的工作人员应经过放射防护培训教育，经考核合格，取得“放射工作人员证”，做到持证操作。在全部施工过程中，放射源操作人员应按要求穿戴好放射工作劳保用品，配备放射性个人剂量计。在井场装卸放射源时，应设立“当心电离辐射”标志和监护人员，应使用专用工具，按操作规程操作，做到迅速、准确、牢靠。起吊载源仪器时，井口扶仪器人员应使用专用工具，禁止用手抓扶仪器载源处。在井口装卸放射源时，应先盖好井口。

（4）放射事故的应急处理

放射事故是指放射性同位素丢失、被盗或者射线装置、放射性同位素失控而导致工作人员或者公众受到意外的、非自愿的异常照射。发生或者发现放射事故时，单位或个人要立即报告职业安全卫生监管部门（丢失或被盗时，同时报告公安部门)，并认真配合公安机关、卫生部门进行调查或侦破。造成环境放射性污染的，还应当同时报告当地环境保护部门。发生人体受超剂量照射事故时，必须尽快向职业卫生管理部门报告，事故单位应当迅速安排受照人员接受医学检查或者在指定的医疗机构救治，同时对危险源采取应急安全处理措施。发生工作场所放射性同位素污染事故时，事故单位应立即撤离有关工作人员，封锁现场，切断一切可能扩大污染范围的环节。要迅速进行检测，严防对食物、畜禽及水源的污染。对可能受放射性核素污染或者放射损伤的人员，要立即采取暂时隔离和应急救援措施，在采取有效个人安全防护措施的情况下，组织人员彻底清除污染，并根据需要实施其他医学救治及处理措施。要迅速确定放射性同位素种类、活度、污染范围和污染程度。污染现场尚未达到安全水平以前，不得解除封锁。

#### 33.3.3.3 测井用爆炸器材的安全管理

测井用爆炸器材主要有雷管（用来引爆导爆索和射孔弹的关键部件)、射孔弹（聚能射孔，穿透枪体壁、套管、水泥环和地层，形成油、气流入井内的通道)、导爆索（用来传爆并引爆与它接触的炸药、射孔弹、切割弹、传爆管等)、切割弹（专门为处理钻具遇卡、套管损坏而设计的解卡取套特种弹）和取心药盒（利用药盒的火药燃烧时产生的气体做抛掷功，将井壁取心的岩心筒打到目的层上，以获取岩心）等。

（1）爆炸物品的储存

爆炸物品库房应建在远离城市的独立地段，禁止设在市区和居民聚集的地方及风景名胜区。库房建筑与周围的水利设施、交通要道、桥梁、隧道、高压输电线路、无线电台、输油管线等重要设施的安全距离，应分别按建筑物的危险等级和存药量计算后取其最大值。库房周围应设防护堤，并使其高于库房屋檐，顶宽不小于1m，底宽不得小于高度的1.5倍。库区周围应设围墙，围墙要高出地面2.5m，顶面装玻璃碎片或铁丝网。要按设计要求装设避雷针，并定期进行测试，确保接地电阻不大于10Ω（若超过10Ω，应检修或更换)。库区内应备有灭火器材（包括灭火器、消防砂）及供水设施。

就爆炸器材库房本身来说，门的宽度应不小于1.4m，高度应不小于2.1m。库房内任一点到门的距离应不大于15m。库房门外设门斗的面积应不小于6m$^2$。堆放爆破器材的框架或箱堆之间的通道应不小于1.3m。框架或箱堆与墙壁之间的距离不小于0.4m，框宽不得超过两箱。堆放导火索和硝铵类炸药的货架（堆）的高度不超过1.6m。库存爆炸物品应码放整齐、稳当，不能倾斜。爆炸物品包装箱下应垫有大于10cm高度的垫木。房内应铺有防静电胶皮或无火花地板，应设湿度计及温度计，并装有通风和防潮设施，但不得安装照明设备。

爆炸器材库房在储存射孔和井壁取心等爆炸物品时，射孔弹、切割弹、导爆索、传爆管、雷管、起爆器、取心药包应分库存放，单独储存。每间库房储存爆炸物品的数量不准超过库房设计的安全储存量。在石油射孔和井壁取心用爆炸物品的包装箱外，应贴有爆炸物品标志、标明爆炸器材生产企业的凭证、产品出厂合格证书和生产日期及装箱数量。爆炸物品包装箱盖不准用铁钉钉死，应采用搭扣，并由生产厂进行铅封，每箱爆炸物品总质量应不大于25kg。装入箱内爆炸物品要摆放整齐，空隙部位应用防静电软质物填充。用电起爆的雷管外皮应包有防静电金属纸。雷管、传爆管必须放入保险箱储存。起爆器应由专用木箱储存。

对爆炸物品应设专职人员管理，管理人员应经培训、持证，工作责任心强，懂爆炸性能与安全管理知识。爆炸器材库房要建立、健全库房双人双锁管理等各项管理制度，完善爆炸物品入库的交接手续。交接人员必须按爆炸物品的品名、数量、规格逐项交接，填写爆炸物品入库单。爆炸物品入库单应包含品名、规格、数量、生产厂家、批量、生产日期、入库日期、交货单位、收货单位、交货人、收货人等内容。出、入库单要建账存档，双方签字。库区、库房日常在岗人员要经常打扫卫生，清除杂草、异物。库房内应无鼠，无虫蚀，无蛛网，无无关用品。要注意控制库房内的湿度及温度，在晴朗天气时，每周开门窗通风2～3次（时间不少于2h)，保持库房通风、干燥。要定期检查爆炸物品的包装有无破损、受潮现象。凡有到期的物品要提前向领导汇报，根据技术指标、检验性能及使用年限的规定，办理销毁手续。要定期检查消防设施性能及避雷针接地电阻，及时更换过期的消防灭火剂。库房人员每日要核对账物数量，确保准确无误。

爆炸物品库区及库房应设专职警卫人员负责安全保卫工作，并穿戴防静电工作服。库区、库房内严禁吸烟及带入火种、易燃品。在库区、库房周围10m内，不准放置易燃物品。库区、库房内应悬挂爆炸物品标志，除保安人员、库房人员和检查人员外，其他人员不得入内。雷管出入库时，应将雷管装入保险箱内，严禁乱拿乱放。库区、库房内严禁使用无线电话及一切无线通信设施。进入库区的车辆必须按规定路线和速度行驶。

(2) 爆炸物品的运输

石油射孔和井壁取心用的爆炸物品由收货单位凭物资主管部门签证盖章的爆炸物品供销合同（合同上应有爆炸物品名、数量和运输起止地点）进行接收。运输爆炸物品时，应由责任心强、工作可靠、懂得爆炸物品性能的持证专业人员和武装警卫押运，并禁止使用无线报话机与无线通信设备。运输爆炸物品的车辆应挂防火、防爆安全标志，不能超载超高，不能搭乘无关人员，排气管应加装灭火花装置并挂防静电挂地链条。装卸爆炸品时，应轻拿轻放。雷管在运输过程中要装入保险箱内（加锁），并将保险箱用链条锁在车内远离电瓶的安全位置。装射孔枪的射孔弹装枪后要戴好两头护帽，放入固定枪的装置内固定，严禁零散摆放。在行驶过程中，车辆时速不得超过 40km/h。多车运输时，前后车辆的距离要大于 50m。在中途停歇时，要远离建筑物和人烟稠密的地方，并有专人看守，严禁在装有爆炸物品的车上吸烟或在距车辆 10 米内使用明火。爆炸物品运输过程中一旦丢失，应立即向当地公安部门报告，并协助公安部门查找。有些性能相互抵触的爆炸物品不能混合装运，具体见表 33.20。

#### 33.3.3.4 井壁取心与射孔

从事井壁取心的工作人员，必须经过该工种的安全知识教育，取得合格证，持证上岗。装取心器时，应选择距井口、电源、仪器车大于 10m 的安全地带，严禁烟火，并设置“非工作人员不准入内”的警告标志。取心药包应放在保险箱内，随用随取，及时上锁。装配药包时，严禁用金属物敲击。对装好药包的取心器，应将取心筒头朝地面放置，严禁通电校验（允许空枪通电校验取心器）。工作人员必须了解取心井段的井内温度，选择相适合的低温或高温火药。连接点火线、换挡线时，必须将电缆芯先对地短路放电。在施工中，取心深度间隔一般应大于 0.5m，不允许打排炮，更不允许同一深度连续点火。取心时，取心器在井内的停留时间不准超过 3min。排除火药包哑炮时，应选择安全的地方，使取心筒朝向地面，操作人员离取心器 10 m 以外，按操作规程通电，换挡点火。在地面仍未引发者，应用专用工具卸开取心筒，取出药包（严禁用金属工具砸击）。对未用完的火药包及废火药包要保管好，归队后即交付装炮班发放岗人员，填好有关表格交接完后签字。在暴风、雷雨天时不能进行井壁取心施工。

从事油气井射孔的工作人员必须经过专业知识培训，并且取得合格证。在射孔施工前，必须由双方核对准确射孔通知单，确认井场无漏电现象，并具备和满足施工条件，如有电源、照明好、井口牢固、井场能摆放车辆等。施工用的火工品的质量必须达到该产品说明书上设计的指标，并确认井内条件（温度、压力等）符合火工品的技术性能范围。油管输送射孔、水平井射孔应当使用安全枪。电缆输送射孔最好使用安全雷管、安全炮头、低电压大电流电源。施工前，装炮班应有专人利用专用仪表测量装置完成所用的各种电雷管的测试工作（不允许小队在施工现场进行测量工作，更不准测量已装好的射孔枪）。上井领取各种电雷管时，必须交接清楚，双方签名，轻拿、轻放进防震的保险箱内，上锁后放到安全位置（规定为绞车室），并用链条锁锁好。要将装配好的射孔枪轻轻放入绞车后面固定牢靠，戴好枪身护帽，用链条锁锁住。在上井途中，施工车辆要对车行驶，使绞车在前，仪器车在后，车距应大于 0.5km，保持中速行驶。长途行驶时，每行驶 50km 停车检查一次。工作人员可乘坐仪器车，但不准与火工品同车。到达井场后，选择装炮区应避开高压线，并确保其距井口、施工车辆、电源均大于 10m。装炮区内非工作人员不准入内，并严禁明火，禁止吸烟。火工品、雷管箱应由护炮工看管。用雷管时，要轻拿轻放，对雷管箱及时上锁。装安全型电雷管时，必须先把炮头中心孔处理干净，然后将雷管轻轻推入孔内（严禁敲击）。射孔弹装入弹架时，应轻轻放入弹孔，用手指将枪弹鼻环慢慢压紧导爆索（严禁敲击）。切割导爆索时，应使用割纸刀或单面刀片，往一个方向切割。装好的枪身应由护炮工轻轻运到井口（井口允许存放一只枪）。待下井枪身顶孔下入井口内，再接点火线（接线前必须把点火线对电缆外皮短路放电），接通仪器电源。油管传输射孔、水平井射孔在井口安装起爆器。射孔枪在井内时，不准用仪表检查枪身点火电路的电阻值。对下井未响的射孔枪（如点火未响、遇阻、遇卡等），应先切断仪器电源，然后再上提。待枪身起到井口时，应先断开点火线，将雷管引线绝缘好，然后再提出井口妥善处理。下过井的雷管要单独存放，及时销毁（不能再使用）。进水受潮的射孔弹、导爆索给予报废。施工剩余的火工品，应直接及时交还装炮班，不允许放在车上。遇雷雨天气时，不能进行射孔作业。夜间不开始射孔作业。

表 33.20 爆破器材的允许共存范围表

| 爆破器材名称 | 黑索金 | 梯恩梯 | 硝铵类炸药 | 胶质炸药 | 水胶炸药 | 浆糊炸药 | 乳化炸药 | 苦味酸 | 黑火药 | 二硝基重氮酚 | 导爆索 | 电雷管 | 火雷管 | 导火索 | 非电导爆系统 |
|---|---|---|---|---|---|---|---|---|---|---|---|---|---|---|---|
| 黑索金 | + | + | + | − | + | + | − | + | − | − | + | − | − | + | − |
| 梯恩梯 | + | + | + | − | + | + | − | + | − | − | + | − | − | + | − |
| 硝铵类炸药 | + | + | + | − | + | + | − | − | − | − | + | − | − | + | − |
| 胶质炸药 | − | − | − | + | − | − | − | − | − | − | − | − | − | − | − |
| 水胶炸药 | + | + | + | − | + | + | − | − | − | − | + | − | − | + | − |
| 浆糊炸药 | + | + | + | − | + | + | − | − | − | − | + | − | − | + | − |
| 乳化炸药 | − | − | − | − | − | − | + | − | − | − | − | − | − | − | − |
| 苦味酸 | + | + | − | − | − | − | − | + | − | − | + | − | − | + | − |
| 黑火药 | − | − | − | − | − | − | − | − | + | − | − | − | − | + | − |
| 二硝基重氮酚 | − | − | − | − | − | − | − | − | − | + | − | − | − | − | − |
| 导爆索 | + | + | + | − | + | + | − | + | − | − | + | − | − | + | − |
| 电雷管 | − | − | − | − | − | − | − | − | − | − | − | + | + | − | − |
| 火雷管 | − | − | − | − | − | − | − | − | − | − | − | + | + | − | + |
| 导火索 | + | + | + | − | + | + | − | + | + | − | + | − | − | + | − |
| 非电导爆系统 | − | − | − | − | − | − | − | − | − | − | − | − | + | − | + |

注：“+”表示爆破器材名称类内横行的某种爆破器材与竖列的某种爆破器材二者间可同库存放；“−”则表示不可同库存放。

在实施射孔工程时，井下爆炸用的爆炸筒必须经地面试压合格才准使用。进行井下爆炸施工时，应空筒试下一次，证实能下到目的深度后再装爆炸筒。爆炸筒所装炸药宜采用成型炸药，装配地点应选择离井口50m以外的安全地带，最多两人操作。对装配好的爆炸筒，严禁用仪表测量雷管(最好用安全电雷管和安全炮头)。随已装配好的爆炸筒，在下井前，应断掉井场一切电源。下至井口50m后再接通仪器电源。对下井未响的爆炸筒，应先切断井场一切电源，再慢慢上起。提到井口时，先断开点火线，将雷管引线绝缘好，然后提到地面。要轻轻放到安全地带，慢慢拆卸处理。应用井下切割、高能气体压裂等工艺时，在火工品下井前，应用同等模拟弹通井，确认能下到目的深度后方能施工。

## 33.3.4 石油井下作业安全

井下作业是油田勘探开发过程中保证油水井正常生产的技术手段。油水井在采油、注水过程中，因地层出砂、出盐，造成地层掩埋、泵砂卡、盐卡，或封隔器失效、油管及抽油杆断脱等种种原因，使油水井不能正常生产。油水井维修的目的，就是通过作业施工，使油水井恢复正常生产。

### 33.3.4.1 井下作业施工准备

(1) 转运与起放井架的安全要求

新井作业首先要查看井位，选择道路，排除路途障碍物，确定井架类型及位置。运输途中，要将井架绷绳和其他物件捆好放牢。途中遇有油、气、水管线和电杆、电路时，要采取适当措施，防止挂坏管线及触电事故。起放井架途中，井架车上严禁站人。放井架时，大钩必须进入保险篮筐内，并用钢丝绳固定牢固。起放井架时，要严格分工，由专人指挥，坚守岗位，发现情况及时向指挥员报告，然后根据气候、风向、地形等具体情况适当处理，除指挥人员、操作人员外，非操作人员必须站在安全区。操作人员上井架必须系好安全带，所带工具应用绳系好拴牢，用完后随身带下，严禁从高处扔下。遇六级以上风或雷雨天气时，严禁起放井架。井架起放完毕后，应与作业队进行交接，并填写交接卡。

(2) 井架起放过程中的事故易发环节

应防止起放井架前修井机整体不平衡，导致起放过程中井架倾倒(如起放井架时因风力过大造成的失衡)。防止液压系统压力低，管路没有放气，导致起放中途操作失灵。防止起放井架所用钢丝绳发生断裂(所用的钢丝绳必须符合标准，使用完毕按要求进行保养)。起升井架时，应注意观察井架上升高度，防止井架窜出。防止自行式修井机对井口时超过标准距离，导致起放井架时撞坏井口设备。固定式井架(BJ-18型、BJ-29型)的地基必须坚实、平整。应预先拉好后一道绷绳，并使其松紧适度。

(3) 拉运及摆活动值班房安全要求

活动值班房要有完好的刹车装置及灯光系统。在搬迁前，应勘察所经道路情况，对路面进行清理或垫平，对损坏和坍塌严重的路段进行修补压实。对车辆的轮胎、底盘及各部位的固定螺栓、拖拉支架和值班房的拖橇、拖钩认真检查。拖拉时，应使用足够强度的钢丝绳套(一般是$\phi$12.7mm以上)。装运货物时，不准超长、超宽、超高、超重。运输过程中应遵守有关交通规则，严禁人货混装，值班房内的物品应放置平衡，不稳定货场要用绳固定或加垫木和方木。拉运时严禁值班房内坐人。值班房进入井场后，应选择适当的位置摆放，以利于现场施工和搬迁，值班房应摆放在上风头、距井口20m左右的地方。在值班房内应设置漏电保护器，所用灯具必须使用防爆探照灯(或低压安全灯)，灯架高度应不低于1.5m，距井口不小于2.5m。

(4) 背通井机安全要求

平板拖车停放地点地面必须平整、坚实。要拉死刹车，垫好挡木，防止通井机上下时发生翻车事故。背机前，认真检查通井机刹车、转向等关键部位。上下平板车必须由作业队大班司机操作，并有专人指挥(指挥人员不准站在平板车上)。通井机上平板车时，应使滚筒在前，履带对正爬梯。当通井机履带接触平板后刹车调准方向，然后继续向前行至平板尽头，打上右脚刹车。下平板车应对正、慢行。机车在平板上必须居中，两边履带下应打好方木。在运送过程中，通井机要熄火、刹车，挂倒挡，关好门。在运输过程中，通井机的驾驶室内严禁坐人。

(5) 井场布置

值班房、工具房、发电房、锅炉房距井口和油池的距离应不小于20m，并设在上风方向。值班房上各种标志(必须戴安全帽，禁止烟火，必须系安全带，当心触电，当心机械伤人)应齐全、醒目。规章制度(岗位责任制、安全管理制度)、施工现场摆放平面图应在值班房内张贴上墙。值班房内严禁存放易燃易爆物品。值班房内应配全消防设备，并保证性能完好。油管桥(钻杆桥、抽油杆桥)应高于地面300mm以上，排列应整齐、平稳。井场安全通道应畅通。井场应有工具台(房)，工具摆放整齐、清洁。配全防喷装置，摆放于工具台上。现场应备有防滑踏板。

(6) 穿大绳与指重表

引绳与钢丝绳应连接牢固，解扣方便。穿钢丝绳时，天车上的操作者不能用手扶、撑钢丝绳，防止挤伤手臂。钢丝绳跳槽后，应立即通知地面人员停止抽拉，然后进行处理。井口操作人员要戴好安全帽。如游车大钩在提起后跳槽，应将游车大钩固定在井架游梁上(即卸载后)再进行跳槽处理(严禁游车大钩悬吊时进行处理)。死绳头、拉力表、死绳器三者连接后，应在死绳头与死绳器两者间加安全套。严禁使用通井机猫头拉拽穿大绳。抽大绳时，严禁用机械抽拉引绳。

(7) 井场用电

电源线必须用无老化、裂纹或裸露的橡套电缆线，用绝缘灯杆架起，架设高度不得低于2.5m，线杆分布距离为4～5m。线路总控制开关后应安装漏电保护器，井口照明应使用隔离电源，配电盘上的所有电器控制元件必须完好。值班房要有接地线，用$\phi$25mm铜芯线连接导电杆，地线两端连接牢固，导电杆插入地下0.8m以上。所有接头严禁裸露。严禁用其他金属丝代替熔丝。电源及电器设备的拆接应由专职人员操作，并有人监护，操作人员必须戴好绝缘手套。照明灯至少两个，必须用专用灯架固定，灯光中心高度不低于1.5m，摆放位置应合理(距井口不少于5m)。探照灯灯线应整体进入灯内，进线孔、绝缘垫圈要保证绝缘，搬移前必须关闭电源。电热管底部用厚瓷垫与值班房底盘应可靠绝缘。电热管、排风扇保护网完好、牢固，并保持里外清洁。排风扇距井口不少于5m，并有良好接地。在安设地线前，应拉下变压器闸刀，查清井场电缆的走向。安装好地线后，合上闸刀，检查是否漏电。拆接作业专用变压器线路必须由采油矿电工操作，严禁带电调压和超负荷使用。试送电确认各条线路及电器接线正确后方可正常送电。

(8) 高压变压器、电缆

高压电缆线路必须架空，高度同原架线一致。需动高压电缆时，必须戴好绝缘手套。高压变压器必须接好地线，地线杆必须达到1.5m深度。严禁各种车辆碾压电缆。严禁带电调压和超负荷使用。专用变压器输入电压的测量由电工负责并通知作业队。作业队专用变压器输入、输出接线及完工后拆线亦应均由电工负责。作业队现场人员根据电工通知的输入电压，调整专用变压器输出电压调整开关，并确定输出电压值是否合适。高压变压器正常工作时，严禁人员靠近和接触。放变压器的箱体内外严禁放物及站人。严禁砸碰及无故损坏变压器箱。搬家时，必须将电缆盘好，放到规定箱内。高压电缆使用期为一年，到期应予更换。

(9) 消防设备

井场配备的消防设施应不少于 8kg 干粉灭火器 2 个，消防桶 2 个，消防锨 2 把。所有上岗人员对消防设备均应达到“三会”（会保养、会检查、会使用)，并对消防设备定期检查，保证性能良好。

(10) 井下工具

施工前，按设计要求将井下工具配全，妥善存放，保证施工需要。投用前，应检查井下工具是否有合格证，其类型是否与要求相符。

(11) 杆管摆放

按施工要求，如数准备好油管、抽油杆。油管、抽油杆应分别摆放整齐，所搭的油管桥应达到三道，距离地面不低于 0.3m。油管、抽油杆排放时每 10 根 1 组，第 10 根节箍出头，出头节箍和不出节箍要分别对齐。丈量时按下井顺序进行，并与油管、抽油杆记录核对。严禁在油管、抽油杆桥上走动。要选择合适位置，排放好备用油管和抽油杆桥，以便使用和回收。

(12) 防喷设施

井场上必须配备齐全的防喷装置（250 闸门、悬挂器、上法兰盘、大钢圈、异形钢圈、密封圈节箍、螺栓等)，摆放于工具台上，刷红色漆。所有配件必须性能可靠，不移作他用。每一口井施工前，都要认真检查井口装置是否完好无缺，不合格应予更换。

#### 33.3.4.2 井下作业一般施工

(1) 压井

① 施工中的安全要求。压井前，先用油嘴或闸门控制放喷，压井中途不能停泵，以免压井液被气侵；用泥浆压井时，压井前应先替入清水，待出口见水后，再替入泥浆，以防止泥浆被油气侵；替入泥浆后，要控制进口与出口泥浆密度差小于泥浆密度的 2%；应避免压井时间过长，减少对油层的污染；压井前，应对所压井管线进行试压，实验压力为工作压力的 1.5 倍；压井前，应尽量加大排量，为防止上液管线堵塞，在吸入口处应装滤网；压井时不应在高压区穿行；如出现刺漏，应停泵放压后再处理；应侧身操作开关高压闸门；在压力升高时，严禁施工人员跨越压井管线。

② 事故易发环节。井下管线被砂、蜡堵塞，可导致压井压力骤升，造成憋泵，管线严重刺漏；高压油气井出口管线，错误地采用软管胶管或未对硬管线固定，出口使用 90°弯头；压井时，井口四通未上顶丝，压力升高时，有可能将井内管柱顶出；施工压井后起下管柱时，可能发生抽汲现象，甚至造成井喷。

(2) 拆装驴头

翻转驴头时应注意，刹车必须有专人负责操作。拔出锁销后，抽油机上的操作人员应立即下到地面（严禁操作者骑在驴头附近的游梁上)。抽油机上有人工作时，驴头周围 3～5m 内不准站人。上驴头作业必须系安全带，所用工具必系保险绳。所用工具、配件等物品不准从高处抛下。抽油机游梁应停在水平位置，打好死刹车，刹把要用专用安全卡子固定。悬挂式驴头在施工前必须吊下。甩驴头时，应防止毛辫子甩到井架上挂坏或拉倒井架。不准在抽油机驴头和游梁上放置零部件。严禁使用管钳和手来转动抽油机皮带和皮带轮。

(3) 装卸井口装置

井口若需要焊割时，必须办理用火手续，备齐防火设备和工具，必须在井内液流中止，井口无油气溢流或气味时方可进行。拆卸采油树后，钢圈等密封部件应存放妥当，防止磕碰受伤；注意防止小件工具丢失或落井；装采油树时，应对正轻放，以防砸坏钢圈或其他部件。起吊采油树时，要安全平稳，防止掉落伤及人身或井口设备。如果需要更换或焊割的部分位于低处时，应事先挖好工作坑，以缩短用火时间，保证施工质量和安全。

(4) 提下油管杆

起下作业前，应检查小钩各部是否灵活完好。吊卡使用后，要进行清洗并润滑保养。在起下油管时，应严格按规程操作施工，防止各类事故的发生。摘挂悬绳器时应注意，不要用手摸光杆，不能将手放在防喷盒上平面上。提下管、杆时，井口人员应离开井口 1m 以外，管杆下方不准站人。吊卡必须与管杆匹配，其安全销应灵活好用。提单根时，吊卡开口必须朝上。提悬挂器前，必须先将顶丝退出。提悬挂器和管杆之前，必须先检查地锚、绷绳及井架底座、拉力表是否符合安全要求。严禁用锚头绳拉管钳卸扣。严禁跨骑油管。摘挂吊环时，手应放在吊环耳以上 10～20cm 处，待管杆接箍提出刹车平稳后再扣、摘吊卡。提下钻过程中严禁猛刹猛放。提下抽油杆小钩必须有正规的防脱保险销。起下油管必须使用防脱吊卡和防脱销子。抽油杆遇卡时不得硬拔。司钻操作要平稳，精力集中。

(5) 换光杆、调防冲距

上提下放光杆必须慢提慢放。打方卡子卸负荷时，严禁手抓光杆。

#### 33.3.4.3 井下作业特殊施工

(1) 现场作业动火

现场作业施工动火，必须填写动火报表，经审批认定后，方可实施。有条件拆卸的物件如油管、法兰等，应卸下来移至安全场所进行焊接、切割。对有压力、油气或密封管道，在未采取放压和开孔之前严禁切割。井场周围 30m 以内严禁动火。焊、割作业结束后，必须及时清理现场，彻底消除火种。

(2) 高处作业

超过 3m 的高处作业必须系安全带，高挂低用，固定牢靠。携带工具必须拴保险绳，并严禁从高处抛下。处理大绳跳槽时，必须先用钢丝绳套把游动滑车固定在井架横梁上，并用卡盘将油管提升钻具卡牢。钢丝绳跳槽或打扭时，首先要放松钢丝绳，待不再下滑、无负荷时，方可用撬杠或其他工具进行处理。

(3) 冲砂

① 施工作业的安全事项。水龙头连接牢固，灵活好用。水龙带必须拴 $\phi$10mm 以上的保险钢丝绳。冲砂时，水泥车泵压不准超过水龙带额定工作压力，循环管线应不刺、不漏。冲砂换单根时，应有专人负责拉扶水龙带。出口必须用硬管线，并固定好，高压区禁止人员穿越。冲砂期间机车不准熄火，现场施工应有防喷措施。冲砂前必须清楚井下砂堵（卡）的情况，知道冲砂施工设计要求，熟悉施工操作。施工时，要先开出口闸门，后开进口闸门，以免憋压；冲砂过程中，应尽量使进、出口排量大致平衡，防止发生井喷或漏失。要随时观察压力变化，正确判断井下情况或地面管线设备是否畅通，发现问题要及时排除。严禁用井下分层管柱冲砂。在油、气井上冲砂时，应做好防喷、防火工作。

② 事故易发环节及事故预防。探砂面时负荷过大可导致砂堵管柱，冲砂时对井下情况不明，可导致水龙带憋裂或将接头憋出。因此，在探砂面时，应严密注意观察指重表的指针变化。冲砂时，应先用硬管线循环洗井，待出口见水后再加深油管。高压自喷井冲砂时应控制出口排量，保持进出口排量大致平衡，防止井喷。出口不能使用软管线（出口应采用硬管线并装地锚固定)，以防止排量大时管线摆动甩头

造成事故。冲砂接单根应快速、准确，接前应充分循环。

(4) 射孔

射孔前，井口必须装好专用防喷大闸门或防喷器，装全、紧固均匀法兰螺栓，确保闸门开关灵活、密封。套管两侧闸门应齐全、紧固、完好。射孔施工时，非操作人员不准在炮弹、枪身或井口周围停留。动力设备应运转正常，中途不准熄火，排气管不冒火花，司钻不准离开驾驶室。油管传输射孔时，下放油管应操作平稳，严禁猛刹猛放。现场防喷设施应齐全、灵活好用。应事先准备好抢下油管或抢装井口的工具、配件并保持清洁、灵活好用。射孔前，井内必须灌满压井液。对老井射孔前，必须冲砂到设计要求或进行洗井。射孔时，地质技术员必须到井场配合射孔工作。射孔应连续进行，并有专人观察井口，发现外溢或有井喷预兆时，应停止射孔起出枪身，立即抢下油管或抢装井口，并向上级汇报。油管输送射孔、投棒必须有专人负责和监控。点火后，要有专人仔细观察井口压力表变化情况，确保无问题以后，再进行下道工序施工。高压低渗透井射孔前，必须在井筒内先灌满压井液，然后方可进行射孔施工。射孔结束后，应迅速下入油管。

(5) 洗(压)井、气举

现场应配备防喷装置及专用连接管线。严禁使用软管线当出口，出口硬管线必须固定牢靠。由壬螺纹应完好，无腐蚀。洗(压)井前，应对所有压井管线试压(试验压力为工作压力的1.5倍)。管线接头刺漏时，应在停泵放压以后再做处理。开关井口高压闸门时，应侧身操作，缓慢开关。压井时，要上紧井口四通顶丝，上紧各部位螺栓。严禁施工人员跨越压井管线。

(6) 解卡

解卡施工必须有专人指挥。解卡前，应检查设备、井架、游动系统、大绳等部位。解卡施工不允许超过规定负荷，严禁大钩长时间处于大负荷的悬吊状态。指重表必须灵活好用，刻度清晰，指重准确。在解卡施工中，吊卡销子必须拴保险绳，并固定牢靠。小修队动用钻杆解卡打捞施工时，对后一道绷绳必须加固地锚两个，必要时，应对井架增加两道绷绳。解卡施工过程中，井架前方、井口附近不准站人，无关人员和车辆应远离现场，绷绳和地锚应有专人看守。原生产管柱卡钻时应先采取上下活动解卡，严禁大负荷解卡而造成卡死。经多次活动无效时，在设备允许和有工程技术人员在场指导的情况下，可大力上提或实施倒扣、套洗、打捞解卡工艺。在冲砂、填砂、防砂、压裂、注水泥塞等工艺施工过程中卡钻时，应保持循环，并配合大力上提解卡。解卡无效时采取倒扣、套洗、打捞、解卡等措施。憋压反循环解卡时，因系高压施工，要严防管线连接部分刺漏伤人。诱喷法解卡时，必须装好井口控制器，保证灵活好用，防止井喷失控，并注意防火。千斤顶解卡时，必须在千斤顶下面垫好方木并加固牢稳；解卡前应对管柱紧扣。

(7) 液压平台解卡操作

使用液压解卡平台时，必须对中井口，并使地基平整、牢固。使用钻具进行顶升作业时，应使大钩和钻具脱离，并将大钩提升到一定高度，以免影响顶升操作。钻具专用卡瓦应用$\phi$16mm以上钢丝绳套固定牢靠。钻具顶到预计吨位、平稳后，方可打开卡瓦。吊装液压解卡平台时，必须有专人指挥。升降时，解卡平台下严禁站人。液压操作控制箱应放置在距井口4m以外的安全位置。

(8) 打捞

不要用手检查打捞工具内壁螺纹或卡瓦扣。搬运时，应按重量组织多人搬抬，放在支架或工具台上拉运。在进行对扣(或倒扣)操作时，必须有两人以上操作管钳，一鼓作气完成。若扭不动时，应缓慢退回。用钩类工具捞获钢丝或钢丝绳类落物起出井口时，操作人员应离开井口周围。打捞管类落物时，应预先做好井架、绷绳的加固工作，防止捞获后因解卡增大负荷，造成重大事故。

(9) 管对、倒扣

管对、倒扣施工必须有技术人员在现场指挥。油管倒扣前，必须检查拧扣机尾绳是否完好，必要时应进行加固。管杆倒扣操作必须使用拧扣机。管杆倒扣操作时，操作人员必须站在距井口2m以外，用绳拉动拧扣机操作杆(严禁直接由人操作)。抽油杆对、倒扣应根据抽油杆规范型号，使用相匹配的倒扣器(严禁使用管钳)。管杆倒扣上提负荷时，严禁超过卡点以上的悬重大力上提。非操作人员应远离井口5m以外。上提到悬重后，刹好刹车。应使用液压油管钳进行倒扣，并注意倒扣圈数(控制在30～40圈)。上提管时应检查倒扣情况。

(10) 酸化

施工人员必须有明确分工，严守岗位，搞好协作配合，服从统一指挥。现场配酸人员操作时，应站在上风头。搬酸、倒酸操作时，要穿戴安全防护服、防酸手套、面具等，并准备好苏打水或蒸馏水，以便在人身沾上酸液时清洗使用。配酸人员应适时替换。配酸完毕，操作人员要用苏打水或蒸馏水冲洗眼睛和裸露的皮肤。在施工过程中，若发生设备管线刺漏，必须停泵，关好总闸门，待放压后才能进行处理。施工结束后，必须先关好井口闸门、泄压，后拆卸管线。施工时，所有人员应远离高压管线。在排酸过程中，对从井内排出的酸液要妥善处理，严禁排入附近农田、生产区、水道、灌溉渠。挤酸时，如泵压异常升高，应立即停泵检查，核对井下管柱。施工完毕，对所有设备、容器、工具要用清水冲洗干净。

(11) 压裂

施工时必须定人、定岗，统一指挥，服从命令。施工现场严禁使用明火及吸烟。非工作人员不得在井口及高压区20m内停留，不能横跨管线，高压管线不许悬空。压裂车应有限压保护装置，并调整到合适的限制压力范围。施工时，泵头不准坐人，砂罐和输砂器不能掉物件。不能用手清砂和送砂。若管线漏失，应立即放压处理。使用油基压裂液施工过程中，消防车及医务人员必须到现场值班。

(12) 找水

电缆车及动力设备必须可靠刹车，并在轮胎下垫好挡木。井口电缆支架应使用螺栓与套管四通连接固定。吊升滑轮应灵活可靠。在起、下操作过程中，司钻不得离开操作室。严禁跨越电缆。接触同位素的人员必须穿戴好防护服具。同位素倒入井内后，井口操作人员动作要快、准，完成操作后迅速撤离井口。电缆穿越公路时，应设置安全标志，并有人监护。在作业过程中，要做好防喷措施准备，准备好消防设备和工具。

(13) 堵水

配制各种堵水剂过程中必须按规程操作，穿戴好劳动保护用具，制定应急措施。向油层挤注堵剂都在高压下施工，必须有专人指挥，严格按规程操作，出现故障时，必须先放空卸压再进行处理。严禁在高压下砸高压管线等设施。所有承受高压部件、设备定期试压合格才能使用。在施工前，对承压设施要进行检查、加固。高压管线不得悬空安放，控制阀门要开到最大位置。在特殊或大型施工场所，安全部门应派人到现场监督，发现隐患及时处理。井口及地面管线试压值应为预计压力的1.2～1.5倍。高压施工中，非工作人员不得在距井口及高压区20m范围内停留。

#### 33.3.4.4 大修作业

(1) 大修作业的动力设备安全要求

钻机转动部位必须装好护罩，保证人身安全。要按照规程润滑各部件。链条松紧要调节适当。滚筒钢丝绳缠绕时不得重叠，末端要用绳卡夹紧。确保刹车灵活好用，及时调节刹车带，如有不均要及时更换。按照钢丝绳安全规程和换新标准使用钢丝绳。根据钻机转速、负荷、速度要求，合理配用操作运行参数。

（2）使用大修井架安全要求

必须严格按照施工要求选用适当型号的井架。要按规定处理好井架基础，保证平整坚实。对井架各连接处要定期检查，确保紧固螺栓连接可靠。对腐蚀变形或有裂纹痕迹的井架要及时维修或更换。在大负荷提升时，要分析受力情况，适当调整绷绳松紧，防止井架前倾、弯曲。司钻要集中精力操作，防止发生顶天车等事故。在解卡施工中，要仔细观察指重表所示负荷变化，遇到负荷突然增加或变化的情况时，要查明原因，及时处理。

（3）大修队搬迁

搬迁前先勘察好行车路线，途中的特殊路段和复杂路段，要向司机说明情况，途经时要有专人指挥。装运值班房、大罐、井口平台和超重物资的车辆，时速不准超过30km/h。若装运的物资超长、超高、超宽时，应采取合理的安全防护措施，设立醒目的安全警示标志。吊装货物时，货物正下方和吊臂旋转范围内不得有人作业、停留和通过。吊装时，必须根据设备的重量选择安全可靠的钢丝绳套，并有专人指挥。钻台与护栏必须分开吊装。

（4）大修作业高处作业

凡有高血压、心脏病者禁止上井架高处作业。高处作业使用的工具必须用尾绳在身上拴牢，工作时拴在井架上。上下梯子时手要抓牢，脚要登稳，防止打滑或踩空。高处作业时，要严防落物（严禁往下抛扔工具、用具）。在二层平台工作时，要遵守上下联系信号。起下作业时，要注视游动滑车及钢丝绳。摘、扣吊卡时，要站稳两脚，兜紧缆绳，扣牢吊卡，插好保险销。立柱应摆放整齐，并用绳子捆牢。高处处理故障时，井架下面严禁站人。天车与井口偏斜时，不准用手拉推游车、吊卡、吊环及钢丝绳（只允许用游绳拉拽扶位）。要经常检查井架和二层平台、天车等各部位连接螺栓、绷绳和绳卡的紧固情况。夜间作业要有充分的照明条件。

（5）大修液压动力钳的安全操作

在操作液压动力钳时，井口人员要离开钳的尾部以防钳尾摆动伤人。尾绳要拴紧，并用绳卡夹紧。背钳要安全可靠，防止打滑。操作时要精力集中，严禁违章，要求操作平稳，用力均匀，换挡及时。对动力钳要定期保养维修，保证运转正常。在用低挡冲击、高挡放旋扣时，严禁硬憋猛挂。上钳打滑时禁止手扶，应立即检修或更换。换卸牙板时，要关掉液压开关，禁止将手伸入钳口内。

### 33.3.4.5 试油作业

（1）试油队射孔

① 施工前，要按设计方案的要求做好井身的技术准备；根据地层压力选择并调配好压井液；对高压油（气）井射孔施工时，井场必须配备消防车和足够的压井液，井口应装有采油树、放喷大闸门或防喷器，且安装紧固，性能良好，开关灵活；套管放喷管线不得用软管，并接到距井口20m以外下风口处，连接牢后，将套管闸门打开；准备好抢下油管和抢装井口的工具和配件。所有设备、工具均应保持清洁，灵活好用；动力设备应运转正常，中途不得熄火。

② 射孔施工时，通井机司机要平稳操作，不得离开岗位。试油队应指定专人负责观察井口，发现井口液体外溢或有井喷预兆时，应停止射孔，起出枪身，并立即抢下油管或抢装井口，待处理好后方可继续射孔。射孔结束后，应迅速下入油管洗井替喷。

（2）抽汲、提捞

① 滚筒上的钢丝绳必须缠紧排齐，抽汲最深时，滚筒上剩余的钢丝绳不少于25圈；停抽时，抽子应起入防喷管内；抽子未起入防喷管内时，不允许关闸门或清蜡闸门；卸防喷管时要先放空；向井内下放钢丝绳时，钻台上不得站人；抽汲时，钢丝绳附近不得站人，不得跨越钢丝绳。

② 抽汲中途顶抽子时，应继续上起，不要停止抽汲。同时，关闭小出油闸门。抽汲、提捞时，钢丝绳均不得磨井口。

③ 钢丝绳跳槽或打纽时，必须先在防喷盒上用绳卡卡住，放松钢丝绳后不再下滑时，方可用撬杠或其他工具解除，严禁用手直接处理；若钢丝绳有死弯或断股断丝时（在一个扭距内超过10丝时），必须重接或更换，否则不许下井；提捞时，井口要有防喷装置；对钢丝绳应及时检查和保养；夜间抽汲时，要有足够的照明，保证视线清楚。

④ 灌绳帽时，应注意选好绳头（无接头，无断股）；绳穿入绳帽后，将绳头根用细铅丝扎紧，再将绳头倒开，用汽油或清洗剂清洗干净后，将每丝弯钩拉入绳帽，再用火烧，要避免烧坏绳芯（铅或锌熔化到能引燃木柴为宜）；灌锌或铅时，要用榔头轻敲绳帽，使锌或铅液受震动均匀流入绳帽，直至下端见锌或铅为止；操作人员应截好手套和眼镜，以防烧伤。

（3）气举诱喷

气举的进口管线试压不能低于压风机的最高工作压力；出口管线必须用高压硬管线，并固定好，喷口处不许接90°的弯头；气举时应严格注意油井产出的天然气与注入的空气混合后的防爆问题；气举后，在井内空气和油气混合物未排净前，切勿进行井下作业和测压工作，以防摩擦静电引起井下爆炸。气井、高油比井及轻油井严禁用空气气举。

（4）试井测井

任何人不准从钢丝绳上下通过，不准遮挡操作员的视线。操作人员作业时精力必须集中，夜间作业时，井口及绞车部分要有充分的照明，保证视线清楚；仪器下井后，操作人员需离开井场时，必须向作业队或采油队交代清楚，以防开关闸门或碰断钢丝绳造成落物事故。

（5）试井作业中的防喷、防火

① 射孔作业中的防喷管理措施。严禁在夜间、雷雨天和6级风以上的条件下施工；施工井场必须清理空地，以便能合理地摆放射孔车辆、消防车辆及消防器材。高压井射孔施工防喷所用的一切设备，都应处于良好状态。对作业机、油脂泵车、消防车、井口防喷器、井场电源都要反复检查，确保万无一失；对施工人员应进行防喷知识的教育和培训，使之在出现险情时，能沉着应战，正确处理。

② 施工操作安全注意事项。对普通射孔井，应在井内压力平衡的条件下进行施工。最好采用正压射孔。在射孔枪到达预定位置时，应再次检查各种设备、仪表是否正常，井口及压井的工作是否准备就绪，确认无误后方可引爆射孔。射孔完毕，待射孔枪与下井仪器提出井口后，及时关闭井口闸门。对过油管负压射孔井，当射孔枪与下井仪器在井内起下时，应使注脂压力与井内压力保持平衡，利用地面压井设备控制井下压力进行正常射孔施工。当射孔枪身与下井仪器起出井口进入防喷管内时，要关闭采油树闸门，打开放空管线闸门，把防喷管内的压力泄掉，然后卸开防喷管，提出枪身。在连接射孔枪时，将射孔枪与下井仪器放入防喷管后，在与采油树连接前不得打开井口闸门。对油管输送负压射孔井，要求射孔枪与油管的每个连接部位都密封良好，下井速度要平稳、均匀，不能过快，以防发生撞击、溜钻、顿钻事故。在射孔枪引爆后，要及时关闭井口，并注意观察井口油管和套管压力表的显示数字。

③ 射孔过程中发生井喷的时候的安全处理措施。在井

液出现外溢的情况下，不能继续进行射孔施工，要快速提出射孔枪身及电缆，并抢下油管和用高密度泥浆压井。对出现间歇喷溢的井亦不能继续进行射孔施工。当过油管负压射孔后井口有压力显示时，要加紧用泵车打压，使之与井压保持平衡。如果注脂压力不能控制井压上升时，应立即停止施工，将射孔枪及下井仪器提入防喷管，先关闭井口，再按规定进行拆卸。一旦发生井喷，要停止射孔施工，应立即起出井内电缆与射孔枪。如果在抢起过程中，井喷将电缆喷出井口时，为及时抢关井口，要立即剁断电缆，让作业人员抢关井口闸门。射孔人员迅速将设备、射孔器材撤离井场，以便让作业人员及时处理。井场出现井喷时，一切与井控无关的车辆要迅速撤离现场。

④ 井喷防火。在发生井喷后，射孔队要迅速切断所有电源，做好安全撤离工作。要严禁动用明火，以免引起井喷着火，使压井工作无法进行。

(6) 试油作业中井喷的预防和控制

① 井喷的预防。应保持压井液的静液柱压力略高于地层压力。关键是选好相应密度的压井液。要坚持压而不死，轻而不溢的原则。起下钻时，应认真灌注压井液，保持足够高的液面；严格按起下管柱操作规程作业，平稳操作，减慢起升速度，尤其对下有封隔器的井，更应控制起升速度，以免产生抽汲作用。在洗井或冲砂作业中，要认真观察油井返出量的变化及出口是否有气泡，果断采取有效措施。

② 井喷的控制。安装灵活可靠的防喷器，是有效地对油井环形空间进行控制的最佳措施。起下作业前，要先准备好井口大闸门，下端连接好卡箍及与油管扣相符的短节，以便及时一次安装好闸门。应使闸门处于全开状态，闸门的上端也要事先连接好卡箍及提升短节。起下钻时，要做好抢装井口的一切准备。对气井及高压井，套管两侧均应装双翼闸门，套管闸门靠近水池子一侧应连接好两根油管备用，以便井喷时压井之用。起下钻应连续作业，因故停止时应装好井口。

③ 抢喷。井喷后，应立即切断电源，消除火种；立即汇报，并拨火警电话“119”，调动消防车到现场值班，应尽量撤出设备，并派人警戒，保护现场。抢喷时，必须由专人指挥，合理使用抢喷施工专用工具、用具。一旦发生井喷，机车必须立即熄火，切断电源。抢喷人员必须按规定穿戴防护用品。严禁吸烟或进行动火作业。

(7) 试油作业井场防火、防爆措施

① 井场防火防爆措施。在作业施工井场内严禁吸烟和使用明火；井场施工动火焊井口或管线时，必须办理动火手续，非经有关部门审批，并有严密的安全措施，任何单位和个人不得擅自动火施工。冬季施工使用电热管时，严禁接触易燃物品。在井场内不准用铁器撞击；不准穿带铁钉的鞋；作业施工现场要达到“三清”“四无”“五不漏”的要求；对全体施工人员要进行防火、灭火教育和培训。

② 井场着火的处理。应立即向上级部门汇报并报火警，同时积极组织扑救。要切断油、气、电源，放掉容器内压力，隔离或搬掉易燃物品。初起火灾或小面积着火时，应用泡沫灭火器、水龙头、蒸汽、毛毡、棉衣等迅速扑灭。否则，要控制火势，尽量防止火焰向油气方向蔓延。油箱、油池着火时，应用干粉灭火器或泡沫灭火器灭火，切勿用水灭火。电器着火时，在没断开电源前，只能用不导电灭火剂的灭火器灭火。

### 33.3.5 采油安全

采油生产大部分属野外分散作业。从井口到计量站、联合站，各个环节都有机地联合在一起。整个生产过程具有机械化、密闭化和连续化的特点。生产的主要产物是原油、天然气。这些物质具有易燃、易爆、易挥发和易于聚集静电等特点。挥发的油气与空气混合达到一定的比例，遇明火就会发生爆炸或燃烧。油气还有一定的毒性，如果大量排泄或泄漏，将会造成人、畜中毒和环境污染。

#### 33.3.5.1 新井交接及采油生产准备

对于新钻的生产井和调整井，在进行替喷和诱导油流后，采油单位要及时放喷或装机上抽生产，在油、水井投产前应做好新井交接，资料归档，油、水井投产准备等各项工作。

(1) 新井交接及投产要求

钻井、完井单位（乙方）向采油单位（甲方）交接的主要内容：

① 资料交接：交清交全各项资料，包括完井数据、射孔数据、地层分层数据表、测井解释成果图、封固质量检查图、标准电测图、地层压力资料、诱喷资料数据等。

② 钻井、完井过程中存在的主要问题要做详细说明，并提供书面材料。

③ 套管外冒油、气、水，采油树设备不齐全，闸门及连接部件渗漏，套管四通（或三通）标高不符合要求，采油树安装方向及垂直度达不到标准要求，需由乙方整改后再交接。

④ 经交接甲、乙双方同意，在交接书上签字方可生效。

对于上述工作，每个采油队要有一名技师或技术员负责现场跟踪，对新井射孔、压裂、下泵、基建、投产等进行质量安全监督，严格交接手续。

(2) 油、水井投产前的安全技术要求

① 人员、工具和设备的要求。凡进入新井、新站的岗位工人，必须先培训后上岗，经过三级安全教育，达到本岗位规范标准才能进行操作管理。工具用具应按标准配备齐全，对号定位。化学清蜡及其他清蜡方法应根据要求，配备配全设备、药品。新井投产前，应按要求配齐安全设施、消防器材、安全挂牌和安全标志等，场地要达到规格化标准。

② 生产管理制度。主要有：油、水井及计量站岗位专责制，交接班制，巡回检查制，设备维修保养制，质量责任制，技术培训制，岗位练兵制，安全生产制，经济核算制，标准化管理制度等。

③ 图表、资料。井组有综合图，包括油层连通图、分层管柱图、地面流程图（这些图画在一张图上）。采油队有设备流程图、油水系统管网图、配电及电器线路图、巡回检查路线图、事故树分析图。报表、记录本、资料按统一要求填写。

#### 33.3.5.2 自喷井采油生产安全

(1) 井口装置

井口装置包括套管头、油管头、采油树三部分，即由悬挂密封部分、调节控制部分和附件组成，其基本连接方式有螺纹式、法兰式和卡箍式三种。悬挂密封部分由套管头和油管头两部分组成。油井的控制调节部分叫作采油树，其作用是控制和调节井中的流体，实现下井工具仪器的起下等。采油树由大小闸门、三通和四通等部件组成。采油树的附件包括油嘴、压力表、取样回压考克和回压闸门等。

(2) 自喷井的安全技术要求

① 井口设备应齐全完好，不渗不漏。所有闸门要灵活好用，配全配齐螺栓、螺母，紧固时对角用力均匀。清蜡闸门密封要严，开关时两侧丝杠出入要相等，防喷管丝堵要紧好，装有丝堵短管节上要设有放空考克。做到先放空后卸丝堵，并注意清蜡闸门是否关严。油嘴尺寸要符合要求，油嘴三通应无堵塞现象。

② 井口操作时应注意，在卸丝堵时，先倒好流程，后放空（人要在上风方向，防止放空时被油气熏倒）；卸时打

好管钳尺度，用力均匀，防止用力过猛、管钳打脱而使人受伤。

③ 上卸压力表时，检查压力表装卸部位是否设有放空以及压力表闸门，做到先关压力表闸门，后开放空考克，再进行装卸压力表操作。注意人要在放空方向的侧面进行操作。

④ 检查油嘴时，注意先关生产闸门，后关回压闸门；放空后，再卸丝堵。检查后用套筒扳手装好油嘴，上好堵头，先关放空阀，开回压阀，最后打开生产闸门。井口房内严禁烟火或产生摩擦火花。

### 33.3.5.3 深井泵采油安全

从油气田开采的过程来看，在我国，多数油井终将采用机械采油方法开采。人为地通过各种机械从地面向油井内补充能量、举油出井的生产方式笼统地称为机械采油。目前，各个油气田使用的机械采油方法较多，深井泵采油是其中最普遍的一种。深井泵采油又可分为有杆泵采油和无杆泵采油。

有杆泵采油是由地面动力设备通过减速机构使抽油机驴头上下往复运动，从而带动抽油杆柱及抽油泵活塞上下运动，将油井内的液体抽至地面的一种采油方法。按抽油机结构的不同，可分为游梁式抽油机深井泵抽油装置和无游梁式抽油机深井泵抽油装置。

游梁式抽油机深井泵抽油装置是靠电动机或天然气发动机带动的。电动机通过三角皮带，把高速旋转运动传给减速箱输入轴，经减速后，通过曲柄连杆机构，把高速旋转运动变成驴头低速（如 6～16 次/分钟）上下往复运动，再由驴头带动抽油杆做上下往复直线运动，同时抽油杆将这个运动传给井下抽油泵活塞，使活塞做上下往复运动，而将井中的液体抽至地面。

(1) 抽油机的安装与调整

在游梁式抽油机采油过程中，抽油机的安装与调整质量，直接影响着安全采油和人身安全。因此，抽油机安装地理位置的选择、基础设计、设备的安装、调整验收必须按设计标准、操作规程进行。

① 抽油机的安装验收。为了保证抽油机的安装质量，延长使用寿命，抽油机基础的选择和施工质量非常重要。抽油机的基础有固定式基础和活动式基础（预制基础）两种。目前，普遍采用的是活动式基础。对于前置式大功率的抽油机，因其动载和本身重量较大，采用固定式基础比较合适。抽油机的安装应由符合规定要求的专业施工队伍进行。抽油机安装竣工后，要按工程施工标准严格履行验收交接手续，确保抽油机从安装开始就不存在事故隐患。

② 抽油机的调整。抽油机的调整主要是根据油井生产需要调整抽油机的横向水平、纵向水平、驴头与井口对中、抽油机的平衡、冲程、冲次。抽油机投产使用一段时间后，由于气候条件的影响，油井地质动态和产量的变化，需要改变抽汲参数，使抽油机处于良性运转状态，即对抽油机进行全面的检查与调整。

a. 在停抽油机曲柄位置，抽油机负荷必须卸掉。游梁前后必须用安全绳与底座连接好，以防左右曲柄销总成退出曲柄孔后，游梁失重，从支架上翻倒下来。抽油机停稳后，刹车一定要刹死，不准随意乱动。拉下电源开关，防止抽油机突然转动。

b. 调整抽油机冲次。抽油机的曲柄停在自由摆动后静止不动的位置，刹死刹车。拉下电源开关，防止抽油机突然转动。装卸电动机皮带轮时，禁止猛烈敲打，最好使用液压或机械拉力器，以免打坏皮带轮、电动机轴承和伤人。

c. 抽油机的平衡调整。曲柄平衡块如果往远离曲柄轴心调时，抽油机曲柄应停在水平位置，防止卸松平衡块固定螺栓后，平衡块滑脱伤人。平衡块固定螺栓只能松退，不能卸掉，防止在移动平衡块时，平衡块翻倒伤人。先卸松平衡块固定螺栓后，人必须站在安全位置再卸差动螺栓，防止平衡块翻倒伤人。拉下电源开关，防止抽油机突然转动。

d. 调整抽油机驴头与井口对中。抽油机驴头停在下死点位置时，应卸掉驴头负荷，防止因游梁上负荷太重，在调整中央轴承座前后顶丝时，使螺杆顶弯或滑扣。刹车要灵活可靠，刹死刹车，防止在操作过程中刹车失灵，曲柄突然摆动砸坏物体或伤人。调中央轴承座或驴头都属于高处作业，操作人员必须采取高处作业安全保护措施（如系好安全带等）。在调中央轴承座时，中央轴承座的前后两个固定螺栓只能卸松，绝对不能卸掉，以免在调整过程中游梁翻倒。如果中央轴承座或驴头的位置都调到允许值时，驴头与井口仍不对中的话，只能重新安装抽油机，不能无限制地调中央轴承座的位置，来使驴头与井口对中。

e. 调整抽油机的纵向水平和横向水平。抽油机必须卸掉驴头负荷，以减轻机身重量，方便移动整机。刹车装置应灵活可靠，刹死刹车。调整前必须卸松所有的地脚螺栓，需要加垫铁或斜铁部位附近的地脚螺栓时，可多退几扣（高度约大于斜铁厚度）。加斜铁时，一定要成组加（两块斜铁为一组）。同时，不能用猛烈敲打斜铁的办法来校水平，会把水泥基础振碎，造成不必要的损失。可用千斤顶把底座顶起或用吊车把底座吊起，再加斜铁。

(2) 抽油机运行

① 启动前的准备。倒好流程，检查油管线是否畅通。检查光杆卡子是否卡牢，光杆盘根松紧是否合适，悬绳器和悬绳是否完好，双翼胶皮闸门开关是否灵活和打开，减速箱的油量是否适量。检查曲柄销轴承、中央轴承座、尾轴承座、电动机轴承内的润滑油是否足够。检查刹车是否灵活完好，应无自锁现象。检查抽油机皮带有无污油及损坏情况，并校核其松紧程度。检查各部紧固螺栓有无松动，并检查曲柄销子及保险销有无松动。检查曲柄轴、减速箱输入轴、电动机皮带轮的螺帽和键有无松动现象。检查抽油机电控箱内各元器件是否齐全完好，抽油机底座、电动机和电器设备接地装置是否良好，铁壳开关的熔断器是否符合规则。检查三相电压是否平衡。排除抽油机周围妨碍运转的物体。

② 抽油机启动。启动时，禁止直接启动，一定要先点动，让曲柄平衡重摆动起来，利用平衡重的惯性启动，当平衡重向旋转方向相反方向摆动时不要启动。按电钮要迅速，启不动时应停下检查。按启动电钮，等电动机运转后，放开启动电钮，如果采用油开关（补偿启动器）时，先将手柄推到启动位置，待电动机运转平稳后，再将手柄拉到运行位置。

③ 抽油机启动后的检查。检查各连接部分，减速箱、电动机、各部轴承等有无不正常声音。平衡块旋转方向应按减速箱表明方向旋转。观察各部件有无振动现象。检查曲柄销子有无松动，平衡块有无移动；驴头上下运动时，井内有无碰击等现象。如有此现象，应立即停抽，进行排除。停机检查各部轴承发热情况，温度应不高于 70℃（用手摸不烫为宜）。检查盘根盒是否损坏或发热（光杆是否发热），如果要换盘根或检查盘根时，必须停机，关闭井口双翼胶皮闸门。检查悬绳、悬绳器和光杆卡子的牢固及完好情况。检查抽油机电控箱内的元器件完好情况，启动器声音是否正常。停机检查各紧固螺栓有无松动现象。观察油压、套压变化情况，听出油声音，测量上下冲程时的电流。经检查确认一切正常后，操作人员方可离开。每隔 4h 应巡回检查一次，如发现有不正常现象，应立即停抽，进行检查处理。将处理结果填入报表，情况严重时应及时汇报。

④ 抽油机的停机。按停止按扭，切断电源，电动机停

止运转，刹紧刹车。当油井气量大时，驴头应停在下死点；当含沙量大时，驴头应停在上死点；一般情况下，曲柄应处于右上方（井口在右前方）。关闭生产闸门。

⑤ 防冲距调整。停抽油机，刹紧刹车。加大防冲距，将驴头停在水平位置；缩小防冲距，将驴头停在接近下死点位置。用光杆卡子座在盘根盒上卡紧光杆，松开刹车，盘皮带（禁止用手握皮带，以免压伤手）或点启动抽油机，使驴头悬重落在盘根盒上，以卸掉驴头负荷。松开悬绳器上部的光杆卡子，再盘皮带或点启动电动机，将悬绳器调到预计位置，刹紧刹车，卡紧悬绳器上部光杆卡子。防冲距大小，一般情况是以活塞上行不出泵的工作筒，活塞下行不碰固定凡尔为原则。启动抽油机，启动后检查调节的位置是否恰当，否则重新调节。

(3) 抽油机用电安全技术要求

抽油机使用的变压器、铁壳开关、电控制箱、电动机等未经验电时，一律都视为带电，不准用手触摸。不懂电气性能的人员，不准擅自接电气设备和电灯。启动和停止抽油机时，必须戴绝缘手套，禁止直接用开关来启动和停止，必须使用启动按钮和停止按钮，以防烧坏设备和伤人。变压器、铁壳开关、控制箱、电动机都必须有良好的接地。抽油机电动机运行温升一般不超过 60℃，超过时应通知有关人员进行检查。变压器、铁壳开关、控制箱、电动机等附近不准堆放易燃、易爆、潮湿与腐蚀性物品。电气设备发生火灾时，要立即切断电源，并使用干粉或 1211 灭火器灭火，严禁用二氧化碳灭火器及水灭火。任何人不得随意加大或用其他金属代替熔丝。变压器至控制箱的橡套电缆或其他电缆一定要埋入地下或架空。维护保养电气设备时，不准带电作业。

(4) 抽油机井的资料录取及其安全技术要求

抽油机井录取的资料（测试资料）是油气田开发中必不可少的重要资料之一，它是研究油层特性、了解油气田不同开发阶段的变化规律、掌握油层动态的一个重要依据。一般情况下，抽油机井需要录取该井的产量（产气、产油、产水）、油压、套压、动液面（流压）、示功图、抽油井的运行电流等，尤其是示功图、动液面及液面恢复资料，对指导油井合理开采和正常生产有着重要意义，也是进行油、水井分析时的主要依据之一。

① 量油（液）。每口井每两三天量一次油，对措施井要求在措施前、措施后 10 天内天天量油取样。对变化比较大的井，要加密量油、取样次数。用流量计量油的井，每次量油 20min。在计量过程中，当调整液面及压力达到计量要求，流量计走动正常后，卡准时间和流量计读数开始计量。用流量计量油，要求操作工人正确倒好流程。新投产的井或检修设备后的井的量油操作，在分离器内无压力情况下需进分离器时，应先稍开分离器进口闸门，注意观察分压上升，当分压上升到高于干线同压 0.05MPa 时，马上开分离器出口闸门。正常生产井的量油操作，依次开分离器出口闸门、井口闸门，稍开气平衡闸门，将多通阀倒至量油井，对准分离器中心管或开量油井的量油闸门。开流量计进出口闸门，观察液位符合要求后（应在上、下线之中），关紧旁通闸门。

用玻璃管手动量油时，经试井、清蜡之后 1h 才能量油。应经常保持分离器水包内装满水，定期更换；要防止地层水侵入，使水的密度增大，影响计量的准确性。如量油玻璃管内水面上升很慢，可能是平衡闸门没打开或旁通闸门关闭不严。如果水面根本不上升，可能是下流闸门没打开或堵塞。发现以上现象，必须排除故障，重新计量。玻璃管内出现原油，一般是由于水包内水量过少。水包内水量减少是由于漏失或高温产生蒸发损失，遇到此情况应清洗玻璃管，并向水包内加足配好的水。玻璃管安装时要垂直，避免受力不均匀而断裂。量油完毕，必须将玻璃管的水位降至底部，关闭上下闸门。

② 测气。测气仪表的种类比较多，常用的测气仪表有浮子压差计、U 形管压差计、波纹管压差计等。但就测气的基本原理来讲，都是利用空板节流的方法形成压力差，再根据节流空板直径的大小和节流空板前后压力差的高低计算出产气量。有时也采用临界速度流量计测气。根据密闭性的不同，测气有低压放空测气和高压密闭两种方法。从操作管理方面，又分为手动和自动测气两种。

③ 测油压和套压。对于正常生产的抽油机井，每天录取 1 次油压和套压；对于特殊井（含气量高、出砂量大、结蜡严重或措施井），要加密观察和录取次数。录取油压和套压时，操作人员必须做到：首先观察该井使用的压力表是否在安全量程范围内，如果不在安全量程范围内，要及时更换。看压力值时，眼睛要正对压力表，读出指针的刻度值。一般情况下，压力表每半年校核一次。

④ 测动液面。抽油机井在生产过程中油套管环行空间的液面深度叫动液面。测试前，检查仪器是否齐全完好，火药枪各部件是否良好。检查热感接收器连通情况是否良好。掌握泵深、音标数据及该井生产情况（产量、油压、套压、含水、热洗时间）。打开套管闸门后，检查井口是否漏气。测试时，安装好火药枪，接通电源及热感接收器线路。将仪器的放大器开关拨到工作位置上，预热仪器。根据可测液面深度，选择好灵敏度旋转钮位置。将放大器旋钮调到适当位置，通知井口击发子弹，同时开启电动机开关进行记录。测得曲线后，关闭电动机，并把放大器旋钮置于零位。重复上述操作，取得三四条重复曲线即可。在测试过程中，在套压高的抽油机井口一定要用高压火药枪，套压绝对不能超出火药枪的安全工作压力。外接电源电压应与仪器额定电压相符。记录电动机为同步电动机，连续运转时间要小于 1min，否则会烧坏。在雨、雪天气，一般不要上井测试；如果必须测试，要穿绝缘靴，戴绝缘手套，防止触电。

⑤ 测原油含水率。正常见水井，每 2 天取样化验一次。含水在 95% 以上的井，前后两次化验含水波动不超过 ±1%；含水在 90%～95% 的井，波动不超过 ±1.5%；含水在 80%～90% 的井，波动不超过 ±2%；含水在 60%～80% 的井，波动不超过 ±3%；含水 60% 以下的井，波动不超过 ±6%。如有超过，应加密取样验证含水，并找出波动原因。取样时，一律要求在井口取。要先放空，把死油放净，见到新鲜油后再取样。一筒样分三次取完为合格。

⑥ 测电流。抽油机的运行电流每天测一次，每次要测出抽油机上冲程时的峰值电流和下冲程时的峰值电流，要求电流比值大于 85%。如果有变化，要分析原因进行解决。用钳形电流表测试电流时，应将钳形电流表放平并不受振动，根据抽油机电动机的额定电流，将转换开关转至所需挡位上，使指针移至满刻度的 2/3 附近，这样可使读数比较精确。在抽油机电控箱内测上、下冲程时的电流时，用钳形电流表钳入电动机三相中的一相，边观察边测上、下冲程中的峰值电流。在测量过程中，操作者要特别小心手或身体其他部位不要触碰控制箱内的裸露电源，以免触电。下雨或下雪天气测量电流时，要穿绝缘鞋和戴绝缘手套，防止箱、地潮湿漏电。

#### 33.3.5.4 潜油电泵采油安全

(1) 潜油电泵特点、组成及要求

潜油电泵具有排量大、扬程高、地面工艺简单、管理方便等特点，在油田开发生产中得到广泛应用。

潜油电泵由井下、井筒和地面三部分组成。井下部分包括潜油电动机（三相异步电动机）、保护器、油气分离器、多级离心泵。井筒部分包括电力传输电缆。地面部分包括电力变压器、控制柜。

① 变压器台址的选择与要求。变压器安装位置距井口不得小于30m，地面应保持平整无积水，基础应稳固，并且要按规定设围（护）栏。变压器台周围5m以内不得有油污、杂草及其他易燃物，防止落地电弧引起火灾。变压器金属外壳、高压隔离开关操作手柄、围栏与接地极之间应用$25mm^2$以上粗的钢绞线牢固连接。变压器至控制柜之间的连接电缆，要敷设于地下0.8m处，过道要穿金属保护管，电缆的走向要设标志牌。高压引线要有一定的安全距离，绝缘套管的连接导线要紧固无松动。高压隔离开关应操作灵活，接触紧密，刀片吃入深度应大于80%。分断时刀片与静触头之间要有明显的安全角度。手柄定位销钉复位要准确。高压熔丝应大于其一次额定电流的1.5～3倍。变压器铭牌上标明的额定电压和额定电流及功率应能满足机组最大负载1.5倍的需要。电压分接开关各挡位之间应转动灵活，无阻卡现象，挡位之间定位要准确。

② 安装控制柜的要求。安装控制柜时，底座要高于地面150mm，并且要平稳，不倾斜，不摇动，方便操作；背面与墙壁之间保持能打开后门的距离。导线连接要紧固，弹簧垫圈要压平。单元电路及器件的缝隙之间要清洁，无灰网和导电尘埃。电源开关上的灭弧罩齐全完整，安装要到位。控制柜金属外壳、接线盒外壳与井口法兰之间要用$16mm^2$以上粗的绞线牢固连接。控制柜至接线盒、井口间的电缆敷设于地下0.8m处，走向设标记牌。电源相序安装正确，自左至右依次为A、B、C正相序。信号灯（运行为绿色，欠载为黄色，故障为红色）完整无缺。电流记录仪表安装牢固，记录卡片与仪表量程要匹配，无信号输入时，笔尖应准确指在记录卡片的零位线上。中心控制器应功能完好，配件齐全，开关旋钮转动灵活。

(2) 潜油电泵井的采油生产安全技术要求

① 电泵井投产的安全检查及参数调整。检查变压器有无渗漏，绝缘套管应无裂纹，无破损，导线紧固不虚接。试合高压隔离开关无阻卡，三相刀片同期闭合性能好，接触紧密。调整电压分接开关使输出电压能满足机组的额定电压加电缆压降，空载输出三相不平衡不大于2%，且相序正确。

② 投产程序。用清水替出井内压井液和死油及其他污物，直至从放空管线返出的井液不见泥浆杂物为止。清除井口周围污油，安装油嘴、油压表、套压表、回压表及套管定压放气阀，同时打开总闸门和生产闸门。合上高压隔离开关和控制柜上的电源开关，复查三相电源电压应符合要求。闭合控制电源开关，将运转方式选择开关向左扳到手动位置，复查控制电源，过载电流整定值、欠载电流整定值符合规定要求。上好电流卡片，对准时间分格做好起始标记。按下启动按钮，真空接触器吸合，绿色运转信号灯亮。电流记录仪表显示机组的运转电流。

③ 电泵井的生产运行维护与管理。电泵井要由经过技术培训和安全考核并取得操作合格证的专业电泵维护人员进行维护操作。电泵井的操作要严格执行安全操作规程：启动电泵时，先合高压隔离开关、主电源开关、控制电源开关、运转方式选择开关和启动按钮开关；停电泵时，先关断运转方式选择开关、控制电源开关和主电源开关，最后断开高压隔离开关。电泵机组在运转过程中，严禁带负载拉电源主开关和高压隔离开关。机组停运以后高压隔离开关的操作手柄要锁住，控制柜上要挂停机或停电告示牌。

值班人员每班都要对电泵井的地面设备进行一次巡回检查，夜间巡视时要特别注意高压隔离开关、熔断器及各连线点有无电弧闪烁。

④ 控制柜及井口的维护与检查。应定期更换电流卡片，每次更换卡片都要进行零位校正，并建立单井机组运转卡，写明井号、机组名称、额定排量、扬程、电机功率、额定电压、额定电流、泵挂深度、油嘴尺寸、投产日期，作为维护检查的原始依据。要定期、定时检查并记录机组的运转电压和电流，记录油压、套压和回压，根据井口排液声音的大小和压力的变化情况，随时掌握分析机组的运转动态，并根据油井的结蜡情况，合理地制定清蜡时间和措施。检查控制柜内部各单元电路绝缘无损伤，导线及接点不发热，无焦臭气味；真空接触器应吸合稳定，无振动，无噪声。检查中心控制器各种功能是否完整，各项参数显示是否清晰准确。利用停电或机组停运空隙时间，清扫控制柜内的尘埃，紧固主回路、控制回路的接点螺栓，防止因虚接而产生过热氧化。应验证瞬时过电流脱扣器的灵敏性与可靠性（方法是合上电源开关，用手指向下压动任意一相脱扣器的衔铁，开关应瞬时跳闸，这时不管操作手柄处于什么位置，都应使静动触头分断）。按时测量电泵井的动液面、流压和静压，掌握电泵井的供液状况。

⑤ 电泵井的安全管理制度。电泵井转入正常生产管理以后，合理的规章制度是必不可少的，它不但可以促进管理水平的提高，而且还可以帮助分析掌握电泵井的运转动态，提高电泵井的安全生产水平。

⑥ 电泵井的安全要求。控制柜要有良好的接地线。井场周围5m内不得有油污和其他易燃物品。严禁在井场周围吸烟和动用明火，井口应不渗油，不漏气。电泵井的正常启动与停井应由岗位值班人员或者专业人员进行操作。启动顺序是主电源开关→控制电源开关→运转方式选择开关→启动按钮。停机顺序是运转方式选择开关→控制电源开关→主电源开关，严禁带负载拉闸。每班应对变压器、控制柜、接线盒进行一次巡回安全检查，发现问题及时向有关部门反映。要定期对电泵机组的短路、过载、欠载保护整定值进行检查，发现问题及时纠正。机组出现过载停机故障时，一定要查明故障原因，严禁随意二次启动。

#### 33.3.5.5 低压试井安全

(1) 用回声仪测取液面

① 测前准备。应先了解清楚测试井的电源线路及电压是否与仪器电压相匹配。了解井口测试闸门是否开关自如、严密不漏气。选用仪器必须满足安全使用范围。井口连接器的耐压必须大于测试井的套管压力。检查弹膛内有无声弹时，严禁枪口对人。

② 现场测试过程中的安全要求。关闭套管闸门，放净余压后再卸堵头。严禁带压强行卸堵头。安装井口连接器要牢固（尤其是套压高的井），密封胶带密封良好；装声弹时，撞针要缩回锁住。使用外电源测试，电源接通后先用试电笔检查一下仪器外壳，看是否有漏电现象。电源接通后或测试中，严禁用手接触试电笔。开、关套管闸门时，人要侧身操作，防止闸板丝杆脱扣打出伤人。在装有加药罐抽油机井测试时，测前应先关闭加药罐的进出口闸阀，以防开套管闸门时向加药管内冲气压，引起爆炸事故。使用液面自动检测仪测恢复时，必须经常进行巡回检查，以防仪器丢失或被外人损坏，还可防止因停电或连续记录不正常造成资料报废。测液面恢复遇到雷雨天气时，仪器上面必须加盖防雨罩，直接操作者必须穿戴绝缘雨靴和绝缘手套，以防漏电伤人。测试中需停、启抽油机时，操作者必须按照停、启抽油机安全操作规程进行操作。

(2) 测试功图

① 测试前准备。了解清楚测试井的电源装置及启闭开关完好情况。检查抽油机刹车制动部分是否良好。选择仪器的测量范围必须满足安全使用范围。备齐所需专用仪器工具及辅助设施，并保证使用安全。使用的仪器必须经校核标定合格后才能用于测试。

② 现场测试过程中的安全要求。停、启抽油机时，一

要戴绝缘长手套；二要侧身操作；三要按下开关后立即将手抬起，不得时间过长，以防产生电弧光烧伤人。井口装卸仪器，驴头应停于下死点稍上约30～40cm位置为宜，并用方卡卡牢，严禁用卡瓦式方卡，以防咬坏光杆。装卸仪器，若悬绳器上下夹板顶开的距离不够时，不要强行硬装。装仪器要夹牢固，并用安全链拴好，以防启抽测试时，仪器打出摔坏或击伤人。测试时，操作者应站在安全位置，严禁面对驴头及悬绳器操作，以防卡泵摔出仪器伤人。在结蜡、出砂较严重的井测试时，停泵时间要短，操作要快，以免卡泵。遇雷雨天气时停止测试。

#### 33.3.5.6 油田注水生产安全

(1) 油田注水生产概述

油田投入开发后，如果没有相应的驱油能量补充，油层压力将随着开发时间的推延逐渐下降，引起产量下降，导致油田的最终采收率下降。通过油田注水，可以使油田能量得到补充，保持油层压力，达到油田产油稳定，提高油田最终采收率的目的。根据油田面积大小、油层连通状况、油层渗透性及原油黏度等情况，可选择不同的注水方式。

① 边外注水。在含油层外缘以外打注水井，即在含水区注水。注水井的分布平行于含油层外缘，采油井在含油层内缘的内侧，并平行于含油内缘。边外注水对于面积不太大、油层连通情况好、油层渗透性好、原油黏度不大的油藏比较合适。

② 边内注水。鉴于边外注水不适合大油田，提出边内注水方式，即在含油范围内，按一定方式布置注水井，进行油田开发。

(2) 注水泵使用安全要求

① 启动前的安全技术要求。注水泵启动前应向上级调度请示，并与相关单位或部门联系。检查润滑油系统、油箱油位应在标尺刻度的1/2～2/3范围之间，应盘润滑油泵3～5转，转动灵活、无异常现象。倒好润滑油循环流程，启动润滑油泵，将总油压调到0.15～0.25MPa，分油压调到0.05～0.08MPa，使轴瓦温度在35～45℃之间，降低油压自动切换开关投入使用，并试验低电压报警显示。对风冷电机，要打开电机通风道挡板；对水冷电机，应先打开电机冷却水进出口阀门，进水压力控制在0.12～0.15MPa，进口水温不超过30℃。检查与机泵启动有关的仪器、仪表。

② 注水泵启动过程中的安全技术要求。启动时必须一人操作，一人监护，非操作人员应在距机泵5m以外。得到变电控制室允许启动信号后方可按操作规程作业，不能强行启动机泵。泵启动后，待泵出口压力超过额定工作压力时，迅速打开泵出口阀门。遇到电机启动后瞬时又停机或启动后发现电流泵压波动较大、整机振动或有其他机械摩擦等情况时，应立即停泵，待查明原因并处理好方可进行第二次启动，但间隔时间不应少于30min。

③ 停泵（包括紧急停泵）时的安全技术要求。有下列情况之一，需要进行紧急停泵操作：由于设备运行而引起的人身事故发生时；机泵及电器开关发生严重的机械故障或电路故障时；电机电流突然波动±10%，电压超过额定电压+10%、－5%；工艺管线发生故障，不能供水和漏水时。

不论是紧急停泵还是正常停泵，应注意在尽可能降低电流后，再进行停机操作，以保护电机和泵的安全。停泵后，要注意观察机泵转动情况，有无阻卡或反转现象，正常停泵后转动停止时间不少于50s；开泵两台以上时，停一台泵后，应迅速检查、调整另一台泵，以免电机过载或出现其他问题。

(3) 注水站安全技术要求

注水站的作用是把供水系统送来或经过处理符合注水水质要求的各种低压水通过水泵加压变成油田开发需要的高压水，经过高压阀组分别送到注水干线，再经配水间送往注水井，注入油层。注水站主要由储水罐、供水管网、注水泵房、泵机组、高低压水阀及供配电、润滑系统、冷却水系统组成。

注水站的工作环境为高电压、高水压和高噪声，因此，对注水站应注意以下几点：

① 电柜、接电箱等强电要由专人负责，控制屏前后有绝缘隔板，电器的维护应由电工进行，两人上岗操作。电开关上要有明确的开关指示牌。应保持电器设备不受潮湿。

② 杜绝设备的漏失，特别是高压水的刺漏。法兰、阀门等连接要牢固，防止高压水突然刺出，电机轴头和水泵间的靠背轮有固定的护罩。

③ 应采取有效措施，控制泵房内的噪声，防止噪声危害，保障工人身体健康。工作地点的噪声标准为控制在85dB以下，现有企业的注水泵房暂时达不到标准的，应不超过90dB，值班室内噪声应在75dB以下。

④ 上岗工人应穿工服、工鞋，女工要戴工帽，电工作业时应戴绝缘手套，穿绝缘工鞋。

(4) 注水系统高压管网运行安全要求

油田注水，主要通过注水管线分配、输送。注水管网要经常承受13.0MPa左右的高压，而且管线又大部分埋入地下，长期受到管内水和外部土壤两个方面的腐蚀。这些因素给注水管网的长期安全运行带来了一定的难度。

① 安全检查管理和维护、保养工作。投产运行前，一定要按规定进行强度和密封性试压，经检查验收合格后，方能通高压水冲洗管线，以防刺漏故障发生。冬季投运管线，要先送风，验证管线畅通才可通高压水，以免憋压或水在管内冻结。在通高压水运行后，要全面检查每处法兰、盘根及连头焊口，发现刺、渗、漏要停水处理。已投入运行的管网应无异常现象，如内防腐层的脱落、阀件损坏、腐蚀结垢等，发现问题要进行调查分析，排除故障，停水修复，投加缓蚀防垢药剂等。要定期检查腐蚀情况，投产后3～5年或按设计年限，用测厚仪检查管线壁厚，特别是要对泵房、阀组间等地面上管线进行检测，发现局部腐蚀严重管段进行更换大修，以防止高压水刺漏。埋地管段的覆土、外防腐情况应定期检查保持完好，对外腐蚀严重的地段要重点检查。

② 注水高压管网中的高压阀门的开关操作。每次操作前都要检查法兰、卡箍、螺纹、螺栓、垫子（或钢圈）和盘根是否良好，发现异常先排除再操作。操作时一定要站在手轮或操作杆的侧面，避免丝杠手轮打出伤人。开关阀门发现阀板（球）的动作有阻卡现象时，要先判断清楚，然后再进行处理。

③ 注水系统中储水罐密封呼吸阀安全要求。投产前必须按设计数据进行调试，达到吸气、排气灵活。配套的液位仪表也应调试准确，运行数据可靠。运行后应按规定进行检查维护，确保灵活可靠。在温度低于0℃以后，应对呼吸阀和引压管进行保温，以防冻结而造成系统失灵，引起故障。

### 33.3.6 采油集输安全

采油集输是将油井采出的油、水、气混合物进行收集、储存、初步处理并输送到指定的容器或装置的全部生产过程。其主要任务是收集油气井产出物和对油气混合物进行油、气、水、轻烃、杂质的分离和净化等初步处理，输出四种合格产品（净化原油、轻烃、净化伴生气、净化污水），分别对油、气进行计量，并将油、气输送到指定的油库（站）或炼油厂和化工厂等用户。采油集输管理的基本要求是：保证集输平衡，并达到规定的储油能力；保证产品质量合格；计量准确，输差控制在规定的数值内；油气损耗控制在规定的数值内；维护和保养好系统内各种设备，保证设备安全正常运行。

33.3.6.1 **采油集输设备**

(1)设备的选用

采油集输泵站设备主要有油气分离器、原油脱水器、储油罐、加热炉、增压泵等。设备选择应从生产实际出发，充分考虑设备的可靠性、安全性、节能性、耐用性、维修性、环保性、成套性和灵活性等因素，同时设备选用还应符合长远使用的要求。

设备的容量(能力)要求：采油集输泵站所选用的设备容量，应根据产液量和纯油量及油田发展情况确定，使容量达到规定的适用期。设备应达到规定的运行效率，节约能耗。设备应符合规定的压力、温度界限。有些设备应满足集输工艺的特殊要求。

(2)设备的使用与维护

采油集输泵站设备的安全正常运行，是油田连续、稳定、正常生产的重要保障。加强设备管理，对于保证油田生产的正常运行，提高经济效益，具有十分重要的意义。

制定设备操作、检查、维护、修理规程制度，是设备完全正常运行的保证。设备操作人员必须具有设备管理及维修知识，达到“四懂三会”，并取得操作合格证，严格按设备的操作规程操作。

33.3.6.2 **原油计量**

(1)储油量计量

储油量计量是指在某一时间内，对油库或联合站储罐内的储油量进行计量。储油量计量一般采用大罐检尺的计量方法。大罐检尺的标准条件、基本要求、计量参数测取规定和油量计算按 GB 9110—1988《原油立式金属罐计量 油量计量方法》执行。其安全要求如下：

油罐必须在安全高度范围内运行。罐内温度一般不高于75℃，最低温度高于原油凝固点3～5℃。不准穿钉子鞋或化纤衣服上罐，不准在罐顶开关不防爆手电。每次上罐人数不得超过5人；5级以上大风停止上罐，若必须上罐时，要系安全带。雨雪天过后，要及时排放浮顶罐浮船盘面上的积水，保持盘面干净，无油水。量油操作时，人要站在上风方向，应轻开、轻关量油口的盖子。量油完毕后，量油尺不准放在罐顶。每日对浮顶船舱进行全面检查，发现问题及时汇报、处理。

(2)输油量计量

输油量计量是指一定时间内流过管道的原油的测量。输油量计量一般采用流量计计量，如腰轮流量计、椭圆齿轮流量计、涡轮流量计和刮板流量计。油田常用的是腰轮流量计。

① 流量计的选择

a. 流量计的准确度应不低于0.2级，基本误差应不大于±0.2%。

b. 流量计的工作压力应不低于流量计上游管线起点的最高工作压力，流量计的工作温度应不低于原油通过流量计时的最高温度。

c. 计量原油的流量计应是防爆型，防爆等级应符合有关标准的规定。

d. 流量计的公称通径不宜大于400mm，一组流量的正常运转台数不宜少于2台。当计算的正常运转台数为1台时，实际选用的流量计公称通径应比计算时选用的流量计公称通径小一个规格，使一组流量计的正常运转台数不少于2台。

② 辅助设备的配置

a. 每台流量计进口侧应安装过滤器。宜选用头盖为快速开启型的过滤器。

b. 每台流量计进口侧应安装消气器。消气器也可安装在管汇上，使几台流量计合用一台公称通径较大的消气器。

c. 每台流量计出口侧必要时应安装止回阀及回压调节阀，止回阀及回压调节阀也可安装在一组流量及出口管汇上。

d. 在靠近流量计出口处，安装分度值不大于0.5℃的温度计。温度计套应逆液流方向与管中心线成45°角安装。当管线公称通径不大于150mm时，温度计套插深1/2；当管线公称通径大于150mm时，插深应不小于100mm。

e. 在过滤器进口侧，靠近流量计出口处，安装0.4级压力表。安装方法应符合有关标准的规定。

f. 在靠近流量计的出口处应安装在线密度计、人工取样器或管线自动取样器。

g. 流量计进口侧应安装闸阀，流量计出口侧应安装能截止和检漏的双功能阀或严密性较好的闸阀。

③ 流量计的安装

a. 流量计的安装应横平竖直，消气器、过滤器应以流量计为标准找平、找正。各设备标志方向与油流方向应一致。

b. 流量计及其工艺管线安装应满足流量计的计量、检定、维修和事故处理需要。室内安装时，流量计及辅助设备宜居中布置，相邻流量计及辅助设备基础及管线突出部分之间净距以及前后左右距墙面净距均应不小于1.5m，计量室高度取决于流量计辅助设备及起吊设备的高度。起吊物与固定部件间距应不小于500mm。

c. 流量计室外安装时，寒冷地区应对仪表、设备及工艺管线进行适当保温。

d. 流量计安装管路应装有旁通管线或两台及两台以上流量计并联运行，以保证在清洗过滤器及检修仪表时不致停运。

e. 扫线排污时，流量计及辅助设备的污油应排放至零位油罐或油池，然后将计量过的污油重新用泵输回到流量计出口管线，使未经计量的污油输回到流量计进口管线。

f. 新装流量计的过滤器与流量计之间一段管线应清洗干净才能运行。

g. 装有电远转的流量计在应用远传时，应注意发讯器部分防爆问题，参考说明书接线。

④ 流量计的使用

a. 流量计启动或停止时，开关阀门应缓慢，防止突然冲击，并防止液体倒流。

b. 必须经常清洗过滤器，当过滤器进口管线压力超过0.068MPa时，就需清洗，清洗过滤网可用清洗剂或汽油。过滤网是由很细的不锈钢丝编成，不能用火烧，以免损坏。

c. 流量计投入正式运行时，应记录累计计数器的初始值。有手动回零设置的表头，在使用时应使计数器回零。

d. 流量计运行8h以上，流量范围在流量计最大范围的70%～80%，若流动有脉动时，其应在60%以下使用。

e. 若被测液体腐蚀性较大，应把最大排量的80%当作流量计的最大排量。

f. 装有温度补偿的流量计，使用时要详细按使用说明书进行安装、调整、使用。

g. 大口径流量计体积大、笨重，标定或检修时拆装流量计易损伤表头，因此，一定要采取保护措施。

33.3.6.3 **污水处理站**

(1)污水处理站的安全技术要求

污水处理站的真空泵、清水离心泵、加药泵、搅拌机、过滤罐、沉降池(罐)等设备装置都应建立、健全操作规程，定期对岗位工人进行安全教育和培训。

① 机泵设备的安全操作。机泵在启动前应进行检查：检查供电线路，检查电机的接地，对停运24h的电机，应测

电机的绝缘电阻（不低于0.5MΩ）。检查机泵的各部件紧固可靠，对密封部位进行调整，要求润滑良好，盘动机泵无故障、无障碍物。检查机泵的各种检测仪表、保护罩及保护设备是否完好，倒好工艺流程。

机泵启动后，应检查电机的电流、电压等是否正常，检查机泵设备的运转情况，如轴承温度、润滑情况、盘根密封及整机振动情况等。确认一切正常时，方可进行下步操作。

② 含油污水站除油罐的安全管理。含油污水的除油，主要设备有重力式沉降除油罐和重力式斜板除油罐两种。斜板除油罐和沉降除油罐结构基本相同，仅在罐中部多了一层倾斜安装的板，提高了除油效率。

新除油罐运行应注意：应先按设计要求，检查施工质量，确保工艺流程正确无误，并经过清水试压。检查中心反应筒的排污阀及其他阀门是否关严。先打开罐的进口阀门，让水从进口管道进入中心反应筒，当罐内水位达到出口高度时，打开出口阀门，投入生产。正常生产过程中，凡与中心反应筒相连的排污阀，一定要关严，绝对避免反应筒外部液位高于内部，防止反应筒被挤扁压坏。停产放空操作时，也应避免挤坏中心反应筒，应先放尽罐内反应筒外水，再放中心反应筒内水。

（2）污水处理常用药剂与劳动保护

① 污水处理常用药剂。为使各种污水达到注入油层或排放标准，提高水处理效率和效果，在对水的处理过程中，投加各种药剂，如缓蚀剂、阻垢剂、杀菌剂、絮凝剂、脱氧剂、净化剂等。各种药剂可同时投加，也可单独投加，近几年又研制出综合性能的复合药剂。

② 投药的劳动保护。不论哪一种药剂都不同程度对环境和人员有影响，如果使用不当，都会对操作者有所损害，因此，应十分注意劳动保护。首先，药剂的拉运和保存应按照药剂的说明，对于包装不合格或已经破损的包装，应采取措施，妥善处理。在药品搬运或投加操作时，操作者应穿戴规定的工作服。作业过程应注意平稳，并严格按规则有序进行，尽可能避免药剂与皮肤接触。加药完成后，应清理加药过程留漏的药剂。已用过的药剂包装袋或容器及粘有药剂的物品应清理好，妥善放置、处理，不能与其他物品混放。当操作者皮肤接触药剂时，应当立即清洗干净。

#### 33.3.6.4 油、气、水化验

化验室的工作人员直接同毒性强、有腐蚀性、易燃易爆的化学药品接触，而且要操作易破碎的玻璃器皿和高温电热设备，如果在化验分析过程中不注意安全，就很可能发生人身伤害及火灾爆炸事故。因此，为了确保化验分析工作的安全正常进行，必须努力做好事故预防和处理工作。

（1）测定原油含水率过程中的事故预防与处理

目前油田原油含水率的测定有两种方法，即加热蒸馏法和离心法。

① 用加热蒸馏法测定原油含水量时，试样加热从低温到高温，其升温速率应控制在每分钟蒸馏出冷凝液2～4滴；如果加热升温过快，易造成突沸冲油而引起火灾。假如不慎引起小火，应立即关掉电源，用湿布遮盖或用细砂扑灭，如火势较大可用干粉灭火器扑灭。

② 加热蒸馏时应先打开冷水循环，循环水温度不能高于25℃；温度高时油气冷凝差，部分油气会从冷凝管上端跑出，造成化验资料不准，而且也可能引起着火。如果着火则应立即关掉电源，用湿布堵住冷凝管上端孔，使火熄灭。

③ 在烘箱内烘化试样时，烘化原油样品温度不高于40℃；烘样时不能同时烘其他物品。

④ 对使用的电炉和电热恒温箱要认真检查，电器设备与电源电压必须相符，未开电器设备时应视为有电，待查明原因方可通电，电器设备使用完应关闭一切开关。

（2）测定原油密度和黏度时的事故预防与处理

① 测定原油密度、黏度时，试样必须在烘箱内烘化，不能用电炉直接加热，烘化样品时温度不能高于40℃。

② 毛细管必须洗刷干净，并且烘干。烘烤毛细管时应在烘箱内进行，严禁用电炉或明火烘烤，以免引起毛细管炸裂伤人和引起着火。

③ 使用运动黏度测定仪和密度测定恒温水浴时，要认真检查，做到电器设备规定电源电压与使用电源电压相符，各部位电源线路连接完好，无漏电现象。一旦发现漏电，应立即处理，待完好后方可使用。

（3）测定原油含蜡胶量时的事故预防与处理

① 测定原油含蜡胶量时，应先检查电器设备和电源线路是否完好，有无漏电现象；如果有跑电和不安全因素，应立即处理，正常后方可插上电源通电。

② 试样恒温时应严格进行控温，加热温度要求在（37±2）℃。

③ 由于采用选择性溶剂进行溶解和分离，使用的石油醚、无水乙醇又是低沸点的挥发性易燃易爆物品，要求化验分析过程在通风柜内进行。

④ 加热回收溶剂应在规定温度下在通风柜内进行。回收溶剂时，加热温度高，挥发性物质不宜完全回收，可能造成火灾爆炸事故。一旦发生事故，应立即关掉电源，采取相应措施进行处理。

⑤ 在烘箱内烘烤蜡胶多余物时，要在规定温度下进行烘烤，直至蜡胶中无溶剂为止。烘烤完后，降至室温后方可取出，以免造成着火事故。

（4）天然气分析过程中的事故预防与处理

① 在分析天然气时，采用气相色谱仪进行天然气组分吸附分离分析法，在分析过程中要用氢气作载气，样品分析前，要对样品进行预热。预热应在恒温箱内进行（温度应控制在35℃±2℃），禁止将试样瓶直接放在电热炉上加热，以免引起样品爆炸着火。

② 分析样品前，应严格检查电源线路连接是否正确、可靠，有无跑漏电；检查仪器气路部分有无漏气。如有漏电、漏气，应处理好后方可开机使用。

③ 由于使用高压氢气瓶，输出压力应控制在0.1～0.3MPa，气瓶应安放在室外安全处。

④ 在化验分析样品过程中，应加强检查，认真观察仪器运行状况以及各表盘内指示参数是否准确可靠。

⑤ 样品分析完后，应按照操作规程进行停机操作：a. 关记录纸开关；b. 关记录器电源开关；c. 把桥流调至零；d. 关直流电源和交流电源开关以及稳压器电源开关；e. 气路部分，先关高低压调节阀，再关载气微量调节阀。

（5）水样化验时的事故预防与处理

测定水中各种离子含量时，常用化学分析方法。由于在化验分析过程中使用和接触的各种化学药品都具有一定的毒性，如果使用不当、保管不好，都会造成事故，应特别引起注意。

① 配制各种试剂标准溶液时，不得用手取化学药品和有危险的药剂，应用专用工具拿取。

② 进行有毒物质化验时，如蒸发各种酸类、灼烘有毒物质的样品要在通风柜内进行，并保持室内通风良好。

③ 强酸、强碱液体应放在安全处，不应放在高架上，吸取酸碱有毒液体时，应用吸球吸取，禁止用嘴吸。

④ 开启溴、过氧化氢、氢氟酸等物质试剂瓶时，瓶口不能对着人；中和浓酸或浓碱时，需用蒸馏水稀释后再中和，稀释时需将酸徐徐加入水中，严禁将水直接加入酸中。

⑤ 接触有毒药品的操作人员必须穿戴好防护用品。工

作完毕，必须仔细检查工作场所，将有毒药品彻底处理干净。

⑥ 所有有毒物质均放在密闭的容器内并贴上标签。工作完毕，药品柜必须加锁；剧毒药品应放在保险柜，并要有专人保管，并建立使用制度。

⑦ 强氧化剂不得和易燃物在一起存放。做完样品倒易燃物时，严禁附近有明火。

⑧ 实验室应备有灭火工具和器材。实验室人员应熟悉灭火工具和器材的使用方法。

#### 33.3.6.5 采油集输系统

油井产出的油气在矿场集输过程中，一般要经过计量间、联合站等环节，这些环节或“点”之间是用不同管径的管线连接起来的。采油集输系统安全管理就是对这些“点”和“线”进行管理，以保证油气在整个采油集输系统中安全平稳收集、处理和输送。

(1) 联合站的安全技术要求

联合站主要担负原油脱水和外输、天然气增压外输、含油污水处理和外输（或回注）三大任务。联合站是采油集输系统设备中的大型设施，是安全防火甲级要害单位。在合理组织生产、做到优质低耗的基础上，必须抓好安全生产，杜绝重大事故的发生，确保国家财产和员工的利益不受损害。其安全技术要点主要有：

① 做好原油脱水的操作控制，确保外输原油含水率≤0.5%。对原油脱除器、压力沉降罐、电脱水器平稳放水，保持各段操作压力平稳，根据工艺要求保持容器内油水界面相对稳定，合理投加原油破乳剂。在操作上做到“五平稳”（水位、压力、温度、流量、加药量平稳）。

② 维护增压站的设备，保证压缩机组正常运行，压缩机的各种自动保护系统灵活好用，具有自我保护功能。

③ 处理全部含油污水，外输净化水含油率≤20mg/L，定时反冲洗滤罐，定时回收除油罐内原油，保证污水处理系统功能健全。

④ 对站内设备合理应用，科学操作，加强维护保养，使设备完好率达到100%。

⑤ 做好计量工作，对站内油、气、水、电进行准确计量，建立各种计量数据台账。

⑥ 落实好站内油水化验工作，保证不出不合格的净化油和水。

⑦ 抓好安全生产工作，健全组织，配有专职安全员，确保消防设备、安全设施完好。

⑧ 仪表管理方面，加强对自控仪表的维护和保养，使站内的仪表“四率”（装表率、完好率、使用率、检测率）达到98%以上。

(2) 原油稳定站的安全技术要求

原油稳定站负责对原油进行稳定处理，即把原油中易挥发损耗的轻组分从原油中提（拔）出来，减少原油输送过程中的损耗。其安全技术要点为：

① 合理控制原油稳定装置的有关参数，使之达到收率高、能耗小，设备运转平稳。

② 对原油稳定设备（主机、自控系统）定期维护保养，并在生产运行中随时加强检查。

③ 对稳定拔出轻烃，要建立安全管理制度，保证轻烃生产、储存、运输安全。

(3) 管道的安全技术要求

① 保持管道运行压力、温度相对平稳，不超量、缺量输送，不长期过低温输油。

② 定期沿线巡检，保证管道外部环境稳定。

③ 对有防腐保护的管道要定期检测保护装置，保证管道的保护状态良好。

#### 33.3.6.6 天然气开采与集输

工业上的天然气一般是指具有一定经济性的可燃气体，主要有气田气、油田气和凝析气田天然气等几种。天然气从井中开采出来，要经过采出、地面集输等工序。由于天然气是多组分的混合气体，各个油气田产出的天然气的组分含量有所不同，其性质亦有所不同。由于天然气是易燃易爆的气体，当天然气与空气混合到一定浓度时，遇到明火就会发生燃烧和爆炸，因此，相比采油与采油集输来说，在安全生产方面，有着更加严格的安全要求。

(1) 采气井

气井主要由井口装置、井身结构组成。井口装置由套管头、油管头和采气树三大部分组成。天然气在流动中，容易在井口或在井下节流部位形成水化物堵塞管道。对井口装置的安全要求是：必须能够承受该井的最大关井压力，井口所有连接部位严密不漏。对井身结构的安全要求是：井口装置与套管连接处必须安全可靠，严密不漏。下井套管抗挤、抗拉、抗内压强度必须能够满足气井地层压力的要求及下井深度的要求。凡含$H_2S$的气井，其下井套管、油管、井口装置应选用抗硫钢材，并定期向井内注入缓蚀剂。

① 采气生产的地面工艺流程。处理含硫、含油天然气的单井集气流程是：天然气自井中采出后，经过（一级或多级）针形阀节流、加热、降压，进入分离器，分离烃类凝析油、水和机械杂质，通过计量后，进入集气干线。从分离器分出来的烃、水液体经过计量后，将水回注到地层，将烃液输送到炼油厂。为减轻含硫天然气对油管和套管的腐蚀，需向气井注入缓蚀剂。

含硫、含油的多井集气站常温分离流程为：气体自井中采出，经针形阀（主要用作开关井，也可做少量调节，以不形成水化物为准）、水套加热炉、自力式调压阀（用作集气支线超压时自动切断气流）和集气支线进入集气站，在集气站内进行调压、分离、计量后输入集气干线。

对含凝析油的天然气，广泛采用的是多井集气低温分离流程。井场部分与多井集气常温分离相同。由井场来的天然气进入一级分离器，在一级分离器中分出凝析液并注入防冻剂（甘醇）后，天然气进入换热器的流程，与由低温分离装置来的冷天然气（通过壳程）换热（有时在换热器前还安装有空冷器和水冷器进行补充冷却），由换热器出来的天然气进入喷射器（喷嘴）节流，然后进入低温分离装置。由于气体经过换热器和喷射器温度有所降低，故有液相析出，在低温分离器中分离凝析液后，干燥的天然气进入换热器的壳程，给出冷量后输送到集气干线。混合液体进入凝析液体储罐，然后再进入三相分离器进行烃凝析液和甘醇水溶液的分离。甘醇水溶液经过容器及机械杂质过滤器进入甘醇再生装置。再生后的甘醇用泵打入各集气支线，用于防止各集气管线中天然气水化物的生成。

② 采气井的安全生产要求。气井钻井完井后，由钻井队移交给采气队进行管理。交接时，交接双方（一般是钻井队和采气队的上级单位）必须按照气井交接的有关规定，认真细致地做好各项交接工作，办理交接手续。

采气井口的安装必须紧固。高压、大气量的井应用钢丝绳进行加固，各个连接部位要严密不漏。在气井生产过程中，严禁用重锤敲打、撞击采气井口。在维护保养及开关井时，应设置操作台。新安装的管线、设备投产前必须吹扫试压，并使之不得存在漏油气现象。高压、大气量井的井口应设置放喷管线，并接出井场。放喷口应设置在无人的开阔地段，并在安装时做到一平、二直、三牢固。含硫气井放空时要点火燃烧，并派出警戒人员。

井场照明应用防爆灯，不得有裸线通过井场。井场用电必须按正规设计安装，电气设备必须要安装有接地线。井

（站）场内应有“严禁烟火”等安全标志牌，配备一定数量的灭火设备，如灭火机、消防砂、消防桶等。对灭火设备要定期检查、换药、保养。需动火时应有灭火措施，并按规定办理相应级别的动火审批手续。遇有 $H_2S$、怀疑有 $H_2S$ 或对 $H_2S$ 进行测定时，操作人员必须戴防毒用具。

井（站）场采输承压设备必须装有安全阀，安全阀的开启压力应低于设备试验压力，一般为实际工作压力的 1.05 倍。对于采气树上的闸门，除了针阀以外，均不得做控制节流使用；使用时，必须是开时全开，闭时全闭。对暗杆式闸门，开关必须挂牌，并牢记闸门全开（全闭）圈数；严禁盲目硬开、硬关或用加力管野蛮操作，以免折断阀门丝杆。开关井必须严格执行操作规程。

锅炉、火套炉、厨房、宿舍等使用的燃气火具，必须先点火后开气。生活用气严格按“三要五不准”执行。“三要”即用气压力要按规定控制；用气生火要有人看管；人走要关气灭火。“五不准”为不准凑合接火头；不准漏气；不准先开气后点火；不准小孩玩火；不准开火睡觉。

外来人员进入井（站）场，需持有队以上领导机关介绍信，并经值班人员同意和陪同下才能进入井场（站）参观，参观者不得动手操作。

（2）集输厂（站）

① 主要设备的安全操作。集输厂（站）主要设备有高效水套炉、分离器、节流装置和计量仪表、自力式调压阀等。

a. 高效水套炉。新启用的水套炉在使用前，应用 20% 的纯碱溶液充满水套，用小火煮炉 6h 后，熄火冷却，放干清洗。在使用过程中，水套炉的水位应保持在 1/2 左右，不得低于 1/3。启用水套炉点火时，必须确认炉内无天然气，然后先点火，后开气，调整好风门。水套炉的温度宜控制在天然气水化物形成的临界温度以上 3～5℃。

b. 分离器。现场用的分离器主要有重力式分离器和旋风式分离器两种。

对新安装投入使用的分离器，要认真查验其合格证、质量证、检测证，并确保这“三证”齐全。分离器的压力等级应与气井（站）场设备的要求配套，并和气井生产要求相符。分离器是压力容器，对分离器及其安全附件要定期检查、检测、调校。

分离器前的压力表、安全阀、放空阀必须安装齐全，性能良好。在生产过程中，要严格控制分离器在其额定工作压力以下使用，禁止超压运行。开井时要慢，以防止分离器升压过猛，引起震动或者突然受力。分离器的排污必须定时，要控制好分离器内的液面，防止出现液体倒塔的情况。

在分离器停产期间，应将分离器排空，或与长输管线连通，防止将分离器后的闸门关闭后，由于井口压力升高而井口针阀内漏造成分离器超压。

c. 节流装置和计量仪表。操作节流装置检查更换孔板、清洗环室时，必须先关闭上、下考克，开旁通阀，然后再关上、下流阀门，将计量管段内的压力放空，待无压力时，才能拆卸环室。恢复计量时，应依次开下流阀门、上流阀门，最后关旁通阀。

差压计校验，应先开差压计的平衡阀，停表，再关节流装置上的上、下流考克，将导压管及差压计的压力放空后，才能对差压计进行校验。挥发计量时，先开节流装置的上、下流考克，然后关闭差压计的平衡阀。

d. 自力式调压阀。操作时，先开旁通阀，后切断调压阀的气源，再放空待压力为零。根据用户压力要求，选择合适的止回阀的弹簧。启动调压阀时，先将旁通阀控制到稍微低于用户要求的压力，保持稳定，拧紧止回阀弹簧，同时打开浮动阀，缓慢开调压阀下流阀，接着开上流阀，同时关旁通阀，调节止回阀及发动阀开度，直至达到要求的出站压力。调压阀启动后，应细心操作，均匀缓慢。

② 检修。检修现场与易燃易爆物质存放点之间的距离应符合防火要求。检修时，要按规定办理相应级别的动火审批手续，并严格按照动火措施进行施工。动火区要有明显的警示标志。无关的车辆和人员不得靠近。检修区以外的正常放空排水要保证不能使可燃气体扩散到动火区内。在检修过程中，检修人员必须穿戴合格的劳动防护用品。有毒作业必须戴防护用具。高处作业要系好安全带。操作人员要严格遵守操作规程。存在交叉作业时，相关人员要相互兼顾安全。吊装作业时，要严格执行起重作业安全规程。需要进入塔罐内进行作业时，要按规定办有限空间进入安全许可证。作业前，必须置换内部的空气，取样进行化验，确保含氧量不得少于 18%，天然气浓度不得大于 1%。

（3）天然气初加工处理

从气井产出的天然气中，往往含有液体和固体杂质。液体杂质有水和油。固体杂质有泥沙、岩石颗粒、尘埃等。为了保证天然气的质量和安全输送，需要清除这些杂质。对天然气由集气站进入净化厂或配气站供给用户之前所进行的分离或除尘（即清除固、液杂质的过程），通常称为天然气的初加工处理。

① 分离器的使用。矿场一般采用分离器进行天然气初加工处理。分离器安全运行的关键是控制分离器的操作压力和液面，分离器压力又关系到分离器的操作安全和分离质量，分离器液面的控制是防止液体“串塔”，避免事故发生的重要环节。在生产过程中，要严格控制分离器在其额定工作压力以下使用，禁止超压运行。在分离器顶部或靠近分离器入口或出口管线上应有安全阀，其开启压力应控制在分离器操作压力的 1.05～1.10 倍。分离器的处理量必须控制在其处理能力之内：重力式分离器的处理量应小于处理能力；旋风式分离器的处理量应控制在分离器的最大和最小处理能力之间。要严格控制分离器内液面，根据气井产液量大小，确定分离器排液周期，要求按时排放，严防液体串塔，并将分离器液面位置控制在分离器入口以下。要注意不要把常温分离器用于低温分离。禁止把不抗硫材质的分离器用于含硫天然气的处理。

② 初加工中的油处理。在天然气的生产中，有的气井同时产油（一般是凝析油，也有少数是同井异层轻质原油）。这些油在天然气初加工处理时由分离器分离放出，经计量后，存放在集气站储油罐，达一定数量时，再由油罐车运往炼油厂。天然气初加工中的油处理重点是做好有关储油罐的操作。

向储油罐进油前，应全面检查油罐及附件是否齐全完好，安装是否牢固、安全可靠。向储油罐进油时，应巡视进油流程是否有渗漏、罐内有无杂音、油面高度等，严格控制油面安全空高，防止溢油事故。在量油口量油或观察油面时，操作人员应站在上风口；若用钢尺测量油面，应严禁与罐体钢面碰撞摩擦，以免着火伤人。

罐区 50m 内严禁烟火，未经批准不准动火焊接，机动车辆无防火措施不准出入罐区，不准穿钉子鞋上罐，不准在罐顶用铁器敲击和开关手电。需要对油加热的地区，应严格控制加热炉的位置和压力及温度，严防火灾和爆炸事故。对带入储罐的水和机械杂质，应定期从罐底排污阀清除。被清除出的污物，特别是含硫污物，应用冷水润湿，迅速运离现场进行处理，以防在空气中自燃，发生火灾和环境污染。对空罐进行内清时，不准一人单独进行。

对金属油罐必须定期除锈、涂漆保养和探伤测厚，并定期检查维护保养储罐安全装置，例如安全阀、避雷针等，确保灵敏可靠。油罐区电气设备应选用防爆型，并要求安全正规，接地可靠。在雷雨季节，应对避雷针检测接地电阻（应小于5Ω）。在大雷、暴雨时，应停止发油、装运操作。

③ 初加工中的水处理。由天然气初加工分离出来的水，一般是矿化度较高的地下水，有的还含有较多的硫化物，是废水治理的对象。要维持天然气生产，必须解决气田水的处理问题。目前矿场常用“物理处理”、“化学处理”和“回注”到枯竭气井等方法来解决气田水的出路问题。物理处理是对无毒气田水从分离器放出后，经计量、自然氧化沉淀、脱油去渣合格后，直排或泵排入江河，其安全要点是重点控制流程管线、容池和泵注系统泄漏造成污染。化学处理是指对含硫气田水进行脱硫处理，使水质达到国家污水综合排放标准。“回注”的实质是把气井产出的地层水，经沉淀、去渣后，再回注到枯竭气井或气藏裂缝系统低部位气井的地层中。

(4) 低温采气站

① 运转中的巡回检查。要进行操作参数的检查和设备的运转检查。对各个装置区的操作参数，除了要在仪表间经常查看外，还必须定时在装置区进行巡回检查。巡回检查要查看仪表所指示的参数是否与仪表间显示的参数一致。遇到两处不相符合的情况时，要及时查明原因，及时进行处理。对流量计应检查各个单井流量之和是否与出站天然气总量相等，否则，要查明原因，对症处理。

设备的运转检查项目主要有：

a. 检查空压机和机泵是否运转良好，操作参数是否符合要求，转动部位升温情况是否正常，螺栓和螺母是否松动等。

b. 检查工艺设备及管路、管件、法兰、阀门有无漏失现象。

c. 检查安全阀是否失灵、损坏或者漏气。

d. 检查各个装置区处理含硫介质的设备排污及有无堵塞的情况。

e. 检查各处液位计、排污阀和管线、容器的取样阀并定期活动，看开关是否灵活，阀内是否通畅。

f. 检查差压变送器和流量计隔离器的隔离液是否污染损坏。

对设备的运转检查要按照巡回检查路线来进行。如在检查中发现问题，要及时处理或向主管干部进行汇报。

② 紧急情况的处理。遇到站内压力突然升高的情况时，要立即对本工序有关设备、设施进行检查，对症进行放空泄压处理。原因不明时，要对上一个工序进行通告并要求协作检查，直至查明原因，做好相应的处理工作。

站内发生火警时，要迅速切断进站气源和关闭出站的切断阀，以及与事故有关的设备、管路上的阀门，立即开启进站集气管线上的紧急放空阀或者汇管（总集气汇管）上的紧急放空阀，通知单井关井或净化厂关闭进厂气体切断阀，按照消防预案进行灭火、防毒应急处理。同时，立即向上级领导、主管部门和消防部门进行汇报。

(5) 天然气的安全输送

经过初加工处理的天然气，计量后汇集于汇气管，再进入集气干线或直接输送给用户。根据集输工作的特点，重点要抓好天然气的防火、防爆、防中毒。

集输送管线投产前，首先要编制投产方案，组织投产队伍，配备投产用的工具、用具、车辆、通信设备以及抢修设备和消防器材等。要向参加投产的人员介绍投产方案和集输管线的基本情况，并与有关部门（或用户）取得联系，确定投产时间、输气量、最高输气压力。投产时，要缓慢开气，平稳输气（严禁输气压力超过设计工作压力）。送气后，要随时视察设备、仪器、仪表的运行情况，掌握有关参数的变化，特别是输气压力的变化。

① 集输管线运行中的安全检查。集输管线投入运行后，应有专职或兼职巡查人员对管线进行定期巡逻检查，维护管线设施，收集有关资料，管好集输管线。定期巡逻检查的内容有：

a. 从分水器排水，及时排除管内积液、污物；

b. 检查管线沿线的护坡、堡坎、排水沟是否垮塌（遇暴雨、山洪后应立即巡查）；

c. 检查管线穿越、跨越等的稳定情况；

d. 检查、铲除管线两侧各5m内的深根植物，以免破坏绝缘层；

e. 检查管线是否漏气，输气压力是否超过设计工作压力；

f. 检查和保养管线阀室及其他设备、仪表，保持正常运转；

g. 检查阴极防腐系统，保持正常运行，定期测量管线电位，维护好检查头和里程桩；

h. 测量记录输气压力和气流温度；

i. 分析化验天然气的组分，看是否符合管输要求。

② 清管操作。清管前，要检查收、发球装置是否严密，控制闸门是否灵活；计量仪表、压力表是否灵敏；通信线路是否畅通；排污管线是否牢固；清管球过盈量是否符合设计要求等。

发球前，先打开发球筒放空阀，卸下压力表，打开考克，排出滚筒内的余气，然后卸防滑块螺栓，开快速盲板，把清管球推入球阀前大小头处；关快速盲板，装好防滑块；装好压力表，打开考克，关球筒放空阀、开球筒旁通阀，平衡球阀放空阀；开球筒旁通阀、平衡球阀前后压力；全开球阀，关输气管线进气阀，利用球通旁通开气推球出站；开输气管线阀门推球运行，关球筒进气阀，关球阀；开球筒放空阀排空，开快速盲板，检查球是否发出。

收球时，在球到站前的半小时关收球筒、放空阀、排污阀，开球筒旁通阀，全开球阀准备收球；慢开球筒排污阀放空排污（引球）；当球进入球筒后，打开管线进站阀，恢复正常输气；关球阀，开球阀排污阀，放空阀降压为零；开快速盲板去球，清洗筒内的污物，清洗、保养盲板。

在清管作业中，所有工作人员要严格遵守操作规程，操作平稳。在作业时，操作人员要在外侧操作，球阀正前方不得站人，在站场和放喷口附近严禁有人。放空引球时，要注意控制背压，不要猛开猛放。整个作业要禁止烟火，安排人员巡逻警戒。关好收、发球筒的快速盲板后，必须装好防滑块。

③ 集输管线漏气的发现与处理。集输管线漏气可以通过仪器或人的观察发现。当漏气量较大时，在起站将会出现进气量大、沿线供气量减少的状况。在流量计上会显示静压下降、差压上升的异常现象。出现以上情况时，要立即组织巡线检查，找出漏气点，采取措施抢修。

处理管线本体及焊缝处出现砂眼或裂缝而漏气时，可不停气、不放空，实施带压堵漏。方法是使用半圆顶丝管卡或者柔性钢带管卡卡住漏气处，在管卡与管壁之间垫上用铝、铅、紫铜、石棉板制成的衬垫，使衬垫封住漏气处，用顶丝顶死。由于这种堵漏方法只是临时措施，以后进行管线计划停气检修时，应重新补焊，或者更换管段。

处理管线焊口裂缝漏气的情况时，应将此段管线的两头阀室截断气源，放空管内全部天然气，重新坡口进行焊补，并在外面再焊上一块加强板。进行此项作业时，必须按规定办理动火审批手续，制定动火措施，落实监控人员和设施，严密组织施工，防止发生意外事故。

有时候，管线由于发生爆炸，裂口处有大量天然气外泄，使全线压力急剧下降，处于裂口下游管段的站场由于气体倒流外泄，流量计指针倒转回零，处于裂口上游段的流量计差压急剧上升，管道、设备中心气流声响增大。遇到这种情况时，可以采取如下措施处理：

a. 分析判断出发生事故的管段的位置，迅速派人到现场勘察落实情况，用最快的速度切断管线上、下游阀门，对天然气扩散区进行警戒，断绝一切火种。同时，立即将事故情况报告上级主管部门、生产调度系统，并通知当地公安、消防部门。

b. 组织抢修队伍迅速赶往事故现场。在现场最高负责人的组织指挥下，按照应急预案抢修方案及其安全措施，周密分工，组织进行抢修。

c. 抢修期间及抢修完毕，应由生产调度系统统一与油田生产单位及用户进行联系和协调，搞好生产衔接，确保安全。

### 33.3.7 海上石油与天然气生产安全

#### 33.3.7.1 海上石油与天然气生产基本安全知识

海上石油作业涉及钻井平台、作业平台、采油平台、单点系泊、浮式储油装置、施工运输船舶等多种设施。由于海上石油作业受各种自然条件的限制和生产作业环境的影响，与陆地石油作业相比，存在着较大的风险。所有从事海上石油作业的人员都要掌握海上作业的基本安全知识。

（1）海上石油设施的设计、建造、检验和资质要求

根据我国有关法律、法规的要求，海上石油设施必须由具备相应资质的单位按照相应的规则、标准进行设计、建造和检验。对海上石油设施和海上石油作业实行安全评价和审查制度、生产设施的发证检验和石油专业设备检验制度、作业许可和作业认可制度。未取得作业许可证和作业认可通知的海上石油设施，不得进行海上石油作业。

海上的固定石油天然气设施一般应具备承包者营业执照，安全证书，起货设备证书，国际防止油污证书，投保单，无线电报、电话证书和无线电台执照，作业许可证等。

海上移动式石油天然气设施一般要具备承包者营业执照、入级证书、国际吨位证书、国际载重线证书、安全证书、起货设备证书，以及无线电报及电话证书、无线电台执照、国际防止油污证书、国籍证书、投保单和作业许可证等。

海洋石油作业守护船、海洋石油起重船、海洋石油物探船、三用工作拖轮、海洋石油固井船、海洋石油铺管船等石油专用工程船舶除了要具备常规的船舶证书，还必须具备海上石油安全主管部门颁发的专用证书。

（2）海上设备与装置安全要求

① 海上石油通用设备与装置的证书。起重设备应具有出厂合格证书和试验报告。主电站和应急电站设备应具有合格证书。船用设备必须有CCS认可的检验证书。海上石油通用的所有设备与装置均应具备合格证书。海上石油作业设施均应具有安全手册。

② 海上石油专用设备与装置的证书。钻井主要专用设备和装置必须有出厂合格证书和修理后的检验、试验合格证书，主要包括钻井绞车、泥浆泵、转盘、井架、天车、游动滑车、大钩、水龙头、顶部驱动装置、动力电机等。

所有的井控设备、试油设备、固井设备、锚机设备必须有出厂合格证书和（或）修理后的检验、试验合格证书。部分井控设备还应具有试压报告。消防救生设备应有实际部署图和岗位布置表。探火和失火报警系统、可燃气体与硫化氢检测与报警系统必须有试验报告。所有防护器具必须有出厂合格证书。

油气生产及处理系统、注水系统、污水处理系统等的专业设备应具有合格证书。

③ 海上安全设备与装置要求

a. 火灾报警与消防系统。火灾报警系统安全设备主要包括：感烟或感温探测器，其设置在容易发生火灾的部位，安装位置经过有关部门核准；火灾报警控制器，一般设在人员值班的场所；手动报警按钮，通常设在经理室或队部等场所。

消防系统包括固定式灭火系统和消防用品。海上石油设施应根据消防防护处所的火灾性质和危险程度，按所用规范、标准有选择地装设水消防系统、泡沫灭火系统、气体灭火系统、干粉灭火系统等固定灭火系统。同时，要配置消防用品，主要包括消防员装备、灭火器等。

b. 可燃气及有毒气体报警系统。对固定式可燃气体和有毒气体的报警系统而言，可燃气体探头和有毒气体探头的安装位置应考虑技术要求和环境因素，控制面板应设置在人员经常活动的场所，并且应在安全区内。

应配备部分便携式的可燃气体、有毒气体检测报警器，并妥善保管，定期进行校验。

c. 石油设施的声光信号。固定石油平台应安装一盏或多盏在夜间显白色的信号灯（同步发光）和音响信号器（雾笛）。雾笛、信号灯的结构和安装位置应保证从任何方向驶近设施的船舶都能听到声响和至少能看见一束灯光。信号灯射出光束的垂直分布应保证自设施近旁至灯光的最大射程都能看见。设施水平的和垂直的端点应装设红色标志灯，其设置应符合航空条件的要求。

移动式石油设施的信号应符合船级社的要求。使用维护时，要严格按照雾笛、信号灯的操作规程进行操作，必须保障雾笛、信号灯处于连续工作状态。每月应定期对设备的传感器、扬声器、灯光、报警器及线路进行一次全面检查，发现问题及时处理。

d. 海上常用的救生设备。救生艇作为遇难人员主要的救生设备，具有运送乘员至最近安全区域的能力。此外，其用途还有如下几个方面：在人员落水时进行救生工作；进行短距离联络和人员物品的输送，运送漂流锚，带缆、投缆等工作；进行各种舷外工作。平时应加强救生艇的检查和保养，对艇内的属具、淡水和食物定期检修和更换。

气胀式救生筏是一种能将乘员浮于水面的救生工具，由于它存放简单，重量轻，降落方便，因此在一定比例范围内被允许作为救生艇的代用品。但救生筏因不具有自航能力（即不具有运送乘员至最近安全区域的能力），因此它只作为海上待救维持生存的一种自漂浮工具。气胀式救生筏有不同的规格，在一般情况下，最大的气胀式救生筏额定乘员是25人。充气后的气胀式救生筏在海上处于倾覆状态时，由一人即可扶正。每年应将筏筒打开，检查充气拉索是否完好，充气阀有无锈蚀，并对气瓶称重。每两年检查阀体有无受潮变质，阀件、备品、属具如有失效都应更换，必要时抽一个救生筏做实效动作试验。

救生圈是为救助落水人员，供其攀扶的救生设备。对救生圈的基本要求有：救生圈上应写明平台名称和公司名称；浮力要求能承受14.5kg的铁块浮在淡水中达24h，其浮力不得降低5%；救生圈从30m高度投水试验，不得有损坏和永久性变形，带有属具者应不影响其使用性能；救生圈的外径不大于800mm，内径不小于400mm；救生圈被烃类火焰包围2s后，离开火源应不持续燃烧。

救生衣要存放在居住处所易于取用的地方（一般放在床位附近）。不得存放在潮湿、油垢或温度过高的地方，不得加锁，不得随意将救生衣作枕头或坐垫使用。

塑料救生衣两面均可穿用。穿着前，应先检查浮力袋、领口带、腰带等处（不能有损坏）。穿上后，把腰带分别从左右两头绕到身后，再绕到前面一周，在胸前用力收紧打一

缩帆结系牢，然后将领口带系牢。对浸泡过海水的救生衣，应用淡水冲洗，放在通风处晾干（不要暴晒）；发现有破损时应立即修理。存放救生衣时，不宜用重物加压或重力捆扎。

保温救生服穿着前，应先检查衣服是否完好，拉链是否损坏；打开水密拉链，松开腰带，放松腿部限流拉链；先穿双脚，再穿双手，戴上帽子，使面部密封圈和脸部接触完整再缚紧腰部，拉上水密拉链；收紧腿部限流拉链，收紧补贴口宽紧带，再拉上挡浪片，最后抽紧脑后的带子，使面部密封圈绷紧。脱险后，按上述反顺序卸装。

保温救生服穿着使用后需用淡水冲洗干净，水温不宜超过400℃。如加入清洁剂洗涤，则应漂洗干净，反过来吊挂晾干，冲洗时不得用尖利器具，以免刮破织物。袖口处要涂以滑石粉，以保持滑爽，方便穿脱。拉链部位要用蜡或无酸性的油脂涂抹，保持拉舌移动时轻便灵活。如遇表面织物破损，可将破损处油脂除去，将备用布用聚氨酯类胶液粘上，待完全固化后方可使用。衣服应吊挂在阴凉、干燥的地方，避免高温和紫外线的辐射。

救生抛绳设备（或称抛绳器）是平台遇难时与其他船舶传递救助缆绳的工具，主要是通过火箭射出一根细绳，对方接到以后，利用细绳过渡较大的缆绳，以便采取有效的救生措施。

对抛绳器的基本要求是：抛射绳直径不小于4mm，长度为400m，绳子是橙黄色合成纤维浮索，其破断力应不小于2kN；在正常的天气情况下抛射距离不小于320m，并有一定的准确性，其偏差应小于20m（抛射距离的1/10）；抛射火箭要求水密；抛绳器应附有技术性能及使用说明书。抛绳器应安排专人负责保管，存放在易于取用的固定房间内，保持干燥，防止高温或剧烈震动。抛绳器有效期为3年。

每套手提式抛绳枪包括击发枪1支、子弹5发，推进火箭和抛射绳各4具。其使用方法是：将大缆与防水盒内抛射绳的一端牢固缚紧；把防水盒内抛射绳的另一端与推进火箭的尾部铁丝环连接牢固；把抛射火箭插入击发枪枪筒前部；在击发枪枪膛内装上子弹；持枪人应半侧向右，站立在抛射绳防水盒的后方，使火箭对准目标，枪身与水平面成30°～40°的仰角，扣动扳机。

④ 海上石油通信设备与装置安全要求

a. 通信设备的基本要求。海上通信设备、应急通信设备和直升机导航通信设备主要有全球海上遇险和安全系统（GMDSS），包括中高频（MF/HF）、甚高频（VHF）、雷达应答器、卫星示位标、双向无线电话、手持甚高频对讲机、集群通信系统（800MHz）、卫星通信系统、移动电话。

从安全技术上来说，要求在设计的通信距离内，通信设备的报话接通率为99.5%以上，且话音清晰可辨。通信设备应具备符合国际规定的遇险工作频率，而且有明显的识别标志。通信设备的外壳应便于维护和操作，外壳开启后，在发信机高压电路中的电容器应能自动放电。通信设备的外壳应有可靠的接地，但不应由此而引电源任一端接地。通信设备在使用过程中电源操作程序错误或电源极性接错时，元件应不致被损坏。通信设备的重要插件必须有足够的备用件。

b. 设施对外通信设备的配置要求。一般情况下，有人驻守的海上石油设施上应至少配备主用短波发信机一台；主用短波收信机一台；备用中波发信机一台；备用中波收信机一台；甚高频无线电话设备一台；无线电遇险频率收信机一台；应急无线电示位标；救生艇筏用手提式应急电台；救生艇筏用双向无线电对讲机三对。根据情况可采用组合式设备代替上述的设备。可采用其他可靠的通信设备，如卫星通信系统、移动通信系统等。通信设备的配备宜向全球海上遇险和安全系统（GMDSS）靠拢并接轨。

对无人驻守的石油设施，应为工作人员配备双向无线电对讲机两对；对有遥控、遥测、遥信的无人驻守的石油设施，应提供安全可靠的无线电信道。

c. 设施内部通信设备的配置要求。内部通信设备的配置与安装，要求中心控制室与无线电室、配电室、平台经理室、会议室、各工作间和宿舍之间，应设有直接通话设备。应配置一套有线广播系统，它包括对内广播和对外广播。对内广播的声音应能使在整个设施任何位置的人员都能听清，对外广播的声音应能使在蒲氏6级风且逆风向上0.5n mile（1n mile=1.852km）的人员听见。内部通信设备和线路的安装应安全可靠，并便于操作和维护。

d. 无线电室的布置与安装要求。无线电室必须布置在石油设施的安全区，并应远离产生噪声和大量热量的设备和处所。无线电室距露天甲板的距离应尽量近。无线电室应有两条逃生通道，其中一条可以为有足够尺寸的窗子，便于通往露天甲板或舷外。无线电室不允许作为其他处所的通道，但允许同报务员住室相通。无线电室应有良好的空调和通风，其温度和湿度应满足所用规范的要求。无线电室应装有低压插座及电网插座。无线电室除开口外应连续屏蔽，其隔壁和天花板应有隔音及隔热绝缘，地面应铺设电气绝缘橡皮垫。无线电室在操作台正前方应装设标有静默时间的时钟，其字盘直径应不小于125mm。无线电设备应有可靠的高频接地和保护接地。

e. 全球海上遇险和安全系统（GMDSS）。卫星通信是全球海上遇险和安全系统中特别重要的组成部分。国际海事卫星系统（INMARST）使用静止通信卫星，工作中1.5GHz和1.6GHz频率（L频段）向配有船舶地球站的船舶提供遇险报警手段，并具有使用直接印字电报和无线电话的双向通信能力。L频段的卫星紧急无线电示位标（EPIRB）也用于遇险报警。INMASAT安全网系统是用于向没有奈伏泰斯（NAVTEX）系统覆盖的区域提供海上安全信息（MSI）的主要手段。

远距离通信业务，高频（HF）将用于提供船到岸和岸到船的双向的远距离通信业务。在INMARSAT卫星覆盖区内，高频通信可以代替卫星通信；而在卫星覆盖区外，高频通信是唯一的远距离通信手段。

中频（MF）无线电通信提供中距离通信业务。在船到岸、船到船和岸到船方向通信中，2187.5kHz用于数字选呼的遇险报警和安全呼叫，2182kHz用于无线电话的遇险和安全通信，包括搜救协调通信和现场通信，2174.5kHz用于直接印字电报的遇险和安全通信。

近距离通信在下列甚高频（VHF）上进行：156.525MHz（70频道）用于数字选呼的遇险报警和安全呼叫业务；156.8MHz（16频道）用于无线电话的遇险和安全通信，包括搜救协调通信和现场通信。在甚高频（VHF）频道上没有直接印字电报业务。

⑤ 海上石油专用设备与装置安全要求

a. 井下安全阀。在海上石油开采过程中，对有自喷、自溢能力的油气井应设置安装井底“安全阀”，以防止井喷事故的发生。对有自喷、自溢能力的油气生产井均应安装封隔器，以封闭油管和套管环空。在海底泥线80m以下的位置，油管均应安装井下安全阀。要根据地层压力、井身结构、原油物性、结蜡点深度、生产方式等选择井下安全阀的型号。井下安全阀的选择应考虑以下技术参数：操作压力、操作深度、适应温度、适应环境工况、耐压极限、安全开关次数、安全工作寿命。

b. 海上采油树。采油树的选择应符合：气井设置与油藏压力相适应的采油树，并高一个压力等级；具有井下安全控制系统的液控结构；满足不同采油方式的需要；满足海上采油对环境、温度、压力、测试等的要求。采油树要求结构合理、体积小、重量轻，适应海上防腐、防振、防火的特点。采油树生产闸门、套管闸门、总闸门、井口安全阀以及手柄和压力表等零部件配备齐全完好，仪表有出厂合格证书。采油树应进行试压检验，并有具备资格单位颁发的产品检验合格证书。

c. 无人驻守平台。该平台是为了适应浅海石油生产的特点而建立的，在平台上需设有对应于中心平台进行遥控、遥测的可靠设施，以及遥控、遥测失效时的安全装置。不需设置生产辅助区，但可根据具体情况考虑设置暂避恶劣天气的简易处所，供维修人员临时使用。设置安全可靠的登平台设施，保证维修人员上下平台的安全。设置监视和防止外部人员登上平台的装置，保证平台的生产不因外部人员的登入而意外中断。

d. 平台火炬系统。在布设时，火炬应尽可能设在远离生活区和生产区的处所，其位置和高度应综合考虑主风向、气体最大排放时连续燃烧所产生的热辐射对火炬底部设备及人员安全操作的影响、直升机起降等因素。进入火炬的天然气在进入火炬前应经过气体分液器，其出口气体的含液量及液滴直径应符合所用规范、标准的要求。低压火炬管线在进入火炬前应设阻火装置。

e. 平台检测报警系统。报警盘是指油（气）生产工艺系统中设置的高压安全保护、低压安全保护、高液位安全装置、低液位安全装置、高温安全装置及可燃气体探测等均应有可靠的对应声、光报警装置（报警盘）。报警盘应包括逻辑组件、闪光报警器、声光报警和电源装置。报警盘的前面板应配置灯试验按钮、复位和确认按钮。

检测报警系统的电源装置应有足够的容量，能为所有报警点（包括备用报警点）的报警装置供电；检测报警系统应由主电源和交流不间断电源独立供电，交流不间断电源的容量、电压和频率应满足供电要求，且在主电源失效时能独立供电 30min 以上。

f. 海上采油设施需要配备的劳动防护用品。每座有人值守的浅海采油设施（主要指平台群中的生活平台和移动式采油设施）除配备通用的劳动防护用品外，还应配备部分便携式氧气呼吸器、空气过滤器、防水防爆手电、防火衣、医疗急救设备。在含有 $H_2S$ 的井同时应配备 $H_2S$ 防毒面具等。

（3）海上作业人员的资格要求

海上石油作业人员是指从事海上石油天然气勘探、开发的作业人员，它包括海上石油作业设施上的作业人员、建造与维修海上石油作业设施的作业人员、石油专用船舶上的作业人员、出海的特种作业人员以及临时出海为石油作业服务的人员等。

① 基本条件。出海人员应年满 18 周岁，身体健康，没有妨碍从事本岗位工作的疾病、生理缺陷和传染病，经过安全和专业技术培训，具有从事本岗位工作所需的文化程度、安全和专业技术知识与技能。

② 持证要求

a. 一般要求。凡长期出海（连续 15 天以上或年累计出海时间在 30 天以上）的作业人员，均应持有政府主管部门认可或颁发的“海上求生”、“海上急救”、“平台（船舶）消防”和“救生艇筏操纵”四项安全培训证书；乘坐直升机的出海作业人员，还应持有“直升机遇难水下逃生”安全培训证书；凡短期出海（5～15 天或年累计出海时间在 30 天以内）的作业人员，均应持有“短期出海证”；凡到海上石油设施、船舶上进行检查、视察、设备维修、参观、学习、实习等的临时人员（少于 5 天），均应接受出海安全教育，并持有“临时出海证”。

b. 职业与岗位持证要求。钻井、作业、采油的平台经理、钻井监督、钻井工程师、钻井队长、钻井正副司钻、井架工、作业监督、作业队长、试油工程师、作业正副司钻、采油队长、采油监督、采油岗位人员、安全员等与井控有关的人员，应持有“井控操作合格证”。钻井、井下作业正副司钻应同时持有“司钻安全操作证”。

在含有硫化氢油气井的钻井、作业、采油平台上工作的所有人员，均应取得“防硫化氢技术合格证”。

移动式钻井平台、作业平台、采油平台和浮式储油装置及海上施工船舶上的经理（包括指挥人员）、有关技术人员（负责平台沉浮、升降、调载和浮式储油装置及施工船舶的稳性压载人员）均应取得“稳性压载培训合格证”。海上石油船舶上的船员应持有国家主管部门规定的与所在船舶相适应的“船员适任证书”。

平台上的无线电话务员应持有与所在平台相适应的“无线电话务员证书”。

钻井平台经理、钻井监督、作业平台经理、作业监督、采油平台经理、采油监督、测井队长、物探队长、浮式储油装置经理、施工船舶的船长、安全员、环保员应持有“安全合格证”“环保培训合格证”。

凡从事电工作业、锅炉司炉、压力容器操作、起重机械作业、金属焊接作业等特种作业的人员，应按规定持有相应工种的岗位操作合格证。从事无损检测工作的人员应取得“无损检测人员资格证”。放射性作业人员应取得“放射人员证”。爆破人员应取得“爆破员作业证”。

（4）登平台的安全要求

临时登平台的工作人员或外来参观人员，除当天离开平台的人员仅接受平台安全教育外，其他人员必须持有海上安全培训证书或有效的短期出海证书以及“登船证”。临时登平台人员必须认真学习并熟记“登船证”中的所有内容。乘直升机登平台时，必须遵守有关乘坐直升机的一切安全规则。乘运输船登平台时，必须遵守有关乘坐运输船的一切安全规则。乘吊篮时，要服从指挥，穿好救生衣，站在吊篮网外边，脸朝里，抓紧绳索，待吊篮停稳后方可上下。平台的甲板及一切工作场所严禁吸烟。在指定地点吸烟时，应将烟头和火柴杆放入烟灰缸内并把火熄灭。不得穿有铁掌、铁钉的鞋登平台。在生活区以外，任何人都必须戴安全帽，穿硬头工鞋，并穿戴必要的劳保用品。未经批准不得带易燃、易爆、有毒和有害物品上船。未经平台经理批准并安排专人陪同时，不得私自到生产岗位及生活区外活动，严禁乱动任何电器开关、阀门、设备、仪表、信号装置以及警报系统等。要熟悉船上的“安全应急部署表”和本人床头上的“应急卡片”，牢记本人应到的应急地点、职责以及救生衣存放地点。在平台期间，必须遵守平台上一切管理制度的规定。

使用吊篮吊人上下平台时，每次不得超过 6 人。每人都要穿好救生衣，脸朝里面，双手抓紧绳索。违者，吊车司机有权拒绝起吊。吊人的吊篮只许上下运送人员专用，不准用于吊大件金属器具、材料及作业物品。每次起吊人员都必须有专人牵绳扶篮。当吊篮接近和离开拖轮甲板的瞬间，拖轮都要派水手牵绳扶篮。当吊篮吊人升离拖轮或平台甲板 2 米后，吊车司机必须立即把吊篮吊到海面上方起吊或下放，以免坠落者摔在甲板上。

乘坐直升机的人员，必须在航班前一天向作业者申请，经批准后方可乘坐飞机。初次乘坐直升机的人员，必须接受乘机安全教育。直升机着陆未停稳和将要起飞时，任何人不得在停机坪内逗留，待飞机停稳后方可进入机坪，但不得在飞机尾部区域走动。上、下飞机时，不准自己开关舱门，应由飞行员或管理人员负责开关，防止发生意外。登机时，要听从管理人员指导，按次序登机坐好，按规定穿好救生衣，扣好座位上的安全带。飞行时，不得在机内大声喧哗、嬉戏或打闹。要遵守有关飞行的注意事项和救生规定的指导。登乘人员及所携带的行李、货物必须检查过磅，登记重量。禁止携带易燃、易爆、有腐蚀、有毒、有放射性等的危险品登机。乘机时，禁止乱动舱门的保险拉手和救生衣拉手，严禁吸烟。

(5) 爆炸和放射性物品管理

平台不准长期存放炮弹、雷管、炸药及放射性物品，如因生产需要临时存放，则必须存放在远离居住区和工作场所处。爆炸和放射性物品必须存放在专用密封的保险箱内，并有专人管理。禁止将炸药和雷管存放在同一保险箱内。爆炸物品保险箱，必须安置在舷外的快速释放架上，一旦遇到意外危险情况，应立即释放到海里。保险箱应预先设有浮标。从保险箱里取出和使用爆炸或放射性物品之前，必须先报告平台经理，通知无关人员远离。在测井或射孔作业安装这些物品时，非工作人员不得在旁围观。爆炸或放射性物品出入井口时，除测井工作人员外，其他人不得在井口附近（钻井值班房除外）停留。严禁在爆炸物品附近吸烟和使用明火。在平台使用爆炸物品的操作人员应具有爆炸作业合格证。爆炸作业要严格按《爆炸安全规程》操作，保存放射性物品的容器要经常检测，必须符合国家有关安全标准。装雷管、炸药时，要严格按操作规程进行作业，使用专用工具，不得使雷管和炸药受到冲击和摩擦。

(6) 剧毒物品管理

平台（船）上的剧毒物品，包括酸类、烧碱等物品，平台上的剧毒物品必须存放在离船舷较近、排水容易、通风良好和人员少到的地方，并且有专人管理。剧毒物品（特别是液体）必须存放在专用的密封容器内，不得渗漏；如发现渗漏，应立即更换容器，并用淡水将渗漏液体冲洗干净。各类剧毒物品，应分开保管，以免因发生化学反应而引起事故。在剧毒物品旁边应有明显的警报标志。使用剧毒物品时，必须戴护目镜、防酸抗碱的胶边手套，穿防腐工鞋。溶解剧毒物品时，不得站在罐口进行搅拌和观看。在粉碎烧碱或配制酸液时，除工作人员外，其他人员不得在附近停留或围观，以免意外受伤。严禁携带剧毒物品进入生活区。严禁个人携带剧毒物品上下平台。当剧毒物品附着在身体上时，应立即用水或中性洗涤剂冲洗，以减轻对人体的伤害。严禁扛、背、冲撞、倒置剧毒物品，应按规定进行搬运、堆垛。皮肤破损者，不得从事有毒有害作业。

(7) 防火防爆

① 海上石油设施上动火的一般要求。海上石油设施的动火与陆上动火有所不同，在海上石油设施动火前，一般应按动火点的危险区类别不同，制定出详细的动火方案，明确安全监护人和动火施工人员的职责任务与防范措施，并办理相应级别的动火审批手续。在实施动火时，应严格执行动火前检查、动火中监督、动火结束后清场报告的制度。在紧急情况下动火时，应按应急计划要求组织实施。海上石油设施在船厂修理、改造期间动火作业，应按与船厂签订的合同规定执行；在港口或锚地期间动火作业，应按当地港务监督部门的规定执行。

② 危险区域与动火类别的划分

a. 危险区域的划分。海上石油设施的危险区域是按其产生可燃性气体的爆炸浓度及持续时间长短的不同，可划分为0类危险区、1类危险区、2类危险区和安全区四类。

0类危险区：在正常操作条件下，连续地出现达到引燃或爆炸浓度的可燃性气体或蒸气的区域。如石油和天然气产品的储罐、储舱、分离器等内部空气与石油蒸发气体或天然气的爆炸混合气体持续或长期存在的处所，以及与上述处所相类似的区域。

1类危险区：在正常操作条件下，连续地或周期性地出现达到引燃或爆炸浓度的可燃性气体或蒸气的区域。

2类危险区：在正常操作条件下，不大可能出现达到引燃或爆炸浓度的可燃性气体或蒸气，但在不正常操作条件下，有可能出现达到引燃或爆炸浓度的可燃性气体或蒸气的区域。

安全区：危险区以外的区域。

以上所划出的危险区不是一成不变的。如钻井平台在钻井作业中打开油气层期间，其井口按上述标准可以划定为1类或2类危险区，但当钻井平台撤离井口时，井口区就不再是危险区了。因此，在实际工作中，危险区和安全区是要根据实际情况来具体划分的，千万不要死搬硬套，错把危险区当成安全区或把安全区当成危险区，会给安全生产带来不必要的损失。

b. 动火分类

0类动火是0类危险区内的动火作业。

1类动火是1类危险区内的动火作业。

2类动火是2类危险区和安全区内的动火作业。

c. 动火审批。动火前，动火单位（人员）应按动火申请报告规定格式要求填写好海上石油设施动火申请报告书，并按规定的程序上报，经审批后方可动火。

0类动火申请报告由局属公司按要求填好后，经局安全、消防部门审查后再报局主管海上工作的领导或其授权人员批准。

1类动火申请报告由海上石油设施经理按要求填好申请后，报局属公司主管领导批准。

2类动火申请报告由动火作业人员按要求填好申请后，报海上石油设施经理批准。

d. 动火实施。动火前应进行详细安全检查。动火作业人员应根据“浅海石油设施动火申请报告书”的内容，检查动火准备及动火措施的落实情况。动火人员应具备相应的资格，动火人员的劳动防护用品应符合要求。动火作业所使用氧气、乙炔管线及附件不应泄漏。动火区和影响区不应有易燃易爆物品。消防器材应齐全、完好、性能可靠。氧气与乙炔瓶不应接触油污、高温、明火。在油舱、油柜（盛油的容器）动火作业前，应测爆合格并保持有效的通风；输油管、油舱（罐）加油管及泵舱内管系应清洗干净，确认管内无油污和空气畅通再实施动火。在高空动火作业时，火星飞溅的范围内不应有易燃物品。动火期间应严格实行安全监护制度，遇六级以上大风、浓雾、暴雨、雷电天气时，应停止动火。动火作业人员离开现场时应切断电焊机电源，关闭氧气、乙炔气阀门，并清理现场。动火结束后，动火安全监护人应向批准本次动火的单位或批准人报告动火实施情况。

(8) 海上应急与救助

① 海上石油作业安全应急计划

作业者在开始实施石油作业前应编制安全应急计划，在石油作业过程中应随情况变化及时修改或补充。凡属申请作业许可的安全应急计划，应由作业者报给地区代表并转交海洋石油作业安全办公室审查；凡属申报作业认可的安全应急计划，应由作业者报给地区代表审查；修改或补充的安全应急计划，作业者应按上述程序报送备案。

作业者编制的安全应急计划，应是切合实际的能预防和处置各类突发性事故和可能引发事故险情的实施方案，它应考虑到的条件和因素有：石油作业海区的自然环境，勘探、开发和生产的不同作业阶段，石油作业设施的不同类型和相应的应急手段，能从陆岸基地得到的应急救援力量及承包者的自救能力及其他可使用的救援力量，以及其他必要的条件和因素。

作业者在开始实施石油作业时除经安全办公室或其地区代表同意外，应按下列规定时间将安全应急计划提交安全办公室或地区代表审查：

海上移动式钻井船（平台）首次开始钻井作业前和固定式钻井平台开始钻井作业前，不迟于30天提交审查；海上油（气）田生产设施开始投产前，海底长输油（气）管线及陆岸输油（气）终端开始投产前，不迟于45天提交审查；铺管船、物探船首次开始作业前，不迟于15天提交审查；修改或补充的安全应急计划，在修改或补充后不迟于10天提交审查。

送审的安全应急计划，应用中文、英文两种文字书写，并经作业者负责人签署。

作业者或承包者应在石油作业过程中始终按安全应急计划保持应急准备状态，当发生事故或出现可能引发事故的险情时，作业者和承包者应严格按安全应急计划所规定的步骤与措施控制事态，尽力减少危害与损失。若出现安全应急计划中未预料到的紧急情况时，由在现场的最高负责人负责判断和处置。

② 海上值班守护船。每座钻井平台及固定平台都必须有一艘值班守护船（不作业时，距离近可共用一艘守护船）。供应船及值班守护船若要离靠平台时，必须事先通知钻井平台，征得同意后方可离靠。在接到作业监督或平台经理的指令后，由平台经理指挥供应船离靠平台并负责安全工作。明确靠船作业任务，确定当时的风、浪、流方向，在一般情况下，应选择在下风下流方向靠平台，选择先带上风、上流缆。在靠船中平台经理（水手长）必须在场指挥。供应船及值班守护船靠好平台后，在整个作业中，供应船（或守护船）船长或大副不得离开驾驶台，5级风以上或海流较大时不能停主机。平台与供应船（或守护船）用无线电对讲机保持联系。供应船及值班守护船在停靠平台作业或抛锚待命中，当遇到较大风浪时，必须经过作业者的批准，方可停止作业或去避风。只有在危及自身或平台安全时，供应船及值班守护船方可自行决定。值班守护船在守护值班期间，一切行动要听从作业者的指挥和调动，未经允许不得擅自离开作业现场。值班守护船在守护值班期间，要在指定的海域内抛锚停留，通信设施要保证与平台取得联系。平台发生紧急情况时，值班守护船应全力以赴地投入营救抢险，严格执行作业者的指令。

③ 海上石油作业安全救助

a. 应急警报信号

人员落水：警铃或汽笛三长声，连放1min（— — —）。

弃船：警铃或汽笛七短声、一长声，连放1min（• • • • • • • —）。

消防：警铃或汽笛间歇短声，连放1min（• • • • • • •）。

堵漏：警铃或汽笛二长声，连放1min（— —）。

井喷：警铃或汽笛二短声、二长声，连放1min（• • — —）。

综合应急：警铃或汽笛一短声、一长声，连放1min（• —）。

警报解除：警铃或汽笛放一长声连续6s，并用广播宣布结束（—）。

b. 应急状态的起始与解除。凡海上石油设施（以下简称设施）发生下列应急状况之一时，人员应立即进入应急状态：设施发生井喷失控和硫化氢气体等有害气体的大量溢出；设施发生严重火灾和爆炸事故；热带气旋（台风）、风暴潮等自然灾害对设施的威胁和侵袭；设施发生严重的海损事故（沉船、碰撞、触礁等）；设施上发生重大人身伤亡事故和多人落水；接送设施工作人员的飞机发生坠海事故；设施上人员发生严重的疾病及食物中毒事件；设施无法控制的漂流；难民船对设施的重大干扰；设施发生重大溢油污染事故；地震自然灾害对设施的严重威胁和侵袭；因其他事故对设施造成的严重威胁和重大危害。

只有当危险完全过去、人身和财产完全脱离危险时，应急状态方可解除。

c. 遇险求救信号及方法。根据《国际海上避碰规则》（2007年）规定，遇险需要救助的信号有（不论是一起或分别使用、显示）：每隔一分钟鸣炮或燃放其他爆炸信号一次；以任何雾号器具连续发声；以短的间隔，每次放一个红星的火箭或信号弹；无线电报或其他通信方式发出莫尔码组（SOS）的信号；无线电报发出MAYDAY（英文）或meidai（汉语拼音）语音的信号；遇险信号N•C•；由一面方旗放在一个球体或任何类似球形物体的上方或下方所组成的信号；船上的火焰（如从燃着的柏油桶、油桶等发出的火焰）；火箭降落伞式或手持式的红色突跃火光；放出橙色烟雾的烟雾信号；两臂侧伸，缓慢而重复地上下摆动；无线电报报警信号；无线电话报警信号；由无线电应急示位标发出的信号。除了表示遇险需要救助外，禁止使用或显示上述任何信号，以及可能与上述任何信号相混淆的其他信号。

d. 海难事故的自救与求救。船舶、海上设施发生海难事故后应当立即发出呼救信号，寻求搜救机关和事故现场附近船舶的救助。同时，在有可能的情况下还应当以最迅速有效的方式直接向就近的海事部门或海上搜救中心报告发生海难事故的时间、地点、受损情况、救助要求和事故原因，以便海事部门或海上搜救中心能够快速地组织搜寻救助。

除采取上述（遇险求救信号及方法）措施外，船舶、海上设施还应当采取一切有效的措施进行自救。发生碰撞事故的船舶、海上设施应当互通名称、国籍和登记港，并尽一切可能救助遇难人员，在不危及自身安全的情况下，当事船舶不得擅自离开事故现场。

海事部门或海上搜救中心接到求救报告后，将立即组织救助力量进行救助。遇难船舶、海上设施应当尽可能地与海事部门或搜救中心保持通信联系，随时报告本船和人员情况。事故现场附近的船舶、海上设施和有关单位应当听从海事部门或搜救中心的统一指挥。

#### 33.3.7.2 海上石油与天然气生产作业安全要求

海上石油天然气生产环节主要有海上地震勘探、钻井、测井、井下作业、试油、采油、油气集输、注水、船舶作业等。

(1) 海上地震勘探安全要求

海上地震勘探作业以船舶为主要生产基地和设备，受作业地区的地理位置、气候、海水深度、海浪等自然条件影响很大，加上海上地震勘探作业有时会同时使用海陆两栖设备、船舶设备和海上气枪船舶设施等，风险性较大。

① 主要设备及其重点安全要求

a. 船舶。船舶证件、通信电台、导航设备应齐全有效。船舶应备有抛绳器，船舷应装有救生圈。消防设备要符合要求，放置合理。船舶的操纵要灵活有效。船舷应设置栏杆。锚机、锚、锚链、止链器应运转灵活，牢固可靠。安全标志要设置齐全。

b. 气枪震源。安全阀、高压器件、储气罐、气路等应定期检验合格。气枪吊具应运转灵活，牢固可靠。高压危险标志应设置在显著位置。气枪电路应无线头外漏。配电盒应不漏水，位置合适。气枪发电机、空压机应性能良好。生产现场应符合作业标准要求。气枪的运行记录要齐全。

c. 仪器、定位部分。仪器及其天线应按标准要求进行安装，并设置有效的避雷装置。室内应配置灭火器。定位抛点的位置应有牢固的方便把柄。

d. 水陆两栖设备。水陆两栖设备的灯光、制动、转向系统必须良好，符合安全运行条件。各部位的传动连接应牢固、可靠，无异常响声，无松脱现象。车厢、车马槽应完整、牢固。罗利冈应设置上下人的梯子。梯子应牢固、可靠，有完好的把手。罗利冈的轮胎气压应充足，外观良好。赫格隆链轨应完好，其传动轮要齐全，车门要密封有效。赫格隆在水深超过 1m 的水域作业时，应按规定安装浮桶，厢内的排水电机及泵应运转正常。在水域安装、作业时，应携带足够的救生圈。

e. 挂机艇。橡皮船船体应不漏气，外观良好。挂机要正确安装，使用符合要求的燃油。操作手应经培训合格。电瓶应放置在 专用箱内。挂机艇应有艇名、额定质量及额定乘员外人数的标志。

② 海上生产组织。在作业前，施工单位应向当地政府有关部门申请办理"水上水下作业准许作业证"。作业船舶应申请办理"海上石油作业准许作业证"。施工前，必须收集并掌握工区内的水文、气象、地表、植被、潮汐等资料，结合所采用的施工方法，制定安全防范措施，并报请上级主管部门批准。海上作业施工应设置陆上指挥协调基地。陆上指挥协调基地要与上级生产调度系统和海上作业船只保持畅通的通信联络，指定专人守电台，做好电话、电信记录。地震队要指定专人按时收听天气预报，遇有蒲氏 5 级及 5 级以上风力的天气和能见度低于 200m 的雾天，要停止作业。两栖作业应在天黑前组织人员撤离水域作业现场。需要进行夜间作业时，必须报请上级有关部门批准。水上作业前，应做好各种应急部署，组织应急演习。要根据工区情况，事先选择好避风浪的区域，并组织避风浪演习。水上作业人员必须经过 24 学时以上的业务培训，能正确执行本岗位安全技术操作规程和各项应急措施。严禁在水深可能达到和超过 1m 的区域无设备徒步作业。

③ 各工序作业安全要点

a. 测量作业。岸台应远离高压线至少 50m，并设置符合要求的电源和避雷装置。在进行两栖定位作业的行进过程中遇有高压电线、重要设施、危险地形等时，应放倒定位天线，缓慢通过，并在测量草图上标明情况。船上的定位仪器应按照相应的规定要求进行安装，其天线、电源等要符合要求。船舱的顶棚不得存在漏水现象。定位船上的工作人员必须按规定穿好救生衣。抛点人员的工作位置应设置把手。收浮漂时，应两人以上配合作业。

b. 收、放线作业。作业人员应穿好救生衣。收、放线和采集站时，作业人员应站立到合适位置，轻拿轻放，防止天线伤人。进行两栖作业穿越潮沟、过复杂地形时要缓慢通过，施工人员应下车，两栖设备操作手要检查设备的防水、漂浮状况。严禁在行驶中的两栖设备上进行作业。作业车、船严禁超载、超速和急转弯。查线工所使用的电台通信设备要离开爆炸物品 15m 以上。

c. 气枪震源作业。在进行气枪震源作业前，应认真检查发动机、空压机、气枪震源电路、气路、吊臂、枪等，确认一切正常后才能开始作业。在作业过程中，气枪震源船上不能有非工作人员。操作气枪震源吊臂时，要注意观察，避免挂碰附件，并不得在吊臂下站人。调试气枪时，必须将枪放入水中。使用气枪震源作业时，作业船与其他船只保持的安全距离要大于 100m，在 150m 半径以内不得有人涉水。收气枪时，应将枪内气体排空。操作时，将枪体离开水面 0.5m，所有人员要退到安全区。严禁在气枪有气的情况下进行维修。操作手每天应做好检查记录和运行记录。

d. 挂机艇。挂机艇出海作业必须携带便携式对讲机、罗盘、打气筒、锚、救生圈及备用绳索、灭火器、备用桨、哨子及报警器等（夜间应携带防水手电）。挂机艇不准超载。禁止在行驶过程中急转弯。

e. 两栖设备。两栖设备的装载不得超过额定荷载，并避免急速转弯。活动物品应放置在货台中心线两侧，均匀分布，并加以固定。货台四周应设防护栏杆。两栖设备爬坡不得超过允许坡度。进出水域时，应使两侧轮胎或履带同时入水或登岸。过水域时，遇到海（水）流超过 1.2m/s 或风力超过蒲式 6 级情况时，应采取牵引措施。

f. 船舶。作业前，应选择好锚地和避风地点。船舶航行应严格遵守《国际海上避碰规则》和《内河避碰规则》等规定。在使用过程中，要认真填写《航海日志》和《设备维修保养记录》。在船舶靠港、抛锚期间，应加强值班。

g. 加油。加油工必须经过岗前培训。加油前，应将发动机熄火，并确认在油罐与加油船 20m 范围内无明火。多船加油时，必须逐条靠上油船加油。加油前，应接好各个管口，防止出现漏油现象。加油时，应将电瓶箱封盖。风力大于 6 级时禁止靠船加油。在雷雨天气禁止加油。

(2) 海上钻井、测井施工安全要求

海上钻井作业必须事先取得国家有关部门颁发的作业许可证。在开钻前，必须完成地质设计和工程设计，并向平台有关人员交底。在施工过程中，必须严格遵守工程设计中的各项技术指令和技术措施。如需改变设计时，要征得设计批准人的同意。钻开高压油、气层前，必须制定专门的安全防喷措施，并进行防喷演习。每口井在各阶段开钻前以及钻开高压油、气、水层前，必须按设计要求对井口装置、高压管汇进行试压，确认合格后方可开钻。在钻井作业过程中，应定期检查井控系统，确保其性能良好。平台（船）上的所有消防、安全、救生等设施、设备和器材必须齐全和性能良好。钻台、井架、振动筛处、泥浆池和钻台下等处的所有防爆灯和防爆电气开关必须齐全和性能良好。钻井用钢丝绳要在科学计算的基础上确定滑移和切割点。钻高压油、气、水层时，泥浆性能没有调整到符合设计要求时不得施工。平台（船）应按设计要求储备足够的重晶石粉等压井材料。在钻开高压油、气、水层以后进行起下钻作业时，要有专人观察井口。起钻时，要及时向井内灌满泥浆。井内有油、气显示时，禁止在生活区以外使用电气焊及一切明火，并避免金属撞击产生火星。钻台应配备足够数量的防毒面具、滤毒罐及救生衣，并有专人管理，保证性能良好与有效。在油、气、水层井段起下钻时，要严格控制速度，避免产生抽汲诱喷或把井压漏。对设置在钻台、振动筛房、泥浆工作室、泥浆泵房等处的可燃气体探头和有毒气体探头，要经常进行检查和维护，保证性能良好。钻井作业期间，禁止使用塑料袋等包裹可燃气体探头和有毒气体探头。在任何情况下，管柱或钻柱的提升力都不得大于其允许的抗拉负荷或大钩的安全负荷。遇到平均风速达到 7 级以上或降雨量一次达到 5mm 以上的情况时，应停止起下钻和下套管作业。处理井下事故或复杂情况时，大钩的吊环和吊卡的活门必须用钢丝绳拴住，以防止飞出伤人。人员上钻台必须穿劳保用品，戴安全帽。钻井期间，必须至少一条守护船在平台（船）附近海域值班。平台必须按规定周期进行弃船演习或者消防、人员落水等演习，并做好记录。起下钻前，要认真检查井口工具、绞车的刹车系统、防碰天车装置、开关和仪表等，保证其性能良好。在拖航、开钻、钻开高压油气层和下套管前都要进行安全检查。钻进期间，最大钻压不得超过钻铤在钻井液中总重量的 85%，定向井钻井的钻压应不超过钻铤和加重钻杆在钻井液中总重量的 85%。转盘转速不超过额定转速。每个钻井液循环周期必须测量一次钻井液的塑性黏度、屈服值、切力、表观黏度、失水量、泥饼非常度、pH 值、含砂量和氯离子含量等。在钻高压油、气、水层时，钻井液性能不符合设计要求不得施工。在取芯钻进、电测和下套管前，应更换钻具组合通井。在正常钻进或活动钻具时，除刹把的操作者不准擅自离开岗位外，至少留一名钻工配合工作。在任何时候，刹把的操作者必须是正副司钻和当过司钻的值班队长。实习人员操作刹把时，必须有上述人员现场指导。在深井起下钻开始、结束阶段和处理复杂情况时，禁止实习人员操作刹把。

起下钻前，由司钻负责组织人员对控制系统、转动系统、提升系统、冷却系统及井口工具进行全面检查，确保控制系统、转动系统和提升系统灵活好用、安全可靠，冷却系统工作正常，井口工作齐全完好。在起下钻过程中，司钻应根据钻具组合、井下地层和钻井液性能等情况，合理选择和掌握起下钻速度。在井架工和钻工的配合下，做到上不顶天车，下不顿钻具，确保人身、机械和井下安全。下钻时，一定要开启刹车水泵或使用涡磁刹车，严防发生顿钻事故。起钻铤时，对无卡瓦槽的钻铤必须使用安全卡瓦。连接提升短节时，必须用双钳紧扣（严禁不紧扣或仅使用链钳紧扣）。遇卡上提的提升力一般不得超过原悬重 196kN（20t），遇阻下压不得超过原悬重 147kN（15t）。在任何情况下，管柱或钻柱的提升力都不得大于其允许的抗拉负荷或大钩的安全负荷，转动力不得超过钻柱扭矩的极限值。对下井钻具（如工具、接头、扶正器、减震器、取芯工具、打捞工具、钻杆和钻铤等）要在现场进行外观检查，丈量各部尺寸，并绘制草图。所有钻杆螺纹和钻铤螺纹都必须用专用油涂抹均匀。每次起钻时，应对部分钻杆和钻铤进行错扣，检查螺纹和台肩面。凡吃力螺纹浸入钻井液、粘扣、母扣胀大或接头偏磨者，均要进行处理或更换。每次起钻时，立柱应放在钻杆盒上排列整齐，并标明次序。井架工在高处作业时必须系好安全带，必须给所用工具系好尾绳，并牢固地绑在操作台上。特殊作业（造斜井段、取芯、下打捞钻具及电测前的起钻）起下钻时，尽量不要转动转盘。起下钻完毕，应将井口盖严，防止落物掉井。

钻开高压油、气层前，平台必须建立井控防喷领导小组，制定专门的安全防范措施。每口井在各阶段开钻以及钻开高压油、气、水层前，必须按设计要求对井口装置、高压管汇进行工作压力试验。在钻井作业过程中，应定期检查井控系统，确保其性能良好。每年应组织对井口防喷装置、储能器、阻流管汇、控制管汇控制盘等进行一次全面检查、保养，更换易损件，进行压力试验。每次固井后钻完水泥塞再钻进 5～10m 时，必须进行地层压力破裂试验，作为井口压力控制的依据。进入油气层后，每班都必须进行低速和泵压试验，并记入专用记录簿内（作为压井时的参考依据）。有关井控方面的原始资料必须齐全。阻流管线及压井管线上的手动开关阀和液动开关阀必须保证灵活好用，井控控制台上的各类开关也必须保持灵活好用。阻流管汇及压井管汇上的各种阀门应按规定处于关闭状态。电动泵的开关要处于自动位置，液压油液面应符合规定要求，以保持充足的油量。储能器压力要保持在规定压力以上。泥浆液位记录仪、泵冲数计数器、泥浆流量指示器等附属设备应处于良好的工作状态。在油气层井段中应以低速起下钻，避免导致井下抽汲诱喷和压力激动。起下钻时，要有专人检查钻井液注入量和返回量与所下钻具的体积是否相符。若有异常，应立即报告，以便采取措施。平时，平台应储备足够的防喷物资。

海上测井时，海上专用储源箱必须符合一级运输包装标准，并有浮标装置，外表应有醒目的“当心电离辐射”标志；吊装储源箱时，必须由护源工指挥吊装；海上专用储源箱运至平台后，必须放到专用释放架上（不能与爆炸物品放在同一释放架上），放射源在使用前后必须在储源箱内存放，并有专人看护、检查。装有爆炸物品的车、船，应安排专人押运，按指定路线（航线）行驶，严禁无关人员搭乘。在钻井平台上存放爆炸物品时，必须存放在专用的释放架上，并由持有“爆破员作业证”的专业人员看管。现场施工时，平台上应禁止使用电气焊，平台或停靠在周围的船舶应停止使用无线电通信设备（若有紧急情况必须使用无线电通信设备时，应立即通知施工小队停止施工）。

（3）海上井下作业安全要求

施工前，应按设计要求做好施工准备。在施工过程中，应严格执行有关操作规程和安全措施要求，并落实预防井喷和制止井喷的具体措施。上下井架的人员应由扶梯上下，携带的工具应系好防掉绳。当遇有六级以上大风，能见度小于井架高度的浓雾天气及暴雨雷电天气，应停止起下作业。在进行压井作业时，压井前，应用油嘴控制放套管气，出口管线末端应装 120°的弯头。压井液返出后，应控制进出排量平衡，至进出口密度差不大于 0.02g/cm$^3$ 时可停泵。停泵后，应观察 30min 以上，确认出口无溢流现象。进行冲砂作业时，冲砂管柱下端应接有效冲砂工具。井口应装好防喷器及自封。探砂面后，冲砂尾管应提至砂面 3m 以上开泵循环。正常后，均匀缓慢下放管柱冲砂。每次单根冲完以后应充分循环，洗井时间不得少于 15min。连续冲砂超过 5 个单根以后，要循环一周方可继续下冲。泵发生故障必须停止处理时，应上提管柱至原始砂面 10m 以上，并反复活动。提升设备发生故障时，应保持正常循环。发现地层严重漏失、冲砂液不能返出地面的情况时，应立即停止冲砂，将管柱提至原始砂面以上并反复活动。施工时，人员不应穿越高压区。采用活动弯头冲砂时，活动弯头和水龙带应系保险绳。未经处理达标的冲砂液体不得落入海中。在进行酸化作业时，酸化施工所用设备及管道应耐酸、耐腐蚀。酸化施工时，应有专人指挥。施工前，应对流程按设计要求施压合格，确认各种仪表、阀门灵敏可靠。在设备及流程出现故障时，应用清水顶替酸液入井，然后关井口闸门进行抢修。施工过程中，施工现场要禁止烟火，人员不能进入高压区。进行大修作业时，施工前应装好封井器和自封，并试压合格。打捞起钻时，要操作平稳，禁止猛提、猛放。解卡最大上提拉力应低于钻杆螺纹的最低抗拉强度，旋转扭矩应小于钻杆螺纹最低抗扭强度。在井下作业过程中，施工所剩的酸液及井内排出残液应回收处理，不得排入海中。

（4）试油与延长测试安全要求

① 准备。试油前，应收集和分析未来两天的气象预报和海况预报，确保射孔作业在良好的气象和海况条件下进行。试油前，必须对试油施工精心设计，并按设计要求对试油设备、管汇、阀门开关等进行检查、试压，合格后方能投入使用。平台要卸掉不用的钻杆和钻铤立柱，卸掉甲板上不用的管材和器材。在试油交底过程中，要明确指挥命令、消防降温组织系统，进行作业岗位分工，确定作业措施和步骤。平台应按试油设计要求，储备足够的泥浆和泥浆材料。在射孔前，平台要对消防设施、救生设施、急救器材、降温系统、岗位人员进行落实。

② 射孔。射孔前，必须装好井口及井控装置，按规定试压合格。井筒必须灌满泥浆，其密度必须符合试油设计要求。在射孔期间，试油专业人员必须始终在钻台上监视井口，分析井内情况，并随时做好关井的准备工作。钻台和甲板等工作区严禁烟火。施工期间，必须要有守护船值班，并确保密切联系。进行射孔及打电缆桥塞作业时，平台及附近船舶应暂停使用无线电通信设备及电焊机。起下管柱时，应注意观察井口变化，并及时灌满泥浆，确保井控装置始终处于良好状态。进行射孔、酸化、注氮气等作业时，无关人员不得进入工作区。

③ 试油燃烧。开井自喷前，试油作业人员要对试油设备、流程、阀门开关、各种计量仪表进行全面仔细的检查和压力试验，确保其符合设计要求。开井自喷燃烧前，应根据

当时的风向选择燃烧臂方向，一般应在平台下风处点火燃烧，以免燃烧时的火焰、油气等吹向平台。开井过程中，试油人员应监视井口压力，使压力保持在规定范围内。若环空压力有异常变化时，应及时报告、处理。若发现地表装置突然刺漏或出现其他危险故障时，应立即释放环空压力，使井下阀关闭，然后关闭采油树主阀门。在开井过程中，要指派一名监视人在甲板上巡回检查，发现异常情况及时向试油负责人报告。燃烧时，要随时检查甲板边缘温度，在一般情况下，若超过50℃应停止燃烧。开井后，自喷井出气时，必须立即在燃烧臂出气口点燃火把，绝对不准空放天然气。点火时，应选择建筑物的下风处，避免火焰倒向燃烧。燃烧臂燃烧时，对钻井平台受热大的部位应经常喷洒海水冷却。开井前，应准备好装有足够数量、符合要求的消油剂备用船。如发现海面有残浮油时，要立即进行处理。对滴漏在甲板上的残油，也应立即喷洒消油剂进行擦洗除油。开井期间，严禁进行电气焊接作业，否则，必须按规定办理申报、批复手续。试油期间，必须安排有对外消防能力的值班守护船在平台的上风侧待命。开井燃烧期间所有舱口都应关闭（但平台经理指令打开的舱口除外）。试油期间进行开关井、换油嘴、油气进入分离器以及变动燃烧臂等作业时，必须经试油负责人同意方可进行。凡需靠平台的船舶，必须征得平台经理的同意，并按指定的路线和位置停靠。试油结束后，易燃、易爆物品必须及时运回陆地，不得继续存放在平台。

④ 延长测试。延长测试作业是指在原钻井装置上或井口平台实施并有油轮或浮式生产装置作为储油装置的测试作业。作业者在作业之前除了满足以上安全要求外，还应向中国海洋石油作业安全办公室申请延长测试作业许可，经过安全办公室检查认为设施及人员满足了有关安全要求并颁布“延长测试作业许可证”之后，作业者才能开始作业。

(5) 采油（气）安全要求

① 自喷采油。井下管柱应安装循环压井和投放堵塞短节的工具，开井前先倒好低压流程，然后依次打开井下安全阀、地面安全阀及采油树生产阀门，并注意压力的变化。关井时，先关闭采油树生产阀门。

② 潜油电泵采油。潜油电泵停机时，不应带负荷拉闸。在测量电泵机组参数时，应把控制柜总电源断开，并设置安全警示牌。电泵出现故障停机时，在没有查明原因排除故障前，不应二次启动。故障发生后应由专业人员排除故障。

③ 螺杆泵采油。启动螺杆泵前，应检查盘根盒是否齐全完好、密封可靠；检查驱动装置的螺栓及螺纹连接牢固情况；检查控制柜的电极性及设计保护器电流值是否达到安全操作要求；检查电缆线及电机的绝缘性能是否可靠，接线盒及电机接地是否良好。开井时，应注意井口压力，控制柜电压、电流的变化，并定期停机对设备进行维护保养。井下管柱设计应满足海上井控要求。

④ 水力活塞泵采油。电机的启动、运行和停车动作应正常，自动保护系统应灵敏可靠。投产前，应对地面流程进行试压（试验压力为最高工作压力的1.25倍，无渗漏为合格）。流程负载试运行时间不应小于1h，要求运转正常、无渗漏。投沉没泵时，应使用防喷管，不应使用井口捕捉器。对高压管汇管线应定期进行探伤和管壁测厚。

(6) 油（气）集输安全要求

① 集油管线的安全装置。集油管线上宜设高压安全保护和低压安全保护，但以下情况例外：每个输入源都设有高压安全保护和低压安全保护，且高压安全保护的设定点低于集油管线的额定工作压力，则集油管线上不需装设高压安全保护和低压安全保护；集油管线与下游工艺设备连通，且下游工艺设备上装有高压安全保护，则集油管线上不需装设高压安全保护；用于火炬、释放或放空而设的集油管线不需装设低压安全保护。

集油管线上宜设安全阀，但以下情况例外：输入源的可能最大压力小于集油管线的工作压力，或虽然输入源的可能最大压力大于集油管线的额定工作压力，但输入源的安全阀能保护输入源和集油管线时，则集油管线上不需装设安全阀；集油管线与下游工艺设备连通，且下游工艺设备上装有安全阀，则集油管线上不需装设安全阀；用于火炬、释放、放空或其他常压作业且在出口管线上未装阀门的集油管线不需装设安全阀。

② 输油管线的安全装置。每条输油管线上游端都应设置高压安全保护和低压安全保护，其下游端应设压力检测装置。每条输油管线上都应设置安全阀，但以下情况例外：输入源的可能最大压力小于输油管线的额定工作压力，或虽然输入源的可能最大压力大于输油管线的额定工作压力，但输入源的安全阀保护输入源和输油管线时，则输油管线上不需装设安全阀；输入源为压力高于输油管线额定工作压力的油井，设有由单独的高压安全保护控制的关断阀（SDV），则输油管线上不需装设安全阀。每条输油管线的下游端应设置一个速闭阀。输油管线的上、下游端均应设温度检测装置。

③ 卸油码头。卸油码头应建立安全保卫制度，门卫应全天24h值班。卸油码头大门外应设置“入码头须知”和安全警示标志。机动车辆进出码头应戴防火帽，并持公司调度开具的证明。运送料后应离开码头，严禁停留。外来办公人员，凭证件办理进码头手续，并经门卫进行安全教育后方可进入码头，进入人员必须穿防静电服，穿不戴铁掌的鞋。进码头人员所带火种、烟应交门卫统一存放。原油装卸设施应与码头消防等其他金属设施构成一金属电气回路，接地电阻应不大于10Ω。装卸设施的电器照明设施应符合防爆规定。巡检时应使用防爆活动照明灯具。装卸作业时，码头值班人员应严格要求控制船舶卸油排量，保持与调度通信畅通。船舶卸油时，严禁其他船舶靠于卸油船舶两舷外。操作流程应遵照“先开后关”的原则，具有高低压部位流程，操作开通时应先导通低压部位，然后导通高压部位，关闭时应先断高压，后断低压。卸油船舶超过2000t时，卸油时应设专用消防守护船。卸油船舶卸完油后应立即离开码头。岗位值班人员和干部对消防器材和消防设备应做到懂原理、懂流程、懂性能、懂用途、会使用、会维护、会检查。消防栓、消防炮应定期保养，确保灵活好用。消防泵应定期试运并有记录。卸油码头应配有足够消防器材，并定人定时检查。设备维修动火时，卸油船舶严禁停靠码头。船舶卸原油期间，不准带电维修电气设备和更换灯泡。卸油期间维修设施、连接拆卸管线所用工具，必须为防爆工具。

(7) 注水安全要求

所有设备都应有操作规程，有设备本体点检号，有巡回检查项点要求及有关的安全标志牌。冬季停止注水期间，要把所有注水流程扫线放空。注水用的管汇、阀门及仪表应齐全、完整，无脏、漏、松、锈现象，灵活好用，安装方向一致，水流标志明显。无人驻守井组上的压力表用后要关闭，以免压力表刺漏。所有计量仪表应按期检验，量程适合。冬季生产时要有保温措施。多层和成排开井时，应根据流程实际情况确定开井次序。按注水方式正确倒好流程。经中心平台注水操作人员同意后，调节配水阀组上流阀门，注意压力表和流量计指针的变化，到该井配注量为止。对带有封隔器的合注井，先开油管闸门注水，再开套管闸门，按配水量注水。经中心平台注水操作人员同意后，方能操作，以免发生机械和憋管事故。关井操作要平稳，注意压力表的波动情况，以免发生水击作用和造成压力波动，先关上配水阀组上流闸门，若成排关井则先关高压井。合注井关井时，先关套管闸门，后关油管闸门。

(8) 移动式平台(船舶)拖带与系泊安全要求

① 拖航准备

a. 平台方应对平台及拖航有关事项做如下准备：联系承拖方并向其发送委托书；应至少在拖航前3天与承拖方签订拖航合同书。在启航前，平台方应向承拖方正式签发拖航通知书，通知书内容至少包括：承拖方名称；被拖平台名称；计划启拖日期；起点、终点名称和地理坐标；平台方名称和负责人签字。平台方应向承拖方提供如下资料：平台基本数据、平台适拖证书。平台在拖航作业前，平台方应向当地船舶检验机构提交对平台进行适拖的书面申请。

b. 承拖方应对拖轮有关拖航事项做如下准备：承拖方在拖航前应制订拖航计划，并送平台征求意见。平台拖航作业前，承拖方应向当地船舶检验机构提交对主拖轮和护航船进行适拖检验的书面申请。向当地港务监督机构书面报告平台计划拖航日期和起点、终点地理坐标，并办理发布航行警告或航行通告手续。拖航前承拖方应对主拖轮进行全面检查。主拖轮的拖曳设备和用具应符合拖带要求；主拖缆、备用拖缆和连接的卸扣应与平台所用三角眼板相适应；对拖缆机、拖缆、卸扣等应进行检查和功能性动作试验，确保完好；锚泊系统应符合要求；主机和推进系统应运转正常，若有侧推系统的船舶，应保证其运转正常；备足拖航用燃油、食品、淡水等；船舶结构、水密、稳性、主要设备和其他系统检查应符合《海船法定检验技术规则》的有关要求。

② 拖航。拖航前，承拖方与平台方应召开联合拖航会议，研究确定拖航作业方案与安全措施；承拖方在接到平台方的拖航通知书后，应根据平台拖航性能要求和海洋气象、海况预报情况确定启拖时间；平台启拖6h之前，承拖方应向当地港监值班室报告平台启拖时间，申请发布航行警告。

拖航航行期间，每天应定时收听平台拖航所经海域的天气和海况预报，实行24h轮流值班制度，对相互间传递的信息均应做好记录或录音工作。在正常航行中，主拖轮应每2h向平台报告一次航行状况，内容包括所处地理坐标、航向、航速、拖力或功率、航行状况描述等。航行中遇有突发事件时，应随时互相通报情况，以利于采取应急措施。

拖航结束时，平台方与承拖方应签署拖航任务完成的证明单。平台方应向海区环保主管机关报告平台新到位置名称和地理坐标。承拖方应向海区港务监督机关报告拖航结束情况。

③ 移位与就位。移位前平台方应与承拖方签订移位合同书和发送委托书，移位前平台方应至少提前3天向承拖方签发移位通知书。

移位作业应在良好的海洋气象、海况下进行(一般为风力小于6级，浪高小于1m，能见度良好)。在移位作业中，平台方和承拖方均应指定专人负责，承拖方严格按移位方案执行，参加船只及工作人员应服从承拖方指挥。牵引船舶宜采用拖缆拖带。绑拖船舶应有足够碰垫，并避免与平台边缘诸如吊车类装置相碰撞。

就位作业应在承拖方的统一指挥下完成。就位起始阶段应选择在白天和良好的海洋气象、海况条件下，并按平台操作手册有关规定执行。

承拖方应在征求平台方意见的基础上，对靠离井口和码头制定详细方案，并应指定专人负责。对井口作业时，平台不应撞击井口平台、井口、海底管线立管和海底电缆立管等。船舶在拖带或绑靠平台后，宜采用抛锚方式移动平台。抛锚时，要避免挂坏海底管线和海底电缆等。移动平台时要控制速度，速度宜小于0.2m/s。船舶指挥发布口令后，各船舶要重复口令应答。

(9) 移动式平台升降与沉浮安全要求

平台就位前，应对作业海区进行海洋地质调查，按作业水深选择适合的平台进行作业。平台开始作业的时间宜选在能见度良好的白天，海洋环境条件应为风速≤12m/s，波高≤1.5m，流速≤2m/s。作业前，要严格按照规定要求对平台进行检查，并明确作业指挥人员。作业时，应有一艘具备守护能力的船舶执行守护值班任务，并随时接受所守护的平台作业指挥者指挥。

平台坐底作业应严格按平台坐底注水程序进行。若设计部门更改程序，需经船检部门认可后方可进行。当艏(艉)端沉垫甲板即将入水时，指挥者应密切注意平台左右平衡情况(不允许入水端舷吃水大于0.3m)，当平台全部着底后，应根据海底承载力情况，将部分充当压实的或全部压实的海水载荷注入压载舱，保持海底地层均匀压实。对于承载力较低的海底，在坐底结束后，应将充当压实的海水排出一部分，以减轻对海底的压力。坐底注水全部结束后，若平台的纵倾角度或横倾角度大于10°，应重新调整平台，使之符合设计要求。插桩时，必须按规定的压力进行插抗滑桩(插入深度不应超过设计最大插深)。插桩结束后，应将液压销全部拔出，并用固桩块将桩固定好。起锚工作应在坐底后12h内进行。在起锚过程中，应避免锚刮在沉垫上。平台坐底完毕，宜根据作业季节、海区环境在平台周围进行投砂，以防止平台掏空。平台坐底结束后，应对平台进行观察，观察时间不少于24h。

平台起浮作业拔桩时，应采用对角一起拔的方法。当拔至上极限位置时，应将手动销插好，使其他液动插销全部退出。平台起浮作业应严格按平台起浮排水程序进行。在起浮过程中，当出现艏(艉)未按预期效果浮起的情况时，应立即停止排水，观察平台变化；若平台上浮困难，宜采用喷冲装置进行喷冲，使平台浮起。平台上浮前，施工船应带缆拉住平台，防止平台与障碍物(井口)相撞。在起浮过程中，出水端左右舷吃水差应小于0.3m(若不满足该条件应及时调整)。当平台全部浮出水面后，守护船应迅速将平台拖离施工位置。

升平台之前，要严格按照有关要求对平台设备进行检查，确保符合升平台作业的基本条件和要求。插桩时，操作人员应细致观察仪表数据的变化，禁止离开控制盘。升降控制室应保持与桩腿观察人员、泵房及主控室的通信畅通。升平台作业要严格按操作程序进行，并按规定进行压载。观察时间应不少于36h。为防止平台桩腿掏空，应组织进行投砂，一般为300～500t。空载升平台时，至预定高度后，要迅速插好固桩块。

降平台作业前后，要按要求做好降平台准备工作。将平台上的活动载荷减至规定的重量，并保持载荷均匀分布在各桩腿上，拔出固桩块。降平台时，平台倾斜不应超过0.30。平台降至吃水线后，应重新调整平台载荷，使之满足漂浮状态要求。利用冲桩管线对桩靴、桩腿进行水冲时，应避免压力过大致使管线短路。拔桩应靠平台自身的浮力逐个桩腿来拔。当指示表超过规定的数值且桩腿无法拔起时，应重新冲桩。对于4条桩腿的平台，应避免靠相邻的两对角桩作为支撑进行拔桩。拔桩时，应避免平台倾斜过大，防止龙骨变形。拔桩结束后，应立即将平台拖离障碍物(井口)。

(10) 施工船舶安全要求

① 船舶签证手续。船舶进出港口，一般以签证一次即掌握出口签证为原则。船舶应当在进口以后和出口之前一段时间内，将航行签证簿及进出口报告书一次填好，连同有关证件一并送港务监督(或港航监督)机关办理签证手续。油轮、化学品船、液化气体船、罐轮等槽管轮或装有一级危险品的船舶，在进港靠泊后，应尽快办理进港签证，出港前仍需办理出口签证。拖轮所拖的驳船，进出港口签证手续可由拖轮向港务监督(或港航监督)机关统一办理。船舶证书和船员证件以及客轮的救生艇员证明可在航行签证簿内注明，

并由港务监督（或港航监督）机关审核盖章。以后签证，除证书到期或人员变动外，一般可以免验证书。

② 船舶航行。应认真执行《国际海上避碰规则》《内河避碰规则》及有关港口的航行规定，防止由海损事故引起的火灾、爆炸、水域污染。当大油轮靠码头时，要按需要配备足够数量及相适应马力的拖轮协助。要加强巡回安全检查，并将每次检查情况记入航海日志和轮机日志。应随时注意主、副机运转是否正常。定期检查油头，雾化要好，确保锅炉燃烧良好。检查排烟烟色、有无火星，发现烟囱冒火星时，应立即报告值班轮机员；情况严重的，应报告轮机长或船长。锅炉吹灰应取得值班驾驶员的同意。出航前，对可移动物件要绑牢固，防止撞击，各油舱口水密孔盖和水密门、窗要关紧。大风浪来袭前，对上述物件要重新检查加固。

(11) 石油专用船舶停泊、过驳安全要求

① 船舶停泊平台。装油前，必须检查舱容情况，试验有关阀门开启是否灵活，管系是否完整，确认良好并做好记录。在装油前，必须检查消防器材和设施状况，保证随时可用。在冬季装油前，必须用锅炉蒸汽对原油管线进行加温，保证管路畅通。装原油时，必须密封管道、油舱，严禁开舱直接装油。舱内分离出的天然气必须通过呼吸阀排出，严禁直接从舱盖排出。禁止在量油孔使用金属或尼龙油尺。开启阀门后，必须挂显示“开”的标志牌。满舱关闭后，应插棒或用绳索绑扎，谨防开错阀门。满舱前，要预先做好通舱工作。装油至最后一舱时，应留有适当的舱室空当和足够时间，以便联系、停装和扫线。装油生产时，应关闭朝向油舱甲板的水密门窗和油舱甲板上舱室的左右弦门及空调机的大气吸口等，严防油气进入机舱、生活区及装有非防爆灯具和电气设备的舱室。工作人员必须穿戴好救生衣，上下平台时应保持两人以上。

② 油船过驳。工作人员必须穿戴好劳动防护用品。夜间过驳时，应有至少两人同时值班，并穿戴好救生衣，使用防爆工具。甲板不准有渗漏原油，禁止存放易燃、易爆物品或带压力的不稳定性气体容器，禁止放置、使用聚焦的玻璃制品。原油过驳时，必须按操作程序执行，禁止同时进行吊运物品作业，不得进行任何焊接和切割作业。气温超过25℃或在平台附近抛锚时，驳船舶必须开启喷淋装置进行降温。在过驳过程中，所有安全、消防系统必须处于完好、待用状态。拉油船舶靠平台或两艘船舶互相靠近时，必须要有防碰措施。当值班船舶靠近拉油船舶时，油船工作人员必须提示值班船舶注意安全，在油船允许的情况下，值班船舶方可靠停油船。当接管线时，应避免管线与船舶碰撞。遇下列条件之一时，严禁原油船舶靠平台：

a. 气象预报作业海区未来6h内有大风警报；

b. 风力大于6级或浪高大于1.0m；

c. 视线不良或能见度小于5级（能见距离小于2n mile）；

d. 通信不畅通；

e. 平台性能不能满足要求；

f. 其他危及油船及平台安全的情况。

③ 船舶停泊码头。冬季生产时，必须保证油船锅炉的正常运转。卸油前，应使船舶原油温度达到要求的温度，并检查流程管线有无冻堵。在卸油时，应先接地线，后接输油管；拆卸时，应先拆输油管，后拆地线。禁止用水冲洗刚拆下的油管和甲板的残油。地线接地电阻应小于0.5Ω。拆接输油管时，甲板上应放置衬垫，做到操作稳妥，谨防撞击。卸油时要先开泵，待压力渐升后再开出口阀，并按预定压力或额定转速操作。卸油时，应注意检查舱内情况，如有异常应立即停泵检查原因。在卸油过程中，应在舷梯口设置登船须知牌，不准与油轮工作无关人员登船。使用金属接油盘处理漏出的原油时，必须采取接地措施。冬季卸油完毕必须用锅炉蒸汽进行扫线。在夏季气温超过25℃的情况下卸油或船舶抛锚时，必须开启喷淋装置进行降温。遇有雷暴时严禁装卸作业。在原油装卸过程中，所有安全、消防系统必须处于完好、待用状态。

#### 33.3.7.3 石油行业安全常用法律法规

石油行业安全常用法律法规见表33.21。

表33.21　石油行业安全常用法律法规简介

| 序号 | 名　称 | 颁发单位 | 实施日期 | 适用范围 |
|---|---|---|---|---|
| 1 | 《消防法》 | 全国人大常委会 | 2009年5月1日 | 为了预防火灾和减少火灾危害，保护公民人身、公共财产和公民财产的安全，维护公共安全，保障社会主义现代化建设的顺利进行，制定本法 |
| 2 | 《安全生产法》 | 全国人大常委会 | 2014年12月1日 | 在中华人民共和国领域内从事生产经营活动的单位的安全生产，适用本法；有关法律、行政法规对消防安全和道路交通安全、铁路交通安全、水上交通安全、民用航空安全另有规定的，适用其规定 |
| 3 | 《职业病防治法》 | 全国人大常委会 | 2016年9月1日 | 本法适用于中华人民共和国领域内的职业病防治活动 |
| 4 | 《安全生产行政复议暂行办法》 | 国家经贸委 | 2003年5月1日 | 公民、法人或者其他组织认为安全生产监督管理部门的具体行政行为侵犯其合法权益，向安全生产监督管理部门提出行政复议，安全生产监督管理部门受理行政复议申请，做出行政复议决定，适用本办法 |
| 5 | 《国务院关于特大安全事故行政责任追究的规定》 | 国务院 | 2001年4月21日 | 为了有效地防范特大安全事故的发生，严肃追究特大安全事故的行政责任，保障人民群众生命、财产安全，制定本规定 |
| 6 | 《工伤保险条例》 | 国务院 | 2011年1月1日 | 中华人民共和国境内的各类企业、有雇工的个体工商户应当依照本条例规定参加工伤保险，为本单位全部职工或者雇工缴纳工伤保险费。中华人民共和国境内的各类企业的职工和个体工商户的雇工，均有依照本条例的规定享受工伤保险待遇的权利 |
| 7 | 《注册安全工程师职业资格制度规定》 | 应急管理部和人力资源社会保障部 | 2019年3月1日 | 通过职业资格考试取得中华人民共和国注册安全工程师职业资格证书，经注册后从事安全生产管理、安全工程技术工作或提供安全生产专业服务的专业技术人员 |

续表

| 序号 | 名　　称 | 颁发单位 | 实施日期 | 适用范围 |
|---|---|---|---|---|
| 8 | 《建设项目(工程)劳动安全卫生预评价管理办法》 | 劳动部(现为劳动和社会保障部) | 1998年2月5日 | 下列建设项目必须进行劳动安全卫生预评价:①属于《国家计划委员会、国家基本建设委员会、财政部关于基本建设项目和大中型划分标准的规定》中规定的大中型建设项目;②属于《建筑设计防火规范》(GBJ 16)中规定的火灾危险性生产类别为甲类的建设项目;③属于劳动部颁布的《爆炸危险场所安全规定》中规定的爆炸危险场所等级为特别危险场所和高度危险场所的建设项目;④大量生产或使用《职业性接触毒物危害程度分级》(GB 5044)规定的Ⅰ级、Ⅱ级危害程度的职业性接触毒物的建设项目;⑤大量生产或使用石棉粉料或含有10%以上的游离二氧化硅粉料的建设项目;⑥其他由劳动行政部门确认的危险、危害因素大的建设项目 |
| 9 | 《特种设备安全监察条例》 | 国务院 | 2009年5月1日 | 本条例所称特种设备是指涉及生命安全、危险性较大的锅炉、压力容器(含气瓶)、压力管道、电梯、起重机械、客运索道、大型游乐设施 |
| 10 | 《特种作业人员安全技术培训考核管理办法》 | 国家经贸委 | 2015年5月29日 | 本办法适用于中华人民共和国境内一切涉及特种作业的单位和特种作业人员 |
| 11 | 《使用有毒物品作业场所劳动保护条例》 | 国务院 | 2002年5月12日 | 作业场所使用有毒物品可能产生职业中毒危害的劳动保护,适用本条例 |
| 12 | 《危险化学品安全管理条例》 | 国务院 | 2013年12月17日 | 在中华人民共和国境内生产、经营、储存、运输、使用危险化学品和处置废弃危险化学品,必须遵守本条例和国家有关安全生产的法律、其他行政法规的规定 |
| 13 | 《危险化学品经营许可证管理办法》 | 国家经贸委 | 2015年7月1日 | 在中华人民共和国境内从事危险化学品经营销售活动,适用本办法 |
| 14 | 《危险化学品登记管理办法》 | 国家经贸委 | 2012年8月1日 | 本办法适用于中华人民共和国境内生产、储存危险化学品的单位以及使用剧毒化学品和使用其他危险化学品数量构成重大危险源的单位 |

## 33.4　电网安全

### 33.4.1　输电网建设安全技术

发电厂生产的电能，通过输配电设备（电网）输送到用户，本篇所写的输电网建设安全技术主要是阐述110～500kV高压架空送电线路工程安全技术。35kV及以下线路施工也可参照执行。

送电线路施工特点：点多、面广、线长，作业人员高度分散，群体配合的工作性极强，作业环境复杂，不确定因素繁多。

送电线路施工主要的内容是基础、杆塔和架线三大工程。在基础、杆塔和架线三大工程中，除基础工程外，另两项的工作性质基本属于起重和高处作业，均存在着潜在重大危险因素。因此，有关人员应该具备一定的操作技术、专业知识和熟练掌握国家安全工作的政策与法规，减少或遏制潜在的事故发生。

#### 33.4.1.1　杆塔基础开挖安全技术

（1）基坑开挖

① 土质基坑一般采用人力挖掘，挖掘时按放样位置，先将坑口附近的浮石等杂物清理干净，然后分层进行挖掘。对松散或潮湿且易坍方的普通土，不得采用掏洞法挖，以防坑壁坍塌压伤人。

② 坑底面积不超过 $2m^2$ 时，坑内允许一人挖掘，如果坑内有多人工作时，不得面对面或相互靠近进行挖掘。挖出的土方应堆积在离坑边0.8m以外处，以防坑壁受重压而坍方。

③ 挖掘铁塔基础或水泥杆主坑，坑壁应留有适当的安全坡度，坡度的大小与土特性、地下水位、挖掘深度等因素有关。其安全坡度可参照表33.22。

表33.22　线路杆（塔）坑开挖放坡要求

| 土质分类 | 砂土、砾土、淤泥 | 砂质黏土 | 黏土、黄土 | 坚土 |
|---|---|---|---|---|
| 坡度(深∶宽) | 1∶0.75 | 1∶0.5 | 1∶0.3 | 1∶0.15 |

如安全坡度为1∶0.3（即深∶宽），则坑口宽度：$b=2\times0.3h+a$。

式中，$b$ 为坑口宽度，m；$a$ 为坑底宽度，m；$h$ 为基础坑深，m。

挖掘前，必须对附近土壤进行了解，应根据实际情况适当加大，确保不发生坑壁坍塌。

④ 在挖掘土坑过程中，要随时观察土质情况，发现有坍方的可能时，应采用挡土板或放宽坑口坡度等措施，挖坑工作人员应戴安全帽，不得在坑内休息或睡觉。

土石方开挖要求见表33.23。

⑤ 有积水的铁塔基坑，应在坑口周围修筑排水沟，以防雨水流入基坑，造成坑壁坍塌。

⑥ 泥水坑、流砂坑开挖时应制定特殊施工措施。不同土质挖基坑的开挖要求见表33.24。

（2）基坑开挖作业安全要点

① 工作前认真宣读安全施工作业票。

② 所有施工（生产）现场人员必须经过培训考试合格，特种作业人员必须持证上岗。

③ 坑内面积超过 $2m^2$ 时，可由2人同时挖掘但不得面对面作业。向坑外抛扔土、石时，基坑周围要保证有0.8m宽的通道，以防冻土、石块回落伤人。

表 33.23 土石方开挖要求

| 项目名称 | 安全技术要求 | 备注 |
|---|---|---|
| 一般要求 | (1)在交通道路、广场或施工区域内挖掘时,应在其周围设置围栏,离坑边距离不小于1m。<br>(2)上下基坑应铺设有防滑条的跳板,跳板宽度不小于0.75m。<br>(3)人工挖土应遵守下列规定:<br>①在基坑内向上运土时,应在边坡上挖设台阶,其宽度不小于0.7m;<br>②相邻台阶高度不大于1.5m | 应设置红灯示警 |
| 边坡支撑 | (1)开挖深度小于5m的坑道,不能按规定留设边坡时,应设置支撑,边坡支撑应符合下列要求:<br>①加固木板厚度不小于50mm<br>②加密立杆间距不大于1.5～2.0m;<br>③横杆支撑间距不大于1m。<br>(2)开挖深度大于5m的坑道,支撑应单独设计 | |
| 石方开挖 | (1)用铁楔劈石,两人工作站立位置距离不小于1m。<br>(2)用锤劈石,两人工作站立位置距离不小于4m。<br>(3)人工清理或装卸石方应遵守下列规定:<br>①装车时,每人搬运重量不大于15～20kg;<br>②装堆时,搬高不宜超过1m;<br>③用手推车、斗车或汽车卸渣时,车轮距卸渣边坡距离不小于1m | |

表 33.24 深度在5m内的基坑(槽)的最大坡度

| 土名称 | 边坡坡度(不加支撑) | | |
|---|---|---|---|
| | 人工挖土并将土抛于土坑(槽)或沟的上边 | 机械挖土 | |
| | | 在坑(槽)或沟底挖土 | 在坑(槽)或沟上边挖土 |
| 砂土 | 1∶1 | 1∶0.75 | 1∶1.0 |
| 亚砂土 | 1∶0.67 | 1∶0.50 | 1∶0.75 |
| 亚黏土 | 1∶0.50 | 1∶0.33 | 1∶0.75 |
| 黏土 | 1∶0.33 | 1∶0.25 | 1∶0.67 |
| 含砾石、卵石土 | 1∶0.67 | 1∶0.50 | 1∶0.75 |
| 泥灰岩、白垩土 | 1∶0.33 | 1∶0.25 | 1∶0.67 |
| 干黄土 | 1∶0.25 | 1∶0.10 | 1∶0.33 |

④ 挖土坑时,坑壁应根据土质特性放坡,挖掘泥水坑、流水坑时,应使用挡土板,并经常检查挡土板有无变形或断裂现象。

⑤ 采用爆破挖掘时(冻土、岩石、半砂半岩),炸药、雷管要由爆破人员装在专用箱内并分别携带。

⑥ 人工打孔时,打锤人不能戴手套,要站在扶钎人的侧面。用风钻或凿岩机打孔时,操作人员要戴好口罩和风镜。

⑦ 火雷管的装药与点火,电雷管的装药连接与起爆要由一个人担任。火雷管点火时,导火索长度不得短于1.2m。电雷管起爆不能在强静电和强磁场区域内使用。

⑧ 坑深超1.5m在坑内点炮时,要有安全可靠的梯子供上下,在同一基坑内不能同时点燃4个以上的导火索。相邻基坑不能同时点炮。

⑨ 最后一炮起爆5min后,有盲炮或炮数不清时,对于火雷管必须经20min后才能进入爆破区检查;对于电雷管,先拆离引爆器,并短路5min后才能进入爆破区检查。

(3) 岩石爆破施工基本要求

① 爆破作业是一项专业性的工作,进行此项工作的人员应是经过专业培训,具有一定的爆破专业知识和施工经验,并持有爆破作业证的人员。

② 未经专门培训的人员,不得进行爆破器材管理、保存和运送等工作,爆破施工前施工负责人要对所有参加施工的人员进行安全交底,以确保安全施工。

③ 确定具体爆破施工方案之前,必须对爆破点周围环境(如民房、电力线、通信线、铁路、公路、管道等永久性设施,以及爆破人员隐蔽点等)进行调查,位于爆破危险区以内无法拆除的建筑物应事先采取安全措施加以保护,建筑物内人员应撤到危险区以外。

④ 炸药和雷管必须分别储存,不得和易燃物放在一起,并设专人管理。

⑤ 土石方爆破施工要求,见表33.25。

表 33.25 土石方爆破施工要求

| 项目名称 | 安全技术要求 |
|---|---|
| 运输 | (1)在车辆不足时允许同车携带少量炸药和雷管,携带雷管人员应坐在驾驶室内,炸药不超过10kg,雷管不超过20个。<br>(2)炸药、雷管、电池、起爆器应分别携带,并放在专用的背包(箱内),不得放在衣袋内,多人携带时每人之间应离开15m以外 |
| 爆破施工 | (1)导火线长度不小于1.2m。<br>(2)炮孔装药后,炮洞口填土深度:<br>①孔深为0.4～0.6m时不小于0.3m;<br>②孔深为0.6～2.0m时为孔深1/2以上;<br>③孔深为2.0m以上时不小于1m。<br>(3)爆破危险警戒线范围:<br>岩石或冻土 普通土<br>顺抛掷方向 200m 100m<br>反抛掷方向 100m 50m<br>(4)发现哑炮或炮数不清时,应在规定时间后进入爆破点进行检查。<br>①火雷管20min以后;<br>②电雷管拆除电源5min以后。<br>(5)处理哑炮要重新打孔,应与哑炮孔保持一定安全距离,并应与原孔方向一致,严禁掏挖或者在原炮眼重新装炸药。<br>①深孔应离哑炮0.6m;<br>②浅孔应离哑炮0.3～0.4m;<br>③在哑炮未处理完毕前,严禁在该地点进行其他作业。<br>(6)爆破桩基础施工中,爆破点距人身的危险区半径:<br>①垂直洞孔和斜洞孔的抛掷方向为40m;<br>②斜洞孔的反抛掷方向为20m。<br>(7)已变质失效的爆破材料严禁使用长期存放的电雷管,在使用前应逐只进行电阻测定,并应符合下列要求:<br>①测定电流不大于50mA;<br>②雷管应放在遮蔽处或埋入土中50～100mm;<br>③在地面测定时,安全距离不小于30m |

⑥ 对失效的炸药、雷管应进行销毁处理,处理方法应

按照安全规程的要求进行，不得任意销毁。

⑦ 打爆孔人员应戴安全帽，使用凿岩机打炮眼时除戴安全帽外，还应戴风镜和口罩。

⑧ 对于外承包爆破施工时，应严格办理审批手续，并签订施工协议，确认无误，方可外包施工，并设专人在现场进行监督指导，对使用的炸药、雷管领退情况应及时登记。

⑨ 现场使用的炸药、雷管、导火线等，必须由专人管理，并建立领用、退库制度。严禁将爆破器材送人、转让或移作他用。

(4) 预制基础安装

杆塔预制基础主要是指底盘、拉盘、立柱等预制件的安装。底盘、拉盘有单块和双拼组合两种。对于较轻或单块拉盘，通常采用滑入法；对较重或双拼大型拉盘采用吊装法安装。

① 滑入法。在220kV线路施工中，由于底拉盘单块不太重，一般可采用滑入法。它是用两根木杠或钢管作滑木，平行斜立在坑底，下底盘时先将底盘移到坑边，用撬棍撬底盘移到坑边的滑杠上，使其沿着滑杠自由落入坑底或用大绳溜放到坑底。对单块拉盘先撬移到坑边并装好拉棒，用撬棍将拉盘移到滑杠上，用绳索拉住拉棒，使拉盘按一定的方向沿滑杠落入坑底。

② 吊装法。220kV和500kV线路的大型组合底盘和双拼拉盘，由于组合底盘下面有垫板，双拼拉盘要组成整体安装，底拉盘本身较重，故采用固定式人字抱杆吊装和桅杆式小抱杆吊装等。

a. 固定式人字抱杆吊装。在离基坑口1.0m以外设置固定式人字抱杆，抱杆顶端前后打设临时拉线，挂好滑车组，将底拉盘用钢丝绳连接好，挂在滑车上，用人力或机动绞磨牵引滑车组绳索，使底拉盘提起，在离开地面时，要用大绳拉住底盘或拉盘慢慢地向坑口移动，待底拉盘位于坑口上方后，慢慢地放到坑底，拨正位置。

b. 桅杆式小抱杆吊装。适用铁塔大根开基础吊装，且同基吊装不需要移动抱杆。抱杆坐落在坚固的地基上，如果吊装铁塔预制基础，抱杆要坐落在铁塔基础中心，顶部搭设四方落地邻近拉线。起吊抱杆顶端应对准基坑中心，挂好滑车组，将构件用钢丝绳绑好，挂在滑车上，用机动绞磨牵引滑车组绳索，使构件徐徐提起，在吊离地面时，要用大绳拉住构件转动慢慢地向坑口移动，使之位于坑口上方后，慢慢下入到坑底规定的位置。

(5) 预制基础作业安全要求

① 预制基础

a. 用人力在坑内安装预制构件时，要用滑杠和绳索溜放，不得抛扔。

b. 吊件设控制绳，吊件临近坑口时，坑内不得有人。

c. 作业人员不能随吊件上下。

d. 坑内预制构件吊起找正时，作业人员应站在吊件的侧面。

② 桩式基础作业安全要求

a. 作业前要全面检查机电设备，电气绝缘、制动装置和传动部分要完好。

b. 作业人员要听从指挥。严禁作业人员进入没有护筒或其他防护设施的钻孔中工作。

c. 起吊速度要均匀，吊桩的下方不得有人。

d. 潜水钻机的电钻要使用封闭式防水电机，连接电机的电缆不得破损、漏电，不得超负荷进钻。

③ 锚杆基础作业安全要求

a. 要有畅通的指挥及联络通信。

b. 钻孔前要对设备进行全面检查，进出风管不能有扭动，连接要好，注油器及各部螺栓均要紧固可靠。

c. 拆、装钻杆时，操作人员要避开风管转机和滑轮箱并要停机。

d. 清洗风管时，风管端口严禁对人。

#### 33.4.1.2 电网高处作业安全技术

(1) 一般安全技术

高处作业与带电体的最小安全距离，见表33.26。

**表33.26 高处作业与带电体的最小安全距离**

<table>
<tr><th rowspan="2">项目</th><th colspan="6">带电体的电压等级/kV</th></tr>
<tr><th>≤10</th><th>35</th><th>36～110</th><th>220</th><th>330</th><th>500</th></tr>
<tr><td>工器具、安装构件、导线、地线等与带电体的距离/m</td><td>2.0</td><td>3.5</td><td>4.0</td><td>5.0</td><td>6.0</td><td>7.0</td></tr>
<tr><td>作业人员的活动范围与带电体的距离/m</td><td>1.7</td><td>2.0</td><td>2.5</td><td>4.0</td><td>5.0</td><td>6.0</td></tr>
<tr><td>整体组立杆塔与带电体的距离</td><td colspan="6">应大于倒杆距离(自杆塔边缘到带电体的最近侧为杆塔高)</td></tr>
</table>

(2) 电网高处作业安全防护

① 高处作业时，施工人员在作业过程中不得失去安全保护，在杆塔或其他高处作业转移时应用水平绳、速差保护器、安全带（绳）等随时进行保护。

② 水泥杆（单杆）上作业，安全带（绳）应拴在主杆或横担主材上，也可拴在水平拉杆上，但不得拴在斜拉（吊）杆上，以防安全带（绳）被棱角卡（磨）断。

③ 在拉线塔和断面小的塔上作业，安全带应拴在牢固的主材上。在高塔或500kV大型塔上或附件安装（包括短距离出线）作业时，常用安全绳不够长，可采用防冲击安全带加工成长安全绳和采用速差保护器。严禁将安全带拴在绝缘子串上或卡线金具上，以防个别绝缘子的弹簧销落或连接金具断裂而发生意外。

④ 安装500kV间隔棒时，安全带（绳）应拴在最上面一根子导线上，安全带（绳）的有效长度越短越好，以不影响工作为原则，工作转移途中不得解开安全带（绳）。

⑤ 上下杆塔应采用垂直攀登保护（攀登自锁器），分解组塔或在塔上作业时应采用速差保护器。

(3) 高处作业的自我保护

① 高处作业人员不得在高处导向滑车钢丝绳内角侧和起吊滑车的受力侧站立或工作。

② 作业人员上下杆塔应沿爬梯、脚钉攀登并使用自锁器。在间隔大的部位转移作业时，应增设临时扶手，不得沿单根构件爬上爬下。

③ 高处作业所用的工器具和材料应放在工器具袋内，大件用绳索绑牢上下左右传递，严禁抛掷。

④ 高处作业时，施工人员应站在比较安全的位置上，一旦发生意外时，不致被碰伤，或在紧急情况下有躲避的余地，以下各点应遵守：

a. 利用内交接班线抱杆提升吊件过程中，杆塔上人员应站在杆塔内侧和顶部，监视吊件上升情况。

b. 分解吊装杆塔时，安装人员应在杆塔身的两侧面，不得站在吊件上或站在吊件的垂直下方处，以防吊件下落时造成伤害。

c. 升降内拉线抱杆时，塔身内侧不得有人。

d. 升降通天或摇臂抱杆时，抱杆上不得有人，提升滑车悬挂点下方不得有人。

e. 在紧线、看弛度和挂线牵引过程中，划印或挂线施工人员应先站在杆塔身部，当弛度看好或耐张绝缘子串接近就位并停止牵引时，再到点操作，以防跑线或意外情况出现。

f. 220kV以下线路的地线附件安装时，往往不用提升工具而用肩扛，扛线人员应站在地线的内侧用外肩扛，以防将线放落或出现其他情况时，被线拉挂造成伤亡。高差较大的杆塔不得采用肩扛法。

⑤ 在与带电线路靠近或并行处进行高空附件安装时，应使用防静电接地线，以防感应电造成坠落事故。

**33.4.1.3　杆塔组立安全技术**

(1) 混凝土杆的排杆

① 复杂地形要制定相应的安全措施，排杆时要专人指挥，统一行动。

② 各杆段的排放应满足整体起立方法的要求。

③ 排杆场地的选择要视电杆高差、总牵引地锚和临时拉线位置及实际地形来确定。

④ 排杆时，每根杆段至少支垫两点，道木一般只能重叠两层。超过两层应搭设工字架，杆身两侧用木楔塞牢。坡度较大的山地排杆时，应用钢丝绳向上坡拉车。

⑤ 在水田里作业时应事先排水，土质比较松软处支垫的道木要垫实，以防止道木下沉，力求使各杆段保持同一水平，若受到地形限制，杆头低于水平线以下，低于部分不得超过 50cm。

⑥ 安全要求

a. 滚动杆段时，要统一行动，滚动前方不得有人，杆段顺向移动时，要随时将支垫处用木楔塞牢。

b. 用棍、杠撬拨杆段时，应防止滑脱伤人，不得用铁撬棍插入预埋孔内转动杆身。

c. 对焊口时，不准用手指去量焊口宽度，以免挤伤手指。

(2) 焊接安全

① 电焊时电焊机的外壳要有良好的接地，电气设备的带电体和转动部分要有防护装置。

② 电焊机应加装漏电保护。

③ 电焊把线应使用软橡胶电缆，焊钳应能夹紧焊条，钳柄应具有绝缘、隔热功能。

④ 使用火焊时，氧气瓶、乙炔气瓶的距离一般应大于 5m，气瓶距明火不得小于 10m。

⑤ 焊接时产生回火或鸣爆时，要迅速关闭氧气阀，继而再关闭乙炔阀，严禁使用浮桶式乙炔发生器。

⑥ 焊接作业安全要求：

a. 焊接人员必须持证上岗。

b. 对两端封闭的混凝土杆要先将其一端凿开排气孔后施焊。

c. 瓶阀、乙炔管冻结时，可用浸 40℃热水的棉布解冻，严禁用火烘烤。

d. 高处作业时，地面要有人员监护和配合，焊接人员不能携带电缆和气焊软管登高。

e. 采用电焊作业时，焊机外壳接地要可靠，裸露的导电部分必须有防护罩。

f. 在林区作业时应采取防火措施。

(3) 铁塔地面组装

① 搬运材料时要注意防止碰撞他人，传递工具和材料时杜绝抛扔。

② 组装时施工人员应戴手套，对接螺孔时应用扳手插入找正，严禁将手指伸入孔内，大型构件要用木杠及撬棍拨正。

③ 拉线 V 形铁塔（简称拉 V 塔）均应采用整体起吊，虽然它不受起吊方向的限制，但在选定方向时，为减少转塔的麻烦应尽量选在顺线路方向，同时应考虑总牵引地锚与塔身地面高差不能过大，以免影响正常起吊的牵涉引角和抱杆脱帽角，两侧临时拉线必须设在起吊方向与主坑垂直位置上。

④ 组装顺序应由根部开始，按塔段次序向塔头进行：

a. 塔根组装。为了便于塔根就位，应在距基础约 1m 处垫一块横向道木作回转支点，道木的高度应使根部高出基础就位点，以便顺利就位。

b. 塔身组装。先垫好道木，每段支垫两点，先组装下平面再组装两侧面和上平面，然后将各段连成整体。

c. 横担底架组装。按上述组装方法连接成整体，各部螺栓必须紧固，否则不得起吊。

⑤ 安全要求

a. 搬运材料和对塔料时，要防止碰撞他人，两人抬运时要同肩，做到同起同落。

b. 传递工具和材料时，严禁抛扔，不能用手指代替工具找正螺孔。

(4) 杆塔分解组立

① 按照杆型情况，凡能将横担、地线顶架分解组装在电杆上的，尽可能组装在砼杆上，以便减少高空作业量。

② 采用人字倒落式抱杆分别起立砼杆时，应根据地形条件合理选择起立方向，临进拉线的布置不得妨碍另一根杆子的起立和高处组装，若临时拉线妨碍另一杆起立时，可在妨碍处采用两根拉线，交错调换进行控制。

③ 砼杆需要转向时，应派专人控制拉线配合砼杆的转向，转向方法是在砼杆下部用钢丝绳套把磨杠缠绕在砼杆上，用人力推动磨杠迫使砼杆转向，同时设专人看管锚桩的走动和拉线的松紧情况，以防拉线滑脱。

④ 铁塔分片组装时，应注意以下几点：

a. 分片重量不得超过抱杆起吊所允许的最大承载力。

b. 铁塔分片应组成稳定的结构。

⑤ 各种塔颈就位安全技术

a. 酒杯塔的塔颈可按上述方法吊装，也可在“K”结点分上下两段进行吊装。塔颈安装完毕后，应将两侧 K 型铁用双钩相互拉紧，以便吊装横担就位时调整。

b. 猫头型、酒杯型铁塔的横担一般采用分片吊装，在横担就位时，如因上拉线妨碍就位，应调整抱杆倾角使其就位。220kV 及以下的猫头型铁塔，横担一般重量较轻，也可以采用整体吊装方法。

c. 干字型铁塔利用地线顶架吊装横担时，应先上层后下层。

d. 拆除抱杆前，先在横担下平面的节点处挂好一个单门滑车。

e. 利用起吊绳作为降落抱杆的牵引绳，将牵引绳从中间抽出，通过单门滑车捆绑在抱杆重心上部，牵引绳通过底滑车到绞磨并使牵引绳受力，同时在抱杆根部绑上大绳，控制下托在下落时不碰撞塔身。

f. 回松承托绳，使上拉线松弛，拆除上拉线，收紧牵引绳，拆除下托绳及腰环，松牵引绳使抱杆降落到上平面时，用绳索将抱杆头部和牵引绳绑在一起，以防抱杆晃动。

⑥ 杆塔分解组立作业安全要求

a. 组装前对所用的工器具要认真检查。

b. 钢丝绳与铁件绑扎要衬垫软物。

c. 杆塔组立前，要对全体人员进行安全技术交底，并有签证。

d. 在起吊中抱杆及吊物垂直下方不得有人，塔上人员要站在塔身内侧的安全位置上。

e. 起吊抱杆时，临时拉线应控制好，指挥人员应重点监控。

f. 靠近带电线路进行吊装时，必须单独制定相应的技术措施并严格执行。

(5) 杆塔整体组立

① 平面布置时，四点在同上垂直面上（总牵引地锚、

杆塔中心、抱杆顶点及制定中心）是整体起立能否顺利进行的关键，否则将危及整体起立的安全施工。

② 按照整体起立方案的要求，选定各受力锚桩位置及工器具规格，各种工器具不得混用或以小代大。主杆根部马道与地面夹角45°，两根应一致，否则在起立过程中会使杆身偏扭，受力不均易发生倒杆。

③ 临时拉线、制动绳操作点应设在杆高1.2倍以外的安全区，如遇到地形限制，应设置转向滑车引出。

④ 侧面临时拉线应位于基础坑的垂直线两侧，并按指挥信号随时调整松紧。在整体立杆过程中，临时拉线的作用至关重要，指挥人员应重点监控。

⑤ 牵引滑车组相互间的距离应符合直立方案的要求，为防止牵引绳受力后扭劲，引起动滑车翻转，应在动滑车吊环上加重物，以扼制动滑车的翻转。如牵引滑车组相互间距过小，会在杆塔未立直之前两滑车相碰造成杆塔难以施工局面。

⑥ 牵引机动绞磨应放置在与总地锚基本等高处，距总地锚5～6m为宜，否则会造成绞磨上扬或下压，易引起事故。因地形所限，转向滑车的转向角最大不宜超过60°。

机动绞磨和人推绞磨的有关规定见表33.27。

**表33.27 机动绞磨和人推绞磨的有关规定**

| 磨绳在磨芯上缠绕圈数 | 拉磨尾绳人数 | 拉磨尾绳人员距绞磨的距离 |
| --- | --- | --- |
| 不少于5圈 | 不少于2人 | 应大于2.5m |

⑦ 整立杆塔指挥人应站在视野开阔处，一般是在杆高距离以外和总牵引地锚之间。电杆起立离地0.8m时，停止牵引，进行冲击试验，用木杠敲击各绑扎点，使受力均匀，检查无误后方可继续起吊。

⑧ 杆塔起直后，必须将临时拉线固定好，方可登杆拆除牵引系统的工具；带拉线电杆，必须将永久拉线全部装设完毕后，方可拆除临时拉线。严禁做好一根永久拉线拆一根临时拉线做法。

⑨ 拉V塔均采用整体起吊时，应尽量选在顺路的方向，同时应考虑总牵引地锚与塔身地面高差不能过大，以免影响正常起吊的牵引角和抱杆脱帽角，两侧临时拉线必须在主坑垂直位置上。

⑩ 现场必须根据拉V塔整体起立施工方案进行布置。总牵引地锚、抱杆顶点、杆塔中心、两根制动绳中心要在同一垂直面上。

⑪ 山地组立拉V塔，当塔身位置高于两侧拉线位置时，起立时拉线对塔身压力增大，要及时放松，拉线要有足够的余绳，如果拉线位置一侧高于塔身，一侧低于塔身时，则高侧要及时收紧，低侧要配合放松。

⑫ 塔头部低于塔根时，可分成两次起立，第一次先将塔头起立到接近水平位置，用道木或撑木架将塔头支垫固定，然后放松牵引绳，重新调整抱杆角度和起吊绳长度。

⑬ 500kV的大型拉线锚型铁塔（简称拉锚塔）应采用整体起吊，由于铁塔底部与基础连接为绞接，所以不受起立方向的限制。若塔在平坦地区，应尽量选在顺线路方向起立，以减少转动塔身工作量，在选定最佳起立方向时，应注意牵引地锚和两侧临时拉线地锚与塔身面高差，不宜相差太大。

⑭ 由于拉锚塔重心高、吨位大，使用的人字抱杆既重又高，用人力难以将抱杆抬到塔身上组合，因此一般情况下应采用独脚抱杆和牵引系统并用起立，具体可根据拉锚塔的高度和重量选择施工方法。

⑮ 由于总牵引地锚距塔身较远，所以在布置总牵引系统时，除滑车组外，还要接入总牵引绳，两端分别与脱帽环与滑车组相连，如果总牵引绳为双拼钢丝绳时，至少一端要用平衡二联板，滑车组的动滑车和定滑车之间的距离，应计算后确定。

⑯ 采用双牵引时，两台绞磨力求做到同步牵引，同时要注意制动绳不得被物体卡住。

当塔头离地0.8m左右时，应停止牵引做冲击试验，依次检验工具和绑扎点，在无异常情况下方可继续起吊。重点如下：

a. 各部受力部件和工具的受力情况是否正常；各种受力地锚或锚桩有无移动；塔身有无弯曲。若有异常情况，应将铁塔放回地面进行处理。

b. 抱杆受力后，有无沉陷和滑动；防沉陷和滑动的措施是否完善。若有异常情况，应采取补救措施。

c. 牵引系统滑车组运转是否正常；磨绳是否相互摩擦或扭绞；绞磨转动是否正常；制动器是否灵活以及支垫在塔根部的道木对松放制动绳有无妨碍；塔脚有无侧向偏移。

⑰ 在起立过程中要随时注意监控以下几点：

a. 严密观察塔身和抱杆受力情况，两根抱杆受力应平衡且不得出现高差。

b. 两侧面拉线松紧一致，并按起立速度协调调整。为使塔身在起立过程中能及时发现偏斜，在起立的正面应设置经纬仪监视，一旦发现偏斜，应及时调整侧面拉线，同时两侧拉线受力不能过大（要及时跟踪，以防倾倒伤人）。

c. 松放制动绳的操作，要听从指挥人的指挥，开始时，塔身微微移动，不得使根部过早触及基础而引起基础移步，一般在塔身起立至20°～25°时，塔根绞链逐渐与基础接触，同时调节塔根左右侧地面制动绳，使其不偏离中心。

⑱ 杆塔整体组立作业安全要求

a. 起吊前，施工负责人必须亲自检查现场布置情况，作业人员要认真检查各自操作范围的现场布置情况。

b. 总牵引地锚、制动系统中心、抱杆中心和杆塔中心要在同一垂直面上，抱杆脱帽前应拴好后侧临时拉线。

c. 杆塔顶部吊离地面约0.8m时，应停吊进行冲击试验和检查。

d. 杆塔起立约70°时要减慢牵引速度；约80°时应停止牵引，利用临时拉线将杆塔调正。

e. 临时拉线固定后，才能在杆塔上工作。

f. 固定拉线未打好以前不准拆除临时拉线，转角杆的内角临时拉线，待挂好线后方能拆除。

(6) 坐地式摇臂抱杆组塔

① 选定组装方向。利用坐地摇臂抱杆吊装铁塔时，四个摇臂均可作起吊臂使用，故不受顺线路和横线路吊装方向的限制，所以组装前，应根据塔位的地形条件，选定组装方向。

② 抱杆组装及使用要求

a. 抱杆组装前，应根据地形情况选定整体起立方向，平整场地，下面支、垫道木，抱杆连接要直，若不直时，在接头处加垫片校直，接头螺栓在断面的每个角上，不得少于4个，规格要符合要求并拧紧。

b. 目前，抱杆上的4个摇臂有两种长度，即4m和6m。500kV线路组塔，曲臂（塔颈）必须用6m摇臂抱杆，如果用两种摇臂时，长摇臂应组装在横线路侧（起吊侧），短摇臂组装在顺线路侧（平衡侧）。

c. 用于稳定抱杆的四面落地拉线，预先装在抱杆帽的挂环上，拉线对地面夹角为45°。

d. 用于稳定抱杆的腰环，在抱杆起立前预先套在抱杆上，并用线索绑在抱杆上，以备提升抱杆时随用随取，以减少高处安装的麻烦及危险。

③ 起吊系统布置

a. 先将抱杆四面摇臂平放到与抱杆垂直位置，若使用长短摇臂时应分别对准横线路和顺线路方向，长摇臂主要为了吊装塔片和曲臂，短摇臂用于平衡。

b. 起吊摇臂滑车组牵引绳通过塔身导向滑车接至绞磨。

c. 反向平衡臂是当起吊臂受力后作为反向力的平衡用的，它与起吊臂是交替互换作用，即一侧作起吊臂时，另一侧就作平衡臂，平衡臂上起吊滑车组牵引绳引到地面后与挂在底座上的手拉葫芦相连，控制平衡力的大小，此时变幅滑车组的牵引绳头松开，由保险绳控制摇臂保持水平，工作时注意各交替工作部位。

④ 坐地式摇臂抱杆组塔作业安全要求

a. 起吊前，施工负责人必须亲自检查现场布置情况，作业人员要认真检查各自操作的部位。

b. 吊件应在起吊臂的垂直下方，否则应在起吊时用撬棍边起吊边撬移，以保证吊件在正常位置起吊，防止抱杆受较大的水平力和扭力。

c. 抱杆坐落塔位中心，四角稳固拉线都已收紧，抱杆已调直，从上面引下来的钢丝绳不与抱杆或腰环相磨，钢丝绳受力后，不得相碰。

d. 抱杆上腰环四角的稳定钢丝绳要收紧，必须保持水平，在调整腰环上的双钩时，要特别注意螺纹松出长度，以防螺杆脱出。

e. 进行塔脚平台吊装工作时，抱杆根部应有专人监视，并随时利用起吊反侧的平衡臂将抱杆调直。

(7) 铁塔倒装组立作业安全要求

① 现场布置和工器具按施工技术方案（作业指导书）要求选用，使用前必须进行检查，现场施工统一指挥。

② 施工人员必须经安全技术交底，否则不得进行现场作业。

③ 液压提升用的高低压油泵，设在塔身附近时，其上方要搭好防护棚。

④ 停工或过夜时，提升段应落地，并收紧操作增线和保险拉线，封紧绞磨。因特殊情况提升段不能落地时，必须采取可靠的安全技术措施。

⑤ 组装高塔合拢时应选择风和日丽天气，6 级以上大风严禁施工。

(8) 起重机械组塔作业安全要求

① 起重机械的司机应对施工现场的道路作业点及周围环境进行踏勘，确保安全施工。

② 司机及施工人员应严格遵守安全施工作业票要求内容，统一指挥。

③ 分段吊装，上下段连接时，严禁用旋转起重臂来移位找正。

④ 吊装时，起重臂的角度及吊臂的承重量要符合铭牌要求。

⑤ 吊车司机必须持证上岗。

#### 33.4.1.4 架线工程

(1) 越线架搭设与拆除

① 新建送电线路通常要跨越公路、铁路、通信线及高压电力线等设施，为了不使导（地）线在架设过程中受到损伤和保证被跨越设施的安全和正常运行，对被跨越的上述重要设施，均需要搭设跨越架。

② 跨越架的长度与在新建线路两边导线间的距离和对被跨越物的交叉角有关，交叉角越小长度越长。

③ 跨越架的中心应在线路中心线上，宽度应超出新建线路两边线各 1.5m，且架顶两侧应装设外羊角杆。

④ 跨越架与铁路、公路等的最小安全距离见表 33.28。

**表 33.28 跨越架与铁路、公路等的最小安全距离**

| 被跨越物名称 | 铁路 | 公路 | 通信线、低压配电线 |
| --- | --- | --- | --- |
| 距架身水平距离/m | 至路中心：3 | 至路边：0.6 | 0.6 |
| 距封顶杆垂直距离/m | 至轨顶：6.5 | 至路面：5.5 | 1.0 |

注：如跨越架高度超过 15m，应由技术人员提出搭设方案；跨越电气化铁路时，应按铁路部门的要求执行。

⑤ 跨越架与带电体之间最小安全距离（最大风偏情况下）见表 33.29。

**表 33.29 跨越架与带电体之间最小安全距离**

| 跨越架部位<br>距离说明 | 被跨越带电体的电压等级/kV | | | | | |
| --- | --- | --- | --- | --- | --- | --- |
| | 10 以下 | 35 | 66～110 | 154～220 | 330 | 500 |
| 1. 与带电体水平距离/m | 1.5 | 1.5 | 2 | 2.5 | 5 | 6 |
| 2. 对无架空地线的线路，封顶杆与带电体的垂直距离/m | 1.5 | 1.5 | 2 | 2.5 | 4 | 5 |
| 3. 有地线时，封顶杆与架空地线的垂直距离/m | 0.5 | 0.5 | 1 | 1.5 | 2.6 | 3.6 |

⑥ 跨越架材料规格见表 33.30。

**表 33.30 跨越架材料规格**

| 项目名称 | 技术要求 | 不同材料技术标准 | | | 备注 |
| --- | --- | --- | --- | --- | --- |
| | | 木 | 竹 | 钢管 | |
| 立杆 | 小头直径<br>长度 | 不小于 70mm<br>不小于 4m | 不小于 75mm<br>不小于 4m | 外径 48～51mm<br>长度 4～6.5m 和 2.1～2.8m<br>管壁厚 3～3.5mm | |
| 大横杆 | 小头直径<br>长度 | 不小于 80mm<br>不小于 4m | 不小于 75mm<br>不小于 4m | 外径 48～51mm<br>长度 4～6.5m 和 2.1～2.8m<br>管壁厚 3～3.5mm | 小头直径 60～80mm 之间可合并或加密使用 |
| 小横杆 | 小头直径<br>长度 | 不小于 80mm<br>2～2.5m | 不小于 90mm<br>2～2.5m | 外径 48～51mm<br>长度 2.1～2.3m<br>管壁厚 30～35mm | |
| 剪刀撑<br>抛撑 | 小头直径<br>长度 | 不小于 70mm<br>不小于 6m | 不小于 75mm<br>不小于 6m | 外径 48～51mm<br>长度 4～6.5m<br>管壁厚 30～35mm | |

⑦ 跨电力线的跨越架搭设完毕后，应在架子的醒目位置悬挂“有电危险，切勿上爬”警告标志牌。

⑧ 强风、暴雨过后应对跨越架进行检查。

⑨ 拆除跨越架应自上而下逐根进行，架材要有人传递，不得抛掷。严禁上下同时拆除或将跨越架分两片整体推倒。

⑩ 跨越架搭设和拆除作业安全要求

a. 搭设或拆除跨越架应设专人安全监护，施工人员要持证上岗。

b. 搭设跨越架前，施工人员要了解被跨点的基本情况。

c. 跨越架封顶拉线严禁用铁线或钢丝绳。

d. 重要跨越架要验收合格，悬挂醒目的警告标志牌后方可使用。

e. 搭设铁路、公路、35kV及以上带电线路等重要跨越架现场，要重点监控跨越架与被跨越设施的安全距离及本身的稳固程度。

f. 跨越带电线路必须使用合格的绝缘尼龙网封顶。

g. 各种材质跨越架的立杆、大横杆及小横杆的间距见表33.31。

**表33.31 立杆、大横杆及小横杆的间距**

单位：m

| 跨越架类别 | 立杆 | 大横杆 | 小横杆 |
|---|---|---|---|
| 钢管 | 2.0 | 1.2 | 1.5 |
| 木 | 1.5 | | 1.0 |
| 竹 | 1.2 | | 0.75 |

(2) 人力及机械牵引放线

① 悬挂绝缘子和放线滑车时，应仔细检查绝缘子的弹簧销子是否齐全，并穿到位，以防在安装过程中绝缘子脱落。

② 在放线过程中，沿线各作业点和护线人员的通信联系必须畅通，由于牵引放线或张力放线速度较快，以使用对讲机联系为好。

③ 在各杆塔或跨越处应设专人监护，观察滑轮转动是否灵活，导引绳、牵引绳和导地线是否掉出轮槽，压接管通过滑轮是否卡住。导引绳、牵引绳和导线通过跨越架时，如发现异常情况，要及时发出信号，停止牵引。

④ 跨越大江大河或船只来往比较频繁的通航河流，应事先提出施工方案和安全措施，并取得有关单位同意，施工期间应邀请航运部门派员监航。

⑤ 跨越江河放线时，注意以下几点：

a. 跨越较窄的河沟、小塘时，可用绳索抛过去进行引渡。

b. 跨越较宽的河床且水流平稳的江河（包括有潮汐的河流在平潮时），应用船只在船上展放牵引钢丝绳或放线圈，展放时钢丝绳应放在船头，由2～3人操作，从船尾的侧面放入水中，船身要平衡前进，以防落入水中的钢丝绳或导地线与船桨相碰。操作人员在船上工作时应穿救生衣。

c. 跨越水流急的江河时（包括有潮汐的江河），应用能浮在水面的尼龙绳引渡，在船上展放尼龙绳的操作方法和要求与展放钢丝绳相同。

⑥ 人力放线时应有专人领线，拉线人之间保持适当的距离，均匀布开，以防一人跌倒影响别人，行走在同一直线上，放线速度要均匀。

⑦ 放线过程中，护线人员不得站在线圈里面。整盘展放时，放线架要平衡牢固，如果转动过程中出现线盘向一侧移动现象，应及时调节线轴高低，展放时应有可靠的刹车措施。

⑧ 人力及机械牵引放线作业安全要求

a. 放线时，施工人员首先应明确自己的工作内容及危险点，通信必须迅速、清晰、畅通，统一指挥。

b. 施工人员不得站在线的内侧和线圈内工作。

c. 线的接点处通过滑车或跨越架时，应有人监护。

d. 机械牵引放线时要随时观察牵引力、张力情况。爬坡时拖拉机后面不能有人尾追。

e. 导地线被卡住时，作业人员必须站在线弯外侧，使用工具处理，不得用手直接推拉。

f. 护线人员应坚守岗位，随时注意线路路径情况，尤其是各路口、人行道等处，注意来往行人、车辆，小孩在线路附近玩耍要及时劝其离开。

(3) 张力放线

① 张力放线就是导线展放过程中，始终保持一定的张力，使导线在悬空状态下进行展放。为了保持导线上有一定的张力，就要在导线一端用张力机械拉住导线，使导线在一定的张力情况下，通过牵、张机械进行展放。

目前220kV线路张力放线使用手扶拖拉机作牵引机，张力机采用摩擦式轻便张力机。

② 导、牵引绳的安全系数不小于3。

③ 张力放线前应由专人检查以下工作：

a. 牵引设备及张力设备的锚固必须可靠，接地应良好。

b. 牵张段内的跨越架结构应牢固、可靠。

c. 通信联络点不得缺岗。

d. 转角杆塔放线滑车的预倾措施和导线上扬处的压线措施必须可靠。

e. 交叉、平行或邻近带电体的接地措施必须符合安全施工技术的规定。

④ 一相导线全部放完后，应在导线的两端（即牵引场和张力场）进行地面临锚，锚线前要检查导线对地距离或对跨越架的距离是否符合要求，合格后方可进行锚线。如果不足时，可将张力机刹住，用手扳葫芦与地锚相连接，收紧临锚绳子，使导线锚固在地锚上。当锚固边导线时，由于边线不在张力机出口下方，连接临锚后，在张力机松线时形成了一个角度，此时，应用人力控制好手扳葫芦，注意地锚不得向侧面位移，要边松导线，边收临锚绳，直至四根导线全部在锚上受力。

⑤ 张力放线作业安全要求

a. 导地线展放时，先检查牵引机、导引绳、牵线绳及附件工器具。

b. 牵引及张力设备的锚固必须可靠，接地应良好。

c. 放线时统一指挥，通信联络畅通。

d. 牵引过程中，转角塔的预倾滑车及上扬处的压线滑车必须设专人监护。

e. 导引绳、牵引绳或导线临锚时，其临锚张力不得小于对地距离为5m时的张力。

(4) 导、地线压接

① 液压操作要求

a. 在送电线路施工中使用的液压机，在使用前应进行检查，所有部件必须齐全完好，油压表必须经校核，且性能正确可靠。

b. 机动或电动液压油泵必须有足够的与所使用钢模相匹配的出力。根据要求将压力值核定后，不得随意调整，不得随意松紧溢流阀。

c. 操作人员在施压过程中要随时注意压力表数值，不得超过规定值，如果上、下钢模已经合拢，而压力值未达规定值时，应立即停止施工，进行全面检查。

d. 施压人员在操作液压钳时，应避开高压油管和钳体顶盖，防止爆裂冲击伤人。

e. 使用手动液压机时，操作人员不得手扶液压机盖和保险片，施压时不可用力过猛，操作手柄上不能由两人同时施压，更不得将手柄加长使用。

f. 手摇钳压器，适用于 LGJ-240 及以下导线连接，操作时压钳要固定在架子上或道木上，放置平稳，防止压钳翻倒伤人。

g. 导、地线压接设备要放置平稳，在高处作业点操作时垂直下方不得有人。

h. 切割导、地线时，应在断线处两端用小铁丝绑扎，切割时用人力把住导、地线，防止回弹伤人。

② 爆压操作要求

a. 导爆索和雷管应分别存放在与其他物品相隔开的库房内，库房应干燥，库内温度不宜超过 40℃，严禁与易燃物品存放在一起。发生火灾时，严禁用泥土覆盖，应用水灭火。

b. 现场使用的雷管应装在有防震措施的专用箱（袋）内，在工作急需和车辆不足的情况下，采取防震、防爆措施后，允许同车携带少量炸药（不超过 10kg）和雷管（不超过 20 个）。携带雷管人员应坐在驾驶室内，爆炸物品的运输应有专人押运。

c. 爆炸物品存放时，不得冲击、摩擦或将重物压在上面，并要远离火种和高温设备。

d. 缠绕导爆索时，应远离火种，不得用力敲击。

e. 切割导爆索时，应使用快刀垫在木板上切割，严禁用剪刀或钳子剪切。

f. 导火索长度应保证操作人在点火后能撤离到 30m 以外的安全区，但最短不得小于 20cm。

g. 引爆用的雷管应使用 6 号、8 号工业纸壳火雷管或电雷管，不得使用金属壳雷管，以防金属片飞溅伤人。如使用电雷管引爆时，电池或电源开关必须由安装雷管人员自己控制，引爆电路的绝缘情况应良好，并且远离带电高压线或其他高压设备，以防感应电流引起早爆。

h. 靠近正在运行的变电所、发电厂进行爆压时，严禁使用电雷管。爆炸点距设备控制室的距离不得小于 100m，以防因爆轰波震动而引起继电保护装置误动作。

i. 点火引爆前，除点火人外，其他人员必须撤离至爆压点 30m 外，并由点火人吹哨警告。点火后，点火人应向雷管开口端的反向撤离到安全区，以防雷管加强帽飞击伤人。

j. 在杆塔上爆压时，药包对绝缘子的距离不得小于 0.6m，操作人员应离开爆压点 3m 以外，并且要背靠可阻挡爆轰波的杆塔或构件处。

k. 爆压时，应尽可能离开建筑物的玻璃门窗，在一般情况下，药包离开建筑物的玻璃门窗的距离应保持 50m 以外，且不得垂直于玻璃门平面，如因条件限制不能满足上述距离时，可在药包外面包裹 150g 的软质聚氨酯泡沫塑料加以缓冲，并将玻璃门窗打开。

l. 如遇拒爆（即哑炮）时，必须等 15min 后，方可接近爆压点进行处理。

m. 对爆炸物品，必须建立领退料制度。使用后剩余爆炸物品必须及时退库，不得挪作他用或带入宿舍。

③ 导、地线压接作业安全要求

a. 从事此项工作的必须是专业有证人员。

b. 切割导、地线时，线头应扎牢，防止断线后线头回弹伤人。

c. 液压泵的安全溢流阀不能随意调整，并不得用安全溢流阀卸荷。

d. 接线爆压应使用纸雷管，在运行的发电厂、变电所、高压电力线附近，强磁场区内，以及雷电天气进行爆压时，严禁使用电雷管。

e. 在杆塔上爆压时，操作人员与药包距离要大于 3m，并系好安全带（绳），背靠可阻挡爆轰波的杆塔构件。

f. 点火人应朝雷管开口端的反方向撤离。

（5）导、地线升空

① 导、地线升空作业应与紧线作业密切配合并逐根进行。在转角杆塔档内升空作业时，导、地线的线弯内角侧不得有人。

② 升空作业时必须使用压线工器具，严禁直接用人力压线。

③ 压线滑车应设控制绳，压线钢丝绳回松应缓慢。

④ 升空场地在山沟时，升空的钢丝绳应有足够的长度。

⑤ 压接升空前，应先将前升空档内紧线段一侧的地面临时锚拆除，其方法是利用导线卡线器、牵引滑车组和绞磨，将导线略收紧，使临锚松弛后即可拆除。但在回松牵引时，要在压接管后侧（靠已紧好线一侧）装上压线滑车，并与紧线场和沿线监护人取得联系。

⑥ 当压接余线松完导线升空时，要用压线滑车压住导线，紧线场可继续收紧导线，待紧好线一侧的地面临锚松弛后，即可将导线升空。升空导线时，必须逐根进行，信号要畅通。

⑦ 当压线滑车不受力时，即导线升空完毕，慢慢将滑车松到地面。由于压线滑车的导向地锚受上拔力，所以应用两只地锚。如果升空场地两侧地形较高，导线升空弛度亦高，升空用的控制钢丝绳要有足够长度。

⑧ 导、地线升空作业安全要求

a. 升空作业必须使用压线装置，严禁直接用人力压线。

b. 在转角杆塔档内升空作业时，导、地线的线弯内角侧不得有人。

（6）紧线

① 紧线段的杆塔采用临时拉线进行补强，并在杆塔受力的反方向装设临时拉线，临时拉线的位置和数量，应符合以下要求：

a. 紧线塔的每一相导、地线都要打设一根临时拉线，打设位置应在相对应的导、地线挂线处。对地夹角一般不大于 45°，并装有手扳葫芦调节。

b. 带拉线的转角水泥杆，应在转角杆外角侧打设临时拉线，待两侧导、地线紧好后，永久拉线调紧，方可拆除。

c. 临时拉线上端的绑扎位置，应在横担附近挂点处，但不能妨碍挂线，绑扎方法应在横担上至少绕两道加 U 形环扣牢并垫软物。

d. 需要较长时间保留的临时拉线地锚，应采用坑式地锚，不得用立锚、地钻或铁桩等。

② 紧线杆塔横担临时补强，是为了增强导线横担的刚度，抵消紧线时牵引绳产生的下压力和临时拉线受力后的不平衡压力，以防横担偏扭变形伤人。

③ 在收紧余线之前，紧线段内的各杆塔位、各跨越架、各交通要道、树竹茂密处以及地形恶劣等处，凡可能妨碍导、地线升空的地方都要设置专人监护，对重要处应配备对讲机联系。监护人员到岗后，应随即检查导、地线展放情况，在道口上埋入沟内的要拉出。如果有被挂牢或影响升空的地方，应立即进行处理，以避免在牵引过程中处理困难而造成事故。

④ 在紧线段内有停电作业时，必须通过运行单位办理停电手续，得到许可后，派人到现场进行验电、挂好接地线，方可进行工作。在连续紧线作业时，对跨越的配电线路必须每天工作前进行检查，防止误送电和倒送电。

⑤ 在紧线牵引过程中，应做到下列各项：

a. 护线人员必须坚守岗位，未经施工负责人的同意，不得擅离岗位。

b. 紧线段的通信联系，必须保持畅通。

c. 导、地线离开地面时，不得有人跨越穿行，导、地线悬空后，不得有人在线下逗留。如线上挂有杂物，就应用大绳晃线使之清除。

d. 导、地线收紧拉近弧垂要求值时，观测弧垂人员应及早通知指挥人，慢速牵引。

e. 牵引时，紧线杆塔上划印人员应站在横担上的安全位置，待弧垂看好后，再到挂线点处划印。

f. 挂线时应严格控制过牵引长度。所谓过牵引长度是指因挂线的需要，将导线按标准弧垂多牵引的一段距离。如果过牵引长度过大，会使导、地线张力急骤增加，所以施工时要求紧线滑车尽可能接近挂线点，与横担的垂直距离也尽可能减少，尤其对紧线段较短或弧立档，更应严格控制过牵引长度。

g. 绝缘子串挂好后，应慢回松牵引绳，使紧线杆塔全部承受拉力。在回松牵引绳的同时，杆塔侧面应有人观察杆塔和横担倾斜变形情况，边松牵引绳边调紧杆塔的临时拉线和永久拉线，使杆塔保持正直。

（7）平衡挂线

① 500kV 线路工程与 220kV 线路工程的紧线方式不同，由于可以在直线塔上紧线，对紧线段内有无耐张塔、转角或者一次紧两个耐张段和多次紧一个耐张段等情况，其操作方法基本相同。

② 地线紧线和导线一样，在直线塔上进行，但必须超过导线紧线段，以增加紧线段铁塔的稳定性。紧线方式，除了在紧线塔上设置过轮临锚拉线和压接升空工作外，其他和 220kV 紧地线相同。

③ 高空临锚。将耐张塔前后两侧的同相各子导线对称地锚固在横担上，锚固方法是用导线卡线器分别在各子导线上卡住，用包胶钢绞线和手扳葫芦与横担施工预留孔相连，收紧临锚绳并拉足挂线时所需的过牵引距离。卡线器位置与横担的距离应以满足割线后的导线头能在地面进行压接为宜，一般地表约 40m，如果采用空中压接临时工锚距离可以缩短。

④ 同相两侧的各子导线全部锚固后，即可在放线滑车附近进行断线工作。断线前，先在断线点两头约 1m 处，分别用绳索绑牢，并通过导向滑车引向地面，用人力控制，然后断开导线，松落地到地面。在断开最后一根导线时要注意滑车晃动，不要危及人员安全。

⑤ 当耐张线压接完，并和耐张绝缘子串在地面组装连接好后，即可进行挂线工作，根据近几年施工实际，挂线方法有下面三种方式：

a. 无论带张力和不带张力挂线都可使用的方法。用两套牵引系统，分别布置在横担两侧，各自的总牵引绳一端用 U 形环与绝缘子串上的挂线联板专用孔相连，一端通过横担上的紧线滑车与牵引滑车相连，两侧基本同步挂线，即使挂线有先后，但回松要基本同时进行，避免横担偏扭。

b. 直接利用滑车组悬挂法。此方法至少用两根总牵引绳，即将动滑车与耐张绝缘子串上的挂线联板专用孔相连，定滑车挂在横担节点上，牵引磨绳通过横担导向滑车进入绞磨，每次挂垂直两串，两次挂完。此方法的关键是定滑车要挂在挂线侧的对面，否则滑车组之间距离太短，操作困难。另外，此方法不宜带张力挂线。

c. 对接挂线法。事先将绝缘子串挂在横担上，利用两套滑车组，定滑车分别与绝缘子串下端的两块调整板相连，动滑车与卡在导线距耐张线夹 1.5m 左右的卡线器相连，牵引磨绳分别通过横担上的导向滑车引入绞磨，同时启动两台绞磨，即可进行空中导线对接。此种方法一般都不带张力挂线，操作时要出线连接线夹。山区紧线塔前后两侧地形恶劣，地面作业困难，需在高处爆压时，多用此法。

⑥ 同相的平衡挂线工作，当天不能完成时，应在未挂接的每根导线上增加一套锚线设施，以起保险作用。

⑦ 平衡挂线时，操作塔两侧有跨越带电线路时，应停电落线，或搭设跨越架，采取日停夜送进行施工，若遇平行带电线路时，平衡挂线后，导线上仍需挂好接地线。

⑧ 平衡挂线作业安全要求

a. 平衡挂线时，严禁在耐张杆塔两侧的同相导线上进行其他作业。

b. 高处断线时，作业人员不得站在放线滑车上操作；割断最后一根导线时，应注意防止滑车失稳晃动，造成操作者失去平衡。

（8）附件安装

① 附件安装的基本要求

a. 附件安装的大部分工作是高处作业，除执行部颁电建“安全规程”规定外，还要按照有关登高、出线等基本知识和高处作业的要求执行。

b. 工作前，必须对所用的工器具和安全用具进行外观检查，不符合要求者，严禁使用。高处作业出线时，对长时间悬空作业或操作人员技能还比较生疏时，务必使用出线工具，不得轻易、草率、勉强行事，以确保人身安全。

② 直线塔附件安装提线方式

a. 安装地线悬垂线夹一般有两种方法：对垂直压力比较小的地线，可采用肩扛进行提线，其操作方法比较简单，只要操作者用外肩将地线扛起，脱离滑车，装入地线悬垂线夹即可，但在操作前应加装防脱落的保险装置；对垂直压力比较大的地线，应采用地线提升器，或采用滑车、钢丝绳、双钩等工具进行提线，但不得采取用钢丝绳套和木杠在上面扭绞的办法进行提线，因为扭绞时容易将地线镀锌剥落。

b. 220kV 及以下线路导线附件安装，一般均采用双钩提线，只有当垂直压力很大的杆塔才采用手扳葫芦提线。提线时双钩上端应用钢丝绳套固定在横担主材上，下端直接钩在导线上，如果提升力量较大时，可在悬垂绝缘子串前后两侧各挂一个双钩提线器。

c. 500kV 线路导线的附件安装，应采用两套手扳葫芦提升，装在绝缘子串两侧同时进行提线，手扳葫芦上端挂在横担前后的施工预留孔内，如果无预留孔应用钢丝绳套固定在横向联合担主材上，下端与两线提线器或四线提线器相连，两侧手扳葫芦要同进受力，不得单侧受力，以免引起横担偏扭变形。垂直荷重大时用四线提线器。

d. 在地面上提升地线时，横担上不得承受两倍的垂直荷重。用钢丝绳、滑车、绞磨等工器具提升，提升钢丝绳应通过塔身上导向滑车和塔脚底滑车进入绞磨。

e. 附件安装时，必须先提升导、地线，使导、地线悬空后，再打开滑车上的活门，不得先开门后提线。

f. 放线滑车拆除后，对 220kV 及以下线路用的单轮滑车，应用绳索传送到地面。对 500kV 线路用的五轮滑车，应用钢丝绳，一端拴在滑车两侧焊环上，另一端通过横向联合担上的起重滑车和塔腿上底滑车引向绞磨慢慢回松到地面，不得由人力直接回松，更不得在塔上往下抛扔。高空附件工作多组同时操作应叉相进行，不得在同一相导、地线上同时进行附件安装，以防工作失误，使导、地线落地，发生高处坠落事故。

g. 在跨越无跨越架的带电电力线路的杆塔上进行附件安装时，应采取双重保险措施，即加用一根钢丝绳套将导线松弛地绑扎在横担上，以防提升工具失灵，导线下落，造成触电事故。

h. 附件安装前，应事先对导、地线按安全技术要求，在指定杆塔上进行临时性接地，在全线附件安装结束后方可拆除。如在强磁场或平行带电线路杆塔上作业时，在每基附件安装前，都要挂好防静电接地线后再操作。安装完后方可拆除。

i. 安装间隔棒必须在紧线档内的直线塔附件全部安装完毕后进行，以防导线窜动影响出线作业的安全。

g. 出线方法一般采取飞车和徒手出线。徒手在导线上行走时，两臂张开，手握两根上子导线，双脚各踏一根下子导线，小步前进。使用的腰绳要短并绑扎在上子导线上，转移位置时，腰绳不得解脱。

k. 在跨越带电线路的档内测量间隔棒距离时，应使用绝缘测绳，并保持干燥以防触电。

③ 附件安装作业安全要求

a. 附件安装前，操作人员首先在操作区间两端挂好接地线，在静电区内每基安装前挂好防静电接地装置。

b. 附件安装时，安全带（绳）应拴在横担主材上，不得拴在绝缘子和连接金具上；安装间隔棒时，安全带应拴在最上面一根导线上，在不影响操作的情况下安全绳越短越好。工作移位途中，不得解开安全绳。

c. 使用飞车人员要经安全操作培训。安装间隔棒时，飞车前后轮应卡牢固。

d. 在带电线路上方的导线上测量间隔距离时，应用干燥的绝缘测量绳，严禁使用有金属丝的绳测量。

e. 附件安装前，作业人员必须对专用工器具和安全具进行外观检查，不符合要求或有疑虑的严禁使用。

f. 飞车通过带电线路时应保持与电力线的最小安全距离。

**33.4.1.5 不停电跨越与停电作业**

（1）对带电体的最小安全距离

① 工作人员工作中正常活动范围与带电设备的最小安全距离见表33.32。

**表33.32 人身与带电设备的最小安全距离**

| 电压等级/kV | 10及以下 | 20～35 | 44 | 60～110 | 154 | 220 | 330 | 500 |
|---|---|---|---|---|---|---|---|---|
| 安全距离/m | 0.35 | 0.60 | 0.90 | 1.50 | 2.00 | 3.00 | 4.00 | 5.00 |

② 用绝缘工具工作时绝缘工具的有效长度见表33.33。

**表33.33 用绝缘工具工作时绝缘工具的有效长度**

单位：m

| 工具名称 | 带电线电压等级/kV | | | | | | |
|---|---|---|---|---|---|---|---|
| | ≤10 | 35 | 63 | 110 | 220 | 330 | 500 |
| 绝缘操作杆 | 0.7 | 0.9 | 1.0 | 1.3 | 2.1 | 3.1 | 4.0 |
| 绝缘承力工具、绝缘绳索 | 0.4 | 0.6 | 0.7 | 1.0 | 1.8 | 2.8 | 3.7 |

③ 邻近或交叉电力线工作的安全距离见表33.34。

**表33.34 邻近或交叉电力线工作的安全距离**

| 电压等级/kV | 安全距离/m |
|---|---|
| 10及以下 | 0.7 |
| 35(20～44) | 2.5 |
| 60～110 | 3.0 |
| 154～220 | 4.0 |
| 330 | 5.0 |
| 500 | 6.0 |

④ 跨越其他导线、弱电流导线的安全距离见表33.35。

⑤ 在带电线路杆塔上工作的最小安全距离见表33.36。

⑥ 送电线路施工中距带电体的最小安全距离见表33.37。

**表33.35 跨越其他导线、弱电流导线的安全距离**

| 电压等级/kV | 安全距离/m |
|---|---|
| 10及以下 | 1.0 |
| 35(20～44) | 2.5 |
| 60～110 | 3.0 |
| 154～220 | 4.0 |
| 330 | 5.0 |
| 500 | — |

**表33.36 在带电线路杆塔上工作的最小安全距离**

| 电压等级/kV | 10及以下 | 20～35 | 44 | 60～110 | 220 | 330 | 500 |
|---|---|---|---|---|---|---|---|
| 安全距离/m | 0.70 | 1.00 | 1.20 | 1.50 | 3.00 | 4.00 | — |

**表33.37 送电线路施工中距带电体的最小安全距离**

| 带电体的电压等级/kV | 10及以下 | 20～35 | 44 | 60～110 | 154 | 220 | 330 | 500 |
|---|---|---|---|---|---|---|---|---|
| 工器具、安装构件、导地线等与带电体的距离/m | 2.0 | 3.5 | 3.5 | 4.0 | 5.0 | 5.0 | 6.0 | 7.5 |
| 工作人员的活动范围与带电体的距离/m | 1.7 | 2.0 | 2.2 | 2.5 | 3.0 | 4.0 | 5.0 | 6.5 |
| 整体组立杆塔与带电体的距离 | 应大于倒杆距离（自杆塔边缘到带电体的最近侧为杆塔高） | | | | | | | |

⑦ 电力线路下方建筑物与导线（最大计算弧垂）最小安全距离见表33.38。

**表33.38 电力线路下方建筑物与导线（最大计算弧垂）最小安全距离**

| 电压等级/kV | 1～10 | 35 | 60～110 | 154～220 | 330 | 500 |
|---|---|---|---|---|---|---|
| 距离/m | 3.0 | 4.0 | 5.0 | 8.0 | 7.0 | 8.5 |

（2）不停电跨越作业

① 不停电跨越330kV及以下高压线路，必须编制施工方案报上级批准，并征得运行单位同意，按规定履行手续。施工期间应请运行单位派人到现场监督安全施工。

② 起重工具和临时地锚应根据其重要程度将安全系数提高20%～40%。

③ 遇浓雾、雨、雪以及风力在5级以上天气时应停止作业。

④ 跨越架的宽度应超出新建线路两边线各2m；跨越电气化铁路和35kV及以上电力线的跨越架，应使用绝缘尼龙绳（网）封顶。

⑤ 不停电跨越作业安全要求

a. 不停电跨越330kV及以下高压线路时，必须编制安全施工方案报上级批准，征得运行单位同意，设专人进行监护施工。

b. 靠近带电体作业时，上下传递物件必须用绝缘绳索，严禁抛扔和用其他绳索代替。

c. 跨越架的搭设和拆除，应注意与带电体之间的最小安全距离，在搭设跨越架时还应考虑施工期间的最大风偏。

d. 跨越电气化铁路时，跨越架与带电体的最小安全距离为4.0m。

e. 跨越电气化铁路时，作业人员不得从跨越架内侧作业，严禁从封顶架杆上通过。

f. 导、地线通过时用绝缘绳作引绳，牵引过程中严禁架上有人。

g. 导、地线头过架子时，必须由技工操作并拴牢，过架子时必须有专人监护。

(3) 停电作业

① 靠近高压电力线作业时，必须按安全技术规定装设可靠的接地装置。

② 装设接地装置应遵守下列规定：

a. 各种设备及作业人员的保安接地线的截面积均不得小于 $16mm^2$，停电线路的工作接地线的截面积不得小于 $25mm^2$。

b. 接地线应采用编织软铜线，不得使用其他导线。

c. 接地线不得用缠绕法连接，应使用专用夹具，连接应可靠。

d. 接地棒宜镀锌，截面积不应小于 $16mm^2$，插入地下的深度大于 0.6m。

e. 装设接地线时，必须先接接地端，后接导线端或地线端；拆除时顺序相反。

f. 挂接地线或拆接地线时必须设监护人；操作人员应使用绝缘棒（绳），戴绝缘手套，穿绝缘鞋。

③ 停电作业前，施工单位应向运行单位提出停电申请，并办理工作票。

④ 在未接到停电工作命令前，严禁任何人接近带电体。

⑤ 在接到停电工作命令后，必须首先进行验电；验电必须设专人监护。同杆塔设有多层电力线时，应先验低压、后验高压，先验下层、后验上层。

⑥ 验证线路确无电压后，必须立即在作业范围的两端挂工作接地线，同时将三相短路；凡有可能送电到停电线路的分支线也必须挂工作接地线。同杆塔设有多层电力线时，应先挂低压、后挂高压，先挂下层、后挂上层。

⑦ 工作间断或过夜时，施工段内的全部工作接地线必须保留；恢复作业前，必须检查接地线是否完整、可靠。

⑧ 停电作业安全要求

a. 停电作业前，施工单位要办好工作票。在未停电之前，严禁操作。

b. 停、送电工作必须设专人负责，严禁采用口头或约时停、送电方式进行。

c. 接到停电工作命令后，必须按验电顺序先验电、后接地，并设专人监护，方可施工。

d. 施工结束后，现场作业负责人，必须对现场进行全面检查，确认无误后拆除接地线。

#### 33.4.1.6 施工机械及工器具安全技术

(1) 一般规定

① 机具应由了解其性能并熟悉使用知识的人员操作。机具应按出厂说明书和铭牌的规定使用，固定式机械设备应随机设安全操作牌。

② 机具使用前必须进行检查，严禁使用变形、破损、有故障等不合格的机具。

③ 机具的各种监测仪表，以及制动器（刹车）、限制器、安全阀、闭锁机构等安全装置必须齐全、完好。

④ 有牙口、刃口及转动部分的机具，应装设保护罩或遮栏；转动部分应保持润滑。

⑤ 电动工器具在运行中不得进行检修或调整。检修、调整或工作中断时，应将其电源断开。禁止在运行中或机械未完全停止的情况下清扫、擦拭、润滑和冷却机械的转动部分。电气设备与电动工器具的转动部分和冷却风扇必须装有保护罩。不熟悉电气设备或电动工器具使用方法的人员不准使用。

⑥ 电气绝缘必须良好，并定期检验。

⑦ 自制或改装的机具，必须按有关规定进行试验，经鉴定合格后方可使用。

⑧ 起重工具应由专人保养维护，主要起重工具应按试验标准进行试验并定期检查。

(2) 小型机具

① 绞磨和卷扬机应放置平稳，锚固必须可靠，受力前方不得有人。

② 拉磨尾绳不应少于两人，且应位于锚桩后面，绳圈外侧，不得站在绳圈内。

③ 绞磨锚固应有防滑动措施。

④ 绞磨受力时，不得采用松尾绳的方法卸荷。

⑤ 牵引绳应从卷筒的下方卷入，并排列整齐，缠绕不得少于 5 圈。

⑥ 拖拉机绞磨两轮胎应在同一水平面上，前后支架应受力。

⑦ 人力绞磨架上固定磨轴的活动挡板必须装在不受力的一侧，严禁反装，推磨时作业人员不得离开磨杠，作业完毕时取出磨杠。

⑧ 卷扬机的使用遵守下列规定：

a. 牵引绳在卷筒上应排列整齐，从卷筒下方卷入，余留圈数不得少于 3 圈。

b. 卷扬机未完全停稳时不得换挡或改变转动方向。

c. 不得在转动的卷筒上调整牵引绳位置。

d. 导向滑车对正卷筒中心。滑车与卷筒的距离：光面卷筒不应小于卷筒长度的 20 倍，有槽卷筒不应小于卷筒长度的 15 倍。

e. 必须有可靠的接地装置。

(3) 一般工器具

① 抱杆有下列情况之一者严禁使用：

a. 金属抱杆，整体弯曲超过杆长的 1/600。局部弯曲严重、磕瘪变形、表面腐蚀、裂纹或脱焊。

b. 抱杆脱帽环表面有裂纹或螺纹变形、螺栓缺少。

② 钢丝绳（套）有下列情况之一者应报废或截除：

a. 钢丝绳在一个节距内的断丝数达到规程规定数值时。

b. 钢丝绳有锈蚀或磨损时，应将报废断丝数按规定折减，并按折减后的断丝数报废。

c. 绳芯损坏或绳股挤出。

d. 笼状畸形、严重扭结或弯折。

e. 扁严重。

f. 受过火烧或电灼。

③ 钢丝绳使用后应及时除去污物，每年浸油一次，并存放在通风干燥处。

④ 棕绳（麻绳）作为辅助绳索使用，其允许拉力不得大于 $0.98kN/cm^2$（$100kgf/cm^2$）；用于捆绑或在潮湿状态下使用时应按允许拉力减半计算。霉烂、腐蚀或损伤者不得使用。

⑤ 滑轮、卷筒的槽底或细腰部直径与钢丝绳直径之比遵守下列规定：

a. 起重滑车：机械驱动时不应小于 11，人力驱动时不应小于 10。

b. 绞磨卷筒不应小于 10。

c. 通过滑车及卷筒的钢丝绳不得有接头；钢绞线不得进入卷筒。

⑥ 滑车的缺陷不得焊补，滑车有以下情况应禁止使用：

a. 滑车的吊钩或吊环变形、轮缘破损或严重磨损、轴承变形缺损、轴瓦磨损以及滑轮转动不灵者。

b. 滑动轴承的壁厚磨损量达到原壁厚的 20%。

c. 吊钩口开口超过实际尺寸的 15%。

⑦ 在受力方向变化较大的场合或在高处使用时应采用吊环式滑车；如采用吊钩式滑车，必须对吊钩采取封口保险措施。

⑧ 使用开门式滑车时必须将门扣锁好。

⑨ 滑车组的钢丝绳不得产生扭绞；使用时滑车组两滑车轴心间最小允许距离见表33.39。

**表33.39 滑车组两滑车轴心最小允许距离**

| 滑车起重量/t | 1 | 5 | 10～20 | 32～50 |
|---|---|---|---|---|
| 滑车轴心最小允许距离/mm | 700 | 900 | 1000 | 1200 |

⑩ 链条葫芦的使用应遵守下列规定：

a. 使用前应检查吊钩、链条、转动装置及刹车装置。

b. 吊钩、链轮或倒卡变形，以及链条磨损达直径的15%者严禁使用。

c. 刹车片严禁沾染油脂。

d. 起重链条不得打扭，并不得扩成单股使用；使用中如发生卡链，应将受力部位封固后方可进行检修。

e. 手拉链或扳手的拉动方向应与链轮槽方向一致，不得斜拉硬扳；操作人员不得站在葫芦正下方。

f. 不得超负荷使用，不得增人强拉。

g. 带负荷停留较长时间时，应将手拉链或扳手绑扎在起重链上，并采取保险措施。

⑪ 千斤顶使用安全要求，见表33.40。

**表33.40 千斤顶使用安全要求**

| 安全要求 | 备注 |
|---|---|
| 1. 千斤顶顶升高度不得超过限位标志线，如无标志线者，则不得超过螺杆螺纹或活塞高度的3/4 | |
| 2. 螺旋或齿条千斤顶的螺纹或齿条磨损20% | 严禁使用 |
| 3. 几台千斤顶联合使用时每台的起重能力不小于计算负荷的2倍 | |

⑫ 卸扣使用时遵守下列规定：

a. U形环变形或销子螺纹损坏不得使用。

b. 不得横向受力。

c. 销子不得扣在能活动的索具内。

d. 不得处于吊件的转角处。

e. 应按标牌规定的负荷使用，无标记时，应按表34.41的规定使用。

⑬导线连接网套的使用遵守下列规定：

a. 导线穿入网套必须到位；网套夹持导线的长度不得小于导线直径的30倍。

b. 网套末端应用铁丝绑扎，绑扎不得少于20圈。

⑭ 双钩紧线器应经常润滑保养。换向爪失灵、螺杆无保险螺栓、表面裂纹或变形等严禁使用。

⑮ 卡线器应有出厂合格证和使用说明书。自制卡线器应经有关检测部门进行的握着力和强度试验合格。

⑯ 卡线器有裂纹、弯曲、转轴不灵活或钳口斜纹磨平等缺陷时严禁使用。

(4) 安全防护用品、用具

① 凡无生产厂家、许可证编号、生产日期及国家鉴定合格证书的安全防护用品、用具，严禁采购和使用。

② 安全防护用品、用具不得接触高温、明火、化学腐蚀物及尖锐物体；不得移作他用。

③ 安全防护用品、用具应定期进行试验，试验标准和要求见有关规定。

④ 安全防护用品、用具每次使用前，必须进行外观检查，有下列情况者严禁使用。

a. 安全带（绳）断股、霉变、虫蛀、损伤，或铁环有裂纹、挂钩变形、接口缝线脱开等。

b. 安全帽高温变形、帽壳破损、缺少帽衬（帽箍、顶衬、后箍）、缺少下颚带等，超过使用年限24个月等。

c. 安全网严重磨损、断裂、霉变、连接部位松脱等。

d. 三脚板的蹬板有伤痕、绳索断股或霉变、钩子裂纹等。

e. 脚扣的表面有裂纹，防滑衬层破裂，脚套带不完整或有伤痕等。

## 33.4.2 电网运行与检修安全技术

### 33.4.2.1 变电设备运行与检修安全

(1) 安全管理

① 安全管理目标

a. 变电站每年应制定安全管理目标，结合变电站的实际情况和本年度设备检修、操作计划，制定出变电站年度安全管理目标，并上报主管部门。

b. 安全管理目标应结合本变电站的设备、人员和工作实际，提出实现安全管理目标的组织、技术措施。

c. 按期对年度安全管理目标的完成情况进行总结分析，对存在的问题提出改进措施。

② 工作票、操作票管理

a. 变电站工作票、操作票管理应遵循《电业生产安全工作规程》（发电厂和变电站电气部分）（以下简称“安全规程”）中的有关规定。工作票签发人应由工区（所）熟悉人员技术水平、熟悉设备情况、熟悉安全规程的生产领导、技术人员或经供电公司（局）主管生产领导批准的人员担任。工作票签发人、工作负责人、工作许可人名单应由安全监察部门每年审查并书面公布。

b. “两票”的保存期至少为一年。

c. “两票”管理要先把住执行前的审核关，考核重点应放在执行过程中，严禁无票作业、无票操作。

d. 工作票。工作票使用前必须统一格式，按顺序编号，一个年度之内不能有重复编号。第一种工作票应事先（最迟前一天）送到变电站。第二种工作票可在当日工作开始前送达。工作票填写应字迹工整、清楚，不得任意涂改。复杂作业，针对本次作业内容和现场实际，编制相应的危险点分析及控制单，与工作票一起送到变电站。继电保护工作应填写“继电保护安全措施票”。变电站运行人员接到工作票后，应根据工作任务和现场设备实际运行情况，认真审核工作票上所填安全措施是否正确、完善并符合现场条件，如不合格，应将其返回工作负责人，不受理该工作票。运行人员审核工作票合格后，核实现场情况，在已采取的安全措施栏内填写现场已拉开的开关、刀闸及装设的地线等。并在“工作地点邻近带电设备”和“补充安全措施”栏内填写相应内容，经核对无误后，方能办理工作许可手续。

**表33.41 卸扣允许荷重**

| 销子直径/mm | M16 | M18 | M20 | M22 | M27 | M30 | M33 | M39 | M42 | M48 | M52 | M56 | M64 | M68 |
|---|---|---|---|---|---|---|---|---|---|---|---|---|---|---|
| 弯环直径/mm | 12 | 14 | 16 | 20 | 22 | 24 | 28 | 32 | 36 | 40 | 45 | 48 | 50 | 60 |
| 开口距/mm | 24 | 28 | 32 | 36 | 40 | 45 | 50 | 58 | 64 | 70 | 80 | 90 | 100 | 110 |
| 适用钢丝绳直径/mm | 9.5 | 11 | 13 | 15.5 | 17.5 | 19.5 | 22.5 | 26 | 28.5 | 31 | 35 | 39 | 43.5 | 49.5 |
| 允许荷重/kg | 900 | 1250 | 1750 | 2100 | 2750 | 3500 | 4500 | 6000 | 7500 | 9500 | 11000 | 14000 | 17500 | 21000 |

工作许可人（值班员）在完成施工现场的安全措施后，还应会同工作负责人到现场再次检查所做的安全措施，以手触试，证明检修设备确无电压。对工作负责人指明带电设备的位置和注意事项，和工作负责人在工作票上分别签名。完成上述许可手续后，工作班方可开始工作。

工作间断时，工作班人员应从工作现场撤出，所有安全措施保持不动，工作票仍由工作负责人执存。间断后继续工作，无须通过工作许可人。每日收工，应清扫工作地点，开放已封闭的道路，并将工作票交回值班员。次日复工时，应得值班员许可，取回工作票，工作负责人必须事前重新认真检查安全措施是否符合工作票的要求后，方可工作。若无工作负责人或监护人带领，工作人员不得进入工作地点。工作票执行后加盖“已执行”章。使用过的工作票一张由变电站保存，每月由专人统一整理、收存；另一张工作票按本单位规定收存。工作票签发人不得兼任该项工作的工作负责人。工作票许可人不得兼任该项工作的工作负责人。

第一种工作票填写标准：“工作负责人”栏填写施工班组负责人姓名。若多班组共用一张工作票，则填写总负责人姓名。“工作班组”栏填写使用该工作票的所有班组名称。“工作班人员”栏填写工作班组主要人员姓名。多班组共用一张工作票时，此栏只填写各班组负责人姓名，但共计人数应包括使用本票工作的所有人员。“工作任务”栏应写清具体工作地点和相应的工作内容，多处工作也应逐项写清。“计划工作时间”应根据调度批准的工作时间填写。

安全措施的填写要求：“应拉开关和刀闸”栏填写因工作需要而应拉开的所有开关和刀闸（包括填写前已经拉开的开关和刀闸）。因工作需要而拉开的低压交直流开关、刀闸、保险等。“已拉开关和刀闸”栏由变电站当值人员填写，填写前应逐项核实现场情况。“应装接地线”栏填写因工作需要装设接地线的地点或应合上的接地刀闸。“已装接地线”栏由当值人员除按上述要求填写外，还应填写接地线编号。“应设遮栏、应挂标示牌”栏内填写因工作需要所装设的临时遮栏、围网、布幔及所悬挂的各种标示牌，注明装设和悬挂的具体地点或设备编号。“已设遮栏、已挂标示牌”栏除按上述要求由当值人员填写外，对安装在固定遮栏内的检修设备应填写“打开×××遮栏门、取下×××固定遮栏上的‘止步，高压危险’标示牌”。“工作地点邻近带电设备”栏应将工作地点四面和上、下方邻近的带电部分全部填入，施工设备的同一电气连接部分断开后的带电部分亦应填入。“补充安全措施”栏根据现场情况填写对施工人员的特殊安全要求。

工作票使用的术语按照倒闸操作术语要求填写。第二种工作票的使用按《电业安全工作规程》（发电厂和变电所电气部分）要求执行。对使用计算机生成工作票，各单位应制定相应的管理制度并应严格执行。

e. 操作票

倒闸操作应由两人进行，一人监护、一人操作。单人值班的变电站可由一人操作。除事故处理、拉合断路器（开关）的单一操作、拉开接地刀闸或全站仅有的一组接地线外的倒闸操作，均应使用操作票。事故处理的善后操作应使用操作票。变电站倒闸操作票使用前应统一编号，每个变电站（集控站）在一个年度内不得使用重复号，操作票应按编号顺序使用。操作票应根据值班调度员（或值班负责人）下达的操作命令（操作计划和操作预令及检修单位的工作票内容）填写。调度下达操作命令（操作计划）时，必须使用双重名称（设备名称和编号），同时必须录音，变电站要由有接令权的值班人员受令，认真进行复诵，并将接受的操作命令（操作计划）及时记录在“运行日志”中。开关的双重编号（设备名称和编号）可只用于“操作任务”栏，“操作项目”栏只写编号可不写设备名称。操作票填写完后，要进行模拟操作，正确后，方可到现场进行操作。

操作票在执行中不得颠倒顺序，也不能增减步骤、跳步、隔步，如需改变应重新填写操作票。在操作中每执行完一个操作项后，应在该项前面“执行”栏内画执行勾“√”。整个操作任务完成后，在操作票上加盖“已执行”章。执行后的操作票应按时移交，复查人将复查情况记入“备注”栏并签名，每月由专人进行整理收存。若一个操作任务连续使用几页操作票，则在前一页“备注”栏内写“接下页”，在后一页的“操作任务”栏内写“接上页”，也可以写页的编号。操作票因故作废应在“操作任务”栏内盖“作废”章，若一个任务使用几页操作票均作废，则应在作废各页均盖“作废”章，并在作废操作票页“备注”栏内注明作废原因。当作废页数较多且作废原因注明内容较多时，可自第二张作废页开始只在“备注”栏中注明“作废原因同上页”。在操作票执行过程中因故中断操作，应在“备注”栏内注明中断原因。若此任务还有几页未操作的票，则应在未执行的各页“操作任务”栏盖“作废”章。“操作任务”栏写满后，继续在“操作项目”栏内填写，任务写完后，空一行再写操作步骤。开关、刀闸、接地刀闸、接地线、压板、切换把手、保护直流、操作直流、信号直流、电流回路切换连片等均应视为独立的操作对象，填写操作票时不允许并项，应列单独的操作项。

填入操作票中的检查项目包括：拉、合刀闸前，检查相关开关在分闸的位置；在操作中拉开、合上开关后检查开关的实际分合位置；拉、合刀闸或拆地线后的检查项目；并、解列操作（包括变压器并、解列，旁路开关带路操作时并、解列等）；检查负荷分配（检查三相电流平衡），并记录实际电流值；母线电压互感器送电后，检查母线电压表是否指示正确。设备检修后合闸送电前，检查待送电范围内的接地刀闸确已拉开或接地线确已拆除。各网、省公司应对倒闸操作术语做统一规定。填写操作票严禁并项（如：验电、装设接地线不得合在一起）、添项及用勾划的方法颠倒操作顺序。操作票填写要字迹工整、清楚，不得任意涂改。手工填写的操作票应统一印刷，未填写的操作票应预先统一编号。对使用计算机生成操作票，各单位应制定相应的管理制度并严格执行。

③ 倒闸操作安全管理。变电站倒闸操作程序：

a. 操作准备。复杂操作前由站长或值长组织全体当值人员做好如下准备：明确操作任务和停电范围，并做好分工。拟定操作顺序，确定挂地线部位、组数及应设的遮栏、标示牌。明确工作现场邻近带电部位，并制定相应措施。考虑保护和自动装置相应变化及应断开的交、直流电源和防止电压互感器、所用变二次反高压的措施。分析操作过程中可能出现的问题和应采取的措施。与调度联系后写出操作票草稿，由全体人员讨论通过，由站长或值长审核批准。预定的一般操作应按上述要求进行准备。设备检修后，操作前应认真检查设备状况及一、二次设备的分合位置与工作前相符。

b. 接令。接受调度命令，应由上级批准的人员进行，接令时主动报出变电站名和姓名，并问清下令人姓名、下令时间。接令时应随听随记，接令完毕，应将记录的全部内容向下令人复诵一遍，并得到下令人认可。接受调度命令时，应做好录音。如果认为该命令不正确时，应向调度员报告，由调度员决定原调度命令是否执行。但当执行该项命令将威胁人身、设备安全或直接造成停电事故，则必须拒绝执行，并将拒绝执行命令的理由报告调度员和本单位领导。

c. 操作票填写。操作票由操作人填写。“操作任务”栏应根据调度命令内容填写。操作顺序应根据调度命令参照本站典型操作票和事先准备好的操作票草稿的内容进行填写。

操作票填写后，由操作人和监护人共同审核（必要时经值长审核）无误后监护人和操作人分别签字，在开始操作时填入操作开始时间。

d. 模拟操作。模拟操作前应结合调度命令核对当时的运行方式。模拟操作由监护人按操作票所列步骤逐项下令，由操作人模拟操作。模拟操作后应再次核对新运行方式与调度命令相符。

e. 操作监护。每进行一步操作，应按下列步骤进行：操作人和监护人一起到被操作设备处，指明设备名称和编号，监护人下达操作命令。操作人手指操作部位，复诵命令。监护人审核复诵内容和手指部位正确后，下达“执行”令，操作人执行操作。监护人和操作人共同检查操作质量。监护人在操作票本步骤前画执行勾“√”，再进行下步操作内容。

操作中产生疑问时，应立即停止操作并向值班调度员或值班负责人报告，弄清问题后，再进行操作。不准擅自更改操作票，不准随意解除闭锁装置。由于设备原因不能操作时，应停止操作，检查原因，不能处理时应报告调度和生产管理部门。禁止使用非正常方法强行操作设备。

f. 质量检查。操作完毕，全面检查操作质量。

检查无问题应在操作票上填入终了时间，并在最后一步下边加盖“已执行”章，报告调度员操作执行完毕。

④ 防误闭锁装置

a. 防误闭锁装置应保持良好的运行状态，变电站现场运行规程中对其使用应有明确规定，电气闭锁装置应有符合实际的图纸；运行巡视同主设备一样对待，发现问题应记入设备缺陷记录簿并及时上报；防误闭锁装置的检修维护工作，应有明确分工和由专门单位负责。

b. 解锁钥匙应封存管理。

c. 解锁钥匙只能在符合下列情况并经批准后方可开封使用：确认防误闭锁装置失灵、操作无误。紧急事故处理（如人身触电、火灾、不可抗拒自然灾害）时使用，事后立即汇报。变电站已全部停电，确无误操作的可能，履行规定程序后使用。每次使用后，立即将解锁钥匙封存，并填写记录。在倒闸操作中防误闭锁装置出现异常，必须停止操作，应重新核对操作步骤及设备编号的正确性，查明原因，确系装置故障且无法处理时，履行审批手续后方可解锁操作。电气设备的固定遮栏门、单一电气设备及无电压鉴定装置线路侧接地刀闸，可使用普通挂锁作为弥补措施。

⑤ 消防保卫管理

a. 消防管理。按照国家颁发的消防法规，制定消防措施并认真落实。变电站消防器具的设置应符合消防部门的规定，定期检查消防器具的放置、完好情况并清点数量，做好相关记录。变电站的电缆隧道和夹层应有消防设施，控制盘、配电盘和开关场区的端子箱等电缆孔应用防火材料封堵。变电站设备室或设备区不得存放易燃、易爆物品，因施工需要放在设备区的易燃、易爆物品，应加强管理，并按规定要求使用，施工后立即运走。变电站内易燃易爆区域禁止动火作业，特殊情况需要到主管部门办理动火手续，并采取安全可靠的措施。运行人员应学习消防知识和消防器具的使用方法，定期进行消防演习。运行人员应熟知火警电话及报警方法。

b. 防盗窃管理。变电站围墙的高度应符合规定，市区变电站因特殊规定不设围墙的，必须制定有效的防护措施，报有关部门审查。220kV及以上变电站应设警卫室，生活设施不得与运行人员混用。变电站的大门正常应上锁。外来人员进入变电站必须到有关部门办理相关手续、出示有关证件，经变电站人员核实后方可进入，并做好登记。装有防盗报警系统的变电站应定期检查，试验报警装置的完好性，存在故障的要及时处理。运行人员在巡视设备时，应兼顾安全保卫设施的巡视。变电站的专职安全保卫人员每日必须对变电站大门、围墙、重要设备周围及其他要害部位进行巡视，发现问题及时采取措施处理。变电站围墙不得随便拆除，因工作需要确需拆除的，必须事先与有关部门联系，征得同意，制定出有效的防盗措施后方可拆除。

c. 防破坏工作。变电站要根据所处的位置和重要性，制定具体的、有针对性的防止外人破坏设备的措施。重要节假日、活动、会议等保电期间，要加强对设备区的巡视和保卫工作。

⑥ 防汛、防风、防寒工作管理

a. 变电站应根据本地区的气候特点，制定相应的设备防高温、防寒和防风措施。

b. 变电站内应根据需要配备适量的防汛设备和防汛物资；防汛设备在每年汛前要进行全面的检查、试验，处于完好状态；防汛物资要专门保管，并有专门的台账。

c. 定期检查开关、瓦斯继电器等设备的防雨罩，应扣好；端子箱、机构箱等室外设备箱门应关闭，密封良好。

d. 雨季来临前对可能积水的地下室、电缆沟、电缆隧道及场区的排水设施进行全面检查和疏通，做好防进水和排水措施。

e. 下雨时对房屋渗漏、下水管排水情况进行检查。

f. 雨后检查地下室、电缆沟、电缆隧道等积水情况，并及时排水，设备室潮气过大时做好通风。

g. 变电站应根据本地气候条件制定出切实可行防风管理措施，刮大风时，应重点检查设备引流线、阻波器、瓦斯继电器的防雨罩等是否存在异常。

h. 定期检查和清理变电站设备区、变电站围墙及周围的漂浮物等，防止被大风刮到变电站运行设备上造成故障。

i. 冬季气温较低时，应重点检查开关机构内的加热器运行是否良好，发现问题及时处理，对机构箱要采取防寒保温措施。

⑦ 防小动物管理

a. 变电站应有防小动物措施，定期检查落实情况，发现问题及时处理并做好记录。

b. 各设备室的门窗应完好严密，出入时随手将门关好。

c. 设备室通往室外的电缆沟、道应严密封堵，因施工拆动后及时堵好。

d. 各设备室不得存放粮食及其他食品，应放有鼠药或捕鼠器械。

e. 各开关柜、电气间隔、端子箱和机构箱应采取防止小动物进入的措施，高压配电室、低压配电室、电缆层室、蓄电池室出入门应有防鼠板。

⑧ 安全设施及交通标志的规范化

a. 变电站内设备及设施应符合安全生产有关规定的要求。

b. 变压器和设备架构的爬梯上应悬挂“禁止攀登，高压危险”标示牌。

c. 蓄电池室的门上应有“禁止烟火”标志。

d. 停电工作使用的临时遮栏、围网、布幔和悬挂的各种标示牌应符合现场情况和安全规程的要求。

e. 变电站内道路的交通标志应符合有关交通法规的要求。

⑨ 安全工器具

a. 变电站应配备足够数量有效的安全工器具，各种安全工器具应有适量的合格备品；变电站人员应会正确使用和保管各类安全工器具。

b. 各种安全工器具应有明显的编号，绝缘杆、验电器等绝缘工器具必须有电压等级、试验日期的标志，应有防雨罩，应有固定的存放处，存放在清洁干燥处，注意防潮。

c. 安全工器具在交接班时和使用前应认真检查，发现损坏者应停止使用，并尽快补充。

d. 各种安全工具均应按安全规程规定的周期进行试验，试验合格后方可使用，不得超期使用。

e. 携带型地线必须符合安全规程要求，接地线的数量应能满足本站需要，截面满足装设系统短路容量的要求。导线应无断股、护套完好，接地线端部接触牢固，卡子应无损坏和松动，弹簧有效。存放地点和地线本体均有编号，存放要对号入座。

f. 各种标示牌的规格应符合安全规程要求，并做到种类齐全、存放有序，安全帽、安全带完好，数量能满足工作需要。

⑩ 安全文件及安全活动

a. 变电站站长接到安全生产文件、通报后应明确指示，立即组织学习，传达到每位职工，值长及以上人员应分别签字。对与本站有关的事故，结合实际情况制定相应的措施并具体落实。

b. 安全资料的管理应以有利于指导变电站安全管理为原则，逐步达到规范化、标准化。

c. 变电站（集控站、操作队）的安全活动每周不得少于一次，可以全站或分值进行，由站长或值长组织，站长每月至少组织一次安全活动。

d. 安全活动在学习、传达上级安全通报、文件等时，应结合本站实际，举一反三，吸取教训，同时总结一周以来的安全生产情况，对照安全规程查找习惯性违章和不安全因素，并制定有效的防范措施。

e. 每次安全活动应认真填写记录，记录活动日期、主持人、参加人和活动内容。对学习内容讨论情况、事故教训及建议和措施应详细记录，不得记录与安全生产无关的内容，不得事后补记。

f. 有关人员应定期检查“安全活动记录”的填写情况，对运行人员提出的建议和措施做出反馈，审查后签名。

（2）设备运行安全技术

① 值班制度

a. 变电站运行人员，必须按有关规定进行培训、学习，经考试合格以后方能上岗值班。

b. 值班期间，应穿戴统一的值班工作服和值班岗位标志。

c. 值班人员在当值期间，不应进行与工作无关的其他活动。

d. 值班人员在当值期间，要服从指挥，尽职尽责，完成当班的运行、维护、倒闸操作和管理工作。值班期间进行的各项工作，都要填写到相关项记录中。监盘、抄表要认真、细心，抄表时间规定为整点正负 5min。

e. 实行监盘制的变电站，正常情况下，控制室应不少于两人值班。在执行倒闸操作、设备维护等任务时，控制室应有副值或以上人员监盘。其他值班方式的变电站，除倒闸操作、巡视设备、进行维护工作外，值班人员不得远离控制室。

f. 220kV 及以上变电站值班连续时间不应超过 48h。110kV 及以下变电站的值班方式，由各单位自行制定。值班方式和交接班时间不得擅自变更。

g. 每次操作联系、处理事故及与用户调整负荷等联系，均应启用录音设备。

② 交接班制度

a. 值班人员应按照现场交接班制度的规定进行交接，以控制室钟表为准，正点交接完毕。接班人员应提前 20min 进入控制室。未办完交接手续之前，不得擅离职守。

b. 交接班前、后 30min 内，一般不进行重大操作。在处理事故或倒闸操作时，不得进行交接班。交接班时发生事故，应停止交接班，由交班人员处理，接班人员在交班值长指挥下协助工作。

c. 交接班的主要内容：运行方式及负荷分配情况；当班所进行的操作情况及未完的操作任务；使用中的和已收到的工作票；使用中的接地线号数及装设地点；发现的缺陷和异常运行情况；继电保护、自动装置动作和投退变更情况；直流系统运行情况；事故异常处理情况；有关上级命令、指示内容和执行情况；一、二次设备检修试验情况；维护工作情况；环境卫生。

d. 交班值长按交接班内容向接班人员交待情况，接班人员在交班人员陪同下进行重点检查，交班值长或指定人员负责监盘。实现计算机管理的变电站，在交接班时，应当面打印出当班的值班记录。值班记录的签名栏，应由交接班人员亲自签名，不得打印。

e. 接班人员重点检查的内容：查阅上次下班到本次接班的值班记录及有关记录，核对运行方式变化情况；核对模拟图板；检查设备情况，了解缺陷及异常情况；检查负荷、潮流；检查试验中央信号及各种信号灯；检查直流系统绝缘及浮充电流；检查温度表、压力表、油位计等重要指示仪表；核对接地线编号和装设地点；核对保护压板的位置；检查内外卫生。

f. 接班人员将检查结果互相汇报，认为可以接班时，方可签名接班。

g. 接班后，根据天气、运行方式、工作情况等安排本班工作，做好事故预防。

③ 巡视检查制度

a. 对各种值班方式下的巡视时间、次数、内容，各单位应做出明确规定。

b. 值班人员应按规定认真巡视检查设备，提高巡视质量，及时发现异常和缺陷，及时汇报调度和上级，杜绝事故发生。

c. 变电站的设备巡视检查，一般分为正常巡视（含交接班巡视）、全面巡视、熄灯巡视和特殊巡视。

d. 正常巡视的内容，按本单位“变电运行规程”规定执行。

e. 每周应进行全面巡视一次，内容主要是对设备的全面外部检查，对缺陷有无发展做出鉴定；检查设备的薄弱环节；检查防火、防小动物、防误闭锁装置等有无漏洞；检查接地网及引线是否完好。

f. 每周应进行熄灯巡视一次，内容是检查设备有无电晕、放电，接头有无过热现象。

g. 特殊巡视检查的内容，按本单位“变电运行规程”规定执行。

遇有以下情况，应进行特殊巡视：大风前后的巡视；雷雨后的巡视；冰雪、冰雹、雾天的巡视；设备变动后的巡视；设备新投人运行后的巡视；设备经过检修、改造或长期停运后重新投人系统运行后的巡视；异常情况下的巡视，异常情况主要是指过负荷或负荷剧增、超温、设备发热、系统冲击、跳闸、有接地故障情况等，应加强巡视，必要时应派专人监视；设备缺陷近期有发展时，法定节假日、上级通知有重要供电任务时，应加强巡视。

h. 站长应每月进行一次巡视，严格监督、考核各班的巡视检查质量。

i. 变电设备巡视的安全注意事项：有权单独巡视高压设备的值班员和非值班人员需经本企业领导批准并公布名单。巡视高压设备时，不得进行其他工作，不得移开或越过遮栏。在雷雨天气时，一般不再巡视室外高压设备。确需巡视室外高压设备时，应穿绝缘靴，并不得靠近避雷器和避雷针，不得撑雨伞进入高压设备区域。有高压设备发生接地时，在室内不得接近故障点4m以内，在室外不得接近故障点8m以内。巡视配电装置，进出高压室，必须随手将门锁好。高压室的钥匙至少应有三把，由配电值班人员负责保管，按值移交，一把专供紧急时使用，一把专供值班员使用，其他可以借给许可单独巡视高压设备的人员和工作负责人使用，但必须登记签名，当日交回。不论高压设备带电与否，值班人员不得单独移开或越过遮栏进行工作。若有必要移开遮栏时，必须有监护人在场，并符合表33.42的安全距离。

**表33.42　设备不停电时的安全距离**

| 电压等级/kV | 安全距离/m |
|---|---|
| 10及以下(13.8) | 0.70 |
| 20～35 | 1.00 |
| 44 | 1.20 |
| 60～110 | 1.50 |
| 154 | 2.00 |
| 220 | 3.00 |
| 330 | 4.00 |
| 500 | 5.00 |

④ 变电设备运行记录

a. 变电站应具备各类完整的记录，格式可由各单位自行制定。各种记录至少保存一年，重要记录应长期保存。变电站可以根据实际情况，适当增设有关记录。

b. 各种记录要求用钢笔按格式填写，提倡使用仿宋体字，做到字迹工整、清晰、准确、无遗漏。

c. 使用计算机运行管理系统的变电站，数据库中的记录应定期检查并备份。值班记录应按值打印，按月装订。

⑤ 反事故措施

a. 变电站应根据上级反事故技术措施和安全性评价提出的整改意见具体要求，定期对本站设备的落实情况进行检查，督促落实。

b. 配合主管部门按照反事故措施的要求和安全性评价提出的整改意见，分析设备现状，制订落实计划。

c. 做好反事故措施执行单位施工过程中的配合和验收工作，对现场反事故措施执行不力的情况应及时向有关主管部门反映。

d. 变电站进行大型作业，应提前制定本站相应的反事故措施，确保不发生各类事故。

e. 定期对本站反事故措施的落实情况进行总结、备案，并上报有关部门。

⑥ 集控站运行安全

a. 集控站应能对所辖各无人值班站实行监控，实现防火、防盗自动报警和远程图像监控。宜逐步实现对风机、照明等辅助电源的遥控功能。

b. 集控站应有实用的计算机变电运行管理系统，实现安全运行、档案资料、记录和两票管理计算机化。

c. 集控站有完备的钥匙管理办法，宜逐步在一个无人值班辖区内统一设备闭锁；对无人值班变电站房屋门锁管理，宜逐步实现统一的可变使用权限式的电子锁具。

d. 集控站有所辖各受控站的相关技术资料，建立有关记录。

e. 集控站值班人员应熟悉所辖各受控站的设备，满足操作、维护和事故处理的要求。

f. 集控站可根据现场实际情况，采用不同的运行模式。其运行记录填写应按要求执行。

g. 集控站的行政及专业管理隶属于变电运行部门，在运行操作方面，听从调度指挥。集控站人员值班配置，应满足两个无人值班站同时有操作和监控值班的要求。其主要工作内容包括：使用调度自动化监控装置，认真监视设备运行情况，做好各种有关记录；根据调度命令，进行倒闸操作、事故处理；按工作计划，做好受控站所辖设备的维护和文明生产等工作；使用“遥视”设备和现场巡视检查各无人值班站设备；负责所辖各受控站的工作票办理、施工质量验收等工作；负责所辖各受控站的技术资料收集、整理、归档等工作；定期召开安全活动及运行分析，进行人员技术培训。

(3) 高压设备上工作的分类

在运行中的高压设备上工作，一般分为三类：

① 全部停电的工作。室内高压设备全部停电（包括架空线路与电缆引入线在内），通至邻接高压室的门全部闭锁，以及室外高压设备全部停电（包括架空线路与电缆引入线在内）的工作。

② 部分停电的工作。高压设备部分停电，或室内虽全部停电，而通至邻接高压室的门并未全部闭锁的工作。

③ 不停电工作：

a. 工作本身不需要停电和没有偶然触及导电部分危险的工作；

b. 许可在带电设备外壳上或导电部分上进行的工作。

(4) 保证安全的技术措施

在全部停电或部分停电的电气设备上工作，必须完成下列措施：

① 停电。将检修设备停电，必须把各方面的电源完全断开（任何运用中的星形接线设备的中性点，必须视为带电设备）。禁止在只经断路器（开关）断开电源的设备上工作。必须拉开隔离开关（刀闸），使各方面至少有一个明显的断开点。与停电设备有关的变压器和电压互感器，必须从高、低压两侧断开，防止向停电检修设备反送电。

工作地点必须停电的设备包括：

a. 检修的设备；

b. 与工作人员在进行工作中正常活动范围的距离小于表33.43规定的设备；

c. 在44kV以下的设备上进行工作，上述安全距离虽大于表33.43规定，但小于表33.42规定，同时又无安全遮栏措施的设备；

d. 带电部分在工作人员后面或两侧无可靠安全措施的设备。

**表33.43　工作人员工作中正常活动范围与带电设备的安全距离**

| 电压等级/kV | 安全距离/m |
|---|---|
| 10及以下(13.8) | 0.35 |
| 20～35 | 0.60 |
| 44 | 0.90 |
| 60～110 | 1.50 |
| 154 | 2.00 |
| 220 | 3.00 |
| 330 | 4.00 |
| 500 | 5.00 |

② 验电

a. 验电时，必须用电压等级合适而且合格的验电器，在检修设备进出线两侧各相分别验电。验电前，应先在有电设备上进行试验，确证验电器良好。如果在木杆、木梯或木架构上验电，不接地线不能指示者，可在验电器上接地线，但必须经值班负责人许可。

b. 高压验电必须戴绝缘手套。验电时应使用相应电压等级的专用验电器。

330kV及以上的电气设备，在没有相应电压等级的专用验电器的情况下，可使用绝缘棒代替验电器，根据绝缘棒端有无火花和放电声来判断有无电压。

c. 表示设备断开和允许进入间隔的信号、经常接入的电压表等，不得作为设备无电压的根据。但如果指示有电，则禁止在该设备上工作。

③ 装设接地线

a. 当验明设备确已无电压后，应立即将检修设备接地。这是保护工作人员在工作地点防止突然来电的可靠安全措施，同时设备断开部分的剩余电荷，亦可因接地而放尽。

b. 对于可能送电至停电设备的各方面或停电设备可能产生感应电压的都要装设接地线，所装接地线与带电部分应符合安全距离的规定。

c. 检修母线时，应根据母线的长短和有无感应电压等实际情况确定地线数量。检修10m及以下的母线，可以只装设一组接地线。在门型架构的线路侧进行停电检修，如工作地点与所装接地线的距离小于10m，工作地点虽在接地线外侧，也可不另装接地线。

d. 检修部分若分为几个在电气上不相连接的部分［如分段母线以隔离开关（刀闸）或断路器（开关）隔开分成几段］，则各段应分别验电接地短路。接地线与检修部分之间不得连有断路器（开关）或熔断器（保险）。降压变电所全部停电时，应将各个可能来电侧的部分接地短路，其余部分不必每段都装设接地线。

e. 在室内配电装置上，接地线应装在该装置导电部分的规定地点，这些地点的油漆应刮去，并做黑色记号。所有配电装置的适当地点，均应设有接地网的接头。接地电阻必须合格。

f. 装设接地线必须由两人进行。若为单人值班，只允许使用接地刀闸接地，或使用绝缘棒合接地刀闸。

g. 装设接地线必须先接接地端，后接导体端，且必须接触良好。拆接地线的顺序与此相反。装、拆接地线均应使用绝缘棒和戴绝缘手套。

h. 接地线应用多股软裸铜线，其截面积应符合短路电流的要求，但不得小于$25mm^2$。接地线在每次装设以前应经过详细检查。损坏的接地线应及时修理或更换。禁止使用不符合规定的导线作接地或短路之用。接地线必须使用专用的线夹固定在导体上，严禁用缠绕的方法进行接地或短路。

i. 对于需要拆除全部或一部分接地线后才能进行的工作［如测量母线和电缆的绝缘电阻，检查断路器（开关）触头是否同时接触］，必须征得值班员的许可（根据调度员命令装设的接地线，必须征得调度员的许可）后才能进行。工作完毕后立即恢复。

j. 每组接地线均应编号，并存放在固定地点。存放位置亦应编号，接地线号码与存放位置号码必须一致。

装、拆接地线，应做好记录，交接班时应交待清楚。

④ 悬挂标示牌和装设遮栏

a. 在一经合闸即可送电到工作地点的断路器（开关）和隔离开关（刀闸）的操作把手上，均应悬挂“禁止合闸，有人工作!”的标示牌。如果线路上有人工作，应在线路断路器（开关）和隔离开关（刀闸）操作把手上悬挂“禁止合闸，线路有人工作!”的标示牌，标示牌的悬挂和拆除，应按调度员的命令执行。

b. 部分停电的工作，安全距离小于表34.41规定距离以内的未停电设备，应装设临时遮栏。临时遮栏与带电部分的距离，不得小于表34.42的规定数值。临时遮栏可用干燥木材、橡胶或其他坚韧绝缘材料制成，装设应牢固，并悬挂“止步，高压危险!”的标示牌。

35kV及以下设备的临时遮栏，如因特殊工作需要，可用绝缘挡板与带电部分直接接触。但此挡板必须具有高度的绝缘性能，并符合表34.43的要求。

c. 在室内高压设备上工作，应在工作地点两旁间隔和对面间隔的遮栏上和禁止通行的过道上悬挂“止步，高压危险!”的标示牌。

d. 在室外地面高压设备上工作，应在工作地点四周用绳子做好围栏，围栏上悬挂适当数量的“止步，高压危险!”标示牌，标示牌必须朝向围栏里面。

e. 在工作地点悬挂“在此工作!”的标示牌。

f. 在室外架构上工作，则应在工作地点邻近带电部分的横梁上，悬挂“止步，高压危险!”的标示牌。此标示牌在值班人员的监护下，由工作人员悬挂。在工作人员上下铁架和梯子上应悬挂“从此上下!”的标示牌。在邻近其他可能误登的带电架构上，应悬挂“禁止攀登，高压危险!”的标示牌。

g. 严禁工作人员在工作中移动或拆除遮栏、接地线和标示牌。

（5）常用电气绝缘工具试验一览表

常用电气绝缘工具试验一览表见表33.44。

**表33.44 常用电气绝缘工具试验一览表**

| 序号 | 名称 | 电压等级/kV | 周期 | 交流耐压/kV | 时间/min | 泄漏电流/mA | 备注 |
|---|---|---|---|---|---|---|---|
| 1 | 绝缘棒 | 6～10 | 每年一次 | 44 | | | |
| | | 35～154 | | 四倍相电压 | | | |
| | | 220 | | 三倍线电压 | | | |
| 2 | 绝缘挡板 | 6～10 | 每年一次 | 30 | 5 | | |
| | | 35(20～44) | | 80 | 5 | | |
| 3 | 绝缘罩 | 35(20～44) | 每年一次 | 80 | 5 | | |
| 4 | 绝缘夹钳 | 35及以下 | 每年一次 | 三倍线电压 | 5 | | |
| | | 110 | | 260 | | | |
| | | 220 | | 440 | | | |
| 5 | 绝缘笔 | 6～10 | 每六个月一次 | 40 | 5 | | 发光电压不高于额定电压的20% |
| | | 20～35 | | 105 | | | |
| 6 | 绝缘手套 | 高压 | 每六个月一次 | 8 | 1 | ≤9 | |
| | | 低压 | | 2.51 | | ≤2.5 | |
| 7 | 橡胶绝缘靴 | 高压 | 每六个月一次 | 15 | 1 | ≤7.5 | |
| 8 | 核相器电阻管 | 6 | 每六个月一次 | 6 | 1 | 1.7～2.4 | |
| | | 10 | | 10 | | 1.4～1.7 | |
| 9 | 绝缘绳 | 高压 | 每六个月一次 | 105/0.5m | 5 | | |

(6) 登高安全工具试验标准表

登高安全工具试验标准表见表33.45。

表33.45 登高安全工具试验标准表

| 名称 | 试验静拉力/N | 试验周期 | 外表检查周期 | 试验时间/min |
|---|---|---|---|---|
| 安全带大皮带<br>小皮带 | 2205<br>1470 | 半年一次 | 每月一次 | 5 |
| 安全绳 | 2205 | 半年一次 | 每月一次 | 5 |
| 升降板 | 2205 | 半年一次 | 每月一次 | 5 |
| 脚扣 | 980 | 半年一次 | 每月一次 | 5 |
| 竹(木)梯 | 试验荷重<br>1765N(180kg) | 半年一次 | 每月一次 | 5 |

33.4.2.2 线路运行与检修

(1) 停电

① 进行线路作业前，应做好下列停电措施：

a. 断开发电厂、变电所（包括用户）线路断路器（开关）和隔离开关（刀闸）；

b. 断开需要工作班操作的线路各端断路器（开关）、隔离开关（刀闸）和熔断器（保险）；

c. 断开危及该线路停电作业，且不能采取安全措施的交叉跨越、平行和同杆线路的断路器（开关）和隔离开关（刀闸）；

d. 断开有可能返回低压电源的断路器（开关）和隔离开关（刀闸）。

② 应检查断开后的断路器（开关）、隔离开关（刀闸）是否在断开位置；断路器（开关）、隔离开关（刀闸）的操作机构应加锁；跌落式熔断器（保险）的熔断管应摘下；应在断路器（开关）或隔离开关（刀闸）操作机构上悬挂“线路有人工作，禁止合闸!”的标示牌。

(2) 验电

① 在停电线路工作地段装接地线前，要先验电，验明线路确无电压。验电要用合格的相应电压等级的专用验电器。

330kV及以上的线路，在没有相应电压等级的专用验电器的情况下，可用合格的绝缘棒或专用的绝缘绳验电。验电时，绝缘棒的验电部分应逐渐接近导线，听其有无放电声。确定线路是否有电压。验电时，应戴绝缘手套，并有专人监护。

② 线路的验电应逐相进行。检修联络用的断路器（开关）或隔离开关（刀闸）时，应在其两侧验电。

对同杆塔架设多层电力线路进行验电时，先验低压、后验高压，先验下层、后验上层。

(3) 装设接地线

① 线路经过验明确实无电压后，各工作班（组）应立即在工作地段两端挂接接地线。凡有可能送电到停电线路的分支线也要挂接接地线。

若有感应电压作用在停电线路上时，应加挂接接地线。同时，要注意在拆除接地线时，防止感应电触电。

② 同杆塔架设的多层电力线路挂接接地线时，应先挂低压、后挂高压，先挂下层、后挂上层。

③ 挂接地线时，应先接接地端，后接导线端，接地线连接要可靠，不准缠绕。拆接地线时的程序与此相反。装、拆接地线时，工作人员应使用绝缘棒、戴绝缘手套，人体不得碰触接地线。

若杆塔无接地引下线时，可采用临时接地棒，接地棒在地面下深度不得小于0.6m。

④ 接地线应有接地和短路导线构成的成套接地线。成套接地线必须由多股软铜线组成，其截面积不得小于25mm²。如利用铁塔接地时，允许每相个别接地，但铁塔与接地线连接部分应清除油漆，接触良好。

严禁使用其他导线作接地线和短路线。

两线一地制系统的线路经验电后，装接地线的规定，由各供电局自行规定。

(4) 在带电线路杆塔上的工作

在带电线路杆塔上刷油，除鸟窝，紧杆塔螺栓，检查架空地线（不包括绝缘架空地线），查看金具、瓷瓶工作时，作业人员活动范围及其所携带的工具、材料等，与带电导线最小距离不得小于表33.46的规定。

进行上述工作必须使用绝缘无极绳索、绝缘安全带，工作时风力应不大于5级，并应有专人监护。

如不能保持表33.46要求的距离时，应按照带电作业工作进行。

表33.46 在带电线路杆塔上工作与带电导线最小安全距离

| 电压等级/kV | 安全距离/m | 电压等级/kV | 安全距离/m |
|---|---|---|---|
| 10及以下 | 0.70 | 154 | 2.00 |
| 20～35 | 1.00 | 220 | 3.00 |
| 44 | 1.20 | 330 | 4.00 |
| 60～110 | 1.50 | 500 | 5.00 |

(5) 邻近或交叉其他电力线路的工作

① 停电检修的线路如与另一回带电线路相交叉或接近，以致工作时可能和另一回导线接触或接近至危险距离以内（见表33.47），则另一回线路也应停电并予接地。接地线可以只在工作地点附近安装一处。另一回线路的停电和接地，应按规定填用第一种工作票。若另一回电力线路属于其他单位，则工作负责人应向该单位要求停电和接地，并在确实看到该线路已经接地后，才可开始工作。

② 在带电的电力线路邻近进行工作时，有可能接近带电导线至危险距离以内时，必须满足以下要求：

a. 采取一切措施，预防与带电导线接触或接近至危险距离以内。牵引绳索和拉绳等至带电导线的最小距离应符合表33.47的规定。

表33.47 邻近或交叉其他电力线工作的安全距离

| 电压等级/kV | 安全距离/m | 电压等级/kV | 安全距离/m |
|---|---|---|---|
| 10及以下 | 1.0 | 154～220 | 4.0 |
| 35(20～44) | 2.5 | 330 | 5.0 |
| 60～110 | 3.0 | 500 | 6.0 |

b. 作业的导、地线必须在工作地点接地。

③ 在交叉档内放落、降低或架设导、地线工作，只有停电检修线路在带电线路下面时才可进行，但必须采取防止导、地线产生跳动或过牵引而与带电导线接近至危险距离以内的措施。

④ 停电检修的线路如在另一回线路的上面，而又必须在该线路不停电情况下进行放松或架设导、地线以及更换瓷瓶等工作时，必须采取可靠的安全措施。安全措施应由工作人员充分讨论后经有关部门批准执行。安全措施应能保证：

a. 检修线路的导、地线牵引绳索等与带电线路的导线必须保持足够的安全距离；

b. 要有防止导、地线脱落、滑跑的后备保护措施。

⑤ 在发电厂、变电所出入口处或线路中间某一段有两条以上的相互靠近的（100m以内）平行或交叉线路上，要求：

a. 做判别标志、色标或采取其他措施，以使工作人员能正确区别停电线路。

b. 在这些平行或交叉线路上进行工作时，应发给工作人员相对应线路的识别标记。

c. 登杆塔前经核对标记无误，验明线路确已停电并挂好地线后，方可攀登。

d. 在这一段平行或交叉线路上工作时，要设专人监护，以免误登有电线路杆塔。

(6) 同杆共架的多回线路中，部分线路停电的工作

① 在同杆共架的多回线路中，部分线路停电检修，应在工作人员对带电导线最小距离不小于表 33.45 规定的安全距离时，才能进行。

② 遇有 5 级以上的大风时，严禁在同杆共架的多回线路中进行部分线路停电检修工作。

③ 工作票签发人和工作负责人对停电检修的一回线路的正确称号应特别注意。多回线路中的每一回线路都应有双重称号，即线路名称、左线或右线和上线或下线的称号。面向线路杆塔号增加的方向，在左边的线路称为左线，在右边的线路称为右线。工作票中应填写停电检修线路的双重称号。

④ 工作负责人在接受许可开始工作的命令时，应向工作许可人问明哪一回线路（左右线或上下线）已经停电接地，同时在工作票上记下工作许可人告诉的停电线路的双重称号，然后核对所指的停电线路是否与工作票上所填的线路相符。如不符或有任何疑问时，工作负责人不得进行工作，必须查明已停电的线路确实是那一回线路后，方能进行工作。

⑤ 在停电线路地段装设的接地线，应牢固可靠，防止摆动。断开引线时，应在断开引线的两侧接地。

如在绝缘架空地线上工作时，应先将该架空地线接地。

⑥ 工作开始以前，工作负责人应向参加工作的人员指明哪一回线路已经停电，哪一回线路仍带电，以及工作中必须特别注意的事项。

⑦ 为了防止在同杆共架的多回线路中误登有电线路，还应采取如下措施：

a. 各条线路应用标志、色标或其他方法加以区别，使登杆塔作业人员能在攀登前和在杆塔上作业时，明确区分停电和带电线路；

b. 应在登杆塔前发给作业人员相对应线路的识别标记；

c. 作业人员登杆塔前核对标记无误，验明线路确已停电并挂好地线后，方可攀登；

d. 登杆塔和在杆塔上作业时，每基杆塔都应设专人监护。

⑧ 在杆塔上进行工作时，严禁进入带电侧的横担，或在该侧横担上放置任何物件。

⑨ 绑线要在下面绕成小盘再带上杆塔使用。严禁在杆塔上卷绕绑线或放开绑线。

⑩ 向杆塔上吊起或向下放落工具、材料等物体时，应使用绝缘无极绳圈传递，保持安全距离。

⑪ 放线或架线时，应采取措施防止导线或架空地线由于摆动或其他原因而与带电导线接近至危险距离以内。

在同塔共架的多回线路上，下层线路带电，上层线路停电作业时，不准做放、撤导线和地线的工作。

⑫ 绞车等牵引工具应接地，放落和架设过程中的导线亦应接地，以防止带电的线路发生接地短路时产生感应电压。

(7) 对地距离及交叉跨越

① 导线与地面、建筑物、树木、铁路、道路、河流、管道、索道及各种架空线路的距离，应根据最高气温情况或覆冰无风情况求得的最大弧垂，以及最大风情况或覆冰情况求得的最大风偏进行计算。

计算上述距离，可不考虑电流、太阳辐射等引起的弧垂增大，但应计算导线架线后塑性伸长的影响和设计、施工的误差。重冰区的线路，还应计算导线覆冰不均匀情况下的弧垂增大。

大跨越的导线弧垂应按导线实际能够达到的最高温度计算。

送电线路与标准轨距铁路、高速公路及一级公路交叉时，如交叉档距超过 200m，最大弧垂应按导线温度+70℃计算。

② 导线与地面最小距离，在最大计算弧垂下不应小于表 33.48 所列数值。

**表 33.48 导线与地面最小距离**

| 线路经过地区 \ 标称电压/kV | 110 | 220 | 330 | 500 |
|---|---|---|---|---|
| 居民区 | 7.0 | 7.5 | 8.5 | 14 |
| 非居民区 | 6.0 | 6.6 | 7.5 | 11(10.5) |
| 交通困难地区 | 5.0 | 5.5 | 6.5 | 8.5 |

注：500kV 送电线路非居民区 11m 用于导线水平排列，括号内的 10.5m 用于导线三角排列。

导线与山坡、峭壁、岩石之间的净空距离，在最大计算风偏情况下，不应小于表 33.49 所列数值。

**表 33.49 导线与山坡、峭壁、岩石的净空距离**

| 线路经过地区 \ 标称电压/kV | 110 | 220 | 330 | 500 |
|---|---|---|---|---|
| 步行可以到达的山坡 | 5.0 | 5.5 | 6.5 | 8.5 |
| 步行可以到达的峭壁、岩石 | 3.0 | 4.0 | 5.0 | 6.5 |

③ 送电线路通过居民区宜采用固定横担和固定线夹。

④ 送电线路不应跨越屋顶为燃烧材料做成的建筑物。对耐火屋顶的建筑物，如需跨越时应与有关方面协商或取得当地政府同意，500kV 送电线路不应跨越长期住人的建筑物。导线与建筑物之间的垂直距离，在最大计算弧垂情况下，不应小于表 33.50 所列数值。

**表 33.50 导线与建筑物之间的垂直距离**

| 标称电压/kV | 110 | 220 | 330 | 500 |
|---|---|---|---|---|
| 垂直距离/m | 5.0 | 6.0 | 7.0 | 9.0 |

送电线路边导线与建筑物之间的垂直距离，在最大计算风偏情况下，不应小于表 33.51 所列数值。

**表 33.51 边导线与建筑物之间的垂直距离**

| 标称电压/kV | 110 | 220 | 330 | 500 |
|---|---|---|---|---|
| 垂直距离/m | 4.0 | 5.0 | 6.0 | 8.5 |

注：导线与城市多层建筑物或规划建筑物之间的距离指水平距离。

在无风情况下，边导线与不在规划范围内的城市建筑物之间的水平距离，不应小于表 33.52 所列数值。

**表 33.52 边导线与不在规划范围内城市建筑物之间的水平距离**

| 标称电压/kV | 110 | 220 | 330 | 500 |
|---|---|---|---|---|
| 水平距离/m | 2.0 | 2.5 | 3.0 | 5.0 |

⑤ 500kV 送电线路跨越非长期住人的建筑物或邻近民房时，房屋所在地离地 1m 处最大未畸变电场不得超过

4kV/m。

⑥ 距送电线路边相导线投影外 20m 处，无雨、无雪、无雾天气，频率 0.5MHz 时的无线电干扰限值如表 33.53 所示。

**表 33.53 无线电干扰限值**

| 标称电压/kV | 110 | 220～330 | 500 |
|---|---|---|---|
| 干扰限值/dB | 46 | 53 | 55 |

⑦ 送电线路通过林区，应砍伐出通道。通道净宽度不应小于线路宽度加林区主要树种高度的 2 倍。通道附近超过主要树种高度的个别树木应砍伐。

在下列情况下，如不妨碍架线施工和运行检修，可不砍伐出通道。

a. 树木自然生长高度不超过 2m。

b. 导线与树木（考虑自然生长高度）之间的垂直距离，不小于表 33.54 所列数值。

**表 33.54 导线与树木之间的垂直距离**

| 标称电压/kV | 110 | 220 | 330 | 500 |
|---|---|---|---|---|
| 垂直距离/m | 4.0 | 4.5 | 5.5 | 7.0 |

送电线路通过公园、绿化区或防护林带，导线与树木之间的净空距离，在最大计算风偏情况下，不小于表 33.55 所列数值。

**表 33.55 导线与树木之间的净空距离**

| 标称电压/kV | 110 | 220 | 330 | 500 |
|---|---|---|---|---|
| 净空距离/m | 3.5 | 4.0 | 5.0 | 7.0 |

送电线路通过果树、经济作物林或城市绿化灌木林不应砍伐出通道。导线与果树、经济作物、城市绿化灌木以及街道树之间的垂直距离，不应小于表 33.56 所列数值。

**表 33.56 导线与果树、经济作物、城市绿化灌木以及街道树之间的最小垂直距离**

| 标称电压/kV | 110 | 220 | 330 | 500 |
|---|---|---|---|---|
| 垂直距离/m | 3.0 | 3.5 | 4.5 | 7.0 |

⑧ 送电线路跨越弱电线路时，其交叉角应符合表 33.57 的要求。

**表 33.57 送电线路与弱电线路的交叉角**

| 弱电线路等级 | 一级 | 二级 | 三级 |
|---|---|---|---|
| 交叉角 | ≥45° | ≥30° | 不限制 |

⑨ 送电线路与甲类火灾危险性的生产厂房、甲类物品库房、易燃易爆材料堆场以及可燃或易燃易爆液（气）体储罐的防火间距，不应小于杆塔高度的 1.5 倍。

⑩ 送电线路与铁路、公路、河流、索道等交叉或接近，应符合表 33.58 的要求。

**表 33.58 送电线路与铁路、公路、河流、索道等交叉或接近的基本要求**

| 项目 | | 铁路 | | | | 公路 | |
|---|---|---|---|---|---|---|---|
| 导线或地线在跨越档内接头 | | 标准轨距:不得接头<br>窄轨:不限制 | | | | 高速公路、一级公路:不得接头<br>二、三、四级公路:不限制 | |
| 邻档断线情况的检验 | | 标准轨距:检验<br>窄轨:不检验 | | | | 高速公路、一级公路:检验<br>二、三、四级公路:不检验 | |
| 邻档断线情况的最小垂直距离 | 标称电压/kV | 至轨顶/m | | | 至承力索或接触线/m | 至路面/m | |
| | 110 | 7.0 | | | 2.0 | 6.0 | |
| 最小垂直距离 | 标称电压/kV | 至轨顶/m 标准轨 | 窄轨 | 电气轨 | 至承力索或接触线/m | 至路面/m | |
| | 110 | 7.5 | 7.5 | 11.5 | 3.0 | 7.0 | |
| | 220 | 8.5 | 7.5 | 12.5 | 4.0 | 8.0 | |
| | 330 | 9.5 | 8.5 | 13.5 | 5.0 | 9.0 | |
| | 500 | 14.0 | 13.0 | 16.0 | 6.0 | 14.0 | |
| 最小水平距离 | 标称电压/kV | 杆塔外缘至轨道中心/m | | | | 杆塔外缘至路基边缘/m 开阔地区 | 路径受限制地区 |
| | 110 | 交叉:30<br>平行:最高杆塔高加3 | | | | 交叉:8<br>平行:最高杆塔高 | 5.0 |
| | 220 | | | | | | 5.0 |
| | 330 | | | | | | 6.0 |
| | 500 | | | | | | 8.0(15) |
| 附加要求 | | 不宜在铁路出站信号机以内跨越 | | | | 括号内为高速公路数值。高速公路路基边缘指公路下缘的隔离栏 | |
| 备注 | | | | | | 公路分级、城市道路分级可参照相关的规定 | |

| 项目 | | 电车道(有轨及无轨) | | 通航河流 | 不通航河流 | 弱电线路 |
|---|---|---|---|---|---|---|
| 导线或地线在跨越档内接头 | | 不得接头 | | 一、二级:不得接头<br>三级及以下:不限制 | 不限制 | 不限制 |
| 邻档断线情况的检验 | | 检验 | | 不检验 | 不检验 | Ⅰ级:检验<br>Ⅱ、Ⅲ级:不检验 |
| 邻档断线情况的最小垂直距离 | 标称电压/kV | 至路面 | 至承力索或接触线/m | — | | 至被跨越物/m |
| | 110 | — | 2.0 | — | | 1.0 |

续表

| 项目 | | 电车道(有轨及无轨) | | 通航河流 | | 不通航河流 | | 弱电线路 | |
|---|---|---|---|---|---|---|---|---|---|
| 最小垂直距离 | 标称电压/kV | 至路面/m | 至承力索或接触线/m | 至5年一遇洪水位/m | 至最高航行水位的最高船桅杆/m | 至百年一遇洪水位/m | 冬季至冰面/m | 至被跨越物/m | |
| | 110 | 10.0 | 3.0 | 6.0 | 2.0 | 3.0 | 6.0 | 3.0 | |
| | 220 | 11.0 | 4.0 | 7.0 | 3.0 | 4.0 | 6.5 | 4.0 | |
| | 330 | 12.0 | 5.0 | 8.0 | 4.0 | 5.0 | 7.5 | 5.0 | |
| | 500 | 16.0 | 6.5 | 9.5 | 6.0 | 6.5 | 11(水平)<br>10.5(三角) | 8.5 | |
| 最小水平距离 | 标称电压/kV | 杆塔外缘至路基边缘/m | | | | | | 与边导线间/m | |
| | | 开阔地区 | 路径受限制地区 | | | | | 开阔地区 | 路径受限制地区 |
| | 110 | 交叉:8m<br>平行:最高杆塔高 | 5.0 | 最高杆塔高 | | | | 最高杆塔高 | 4.0 |
| | 220 | | 5.0 | | | | | | 5.0 |
| | 330 | | 6.0 | | | | | | 6.0 |
| | 500 | | 8.0 | | | | | | 8.0 |
| 附加要求 | | | | 最高洪水位时,有抗洪抢险船只航行的河流,垂直距离应协商确定 | | | | 送电线路应架设在上方 | |
| 备注 | | | | 不通航河流指不能通航,也不能浮运的河流;次要通航河流对接头不限制 | | | | 弱电线路分级参见有关规定 | |

| 项目 | | 电力线路 | | 特殊管道 | 索道 |
|---|---|---|---|---|---|
| 导线或地线在跨越档内接头 | | 110kV及以上线路:不得接头<br>110kV及以下线路:不限制 | | 不得接头 | 不得接头 |
| 邻档断线情况的检验 | | 不检验 | | 检验 | 不检验 |
| 邻档断线情况的最小垂直距离 | 标称电压/kV | — | | 至管道任何部分/m | |
| | 110 | — | | 1.0 | |
| 最小垂直距离 | 标称电压/kV | 至被跨越物/m | | 至管道任何部分/m | 至索道任何部分/m |
| | 110 | 3.0 | | 4.0 | 3.0 |
| | 220 | 4.0 | | 5.0 | 4.0 |
| | 330 | 5.0 | | 6.0 | 5.0 |
| | 500 | 6.0(8.5) | | 7.5 | 6.5 |
| 最小水平距离 | 标称电压/kV | 与边导线间/m | | 边导线至管、索道任何部分/m | |
| | | 开阔地区 | 路径受限制地区 | 开阔地区 | 路径受限制地区(在最大风偏情况下) |
| | 110 | 最高杆塔高 | 5.0 | 最高杆塔高 | 4.0 |
| | 220 | | 7.0 | | 5.0 |
| | 330 | | 9.0 | | 6.0 |
| | 500 | | 13.0 | | 7.5 |
| 附加要求 | | 电压较高线路一般架设在电压较低线路上方。同一等级电压的电网公用线应架设在专用线上方 | | 与索道交叉,架索道在上方,索道的下方应装保护设施;交叉点不应选在管道的检查井(孔)处;与管、索道平行、交叉时,管、索道应接地 | |
| 备注 | | 括号内数值用于跨越杆塔顶 | | 管、索道上的附属设施,均应视为管、索道的一部分;特殊管道指架设在地面上输送易燃易爆物品的管道 | |

注:1. 跨越杆塔(跨越河流除外)应采用固定线夹。

2. 邻档断线情况的计算条件:+15℃,无风。

3. 送电线路与弱电线路交叉时,交叉档弱电线路的木质电杆应有防雷措施。

4. 送电线路跨220kV及以上线路、铁路、高速公路及一级公路时,悬垂绝缘子串宜采用双联串(对500kV线路宜采用双挂点,或两个单联串)。

5. 路径狭窄地带,如两线路杆塔位置交错排列,导线在最大风偏情况下,对相邻线路杆塔的最小水平距离,不应小于下列数值:

| 标称电压/kV | 110 | 220 | 330 | 500 |
|---|---|---|---|---|
| 距离/m | 3.0 | 4.0 | 5.0 | 7.0 |

6. 跨越弱电线路或电力线路,如导线截面按允许载流量选择,还应校验最高允许温度时的交叉距离,其数值不得小于操作过电压间隙,且不得小于0.8m。

7. 杆塔为固定横担,且采用分裂导线时,可不检验邻档断线时的交叉跨越垂直距离。

8. 当导、地线接头采用爆压方式时,线路跨越二级公路的跨越档内不允许有接头。

33.4.2.3 带电作业

（1）一般规定

下述规定适用于在海拔1000m及以下交流10～500kV的高压架空电力线路、变电所（发电厂）电气设备上采用等电位、中间电位和地电位方式进行的带电作业，以及低压带电作业。

① 两线一地的线路及其电气设备上不宜进行带电作业。

② 带电作业应在良好天气下进行。如遇雷、雨、雪、雾不得进行带电作业，风力大于5级时，一般不宜进行带电作业。

在特殊情况下，必须在恶劣天气下进行带电抢修时，应组织有关人员充分讨论并采取必要的安全措施，经厂（局）主管生产领导（总工程师）批准后方可进行。

③ 对于比较复杂、难度较大的带电作业新项目和研制的新工具必须进行科学试验，确认安全可靠，编制操作工艺方案和安全措施，并经厂（局）主管生产领导（总工程师）批准后方可进行使用。

④ 带电作业工作票签发人和工作负责人应具有带电作业实践经验。工作票签发人必须经厂（局）领导批准，工作负责人也可经工区领导批准。

⑤ 带电作业必须设专人监护。监护人应由有带电作业实践经验的人员担任。监护人不得直接操作。监护的范围不得超过一个作业点。复杂的或高杆塔上的作业应增设监护人。

⑥ 带电作业工作票签发人和工作负责人对带电作业现场情况不熟悉时，应组织有经验的人员到现场查勘。根据查勘结果做出能否进行带电作业的判断，并确定作业方法和所需工具以及应采取的措施。

⑦ 带电作业工作负责人在带电作业工作开始前与调度联系，工作结束后向调度汇报。

⑧ 带电作业有下列情况之一者应停用重合闸，并不得强送电：

a. 中性点有效接地的系统中有可能引起单相接地的作业。

b. 中性点非有效接地的系统中有可能引起相间短路的作业。

c. 工作票签发人或工作负责人认为需要停用重合闸的作业。

严禁约时停用或恢复重合闸。

⑨ 在带电作业过程中如设备突然停电，作业人员应视设备仍然带电。工作负责人应尽快与调度联系，调度未与工作负责人取得联系前不得强送电。

（2）一般技术措施

① 进行带电作业时，人身与带电体间的安全距离不得小于表33.59的规定，否则必须采取可靠的绝缘隔离措施。

表33.59 人身与带电体的安全距离

| 电压等级/kV | 10 | 35 | 63(66) | 110 | 220 | 330 | 500 |
|---|---|---|---|---|---|---|---|
| 安全距离/m | 0.4 | 0.6 | 0.7 | 1.0 | 1.8(1.6)① | 2.6 | 3.6② |

① 因受设备限制达不到1.8m时，经厂（局）主管生产领导（总工程师）批准，并采取必要的措施后，可采用括号内（1.6m）的数值。

② 由于500kV带电作业经验不多，此数据为暂定数据。

② 绝缘操作杆、绝缘承力工具和绝缘绳索的有效绝缘长度不得小于表33.60的规定。

③ 更换绝缘子或在绝缘子串上作业时，良好绝缘子片数不得少于表33.61的规定。

④ 更换直线绝缘子串或移动导线的作业，当采用单吊线装置时，应采取防止导线脱落时的后备保护措施。

表33.60 绝缘工具最小有效绝缘长度

| 电压等级/kV | 有效绝缘长度/m | |
|---|---|---|
| | 绝缘操作杆 | 绝缘承力工具、绝缘绳索 |
| 10 | 0.7 | 0.4 |
| 35 | 0.9 | 0.6 |
| 63(66) | 1.0 | 0.7 |
| 110 | 1.3 | 1.0 |
| 220 | 2.1 | 1.8 |
| 330 | 3.1 | 2.8 |
| 500 | 4.0 | 3.7 |

表33.61 良好绝缘子最少片数

| 电压等级/kV | 35 | 63(66) | 110 | 220 | 330 | 500 |
|---|---|---|---|---|---|---|
| 片数 | 2 | 3 | 5 | 9 | 16 | 23 |

⑤ 在绝缘子串未脱离导线前，拆、装靠近横担的第一片绝缘子时，必须采用专用短接线或穿屏蔽服方可直接进行操作。

⑥ 在市区或人口稠密的地区进行带电作业时，工作现场应设置围栏，严禁非工作人员入内。

（3）等电位作业

① 等电位作业一般在63kV（66kV）及以上电压等级的电力线路和电气设备上进行。若需在35kV及以下电压等级采用等电位作业时，应采取可靠的绝缘隔离措施。

② 等电位作业人员必须在衣服外面穿合格的全套屏蔽服（包括帽、衣、裤、手套、袜和鞋），且各部分应连接好，屏蔽服内还应穿阻燃内衣。

严禁通过屏蔽服断、接接地电流、空载线路和耦合电容器的电容电流。

③ 等电位作业人员对地距离应不小于表34.59的规定，对邻相导线的最小距离应不小于表33.62的规定。

表33.62 等电位作业人员对邻相导线的最小距离

| 电压等级/kV | 10 | 35 | 63(66) | 110 | 220 | 330 | 500 |
|---|---|---|---|---|---|---|---|
| 最小距离/m | 0.6 | 0.8 | 0.9 | 1.4 | 2.5 | 3.5 | 5.0 |

④ 等电位作业人员在绝缘梯上作业或沿绝缘梯进入强电场时，其与接地体和带电体两部分的组合间隙最小距离不得小于表33.63的规定。

表33.63 组合间隙最小距离

| 电压等级/kV | 35 | 63(66) | 110 | 220 | 330 | 500 |
|---|---|---|---|---|---|---|
| 最小距离/m | 0.7 | 0.8 | 1.2 | 2.1 | 3.1 | 4.0 |

⑤ 等电位作业人员沿绝缘子串进入强电场的作业，只能在220kV及以上电压等级的绝缘子串上进行。扣除人体短接的和零值的绝缘子片后，良好绝缘子片数不得小于表33.61的规定，其组合间隙最小距离不得小于表33.63的规定。若组合间隙最小距离不满足表33.63的规定，应加装保护间隙。

⑥ 等电位作业人员在转移电位前，应得到工作负责人的许可，并系好安全带。转移电位时人体裸露部分与带电体的最小距离不应小于表33.64的规定。

表33.64 转移电位时人体裸露部分与带电体的最小距离

| 电压等级/kV | 35～63(66) | 110～220 | 330～500 |
|---|---|---|---|
| 最小距离/m | 0.2 | 0.3 | 0.4 |

⑦ 等电位作业人员与地面作业人员传递工具和材料时，必须使用绝缘工具或绝缘绳索进行，其有效绝缘长度不得小于表33.60的规定。

⑧ 地线上悬挂的软、硬梯或飞车进入强电场的作业应遵守下列规定：

a. 在连接档距的导、地线上挂梯（或飞车）时，其导、地线的截面积不得小于：

钢芯铝绞线：$120mm^2$

铜绞线：$70mm^2$

钢绞线：$50mm^2$

b. 有下列情况之一者，应经验算合格，并经厂（局）主管生产领导（总工程师）批准后才能进行：在孤立档距的导、地线上的作业；在有断股的导、地线上的作业；在有锈蚀的地线上的作业；在其他型号导、地线上的作业；两人以上在导、地线上的作业。

c. 在导、地线上悬挂梯子前，必须检查本档两端杆塔处导、地线的紧固情况。挂梯载荷后地线及人体对导线的最小距离应比表33.59中的数值增大0.5m，导线及人体与被跨越的电力线路、通信线路和其他建筑物的最小距离应比表33.59的安全距离增大1m。

d. 在瓷横担线路上严禁挂梯作业，在转动横担的线路上挂梯前应将横担固定。

⑨ 等电位作业人员在作业中严禁用乙醇等易燃品擦拭带电体及绝缘部分，防止起火。

（4）带电断、接引线

① 带电断、接空载线路，必须遵守下列规定：

a. 带电断、接空载线路时，必须确认线路的终端断路器（开关）[或隔离开关（刀闸）]确已断开，接入线路侧的变压器、电压互感器确已退出运行后，方可进行。严禁带负荷断、接引线。

b. 带电断、接空载线路时，作业人员应戴护目镜，并应采取消弧措施，消弧工具的断流能力应与被断、接的空载线路电压等级及电容电流相适应。如使用消弧绳，则其断、接空载线路的最大长度不应大于表33.65的规定，且作业人员与断开点应保持4m以上的距离。

**表33.65 使用消弧绳断、接空载线路的最大长度**

| 电压等级/kV | 10 | 35 | 63(66) | 110 | 220 |
|---|---|---|---|---|---|
| 最大长度/km | 50 | 30 | 20 | 10 | 3 |

注：线路长度包括分支在内，但不包括电缆线路。

c. 在查明线路确无接地，绝缘良好，线路上无人工作且相位确定无误后才可进行带电断、接引线。

d. 带电接引时，未接通相的导线及带电断引时，已断开相的导线将因感应而带电。为防止电击，应采取措施后才能触及。

e. 严禁同时接触未接通的或已断开的导线两个断头，以防人体串入电路。

② 严禁用断、接空载线路的方法使两电源解列或并列。

③ 带电断、接耦合电容器时，应将其信号、接地刀闸合上并应停用高频保护。被断开的电容器应立即对地放电。

④ 带电断、接空载线路、耦合电容器、避雷器等设备时，应采取防引流线摆动的措施。

（5）带电水冲洗

① 带电水冲洗一般应在良好天气时进行，风力大于4级，气温低于－3℃，雨天、雪天、雾天及雷电天气不宜进行。

② 带电水冲洗作业前应掌握绝缘子的脏污情况，当盐密值大于表33.66临界盐密值时，一般不宜进行带电水冲洗。否则，应增大水电阻率来补救。避雷器及密封不良的设备不宜进行带电水冲洗。

**表33.66 带电水冲洗临界盐密值**

（仅适用于220kV及以下）

| 爬电比距/(mm/kV) | | 水电阻率/Ω·cm | 临界盐密值/(mg/cm²) |
|---|---|---|---|
| 发电厂及变电所支柱绝缘子 | 14.8～16（普通型） | 1500 | 0.02 |
| | | 3000 | 0.04 |
| | | 10000 | 0.08 |
| | | 50000及以上 | 0.12 |
| | 20～31（防污型） | 1500 | 0.08 |
| | | 3000 | 0.12 |
| | | 10000 | 0.16 |
| | | 50000及以上 | 0.2 |

③ 带电水冲洗时，水的电阻率一般不低于1500Ω·cm；冲洗220kV变电设备时，水的电阻率不应低于3000Ω·cm，并应符合表33.66的要求。每次带电水冲洗前都应用合格的水阻表测量水的电阻率，应从水枪出口处取水样进行测量。如用水车等容器盛水，对每车水都应测量水的电阻率。

④ 以水柱为主绝缘的大、中、小型水冲（喷嘴直径为3mm及以下者称小水冲；直径为4～8mm者称中水冲；直径为9mm及以上者称大水冲），其水枪喷嘴与带电体之间的水柱长度不得小于表33.67的规定。大、中型水冲水枪喷嘴均应可靠接地。

**表33.67 喷嘴与带电体之间的水柱长度**

单位：m

| 喷嘴直径/mm | | 3及以下 | 4～8 | 9～12 | 13～18 |
|---|---|---|---|---|---|
| 电压等级/kV | 63(66)及以下 | 0.8 | 2 | 4 | 6 |
| | 110 | 1.2 | 3 | 5 | 7 |
| | 220 | 1.8 | 4 | 6 | 8 |

⑤ 由水柱、绝缘杆、引水管（指有效绝缘部分）组成的小水冲工具，其组合绝缘应满足如下要求：

a. 在工作状态下应能耐受规定的试验电压。

b. 在最大工频过电压下流经操作人员人体的电流应不超过1mA，试验时间不短于5min。

⑥ 利用组合绝缘的小水冲工具进行冲洗时，冲洗工具严禁触及带电体。引水管的有效绝缘部分不得触及接地体。

操作杆的使用及保管均按带电作业工具的有关规定执行。

⑦ 带电水冲洗前应注意调整好水泵压力，使水柱射程远且水流密集。当水压不足时，不得将水枪对准被冲的带电设备。冲洗用水泵应良好接地。

⑧ 带电水冲洗应注意选择合适的冲洗方法。直径较大的绝缘子宜采用双枪跟踪法或其他方法，并应防止被冲洗设备表面出现污水线。当被冲绝缘子未冲洗干净时，切勿强行离开水枪，以免造成闪络。

⑨ 带电水冲洗前要确知设备绝缘是否良好。有零值及低值的绝缘子及瓷质有裂纹时，一般不可冲洗。

⑩ 冲洗悬垂绝缘子串、瓷横担、耐张绝缘子串时，应从导线侧向横担侧依次冲洗。冲洗支柱绝缘子及绝缘瓷套时，应从下向上冲洗。

⑪ 冲洗绝缘子时注意风向，应先冲下风侧，后冲上风侧；对于上、下层布置的绝缘子应先冲下层，后冲上层；还要注意冲洗角度，严防临近绝缘子在溅射的水雾中发生闪络。

（6）带电爆炸压接

① 带电爆炸压接应使用工业8号纸壳火雷管。

② 为防止雷管在电场中自行起爆，引爆系统（雷管、导火索、拉火管）必须全部屏蔽。

引爆方式可采用地面引爆和等电位引爆。当采用等电位引爆时，应做到：引爆系统与导线连接牢固；安装引爆系统时，作业人员应始终与导线保持等电位；导火索应有足够的长度，以保证作业人员安全撤离。

③ 炸药爆炸会降低空气绝缘。为保证安全，应遵守下列规定：

a. 爆炸点对地及相间的安全距离应满足表 33.68 的规定。

**表 33.68 爆炸点对地及相间的安全距离**

| 电压等级/kV | 63(66)及以下 | 110 | 220 | 330 | 500 |
| --- | --- | --- | --- | --- | --- |
| 安全距离/m | 2.0 | 2.5 | 3.0 | 3.5 | 5 |

b. 如不能满足表 33.68 的规定，可在药包外包食盐或聚氨酯泡沫塑料，以减小由于爆炸造成的空气绝缘性降低。

④ 爆炸压接时所有工作人员均应撤到爆炸点 30m 以外雷管开口端反向的安全区。

⑤ 爆炸压接时，爆炸点距承力工具及分流线、绝缘子、绝缘工具的距离应大于表 33.69 的规定。否则，应采取保护措施。

**表 33.69 爆炸点距邻近物的最小距离**

| 电压等级/kV | 承力工具及分流线 | 绝缘子 | 绝缘工具 |
| --- | --- | --- | --- |
| 最小距离/m | 0.4 | 0.6 | 1.0 |

⑥ 若分裂导线间距小于 0.4m，应设法加大距离或采取保护措施。

⑦ 出现哑炮时，应按《电业安全工作规程》（热力和机械部分）的有关规定处理。爆炸压接使用的炸药、雷管、导火索、拉火管均为易燃易爆物品，均应按上述规程有关规定加以管理。

（7）高架绝缘斗臂车

① 使用前应认真检查，并在预定位置空斗试操作一次，确认液压传动、回转、升降、伸缩系统工作正常，操作灵活，制动装置可靠，方可使用，工作中车体应良好接地。

② 绝缘臂的有效绝缘长度应大于表 33.70 的规定，应在其下端装设泄漏电流监视装置。

③ 绝缘臂下节的金属部分，在仰起回转过程中，对带电体的距离应按表 33.69 的规定值增加 0.5m。

**表 33.70 绝缘臂的有效绝缘长度**

| 电压等级/kV | 10 | 35～60(66) | 110 | 220 |
| --- | --- | --- | --- | --- |
| 有效绝缘长度/km | 1.0 | 1.5 | 2.0 | 3.0 |

④ 操作绝缘斗臂车人员应熟悉带电作业的有关规定，并经专门培训，在工作过程中不得离开操作台，且斗臂车的发动机不得熄火。

（8）保护间隙

① 保护间隙的接地线应用多股软铜线。其截面积应满足接地短路容量的要求，但最小不得小于 $25mm^2$。

② 圆弧形保护间隙的距离应按表 33.71 的规定进行整定。

③ 使用保护间隙时，应遵守下列规定：

a. 悬挂保护间隙前，应与调度联系停用重合闸。

b. 悬挂保护间隙应先将其与接地网可靠接地，再将保护间隙挂在导线上，并使其接触良好。拆除程序则相反。

**表 33.71 圆弧形保护间隙定值**

| 电压等级/kV | 220 | 330 |
| --- | --- | --- |
| 间隙的距离/m | 0.7～0.8 | 1.0～1.1 |

c. 保护间隙应挂在相邻杆塔的导线上，悬挂后，应派专人看守，在有人畜通过的地区，还应增设围栏。

d. 装拆保护间隙的人员应穿全套屏蔽服。

（9）带电检测绝缘子

使用火花间隙检测器检测绝缘子时，应遵守下列规定：

① 检测前应对检测器进行检测，保证操作灵活，测量准确。

② 针式及少于 3 片的悬式绝缘子不得使用火花间隙检测器进行检测。

③ 当检测 35kV 及以上电压等级的绝缘子串时，发现同一串中的零值绝缘子片数达到表 33.71 规定时，应立即停止。

当绝缘子串的总片数超过表 33.72 规定时，零值绝缘子片数可相应增加。

**表 33.72 一串中允许零值绝缘子片数**

| 电压等级/kV | 35 | 63(66) | 110 | 220 | 330 | 500 |
| --- | --- | --- | --- | --- | --- | --- |
| 绝缘子串片数 | 3 | 5 | 7 | 13 | 19 | 28 |
| 零值绝缘子片数 | 1 | 2 | 3 | 5 | 4 | 6 |

## 33.5 铁路运输安全

### 33.5.1 安全在铁路运输生产中的地位

铁路运输安全是运输生产系统运行秩序正常，旅客生命财产平安无险，货物和运输设备完好无损的综合表现，也是在运输生产全过程中，为达到上述目的而进行的全部生产活动协调运作的结果。铁路运输生产的根本任务就是把旅客和货物安全及时地运送到目的地，而铁路运输生产的作用、性质和特点，决定了铁路运输必须把安全生产摆在各项工作的首要位置。

（1）安全是铁路运输适应经济和社会发展的先决条件

铁路是我国主要的现代化交通，对经济、社会和科技发展，满足人民物质和文化生活需要起着重要作用。作为国家的基础设施，铁路运输安全既保证了国家重点物资、重要工程建设、重大科研基地及军事运输的需要，也为地方区域经济开发、招商引资和科技发展带来了生机和活力。作为公益服务事业，铁路运输安全保障了人民生命财产不受伤害和损失，提高了广大人民群众的生活质量。铁路作为国民经济的大动脉，如果发生事故，特别是重大、大事故，造成行车中断，甚至造成车毁人亡的严重后果，无疑将会给人民带来不幸，给国家造成巨大损失。事实证明，铁路运输安全的可靠程度不仅直接关系到我国社会主义市场经济的健康发展和改革开放的进程，而且直接影响社会生产、社会生活和社会安定，甚至影响国家的声誉和形象。

（2）安全是铁路各项工作质量的综合反映

铁路运输车站多、线路长、分布广。运输生产系统是由机务、车务、工务、电务、车辆、水电等部门构成的，犹如规模庞大的“联动机”昼夜不停地运转。铁路运输自然条件复杂，作业项目繁多，情况千变万化，安全工作贯穿于运输生产全过程，涉及每个作业环节和人员。无论是行车设备还是作业人员，任何一个部件出现故障，任何一个人员工作疏忽、违章作业、操作失误，都有可能造成行车事故、货运事故或人身伤亡事故。因此，在运输生产活动中，各部门、各工种人员必须遵章守纪，才能确保旅客和货物运输安全。

（3）安全是法律赋予铁路运输的义务和责任

《中华人民共和国铁路法》（简称《铁路法》）是保障铁路运输的法律手段，为了保证铁路运输的安全畅通，避免事故的发生，《铁路法》做出了一系列法律规定和措施。其中，有关条文明确指出：铁路运输企业应当保证旅客和货物运输的安全，做到列车正点到达。铁路运输企业必须加强对铁路的管理和保护，定期检查、维修铁路运输设施，保证铁路运输设施完好，保障旅客和货物运输安全。这就从法律意义上规定了保障客货运输安全是铁路运输企业应尽的职责和义务。

从法律角度看，旅客和货物托运人（当事人）与铁路运输企业之间的关系是合同关系（合同形式是客票和运单）。当事人支付费用后，铁路运输企业向其提供运输产品服务，彼此的权利和义务对等。如果铁路运输企业因人为事故不能保证旅客和货物运输安全，不仅违背了当事人的意愿，损害了他们的权益，而且也违反了《铁路法》的规定。铁路职工应学习有关运输安全方面的法律，做到知法守法，树立“遵章守纪是光荣，违章违纪法不容”的思想，并结合事故案例教育，真正做到警钟长鸣、忠于职守、安全生产。

## 33.5.2 铁路运输安全及其保障系统

### 33.5.2.1 铁路运输安全保障体系的构成

当铁路行车速度较低时，无论是人还是设备都有比较充裕的能力应付事故或突发的偶然事件，依靠设备的技术条件和维修保养标准与限度，以及人的操作规范和行为指南，就可以基本保障铁路系统的安全运转。然而，随着列车运行速度的提高、行车密度的增大，系统中所蕴含的不安全因素越来越多。同时，同一类型事故对不同行车速度和行车密度的路网造成的损失大不相同，如侵入物撞击对高速列车的影响较之对常规列车的影响就大得多；而且与高速度相伴而来的是行车密度的大大增加，区段与区段间、站点与站点间的相关性增加，任一区段的事故、停车、运缓都势必影响到其他区间列车的运行。因此，对于现代化铁路的安全而言，除了保障单个列车、区段本身的质量和安全外，更应着重保障整个路网的安全性。随着我国铁路既有线的大面积提速及高速铁路的兴建，保障运输安全的思想、方式、手段必然由局部安全转向整体安全，安全参数的监控由点式静态观测转向连续式动态监测，数据的传输和分析由以人为主向以计算机为主的现代化手段转变，建立统一的运输安全保障体系已成必然之势。

（1）影响运输安全的人-机-环境因素

铁路运输系统是一个在时间、空间上分布很广的开放的动态系统，铁路运输安全影响因素错综复杂，涉及面广。从系统的观点出发，与运输安全有关的因素可以划分为四类：人、机器、环境以及管理。其中，人既是影响安全的一种因素，又是防护对象；机器既是影响安全的因素，又是保障安全的物质基础；环境既可能是影响安全的灾害因素，又可能是应予保护的社会财富。因此，必须对其进行合理的组织管理才能充分发挥各自效能，最大限度地保障运输安全。

在人-机-环境系统中只有人可以向安全问题提出挑战，一个掌握足够技能和装备的人能够发现并纠正系统故障，并且使其恢复到正常状态。不幸的是，绝大多数事故的发生均与人的不安全行为有关。据统计，德国大约80%以上的道路交通事故起因于人的差错。法国电力公司在1990年提出的安全分析最终研究报告中指出，在70%～80%的事故中人的因素起着决定性的作用。美国机动设备事故中，由人的因素引起的事故占89%（其中单纯人的因素占57%，人与环境的相关因素占26%，人与设备的相关因素占6%）；美国矿山调查表明，由于人的差错导致误判断、误操作而造成的事故占矿山事故总数的85%。日本劳动省1983年通过分析制造业的伤亡事故原因表明，由人的不安全行为导致事故的占92.4%。可见，为了保障运输安全，必须注重职业教育，强化岗位培训，提高工人的技术技能。然而，由于受生理和心理状态的影响，人的行为状态和技能的发挥会有较大的起伏，若仅靠人或以人为主来保障运输安全，即便所有人员均达到培训要求，从长远看，运输安全也并不能得到有效保证。欲使运输安全达到较高水平，必须依靠技术先进、质量优异的运输设备和技术装备。

影响运输安全的环境因素包括自然环境和社会环境两类。洪水、暴雨、风沙、泥石流以及地震等自然灾害是影响铁路运输安全的重要自然环境，为了降低其危害需建立灾害环境的预警、预报系统及灾后救援和修复系统。而社会环境主要是指通过组织管理所营造的系统内的协调关系和通过法律、行政法规构筑的系统外部环境。

（2）现代化铁路运输安全保障体系的构成

铁路运输安全保障体系至少由如下四方面构成：建立健全与铁路运输相关的法律和行政法规体系；建立健全职业教育制度和职工技能培训制度；建立以现代企业制度为基础的内部管理体制；建立以先进技术装备为基础的运输安全技术保障系统。

① 建立健全与铁路运输相关的法律和行政法规体系。由于铁路运输在促进经济和保证经济正常运行方面具有关键性作用，必须为其建立一些特殊的法律或规则，即要求铁路运输活动必须在法定规则下进行。同时，为保证铁路运输生产的顺利进行，保障铁路运输安全，维护铁路运输生产秩序，各国都十分重视加强对铁路的法律管理，制定了大量的铁路运输法律法规，用以调整铁路运输关系。

铁路运输法律法规一般由三个部分构成：一是由国家的专门立法机关制定的法律，如美国的《斯塔格斯铁路法》，日本的《铁路营业法》，我国的《铁路法》等；二是由国家的最高行政机关制定的行政法规，主要是一些条例或实施细则，如苏联部长会议通过的《苏联铁路运输条例》，日本政府于1949年5月25日以政令第113号颁布的《日本国有铁路法施行令》，我国国务院于2005年4月1日颁布的《铁路运输安全保护条例》等；三是由政府的铁路主管机关颁布的行政规章，包括各种实施细则、规程、规则、办法和规定等，如我国铁道部制定的《铁路货物运价规则》《铁路货物运输规程》等。

从铁路运输法律规范的数量构成来看，大多是铁路行政规章。这些行政规章从其实质来看，一方面体现了铁路运输管理的技术特性，另一方面也体现了作为法律规范所特有的强制性。可以说，铁路运输法律规范在绝大多数情况下是铁路运输技术规范的法律化，是国家以认可的形式承认的技术规范，并赋予其法律的强制力以保证施行的结果。因此，铁路立法在很大程度上也反映了自然科学技术立法的特点。

新中国成立以来，特别是改革开放以来，我国铁路建设事业取得了很大的发展，铁路管理从传统的以行政手段为主的管理，逐步走向法制化、规范化。这期间，国家立法机关和铁路行政管理机关先后制定了大量的铁路管理的法律规范，初步形成了以宪法为基础、以《铁路法》为龙头、以铁路法律和铁路法规为骨干、以铁路行政规章为补充的纵横结合的铁路法规体系的基本框架。据不完全统计，自1949年新中国成立以来，国家有关部门共发布有关铁路运输管理的法律法规和行政规章近2000件，目前仍继续实行有效的法律法规和行政规章有400多件。其中，由最高国家立法机关经立法程序产生的正规法律有《安全生产法》《铁路法》；经国务院批准或发布的行政性法规约20件；其余为铁道部发布施行的行政规章。这些法律法规和行政规章的颁布实施，对于保障铁路运输安全，强化铁路运输生产管理，维护铁路运输生产秩序，发挥了积极有效的作用。

必须指出的是，随着经济体制的转变，对外开放的深入发展，特别是随着运输市场的全面开放，各种运输方式在运输市场中的竞争日趋加剧，铁路在迈向市场化过程中其法制建设明显滞后。由于铁路部门至今尚未形成一个完整的法规体系，使铁路法制建设不能适应铁路改革与发展的需要，这在一定程度上阻碍了铁路经营机制的转换、铁路管理的现代化及铁路市场化改革。

现行铁路法规体系中，普遍存在着法律效力层次低，内部规章多，法律法规少的问题。在市场经济逐步规范的条件下，铁路运输活动中各种关系的调整主要应该依据具有普遍适应性的法律。行政规章虽然也是广义上的法律，但由于其法律效力层次低，普遍适用范围较小，其法律作用受到一定限制。这对铁路全面走向市场化经营，无疑会产生极大的阻碍。

现有的铁路法律法规和行政规章大多是在计划经济条件下建立的，基本上反映和代表着计划经济体制下的一些特征与要求，其中有许多内容已不能适应市场经济发展对铁路运输事业的要求，甚至还产生矛盾冲突。

现有的行政法规和规章从内容上看主要是技术规程，或者说是铁路运输技术规范的法律化。严格来说，主要是作为行业内部技术规范的要求，对外法律效力的适用范围有限。而且部分法规规章在内容上还存在交叉重叠，甚至矛盾，形式上存在着不规范性。

我国已加入WTO，铁路的改革已进入攻坚阶段，政企分开、机制转换、扭亏增盈等深化改革、实施实质性市场经营的重大举措正在逐步展开，铁路运输市场面向国内外开放，参与市场竞争已成为不可回避的现实。因此，加快铁路立法工作，完善铁路法制建设，使铁路改革与发展有法可依、有章可循，对于深化铁路经营、管理体制的改革，规范企业行为，吸引国内外资金投资建设、经营铁路，保护各类投资主体的合法权益，都将产生极其深远的影响。

② 建立健全职业教育制度和职工技能培训制度。要抓好就业准入制度的落实。就业准入制度是从用人入口设置的一道素质“门槛”，强制所有从业人员必须接受培训，以提高新录用人员的素质。按照国家要求，对技术复杂、要求高、操作规程严格、直接关系到产品质量和人民生命财产安全的工种，必须实行就业准入制度。铁路特有工种直接关系到广大旅客、货主的生命、财产安全。为此，铁道部将铁路特有工种列入行业就业准入工种的范围。凡新录用人员，属于国家和部规定就业准入工种范围，必须从取得岗位标准要求的相应学历证书和职业资格证书的人员中录用；未列入就业准入工种范围的，也要从取得相应学历证书和职业资格证书的人员中优先录用。

要把岗位达标培训与竞争上岗紧密结合起来，实现“先培训、后上岗”制度。这是提高岗上人员素质而设置的又一道“门槛”。新录用人员进入企业后，并不意味着就可以终生在这个岗位上工作，必须不断通过职业教育和培训，提高自身素质，适应铁路技术发展要求。因此，要按照岗位标准要求，继续抓好全员竞争上岗工作，认真落实岗位达标、转岗、晋升等规范化培训，要认真完成每个职工两年不少于10个工作日的适应性和职业技能鉴定目标任务。

要运用工资分配的激励机制，促进职工自觉参加职业教育和培训。铁路企业要结合本企业的实际情况，积极探索建立以岗位工资为主的分配制度，完善落实工人技师和高级技师津贴，激发广大职工参加培训、学习技术的积极性，充分发挥高技能人才在铁路生产中的关键作用，营造有利于引进人才、培育人才、留住人才和使用人才的良好环境。

③ 建立以现代企业制度为基础的内部管理体制。现行铁路运输管理体制政企不分、高度集权，政府在各个方面以行政手段大量干预企业生产经营，将政府行为强加于企业，扭曲企业行为。铁路各级管理机构产权不清，铁路局与铁路分局机构与职能重叠，相互交叉、干扰，导致权责脱节，事实上企业无权负责也无法负责。这种体制造成国有资产保值增值虚化，企业缺乏内在的激励机制和约束机制，使企业对市场的变化反应迟钝，经营决策不及时，缺乏生机、活力及市场竞争能力。因此，首先必须深化铁路企业改革，按建立现代企业制度要求，加快铁路运输企业的公司制改造步伐，促进企业制度创新，做到产权清晰、权责明确、管理科学，使企业充满生机活力。其次加快铁路企业战略性改组，建立以现代企业制度为基础的内部管理体制。

④ 建立以先进技术装备为基础的运输安全技术保障系统。建立以先进技术装备为基础的运输安全技术保障系统是铁路发展的需要，铁路运输安全技术保障系统主要由以下几部分组成：

a. 现代化的铁路运输安全监测系统。

b. 机车车辆的运输安全保障系统。建立现代化的列车运行安全监控系统，对机车车辆的各子系统进行动态监测，对影响安全运行的故障进行报警或自动限制故障的扩大。各子系统的监测信息可通过安全监测网络反馈给乘务员、前方车站和路局安全中心。通过计算机数据接口，可将详细的检测数据提供给检测网络，以便及时检修状态不良的机车车辆，避免状态不良的机车车辆上路运行。配合计算机检修网络的建立，研究开发智能化、数字化的检修仪器、设备，建立自动化、智能化的检修系统。加强零配件的供应，提高产品的可靠性和耐用性，建立智能化的事故预测、分析和再现仿真系统。

c. 信号、调度的运输安全保障系统。以旅客列车安全为重点，以防止错办、“两冒一超”为主要目标，建立起比较完备的铁路信号安全保障系统，制定现代化的铁路信号设备性能评价方法。随着铁路信号设备广泛地采用微电子技术，对设备的安全性赋予了新的内涵，即从以前元件级的“故障-安全”结构转变为系统级的“故障-安全”结构。实现机车信号主体化；建立区间综合信息传输系统；采用计算机改造半自动闭塞设备；开通列车无线综合防护报警系统和信号设备的计算机监测、诊断网络系统；建立以铁路运输安全保障综合信息为基础的宏观决策支持系统。

d. 铁路重要装备伤损安全监控系统。重要装备的伤损安全监控系统主要包括信息采集、故障诊断、无损探伤、失效分析和可靠性评估等。对铁路重要装备（如“地对车”的轴温监控装置、“车对地”的综合检测车等）的现场运行状态实行检测和监控，逐步采用计算机管理，建立铁路重要装备状态信息库，通过计算机网络系统把运输第一线各级检修和在线状态检测信息输入计算机，并用数理统计、可靠性评估、系统安全理论等方法进行分析，对铁路重要装备的安全形势做评估。

e. 线路、桥梁、隧道的运输安全保障系统。为保证运输安全，地面工务设施应采用新技术、新材料，力争达到经济、方便实用、易于维修的目的。坚决执行工务产品的质量检验制度，线、桥、隧所用的设备、机具必须全部是由国家或铁道部授权的检验中心检验合格的产品。强化线、桥、隧设备，提高工务设备对列车运行安全的保障，并建立对固定设施本身的监测系统。

f. 自然灾害监测和报警系统。地震、大风、洪水、火灾、雷电、塌方、滑坡等自然灾害无一不对运输安全造成危害。监测和报警系统主要负责对沿线铁路和自然环境的监测，当预测或监测到可能发生灾害的信息时，及时进行报警。监测的主要内容是地震、暴风雨、线路塌方等危及列车安全运行的自然灾害。铁路防灾信息系统一般在铁路沿线设置防灾用的地震仪、雨量计、风速仪、水位计等，并与监控中心的计算机系统相连，数据可直接传给有关场所。为保证列车安全运行，该系统还必须能够迅速准确地做出判断，以进行运行管制和安全检查。

g. 事故应急处理系统。运输安全保障系统的作用是保护列车运行安全，避免事故发生，一旦发生事故，还必须有一套完备的事故应急处理系统，这对减少人员的伤亡，减轻事故损失，清理现场，恢复行车，避免事故扩大，具有非常重要的意义。事故应急处理系统与上述子系统是相互交叉的，但其又可以相对独立。如日本高速铁路的防护开关就属于该系统，当接触网与钢轨间通过车体短路时，防护开关自动动作，切断列车电源。又如在发生道口故障、雪崩等需进行必要的列车防护时，特殊信号发光机告知有异常事态发生。

h. 可靠和稳定的产品生产和检修质量保证系统。高密度行车会对设备不间断使用，要求作为铁路重要设备的列车、牵引供电和通信信号等系统，具有高度的可靠性。提高铁路设备的可靠性和检修质量的稳定性是安全保障的重要方面，可以将许多因为产品或检修质量不良造成的事故隐患消除在萌芽中。

i. 高度信息化的安全监控计算机网络系统。围绕运输安全这一中心任务，利用当今的通信技术、计算机网络技术，将地域上分散的各个设备和环境监测点，与运输安全直接相关的作业和施工现场，以及各级管理决策层连接起来，实现车-地之间双向通畅快捷的安全信息流通渠道和大范围的安全信息共享，建立集监测、控制和管理决定为一体的大型综合自动化系统。

j. 综合调度指挥中心。综合调度指挥中心集行车指挥、设备和能源调度、安全监控于一体，是决策指挥机构。有关运输安全和设备状态的大量信息传送到综合调度指挥中心，其指挥人员及时下达调整运行的行车命令和设备检修计划，以保证运输安全。

⑤ 铁路行车安全保障体系的构成。作为铁路运输安全重中之重的现代化铁路行车安全保障体系，其构成如图33.1所示，其信息流程如图33.2所示。

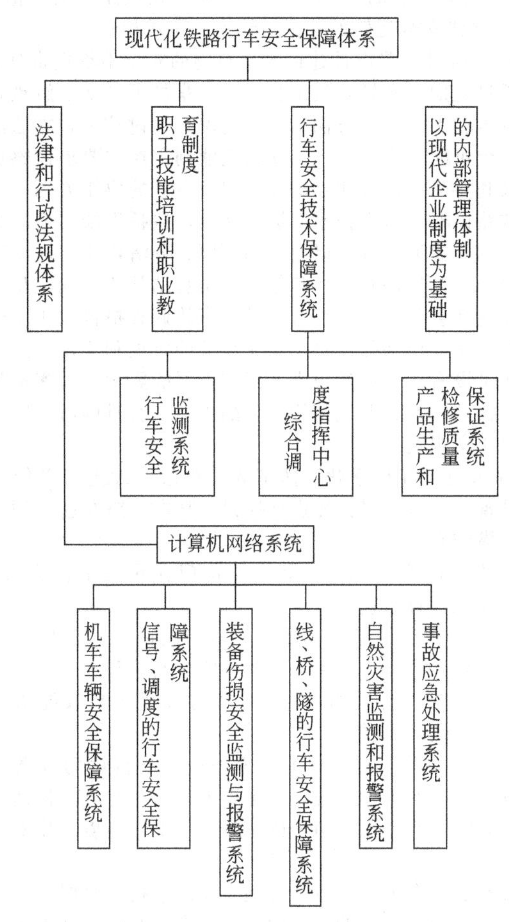


图 33.1 现代化铁路行车安全保障体系的构成

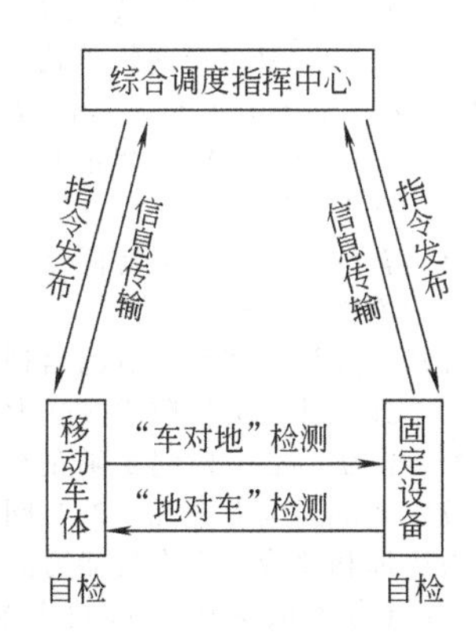


图 33.2 现代化铁路行车安全保障体系信息流程

### 33.5.2.2 国外铁路运输安全保障体系简介

在铁路运输发达和建成高速铁路的国家，其运输安全保障体系的共性是：安全管理法制化、科学化，安全装备高新技术化，安全保障系统综合化、集成化。

(1) 安全管理法制化、科学化

① 加强运输安全立法工作。日本有关铁路安全的法规十分完整，内容丰富、细致、具体。早在1964年，为了保障高速铁路的运行安全，在东海道新干线即将开通之际，日本政府及运输省即以法律形式，分别颁布了《关于对妨碍新干线列车运行安全行为进行处罚的特例法》及其实施细则。该法制定了有关毁坏运行安全设备罪、在线路上放置物品妨碍行车罪、向列车投掷物品罪等具体条款，对保证新干线运行安全和社会治安起到良好作用。此外，日本有关新干线行车安全方面的法规还包括《新干线运行规则》《新干线铁道构造规则》《新干线运转办法细则》。新干线与既有铁路共用的法律也有很多，主要有《铁道事业法》《铁道事业法实施细则》《铁道事故报告规则》《铁道设施检查规则》《铁道运转规则》《关于确保运输安全的省（部）令》《关于机车司机驾驶执照的省（部）令》等。

英国、美国等国都有经过国家最高权力机构通过后颁布施行的有关运输安全的系列法令和法规，如美国有《运输法》《铁路法》《铁路安全法》等，英国有《运输法》《道路和交通管理法》《铁路管理法》《铁路雇佣法》等。政府机构可通过法律对交通运输部门的生产和安全实行监督和管理，公众和铁路运输员工以法律为准绳，共同促进运输安全。这些法律条文都明文规定了在铁路安全问题上政府部门、铁路企业、有关行业等所具有的权利和承担的责任，从而使有关的各个方面有了共同遵循的准则，做到了有法可依。

② 建立健全监督机构。日本、英国、美国等国设有专职的铁路安全监督机构，安全监督机构直接隶属于政府有关部门，代表政府根据法律对铁路运输安全进行监督。监察员与铁路的关系必须调整得当，才能正确处理安全事务，实行有力的监督。英国铁路监察员的一条工作原则是对铁路安全只监督、不干预，并形成以下三条具体规定：

a. 铁路线路和设备的养护维修责任由铁路公司承担；

b. 铁路安全运转的责任由铁路公司承担；

c. 政府对铁路设计建造的建筑物的安全不承担责任。

通过定期召开铁路员工会议，监察员可经常了解铁路企业在技术和工作方法方面的发展情况，探讨技术和方法的改革对安全可能产生的影响。铁路企业则需经常要求监察员提供建议和意见。双方相互信任，保持良好的协作关系。

铁路监察员对上报事故进行调查，包括现场实地观察和测量、询问见证人等，以便查明原因、分清责任、提出事故调查报告。事故调查报告和年度安全总结都要按规定呈报政府，并向社会公布。铁路监察员在事故调查报告和年度安全总结中经常提出加强安全、防止事故的意见和建议，这对铁路企业虽没有法律的约束力，但有重要的影响。监察员的建议往往得到铁路企业或主管部长的采纳，有时可通过国会立法做出明文规定。

③ 人员管理科学化。防范人为事故的发生，必须从人员、设备、环境等多方面进行探讨，日本铁路在这一领域所采取的措施有：

a. 选择高素质的人。如铁路部门在录用工作人员时，通过适应性检查来选择合适人员。

b. 避免错误教育和训练。如对铁路内、外人员进行安全宣传教育和对路内职工进行各种安全测验和训练。

c. 用机器代替人的工作，强调逐渐采用高效能机械以缩小人所涉及的领域。

d. 改善工作环境，研究开发适应人的特性的设备和操作位置、适宜的工作环境，并考虑人在作业时应保持适度的紧张。同时，要考虑到由于机械带来的工作环境变化对人的影响。

日本还拥有关于行业和管理工作的学校，根据每个人工作经历的不同进行为期不同的职业培训。此外，日本还对运行系统的工作人员进行各种能力和心理上的测验，以判断他们对驾驶工作的适应性，并分析了考试成绩与事故之间的相关性，而且日本正继续开发和完善这些考试。

法国 TGV 高速列车的乘务人员是从已经合格的常规列车乘务员中挑选的。对一名 TGV 司机的培训时间为 3 周，培训内容包括熟悉 TGV 列车，熟悉高速线路特殊运用法规，以及熟悉将要运营线路范围内的特征等。培训结束时进行理论、实践和心理方面的考核。

英国铁路一直在开发列车驾驶人员的培训程序。初级司机在获得自己能“单独驾驶”资格前需接受大约 5 周的课堂和 10 周的监督操纵学习。在积累起足够的经验和资历前，一般他们需先在较次要的岗位上花几年的时间才能驾驶高速列车。模拟器作为培训和评价操作人员能力的一种手段正被广泛采用。品格和能力考试构成了驾驶人员选拔的组成部分。

④ 做好事故的统计分析。根据事故致因理论，必须对事故原因进行全面深刻的分析，找出发生事故的各种原因，才能对其进行有效控制。国外铁路对事故的统计和分析十分认真，根据数理统计理论对数据进行长期的积累，建立数据库和多种数学模型，分析事故原因的规律性。日本铁路提出了“事故原因体系”，并特别对人为事故进行了统计分析。日本旅客公司利用计算机技术建立多种铁路数据库，在分析了近 20 年的事故后发现，现在的事故都是过去事故的重演，从而强调安全对策不应片面地局限于“冒进信号”“道口事故”“自然灾害”等，为搞好安全，先要从认识上进行一次革命，不放松小事故，了解事故发生原因，掌握同类事故的防范措施，避免重蹈覆辙。

(2) 安全设备高新技术化

日本是世界上开行第一条高速铁路的国家，为了保障运输安全，高速铁路采用全封闭、全立交的线路，从而彻底消灭了平交道口的事故。同时，为了在人机系统中防范可能的人的错误，采取了以机控为主的控制方式，即在行车控制中，一旦得到报警和需要减速的信息后，不管司机处于何种状态，如果控制速度没有降到应降的速度，机器会进行自行控制，自动减速，直到停车。以机控为主的列车自动控制系统（ATC）的采用，杜绝了司机冒进事故的发生。

对于运输安全，设备的养护同样十分重要。为了保证设备不间断使用，日本发展并采用了先进的设备检测诊断与维修养护系统。利用系统对运用中的设备进行实时检测，检查其是否处于完好状态。日本新干线利用专用检测车，对线路上的固定设备包括轨道、接触网和通信信号设备等定期、定时地进行实际测试，发现异常立即进行修理。此外，对于移动设备，即动车和动车组，检查也很严格，一般都在基地进行，并加以维修。

自然环境的预测和报警是确保运输安全的另一个重要措施。由于海岸线长，同时又是地震频发的地区，自然环境对运输安全的影响十分明显。因此，日本在几条新干线上均安装了大量的灾害检测与报警设备，包括地震仪、雨量计、水位报警器、风速监测装置、降雪监测器、积雪监视装置、长轨温度报警装置和地表滑落报警装置等。

日本新干线的运输安全保障系统经过几十年的不断改进和完善，已经逐步发展成为一个行车管理的综合系统。在日本第一条高速铁路（东海道新干线）投入运用时，行车安全保障系统主要依靠列车自动控制系统，在行车指挥方面只是采取集中调度指挥的措施。而当第二条高速铁路（山阳新干线）投入运用时，就增加了行车安全管理系统，引入了计算机辅助的行车指挥系统，即 COMTRAC 系统，利用计算机进行辅助操作，实现全线调度系统统一指挥，从而进一步提高了行车安全性。

法国高速铁路于 20 世纪 80 年代开始投入运行。其高速铁路的安全保障系统，也采用与日本新干线类似的列车自动控制系统。法国的列车自动控制系统（TVM 系统）是利用无绝缘音频轨道电路作为传输通道，实现列车与地面信息的交换。TVM 系统可靠性较高，能代替部分司机的功能，当地面出现危险情况时，无须司机参与就能保证列车安全运行，可有效地防止司机的错误操作。

法国的列车自动控制系统在原有的基础上进行了改进，从原先阶梯式控制的 TVM300 系统发展到采用模块结构的速度模式曲线控制方式的 TVM430 系统。TVM430 系统于 1993 年在北部线上正式投入运用，不但性能比原来的 TVM300 系统有了改进，而且增加了设备状态和自然环境检测的功能，如接触网电压监视、热轴检测、降雨量检测、降雪量检测、暴雨及大风雪检测等，从而进一步强化了列车安全保障的功能。

德国高速铁路 ICE 采用的是 LZB 系列列车速度控制系统，是德国铁路、西门子公司及劳伦茨公司合作研究的成果。西班牙高速铁路 AVE 从马德里到塞尔维亚 471km，也采用了 LZB80 列车速度控制系统。LZB 系列列车速度控制是目前世界上典型的连续式列车速度控制系统之一，目前应用最广泛的是 LZB80 列车速度控制系统。LZB80 列车速度控制系统最突出的特点就是利用铺设在钢轨之间的轨道电缆实现车-地之间的双向信息传输；通过车-地信息传输系统，LZB 车载设备可以将列车的精确位置、实际速度、机车及列车工作状况（设备状况、轴温、供电及故障）等信息及时送到地面列车控制中心。地面列车控制中心的计算机根据综合调度中心下达的列车运行计划、列车运行线路状况信息（坡度、曲线半径、限制速度等）、相邻联锁中心送来的列车进路信息等经计算、比较处理后，确定在保证行车安全的前提下使列车运行间隔最小的列车运行速度，并立即通过 LZB 地-车双向传输系统将这一速度控制命令传送到 LZB 车载设备，由此实现对列车运行速度的控制。

欧洲是继日本之后高速铁路得到迅速发展的地区。除法国、德国外，英国和意大利等国家均开行了高速列车，而且这些高速列车大都在既有铁路上开行。由于目前欧洲各国铁路采用的列车自动控制系统的制式不统一，高速列车在各国铁路上运行难以确保行车安全，因此，欧洲一些国家正在建立统一的列车自动控制系统（ETCS）。ETCS 是一种全新的列车控制系统，既适应高速列车，也适应常规列车安全运行的需要。该系统运用最新的数字通信技术和计算机控制技术，列车不管在哪个国家的铁路行驶，这种列车自动控制系统都能确保安全。

英吉利海峡隧道高速铁路采用了特殊的行车安全保障措施，该隧道是客货混运的高速铁路，把英国与法国两个国家连接了起来。在技术方面，这条海峡隧道铁路采用了当代的最新技术。在安全方面，除了采用高速铁路通常运用的安全措施外，还增加了一些特殊的安全措施。突出地运用了两大新系统，一是火警系统，二是抢救系统。为了预防可能发生的火灾，在 50km 的隧道内安装了 31 个火情检测设备，对隧道内的空气质量进行分析，一旦发现火情信息，除能及时向控制中心发出报警外，还能自动与地面及车上的火警系统互相联系，并进行自动灭火，以确保在发生紧急情况时旅客的安全。抢救系统能保证列车在隧道内行驶一旦发生险情时，可以进行紧急处理，确保旅客与货物能安全地脱离险地。

(3) 安全保障系统综合化、集成化

随着列车运行速度的提高和行车密度的加大，涉及安全保障的信息越来越多，包括各种自然灾害情报数据，各种设备运行状态，有关防灾数据（预警、限速、停运决策信息）等。安全保障体系已经成为一个庞大系统，如何使之运转高效、准确，操作简便、灵活成为人们关心和亟待解决的问题。

目前研究的结果和实际应用情况表明，欲达此目的必须实现信息资源的共享和系统的综合化与集成化。铁路集成化安全保障系统的基本结构如图 33.3 所示，各国根据其具体情况采用了各具特色的集成化方法。

图 33.3 中铁路综合调度中心是高速列车安全正点运行的指挥中枢，通过协调保证列车正常运行的各个环节，最终实现高速铁路运输的目标。一个完善的综合调度中心应包括下列各分支管理或调度机构：运输计划的制订和管理，列车运营管理，机车车辆管理，维护作业的管理，设备管理，电力控制，安全监控，车站作业管理。图 33.4 形象表示出了综合调度中心的结构及其与其他系统的连接关系。组成铁路调度系统的各个部分是紧密联系、相互协同的。列车运营管理系统是最关键的组成部分，其他系统都是通过列车运营管理系统对列车和车站进行控制的。

调度集中系统是列车运营管理系统的重要组成部分，是列车运营管理系统的核心，主要负责对列车运行进路进行设定。然而，随着其功能的不断扩展，与列车运营管理系统的功能界限也越来越模糊。因而，对于大型的系统，人们越来越愿意使用列车运营管理系统来替代调度集中系统。

列车运营管理系统结构如图 33.5 所示，是综合调度中心的核心，一般由中央系统、通信系统、车站程序进路控制系统及旅客信息系统四个部分构成，通过列车运行图的调整来进行进路的设定、列车运行的控制以及为旅客提供列车运行相关信息。其主要功能有：运行表示；运行调整；维护作业时间管理；进路控制；旅客信息；临时限速控制等。

法国 TGV 高速列车在信息处理、资源共享、协调处理上进行了有益的尝试。TGV 高速列车动车组计算机处理自动化系统，由动车组的内部通信网络、地面至列车的无线通信网络和自动化系统的中央控制计算机组成。动车组的内部通信网络能够实现车上信息的统一检测处理传送。地面至列车的无线通信网络实现与车载网络的通信，从而形成一个统一的、整体的运转系统。在这个系统中，信息传递有三种连接方式：用户与设备之间的连接；各用户本身之间的连接；各设备之间的连接。用户分为旅客、列车乘务员、地面维修人员。设备分为牵引与制动设备、控制与监视设备、使旅客舒适的装置和信息设备。每个连接点都有各自的专用通信接口，由系统提供该用户或该设备所需要的信息。如司机的通信接口，由键盘和显示屏组成，用来实现列车在运行和停车时的相互对话；显示客车内外灯光、空调、关门、到站和列车识别等状况；向司机显示列车组的工作状况。一旦发生故障时，司机可通过计算机化的列车工作日记和计算机查找故障指南，及时找出排除故障的正确措施指导。再如维修人员的通信接口，为数字式数据传输的一种固定的地面至列车的无线电台，用于与计算机终端通信，并遥控其附近列车整备的有关信息。在被这些电台覆盖的区域中，任何一列车的任何不正常现象该接口都可以做到远程获取和显示。再将这些现象通过地面网络传递到维修中心，维修中心的计算机接收到列车组情况和任何部件或设备的故障实时数据后，维修人员将迅速做好修复和组织检查的准备，待列车入库迅速修复。由此不难发现，在这个系统中所有参与运输的部门都有自己的信息接口，都能够从系统中获取与本部门有关的信息、数据和指令，从而提高了运输效率，保障了行车安全，这就是系统综合化、集成化的优势所在。

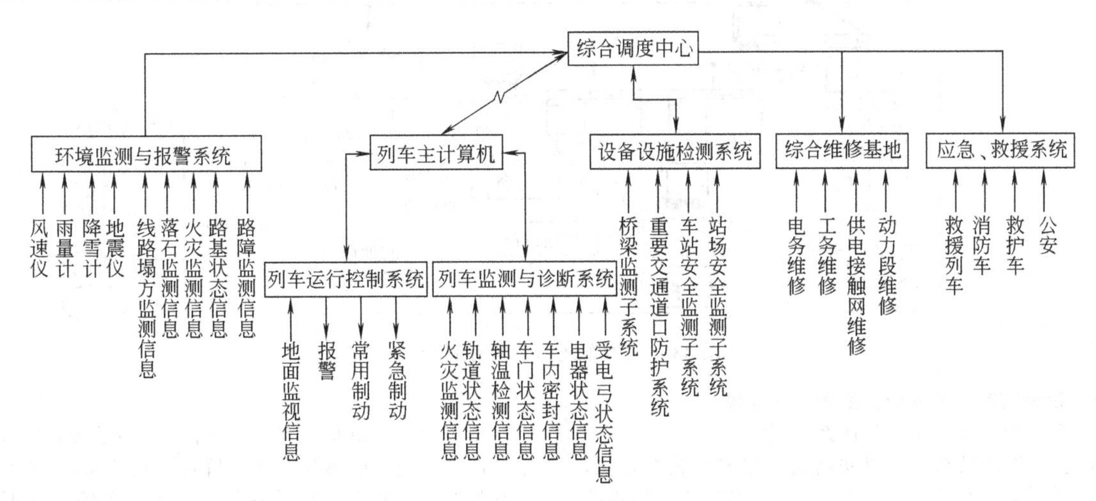


图 33.3　铁路集成化安全保障系统基本结构

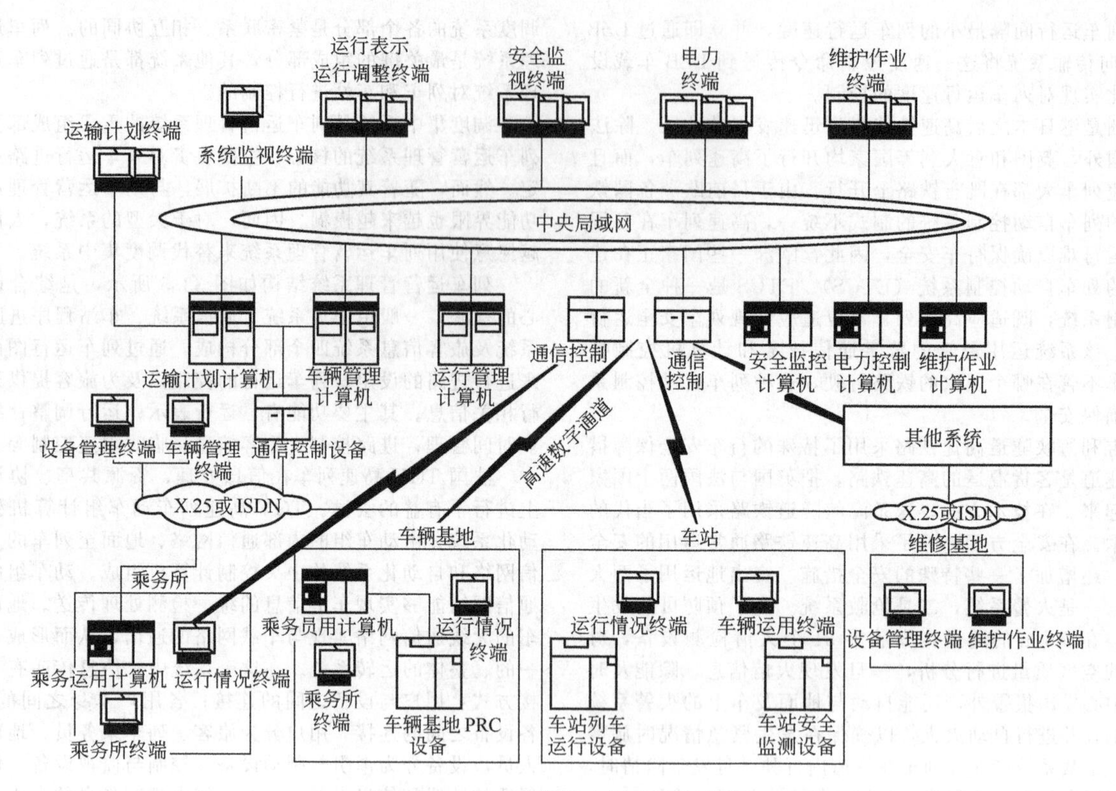


图 33.4 高速铁路综合调度中心结构

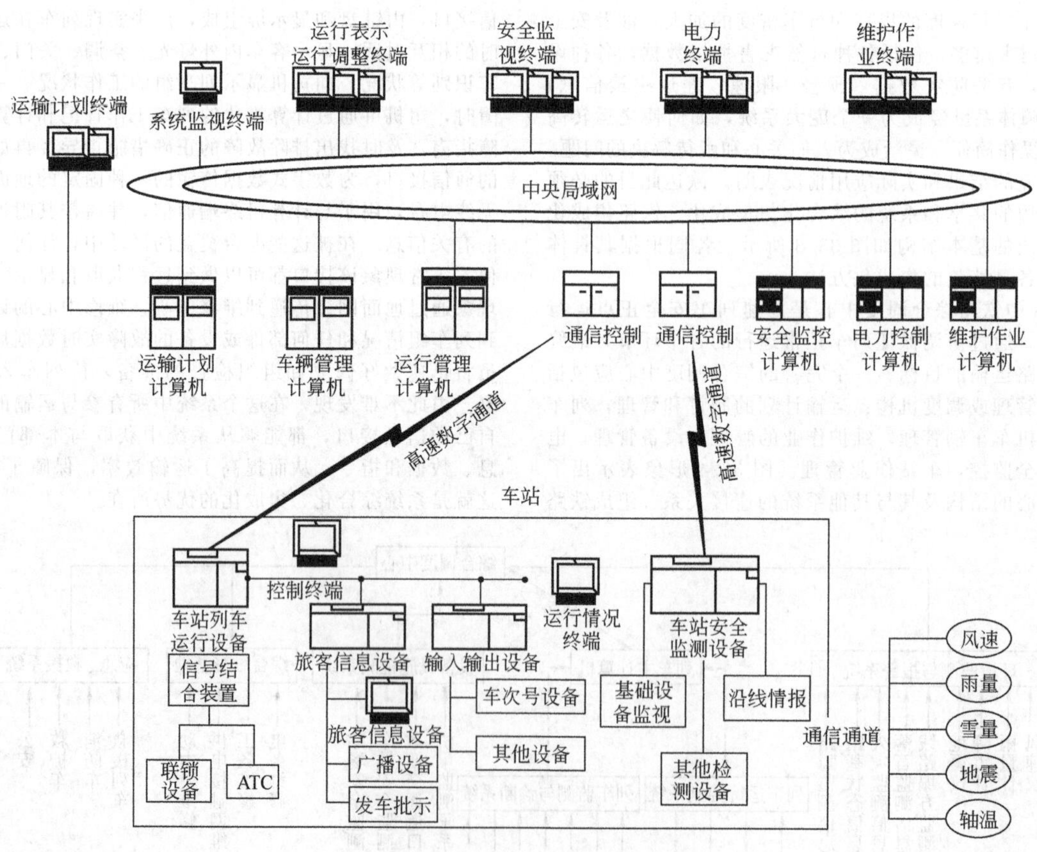


图 33.5 列车运营管理系统结构

### 33.5.2.3 我国铁路运输安全保障体系的建设

(1) 我国铁路运输安全保障体系的现状

20 世纪 90 年代以来，我国铁路始终把安全放在首位，以行车安全为核心，保障旅客安全为重点；依靠先进适用的技术装备、科学的管理和高素质的人员，行车安全呈现出稳定态势。

由于使用了机车和列车运行监控记录装置，有效地防止了“两冒一超”的事故，列车冒进事故下降了约 70%；由于红外线轴温探测网的普遍推广，机车车辆轴承振动诊断仪、客车轴温报警技术的广泛应用，列车断轴事故下降了近

90%；由于采用了集中联锁设备，有效地防止错办进路，错办进路事故下降了80%。

另外，还有一大批安全技术装备在我国铁路上推广应用。如TFX1型微处理器控制的防滑器、空重车调整阀、闸调器、货车超偏载检测装置、防脱轨装置、新一代钢轨探伤仪、道口自动防护报警、无线平面调车系统、新型接触网综合参数检测车和轨道检查车等。这些装备对减少行车事故，保障行车安全发挥着巨大作用。

铁路通信信号设备同样在保障行车安全、提高运输效率方面发挥了重要作用。如列车无线调度通信系统、自动闭塞系统、分级速度控制系统、调度集中系统、调度监督系统、车站计算机联锁系统等，以及驼峰溜放半自动化、自动化系统等，在保障行车、调车安全方面发挥了重要的作用。列车无线调度电话作为重要行车通信设备，在保证列车正点运行、降低机车能耗、提高通过能力、通告险情、防止事故、救援抢险和缩短事故处理时间等方面具有不可替代的作用。

全路开展车机联控工作以来，列车无线调度电话在保障行车安全，实现车机联控，列列、站站呼唤应答，强化安全管理和列车运行的动态管理中，有效地解决了行车部门主要工种间结合部的互控、联控。

铁路设备在技术上的更新换代，在产品性能的可靠性和稳定性上的提高也是安全保障体系中重要的一方面。如为适应提速要求研制的25K型客车、准高速客车、盘型制动装置、客车电空制动、列车制动单元等，主要干线上大量铺设60kg/m钢轨、固定式和可动心轨式提速道岔。

随着铁路运输安全保障体系的建设，我国铁路行车发生重大、大事故减少了60%左右，但行车重大、大事故发生率呈波浪形发展态势，直接经济损失也呈波浪形发展。自1995年来直接经济损失一直呈上升趋势，说明安全不稳的状况尚未从根本上扭转。

根据有关部门对近年来发生的行车重大、大事故进行的分析得知，其原因可分成直接人为因素、技术缺陷因素和其他因素三类。其中，直接人为因素主要指铁路移动和固定设备被盗或被损坏，铁路职工明显违章操作、违章作业或误动作，路外因素（如道口冲突）等；技术缺陷因素主要指因铁路设备本身技术缺陷，设备超限运行和使用而未能及时发现，或一些设备运行性能恶化，以及一些综合因素等；其他因素主要指因治安因素引起的列车爆炸、火灾，以及一些突发的自然灾害等。1994年以后因为技术缺陷造成的事故比率开始上升，说明现代化的铁路需要有现代化的技术保障措施，虽然有一批新的技术设备已经或正在铁路行业推广，但技术装备总体水平落后的状况还未根本改变，尚不能适应快速和高密度行车的需求。

于是，以先进技术为基础的监控装备逐渐进入了铁路的安全系统，先进可靠的监控设备可以弥补人的生理、心理的局限，是人的安全意识的延伸。因此，近几年对于安全监控装备的研究更受重视，设计生产了许多安全监控装置，已经成为保障安全不可替代的手段。同时，人们的认识也在进一步提高，以技术装备为主保障安全的思想开始树立，安全保障体系的规划也在研究之中。

（2）铁路运输安全保障体系的建设目标

综观世界先进国家的铁路安全保障体系，结合我国铁路的发展现状，我国铁路行车安全保障体系的建设目标可概括为：高效可靠、实时准确、反应迅速、管理系统化。

① 高效可靠　是指安全保障体系自身必须具有很高的可靠性，在任何条件下都能正常发挥作用，不误报、不漏报。与此同时，要求安全保障体系中所采用的设施、设备具有很高的自动化程度和自检、自校功能，能在无人值守的情况下长期正常运行，即具有高效性。目前发达国家的铁路运输安全保障体系中所采用的监测设备和控制系统基本上都达到了无人值守、自动报警和自动控制行车的程度，这不仅能节省人员编制，减少维护、管理费用，更重要的是随着行车速度的提高和行车密度的加大，人工观测、判断和指挥调度已经无法满足安全运行的需要。

② 实时准确是指一切危及列车运行安全的因素和隐患均应在产生危害之前被监测到，并采取适当可靠的处理措施。这就要求对各种隐患进行连续不断的监测，一旦发现异常现象，及时通知列车或调度中心并采取相应的对策。但并非所有的异常情况均要发出警报，而是只有在确实危及列车安全的情况下才发出警报。日本经过多年研究推出新的地震警报系统UREDAS，预报的准确性大为提高，对正常运输的干扰随之减少。其余像台风、暴雨、轨温、轨道变形、车辆状态等也存在类似问题，各国都十分重视安全保障系统监测预警的准确性问题，投入大量人力物力进行研究，这不仅是为了安全运行，也是为了减少因报警频繁而停车给正常运输造成的干扰。

③ 反应迅速　是指安全保障系统发出各种报警信息后，在尽可能短的时间内采取相应的措施，包括通知减速、停车，调整、改变运行计划，组织抢修、救援等。运行速度越高，行车密度越大，反应时间就越重要。世界各国对铁路安全均有一套快速反应机制，越是铁路运输发达的国家，该机制的反应和适应能力也越强。

④ 管理系统化　是现代化铁路安全保障系统的一个突出特点，也是保证高速度、大密度铁路运输安全的必由之路。在铁路技术发达的国家，基本上都实现了安全监控系统的综合管理与调度，这种综合调度是建立在运输管理自动化的基础上的，即在一条线路或一个铁路地区，不仅所有的列车运行由一个调度中心统一调度指挥，而且与安全有关的各种信息也全部汇集到该调度中心。除了特殊紧急情况由现场人员采取应急措施处理外，一般的安全问题均由调度中心下达有关的安全调度命令，包括列车的慢行、停车，维修、抢修命令的下达，列车运行计划变更、通知恢复正常运行等。安全保障体系的管理系统化，是建立在各种自动监测、管理、报警等先进技术设备与软件基础上，同时也必须有与之适应的运输管理体制保证。与先进国家相比，我国在设备方面的差距虽然比较大，但相对容易克服，而弥补管理思想和方式上的差距则要困难得多。

（3）铁路运输安全保障体系的建设

我国铁路行车安全保障体系的建设可从如下几个方面着手进行：

① 研制机车和客车车载安全监测系统。旅客列车应普遍安装轴温探测、火警探测、故障检测等车载安全检测装置；在旅客列车运行过程中，对旅客列车各部分的运行品质、制动参数、轴温、防火、车门等进行动态监测。

② 推广应用安全综合检测车、机车车辆综合试验车和轨道探伤车等先进设备，进一步完善不同速度等级的超速防护、列车运行监控装置，实现移动设备对固定设施和线路状态监测，即实现“车对地”的系统监测。安全综合检测车由弓网接触、轮轨作用、轨道状态、通信信号四个检测子系统和一个环境监视图像处理子系统组成，用来动态监测固定设备及线路状态。大型钢轨探伤车可以实现对钢轨内部损伤自动化检测。探伤车作业速度将由现在的40km/h力争提高到80km/h。

③ 建立并完善对机车车辆安全运行品质和货物装载的地面监测系统，重点监测货车动力学运行参数、超偏载和轴温等情况。该系统包括车号识别系统和轴温监测系统，以及轮轨作用力测试系统、运行安全指标监测系统。可监测通过列车和每一节车辆的运行状况，若监测到运行状况超标的车

辆就予以报警。此系统可以自动记录储存数据，也可把数据传输到安全信息中心，实现“地对车”的监测。

④ 研制行车事故分析系统和快速救援抢修的技术与装备。利用无线数据传输技术和计算机网络技术实现“车对车”“地对车”之间防护报警数据、列车车次号和图像的双向传输，用全球定位系统（GPS）及其他定位技术，实时提供列车位置。最终实现列车事故防护报警，沿线移动人员安全防护报警，道口事故防护报警，重点线路、桥梁、隧道灾害报警等。采用计算机对信号设备进行实时监测、故障诊断和事故预警，建立专业性、综合性维修中心，提高信号设备的可靠性和可用性。

⑤ 研究高速铁路和快速铁路灾害预警预防系统。加强对地震、泥石流、洪水、滑坡等重大自然灾害的防治、预警及整治技术，积极开展隧道、桥涵等隐蔽建筑物的病害检测和治理技术研究，大力提高铁路技术装备的可靠性。

综上所述，铁路运输生产必须坚持“安全第一”的原则，依靠先进技术和装备，保障行车安全。实现移动设备对固定设施和线路状态的监测，即“车对地”的系统监测；实现地面监测系统对机车车辆安全运行品质和货物装载的安全监测，即“地对车”的系统监测。这个安全监测系统通过无线数据传输网、计算机网络相互连接、相互匹配，形成一个预报可靠准确，采取措施反应迅速，管理系统化、综合化的行车安全保障体系，这也是21世纪初我国铁路安全运输发展的主要目标。

### 33.5.3 铁路运输安全管理运作

#### 33.5.3.1 铁路运输安全管理方针

“安全第一，预防为主”是我国的铁路运输安全管理方针。“安全第一”就是要求运输企业在组织生产、指挥生产时，坚持把安全生产作为企业生存与发展的第一要素和保证条件。“预防为主”就是要求运输企业以主动积极的态度，从组织管理和技术措施上，增强运输安全保障系统的整体功能，把事故遏制在萌芽状态，做到防患于未然。

(1)“安全第一，预防为主”指导方针的作用

安全生产是社会主义运输企业管理的一项基本原则。安全是与计划、生产、技术、质量、物资、设备、劳动和财务等管理密切相关并渗透其中的企业管理的首要任务。安全管理是上述八大管理中与安全相关的管理内容的综合和发展，并由专门机构和人员负责统一规划、组织协调、监控实施。运输安全管理以“安全第一，预防为主”作为指导方针，是安全科学理论与安全生产实践相结合的结果，也是几十年来我国运输安全工作经验和教训的科学总结。这一不以人们意志为转移的客观规律，不仅深刻揭示了安全与效率、安全与效益及安全管理与其他管理工作之间的辩证关系，同时也表明了安全管理自身各项工作应遵守的原则。“安全第一，预防为主”指导方针的作用主要有以下四个方面：

① 导向作用。在运输生产中存在各种各样的矛盾，如安全与效率、技术与管理、软件与硬件、局部与整体等。安全与效率始终是主要矛盾，而安全又是矛盾的主要方面，在任何时候只有首先抓住了主要矛盾和矛盾的主要方面，也就是对影响安全的不利因素，如隐患、危险等主动出击，预先防止，就能牢牢把握住运输生产的主动权，促使矛盾向有利于安全的方向转化，任何单位和个人违背这个原则，必将受到事故惩罚，造成无法挽回的损失。

② 规范作用。运输生产是一个动态变化的过程，影响安全和生产的因素很多。凡事预则立，不预则废，把“安全第一”要做的工作，“预防为主”必办的事情落到实处，才能收到预期的安全效果。如从指导思想到奋斗目标，阶段任务到主攻方向，实施方案到具体办法，组织分工到监控反馈等进行周密规划、统一部署，并按变化做出必要调整，形成着眼于现场作业控制的管理落实机制，使运输生产处于有序可控状态。

③ 约束作用。安全需要纪律严明、按章办事、工作高效的个人行为、群体行为、管理行为的联合保证。这就需要上上下下有“安全第一，预防为主”的共同思想基础，并以此为准则，抵制克服不利于安全的思想和行为。为此，按照“安全第一，预防为主”的要求，加强安全教育和培训，制定各级安全责任制，健全安全生产激励机制，使广大铁路职工心往一处想，劲往一处使，共同开创运输安全新局面。

④ 评价作用。以发生事故的数量及其损失大小可以衡量一个生产单位安全状况的好坏。但由于事故具有潜在性和再现性、偶然性和必然性、事发原因的多重性和因果性等特性，为了实事求是地判断运输企业的安全状况和发展趋势，除以事故指标衡量外，还需要考察“安全第一”的思想和“预防为主”的措施落实情况及其效果，即对运输系统中的关键人员、关键岗位、关键作业、关键设备等有无防范举措，安全观念中是否有超前防护意识、作用如何等进行评价。

可见，“安全第一，预防为主”不是一句空洞的口号，而是具有丰富的内涵。深刻认识其本质涵义并发挥其应有作用，关键在于认识深化、决策正确和扎扎实实地工作。

(2)“安全第一，预防为主”是一个不可分割的整体

在铁路运输生产中，“安全第一”主要由运输生产的特点所决定，而当行车、客运、货运等事故一旦发生，所造成的物质损失就无法挽回。预防事故是主动而为，事故抢救是迫不得已，对来自人祸天灾的事故而言必须以预防为主，这是运输安全不可动摇的原则。“安全第一”的思想到位，解决好各种各样的矛盾，是“预防为主”的前提，离开这个前提就谈不上“预防为主”。因为，不解决好“安全第一”的思想认识和实际问题，职工预防事故的自觉性、主动性和积极性就难以调动和持久。

“安全第一，预防为主”最终还是以清除隐患、预防事故发生为归宿。故应积极采取措施，消除各种不利因素，把事故消灭在萌芽状态之中，满足“安全第一”需要。可见，“预防为主”是“安全第一”的重要保证，失去这种保证，“安全第一”就成为一句空话。“安全第一”和“预防为主”的辩证关系与生产实践相结合，共同构成了运输生产的安全屏障，二者密不可分。

“预防为主”就是要对事故发生的原因进行调查研究、系统分析、制定原则、采取对策，真正做到思想上重视，制度上保证，工作上落实，作风上适应，常抓不懈，持之以恒。当“安全第一，预防为主”的指导方针未能得到彻底贯彻落实的时候，影响安全的因素，如人员、设备、环境、管理等，其非正常状态就成为事故发生的原因。

(3) 贯彻“安全第一，预防为主”指导方针的原则要求

《铁路主要技术政策》总则中明确指出：“铁路运输生产要贯彻‘安全第一’的原则，采用新技术和新装备，配套发展铁路安全设施，提高运输设备的可靠度，强化安全管理，建立完善的安全保障体系。”铁路运输安全综合治理的原则要求主要有：

① 牢固树立“安全第一”的思想，强化“安全第一”的责任意识是运输安全的重要前提。

人是影响运输安全最重要的因素，人的安全思想和意识是安全行为的基础。因此，必须加强以人为中心的管理，持久深入地进行安全生产教育，增强广大职工在市场经济条件下的安全责任感和紧迫感，以及不安全的危机感，营造人人重视安全，事事确保安全的工作氛围。而运输生产中存在的隐患，发生的事故（除不可抗拒自然原因造成的事故外），

归根结底是人的“安全第一”思想不牢，安全责任意识淡薄所致。在安全工作与其他工作发生矛盾，或安全工作取得成绩的时候，“安全第一”的思想往往被淡化或移位，这是安全措施不落实，安全形势不稳定的根本原因，应坚决克服纠正。

② 遵守规章制度，严格组织纪律是运输安全的重要保证。在长期生产实践中，我国铁路部门根据运输生产规律、事故发生的因果关系和防止事故的宝贵经验，制定了许多保证安全、提高效率的规章制度和作业标准，并根据情况变化及时加以完善和发展。有章必循，就要有严格的组织纪律约束。纪律松弛、有章不循是对运输生产安全的最大威胁。因此，必须加强职工队伍的组织性和纪律性，使“严字当头、铁的纪律、团结协作、雷厉风行”的作风得以发扬光大。

建立健全严格的安全管理制度，最为重要的是各级安全责任制的逐步完善和切实执行。应避免职责不清、分工不明、互相推诿的不良现象发生。并通过各种管理手段做到是非严明，赏罚分明，形成强有力的竞争、激励和约束机制。

③ 加强职工教育培训工作，提高职工队伍安全素质是运输安全的重要基础。提高人员安全素质最为有效的途径就是理论联系实际进行教育和培训。这在高科技广泛应用于铁路运输的情况下显得更为迫切和重要。通过各种形式的教育和培训，大力抓好职工队伍的职业道德建设，培养爱岗敬业的精神和遵章守纪的良好习惯，提高实际操作能力，特别是非正常情况下的作业技能和应急处理能力，全面落实作业标准化。与此同时，也要不断加强干部的技术业务培训，普遍提高干部队伍的业务素质。

④ 不断改善和更新运输技术设备是运输安全的物质基础。运输设备质量取决于出厂的产品质量，也取决于运用中的设备能否经常得到精心的维护和保养。因此，要坚持设备检修与保养并重，预防与整治相结合的原则，攻克设备隐患，落实维修标准、作业标准和质量标准，努力提高设备的有效性，使设备经常保持良好状态。同时，增加经费投入，改善设备功能，加快实现主要运输装备现代化的步伐。积极发展和完善既能提高运输效率，又能确保安全的各种安全技术设备，这是提高铁路运输安全水平的必由之路。

⑤ 争取地方政府和人民群众的支持是运输安全的坚强后盾。铁道部门的工作没有各地的支持是做不好的。铁路运输安全尤为突出。铁路应主动加强与地方的安全联防和共建，不断改善铁路沿线的治安秩序，积极依靠地方政府和沿线人民群众参与事故救援、抢修等工作。加强路外安全宣传教育，防止人身伤亡和事故的发生，保证铁路运输安全畅通。

#### 33.5.3.2 铁路运输安全管理手段

（1）经济手段

经济手段是指通过工资、奖金、罚款等经济措施以及经济责任制、经济核算制等形式去影响和调动广大职工的积极性，是一种为保证生产任务的完成和安全目标的实现而采取的物质刺激手段。

在社会生产力发展水平不高、人们的思想觉悟和道德水准尚未达到高标准要求时，适当采用经济手段，可以起到其他手段所无法达到的效果。

经济手段不是一种强制的直接影响被管理者意志的方法，而是以刺激、诱导等方式间接影响被管理者的意识和行动，是通过经济利益的分配，鼓励先进，惩罚落后，从而调动广大职工的积极性，规范人们的行为，把人们的注意力引到安全生产上来，使运输生产的参与者人人关心安全生产、研究安全生产，进而促进安全生产。

（2）行政手段

行政手段是通过一定的行政隶属关系，从上而下地对运输生产活动中个人、群体和管理行为表示肯定（应该做什么，怎么做，做好怎么办）和否定（不该做什么，做了怎么办）的认可，以协调人们之间关系，保持相对平稳的一种重要的调节手段。主要依靠行政领导机关的职能和权力，采取行政命令、指示、规定、决定（表彰或处分等）规范人的行为，指导和干预铁路运输安全生产。铁路运输是在全运程（旅客及货物由发站运到到站的全部里程）和全过程（基本生产和辅助生产中各部门、各单位、各工种的全部作业过程）中进行的，因此在时间和空间上必须有严格的规定和统一的标准。有关铁路行车组织的命令、指示，运输安全管理条例，规章制度及政策性指令等，因事关运输安全正点和任务的完成，广大运输职工必须无条件服从。行政手段有明显的强制性和权威性。

安全在管理，管理在干部。在全路普遍实行的安全逐级负责制，干部安全管理失职行为追究制度，以及基层站段干部对安全工作实行“五定”（定时间、定地点、定项目、定数量、定标准）制度，对增强干部管理好安全的责任感和紧迫感，密切干群关系，解决干群矛盾，提高干部的威信均具有很大的促进作用。

为使行政手段发挥好应有效能和作用，各级领导和基层干部应大兴调查研究之风，使决策民主化、科学化，并通过落实安全责任制，把管理、监控、服务三者有机地结合起来，为政令畅通、确保安全提供较为宽松的内部环境。

（3）思想工作

思想工作是运输安全管理中最经常运用的工作方法和手段。在我国铁路行车安全工作中，出现过许多先进的安全典型，有的几千天、甚至几十年，未发生过责任行车事故，坚持思想政治工作是他们的共同经验。

安全生产管理的思想工作包括四个方面：一是掌握运输生产规律，抓住关键时间、部位、车次和人员，把思想工作做到运输生产任务、生产环节和运输生产的全过程中去；二是根据大自然的风、雨、雷、雾、雪天气和季节的变化对运输生产和职工思想情绪带来的影响，有预见地做好超前的思想工作；三是掌握职工思想变化规律和社会诸多因素的影响，及时了解职工之间和职工家庭内部的矛盾情况，抓住思想问题的症结，及时疏通引导，增强团结，振奋精神；四是掌握人的生理规律，根据职工性别、年龄、体力的差异和在运输生产中反映出来的思想情绪，因人而异地做好思想工作。

（4）法律手段

法律手段是在其他调节手段已不起作用或无法取代的情况下，用来解决比较复杂的关系和矛盾的。通过贯彻执行有关法律条文，规范人们安全生产和保护运输安全的行为，以达到维护法律尊严、保证生产安全的目的。铁路运输安全管理运用法律手段的范围主要有两个方面：

① 用法律保护铁路运输企业的合法权益。在运输生产中，人为破坏铁路设施和正常运输条件、危及行车安全的恶性案件时有发生，如违反规定携带危险品上车、偷盗铁路通信器材、关闭折角塞门、拆卸鱼尾板等，这些破坏行为严重危及铁路行车安全，必须依法整治。

② 对严重危害运输安全的违法行为，由执法部门依法进行相应的惩处。如少数职工玩忽职守，对本职工作极不负责，违反有关法律规定或规章制度，不履行或不正确履行自己的工作职责，致使重大事故发生，应按《刑法》规定，按情节轻重追究其刑事责任。对重大事故的肇事者或责任人依法严惩是从严治路的一个重要方面，也是一种教育方式。

（5）各种手段的综合运用

综上所述，运输安全管理手段可分为两类：一是柔性调节手段，包括思想政治工作，情感手段，心理手段、奖励、表彰、晋级、提升等激励手段；二是刚性手段，如经济处罚、行政规定和处分、追究刑事责任等。经济、行政、思想工作和法律等手段都有各自的功能和作用，但各有其使用上的局限性。以经济手段为例，通过让职工在经济上得到实惠或受到损失，激励他们关心并做到安全生产。但这只对那些有较高物质利益要求的人起作用，对一些期望值超过奖励数额较多及对物质利益不太关心的人来说，就起不到应有的鞭策和激励作用，操作不当还会使一些人只顾眼前利益而忽视长远利益，这就需要其他调节手段相配合。从调节的作用看，各种管理手段都不是孤立的，更不是互相排斥的，而是紧密联系、相辅相成的。因此，在运输安全管理工作中实事求是，综合运用好各种手段，理顺各种复杂关系，化消极因素为积极因素，让广大铁路职工的安全生产积极性和创造性得到更充分的发挥。

#### 33.5.3.3 铁路运输安全管理的法规依据

（1）《铁路法》有关运输安全管理的法律内容

《铁路法》是我国管理铁路的第一部法典，规定了铁路运输安全方面的法律问题，主要内容有：

① 铁路运输设施的安全保障。

② 铁路路基的安全保护。

③ 旅客列车和车站的安全保障。

④ 铁路行车安全和事故的处理。

⑤ 铁路运输企业对危害铁路行车安全行为的处理。

⑥ 铁路沿线环境保护。

《铁路法》针对危害铁路运输安全的违法行为，规定了相应的行政责任、刑事责任和民事责任。该法是同违法行为进行斗争，建立良好的铁路运输秩序，保证铁路运输畅通无阻的有力武器。

（2）国务院颁布的与铁路运输有关的安全法规

国务院颁布的与铁路运输安全及其管理有关的安全法规，是经国务院办公会议通过并以国务院总理令颁发的行政法规。与铁路运输安全有关的法规主要有：

①《铁路运输安全保护条例》。规定了铁路部门和铁路工作人员对保证运输安全应尽的职责，以及对各种扰乱铁路站、车秩序，侵犯旅客和货主权益，危害行车安全，损坏铁路设施行为的禁令和奖惩范围及权限。

②《生产安全事故报告和调查处理条例》。对造成特别重大人身伤亡或巨大经济损失，以及性质特别严重、产生重大影响的特别重大事故调查程序做出了具体规定，主要内容包括调查的原则要求，特大事故的现场保护及报告，特大事故的调查办法和处理权限等。

与此有关的法律还有《关于特大安全事故行政责任追究的规定》《民用爆炸物品管理条例》《放射性物品运输安全管理条例》等，这些都是有关铁路运输安全的法规，都是铁路行车安全管理的法律依据。

（3）铁路部门制定的有关规程、规则

①《铁路技术管理规程》（简称《技规》）。《技规》是我国铁路技术管理的基本法规。在《技规》中明确了铁路在基本建设、产品制造、验收交接、使用管理及保养维修方面的基本要求和标准；规定了铁路各部门、各单位、各工种在从事运输生产时，必须遵循的基本原则、责任范围、工作方法、作业程序和相互关系；规定了信号的显示方式和执行要求；明确了铁路工作人员的主要职责和必须具备的基本条件。《技规》中还对行车组织的基本要求，编组列车、调车工作、行车闭塞及列车运行的办法和安全作业进行了规定，是全路行车组织和行车安全管理的基本依据。

②《铁路行车组织规则》（简称《行规》）。《行规》是各铁路局根据《技规》的要求，结合本局管内的具体情况制定的，是对《技规》的补充，也是铁路局行车安全管理的准则。其主要内容包括：

a.《技规》中明文规定由《行规》规定的事项，如枢纽地区的列车运行方向、超长列车运行办法等。

b.《技规》中未做统一规定，又不宜由站段等基层单位自行规定的行车方法。

c. 根据铁路局管内特殊地段的平纵断面情况，信号、联锁、闭塞设备和机车类型等特点，对行车工作应规定的特殊要求和注意事项。

d. 广大职工在生产实践中，创造推广的先进经验和行之有效的安全生产措施等。

③《车站行车工作细则》（简称《站细》）。《站细》是车站根据《技规》《行规》等有关规定，结合本站具体情况编制的，是对《技规》和《行规》的补充，也是车站行车安全管理的细则。其主要包括以下内容：

a. 车站的性质、等级和任务。

b. 车站技术设备的使用和管理。

c. 接发列车和调车工作组织。

d. 列车在站技术作业过程和时间标准，作业计划的编制、执行制度。

e. 站通过能力和改编能力的计算和确定。

④《铁路行车事故处理规则》（简称《事规》）。《事规》是铁道部为了及时处理行车事故，尽快恢复正常的运输秩序，减轻或避免事故损失而制定的，是正确处理各类行车事故的依据。其主要内容包括：

a. 行车事故处理的原则要求。

b. 行车事故及其分类。

c. 行车事故的通报、调查和处理。

d. 行车事故责任的判定和处理。

e. 事故的统计、分析和总结报告等。

⑤《行车安全监察工作规程》。《行车安全监察工作规程》是行车安全监察机构维护铁路行车安全法规的实施，加强行车安全管理，保证运输安全，严格实行监察制度的重要依据。其主要内容包括：

a. 各级行车安全监察机构的设置、任务、职责及行车安全监察机构职权。

b. 各级行车安全监察机构的组织领导和工作准则。

c. 各级行车安全监察人员的行政级别和综合素质要求等。

（4）作业标准和人身安全标准

作业标准是延伸的规章制度，一般是指与重复进行的生产活动直接有关的作业项目和程序，在内容、顺序、时限和操作方法等方面，依据作业规章制度所做的统一规定，是组织现代化大生产的主要手段。作业标准和规章制度二者相辅相成，缺一不可，对大量重复进行、影响大、安全要求高的铁路接发列车和调车工作更是如此。

① 接发列车作业标准。接发列车作业标准是铁道部发布的行业标准，包括：

a.《接发列车作业 第4部分 单双线半自动闭塞集中联锁（未设信号员）》（TB/T 1500.4—2009）。

b.《接发列车作业 第5部分 单双线半自动闭塞色灯电锁器联锁》（TB/T 1500.5—2009）。

c.《接发列车作业 第6部分 单双线电话闭塞无联锁》（TB/T 1500.6—2009）。

② 人身安全标准。《铁路车站行车作业人身安全标准》（TB 1699—1985）是铁道部为保证作业人员自身安全而发布的标准，主要内容有：

a. 行车作业人身安全通用标准。

b. 接发列车作业人身安全标准。

c. 调车作业人身安全标准。

d. 扳道（清扫）作业人身安全标准。

③《电气化铁路有关人员电气安全规则》。我国电气化铁路在路网中的比重越来越大，为强化电气化铁路运输安全管理，确保电气化铁路有关人员作业安全，铁道部专门制定了《电气化铁路有关人员电气安全规则》。其内容主要有：

a. 电气化铁路运输和安全的原则要求。

b. 电气化铁路附近有关安全规定。

c. 养路工作安全规定。

d. 装卸作业和押运人员安全规定。

e. 接发列车及调车作业安全规定。

f. 机车车辆作业安全规定。

g. 通信、信号、电力设备维修安全规定。

h. 电气化铁路附近消防安全规定。

i. 车辆行人通过道口安全规定。

#### 33.5.3.4 铁路运输安全管理体制

（1）铁路运输安全管理体制内涵

铁路运输安全管理体制是与铁路运输管理体制一脉相承的。《铁路法》规定：国务院铁路主管部门主管全国铁路工作，对国家铁路实行高度集中、统一指挥的运输管理体制，对地方铁路、专用铁路和铁路专用线进行指导、协调、监督和帮助。国家铁路运输企业行使法律、行政法规授予的行政管理职能。铁路沿线各级地方人民政府应当协助铁路运输企业保证铁路运输安全畅通，车站、列车秩序良好，铁路设施完好和铁路建设顺利进行。这就从铁路运输的内部关系和同地方人民政府的外部关系两个方面，确定了铁路运输管理体制。所有这些规定对铁路运输安全管理体制的形成和发展具有重要的导向作用。

① 国家铁路实行高度集中、统一指挥的运输安全管理体制。国家铁路实行高度集中、统一指挥的运输安全管理体制是由铁路运输生产特点决定的。

国家铁路运输生产素有“高、大、半”的特点。“高”即高度集中，如各运输企业的行车工作都要服从铁道部的统一管理、统一指挥和统一调度，运输安全法规统一由铁道部制定。“大”即运输生产具有大联动机的性质，技术性和时间性强，管理程序复杂，作业环节众多。通常一个运输企业不能独立完成旅客和货物安全运输任务，需要其他铁路运输企业的通力协作与配合。无论是远程货物列车还是长途旅客列车，时空跨度大，沿途有为数众多的铁路职工，按照统一的运输法规和作业规定为列车安全运行服务。任何一个作业环节违章操作，都会影响联动机的正常运转。“半”即运输系统的生产活动具有半军事化的特点。铁道部、铁路局、铁路分局对基层生产单位的运输调度指挥工作以命令形式下达，各基层站段必须服从。

铁道部对铁路局和铁路分局在安全管理上有下列关系：

a. 统一下达运输安全目标、任务、规则和要求，保证铁路运输企业完成运输安全目标任务所需的经费、设施和物资。

b. 统一制定运输安全法规，建立运输安全管理体系或网络。

c. 审查批准重大安全技术和管理科研项目，以及重大安全技术设备改造计划。

d. 审查批复铁路运输企业对重大事故的处理结果等。

② 铁道部对地方铁路、专用铁路和铁路专用线进行指导、协调、监督和帮助。《铁路法》规定，铁路运输安全必须遵守的技术管理规程和有关作业标准，由铁道部制定，实行行业统一管理，这是社会化大生产的客观要求和选择。地方铁路、专用铁路和铁路专用线因主管部门和工作性质不同，需要国家铁路在运输安全生产上给予技术政策和咨询及信息等方面的指导，在安全技术问题上协调处理好各种铁路之间的关系，监督各种铁路执行《铁路法》《技规》及作业标准的情况，在人力、财力、物力上力所能及地支持地方铁路、专用铁路和铁路专用线，包括帮助培训运输业务干部、进行技术改造等。通过指导、协调、监督和帮助，使其他铁路不断提高安全管理水平和安全运输的可靠程度。

③ 铁路沿线地方政府协助铁路做好运输安全工作。铁路线路四通八达，穿越南北，横贯东西，这就使得铁路运输企业比其他一般企业更多地需要取得地方政府的支持和帮助。实践证明，凡是运输畅通无阻、治安秩序好的区段，都和地方政府积极支持、整顿秩序、教育群众分不开。因此，地方政府协助铁路运输安全工作是铁路运输安全管理体制的重要内容。

（2）铁路运输安全管理体系

在我国有关铁路运输的法律尚未修改之前，国家铁路运输企业是指铁路局和铁路分局。站段不是运输企业，而是铁路分局或无分局铁路局的一个基层生产单位，仅根据铁路分局或铁路局授权依法履行安全生产职责。铁路分局是独立完成铁路运输——旅客和货物位移的基层运输企业，其所进行的安全生产是整个铁路运输安全的基础。因此，以下着重介绍铁路分局运输安全管理体系。

① 铁路分局运输安全管理体系的构成。按运输安全管理对象分为：车务、机务、工务、电务、车辆等部门作业安全；货运、装卸作业安全；车站客运作业和客运列车运行安全；作业人员和管理人员安全；路外人员和道口安全等。

按纵向组织机构划分为：铁路分局基层站段、业务车间、生产班组和职工。

按职能部门和业务分处（室）分为：铁路分局安全监察室，运输、机务、车辆、工务、电务、客运、货运和劳保分处等；基层站段，技术室、安全室、运输室、人劳室、教育室等。

铁路分局运输安全管理体系构成如图 33.6 所示。

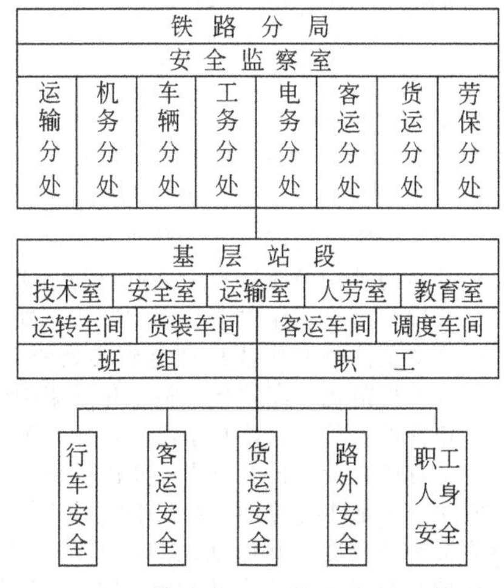


图 33.6 铁路分局运输安全管理体系

从图 33.6 和运输安全工作实际情况看，铁路分局运输安全管理体系可分为监察层、决策层、执行层和实施层。

a. 监察层指分局安全监察机构，主要职责是：监督检查分局管辖内所属部门、单位执行上级机关颁发的安全生产方针政策、目标任务、规章制度、命令指示情况；监督检查分局发布的有关行车安全的规章制度、命令和措施贯彻执行情况，监督有关部门加强质量管理和安全管理；调查处理分局管内的险性事故和有争议的一般事故等。

b. 决策层指分局及其职能部门，主要职责是：制订年度运输安全工作的指导思想、目标任务和计划安排；发布有关行车安全的规章制度、命令和规定；确定安全技术设备的安装、使用、管理和维修办法；检查站段安全基础建设工作成效等。

c. 执行层指站段及其职能科室，主要职责是：为完成分局安全目标任务而制订站段安全管理目标任务和实施方案、计划和措施；按照运输安全法规和分局有关要求，制订、修改、完善本站段安全规章制度，并按规定报上级主管部门审批；加强安全基础建设，开展安全攻关和安全联控活动；调查、分析、处理行车一般事故和人身轻伤事故等。

d. 实施层主要指车间、班组和职工，主要职责是各车间根据站段安全目标管理的要求，制订车间具体安全目标和保证措施，下达到班组和个人执行；督促检查安全目标和保证措施执行情况，并进行分析、评价，找出薄弱环节，以便改进工作。

② 行车安全管理体系。行车安全管理是铁路运输生产中最重要的管理工作，主要包括列车安全、作业安全、施工安全、设备安全和路外安全等。其体系构成如图 33.7 所示。

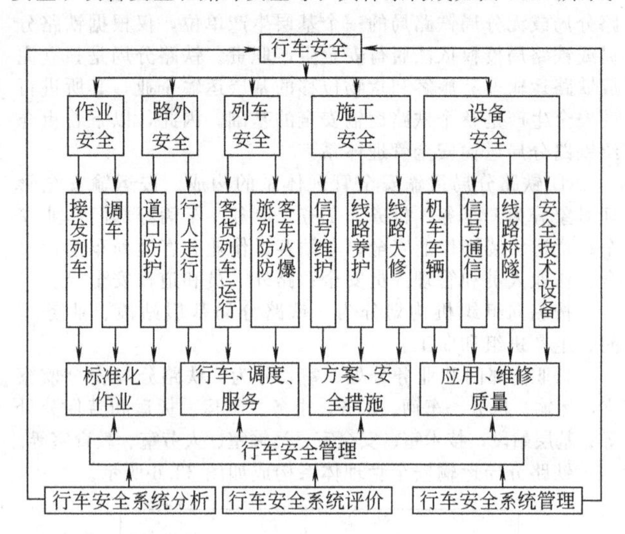


图 33.7 行车安全管理体系

(3) 运输安全管理制度

实践表明，运输安全管理的全部意义就是抓紧抓好规章制度和标准化作业的落实。随着铁路经济体制的深化改革，建立健全相应的运输安全管理制度，对加大运输安全管理力度，扭转安全不稳的被动局面具有十分重要的意义。

运输安全管理制度是运输安全管理体制不可缺少的组成部分，是把运输安全法规和作业标准落到实处的重要保证，是使安全管理行为规范化、高效化、科学化的集中体现，各级领导、干部和管理人员应该认真学习、加深理解、接受监督、自觉遵守、身体力行。长期以来，我国铁路一直在执行行之有效的安全监察制度、安全教育制度和安全检查制度等。并随形势发展和变化，开创性地制定了许多切合实际、富有时代特征的分层管理，逐级负责制及安全工作落实机制等。

① 安全生产教育制度。安全教育是增强路内职工安全素质的最佳途径，也是路外人员了解铁路安全常识，强化安全意识的重要手段。

安全生产教育制度是对安全生产教育的内容、对象、形式和方法所做的具体规定。运输部门及其他业务部门基层作业人员、各级管理人员，根据工作需要和规定要求，分期分批地接受不同类型的安全教育或培训。通过安全思想、安全知识和安全技能等方面的学习和教育，牢固树立“安全第一，预防为主”的思想，掌握必需的安全生产技术知识和安全管理知识，提高遵章守纪的自觉性和标准化作业技能，并定期进行考核，实行持证上岗，这是安全生产的充分必要条件。铁路行车有关人员，在任职、提职、改职前，必须熟悉本规程有关内容、本职基本知识技能和技术安全规则，并经考试合格。属于有技术等级标准的人员，还需按其等级标准考试合格。在任职期间，还应定期进行技术考试和鉴定，不合格者应调整其工作。如今，全面考核、竞争上岗制度已在全路普遍推行。

为了保证运输安全，对路外人员，主要包括旅客、货主、机动车驾驶员以及铁路沿线群众进行安全常识、法规等方面的宣传教育，在我国铁路运输安全工作中已经制度化。

② 安全生产检查制度。运输安全生产检查是以各种运输法规为准绳，通过有计划、有目的、有步骤地查思想、查管理、查设备、查现场作业，发现和消除隐患及危险因素，总结交流安全生产经验，推动运输安全工作深入开展。

安全生产检查制度是对安全生产检查的内容、形式和整改要求所做出的切合实际的规定。按照工作需要进行的定期性、专业性、季节性和经常性安全检查，不仅要大兴调查研究之风，增强为现场服务观点，而且应与干部考核挂钩，使安全检查真正起到鉴别、诊断和预防作用，使检查结果成为领导决策的重要参考依据。

检查是手段，整改才是目的。对安全检查中出现的好经验要及时总结推广。对暴露出来的矛盾，特别是领导不重视、制度不健全、设备不可靠及安全意识淡薄等问题，要定措施、定人员、定期限整改，并做到条条有交待，件件有着落。

③ 分层管理，逐级负责制度。运输安全是一个系统工程，运输安全管理体系实行“分层管理、逐级负责”的制度，是提高安全管理科学性和有效性的重要举措。强化这项制度，要注意把握管理范围和职责，组织学标、对标、达标和建立健全安全落实机制三个重要环节。

分层管理、逐级负责，就要界定管理范围，立标明责，建立安全管理责任制。即界定铁路局、铁路分局、基层站段，以及各单位、各部门的各个职位安全管理的职责和权限，订立管理标准和考核办法。在管理范围界定、责任标准明确的基础上，各单位、各部门组织广大干部和管理人员认真学习职责、标准，对照职责、标准进行有效管理，并努力达到职责、标准要求（即学标、对标、达标）。同时，建立健全安全管理落实机制，促进各级干部和管理人员尽心尽责，使运输安全的各个环节、关键岗点处于有效的监控之中。

运输安全管理体制保持正常运转，才能使运输生产协调平衡，基本稳定。正常运转的活力和动力来自广大干部和职工的积极性和主观能动性。这就需要解决好干部作用和职工现场作业控制这两个关键环节的落实问题。有了安全落实机制，好的管理制度和方法才能坚持下去，并取得实效。科学的管理体系和有效的安全落实机制相辅相成，是安全管理有序可控的重要保证。

安全落实机制是以调动积极性，强化现场作业控制为目的，制定兼容考核，激励和约束为一体的政策和措施，使规章制度和作业标准得到落实的行政控制手段。如以干部“五定”考核为核心内容的安全管理落实机制；以班组“双达标”（班组升级达标和岗位作业达标）为内容的班组自控机制；以加大激励力度，辅以行政手段、利益分配，以及与思想工作紧密结合为主要内容的安全激励机制；以全员岗位作业达标为目标的职工培训质量保障机制等。

④ 安全监察制度。安全监察是由规定的安全监察机构对职责范围内的运输安全工作进行监督和检查。实行严格的监察制度，强化安全监督监察工作是落实安全法规和安全措施，实现安全预防，正确处理事故的重要保证。

#### 33.5.3.5 铁路运输设备安全管理

(1) 运输设备对行车安全的意义和作用

铁路运输设备是铁路运输生产的物质基础，其技术状态和质量状态的好坏直接影响、制约生产效率和生产安全。如何做好设备的修、管、用，使设备始终处于质量良好的状态，从而保证安全生产，是安全管理的重要课题。

① 运输设备是完成运输任务的物质基础和安全生产的重要保证。铁路运输主要技术设备的发展对铁路运输业发展起着决定性的作用。没有技术设备的不断发展，铁路就会丧失应有的竞争力，就无法满足国民经济和广大人民群众对铁路运输的要求，不能保证旅客和货物的运输安全。因此，要想完成运输任务，保证行车安全，就必须对铁路运输设备不断进行"现代化"改造，加大保证运输安全的设备投资力度。否则，如果铁路运输关键设备陈旧、超期服役或带病运转，必然会发生不同种类的行车事故，如断轴、断轨、联锁失效和机车故障等，轻则影响列车正常运行，重则造成列车冲突、脱轨颠覆、车毁人亡及中断行车等严重后果。

随着旅客列车速度和货物列车重量的提高、行车密度的加大，保证行车安全必须依靠先进的技术装备，必须采用新技术、新材料、新工艺，大力提高运输设备的可靠性。

② 能够保证安全的常用运输辅助设备

a. 可以减少或避免损失的设备。如安全线、避难线等隔开设备，可以在列车发生冒进信号或在长大下坡道上失去控制的情况下，避免造成与其他列车冲突等更为严重的后果，使事故损失尽可能地得到降低。

b. 可以防止作业人员操作失误的设备。如信号联锁设备，可以防止错误办理进路、开放信号，向有车线接车或向占用区间发车。又如机车自动停车装置，当地面信号显示停车信号，而机车乘务员不按信号指示停车时，可以代替人员自动实施制动等。

c. 可以预告事故征兆、防止事故发生的设备。如轴温探测和报警设备，可以探测列车在高速运行情况下车辆轴温高低，当轴温超过一定数值时，发出报警信号，使有关人员提前采取措施，防止可能发生的车辆燃轴、切轴事故。

d. 其他预防和减轻事故的设备。如无线列车调度电话、超限车辆自动检测设备、列车运行超速防护设备、牵引变电所、接触网计算机检测设备、车站信号计算机监督设备等。

(2) 设备管理的内容

① 做好设备购置规划。铁路运输设备数量大、价值高，解决铁路运输设备问题必须统筹考虑，分阶段实施。

a. 调查研究、科学分析。定期全面检查现有设备，找出隐患，弄清形成的原因和对安全的危害程度，为规划决策提供准确依据。

b. 区别轻重缓急，优化投资方向。必须根据财力、物力，把投资重点放在以下几个方面：迅速消除危及列车安全的重大设备隐患，填补安全设施空白点，增设安全运输的控制、检测、事故预防及处理的装置和设备，加大机车、车辆修理能力。

c. 发挥部、局（分局）积极性，多方面筹措资金，增大安全配套设备的资金投入。

② 合理使用设备。正确合理地使用设备，可以减轻设备磨损，使设备保持良好的工作性能和精度，延长设备使用的寿命，为运输生产的顺利进行创造有利条件。

a. 按设备的性能、结构合理使用设备，即在使用设备时不违反设备使用规定，尽量避免超负荷、超范围、超性能地使用设备。例如，货车装载重量必须符合货车标记载重及有关规定，严禁超载，防止切轴威胁行车安全。

b. 按操作规程正确操作设备。设备操作规程是正确、合理使用设备的重要依据。操作者必须严格遵守操作规程，正确地操作设备。各种技术设备应配置固定人员操作，实行"包机制"，持操作证上岗。建立岗位责任制，精心保养，细心检修，使设备经常处于良好状态。

c. 养成爱护设备的良好习惯，提高操作技术和保养水平。要经常对设备使用人员开展爱护设备的思想教育，提高爱护设备的责任感，自觉地管好、用好、修好设备。要加强技术训练，使操作人员熟悉设备的结构、性能，掌握维护保养的技术知识，以及各种检查方法，真正做到会使用、会保养、会检查、会排除故障。

d. 认真进行设备检查。设备检查是掌握磨损规律的重要手段，是维修工作的基础。设备检查是对设备的运转情况、工作精度、磨损程度进行检查和核验。通过检查，可以全面地了解设备的技术状况和磨损情况，及时查明和消除设备的隐患。设备检查一般分为日常检查和定期检查两种。由于各类设备的特点不同，其检查要求也不同。认真进行设备检查就是按检查要求，认真检查、认真测试，发现问题，认真处理，真正做到不漏项、不简化程序，严格按规章办事，做好检查工作。

③ 搞好设备维修。铁路主要技术政策规定，要完善设备检修体制，对关键零部件实行寿命管理，要制定科学的检修标准，不断提高检修质量。

a. 设备维修工作的重要性。设备维修是使运输设备经常处于良好状态，保证安全生产的主要措施。正确合理做好设备维修工作，对于扭转设备不良现状，具有十分重要的意义。

b. 设备维修工作应坚持的原则。对技术设备的养护维修，应坚持预防为主，检修与保养并重的原则。预防和整治相结合，就是通过定期检查和季节性整治工作，做到"无病防病、有病根治"。

c. 维修与生产的关系。生产和维修是对立统一的关系，维修是为了保证生产和促进生产，生产必须有良好的设备。铁路运输部门在编制下达生产计划时，必须考虑设备维护保养及设备更新改造所必需的时间。同样，维修工作也要尽力减少对运输生产的影响。

#### 33.5.3.6 班组管理

(1) 班组在铁路安全生产中的地位和作用

① 班组是铁路运输生产的基本单位。班组是保证铁路运输安全生产的最基本、最基层的活动单位，是铁路运输安全生产的落脚点。运输生产活动正是以班组为单位展开的，安全生产的目标归根到底要在班组实现，安全生产的记录归根到底要在班组创造。

② 班组是铁路运输安全管理的基础。生产班组是以最基本的生产工人组成的，这些生产工人是铁路运输安全活动的实践者，安全管理制度只有以这些基本工人、群众的经验、素质、积极性、创造性为基础，才能更加符合安全生产的客观要求，并且具有得以贯彻落实的可靠保证。

班组的基本功能就在于通过自己的生产实践活动完成站段或车间下达的运输生产任务。

生产班组既是落实安全生产管理制度的终端，又是检验安全生产管理制度合理与否的实践场所。铁路运输中的各项技术指标、作业过程、规章制度，都要在班组实施，而作为制定安全管理制度的大量原始记录、统计台账等，都要由班组提供。同时，班组在第一线从事生产实践，最了解安全生产的关键所在，最清楚安全管理上存在的问题和薄弱环节，这些关键问题也最容易在生产班组中反映出来。这样，生产班组为制定安全管理制度提供了实际依据、实践场所和检验手段，成为铁路运输安全管理的基础。

③ 班组安全形势对全局有重大影响。铁路运输的点多、线长，参与运输生产的部门多、工种多，这些特点决定了其

是高度集中统一的、联动性的社会化大生产。虽然各工种、各个班组生产活动是分散的，但却是组成铁路运输安全生产链条上不可缺少的环节，任何一个环节的断裂，都可能会使一定范围乃至全局的正常运输秩序遭到破坏。例如，某调车组在调车作业过程中发生车辆脱轨事故，使行车中断，不仅影响本站的接发列车作业，而且影响整个区段的列车运行，在繁忙的干线上，甚至打乱全局、全路的列车运行秩序。班组的安全成绩，直接影响站段和全局的安全形势。

(2) 充分发挥班组长和安全员的作用

为了保证班组的安全生产，班组长和安全员应当发挥更大的作用。

① 班组长在安全生产中的作用

a. 班组长是安全管理的组织者。规章制度的实施、基础资料的积累、班组成员的考评等都必须在班组长的组织领导下进行。

b. 班组长是班组安全运输生产活动的指挥者。铁路基层站段的安全生产一般实行站（段）长、车间主任、班组长三级管理，班组长是最基层的安全生产指挥者。

c. 班组长以普通工人的身份参加安全生产实践，并在安全生产实践中发挥表率作用。

② 班组长在安全生产中的职责

a. 在车间主任的领导下，对本班组安全生产全面负责，直接指挥本班组的生产活动。

b. 搞好本班组的安全管理，正确填记本班组的各种原始记录和台账簿册。

c. 落实岗位责任制，将班组的安全生产和收益分配挂起钩来。

d. 及时处理生产中的各种问题，组织班组技术业务学习，提高班组成员素质。

e. 主持召开安全生产总结会、民主生活会等，加强政治思想工作，保持班组正常的生产和工作秩序。

③ 班组长在安全生产中的权限

a. 对班组的安全管理和安全生产有指挥权，对上级违反规章制度的指令有拒绝执行权。

b. 在有利于安全生产的前提下，有权合理分配本班组工人的工作。对生产成绩突出的个人，有权进行表扬和建议上级表彰。对影响安全生产的人员有权批评，必要时可暂时停止其工作，并有权建议上级给予处分。

c. 有权按照经济责任制的有关规定，对本班组的安全生产奖金进行分配。

d. 参与本班组工人的考评工作，对本班组工人的转正、晋级拥有建议权。

④ 安全员在安全生产中的职责。班组安全员的设立，是组织班组职工参加安全生产方面的民主管理的一种好形式，可以使安全生产有更为可靠的组织保障和更为广泛的群众基础。

a. 安全员是遵章守纪的检查员。安全员在班组长的领导下开展工作，检查全体成员遵章守纪、安全生产的情况；检查安全生产的各项制度、措施落实的情况；检查班组成员的人身安全和劳动保护条件是否得到保证；检查班组成员在安全生产方面的正当权益是否得到保护。在检查的同时，制止一切违反安全生产的行为。

b. 安全员是提高业务技术水平的教练员。班组安全员应该是班组中办事公道、积极热心、业务熟练、技术过硬的生产骨干。这样，安全员可以配合班组长组织班组成员学习文化、学习技术，进行岗位练兵，以熟练掌握本职本岗应知应会的内容，不断提高业务技术素质，增强安全生产本领。

c. 安全员是提供安全生产情况的信息员。建立安全生产信息的记录、统计分析和反馈制度，是加强班组安全管理的一项重要的基础工作，这项工作主要由安全员担任。

(3) 培养班组群体安全意识

为了保证安全生产，生产班组有很多工作需要去做，但根本在于培养起一种氛围、一种舆论、一种共同信念、一种向心力和凝聚力，这就是群体安全意识。

① 群体安全意识的含义。群体也叫团体，2人以上为了达到共同的特定目标，相互依赖和相互作用，就构成了群体。其特征为：

a. 各成员互相依赖，在心理上彼此意识到对方，即意识到群体中的其他个体。

b. 各成员在行为上互相作用、直接接触、彼此影响。

c. 各成员具有团体意识，具有归属感，彼此有共同的目标和追求。

d. 群体安全意识属于社会舆论和集体感受，是一个班组内所有成员共同感知、认同和遵守的信念、意识。

② 群体安全意识的作用。班组群体安全意识，一般不是明确规定的，但往往比正式规定的规章制度更有约束力，其往往是不成形的，但在班组的整个安全生产实践中无时无处不在。班组群体安全意识就像威力很强的凝结剂，使班组规章制度、思想教育、组织建设等各种手段结合、凝聚、统一在一起，产生合力，从而使整个班组成员统一奋斗目标，产生一种个人得失与集体成就休戚相关的心理。因此，培养班组群体安全意识，将有力地促进班组安全生产。

③ 群体安全意识的培养。班组群体安全意识的形成是一件难度很大的工作，不仅需要一定的时间，还需要采取正确的方法。

a. 开展正面教育。正面教育就是多鼓励、多引导，用正面道理使受教育者提高认识。要经常、反复地向班组成员宣传“安全第一”思想，讲清楚搞好安全生产与自身的主人翁地位、对国家的贡献、对班组的集体荣誉、个人的利益得失的关系，从而调动班组成员的安全生产积极性。使班组成员认识到，有些最基本的意识和信念就是在不断的重复中扎根于人们思想深处的。这种反复的正面教育是最常用的一种基本教育方法。

b. 进行强化激励。强化就是对人的某种行为给予表扬、肯定和鼓励，使这个行为得以巩固与保持，或对某种行为给予批评、否定和惩罚，使其改正、减弱与消退。

c. 典型示范。榜样的力量是无穷的，企业的每个车间乃至最基层的生产班组，都有安全生产方面的先进典型。要善于调查研究，总结经验，树立典型，使全班组都有比学榜样、赶超对象，从而达到安全生产的目的。

d. 利用从众心理。从众心理是一种与模仿有紧密联系的心理现象。人是在群体中生活的，人也接受群体的影响。不仅行为有感染力，而且认识和观点也有感染力。个体受群体影响，而改变其行为的现象就是从众。从众起源于一种团体压力，只要团体存在，就存在着团体压力。团体压力是通过多数人一致的意见形成一种压力，去影响个人的行为。团体压力虽然没有强制人执行的性质，但在个体心理上所产生的影响有时反而比权威命令大，更能改变个体的行为。在安全思想教育的过程中，要自觉地利用这种心理现象。对于班组中个别安全思想不牢固，尤其是刚刚补充到班组中来的新职人员，要充分发挥班组优良传统作用，利用光荣历史荣誉等有利条件，加大团体压力，改变个别成员的不安全思想和行为，以促进班组安全意识的形成。

#### 33.5.3.7　铁路行车安全监察工作

从安全生产角度看，建立健全运输安全法规与监督检查安全法规执行情况，对全路运输安全工作同等重要。我国铁路早在1950年5月就设立了铁道部行车安全总监察室，负责有关行车安全工作的计划，有关行车安全规章制度的贯彻执行，事故发生时的指挥处理。同年9月，在全路行车安全会议上，确定了监察工作的业务方针、性质和行车事故处理程序与方法，为各级监察机构配备了专职监察人员。几十年来，我国铁路安全监察工作在安全管理中发挥了重要作用，取得了显著成绩。随着铁路“两个根本转变”和现代化建设步伐的日益加快，通过深化改革来加强安全监察工作变得越来越重要。

（1）行车安全监察组织机构

为了维护铁路行车安全法规的实施，保证运输安全，铁路运输各级组织，必须实行严格的安全监察制度。为此，在铁道部、铁路局和铁路分局设置行车安全监察机构，实行三级管理。铁路局、铁路分局行车安全监察机构具有双重性质，在行政上分别由铁路局长、分局长领导，在监察业务上受上级行车安全监察部门的领导。

各级行车安全监察机构除设领导人员外，按照车务、客货运、机务、车辆、工务、电务、教育、路外安全和综合分析等方面的业务，设置监察人员。监察机构的人员编制，由铁路局工作量大小、管辖单位多少、运营里程长短等具体确定，经铁路局或铁路分局行车安全监察机构与有关单位协商选聘。

在基层站段可设置不脱产的行车安全监察通讯员。行车安全监察通讯员有权直接向本单位领导提出行车安全中存在的问题和改进意见；有权不经过本单位领导直接向各级行车安全监察机构反映问题，在不影响本职工作的前提下，完成行车安全监察机构给予的任务。行车安全监察通讯员在监察业务上受分局行车安全监察机构领导。

运输生产班组设不脱产的安全员。安全员对违章违纪行为有权加以纠正，有权越级向上反映情况。安全员在业务上受铁路分局行车安全监察机构指导。

目前，在我国铁路作业量比较大的站段设有安全室。安全室是站段的职能部门，而不是安全监察部门。在行政上接受站段领导，在业务上受上级安全监察机构的指导，负责本站段的安全检查，参与安全管理，及时掌握安全情况，当好领导的安全参谋。

（2）各级行车安全监察机构的任务和职责

铁道部、铁路局和铁路分局行车安全监察机构的任务是：贯彻“安全第一，预防为主”的方针，对行车安全工作实行严格的监察，维护行车安全法规以促进路风建设，保证安全正点、优质高效地完成运输任务，提高经济和社会效益。

铁路局、铁路分局行车安全监察机构对铁路局、铁路分局行政领导、业务处和行车有关单位人员执行行车安全法规的情况有权进行监督，发现有违反行车安全法规的情况，应如实地提出意见、加以纠正；如有关领导不给予正确解决，则有权向上级行车安全监察机构报告，请求处理。

各级行车安全监察部门应坚持实事求是的态度，深入现场调查研究，探索安全生产规律，总结推广运输安全经验，制定预防事故对策，并为宏观安全管理进行科学、民主决策。铁道部、铁路局和铁路分局行车安全监察机构的职责在《行车安全监察工作规则》中有具体规定。

（3）行车安全监察机构的职权

各级行车安全监察机构为了全面履行其职责，必须具有以下职权：

a. 发现作业上违反行车安全法规时，有权加以纠正；对危及行车安全者，有权立即制止，必要时可临时停止其工作并责成有关单位议处；对不适合担当行车工作的人员，有权责成有关部门予以调整。

b. 对危及行车安全的技术设备，有权向有关部门提出意见，要求限期解决；情况严重确有发生严重事故可能时，有权采取临时扣留、封闭措施，并责成有关单位紧急处理。

c. 发现有关规程、规范、规则、细则、办法、设计文件和施工方案违反《铁路技术管理规程》和其他行车安全法规时，有权通知有关单位予以纠正，必要时可停止其实施。

d. 调查处理事故中，在确定性质和责任上有分歧意见时，由各级行车安全监察机构提出结论性意见。

e. 有权建议对违反行车安全法规或发生行车事故的责任人员和领导干部给予处分；建议对在安全生产工作中做出成绩和防止事故的有功人员给予表彰和奖励。

在上述职权中，对事故的定性和定责事关重大，行车安全监察机构提出结论性意见时，应慎重对待铁路局、铁路分局对事故性质和责任的确定。如果对领导的决定有不同意见，可以向上级行车安全监察机构反映，请求予以复查处理。若上级行车安全监察机构发现下级单位或下级行车安全监察机构对事故性质和责任的确定不符规定、处理不当时，有权加以纠正。

行车安全监察人员在行使职权时，对所发现的问题除向当事人进行帮助教育外，必要时应将存在的问题、提出的具体要求和改进意见，填写“行车安全监察通知书”（一式三份），交当事人所属单位领导两份；对于严重隐患和比较重大的问题，由行车安全监察机构向有关单位领导下发“行车安全监察指令书”（一式三份，送有关单位两份），限期改进。有关单位领导接到“通知书”或“指令书”后必须认真对待，及时研究改进，并将改进情况填记在“通知书”或“指令书”回执页中，回复填发单位。必要时填发单位应派人进行复查。

各级领导要大力支持行车安全监察人员的工作，保证行车安全监察人员正常地行使职权、履行职责，做好监察工作。任何人不得妨碍行车安全监察人员行使职权。如发现对行车安全监察人员有打击报复行为者，必须严肃处理。要保证行车安全监察人员必要的工作条件，以使行车安全监察人员顺利开展工作，及时迅速地了解事故情况，积极有效地组织抢修、救援工作，准确果断地确定事故性质和责任。因此，除为行车安全监察人员提供交通、通信、食宿等方便条件外，还应根据工作需要，配备必要的检测仪表、工具、用品和其他备品，逐步采用先进的检测手段。行车安全监察人员有权参加或召集有关安全会议，查阅有关部门和单位案卷、记录、报表，借用必要的工具及仪器，要求指派适当人员协助工作等。

（4）行车安全监察人员的素质要求和工作准则

行车安全监察是原则性、政策性、科学性和权威性很强的安全管理工作。各级行车安全监察机构按规定职责范围所做的一切工作都关系到消除事故隐患，预防事故发生，切实保护国家、企业、职工利益的大问题，其工作成效主要取决于安全监察队伍的整体素质和工作作风。因此，提高行车安全监察人员的素质是各级行车安全监察工作的重要前提和保证。

《行车安全监察工作规则》规定：“各级行车安全监察人员必须身体健康，具有较高的政治思想水平，熟练的技术业务知识，丰富的实际工作经验，中专或高中以上文化程度，较强的独立工作能力。”随着安全科学管理要求和安全技术装备现代化程度的不断提高，面对复杂的社会环境影响，各级安全监察人员应不断提高自身素质，增强使命感，掌握铁路科技新知识，以适应形势发展需要。为了认真执行《行车安全监察工作规则》，各级行车安全监察人员必须遵守以下工作准则：

a. 坚决执行党的路线、方针、政策和国家的法令，维护行车安全法规的严肃性。

b. 预防为主，防患于未然。

c. 执法严明，刚正不阿。

d. 秉公办事，不得弄虚作假。

e. 坚持原则，遵守法规。

f. 积极钻研业务，技术上精益求精。

(5) 站段安全室的工作职责

① 检查监督站段各部门、各车间执行安全生产方针、政策、法令、规章制度及上级领导的有关指示的情况。

② 参与制定站段的安全规章制度、细则、办法和各种作业标准，并检查执行情况。参与审查、制定站段施工方案和安全措施，并监督实施。

③ 监督检查站段内各种行车设备、防火防爆设备、机械动力设备及压力容器等的维修保养情况和使用安全。发现有危及行车安全等问题时，及时向有关部门反映。

④ 监督检查行车人员的培训教育、任职提职、技术考核鉴定和身体检查。

⑤ 参加调查分析站段发生的一般行车事故、人身和路外伤亡事故、设备事故和严重事故苗子，对事故提出定性、定责意见，在处理事故时要做到"三不放过"，即事故原因不清不放过，没防范措施不放过，事故责任者和群众没受到教育不放过。

⑥ 经常深入到地方厂矿企业、居民村落进行保护铁路运输设施的宣传工作。

⑦ 深入车间、班组调查研究，检查职工执行规章和各项作业标准的情况，及时发现问题和事故隐患，并提出整改和防范措施。

⑧ 指导班组安全员的工作，定期培训安全员，总结、推广班组安全生产工作经验。

⑨ 负责站段安全生产的全面管理工作，对站段安全生产情况进行定期和专题的分析，根据不同时期特点和要求，及时采取预防性的安全措施，确保安全生产。

## 33.5.4　铁路运输安全技术

### 33.5.4.1　基于预防和事故避免的安全监控与检测技术

基于预防和事故避免的安全监控与检测技术是建立在先进的技术手段基础上的。铁路安全监控与检测的内容包括与铁路运输安全相关的所有方面，可分为设施设备（固定和移动）、运输环境（内部和外部）、人员等。由于铁路运输系统的组成要素处于动态变化的过程中，为了预防和避免事故，应加强对影响安全的各种因素的实时监控和检测。

(1) 铁路列车检测

列车位置的实时精确检测，对于确定在系统范围内的安全通路和速度是极为重要的。该检测同时与导轨活动环节如道岔进行联锁，并与辅助系统如平交道口系统接通。

目前的列车检测方法包括使用各种各样的轨道电路、轨道转发器和无线电波传输。由于检测系统的任何失效都会引起列车碰撞的可能性，这就要求系统必须高度可靠。

轨道电路是最常见的列车检测方法。目前所有的重要轨道电路采用闭环技术。用于列车检测的轨道电路的制式有很多种，轨道电路制式的选择应根据运用环境确定。轨道电路可以分为两大类：音频和微处理器控制的形式、二元频率和相位选择形式。

轨道电路方式列车检测的原理大体相似，音频轨道电路如图 33.8 所示。

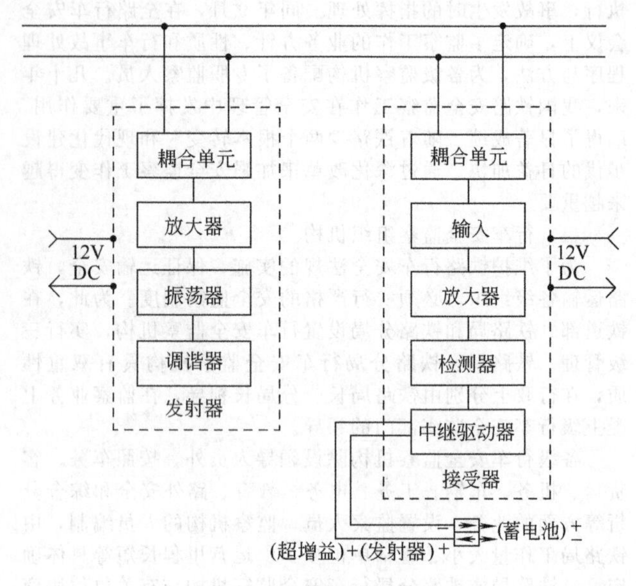


图 33.8　音频轨道电路

非轨道电路列车检测方法通常能比轨道电路方法提供更大的信息处理能力。但其本身不能提供钢轨完整性检查，所以应使用其他手段予以补充。某些手段并不总是按轨道电路的方式保持与列车接触，可能要求附加的支持电路来供列车检测之用。

① 查寻应答器。查寻应答器被用于欧洲常规速度系统中的列车检测以及快速磁悬浮车辆速度/位置检测。为了达到最大的成本效益，查寻应答器通常被装在轨道上，并和装在列车上的查寻器一起使用。当列车通过查寻应答器时，检测查寻应答器的识别码，并通过无线电把列车的位置回传到信号控制点。如果列车未能读出查寻应答器，则列车的位置由最后一个可靠读数推断。对地面的通信，由一个微波无线电线路完成。这种检测方法不能检测出断轨，需要专门的列车设备。查寻应答器的通用性很强。

② 卫星系统。伯灵顿北方铁路和罗克威尔国际组织(Rockwell International) 共同开发试验了一个借助于卫星无线电线路提供列车检测和速度传播信息处理的系统。目前，在没有一些支持系统的条件下，卫星系统不能提供列车精确的位置，但不会因为这些要求而限制其用途。

③ 车上检测感知。法国国营铁路开发了一种连续实时自动化系统（ASTREE），其中车辆或列车从一个基准开始不断地计算其位置，并把这一信息传输到控制中心。ASTREE 牵引机组装有多普勒雷达，并以 0.1%以内的精度计算列车的速度和位置。这些数据连同目的地、重量、制动能力等一起由无线电传送到控制中心。这些传输也可以经由卫星来完成。

这种类型的车上感知和报告与查寻应答器方法相类似。当通信方法失效时，不能完成检测。这样，需要应用故障-安全编码和逻辑，并做相应的调整，或者以更为传统的轨道电路作备用，与这种方法一起使用。

(2) 铁路列车超速防护

铁路列车速度控制方式随自动化程度的不同，有一定的差异，但基本原理是相同的，即对实际列车速度和最大安全速度进行安全-故障比较，当出现超速时，要实施安全制动。

自动列车防护系统（ATP）是进行列车超速防护的有效手段。列车的速度越高，超速防护越要自动化。列车可以人工驾驶，但如果操纵者超过自动列车防护系统的速度限制，则 ATP 施行制动，使速度处于极限之下或使列车完全停车。列车速度通常是由测速发电机确定的，其提供一个正比于轮对速度的电压或电流信号。借助于多个测速发电机，并通过最高读数确定速度，就可以实现安全-故障方式检测。当车轮滑行或空转时，往往可用加速度仪来扩大系统对速度检测的补偿。如果使用加速度仪，电路也必须由 ATP 对安全-故障做出验证。

在铁路信号方式中，机车信号或速度指令被用来提供自动超速防护，如图 33.9 所示。这种配置使列车操纵者可以控制速度，使速度不会超过在机车信号机上显示的指令速度。如果指令速度被超过，或当因为前方有另一列车而使闭塞速度变为低值时，操纵者就会收听到一个音响报警。操纵者拥有一个恒定的时间（一般为 10s 的仪表和操纵者反应时间）来手动引发所需要的制动。如果这样做了，那么当达到所显示的较低速度时，制动机就可以被缓解。否则，就由 ATP 自动实施制动。

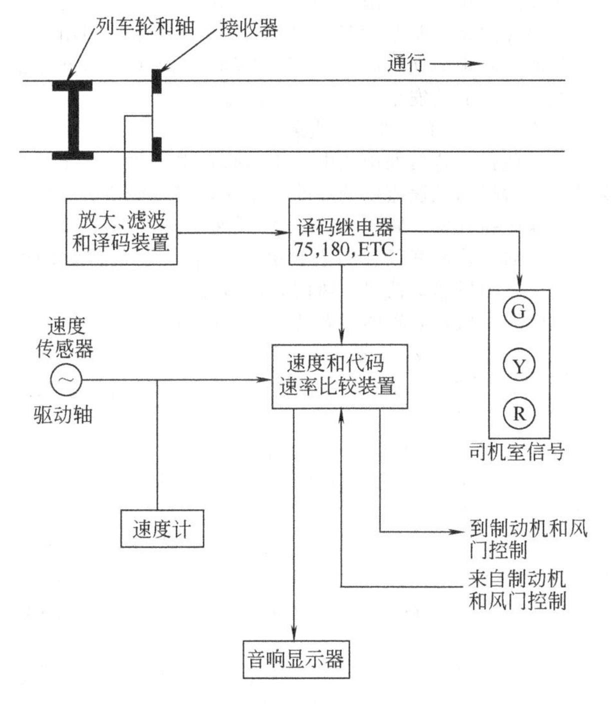


图 33.9 有自动超速防护的机车信号系统

（3）铁路车辆探测系统

当地面安全装置检测到车辆误动作时，地面安全系统监控列车条件，并将警告信号传送到当地或中央控制设备。这些系统包括轴箱发热探测器、热轮探测器、脱轨或拖挂设备检测器以及临界限界检查器。尽管这些地面系统已经被很好地使用，但应使用车载监控器予以补充。车载系统可以持续不断地监测走行部分、车辆轴承以及制动器等项目。

① 轴箱发热探测器。轴箱发热探测器是地面热传感装置，用以检测车轴轴承发热情况。一个过热的车轴轴承可能迅速损坏，而车轴的断裂可以导致脱轨。当车辆通过探测器时，轴箱发热探测器测量由轴承发射的红外线辐射热，并与同一列车的相邻轴承进行比较。如果记录到一个读数高，由探测系统向列车及监控中心发出信号，给出怀疑发热轴箱的位置，及时对发热轴承进行检查。

比较先进的轴温发热探测系统有两个地面敏感器，以便对每根轴的读数做比较，消除了误差。在 TGV 线上每隔 40～50km 装有轴箱发热探测器，并测量轴承温度随时间变化情况、升温速率和热力学温度。这些探测器获得的信息可直接传送到用于分析的中央调度中心。

图 33.10 所示为 HOA90S 型轴箱发热探测器组成框图。

② 热轮探测器。热轮探测器类似于轴箱发热探测器，与轴箱发热探测器的区别在于热轮探测器的热敏传感器是指向车轮踏面而不是车轴轴承。热轮探测器用于检测抱闸制动。如果检测到抱闸制动，列车乘务员应请求列车停车，并在抱闸车辆上松开制动器。

③ 脱轨或拖挂设备检测器。脱轨设备检测器用在桥梁、隧道等处，用来检验车辆仍在钢轨上以及设备仍完整无损。

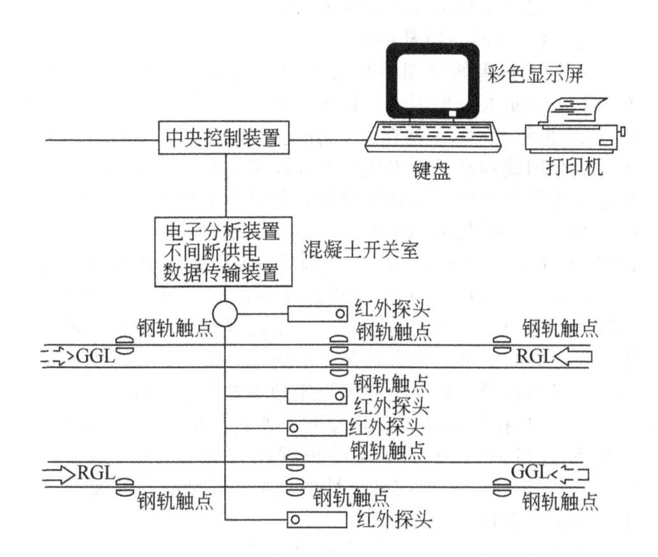


图 33.10 HOA90S 型轴箱发热探测器组成框图

④ 临界限界检查器。临界限界检查器常用在主要固定设备，如桥梁或隧道入口的前面，以检验装备或碴石没有超出正前方固定设备围砌的限界之外。这些检查器典型地使用在货运铁路线上。

（4）道口报警和防护系统

平交道口是铁路和公路相交叉、交通事故多发地点。根据对道口障碍物可见度与事故数据的调查表明，引起平交道口事故的主要原因是列车司机发现障碍物到能够施行制动的距离往往不足 200m。因此，采用道口障碍物检测装置对平交道口进行早期检测和发送警报信号，以便列车及时施行紧急制动、停车，这样可基本上避免由于汽车司机不熟练而陷入道口轨道或发动机故障所引起与列车的冲突事故。常用的道口检测装置有：

① 红外线或激光方式的障碍物检测装置，该装置发出几束光柱，当有障碍物时就切断其中之一，将障碍物检测到。

② 在道口路面下埋设线圈的检测装置。当汽车等金属物体压在线圈上时，环行线圈的电感发生变化，以此来检测障碍物。这是一种全天候的在积雪地区也可使用的方式。这种方式，信号受汽车影响的变化较小，但易受到温度和湿度的影响，在温差变化大的季节经常失效。为了埋设环行线圈，需为道口铺设混凝土路面，其工程费要高于设备装置费。

③ 使用超声波的全天候障碍物检测方式，该装置使用超声波检测在道口上停留的车辆。该装置由超声波发生器、无线操纵杆和超声波变换接收器组成。后者包含功率放大电路、检测定位电路和输出/输入转换器、电路变换开关等。以计算机为核心加以检测电路、感应频率测量电路、调频电路等构成处理单元。当车辆进入直径为 1.2m 的检测区域时就能被检测出来，超声波发射时间小于 50ms，整个道口区域内的扫描时间是 0.4s，该值要比现有道口 6s 的扫描时间短得多。一般情况下一个处理单元可以管制整个道口。

（5）自然灾害监控与报警系统

雨、雪、风、地震、气流、落石等自然灾害对铁路运输安全产生很大的影响。通过建立自然灾害监控与报警系统，能随时、全面掌握气象情报和预测雨、雪、风的防灾信息以及对地震及泥石流等进行事前检测预报。由于地震、暴雨和强风等自然灾害可能对铁路线路以及运行中的列车造成破坏，甚至造成列车、车辆颠覆等重大事故，所以对自然灾害的监控与报警是环境监控的重要方面。

① 地震预测与报警系统

a. 地震灾害的早期预测及报警。地震是影响铁路运输安全的一个重要环境因素。日本是地震多发国家，日本铁路早在20世纪60年代就在铁道沿线设置地震的早期报警装置，至今旧线和新干线沿线约有400多台装置在使用中。原有地震报警装置的主要功能是显示超过基准加速度的地震警报以及地震后的最大加速度。对于新干线，其基准加速度值设定为40Gal（$10^{-2}m/s^2$）；对旧线则因地而异设定，为20～40Gal。这种装置的主要缺点是不能充分反映地震规模和破坏性大小。当设定过小时，易引起误动作和不必要的报警；设定太大，又有报警不及时的问题，往往在主振动到来以后才发出报警。针对上述仅根据地震的大小进行报警的问题，1992年东海道新干线引入了一种新型的地震早期预测报警系统（UrEDAS）。该系统根据地震震级（$M$）-震中距离（$\Delta$）图作为分析地震破坏性的判据，这要比仅按地震大小的判定可靠得多。

这种由日本铁道综合技术研究所开发的新一代地震报警系统可实现从各相互独立的单个观测点的地震波形数据推定地震参数，根据地震震中距和震级，由$M$-$\Delta$图等判断报警的必要性。这种系统不需要波形遥测及中央集约型系统，可使系统大为简化，并缩短了从多点输入到波形处理直到震源位置测定等作业时间。与老一代报警系统仅对设置点附近有效相比，新系统以设置点为中心，可以对相当广泛区域发出地震报警。

该系统的基本原理是能够在地震的主动横波（S波）到达之前早期检测到地震初期微动的纵波（P波），在立即判定地震和规模的同时，判断对于铁道的影响，从而发出必要的报警。在S波到达之前就能使列车减速，从而提高运行列车的安全性。

b. UrEDAS的配置与应用。东海道新干线的UrEDAS全线共有6个中继站，14个检测点，加上25个变电所（间隔约20km）及1处地震时巡回指示装置。6个中继站中，有5个和检测点置于同一场所，余下1个设置于检测点和变电所的中间位，利用NTT专用线路作为地震情报的信息回路。检测点置于新干线沿线大规模地震影响区的附近。为早期检测，必须设在初期微动P波经过的地基上。

首都圈内综合地震防灾系统是由运输省计划并于1990年完成的，以首都圈为对象的综合地震防灾系统，包括5个UrEDAS和综合中心组成的UrEDAS网，以及根据综合中心情报判断和显示地震破坏情况的复原救援系统（HERAS）。并要求按照一定的作用顺序控制系统的动作。

c. UrEDAS的防灾效果。以1985年9月墨西哥地震的地震波动传播状况为例，受到重大破坏的墨西哥市距离震中有350km，如果市内有UrEDAS的话，则在地震前19min5s左右就可以发出报警，考虑到电视播送中断等破坏发生在20min左右的震动，这样，到破坏之前尚有55s秒左右的余裕时间。如果在震中附近的海岸上有UrEDAS，就可以用电信传播警报，快于地震波，在开始破坏前可以得到115s的余裕时间，这样短的余裕时间虽然不算长，但对于诸如最高速度240km/h运行中的新干线列车，已足以实现完全停车，从而大大提高铁道系统地震时的安全性。

② 暴雨、泥石流预测及报警系统。由暴雨引起的泥石流对铁路路基造成严重的危害。为避免暴雨产生的泥石流对运输安全的影响，首先需要预测可能引起泥石流的暴雨，再根据降雨条件预测发生泥石流的危险区域，以及泥石流泥砂的堆积地域、水流变化图和泥砂浓度，进一步预测发生时间、规模及危害程度。为此应用模拟方法，在给定水量变化和泥砂的条件下，对由于河床堆积物侵蚀、堆积引起的泥石流变化图及泥砂的浓度进行一维解析；对在山谷出口处的扇状泛滥堆积进行二维解析，以综合模型进行计算预测。计算泥石流水量变化图的基础运动方程包括：泥石流的运动方程式、全容积的连续方程式、砂粒的连续方程式、河床变化方程式等。应用此法，在假定的降雨条件下对所发生泥石流的变化图虽还不能进行肯定的预测，但在一定程度上可以预测发生破坏的可能性。

泥石流监视系统的基础是监测发生泥石流的基准雨量，以既往经验的小时最大雨量和2h最大雨量设定发生泥石流的安全限界雨量（基准雨量）。短期降雨量预测可利用气象局公布的“降水短期预报值”。预测精度取决于降雨预测精度及发生泥石流的安全限界雨量的精度。

③ 风向、风速、风力监视装置

风速监视装置是保护供电线路和防止强风颠覆列车的重要设备。为提高风速监视功能的可靠性，东海道新干线在强风多发地区新开发设置了17处风向风速监视装置。

该风向风速监视装置的主要组成部分为：风向风速计、变换器、风向风速送信机、风向风速信号接收机、记录仪。

风向风速监视装置的主要特征及功能包括：

a. 风速数字表示功能。以m/s为单位，能数字化显示从4～60m/s范围内的风速。因此，可在中央综合指令所随时进行风速的状态监测。

b. 风向风速计机械故障的检查功能。当一定时间的风速信号无变化时判断为机械故障，从而发出警报。所设的一定时间，在无风时目前定为12h。

c. 风向监视功能。采用航空用的风速计，因此能够监视风向，即能够判断相对于列车前进方向的风向。此外，运输调度人员能够明确掌握现场状况，并通过风向进行故障监视。

图33.11中的风力测定与预报装置由三个风的位移传感器（风环回转风速计）和一个风向传感器（条形风旗）组成。在固定栏杆上装有一个加热器，以便在结冰或下雪的条件下仍然能使传感器正常工作。

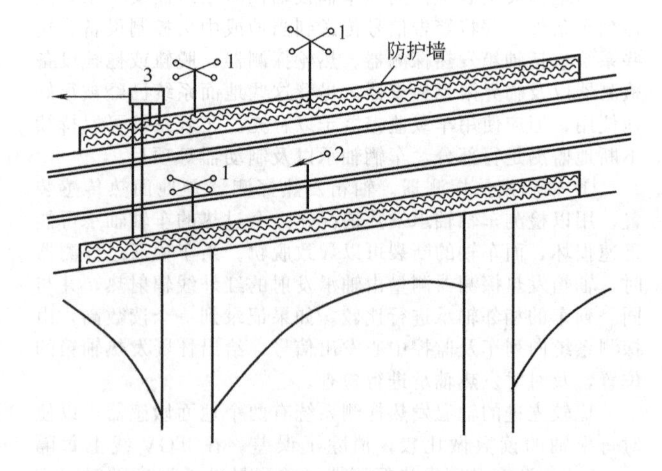


图33.11　桥梁上风力测定与预报装置

1—风速计；2—风向测量仪；
3—控制和连接部分

④ 隧道气流测定与报警装置。通过气流测定与报警装置，将隧道内的气流方向和强度通知给调度，以便从隧道出口采取针对性的救援措施，把新鲜空气贯入隧道。隧道气流测定与报警装置如图33.12所示。

⑤ 落石自动报警系统。落石是威胁山区铁路安全的一种常见自然灾害。落石具有突发性和随机性等特点，一年四季均有可能发生，且发生前通常没有前兆。因此，无法通过

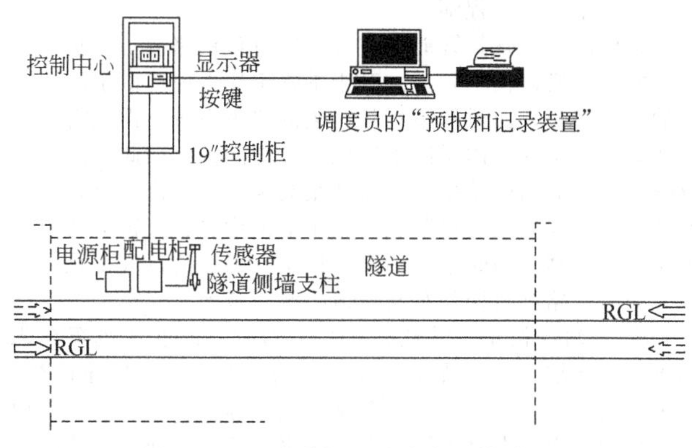


图 33.12 隧道气流测定与报警装置

预测的方法得知其发生时间，也就很难做到防患于未然。目前一般的方法是采用工程措施来防止落石的发生和对交通线路造成的危害。但对于那些施工困难、投资过高或落石一旦发生则会导致严重后果的地段，采用落石自动报警系统和运输线路防护装置相结合的方法来保证运输安全是一种行之有效的技术途径。落石自动报警系统能及时检测出对运输线路有危险的障碍，及时报警并通知铁路列车不要进入或阻止进入危险区段，防止灾害的发生，确保运输安全。

落石自动报警系统作为一种自动报警防灾装置，是保证铁路运输安全的设备，因此对系统的安全度要求很高，设备的可靠性至关重要。另外，不允许有漏报和误报发生，必须达到报警准确。落石自动报警系统应具有三个功能：对落石进行检测，能够自动报警，可以进行防护。只有这三者有机地结合在一起，才能起到防灾的作用，达到防灾的目的。

为了满足以上各项要求，落石自动报警系统至少应由三部分构成：落石检测装置——检知网，中间连接设备——主控制箱，报警防护装置——铁路车站、工区报警器，列车防护设备及公路报警、防护设备。铁路落石自动报警系统构成如图 33.13 所示。

落石自动报警系统由主控制箱提供电源（直流或交流），与落石检知网和检测继电器构成串联回路。在正常无事故情况下，检测继电器的衔铁吸起，构成一个闭合回路。当有灾害发生时，落石落下砸断检知网，闭合回路断开，检测继电器失磁、衔铁落下，继电器下接点接通防护装置的地面防护信号机，以阻止运行在区间的列车进入事故区段，防止次生灾害发生。同时控制看守房内的报警器发出报警信号，以通知看守人员及接通工区和车站报警器向工区和车站报警。

在落石自动报警系统中，检知网准确检测出落石对铁路造成的危害起着重要作用。正常情况下，检知网通电，当落石砸断导线时，可以检测出已发生落石的信息。为了提高检测效率，检知网有很多种形式，主要有以下四种：

a. 单独检知线式，适用于大型石块或孤石下落时的报警。其优点是有对行车安全造成严重危害的大块落石落下时，一般均能及时报警。其缺点是小块石不影响行车安全，不应报警，但当正好砸断检知线时会引起误报警。

b. 检知网与金属网并用式，适用于小石块较多，单用检知网容易发生漏报的地区。一般情况下是在靠山坡一侧再安装一层拦挡金属网，这样就不会发生漏报警。金属网的框架由桩距和高度决定，每一张金属网用螺栓固定在槽钢的木桩上。

c. 尼龙绳编织网和检知网并用式，在尼龙绳编织网内加入检知网，这样就可以防止小石块落石漏报误检，也可以节省成本。使用时将编织网系在支撑木桩上即可。此种形式在目前，是一种比较简单而效果较好的检测方式。

d. 铁丝网框架张拉式，其框架的数量可根据设防地点的长度灵活掌握，框架的高度和倾角（一般为 45°）由落石的可能弹跳轨迹所要求的覆盖面来决定。框架下部固定安装在钢筋混凝土构成的阻挡落石的栅栏或其他基础上。上部用钢丝线固定在山坡上，其钢丝线上设有报警电路的电线，用于报警。

落石自动报警系统的主控制箱是连接灾害检知网、看守房报警器、列车防护信号装置、车站和工区报警器的中间连接关键设备。通过主控制箱把自动报警系统的各个部分有机地连在一起。主控制箱主要由供电系统和检测继电器构成。

落石自动报警系统的报警防护装置有很多种形式，其目的都是在落石发生时，及时报警，及时阻止列车进入危险区段，防止灾害的发生。按报警通知的对象分，归纳为以下三种：

看守房报警器：在继电器落下，接通报警电路后，发出报警。报警方式一般有声响报警和信号闪光报警两种。看守人员在接到报警后，应迅速赶到事故发生地点，确认险情，按规定采取防护措施并通知有关部门。

车站、工区报警器：一旦发生线路落石灾害，报警器除对看守人员进行内部报警和启动列车防护信号通知司机的外部报警外，还应将灾害发生的信息向车站报警。车站值班人员在接到报警信号后，应立即扣发列车并通知相邻车站采取同样措施，落石发生地区若没有安装报警器，也可采用区间电话或无线电话将灾害信息通知给列车或车站，以保证列车安全。

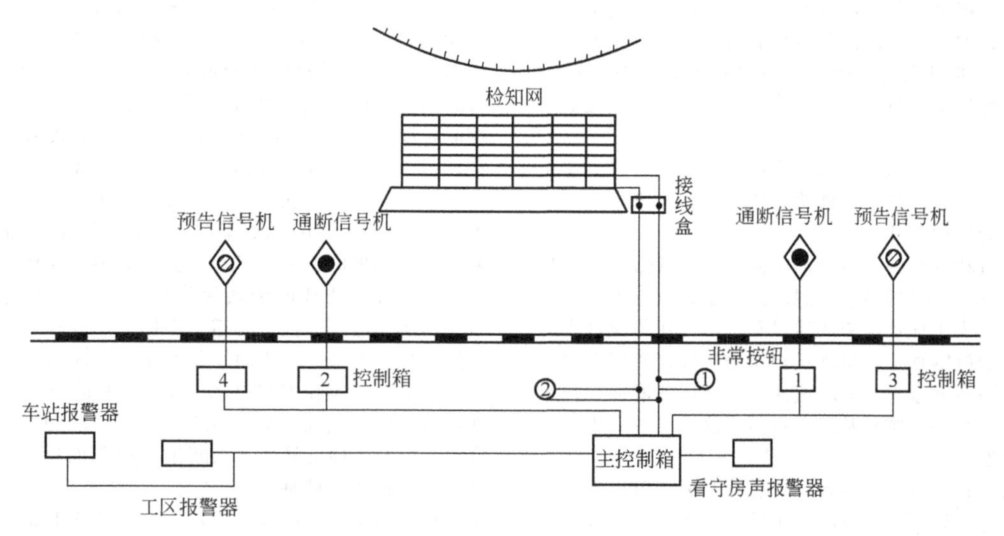


图 33.13 铁路落石自动报警系统示意图

列车防护装置：列车防护装置的任务是一旦获知发生落石，立即向行驶在区间的列车发出地面通知，使列车不再进入灾害区段，以避免发生次生灾害，造成车翻人亡的重大事故。

**33.5.4.2 基于维护和维修的安全检测与诊断技术**

（1）铁路维护和维修技术的发展

在20世纪60年代之后，随着以可靠性为中心的维护和维修理论的出现，维护与维修技术的范围已经由原来的拆卸检查、零部件翻修扩展到对整个运输设备的性能和系统进行监控和检查。在防止运输事故的前提下，尽量减少部件的拆装检查，维修技术的重点也转移到检查和监控技术上来。比较有代表性的技术有：

① 无损检验技术。无损检验是指利用声、光、热、电磁等物理效应在不影响工作性能的情况下检查工件的表面和内部缺陷，主要方法包括：

a. 目视光学检查。这是通用的检查方法，为了弥补人眼视力的不足，利用了多种光学辅助设备。为了加强照明，使用了反光镜、照明灯等。为了增强分辨率，使用了放大镜、显微镜。为了在不拆卸分解的情况下观察视力达不到的地方，使用了从医学仪器发展起来的内窥镜，在检查一些筒状零件时，内窥镜发挥着重要作用。

b. 磁力探伤。利用磁粉和磁粉液涂在零件表面，在磁场的作用下，磁粉在缺陷旁聚集，以发现肉眼不能发现的表面裂缝。

c. 射线探伤。主要使用X射线对零件内部进行透视或照相，在一些特殊情况下也使用一些穿透力更强的射线（如γ射线）来探伤。

d. 超声波探伤。利用超声波的反射，探测零件内部缺陷。

e. 涡流探伤。利用物体在电场中产生涡流的情况，探测表面缺陷。

② 车载维修系统。在20世纪70年代之后，随着电子技术的发展，在机车车辆上安装了车载维修系统，可以在交通工具运行中发现、检测、记录故障，并可以对一些故障进行分析，使维修的水平大幅度提高。

a. 对机车车辆各系统的故障探测和报警系统。这些系统能监控和记录车辆的运行状态、技术性能和数据，在出现故障时报警。初期的这类系统独立向乘务员发出信号。随着计算机的发展，这类系统可以统一向管理计算机输出信号，再在综合显示的仪表上显示，并传输到远程维护与维修中心。

b. 中央维护计算机。其功能是接受来自各子系统的监控和故障信息，把这些信息经过处理后显示在驾驶室中的设备上，并判断失效原因，向记录系统输送。有了中央维护计算机后，乘务员可以在驾驶中了解故障情况，及时采取对策；场站的工程技术人员能得到事故的初始记录，保证信息的准确性。

随着计算机技术、通信技术、现代化管理的发展，整个生产活动进入了信息时代，对铁路设备维护与维修将不可避免地会产生革命性的变化。

设计、制造和维修的一体化，将使维护与维修工作向快速化、集中化发展。新的维修思想已经要求在设计中充分考虑维修的需要。为了保证维修的质量和成本，新的设计中将把可拆换零件的范围加大，出现可拆换的组件，使列车停场时间减少，提高运输效率。同时组件的维修任务增加，技术设备投资增加，小型的维修基地承担不了这种任务，维护工作要向集中化发展。

信息和通信科学的发展使得信息收集和分析可以不间断地进行，对信息的处理也能及时得出结论。因此，维修的信息化使机车车辆上任何影响安全的故障可及时地提供给乘务员及维修中心的工程师。

维修向综合化、智能化发展，实行对铁路设备在整个系统内的计算机监控和管理。对于维修工作来说，由于电子设备的高度综合，面对的不再是过去的单个系统，而是需要从铁路运输设备的整体系统来考虑、处理问题。因此，维修的故障诊断和隔离以及排除都要从全局考虑。维修专家系统的发展将帮助维修人员诊断故障，采取最优方案，这会使维修工作效率更高，同时也会带来维修机构组织的巨大变化。

（2）铁路钢轨探伤车及轨道检测车范例

① 钢轨探伤车。随铁路运量、密度、速度及机车车辆轴重的不断增长，钢轨损伤成为铁路线路重大的安全隐患，对工务线路设备养护的要求愈来愈高。为提高工务线路养护的质量和效率，世界上许多发达国家均已大量使用钢轨探伤车。使用探伤车的优点是：检测钢轨速度加快，探伤精度和效率大大提高，利用电子计算机进行数据处理，不仅给铁路行车安全带来极大好处，而且对延长钢轨使用寿命、降低维修费用、宏观掌握钢轨状态、探索伤损规律等有积极作用。下面，对国外钢轨探伤车的情况做简要介绍。

a. 英国铁路的超声波探伤车。1972～1987年，英国铁路探伤车的最大检测速度为35km/h，一般小于30km/h。使用滑动式探头，开始采用拍照记录数据，后改进为使用磁带。车辆类型为双车轨道车。探头角度为67°、37°、0°、−37°和−67°。

1983年底，德比研究所研制出新型探伤车。新型探伤车改滑动式探头为轮式探头。探头装在一个充满液体的柔性塑料轮内，一个伺服系统沿着轨头上部转动，由塑料轮导向，使轮子的柔性对通过不规则点有很大帮助。过去认为轮式探头的探测速度小于20km/h，英国德比研究所的结论认为这是因探头设计未达最佳化。新型探伤车的探伤速度达70km/h。在开行慢速货车的较差路段也达45km/h，每条钢轨使用三个轮式探头，0°、65°和40°探头各一个。线路实时分析用微处理机，数据存储等采用原有的计算机设备和软件。

b. 法国国铁的探伤车。法国国铁与MATIX公司合作共同制造了VU505型钢轨探伤车，其中部分技术来自意大利的Speno集团，该车由14.71m和14.74m的两节连挂车体所组成。在探伤车的导向架上最多可装8个探头。探伤车的中央控制室内装有超声波信号的发射、接收、分析、检测和接口电路，以及地理定位所需的设备、各种键盘、检验屏幕等。探伤车的检测速度为40km/h，能在轨温为−10～60℃的条件下正常工作。该车还配有动力设备和生活设施，全车配备4名工作人员。该车配备的探头为：70°探头3个，35°探头2个，30°探头1个，0°探头2个。其探测精度为：横向缺陷轨头下面横通道孔误差±6%；水平裂纹能探测（12±4）mm；螺孔裂纹能探测（12±4）mm，纵向裂纹能探测长度为25mm。该车对铝热焊接头的缺陷同样能显示出来，但由于铝热焊接头相当复杂，存在较难探测的问题，由于轨底不能设置探头，轨底两侧不能探测。这种VU505型钢轨探伤车除应用于法国外，还出售给美国和欧洲其他国家，并为印度国铁生产了一批类似的钢轨探伤车。

c. 日本新干线的钢轨探伤车。日本新干线拥有三列钢轨探伤车，分别承担东海道、山阳、上越和东北新干线钢轨的周期性探伤任务。钢轨探伤车由牵引轨道车、电源车和探伤车组成。该车在夜间以30～40km/h的速度，边向钢轨顶面洒水，边向钢轨发射2MHz的超声波，发射频率为2500次/s，根据各种反射波来判断钢轨内部的损伤。单侧装有4个超声波探头，即垂直（0°）和37°的各有一个，70°的有两个。探伤结果有三种表示方法：在显像管上显示波形，输出记录图形，数字打印记录。

d. 铁路的超声波探伤车。20世纪80年代以前，美国铁路广泛使用轮式探头的超声波探伤车，探测速度为20km/h。美国为适应其城市间快速运输系统的轨道探伤，由Sperry铁路服务公司专门设计了可在不同轨距的轨道上进行探伤的车辆。当轨距在1435～1676mm之间时，该车可进行工作。20世纪80年代，美国Jackson Jordan公司引进法国MATIX公司的技术生产的超声波探伤车，运行速度为64km/h，检测速度为4～40km/h，最佳检测速度为24～32km/h。该车装有6个滑动探头和车载计算机系统，进行实时分析，将裂纹记录下来，喷漆做记号。喷漆记号的精度为±8cm。该车能测出90%～95%的裂纹大于1.2cm的钢轨缺陷。

e. 澳大利亚生产的钢轨探伤车。澳大利亚坦坡尔公司生产的RFO－140型大型钢轨探伤车，全长16m，宽2.8m，高4.27m，自带走行动力。该车转向架之间装有一辆钢轨探伤小车，车上装有6只探轮，每股钢轨3只探轮中，分别装有两个40°的超声波探头、两个70°的超声波探头、一个0°的超声波探头和一个54°的超声波探头，用以检测钢轨头部损伤，螺栓孔裂纹，轨头、轨腰、轨底水平裂纹，焊缝伤损。该车采用轮式探头，探头与钢轨表面为滚动式接触，探头外部为柔软的绝缘脂，具有较好的弹性，与钢轨表面接触较好，受钢轨表面状态影响小。探轮的拆装方便，每更换一次外轮胎仅需10min，每只外轮胎可探测1600km。操作人员通过彩色显示器，借助计算机辨认伤损。显示器可显示伤损的位置、种类、伤损累计等，由打印机将最终结果打印出来。探伤车两端有4只喷枪，由计算机控制，根据预先输入计算机内的标准，喷枪将明显的标记喷涂到钢轨外侧的轨腰上。

② 轨道检测车

轨道检查车（轨检车）是检查线路几何状态的主要设备，其检测数据是编制线路大、中修及维修计划的依据。近20年来，世界各国对轨道检查车进行了研究，且进展非常迅速。轨检车基本上可分为三种类型：

a. 轻型轨检车，主要进行轨道几何形状测量，检测速度低、轴重轻，如瑞士Matisa公司的PV-6，奥地利Plasser公司的EM30、EM50，波兰的WM-5轨检车等。公铁两用轨检车也属此类。

b. 动车式轨检车，自带动力，可以自走行，如Plasser公司的EM80、EM120，Matisa公司的M-442，美国ENSCO公司的T10轨检车等。

c. 客车式轨检车，没有动力，连挂于列车上进行轨道检测。客车式轨检车检测项目多，检测速度高，轴重大，轨检状态与列车实际运行状态相同。如日本的マャ34系列，法国的Mauzin，德国的FER等轨检车。

现代轨检车有以下特点：

a. 轨检车的检测速度提高。为了适应高速铁路的发展，日本东海道新干线、东北新干线，英国、奥地利等国的轨检车检测速度均达到200km/h以上，最高为240km/h。

b. 检测项目多。英国轨检车有18个项目，日本东海道新干线轨检车有25个项目，主要包括轨道几何形状、车辆振动性能、轮轨作用力三个方面。现开始对旅客乘车舒适度进行检测，对轨道存在的问题反映准确。

c. 采用了新的检测原理和技术。现在各国普遍采用惯性测量原理测量轨道的绝对位移，采用光电原理测量轨距，采用加速度自动补偿系统测量轨道横向水平及超高，数字滤波、伺服系统等技术也在轨检车上得到应用。

d. 应用计算机是轨检车现代化的一个重要标志。计算机处理减轻了轨检工作的劳动强度，提高了检测精度，可直接打印出其超限报告、曲线报告、区段与公里总结报告、轨道质量评价结果等，并能对数据进行分析。

**33.5.4.3 铁路行车事故救援技术**

（1）事故救援组织

我国铁路事故救援组织，由铁道部机务局负责管理，在机务局长的直接领导下，对全路救援工作进行组织指导和监督检查；各铁路局（分局）机务处（分处）均设专人负责事故救援工作。在部（局）规划地点（主要干线上的技术站所在地）设置适当等级的救援列车，在无救援列车的技术站或较大的中间站，组织救援队。

① 事故救援列车。各局救援列车的增设、调整应报铁道部审批，并在《行车组织规则》中公布。救援列车为当地机务段独立车间一级单位，受机务段长的直接领导。

救援列车设主任一名，领导救援列车的全部工作。救援列车专业人员为救援工作的骨干力量，由机务段挑选身体健康、责任心强、具有一定技术业务水平的人担任，无特殊理由不得变动。救援列车职工应集中居住于救援列车附近的住宅，以保证迅速出动。休班时间应尽量在家休息，必须离开住宅时，应向主任说明去向。

救援列车的基本任务是：

a. 担负本救援列车管辖区域的行车事故救援，及时起复机车车辆，清除线路上的障碍，开通线路，保证迅速恢复行车。

b. 负责本救援列车管辖区域内各救援队的技术训练和业务指导，以及工具备品的配置、改进、修理和补充工作。

c. 不断分析和总结救援工作的先进经验，改进事故救援方法。

② 事故救援班。在事故救援列车所在地，由各站、段、医院挑选有救援经验的职工10～15名，分别组成不脱产的救援班。救援班是救援列车的后备力量，其任务是补充救援列车专业人员和技术力量的不足，保证救援任务的顺利完成。

救援班班长由各单位领导担任，报上级领导批准后，告知救援列车主任。

各单位救援班的具体人数和召集办法，由救援列车主任考虑，经各单位领导同意确定。救援班的人员素质除身体健康外，还应注意技术专长的搭配，人员有变动时应及时补充并告之救援列车主任。

各救援班按调度命令出动。事故救援班所属单位值班人员接到出动的调度命令后，救援班长应立即召集本单位救援班人员，迅速赶到救援列车处报到，听从救援列车主任指挥，与救援列车协同行动。

③ 事故救援队。在铁路局长（分局长）批准的无事故救援列车的车站上，组织事故救援队，救援队为不需要出动救援列车时处理轻微脱轨事故的组织，遇有特大、重大、大事故有必要时，也应参加救援列车的工作。

a. 救援队的组织。设队长一名，根据具体情况由当地的机务段长、车务段长或车站站长担任队长，由铁路分局任命，报路局核准备案。

救援队员由车站、机务、车辆、工务、电务、供电、水电、卫生等部门挑选身体健康、责任心强、技术业务熟练、居住地距车站较近的15～20名职工组成。

队长应会同各单位共同制定救援队的召集办法，各单位可将救援队名单及召集办法挂于值班人员办公室，并报送分局和铁路局。

救援队的工具、备品、器材存放在车站的适当处所，由救援队长负责保管，除事故救援使用外，绝对禁止动用。因救援使用而缺损的备品工具，应向救援队所属单位提报，以便及时修理补充。

b. 救援队的任务。救援队到达事故现场后，由队长指挥做好以下工作：

积极抢救负伤人员或送附近医院抢救治疗。

采取一切措施起复机车车辆，清除线路上的一切障碍物，迅速恢复行车。

如事故严重时，应于救援列车到达前做好救援准备工作。

保护铁路财产及运输物资（行李、包裹、货物）的安全。

向事故现场派出救援队时，应利用当地一切可利用的交通工具运送人员、工具和材料。有关单位必须服从调动，不得借故拒绝。

c. 救援队的召集出动

救援队所在地设有电话所或电话总机的，救援队长所在单位接到救援调度命令后，立即用电话通知电话所领班，由电话员直接通知救援队有关单位。

在无电话所的车站，由车站值班员直接通知有关单位。

有关单位接到出动调度命令后，立即通知救援队长并召集本单位的救援队员，在30min内迅速赶到指定的地点集合。救援队长赶到集合地点后，立即了解事故情况，提出初步救援方案，向列车调度员汇报，征得同意后携带救援工具和备品赶赴事故现场进行救援工作。

(2) 事故救援设备

在铁道部指定地点设事故救援列车、电线路修复车、接触网检修车，并经常处于整备待发状态，其工具备品应保持齐全整洁、作用良好。

机车、动车、重型轨道车上应备有复轨器。救援队在车站的适当处所的备品室（库）内存放必备的起复救援工具、备品、器材，如人字形复轨器、海参形复轨器、25～30t的千斤顶、30t的横千斤顶、直径30～40mm的钢丝绳、0.75kg的手锤、4.5kg的大锤、短钢轨等。

① 救援列车。救援列车的编组为轨道起重机及游车一辆、工具车一辆、发电车一辆、救护车一辆、办公宿营车两辆（三等救援列车为一辆）、炊事车一辆、备品车一辆、平板车一辆、水槽车一辆、装有拖拉机的棚车一辆。

救援列车应停留在固定使用的段管线或站线上，该线路应两端贯通，不需转线即可直接发车进入区间。救援列车停留线两端的道岔应扳向不能进入该线的位置并加锁，钥匙由段（站）值班员或救援列车值班员保管。救援列车所在地点，应设有办公室及生产、生活用房屋，办公室应装值班电话。

② 电线路修复车。电线路修复车是指为了修复因自然灾害或其他原因造成的信号、通信线路损坏，装有工具、器材的专用车辆，可随时编入救援列车开往事故现场。

③ 接触网检修车。接触网检修车是指为了修复电气化铁道发生接触网断线、电杆及铁塔倒伏、瓷瓶破损等而特设的专用车。

④ 车辆脱轨的起复工具

a. 人字形复轨器。人字型复轨器两个为一组，左为“人”字型，右为“人”字型。使用时，先在脱轨车辆复轨方向一端，按照车轮距钢轨的距离，选择适当地点，将复轨器按左“人”右“人”的位置安放在钢轨上，其后端部应落在枕木上，再在头部与钢轨顶接触处放置防滑木片或棉丝、破布等，尾部用道钉钉固在枕木上，在腰部底下两侧充满石碴。如后部带串锁，则应使尾部与枕木边相齐，串锁由钢轨底下串过。如复轨器前面带有加固板，则应将加固板放在钢轨底部用螺栓与复轨器上部连接加固，如图33.14所示。

b. 海参形复轨器。海参形复轨器一组两个，一个为外侧复轨器，安放于脱落在线路外侧的车轮的前方；另一个为

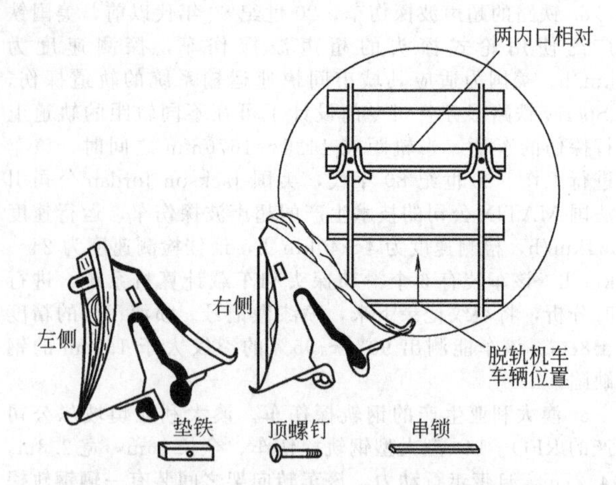


图 33.14 人字形复轨器及其使用方法

内侧复轨器，安放于脱落在两钢轨之间的车轮的前方。海参形复轨器体小轻便，适合于脱轨车轮距离钢轨较近的起复工作，如图33.15所示。

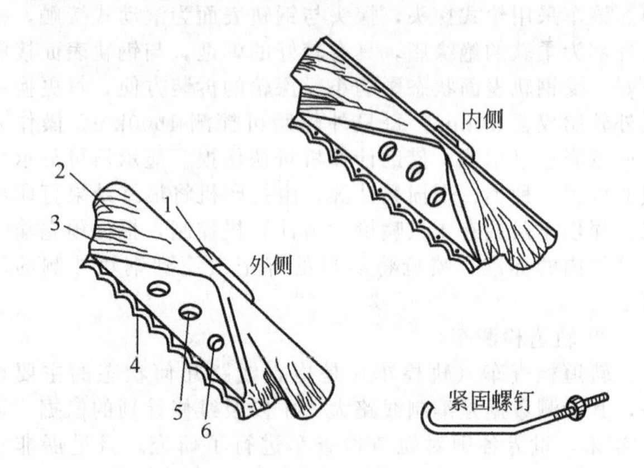


图 33.15 海参形复轨器及其使用方法

1—扒锯铁；2—轮缘侧向边；3—斜面；4—刺齿；5—用手握持复轨器用孔；6—斜面

c. 手动简易复轨器。手动简易复轨器是起复脱轨车辆的简易工具，适用于中间小站、隧道、站台处，起复载重60t及其以下发生脱轨的空重车辆。该起复器具有使用轻便、灵活、起复迅速、操作简便安全、便于携带、不需要动力机械等特点。

## 33.6 水上交通运输安全

### 33.6.1 航运公司安全管理——实施ISM规则

(1) ISM规则及其基本要求

ISM规则是《国际船舶安全营运和防止污染管理规则》的简称，由国际海事组织（International Maritime Organization，IMO）第18届大会通过，于1994年6月由《1974年国际海上人命安全公约》新增第Ⅸ章规定为强制性规则，并于1998年7月1日起适用于客船、高速客船、油船、化学品船、气体运输船、散货船和高速货船，于2002年7月1日起适用于移动式近海钻井装置和500总吨及以上的其他货船。

ISM规则由14个部分组成，包括前言和13个章节。13个章节分别为：总则，安全和环境保护方针，公司的责任和权力，指定人员，船长的责任和权力，资源和人员，船上操作方案的制定，应急准备，不符合规定的情况、事故、险情的报告和分析，船舶和设备维护，文件，公司审核、评价和

复查，发证、审核和监督。

ISM规则的基本要求是：由负责船舶营运的公司建立并在岸上和船上实施经船旗国主管机关认可的安全管理体系，从而使公司能够具有船舶营运的安全做法和安全工作环境，针对已认定的所有风险，制定防范措施并不断提高岸上和船上人员的安全管理技能，做到安全管理符合强制性规定和规则并对国际海事组织、主管机关、船级社和海运行业组织所建议的适用的规则、指南和标准予以考虑，最终实现保证海上安全、防止人员伤亡、避免对环境特别是海洋环境造成危害以及对财产造成损失的目标。

(2) 安全管理体系

安全管理体系（SMS）是指能够使公司人员有效实施公司安全和环境保护方针的结构化和文件化的管理体系，是ISM规则的核心内容。安全管理体系具有以下特点：第一，它是一个闭环的、动态的、自我调整和完善的管理系统；第二，它涉及船舶安全和防止污染的一切活动；第三，它把船舶安全和防污染管理中的策划、组织、实施和检查、监控等活动要求集中、归纳、分解和转化为相应的文件化的目标、程序、方案和须知；第四，体系本身使所有的体系文件受控。

(3) ISM规则的安全管理体系文件要求

ISM规则的安全管理体系文件要求可以简洁地列于表33.73。

(4) SMS的结构要素

安全管理体系由组织结构、领导责任、工作程序、操作过程、人员和资源5大要素构成。在这5大要素中操作过程是核心，其他4个要素为其服务或为其运行所必需的辅助要素。然而，这5个要素更离不开ISM规则的13个要素规范。SMS的各结构要素内容、作用、相互间的关系如图33.16所示。

(5) 安全管理体系的建立

建立安全管理体系的关键在于领导层的积极投入和公司、船上所有人员的共同努力，通过建立安全管理体系将极大提高公司的管理水平。一般来说，建立安全管理体系应遵循“计划、编制、实施、检验、纠正”的过程，这5个过程也称为5个步骤。

① 计划。计划阶段首先是对参与SMS编制的相关人员进行ISM规则培训，深入学习ISM规则及其相关知识，熟悉领会有关强制性规定的具体内容，使这些人员了解、掌握有关要求，改进思维方式，靠近ISM规则所要求的管理模式；接着要对原有管理体制进行分析、评估、筛选，重在评价它的有效性和适用性，对照ISM规则要求找出差距并予以修订，保留适合新体系的东西，设计适合于本公司的“编制方案”，排出工作进度计划表。

② 编制。编制体系文件的第一重点是制定出安全管理方针、目标和实现方针、目标的措施以及安全与防污染管理机制，它由最高领导者指定专人起草并征求各管理层意见后，经最高领导者批准。第二重点是任命指定人员、有关指定人员和船长的权力声明和实施ISM规则的承诺，这应该由最高管理者自己起草框架，再由最高管理层成员共同补充、完善定稿，最后由最高领导者签名。

大量的体系文件及相关文件按照制定好的安全管理方针和安全与防污染管理机制进行分工编写，再经过一定形式的组织研讨、征求意见、修改完善定稿，最后经最高管理层审议，由分管人员签名确认。

③ 实施。在实施阶段，指定人员以及其工作班子将起到重要作用。指定人员的3项核心责任和权力应在实施中得到体现，这提供了公司和船舶之间的联系渠道；对公司和船舶的运行实施监控；保证船舶需要岸基支持的时候给予充分的资源保障。实施一般分为两个阶段。第一阶段是准备阶段，主要是动员和学习体系文件，理解精神实质，掌握体系规定的做法；选定代表船，派员上船开展宣传与推进。第二阶段是试运行，它是实施安全管理体系的序曲，以最高领导者发布实施令或声明，或以最高领导者主持的实施体系的动员大会为标志。实施的关键是能否使每一件工作事件都按照体系文件要求的工作职责、工作程序、操作程序、工作记录去做。

**表33.73 ISM规则的安全管理体系文件要求**

| 序号 | ISM规则章节号 | SMS文件内容要求 |
|---|---|---|
| 1 | 2.1 | 安全和环境保护方针 |
| 2 | 3.2 | 从事安全和防污染工作及负责其管理、评审人员的责任、权力和相互关系规定(责任手册) |
| 3 | 4 | 指定人员任命(包括职责、权力证明)及其通信联络方式 |
| 4 | 5.2 | 公司强调船长权力的声明 |
| 5 | 6.1 | 保证船长具有指挥资格和完全熟悉公司SMS的规定(可纳入船员聘用程序) |
| 6 | 6.2 | 船员聘用及配备规定(程序) |
| 7 | 6.3 | 新聘及调岗人员熟悉职责程序 |
| 8 | 6.3 | 保证重要指令在开航前下达的须知(可纳入熟悉职责程序) |
| 9 | 6.4 | 保证所有人员充分理解有关规定、规则和指南的规定(可纳入培训程序) |
| 10 | 6.5 | 标明并保证提供SMS所需支持性培训的程序(可与ISM6.4要求一同考虑并纳入培训程序) |
| 11 | 6.6 | 以工作语言向船员提供SMS相关信息的程序 |
| 12 | 6.7 | 保证船员履行SMS规定职责时有效交流的规定(可纳入船员聘用程序) |
| 13 | 7 | 制定关键性船上操作方案和须知的程序 |
| 14 | 7 | 关键性船上操作方案和须知① |
| 15 | 8.1、8.3 | 船上紧急情况的标明、阐述和反应程序(含措施)① |
| 16 | 8.2 | 应急行动的训练和演习计划 |
| 17 | 9.1、10.2 | 不符合规定的情况、事故和险情的报告、调查和分析程序① |
| 18 | 9.2、10.2、12.3、12.6 | 不符合规定情况纠正程序 |
| 19 | 10.1、10.2、10.4 | 船舶维护程序和/或须知① |
| 20 | 10.3、10.4 | 重要设备和技术系统的标明程序及提高设备和技术系统可靠性的措施① |
| 21 | 11.1、11.2、11.3 | SMS及其相关文件、资料的控制程序 |
| 22 | 11.3 | 安全管理手册 |
| 23 | 12.1、12.3、12.4、12.5 | SMS内部审核程序 |
| 24 | 12.2、12.3、12.4、12.5 | SMS有效性评价程序 |
| 25 | 12.2、12.3、12.4、12.5 | SMS有效性复查(管理评审)程序 |

① 项目一般是多份文件。

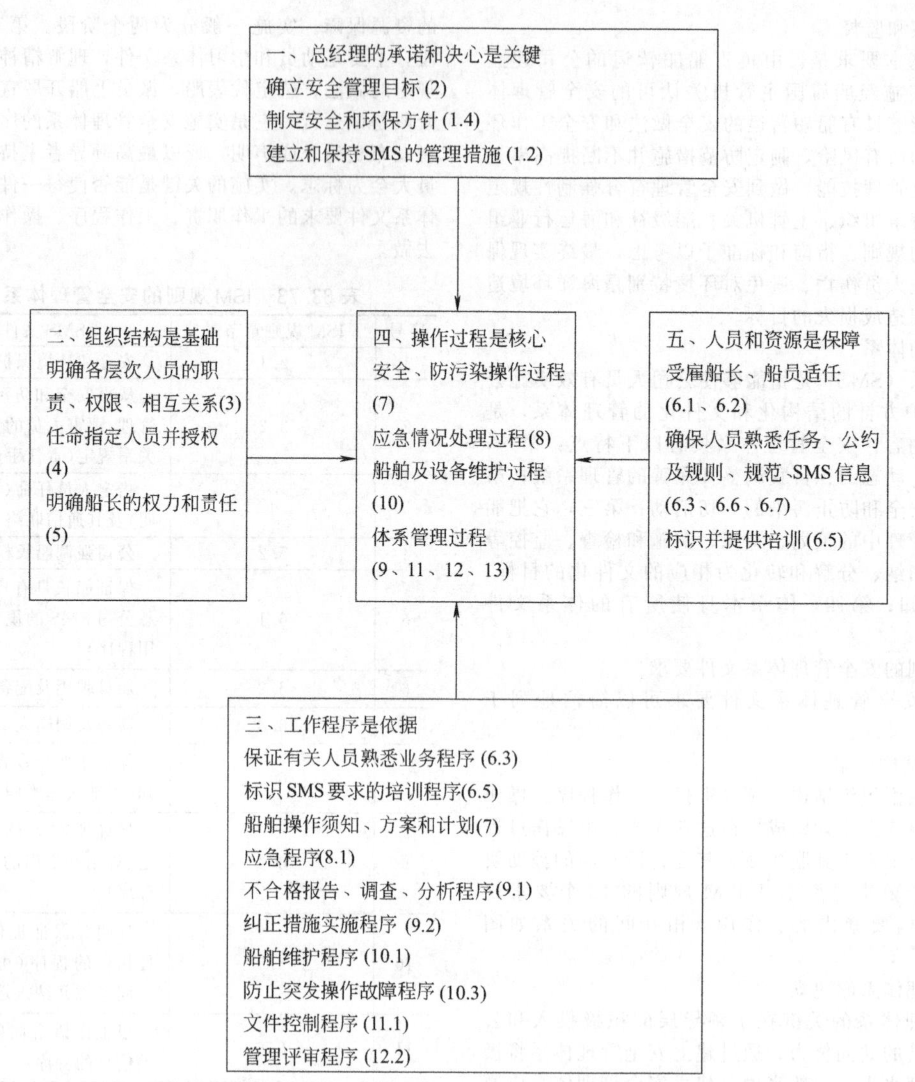


图 33.16 SMS的各结构要素内容、作用、相互间的关系（图中括号中的数字标识是ISM规则的章节号）

④ 检验。对体系在运行中进行检验是保证安全管理体系不断完善和改进的必需的过程，对体系进行检验的方法通常是按体系规定的内审和管理性复查的程序进行。

内审是审核安全与防污染活动是否符合安全管理体系的要求。内审分公司内审和船上内审，公司内审由指定人员主持，船上内审由船长主持。内审中发现的不符合情况，如影响到体系运作的有效性，或体系文件存在缺陷，则需要组织有关人员修改文件，经过调整运行后再进行内审，直到体系运行有效得到验证为止。

管理性复查也称管理评审，是在内审结束后或当公司管理活动发生变化时（如开辟新航线、新的强制性规定开始或即将生效等）进行，通常由最高领导者主持或由指定人员提议、最高领导者主持。管理性复查重点是评价体系运行的有效性，查找运行中出现的问题并分析原因、提出纠正措施，或对出现的新情况提出防范措施、增补文件、程序、须知、操作方案，而后要将管理评审中所发现的问题和做出的决定通知到有关部门，指定人员这时要发挥出监控职能，以使得安全管理体系具有的自纠能力能够显现出来。

⑤ 纠正。纠正过程应贯穿于每一个具体操作的过程。运行中可能出现问题或出现不符合、在体系监控中发现不符合就应该纠正，纠正是构成运行闭环的关键，纠正是体系在运行中不断改进、完善、保持的唯一做法，是有效运行的标志。

（6）安全管理体系的审核与发证

船公司建立和运行的安全管理体系是否全面、有效地实施了ISM规则，必须经过船旗国主管机关或主管机关授权的机构审核通过，并取得相应证书。按我国颁布的《航运公司安全管理体系审核发证规则》规定，中华人民共和国海事局是审核发证的主管机关。安全管理体系审核包括公司审核和船舶审核。《航运公司安全管理体系审核发证规则》规定，主管机关负责对公司审核并签发“符合证明”（DOC证书）；经主管机关授权，中国船级社负责对船舶审核并签发“安全管理证书”（SMC证书）；参与公司审核的审核员必须持主管机关统一颁发的审核员证书。

## 33.6.2 船舶安全管理

（1）船舶登记

船舶登记是指法律或法规授权主管机构根据船舶所有人的申请，依据法律或法规的规定，对船舶的所有权、船舶抵押权等进行的登记。船舶登记是一种法律行为。对本国船舶，除法律或法规规定可以免于登记的船舶，都必须进行登记，就是说，船舶登记是强制性的。只有通过船舶登记，才能在法律上确认船舶的存在，才能确认船舶所有人对船舶的所有权。

船舶登记包括船舶所有权登记、船舶国籍登记、船舶抵押权登记、光船租赁登记以及变更和注销登记等。船舶登记制度及条件因国而异，有严格登记制度、开放登记制度以及介于两者之间的半开放登记制度等。所谓严格登记制度就是对前来登记的船舶的要求较高，诸如对船舶的资本比例、船员配额等均有严格的限制。而开放登记制度则是对来登记的船舶的要求宽松，一般不加条件限制。我国目前实行的船舶登记制度属严格登记制度。

根据我国船舶登记的有关规定，船舶所有权、抵押权和光船租赁权的取得、转让和消灭，应当经船舶登记机关登记，未经登记，不得对抗第三人。经船舶国籍登记后的船舶方有权悬挂中华人民共和国国旗航行。当船舶所有人或规定的登记项目发生变化，船舶所有权转移，或船舶拆解、灭失等需办理变更登记或注销登记。

（2）船舶检验

船舶检验是指国家授权或国际上承认的船舶检验机构、组织等，按照国际公约、规范或规则的要求，对船舶的设计、制造、材料、机电设备、安全设备、技术性能及营运条件等所进行的审核、测试、检查和鉴定，是目前各国为保证船舶技术状态，保障水上人命、财产安全和防止海洋污染，所普遍采用的一种对船舶监督管理的措施。船舶只有通过检验，证明符合规定的条件后，才能取得相应的合格技术证书。船舶检验按其性质分为法定检验和船级检验。

法定检验是船旗国法律规定的，为保障水上人命、财产安全和防止海洋污染所要求船舶必须强制进行的检验，一般是船舶进行登记、悬挂一国国旗、船舶航行必须接受的检验，是法律给船舶所有人或经营人设定的一项义务，我国由《海上交通安全法》做了原则规定，并在《船舶和海上设施检验条例》中做了详尽规定。

船级检验一般是指国际承认的民间船级社，依据其船级规范对船舶的船体、设备、轮机（含电气）设备和（或）货物冷藏装置是否处于良好和有效技术状态进行的检查和鉴定。对于符合船级社规范的船舶可以入级。船级检验具有公正性质。船舶入级检验是船舶所有人为了商业目的而自愿进行的，所谓“入级”就是船舶的技术状况达到或满足船级社的规范标准。如果船舶入了中国船级社的船级“ZC”，表示船舶符合中国船级社的技术规范和有关规定；如果船舶入了劳氏船级，表示船舶符合劳氏船级社的规范、规则和有关规定。船舶入级检验可以是根据造船厂或船东的申请，对新建船舶从审查船舶设计图纸、安放龙骨开始，到建造完毕船舶试航为止的全过程所进行的检验，这称为建造入级检验；对未申请入级的现有船舶在申请入级时所进行的检验称为初次入级检验。船舶入级后，根据各船级社船舶入级规范的规定，都要求入级船舶必须进行各种保持船级的检验，船舶入级证书才能保持其有效性，如中国船级社保持船级的检验包括：年度检验、坞内检验、特别检验、螺旋桨轴和尾管轴检验、锅炉检验、惰性气体系统检验、蒸汽管路检验、循环检验等。

（3）船舶技术证书

船舶技术证书主要指由公约规定的船舶必备的证书。这些公约包括：国际海上人命安全公约、国际船舶载重线公约和国际吨位丈量公约。

① 国际海上人命安全公约规定的证书

a. 客船经过检查和检验，符合第Ⅱ-1、第Ⅱ-2、第Ⅲ和第Ⅳ章的要求及其他要求者，应发给客船安全证书。

b. 货船经过检验，符合公约第1章第10条关于货船检验要求，并除有关灭火设备和防火控制图的要求外符合第Ⅱ-1和第Ⅱ-2章中可适用的要求者，应发给货船构造安全证书。

c. 货船经过检验，符合第Ⅱ-1、第Ⅱ-2和第Ⅲ章有关要求及该规则任何其他有关要求者，发给货船设备安全证书。

d. 装有无线电报设备的货船，经过检验，符合第Ⅳ章的要求及该规则任何其他有关要求者，发给货船无线电报安全证书。

e. 装有无线电话设备的货船，经过检验，符合第Ⅳ章的要求及该规则任何其他有关要求者，发给货船无线电话安全证书。

f. 对于根据和按照该规则的规定受到某项免除的船舶，除发给有关证书以外，还应发给免除证书。

g. 客船安全证书、货船构造安全证书、货船设备安全证书、货船无线电报安全证书、货船无线电话安全证书和免除证书，均应由主管机关或主管机关正式授权的任何个人或组织签发。但无论由谁签发，主管机关都应对证书完全负责。

② 国际船舶载重线公约规定的证书

a. 对于依照该公约进行检验和勘划标志的船舶，应签发国际船舶载重线证书（1966年）。

b. 对于根据和依照该公约第6条规定，给予免除的任何船舶，应签发国际船舶载重线免除证书。

c. 上述证书由主管机关或主管机关正式授权的任何人员或组织签发。不论属于何种情况，主管机关对证书完全负责。

d. 不论公约中有任何其他规定，公约对船旗国政府生效时有效的任何国际载重线证书，应在两年内或者在证书期满前（以较早者为准）继续有效。在此以后，必须备有国际载重线证书（1966年）。

③ 国际吨位丈量公约规定的证书。按照该公约测定总吨位和净吨位的每艘船舶，应发给国际吨位证书。该证书应由主管机关签发，或由该主管机关授权的人员或组织签发。不论何种情况，主管机关对证书完全负责。

（4）船舶进出港签证

船舶签证是国内航行船舶或某些特定国际航行船舶在进港之后和出港之前一段时间内必须到海事管理机构办理的，旨在取得合法航行资格的一种签证认可手续。船舶未经签证而航行，属于违章航行。

《船舶签证管理规则》规定，除军事、政府公务、体育运动船舶和渔船外，进、出我国港口或在港内航行作业的中国籍船舶应按规定办理签证。对于国际航行的中国籍船舶，当直接驶往国外港口或直接由国外港口驶来时不需办理进出口签证，但航行香港、澳门特别行政区的500总吨以下的机动船舶及各种非机动船舶，除按国际航行船舶办理进出口手续外，还应按规定办理船舶签证。

申请办理进出港签证的船舶应处于适航或适拖状态，并具备下列条件：

① 配备足以保证航行安全的船员；

② 载客、载货符合乘客定额和装载技术要求及载重线规定；

③ 装载危险货物的船舶应提前向海事管理机构申报，并声明装载情况符合船舶装载危险货物的安全规范；

④ 船舶、船队的尺度和拖带量符合拟通过的船闸、桥梁、架空设施、浅窄航道的通航限制和要求；

⑤ 已经按船舶安全检查通知书的要求纠正所存在的缺陷，该复查的已经复查合格；

⑥ 已按规定缴纳有关费用；

⑦ 持有有效的船舶证书和其他规定的证明（如保险文书等）；

⑧ 没有违反国家有关法律的行为。

（5）国际航行船舶进出口岸

船舶进出口岸检查包括海事管理机构为了体现国家主权管理对船舶的检查、海关查禁走私的检查、检疫部门防止疫病传播的检查和边防检查机关关于国籍治安和偷渡的检查。其目的是维护国家主权，保证港口和船舶安全，查禁走私、偷渡，防止疫病传播等。

根据我国有关法律和《国际航行船舶进出中华人民共和国口岸检查办法》的规定，我国的口岸检查机关为海事管理机构、海关、边防检查机关、检验检疫机关。

(6) 船舶安全检查

船舶安全检查，是指各国法律、法规等授权的机关、机构，为保障水上人命财产安全和防止船舶造成水域污染，对船舶及其设备的技术状况和船舶人员配备、操作及其工作和生活条件等，严格按业已制定的程序所进行的检查。从实施管辖的性质看，可分为船旗国管理和港口国控制。船旗国管理是指主管机关依照本国法律对在本国注册的船舶实施的管理，包括对本国船舶实施的安全检查。港口国控制是指主管机关依照本国法律以及所缔结的国际公约对来到本国港口的外国籍船舶实施的管理，包括安全检查。

就船舶而言，无论是船旗国管理还是港口国控制，安全检查的内容是基本一致的，体现的是技术规范和对设备实施的保养、操作水平。具体对船舶进行检查而言，可以归纳为四个方面：

第一，对船舶硬件部分的检查。检查船舶的技术证书是否有效，船舶的实际状况与其证书所载是否相符。具体包括：船舶证书和文书；船体、机电设备；消防、救生设备；航行及操纵设备；无线电设备；应急设备；防污染设备等。

第二，对船舶配员、船员持证所进行的检查。具体包括：船员的配备是否符合本国制定的最低配员标准，有无相应的最低安全配员证书；应持证船员是否持相应的适任证书等。

第三，对所制定的安全制度进行检查。各国为保证水上交通安全都制定了一定的安全制度，船舶管理公司也必须制定有关的安全管理的规章。需要检查船舶对这些安全制度的执行和落实情况。

第四，对船舶进行操作性检查。要进行操作性检查，一般是在检查官认为有明显的理由确信船舶或其设备及船员配备情况不符合有关规定，或检查官怀疑这些情况不符合规定。操作性检查需要船员进行动作，如果检察官怀疑船上主要船员之间、船员与旅客之间或上下级船员之间不能有效地进行沟通，也应该进行操作性检查。有关操作性检查的“明显理由”一般指：①在根据有关公约或国内立法进行监督检查中，发现了操作方面缺陷的证据；②由于操作不当，船舶出现事故；③消防和弃船演习中船员对主要程序不熟悉；④没有最新的应急部署表；⑤主要船员之间的沟通或与船上其他人员之间出现不能进行有效联系的迹象等。

### 33.6.3　船员管理

#### 33.6.3.1　适任证书

适任证书是指船员考试发证机关颁发的认为持证人具备担任某类船舶某一技术职务的资格证明文件。中华人民共和国海船（内河）船员适任证书由中华人民共和国海事局统一印制，发证机关栏加盖“中华人民共和国海事局”印章。船员适任证书由海事管理机构正式授权的官员署名签发，持证人相片处加盖考试发证机关的钢印。船员适任证书有效期为5年。

(1) 适任证书分类

① 海船船员适任证书分类。海船船员适任证书分为A、B、C、D四类，简要列于表33.74。

② 内河船员职务等级

a. 内河船舶的分级。内河船舶按船舶总吨及主推进动力装置功率划分为5个等级，即

一等船舶：1600总吨及以上或1500kW（2040hp）及以上。

二等船舶：600总吨及以上至1600总吨或441kW（600hp）及以上至1500kW（2040hp）。

三等船舶：200总吨及以上至600总吨或147kW（200hp）及以上至441kW（600hp）。

四等船舶：50总吨及以上至200总吨或36.8kW（50hp）及以上至147kW（200hp）。

五等船舶：50总吨以下或36.8kW（50hp）以下，以及所有挂桨机船舶。

在上述五等内河船舶的划分中，甲板部船员所服务的船舶等级按船舶总吨划分，但是，如果所服务的船舶按主推进动力装置功率划分的等级高于按船舶总吨划分的等级（快速船除外），则按主推进动力装置功率划分；如果所服务的船舶是50总吨以上的快速船，等级按船舶总吨划分的等级高一等。

轮机部船员所服务的船舶等级按船舶主推进动力装置功率划分，但当所服务的船舶为36.8kW以上的快速船时，其等级为按船舶主推进动力装置功率划分的等级低一等。

b. 内河各等级船舶的船员设置。内河船舶依据船舶等级不同，设置的船员职务也不同，主要有：

**表33.74　海船船员适任证书分类简表**

| 证书类别 | 适用职务 | 航区限制 | 备　注 |
|---|---|---|---|
| A类适任证书 | 船长、驾驶员、轮机长、轮机员、通用一等和二等无线电报务员、船舶通用无线电报务员 | 无限航区、沿海航区、近岸航区 | 无限航区系指海上任何水域，包括世界各国港口和国际通航运河。<br>沿海航区系指中国沿海水域，包括中国沿海港口。<br>近岸航区系指中国沿海各省，本省境内的各海港之间或距船籍港的航程不超过400海里，并距离中国海岸（即大陆、海南岛和台湾岛）均为50海里以内的水域。<br>近洋航区系指包括中国沿海在内，并向北延伸至北纬55°，在北纬20°至北纬55°之间向东延伸到距日本东海岸50海里，向南不超过中国沿海南端，向西延伸到东经99°的航行区域 |
| B类适任证书 | 船长、驾驶员（大副、二副、三副）、轮机长、轮机员（大管轮、二管轮、三管轮）、通用一等和二等无线电报务员、GMDSS（全球海上遇险与安全系统）限用操作员 | 沿海航区、近岸航区 | |
| C类适任证书 | 船长、驾驶员（大副、二副、三副）、限用无线电报务员、限用无线电话务员 | 近岸航区 | |
| D类适任证书 | 船长、驾驶员（大副、二副、三副）、轮机长、轮机员（大管轮、二管轮、三管轮） | 近洋航区、沿海航区、近岸航区 | |

甲板部：
一等船舶的船长、大副、二副、三副；
三等船舶的船长、大副、二副；
四等船舶的船长、大副、二副；
五等船舶的驾驶，挂桨机船的驾机员。
轮机部：
一等船舶的轮机长、大管轮、二管轮、三管轮；
三等船舶的轮机长、大管轮、二管轮；
四等船舶的轮机长、大管轮、二管轮；
五等船舶的司机。

无线电通信：无线电通信部的人员设置与船舶的等级无关，共设有通用报务员、一等报务员、二等报务员、话务员。

(2) 适任证书等级

内河船舶船员适任证书等级列于表33.75。

#### 33.6.3.2 船员最低知识要求

随着航海技术的发展，传统的船上部门分工之间的界限不再明显，区别不再严格。为了适应这种变化，国际上增加了一种船员分工发证的方法，称为“功能方法”。根据这种方法分为7种功能：航行功能、货物装卸和积载、控制船舶操作和管理船上人员、轮机工程、电气电子和控制工程、维护和修理、无线电通信。同时，根据人员在船上所处位置及职责的不同，又分成3个责任级别，即

管理级：指与保证正规地履行指定责任范围内的所有功能有关的责任级别。

操作级：指在管理级人员的指示下服务，按照正规的程序，对履行指定责任范围内的所有功能保持直接控制的责任级别。

支持级：指在操作级或管理级人员的指示下服务，在海船上履行指定的任务、职责和责任有关的责任等级。

不同功能、不同级别的船员，对其知识的要求也是不同的。一般最低的要求简单列于表33.76。

#### 33.6.3.3 船员培训

船员培训按《船员培训管理规则》进行，涉及较多行政性质的事务。这里介绍旨在提高船员安全知识和能力的5类船员培训：

**表33.75 内河船舶船员适任证书等级**

| 项目 | 船长、驾驶员适任证书 | 轮机长、轮机员适任证书 | 无线电报(话)务员适任证书 | 电机员适任证书 |
|---|---|---|---|---|
| 等级 | 1. 1600总吨及以上；<br>2. 200总吨至未满1600总吨；<br>3. 未满200总吨 | 1. 3000kW及以上；<br>2. 750kW至未满3000kW；<br>3. 未满750kW | 1. 船舶无线电报务员通用证书；<br>2. 船舶无线电报务员一等证书；<br>3. 船舶无线电报务员二等证书；<br>4. 船舶无线电报务员限用证书；<br>5. 船舶无线电话务员通用证书；<br>6. 船舶无线电话务员限用证书 | 1. 船舶电机员通用证书；<br>2. 船舶电机员一等证书；<br>3. 船舶电机员二等证书 |

**表33.76 船员知识最低要求简表**

| 项目 | 管理级 | 操作级 | 支持级 |
|---|---|---|---|
| 航行功能 | 1. 作航次计划并引导航行；<br>2. 定位和用各种定位方法获取最终船位的精度；<br>3. 测定和修正罗经误差；<br>4. 协调搜救操作；<br>5. 确立值班安排和程序；<br>6. 使用协助指挥决策的雷达、自动雷达标绘仪和现代导航系统；<br>7. 天气和海况预报；<br>8. 航行的应急反应；<br>9. 在各种条件下操作和操纵船舶；<br>10. 推进装置和轮机系统与设施的遥控操纵 | 1. 计划并引导航行和定位；<br>2. 保持安全的航行值班；<br>3. 使用雷达和自动雷达标绘仪保持安全航行；<br>4. 应急反应；<br>5. 对海上遇险信号做出反应；<br>6. 使用IMO标准海事通信用语，使用英语书面语言和口语；<br>7. 用视觉通信发出和接收信息；<br>8. 操纵船舶 | 1. 按照舵令(包括英语舵令)操舵；<br>2. 用视觉和听觉保持正规的瞭望；<br>3. 安全值班；<br>4. 操作应急设备，应用应急程序 |
| 货物装卸和积载 | 1. 计划并保证安全装货、积载、绑扎，在航行中照管货物和卸货；<br>2. 危险货物运输 | 1. 监测装货、积载、绑扎和卸货以及航行中的货物监管；<br>2. 了解货物对船舶适航性和稳性的影响，具有安全装卸、积载和绑扎货物的知识，包括危险和有害货物的相应知识及其对人命和船舶安全的影响 | 1. 执行相应于组成轮机值班部分的普通船员的职责的日常值班任务，理解指令和与值班职责有关的事宜；<br>2. 值班锅炉班时，能维持正确的水位和蒸汽压力；<br>3. 操作应急设备，应用应急程序 |
| 控制船舶操作和管理船上人员 | 1. 控制吃水差、稳性和强度；<br>2. 保证船上人员的安全，遵守保护海洋环境的法律法规；<br>3. 保持船舶、船员及旅客的安全及救生、消防和其他安全系统的操作条件；<br>4. 研究制定应急和损害控制计划，并处理紧急情况；<br>5. 组织和管理船员；<br>6. 组织和管理船上的医疗 | 1. 保证遵守防污染要求；<br>2. 保持船舶的适航性；<br>3. 预防、控制和扑灭船上火灾；<br>4. 操作救生设备；<br>5. 在船上应用医疗急救；<br>6. 监督遵守法律要求 | |

续表

| 项目 | 管理级 | 操作级 | 支持级 |
| --- | --- | --- | --- |
| 轮机工程 | 1. 计划和编排操作、启动和关闭主推进装置和辅机(包括附属系统),能够操作、监测和评价机器性能,保持机器设备、系统和设施的安全;<br>2. 管理燃油和压载水操作;<br>3. 使用船舶内部的通信系统 | 1. 使用相应的工具进行船上典型的组装和修理工作;<br>2. 使用手动工具和测量设备进行船上装置和设备的拆卸、保养、修理和安装;<br>3. 使用手动工具及电气、电子测量、测试设备,探测故障,进行维修工作;<br>4. 保持安全的轮机值班;<br>5. 使用英语书面语言和口语;<br>6. 操作主机和辅机;<br>7. 操作泵浦系统和附属控制系统 | |
| 电气电子和控制工程 | 1. 操作电气和电子控制设备;<br>2. 测试、探查故障,保持和恢复电气、电子控制设备 | 1. 操作交流、直流发电机及其控制系统,具有适当的基本电气知识和技能,能够进行交流发电机或直流发电机的备车、启动、并车和转换;<br>2. 了解发电装置和控制系统的通常故障部位和防止损坏的措施 | |
| 维护和修理 | 1. 组织安全保养和维修;<br>2. 探测和鉴别机器故障原因并消除故障;<br>3. 保证安全工作的实践 | 1. 操作轮机系统,包括控制系统,具有适当的基本机械知识和技能;<br>2. 在允许人员检修装置和设备之前,能对该装置和设备进行安全分隔,并能对装置和设备进行保养和修理 | |
| 无线电通信 | | 1. 使用 GMDSS 的子系统和设备发出和接收信息,并满足该系统的功能要求;<br>2. 在紧急情况下提供无线电服务 | |

(1) 适任证书考前培训

适任证书考前培训是指海船船员在申请适任证书前应参加的、以便获得持有该类适任证书所应具备的知识和能力的培训。

(2) 船员专业培训

船员专业培训指针对应急、职业安全、医疗和救生等方面进行训练以及利用模拟器培训，从而使船员了解必要的安全知识和技能，掌握有关仪器等的操作，以便保证人员的安全。通常，在职船员应接受的训练主要有：a. 个人求生技能，主要是弃船情况下的海上求生；b. 防火和灭火，感受船舶这样小空间火灾的情形，掌握一些灭火技巧；c. 基本急救，学会在遇到事故或其他医疗紧急情况下采取的行动；d. 个人安全与社会责任，主要是要按程序行动，要理解各种命令和口令等。

(3) 特殊培训

特殊培训指对特定类型船舶，如油船、液化气船、客滚船、化学品船等的船员，针对该种类船舶以及所载货物特点与安全保证而进行的专门培训。经过特殊培训的船员可以获得特殊培训合格证，表示持证人可以在证书注明的船舶类型上任职。

(4) 船上培训

船上培训指适任证书申请人在完成相应的岸上专业教育、培训、考试和评估后，在正式取得适任证书前，为了达到规定的适任标准，在船上船长和有资格的高级船员的监督和指导下，掌握实践经验，完成系统化实战培训。

(5) 精通业务和知识更新培训

精通业务和知识更新培训指申请适任证书再有效和申请散装液货船、客船、滚装客船、高速客船等船员特殊培训合格证再有效的船员保持其适任能力的培训，其目的是确保持证船员不断精通其业务并能掌握最新知识。这种培训又称为保持相应适任证书和海上服务资格的专业培训。

### 33.6.4 航海保障

(1) 航行警告和航行通告

航行警告和航行通告是人们在长期的航海实践中总结的向船舶传达安全航行所需信息的一种形式，是一种公告。航行警（通）告发布机关将管辖水域内发生的或将要发生的可能影响航行安全的任何情况变化，用无线电或书面形式，及时准确地向所有船舶广播和公告，使有关船舶能及时了解和掌握这些情况，从而采取适当的戒备或预防措施。这样对船舶航行安全就起重要的保障作用。通常，通过无线电发布的有关航行的安全公告被称为航行警告，以书面形式发布的则被称为航行通告。

航行警（通）告一般涉及下列内容：①新发现浅滩或暗礁；②新发现异常磁区或有变色海水，如赤潮；③沉船、障碍物、危险物、漂流物（包括大块浮冰）的存在、清除、变动情况及其标志；④助航标志、导航设施的设置、撤除、改建、移位、故障、灯质变更、漂失、复位等；⑤航道或人工维护航槽的水深变化；⑥锚地、港界、禁航区、禁止捕捞区、禁止抛锚区、抛泥区、水产养殖区、引航作业区、罗经校正区、测速区、消磁区等的划定、设置、变动和撤除；⑦石油勘探、海洋地质调查、水文测验、射击、打桩、疏浚、爆破，大型拖带、水下管道、电缆（包括架空管线）的敷设、撤除、检修和其他水上水下施工作业；⑧钻井平台、大型浮筒的设置及撤除；⑨执行搜救作业、清除和防止海洋污染等作业；⑩危及航行安全的演习、试验或自然情况；⑪航路的划定、变动和航行规则；⑫其他涉及航行安全的事项。

(2) 海洋气象预告

恶劣的海况和气象历来是船舶安全的重大威胁，世界各沿海国家都通过无线电广播和电视节目定时转播气象台站发布的各种海洋气象和海况预报；播发航行警告和航行通告的海岸电台也转播大风、热带气旋（强热带风暴）警告和气象预报。随着卫星通信的发展，海事卫星系统播发的气象预报越来越成为船舶及时得到气象预报的途径。准确及时的海洋气象预告是船舶抗击自然灾害的重要保障。

（3）航海图书资料

航海图书资料是船舶能够从事海上航行的必备条件，是安全航行的基本保证。航海图书资料包括最新的海图、航路指南、灯塔表、航行通告、潮汐表等一切与船舶安全有关的航海资料。船舶配备必需的航海图书资料是船舶适航的重要条件之一。海运国家主管机关一般对在该国登记的船舶或在该国主权管辖水域航行的船舶所应配备的航海图书资料的种类、版本等有明确的行政法律规定。

（4）船岸通信联络

船岸通信联络对保障船舶航行安全至关重要。船岸通信联络包括公众系统和专用系统。公众系统如公众移动通信、公众卫星通信等。专用系统如船舶应急通信设备、船舶救生艇无线电台及无线示位标、卫星通信船站、航行警告接收机，以及雷达、卫星导航、电测向仪、电罗经等传统的船岸通信设备。随着卫星通信技术的不断发展，已经建立了全球海上遇险与安全系统（GMDSS），这个系统使船舶无论在什么位置和时间遇险都能及时报警，并能在短时间内被岸基部门查明船舶的航行位置，GMDSS为船舶航行安全提供更可靠的保证。

（5）航标

航标是保障船舶在水上安全航行的重要助航设施。航标包括视觉航标、无线电导航设施和音响航标，具体说有灯塔、灯桩、立标、导标、灯船、灯浮、雾号、雾钟、无线电示位标、导航台等。航标管理部门根据航标管理制度和航行安全保障的需要布设航标，并负责保养，保证其日夜不间断地发挥助航效能。对视觉航标要求标位准确、灯质正常、涂色鲜明、结构良好；对音响航标要求信号清晰、发放及时；对无线电导航设施要求信号准确、频率稳定、功率正常、连续工作。

## 33.6.5 船舶交通管理

### 33.6.5.1 船舶交通管理

船舶交通管理又称海上交通管理。与人们日常对交通管理的理解不一样，船舶交通管理含义较窄。它不包括对船舶本身的管理（如检验发证、登记发证、安全检查等）、对船舶运输作业的管理（如货物作业、危险货物等）、对船舶人员的管理（如船员考试发证、船员与旅客定员等），也不包括海上搜寻救助、海事调查处理以及对助航标志与设施的管理。船舶交通管理，是指对指定区域内船舶运动的组合与船舶行为的总体所实施的管理，也有人称为“为便利指定区域内海上交通行动而采取的步骤”。

船舶交通管理一般认为包括实施交通规则和交通控制两大方面。实施交通规则属于宏观的、静态的管理。它是指根据过去一段时间内船舶交通实况和船舶交通事故实况所制定的原则，并且借助水上交通标志（如航标等）来规范交通运行。实施交通规则只能对交通从宏观上进行静态管理。这类交通管理的实施例子有：港口水域对船舶航行速度的要求、在狭窄水道内靠右航行等。交通控制属于微观的、动态的管理。它是指采用能够与时刻变化的船舶交通状况相适应的技术手段和设备，搜集各种交通信息，与管理区域中的船舶进行信息交换，以多种方式影响或控制船舶动态，甚至指挥船舶交通。传统的交通控制如港口信号用旗号、声号、标牌等控制船舶进出港，巡逻船现场疏导交通流等；现代的交通控制则借助现代化的船舶交通管理系统进行。

### 33.6.5.2 船舶交通管理的功能

交通管理的功能指用于交通管理的方法。从性质看，包括主要功能、强制功能和其他功能；从内容看，包括信息服务、助航服务、交通组织服务和支持联合行动等。

（1）船舶交通管理的主要功能和辅助功能

主要功能是指交通管理中与船舶航行过程的常规操作相关的部分，包括总的规则、空间分配、船舶的常规控制和避碰行动。

总的规则是用于管理一般或特殊的交通行为的准则。为了实施交通管理就必然要根据交通情况以及变化制定各种适当且有效的交通规则，并采取各种适当且有效的方法去执行它，以达到交通规则制定者的预期目标。

空间分配是分隔空间并控制其不同部分的使用。这一概念在各种类型的交通管理模式中普遍使用，本质就是通过分隔空间，避免两个或两个以上交通工具在同一时刻占据交通空间的同一位置，从而避免最主要的交通事故——碰撞。就海上而言，空间分配的例子是实行船舶定线制、在港口水域中划分进出港口的航道、划定码头区域及锚地等。

船舶的常规控制和避碰行动是船舶航行过程中的本身管理。船舶的运动参量如航线、航向、航速、避让操纵、行进与停止等，都由船舶驾驶人员决定、动作。尽管已经有十分详尽的航行和避碰规定，执行时还是要以实际情形作依据。交通管理服务系统能够掌握整体的通航等情况，能够为船舶提供执行规则的建议、信息，影响或控制船舶的运动和行为。

交通管理的辅助功能包括为海上的各种作业如船舶航行、海上搜救、海上救助等提供信息，使船舶或远离岸基的作业能得到岸上的支援。

（2）交通管理的强制功能

交通规则是为了增进交通安全和效率制定的，应予以遵守和执行。由于种种原因，违反规则而影响交通安全和效率的情况常常出现，因此，既要鼓励船舶遵守交通规则，也要强制船舶遵守交通规则，这正是交通管理的强制功能。

（3）数据搜集和数据评估功能

数据搜集包括以下几个方面。

① 用适当的设备，如水文气象传感器、雷达、VHF测向仪等搜集航道的数据；

② 在指定的海上安全和遇险频道上保持值班守听；

③ 接收船舶报告；

④ 获取有关船体、船机、设备、人员和有关运载危险或有害物质等船舶情况的报告。

搜集交通信息对交通管理来说并不是目的，更重要的是要对信息进行分析、处理、评估，使信息成为交管人员制定交通管理决策的基础和实施交通管理的依据。数据评估包括：

① 监测船舶遵守国际的、国家的和地方的要求和规则的操纵行为；

② 说明整个交通情况并预测其发展；

③ 监测航道情况（水文与气象数据、助航设施）；

④ 协调；

⑤ 统计。

（4）信息服务功能

信息服务是在固定时间及在交管中心认为必要时，或应船舶的请求，通过播放信息提供的信息服务，包括以下几个方面。

① 播送有关船舶动态、能见度条件或他船意图的信息以协助所有船舶；

② 与船舶交换有关安全的所有信息（航行通过、助航设施状况、气象与水文资料等）；

③ 与船舶交换有关所处交通条件与情况的信息（如驶近船舶的动态和意图）；

④ 向船舶发布诸如操纵能力受限制的船舶、密集渔船群、小船、其他特殊作业的船舶等航行障碍的警告，并提供可供选择航线的信息。

(5) 航行协助服务功能

航行协助服务是应一艘船舶的请求或在船舶交管中心认为必要时提供的服务。它可包括在困难的航行或气象环境中，或一旦出现故障或损坏时协助船舶。如船舶交管中心在热带气旋袭击本港时，指挥、协调船舶避险；在气象条件不良时或助航设施损坏时通过助航系统协助船舶航行等。

(6) 交通组织服务功能

交通组织服务是船舶交管系统实施的、比信息服务和航行协助服务层次更高的一种船舶交管功能。交通组织在一定程度上对船舶交通调度指挥，具有强制性。使用交通组织服务的船舶有义务接受船舶交管中心的指令。交通组织服务与为了避免形成危险局面并使交管区域的交通活动安全、有效而预先规划交通有关。它可在航行计划的基础上进行，并包括：

① 建立和实施通过许可和报告特定动态与条件的体制，或建立动态序列；

② 编排船舶通过特殊区域（如单向通行水域）的船舶动态；

③ 制定应遵循的航线和限速；

④ 指定锚泊地点；

⑤ 需要保证人命安全或保护环境、财产时，通过要求船舶停留在或驶向安全地点及提出采取其他措施的建议或指示来组织船舶运行。

(7) 支持联合行动功能

支持联合行动包括以下几个方面。

① 协调信息流并向船舶交管参与者和有关机构分送有关信息；

② 支持各方如引航、港口、污染防止与控制、搜救、救助等部门的联合行动；

③ 请求救助与应急部门采取行动，在适当时参与这些部门的行动。

支持联合行动是船舶交管的一个辅助功能。就是说，支持联合行动不是直接对船舶实施交通管理，而是与其他海上部门密切配合，特别是通信联系、传达信息和现场指挥等方面，共同完成某项旨在保证航行安全、提高交通效率和保护水域环境免受污染的联合行动。

#### 33.6.5.3　交通规则

交通规则是交通法规的组成部分，是指各项交通法规中所有涉及船舶运动和行为的具体规定。从交通管理的范围和船舶的动态来讲，交通规则主要包括航行、停泊和避碰三个方面。

(1) 航行规则

为了保证船舶交通安全和畅通，必须在空间、路线和船舶的速度和状态等方面加以控制，航行规则涉及以下这些方面。

① 涉及交通空间的规则首先是划定航行水域界限的各种规定。它从国家主权、经济利益、航行安全、环境保护等方面出发，划定了哪些水域可供船舶航行，哪些水域禁止船舶（或特定类型船舶）航行。港口、航道、水道、海峡等一般有自己的特殊规章，规定锚地、泊位等的水域。这类规定属于对交通空间的划定，是交通规则管理船舶交通的第一步。

② 在确定空间之后，必须给船舶指定路线。交通路线的指定在船舶交通管理中起着非常重要的作用，也收到很显著的效果。交通路线指定就是以分道通航制为代表的各种船舶定线制。目前，很多港口、水道、海峡、通航密集水域都实施船舶定线制。即使没有实施船舶定线制的港口，同样存在指定交通路线的规则。通过交通路线的划定，为进口和出口、大船和小船、快船和慢船、顺流和逆流等不同船舶在不同情形下的航行提供航行的线路，达到安全和提高效率的目的。交通路线指定比交通空间划定对船舶交通的管理更进一步。

③ 在港口水域或有船舶定线制的水域航行，通常规定船舶的航行方向。船舶被要求按照海图上用箭头表示的交通流方向或推荐的交通流方向航行。

④ 限制船舶在港口水域中的航行速度是防止船舶碰撞、搁浅、触礁、浪损事故的重要措施。限速规定一般适用于所有在港口水域中航行的船舶。

⑤ 船舶进出港口通常要得到港口交通管理的许可。此类规定是对船舶运动状态进行管理，以防止船舶碰撞等事故发生。

(2) 停泊规则

船舶停泊规则，首先是有关船舶停泊区域的规定。一般来说，各港口均规定了锚地和码头的水域范围。船舶泊位必须为港方所指定。船舶锚泊位置也需要船舶交通管理中心指定，并在泊好后报告锚泊位置。

(3) 避碰规则

避碰规则是船舶避免碰撞事故的行为规范。它具有技术规范和法律规范双重性质。避碰规则包括国际海上避碰规则、内河（内陆水域）避碰规则、港口和水道航行规定中涉及的船舶避碰的具体规定。

#### 33.6.5.4　船舶定线制的一些术语

(1) 定线制

一条或数条航路的任何制度或定线措施，旨在减小海难事故的危险。它包括分道通航、双向航路、建议航路、避航区、禁锚区、沿岸通航带、环行道、警戒区和深水航路。

(2) 强制定线制

国际海事组织根据《国际海上人命安全公约》(2016年) 的要求，强制要求所有船舶、特定类型船舶或载运特定货物的船舶使用的定线制。

(3) 分道通航制

通过适当方法和建立通航分道以分隔反向交通流的一种定线措施。

(4) 分隔带或分隔线

分隔船舶反向或解禁反向航行的通航分道，分隔通航分道与相邻的海区，或为分隔同一航向的特定种类船舶而设定的通航分道的带或线。

(5) 通航分道

一个在规定界限范围内，只限单向通航的水域。自然障碍物，包括那些组成分隔带的，可作为通航分道的一条边界线。

(6) 环形道

在规定界限内由一分隔点或圆形分隔带和环行通航分道组成的一种定线措施。通过沿逆时针方向环绕分隔点或分隔带航行的方式分隔环形道内的船舶交通。

(7) 沿岸通航带

由介于分道通航制靠岸一侧的边界和邻近海岸之间的指定区域组成的一种定线措施，沿岸通航带的使用需依照经修订的《国际海上避碰规则》(2007年) 第10 (d) 条的规定。

(8) 双向航路

在规定的界限内具有双向交通的航路，旨在为通过航行有困难或危险的水域的船舶提供安全通道。

（9）推荐航路

为方便船舶通过而设立的规定宽度的航路，经常以中线标来标记。

（10）推荐航路

经专门检查以尽可能确保没有危险并建议船舶按此航行的航路。

（11）深水航路

在规定界限内，海底及海图上所标志的水下障碍物已经准确测量的一种航路。

（12）警戒区

包含一个规定界限的区域，在此区域内，船舶必须特别谨慎航行，并且可能有建议的交通流向的一种定线措施。

（13）避航区

包含一个规定界限的区域，在此区域内，航行特别危险或对避免造成事故异常重要，所有船舶或特定类型船舶避免进入该区域的一种定线措施。

（14）禁锚区

包含一个规定界限的区域，在此区域内，船舶锚泊是危险的或可能对海洋环境造成无法接受的损害。除非是在船舶或船上人员面临紧急危险的情况下，所有船舶或特定类型船舶应避免在禁锚区内锚泊。

（15）规定的交通流向

用于表明分道通航制内既定的船舶运动方向的一种交通流向模式。

（16）推荐的交通流向

当采用一个规定的交通流向不可行或不必要时，用于表明推荐的船舶运动方向的一种交通流向模式。

## 33.6.6 危险货物运输安全管理

### 33.6.6.1 危险货物

危险货物系指那些具有爆炸、燃烧、腐蚀、毒害、感染或辐射等性质，在装卸、运输、储存过程中容易发生意外且极易造成人员伤亡、财产损毁或环境污染的物质和物品。这里所讲的危险货物，仅仅指海上运输过程中所遇到的包装或固体散装危险货物。由于海上的特殊环境，有些物质太危险需要禁止运输，如氯酸铵、溴酸铵等；有些物质由于危险性很小而可以作为普通货物运输；有些货物需要经过处理之后才能运输。再有，由于各种运输方式都有自身的特殊性，某种物质或物品对这种运输方式是危险的，对其他运输方式可能是安全的而作为普通货物处理。所以，就海上运输而言，危险货物不是一个笼统的定义，而是由《国际海运危险货物规则》的明细表所列明的物质或物品。

### 33.6.6.2 《关于危险货物运输的建议书》

由联合国危险货物运输专家委员会提出的关于危险货物运输的建议书。该书出版时封面用橙色，所以该建议书俗称“橙皮书”。《关于危险货物运输的建议书》自出版以来每两年修正一次，现已经多次修正，2017 年出第 20 版。其主要内容有：危险货物的分类和各类危险货物的定义；危险货物的分类原则和标准；常运危险货物品名一览表［每个品名均包括联合国编号、名称、危险性类别（项）、包装建议和特殊要求等］；对各类危险货物包装件的要求和各种容器的规格以及具体的试验方法；托运各类危险货物的一般要求和某些特别危险的货物的特殊要求；关于中型散装货物集装箱和多种方式联运的冷冻液化气罐式集装箱的建议；运输过程中的安全防护和事故处理要求。该本共有 17 章，有一个附录。

在国际上这个具有较高权威的建议书系以各国和国际上的有关危险货物运输规章为基础编写的，涉及各种运输方式和各类运输工具，对绝大部分已有的主要危险货物的品名和容器，做了比较详尽的规定。这些规定已被世界上大多数国家采纳，作为制定本国相关规章的主要基础。

### 33.6.6.3 《国际海运危险货物规则》

《国际海运危险货物规则》是一个海上危险货物运输的国际规则。它由国际海事组织出版。该规则成为国际海事组织执行《国际海上人命安全公约》（1974 年）（SOLAS 公约）的重要内容。《国际海运危险货物规则》于 2004 年 1 月 1 日起强制执行。

《国际海运危险货物规则》的第一版在 1965 年出版，以后每两年更新和修改，到 2018 年已经出版到第 38 套。

该规则包括：总则、危险货物类别、危险货物一览表、包装和罐柜导则、托运程序、容器等的构造和测试、运输操作相关问题，以及在补充本中的应急措施、医疗急救指南等内容。

该规则为所有从事海运危险货物的相关人员和机构，如海员、制造商、托运人、代理、供应商、政府主管机关等提供有效的指引，为海运危险货物的安全运输提供有效的操作标准。

### 33.6.6.4 包装固体危险货物分类

《国际海运危险货物规则》根据物质或物品所呈现的危险性或最主要的危险性，把危险货物分成 9 类。详细内容如下：

（1）第 1 类爆炸品

① 爆炸性物质，不包括本身不是爆炸品但能形成爆炸性气体、蒸气或烟尘的物质，也不包括那些特别危险以致不能运输或主要危险适用于其他类别的物质；

② 爆炸性物品，其装置内含有的爆炸性物质的数量和其特性在运输过程中由于偶然被点燃或引爆后，不会因抛射、着火、烟、热或巨大响声等对装置外部产生任何影响的除外；

③ 不属于①和②所述，目的在于生产实用、爆炸或烟火视觉效果而制造的物质和物品。

根据爆炸品的危险类型（聚集的、抛射的、火灾的等）和爆炸品点燃的敏感性，将爆炸品分为 6 个小类。为了积载的方便，还规定了 13 个爆炸品的配装类。

（2）第 2 类气体

本类物品包括压缩气体，液化气体，溶解气体，深冷液化气体，混合气体，一种或多种气体与一种或多种物质的蒸气的混合物，充注了气体的物品，六氟化碲，烟雾剂。

由于气体的化学性质和对生理影响的差异可能很大，气体分为：易燃气体、既不燃烧又没有毒性的气体、有毒的气体、助燃的气体、有腐蚀性的气体等。运输过程中，第 2 类气体可再细分为：易燃气体；非易燃、无毒气体；有毒气体。

（3）第 3 类易燃液体

① 易燃液体。易燃液体是指在闭杯试验等于 61℃（相当于开杯 65.6℃）或低于 61℃时放出易燃蒸气的液体、液体混合物，或含有溶解固体的溶液或悬浮液（如油漆等，但不包括具有气体特性的、已列入其他类别的物质）。

② 液体退敏爆炸品。液体退敏爆炸品是溶于或悬浮于水或其他液体物质中，形成同性质的液体混合物以抑制其爆炸特性的爆炸性物质。

（4）第 4 类易燃固体；易自燃物质；遇水放出易燃气体的物质

① 第 4.1 类易燃固体。本类物质是指具有易于被外部火源（如火星或火焰）所点燃，且易于燃烧或遇到摩擦易于引起或有助燃性物质的固体物质。本类还包括能自行反应的物质。

② 第 4.2 类易自燃物质。本类包括具有共同特性的易

于自行发热和燃烧的固体或液体。

③ 第4.3类遇水放出易燃气体的物质。本类物质是具有遇水放出易燃气体这一共同特性的固体或液体。在某些情况下，这些气体易于自燃。

(5) 第5类氧化物质和有机过氧化物

① 第5.1类氧化物质（氧化剂）。本类物质系指虽然本身未必可燃，但可放出氧或由于相类似情况，与其他材料接触时会增加其他物质着火危险性的物质。

② 第5.2类有机过氧化物。有机物质含有二价的过氧基结构，可被认为是过氧化氢的衍生物。

(6) 第6类有毒和感染性物质

① 第6.1类有毒的（毒性的）物质。本类物质如吞咽、吸入或与皮肤接触易于引起死亡或严重损伤及损害人身健康。

② 第6.2类感染性物质。本类物质系指含有微生物或它们的毒素，会引起或可能引起人或动物疾病的物质。

(7) 第7类放射性物质

本类物质包括自发放射出大量放射线的物质，其放射性比活度大于70kBq/kg。

(8) 第8类腐蚀性物质

本类物质系指通过化学反应能严重伤害生物组织的物质，这些物质如从包装中泄漏亦能导致其他货物或船舶受到损害。本类的许多物质呈酸性（如硫酸）或碱性（如碱金属），与水接触将形成酸或碱。

(9) 第9类杂类危险货物

① 其他类别未列入的那些物质和物品，经验证明或可能证明，具有必须用经修订的《国际海上人命安全公约》(1974年) 第Ⅶ章A部分规定的危险特性，而其他类别没有包括的物质和物品。

② 不属于经修订的《国际海上人命安全公约》(2016年) 第Ⅶ章A部分规定的，属于经1978年议定书修订的《国际防止船舶造成污染公约》(1973年) (MARPOL73/78) 附则Ⅲ规定的物质。

#### 33.6.6.5 危险货物运输的包装和包装类

海运危险货物应使用《国际危规》所规定的包装形式。除第1类、第2类、第6.2类和第7类物质有专门规定外，危险货物的包装主要有以下3种。

(1)《国际危规》附录Ⅰ列明的包装

《国际危规》附录Ⅰ规定了小型的危险货物包装形式，主要有圆桶、木琵琶桶、罐、箱、袋和复合包装等。就这些形式的包装材料而言，主要有钢、铝、天然木、胶合板、再生木、纤维板、塑料、纺织物、多层纸、玻璃、瓷器或粗瓷器。盛装危险货物的包装应具有规定的标记，并用标码持久、清晰地显示有关的内容。包装标记所显示的主要内容包括：联合国包装符号、包装的类型（阿拉伯数字）、包装的材料（大写英文字母）、包装批准国代号、包装制造商代号、所盛装物质的包装类、所盛装物质的相对密度（液体）、液压试验的压力（液体）、最大盛装总量（固体）和制造年月。

《国际危规》要求危险货物的包装在投入使用之前，其涉及类型必须顺利地通过规定的检验。对附录Ⅰ列明的包装所规定的检验主要有：跌落试验、气密或水密试验、液压试验、堆码试验等。包装拟盛装的危险货物不同，则所应用的试验项目也不同。

(2) 中型散装容器

中型散装容器（IBCs）是广泛用于海上运输某些类别危险货物的可移动包装。中型散装容器的容量一般都大于上述附录Ⅰ列明的包装容量。《国际危规》总论中详细规定了中型散装容器的定义、材料、制造、标记、试验、积载及适合盛装的物质。

中型散装容器系指容量不超过3.0m$^3$，设计上适合于机械操作，经过检验能够承受装卸和运输所产生的各种应力的刚性、半刚性及柔性可移动包装，但不包括附录Ⅰ所列明的包装和《国际危规》总论第13节所规定的可移动罐柜。中型散装容器主要有6种类型：金属中型散装容器、木制中型散装容器、刚性塑料中型散装容器、带有塑料内容器的复合中型散装容器、纤维板中型散装容器和柔性中型散装容器(FIBC)。其中，柔性中型散装容器也被称为大袋包装或集装袋。中型散装容器应按照规定的标记清晰、耐久地显示有关资料。

《国际危规》总论第26节规定，中型散装容器的每一设计类型在投入使用之前都应进行试验，只有成功地通过试验的设计类型方可被使用。试验项目包括：底部提升、顶部提升、堆码、渗漏、液压、跌落、扯裂、倒塌和复原。中型散装容器不同，其所要求的试验也不同。

一般来说，中型散装容器仅限于装运除第1、2、5.2、6.2和7类物质以外的，包装类为Ⅱ或Ⅲ的危险物质。哪种物质可以用哪种类型的中型散装容器装运，以及应遵守哪些特殊要求应查阅《国际危规》总论第26节附录Ⅰ“适合使用中型散装容器装运的液体物质清单”和附录Ⅱ“适合使用中型散装容器装运的固体物质清单”。这两个清单以表格的形式说明了每种物质所允许使用的中型散装容器类型，并用数字代号表示某些特殊的要求。

(3) 运输组件

就《国际危规》而言，运输组件主要包括3种。

① 货物集装箱。货物集装箱是一种永久性的，具有相应强度，足以满足反复使用的运输设备。这种运输设备是为了方便一种或几种运输方式，中间无须进行内部货物装卸而设计制造的。集装箱应具有禁锢和易于装箱的附属部件。集装箱应符合修正的《国际集装箱安全公约》(1981年) 的有关要求，用于海上运输的集装箱还必须经过中华人民共和国海事局认可的检验机构检验并取得证明文件方可使用。装运危险货物的集装箱，既是运输设备，也是容器，装上危险货物之后，必须按照规定张贴标志；在使用过之后，必须彻底清洗。

② 可移动罐柜。可移动罐柜系指容量为450L以上，罐柜壳上装有在温度为50℃时其蒸气压（绝对压力）不超过300kPa (3bar) 的液体危险货物运输中所必需的辅助设备和结构设备的罐柜。罐柜壳体外部装有固定装置，可将罐柜非永久性地系固在船上。当罐柜停留在船上时，其内装货物不能被装入或卸出。可移动罐柜在装卸货物时无须拆卸结构设备，并能在装有货物的情况下从船上吊上或吊下。

用于装运除第2类以外的海运危险货物的可移动罐柜有下列3种类型。

1型罐柜——安装有减压阀，最大允许工作压力等于或大于175kPa (1.75bar) 的罐柜。

2型罐柜——安装有减压阀，最大允许工作压力等于或大于1kPa但低于175kPa，用于装运某些危险性小的液体危险货物的罐柜。

3型罐柜——容量在450L以上，装有减压装置的永久性附着型公路罐车，主要用于短程国际航线。

《国际危规》总论第13节对各种类型的可移动罐柜的材料、建造、减压及安全设备做了详细的规定，并列明了适合于使用可移动罐柜装运的液体物质清单。

③ 车辆。车辆系指各种公路货车、铁路货车。危险货物可像装入集装箱那样装入公路货车，然后作为一个整体被吊到或者直接开到船上，固定于货舱中、车辆甲板或露天甲板上。公路货车一般都具有货箱或围蔽装置，因此，危险货物的装车、车内积载、垫隔和紧固等要求类似于集装箱的装

箱要求。大多数情况下，车辆都是采用滚装船运输并应符合《国际危规》总论第 17 节的要求。

《国际危规》根据危险货物所具有的危险性，将除第 1、2、6.2、7 类以外的危险货物包装分为 3 个包装类，即包装类Ⅰ——高度危险的；包装类Ⅱ——中度危险的；包装类Ⅲ——低度危险的。

**33.6.6.6 危险货物运输包装的标记、标志和标牌**

危险货物危险性标志和标牌采用图案的方式来表明货物的类别和所具有的危险性，使人们能以直观的形式进行识别，并在发生意外事故时能够及时采取正确的措施和行动。《国际危规》总论第 7 节规定，危险货物包件上显示的危险货物标志应为菱形，其规格不小于 100mm×100mm，除非因包件尺寸小而只能显示较小的标志。标牌是放大了的标志或标记，其规格应不小于 250mm×250mm。标牌主要用于运输组件上。危险货物所具有的次危险性应使用副标志表示。副标志的图案与类别标志相同，但没有表示危险性类别的数字。

各类危险货物标志示例如下：

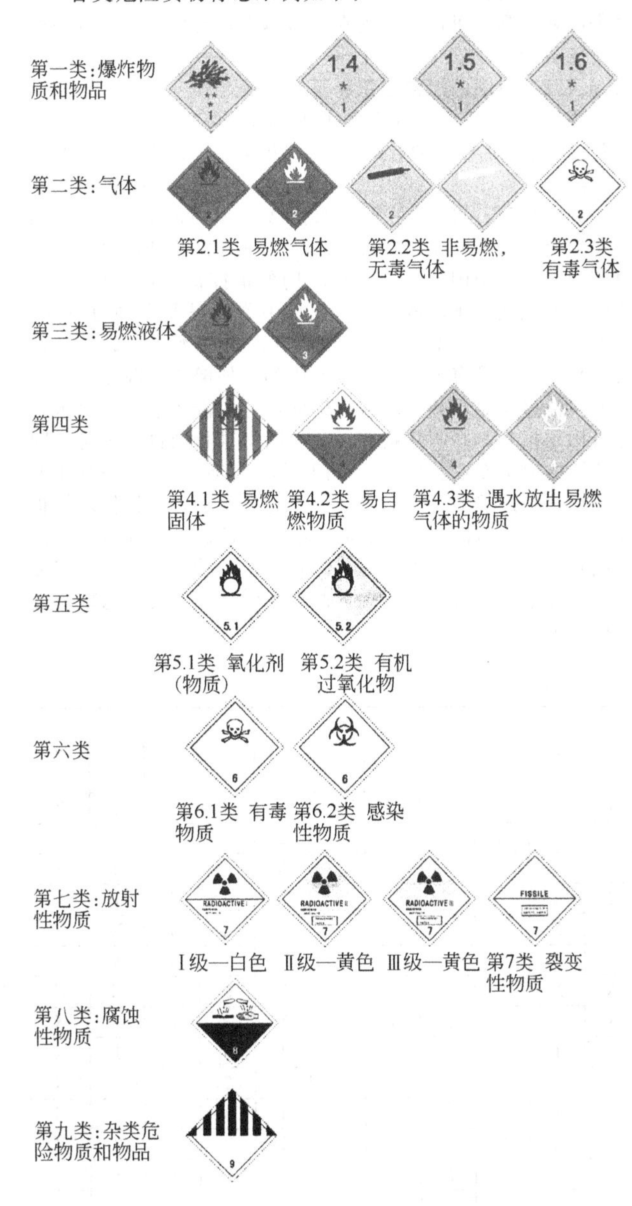


标志、标记或标牌在危险货物包装上的显示位置如下：

① 箱，在两端或两侧；

② 袋，在其明显的一面；

③ 桶，在桶盖或桶身；

④ 集装箱和可移动罐柜，在每边或每端；

⑤ 车辆，在其每侧。

危险货物的标志、标记或标牌应保证在海水中浸泡三个月后，仍能保持不脱落，其图案和文字仍能清晰可辨。

《国际危规》中绝大部分所列明的或未另列明的危险货物均具有联合国编号。联合国编号采用 4 位数，是由联合国危险货物运输专家委员会指定的顺序号。

**33.6.6.7 危险货物运输单证**

危险货物在交付海上运输时，托运人应向船长和有关机关提供必要的单证文件。为了便于国际海上危险货物运输，《国际危规》专门提供了"危险货物申报单"的建议格式，其目的在于统一各国在危险货物申报方面的做法，并向船长提供尽可能多的有关资料。

① 危险货物的正确运输名称（正确技术名称）。托运人应在申报单中使用危险货物的正确运输名称，只使用专利名称或商品名称是不够的。

② 危险货物的技术资料。应提供的相关资料包括：危险货物的类别、重量、联合国编号、包装类、闪点、运输方式（杂货、集装箱或罐柜等）、应急措施和医疗急救指南表号；以及是否是海洋污染物、废弃物或未清洁的空包装等。

③ 托运人的声明和签字。托运人应在申报单上声明："被托运的危险货物的正确运输名称（正确技术名称）完整并准确无误，并按照适用的国际和国家政府规定对货物进行了分类、包装、标记、标志或标牌，货物适合运输。"托运人应在声明之后签字。

《国际危规》中规定的另一个统一单证是"危险货物集装箱装箱证明书"或"车辆申报单"。根据要求，危险货物装箱完毕后，装箱负责人应签署一份"危险货物集装箱装箱证明书"，如果是车辆，应签署一份"车辆申报单"，证明：

① 集装箱清洁、干燥、外观上适合装货；

② 如果托运货物中包括除第 1.4 类以外的第 1 类货物，集装箱在结构上应符合《国际危规》第 1 类物质绪论第 12 节的规定；

③ 集装箱内未装有需相互隔离的物质；

④ 所有包件都已经过外观破损检查，装入箱内的包件都是完好的；

⑤ 箱内所有的桶，除非经主管机关批准，一律都是直立积载的；

⑥ 所有包件装箱正确并加以紧固；

⑦ 货物已均匀地分布在箱内；

⑧ 集装箱和箱内的货物包件已正确地加以标记、标志和标牌；

⑨ 当将固体二氧化碳（干冰）用于冷却目的时，在集装箱外部明显处已显示标记，注明"内有危险气体——二氧化碳（干冰），进入之前务必彻底通风"。

⑩ 对集装箱内所装的每票危险货物，已收到《国际危规》所要求的危险货物申报单。

危险货物集装箱装箱证明书和车辆申报单可采用单独的形式，也可以与危险货物申报单合并在一起。除上述单证外，《国际危规》还规定了可按要求作为申报单的附加文件提供的单证，例如包装检验证书、物质成分证明、限量内运输证明等。

**33.6.6.8 危险货物积载与隔离**

（1）积载

《国际危规》对第 1 类物质（爆炸品）专门规定了积载要求，如配装类、使用弹药舱等。对其他各类危险货物的积载分为 A、B、C、D、E 共 5 类，不同积载类在不同类型船舶下的装运要求如表 33.77 所示。

表 33.77 不同积载类在不同类型船舶下的装运要求

| 积载类 \ 船舶类型 | 类型Ⅰ | 类型Ⅱ |
|---|---|---|
| 积载类 A | 舱面或舱内 | 舱面或舱内 |
| 积载类 B | 舱面或舱内 | 仅限舱面 |
| 积载类 C | 仅限舱面 | 仅限舱面 |
| 积载类 D | 仅限舱面 | 禁止装运 |
| 积载类 E | 舱面或舱内 | 禁止装运 |

注：

类型Ⅰ：货船或载客限额不超过 25 人或按船舶长度每 3m 不超过 1 人的客船（以数额较大者为准）。

类型Ⅱ：载客超过限制数额的其他客船。

(2) 隔离

《国际危规》总论第 15 节提供了一个各类危险货物间的隔离表，规定了各类物质之间一般隔离要求（见表 33.78）。

表 33.78 中的数字和符号所表示的含义如下：

1——远离（相互间水平距离至少 3m）；

2——隔离（装在不同舱室，中间隔以防火防液舱壁）；

3——用一整个舱室或货舱隔离；

4——用一介于中间的整个舱室或货舱作纵向隔离；

X——无隔离要求，应查阅物质明细表；

*——见爆炸品的隔离要求。

表 33.78 中表示的是不同类别的危险货物间的一般隔离要求。由于每一类别的物质或物品的特性差异可能很大，因此，还应该查阅物质明细表中的具体要求。同时，还要考虑物质的次危险性的隔离要求。危险货物在船上的正确积载和隔离是保证船舶和船上人员安全，防止海上环境受到污染的最重要的因素之一。对装有危险货物的运输组件间的隔离及具有化学危险性的散装货物与包装危险货物间的隔离要求还应查阅《国际危规》的有关要求。

## 33.6.7 海上搜寻救助

### 33.6.7.1 海上搜寻与救助

海上搜寻与救助（SAR）是指除本船外，任何海上救助力量在获得海上遇险信息后所采取的搜寻和救援行动，它由海上搜寻和海上救助两部分组成。海上搜寻是指由海上安全主管部门（通常是救助协调中心或救助分中心）协调，利用现有的人员和设施以确定遇险人员位置的行动。海上救助是指由任何可以利用的救助力量（SAR resources）拯救遇险人员，为其提供初步的医疗或其他所需要的服务，并转移到安全地点的行动。由于海上搜寻与海上救助在工作时间和工作内容上的连续性，因此，通常将这两项工作一并称为海上搜寻与救助或简称为海上搜救。

船舶海上遇险是指船舶、船员或海上设施在海上航行、锚泊或作业时，遭遇严重而迫切的危险，这种危险即刻或必将发生，并足以影响船舶、财产和人命安全。从船舶遇险形式上看，船舶碰撞、触礁、搁浅、倾覆、漏水、失火、爆炸、沉没、灭失、遭遇冰灾或风暴的袭击、重要属具损坏、船体破裂以及人员落水等均称为船舶遇险。

随着有关国际海事公约，尤其是《国际海上搜寻与救助公约》（1979 年）及全球海上遇险与安全系统（GMDSS）的制定和实施，世界范围内的海上搜寻与救助工作逐步规范化和系统化，各国普遍加强了海上搜救力量及相关设施的建设，国际间的技术交流与合作也迅速开展，海上搜寻与救助水平明显提高。可以说，现在的航海事业已由过去的冒险事业转变成为比较安全的海上事业。

### 33.6.7.2 我国的搜救组织和基本政策

我国于 1981 年 6 月签署了于 1985 年 6 月 22 日生效的《国际海上搜寻与救助公约》（1979 年）。按照该公约的要求，经国务院批准，我国就履约有关事项于 1981 年正式致函 IMO 秘书长，阐述了我国的搜救组织情况和基本政策：①中国全国海上安全指挥部（现称中华人民共和国海上救助协调中心）是中国海上搜寻与救助的指挥机关和救助中心。②中华人民共和国港务监督（现称中华人民共和国海事局）是中国政府设立的对港口、船舶实施安全监督的行政管理机关，凡在中国沿海及邻近海域发生的中外船舶遇险需要救助或发现他船遇难求救，均应立即向就近的港务监督（海事管理机构）报告，并听从指挥。③中国海难救助打捞公司是国家开设的海上专业救助打捞部门，接到指示或收到遇难船舶申请后，救助船舶可立即驶往出事海域救助，并担任现场指挥。④中国沿海港口均设有海岸电台和甚高频无线电话，按照国际通信规定，昼夜值班。⑤外国船舶和飞机进入中国领海及领海上空进行搜救活动，需事先经港务监督（海事管理机构）批准。

表 33.78 一般隔离要求

| 类别 | 1.1<br>1.2<br>1.5 | 1.3<br>1.6 | 1.4 | 2.1 | 2.2 | 2.3 | 3 | 4.1 | 4.2 | 4.3 | 5.1 | 5.2 | 6.1 | 6.2 | 7 | 8 | 9 |
|---|---|---|---|---|---|---|---|---|---|---|---|---|---|---|---|---|---|
| 爆炸品 1.1、1.2、1.5 | * | * | * | 4 | 3 | 3 | 4 | 4 | 4 | 4 | 4 | 4 | 2 | 4 | 2 | 4 | X |
| 爆炸品 1.3、1.6 | * | * | * | 4 | 2 | 2 | 4 | 3 | 3 | 4 | 4 | 4 | 2 | 4 | 2 | 2 | X |
| 爆炸品 1.4 | * | * | * | 2 | 1 | 1 | 2 | 2 | 2 | 2 | 2 | 2 | X | 4 | 2 | 2 | X |
| 易燃气体 2.1 | 4 | 4 | 2 | X | X | X | 2 | 1 | 2 | X | 2 | 2 | X | 4 | 2 | 1 | X |
| 无毒不燃气体 2.2 | 2 | 2 | 1 | X | X | X | 1 | X | 1 | X | X | 1 | X | 2 | 1 | X | X |
| 有毒气体 2.3 | 2 | 2 | 1 | X | X | X | 2 | X | 2 | X | X | 2 | X | 2 | 1 | X | X |
| 易燃液体 3 | 4 | 4 | 2 | 2 | 1 | 2 | X | X | 2 | 1 | 2 | 2 | X | 3 | 2 | X | X |
| 易燃固体 4.1 | 4 | 3 | 2 | 1 | X | X | X | X | 1 | X | 1 | 2 | X | 3 | 2 | 1 | X |
| 易自燃物质 4.2 | 4 | 3 | 2 | 2 | 1 | 2 | 2 | 1 | X | 1 | 2 | 2 | 1 | 3 | 2 | 1 | X |
| 遇水时放出易燃气体的物质 4.3 | 4 | 4 | 2 | X | X | X | 2 | 1 | X | 1 | 2 | 2 | X | 2 | 2 | 1 | X |
| 氧化物质(剂)5.1 | 4 | 4 | 2 | 2 | X | X | 2 | 1 | 2 | 2 | X | 2 | 1 | 3 | 1 | 2 | X |
| 有机过氧化物 5.2 | 4 | 4 | 2 | 2 | 1 | 2 | 2 | 2 | 2 | 2 | 2 | X | 1 | 3 | 2 | 2 | X |
| 毒害物质 6.1 | 2 | 2 | X | X | X | X | X | X | 1 | X | 1 | 1 | X | 1 | X | X | X |
| 感染性物质 6.2 | 4 | 4 | 4 | 4 | 2 | 2 | 3 | 3 | 3 | 2 | 3 | 3 | 1 | X | 3 | 3 | X |
| 放射性物质 7 | 2 | 2 | 2 | 2 | 1 | 1 | 2 | 2 | 2 | 2 | 1 | 2 | X | 3 | X | 2 | X |
| 腐蚀品 8 | 4 | 2 | 2 | 1 | X | X | X | 1 | 1 | 1 | 2 | 2 | X | 3 | 2 | X | X |
| 杂类危险物质和物品 9 | X | X | X | X | X | X | X | X | X | X | X | X | X | X | X | X | X |

随着国家机构体制改革以及《国际海上搜寻与救助公约》(1979年）的生效，原有的全国海上安全指挥部及其下属的各级海上安全指挥部于1989年后撤销，按照公约要求组建“中国海上救助协调中心”专门负责指挥和协调海上遇险事件的搜寻与救助工作，其他单位以合作的形式在需要时由海上救助协调中心调遣并参加搜寻与救助工作。我国的海上救助打捞工作主要由专业性的救助打捞部门负责。海上救助协调中心可以指挥和调度救助船舶及非专业性救助力量，如军舰、飞机、商船、渔船及港内拖船等参加救助工作。

我国的搜救组织结构是：中华人民共和国交通部作为主管机关，中华人民共和国海事局（交通部海事局）作为搜救领导部门，中国海上救助协调中心设在交通部海事局通航管理处，沿海各省、直辖市、自治区建立省级救助协调中心，该中心还下设有多个救助协调分中心，这些分中心一般设在海事局（处）总值班室，负责其所辖水域的海上遇险事件协调、指挥和救助工作。需要指出的是，每一个救助协调中心下设的中心对上都称为分中心，设立分中心主要考虑提高搜救工作的实效。交通部烟台救助局、上海救助局、广州救助局及有关部门拥有的飞机及船、艇和拖船等作为搜救力量。

**33.6.7.3　海上搜救区域的划分**

搜救区域（SRR）是指与一个救助协调中心相关联的并在其中提供搜救服务的划定明确范围的区域。搜救区域的划定为向全世界范围内的任何水域的搜救服务提供了保证。

划分搜救区域的原则和要求是：搜救区域的划分是个技术问题，而领海边界的划分是个法律问题。对国家而言，所谓技术问题是指搜救区域的大小，是根据国家的海上搜救力量和安全管理水平，考虑该国经济实力、地理特征和其他原因来确定的，以使救助力量的分布更趋于合理，防止由于力量不足而造成遇险事件得不到及时的救助。同时，也防止由于救助力量过于集中而浪费有限的资源。过多地考虑领海主权而造成某些海域救助力量薄弱，其实是对海上人命安全的忽视。

为保证有关搜救信息的及时交流，IMO第25届海安会决定将全世界的海洋划分成13个搜救协调区，每个区由一个或几个国家充当信息搜集国。具体的划分方法见表33.79。

**表33.79　全球海洋搜救协调区**

| 区号 | 区名 | 信息搜集国 |
|---|---|---|
| 1 | 北大西洋 | 美国 |
| 2 | 北海 | 英国 |
| 3 | 波罗的海 | 瑞典 |
| 4 | 东南大西洋 | |
| 5 | 西南大西洋 | 阿根廷和巴西 |
| 6 | 东北太平洋 | 美国 |
| 7 | 西北太平洋 | 中国和日本 |
| 8 | 东南太平洋 | 智利 |
| 9 | 西南太平洋 | 新西兰 |
| 10 | 印度洋 | 澳大利亚 |
| 11 | 加勒比海 | |
| 12A | 地中海 | 法国 |
| 12B | 黑海 | |
| 13 | 北极 | 挪威 |

我国搜救区：渤海，全部；黄海，124°E以西；东海，126°E以西；南海，14°N以北。

根据《海上交通安全法》、《海上交通安全管辖海区分工》和《海上交通安全管辖海区职责》，我国又分为若干搜救区域，各海区的搜救中心根据所在海区的地理位置、搜救能力、通信条件以及承担的责任，又可将其分成若干分区，这些分区一般由各救助分中心负责。

**33.6.7.4　海上遇险的形式**

船舶在海上遇险的形式综合起来大体有15种：碰撞、触礁、触碰、搁浅、火灾、爆炸、沉没、浪损、倾覆、冰损、进（浸）水、失控、漂浮、弃船、其他和未指明。

**33.6.7.5　救助力量的种类**

从参与救助单位的专业性来看，救助力量分为专业力量和非专业力量两种，每种力量根据其规模和工作要求配备多种不同的设施。海上安全主管机关和遇险船舶应根据实际情况进行选择。专业力量是指专门用于海上救助或打捞的船舶、飞机及其他设施，这些设施主要由海事局、救助局、海关、军队、武警、海洋局等政府部门或民航部门所拥有。非专业力量是指过路船及其附近水域（包括港口）停泊的各种船舶。根据海上事故的特点，参与救助的船舶应该具有比较快捷地到达救助地点、能够在该水域航行并具备胜任某种性质的救助工作的特点，如高速性能、良好的适航性、能压载、低速航行时操纵灵敏、直线型等。

**33.6.7.6　全球海上遇险与安全系统**（GMDSS）

国际海事组织（IMO）大会在1979年的第十一次会议上，考虑了海上遇险和安全通信的议案，为保障海上人命安全，改善海上遇险和安全无线电通信，与搜救协调组织相结合，建立一个采用最新技术的全球海上遇险和安全系统（GMDSS)。GMDSS的基本概念是岸上的搜寻当局以及遇险船舶和遇险人员附近的其他船舶，能迅速接收到遇险事件的报警，并毫不延迟地进行协调搜救援助。GMDSS还提供紧急和安全通信并播发海上安全信息（航行警告和气象警告，气象预报及其他紧急安全信息）。GMDSS提供的报警方法能够使遇险船舶发送出表明其需要立即援助的报警信号，当船舶遇险时能够向岸上的救助协调中心（RCC）发出报警，救助协调中心能立即协调搜救行动。

GMDSS的特点：

① 在GMDSS中，取消了莫尔斯（morse）信号的使用。

② 可在各种频率上进行遇险通信和安全通信。

③ 在GMDSS中，采用了先进的通信技术：数字选择呼叫（DSC）技术；窄带直接印字电报（NBDP）技术；国际海事卫星（INMARSAT）通信系统；卫星紧急无线电示位标（EPIRB)；航警电传（NAVTEX）系统；增强群呼（EGC）技术。

④ 采用自动值守接收遇险报警，以代替由报务员人工值守接收。

⑤ 确保遇险报警的迅速可靠发送。

⑥ 由海上船舶的相互救助转为由岸上搜救组织采取救助行动。

**33.6.7.7　海上搜寻与救助技术**

（1）单向回旋法

在海上全速航行的船舶得知有人落水后立即用满舵使船向落水的一舷转，当船首离开原航向250°时正舵，并操纵船舶停止，船即回到事件发生的地点。这种方法使船转回到事件发生的地点最快，适用于驾驶台看到有人落水后立即采取搜救行动的局面。

（2）方形搜寻

这是一种扩展方形视力搜寻方式，因为从报告位置或最可能位置开始以同心方形向外扩展。这是一种非常精确的方式，并需要正确的航行。它用于当目标已知在一个相对较小的区域内。最初两条搜寻线的长度相等于航线间距，之后每两条连续的搜寻线增加一个航线间距。

(3) 航线搜寻

通常在船舶或其他浮动工具失踪时采用航向搜寻方式。此种方式基于这样的假定，即目标在计划航线上或其附近发生性能故障而易于找到，或者是有遇险幸存者，他们能用闪光灯或其他工具显示其位置。此种搜寻方式主要是在目标的计划航线两侧做快速和合理的彻底搜寻。航线搜寻可分为一个或多个单位的航线返回搜寻，以及一个或多个单位的航线不返回搜寻等几种具体实施方法。

(4) 横移线搜寻

在搜寻区域长而狭窄，目标的可能位置在两已知点之间，需要沿着连续的搜寻线快速推进，使最可能区域迅速覆盖情况下采用的一种视力搜寻方式，可由一个或多个搜寻单位搜寻。

(5) 降落伞照明弹搜寻

夜间为寻找没有灯光的遇险幸存者而采用的一种搜寻方式。降落伞照明弹通常由固定翼飞机在搜寻单位的上边和前边进行投放。在这种搜寻中，最有效的搜寻单位是船舶。

(6) 平行搜寻

通常在搜寻区域大，仅知道目标的大概位置，需要进行有规律的覆盖搜寻等情况下采用的方式。此种方式由搜寻单位从搜寻区域的一角出发，保持平行航线搜寻，第一条航线到长方形区域的距离等于航线间距的半数，以后各航线以一个航线间距保持平行。这种搜寻方式可由一个搜寻单位实施，也可由多个搜寻单位保持平行航线实施，或者分别搜寻一个小区域来实施。

(7) 扇形搜寻

在已知目标位置并有合理的准确性，同时所搜寻的区域的半径相对较小时采用的一种搜寻方式。在目标最可能位置投放一合适的标志，如滔式烟雾筒或无线电浮标，作为每一条搜寻线的参考或导航标志，每条搜寻线隔开一个角度，这一角度根据搜寻线端部的最大航线间距和搜寻半径而定。这样形成若干扇形，最终覆盖整个搜寻区域。

(8) 视力搜寻方式

利用视觉进行搜寻失踪的海事船舶、航空器、浮动工具或人员的方式。

(9) 斯恰诺回旋法

在海上全速航行的船舶得知有人落水后，使用满舵使船往回转，当航向离开原航向 240°时再用反向满舵，当航向离开原航向的相反方航向差 20°时正舵，使船驶到原航向的相反航向上。采用这种方法操纵后，船后几倍船长的位置就是开始操作的地点。这种方法适用于已知从事件发生到开始行动所延误的时间或仅知有人在原航迹上落水的局面，不适用于驾驶台看到有人落水后立即采取搜救行动的局面。

(10) 威廉逊回旋法

在海上全速航行的船舶得知有人落水后，用满舵使船向落水的一舷转，当航向离开原航向 60°时再用反方向满舵，当船首与原航向的相反航向差 20°时正舵，使船驶到相反航向上。在驾驶台听到有人员失踪报告后立即开始搜救行动，若采用这种方法，到达出事地点的时间比采用单向回旋法晚。在驾驶台听到有人落水的报告到采取行动有一定延误的搜救行动中若采用这种方法，可使船舶准确地转回到原航迹上。当接近开始操作的地点时，必须将船的搜寻速度降至能快速停船的程度。

## 33.6.8　海事调查

### 33.6.8.1　海事

(1) 海事的含义

海事并不限于船舶在海上发生的事故，船舶在江河湖泊等内陆水域中发生的事故、船舶在港口水域中系泊或锚泊时发生的事故、水上设施发生的事故也是海事。谈到海事就会认为造成了损失，海事的损失可能是人命的损失、财产的损失或营运损失，也可能是环境损失。

(2) 海事的分类

由于每一起海事都涉及其发生对象、发生时间、发生水域、发生原因、致损对象、致损程度等，因此分类的方法有许多种。常见的方法有：

① 按海事发生水域分，有海上事故、港内事故、内河事故等；

② 按发生对象分，有船舶事故、水上设施事故等；

③ 按发生海事的船舶种类分，有运输船舶事故、油船事故、渔船事故、小船事故等；

④ 按船舶发生海事时的状态分，有航行事故、停泊事故，还有交通事故、非交通事故；

⑤ 按海事致损原因分，有碰撞事故、搁浅事故、触礁事故、火灾事故、爆炸事故、风灾事故、沉船事故等；

⑥ 按海事致损对象分，有船舶损害事故、人员伤亡事故、货损事故、机损事故、污染事故等；

⑦ 按海事发生过程与结果分，又可有单一性海事和连带性海事。

### 33.6.8.2　海事报告制度

(1) 海事报告概述

船舶一旦发生海事，就必须向有关部门报告海事的发生及其情况。这是各国的水上交通安全法规规定的，也是航海业长久以来形成的习惯。要求船舶向有关部门报告海事，其目的有三个方面：①了解出事船舶是否需要救助，以便及时组织救助，避免与减少因海事而可能造成的人命、财产损失和对海上环境造成污染；②了解海事发生的情况，以便及时做好海事调查的准备，从而查明原因及判明责任；③收集海事的资料，以便进行海事统计研究，分析和探讨事故发生的原因和规律，总结经验和教训，采取避免和防止海事发生的有效措施。

各国海事报告中，要求的内容有以下几个方面。

① 谁向谁报告

a. 发生海事的船舶向当地航政机关报告；

b. 发生海事的船舶向船舶所有人或经营人报告；

c. 海事现场附近的船舶向当地航政机关报告；

d. 当地航政机关、船舶所有人或经营人向上级报告；

e. 各国政府向国际海事组织报告。

② 用什么方式报告

a. 用电话、电报报告；

b. 用 VHF 无线电话报告；

c. 用有线电话报告；

d. 用传真报告；

e. 提交书面报告（包括标准报告表格）。

③ 报告的期限

a. 海事发生时立即报告；

b. 发生海事的船舶到港后 24h 或 48h 内报告；

c. 海事调查结束后及时报告。

④ 报告的内容

a. 海事的发生；

b. 海事的具体情况；

c. 海事的调查结果。

⑤ 报告的义务

a. 强制的；

b. 非强制的。

(2) 我国海事报告的规定

我国没有关于报告海事的专门法规，但在许多海事法规中对报告海事这一事宜做了明确规定，如：

①《海上交通安全法》。该法第 7 章海难救助第 34 条规定："船舶等遇难时应当以最迅速的方式将出事时间、地点、受损情况、救助要求以及发生事故的原因向主管机关报告。"这一章还规定事故现场附近的船舶在得知他船发生海事时，要迅速向主管机关报告事故现场情况等。第 9 章交通事故的调查处理第 42 条规定，船舶等发生交通事故应当向主管机关提交事故报告书和有关资料。

②《海事交通事故调查处理条例》。该条例第 5 条规定，船舶、设施发生海上交通事故，必须立即用甚高频无线电话、无线电报或其他有效手段向就近港口的海事局报告。报告的内容应当包括船舶或设施的名称、呼号、国籍、起运港、船舶或设施的所有人或经营人名称，事故发生的时间、地点、海况以及船舶、设施的损害程度、救助要求等。第 6 条规定了船舶、设施发生交通事故，除按第 5 条的规定立即做出扼要报告外，还必须提交"海上交通事故报告书"和必要的文书资料及提交的时间：港内水域发生的事故必须在事故发生后 24h 内向海地港务监督提交；港内水域外的必须在到达中国的第一个港口后 48h 内向港务监督提交；设施还必须在事故发生后 48h 内用电报向就近港口的海事局报告海事报告书要求的内容；如因特殊情况不能按上述规定时间提交海事报告书的，在征得海事局同意后可予以适当延迟。该条还规定，引航员在引领船舶过程中发生海事应在进港后 24h 内向当地海事局提交"海上交通事故报告书"。该条例第 7 条和第 8 条规定了"海上交通事故报告书"的内容：a. 船舶、设施概况和主要性能数据；b. 船舶、设施所有人或经营人的名称、地址；c. 事故发生的时间和地点；d. 事故发生的气象和海况；e. 事故发生的详细经过（碰撞事故应附相对运动示意图）；f. 损害情况（附船舶设施受损部位简图，难以在规定时间内查清的，应于检验后补报）；g. 船舶、设施沉没的，其沉没概位；h. 与事故有关的其他情况。该条例第 9 条还规定，因海上交通事故致使船舶设施发生损害，船舶、设施负责人应申请中国当地或船舶第一到达港地的检验部门进行检验或鉴定，并应将检验报告副本送交海事局备案；如船舶、设施发生火灾、爆炸等事故，则必须申请公安消防监督机关鉴定，并将鉴定书副本送交海事局备案。该条例第 7 章还对海事的报告事宜做出特别规定。中国籍船舶在中国沿海水域以外发生海上交通事故，其所有人或经营人应向船籍港的海事局报告，并于事故发生之日起 60 日内提交"海上交通事故报告书"。如果该事故在国外诉讼、仲裁或调解，则应在诉讼、仲裁或调解结束后 60 日内将判决书、裁决书或调解书副本或影印件报船籍港的海事局备案。派往外国籍船舶任职的持有中国船员职务证书的中国籍船员对海上交通事故的发生负有责任的，其派出单位应在事故发生之日起 60 日内向签发该职务证书的海事局提交"海上交通事故报告书"。

③《船舶交通事故统计》。该规则是为确保船舶交通事故统计资料的及时、准确和完整，总结事故经验教训，防止事故发生而制定的。它要求各省政府交通厅（局）、大型骨干企事业有船单位以及各地港航监督部门，对本省、本单位船舶或辖区水域内发生的船舶交通事故按该规则要求进行统计报告。

#### 33.6.8.3 海事调查

根据国际海事组织 A.849（20）决议海事调查规则中规定，海事调查是指为防止事故而进行的公开或不公开的一个程序，包括收集分析资料，做出结论，核实事故的情况，查明事故的原因和促成因素，如可行，提出安全建议。我国《海上交通安全法》第 9 章交通事故调查处理第 13 条规定，海事调查就是"查明原因，判明责任"。很多国家没有对海事调查下定义，从普遍做法来看，正规的做法分为两类，即初步调查和正式调查。初步调查一般是在海事管理机关接到海事报告后立即进行，调查人员需要有专门的任命以具有搜集证据的法定权力，调查工作结束后要撰写并提交海事调查报告书，说明事故经过、原因、应吸取的教训以及预防类似事故发生的措施和建议等。这种调查不是公开进行的，海事调查报告书也不公布。如果初步调查结果表明事故重大或有重要教训值得吸取，就要提请进行正式调查，否则事故的调查工作就以初步调查完毕而结束。正式调查一般是针对重大海事进行的，可以在初步调查之后进行，亦可不进行初步调查而直接进行正式调查。正式调查一般是由专门的海事调查机关所组成的事故调查委员会依照专门的海事正式调查法规进行的。这类调查在形式上与法院的调查类似，公开进行庭审调查，调查结果即海事调查报告书要正式公开出版。

从我国海事调查的实践看，绝大部分的事故都由海事局的海事调查处理人员按海事调查处理规则调查处理，而造成人命或财产巨大损失的极少数恶性海损事故则由国务院或交通部专门任命组成的事故调查委员会进行调查处理，但是不管由谁调查都不公开进行，海事调查报告书也不公布于众。

#### 33.6.8.4 海上交通事故调查报告书

《海上交通事故调查处理条例》第 4 章规定，海事局应当根据对海上交通事故的调查，做出"海上交通事故调查报告书"。该报告书应包括以下内容：①船舶、设施的概况和主要数据；②船舶、设施所有人或经营人的名称和地址；③事故发生的时间、地点、过程、气象、海况、损害情况等；④事故发生的原因及依据；⑤当事人各方的责任及依据；⑥其他有关情况。依此条例，在海事调查取证、分析海事原因和事故责任之后，一项具体的海事处理工作就是做出"海上交通事故调查报告书"。相关法律规定："事故调查组的职责之一是写出事故调查报告；事故调查组写出事故调查报告后应当报送组织调查的部门，经该部门同意，调查工作即告结束。"依此规定，写出事故调查报告属于海事调查的一项具体工作，属于海事调查完毕后的书面工作总结。虽然上述两个法规对撰写"海上交通事故调查报告书"的工作范畴归属不一，但是都表明"海上交通事故调查报告书"是事故调查处理的一份重要的法定文件。

《海上交通安全法》和《海上交通事故调查处理条例》没有对海事局是否应该或可以公布"海上交通事故调查报告书"事宜做出明确的规定。但是，交通部海事局于 1983 年 12 月 30 日下发我国沿海各海事局的"关于实施《海上交通安全法》海事处理方面几个问题的意见的通知"（水监字〔1983〕第 188 号）指出，对海事调查材料和有关文件，要整理归档，妥善保存。如果公检法或海事仲裁机构因裁决或仲裁所受理的案件需要向海事局收集材料时，海事局要给予协助。除此以外，海事局没有向其他任何人提供材料的责任。因此，我国的"海上交通事故调查报告书"是不公开的，这与我国过去的规定和做法一样。该通知还指出，各海事局对所管辖的海事应及时调查取证，获得原始资料和证明，并进行分析，做出事故分析报告，以加强和改善海上交通安全管理工作。在国外如美国、日本等，对海事进行正式调查的"海上交通事故调查报告书"一律公开出版，而且就其作用、内容、格式、编写提交、审定和公布等事宜有明确的规定并提供详细的指导。我国现已考虑海事调查工作尽快与国际接轨，并逐渐将其规范化，根据实际情况，逐步公开事故调查报告。

### 33.6.9 国际海事组织

国际海事组织（International Maritime Organization, IMO）是联合国负责处理海运技术问题、协调各国海上安全和防止船舶污染海域及其法律问题的国际专门机构。它所制定的一系列公约及其议定书或协定促进了国际航运业的发展、国际航运技术的进步和国际海事立法的历程，保护了海洋环境、减少了海洋环境受到的侵害。

1948年2月，联合国在日内瓦召开海事会议，经过讨论，通过了《政府间海事协商组织公约》，提请各与会国签署。该公约历时10年，直到日本接受了该公约才凑足了21个缔约国，于1958年3月17日正式生效。1959年1月13日在英国伦敦召开了第一届大会，该组织正式成立，称为“政府间海事协商组织”，总部设在伦敦，1982年5月22日正式更名为“国际海事组织”。我国在1973年3月1日正式加入国际海事组织。

**33.6.9.1　国际海事组织机构及其工作情况**

(1) 大会

大会是国际海事组织的最高权力机构。它由全体会员国的代表组成，通常每两年召开一次例会。如有必要，也可以召开特别大会。其主要职责是选举理事国组成理事会；审议批准工作计划、财务预算和财政安排；审议通过技术性决议和其下属机构提交的其他决定。

(2) 理事会及其秘书处

理事会是大会休会期间作为其权力机构行使全权职能，它是国际海事组织唯一通过选举产生的机构。理事会由32个理事国组成，每届任期两年，可以连选连任。理事会通常每6个月召开一次例会。

① 选出8个在提供国际航运服务方面具有最大利害关系的国家为A类理事国。

② 选出8个在国际海上贸易方面具有最大利害关系的其他国家为B类理事国。

③ 选出16个除当选A类或B类理事国以外在海上运输和航运方面具有特别利害关系，而且其被选进理事会将会确保世界所有主要地理区域均被代表的国家为C类理事国。

理事会是国际海事组织的执行机构，是在大会领导下负责监督该组织的工作。在大会每两次会议之间除按公约规定向各国政府提供为大会制订关于海运安全和防止污染的建议案之外，履行大会的所有职责。其主要职责是：协调该组织各机构的活动；审议该组织的工作计划和财务预算草案，并提议大会审议批准；受理各委员会和其他机构提出的报告和建议案，并连同理事会的意见和建议一并提交大会和各成员国；无记名投票选举秘书长和提交大会批准任命；就该组织与其他组织的关系等问题达成协议或做出安排并提交大会批准后生效。

国际海事组织的日常工作由秘书处负责。秘书处由秘书长、副秘书长和大约300名工作人员组成。其主要职责是负责保存该组织制定和管理的公约、规则、议定书、建议案和会议纪要等文件；筹备、召集各种会议，准备和起草各种文件；对世界各地区（主要是发展中国家）进行有关实施本组织公约方面的人员培训及咨询等。

(3) 海上安全委员会

海上安全委员会（MSC）是IMO的主要下属机构之一，由所有会员国的代表组成，其主要职责是研究本组织范围内有关助航设备、船舶建造和装备、船员配备、避碰规则、危险货物运输、海上安全、航道信息、航海日记、航行日记、救助救生、海上事故调查以及直接影响海上安全的任何其他事宜。MSC每年召开一至两次会议，选举一次官员，并采取自己的议事规则。MSC向理事会报告工作，并提交其草拟的有关海上安全的规则、建议案或准则。

该委员会下设9个分委员会，分别是航行安全分委会、无线电通信和搜救分委会、培训和值班标准分委会、稳性载重线和渔船安全分委会、防火分委会、船舶设计与设备分委会、固体危险货物和集装箱分委会、散装液体和气体分委会和船旗国履约分委会（最后三个分委会同时隶属于海上环境保护委员会）。

(4) 海上环境保护委员会

海上环境保护委员会（MEPC）成立于1973年11月，原为MSC的附属机构，1985年升格为《国际海事组织公约》所定的正式机构，由所有会员国的代表组成。其主要职责是审议本组织范围内有关防止和控制船舶造成污染海洋环境的任何事宜，包括按照国际公约的规定，制定和修改有关规则和规定；审议促使有关公约实施的措施；向各国，尤其是发展中国家提供有关防止和控制船舶造成海洋环境污染的科学技术及实用资料，并提出建议及拟定指导原则；促进防止船舶造成海洋环境污染方面的区域性合作；对船舶造成海上污染问题进行审议并采取适当的行动，包括与其他国际组织进行合作。

该委员会每年至少召开一次会议，每年选举一次官员，并采取自己的议事规则。MEPC负责向国际海事组织理事会报告工作，并提交草拟的有关防止和控制船舶造成污染的规定及有关修正案、建议案和准则。

(5) 法律委员会

法律委员会成立于1967年，由所有会员国的代表组成。其主要职能是处理本组织职责范围内的所有法律事宜，同时履行其他有关国际文件所赋予的职责。

该委员会与其他委员会保持紧密联系，以便进一步促进本组织宗旨的实现。近几年，该委员会积极参与国际海上救助公约和有关船舶抵押及优先请求权等重要法律文件的制定和审议工作。法律委员会负责向理事会报告工作，并提交本委员会所草拟的国际公约及修正案。

(6) 技术合作委员会

技术合作委员会成立于1967年，由所有会员国的代表组成。其主要职能是负责审议本组织职责范围内所有的技术合作项目，以及在技术合作领域内与本组织活动有关的事务。同时履行其他有关国际文件所赋予的职责，并负责具体实施。该委员会可应大会或理事会的要求，或根据本组织工作需要，与其他国际组织保持密切联系，以促进本组织宗旨的实现。

该委员会负责向理事会报告工作，并提交该委员会所提出的建议案。

(7) 便利委员会

便利委员会成立于1975年，原为理事会的一个附属机构，根据国际海事组织公约1991年修正案，将该委员会升格，与其他4个专业委员会具有同等的法律地位，成为正式机构。该委员会的主要职能是制定和修正本组织职责范围内统一协调各国有关便利海上运输方面的惯例和做法，以避免各国因手续上的不同而造成船舶的延误；协调各国在反对海上暴力行为，防止国际间毒品走私等斗争中的相互合作。

该委员会负责向理事会报告工作，并提交委员会提出的国际公约及其修正案或建议案。由该委员会负责制定并修正的主要国际公约是《便利国际海上运输公约》。

(8) 船旗国履约分委会

船旗国履约分委会是一个涉及船旗国履行公约的新分委会，成立于1993年，并于同年4月19～23日召开了首届会议。该分委会同时隶属于IMO下属的海上安全委员会和海上环境保护委员会。

该分委会的任务由海上安全委员会和海上环境保护委员会工作组拟定。该工作组认为国际海事组织各公约的有效性取决于接受公约的各国政府的执行方式，但有些政府在全面执行公约中曾遇到种种困难。该分委会的主要任务是寻求保证国际海事组织各公约在全球有效实施的必要措施，并特别顾及发展中国家的需要。

**33.6.9.2 国际海事公约的缔结、生效、履行、适用、修改与终止**

从IMO成立至今，经过各成员国的一致努力和其他有关国际组织的协助，现已通过了34个公约、议定书和协定，几乎覆盖了所有的海事领域，其中大多数已经生效或即将生效。

(1) 公约的通过

各国政府可以向IMO的任何机构提出制定国际公约的建议或提案，由全体成员国组成的该组织的权力机构——IMO大会，或者是在大会闭会期间行使职权的理事会决定是否采纳建议或提案。建议或提案被采纳后，由该组织的五个委员会之一或由分委会之一负责起草公约草案。当草案获得有关委员会的批准后，交到缔约国外交大会通过。联合国或其各专业机构的所有成员国均被邀请参加，缔约国享有同等权力。此外，还邀请联合国及其机构和与IMO有正式关系的一些组织，但他们仅作为观察员出席，无参与决策过程的投票表决权。

在外交大会前，需将公约草案通函各国政府和相关国际机构，以听取他们对该草案的意见。外交大会开会时将审议该公约草案以及各国政府和相关国际机构对此草案文件的意见，并酌情进行必要的修改，以使草案能被出席会议的所有或大多数政府所接受。通过后的公约由IMO秘书长保存，此后开放供签字（一般为12个月）。签署国随后可以批准、接受或核准公约。非签署国可以加入公约。

从公约的起草到通过一般需要几年时间，除非在特殊情况下，为处理紧急情况各国愿意加速进程。

(2) 公约的生效和履行及其适用

公约通过后还需满足公约生效条件，才能对各缔约国起约束作用。在公约生效前，即在约束那些已经批准公约的政府之前，必须为各国政府正式接受。每个公约中均规定生效条件的条款。一般来说，公约内容越重要越复杂，则生效条件越严格。当符合相应的生效条件，公约即对已经接受国家生效。通常还有一个宽限期才真正生效，宽限期从几个月到一年，甚至长达两年，其主要目的是使有关各国采取必要的方法或行政措施来保证公约的实施。对于重要的技术公约而言，它们有必要被航运界的大多数国家所接受和应用。因此，它们生效后应尽可能适用于众多的海运国家。

目前，IMO的公约在通过之后平均5年内生效。大多数文件现行有效或接近生效条件。

对某个公约的接受不仅限于交存一份正式文件。各缔约国政府需要采取公约所规定的措施，以履行其义务。经常地，各国需要国内立法或调整国内法，以保证实施公约的规定；在一些情况下，必须配备一些特殊设施；为履行公约规定的义务，需任命检查人员或对他们进行培训；还必须将公约要求及时通知船东、造船公司和其他有关方面，以使他们在今后行动和计划中考虑公约的规定。

根据国际法，公约对缔约国有约束力。各国可通过批准、接受或核准及加入公约的方式接受公约的约束。按照国际法，已签署某一公约的国家可以批准、接受或核准该公约。未签署的，可以在适当的时候加入公约。批准、接受或核准方式的使用取决于各国的法律及立法程序。在我国，按照《缔结条约程序法》的规定，公约和重要协定的批准由全国人大常委会决定，在这种情况下，由外交部办理交存批准书和手续；其他公约和协定，由外交部或国务院有关部门会同外交部报国务院批准，由外交部办理交存核准书和手续。对于接受，我国一般把它等同于核准方式处理。

IMO公约的实施取决于各成员国政府，IMO作为一个国际组织，本身并无权力或手段来实施任何所需的行动，必要时，它可以向需要援助的国家提供技术性援助或建议。各缔约国有责任使本国船舶符合公约规定的要求，并可对违章现象予以处罚。

(3) 公约的修正与终止

IMO所制定的所有公约都有修正条款，这对于技术性公约尤为重要，因为现代技术发展很快，必须使公约不断适应这种发展。

1972年以前，所有修正案都必须在规定比例（通常为2/3）的缔约国接受后方能生效，这被称作"明示接受"程序。这就意味着公约修正案的生效要比公约本身生效所需要的条件还要严格，因此造成一些公约修正案长期不能生效。有时一些极为重要的修正案会因为无法得到所需数量的国家明示接受而变得无法生效。

为了解决上述导致公约修正案生效的长时间延误问题，IMO从1972年起发明了一种叫作"默认接受"的新程序。根据这一新的程序，如果公约修正案将于某一规定的日期起生效，除非在此之前有规定比例（通常为1/3）或规定吨位（通常为50%）的缔约国明确表示反对，否则公约按期生效。这就大大加快了公约修正案的生效速度。对IMO的任何公约，自其新的修正案正式生效后，其原规定或相应的条款即自动终止执行而代之以新的规定。

公约作为条约的一种，其一般意义上的终止是指由于某些事实或原因使公约对某缔约国丧失了效力。根据国际法实践，公（条）约终止一般有下列几种不同情况：

① 条约期满；

② 另订新约代替旧约；

③ 缔约各方同意废约；

④ 单方废除或退出；

⑤ 条约规定的事项履行完毕。

## 33.7 民用航空安全

### 33.7.1 民用航空安全

民用航空安全指的是民用航空系统所处的一种状态。在这个状态下，人员及设备没有受到损坏和伤害的危险。民用航空安全，共涉及六个方面：

(1) 飞行安全

飞行安全涉及航空器加油门实际起飞的时刻起至着陆结束止所发生的航空器损坏和机上人员因航空器运行造成伤亡的事件。防止和控制这类损坏和伤亡是飞行安全的基本任务。飞行是航空业最主要、风险最大的活动，一旦发生事故往往损失惨重，因而飞行安全是航空安全最重要的方面。历来的事故资料中，所记录的绝大部分是飞行事故，以至有的航空安全统计只包括飞行事故和事故征候。然而，实际上航空安全还包括其他重要方面。

(2) 航空地面安全

航空地面安全涉及对机场机动区内发生的航空器损坏、旅客或地面人员伤亡，以及各种地面设备、设施损毁事件的防止和控制。飞行区内有序、安全、高效的运作环境能保证航空器顺利地进行地面运行。而地面运行是整个航空器运行不可缺少的部分，因而地面安全是航空安全的重要组成部分。

(3) 防止非法干扰

直接危及飞行安全的下列行为属于"非法干扰"：

① 用各种非法手段劫持航空器；

② 故意破坏航空器；

③ 扰乱机舱内秩序，干扰飞行机组执行任务；

④ 在航空器内伤害其他旅客或乘务人员；

⑤ 在候机、登机、下机过程中伤害其他旅客及机场工作人员；

⑥ 冲击机场，扰乱机场正常工作秩序，影响航空器运行安全；

⑦ 传布虚假情况（灯光、无线电信号等）；

⑧ 移动、破坏正在工作的航行保障设备。

（4）航空器客舱安全

客舱安全主要是指：在正常运行状态下，保证机组不受非法干扰；保证旅客人身安全和尊严；即时救治伤病；防止航空器遭故意破坏；防止乘机人员误动机舱内开关、手柄等影响安全运行禁止运用的装置；适时调整旅客座位或移动货物装置，以保持好飞行正常运行的重心位置与平衡。

在一旦发生紧急情况时，正确处置，合理使用应急设备，按规定程序及时组织撤离航空器，最大限度地保护旅客人身安全，尽量降低航空器事故给旅客造成的伤害。

（5）危险物品的运输与伤害

有毒、易燃、腐蚀性及放射性物质等危险品对航空器和人的健康构成严重威胁，强磁性物质会干扰机上仪表指示而影响飞行操作，因而严重危及安全。严格按规定运输和处置危险品是航空安全工作的重要组成部分。

（6）搜寻与救援

航空安全还有一个重要方面，那就是在航空器失踪等紧急情况下，及时组织搜寻与救援。这包括机场的应急设备能按机场应急程序做出快速反应，及时发挥效用，从而使航空器、人员及财产的损失降到最小。

航空安全的上述六个方面都很重要，每一方面都是一个独立的系统学科。但毕竟航空的特征是飞行，因而飞行安全处在中心的地位。其他方面有的直接为保证飞行安全服务，有的与飞行安全密切相关。另外，飞行事故是发生最多、影响最大的事故。

## 33.7.2　航空事故

### 33.7.2.1　飞行事故

飞行事故是指自任何人登上航空器准备飞行直至这类人员下了航空器为止的时间内发生人员伤亡、航空器损坏的事件。

（1）划分飞行事故等级的原则

飞行事故等级的划分一般遵循以下三个原则。

① 飞行事故等级是根据人员伤亡情况以及对航空器的损坏程度确定的。但由于各种原因，自己或他人造成的伤亡，或藏在供旅客和机组使用范围之外偷乘航空器而造成的伤亡除外。

② 飞行事故的时间界限是从任何人登上航空器准备飞行直至所有这类人员下了航空器为止的时间内。

③ 在规定的时间界限内，所发生的人员伤亡或航空器损坏，必须与航空器运行有关，才能定为航空器飞行事故。

（2）飞行事故等级分类

飞行事故分为三类，即特别重大飞行事故；重大飞行事故；一般飞行事故。

① 凡属下列情况之一者为特别重大飞行事故：

a. 人员死亡，死亡人数在 40 人及其以上者；

b. 航空器失踪，机上人员在 40 人及其以上者。

② 凡属下列情况之一者为重大飞行事故：

a. 人员死亡，死亡人数在 39 人及其以下者；

b. 航空器严重损坏或迫降在无法运出的地方（最大起飞重量 5.7t 及其以下的航空器除外）；

c. 航空器失踪，机上人员在 39 人及其以下者。

③ 凡属下列情况之一者为一般飞行事故：

a. 人员重伤，重伤人数在 10 人及其以上者；

b. 最大起飞重量 5.7t（含）以下的航空器严重损坏，或迫降在无法运出的地方；

c. 最大起飞重量 5.7～50t（含）的航空器一般损坏，其修复费用超过事故当时同型或同类可比新航空器价格的 10%（含）者；

d. 最大起飞重量 50t 以上的航空器一般损坏，其修复费用超过事故当时同型或同类可比新航空器价格的 5%（含）者。

### 33.7.2.2　航空地面事故

航空地面事故是指在机场活动区内发生航空器、车辆、设备、设施损坏，造成直接经济损失人民币 30 万元（含）以上或导致人员重伤、死亡的事件。

（1）航空地面事故确定内容

① 航空器与航空器、车辆、设备、设施碰撞造成航空器及车辆、设备、设施损坏或导致人员重伤、死亡。

② 在航空器牵引过程中造成航空器及车辆、设备、设施损坏或导致人员重伤、死亡。

③ 不依靠自身动力而移动航空器造成航空器、设备、设施损坏或导致人员重伤、死亡。

④ 在检查和操纵航空器过程中造成航空器、设备、设施损坏或导致人员重伤、死亡。

⑤ 在维护和维修航空器过程中造成航空器、设备、设施损坏或导致人员重伤、死亡。

⑥ 在航空器开车、试车、滑行过程中造成航空器及车辆、设备、设施损坏或导致人员重伤、死亡。

⑦ 航空器失火、爆炸造成航空器及车辆、设备、设施损坏或导致人员重伤、死亡。

⑧ 在移动航空器过程中撞障碍物，造成航空器损坏或导致人员重伤、死亡。

⑨ 人为原因造成航空器及车辆、设备、设施损坏或导致人员重伤、死亡。

⑩ 在车辆与设备运行过程中造成航空器、设备、设施损坏或导致人员重伤、死亡。

⑪ 在装卸货物、行李、邮件和机上供应品等物品过程中造成航空器及车辆、设备、设施损坏或导致人员重伤、死亡。

⑫ 旅客在登、离机过程中或在机上造成航空器及车辆、设备、设施损坏或导致人员重伤、死亡。

⑬ 加油设备、设施失火、爆炸造成航空器、设备、设施损坏或导致人员重伤、死亡。

⑭ 在加油、抽油过程中或因航油溢出引起失火、爆炸造成航空器及车辆、设备、设施损坏或导致人员重伤、死亡。

⑮ 车辆、设备、设施失火、爆炸造成航空器、设备、设施损坏或导致人员重伤、死亡。

⑯ 载运的物品失火、爆炸造成航空器及车辆、设备、设施损坏或导致人员重伤、死亡。

⑰ 载运的物品发生外溢、泄漏和活体动物逃逸造成航空器及车辆、设备、设施损坏或导致人员重伤、死亡。

⑱ 飞机尾喷流、直升机涡流造成航空器、设备、设施损坏或导致人员重伤、死亡。

⑲ 车辆与车辆、设备、设施相撞造成车辆、设备、设施损坏或导致人员重伤、死亡。

⑳ 外来物致使航空器损坏。

㉑ 意外原因造成航空器及车辆、设备、设施损坏或导致人员重伤、死亡。

（2）航空地面事故等级分类

凡发生上述任一条款所规定的内容并符合下列条件之一者，确定为航空地面事故：

① 造成人员重伤、死亡；

② 航空器及车辆、设备、设施损坏，直接经济损失 30 万元（含）以上。

航空地面事故按照事故造成的人员伤亡和直接经济损失程度划分为三类，即一般航空地面事故；重大航空地面事故；特别重大航空地面事故。

① 凡属下列情况之一者为一般航空地面事故：

a. 造成人员重伤；

b. 直接经济损失 30 万（含）～100 万元。

② 凡属下列情况之一者为重大航空地面事故：

a. 死亡人数 3 人（含）以下；

b. 直接经济损失 100 万（含）～500 万元。

③ 凡属下列情况之一者为特别重大航空地面事故：

a. 死亡人数 4 人（含）以上；

b. 直接经济损失 500 万元（含）以上。

#### 33.7.2.3 飞行事故征候

飞行事故征候是指航空器飞行实施过程中发生严重威胁飞行安全的情况或发生航空器损坏、人员受伤，但其程度未构成飞行事故或航空地面事故的事件。

飞行实施过程中发生的事件，凡构成下列条款中所列任何一条，即为飞行事故征候。

① 航空器机翼（旋翼）、尾翼（尾桨）、螺旋桨或操纵面及其活动关节带有冰、雪、霜起飞；机型手册另有规定的，超过该手册规定的标准下起飞航空器。

② 航空器加注规格错误的燃油、滑油起飞。

③ 发动机滑油量低于规定的最少数量条件下起飞航空器。

④ 未按规定数量加注燃油，导致航空器超过该次起飞允许的最大重量限制或少于规定的备用油量起飞。

⑤ 航空器货舱的货物、集装箱、集装板未按规定固定，导致飞行中重心改变，造成航空器操纵困难或损坏舱壁、设备。

⑥ 航空器装载重量超过以下限制起飞、着陆：

a. 该次飞行允许的最大业载；

b. 该机型的最大无燃油重量；

c. 该次飞行允许的最大起飞、着陆重量。

⑦ 航空器重心位置超过极限起飞、着陆。

⑧ 航空器低于主最低设备放行清单（MMEL）、外形缺件清单（CDL）规定的标准起飞。

⑨ 未按规定执行适航指令或必改通告，航空器飞行。

⑩ 启动时，发动机的磁电机开关不在“关断”位置，通知地面人员扳螺旋桨。

⑪ 飞行实施过程中，发动机温度、转速超过最大允许值及时间限制，并导致发动机损伤需要修复。

⑫ 航空器启动、滑行、飞移、起降过程中与障碍物相撞。

⑬ 航空器偏出规定的滑行路线而受损。

⑭ 飞行实施过程中，外来物打坏发动机、螺旋桨或堵塞发动机进气道。

⑮ 航空器操纵面夹板、挂钩、空速管套或尾撑杆未取下起飞。

⑯ 飞机未松开舵面锁、刹车，或调整片、减速板、襟翼不在规定位置，安定面配平超出起飞允许的范围起飞。

⑰ 仪表飞行和夜航飞行，未接通地平仪（姿态指示仪）航空器起飞。

⑱ 航空器的发动机、起落架舱或操纵系统带外来物飞行。

⑲ 因跑道上有障碍物，导致飞机中断起飞、小于离地速度离地或在高度 50m 以下［最大起飞重量 5700kg（含）以下的飞机在临时机场降落时，高度在 10m 以下］复飞。

⑳ 航空器起降过程中偏出跑道、冲出跑道或跑道外接地；最大起飞重量 5700kg（含）以下航空器的非载客飞行，起降过程中偏出跑道、冲出跑道或跑道外接地导致航空器受损。

㉑ 航空器滑行、起降过程中，起落架轮子（滑橇）之外的任何部位触地，但直升机的固定尾撑（尾橇）触地除外。

㉒ 航空器起飞离地后二次接地而受损。

㉓ 起降过程中轮胎爆破，造成航空器其他部位受损。

㉔ 飞行高度在 1～100m 出现失速警告（假信号除外）。

㉕ 飞行实施过程中，航空器的任何部位失火。

㉖ 飞行实施过程中机轮脱落。

㉗ 飞行中航空器操纵面、发动机整流罩、舱门、起落架舱门、风挡玻璃飞掉；蒙皮揭起或张线断裂。

㉘ 飞行中，维护、检查用的盖板等飞掉并击中航空器的任何部位。

㉙ 航空器在起飞滑跑开始至着陆滑跑中止期间发动机停车。

㉚ 具有一套或两套电源、液压、冷气系统（不包括备用和应急系统）的航空器，空中一套失效；具有三套（含）以上电源、液压系统的航空器（不包括备用和应急系统），空中两套失效。

㉛ 航空器增压舱失压，导致紧急下降。

㉜ 飞行中进入急盘旋、飘摆、失速状态或速度超过机型结构限制的最大速度。

㉝ 空中航空器的主操纵系统出现卡阻或襟翼完全失效，但最大起飞重量 5700kg（含）以下的飞机襟翼失效除外。

㉞ 无防冰、除冰设备的航空器进入结冰区；有防冰、除冰设备的航空器因积冰导致不能维持安全高度。

㉟ 航空器飞行中误入积雨云、浓积云，导致操纵困难或航空器机体、设备受损。

㊱ 航空器飞行中遇颠簸，导致人员受伤或航空器机体、设备受损。

㊲ 航空器飞行中遭雷击、冰击、鸟击等，导致航空器机体、设备或发动机损坏，需修复。

㊳ 航空器飞行中误入火山灰飘浮区。

㊴ 航空器在低空进入中度（含）以上风切变，造成飞行操纵困难。

㊵ 航空器飞行中进入禁区、危险区、正在射击的炮射区或误出国境。

㊶ 飞行员飞错、管制员给错指令或其他原因造成航空器间纵向、侧向、垂直间隔均小于规定间隔数据的 1/2。

㊷ 航空器飞错或擅自改变飞行航线。

㊸ 给错航行指令或提供的航行资料有误，导致航空器飞错航线。

㊹ 低于规定的目视条件，未按仪表飞行规则飞行。

㊺ 仪表飞行低于安全高度。

㊻ 未经允许，航空器偏出规定航线 50km 以外或偏出规定的空中走廊。

㊼ 飞行中，航空器与地面指挥失去通信联络 30min 以上（通用航空作业飞行除外）。

㊽ 飞行中发生迷航。

㊾ 仪表飞行调错导航台（NDB）、仪表着陆系统（ILS）、无线电全向信标台（VOR）的频率或听错导航台的呼号进近。

㊿ 仪表进近，忘调、错调或报错高度表气压刻度 ±400Pa（含）以上或零点高度 ±30m（含）以上。

51 仪表飞行违反进离场程序。

⑫ 仪表进近，未看到跑道（跑道标志）或进近灯光，航空器下降到决断高度或最低下降高度以下。

⑬ 飞机着陆前未放起落架，高度下降到100m以下。

⑭ 把公路、河流等认作跑道，飞机起落架放下并且襟翼放到着陆襟翼位置。

⑮ 落错机场、跑道（包括着陆方向）。

⑯ 夜航飞行时，由于跑道灯光失效，导致飞机在高度50m以下复飞或着陆。

⑰ Ⅱ类仪表进近，由于失去引导信号导致飞机在高度50m以下复飞。

⑱ 低于机场（起降场）、机长或机型的天气标准起飞、着陆。

⑲ 机长无夜航标准或机场无夜航灯光保障，在日出前或日落后起飞、着陆，通用航空的作业飞行，早于日出前30min（山区日出前20min）或晚于日落时间（山区日落前15min）起飞、着陆。

⑳ 航空器发生重着陆，造成机体结构或起落架受损。

㉑ 飞机场外迫降。

㉒ 飞行中飞行人员擅离岗位，让不称职人员进行操作。

㉓ 飞行中飞行人员在岗位上失去操作能力。

㉔ 未按规定视察作业区，进行超低空作业飞行。

㉕ 低于规定的天气条件进行专业作业飞行。

㉖ 超低空飞行撞障碍物。

㉗ 超低空飞行，航空器从电线下方穿过。

㉘ 超低空飞行，航空器机轮或任何部位擦地。

㉙ 因飞错作业区或空域，造成两架航空器同时在一个作业区或作业空域飞行。

㉚ 直升机滑行、飞移、起降过程中，旋翼、尾桨打地或打障碍物。

㉛ 直升机飞行中，旋翼转速低于或高于该机型的旋翼转速限制。

㉜ 直升机未松开驾驶杆固定销或未拔出操纵系统固定插销起飞。

㉝ 直升机飞行中发生旋翼颤振，造成飞行操纵困难。

㉞ 直升机在高度300m以下进入涡流环状态。

㉟ 直升机夜间执行海上任务，在着陆平台（甲板）降落过程中，消速后段的飞行高度低于着陆平台（甲板）的高度。

㊱ 直升机执行海上任务，低于规定的高度从着陆平台（甲板）上空复飞。

㊲ 直升机执行海上紧急任务，回到海岸时少于15min的剩余燃油量。

㊳ 直升机在紧急脱钩设备故障时，进行机外载荷作业飞行。

㊴ 直升机吊挂飞行，吊索不在正常位置实施起吊作业。

㊵ 直升机吊挂飞行进入云中。

㊶ 直升机吊挂飞行，因吊挂物严重旋转、摆动而被迫投掉吊挂物。

㊷ 直升机吊挂飞行，空中吊挂物撞障碍物。

㊸ 直升机飞行中发生该机型飞机飞行手册规定必须立即着陆的故障。

㊹ 航空器飞行实施过程中发生的其他不安全事件。

### 33.7.3 影响航空安全的重要因素

#### 33.7.3.1 人为因素

（1）安全文化与飞行安全

在7.4安全文化建设理论一节中对安全文化的基本概念和起源已进行了详述。沿着核电“安全文化”这条线索去探索思考，根据民用航空人、机、信息、环境等微观因素和安全决策、法律规章、管理体制、运行机制等宏观因素，站在民航50年来保证飞行安全的历史角度，提高层次，扩大视野，进行全面综合的科学分析，不难发现，民航飞行事故不断发生的根本问题，也是人因问题，不是人的数量没有解决，而是人的“安全文化”问题没有解决。民航飞行事故不断发生与我国民航从业人员的“安全文化”素质偏低、群体安全意识淡薄、整体安全技能水平不高，宣传“安全文化”力度不够直接相关。

民用航空生产是在空中进行的，是一个高科技、高投入、高风险的行业，生产过程就是直接为旅客服务的过程，没有缓冲的余地，任何差错漏洞都可能危及职工、旅客和公众的身心安全和造成国家集体的财产损失。民用航空生产，具有核电生产类似的特点，因此，民用航空也应和核电一样，把安全文化引入民用航空飞行安全，使民用航空的飞行安全具有文化内涵，把飞行安全工作，提高到人类文化的高度予以认识。首先抓人的因素，因为人是生产力中最积极最活跃的要素，也是飞行安全工作中最积极最活跃的要素，从“人因工程”入手，使“安全文化”对“人本”发生作用，实现民用航空“人本安全化”和“物本安全化”，达到确保飞行安全的目标。把“安全文化”应用到民用航空领域，是民用航空的特别重要的头等大事，首先考虑的必须是飞行安全，没有飞行安全就没有民用航空的生产。

（2）机长素质与飞行安全

民用航空生产力的两大要素，一是以航空器为主的生产工具，二是以飞行人员为主的劳动者。现代航空器综合了当今世界上各种先进科学技术，集高精尖于一体。而操纵现代航空器的飞行人员则与现代航空科学知识水平相关，他们的整体素质和航空科学知识水平越高，操纵航空器的技能越强，安全生产能力也就越大。在飞行人员执行飞行任务时，机长既是主操纵者，又是组织管理者和指挥者，其整体素质以及航空知识和操纵技能水平的高低，对于保证飞行安全完成生产任务具有决定性的作用。中国民航50年来发生的二等和重大以上的133次飞行事故中，按直接责任者约有65%是飞行员，主要是机长素质低，操作和处置失误。国际民航发生的有人员死亡的飞行事故，有68%也是飞行员原因，主要也是由于机长的操作和处置失误。由此可见，机长素质在保证飞行安全完成生产任务中，处于重中之重的地位。

（3）机组建设与飞行安全

民用航空生产的主要工具是航空器，航空器是由飞行人员组成的机组驾驶升空，进行安全生产活动，实现劳动对象的位移。因此，机组是航空公司行政组织的最基本单元，既是航空公司人、财、物的最直接最有效的转移机构，也是航空公司安全生产的主体力量。加强机组建设，不仅是航空公司增强运营活力和提高经济效益的必要条件，也是航空公司保证飞行安全的重要保证，对于发展现代化的航空公司具有重要的现实意义和深远的战略意义。根据民航发生飞行事故的教训，关于机组建设有以下几点可供参考。

①“安全第一”的思想是保证飞行安全的根本。旅客和用户对航空公司的评价和印象，很大程度上取决于民航飞行安全和机组的服务态度。因此，机组成员应当树立牢固的“安全第一”思想，把保证旅客的安全舒适作为自己的根本宗旨，作为全心全意为人民服务和崇高人生、价值观念的具体体现。“安全第一”思想是动态的，随着时间、地点、环境可能有所变化，领导要经常进行督促，作为教育的主要内容；个人也要不断进行检查，列为每次飞行讲评的重点，自觉始终把飞行安全放在至高无上的超越一切的地位，作为处理工作、思想、生活、学习的准则。

② 优良的飞行作风是保证飞行安全的关键。作风，通

常是指人在工作和生活方面的风范习惯，它是在长期的工作和生活中养成的习以为常的不易改变的方式方法。飞行作风，是指飞行人员在飞行工作中长期养成的飞行方法和行为方式。凡符合飞行客观规律的作风，就能保证飞行安全，凡违反飞行客观规律的作风，就能破坏飞行安全。探讨民航50年来由于飞行人员原因发生的飞行事故中，有75.5%是违反规章制度造成的。因此，民航界通常把遵章守纪、按章操作列为飞行人员优良的飞行作风，反之则称为恶劣的飞行作风。这是从血的教训中得来的。错误和曲折教育了人们，使人们聪明起来，认识到优良的飞行作风是保证民航飞行安全的关键。因此，在抓飞行安全工作时，应当十分注意抓飞行人员的飞行作风建设。总结民航飞行事故的教训，抓飞行人员的飞行作风建设，从根本上说，就是要突出一个“严”字，狠抓一个“实”字。“严”就是要不折不扣原原本本地严格执行规章制度和操作程序，不能“差之分毫”，否则就会“失之千里”。“实”就是踏踏实实地使一系列行之有效的规章制度在飞行各个环节得到全面落实，不留缺口，否则，就会“千里之堤，溃于蚁穴”，使全体人员辛勤工作毁于一旦。在抓“严”和“实”的方面，应当从领导做起，以身作则，要求明确，措施清楚，赏罚严明。《吴起兵法》（又称《吴子》）中有一段名言：“耳威于声，不可不清；目威无色，不可不明；心威于刑，不可不严。三者不立，虽有其国，必败于敌。”这句名言可供我们各级领导在抓飞行作风建设中参考。

③ 精湛的飞行技术是保证飞行安全的基础。飞行人员飞行技术的高低，应变能力的强弱，直接影响飞行的安危，如果飞行人员技术水平低，应变能力弱，飞行安全就像建在沙滩上的高楼，没有坚实的基础。中国民航50年来发生的飞行事故，虽然并不都是技术原因造成的，但是，多数事故都存在技术因素。例如因航空器质量问题，曾经发生35起二等和重大以上飞行事故，约占飞行事故总数的27%，如果驾驶这些航空器的飞行人员技术高一些，经验多一些，应变能力强一些，其中有些飞行事故就可能化险为夷，至少可以减轻事故的严重程度。提高飞行人员的飞行技术水平，应当注意四个方面：一是航空理论知识的掌握；二是飞行基本驾驶术的掌握；三是复杂气象飞行能力的提高；四是特殊情况处置能力的提高。航空理论知识和飞行基本驾驶术，只是在飞行院校打了初步基础，需要航空公司根据所飞机型的性能、特点、使用手册和各种限制数据进行加工深造，进行深层次的培养提高；需要航空公司根据机型、航线进行训练的还有复杂气象飞行能力和特殊情况处置能力，这对于保证飞行安全，提高服务质量和航班正常率以及经济效益都具有极其重要的意义。一些明智的具有战略眼光的航空公司决策人，都是愿意在提高飞行人员技术水平上下大功夫、花大价钱，即使目前经济效益受到一些影响也在所不惜。

④ 搞好机组的协作配合是保证飞行安全的重要手段。航空器运行涉及很多方面，是一个系统工程，有40多个专业300多个工种为其提供条件。其中与飞行有直接关系的就有150多个工种，这些工种的信息源源不断流向飞行员，流向航空器驾驶舱，经过飞行员去粗取精，去伪存真，分析判断，定下决心，采取措施，付诸行动，实现安全正常运行。将这么多的信息处理并转化为行动，依靠机长一个人是办不了的，必须发挥机组的总体力量，明确分工，密切配合，才能达到安全运行的目的。在机毁人亡飞行事故中，很难找到这方面的材料。但是在二等和重大以下飞行事故的分析报告中，可以看出很多飞行事故都与机组协作配合有关。

(4) 复杂天气条件下飞行员进近着陆的心理因素分析

进近和着陆是整个飞行过程的最后阶段，这个阶段的飞行时间，虽然仅占整个飞行时间的4%，但它却集中了整个飞行中最繁忙的工作，最复杂的构思，最精确的操作。如果“一着不慎”，可能“满盘皆输”，造成“功亏一篑”而“前功尽弃”。因此，它是完成飞行任务的关键环节，也是飞行事故的多发阶段，更是确保飞行安全的最后关口。很多有才华有经验的飞行员，由于只有善始，未能善终，在这个阶段栽了跟头，一世英名，付诸东流。有些资料统计，西方国家的喷气航空器，在过去的30年中，有389起飞行事故发生在进近着陆阶段，死亡3423人。美国安全基金会提供的资料表明，世界商业客机运营发生的飞行事故，进近着陆阶段占49.1%。我国民航50年来运输航空飞行事故，进近着陆阶段占52.6%，而且基本上是在复杂气象条件下发生的，尤其是在大雨、低云、风切变、低能见度情况下进场着陆发生的事故最多。为保证在大雨、低云、低能见度情况下安全飞行，国家曾三令五申返航备降是安全措施，制定了“八该一反对”的规定，各航空公司也根据自身的情况，制定了具体的安全措施和要求。因天气原因发生的事故仍然接连不断，究其原因是多方面的，与飞行员心理因素障碍和飞行中对客观情况的认识和决策关系十分大，主要有：

① 该返航的不返航。飞行员执行任务，就像我们平常外出办事一样，在未办完事情的情况下，谁也不愿意空手返回，这是一般人都有的心理状态。执行飞行任务也是一样，飞机上那么多乘客，行程万里，飞行员谁不愿意顺顺当当地把客人送到目的地？可是，遇到坏天气，调转机头往回返或去备降机场，实在是常人不愿意做的事情。因此，往往抱着侥幸心理试试看，不愿意返航备降，结果越试越糟，最后导致发生飞行事故。如伊尔十四601号飞行事故，天气变坏，四次指挥返航不返航，随机报务员提醒返航也不理睬，非要把一条测线做完，真是“千呼万唤”不回头，最后天气变坏把飞机摔在机场上。对此，飞行员都应当明白，飞行中没有“常胜将军”，一次不返航、不备降的飞行员是不可能有的。飞行中情况复杂，必须根据实际情况决定飞行方针，确立“安全第一”的指导思想，严格按章办事，该返航的必须返航，该备降的必须备降，绝不能固执己见，把人的生命当儿戏。这是我们最基本的工作方法，也是我们保证飞行安全最基本的原则。

② 不能随机应变。机场及周围天气不好，有时存在强烈的雷雨，有时低云、低能见度，不适于进近着陆。飞行员应当多向地面了解天气变化情况和收听其他飞机飞行情况，根据主客观条件，决定自己是继续进近，还是返航或备降。有些飞行员不能根据变化的情况机动灵活地调整，而是沿着一条道路走到黑，一味地只想着陆，如三叉戟B-2218号机在香港发生的事故，当时香港机场雷雨大作，该机进场时是天气最坏的时候，外国班机纷纷返航或备降，唯独这架飞机决定强行着陆，结果撞到跑道堤坎上而失事。事后调查有风切变。如果根据天气情况，随机应变，果断返航或备降，此次事故是可以避免的。

③ 虚荣心理作祟。往往有这样几种情况：一是老机长了，这样的天气条件不去落地太不好意思了；二是在同一个机场，同样的天气条件下，别人能落下去，自己没能落下去，太难为情了；三是别人一次落地成功，自己却复飞后再次落地，就觉得脸面过不去。因此，硬着头皮着陆时有发生，这对飞行安全极为有害，很多次飞行事故都是这样引发的。对此，每个飞行员都要有一个清醒的头脑。道理很简单，即使是同样的技术标准，个人之间还是有差别的。比如飞行经历的不同、飞行经验的不同、技术高低的不同、心理素质的不同等，应该承认人与人之间有差异，每个飞行员都要客观正确地认识自己。不要争强好胜，要做老实人，办老实事。

④ 蛮干心理作怪。蛮干行为大多数来源于盲目自信，

有些飞行员错误地把蛮干当成自信，殊不知蛮干与自信有着不同的内涵和原则上的区别。每个飞行员都应把它弄清楚，自信是有条件的，来自精湛的技术，成熟的心理，严格的纪律，应变的能力是建立在可靠基础之上的；而蛮干则相反，是缺少上述条件，没有自知之明，只凭主观愿望和满腔热情，不考虑客观条件和后果，是一种不负责任的行为。蛮干的心理，通常反映在下列两种人身上。有的老飞行员，随着飞行时间的增多，飞行技术的提高，飞行经验的积累，自认为没有什么不能飞的天气；二是一些新飞行员，初生牛犊不怕虎，飞行时间不多，飞行经验尚缺，而对于各种复杂天气条件都想试一试。这两种人共同的特点，都是过高地估计了自己而陷入不能自拔的泥潭。如：MD-82 型 B-2103 号机在福州发生的事故，当时在该机前面有两架飞机都因下降到决断高度不能出云，复飞后到其他机场备降，而这架飞机无视当时的外界情况，继续进近，当下降到 170m 高度时也未出云，飞行员未按规定复飞；继续下降到 95m，飞机偏右较多，不具备着陆条件，仍然盲目蛮干；下降到 20m 时，感到落地困难，才决定复飞，但飞机下沉，姿态不稳，机长情绪紧张，又将油门收回迫降，加之副驾驶配合不好，结果冲出跑道。

⑤ 急躁心理。飞行中的急躁情绪，很多是由外界的客观条件和客观环境引起的。如：因天气或机械原因延误时间过长、执勤时间超过规定过多、旅客埋怨情绪过盛、兄弟部门冷言冷语伤人、家有急事需要处理等，引发了急于完成飞行任务的急躁心理。因而，忽视飞行安全条件，该返航的不返航，该备降的不备降，在超出自己能力范围的天气条件冒险进近着陆，结果出了问题，摔了飞机。古人云“欲速则不达”，忙中可能出错。飞行中产生急躁情绪，往往在忙乱中求快，不按操作程序办事，出现错忘漏动作，由此而引发飞行事故。因此，每个飞行员应当切记：当外界条件使急躁情绪产生时，必须自我克制，镇定自若，要有“任凭风浪起，稳坐钓鱼台”的心态，“不管风吹浪打，胜似闲庭信步”的情绪。这是衡量一个飞行员心理品质高低、有无修养的表现。如果没有这种心态和情绪，遇事急躁，临危慌乱，一定会把事情弄糟，后果不堪设想。

⑥ 侥幸心理。侥幸，按照解释，是指意外获得成功的意思。存有侥幸心理的飞行员，总是希望在保证飞行工作中，能够侥幸取胜，意外获得成功，不愿做艰苦细致的思考。具体有以下几种表现：一是上一次我低于标准安全着陆了，这一次我也会成功的；二是别人低于标准安全着陆了，我也不会出问题的；三是前面的飞机在复杂天气条件下安全着陆了，后面的飞机理应也能安全着陆。企图依靠运气去保证飞行安全，这是非常不可取的。古人云“智者不冀侥幸以邀功”，说的是聪明人不希望把成功寄托在侥幸上面，而应该依靠自己的努力。对此，每一个飞行员应当充分认识飞行工作不同于一般工作，它是复杂的多变的，不能简单地看问题，特别是复杂气象条件飞行，有时瞬息万变，前面的飞机安全落地了，后面的飞机到了就不够标准，这是常有的事情。必须全面客观地研究分析每一次飞行所面临的各种条件，去粗取精、去伪存真、由此及彼、由表及里地思索，然后将飞行员技术状况和飞行的复杂情况一并考虑是否符合安全标准，符合标准就进近着陆，不符合标准就果断采取复飞、返航或备降，绝不要做那些超越标准和技术能力所不及的进近着陆。如果勉强地去做，必然会受到无情的惩罚。民航很多飞行事故都是在存有侥幸心理的状态下发生的。

⑦ 压力心理

压力，有正常的压力和非正常的压力。正常压力可以促进人心向上奋发图强，俗话说，“人无压力轻飘飘”。非正常压力，可以使人谨小慎微，胆小怕事，无所适从。特别是来自领导的非正常压力，危害较大。比如我们经常议论天气原因返航备降问题，天气不好的情况下，返航备降是一项安全措施，这一条早有规定，无可非议，但处理起来，却是千差万别。关键在于领导人对这个问题的认识程度不一样，施加给飞行员的压力也不完全一样。有的领导对这条规定，思想认识明确，执行上也很坚决，对有的飞行机组在天气不好的情况下，坚持原则，及时返航、备降给予表扬，同时鼓励他们认真总结经验，改进飞行安全工作。而对有的飞行机组不坚持原则，在天气不好的情况下，盲目蛮干，即便是完成了任务，也给予严肃的处理，要求他们牢固地树立安全第一的思想。各级领导也应理解飞行员的心情和处境，对于因天气原因返航备降，即使飞行员处理上有些欠妥，也应多予鼓励，少予埋怨。这就给飞行员一个正常压力，有利于他们提高认识，总结经验，改进工作。这是一种明智的领导方法。

以上是造成飞行员在复杂天气情况下发生事故的重要心理因素，它将直接导致飞行员在飞行中违章违纪、盲目蛮干等行为，在某种意义上来说，比飞行员技术上的欠缺对安全的潜在威胁更大，不断地克服飞行员和管理人员这些心理上的癖病，对保证安全是十分重要的。

#### 33.7.3.2 航空器及有关设备故障

民用航空生产的主要工具，是航空器和支持或为之服务的各种设备。生产工具是人们在劳动生产过程中，用来作用于劳动对象的一切物件。一切劳动对象能否转化为劳动产品，在很大程度上，取决于生产工具。马克思称它为生产的骨骼系统和肌肉系统。

民用航空生产的劳动对象和劳动产品，体现在通过航空器把客货等安全转移和安全地满足用户的要求。因此，航空器及有关设备是民航生产的物质基础。生产工具与劳动者共同构成生产力，它的发展和先进程度以及它的质量，是一个企业安全生产水平和安全生产能力高低的测量器。因此，航空器的及有关设备的状态是衡量民用航空安全生产水平和安全生产能力高低的标志，对于保证飞行安全，提高服务质量，增加经济效益，具有极其重要的作用。本书试图从中国民航 50 年来发生的飞行事故中，探讨民用航空器及有关设备对飞行安全的影响。

(1) 航空器故障和缺陷对飞行安全的影响

民用航空器是民用航空的生产工具，是民用航空生产力中的要素之一，其与飞行员构成民用航空生产力的主体。只有提供完善的设计、优质的制造和有效的维修并符合国家适航标准的航空器，才能保证民用航空活动安全正常运行。因此民用航空器既是保证生产的前提，也是保证安全的物质基础。

① 民用航空器适航管理，是为民航安全飞行打好物质基础。民用航空器的适航管理是民航当局的重要职责，应当对民用航空器的设计、制造、使用和维修各个环节进行科学的统一审查、鉴定、监督和管理，凡提供给飞行员使用的民用航空器，必须保证其设计完善、制造优质、维修有效，为安全生产打好坚实的物质基础，这是保证飞行安全、维护公众利益、促进民用航空事业发展的先决条件。

② 航空器设计制造、使用维修部门的适航信息，是保证航空器持续适航的重要依据。因此，民用航空器营运人，必须把航空器设计制造、使用维修部门的有关通告及时有效地传达给飞行人员和航空器维修人员，按照其要求进行维护、修理、改装和操作。任何先进的航空器不可能没有缺点，它和其他事物一样，不会十全十美，因此，航空器营运人应当组织人员，认真研究所使用的航空器性能，掌握其先进和落后的关键和特点，扬长避短，有针对性地对飞行人员和航空器维修人员进行培训，掌握其操作和维修的要领，把安全防范关口，前移到航空器运行之前。

③ 航空器维修人员是保证航空器持续适航的主体，是保证飞行安全的重要力量。航空器的适航性，固然取决于它初始的设计和制造。但是，航空器是动态的生产工具，它能否持续地保持适航状态，有赖于民用航空器维修人员的素质，应严格执行各种维修规则及其标准和维修的程序和方法。因此营运人应当加强维修人员的组织、思想、作风建设和技术培训，特别是维修作风，是保证航空器持续适航的关键，必须抓紧抓好、常抓不懈。

④ 慎重对待航空器保留项目的飞行。基地站要尽一切可能排除故障隐患，这是对公众负责的表现。万一排除不了或排除不彻底，在规定允许范围内，保证安全前提下飞行，只不过是临时措施而已。对这种临时措施，一是不能长期保留故障飞行，应当限期排除；二是要通知驾驶该架航空器的飞行员，制定安全措施；三是有些操作难度较大的保留项目飞行，应当选派有此经验或经过适当培训过此项目的飞机维修人员跟班飞行。

⑤ 慎重对待延期使用的航空器及其器材零件。按照“安全第一”的原则，凡航空器及其器材零件超过规定的期限或寿命，都应当进行维修或更换。严禁不合格零部件装机使用，但是在一些特殊情况下经过适航当局批准也可有限制使用。但是必须附有安全条件方可延期使用。一是要经过严格的检查鉴定和监测，确定对飞行安全没有影响；二是要通知驾驶该机的飞行员，随时注意其在飞行中的变化，一有异常，立即报告，停止使用。

⑥ 带有严重故障的航空器，不宜继续飞行。航空器在空中飞行，一旦发生故障，应当果断地在就近机场降落，查清原因再决定是否继续飞行。因为事物都是在不断发展的，尤其是在空中，对其发生和发展以及与其他部件的关系不易发现并查清其原委，只要条件允许，都应当在就近机场落地，方可做到稳妥。在重庆发生事故的伊尔十八飞机，距离机场只有5公里，如果能争取提前1～2min的时间，飞机在机场内迫降，即使不能避免飞行事故的发生，也可能减少人员的伤亡。

（2）航空器油料系统与飞行安全

民用航空主要是使用航空器中重于空气的飞机和直升机作为生产工具进行运营，它们都是依靠动力装置产生推力，升空飞行，动力来源于航空油料在发动机内燃烧产生热量转变的机械能。如果没有航空油料或输送油料系统发生故障，它们将会失去动力，危及飞行安全。有人把航空油料对于飞行比作食物能量对于人体，也有人把它比作人体内的血液对于心脏。可见，航空油料对于飞行安全具有极其重要意义。这个道理对于飞行和保障飞行的人来说是非常清楚的。但是，几十年来，中国民航由于航空器内的航空油料在质量和数量以及输送系统方面出现了不少问题，分析其原因，主要有以下几个方面。

① 机上输油管路故障，引发飞行事故。如：爱罗45型952号，执行磁测任务，左发动机突然供不上油，而空中停车，改换左副油箱仍然无效，飞机迫降报废；运五8030号，执行长治到太原航班任务，下降时，因调速器齿轮折断，磨穿齿轮外壳上的滑油供油管，致使滑油喷流到排气管上燃烧，迫降后未关四通开关和总电门，汽油流出，飞机烧毁；运12型3802号，执行航空物探任务，由于左发动机燃油调节器橡胶化合物进入燃调计量活门，造成供油不足，左发停车，性能恶化，进入急盘旋，飞机坠毁，机上5人遇难，并撞死地面一名妇女；运五7571号，执行跳伞表演任务，该机滑油回油管老化，既超过规定库存期限，又超过使用时限，起飞后，滑油油管破裂，滑油漏光，12名跳伞员跳伞逃生，飞机迫降报废。

② 飞行员操作失误和油量计算错误，引发飞行事故。如：运五8003号，执行林化任务，使用单组油箱供油，误认为双组油箱供油，箱内燃油用尽，停车迫降，飞机报废；运五8223号，执行调机任务，计算油量错误，飞行中又未注意油量消耗情况，燃油用尽，飞机迫降在山区；立二313号执行班机任务，飞行员将四通开关放在剩油只有80L的油箱位置而未发现，起飞后供油中断，停车迫降，飞机报废；塞斯纳8511号，执行训练任务，连续起飞时，可用燃油只有1L，而未注意，起飞后停车，大坡度转弯失速坠地，飞行员2人死亡。

③ 航空燃油水分过多，引发飞行事故。如：运五8016号，执行林化作业任务，发动机放炮，失去马力，飞机迫降报废。检查发现，一是燃油含水过多，汽化器浮子室有油水化合物420mL，油滤中也有30%的水；二是一缸排气门推杆折断，排气受阻。TB-20型8914号，执行训练任务，起飞高度55m，发动机突然停车，高度急剧下降，触地烧毁，飞行组3人死亡。检查发现，右翼油箱内有水440mL，油滤口有水110mL。

通过对航空器中油料系统问题引发的飞行事故分析，有以下几点，值得思考。

第一，应当抓好人们认识和实践的统一。航空油料是飞行的生命线，没有质和量都合格的航空油料以及良好的控制和输送系统，航空器就失去了动力源，既无法飞行，更谈不上保证飞行安全，它的重要性，尽管已为民航各级领导和有关人员所接受，但是，在实际工作中并没有得到落实。由于航空器中油料系统的问题而发生的飞行事故，绝大多数都是人为原因造成的，充分说明，人们的认识和实践还没有完全统一起来。人在这些飞行事故中，起着关键作用。如果人把自己的工作做好了，这些飞行事故完全可以避免。为什么既然认识到了，却不能在行动上予以落实呢？这里有两个问题值得思考。一是思想麻痹，有人认为我们过去从来没有发生过油料原因的飞行事故，今后也不可能有，因而思想放松起来，不认真操作，如运五7451号飞行事故，不用开口销保险，造成螺杆脱落油门失效。二是工作粗心，如运五8003号误把单组油箱当成双组油箱，又如立二313号，误把四通开关放在少油位置，阴差阳错，糊里糊涂出了飞行事故。因此，抓航空油料中的飞行安全工作，首先是抓人，而抓人的重点当然是抓认识，抓认识的关键又在于落实。

第二，应当抓好航空油料质和量的统一。油料的质是重要的，如果注入航空器内的油料杂质水分过多，必将影响功能，危及飞行安全；相反，如果注入航空器内的油量，不能满足该次飞行任务需要，也将完不成飞行任务，危及飞行安全。有些人不重视燃油的质，总认为“燃油中少量含水不致造成飞行事故”，如运五8016号飞行事故的汽化器浮子室有油水混合物420mL，TB-20型8914号飞行事故的油箱内有水440mL，殊不知任何事物都是变化的，少量的水如果次数多了，就会变成大量的水，这是质和量的辩证关系。也有些人不重视注入航空器内油的量，总认为多一点少一点无关大局，如运五8223号飞行事故不认真计算油量，赛斯纳8511号飞行事故连续起飞不看油量表。因此，抓航空器中油料系统的安全，应当既重视质也要重视量，任何片面看问题，都是不正确的。在燃油质的保证方面，负有主要责任的是油料和机务维护人员，应当保证按照传统的做法，认真检查，尤其要改善桶装油料的质和通用航空的供油工作。在燃油量的保证方面，要加强计量工作，地面和机上的油料计量仪表，必须经常检查，保持准确，特别是飞行员，不但在起飞前考虑各方面因素准确计算所需油量，而且在飞行中，必须经常注意油量的变化情况，发现异常，及时采取措施。只有学会全面看待和处理航空油料中的飞行安全问题，才能保证飞行安全；只有在质和量两个方面达到统一，才能使航空油料方面的安全工作落到实处。

第三，应当抓好航空器中油量控制和油料输送的统一。油量控制和油料输送两个系统，是飞行员实现调节动力进行飞行的主要手段，两个系统必须密切配合，才能达到预期效果。几十年来航空油料方面飞行事故中的8起是属于航空油料控制和输送的原因，占飞行事故总数的6%，占该系统飞行事故总数一半以上，说明在飞行事故中的比重还是比较大的。引发飞行事故的因素，有的是器材老化，该换的没有更换；有的是维护错漏，该做的没有做，都是属于航空器适航方面的问题，有人把它称为硬件。因此，抓航空器中航空油料系统中的安全工作，应当重视其中控制和输送以及储存（油箱）构件的检查维护，加强力度，按机务工作的传统下定决心，采取果断措施，该换件的要坚决换件，该停飞检查要坚决停飞，绝不“姑息养奸”“养痈遗患”。抓控制、输送和储存的构件设施的检查维护，应当注意它们的系统性，既重视控制构件，也要重视输送构件，更要重视储存构件，三个构件形成一个系统，互为条件、相互依存、相互影响、相辅相成，为实现向发动机提供动力源的共同目标组成集合体。只有注意它们的系统性和统一性，才能发挥它们向发动机输送能源的整体功能。

第四，应当抓好航空油料的信息交流。航空器上的航空油料系统，从分工上看，有供应、维修和使用三个专业；从运行上看，有加注、储存、调控、输送、燃烧五个过程。信息都是动态的，不断变化的，这些动态的不断变化的信息，主要有：油料质量的变化信息，构件状态的变化信息，以及油料质量和构件状态在使用中的反馈信息。其中任何一种信息梗塞，都会影响飞行安全。各专业部门对各种航空油料系统方面的信息，应当指定专人分析处理，制定纠正和预防措施。航空器上航空油料有关的各种构件的性能，可能有衰退、故障、结构腐蚀或损坏，以及机械缺陷；航空油料的供应和质量指标，也可能有所调整。这是变化的客观事实，这些变化形成航空器油料系统信息的信息源，只有开发利用这个信息源，让使用航空器上航空油料和控制设施的飞行员，能够掌握其动态变化的表象和规律，正确操作，才能保证飞行安全。特别是飞行部门，领导要把这些有关的信息通知所有飞行人员。飞行员在每次飞行时，要主动了解这方面的信息，对于所飞的航空器履历本，必须详细阅读，做到胸中有数，把握飞行安全。对于不符合规定或有疑虑的航空器上航空油料系统各种构件以及航空油料品质，应当要求解决，以确保飞行安全。

(3) 航空器客舱安全管理对飞行安全的影响

在民航的飞行安全工作中，有些单位，有些人员，往往只注意它的主流方面，如航空器和飞行员的安全管理，无疑这是正确的。但是往往却忽视了它的非主流方面，如航空器客舱以及地面各项保障的安全管理，这是不全面的。航空器的飞行安全管理是一个系统工程，涉及许多方面，潜伏着各种不安全因素，如果一着不慎，可能全盘皆输。

航空器运行有无客舱安全管理，其安全运行质量和效果都不一样。航空器的客舱安全管理不是一般小事，而是关系到旅客生命安危和国家财产得失的大事，必须建立和健全。

国际民航组织（ICAO）和各国民航当局都非常重视航空器客舱安全管理，并把它视为航空器适航标准之一，各航空公司都把它列入运行手册。凡不具备规定标准和规定条件，禁止放行航空器，禁止航空公司运行。目前，我国航空器客舱内手提行李过大，阻塞客舱门和通道，一旦发生意外，影响旅客有序撤离，应当引起有关部门高度重视，及时加以解决。我国的民用航空法和民用航空器运行等规章都有明确规定。因此，航空器客舱安全管理，是航空安全领域中的重要组成部分。航空器客舱安全管理工作好坏，直接影响飞行事故的发生和发展。做好了航空器客舱安全管理工作，不但可以避免发生飞行事故，而且，一旦出现特殊情况，可以减少或避免旅客的伤亡和国家财产的损失。

国内国外，凡是从事民用航空运输的运营者及其工作人员，都把保证飞行安全，列入重要议事日程，明确分工，各司其职。民用航空器在运行过程中，保证飞行安全的责任则落到坐在航空器驾驶舱中操纵航空器的机长身上，他把飞行安全作为自己的首要职责，而在他身后的坐在航空器客舱内的每一个旅客的安全和健康，则在很大程度上仰仗于机组中的乘务长及其所领导的乘务员。实施有效的航空器客舱安全管理，为了使机组中的乘务人员能够履行这项重要的职责，各国民航当局和各航空公司都根据本国本公司的具体情况，制定了航空器客舱安全管理的设施标准以及工作任务、目标和程序。航空器客舱安全管理的设施标准和工作程序，通常分别由各国民航当局和航空公司制定。工作任务和目标由民航当局制定或由航空公司制定报经民航当局批准实施。综合起来，通常涵盖以下各项：

① 宣传讲解乘机安全须知，督促检查旅客遵照执行；

② 保护航空器客舱内的应急安全设施，不丢失、不损坏，处于完好状态，一旦发生特殊和紧急情况，能够正常有效使用；

③ 维持航空器客舱秩序，保证旅客正常乘机和航空器安全运行；

④ 清理疏通航空器客舱内各种通道，不要为行李和手提物品所堵塞，以便发生紧急情况时，能够迅速组织旅客撤离航空器；

⑤ 密切注意客舱内旅客动向，及时提供服务，及时发现、制止和正确处置非法干扰航空器正常运行及对旅客的暴力行为；

⑥ 检查客舱内医救设施及药品，并具有使用和处置能力，及时向旅客提供合格的救助；

⑦ 严格按照规定，认真检查航空器客舱内各种物品器具的摆放，发现不牢固、不可靠或有易燃易爆以及违法的枪支刀具时，及时采取措施，正确处置，防止其移动、坠下或爆炸，伤及旅客和航空器；

⑧ 提高特殊情况处置和防火意识，随时对客舱内的座位、厕所、地板等容易引起火灾的部位以及灭火器等安全应急设备进行检查，保证随时可用；

⑨ 航空器在起飞降落时，严格认真进行检查，飞机遇有颠簸时，及时广播提醒旅客系好安全带；

⑩ 定期对飞行、乘务人员进行应急设施的使用和撤离程序培训，以达到熟练地处置各种意外情况。

纵观中国民航几十年来航空器客舱安全管理工作，成绩是主要的。但从发生的飞行事故和出现的事故征候以及差错中所暴露出来的问题上看，漏洞不少，特别是与国际上民用航空先进国家相比，差距很大。深究其原因，一是认识不足。有些领导和部门，没有充分认识到做好客舱安全管理工作，对于保证飞行安全和提高航班正常，实现优质服务的重要意义，以致把它放在航空安全管理领域之外。二是管理机构不落实。在民用航空器运行中，客舱安全管理方面，尽管出现不少问题，也常有人提出要加强管理，但究竟由哪个部门主管不落实，有时是运输服务部门，有时是安全监察部门，有时是飞行标准部门。主管部门经常变换，削弱了航空器客舱安全管理的建设。三是规章制度不健全。由于认识不足，主管部门不落实，还没有一个统一、完整、系统的民用航空器客舱安全管理的规则，有些规定程序都是在飞行运输服务、飞行标准、专机、安全等规则和条例中分散阐述，不利于民用航空器客舱安全管理工作的整体规划。

#### 33.7.3.3　飞行环境

飞行环境主要是指飞行周围上下左右的客观条件，包括自然条件和人工条件，也称自然环境和人工环境。飞行的自然环境，主要指飞行地带和空域、航路及其周围的地形地貌、山丘河川以及大气物理现象；飞行的人工环境，主要指飞行场所的机场、航路、通信、导航、灯光、标志以及保障飞行安全生产的各种固定设施和物体。管理体制、运行机制、规章制度，也属人工环境，又称社会环境，或称软环境。航空器和机组是主体部分，是安全飞行的生产力；环境是客体部分，是安全飞行的条件。两个部分如果孤立存在，构不成安全飞行生产整体系统，航空器就难以正常运行，航空单位就难以达到安全生产最佳功能。唯物辩证法认为，世界事物是普遍联系的，都是以系统的整体状态存在，具有一定的组织、机制、结构和功能，而整体内各个部分之间的联系，是通过信息流互相接通，形成关系，组成结构，产生功能。人们思维的实质就在于把事物的各个部分、各种要素，组成合理结构，通过信息流动，沟通联系，产生关系，互相协调，形成一个整体系统认识，以求充分发挥整体功能。本书试图从整体系统角度，论说飞行环境和飞行安全的关系，以及其经验教训。

(1) 民航安全生产环境

根据对民航飞行事故发生的直接原因和间接原因及其分布情况的分析，事故原因基本涵盖了民用航空飞行和为飞行提供服务的主要部门。这说明民用航空安全生产，涉及民用航空各个主要方面，是一个整体系统。民用航空要想保证飞行安全，完成生产任务，必须有一个良好的飞行环境，充分发挥民用航空生产整体系统的功能，才能达到预期的目的。

(2) 机场条件对飞行安全的影响

民用机场，按我国民用航空法规定，是指专供民用航空器起飞、降落、滑行、停放以及进行其他活动使用的特定区域，包括附属的建筑物、装置和设施。通常有：供航空器起飞着陆滑行用的飞行区；供航空器上下客货邮件的运输区，也称航站区；供航空器维护修理的机务维修区。其中，直接影响飞行安全的是飞行区。它是飞行的人工环境，也是保证航空器安全飞行的物质基础，更是航空器能否安全起降的首要条件。

(3) 陆空通话用语与飞行安全

语言，随着人类的进步和生产的发展，词汇日益丰富，质量不断提高，服务于社会，促进了政治、经济、科学、文化和生产的交流，对人类做出了应有的贡献。民用航空器在运行中，地面和空中交流信息、发布指令、提出申请，都要使用语言。因此，语言对于保证飞行安全，完成飞行任务，具有举足轻重的作用。

由于地面和空中通话用语不标准、不规范、不统一，在实施飞行和空中交通管制过程中，飞行事故和事故征候在国内国外屡有发生，血的教训，引起了国际民航组织和各国民航当局的严重关切。因而，国际民航组织（ICAO）和各国民航当局都分别对地面和空中通话用语方面存在的问题采取了措施，主要是：规范了统一的空中和地面标准用语，制定了统一的空中和地面通话程序，明确了地面和空中通话用语的单词和词组统一的确切的含义，使地面和空中之间，飞行人员和管制人员之间，对地面和空中用语有了统一的理解和行动，这对于净化地面和空中语言，维持空中交通秩序，保证飞行安全，提高航空器运行效率，具有十分重要的意义。但是，在航空器实际运行中，并没有被所有的飞行人员和空中交通管制人员所接受，有的甚至仍然按照自己的习惯，自己的理解，随心所欲地使用地面和空中的通话用语，这就为飞行安全埋下了隐患。美国航空航天局（NASA）根据航空安全报告制度的资料进行过分析，对地面和空中通话错误在飞行事故中所占的比例，曾做出如下统计：

① 通话内容不正确，包括数据、判断、理解错误，约占14%；

② 通话语言含糊不清，包括非标准用语，约占9.9%；

③ 通话用语内容不充分，包括内容不完整，信息不齐全，约占5.5%；

④ 通话用语无监控，包括无反馈复诵，约占13%。

由此也充分说明，地面和空中通话用语错误在飞行事故和事故征候中所占的比例仍然是很大的，严重地影响到航空器安全运行。

(4) 复杂气象对飞行安全的影响

① 影响飞行的复杂气象要素。不利于飞行的气象要素，通常称为复杂气象要素，对飞行影响较大的复杂气象要素有：

a. 结冰。在一定的气象条件下，在飞机机体、舵面、发动机进气道、风挡玻璃、天线、直升机旋翼上都有可能结冰。结冰将导致飞机的空气动力性能恶化，破坏飞机的安定性和操纵性；减小发动机推力；妨碍目视飞行；影响通信导航；造成直升机剧烈抖动等。

国内外曾经多次发生过因结冰导致空难。虽然现代航空器设计时加强了防冰和除冰系统的功能，但是结冰仍然是危及飞行安全的主要气象要素。

b. 风切变。最易造成飞行事故的是风切变，特别是低空风切变，它是由于风在风速和风向不连续突变而产生的，具有时间短、强度大、不易探测和预报等特点，是一个航空气象难点。除了风切变以外，在起飞和着陆中，风速如果超过机场、机型的规定标准值也对飞行安全构成威胁。

c. 颠簸。飞机在飞行中，因气流原因造成的突发性忽上忽下，左右摇摆的现象称为颠簸。颠簸的出现与大气的湍流有关。强烈的颠簸可以使飞机的空速和高度发生显著的变化，给飞行操纵带来困难。虽然在航空史上因颠簸发生的失事不多，但是由于颠簸导致飞机结构变形、机上乘员伤亡的事故并不鲜见。

d. 积雨云和低云。一般的云并不对飞行产生危害，但是如果进入强烈的对流云，如积雨云等不仅发生强烈颠簸，而且还有遭雷击的危险；机场上空高度较低的云，遮蔽跑道，也会影响飞机的安全起降。

除此之外，由于各种因素，如大雨大雾和扬沙等引起机场能见度低于机场和飞行员的规定标准值，也对飞行构成威胁；大气中的温度、密度、气压等因素若飞行员处置不当都会对飞行产生一定的影响。

② 复杂气象条件引发飞行事故的客观因素。无论是对以目视飞行方式飞行的早期航空器，或是对于具有仪表飞行性能以仪表飞行方式飞行的先进的现代航空器，复杂的气象条件始终是安全飞行的障碍。特别对于设备性能落后的航空器和气象预报测报条件较差的机场和航路来说，是不可抗拒的客观因素。近年来，航空器和地面设备，以及气象测报技术虽然有了长足的进步，但因复杂气象原因所引发的事故并没有按人们所希望的幅度减少，这说明气象还具有不可预测性的一面。

③ 复杂气象引发飞行事故的主观因素。气象是自然界存在的客观事物，也和其他客观事物一样，具有一定的规律性，只要人们对其有较深认识并能正确掌握，就能避害趋利，躲开它的不利因素，利用它的有利因素，“顺水推舟”，达到保证飞行安全完成飞行任务的目的。纵观中国民航几十年来，由于复杂气象因素引发的40起飞行事故，分析其原因，绝大多数是主观因素造成的。

就是说，通过人们的努力，可以避免这些飞行事故的发生，或者可以控制产生后果的严重程度。也可以说，我们如果能正确认识掌握复杂气象规律，有自知之明，量力而行，就能不发生类似飞行事故。有以下两种主观因素，可供思考。

第一种是“初生牛犊不怕虎”，盲目蛮干。有些年轻飞行员，过于自信，不按科学办事。特别是有些复杂气象和特殊情况没有完全经历过，有一种好奇心，不知利害关系。对于积雨云，对于低于天气标准的复杂气象，自恃血气方刚，“跃跃欲试”，总觉得“胆大自然人艺高”，航线上前方有积雨云、浓积云不绕飞，横冲直撞，颠得他直冒冷汗，才知厉害。

第二种是明知低于标准故意违章。有的飞行员在机长的岗位上，已有相当长的飞行时间了，各种复杂气象和特殊情况都已经历过，有丰富的飞行经验，可以说是老机长了，复杂气象对飞行安全的利害关系非常清楚，但是，自恃技术高超，盲目骄傲自满，降落机场明知低于自己的天气标准，侥幸取胜，该复飞的不复飞，该返航的不返航，一旦进入规定标准以下，仍然看不到地面，则手忙脚乱，难以应付，最后导致发生飞行事故。

可是有些长期保证飞行安全的老飞行员，他们飞行时间越长，飞行经验越丰富，处事更加谨慎、更加谦虚、循规蹈矩，“不越雷池一步”，这是保证飞行安全一条极为可贵的经验。

复杂气象条件发生的飞行事故，绝大多数是在上述两种人身上，教训极其深刻。气象是自然界中比较复杂的事物，到目前为止，有些要素人们还没有完全掌握它的规律，在此情况下，唯一的可行办法，只有谨慎从事。

④ 避免因复杂气象造成飞行事故的几点思考

a. 进一步改进机载电子设备，如气象雷达、近地警告系统、自动着陆系统、风切变警告系统、通信导航系统；

b. 充分利用现有气象网络、卫星、雷达等先进的手段，加强气象测报的准确性和及时性；

c. 强化飞行人员航空理论和飞行技术的学习和训练，特别要加强对年轻飞行员在复杂气象条件和特殊情况下的飞行能力和处置能力的培训和检查，不符合规定标准，不能单独执行任务；

d. 采用驾驶舱资源管理（CRM）等更系统、更科学的方法，训练和培养飞行组的协作配合，发挥团队精神和人的能动性；

e. 飞行人员、空管和签派人员以及各级领导，要树立牢固的“安全第一”思想，在任何情况下，都要坚持和遵守从血的教训中总结出来的各项规章制度，特别是“八该一反对”；

f. 加强对飞行人员心理素质的培养和训练，提高他们的思维、分析、判断和决断能力，在错综复杂千变万化的气象条件下，保持清醒的头脑和良好的心态；

g. 加强飞行人员、空管和签派人员的航空气象理论教育，提高对复杂气象影响飞行安全的认识，了解它的特点和避让它的方法。

## 33.7.4 搜寻救援

### 33.7.4.1 概述

搜寻援救民用航空器按照下列规定分工负责：

① 中国民用航空局（以下简称民航局）负责统一指导全国范围的搜寻援救民用航空器的工作；

② 省、自治区、直辖市人民政府负责本行政区域内陆地搜寻援救民用航空器的工作，民用航空地区管理局（以下简称地区管理局）予以协助；

③ 国家海上搜寻援救组织负责海上搜寻援救民用航空器工作，有关部门予以配合；

④ 民航局搜寻援救协调中心和地区管理局搜寻援救协调中心承担陆上搜寻援救民用航空器的协调工作。

中华人民共和国领域内以及中华人民共和国缔结或者参加的国际条约规定由中国承担搜寻援救工作的公海区域内为中华人民共和国民用航空搜寻援救区，该区域内划分若干地区民用航空搜寻援救区，具体地区划分范围由民航局公布。

使用航空器执行搜寻援救任务，以民用航空力量为主，民用航空搜寻援救力量不足的，由军队派出航空器给予支援。

为执行搜寻援救民用航空器的紧急任务，有关地方、部门、单位和人员必须积极行动，互相配合，努力完成任务；对执行搜寻援救任务成绩突出的单位和个人，由其上级机关给予奖励。

### 33.7.4.2 搜救的准备

（1）搜救方案的备案

各地区管理局拟定的在陆上使用航空器搜寻援救民用航空器的方案，经民航局批准后，报有关省、自治区、直辖市人民政府备案。

沿海省、自治区、直辖市海上搜寻援救组织，应当拟定在海上使用船舶、航空器搜寻援救民用航空器的方案，经国家海上搜寻援救组织批准后，报省、自治区、直辖市人民政府和民航局备案，同时抄送有关地区管理局。

（2）搜救方案的内容

搜寻援救民用航空器方案应当包括下列内容：

① 使用航空器、船舶执行搜寻援救任务的单位，航空器、船舶的类型，以及日常准备工作的规定；

② 航空器使用的机场和船舶使用的港口，担任搜寻援救的区域和有关保障工作的规定；

③ 执行海上搜寻援救任务的船舶、航空器协同配合方面的规定；

④ 民用航空搜寻援救力量不足的，商请当地驻军派出航空器、舰艇支援的规定。

地区管理局和沿海省、自治区、直辖市海上搜寻援救组织应当按照方案定期组织演习。

（3）通信联络

搜寻援救民用航空器的通信联络，应当符合下列规定：

① 民用航空空中交通管制单位和担任搜寻援救任务的航空器，应当配备121.5MHz航空紧急频率的通信设备，并逐步配备243MHz航空紧急频率的通信设备；

② 担任海上搜寻援救任务的航空器，应当配备2182kHz海上遇险频率的通信设备；

③ 担任搜寻援救任务的部分航空器，应当配备能够向遇险民用航空器所发出的航空器紧急示位信标归航设备，以及在156.8MHz（调频）频率上同搜寻援救船舶联络的通信设备。

地区管理局搜寻援救协调中心应当同有关省、自治区、直辖市海上搜寻援救组织建立直接的通信联络。

（4）救生物品的空投

向遇险待救人员空投救生物品，由执行搜寻援救任务的单位按照下列规定负责准备：

① 药物和急救物品为红色。

② 食品和水为蓝色。

③ 防护服装和毯子为黄色。

④ 其他物品为黑色。

⑤ 一个容器或者包装内，装有上述多种物品时为混合色。每一个容器或者包装内，应当装有用汉语、英语和另选一种语言的救生物品使用说明。

### 33.7.4.3 搜寻援救的实施

（1）紧急情况处理

发现或者收听到民用航空器遇到紧急情况的单位或者个

人，应当立即通知有关地区管理局搜寻援救协调中心；发现失事的民用航空器，其位置在陆地的，应当同时通知当地政府；其位置在海上的，应当同时通知当地海上搜寻援救组织。

地区管理局搜寻援救协调中心收到民用航空器紧急情况的信息后，必须立即做出判断，分别按照《搜寻援救民用航空器规定》第十九至第二十一条的规定，采取搜寻援救措施，并及时向民航局搜寻援救协调中心以及有关单位报告或者通报。

民用航空器的紧急情况分为以下三个阶段：

① 情况不明阶段是指民用航空器的安全出现下列令人疑虑的情况：

a. 空中交通管制部门在规定的时间内同民用航空器没有取得联络；

b. 民用航空器在规定的时间内没有降落，并且没有其他信息。

② 告警阶段是指民用航空器的安全出现下列令人担忧的情况：

a. 对情况不明阶段的民用航空器，仍然不能同其沟通联络；

b. 民用航空器的飞行能力受到损害，但是尚未达到迫降的程度；

c. 与已经允许降落的民用航空器失去通信联络，并且该民用航空器在预计降落时间后5min内没有降落。

③ 遇险阶段是指确信民用航空器遇到下列紧急和严重危险，需要立即进行援救的情况：

a. 根据油量计算，告警阶段的民用航空器难以继续飞行；

b. 民用航空器的飞行能力受到严重损害，达到迫降程度；

c. 民用航空器已经迫降或者坠毁。

（2）搜救措施

① 对情况不明阶段的民用航空器，地区管理局搜寻援救协调中心应当：

a. 根据具体情况，确定搜寻的区域；

b. 通知开放有关的航空电台、导航台、定向台和雷达等设施，搜寻掌握该民用航空器的空中位置；

c. 尽快同该民用航空器沟通联络，进行有针对性的处置。

② 对告警阶段的民用航空器，地区管理局搜寻援救协调中心应当：

a. 立即向有关单位发出告警通知；

b. 要求担任搜寻援救任务的航空器、船舶立即进入待命执行任务状态；

c. 督促检查各种电子设施，对情况不明的民用航空器继续进行联络和搜寻；

d. 根据该民用航空器飞行能力受损情况和机长的意见，组织引导其在就近机场降落；

e. 会同接受降落的机场，迅速查明预计降落时间后5min内还没有降落的民用航空器的情况并进行处理。

③ 对遇险阶段的民用航空器，地区管理局搜寻援救协调中心应当：

a. 立即向有关单位发出民用航空器遇险的通知。

b. 对燃油已尽，位置仍然不明的民用航空器，分析其可能遇险的区域，并通知搜寻援救单位派人或者派航空器、船舶，立即进行搜寻援救。

c. 对飞行能力受到严重损害、达到迫降程度的民用航空器，通知搜寻援救单位派航空器进行护航，或者根据预定迫降地点，派人或者派航空器、船舶前往援救。

d. 对已经迫降或者失事的民用航空器，其位置在陆地的，立即报告省、自治区、直辖市人民政府；其位置在海上的，立即通报沿海有关省、自治区、直辖市的海上搜寻援救组织。

（3）现场负责人的职责

省、自治区、直辖市人民政府或者沿海省、自治区、直辖市海上搜寻援救组织收到关于民用航空器迫降或者失事的报告或者通报后，应当立即组织有关方面和当地驻军进行搜寻援救，并指派现场负责人。

现场负责人的主要职责是：

① 组织抢救幸存人员。

② 对民用航空器采取措施防火、灭火。

③ 保护好民用航空器失事现场；为抢救人员或者灭火必须变动现场时，应当进行拍照或者录像；

④ 保护好失事的民用航空器及机上人员的财物。

指派的现场负责人未到达现场的，由第一个到达现场的援救单位的有关人员担任现场临时负责人，行使《搜寻援救民用航空器规定》规定的职责，并负责向到达后的现场负责人移交工作。

对处于紧急情况下的民用航空器，地区管理局搜寻援救协调中心应当设法将已经采取的援救措施通报该民用航空器机组。

执行搜寻援救任务的航空器与船舶、遇险待救人员、搜寻援救工作组之间，应当使用无线电进行联络。条件不具备或者无线电联络失效的，应当依照《搜寻援救民用航空器规定》规定的国际通用的搜寻援救的信号进行联络。

民用航空器的紧急情况已经不存在或者可以结束搜寻援救工作的，地区管理局搜寻援救协调中心应当按照规定程序及时向有关单位发出解除紧急情况的通知。

（4）搜寻援救的信号

① 航空器与船舶之间使用的信号

a. 航空器依次做下列动作，表示希望引导一艘船舶去援救遇险的航空器或者船舶：

环绕船舶飞行至少一周；

在低空紧靠船舶前方横穿其航向，并且摇摆机翼，或者按照最大、最小推拉油门手柄，螺旋桨飞机还可以推拉螺旋桨变距杆，以便进一步引起该船舶注意；

向引导该船舶驶往的航向飞行。

重复上述动作意义相同。

b. 航空器做下列动作，表示取消已经发出的引导船舶执行援救任务的信号：

在低空紧靠船舶尾部横穿其尾流，并且摇摆机翼，或者按照最大、最小推拉油门手柄，螺旋桨飞机还可以推拉螺旋桨变距杆。

c. 船舶可以用下列方法，确认收到航空器发出的信号：

悬挂信号旗（红白竖条）并升至顶（表示明白）；

用信号灯发出一系列莫尔斯电码“T”的闪光；

改变航向跟随该航空器。

d. 船舶可以用下列方法，表示不能执行收到的航空器发出的信号：

悬挂国际信号旗“N”（交错的蓝白方格）；

用信号灯发出一系列莫尔斯电码“N”的闪光。

② 遇险待救人员、搜寻援救工作组与航空器之间使用的信号

a. 遇险待救人员使用的地对空信号见表33.80。

b. 搜寻援救工作组使用的地对空信号见表33.81。

表33.80及表33.81中信号的长度应当在2.5m以上，同时应当使其与背景有一定颜色反差，尽可能达到醒目。信号可以使用任何材料制作，诸如布条、降落伞材料、木片、

表 33.80 遇险待救人员使用的地对空信号

| 序号 | 意义 | 信号 |
|---|---|---|
| 1 | 需要援助 | V |
| 2 | 需要医药援助 | X |
| 3 | 不是 | N |
| 4 | 是 | Y |
| 5 | 在此方向前进 | ↑ |

表 33.81 搜寻援救工作组使用的地对空信号

| 序号 | 意义 | 信号 |
|---|---|---|
| 1 | 工作已经完成 | LLL |
| 2 | 我们已经找到全部人员 | LL |
| 3 | 我们只找到几个人员 | ++ |
| 4 | 我们不能继续工作,正在返回 | ×× |
| 5 | 已经分成两组,各组按箭头方向前进 | ⇞ |
| 6 | 收到消息说航空器在此方向 | →→ |
| 7 | 无所发现,将继续搜寻 | NN |

石块之类，也可以用染料涂抹或者在适宜的地方（如雪地）加以踩踏等。还可以在信号附近使用火光、烟幕、反光体等，以便于引起航空器机组的注意。

c. 航空器使用的空对地信号

航空器表示明白地面信号：

昼间：摇摆机翼。

夜间：开关着陆灯两次。如果无着陆灯设备，则开关航行灯两次。

航空器没有上述的动作和信号，则表示未观察到或者不明白地面信号。

## 33.7.5 事故调查

### 33.7.5.1 基本要求

（1）事故调查的目的

民用航空器飞行事故调查的目的是查明事故原因，提出保障安全的建议，防止同类事故再次发生。

（2）事故调查的基本原则

① 独立调查原则。事故调查应当独立进行，任何部门和个人不得干扰、阻碍调查工作。

②客观调查原则。事故调查应当坚持实事求是的原则，客观、公正、科学地进行，不得带有主观倾向性。

③ 深入调查原则。事故调查应当查明事故发生的直接原因，事故发生、发展过程中的其他原因，并深入分析产生这些原因的因素，包括航空器设计、制造、运行、维修和人员训练，以及政府行政规章和企业管理制度及其实施方面的缺陷等。

④ 全面调查原则。事故调查不但应查明和研究与本次事故发生有关的各种原因和产生因素，还应查明和研究与本次事故发生无关，但在事故中暴露出来或者在调查中发现的、在其他情况下可能对飞行安全构成威胁的所有问题。

（3）事故等级的确定

在查明飞行事故的人员伤亡情况和航空器的损坏情况后，根据规定，最终确定事故等级。

（4）事故调查人员

参加事故调查的人员应具有事故调查员资格，或具备事故调查所需的专业知识和技能、被临时聘任或委派协助进行事故调查的人员。事故调查人员应当实事求是、客观公正、尊重科学、恪尽职守，正确地履行其职责和权力，不得随意对外泄露事故调查情况。

与事故有直接利害关系的人员不得参加调查工作；新闻工作者、律师和保险公司工作人员不得参加事故调查任何阶段的工作或者会议。

（5）事故调查装备

组织事故调查的部门应当配备必要的事故调查装备，保证事故调查工作的顺利进行。事故调查装备包括：

① 专用车辆（车载通信设备、发电机等）；

② 摄影设备（摄像机、照相机）；

③ 录音设备（便携式采访录音机、放音设备）；

④ 通信设备（移动通信设备、对讲机）；

⑤ 便携式计算机、打印机；

⑥ 勘察设备，如全球卫星定位仪（GPS）、激光测距仪、罗盘测角仪、卷尺、钢板尺、放大镜、望远镜、常用工具、取样容器等；

⑦ 特种设备，如放射性物质探测仪、飞行记录器水下定位信号探测仪；

⑧ 应急照明设备；

⑨ 记录设备、标签、标记笔。

⑩ 个人防护设备。

（6）文件资料

事故调查用的文件资料包括：

① 航空器有关手册等；

② 航行、机场方面的文件资料等；

③ 事故调查条例、程序、手册等；

④ 事故现场的地形图；

⑤ 专业小组各自有关的技术文件；

⑥ 其他需要的各种文件资料等。

（7）事故信息的发布

飞行事故的一切信息由组织事故调查的部门新闻发言人，或者由组织事故调查的部门指定的人员统一负责发布，其他任何部门和个人不得以任何形式发布或透露有关事故的信息。

（8）出发与到达

任何情况下，参加事故调查的人员都应利用各种有效的交通工具和方式尽快到达事故现场，以获得尽可能完整的事故现场原貌。有关部门应当为事故调查人员尽快到达事故现场提供帮助。

（9）事故调查程序

民用航空器飞行事故调查按《民用航空器飞行事故调查程序》中所示程序进行。

### 33.7.5.2 事故调查的组织

（1）事故调查的组织实施

① 由民航总局负责组织的调查。由民航总局负责组织调查的事故包括：

a. 国务院授权民航总局调查的特别重大飞行事故；

b. 外国民用航空器在中国境内发生的事故，但由国务院或者国务院授权其他部门组织调查的除外；

c. 运输飞行重大飞行事故。

由民航总局组织的事故调查，事故发生地的地区管理机构和发生事故单位所在地的地区管理机构，应当根据民航总局的要求派人参加调查。

② 由地区管理机构负责组织的调查。地区管理机构负责组织调查在所辖地区范围内发生的下列事故：

a. 通用航空重大飞行事故和一般飞行事故；

b. 运输飞行一般飞行事故；

c. 民航总局授权地区管理机构组织调查的其他事故。

由地区管理机构负责组织的事故调查，民航总局认为必要时，可以直接组织调查。

由地区管理机构负责组织的事故调查，事故发生单位所在地的地区管理机构应当派人参加，民航总局可以根据需要派出事故调查人员或者技术人员予以协助。

③ 涉及军、民双方的飞行事故，由负责组织事故调查的部门与军方协商进行。

④ 涉外事故调查的组织和参加。在我国登记、经营或者由我国设计制造的民用航空器在境外某一国家、某一地区发生飞行事故，由民航总局派出一名国家授权的代表参加事故发生所在国家、地区的事故调查。为协助国家授权代表的工作，民航总局可以指派若干名顾问。

在我国登记、经营的民用航空器在境外发生飞行事故，但事故地点不在某一国家、某一地区境内的，由民航总局组织事故调查，也可以部分或者全部委托别国进行调查。

外国民航航空器在我国境内发生飞行事故，经民航总局批准，航空器的登记国、经营人国、设计国、制造国可以派出代表和顾问参加中国组织的事故调查。

由外国设计、制造，在我国登记、经营的民用航空器在我国境内发生飞行事故，经民航总局批准，该航空器的设计国、制造国可以派出代表和顾问参加中国组织的事故调查。

（2）事故调查组的组成

负责组织事故调查的部门应任命一名事故调查组组长。重大及重大以上飞行事故的事故调查组组长由主任事故调查员担任；一般飞行事故的事故调查组组长可以由主任事故调查员或者事故调查员担任。事故调查组组长对事故调查组的组成和事故调查工作有独立做出决定的权力。

事故调查组应由委任或者聘任的事故调查员和聘请的专家组成。参加事故调查的人员应当服从事故调查组组长和专业调查小组组长的领导，其调查工作只对事故调查组组长负责。

事故调查组组长可以根据调查工作的需要，组成若干专业调查小组。通常包括的专业调查小组有：

① 飞行小组；

② 空管小组；

③ 适航小组；

④ 飞行记录器小组；

⑤ 公安小组；

⑥ 运输小组；

⑦ 综合小组。

根据参加调查人员的技术力量和调查工作的需要，事故调查组组长可以合并某些小组，或者组成另外的专门小组。专业小组组长由事故调查组组长指定。

（3）事故调查组的职责和权力

① 事故调查组的职责。事故调查组履行下列职责：

a. 查明事故造成的人员伤亡和航空器损坏情况；

b. 查明与事故有关的事实及环境条件等因素，分析造成事故的原因，作出事故结论；

c. 提出预防事故的安全建议；

d. 提交事故调查报告。

② 事故调查组的权力。事故调查组具有下列权力：

a. 决定封存、启封和使用与发生事故的航空器运行和保障有关的一切文件、资料、物品、设备和设施；

b. 要求发生事故的民用航空器的经营、保障、设计、制造、维修等单位提供情况和资料；

c. 决定实施和解除对现场的监管；

d. 对发生事故的民用航空器及其残骸的移动、保存、检查、拆卸、组装、取样、验证等有决定权，对其中有研究和保存价值的部件有最终处置权；

e. 对事故有关人员及目击者进行询问、录音，并可以要求其写出书面材料；

f. 要求对现场进行过拍照和录像的单位和个人提供照片、胶卷、磁带等影像资料。

事故调查组在履行职责和行使权力时，有关单位、个人应当积极协助，主动配合，如实反映情况，无正当理由不得拒绝。

#### 33.7.5.3　事故信息的通知和报告

（1）发现事故的报告

事故发生后，发现事故的任何部门和个人均有责任和义务立即通知当地的民用航空管理机构和当地人民政府。当地的民用航空管理机构和当地人民政府应立即通知民航总局。发生涉及军、民双方的事故，由事故发生单位按各自系统的有关规定迅速上报。

（2）事故信息报告

发生事故的单位和事故发生所在地的民用航空管理机构，应当在事故发生后12h内以书面形式报告民航总局。民航总局和各地民用航空管理机构的航空安全主管部门，具体负责事故报告的接收和处理工作。

描述事故的信息包括：

① 事故发生的时间、地点和航空器经营人；

② 航空器的类别、型号、国籍和登记标志；

③ 机长姓名、机组人员、旅客（乘员）人数；

④ 任务性质；

⑤ 最后一个起飞点和预计着陆点；

⑥ 事故简要经过；

⑦ 伤亡人数及航空器损坏程度；

⑧ 事故发生地区的物理特征；

⑨ 事故发生的可能原因；

⑩ 事故发生后采取的应急处置措施；

⑪ 与事故有关的其他情况；

⑫ 事故信息的来源和报告人。

通知或报告的信息暂不齐全时，可以进一步收集和补充信息，但不得因此而延误通知或报告的时间。一旦获得新的信息，应立即再次通知或报告有关部门。

（3）事故信息的记录与证实

为了保证事故报告信息的准确，得到事故报告的部门和人员应当首先准确记录报告的内容，并获得报告人的信息和联系方式。记录时可以采用文字记录和电话录音相结合的方式。必须如实记录事故信息的全部内容，记录中不得含主观臆断的内容。记录中或记录后，可以采用逐句或全文复述的方式，请报告人予以证实，还可以请报告人以书面的方式再次报告，以便与口头报告的内容进行确认。

如实填写飞行事故报告表，并根据表格的项目收集或向报告人查询未报事项；向可能得到事故信息的其他部门进一步证实事故信息的可靠性和准确性。

（4）事故信息的通知

民航总局航空安全主管部门在得到事故报告后，应立即报告总局领导，并迅速通知或委托总局调度室通知总局的下列职能部门：

① 办公厅；

② 飞行标准司；

③ 航空器适航审定司；

④ 空中交通管理局；

⑤ 公安局；

⑥ 运输司；

⑦ 机场司；

⑧ 政策法规司；

⑨ 国际合作司；

⑩ 规划发展财务司；

⑪ 监察局；

⑫ 工会；

⑬ 航空安全技术中心。

民航总局事故调查职能部门如果从民航以外的其他渠道

获得事故发生的信息，应及时通知事故发生所在地和事故航空器经营人所在地民用航空管理机构的航空安全主管部门。

得到通知的单位应安排专人值班，确定联系人和联系电话，随时与总局事故调查职能部门保持联系，做好应急处置和参加事故调查的各项准备。

（5）其他通报

经民航总局领导批准后，由总局办公厅向国务院报告事故情况；由民航总局事故调查职能部门向国家安全生产监督管理部门报告事故情况。需要向公安部、外交部、监察局、全国总工会等部委通报事故情况和保持联络的，由民航总局有关职能部门分别负责。

（6）涉外飞行事故的通知

如果事故涉及国外设计、制造、登记的航空器，或者涉及国外航空营运人时，民航总局事故调查职能部门应按照国际民航公约附件13，或国家间民用航空协定的规定，报请民航总局领导批准，通过航空固定电信网或其他渠道，及时通知航空器设计国、制造国、登记国和营运人国的国家事故调查部门，并负责这些国家参加事故调查的具体联络工作。

（7）封存通知

与发生事故的航空器的运行及保障有关的飞行、维修、空管、油料、运输、机场等单位收到事故信息后，应当立即封存并妥善保管与此次飞行有关的下列文件、样品、工具、设备、设施：

① 飞行日志、飞行计划、通信、导航、气象、空中交通管制、雷达等有关资料；

② 飞行人员的技术、训练、检查记录，飞行时间统计；

③ 航医工作记录、飞行人员体检记录和登记表、门诊记录、飞行前体检记录和出勤健康证明书；

④ 航空器履历、有关维护工具和维护记录等；

⑤ 为航空器添加各种油料、气体的车辆、设备，以及有关化验结果的记录和样品；

⑥ 航空器地面电源和气源设备；

⑦ 旅客货物舱单、载重平衡表、货物监装记录、货物收运存放记录、危险品装载记录、旅客名单、舱位图和人身意外保险单据等；

⑧ 旅客、行李安全检查记录，监控记录，其他需要封存的资料。

⑨ 应当封存但不能停用的工具、设备，应当用拍照等方法详细记录其工作状态。

⑩ 有关单位应当指定封存负责人，封存负责人应当记录封存时间并签名。

⑪ 所有封存的文件、样品、工具、设备、影像和技术资料等未经事故调查组批准，不得启封。

（8）信息渠道的畅通

在事故信息的获取、证实、报告、通知的整个传递过程中，发出和接收信息的部门和个人都应注意取得对方有效的联系方式，保证信息渠道的双向畅通。

与事故调查有关的部门均应建立保证信息渠道畅通的工作制度和程序，并配备相应的通信和记录设备。

（9）注意事项

在信息传递过程中，应按照有关保密规定执行。

**33.7.5.4　事故现场的应急处置**

（1）事故现场应急救援

民用机场及其邻近区域发生的事故，其应急救援和现场保护工作按照《民用机场应急救援规则》执行。

救援人员的首要任务是尽可能地营救幸存者和保护财产，采取措施防止事故损失扩大，将事故造成的损失减小到最低限度。在抢救人员及保护财产的同时，应当注意保护现场和航空器残骸，使其处于事故发生时的状态。

在救援过程中，任何部门和个人不得随意移动事故航空器的残骸及机上散落物品，不得破坏事故留下的各种痕迹，保持它们在事故发生时的状态。

因抢救人员、保护财产、防火灭火等需要移动航空器残骸或者现场物件的，应当做出标记，绘制现场简图，写出书面记录，并进行拍照和录像，记录移动前航空器残骸或者现场物件的原来位置和状态，并保持现场痕迹和物证。

最初的救援工作一经完成，救援人员不应再进入事故现场。营救人员和设备撤离现场时必须十分小心，防止对事故现场的破坏。

（2）现场保护

① 现场保护基本要求。参与救援的单位和人员应当保护事故现场，维护秩序，禁止无关人员进入，防止哄抢、盗窃和破坏。

② 易失证据收集。对现场中各种易失证据，包括物体、液体、资料、痕迹等，应当及时拍照、采样、收集，并做书面记录。

③ 幸存机组人员行为。幸存机组人员应当保持驾驶舱操纵手柄、电门、仪表等设备处于事故后原始状态，并在援救人员到达之前尽可能保护事故现场。

④ 驾驶舱保护。救援人员应该特别注意保持驾驶舱的原始状态。除因救援工作需要外，任何人不得进入驾驶舱，严禁扳动操纵手柄、电门，改变仪表读数和无线电频率等破坏驾驶舱原始状态的行为。在现场保护工作中，现场负责人应当派专人监护驾驶舱，直至向事故调查组移交。

⑤ 危险品防护。现场救援人员怀疑现场有放射性物质、易燃易爆品、腐蚀性液体、有害气体、有害生物制品、有毒物质或者接到有关怀疑情况的报告时，应当设置专门警戒，注意安全防护，并及时安排专业人员予以确认和处理。

⑥ 残损航空器的搬移。如果航空器及其残骸妨碍了其他公共设施的使用，如妨碍了铁路、公路的运输或机场的使用而必须移动时，移动前应当：

a. 对残骸现场进行拍照、摄像；

b. 绘制残骸现场的草图，并注明移动的主要结构件，移动航空器残骸的路径和能够确定航空器与地面接触时航空器状态的所有标记；

c. 应尽可能沿航空器发生事故时的运动方向移动残骸，不应反向移动。残骸移动的距离越短越好；

d. 应当记录航空器残骸移动过程中造成的损坏和变化。

⑦ 证人。事故调查组未到达现场前，现场负责人应指派专人尽可能查明所有的事故目击者、生存的当事人和可能为事故提供证据的其他人员，建立名册，记录其姓名和联系方式。在此阶段任何人不得以任何形式对证人进行询问。如果证人提供相应的证词、证据等，应当予以接收并登记，但不进行有关的调查活动，届时将其移交事故调查组。

⑧ 事故调查辅助设备。现场负责部门应根据事故现场的具体情况和事故调查的可能需要，准备残骸挖掘、打捞、移动、分解、吊装、运输等工具和设备，准备各种液体的取样容器，准备现场照明、通信、防护、交通、急救等装备。

⑨ 补充报告。在事故现场应急救援和保护过程中，如果发现新的事故信息，应当按照事故信息通报的有关要求及时进行补充报告。

⑩ 现场情况的汇总。现场负责部门应及时收集现场应急救援和保护的有关情况，准备向事故调查组汇报。

**33.7.5.5　现场调查**

（1）事故基本情况的了解

事故调查组到达事故现场后，应当及时听取应急救援组织单位、事故发生单位和其他有关单位的汇报，了解事故发生的基本情况，及时与各有关部门建立联系，取得他们对调查工作的支持。汇报形式应当简洁、迅速，以便事故调查组尽早开始对事故现场的调查。汇报内容一般应当包括：

① 飞行计划和飞行实施过程；

② 事故简要经过；

③ 人员伤亡情况；

④ 现场应急救援和保护情况；

⑤ 与事故有关的其他情况。

（2）事故现场的接管

① 事故调查组抵达事故现场后，按照《民用航空器事故调查规定》接收并负责对事故现场的监管；协调与参加现场工作的各方之间的工作关系；建立事故现场与组织事故调查部门和后方支援保证组的联系。现场保护与警戒部门的一切行动服从于事故调查组的领导。

② 根据现场的具体情况设立或更改原始警戒与保护的范围，设立警戒标志，规定准入人员资格和范围，统一发放准入标志。

③ 收集事故调查组到达前各方收集的证据，接收、复制有关部门和个人拍摄的现场照片、录像，接管有关部门封存的各种资料，并建立接管的各种证据、资料、物品的档案。

（3）事故现场的安全防护

事故调查组应当了解事故现场的潜在危险，如果怀疑现场存在某种危害安全的危险时，应当取得有关专家的支持，采取必要的防护措施。

在开始事故现场调查前，应当采取下列安全防护措施：

① 工作前应当查明事故现场有无机载或地面的有毒物品、危险品、放射性物质及传染病原，并采取相应的安全措施，防止对现场人员和周围居民造成危害。

② 当现场有大量可燃液体溢出，存在起火的危险或进行的工作可能引起失火时，必须采取相应的防火措施。

③ 防止航空器残骸颗粒、粉尘或者烟雾等对现场人员造成侵害。

④ 查找现场的各种高压容器、轮胎、电瓶等，将其移置安全地带进行妥善处理。处理前应当测量和记录有关技术数据，并记录其散落位置和状态等情况。

⑤ 加固或清理处于不稳定状态的航空器残骸及其他物体，防止倒塌而造成伤害或破坏。

⑥ 隔离事故现场的危险地带和环境，如悬崖、沼泽等。

⑦ 当事故发生在城市区域时，现场可能会有撞断的电线、泄漏的石油和天然气等，还会有受撞击破坏的建筑物，应当要由专家对现场的危险性做出评估并采取必要的防护措施。

⑧ 当事故现场是在偏僻原始地带时，要采取措施防止有害动植物的侵害。

⑨ 调查员应当配备必要的个人防护装备和采取其他预防措施，防止因接触人体器官和血液等受到病毒传染。

⑩ 事故现场应当配备急救药品，必要时可设置医护人员和医疗器材。

（4）事故现场的调查

① 一般性勘察。尽快对事故现场进行一般性勘察，建立事故现场环境的总体印象。确定并标出航空器与地面或障碍物的第一碰撞点及后续轨迹；确定航空器残骸的基本情况，包括航空器的主要构件、部件、机载设备、货物、遇难者和幸存人员的位置情况；对事故现场和残骸按要求进行拍照、摄像，按照要求绘制残骸分布图。在这一阶段尽可能不移动残骸。

② 事故地点的测定。测定事故发生地点的经纬度位置和标高，测定事故地点与相邻城市、机场、导航台等主要参照点的相关方位和距离，测量时应当以主残骸位置或第一撞击点为基准。测定事故发生地区可能与事故的发生有联系的地形、地物、地貌和环境特征。

③ 现场拍照和摄像。事故现场的拍照和摄像工作应当尽可能在事故发生后无人移动和触动残骸的情况下，尽早地一次性完成。调查组组长应当指定专人统一负责事故现场的拍照和摄像，拍摄小组应当由一人负责拍照、一人负责摄像，并与飞行、适航、公安、运输等专业调查小组的勘察工作相结合。各专业调查小组可根据需要补拍其他照片。拍摄人员应当预先拟定拍摄计划，明确拍摄意图，记录拍摄内容、位置及方向。应当对事故现场进行全面完整的拍摄，并特别注意对分析查找事故原因有参考价值的残骸进行详细拍摄，例如：

a. 仪表；

b. 驾驶舱各操纵手柄的位置；

c. 通信导航设备的调定；

d. 操纵面的位置；

e. 襟翼作动筒、起落架作动筒、锁等的状态；

f. 自动驾驶仪状态；

g. 燃油控制开关的位置；

h. 各种电门的位置；

i. 调整片的位置；

j. 可疑的损坏或变形部分；

k. 能说明桨距位置的螺旋桨桨叶；

l. 发动机以及驾驶舱内的油门操纵杆位置；

m. 地面碰撞痕迹；

n. 燃烧损毁部位；

o. 座椅、安全带及应急设备的状态。

拍摄人员应当整理拍摄资料，编辑制作一份事故现场勘察相册和录像资料。与说明事故原因有关的照片，应当作为证据列为事故调查报告的一部分。

④ 绘制事故现场残骸分布图

a. 内容：

事故现场的地形地貌；

最初碰地点、坠地（水）点及各种痕迹；

航空器及其主要部件、附件、发动机位置；

遇难及幸存人员位置；

航迹上的主要散落物；

图例和说明。

b. 形式。极坐标图用于残骸散布范围较小的情况。绘制极坐标图时，应当以主残骸为基准点，在极坐标图上标出各残骸的距离和方位。

直角坐标图用于残骸散布较广的情况。绘制直角坐标图时，应当沿主残骸散布中心取一条基线，再沿这条基线测出各残骸相对于某一参考点的距离及垂直于该基线的距离，根据这些数据，用适当比例绘制残骸分布图。该图可以在直角坐标纸上直接标绘。在残骸碎片很多的部位，可以用英文字母或阿拉伯数字代表残骸，并附上适当的文字说明。

⑤ 调查航空器接地、接水状态。事故调查一般应当确定航空器最初接地、接水时的状态。通过航空器与地面、障碍物的碰撞痕迹，航空器残骸的破坏和分布情况，飞行数据记录器的记录数据，伤亡人员的位置和状态，航空器舵面和仪表指示等，分析得出航空器最后时刻的飞行状态，如俯仰角、坡度、航向、航迹角、接地角、迎角、侧滑角、飞行速度、高度、下降率等描述航空器接地、接水时飞行状态的参数。

还可以根据当事人、目击者提供的证词和物证判断航空器接地、接水时的状态。

⑥ 调查航空器和发动机状态

a. 检查航空器残骸的结构、系统、部件、附件，特别是翼尖、舱门、发动机、起落架等外部边缘部件，查找有无短缺的部分，确定航空器和发动机的完整性。

b. 检查和判断航空器和发动机是否有空中失火、爆炸、解体、遭遇火器射击、雷击、鸟撞和其他物体撞击或吸入等破坏。

c. 初步判断航空器结构、系统、部件、附件在接地前的工作状态，查找故障迹象。

d. 测量、记录航空器各操纵系统和起落架系统的工作情况及其活动部分的相对位置、仪表指示等。

e. 测量、记录能反映发动机（包括螺旋桨）主要构件和系统工作状态的部、附件的相对位置、破坏状况，检查发动机操纵手柄、电门的位置和仪表指示，检查与发动机有关的油、气、液、电等系统，初步判断发动机的工作状态。

f. 检查当日及近期维护、修理工作涉及的系统或部件、附件的状况。

g. 检查航空器救生系统的状况，判断其工作是否正常。

h. 确定重点搜集和保护的残骸和痕迹。

i. 选定和采集分析化验的各种样品。

⑦ 打捞坠水残骸。应当尽快打捞坠入水中的残骸，打捞过程中应当注意避免残骸二次损坏。

⑧ 飞行记录器搜寻与运输。事故调查组到达现场后应当尽快搜寻飞行记录器，采取必要的措施进行现场保护和处理，防止记录器二次损坏或者记录信息的丢失，并迅速送到指定的机构进行译码分析。记录器的搜寻和保护必须在专业人员的参与或监督下完成。

可以根据飞行记录器安装位置、外型特征、表面颜色、内部结构等寻找记录器及其部件。坠水记录器可使用其水下定位信标接收仪确定其水下位置。飞行记录器找到后应当由专业人员判明和记录其状态，迅速转移至安全地方，并派专人监护。

严禁在现场打开和分解记录器；记录与记录器工作有关的开关、电源、电子设备等零部件的位置和状态；如果可能，拆卸记录器时最好将与记录器连接的接口和线路一起拆下；如果记录器外壳已经破损，记录其损坏情况，尽可能收集所有记录器部件，特别是内部记录介质，并进行妥善包装，防止进一步损坏；如果记录器介质部分已经从记录器中脱离，应当加以特别保护，防止挤压、折皱、磨损、静电、灰尘等对记录介质的损坏；如果记录器内部已经进水，不要在现场做干燥处理，应当立即将记录器浸泡在盛有同性水质的容器中，送到指定的机构进行处理；对于失火的事故现场，应当尽快寻找并将记录器撤离火区，防止余烬持续低强度高温对记录器内部记录介质的破坏。

事故调查组到达前，现场救援工作中如果已经发现暴露或脱离航空器的飞行记录器及其部件，救援人员应当及时收集，按照上述要求进行记录和保护，转移至安全地方，并派专人监护，待事故调查组到达后迅速移交。

记录器在运输过程中应当妥善包装，特别是已经破损的记录器，防止记录器及其内部介质的二次损坏；记录器应当随身携带运输，不要作为货物或行李托运，不要将记录器通过机场的 X 光安全检查设备。

⑨ 非遗失性存储器的收集。按照该航空器制造厂商提供的机载非遗失性存储器清单收集有关的机载设备的残骸，并测量和记录残骸的损坏情况、现场位置，以及与其有关的系统和部件的状况。要注意避免这类非遗失性存储器受到强磁场和静电等的干扰。

⑩ 机载货物及行李检查。调查机载货物、行李在事故现场分布的位置；调查机载货物、行李的数量、重量和特点，确定其包装、固定和载荷分布情况；查明机上是否有违禁物品。

⑪ 机上乘员调查。调查机上乘员的实际人数和事故发生时在机上的分布情况，以及事故发生后每个乘员在事故现场的位置和伤亡情况。

⑫ 油液采样。及时采集机上有关系统的油液样品。

采集油液样品应当使用清洁的容器，并要求有采样说明。

采样量：液压油、滑油、燃油的采样量应分别达到或超过 100mL、500mL、1000mL。

⑬ 残骸的现场处置

a. 残骸的回收。应当尽量查找和回收航空器的所有残骸，并集中到指定地点。残骸回收过程中应当记录其来历和接收时的状态，注意避免残骸的二次损坏。认为可作为证据的残骸应当重点保管好。

对于坠入水中的残骸，可以根据飞行记录器的水下定位信号探测仪、水面船只探测声呐或扫描仪的搜索结果、地面雷达录像或标图、目击者反映、水面上漂浮的油迹、残骸和尸体等信息确定其位置，同时要考虑到残骸的位置会因水流的作用而改变。

为了减少海水的腐蚀作用，从海水中捞出的残骸应当立即用清水冲洗，并尽快送去检查。从水中捞出的压力容器和轮胎等应当立即将其释压或转移到安全地带，释压前记录其压力。

b. 重要残骸的处理。认为可为查明事故原因提供线索或证据的残骸都应当作为重要残骸，例如有疲劳断口的零部件、异常的损伤机件，有空中起火或爆炸特征的构件，以及所有能反映飞行状态、操纵面位置、发动机状态等的残骸。对重要残骸应当采取重点保护措施。

对有污染的重要残骸应当由专业人员进行处理，去除可能有腐蚀性的污染物，对容易腐蚀的部位涂少量滑油保护。处理时不应当改变其原始状态。

对散落的电门、灯泡、仪表等小件重要残骸应当分别装入包装袋内，袋上注明它们的发现位置和状况。其他重要残骸也要用标签加以必要的说明。

c. 残骸的运输。残骸运输时，应当注意避免受到新的损伤。大件残骸可以分解后运输，但分解时要选择与事故原因无关部位，并尽可能少改变其原始状态。残骸在分解和运输中造成的损坏和变化情况应当详细记录。

残骸分解必须在事故调查组监控下进行。

d. 残骸的保管。残骸是事故调查的重要依据。事故调查结束后，残骸应当妥善保管，特别是重要残骸，要统一保管在事故调查部门指定的单位或机构。未经组织事故调查部门的批准，任何单位和个人不得擅自将残骸销毁或挪用。

（5）证人调查

事故调查组到达事故现场后，应当尽快进行证人调查。证人调查应当由事故调查员进行。根据事故调查的需要，可以由有关小组组成专门的证人调查小组，确定事故发生时证人的位置，收集证词。

① 寻找证人。证人应当尽量找全。证人除了事故现场及附近的目击者以外，还包括与航空器该次运行有关的当事人。对已经找到的证人应当列出其单位、姓名、性别、年龄、职业、文化程度、联系电话或方式，以便寻访。

② 证人调查的基本原则

a. 事故发生后应当尽快获得证人的陈述材料。

b. 要向证人讲明事故调查的目的和意义，证词只用于查清事故原因，而不用于任何其他目的，要求证人无顾虑地说出有关事故的全部事实。

c. 对目击者的询问最好安排在事故发生时目击者所处的位置。对每一证人的调查应当单独进行，必要时可在单独谈话结束后进行集体座谈。

d. 与证人谈话时要让证人本人叙述其看到和听到的情况，除非离题太远，否则，不要打断其叙述，并给其停顿思考的时间。证人叙述结束后，可以就其所讲的内容提出问题，但不得启发诱导。对于非航空专业人员尽量不用技术术语。

e. 与证人谈话除录音外，所有证人证词都应当整理完整的文字记录，必要时请证人签字确认。调查人员不得根据自己的判断任意取舍证人证词。如果对证词有看法或需要说明，调查人员可以将自己的观点附在证词记录的后面。与证人谈话应当有两名以上调查员参加。

f. 谈话结束后，应当告诉证人欢迎随时补充证词，告知其联系人、联系地点和联系方式。

③ 证人调查的内容

a. 目击者调查

事故的发生时间。如果未记住时间，则根据其他相关事件的时间推断。

目击者的观察位置。

当时当地的天气情况。

看到的航空器飞行情况（高度、航向、姿态、不正常现象等）。

看到的灯光、烟雾、火焰、闪光、火球现象和听到的爆炸、音爆、喘振及其他声音。

航空器最后碰撞和破坏情况，残骸散落位置。

救援和现场保护工作情况。

航空器上脱落的物体情况。

航空器坠水位置和发现漂浮残骸或尸体位置。

其他目击情况。

b. 当事人调查。对于航空专业人员，包括飞行、空管、维修以及其他勤务保障人员作为证人时，应当调查：

从飞行前准备到飞行实施过程的详细情况。

异常情况发生时的现象。

对发生情况的判断、处置和航空器的反应。

异常情况发生后组织指挥情况。

④ 证人的物证收集。应当广泛收集证人可能提供的物证，例如能反映事故情况的照片、影片、录像带、录音带等。

(6) 飞行活动调查

应当调查所有与该次飞行的组织实施有关的活动情况及机组的飞行操纵情况。

① 调查飞行计划的制订是否符合有关手册、标准和条例的规定，以及实际飞行过程中飞行计划的执行情况；

② 确定空勤组成员（正副驾驶、领航员、飞行机械员、飞行通信员、乘务员、安全员）；

③ 调查飞行员的技术等级、训练水平、技术状况、飞行经历、日常执行规章制度、是否发生过事故或事故征候等情况，调查飞行员执行该次飞行的任务安排、机组成员搭配是否合理；

④ 调查空勤组飞行前的准备情况；

⑤ 根据舱音记录器的录音，分析和判断飞行员的行为和情绪变化情况，以及机组的配合情况；

⑥ 检查驾驶舱操纵手柄、开关、电门的位置和仪表指示，以及各操纵舵面和操纵机构的位置与状态，并结合飞行记录器分析得出的有关数据，分析和判断机组在事故过程中的处置情况；

⑦ 空勤组成员是否有超时现象。

(7) 航空医学调查

确定事故发生与空勤组成员健康状况的关系，以及遇险者致伤、致死的各种因素。包括：

① 空勤组成员个人心理特点、嗜好、婚姻家庭情况，近一个月来的精神、心理状况，近半年有无重大生活事件以及空勤组成员间的心理相容性；

② 空勤组成员最近一次大体检的时间、结论，患有何种疾病及治疗情况，既往病史，体质、飞行耐力和航空生理训练等；

③ 事故前24h内空勤组成员的健康状况，出勤前的体检，是否符合飞行条件；

④ 事故前72h内空勤组成员的生活起居（饮食、睡眠、锻炼、作息、疾病、吸烟、饮酒、服药等）情况、精神状况，以确定其健康状况和飞行能力；

⑤ 空勤组成员在事故发生、发展过程中的生理、心理表现，是否发生疾病、疲劳等不良反应等，是否有失能现象；

⑥ 检查和分析空勤组成员的伤亡原因，对采集到的人体组织、体液等医学标本进行病理、毒理和生化检查，必要时进行尸体解剖，查明有无药物、酒精作用，或潜在疾病；

⑦ 根据机上或其他人员遗体上的伤痕，进行伤亡原因机理分析和航空器发生事故时的受力分析，判断航空器发生事故时飞行人员的操纵动作和航空器的飞行状态。

(8) 空中交通管理调查

① 空地通话录音和雷达录像的调查。安排专人启封和拷贝空地通话录音带和雷达录像。空地通话录音复制过程不得使用任何降噪设备。应当将记录的该次飞行过程中的全部通话内容整理成文字材料，放音应当使用复制带。整理文字工作应当在事故调查员监督下进行，必要时请空管人员协助。整理记录资料的时间基准应当采用与舱音记录器、飞行数据记录器相同的时间基准。

根据雷达录像绘制航空器的地面航迹图，注明记录中所有代号的意义及整理的时间、地点和人员，内容应当包括：

a. 时间、航空器航迹显示；

b. 发话人或发话人代号；

c. 读出的记录资料；

d. 有疑问或难以理解的记录资料；

e. 整理人员的附注。

空地通话录音磁带中有辨听不清的内容时，应当送到专门的实验室或请语音专家帮助分析处理。

② 值班管制员的调查。调查所有参与本次飞行活动的空中交通管制人员是否具备上岗资格、相应的上岗证书及证件的有效性，身体健康状况，以及本次飞行中空中交通管制的实施情况。

③ 空管设备的调查。调查在本次飞行中，空中交通管制所使用的通信、导航、航管雷达系统等设备是否经过合格审定，能否满足本次空中交通管制的需要，设备工作是否正常。

④ 航行资料的调查。调查空中交通管理有关单位的各种值班记录，以及与本次飞行有关的航行资料，一、二级航行通告，资料档案等。

⑤ 气象情况调查。调查起降机场、备降机场、飞行空域、飞行航线以及事故现场的天气预报和天气实况，确定飞行人员、管制人员、签派人员是否获得了必要的、准确的气象信息，检查气象保障工作是否符合指令性文件的要求，分析气象条件与事故的关系。

(9) 适航性调查

调查航空器的设计、制造、使用、维护、资料等情况，确定航空器在事故发生之前的适航性。调查的内容包括：

① 航空器及各种机载设备是否取得完备的适航证件；

② 航空器及各种机载设备的履历，如出厂日期、使用时间、起落次数和大修情况；

③ 航空器的各种机载手册、使用维护资料的有效性；

④ 航空器及各种机载设备的日常使用和维护情况，是否有常见或多发故障，以及近期的故障的维修情况；

⑤ 航空器及各种机载设备完成适航指令、定期工作、加改装、时限部件使用控制、技术通告等工作情况；

⑥ 为航空器及各种机载设备进行各种维修的公司、厂站的质量控制、工装设备、工艺规程、技术力量、工作程序等是否符合适航的要求，以及为航空器及各种机载设备进行各种维修的人员的资格、技术状况、业务培训情况；

⑦ 航空器及各种机载设备的技术文件的填写质量，文件、资料的管理情况；

⑧ 航空器的设计和制造情况；

⑨ 有关航材更换的情况，确定这些航材是否合格有效。

(10) 飞行记录器调查

① 对驾驶舱话音记录器的记录进行转录和复制，由有关专业调查小组的专家进行辨听，整理舱音记录信息的文字记录，并与空地通话记录的内容核对。整理舱音的时间基准应当与飞行数据记录器、空地通话记录的时间基准协调一致。

② 转录飞行数据记录器的记录信息，使用适配的数据库进行译码，检查校验数据的可靠性。根据事故的基本情况和调查的需要打印输出分析参数，并绘制参数曲线，编写译码分析的初步报告。与有关专业调查小组配合进行事故原因综合分析，编写最终译码分析报告。

③ 根据译码得出的数据，分析判断事故过程中的飞行操纵情况，以及航空器和发动机的故障情况，应用仿真技术再现航空器的事故过程。

(11) 勤务保障调查

调查各项飞行保障工作情况，包括机场设施、设备、车辆、油料、航材、供气、供电等。

① 机场设施调查。调查和确定供该航空器使用的机场设施、设备的工作情况，包括：机场场道、目视助航设备及其他照明系统、特种车辆、地面专用设备、应急救援设备等。

② 油料调查。调查航空器所添加的油料（燃油、滑油、液压油、精密润滑油）的最近一次的化验结果，检查最后一次添加油料的数量和手续，确定起飞前机载各种油料的实际数量，事故发生时的剩余数量。必要时对封存的油样进行检验，对加油设备进行校验。

③ 供气供电调查。调查航空器所充气体（冷气、氮气、氧气）的制备日期、纯度和填充情况，以及该机的启动电源车和电源设备情况。

④ 飞机除冰调查。调查除冰液、除冰设备和除冰效果等使用情况。

⑤ 其他调查。调查客运、货运、食品、客舱清洁等保障工作情况，以及机场的鸟类活动的情况，确定这些工作是否对事故的发生发展有影响。

(12) 运输调查

① 审查该航空器所属航空公司的经营项目和范围与本次飞行是否相符。

② 审查本次飞行营运人员的上岗资格及在本次飞行营运中的情况。

③ 调查机上乘员的实际人数和在航空器上的位置，审查实际情况是否符合相关文件的规定，确定事故后每位乘员在事故现场的位置及伤亡情况。

④ 调查机载货物、邮件、行李在机上的位置及重量、配平等情况，审查其是否符合有关文件规定，是否与原始记录相符。调查机载货物、邮件、行李在事故现场的散落情况。

(13) 外来干扰调查

① 检查航空器残骸、机载货物、邮件等物品，提取适当部位的残骸进行理化检验，并根据飞行记录器和空管通话录音等，判断航空器是否发生爆炸破坏，或者受到火器袭击。

② 调查有无劫机等事件发生，机组人员是否受到威胁或袭击。

③ 调查有无毒、放射性或电磁干扰等物品被带上航空器，并造成破坏性后果。

④ 调查地面安全检查情况，包括旅客和手提行李、交运行李、货物、邮件等的安全检查情况，以及航空器警卫情况。

⑤ 调查接触航空器的所有人员情况，包括空勤组、机务及其他各类地面保障人员的工作情况、政审情况和现实表现。

⑥ 调查旅客中是否有故意破坏航空器的可疑对象。

(14) 撤离与救援调查

① 撤离工作调查

a. 调查事故发生前有关撤离和应急处置的准备情况，如向旅客进行的安全介绍，应急出口的准备，应急设备的准备，应急程序的制定等。

b. 调查事故发生后撤离行动情况，如应急出口的使用，应急设备的使用，撤离时对人员造成的伤害，旅客提供的帮助，撤离的时机和时间，撤离时所遇到的困难，水上迫降情况等。

② 救援工作调查

a. 调查救援单位得到事故通知的时间、手段及救援指令的下达方式。

b. 调查待命的各类工具、设备、车辆和人员情况。

c. 调查应急救援的组织和指挥情况。

d. 调查救援单位到达的时间和救援工作完成的时间。

e. 调查事故现场的应急设备和人员工作情况。

f. 调查事故现场的保护情况。

#### 33.7.5.6 专项试验、验证调查

各专业调查小组在整理、分析现场获得的信息、资料、证词、证据的基础上，为解决疑难问题，需要进行专项试验、验证工作，为事故原因综合分析提供依据。

(1) 注意事项

专项试验、验证一般包括试验科目确定、试验件选取、试验件运输、试验实施、试验结果分析、试验报告等阶段。整个试验过程应当由事故调查组组长指派的调查组成员参与和监督，并应当注意以下事项：

① 专项试验、验证调查应当在指定的机构进行，使用合格的设备，由专业人员操作；

② 试验前，调查员应当与试验人员共同拟定试验方案，做好各项技术准备和安全工作；

③ 试验过程中应当采用摄像、拍照、笔录等方法记录试验中的重要、关键步骤及现象；

④ 试验环境尽可能模拟事故时的条件和状态；

⑤ 试验使用的残骸件应当妥善保管，尽量不采取破坏性的试验方法，保持其事故时的状态，以便后续工作使用；

⑥ 试验人员应当真实、详细地记录试验的每一步骤、现象和结果，并写出试验分析报告，试验报告应当由操作人、负责人和事故调查员共同签署；

⑦ 试验结束后，调查员应当将试验件、报告、资料、数据等收集带回；

⑧ 依据《民用航空器飞行事故调查规定》，有关试验的一切方案、过程、数据、结论完全归事故调查组所有，参加试验的单位和个人不得向任何单位、个人或公众传播。

(2) 飞行数据和舱音记录的研究分析

首先应当对记录器进行检查，查看记录器的外部损坏情况，检查接口是否完好，确定记录器是否可以正常工作，并直接进行数据或声音转录。

使用同型号的记录器检查译码系统，确保系统工作正常。

对已经破损的记录器要进行分解检查，确定内部记录介质是否可用。如果记录介质已经进水、污染和破坏，应当及时进行清洁、干燥和尽可能修复。整个处理过程应当用摄像机真实记录，特别是有破损时，一定要详细记录破损情况。

对舱音记录器进行转录和复制后，要保存原始记录介质。复制时应当采用内录方式，不得使用任何降噪、混响等装置，以免破坏或损失信号。监听分析要用复制带进行，并整理出舱音记录的文字资料。

进行飞行数据译码前，要取得该航空器的译码数据库文件，建立并验证准确的译码数据库。对译码得出的飞行数据要进行判读，检查是否有错误数据，判断错误数据产生的原因，并进行相应的纠错处理，以免因错误或不准确的数据导致错误的分析结果。

记录信息的综合分析应当由记录器小组与其他有关专业调查小组共同进行。分析工作包括绘制航迹图、整理空地通话记录、分析判断航空器飞行状况和故障情况、研究机组操作情况和空中交通管制情况等。飞行信息还可以提供给计算机和模拟机，进行各种模拟、仿真等分析工作。可以利用计算机软件进行飞行监控、故障检查、性能计算、飞行航迹计算、座舱仪表显示、空气动力计算等，来帮助调查员处理大量复杂的计算分析工作，并且可以以直观的表格、图形、图像的形式输出结果。

（3）非遗失性存储器试验分析

非遗失性存储器试验分析是通过提取机载计算机中非遗失性存储器上的记忆信息，分析确定机载设备和航空器系统的工作状况或故障情况，特别适合于分析确定机载设备和系统内部的状况。

应准备该机型上包含非遗失性存储器的机载设备清单。在现场调查中应当特别注意搜集和保护这些设备。对于外壳已经破损的这类设备的残骸，在现场处理、运输和试验中应当注意对内部电子装置的保护，特别要防止静电造成的破坏。非遗失性存储器试验分析需要在该设备的制造厂或有相应维修资格的维修厂的测试台上进行。试验应当严格按照事先拟定的试验方案和有关的操作规程进行，并注意用摄像机详细记录试验过程。

（4）机体残骸试验分析

对航空器机体残骸进行分析，确定航空器损坏形式。在空中解体、失火、爆炸等事故的调查中，应当根据事故情况和残骸收集的情况进行相关机体的残骸拼凑，必要时应当进行整机残骸拼凑。对某些涉及动力装置或系统的事故，也应当进行局部残骸拼凑。

机体残骸试验分析应当先判明初始破坏位置，然后检查该部位的变形、断裂、断口和痕迹等情况，确定破坏时的载荷特征及量值（拉伸、压缩、弯曲、扭转、变形），以及与相邻部位或相关破坏之间的关系，进一步确定这些破坏产生的原因和顺序，从而确定初始破坏件。

应当用失效分析技术对初始破坏件进行断口和材料质量分析，确定其破坏机理，最后综合其他调查结果得出破坏原因。

（5）发动机残骸试验分析

根据发动机的转动部件、操纵机构、调节机构和其他机件的位置、状态、损伤情况等，确定事故发生、发展及最终坠毁时发动机的工作状态。

进行发动机残骸拼凑，排除二次破坏件、坠毁损坏件、烧伤件等，找出初始破坏件分析破坏原因。若是非机械破坏的功能性故障，则应当确定该故障，并分析其对事故发生的影响。

对发动机进行分解检查，确定故障部位或初始破坏件。分解发动机的附件前，应先进行外观分解并拍照和摄影。对发动机附件系统进行试验和检查。

（6）机械设备残骸试验分析

通过对仪表、电子、电气等机械设备残骸的外观检查、分解检查、测量、测试、台架试验等，判断事故发生过程中这些设备的工作状态，确定机载设备在航空器系统中是否存在故障或失效，分析故障或失效的产生原因，研究故障或失效在事故发生、发展过程的影响和作用。试验中应当注意对残骸的保护。

（7）重量、重心的计算分析

必要时应当计算航空器的重量和重心位置，并分析其对飞机性能和飞行操纵的影响。

根据调查获得的航空器起飞重量、重心数据，结合航空器飞行时间、发动机燃油消耗量、油箱使用顺序等数据，计算航空器的重量和重心变化情况，确定重量和重心是否出现偏差，分析其对航空器性能的影响以及与本次事故的关系，查明重量和重心位置出现偏差的原因。

（8）证人证词分析

应当对证人证词的可信程度进行分析。分析应当从获取证词的时间，证人的职业、文化程度、经历、品德和素质，证人证词的连续性、复杂性和相关性，证人证词之间的差异和类同等方面进行。如果对重要证词的可信度存在疑问，调查员应当再次询访证人，将前后证词进行对比分析，并将自己的看法附在调查材料后面。

（9）模拟试验分析

对分析结果不能在真实条件下试验验证时，应当尽可能通过模拟试验、计算机仿真、飞行模拟等手段进行验证和分析，以便再现事故过程，演示系统失效后果，比较实际飞行与正常飞行的差异，了解机组对异常情况的反应当和采取应急措施的可能性等，并以直观的图形、图像等方式给出试验结果。

应当记录各项模拟试验的条件，分析其与实际情况的差异，并说明这些差异对分析结果的影响。

（10）其他研究和试验

根据事故调查的需要，进行其他项目的研究和试验分析。

#### 33.7.5.7 事故原因分析

（1）绘制事故过程图

根据飞行数据记录器、舱音记录器、雷达、目击者等提供的数据，计算并绘制飞行轨迹图，将调查获得的有关信息标注在有时间和位置基准的飞行轨迹图上，或者将上述信息按事故发生发展历程排列，为事故分析工作提供一个描述事故发生、发展过程的可见、完整、有序的事故过程图。

（2）排列事故事件链

应当对现场调查和试验分析结果进行综合分析。首先列出调查中发现的所有影响飞行安全的因素，然后将其中与本次事故有关的事件，按照它们发生的时间顺序和因果关系，排列成事故的事件链。事件之间应当有逻辑上的联系。事故的事件链应当排列到最终导致航空器损坏或人员伤亡的事件发生为止。如果事故的应急处置过程中出现伤亡事件，也应当将这些事件按照因果关系另行排列事件链。

如果事件链中的某些事件，因受现场技术条件或时间的限制，一时无法查明其产生原因时，仍应当将它们列入事件链中，但要在调查结果中注明。

（3）事故原因综合分析

根据事故事件链中的因果关系，确定其中属于原因性的事件，并分析促使事故发生的其他因素。深入分析这些事件和因素，找出导致事故发生的直接原因和间接原因。查找事故原因的分析工作应当进行到可以提出明确可行的防止类似事故再次发生的安全措施为止。

**33.7.5.8　事故结论**

事故结论是对事故调查结果和在调查中确定的各种原因的陈述。

对事故调查结论的陈述应当是鉴定性的，不必叙述证据。

在做结论时，应当综合各方面调查分析的结果，以调查获得的各项有证据的事实为依据，对事故原因做出系统的、逻辑的、明确的、简要的表述。

**33.7.5.9　安全建议**

为了预防同类事故的再次发生，应当对调查中确定的各种事故原因和影响飞行安全的所有因素，向相关部门提出改进安全的建议。

提出安全建议与调查工作有同等重要的意义。安全建议是事故调查报告的组成部分。

提出的各项安全建议应当有明确的针对性和改进的目的。建议中一般只提出落实建议的部门和改进要求，建议采取的行动应当是原则性的，不必提出改进行动的具体措施。

负责事故调查的部门应当跟踪安全建议的落实情况，并关注相关部门改进措施或方案的可行性和实施效果。

**33.7.5.10　事故调查报告**

事故调查报告应当由事故调查组组长负责组织完成。

事故调查报告应当包括：调查发现的所有事实，研究分析的结果，确定的事故原因，提出的安全建议，以及调查中运用的新技术。事故调查报告的表述应当完整、准确、清晰。各专业调查小组应当首先向调查组组长提交一份本小组的调查报告，调查组组长应当在总结和归纳各小组报告的基础上，编写事故调查报告。小组调查报告作为事故调查报告的附件。

(1) 小组调查报告

专业调查小组组织完成现场调查和专项研究与试验后，专业调查小组组长应当组织小组成员对掌握的各种证据和事实进行认真的研究分析，并完成小组调查报告。

小组调查报告的内容应当包括：①本小组负责人和成员的姓名、职务、所属部门及具体负责的调查工作；②本小组调查活动的主要过程；③进行调查所获得的所有事实，不能因认为与事故无关而舍弃某些事实；④所进行的各种检查、鉴定、试验及其正式报告；⑤分析各种事实与事故的关系；⑥影响飞行安全的其他因素；⑦调查中尚未解决的问题；⑧调查中采用的新的、有效的调查技术；⑨安全建议。

小组调查报告的草案应当送给小组中的每位成员审阅，并由所有成员签名。

在小组调查中如果存在不同意见，应当将该意见和提出者的姓名、联系方法等一并作为小组调查报告的附件上报，由调查组组长召集有关部门和人员协商解决。

(2) 技术复审会

各专业调查小组报告完成后，事故调查组组长应当主持召开针对小组调查报告的技术复审会。技术复审会的目的是在编写事故调查报告前，审查专业调查小组职责内的所有工作是否都已完成，审查小组调查报告的全面性和准确性，解决专业小组调查中存在的不同意见。技术复审会由各专业调查小组组长和事故调查组组长指定的调查人员参加。

事故调查组组长可以在技术复审会上组织对事故发生原因进行讨论分析，并征询对事故调查报告的意见和建议。

(3) 事故调查报告

事故调查组在研究小组调查报告和技术复审会意见基础上，完成事故调查报告草案。

事故调查报告草案应当由事故调查组组长、各专业调查小组组长签署。不同意见可以列为事故调查报告草案的附件。

事故调查报告草案完成后，由事故调查组组长提交给组织事故调查的部门。

事故调查报告应当包括下列基本内容：①调查中查明的各种事实；②事故原因分析及主要依据；③事故结论；④安全建议；⑤各种必要的附件；⑥调查中尚未解决的问题。

(4) 征询意见

① 国内征询意见。事故调查报告草案完成后，组织事故调查的部门可以向下列有关单位和个人征询意见：

a. 参与事故调查的有关单位和个人；

b. 与发生事故有关的当事单位和当事人；

c. 事故调查组组长认为必要的其他单位和个人。

被征询意见的国内单位和个人应当在收到征询意见通知后15天内，以书面形式将意见反馈给组织事故调查的部门。对事故调查报告草案有不同意见的，应当写明观点，并提供相应的证据。

② 国外征询意见。根据国际民用航空公约附件13“航空器事故和事故征候调查”或者国际间双边协议的规定，组织事故调查的部门应当将一份完整的报告草案副本提供给参与事故调查的各国代表，征询他们对报告的意见，并说明：对报告的任何意见应当在发出报告之日起的60天内，以书面形式通知组织事故调查的部门，否则，将被视为对报告没有意见。超过60天期限提出的意见原则上不予接收。提出的意见应当是重要的、原则性的、有严重分歧的。

上述对外联络事宜由民航总局事故调查职能部门和地区民用航空管理机构负责办理。

③ 反馈意见处理。组织事故调查的部门应当将收到的征询反馈意见交给事故调查组研究。事故调查组组长应当决定是否对事故调查报告草案进行修改。事故调查报告草案及其修改草案、征询意见及其采纳情况应当一并提交组织事故调查部门的航空安全委员会审议。

如有任何明显的不同意见不能被采纳，可将该意见原文的副本作为事故调查报告的附件。提出意见的部门可通过获取最终的事故调查报告，了解意见的采纳情况，不必专门通知提出意见方。

(5) 最终审查

① 最终审查。上述工作完成后，组织事故调查部门的航空安全委员会负责对事故调查报告草案进行最终审查。最终审查是对事故调查报告草案进行权威的、全面的、结论性的审查，也是对事故调查工作的全面检查。

最终审查会可以采用答辩的方式进行，由事故调查组组长负责说明和解释事故调查报告草案的内容和调查工作的进行过程，并回答有关问题。

最终审查会的召开日期、地点、规模、参加人员由组织审查的部门决定。事故调查报告应当在会议召开前提前送达航空安全委员会，以便审查委员对报告进行认真详细的阅读。

经过对最终审查会提出的意见进行修改后，事故调查报告可以最终定稿。

② 报告期限。事故调查报告应当尽早完成。由地区管理机构组织的事故调查应当由地区管理机构在事故发生后90天内向民航总局提交事故调查报告；由民航总局组织的事故调查应当在事故发生后120天内由民航总局向国务院或者国务院事故调查主管部门提交事故调查报告。不能按期提交事故调查报告的，应当向接受报告的部门提交书面的情况说明。

（6）事故调查报告的批准和发布

由国务院或者国务院授权部门组织的事故调查，事故调查报告由国务院有关部门批准和发布，民航总局转发。由民航总局或者地区管理机构组织的事故调查，事故调查报告由民航总局批准，并负责统一发布。应当遵守国际民用航空公约附件13的规定，按时向国际民航组织送交事故调查报告。“事故初步报告”应当自事故发生之日起30天内，送交国际民航组织和有关参加事故调查的国家。“事故最终报告”和“事故数据报告”应当在事故调查结束后尽快送交。

**33.7.5.11 重新调查和补充调查**

事故调查报告经国务院或者民航总局批准，或者由民航总局转发后，事故调查即告结束。

（1）调查结束前的重新调查和补充调查

组织事故调查部门的航空安全委员会对事故调查报告草案或者修改草案审议后，可以决定对事故进行重新调查或者补充调查。

民航总局对地区管理机构提交的事故调查报告审查后，可以要求组织事故调查的地区管理机构进行补充调查，也可以由民航总局重新组织调查。

（2）调查结束后的重新调查和补充调查

事故调查结束后，发现新的证据，或者发现原来的证据存在重大差错，可能需要推翻原结论或者可能需要对原结论进行重大修改的，经批准机关同意，可以进行重新调查。

提出重新调查或补充调查的单位或个人，应当首先向民航总局事故调查职能部门提出申请，陈述进行重新调查或补充调查的理由，并附上说明发现新证据或重大差错的有关资料。民航总局事故调查职能部门对上述申请进行审理后决定是否进行重新调查或补充调查。如果决定不进行重新调查或补充调查，应当尽快将否决的理由通知申请单位或个人。民航总局事故调查职能部门根据发现的新证据和重大差错情况，确定重新调查或补充调查的部门、规模、时间、人员、方式等，调查程序可以参照上述步骤进行，并可根据需要简化某些步骤。

**33.7.5.12 事故调查的结尾工作**

事故调查结束后，组织事故调查的部门应当对事故调查工作进行及时的总结，对事故调查的文件、资料、证据等清理归档并永久保存，整理事故调查装备，清退临时管辖或租借的设备、工具、资料，保管重要残骸，深入研究事故调查中的新技术、新方法，进一步分析尚未解决的遗留问题。

## 参考文献

[1] 白春光. 烟花爆竹安全管理. 北京：化学工业出版社，2015.
[2] 石油工业安全专业标准化委员会. 司钻. 北京：石油工业出版社，1996.
[3] 王志安. 石油动火安全工程. 东营：中国石油大学出版社，1999.
[4] 高维民. 石油化工安全技术. 北京：中国石化出版社，2005.
[5] 王来忠，史有刚. 油田生产安全技术. 北京：中国石化出版社，2007.
[6] 颜廷杰. 实用井控技术. 东营：中国石油大学出版社，2010.
[7] 田雨平. 电力建设安全技术与管理. 北京：中国电力出版社，2001.
[8] 广东省安全生产监督管理局，广东省安全生产技术中心. 烟花爆竹经营企业安全生产监督管理工作指南. 广州：华南理工大学出版社，2016.
[9] DL/T 5092—1999《（100—500）kV架空送电线路设计技术规程》.
[10] 罗云，等. 烟花爆竹业员工安全知识读本. 北京：煤炭工业出版社，2008.
[11] 翟琨，等. 烟花爆竹安全. 哈尔滨：哈尔滨地图出版社，2007.
[12] 徐国强，黄将佑. 烟花爆竹安全管理技术. 南京：南京大学出版社，2005.
[13] 赵耀江，等. 烟花爆竹安全管理与安全生产技术. 北京：煤炭工业出版社，2004.
[14] 卫延安，王金朝. 民用爆炸物品及烟花爆竹储存仓库常见问题解析. 北京：中国标准出版社，2014.
[15] 闫正斌. 爆破作业技能与安全. 北京：冶金工业出版社，2014.
[16] 汪跃龙. 石油安全工程. 西安：西北工业大学出版社，2015.
[17] 肖贵平，朱晓宁主编. 交通安全工程. 北京：中国铁道出版社，2003.
[18] 赵吉山，肖贵平主编. 铁路运输安全管理. 北京：中国铁道出版社，1999.
[19] 龚力主编. 铁路行车安全管理. 北京：中国铁道出版社，2001.
[20] 韩买良主编. 铁路行车安全管理. 北京：中国铁道出版社，2003.
[21] 佘也艺编译. 高速运输系统安全. 北京：中国铁道出版社，1996.
[22] 蔡庆华主编. 中国铁路技术创新工程. 北京：中国铁道出版社，2000.
[23] 陈佳玲，胡按洲，肖贵平编著. 铁路行车安全保障系统及其运作. 北京：中国铁道出版社，1996.
[24] 郑中义，杨丹主编. 水上安全监督管理. 大连：大连海事大学出版社，1999.
[25] 吴兆麟编著. 海上交通工程. 大连：大连海运学院出版社，1993.
[26] 李又明主编. 危险货物水运技术. 北京：人民交通出版社，1995.
[27] 张宝晨编著. ISM规则与实施. 北京：人民交通出版社，1999.
[28] 甄卫京. 石油化工码头安全管理实务. 北京：中国劳动出版社，2018.
[29] 国际海事组织. 国际海运危险货物规则. 中华人民共和国海事局，译，2003.
[30] 刘鸿渊. 石油企业班组安全领导与员工安全行为. 北京：石油工业出版社，2018.
[31] 交通部教育司组织编写. 水上安全监督实用法规教程（海上）. 北京：人民交通出版社，1997.
[32] 王迎新主编. 航空安全与航空事故防范实务全书. 北京：光明日报出版社，2002.
[33] 张涛，司毅峰. 电网安全知识读本. 北京：中国电力出版社，2016.
[34] 尤田柱，鄢志平. 配电网安全防护技术. 北京：中国电力出版社，2015.
[35] 郑迤丹，等. 电网企业基建安全管理读本. 沈阳：辽宁科学技术出版社，2018.
[36] MH/T 2001—2018《民用航空器事故征候》.
[37] 民航总局令.《民用航空器飞行事故调查规定》，2000.
[38] 田红旗. 铁路运输安全管理. 长沙，中南大学出版社，2017.
[39] 孟学雷，等. 铁路重载运输与安全管理. 北京：科学出版社，2018.
[40] 世界航空事故汇编（1-6）. 北京：民航出版社，2002.
[41] 铁路危险货物运输安全管理编委会编. 铁路危险货物运输安全管理. 北京：中国铁道出版社，2015.
[42] 张斯睿. 对民用爆炸物品安全管理的思考. 爆破，2015，32（02）：156-162.
[43] 许剑. 浅谈民用爆炸物品安全管理中存在的问题与对策. 百科论坛电子杂志，2018，4：217.
[44] 国务院令.《民用爆炸物品安全管理条例》，2006.
[45] 苗俊霞编. 民用航空安全与管理. 北京：清华大学出版社，2015.
[46] 刘海英，等. 民用航空安全与操作. 北京：首都经济贸易大学出版社，2018.

# 第七篇　公共安全

## 主　　编

罗斯达

## 副 主 编

鲁华璋

## 本篇编写人员

罗斯达　裴晶晶　蓝　麒　李　赵　张　路
罗　波　黄西菲　王新浩　李　颖　吴　盈
段　欣　解增武　邹海云　鲁华璋

# 34 公共场所安全

## 34.1 公共安全文化

### 34.1.1 安全——公共生活永恒的主题

人类从来就离不开生产和安全这两大基本需要。人类通过生产活动创造物质财富和精神财富，满足衣食住行和娱乐等方面的需要，在这同时，人类还必须预防自然灾害、事故灾难的发生，防止或减轻灾害给人类带来的各种损失。几次工业革命浪潮，给人类带来巨大物质财富的同时，也带来事故灾难、环境污染等严峻挑战。对于安全的追求不会因社会的发展、科技的进步、物质财富的巨大丰富而停止。努力使人类自身的身心不受到外来因素的损害和威胁，能够安全、健康、舒适、愉快、高效地从事各种活动，保持生命的延续。安全是人类永恒的主题。

### 34.1.2 公共安全观

大众安全是最根本的安全，也是内涵最丰富、境界最高的安全。大众安全文化是最基础的安全文化。灾害和事故造成人身伤害、经济损失和社会影响，威胁着大众安全。安全是指免于危险，不受伤害，不出事故。除了要防止各种产业事故，也应避免日常生活的灾害，例如交通事故、城市火灾、家庭事故等，还应免受各类自然灾害的严重影响，比如地震、洪水、星球碰撞等。

安全问题非常广泛地存在于物质世界的各个层次之中，在超宏观、宏观和微观世界的各层次上，都有安全结构、可靠性与安全性、涨落与突变问题。人类活动，从登月、航天飞机的发射和回收到登山与潜水，再到勘探与生产，时时与安全问题相伴，安全是最重要的问题。

人也始终与安全问题相伴相生。人除了要安全地工作，避免事故、伤害，还要健康地生活，避免病痛折磨、家庭事故等。人除了需要健康的身体，还需要有健康的心理，这都是与人的安全相关的。事实上，广义的人的安全需要是存在于人的各层次需要之中的。到了最高层次——自我实现需要层次的人，安全需要更显得重要。他们需要安全地实现自我抱负，施展才华，贡献于社会和他人，也需要安全、快乐地生活，更需要以健康、健全的心理状态投入社会生活。

### 34.1.3 公民安全素质

在当今社会文明高度发达的时代里，人们有了豪华富丽的高层建筑和居家，享受着方便实用的家用电器和燃气，有了现代化的交通和商场，还有娱乐场所和公园等。在这种充满现代气息的环境里，无论是在工业企业还是国家机关工作，无论是在居家生活还是在公共娱乐场所，无论是在室内活动还是在户外游乐，无论是行走在街道还是社区，每个公民是否认识到时时处处都存在着来源于人为或自然的、不同形式和规模的、随着现代城市发展而变化的各种危险及危害？在这种环境中，每个公民是否想过一个现代公民应有的安全素质？

在我们的身边公共安全事故频繁发生，如近年的人员密集场所踩踏事故、校园安全事故、商场火灾事故、旅游交通事故等，面对如此严重的社会灾害与事故现实，我们每一个公民首先必须要做的事情，就是行动起来，为了自身安全素质的提高而努力。一个人最基本的安全素质主要包括如下两方面：

① 懂得必需的安全知识。要了解生活和生产过程中的基本安全常识，如各种危险物质，认识危险场所和危害地点，了解如何预防危险和事故等。

② 学会应有的安全技能。如学会使用灭火器、会报警；能够在商场遇险时进行逃生；掌握事故和灾害应急方法；学会工作和生活过程中预防和防范一般事故及危险的方法和技术等。

此外，人的安全素质的提高还依赖于人的安全意识、安全观念、安全行为等。

### 34.1.4 公民安全意识

提高我们每一个人的安全素质，要强化自身的安全意识，这是对一个合格现代公民的基本要求。在我们每一个人的意识中首先要认清事故与灾害的严重性，认清安全对于人民生活的重要性。

事故与灾害的发生，不但造成社会、企业、人民的重大经济损失，使每一个公民的生命、健康和财产受到威胁，而且对国家政治和社会的稳定造成影响，对国家的形象产生不良作用。这种现象我们已屡见不鲜：城市因重大灾难事件发生而混乱；政府机关因处理事故而影响正常运行；企业因重大事故而倒闭；领导或官员因事故责任而坐牢；平民百姓“人在家中坐，祸从天上来”，生活受到严重影响；以分秒为计的交通死亡事故、每时每刻都可能发生的无情大火、诸多职业事故，导致个人的伤残、早逝、家庭的残缺和不幸；生活中的失误造成倾家荡产和终生悔痛等。公共场所意外事故和天灾人祸已成为时时处处伴随着人们生产与生存的“幽灵”。这些“幽灵”来自现代人类的技术，如高层、高势能的人造生活空间或建筑；生活或生产中使用的机械、电器、化学毒品毒气等危险源；高速、繁忙、高动能的交通工具；大规模的电力或动力系统；高能量的石油储罐和石油天然气管道等危险源；高储量的液氯、强酸等毒物；以及来自风暴、水灾、地震、地陷等自然的灾害。面对现代城市的这种发达与危害并存、利益与风险相伴的现实，我们基本的法宝就是依靠科学，利用科学的安全方法和手段，来防范现代城市的灾害与事故。

怎么才能成为一个合格的现代公民呢？最重要的是具备现代人应有的安全意识。这些意识包括：善待生命、珍惜生命的健康意识；事故严重、灾害频繁的风险意识；预防为主、防范在先的超前意识；行为规范、技术优先的科学意识；每时每刻、每处每地注意安全的警觉意识。

只要每一个公民都行动起来，学习必需而有效的安全知识和技能，掌握基本的安全科学技术知识和方法，使每一个公民的安全意识得到增强、安全素质得到提高、安全行为得到改善，这样现代生活环境的安全与减灾才能落到实处，事故风险才能降低到最小限度，国家的社会经济建设才能得以保障。

### 34.1.5 公共安全标志

认识公共安全标志是保障人民在公共场所活动的重要方

面。我们常常在公共道路上、商场、宾馆、游乐场、机场、加油站、仓库、车间、建筑工地等场所看见各种各样的安全标志，它给我们提供了各种各样的安全信息，为阻止人们的危险动作，保证人们的安全活动发挥着重要的作用。现代都市市民要尽力认清各种公共安全标志，使之在我们的生活中发挥更多的作用。公共安全标志有如下类型：

① 从标志的作用认识，安全标志可分为：禁止标志，起禁止人们行动的作用；警告标志，起促使人们提防、警惕危险的作用；指令标志，起促使或监督公众立即采取行动，保障人或设备安全，防止意外发生的作用；提示标志，起提供目标所在位置和方向性信息的作用。

② 从标志的使用领域认识，安全标志可分为：道路交通安全标志；生产区域安全标志；防火安全标志；危险品标识标志等。

### 34.1.6　公共安全法规

制定系统的安全法规有利于实现公民安全生产和生活，目前，我国已颁布的城市相关的重要安全法律、规范、规程和规定已有100多例，有关的安全标准已有400多个。要保证社会、经济、文化的发展，保障公民的安全生存与生活，每一个公民都要成为执行安全法规的典范。

我国涉及公共安全的法规包括如下几方面：

(1) 公共场所安全相关法规

针对人员密集场所安全、特种设备使用安全、娱乐场所安全等方面制定的法规，如：《特种设备安全法》《突发事件应对法》《大型群众性活动安全管理条例》。

(2) 交通运输安全法规

针对人类使用汽车、轮船、飞机、火车而制定的、保障社会交通运输安全的法规。目前已颁布的重要法规有：《道路交通安全法》《道路交通安全法实施条例》《内河交通安全管理条例》《渔港水域交通安全管理条例》《民用航空器适航管理条例》《铁路法》《铁路运输安全保护条例》《铁路道口管理暂行条例》《工业企业厂内铁路、道路运输安全规程》等。

(3) 消防安全法规

为了防止火灾而制定的消防安全法律法规。目前已颁布的主要法规有：《消防法》《仓库防火安全管理规则》《民用爆炸物品安全管理条例》《危险化学品安全管理条例》《森林防火条例》《爆炸危险场所安全规定》等。

(4) 减轻自然灾害法规

为了有效地减少自然灾害造成的危害和损失而制定的法律法规。目前已有的重要法规有：《防震减灾法》《破坏性地震应急条例》《建设工程抗震设防管理规定》《建筑工程抗震设防分类标准》《建筑抗震加固技术规程》《城市防洪工程设计规范》等。

充分具体的安全法规是保障城市安全的基础和前提，但是市民安全生产和安全生活的最终实现，要靠全体市民在生产和生活的各个环节严格地遵守各项安全规范和规定，自觉履行法定义务和职责，公共的安全目标才能实现。

(5) 校园安全法规

针对校园安全制度的法规有《普通高等学校学生安全教育及管理暂行规定》《高等学校消防安全管理规定》《学生伤害事故处理办法》《学校食堂与学生集体用餐卫生管理规定》《学校卫生工作条例》《学校食物中毒事故行政责任追究暂行规定》《校车安全管理条例》等。

### 34.1.7　公共生活的安全技能

现代社会的发展使人们的公共生活日益丰富多彩，但是如果没有安全的保障，公共生活将会成为痛苦之源。我们每一个公民应掌握的公共生活的安全技能包括：乘坐汽车、火车、飞机、轮船、地铁等交通工具的安全技能，公共场所防火与逃生的安全技能；防范娱乐场所危险、躲避公共场所危险的安全技能；在公共道路上行走、骑车的安全技能；在人口繁密、交叉路口等危险之地如何行动的安全技能；遇到野外雷电、大风等恶劣天气如何应对的安全技能；公园娱乐、春游等活动的安全技能等。

## 34.2　公共场所一般安全知识

### 34.2.1　公共场所安全知识

公共场所是指风景区、酒店、影剧院（俱乐部）、大型商场、博物馆、图书馆、体育场（馆）、车站、码头等可能出现较多人员的文化、娱乐、学习、旅游、休息、购物等场所。

由于公共场所的各种设施分散，人员多，密度大，成分复杂，流动性、随意性强，难以实施有效的组织管理，并且发生事故的不确定性相对较高，所以，一旦发生事故，如果组织抢救不当，会造成特别严重的后果。近几年来，我国发生的人员伤亡较多的几起事故，均发生在公共场所。因此，加强对公共场所工作人员的安全教育培训，提高其安全意识和准确、及时处理事故的应变能力，对于预防事故发生和一旦发生事故进行有效抢救，减少人员伤亡都极为重要。

公共场所安全注意事项包括以下几方面：

① 在商场、宾馆、歌舞厅等公共娱乐场所，必须遵守其安全规定，自觉禁烟，一般应先了解其安全通道的位置。一旦发生火情，应迅速扑救并同时呼救，火情蔓延时不应惊慌失措，要迅速从安全通道撤离，或听从管理人员安排，有秩序地撤离火场。

② 在宾馆内住宿，除了解安全通道位置外，还应认真阅读其安全须知，并认真遵守。要向服务人员了解安全绳等救生器材的使用方法。发生室内火情时，应迅速采取措施扑救并同时报告管理人员，扑救无效时可从安全通道撤离。发生室外火情时，应用湿毛巾捂住口鼻，以低身姿从安全通道撤离。若已无法撤离，应在有水源的室内采取措施，如向门泼水，堵塞门缝，防止火情向室内蔓延，并开窗呼救。当火灾蔓延到室内时，则应尽可能正确使用安全绳，或甩窗帘、床单等制成救生工具，进行安全逃生。逃生前不要惊慌，要认真检查安全绳及自制救生工具的牢固可靠程度，切忌从高层建筑盲目跳楼。

③ 在公共场所严禁私自乱动其设备、按钮、开关及消防设施等，乘架空索道、电梯、扶梯等应听从管理人员安排，禁止超员，一旦发生设备故障，应通过电话或其他方式呼救，不得自行处理故障。在乘坐架空索道、电梯、扶梯时，应看管好儿童，防止发生坠落事故。

④ 乘坐娱乐设施时，首先要认真阅读其安全须知，患有娱乐设施禁忌征的人员不得乘坐该设施。在娱乐设施上要听从管理人员安排，正确使用其安全装置，运行中不得从事所禁止的活动。

⑤ 乘坐游艇等水上游乐设施时，严禁打闹。经营单位应配备水上救生设施，应向游客讲授使用知识，尤其应做好对妇女、儿童的保护。

⑥ 到山区、水库、河流处旅游或游泳，在注意坠落、淹溺等伤害的同时，应注意天气变化，尤其是大雨天气可能带来的山洪危害，在我国已发生多起因雨季山洪暴发造成的多人伤亡事故。

### 34.2.2　公共场所消防安全

(1) 公共火源

火是燃烧生成的光和热。火可以给每一个人带来温暖、光明和可口的食品，没有火，人类就不可能幸福地生存。但是火也有危害的一面，火产生的高热会伤害人体，会损害财物。因此，火的使用一旦失控，进而形成火灾，就会危及人的生命和社会财产，就会变利为害，这是人类不期望发生的事情。

火来源于燃烧，燃烧必须在三个条件都满足的情况下才能进行。这三个条件就是：有足够的可燃物，有足够的助燃物（氧气），有一定温度的着火源。比如煤燃烧，煤是可燃物，空气是助燃物，生火时用的火柴或其他点火器就是着火源，只要我们控制住其中的一个条件，就能控制着火的过程。灭火就是依据这一道理而进行。

在现代社会，从消防的角度分析，火源的形式有以下几个方面：

① 在家庭、宾馆、办公室、饭店、候机候车厅等中产生的火源。日常生活活动中使用的火机、火柴是最基本的明火火源。除此，燃气炉、煤炉、蜡烛、电热器则是间接明火火源。最为特殊的是生活环境中电路的老化、电气装置和家庭电气设备的安装或质量问题，都可成为导致火灾的火源。特别提出，吸烟产生的烟头是导致火灾的主要火源之一，因此应予以重视。

② 在城市野外和各种建设施工中的火源。电焊操作常常是导致火灾的主要火源。除此，施工电气设施及装置、明火或电器加热设施、汽车发动机排放的尾气、生活和工业锅炉烟囱等都是可能会导致火灾的生产性火源。

③ 自然火源。雷电、静电是自然形成的火源，在石油化工工厂、电力系统、高层建筑、煤气供应站等地，防止雷电和静电导致的火灾是重要的消防措施。

在生活活动和生产活动中，对于禁止使用和出现明火的场所，每一个公民一定要加强消防意识，消除上述公共火源。

(2) 公共场所防火

公共场所通常指礼堂、影剧院、俱乐部、文化宫、游乐场、体育馆、图书馆、展览馆等场所。公共场所往往是人多、嘈杂的地方，一旦发生火灾造成的伤亡惨重。因此，公共场所是城市消防的重点区域。在一些公共场所，有如下防火的基本要求：

① 不准超过额定的人数；安全出口处要设明显的标志，疏散通道必须保持畅通，严禁堆放任何物品或者增加座位；安装、使用电气设备必须符合防火规定，临时增加电气设备必须采取相应措施；严格控制明火、火焰、鞭炮的使用与燃放；严禁存放易燃易爆化学物品；制定应急疏散方案；管理人员应当坚守岗位，加强值班和检查。

② 影剧院等公共场所每个太平门的最小宽度应不小于 1.4m。

③ 任何消防通道的宽度不应小于 3.5m，疏散楼梯的最小宽度必须大于 1.1m。

④ 街道、场馆、集贸市场、公园、游乐场等的消防设备、器材、设施、装置要齐备，必要的地方使用防火材料建造；在管理、监督、检查等方面要按《消防法》《集贸市场消防安全管理办法》《公共娱乐场所消防安全管理规定》《治安管理条例》等消防法规执行。

(3) 火灾通用逃生本领

火灾有初起、发展、猛烈、下降和熄灭五个阶段，公共场所火灾多为固体物燃烧，固体可燃物在火灾初起阶段表现为火源面积小，烟和气体对流的速度较缓慢，火焰不高，燃烧释放出来的辐射热能较低。因此，火势向周围发展蔓延的速度较慢。根据研究表明，建筑物在起火后，5～7min 内是扑救火灾的最有利的时机。如超过此时间，火灾必进入猛烈阶段，就必须依赖消防队来灭火，而人员就只有设法逃离。是否能逃离，要看是否掌握逃生的本领，这就是：

① 首先要会防烟熏。大多数火灾死难者是因缺氧窒息和烟气中毒，而不是直接烧死。因此，当处于被烟火包围之中，首要的任务是设法逃走。可采取俯身行走，伏地爬行，用湿毛巾蒙住口鼻。这样可减少烟毒危害。

② 楼房底层着火，住上层的人自然只能从楼梯跑。面对着火的楼梯，可用湿棉被、毯子等披在身上，屏住呼吸，从火中冲过去。一般人屏住呼吸在 10～15s 内可跑 25m 左右。如逃出后身体衣服着火，简单的办法是用水泼灭，或就地打滚。

③ 楼梯已被大火封住，应立即跑到屋顶通过另一单元的楼梯出来，也可从阳台抱住排水管或利用竹竿下滑逃生。若这些逃生之路也被切断，应退回屋内，关闭通往燃烧房间的门窗，并向门窗上泼水，以延缓火势发展，同时打开未受烟火威胁的窗户抛一些醒目的或落地有声响的物品，向楼外发出求救信号。

④ 可用绳或将撕开的被单连接起来，将其固定在物体上，使人逃至楼下无火的楼层或地面。如时间不允许，也可往地上抛一些棉被、沙发垫等软物，往下跳。

(4) 正确使用灭火器

不同的场所、不同的燃烧物引起的火灾需要使用不同的灭火器，我们每个人都应学会正确使用灭火器。

① 泡沫灭火器。用来扑救汽油、煤油、柴油和木材等引起的火灾。其使用方法是：一手握提环，一手托底部，将灭火器颠倒过来摇晃几下，泡沫就会喷射出来。注意灭火器不要对人喷，不要打开筒体，不要和水一起喷射。

② 干粉灭火器。该灭火器是一种通用的灭火器材，用于扑救石油及其产品、可燃气体、电器设备的初起火灾。使用时一手握住喷嘴，对准火源，一手向上提起拉环，便会喷出浓云般的粉雾，覆盖燃烧区，将火扑灭。干粉灭火器要注意防止受潮和日晒，严防漏气。每半年检查一次。每次使用后，要重新装粉、充气。

③ 1211 灭火器。该灭火器是一种新型的压力式气体灭火器，其灭火剂灭火性能高，毒性低，腐蚀性小，不宜变质，灭火后不留痕迹，用来扑灭油类、电器、精密仪器、仪表、图书资料等火灾。使用时首先拔掉安全销，一手紧握压把，一手将喷泉嘴对准火源的根部，压杆即开启，左右扫射，快速推进。1211 灭火器要放在通风干燥的地方，每半年检查一次总质量，如果质量下降 1/10，就要灌装充气。

④ 四氯化碳灭火器。该灭火器主要用于扑救电气设备火灾。千万不能用于金属钾、钠、镁、铝粉、电石引起的火灾。使用时，要注意风向和室内的通风，防止中毒。

## 34.3 饭店（宾馆）、商场安全

饭店、商场是供住宿、购物、就餐、休息的场所。商场尤其是大型商场大都处于城镇繁华地区，基本上是综合经营，商品种类繁多，在节假日每天接待顾客可达数万乃至十几万人次，这些场所一旦发生事故，社会影响极大。随着经济的不断发展，我国各地愈来愈多地建起了商场、宾馆，甚至饭店与写字楼合一的高层综合性建筑，这种建筑具有结构复杂、各种设备齐全、服务设施完善、综合服务性强、接待人员多、使用功能多样化的特点。但是也存在一旦管理不善，隐患爆发，会造成极大危害的可能。

商场、饭店等综合性建筑主要由接待厅、营业厅（层）、客房、厨房、餐厅、娱乐厅等组成，同时设有各种物资储存仓库、锅炉房、配电室、发电机房等设备机房及维修室等附属设施，容易发生火灾。其火灾危险性如下：

① 商场经营商品大多数属易燃或可燃物品。目前商场、

饭店虽多数采用钢筋混凝土结构，但其内部装修材料却大量采用木材、塑料及化学制品等，宾馆室内物品等也是可燃物。一旦发生火灾，这些材料燃烧剧烈，有时还会产生大量有毒有害气体，给火灾扑灭和疏散人员带来极大困难。

② 现代高层综合性建筑具有使用要求高、多功能的特点，空调管道、电梯井、垃圾井、电缆井等破坏原有防火间隔，或贯穿全部楼层，一旦发生火灾，易沿管道孔向竖井迅速蔓延，危及全楼。

③ 除日常照明等正常用电外，广告用霓虹灯、装饰灯等往往需要敷设临时电线，易发生超负荷、短路，引起火灾。部分商场内冬季取暖用具安装、使用不当也易引起火灾。

④ 商场、饭店等高层建筑人员出入多，通道相对狭窄，出入口少，加之顾客往往对建筑物内安全通道不熟悉，一旦失火，易迷失方向，惊慌失措，拥塞在通道内，增大伤亡。

⑤ 由于顾客人员复杂，随意流动性大，难免有人乱丢烟头或携带易燃易爆危险品，火灾危险因素多。

⑥ 商场、饭店等需进行内装修和设备检修，多使用易燃的化学黏结剂和装饰材料，而且此时往往需动明火，若保护措施不当，极易引起火灾。

## 34.3.1 饭店（宾馆）安全

### 34.3.1.1 饭店（宾馆）发生事故的原因

60%的事故是由职工不安全操作造成的，包括超重运载、贪图方便、急躁情绪、心不在焉以及环境不善等原因。疲劳过度所造成的事故约占14%。最经常发生的事故是跌倒。在有报道的致残事故中，约1/3是由跌倒引起的。这种情况在新手身上和营业高峰期最易发生。

一项研究表明，那些心不在焉、社会责任感差、对本职工作不感兴趣、情绪容易波动以及接受能力差的人，特别容易出事故。由此可知，在饭店业中，大部分事故都集中发生在一小部分职工身上。

在饭店（宾馆）发生的事故中，60%归因于职工的不安全操作。因此，使职工树立安全意识十分重要，它是安全管理规划的主要内容。30%归因于不安全的工作环境，如潮湿、油腻、不平的地板、凹陷的路面、照明不足以及缺乏安全装置的设备等。其余10%可以归因于操作范围以外、难以预料的危险因素。

### 33.3.1.2 饭店事故的种类

跌倒或滑倒可造成摔伤、扭伤、割破、擦伤、烫伤、钩伤、夹伤、烧伤、撞伤、电击伤、机器伤等。据国外调查研究表明：在饭店业中，跌倒或滑倒造成摔伤的工伤事故占了饭店意外事故中的绝大多数。饭店的其他常见事故是搬运不当，导致碰撞和手指压伤、背部拉伤和疝气。

### 33.3.1.3 消防委员会

消防委员会是最高一级的消防管理组织，大多由各主要部门的负责人组成，肩负着本饭店消防工作制度的制定、落实与检查的责任。消防委员会的主任可由总经理担任。安全部经理和工程部经理任副主任。委员一般由前厅、客房、餐饮、财务、人事培训等部门负责人和大堂经理等组成。

消防委员会的职责是认真贯彻上级和公安消防部门有关消防安全工作的指示和规定，把防火工作纳入日常管理工作，做到同计划、同布置、同检查、同评比，实行“预防为主，防消结合”的方针，充分发动与依靠每个员工，定期研究和布置本饭店（宾馆）的消防工作。消防委员会的主要工作有以下几个方面：组织实施逐级防火责任制计划和措施的制定与落实；组织制定灭火方案和疏散计划；负责消防工作计划和措施的制定与落实；组织防火安全检查，消除火灾隐患和不安全因素；检查和指导消防器材的配备、维修、保养和管理；组织业余消防员的培训学习；定期组织饭店的消防演习；一旦发生火灾，担任现场指挥，组织员工进行扑救工作，保护火灾现场；负责追查处理火警事故，协助调查火灾原因。

### 34.3.1.4 消防管理部门工作任务

① 严格执行国家有关消防安全工作的法规，做好饭店工作人员防火常识教育和消防培训工作。

② 负责制定饭店防火安全条规，制定防火、疏散和灭火计划。

③ 协助各部门制定部门防火安全计划，并定期检查其落实情况。加强重点部门和部位的防火工作，把重点部位的防火工作落实到人。

④ 定期对灭火设施、器材进行检查和维护保养，发现问题及时与有关部门商量整改；发现重大隐患或解决不了的问题，用书面形式向上级领导汇报，同时采取有效的防范措施。

⑤ 熟悉饭店建筑布局结构、建筑材料的特点，紧急情况时的疏散计划与路线，消防设备的配备和设置情况。

⑥ 发现火警信号或接到火警报告，立即赶赴现场；发现火情，应立即组织人员扑救，同时将火势情况、地点报告安全部经理和总经理，由总经理决定是否向公安消防部门报警。

⑦ 给来饭店施工的单位或个人制定防火安全措施，审批“动用明火作业”申请。

⑧ 对饭店内的各种危险品（易燃品、易爆品等）实行监管。经常检查各部门有无火情隐患，并督促及时整改，杜绝不安全因素。

⑨ 建立健全消防安全工作档案。

⑩ 同当地消防部门保持密切联系，接受消防部门的指导。

### 34.3.1.5 饭店（宾馆）安全措施

（1）防止摔倒的措施

饭店业中许多伤残事故是摔倒引起的。所有事故都是不幸的，而最大的不幸是几乎所有摔倒事故都是可以避免的。下面是一些简单的防止摔倒的办法。

① 液体溢出，迅速擦干。

② 掉了东西，马上捡起来。

③ 保持地板清洁和干燥。

④ 及时擦洗和擦干小区域。

⑤ 在瓷砖地上小心行走。

⑥ 要走，不要跑。

⑦ 通道有阻碍物，要及时撤走或报告。

⑧ 设备滴漏要立即报告。

（2）安全使用刀具

① 使用刀时，思想集中。

② 切东西时刀口向外。

③ 刀口不要对着身体。

④ 必须使用切板。

⑤ 刀具使用后应妥善放好，切勿留在水槽里。

⑥ 保持刀口锋利。

⑦ 用刀要合适，不同的用途要用不同的刀，如切骨刀、切肉刀或水果刀等。

⑧ 刀是用来切东西的，不能用来开瓶或代替榔头。

（3）厨房机器的使用

① 使用前应了解机器的危险性。

② 清洗或调节机器时，应先关掉开关或拔掉插头。

③ 先关掉机器开关，然后将插头插入。

④ 使用搅拌器要先将机器固定，将碗碟放好，再开动机器。

⑤ 绞肉时必须用漏斗和木棒。

⑥ 在切菜机、绞肉机、做饼机和刨冰机开动时，切勿将手伸入。

(4) 瓷器和玻璃器皿

① 小心操作。

② 迅速扔掉有缺口或破碎的器皿，并放到特殊的容器中。

③ 切勿与金属锅盆混放。

④ 切勿在瓷器、玻璃器皿中储放针和钉子。

⑤ 知道或怀疑肥皂水中有碎玻璃时，先把水倒掉，然后除去碎片。

⑥ 用盆和刷子清除碎玻璃。

⑦ 用湿纸巾拾碎玻璃片。

⑧ 不要把玻璃碎片扔入纸篓、泔水桶或垃圾箱。

(5) 热、电和气

① 不要用湿手或湿巾去开启、切断电源开关。

② 不要站在湿地上通电。

③ 发现电线磨损和插座未接地，要立即报告。

④ 切勿未点燃就开煤气灶。

⑤ 在开煤气灶前，需注意小火苗是否已点着。

⑥ 操作洗碟机时，要先熟悉热水、蒸汽和废水阀的区别。

⑦ 在给咖啡壶加水时，切勿加得太快，以免溅出。

⑧ 别把手放在掀掉盖子的咖啡壶上，要将壶盖移向上方，不能垂直拿起来。

⑨ 要用锅柄移动烧热的器皿。

⑩ 炉灶与排气罩要保持无油垢。

(6) 劳动保护措施

① 各个工作岗位都要制定安全操作标准。饭店前台各服务工种基本上以手工操作为主，如前厅行李员、客房清洁服务员、餐厅服务员等。应考虑各个岗位的工作要求、服务对象、服务程序，制定出安全工作的标准。随着各种工具、器械、设备的应用增多，应制定安全使用及操作这些工具、器械、设备的标准。后台大部分工种运用各种技术设备，如洗衣房、锅炉房、配电间等，应根据有关部门的规定，制定相应的安全操作标准。

② 在技术培训中包括安全工作、安全操作的训练。饭店培训部及其他各部门组织员工培训时，应将安全工作及操作列入培训的内容。在学习及熟练掌握各工作岗位所需的技能、技巧的同时，培养员工“安全第一”的观念，养成良好的安全工作及安全操作的习惯，并使员工掌握必要的安全操作的知识及技能。

③ 定期检查及维修工具与设备。对员工使用的工具与设备，制定定期检查及维修的制度。工程设备部门应严格按照安全标准，进行检查及维修，确保员工使用的安全。

④ 强调员工之间的互相配合来保障工作安全。在工作中应提倡员工之间的互相配合，即工种与工种之间、上下程序之间，都应互相考虑到对方的安全。如厨房里餐厅服务员领菜处的地面，不免经常有油腻或菜汤沾地，容易造成餐厅服务员滑倒；厨房人员应经常注意不随意堆放东西，以免阻塞通道，造成过往的工作人员不便或引起事故。

(7) 饭店防火措施

① 消防安全提示 。在发生火灾时，人们避难的心理活动和行为与正常人是不同的。火灾时人的行为受避难心理的支配，会做出许多错误的行为。常见有以下几种情况。

a. 向熟悉的出入口跑。在饭店发生火灾时，客人一般习惯于从原进出口逃生，很少寻找其他出入口或楼梯疏散。即使是在较熟悉的地方，只有原出路被烟火堵塞不得已的情况下，才寻找其他疏散出路。

b. 向明亮的方向跑。人有喜明怕暗的习性，在危险时有向明亮方向跑的本能。例如饭店的客房发生火灾，走廊一头黑暗，一头明亮，人们则向明亮的方向疏散。

c. 向开阔地方跑。人有奔向开阔空间的本能，在危险情况下会往开阔地方跑。

d. 不假思索地跟着他人跑。在危险时，人对群集行动怀有信任感，无形中会随大流，盲目跟随人流蜂拥奔逃。

e. 往狭角钻。在危险降临时，人会往狭角钻。从发生火灾的现场看，发现的死者往往是在房角或钻进橱柜内。

f. 判断错误，向反方向跑。由于人天生有一种对烟火恐惧的心理，即使是处于安全场合，也会向相反方向跑。

g. 做出惊人的行动。在发生紧急情况时，人能做出惊人的行动。在饭店发生的很多火灾中都有不少人做出惊人的行动，如从高楼上跳下，结果造成死亡。

可以看出，在火灾发生时人们会做出一些反常的行动，以致造成不堪设想的严重后果。了解了火灾时人们的心理状态，在制定消防安全措施时就能有的放矢。

② 消防安全告示。饭店应当利用客房告诉客人有关消防的情况。在房门背后应安置饭店的“火灾紧急疏散示意图”，在图上把本房间的位置及最近的疏散路线用醒目的颜色标在上面。在房门背后放置“火灾紧急疏散示意图”，可以使客人在紧急情况下安全撤离。在房间的写字台上应放置“安全告示”，或放有一本《万一发生火灾时》的小册子，比较详细地介绍饭店的消防情况，以及在发生火灾时该怎么办。国外有的饭店还专门开辟了一个闭路电视频道，播放饭店的服务项目、安全知识和防火及疏散知识。

③ 火灾报警。在饭店一旦发生火灾时，比较正确的做法是先报警。饭店应当使每一名职工明白，在一般情况下都应当首先报警。有关人员在接到火灾报警后，应当立即抵达现场，组织扑救，并视火情通知公安消防队。是否通知消防队，应当由饭店主管消防的领导来决定。有些比较小的火情，饭店是能够在短时间内组织人员扑灭的；如果火情较大，就一定要通知消防队。饭店应把报警分为二级。一级报警是在饭店发生火警时，只是向饭店消防中心报警，其他场所听不到铃声，这样不会造成整个饭店的紧张气氛；二级报警是在消防中心确认店内已发生了火灾的情况下，才向全饭店报警。

饭店的火灾报警系统一般可分为两类。一类是火灾自动报警系统，有感烟式火灾报警、感温式火灾报警等；另一类是手动报警系统，有击碎玻璃即报警的报警器，有通过电铃报警的系统，还可以通过电话向有关部门报警。

自动报警系统一般由两部分组成：火灾探测器和火灾自动报警控制器。但起主导作用的设备还是火灾探测器。目前国内外生产的火灾探测器的种类很多，但广泛用于饭店的探测器主要有感温式探测器、感烟式探测器、感光式探测器等。每种类型的探测器又有不同的型号。探测器为什么能发现火灾情况呢？这是因为在火灾发生时，往往会伴随产生烟雾、高温和火光。在发生火灾并伴有烟雾、高温和火光产生时，报警系统就改变平时的正常状态，引起电流、电压或机械部分发生变化或位移，再通过放大、传输等过程，发出警报声。有的还可以发出灯光信号，并显示出发生火灾的部位、地点。

饭店除需安装自动报警装置，还需要安装适当的手动报警装置。这是因为火灾发生时的情况往往较为复杂，而且自动报警装置也不可能遍布饭店的每个地方。饭店通常使用的手动报警装置多数是用击碎玻璃即报警的报警器，比较原始的还有使用电铃按钮进行报警的。饭店发生火灾时还有一种有效的报警方法，即通过电话报警。通过电话报警可以较准确地把着火部位及火势情况报告给有关部门。

每个饭店应按照本饭店的布局和规模设计出一套方案，使饭店的每个部门和职工都知道万一发生火灾时该怎么做。当饭店发生火灾或发出火灾警报时，要求店内的所有员工坚守岗位，保持冷静，切不可惊慌失措，到处乱窜，要按照平时规定的程序做出相应的反应。所有的人员无紧急情况不可使用电话，以保证电话线路的畅通，便于饭店管理层下达命令。

④ 临时火灾指挥部。饭店消防委员会在平时担负着防火的各项工作，一旦饭店发生火灾，消防委员会就肩负着火灾领导小组的职责。在饭店发生火灾或发出火灾警报时，领导小组负责人应当立即赶到临时火灾指挥部。各饭店应当根据自己的布局情况事先设立临时火灾指挥部。临时火灾指挥部要求设在便于指挥、便于疏散、便于联络的地点。有很多饭店把临时指挥部设在大厅的某个地方，比如大厅的行李处，这样可由行李员或安全员担任联络员。也有的设在机房或火场附近。

领导小组到达临时火灾指挥部后，要迅速弄清火灾的发生点，火势的大小，并组织人员进行扑救。与此同时，领导小组还应视火情迅速做出决定是否通知消防队，是否通知客人疏散，了解是否有人受伤或还未救出火场，并组织抢救。

⑤ 饭店消防队。根据消防法规，饭店应当建立义务消防队。饭店消防队是一支不脱产的义务消防队。在平时，它担负着防火的任务，经常组织训练，随时准备参加灭火战斗。饭店消防队一般由消防中心人员、安保部人员和各部门的人员组成。

当饭店消防队员听到火灾警报声时，应当立即穿好消防服，携带平时配备的器具（集中存放在饭店某地）赶赴现场。这时应有一名消防中心人员在集合地带领消防队去火场。

⑥ 安保部。安保部通常承担疏散、管制等职责。听到火灾警报后，安保部负责人、内勤人员、大门警卫等岗位人员立即履行相关职责，做好疏散、管制等事宜，保护人员及财产安全。

前厅部人员在发生火灾时，要把所有的电梯落下，并告诫客人不要返回房间取东西。把大厅所有通向外面的出口打开，迅速组织在大厅的人员疏散，协助维持好大厅的秩序。各岗位人员把本部位的重要资料准备好，接到疏散命令时，把这些资料带出去。

⑦ 工程部。在接到火灾报告时，工程部负责人立即赶往火灾现场察看火情，视火情决定是否全部或部分关闭饭店内的空调通风设备、煤气阀门、各种电气设备、锅炉、制冷机等，防止事态进一步发展；负责消防水泵等设备的人员迅速进入工作场地，并使这些设备处于工作状态。饭店内危险物品应立即运到安全地带，以防连锁反应。其他人员应坚守岗位，不得擅离职守。

当饭店发生火灾时，医务人员要迅速准备好急救药品和抢救器材，组织抢救受伤人员。如果饭店没有医务室或医务人员较少，可由办公室、人事部等部门人员担任抢救工作。但这一责任应在平时确定下来，并配备必要的器材。

当客房服务员听到报警铃声时，应当立即查看火警是否发生在本楼层。如果火警发生在本楼层，立即组织疏散客人。在检查客房或是怀疑某客房发生火情时，千万不可直接打开房门。要先用手摸一下房门，如果感到烫手就不能打开房门，证明房内的火很大，一旦打开房门会造成人员伤亡，还会使房内大火迅速向外蔓延。

如果房内只是有烟雾，而未见火苗，一般是刚开始起火，可开个门缝，进去查看，及时扑灭火源。如果房内已出现火光，证明火势已发展到一定阶段，不能随便开门进入。要先准备好灭火器材，或等饭店消防队到达后，一开启房门便立即灭火。如果房内火势很猛，切不可随便开门进入。等待消防队准备好射水枪等器材后，方可进入。

如果火灾不是发生在本楼层，就要随时做好疏散准备。客房服务员要检查所有的安全门和通道是否畅通。

(8) 火灾发生时的疏散程序

饭店一旦发生火灾，要尽快地把大楼内的人员和重要财产及文件资料撤离到安全的地方，这是一项很重要、工作量又很大的工作，组织不当会造成更大的人员伤亡和财产损失。饭店在火灾时的疏散工作需要在平时按照本饭店的建筑布局特点，制定一个较为详细的计划，并且要经常性地组织培训，这样才能做到临阵不乱。

通知疏散的命令一般是通过连续不断的警铃声发出或是通过广播下达。在进行紧急疏散时，客房部的服务员要注意通知房间内的每一位客人。只有确定本楼层的客人已全部疏散出去，服务员才能撤离。

在疏散时，要通知客人走最近的安全通道，千万不能使用电梯。可以把事先准备好的“请勿乘电梯”的牌子放在电梯前。国外有的饭店在电梯的上方用醒目字体写着“火灾时请不要使用电梯”。电梯一般是在常温下进行工作的。在火灾发生时，由于高温的侵袭，或是饭店断电，电梯会突然停止工作，以致造成死亡。

饭店的所有人员撤离饭店后，应当立即到事先指定的安全地带集中，各部门要查点人数。前厅和客房部负责查点客人。如有下落不明的人或还未撤离的人员，应立即通知消防队。

(9) 从火灾中逃生的办法

要尽量使客人多了解一些在火灾中逃生的办法，这对减少在火灾中所造成的伤亡有很大的帮助。

告诉客人住进饭店时查看一下各紧急出口处的位置，以准备万一发生火灾时能迅速逃生；了解警铃及灭火器材的位置，一旦发现火患或烟雾，寻找最近的警铃报警或者拨电话通知总机。火势不大，尽力协助扑灭，如果火势无法控制，立即关闭房门，迅速从疏散通道出去。

在听到饭店发出的第一次警铃时，要保持警惕，随时准备疏散。如果警铃声连续不断，或者广播通知疏散，要立即疏散出去。在疏散时，随身带一条湿毛巾，经过烟雾区时，用湿毛巾捂住口鼻，以防有毒气体；经过浓烟区时，要弯腰或爬行前进。可以找一张胶带纸，贴上一只眼睛，在睁开的另一只眼因烟熏而难以看清时，换用被粘贴的眼。如有可能，将一件针织衣浸湿，套在头上，就可成为简单的防毒面具。用牙膏涂在暴露在外的身体上，可以防止火的熏烫。如果身上着了火，千万不能奔跑。因为奔跑时形成一股小风，会带来大量的新鲜空气，就像给炉子扇风，火会越烧越旺。身上带了火到处跑还会扩大着火的范围，引起新的燃烧点。身上着火时应把着火的衣服脱去或撕掉，此时火也就灭了。如来不及脱衣，可就地打滚，把身上的火苗弄灭。其他人员可用湿毛毯等物把着火点裹起来，火即可扑灭。

疏散时，要仔细观察前进的方向。按照饭店的疏散图从最近通道疏散。高层饭店的客人无法下楼时，可往上跑。因为烟雾上升到一定高度就会冷却下沉，越往上烟雾越淡。此时如硬要往下跑，穿过烟层，有可能造成中毒。跑到楼顶后，应站在逆风一面，等待营救。时间就是生命。告诫客人，不要花时间整理自己的东西，也不要返回房间去取东西，没有什么比生命更为宝贵。

疏散时，不要忘记把房门关上，以防止火焰的蔓延。切记带好自己房间的钥匙，在疏散路线中断的情况下，可以退回房间进行自救并等待外部救援。

在烟雾进入房间时，用湿毛巾或床单沿着门缝塞上，防止被烟熏；在浴盆内放满水，将所有易燃物品用水浸湿，若用洗发液和洗洁精等混在水里，灭火功能会更好；此时如果房门或门把手发烫，千万不要开门，要不断往门和其他易燃物品上浇水，以降低温度，防止辐射燃烧；除非房间里充满浓烟，必须开窗换气，否则不要开窗，以防火焰从窗外窜入；在紧急情况下可将床单拧成绳，从窗户进入下层楼的房间逃生。

巡逻人员要懂得必要的灭火常识，会使用消防器材，对初起火灾能及时扑灭。

### 34.3.2 商场安全

(1) 商场安全措施

电梯、扶梯、锅炉、电气设备等安装使用均应符合国家规定。配备完善、良好的安全保护设施，并按规定检查检验。机房工作人员应有合格的劳动保护（防护）用品。

机房重地不得挪作他用，非有关人员不得出入机房，不得兼作仓库，休息办公等用房。

各种电气设备、移动电器、电缆、避雷装置必须符合国家有关规定，每年至少进行一次绝缘及接地电阻测试。

(2) 防火措施

所有工作人员必须了解、掌握各种事故状态下的应急抢救措施；具有自己职责范围内的应知应会知识；了解疏散通道的位置、灭火设施的位置及使用方法等知识。营业员、值班人员在各自工作范围内经常巡回检查，发现隐患及时处理。

发现隐患及事故应立即报告部门领导，发现火情首先应采取正确方法扑救，同时应立即拨打119报警，报警电话应讲明火灾地点、着火部位、燃烧物品、火势大小、报警人电话、姓名。

设有柜台和货架，后面又是小仓库的商场，应严禁在柜台内和小仓库内吸烟。同时，应设法堵塞柜台外面与地面之间的空隙，防止顾客吸烟不慎，将烟头、火柴丢进缝隙引起火灾。经营家具、沙发等大件商品的地方，应用绳索做成围栏，防止顾客吸烟入内。商场内最好全部禁止吸烟。

营业员下班前，应关闭自己责任段的电源，做好本岗位的清扫、检查工作，商店下班后要全部关闭营业厅的电源，只留门厅、楼梯间和必要的值班照明。

供顾客上下的楼梯、安全通道必须保持畅通，不得挪作他用，不准堵塞作办公室或仓库。安全通道应有标志，并设有必需的事故照明。商店内柜台布置应充分留出顾客活动余地和疏散通道。

装饰材料应采用非燃或难燃材料。窗帘一类棉、丝织品最好经过防火处理。

仓库设计应符合《建筑设计防火规范》要求；商品应按性质分库保管，危险物品、易燃物品必须存放于专用库房。商品堆放时的架距、墙距、柱距、垛距均应符合要求。面对库房门的主要通道宽度不应小于2m，门和通道不得堵塞。

库房照明灯具、线路必须符合要求，严禁明火照明，不准在库房内设办公室、休息室及住宿人员。库房内严禁烟火。

火灾报警装置、自动灭火装置、事故照明等消防设施用电，应配有应急专用电源，并定期进行维修检查，以保证完好。

机房、仓库、商场等部位必须按规定配备足够数量、合格的灭火器材，并定期检查，保证随时可用。

严禁在供电线路上私扯乱拉临时电气线路，如确属需要，应按规定要求经计算审查和电业部门批准后方可安装，以防过载引起火灾。装饰件为可燃材料的装饰灯具，其白炽灯泡功率不得大于60W，并保持一定距离。

(3) 商场火灾逃生

商场火灾近年来在我国很多城市发生多起，除了夜间发生的造成财产损失外，还有的发生在营业时。作为一个顾客，当进入商店购物时要明白：

① 对第一次去的商场要认识安全通道，以在火灾发生时能顺利地撤离。

② 掌握火灾防烟中毒救生方法。

③ 一旦灾情严重，建筑物倒塌，被困于地下空间时，提高求生的能力的基本措施是：有效地呼叫；如果围困较深，不能在短期获救，又是多人困在一起，要采取“近面呼吸法”，以减少干渴，提高生存概率；必要时要利用小便，小口喝下，以保持人体水分。

无论是在家中，或是在商场，一旦发生火灾，人常常被困于烟火之中。这时烟雾对人有很大的威胁，甚至因吸入烟雾而丧命。烟雾不仅呛人，而且由于燃烧的物品会产生大量有毒气体，特别是一氧化碳，容易造成中毒死亡。一旦发生这样的险情，应采取如下方法应急。

① 应用湿毛巾、手巾，甚至布类衣物、袜子等捂住口鼻，以减缓中毒速度。

② 尽快找到烟雾稀薄的地区，逃离火场。

③ 烟雾较大时，要俯身或爬行，尽快脱险。

## 34.4 公园、游乐园安全

近年来，随着经济发展和人民生活水平的提高，公园、娱乐场所的游艺设施发展很快，据不完全统计，全国每年参加游乐活动的人数达2亿多人次以上。由于游乐行业涉及设计、生产、施工、安装和运营管理等各个环节，隶属关系比较复杂，因产品质量低劣、运营管理不善，致使人身伤亡事故屡有发生。所以，加强对运营单位的管理人员的安全知识培训教育尤为重要。

### 34.4.1 公园、游乐园的危险性

由于科学技术的发展，各种新型娱乐设施投入运行，如单环式、双环式、螺旋式大型滑车，滑行龙、激流勇进等小型滑车，单轨、双轨架空列车，空中转椅、旋风登月火箭等旋转设施，以及水上跳跳船、快艇、架空索道等。这些设施具有惊险性、刺激性、新鲜性等特点，深得群众尤其是少年儿童的喜爱。但是这些设施或高空、高速，或二者兼有，必然存在危险。部分生产厂家为追求利润，未按照规范生产娱乐设施，造成质量低劣，安装及施工不符合要求，往往造成娱乐设施的损坏。娱乐人员不懂设施安全要求，不会使用安全保护设施，缺少自我保护意识，这些均可能造成人员伤亡。

### 34.4.2 娱乐设施的安全措施

运营单位必须认真贯彻执行国家有关部门颁布的《游艺机和游乐设施安全监督管理规定》《旅游安全管理暂行办法实施细则》《旅游安全管理办法》等规章规定，建立健全以安全运行责任制、设施安全档案、各种娱乐设施安全运行操作规程、岗位责任制、定期检修维护保养制度、运行管理操作人员培训制度等为主要内容的安全规章制度和紧急救护措施，并认真学习、贯彻执行。

娱乐设施必须符合国家《大型游乐设施安全规范》(GB 8408—2018)要求，并经国家有关质量监督检验单位检验合格后，方可生产。产品必须具有质量合格证书及相应检验资料、产品使用说明书及配件和专用工具，必须有正式铭牌，用中文标明产品名称、生产厂名和地址，实施生产许可证的产品，必须有生产许可证号，运营单位必须执行进货检查验收制度。进口的游乐设施，必须按商检有关规定执行。

经营单位应向厂家提供工程地质资料和气象资料，厂家

应提供基础施工图纸，安装施工单位应根据基础图纸施工，并经验收合格后方可进行安装。

安装施工必须由掌握设施性能，具有相应资质的安装单位承担。娱乐设施安装完毕后，经调试、负荷试验，运转正常，由运营单位的主管部门会同当地公安、劳动、技术监督部门对设施及各项准备工作检查验收合格后，方可投入运营。运营单位应保留完整的安装、调试技术资料。

运营单位必须建立完整的单机档案和人员培训档案，将设备购置，安装施工及调试，定期检修和运行过程中出现的问题及处理情况，检修和更换零部件情况等文字材料以及图纸等全部存档备查。

运营单位对娱乐设施除进行日、周、月检查外，必须每年按规定检修一次，检修时对关键部件，本单位无能力检测的，应委托技术检验单位进行检验。严禁设施带故障运行。

娱乐设施的运营人员、操作人员必须经过培训，并考试合格后持证上岗。操作人员必须掌握设施性能、设施安全操作规程，并具有处理紧急情况的能力。

娱乐设施运行必须切实做好以下几点。

① 设施每天开始运行时，必须首先进行多次空运转，检查各部件正常后，方可载人运行。

② 设施必须按额定定员乘坐，严禁超载运行。

③ 乘客进入设施后，操作人员应认真检查安全带、门等安全设施完好无误，必要时应向乘客说明注意事项后，方可按操作规程要求进行操作。

④ 运行中，操作人员应密切监视设施运行状况，发现设备和人员异常，应立即采取有效措施，停止运行，进行处理和抢救。

⑤ 对有气象条件或其他方面要求的设施，严禁在天气状况恶劣的情况下运行。

⑥ 运行中发生突然停电或机械故障，使设施无法正常运行，应立即切断电源。或采取必要安全措施，也可启用手动传动装置，使乘客安全撤离。

⑦ 运营单位应对游客进行必要的安全知识教育，在娱乐场所醒目位置及设施入口处设立安全知识、安全注意事项等宣传牌，并及时发现和制止游客的危险行为。

⑧ 运营单位应对安全管理工作状况、娱乐设施运行状况进行定期检查，发现问题及时加以解决。

运营单位娱乐设施发生人身伤亡事故，必须立即停止运行，积极抢救伤亡人员，保护好事故现场，不得随意挪动事故现场物件（抢救人员急需时，应做好现场记录或画图、拍照)，并立即报告当地公安及有关部门进行调查处理。

### 34.4.3　加强公园的安全管理

① 公园建设必须严格按照设计施工，并由有相应施工资质的单位承担。

城市供电、供热、供气、电信、给排水及其他市政工程需在公园内施工的，应事先征得公园管理单位的同意，并遵守有关规定。各类施工均应严格遵守操作规程规范，施工要力求隐蔽，整齐码放物料，严密遮盖易散物，并在施工处设置遮挡和明显标志，以保证游人安全。

因工程建设或者举办活动需在公园内搭建临时性设施时，主管部门应当会同园林行政主管部门确定保护措施，保证安全。

新建公园或公园建设项目竣工后，必须经有关行政主管部门验收合格，方可开放使用。

② 禁止车辆入园，因特殊情况需进入公园的车辆，事先应征得公园管理单位的同意，按指定路线限速行驶，避让游人，禁止鸣笛。

公园内各项游乐设施应按规划设置，其技术、安全、环保等指标必须经市技术质量监督部门批准。设置商业服务设施应当与公园的功能、规模和景观相协调，不得堵塞交通，妨碍游人游览。

③ 公园应当按不同季节、按规定时间每日开放、静园。静园后游人不得在园内滞留，因故确需闭园或者临时闭园的，需提前向游人通告。

④ 要加强公园内展览动物的监控，防护设施应坚固、安全、有效。

⑤ 加强水上活动、冰上活动的安全管理，禁止在非游泳、滑冰区内游泳、滑冰，并立牌明示。

## 34.5　旅游安全

### 34.5.1　旅游安全常识

在紧张的工作和学习之余，利用假期到郊野外远足旅游，成了现代人的一大乐事。如今人们的生活节奏日益加快，旅游对调整人们的身心状况、陶冶情操是很有好处的。不过出门前还需做周密的准备计划，了解一些旅游安全的基本知识。

旅游中的交通事故不容忽视，它多数是车船超速、超载以及驾驶员疲劳驾驶、酒后驾驶所致。外出时的饮食卫生要尽可能特别小心。人体的消化系统对不同地域的水土有一个适应过程，这期间若不注意卫生，加之暴食暴饮，极容易闹肚子。这就是俗话所说的“水土不服”造成的。所以新到一处，最初几天要克制自己，吃东西适当减量，确保饮食卫生。旅游还应避免大批游人走向同一险峻的旅游景点，因为此种情形下，路径狭窄，通行不畅，人群难以组织疏散，致使意外的情况时有发生。

### 34.5.2　城市乘车安全

市内游玩离不开乘车、乘船、骑自行车、步行，也有驾驶机动车辆的。市内行程短，时间不长，但是较之长途旅行，也有其特殊的安全问题需引起注意。

市内人多拥挤，汽车、电车、地铁往来频繁，停停开开，且速度变换快，乘坐时通常要注意以下几点：

① 遵守规章，上车排队，顺序就座，千万不要抢车、扒车；

② 谨防扒手，轻装简行，不要带大量钱物，如有钱物在手，注意贴身放妥；

③ 无座位时，要离开车门，抓紧扶手站好；

④ 注意文明礼貌，谦和文雅，自觉购票，不失风度，避免因拥挤上下车等事与人争吵纠葛。

### 34.5.3　乘船安全

① 市内渡船不及车辆运行频繁，通常 20min 左右或更长一点时间一个班次。所以乘船最好事先了解班次并计算好时间。

② 上下船在跳板或阶梯上行走要防止跌落水中，尤其在下雨、结冰、下雪、降霜之时，更要小心。

③ 上下船不要争抢、拥挤。船靠岸有一个过程，只有当船系缆完毕，开门之后方可顺序上下。

④ 在船上观赏水中景物不可探身超过护栏。

### 34.5.4　市区步行安全

市内往往车水马龙，熙熙攘攘，行人比肩接踵，即便安步当车也有交通安全问题。

① 横过马路要走人行道，一定要养成“朝两边看”的习惯。有些地段要待交通警察或交通指示灯指令放行才可行走，千万不要只看到一边无车，便贸然横冲，弄不好就会招

来不应有的悲惨事故。

② 在人多拥挤的地方，不宜久留。

③ 不要好奇围观突发的争吵或一些稀奇古怪的场面，这种场合下最容易被扒遭抢。

④ 时刻注意文明礼貌，讲究卫生，不要因不小心踩了他人的脚或随地吐了一口痰而被弄得难看，进而导致事态扩大。

⑤ 行其所当行，止其所当止。对一些标有“禁止通行”“危险”的区域，不要斗胆尝试。

### 34.5.5　城市骑自行车安全

自行车是生活中人们经常使用的交通工具，特别是共享单车模式的发展，但是自行车安全也是城市公共安全的重要方面。

① 手续齐备，车况正常才能骑行。如选择共享单车时，要检查保障车闸正常、脚蹬完好、车把可靠等。

② 遵守行车规章，包括载物搭人范围、行驶路面、路线范围、停放地点都不得超出规定。

③ 交叉路口要严格遵守交警或指示灯指令，在无交通指示的路口要停下来看清、看准，环境许可下再通行。

④ 中速慢行，双手扶车把，切勿骑“英雄车”。尤其在多人同行时，禁止在路上骑车比速度。

⑤ 未满12岁的儿童不能骑车上路。

### 34.5.6　乘车船时保护钱、物安全的方法

了解违法犯罪分子的作案手段，采取针锋相对的措施，就可以达到保护自己钱物安全的目的。

① 时刻提高警惕。俗话说“害人之心不可有，防人之心不可无”。违法犯罪的是极少数，通常只能采用隐蔽、狡猾的手段，所以需要时刻提高警惕。

② 要有充分的心理准备。违法犯罪分子虽然狡猾凶顽，但毕竟做贼心虚。一旦发现有人违法犯罪进行行窃，要记住，一正压三邪，好人是多数，有国家法律作为后盾。因此，要勇敢机智地取得群众和乘务员的支持，同犯罪分子斗争。

③ 尽量把物品集中放在可以经常照看得到的地方，使物品随时在视线内，不要乱堆乱放，或放得过于零散。

④ 要事先准备好零用钱，将暂时不用的钱及贵重物品清点整理好，放在身上或其他可靠地方（如身上穿着的内衣口袋里）。

⑤ 不要当众频繁打开钱包，以免暴露给他人。

⑥ 有条件时可用链条锁将行李锁在行李架上。

⑦ 上下车船时提前做好准备，把行李归拢在一起，清点一下。车（船）到站（码头）时，不要慌张，不要拥挤。

⑧ 当知道谁是作案者或是可疑人时，要及时大胆地向车（船）上公安人员或乘务员报告、检举，并争取其他旅客支持，从而制服违法犯罪分子。

### 34.5.7　乘车船时保护人身安全的方法

乘坐车船时，有时出现意外事故，如车出轨、船碰撞翻沉等，尽管这些情况的出现是极少数的，但也应注意。

① 火车出事前通常没有什么迹象，不过旅客会察觉到一些异常现象（紧急刹车），这时，应充分利用出事前短短几分钟或几秒钟的时间，使自己身体处于较为安全的姿势，采取一些自防自救的措施。

a. 离开门窗或趴下来，抓住牢固的物体，以防碰撞或被抛出车厢。

b. 身体紧靠在牢固的物体上，低下头，下巴紧贴胸前，以防头部受伤。

c. 如座位不靠门窗，则应留在原位，保持不动；若靠近门窗，就应尽快离开。

d. 火车出轨向前时，不要尝试跳车，否则身体会以全部冲力撞向路轨，还可能发生其他危险，如碰到通电流的路轨、飞脱的零件，或掉到火车蓄电池破裂而出的残液上。

e. 火车停下来后，看清周围环境如何，如果环境允许，则在原地不动等待救援人员到来。此外，不论怎样，要呼救，想办法尽快将遇险的信息传递出去。

② 船舶在江河湖海里航行时，也存在着意外事故的威胁，如碰撞、火灾、爆炸、触礁、搁浅，甚至船舶翻沉等，乘客的安全受到严重的威胁。因此，要掌握一定的自救互救知识。

a. 船舶发生事故，求生者遇到的最初危险有三点：一是溺水。如果落入水中，不会游泳而又没有任何救生漂浮工具，在水中就无法保持漂浮。二是浸泡和暴晒。人体浸泡在水中，散热比在陆地上快得多，容易造成体能消耗过大，时间久了就会使人处于低温昏迷直至死亡。人体在酷热阳光暴晒下，则容易发生晒伤、衰竭、中暑等。三是晕浪。救生者在救生艇、救生筏上晕船会引起过度呕吐，使身体大量失水，出现头晕、虚弱。

b. 水上求生有四个原则。一是要自身保护。稳定情绪，寻找救生及漂浮工具，扣好救生衣，找出哨笛。漂浮在水中不要轻易游动，除非是要接近船只或可攀附的漂浮物。在水中采取好的姿势对保存体能很重要，双腿并拢屈到胸部，两肘紧贴身旁，两臂交叉放在救生衣前，并使头部和颈部露出水面。保持清醒，不能入睡，振作精神，坚持时间越长获救机会越大。二是要搞清船舶出事的准确位置，并想法呼（求）救。三是千万不要喝海水。海水含盐量往往比淡水大5%，饮用海水，身体反而失水更快，更感到口渴，严重的会出现腹胀、幻觉、神志昏迷、精神错乱等症状。四是在求生过程中要尽量节省食物，在没有充足淡水供应时，更应注意少进食或尽可能不进食，以免大量消耗体内水分。

c. 登船后，应了解自己的和船上备用的救生衣（具）存放位置，以及救生艇、救生筏存放的位置，要熟悉和了解本船的各通道、出入口处以及通往甲板的最近逃生口，以便在紧急情况下能迅速地离开危险的地方。

d. 弃船逃生，有时不得不跳水游泳离开船，跳水前尽量选择较低的位置；要查看水面，避开水面上的漂浮物；应从船的上风舷跳下，如船左右倾斜时应从船首或船尾跳下；跳水姿势要正确。

正确的跳水姿势是：左手紧握右侧救生衣，夹紧并往下拉，入水后也不要松开右手，待浮出水面后再放松；右手五指并拢，将鼻口捂紧，双脚并拢，身体保持垂直，头朝上，脚向下跳水，跳入水后尽快游离出事的船。

跳水时，如果船舶四周的水面上漂浮着燃烧的油火，这时要冷静看清周围情况，在船的上风侧选择适当位置，然后深吸一口气，一手捂鼻口，另一只手遮住眼睛及面部，两脚伸直并拢，侧身垂直向下跳入水中。入水后要向上风方向潜游。露出水面换气时，应先将手伸出并拨动水面，拨开火苗，头出水后立即向下风做一深呼吸再下潜，向上风方向游去，如此反复直至游离着火水面。如果遇到没有燃烧的漂油时，必须将头部高高仰出水面，紧闭嘴，防止油进入鼻口，同时还要注意不要让油进入眼内。

### 34.5.8　乘坐飞机时的安全

① 登机前，旅客及其随身携带的一切行李物品，必须接受机场安全部门的安全检查，否则不准登机。这是为了防止枪支、弹药、凶器、易燃物品、易爆物品、腐蚀物品、放射性物品以及其他危害民航安全的危险品被带入机场和机

舱，以便维护飞机和乘客的安全。

② 乘坐国内班机，在机舱内一律不允许吸烟。乘坐国际班机，旅客只能在指定的吸烟区内吸烟，烟头必须掐灭后放进烟灰盒内。禁止在机内的厕所里吸烟。

③ 机舱内有灭火设备、氧气设备及紧急出口设施，飞经海上的飞机还有救生衣。这些设施只能在发生紧急情况时，由机组人员组织旅客使用。

④ 发生紧急情况时怎么办？飞机最容易发生危险的时候是起飞和降落的时候，这时要系好安全带，仔细听乘务员讲解怎样应付紧急事故。

⑤ 留意靠近自己座位的太平门及开启方法，万一失事，要能在浓烟中找到出口，会开门。

⑥ 取下眼镜、假牙，脱下高跟鞋，取下口袋里的尖锐物品（如钢笔），以防碰撞伤害身体。

⑦ 如机舱内有烟雾，用毛巾（最好是湿的）掩住鼻子和嘴，走向太平门时应尽可能俯屈身体，贴近舱底。

⑧ 机舱门一开，充气救生梯会自行膨胀，跳到梯上用坐着的姿势滑到地面。

⑨ 滑到地面后，尽可能快速地远离飞机，不要返回机上取行李。

⑩ 如果自己和别人受伤，应通知乘务员，他们受过急救训练。等待救援时，设法和其他乘客交谈，保持求生意志。

### 34.5.9　遇到劫机的办法

劫机事件是一种罪恶的暴力行为，不仅极大地威胁着旅客和机组人员的生命财产安全，还使其中的一部分人，在不同程度上产生了一种鲜为人知的综合性疾病——监禁性损伤。

监禁性损伤是人在恐惧状态下和失去自由的不健康气氛中，忍受长时间禁闭所产生的痛苦。

怎样才能避免和减轻监禁性损伤呢？

首先要鼓起勇气，敢于面对现实，将生死置之度外。如果做不到这一点，也应尽可能去想一些其他的事情，对眼前所发生的一切视而不见，超脱现实，以减少恐惧心理。

其次是多饮水，有条件的话，该吃则吃，该喝则喝，以维持机体的生理需要。由于劫机分子限制人体移位，在端坐时设法进行局部活动，有可能的话要尽量舒展肢体，多做一些随意性活动，或借助于去卫生间的机会，以达到活动身体的目的。当然，要注意不能做出使劫机犯误解的动作，以防其狗急跳墙。有慢性病的人，还可以酌情提前服用一些药物，防止病情的加重或复发。

身处困境的人，要尽可能按照以上要求去做，把监禁性损伤所造成的痛苦减少到最低的限度。

### 34.5.10　遇到空难事故的办法

空难事故的后果很严重。但是，如果普及这方面的知识，让人们掌握一些自救互救的本领，对减轻事故的危害程度能起到一定的作用。

常见的空中紧急情况有密封增压舱突然失压、失火或机械故障等。一般机长和乘务长会简明地向乘客宣布紧急迫降的决定，并指导乘客如何采取应急处理，譬如要求取下随身携带的锋利、坚硬物品，放在椅背后的口袋内，以及紧急出口的选定。水上迫降时，空姐会边讲解、边表演救生衣的用法。但在紧急脱离前，乘客仍应系好安全带。

如果飞机高度在3600～4000m，密封增压舱突然失密释压，旅客头顶上的氧气面罩会自动下垂，此时应立即吸氧。要绝对禁止吸烟。

如果机舱内失火，由于舱内的泡沫塑料、座椅的人造革、橡胶及油类等物质燃烧，会生成有毒气体，如一氧化碳等，最易造成急性中毒或呼吸道的吸入性损伤和烧伤等。其他各种创伤如出血、骨折等，也都需要给予及时抢救。

机舱内乘客自救互救的原则要根据空中事故的性质决定。一定不要慌乱，听从机组人员的指挥，不可“各行其是”。因为机组人员是基于他们掌握了专业知识而做出对危急情况的处理，使损伤减少到最低的限度。油类、电器类及各种燃烧物起火时，可用二氧化碳灭火器和药粉灭火器（驾驶舱禁用）扑救；非电器和非油类失火时，则用水灭火。在失火区内，乘客要听从指挥，根据身体强弱情况调整座位，并尽量蹲下，使身体处在“低水平”位，屏住呼吸或用湿毛巾堵住口鼻，有秩序地迅速撤离失火区，切忌大喊大叫以免吸入更多的有毒气体。对心脏病乘客要给予特殊照顾，使用机上活动氧气瓶供给病人氧气。

机场救护原则是先抢后救。救护队员应尽快把乘客救出险区，然后由医务人员从速给予医疗急救。

医疗急救原则是先救命后治伤，先重伤后轻伤。目前一般将伤情分为三类：一类伤为急需抢救的危重伤员，挂红色标记；二类伤为中等伤势，允许稍缓抢救，挂黄色标记；三类伤为轻伤，挂有绿色标记。还有一类是死亡人员，即第四类，挂黑色标记。

医院人员对一类伤员要抓紧就地抢救，待有所好转即迅速送往医院做进一步治疗，这对减少空难死亡十分重要。

### 34.5.11　旅游途中遇到坏人抢劫的办法

① 当有人在背后跟踪时，要注意这可能是坏人要下手的征兆，要立即改变方向，并不断地向背后查看，使跟踪的人知道已经发现了他的企图；要朝有人、有灯光的地方走，到商店、住户、机关等人多的地方寻求帮助；要记住跟踪人的特征，及时向公安部门报警。

② 如果遇到抢劫，要胆大心细，勇敢机智，想法调动和团结身边的群众，同犯罪分子斗争。如果只有自己一人，力量不如犯罪分子大，则更要冷静，损失不大就“丢卒保车”，以保护生命安全为原则。要尽量记住犯罪分子的身体特征（身高、年龄、衣服、文身等），及时向公安部门报警。重要的是智斗罪犯，利用犯罪分子的虚弱本质和心理，可以智取。

### 34.5.12　旅游途中易发生的疾病及简易预防、治疗方法

人们在日常生活中难免发生这样那样的疾病，在旅游途中也是如此，或是初染新疾，或是旧病复发，或是意外伤害。下面简要介绍一些旅游途中易发的疾病及其预防和治疗方法。

旅游途中易发的疾病有：晕动病、急性胃炎、感冒、中暑、痛经等。

① 晕动病，也叫“运动病”。有的人在乘车、船、飞机时发生头晕、恶心、呕吐等现象，其中少数人可能发展到面色苍白，大量出冷汗甚至虚脱不省人事。对此病应以积极预防为好，在乘车、船、飞机前20～30min口服防治晕动病的药物，如晕车宁、苯海拉明、胃复安、人丹等；也可临时口含一片生姜或话梅；或在前额太阳穴处涂点清凉油（风油精）；或在肚脐上贴一张伤湿止痛膏；自己用手指按压对侧内关穴或第二掌骨侧的胃穴，也有一定的防治效果。

② 急性胃炎系指各种病因引起的胃黏膜急性炎症。引起急性胃炎的原因很多，如吃了被细菌或其毒素污染了的食物，饮食过量和酗酒，使用对胃有刺激性的药物，方法不当等均可引起此病。旅途中预防急性胃炎主要是注意饮食卫生，少吃油腻、生冷和不易消化的食物，不要吃得过饱，多

喝开水或茶水，同时要休息好，睡眠充足。一旦发病，要及时吃药治疗，对于有恶心、腹痛、大便稀者可口服藿香正气丸（水）、黄连素片；重者可服磺胺片、庆大霉素片、痢特灵等。

③ 感冒，也叫“伤风”，是由多种病毒引起的常见呼吸道传染病，四季均有发生，但以冬、春季多见。气候骤变及受凉、过劳、空气污浊等情况下更易发生感冒。感冒主要表现为鼻塞、打喷嚏、流清涕、咽部发痒，有的伴有畏冷、发热、食欲不振、头痛、咳嗽、胸闷及全身酸痛等。对此病的预防，主要是随气温变化及时增减衣服，防止受凉，经常吃些生姜、大蒜、食醋等。治疗中要注意休息好，多饮开水或茶水，忌冷饮冷食。口干、咽痛、多汗者可口服桑菊感冒片、强力银翘片。热天感冒，胸闷口淡、恶心腹胀、四肢困乏者可以服藿香正气丸（水）。一般可服用感冒片、感冒清、感冒通等。

④ 中暑。遇上闷热潮湿的气候，人体散热困难，若活动量增大，体内热量增加就容易使体内热量储积过多，当超过人体耐受限度时便发生中暑。中暑表现为头痛、头昏、恶心、呕吐、耳鸣、眼花、心慌、气短、持续高热不退、无汗，严重者伴有昏迷抽风等症状。如有头昏、恶心等中暑征兆者应立即到通风阴凉处休息，服一支十滴水，口含人丹，或用清凉油、风油精涂太阳穴，一般能很快好转；较重者应平卧，用湿冷毛巾盖在头部，用冷开水或白酒擦身，同时用扇子扇风，促进皮肤降温，或给病人喝些盐凉开水、清凉饮料等，必要时送医院治疗。

⑤ 痛经。一般妇女在经期有下腹不适、发胀、稍痛或腰发酸等现象，这是正常的。若在经前或经期下腹疼痛难受，甚至影响活动，称为痛经。妇女在旅途中，由于生活紧张，身体劳累，住处湿冷，饮食过凉等原因，可引起或加重痛经。痛经发作时，应卧床休息，精神放松，下腹部可放置热水袋，用热水洗脚，自我按压血海穴，有很好的止痛效果。血海穴在膝关节内上方约二寸（约 6.67cm），屈膝时肌肉隆起处。腹痛较重时，可口服去痛片、安乃近、颠茄片等。

### 34.5.13 旅游林区防火

旅游林区给现代生活带来诸多好处。森林既是一种资源，给人们提供良好的生存环境，也为我们的旅游增添了情趣。因此，保护好林区对于现代社会具有现实的意义。林区火灾是危害森林的罪魁祸首，也对游人的安全造成了巨大的影响。

① 禁止旅游时在野外用火，禁止燎地边、点篝火。因特殊情况需要用火的，必须经护林防火指挥部批准。

② 在林区作业和通行的机动车辆，必须安设防火装置，严防漏火、喷火和机车闸瓦脱落引起火灾，行驶在林区的客运火车和公共汽车，司机和乘务人员必须对旅客进行防火安全教育，严防旅客丢弃火种。

③ 组织旅游等活动的单位和个人，必须在活动开始前，对全体人员进行护林防火教育。

④ 禁止用枪械狩猎。

⑤ 发现火情，及时向当地政府或护林组织报告。

### 34.5.14 登山安全

旅游途中登高望远，观日出、赏夕阳，或眺望茫茫云海、目睹巍巍群山，尽情地享受自然美，这是许多人的追求。但是，攀山越岭应注意安全，特别是攀登没有去过的山峰，要做好充分的准备，防止意外事故发生。通常要懂得以下几方面的安全知识。

① 要合理携带行装用具，最好带上拐杖、绳子和手电筒。

② 天黑以前，一定要到达预定目的地，以免夜间露宿，造成诸多不便。

③ 登山要根据各人的体质，量力而行，结伴而行。

④ 雨天、雾天时不要冒失走险路，以免因浮土、活动石头、路滑、视线不清而失足滑跌。

⑤ 雷雨时要防雷击，不要攀登高峰，不要手扶铁索，不要在树下避雨。

⑥ 不要穿塑料底鞋或高跟鞋登山。

⑦ 登山时可少穿一点衣服，如停下来，特别是汗流浃背时要披上暖和的衣服，防止受凉感冒。

⑧ 要注意山林防火，入山不带火，走路不吸烟，更不能在山林野炊，严格遵守山林防火规定。

⑨ 要防毒虫（蛇）咬及野兽袭击。在树林中穿行，要注意穿好鞋袜，扎好裤脚，上衣的领口、袖口要适当扎紧，防止毒虫的侵害（如松毛虫、有毒蜘蛛等小动物的侵袭）。最好手拿一根木（竹）棍，既可“打草惊蛇”防蛇咬，也可当拐杖或防护工具使用。

⑩ 在深山、树林中行走，要注意防止迷路，特别是在阴雨或大雾天气。因此，事先最好找个向导同行，不要单独行动，不要到深山密林里去。

为防迷路，可每隔几步，在同一个方向上做些不易消失而又明显的记号，以便返回时识别。另外，还可利用下面一些简单的方法来识别方向：看树冠，树冠大、枝叶茂盛的一侧是南方；看树干，树干阴湿多苔藓、树皮粗糙的一侧是北方；看蚁窝边积土，土多的一侧是北方。

### 34.5.15 游泳安全

水是人们生活一刻也离不开的，但水也有危害。水对人造成的意外伤害多为失足落水溺死，如独行在塘边、溪边、井边而失足落水，如学生由于没有组织或没有教师带领去游泳而造成溺水事故。因此，我们要了解如下游泳的安全知识。

① 游泳应集体进行。集体进行游泳，其重要作用有三方面。其一，可大胆地进行游泳，可消除胆怯和怕水心理。其二，相互保护，防止意外事故发生。一旦出现生理不适和身体不协调，或不能适应周围的环境，出现抽筋、呛水甚至沉没等情况，如无人抢救或帮助就会发生危险。其三，相互鼓励，当出现不能游到彼岸而下沉等异常现象时，可获得朋友、教师、大人的搭救。

② 游泳时禁止打闹。游泳是一项很好的体育锻炼项目，但游泳又是一项危险的运动。每年都有游泳者被淹死的事情发生，而且被淹的大都是会游泳者，其主要原因除疲劳、情绪不佳外，在中小学生集体（自发）游泳时主要是打闹造成的。因此，人在游泳时千万不能打闹，养成文明运动、遵守纪律的美德。

③ 游泳跳水时要注意水的深浅。无论是在游泳池或在野外池塘跳水，都应事先探测或了解水域的深浅。一般游泳池与跳水池的深度有很大的差别。供比赛的游泳池水深一般 2m 左右，而普通游乐场所的游泳池，通常是从几十厘米逐渐加深，至深水池（深水区）可达 3～5m。当学会游泳后，只能在深水区练习潜泳或训练跳水发生动作。跳水入水时要双臂向前伸，以避免头部直接与池岸或池底碰撞或擦伤，入水后要向前上方漂起。

在江河湖海游泳更要探测好水域的深度和暗礁情况，不要轻易跳水，要选择合适的入水方式。如果从高处入水，易于发生头部受伤、双手骨折、身体擦伤或腿部骨折等伤害事故。无论是游泳或是跳水都要注意水的深浅，跳入水中应立即采取保护动作，以防止跳水冲力可能引起的伤害。

### 34.5.16 滑冰安全

冬天溜冰滑雪，对于北方或青藏高原的青少年是一件普遍喜爱的体育运动。我国许多速滑和滑雪健儿从小都酷爱这项活动。溜冰、滑雪除增强体质、抵御严寒外，还是锻炼人的意志，克服困难，培养良好性格的好方法之一。

由于在初冬时节，气温还不够低或因江河湖泊水流、水温分布不均匀，或因地质结构、工业热源的位置，废水、污水排放等，结冰时间的长短、冰层的厚度以及面积有很大的差别。因此，溜冰时要分析冰情。

有的青少年喜欢在刚结冰的河边或湖畔玩耍，或在有冰又有水的边界上行走，这是很危险的。因为，刚形成的冰层或水边的冰层薄如玻璃，这时还不能承受人体的质量。在这种条件下就不能到江心、河心、湖泊中央部位去玩耍，以免薄冰破裂而掉入江、河、湖泊。一旦落水，由于冰层很薄，很难相救和获救，有时还会发生多人遇难的情况。

### 34.5.17 放风筝安全

放风筝能陶冶情操，开阔胸怀，对锻炼性格和培养爱好科学大有益处，同时通过亲手制作，亲自在野外放风筝，对青少年的智力发育和增进健康也颇有好处，但在放风筝时应注意安全。风筝的形状和大小要根据爱好和体力而定，太大的风筝，青少年会因体力不够而难以控制，在放飞时因控制不住而出现滑倒、摔跤或意外伤害。放风筝要在宽阔的地方，如大广场、海滩、湖畔或田野空地，不能在大街小巷，尤其禁止在公路上、铁路上、大街上、大桥上、屋顶上、电线杆或高压线铁塔下放风筝，以防造成车祸、高空坠落引起电气事故或人身伤害。放风筝遇到风向变换，或风力突然增强时，要尽快调整，尽快收线。如遇线断，在追寻风筝时要注意安全。如果缠在电线或高压线上，千万不要爬杆、攀架，以舍弃风筝而保人身安全为首要原则。

### 34.5.18 野外洞穴探险

在洞穴里探险，如粗心大意或装备不足，都可能发生意外。下面介绍意外发生了该怎么办。

① 在洞穴内迷路。怀疑自己迷了路，就应马上停下来，想想究竟在什么地方走错了路。计算一下在地底逗留了多久，从而估计走出洞外需用时多少。在停步的地方做个记号，最好在泥上刮一个符号或叠起一堆石头，也可在洞壁上用小刀刻记号或用烛熏一个黑印。

② 设法从原路走出去。再三转身看看是否走过这条通道，因走进来和走出去时看洞穴的角度不同，印象可能相差甚大。

③ 边走边做记号。不时停下来歇一会儿，可节省体力。休息时关上电筒，以免浪费电力，把电池靠近身体暖一下，也能用得久些。

如走了很远仍未见原路，应循记号走回去，再试另一条路，直至找到出路为止。即使洞穴通道甚多，也能把范围逐渐缩小。

如发现洞内可能有其他人，就大声叫喊或吹哨子。

困在溶洞时完全放松身体，呼吸恢复正常之后，设法慢慢钻出洞口。要有耐心，而且保持轻松。

尽可能利用身体各部分移动，许多时候用脚蹬比用手拉更有效。

### 34.5.19 野外滑雪意外处理

滑雪胜地通常设有救护站。如果在经常滑雪的斜坡上不幸受伤，救援人员很快就会赶来。若在偏僻的地方滑雪，就应采取以下的自救或互救措施。

(1) 单独滑雪

① 万一腿断了，先把衣服撕成布条，然后包扎伤口止血。但为了身体保暖，应撕衬衣袖子或内衣，不要撕外衣。

② 在伤口敷些雪，可减轻肿胀。

③ 不要再在雪地行走，以免陷入雪中再度受伤。应俯卧在一块或两块滑雪板上，用双手撑地前行，寻求援救。

④ 以之字形或对角线方向滑行下坡。

(2) 同伴受伤

① 用滑雪板、雪杖和夹克（或围巾）做一个临时担架，但不要用伤者的夹克，因为伤者需要保暖。

② 小心地拉担架向有人地方慢慢走去。若非滑雪能手，则应该徒步行走。

(3) 滑雪板掉了的办法

滑雪板功用是把人体质量分散到较大的面积上。如摔倒时掉了滑雪板或滑雪板绑带断了，该怎么办呢？

① 找两条松树枝，松叶越浓密越好；使之中间弯曲分置于雪地，前后翘起；较阔的一端向前，树梗在鞋跟后面。

② 用布条、衣服花边甚至柔软小松枝绑在脚下，小心地循之字形或对角线方向滑下坡，可做成临时木马滑下山坡，比徒步快得多。

③ 用布条捆住滑雪板，雪杖应横置滑雪板后端绑牢。跨骑滑雪板上（滑雪板前端置于身体后面雪地上），双手抓着雪杖，用双脚控制滑行，循之字形下山。

### 34.5.20 高压线路安全

无论城市或乡镇，居民用民已十分普遍。电是由火电站、水电站或原子能发电厂，通过高压电线送往各省、市、地区，输电途中要经过变电站转换成低压电（220V），再送到千家万户供人们使用。

自然原因，如狂风暴雨、洪水涝灾、泥石流等会使电线杆或铁塔折断或倒塌、沉陷，会使高压或低压输电线断开；人为原因，如施工、吊装设备、高空坠物或超高机械（货物）等会使输电线折断。在出现折断电线事件时，会有两根或多根导线坠在地上，挂在树枝或阻挡物上，这时千万要绕行，不要接近或挪动电线。其原因是断开的高压电线在一定的范围内，可以将人吸近，从而构成回路，瞬间被电烧死；如果遇到低压电线，轻者电击，重者触电死亡，特别是在雨天、雪天和雾天更应注意。如遇上述情况，要请电工或配电站的工人来处理，如必须移动折断的电线，一定要用干燥的长木棍或长竹竿进行。

### 34.5.21 防雷电击伤

闪电通常会击中最高的物体尖端，孤立的高大树木或建筑物往往最易遭雷击。人若在雷雨天触及或接近这些物体，以及处在最高点，也可能遭到雷击。因此，遇到雷雨交加的天气时，应该注意以下几点。

① 如果身在空旷的地带，应该马上蹲下，然后伏在地上。

② 如果来不及离开高大的物体，应该立即找些干燥的绝缘体放在地上，坐在上面，双手抱膝，胸口紧贴膝盖，尽量低下头。千万不要用手撑地，这样会增加雷击的危险。

遭雷击不一定致命，有时只感到触电或遭受轻微烧伤。但如果击中头部，并且通过躯体传到地面，人就会窒息或心脏停止跳动。雷电可能导致骨折、烧伤等伤害，那么，这种情况发生了该如何自行处理呢？

① 如伤者衣服着火，应马上让其躺下，使火焰不致烧及面部，不然，伤者可能会死于缺氧或被烧死。

② 往伤者身上泼水，或者用厚外衣、毯子把伤者裹住，以扑灭火焰。

③ 在房屋矮小、地面潮湿、屋顶漏雨的室内活动时，不要倚在房柱或墙壁旁边，以免发生意外。雷电时外出，应穿上橡胶雨鞋和橡胶雨衣。雷电中行走应避开铁栅栏、晒衣服铁丝、金属管道及其他可能把闪电引起身体的金属导电体。

④ 一旦遇到被雷击伤者，要注意伤者是否失去意识。如果伤者已经失去知觉，但仍有呼吸，则自行恢复的可能性很大，应让伤者安静休息；如果伤者停止呼吸，应迅速进行口对口的人工呼吸；受雷击伤的人，如仅有头晕或无明显损伤，也应请医生进行检查，看看其全身某部位是否被电击伤。

### 34.5.22 帐篷遭受侵袭的办法

现代的帐篷既牢固又轻便，但与其他野外栖身之所一样，也易受风、雨、雪、火的侵袭。

(1) 帐篷着火了的办法

假如帐篷着火，应马上离开。留意有没有燃着的碎布落在身上，有的话就要扫掉，然后用衣服或睡袋扑灭。只要动作敏捷，衣服就不会烧着。

放倒帐篷支柱，必要时解开主要支索，然后扑灭火焰；或抓住帐篷一端，把它拖离火焰和帐篷内的物件。如果火势猛烈，就让它烧去，千万不要走近。

起火原因是帐篷出口处火炉失火时，应先踢开火炉，然后走出帐篷，放倒支柱。

扑灭帐篷里的火后，在火炉四周多泼水，以防草木着火焚烧。不要让泡沫胶或塑胶床垫近火，这些材料燃烧时大多会放出毒烟。

(2) 帐篷漏水的办法

如雨水漏进帐篷，可采用溶化了的蜡或胶布封住孔洞。漏水不止，可用防水夹克或塑料布包裹衣服和睡袋。

(3) 帐篷遭水淹的办法

若帐篷遭水淹，鸭绒睡袋给弄湿了，最好丢下睡袋和帐篷，移往干燥的地方。如果附近无栖身之地，就用树枝架起一个台，换上干衣服，坐上去到天亮。如天气非常寒冷，这时应不要套上最外面一、两层衣服的袖子，先扣好纽扣或拉上拉链，然后把衣服从头上套下，包着上身，双手夹在腋窝下。

睡袋若是人造纤维的，即使湿了，也能保暖，所以应立刻截断水流，在帐篷四周挖一道沟，把水流引向他处，弄干帐篷地面，拧干睡袋，然后留在帐篷里面，等到天明。

(4) 帐篷被风吹塌了的办法

强风吹塌帐篷，要重新搭起是极其困难的。如天气恶劣，又没有汽车之类的栖身之所，还是留在帐篷内最安全。用身体压着帐篷边缘或与帐篷相连的地面的防潮布，以防帐篷被风吹走。用背囊架或一根支柱撑起帐篷，以扩大帐篷内的空间。

### 34.5.23 野外求救的办法

从远处或空中很难看到郊野的旅行者，但旅行者可利用下列不同方法使自己较易为人发现。

① 国际通用的山中求救信号是哨声或光照。每分钟 6 响或闪照 6 次，停顿 1min 后，重复同样信号。

② 如要有火柴或木柴，点起一堆或几堆火，烧旺了加些湿枝叶或青草，使火堆升起大量浓烟。

③ 穿着颜色鲜艳的衣服，戴一顶颜色鲜明的帽子。

④ 用树枝、石块或衣服等物在空地上砌出 SOS 或其他求救字样，每字最少长 6m。如在雪地，则在雪上踩出这些字。

⑤ 同样，拿颜色最鲜艳又阔大的衣服当旗子，不断挥动。

⑥ 看见直升机到山上来援救且飞近时，引燃烟幕信号弹（如果备有的话），或在垂索救人的地点附近生一堆火，升起浓烟，这样能帮助机师准确地掌握信号的位置。

## 34.6 娱乐场所安全

影剧院、歌舞厅、俱乐部等娱乐场所处于闹市区，周围建筑稠密，有些毗邻其他建筑物，多为木结构，周围道路狭窄，水源不足，人员集中，使用频率高，并且多数影剧院、俱乐部集多种功能于一体，更增加了人员的密度。娱乐场所单层建筑高、跨度大，且大面积吊顶，使用可燃材料多，各部分互相连通，因此存在的危险性较大。

### 34.6.1 火灾的危险性

公共文化娱乐场所装饰装修工程大都使用木材、纤维板、聚合塑料等可燃材料。这些材料有的未经过阻燃处理，有的虽经过简单处理，但达不到防火规范要求，燃点低，极易燃烧，且燃烧迅速，放出大量的有毒烟气。同时，用火用电多，吸烟多；有的为了增添浪漫气氛，还采用蜡烛照明；用电量大，而电气的很多方面不符合安全规范要求，有些线路年久失修——老化、裸露，常处于超负荷状态，特别是乐器台、电机房隐患突出，极易发生火灾事故。

公共文化娱乐场所发生火灾，火势蔓延快，人员疏散、火灾扑救困难。一些娱乐场所在地下室、半地下或建筑顶层，私自设计装修，未经建筑设计防火审核，留下先天性的火险隐患。如安全疏散通道只有一条且为袋形，或螺旋式楼梯、扇形台阶，无安全疏散标志，无应急事故照明，无活动人员最高限额数。疏散门的选择和开启方向及走道的宽度等大部分都不符合规范要求，一旦发生火灾事故，人员疏散、火灾扑救十分困难，很容易发生群死群伤的恶性事故。

一些公共文化娱乐场所自防自救能力弱，无任何安全规章制度，法人代表和从业人员的消防安全意识淡薄，缺乏必备的消防器材设施，从业人员不懂灭火器的使用和初期火灾的扑救。

① 电气设备和用电线路多，用电量大。其电气设备主要是灯光、放映、音响、空调、发电、配电等设备。多种照明灯、效果灯耗电量大，各种用电线路复杂，如果安装维护不良，极易发生电气火灾。

② 舞台、歌舞厅是最易起火部位。舞台多为木地板，各种道具、布景、服装均是可燃物。舞台是灯光集中之处，剧中效果往往使用烟雾、鞭炮、发令枪等。歌舞厅内各种灯光齐备，人员多，吸烟的多，均易引起火灾。

③ 发生火灾蔓延迅速，燃烧猛烈，房屋易倒塌，极易造成特别重大的人员伤亡。

### 34.6.2 火灾安全措施

① 影剧院、歌舞厅、俱乐部等建筑必须符合消防规范要求。新建、改建、扩建的公共娱乐场所及其室内装饰工程，设计单位和设计人员必须执行国家有关消防技术规范，对工程的防火设计负责。建设单位必须按照规定，将工程防火设计报送公安消防监督机构审核。施工单位必须按照批准的防火设计图纸施工，不得擅自改动，并保证工程质量。工程竣工后，其消防设施必须经公安消防监督机构验收。

公安消防监督机构对未取得有效工程设计证书的单位所提交的设计和超越设计等级范围的设计不予审批，并通知有关单位不予施工。

公安消防监督机构对未取得装饰施工资质证书、超越施工等级范围或未取得施工执照的工程，不予验收。

公共娱乐场所建筑耐火等级应当为一、二级。

公共娱乐场所应当设置在建筑物的底层至四层靠近安全出口的部位，五层以上公共娱乐场所应设避难间、避难带或疏散平台。

在地下建筑内设置公共娱乐场所，只能设置在地下一层，其消防单元面积不得超过 400$m^2$，通往地面的安全出口不得少于两个，并应当设置机械防烟、排烟设施，严禁使用液化石油气。

公共娱乐场所不得设置在具有历史保护价值的古建筑、博物馆、图书馆、居民住宅楼及重要仓库或堆放危险物品的仓库内。

公共娱乐场所建筑面积达到 60$m^2$ 的，应当设两个安全出口，每增加 400$m^2$，应当增设一个安全出口。

公共娱乐场所疏散通道宽度和距离、楼梯必须符合《建筑设计防火规范》或者《高层民用建筑设计防火规范》的规定。

疏散门必须向疏散方向开启，且必须采用平开门，门口不得设置门帘、屏风等影响疏散的遮挡物，楼梯和疏散通道上的阶梯，不得采用螺旋式楼梯和扇形台阶，安全出口处不得设置门槛、台阶。

② 电气线路、电气设备安装必须符合国家有关规定，并经常检查维修。

公共娱乐场所电气设备的设计和安装应当符合国家现行的有关规范，所采用的电气设备必须符合国家或行业的有关标准，并符合下列要求。

夹层或吊顶内的线路必须采用铜芯线，导线接头应当焊接，并穿金属管或阻燃塑料管保护。线路设计负荷应大于实际负荷 1/3。

保险装置、开关的安装应当符合电气规范。必须安装防漏电、过负荷、短路的电气保护装置。

电器及灯具的高温部位应当离开可燃物设置，如靠近可燃材料，应当采取隔热和散热等防火保护措施。移动式灯具必须采用橡胶护套电缆线。

音像设备必须专设电器保护装置。

空调设备必须设专用供电线路和保护装置。

照明系统中的每一单相回路，电流不得超过 16A。

③ 公共娱乐场所内，安全出口、疏散通道和楼梯应当设置符合标准的火灾事故应急照明灯和安全疏散指示标志。火灾事故应急照明灯照度不低于 0.5lx，持续供电时间不少于 30min。

④ 灯具及高温设备安装必须与可燃物保持可靠的安全距离。

⑤ 舞台上严禁烟火，对演出需要的烟火必须有专人操作、专人负责监督，并配备有专用的灭火用具。

⑥ 在演出需要架设临时用电线路时，必须严格按照规定架设，并经过认真计算，防止线路或设备超负荷。

⑦ 放映电影和演出所需要的易燃品如黏结剂、乙醚、汽油、电影胶卷等应妥善保管，远离高温热源。

⑧ 应严禁吸烟。

⑨ 保证安全出口、通道的宽度和数量符合防火规定，并时刻保证畅通。安全出口、安全通道应有专有电气照明。

### 34.6.3　防火管理措施

① 公共娱乐场所实行消防安全许可证制度。

② 开办公共娱乐场所的单位或个人，应当向公安消防监督机构提交书面申请及有关资料。公安消防监督机构自收到申请书之日起 15 日内，对审查合格的，发给公共娱乐场所消防安全许可证。

③ 公共娱乐场所改建、扩建后，经公安消防监督机构验收合格，应当换发消防安全许可证。

④ 公共娱乐场所的消防安全责任人全面负责本单位消防工作，其主要职责包括：a. 贯彻执行有关消防法律法规；b. 组织实施逐级防火责任制和岗位防火责任制；c. 建立健全防火制度和安全操作规程；d. 对职工进行消防知识教育；e. 组织防火检查，消除火险隐患，改善消防安全环境，完善消防设施；f. 领导义务消防组织；g. 组织制定灭火方案，带领职工扑救火灾，保护火灾现场；h. 协助调查火灾原因。公共娱乐场所应当配备经公安消防监督机构培训合格的专（兼）职防火人员。

⑤ 公共娱乐场所应当根据需要成立义务消防组织，其职责为：a. 开展消防安全宣传教育，普及消防知识；b. 进行防火检查，督促消除火险隐患，制止违章行为；c. 管理和维护消防器材、设施；d. 发生火灾时，组织人员疏散，迅速投入扑救；e. 保护火灾现场，协助调查火灾原因。

⑥ 公共娱乐场所应当把消防工作纳入本单位工作计划，并：a. 建立健全消防安全制度；b. 及时发现、整改火险隐患；c. 对从业人员进行消防知识教育。

⑦ 公共娱乐场所使用燃气炉具，应当安装燃气自动报警关闭阀，并符合安全用气的有关规定。采用液体燃料的，应当采取有效的防火分隔措施。公共娱乐场所不得使用蜡烛照明。

⑧ 安全出口、疏散通道应当保持畅通，严禁封堵和堆放杂物。

⑨ 公共娱乐场所的装饰和经营活动不得影响安全疏散指示标志、疏散通道的辨认与使用，不得改变消防设施的位置及影响其正常使用。装饰墙面与消火栓门一致时，应设明显的标志。

⑩ 公共娱乐场所内不得存放易燃易爆化学危险物品。

⑪ 公共娱乐场所禁止超员营业。

⑫ 公共娱乐场所的电气线路和设备必须由取得电工资格的人员负责安装、检查和维修。

⑬ 公共娱乐场所电气设备的使用应当严格遵守有关规范。禁止超负荷运行，需增大功率时，经公安消防监督机构审核同意，可整改原线路。

⑭ 公共娱乐场所的非阻燃窗帘、地毯，每隔一年应当按标准喷洒一次阻燃剂。

⑮ 公共娱乐场所每天营业结束后，工作人员应清理查看场地，消除易燃可燃杂物，查看所有用电器具，对不需长期通电的，应断掉电源，并做好记录。

### 34.6.4　娱乐场所火灾逃生

影剧院、俱乐部、礼堂等大型人群聚集的娱乐场所失火的特点是：正在聚精会神观赏节目的观众，突发意外时，在异常紧张慌乱中茫然不知所措；不熟悉场内环境导致东奔西撞，秩序混乱；由于观众互不相识，没有组织，人们争先夺门而逃，造成逃生困难。

为了有效地逃生，要做到如下几点。

① 娱乐场所的负责人应负责起指挥撤离的重任，组织有秩序的撤离。据研究表明，从发生火灾到房盖塌下约需 20～25min，而观众散场所需要时间一般为 5min，所以只要有秩序地离开，完全可以在房盖塌落前撤离火场。

②观众一定要听从场内指挥人员的指挥，或按消防人员的组织有效地进行撤离。

③ 个人求生的要领是：稳定情绪，保持头脑清醒，听从指挥，迅速离开；在撤离时主要防止烟气中毒、高热、缺氧、建筑物倒塌被压和互相挤压践踏。

④ 防烟雾中毒的简单办法是：用毛巾或衣服等捂住口鼻，如随身带有饮料，可用饮料弄湿毛巾等；弯腰行走，不可伏地爬行。

⑤ 误入死角后的求生方法是：如误入厕所、演员化妆室等死角部位，首先要冷静，在退路尚未被火封住时，应尽快退出死角；当退路被火封死时，可大声呼叫消防人员或用东西敲打以引起消防员的注意。

## 34.7 校园安全

### 34.7.1 校园安全概述

(1) 校园安全的重要性

生命是智慧、力量和情感的唯一载体；生命是成长成才、实现理想的根本和基石；生命是创造幸福和价值的源泉和资本。因此，校园安全是教育的存在之本和发展之魂；校园安全是教育的终极目标和核心价值；校园安全应该而且必须成为教育的出发点和最终归宿。生命不保，何谈教育？教育要以人为本，首先就要以生命安全为本；教育要科学发展，首先要安全发展；学校要创建和谐校园，首先要创建平安校园。

校园安全是一项重要而复杂的工作，所谓“生命至上，安全为天”，学生安全无小事。校园发生事故，影响广泛、后果严重。做好校园安全工作需要多方参与及努力，一是需要政府的重视和监管；二是需要家庭和社会的参与；三是最为重要的，就是学校自身的责任落实。

(2) 校园安全的范畴

校园安全涉及的范畴按活动方式分为：教学安全、生活(宿舍)安全、食堂安全、实验安全、实习安全、体育安全、娱乐安全等；按专业学科分为消防安全、交通安全、电气安全、机械安全、食品安全、化学品安全等；按事故案件分为治安案件、安全事故、公共卫生事件、自然灾害等。

(3) 校园安全主要问题

通过教育部门近年安全检查发现，各中小学校存在不同程度的安全隐患，如学校安全制度不健全、安全管理工作不规范、安全措施不得力、消防设施不过关，个别学校还存在管理混乱的现象。为切实加强学校消防安全管理工作，预防火灾和减少火灾危害，保护广大师生员工人身、财产和公共财产安全，保障学校教学、科研、生产、生活的顺利进行，学校安全应得到充分的重视。对楼道、围墙、栏杆、电线、开关、锅炉、食堂、照明灯、体育设施、车辆等易出现安全隐患的部位要定时、定期检查。学校安全的重中之重就是防火安全。

### 34.7.2 校园消防安全

为了加强学校的消防安全管理，保护公共财产和师生员工的生命财产安全，减少火灾损失，杜绝重、特大火灾事故的发生，应制定责任制如下。

① 学校防火安全委员会(防火委)全面领导学校的消防安全工作，研究解决全校性防火工作的重大问题，研究决定对火灾责任人和责任部门的处理意见。

② 按照“谁主管，谁负责”的原则，层层落实防火安全责任制。每年初校防火委与各有关部门签订一次“消防安全责任书”，定期组织有关部门开展全校性的防火安全大检查。

③ 各部门主要负责人是本部门防火工作的第一责任人，必须按照“消防安全责任书”的要求，全面落实消防安全责任制。定期组织本部门有关人员对所辖部位进行防火检查，及时消除各种隐患，保证疏散通道畅通和消防设施处于完好状态。

④ 保卫处负责全校消防安全工作的监督检查和指导，对存在火险隐患的部位及时提出整改意见，下达隐患整改通知书。负责对校义务消防队的组织和领导，定期对义务消防员进行防火灭火知识培训和消防演练。协助有关部门做好消防器材的统计、购买、充装、更换和维护保养工作。发生火灾要立即组织人员赶赴火场进行扑救，事后查清火灾原因、火灾损失、主要责任人和灭火有功人员，向校防火委提出调查报告。

⑤ 义务消防队建设。学校应建立一支由思想、业务素质好，热爱消防工作，有一定消防知识的人员参加的义务消防队，并充分发挥他们的防火灭火作用。义务消防员负责所在部位消防知识的普及和消防器材的维护保养工作；火灾初起时要积极组织人员疏散和实施灭火，并及时报告学校保卫处和部门领导；火情严重时必须立即拨打火警“119”电话报警。

⑥ 防火重点部位的防火工作。保卫处根据实际情况拟定防火重点部位，并报市消防领导部门批准。建立学校防火重点部位档案。各防火重点部位的工作人员必须做好易燃易爆及剧毒危险品的登记和管理工作，严格按照防火安全标准分类存放，定量取用，专人保管。建立严格的防火安全制度和操作规程，悬挂明显的“严禁烟火”标志。工作人员必须熟知防火灭火知识，保持各种灭火器材和设施的良好使用性能。

#### 34.7.2.1 消防工作的组织领导

(1) 消防工作的方针和原则

学校消防安全管理工作实行“预防为主，防消结合”的工作方针，坚持“谁主管，谁负责”的原则，在校党委的统一领导下实行两级防火安全责任制，即学校成立防火安全委员会，处级单位及各教学院、系、机关各党总支分别成立防火安全领导小组。

(2) 各级防火组织的工作职责

① 防火安全委员会工作职责。a. 贯彻执行《消防法》和省、市消防条例，全面领导和负责学校的消防安全工作，逐级落实防火安全责任制。b. 定期召开消防工作会议，研究部署学校的消防安全工作，解决学校消防工作中存在的实际问题，决定重大隐患的整改措施。c. 定期组织学校防火安全大检查，不断完善学校的消防安全设施，改善消防工作条件，消除各种火险隐患。d. 制定学校灭火预案，领导指挥火灾现场的人员疏散、人员救护、灭火、重要物资转移等。研究决定学校一般火灾事故的处理意见，参与公安消防机关对学校重特大火灾事故的调查处理工作。

② 防火安全领导小组工作职责。a. 完成学校“防火安全责任书”中规定的各项消防工作任务，并与所辖部门签订“防火安全责任书”。b. 制定落实各部位的防火安全制度，制定防火重点部位灭火预案，不断完善各项消防安全措施。c. 明确各部位消防工作责任人，建立部位消防安全员岗位责任制，定期安排消防安全员参加消防培训。d. 积极开展消防宣传教育活动，定期对师生及员工进行消防安全教育，充分利用防火安全领导小组中的消防骨干力量，大力普及防火、灭火、逃生自救等消防安全知识。e. 重点岗位的工作人员要先行岗前培训，学生第一次上实验课要首先进行消防安全教育，详细讲解实验室防火安全制度和安全操作规程。f. 负责本部门各种消防设施和灭火器材的维护与管理。及时上报本部门需要维护、更新和增配的各种消防设施和灭火器材的种类及数量。

③ 保卫处消防工作职责。a. 保卫处在学校防火安全委员会的领导和公安消防机构的指导下，负责全校消防安全工作的监督和指导。b. 制定落实消防安全监督检查制度，定期开展学校防火安全大检查，督促有关部门及时整改各种火险隐患。c. 加强学校防火重点部位的防火检查和监督，督促各部门、各部位建立健全防火安全制度和制定火灾预案。

d. 建立健全学校消防工作档案，掌握学校各建筑物的结构、消防水源及消防设施和灭火器材的配备分布情况。e. 负责学校义务消防员（部位消防安全员）的组织领导和培训工作，不断提高其防火、灭火能力。f. 负责消防法律、法规的宣传和防火、灭火及火灾逃生知识的普及工作。g. 承担一般性动用明火和简单装饰、装修工程的审批，并实行监督。h. 发生火灾事故及时赶赴现场，果断处置初起火灾，配合消防队组织重、特大火灾的扑救工作。

④ 义务消防队建设。义务消防队在防火安全领导小组和保卫处的领导下开展工作，消防队员由各部位消防安全员组成，其工作职责有：a. 每周对本部位的消防安全情况进行一次巡查，每月进行一次全面大检查，及时消除各种火险隐患。b. 杜绝违章用电和违章用火，及时更换老化线路。c. 随时向保卫处报告本部位易燃易爆、剧毒和放射性危险品的存放情况，保证各种危险品的存放符合防火要求。d. 搞好本部位消防设施和灭火器材的维护和保养，根据本部位的防火需要，随时向保卫处申报所需消防设备和灭火器材的种类和数量。e. 防火重点部位必须建立防火安全制度和安全操作规程，设置明显的防火标志，制定灭火预案。f. 积极参加保卫处组织的消防安全培训。g. 协助有关部门做好本部位火灾事故的调查处理工作。

（3）消防设施

学校在制订总体发展规划时应充分考虑消防供水管网、消防安全通道、消防设备（消防栓、消防泵等）的布局。校内主干道及主要建筑物周围的道路必须保证大型消防车通行，有地下管道或地下暗沟的路段必须保证能够承受大型消防车的重压。

新建、扩建和改建工程的设计，必须符合《建筑设计防火规范》的规定。施工单位必须严格按照已批准的设计图纸施工，不得擅自改动，并负责施工现场的消防安全工作。工程竣工后，有关部门应当及时组织对工程进行消防检查验收。验收时，应同时通知学校保卫处、后勤管理处和该建筑物的使用部门参加。

学校公共消防设施和灭火器材由保卫处负责维护与管理，各建筑物内的室外消防设施和灭火器材由该建筑物的安全管理部门或使用部门（未明确安全管理部门的）负责维护与管理，室内消防设施和灭火器材由使用该房间的部门负责维护与管理。

（4）火灾预防

学校按照“预防为主，防消结合”的工作方针和“谁主管，谁负责”的原则，全面落实学校防火安全责任制和火灾事故责任追究制。

学校内的所有供电线路和临时接线必须由专业电工进行，任何部门和个人均不得私自乱拉乱接线路。学校有关部门所聘用的电工人员必须持有效的上岗证，并不断加强对电工人员的爱岗敬业教育，严格执行电工人员操作规程，确保学校的用电安全。

校园内严禁焚烧废纸、垃圾、树叶等。防火重点部位严禁动用明火。因工作需要确需动用明火时，必须报经保卫处批准，并采取相应的安全措施，现场要有专人负责，严禁违章作业，确保防火安全。

俱乐部、图书馆、体育馆、学生公寓、餐厅等人员集中的公共场所必须做到：①不超过额定人数；②安全出口应当设置明显的标志，保持消防安全通道畅通无阻；③不得在以上场所存放易燃易爆和剧毒危险品；④电气设备的安装和线路走线必须符合防火规范；⑤坚决杜绝违章用电。

举办大型活动必须例行审批制度。主办单位必须指定安全负责人，制定应急疏散预案和灭火预案，落实各项消防安全措施。

公共活动场所的装饰装修工程按照有关规定应当使用不燃或难燃材料，确需使用可燃材料的必须进行防火处理。绝对不能使用易燃材料或燃烧后会产生剧毒烟雾和气体的材料。

学校根据消防法律、法规的有关规定，确定防火重点部位。

（5）火灾报警与人员疏散

任何人发现火灾时，要立即拨打火警“119”电话报警，任何部门和个人均应无条件为报警提供便利，不得阻碍报警。报警时报警人要沉着冷静，口齿清楚，讲清发生火灾的具体单位，建筑物名称及地点，火灾性质及火势情况，建筑物内有无人员被困，报警人的姓名与报警电话号码。报警后要立即安排人员到校门口接应消防车。同时要采取一切手段向着火建筑物内的人员发出警报。火灾现场中的行政职务最高者是火灾现场的临时指挥员，有义务根据火场情势合理地组织人员进行灭火，有秩序地对建筑物内的被困人员进行营救和疏散。存放有易燃易爆危险品或贵重物品的应视情况及时组织人员进行安全转移。

（6）火灾事故的调查与处理

火灾事故后的现场，未经允许，任何人不得再行进入。发生火灾时，对现场发现的可疑人员要立即加以控制，防止其逃跑或对现场进行破坏。发生火灾后的目击者、知情者和火灾部门的防火负责人要积极配合有关部门进行火灾事故的调查工作，积极向调查组提供物证和言证。发生火灾的部门事后要及时向保卫处递交书面报告，报告内容包括发生火灾的时间、地点、起火原因、扑救过程、火灾损失、事故责任人、本部门应吸取的教训、火灾事故后采取的整改措施等。由保卫处向学校防火安全委员会写出一般火灾事故的调查处理报告。由学校防火安全委员会研究决定对火灾事故责任部门、责任人的处理意见。

#### 34.7.2.2 学校防火安全管理制度

（1）建立明火作业审批制度

为保护学校环境，防止或杜绝火灾发生，校园内禁止焚烧废纸、树叶等垃圾。

保卫处亲临现场鉴定批准后，签发明火作业许可证方可作业。

明火作业时，应清除施工现场及其周围的可燃物，检查动火设备技术状况，并采取可靠的防火措施，配足备齐相应的消防器材，安排专人现场监护。

不得未经批准私自动火作业或焚烧垃圾。

（2）消防安全逐级检查制

学校防火安全委员会每季度对学校消防安全情况进行一次大检查，并对发现的火险隐患立即责成有关部门限期进行整改。

专职消防监督员每日对学校消防安全重点部位进行一次巡查，并对一般部位定期进行抽查，每月对各校区进行一次消防安全大检查。发现隐患要及时下达隐患整改通知书，要求当场整改或限期整改。对于久拖不改或由于条件限制暂时无法整改的火险隐患，要及时逐级上报。

校区消防员每日对本校区消防重点部位进行巡查，并对一般部位定期进行抽查，每月对本校区进行一次消防安全大检查。发现隐患及时下达隐患整改通知书，要求当场整改或限期整改，并将隐患整改情况及时向保卫处汇报。

部门消防安全领导小组每月组织有关人员对本部门各部位进行一次全面检查，发现隐患立即整改。对于本部门无力整改的火险隐患要及时报告分管校领导或保卫处。

各部位、各岗位的消防安全责任人，要坚持班前、班后自查，发现隐患及时整改。对于危险性较大或自身无力整改的火险隐患，要及时向部门领导和保卫处报告。

各级消防安全检查（巡查）情况要做好书面记录，以便备查。

(3) 消防教育培训制度

消防安全教育培训的目的是让师生及员工知道消防法律法规的基本规定和基本要求，认识火灾的危害性，懂得火灾预防、火灾扑救和火灾逃生的基本方法，提高预防火灾的自觉性，防止或杜绝重特大火灾事故的发生。

学校采取全方位、多层次的消防安全教育培训方式，通过召开防火安全工作会议，传达贯彻有关消防工作的法律法规和文件，部署、安排和检查学校的消防安全工作，增强各部门做好消防安全工作的责任感和自觉性。

部位的工作人员进行消防培训和消防演练。

利用学校的校园网优势，建立学校消防网站，及时报道学校消防新闻及国内外重、特大火灾案例，普及防火、灭火和自救逃生知识。

利用校报、宣传板等宣传工具，开展“119”消防宣传教育活动。

举办全校师生及员工参加的消防安全知识竞赛活动。通过开展竞赛、公布答案，使师生及员工能够更加系统地掌握消防安全知识。

在公安消防机构的配合下，有计划地在学校组织大型消防演习或消防运动会，以不断提高师生及员工的灭火实战技能，掌握火灾逃生的基本方法。

(4) 火灾事故报告、调查处理

任何部位发生火灾，现场人员或岗位责任人要立即报警，同时积极组织扑救，将火灾扑灭在初起之时。

保卫人员和部位责任人从报警到调查处理火灾事故结束，始终要保护好事故现场，待现场勘察结束后，经公安消防部门或保卫部门同意，才能组织清理现场。

任何部门发生火灾后，不管火灾事故大小，都必须在积极组织扑救的同时，及时报告保卫处或保卫处消防科，不得隐瞒不报。

调查处理火灾事故，应按“三不放过”的原则，查明原因，分清责任，总结教训，落实整改措施；并根据事故情节，依据相关规定，追究有关人员的责任。情节严重的，报公安消防部门依法处理。发生火灾事故（无论事故大小）隐瞒不报的，依照相关规定，追究相关人员的责任。

发生火灾后，保卫处应将事故经过、火灾损失和调查处理情况，在防火档案中登记备案，并写出书面报告，呈报学校防火安全委员会和公安消防部门。

(5) 消防联动设备定期检查

为了保证消防联动设备的良好运行状态，控制室值班人员应对消防联动设备进行以下的定期检查和试验。

每日检查 值班人员每日应检查火灾自动报警系统及消防联动系统的功能是否正常，如发现不正常，应在日登记表中记录并及时处理。

每月（季）试验和检查 按产品说明书的要求，试验火灾报警装置的烟感、温感探测器和声、光显示是否正常。试验自动喷水灭火系统管网上的水流指示器、压力开关等报警功能、信号显示是否正常。试验方法：打开末端试验阀，有压力水流出，片刻后，此层水流指示器和报警阀压力开关动作，并将信号反馈到控制室。

有联动控制功能的下列消防控制设备，应采用自动或手动检查其控制显示功能是否正常。

① 防排烟设备、电动防火阀（门）、防火卷帘等控制设备。

② 室内消火栓、自动喷水灭火系统等的控制设备。

③ 火灾事故广播、火灾事故照明。

以上试验均应有信号反馈至消防控制室，且信号清晰。

预制电梯停于首层试验，归底信号反馈到控制室。

消防通信设备应进行消防控制室与所设置的所有对讲电话通话试验、电话插孔通话试验，通话应畅通，语音应清楚。

检查所有的手动、自动转换开关，如电源转换开关，灭火转换开关，防排烟、防火门、防火卷帘等转换开关，警报转换开关，应急照明转换开关等是否正常。

进行强行切断非消防电源功能试验。

(6) 消防控制室人员值班制度

负责对各种消防控制设备的监视和运用，做好检查、操作等工作，不得擅离职守。

熟悉本系统所采用消防设施的基本原理和功能，熟练掌握操作技术，能协助技术人员进行修理或维护，不得擅自拆卸、挪用或停用室内、外设备，保证设备正常运行。

发生火灾要尽快确认，及时、准确地启动有关部位消防设备，正确有效地组织扑救及人员疏散，给领导决策当好参谋，并应拨“119”报警，不得迟报或不报。消防队到场后，要如实报告情况，协助消防人员扑救火灾，保护火灾现场，调查火灾原因。

对消防控制室设备及通信器材等要进行经常性的检查，定期做好各系统功能试验，以确保消防设施各系统运行状况良好。做好交接班工作，认真填写值班记录、系统运行登记表和控制器日检登记表。

宣传贯彻消防法规，遵守防火安全管理制度，以高度的责任感完成各项技术工作和日常管理工作。

积极参加消防专业培训，不断提高业务素质。

### 34.7.3 学校用电安全

① 安装和维修电气设备线路，必须由电工按《电力技术规则》进行。

② 仓库的电器和线路必须按《仓库防火安全管理规则》进行安装。

③ 各楼值班室、教研室、计算机房、学生公寓、临时工宿舍、车间、仓库及其他消防重点部位，严禁私拉电线和使用电热器具。

④ 严禁使用不符合规格的保险装置。电气设备或线路不得超负荷运行。

⑤ 架设高压电力线路不得通过建筑物和易燃易爆物品堆垛上空。

⑥ 电气设备操作人员必须严格遵守操作规程，工作时间不得擅离岗位，并对运行设备进行定期检查。发现问题及时报告电工修理，工作结束后必须切断电源，做到人走电断。

⑦ 电工对学校及各部门的电气设备和线路应经常检查维修，每年应进行两次绝缘遥测，发现短路和绝缘不良，应及时维修。

⑧ 易燃易爆场所的电气设备、线路必须符合防爆要求。

⑨ 电气设备着火时应首先切断电源，然后组织扑救。

### 34.7.4 实验室易燃易爆化学物品安全

实验室安全主要是使用危险化学品的安全问题，特别中学和大学。近年实验室危化品爆炸、中毒事故频繁发生，引起广泛关注。保障实验室危险品安全要做到：

① 采购、使用和管理化学危险品的工作人员，应熟悉化学危险品的特性、防火措施及灭火方法。

② 化学危险品的仓库，耐火等级不得低于二级，要有良好的通风散热设备，定期进行测温检查。

③ 储存化学危险品应按性质分类，专库存放，并设置明显的标志，注明品名、特性、防火措施和灭火方法，配备

足量的相应的消防器材。性质、灭火方法相抵触的物品不得混存。

④ 存放化学危险品的仓库和正在使用化学危险品的实验室，严禁动用明火和带入火种，电气设备、开关、灯具、线路必须符合防爆要求。工作人员不准穿带钉子、铁掌的鞋和化纤衣服，非工作人员严禁入内。

⑤ 维修、检查设备机件，严禁使用汽油等化学危险品。

⑥ 对怕潮、怕晒等物品，不得露天存放，以防因受潮或暴晒而发生火灾、爆炸事故。

⑦ 搬运和操作化学危险品应轻装、轻卸。严禁用产生火花的工具敲打和启封。

⑧ 运输化学危险品达一定数量时，必须专车运输，配备相应的消防器材，由懂其性质的专人押运，并办理运输手续；性质相抵触的化学危险品不得同车运输，严禁携带危险品乘坐公共交通工具。

⑨ 剧毒物品应专库存放，必须由两人两锁共同保管，一起领用，一起退回。领用危险品必须经部门领导批准，使用氰化物、氧化锌等剧毒物品应有教研室或实验室主任级以上人员监督使用，随领随用，剩余退回。

## 34.8 地铁安全

### 34.8.1 地铁安全问题

地铁安全问题首先是设备方面的隐患，车站和车厢内安全装置不足。有些地铁车站内虽然安装了火灾自动报警设备、自动喷淋灭火装置、除烟设备和紧急照明灯，但是这些安全装置在对付严重火灾时仍明显不足，尤其是自动喷淋灭火装置。

在地铁消防设计方面，相关规范颁布前建造的地铁，在防火分区划分和消防设施设置等方面还存在先天不足。地铁内附设了许多商业场所，这些场所与运营场所之间如何采取防火分隔等 措施，现行规范对其没有做出明确规定，一旦发生火灾，难以保证这些场所与运营场所的消防安全。

一些采用自动检票系统的新建地铁，除检票口可以通行外，其他开口均用栅栏门封闭，火灾情况下，仅靠检票口难以迅速疏散人群，如何保证栅栏门平时关闭，紧急情况下自动开启，需在现行规范中进一步规定。

目前地铁内没有消防人员专用通道和供消防人员使用的消防无线通信设施，火灾情况下消防人员的灭火救援工作将会受到影响，而现行规范对此未做出相应规定。

相关规范颁布后建设的地铁，其排烟系统及其组合开启模式的设计是否能确保火灾情况下烟气迅速排除还不十分肯定。

地铁消防安全管理方面，地铁部门虽制定有消防安全管理制度、岗位职责、处置火灾事故和抢险救援预案，但没有真正落实到每个岗位，员工对火灾事故应急处置措施掌握不够全面，缺乏整体协作处置火灾事故的能力。已配备的消防设施缺乏定期检测，难以保证完好有效。严格遵守安全操作规程及用火用电制度不够，违章作业还没有完全杜绝。

此外，地铁部门还缺乏处置火灾事故的专业队伍和特种装备。

### 34.8.2 地铁安全

#### 34.8.2.1 地铁安全管理措施

① 不得携带以下物品进站乘车：a. 易燃、易爆、有毒等危险品，或有刺激性气味的物品；b. 枪械弹药和管制刀具（持有有效证件并执行公务的国家安全、军务、警务和海关等特种人员可照章携带）；c. 禽畜、宠物（如鸡、鸭、鹅、狗、猫）或其他易污损、影响列车卫生的物品；d. 其他可能危及人身安全或影响地铁设施安全的物品（如锄头、扁担、铁锯、铁棒等）。地铁工作人员有权对乘客携带的物品进行安全检查。对携带危害公共安全的易燃、易爆、有毒等危险品的乘客，将责令其出站；拒不出站的，移送公安部门依法处理。

② 不得攀爬、跨越或钻越围墙、围栏、栏杆、闸机等。

③ 不得跳下站台，进入轨道、隧道等禁行区。不得拦车、扒车、拉车门、用任何物品阻止车门关闭，以及用任何方式阻碍列车的正常运行。

④ 不得在正常情况下按压、扭动任何紧急安全装置以及有警示标志的按钮、开关。

⑤ 不得损坏或擅自移动地铁设施。

⑥ 乘自动扶梯时，应握紧扶手、靠右站稳，照顾好儿童和老人，不要多人挤站在同一级扶梯上或在扶梯上打闹、奔跑。

⑦ 不要互相拥挤，防止掉下轨道或被列车挤伤。

⑧ 候车时必须站在黄色安全线以内，注意照看好儿童和老人。严禁在站台边缘与黄色安全线之间行走、坐卧、放置物品。

⑨ 上下车时，请留意站台与列车间的空隙。

⑩ 当列车关门的提示警铃鸣响时，不要抢上抢下，防止夹伤。

⑪ 不要手扶车门或挤靠车门。

⑫ 发生紧急情况，应保持镇静，听从地铁工作人员的指挥，不得擅自打开车门或强行下车。

#### 34.8.2.2 地铁消防安全措施

（1）严把装饰装修关

① 要按照消防法律法规的标准装饰装修，报送公安消防机构进行审核验收。

② 新建、改建、扩建的场所要按规定尽可能做到简易装修，并使用不燃、难燃材料。若使用可燃材料，必须按有关规定安装自动报警或自动喷淋系统。严禁使用易燃材料。

③ 对装修阻隔疏散通道，遮挡防排烟口，破坏防火防烟分区划分，影响报警探头和自动喷头正常运作的建筑，必须强制拆除。

④ 对已经装修的场所，要进行阻燃处理，面积较大的必须按规定增设自动报警或自动喷淋系统。

（2）把安全通道作为经营管理的重中之重

安全通道是火场的生命线，消防管理同样要坚持“救人第一”的原则，要把安全通道的管理放在首位。安全出口、疏散通道不符合消防要求的场所绝不能营业。

① 严格按照有关管理规定，确定安全出口数量、疏散通道宽度和额定人数。门的安装要符合特定要求。

② 要着重强调在营业期间安全出口必须全部开启，疏散通道一定要保证畅通。因特殊情况确定要关门的，要派专人守护。

③ 必须在楼梯、楼道转角等处设置足够数量的安全疏散指示标志和应急照明灯具，并符合安装要求。

（3）规范电气使用管理

① 场所内的电气线路应经专业电工安装布线，规范固定，严禁私拉乱接。

② 场所值班人员每天巡查线路，定期请专业电工检测，发现电路或电线异常要及时维修更换。

③ 接入新的用电设备，应详细计算用电负荷，需向专业电工咨询。否则应另敷设线路，并选用合适的电线。

④ 敷设于吊顶和隔断墙内的线路必须要有防火措施，对于三级耐火等级建筑必须将电线穿硬质塑料管或钢管。暗装灯具周围要有隔热散热保护措施，电器要远离货物或装饰物。

⑤ 对场所内的住宿用电和营业用电要分开管理，要切断电源总闸。熔丝熔断时，要认真检测电气线路，再更换符合型号的熔丝，严禁用铜丝、铁丝等代替。

(4) 加强消防安全管理

① 场所的消防安全工作要定人定责，督促落实好日常防火工作。特别是局部施工时，防火人员要坚守岗位，除协助做好施工现场的防火管理和外来人员的管理外，还要有应付意外火情的准备。

② 值班人员要增强责任心、提高警惕性，做好每天营业期间和营业后的检查，防止吸烟引起火灾或放火，检查是否关闭燃气阀门和电气开关。

③ 每天认真做好消防设施的检查和试运行，发现故障及时排除，一时维修不好的，要采取相应的补救措施，确保发生火灾后能早发现、早报警。

④ 加强对安全通道的巡视，及时清除杂物，严防安全出口被封堵，确保营业期间畅通，出现意外时人员能迅速疏散。

⑤ 加强对员工的消防安全培训，做到员工会报警、会灭火、会组织人员疏散。

⑥ 认真制定安全疏散预案，定期组织单位员工进行疏散演练和灭火扑救。市区重大商贸、娱乐场所要积极争取与政府和公安消防部门协调，组织员工和群众每季度进行一次疏散演练。

#### 34.8.2.3 地铁意外事故怎么办

地铁列车这一现代化的城市交通工具，以其安全、高速、准时而受到人们的青睐。越来越多的人喜欢乘坐地铁列车。那么，在乘坐地铁列车时，应该注意什么问题？一旦地铁列车发生意外事故又应该怎么办？

① 面对地下铁道这一特殊环境，首先需要临危不乱，保持安静和清醒的头脑。只有做到这一点，才能有顺利脱离险境的机会。

在乘车时发现车厢内有烟雾，同时闻到类似烧焦的异常气味，不要慌乱，而应立即按响位于每节车厢前部的报警装置通知司机。这时，司机会以最快的速度赶往出事车厢查看，并采取必要的紧急措施。

② 如果车厢内不但有烟雾而且有明火时，应在按响报警装置的同时，拿出放置在车厢座位底下的灭火器，将火扑灭。有的人情急之下乱扑乱打或砸车厢的玻璃窗，这些做法是很危险的，切不可为之。

③ 车厢内着火后，会产生大量的有毒烟雾，吸入后会引起中毒。这时乘客应尽量往车厢前部和中部靠拢。因为车厢前部、中部的顶风扇为进行风扇，车厢后部的顶风扇为排气风扇，这样烟雾多集中在车厢后部。同时应就地取材，用布或毛巾捂住口、鼻，以便尽量减少烟雾的吸入。

④ 在站台、候车大厅、电梯等处遇到意外情况时，乘客一定要听从站台工作人员和救援人员的指挥，迅速而有秩序地脱离事故现场，切不可乱跑、乱闯，误入歧途。

⑤ 人们在乘坐地铁列车时，一定要注意不要倚靠在车门上，尽量往车厢中部走，在发生撞车事故时，车厢两头和车门附近较危险，而车厢的中部相对较安全。

总之，在乘坐地铁列车时，一旦发生了意外事故，作为一名现场乘客一定要冷静，切勿慌乱，否则会发生不应有的损失。

## 34.9 体育运动安全

### 34.9.1 体育锻炼的安全措施

#### 34.9.1.1 体育锻炼前的安全措施

(1) 把握当日的身体状况

在当日运动前，若出现如下症状时，激烈运动或强度过大的运动（超长距离跑）应该中止或改换轻度运动。

①睡眠不足；②有过度疲劳感；③宿醉酒后（宿醉未醒）；④受强的精神刺激后；⑤感冒、痢疾或其他身体不适；⑥使用药物后（神经镇静、降压、心脏病类药物等）。

(2) 环境条件

在过热或过冷的环境条件下进行运动，对锻炼年轻人的意志与耐力方面会有积极的作用。但是对中老年人来说，就存在着一定的危险，因此，运动时应注意时间段的选择。夏季应选择凉快的时间段进行运动，冬季则应在暖和的时间段参加运动。

(3) 准备活动

① 准备活动的作用包括以下方面：a. 促使代谢活动旺盛，提高机体呼吸及循环功能；b. 利于氧气吸入及运输，提高氧气在体内利用率；c. 提高体温，使肌肉、肌腱的供血充分，预防肌肉撕裂伤及肌腱断裂；d. 增加关节的活动性和肌肉的柔韧性；e. 促使身体内部各功能器官进入运动适应状态，有效预防运动创伤发生；f. 充分发挥机体运动功能，提高运动效果，提高运动成绩。

② 准备活动的内容。准备活动一般有快走、慢跑及原地连续性徒手体操等全身性活动形式。这些活动能使四肢关节活动度加强，有助于一般性运动能力得到提高。在此活动之后，最好再做一些与主项运动内容有关的模仿练习动作，这样可促使大脑皮质中的运动中枢兴奋性达到适宜水平，使身体做好充分的准备，从而提高运动效果。准备活动持续时间的长短、强度的大小，应根据运动者年龄、身体情况、训练水平的差距制定。如在夏季时，准备活动就不要练得太久，以免引起疲劳。与正式运动之间有1～3min的间隔较为适宜，也可不休息直接进行锻炼，切忌准备活动后休息时间过长而失去作用。

#### 34.9.1.2 体育锻炼中的安全措施

体育锻炼中的安全措施，最重要的是自我保护。下边是在体育锻炼中常见的几个症状。

(1) 呼吸困难症状

对于还未适应运动的人，在运动刚刚开始1～2min即感到呼吸困难，常使运动无法再继续下去。其大部分情况都是呼吸、循环的氧气运输能力还没有充分提高之前，无氧供能的能量枯竭或血乳酸显著升高。努力克服此症状，对运动锻炼是有一定意义的。此时可中止运动，休息数分钟使身体恢复平静状态之后，再接着从轻运动开始练习。一般人只要运动强度不大，是可顺利从无氧过程过渡到有氧过程的。10～20min的运动也能简单地完成。若在5min以内有呼吸困难症状者，可考虑该运动的强度过大，不适宜该人。

(2) 腹痛症状

跑步中常发生的腹部疼痛症状，原因很多，但大多是由于运动和胃肠痉挛或肝脾淤血引起的。胃肠痉挛多由肠内储积废气所致，某些食物在胃肠道内发酵而产生一些废气。另外，进食过饱或过多饮用碳酸性饮料也能引起腹痛，再者是进食、进水、吞咽唾液时带入食管的冷空气刺激所致。肝脾淤血引起的腹痛主要是以胀痛为主，这是由于机体进入运动状态后，循环器官（心血管）功能没有立即适应，回心阻碍多而心搏量相对较少，引起静脉血在肝脾内一时性的淤滞。当腹痛发生时，中止运动或减慢运动速度，即可自然消除疼痛症状。容易发生腹痛者，在日常生活中应注意调节食物结构，食用容易消化的营养食品，并养成每日早晨大便的习惯，还有必要控制运动前、运动中的碳酸性饮料的摄入量。还要认真对待准备活动，使机体逐渐进入运动状态，在跑步中要掌握正确的呼吸方法，用鼻呼吸而不用口呼吸，根据运动量来调整呼吸的节律及深度。总之，应避免腹痛发生，保证运动的顺利进行。

（3）胸闷症状

运动中还常有胸前区发闷、发胀、发痛等症状发生。这是因人心脏缺血所引起的心疼痛或冷空气刺激支气管而引起的气管痛症状。心前区疼痛者大部分人有冠状动脉硬化症，此外心脏肥大或贫血者也容易并发此症，一旦发生心前区疼痛症状，应由临床医生进行细致的检查，然后根据结果进行必要的治疗。过去认为，运动时所产生的心前区疼痛症状，对机体是有害的。现在的研究表明，除特别严重者以外，一般是不必担心的。只要不引起其他临床症状，是可以进行适当运动的。而且，运动还具有一定的治疗效果。对于支气管疼痛症状，可通过间隔运动使其自然消失。若在运动中发生干咳症状时，要调整呼吸使其缓解，寒冷季节还应戴口罩进行运动，以防止寒冷空气对呼吸道的刺激。

（4）下肢疼痛症状

运动所引起的下肢疼痛有各种各样的症状，根据症状的不同，处置方法也各不相同。

长期不运动者，初次参加运动时，次日可感到小腿（小腿一头肌）和大腿（股四头肌）部位的大部分肌肉痛。这是由于激烈运动导致乳酸积累，从而引起肌肉细胞膨大或渗出性无菌性炎症所引起的疼痛，无须做任何特别的处理，1～2日即可自然消失，所以对此不必过分担心。疼痛的反应可引起一次性的运动量减少，或1～2日的中断运动等，本人可根据实际情况进行判断处理，疼痛不严重时可坚持小运动量。

从开始跑步到坚持2周以上时，逐渐会出现足、膝的关节疼痛。这是由于反复地施加的过大运动量给骨或关节韧带增加了负荷。此种疼痛比较顽固，这时应中止锻炼数日，等疼痛消失后再开始运动为宜。再度开始运动时，运动强度应该比前次减小。疼痛的产生有时与环境因素有关。例如，道路的硬度、鞋的不适等原因都可诱发疼痛。反复出现疼痛时，应该到医院检查，以明确疼痛原因，进行对症治疗。

运动中突发的下肢疼痛，可能是由扭挫、肌肉撕伤、肌腱断裂甚至是骨折等所引起的。此时原则上要保持安静，应该接受医生的诊断治疗，不及时治疗可能发生后遗症。

中暑是因高温或受到烈日的暴晒而引起的疾病。由于造成中暑的条件不同，以及引起的机体病理性变化不一样，中暑可分为中暑衰竭、中暑痉挛、日射病、中暑高热等类型。

在高温环境中长时间进行运动时，体温异常上升，使汗难以蒸发，则引起运动性中暑。尽管典型中暑症状包括无汗，但运动性中暑的最初症状是大量出汗脱水。在强烈日光（紫外线）过分照射下所引起中暑称为日射病。

日射病的症状：患者感到剧烈的头痛、头晕、眼花、耳鸣、呕吐、烦躁不安等。严重时昏迷、惊厥，但体温正常或微升。日射病的特征是体温上升时却感到寒冷，皮肤出现“鸡皮”样变化。这些症状在临床易发生误诊。要注意采取应急措施对待。这种情况尤其是在无风、高温、太阳照射强度高的环境条件下剧烈运动时，容易发生。所以应该避免在这种环境中做长时间剧烈运动。老年人及有中暑史的人在劳累后参加锻炼时尤易发生。当白天气温超过28℃，长距离运动应该中止。在气温接近28℃的情况下，可将长距离跑程安排在午前9点前或下午4点后的时间段进行，以避开正午的高热。

（5）补充水分的方法

饮水量应按照运动量和排汗量的多少来相应调整，不可滥饮。研究证明，时速7km的长跑，每小时最大排汗量为1.1L，饮水量必须区别对待。大量饮水会给心脏增加负担。

轻度运动中发生发口渴现象时，不要饮水，这是口腔咽喉黏膜干燥引起的，可以用温开水漱漱口，以缓解口干舌燥症状即可。

运动中或运动后，每次饮水量要合理，绝不可开情畅饮，一次水分的摄取量应在100mL左右为宜。超长距离跑的途中，可根据发汗量的多少，以间隔20～60min一次的频率进行补水调节。

出汗失水也丢失盐分，大量的补水还有使血浆渗透压降低的危险，因此有必要在补水的同时加入一定量的盐。在运动员专用饮料中一般都加入了适量盐。切不可饮用生水和过量的冰水，水温约15℃为宜。考虑到能量的补充，还应在饮料中适当添加一些糖分。饮料的渗透压比血浆渗透压低，吸收迅速，是有效的能量补充剂。但是，为健康而进行的轻度运动，通常没有极端的脱水现象，所以一向不需要过分考虑水盐糖的补充问题。

#### 34.9.1.3 体育锻炼后的安全措施

（1）整理活动

运动锻炼后的整理活动是加速代谢产物的清除，加快体力恢复及防止运动锻炼后昏厥，甚至是预防死亡事故发生的重要措施，因而要认真对待整理活动。

（2）沐浴和洗澡

在运动后进行沐浴，可使心情爽快，促进疲劳消除。特别是在大量出汗后，沐浴更是不可缺少的。洗澡不仅可以清洁皮肤，还可促进血液循环，加速体内的废物排泄和促进疲劳的消除。洗澡有如下几方面作用：①促进皮肤和肌肉的血液循环。②镇痛作用。③加强新陈代谢。④使肌肉放松，肌张力下降。⑤可消除精神紧张，解除疲劳。

（3）睡眠

睡眠是消除疲劳最有效的手段。睡眠不足，就会加重疲劳的积累，身体的恢复就会推迟，身体状况就会紊乱，甚至次日运动时发生事故。因此，每个参加运动的人都应注意提高睡眠的质量，促进疲劳的消除和体力恢复。更重要的是按时睡眠，养成良好习惯，并保证有7～8h的睡眠时间。

### 34.9.2 体育设施安全管理

① 依据各类体育设施的安全标准，对所有体育场地、器械进行一次彻底的摸底、检查，尤其是对大件体育器械，如足球门、篮球板、篮球架、跳箱、山羊、单双杠等要做重点检查。对于不符合安全标准的，存在安装不当、使用期限已过、老化等使用隐患的，要立即修理或做报废处理。不得购置劣质和不合格的体育器械。

② 对各项体育设施和场地，要建立保管、检查、巡视、维修和养护管理等制度，并由专人负责，形成责任制，确保体育设施完好、合格，杜绝超期服役或带伤作业。

③ 开展多种形式的体育安全知识宣传，在各体育活动场所标明相应器械设施等的安全使用说明以及科学锻炼与自我救助方法。人们在参加体育锻炼时要注意检查体育器械，要科学、合理地使用体育器械，提高学生参加体育锻炼时的自我保护与自救意识。

④ 制定应急预案。各体育健身单位应该成立一套专门的体育安全事故处理领导小组和预备队伍，确立有关责任人与相应设备设施，并主动与相关急救中心沟通合作，保持联系畅通，争取在第一时间赶到现场，尽快组织抢救。

## 参考文献

[1] 邹德远. 职工三级安全教育知识. 青岛：青岛出版社，1995.

[2] 李峥嵘. 大学生安全教育. 西安：西安交通大学出版社，2011.

[3] 国家安全生产监督管理局. 安全文化论文集. 北京：中国工人出版社，2002.

[4] （美）瓦伦等. 现代饭店管理技巧. 潘惠霞等，译. 北京：旅

游教育出版社，2002.
[5] 李德仁. 安全培训教程. 北京：中国地质大学出版社，1990.
[6] 刘其伟，王燕，单连高. 安全知识教育. 北京：人民邮电出版社，2009.
[7] 贾建民. 公共聚集场所消防安全. 北京：中国石化出版社，2008.
[8] 安全生产普及知识百问百答丛书编写组. 公共场所安全知识百问百答. 北京：中国劳动社会保障出版社，2011.
[9] 张丽梅. 旅游安全学. 哈尔滨：哈尔滨工业大学出版社，2011.
[10] 裴岩. 公共场所安全防范. 北京：中国社会科学出版社，2008.
[11] 郑正. 学校户外运动安全指导. 成都：四川大学出版社，2008.
[12] 蓝翀. 我国中小学公共安全教育现状及对策研究. 商业文化报，2012.

# 35 自然灾害防范

## 35.1 自然灾害与公害分类

自然灾害一般分为自然灾害、人为-自然灾害和公害。

(1) 自然灾害

地质灾害：地震、地陷、泥石流等地质因素造成的灾害。

气象灾害：旱、涝、台风、飓风、龙卷风、冷害等灾害。

(2) 人为-自然灾害

水灾：由于自然引发与人为失误导致的城市水灾、洪灾。

生物灾害：病毒流行、作物病害、鼠害，如上海的毛蚶病毒和香港的禽病毒，以及“非典”和“禽流感”等。

雷击事故：雷电对人、建筑物等造成的伤害事故。

(3) 公害

空气污染：由于汽车尾气、生活燃烧排放物、工业排放等原因造成的空气污染。

噪声：工业生产噪声、生活噪声、交通动力噪声等。

城市酸雨：由于空气污染物引起的酸雨污染危害。

辐射危害：由于电子微波、建筑天然装饰物中的氡放射体等造成的辐射危害。

## 35.2 地震灾害防治

地震是一种地质性灾害。毁灭性大地震是严重影响人类繁衍生息和社会发展的一种可怕性天灾，又是具有瞬间突发性的严重社会灾难。随着现代都市建设的发展、工矿企业集中和人口密度的增加，地震造成的破坏越来越严重。发生于北京时间2008年5月12日的汶川地震，造成了69227人死亡，374643人受伤，17923人失踪，造成的直接经济损失约8451亿元人民币。

千百年来，人们在不断寻求减轻地震灾害的良策并积累了不少经验。但迄今在全世界范围内还未找到一种能阻止地震灾害发生的有效办法和技术，只能通过科学预测、政府对策、社会民众行动的三者组合措施才能减轻地震对人类社会的灾害程度。

### 35.2.1 地震灾害的预警

地震灾害的预警，是人们进行震前准备和应急避险的先决条件。大地震之前，人们能观察到自然界一些反常现象，如：

① 动物异常反应。猪马牛羊不进圈，老鼠成群往外逃；鸡飞上树猪乱拱，鸭不下水狗狂叫；冰天雪地蛇出洞，燕雀家鸽不回巢，兔子竖耳蹦又跳，游鱼惊慌水面跳；蜜蜂群飞闹哄哄，大猫衔着小猫跑等。

② 气象异常。暴风、大雨、突然酷热、久旱、洪涝等。

③ 地下水位异常。水位升降大，翻花冒泡，有的变颜色，有的变味道等。

④ 植物异常反应。如提前出苗、开花或重开花等。

⑤ 地壳变化。在一些地层活动区，中小地震频繁，而后突然平静，这是大地震要很快发生的信号。尤其是在大震前短暂时间内，可出现地光、地声等宏观预测现象。

另外，地震研究部门借助仪器观测，可发现地震前一些地球内部和表面的物理、化学变化等异常现象。如地磁场、地电场、重力场的变化，大地变形，地下水化学成分变化等地震前兆的微观预测现象。

地震部门可根据地震前的宏观、微观预测现象分析、判断，做出地震面积大小、强弱的结论。通过政府部门向公众社会发出地理警告或地震警报，要求人们采取防震措施。但是地震预报目前尚处在摸索阶段，临震预报成功率低，人们应特别注意临震宏观预测现象的观察。

### 35.2.2 地震区建筑的抗震设计

地震区的建设应在地震预测预报和地震区划的基础上进行，根据国家的经济实力和技术水平，正确估计地震区内不同区域的设防标准，进行建设的抗震规划，将各类建筑和生命线工程等建筑群安置于相对地震安全区。对地震区的建设必须注意以下几个方面。

① 建筑物场地应选择在对抗震有利的地段，并应尽量避免在极不稳定的场地（如沼泽、流沙、新填土、陡屋、陡坡或临近陡坡的平台）上进行建设。对不良的地基应做处理，选择合理的基础形式。

② 地震区的建设总体规划应在建筑物与建筑群之间留有足够的空旷地带，以使地震时有利于人员疏散和防止火灾的蔓延。

③ 地震区建筑物应按抗震设防标准，遵照抗震建设规范进行设计，采取抗震构造措施。

(1) 结构抗震设计

工程抗震设防标准是以合理的安全度衡量的。安全度是指在经济与安全之间的合理平衡，可以用效益最大的原则表示。我国的抗震设防标准是：对小地震，结构不受损坏；对中等地震，主体结构不显著破坏，非结构部分可有某些损坏；对大地震，结合部构件和设备允许有大的破坏，但必须保证生命安全，对某些重要设施和设备，特别是应急状态下对公众安全和生活起主要作用的设备，在地震区要保持正常运行。

结构抗震设计因地震荷载的特殊性，必须在恰当的阶段考虑，图35.1为结构抗震设计流程。

结构抗震设计中需要考虑以下几个方面。

① 体型均匀规整。无论是在平面上还是在立面上，结构的布置都要力求使几何尺寸、质量、刚度、延性等均匀、对称、规整，以防止突然的变化。

② 提高结构和构件的强度和延性。结构的振动破坏来自从地震动引起的结构震动，因此抗震设计要力图使从地基传入结构的震动能量最小，并使结构物具有适当的强度、刚度和延性，以防止不能容忍的破坏。

③ 安全部分设计。理想的设计是使结构中构件都具有近似的安全度，即不要存在局部的薄弱环节，最好是进行地震的等破坏设计，即各构件达到破坏而引起结构物达到破坏的安全度相近。

④ 多道抗震防线。使结构具有多道支撑和抗水平力的体系，这样在强震过程中，第一道防线破坏后尚有第二道防线可以支撑结构，避免坍塌。

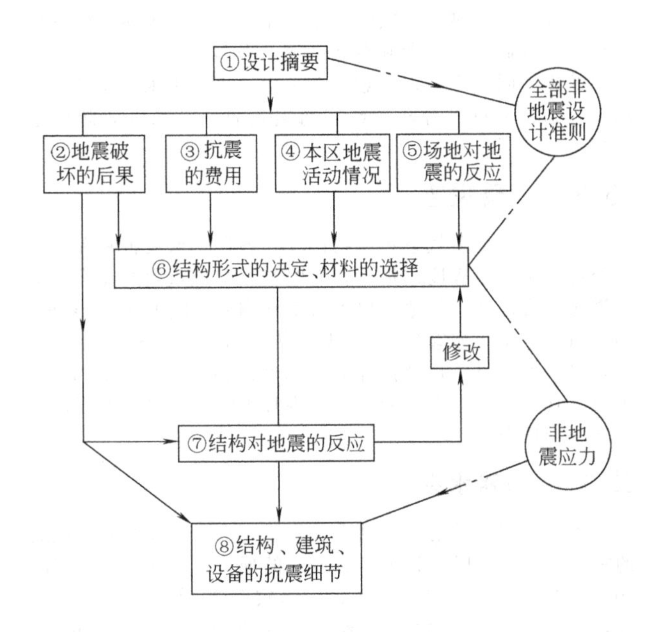


图 35.1 结构抗震设计流程

（2）结构抗震鉴定及加固

震前对缺乏抗震能力的建筑物进行加固可以大大减轻地震灾害，这是显而易见的事实。抗震加固的目标是提高建筑物的抗震强度、抗变形能力及整体性，具体措施见表 35.1。

**表 35.1 常用抗震加固措施及加固目标**

| 加固措施 | 加固目标 | | |
|---|---|---|---|
| | 增加抗震强度 | 提高抗变形能力 | 加强整体性能 |
| 压力灌浆 | √ | | |
| 水泥砂浆抹面 | √ | | |
| 钢筋网水泥砂浆抹面 | √ | | |
| 增强抗震墙体 | √ | | |
| 钢筋混凝土套圈 | √ | √ | |
| 外包角钢或扁钢网笼 | √ | √ | |
| 钢或钢筋混凝土支撑 | √ | | √ |
| 钢或钢筋混凝土圈梁钢拉杆 | | | √ |
| 外加钢筋混凝土、圈梁与钢拉杆 | √ | √ | √ |

其工作流程一般包括以下几方面：

① 抗震鉴定，调查被鉴定、被查建筑，明确加固的目标；

② 选用适宜加固措施，进行加固设计；

③ 保证质量进行加固施工；

④ 逐项进行认真验收。

抗震鉴定依据《建筑抗震鉴定标准》（GB 50023—2009）及桥梁、城市公用设施、城市煤气热力及工业设备等抗震鉴定标准进行。建筑抗震鉴定流程如图 35.2 所示。

（3）建筑材料与施工质量

地震灾害的调查表明，建筑物采用高强、轻质且富有韧性的钢材、木材等建筑材料，具有较好的抗震性能，震害大为减轻。然而，抗震性能好的建筑材料常常难以满足国家经济建设日益发展的需要，当前仍需采用抗震性能差的砖、石等建筑材料。使用这些材料更应按地震区设防标准，限制墙体高度，具体规定砌筑方法、采用砂浆标号、搭接宽度和搭接构造等施工细则，以提高抗震能力。

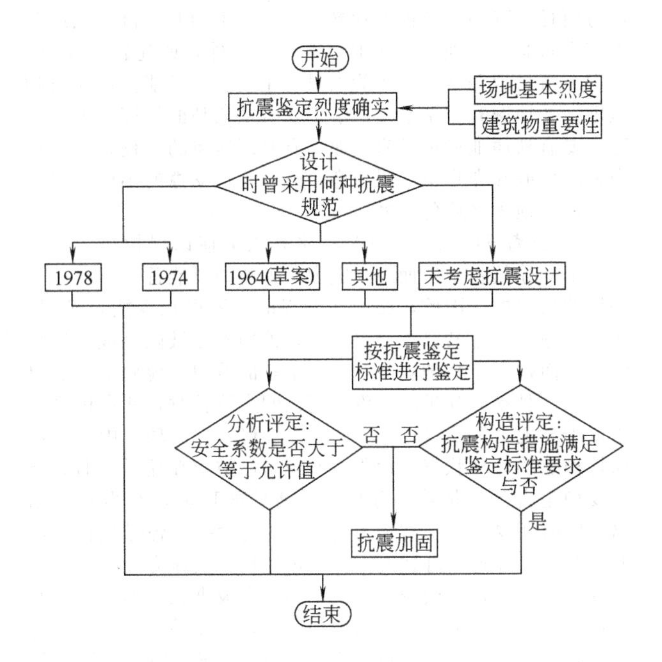


图 35.2 建筑抗震鉴定流程

### 35.2.3 地震灾害避难与救援

（1）防御地震的措施

在一些可能经常发生地震的地区，采取家庭的防震措施可以保证地震时和地震发生后，有秩序地进行家庭的防震救灾工作。根据情况，可以采取以下措施：

① 学习地震知识，掌握科学的自我防御和救护的方法。

② 分配好家庭成员在地震时的应急任务，以防止恐慌而耽误时间。

③ 预先找好地震时疏散路线和躲避地震的地点，要做到道路通畅。

④ 加固室内家具杂物。尤其是睡觉的地方，最好紧邻坚固的大柜子，并且床不要放在靠外面的墙边等。

⑤ 注意防火措施，防止炉子、煤气炉在地震时翻倒；家中易燃物品要保管好；临震的时候，浴室、水桶要储水，准备好必要食品，准备防火用沙；要了解必要的防火、灭火知识。

⑥ 学会掌握基本的救护技能，如人工呼吸、止血、包扎和护理伤员的方法等。

⑦ 必要的时候可进行家庭的地震演习。

（2）遇到地震怎么办

地震发生了要沉着冷静，不要惊慌、乱跑。有的人在地震时从高层楼上向下跳，结果摔死了；还有的人跑到楼外的楼群中，反而由于地震晃动，被从楼上掉下的花盆、砖块砸伤。

那么，遇到地震应该怎样做才正确呢？①如果发现了临震前地光、地声、地动等现象时，必须头顶被褥、枕头、锅盆、安全帽等迅速逃离房屋，到空旷的地方。②如果不能冲出去，则应立即钻到桌下、床下或蹲到墙根下（不要靠近窗户）。如果住楼房，面积小的厨房、厕所可能要比大房间安全些。③在大震稍停的时间里，要迅速拉断电闸，浇灭炉火，关闭煤气、液化气阀门，然后带上震前准备好的提袋、提箱，按震前选定的路线撤离到安全地区。楼房居民千万不能乘电梯下楼。④如果在剧院等公共场所时，地震发生了，不要与众人拥挤，而要先躲在排椅下，或舞台脚下等坚固的地方，等混乱平静后，在地震暂停时，再行动。⑤如果被压在建筑物中，要尽量设法自救，不要盲目乱喊、乱动，增加体力消耗。耐心听外面的动静，当有人走动时，再呼喊或敲击声音求救。⑥地震发生时，恰巧在室外，或先跑出室外，切记不可再返回室中，因为如果发生余震，可能会被建筑物压埋。⑦地震时，学校里的学生要听从老师的指挥，不要乱跑，要有秩序地撤离教室。如果有坚固房屋的学校，老师可带领学生躲在课桌下、讲台旁，或有管道支撑的小房间里。

(3) 地震之后怎么办

① 脱离危险房屋。房屋，本是人类借以保护自己，抗风避雨的建筑物。然而在地震中，人类却可能首先直接死于倒塌的房屋内。因此，必须在倒塌的房屋里减少能量消耗，尽可能地延长生命。一些罹难者，他们不是被砸伤或挤压伤致死，而是由于精神崩溃，失去生存的希望。他们歇斯底里地喊叫、翻动、乱折腾，没等到人们来抢救时，就在极度的恐惧中"扼杀"了自己。因此，在任何恶劣的环境中，都应保持稳定的心理状态。地震后发现自己被埋在瓦砾下时，首先要稳定自己的情绪，分析自己所处的环境，努力寻找出路，同时还要注意节省体力消耗，等待救援。惊慌失措、乱喊乱叫只会加速新陈代谢，耗氧量增加，使体力下降，耐受力降低。另外，在废墟中叫喊，必定会吸进大量烟尘，对呼吸道极为不利，易造成窒息，甚至死亡。如果经过自己的努力，找到出口，应尽快脱离倒塌的房屋，转移到空旷地带，以防再度被倒塌的房屋埋没或砸伤。

② 妥善处理创伤和出血。砸伤和挤压伤是地震中常见的伤害。开放性创伤、外出血和内脏出血是严重的情况，首先应当进行止血，同时抬高受伤的肢体。肢体止血方法有三种。加压包扎法，适用于体表、四肢中、小动静脉的止血。屈曲肢体加垫止血法，多用于无关节损伤的肘、膝关节以下的肢体止血。止血带止血法，适用于四肢大出血。但持续绑止血带不得超过 5h。不可用绳索或电线捆扎。表浅的动静脉出血时，若有同伴在场，可进行指压法止血，同时呼救，或准备按上述止血方法处理。对开放性骨折，不应做现场复位，以防止组织再度受伤，一般可用清洁的纱布覆盖创面，做简单的固定后，再进行转运。受到挤压伤时，首先应适当设法尽快解除重压。肢体肿胀、张力大者，局部血液循环肯定发生了障碍。在伤情许可时，应及早沿着肢体长轴方向先剪开衣裤，再广泛切开伤肢的皮肤、皮下组织，进行减压，以减少坏疽的机会。因为一旦肢体发生坏疽，往往需截肢才能保全生命。为了提高受伤者的治愈率，应根据不同的伤热、伤情，对大批伤员进行分类和分级，即"检伤分类"，以分出轻重缓急，集中力量抢救重伤员，避免盲目和浪费。这样不仅能提高治愈率，而且还能降低致残率和死亡率。

③ 勿忘破伤风和气性坏疽。大地震之后，可以见到许多大面积创伤的病人，其中一些是开放性的创伤，此时要格外警惕破伤风和气性坏疽的发生。感染这两种细菌后，病情发展很快，如处理不当，死亡率很高。因此，遇到大面积创伤的病人，首先要保持创面清洁，用干净纱布包扎创面，怀疑有破伤风和产气杆菌感染时，就立即与医疗队联系，以得到及时诊断和特殊治疗。此外，对大面积创伤和严重创伤的病人，可口服少量糖盐水，预防休克。

④ 防止火灾蔓延。地震常引起许多"次生灾害"，火灾是最常见的一种。在大火中，首先应尽快脱离火灾现场，然后迅速脱下仍在燃烧的衣帽，或用湿淋淋的衣服覆盖在身上，或卧地打滚，也可用水直接浇泼灭火。但切忌用双手打火苗，因为这样会引起或加重双手烧伤。被火烧伤的创面，可用清洁的被单、毛巾等包扎。严禁在创面上涂抹药膏或未经消毒的任何药物，以免增加以后清理创面的困难和发生感染。

(4) 讲究卫生，灾后灭大疫

大灾之后必有大疫。水灾、风灾或地震后，由于卫生设施遭破坏，尸体腐败，蚊蝇大量滋生，在灾区极易流行各种传染病。因此，幸存者和救护人员，均应积极清除传染源、杀灭蚊蝇，同时应特别注意饮食卫生，不饮生水，还可以服用黄连素、痢特灵等药。或者每餐进食一些大蒜，防患于未然。

## 35.3　气象灾害

我国是一个多气象灾害的国家。各种气象灾害常常给国民经济带来一定程度的损失，有时甚至酿成重大的灾难。除了洪涝灾害之外，其他气象灾害对我国有影响的达 10 多种，如台风、干旱、冰雹等。仅以风灾为例，根据有关资料估计，热带旋风每年在全世界造成的经济损失达 60 亿～70 亿美元。其他气象灾害，如雷击、森林火灾及草原火灾等，后面将分别作介绍。

### 35.3.1　洪涝水灾

水灾是因下暴雨，由洪水暴发或河水泛滥等原因而造成的灾害。中国一般年景水旱灾造成的损失占全部自然灾害的 60%以上。1949 年前共发生较大水灾 1029 次，平均两年一次，1949 年后平均每年洪涝灾害面积 1000hm$^2$ (1hm$^2$ = 10$^4$ m$^2$)。

通常说洪水一般是指江河泛滥，淹没田地和城乡所引起的灾难。涝灾则指因长期大雨或暴雨产生的积水和径流，淹没低洼土地所造成的灾难。但洪水和涝灾往往是同时发生的，有时很难区分。形成洪涝水灾的原因是多方面的，它与降水量，地理位置，地形，河道的分布、宽窄、曲度，植被，以及季节等都有密切的关系，但降水量过多则是产生洪涝水灾的主要原因。暴雨是造成洪涝水灾的主要原因。另外，暴雨还会诱发山崩、滑坡、泥石流等次生灾害。

(1) 积极防灾抢险，减轻水患灾害的伤害

① 增强水患意识，切实加强防灾领导。我国地处欧亚大陆东南部，东濒太平洋，直接受到世界上最大陆地和最大海洋的影响。夏季湿热多雨，形成雨季，常出现大范围的暴雨、大暴雨，造成山洪暴发，江河水位陡涨，甚至河堤决口，水库垮坝，公路、铁路、水渠、桥梁被冲毁，农田受淹，酿成严重的洪涝水灾。目前，我国预防洪涝水灾的能力仍较低；一些地区水利工程老化、年久失修以及人口增长与资源利用矛盾突出；城乡工农业生产建设与河、湖争地，束窄河床，降低了排洪能力；湖面缩小，可调蓄水能力下降等，大部分地区仍面临着暴雨洪涝灾难的严峻局面。尤其是集中我国 1/2 人口、1/3 耕地和 70%以上工农业产值的七大江河，其下游约 100 万平方公里的土地，正是我国洪涝水灾的主要多发地区。这些地区大都处于江河洪水洪位以下，不少河段高出地面几米而成为"悬河"。根据我国季风气候多暴雨的特点，随着经济的发展和人口的增长，我们应该进一步清醒地认识到洪涝水灾仍是我国各级政府和广大人民群众亟待解决的心头之患，所以要把抵御洪涝水灾提高到战略位置来看待。

② 充分发动群众，加强防洪设施建设。我国在防治洪涝水灾方面还比较脆弱，有些方面的建设经不起灾害的冲击。国家和各级地方政府部门，应根据财力情况，加强防洪基础设施建设，进一步提高大江、大河、水库的防洪抗洪能力。同时，对小流域也应加强与大流域配套的防洪设施的建设，发动沿江河渠道的人民群众，搞好河道清淤、清障工作，防止盲目围湖造田。要增强城市、村镇、工矿及交通设施等的防洪抗灾能力。特别在改革开放后，我国城市、村镇、工矿企业等建设速度加快，但许多建设不考虑排水设施，相当一些单位或个人滥采滥挖，蓄意破坏水网工程，有的大肆侵占主要河道，乱建现象十分严重，影响到河道的排

洪和泄洪功能。因此，对这些情况各级地方政府要加强法规宣传和教育，加强管理，同时要进一步提高防洪标准，增建或补建防洪设施。今后城市、村镇及工农业生产布局，要根据暴雨洪涝水灾发生的气候规律，充分考虑防洪抗灾的要求，规划建设防洪设施，以达到防患于未然。另外，根据季风气候旱涝突出的特点，组织好群众除旧兴利，旱涝兼治，统筹安排，全面治理，把防洪、抗旱与水土资源综合开发利用相结合，进行综合规划。国内外实际及科学实验表明，扩大森林植被，有利于涵养水源，防止水土流失。因此，要大力植树种草，增加地表植被覆盖面积，保持水土，调节气候，以逐步形成良性循环。此外，要开展大规模的治山治水改土工作，加快水沟、渠道和塘坝建设，扩大耕地面积。

(2) 加强监测和预报

暴雨洪涝水灾的发生是一个非常复杂的物理过程，不但各个地区之间，就是同一地区的不同地方之间也可以存在较大的差异，其预报难度较大。气象部门通过常规仪器和气象卫星、雷达对暴雨进行探测和监测的同时，国家及各省、市级气象部门还配备了大、中型电子计算机作为预报暴雨的工具，使预报水平有了一定的提高。因此及时准确预报和掌握天气形势，对一般的暴雨和洪涝水灾的发生，可以做到早准备、早防御，努力减少人员伤亡和财产损失。

(3) 个人水灾防范

个人在预防水灾方面应做如下的准备。

① 学习防洪知识。随着科学技术的进步，人们对自然灾害的认识不断深化，新的防灾知识不断丰富。作为个人应经常关心和学习这些成果，丰富自身的防灾经验。

② 关心自然灾害及造成灾害的自然现象。如发现异常的前兆现象或防灾设施有缺欠应立即向有关部门报告，强化对自然灾害的监视。

③ 当接到有关自然灾害的警报时，应当及时注意接收灾害情报，确认情报的可靠性，在正确情报的基础上采取必要行动。

④ 加强和完善自身生活环境内的防灾措施，尽量减少可能发生的损失。例如院内积水的排除，医疗用品的储备等。在遭遇洪水之前，也可以修筑小的圈堤保护住宅等。

⑤ 避难的准备。事前应做好避难准备，妥善安置贵重物品，准备必要的衣物食品，等待避难命令。当发现危险迫近时，可以主动避难。

⑥ 做好救援和被救援的准备。当遇到意外灾害来不及避难时应采取自救和求救措施，如在被洪水围困时可就地到屋顶、树上避难，扎制救生木筏，施放求救信号，等待救助。同时，也应当在有条件时积极救援周围的遇难者。

⑦ 选择避难路线。遇到水灾，最重要的是选择避难路线逃生。避难路线应按以下原则选择。

a. 保证避难过程的安全，在途中不会遇到洪水的袭击和意外事故的伤亡。在辽河 1985 年大水中，电视中报道了一辆大客车在避难途中被洪水冲入激流中，大部分人遇难的真实场面。那么这条避难路线的选择就是不安全的。由于在洪水季节，道路的情况也会发生变化，在制定避难方案时应当考虑到各种可能发生的情况。

b. 各居民点的避难距离尽可能接近。

c. 避难路线不宜太远，在一般体力不会感到疲劳的范围内，是比较容易动员群众避难的。但是壮年人也会感到疲劳的距离，如需步行 2h 以上，老年人和体弱者就很难同意避难，产生抵触情绪。一些老年人往往宁可坐在屋里等待洪水来临，也不愿参加避难。这种情绪也会影响到其亲属，所以避难距离确实太远时，应考虑组织车辆来输送行动困难的人员避难。

d. 避难路线应是避难者所熟悉的，避免迷失方向造成混乱。

### 35.3.2 风灾

风灾一般包括台风（热带气旋）、寒潮大风、雷雨大风、龙卷风等。以中国为例，主要分成寒潮大风及台风（热带风暴）两大类。

① 寒潮大风是由于冬季冷空气南下时（寒潮冷挟过境）引起的大风灾害。在北方牧区常造成白毛风（暴风雪），冻死牛羊牲畜；造成黄毛风使草场积沙退化。在西北干旱地区，大风挟沙还会造成危害人畜生命安全、掩埋良田的黑风（沙尘暴）灾害。例如 1993 年 5 月 5 日至 6 日席卷新疆、甘肃、宁夏 110 万平方公里的黑风暴，使 560 万亩农田受灾，24.5 万亩果园受害，共 85 人死亡，31 人失踪，24 万头牲畜死亡或失踪。寒潮大风在局部地区还会颠覆陆面上的火车，水面上的船只，影响交通运输安全等。

② 台风（热带风暴）常在沿海地区造成大风、洪涝和风暴潮灾害。例如 1994 年 8 月 21 日在温州瑞安登陆的 9417 号台风，虽然气象部门提前准确预报，政府全力组织抗灾，共转移居民数十万人，但是还是造成了死亡 1126 人，失踪 300 多人，直接经济损失 178 亿元的重大灾害。

台风是发生在热带或副热带海洋上的一种旋转猛烈的风暴。台风在大气中绕着自己的中心急速旋转的同时，又向前移动形成空气涡旋。它在北半球做逆时针方向旋转，在南半球做顺时针方向旋转。气象学上将大气中的涡旋称为气旋。因为台风这种大气旋中的涡旋产生在热带洋面，所以称为热带气旋。台风形成主要是依靠水汽凝结时放出的潜热。如果从上向下俯视，典型的台风近似一个圆形的空气大旋涡，其直径一般有 600～1000 多公里，最大直径可达 2000 公里以上，垂直厚度一般有 10 多公里。这个大旋涡中空气绕着中心急速回转，但受离心力的作用，外面的空气进不到中心区，于是中心区形成了一个管状的"台风眼"。台风眼是台风的最主要特征，台风眼的直径一般为数十公里，最大的可达 200 公里左右，最小仅有几公里。在台风眼区，由于空气下沉，成为台风中的"世外桃源"。这里风轻浪平，云层稀薄、破裂，有时晴空如洗，夜间可见星光闪烁。在台风眼的周围，环抱着高耸的云墙，称为台风眼壁。台风眼壁的高度一般达 10 公里以上，宽度达数十公里。这是台风中最恶劣的区域，非但风速极大，而且云墙里一群群高耸的积雨云对流极强，大雨如注，雷电交加。在云墙外云随风飘，或被风吹散，一般只有阵风、阵雨。再往外多半是高气压控制的大片晴空区，这里已不是台风范围了。所以典型的台风，从外观看既像一个大漏斗，又似一个大蘑菇。它不仅会引起风灾危害，还会引起水灾危害。

台风是一种天气现象，为大自然的产物。虽然台风能量很大，影响范围极大，破坏力极强，造成的危害不可避免，但只要我们积极采取有效的防御措施，趋利避害，受灾程度可以大大减轻。

(1) 普及宣传教育，提高民众防台意识

新中国成立以来，党和政府十分重视防台减灾工作，制定了一系列符合我国国情的防灾减灾对策，投入了大量人力、物力、财力，使我国的减灾事业具备了一定的基础，并且在数十年的抗灾斗争中取得了巨大成绩，积累了丰富的抗灾经验。

但是必须看到，我国是个台风灾害频繁发生的国家，目前的综合防台能力还不强，与世界上一些发达国家相比，还存在着不小的差距。近年来，一些人防灾意识淡化，滋生了麻痹思想和侥幸心理。因此必须大力开展防台减灾教育，增强全民减灾意识，动员全社会力量，把防台工作当作重要大事来抓。

(2) 加强台风监测，提高预测预报水平

为了减少或避免台风造成的危害，首先要做好台风预报，利用现代科学技术，及时准确地确定台风位置与未来移动方向，提供台风情报预报。经过多年的努力，目前国家已初步具备了全方位监测台风的能力，台风预报水平的提高也大大减轻了台风危害。如1986年第15号台风影响上海时，由于全市各气象站提前发布准确的预报，各行各业积极行动做好防御措施，使台风灾害大大减轻。但是我国各地区之间发展不平衡，因此台风监测网点还不尽完善。同时，一些地区通信手段还比较落后，也直接影响台风情报的准确、快速传递。随着科学技术的进步，特别是卫星云图的问世，人们对台风的认识进一步深化，预报水平有很大提高，但与先进国家相比，与人们需要相比，我国目前的台风预报水平仍存在差距，尤其是路径复杂、移速多变的“怪台风”，预报率还很低，还不适应经济发展的需要。因此，进一步加强完善台风监测网，建立台风资料信息库，开展对台风预报的研究，提高台风预报准确率，是今后防台减灾工作的一个重要任务。

(3) 增强综合抗台风灾难能力

① 大力营造防护林。植树造林是调节气候、保持水土、防御和减少风灾的一项利国利民工程。新中国成立以来，我国沿海地带营造了大片的防护林，使受害程度比过去明显降低，对减轻台风灾难起到了很好的作用。但从人均占有林地面积来看，我国还处于世界低水平，有些地方毁林现象时有发生。因此今后要把沿海防护林建设作为生态建设的重点工程来抓，宣传、执行好《森林保护条例》，使沿海荒山、荒地、荒滩变成绿色长城，以减轻台风的威胁。

② 充分发挥水利工程防灾效益。随着改革开放的深入，沿海一些地区由过去的荒滩，将变成新型的经济密集区。在沿海经济开发的大潮中，必须充分考虑台风影响，重大项目尽量不要建筑在易受台风袭击的地段。要进一步加强抗台抗洪工程设施与配套建设，全面规划，统一标准，经常性维修和增修堤防，台风多发季节前，及早加固老化、受损工程，使之发挥应有的防台效应。

(4) 学会大风天气保护自己

风力达到8级以上（即风速大于17m/s）称为大风，大风可造成人员伤亡和财产损失。1993年4月9日，瞬时风力达11级的大风将北京火车站前长近百米的巨大广告牌连同基础墙顷刻刮倒，造成两人死亡，数十人受伤的惨剧。

当听到暴风将要来临的预报时，最好不要出门。在室内首先要关好门窗。如有可能，把窗缝糊上，用纸条和胶带贴在玻璃窗上，放下窗帘，这样万一玻璃破碎，可以避免伤害。如在路上，突遇暴风来临，步行感到身不由己，为了减小风的阻力，要弯腰将身体紧缩，一步一步慢慢行走。这时衣服的下摆随风飘荡会导致事故，所以要把纽扣扣好或用带子扎紧。顺风时千万不要跑，不然自己无法控制会摔倒或碰撞到坚硬的物体上，同时还要注意大风会将建筑物的物体如砖头、瓦块、招牌等吹落下来以及大风裹挟的物品对人体的伤害。在拐弯处，由于风速和风向突然改变，有时会有杂物袭来，因此要格外小心。如果眼睛和鼻孔中吹进砂子，应将它们清除后再走。有些公路修在河湖堤上，如果走在这样的路上恰遇大风，要尽快躲到河堤远离面的一侧或原地卧倒，以免被吹到水中。特别当外出郊游，爬上或走到悬崖的路上时，必须尽量躲到低洼处、伏下身体或趴下以便防止大风袭击。

## 35.3.3 雷击

雷击是积雨云强烈发展阶段时产生的闪电打雷现象。它是云层之间、云地之间、云与空气之间的电位差增大到一定程度后的放电现象，常伴有大风、暴雨甚至冰雹和龙卷风，是一种局部的但却很强烈的灾害性天气。它不仅影响飞机等飞行安全、干扰无线电通信，而且会击毁建筑物、输变电设施和通信线路等，还会引起火灾，击伤击毙人畜。

### 35.3.3.1 雷电的破坏效应

① 电作用的破坏。雷电数十万至数百万伏的冲击电压可能毁坏电气设备的绝缘，造成大面积、长时间停电。绝缘损坏引起的短路火花和雷电的放电火花可能引起火灾和爆炸事故。电气绝缘的损坏及巨大的雷电流流入地下，在电流通路上产生极高的对地电压和在流入点周围产生的强电场，还可能导致触电伤亡事故。

② 热作用的破坏。巨大的雷电流通过导体，在极短的时间内转换成大量的热能，使金属熔化飞溅而引起火灾或爆炸。如果雷击在易燃物上，更容易引起火灾。

③ 机械作用的破坏。巨大的雷电流通过被击物时，瞬间产生大量的热，使被击物内部的水分或其他液体急剧汽化，剧烈膨胀为大量气体，致使被击物破坏或爆炸。此外，静电作用力、电动力和雷击时的气浪也有一定的破坏作用。

### 35.3.3.2 雷击的预防

(1) 加强宣传教育，普及人人防护知识

对广大群众开展雷电知识的科普教育，尤其对野外作业人员应加强宣传教育，使人们认识到雷电是大自然中的普通物理现象，只要人们认识它的形成机理，以及它所引起灾难的特点，并采取相应的防范措施，就可以避免或减轻雷电给人类造成的灾难。应做好防雷击知识的普及，搞好个人防护。

(2) 了解、掌握本地区雷电活动规律

在做好科普教育的前提下，应了解和掌握当地雷电活动的规律，尽可能避免在雷电多发区建设工厂、仓库、生活区，特别是易燃、易爆物品仓库，这是防患于未然的重要措施。

(3) 加强对雷击天气的研究和预测

由于雷电多发生在强对流天气系统，因此应加强对这类天气系统的研究，提高预报的准确程度，在雷击发生之前做好防雷防火等准备工作。另外，某些如飞机飞行、工程爆破等应尽可能避开雷电天气，以免遭雷害。

(4) 安装避雷装置

凡是高大建筑、烟囱、电线杆、铁塔、旗杆等都要安装避雷装置，如避雷针、避雷线、避雷器等，并经常加强对避雷装置的测试和检修。在正常情况下，可以达到防雷害的目的。

(5) 人工控制雷电

自从富兰克林发明避雷针以后，世界各国防雷专家及机构一直寻求人工控制雷电技术，主要方法如下。

① 在云中播撒碘化银等催化剂，使雷电过程受到抑制。

② 人工减弱云内电场。

③ 人工诱发闪电等。

### 35.3.3.3 雷电危害防范

防止雷电危害，主要包括电力系统的离心雷、建筑物防雷以及人身防雷。防雷措施的要求是选用一种有效的防雷装置，当被保护物受雷击时，将雷电流引向自身，并将雷电流泄入大地，使被保护物免遭雷击。

防雷装置一般由接闪器、引下线和接地装置三部分组成，而避雷器、消雷器等是一种专门的防雷设备。

按不同的防护对象，可选用相应的防雷设备。防直击雷可装设避雷针、避雷线、避雷网、避雷带；防感应雷可将建筑物和构筑物的所有导电部分全部进行接地，造成等电位环境；各种变配电装置防雷电侵入波可采用阀型避雷器等。

#### 35.3.3.4 人身防雷常识

① 雷雨天时，禁止在室外变电所或由架空线引入室内的线路上进行检修和试验，应尽量少在户外或野外逗留。如确需雷雨天施工，则在安装线路时，应将已架好的部分线路三相导线同时接地，防止感应过电压事故。

② 雷雨天时，在户外或野外工作最好穿塑料等不浸水的雨衣。

③ 雷雨天时，有条件可进入有宽大金属构架或有防雷设施的建筑物、汽车或船内。

④ 依靠建筑物或高大树屏蔽的街道躲避雷雨时，应离开墙壁和树木 8m 以上。

⑤ 雷雨天时，应尽量离开小山、小丘、海滨、湖滨、河边、池旁等，尽量离开铁丝网、金属晒衣绳、旗杆、烟囱、宝塔、独树木和无防雷设施的小建筑或其他设施。如无合适场所躲避，也可双脚并齐蹲下。

⑥ 雷雨天时，应注意关闭门窗，防止球形雷进入室内造成伤害。

⑦ 雷雨天时，在户内应离开照明线、电话线、广播线、收音机和电视机电源线、引入室内的天线以及与之相连的各种导体，防止雷电侵入波侵入线路或导体对人体的二次放电伤害。一般人体离开线路或导体应在 1.5m 以上。

#### 35.3.3.5 如何进行触电与雷击的急救护理

电流对人体，尤其是老年人的损伤主要表现为局部的灼伤和全身的反应。全身反应会使心脏停搏、呼吸抑制，从而造成死亡。被雷电击中的病变性质和过程与触电相同。

触电时，电流通过人体引起肌肉的强烈收缩，可以造成触电者肢体的对称骨折。当人们瞬间接触电流小的电源时，如脱离电源快多神志清醒，只感心慌不适、乏力、四肢麻木，对此，不要马上移动，应就近平卧休息 1～2h，以减轻其情绪紧张，如出现异常一般很快恢复。

对于不能立即脱离电源而发生严重电休克，甚至呼吸、心跳骤停的触电者，首先要关掉总开关，迅速切断电源就地进行急救。如果接触电线，应拔掉电源，户外电线不能切断电源时，用干木棒或木板等绝缘体拨开电线。当无法拨开电线时，一定要用木棒把触电的人从电线处推开，最好戴上橡皮手套、穿上胶鞋或站在绝缘垫上，千万不能用手直接去拉。因触电者本身就是良好的导电体，直接用手去拉，同样会引起自身触电。对心跳、呼吸已停止的触电者，必须在现场立即进行人工呼吸、心脏体外按压，并应立即送医院急救。

为避免雷电击伤的意外事故发生，要做到在雨天不要在大树下、空旷的高层建筑物旁避雨，或在山野高地上急跑，以免被雷击伤。如遇雷雨天气，尽量不要站在窗口或靠近电器，以免受电击。

### 35.3.4 森林火灾及草原火灾

森林和草原是国家的宝贵财富，具有很大的经济效益、生态效益和社会效益。森林和草原在国民经济中占有非常重要的地位，不仅是工农业生产、人民生活的宝贵资源，而且对水土保持、调节气候、防风固沙、保持生态平衡以及对人类和动物生存都有着直接的关系。

目前，我国森林面积约 2.12 亿公顷，森林覆被率为 22.08%，每人占有森林面积为世界人均占有森林面积的 1/4。我国草原面积达 4 亿公顷，为世界四大草原国之一。因而，保护我国现有森林和草原资源，大力发展林业和草原是发展经济建设和为子孙后代造福的大事。

在危害、破坏森林和草原的诸因素中，森林和草原火灾是最为严重的一个因素，远比森林和草原病虫害，滥砍、乱伐，以及其他自然灾害严重得多。目前，全世界每年发生森林和草原火灾约数万次，被烧森林和草原面积达几百万公顷。森林和草原火灾，不仅烧毁大量森林和草原资源，每年上千人的生命被森林和草原火灾吞噬，而且严重破坏生态平衡，给人类的生存造成威胁。我国的森林和草原火灾每年都有发生，损失十分惨重。所以，必须认真贯彻“预防为主，防消结合”的防火工作方针，扎扎实实地做好森林和草原防火工作，以保证国家森林和草原资源及人民生命财产安全。

引起森林和草原火灾的主导因素是火源。引起森林和草原火灾的火源很多，主要可分为人为火源和自然火源两大类。

① 人为火源。木材和草原火灾 90%以上是人为不慎引起的。人为火源相当复杂，根据其性质可分为生产用火不慎、非生产性用火。

② 自然火源。雷击树木起火、滚石撞击火花、火山爆发等引着可燃物，异常干旱的月份发生少有的泥炭自燃等，都会造成森林火灾。

#### 35.3.4.1 森林和草原火灾的预防

根据森林和草原火灾发生的规律和特点，不同季节、地点和火险程度，适时开展火灾预防工作，全面贯彻落实“预防为主，积极消灭”的护林防火方针，能够有效地防止和减少火灾的发生。

(1) 加强领导，建立防火组织

加强领导，建立健全森林和草原防火组织是做好森林和草原防火工作的关键。辖区有森林和草原的各级政府，应把森林和草原防火工作纳入领导的重要议事日程，建立健全防火组织网络，使森林和草原防火工作时时有人抓，处处有人管，保证各项措施落到实处。

(2) 发动群众，做好宣传工作

森林和草原防火是关系到全社会的大事，只有在各级政府的统一领导下，广泛地开展防火宣传教育，增强人们的防火意识，调动和依靠社会力量，防火工作才能有基础、有力量。因此，应使防火宣传工作长期化、普遍化、制度化，要充分利用流动和固定、城镇和乡村、临时和永久、文字与声像相结合等多种形式，大造声势，使森林和草原防火工作深入人心，使防火工作成为大众的自觉行动。

(3) 严格制度，落实防火责任制

实行行政领导负责制，层层明确任务和要求，并将森林和草原防火工作落实到所辖地区、每个系统、每个单位、每个人，把防火工作作为领导干部任期政绩考核的内容，列为升级和评选先进的一项重要指标，使行政领导负责制实现责、权、利统一起来，既有压力，又有动力，各部门领导分片包干，齐抓共管。

(4) 制订公约，建立联合防火制度

村屯要结合实际情况制订防火公约，设置护林防火和护草防火检查站，建立跨区、跨县甚至跨省的森林和草原联合防火组织，建立联合防火管理制度、用火管理制度，集体户和个体户也应按照森林和草原承包成立联防小组，形成上下贯通、左右协调的防火网络。通过联防活动，加强联系，互通情报，共同做好火灾预防工作。一旦发生火灾，相互支援，就地迅速扑灭。

(5) 依法护林

把护林防火纳入法制轨道，反复宣传《森林法》《森林防火条例》和草场防火有关规定。各地要根据当地森林和草原火灾的季节规律，在火灾多发季节规定森林和草原防火期。防火期内，按照有关规定实行封山、封场。对个人承包的山林、草场也要加强管理，认真贯彻执行防火规章制度，落实防范措施，加强对人员管理，对造成火灾的人员，要从严、从快查处。有法必依，执法必严，违法必究，确保森林和草原资源安全。

(6) 严格控制火源

严格控制火源是避免发生森林和草原火灾的关键。坚持“一保证”“七不用火”的防火措施，严禁随意用火，不管生产或非生产单位用火，都必须经有关部门批准。要加强对林区居民职工的教育，养成上山不带火、不用火的习惯。加强对各种机动车辆的管理，特别是通过林区的大、小火车，拖拉机等要采取加戴防火罩和其他防火措施。加强巡防，提高警惕，严防放火破坏和自然性火灾的发生。

#### 35.3.4.2 森林和草原火灾的扑救

森林和草原地区茫茫无际，人烟稀少，初起火灾往往不能被人们及时发现，等到火势扩大才被发现。此时一般已经失去了将火灾扑灭在最初阶段的时机。

扑救森林和草原火灾，就是要依据灭火的原理，采用最佳的手段，以最快的速度，使正在燃烧的森林和草原大火熄灭。其主要方法有两种，即直接灭火法和间接灭火法。两种灭火法在扑救时可单独使用，也可配合使用。

(1) 直接灭火法

直接灭火法是利用各种有利时机和条件，直接扑灭正在燃烧的火焰。它适用于扑救弱度或者中强度的地表火，具体方法有以下几种。

① 扑打法。适用于扑灭初发火，处于三级风以下气象条件的林火。扑打法是用阔叶树枝或用树枝编成扫帚，沿火场两侧边缘向前扑打。

② 土埋法。森林草原火灾地面可燃物较多，燃烧极为强烈，靠人力扑打不易灭火时，可使用土埋法，用铁锹取松土压灭火焰。

③ 使用水和化学灭火剂灭火。

④ 应用先进的灭火工具，如风力灭火机、干粉枪、干粉车、消防车等灭火。同时，也可以采用直升机载水灭火和人工降雨等方法，进行直接灭火。

(2) 间接灭火法

间接灭火是在森林和草原火灾向前推进的前方开设隔离带，造成森林可燃物不能继续燃烧的条件，将林火和草火损失控制在一定范围内。在灾害性天气条件下，常采用此方法。

① 用铁锹挖沟或用开沟机开沟。用此方法一直挖到矿物质土层以下20cm，可阻止地下火蔓延。

② 开设隔离带。在林火和草的前方，采用爆炸、火烧、人工挖掘或拖拉机开设生土带作为隔离带，阻止火势蔓延。开设防火隔离带的地点，要根据火焰蔓延的速度、方向和开设隔离带所需的时间而定，应确保在火头蔓延到来之前完成。

③ 以火灭火。当森林和草原火灾形成高温的急进地表火、强烈的树冠火时，用人力难以扑灭，用其他方法开设隔离带有困难，或根本来不及开设隔离带时，均可以用以火灭火的方法。一种是火烧法，以道路、河流或防火障碍物等作为控制线，沿控制线逆风点火，使火逆风烧向火场。另一种是放迎面火法，在火头前进的方向，利用道路或河流作为控制线。当火场产生逆风后，在火头前方点火称为迎面火。点燃的火因受逆风影响，迎着火头方向蔓延，当两个火头相遇，火就会立即熄灭。

### 35.3.5 火山喷发

火山活动是地球内部物质运动的一种表现形式。地球内部灼热岩浆在强大压力作用下，沿着地壳的软弱部位上升冲破地表而成为火山。火山有死火山、休眠火山和活火山三类。保留火山形态和物质而非活动的称死火山；现今仍在活动的称活火山；在人类历史上有过活动，现今处于“休眠”状态的称休眠火山。我国的火山多属死火山和休眠火山。

火山的活动并不是连续的，可能有很长时间的休眠期。一座火山与另一座火山喷发的持续时间、强度、喷发物质和喷发形式也不同，甚至同一座火山每次喷发也有不同形式。此外，其他地质灾害可能与火山喷发有关，如地震或海啸都可加强火山喷发本身的灾害。

火山的喷发物有气体、液体和固体。在气体喷发物中，以水蒸气为主，还伴有一氧化碳和硫化氢等其他气体。液体物质是从火山口喷溢到地表的岩浆或熔岩，这些物质占有最大的比例，在流动过程中逐渐冷却形成各种火山岩。固体物质为火山作用爆炸成的岩块，称火山砾。火山喷发类型取决于灼热的岩浆与气体相互作用形式，喷发的强度与气体含量和发泡程度及岩浆的黏度成正比。

#### 35.3.5.1 火山喷发对人类危害的因素

火山喷发对人类的危害因素主要是火山灰、火山碎屑流、泥石流、熔岩流、火山气体、海啸等。

(1) 火山灰

火山灰是火山喷发时由液体部分所形成的。每次火山喷发时都会喷出大量火山灰，它可随风飘到很远地方。火山灰对人类的危害在于：火山喷发的附近地区火山灰可充满院落和住室，屋顶上积累大量火山灰可将屋顶压塌，堵塞河流，毁坏森林和农田；人和动物因吸入火山灰而引起窒息死亡；因火山灰形成浮云，遮天蔽日，造成空中、海上和陆地的交通困难，有碍灾民疏散和救援；火山灰中的有毒物质可污染水源和食品，引起人畜中毒，并可损坏汽车发动机、破坏无线通信和引起电力供应中断等。

(2) 火山碎屑流

有些火山的爆炸性喷发可产生火山灰和火山砾。这种类型的火山喷发主要特点是喷发物以500～700km/h的速度和超过1000℃的温度顺山坡下滑，形成类似雪崩的火山碎屑流。由于有极快的移动速度、极高的温度，因而有巨大的破坏力。

火山碎屑流的破坏性和致命之处在于它可烧焦、破坏和掩埋一切建筑物，造成所有动植物死亡。

(3) 泥石流

因火山喷发而死亡的人数中，至少有10%是由泥石流造成的。火山喷发产生的大量火山碎屑物堆积在山坡上或邻近山谷，遇暴雨变成较稠的混合物，很容易流向山谷。这种现象主要发生在热带多雨的地区，其流动速度取决于堆积物体积、黏度和地形的坡度。其一般流速可达50km/h，特殊情况下可达100km/h。凡水与火山碎屑物混合时，都可引发泥石流。

泥石流对人类的危害在于高密度、高速度的流动物体，使所经之处任何东西都遭到破坏。此外，泥石流流动停止可造成数米厚非常松软的沉积物质，给救援工作带来极大的困难。

(4) 熔岩流

熔岩流是从非爆炸性火山喷发中平静逸出的物体，可形成壮观的熔岩瀑布和熔岩河泥。其速度取决于泄出的速度、地面坡度、熔岩黏度和体积。熔岩流通常不会造成直接的人员伤亡，但其灾害的特殊之处在于厚厚的坚硬岩石将房屋和农田覆盖，厚度可达几十米，完全改变了地区的地貌景观，被熔岩流覆盖地区的土地利用价值也会大大减小，其土地价格也会大大缩水。

(5) 火山气体

火山强烈爆发时，开始往往喷出大量烟雾气体冲向数公里甚至数十公里的高空，形状为柱状。这类烟气柱包括白色的蒸汽柱和含有蒸汽及火山碎屑的黑灰色烟柱。这类气体的化学成分，各个火山均不同，而且同座火山不同时间喷发也有变化。

最常见的火山气体中占主要成分的是水蒸气。其他成分有二氧化碳、二氧化硫、一氧化碳、硫化氢、氢、氢氰酸、氢氟酸和甲烷等。这些气体的危害在于它在火山活动期和休眠期持续喷出，对所有生命构成威胁。此外，火山喷出的硫化物和氢化物可能破坏臭氧层，使紫外线辐射增强，对人的皮肤和眼睛造成危害。

(6) 海啸

海啸是海底火山或近海火山爆发时的一种次生灾害。火山爆发使海水搅动，可产生 30m 高的波浪，对沿海地区造成灾难性后果。

#### 35.3.5.2　火山喷发的先兆及防护对策

(1) 火山喷发的先兆

当火山强烈喷发时，不仅造成一种暗无天日极其恐怖的情景，而且喷出的火山物质和引发的次生灾害，可造成严重的经济损失和威胁成千上万人的生命安全。因此，火山监测及预报火山喷发已成为减轻火山灾害的重要研究课题。当前，即使应用最新技术也不能观察火山内部来判定火山爆发与否，但已观察到一些火山爆发前的物理化学现象，可看作喷发的前兆。

这些现象包括地震活动、地面变形、热液现象和化学变化。这些现象虽不能准确预报火山何时和如何喷发，但可表明在一定时期内火山有爆发的可能性。

① 地震活动。火山活动和地震活动有着共同成因。许多火山喷发都在数日或数月前伴随着地震活动，火山区周围的强烈地震活动经常引起火山的强烈喷发。因此，火山周围的火山颤动、微震和群震的发生常常预示着火山将要喷发。

② 地面变形。地面变形也是常见的火山喷发前兆。由于岩浆在地下活动，常可变成肉眼可见的地面隆起或可用敏感仪器测得地面微小变化。

③ 热液现象。火山喷发前，火山周围的温度有变化，喷发孔温度升高，泉水的增减和井水位的明显升降，可视为火山喷发的前兆。

④ 化学变化。有些火山在喷发前或喷发后的一段时间内不断冒气，这些气体除水汽外，还有 $H_2$、$N_2$ 及 $CO_2$。气体成分相对浓度的变化，也可作为火山喷发前兆的一种依据。

(2) 防护对策

尽管监测和预报火山喷发的科学仍处于初级阶段，但结合火山历史，分析其各种征象，进行火山喷发的危险性及可能的潜在灾害评估，仍为政府部门制定防护对策的主要依据。为对付可能的火山爆发，政府应制订紧急行动计划，内容包括以下方面。

① 通知当地居民，火山喷发的危险区域及可能发生的次生灾害。

② 规定组织居民疏散的通路和各自疏散地区。

③ 演练医疗、防疫队伍，根据所执行任务和行动预案在疏散地展开。

④ 居民应当知道紧急疏散的信号。

⑤ 组织演练。在火山喷发地区，政府除组织好群体防护的各项措施外，还应让群众知道个体防护的知识。

⑥ 听到疏散的警报后，应拉开电闸、关好煤气，按预定路线，迅速向疏散地区集中。

⑦ 若遇熔岩流，应立即向高处跑。

⑧ 保护头部，免受飞石击伤。穿不易燃烧的衣服。

⑨ 如遇炽热的火山气冲来时，最好躲进坚固的地下室或跳进河里。

⑩ 当火山灰开始降落时，应采取下列措施。

a. 留在室内。如在室外，应迅速找到掩体。如找不到掩体，可用一块湿布捂住口鼻。

b. 当大气中充满火山灰时，把眼睛闭得越紧越好。

c. 大量火山灰降落时，不要驾驶汽车。

d. 尽早扫除房顶上的火山灰，以防坍塌伤人。

e. 当火山暴发引起泥石流时，不要停留在河谷附近，要迅速登上山坡。当泥石流流到桥下时，不要过桥。

#### 35.3.5.3　火山喷发避难

火山喷发是巨大的灾祸，非人力所能避免，应急措施也难起作用。不过，大祸临头之际如能当机立断，采取适当行动，也许能绝处逢生。

① 倘若身处火山区，察觉到火山喷发的先兆时，应该立刻离开。火山一旦喷发，人人惊慌失措，交通中断，到时离开就困难多了。

② 使用任何可用的交通工具。火山灰越积越厚，车轮陷住就无法行驶，这时就要放弃汽车，迅速向大路奔跑，离开灾区。

③ 倘若熔岩逼近，应立即爬上高地。

④ 保护头部，以免遭飞坠的石块击伤。最好戴上硬帽或头盔，任何帽子塞了报纸团戴在头上，也有保护作用。

⑤ 利用随手拿到的东西，即时造一副防毒面具，以湿手帕或湿围巾掩住口鼻，这样可以过滤尘埃和毒气。

⑥ 戴上护目镜，例如潜水面罩、眼罩，就可以保护眼睛。

⑦ 穿上厚重的衣服，保护身体。

⑧ 某些火山地区设有紧急庇护站。纵使附近没有庇护站，也不可在其他建筑物内躲避（只有熔岩快涌到跟前例外）。墙壁虽然可挡住横飞的岩屑，屋顶却很容易被砸塌。

⑨ 倘若仰望山上看到一团灰尘混着气体的“炽热火山云”（其时速常常超过 160km）向自己滚滚冲来时，只有两条逃生途径：最好躲进砖石砌筑的坚固地下室，或者赶紧跳进附近的河里并屏住呼吸。通常一小团炽热火山云在 30s 内便会掠过。

⑩ 如在一次喷发后，情况平静下来，仍需赶紧逃离灾区，因为火山可能再度喷发，威力更猛。

### 35.3.6　其他气象灾害避难

(1) 海啸避难

靠近海边、港口、海岛的人，应立即避开山涧、峡谷、河流两岸和低洼地区。

迅速撤到山涧、峡谷两侧的斜坡，或到山坡、丘陵、地基牢固的高大建筑物上避难。

所有人员的避难时间不少于一两个小时。因为海啸波浪一次平息后间隔一段时间又会重新卷来，过早撤回到岸边或低洼处，容易发生危险。

如果已经被围困，应在海浪稍退后，马上撤离，海啸会多次间隔发生。

停泊的船只应立即驶进港湾。

在船舰的甲板上，应迅速抓住一件固定的物体并马上蹲下或坐下，避免因船舰颠簸而被抛入海中。

如被抛入海中，则利用衣物或船上掉下的其他东西如木板等代替漂浮物，想办法寻找淡水和食物，以及发出求救信号等，以待救援。

驾车行驶在海岸上，要尽快驶往高地，以防海浪冲击。

(2) 雪灾避难

接到有雪灾发生的信息时，居民应该准备充足人、畜越冬粮食、饲料，准备充足燃料，准备充足衣物、呼叫信号、药品等。如在野外突遇雪灾，最要紧的是要预防冻伤。

先要准备好避难场所。比如加固好帐篷，或建造窝棚，但要注意选择好地点，应建在大树下或山脊上，如果建在雪崩会经过的地方，则是非常危险的。或者可以挖雪洞藏身，理想的雪洞应该选择垂直的雪峰来建造。可以直接在上面掏洞，顶部留0.6～0.9m厚作洞顶。可能的话，还要用树枝、石块等进行加固、支撑。雪洞的入口处不能自行封上，而且在入口处和洞顶处还应该做上明显的标志，一旦有意外发生，以便救援人员能够判断出所在的位置。

尽快生火取暖。准备充足的燃料，选择一块平地，清除周围的积雪，将火点燃烧旺。但要注意避开低垂的树枝，以免上面融化的雪水滴于火上，将火浇灭。

要穿上干燥的衣服，并把衣服的袖口、领子、腰部等处扎紧，但不应过紧。手头可以利用的所有东西，如报纸、尼龙薄膜等都应利用起来御寒。衣服湿了，一定要烤干再穿。

要尽量活动身体的各个部位，比如摸一摸鼻子，揉一揉脸，抚一抚耳朵，伸一伸手指和脚趾，站起来蹦一蹦等。但一定要注意，活动身体时不能太剧烈，以免出汗。

食品是维持生命的必需品，携带的食品要注意有节制食用。如果携带品中有巧克力、核桃仁、葡萄干等富含糖分的食物最好。

如果饮食、保暖等措施很完善，体力也恢复到一定程度，可以钻到睡袋里睡上一觉。否则，要采取各种措施，抵御睡魔的袭击，不论多疲劳也不能睡着，以免再也醒不过来。

在进行各种求生措施时，一定要注意保持自己的体力，不要盲目地消耗精力或者把自己弄得浑身是汗。衣服一潮湿，会很快失去保暖特性，几小时内人就会被冻僵。

不论感觉多么寒冷，也不能过于靠近篝火或者用手去摸被火烤热的物体。否则，温差过大，反而会造成机体受损，要尽量使体温自然恢复。

被雪灾阻在野外，还应该注意预防雪盲。应戴上护目镜；用一块稀疏的墨布条遮住眼睛；用纸片、木片、布条等制成简易裂孔护目镜；或者将眼睛以下的鼻部和脸部涂黑，也有预防的效果。

在帐篷、雪洞外活动时，还应该注意不要被太阳的紫外线辐射灼伤。如果备有防晒膏，要涂在身体暴露的部位上；如果没有可以采取其他方法防晒，如戴顶自制简易帽遮阳等。

遇险之后，要及时与驻地联系，或者及时发出呼救信号，以便及时得到救援。

（3）雪崩避难

雪崩倾泻而下时，应该立即向与雪流呈垂直的方向逃离，或者躲在较安全的大石块或大冰山下，千万不能朝山坡下奔跑。

应该立即抛掉身上携带的重物，如背包、滑雪板等，轻装避险。一旦被埋，可以较轻松地钻出雪堆，避免长时间淹没。如处在雪崩的上方，也要抓紧时间避险，不可大意，应该先用滑雪杖、冰镐等使劲插入山坡，稳住身子之后，要努力往山坡上爬或争取往旁边移动，以求彻底脱险。

受到雪崩冲击来不及躲避时，应该立即将冰镐等使劲插入雪层及土中，并牢牢抓住，尽力使自己不被雪崩卷走。如果不能固定，或被雪浪推倒后，应该尽力活动双臂，做游泳姿势，尽量使自己保持在雪面上。

在雪倾泻下来的瞬间，要闭口屏气，以防止冰雪涌入口鼻，引起窒息。

当被冰雪埋压在下面时，正确的姿势是弯腰弓背，保持犬状弯曲，并要清出面前冰雪，留出空隙，以保持呼吸畅通，以待救助。

等待救助时，不要胡乱地摇动身体，重要的是要保证自己呼吸畅通，尽量努力延续自己的生命。

（4）雹灾避难

突遇冰雹的袭击，应该立即跑到就近的房屋等坚固的建筑物中去躲避。

如周围没有建筑物，就应该用随身所带的硬物遮挡住头部，避免头部被砸伤。

如周围既没有建筑物可躲避，又没有硬物可遮挡，就应该立即双膝跪倒在地，用双手护住头部，脊背向里弯曲，尽量不让雹块击中头部。这样做，虽然身体有可能被大雹块砸伤，但可以免去性命之忧。

一旦有人头部被雹块打击致伤，对于受轻伤者，应该立即进行消毒、止血、包扎。对受重伤者，应该对症处理：发生窒息的，要立即移往安全地方进行人工呼吸；颅脑致伤或者严重颌面损伤的，就要防止窒息，进行止血、骨折定位、包扎，然后迅速送往医院进行全面救治。

冰雹来时常伴有大风、雷电，因此躲避雹灾的同时，还应该注意防止雷电伤人。其预防措施，可以参考雷电中避险的措施。

（5）沙尘暴避难

沙尘暴袭来时，最安全的地方是室内，所以，应尽快躲进建筑物内。

在野外，应尽快就近蹲靠在背风沙的矮墙内侧，立即趴在相对高坡的背风处，或就近紧紧抓住身边牢固的物体。

用衣物蒙住头，以减少沙尘吸入肺部，也可避免被吹起的砾石砸伤头部。

能见度开始好转后方可走动，以免发生意外。

注意避开河边、水渠等行走，因为阵风变化大，以免被风刮倒落水。

各种车辆应立即停下，以免发生交通事故。

（6）冻伤的救治

一旦发生冻伤，千万不能用炉火烤、冷水浸泡、用雪揉搓或自然融化复温。因为这些方法不仅复温时温度不均匀，而且还会加重冻伤的程度。可以立即将冻伤的肢体放入自己的腋窝下加温，或者放入他人的胸前、腹部或者腋下，使其尽快解冻复温。

如果有条件，将冻伤肢体放在38～42℃的水中浸泡复温。水温一定要掌握好，因为太低时效果不好，超过49℃时又很容易造成烫伤。

复温的速度越快越好，能在5～7min内复温最好，最迟不应该超过20min。如果复温时间太长，会增加组织代谢，反而不利于伤部的恢复。

（7）雪盲的自救

得了雪盲，向伤眼滴入人乳或牛乳数次，可以减轻症状。

局部可以用硼酸软膏、黄降汞软膏、四环素软膏或磺胺噻唑软膏治疗。

还可以用湿冷敷，针刺睛明、合谷、风池等穴位来止痛。

剧痛时可以滴0.5%丁卡因止痛，每分钟滴1次，共滴3～4次，滴后闭目休息。

局部可以冷敷或滴用1%肾上腺素，每天2～3次，以收缩血管，减轻眼睛充血。

如果角膜受伤比较严重或者瞳孔缩小时，局部可以用1%阿托品溶液滴眼，这样能够减轻虹膜刺激症状，预防虹膜炎。

如果没有继发感染，一般2～7天内就可以基本恢复，严重者可能要长达数周。

（8）掉进沼泽流沙的自救

一旦掉入沼泽或流沙之地，千万不要挣扎，应立即平卧下去，尽量扩大身体同沼泽或流沙的接触面积，这样慢慢移动，就不至于越陷越深而导致生命危险。

如果发现双脚下陷，也不要惊慌，应该把身体向后倾，慢慢倒下，倒下时应尽量张开双臂以分散体重，这样就可使身体浮在表面。

移动身体时应该慢慢移动，尽可能让泥沙有时间流到四肢底下。急速移动只会使泥和沙之间产生间隙，从而导致身体陷进更深的地方。

如有同伴，则更不应急于脱险，一则要保持体力，二则可等同伴用绳子或棒子拖拉自己脱险。

若是孤身一人，陷进沼泽或泥沙后，应轻轻朝天躺下，用背泳姿势慢慢移向硬地。

如身上带有背包或斗篷，不要扔掉，借此可增加浮力。

如身旁有树根、草，可拉此借力向前移动身体。

要自始至终保持沉稳，向前移动时要小心谨慎，移动数米也许要花很长时间，如果感到疲劳时可伸开四肢，躺着不动，这样既可休息，同时又能保持身体不会再下沉。

## 35.4　地质灾害

### 35.4.1　滑坡灾害

滑坡是斜坡上的岩土物质沿一定的软弱带（或面）做整体性下滑的运动。地球上几乎每个自然带都曾发生过滑坡，即使是在水下有时也有水下滑坡发生。

滑坡可单独成灾，或作为其他灾害（如地震、暴雨、洪水等）的次生灾害而加重灾情。滑坡可以摧毁公路、铁路、村镇、厂房，堵塞河道，阻碍通航，诱发洪水灾害，淹没田舍，给人民生命财产带来极大的损失。

（1）滑坡的防治

滑坡防治的本质就是破坏滑坡形成的条件，使滑坡不再继续滑动并逐步稳定下来。目前已经采用的各种抗滑措施都是通过改变滑坡发生的基础条件和控制其诱发因素两个方面使未曾滑动的坡体继续稳定，使已经滑动的斜坡失去某些条件而停止滑动，从而达到治理的目的。滑坡防灾减灾措施主要包括以下几个方面：滑坡调查、勘探、动态监测以及通过模拟试验对滑坡进行的预测预报及工程治理。

① 滑坡的调查。鉴于滑坡对山区水电工程、道路工程等破坏严重的事实，需要在山区建设的前期进行大面积的滑坡调查，了解滑坡的分布和特征。

② 滑坡的勘探。通过滑坡勘探可以确定滑坡的三维边界，它又往往是滑坡动态监测、岩石破坏模拟试验所必须配套的技术手段。它包括钻探、挖探和物探等。

③ 滑坡的动态监测。动态监测可以确定坡体的应力变化、应变过程、岩土的破坏机制和滑坡的沿移特征等，捕捉临滑前的坡体或滑坡所暴露出来的种种前兆信息以及诱发滑坡的各种相关因素。其成果不仅表示出滑坡动态要素的定量数据，更重要的是体现出动态要素的演变趋势，有利于临滑预报，为定量评估坡体稳定性和工程防治提供依据。目前，对滑坡的动态监测已从分散的单要素常规观测发展到多要素、主体全方位、自动和半自动遥测的网络监测。

④ 滑坡的模拟试验。滑坡动态监测的成果只能提供滑坡的有关动态数据和发展演变趋势，还不能确切提供坡体或滑坡接近临滑状态的程度，更不能直观地显示出滑坡的临滑时刻。而滑坡的模拟试验则可以确定滑坡的滑动模式和坡体或滑坡处于临滑状态时的相关极限指标（警戒值），它是实现滑坡临滑预报的必要条件。

a. 滑坡的空间预测。它是根据滑坡发生的基础条件和诱发因素，采用定性和半定量的多元回归分析、聚类分析、信息预测、因子叠加分析、优势面分析等方法判明某一区域滑坡发生的难易程度。

b. 滑坡的预报。滑坡的预报是依据对边坡或滑坡的稳定性分析成果，采用多种监测手段以及土力学方法模拟试验和数值模拟对滑坡活动的时间、范围、规模、方向的预测。滑坡预报可分为趋势预报和临滑预报。

c. 滑坡的工程治理措施。由于滑坡的性质、成因、规模大小、滑体厚度以及对工程的危害程度的差异，滑坡的工程治理措施也就很多，山田冈二等提出了一个简明的防治工程措施分类，如图 35.3 所示。

（2）我国常用的整治工程措施

① 开挖。如滑坡是局部的，且规模、深度不大，则可考虑开挖处理，将不稳定的岩体挖除，以求得彻底解除隐患。但必须注意，在开挖以后边坡稳定性和表面覆盖条件发生了变化，因而要研究是否会产生新的滑坡，引起连锁反应。

② 加载反压。在河流凹岸的滑坡，受河水的冲刷和侧蚀，使前缘抗滑稳定岩土流失而失稳。对此前缘失稳的滑坡可以在滑坡前缘修建片石垛和浸水挡土墙加载反压，增加抗滑部分的岩上重，使滑坡得到新的稳定。片石垛和浸水挡土墙还可以起到防护岸坡作用，同时对滑坡体辅以地表排水，使滑坡得以稳定。

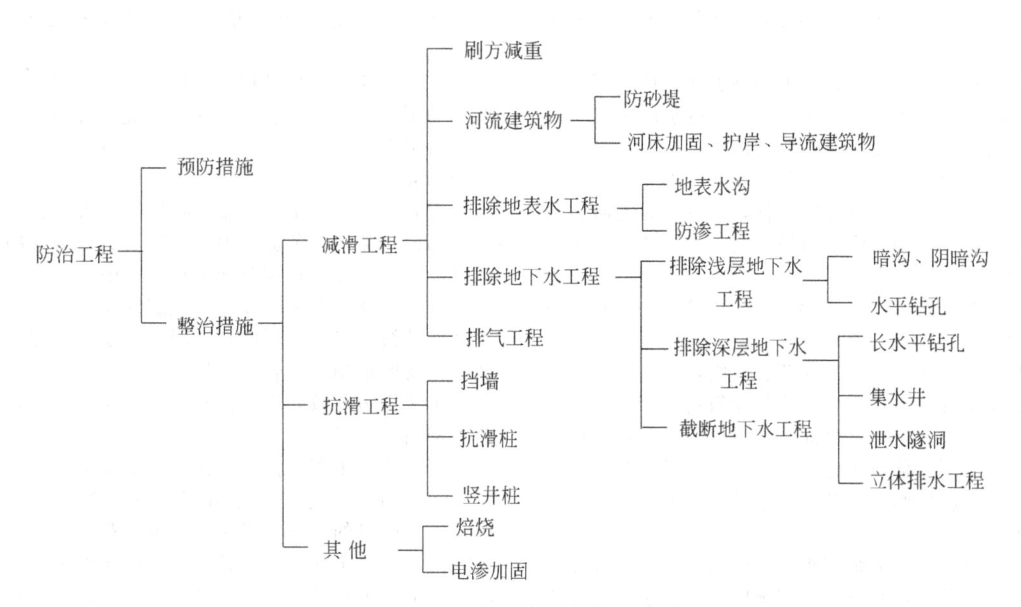


图 35.3　滑坡防治工程措施分类

③ 削坡、减载和压脚。如滑坡体较大较厚，不能全部挖除，也可通过适当的开挖和堆填工程来提高其稳定性。一般滑坡体的顶部重量起不利的作用，而底部重量则起稳定作用。因此，可研究将滑坡顶部的岩体加以挖除而堆放在坡脚，以增加其稳定性。对于过陡的坡面，可以将坡削缓。但边坡的具体开挖设计，不仅要通过稳定验算拟定，还要结合具体的地形地质条件，特别是基岩裂隙、节理、断层、层面、破碎等软弱面的产状而决定。

④ 阻水和排水。许多边坡在正常情况下尚可稳定，但在暴雨后或水库留水后，由于水文地质条件的变化，受力情况有所改变，滑面上的抗剪指标有所削弱，常易产生滑坡。因此，排截地表水和地下水常为防治滑坡的一项有效措施。在排截地表水方面，常可沿滑坡区周围修建截水沟，及时截住滑坡区以外坡面上的雨水并加以排除，以免进入滑坡区内。在滑坡区表面，可考虑进行喷浆、勾缝或表面植被保护，以防止或减缓雨水下渗。在滑坡体内部开挖专设的排水洞，以排除渗水，降低地下水位。如能在洞内再钻排水孔，使孔、洞结合，形成一套排水网，效果更为理想。排水孔多为垂直孔，如有合适钻机，可采用水平孔或斜孔。

有时，为了勘查滑坡，常常在其内开挖许多勘探硐，我们常可结合这些勘探硐来进行排水设计。

⑤ 改变土体性质。对于软基和由软土构成的边坡，可以用物理或化学的方法处理，改变土地性质，以提高边坡的稳定性。这些方法有电渗法、焙烧法、灌浆法和离子交换法等。

电渗法是利用电场排水作用降低土层含水量，从而加固土体。电渗法仅适用于粒径为 0.005～0.05mm 的粉砂土，且耐久性差，只能作为临时措施。

焙烧法是将气态或液态燃料与空气压入混合燃烧室内，再用特殊压气泵将燃烧后的高温气体通过钻孔压入地下焙烧土层，增加土层的强度和耐久性。

灌浆法是将水泥或化学材料灌入滑动带及其上下部位的裂隙中，以提高土的密实性和强度，稳定土体。对于基岩滑坡，也可采用此法提高滑面上的强度。

离子交换法是近年来出现的新方法。其原理是利用阳离子的扩散效应，由溶液中的阳离子交换出土中的阳离子，使土体稳定。

⑥ 支挡、加固建筑物。在滑体坡脚、表面或内部修建一些支挡和加固建筑物，可以直接提高滑体的抗滑力，因而是一种防治滑坡的有效措施。

在滑坡底脚修建挡墙是最常用的一种方法。挡墙可采用砌石、混凝土以及钢筋混凝土结构。临时性的加固也可采用木笼挡墙。挡墙由于受到工程量及高度的限制，不大可能大大提高滑坡体的安全系数，对于大型滑坡尤其如此。但修建挡墙不但能适当提高滑坡的整体安全性，更可有效地防止坡脚的局部崩塌，以免不断地降低边坡的稳定性。挡墙后应有适当的排水设施。

如果在边坡表面修建一些拱形或网形建筑物，或对边坡加以表面砌护，则它们虽不能防止深层滑动，提高滑体的整体稳定性，但也能防止表面局部崩落、冲刷，以免进一步恶化滑坡体的工作条件，故也是一种支挡建筑物。

在天然基岩滑坡中，如果滑面清楚、单一，滑面上抗剪能力特差，而其上下岩体较完整，则可考虑沿滑面开挖几条平硐，并用混凝土回填密实，做成抗滑键槽形式。有时可利用勘探硐作抗滑键。

如果滑坡是沿基岩的成组节理面、层面下滑，则可考虑沿着大致垂直于滑动方向对基岩施加预应力，将表层基岩锚到深部较稳定的岩体上。预应力常以钢锚索方式施加。锚索用高强钢丝，底部用水泥锚固结在基岩深部，再用油压千斤顶施加预应力。每条锚索或每个锚桩常可施加数十吨到上百吨的预应力。最后在桩孔内灌注水泥封固。

如果滑坡有明显的滑面，滑面以下基岩较为完整，而滑面以上岩体风化破碎，则可采用抗滑桩的加固措施。对于浅层小规模的滑坡，除抗滑挡墙外可用钢管桩或钻孔桩；对于较大规模和较深的滑坡，可采用挖孔桩。

用单一的工程措施整治滑坡往往不是最佳方案，需要采用多种工程措施进行综合治理，如清方减重与抗滑建筑物相结合，明硐和抗滑相结合，明硐和抗滑挡土墙相结合，抗滑桩和支挡建筑物相结合等。

### 35.4.2　泥石流灾害

泥石流是含有大量固体物质（泥、沙、石）的洪流，流体密度一般在 1.2～2.3t/m$^3$ 之间。泥石流的性质与流态很不稳定，随固体物质在流体中的相对含量、固体物质的岩性和颗粒大小、河床形态和坡度等的变化而变化，在泥石流运动过程中又随时间与地点的不同而变化。

泥石流爆发常具有突发性，其运动速度快，能量巨大，破坏能力极强。

(1) 泥石流的防治

泥石流常给山区工农业生产和建设造成极大的危害，对山区铁路、公路的危害尤为突出，因此鉴别泥石流，掌握其发生、发展与活动规律，预测预报其发展趋势是防灾减灾的主要方面，在此基础上进行工程选址、道路选线，采用生物与工程治理措施即可有效地减轻泥石流灾害。

泥石流的调查与预报工作的目的是查明泥石流形成条件及其在历史上和现在的活动规律、泥石流的发展趋势及其危害程度，为研究制定防治方案提供科学依据。其主要包括泥石流的航片判释、资料收集与地面调查、泥石流的观测和泥石流的预报。泥石流的防治措施如图 35.4 所示。

(2) 泥石流防治措施

对泥石流必须以预防为主，泥石流一旦形成，就要耗费大量的人力物力进行较长时间的治理，因此不如预防它更为省事、省钱。预防的最好途径是保护原有的森林植被和人为扩大林草地的覆盖面积。

对泥石流应采取综合治理的办法，在已发生泥石流的沟谷，在种草植树的同时要配以挡淤坝、截引水沟等工程，截流蓄水与防止沟谷冲蚀并举，起到工程保生物，生物保工程的互辅作用，这对山坡稳定、抑制泥石流发展有良好的效果。

在泥石流的治理过程中要坚持拦排结合，以拦为主。排泄是为了更好地拦淤。只排不拦，把大量泥沙拖到江河中，不仅后患无穷，而且对排泄也不利；只拦不排，则可能导致前功尽弃。

泥石流防治的生物措施包括恢复植被和合理耕牧，使流域坡面得到保护，免遭侵蚀，使泥石流得到抑制，逐渐缓和直至停歇。植被具有调节地表径流，削弱洪水动力，减轻片蚀、沟蚀、风蚀和风化速度，控制固体物质供给等作用。恢复林草植被有多种不利的自然因素，如果管理不善则难以成功，需要因地制宜、合理规划。

生物措施收效较慢，但防灾效益显著，它是泥石流治本的关键措施。

泥石流的工程防治措施包括以下几类。

① 治水。通过减少流域江水量和洪峰流量达到减少泥石流危害的目的。通常采用修建水库和蓄水池的办法。当泥石流沟上游清水江流面积较大时，修建水库和蓄水池既可以减少径流，削减洪峰，也可以蓄水灌溉，促进农、林、渔业的发展。

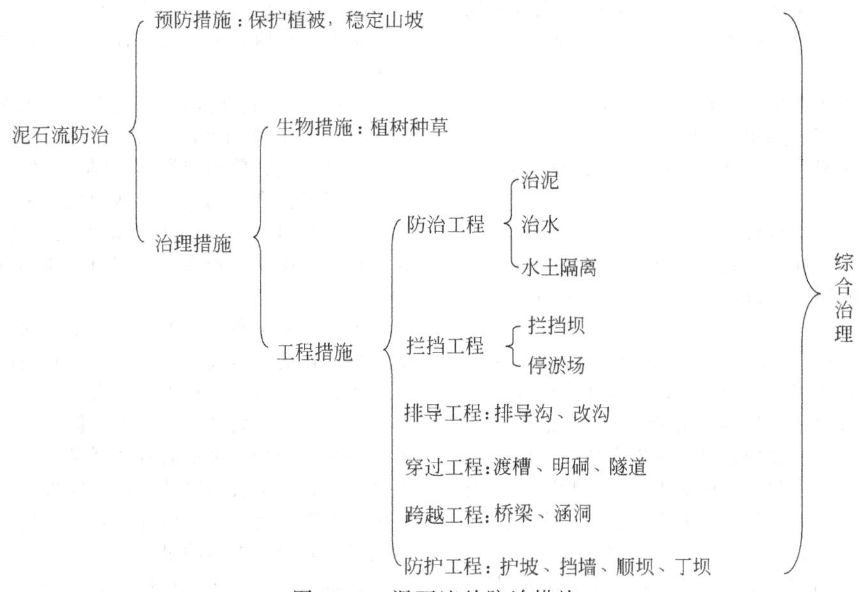


图 35.4 泥石流的防治措施

② 治泥。通过平整坡地和沟头防护，防止沟壁坍塌及沟床下切，治理滑坡等措施，减少流域中松散泥沙来源，减小泥石流流量。

③ 水土隔离。将上游清水区来水用渠道从泥沙堆积区引开，使水流与泥沙不相接触。

④ 拦挡坝。其作用有二：第一是拦碴滞流，在泥石流沟口以上筑坝拦截固体物质，形成泥石流库，特别是在一条沟内修建多道低坝，形成梯级泥石流库。通过低坝拦挡固体物质，减缓沟床纵比降，降低泥石流运动速度，从而减少下泄洪峰流量和固体物质总量，对泥石流起削弱作用，同时降低泥石流容量，对泥石流沟下游淤积起控制作用。第二是护床固坡，利用坝前回淤物，不仅可以防止沟床继续下切而发生山坡坍滑和沟岸侵蚀，而且因沟谷侵蚀基面提高，支护坍滑体坡脚，使山坡和沟床稳定，延滞固体物质的形成和供给，对泥石流的发展起抑制作用。

⑤ 停淤场。泥石流堆积扇上的停淤场是利用泥石流在缓坡上落淤的特性，在堆积扇上修建促淤工程，形成堆积大量固体物质的场地。采用这一措施一定程度上可以让泥石流固体物质在指定的地段停淤，这不仅能削减下泄固体物质总量及洪降流量，而且能使大量土石不致汇入江河。

⑥ 排导工程。包括导流堤、急流槽和束流堤三种类型。排导可以改善泥石流在堆积扇上的流势和流向，防止漫流改道危害，让泥石流循指定的道路排泄，不让其淤积。

⑦ 穿过工程。对铁路、公路线穿过泥石流区，标高低于沟底且宜暗进施工的可采用深埋隧道；对线路在堆积扇底穿过，标高略低于洞顶，不具备暗进施工条件且泥石流淤涨漫流不太严重，或其淤涨漫流可以控制的，可以采用浅埋明硐等。隧道、明硐从泥石流下方穿过，泥石流在铁路、公路上方排泄，从而减轻泥石流的危害。

⑧ 跨越工程。桥涵跨越工程是线路通过泥石流区的主要工程，修建桥梁、涵洞从泥石流上方凌空跨越，泥石流在下方排泄，保障线路的安全。

⑨ 防护工程。泥石流地区的桥、隧道、路基及其他设施，泥石流集中的山区过迁型河流、沿河铁路和公路，需做一定的防护建筑，如护坡、挡墙、顺坝、丁坝等，以抵御或消除泥石流对建筑物、河岸的冲刷、冲击、侧蚀、淤埋等危害。

(3) 山崩和泥石流个人避难措施

当发现山谷有异常的声音或听到警报时，应立即逃离现场。

要向山坡两边或向坚固的高地迅速奔跑。不要在山坡下的房屋、电杆、池塘、河边等处停留。

尽量从与泥石流垂直方向逃离现场，切勿与泥石流同方向奔跑。

如来不及避难，一定要设法从房屋里跑出，来到街道、公路或开阔地带，尽可能防止被压埋。

切勿回房屋搬运物品，以免房屋倒塌被砸伤或被泥石流冲走。

若人全部被埋住后，应尽量爬出。实在爬不出来时，要防止窒息，把头部露出来，或者挖孔通气，以待救援。

## 35.5 临灾生存技能与应急

### 35.5.1 野外生存技能

(1) 野外遇险时，求救信号的发送

在野外遇险时，能够正确地发出求救信号是十分关键的，主要可采用以下几种方式发出求救信号。

① 烟火信号。呈三角形生三堆火，分别设在避险营地、窝棚附近的制高点上。三堆火的相互距离约为15m。搜索飞机的观察员看到后会明白需要帮助，而不会认为是想取暖。

烟火信号的衬托背景很重要。晴天或背对绿色的森林，白烟较容易发现；阴天或背对雪地，生起黑色烟雾看得更远一些。

为产生白烟，可在火堆上放一些绿树叶、青草或藓苔；在火堆上加一点机油，加浸了油的橡胶片或麻布片，则可以产生黑烟。

要保持有充足的燃料供给适当的信号。引火物必须事先准备好，以便在一听到飞机声音时就点燃它。或者可以先保持堆小火，在听到飞机声时再加燃料。

② 自制信号镜。找一块两面发亮的金属片，例如铁罐盖子，在金属片中央打一个小孔，从小孔望过去，需看见接收信号的目标。

将信号镜拿到距脸 7.6cm 处，通过小孔观察要对其发信号的物体。

从信号镜上看着自己的反影，就会发现脸上有一光点，那是太阳光穿过小孔投射到脸上产生的。

调整镜子的角度，直至镜子的反光点消失在小孔中，而同时又能透过镜孔观测到飞机，这时可射光就对准目标了。

慢慢摇晃信号镜，发出断续闪光。注意，持续稳定的反射光会令人误作积水或别的反光，断续的闪光则较易被发现。

最好能按国际爬山求救信号发出闪光，即每分钟闪动 6 次，停顿 1min，然后再重复发出信号。

一旦求救信号被飞机发现，就不要再对着飞机闪动镜子反射。

在天气晴朗时，这种信号可以传递 16km 远，而吸引飞机的信号则会传得更远。在尚未看见飞机之前要向有飞机声音的方向闪动，即使听不见飞机声音也可隔一段时间向地平线方向闪动。

③ 图案信号。在靠近赤道的地区，除中午外，南北线可形成很好的影子，在靠近北或南的地区，则要东西线来形成影子。为取得最佳效果，可朝着太阳做三个同样的信号。

地面痕迹标志是一种重要的信号，可以在比较开阔的地面，如草地、海滩、雪原上制作地面标志。如用脚踩出或挖出图形信号、字母（如 SOS）信号，并沿着图形、字母边缘用土、石头或树叶围起来，会使字母、图形更加清晰。

在雪地上，还可以用雪将字母或图形堆起来，以引人注目，务必要把图形或字母做得大一些，以便能从飞机上看到。

如果能踩出一个宽 3.7m 和直径 22.8m 的环形路，扰乱地形的自然状态，也可构成有效的信号。一片被踩平的草地或一片被烧焦的田野，也是很容易引起注意的。

④ 声音信号。像视觉信号一样，可以制造三种都意味着“遇险”需要救援的声音。

吹哨子是一种较理想的声音求救方法。国际上公认的求救信号是每分钟吹 6 下，停 1min 再吹。用嘴吹一个大口径空弹壳，也能制造清脆的声音。

如果带着枪，要立即鸣枪，等 10min 后再放两枪，间隔 5s 左右。第一枪吸引人们注意，第二枪、第三枪指示方向。如果没有回音，要节省子弹。傍晚时，声音会传得更远。

⑤ 其他信号。穿着颜色鲜艳的衣服，戴一顶颜色鲜艳的帽子，使自身与周围环境区分开来。

如果有白色或近似白色的东西，如衬衫、手巾、被单等物代替旗子挂在附近的引人注目的地方，如果能飘动，那就更好。如果有带子或线，可以用手帕、树枝和针线制作一个风筝放上天去。

发求救信号要注意及时，迅速使它生效。将所需要的材料集中好，以便在听到救援飞机声时，即刻使用它们。当然这些飞机可能一次、两次错过，一定要有耐心，不能焦急而胡乱使用求救信号，以免营救人员误解。

看见直升机到山上来救援而飞近时，引燃烟幕信号弹（如果备有的话），或在垂索救人的地点附近生一堆火，升起浓烟，让机械师知道风向，这样能帮助机械师准确地掌握停悬的位置。

（2）高山上如何选择避难场所

夏天选择避难场所，应该考虑的条件是能防风雨、能避免毒虫和野兽的袭击、比较干燥、离水源和树较近、通风条件良好、地势较高等。可以选择自然形成的凹洼地、洞穴、岩石的裂缝等风刮不到的地方，但应避开山涧落石较多的地方。

冬天雪很厚时，应该选择树林地带的下风处，而且是附近不会发生雪崩，雪不会堆积起来，不会直接受到暴风雪袭击的地方。

有条件时，可以建造一座简易的雪地避难所。

（3）野外饮用水的收集与制作

可以根据树木和青草的生长状况来寻找水源。在山脚下，寻找那些草长得茂盛、葱翠的地下，往下挖，准会有水渗出。另外，还可寻找一些有水“标志”的树木，如三角叶杨、梧桐、柳树、盐香柏、香薄等，在这些植物下挖掘可见到水。

可以根据动物的活动踪迹来寻找水源。鸟群会在水源上空盘旋，在早晨和傍晚，留心它们的叫声，可确定水源地点；也可寻找野兽的洞和窝，因为它们都靠近水源觅食。

可以根据自然的地形、地貌情况来寻找水源。干河床在其表面下就可能有水。可选择河道转弯处外侧的最低处寻找，往下挖掘，直到发现湿沙子，再深挖 0.9～1.8m 即可见水。

另外，水可在雨后的岩石峭壁的底部发现，常汇聚在峭壁底部风化的岩石处，或在山谷的石浅滩处。石灰岩和熔岩处，比其他岩石处会有更多更大的泉水。

石灰岩和熔岩处会有泉水，但开拓岩洞是很危险的。冷水泉是最安全的，可沿着穿过熔岩走向的峡谷壁寻找泉水。水可在雨后的岩石峭壁的底部被发现，它们常汇聚在峭壁底部风化的岸石处，或在山谷的石浅滩处。石灰岩和熔岩处比其他岩石处会有更多的泉水。

与岩石地带相比，在松散的沉积地，水会更多且容易找到。在泥土斜坡的表面或泥崖脚下的潮湿地方，可以挖出水。

可以利用一些植物来获取水分，如仙人焦、竹子、仙人掌等。将植物的茎、枝砍成 1m 长短，把一端削尖竖在容器中，这样就可以得到少量的水。但应注意不能选用冒出乳状液体的植物。

在地下挖一个洞，铺上塑料薄膜，使雨水积起来，或者在倾斜的树杆上绕上一层干净的布，使它的下端垂入容器中，这样也可以收集雨水。另外，这种方法也可用于在拂晓时收集一些露水。

在冰雪地带，用少量的燃料使冰雪融化，可以得到许多水。

在沙漠干燥地带，挖一个深约 100cm 的坑，坑口最宽处约为 1m。在坑底中间放一个空罐，罐中插一吸水管，沿一侧坑壁直通地面，在坑中放置塑料薄膜，两端固定在坑沿上，在其中间放上一块小石头，使塑料薄膜的中部下沉，离地面约 40cm，正好悬在空罐上，通过薄膜下面收集的水分，就滴进空罐中，人可通过地面上的吸管口吸入饮用。

（4）野外饮用水的净化与消毒

找一个容器，如帆布袋、聚乙烯塑料袋、大铁罐、一端打结的衣袖或袜子，都可以充当容器。

在容器底部铺一层细砾石，然后铺一层沙子、一层炭粉，如此重复铺多次，层数越多越好，每层约为 2.5cm 厚。如无沙子，就用细砾石代替。

在容器底部钻一些小孔，把水倒进容器，下面用杯子承接。

另外，还可在离水源半米处挖一个浅坑，过一些时间，坑内就会渗出清澈干净的水来。

对水的消毒分为煮沸消毒和化学消毒。

① 煮沸消毒。在海平面高度的地区，至少煮沸 1min；在海拔较高的地区时间要延长，海拔每增高 1000m，煮沸时间应增加 3～4min。

② 化学消毒。消毒剂有二氯磺胺苯甲酸、磺化物、哈拉宗等。在每升水中放入两片二氯磺胺苯甲酸，静置 15～30min 即可达到消毒目的。没有此药剂时，可在每升水中滴入 8～10 滴碘酒。

（5）帐篷遭受侵袭的处理办法

现代的帐篷既牢固又轻便，但与其他野外栖身之所一样，也易受风、雨、雪、火的侵袭。

① 帐篷着火了怎么办

a. 假如帐篷着火，应马上离开。留意有没有燃着的碎布落在身上，有的话就要扫掉，然后用衣服或睡袋扑灭。只要动作敏捷，衣服就不会烧着。

b. 走到帐篷后，放倒支柱。必要时解开主要支索，然后扑灭火焰；或抓住帐篷一端，把它拖离火焰和帐篷内的物件。如果火势猛烈，就让它烧去，千万不要走近。

c. 起火原因是帐篷出口处火炉失火时，先踢开火炉，然后走出帐篷，放倒支柱。

d. 扑灭帐篷里的火头后，在火炉四周多泼水，以防草木着火焚烧。不要让泡沫胶或塑胶床垫近火，这些材料燃烧时大多会放出毒烟。

② 帐篷漏水怎么办

a. 如雨水漏进帐篷，可采用熔化了的蜡或胶布封住孔洞。

b. 漏水不止，可用防水夹克或塑料布包裹衣服和睡袋。

③ 帐篷遭水淹怎么办

a. 若帐篷遭水淹，鸭绒睡袋被弄湿了，最好丢下睡袋和帐篷，移往干燥的地方；如果附近别无栖身之地，就用树枝架起一个台，换上干衣服，坐上去到天亮；如果天气非常寒冷，这时应不要套上最外面一、两层衣服的袖子，先扣好纽扣或拉上拉链，然后把衣服从头上套下，包着上身，双手夹在腋窝下。

b. 睡袋若是人造纤维的，即使湿了，也能保暖，应立刻截断水流，在帐篷四周挖一道沟，把水流引向他处，弄干帐篷地面，拧干睡袋，然后留在帐篷里面，等到天明。

④ 帐篷被风吹塌了怎么办

a. 强风吹塌帐篷，要重新搭起是极其困难的。如果天气恶劣，又没有汽车之类的栖身之所，还是留在帐篷内最安全。

b. 用身体压着帐篷边缘或与帐篷相连的地面防潮布，以防帐篷被风吹走。

c. 用背囊架或一根支柱撑起帐篷，以扩大帐篷内的空间。

(6) 野外遇寒的处理方法

去野外前一晚要好好休息。许多冻伤的人后来忆述，事发当天早上已感到不适，原因通常是连夜赶路或出发前喝酒太多。因此，为了在野外时不发生冻伤事故，必须做到以下几点。

① 出发前吃一顿水分充足的丰富早餐；在途中，则吃些高热量零食，例如巧克力之类。

② 背包里应备有维生袋，以能连人和睡袋整个包起来为宜。

③ 穿着挡风、温暖的衣服，外衣裤完全防水。牛仔裤和普通防水夹克都不能抵御狂风暴雨。并带一套干衣服备用。

④ 途中若感到热，应该脱下衣服，以免身体被汗水沾湿，因为水分从身体吸取热量的速度比空气快。

⑤ 不要携带过重的物品，天气寒冷时尤其容易导致疲劳和受寒。为了保持体力，脚步不要太大。

⑥ 即使气温不低，也要提防因风大而受寒。

(7) 风雨中迷路应急办法

① 如有维生袋（能容纳整个人的防水塑料袋）或其他维生装备，千万不要留在高地，应该迅速离开。

② 如带着地图，查看有没有危险地带。例如，密集的等高线表示陡峭的山崖，应该绕道而行。

③ 溪流流向显示下山的路线，但不要贴近溪流而行，因为山上的流水侵蚀河床力量很强，河岩都非常陡峭。所以，应该循水声沿溪流下山。

④ 别走近长着浅绿、穗状草丛的洼地，那里很可能是沼泽。

⑤ 下山时留意有没有农舍或其他可避风雨的地方，小径附近通常都可找到藏身之所。

(8) 雪天迷路应急办法

当雪反射的白光与天空的颜色一样时，地形便变得模糊不清，地平线、高度、深度和阴影完全隐去，这种时候最易迷路。那么，该怎么办呢？

① 最好能停下来，等待乳白天空消失。如等待时有暴风雪来临，挖空雪堆做个坑，或扩大树根部分的雪坑，然后躲进去。

② 如有维生袋，垫以背包或枝叶枯草，隔开冰冷地面，然后躲进去。

③ 尽量多穿几层衣服，但不要穿上最外层那件的袖子。先扣好扣子或拉上拉链，然后套在身上，交叉双臂，手掌夹于腋下，以保温暖。

④ 如必须继续前行，可利用地图和指南针找寻方向。一边走一边向前扔雪球，留心雪球落在什么地方和怎样滚动，以探测斜坡的斜向。如果雪球一去无踪，前面就可能是悬崖。

(9) 白昼迷路应急办法

白昼在郊野如怀疑自己迷了路，应该立即停下来估计一下情况，盲目地继续前进，处境会更糟。

如果有地图的话，利用地图与实地同一地理特征作为引导，找到正确的方向。

如果没有地图或指南针，用以下的方法同样可能找到通往安全地方的路线。

① 首先考虑能否返回刚才走过的大路，不可能往回走时，观察环境，如看到道路或与路相接的东西，例如房屋、电线等，应朝它走去。

② 如果能从四周的地理特征粗略推断自己身在何处，就走向最接近的道路、河流等。其中与前进路线垂直的道路、河流等目标是最佳选择，因为就算前进时稍微偏离了原定路线也能找到。

③ 如找不着可靠的地理特征，可利用太阳分辨方向，以决定朝哪个方向走。正午时，北半球太阳在天顶靠南，南半球则在天顶靠北。

④ 如太阳被云层挡住，拿小刀刃或指甲锉缘竖放在塑料信用卡或拇指指甲之类有光泽平面上，从平面上找出淡淡的阴影。太阳就在与阴影相反的方向。

⑤ 有指针的腕表可校准当地时间，可把腕表平放，时针指向太阳，并想象有一条线把时针与12点的夹角一分为二。比方说，如果是下午4点，分角线就会通过2点。这条分角线在北半球指向正南，在南半球则指向正北。

⑥ 如云层厚密，看不到太阳，可观察树干或岩石上的苔藓。苔藓通常长在背光处。在北半球，依靠朝北或东北那面苔藓推测方向并不准确。因此，阳光穿过云层时，就应该利用太阳来确定方向。

⑦ 如需在原地逗留一些时候，可竖立一根棍子在平地上测方向。每隔一小时左右，在棍子顶端阴影外做一个记号，把记号连成一线，就会指向东西两方。

(10) 黑夜迷路应急办法

人在黑夜的野外活动，迷路了怎么办呢？可以采取以下的方法，使自己渡过难关。

① 如有月光，可看到四周环境，应该设法走向公路或农舍。

② 利用星星来辨别方向。在北半球，北斗七星有助于找到位于正北方的北极星。在南半球，南十字星座大致指向南方。另外，无论在南半球或北半球，都可利用猎户星座辨别方向，猎户星座的腰带是3颗并排的星，设想有一直线连

接中间那颗和头部中央，头部那端指向正北，脚部一端则指向正南。

③ 如果身处漆黑的山中，看不清四周环境，不能继续走，应该找个藏身之所，例如墙垣或岩石背风的一面。如带有维生袋，应该钻进里面。

④ 几个人挤成一团能保暖。这样，即使没有维生袋也能熬过寒夜。中间位置最为温暖，因此应该不时互相易位。

### 35.5.2　急救处理

(1) 人工呼吸急救方法

人工呼吸是对呼吸停止的患者进行紧急呼吸复苏的方法。现场急救时，很多时候需要做人工呼吸。

口对口人工呼吸法：使患者仰卧，松解腰带和衣扣，清除患者口腔内痰液、呕吐物、血块、泥土等，保持呼吸道通畅。救护人员一手将患者下颌托起，并使其头尽量后仰，将其口唇撑开，另一手捏住患者的两鼻孔，深吸一口气，对住患者口用力吹气，然后立即离开患者口，同时松开捏鼻孔的手。吹气力量要适中，次数以每分钟16～18次（成人）、18～24次（儿童）为宜。

(2) 口对鼻人工呼吸急救方法

患者因牙关节紧闭等原因，不能进行口对口人工呼吸时，可采用口对鼻人工呼吸法，方法与口对口人工呼吸法基本相同，只是把捏鼻改成捏口，对住鼻孔吹气，吹气量要大，时间要长。

(3) 胸外心脏挤压急救方法

由于电击、窒息及其他原因所致心搏骤停时，应使用胸外心脏挤压法进行急救。

方法是：将患者仰卧在地上或硬板床上，救护人员跪或站于患者一侧，面对患者，将右手掌置于患者胸骨下段及剑突部，左手置于右手之上，以身体的重量用力把胸骨下段向后压向脊柱，随后将手腕放松，每分钟挤压60～80次。在进行胸外心脏挤压时，宜将患者头放低以利静脉血回流。若患者同时伴有呼吸停止，在进行胸外心脏挤压的同时，还应进行人工呼吸。一般做4次胸外心脏挤压，做1次人工呼吸。

(4) 外伤急救

身体的某些部位被切、割或擦伤时，最重要的是止血。

若出血不多，可用卫生纸稍加挤压，挤出少许被污染的血浆，再用创可贴或纱布包扎即可。如果切割伤口很深，流出的血是鲜红色且流得很急，甚至往外喷，可判断为动脉出血，必须把血管压住（压迫止血点），即压住比伤口距离心脏更近部位的动脉（止血点），才能止住血。如果切割的锐器不洁或有锈，简单进行创面处理后，要去医院注射破伤风预防针，同时注射抗生素，以防伤口感染。

如果手指或脚趾全部切断，应马上用止血带扎紧受伤的手或脚，或用手指压迫受用力的部位，以达到止血的目的。断指、趾用无菌纱布或清洁棉布包扎，断离的手指、脚趾也要用无菌纱布包裹，立即送医院进行手术。夏天，最好将断指、趾放入冰桶护送，绝对禁止用水或任何药液浸泡，禁止做任何处理，以免破坏再植条件。

桡骨动脉：用3个手指压住靠近大拇指根部的地方。

上臂动脉：用4个手指掐住上臂的肌肉并压向臂骨。

大腿动脉：用手掌的根部压住大腿中央稍微偏上点的内侧。

(5) 烫伤与烧伤急救

烫伤与烧伤时，最重要的是冷却。

一般明显红肿的轻度烫伤，要立即用冷水冲洗几分钟，用干净的纱布包好即可。重一点的烫伤，局部皮肤起水泡、疼痛难忍、发热，立即用冷水冲洗30min以上，为使患部不留痕迹，不要自己碰破水泡，不要自行涂抹任何药膏，以防细菌感染，要按医生的要求做。

如果烫伤的局部很脏，可用肥皂水冲洗，不可用力擦洗。水干后，盖上消毒纱布，用绷带包好。若包扎后局部发热、疼痛，并有液体渗出，可能是细菌感染，应马上到医院接受治疗。

(6) 骨折的急救

骨骼因外伤，发生完全断裂或不完全断裂叫骨折。骨折时，局部疼痛，活动时，疼痛剧烈，局部有明显压痛肿胀或出现明显变形。骨折后，应采取如下措施。

① 若伤口出血，应先止血，然后包扎，再进行骨折固定。

② 固定伤骨。用木板、杂志、纸箱、伞等可找到的器材作支撑物，固定伤骨，不要试图自己扭动或复位。固定夹板应扶托整个伤肢，包括骨折断端的上下两个关节，这样才能保证骨折部位固定良好。

③ 固定时，应在骨突处用棉花或布片等柔软物品垫好，以免磨破突出的骨折部位。

④ 固定骨折的绷带松紧应适度，并露出手指或脚趾尖，以便观察血液流通情况。

⑤ 立即送医院治疗。

(7) 食物中毒急救

人吃了被细菌污染、变质或有毒的食物后，会引起食物中毒。主要表现为恶心、呕吐、腹痛、腹泻、发烧等症状。

食物中毒急救首先要催吐。一般用手指、筷子、压舌板等，刺激中毒者的咽部，引起反射性呕吐。刺激前，先让病人饮下1000mL左右的温开水。吐完后再饮水、再催吐，直到吐出澄清的液体为止。经催吐初步处理后，应迅速送医院治疗，并要完成下列工作。

① 向当地卫生防疫部门报告；

② 保留好剩余的食品；

③ 尽可能保存一点病人的呕吐物和大便。

(8) 气管进异物急救

气管内进入异物，会引起呼吸困难，严重的会窒息死亡，因此，必须争分夺秒进行急救。不要慌慌张张地强行伸入手指，这样反而会把异物推向更深处。

背部叩击法：一手扶住患者胸部，用另一手的掌根连续叩击伤者两肩胛骨中间数次，要突然用力。

环抱压腹法：从后面扣手环抱患者腹部肚脐上一寸，迅速向后上方挤压数次。

腹压推压法：让患者仰卧，头偏向一侧，以双掌置于其上腹，向内、向上推压腹部数次。

(9) 溺水急救

淹溺一旦发生，坚持现场急救，争分夺秒。

① 立即清除口、鼻内的污泥、杂草、呕吐物，取下假牙，保持呼吸道通畅。

② 垫高腹部，使头朝下，救者压着溺者背部，使体内水从口腔、鼻流出。此项不要多费时间，抓紧时间进行复苏急救。

③ 随后，使溺者仰卧于硬板或地上，打开气道，口对口吹气两口，再检查颈动脉。

④ 若是呼吸心跳停止者，立即实施口对口人工呼吸和胸外心脏挤压。

⑤ 派围观者拨打急救电话，请医生急救。

⑥ 运送途中不可中断急救。

(10) 昏厥急救

在野外如发现有昏迷病人，应首先确定发病原因，然后再实施急救。

具体急救措施是：应让昏迷患者侧卧或仰卧（头偏向一

侧)，去掉枕头，注意保暖。清除病人口内的分泌物及呕吐物，防止窒息，有假牙的应摘除。严密观察病人意识、瞳孔、体温、脉搏、呼吸、血压等生命体征。如再现异常，立即采取急救措施。

注意保持呼吸道通畅，要有吸痰措施，有条件时要进行输氧。伴有休克或心力衰竭者，应立即服用升血压药物。呼吸、心搏骤停时，要立即进行人工呼吸和胸外心脏挤压。对发生抽搐者，应积极控制抽搐，适当使用镇静药物。抢救昏迷病人最重要的一点是立即拨打 120，请医生诊治。

(11) 怎样防护蛇伤

毒蛇咬伤是可以预防的。要知道蛇的弱点，它是怕人的，一般不会主动咬人。多数毒蛇的行动迟钝，当人过分逼近蛇体，或无意踩到、抓到毒蛇时，它才会咬伤人而造成蛇伤。因此，在野外活动、走路，需要经常注意周围有没有蛇。俗话说“打草惊蛇”，这是民间驱蛇经验。

各种毒蛇都有它的活动规律。如眼镜蛇基本上是白天活动；银环蛇、烙铁头以晚上活动为主；而蝮蛇白天晚上都有活动。蛇伤较多发生在 9～15 点及 18～22 点，这与人的活动时间有关。

掌握了蛇的活动规律，就可以采取相应的预防措施。如白天去平原丘陵地区，要防止眼镜蛇的伤害；夜间去水边、路边要防止银环蛇的伤害。夜间行走时，要穿好鞋袜及长裤，穿过山林时要戴草帽，以防被蛇咬伤。特别是闷热欲雨或雨后初晴的天气，蛇常出洞活动，更要特别注意。

## 参考文献

[1] 谢礼立. 面对自然灾害. 周雍年，译. 北京：地震出版社，1988.
[2] 李宗浩. 现代救援医学. 北京：中国科学技术出版社，1991.
[3] 杨达源，闾国年. 自然灾害学. 北京：测绘出版社，1993.
[4] 陈颙，史培军. 自然灾害. 北京：北京师范大学出版社，2008.
[5] 李宁，吴吉东. 自然灾害应急管理导论. 北京：北京大学出版社，2011.
[6] 张先起，朱国宇. 常见重大自然灾害及抢险救护. 郑州：黄河水利出版社，2011.
[7] 陈安，等. 现代应急管理技术与系统. 北京：科学出版社，2011.

# 36 城市安全

## 36.1 国家城市安全发展战略

2018年1月7日，中共中央办公厅、国务院办公厅印发了《关于推进城市安全发展的意见》(以下简称“意见”)，这是国家推进实施城市安全发展战略的重大标志。

这一战略举措是我国在城市化进程加快、城市安全风险增大、安全管理水平与发展要求不适应不协调的背景下，明确了推进城市安全发展的指导思想、基本原则，确定了2020年和2035年城市安全发展的总体战略目标。

《意见》在加强城市安全源头治理、健全城市安全防控机制、提升城市安全监管效能、强化城市安全保障能力、加强统筹推动等5个方面提出了科学制定规划、完善安全法规和标准、加强基础设施安全管理、加快重点产业安全改造升级、强化安全风险管控、深化隐患排查治理、提升应急管理和救援能力、落实安全生产责任、完善安全监管体制、增强监管执法能力、严格规范监管执法、健全社会化服务体系、强化安全科技创新和应用、提升市民安全素质和技能等具体的工作要求。

## 36.2 安全发展型城市的创建

### 36.2.1 建设安全发展型城市的意义

推进城市安全发展是人类社会进步的必然趋势。随着社会、经济、环境的快速发展，人类对于社会和城市发展的需求将会从对物质为主向精神和安全需求为主转变，甚至安全的需求会成为真正的“第一需求”。如何处理好安全与经济、安全与生产、安全与发展的关系，这是工业化、现代化、信息化特大型城市发展进程中需要解决的重大命题。贯彻实施城市安全发展战略是城市社会进步的必然要求和选择。

推进城市安全发展是民族复兴的重要根基。民族复兴的内涵是实现“国家富强、民族振兴、人民幸福”，安全是国家富强的基础保障，安全是民族振兴的重要支撑，安全是人民幸福的基本前提。城市的现代文明不仅要有鲜亮富丽的文化地标、整洁清新的优美环境，更要有底蕴深厚的安全文化和人民幸福安康的社会生态。城市安全发展的标志是全民安全意识与安全行为的高度统一，是政府安全规划与社会安全建设的有效引导，是城市安全运行与安全治理的科学协调。通过实施安全发展战略，加快实现城市安全发展治理能力和治理体系的现代化，夯实城市持续健康发展的稳固基础，把城市建设成为具有可靠安全保障、高度安全文明的现代化城市。

创建安全发展型城市是贯彻“以人民为中心”发展思想的具体体现。城市安全发展事关人民群众生命财产安全，事关深化改革、经济发展和社会稳定大局，事关党和政府的形象和声誉，是习近平总书记提出的“以人民为中心”发展思想的具体体现。“以人民为中心”首先要以人民的安危为中心，以人民安居乐业为内涵。创建安全发展型城市，提升城市安全保障水平，实现城市安全发展，就是“以人民为中心”的确切和具体的体现。

创建安全发展型示范城市是化解城市安全发展风险的迫切需要。我国目前仍处于社会主义初级阶段，处于工业化、城镇化快速发展和社会转型时期，受生产力水平不均衡以及发展方式、经济结构、利益格局、基础管理、文化素质等多重因素的制约，全国公共安全和生产安全形势依然严峻复杂。随着城镇化建设的加速推进和经济的高速发展，城市安全管理出现了许多新问题。近年来发生的天津危化仓库重大火灾爆炸、上海外滩踩踏事件、青岛原油管道特大泄漏爆炸、城市建筑渣土滑坡等重大安全事故，人员伤亡较多和经济损失极其重大，影响极其恶劣，发人警醒。通过创建安全发展型城市，开展系统、科学、全面的城市风险分析评估，有利于建立城市安全风险分析评估和管控制度，形成风险辨识、管控的长效机制，全面提升城市安全风险的管控能力，有效化解城市发展的各类安全风险。

创建安全发展型示范城市是城市长治久安的根本保障。创建安全发展型城市对于打造城市稳定发展环境，提升城市社会形象，奠定城市经济发展基础，具有现实的意义。中共中央办公厅、国务院办公厅《关于推进城市安全发展的意见》明确了城市安全发展总目标的时间表：到2020年，城市安全发展取得明显进展，建成一批与全面建成小康社会目标相适应的安全发展示范城市；在深入推进示范创建的基础上，到2035年，城市安全发展体系更加完善，安全文明程度显著提升，建成与基本实现社会主义现代化相适应的安全发展城市。安全发展型城市的创建将为城市的长治久安、安全发展创造根本性、基础性的保障条件。

### 36.2.2 安全发展型城市创建的思想原则

(1) 战略思想

以“安全发展、人民安康”为宗旨；坚守“生命至上、红线意识、底线思维”的理念；坚持“安全第一、预防为主、社会共治”的基本方针；实施文化兴安、科技强安、治理保安的战略；落实安全责任体系、推进依法安全监管、强化事故源头防控、提升应急救援能力、优化安全保障系统；以降低城市安全发展风险、提高城市安全运行效能、遏制重特大事故发生为目标；为城市的经济建设、社会发展、人民福祉提供基础性、根本性的安全保障。

(2) 战略原则

民生为本，生命至上。城市建设和发展以“多谋民生之利、多解民生之忧”为原则，以生命安全作为民生最大的福祉，把安全生产、公共安全摆在优先发展的战略地位，杜绝重特大生产安全事故，追求事故灾害人员伤亡和经济损失最小化。

创新驱动，强化“三基”。坚持城市安全治理改革和经济社会领域改革同步发力，优化产业结构、合理保持经济增速；通过创新驱动安全模式和安全体制的完善和发展；通过基础、基本、基层建设，夯实城市风险防范体系和安全保障机制优化和合理，打造坚实的城市安全发展保障根基（“三基”：“基础”指城市产业结构和经济发展模式，以及城市安全管理的体制、机制、法治和制度等；“基本”指城市安全保障的科技、文化、管理条件和水平；“基层”指城市的企业、社区、家庭及市民的安全素质和能力)。

预防为主，系统施治。落实“安全第一、预防为主、综合治理”的方针，推进科技强安、监管固安、文化兴安战略；实施源头治理、标本兼治、科学根治、强化法治、有效防治对策，全面提高城市安全生产和公共安全的本质安全能力，提升城市事故预警防控能力。

政府主导，社会共担。发挥政府对城市安全发展的引领、指导、监管、协调作用，落实各行业企业安全生产主体责任，统筹社区、行业、市民家庭多方参与，强化全民安全意识，提升各级政府和各行业决策层安全领导力，提高监管部门和企业管理人员安全专业水平，形成全社会“人人担责、人人参与、人人共享”的社会氛围和强大合力，为城市安全发展提供精神动力、智力支持和能力保障。

强化重点，聚焦关键。以生产安全、公共安全为重点，高风险行业和城乡安全重大风险源为关键，夯实城市典型事故风险防控基础，强化各行业重大危险源（点）管控技术，提高城市各类事故灾害的应急和处置救援能力。

城乡一体，同步发展。在强化城市中心区的基础上，促进区县乡镇同步发展，推进市区与乡镇、国企与民企的安全保障能力协调发展，维护社会安全应急保障的公益性，逐步缩小城乡、地区、人群间安全保障条件和水平的差异，实现城市全面安全发展，促进社会安全保障条件均等和公平。

### 36.2.3 安全发展型城市创建的战略思路

在国家安全发展战略思想及原则指导下，基于系统科学理论模型和公共管理战略理论，结合城市生态及其安全发展现状和态势，可设计出城市安全发展战略思路，如图 36.1 所示。

针对“城市生态”系统模型 3 元素——“社会空间、物理空间、感应空间”，遵从“战略对象－战略路径－战略目标”的形式逻辑，可构建出城市安全发展的战略系统思路，即以城市生态 3 大元素为对象，通过人与社会的系统治理战略、物与环境的科学防御战略、数与信息的智能支撑战略路径，实现善治安全、本质安全、智慧安全 3 大战略目标，最终实现安全发展型城市的创建目的。

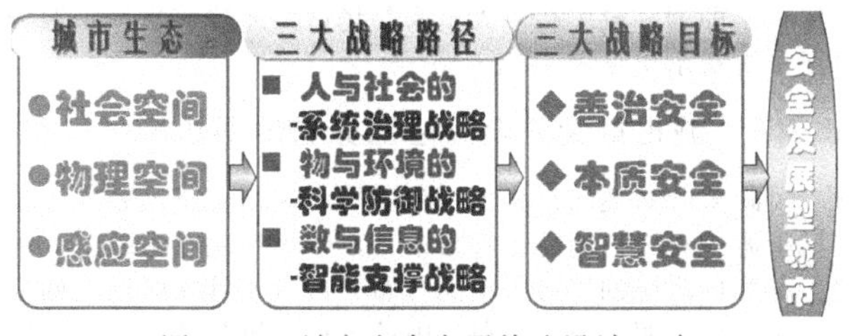


图 36.1 城市安全发展战略设计思路

### 36.2.4 安全发展型城市创建的目标愿景

创建安全发展型城市应有三大战略目标愿景：

一是“善治安全”的战略目标愿景。善治即良好的、和谐的、能动的治理，是使公共利益最大化的社会管理过程，其本质特征是政府与公民对公共事务的合作管理，是政府与市场、社会的一种新颖关系。善治安全是社会治理所要达到的较高境界，是以安全文化为引领，安全法制为保障的党政领导、行业自律、社会协同、企业负责、全员参与的五位一体安全治理格局。通过实施科学、合理、能动、自律、最优化的安全治理策略，推行全员参与（组织）、人人共担（市民）、上下联动（政府）、协同防治（社会）的城市安全保障机制，实现社会、组织或企业的合理安全、高效安全和可持续安全的目标愿景。善治安全是时代先进的、以人为善的、社会协调的城市安全治理体制和机制，是一种现代、智慧的安全治理模式。实现善治安全的战略目标，需要实施系统治理的战略对策，即构建现代城市安全多元共治体系、完善城市安全法治保障体系、创建城市安全文化引领体系等。

二是“本质安全”的战略目标愿景。本质即根本的、基础的、内在的属性，是城市社区环境、设施设备等安全科技超前的、性能根本的、功能系统的城市物理空间的安全保障体系。通过基础的、固本的、功能的科技防御战略路径和任务，建设技术超前的、性能根本的、防范有效的城市设施和环境安全保障系统，实现“本质安全”的战略愿景。实施城市的“本质安全”战略路径主要是通过完善城市物理空间的全生命周期管理模式、优化城市产业模式、实施源头治理机制等方式，统一城市安全发展物理空间诸要素，使各类城市危险源始终处于受控制状态，进而逐步趋近本质型、恒久型安全目标。本质安全战略目标的实现，需要对城市物与环境实施如下具体的科学防御战略：打造城市设施全生命周期安全管控模式、构建城市安全风险立体防控体系、构建城市自然灾害和事故灾难一体化应对机制、强化城市安全科技支撑系统等战略策略。

三是“智慧安全”的战略目标愿景。智慧即明智的、先进的认识论，以及科学的、理性的、合理的方法论。城市“智慧安全”的发展战略是指社会、企业、组织、民众基于明智的理论、依循科学的规律、应用智能的工具，实施本质的、系统的、高效的、精准的安全策略，实现城市生产、生活、生存运行的智慧安全。智慧安全需要通过智能支撑战略路径，针对数据与信息元素，通过打造感知灵敏的、数据精准的、信息迅达的城市智能安全网络数据及信息平台，使城市安全文明程度大幅提高，安全保障能力显著增强，实现城市安全治理体系与治理能力现代化。智慧安全的实质是运用信息和通信技术手段感测、分析、整合城市运行核心系统的各项关键信息，增强社会空间监测监管能力，减少物理空间的风险不确定性，实现城市智慧式管理和运行，进而促进城市的和谐、可持续发展，为市民创造更美好的城市生活。为实现城市“智慧安全”战略目标愿景，要实施数据与信息的智能支撑战略，即建立信息共享开放机制、统筹规划信息基础设施建设、运用大数据改进社会治理模式、构建数字孪生城市、提升社会治理智能化水平、建立城市安全发展指数体系等基本策略。

### 36.2.5 安全发展型城市的创建方法论

安全发展型城市建设的基本方法就是：应用“系统思想”“战略思维”的方法论，构建城市安全发展“系统-战略”模式，如图 36.2 所示，其具体内涵是：

城市安全治理的逻辑维度：城市安全发展的战略规律，即理论支撑、文化引领、体系保障、方法落实。

城市安全治理的知识（理论）维度：城市安全发展的治理要素，包括安全目标、安全责任、安全制度、安全文化、安全教培、风险防范、安全法治、安全科技、安全基础、安全信息、安全效能等。

城市安全治理的主体维度：城市安全发展的参与主体，包括政府、行业、企业、社会、公众五个主体。

安全发展型城市建设的基本方法是：

① 明确城市安全发展的战略原则。坚持安全发展——文化兴安；坚持安全法制——依法治安；坚持科学监管——管理固安；坚持本质安全——科技强安；坚持全员参与——责任保安；坚持改革创新——信息优安的原则。

② 制定城市安全发展的战略目标。明确城市安全发展指导思想，掌握城市安全发展理论规律，打造城市安全文化品牌，建立城市安全发展保障体系，落实城市安全发展方法措施。

③ 动员城市安全发展的全面主体。从安全发展战略的对象维度，构建五大主体要素，即市级、县（市、区）级、乡镇（街道）级三级行政区域层级的政府、行业、企业、社会与公众五大战略主体。

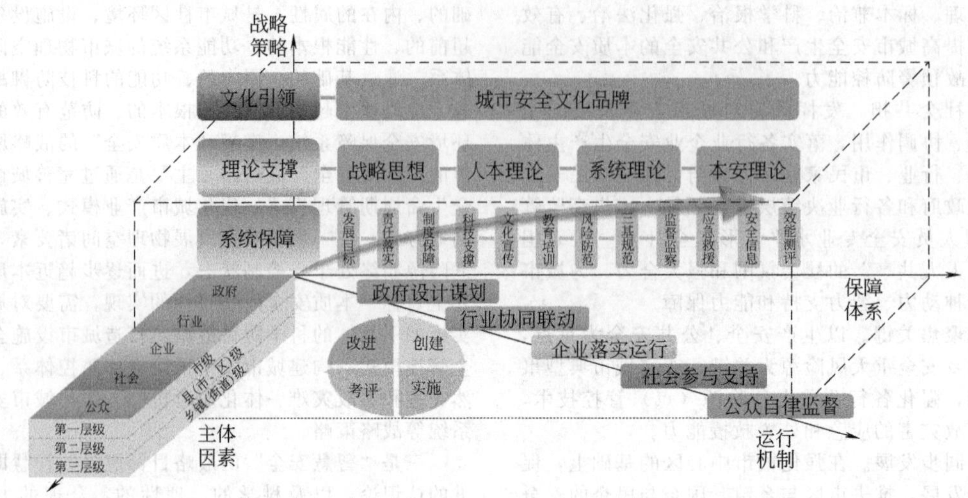


图 36.2 安全发展型城市建设“系统-战略”模型

④ 设计城市安全发展的系统机制。在实施城市安全发展战略过程中，设计安全发展的战略机制，即政府统筹规划机制、行业协同联动机制、企业自律实施机制、社会广泛支持机制、公众参与监督机制等五大机制。

⑤ 构建城市安全发展的战略体系。运用安全科学的理论及规律设计城市安全发展战略体系，即安全发展目标体系、安全责任落实体系、安全制度保障体系、安全科技支撑体系、安全文化宣传体系、安全教育培训体系、安全风险防范体系、安全基础建设体系、安全监督检查体系、事故应急救援体系、安全信息支撑体系、安全效能测评体系等 12 个体系。

## 36.3 城市安全风险源管控

从城市安全发展的本质内涵可以推知：城市安全风险源管控对于提升城市本质安全水平具有基础性和全局性的意义。由于城市安全风险源来源多样，因此需按照分类分级的原则，确定不同类型的分析评估对象，划分评估单元。根据城市安全风险的内涵，可将城市安全风险源划分为城市人员密集场所风险源（单元）、城市工业风险源（单元）、城市公共设施风险源（单元）3 个风险评价源（单元）。

### 36.3.1 城市安全风险源辨识

根据不同领域风险源（单元）的特点，确定各自包含的风险源类别。城市人员密集场所风险源（单元）包括：房屋建筑类、场馆类、旅游景区类、教育文化类等。城市工业风险源（单元）包括：建筑施工类、重大危险源类、非煤矿山类等。城市公共设施风险源（单元）包括：供气站点类、道路交通类、水上交通类、港口码头类等。根据不同风险源的风险特征，设计各类风险源（单元）的信息采集表（见表 36.1），开展风险源目标辨识。

### 36.3.2 城市安全风险源分级评价

基于风险分级评价基本理论，可采用定性评价方法，从可能性 P、严重性 L、敏感性 S 三个维度进行分析，设计风险分级清单，用以评价各种类型的重大风险源。

将风险源（单元）分为重大风险、较大风险、一般风险。满足重大风险描述中的任何一条即为重大风险；若不满足重大风险描述，则满足较大风险描述中的任何一条即为较大风险；若不满足较大风险描述，则满足一般风险描述中的任何一条即为一般风险。人员密集场所房屋建筑类风险源分级评价方法示例见表 36.2。

### 36.3.3 城市重大安全风险源分布地图绘制

风险源分布地图是根据一定的数学法则，将国家或区域的风险源信息，使用地图符号语言，缩小反映在平面上，反映各种类风险源的等级、空间分布、数量及其在时间上的发展变化。风险源分布地图所反映的各种类风险源的等级是风险源分布地图最基础的数据，各种类风险源的等级根据风险源分级评价方法所得到的评价结果确定。

表 36.1 城市安全风险源（单元）信息采集表示例

城市人员密集场所房屋建筑类风险源(单元)信息采集表

| 企业名称 | 地址 | 入住率 | 建筑结构 | 地上层数 | 地下层数 | 建筑总面积 | 建筑耐火等级 | 电梯数量 | 所处环境功能区 | …… |
|---|---|---|---|---|---|---|---|---|---|---|
| | | | | | | | | | | |

城市人员密集场所旅游景区类风险源(单元)信息采集表

| 企业名称 | 地址 | 景区面积 | 游乐设施数量 | 游乐设施种类 | 专用机动车数量 | 年均客流量 | 峰值客流量 | 设计最大容纳量 | …… |
|---|---|---|---|---|---|---|---|---|---|
| | | | | | | | | | |

城市工业建筑施工类风险源(单元)信息采集表

| 工程名称 | 地点 | 工程项目类型 | 开挖深度 | 建筑高度 | 塔吊设备台数 | 脚手架搭设高度 | 重大危险源数量 | 施工作业人数 | …… |
|---|---|---|---|---|---|---|---|---|---|
| | | | | | | | | | |

城市公共设施供气站点类风险源(单元)信息采集表

| 站点名称 | 地址 | 投产时间 | 年供气规模 | 最高储气能力 | 最大单罐容积 | 储罐总数 | 有无自动化控制报警系统 | 特种作业人员数量 | …… |
|---|---|---|---|---|---|---|---|---|---|
| | | | | | | | | | |

表 36.2 人员密集场所房屋建筑类风险源分级评价方法示例

| | | |
|---|---|---|
| 重大风险 | 可能性 P | 1. 人员因素：最大设计容纳人员密度≥4 人/$m^2$；入住率≥80%<br>2. 建筑因素：建筑结构为木结构；地上层数>17<br>3. 管理因素：… |
| | 严重性 L | 1. 能量条件：建筑耐火等级为四级<br>2. 管理条件：… |
| | 敏感性 S | 空间因素：周边环境功能区为科技文化区、水源文物保护区、老人小孩聚集区 |
| 较大风险 | 可能性 P | 1. 人员因素：最大设计容纳人员密度 1.5 人/$m^2$、4 人/$m^2$；入住率 40%、80%<br>2. 建筑因素：建筑结构为砖木、砖混结构；地上层数 8、17<br>3. 管理因素：… |
| | 严重性 L | 1. 能量条件：建筑耐火等级为二、三级；场所开放程度为半开放性<br>2. 管理条件：… |
| | 敏感性 S | 空间因素：周边环境功能区为居民区、行政办公区、交通枢纽区 |
| 一般风险 | 可能性 P | 1. 人员因素：最大设计容纳人员密度≤1.5 人/$m^2$；入住率≤40%<br>2. 建筑因素：建筑结构为钢混结构；地上层数≤8<br>3. 管理因素：… |
| | 严重性 L | 1. 能量条件：建筑耐火等级为一级；场所开放程度为开放性<br>2. 管理条件：… |
| | 敏感性 S | 空间因素：周边环境功能区为农业区、商业区或工业区 |

地图绘制应遵循科学性、实用性、差异性、协调统一性等原则。风险源分布地图（集）主要按照以下步骤绘制：

① 确定地图的名称、范围、比例尺等基本要素；

② 确定该地图所表示的风险源的种类和数量；

③ 设计该种类风险源的符号与颜色级别；

④ 添加风险源符号；

⑤ 完成图例等其他地图要素；

⑥ 按照以上步骤绘制其他种类的风险源分布地图。

根据地图绘制原则，结合不同种类风险源的特点，设计不同风险源符号。根据不同风险等级，确定风险源符号颜色标识，绘制重大风险源分布地图。

### 36.3.4 城市安全风险预控

风险预控的总体原则是基于风险预控“匹配”理论，风险级别与风险预控级别相适应。具体原则为：“Ⅰ”级风险采取一级预控，“Ⅱ”级风险采取二级预控，“Ⅲ”级风险采取三级预控，“Ⅳ”级风险采取四级预控。

风险处置策略：

① 接受风险。如果现有的风险较低，且在可接受范围内，风险管理单位维持工作措施现状，或仅采取少量的措施，巩固现有工作状况。

② 降低风险。指针对风险，完善并加强工作措施，实施有效控制，把风险降低到一个可以接受的级别。例如，对重大风险、较大风险要十分重视，并迅速采取措施进行控制；对一般风险要予以关注，明确管理责任和处置建议。

③ 规避风险。指采取针对性措施，通过消除风险的原因和（或）后果，完全避免风险。可以选择放弃某些可能导致风险的活动和行为，或者将风险源与外界隔离。

④ 转移风险。通过使用其他措施，将风险全部或部分转移到其他责任方，比如购买保险等。

对城市运行中安全风险实施有效管控，既需要职责清晰、分工明确，也需要齐抓共管、形成合力。《关于推进城市安全发展的意见》提出了明确风险管控的责任部门和单位，完善重大安全风险联防联控机制的工作要求。

为此，政府部门要依法落实“党政同责”和“一岗双责”责任、地方政府属地监管责任、政府综合监管责任、行业主管部门直接监管责任四类监管主体责任，企业全面落实组织机构保障责任、规章制度保障责任、物质资金保障责任、管理保障责任、事故报告和应急救援责任五个主体责任。此外，还要完善中介服务机构和检测检验机构技术保障责任，积极发挥社会组织、工会及群众的监督责任。以责任落实为目标，织密责任网络，加快实现城市安全发展由“以治为主”向“以防为主”的转变和由“被动应付”向“主动监管”的转变，全面提升风险预控和事故防控能力。

## 36.4 安全发展型示范城市创建实践

### 36.4.1 创建背景

（1）国家需求

《关于推进城市安全发展的意见》明确提出：开展国家安全发展示范城市创建工作；促进建立以安全生产为基础的综合性、全方位、系统化的城市安全发展体系，全面提高城市安全保障水平。创建安全发展示范城市是贯彻“以人民为中心”发展思想的具体体现；是贯彻“安全发展战略”的重要举措；是维护化解城市安全发展风险的迫切需要；是城市长治久安的根本保障。

（2）指导思想

以“民生为本论和人民中心论”为指导（宗旨），坚守“安全第一、预防为主、综合治理”的基本方针（方针），坚持安全发展观念、强化安全红线意识（理念），以文化引领城市安全发展、科技支撑强化城市安全保障、制度创新优化城市安全运行（战略），落实安全责任体系、推进依法安全治理、强化事故源头管控、提升安全应急能力、优化安全保障系统（战术），从而降低城市安全发展风险、提高城市安全管控效能、遏制重特大事故发生（目标），为城市经济建设、社会发展、人民幸福提供良好的城市安全发展运行环境和条件。

（3）工作原则

民生为本，生命至上；创新驱动，强化根基；预防为主，系统施治；党政主导，社会共担；强化重点，聚焦关键。

### 36.4.2 创建系统模式

根据国家要求，基于本质安全的设计思想，创建安全发展示范城市的系统模式可设计为“两类建设指标、三个建设阶段、五大建设领域、八大建设路径”的结构体系，如图36.3所示。

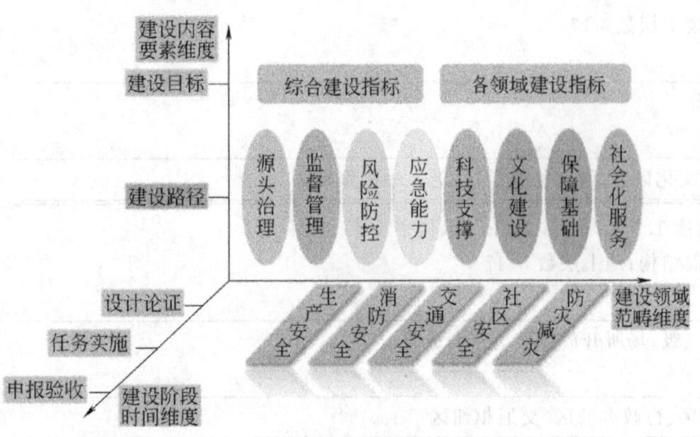


图36.3　安全发展示范城市创建系统模式示例

(1) 两类建设指标

综合建设指标；各领域建设指标。

(2) 三个建设阶段

设计论证阶段；任务实施阶段；申报验收阶段。

(3) 五大建设领域

生产安全：行业安全、职业安全、劳动保护等。

消防安全：公安消防、草原防火、森林防火等。

交通安全：道路交通安全、水运安全等。

社区安全：校园安全、特种设备安全、场所安全等。

防灾减灾：抗震救灾、地质灾害、气象灾害、防汛抗旱、民政救灾等。

(4) 八大建设路径

① 源头治理——优化产业发展结构；

② 监督管理——增强依法治理能力；

③ 风险防控——强化重大风险预控；

④ 应急能力——提高应急管理能力；

⑤ 科技支撑——加强科技支撑水平；

⑥ 文化建设——提升全民安全素质；

⑦ 保障基础——夯实城市本质安全；

⑧ 社会化服务——推进多元主体参与。

### 36.4.3　主要任务

(1) 源头治理——优化产业发展结构

① 完善城市安全发展规划体系，使之与城市安全发展的现状与需求相适应；

② 加强与城市发展、市政设施建设相配套的消防设施、交通设施等城市安全设施建设，并对老城区安全设施及时进行更换和升级改造，强化基础设施建设和改造过程中的安全监督；

③ 推进重点产业改造升级，制定中心城区的安全生产禁止和限制类产业目录，依法推进危险化学品生产、储存企业的就地改造达标、搬迁入园或关闭退出工作，推动城市产业结构合理调整；

④ 落实建设项目实施前的安全评估论证工作，严格治理城市建成区违法建设；

⑤ 加快推进工矿商贸企业安全生产标准化建设，提升企业本质安全水平。

(2) 监督管理——增强依法治理能力

① 全面严格落实各级党委和政府的安全责任，明确各相关部门的安全生产工作职责，并落实到部门职责规定中，明确各类功能区相应的安全生产监督管理机构及其职责；

② 完善安全生产执法体系，加强安全生产执法力量尤其是基层执法力量建设，破解基层执法机制难题，规范行政执法行为；

③ 完善安全生产行政执法和刑事司法衔接制度，依法明确停产停业、停止施工、停止使用相关设施或设备，停止供电、停止供应民爆物品，查封、扣押、取缔和上限处罚等执法决定的适用情形、时限要求、执行责任。

(3) 风险防控——强化重大风险预控

① 开展城市安全风险综合评估和生产安全、消防安全、交通安全、社区安全等领域的专项风险辨识与评估，建立城市安全风险清单，制定风险定期评估制度与分级管控办法，绘制风险空间分布地图，编制城市安全风险白皮书；

② 制定隐患排查分类标准规范，督促企业建立健全隐患自查自改评价制度；

③ 建立重大危险源动态管理数据库，实现在线监控，完善重大危险源辨识、申报、登记、监管制度；

④ 对人员密集场所和大型群众性活动开展风险评估，建立大客流监测预警管理平台，建立完善大客流监测预警及应急管控制度；

⑤ 建立城市安全智能监控信息中心，实现对地下燃气、供排水、通信、供电、隧道、桥梁、电梯的在线监控；

⑥ 加强地震风险普查，开展城市老旧房屋的抗震鉴定、风险排查和震害预测工作，建立健全地震、气象、地质、洪涝、干旱、森林火灾等自然灾害的监测预警体系。

(4) 应急能力——提高应急管理能力

① 修订完善各部门应急救援预案，健全应急预案体系；

② 加强各类专业化应急救援队伍建设，鼓励和支持企业之间互相签订应急救援服务协议或联合建立应急救援队伍，制定应急救援队伍整合建设规划，建设综合应急救援基地；

③ 建立安全大数据库，优化应急管理信息平台，实现多部门资源共享、互连互通；

④ 建立健全应急信息报告制度，健全多部门协同响应处置机制、应急救援联动机制和应急物资储备调用机制；

⑤ 加快应急物资储备库和应急避难场所建设。

(5) 科技支撑——加强科技支撑水平

① 设立应急处置基础性、关键性技术攻关项目，加快安全与应急技术方法研究与成果转化应用，更新推广先进应急救援装备、设施；

② 鼓励企业运用安全可靠、先进适用的生产工艺和技术，改进和淘汰落后的安全技术工艺和设备；

③ 建立安全与应急相关研究平台。

(6) 文化建设——提升全民安全素质

① 创建具有地方特点的市级、区县级与社区级安全与应急文化品牌，推进企业安全文化建设，在全社会营造珍爱生命、关注安全的浓厚氛围；

② 在各区县积极建设安全文化宣传基地，建设全民安全体验馆、安全生产宣教培训基地、安全主题公园、安全文化街、安全文化广场、宣传长廊等；

③ 充分利用各种宣传教育活动，推广普及安全常识与灾害应急知识，提高市民安全素质和应急技能。

(7) 保障基础——夯实城市本质安全

① 加大城市安全人力资源保障基础，各级政府安全监管、督察人员保持应有数量和能力；企业和各类组织安全专业人员数量、质量双保障。

② 构建和完善城市安全资金投入多元化体系，政府引导、政策支持、企业主体、社会参与。

③ 完善和优化城市安全制度保障体系，构建全领域、全主体、全员参与的安全责任体系；加强城市安全发展进程中的政府政策、监管制度，以及企业、社会各类组织的安全制度、规范、标准的完善和优化。

**表 36.3 安全发展示范城市综合基础类规划建设项目实施方案**

| 评价指标 | 序号 | 项目名称 | 工作内容 | 主要成果(指标) | 建设期限 | 预算 | 责任部门 | 配合部门 | 备注 |
|---|---|---|---|---|---|---|---|---|---|
| 源头治理 | 1 | 城市产业布局优化 | 编制新增产业禁止和限制目录<br>制定高危行业企业退出、改造、转产奖励政策<br>… | 《城区新增产业的禁止和限制目录》;高危行业企业退出、改造、转产奖励政策…… | 2019年1月至2019年6月 | 自行规划设计 | 发改委 | 规划局<br>住建局 | |
| 监督管理 | 2 | 各级政府领导干部安全责任强化 | 制定地方党政领导干部安全生产责任制规定实施细则<br>… | 《地方党政领导干部安全生产责任制规定实施细则》《政府领导干部年度安全生产重点工作责任清单》…… | 2019年2月至2019年4月 | 自行规划设计 | 党委办<br>政府办 | 党委办<br>政府办 | |
| 风险防控 | 3 | 城市安全风险综合预控(市级) | 建立城市安全风险综合基础数据库(清单)<br>… | 《安全风险综合基础数据库》《综合安全风险地图》《安全风险分级管控实施办法》… | 2019年1月至2019年12月 | 自行规划设计 | 安监局 | 煤炭局<br>工信委<br>公安局<br>国土局<br>交通局 | |
| … | … | … | … | … | … | … | … | … | |

④ 坚持城市安全发展的“三同时”和“三同步”原则，一是生产经营单位、社区、学校新建、改建、扩建工程项目，其安全设施必须与主体工程同时设计、同时施工、同时投入使用；二是城市安全发展指标与城市社会经济发展指标同步提高，城市安全机构改革编制与城市公共管理机构同步规划编制，城市安全保障设施与城市建设设施升级改造同步实施动作。

(8) 社会化服务——推进多元主体参与

① 鼓励和规范安全专业技术服务力量发展，强化城市安全专业技术服务力量建设；

② 建立健全安全生产责任保险制度，加快推广安全生产责任保险，切实发挥保险机构参与风险评估管控和事故预防的功能；

③ 加快推进企业安全信用体系建设，完善安全生产失信联合惩戒和守信联合激励制度；

④ 完善城市社区安全网格化工作体系，强化社区安全管理。

### 36.4.4 实施方案

依据安全发展示范城市创建的思想、原则和系统模型，通过现场调研、判定筛选、专家咨询等流程，设计整理安全发展示范城市创建的实施方案，如表 36.3 所示。

### 36.4.5 效果评估

(1) 制定评估标准和评价指标

为保证方案实施进度和质量，实现安全发展示范城市的创建，组织制定简洁、实用的规划实施评估标准和相应的评价指标体系，促进工作方案的实施、检查和提高。

(2) 结果与目的符合性评估

为保证方案实施的方向性、实效性、符合性，要根据工作方案实施的地域范围、基层企业类别、进展程度，在方案实施中期进行结果与目的符合性评估，并根据评估结果，及时对规划目标、主要任务、重点工程项目进行动态调整，优化政策措施和实施方案，为后续任务的实施提供指导依据。

(3) 主要任务和重点工程效果评估

为检验方案实施最终效果，总结方案实施的经验和问题，发现创建安全发展示范城市的优秀典范，形成可推广的标准和案例，在规划实施后期对主要任务和重点工程效果进行评估，为城市安全长效发展打下坚实基础。

## 参考文献


[1] 罗云，科学管控风险 创建本质安全型城市——关于城市安全发展的理论与战略思考. 中国安全生产报，2018.

[2] 罗云，等. 安全生产系统工程战略. 北京：化学工业出版社，2014.

[3] 罗云，等. 企业本质安全. 北京：化学工业出版社，2018.

[4] 罗云，等. 安全生产理论 100 则，北京：煤炭工业出版社，2018.

[5] 何学秋，等. 安全发展与经济增长导论. 北京：科学出版社，2015.

[6] 新华社. 中共中央办公厅、国务院办公厅印发《关于推进安全生产领域改革发展的意见》 (2016-12-18). http://www.gov.cn/zhengce/2016-12/18/content_5149663.htm.

[7] 新华社. 中共中央办公厅、国务院办公厅印发《关于推进城市安全发展的意见》 (2018-01-07). http://www.gov.cn/zhengce/2018-01/07/content_5254181.htm.

[8] 海峡网. 国务院参事室印发《促进安全发展构建我国安全生产综合治理体系》课题调研报告. (2017-12-14). http://www.hxnews.com/news/yc/ycxw/201712/14/1363788.shtml.

[9] 人民网. 国内首部城市公共安全发展报告——完善中国城市公共安全管理体系需要四方面对策. (2017-09-12). http://world.people.com.cn/n1/2017/0912/c190970-29530757.html.

[10] 方东平，李在上，李楠，等. 城市韧性——基于“三度空间下系统的系统”的思考. 土木工程学报，2017.

[11] 陈安，师钰. 韧性城市的概念演化及评价方法研究综述. 生态城市与绿色建筑，2018 (1)：14-19.

[12] Shaw R, Team I. Climate disaster resilience: focus on coastal urban citiesin Asia. Asian Journal of Envi-ronment and Disaster Management, 2009 (1): 101-116.

[13] Cutteru S L, Burton C G, Emrich C T. Disaster resilience indicators for benchmarking baseline conditions. Journal of Homeland Security & Emergency Management, 2010, 7 (1).

[14] 陈玉梅，李康晨. 国外公共管理视角下韧性城市研究进展与实践探析. 中国行政管理，2017 (1)：137-143.

[15] 陈国华，胡昆，等. 国际与国内城市安全体系对比与发展规律研究. 华南理工大学学报，2016.